热带珊瑚岛礁植物繁育技术

马国华　简曙光　任　海　主编

中国林业出版社
China Forestry Publishing House

图书在版编目（CIP）数据

热带珊瑚岛礁植物繁育技术 / 马国华 , 简曙光 , 任海主编 . -- 北京 : 中国林业出版社 , 2020.12

ISBN 978-7-5219-0955-5

Ⅰ . ①热… Ⅱ . ①马… ②简… ③任… Ⅲ . ①珊瑚岛—植物—繁育—研究②珊瑚礁—植物— 繁育—研究

Ⅳ . ① Q945.5

中国版本图书馆 CIP 数据核字 (2020) 第 268486 号

热带珊瑚岛礁植物繁育技术

马国华　简曙光　任　海　主　编

出版发行：中国林业出版社

地　　　址：北京西城区德胜门内大街刘海胡同 7 号

策划编辑：王　斌

责任编辑：张　健　刘开运　吴文静　　　　　　　　　装帧设计：百彤文化传播公司

印　　　刷：北京雅昌艺术印刷有限公司

开　　　本：889 mm × 1194 mm　1/16

印　　　张：18.25

字　　　数：515 千字

版　　　次：2021 年 3 月第 1 版　第 1 次印刷

定　　　价：288.00 元（USD 57.00）

编委会

主　编：马国华　　简曙光　　任　海

编　委：马国华　　简曙光　　任　海　　于昕朦　　王瑞江
　　　　王发国　　陈红锋　　吴坤林　　曾宋君　　熊玉萍
　　　　梁韩枝　　陈双艳　　刘东明　　邓双文　　吴艳妮
　　　　庞金辉　　曾钰洁　　胡玉姬　　张新华　　李　媛
　　　　魏振鹏　　郑　枫

本项目由中国科学院战略性先导科技专项（A类）（植被新建特色种选育及应用）资助。

前言

目前在海岛植被建设中主要面临 3 个问题：用什么种；缺乏苗木；缺乏育苗种植养护技术。在进行植被建设的时候，合理选择相似生境的植物种类，是解决热带珊瑚岛绿化面临的物种单一、结构简单、病虫害严重等问题的关键，也是构建多物种、多层次、多功能、低成本、少维护的复合植被生态系统的基础。

南海诸岛为南海中的 200 多个岛礁的总称，按分布位置分为东沙群岛、西沙群岛、中沙群岛、南沙群岛。南海诸岛自古就是中国领土不可分割的一部分，对巩固中国海防和维护海洋权益具有重要作用，也是支撑"经略南海、一带一路"等国家战略的节点，战略位置十分重要。南海海域面积约 350 万 km^2，其中在中国传统海疆线以内的海域面积超过 200 万 km^2。这些海域中有分散的天然海岛（或岛礁），其陆地总面积小于 10 km^2。属热带海洋性季风气候，日照时间长、辐射强烈。由于南北纬度差达 17°，各群岛间的气温和降雨量在时间和空间上均存在差异。岛上主要以喜光、耐旱、耐盐、抗风的植物为主。

南海诸岛的土壤可分为两类：一类是处于部分岛礁中部的常绿乔木和常绿灌木林下的石灰质腐殖土；另一类是冲积珊瑚砂，多分布在岛外围沿岸海滨，有机质缺乏，植物稀少。南海诸岛土壤与大陆热带森林下的土壤形成机理不同，其形成过程包括：珊瑚砂等浅海沉积物、砂质潮滩盐土、砂质滨海盐土、滨海风沙土（又包括流动沙土、半固定沙土和固定沙土）、地带性土壤或潮土。南海诸岛的土壤是由第四纪珊瑚等其他海洋生物残骸、海鸟粪便和植物残体相混合，并经过一定程度的脱盐而形成，这类土壤在成土过程中没有产生次生黏土和硅等矿物，有机质丰富，土壤中富含磷、钙而缺乏硅、铁、铝黏粒，pH 8~9，土壤含盐量较高，全土壤剖面呈强石灰性反应，形成年龄约为 1000~2000 年。随着土壤由滨海沼泽盐土或磷质粗骨土发育成普通磷质石灰土，乃至硬磐磷质石灰土，土壤年龄呈现出渐增的趋势。南海诸岛的滨海沙地具有土壤粗砂粒多、干旱、强光高温、高盐碱、贫瘠、强风、沙埋等恶劣条件，植物形成了一系列的功能性状及生理生态适应机理。

从 20 世纪 60~70 年代至今，华南植物园通过对南海岛屿地区的 141 个岛屿进行调查，共发现野生或常见栽培种子植物 221 科 1475 属 3930 种，可以分为 5 个植物区系小区。种类比较多的科有禾本科、蝶形花科、大戟科、莎草科、锦葵科、茜草科、旋花科、菊科、苋科、茄科、椴树科、苏木科、马鞭草科等 13 科。在这些植物中有野生植物 260 多种，以热带成分为主，多数植物科属于热带和泛热带成分，世界广布种少，这些种类多是东半球热带海岸和海岛常见植物。4 个群岛的植物区系中的植物亲缘关系比较疏远，其单科单属单种植物比例高，种与属的数量很接近。各群岛的植物因受海洋隔离，植物不是以其亲缘关系而群居，而是以其生物和生态学特性趋同而组合，部分是人为作用的结果。各岛礁植物以阳生性为主，阴生植物极少，这些阳生植物还具有耐盐、耐高温、耐旱、喜钙、嗜肥等特征。各岛礁 C$_3$ 植物占绝对优势。由于风大、干旱、盐生，热带珊瑚岛的野生植物均具有多种功能性状，但每种植物会有一个突出的功能性状以适应逆境。例如，肉质形态是海马齿适应旱生的功能性状。由于受盐、风及强光影响，植物具有肉质叶片，叶表皮密被白毛，以降低蒸腾和失水，如银毛树。草海桐叶片有一层蜡质，起反光和保护作用。大部分木本植物的树干里薄壁细胞非常发达，具有显著的髓部或髓腔，木质化不完全，机械组织不发达而易折。所有乔木会变矮，其叶子均为大型或中型叶。此外，南海诸岛大部分植物的繁殖方式均包括有性和无性两种，以利于繁衍。为抵御干旱，一些植物根系发达、深深扎于石缝中，一些植物枝叶肉质可以贮存丰富的水分；为减少蒸腾，一些植物叶子退化，仅存肉质的茎，一些植物的营养器官退化成刺，一些植物遇旱则把叶子卷起；为了抵御太阳辐射，一些植物毛被相当发达。不少植物叶子退化为针状刺，可减少蒸腾，如刺葵；有些托叶变为尖刺状，如曲枝槌果藤；有些枝条变为尖刺，如细叶裸实。而为抵御干旱，有些植物体内多乳汁，如细叶榕、笔管榕、匙羹藤、海岛藤、鲫鱼藤、肉珊瑚等。灌木的种类其叶子多为小型的肉质叶，以抵御干旱；有些叶子变成白色毛被，抵御太阳辐射。为了抗风，岛屿灌木丛的高度一般为 1 m 左右，靠近海岸峭壁上的灌木丛更矮，有些不足 50 cm；而生长于岛屿山谷中的灌木丛则较高，有些高达 3~4 m。此外，群落中的植株密度较大，根系发达，分枝较多，互相交织，难以穿梭其中。南海诸岛礁野生植物适应干旱的功能性状有：种子多且萌发快，根系生长快且发达（有些有不定根），叶片具旱生结构（较厚角质层、表皮毛、气孔下陷、栅栏组织发达、蓄水组织发达、细胞持水力强），叶片肉质化，卷叶或叶片硬质化，根系细而多或很深。南海诸岛植物一般可以在土壤含盐量达 8~10 mg/L 时叶片未见任何盐害症状，适应盐分的功能性状有：厚角质层，气孔下陷，叶片针刺状，叶片有盐腺，叶片肉质化。此外，生长于盐生环境的植物为了减少对盐分的吸收，采取了根系拒盐、根系和物质运输过程中选择性吸收离子、叶脉内再循环、气孔关闭降低蒸腾等策略，一般旱生结构也与抗盐能力相关。

南海诸岛许多植物是海漂植物，它们适应海漂的功能性状有：果皮具纤维（如露兜、椰子、滨玉蕊），果皮木质化或栓质化（如海巴戟、草海桐、海人树），种子种质坚硬，颖果有船形外稃。在生理生态指标方面，这些热带珊瑚岛植物对珊瑚岛的养分缺乏有较好的耐受能力，他们通过降低蒸腾速率的方式来提高水分利用效率，抵御干旱胁迫，多数植物能有效协调碳同化和水分利用效率。除人为带上岛外，其余植物种类基本由海流和鸟类传播而来，因而其种子或果实均具耐盐、适于海漂及鸟类传播的构造或特性。核果、浆果和聚合果常作为鸟类或其他动物的食物而被传播。土牛膝和蒺藜草的果实具刺而易被鸟类附着而传播，笔管榕的果实被鸟食传播，抗风桐的果实小且有黏液易粘于海鸟身上而被传播。南海诸岛靠风传播的植物种类相对较少，主要是一些菊科和蕨类植物。

南海各群岛的岛礁均是全新世海面上升后堆积而成，海拔基本都在 10 m 以下，大部分面积都小于 1.5 km²，受风的影响，大部分岛礁（盘）都形成东北至西南长而南至北狭的长椭圆形。因海岛处于高温多雨的海洋中，面积小、海拔低、地形简单、常风大、土壤含钙和盐较高，这些生态因子对植物和植被的影响比气候更大，生态系统脆弱，因而岛上植物的生活型和生态特征均适应这些生境特点。这里富于热带气候条件而植被缺乏季雨林和雨林的结构和特征，在很大程度上是由于土壤对植被的影响超过了气候对植被的影响。滨海土壤的指示植物是大花蒺藜，喜氮植物有马齿苋和土牛膝。一般认为，新产生的海岛，最先到达的是风传播的植物，然后是海漂植物，再者是鸟播植物，最后才是人为传播的种类。南海这些珊瑚岛虽然成陆时间不长，但植物种子通过风力吹送、海水漂流、海鸟携带以及人工移植等方式传播到岛上，使得岛上生长有不少的植物种类。这些植物和鸟类的到来，促进了岛礁从沙到土壤的形成过程，而后者又促进植物的定居和生长。南海岛礁 11 月至翌年 2 月为东北季风，5~9 月为西南季风，年均风速达 5~6 m/s。这种常风对岛的形成和植物的传播是有利的，但却加强了植物的蒸腾和土壤的蒸发，使旱季更干旱，树木的生长高度受限，形成旗形树冠，甚至吹断树木。岛礁常年吹的盐风会使叶片变黑，甚至导致植物死亡。此外，由于南海诸岛的雨水季节分配不均，旱季植物缺少水分。有些岛礁形成了浅层地下淡水透镜体，需要合理利用，破坏以后对植物的生长会造成不利影响。

由于南海诸岛面积小，植被形成极不容易，而这些植被是支撑岛礁生态系统的基本元素，需要加以保护。古孢粉分析表明，南海诸岛历史上以 C_4 植物为主，有热带、亚热带和温带植物，但现代则以 C_3 植物为主，这些植物对全球变化极其敏感。因此，对南海诸岛的野生植物和天然植被要以保护为主。当然，在防风固沙的前提下，对部分岛礁现有矮小灌草群落可以进行造林绿化，促进其向森林发展。除了南海诸岛乡土植物外，还可以考虑引种世界同纬度地区海岛的植物。如马尔代夫有 600 种左右的植物，夏威夷群岛有 960 多种植物，菲律宾、印度尼西亚、马来西亚、中南半岛国家（越南、泰国等）等国出版的植物志中有近 300 种滨海植物可用。此外，加勒比海、南亚和非洲低纬度海岛的植物也较丰富，可以引种，特别是引种那些野生型果蔬类植物。从物种清单和植物区系进行选种后，可同时根据生态生物学性状评价适生性，根据物种的空间分布在岛上相应区域种植相应的物种，根据种间关系进行物种搭配，根据植被类型进行群落配置，根据土壤理化性状进行改良。

在岛礁种植植物时，沿海地区由于受大风和海浪的动力作用会形成盐雾，盐雾沉降于树木的枝叶上造成生理脱淡水，严重时枯萎溃死。为了避免这种情况，可以建立防护林，或在防护林建立前通过土堤、网、墙等障碍物预防海煞。还可以利用邻近地区的植物通过海流传播到海岛上，使这些人工岛在海流到达的地方新设一些物种漂流"受体站"，吸引本土植物来自然定居。在植被建设过程中，还要注意刚建成植被的外来入侵种或恶性杂草问题，避免出现像夏威夷那样的入侵种失控现象。当然，在植物保护和植被建设的过程中，还要加强监测和科研工作，更要加强保护的执法力度。对南海诸岛的植物，过去有一些定性的研究，而缺少定量的研究；面上调查的多，而缺少生态因子和植物的长期定位研究，更缺少生态系统恢复和重建的相关研究。在未来，需要对这些不足之处进行改进，为南海诸岛植物的可持续发展和利用提供科技支撑。我们提出适合南海岛礁为代表的植物引种策略，建议引种适宜防风固礁、绿化美化、药用和食用的植物种类，为绿化美化南海岛礁、保持岛礁植物群落生态平衡提供参考依据。

植物常规的繁育主要包括种子繁育、扦插繁育、嫁接、压条等技术。现代生物技术的发展可以使植物细胞全能性得到全面的利用和发展，利用植物组织培养技术可以从植物茎段诱导新的腋芽进行繁殖，还可以从不同的外植体（如叶片、根、花器官等）诱导芽的器官发生或体细胞胚胎发生，重新形成新的植株，还保留植物原有的基本特性。我们在前期海岛植物引种的基础上，在海南文昌建立了 10 hm² 的海岛植物繁育基地。通过种子和扦插繁育技术，能够让绝大多数植物能够有效的繁殖，现在年生产能力可达 100 万株，基本满足海岛绿化的需要。此外我们又从文昌育苗基地引入了几十种植物，在华南植物园育苗基地进行了繁育。同时我们以芽、花器官或叶片等为外植体，进行了植物组织培养的科学研究工作，建立了多种植物的繁育体系研究，其中很多研究都是国内外首创，填补了国内外的空白，通过这些技术的繁育繁殖了几万苗供南海岛礁的绿化试验。本书就是对海岛植物进行播种和扦插繁育以及组织培养技术研究基础上的基本总结，同时我们也查阅了国内外有关植物繁育技术，对植物的繁育以及其功能都进行了补充，书中附加了一些科研相关的图片，图文并茂，希望给读者一个直观清晰的认识和了解。

2020 年 8 月 8 日

目录

海雀稗

Paspalum vaginatum Sw.

物种介绍

海雀稗是禾本科雀稗属多年生植物。具根状茎与长匍匐茎，花果期 6~9 月。海雀稗源于非洲和美洲，发现于南北纬度 30° 之间的沿海地，世界各地均有引种。1935 年澳大利亚从南非引种，种植在阿德莱德，美国从海岛（美国的岛屿）、佐治亚州引种到佛罗里达和夏威夷。现分布于中国、印度、马来西亚及全世界热带亚热带地区；在中国分布于台湾、海南及云南。

1. 耐盐性

海雀稗生长于海滨及沙地。喜光不耐阴、耐旱亦耐水湿、耐沙埋、耐践踏、耐水渍，连续淹水一周不会对其生长造成任何影响。

海雀稗被认为是最耐盐的草种，其耐盐浓度在 5.5~20.3 dS/m。品种间的耐盐性有很大差异，如夏威夷草种 EC（电导率）三辛基膦 50% 为 40 dS/m，FSP-1 为 28.6 dS/m，在有海水的水湾和盐渍地，海雀稗都能正常生长。总之，海雀稗 ECe（盐基代换能）临界值在 2~26 dS/m，在产量减少 50% 时，ECe 为 17~40 dS/m。

2. 抗寒性

海雀稗主要分布在热带和亚热带地区，其抗寒力明显不足。在适宜的管理条件下，抗寒性可明显提高。

3. 耐阴性

海雀稗能承受大约 30% 或更少的荫蔽，即能承受 70% 或全日光照射。在连续阴雨、减少光照的条件下，海雀稗依然能保持绿色。

海雀稗分枝多，根状茎和匍匐茎发达，节节生根，生长速度快，具有很强的侵占性和快速扩展能力，是盐碱地绿化的首选地被植物，更是滨海地区盐土改良和水土保持的优良植物，常作为鱼塘堤岸和海堤的护坡植物。海雀稗可作为改良受盐碱影响的土壤的草种。多用于改良受盐碱破坏的土地和受潮汐影响的土壤，以能适应各种非常恶劣的环境而闻名，被认为是沼生植物和中性植物。

海雀稗作为草坪植物，由于海雀稗源于限制大部分植物生长和生存的海滨地域，具有多种抗逆特性和适应恶劣环境的特性，在养护管理成本低的条件下，仍能保持草坪质量，并具有较强的生长能力，因而逐渐为高尔夫球场管理者所接受，并在热带和亚热带地区广泛应用。它是热带、亚热带沿海滩涂和类似的盐碱地区高尔夫等绿地建植的最佳选择。

海雀稗也是一种优良的牧草。

繁育技术

海滨雀稗染色体数为 2n = 20，为 C₄ 植物，为有性繁殖的二倍体种。二倍体雀稗属一般是自交不孕或无融合，有异花授粉的习性。

1. 种子繁殖

海滨雀稗可种子播种，也可使用根茎进行繁殖，国内使用者可选用进口草种或进口草茎进行草坪建植，以保证品种的纯正。建成后养护要求不高，耐低修剪，修剪高度以 1.5~2.5 cm 为宜。草种建坪的技术与本特草类似。一般播种量在 5 g/m³，包衣种子的加倍。播种后利用耙沙机滚压，使种子紧密接触到土壤有助于发芽。发芽缓慢，一般要 1 d 左右，期间要保持湿润。由于种子细小，最好盖上无纺布，以保证不被灌溉水或者大雨冲跑。

2. 草茎繁殖

使用梳草机梳取草茎，草茎长度要保证两个节以上。一般每平方米用 0.3~0.5 kg 草茎，均匀撒上后用植草器压入。保证坪床湿润直到草茎生根。两周后适当施肥养护，一般 1 个月可以成坪。

3. 组织培养

以海雀稗的幼穗为外植体材料，在附加 2,4-D 2.0~4.0 mg/L 稍作修改的 MS 培养基上，愈伤组织诱导率达 90% 以上。不同发育时期的幼穗影响其愈伤组织的诱导发生频率：1.0~2.0 cm 长的幼穗，愈伤组织诱导率达 80% 以上；2.0 cm 以上的幼穗，诱导率降至 60% 以下。在添加 2,4-D 2.0 mg/L 和 BA 0.05 mg/L 的愈伤组织诱导培养基上，诱导产生的颗粒状愈伤组织占愈伤组织总数的 40% 以上。愈伤组织继代培养基中琼脂的用量提高到 16 g/L 时，愈伤组织在继代培养过程中保持颗粒状结构。颗粒状愈伤组织经连续继代培养 3 次后转移到附加 BA 2.0 mg/L 的分化培养基上，植株再生频率达 98%。通过提高愈伤组织继代培养基的渗透压，海雀稗幼穗诱导产生的颗粒状愈伤组织在继代培养过程中能够保持颗粒状的结构和高频率植株再生的能力。

栽培管理

1. 剪草

对海雀稗来说，降低剪草高度，会使草的节间缩短，草坪密度增加，从而减少杂草入侵。不同品种的最佳剪草高度可以不同，如使用海雀稗作为高尔夫球场发球台到果岭用草时，其最佳的剪草高度分别是果岭 3~5 mm、发球台和球道 13~20 mm、长草区 25~50 mm。草坪管理者要根据季节、气候变化、草坪的健康状况等来调节剪草高度，以增加草坪对不良环境和胁迫的抵抗力。

2. 水分

海雀稗草的耐盐性极高，可用海水直接浇灌。另外，海雀稗的耐旱性也强，一般来说，在正确的管理情况下，其需水量要比狗牙根草少一半。通常每周浇水 25 mm，即可满足海雀稗的水分需要，当然这还取决于其他有关因素，包括湿度、温度、日照时间、土壤质地、有机质、风等。多量少次的浇水会促进根系生长和下扎，同时可提高海雀稗的抗旱性。海雀稗具有很深的根系。另外，由于海雀稗可直接使用海水灌溉，如采用海水或再生水作为灌溉水源，就必须考虑对土壤中盐分含量的监控，防止出现盐害问题。

3. 养分

海雀稗的需肥量要比狗牙根草少一半，这是因为海雀稗有很深和强壮的根系。对于球道和发球台，合适的施氮量为每年 10~20 g/m²，而果岭的施氮量相对要高一些，为每年 15~30 g/m²。如果球场的草坪全年生长，施氮肥要相应高一些，球道和发球台为 15~30 g/m²，果岭为 25~40 g/m²。但是，如果氮肥使用过多（每年超过 20 g/m²），会引起枯草层的积累，也容易引起剃头现象。为避免这些问题，在夏季生长旺盛时，控制氮肥用量，每月施氮量为 1.6~3.2 g/m²。在春季和秋季每月可施氮 2.5~5 g/m²，如果要交播冷季型草，秋季应少施肥，以减少暖季型草的生长势头。

4. 病害

剪草高度低于 12 mm 时，易染上银圆斑病，尤其是来自澳大利亚和夏威夷的品种对这种病特别敏感。在每年的春季和秋季，为该病的易发期。通过梳草，降低草的密度，能减少发病率。如能按上述做到有计划地梳草或打孔，或海水浇灌，能避免银圆斑病的发生。

5. 虫害

如果与狗牙根或其他草混播，海滨雀稗不会成为虫害的第一个攻击目标。经常性的虫害有：草地螟、黏虫、叶蝉、蝼蛄、象虫等。蝼蛄采用诱灌法、黏虫和叶蝉采用叶面喷洒、草地螟和象虫采用喷洒药后适当喷水等方法，都能有效防治这些虫害对草坪的危害。使用海水喷灌也能减少虫害的发生。

6. 施肥

施肥与冷季型草坪草相似，夏季少量，春秋季适量，初冬重施。采用海水喷灌的，可减少施肥量。

参考文献

[1] 钟小仙，刘智微，常盼盼，等 . 秋水仙素诱导获得自交结实的海滨雀稗体细胞突变体 [J]. 草业学报，2013，22(6):205-212.

[2] 覃帅 . 九种草坪草适宜高尔夫球场的初步研究 [D]. 湖南农业大学，2013.

[3] 罗小波 . 09-1 海滨雀稗生物学习性及坪用质量研究 [D]. 湖南农业大学，2012.

[4] 张兆松 . 海滨雀稗，一种极具潜力的应用草种 [J]. 世界高尔夫，2011(10):91.

[5] 马宗仁，梅大钊，黄艺欣，等 . 三点金和海滨雀稗种子成苗阶段吸水量及耐旱性 [J]. 干旱地区农业研究，2003, 21(2):82-85.

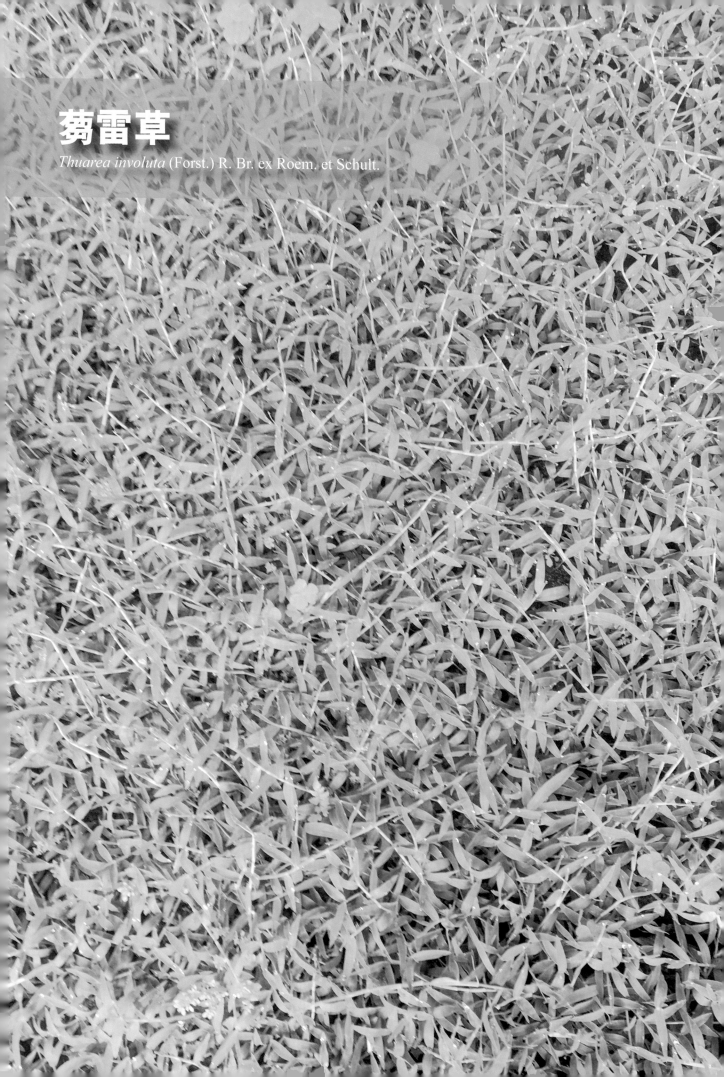

蒭雷草

Thuarea involuta (Forst.) R. Br. ex Roem. et Schult.

物种介绍

为禾本科蒭雷草属多年生草本。秆匍匐地面，节处向下生根。花果期 4~12 月。

产自中国台湾、广东等地；日本、东南亚、大洋洲和马达加斯加也有分布。生长于海岸沙滩。

繁育技术

1. 种子繁殖

种子加河沙混合，轻轻搓擦，去除颖壳蜡质以利发芽。种子温水浸种 2~3 h 后，按种子与细河沙 1∶5 的比例混合后，盖草保温保湿、催芽，每半天翻动 1 次，加水促进萌芽。约见 "露白" 10%~20% 或催芽 5~6 d 后，即可播种。3 月底 4 月初播种，播量为 10 g/m²，条播为主，幅宽 30 cm 左右，亦可撒播。播种时按种子比钙镁磷肥 1∶0.5~1 加适量土灰拌种均匀浅播。播后用腐熟有机肥和土灰薄覆，必用稻草、无籽野草或农膜覆盖保温、保湿和防雨水冲散种子。保持苗床湿润 15~20 d。大部分出苗后，及时揭膜、中耕除草、施肥，苗高 13~17 cm 时，可施氮肥催苗。苗龄 40~60 d 即可带土移栽。

2. 扦插

以 10 cm 长匍匐茎体为繁殖单位，剪除插穗先端的部分叶片，株距保持 20 cm × 30 cm 左右，将基部斜插入土，并压实土层。抓紧前期的中耕、浇水、除草、施肥管理。

3. 组织培养

（1）蒭雷草匍匐茎段外植体诱导及增殖

在接种的前期，蒭雷草的芽诱导比较慢，接种后近 3 个月它的不定芽才从节茎处分蘗出来。将芽切割转到增殖培养基中，60 d 后可增殖 3 倍左右，不定芽增殖较好的培养基为 BA 3.0 mg/L，NAA 0.02 mg/L。

（2）pH 对芽生长的影响

海滩植物一般喜生长在中性土壤中，根据它的生长习性，设置了 3 种不同 pH 的培养基，从中可看到，3 种培养基中所诱导的芽数量不明显，但它的生长状态比较明显。可能是偏酸性 pH 培养基对它的营养元素吸收能力差。pH 5.5 的苗生长比较弱。pH 7.5 比较适合蒭雷草的繁殖。

（3）生根

蒭雷草比较容易长根，不管是加低浓度的细胞分裂素或是生长素都能够诱导其生根，它的生根率达 99% 以上。为了提高移栽成活率，选择蛭石培养基做生根培养基，将 5~6 cm 高的小苗培养在蛭石培养基中，大概 13 d 左右就可生根。

（4）移栽

待小苗伸长到 6~7 cm 高时，将已生根小苗从蛭石培养基中取出，直接移栽在土里，成活率达 85%。

参考文献

[1] 张若鹏，欣玮玮，张舒欢，等 . 广西植物新资料 [J]. 广西植物，2018, 38(8):1102-1105.

地毯草（大叶油草）

Axonopus compressus (Swartz) Beauv.

物种介绍

　　地毯草是禾本科地毯草属多年生草本植物。地毯草秆扁平、丛生，具有长的匍匐茎，节上密生灰白色柔毛，株高 10~35 cm。

　　地毯草属约有 40 种，原产南美洲，广泛分布于巴西、阿根廷及中美、南美国家，在美国中南部和南部各州的适应性良好；在澳大利亚广泛分布在潮湿或高降水量的海岸区。在高尔夫球场的球道区、公园、路边和机场内较为贫瘠的沙性土质上，地毯草表现良好。中国于 20 世纪 50 年代首先作为热带牧草引入，我国目前发现有 2 个种，分别是地毯草和近缘地毯草，在草坪草的分类上属于暖地型草坪草。地毯草分布于南北纬 25°范围，生长在热带、亚热带及气候温暖的地区。在中国主要分布于广东、广西、海南、福建等华南部分地区的疏林下和路边。因其匍匐茎生长繁殖快，生命力强，有侵占性，植株平铺地面，低矮平整、耐阴性强，同时也是良好的保土植物，于 20 世纪 80~90 年代开始应用于园林绿化。

　　地毯草野生种质资源主要分布在我国的广东、广西、海南、福建、云南等地的热带以及南亚热带气候区域，在江西、贵州、四川以及湖南等地的南部地区首次发现了地毯草。地毯草分布区的最高纬度为 27°10′ (N)，海拔 1350 m。在不同生境采集的地毯草在形态特征方面拥有一定的变异，在台湾高雄和广东乐昌采集的地毯草材料具有较好的利用价值。地毯草自然种群主要分布于潮湿的河滩地、沟旁、路边、丘陵山地、山坡疏林地以及山谷地带，土壤营养成分含量的变化幅度较大，但多贫瘠且呈酸性（土壤 pH 3.5~7.3）。主要群落组成为地毯草 + 竹节草 + 假俭草 + 双穗雀稗、地毯草 + 竹节草 + 狗牙根 + 马唐、地毯草 + 两耳草 + 狗牙根 + 白花地胆草。

地毯草喜高温高湿气候，不耐寒，年降水要求 775 mm 以上。当气温在 20℃ 以上时，生长快并能很快覆盖地面，以 22~25℃ 生长最盛，35℃ 以上持续高温少有夏枯现象。地毯草为多需水植物，土壤水分不足和空气干燥时不仅生长不良，而且叶梢干枯，影响绿化效果。喜光耐阴，在开旷地叶色浓绿，草层厚；在林下亦能良好地生长。喜潮湿肥沃的土壤，但具有较强的耐瘠薄能力，在砾矽、岗坡、堤坝、路边等土壤质地差的地块均可密被地面，形成良好的覆盖层，主要用于绿化以及公路护坡等。

地毯草低矮，比较耐践踏，再生力强，茎蔓延迅速，节上能生根和分蘖，侵占力极强。所以地毯草在广东的应用也很广泛，可作为休息活动草坪、疏林草坪、运动场草坪、固土护坡草坪等。

繁殖技术

1. 播种繁殖

用种子繁殖时，要求整地精细。地毯草适合种子发芽的温度为 20~35℃，播种地毯草想要快速出苗，播种时间的选择很关键，合适的时间有利于种子发芽，提高种子的发芽率，夏季播种出苗最快而且整齐。所以，播种地毯草最好选择夏初或夏末。不是说其他时间不能播种。地毯草是热带植物，因此，播种时对气候和温度也是有要求的，气候温暖、光照充足的地方比较适合种植地毯草，比如我国的广西、广东和云南等地就非常适合种植地毯草，虽然地毯草对土壤的要求不是特别的严格，对肥力要求也不是那么高，但为了保证出苗，最好还是要选择肥沃的砂壤土，这样既可以保证幼苗生长所需的营养，又有利于排水，不积水，较干旱的砂壤土不太适合种植地毯草。3 月虽然可以播种地毯草种子，但并不是好的播种时间，地毯草种子播种的好时间应该是在夏初或夏末，地毯草是暖季型草坪草，种子发芽和幼苗生长对温度要求稍高一些，

而且温热潮湿的气候最利于地毯草的生长，夏初和夏末无论是温度还是降雨条件都能满足地毯草种子的发芽和幼苗的快速生长。播种季节以夏初或夏末为宜，撒播、条播均可，播种后用滚筒滚压，无需盖土。每亩 * 播种量 0.4 kg。地毯草种子成熟后，宜用摘穗式收割机收获。建议在夏初或夏末这两个时间段进行地毯草播种。地毯草在播种前，需要精细整地，平整无石砾的地块也是决定出苗的关键因素，这一点切不可以忽视。播种方式可以选择条播或撒播，这个可以根据自己的实际情况而定，播种完后用滚筒滚压即可，不需要覆土。播种完后要适当喷水，为种子发芽提供必要的水分条件。草坪进入生长期后耐旱能力一般，因此在天气比较干旱时要增加浇水的频率，在春、夏、秋三个季节要各施一次氮肥。草坪长到一定高度要加以修剪，从而保持草坪的美观和实用性。地毯草是一种耐旱性不强的草本植物，在播种后、幼苗期以及成坪后都需要经常的浇水，尤其是在草坪遭到践踏和破坏后，及时的浇水，补充水分可以帮助草坪尽快恢复，干旱季节要随时观察草坪状况，发现旱情要立即浇水，关于浇水的频率可以根据草坪的生长情况而定。地毯草的蔓延速度非常快，如果不经常修剪，草坪容易变得过于密集和不整齐，尤其是在抽穗后草坪会变得高低不平，勤加修剪不但可以保证草坪的美观性，也可以使草坪更加实用。

2. 扦插繁殖

地毯草主要用根蘖繁殖，极易成活，株行距 50 cm×50 cm。

栽培管理

1. 光照和土壤

地毯草喜充足阳光，也较耐阴，是很好的草坪草。地毯草对土壤要求不严，在冲积土和较肥沃的砂壤土上生长最佳，在干旱沙土或高燥地生长不良。

2. 修剪

因为地毯草茎蔓延迅速，草坪会变得密集而高，而且秋季会开出高而粗糙的花穗，所以作为休息活动草坪、疏林草坪和运动场草坪，必须根据具体的情况进行必要的修剪。

3. 浇水

作为休息活动等草坪，经常受践踏，而且地毯草的根系浅，不大耐旱，所以要让草恢复和生长得好，在干旱时要注意浇水。

4. 施肥

作为休息活动等草坪，由于践踏较频繁，为了让草坪恢复和生长快，在春、夏、秋三季可各施一次氮肥，每 100 m² 约施 150 g，施后立即浇水。对于受损太严重的草坪，应当禁止游人再进入，让其恢复良好。

参考文献

[1] 席嘉宾，陈平，郑玉忠，等.中国地毯草野生种质资源调查 [J].草业学报，2004(01):54-59.

[2] 寒洪英，邹寿青.地毯草的光合特性研究 [J].广西植物，2003, 23(2):181-184.

[3] 郭力华，王立，刘金祥，等.地毯草营养枝与生殖枝光合生理特性研究 [J].草地学报，2004, 12(2):103-106.

[4] 张利，赖家业，杨振德，等.8 种草坪植物耐阴性的研究 [J].四川大学学报 (自然科学版)，2001(4):584-588.

[5] 席嘉宾，郑玉忠，杨中艺.地毯草 ISSR 反应体系的建立与优化 [J].中山大学学报 (自然科学版)，2004, 43(3):80-84.

[6] 杨桦，尚以顺.贵州主要野生草坪草 [J].四川草原，1995(3):24-26.

* 1 亩 ≈666.7m²。

狗牙根

Cynodon dactylon (L.) Pers.

物种介绍

狗牙根是禾本科狗牙根属低矮草本植物，秆细而坚韧，下部匍匐地面蔓延甚长，节上常生不定根，花果期5~10月。广布于中国黄河以南各地，全世界温暖地区均有分布，多生长于村庄附近、道旁河岸、荒地山坡。幼嫩时期粗蛋白质含量占干物质的17.6%、粗脂肪占2.0%、粗纤维占29.6%、无氮浸出物占36.5%、粗灰分为14.3%。其根茎繁殖能力强，生长快、产量高。叶量丰富，草质柔软，味淡，其茎微酸，适口性好，黄牛、水牛、马、山羊、兔等家畜均喜采食，幼嫩时猪及家禽也喜食。根茎可以入药，具有清血的功效。狗牙根根系发达，根量多，是一种良好的水土保持植物；也是铺设停机坪、运动场、公园、庭院，绿化城市、美化环境的良好植物。

繁殖技术

狗牙根种子发芽率很低，能出苗的种子很少，故要选土层深厚肥沃的土地进行耕翻，每公顷施畜圈粪6万~7万 kg、过磷酸钙150~225 kg作基肥。其主要栽培方法有以下几种：

1. 播种法

用种子进行繁殖。狗牙根种子小，土地需要细致平整，达到地平、土碎。种子发芽日以平均温度18℃时最佳，每公顷播种量3.75~11.25 kg。播种时可用泥沙拌种后撒播，使种子和土壤良好接触，有利于种子萌发。

2. 条植法

用枝条繁殖。按行距为0.6~1 m挖沟，将切碎的根茎放入沟中，枝稍露出土面，盖土踩实即可。

3. 分株移栽法

挖取狗牙根的草皮，分株在整好的土地中挖穴栽植，注意使植株及芽向上。

4. 块植法

把挖起的草皮切成小块，在要栽植的土地上挖比草皮块宽大的穴，把草皮块放入穴内，用土填实即可。

5. 切茎撒压法

早春将狗牙根的匍匐茎和根茎挖起，切成6~10 cm的小段，混土撒于整好的土地上，然后及时镇压，使其与土壤接触，便可发芽生长。

6. 组织培养

以匍匐茎为外植体，经0.1% $HgCl_2$ 消毒后，用无菌水洗涤3~4次，然后取节间为材料，接种到含2.0 mg/L 2,4-D的MS培养基上培养。经过30 d的光照培养后，在茎段腋芽处，能够诱导产生一些黄色愈伤组

织。当将此愈伤组织转移到含有 0.1~0.5 mg/L 的 BA 培养基上时，能够再生出不定芽，随着培养时间的延长，部分芽体能直接生根；而当愈伤组织在较高浓度的 BA 培养基（1.0~2.0 mg/L）上培养时，能够诱导更多的不定芽的形成，但延长培养时间并不能够诱导直接生根。当不定芽长到 3~4 cm 高时，可分切成为单个芽或少量的丛生芽，并转移到 1/2MS 培养基并且附加 IBA 0.5 mg/L，半个月内即可诱导 100% 的生根。在培养总共 1 个月后，丛培养瓶中取出生根的小苗，转移到荫棚里含有有机质：蛭石（2：1）的基质上培养。在 25~30℃ 的气温条件下保湿管理，1 个月后，97.8% 的试管苗能够移栽成活。

栽培管理

1. 水分管理

狗牙根草坪不可缺水，要经常给水，可采用浇灌或喷灌，水分要充足，一般浸透 10~15 cm 深，浇水时

间以早晚为宜。

2. 修剪

修剪狗牙根草坪能使狗牙根草坪平坦、低矮、美观，提高观赏效果，促进新陈代谢，改善密度和通气性，并减少病原体和虫害的发生，有效抵制杂草。常用的修剪工具有割草机和割灌机。管理较精细的一般留茬高 3~5 cm，狗牙根草坪全年可修剪 8~10 次。

3. 除杂草

杂草是狗牙根草坪的大敌，若管理不善，发生杂草，轻者影响美观，重者整片狗牙根草坪报废，所以清除狗牙根草坪杂草也是狗牙根草坪养护管理中的一项重要工作。

4. 施肥

狗牙根草坪逐年吸收养分，土壤肥力下降，为保证其生长繁茂，必须予以施肥。一年需施肥 2~3 次，一般在春季和仲夏进行，可用的化学肥料较多，主要有尿素、过磷酸钙、氯化钾和复合肥。冬末春初，打孔松土并施天然有机肥，以改良土壤，常用有机肥有厩肥、堆肥、腐殖土、草木灰等。

5. 病害

草坪锈病用 20% 萎锈灵乳剂 500~800 倍液、敌锈钠 250~300 倍液或 25% 粉锈宁 500~1000 倍液喷射；叶枯病、立枯病、叶斑病等可用 75% 百菌清 600 倍液、甲基托布津 800 倍液、50% 多菌灵或 50% 退菌特 800~1000 倍液喷射，立枯病亦可在枯死圈撒施石灰消毒。注意交替用药，以免某些病原对它产生抗药性，降低防治效果。

6. 虫害

蛴螬、非洲蝼蛄等地下害虫食草根。小地老虎危害茎，黏虫、斜纹夜蛾危害叶片，造成草坪秃斑、萎蔫或枯死，可用辛硫磷、三唑磷等交替喷洒或浇灌进行防治，黑光灯诱杀成虫效果也很好，草坪螨类可用 73% 克螨特乳油 2000~3000 倍液喷射。地下害虫可用炒香的麦麸 5 kg 加敌百虫 5 kg，再加适量水，配成毒饵在草坪草行间诱杀。另外，在引种的过程中要做好检疫工作，防止携带病虫害。

参考文献

[1] 孙熙喏，赵佳愉，孙福来，等 . 氮素用量对狗牙根营养体建坪效果的影响 [J]. 林业与生态科学，2019，34(4):P.431-435.

[2] 王雪如，闫锋，张海燕，等 . 狗牙根分蘗芽发育的形态结构研究 [J]. 新疆农业大学学报，2019, 42(4):243-248.

[3] 韩文娇，白林利，李昌晓 . 水淹胁迫对狗牙根光合、生长及营养元素含量的影响 [J]. 草业学报，2016(5):49-59.

[4] 范吉标 . 狗牙根耐寒生理及分子机制解析 [D]. 2016.

[5] 曾成城，王振夏，陈锦平，等 . 不同水分处理对狗牙根种内相互作用的影响 [J]. 生态学报，2016(3):696-704.

[6] 秦洪文，刘正学，钟彦，等 . 狗牙根种子对模拟水淹的生理及萌发响应 [J]. 中国草地学报，2014, 36(5):76-82.

[7] 邵世光，孙鑫，张雷，等 . 海水胁迫对狗牙根种子萌发的影响 [J]. 湖北农业科学，2013(2):387-389.

[8] 黄春琼，张永发，刘国道 . 狗牙根种质资源研究与改良进展 [J]. 草地学报，2011(3):531-538.

细穗草

Lepturus repens (G. Forst.) R. Br.

物种介绍

细穗草是禾本科细穗草属的多年生草本植物，秆丛生。

产于中国台湾。分布于印度、斯里兰卡、马来西亚及中南半岛、大洋洲等地。模式标本采自大洋洲。多生长于海边珊瑚礁上。

繁育技术

1. 种子繁育

收集种子，将种子浸泡 1 h 后和有机质、河沙一起混合后，撒播于平坦的泥土中保湿管理。一个星期后种子萌发长出新芽。

2. 分株繁育

由于细穗草有分蘖特性，它可以以丛芽的形式进行繁殖。可利用这个特点将丛芽挖出，分成几个小单株或丛株，然后再次种植在泥土里。

3. 组织培养

以细穗草茎秆的节为外植体，将穗状的长叶子剪掉，留下茎秆带节的部位，置于流水下清洗大概 20 min 后取出，将茎秆的外层包叶剥掉后在超净工作台上将处理完后的材料投入到 0.1% HgCl$_2$ 里消毒 20 min，无菌水洗 4 次后接到诱导培养基。培养条件：30 g 蔗糖，pH 调为 6.0。

研究生长调节剂对茎秆节间不定芽诱导及植株再生的影响，从而建立细穗草的离体再生体系，结果表明：细胞分裂素及激动素对细穗草茎节不定芽的诱导及丛芽增殖效果明显，不定芽随生长激素的提高而提高，在 BA 3.0 mg/L 的培养基上丛芽增殖率可达到 75%，在繁芽的基础上，以细穗草的芽基为外植体，诱导愈伤组织发生，不同的生长调节剂组合对愈伤组织诱导均存在差异，在 MS+ 2.4-D 1.0 mg/L + NAA 0.2 mg/L + TDZ 0.5 mg/L 培养基上诱导的愈伤组织大部分为淡淡的紫色，含水状，转到 BA 1.0 mg/L + NAA 0.2 mg/L 培养基中，不定芽分化达 52%；在 2.4-D 0.5 mg/L+ NAA 0.2 mg/L + TDZ 1.0 mg/L 培养基上诱导的愈伤组织为米黄色及白色之间，愈伤组织显颗粒状样，转到 BA 1.0 mg/L + NAA 0.2 mg/L 培养基中，不定芽分化达 75%。细穗草的愈伤组织适宜在散射光下培养，愈伤组织诱导较好培养基为 2.4-D 0.5 mg/L + NAA 0.2 mg/L + TDZ 1.0 mg/L，愈伤组织分化较好培养基为 BA 1.0 mg/L + NAA 0.1 mg/L。将生长健壮的丛芽分成 2~3 个为一丛，转到生根培养基中，生根培养基为 IBA 0.2 mg/L，20 d 后可见苗的基部有多条根生出，生根率达 100%，将生根的苗从瓶子中取出，洗干净粘在根上的培养基后直接移栽到培养土里，成活率达 96.7%。

参考文献

[1] 张若鹏，欣玮玮，张舒欢，等. 广西植物新资料 [J]. 广西植物，2018, 38(8):1102-1105.

[2] 邢福武，吴德邻，李泽贤，等. 西沙群岛植物资源调查 [J]. 植物资源与环境学报，1993(3):1-6.

文殊兰（文兰树、朱兰叶、水笑草、裙带草、郁蕉、郁金叶、海带七、腰带七、秦琼剑、牛黄伞、千层喜、扁担叶、裹脚叶、裹脚莲、白花石蒜、海蕉、水蕉、允水蕉、滨木绵、翠堤花、罗裙带、裙带草、秦琼剑、千层喜、郁蕉、腰带草）

Crinum asiaticum var. *sinicum* (Roxb.ex Herb.) Baker

物种介绍

文殊兰为石蒜科文殊兰属多年生草本植物。

文殊兰喜温暖湿润、光线充足、腐殖质肥沃的环境，耐阴湿、耐盐碱，不抗寒冷、不抗强光。文殊兰的习性特点决定它适合在南方种植，其主要分布于中国广东、广西、福建、海南、四川、香港及台湾等地。

1. 药用

文殊兰味辛、苦、性凉，它的药用价值在很多国家都有研究及应用，在印度被用于治疗泌尿系统的疾病；在马达加斯加外用治疗皮肤病；文殊兰在中国民间也早有应用，主要用于治疗腰痛、跌伤骨折、皮肤溃疡、淋巴结炎、热疮肿毒、淋巴结炎、咽喉炎、头痛、痹痛麻木、毒蛇咬伤等。有报道称，文殊兰还有抗癌、镇痛、抗炎、抗拟胆碱样、保护心血管以及诱导肿瘤细胞凋亡等多种作用。

2. 观赏性

文殊兰花叶并美，叶子常年绿色，花 1 年 2 次，花期长，具有较高的观赏价值，既可作园林景区、校园、机关、住宅小区绿化的点缀品，又可作庭院装饰、房舍周边的绿篱。作为盆栽，可置于会议厅、宾馆、宴会厅、书房等，典雅大方，尤其是花期散发出淡淡的清香，令人赏心悦目。

繁殖技术

1. 播种繁殖

文殊兰开花后，为了提高结果率，可以采取人工授粉，从开花授粉到果实成熟需要 60 d 左右。文殊兰结果率比较低，每朵花一般仅结一粒种子，当种子外皮呈黄白色时即可采集。因种子含水量大，宜采后即播。可用浅盆点播，覆土约 2 cm 厚，浇透水，在 16~22℃ 下，保持适度湿润，不可过湿，约 14 d 后可发芽。待幼苗长出 2~3 片真叶时，即可移栽于小盆中，也可晒干等翌年春季播种。

2. 分株繁殖

盆栽文殊兰长到 2~5 年的时候，就会在文殊兰的根部长出很多小植株，等小文殊兰长到 4~8 个叶子的时候就可以分株了，一般选择在春、秋季进行，分盆时不要浇太多的水，让土壤尽量干松，但不能板结，以免伤害太多的须根。将母株从盆内倒出，将其周围的鳞茎剥下，分别栽种，可以结合在春季换盆时进行，既换土换盆又分出新植株。

3. 花梗繁殖

等花开过后，每朵小花就会陆续枯萎，然后掉落，只剩下长长的花茎及逐渐膨大的花梗。随着花梗的长大，高高的花茎就会弯曲，不能满足种子发育的能量需要，这时候把花茎剪掉，把花梗剪下直接放到花盆中，或者连同长长的花茎一起放到花盆中，把花梗用少量的腐殖质埋上，或者直接把花梗直接放到有腐殖质的花盆上，15 d 后，就会有小植株从花梗基部长出。

4. 组织培育

(1) 不定芽诱导培养基：1/2MS + BA 5.0 mg/L + NAA 0.5 mg / L；

(2) 不定芽增殖培养基：1/3MS + BA 3.0 mg/L + NAA 0.5 mg/L；

(3) 壮苗培养基：1 /3MS + 0.5 g/L 活性炭；

(4) 生根培养基：1/3MS + IBA 0.5 mg/L + NAA 0.2 mg/L + 1 g/L 活性炭。

上述培养基均加入 3% 蔗糖和 0.5% 琼脂，在 pH 5.8、培养温度为 26℃、光照周期 12 h/d、光照强度 25 lx 左右的条件下。用鳞茎为材料，在无菌条件下培养 20 d 左右，就可以培育出文殊兰幼苗。

栽培管理

1. 盆栽管理

为了满足文殊兰不同生长期间所需要的养分，在栽培时，应选择大小适合的花盆加以栽培，1年生小苗分盆期应用小盆，3~4年后分盆的主株可以用中盆，6~9年生的主株可以用大花盆，以利保水保土，供应根系发育。

2. 浇水管理

文殊兰常生于海滨地区或河边沙地，说明文殊兰喜欢湿润，在文殊兰正常生长期间，一般2~3 d浇一次水。夏季要充足供水，保持盆土湿润，几乎每天都要浇水一次，并应经常向叶片喷水，一方面清洗叶片，增加空气湿度，另一方面也起到降温的作用；冬季，天气逐渐变凉，减少用水，可以3~5 d浇一次。如果家里通暖气了，温度较高，尽管是冬季也要增加浇水量，因为文殊兰在室内温度下是不冬眠的。开花期比生长期需要的水量相对较大，要适当地补充水量。

3. 土质管理

文殊兰对土质的选择性不强，以湿润、肥沃、疏松为佳，比较喜欢含丰富腐殖质、疏松肥沃、排水良好的土壤。换盆分株的时候要用原来的土加上一定比例发酵好的羊粪、鹿粪等农家肥，这一方面能使原来的土质变肥沃，另一方面也使土质变疏松。也可以按腐叶土：堆肥土：沙土为2：2：1的量配制混合土栽培。文殊兰是中性植物，能耐盐碱，但喜欢微酸性土质。

4. 光照管理

文殊兰不耐烈日曝晒，稍耐阴。文殊兰生长期光照既不能太强也不能太弱，在酷暑盛夏，应适当遮阴，07:00~12:00应接受全日照，12:00~15:00应搭荫棚遮阴。如果不遮阴，文殊兰的叶面将会晒伤，先出现变黄的斑块，不采取措施，会使斑块增大，扩展到整个叶片，最后烂掉。也可以在整个夏日把文殊兰都放到室内，只要保持整个室内通风及透光，文殊兰就能正常生长且开花。在严冬，把文殊兰放到室内，折射光、散光就能满足文殊兰生长的需要，如果条件允许，可以把植株放到有阳光的窗台等位置，文殊兰就会生长得更好。

5. 温度管理

文殊兰生长的温度范围很广，10~30℃均可，但最适开花生长的温度为15~20℃，夏季高温时要采用遮阳、周围洒水等措施降温；冬季10月左右，要移入室内，如果室内有暖气，文殊兰能正常生长。如果室内低于

10℃，文殊兰就进入冬眠，生产极其缓慢。如果低于 5℃，对文殊兰的生长就有伤害了，可以适当加土填埋，以保护根茎。

6. 施肥管理

文殊兰根系发达，生长期吸收肥料的能力较强，特别是在开花前后以及开花期更需充足的肥料。如果用羊粪、鹿粪等发酵土壤换土栽培，当年不用单独加肥料，如果换土栽培的是第 2~3 年植株，应该在开花前期，使用一次复合花肥，花莛抽出前宜施过磷酸钙一次。生长期可以在 30 d 左右施一次油饼渣加黑矾（硫酸亚铁）沤制的肥水；也可以每 15 d 施稀薄的磷钾液肥一次，切忌施加浓肥，以免鳞茎腐烂。冬季减少水肥的供给，如果植株进入冬眠期，应该停止用肥，如果室温温度较高，植株没有休眠，冬季不仅不能停止施肥，而且还要与平时一样施肥，以保证初春时开花。施肥时切忌把肥液滴入叶颈内，不然会引起叶茎的腐烂。

7. 株形管理

为了保证盆栽文殊兰株形更具观赏性，每年长出新叶时，应及时脱去外层老叶，尤其是枯萎的黄叶，并剪掉发黄的尖端部分叶片；文殊兰在生长旺盛期，经常从根茎周围生出蘗芽，为保证株形直立，根茎整齐、全株正常生长，应及时抹去蘗芽；盆栽文殊兰难结种子，所以开花后，应及时把花莛减掉，一方面能防止营养的丢失，另一方面能保持株形漂亮。

8. 防病管理

在高温潮湿时，叶片及叶片基部易发生叶斑病和叶枯病。发病严重时，发病叶片病斑连成片，甚至整株枯萎致死。一方面要加强日常管理，通风透光、清除腐叶、合理浇水、控制肥料，另一方面要化学药物治疗，可以喷施 75% 百菌清 500 倍液或 75% 代森锰锌 500 倍液等。文殊兰还易受棉介壳虫的危害，数量少时，可用清水冲洗或用人工刷除，若数量大，可用 40% 氧化乐果乳剂 100 倍稀释液喷洒。

参考文献：

[1] 陈少萍. 文殊兰繁殖与病虫害防治 [J]. 中国花卉园艺，2019(6):34-35.

[2] 黄碧兰，李志英，徐立. 红花文殊兰的离体培养及快速繁殖 [J]. 分子植物育种，2019, 17(3):928-933.

[3] 李仁杰. 北方盆栽文殊兰的栽培管理 [J]. 现代园艺，2013(24):34.

[4] 李仁杰. 文殊兰生物学特征繁殖及栽培管理 [J]. 安徽农业科学，2013, 41(26):10596-10597.

[5] 陈春满，何蜜丽，叶燕. 红花文殊兰的组织培养和植株再生 [J]. 植物生理学报，2008, 44(5):950-950.

[6] 艾金才. 宽叶文殊兰的种子繁殖 [J]. 中国花卉盆景，2003, (10):25-25.

[7] 蒋治安. 文殊兰种子繁殖法 [J]. 中国花卉盆景，1988(1):16.

剑麻（菠萝麻）

Agave sisalana Perr. ex Engelm.

物种介绍

剑麻是龙舌兰科龙舌兰属多年生热带硬质叶纤维作物。喜高温多湿和雨量均匀的高坡环境，尤其以日间高温、干燥、充分日照，夜间多雾露的气候最为理想。适宜生长的气温为27~30℃，上限温40℃，下限温16℃，昼夜温差不宜超过7~10℃，适宜的年雨量为1200~1800 mm。其适应性较强，耐瘠、耐旱、怕涝，但生长力强，适应范围很广，宜种植于疏松、排水良好、地下水位低而肥沃的砂质壤土，排水不良、经常潮湿的地方则不宜种植。耐寒力较低，易发生生理性叶斑病。

原产墨西哥，现主要在非洲、拉丁美洲、亚洲等地种植，是当今世界用量最大、分布范围最广的一种硬质纤维。

剑麻纤维质地坚韧，耐磨、耐盐碱、耐腐蚀，被广泛运用在运输、渔业、石油、冶金等各种行业，具有重要的经济价值。世界剑麻进出口贸易在不断增长，而中国目前自产的剑麻纤维却不能满足国内的需要，并且随着剑麻纤维用途的不断增加，中国每年都在增加剑麻纤维的进口量。同时，剑麻还有重要的药用价值。

剑麻纤维本身具有较好的光泽，且自身弹性比较大，拉力也很强，再加上有较好的耐盐碱以及摩擦性能，在干湿环境之下都具有伸缩性不大的优点，故此被用于制造缆绳，飞机、汽车的轮胎内层，机器的传送带，起重机吊绳钢索中的绳芯。剑麻加工品主要包括剑麻纤维、剑麻纱条、剑麻地毯、剑麻抛光轮、钢丝绳芯、皂素、剑麻墙纸及其他剑麻制品等。目前国家各地兴建的大型水电站所使用的护网、防雨布、捕鱼网和编制的麻袋等用品也应用到了剑麻纤维。

1. 经济价值

剑麻在农业生产利用上是畜禽的饲养材料，农作物的肥料等农副产品也有广泛的综合使用到剑麻的麻叶渣。麻叶渣还可以用制取乙醇、草酸、果胶等产品，而剑麻的叶汁所提炼出来的剑麻皂素则是用以制造53号避孕药的原材料。对于剑麻的头和短纤维在加工产品中，则被制作成人造丝、高级纸张、刷子以及作为少数的绝缘制品和爆炸品的填充物等。剑麻的花和茎汁液还可用来酿酒、制糖等。

2. 生态修复

研究表明，剑麻对 Pb 有很强的吸收性。剑麻根系发达，在高达 15.9 g/kg 的 Pb 浓度下仍能存活，说明其根系对重金属污染具有极强的抗性，因而可用于重建生态环境，从而阻止 Pb 进入食物链，消除 Pb 对人

体健康的影响。此外，剑麻与石灰结合对 Cd 重度污染的土壤具有一定的修复意义。

3. 园林观赏

剑麻具有环境适应能力强、美化绿化效果好、抗污染和净化空气的能力强、经济价值好的特点，被广泛用于道路绿化、公园、街区景点绿化、工厂绿化和家庭绿化等方面。主要的观赏剑麻品种有：'金边番麻''银边假菠萝麻''银边东 1 号麻''银边龙舌兰''假菠萝麻''千寿兰''丝兰''凤尾兰''东 109 杂种'等。剑麻常年浓绿，花、叶皆美，树态奇特，数株成丛，高低不一，叶形如剑，开花时花茎高耸挺立，花色洁白，繁多的白花下垂如铃，姿态优美，花期持久，幽香宜人，是良好的庭园观赏树木，也是良好的鲜切花材料。常植于花坛中央、建筑前、草坪中、池畔、台坡、建筑物、路旁及绿篱等。

4. 药用价值

经研究发现剑麻含有多种皂苷元、蛋白质、多糖类化学成分，其叶具有神经 - 肌肉阻滞药理作用，另有降胆固醇、抗炎、抗肿瘤等药理作用。剑麻皂素是合成甾体激素类药物的医药中间体和重要原料，被广泛应用于肾上腺皮质激素、性激素及蛋白同化激素三大类 200 多种药物的制造。功能主治：凉血止血，消肿解毒；主治肺痨咯血、衄血、便血、痢疾、痈疮肿毒、痔疮。药理作用：神经 - 肌肉阻滞作用。剑麻提取物，可先增强鸡腹肌神经 - 肌肉标本间接诱发的收缩，然后阻滞直接或间接刺激作用引起张力持续但可逆性的变化。其作用类似去极化琥珀酰胆碱，而不同于非去极化的加兰他敏作用。

5. 食用价值

剑麻植物体内含有丰富的蛋白水解酶，可应用于肉类嫩化、啤酒澄清、干酪制造、海产品加工、蛋白质水解，以及治疗某些炎症和消化不良等疾病。利用剑麻的下脚料可开发研制剑麻干酒，用其浸提液发酵制成的剑麻保健酒保留了剑麻原有香味，而且营养丰富，品质优良。

繁育技术

1. 种子繁育

剑麻种子的最佳播种时间是每年的 2~6 月以及 9~11 月，这两个时间播种的剑麻种子发芽率最高，长得最好。等待植物结实后，收取成熟种子。将种子埋入沙盘中，并覆盖 2~3 cm 的细砂。每天浇水一次。一个星期后，种子发芽。取小苗移植到加有腐殖土和黄泥（1：1）的基质、10cm 大小的育苗杯。当长到 20~30 cm 高后即可移植到大田种植。

2. 无性繁育法

有珠芽、吸芽和走茎等。珠芽应选正常开花、健壮、无刺、无病虫害的珠芽，亦可采用大田健壮的吸芽。主要有钻心法和钻心剥叶法 2 种方法。钻心法是指在繁殖苗圃选高约 35~40 cm、存叶 25~30 片的麻苗，用手拔去心叶，用扁头钻插进轴内，深至硬部，旋转数次，破坏生长点，促使腋芽萌生。钻心剥叶法是指在繁殖苗圃选高约 35~40 cm、存叶 25~30 片的麻苗进行钻心，经 20~30 d 后，剥去下层叶 7~8 片，注意不能剥掉芽点。选择土壤肥沃、土质疏松、排水良好、阳光充足、靠近水源的土地作为苗圃地，一般不宜连作。选高 25~30 cm，嫩壮、无病虫害的苗作为母株。基肥以有机肥为主，配合磷、钾、石灰等施用。苗床株行距 0.5 m × 0.5 m 或 0.5 m × 0.4 m，保持苗床无杂草，每月施肥管理 1 次，以后每采苗 1 次，追肥（腐熟稀粪水加尿素）1 次。一般苗高 20~25 cm 时采苗，采苗时不要损伤母株和小苗，苗基部留 1 cm 以利继续出苗。

3. 组织培养

以剑麻嫩芽茎尖为外植体接种到 MS+ BA 4.0 mg/L+ NAA 1.0 mg/L+ 2,4-D 0.5 mg/L 培养基上培养 40 d 后诱导产生小芽点，此时将它们切分，转入改良 MS+ 6-BA 2.5~4 mg/L+ NAA 0.4 mg/L+ KIN 1.0 mg/L 中培养，经过 3~4 代 25~30 d 一周期转移培养，增殖倍数 4~5，芽长 3~4 cm，再切分成单芽在 1/2MS+ IBA 0.5 mg/L+ NAA 0.5 mg/L+ 活性炭 0.1% 培养基上进行生根培养较好。不定芽在 MS 培养基上诱导生根形成完整植株，生根率达 100%。将小苗移栽至基质配比为椰糠：河沙等于 1：1 的育苗盆中，成活率达 100%。

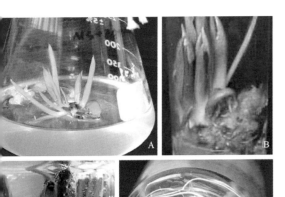

栽培管理

1. 种苗标准

苗龄在 1.0~1.5 年，苗高 60 cm，存叶 35 片，株重 4 kg 以上，无病虫害。

2. 施基肥

以有机肥为主，适当增加磷、钾、钙肥，混合均匀，沟施或穴施。

3. 定植

定植时间以 3~5 月为好，低温干旱季节不宜定植。在易生斑马纹病的地区，严禁在雨季和雨天定植。株行距根据当地气候、土壤肥力、栽培管理水平等而定。一般大行距 3.5~4 m，小行距 1~1.2 m，株距 0.9~1.2 m，每公顷 4500 株左右。

4. 麻田管理

定植后及时查苗、扶苗和补换植：大田追肥一般在 3~5 月割苗后进行，以有机肥为主，化肥为辅。穴施或沟施；麻田每年或隔年在割叶后中耕 1 次，及时除草和铲除吸芽，中耕、除草、施肥结合培土进行。

5. 割叶

开割标准：一般定植后 2~2.5 年，叶长 90 cm 以上、存 90~100 片即可开割。

割叶时间：第 1 次开割的麻田，一般在雨季到来之前或低温干旱时开割。开割后的麻田，以冬春季割叶为好，做到旱季多割、雨季少割、雨天不割。

割叶周期：根据管理水平，植株长势和麻叶生长情况而定，一般一年 1 次。

割叶强度：第 1 次开割，麻田每株应留 55~60 片叶，以后每次割叶留 50 片以上。

割叶要求：麻刀必须锋利，割口平滑，不漏割，不多割。叶片基部留长 2~2.5 cm。

6. 病虫防治

（1）斑马纹病

感病初期，叶面上出现黄豆大小浅绿色水渍状病斑，在温度、湿度适宜的条件下迅速扩展，每天可扩展 2~3 cm。感病中后期，由于昼夜温差的影响，病斑继续发展成深紫色和灰绿色相间的同心环带，边缘绿色至黄绿色，中央逐渐变黑。当病斑老化时，坏死的组织皱缩，呈深褐色和淡黄色相间的同心轮纹，形成特有的斑马纹叶斑。剖开病茎，病部呈褐色，并在病健交界处有一条明显的红色分界线。未张开的嫩叶在叶轴上腐烂，有不规则的褐色轮纹，有恶臭。有同心环带、病处与健处有一条明显的红色分界线、有恶臭气味是斑马纹病的三大特征，也是斑马纹病区别于其他病害的主要依据。

防治措施：

① 以农业综合栽培措施为主，药剂为辅；

② 搞好以"治水"为主的麻田基本建设，对低洼、积水、易发病的地区，要起畦种植，修剪防冲刷沟、排水沟、隔离沟，以防病害蔓延；

③ 做好种苗防病工作，外来种苗要经过严格检疫，苗期发病时要及时处理；

④ 不要偏施氮肥，要增施钾肥，有斑马纹病发生的地区麻渣必须经过堆沤充分腐熟后才能施用；

⑤ 雨天不育苗、不起苗、不定植、不除草、不割叶；

⑥ 每年 4 月开始，经常检查易发病麻田，及时发现病株并妥善处理。每年冬旱季对发过病的麻田，把全部病叶、枯叶、死株等清出麻田，集中烧毁或埋掉，消毒病穴。

（2）茎腐病

黑曲霉菌是茎腐病的病原菌，感病植株叶片褪绿、失水、枯萎、下垂，病叶呈浅绿色，病健交界处有红色晕圈，有乙醇味。

防治措施：

① 调整割叶期。茎腐病发生在高温期，割叶时应采取避病措施，在不影响正常加工情况下，将割叶期尽量安排在 11 月至翌年 2 月；

② 增加石灰，调节钾、钙比例。除正常施肥管理外，对病区适当增施石灰，以提高钙含量，增强植株抗性；

③ 药剂防治：易发病田在高温期割叶，割叶后 2 d 内用 40% 灭病威 150~200 倍溶液喷割口，每公顷用 300 kg 药液量。

（3）黄斑病

由于昼夜温差过大，一般大于 10℃ 以上，或大气水分与植株体内水分不协调，造成功能代谢酶失常引发此病，常发生在秋冬交季的 9~10 月。黄斑病发生在成熟的叶片上，呈黄色或黄绿色，病斑不扩展不蔓延，一般经过浮肿、变色和干皱期。在干皱期叶表皮与纤维一起干皱，纤维不分离、不腐烂。

防治措施：合理密植，增施石灰或壳灰，提高植株钙的含量，使叶片钙的含量达 2.5% 以上；套种豆科作物，营造防护林。

（4）白斑病

发病机理同"黄斑病"。白斑病发病初期叶片褪绿，呈灰白色，病斑极不规则。在正常情况下，几天之内叶片由褪绿到充水，经失水变色，发展到干皱，干皱后纤维不分离、不腐烂。

防治措施：同"黄斑病"。

（5）带枯病

由于土壤缺钾引起。发病初期，叶颈、叶基背面出现许多较小浅绿色或黄褐色的斑点，此后叶基褪绿，斑点逐渐变为红褐色。中期斑点连在一起，坏死组织萎缩，形成形状不一、下凹的块状斑。后期坏死斑块在叶面上横向发展，形成一条宽约 3~5 cm 的带状病斑，叶片由此断折，最后卷枯死亡。

防治措施：施好施足钾肥或火烧土，禁止套种番薯或木薯等耗钾作物。

（6）紫色先端卷叶病

与土壤的磷、钾、钙有关，主要由于缺磷引起。多数集中出现在老叶和成熟叶的叶片先端，病叶边缘呈紫色，叶缘两边向中卷曲。卷曲的叶片内有时有粉蚧出现，常被误为虫媒病原菌病害。

防治措施：增施磷肥和钙肥。

（7）褪绿斑驳病

由土壤、植株缺钙和土壤强酸性引起，病斑较大，呈黄色，圆形或椭圆形。病斑边缘不明显，分布于老叶和成熟叶的叶面上，大小相似、数目不等，病叶不变色也不皱缩。

防治措施：增施石灰、壳灰或含钙量较高的钙肥，降低土壤酸度，以提高土壤和植株钙的含量，从而达到防治效果。

（8）炭疽病

此病发生在叶片的正反两面，初期叶片表面产生浅绿色或暗褐色稍微皱凹陷的病斑，以后逐渐变为黑褐色。后期病斑不规则，上面散生许多小黑点。干燥时病斑皱缩，纤维易断裂。

防治措施：可用 1% 波尔多液或用 0.5%~1% 多菌灵防治。

（9）叶斑病

有两种。一种由半知菌引起，在叶的两面发生黑色、圆形至长圆形的病斑，表皮下有裂口。另一种由子囊菌引起，在叶片上呈现大的褐色至黑色的斑点，圆形至卵形，分散或聚集在一起，在叶的两面都可发生。病斑组织腐烂，易与变色的纤维分离。

防治措施：可用 0.5%~1% 多菌灵或甲基托布津防治。

（10）褐斑病

最初在叶面上出现浅色、椭圆形、边缘不明显，直径 1 mm 左右的病斑，随后扩大成褐色凹陷的大病斑，上面产生小黑点。病菌可以穿透叶片生长，使纤维受到严重的损害。

防治措施：可用 0.3%~1% 多菌灵或波尔多液防治。

（11）梢腐病

感病植株 1/3 以上的先端腐烂，叶组织与纤维分离，叶肉腐烂后，留下白色的纤维变脆慢慢腐烂，植株呈扫帚形。

防治措施：可用 0.1%~0.5% 的 90% 疫霜灵防治。

（12）丛叶病

由蚜虫、切叶象甲等昆虫危害引起，发病植株心叶畸形丛生，没有叶轴。

防治措施：用 40% 乐斯本乳油 1500 倍，25% 吡虫啉可湿性粉剂 1000 倍或 40% 乐果 1000 喷杀，杀死媒虫，及时清除病株。

（12）褐色卷叶病

粉蚧危害剑麻叶片后，叶片先端出现褐色卷叶干枯，严重时整株卷叶干枯。

防治措施：用 600~1000 倍 40% 氧化乐果和 40% 速杀蚧杀死害虫，及时清除病株。

（13）煤烟病

蚜虫、粉蚧等昆虫危害剑麻叶片时，其黑色排泄物沾在叶片上，形成一层煤烟，称之为煤烟病。

防治措施：用 800~1000 倍 40% 氧化乐果和 25% 吡虫啉多次喷杀，杀死源虫。

（14）新菠萝粉蚧

属于外来物种，常在干旱的冬季暴发流行，虫体 10 节，灰白色，两性生殖，无卵期，20 多天一代。主要藏匿于叶基部、未张开的心叶及根系中，危害嫩叶后再危害老叶，造成剑麻煤烟病、叶片先端褐色卷叶干枯或整株叶片干枯。

防治措施：

① 禁止从疫区引进种苗；

②定期观察，在易发生季节用 1：800 倍 50% 甲胺膦（替代品）与 20% 石硫合剂进行预防；

③发生虫害时依次用 1000 倍 40% 氧化乐果和 25% 吡虫啉、800 倍 45% 马拉硫磷和 40% 速杀蚧、600 倍 40% 氧化乐果和 40% 速杀蚧每 15 d 扑杀一次，连续喷杀 3~5 次；地下根系虫体用 3% 呋喃丹颗粒灌杀，并将虫株清除深埋或集中烧毁；

④利用瓢虫、草蛉等天敌进行生物防治。

（15）切叶象甲

危害剑麻嫩叶和叶轴，在叶基横切嫩叶、环切叶轴，切口平整，类似人为切割。经危害过的植株新抽出的叶片丛生畸形扭曲。

防治措施：可用 25% 的吡虫啉和 40% 乐果 1000 倍。

（16）根结线虫

危害剑麻的根系，造成根系单个或串状肿大形成根结，经危害的植株营养不良，植株因缺素表现缺素症状逐渐蔫萎干枯。

防治措施：用 3% 的呋喃丹或 5% 特丁膦颗粒防治。

（17）蚜虫

危害剑麻嫩叶和成熟叶片，造成煤烟病和丛叶病。

防治措施同煤烟病、丛叶病的防治。

（18）红蜘蛛

主要危害剑麻的嫩叶，造成叶片斑点褪绿变黑，影响植株的生长和叶片质量。

防治措施：用 73 克螨特乳油 1000 倍，8% 中保杀螨乳油 1000 倍，8% 的速扑螨乳油 1000 倍进行防治。

参考文献

[1] 王清，孙小寅，陈雯媛 . 非洲剑麻生物 - 化学脱胶工艺研究 [J]. 浙江纺织服装职业技术学院学报，2020,19(1):1-6+13.

[2] 赵艳龙，李俊峰，姚全胜，等 . 剑麻 3 种主要病害研究进展及其展望 [J]. 热带农业科学，2020, 40(1):72-82.

[3] 张世清，陈河龙，刘巧莲，等 . 剑麻多倍体诱导及鉴定 [J]. 农村实用技术，2019(11):106-107.

[4] 谭施北，习金根，郑金龙，等 . 剑麻麻茎还田及配施不同水平氮肥对土壤肥力和剑麻生长的影响 [J]. 热带作物学报，2019,40(5):839-849.

[5] 陈禄，梁艳琼，贺春萍，等 . 山地剑麻高产栽培技术探析 [J]. 热带农业工程，2019,43(2):4-10.

[6] 高建明，张世清，陈河龙，等 . 剑麻抗病育种研究回顾与展望 [J]. 热带作物学报，2011,32(10):1977-1981.

[7] 俞奔驰，黄富宇，吕平 . 剑麻开花、早花及生产情况调查 [J]. 农业研究与应用，2011(4):25-27.

[8] 娄予强 . 剑麻的栽培技术及其综合利用 [J]. 热带农业科学，2010,30(9):25-27.

[9] 陈鸿，郑金龙，徐立，等 . 剑麻叶片愈伤组织诱导及再生体系的建立 [J]. 热带农业科学，2008(6):11-14.

[10] 陈鸿，郑金龙，易克贤 . 生物技术在剑麻研究上的应用进展 [J]. 安徽农学通报，2008(15):61-63+124.

[11] 洪向平，陈玉生，黄麒参 . 剑麻的组织培养快繁技术 [J]. 农业研究与应用，2007(5):29.

[12] 陈伟，徐立，李志英，等 . 剑麻的组织培养和快速繁殖 [J]. 热带农业科学，2006,26(3):22-24.

露兜树（露兜簕、林投）

Pandanus tectorius Sol.

物种介绍

露兜树是露兜树科露兜树属常绿分枝灌木或小乔木，常左右扭曲，具多分枝或不分枝的气根。多用作海岸防风林及园篱，幼树可盆栽，成株则为庭园树；叶纤维可用于编织帽、席、笼屉等工艺品；花香，可提取芳香油；露兜树含有维生素、丰富的矿质元素和多种营养成分，至少含有17种氨基酸、糖类。

根与果实入药，可治感冒发热、肾炎、水肿、腰腿痛、疝气痛等。

繁殖技术

1. 分株繁殖

春季 4~5 月，将母株旁生的子株切下，插入砂床中，保持室温 15~26℃，待发根较多时盆栽，也可将切下的子株基部，用苔藓包扎，保持湿润，待长出新根后盆栽。

2. 播种繁殖

采种后即可播种，发芽适温为 25~30℃，播后 25~30 d 发芽。

① 采集成熟果实：从海南文昌海岛植物培育基地选取生长健壮、抗逆性强、抗病虫害强的露兜树株系作为采种植株，采摘露兜树成熟的橘红色聚花果果实。

② 堆沤聚花果实及消毒核果：将聚花果实放进塑料桶中于 28~32℃将果实堆沤发酵 7~10 d，然后剥离聚花果实中的核果，每个聚花果有 40~80 个核果，将核果实放入 0.05%~0.08% 的醋酸水溶液中去除果皮、果胶、果肉后，因核果质坚硬，不易破碎，故应将核果放在体积分数 70% 乙醇中浸泡 30 s，用质量分数 0.1%~0.3% 高锰酸钾水溶液消毒 15~20 min 后，将

核果放置阴凉处晾干备用。

③ 核果用发芽成苗液浸泡：将经过消毒处理的核果放置塑料桶中，往塑料桶中倒入核果发芽成苗液至淹没核果为止，于室温 28~32℃ 条件下浸泡 24~48 h。

④ 核果发芽成苗液的组成：GA₃ 0.5~1.0 mg/L、BA 1.0~2.0 mg/L、NAA 0.1~0.2 mg/L、2000~2500 mg/L 硝酸铵、2500~3000 mg/L 硝酸钾、200~300 mg/L 磷酸二氢钾、500~600 mg/L 七水硫酸镁和 600~700 mg/L 氯化钙，其余为水。具体配制方法是将 GA₃、BA、NAA 配成 1.0 mg/L 的母液，根据发芽成苗液中的浓度要求，于一定量的水中逐个添加母液以及其他无机盐成分并溶解于水中，最后用水定容至 1 L，得到核果发芽成苗液。

⑤ 沙播核果：于遮光率为 90% 荫棚内使用直径 21 cm、高 16 cm、底部漏水孔直径 2.5 cm 的瓦盆，瓦盆底部漏水孔用瓦片堵住以防河沙渗漏，往瓦盆加入深 13~15 cm 的干净河沙，将经过发芽成苗液浸泡的核果撒播至河沙上，每瓦盆撒播核果 10 个于沙池面上，接着于核果面上铺上厚度 1~2 cm 河沙盖住核果。

⑥ 淋施核果发芽成苗液：沙播核果后马上淋施核果发芽液至瓦盆底部渗漏出发芽液，间隔 5~10 d 喷施一次。总共淋施 5~6 次。

⑦ 萌发成苗：核果沙播 25~30 d 后可见芽破土，每个核果发芽 1~3 个，沙播 60 d 后形成高 6~10 cm、6~8 张叶片的小苗。

⑧ 上杯假植：将以上小苗移栽至基质为红壤土 2.7 寸黑色育苗杯，进行正常的水肥管理。

3. 组织培养

① 无菌培养材料的建立：选取露兜树幼苗簇生叶基部处叶片为外植体，该部位叶片自身所带菌物较少，污染率较低，消毒成功率达 40%；

② 愈伤组织诱导、增殖与分化：1/2MS + BA 0.5 mg/L + KT 0.5 mg/L + 2,4-D 0.01 mg/L + NAA 0.2 mg/L + TDZ 0.05 mg/L 较适合用于露兜树叶片基部的愈伤组织诱导，诱导率为 60%，光照不影响露兜树愈伤组织的诱导率，但易造成基部处叶片的死亡；1/2MS + BA 0.5 mg/L + KT 0.5 mg/L + TDZ 0.05 mg/L + NAA 0.2 mg/L 较适合用于愈伤组织的增殖与分化，鲜重增量 1.6 g，芽分化为 66.67%，平均出芽数 7.3；

③ 增殖培养：WPM + NAA 0.05 mg/L + BA 0.5 mg/L + CW 50.0 mL/L 较适合用于露兜树的丛生芽增殖培养，选择二分切的方式促进芽的增殖，新生芽状态较好增殖倍数为 12.0；

④ 生根培养：WPM + CW 5.0 mL/L + IBA 0.5 mg/L 较适合用于露兜树的生根培养，诱导率达 100%，根系发达，根上部分长势好，生长健壮。

⑤ 移栽，当小苗移栽到育苗袋以后管理 1 个月，移栽成活率高达 97.6%。

参考文献：

[1] 周杰，林德城，张子扬，等．露兜树生物生态学特性及造林技术研究进展 [J].防护林科技，2020(2):62-64+70.

[2] 金燕，孙洋，吴悠楠，等．露兜簕茎皮化学成分研究 [J].中国药学杂志，2017(14):1223-1226.

[3] 安妮，张婷婷，桂梅，等．露兜簕茎皮化学成分的研究 [J].中国药学杂志，2015,50(11):931-934.

[4] 田瑜，高丽，李永胜，等．露兜簕单体化合物结构修饰及生物活性研究 [J].中草药，2015,46(8):1133-1139.

[5] 付艳辉，魏珍妮，陈启圣，等．露兜簕果实的化学成分研究 [J].广东化工，2015,42(3):16-17.

[6] 吴惠忠．海岸风口沙地林投造林方式试验研究 [J].防护林科技，2015(1):33-35.

海南龙血树

Dracaena cambodiana Pierre ex Gagn.

物种介绍

海南龙血树是龙舌兰科龙血树属常绿灌木，乔木状，高 3~4 m。花期 7 月。海南龙血树在中国广东、海南（崖县、乐东）等地区均有栽培，越南、柬埔寨也有分布。生于林中或干燥砂壤土上。其野生资源已非常稀有，属国家 II 级重点保护野生植物。

1. 药用

海南龙血树是中国珍贵的药用树种之一，从龙血树分泌的树脂可提取中药血竭。血竭一药，在国外使用较早，公元前后一世纪，希腊就有应用。中国历代的《本草》上称"麒麟竭"或"血竭"，有药用活血功能，可以治疗筋骨疼痛。古代人还用龙血树的树脂做保藏尸体的原料，因为这种树脂是一种很好的防腐剂。历代医学家主要把它作为跌打损伤之药，有活血、止痛、止血、生肌、行气等功效。

2. 观赏

用龙血树制作盆景，独具海南热带风姿，树势苍劲古朴，格调文雅清新，枝繁叶茂，树影婆娑，美观大方，粗根悬露，情趣盎然，树皮嶙峋，绿叶葱郁，姿态优美，给人以"老态未龙钟"之感。龙血树株形优美规整，叶形叶色多姿多彩，盆栽龙血树成活率高，繁殖、管理容易，它既喜光，又耐旱、耐阴，为现代室内装饰的优良观叶植物，中、小盆花可点缀书房、客厅和卧室，大中型植株可美化、布置厅堂。龙血树对光线的适应性较强，在阴暗的室内可连续放置 2~4 周，明亮的室内可长期摆放。此外，也可作为庭院绿化树种，都具有极高的观赏价值。

繁殖方法

1. 种子繁殖

龙血树 4~5 月开花，8~9 月种子成熟，当果实成熟至暗红色，种皮软化时，种子完全成熟。当全株有 2/3 果实呈暗红色，开始有少许果实从母株脱落，是采种的最佳时机。采种时要避免损伤枝叶，影响翌年结果。果实采收后堆沤 3~5 d，待果实完全软化后及时处理，用手搓揉，将果皮、果肉冲洗干净，种子呈白色，千粒重 150~200 g。洗净后放入装有细砂的木箱或花盆中，与沙混合后，置荫棚下，保持一定湿度，6~7 d 后种子开始萌动，洗出萌动的种子进行播种。播种床畦高 20~30 cm，畦长视播种量和地形而定，株行距为 5 cm × 10 cm。播后盖一薄层沙，播种床必须搭荫蔽物，保持土壤湿润，定期进行除草松土，25 d 后种子发芽，一般发芽率在 70% 以上。场圃出苗率在 35%~40%。移栽天然下种的小苗，成活率可达 70% 以上。种子繁殖方法具有简便、快速、量大的优点。但是，由于种子用于杂交育种，生产周期长，结实率低，常规的种子繁殖不能满足市场需求，用播种繁殖的植株，性状与野生种相似或有不同变化，失去原有品种的优良特性，所以生产上龙血树通常不采用种子繁殖。

2. 压条繁殖

压条繁殖是指枝条在母本上生根后，再和母本分离，形成独立新株的繁殖方法。

通常在 3~8 月进行龙血树压条繁殖，选取 1~3 年生植株茎干的适当部位，进行环状切剥，环口宽为 1.8~2.2 cm，深至木质部，并用小刀剥去环口皮层。用干净湿布擦去切口外溢的汁液，用 1‰ ~5‰ 的 NAA 水溶液涂抹切口上端皮层，再用白色塑料薄膜扎于切口下端，理顺做成漏斗状，装上预先配制好的生根基质，环包刀口，灌透水，扎紧薄膜上端，再把植株置于室外培养，加强肥水管理。龙血树高压后，要随时检查基质是否干燥，要随时补充水分。一般经过 30~40 d 培育，环切部位便有新根出现，9~10 月便可切离母体另行栽培成为一棵独立生长的植株。

3. 扦插繁殖

扦插繁殖是指植物的营养器官脱离母本后，再生出根和芽发育成新个体。龙血树全年均可进行扦插繁殖。通常在 3~8 月发根速度较快，此时期为龙血树的生长旺盛期，植株体内营养丰富，扦插后极易成活。挑选观赏价值较高的 1 年生以上的健壮枝条（一般 10 年生以上的老茎生根较难），每段长 10~20 cm。插穗基部削成平口，上部横切后保留叶片，上下切口可用清水浸泡洗净外溢的液汁，置于阴凉通风处稍晾一段时间，再用 1‰~5‰ 的 NAA 浸泡插穗基部 2~3 cm 处 5 min，随浸随插。龙血树伤口愈合快，生根早，发芽迅速。一般 15~20 d，切口在创伤激素的作用下，便产生愈伤组织，一般经过 25~35 d 的培育，插穗在内源激素的作用下，很快出现根的原始体，35~40 d 就能萌发新根，两个月后，便可用培养土翻盆移栽。扦插繁殖具有简便、快速、经济、大量的优点，但成苗率低，不能满足大规模生产、科研的需要。

4. 组织培养

（1）种子的组培繁殖

在培养温度 23~27℃、pH 5.8~6.0、光照强度 1500~2000 lx、光照时间 12 h/d 条件下用种子作为外植体，在诱导培养基（MS + BA 3.0 mg/L + NAA 0.3 mg/L + 琼脂 6 g/L+ 蔗糖 30 g/L）上培养 10 d 左右，形成质地松的愈伤组织，诱导率达 80%。将愈伤组织切成 1 cm 左右在分化培养基（MS + BA 2.0 mg/L + NAA 0.2 mg/L+ 琼脂 6 /L+ 蔗糖 30 g/L）上培养，出芽率达 97%，每个外植体能分化 8~20 个小芽，在增殖培养基（MS + BA 2.0 mg/L + NAA 0.2 mg/L + 琼脂 6 g/L+ 蔗糖 30 g/L）上培养，丛生芽每 30~40 d 继代培养一次，增殖倍数可达 3~5。在生根培养基（1/2MS+NAA 0.5 mg/L+ 琼脂 6 g/L+ 蔗糖 30 g/L）上培养，20 d 左右生根率达 100%。40 d 后幼苗根系发达，植株健壮。移栽时，炼苗 1 周后洗净培养基，用多菌灵浸泡 1 min，然后移入椰糠 + 细砂（2:1）的混合基质中，遮阴，保湿，1 周后即可发新根成活，移栽成活率达 90%。

（2）幼嫩茎段愈伤组织诱导培养

在培养温度 26~28℃、pH 6.0、光照强度 1500~2000 lx、光照时间 8~10 h/d 条件下用幼嫩茎段作为外植体，

幼嫩茎段在诱导培养基（MS + BA 5.0 mg/L + NAA 0.5 mg/L + Ad（腺嘌呤）40 mg/L +30 g/L 蔗糖 + 卡拉胶 5.8 g/L）上培养 50 d 后，外植体膨大，切口产生嫩绿色的愈伤组织，在叶腋处抽生小芽，在增殖培养基（MS + BA 5.0 mg/L + NAA 0.5 mg/L + Ad 0.4 mg/L +30 g/L 蔗糖 + 卡拉胶 5.8 g/L）上培养 50 d 后整个组织块愈伤化，增殖倍数为 2~3。从第 2 代起陆续分化出芽点，多代培养后每块愈伤组织可有 5~8 个不定芽，在分化壮苗培养基（MS + BA 5.0 mg/L + NAA 0.1 mg/L + Ad 40 mg/L + AC（活性炭）1.0 g/L+30 g/L 蔗糖 + 卡拉胶 5.8 g/L）上进行分化及壮苗培养，50 d 后每块愈伤组织分化出 5~10 个不

定芽，平均芽高约2~4 cm，将组织块上的不定芽切成单芽接种在生根培养基（MS + NAA 0.3 mg/L + AC 1.0 g/L+30 g/L 蔗糖 + 卡拉胶 5.8 g/L）上7 d后在不定芽的基部开始有不定根突起，15 d后大部分不定芽均有根长出，50 d每株苗长出2~3条粗细均匀的根，生根率100%，株高达4.5 cm以上。移栽时，炼苗2周后将附着在根系上的培养基清洗干净，用0.3%的多菌灵浸泡小苗20 min后栽植于椰糠、河沙（1:3）为基质的培养杯中，置于50%荫蔽度的大棚内。浇足定根水后2周内不需再浇水。1个月后按常规育苗方法管理，成活率85%以上。幼嫩茎段愈伤组织诱导培养由于发生高度变异，可能出现新的变异，使生产出的苗具有较高的观赏价值，由于愈伤组织成苗途径易产生突变苗和周期长，只适宜于科研，若作为商品生产，会出现商品性能不一致。

（3）顶芽和侧芽直接诱导培养

在培养温度25~28℃，pH 5.5~6.0，光照强度1500 lx、光照时间12 h/d条件下以海南龙血树的顶芽和侧芽作为外植体，把顶芽和侧芽接种于诱导培养基（MS + BA 1.0 mg/L + NAA 0.1 mg/L + PVP 100 mg/L + 蔗糖 30 g/L）上培养40~50 d可诱导其腋芽萌发，在增殖培养基（MS + BA 2.0 mg/L + KT 0.5 mg/L + 蔗糖 30 g/L）上培养20~25 d可诱导形成丛生芽，丛生芽每25~30 d可继代培养一次，增殖倍数可达3~5。把丛生芽（高约1 cm）割成单株并接种于复壮培养基（MS + BA 3.0 mg/L + GA$_3$ 1.0 mg/L + 蔗糖 30 g/L）上培养20 d左右，苗生长至高达2~3 cm。此时转接在生根培养基（MS + NAA 0.5 mg/L + 蔗糖 30 g/L）上培养，10 d后开始长出粗壮的根点，继代培养20~25 d便长出完整的根系，生根率达100%。移栽时，炼苗1周后洗去培养基，再用1000倍的质量分数70%的甲基托布津浸泡3 min后植于椰糠50%+河沙20%+表土30%（v:v）的苗床上，移栽后保持一定的湿度，1周后可重新萌发新根，2周后开始萌发新叶，移栽成活率达98%以上。培养基中BA用量过多或过少不利于芽的萌动及增繁殖。通过这种方法培养的组培苗生长整齐、商品性能好、出苗率高，不仅能使组培苗保持母本的特性，还大大缩短了培养周期，提高繁殖进度。顶芽和侧芽直接诱导培养使龙血树的保护、开发和利用成为可能，也为龙血树的规模化繁殖和利用打下了坚实的基础。

（4）不同苗龄的组织培养

在培养温度25±2℃、pH 6.0~6.2. 光照强度1000~2000 lx、光照时间12~14 h/d条件下，分别用幼苗（苗龄45 d、叶长1.5 cm以下、4片叶子以内）、中苗（苗龄55~70 d、叶长2 cm、株高2~3 cm、5~8片叶子）、大苗（苗龄70 dS以上、叶长3 cm、株高3 cm以上、8片叶子以上）3种试管苗作为培养材料，分别在3种不同的培养基（I：MS+BA 1.0 mg/L + NAA 0.5 mg/L，II：MS+BA 0.5 mg/L+NAA 0.1 mg/L，III：MS+BA 1.0 mg/L +NAA 0.05 mg/L）上培养，继代周期30 d，试验重复3次。结果表明：培养基（MS+BA 1 mg/L +NAA 0.05 mg/L）为组织培养与快速繁殖最佳的配方，幼苗增殖倍数为9.0，块状根出现率为0；中苗增殖倍数为8.2，块状根出现率为5%；大苗增殖倍数为6.0，块状根出现率为15%。最理想的快速增殖的苗龄为45 d。不同苗龄的组织培养只适宜于科研，但是生产上不可取。由此可知，所有的组织培养都最好采取嫩的分生组织进行诱导培养。

栽培管理

当小苗长至4~5 cm、4片叶时，便可移入营养杯中进行培育，因海南龙血树无明显主根，营养杯规格为高10 cm，口径为10~12 cm，基质最好以表土加细砂按1:1配比，有利于幼苗的正常生长。龙血树期生长缓慢，一般1年苗高只有25~30 cm左右。要注意追肥，移入营养杯后3个月内主要施氮肥，以1:600倍水尿素，每7 d施一次，有利于根系发育促进养分良性循环，3个月后开始施复合肥，以利用调整茎干生长。幼苗经过约18个月的栽培，苗高40 cm左右时即可装盆。龙血树实生苗多用于盆栽，作为室内或庭院的观赏植物，大田栽培的还较少。

海南龙血树苗期病害主要有叶斑病、炭疽病，严重时病斑连片形成叶枯，苗木生长受到严重影响，可用代森锰锌70%可湿性粉剂或50%的甲基托布津600~800倍液进行喷洒，一般7~10 d一次，连续3~4次，具有较好的效果。

海南龙血树苗主要受红蜘蛛危害，红蜘蛛属于螨类害虫，多群集于植株叶片的背面，结网掩体，吸取液汁。

海南龙血树受其危害后，叶片褪色、枯萎，甚至脱落，严重时会导致植株死亡。化学防治方法：用 20% 的三氯螨醇乳剂加入 800~1000 倍水喷洒，也可用 50% 的敌敌畏乳剂加入 1000~1500 倍水喷洒，每 7 d 喷洒一次，共喷 3~4 次，可以起到良好的杀伤和控制作用。

植物现状：由于人们对森林的过度采伐利用，造成生物赖以生存的生态环境逐渐脆弱，生物种群及数量日趋减少，海南龙血树就是其中因遭受过度采伐而导致濒危状态的海南珍贵树种之一。

参考文献

[1] 羊青，王清隆，晏小霞，等. 海南龙血树规范化生产标准操作规程 (SOP)[J]. 中国热带农业，2017(4):69-71.

[2] 郑道君，杨立荣，云勇，等. 濒危植物海南龙血树种子休眠机理及其生态学意义 [J]. 广西植物，2017, 37(12):1551-1559.

[3] 吴雪松，李燕山，贺珑，等. 海南龙血树快繁技术研究 [J]. 南方林业科学，2017,45(2):35-38, 44.

[4] 叶爱玲，施宗强，邓晓璐. 龙血树的繁育技术研究进展综述 [J]. 福建热作科技，2012(4):40-42.

[5] 董美超. 海南龙血树种质资源的初步评价 [D]. 海南大学，2011.

[6] 陈梅，莫饶. 海南龙血树离体快繁的研究 [J]. 安徽农业科学，2008, 36(3):968-968.

椰子

Cocos nucifera L.

物种介绍

椰子是棕榈科椰子属唯一的种。植株高大，乔木状，高 15~30 m，茎粗壮，有环状叶痕，基部增粗，常有簇生小根。花果期主要在秋季。

椰子原产于亚洲东南部、印度尼西亚至太平洋群岛。主要分布于亚洲、非洲、拉丁美洲的 23°S~23°N 之间，赤道滨海地区最多。主要产区为菲律宾、印度、马来西亚、斯里兰卡等。中国广东南部诸岛及雷州半岛、海南、台湾及云南南部热带地区均有栽培。椰子在年平均气温 26~27℃，年温差小，年降水量 1300~2300 mm 且分布均匀，年光照 2000 h 以上，海拔 50 mS 以下的沿海地区最为适宜。椰子为热带喜光作物，在高温、多雨、阳光充足和海风吹拂的条件下生长发育良好。椰子适宜在低海拔地区生长，适宜椰子生长的土壤是海洋冲积土和河岸冲积土，其次是砂壤土，再次是砾土，黏土最差。

1. 经济价值

椰汁及椰肉含大量蛋白质、果糖、葡萄糖、蔗糖、脂肪、维生素 B1. 维生素 E、维生素 C、钾、钙、镁等。椰肉色白如玉，芳香滑脆；椰汁清凉甘甜。椰肉、椰汁是老少皆宜的美味佳果。在每 100 g 椰子中，能量达到了 900 多 KJ，蛋白质 4 g，脂肪 12 g，膳食纤维 4 g，另外还有多种微量元素，碳水化合物的含量也很丰富。椰子综合利用产品有 360 多种，具有极高的经济价值，全株各部分都有用途，椰子可生产不同的产品，被充分利用于不同行业，是热带地区独特的可再生、绿色、环保型资源。椰肉可榨油、生食、做菜，也可制成椰奶、椰蓉、椰丝、椰子酱罐头、椰子糖、饼干，椰子水可作清凉饮料，椰纤维可制毛刷、地毯、缆绳等，椰壳可制成各种工艺品、高级活性炭，树干可作建筑材料，叶子可盖屋顶或编织，椰子树形优美，是热带地区绿化美化环境的优良树种，椰子根可入药，椰子水除饮用外，因含有生长物质，是组织培养的良好促进剂。

2. 药用价值

椰子性味甘、平；果肉具有补虚强壮、益气祛风、消疳杀虫的功效，久食能令人面部润泽，益人气力及耐受饥饿，治小儿涤虫、姜片虫病；椰水具有滋补、清暑解渴的功效，主治暑热类渴、津液不足之口渴；椰子壳油治癣及杨梅疮。

繁殖技术

1. 种子繁殖

椰子为异花授粉植物，一般用种子繁殖。选种在生产上通过选择母树，采收优良种子来提高椰子的产量及品质。

选母树：选择单株产量高，树冠球形或半球形，具有28~30片叶以上，6~8个果穗的椰子树为采种母树。

选果种：在椰子成熟季节，选择充分成熟、大小适中、近圆形的果实，即"密、重、熟"选种法。"密"即植株较矮，叶片、果数多，分布均匀；"重"即果的比重大，皮薄肉厚，发芽率高易育成壮苗；"熟"即成熟的果实，摇动有清晰的"响水"声音。种果采下后，贮存在通气、荫蔽和干燥的地方，1个月后再进行催芽。

育苗：椰子树的种子发芽速度不一致，直播育苗容易造成椰园苗木大小不均以及缺株，因此椰子育苗最好采用催芽育苗。催芽育苗比直播育苗省工省地，成苗率高、浪费种子少，易选苗。

催芽：选择在半荫蔽、通风、排水良好的地方催芽，场地要清除杂草树根，深耕15~20 cm。然后开挖催芽沟，催芽沟的宽度稍大于果种横径，挖好催芽沟后，将果种孔（果蒂）向上，或45°斜列于沟底，盖湿砂至果实的1/2~2/3处，保持砂土湿润，经60~80 d便可发芽。

育苗：苗圃地应选近水源、排水好的砂质土或壤土，深翻25~30 cm，畦宽可种3~4行，行间距离40~45 cm，种植沟深约20 cm，宽度稍大于果种的横径。施入腐熟有机肥与土壤混匀，并铺砂防白蚁。按种间距30~40 cm将催芽处理过的果种斜排沟中，保持幼苗垂直，芽朝同一方向，覆土盖过果种一半，注意要小心操作，不可用力振动果种，幼苗长出后，应适当加覆盖物，并浇足水，苗圃地要加强管理，及时除草、松土，旱季时要经常浇水，但苗圃地不能积水，雨季时要注意排水，春夏季以氮肥为主，可施一些稀粪水，秋季时应施一些钾肥，增强苗木的适应能力，1年后当苗木生长到约1 m时便可出圃栽植。

2. 组织培养

有报道称可通过未成熟花序组织进行体细胞胚胎发生。也有以椰子未成熟花序为外植体，经间接体细胞胚胎途径实现植株再生，但这种方法生产的试管苗不可靠，重复性不强。另外，其他研究者利用椰子成熟合子胚的胚芽组织作外植体进行培养，实现植株再生。但迄今为止，椰子组织培养技术仍不能够达到体外无性繁殖的目的，与此相反，椰子胚培养却相对较为成功。种子没有休眠期（成熟后即进行萌发），这种特性对椰子的种质资源收集、保存和交换等带来很大困难。为保证种质转移安全进行，国际粮农组织、国际植物遗传资源委员会建议采用体外胚培养技术进行种质交换。椰子胚培养可较好地解决上述问题，实现椰子种质安全转移。在世界各椰子栽培区内，致死性黄化病使椰子树大量死亡。为了培育出抗黄化病的椰子种质资源及椰子种质改良，胚培养显得尤为重要。利用植物组织培养技术对种质进行体外保存，与种植保存方法相比，其所占空间小，保存费用低廉，又可排除病虫害及植物病毒的侵染，便于种质交换。

（1）椰子胚培养技术和程序

椰子胚的采集、消毒与接种取10~11月龄的椰果去皮，用直径1.6 cm的打孔器取出胚乳包裹着的完整胚。胚包埋的"眼"由于其细胞未木质化而通常呈凹陷状，取下的圆柱状胚乳（内放完整胚）置于椰子水中，再用自来水清洗，然后在95%的乙醇中快速漂洗，除去脂肪。用100%的漂白粉（或5.25%的NaOCl）溶液表面消毒20 min，后用无菌水清洗3次以除去残余漂白粉。如果要异地运输，消毒后的胚乳柱状体应置于密封的无菌育苗杯中（内放湿棉防止脱水），再将无菌育苗杯放在聚乙烯材料的箱子或盒子中（内存冰块）。如果空运，要保证在4~5 d内到达，否则萌发会受到影响。放材料的箱子应冷藏，避免阳光照射。到达目的地后，应将含胚的胚乳柱状体重新进行消毒。在超净工作台上先用5%的NaOCl溶液表面消毒2

min，再用无菌水多次清洗细心地将椰子胚解剖下来，避免损伤。将胚收集在洁净烧杯内，最后用 10% 漂白粉或 1%NaOCl 消毒 1 min，无菌水洗 3 次以上，再用无菌滤纸吸干水分。选择质量好（饱满而不变形）的胚接入长试管或玻璃瓶的培养基中。如果椰子胚在当地采集接种，则直接将圆柱状胚乳用自来水冲洗数次，然后在超净工作台上用 95% 乙醇快速漂洗，之后用 100% 的商品漂白粉溶液或 5.25% 的 NaOCl 浸泡 20 min，用无菌水洗 3 次以上。胚剖下之后，再用 10% 的商品漂白粉溶液对胚进行表面消毒 1 min，无菌水洗 3~5 次后接种。也可采用另一种表面消毒方法。即在采集地将圆柱状胚乳（内有完整胚）在 0.6% 的 NaOCl 溶液（或稀释的漂白粉）清洗后，用 70% 乙醇浸泡 3 min，无菌水洗 3 次，然后再用 3%NaOCl 溶液振摇 20 min，无菌水洗 3 次。运送到实验室后，再用 70% 乙醇浸泡 3 min，无菌水洗 3 次，然后用 3%NaOCl 溶液浸泡 20 min，无菌水洗 3 次。胚剖下之后，再用 0.6% 的 NaOCl 溶液对胚进行表面消毒 10 min，无菌水洗 3 次。

　　（2）培养基及培养方法

　　椰子胚培养采用 Y3 基本培养基（Eeuwens）要比 MS 基本培养基（Murashige and Skoog）的效果好。菲律宾一研究小组在 COGENT 基金的资助下，提出改良 Y3 基本培养基配方。培养温度 28~30℃，光照 4000~5000 lx，每天光照 9 h。接种后每 1 个月继代转接一次。椰子胚接种在上述改良 Y3 培养基 +1 g/L 活性炭 +60 g/L 蔗糖的液体培养基上进行初代培养。第一和第二次继代时都转接到改良 Y3 培养基 +1.0 g/L 活性炭（AC）+ 60 g/L 蔗糖。从培养开始一直维持此用量，直至第 3 到第 4 个月芽和根已发育较好后采用 45 g/L 蔗糖 +7 g/L 琼脂的固体培养基上。当形成根和芽后，培养物第 3 次以及其后的继代转接都采用同样配方的液体培养基。为方便继代转接，可去除吸器以促进萌发，可在接种 1 个月后的第一次转接的固体培养基上添加 20 mg/L BA。当根较少时，可在第 4 次继代培养中添加 10 mg/L NAA。另外，除去实生苗基部老的褐色组织，并在产生根的部位刺 2~3 个创伤点，有利于根发生。在第 3 到第 4 次继代转接时，切断初生根有利于次生根的发育，修剪次生根有利于三级根的发育。通常胚培养 6~8 周后形成芽和根，从培养到移出至少需 4 个月的时间。需要指出的是，为了减少培养基用量及让实生苗生长端正，要采用长的试管进行培养。当实生苗有 2~3 片伸展的叶和形成次生根后，应转移到较大的培养瓶中，并采用灭菌后的育苗杯套紧瓶口，使生长空间足够大。当实生苗有 3~4 片叶，产生较多的次生根和三级根后，即可进行炼苗移栽。整个培养时间可能需要约 1 年或以上的时间。

　　（3）炼苗移栽

　　首先将试管苗转移至温室中培养，约 1 周之后移出瓶苗，洗净培养基，经 2.5 g/L 的多菌灵浸泡后移栽到经灭菌的砂、蛭石等移栽基质中，并用透明塑料布覆盖保湿。移栽后 3~4 周可逐渐打开，再经 1~2 周后完全撤去。根据需要及时浇水、喷施叶面肥溶液及防治病虫害。3 个月后，可将移栽苗转移到更大的育苗杯中，并采用未灭菌的土壤作基质，在部分遮阴的苗圃中生长。再经 3~5 月可直接移到大田，这时植株已具有 4~6 片叶。移栽最好避免在夏季高温季节，移栽后可用蕨类遮阴。

栽培管理

一般在雨季栽植，按株行距 6 m×9 m 或 7 m×8 m，每公顷种植 165~180 株。种植穴为 60 cm×70 cm×80 cm，穴内施入有机肥 20~40 kg，也可在穴内燃烧树叶，烧焦穴边，并填砂防蚂蚁，起苗时应带果种，多带土、少伤根，并做到随挖随栽，椰子苗的栽植深度以苗的基部生根部分能全部埋入土中为宜，做到"深种浅培土"，忌泥土撒入叶腋内，适当深植的椰子树，长势比浅植的好，产量比浅植的高，抗风力也比浅植的强。

1. 栽培管理

① 护苗、补苗：栽后要加强管理，植后初期要适当遮阴，并要灌水保湿，缺株要及时补植。

② 耕作、培土和间种：1 年耕作 2 次，即在 11~12 月结合施肥耕作 1 次，在 8~9 月再中耕 1 次，随着植株长大，树干茎部长出大量的气生根，进行培土，加固树体。椰园可间作短期作物，如花生、豆类等，起到活覆盖和提高园内湿度的作用，利于幼树生长。

③ 施肥：椰子树需施全肥，以钾肥最多，其次为氮、磷和氯肥，但必须注意平衡施肥。椰树缺钾时，茎干细，叶短小，树冠中部叶片首先萎蔫，上部叶片向下簇伸，低部叶片干枯、下垂悬挂于树干；缺氮时，幼叶失绿、少光泽，老叶出现不同程度的黄化，结果量减少，椰肉干产量降低；缺磷会引起根系发展不良和果腐；缺氯会影响椰果大小、椰肉干产量以及氮的吸收和植株对水分的利用。因此，施肥时要以有机肥为主，化肥为辅，并施一些食盐。每年可在 4~5 月及 11~12 月施肥，在距离树基部 1.5~2 m 处开施肥沟，效果较好。若用撒施法，应全面除草松土后再施肥。

2. 病虫防治

椰子泻血病是椰子产区常见的病害。病症为茎干出现裂缝，渗出暗褐色黏液，干后呈黑色，裂缝组织腐烂。防治方法有凿除病部组织，涂上 10% 波尔多液或煤焦油。

红棕象幼虫钻蛀树干，可使椰子树枯死。防治时在伤口处用柏油或泥浆涂封，严重时砍伐烧毁，以免传播。

椰园蚧成虫和若虫在叶背及果面上吸汗。防治时喷亚铵硫磷、马拉松、二溴磷等农药，另外可保护天敌进行防治。

椰子犀，主要以二疣犀危害，叶展开后呈扇状，或波状缺刻，咬食生长点，使植株枯死，防治为每年 3 月以前清除椰园内外的有机物以及堆肥、粪堆等繁殖场所，用牛粪或腐烂的椰树干引诱成虫产卵集中捕杀，还可利用天敌如土蜂、绿僵菌等防治犀幼虫。

参考文献

[1] 吴翼，武耀廷，潘坤，等. 椰子胚的离体培养研究 [J]. 西南农业学报，2009, 22(4):1046-1052.

[2] 吴翼，武耀廷，马子龙，等. 椰子胚的离体培养与植株再生（简报）[J]. 亚热带植物科学，2008, 37(1):63-64.

[3] 林秀香，陈振东. 我国棕榈科植物的研究进展 [J]. 热带作物学报，2007(3):115-119.

[4] 吴翼，武耀廷，马子龙，等. 椰子组织培养的研究进展 [J]. 中国农学通报，2007, 23(8):485-489.

[5] 罗文扬，何洁英，钟如松. 棕榈科植物的种子与育苗 [J]. 中国种业，2006(7):58-59.

[6] 刘进平，陈良秋. 椰子胚培养研究 [J]. 热带农业科技，2006(1):21-23.

[7] 张治仙. 椰子栽培与生物技术最新研究 [J]. 世界热带农业信息，2000(5):3-5.

马齿苋

Portulaca oleracea L.

物种介绍

马齿苋是马齿苋科马齿苋属一年生草本植物，全株无毛。花为黄色，果期6~9月。

中国南北各地均产。性喜肥沃土壤，耐旱亦耐涝，生命力强，生于菜园、农田、路旁，为田间常见杂草。广布全世界温带和热带地区。全草供药用，有清热利湿、解毒消肿、消炎、止渴、利尿的作用；种子明目；还可作兽药和农药；嫩茎叶可作蔬菜，味酸，也是很好的饲料。中国南北各地均产。生于菜园、农田、路旁，为田间常见杂草。广布全世界温带和热带地区。

马齿苋性喜高湿，耐旱、耐涝，具向阳性，适宜在各种田地和坡地栽培，以中性和弱酸性土壤较好。其发芽温度为18℃，最适宜生长温度为20~30℃。当温度超过20℃时，可分期播种，陆续上市。保护地栽培可进行周年生产。

马齿苋是 C_4 兼性CAM植物，是一种很好的修复生态环境植物。马齿苋适应性强，耐涝耐盐，对高温、干旱、重金属污染等逆境的耐受能力极强。

马齿苋生食、烹食均可，柔软的茎可像菠菜一样烹制。马齿苋的新鲜茎叶可作为蔬菜食用，但有强烈的味道。马齿苋茎顶部的叶子很柔软，可以像豆瓣菜一样烹食，可用来做汤、沙司、蛋黄酱和炖菜。马齿苋和碎萝卜或马铃薯泥一起做，也可以和洋葱或番茄一起烹饪，其茎和叶可用醋腌泡食用。

马齿苋是一种药食同源植物。马齿苋含有丰富的二羟乙胺、苹果酸、葡萄糖、钙、磷、铁以及维生素E、胡萝卜素、维生素B、维生素C等营养物质。马齿苋在营养上有一个突出的特点，它的 ω-3 脂肪酸含量高于人和植物。ω-3 脂肪酸能抑制人体对胆固醇的吸收，降低血液胆固醇浓度，改善血管壁弹性，对防治心血管疾病很有利。另外，国内外对马齿苋的研究大多集中在药学、其含有的化学成分、生物活性物质、临床应用、多种保健食品的加工等方面。

马齿苋的化学成分多样，包括黄酮类、生物碱、多糖、脂肪酸、萜类、甾醇、蛋白质、维生素和矿物质等，具有清热解毒、消肿止血、利水祛湿等功效，常用作抗氧化剂、抗糖尿病、抗菌、防腐、抗利尿剂、镇痛药、肌肉松弛剂等。马齿苋具有一定的药用价值，在食品和制药工业中具有相当重要的地位。马齿苋常用于临床治疗，马齿苋提取物可用于治疗湿疹等多种皮肤疾病，也可以治疗患者口腔溃疡。另外，马齿苋具有抑制肝癌转移的作用。由此可见，马齿苋是一种非常有医学价值的药用植物。

繁殖技术

1. 种子繁殖

马齿苋的花为两性花。马齿苋可以产生大量的种子，种子具有果壳。马齿苋种子在自然光照有较高的萌发率，可达 95%。但马齿苋开第一朵花后，会不断地形成花蕾和开花，并且边开花边结籽、种子成熟后即自行开裂、散落。从而使得种子收集面临困难，成为制约马齿苋规模化栽培的重要因素。

开花后 25~30 d，蒴果（种壳）呈黄色时，种子便已成熟，应及时采收，否则便会散落在地。此外，还可在生产商品菜的大田中，有间隔地选留部分植株，任其自然开花结籽后散落在地，第 2 年春季待其自然萌发幼苗后再移密补稀进行生产。

马齿苋进行种子繁殖所用种子都是头年从野外采集或栽培时留的种。其种子籽粒极小，整地一定要精细，播后保持土壤湿润，7~10 d 即可出苗。

2. 扦插

马齿苋属于扦插易成活类植物，马齿苋植株的地上部分都能作为扦插材料，均能成活，但扦插繁殖对插穗的耗费大，扩繁倍数较低，很难满足规模繁殖的需要。

插穗从当年播种苗或野生苗上采集，从发枝多、长势旺的强壮植株上采集为好，每段要留有 3~5 个节。扦插前精细整土，结合整地施足充分腐熟的农家肥。扦插密度（株行距）3 cm×5 cm，插穗入土深度 3 cm

左右，插后保持一定的湿度和适当的荫蔽，1 周后即可成活。扦插后 15~20 d 即可移入大田栽培。

3. 组织培养

（1）外植体采集与消毒

晴天采集马齿苋无病虫害的幼嫩茎段，去除基部叶片，仅留植株顶部 3~4 片叶子，在超净工作台上用 75% 乙醇球擦拭外植体表面的灰尘。再用 75% 乙醇清洗 30 s，再用无菌水清洗 2~3 次，转入 0.1% HgCl$_2$ 溶液消毒 25 min，然后用蒸馏水清洗 4~5 次。放置超净工作台上风干后，将外植体接种于添加 5.0 μM BA + 0.5 μM NAA 的 MS 培养基上，培养 30 d 后，观察不同培养基内植株的生长情况，并选择叶片翠绿舒展，长势良好的无菌植株的叶片用于下步试验。

（2）增殖培养植物生长调节剂对茎段腋生芽的诱导

取无菌体系中长势良好的植株，切成 2 cm 左右的单芽，接种到附加不同植物生长调节剂及浓度的 MS 培养基中，以不添加任何植物生长调节剂的 MS 培养基作为对照。每个处理 30 个芽外植体，接种于 5 个培育瓶中，每瓶接种 6 个芽。接种 30 d 后，统计不定芽的增殖情况。增殖倍数 = 增殖后腋芽数 / 增殖前腋芽数。

（3）植物生长调节剂对叶片诱导不定芽的影响

以 1 cm 左右长的叶片为外植体。将嫩叶的正面划 1 道伤痕以增加创伤面积，将上述嫩叶接种到附加不同植物生长调节剂及其组合的 MS 培养基上，以不添加任何植物生长调节剂的 MS 培养基为对照。每个处理 30 个

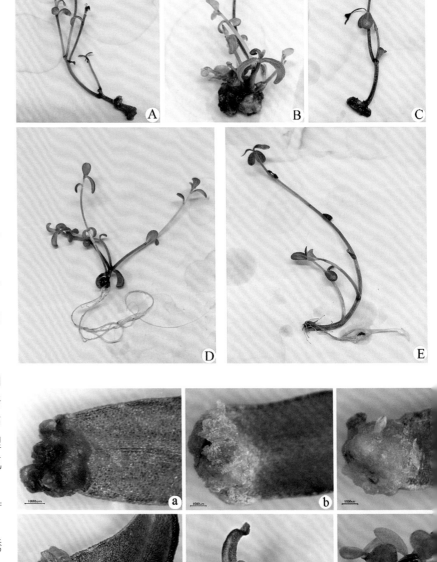

外植体，接种于 5 个培育瓶中，每瓶接种 6 个叶片，培养 30 d 后观察其不定芽数和体细胞胚数。每隔 30 d 后，对其进行同配方继代。

（4）生根诱导

取无菌体系中长势良好的，芽苗高为 3~4 cm 的植株，从基部切下，在无菌条件下接种到以 MS 为基本培养基，单独添加 IBA 或 NAA 及其组合的生根培养基中，以不添加生长素的空白培养基为对照。每个处理 30 个芽外植体，接种于 10 个培育瓶中，每瓶接种 3 个芽。生根率 =30 d 后生根的芽体数 / 接种的芽体数。

（5）炼苗与移栽

选择生根良好的植株，去除盖子，带瓶置于自然光照条件下培养 7 d 后，用自来水小心冲洗根系附着的

培养基，略微晾干根系表面水分，分别植于装有以下混合土壤的黑色育苗袋中：① 蛭石、沙，体积比 =1:1；② 蛭石、沙、泥炭土，体积比 =1:1:1；③ 泥炭土、沙、珍珠岩，体积比 =1:1:1；④ 珍珠岩、海沙，体积比 =1:1；⑤ 珍珠岩、海沙、泥炭土，体积比 =1:1:1，浇足水。每天傍晚用清水喷洒叶面，在移栽 60 d 后统计组培苗的一直存活率、平均株长。移栽存活率 =（成活的组培苗数 / 移栽苗的数量）× 100%。

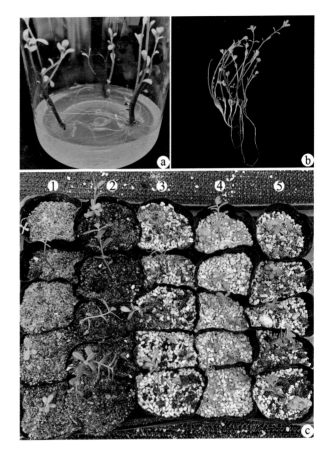

选用 MS 作为基本培养基，设置不同植物生长调节剂浓度的处理。经过 30 d 的培养，不同植物生长调节剂浓度处理下的丛生芽增殖情况，可以看出，植株在空白培养基中，平均每个外植体可以诱导出 2.1 个不定芽，并且植株通常长根，未形成愈伤组织。在添加 1.0~6.0 μM 2-ip 的 MS 培养基上，培养 30 d 平均每个外植体可增殖 2.6~4.0 个丛芽，并且植株通常长根，未形成愈伤组织。在添加 1.0~6.0 μM BA 的 MS 培养基上，培养 30 d 平均每个外植体可增殖 2.2~3.7 个腋芽，植株不能长根，形成愈伤组织。在添加 1.0~6.0 μM KIN 的 MS 培养基上，培养 30 d 平均每个外植体可增殖为 2.1~3.4 个腋芽，并且植株通常长根，基部会愈伤化。在添加 1.0~3.0 μM NAA 的 MS 培养基上，培养 30 d 平均每个外植体可增殖 1.9~2.1 个腋芽，植株不能长根，基部愈伤化。综合来看，最适的增殖培养基为 MS + 3.0 μM 2-ip。

选用 MS 作为基本培养基，设置不同 pH 的处理。经过 30 d 的培养，植株在 pH 为 4.0 的培养基中，平均每个外植体可以诱导出 1.4 个不定芽，植株茎褐化，植株不长根，且叶片玻璃化。植株在 pH 为 5.0 的培养基中，平均每个外植体可以诱导出 2 个不定芽，植株不长根，叶片玻璃化。植株在 pH 为 6.0 的培养基中，平均每个外植体可以诱导出 1.3 个不定芽，植株长根，叶片玻璃化。植株在 pH 为 7.0 或 pH 为 8.0 的培养基中，植株长根，但部分植株死亡。马齿苋在 pH 为 6.0 时，增殖倍数较高且植株生长良好。

在不添加任何植物生长调节剂的 MS 培养基上，叶柄处长根，未形成愈伤组织，培养 30 d 后，未能形成不定芽。在添加 1.0~3.0 μM BA 的 MS 培养基上，培养 20 d 后，从叶面诱导出部分红色的愈伤组织。继续培养 30 d 和 45 d 后，叶片表面诱导出一些不定芽。在分别添加 BA、TDZ、2,4-D 的 MS 培养基中，均可诱导出愈伤组织，愈伤诱导率可达 100%。在添加 1.0~3.0 μM BA 的 MS 培养基，在 10 d 后诱导红色致密的愈伤组织，愈伤诱导率为 100%。低浓度（1.0 μM）和高浓度（3.0 μM）的 BA 诱导不定芽百分比和数量无显著差异，不定芽百分比在 52.2%~52.3%、不定芽数量为 4.3~4.2。中浓度（2.0 μM）的 BA 诱导不定芽的百分比和数量为 67.3% 和 5.3，高于低浓度（1.0 μM）。同时添加 BA + NAA 的 MS 培养基，不定芽的诱导率和数量为 70.8% 和 5.7，显著高于单独添加 BA 的 67.3% 和 5.3。在添加 1.0~3.0 μM TDZ 的 MS 培养基，在 10 d 内诱导绿色松散愈伤组织，愈伤诱导率为 100%。高浓度（3.0 μM）的 TDZ 诱导不定芽的百分比和数量为 38.9% 和 4.7，高于低浓度（1.0 μM）的 24.8% 和 3.8。同时添加 TDZ + NAA 的 MS 培养基，不定芽的诱导率和数量为 41.5% 和 4.5，高于单独添加 TDZ 的 38.9% 和 4.7。在添加 1.0~3.0 μM 2,4-D 的 MS 培养基，在 10 d 内诱导黄绿色致密愈伤组织，诱导率为 100%。但培养 30 d 后，愈伤组织变黑，50 d 内一般死亡。没有诱导出不定芽和根。最适合叶片诱导不定芽的培养基是：MS + 1.0 μM BA + 0.1 μM NAA。

选用 MS 作为基本培养基，设置不同植物生长调节剂浓度的处理。经过 30 d 的培养，从不同植物生长调节剂浓度处理下的情况可以看出，植株在空白培养基中，植株生根率为 100%。在添加 IBA 的 MS 培养基上，浓度过高或过低时，生根率降低。当 IBA 浓度为 2.5 μM 时，生根率可达 100%。在添加 NAA 的 MS 培养基上，浓度过高或过低时，生根率降低。当 NAA 浓度为 2.5 μM 时，生根率为 87.9%。当 IBA 与 NAA 组合使用时，高浓度 IBA 与低浓度 NAA 组合的生根率高于低浓度 IBA 与高浓度 NAA 组合的生根率。综合来看，马齿苋最适生根培养基为不添加植物生长调节剂的 MS 培养基，平均生根数量最高，可达 18.7，平均根长为 6.9 cm。

马齿苋在 5 种基质中移栽 60 d 后，发现马齿苋在基质泥炭土∶沙∶珍珠岩 =1∶1∶1（v/v）这种基质中存活率高，可达 93%。在珍珠岩∶海沙 = 1∶1（v/v）、珍珠岩∶海沙∶泥炭土 =1∶1∶1（v/v）这两种基质中存活率分别为 88.0%、85.6%。在蛭石∶沙 =1∶1（v/v）存活率较低为 79.6%。而在蛭石∶沙∶泥炭土 = 1∶1∶1（v/v）存活率最低仅为 72.7%，但植株生长良好，平均株高可达 6.3 cm。毛马齿苋在其他 4 种基质中，平均株高在 3.5~4.6 cm，并无显著差异。综合考虑植物生长情况，选择的最佳移栽基质为泥炭土∶沙∶珍珠岩 = 1∶1∶1（v/v）。

参考文献

[1] 张斌荣，丁明华. 马齿苋的食用价值与人工栽培 [J]. 新农村，2018(3):18.

[2] 么海波. 特菜马齿苋的无公害栽培技术 [J]. 现代农业，2016(9):7.

[3] 施文彩，薛凡，李菊红，等. 马齿苋的药理活性研究进展 [J]. 药学服务与研究，2016(4):291-295.

[4] 刘惠兰. 马齿苋人工栽培产业化推广关键技术集成与应用 [J]. 现代园艺，2015(23):44-45.

[5] 段国锋，李丽娟，杨忠义. 温度及赤霉素对马齿苋种子发芽影响的研究 [J]. 山西农业大学学报 (自然科学版)，2013(4):328-331.

[6] 吴亚萍. 马齿苋种子萌发特性以及密度对产量的影响关系初探 [J]. 农业与技术，2013(6):19-20.

[7] 夏桂生. 马齿苋的人工栽培价值及栽培管理技术 [J]. 中国园艺文摘，2013(4):146-147.

[8] 顾雪英，严小燕，杨玲英. 马齿苋的特征特性、用途及主要繁殖技术 [J]. 上海农业科技，2012(1):64-65.

[9] 陈双艳. 马齿苋属三个种组织培养快繁技术及耐盐性比较研究 [D]. 仲恺农业工程学院. 2020.

大花马齿苋
Portulaca grandiflora Hook.

物种介绍

大花马齿苋是马齿苋科马齿苋属一年生草本，高 10~30 cm。花期 6~9 月，果期 8~11 月。大花马齿苋原产于巴西、阿根廷等地。广布于热带地区，在中国各地均有栽培。

大花马齿苋是一种 NADP-ME 型的 C_4 植物，同时还具有一些 CAM 植物的特征。大花马齿苋是一种热带地区广泛种植的一年生花卉。因为大花马齿苋花色丰富，有红、黄、粉、紫、白、橙和混合色。花也有不同的形态，有简单的、折叠的，或多个花瓣。可作为观赏植物种植在花园和花盆里。

此外，大花马齿苋是一种重要的药用植物，因含丰富的甜菜红素化合物，全草均可入药，具有散瘀止痛、清热、解毒消肿功效、免疫促进和解毒作用。可以用于治疗咽喉肿痛、烫伤、跌打损伤、疮疖肿毒。植物化学的研究发现，大花马齿苋含有多种化学成分包括甾醇类、咖啡酸类、绿原酸类、槲皮酚类及其异质苷类和山柰酚类物质。

另外，大花马齿苋花色丰富、色彩鲜艳，景观效果极其优秀；其生长强健，管理非常粗放；虽是一年生，但自播繁衍能力强，能够达到多年观赏的效果是非常优秀的景观花种。同时，大花马齿苋具有植物修复的潜力。

繁殖技术

1. 播种繁殖

在花季小心收集种子。及时播种到有机质和椰糠的混合基质中，一个星期就能够萌发出苗。当小苗长至 8~10 cm 高时即可移植到育苗袋中。育苗袋放入黄土和有机质（1：1）。当小苗在育苗袋中生长 1~2 个月即可开花结实。

海水胁迫对大花马齿苋种子萌发的影响：实验结果发现，低于 10% 浓度的海水胁迫对大花马齿苋种子萌发，略有促进作用；高于 10% 浓度的海水马齿苋种子的萌发具有抑制作用，50% 高浓度海水处理，大花马齿苋种子无萌发。

2. 扦插繁育

大花马齿的扦插繁殖容易，扦插长度、扦插部位以及不同光照对扦插的成活率均没有显著差异，对基质也没有严格要求，露地条件下扦插成活率可达 100%。

种子播种和扦插方法在小范围内易于推广。但是扩散效率较低且有限。因此，有必要建立大花马齿苋的体外培养和再生体系。

3. 组织培养

（1）外植体采集与消毒

晴天采集大花马齿苋无病虫害的幼嫩茎段，去除基部叶片，仅留植株顶部 3~4 片叶子，在超净工作台上用 75% 乙醇球擦拭外植体表面的灰尘。再用 75% 乙醇清洗 30 s，再用无菌水清洗 2~3 次，转入 0.1% HgCl$_2$ 溶液消毒 27 min，然后用蒸馏水清洗 4~5 次。放置超净工作台上风干后，将外植体接种于添加 5.0

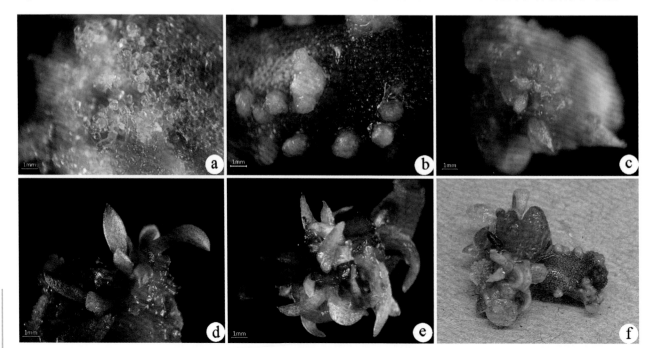

μM BA + 0.5 μM NAA 的 MS 培养基上，培养 30 d 后，观察不同培养基内植株的生长情况，并选择叶片翠绿舒展，长势良好的无菌植株的叶片用于下步试验。

（2）植物生长调节剂对茎段腋生芽增殖的影响

取无菌体系中长势良好的植株，切成 2 cm 左右的单芽，接种到附加不同植物生长调节剂（PGRs）及浓度的 MS 培养基中，以不添加任何植物生长调节剂的 MS 培养基作为对照。每个处理 30 个芽外植体，接种于 5 个培育瓶中，每瓶接种 6 个芽。接种 30 d 后，统计不定芽的增殖情况。增殖倍数 = 增殖后腋芽数 / 增殖前腋芽数。

（3）植物生长调节剂对叶片诱导不定芽的影响

以 1.0 cm 左右长的叶片为外植体。将嫩叶的正面划 1 道伤痕以增加创伤面积，将上述嫩叶接种到附加不同植物生长调节剂及其组合的 MS 培养基上，以不添加任何植物生长调节剂的 MS 培养基为对照。每个处理 30 个外植体，接种于 5 个培育瓶中，每瓶接种 6 个叶片，培养 30 d 后观察其不定芽数和体细胞胚数。每隔 30 d 后，对其进行同配方继代。

（4）生根诱导

取无菌体系中长势良好的，芽苗高为 3~4 cm 的植株，从基部切下，在无菌条件下接种到以 MS 为基本，单独添加 IBA 或 NAA 及其组合的生根培养基中，以不添加生长素的空白培养基为对照。每个处理 30 个芽外植体，接种于 10 个培育瓶中，每瓶接种 3 个芽。生根率 =30 d 后生根的芽体数 / 接种的芽体数。

（5）炼苗与移栽

选择生根良好的植株，去除盖子，带瓶置于自然光照条件下培养 7 d 后，用自来水小心冲洗根系附着的培养基，略微晾干根系表面水分，分别植于装有以下混合土壤的黑色育苗袋中：① 蛭石、沙，体积比 =1:1；② 蛭石、沙、泥炭土，体积比 =1:1:1；③ 泥炭土、沙、珍珠岩，体积比 =1:1:1；④ 珍珠岩、海沙，体积比 =1:1；⑤ 珍珠岩、海沙、泥炭土，体积比 =1:1:1，浇足水。每天傍晚用清水喷洒叶面，在移栽 60 d 后统计组培苗的一直存活率、平均株长。移栽存活率 =（成活的组培苗数 / 移栽苗的数量）× 100%。

植株在空白培养基中，平均每个外植体可以诱导出 4.7 个丛芽，叶片生长正常，并且植株通常长根，未形成愈伤组织。在添加 1.0~5.0 μM KIN 的 MS 培养基上，芽体的增殖倍数与 KIN 浓度呈正相关性，随着 KIN 浓度增加，腋芽的增殖倍数增加。当 KIN 浓度为 5.0 μM 时，平均每个芽体可增殖为 15.3 个腋芽，植株未长根，基部会愈伤化，叶片小。在添加 1.0~5.0 μM BA 的 MS 培养基上，平均每个外植体可增殖 3.2~6.2 个腋芽，当 BA 浓度为 3.0 μM 时，平均每个芽体可增殖 6.2 个丛芽；植株通常长根，叶片生长正常。在添加 1.0~5.0 μM 2-ip 的 MS 培养基上，平均每个外植体可增殖 5.6~12.1 个丛芽，叶片较小并且植株通常长根，未形成愈伤组织。在添加 1.0~5.0 μM NAA 的 MS 培养基上，培养 30 d 平均每个外植体可增殖 2.1~5.6 个丛芽，植株不能长根，基部愈伤化，叶片小。虽然大花马齿苋在 MS + 5.0 μM KIN 培养基上腋芽的增殖率最高可达 15.3，但是，植株的叶片细长，愈伤化。在 MS + 5.0 μM 2-ip 培养基上，腋芽的增殖率为 12.1，稍低于 MS + 5.0 μM KIN，但生长状态良好。综合来看，大花马齿苋腋芽增殖最适的培养基是 MS + 5.0 μM 2-ip。

植株在 pH 为 4.0 的培养基中，平均每个外植体可以诱导出 4.4 个不定芽，植株不长根且叶片玻璃化。植株在 pH 为 5.0 的培养基中，平均每个外植体可以诱导出 4.8 个不定芽，植株不长根，叶片玻璃化，少量的茎枯萎。植株在 pH 为 6.0 的培养基中，平均每个外植体可以诱导出 3.9 个不定芽，植株长根，部分叶片掉落。植株在 pH 为 7.0 的培养基中，平均每个外植体可以诱导出 2.9 个不定芽，植株长根，但部分叶片枯萎。植物在 pH 为 8.0 的培养基中，平均每个外植体可以诱导出 2.3 个不定芽，植株长根，但部分茎枯死。大花马齿苋在 pH 为 5.0 的培养基中时，增殖倍数高且植株生长良好。

大花马齿苋叶片在不添加植物生长调节剂的 MS 培养基上，叶柄处长根，未形成愈伤组织，未能形成不定芽。在分别添加 BA、TDZ、2,4-D 的 MS 培养基中，均可诱导出愈伤组织，愈伤诱导率可达 100%。在添加 1.0~3.0 μM BA 的 MS 培养基，在 10 d 后诱导绿色愈伤组织，继续培养 30 d 未能形成不定芽。在添加 BA 与 NAA 的培养基，叶片可以诱导绿色愈伤组织，继续培养 30 d 后愈伤组织仍未能形成不定芽。在添加 1.0~3.0 μM TDZ 的 MS 培养基，在 10 d 内诱导绿色松散愈伤组织，继续培养 30 d 后，能够形成不定芽。在添加 TDZ 的 MS 培养基中，中等浓度（2.0 μM）的 TDZ 诱导不定芽的百分比和数量为 28.7% 和 9.3，高于低浓度（1.0 μM）的 33.5% 和 4.3、高浓度（3.0 μM）的 22.7% 和 5.8。同时添加 TDZ 与 NAA 的培养基上，不定芽诱导率高于单独添加 TDZ 的，最高的不定芽诱导率与平均不定芽数分别可达 41.5% 和 10.7。最佳的叶片诱导组合为 MS + 1.0 μM TDZ+ 0.1μM NAA。在形态发生过程中，未形成根，随着培养时间延长到 60 d，不定芽增多。在添加 1.0~3.0 μM 2,4-D 的 MS 培养基，在 10 d 内诱导黄绿色致密愈伤组织，诱导率为 100%。但培养 30 d 后，愈伤组织变黑，45 d 内一般死亡，没有诱导出不定芽和根。

芽体在所有生根培养基上均可长根，生根率 100%。在单独添加 1.0~5.0 μM NAA 的 MS 培养基中，低浓度（1.0 μM）的 NAA 诱导生根数量和平均生根长度为 21.8 和 3.4，高于高浓度（5.0 μM）的 17.3 和 3.0。单独添加 IBA 的 MS 培养基上，中等浓度（2.5 μM）的 IBA 诱导生根数量和平均根长为 15.1 和 2.5，略高于低浓度（1.0 μM）和高浓度（5.0 μM）。IBA 和 NAA 组合使用时，生根系数在 12.6~15.9，平均根长在 2.3~3.1 cm。MS + 1.0 μM NAA 培养基上诱导根的数量最多同时平均根长最长，为最佳的生根培养基。

大花马齿苋在 5 种基质中移栽 60 d 后，发现大花马齿苋在基质为珍珠岩：海沙 = 1:1（v/v）这种基质中存活率高，可达 92%。在泥炭土：沙：珍珠岩 = 1:1（v/v）、珍珠岩：海沙：泥炭土 = 1:1:1（v/v）这两种基质中存活率分别为 87.2%、85.7%。在蛭石：沙 = 1:1（v/v）和蛭石：沙：泥炭土 = 1:1:1（v/v）存活率较低分别为 82.3%、83.7%。大花马齿苋在这 5 种的基质中，平均株高在 4.0~5.0 cm，并无显著差异。综合考虑植物生长情况，选择的最佳移栽基质为珍珠岩：海沙 = 1:1（v/v）。

参考文献：

[1] 任军方，王春梅，张浪，等. 大花马齿苋在海南引种栽培技术要点 [J]. 现代园艺，2017(15):52-52.

[2] 王意成. 大花马齿苋 [J]. 花木盆景（花卉园艺），2016(7): 33.

[3] 朱英葛. 大花马齿苋的扦插繁殖技术研究 [J]. 现代园艺，2016(9):5-6.

[4] 杨俊杰，张月琴. 大花马齿苋繁殖栽培技术 [J]. 农业工程技术：温室园艺，2012(11):62-63.

[5] 陈双艳. 马齿苋属三个种组织培养快繁技术及耐盐性比较研究 [D]. 仲恺农业工程学院. 2020.

毛马齿苋

Portulaca pilosa L.

物种介绍

毛马齿苋是马齿苋科马齿苋属一年生或多年生草本，高 5~20 cm。茎密丛生，铺散，多分枝。花果期 5~8 月。

毛马齿苋原产于亚洲，分布于热带亚热带地区。生长适应温度 10~38 ℃，多生于海边沙地及开阔地，性耐旱，喜欢光照充足环境，花朵见阳光而开放，傍晚及阴天闭合。遮阴条件下，茎叶瘦弱，生长缓慢，呈现不耐阴生长的习性。我国主要分布在福建（厦门）、台湾、广东（陆丰）、海南、西沙群岛、广西、云南（南部）等地。另外，在菲律宾、马来西亚、印度尼西亚和美洲热带地区也有分布。

毛马齿苋的花为紫红色，花期长，是具有观赏价值的花卉，可作为盆栽用于室内装点，也可用于园林绿化。但目前毛马齿苋在园林方面的应用较少，尚未见大量人工栽培。再者，该植物植株低矮、具有耐强光、耐干旱、耐水涝、抗病虫害、抗逆性强、生命力强、繁殖力强等特点，一方面可以用于海岛等生态环境恶劣的修复。另一方面，也可以作为南方果园人工生草的草种，栽种于果园中，起到保护果园生态环境、改善果园土壤质地、提高果品品质等多种作用。

根据叶片碳同位素值、营养器官解剖特征和关键 C_4 酶的表达，毛马齿苋是一种 C_4 植物。

毛马齿苋是一种常用的传统药物，可解热镇痛，用作保肝、止泻、利尿剂，用于烧伤、丹毒和损伤的治疗。植物化学筛选发现，毛马齿苋乙醇提取物中含有多种化学成分包括糖类、多酚类、单宁、甾体、萜类、强心苷、类胡萝卜素等。毛马齿苋常用于治疗烧伤、皮肤丹毒、昆虫叮咬和伤口愈合。

繁育技术

目前毛马齿苋常用的繁殖方式为有性繁殖和无性繁殖，有性繁殖即播种繁殖，无性繁殖包括扦插繁殖

和组织培养。

1. 种子繁殖

毛马齿苋是自交并且自交亲和植物，并可以产生大量的种子。当满足光照且温度为25℃的条件时，萌发率最高。另外，毛马齿苋的种子没有休眠期，长期贮藏会降低种子活力。所以，种子成熟后需要尽快播种。事实上，在野外自然条件下，很难有适宜的种子萌发条件，如土壤、光照、温度、水分等。虽然种子播种和扦插方法在小范围内易于推广。然而，扩散效率较低且有限。

2. 扦插繁殖

毛马齿苋属于扦插易成活类植物。将母株分切成5 cm长的茎段，直接扦插到有机质和椰糠的盆中（1：1)，稍荫的保湿管理一个星期即可长出新的根系。10 d后即可移植到育苗杯中扩大培养。

（1）外植体采集与消毒

晴天采集毛马齿苋无病虫害的幼嫩茎段，去除基部叶片，仅留植株顶部3~4片叶子，在超净工作台上用75%乙醇球擦拭外植体表面的灰尘。再用75%乙醇清洗30 s，再用无菌水清洗2~3次，转入0.1% HgCl₂消毒9 min，然后用蒸馏水清洗2次，然后再用0.1%HgCl₂溶液消毒6 min。然后用蒸馏水清洗2次，之后用0.1%HgCl₂消毒2 min，最后用无菌水清洗3~4次。放置超净工作台上风干后，将外植体接种于添加5.0

μM BA + 0.5 μM NAA 的 MS 培养基上，培养 30 d 后，观察不同培养基内植株的生长情况。

（2）增殖培养

取无菌体系中长势良好的植株，切成 2 cm 左右的单芽，接种到附加不同植物生长调节剂（PGRs）及浓度的 MS 培养基中，以不添加任何植物生长调节剂的 MS 培养基作为对照。每个处理 30 个芽外植体，接种于 5 个培育瓶中，每瓶接种 6 个芽。

（3）叶片诱导不定芽

以 1.0 cm 左右长的叶片为外植体。将嫩叶的正面划 1 道伤痕以增加创伤面积，将上述嫩叶接种到附加不同植物生长调节剂及其组合的 MS 培养基上，以不添加任何植物生长调节剂的 MS 培养基为对照。每个处理 30 个外植体，接种于 5 个培育瓶中，每瓶接种 6 个叶片，每隔 30 d 后，对其进行同配方继代。

（4）生根诱导

取无菌体系中长势良好的，芽苗高为 3~4 cm 左右的植株，从基部切下，在无菌条件下接种到以 MS 为基本培养基，单独添加 IBA 或 NAA 及其组合的生根培养基中，以不添加生长素的空白培养基为对照。每个处理 30 个芽外植体，接种于 10 个培育瓶中，每瓶接种 3 个芽。

（5）炼苗与移栽

选择生根良好的植株，去除盖子，带瓶置于自然光照条件下培养 7 d 后，用自来水小心冲洗根系附着的培养基，略微晾干根系表面水分，分别植于装有以下混合土壤的黑色育苗袋中：① 蛭石、沙，体积比 =1:1；② 蛭石、沙、泥炭土，体积比 =1:1:1；③ 泥炭土、沙、珍珠岩，体积比 =1:1:1；④ 珍珠岩、海沙，体积比 =1:1；⑤ 珍珠岩、海沙、泥炭土，体积比 =1:1:1，浇足水。每天傍晚用清水喷洒土面，在移栽 60 d 后统计组培苗的一直存活率、平均株长。移栽存活率 =（成活的组培苗数 / 移栽苗的数量）×100%。

经过 30 d 的培养，不同植物生长调节剂及浓度处理下的丛芽增殖情况。可以看出，植株在空白培养基中，平均每个外植体可以诱导出 4.7 个丛芽，并且植株通常长根，未形成愈伤组织。在添加 1.0~5.0 μM KIN 的 MS 培养基上，平均每个外植体可增殖为 5.1~5.3 个丛芽，植株也长根，没有形成愈伤组织。在添加 1.0~5.0 μM 2,4-D 的 MS 培养基上，大部分芽没有诱导新的腋芽。而在腋芽基部形成了黄色的紧凑型愈伤组织。在添加 1.0~5.0 μM BA 的 MS 培养基上，平均每个外植体可增殖 5.6~6.2 个丛芽。植株不能长根，在腋芽基部形成了易碎的愈伤组织。在添加 1.0~5.0 μM TDZ 的 MS 培养基上，平均每个外植体增殖 3.1~3.3 个丛芽。在腋芽基部也会形成一些易碎的愈伤组织，有些叶子出现玻璃化。综合来看，毛马齿苋腋芽增殖最适的培养基是 MS + 3.0 μM BA。

选用 MS 作为基本培养基，设置不同 pH 的处理，经过 30 d 的培养，毛马齿苋不定芽增殖情况。植株在 pH 为 4.0 的培养基中，平均每个外植体可以诱导出 5.8 个不定芽，植株矮小、愈伤化，不长根，且叶片

玻璃化。植株在 pH 为 5.0 的培养基中，平均每个外植体可以诱导出 6.9 个不定芽，植株不长根，叶片玻璃化。植株在 pH 为 6.0 的培养基中，平均每个外植体可以诱导出 6.6 个不定芽，植株长根。植株在 pH 为 7.0 或 pH 为 8.0 的培养基中，平均每个外植体可以诱导出 4.0 个不定芽，植株长根，形态较正常。毛马齿苋在 pH 为 5.0~6.0 的培养基中，增殖倍数高且植株生长良好。

在空白培养基上，15 d 内划伤的叶子表面诱导了不定根。培养 30 d 后，未能形成不定芽。在添加 1.0~3.0 μM BA 的 MS 培养基上，培养 20 d 后，从叶面诱导出部分愈伤组织。继续培养 30 d 和 45 d 后，叶片表面诱导出不定芽。在添加 BA 的 MS 培养基中，低浓度（1.0 μM）的 BA 诱导不定芽的百分比和数量为 28.3% 和 2.5，高于高浓度（3.0 μM）的 25.9% 和 1.9。在形态发生过程中，未形成根。随着培养时间延长到 60 d，不定芽增多。

在 MS + 1.0 μM BA + 0.1 μM NAA 培养基中，不定芽诱导率和平均不定芽数为 35.6% 和 3.7，大于单独使用的 BA28.3% 和 2.5。另外，在 MS + 3.0 μM BA + 0.1 μM NAA 培养基中，不定芽诱导率和平均不定芽数为 33.6% 和 2.4，均高于 MS + 3.0 μM BA 培养基上的 25.9% 和 1.9。

在添加 1.0 μM TDZ 的 MS 培养基上，从叶面诱导部分愈伤组织。培养 30 d 后，在叶片表面诱导部分类似体细胞胚（3.5）的结构。在形态发生过程中，并没有形成根。在添加 3.0 μM TDZ 的 MS 培养基上，从叶面诱导部分愈伤组织。培养 30 d 后，在表面诱导一些类体胚结构。在添加 1.0 μM TDZ + 0.1 μM NAA 的 MS 培养基上，不定芽诱导率和平均不定芽数最高分别为 40.9% 和 3.8。在添加 3.0 μM TDZ + 0.1 μM NAA 的 MS 培养基上，叶片诱导部分愈伤组织，诱导出类体胚结构，形态发生过程中也没有形成根。所以，这些类体胚结构应该是不定芽。在添加 1.0~3.0 μM 2,4-D 的 MS 培养基上，在 7 d 内诱导黄色致密愈伤组织。培养 30 d 后，愈伤组织变黑，45 d 内一般死亡，没有诱导出不定芽和根。综合来看，毛马齿苋叶片诱导不定芽的最佳培养基为 MS + 1.0 μM TDZ + 0.1 μM NAA。

芽体在生根培养基上培养 10~15 d 后，芽体陆续开始生根。芽体在生根培养基上均可长根，生根率为 100%。芽体在单独添加 1.0~5.0 μM IBA 的培养基中，平均生根数与平均根长在不同的 IBA 浓度之间差异不显著。均表现为生根数量较低，平均根长较短。芽体在单独添加 1.0~5.0 μM NAA 的培养基上，平均生根数量比单独添加 IBA 的培养基高。芽体在添加 NAA 的培养基中，平均生根数与平均根长在不同的 NAA 浓度之间差异不显著，但诱导形成的根细长，容易断裂。在同时添加 IBA 与 NAA 的培养基上培养的芽体生根效果较好，均优于单独添加 IBA 或者 NAA。具有较高的平均生根数，生根根长居中。芽体在空白培养基中，生根数量最多为 35.7，且平均根长最长可达 4.5 cm。综合来看，空白培养基诱导根的数量最多，平均根长最长。最佳的生根培养基为不添加植物生长调节剂的 MS 培养基。

毛马齿苋在 5 种基质中移栽 60 d 后，发现毛马齿苋在珍珠岩：海沙 = 1:1（v/v）这种基质中存活率高，可达 90%。在珍珠岩：海沙：泥炭土 = 1:1:1（v/v）、蛭石：沙 = 1:1（v/v）和泥炭土：沙：珍珠岩 = 1:1:1（v/v）这 3 种基质存活率为 86%~88%。三者之间并无显著差异。在蛭石：沙：泥炭土 = 1:1:1（v/v）存活率最低，仅有 61.9%，但植株生长良好，平均株高可达 8.2 cm，毛马齿苋在其他 4 种基质中，平均株高在 5.1~6.3 cm，并无显著差异。综合考虑植物生长情况，选择的最佳移栽基质为珍珠岩：海沙 = 1:1（v/v）。

参考文献：

[1] 龚家建，杨小锋，邢谷财，等. 浸种和外源激素处理对毛马齿苋种子发芽的影响 [J]. 热带农业科学，2017(1):7-10.

[2] 龚家建，杨小锋，邢谷财，等. 毛马齿苋种子休眠与萌芽特性研究 [J]. 广东农业科学，2016, 43(6):76-80.

[3] 龚家建，杨小锋. 毛马齿苋扩繁及栽培管理技术 [J]. 现代农业科技，2015, (20):122+124.

[4] CHEN SY, XIONG YP, YU XC, et al., Adventitious shoot organogenesis from leaf explants of *Portulaca pilosa* L.[J]. Scientific Reports, 2020,10(3).

[5] 陈双艳. 马齿苋属三个种组织培养快繁技术及耐盐性比较研究 [D]. 仲恺农业工程学院. 2020.

沙生马齿苋

Portulaca psammotropha Hance

物种介绍

　　沙生马齿苋是马齿苋科马齿苋属多年生铺散草本，高 5~8 cm。根肉质，粗 4~8 mm。花小，无梗，黄色或淡黄色，花果期夏季。

　　为中国的特有植物。分布在中国海南等地，多生长于海岸沙滩，尚未有人工引种栽培。

繁育技术

1. 种子繁殖

种子在气温 15℃ 以上即可播种，播种前要先整地施肥，翻耕后做成 1.2 m 的平畦，在土壤湿润的基础上满畦撒播。因种子小，应将其与 5 倍的细砂混匀后再撒播，覆盖细潮土，要求厚度为 0.5 cm。早春季，播后应覆盖草或地膜。幼苗出土后，应揭膜或清除盖草。遇夏季播种，幼苗出土初期，应扣遮阳网，及时排除雨水和除草，一般播后 2~4 d 即可出苗，出苗 10 d 后间苗，株距约 5 cm，随后可浇水追施尿素每亩 2 kg，并清除杂草。播后约 30 d，叶充分长大，趁还未开花现蕾时的幼嫩期收获。若需采种，应在果实未开盖时采收果实，以免种子成熟后自行开盖撒落。

2. 压条法繁殖

在沙生马齿苋每株的四周将较长的茎枝压倒在地，每隔 3 节用潮土压 1 个茎节（压土的前面需留 2~3 节茎），让其在土中生根，当压土处的茎节生根后，即可与主体分开，就能形成一株新的独立的苗。

3. 分根法繁殖

将沙生马齿苋成株连根挖起，从根的基部有分杈处劈开，保证每个劈开的分株都带有适量的须根和侧根，晾晒稍干后，就可往畦里定植，先蘸生根粉溶液而后植效果更好。栽种时，要埋在土里 1 节茎，株行距 10 cm×10 cm，栽植后覆土，先稍镇压再浇水，经过 3~5 d 即可缓苗，缓苗后即可追肥浇水，以促进茎叶生长。

参考文献

[1] 钟诗文, D A. MADULID, 许天铨. *Portulaca psammotropha* Hance (Portulacaceae), a Neglected Species in the Flora of Taiwan and the Philippines[J]. Taiwania, 2008, 53(1):90-95.

[2] 鲁德全. 中国马齿苋属的药用植物 [J]. 中草药, 1994, 25(6):315-316.

海刀豆（水流豆）

Canavalia rosea (Sw.) DC.

物种介绍

海刀豆是豆科刀豆属多年生草质藤本植物，主要分布在热带海岸地区，在我国分布于东南部至南部海滨沙地，在西沙群岛较常见。具有盐碱、干旱、贫瘠等极端环境特征，普通植物极难生长定居，而具有较好抗逆生物学特性的植物可能在热带珊瑚岛（礁）植被恢复中发挥重要作用。花冠紫红色，旗瓣圆形，花期 6~7 月。

产我国东南部至南部。蔓生于海边沙滩上。热带海岸地区广布。喜生于海边砂质土壤上、村庄旁、河岸树丛中，平地也常见。

繁育技术

1. 种子繁殖

（1）种子的采集

通常情况下，海刀豆的种子在自然成熟后可随采随播，也可以在秋天，收集粒大饱满的海刀豆种子，然后放在低温干燥的环境中进行种子的贮藏以备用。

（2）种子处理

首先对种子进行磨皮处理，将非种脐的一面或侧面，简单用锉子或直接在瓷砖上摩擦至微微暴露子叶的白色。然后将海刀豆的种子放于 100 mg/L 赤霉素溶液中浸泡 1 h 以上即可播种。

（3）整地与播种

选取行距 30 cm，沟深 57 cm，播幅 10~13 cm，并充分淋湿播种沟。将处理后的种子与混有粪肥的草木灰拌匀后播种。播后盖一层草木灰或土杂肥，再盖一层细砂土，最后盖草，经常保持土壤湿润，经 30~40 d 出苗，种子发芽率接近 80%。

（4）苗期管理

苗期应适当追施稀人畜粪水，促进幼苗健壮生长。翌年清明前后定植，在选好的地块上，按株行距 1 m×1.3 m 开穴，穴长、宽、深各 30 cm，穴内适施土杂肥，并与土混匀，每穴栽苗 23 株，填土压实，并浇透水。由于海刀豆是豆科植物，具有较好的固氮能力，在后期的成苗管理中不再做追肥，只需要注意及时清除杂草以及防御病虫害即可。

2. 扦插繁殖

（1）插穗的选择

选择生长健壮的海刀豆母株，剪取带两节芽点的枝条为插穗，插穗长 5 cm 左右。上端切口平整，下端的斜口为马蹄形。

（2）插穗处理

将插穗的下端 2/3（带一个芽点）部分浸泡于 ABT 生根粉溶液中，浸泡 30 min 以上。

（3）整地与扦插

取混合有河沙的透水性良好的育苗地或者将混合好后的基质装入育苗袋做成袋装苗。将处理后的插穗的 2/3 斜插到基质中，并用手按实基质。然后浇足够的水。扦插 30 d 之后，海刀豆的插穗开始生根。海刀豆的扦插成活率为 50%。

（4）后期管理

海刀豆是豆科植物，固氮能力较强。除了在扦插后的 3 个月补充适当的复合肥外，基本不用补充肥料。但是要及时清理杂草，并及时喷洒杀虫剂以防虫害。

3. 组织培养

（1）培养条件与培养基

试验用 MS 或者 1/2 MS（大量元素减半）为基本培养基，培养基配方为：3%（w/v）蔗糖、0.7%（w/v）琼脂、以及不同种类和浓度的植物生长调节剂，pH 5.8；接种后置于温度为 25±1℃，光照时间 12 h/12 h（L/D），光照强度 1500~2000 lx 的无菌培养室内培养（如无特别说明，以下培养条件均与此相同）。

（2）外植体的选择

于长势良好的海刀豆母株中选取健壮的带芽茎段为外

植体。

（3）海刀豆无菌体系的建立与繁芽

海刀豆的离体茎段的腋芽经 0.1% $HgCl_2$ 消毒 12 min 后，在 MS+BA 0.5 mg/L 或者 MS+BA 1.0 mg/L+NAA 0.1 mg/L 的培养基上萌发，在培养 30 d 后的污染率为 54%，增殖倍数为 5.3。

（4）生根诱导

切取无菌苗的 3 cm 左右的芽体接种与 MS+0.5 mg/L NAA+0.5 mg/L BA 的培养基中进行培养，培养 30 d 后的生根率达 85% 以上。

（5）炼苗与移栽

取长势良好的海刀豆组培苗。打开其所在的培养瓶瓶盖，炼苗 3~7 d，使幼苗初步适应外界的环境。炼苗结束后，用自来水洗去其根系附着的固体培养基，然后移栽到含有黄泥土与泥炭土（体积比 =3:1）的黑色育苗袋中（10 cm×10 cm×12 cm），每袋移栽一株。移栽 30 d 后的移栽成活率为 76% 以上，组培苗叶片翠绿，茎秆粗壮，长势良好。

参考文献：

[1] 林石狮，张信坚，罗连，等 . 滨海湿地与红树林生态恢复的优良乡土植物海刀豆的栽培与工程运用 [J]. 中国野生植物资源，2017, 36(1):68-71.

[2] 钟添华，张磊，马新华，等 . 海刀豆化学成分的分离鉴定和活性评价 [J]. 中国海洋药物，2016, 35(3):31-36.

[3] 李婕，刘楠，任海，等 . 7 种植物对热带珊瑚岛环境的生态适应性 [J]. 生态环境学报，2016, 25(5):790-794.

[4] 张跃生，王小忠，詹小红 . 不同繁殖方法对垂直绿化新品种种苗生长的影响研究 [J]. 广东农业科学，2012, 39(12):57-59.

[5] 赖尚海，雷江丽，吴彩琼，等 . 立交桥垂直绿化新品种种苗繁殖技术研究 [J]. 南方农业 (园林花卉版)，2011, 05(2):37-40.

滨豇豆

Vigna marina (Burm.) Merr.

物种介绍

滨豇豆是豆科豇豆属多年生匍匐或攀缘草本，长可达数米；花冠黄色，旗瓣倒卵形。滨豇豆通常分布在地势较高、排水良好的热带海滨沙堤上，是典型的海岸植物。生长地土壤含水量仅 9.5%，生长土地属于严重干旱等级的砂质土或珊瑚砂。生长地土壤碱性较高，钙离子含量高，氮、磷、钾、钠等元素含量低。滨豇豆喜光不耐阴。滨豇豆广布于热带地区，在中国分布于广东、海南、台湾、香港和南海诸岛。

滨豇豆具有较强的耐盐和抗旱特性，其根与根瘤菌共生，能够固氮增加土壤肥力的同时改良盐碱环境。在中国西沙群岛的滨豇豆生长速度快，叶片面积大，生长密度大，地表覆盖率高，根系生长快且深，具有很强的固沙能力，因此滨豇豆可作为一种构建海滨绿地、防风固沙的优良工具种。

种子淀粉含量丰富，可作为粮食、蔬菜等。叶片中含有的洋槐甙，有较好的利尿和抗炎作用。

繁殖技术

1. 种子繁殖

（1）育苗地的选择与整地

育苗地宜选择在通风向阳、地势平坦，浇灌方便的地方。基质宜选择砂质土壤等透气、透水以及保肥力较好的土壤或者不同种土壤的混合基质。把育苗地清除杂草，松土并整平后即可用于播种。

（2）种子的采集

种植前要进行种子的选择，选择一些丰收好、抗性强的品种，同时播种之前要对种子进

行第二次精选，可以将种子倒入清水中，浮在水面的种子要进行去除。多次地进行种子的精选，才能够保证苗更全、更加健壮。播种之前要利用高温将种子进行消毒，消毒完成以后可以采用直播的方法种植，也可以在大棚内实行育苗移栽法。大棚内的育苗法可以保护好根系不受到损伤，育苗期间还要根据拔秧期进行推算，苗龄一般都在 20~25 d，一般在冬至的前后进行育苗。在冬天收集成熟饱满的滨豇豆果实。去除果夹后将所得种子装于自封袋内，封好口后放置在干燥阴凉的地方保存备用。

（3）种子处理与播种

将滨豇豆的种子于 100 mg/L 赤霉素溶液中浸泡处理 2 h 后，均匀地播种到砂床上。播种后一周左右种子开始萌发，播种后 30 d 种子萌发率可达 80% 以上。

（4）苗期管理

播种后的育苗地要保持一定的湿度并进行遮阴。待实生苗长到 5 cm 高（大约是播种后 30 d）即可将育苗地内的小苗装成袋装苗。起苗时先把苗床喷湿，要注意不要伤到根毛。在后期管理过程中，要及时清理杂草，同时要注意防护病虫害。滨豇豆很容易长蚜虫，注意及时发现，早期喷洒一定的杀虫剂以防止蚜虫的大面积爆发。

2. 扦插繁殖

（1）插穗的选择与处理

从生长健壮、无损伤、无病虫害的滨豇豆植株上切取 1 年龄的滨豇豆枝条，剪取其长 10 cm 左右并带 2 个侧芽的枝条为插穗。插穗长切口剪成钝角斜面，下切口剪成锐角斜面。扦插时再把插穗基部在生根粉溶液中浸泡一下，以利于生根。

（2）整地与扦插

扦插基质应选择透气良好的砂质土壤为好，基质厚度整为 18 cm 左右，整平，并用 5% 的高锰酸钾溶液进行消毒，然后浇透水。按照大约 15 cm×15 cm 的株行距，用木棍打孔，将插穗置于孔内，插穗以 2/3 没入基质中，并保证一个芽点没入基质中为宜，然后用手压实，使得插穗基部与基质密切接触，然后浇透水。

（3）插穗后期管理

在育苗床上覆上农用塑料薄膜，再加盖透光度为 40% 的遮阳网。根据天气状况，每天向插穗上喷雾 2~3 次，以保持插穗与基质的相对湿度。在高温高湿的条件下，注意适当通风。随时除草，及时防治病虫害并拔除病株。

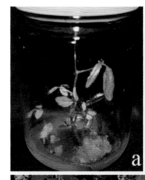

3. 组织培养

（1）培养基与培养条件

试验用 MS 或者 1/2 MS（大量元素减半）为基本培养基，培养基配方为：3%（w/v）蔗糖、0.7%（w/v）琼脂、以及不同种类和浓度的植物生长调节剂，pH 5.8；接种后置于温度为 (25 ± 1)℃，光照时间 12 h/12 h（L/D），光照强度 1500~2000 lx 的无菌培养室内培养（如无特别说明，以下培养条件均与此相同）。

（2）无菌体系的建立

离体茎段经 0.1% $HgCl_2$ 消毒 15 min 后，用无菌水漂洗 4 次，然后接种于含有 BA 1.0 mg/L+NAA 0.1 mg/L+0.25 g/L 活性炭的 MS 培养基上，培养 7 d 之后腋芽开始萌发。

（3）滨豇豆芽的扩繁增殖

将无菌体系上的滨豇豆茎段在无菌条件下接种到 MS + 1.0 mg/L BA +0.1 mg/L NAA 的培养基上。培养 30 d 后出现丛生芽，且在基部切口处形成大量黄色、水浸状愈伤组织。丛生芽的增殖倍率为 4.1。

（4）生根培养

芽体在 1/2MS + 0.2 mg/L BA +0.5 mg/L NAA 的培养上培养 30 d 后，芽增殖伸长的同时在基部切口处形成了大量的根。

（5）炼苗移栽

将生根良好的组培苗移栽到含有泥炭土、黄泥的基质里培养 30 d，成活率 85.2%。

栽培管理

1. 间苗定苗

为了使滨豇豆能够获得更多的产量，必须要进行合理的密植，这个时候也是重要的步骤，尤其在出苗后，在一些出苗率不高的情况下，要及时地进行补苗，滨豇豆的间苗定苗应该在出苗后 5 d 之内进行，这样才能保证减少断根，更提高了移苗的成活率，在间苗的时候一定要小心，避免触碰到根茎，影响正常的成活率。

2. 整枝引蔓

整枝引蔓的时候要搭建一些人字形的支架，当幼苗生长至 30~40 cm 的时候就要及时的搭架，才能使蔓更好的盘结在支架上。引蔓的时候一定要在晴天上午 10 点之前进行引蔓，这样才能减少断蔓的情况发生，滨豇豆主要是靠主蔓进行结荚，所以在引蔓的时候一定要注意，应将主蔓第一个花序以下的侧枝全部摘去，才能够增加主蔓的花序数以及结荚的数量，更好的提高了滨豇豆的产量，当植株生长过旺的时候，就会影响到通风透光，及时的摘取一些老叶、病叶，才能够减少病害的发生。

滨豇豆能够结瘤固氮，提高土壤的氮素水平，且其生物量大，蛋白含量高，种子产量高，是非常具有推广潜力的南方牧草。

3. 合理施肥

滨豇豆属于不耐肥的植物，可以施一些磷钾肥，但也要适当的控制住其他肥料的施入，合理的施肥才能够增加产量。在未种植的时候就要施足基肥，利用一些农家肥和复合肥以及过磷酸钙的肥料，进行与土壤的均匀混合，才能使土地得到足够的肥沃。在滨豇豆开花结荚前，需要的肥料较少，但是出苗以后就需要施一些提苗肥，这样才能够促进幼苗的生长，以后再开花结荚都要进行追肥，可以根据苗情的情况施一些农家肥。当处于滨豇豆的结荚期，对于磷钾肥的需求更多，就要及时的施一些复合肥，并利用一些农家肥促进翻花，能延长采收期。

4. 水分管理

滨豇豆的整个生育期对于水分的需求会逐渐地增多，在幼苗期需要的水分较少，千万不可以浇灌太多的水分，以免畦面积水引起烂根、死苗的状况，但是到了开花结荚期后，需要的水量就会不断增多，这个时候就应该保持土壤的足够湿度，遇到天气干旱的时候，还要及时地进行灌水，才能够减少落花，提高产量。只要水分的管理合理，才会有利于其正常生长。

5. 后期管理采收

滨豇豆在生长期间会有一些病害以及虫害发生，需要及时地进行防治，可以喷洒一些多菌灵或敌百虫，有效地防止病虫害发生。所有的田间管理准备充足以后，才能使滨豇豆正常的开花结荚。滨豇豆开花结荚时间非常的短，一般稚嫩的豆荚生长到 10~12 d 就可以进行采收了，采收的时候最好采收一些饱满的豆荚，如果采收的时间太早产量就会降低，采收的太迟也会造成品质的下降。

参考文献

[1] 冯宇，周颜，杨虎彪，等 . 6 种豇豆属植物耐盐性评价及光合特性研究 [J]. 热带作物学报，2018，39(12):2410-2420.

[2] 黄耀，刘楠，简曙光，等 . 滨豇豆的生态生物学特征 [J]. 热带亚热带植物学报，2019, 27(1):83-89.

[3] 刘一明，冯宇，杨虎彪，等 . NaCl 对 2 种豇豆属植物种子萌发和幼苗生长的影响 [J]. 热带农业科学，2017, 37(11):11-15.

[4] 张若鹏，欣玮玮，张舒欢，等 . 广西植物新资料 [J]. 广西植物，2018, 38(8):1102-1105.

紫花大翼豆

Macroptilium atropurpureum (DC.) Urban

物种介绍

紫花大翼豆为多年生豆科大翼豆属藤本植物。花冠深紫色，种子千粒重 12 g。

紫花大翼豆原产热带美洲。世界上热带、亚热带许多地区均有栽培或已在当地归化。中国广东及广东沿海岛屿有栽培。为喜温、喜光的短日照植物，生长最快的温度为 25~30℃。受霜后地上部枯黄，但−9℃情况下存活率仍可达 80%，在热带豆类中是较能耐低温的。其耐旱性很强，喜土层深厚、排水良好的土壤，受水渍会延缓其生长；适宜的土壤 pH4.5~8.0，可耐中度的盐碱性土壤，能耐低钙高铝、高锰的含量。

紫花大翼豆为热带牧草中生长最旺盛的藤本类豆科牧草之一。适应范围广，在年降水量 635~2220 mm 的地区均能正常生长。土层深厚或多石山地上均能生长。根瘤菌专一性不强，自然结瘤好，固氮能力

中等，年固氮量可达 100~175 kg/ha。生长迅速，侵占能力强，可以很快覆盖地面。与雀稗、非洲狗尾草、大黍等许多禾草共生性均好。大翼豆开花期干物质中含粗蛋白 15.2%，粗脂肪 2.2%，粗纤维 41.1%，无氮浸出物 22.2%，灰分 9.1%。适应土壤的范围广，产种子多；叶含丰富的蛋白质，牛、羊等家畜的适口性好，为青饲及刈制干草的优良豆科牧草。可以在夏、秋季轻牧，主要用作冬季放牧。如果用为青贮料，应另加 4%~8% 的糖蜜。其种子为鹌鹑、鸽、火鸡等喜食，植株为鹿喜食。用作放牧，常与俯仰马唐、巴哈雀稗等禾草混播，也可与山蚂蟥或柱花草等豆科牧草混播。如需要采种，应在开花盛期及种子成熟前停牧。干物质产量为 8~9 吨 / 公顷。可用作铁路、公路两旁的护路植物。

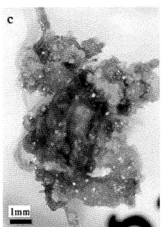

繁殖技术

1. 种子繁殖

繁殖方法主要采用种子撒播或穴播。在亚热带地区应在天气变暖后开始种植，与混播草地一般按每公顷 22~30 kg 与其他禾草进行拌种。紫花大翼豆容易进行自行繁殖，早期长得比较缓慢，5 月份生长速度达到最快，一直持续到秋季。通过研究大翼豆种子保存方式对发芽及幼苗生长的影响，可为种子保存、培育优质健康幼苗提供科学依据。大翼豆种子从播种到苗齐一般需 10 d 左右，发芽率在 50%~80%。本实验种子经砂藏后，播种后 4 d 出苗基本整齐，而且发芽率达到 90.1%；冷藏种子播种近 10 d，发芽率仅 81.2%。并且砂藏的大翼豆苗株高、叶茎比、干鲜比均极显著于冷藏和冷冻保存种子，其中株高、叶茎比极显著大于冷藏和冷冻保存种子，干鲜比极显著小于冷藏和冷冻保存种子，产草量极显著于冷藏保存种子。可见，砂藏保存大翼豆种子不仅能缩短发芽时间，而且大大提高其发芽率和植株品质。

播种前需耕翻、筑畦、整地，消灭杂草，每公顷施有机肥 15 t 及磷肥 22.5~30 t，缺钾的土壤需增施钾肥，酸性土施用石灰，有利于钼的释放。通常不需要根瘤接种，3~7 月均可播种，春播在轻霜之后，夏播在雨季之前，建植后由于种子能落地自繁，易保持长久。

条播，行距 40~50 cm。也可以撒播或飞机播种。种子千粒重约 12 g，每公顷播种量，条播 3.75~7.5 kg、撒播 7.5~15 kg。与禾草混播的可以同时分行播种，通常每公顷 23 kg，也可以直接撒播于已经建成的俯仰马唐或其他草地上，播后轻耙并镇压，雨季极易出苗，苗期生长慢，进行中耕除草。以后每年要补施适量的磷、钾肥料，并注意排水，以免滋生病害。

2. 扦插繁殖

取长的藤本进行剪切，以留两个节位。将末段用 1.0 mg/L 的 IBA 浸泡半小时后，斜插到有机质与海沙的混合基质的沙盘中，适度保湿保温管理。半个月后处于末端的节点长出新根，处于上端的长出新芽。总共管理 1 个月后，将生根的小苗移植到直径 10 cm、高 10 cm 的育苗杯中。袋中有有机肥和黄土（1:2）。培养 2 个月后即可移植到岛礁上。

3. 组织培养

种子发芽后剪取子叶在 B5 培养基附加 1~2 mg/L 和 0.05 mg/L 上暗培养诱导愈伤组织。然后通过愈伤组织转移到不含任何生长调节剂的培养基上培养，以诱导出不定芽。不定芽分切后转移到 B5 培养基，不加任何生长调节剂，可以诱导出根长出正常的小苗。最后将小苗移植到含腐殖质的育苗杯中。1 个月管理后，

95% 以上的小苗能够成活。

栽培管理

当土壤 pH 偏低时、需施石灰 1.5~3 kg/m²，以中和土壤酸度，为其良好生长创造有利条件。若与禾草混播时，如土壤过于贫瘠，往往导致苗期生长不良，此时应少施氮肥（30~75 g/m²），可促进苗期旺盛生长。但大量施用氮肥反而对紫花大翼豆生长不利。施用氮肥 0.1 g/m²，将减产 50%；与狗尾草或盖氏虎尾草混播的草地，如果施氮肥 0.3 g/m²，豆科草比例明显下降、连续 4 年就会基本消失。紫花大翼豆与禾草混播草地，对氮、磷、钾的配合使用合理与否，不但直接影响紫花大翼豆的正常生长与发育，而且也关系到草地的质量和利用年限。

参考文献

[1] 高承芳，张晓佩，陈鑫珠，等 . 60CO-γ 辐射对大翼豆种子发芽及幼苗生长的影响 [J]. 福建农业学报，2015，30(11):1056-1059.

[2] 罗天琼，龙忠富，赵明坤，等 . 热带豆科饲用灌木引种筛选研究 [J]. 湖北农业科学，2015(9):2179-2184.

[3] 帕明秀，黄志伟 . 广西 38 种牧草的化学成分分析及营养价值评定 [J]. 广西畜牧兽医，2014, 30(6):287-289.

[4] 滕少花，赖志强 . 优良豆科牧草大翼豆高产栽培与利用 [J]. 上海畜牧兽医通讯，2013(5):52-53.

[5] 张瑜，严琳玲，罗小燕，等 . 大翼豆种子保存方法对发芽及幼苗生长的影响 [J]. 热带农业科学，2013, 33(2):1-3.

矮灰毛豆

Tephrosia pumila (Lam.) Pers.

物种介绍

　　矮灰毛豆为豆科灰毛豆属一年生或多年生草本，匍匐状或蔓生，高 20~30 cm。花冠白色至黄色，旗瓣圆形，花期全年。

　　产自广东。非洲东部、亚洲南部至东南亚、拉丁美洲有分布。生长于山坡草地和平原路边向阳处。

　　白灰毛豆花蜜总糖含量达 32.7%，远高于芒果花蜜 (16%~18%) 及油菜花花蜜 (28%)。访花昆虫主要有蚂蚁和蚜虫，对授粉受精也是有益的。同时，还可能成为一种蜜源植物。

繁育技术

种子繁育：选择生长健壮，无病虫害的优良植株作为采种母树，在冬季种子成熟时采集，晒干扬净，置于通风干燥处保存备用。整地选择土壤肥力中等，交通方便，离造林地较近的砂壤土作圃地，经过充分的翻耕后，整成宽 1.2 m、高 0.3 m、沟宽 0.3 m 的畦面。播种在 3 月份，按每亩约 3 kg 的播量，把种子均匀地播在畦面上，盖上一层薄土，其上再盖一层稻草，然后浇透水。管理种子播下后，要保持土壤湿润。出苗后，要及时揭开覆盖物。出苗约半个月，可浇一次稀的复合肥，以后随着苗木的生长可逐步提高施肥浓度，并及时除掉杂草。

参考文献

[1] 孙乐帆, 廖婉莹, 赵怀宝, 等. 白灰毛豆对土壤 pH 的生态适应性研究 [J]. 海南热带海洋学院学报, 2017, 24(5):21-26.

[2] 徐生祥. 山毛豆和甜象草混合青贮饲料品质的研究 [D]. 广西大学, 2017.

[3] 周荷盈, 莫小余, 王粤峰. 灰毛豆的化学成分研究 [J]. 广东药科大学学报, 2017, 33(1):12-17.

大叶相思

Acacia auriculiformis A. Cunn. ex Benth

物种介绍

大叶相思为豆科金合欢属常绿乔木，具有浓密而扩展的树冠。原产地高可达 30 m，胸径可达 60 cm。穗状花序，黄色，腋生，新鲜种子具有同种脐连接的黄色脐带圈，易于分离脱落，采种后最少需要 2 个月贮存期来完成后熟的生理过程。原产澳大利亚北部及新西兰。中国广东、广西、福建有引种。

大叶相思喜温暖潮湿且阳光充足的环境，较耐高温却怕霜冻。生长温度一般要求平均温度 18℃ 以上，最适温度 20~35℃，可耐 -1℃ 短暂低温和 40℃ 短暂高温；生长环境年降水量 1200~1800 mm，相对湿度 80% 左右，土壤 pH 4~7。持续低温会使大叶相思遭受寒害，在清晨霜重的地方，部分大叶相思幼嫩叶片的尖端会受冻害而变成红色卷缩。大叶相思适应性强，对土壤要求不高，较耐旱、耐瘠。在土壤被冲刷严重的酸性粗骨质土、砂质土和黏重土里均能生长，即使在有机质含量为 0.09% 的贫瘠土地上，经过施肥抚育，也能生长。

大叶相思于 20 世纪 70 年代从澳大利亚等地引种，具有纸浆得率高、干型通直、出材率高、耐酸、耐贫瘠、适应性强、速生高产及固氮改土等特性，被广泛种植于我国广东、广西、海南、福建等地区，在这些地区的短周期工业原料林发展、水土保持和丰富林木种质资源等方面具有重要的作用和地位。此外，大叶相思已广泛应用于燃料、肥料、道路绿化和混交林等方面，大叶相思不仅材质优良、抗病虫害。大叶相思喜温暖潮湿而阳光充足的环境，适宜种植于排水良好的砂质土壤上。由于其速生耐瘠、适应性强、用途广泛，在丘陵水土流失区和滨海风积沙区大面积推广，成为造林绿化和改良土壤的主要树种之一。

其提取物还被证实具有杀菌、抑制艾滋病毒的功效。

繁育技术

1. 种子繁殖

大叶相思种子的千粒重约 25 g，发芽率 50% 左右。由于种子坚硬，表面有一层蜡，为了促进种子吸收水分，播种前须进行脱蜡处理。

① 热水处理：用 70~80℃ 热水做第一次浸种处理，待自然冷却后，取出膨大种子置于砂床或用纱布包扎保温催芽，未膨大种子要做重复处理，直到种子膨大为止。

② 开水烫种：把要处理的种子盛在竹篓或铁丝编制成的容器里，在 100℃ 开水中烫种 10~20 s，而后放于温水中浸种，自然冷却后进行催芽处理。

③ 浓硫酸浸种：把要处理的种子浸于 98% 的硫酸溶液中 10~15 min，而后捞出来放于清水中冲洗干净，再进

行催芽。

2. 扦插繁殖

大叶相思简化的扦插生根培养的生根率均较高：大叶相思插穗用 IBA 800 mg/L 处理 3 h，扦插生根率 100%。大叶相思扦插生根过程中存在两个关键期，即皮部萌动期和生根高峰期，第 5 d 皮部便开始萌动，形成白色芽状凸起，10d 左右开始生根，生根高峰期为 15~20 d。因此在插穗生根以前，即扦插后的 10 d 内应严格控制扦插基质和空气的温度、湿度，并做好定期消毒工作，否则容易造成插穗的腐烂或萎蔫，以及病虫害的侵染。在插后 20 d 以内，要及时补充营养元素，促进插穗的生长，缩短苗木出圃时间。插穗的生根类型分为三类，即皮部生根型、愈伤组织生根型和混合生根型(既有皮部生根又有愈伤生根)。本试验中，大叶相思插穗生根时间早，且不定根多从皮部长出，下切口很少出现愈伤组织，故初步认定大叶相思

为皮部生根型。但有报道称外源 IBA 能促进插穗皮部生根，导致愈伤处产生的新根大幅度下降，从而抑制了切口处的生根。因此大叶相思的扦插生根类型尚需从解剖观察研究中予以确定。

生长调节剂种类和浓度是影响扦插的两个重要因素，本试验中以 IBA 200 mg /L 处理的生根效果最好，成活率达到 98.9%。生根时间并稳定生根效果，为大叶相思的推广种植奠定基础。

2. 组织培养

基本培养基选择大叶相思组织培养最常用的 MS 或改良 MS 培养基，其中改良 MS 对各无性系诱导率影响最显著。

（1）外植体诱导

大叶相思外植体诱导时细胞分裂素一般选用 BA，生长素选用的是 NAA 或 IBA。研究表明，大叶相思带腋芽茎段在改良 MS + BA 1.5~2.3 mg/L + NAA 0.2~0.4 mg/L 培养基上可诱导出不定芽，且诱导启动率达 90% 以上；在 MS+BA 0.5 mg/L + IBA 0.1 mg/L 培养基上，诱导率达 95.3%。对于使用植物生长调节剂浓度，不同研究者得出的结果差异较大，还有研究者直接将大叶相思外植体接种在 MS+ 蔗糖 20 g/L 空白培养基上，诱导率亦达 55.5%，说明大叶相思茎段较容易诱导不定芽。

（2）继代增殖

大叶相思继代增殖过程多选用 BA，浓度在 0.5 mg/L 左右，愈伤组织再分化时才需更高浓度的 BA。

（3）生根培养

大叶相思生根常用的植物生长调节剂有 IAA、IBA、NAA、ABT。可选取上述植物生长调节剂中 2~3 种，IAA 0.2~0.5 mg/L、IBA 0.2~0.5 mg/L、NAA 0.2~0.5 mg/L，ABT 0.5~1.5 mg/L，并加入少量活性炭改善生根苗质量。对于特别难生根的无性系，可尝试采用两步生根法，先将组培苗在含有高浓度植物生长调节剂的培养基上培养 10~15 d，然后再转接于不含植物生长调节剂的空白培养基上，促使其生根。

栽培管理

1. 整地抚育

采用穴状整地,种植穴规格为 50 cm×50 cm×35 cm,株行距为 3 m× 2 m,每坑施放 250 g 钙镁磷肥做基肥,当年铲草抚育 2 次,追肥 1 次,每株施复合肥 150 g(含 N、P、K 各 15%)。翌年铲草抚育 1 次,往后的管理同一般的营林生产管理。

2. 病虫防治

（1）虫害

大叶相思的主要害虫有蟋蟀、蓑蛾和白蚁,但危害不严重。① 蟋蟀主要是危害初造林,以成虫、若虫将初植树苗从茎基部咬断或攀食小枝、嫩芽,造成缺苗、断苗、断梢等危害症状。防治方法,可用 90% 敌百虫晶体与炒香的米糠制成毒饵诱杀。② 蓑蛾以幼虫危害直干型大叶相思的叶片,幼虫隐藏在囊内,将护囊粘在叶背取食,取食迁移时均负囊活动,常将叶片咬成孔洞或缺刻等症状。防治方法,可用 80% 敌敌畏乳油兑水 1500 倍喷洒树冠。③ 白蚁主要啃食直干型大叶相思幼树的根皮和茎基部皮层,造成幼树直立枯死的危害症状。防治方法,可用白蚁灵兑水 1000 倍淋灌植株根部或在根部每株施入 3% 的呋喃丹 20 g。

（2）病害

大叶相思的主要病害是白粉病,危害较多的是幼苗和 1 年生幼树。症状是受害嫩枝和叶片有白色粉状物,后期变为黄褐色。病发时可用 15% 三唑酮粉剂兑水 800 倍喷洒防治。

参考文献

[1] 薛杨,梁居智,宿少锋,等 . 海南岛不同类型滨海林地禁伐后的植被与土壤养分变化 [J]. 热带作物学报,2020, 41(6):1273-1278.

[2] 陈文音 . 退化大叶相思林套种树种生长情况对比 [J]. 安徽农业科学,2019,47(19):125-127.

[3] 纪德彬 . 大叶相思林对侵蚀劣地的治理优势与效益分析 [J]. 绿色科技,2019(13):178-179.

[4] 林忆雪,简曙光,叶清,等 . 三种适生植物对热带珊瑚岛胁迫生境的生理生化响应 [J]. 热带亚热带植物学报,2017, 25(6):562-568.

[5] 郑欣颖,薛立 . 不同密度大叶相思林生长分析 [J]. 绿色科技,2017(7).

[6] 王明,王琴飞,应东山,等 . 大叶相思种子发芽特性研究 [J]. 中国热带农业,2015,67(6):66-68.

[7] 黄烈健,易敏 . 大叶相思不同种植密度及修剪高度对穗条量及扦插生根的影响 [J]. 中南林业科技大学学报,2013(8):16-19+43.

[8] 胡峰 . 马占相思和大叶相思优树组培不定根诱导研究 [J]. 南京林业大学学报(自然科学版),2015(39):57-62.

银合欢

Leucaena leucocephala (Lam.) de Wit

物种介绍

银合欢豆科含羞草亚科银合欢属乔木。花期4~7月，果期8~10月。

银合欢原产于中美洲的墨西哥，适宜种植区域在世界热带、亚热带地区。中国台湾、福建、广东、广西和云南有分布。生于低海拔的荒地或疏林中。它有以下几个方面的作用。

1. 饲用：银合欢适应性强、速生高产、蛋白质含量高。年可刈割3~5次，鲜嫩枝条饲料产量可达45~60 t/hm²，折合干草11~15 t/hm²。粗蛋白产量高达3.6~5.7 t/hm²，相当于7.5~11.25 t黄豆的蛋白质含量，因此在国际上被誉为"奇迹树""蛋白质库"。银合欢叶用作青饲或加工成干草、草粉、草颗粒均可。银合欢含有含羞草素，有一定毒性，长时间舍饲单一喂用，家畜会发生中毒。中毒的症状有：脱毛、流涎、甲状腺肿大、精神萎靡、厌食、生长迟缓、消瘦、繁殖机能减退、生产性能下降等。当出现中毒症状应及时停喂银合欢。用发酵、加热、浸泡、水煮等方法可降低银合欢毒性的危害。接种微生物脱毒细菌就能脱毒。中国广西涠洲岛的牛、羊瘤胃中存在能降解银合欢含羞草素及其代谢产物3,4-DHP的脱毒细菌，通过接种可使没有脱毒能力的牛、羊能降解银合的含羞草素及其代谢产物。接种过的家畜可放心食用银合欢。

2. 园林

银合欢主杆侧枝多刺坚硬锋利，新发枝嫩刺同样划伤皮肤，树形美观。围园严密，是防禽畜破坏、防盗的最佳屏障。可随意修剪造型，典雅大方。适应工矿、机关、学校、公园、生活小区、别墅、庭院、城镇绿化围墙与花墙。果园、瓜园、花圃、苗圃的围墙。不但禽畜小偷难入，而且坚固耐久，成本低廉，综合效益显著；集社会、经济、环保于一身，是保护生态绿化荒山的理想树种；银合欢开花期在6月初，白色，如雪如絮、繁花似锦、洁白芳香、怡人肺腑。远望白龙腾空盘悬于青烟绿云之上，郁雅壮观，如雪降6

月给人凉爽的享受。

3. 经济

银合欢抗风力、萌生力强，砍伐后有较强的萌发力且生长旺盛，是优良的薪炭柴树种，适合于荒山造林。银合欢是一种优良的多用途树种，种子可食，树皮可提取鞣料，树胶作食品乳化剂或代替阿拉伯胶。

4. 药用

树皮治心悸，怔忡，骨折。种子用于消渴。银合欢种子多糖主要存在于豆科植物种子胚乳中，主要成分是半乳甘露聚糖，具有较强的吸水和保水能力，在食品和医药等领域被用作增稠剂、稳定剂、凝胶剂等。对银合欢种子多糖的研究表明，此多糖具有良好的耐盐性、耐酸性和耐碱性，因此可添加在酱油、醋等高盐食品和酸、碱性食品中。此外，银合欢种子多糖还具有抗凝、免疫调节、抗病毒、降血糖、降胆固醇和减肥等作用。

繁殖技术

1. 播种繁殖

种子硬实率 90%~95%，播种前采用 80℃热水浸泡 3~5 min，或拌等量河沙机械摩擦。在未种过银合欢的土地上种植，应接种根瘤菌。用清水将根瘤菌剂拌成糊状，然后与硬实处理过的种子拌匀，并拌以钙镁磷肥、土灰等。接种根瘤菌注意避免太阳直射，不与其他药剂、生石灰等接触。如无根瘤菌时，可用曾接种过根瘤菌的银合欢林地土壤代替。

播种一般以 2~4 月为宜。春旱地区，宜在雨季 5.6 月开始播种。广西桂南也可在 8~9 月播种。可条播、穴播或育苗移栽。条播法，适用于大面积播种，条播行距 1 米。在丘陵多山地区，可穴播，株行距 1 m×1 m。播种深度 2~3 cm。单播用种量 15~22.5 g/m³，混播用种量 7.5g/m³。与禾本科牧草混播按 1∶1~3 的比例，先播银合欢 1 行，成苗后再播禾本科牧草 1~3 行；行距约 90 cm；盖土 2~3 cm。

2. 扦插

以银合欢实生苗为材料进行扦插繁殖试验，试验分不同插穗条件、不同基质、不同生根促进剂分别处理。试验结果表明插穗条件对生根率的影响最大，基质和生根促进剂 2 种因素对扦插生根率的影响不明显；基质是影响不定根长度的主要因子，插穗条件是影响苗高的主要因子。

3. 组织培养

种子在培养基上长成无菌小苗后，将幼茎截带一个腋芽长 0.5~1.0 cm 茎段作培养。培养腋芽培养基用改良的 MS，每升附加 BA 1.0 mg/L 和 NAA 0.01 mg/L、CH（水解酪蛋白）300 mg，蔗糖 50 g。生根培养基：每升附加 IBA 0.5 mg/L、蔗糖 20 g。培养室温度为 25±2℃，光强度 1000~1500 lx，每天光照 13 h。

腋芽在上述培养基最佳,幼芽生长快,枝叶多,幼苗青绿,生长正常。培养5周,植株一般高5 cm,最高7 cm,基部腋芽伸长,形成2~4个腋芽。经反复截取腋芽培养到新鲜培养基上获得同样效果。

取苗高3 cm左右插入生根培养基上15 d左右出根,再经3周可形成主侧根完整的试管苗。腋芽繁殖迅速,一粒种子在1年内可繁殖出数千株完整的试管苗。

栽培管理

1. 土地

选择土层较厚、坡度较缓、排水良好的地块。全翻耕或沿等高线带垦,耕深18~25 cm。也可半垦开穴,穴径0.6 m,深0.5 m。施用钙镁磷肥350 kg/hm^2.氯化钾300 kg/hm^2.腐熟农家肥15~30 t/hm^2。酸性重的土壤宜加施生石灰500 kg/hm^2。

2. 水肥

从现蕾到开花这段时间,可浇水1~2次。如果水分过多,则应及时排水。否则土壤通气不良,影响银合欢根系的呼吸作用,以致引起烂根死亡。特别是低洼易涝地区以及南方雨水多的季节,一定要注意开沟排水。在干旱季节每次刈割之后必须进行灌溉。苗期检查根瘤生长情况,如未发现根瘤或太少,应追施尿素30~45 kg/hm^2,适当培土。每年追施一次钙镁磷肥350 kg/hm^2.氯化钾300 kg/hm^2。

3. 除草

银合欢种子播后5~15 d出土,苗期和返青期需除草2~3次。待长到60 cm以上或完全覆盖地面时就能竞争过杂草。

4. 收获

银合欢株高120~150 cm即可刈割。种植当年可收割1~2次,第2年以后每年收割4~5次。留茬高度50 cm。用于种子生产的银合欢不要刈割。银合欢每年分别开花结荚2次,荚果分别在6.7月份和11.12月份成熟。成熟的荚果要及时收获,以防裂荚导致种子散失。选择颗粒饱满的留作种子,晒干后包装入库,注意防潮以免影响发芽率。

5. 病虫防治:

异木虱是银合欢的主要虫害之一。通常发生在11月至翌年4月的干旱季节。用灭净菊酯(或双效菊酯),采取超低容量喷雾法,灭虫效果超过90%。喷药后15 d内禁止利用。

参考文献:

[1] 李洁,列志旸,许松葵,等.不同密度的银合欢林生长分析[J].中南林业科技大学学报,2016,36(6):70-74.

[2] 郭守军,杨永利,刘嘉庆,等.银合欢种子营养成分分析[J].韩山师范学院学报,2016,37(3):68-71.

[3] 李莉萍,应东山,王琴飞,等.银合欢种子研究进展[J].热带农业科学,2014,34(2):21-26.

[4] 刘海刚,李江,段曰汤,等.银合欢扦插繁殖研究[J].山东林业科技,2009,39(5):63-65.

[5] 刘海刚,李江,李桐森.杂交银合欢的繁殖技术[J].安徽林业科技,2008(3):17-18.

[6] 谢振宇,龙开意,洪彩香.新银合欢种子的萌发检验[J].草业科学,2008,25(2):107-109.

[7] 文亦芾,张发兵,曹国军.几种处理对银合欢种子活力的影响研究[J].草业与畜牧,2007(4):9-11.

[8] 许岳飞,毕玉芬,罗富成,等.银合欢硬实种子处理方法研究[J].草业科学,2006,23(8):58-62.

绒毛槐（海南槐）
Sophora tomentosa L.

物种介绍

绒毛槐为豆科槐属灌木或小乔木，高 2~4 m。花期 8~10 月，果期 9~12 月。广泛分布于全世界热带海岸地带及岛屿上。生长于海滨沙丘及附近小灌木林中。

繁育技术

1. 种子繁殖

采集海南槐的成熟果实自然晾干，搓去果荚，然后在阳光下曝晒 16~24 h，使得种子贮藏水分控制在 9%~12%，获得贮藏种子。将贮藏种子消毒后，避开种胚部位，将种皮切开种子的种皮一个口子，将其浸泡于种子处理剂中 2~3 d，得到吸胀的海南槐种子，所述的种子处理剂每升含有：GA_3 50~100 mg/L、BA 0.05~0.10 mg/L、170~340 mg/L 磷酸二氢钾，其余为水。将吸胀的海南槐种子撒播在含水量为 20%~25% 的河沙中，并用河沙盖住种子。

所述的消毒是将贮藏种子在体积分数 70% 乙醇中浸泡 30 s，再用质量分数 0.1%~0.3% 高锰酸钾水溶液消毒 15~20 min，无菌水冲洗 4~5 次，于超净工作台，在无菌条件下用无菌滤纸吸干种子表面的水分。

所述的贮藏种子可以贮藏于 4℃ 冰箱内保存，待使用时候将贮藏种子从冰箱中取出，在自然条件下升温至室温后再进行消毒。7 d 后统计发芽率，经处理的海南槐种子发芽率高达 92.1%，而对照组（未进行种皮切口和清水浸泡）发芽率仅有 13.3%。

2. 扦插繁殖

将插穗切成带有 2 个节点的小段，长约 5 cm，上端切口切平，下端切口为斜面，将其下端浸泡于含有 IBA（1.0 mg/L）+ NAA（0.2 mg/L）的水溶液中。浸泡 30 min 后，将浸泡处理后的插穗下端的 2/3 斜插到基质中。扦插完成后，需浇够足够的定根水。一周后，潜在芽萌发。扦插 30 d 后，扦插存活率为 47.8%。

3. 组织培养

茎段外植体最佳的消毒方式为 0.1% $HgCl_2$ 消毒 5 min，成功率高达 100%；腋芽诱导率较高的最佳培养基为 1/2MS + BA 1.0 mg/L + 2-ip 0.25 mg/L；WPM 基本培养对海南槐侧芽以及节位增殖效果较其他基本培养基增殖效果好；节位增殖在 BA 浓度为 2.0 mg/L 时最佳，节位增殖倍数为 23.0；海南槐侧芽及节位增殖最佳的 NAA 的浓度为 0.2 mg/L，节位增殖倍数为 2.5；节位及丛生芽增殖的蔗糖最佳浓度为 20 g/L，节位增殖倍数为 1.9；最佳培养周期 50 d，节位增殖倍数 2.33，侧芽增殖倍数为 1.33；不定芽在 WPM 培养上添加 NAA 1.0 mg/L 生根培养基中，生根率最高为 30.0%，但出现不定根生长受抑制的现象；由于根系生长不正常，导致后期组培苗进行移栽试验，其移栽种植成活率为 0。

参考文献

[1] CHANG H C，LIU K F，TENG C J，et al. Sophora Tomentosa Extract Prevents MPTP-Induced Parkinsonism in C57BL/6 Mice Via the Inhibition of GSK-3β Phosphorylation and Oxidative Stress[J]. Nutrients, 2019, 11(2):252.

[2] TOMA, AKEMI M. Tripartite symbiosis of *Sophora tomentosa*, rhizobia and arbuscular mycorhizal fungi.[J]. Brazilian Journal of Microbiology, 2017, 48(4):680-688.

[3] MARIA C，DELGADO L，PAULA A S D，et al. Dormancy-breaking requirements of *Sophora tomentosa* and *Erythrina speciosa* (Fabaceae) seeds[J]. Revista De Biologia Tropical, 2015, 63(1):285-294.

[4] Silva F H M E，Santos F D A R D. Pollen morphology of the shrub and arboreal flora of mangroves of Northeastern Brazil[J]. Wetlands Ecology & Management, 2009, 17(5):423-443.

[5] KUKI K N，OLIVA M A，PEREIRA E G，et al. Effects of simulated deposition of acid mist and iron ore particulate matter on photosynthesis and the generation of oxidative stress in Schinus terebinthifolius Radii and *Sophora tomentosa* L.[J]. ence of the Total Environment, 2008, 403(1-3):207-214.

[6] SHIRATAKI Y，MOTOHASHI N，TANI S，et al. *In vitro* biological activity of prenylflavanones[J]. Anticancer Research, 2001, 21(1A):275-280.

水黄皮

Pongamia pinnata (Linn.) Pierre

物种介绍

水黄皮是豆科水黄皮属乔木，高 8~15 m。花期 5~6 月，果期 8~10 月。

分布于印度、斯里兰卡、马来西亚、澳大利亚、波利尼西亚和中国。在中国分布于福建、广东（东南部沿海地区）和海南。生长于溪边、塘边及海边潮汐能到达的地方。它有以下几个方面的价值。

1. 营建沿海防护林水

水黄皮对环境的适应能力很强，对土壤要求不严，根系发达，树枝柔韧，抗风能力强，偶尔还能忍耐海水浸泡，是理想的沿海防风林和护岸林树种。也可作为其他防护林树种的伴生树种，用于营造混交林，不但可改变以往沿海防护林树种单一、林分结构简单的状况，还有利于改良林地土壤，在泥岸滩涂或滨海沙滩均可种植。在红树林的外侧的陆海交界处，水黄皮的长势良好，可作为改良盐碱地的先锋树种。福建省惠安赤湖国有防护林场在木麻黄林带内侧的沙地，营造水黄皮片林，生长表现良好。水黄皮还可做沙滩木麻黄的伴生树种，与之形成复层的混交林，减少木麻黄病虫害的发生，改善木麻黄纯林生态效益较差的问题，增加生物多样性，同时，其根部的根瘤菌也具有固氮作用，有改良沙滩土壤、提高沙滩土壤肥力的作用。

2. 防火树种

水黄皮枝干和叶片含水率较高，对土壤的要求不严，可用于营造山脊防火隔离林带。据中国台湾国立中兴大学的研究结果，水黄皮的枝干和叶片的含水率分别为 16.08% 和 19.24%，是理想的防火树种，适宜用于营造防火林带。

3. 固碳环保树种

据中国台湾大学王亚南等人的研究，水黄皮净光合作用率高，吸收二氧化碳能力强，单株 10 年生的水黄皮行道树，每年可固碳 18.02 kg，是高固碳的树种，有利于改善气候环境、降低温室效应。

4. 观赏作用

水黄皮具有伞形树冠，枝繁叶茂，花多成串，种植第 3 年就会开花，且花期较长，观赏价值高，也是庭院、校园、园林和行道绿化的优良树种。由于具有抗风和耐盐碱的特性，成为沿海地区园林绿化和行道树的首选树种之一。2012 年中国福建省高速公路两侧绿化工程，漳浦县沙西镇北旗村的沿海低洼地段，种植一般的树种都因浸水成活不了，选用水黄皮和黄槿，种植后不但成活率高，且绿化效果好。由于水黄皮具抗风、耐盐碱、抗旱和耐涝的特点，常作为滨海地区的园林绿化树种，与其他树种配置，形成独特的滨海植物景观。

5. 经济

为油料原料。水黄皮是理想的生物能源植物，成熟林的水黄皮结果量较大，种子含油率达 20%~30%，可提炼为生物燃料油。据调查，10 年生的水黄皮，单株可产种子 10~28 kg，平均每公顷可收获种子 2250~63000 kg。

6. 木材

利用水黄皮树干通直，木材硬度较大，结构致密，纹理美观，易于加工，是理想的实木高档家具用材。

7. 药用价值

水黄皮全株均可入药。从水黄皮成分方面的研究开展比较多，已从水黄皮中分离到的化学成分主要有黄酮、二氢黄酮、查尔酮、二氢查尔酮、三萜、生物碱及氨基酸等，现代药理研究表明水黄皮具有抗菌、抗炎、镇痛、抗病毒、抗溃疡和抗肿瘤等生物活性，是一种有开发潜力的药用植物。

繁殖技术

1. 播种

水黄皮每年 4~6 月第一次开花，当年 8~10 月果实成熟，10~11 月第二次开花，果实翌年 4~5 月成熟，第一次开花量较第二次开花多。当荚果由绿色变为褐色时成熟，可树上采摘或在林下收集，果实经晾晒脱荚，收集种子，育苗应选用籽粒饱满、没有残缺或无畸形的种子。种子在低温、阴凉和较为干燥的条件下可贮存 1 年左右。据韩静等人的研究，水黄皮种子发芽临界含水率在 14.1%~47.2% 最为适宜，发芽率达到 83.3%~96.7%。因此，种子贮存环境应低于 14.1% 的含水率。

（1）种子处理

包括消毒和催芽，由于水黄皮种皮较厚，种子消毒可用 60℃ 左右的热水浸种 10 min，也可用 1% 高锰酸钾或 1% 硫酸铜或福尔马林 100 倍液等浸泡种子进行消毒。消毒后用 40℃ 左右的温热水把种子浸泡 12~24 h，待种子软化膨胀后即可播种。水黄皮的种皮较厚，去掉种皮有利于提高种子的发芽率。据韩静等人的对比研究，去皮沙播的水黄皮种子发芽率为 93%，未去皮沙播的发芽率为 35%，去皮泥沙播的发芽率为 93.5%，未去皮泥沙播的发芽率为 74%。因此，采用去皮泥沙播的方法发芽率和发芽势最佳，生产上应予推广。

（2）培养基质

可用福尔马林、硫酸铜、石灰或代森锌等消毒剂进行土壤消毒，包括苗床和容器袋的营养土都应进行消毒。尽管水黄皮对土壤的适应性广，常规育苗的培养基配方均可用，但培养基质的不同配方，对水黄皮幼苗生长影响较大。根据刘滨尔等人的研究，水黄皮培养基质采用黄心土：沙子：基肥按 100:100:0.5 的配方培育效果最佳，优于黄心土＋沙＋复合肥以及黄心土＋沙＋火烧土的配方。此外，从水黄皮树下挖取部分含根瘤菌的土壤，添加到培养基质中，可加快根瘤菌的形成，有利于促进水黄皮苗木的生长发育。

（3）播种方法

播种最佳播种季节为早春的 3~4 月，秋播也可。可先将催芽后的种子播种在苗床，等幼苗长到一定高度后再移植到容器袋中，也可直接将催芽后种子播在容器袋中。播种后要覆盖细土，厚度以不见种子为宜，播种后 7 d 内种子就开始萌芽，10 d 发芽率达到 97%。水黄皮从播种到苗木出土需要 24~35 d，幼苗形成约需 30~48 d。秋冬季气温较低时，采用塑料温棚培育，有利于保温和保湿，春季气温回升后，可撤去塑料膜，改为露天培育。播种后定期浇水，用稻草或遮阴网遮盖苗床保湿，湿度保持在 85%以上，待苗木出齐后去掉遮盖。水黄皮对水分的适应性强，苗圃地长期保持湿润，有利于苗木的生长发育，偶尔灌水也没问题，注意圃地不要缺水干旱。苗木出齐后定期施用较低浓度的农家肥，促进苗木生长。注意常用多菌灵等杀菌药物灭菌，确保苗木不得病、健康生长。

2. 扦插繁殖

在早春气温回升后，选取上年度的健壮枝条作插穗。每段插穗通常保留 3~4 个节，用浓度 50~100 mg/kg 的 GGR（绿色植物生长调节剂）浸泡 2~6 h，将穗条插在消毒后的基质中，遮盖遮阳网，保持空气的相对湿度在 75%~85%。间隔 5~7 d 施用多菌灵等杀菌药物喷洒，2~3 周开始长芽，5~6 周后生根，水黄皮的扦插成活率高，90% 以上的枝条都会生根发芽。之后可逐步移去遮阳网。待根系和芽发育完善后，可直接移植到苗床或容器中培育容器苗。水、肥、草按常规管理。

3. 根蘖繁殖

水黄皮的萌芽能力极强，其根部的伤口和断根残段，均会萌芽。根蘖育苗是采用人工断根，促使水黄皮根部分蘖、萌芽，对新长出的分蘖萌芽条采用分株法切割，将切割出的萌芽株移栽于苗床或容器中来培育新苗。也按常规方法进行水、肥、草管理。

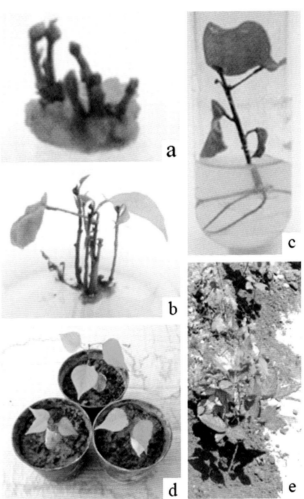

4. 组织培养

以种子萌发的子叶为外植体，在 MS 基本培养基附加 2.0 mg/L TDZ 上平均诱导 6.3 个不定芽。不定芽单切后在 MS 培养基附加 0.5 mg/L IBA+2.0 mg/L 活性炭可以诱导 30% 的根的形成。经过一段收集的锻炼，试管苗在蛭石和椰糠基质上获得高频率的移栽成活率。

栽培管理

无论是采用播种育苗，还是扦插育苗或根蘖育苗，其苗木培育 1 年后，水黄皮苗木高度一般都在 50~80 cm，裸根苗可直接用于造林。容器苗既可直接用于造林，也可移植到较大规格的容器袋中，培育成较大规格的绿化苗。苗木出圃起苗过程要小心，保留容器完整。长出容器的根系，要进行断根修剪，枝叶过密的也要进行适度修剪。苗木经包装后再进行运输。装卸过程轻起轻放，长距离运输要对苗木进行遮盖，避免长时间日晒导致苗木失水。

水黄皮适应性强，对林地的选择要求并不严格，沿海的丘陵地、砂质或泥质地，沿海滩涂旁都可种植。土壤 pH 在 5~7 的环境均适宜。最适宜的土壤含水量 50%~60%，富含钙和镁的土壤有利于水黄皮的生长。

1. 栽植

采用 1 年生的苗木造林，一般采用株行距 2.5 m×2.5 m 或 2.5 m×3 m，种植密度 1350~1650 株 /hm²；穴规格 60 cm×40 cm×40 cm，施放 300~500 g/ 穴的钙镁磷作为基肥。如果采用较大规格的苗木种植，或园林绿化种植大苗，穴规格一般要比容器袋大 10 cm 以上。

造林时间最好选择在春末夏初，气温回升的多雨季节。定植前将表土回填至 20 cm，并将表土与基肥拌匀，若是砂质地应施放每穴不少于 2 kg 黄心土，更好地保持水分。定植时轻轻去掉容器袋，尽量保持苗木根部土球不破损，并避免苗根与基肥直接接触而伤根，适当深栽，掌握在根际入土比原苗木深 5~10 cm，苗木放入穴内与地面保持垂直，培土后压紧，浇水淋透。采用大苗种植时，可适度修掉部分枝叶，还要用小木棍支撑固定，减轻主干摇晃程度，提高成活率。

园林中的大树移植，应在移植前 1~2 个月提前断根，视树干径粗的大小，以树干为中心，在树干周边半径 50~100 cm 处开挖断根，移植时截干或适当修枝，减少水分蒸发，修枝时确保切口平整，并及时保护处理好切口。

2. 抚育

造林当年要进行 2 次的松土、除草，结合适量施肥，以促进其生长和尽早郁闭。造林第 2 年，松土、除草 1 次，同时施肥 1 次。第 3 年林分基本上郁闭，杂草不易生长、无需除草，同时，由于水黄皮自身具有根瘤可以开始进行固氮，满足自身的养分需求，也就不需要再进行施肥。必要时可进行适当的修枝。水黄皮可用于提取杀虫剂，基本无严重的病虫害。由于水黄皮易于管护，所以按一般的树木管理措施就能保成林，无特殊的管护要求。水黄皮若作为以园林绿化和景观为主要培育目标的树种，则可应适时进行适当的修枝整型，保持较好的树冠和造型。用于景观和园林绿化的水黄皮，可根据设计目的要求，进行修剪和整型，满足景观上的需要。

参考文献

[1] 刘慧民，王万绪，杨跃飞，等 . 水黄皮籽油的性能及其在化妆品中的应用 [J]. 中国油脂，2019, 44(10):60-65.

[2] 林武星，聂森，李茂瑾，等 . 台湾海岸防护林树种林投，台湾海桐和水黄皮育苗技术研究 [J]. 绿色科技，2019(15):112-113,116.

[3] 刘德浩，郑洲翔，廖文莉，等 . 半红树植物水黄皮的不同基质育苗试验 [J]. 安徽农业科学，2019, 47(5):127-128.

[4] 郝学红 . 水黄皮种子发育过程中含油特性及基因表达谱分析 [D]. 深圳大学，2018.

[5] 肖成燕，朱毅，董志，等 . 水黄皮胶囊剂的抗血栓作用及其作用机制 [J]. 中国临床药理学杂志，2015(17):1745-1748.

[6] 徐朝花 . 水黄皮根内生细菌遗传多样性研究及促生菌筛选 [D]. 四川农业大学，2015.

[7] 黄健子，张万科，黄荣峰，等 . 半红树植物水黄皮分子生物学研究进展 [J]. 生物工程学报，2015(4):461-468.

[8] 马建，吴学芹，陈颖，等 . 水黄皮的化学成分和药理作用研究进展 [J]. 现代药物与临床，2014(10):1183-1189.

[9] 阮长林，冯剑，刘强，等 . 水黄皮种子发芽试验的初步研究 [J]. 中南林业科技大学学报，2013, 33(4):38-42.

[10] 钟玥菁 . 半红树植物水黄皮 (Pongamia pinnata) 的生态及经济效益浅析 [J]. 生态科学，2013, 032(2):246-252.

三点金 （三点金草、三脚虎、六月雪）

Desmodium triflorum (L.) DC.

物种介绍

三点金为豆科山蚂蟥属的药用植物，多年生草本，平卧，高 10~50 cm。花果期 6~10 月。

分布于广泛分布于热带和亚热带地区。印度、斯里兰卡、尼泊尔、缅甸、泰国、越南、马来西亚、太平洋群岛、大洋洲和美洲热带地区也有分布。在中国分布于浙江、福建、江西、广东、海南、广西、云南、台湾等地区。生于旷野草地、路旁或河边砂土上，海拔 180~570 m。主要价值如下。

全草：苦、微辛，温。行气止痛，温经散寒，解毒。用于治疗中暑腹痛噶、疝气痛、月经不调、痛经、产后关节痛、狂犬病，有解表、消食之效。

三点金具有生命力很强、抗旱、抗寒、耐贫瘠、耐干热的特点，在海南、广东、云南等地区种植，生产性能良好。

繁育技术

1. 种子繁育

三点金为一年多季开花植物，具有 2 个明显的开花期，第 1、第 2 开花期分别为 4~6 月 (75~80 d) 和 9~10 月 (62~65 d)；三点金第 1、2 开花期花粉失活率分别为 72.34% 和 87.23%，第 1 开花期小花花粉活力显著低于第 2 开花期花粉活力，三点金花粉可育率在第 1、2 开花期分别为 92.60% 和 93.72%，2 个花期柱头散落花粉数分别为 5.86 和 5.77 粒，二者无显著差异；三点金单荚成熟天数为 28~31 d，三点金在 5~11 月均有结实现象发生，但结实高峰期为 10 月中至 11 月初 (20~22 d)，不同土壤基质的三点金以 100% 砖红壤的结实率及结实数量最大。三点金种子的采收时间约在花后 35 d，即三点金豆荚转为褐色时开始采收为宜。春季在温度 22.4~23.9℃ 的条件下，经物理因素或化学因素处理后的三点金种子，其发芽率可从自然状态下的 2% 提高到 58% 以上。因此，通过不断探索，大大提高了其种子发芽率以达到实际生产的要求。

三点金种子有一定硬实作用，在自然环境下发芽率非常低。这就导致了种子发芽慢，发芽率低，发芽期长，发芽不整齐，给生产带来了一定的困难。将三点金种子用浓硫酸处理 1 min 后，在 25~30℃ 下发芽率最高。三点金种子具有硬实现象，而且种子很小，种皮比较薄，处理不当容易对胚造成伤害。据观察，其在野外自然条件下种子的自然萌发率低于 2%，种子繁殖困难。对多种植物硬实种子萌发的研究表明，当采用物理因素与化学因素处理后，种子萌发率会得到不同程度的提高。三点金种子具有硬实现象，破除豆科种子硬实的方法有多种，包括物理、化学等。但由于各类种子的种皮结构存在差异，不同破除硬实方法对不同种子均有一定的局限性。NaOH 溶液浸泡处理三点金种子，较理想的质量分数和时间组合是 0.5% NaOH 浸泡 10 min 和 1% NaOH 浸泡 1 min，发芽率分别达到 58%、48%，均大于其他组合和对照组，发芽势及发芽指数也占明显优势，但 0.5%NaOH 浸泡时间少于 5 min 时，则效果显著低于清水浸泡 48 h 的对照组。当处理质量分数达 1%、浸泡时间为 1 min 时，三点金的发芽效果随 NaOH 质量分数或时间的递增而减弱，三点金的发芽率为 0。种子萌发是一个复杂的过程，物理作用或化学作用都可对种子的发芽率、发芽势等指标产生影响。酸碱处理可腐蚀种皮，提高种皮的通气性与透水性，从而促进种子萌发。但存在两个突出的问题：一是处理时间较难控制，特别是对于种皮较薄的种子，由于处理时间较短，难以掌握；二是处理后的冲洗要彻底，对于颗粒较小的种子，冲洗也较难操作。这两点处理不当，容易对种子造成伤害，反而抑制种子萌发。三点金种子颗粒较小，物理摩擦种皮如砂纸摩擦简便易行，物理摩擦 5 min 的种子发芽率达 58%，与 0.5% NaOH 浸泡 10 min 的发芽率相当。因此，对于像三点金这样种皮较薄、颗粒较小的种子，物理摩擦是较理想的处理方法。许多研究也表明，机械损伤种皮是处理硬实最有效的方法，机械破皮后，水分和氧气通过种皮间的缝隙进入种子内，使胚得到萌发所必需的水分与氧气，在适宜的温度下，种子得以萌发。

2. 扦插繁育技术

通过用匍匐茎扦插、蔓植，直立茎撒播植及裸根栽植的方法在 4 种土壤基质上进行了三点金繁殖试验，4 种方法繁育三点金成活率均可达 90%以上，直立茎撒播植及裸根栽植成活率高，极显著大于扦插及蔓植繁殖。扦插、蔓植两者差异在于繁殖材料是单株和 3~5 棵植株，其成活率没有显著差异。直立茎撒播植，因其上覆盖 2~3 的土层，能有效地避免植株材料直接蒸腾脱水，因此成活率较高。裸根栽植是带根茎移植，植株恢复期短，只要避免地上部分过度脱水萎蔫，便能得到较高的成活率。

从不同土壤基质繁殖三点金成活率的结果来看，使用 100% 河沙时，三点金成活率极显著地低于砂壤土及砖红壤类土壤。含沙量 30% 的砂壤土与砖红壤效果无显著差异，而含沙率为 70% 的砂壤土与含沙率 30% 的砂壤土，对三点金的成活率差异也极显著，其中砖红壤繁殖三点金效果最好。经观察，2 种繁殖方法植株发根时间 5~6 d。

三点金适宜种植期长，春夏秋均可繁育或栽植建坪。以夏季温度在 28℃上下、雨水充足、湿度大最为理想。三点金的繁殖或建坪方法多样，扦插、蔓植、裸根栽植或直立茎撒播植均可。处理得当，成活率均在 90%以上。其中在砖红壤上繁殖的成活率最高，可达 98% 以上，直立茎撒播植成活率可高达 99%。利用三点金直立茎或匍匐茎顶端嫩枝段繁育或建坪时 2 种材料的发根率都可达 100%。发根时间、发根数量相当，根系发育良好，成活率可高达 99%。

参考文献

[1] 李艳平，郑传奎，何红平 . 三点金地上部分的化学成分研究 [J]. 中药材，2019, 42(1):89-90.

[2] 石志棉，姬璇，杜勤 . 广州地区 5 种野生豆科植物及其根瘤的比较鉴别研究 [J]. 广州中医药大学学报，2018, 35(6):129-133.

[3] 常向前，刘方超，马宗仁，等 . 三点金开花结实特性研究 [J]. 草业科学，2010, 27(8):76-83.

[4] 何国强，马宗仁，刘方超，等 . 4 种处理方法对三点金种子萌发效果的影响 [J]. 草业科学，2010, 27(5):91-96.

[5] 岳茂峰，辛国荣，冯莉 . 华南地区三点金种质资源调查及形态学变异研究 [J]. 草地学报，2010(2):263-267.

[6] 马宗仁，何国强 . 野生豆科植物三点金的无性繁殖研究 [J]. 草业科学，2009, 26(7):147-151.

[7] 谢佐桂，杨义标，王兆东 . 三点金混植试验 [J]. 草业科学，2005, 22(10):107-109.

[8] 谢佐桂，杨义标，王兆东 . 三点金根瘤特性及固氮酶活性 [J]. 草业科学，2005, 22(9):80-81.

[9] 冯凌 . 三点金的生态学特性及地被适应性研究 [D]. 甘肃农业大学，2004.

疏花木蓝

Indigofera colutea (N. L. Burman) Merrill

物种介绍

疏花木蓝为豆科木蓝属。亚灌木状草本，多分枝，种子方形。花期6~8月，果期8~12月。

分布于中国的广东、海南。印度、印度尼西亚、缅甸、巴基斯坦、巴布亚新几内亚、斯里兰卡、泰国、越南、澳大利亚、新西兰和非洲也有分布。生于海边灌丛、空旷沙地上，产于海南。

繁育技术

1. 种子繁殖

在野生种子萌发试验时，用热水浸种 5 min、浓度 95% 浓硫酸浸种处理均可以软化种皮，对打破种子物理休眠有明显作用。用浓硫酸处理后在砂基质中培养萌发率最高。

2. 扦插

绿枝扦插育苗 15~20 d 生根，嫩枝扦插成活率 68.7%，老枝扦插成活率 87.9%。老枝扦插苗根系发达，平均生根数 14.8 条，嫩枝扦插苗较老枝根系差，平均生根数 9.8 条。扦插苗生根成活后 15 d 左右，根硬化后进行大田移栽，移栽时蘸泥浆保护根系。老枝扦插苗移栽成活率达到 95%，嫩枝扦插苗移栽成活率 93.7%，扦插苗长势明显高于嫩枝扦插。插根育苗 20 d 左右发芽，成活率为 96.1%，待幼苗长到 10 cm 左右，同时根穗须根产生并硬化，进行大田移栽，移栽时随起苗随蘸泥浆，以保护根系，移栽成活率 97% 以上。

3. 组织培养

以腋芽为外植体，经消毒后接种到 MS 培养基上培养。培养基附加 1.0 mg/L BA 和 0.1 mg/L IAA。经过 4 周的光照培养，能够产生腋生丛芽。丛芽经过分切成为单个芽并转移到 MS 培养基（含 1.5 mg/L IAA）。之后试管苗经过锻炼转移到外面生长，1 个月后移植成活率达 91.7%。

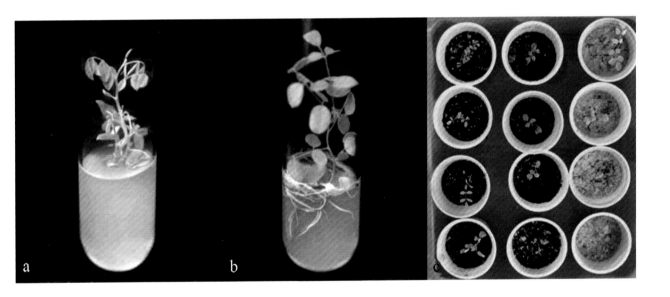

参考文献

[1] 曾瑶，冷俐，包维楷，等 . 旱生灌木岷谷木蓝种子的休眠与萌发特征 [J]. 生态学杂志，2009(12):2452-2459.

[2] 焦云红，付伟，耿霄，等 . 河北木蓝繁殖研究 [J]. 安徽农业科学，2009(34):16824-16825.

[3] 邓君玉，姜永旭，李川志 . 吉氏木蓝营养繁殖技术 [J]. 林业实用技术，2008(1):23-24.

盒果藤

（松筋藤、红薯藤、软筋藤、假薯藤、水薯藤、紫翅藤）

Operculina turpethum (L.) S. Manso

物种介绍

盒果藤为旋花科盒果藤属多年生缠绕草本。产于中国广东、云南、广西，除了南部海岸有分布外，中南部的平野及低海拔山地亦常可见。热带东非、马斯克林群岛、塞舌耳群岛等地区也有分布。在中国、印度、美国等多个国家被用作一种传统医学用药。

全草或根皮可入药。采收和储藏：全年或秋季采收，洗净，切片或段，晒干。功能主治为：利水、通便、舒筋。主治水肿、大便秘结、久伤筋硬、不能伸缩。盒果藤植物粗提物中可能含有甾体、三萜、黄酮、皂苷和鞣质等活性成分。

药理作用

1. 抗溃疡

对盒果藤的 HAOP 和 MOP 茎皮提取物的溃疡预防与保护作用以及胃黏膜，进行组织病理学和生物化学研究表明与标准药物相比，两种提取物均具有增强溃疡预防和保护作用。

2. 抗癌

盒果藤通过抑制核因子 κB（NF-κB）及其下游靶环氧合酶 -2（COX-2），起到一定的抗癌作用。

3. 抗肾毒性

盒果藤根提取物及其分离得到的甾体苷（5, 22- 二烯 -3-o-β-d- 吡喃葡萄糖苷）对 NDMA 诱导的白化病小鼠肾癌变具有一定的抗肾毒性作用。盒果藤根提取物及甾体苷具有抑制脂质过氧化、清除自由基活性、诱导 GST 的能力，且大剂量盒果藤提取物对 NDMA 肾毒性引起的结构损伤更有效。另外，盒果藤及其分

离物对造血系统具有保护作用。

4. 抗腹泻

盒果藤粗提物有抗腹泻、抗痉挛和支气管扩张药的药效。研究发现该粗提物对蓖麻油引起的小鼠腹泻的影响具有剂量依赖性。盒果藤粗提物具有抗腹泻、解痉和支气管扩张活性。

5. 抗菌活性

对盒果藤乙醇、石油醚及氯仿提取物的抗菌活性研究：采用圆盘扩散法和肉汤大稀释法，对大肠杆菌、表皮葡萄球菌、金黄色葡萄球菌等进行抗菌活性研究，发现乙醚和氯仿提取物的抗菌活性较高。此研究为传统的植物抗烧伤或伤口感染提供了科学依据。对盒果藤提取物进行愈伤组织培养、诱导和抗微生物的研究：采用添加 BA、N6- 呋喃甲基腺嘌呤和二者结合的 MS 培养基进行研究，发现盒果藤乙醇提取物对 5 种病原菌具有较强的抑制作用，同时乙醇提取物比水提物具有更高的抗菌活性。对盒果藤叶的石油醚和乙醇提取物对几种人类病原菌是否具有潜在的抗菌性能的研究，发现其对病原菌具有一定的抑制作用。

6. 抗炎镇痛

盒果藤在传统炎症疼痛治疗中具有重要的作用。

7. 抗糖尿病

盒果藤可显著降低健康大鼠、葡萄糖负荷大鼠和 STZ 诱导的糖尿病大鼠的血糖水平，其降血糖作用机制可能是由于胰岛素释放的增强。

8. 抗肝毒性

盒果藤具有一定的抗肝毒性作用，是一种潜在的天然肝功能物质来源。盒果藤皂苷 A 和 C 对 L-02 人肝细胞的 D- 半乳糖胺毒性具有明显的保护作用。盒果藤醇提物的肝保护活性与标准水飞蓟素相当。

9. 抗氧化

盒果藤具有一定的抗氧化和抗肿瘤作用，且茎部的抗氧化水平较高。

10. 其他作用

盒果藤提取物具有一定的杀虫效果。研究发现分别采用冷热水和两种不同的溶剂浸提液对幼虫进行处理，盒果藤提取物具有显著的杀蚊潜力，且对重要的疟原虫载体 An 具有优良的杀虫性能。另有研究发现盒果藤种子可用于商业胶使用。含有盒果藤的碳质吸附剂可用于去除使用分析级高锰酸钾、重铬酸钾和硫酸铬化学品制备的合成废水的颜色。

繁育技术

1. 种子繁殖

盒果藤种子有些坚硬，它的外面有层蜡质，不易吸水发芽，播种前必须加以处理。处理少量种子时，可用小刀切去尾部，但不能伤及胚芽。处理大量种子时，可用纸搓擦；或将砂与种子放入筒内，用小木杆捣去蜡质，但要注意防止捣烂种子。捣去蜡质后，再用温水浸泡后，待种子膨胀，即可播种。

2. 扦插技术

去除盒果藤叶片，保留 1~2 cm 叶柄；将盒果藤按 50 cm 长一段剪切，晾阴半天；将薯拐浸泡于多菌灵配制成的 600~800 倍消毒液中 10~20 min，晾干表面水分；在盒果藤窖地面铺垫松针叶，然后将盒果藤或薯拐按一层松针叶一层盒果藤或薯拐的方式重叠，高度不超过 1 m；每层松针叶厚度为 2~3 cm，盒果藤或薯拐之间间隔至少 1 cm，保持盒果藤窖内的温度 10~15℃、湿度为 90%；第二年春播种时，将盒果藤或薯拐取出扦插于苗床育苗或直接插栽于大田。保藤率可达 90% 以上，是一种理想的盒果藤贮藏越冬方法。

3. 组织培养

取腋芽为外植体，将其浸入 0.1% HgCl$_2$ 8 min，洗净后接种到 MS 培养基附加 1.0 mg/ L BA 上光照培养。最多可以诱导 14 个丛生芽。将丛芽分切接种到 0.5 mg/L GA$_3$ + 0.1 mg/L KIN + 1.0 mg/L IAA 可以让芽伸长且诱导不定根的发育。小苗经锻炼后可移栽入盆。

参考文献：

[1] 李俊，刘美余，黎云清，等. 不同产地盒果藤 HPLC 指纹图谱研究 [J]. 中药材，2020(4):912-916.

[2] 李俊，陈李璟，卢汝梅，等. 壮药盒果藤化学成分及药理作用研究进展 [J]. 中医药导报，2020, 26(6):99-104.

[3] 温海成，刘华钢，韦松基，等. 壮药盒果藤的鉴别特征研究 [J]. 中华中医药杂志，2018, 33(2):737-740.

[4] 陈小雪，黄晓汕，王毅. 红外光谱法鉴别维药盒果藤根药材模型研究 [J]. 中国民族医药杂志，2016, 22(1):46-47.

[5] 郑元春. 台湾海滨植物 - 盒果藤 [J]. 园林，2011(2):74-75.

[6] 丁文兵，魏孝义. 盒果藤化学成分及保肝活性研究 [C]// 广东省植物学会. 广东省植物学会第十九期学术研讨会论文集. 广东省植物学会：广东省科学技术协会科技交流部，2010:73-74.

[7] ALAM, MJ, ALAM I, SHARMIN S A, et al. Micropropagation and antimicrobial activity of *Operculina turpethum* (syn. *Ipomoea turpethum*), an endangered medicinal plant[J]. Plant Omics, 2010, 3(2):40-46.

[8] 霍仕霞，闫明，刘晓东，等. ICP-AES 法测定盒果藤中的微量元素 [J]. 现代科学仪器，2009(1):56-58.

[9] 张彦福，杨真，屈相玲，等. 盒果藤在吾尔医学中应用的历史沿革 [J]. 中国民族民间医药杂志，2001(3):164-165+186.

[10] DANIEL F. *Operculina turpethum* (Convolvulaceae) as a medicinal plant in Asia[J]. Economic Botany, 1982, 36(3):265-269.

[11] SINGH M , SHARMA V . Comparative analysis of the Phytochemicals present in different extracts of *Operculina turpethum*[J]. International Journal of Drug Development & Research, 2013, 5(2):244-250.

番薯

（甘储、甘薯、朱薯、金薯、番茄、红山药、玉枕薯、山芋、地瓜、甜薯、红薯、红苕、白薯、阿鹅、萌番薯）

Ipomoea batatas (L.) Lam.

物种介绍

番薯为旋花科番薯属一年生草本植物，地下部分具圆形、椭圆形或纺锤形的块根。原产南美洲及大、小安的列斯群岛，全世界的热带、亚热带地区广泛栽培，中国大多数地区普遍栽培。

开花习性随品种和生长条件而不同，有的品种容易开花，有的品种在气候干旱时会开花，在气温高、日照短的地区常见开花，温度较低的地区很少开花。蒴果卵形或扁圆形，有假隔膜分为4室。种子1~4粒，通常2粒，无毛。由于番薯属于异花授粉植物，自花授粉常不结实，所以有时只见开花不见结果。其主要价值如下。

1. 天然滋补食品

番薯是一种营养齐全而丰富的天然滋补食品，富含蛋白质、脂肪、多糖、磷、钙、钾、胡萝卜素、维生素A、维生素C、维生素E、维生素B1、维生素B2和8种氨基酸。据科学家分析，其蛋白质的含量是大米的7倍以上；胡萝卜素的含量是胡萝卜的3.5倍；维生素A的含量是马铃薯的100倍；糖、钙、维生素B1、维生素B2的含量皆高出大米和面粉。每100 g鲜薯块可食部分含碳水化合物29.5 g，脂肪0.2 g，磷20 mg，钙18 mg，铁0.4 g。这些物质，对促进人的脑细胞和分泌激素的活性、增强人体抗病能力、提高免疫功能、延缓智力衰退和机体衰老起着重要作用。日本卫生部已将其列为食疗的重要食品。

2. 减肥食物

番薯的脂肪含量奇少（0.2%），是其他食物无法比拟的。而其不饱和脂肪酸的含量却十分丰富。将其作为主食，坚持每日食用一餐，其丰富的纤维素，使人有"酒足饭饱"和肠胃宽舒之感。同时，它既能阻止脂肪和胆固醇在肠内的吸取，又能分解体内的胆固醇，促进脂质的新陈代谢，可以有效地预防人体营养

过剩，抵制肥胖症的发生，从而达到减肥的目的。

3. 长寿食品

番薯早在明代，中国医学家李时珍将其列为"长寿食品"。近年来，随着社会的发展，番薯的"社会地位"亦随之提高，世界不少国家称其为"长寿食品"。其功能在于，能迅速中和米、面、肉、蛋等食品在人体内所产生的酸性物质，维持人体血液弱碱平衡，将摄入人体的胡萝卜素转化为维生素 A。无论是生熟番薯，皆有黏蛋白。而这种黏蛋白是一种多糖蛋白的混合物，属胶原和多糖物质。既能有效地防止心血管壁上脂肪的沉积，维持和增加动脉血管壁的弹性，减少皮下脂肪的堆积，防止肝和肾中结缔组织的萎缩，又能防止疲劳，恢复精力，防治便秘，强身益寿。

4. 预防疾病

薯块中含有丰富的维生素 C、维生素 E 和钾元素。其中维生素 C 能明显地增强人体对感冒等多种病毒的抵抗力；维生素 E 则能促进人的性欲、延缓衰老。钾元素能有效地防止高血压、中风和心血管病的发生。日本科学家研究发现薯块中含有一种不能从鸡、鸭、鱼肉类获得的胶原黏液蛋白，这种物质能保持人体动脉血管壁的弹性，有效地防止动脉血管粥样硬化。

5. 治病良药

具有较高的药用价值。中国古代医药学家对薯块治病的功效早有论述。明李时珍《本草纲目》载："番薯具有补虚乏、益气力、健脾胃、强肾阳之功效"。《金薯传习录》云："能治痢疾、酒积热泻、湿热、小儿疳积"等多种疾病。生薯块中的乳白色浆液，是通便、活血、抑制肌肉痉挛的良药；对治疗湿疹、蜈蚣咬伤、带状疱疹等疾病有特效。其方法是将生薯块捣烂、挤汁，涂于患处，数次可愈。

6. 优质饲料

番薯浑身皆为肥育生猪的优质饲料，既能单独食之，又能与其他粮食，诸如玉米、青稞或青草、树叶混食。叶、蔓既能鲜食，又能晒干粉碎与五谷糠皮烫、煮食之。对于家猪饲养，单独食用熟薯块或与玉米混食，催肥壮膘效果尤佳，犹如使用"催肥剂"，一般日增肉 0.5~0.8 kg，这是陕西省城固县肥育生猪的一条成功经验。但忌食黑斑病患薯块，以防肥猪中毒身亡。

7. 其他用途

薯块适宜加工成多种产品,既能制作酱油、蜜饯、饴糖、葡萄糖酸钙,又能酿造白酒,提取乙醇。提取淀粉后的薯渣,能再生产成柠檬酸钙。其淀粉是生产增塑剂、高级吸收性树脂的重要原料。加工后的薯干,主要出口于东南亚诸地。还可提取淀粉,其淀粉食用范围广,既能与各种肉类混做食丸,又能与面粉混蒸凉皮,或单独烙饼、搅凉粉等。

繁殖技术

1. 种子繁殖

番薯的种子无休眠期,理论上只要成熟、温湿度合适即可发芽,但是番薯种子的种皮是一层硬质的革质层,不宜透水吸氧,未经处理的种子即使在适宜的温湿度条件下也不能萌发,因此育种工作中经常采用的是机械破损与化学处理的方式,以便使种皮能够顺利的吸水透气。化学处理的方法通常是将种子浸入浓硫酸30~45 min后,用清水清洗干净后播种。但番薯种子萌发受基因型影响较大,不同基因型的种子可能受自身因素控制,种子特性存在较大差异,部分基因型的种子发育充实饱满,种皮硬度大,处理后发芽率高,部分基因型的种子发育较差,导致后期发芽率较低,在浓硫酸处理方面,发育状态好的种子需较长的浓硫酸处理时间,发育状态差的种子只需较短的浓硫酸处理时间,总体来讲,氧化处理能显著提高种子的发芽率,因此可以添加一定浓度的 H_2O_2。

(1) 播种

番薯一般用直播,播种方式可分为爬地种植及支架种植2种。爬地种植一般行距50 cm、株距33 cm、每穴播种子1~2粒,每亩可种3000株,用种量为2 kg左右。支架种植采用深沟高畦,畦高20~25 cm,沟宽50 cm,畦面90 cm,每畦栽2行,行间距50 cm,株距33 cm,每穴放种子3~4粒,每亩用种量为2.5~3.0 kg,播后盖土2~3 cm,播后15 d即可出苗。

(2) 育苗

早熟品种宜采用大棚 + 小拱棚 + 地膜3层保温育苗,提早出苗后采用地膜覆盖栽培,提早供应市场;常规栽培可采用小拱棚 + 地膜2层保温育苗。苗床宽1.0 m左右,深15~20 cm,床底铺1层有机肥后浇水覆土。选择种薯要求具有本品种典型特征,无病虫害,薯块100~250 g。排种密度为薯块间隔3 cm左右,种薯排好之后覆土,厚度2~3 cm,不能超过5 cm,以免影响出苗。当60%薯块出芽后揭掉地膜。晴天气温20℃以上时,打开拱棚膜和大棚膜两端通风,防止高温烧苗,保持床温25~30℃,湿度以床土见干见湿为准。薯苗长20~25 cm,有6~8张完整叶片时,可以剪苗栽种大田。

2. 扦插

平均气温15℃以上时,可剪苗栽到大田,由于前期气温较低(4月下旬至5月中旬),可采用地膜覆盖栽培。栽种时,将4个节位水平插或斜插入土中,干旱时将两叶一心露出地面,其余叶片埋入土中,以利薯苗成活和结薯分散均匀，提高商品率和产量，种植密度 4000 株 / 亩，株距 20 cm。

3. 块根繁殖

番薯本身也可发芽。通过块根（或分切）将萌芽的块根作为无性繁殖体进行繁殖出芽，这对于储藏的番薯在翌年进行繁殖特别重要。特别是北方冬季很冷，当枝条不能够越冬时，番薯块根的储藏和繁殖尤其重要。

4. 组织培养

以番薯茎尖作为外植体进行组培快繁脱毒体系建立研究。结果表明，薯块催芽并在 35~40℃ 光照箱中热处理 30 d，再结合微茎尖 (0.1~0.3 mm) 分生组织培养，经病毒检测能有效脱除番薯羽状斑驳 (SPFMV) 病毒、甘薯潜隐病毒 (SPLV) 等。以 MS 为基本培养基，添加 BA 3.0 mg/L 有利于试管苗诱导分化。以 MS + IBA 0.5 mg/L 为试管苗增殖与生根同步进行的培养基，增殖倍数达 5~8 倍、生根率可达 95%，且试管苗长势好，茎粗壮、叶深绿，入土驯化成活率达 90% 以上。

栽培管护

1. 整地施肥

整地要在晴天进行，土要打碎、打细。整平后，肥料条施在垄底，垄距 80 cm，垄高 20 cm 左右。肥料可使用专用有机复合肥，种植面积较大时，要求测定土壤 N、P、K 和有机质，南方还要测定土壤 pH。不提倡使用普通复合肥。

2. 整枝打顶

对分枝较多、生长较旺的薯田可用剪刀剪掉 2~3 个分枝，如此可使养分回流，让薯块得到更多养分。打顶可调节养分运转，促使养分向根部输送。当薯苗长到 40~60 cm 时摘去嫩尖，分枝生长过旺时也要摘去嫩尖。及时追肥：提苗肥在插后 15 d 左右结合第一次中耕每 667 m² 追施稀薄人畜粪 750~1000 kg 或尿素 2.5 kg。结薯肥在分枝结薯阶段追肥，一般在插后 1 个月内结合第二次中耕进行，以氮肥为主，配合磷钾肥。坼缝肥在茎叶封行以后，块根生长速度较快，地面出现裂缝时追肥。每 667 m² 追尿素 1.5 kg、过磷酸钙浸出液 10 kg、硫酸钾 3 kg 兑水 150~200 kg 配成营养液，在阴天或晴天的下午进行顺缝浇灌，要求追肥均匀。

3. 贮存

早中熟品种在 8 月底至 9 月初开始收获，迟熟品种在 10 月中旬开始收获。最迟收获期在降霜之前。禁止雨天收获。收获时要轻挖、轻装、轻运、轻卸，防止薯皮和薯块碰伤。贮存要求温度在 10~15℃，空气相对湿度在 85%~90%，贮存场所应清洁卫生，做好防鼠、防毒工作。同时要有保温措施，防止冻伤和挤压，并注意通风散热。

4. 病虫防治

病害主要有病毒病、黑斑病、紫纹羽病。防治方法：选择无病种薯，育苗排种前用 80% 的 402 药剂 2000 倍液浸 5 min，扦插苗可用 25% 多菌灵 1500 倍液或 50% 托布津 2000 倍液浸 10 min。

虫害主要有斜纹夜蛾、番薯叶甲。斜纹夜蛾可在 6 月下旬用 10% 除尽 1000 倍液、5% 抑太保 800~1000 倍液或 48% 乐斯本 1000 倍液喷雾。番薯叶甲可在薯苗扦插 30 d 后。用 20% 三唑磷乳油 600 倍液或 2.5% 敌杀死 4000 倍液喷雾。

参考文献

[1] 辛国胜, 邱鹏飞, 商丽丽, 等. 甘薯茎尖快速剥离及成苗技术研究 [J]. 上海农业学报, 2017, 33(1):69-73.

[2] 徐飞, 张胜利, 孙静, 等. 甘薯组织培养研究进展及展望 [J]. 农业与技术, 2016, 36(23):14-15.

[3] 赵君华. 脱毒甘薯培养与种薯繁育生产程序 [J]. 安徽农业科学, 2015, 43(27):46-47.

[4] 王常芸, 李晓亮, 辛国胜, 等. 不同品种甘薯茎尖脱毒快繁技术优化研究 [J]. 农学学报, 2015, 5(7):25-29.

[5] 卢玲. 甘薯脱毒苗培育的研究进展 [J]. 安徽农业科学, 2013, 41(4):1456-1458.

[6] 侯汲虹, 陈良钊, 朱宏波. NAA 对甘薯属植物扦插的影响 [J]. 广东农业科学, 2011, 38(21):39-40.

[7] 孟令文. 甘薯茎尖脱毒及快繁技术研究 [J]. 杂粮作物, 2010, 30(6):414-415.

管花薯（长管牵牛）

Ipomoea violacea L.

物种介绍

　　管花薯为旋花科番薯属。多年生藤本，全株无毛，花果期 6~12 月。中国广东、海南、西沙群岛和台湾南部有分布，喜光亦耐阴、耐水湿、耐瘠；适应性强，生长速度快，病虫害少，叶色葱翠，花朵喇叭状，颜色洁白，花期长达半年。为典型的海岸植物，生长于海岸沙地、珊瑚礁岩、红树林林缘、泻湖或沿海的台地灌丛，也常攀缘于海岸林中。在台湾高雄旗津，管花薯生长于受强海风吹袭的人工海岸浪花飞溅区，未见任何盐害症状。在海南三亚榆林湾，管花薯生长于鱼塘堤岸，其根系直接浸泡于盐度高达 26 mg/g 的海水中，开花结果正常。非常适合栽植于滨海地区绿廊、荫棚等。

繁殖技术

1. 种子繁殖

播种繁殖栽种时,苗床为肥力较好的紫色砂壤土,先开厢整平,开播行,播种前浇足水播后盖细土约 5 cm 厚,一般播种后 3~4 d 开始出苗,一个星期左右齐苗。

2. 扦插

以 3~5 月扦插为佳。采用浅平插或斜插法,最好采用斜插法,扦插时种苗与地面成 35°~45°,斜插入土 2~3 节。宽垄双行株距 25~30 cm,窄垄单行株距 20~25 cm。扦插成活后立即查苗补苗。

3. 组织培养

剪取 2 cm 左右的藤段,每段带一个芽,用 70% 乙醇擦一下表面的灰尘颗粒后,放在无菌水里泡一下,将接种的藤段取出后投入到 0.1% HgCl$_2$ 溶液里消毒 20 min,无菌水洗 5 次后将藤段接到培养基中,具体如下:

① 无菌体系建立的培养基为 MS 基本培养基附加 BA 0.5 mg/L;

② 芽增殖培养基为 MS 基本培养基附加 IAA 0.15~0.3 mg/L +BA 0.15~0.3 mg/L;

③ 叶片诱导愈伤组织培养基为 MS 基本培养基附加 2,4-D 0.2~0.5 mg/L,TDZ 0.5 mg/L + 2,4-D 0.2 mg/L;

④ 用于芽伸长和生根培养基为 1/2MS 附加 GA$_3$ 0.5 mg/L。

以上所以培养基的蔗糖为 30 g/L,培养基中的 pH 调到 6.00,芽的诱导光照强度为 3500 lx,愈伤组织诱导置于弱光下培养。

无菌体系的建立培养:培养在 BA 中的小藤段 15 d 后开始萌生出新的芽来,但同时萌生芽周围也出现一层愈伤组织,愈伤组织生长比芽生长速度还快,将愈伤组织部分切掉,新发生的芽转到增殖培养基中。两种增殖培养基显示出芽的生长状态基本一样,所有培养芽的基部和切口处发生了许多愈伤组织,愈伤组织影响芽的营养吸收,芽生长很缓慢,将生长调节剂进一步降低,情况有所好转,增殖较好的培养基为 IAA 0.15 mg/L。培养 35 d 芽的繁殖可增殖一倍。长管牵牛的不定根较容易诱导,但茎的生长慢,往往根长出来了,芽才刚刚生长,如在培养基里加 GA$_3$ 0.5 mg/L,小苗可正常生长。

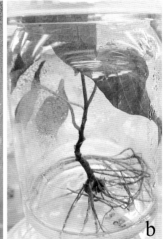

a　b

参考文献

[1] 王清隆,汤欢,王祝年.西沙群岛植物资源多样性调查与评价 [J].热带农业科学,2019,39(8):40-52.

虎掌藤

Ipomoea pes-tigridis L.

物种介绍

　　虎掌藤为旋花科番薯属一年生草本，茎缠绕或有时平卧，花冠白色，种子4粒，椭圆形，叶面被灰白色短绒毛。

　　分布在热带亚洲、非洲、中南太平洋的波利尼西亚以及中国台湾、广东、广西、云南等地，生长于海拔100~400 m的地区，常生于河谷灌丛、路旁或海边沙地，尚未有人工引种栽培。

　　虎掌藤的根可泻下通便，治疗肠道积滞、大便秘结。苦，寒。入肠经。内服：煎汤，6~15 g。

繁育技术

1. 种子繁殖

实生种子播种苗床为肥力较好的紫色砂壤土,先开厢整平,开播行,播种前浇足水,播后盖细土约5 cm厚,薄膜小拱棚保湿。实生种子播种后,多数组合出苗快而整齐,一般播种后3~4 d开始出苗,一个星期左右齐苗。实生种子的萌发及幼苗生在试验条件一致的情况下,实生种子的质量可能是影响种子萌发和幼苗生长的主要因素。

2. 扦插繁殖

选择晴天的下午进行扦插。在苗圃选取壮苗,剪取顶蔓或第2段作为扦插苗,以长20~25 cm、长有6~7片叶为宜。于扦插前1 d剪取,每50条为一捆,直立放置于阴凉处,注意不能平放重叠,这样经过1 d饿苗处理后,更有利于发根返苗。扦插时要求保持较高的土壤湿度,用脚压紧压实基部3片叶在土壤中,低斜插,插后同时用优质复合肥100 g/m² 施入穴中并覆土。插后7 d内进行查苗补苗。

参考文献

[1] P. BHATI, D. N. SEN. Temperature responses of seeds in *Ipomoea pes-tigridis* L.[J]. Biologia Plantarum, 1978, 20(3):221-224.

[2] PUKHRAJ B, DAVID N. Sen. Adaptive polymorphism in *Ipomoea pes-tigridis* (Convolvulaceae), a common rainy season weed of the Indian arid zone[J]. Plant Systematics and Evolution,1978, 129(1-2):111-117.

三裂叶薯

（小花假番薯、红花野牵牛）

Ipomoea triloba L.

物种介绍

　　三裂叶薯为旋花科番薯属草本，茎缠绕或有时平卧，种子4粒，无毛。分布在中国广东、台湾以及美洲热带等地，多生于丘陵路旁、荒草地及田野，尚未有人工引种栽培。三裂叶薯具有很强适应能力，会对棉农产生重要的经济影响是：他们必须花费大量时间，满足增加的劳动力成本，以尝试和控制这种激进的杂草，但这样做并不能达到预期的成功水平。

繁育技术

1. 种子繁殖

　　从开花到结实一般23 d种子都成熟。将收获的成熟种子贮于干燥器中备用。在苗床下部铺20 cm厚的草炭土，上部铺10 cm厚的蛭石粉，播前浇足水，播后稍微拍实，浇水。实生种子播种于蛭石粉中，透气、保水性好，多数组合出苗快而整齐，一般播后3~4 d陆续出苗，7 d左右齐苗。在试验条件一致的情况下，实生种子的质量可能是影响种子萌发及幼苗生长的主要因素，发育完全、饱满成熟的种子萌发快，幼苗生长健壮，而种子产地不是影响种子出苗和生长的关键因素。

2. 扦插繁殖

NAA 对三裂叶薯的成活率的影响总体表现为低浓度提高成活率，而高浓度降低成活率。2.2 μM NAA 对三裂叶薯的新生根数和根长均有一定影响，其中 NAA 对三裂叶薯扦插生根的影响非常大，根数最高可增加 40%，根长最大可增长 67%。三裂叶薯的扦插新生芽对 NAA 的敏感度远远高于根，其中低浓度的 NAA 能够提高三裂叶薯的发芽数量和新生芽的成活率。随着 NAA 浓度的增加，其对番薯属植物的扦插生根作用也越明显，而芽的生长随着 NAA 浓度的增加受到抑制。由于生根率、生根数量和新根长度是插穗生根难易、扦插成活与否的重要指标，同时出芽的抑制可以降低扦插枝条的水分散失，有利于降低假活的几率，因而利用 NAA 处理枝条能够促进三裂叶薯扦插的成活和壮苗的培育。选择的浓度应该是最适宜生根的浓度。

参考文献

[1] 刘长明. 三裂叶薯 [J]. 生物安全学报，2019, 28(4):233.

[2] 王宇涛，李春妹，李韶山. 华南地区 3 种具有不同入侵性的近缘植物对低温胁迫的敏感性 [J]. 生态学报，2013, 33(18):5509-5515.

[3] 宋鑫，沈奕德，黄乔乔，等. 五爪金龙、三裂叶薯和七爪龙水浸液对 4 种作物种子萌发与幼苗生长的影响 [J]. 热带生物学报，2013, 4(1):50-55.

[4] LIU Q, KOKUBU T, SATO M. Plant Regeneration from *Ipomoea triloba* L. Protoplasts[J], 1991, 41(1):103-108.

厚藤

（沙藤、二叶红薯、马鞍藤、白花藤、海滩牵牛）

Ipomoea pes-caprae (L.) R. Brown

物种介绍

厚藤为旋花科番薯属多年生常绿匍匐草本，花冠白色或紫红色，漏斗状；种子密被褐色茸毛。花果期5~10月。分布于热带、亚热带海滩，中国浙江、福建、广东、广西和台湾沿海海滨常见。厚藤四季常绿，叶形奇特，生长势强，花果期较长，几乎全年有花，花多且色泽艳丽，蒴果球形，果皮革质，四瓣裂，叶、花、果具有较高的观赏价值。植株根系极深，可作海滩固沙或覆盖植物。

厚藤的嫩茎叶可炒食，亦可作猪饲料。全草入药有祛风除湿、拔毒消肿之效，治风湿性腰腿疼、腰肌劳损。

繁育技术

1. 种子繁殖

厚藤种子近半球形，密被褐色茸毛，平均长为 6.2 mm，平均宽为 6.0 mm；千粒质量平均为 77.9 g；硬实率平均为 97.7%；种子生命力平均为 97.0%。由此可见，厚藤种子虽然硬实率较高，但其种子生命力也非常高，只要打破厚藤种子硬实，厚藤种子的发芽能力将会大幅提高。

（1）种子采集与贮藏

采集成熟、饱满、粒大的果实，晾干去皮后用清水漂洗，取沉于水底的种子充分阴干，密封后于低温

冰箱内保存。

（2）种子处理

将厚藤的种子在 98% 浓硫酸处理 90 min 或者用砂纸磨破种皮等机械处理，然后浸泡于 300 mg/L 的赤霉素溶液中浸泡过夜。

（3）圃地播种

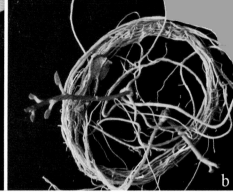

于春天或者初夏进行播种，播种前对苗床进行深翻、消毒，3 d 后进行开沟播种。种子覆土厚度约 1 cm，用毛竹片和塑料膜搭建小拱棚，塑料薄膜覆盖 50% 遮阳网，起到保温、保湿、防止光照过强的作用。期间注意管理，及时除草、浇水、施肥。厚藤的发芽率最高可达 95.3%。

不同温度对厚藤种子萌发特性的影响：从不同温度条件下厚藤种子萌发情况可以看出，不同温度处理下厚藤种子的发芽势和发芽率都呈极显著差异。在 20~25℃ 条件下的发芽势和发芽率较高，分别为 24.6% 和 43.4%；在 15~20℃ 条件下发芽势和发芽率较低，仅为 15.4% 和 36.8%。980 g/kg 硫酸处理对厚藤种子萌发特性的影响：从 980 g/kg 硫酸不同处理时间下的厚藤种子萌发情况，可见厚藤种子在 980 g/kg 硫酸不同处理时间下的发芽率均有显著提高，但在处理 30 和 60 min 时，其发芽势比 20~25℃ 条件下未处理的种子还要低，这可能是 980 g/kg 硫酸处理时间过短，其腐蚀作用仅脱落了厚藤种子表面茸毛，并未对种皮造成腐蚀，反而增加了种子吸水萌发的难度，造成种子发芽不整齐；在 980 g/kg 硫酸处理 90 min 时，其种子发芽势和发芽率都达到了最高值，分别为 91.2% 和 93.5%，比 20~25℃ 条件下未处理的种子分别提高约 3.7 倍和 2.2 倍；而 980 g/kg 硫酸处理到 120 min 时，处理时间过长，980 g/kg 硫酸侵入种皮腐蚀了部分种胚，其种子发芽势和发芽率又开始下降。多重比较分析可知：980 g/kg 硫酸处理 60 和 150 min 时的发芽率差异不显著，其他处理之间差异极显著。

（4）氢氧化钠处理对厚藤种子萌发特性的影响

厚藤种皮具有发达的角质层和广泛发育的栅栏状细胞与骨状石细胞，导致种皮坚韧、种子硬实化。此外种皮中通常还含角质、胶质、栓质、脂质和蜡质等疏水性化学物质，栅状细胞的胞壁也主要由果胶组成，使种子不能吸胀。厚藤种皮坚硬，种子硬实率较高，吸水困难，未经处理的种子其发芽率低且发芽周期较长。影响厚藤种子萌发的关键因素是水分；通气性、温度和光照对厚藤种子萌发也有一定的影响。试验可知，机械处理可以有效地提高厚藤种子的萌发能力，因此破坏种子种皮结构，促进种子吸水是提高种子萌发能力的有效措施。98% 浓硫酸处理可以腐蚀种皮，达到破坏种皮结构，促进种子吸水的效果，但处理时间较难控制，处理时间过长，就会损伤种胚，而且部分虫害较严重但仍有萌发能力的种子，易被硫酸浸入伤口而丧失发芽能力。氢氧化钠处理可破坏种皮表面的油层及蜡层，从而增加种皮透性，打破休眠，但处理时间过长也会影响其萌发能力。机械处理可有效提高硬实种子的萌发率：种子数量较少时，可以用刀刻法在种皮上割痕，或在砂纸上摩擦，或在研钵中将种子与粗砂混匀研磨，只要避开胚轴和胚根的部位，造成种皮损伤即可；在数量多时，则以机械摩擦为宜，通常用小型种子摩擦机或电动磨米机碾磨，以破皮而不伤种仁为好。

为了进一步探讨不同氢氧化钠质量分数及不同处理时间对发芽率的作用，采用多重比较法对其进行分析，200 g/kg 机械处理对厚藤种子萌发特性的影响：厚藤种子生命力较高，但其种皮坚硬，硬实率较高，吸收水分困难。采用砂纸磨破种皮的方法，可以有效提高厚藤种子的发芽势和发芽率，处理过的种子用清水浸种 1 d 后，其发芽势和发芽率均提高到 95.3%。

可以看出，随处理时间的加长，各质量分数氢氧化钠处理厚藤种子的发芽势均呈现出先升后降的趋势。3 种质量分数氢氧化钠在处理 36 h 时的发芽势达到最大值，分别为 29.2%、38.8% 和 42.5%。处理到 48 h 时，各质量分数下的发芽势均有所下降，其中 40% 氢氧化钠处理下的发芽势下降迅速，为各个处理的最低水平，这与碱液腐蚀种胚有关。分析氢氧化钠各处理下厚藤种子的发芽率情况，其变化趋势和发芽势变化基本一致，但各发芽率均比 20~25℃ 条件下未处理种子的发芽率有所提高，各质量分数氢氧化钠处理 36 h 时的发芽率达到最大值，分别为 62.0%，73.0% 和 79.4%，处理 48 h 时的发芽率也开始下降。

处理下的发芽势下降迅速，为各个处理的最低水平，这与碱液腐蚀种胚有关。分析氢氧化钠各处理下厚藤种子的发芽率情况，其变化趋势和发芽势变化基本一致，但各发芽率均比 20~25℃ 条件下未处理种子的发芽率有所提高，各质量分数氢氧化钠处理 36 h 时的发芽率达到最大值，分别为 62.0%，73.0% 和 79.4%，处理 48 h 时的发芽率也开始下降。

2. 扦插繁殖

（1）基质的选择与处理

厚藤的移栽基质为泥炭土与珍珠岩按照体积比为 3:7 混合。苗床的厚度约为 15 cm，先用 50% 多菌灵稀释成 1000 mg/L 后喷洒消毒，塑料薄膜覆盖 2 d 后揭膜待用。

（2）插穗的选择与处理

选取生长健壮，无病虫害的 1 年生半木质化嫩枝做插穗，每插穗含 2~4 个茎节，长度约为 8~15 cm，上切口距芽 0.5~1 cm，下切口剪成马耳形，紧贴着芽，切口光滑，并剪去部分老叶。将插穗用 100~300 mg/L 的国光生根粉（含 NAA 粉剂）处理 60 min 以上。

（3）扦插

为保护插穗在扦插时不受磨损而受伤，用穿孔法先用木棍在基质上穿孔，孔的深度比扦插深度稍浅，插穗的深入深度不宜过深，约 1/2~2/3 即可。插后将插穗周围的基质按实，浇透水，使插穗与基质充分接触。插后搭建高约 0.8 m 的小拱棚，用以保湿、保温。60 d 后的扦插成活率可达 98.2%。

3. 组织培养

（1）外植体的选择与无菌体系的建立

取厚藤带一个芽的茎段于 0.1% $HgCl_2$ 中表面消毒 8 min 后，接种于 MS 培养基上，每隔 2 d 观察污染情况，发现厚藤的污染率较低，仅为 17%，比较容易建立无菌体系。

（2）芽的增殖培养

取无菌芽体接种于 MS+1.0 mg/L BA+0.5 mg/L TDZ 的培养基上培养，30 d 后芽体的基部会形成绿色致密的愈伤组织，芽增殖倍数均为 3.24。

（3）生根培养

将高 3~4 cm 的芽体转接到 1/2MS + 2.5 mg/L IBA 的培养基内培养 30 d，生根率达 80% 以上。

（4）炼苗与移栽

将生根良好的组培苗经过炼苗后，移栽到含有泥炭土、黄泥（体积比为 3:1）的基质内，30 d 后成活率可达 89.5%，且植株长势良好。

参考文献：

[1] 化彬 . 广西滨海沙生植物厚藤的生长适应性研究 [D]. 广西大学 , 2018.

[2] 赵可夫 , 冯立田 . 中国盐生植物资源 [M]. 北京：科学出版社 , 2001：110.

[3] 刘建强 , 胡军飞 , 欧丹燕 , 等 . 厚藤种子萌发特性 [J]. 浙江农林大学学报 , 2011, 28(1):153-157.

[4] 刘建强 . 厚藤等 4 种野生藤本植物的繁育与抗逆性研究 [D]. 浙江农林大学 , 2010.

[5] 王清吉 , 王友绍 , 何磊 , 等 . 厚藤 Ipomoea pes-caprae(L.) Sweet 的化学成分研究 (I)[J]. 中国海洋药物 , 2006(3):15-17.

[6] 孔令培 . 优良海滩植被——厚藤 [J]. 中国花卉盆景 , 2001(9):9.

[7] 李晓青 , 高文 . 厚藤护坡园林增色 [J]. 植物杂志 , 1999(3):3-5.

阔苞菊

Pluchea indica (L.) Less.

物种介绍

阔苞菊为菊科阔苞菊属灌木，高 1~2 m。花期全年。产于中国台湾和南部沿海一带及其一些岛屿。生于海滨沙地或近潮水的空旷地。在印度、缅甸、中南半岛、马来西亚、印度尼西亚及菲律宾也有分布。

鲜叶与米共磨烂，做成糍粑，称栾樨饼，有暖胃去积的功效。功能：化气、去湿、消坚散核。主治、用量和用法：痰火核，用干根 50~100 g，猪瘦肉适量清水煎服；胃痛，用法同上；气痛，用法同上；花柳骨痛，用干根 100~200 g，清水煎服或加猪瘦肉同煎服。在海南及大部分的东南亚地区被作为养胃的保健食品添加剂使用。另外，提示对该属植物无论在药品还是保健品的研究开发领域都具有一定的前景。

繁育技术

可采用分株、扦插、嫁接、播种等多种方法。嫁接法和播种法，技术要求条件高，繁殖过程比较繁琐，

没有高超的削切、嫁接技巧及良种的选择、人工授粉等技术，很难繁殖成功。这2种繁殖方法，也只有需要大量育苗时，在苗圃中进行，家庭种植，一般多采用分株法和扦插法来进行繁殖。

1. 种子繁殖

播种前施足腐熟的有机肥为基肥，并深翻细耙，做成平畦。用细砂混匀种子撒播，上覆盖厚0.5 cm左右的细土，播种后覆盖遮阳网并浇透水。在早春阴冷多雨时，覆盖塑料薄膜，以保持土壤湿度和温度。浇水宜细喷，以防土壤表层板结。约10 d后小苗出土，揭去遮阳网或塑料薄膜，在幼苗具2~3片时即可移栽到大田。

2. 分株繁殖

在3月中下旬可将老茬阔苞菊挖出，露出根颈部，将已有根系的侧芽连同老根切下，移植到大田中。分株繁殖在萌发新梢时进行较适宜。分株繁殖是把阔苞菊的母本掘起，将枝条依其自然形态带根分开，另行栽植，栽后浇透水，以后适当浇水，2周后即可追肥，进行正常养护。该法操作简便，成活可靠，我国以往多用此法繁殖，所谓"三分四打头"就是说在阴历三月间分株，成活后四月间即可摘心养护。为了使其早开花，早收到种子，也常用此法。但是此法因分株时间早，下部的叶子容易早枯，并且花部也有劣变现象，而且不如扦插法能大量繁殖幼苗，故目前除大立菊栽培外已较少应用。

3. 扦插繁殖

在整个生长季节均可进行扦插繁殖，以4~6月扦插的成活率最高。苗床最好用新土混入经堆沤腐熟的有机肥。剪取具3~5个节位、长8~10 cm的枝条，摘除基部叶片，入土深度为插穗长的1/3~1/2。扦插后保持功床湿润，忌涝渍，高温季节需遮阴。一般15 d后可移植到大田。

（1）芽插

秋末冬初取植株外部的脚芽扦插。取植株周围萌发的脚芽，芽头充实丰满。芽选好后，保持插穗

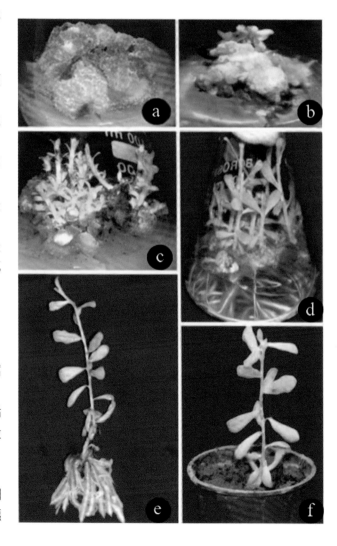

5~7 cm，按株行距 3 cm×4 cm 或 4 cm×5 cm，插入温室和大棚内的苗床或花盆中，扦插深度不超过 3 cm，过深易腐烂。保持 7~8℃的室温，翌年春暖后移植室外。

（2）嫩枝扦插

此法应用最广，一般在 4 月份进行，截取嫩枝 8~10 cm 长作插穗，插后精心管理。在 18~21℃下，多数品种 20 d 左右即可生根，30 d 即可移植装盆。苗床介质可用园土加 1/3 的砻糠灰。在高床上可用芦席、芦帘或 60% 遮阴网遮阴。注意土壤不可过湿，以免烂根死苗。

（3）腋芽扦插

在繁殖稀有品种时，为节省繁殖材料，从枝条上剪取带腋芽的叶片进行扦插。将叶柄基部插入盆土中，让腋芽的顶部和盆土面平。插后放在荫蔽的室内养护，增加周围湿度。

（4）带蕾扦插

菊花秋季开花时，如果植株基部尚无脚芽发生，则可选花下长 6~9 cm 带花蕾的侧枝，摘下插于盆中越冬，至翌年春暖后移栽于地中，待其长至 30~40 cm 高时摘心，刺激其发生脚芽，而后切取扦插繁殖。这样既保存了品种，也能保持品种的优良特性，还能使花更为美而大，且无退化劣变现象。

4. 压条繁殖

压条繁殖是将菊花的枝条弯曲埋于土中，露出枝梢，用刀在埋入土中茎节部下方将皮削破，刺激生根，待生根后，从埋土的上方剪断栽植，即成一新株。为保持其芽变部分的特性时常用此法。

5. 组织培养

阔苞菊各部位茎段组织都成功地得到再生植株。以带腋芽茎段为外植体，建立试管苗无菌株系。试验采用 0.1% HgCl$_2$ 对阔苞菊茎段进行消毒 9 min，成活率达 93.3%。以生长健壮的阔苞菊试管苗为材料，采用茎段培养建立再生体系。茎段培养的最佳增殖培养基为 MS + 0.15 mg/L BA + 0.15 mg/L NAA，增殖倍数为 6.48；阔苞菊试管苗剪成 1~2 cm 左右带叶片茎段，最佳生根培养为 1/2MS + NAA 0.3 mg/L + IBA 0.1 mg/L，生根率 91.6%；试管苗移栽。

以阔苞菊试管苗为材料比较不同炼苗时间和基质对试管苗移栽成活率的影响：将经过生根的阔苞菊试管苗移到自然环境条件下，炼苗 3 d 后，试管苗的成活率最高，成活率达 100%。最适的移栽基质为草炭土∶蛭石∶园土 =1∶1∶1，移栽成活率为 96.7%，且试管苗生长情况良好。

参考文献

[1] 阮静雅，徐雅萍，瞿璐，等 . 阔苞菊地上部分黄酮类成分的分离与鉴定 [J]. 沈阳药科大学学报，2018，35(8):11-14.

[2] 廖日权，钟书明，梁兴唐，等 . 红树林植物阔苞菊内生真菌硒富集工艺优化 [J]. 食品工业科技，2018，39(1):112-116.

[3] 谭红胜，沈征武，林文翰，等 . 阔苞菊化学成分研究 [J]. 上海中医药大学学报，2010, 24(4):83-86.

[4] 邱蕴绮，漆淑华，张偲，等 . 阔苞菊的化学成分研究 [J]. 中草药，2009, 40(5):701-704.

[5] 岳丽霞 . 阔苞菊根提取物抗炎作用的评价 [J]. 现代药物与临床，1992(3).

卤地菊 （黄花龙舌草、龙舌三尖刀、龙舌草、三尖刀、黄花冬菊、黄钭高、尖刀草、黄花蜜菜、瘠草）

Melanthera prostrata (Hemsley) W. L. Wagner & H. Robinson

物种介绍

　　卤地菊为菊科蟛蜞菊属一年生草本。花期 6~10 月。生于海岸干燥沙土地，分布于中国浙江、福建、台湾、广东、海南、广西等海岛地区。春、夏季采收，鲜用或切段晒干。全草入药，味甘、淡，性凉，归肝、脾经，具有清热凉血、祛痰止咳、利湿止泻的功效，常用于治疗感冒、喉蛾、喉痹、百日咳、肺热喘咳、肺结核咯血、鼻衄、高血压病、痈疖疔疮、咽喉肿痛、麻疹初起、白喉轻症。

繁育技术

1. 种子繁殖

　　瘦果呈倒卵状三棱形或楔状长圆形，长约 3~5 mm，宽约 1~3 mm，黄褐色，表面具疣状突起，顶端收缩而近浑圆，

收缩部分具冠毛。大多数种子胚发育不良。瘦果在25℃培养条件下萌发率仅为15.6%。由此可见卤地菊是多生花但极少能成功地发育成瘦果，即使是形成的少量瘦果也多不实。

2. 扦插繁殖

卤地菊在苗圃扦插育苗的成活率大都很高，达80%以上。经育苗后再移植至海滩的种草方法，成活率都很高，均达90%以上。这与幼苗经过育苗阶段后已形成发达的根系，恢复了生长，而移植时其根系可以被埋到10~20 cm以下的沙层，水分较充足，生长没有停顿有关，因而能较好地适应海滩的环境。相比之下，卤地菊剪藤直接插植海滩的效果则很差，1个月后的成活率只有12%。这是由于插穗虽带有一些不定根，但不能满足整个插穗的水分需要，生根和恢复生长又需要一段时间，而海滩上昼夜吹袭的海风、飞沙淹埋，使得大部分插穗在恢复生长之前就被摧毁。利用营养杯扦插育苗后再移植至海滩，是营造砂质海岸防护林植草带的有效方法。在广东的气候条件下，某些草种在移植1年后的覆盖面积可达1 m² 以上。在供试的植物中，以卤地菊的表现好，具有生长快、耐沙埋等特性，是南方砂质海岸防护林前缘草带的优良固沙防风植物。每年4~8月是海滩草类植物生长最快的季节。因此3~4月是种草的最好时间，种植后幼苗可以在生长旺季充分生长，提高抗御下半年大风季节的恶劣环境。

3. 组织培养

以卤地菊茎尖或腋芽为外植体，经0.1% $HgCl_2$ 消毒后接种到MS培养基上诱导新芽的形成。培养基附加有BA 1.5 mg/L + KIN 1.0 mg/L。其中经过6周的培养，能够诱导最多腋芽的产生。其中平均每个外植体能够诱导33.5个芽。在生根诱导培养基中，1.0 mg/L 的IBA能够诱导质量最高的根。试管苗经锻炼后转移到外面，90%的小苗能够成活。

参考文献

[1] 张志权，周毅，陈绥柱，等. 广东砂质海岸防护林前缘植草研究 [J]. 林业科学研究，1996(2):22-27.

[2] 张娆挺，顾莉. 厦门及其邻区海岸高等植物的分布 [J]. 台湾海峡，1991(4):90-95.

白子菜

Gynura divaricata (L.) DC.

物种介绍

白子菜是菊科菊三七属多年生草本。花果期 8~10 月。生于山野疏林下或栽培于农舍附近田边地角上。常生于海拔 100~1800 米的山坡草地、荒坡和田边潮湿处。分布于中国广东 (广州、南海)、海南 (澄迈、崖县、万宁、保亭、琼中、琼山等)、香港、云南 (景东、红河、绿春)、广西。越南北部也有分布。常生于海拔 100~1800 m 的山坡草地、荒坡和田边潮湿处。

其茎叶具有一定药用保健功能，有消热舒筋及止血祛瘀的作用，对于高血压病、高血脂症和糖尿病等疾病具有一定的治疗功效。在民间白子菜还作抗癌草使用，有"神仙草"之称。近年来，社会流行将其作为家庭阳台或大棚观赏盆栽栽培，市场需求越来越大。作为蔬菜食用，白子菜具有普通蔬菜所富含的氨基酸、蛋白质、脂肪、糖类、维生素类、纤维素类、碳水化合物和矿物质及微量元素，是一种营养丰富的天然绿色食物。同时，白子菜

嫩茎叶还富含黄酮类、多糖、生物碱等活性成分，其中白子菜嫩茎叶中所含总黄酮为 86.78 mg/g、维生素 C 2.52 mg/g、类胡萝卜素 0.09 mg/g、可溶性蛋白 1.42 mg/g、槲皮素 43.30 mg/g、绿原酸 6.04 mg/g。因此，白子菜具有降"三高"、治疗坏血病及贫血、解毒、防癌、抗氧化、抗诱变、抗炎、抗菌、抗肿瘤、保肝利胆及调节免疫功能等生物活性。广西民间常食用野菜白子菜用于防治高血压、高血脂症及癌症等，被称为"神仙草"；而福建民间常以其嫩叶泡茶来治疗糖尿病。

作为新兴的药食同源蔬菜，白子菜具有较高的营养价值和食用价值，使其在蔬菜消费中成为新宠。白子菜可旺火清炒、焯水凉拌，也可作为炖汤、鱼、肉类及蛋等配料，白子菜的多种做法皆可保证色泽好、口感佳且无特殊气味。

繁殖方法

1. 种子繁殖

收集种子，放在冰箱冷藏。在春季雨季直接撒到室外空地，一个星期即可出苗。如果松土和整地，成活率会大大提高。

2. 扦插繁殖

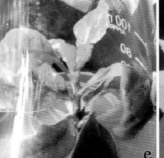

白子菜在福建闽南等地虽能开花结籽，但较难采收到足够合格的种子，所以一般不采用直播育苗移栽。而白子菜茎部不定根形成能力强，扦插极易成活，故生产上常采用扦插繁殖。白子菜的茎节部位易生不定根，在广州全年均可扦插繁殖，以春秋两季为宜，夏季应选择阴凉地段作苗床，或加盖遮阳网降温，否则成活率低，冬天选择避风温暖处，或搭塑料薄膜小拱棚保温。山东主要在春季繁殖。育苗宜选用细砂或疏松的砂壤土作床土，从健壮的母株上剪取老熟茎作插穗，剪成具有 3~5 个节位、带 5~10 片叶，约 10~15 cm 长的小段，除去基部叶片，将插穗的 1/2 插入床土，扦插株行距为 4~10 cm。有条件的可覆盖遮阳网，减少插穗水分损失。插后保持土壤湿润和适宜的空气湿度，以提高成活率。扦插后 7 d，插穗即能发生不定根，12~15 d 后可移植至大田。春、秋 2 季直接剪取枝条扦插到大田也能取得很好的效果。

肥水管理：白子菜营养生长期长，在中国南方种植一般能终年生长，因此除了要追施速效肥外，生长期间要及时补施有机肥。定植后，经 3~4 d 缓苗，即可薄施复合肥水提苗，15 d 后可追施腐熟的粪肥水或少量尿素或复合肥，之后每隔 10 d 追速效肥 1 次。另外，每个月需增施 1 次有机肥，可用花生麸粉或腐熟的鸡粪加细土施入，也可用正常产气的沼液 50 倍液施入，生长后期可在叶面喷施尿素或磷酸二氢钾等肥料。白子菜生长量大，需保持土壤湿润，必须用坑塘、河沟无污染的水或深井水浇灌，夏季高温干旱，应早晚各淋水 1 次，中午严禁浇水，雨季则要及时排水，防涝渍。

3. 组织培养

培养基均添加 7 g/L 琼脂，pH 调至 5.8~6.0，温度 25℃，光照强度 30~40 μmol·m^{-2}·s^{-1}，光照时间 14 h/d。春季取白子菜幼嫩茎段，先用洗衣粉水浸泡 10 min 后用流水冲洗 2 h，然后在超净工作台上用 75% 乙醇处理 30 s，无菌水冲洗 1 遍，再用 0.1% HgCl$_2$ 消毒 8 min，无菌水浸洗 4~5 次。吸干材料表面水分后，切成 0.5~1 cm 带 1 侧芽的茎段，接种到培养基 MS+BA 1.0 mg/L +NAA 0.1 mg/L 上，每瓶接种 4 个外植体，共接 40 个外植体，接种后约 5 d，侧芽开始萌发；20 d 后，开始有丛生芽形成，但是丛生芽数量较少，平均为 3 个左右。

丛生芽诱导和增殖：将诱导形成的侧芽切成 1 cm 左右茎段，转接到培养基 MS + BA 4.0 mg/L + NAA 1.0 mg/L 中，1 周后开始有不定芽形成，丛生芽生长健壮。10 d 后茎段接触培养基的切口处有白绿色愈伤组织形成；25 d 左右愈伤组织开始分化不定芽；50 d 后平均增殖倍数可达 14.3，平均苗高为 4.8 cm。

生根培养：切取培养基中生长健壮 2 cm 高的顶芽，转入培养基 1/2MS+NAA 1.0；进行生根培养。1 周左右开始有细小的根系形成；25 d 后生根率高达 100%，平均根数为 8.4，平均根长为 5.1 cm。

移栽：先将生根苗打开瓶盖炼苗 2 d，洗净根部琼脂移栽至珍珠岩：泥炭土 (1:3) 的混合基质中，用薄膜覆盖以保湿、保温，湿度保持在 90% 左右，温度在 20℃ 左右，经 10 d 的缓苗期后揭膜，然后进入正常的栽培管理阶段。1 个月后移栽成活率可达 90% 以上。

栽培管理

白子菜可食部分都属于一级蔬菜范围，其亚硝酸盐的含量均低于无公害蔬菜亚硝酸盐含量的限量标准（ ≤ 4.0mg/kg，FW）。为品质上乘的野菜。白子菜的茎节部易生不定根，宜扦插繁殖，全年均可进行，以春秋两季为宜，且多为露地栽培。采用小拱棚、大棚扦插育苗，苗床营养土为椰子壳、鸡粪、壤土或腐熟有机肥、土泥灰、细砂、壤土。扦插 15~20 d 后可移植至大田。在田间生长期间要及时补施有机肥，在施足基肥的前提下，穴施、淋施和喷施追肥并用。白子菜生长旺盛，生长后期茎叶交叠，应将植株距离地面约 15 cm 以上的枝条全部剪除，同时增施有机肥和培土。白子菜抗性好，病虫害少，仅见蚜虫、斜纹夜蛾、灰霉病等的危害，可用物理和化学方法进行防治。白子菜一年四季均可采收，定植后 20~30 d 就能采收嫩茎叶上市。

白子菜全年可采。常用扦插与压条法进行繁殖。应每亩追施有机复合肥 15 kg 或尿素 5 kg，嫩茎长至 15~20 cm 时用快刀从植株离地面 3~5 cm 处割下采收上市。

参考文献：

[1] 赵志远，王萍，周争明，等 . 紫背天葵、白子菜工厂化育苗技术 [J]. 长江蔬菜，2014(23):28-30.

[2] 冯李，张发春 . 白子菜快速繁殖研究 [J]. 安徽农业科学，2011, 39(27):16489-16489.

[3] 黄丽莉，艾叶，刘峰，等 . 白子菜的组织培养与快速繁殖 [J]. 植物生理学通讯，2010, 46(4):377-378.

[4] 闵伶俐，唐源江 . 菊三七属植物研究进展 [J]. 中药材，2009, 32(8):1322-1325.

夹竹桃

Nerium oleander L.

物种介绍

　　夹竹桃为夹竹桃科夹竹桃属植物，果期一般在冬春季，栽培很少结果。夹竹桃原产于印度、伊朗和尼泊尔，中国各地有栽培，尤以中国南方为多，常在公园、风景区、道路旁或河旁、湖旁周围栽培；长江以北栽培须在温室越冬。现广植于世界热带地区。其主要价值如下。

1. 观赏价值

　　夹竹桃的叶片如柳似竹，红花灼灼，胜似桃花，花冠粉红色至深红色或白色，有特殊香气，花期为6~10月，是有名的观赏花卉。夹竹桃的花有香气。花集中长在枝条的顶端，它们聚集在一起好似一把张开的伞。夹竹桃花的形状像漏斗，花瓣相互重叠，有红色、黄色和白色3种，其中，红色是它自然的色彩，白色、黄色是人工长期培育造就的新品种。

2. 环保价值

　　夹竹桃有抗烟雾、抗灰尘、抗毒物和净化空气、保护环境的能力。夹竹桃的叶片，对人体有毒，对二氧化硫、

二氧化碳、氟化氢、氯气等有害气体有较强的抵抗作用。据测定，盆栽的夹竹桃，在距污染源 40 m 处，仅受到轻度损害，170 m 处则基本无害，仍能正常开花，其叶片的含硫量比未污染的高 7 倍以上。夹竹桃即使全身落满了灰尘，仍能旺盛生长，被人们称为 " 环保卫士 "。

3. 药用价值

叶、树皮治心力衰竭、喘咳、跌打损伤、经闭。根皮：有毒，能强心、杀虫，用于治疗心力衰竭、癫痫，外用于甲沟炎、斑秃。叶：辛、苦、涩、温，有毒，能强心利尿、祛痰杀虫，用于治疗心力衰竭、癫痫，外用于治疗甲沟炎、斑秃、杀蝇。全株：有毒，能强心、利尿、发汗、祛痰、散瘀、止痛、解毒、透疹。用于治疗哮喘、羊癫痫、心力衰竭；杀蝇、灭孑孓。

夹竹桃是最毒的植物之一，包含了多种毒素，有些甚至是致命的。它的毒性极高，曾有小量致命或差点致命的报告。当中最大量的毒素是强心甙类的欧夹竹桃甙及夹竹桃碱。强心甙类是自然的植物或动物毒素，对心脏同时有正面或毒性的影响。在夹竹桃的各个部分都可以找到这些毒素，在树液中浓度最高，在皮肤上可以造成麻痹。科学家相信夹竹桃内仍有很多未知的有害物质。整棵植物包括其树液都带有毒性，其他的部分亦会有不良影响。夹竹桃的毒性在枯干后依然存在，焚烧夹竹桃所产生的烟雾亦有高度的毒性。些许或 10~20 块叶子就能对成人造成不良影响，单一叶子就可以令婴孩丧命。对于动物而言，致死量低至每千克体重 0.5 mg。大部分的动物对于夹竹桃都有不良或死亡的反应。

繁殖技术

1. 播种

果熟后可随采随播，播后放在温室内 3 个月后才能出苗，露地秋播的翌年清明可陆续出苗。

2. 压条

于雨季进行，把近地表的枝条割伤压入土中，约经 2 个月后生根，即可与母体分离。

3. 水插

生长季节都可进行，剪取 30~40 cm 长枝条，在下端用小刀劈开 4~6 cm 插入盛水玻璃容器中，春、秋季温度适宜的情况下 2~3 周就能长根，夏季要勤换水，防水变质造成烂根。

4. 扦插

苗床尽量选择背风向阳，不积水，土壤病、虫、杂草少，肥力充足、便于管理的地块作为苗床。一般苗床应为东西走向，扦插育苗无论用哪种方式都必须细致整地。一般耕地的深度应达到 25~30 cm，床宽 1 m，长度适宜，步道宽 50 cm。土壤黏重时，可适当掺砂，并注意土壤消毒。作为采条母株，要具备品质优良、生长健壮、无病虫害等条件。在同一植株上，插穗一般要选择当年生中上部向阳的枝条，且节间较短，枝叶粗壮，芽子饱满。在同一枝条上，硬枝插一般选用中下部枝条，剪口要平滑，上端剪成水平面，下端剪口切成斜面。剪取枝条时，选直径 1~1.5 cm 的粗壮枝条，插穗长度 15~20 cm，插穗必须带有 2~3 个芽，上剪口离芽 1.5 cm 左右，去除下部叶片。在修剪枝条时，红、白花色品种分开。

将插穗花色品种分开，做到随采条、随短截、随扦插。为提高扦插成活率，在扦插时，把数十根插穗整齐地捆成捆，用 ABT 生根粉 1 号 100 ppm 浸条 2~8 h，用生根粉 6 号 30~100 ppm 浸条 1~8 h，一般情况下 1 g 生根粉可处理插穗 3000 株。

扦插前应进行土壤消毒，把插床灌足水。将处理过的插穗按 5 cm×5 cm 株行距扦插。要注意插穗的上下端，不能倒插，必须使插穗切口与土壤密接，并防止擦伤插穗下切口的皮层。为此，用铁条等先在插床穿孔，再插入插穗，但穿孔的深度要比插穗长度稍浅一些，以便插穗能插到土壤中。扦插深度一般以地上部露 1~2 个芽为宜，扦插后做好标记和记录。

多数花木插穗生根所需温度为 20~25 ℃，相对湿度 80%~85%，一般插后 15~20 d 即生根。扦插后一定要喷足水，使土壤与插穗密切接触。为防止中午气温过高，最好遮阴。根据土壤湿度状况每天早晚喷水一次，但喷水量不可过多，否则影响插穗愈合生根。为防止病菌发生，每隔 10 d 左右，喷洒一次杀菌药液。翌年春季移栽。

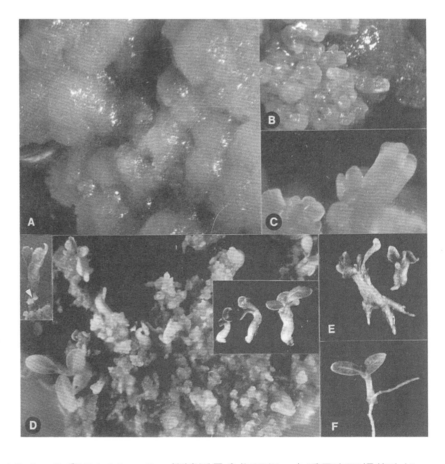

5. 组织培养

以叶片为外植体，将其接种到 B5 培养基上培养，培养基含 2,4-D 2mg/L 和 BA 1.0 mg/L，能够诱导愈伤组织，之后只有胚根的生长。但在 MS 培养基上（同上面的生长调节剂），能够诱导胚性愈伤组织，之后球型体细胞胚的形成。在不含任何生长调节剂的培养基上可以发育为各种类型的体细胞胚。体胚包含了子叶和胚根，最终形成新的小植株。

以茎段为外植体，经消毒后接种到 1.0 mg/L BA 的培养基上培养，1 个月后在腋芽处长出新的腋芽。腋芽继续在此培养基上培养，可以诱导丛芽的形成。丛芽可以分切成为单个芽，接种到 0.5 mg/L 的 IBA 或 NAA 的培养基上培养 1 个月，即可诱导出根。出根的小苗经过一个星期的稍强一些的光照后，洗去根基本的琼脂，移植到有机质和砂石混合的混合基质上培养，98.6% 的小苗均能够成活。

栽培管理

1. 修剪

夹竹桃顶部分枝有一分三的特性，根据需要可修剪定形。如需要三叉九顶形，可于三叉顶部剪去一部分，便能分出九顶。如需九顶十八枝，可留 6 个枝，从顶部叶腋处剪去，便可生出 18 枝。修剪时间应在每次开花后。在北方，夹竹桃的花期为 4~10 月。开谢的花要及时摘去，以保证养分集中。

一般分 4 次修剪：一是春天谷雨后；二是 7~8 月间；三是 10 月间，四是冬剪。如需在室内开花，要移在室内 15℃ 左右的阳光处。开花后立即进行修剪，否则，花少且小，甚至不开花。通过修剪，使枝条分布均匀，花大花艳，树形美。

2. 疏根

夹竹桃毛细根生长较快。3 年生的夹竹桃，栽在直径 20 cm 的盆中，当年 7 月份前即可长满根，形成一团球，妨碍水分和肥料的渗透，影响生长。如不及时疏根，会出现枯萎、落叶、死亡等情况。疏根时间最好选在 8 月初至 9 月下旬。此时根已休眠，是疏根的好机会。

疏根方法：用快铲子把周围的黄毛根切去；再用三尖钩，顺主根疏一疏。大约疏去 1/2 或 1/3 的黄毛根，再重新栽在盆内。疏根后，放在阴处浇透水，使盆土保持湿润。保阴 14 d 左右，再移在阳光处。地栽夹竹桃，在 9 月中旬，也应在主杆周围切去黄毛根。切根后浇水，施稀薄的液体肥。

3. 肥水

夹竹桃是喜肥水，喜中性或微酸性土壤的花卉。上肥，应保持占盆土 20% 左右的有机土杂肥。如用于鸡粪，有 15% 足可。施肥时间：清明前一次，秋分后一次。方法：在盆边挖环状沟，施入肥料然后覆土。清明施肥后，每隔 10 d 左右追施一次加水沤制的豆饼水；秋分施肥后，每 10 d 左右追施一次豆饼水或花生饼水，或 10 倍的鸡粪液。没有上述肥料，可用腐熟 7 d 以上的人尿加水 5~7 倍，沿盆边浇下，然后浇透水。如施含氮素多的肥料，原则是稀、淡、少、勤，严防烧烂根部。

浇水适当，是管理好夹竹桃的关键。冬夏季浇水不当，会引起落叶、落花，甚至死亡。春天每天浇一次，夏天每天早晚各浇一次，使盆土水分保持 50% 左右。叶面要经常喷水。过分干燥，容易落叶、枯萎。冬季可以少浇水，但盆土水分应保持 40% 左右。叶面要常用清水冲刷灰尘。如令其冬天开花，可使室温保持 15℃ 以上；如果冬季不使其开花，可使室温降至 7~9℃，放在室内不见阳光的光亮处。北方在室外地栽的夹竹桃，需要用草苫包扎，防冻防寒，在清明前后去掉防寒物。虽然夹竹桃好管理，但也不能麻痹大意。

4. 盆栽

盆栽夹竹桃，除了要求排水良好外，还需肥力充足。春季萌发需进行整形修剪，对植株中的徒长枝和纤弱枝，可以从基部剪去，对内膛过密枝，也宜疏剪一部分，同时在修剪口涂抹愈伤防腐膜，保护伤口，使枝条分布均匀，树形保持丰满。经 1~2 年，进行一次换盆，换盆应在修剪后进行。夏季是夹竹桃生长旺盛和开花时期，需水量大，每天除早晚各浇一次水外，如见盆土过干，应再增加一次喷水，以防嫩枝萎蔫，影响花朵寿命。9 月以后要扣水，抑制植株继续生长，使枝条组织老熟，增加养分积累，以利安全越冬。越冬的温度需维持在 8~10℃，低于 0℃ 时，夹竹桃会落叶。夹竹桃为喜肥植物，盆栽除施足基肥外，在生长期，每月应追施一次肥料。

5. 病虫防治

（1）褐斑病

① 危害症状

褐斑病是夹竹桃上重要病害，各地普遍发生，危害严重。

主要危害叶片，初在叶尖或叶缘出现紫红色小点，扩展后形成圆形、半圆形至不规则形褐色病斑。病斑上具轮纹。后期中央褪为白色，边缘红褐色较宽。湿度大时病斑两面均可长出灰褐色霉层，即病菌的分生孢子梗和分生孢子。

②防治方法

农业防治：合理密植，不宜栽植过密；科学肥水管理，培育壮苗；清除病叶集中烧毁，减少菌源。

药剂防治：发病初期喷洒 50% 苯菌灵可湿性粉剂 1000 倍液或 25% 多菌灵可湿性粉剂 600 倍液或 36% 甲基硫菌灵悬浮剂 500 倍液。

（2）黑斑病

①危害症状

病斑发生于叶片的边缘或中部，半圆形或圆形。几个病斑相连时，成波纹状，叶两面都有，叶面比叶背颜色深，病斑灰白色或灰褐色，后期病斑产生黑色粉状 4 层，一般发生在越冬的叶片上。

②防治方法

园艺防治：加强管理，增加树势。

药剂防治：需要时，喷洒 75% 百菌清 700 倍液。

参考文献

[1] 赵中文 , 陈岚 . 园林有毒植物应用分析——以夹竹桃为例 [J]. 南方农机 , 2020, 51(2):224.

[2] 顾美影 , 高捍东 , 杜海波 , 等 . 采用均匀设计法优化夹竹桃微体繁殖体系 [J]. 林业科技通讯 , 2020(1):40-43.

[3] 常亮 . 观赏夹竹桃的栽培方法及在园林景观中的应用探究 [J]. 南方农业 , 2019, 13(35):54-55.

[4] 戴伟 , 胡振阳 , 王刚 , 等 . NaCl 胁迫对 5 种植物生理光合特性影响的比较研究 [J]. 江西农业学报 , 2019, 31(8):6-13.

[5] 侯冬梅 . LED 光源和温度对夹竹桃蚜发育和繁殖的影响 [J]. 生物灾害科学 , 2018, 41(2):163-167.

[6] 张伟豪 , 翁道玥 , 宋慧云 , 等 . 9 种夹竹桃科和大戟科植物抗菌和抗氧化活性测定 [J]. 南方农业学报 , 2018, 49(1):85-90.

[7] 鲍科达 , 王记祥 . 夹竹桃病害研究概述 [J]. 湖北林业科技 , 2017, 46(05):37-38+68.

[8] 杨瑞 . 夹竹桃繁殖与苗期管理 [J]. 中国花卉园艺 , 2017(4):40-41.

软枝黄蝉

Allemanda cathartica L.

物种介绍

软枝黄蝉是夹竹桃科黄蝉属多年生藤状灌木。长达 4 m。花期春夏两季为盛，有时秋季亦能开花；果期冬季至翌年春季。原产巴西，世界热带地区广泛栽培。分布于中国广西、广东、福建和台湾等地，栽培于路旁、公园、村边。喜温暖、湿润及阳光充足环境，不耐寒，耐高温，耐旱，耐肥，耐修剪，忌积水和盐碱地。生长适温为 18~30℃，在 35℃ 以上也可正常生长，冬季休眠期适温 12~15℃，不能低于 10℃，低于 5℃以下植株受冻害。软枝黄蝉对土壤选择性不严，但以肥沃排水良好富含腐殖质之壤土或砂质壤土生育最佳。其主要价值如下。

1. 观赏价值

黄蝉属植物具有较高的观赏价值，可通过列植的方式作花篱，配植于路边、花坛、草地、山坡边缘。通过直线状种植成一行或多行形成花篱，高 0.5~1.5 m，在园林中起到围合形成独立空间的作用，做成屏障引导视线集中在主景上。因其树冠较为整齐，株形紧凑，行列栽植的景观较为单纯、整齐。软枝黄蝉植物具有很强的抗污染能力，因此可通过列植的形式应用于道路绿化中。城市道路绿化植物配置不仅需要考虑空间层次及色彩搭配，相互配合，还要较好地发挥绿化的隔离防护作用。软枝黄蝉能隔离汽车有害尾气、吸烟滞尘和降温，兼顾观赏功能，可用于道路绿化和高架桥绿化，起到隔离防护的主导功能。还可应用于高架桥桥面、路面两旁、中央分车带和人行天桥。将软枝黄蝉种植于人行天桥种植槽内，形成有特色的城

市道路垂直绿化景观，加强道路绿化的观赏效果。群植营造大面积植物色块和滨水景观花色是花境植物观赏特性最为重要的方面，在植物诸多的审美要素中，花色给人的美感。软枝黄蝉花期较长，每到花期，黄灿灿的花朵簇拥形成一片金黄的色块，形成片状自然式花境，不仅可以因地就势创造自然景观，符合自然风景中林缘野生花卉自然生长规律，也体现了艺术效果，起到衬托主景的作用。软枝黄蝉色彩鲜艳、适应性强、更具乡土特色，通过群植的种植形式产生明显的色彩效果，可构成形状各异的植物色块或鲜艳的地被，形成强烈的热带景观效果。软枝黄蝉通过群植的形式组合成一个整体，与乔木、灌木、地被等复层组合，大面积的黄色色块，表现出群体的美，形成错落有致、层次丰富、虚实相间、林缘线起伏多变、丰富多彩的园景。黄蝉属植物具有典型的热带性，喜高温多湿，适合营造滨水景观，是很好的驳岸绿化材料。滨水植物景观依水而建，水体的生态建设促进了水流的多样性变化，植物的应用能丰富滨水空间，发挥植物景观的生态效益，尽显自然本色。

园林水体驳岸的处理形式多种多样，黄蝉和软枝黄蝉在岸边栽植可起到丰富景观视线，增加水面层次，突出自然野趣的作用。可作为下层灌木或地被，对水边驳岸进行修饰，既可巩固水土，也可使驳岸显得更加自然，避免呆板生硬，通过植物质感和色彩的对比体现充满活力、蓬勃向上的气息。但在实际栽植时，不能进行整形处理。人工驳岸边栽植整形的灌木或几何形状的栽植灌木，会使植物景观显得呆板、与水景不协调而缺乏生气。主要应用方式如下：

① 丛植点缀配景：软枝黄蝉具有花色艳丽的特点，是良好的观花灌木，丛植时能体现植物个体和组合的色彩美，作为点缀与建筑小品和其他植物景观互相呼应。在园林中，可以搭配不同色彩的黄蝉属植物，2~5 株丛植于庭园、草地、山坡、水边和建筑物外围。2 株丛植时树种的姿态大小应有不同，3 株丛植时以不等边三角形种植，4 株丛植时以不等边四边形或 3：1 组合的形式种植，5 株丛植时则以 3：2 或 4：1 的形式分成 2 个组进行种植，同时应注意在组合种植时，最大或最小的植株不能单独在一边。还可以与棕榈科、夹竹桃科、姜科等热带特色花木进行搭配，营造色彩丰富的热带风情景观。

② 垂直绿化：垂直绿化是相对于地面绿化而言，利用植物的攀缘性、垂枝性或附生性等生物特性，通过各种手段使绿化向立体方向发展，增加绿量、增加绿化层次，在立体空间进行绿化的一种方法。软枝黄蝉的攀缘依附性较强，其枝条柔软，有垂直绿化的效果，可种于栅栏、花墙、花门，或搭架、立支柱牵引枝条上架棚，整除侧芽，促使枝条速生。枝条攀附其上再自然下垂，构成立体景观。软枝黄蝉作为木质藤本的一种，可与花架、廊架等结合，使园林小品与藤本植物的优美形态相互衬托，达到刚柔并济的效果，是一种重要的立体绿化形式。

③ 盆栽观赏：黄蝉属植物花色鲜艳，明艳可爱，观赏价值较高，一些新引进的品种和园艺栽培种可单独作为盆栽观赏。修剪成灌木状应用于阳台、客厅及天台作装饰，营造赏心悦目的效果。但植株的汁液有毒，应避免接触到皮肤的伤口。

2. 医用价值

黄蝉枝、叶、根等组织的提取物具有抗氧化、抗肿瘤、抗真菌等作用。抗氧化剂或自由基清除剂能有效抑制及清除自由基，缓解对机体的不利影响，具有防病、治病及延缓衰老的作用。用不同溶剂对黄蝉花朵化学成分的提取实验表明，黄蝉提取物清除 O^{2-} 和 DPPH 的效果较好，抗氧化性较强，有一定药效作用，可做强心剂，用于治疗血管硬化、蛇咬伤等。黄蝉属植物的化学成分以环烯醚萜和木脂素类为主，其中环烯醚萜类内酯成分黄蝉花定、鸡蛋花素等化合物的生物活性具有抗肿瘤、抗真菌的作用，因而受到学者广泛关注。黄蝉提取物灌胃给药实验发现，小鼠肝瘤 H22、小鼠肉瘤 S180 受到显著抑制；并且提取物采用腹腔注射能治疗小鼠白血病 P388，明显延长小白鼠生命期。研究表明，软枝黄蝉的乙醇提取物和环烯醚萜类内酯黄蝉花定、黄蝉花辛和黄蝉花素体内对抗小鼠白血病 P388 及人体鼻咽癌细胞时表现出明显的活性，并且发现黄蝉花素对纤维肉瘤、黑色素瘤、乳癌等具有细胞毒活性。用黄蝉提取物进行试验，也表明环烯醚萜类具有抗肿瘤作用。此外，提取物还具有抗真菌作用。从软枝黄蝉中提取出来的鸡蛋花苷显示出强烈的抗皮肤真菌的活性。研究表明，黄蝉属植物中提取出的鸡蛋花素和异鸡蛋花素具有抗真菌的活性。

3. 杀虫活性

黄蝉属植物具有一定的杀虫活性，国内外对此已进行相关研究。软枝黄蝉提取物对椰心叶甲 5 龄幼虫也具有很强的毒杀作用、杀卵作用和抑制生长发育作用，对螺旋粉虱也具有较好的田间防治效果。研究结果表明，软枝黄蝉的活性成分黄蝉花定、黄蝉花辛和黄蝉花素对菜青虫 5 龄幼虫具有很强的拒食作用和毒杀作用。软枝黄蝉树皮甲醇提取物对松材线虫具有强烈的毒杀作用。此外，黄蝉花水提取液、乙醇提取液可有效防治白蚁，2 d 后白蚁的矫正死亡率分别为 70% 和 50%；黄蝉叶提取物可有效防治橄榄星室木虱，36 h 后校正死亡率接近 100%，具有较高的开发和利用价值。因此在农业生产及园林绿化中，可以充分利用黄蝉属植物提取物的杀虫活性防治害虫。

繁殖技术

1. 种子繁殖

软枝黄蝉的花期在 5~8 月，等到 10~12 月就会结果。它的果实表面有刺，里面的种子扁平，成熟后将其采下，宜随采随播，准备好疏松肥沃的土壤，将种子播到盆土表面，覆盖一层细土后，适当浇水，并且注意保暖，等待种子生根发芽。

2. 压条

由于软枝黄蝉的枝条很容易生根，因此可以进行压条。找一根靠近地面的枝条，在它的一端用小刀刻伤，之后埋到土壤中，适当浇水。通常 2 个月后才会生根，这时就可以把它和母株分离开，重新准备花盆和盆土，将其栽种上盆了。

3. 扦插

选取 1 年生软枝黄蝉枝条，生长健壮，无病无虫害，于早上采集。插穗长 10~15 cm，每个插穗带 2~3 个芽。插穗待枝条乳汁干燥后使用 75% 乙醇对插穗进行消毒 3~5 s，然后用清水洗涤数次，晾干后使用生长调节剂按不同处理时间对插穗下端进行处理试验。经处理后马上扦插，试验共 9 个处理，每个处理设 3 次重复，每个重复 30 条插穗。插穗插入基质压实后及时浇透水。以后视情况适量淋水，置于阴凉处培养 2 周。基质与生长调节剂对软枝黄蝉的扦插生根率都有极显著的影响，而浸泡时间对软枝黄蝉扦插生根率的影响不显著。

不同扦插基质与激素对扦插软枝黄蝉扦插生根率、生根数目均有显著影响，而处理时间对扦插生根率、生根数目、生根长度均无显著差别。从基质来看，结果表明砂子为软枝黄蝉的最佳扦插基质。这与其特性即喜高温多湿，喜肥沃富含腐殖质的，排水良好的酸性土壤，对排水要求高有关。从生长调节剂对比来看，NAA 较 IBA 为佳。

栽培管理

1. 移栽

苗长根后即可移栽上盆，选用排水性能比较好的瓦盆栽培，一般用 7 寸瓦盆栽培，每盆种 1 株。要根据其生长特性进行科学浇水、施肥与摘心。

2. 浇水

盆栽时，夏季应多浇水，每天 2~3 次，并注意通风。而冬季软枝黄蝉渐渐进入休眠期，此时要减少浇水，等盆土干燥时再浇即可，露地栽培则不用浇水。植物如被冻伤后，浇水也应适度，要控制好水分，因为恢复期的植物很难吸收养分，浇水过多，植物不但不能吸收，反而会导致其根部腐烂。

3. 施肥

软枝黄蝉生长快速、开花多，除需施基肥、在幼苗期以及生长初期多施氮肥之外，在 5~8 月的生长旺盛期，每 15~20 d 还需施一次腐熟的稀薄液肥或复合肥。注意肥料中氮肥含量不宜过多，以免枝叶生长过旺而开花稀少。开花期要多施磷、钾含量较高的肥料，如厩肥、饼肥粉等，每隔 30~45 d 施 1 次即可。

4. 摘心整型

定植后及时摘心，以促进分枝，防止茎节间徒长、茎秆变细，控制植株高度，增加开花数量。一般幼苗生长 5~6 片叶时进行第一次摘心，可进行多次摘心以达到满盆效果，每次摘心在原来基础上留 2~3 节为宜，促使植株矮壮、丰满、花密。花后应对植株进行适当修剪，以促进分枝，控制植株高度，保持株形优美。

5. 病虫害防治

常见有煤烟病，可用代森铵 500~800 倍液或灭菌丹 400 倍液喷洒。虫害有介壳虫、刺蛾和蚜虫危害，对介壳虫用 50% 的杀螟松 1000 倍液喷洒；对刺蛾用 25% 的灭幼脲 3 号 2000 倍液喷洒；对蚜虫用速扑杀 800 倍液喷杀。

参考文献：

[1] 冯嘉仪，李碧洳，欧泳欣，等.黄蝉属植物研究现状及其园林应用 [J]. 热带农业科学，2016, 36(4):41-45+50.

[2] 冯嘉仪，翁殊斐，欧泳欣，等.两种黄蝉属热带花灌木的扦插繁殖试验 [J]. 广东农业科学，2016, 43(4):73-77.

[3] 黎海利，周耀东，谭飞理.软枝黄蝉扦插繁殖技术研究 [J]. 林业实用技术，2012, 000(3):26-27.

长春花 （金盏草、四时春、日日新、雁头红、三万花）

Catharanthus roseus (L.) G. Don

物种介绍

长春花为夹竹桃科长春花属亚灌木，略有分枝，高达 60 cm。花果期几乎全年。原产地中海沿岸、印度、热带美洲。中国栽培长春花的历史不长，主要在长江以南地区栽培，广东、广西、云南等地栽培较为普遍。中国各地从世界引进了不少长春花的新品种，用于盆栽和栽植槽观赏。性喜高温、高湿、耐半阴，不耐严寒，最适宜温度为 20~33℃，喜阳光，忌湿怕涝，一般土壤均可栽培，但盐碱土壤不宜，以排水良好、通风透气的砂质或富含腐殖质的土壤为好。其主要价值如下。

1. 园林应用

长春花不仅姿态优美，花瓣颜色鲜艳，花期特长，如果温度适宜几乎全年都可以开花，适合布置花坛、花境、花带及花带的镶边，也可作盆栽观赏。长春花的高型品种，还可做鲜切花栽培应用。

2. 药用价值

长春花可以凉血降压、镇静安神，用于治疗高血压、火烧伤、烫伤；还是一种防治癌症的良药，可以治疗恶性淋巴瘤、单核细胞白血病等。据现代医学研究，长春花中含 55 种生物碱。其中长春碱和长春新碱

对治疗癌症效果明显，是目前国际上应用最多的抗癌植物药源。但长春花全株具毒性，需谨慎使用。误食后，会造成白细胞减少、血小板减少、肌肉无力、四肢麻痹等症状。

繁育技术

长春花多为播种育苗，也可扦插育苗，但扦插繁殖的苗木生长势不如播种实生苗强健。

1. 播种育苗

（1）采种时间

长春花果实因开花时间不同使其成熟期也不一致，因此种子要随熟随采。果实成熟、颜色转黑后皮易裂开使种子散失，故需及时采种。当看到果皮发黄，并能隐约映出里面黑色的种子时，就要采收。长春花种子每克在 700~750 粒。

（2）播种时间

种子发芽适宜温度为 20~25℃，通常在 3~5 月播种繁殖，多作一年生栽培。为提早开花，可在早春温室播种育苗，保证 20℃ 的室温，春暖移至露地培育。

（3）苗床准备

苗床要选择地势高爽、朝南向阳、排水良好的地方。基质最好用泥炭 + 珍珠岩按 3:1 配制，也可用腐叶土，用 500~600 倍多菌灵液浇透，稍干后翻松及平整土地，做成 1.2 米宽的畦面。

（4）播种技术

用撒播法播种，1000 粒 /m² 左右。播种后要用细薄砂土覆盖，勿使种子直接见光，用细喷壶浇足水，盖上薄膜或草帘以保持土壤湿润，7~10 d 即可出苗。出苗后撤掉薄膜或草帘，逐步加强光照。幼苗时期生长缓慢，气温升高后生长较快。要及时间苗。为预防长春花猝倒病，应每周用 800 倍百菌清或甲基托布津喷浇一次，连续 2~3 周。

（5）育苗阶段

第一阶段：播种后 4~6 d 胚根展出。初期保持育苗介质的湿润，不用施肥，温度保持在 25~26℃。长春花种子具有嫌光性，在

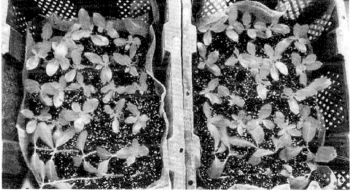

黑暗条件下能较好地发芽，需要用粗蛭石或黑色薄膜轻微覆盖。

第二阶段：介质温度控制在 22~24℃，胚根一露出就要控制水分含量，介质稍干后浇水可以促进发芽，控制病害。此阶段需加强光照，使日照时间达到每天 12~18 h，主根可长至 1~2 cm，子叶展开，长出第一片真叶。土壤 pH 控制在 5.5~5.8，EC < 0.75，子叶充分展开后可开始施肥，施肥用 50~75 ppm 的 14-0-14 和 20-10-20 水溶性肥料，每 7 d 交替使用。这一阶段，在胚芽顶出介质后，子叶尚未展开时，应特别注意保持空气中的湿度，避免因空气过干而导致种皮不能脱落，特别是在温度较低时，更有可能发生。这一阶段约持续 7~10 d。

第三阶段：介质温度控制在 20~25℃，温度低于这一范围会增加发病的机会，生长减慢。介质要保持见干见湿，但不能缺水萎蔫。长春花需要温暖而干燥的环境，在这样的环境下有利于植株的根系发育。土壤 pH 控制在 5.5~5.8，EC 值 < 1。施肥可每隔 5~7 d 交替施用 100~150 ppm 的 20-10-20 和 14-0-14 水溶性肥料。这一阶段约持续 14~21 d。

第四阶段（7 d）：介质温度控制在 18~20℃，当介质适当干透以后再浇水，施用 100~150 ppm 的 14-0-14 的水溶性肥料，加强通风，防止徒长。这一阶段约持续 7 d。

（6）移植/上盆

用穴盘育苗的，应在长至 2~3 对真叶时移植上盆。用 12 cm 口径的营养钵，一次上盆到位，不再进行一次换盆。如果是用开敞式育苗盘撒播育苗的，最好在 1~2 对真叶时，用 72 或 128 穴盘移苗一次，然后再移植上盆。

（7）光照调节

长春花为阳性植物，生长、开花均要求阳光充足，光照充足还有利于防止植株徒长。冬季阳光不足，气温降低，不利于生长。

（8）温度控制

长春花对低温比较敏感，所以温度的控制很重要。在长江流域冬季一定要采用保护地栽培，温度低于 15℃ 以后植株停止生长，低于 5℃ 会受冻害。由于长春花比较耐高温，所以在长江流域及华南地区经常在夏季和国庆节等高温季节应用。

（9）水肥管理

长春花淋雨后植株易腐烂，降雨多的地方需大棚种植，介质需排水良好。对于完全用人工栽培的，则施肥宜采用 20-10-20 和 14-0-14 的水溶性肥料，以 200~250 ppm 的浓度 7~10 d 交替施用一次。在冬季气温较低时，要减少 20-10-20 肥的使用量。如果是用普通土壤为介质的，则可以用复合肥在介质装盆前适量混合作基肥。当肥力不足时，再追施水溶性肥料。

2. 扦插育苗

扦插多在 4~7 月进行，扦插繁殖时应选用生长健壮无病虫害的成苗嫩枝为插穗，一般选取植株顶端长 10~12 cm 的嫩枝，插穗长度以 5~7 cm 为宜。扦插基质选用素砂、蛭石、草炭的混合基质，在插穗基部裹上一小泥团，扦插于冷床内，室温 20~24℃，经 20 d 左右生根，待插穗生根成活后即可移植上盆。因为扦插繁育的苗木长势不如播种实生苗，故在栽培上较少采用。

3. 组织培养：

红色长春花种子作为外植体，经消毒灭菌处理后，获得长春花组培无菌苗。然后将长春花无菌苗作为实验材料，从无菌芽增殖和组培苗生根进行长春花组织培养研究。最后将组培生根苗移栽入不同基质中，研究基质成分对移栽成活率的影响。通过本试验研究得出以下结论：长春花种子消毒灭菌的最佳灭菌剂为 10%NaClO，最佳灭菌时间 10 min，种子发芽率 63.07%。而 0.1% $HgCl_2$ 不适宜用于长春花种子消毒灭菌，灭菌后种子发芽率为 0。

基本培养基用 MS 基本培养基，长春花无菌芽诱导增殖的最佳培养基为 MS+BA 3.0 mg/L + NAA 0.2 mg/L + TDZ 0.02 mg/L，芽增殖倍数为 5.97 倍，且芽生长势好。

长春花组培苗生根诱导各处理的最佳培养基为 1/2MS + ABT-61.0 mg/L + PP333 0.5 mg/L+ 活性炭，生根率为 100%，平均生根数为 5.45 条，平均根长为 2.56 cm。2 种组培生根苗移栽基质以泥炭珍珠岩菜园土（1:1:1）为最佳，移栽成活率为 90.9%，平均生根数为 7.9 条，平均根长为 3.4。

栽培管理

长春花除正常的肥水管理外，重点要把握的是摘心和雨季茎叶腐烂病的防治。摘心的目的是促进分枝和控制花期。一般 4~6 片真叶时（8~10 cm）开始摘心，新梢长出 4~6 片叶时（第一次摘心后 15~20 d）进行第二次摘心，摘心最好不超过 3 次（超过 3 次摘心会影响开花质量）。长春花最后一次摘心直接影响开花期，一般秋季（国庆节用花）最后一次摘心距初花期 25 d，夏季最后一次摘心比秋季提前 3~5 d。

长春花可以不摘心，但为了获得良好的株形，需要摘心 1~2 次。第一次在 3~4 对真叶时；第二次，新枝留 1~2 对真叶。长春花是多年生草本植物，所以如果成品销售不出去，可以重新修剪，等有客户需要时，再培育出理想的高度和株形。栽培过程中，一般可以用调节剂，但不能施用多效唑。

病虫害防治

长春花植株本身含有长春碱，是一种有毒的物质，所以对病虫害抗性较强。苗期对病虫害抗性较弱，容易出现猝倒病、灰霉病、基腐病等；苗期虫害有红蜘蛛、蚜虫等。所以，苗期要加强通风透光，防治病虫害的发生。

参考文献

[1] 尹婷辉，戴耀良，何国强，等 . 16 种地被植物的光响应特性及园林应用 [J]. 湖南农业大学学报（自然科学版），2019, 45(4):355-361.

[2] 顾振奇 . 长春花可扦插可用种栽 [N]. 农民日报，2014-06-11(T06).

[3] 韩春叶，王明山，周士锋，等 . 不同基质对太平洋系列长春花幼苗质量的影响 [J]. 浙江农业科学，2017, 58(4):700-701+708.

[4] 柴梦颖，周士锋，冯林剑，等 . 长春花引种栽培关键技术与园林应用 [J]. 河南农业，2017(9):47-48.

[5] 潘玲，张烨，李真，等 . 温度和光照对长春花种子萌发和幼苗生长的影响 [J]. 安徽师范大学学报（自然科学版），2016(3):260-263.

[6] 许海云 . 长春花栽培技术 [J]. 现代农村科技，2015(2):33-33.

[7] 郭丽，朱飞雪，柴梦颖，等 . 长春花栽培技术及园林应用概述 [J]. 南方农业，2014, 8(3):12-14.

[8] 石林，何丽贞 . 观赏用长春花研究进展 [J]. 林业与环境科学，2013, 29(1):64-69.

[9] 童升洪，刘楠，王俊，等 . 长春花 (Catharanthus roseus) 对热带珊瑚岛生理生态适应性研究 [J]. 广西植物，2020, 40(3):384-394.

海杧果

（海芒果、海檬果、山橙仔、猴欢喜、海檨仔、黄金茄、山杧果）

Cerbera manghas L.

物种介绍

海杧果为夹竹桃科海杧果属常绿乔木。高 4~8 m，有乳汁。产中国广东、广西、台湾、海南等地，澳大利亚和亚洲也有分布。喜温暖湿润气候。其主要价值如下。

1. 园林价值

生海滨湿地。海杧果是优良的海岸防护林树种。叶大花多，姿态优美，适于庭园栽培观赏或用于海岸防潮。

2. 药用价值

海杧果甙具有强心作用。国产海杧果甙与哇巴因比较，是一个显效快、正性肌力作用更强、持续时间更短的强心甙，用于治疗急性心力衰竭，可能优于哇巴因。

海杧果含有一种被称作"海杧果毒素"的剧毒物质，其分子结构与异羟洋地黄毒苷（一种强心剂）非常相似。海杧果毒素会阻断钙离子在心肌中的传输通道，一般在食用后的 3~6 h 内便会毒性发作，致人死亡。全株有毒，果实剧毒。少量即可致死，烤后毒性更大。其茎、叶、果均含有剧毒的白色乳汁，人、畜误食

能中毒致死，所以海杧果只是一种赏心悦目而不能一饱口福的"果树"。其树皮、叶、乳汁能制药剂，有催吐、下泻等功效，但用量需慎重。

中毒症状：误食会引致恶心、呕吐、腹痛、腹泻、手脚麻痹、冒冷汗、血压下降、呼吸困难等症状，严重者可能致命。食果实中毒时，可用对症疗法。民间用灌鲜羊血、饮椰子水解毒。

繁育技术

1. 播种繁殖

干燥种子含水量 3.9%，千粒质量 8.8 g，圃地发芽率 81.6%。将经过吸足水分的饱满种子点播在经过消毒的砂床上，种子播后苗床上覆盖一层细砂，厚度以面上不见种子为宜，然后将苗床用水喷湿，用塑料拱棚保温保湿，并根据天气状况适时喷水和揭开塑料膜透气。

通过育苗物候观察得知，种子在播种后 9~10 d 开始萌动，两个星期露出胚根，之后再一个星期露出胚芽。在播种后两个月内幼苗形成。因此海杧果播种后到幼苗出土一般需要 40~60 d，幼苗形成时间需要 2 个多月。可见海杧果种子育苗的幼苗形成期较长，这是因为海杧果种皮硬度大，种子在苗床里需要经历一定的时间才能逐渐发芽。播种后 3 个月将萌发苗移植到营养袋中生长管理。幼苗在 2 个月内开始生长缓慢。在接下来的 2 个月内开始生长加快。当小苗到冬季后基本不长高，苗高生长有明显的"慢—快—慢"的生长节律，而地径则表现为"慢—匀速—慢"的现象。

黑色种皮种子自然萌发率明显高于红绿色种皮的种子，相同发芽率的平均发芽时间则明显低于红绿色种子；赤霉素 (GA₃) 处理种子的发芽率极显著高于水杨酸处理及对照组的种子发芽率，且赤霉素的最佳浸泡时间和浓度分别为 24 h 和 40 mg/L、60 mg/L，均值为 70%，同时平均萌发时间最短；海杧果种子休眠明显，出苗整齐性差，自然状态下持续萌发时间可达 5~6 个月。

对海杧果种子进行常温干藏、椰糠保存和常温砂藏 3 种贮藏处理，然后进行发芽试验。常温砂藏的种子发芽整齐表现最好，发芽率均最高，达 64%；椰糠保存的发芽率为 54%；常温干藏处理种子发芽整齐表现最差且发芽率最低，只有 38%。因此常温砂藏是生产上宜采用的种子贮藏方法。

2. 扦插繁殖

扦插在苗圃塑料大棚里进行，先将插穗浇透，然后在插穗上采用玻璃棒引洞，插穗深入基质为穗条的 1/2，插后将周围的土稍加压实。插后每天喷雾 13~18 次，每次喷雾 2~3 min。苗床温度控制在 28℃以下，高于 28℃时，增加喷雾次数和时间。扦插苗生根后，施质量分数 0.8% 过磷酸钙和 0.1% 尿素溶液 3 次，草木灰 2 次。

插穗经过清水冲洗后基部分别用 IBA 和 NAA 2 种生根剂溶液浸泡 3 h，生根剂质量分数设置 25 mg/L、50 mg/L 和 100 mg/L 3 种，清水对照，每种浓度 180 根插穗，试验随机设计，3 次重复。扦插后 2 个月调查生根情况。IBA 和 NAA 对海杧果穗条扦插生根的影响不同，采用 IBA 处理，随着浓度的增大，海杧果插穗生根率提高，插穗经过 100 mg/L IBA 溶液处理，其生根率与 25 mg/L 和 50 mg/L IBA 溶液处理相比增加了 17.8% 和 15.6%，比清水处理增加了 11.1%；但清水处理的穗条生根率高于 25 mg/L 和 50 mg/L IBA 溶液处理。这说明高浓度的 IBA 溶液对海杧果插穗生根有促进作用，而低浓度作用不明显甚至产生一定的抑制生根。插穗在 NAA 处理下，随浓度增大，生根率下降，25 mg/L 溶液处理后 2 个月，插穗生根率与 50 mg/L 和 100 mg/L 的溶液处理相比，分别提高了 27.8% 和 23.4%，比清水处理增加了 8.9%；但清水处理的穗条生根率比 50 mg/L 和 100 mg/L 的 NAA 溶液处理的提高了 18.9 和 14.5 个百分点。可见低浓度的 NAA 对海杧果生根有利，而高浓度对插穗生根产生抑制作用。

半木质化的插穗扦插生根率显著高于未木质化和完全木质化的插穗；海杧果母树上不同部位的插穗扦插生根率差别较大，上部插穗生根率高于中下部插穗。

3. 压条

可于雨季进行，埋土压、筒压均可。分蘗繁殖尤为便利。

参考文献

[1] 韦林垚，侯小涛，郝二伟，等 . 药用红树植物抗肿瘤药理作用及其机制的研究进展 [J]. 中国海洋药物，2018, 34(3):93-100.

[2] 陆彦盼，吕冰，陈微，等 . 海杧果种子萌发特性及影响因素 [J]. 科技通报，2018, 34(3):59-63.

[3] 李丽凤，刘文爱 . 广西半红树植物现状及园林观赏特性 [J]. 安徽农学通报，2017, 23(20):71-73.

[4] 吕冰 . 海杧果繁殖及混交技术的研究 [D]. 海南师范大学，2014.

[5] 林武星，聂森，朱炜，等 . 海檬果种子苗生长规律及扦插繁殖技术研究 [J]. 防护林科技，2011(1):24-26.

[6] 邱凤英，廖宝文，蒋燚 . 半红树植物海檬果幼苗耐盐性研究 [J]. 防护林科技，2010(5):5-9.

[7] 刘秀，李志辉，廖宝文，等 . 不同贮存方法对两种半红树植物种子发芽的影响 [J]. 广东林业科技，2007, 23(6):9-12.

光叶子花

（宝巾、簕杜鹃、小叶九重葛、三角花、紫三角、三角梅）

Bougainvillea glabra Choisy

物种介绍

光叶子花为紫茉莉科叶子花属藤状灌木。原产巴西。我国南方栽植于庭院、公园。花期冬春间。喜温暖湿润气候，不耐寒，喜充足光照。品种多样，植株适应性强，不仅在南方地区广泛分布，在寒冷的北方也可栽培，但在北方花色较单一。或存在地域性，在中国分布于福建、广东、海南、广西、云南。其主要价值如下。

1. 观赏价值

光叶子花苞片大，色彩鲜艳如花，且持续时间长，宜庭园种植或盆栽观赏。还可作盆景、绿篱及修剪造型。观赏价值很高。

在巴西，妇女常插在头上作装饰，别具一格。欧美常用作切花。我国南方栽植于庭院、公园，北方栽培于温室，是美丽的观赏植物。

2. 药用价值

叶可作药用，捣烂敷患处，有散淤消肿的效果，光叶子花的花可作药材基原，活血调经、化湿止带，

治血瘀经闭、月经不调、赤白带下。

光叶子花的茎、叶有毒，食用 12~20 片可导致腹泻、血便等。

繁育技术

1. 种子繁殖

光叶子花属异花授粉植物。其大多数品种很难产生种子，但是有少数的原生种可以结种子。能结籽的光叶子花一般是光叶系和毛叶系，其他系的非常的少，而光叶系和毛叶系的主色是紫色，所以大多数的实生苗都开紫色花 (浅紫、中紫、深紫等)，少部分开白色花。最合适的播种时间是 5~6 月，最好是在室内进行盆播。

种子处理：将光叶子花的种子剥壳，把干枯的花管剥掉，再用高锰酸钾溶液浸泡，约 10 min，进行消毒，这样能保护其不受霉病入侵。

播种土壤：最好是选择疏松透气的介质，这样发芽率比较高，也可以使用园土和营养土的混合土，但是园土要经过消毒，不能单独使用。将种子覆盖到土壤中，深度 0.5 cm，最合适的发芽温度为 18~22℃。播种之后，一般的光叶子花种子 10~40 d 就可以发芽了。发芽率高的能到 80% 左右，低的也能在 20%。

在光叶子花的苗期要注意水肥的管理，等到真叶长有 3~4 片时，就可以进行第一次移栽，但需保持一定的株距。

2. 扦插繁殖

扦插育苗容易，每年 5~6 月进行。剪取成熟的木质化枝条，长 20 cm，插入砂盆中，盖上玻璃，保持湿润，1 个月左右可生根，培养二年可开花。整株开花期很长，可达 3~4 个月。开花期间落花、落叶较多，需及时

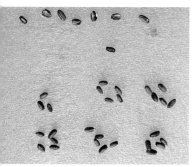

清除，以保持清新美观。

插穗准备：光叶子花为难生根繁殖以扦插为主的花灌木。插穗选 1~2 年生，完全木质化，条粗 0.8~1.2 cm，条长 12~15 cm，节间密，有侧芽 4~5 个的枝条。上剪口距芽眼 0.5~1 cm 处平剪，下剪口贴近芽眼处斜剪为马蹄形，不可在芽中段下剪，无芽眼处一般不生根。剪时摘除基部叶片，只带顶芽 1~2 片幼叶。插穗按 50~100 枝为一捆，先浸入清水中，然后用 ABT 生根粉 1 号 50 ppm，浸条 2~4 h 备用。用河沙作生根基质，河沙用 20% 高锰酸钾水溶液消毒后装入塑料钵中使用，塑料钵底部应有 1~3 个排水孔。春天 3~4 月，秋天 8~9 月为扦插育苗最佳时间。其余月份生根率偏低不宜大量育苗。光叶子花原产南美巴西，为亚热带强阳性植物，无论扦插生根或生长期管理，均需要高温多湿的环境。因此，扦插温度应保持在 28~30℃。最好采用自动控温仪育苗。

光叶子花喜光、喜温、喜水、喜肥，但属不耐寒花木。扦插生根时每天喷水 2~3 次，叶面喷水 3~4 次，保持枝条、叶面、土壤不失水为度。上盆。一般为 20~30 d 即可生根。初发根时在愈伤组织处，只生 1~2 条幼嫩根。当插穗生长 5~10 cm，根系 3~5 条以上，根长 5~10 cm，而且有点老化时，为移栽最佳时期。移栽时间选择阴天，下午 5 时以后。移栽时将塑料钵拿起，看排水孔处有无根毛，有根毛的移栽对象。拿出钵后用手捏四周，使其松动，根系脱开钵体，准备好花盆及壤土，将砂和苗木全部装入盆内，切忌从钵内拔苗移栽。入盆后用手轻轻压土，不可用力过大，以防压断嫩根。栽后用温水 40~50℃ 浇小水，缓缓下渗后，最好分两次浇定苗水，浇后放到温度偏高的地方遮阴炼苗，待苗木再次生长后，才能移入强光处莳养。

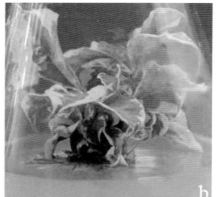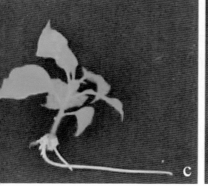

3. 嫁接方法

对于不同花色光叶子花的嫁接方法，最有利于嫁接成活的是一种古老而又实用的方法——劈接法。劈接法不但有利于嫁接成活，而且因为劈接法能使砧木接口紧夹接穗，不易被风吹断。其操作要领如下。

（1）砧木切削

将 1 株一年生的紫蓝花光叶子花的四周，从低到高按不同层次选择相应的枝条作为多个砧木，在砧木的树皮通直无刺处用剪刀剪断，用刀片削平伤口。然后用刀片从砧木的一侧慢慢往下割开约 2~3 cm 形成劈口。

（2）接穗切削

采用各种不同花色的接穗，为了让接穗减少水分蒸发，需要将叶子剪掉，或者剪掉一半以上留少部分，提高它的成活率。接穗留 2~3 个芽，在它的下部约 2~3 cm 处两面各削一刀，形成楔形，楔形两面一样厚，注意接穗削面要长而平，不能削得太薄，接穗切削后形成的角应和砧木劈口的角度一致，使砧木和接穗形成层生长的愈伤组织从上到下都相连接。要求尽量保证接穗和砧木粗度大小相等，或者砧木稍大一些。否则，嫁接很难成活。

（3）接合

用刀片或手指甲将砧木劈口撬开。然后把接穗插入劈口的一边，使双方的形成层对准。嫩枝劈接则要求接穗和砧木一样粗，使接穗和砧木前后左右四边的形成层基本相连接。接合时，不要把接穗的伤口部全都插入劈口，而要露出 0.5 cm 以上，这有利于愈合。如果把接穗的伤口部全都插入劈口，那么一方面上下形成层对不准，另一方面愈合面在劈口下部形成一个疙瘩，而造成后期愈合不良，影响寿命。在一株紫蓝色的光叶子花多个砧木上，可接上各种不同花色的多种接穗。

（4）包扎

接合好后，用宽约为 1.5 cm 左右，长为约 30 cm 的塑料条进行包扎。包扎时要将劈口、伤口及伤口露出处全部包严，并捆绑紧。然后用塑料套袋绑好，为避免太阳光的直射，还要用报纸或牛皮纸将其包住，大概 2 个星期就可以知道是否成活，如果 2 个星期以后叶子没有枯萎、脱落，大概率能活。拆开包扎布大概要 1 个月时间，1 个月以后就能确定是否成活。打开时应先刺破一个小口让它跟空气有一个适应过程，1 星期后再完全打开。

（5）嫁接后的管理要点

光叶子花相互之间嫁接之后的管理工作非常重要。因为嫁接的目的是通过嫁接来发展各种各样不同花色光叶子花良种，并提高抗性，改良品质，加速生长，提早开花，或者能达到园林等方面的特殊要求，如果管理不善或不及时，即使相互之间嫁接成活了，最后也会前功尽弃。所以不能仅仅满足于光叶子花嫁接成活，还必须对其嫁接苗木进行认真的管理。做法如下。

① 除萌蘖

光叶子花嫁接及剪砧后，砧木会长出许多萌蘖，萌蘖比嫁接芽生长快，为了保证光叶子花嫁接成活后新梢迅速生长，不致使萌蘖消耗大量养分，应该及时地把砧木上的萌蘖除去。如果不及时除去砧木上萌蘖，其萌蘖生长快，而接穗生长缓慢，由于竞争不过砧木上的萌蘖，穗条就会逐渐停止生长而死亡。因此，必须除去光叶子花砧木上的萌蘖。除萌蘖工作一般要进行 3~4 次或者反复多次，等到接穗生长旺盛时，光叶子花萌蘖才能停止生长。

② 解捆绑

塑料绑条能保持湿度和温度，有弹性，绑得紧。其缺点是经过一段时间后，会影响接穗和砧木的加粗生长。而且塑料不会腐烂，所以必须解除这类捆绑物。

③ 新梢摘心

当光叶子花之间嫁接成活后，接穗新梢长到 30~40 cm 时，要进行摘心，控制过长生长，减少风害。同时还能促进侧梢的形成和生长，使其生长整齐一致，提高观赏价值。

④ 水肥管理

嫁接后 1 个星期内要少浇水，过后应及时施肥浇水，使砧木和接穗之间愈合良好，生长旺盛，叶面积增加，促进光合作用，所以必须进行多次修剪整形，必要时适当控水施肥，再浇水，使其开各种各样不同颜色的花，达到观赏效果。这样既有利于根系的生长，又能使地上部分和地下部分生长平衡。

4. 组织培养

（1）愈伤组织的诱导和不定芽的发生

将光叶子花茎段接种于愈伤组织诱导培养基中培养，12 d 后部分外植体基部开始膨大，随后逐渐形成黄白色颗粒状的愈伤组织，30 d 后部分早期形成的愈伤组织开始转绿并逐渐分化出小丛芽，而未分化出小丛芽的外植体，基部愈伤组织生长较迅速。观察发现其不定芽的发生有两种类型：一是茎段基部膨大产生较少愈伤组织后很快分化出不定芽；二是茎段基部形成较大的愈伤组织且经过较长时间才分化出不定芽。茎段愈伤组织的形成和分化都受培养基类型、生长调节剂种类及浓度的影响，以 MS 为基本培养基比以 1/2MS 和 B5 为基本培养基好，添加了 BA 的培养基比没添加的好，说明 MS 更适合于光叶子花茎段愈伤组织的诱导和分化，BA 对其有较好的促进作用。因此比较适合光叶子花茎段愈伤组织诱导和分化的培养基为

MS+ BA 3.0 mg/L+ 2,4-D 0.2 mg/L+ NAA 0.1 mg/L。

（2）丛生苗的诱导

将获得的愈伤组织和愈伤组织分化出的小丛芽转入各继代培养基中进行丛生苗诱导。切割后的小芽块，在接种后 6~8 d 愈伤组织才开始逐渐恢复生长和分化能力，在 30 d 左右分化出的芽苗生长较迅速，之后便逐渐减缓，40 d 后芽苗生长趋于平稳且愈伤组织基本上停止生长和分化，50 d 后部分丛生苗叶片开始枯黄脱落，愈伤组织基部培养基变黄，有的甚至从丛生苗基部长出根来，初步拟定适宜的继代培养周期为 40 d。从第 4 次继代培养开始，丛生苗的增殖倍数趋于稳定。相同 BA 浓度的培养基中，随着 2,4-D 浓度的升高，丛生苗增殖倍数逐渐降低，说明 2,4-D 对光叶子花丛生苗的诱导有一定的抑制作用。

（3）有效苗培养

通过愈伤组织诱导出的丛生芽增殖倍数较高，但绝大部分芽苗高度在 2 cm 左右，而且比较幼嫩，不宜进行生根诱导。将丛生苗进行有效苗培养 30 d 后；4 种培养基 MS+ BA 0.2 mg/L + NAA 0.1 mg/L、MS+ BA 0.2 mg/L + GA$_3$ 0.5 mg/L + NAA 0.1 mg/L、MS+ BA 0.5 mg/L + NAA 0.1 mg/L、MS+ BA 0.5 mg/L + GA$_3$ 0.5 mg/L + NAA 0.1 mg/L 中的有效苗数分别为 3.5、4.1、2.4、2.8；有效苗高分别为 3.8 cm、4.6 cm、3.2 cm、3.5 cm。以上结果表明，在有效苗培养时降低 BA 浓度并添加适量的 GA$_3$，对丛生苗的长高有较好的促进作用，并且芽苗的木质化程度大大提高，采用培养基 MS+ BA 0.2 mg/L + GA$_3$ 0.5 mg/L + NAA 0.1 mg/L 对有效苗培养有较好的效果。

（4）生根诱导

切取有效苗转入生根培养基中进行生根诱导，4 d 后芽苗基部切口处开始突起，6 d 后逐渐分化出根的生长点，7 d 后能形成白色的小根，30 d 后 7 种培养基 MS、MS+ NAA 1.0 mg/L、MS+ NAA 2.0 mg/L、MS+ NAA 3.0 mg/L、MS+ IBA 1.0 mg/L、MS+ IBA 2.0 mg/L、MS+ IBA 3.0 mg/L 中生根率分别为 0、51.7%、70.0%、88.3%、56.7%、68.3%、83.3%；生根时间分别为 > 30、13、9、7、14、12、8 d；根数分别为 0、1.8、3.0、3.6、1.7、3.1、4.1；根长分别为 0 cm、1.6 cm、2.5 cm、3.1 cm、1.3 cm、2.2 cm、2.8 cm。以上结果表明，添加 NAA 和 IBA 对光叶子花不定根的诱导具有较好的促进作用，并且两者在相同浓度下对不定根的诱导效果相当，都随浓度的增加生根率提高，生根时间缩短，根数和根长增加。因此以 MS+ NAA 3.0 mg/L 和 MS+ IBA 3.0 mg/L 培养基对不定根的诱导效果最好，而且生根整齐、健壮、多呈辐射状伸长。

（5）生根苗移栽

将发育良好的生根苗移离培养室，在室温散射光下培养 3 d，打开封口膜于温室大棚中预培养 2 d，洗去根部培养基，移栽于经福尔马林消毒的河沙和蛭石（1∶1）为基质的小花盆中，置于半阴处，并用地膜覆盖保湿 10 d，每天揭开地膜通风 30 min，注意浇水，15 d 后便可去除遮阴网直接在自然条件下生长 30 d 成活率可达 90% 以上。

栽培管理

1. 合理施肥

要使其开花，必须保证充足的养分，同时施肥要适时适量，合理使用。一般 4~7 月生长旺期，每隔 7~10 d 施液肥一次，以促进植株生长健壮，肥料可用 10%~20% 腐熟豆饼、菜籽饼水或人粪水等。8 月份开始，为了促使花蕾的孕育，施以磷肥为主的肥料，每 10 d 施肥一次，可用 20% 的腐熟鸡鸭鸽粪和鱼杂等液肥。自 10 月份开始进入开花期，从此时起到 11 月中旬，每隔半个月需要施一次以磷肥为主的肥料，肥水浓度为 30%~40%。以后每次开花后都要加施追肥一次，这样使开花期不断得到养分补充。

2. 花前控水

平时浇水掌握"不干不浇，浇则要透"的原则。但要开花整齐、多花，开花前必须进行控水。从 9 月开始对光叶子花的浇水进行控制，每次浇水要等到盆土干燥、枝叶软垂后方可进行，如此反复连续半个月时间，半个月后恢复平时正常浇水。控水期间切忌施肥，以免肥料烧伤根系。这样约 1 个月时间即可显蕾开花，而且花开放整齐、繁盛。

3. 松土换盆

由于长期浇水、施肥和雨水冲刷，盆土容易板结，因此，必须定期松土，同时清除盆土杂草，以利于光叶子花生长。否则盆土板结、积水，容易造成根系腐烂或生长不良。另外，光叶子花生长速度较快，根系发达，须根甚多，每年需换盆一次。

4. 田间管理

生长适温为15~30℃，其中5~9月为19~30℃，10月至翌年4月为13~16℃，在夏季能耐35℃的高温，温度超过35℃以上时，应适当遮阴或采取喷水、通风等措施，冬季应维持不低于5℃的环境温度，否则长期处于5℃以下的温度时，易受冻落叶。开花需15℃以上的温度，为延长花期，应在冬初寒流到来前，及时搬入室内，置于阳光充足处，维持较高的环境温度（可在元旦、春节间持续开花）。光叶子花喜光照，属阳性花卉，生长季节光线不足会导致植株长势衰弱，影响孕蕾及开花，因此，一年四季除新上盆的小苗应先放于半阴处。冬季应摆放于南向窗前，且光照时间不能少于8 h，否则易出现大量落叶。光叶子花为短日照花卉，每天光照时间控制在9 h左右，可在1个半月后现蕾开花。光叶子花生长迅速，生长期要注意整形修剪，以促进侧枝生长，多生花枝。修剪次数一般为1~3次，不宜过多，否则会影响开花次数。每次开花后，要及时清除残花，以减少养分消耗。花期过后要对过密枝条、内膛枝、徒长枝、弱势枝条进行疏剪，对其他枝条一般不修剪或只对枝头稍作修剪，不宜重剪，以缩短下一轮的生长期，促其早开花、多次开花。光叶子花生长势强，因此每年需要整形修剪，每 5 年进行 1 次重剪更新。时间可于每年春季或花后进行，剪去过密枝、干枯枝、病弱枝、交叉枝等，促发新枝。花期落叶、落花后，应及时清理。花后及时摘除残花。生长期应及时摘心，促发侧枝，利于花芽形成，促开花繁茂。对老株可短剪一些。光叶子花具攀缘特性，因此可利用这一特点进行绑扎造型，可整成花环、花篮、花球等形状，必要时还可设立支架，造各种形状，如花柱等。

若想国庆节见到光叶子花，可提前将盆放于暗室进行避光处理，因其为短日照花卉。时间在 8 月初左右，将盆栽光叶子花置于不漏光的环境中，每天从下午 5 点开始至第 2 天上午 8 点完全不见光，这样保持 50 d，每天喷水降温。正常浇水，每周增施磷、钾液肥或蹄片敖肥。如此国庆节可见到绚丽的光叶子花。

5. 病虫害防治

常见的害虫主要有叶甲和蚜虫，常见病害主要有枯梢病。平时要加强松土除草，及时清除枯枝、病叶，注意通气，以减少病源的传播。加强病情检查，发现病情及时处理，可用乐果、托布津等溶液防治。

叶斑病：病斑初为黄褐色，周围有黄绿色晕圈，后扩展成近圆形或不规则的病斑，边缘暗褐色，到了后期，病斑上出现黑色小点粒。防治方法：发现少量病斑可在其上面涂抹达克宁霜软膏，将发病较多的枝条剪去，发病初期一般可用 50% 的多菌灵湿性粉剂 500 倍液进行防治，每 7~10 d 喷 1 次，严重时按照实际的经验，在第四天再喷一次，之后隔 7 d 喷一次。连续 3~4 次，防治效果好。

褐斑病：被害叶片，在叶面上产生直径为 0.1~0.5 cm 的黄褐色至浅褐色病斑。防治方法：发现少量病叶及时摘除烧毁，发病初期，用 70% 的代森锰锌可湿性粉剂 400 倍液，每 10 d 喷一次，连续 3~4 次。

介壳虫：在光照不良，通风欠佳，高温高湿的环境中，易发生多种介壳虫危害。防治方法：可用 45% 的马拉硫磷乳油 1000 倍液喷杀。

6. 家庭种植

光叶子花生根移栽后缓苗期较长，一般为期 30 d，此期间浇水不可超量，温度不可偏低，遮阴要弱光。20 d 后移至半阴半阳处，逐渐着光，直至植株着光后叶片不出现萎缩，下垂为止。缓苗后移至着光时间最长的地方管理，温度为 25~30℃ 之间，光叶子花种植应掌握 "强光、高温、大肥大水、适度修剪" 12 个字技术。

参考文献

[1] 李瑜，杨柳慧，吴宪，等. 三角梅繁殖技术与园林应用研究进展 [J]. 安徽农业科学，2018,46(36):10-12.

[2] 郭海滨，雷家军. 叶子花组织培养技术研究 [J]. 热带林业，2006(2):47-48.

[3] 罗文扬，左雪冬，武丽琼，等. 三角梅及其盆栽管理技术 [J]. 中国园艺文摘，2015(4):152-155.

[4] 陈影，曹武，曾宋君. 叶子花属植物的组织培养研究进展 [J]. 热带作物学报，2015, 36(8):1536-1541.

[5] 郭海滨，代汉萍，雷家军. 叶子花组织培养技术研究 [J]. 安徽农业科学，2006(1):21-22.

[6] 龚伟，胡庭兴，宫渊波，等. 光叶子花茎段愈伤组织的诱导及其植株再生的研究 [J]. 园艺学报，2005, 32(6):1125-1128.

[7] 李祖毅. 3 种三角梅品种的组培繁殖比较研究 [D]. 广西大学，2017.

[8] 曾荣，邵闫，杨娟，等. 嫁接和喷施抗寒剂对三角梅抗寒性的影响 [J]. 江苏农业科学，2016, 44(1):202-204.

抗风桐

Pisonia grandis R. Br.

物种介绍

　　抗风桐是紫茉莉科胶果木属常绿无刺乔木，树干直径 30~50 cm，最大可达 87 cm，具明显的沟和大叶痕。花期夏季，果期夏末秋季。

　　分布于印度、斯里兰卡、马尔代夫、马达加斯加等地。在中国分布于台湾（东部）和西沙群岛。生于林中。其主要价值如下。

　　抗风桐是阳性树种，喜阳，抗旱，耐盐，不择土壤。其生长速度快，在防风、海岸固沙、调节海岛气候以及海岛植被恢复方面具有重要作用。抗风桐能适应强光、干旱和贫瘠等生长条件，是热带珊瑚岛植被恢复的重要树种。抗风桐为中国西沙群岛最主要的树种，常成纯林。抗风桐具有叶片厚、比叶面积低、栅栏组织发达、海绵组织细胞间隙小等形态解剖特征，利于其对光能和水分的利用。其超氧化物歧化酶和过氧化氢酶活性高、脯氨酸含量较高，丙二醛含量较低，表明其具有较强的抗旱性。

　　抗风桐生长的土壤养分含量低，但其叶片营养元素含量高，表明其对土壤养分的利用能力高，对土壤养分贫瘠胁迫具有较强的适应性。因此，抗风桐能适应强光、干旱和贫瘠等生长条件，是热带珊瑚岛植被恢复的重要树种。原产地常用叶作为猪饲料。

繁殖方法

1. 种子繁殖

虽然抗风桐成年树结实较多，但抗风桐为典型的热带树种，种子不耐贮藏，随着贮藏时间的延长，其种子萌发率迅速降低，甚至不发芽。抗风桐果实成熟期在 5~7 月，由于抗风桐果实小、种子更小（约 5 mm），果实成熟后如无强风吹拂，果实在树上迅速变黑，此时的种子发生了一系列化学反应而失去发芽能力；如成熟的果实遇上足够大的海风，果实掉落在地上，如未遇上合适的条件，无连续降雨，而是阳光暴晒，掉落后的果实迅速变黑，种子几 d 后就失去发芽率。因此，掌握抗风桐果实的成熟时期并及时采收，保持种子的活性非常重要。基于上述原因，目前常规的种子繁殖技术满足不了海岛植被恢复对抗风桐苗木的大量需求，需要寻求一种提高抗风桐种子萌发与繁育技术来保证抗风桐苗木的供求。其繁育技术如下：

每年 5 月中旬抗风桐果实呈现微黄色时，采集其新鲜成熟的果实，置于密封袋内，然后用吸足水后的苔藓覆盖密封袋内的抗风桐果实，于 5℃下冷藏 30 d，每天将密封袋打开透气 10 min，完成后熟处理；将果实从密封袋中取出置于常温清水中浸泡 48 h，待果壳软化后，加入适量河沙并用手轻轻揉搓将果壳与种子分离，使用尼龙网捞将漂浮在水面的果壳捞出，加入 95% 敌克松可湿性粉剂并轻轻搅匀（敌克松的加入量为抗风桐种子和河沙混合物重量的 0.5%），3 min 后将水滤除，得到抗风桐种子和河沙的混合物。将抗风桐种子和河沙的混合物均匀撒播于由河沙、椰糠、泥炭土按重量比 10:2:1 混合制成的播种基质上，并铺上 1 cm 厚由椰糠、河沙按重量比 1:1 混合制成的覆盖基质，放置于荫棚内，覆盖一层塑料薄膜，保持营养土基质湿润，荫棚内温度保持在 24℃，5 d 后将塑料薄膜移走，6 d 后种子出苗率为 90%。

待幼苗长至 5 cm 时，移植于遮阴 80% 的荫棚内的预先装有营养土的营养袋内培育，所述的营养土为红壤土：河沙：珍珠岩：椰糠：泥炭土：过磷酸钙按重量比为 4:4:2:1:0.5:0.5 制成的混合物。培育 15 d 后，淋 1 次生根肥溶液，该生根肥溶液为生根肥与水按重量比 1:600 配制而成；培育 30 d 后，淋第 1 次复合肥溶液，该复合肥溶液为复合肥 (N:P:K = 15:15:15) 与水按重量比 1:500 配制而成，以后每隔 30 d 淋复合肥溶液 1 次。在植株生长良好后，可部分打开遮阴网，利于植物接受更多光照。培育 180 d 抗风桐苗高 70 cm，培育 360 d 抗风桐苗高达到 100 cm。

2. 扦插繁殖

剪取抗风桐树枝条一批，在树阴处再剪短为 30~40 cm 长的茎段，保留茎段上部有少量的叶片。将枝条统一在 IBA 1.0 mg/L 的溶液中浸泡 0.5 h~1 h。之后全部斜插到砂床中（砂床之前统一用 0.1% 高锰酸钾喷洒一次，用量为每平方米 100 mL），每平方米可扦插不多于 40~50 条茎段。该砂床必须是比较潮湿和庇荫的场所。插穗之后在砂床上统一保湿管理，并且需要保持较适宜的温度（20~30℃）。在广州一般是 3~4 月开展扦插试验。其他季节温度太高或太低均不利于其生根。管理 1~2 个月后，95% 以上的扦插枝条均会长根。

将已长根的扦插穗从砂床上慢慢拔出，移植到直径 25 cm、高度 25 cm 的布袋中。布袋中含黄土：有机质（3:1）。在移植的 1 个月内，袋苗仍然要求在荫棚中继续培养。1 个月后可以移除到外面环境下管理。这样的树苗之后即可移植到海岛上栽培。

3. 组织培育：

取抗风桐健康枝条的茎段，剪去多余的叶片，取长 2~3 cm 并带有 1 个腋芽的茎段为外植体。将外植体放在自来水下流水冲洗 15 min 后，在超净工作台上将外植体放入 0.1% (w/v)HgCl₂ 浸泡消毒 8 min，无菌水漂洗 4~5 次。在无菌滤纸上将茎段水分吸干并切除茎段两端后，接种于添加 1.0 mg/L BA 与 0.1 mg/L NAA

的 MS 培养基中光照培养 30 d。培养条件为光周期 12 h/d，光照强度 80 μM m⁻²s⁻¹，温度为 25 ± 1℃。当芽繁殖到一定规模后开展以下实验。

以抗风桐的带腋芽茎段为外植体，通过腋生芽的繁育方式建立了抗风桐离体培养繁殖体系。结果表明，抗风桐最优的丛生芽的繁殖培养基为 MS 培养基附加 2.0 mg/L BA 和 0.1 mg/L NAA 继代培养 60 d，最佳生根培养基附加 IBA 1.0 mg/L 和 1.6 g/L AC 培养 60 d，移栽至河沙、黄泥、泥炭土体积比为 1:1:1 的基质中效果最好。

在 MS 培养基和 WPM 中，开始时芽的繁殖增殖缓慢，需要较长时间的继代培养。到繁殖 5 代后，逐步形成丛芽的状态。当基本培养基种类一致时，芽的增殖倍数随培养时间的延长而提高，当培养时间从 30 d 延长至 60 d 时，不定芽的增殖倍数有显著提升。培养时间延长至 90 d 时，增殖倍数差异不显著。丛芽的繁育：将启动培养基中的不定芽转入增殖培养基中，BA 浓度越高，所生产的不定芽数量越多，但是基部愈伤化更严重。而当 BA 与 NAA 配合使用时可减缓不定芽的愈伤化。单独添加 BA 2.0 mg/L 与 BA 2.0 mg/L 和 NAA 0.1 mg/L 混合使用时芽体增殖倍数差异不显著，但后者基本仅产生少量愈伤组织。芽的生根：将丛芽分成单芽接种于生根培养基中，抗风桐在 MS 培养基中生根率较低。培养基加入 IBA 后可以显著提高抗风桐的生根率并且有效缩短生根时间。但值得提及的是，抗风桐在培养过程中容易产生愈伤组织而影响抗风桐的芽体繁殖与生根。在添加活性炭后，抗风桐的愈伤组织产生率显著降低，最低可降为 13.0%。同时，添加活性炭后，活性炭的添加虽然对抗风桐的生根产生消极影响，抗风桐芽生根时间延长。但所诱导的组培苗叶片翠绿，枝条健壮，长势良好，根系粗壮。因此，适合抗风桐繁殖的活性炭与植物生长调节剂的组合为 MS + 1.6 g/L AC +1.0 mg/L IBA。

不同来源的组培苗对炼苗移栽成活率的影响：在移栽 40 d 后统计发现，不添加活性炭的组培苗移栽成活率为 78.3%，而在添加了活性炭培养基的组培苗的移栽成活率为 93.9%，并且叶片翠绿，长势良好。

参考文献

[1] 刘东明，简曙光，任海，等．一种抗风桐种子萌发及育苗的方法：中国，CN108739320A[P]. 2018-11-06.

[2] 陈炳辉，李泽贤，邢福武，等．西沙群岛"抗风桐"[J]. 植物杂志，1993(3):24-25+50.

黄细心（沙参）

Boerhavia diffusa L.

物种介绍

黄细心是紫茉莉科黄细心属多年生蔓性草本植物，长可达 2 m。花果期夏秋间。本种分布甚广，产于中国福建、台湾、广东、海南、广西、四川、贵州、云南。日本、菲律宾、印度尼西亚、马来西亚、越南、柬埔寨、印度、澳大利亚，太平洋岛屿，美洲、非洲也有分布。根烤熟可食，有甜味，甚滋补。叶有利尿、催吐、祛痰之效，可治气喘、黄疸病。马来西亚用作导泻药、驱虫药和退热药。根药用，有消毒、祛瘀镇痛、消炎生肌、止血的功效。

繁育技术

1. 种子繁育

种子收集后冷藏。当需要播种时，种子用 100 mg/L GA₃ 浸泡 0.5 h，然后和细砂混在一起，播种到含有机质的沙盘中，并覆盖 1 cm 厚的有机质。在 20℃ 以上的温度下保湿管理，1 个星期后种子发芽。当苗长至 10 cm 高时移植到营养袋中，营养袋含有机质和黄土（1:1）。半个月后可移植到室外种植。

2. 扦插繁育

剪取较木质化的枝条，将其剪短到 10 cm 长的茎段，应保留有至少 2 个芽或分枝。将短枝浸入 200 mg/L 的 IBA 溶液中 10 min。之后就斜插到砂、蛭石、椰糠的混合基质中（1:1:1）。保湿管理 1 个星期后在枝条的芽末端长出新的根系。1 个月后，当枝条长出新叶以及根系全部长出后，取出生根条移植到黄土和有机质混合的育苗杯中，经 2 个月的生长可以移植到室外试种。

3. 组织培养

通过植物组织培养技术—茎段为外植体，在 MS 基本培养基附加 1.5 mg/L BA 上诱导腋芽，然后增加 BA 含量到 3.0 mg/L，不断地进行丛芽的繁育。当繁育到一定程度后，将丛芽分切成为单个芽，接种到 1/2 MS 培养基附加 1.0 mg/L IBA 上培养 1 个月，诱导不定根的形成。最后移植到荫棚里盆栽。

参考文献

[1] 邓双文，王发国，刘俊芳，等.西沙群岛植物的订正与增补 [J]. 生物多样性，2017, 25(11):1246-1250.

[2] 陈飞鹏，邢福武.海南植物增补 [J]. 华南农业大学学报，1993, 14(3):99-101.

[3] 鲁德全.中国粘腺果属植物 [J]. 西北植物学报，1988(2):125-128.

[4] 符国瑗.海南岛南湾自然保护区植被调查报告 [J]. 广东林业科技，1985(6):26-28.

[5] 张和岑.多枝旋花和黄细心植物各部与生长季节及药效的关系 [J]. 国外医学.药学分册，1977(1):46.

单叶蔓荆

Vitex rotundifolia Linnaeus f.

物种介绍

单叶蔓荆是马鞭草科牡荆属蔓荆的变种。落叶灌木，罕为小乔木，高可达 5 m，有香味。分布于中国辽宁、河北、山东、江苏、安徽、浙江、江西、福建、台湾、广东。日本、印度、缅甸、泰国、越南、马来西亚、澳大利亚、新西兰也有分布。生长在沙滩、海边及湖畔。适应性较强，对环境要求不严，耐旱、耐碱、耐高温、耐短期霜冻，喜阳光充足，凡土质疏松和排水良好的河滩、沙地等处均可种植。其主要价值如下。

单叶蔓荆作为热带海岛优势的地被植株，具有较强的耐盐性与耐热性，并具有防风固沙、改善环境的等作用，是海滨沙地、风口地段固沙造林的优良工具种。

单叶蔓荆也具有药用价值。果实是我国常用中药"蔓荆子"的来源之一。具有疏散风热、清利头目的功效。主治风热感冒头痛、牙龈肿痛、目赤多泪、目暗不明、头晕目眩等症状。研究蔓荆子的化学成分发现，其含有多种挥发油，主成分为莰烯、蒎烯、黄酮类成分、蔓荆子黄素（即紫花牡荆素和木樨草素等）。现代药理研究表明：蔓荆子具有抗炎、抗细胞毒素、抗菌、镇痛等功能，可被用来治疗感冒、发烧、肿瘤以及神经性疼痛等病症。其中的总黄酮为主要镇痛活性成分，具有抗病原微生物、抗炎抗过敏和解热等药理作用，而挥发油起协助作用。其茎条多用于箩筐的编制，花可提取香料。

繁殖方法

1. 种子繁殖

（1）栽培地选择及整地

蔓荆子适宜在土层深厚、疏松肥沃、不易积水的沙滩荒洲上种植。因此单叶蔓荆的育苗基质应选择选择向阳、不易积水、土层深厚、排水良好的砂壤土或疏松砂土作苗床。播种时间宜在 3 月以前。每亩施腐

熟堆肥约 2000 kg 作基肥，深翻 25~30 cm，使土肥混合均匀，耙细、整平，苗床的宽度约为 1.3 m。在播种前，整理好苗床，开沟灌水，待水渗透至土壤干湿适中时，即可播种。

（2）种子采集

秋季将成熟的果实采回来，可以即采即用或者用 2 倍体积的湿沙拌匀，堆放在室内阴凉通风处，翌年 4 月上、中旬（清明至谷雨期间）取出待播。

（3）种子的处理

将单叶蔓荆的种子经过浓硫酸或者机械处理，以搓去其外皮，然后用 500 mg/L 的赤霉素溶液浸种 24 h 以上，播种前用清水洗净并捞出后晾干。

（4）播种

将处理后的种子拌沙均匀地播入沟内，覆盖土厚约 5 cm。每亩用成熟的果实 5~8 kg。播种后，在表面盖上地膜以保温保湿，否则，干旱会导致种子丧失发芽能力。种子播种后保持其表面湿润，约 40~50 d 种子即可萌发，发芽率为 76.84%。

（5）苗期管理

待单叶蔓荆的实生苗出齐后，揭去地膜，旱时浇水，以保持地面湿润，以利于幼苗生长并对育苗地进行除草、追肥等苗期管理。春季育苗，一般秋季实生苗可以长到 30 cm 左右，即可用于移栽。

2. 扦插繁殖

单叶蔓荆的适生性较强，但是不耐积水。因此单叶蔓荆的扦插地宜选择在地势较高、不宜积水、向阳、浇灌方便的地方。若是在新开垦出来的荒地上扦插则需要先喷洒适量的除草剂、杀虫剂，以防在扦插后期的野草与单叶蔓荆争夺营养以及病虫害发生。春季 3~4 月，选择 2 年生生长健壮、发育充实、茎粗 0.5~0.7 cm、无病虫害的枝条，取其中段，剪成长 5 cm 左右的插穗。

为促进生根、提高成活率，可将插穗下端用 1000 mg/kg 的 IAA 溶液浸泡 10~20 s 或 100 mg/ kg 的国光生根粉溶液浸泡 2 h。

单叶蔓荆可以采用直接挖穴扦插。一般情况下可挖穴深 20~30 cm，然后加入适量的农家肥（农家肥是土壤体积的 1/3 左右）。将处理后的插穗按株距 8~10 cm，行距 15 cm 将插穗斜插入土内，每个穴扦插 2~3 棵，入土深度为插穗的 1/2~2/3，压紧周围土壤，并浇透水。

扦插后用塑料薄膜遮盖，以保湿、保温，并于扦插初期适当遮阴。如遇天旱，要及时浇水，以利于插穗成活。扦插 3 周后的生根率与每根插穗的平均生根条数分别为 92%、25 根。

定植后的植株矮小，应注意中耕除草。一般在春季萌芽前，6 月和冬季落叶后进行，冬季中耕结合培土进行。若是种植单叶蔓荆以求其果实用于药用，可在定植后进行追肥。定植后前 2 年以施人畜粪水为主，一般结合中耕除草进行。2 年后，植株开始开花结果，应增施磷肥，每年 2 次，第一次于开花前，第二次在修剪后。每株施土杂肥 10 kg、三元复合肥 1 kg，环状沟施。在花期还可喷施 1% 过磷酸钙水溶液 12 次，有较明显的果实增产效果。

3. 分株繁殖

于春季或夏季梅雨季节，选阴雨天，将老株周围的萌蘖刨出，带根挖取根蘖苗，另行栽植。

4. 压条繁殖

在 5~6 月植株旺盛生长期，选取近地面的 1~2 年生健壮枝条，采用普通曲枝压条法，将枝条弯曲压入土中，待生根萌芽后，带根挖取，截离母株，另行栽植。

5. 组织培养

（1）外植体的选择

为了减少单叶蔓荆组织培养过程中的污染率，将单叶蔓荆的母株移栽到大棚等避免被雨水淋到的棚内种植，且浇水的时候只浇根部，尽量不要使得其叶片与被水浇到，以保持枝条的干净度。取 1 个月后新长出的半木质化幼苗茎段为外植体。

（2）培养基与培养条件

试验用 MS 或者 1/2 MS（大量元素减半）为基本培养基，培养基配方为：3%（w/v）蔗糖、0.7%（w/v）琼脂、以及不同种类和浓度的植物生长调节剂，pH 5.8；接种后置于温度为 25 ± 1℃，光照时间 12 h/12 h（L/D），光照强度 1500~2000 lx 的无菌培养室内培养。

（3）无菌培养体系的建立

取单叶蔓荆健康枝条的茎段，剪去多余的叶片，取长 1.5~3 cm 并带有 2 个侧芽的茎段为外植体。在超净工作台上将外植体放入 75% 乙醇中消毒 10~15 s，无菌水漂洗 1 次，用 0.1%HgCl₂ 浸泡消毒 8 min，无菌水漂洗 7 次，晾干表面水分。在无菌滤纸上切除茎段两端后，接种于不含任何植物生长调节剂的 MS 空白培养基上培养。培养 30 d 后可获得叶片翠绿舒展，长势良好的无菌芽体。取带有 2 个侧芽的茎段用于下步试验。

（4）从常态芽茎段上诱导不定芽

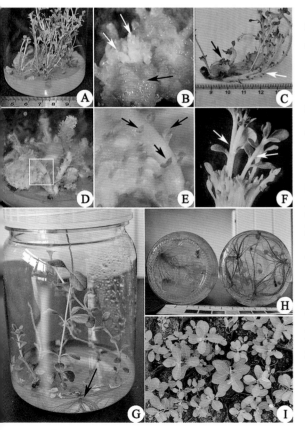

取无菌芽体的带 1 个节（2 个侧芽）的茎段接种于 MS+1.0~2.5 mg/L BA 的培养基上，培养 30 d 后的不定芽诱导率与不定芽增殖倍数最高分别可达 81.1%、21.9 个。

（5）扁平化的诱导与不定芽的形成

取无菌芽体的带 1 个节（2 个侧芽）的茎段接种于 MS+2.5 mg/L BA 的培养基上培养，培养 30 d 后的扁平化诱导率为 60%，扁平化茎段上面可形成 78 个不定芽点。

（6）不定芽增殖与伸长

切取扁平的不定芽块，不定芽数约 10 个 / 块，高度大致相同，约为 0.2 cm/ 个，分别在无菌条件下微扦插于 MS+1.5~2.5 mg/L NAA 培养基中培养，培养 30 d 后有 58.9% 的扁平化茎段上面的不定芽伸长，平均不定芽的伸长长度为 3 cm，且长势良好，可以用于下一步的生根诱导。

（7）生根诱导

分别取株高 3~4 cm，带 4 片叶子以上的无根苗，从其基部与母株切离，然后接种于 1/2 MS+3.0 mg/L IBA +2.0~3.0 mg/L NAA 培养基中进行培养。培养 30 d 后的生根率与平均每株组培苗的生根数分别可达 70.48%、86.37 根。

（8）炼苗与移栽

取长势良好的单叶蔓荆组培苗，3~4 cm 高。打开其所在的培养瓶瓶盖，炼苗 3~7 d，使幼苗初步适应外界的环境。炼苗结束后用自来水洗去其根系附着的固体培养基，然后移栽到含有黄泥土与泥炭土（体积比 =3∶1）的黑色育苗袋中（10 cm×10 cm×12 cm），每袋移栽 1 株。移栽 30 d 后的移栽成活率为 86%，组培苗叶片翠绿，茎秆粗壮，长势良好。

栽培管理

1. 定植

在已经整好的种植地上，于秋、冬或春季定植。栽前，先在穴内施腐熟厩肥或土杂肥，每穴 25 kg 以上。与表土混匀，然后将苗木栽入穴内，每穴 2 株。栽后应分层踏实，浇透水，用草覆盖定植点周围，以便保墒抗旱。

2. 中耕除草

定植后 1~2 年，植株矮小，尚未封行。杂草最易滋生，应加强中耕除草。一年一般 3 次；第一次在 4 月中、下旬；第二次在 5 月下旬至 6 月上旬；第三次在 7 月上旬至中旬。每次中耕除草，应将杂草埋入土内，以增加土壤有机质。

3. 追肥

为加上幼株生长，多发枝，早结果提高产量，除整地时施足基肥外，还应丛定植后的第一年起就开始追肥，当年追肥 3 次，每次施尿素 6~8 kg，过磷酸钙水溶液 1~2 次；第三次在冬前修剪后，结合翻地在植株周围每亩施腐熟厩肥 3000 kg 和过磷酸钙 30 kg，培土壅蔸，保护植株越冬。以后每年施肥与第 4 年相同。

4. 开沟排水

单叶蔓荆一般种植在低山丘陵地区的河滩、荒地上。每年 5~7 月多雨季节，注意河水猛涨，沙滩、荒洲时有积水，甚至有被淹的危险，要经常检查，注意及时开沟排水，以免引起落花、落果和病虫害发生，降低产量和质量。

5. 修剪更新

单叶蔓荆萌发力较强，耐修剪。通过修剪更新，萌发的新枝多，枝条粗壮，结果多，果实大，产量高。为使植株早日封行，在定植后的 3~4 年内，其主茎蔓不打顶，仅诱导其按规定方向生长，以求均匀分布于林地。种子选取及处理：选取成熟、饱满、无病虫害的果实，干燥，以备播种使用。枝条选取及处理：挑选无病虫害、无损伤、直径为 1~1.5 cm 的枝条，剪成长 20 cm 的插穗，按枝龄和枝条木质化程度分 3 类，I 类为 1 年生嫩枝；II 类为 2 年生中度木质化枝；III 类为多年生高度木质化老熟枝。压条选取及处理：挑选无病虫害、无损伤植株上的枝条进行压条处理观察。采集的果实、枝条用自封袋密封，防止水分挥发。扦插基质用干净河沙，并伴有少量碱性土壤，混合比例为 8∶2。

参考文献

[1] 沈恬安，杨德友，骆焱平，等. 单叶蔓荆子提取物的抑菌活性 [J]. 热带生物学报，2019,10(3):222-225.

[2] 王桔红. 5 种马鞭草科植物种子萌发对低温层积和干燥贮藏的响应及其更新对策 [J]. 生态学杂志，2015, 34(12):3313-3318.

[3] 王河山，刘小芬，徐惠龙，等. 福建单叶蔓荆不同种苗繁育方式比较 [J]. 福建中医药，2015, 46(4):48-49.

[4] 田华，杜婷，黄开合，等. 蔓荆子的药理作用研究进展 [J]. 中国医药导报，2013, 10(9):29-30.

[5] 孙荣进，罗光明. 单叶蔓荆种子休眠特性研究 [J]. 中草药，2012, 43(8):1621-1625.

[6] LIANG H，XIONG Y，GUO B，et al. *In vitro* regeneration and propagation from fasciated stems of *Vitex rotundifolia*[J]. Environmental and Experimental Biology, 2019, 17(4):169-177.

苦郎树

（苦蓝盘、许树、假茉莉、海常山）

Clerodendrum inerme (L.) Gaertn

物种介绍

苦郎树为马鞭草科攀缘状灌木，直立或平卧，高可达 2 米。花果期 3~12 月。产中国福建、台湾、广东、广西。常生长于海岸沙滩和潮汐能至的地方。印度、东南亚至大洋洲北部也有分布。其应用价值如下。

可作为中国南部沿海防沙造林树种；木材可作火柴杆。

关于苦郎树的研究多集中于化学成分分析和药用性能方面。研究者从苦郎树叶片、花及其他部位中分离出了环烯醚萜苷类、甾体类、黄酮类、苯丙素类、三萜类、和查尔酮类等多种化学成分。这些化学成分具有护肝、抗炎、抗菌等性能。在沿海地区，苦郎树被人们用作治疗皮肤病和伤口的膏药。苦郎树是一种广泛使用于印度阿育吠陀医学和悉达医学中的药用植物，常被用来治疗多种不同的疾病，如炎症性疾病、糖尿病、神经精神疾病、哮喘、风湿病、消化系统疾病、泌尿系统疾病等。化学成分叶含 3- 表叉枝莸素、4-甲基高山黄芩素、柳穿鱼素总状土木香醌、柳穿鱼素、总状土木香醌、去氢总状土木香醌、α- 香树脂醇、β-谷甾醇、β- 香树脂醇、白桦脂醇、海州常山二萜酸、无羁萜、芹菜素、5- 羟基 -7,4- 二甲氧基黄酮、三裂鼠尾草素、刺槐素、（24S）- 乙基 -5,22,25- 胆甾三烯 -3β- 醇、4α,24,24- 三甲基 -5α- 胆甾 -7,25- 二烯 -3β- 醇。另外还含有微量元素钴、锰、钼、铜、锌等；种子含新木脂体。

此外，苦郎树也是一种常用的苦味补药。从该种植物中能提取出多种化合物，这些水溶性或醇溶性化合物具有止痛、止泻、抗疟、降血糖、镇静、平喘、抗真菌、抗寄生虫及抗关节炎等多种功效。主要功能：根入药，有清热解毒、散瘀除湿、舒筋活络的功效。枝叶有去瘀、消肿、除湿、杀虫的功效。治跌打瘀肿、皮肤湿疹、疮疥，洗螆癞、热毒，理跌打伤，能消肿，去瘀生新，治疟疾。用法用量：外用，适量，水煎熏洗；或捣敷或研末撒撒。内服，适量，捣汁饮。

药理作用：叶的乙醇提取物及苦味成分对妊娠大鼠子宫呈兴奋作用，能升高麻醉狗的血压，并增加肠管运动。水提取液亦有兴奋离体大鼠子宫的作用，对麻醉狗有短暂升高血压的作用，对肠管运动，小量兴奋，大量则抑制。从该植物分离出的甾醇，没有雌激素、雄激素及促性腺激素的作用。

临床应用：苦郎树在医药和农药领域有多种应用。苦郎树根入药，可清热解毒，舒筋活络。作为泰国的传统药物，新鲜苦郎树叶被用于治疗皮肤病，苦郎树叶磨成的粉末与樟脑、大蒜和胡椒粉混合被用于治疗水肿、肌肉疼痛、风湿疼痛，它的根也被用于治疗性病。苦郎树有效成分对由四氯化碳引起的小鼠肝中毒具有保护作用。从苦郎树中分离出的二萜类化合物对鳞翅目害虫具有拒食活性，并且有抗菌活性。印度学者研究发现，苦郎树能抑制家蝇生长和个体成熟，在家蝇幼虫饲料中混入苦郎树叶，能使家蝇蛹的重量减轻，成熟个体减少。从苦郎树叶中分离出来的 (levo)-3-epicaryoptin 类化合物对家蝇和蚊具有生长抑制和拒食活性。

繁殖技术

1. 种子繁育

在 0.5% NaCl 胁迫下，苦郎树种子的发芽率、发芽势、发芽指数、活力指数均优于对照，随着 NaCl 浓度的增加（> 0.5%），苦郎树种子的初始发芽时间和萌发高峰均随之推迟，发芽率、发芽势、发芽指数、活力指数、根长、苗长均呈逐渐下降趋势。低浓度（≤ 0.5%）对苦郎树幼苗发育的生长不构成威胁，高浓度 NaCl（> 0.5%）胁迫对苦郎树植株的伸长生长有显著的抑制作用。

2. 扦插繁殖

以苦郎树的当年生枝条为材料，剪取中上部枝条作插穗，以黄心土、泥炭土、珍珠岩、黄心土 + 泥炭土 (1:
1) 为基质，研究不同基质对苦郎树嫩枝扦插的影响。不同基质对苦郎树的扦插成活率、梢长、生根数量及根系生长有明显的影响。珍珠岩处理的扦插成活率最高，泥炭土处理对生根数量、梢长、根的长效果最好。适宜苦郎树的扦插基质为泥炭土。

3. 组织培养

以苦郎树无菌苗叶片为材料，接种于含不同浓度植物生长调节剂的 MS 培养基中诱导不定芽。培养 60 d，发现在 MS + 2.2 μM NAA + 4.0~16.0 μM BA 中，叶片愈伤诱导率均达到 100%，但不定芽诱导率较低，不足 40%。在单独使用 BA 时，叶片愈伤诱导率及不定芽诱导率均较高，以 MS + 4.0 μM BA 培养基的不定芽诱导率最高，为 87.8%，平均芽数最多，为 18.3 个。而在单独使用 TDZ 时，愈伤诱导率及不定芽诱导率均较低。即使在 TDZ 与 BA 配合使用时，不定芽诱导率仍处于较低水平，说明 TDZ 对苦郎树叶片愈伤形成及不定芽诱导存在抑制作用。

不定芽转入 MS + 2.0 μM BA 培养基中进行伸长生长后，接种于以 MS 为基本培养基的生根培养基诱导生根。除未添加植物生长调节剂的 MS 培养基外，接种 2 周后，苦郎树组培苗生根率均在 85% 以上。未添加生长调节剂的培养基上，苦郎树幼苗根数少且细长。高浓度的 NAA（16.0 μM）作用下，幼苗叶片窄小、泛黄，易脱落，且根短小。而高浓度的 IAA（16.0 μM）作用下，苦郎树组培苗基部膨大且易形成愈伤。相反 IBA 在高浓度和低浓度下作用效果无显著差异，对植株生长也未产生副作用。综合比较生根率、平均根数、根长和株高，确定 MS + 1.0 μM NAA 为苦郎树组培苗生根的最佳培养基，其次是 MS + 1.0 μM IBA、MS + 1.0 μM IAA。各培养基中幼苗经驯化移栽，在蛭石：沙 1:1 (v: v) 中成活率均达到 100%。

参考文献

[1] 刘德浩，廖文莉，邓仿东，等 . 盐胁迫对苦郎树种子萌发特性的影响 [J]. 林业与环境科学，2020, 36(1):68-72.

[2] 陈智涛，刘德浩，廖文莉，等 . 不同基质对苦郎树嫩枝扦插的影响 [J]. 安徽农业科学，2020, 48(4):106-107+111.

[3] XIONG Y, YAN H, LIANG H, et al. RNA-Seq analysis of *Clerodendrum inerme* (L.) roots in response to salt stress[J]. BMC Genomics, 2019, 20(4).

[4] 陈国军，刘维刚，徐迎春，等 .9 种滨海植物盐雾的耐性评价 [J]. 森林与环境学报，2018, 38(3):341-347.

[5] 方笑，张坚强，朱丹丹，等 . 苦郎树研究进展综述 [J]. 绿色科技，2017(15):125-126+129.

[6] 袁秋进，罗炘武，刘强，等 . 苦郎树扦插育苗及其苗木对木麻黄化感作用的响应 [J]. 湖北农业科学，2017, 56(2):284-287.

[7] 罗炘武 . 海南 2 种乡土灌木的繁育技术及 2 种灌木在海防林中的应用 [D]. 海南师范大学，2016.

过江藤

Phyla nodiflora (L.) E. L. Greene

物种介绍

过江藤为马鞭草科过江藤属多年生草本。花果期 6~10 月。分布于全世界的热带和亚热带地区。在中国分布于江苏、江西、湖北、湖南、福建、台湾、广东、四川、贵州、云南及西藏。过江藤常生长在海拔 300~1880（~2300）m 的山坡、平地、河滩等湿润地方。耐高温，喜半阴，喜水分充足。其主要价值如下。

1. 药用价值

过江藤全草可入药，能破瘀生新、通利小便；治咳嗽、吐血、通淋、痢疾、牙痛、疔毒、枕痛、带状疮疹及跌打损伤等症。孕妇忌服。

2. 观赏价值

过江藤拥有数目众多且翠绿的叶片，密生于细长的匍匐茎上，因而过江藤是优良的观叶植物。过江藤花期很长，因此盛花时期又是优良的观花植物。过江藤适合培育成中小型的吊盆或高脚盆等盆栽，用以欣赏其匍匐茎带着花由上而下的垂悬姿态。过江藤也可作为庭园地被景观的观赏植物。

繁殖技术

过江藤为匍匐草本，多分枝，节上易生根。其适应性广，繁殖力强，根、茎节和种子均能快速地繁殖；在水稻田、旱地、果园、草坪、鱼塘、水库、堰塘边以及沟渠、河边等处均能生长，且繁殖力特别强。可通过种子、扦插、分株等手段进行繁殖。

1. 种子繁殖

液氮超低温冷冻对草本药用植物种子发芽率影响不同，与对照组相比，经液氮超低温冷冻处理后的过江藤种子，平均发芽率由原来的 61% 提高至 65.5%。过江藤种子发芽率随着含水量的下降而有所降低，从 72.6% 降至 54.5%；

2. 扦插繁殖

大量繁殖过江藤则以扦插法为宜。过江藤全年可进行扦插繁殖。插穗采用茎基段、茎中段 1~2 节或茎顶端 3~5 节均可。凡保水性及透气性均良好的无土介质、河沙、壤土或黏性壤土都可以作为扦插介质，扦插后需随时保持扦插基质的湿润，并避免阳光的直射，宜覆盖 50% 的遮光率的遮阴棚。自扦插至成盆需 3~6 个月时间，因盆器大小而定。

3. 组织培养

（1）BA、NAA 对不定芽影响

过江藤茎段在 BA 0.5 mg/L 培养基中培养 3 周后，腋芽开始萌发，培养至 4 周时，腋芽可伸长至 2 cm 左右，将单芽切下转到 BA 1.5 mg/L 培养基中进一步培养，实验数据显示出 BA 对不定芽萌发及生长是必不可少的，但芽的生长质量取决于 BA 浓度，BA 浓度在 0.8 ~1.2 mg/L 并配于 NAA 0.01 mg/L 为最好，如果超出这个范围，芽的基部容易长愈伤组织。

（2）增殖继代培养

将培养的丛芽分割成 2~3 个一丛，转到 BA 1.2 mg/L + 活性炭 0.5 mg 培养基中，25 d 后，可看到不定芽或腋芽处又长出新芽来，继续转移到新培养基中，50 d 不定芽可增殖 3 倍左右，每 25 天分割转移一次，可得到大量的无菌苗。

（3）活性炭对不定芽影响

由于过江藤是葡匐类植物，葡匐于地面生长使得它的内生菌污染十分严重，菌生长于细胞间，很难用常规消毒方法将其消毒掉，随增殖生长，菌又自行长出来。本实验将活性炭用于过江藤组织培养介质中，有效地解决了污染率，若不加活性炭的培养基不定芽污染率 80% 以上，加活性炭培养基的不定芽污染为 20%。活性炭对过江藤不定芽增殖作用不明显，但对芽伸长作用较明显。为使培养基不定芽能长成 6 cm 高以上、可供增殖切割的有效嫩芽，很有必要在培养基中添加活性炭。

（4）生根移栽

常规的组织培养生根方法是将生根的小苗转入固体培养基中培养生根，这种方法的缺点是将苗从瓶中取出时，苗的根容易断，本实验采取一种新的生根方法，将小苗培养在以蛭石做培养基质的培养瓶中，待小苗的不定根发生后，将小苗从瓶中取出直接移栽在盆子里，这种生根方法的好处是将小苗从瓶中取出时，不需清洗可直接移栽，成活率高。过江藤的根比较容易长，培养第 10 天时就可生根，不管是卡拉胶培养基或是蛭石培养基，生根率都很高。IBA 0.5 mg/L + NAA 0.02 mg/L 为最佳生根培养基。

栽培管理

1. 定植

一般状况下，过江藤的插穗大约在扦插后的 1~2 个月，新生的不定根及侧芽就已经陆续生长。1 个月后扦插苗就可定植于盆器中。

2. 水分

过江藤若能被给予适度的水分供应，会有较旺盛的生育状况，从而减短培育期并提高观赏价值，故栽培介质需具备较强的保水性和透气性，并且水分供应需充足。

3. 光照

虽然过江藤可忍受阳光直射及高温环境，但若人为适度遮阴则生长更好，以 50% 的遮阴度为宜，可促进过江藤的生长，并保持过江藤叶片的靓丽。

4. 施肥

过江藤的盆栽适合用缓效性肥料，施用量以轻肥标准即可，并依照肥料的使用期限追加施用即可。

5. 除草

过江藤盆栽内的杂草不多，且植株葡匐矮小，叶片小而密集，一般人工定期拔草即可。

6. 修剪

为了增加过江藤盆栽的分枝数，可在蔓茎过长时或开花后进行一次修剪，以增加过江藤的观赏性，并适量施加追肥，修剪以盆器边缘为修剪限度，强剪必须留 2~3 对叶片，植株过于拥挤或老化可以一次分株疏植，也可重新密植扦插一新盆栽，以维持盆栽的观赏性。

参考文献

[1] RAHMAN H M A，AHMED K，RASOOL M F，et al. Pharmacological evaluation of smooth muscle relaxant and cardiac-modulation potential of *Phyla nodiflora* in *ex-vivo* and *in-vivo* experiments[J]. Asian Pacific Journal of Tropical Medicine, 2017, 10(12):1146-1153.

[2] CHENG L C，MURUGAIYAH V，CHAN K L. Flavonoids and phenylethanoid glycosides from *Lippia nodiflora* as promising antihyperuricemic agents and elucidation of their mechanism of action[J]. Journal of Ethnopharmacology, 2015, 176(Complete):485-493.

[3] 杨勇勋，马金华. 民族药过江藤的化学成分及药理作用研究进展 [J]. 中国民族民间医药杂志，2018(1):69-74.

伞序臭黄荆

Premna serratifolia L.

物种介绍

伞序臭黄荆为马鞭草科豆腐柴属直立灌木至乔木,花果期4~10月。分布于印度沿海地区,斯里兰卡,马来西亚至南太平洋诸岛,中国台湾、广西、西沙群岛等地。生长于海边、平原或山地的树林中。其应用价值有:

伞序臭黄荆营养成分丰富,具有重要的食用价值。含有丰富的矿质元素、维生素和多种营养成分,至少含有17种氨基酸,其中7种为人体必需的氨基酸,其中甘氨酸、K、Vc、总糖质量分数较高。

民间常用伞序臭黄荆治疗蛇咬伤、创伤出血、腰腿痛、跌打损伤、牙痛、烧伤及疟疾、痢疾等症。

繁育技术

1. 播种

播种时种子最好即采即播,这样发芽率高。春、夏、秋三季均可扦插,一般采用扦插与整形结合的方法;将株形不规整植株从离盆土面 10~15 cm 处剪去枝条,让母枝干萌发数个分枝,培养良好的树形。将剪下的半木质化枝条剪成长 8~10 cm、具 2~3 外节的茎段,扦插于河沙或珍珠岩培养的插床中,保持一定的基质湿度和空气湿度,并注意遮阴。一般 1 个月可生根。对于木质化程度高的粗大枝条也可用高压繁殖。

栽植管理:可用园土和腐叶土混合作为基质。3~10 月是其旺盛生长期,生长量较大,一般每月施一次肥,同时保持土壤湿润,保证水分充足,并经常进行叶面喷雾,以免空气干燥,引起叶片褪绿黄化。夏季切忌阳光直射,注意适当遮阴,一般遮度 30%~40%,以免烈日暴晒而使叶片失去光泽或灼伤、枯黄。室内摆设应置于有一定漫射光处,并注意通风。秋末及冬季要减少浇水量,控制施肥量;温室及室内高温多湿、通风不良条件下会引发炭疽病或介壳虫、红蜘蛛危害,应注意观察并及时防治。

2. 枝插法

于秋、冬季或早春未萌芽之前,采取 2 年生以上的粗壮枝条(秋、冬采收的枝条,应进行砂藏催芽),剪成长 10 cm、具 2 个以上潜伏芽的枝段,基部切成马耳形,在事先准备好的苗床上扦插。距行距 10 cm×30 cm,插深应为插穗的 2/3。可直插,亦可斜插,扦插后稍加镇压并及时灌水,上面覆盖草帘或塑料薄膜,经常保持地表湿润,一般成活率可达 70%~80%。当苗高 80~100 cm 即可出圃,在田地栽植。

3. 干插法

于秋、冬或早春,采集粗壮的茎干,截成 30 cm 长的茎段作插穗,在苗床扦插。行距 30 cm,株距 15~20 cm,入土深为插穗的 2/3(即地上部分留 10 cm),其他要求同枝插法。截干扦插的成活率高达 95%。较用枝插法育的苗,生长旺,分枝多,产量高。

参考文献

[1] 王宝源,钟惠民,曹俊伟,等.伞序臭黄荆化学成分研究 [J].中草药,2011,42(6):1072-1074.

[2] 王宝源.伞序臭黄荆及海星 (ZDLDWO32) 化学成分研究 [D].青岛科技大学,2011.

[3] 钟惠民,王宝源.伞序臭黄荆营养成分分析 [J].氨基酸和生物资源,2010,32(1):57-58.

银毛树

Tournefortia argentea Linnaeus f.

物种介绍

银毛树为紫草科砂引草属。小乔木或灌木，高 1~5 米，花果期 4~6 月。

分布于中国海南岛崖县和西沙群岛、台湾，越南、斯里兰卡、日本也有分布，见于海边沙地。

繁育技术

1. 扦插繁殖：

（1）基质及前期处理

以营养土与泥土体积比 1:1 为扦插基质，采用杀菌剂或杀虫剂消灭基质中的病原菌和害虫。基质装袋，并适当浇水，使得土壤有一定的湿度，即可用于扦插。

（2）插穗的选择

在银毛树母树上选取健康无害虫的硬枝条作为插穗。

（3）插穗处理

将插穗切成带 1 个顶芽的小段，长约 5 cm，上端切口剪平，下端切口为斜面。将下端浸泡于 ABT 生根粉溶液中，浸泡 30 min 以上。

（4）插穗的扦插

将浸泡处理后的插穗下端的 2/3 斜插到基质中，浇足水定根。30 d 后扦插成活率为 100%。

（5）扦插苗后期的管理

扦插后期要及时清除杂草，并喷洒杀虫剂。适当多浇水，并追施复合肥。

2. 组织培养

（1）外植体的选择

为了减少银毛树组织培养过程中的污染率，于晴天午后取材。剪取银毛树茎段，除去叶片，切取 1 cm 左右的带芽点茎段为外植体。

（2）培养基与培养条件

以 MS 或者 1/2 MS（大量元素减半）为基本培养基，培养基配方为：3%（w/v）蔗糖、0.6%（w/v）琼脂以及不同种类和浓度的植物生长调节剂，pH 5.9。

（3）无菌培养体系的建立

取银毛树茎段，洗洁精浸泡 30 min，流水冲洗干净，并吸干表面水分。在超净工作台上将外植体放入 75% 乙醇中消毒 30 s，无菌水漂洗 3 次，用 0.1 %HgCl$_2$ 浸泡消毒 8 min，无菌水漂洗 5 次，于已灭菌滤纸上吸干表面水分。接种于 MS + 0.5 mg/L BA+0.1 mg/L GA$_3$ 培养基上培养。待银毛树茎段上腋芽萌发，将腋芽转入 1/2 MS + 0.2 mg/L IBA 培养基中进行伸长生长。

（4）不定芽芽诱导

取伸长培养后的单芽切成 1 cm 左右小段，接种于 MS+ 1.0 mg/L BA + 0.2 mg/L IBA 的培养基上，培养 45 d 后的不定芽诱导率与不定芽增殖倍数最高分别可达 100%、4 个。不定芽转入 1/2MS + 0.5 mg/L GA$_3$ 培养基中进行壮苗伸长培养。

（5）生根诱导

分别取株高约 3 cm，带 2 片叶子以上的无根幼苗，接种于 1/2 MS+1~4 mg/L IBA + 1~3 mg/L NAA 培养基中进行培养。培养 90 d 后的生根率可达 70.0%。

(6) 炼苗与移栽

取长势良好的银毛树组培苗，3~5 cm 高。打开培养瓶瓶盖，炼苗 3~7 d，使幼苗初步适应外界的环境。取出，用自来水洗去根系附着的固体培养基，然后移栽到含有蛭石的黑色育苗盘中。移栽 30 d 后的移栽成活率为 86%，组培苗叶片翠绿，叶面可见银色绒毛，长势良好。

参考文献

[1] 方发之，陈素灵，吴钟亲，等 . 红石岛植物资源调查与研究 [J]. 热带林业，2019，47(1):69-71+68.

[2] 蔡洪月，刘楠，温美红，等 . 西沙群岛银毛树 (*Tournefortia argentea*) 的生态生物学特性 [J]. 广西植物，2020，40(3):375-383.

[3] 陈国军，刘维刚，徐迎春，等 . 9 种滨海植物盐雾的耐性评价 [J]. 森林与环境学报，2018，38(3):341-347.

[4] 任海，简曙光，张倩媚，等 . 中国南海诸岛的植物和植被现状 [J]. 生态环境学报，2017，26(10):1639-1648.

[5] 张浪，刘振文，姜殿强 . 西沙群岛植被生态调查 [J]. 中国农学通报，2011，27(14):181-186.

[6] 吴德邻，邢福武，叶华谷，等 . 南海岛屿种子植物区系地理的研究（续）[J]. 热带亚热带植物学报，1996(2):1-11.

[7] 邢福武，吴德邻，李泽贤，等 . 西沙群岛植物资源调查 [J]. 植物资源与环境，1993(3):1-6.

橙花破布木

Cordia subcordata Lam.

物种介绍

橙花破布木为紫草科破布木属乔木，高可达15 m，花果期 6 月。中国分布于海南三亚及西沙群岛 (永兴岛)。生于海岛沙地疏林。非洲东海岸、印度、越南及太平洋南部诸岛屿也有分布。橙花破布木能适应珊瑚砂岛礁环境，非常适合用于珊瑚砂岛礁的绿化。但是，由于橙花破布木仅生长于热带海岛，虽然三亚记载有分布，但非常少见，而分布在西沙、南沙群岛的橙花破布木，由于远离大陆，而且橙花破布木果实成熟时间不一致，因此不易采集到大量种子；另一方面，由于橙花破布木的果实为坚果，具木栓质的中果皮，被增大的宿存花萼完全包围。需要通过科学的技术措施，通过扦插繁殖的方法快速培育苗木，以满足珊瑚砂岛礁的绿化之需。

繁育技术

1. 种子繁育

种子为有效的繁育途径。在种子成熟季节集中收集种子。将种子及时散播在苗床上，上面覆盖 2 cm 厚的砂石。苗床应含有机质＋椰糠＋河沙 （1∶2∶3），8~15 d 后种子开始发芽。当苗长到 30 cm 高时，可将小苗移栽到 25 cm 的直径、高 25 cm 的布袋中管理。布袋中应含有机质：黄土 （1∶2）。4~5 个月后当小苗长到 1 m 高时可以到移植到海岛上种植了。

如果不能及时播种，种子需要冷藏。并且种子必须干燥到 10% 以下的水分。不然种子很快会失去活力。

2. 扦插繁育

通过选择合适的 1~2 年生的橙花破布木枝条并按要求剪成插穗并经生长调节剂和复硝酚钠溶

液预处理，扦插在装有混合基质的营养袋中，放置于荫蔽度为 80% 的荫棚内进行苗床管理，再经适当的炼苗。具体步骤如下。

① 建立苗床搭建荫棚

选择地势平坦、通风良好的地方，将杂草清除干净、整平，并均匀喷洒敌克松溶液进行消毒处理，然后在土表面覆盖一层无纺布，建成苗床；苗床上搭建棚架，在棚架上加盖荫蔽度 80% 的遮光网。

② 扦插混合基质的配制

取干净的海砂、红壤土、泥炭土、椰糠与过磷酸钙按照质量比 4∶3∶1∶1.5∶0.5 混合，得到扦插混合基质，将扦插混合基质装入 15×12×20 cm 的营养袋中，边装边摇，使袋内基质沉降实，装好的营养袋整齐地放置于步骤① 得到的苗床上，然后用 30% 恶霉灵 1000 倍溶液均匀喷洒一遍。

③ 采集橙花破布木枝条并处理

每年 3 至 11 月上旬，在生长健壮、无病虫害的橙花破布木植株上选择 1~2 年生已木质化枝条，并及时

用浸湿的吸水材料包裹。在阴凉处，将采集的橙花破布木枝条剪成 10~12 cm 长的插穗，上端剪平，下端基部斜剪成斜面，每段插穗留 2 个芽，插穗下端离下端芽的距离为 2~3 cm，插穗上端离上端芽的距离为 3~4 cm。将剪切好的插穗的下端基部置于 100~200 mg/L 的 50% 萘乙吲乙溶液中浸泡 60 min，取出晾 2 min，再在 180 mg/L 的复硝酚钠溶液中浸泡 50~60 s，在阴凉处晾 20~30 min 后，再用 30% 恶霉灵水剂 1000~1200 倍液喷洒一次，对扦插端足量喷布药液。

④ 扦插

将经步骤③处理过的插穗插入步骤②得到的营养袋内，深度 4~5 cm，以下端的芽入土 1~2 cm 为宜。

⑤ 苗床管理

扦插后立即浇透水，以后保持袋内基质湿润；扦插的橙花破布木发芽后，每隔两星期喷一次 30% 恶霉灵 1000~1200 倍液，连续喷 2~3 次，19~21 d 开始出新芽，2~3 d 后叶展开，此时喷洒第一次叶面肥，每隔 7 d 喷一次叶面肥，90 d 后追施第一次氮、磷、钾复合肥，浓度为 0.2%。

⑥ 炼苗

培育 180 d 后将棚架上遮光网揭开进行炼苗，继续在苗圃地培育 90~120 d 后，换成更大的容器中培育成高 1.5~2 米的苗或直接移栽至吹填珊瑚砂岛礁上绿化。

橙花破布木扦插育苗成活率可以达到 90%。180 d 后可出圃大田种植，可以在 270~300 d 内生产出优质橙花破布木苗，满足珊瑚砂岛礁的绿化之需。

3. 组织培养

启动培养基：MS+BA 1.0 mg/L + NAA 0.1 mg/L，蔗糖浓度：3%，pH5.8~6.00。将新生的枝芽剪下来，去除叶片留顶端叶片，用 75% 乙醇擦拭外植体表面后转入工作台，放入组培瓶中，先用 75% 乙醇消毒 30 s，再转入 0.1% HgCl₂ 溶液中分别分段消毒 13 min。最后用无菌水清洗 3~4 次。放置超净工作台上风干后，将外植体接到以上培养基上，培养 30 d 后，污染率降低至 21.4%。而不污染的外植体其侧芽萌发率为 100%。8~10 d 后，潜在芽萌发。每 30 d 为一个继代。经过 1 年多的继代繁殖，能够诱导很多丛芽。丛芽月增殖倍数可达 3.8。当将丛芽分切成为单个芽并接种到 MS + IBA1.0 mg/L 的生根培养基上，1 个月内就可以生根，之后将已生根的试管苗移栽。

参考文献：

[1] 吴淑华，陈昊雯，简曙光，等. 中国热带珊瑚岛橙花破布木 (*Cordia subcordata*) 的生物学特性 [J]. 生态科学，2017, 36(6):57-63.

[2] 刘东明，简曙光，任海，等. 一种橙花破布木扦插育苗的方法 [P]. CN106900460A, 2017-06-30.

宽叶十万错

Asystasia gangetica (L.) T. Anders.

物种介绍

　　宽叶十万错为爵床科十万错属多年生草本。分布于中南半岛、马来半岛、泰国、印度以及中国广东、云南等地，生长于海拔 1000 m 的地区。其主要价值是续伤接骨、解毒止痛、凉血止血。用于治疗跌扑骨折、瘀阻肿痛，为伤科要药，治痈肿疮毒及毒蛇咬伤，无论内服、外敷，皆有一定功效，以鲜品为佳。可用于血热所致的各种出血症，对出血兼有瘀者尤为适宜。亦常用于创伤出血。淡、凉。入心、肝二经。煎汤，9~15 g，可内服。外用：适量捣敷患处或研末外用。此外宽叶十万错浸膏的多酚含量为 197 μg/mg，对 DPPH 自由基、ABTS 自由基及羟自由基均具有一定的清除活性。结果表明，宽叶十万错具有一定的抗氧化活性，对人体具有良好的营养保健功效。

繁育技术

1. 扦插

将其纸条剪成为 10 cm 长的茎段，直接扦插到黄泥加营养土混合的布袋或育苗袋，浇足水。之后每天喷洒水，1 个星期后几乎 100% 的小苗生根成活。

2. 组织培养

以带腋芽的茎段为外植体，经 75% 乙醇表面消毒 20 s 后，在浸泡在 0.1 HgCl$_2$ 10 min。然后用无菌水洗涤 3 次，将带腋芽的茎段切成 3 cm 长，接种于 MS 基本培养基上光照培养。培养基里含有 BA 1.0 mg/L。经过 30 d 的光照培养，在腋芽处长出新的腋芽。该腋芽可以在 MS 培养基附加 BA 2.0 mg/L+ NAA 0.5 mg/L 的生长调节剂的培养基上进行芽的增殖。月增殖倍数为 3.6，2 个月增殖倍数可达 5.4。将丛芽分切为单个芽，在生根培养基上培养诱导生根。生根培养基为 1/2MS 培养基附加 IBA 0.5 mg/L 或 NAA 0.2 mg/L。半个月内即可

生根。当芽在生根培养基上培养总共 1 个月后可将小苗从培养瓶中取出，经自来水清洗干净后移植到黄土和有机质（1：1）的基质育苗袋中培养，97% 的小苗培养 1 个月后能够成活。

参考文献

[1] 刘兴剑 . 宽叶十万错 [J]. 花木盆景 (花卉园艺)，2017(6):39.

[2] 李奕星，臧小平，林兴娥，等 . 宽叶十万错抗氧化性测定 [J]. 热带生物学报，2014, 5(4):388-391.

[3] 李海渤，蓝日婵 . 宽叶十万错多糖最佳提取工艺研究 [J]. 安徽农业科学，2007(32):10227-10228.

[4] P.A. AKAH, A.C. EZIKE, S.V. NWAFOR, et al. Enwerem. Evaluation of the anti-asthmatic property of *Asystasia gangetica* leaf extracts[J]. Journal of Ethnopharmacology, 2003, 89(1):25-36.

番杏（法国菠菜、新西兰菠菜）

Tetragonia tetragonioides (Pall.) Kuntze

物种介绍

番杏为番杏科番杏属一年生肉质草本植物，花果期 8~10 月。在东南沿海一带地区广泛分布。番杏根系发达，直根深入土中，喜砂壤土，耐盐碱，喜温暖，耐炎热，抗干旱，适各种土壤栽培，适应性很强。但不耐霜冻。生长发育适宜温度为 20~25℃。对光照条件要求不严格，在强光、弱光下均生长良好。其主要价值如下。

1. 食用价值

番杏营养丰富，含有人体所需的蛋白质、脂肪、碳水化合物和 VA 等多种维生素，以及钙、磷、铁、锌等矿质元素，其中 VA 的含量在各类蔬菜中属上等，胡萝卜素含量是胡萝卜的 1.5 倍，高于其他绿叶蔬菜。茎肉质、半蔓生。采其嫩茎尖和嫩叶为特菜，可炒食、凉拌或做汤，还可与粳米煮成番杏粥，具有清热解毒、祛风消肿、凉血利尿等功效，是

宾馆、饭店、中上等家庭餐桌上的高档菜肴。番杏吃法多样，可炒食、可凉拌、可做汤、可煮粥，经常食用番杏有助于消除体内毒素，加速代谢产物的排出。当然番杏含有少量单宁，对其口感有一定的影响，用沸水焯一下或用湿淀粉勾芡可改善口感。

2. 药用价值

番杏全株可入药，具有清热解毒、祛风消肿、凉血利尿的功效，治肠炎、败血症、疔疮红肿、风热目赤。可用于偏头痛、胃溃疡、肠炎、败血症、哮喘的辅助治疗。

繁育技术

1. 种子繁殖

直接撒播或条播，也可育苗后移植。果实发芽期长达 15~90 d，播种前应先浸种 24 h，利出苗。按行株距 50×50 cm 或 60×20 cm 定苗。生长期间按植株长势分次追施速效氮肥。苗期结合匀苗可收获菜苗食用，定苗后随着植株生长，陆续摘收嫩梢，直至降霜。留种，采收 1~2 次后选健壮植株作种株任其生长，开花结实。果实呈褐色时收获。

（1）种子准备

如番杏种子充足，可考虑密播或密植，然后间拔采收，可提高前期产量，番杏可直播，也可育苗移栽，如番杏种子不足，最好育苗移栽。直播需备种子 2~2.5 kg。育苗需种采用穴盘或营养体育苗，减少伤根，需备种 1.5 kg。育苗可节省种子，又能提前播种。番杏定植虽缓苗慢，但成活率很高。

（2）整地、施肥、作畦

因番杏生长期长，应施足基肥，每亩 5000 kg 有机肥，作畦时应考虑土壤的特性和番杏喜湿怕涝的特点。浇水要方便，排水也要好。如有喷灌设施，可考虑用平高畦，这样灌排水均可得到较好的解决。

（3）播种、定植期

露地直播可从 4~5 月随时播种，但提早播种能提高效益，育苗可在 3 月中旬，4 月中下旬定植。

2. 组织培养

以番杏的茎段为外植体，通过丛生芽的诱导构建了番杏的植物再生体系。王文星曾以番杏的茎尖和茎段外植体，进行了丛生芽和愈伤组织的诱导，构建了番杏离体快繁再生体系。研究发现在 MS 为基本培养基上进行丛生芽的诱导时，BA 与 NAA 的结合，十分有效。番杏茎段在 MS + 0.5 mg/L BA + 0.1 mg/L NAA 培养基上进行培养，丛生芽的诱导率高达 96.7%，增殖倍数也达到了 9.76，且诱导出的芽苗深绿色，芽体健壮；在 MS + 2.0 mg/L BA + 0.1 mg/L NAA 培养基上进行培养，番杏丛生芽的诱导率达到 88.3%，增殖倍数达到 11.75，但诱导出的芽苗叶片和茎干呈透明状，部分玻璃化，芽体瘦弱、纤细。选取生长健壮的生根

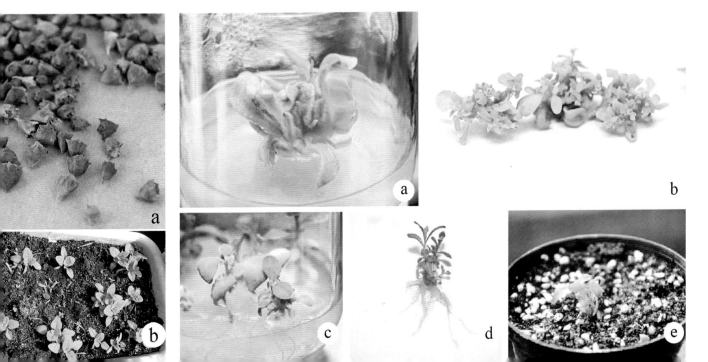

幼苗，将其连同培养基放置温室棚内进行炼苗。5 d 后将其生根幼苗从培养基中取出，用自来水将生根幼苗的基本培养基清理干净，用 500 倍稀释的百菌清溶液浸泡 4 min 后，移栽至混合基质中，喷洒定根水。混合基质为河沙：蛭石：泥炭 =2:2:1，移栽生根苗前，将混合基质充分混匀，用百菌清溶液浸湿。生根苗移栽后，混合基质要保持 75% 的湿度，空气湿度保持 80%，保持 5 d 后，逐渐降低至 45%；温室大棚的遮阴要达到 70%，逐渐降低至 25%；待其叶片舒展开，长出新根时，可以采用 3.5% 的叶面肥喷洒，浇透水。施肥的频率为 10 d 一次，30 d 后统计幼苗成活率，高达 86%。

栽培管理

1. 栽培季节

无霜期内番杏可露地栽培，也可采用大棚作提前和延后栽培，日光温室可四季栽培。南京地区生产上以春播为主，秋季一般在 7~8 月播种；大棚育苗可在 2 月中旬至 3 月中旬无寒流时播种，4~5 月露地定植，设施栽培可提前到 3~4 月定植。各地区应根据当地的气候及设施条件适期播种。

2. 播种育苗

番杏果实坚硬，吸水困难，播种前需进行浸种催芽。将种子用 50~55℃ 温水浸泡 24 h，然后直接穴盘播种；有条件的可将浸泡后的种子用湿毛巾或纱布包好置于 25℃ 条件下保湿催芽，待 80% 种子露白后再穴盘播种，使出苗更整齐。采用 50 孔穴盘育苗，基质装盘后，将 10 个穴盘垂直摞在一起，上面放 1 块比穴盘面积略大一点的木板，用手压穴，深度 1 cm 左右为宜，然后将种子放入穴中，每穴播 1~2 粒，覆土刮平。播种后穴盘喷透水，表面覆盖薄膜。秋茬播种不要盖膜，可加盖遮阳网。春茬播种后 7~10 d，50% 秧苗出土后及时揭开薄膜。幼苗长有 5~6 片真叶时间苗，每穴留 1~2 株壮苗。每亩用种量 0.5 kg。

3. 整地施肥

番杏耐旱怕涝，应选择地势较高、排灌方便、土层深厚的壤土或砂壤土地块种植，播种前深耕 30~40 cm。番杏栽培时间长，采收次数多，应施足基肥，每亩可撒施充分腐熟优质有机肥 1500~2000 kg 作基肥，细耙 2~3 遍，整平后筑畦宽 20 cm、畦高 15 cm。

4. 定植

育苗移栽的，一般选晴天上午定植，定植株行距 30 cm×40 cm，每亩栽 3000~4000 株。定植时，每株浇清水 0.5 kg 左右，待水完全渗下后用少量干细土围根，以利于根部呼吸；3~4 d 后浇缓苗水，促进发根；以后保持土壤湿润，浇水视情况而定。为提高前期产量，可适当密植，后期再适度间苗。

5. 田间管理

番杏食用部位为肥嫩的叶片和嫩茎尖，采收早晚、产量高低、质量优劣与肥水管理密切相关。生长期应保持土壤湿润，若缺水番杏叶片会变硬，影响口感；但番杏也怕涝，雨季要及时排水防涝，秋冬季浇水要少量多次，注意通风透气，以免烂根。番杏一次栽培多次采收，生长期比较长，每次采收后都会发生侧芽，需氮肥、钾肥较多，在施足基肥的基础上应适当追肥。每次大量采收后可撒施或通过水肥一体化设施每 667 m² 追施尿素 10 kg、硫酸钾 5 kg。植株封行后，可结合中耕除草适当打掉基部的老黄叶片，去除部分过密的匍匐枝，以提高通风透光性，减少病害发生。越夏栽培最好覆盖遮光率 60%~65% 的遮阳网，设施越冬管理注意保温防冻、控湿控病。

6. 采收

番杏一次栽培可连续收获。苗期在密植情况下，可结合间苗采收一部分小苗株；随着植株生长，春季播种 50 d 后、分枝长至 20 cm 左右时可陆续采摘 5~10 cm 长且未木质化的嫩枝上市。初期采收以间苗、整型为主，通过间苗、掐尖保持合理的株行距，确保株形丰满；分枝长至 30 cm 左右时，可集中采收上市，采收长度随季节不同而不同，以嫩为原则，不宜超过 20 cm；番杏生长中后期，几乎每节叶腋生花蕾，采收时要去除花蕾，并进一步整枝打头、去弱留强，以利通风透光，使植株健壮持续生长。一般 10~20 d 采收 1 次，采收后 2 d 不浇水，以利伤口愈合，第 3 d 可追肥浇水。每亩产量 3000~5000 kg。

7. 病虫害防治

（1）病害

番杏常见的病害有枯萎病和炭疽病。

① 番杏枯萎病

病症：发病初期植株基部老叶变暗，逐渐黄花萎蔫，并沿茎向下蔓延到根部，使根部变褐至枯死，发病早的植株明显矮化，如遇干燥高温环境病情发展快，植株迅速死亡。防治方法：实行轮作，最好与葱、蒜及禾本科作物轮作 3~5 年；应用生物有机肥；及时拔除病残株，发病初期可灌淋 50% 苯菌灵可湿性粉剂兑水 1500 倍，或 40% 多硫悬浮剂兑水 500 倍，或 36% 甲基硫菌灵悬浮剂兑水 400 倍或 20% 甲基立枯灵乳油兑水 900~1000 倍等，每株灌兑好的药液 0.5 升，隔 10 d 1 次，连续 2~3 次。

② 番杏炭疽病

病症：主要危害叶片，叶片病斑多自叶尖、叶缘开始，自上而下，自外而内扩展，叶面病斑则呈圆形或近圆形，淡褐色，边缘褐色，斑面微现轮纹，潮湿时斑面出现朱红色针头大小液点的病症。防治方法：加强肥水管理，适度浇水，使畦面干湿适宜，增强根系活力；配方施肥，适时追肥喷施叶面营养剂，促植株早生快发，稳生稳长，增强抗病力。结合田间管理，摘除病叶集中烧毁，以减少病源。发病初期及时喷药控病，药剂可选用 40% 三唑酮多菌灵可湿粉 1000 倍液，或 50% 炭疽福美可湿粉 600~800 倍液，或 50% 复方硫菌灵可湿粉，或混杀硫悬浮剂 800~1000 倍液，隔 7~10 d 1 次，前密后疏，交替喷施，采收前 3 d 应停止用药。

（2）虫害

番杏很少发生虫害，只是夏季偶尔有一些食叶害虫啃食叶片，防治时可兼治。可用 90% 晶体敌百虫 1000 倍液喷洒防治。但如措施不当，会导致病害的发生造成损失。

参考文献

[1] 管安琴，卢昱宇，陈罡，等 . 保健蔬菜——番杏的高效优质栽培技术 [J]. 上海蔬菜，2019(1):17-18.

[2] 王学国 . 番杏栽培技术要点 [N]. 吉林农村报，2017-03-31(B03).

[3] 江惠敏 .5 种野生蔬菜的繁殖技术和耐盐性研究 [D]. 仲恺农业工程学院，2017.

[4] 王学国 . 番杏生产的田间管理 [N]. 吉林农村报，2017-01-06(B03).

[5] 张玉洁 . 番杏多酚的提取纯化及抗氧化活性研究 [D]. 吉林大学，2016.

[6] 赖正锋，李华东 . 番杏的生物学特征及其栽培新技术 [J]. 福建热作科技，2007(3):22+46.

[7] 陈龙英，王宏争，董玉光，等 . 番杏 [J]. 上海蔬菜，2002(5):13-14.

[8] 饶璐璐 . 特菜番杏的烹饪方法 [J]. 蔬菜，2000(5):35.

海马齿（滨水菜）

Sesuvium portulacastrum L.

物种介绍

海马齿为番杏科海马齿属多年生匍匐草本，肉质，花期 4~7 月。为典型海岸植物，多生长于沿海地区的鱼塘堤岸、海岸流动沙丘、泥滩或岩砾地。在中国福建、广东、广西、海南、香港和台湾海岛有分布。海马齿在表土含盐量高达 40 mg/g 的滨海沼泽盐土上，可正常生长。在海南、广东雷州半岛等地，经常可以看到海马齿在含盐量高达 30 mg/g 的海水中正常生长。室内培养试验发现海马齿也可以在含盐量 30 mg/g 的培养液中长期生长。其主要用途如下。

1. 固沙护堤保持水土

海边沙地高温、干旱，沙粒流动性强，一般植物容易被掩埋或暴露根系。而海马齿具匍匐茎且多节，生长繁殖快，能在很短时间内扩大覆盖范围，且茎节多长有不定根，以增加吸水及对土壤固持力；叶片的肥厚多汁增加了胞质渗透压，叶表蜡质还可反射阳光照射，减少水分蒸散。因此其作为固沙植物的先锋种或优势种，可用于海边沙地、沙丘、河海沿岸或交汇处等滨海的固沙护岸；也可用于内陆荒漠化土地、沙漠地区，以增加植被覆盖以及水土保持。

台湾沿海地区的泥岩是水土保持最严重的问题土质之一。旱季表土盐分含量高，土壤电导质高，大多数植物不能很好生长。而海马齿则是这些地区高盐分缓冲带的适生植物，旱季它能耐受高盐分，雨季土壤盐度稀释又可迅速恢复生长，并在短时间内大面积成片铺开。从而有效改善泥岩土质植被裸化。

2. 盐碱地和重金属污染地修复

海马齿可用于盐碱地及含盐废水污染土地的脱盐淡化，以改善土壤肥力。重金属不能被生物降解，但能被植物从受污染地区萃取出来。利用海马齿对重金属离子 Cd^{2+} 和 Hg^{2+} 的高耐受性和富集能力，可将其作为重金属超积累物种，植于加工、生产和排放有害重金属离子的工矿企业（如金属冶炼、废旧电池处理）及周边地区。不仅可起到净化和修复重金属离子污染土壤的作用，达到改善土壤生态环境的目的，还可有效减少重金属进入食物链，降低对人类健康的危害。此外，它对其他重金属离子的吸附和耐受能力如何，

还有待进一步研究。

3. 净化水质

水体富营养化引起藻类及其他浮游生物迅速繁殖，导致水体溶解氧量下降、水质恶化、鱼类及其他生物大量死亡。在海湾或近海缓流水体中，富营养化还导致赤潮或红潮的大面积发生。防治水体富营养化除了要从源头上控制外源性营养物质输入外，化学和生物措施的利用也是重要且有效的办法。目前用大型水生植物构建的污水处理系统已用于净化富营养化的水体。对虾精养池塘中悬浮培养海马齿的研究结果表明，其对养殖废水的净化效果明显，同时消除了对虾食品安全的危害因素，降低了水污染对环境的影响。此外海马齿的根、茎和叶的干粉水提物还能有效抑制典型赤潮藻 —— 中肋骨条藻的生长，降低其生长速率和种群密度。因此海马齿可广泛应用于内陆湖泊或高污染海洋浅水湿地的生物修复及赤潮的防治，以降低水体富营养化程度和赤潮发生频率。

4. 绿化美化

用盆栽或营养液栽培海马齿，置于室内可供观赏，也可用于滨海庭园绿化或作为水岸植物对住宅区滨水环境（生态水池）进行园林营造。利用其强的悬浮颗粒物吸附能力，还可作为植被覆盖或绿化植物种植于学校操场、水泥厂等周边地区，以净化空气。

5. 蔬菜开发

在印度及东南亚一些国家，海马齿被人工驯化栽培作为蔬菜食用。海马齿含有丰富的钙、铁、钾等有益矿质元素，叶片含盐，微酸，多肉多汁，是一种具有潜在保健功能的野生蔬菜。常吃有益于心血管系统和神经系统，具有清除体内毒素、帮助消化、益气润肠的功效，用煮沸的清水漂洗 2~3 遍，通常可去除多余的盐分。

6. 饲草料开发

摄取一定的盐分对促进动物生长是十分必要的。海马齿是一种含盐植物，在沿海地区可作为猪、牛、羊等家畜的饲草料，既增加饲草的适口性，也补充了其新陈代谢所需的盐分。此外海马齿还可以保护鱼塘堤岸。垂入水中的海马齿不但能为鱼类提供荫蔽环境，其叶片还可供鱼类、螃蟹等食用。

7. 养蚕业应用

昆虫蜕皮激素是桑蚕养殖中普遍应用的一种催熟激素，可使桑蚕龄期缩短，加快吐丝营茧速度，节约成本。而且在因天气突变、计划不周或蚕病发生时，使家蚕提早老熟，减少损失。海马齿叶片中含有丰富的昆虫蜕皮激素类似物，1 kg 干叶片中约含 3.5 g 蜕皮甾酮，远远高于番杏科或苋科的植物，在中国植物中其含量是非常高的。因此，海马齿可作为昆虫蜕皮激素类似物开发的重要资源。

8. 医药及其他用途

海马齿的药用价值，在很久以前就开始被利用。在非洲、拉丁美洲以及亚洲的一些国家，如印度、中国、巴基斯坦和日本等，将其作为一种传统的民族药用植物，用于治疗发烧、肾病和坏血病。塞内加尔沿海地区，海马齿还被作为止血药。另外，用它煎出的汁，是毒鱼刺伤后最有效的解毒剂之一。

海马齿富含的萜和烯，具有一定的药用价值。临床上这些物质对发烧、坏血病均有很好的疗效，并能调节体内胰岛素和血糖含量。对细菌、真菌等微生物具有良好的抗菌活性和抗氧化活性。海马齿的其他次生代谢物如黄酮类化合物、科罗索酸等，还可作为食品、香料、化妆品、服装等生产中人工合成原料的替代品。实际上，目前市面上一些润肤或抗衰老美容产品中已含有从海马齿中提取的精华液。

繁育技术

1. 种子繁殖

种子萌发要求一定的温度、光周期和盐浓度。但种子少、繁殖慢，对环境因子的要求高。

2. 茎段扦插

进行大规模栽培的最佳方法。将植株按照 2~3 个茎节为单位，剪成为 10~15 cm 的茎段，斜插到含海沙的基质中保湿管理，1 个星期后即可长出新的根系和不定根。再 1 个星期后将生根的小苗移植到育苗杯中，育苗杯中应含有机质和海沙（1：1）。

3. 组织培养

以海马齿叶片、茎和腋芽为外植体，在不同激素配比的培养基上进行愈伤组织诱导、继代培养以及不定芽的分化和生根培养。结果表明：最适愈伤组织诱导的外植体为叶片，其次为幼嫩的茎段和腋芽。以叶片为外植体，愈伤组织诱导率最高的培养基为 MS + 2.0 mg/L 2,4-D + 0.5 mg/L BA + 3% 蔗糖，芽分化最适培养基为 MS + 1.0 mg/L 2,4-D + 0.2 mg/L BA + 3% 蔗糖；生根最适培养基为 MS + 3% 蔗糖 + 0.1% 活性炭。炼苗移栽后，成活率可达 80%。这为非沿海地区大面积、规模化种植海马齿提供了取材的便利。

参考文献

[1] 杨芳，杨妙峰，郑盛华，等.东山湾海马齿生态浮床原位修复效果研究 [J]. 渔业研究，2019, 41(3):225-233.

[2] 陈小刚，李珊珊，王广召，等.黑臭河道生态修复技术实验研究 [J]. 环境科学与管理，2019, 44(6):143-147.

[3] 李卫林，罗冬莲，杨芳，等.盐度对水培海马齿生长和生理生化因子的影响[J].厦门大学学报(自然科学版)，2019, 58(1):63-69.

[4] 王松，杜建会，秦晶，等.样品预处理方法对海岸典型沙生植物非结构性碳水化合物含量测定的影响 [J].广西植物，2018, 38(10):1290-1297.

[5] 应锐，陈婧芳，高珊珊，等.石莼和海马齿对海水养殖水体的单一及协同净化效果 [J]. 生态学杂志，2018, 37(9):2745-2753.

[6] 漆光超，姜勇，李丽香，等.广西海岸潮间带草本植物群落的研究 [J]. 广西科学院学报，2018, 34(2):114-120.

[7] 唐贤明，刘小霞，孟凡同，等.海马齿和长茎葡萄蕨藻的营养成分分析及评价 [J]. 热带生物学报，2018, 9(2):129-135.

[8] 出怡汝.海马齿对干旱、盐及水淹胁迫适应性的分子机制 [D]. 厦门大学，2018.

[9] 范伟，李文静，付桂，等.一种兼具研究与应用开发价值的盐生植物——海马齿 [J]. 热带亚热带植物学报，2010, 18(6):689-695.

[10] 申龙斌，段瑞军，郭建春，等.盐生植物海马齿离体再生 [J]. 植物学报，2010, 45(1):91-94.

假海马齿（沙漠似马齿苋）

Trianthema portulacastrum L.

物种介绍

假海马齿为番杏科假海马齿属一年生草本，花期夏季。分布于热带地区。产台湾、广东、海南和西沙永兴岛。生于空旷干沙地。

繁育技术

假海马齿在开花后 20~30 d，就能够产生 4~15 粒种子。假海马齿喜欢营养丰富和潮湿的土壤，在非常干燥时期或洪水的环境下，幼苗容易死亡，新鲜收集的种子没有休眠期，需要及时播种。研究显示，假海马齿种子发芽在 20~45℃ 均可以萌发，在 35℃ 时观察到 90% 的最大发芽率。种子发芽时间通常在第 4~8 d 达到最大值。种子发芽在实验室和田间条件下分别储存时，存储时间分别增加到 7 个月和 8 个月。储存在土壤中的种子的发芽率明显高于实验室储存的种子。当种子播种深度 > 1 cm，随着播种深度的增加而逐渐下降时。

参考文献

[1] FALADE T，ISHOLA I O，AKINLEYE M O，ct al. Antinociceptive and anti-arthritic effects of aqueous whole plant extract of *Trianthema portulacastrum* in rodents: Possible mechanisms of action[J]. Journal of Ethnopharmacology, 2019, 238:111831.

[2] SUKALINGAM K，GANESAN K，XU B . *Trianthema portulacastrum* L. (giant pigweed): phytochemistry and pharmacological properties[J]. Phytochemistry Reviews, 2017, 16(3):1-18.

[3] PILLI G，KUMAR P，PILAKA B. Selection of some fungal pathogens for biological control of *Trianthema portulacastrum* L. a common weed of vegetable crops[J]. Journal of Applied Biology & Biotechnology, 2016, 4(4): 90-96.

海岸桐

Guettarda speciosa L.

物种介绍

海岸桐为茜草科海岸桐属常绿小乔木，高 3~5 m，罕有高达 8 m；花期 4~7 月。普遍分布于热带的海岸地区，尤以马来半岛东部和西部生长茂密。在中国主要分布于台湾、海南和南海诸岛等热带地区。海岸桐是滨海潮汐的树种之一，是典型海岸植物。常见于海岸沙地灌丛、礁石缝隙和砾石滩上。能适应土壤粗砂粒多、干旱、强光高温、高盐碱、贫瘠、强风、沙埋等恶劣条件。海岸桐耐盐、盐雾性好，耐高温，耐旱，喜钙，嗜肥，喜光不耐阴，耐贫瘠。在中国台湾南部的垦丁，海岸桐常生长于珊瑚礁岩石缝隙中，是最接近海水的灌木之一。在中国西沙群岛，海岸桐生长在固定沙丘或珊瑚石灰岩碎屑上，常与草海桐、水芫花、海滨木巴戟等生长在一起，成为常绿的矮林。其主要价值有：

① 药用：海岸桐在非洲和印度是普遍的药用植物。药材基原为海岸桐的树皮和枝叶，主治溃疡、创伤和脓肿。

② 生态：海岸桐树形优美，适合做行道树、园林景观树，尤其适合滨海地区绿化，是重要的防风固沙植物。

③ 木材：海岸桐的木材为优良的家具用材，具深色斑纹。

繁育技术

1. 播种

海岸桐果实在每年 10 月以后陆续成熟，当果实变黄时采下，放于阴凉处 5~7 d，搓去果肉，除掉不饱满及种胚已变黑的坏种子，用湿砂按 3:1 比例与种子混合贮藏于竹箩中，置通风处过冬。

海岸桐种子可以秋播、也可以春播。如秋播，当采取红熟的种子，搓去果皮，用清水冲洗干净，晾干后即可播种。如春播，当气温高于20℃时，将砂藏过冬的种子取出即可播种。播后覆细土 2 cm，再盖上一层腐殖土以保持畦面湿润。播后 15~20 d 种子即可发芽，1 个月发芽率可达 95% 以上。当种子将出苗时，再在畦上搭约 15 cm 高的遮阴栅，以防强光伤害幼苗。

播种 1 个月种子发芽出苗后，结合除草，薄施有机肥 3~4 次。注意排灌，防漏深温。100 d 后将遮阴栅拆除，增强光照，促使幼苗生长健壮。

出圃移植：一般经过 5 个月的苗圃育苗后，幼苗可出圃。选择阴天或阴雨天起苗定怡。起苗前先将顶部嫩苗剪去一部分，留苗 25 cm 高左右，保持 3~4 个节，以减少水分蒸发，促进生根、萌芽。成活进入生长期后去掉遮阴物。

2. 压条

选用海岸桐多年生木质化枝（硬枝）和半木质化的当年生枝（嫩枝）作插穗。所取插穗母株生长健壮材料剪成枝段用作插穗，并将插穗基部 1 cm 的茎段浸入 1% 的醋酸溶液中消毒 1 min，然后在矿泉水瓶中装进自来水，把插穗放入瓶中，并使插穗下端浸入 3 cm 水中。每天换水 1 次，并观察记录插穗变化情况。

压条方法：将选好的茎，除芽节和嫩梢稍露出土面外，其余的茎（用锄头轻轻横理一条浅小沟，随蔓茎的长度而定）进行复土埋入土壤中，深 1~1.5 cm。压条最好是在阴雨天进行。如晴天，宜早晚进行，并在当天立即淋水。压条一般 2~3 月份和 10 月上旬两个时期。压条后 20 d 左右芽节下面长出须根，根须较发达时，可用较快的刀子将埋入土内的蔓茎（离芽节前 2 cm）切断，这样就与母株蔓茎脱离，产生出新植株。新植株长出须根前后，要加强管理，经常淋水，保持土壤湿润。50 d 后将新株培土 1 次，并施浇 1 次腐熟的稀薄人畜粪尿，并加入适量的过磷酸钙，以后每月施一次肥，并除草。在 80~100 d 后，生长达 13~20 cm 时，即可挖苗移栽定植。

3. 扦插

在生长季节均可进行，用修剪下的嫩枝扦插，用 500 mg/L IBA 的培养基，成活率可达 90% 以上。方法是将未木质化的绿枝剪成 8~10 cm 长的枝段，保留一个生长点，在 500 mg/L IBA 溶液种浸泡 0.5 h，均匀地插于苗床内。盆土以透水良好的砂质壤土为宜，先浇透水，再铺 2~3 cm 的细砂。扦插株距为 3~5 cm，扦后用喷壶洒一次水。放于阴凉处，半个月左右便可生根。

4. 组织培养

初始芽发生包含了 BA 0.5 mg/L，将新生的枝芽剪下来，用毛刷将芽周围的灰尘颗粒清洗干净，用吸纸将多余的水分吸干后投入到 0.1% HgCl₂ 溶液中消毒 20 min，之后用镊子将材料取出来放入无菌水里洗 5 次后剪成带芽小段接到培养基里。海岸桐长期生长在南方潮汐的海边，自身带菌严重，因此，外植体消毒是关键，外植体消毒时间以 20 min 最佳。当枝芽培养到 15 d 时，可看见腋芽开始萌动伸长，接种 30 d 腋芽的萌发率达 95%。

不定芽诱导：不定芽诱导包含了 BA 0.8 mg/L，TDZ 0.3 mg/L，NAA 0.1~0.2 mg/L。腋芽萌发经过一段时间的培养后，长成 1~1.5 cm 的有 2 片叶子的芽苗，将芽苗去掉叶片后转入到以下三组培养基中培养 45 d 后，芽的基部开始分化出不定芽来，不定芽分化较好的培养基为 BA 0.8 mg/L + NAA 0.1 mg/L + TDZ 0.2 mg/L 培养基，不定芽诱导率可达 58%。

不定芽增殖：不定芽增殖包含了 BA 0.5~1.0 mg/L，NAA 0.1 mg/L，将两个为一丛的小芽从母体上割下来转入到几种培养基上，培养 35 d 后，芽苗长大，在长大的苗基部和芽节上出现新的芽点，综合观察下芽的生长状态，较好的培养基为 BA 0.5 mg/L + NAA 0.1 mg/L，在后继的继代中能保持增殖倍数 3 倍以上，BA 浓度越高，后继增殖能力反而降低，继代培养每隔 35 d 1 次。

不定根诱导：诱导不定根方法采用 1/2MS 培养基，培养基包含了 IAA 0.5 mg/L + NAA 0.1 mg/L，培养的基质为蛭石和琼脂 2 种，当小苗有 3 cm 高并有 4 片叶子时，将其切割下来转入到生根培养基中，然后小的芽苗继续转入增殖培养基中增殖。海岸桐比较容易生根，小苗培养 20 d 后可生根，2 种处理培养基都能够诱导出根，根的诱导率为 86.3%。

移栽：当小苗长到 3 cm 高并且有 4~5 片叶子时，将其从瓶子中取出来做移栽准备，从蛭石培养基中取出来的小苗可直接移栽在蛭石 + 河沙（1:1）的盆子中。移栽成活率 81%，从琼脂培养基中取出来的小苗先将黏在根部上的琼脂洗干净后再移栽。移栽成活率 63%。

参考文献

[1] Y XU, Z LUO, S GAO, et al. Pollination niche availability facilitates colonization of *Guettarda speciosa* with heteromorphic self-incompatibility on oceanic islands[J]. Scientific Reports, 2018, 8(3).

[2] 任海，简曙光，张倩媚，等. 中国南海诸岛的植物和植被现状 [J]. 生态环境学报, 2017, 26(10):1639-1648.

[3] 张浪，刘振文，姜殿强. 西沙群岛植被生态调查 [J]. 中国农学通报, 2011, 27(14):181-186.

[4] 邢福武，吴德邻，李泽贤，等. 我国南沙群岛的植物与植被概况 [J]. 广西植物, 1994(2):151-156.

海滨木巴戟（诺丽）

Morinda citrifolia L.

物种介绍

海滨木巴戟是茜草科巴戟天属小乔木，高可达 5 m，花果期全年。

喜高温多雨气候。适宜在年平均温度 21~27℃、年降水量 1500~2000 mm、相对湿度 70% 以上的无霜区栽培。不耐低温，当出现 5℃低温时叶片发黄，若温度再低叶片会发黑。可以生长在海边泥滩，也可生长在冲积壤土和砖红壤土上。pH 6.0~7.0，喜光，不耐干旱。分布自印度和斯里兰卡、马来西亚，经中南半岛，南至澳大利亚北部，东至波利尼西亚等广大地区及海岛。在中国分布于台湾、海南岛及西沙群岛等地。生于海滨平地或疏林下。其主要功能是果实可吃，树干通直，树冠幽雅，在东南亚常种于庭园。根、茎可提取橙黄色染料。皮含袖木醌二酚、巴戟醌，印度尼西亚民间作药用。

海滨木巴戟生性强，能耐旱和高盐，但不耐寒；可以在贫瘠的酸性或碱性土壤、干旱或靠近海岸线的低湿地生长，为太平洋岛屿森林或热带雨林的重要林下树种。海滨木巴戟果实膳食纤维含量丰富，相比其他水果，海滨木巴戟果中含有人体所需的 17 种氨基酸，蛋白质含量很高，约占干物质的 11%；钾含量 30~250 mg/kg；维生素 C 含量 258 mg/100 g。海滨木巴戟根、树皮、叶、花、果实和种子均有应用价值，民俗食用和药用有较长时间的记载，太平洋群岛上的波利尼西亚人将其作为最主要的药用植物来治疗疾病已有 2000 多年的历史，在治疗疼痛、炎症、烧伤和其他皮肤疾病、肠道寄生虫、恶心、食物中毒、发烧、

感染、创伤、腹泻、便秘、痛经、昆虫和动物咬伤等有显著效果。

海滨木巴戟有强烈气味。在民间作为保健及药用饮料已有两千年历史，特别是在太平洋南部岛屿的土著民中，是必不可少的日常保健品。海滨木巴戟果实含有相当高的生物碱和多种维生素。临床药理研究结果表明，能维护人体细胞组织的正常功能，增强人体免疫力，提高消化道的机能，帮助睡眠及缓解精神压力，减肥和养颜美容。在南太平洋一带素有"仙果"的美称，被誉为大自然恩赐给人类的旷世珍品。

繁殖方法

1. 种子繁育

紧凑、生长健壮、无病虫害发生、具 2 年以上树龄的丰产单株可作为采种母树。采种果应该是无不良表现且单果重在 100 g 以上的标准果。采收适时为全果变奶黄或金黄色，充分成熟时。最好采摘 6~8 月份的果实。

及时洗果晾种：堆沤成熟的果实会使果肉腐烂，用粗砂摩擦清除果肉易于及时取种子晾干，防止霉变，影响种子质量。

贮藏：种子采收后，最好随采随播，自然条件贮存情况下，超过 1 个月时间，其发芽率会大大降低，在 10~15℃ 低温贮藏半年时间仍有 20% 以上发芽率。在 6~7 月海滨木巴戟果实成熟时即采即播，25~30 d 发芽，出苗率最高（90%）。若是贮藏 6 个月后的种子播种，发芽时间推迟 45~60 d，发芽率明显降低，仅有 50%。海滨木巴戟种子种壳革质、厚而硬，胚芽不发达，直接播种发芽时间长，为此播种前要作适当处理。可先将种子放入纱布袋内再加入适量粗沙反复搓揉，至种壳糙手为止，然后用 1:0.5:100 波尔多液或 0.05% 的多菌灵浸泡杀菌 5 min，撒播在催芽床上，盖上 1 cm 厚的粗河沙，浇透水。种子用量 1500 粒 /m² 左右，待苗高 5 cm，抽出 3~4 对子叶后，即可移栽到育苗袋中。育苗袋规格为长 × 宽 15 cm×28 cm 或 18 cm×20 cm，营养土要用园土混入腐熟的有机肥，比例为园土：钙镁磷：有机肥 = 8:1:1。将营养土充分混合均匀，装入育苗袋。幼苗移栽时间以小雨阴天移栽最好，晴天应在下午 5 时以后移栽，150 d 后出圃定植。

育苗标准：小苗长出 3~4 片真叶后，即可移载于 15×15 cm 的育苗袋中栽培技术。土层深厚肥沃、排水良好。在种植前全垦或带状整地，带宽 1.5 米，清除杂草，犁翻土地。坡地上要挖水平梯带，然后按 1 m×2 m 的株行距挖穴，穴深 50 cm×50 cm×40 cm，每穴施放钙镁磷肥 100 g，施有机肥 5~10 kg，与表土拌匀回穴。

种植的季节以雨季初期最好，这时气温已升高，土壤湿润，种植以后很快能恢复生长。定植时若苗木根系受伤，可以将苗木上的大叶片剪去 1/2 以利成活。海滨木巴戟喜大水大肥，成活后在生长季节每月施 1 次复合肥，施肥量视幼树大小控制在 5~20 g。在生长良好的情况下，栽植当年即可现蕾结果。

2. 扦插繁殖

3~5 月，结合修枝整形，选用绿色、半木栓化或褐色已木栓化、健壮的直生枝作为插穗，插穗长 15~20 cm，有 2~3 个饱满的芽点，上端剪为平口，下端离节间 2 cm 处剪为斜口。扦插时，将插穗在波尔多液 300 倍液中浸泡 10 min 后取出晾干，速蘸 NAA 2000 mg/L 液，45°斜插于基质中，扦插深度以埋至斜口上方第 1 个节间处为宜。30 d 后，平均生根率为 72 %，最高生根率达 90% 以上。待插穗根长 2~3 cm，有 1~2 对新叶抽出时，将其移至育苗袋中培育 30 d，当新叶抽发 3~4 对时可出圃定植。

3. 组织培养技术

本试验以海滨木巴戟不含腋芽的茎段薄片为外植体，建立了 2 种离体再生模式 (模式 I 为先诱导不定芽后诱导不定根；模式 II 为先诱导不定根后诱导不定芽)。用于模式 I 和模式 II 的愈伤组织的诱导时间分别为 12 d、18d、24 d 和 12d、24 d、36 d，2 种模式使用的诱导时间差异较大主要是因为在诱导后续分化时，茎的诱导时间为 36 d 时，不定芽的出芽率极低，并且茎的诱导愈伤时间越短，出芽时间越早。在模式 II 中，随着茎的诱导愈伤的时间的增加，根的分化率也相应升高，但是当诱导时间过长时，愈伤组织逐渐变黑死亡。在模式 II 的再分化模式中，不同的 NAA 质量浓度下，愈伤组织的生根能力都比较强，且培养时间越长的愈伤组织的生根率越高，表明在海滨木巴戟茎段脱分化的过程中伴随了促进生根的物质产生，配合外源添加的 NAA 达到了较好

的生根效果。在原培养基中，已经生根的愈伤组织能够继续分化出不定芽，说明根的生出能够促进愈伤组织的再分化能力，可能是因为根能够从培养基中吸取营养物质，或者是根本身能够产生促进分化的化学物质。在诱导不定芽生根的试验中，当 NAA 质量浓度为 0.1 和 0.2 mg/L 时，能够显著缩短生根时间且能提高生根率，当 NAA 质量浓度为 0.05 和 0.3 mg/L 时，开始生根的时间分别为第 50 d 和第 60 d，说明适量质量浓度的 NAA 使不定芽的切口处形成微量的愈伤组织保持疏松状态，有利于水分、养分的吸收，且有较好的促进生根的作用。选取海滨木巴戟的茎的薄切片为外植体，一节不带腋芽的茎段就能够提供若干份培养材料，这在实际生产中能够大量的节约生产材料。在取外植体时，一般仅剪取海滨木巴戟植株枝条的前两节幼嫩茎段，对植株的生长无迫害作用，反而能够促使母株抽出更多的枝条。组织培养褐变是酚类物质被氧化产生深色物质的结果，这些物质会对外植体材料产生毒害作用，使之死亡。植物组培试验中，不同激素的共同作用，会对外植体的生长、分化产生显著的调节作用，使用了合适的激素组合，能够抑制外植体的褐化，并且能够促使外植体进一步的生长、分化。在培养基中加入生长调节物质可以改变和影响外植体的内源激素水平，从而导致外植体在附加不同植物生长调节剂的培养基中进行离体培养时，不定芽的诱导频率差异很大。适当添加外源激素可以提高海滨木巴戟离体再生的频率进而节省培养时间。在模式 I 里，愈伤组织的质地较紧实，颜色为嫩绿色，很多研究表明，结构致密的绿色或浅绿色愈伤组织的分化潜力大，不定芽从茎薄片愈伤的边缘和中间位置均有生出。在模式 II 里，诱导不同时间的愈伤组织接入诱导生根的培养基中后，能够迅速的分化出新的黄色的愈伤组织，进而分化出不定根和丛生芽。使用这两种模式产生离体再生植株各有特点，模式 I 产生单株再生苗的速度要快于模式 II，而模式 II 由于能够产生丛生芽，因此能够一次收获若干株再生苗。在实际生产生活中可以根据需要选择相应的再生模式。

栽培管理

1. 建园及定植

根据拟建园地的规模、地形、地势分成若干小区，平缓地小区面积宜 2~3 hm²，丘陵山地小区面积

1~2 hm²，设立好相应的排灌和道路系统。山地建园要沿等高线种植，挖出台地，台地宽 2~3 m，向内倾斜。平地建园采用方形种植，株行距 2.5 m×3 m；坡地梯田采用等边三角形种植，株行距 2.5 m×3 m 或 3 m×4 m。种植穴挖于台地中间，规格为面宽 × 穴深 × 底宽 = 0.6 m×0.5 m×0.5 m。开挖时间为冬前 10 月至翌年春季 2 月。植穴挖出的土壤要暴晒 20~30 d 后再回填，回填土与肥混合均匀，回土高出地面 15 cm 左右。定植时间，有灌溉条件的园地可在开春后定植，无灌溉条件的宜在 5~6 月雨季到来时定植。定植时要剥去袋苗的育苗杯，轻拿轻放，避免营养土松散，损伤根系。幼苗放入穴中，保持苗木直立，压实周围穴土，袋苗营养土面与台面高度一致，浇足定根水。定植 30 d 后调查成活率，对缺株、死株要及时补换，以确保园内植株生长一致，利于管理。

2. 病虫防治

天蛾：每年发生 4 代，以蛹在土下 10 cm 处越冬。成虫白天隐藏在寄主或生长茂密的农作物及杂草丛中，夜间交尾产卵，有趋光性，迁移性大，卵散产于叶背。幼虫共 5 龄，白天躲藏在叶背，夜间取食，阴天可整日危害。高温少雨有利于其发生，冬天翻耕可降低虫口基数。10 月老熟幼虫陆续下土化蛹越冬。防治方法：① 成虫发生期用黑光透杀，卵盛期人工摘除虫卵，高龄幼虫时人工捕捉。② 危害严重时用 90% 敌百虫晶体 1000 倍液、20% 菊马乳油 2000 倍液喷雾，每周一次，连续 2~3 次。③ 大面积栽培时注意保护天敌，在天敌发生盛期，用 Bt 可湿性粉剂 800 倍液喷雾，禁止喷洒化学农药。

褐软蚧：每年发生 6 代，多世代重叠，被害虫植株上常同时长有成虫、卵及各部龄若虫，卵期短，若虫多聚集在茎及嫩枝叶茎部，排泄物黏稠，易诱发煤污病，影响光合作用。防治方法：① 注意保护利用天敌瓢虫等，剪除虫枝或刷除虫体。② 在卵孵化期用 40% 乐果乳油 1000 倍液或 80% 敌敌畏 1000 倍液等喷雾，注意均匀喷洒在叶背。③ 各代卵初孵时和若虫期喷洒 40% 乐果乳油 1000 倍液或 50% 马拉硫磷 800 倍液 1~2 次，间隔 7~10 d 喷一次。

轮纹病：病原为壳二孢属真菌，以病叶组织内的菌丝或分生孢子器在病斑内越冬，成为翌年的初侵染源，生长期新病斑上产生分生孢子借风雨传播，不断引起再侵染，扩大危害，8~9 月发生严重。防治方法：① 冬季清洁田园，烧掉病残体，合理密植，加强水肥管理。② 7 月下旬开始喷 70% 万霉灵 600 倍液或 50% 多菌灵 500 倍液或 50% 代森锰锌 600~800 倍液等药剂，每 10 d 1 次，连续 2~3 次。

3. 果实采收

海滨木巴戟果是一种有呼吸高峰的果实，采摘后呼吸量急剧增加，易变软，应在其生理成熟时采收。未成熟的海滨木巴戟果实呈绿色或黄绿色，采收过早，易造成果实大小和重量达不到标准，品质差。当海滨木巴戟果实 2/3 以上果皮颜色变为乳白色即视为成熟，此时果实较坚硬，采摘或搬运不易损伤，最适采收。

通常 8~11 月是果实成熟期，但因海滨木巴戟边开花边结果，果实成熟不一致，在同一株树上常有熟果、青果和幼果，故应适时采收。采果时，可用手或采果剪进行采摘，应轻摘轻放，避免碰撞挤压和机械损伤，保证果实品质。

4. 采后处理

采收下来的海滨木巴戟果需挑除病果、过熟果，剔除混入原料果内的果梗、枝叶和其他杂质，然后用清水浸泡、冲洗果皮，再摊晾，待果实表皮水分晾干即可加工，或放入 3~5℃ 的冷库中贮藏保存，贮藏时间 5~10 d 为宜。

参考文献

[1] 张斌, 周学明, 赵婷, 等. 诺丽发酵液的化学成分研究 [J]. 中国中药杂志, 2019, 44(18):4015-4020.

[2] 张广平, 昌佑泽, 李从良, 等. 西沙诺丽通便和降糖作用的药效学研究 [J]. 世界中医药, 2018, 13(4):988-992.

[3] 杨焱, 杨朴丽, 徐通. 功能植物诺丽栽培技术研究 [J]. 热带农业科技, 2018, 41(2):28-32.

[4] 韩涛涛, 刘楠, 宋光满, 等. 海滨木巴戟的生理生态特征研究 [J]. 热带亚热带植物学报, 2018, 26(1):33-39.

[5] 徐通, 杨朴丽, 杨焱. 疏果对诺丽幼树生长及产量的影响 [J]. 热带农业科技, 2018, 41(1):34-35+42.

[6] 王丽. 诺丽果的营养与保健功能 [J]. 中国妇幼健康研究, 2017, 28(S4):139-140.

[7] 晏永球, 童应鹏, 陆雨, 等. 诺丽的化学成分及药理活性研究进展 [J]. 中草药, 2017, 48(9):1888-1905.

[8] 黄奥丹, 蓝增全, 吴田. 诺丽叶片的离体再生 [J]. 广西植物, 2017, 37(6):749-756.

[9] 聂风琴. 海巴戟（NONI）种质资源营养成分和功能成分研究 [D]. 海南大学, 2015.

[10] 孟蕲翾, 崔孟媛, 吴友根, 等. 诺丽营养器官内的总黄酮含量及消长规律 [J]. 热带生物学报, 2014, 5(3):286-289.

[11] 李奕星, 袁德保, 郑晓燕, 等. 诺丽果汁的抗氧化性研究 [J]. 热带作物学报, 2013, 34(8):1531-1534.

[12] 张伟敏, 魏静, 师萱, 等. 诺丽叶降血压、降血糖和抗氧化活性的研究 [J]. 食品研究与开发, 2013, 34(19):66-70.

[13] 李青红, 蓝增全, 李法营. 诺丽种子的生命力测定与发芽试验 [J]. 安徽农业科学, 2010, 38(24):13037-13039.

[14] 乔治. 诺丽与诺贝尔奖 [J]. 知识经济, 2007(2):78-79.

黄槿

Hibiscus tiliaceus Linn.

物种介绍

黄槿为锦葵科木槿属常绿灌木或乔木，高 4~10 m，胸径可达 60 cm；树皮灰白色。花期 6~8 月。分布于中国、越南、柬埔寨、老挝、缅甸、印度、印度尼西亚、马来西亚及菲律宾等；在中国分布于台湾、广东和福建等地。喜光，喜温暖湿润气候，适应性特强，也略耐阴，耐寒，耐水湿，耐干旱和瘠薄，对土质要求不严，只需排水良好，在肥沃湿润土地上生长茂盛。其主要价值如下。

① 食用：嫩枝叶供蔬食。

② 经济：树皮纤维供制绳索，木材坚硬致密，耐朽力强，适于建筑、造船及家具等用。

③ 观赏：四季常绿，树冠呈圆伞形，枝叶繁茂，花多色艳，花期甚长，为常见的木本花卉，是优良庭园观赏树和行道树；亦可盆栽观赏，做成桩景亦甚适宜。可在公路、道路两旁列植用于行道树，在庭园中丛植作庭荫树，在公路中间分隔带中列植作第二林层绿化树。

4. 生态：黄槿为强抗盐植物，能大量富集铜、锌和镉，其抗重金属能力很强。其生存力极强，耐盐碱，能抵御风害，可作为海岸防沙、防风、防潮的树种，在海岸带群植作防风固沙林。

繁殖方法

1. 播种法

采种：种子于 12 月至翌年 1 月成熟，当果呈黄褐色或褐色，即将开裂时，进行采收。果采回暴晒至果裂，抖出种子，晒干后进行干藏。种子千粒重约 12 g。

播种方法：育苗地应选择坡度平缓、阳光充足、排水良好、土层深厚肥沃的砂壤土，苗床高 15 cm 左右，纯净黄心土加火烧土（比例为 4:1）作育苗基质，用小木板压平基质，用撒播方法进行播种，播完种子后，用细表土或干净河沙覆盖，厚度约 0.3~0.5 cm，以淋水后不露种子为宜，用遮光网遮阴，保持苗床湿润，播种后约 20 d 种子开始发芽，经 30 d 左右发芽结束，发芽率约 40%~50%。当苗高达到 3~5 cm，有 2~3 片真叶时即可上营养袋（杯）或分床种植。用黄土 87%、火烧土 10% 和钙镁磷酸 3% 混合均匀作营养土装袋。覆盖遮光网遮阴，种植 40 d 后，生长季节每月施 1 次浓度约为 1% 复合肥水溶液，用清水淋洗干净叶面肥液；培育 1 年苗高约 40~60 cm，地径约 0.7 cm，可达到造林苗木规格标准。

2. 扦插法

3~4 月，采集半木质化穗条，穗条长 8~12 cm，保留 4~5 个芽，上部带 1~2 片叶片，插前下端点蘸生根粉或用生根水浸泡 4 h，纯净黄心土作育苗基质，晴天进行扦插，用遮光网遮阴，用薄膜覆盖保持苗床湿润，插后约 30 d 开始生出不定根，扦插成活率可达 70%。根长至 2 cm 时可上袋（杯）种植，也可不移苗直接在插床培育，但扦插时应控制密度。种植 40 d 后施浓度约为 1% 复合肥水溶液，用清水淋洗干净叶面肥液；培育 1 年苗高约 25~35 cm，地径约 0.5 cm。

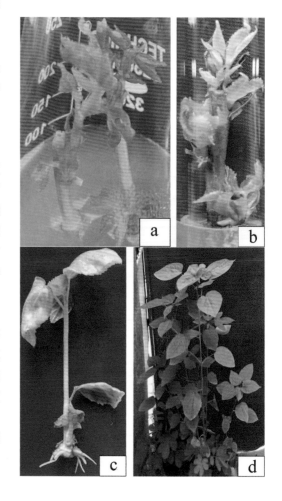

栽培管理

1. 栽植

黄槿喜生于深厚、湿润、疏松的土壤，以中下坡土层深厚的地方生长较好。栽植株行距 2 m×3 m 或 2.5 m×3 m，造林密度 89~111 株 / 亩。造林前先做好砍山、炼山、整地、挖穴、施基肥和表土回填等工作，种植穴长 × 宽 × 高规格为 50 cm×50 cm×40 cm，穴施钙镁磷肥 1 kg 或沤熟农家肥 1.5 kg 基肥。如混交造林，可采用株间或行间混交，黄槿与其他树种比例为 1:1 至 1:2 为宜。裸根苗应在春季造林，营养袋苗在春夏季也可造林。在春季，当气温回升，雨水淋透林地时进行造林；如要夏季造林，须在大雨来临前 1~2 d 或雨后即时种植，或在有条件时将营养袋苗的营养袋浸透水后再行种植。有条件浇水的地方需浇足定根水，春季造林成活率可达 95% 以上，夏季略低。若作园林绿化种植，宜移植一次，至第 3 年春天，苗高 1.5 cm 左右、地径 2 cm 以上可出圃栽植。

2. 抚育

造林后 3 年内，每年 4~5 月和 9~10 月应进行抚育各 1 次。抚育包括全山砍杂除草，并扩穴松土，穴施沤熟农家肥 1.5 kg 或施复合肥 0.15 kg，肥料应放至离叶面最外围滴水处左右两侧，以免伤根，影响生长，3~4 年即可郁闭成林。

参考文献

[1] 林武星，朱炜，连春阳 . 滨海沙地防风树种黄槿扦插育苗试验 [J]. 防护林科技，2017(7):5-7.

[2] 林建有 . 黄槿生长节律及育苗技术探讨 [J]. 绿色科技，2016(1):94-95.

[3] 林建有 . 半红树植物黄槿培育技术探讨 [J]. 林业勘察设计，2015(02):112-115.

[4] 阮长林，冯剑，刘顿，等 . 海南岛黄槿长枝扦插育苗试验 [J]. 福建林业科技，2015, 42(2):118-124.

[5] 严廷良，刘强 . 人工处理黄槿种子萌发的研究 [J]. 湖北农业科学，2012, 51(2):340-343.

[6] 侯远瑞，蒋焱，钟瑜，等 . 黄槿实生苗生长节律及容器育苗技术 [J]. 林业实用技术，2010(3):19-20.

[7] 蒋焱，龚建英，侯远瑞，等 . 黄槿扦插育苗试验研究 [J]. 广西林业科学，2009, 38(2):98-101.

铺地刺蒴麻

Triumfetta procumbens Forst. F.

物种介绍

铺地刺蒴麻为锦葵科刺蒴麻属木质草本，茎匍匐。果期 5~9 月。生长于海滩上。分布于中国西沙群岛的东岛及东沙群岛。澳大利亚及西南太平洋各岛屿有分布。

主要价值如下。根系发达，有固沙作用。具备良好的海岛生态防护功能。叶片含有黄酮和黄酮醇苷类化合物，在防治肠道鞭毛虫方面有明显的疗效。具有抗菌活性，可用于治疗传染性疾病、腹痛和消炎。

繁育技术

1. 种子繁殖

收集带果皮的种子，带回室内自然干燥。拨开果皮，里面有 1~2 个种子。

在春夏季节，种子用 500 mg/L GA₃ 处理浸泡 0.5 h 后通过沙埋方式进行催芽。一般沙埋 3~5 cm 深。保湿管理，一般每天少浇一次水即可。1 个月后，种子萌发出来。当小苗长到 10 cm 高时，带根取出，移植到育苗杯中。育苗杯中土壤以黄土和有机质（1∶1）配制。3 个月后当苗当苗长到 30 cm 高时，即可在外种植。

2. 扦插繁育

剪取比较老的枝条，将其简短至 10~15 cm 长的茎段，保留 2~3 个带腋芽。将其正插到含 500 mg/L IBA

溶液中浸泡 30 min。然后斜插到砂床上保湿保阴处理。半个月后在扦插的基部腋芽处长出新根。1 个月后 95% 以上枝条能够成活并长出新根。可以移植到育苗杯中，育苗杯中含有机质、黄土以及椰糠（1:1:1）。小苗继续在育苗杯中生长并长出新芽并开始延伸。4 个月后即可移植到外面种植。

3. 组织培养

（1）不定芽诱导和增殖

用铺地刺蒴麻的茎段为外植体接入不定芽诱导培养基中，在含 BA 的培养基中不定芽诱导较好，30 d 左右，侧芽开始形成突起并分化出芽，继续培养 30 d 左右，在其侧芽的原基上可见到有多个绿色突起并继续发育为小芽。实验结果表明当单独使用 BA 的浓度达到 1.2 mg/L，不定芽的基部容易形成愈伤组织。而当 BA 的浓度在 0.5~0.8 mg/L 时，不定芽的愈伤化减少，不定芽能够分化形成正常的不定芽。

不定芽对 NAA 比较敏感，当培养基中有 BA 并添加低浓度的 NAA（0.01~0.1 mg/L）时，容易引起叶片和茎段形成愈伤化。同一浓度的 BA 比激动素繁育效果更好。在添加 BA 0.8 mg/L 的 MS 培养基中，芽的增殖倍数最高可达 5.2。而 KIN 所诱导的芽数只有 3.0 个。当不定芽在原来的培养基上继续培育达到 80 d 后，在叶片、叶柄和茎段上观察到有次生不定芽的形成。

（2）不定根的诱导

铺地刺蒴麻的芽在添加生长素的培养基或者是对照培养基中培育 20 d，生根率均达 100%。但是培养基中添加了生长素的生根时间相对较短，一般只需 3 周即可诱导生根，而未添加生长素的培养基中，生根时间需要 4 周。植株在添加 IBA 的培养基中，生根的质量良好，在添加 NAA 的培养基中，根部会出现肥大；对照处理的培养基的根长势一般，根系较短，其生根时间要比 IBA 或 NAA 处理的稍迟。

（3）移栽

将生根良好的植株种植于蛭石：河沙 (1:1) 基质中 1 个月后，移栽成活率可达 95.3%。

参考文献

[1] 陈双艳，于昕腾，熊玉萍，等. 铺地刺蒴麻的不定芽诱导和植株再生 [J]. 植物生理学报，2019, 55(10):1511-1515.

磨盘草（金花草、唐挡草）
Abutilon indicum (Linn.) Sweet

物种介绍

磨盘草为一年生或多年生锦葵科亚灌木状草本，高达 1~2.5 m，分枝多，全株均被灰色短柔毛。花果期 7~10 月。常生于海拔 800 m 以下的地带，如平原、海边、砂地、旷野、山坡、河谷及路旁等处。喜温暖湿润和阳光充足的气候，生长适温在 25~30℃，不耐寒，一般土壤均能种植，较耐旱，喜肥，在疏松而肥沃的土壤上生长茂盛。分布于越南、老挝，产于中国广东、广西等地。

干燥全草主干粗约 2 cm，有分枝，外皮有网格状皱纹，淡灰褐色如被粉状，触之有柔滑感。叶皱缩，叶面浅灰绿色，叶背色淡，少数呈浅黄棕色，被短柔毛，手捻之较柔韧面不易碎，有时叶腋有花或果。全草供药用，有散风、清血热、开窍、活血的功效，为治疗耳聋的良药。

繁育技术

1. 种子繁育

收集成熟、饱满种子，翌年 3 月直播，按行株距 35 cm×30 cm 开穴，每穴播种子 3~4 颗，覆土 3 cm，

播后浇水保湿，7~10 d 即可发芽出苗。苗高 5 cm 左右时，间苗，每穴留壮苗 1~2 株。间苗后追 1 次稀薄氮肥。以后每月中耕除草及追肥 1 次，施肥后进行培土。雨季注意排水防涝。

2. 组织培养

通过对磨盘草组织培养技术的研究，叶片外植体在附加 2.5 mg/L 2,4-D 和 0.5 mg/L KIN 的 MS 基本培养基上，诱导愈伤组织成功率最高。愈伤组织在转移到在附加 2.0 mg/L KIN 和 1.0 mg/L NAA 的 MS 培养基，平均每块愈伤组织能够诱导 11.2 个不定芽。在生根的 1/2 MS 培养基上，NAA 比 IBA 和 IAA 更适合诱导根的形成。生根的健康小苗被转移到田间地头，幼苗存活率为 87%。

参考文献

[1] 刘玟君，黄周艳，韩倩，等．民族药磨盘草研究进展及展望 [J]．辽宁中医药大学学报，2019, 21(5):129-132.

[2] 张昕．磨盘草化学成分和药效物质基础研究及香草酸的含量测定 [D]．广西中医药大学，2018.

[3] 黄必奎．广西壮药磨盘草研究概况 [J]．右江民族医学院学报，2013, 35(4):541-542.

[4] 陈勇，杨晨，魏后超，等．广西产磨盘草药材中总黄酮的含量测定 [J]．中华中医药学刊，2011, 29(12):2721-2722.

[5] 陈勇，杨晨，魏后超，等．磨盘草化学成分研究 [J]．时珍国医国药，2010, 21(9):2245-2246.

[6] 刘娜，贾凌云，孙启时．中药磨盘草的化学成分 [J]．沈阳药科大学学报，2009, 26(3):196-197+221.

圆叶黄花稔

Sida alnifolia Linn. var. *orbiculata* S. Y. Hu

物种介绍

圆叶黄花稔为锦葵科黄花稔属植物。喜温暖和阳光充足的环境。生长适应性强，耐旱、耐寒。对土壤要求不严，较贫瘠的土地也能生长。分布于中国广东等地。

繁殖技术

1. 种子繁殖

可直播和育苗移植，生产上多采用直播。于春季 3~4 月，开浅沟条播，行距 30 cm，将种子均匀播入沟中，覆细土 2 cm，浇水保湿，播后约 10 d 左右出苗。亦可穴播，按行株距 35 cm×25 cm 开穴，将种子点播至穴内。

当苗高 4~5 cm 时，条播按行距 10 cm 左右定苗，穴播每穴留苗 3 株。定植后至封行前，应隔月松土和除草 1 次，春、夏、秋季各追施人粪尿或复合肥 1 次，冬季追施堆肥或厩肥，追肥后进行培土。

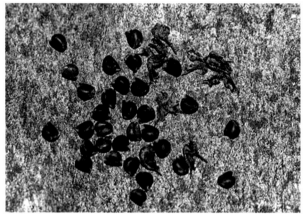

2. 组织培养

启动培养基：MS+BA 1.0 mg/L +NAA 0.1 mg/L，蔗糖浓度 3%，pH 5.8~6.00。将新生的枝芽剪下来，去除叶片留顶端叶片，用 75% 乙醇擦拭外植体表面后转入工作台，放入组培瓶中，先用 75% 乙醇消毒 30 s，再转入 0.1% $HgCl_2$ 溶液中分别分段消毒 20 min。最后用无菌水清洗 3~4 次。放置超净工作台上风干后，将外植体接到 MS + BA 1.0 mg/L + NAA 0.1 mg/L 培养基上，培养 30 d 后，污染率为 55.3%，外植体死亡率为 20.8%。而不污染的外植体其侧芽萌发率为 100%。在启动培养基上培养 7 d 左右，潜在芽萌发。取新生的腋芽更换到以上培养基上继续培养，可以诱导丛芽的产生。

将丛芽分切成为单个芽，将芽接种到附加 IBA 0.2 mg/L 的 MS 培养基上培养半个月，可以形成不定根。1 个月后，从试管中取出生根的小苗，将培养基清洗干净后，移植到有机质和蛭石的混合基质上保湿管理。1 个月后，当小苗长到 20 cm 高时，可以直接移植到黄土和有机质混合的育苗袋（10 cm 的直径和 10 cm 的高度）中。总体移植成活率达 90% 以上。

参考文献

[1] 蔡静如，钱瑭瑛，许建新，等．牡荆等 6 种乡土植物的抗旱性 [J]．福建林业科技，2016, 43(3):133-137+164.

[2] 赵怀宝，羊金殿，黎明．15 种杂草的种实特征及萌发特性研究 [J]．种子，2016, 35(8):83-87.

[3] 徐凌川．黄花稔生药学研究 [C]// 中国植物学会．中国植物学会七十五周年年会论文摘要汇编（1933-2008）.中国植物学会：中国植物学会，2008:423-424.

长梗黄花稔

Sida cordata (Burm. F.) Borss.

物种介绍

长梗黄花稔为锦葵科黄花稔属植物，高1 m。花期7月至翌年2月。常生于海拔450~1300 m的山谷丛林、路旁草丛间。在中国分布于福建、广东、广西和云南等地。印度、斯里兰卡和菲律宾等也有分布。喜温暖和向阳的环境。适应性强，较耐旱，忌积水，对土壤要求不高，在疏松肥沃的壤土中生长较好。

药用。全株：利尿，清热解毒。用于治疗水肿、小便淋痛、咽喉痛、感冒发热、泄泻。叶：用于治疗疮疖。

此外，因为它的耐盐碱能力较强，非常适合在岛礁上生长。

繁育技术

种子繁殖:可直播和育苗移植,生产上多采用直播。于春季 3~4 月,开浅沟条播,行距 30 cm,将种子均匀播入沟中,覆细土 2 cm,浇水保温,播后约 10 d 左右出苗。亦可穴播,按行株距 35 cm×25 cm 开穴,将种子点播至穴内。

田间管理:苗高 4~5 cm 时间苗,条播按行距 10 cm 左右定苗,穴播每穴留苗 3 株。定植后至封行前,应隔月松土和除草 1 次,春、夏、秋季各追施人粪尿或复合肥 1 次,冬季追施堆肥或厩肥,追肥后进行培土。

参考文献

[1] 张志权,束文圣,蓝崇钰,等.土壤种子库与矿业废弃地植被恢复研究:定居植物对重金属的吸收和再分配 [J].植物生态学报,2001(3):306-311.

[2] 佚名.心叶黄花稔全草抗肝脏毒性作用 [J].国外医药 (植物药分册),1998(6):3-5.

[3] 曹剑虹,齐一萍.黄花稔化学成分的研究 [J].中国中药杂志,1993(11):681-682+703.

草海桐

Scaevola taccada (Gaertner) Roxburgh

物种介绍

草海桐为草海桐科草海桐属直立或铺散灌木，有时枝上生根，或为小乔木，高可达 7 m。花果期 4~12 月。分布于琉球群岛、东南亚、马达加斯加等地。在中国分布于台湾、福建、广东、广西。生于海边，通常在开旷的海边砂地上或海岸峭壁上。主要价值如下。

草海桐对防风固沙、恢复退化的热带海岛生态系统具有重要的作用，是热带海岛植物的优势树种之一。

草海桐树形优美也是观赏型植物。

草海桐具有重要的药用价值。其叶片含有丰富的棕榈酸、亚麻酸、植醇、香豆素、二萜、三萜、配糖体等化学成分，具抑菌的作用，对治疗刀伤、动物咬伤、白内障、鳞状皮肤、癣、胃病，改善眼部红肿疼痛等具有一定作用。

繁育技术

1. 种子繁殖

（1）育苗地的选择及整地

草海桐育苗地宜选在地势平坦、排水及灌溉方便的地方。铲除地上的杂草以及其他杂质后，铺上细砂做成育苗砂床。砂床厚度宜 10~15 cm。播种前用水浇透砂床。

（2）果实收集

在 9~11 月份（秋季），选取成熟饱满的果实。即采即使用或自然风干后在 4℃贮藏以备日后使用（可贮存 3 个月）。

（3）去外果皮

把草海桐的果实浸泡于水中 30~60 min，待外果皮充分吸水软化后，搓去外果皮，捞取去除外果皮的果实，并用水冲洗残留的外果皮后，用作下一步处理。

（4）浸泡处理

将去除外果皮的果实于海水中或 200 mg/L GA$_3$ 溶液中浸泡 24 h 以上。

（5）播种

将浸泡处理后的果实均匀播种于砂床。播种后在砂床表上覆盖细砂。覆盖的细砂不宜太厚，1~3 cm 即可。

覆盖沙土后再在砂床表面浇透水。种子在播种 20 d 之后开始萌发，播种 60 d 后萌发率可达 83% 以上。

（6）遮阳保湿

用带叶片的树枝或其他遮阳物覆盖在砂床上进行适当遮阳，以避免新萌发的幼苗被太阳灼伤。在春天或者初夏的时候至少每隔 2 d 浇一次水，秋冬季节播种时至少每隔 1 d 浇一次水，以保证砂床的湿度（土壤相对含水量）在一定范围（即用手抓一把后能有部分松散开来）。浇水时间宜在早上或者傍晚。

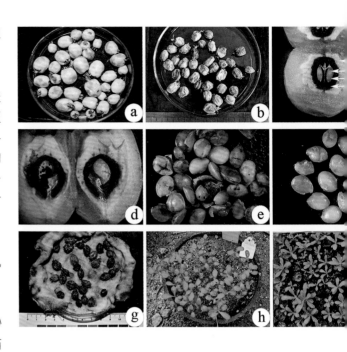

（7）除草

及时拔除杂草，杂草要尽可能除早除小，避免与幼苗争肥、水、光、热，以免影响幼苗生长。

（8）起苗

待实生苗长到 3~5 cm（50~60 d）时，可拿掉砂床上的遮阳物使其受自然光照且通风以壮苗，待苗生长明显较之前健壮后（壮苗 7~14 d）即可起苗入袋。起苗移栽前需将砂床浇透水，然后用铁铲深入砂床至幼苗根部连带着湿沙团铲起，以保护其根毛。起苗时间宜选择早上、傍晚、下雨或阴天等阴凉或者空气湿度较大的时候。

（9）幼苗入袋

取 10×14 cm 的育苗袋，装入由体积比为 3:1 的黄泥、泥炭土混合土或者其他透气性较好的基质。将实生苗带土移栽到育苗袋内，浇足定根水即可用育成袋装苗。30 d 后幼苗移栽成活率可达 80.2%。

2. 扦插繁殖：

（1）整地

通常情况下应选择地势平坦、背风向阳、土壤肥沃、保水保肥力强、浇灌便利、排水顺畅、偏碱性的土壤为栽培地。若选择重茬或者荒地，应该去除原有的杂草、土地上传染病源菌与地下的虫害。土壤处理

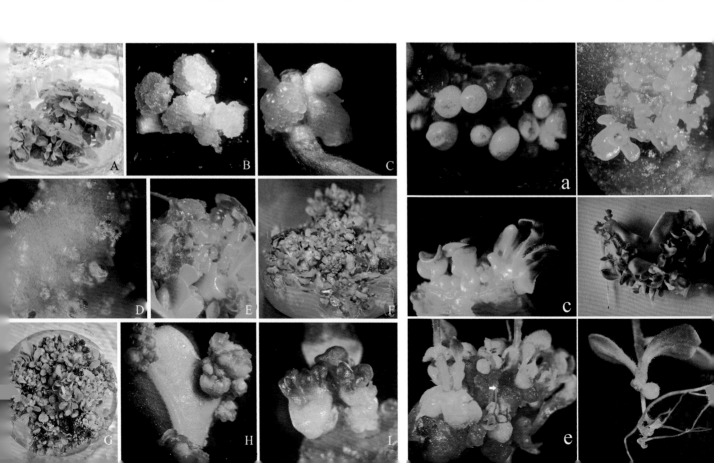

方法为用杀菌剂或者杀虫剂消灭土壤中的病原菌和害虫。杀菌多用硫酸铜、恶霉灵、棉笼等。杀虫剂多用辛硫磷、毒死蜱、克百威等。一般方法为：将农药配制成一定浓度的药液或者药土，撒在整好的育苗地上，翻拌后均匀扦插。如每亩用70%恶霉灵可湿性粉剂1.5~2.0 kg，拌细土10~20倍，撒施后浅刨并耧平，并在育苗地浇上适当的水，使得土壤有一定的湿度，然后才可以用于扦插。

（2）插穗的选择

在草海桐母树上选取健康无害虫的硬枝条作为插穗。

（3）插穗处理

将插穗切成带2个节点的小段，长约5 cm，上端切口剪平，下端切口为斜面。将下端浸泡于ABT生根粉溶液中，浸泡30 min以上。

（4）插穗的扦插

将浸泡处理后的插穗下端的2/3斜插到基质中，然后用脚踩实土壤，扦插完成后需浇足够的定根水。扦插60 d后的扦插成活率为85.93%。

（5）扦插苗后期的管理

在扦插后期要及时的清除杂草。在旱季需要适当多浇水，并适当地追施复合肥（约每亩2100 g）。

3. 组织培养

（1）培养条件

试验所用的培养基为MS或者1/2 MS培养基，培养基配方为：3%（w/v）蔗糖、0.7%（w/v）琼脂、以及不同种类和浓度的植物生长调节剂，pH 5.8。接种后置于温度为25±1℃，光照时间12 h/12 h（L/D），光照强度1500~2000 lx的无菌培养室内培养。

（2）外植体的选择

选取健康枝条上的中上部分，切取带腋芽的茎段为外植体。

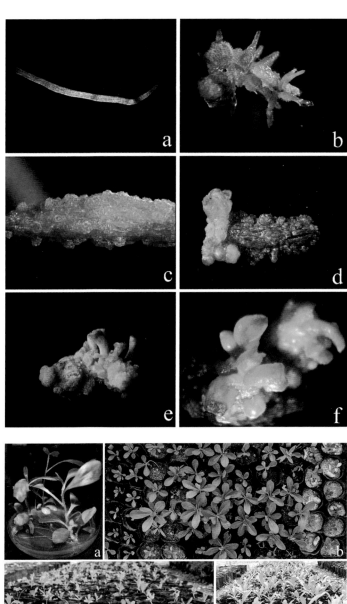

（3）无菌体系的建立

取带腋芽的离体茎段于0.1% HgCl₂中分别消毒15 min后接种于MS+BA 0.75 mg/L+NAA 0.25 mg/L培养基上培养30 d，污染率为23%。而不污染的外植体其侧芽萌发率为100%，芽增殖倍数为15。叶片舒展，芽长势旺盛。

（4）叶片上不定芽的诱导

选取无菌苗的叶片并切取0.5×0.5 cm大小，在其正面划2道伤痕以增加创伤面积，然后接种MS+0.5 mg/L BA的培养基上进行培养。培养30 d后的不定芽诱导率为93%，平均每片叶片的不定芽数量可达11.9个。

（5）不定芽的增殖与伸长

将不定芽块切成1 cm×1 cm大小，然后接种于MS+0.75 mg/L BA+0.25 mg/L NAA或MS+1.0 mg/L

BA+0.1 mg/L NAA 的培养基上培养。培养 30 d 后不定芽体的增殖倍率可达 2.7 倍以上，平均株高为 3.7 cm 左右，叶片翠绿舒展，长势良好，可以用于生根诱导。

（6）生根诱导

将长势良好，高 2 cm 以上的不定芽从不定芽块中切离出来，然后接种到 MS + 2.5~3.5 mg/L IBA 或者 MS + 1.0 mg/L IBA + 1.0 mg/L NAA 的培养基内进行生根诱导。培养 40 d 后的生根率最高可达 99% 以上，平均每株组培苗最多可有 23 条根。

（7）炼苗与移栽

将生根良好的组培苗从组培室中移到室外进行自然光照，并稍微扭松培养瓶的瓶口，使组培苗逐渐适应室外的条件。炼苗 1 周左右后，即可将培养瓶的组培苗取出来，用清水小心地冲洗掉组培苗根附着的培养基，然后将组培苗移栽到不同的基质中，移栽 45 d 后，组培苗长势则会出现差别。综合考虑移栽成活率与生物量积累等因素，最合适的培养基为 100% 的河沙。

参考文献

[1] H LIANG, Y XIONG, B GUO, et al. Effective breaking of dormancy of *Scaevola sericea* seeds with seawater, improved germination, and reliable viability testing with 2,3,5-triphenyl-tetrazolium chloride[J]. South African Journal of Botany, 2020,132:73-78.

[2] 梁韩枝 . 热带海岛植物草海桐与单叶蔓荆的繁育技术研究 [D]. 仲恺农业工程学院 , 2018.

[3] 徐贝贝 , 刘楠 , 任海 , 等 . 西沙群岛草海桐的抗逆生物学特性 [J]. 广西植物 , 2018, 38(10):1277-1285.

[4] 任海 , 简曙光 , 张倩媚 , 等 . 中国南海诸岛的植物和植被现状 [J]. 生态环境学报 , 2017, 26(10):1639-1648.

[5] 方赞山 , 孟千万 , 宋希强 . 海南岛海漂植物资源及其园林应用综合评价 [J]. 中国园林 , 2016, 32(6):83-88.

[6] 李婕 , 刘楠 , 任海 , 等 . 7 种植物对热带珊瑚岛环境的生态适应性 [J]. 生态环境学报 , 2016, 25(5):790-794.

海厚托桐

Stillingia lineata subsp. *pacifica* (Müll.Arg.) Steenis

物种介绍

海厚托桐为大戟科厚托桐属植物，代表了近 10 年来在我国发现的第 12 个被子植物新记录属或新属，使我国被子植物属的数量增加至 3112 个。大戟科厚托桐属植物全世界共有 30 种，主要分布在拉丁美洲、美国南部以及太平洋和印度洋的热带海洋岛屿上。海厚托桐主要分布于马来西亚和菲律宾等地的热带海洋岛屿及海岸带，该植物为小型灌木，株形优美，高 1~1.5 m，叶表面特化为蜡质，种子位于不开裂且具有空腔的果实中，表现出对热带海洋岛屿高温、高盐、干旱以及海水传播植物种子的高度适应性。研究人员发现该植物在我国的分布仅局限于珠江口万山群岛最靠近外海一侧的 2 个面积不到 1 km² 的无人小岛上，居群极小，植株总数估计不超过 200 株。主要作用有：

该植株叶片蜡质光滑发亮，叶片三叶轮生，可开发作为新型观赏植物。

药用价值：已有报道称其叶片石油醚提取物对抑制人类结肠癌有效果，此外可作为传统药物用于治疗糖尿病。

繁育技术

1. 种子繁育

种子 4 mm 大小，黑色，只有少量的种子能够萌发，从万山群岛收集种子后，沙埋，保持湿润，2 个月后就能够出苗。

2. 扦插

将老枝条剪下，剪成为 10 cm 长的短枝，用 100 mg/L IBA 浸泡 0.5 h，然后斜插到沙中，保湿管理。3 个月后，只有 14% 的枝条能够生根并成活。目前经过扦插的小苗已在华南植物园顺利长大，并且能够开花结实了，但果大多空瘪，不能够育苗。

3. 组织培养

从万山群岛收集种子后，将种子置于自来水中冲洗 15 min 后取出来代用，用无菌水洗 5 次后接到培养基里，剥掉种皮，将种仁置于 0.1% HgCl₂ 消毒 12 min，无菌水洗 4 次后接到培养基里。种子萌发培养基为 BA 0.2 mg/L，初始芽的诱导为 BA 0.1 mg/L + NAA 0.2 mg/L 或 BA 2.0 mg/L + TDZ 0.2 mg/L。目前此植物培养过程非常缓慢，目前还处于保存和繁殖阶段，从子叶能够诱导愈伤组织或不定芽，后续工作正在进行。

参考文献

[1] Li S, Chen B, et al. *Stillingia*: A newly recorded genus of Euphorbiaceae from China[J]. Phytotaxa, 2017, 296(2):187-194.

莲叶桐

Hernandia nymphaeifolia (C. Presl) Kubitzki

物种介绍

　　莲叶桐为莲叶桐科莲叶桐属常绿乔木，树皮光滑。在中国分布于台湾的南部。莲叶桐常生长在海滩上。其主要价值是：

　　莲叶桐为木麻黄海防林的混交造林树种，不仅是海防林生态系统扩大乡土树种的种群，而且有望促使退化的海岸生态系统向稳定的地带性植物群落演替，是恢复退化海岸植被生态系统的优良树种之一。其后代的传播需要借助海流的帮忙，果实内小小的空间留住空气，让果实落海后可以浮在水面上随海洋漂泊，随着机缘停留在某个地方落地生根发芽。

　　另外，药用能行气止痛、行血去瘀。用于治疗气滞腹疼、癌性疼痛、淤血症。

繁殖技术

1. 播种法

（1）种子采集

每个单株的不同方位采集健康、成熟的果实。在室内去除总苞和中果皮后，阴干备用。

（2）苗床准备

将河沙置于高压灭菌锅，温度设为120℃，湿热灭菌2 h后，平铺塑料盒内，厚度约5 cm，随后即可播种。

（3）种子消毒

将莲叶桐种子用0.5%高锰酸钾溶液浸泡消毒15 min，然后用清水冲洗数次，浸水浸泡2 h。

（4）播种方法

将消毒后的莲叶桐种子条播到基质里。

（5）生长调节剂的添加

适当添加植物生长调节剂能显著促进莲叶桐种子的萌发。用100 mg/L NAA浸泡种子，第13 d开始萌发；100 mg/L GA$_3$浸泡种子，第28 d开始萌发；用清水处理的莲叶桐种子则是在49 d开始萌发；与清水处理相比，NAA和GA$_3$处理组萌发时间分别早了36 d和21 d。在规定的144 d的萌发过程，用100 mg/L的NAA和GA$_3$浸泡后种子萌发率逐渐增加的，而清水处理的则在第71 d后萌发率变化很缓慢。植物生长调节剂对莲叶桐种子的萌发有显著的影响，100 mg/L GA$_3$处理下种子的萌发率为33.3%，用100 mg/L NAA处理组的种子萌发率为38.9%，而清水处理的为13.9%。GA$_3$和NAA组处理莲叶桐种子的萌发率显著大于清水处理，分别提高了58.33%和64.28%。

2. 扦插法

选取莲叶桐母树上充实饱满、生长旺盛、无病虫害10~15 cm枝条作为插穗，剪去侧枝和叶片，插穗上切口为平口，下切口为马蹄形的斜口。基质分别装入规格为23 cm×18 cm的育苗杯，浇透水，将备选的插穗用清水冲洗干净，分组后置于植物生长调节剂处理液中（基部端），浸泡2 h，以清水为对照。采用直插法，每育苗杯插1株。插后每两天适当喷水保湿。

植物扦插繁殖是利用器官的再生能力，插穗根的形成依赖于多种因子，其中扦插基质、生长调节剂种类和浓度都起重要的作用。就基质而言，红壤：河沙 =1:1处理组合的莲叶桐存活率最高，这可能是混合的土壤通气性及持水性良好，有利于插穗的生长。植物生长调节剂NAA和IBA处理明显的优于ABT1处理，生长调节剂浓度以200 mg/L较优。综合考虑，对于莲叶桐较适合的处理组合为红壤：河沙 =1:1（NAA 200 mg/L）和红壤：河沙 =1:1（IBA 50 mg/L）。

栽培管理

可将榄仁树、莲叶桐 2 个乡土树种苗木一同混交种植在滨海木麻黄林中，以行间间种的方式种植在木麻黄林的中部区域，种植穴中可施加 125~250 g 的有机肥。莲叶桐为乡土树种，较粗生，故无需进行过多管理也能生长良好。不过于台风季应适当采取防风措施。

莲叶桐主要自然分布在琼海博鳌和潭门，文昌有少量分布，海口的东寨港保护区有人工栽培。2010 年对分布在琼海的莲叶桐调查发现，其主要自然分布在博鳌的下灶坡村和潭门的草塘村，两地共生长莲叶桐223 株。博鳌镇下灶坡村莲叶桐分布在离海岸较近的地带，群落周边有大量木麻黄，林下土壤类型为砂土。各径阶林木分布不均匀，估计和人为盗挖有关。其中成年树较少，而幼树幼苗较多。潭门镇草塘村的莲叶桐分布在海岸防护林带的最前端，土壤类型也为砂土。各径阶林木分布较为均匀。林下小苗受到的人为干扰较少，因此数量较多，群落中有少量的榄仁树和木麻黄等混交树种。

参考文献：

[1] 张晓楠，钟才荣，罗炘武，等 . 濒危红树植物莲叶桐败育植株中 7 种矿质元素含量 [J]. 湿地科学，2016，14(5):687-692.

[2] 冯剑 . 海南岛海岸乡土树种榄仁树、莲叶桐的育苗和在木麻黄海防林下种植试验研究 [D]. 海南师范大学，2015.

[3] 刘梨萍，于瑞同，袁瑾，等 . 莲叶桐树枝的化学成分 [J]. 青岛科技大学学报 (自然科学版)，2014，35(2):162-166.

[4] 姚宝琪，刘强，蔡梓，等 . 海南滨海木麻黄林下三种乡土树种的光合特性 [J]. 中南林业科技大学学报，2011，31(12):92-101.

[5] 钟才荣，李诗川，管伟，等 . 中国 3 种濒危红树植物的分布现状 [J]. 生态科学，2011，30(4):431-435.

[6] 姚宝琪 . 木麻黄海防林中混交种植肖槿、红厚壳、莲叶桐的初步研究 [D]. 海南师范大学，2011.

[7] 丘华兴，符国瑗 . 莲叶桐属——广东新记录属 [J]. 热带林业科技，1987(4):71-72.

海边月见草（海芙蓉）

Oenothera drummondii Hook.

物种介绍

　　海边月见草为桃金娘目柳叶菜科月见草属植物。直立或平铺一年生至多年生草本，茎常匍匐在地或稍直立，花期 5~8 月，果期 8~11 月。

　　原产于美洲、大洋洲。现国内分布于福建、广东、香港、海南的海滨沿岸沙滩。已为野化的外来入侵物种，开黄色花，可用于园林绿化、海岸固沙。其主要作用如下。

　　海边月见草生长良好，具有耐盐碱、耐贫瘠、抗旱和抗风等抗性。引种到山东试播，同样萌发和开花等，可见其适应性强。可尝试将海边月见草作盐碱地改良或抗风力的先锋植物，加以开发利用。

　　种子的化学成分：种子含油率为 27.48%。种子油为淡黄色，澄清透明，呈液态。碘值为 131.3，皂化值为 207.6。种子油中不饱和脂肪酸含量高，为 83.7%~88.5%，其不饱和脂肪酸以亚油酸含量最高达 80.1%。

此外还检测出亚麻酸（0.3%），其含量随不同成熟度、不同产地含量在 0.2%~0.4% 变化。研究表明，6 月底成熟的种子，饱和脂肪酸（棕榈酸、硬脂酸）含量较高。而 10 月份采集的种子，亚油酸含量较高，表明低温有助于不饱和脂肪酸（亚油酸）的积累。种子成熟时含油率最高，未成熟时次之，过熟时最低。未成熟时棕榈酸、油酸含量较高；随着成熟度的增加，脂肪酸不饱和程度也有所增加。种子还含丰富的氨基酸和矿质元素等成分。种子总糖含量为 5.1%，还原糖为 3.1%，粗蛋白为 19.8%。氨基酸总量 9.8%，共检测出 17 种氨基酸，包括 7 种人体必需氨基酸。必需氨基酸所占的比例为 27.4%，限制氨基酸为色氨酸。属于不完全蛋白质。矿质元素中常量元素 K、Na、Ca 和 Mg 的含量十分丰富。微量元素中 Zn、Fe 尤为突出，它们分别为 100 μg/g 和 200 μg/g。另外种子中还含丰富维生素。

花粉的营养成分：海边月见草是沿海地区一种优良的蜜源植物，其花粉产量高、营养全面，而且易于收集。总糖含量为 29.3%，其中还原糖所占的比例为 61.7%；粗蛋白含量可达 22%，比一些重要蜜源植物如荷花 (20.3%)、紫云英 (20.2%)、荔枝 (20.1%) 和柚 (18.4%) 等花粉的粗蛋白含量还高。氨基酸总量为 14.4%，共检测出 17 种氨基酸，包括 8 种必需氨基酸，属于完全蛋白质，各种氨基酸比例相对比较均衡。必需氨基酸所占比例为 38.9%。含丰富 Fe、Zn 和 Mn 等多种微量元素。其中每 100 g Fe 和 Zn 的含量为 30 mg 和 10 mg。此外，花粉中含多种维生素，尤其是维生素 E。因此海边月见草可望培育成新型的油料作物，利用前景是十分广阔的。

作为生态环境绿化的地被植物：海边月见草茎常匍阔于地面，稍直立。为 50 cm 以下的低矮植物。绿叶期长。生长期 3~11 月、4~8 月叶最茂盛；花期长，盛花期为 5~8 月。果实成熟后，自然裂开、脱落，叶也逐渐变黄落下，茎和根宿存。翌年萌发出新苗或种子发芽长成新的植株。可见海边月见草不仅生长快、自播能力强，而且耐盐碱、抗风力、抗痔薄、抗旱能力强，符合选择地被植物的 4 个标准。海边月见草可以作为沿海地区防风林带、农田防护林带、滨海公园、风景区和度假区等的地被物种。既改造了环境、美化了环境，又保护了海边月见草的种质资源，还可以通过选育进行改造。栽培为花卉，可作沿海城市（福州、厦门、广州等地）城市绿化、缀花草坪中的开花地被植物。

繁育技术

1. 播种繁殖

海边月见草的花期是 5~10 月，果熟期是 6~11 月，单朵花开花到种子成熟需 15~22 d。盆栽海边月见草花后 2 d 左右，花瓣萎蔫脱落，子房开始膨大，果实形成初期呈淡绿色，尖端开裂 0.7~2.5 cm，果瓣四裂外翻，果内有槽，种子在槽内纵向排列，蒴果，棒状长条形。至成熟时转为褐色，果实先端四裂外翻，种子散落，靠重力和风力传播。

适当高温或者变温均可促进海边月见草种子发芽。海边月见草的种子发芽天数短，约为 4 d，这是因为高温或者是变温都可在一定程度上打破了海边月见草种子的休眠机制。其次，基质是影响海边月见草种子萌发的主要因子，最佳萌发基质为砂土。在正常情况下，海边月见草种子的萌发，需要透气性良好的土壤环境，黏土透气性差，氧气不足，最终导致萌发率低。环境因素对海边月见草种子的出芽影响较大。不同种源的种子受其环境因素差异的影响，导致种源间的种子萌发条件有所差异。海边月见草的播种可选择点播、散播或条播，大面积种植可采用机播。播后覆土要薄，覆土厚度一般不能超过 2 cm。过深不利于种子的萌发。播种量 0.25 kg/ 亩，约 7~10 d 后开始萌芽。等到真叶长出 5~7 片左右即可移苗定植。根据环境温度的不同，苗期大约为 30~45 d。适当的高温可以促进海边月见草的生长，缩短苗期。

2. 扦插繁殖

海边月见草在一年内任何季节均可以进行扦插繁殖，其中以春季、夏季及秋季三季为佳。扦插基质以砂土最佳，扦插枝条长度最好控制在 5~10 cm，枝条顶部为最佳扦插部位，扦插间距 10×5~10×10 cm² 为佳。扦插苗后应轻压基部砂壤，让插穗与土壤密切接触，防止积水。春季、秋季一般 7~10 d 生根，夏季一般在 5~8 d 即可生根。待苗长出片新叶即可移苗定植，时间大约为 15~20 d。

3. 组织培养

以海边月见草种子为外植体。种子经过 75% 乙醇消毒 2 min 和 0.1% $HgCl_2$ 消毒 10 min 后，接种于培养瓶中培养。然后以种子发芽的幼苗作为材料。以其根、子叶、胚根、茎尖以及叶片为外植体，将他们分别接种到 MS 基本培养基上培养，培养基附加有 BA 1.0 mg/L、3.0 mg/L NAA。

（1）增殖培养基筛选

将启动培养得到的无菌苗接种到增殖培养基上培养 30 d 后观察并统计丛芽增殖情况，结果表明：随着 BA 浓度的提高，增殖率有提高的趋势。但 BA 浓度增加到 2.0 mg/L 时，丛生芽健康程度并不好，畸形苗、玻璃苗增多，后期继代分割时极易破碎，损伤幼芽，成苗率有下降趋势；NAA 浓度高（0.25 mg/L）会抑制不定芽的分化和腋芽的生长。从增殖倍数、成苗率及试管苗的质量等方面综合考虑：黄花月见草丛生芽增殖培养的最适培养基为：MS+1.5 mg/L BA+0.15 mg/L NAA。

（2）生根培养基筛选

将诱导出的月见草组培苗转入 16 种生根培养基内培养 30 d 后进行观察统计，结果表明：IAA、NAA 以及两种不同浓度的激素组合均对组培苗生根有一定的诱导作用，无激素时组培苗出根困难。但是 NAA 浓度稍高则更易诱导出愈伤组织，同时抑制根的伸长和增粗；IAA 对根的诱导则更有效，在 IAA 浓度低于 0.6 mg/L 时几乎不会诱导出愈伤组织，同时根量较多，幼根的质量也更好，移栽时更易成活。综合考虑出根的组培苗数、单株平均根数以及根系质量 3 个指标，1/2MS+0.4 mg/L IAA 诱导出根的频率、数量和质量都较为理想，是最佳的生根培养基配方。

以黄花月见草茎尖及茎段为外植体进行离体培养试验发现：① 培养基为 MS+1.5 mg/L BA+ 0.15 mg/L NAA 时增殖率为 2.12%，不定芽产生较多且长势良好，后期更易成苗；② 培养基为 1/2MS+0.4 mg/L IAA 时生根率为 93%，单株平均根数达到 3.64，且根系上几乎没有愈伤，幼根多而健壮，后期移栽成活率更高。

栽培管理

1. 定苗与中耕除草

当实生苗长出 5~7 片叶片，或扦插苗长出 3~5 片叶片时，即可以移植定苗。株行距约为 25~30 cm。待第 2 对真叶展开后，中耕除草 2~3 次。试验发现，海边月见草在幼苗阶段和营养生长阶段与其他杂草竞争激烈，这段时间应加强除草、防治病虫害等田间管理。当进入开花等生殖阶段，植株竞争处于优势。到果实成熟，植株进入休眠阶段，海边月见草与杂草的竞争又处于劣势，故该段时间需要加强人工的管理。

2. 水分管理

海边月见草较耐旱，但不耐涝，待土壤表层见干时浇水。如夏季连续多日高温干旱，可适当浇水。幼苗期，应增大空气湿度，但注意土壤不能积水，并应做好遮阳工作，避免发生日灼症；营养生长阶段应合理地控制浇水，避免植株徒长。生长后期，尤其是孕蕾开花期应保持土壤适当干燥，不宜过湿。若遇雨季，应注意排水。

3. 肥料管理

海边月见草抗逆性强，能抗瘠薄的土壤。因此，在植物的整个生长过程，如果土壤肥沃，一般可以不需要施肥；但为了能够促进海边月见草的迅速生长，定苗后可追施有机肥或尿素，促进苗期生长，但应遵循薄肥勤施的原则，追施尿素量为 5 kg/ 亩；现蕾初期进行第 2 次追肥，以磷钾肥为主，追施磷酸二铵 7 kg/亩。夏季结合浇水或趁阴雨天施肥，可促进其高生长。砂地施肥要勤施少施。花期和果期应视生长势和墒情，适时适量浇水和施肥，以提高植株的观赏品质。

4. 温度与光照管理

通过栽培试验发现海边月见草的最适合生长温度为 18~35℃，但最高能耐 40℃ 高温，当温度在 40℃ 以上时，植物的生长受到抑制，表现为叶片萎蔫，叶片枯黄；夏季温度高，应增加浇水，降低温度。冬季能耐 10℃ 左右低温，当温度低于 10℃ 时，海边月见草即进入休眠状态。通过生态习性的研究发现，海边月见草喜全阳环境，在半阴或全阴下生长不良，或枝干瘦弱，或全株枯死。但短期的暴晒会使海边月见草幼株嫩叶灼伤发焦，夏季要适当遮阴或将盆株至于庭荫树下，或搭荫棚遮光，勿使其见全光照。待植株生长至比较健壮时，方可撤下。

5. 修剪

开花后应进行修剪，以达到更好的观赏效果，同时使海边月见草枝条萌发新芽，促进多次开花，延长观赏期。

6. 病虫害防治

根据栽培试验观察，发现海边月见草成年株病虫害发生少，但幼株发生比较严重。其中较易发生的病虫害。

（1）病害

腐烂病：多见于刚出土的幼苗，染病植株根部变色腐烂，叶片萎蔫，全株倒伏枯死。防治方法：可采用甲基托布津倍液或百菌清倍液灌根。

猝倒病：大棚育苗的幼苗期，会有猝倒病发生。防治方法：可在播种时降低播种密度，也可喷多菌灵倍液进行防治。

（2）虫害

天蛾科幼虫：苗期至开花期，主要是啃食叶片、幼莲等。开花结果期，可采用人工捕捉的方法防治天蛾科幼虫。

铜绿丽金龟：幼虫危害幼苗、花瓣。防治方法：一是在幼虫期采用人工捉捕。二是配制毒饵诱杀。三是喷施敌百虫倍液喷杀。

参考文献

[1] 潘铖烺，刘向国，叶露莹，等. 海边月见草开花生物学特性初步研究 [J]. 福建林学院学报，2014, 34(1):21-25.

[2] 潘铖烺，薛秋华，徐炜，等. 不同种源地海边月见草生长发育特性 [J]. 福建林学院学报，2013, 33(3):242-248.

[3] 潘铖烺，徐炜，薛秋华，等. 海边月见草在屋顶绿化中的应用 [J]. 福建林业科技，2013, 40(1):168-171.

[4] 陈炳华，康启芬，谢玉玲，等. 海边月见草叶提取物乙醇洗脱级分的抗氧化作用 [J]. 植物资源与环境学报，2007(4):18-23.

[5] 陈炳华，刘剑秋，林文群，等. 海边月见草种子油中脂肪酸组成的分析 [J]. 福建师范大学学报 (自然科学版)，2001(1):75-78.

[6] 陈炳华，刘剑秋. 海边月见草种质资源及其开发利用前景 [J]. 国土与自然资源研究，2001(1):61-62.

[7] 张秀春，张芳平. 海边月见草的生药学研究 [J]. 福州师专学报，1999(3):3-5.

补血草（匙叶草、海金花、海萝卜）

Limonium sinense (Girard) Kuntze

物种介绍

　　补血草为白花丹科补血草属多年生草本植物，是一种泌盐盐生植物，可将外界生境中的盐离子吸收到体内，然后通过盐腺将过量的盐离子排到体外，对盐分胁迫的耐受力比一般植物有很大的提高，在盐渍化的土壤中也能很好地生长。株高 15~60 cm，叶片倒卵形，长 6~10 cm，全株无毛，叶基生，花 2~3 朵组成聚伞花序，穗状排列于花序分枝顶端，形成圆锥状花序，花序枝有显著的棱槽；苞片褐紫色，花萼漏斗状，白粉色，花瓣黄色。3~4 月出苗，6 月份始花，11 月以后植株进入休眠期。

　　分布于中国辽宁、河北、山东、江苏、福建、广东。具有耐盐、耐瘠、耐旱、耐湿等特点，可在滨海滩涂上生长。尤以江苏省沿海滩涂分布甚广。其主要作用如下。

　　补血草全草入药可起到清热解毒、止血散瘀、祛风消炎、抗衰老和抗癌等功效，主治功能性子宫出血、尿血、痔疮出血、脱肛、痈疽、月经不调、白带、子宫内膜炎和宫颈糜烂等。根可治体弱、食欲不振，花枝可治功能性子宫出血、宫颈癌及其他出血，作为新资源有着良好的药用研发前景。大量临床和药理研究证明了补血草具有补血、止血的功效，同时初步探明了其作用机制。补血草还用于制备抗肿瘤药物。

补血草花期长，花朵细小，花色美丽，色彩淡雅，成片盛开时十分美丽壮观；补血草花呈干膜质，虽然是鲜花，触摸花瓣、叶子和花茎会有干燥的感觉，因为其植物体内含有硅酸，所以虽然表面干燥，但是花瓣不会凋零也不会褪色，可以保持新鲜状态时花的色彩特征；茎秆含水量较低，观赏时间长，特别适宜用作切花材料，能够周年生产切花。新鲜的补血草，捆扎倒悬在铁丝上，置于 40%~50% 的空气湿度环境中，晾干成自然干花，用作干插花的陪衬材料，是一种观赏价值很高的干花，经久不凋，属称"干枝梅"，又名"不凋花"，十分吉祥、友好，是一种难忘的象征。

繁育技术

1. 种子繁育

一般在 8~10 月采集野生补血草的成熟果实，放在大塑料盆内晒干后用手搓碎，去掉果皮和杂质，得到成熟种子，放在阴凉干燥处保存备用。补血草虽属多年生草本植物，但具有与秋播二年生草本植物基本相同的生长发育特性。播种时，要选择地势低洼一些的立地条件，以壤土或砂壤土为宜。繁殖方法以播种繁殖为主。一般在保护地可采用秋播，10 月份选择稍湿润，不积水的地块，在播种前施用适量腐熟农家肥，并精细整地，充分深翻细耙，耙平筑垄。播种方法常采用条播，行距约 30~40 cm，播幅约 10 cm。把种子与细河沙按 1：30 混合拌匀（垄上开沟 3 cm 深），条播到沟内，用手轻轻覆土，并压实。覆土厚

度以不见种子为度，当年生苗高可达 8~15 cm，1 年生苗可以出圃移栽。第 2 年春季约 3 月份，松垄培土除草，小苗长到 10 cm 左右时，间苗，苗距约 20 cm。随着温度逐渐上升，幼苗营养生长加快，并开始抽薹、分化花芽。初夏时，即可开花；补血草也可在春季进行播种，当年秋季即可开花。由于补血草的种子细小，千粒重为 2.5~2.8 g。种子在 18~21℃条件下，1 周即可发芽。当第一片真叶出现时即可分苗，5~6 片叶时可定植。补血草是直根系植物，移植较为困难，所以必须在幼苗期带土移植，提高其成活率。

2. 组织培养

试验结果表明，诱导愈伤组织最佳培养基为 MS+ BA 0.1 mg/L + NAA 0.2 mg/L，诱导率为 100%；丛生芽最佳

培养基为 MS+BA 1.5 mg/L + NAA 0.2 mg/L，诱导率为 99.1%；丛生芽继代培养适宜的培养基为 MS +NAA 0.2 mg/L + BA 0.15 mg/L；最佳生根率培养基为 MS+NAA 0.2 mg/L，生根率为 87%，且根系长势良好。

芽的初代培养及诱导过程中，BA 和 NAA 浓度的高低以及配比的恰当与否，都直接影响到种子的发芽率及诱导成活率。采用 MS+BA 0.3 mg/L+NAA 0.05 mg/L 培养基，其发芽率、诱导率都是最高的，且叶色正常褐化程度明显低于其他配比。芽的继代培养过程中，适宜的培养基也是至关重要的。而采用配比为 MS+BA 0.3 mg/L+NAA 0.6 mg/L 的培养基，其分化系数可以达到 8，同时 80% 以上苗叶色为绿叶片，褐化程度最弱，是芽继代培养的最佳培养基。补血草虽然为草本植物但其却不易生根。采用 1/2 MS +IBA 0.6 mg/L +NAA 0.2 mg/L

培养基，其生根率可以达到 70%，且根系较发达，褐化现象不严重，生长势表现良好，是补血草试管苗生根的最佳培养基。通过优化激素配比证明，适宜补血草诱导植株再生的一次成芽培养基为 MS+ BA 0.5 mg/L+ IBA 0.1 mg/L；再生苗生根诱导培养基的筛选结果表明：最适生根激素为 IBA，其适宜浓度为 0.1 mg/L；生根培养基为 MS+ IBA 0.1 mg/L。补血草组织培养和快速繁殖体系的建立和优化，可实现丛芽大量增殖，短期内即可得到大量再生植株，为快繁及遗传转化奠定了基础。

此外，叶片在含 1.5 mg/L 2,4-D 和 0.5 mg/L BA 的 MS 培养基上培养诱导胚性愈伤组织。将该胚性愈伤组织转移到 1.0 mg/L BA 和 0.5 mg/L NAA 的 MS 培养基上，萌发形成体细胞胚。

参考文献

[1] 刘惠芬，李云芝，刘文光，等. 海水胁迫对补血草种子萌发和幼苗生长的影响 [J]. 山东农业科学，2017，49(12):33-36.

[2] 卢兴霞，郭文涛，孙云，等. 补血草组培苗对 NaCl 胁迫的生长及生理响应 [J]. 北方园艺，2016(18):154-159.

[3] 曲有乐，高欣，崔宇鹏. 补血草抗氧化活性研究 [J]. 海峡药学，2012，24(12):33-36.

[4] 张华彬，张代臻，葛宝明，等. 补血草的生药学研究 [J]. 时珍国医国药，2011，22(12):2847-2848.

[5] 李妍. 多种盐胁迫对补血草种子萌发及幼苗生长的影响 [J]. 北方园艺，2009(5):54-57.

[6] 陈世华，张霞，赵彦修，等. 补血草的组织培养和快速繁殖体系的优化 [J]. 安徽农业科学，2006(19):4885-4886.

[7] 马丰山，周曙明. 补血草的开发价值初探 [J]. 中国野生植物，1991(2):34-35.

仙人掌

Opuntia dillenii (Ker Gawl.) Haw.

物种介绍

仙人掌是仙人掌科缩刺仙人掌的变种。丛生肉质灌木，高 1.5~3.0 m。花丝淡黄色，花期 6~12 月。原产墨西哥东海岸、美国南部及东南部沿海地区、西印度群岛、百慕大群岛和南美洲北部；在加那利群岛、印度和澳大利亚东部逸生；中国于明代末期引种，南方沿海地区常见栽培，在广东、广西南部和海南沿海地区逸为野生。仙人掌喜阳光、温暖、耐旱，怕寒冷、怕涝、怕酸性土壤，适合在中性、微碱性土壤生长，pH 7.0~7.5。因此家庭栽培仙人掌应选择放在有阳光的窗台上，并选翻土良好的微碱性砂质土为宜。其主要价值如下。

1. 药用

仙人掌在中国作为药用植物首载于清代赵学敏所著的《本草纲目拾遗》，该书记载：仙人掌味淡，性寒具有行气活血、清热解毒、消肿止痛、健脾止泻、安神利尿的功效，内服外用能治疗多种疾病。仙人掌主治疔疮肿毒、胃痛、痞块腹痛、急性痢疾、肠痔泻血、哮喘等症。

2. 食用

仙人掌食用价值的开发食用仙人掌的各部位均具有极高的营养价值,据有关研究得到的资料显示,每100 g 仙人掌鲜茎,含有矿物质 0.9 g、纤维素 6.7 g、钙 20.4 mg、磷 17.0 mg、钾 16.4 mg、铁 2.6 mg、维生素 C 15.9 mg、维生素 B1 0.03 mg、维生素 B2 0.04 mg、维生素 A 0.22 mg、蛋白质 1.3 g。与此同时,食用仙人掌还包含了人体所需的 8 种必需氨基酸,且必需氨基酸的比例适宜,符合人体对于人体食品营养的需要。仙人掌可食用茎干富含水分、矿物质、多糖,膳食纤维以及黄酮类化合物,被视为一种理想的健康食品。食用仙人掌具有很高的可塑性,可以进行食品深加工成各种现代食品,如仙人掌饮料、仙人掌粮谷类食品、仙人掌烘烤食品等。所开发得到的深加工食品具有很高的食用价值与营养价值,且食品种类繁多,可以满足民众对于食品选择的需要。

仙人掌浆果酸甜可食。仙人掌果实清香甜美、鲜嫩多汁,一般以鲜食为主;墨西哥等地也用鲜果加工成罐头或乙醇饮料,也可加蜂蜜、鲜奶冰块打成果汁,而做成冰淇淋风味更佳。仙人掌的肉质茎片中含有大量的综合营养素和微量元素,其含量远远高于其他农作物。因此,墨西哥许多干旱地区成片种植饲料用仙人掌,作为牲畜的唯一饲料源。仙人掌与其他饲料配合喂养牛、羊、猪等牲畜,全年都可以不必另外喂水,饲养效果很好。

近期联合国粮食及农业组织表示,应对潜在全球粮食危机,在墨西哥作为基本食材的"刺梨仙人掌"有望起作用。联合国粮农组织在一份声明中说:大多数仙人掌不可食用,但刺梨仙人掌作为农作物将大有可为。这一联合国专项机构和国际干旱地区农业研究中心认为,刺梨仙人掌能"救命"。非洲岛国马达加斯加 2015 年遭遇严重干旱,当地民众和动物关键的食物、草料和水源来自这种仙人掌。目前,墨西哥大规模种植刺梨仙人掌,把它作为食材、饮料,甚至入药或制成洗发水,每年人均消耗 6.4 kg。巴西、埃塞俄比亚、南非、印度等国也种植这种仙人掌。巴西种植面积达 50 多万 hm²,主要用作饲料。联合国粮农组织说,每公顷刺梨仙人掌能储存 180 t 水,足够养活 5 头成年牛。另外,这种作物可以改善土壤质量、利于大麦种植,同时限制温室气体排放。不过,刺梨仙人掌并非"完美作物"。它遭霜冻破坏后无法恢复,过高温度下生长缓慢。据外媒报道,联合国粮农组织已经组织专家研究如何把刺梨仙人掌"搬上餐桌",并与国际干旱地区农业研究中心合作出版了一本书,介绍如何利用这种作物的食用价值,刺梨仙人掌是仙人掌的一个品种,生长在澳大利亚,可食用,是当地的美食。茎形如梨,长满粗刺,栽在花盆里,生长有限,只能长到一人高。在美洲遍地皆是,随手可得。但与之遥隔太平洋的澳大利亚在 1984 年之前却从来没长过仙人掌。当这盆刺梨在澳大利亚一亮相,就吸引了众多的观赏者。刺梨的特点是随摘随长,且一叶落土,十天半月又能长成一棵新刺梨。

刺梨仙人掌叶刚长出来的嫩茎,碧绿多汁,能将手指染成了淡绿色,去刺后清香可食。把切条的刺梨仙人掌茎开水焯过,加上西红柿、葱头、香菜、精盐等,做成凉拌沙拉,这就是墨西哥人餐桌上最常见的一道菜了。

刺梨仙人掌开出鹅黄的花朵,花谢后结出紫红的果实,有"仙人果"之称,是墨西哥人喜爱的水果,有酸、

甜两种，甜的可鲜吃，酸的加糖制成果酱，无不风味绝佳。仙人掌植物和它们的果实经常被摆上餐桌，火龙果就是仙人掌植物"霸王花"的果实，滋味外形都和刺梨相仿，只是个头较大罢了。食用仙人掌营养丰富，既可当作水果生吃，也可制成熟食。浙北地区餐馆推出的仙人掌菜肴，鲜美可口，滑爽鲜嫩，尤其是"芝麻仙人掌"，成为当地餐馆点盘率最高的一道大众菜，并将发展成为一道家乡名菜。在浙北的农贸市场上，种植食用仙人掌的农民与餐馆协作，提供货源。吃仙人掌已成一种时尚，菜肴价位较高，利润可观。

在全球范围内，仙人掌约有 2000 余种，其中，却仅有几个品种可以食用。就目前而言，可食用的仙人掌品种主要有：米邦塔仙人掌、金字塔仙人掌、皇后仙人掌与刺梨仙人掌等。仙人掌原产于南、北美洲，主要起源中心在亚马逊流域，最北分布在北纬 57°皮斯河一带，最南分布在南纬 49°附近，主要分布地带为山地、高原、海岛及沙漠等。我国云南、贵州、四川、广东、海南等地区也有野生品种。在公元前 3000 年左右，墨西哥人就开始从野生食用仙人掌里选育驯化，以培育更佳的食用品种，尤其是 20 世纪 40 年代后，人工商业性的开发使得世界食用仙人掌资源形成了主要以墨西哥为首引领的 3 大主要类型，分别有果蔬类、医药类、观赏类。其中米塔邦仙人掌培育尤为成功，墨西哥种植的仙人掌中 80% 是米邦塔仙人掌，同时米邦塔仙人掌被各国先后引进种植。而从 1998 年起，我国农业部开始专题立项，从墨西哥引进仙人掌系列植物，还有食用仙人掌属农业部 "948" 项目引进的农业新技术，食用仙人掌的种植在 2001 年通过了农业部的成果鉴定，且在 2018 年我国正式将梨果仙人掌纳入药食同源目录。

繁育技术

1. 种子繁殖

收集果荚：看到仙人掌的果子果皮稍微干燥的时候，这个时候就是成熟的了，可以将里面黑色的种子分离出来。种子比较小，可以用纱布筛选。

从顶部切开仙人掌果子，也可以直接像蓝莓那样直接挤压取出种子，洗干净后方阴凉干燥处待用。

选择排水良好的土壤：播种仙人掌的土壤一定要用排水良好的土壤，容器用浅盆，不宜用深盆，排水孔一定要好，土壤是砂质土，播种前把土壤浇透，但不能积水。种子间有一定间隔，稍微覆土 2~3 cm，不能种太深。确保土壤消毒过，种子也可以预先浸泡高锰酸钾溶液。

花盆盖膜，放置位置：播种后花盆上面可以盖上塑料薄膜，摆放在可以吸收更多热量和光照的地方，保持每天有几个小时的光照，盖薄膜可以保留容器的水分，仙人掌的发芽需要光线（散射光）。之后耐心等待，一般需要几个星期到几个月，这取决于品种，如果是属于热带雨林的仙人掌（如蟹爪兰），那就需要较为阴凉的环境发芽，如果是沙漠仙人掌，那就需要充足的光照。

温度控制：在自然的环境中萌芽的仙人掌种子暴露在极端温差的环境（白天热，夜晚冷），保持这样的环境是最好的，温差在 20~25℃ 比较合适。

幼苗养护：萌芽后养护，2~3 周后，仙人掌开始萌芽，这时应该打开薄膜，此时生长较为缓慢，约 1 个月后可见生长变化。

刚开始长出来的小芽像豆芽一样，慢慢地才会长出小刺，土壤的水分散失也会较快，这时候应及时补水，不要让土壤完全干透，也应避免积水。

逐渐长大的仙人掌：仙人掌生长相当缓慢，一般半年到 1 年长成拇指大小。移栽的容器最好选择小巧的，大盆水分散失慢，容易烂根。

移栽后的养护：移栽不要马上见光，先在遮阴处养护，光线不要太阴暗即可，慢慢恢复半个月就能见光了。

减少浇水：仙人掌植物并不是那么喜欢水，随着植株慢慢长大，浇水频率也逐渐减少，冬季温度低更应当少给水，土壤干透才能补水，浇水频率过多，仙人掌幼株很容易烂掉。

幼苗施肥：幼苗一般生长半年后施肥，生长速度较慢，所以要给予充足的光照和适当的肥料补充，幼苗不适宜直接用颗粒肥，最好是液体肥料，或稀释的长效肥。

2. 分株繁殖

多数仙人掌类花卉极易分生子苗或子球，将其子苗或子球拔下另行栽植，极易成活。对于有些不易分生子球的品种，可用切断法强制繁殖子球。即将母株茎体上部的部分切除（切除部分可作嫁接或扦插的插穗），使其失去上部的生长点而不能再向上生长。同时加强水肥管理，就能长出新的子球。

3. 扦插

家庭栽培仙人掌，大多采用扦插法繁殖，成活率极高。扦插时间在春、夏、秋季皆可。扦插应选不老不嫩的茎块，

把茎块从母株上切下后，先放在半阴通风处晾 5~7 d，等切口干燥，皮层略向内收缩，生成一层薄膜时，再行扦插，插穗长度在 10 cm，插深 3 cm。插入经消毒的砂土里，几天后浇水，浇水时稍湿润即可，以防止插穗腐烂，仙人掌一般扦插 20 d 后生根。

仙人掌及多肉植物除利用分割扦插法进行繁殖外，还可用嫁接法进行繁殖，提高其观赏价值和生长速度。一般选生长迅速、扦插易活、观赏价值不高的掌状、柱状和球状多肉植物为砧木，以观赏价值高、形态或颜色美丽的多肉植物为接穗。在室内嫁接不受时间限制，周年可进行。与一般嫁接不同之处是不需形成层对齐，只要髓心对齐即可。具体接法又可分为平接、斜接、楔接和插接 4 种。

现在以平接为例，其接法是将砧木顶部用快刀削平，削面要大于接穗削面，然后再将四周肉质茎及皮向下 30° 斜削一部分待接。用作接穗的小球应将下部 1/3 左右切掉，并按上面切削砧木方法将接穗边缘向上斜削一圈，并立即放在砧木上，将髓部对准，然后用尼龙绳连同花盆一起绕紧固定，放阴处养护即可。为了保湿，可套育苗杯，成活后再除去。盆土不干不浇水，浇水时应注意不要弄湿伤口。

4. 组织培养

用仙人掌"米邦塔"的茎上侧芽进行组织培养，结果表明：初代培养在 MS+ BA 2.0 mg/L+ NAA 0.2 mg/L 培养基上，约 15 d 茎上侧芽开始萌发；继代繁殖在 MS + BA 3.0 mg/L + NAA 0.1 mg/L 培养基上，约 25 d 有大量萌芽，分化清晰；生根壮苗一般采用 MS + NAA 0.1 mg/L。另外用仙人掌组培快繁技术得出不定芽诱导使用培养基 MS+ BA 3.0 mg/L+NAA 0.1 mg/L 外植体分化率达 77.3%；继代增殖使用培养基 MS + BA 1.0 mg/L+KT 0.5 mg/L+NAA 0.3 mg/L 试管苗平均增殖倍数达 10.2，结合反复利用原外植体的方法，增殖效率可进一步提高；生根培养基使用 1/2MS + NAA 0.1 mg/L+ IBA 0.1 mg/L 生根率达 100%，且根系发育优良；驯化及试管苗入地后以保湿为主要管理措施，移栽成活率可保证 95% 左右。本研究为米邦塔食用仙人掌的大规模生产及进一步开发利用奠定了基础。

栽培管理

1. 培养土选择

仙人掌喜排水良好的微碱性肥沃砂质土。家庭栽培仙人掌的培养土，可用 2 份堆肥、4 份园土、4 份河沙混合配制。花盆选择：花盆选小，不宜大，一般只要比植株形体稍大即可，在盆底可放些小瓦片，以利排水。栽时不要埋太深，只要立稳即可。

2. 通风遮阳

阳光能促进仙人掌植株生长，为此应多见阳光，但盛夏要遮阴，以防强光直射出现日灼伤害。对于长期放在不通风处的仙人掌，在干燥炎热季节易被红蜘蛛危害，呈现出衰老似的黄褐色，影响其生长及观赏价值。为避免上述现象发生，应把它放在通风良好的地方。此外，仙人掌在温度低于 5℃ 时容易冻伤，所以冬天要防冻害。

3. 浇水、施肥

仙人掌耐旱，浇水宜少不宜多，切忌盆内积水，保持半湿即可，6~8 月是仙人掌生长旺盛季节，欲促使生长快，一般每天浇 1 次水。要保持土壤湿润，雨季要注意排水，休眠期不浇水。对茎体上有茸毛或带有白色粉末的及嫁接部位等，切勿向其茎部浇水。施肥在生长旺盛季节，但施肥宜用完全腐熟的有机肥或有渣质的肥料。换盆。仙人掌类花卉的根系发达，不断增大和老化，并且还排泄一种使土壤酸化的有机酸，必须每年换 1~2 次盆和增加新培养土。换盆时间应在休眠期，可在早春 3 月间或秋季 10 月间换盆。换盆时应将植株的老根剪除，将过长根剪短，以促发新根。

4. 病虫防治

（1）红蜘蛛

用 800~1000 倍的 50% 敌敌畏喷杀，每周 1 次，2~3 次即可防治。

（2）蚜虫

用 30% 呋喃丹或 30% 敌灭威颗粒埋入盆土 5~10 cm 深处，2~3 d 能见效（剧毒，要谨防）；用 40% 乐果 1000 倍喷杀；80% 敌敌畏 1500 倍喷杀；烟丝用 20 倍水浸泡 48 h，再加入 20 倍水和 1/10 的洗衣粉搅拌，滤渣后喷杀；将烟梗、烟筋、烟屑及烟蒂用 15 倍水浸泡 24 h，滤渣后喷杀；用 1:200 的洗衣粉水加入几滴清油搅拌后喷杀；洗衣粉、尿素、水，按 1：4：400 的比例搅拌后喷杀；鲜牛尿 1 份，煤油 0.2 份搅拌后加 10 倍水喷杀；猪胆汁加 100 倍水，并加入 1 小勺洗衣粉或苏打搅拌后喷杀；皂荚加水捣烂过滤，再加水 6 倍水搅拌后喷杀；大葱切碎后加 30 倍水浸泡 24 h，滤渣后喷杀，1 d 2 次，5 d 见效。

（3）介壳虫

用 50% 马拉硫磷 100 倍液喷杀；用 25% 亚胺硫磷乳油 800 倍液喷杀；用 50% 西维因 500~700 倍液喷杀；硫磺 2 份，石灰 3 份及水 10 份混合熬制。冬天用波美 3~5°，夏天用波美 0.5~1° 喷杀；烧碱 2 份，松脂 3 份，水 10 份混合熬制。休眠期用 8~10 倍液，生长期用 20~30 倍液喷杀。温度 30℃ 以上禁喷；用 40% 杀扑磷 1000 倍液喷杀（毒性甚高，要注意）；敌敌畏 1 份，机油乳剂 50 份，水 2500 份混合后及时喷杀；松脂柴油乳剂：① 0 号柴油 41.6%、松脂 19.6%、碳酸钠 2.8%、肥皂 4% 及水 32%。② 0 号柴油 22.2%、松脂 38.9%、碳酸钠 5.6% 及水 33.3%。水和碳酸钠放入锅中加热，沸腾后加入松香粉和柴油，用文火烧搅拌约 0.5 h 后呈茶褐色即可。喷杀时加 10~15 倍水，2~3 d 见效。

（4）根结线虫

将土壤捣出暴晒；将带病植株浸泡于 50~55 摄氏度的温水中，10~15 min 即可杀死线虫；穴埋 30% 呋喃丹。

（5）根虱（根粉介）

在盆底放入少量二氯苯结晶预防；用马拉松乳剂 1000 倍液喷杀；穴埋少量呋喃丹；用 40% 乐果 2000~4000 倍洗根，晾干后入盆；用浓度较淡的肥皂水洗根，晾干后入盆。

（6）蚂蚁

穴埋呋喃丹。

（7）炭疽病

用 1% 福尔马啉进行土壤消毒；用 70% 托布津 1000 倍液喷涂。

（8）软腐病

涂抹 5000~8000 倍链霉素液（用于细菌性感染）；用 50% 多菌灵 500 倍液喷涂（用于真菌性感染）；用 70% 托布津 800 倍液喷涂（用于真菌性感染）。

（9）腐烂病

切除病部，涂上少许硫磺粉；喷洒百菌灵。

参考文献

[1] 梁征，徐丛玥，茹琴，等. 仙人掌可食用茎干的营养成分及生理活性研究进展 [J]. 食品研究与开发，2018，39(13):219-224.

[2] 华景清. 食用仙人掌贮藏工艺及加工品的开发研究 [D]. 南京农业大学，2006.

[3] 王桂秋，聂晶，朱黎霞，等. 仙人掌抗诱变效应的实验研究 [J]. 中国中医药科技，2001(4):252-253.

[4] 董颖苹，黄琼，黄先群，等. 药用植物仙人掌的研究进展 [J]. 贵州农业科学，2001(2):63-65.

佛甲草

（鼠牙半支莲、禾雀脷、佛指甲、铁指甲、狗牙菜）

Sedum lineare Thunb.

物种介绍

佛甲草为景天科景天属多年生草本植物。花期 4~5 月，果期 6~7 月。佛甲草为多浆植物，耐旱性能好、生命力强。含水量极高，其叶、茎表皮的角质层具有超常的防止水分蒸发的特性，即使在夏季干旱的屋顶上也无需浇水。其耐旱时间可长达 1 个月。产中国云南、四川、贵州、广东、湖南、湖北、甘肃、陕西、河南、安徽、江苏、浙江、福建、台湾、江西。日本也有分布。生于低山或平地草坡上。主要功能如下。

佛甲草是优良的地被植物，它不仅生长快，扩展能力强，而且根系纵横交错，与土壤紧密结合，能防止表土被雨水冲刷，适宜用作护坡草。

佛甲草植株细腻、花美丽，碧绿的小叶宛如翡翠，整齐美观，可盆栽欣赏。佛甲草适应性强，不择土壤，可以生长在较薄的基质上，其耐干旱能力强，耐寒力亦较强。佛甲草耐旱性能超强，即使在炎热夏季，在干旱的屋顶上也无需浇水，耐旱时间可长达 1 个多月。佛甲草种植在屋顶 5 cm 厚的基质中，不用人工浇水施肥，只利用天然降水仍生长良好。即使在气温降至 −10℃，基质与佛甲草全部被冻成一体，但并未冻死，

只是茎、叶变成深褐色；种植基质无需太厚，5 cm 即可满足其生长所需，因为作为浅根系网状分布的草种，根系弱而细、扎根浅、平面生长、网状分布，无穿透防水层能力，不破坏屋面结构。佛甲草是一种耐旱性好的多浆草种，可用于屋顶绿化，采用无土栽培，负荷极轻，可取代传统的隔热层和防水保护层。

全草药用，甘、微酸，凉。清热解毒，消肿排脓，止痛，退黄。用于治疗咽喉痛，痈肿疮毒，毒蛇咬伤，缠腰火丹，烧、烫伤、黄疸、迁延性肝炎、痢疾等症。

繁育技术

1. 种子

撒种主要适合于雨季或阴天进行，要求地势平坦，土壤疏松，已耕耙的湿润地块，做畦不宜过大，过大会导致操作不便，将种子均匀地撒种在整好的畦内，撒种的间距大概 1 cm 左右，用细土覆盖于似露非露程度后，进行喷灌，保持土壤湿润，约 1 周左右即生根，即可进入日常管理中。

2. 扦插

扦插适合于夏、秋两季进行，在地势平坦、疏松、湿润的已耕耙地块中，做畦划沟，沟距 10~15 cm 均可，把生长旺盛的茎叶剪成 10 cm 左右小段，扦插于沟内并填埋土，大约埋土 3~4 cm。把地整平后大水漫灌，灌水一定要足。每隔 3 d 1 次，2~3 次即可（据气温和地温而定）。

3. 分株

春夏季将茎叶切成 6~7 cm 长的小段，撒在已耕耙整平的地面上，用三齿耙在土壤表面轻轻锄，使茎节呈半掩埋状态植入土壤，然后喷两遍水，保持土壤湿润，约 1 周左右即生根。佛甲草的扦插增殖倍数为 1:20，即生长良好的 1 m² 佛甲草可扩繁 20 m²。

4. 组织培养

采用不同培养基和激素配比，筛选出离体培养各阶段最适的培养基配方。试验结果表明，佛甲草不定芽诱导最适培养基为 MS +BA 1.0 mg/L + NAA 0.2 mg/L + 活性炭 1.6 g/L，诱导率达 75.6%，形成的丛生芽大而健壮。MS+ BA 2.0 mg/L + NAA 0.2 mg/L + 活性炭 1.6 g/L 为芽增殖最适培养基，增殖倍数达 8.7。该研究发现，NAA 的浓度对于芽的分化及增殖影响较大。高浓度的 NAA 往往会抑制腋芽的发生和增殖过程中根的形成。

在生根培养时，大多数试验已得出结论，以 1/2MS 作为生根基本培养基效果较好。以 1/2MS 搭配不同浓度的 NAA 来进行生根试验，结果表明不同浓度的 NAA 生根培养基中均可分化出根，最佳生根培养基为 1/2MS + NAA 0.2 mg/L，诱导的根量大且较粗。另外试验还发现，在不定芽诱导及增殖过程中，均有根的发生，表明佛甲草属于易生根植物。

栽培管理

栽植后，要求保持土壤湿润，及时补充水分，大概 2~3 d 灌或喷 1 次水，2~3 d 植株即可恢复正常生长，便进行日常管理。因为佛甲草生长适应性强，耐寒、耐旱、耐盐碱、耐瘠、抗病虫害。所以在日常管理过程中，根据不同质地的土壤进行施肥，每次施 20 g/m²，全年大概施肥 2~3 次；根据不同的地温和气温，进行灌水，要求每次要灌透灌足，全年大概 4~5 次。

在土壤上冻前，进行封冻水灌溉，以利于佛甲草在露地顺利过冬。第二年春季土壤化冻后，浇返春水并及时拔除田间杂草（2~3 次），以免田间杂草蔓延，操作不便。另外，因为佛甲草生长速度快，地块的封闭性强，以免在日后操作时易踩坏植株，造成不必要的损失。佛甲草基本无病虫害，不需要进行防治工作。

土层薄，荷载轻。厚度仅为 5 cm 的专用基质层在不需任何管理的情况下，佛甲草能依靠自然气候条件健康生长。

施工简便，成本较低。佛甲草屋面绿化可在不用一砖一石和钢筋水泥的前提下，进行拼装式组合施工作业。

保护屋面，改善环境。佛甲草成坪后，如同一张绿地毯覆盖在屋顶，可阻挡阳光、风、霜、雨、雪等对屋顶的破坏，可隔热、隔音、防漏。此外，佛甲草能释放氧气，吸附空气中的灰尘、有毒物质等，消除噪音，净化环境。

种类较多，景观丰富，引种的佛甲草种类有常绿佛甲草、金叶佛甲草、细叶叶佛甲草和圆叶佛甲草等，叶片颜色有绿色、金黄、蓝色，花色以黄色为主，偶有白色和红色。在辅以其他铺装材料后，可以在屋面形成色彩靓丽的生态景观。

除佛甲草除种植初期，为促进其尽快长满成园而需要科学管理施肥外，之后几乎不需要管理。佛甲草排他性强，在它长满成园的草坪中基本容不得其他杂草生存，省却除杂草的工作。生长成园的佛甲草，排列整齐，高矮基本一致 (100~200 mm)，保持自然平整，给人以朴实之美感，无需修剪。佛甲草四季常绿，春夏两季开黄花，有较高的观赏价值。特别适宜在地面、绿化带、公路护坡上种植。

佛甲草在环境恶劣的屋顶上生长，株距密集、枝繁叶茂，密度 5000~8000 株 /m²。特别是佛甲草的呼吸作用，经科学验证，与其他植物相反，晚上吸入二氧化碳，白天放出氧气。大面积屋顶种植，对平衡大气中的氧和二氧化碳能起到积极作用，它是适合屋顶种植的最优秀草种之一。

地被植物是城市绿化的重要元素之一，在维护城市生态平衡和丰富城市绿化景观类型等方面具有重要作用。佛甲草作为宿根草本多年生地被植物，常年生长在露地，具 1 年种植多年观赏的特点，无形之中节省了大量的人力、物力和财力。管理上粗放简单，养护简便，非常节约成本，可用于城市园林绿化，更可贵的是能用于屋顶绿化，这将大大提高城市的绿化面积；用于荒山绿化在功能上既可固土护坡、覆盖土壤、涵养水源，又可促进农业的可持续发展，极具发展推广前景。

参考文献

[1] 苏怡柠，骆天庆，金樑，等 . 上海地区佛甲草轻型屋顶绿化的越夏景观维护研究 [J]. 上海农业学报，2019, 35(5):39-45.

[2] 麻海娟，曹性玲，黄志华 . 佛甲草药理作用及其相关机制研究进展 [J]. 赣南医学院学报，2019,39(8):833-836.

[3] 臧青茹，钟伊能，郭晓琪，等 . 不同基质和扦插处理对 4 种景天扦插生根的影响 [J]. 贵州农业科学，2018, 46(8):87-90.

[4] 陶佩琳，李志强，沈苏婷，等 . 佛甲草的组培快繁技术研究 [J]. 安徽农业科学，2017, 45(8):145-147.

[5] 李可，唐立鸿，曹芳怡，等 . 不同基质对针叶佛甲草生长的影响 [J]. 安徽农业科学，2016, 44(30):26-28.

[6] 郑燕飞，高健强，郑理想，等 . 垂盆草和佛甲草扦插繁殖潜力的探索 [J]. 铜仁学院学报，2016, 18(4):10-14.

[7] 许诺，张翼维，陈善湘，等 . 不同基质配比对佛甲草生长的影响 [J]. 湖南农业科学，2016(4):30-33.

[8] 梁劲君，邓光宙，梁祖珍，等 . 佛甲草屋顶绿化建造技术 [J]. 南方园艺，2015, 26(1):44-46.

[9] 蔡静 . 佛甲草研究进展简述 [J]. 南方农业，2014, 8(24):186+191.

[10] 郭惠斌，战国强，张克 . 佛甲草在广东屋顶绿化中的推广应用 [J]. 广东林业科技，2013, 29(4):98-100+104.

灰莉（箐黄果、非洲茉莉、灰莉木）

Fagraea ceilannica Thunb.

物种介绍

　　灰莉为马钱科灰莉属常绿灌木或小乔木，高 5~12 m，常附生（攀缘）。花期较长，盛花期为 5 月，果期 10~12 月。灰莉原产于中国南部及东南亚等国，性喜温暖，生长适宜温度为 18~32℃；喜阳光，忌夏日强烈的直射阳光；喜空气湿润，通风良好的环境；不耐寒冷；在疏松肥沃，排水良好的壤土中生长良好。其主要作用为绿化作用，具体如下。

　　灰莉终年常绿，枝条繁茂，株形丰满。花朵具有芳香，花形优雅呈伞状，簇生于花枝顶部。花期较长，冬夏均开，以春夏开得最为美丽。早上或傍晚，若有若无的淡淡幽香，令人心旷神怡。灰莉喜光耐阴，萌芽、萌蘖力强，这一特性使其在园林植物配置中具有容易造型且耐修剪的特点，能适应多种生态环境，是较为理想的园林绿化树种，在南方地区作为庭园、露地的观赏灌木栽培已有几十年历史，近几年开始流行用作阳台、城市高楼天台及室内的盆栽观叶植物。灰莉虽然是典型的南方热带植物，但作为室内观叶植物新宠，现今在我国寒冷的北方也常能看到。

繁育技术

1. 播种

　　在种植时可在 10~12 月采收成熟果实，把种子取出来，放置在通风处进行晾晒，在翌年的 3~4 月播种，施加水分，气温在 20℃，半月就可发芽，发芽期间可经常疏松土质或除草，使土质疏松，幼苗成型较快。插枝可在 4~10 月进行，选用比较茂盛茎枝，剪取 10 cm，把下部叶片摘掉，在切口处涂上生根粉，插在土质中，施加水分，温度在 22℃ 左右，在 25 天即可生根，在其成长期间可进行遮挡阳光，等其成长半年高度在 30 cm 时可进行移植。

　　灰莉的播种也可在秋季进行，宜选择地下水位低、排水良好、向阳开阔、阳光充足的圃地，播种的基质宜用粗细适度清洁的河沙，可在 10~12 月间采集成熟的果实，脱出种粒后，将其撒播或行播于整好的苗床上，播种深度 2 cm，播后搭盖荫蔽度 50% 的遮光网棚，注意保湿。覆土厚度 2~3 cm，并加盖地膜保温防寒，秋末冬初播下的种子，翌年春天即能出苗。

2. 扦插繁殖

　　灰莉繁殖以扦插繁殖为主，一般在 4~10 月均可进行，选择 1~2 年生健壮的半木质化枝条为插穗，在插穗的部位选择上，同一枝条中一般以中上部为好，穗的长度控制在 10~12 cm，带 2 个节间、3~4 片全叶。切取插穗时，其下切口应在节下 1 cm 左右的位置，插穗下端应呈斜面式，插穗的上端应进行防止水分散失处理，下端应做促进愈合生根处理。应选择疏松透气、排水良好的材料做灰莉的扦插基质，河沙、珍珠岩、蛭石、泥炭土和砂质壤土等基质的生根效果较好。扦插前可用高锰酸钾、多菌灵对扦插基质喷洒灭菌。扦插后应设遮阴网遮光，保持湿度，温度适宜时约 12~15 d 即可形成愈伤组织，25 d 左右就可以生根。

3. 压条

灰莉木的空中压条生根一般需要 2 个月以上时间。灰莉木枝条扦插育苗时，插穗在苗床上至少需要 30 d 才开始发根，扦插期长达 60 d 左右。由于插穗留圃时间长，枝条养分消耗大，导致插穗叶片特别是基部的叶片多数脱落，成活后植株恢复长势、修剪成型也需要比较长的时间。

4. 分株法

在 3~4 月份期间将灰莉从花盆中取出，并将根系周围的旧土清理掉。使用刀具在根系结合处切开，并保证每丛有 2~3 根茎干和部分根系，分离开后将其分别栽种即可。

5. 组织培养

适宜灰莉木不定芽快速增殖的培养基为 MS+ BA 3.0 mg/L +NAA 0.1 mg/L 或 MS+ BA 3.5 mg/L+NAA 0.2 mg/L，蔗糖 30 g/L。诱导生根的适宜培养基为 1/2MS+IBA 1.0~2.0 mg/L，蔗糖 15 g/L。采用组织培养技术可以高效率地大批量培育出灰莉种苗，成苗快且整齐。据实际育苗生产中测定，经过一个继代繁殖周期培养，约有 35%~40% 的不定芽经分切后可以转入生根培养基。

组培苗在株高 4 cm 时即可上盆，5~6 cm 时可去顶，以促进分枝，通过加强肥水管理促进枝叶生长，提早造型。利用组培小苗在株形上的优势，提早上盆，培育出一批冠幅 15 cm、高 20 cm 左右的盆栽型植株，以及冠幅 25~35 cm、高 30 cm 多种规格的观叶植株供应市场，经济效益见好。因此，开发这一技术并直接应用于生产，有利于培育出多种规格的成品苗木，对促进市场销售具有积极的意义。

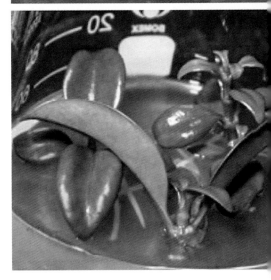

参考文献

[1] 许丽萍, 周丽华, 龚峥, 等. 华灰莉木的组织培养与快速繁殖 [J]. 广东林业科技, 2009, 25(6):60-63.

[2] 鞠志新, 李余先, 杜凤国. 华灰莉木扦插育苗技术 [J]. 北方园艺, 2007(5):147-148.

[3] 张进, 黄春晖, 张琰, 等. 华灰莉木嫩枝扦插育苗试验 [J]. 安徽农业科学, 2006(22):5858-5859.

锦绣苋

Alternanthera bettzickiana (Regel) Nichols.

物种介绍

锦绣苋为苋科莲子草属多年生草本。花期 8~9 月。果实不发育。原产巴西，性喜高温，最适宜在 22~32℃ 的条件下生长，极不耐寒，冬季宜在温度 15℃ 左右、湿度在 70% 左右的温室中越冬。锦绣苋喜光、略耐阴，不耐夏季酷热，不耐湿也不耐旱，对土壤要求不严。生长季节喜湿润，要求排水良好。高温、高温或低温、高湿都易引起植株腐烂。其主要价值如下。

1. 园林应用

锦绣苋栽植密度，平面花坛一般达 100 株 /m² 才能保证花坛栽植效果突出、增加美化效果。立体花坛

栽植密度一般为 120 株 /m² 以上。栽植密度过稀，导致杂草丛生，出现斑秃枯死现象；过密，通风不良，造成植株根系腐烂。锦绣苋株形丰满、低矮，枝叶繁茂，耐修剪，株形整齐，分枝性强，颜色丰富，对比性强，最适合在绿化景点进行装饰造景、组字、组合花坛。

2. 观赏

锦绣苋植株多矮小，叶色鲜艳，繁殖容易，枝叶茂密，耐修剪，是布置毛毡花坛的良好材料，可以不同色彩配制成各种花纹、图案、文字等平面或立体的形象。如要栽成有花纹、图案、文字的式样，种植时要注意品种色彩的搭配。若要制作立体雕塑或花坛，需要预制牢固的骨架，缠上尼龙绳，然后种上锦绣苋。同时，盆栽适合阳台、窗台和花槽观赏。

3. 食用

可直接炒食。

4. 药用

全株药用。清热解毒，凉血止血，消积逐瘀，清肝明目，治结膜炎便血、痢疾。

繁殖方法

1. 扦插繁殖

（1）基质及前期处理

以营养土与田园土体积比 1∶1 为扦插基质，采用杀菌剂或者杀虫剂消灭基质中的病原菌和害虫。基质装袋，并适当浇水，使得土壤有一定的湿度，即可用于扦插。

（2）插穗的选择

在锦绣苋母树上选取健康无害虫的枝条作为插穗。

（3）插穗处理

将插穗切成带 1 个顶芽的小段，长约 5 cm，上端切口剪平，下端切口为斜面。将下端浸泡于 ABT 生根粉溶液中，浸泡 30 min 以上。

（4）插穗的扦插

将浸泡处理后的插穗下端的 2/3 斜插到基质中，浇足水定根。30 d 后扦插成活率为 100%。

（5）扦插苗后期的管理

扦插后期要及时清除杂草。适当多浇水，并追施复合肥。

2. 组织培养

（1）外植体的选择

为了减少锦绣苋组织培养过程中的污染率，于晴天午后取材。剪取锦绣苋茎段，除去叶片，切取 1 cm 左右的带芽点茎段为外植体。

（2）培养基与培养条件

以 MS 为基本培养基，培养基配方为：3%（w/v）蔗糖、0.6% (w/v) 琼脂、以及不同种类和浓度的植物生长调节剂，pH5.8~6.0。

（3）无菌培养体系的建立

取锦绣苋茎段，洗洁精浸泡 30 min，流水冲洗干净，并吸干表面水分。在超净工作台上将外植体放入 75% 乙醇中消毒 30 s，无菌水漂洗 3 次，用 0.1% HgCl$_2$ 浸泡消毒 5 min，无菌水漂洗 5 次，于已灭菌滤纸上吸干表面水分。接种于 MS+0.5 mg/L BA + 0.1 mg/L NAA 培养基上培养。待锦绣苋茎段上腋芽萌发，将腋芽转入 MS + 0.2 mg/L IBA 培养基中进行伸长生长。

（4）芽诱导实验

取伸长培养后的单芽切成 1 cm 左右带一对叶片的小段，接种于 MS + 0.1~10 mg/L BA 的培养基上，培养 30 d 后的芽诱导率与芽增殖倍数最高分别可达 100% 和 7。

（5）生根诱导

分别取株高约 3 cm，带 2~4 片完全展开叶子的无根幼苗，接种于 MS+0~5 mg/L IBA +0~4.5 mg/L NAA+0~4 mg/L IAA 培养基中进行培养。培养 15 d 后的生根率可达 100%。

（6）炼苗与移栽

取长势良好的锦绣苋组培苗，约 5 cm 高。打开培养瓶瓶盖，炼苗 3~7 d，使幼苗初步适应外界的环境。取出，用自来水洗去根系附着的固体培养基，然后移栽到含有蛭石与砂（体积比 1:1）的黑色育苗袋中，每袋移栽一株。移栽 30 d 后的移栽成活率为 100%，组培苗叶片翠绿，茎秆粗壮，长势良好。

参考文献

[1] Y XIONG, H LIANG, H YAN, et al. NaCl-induced stress: physiological responses of six halophyte species in *in vitro* and *in vivo* culture[J]. Plant Cell, Tissue and Organ Culture (PCTOC), 2019, 139(3):531-546.

[2] 余文想，李自若．广州市屋顶栽植可食用植物的适应性评价 [J]．广东园林，2019, 41(4):28-33.

[3] 练启岳，林中大，肖辉，等．不同基质和生长调节剂对乡土植物扦插生根的影响 [J]．林业与环境科学，2017, 33(1):59-62.

[4] 黄炜杰，李秋霞，谢泳杰，等．利用水生植物净化河涌污水能力的比较研究 [J]．广西植物，2014, 34(5):642-650.

[5] 楚清华，王明祖，黄子濠，等．不同基质对锦绣苋扦插繁殖的影响 [J]．广东农业科学，2012, 39(6):58-59+77.

[6] 张圣芸．五色草繁殖与管理技术 [J]．农村科技，2011(10):50.

兰花草

Ruellia simplex C.Wright

物种介绍

兰花草为爵床科芦莉草属多年生草本，株高一般不超过 150 cm，似丛生状，盛花期 4 月中旬到 10 月下旬，单花寿命短，一般清晨开放，过午后凋谢，一般在 6~9 月开的花午后即凋谢，但兰花草丛生且花芽分化多，因此整体花期很长，基本上盛花期可做到日见花。

原产于墨西哥，中国华南地区有引种栽培。具有较强的抗旱、抗贫瘠和抗盐碱土壤的能力，可与岩石、墙垣或砾石相配，形成独具特色的岩石园景观。品种可分为高性种和矮性种两种类型，高性种株高 30~100 cm，节间较长，可以看到明显的红色茎秆，花朵繁多，丛植效果层次丰富，适宜作自然花境或在庭院种植。矮性种株高 10~20 cm，老株枝干有脱叶留下的痕迹，苍老古雅，适合盆栽观赏或做盆景，也可做花坛或地被的镶边材料。兰花草配置样式多样化，兰花草既可作为多年生花卉植物栽培，又可作为单年生草花应用，并可部分替代时花，具有明显的优点和缺点。

① 作为多年生花卉应用：因叶色浓绿、花径大、花期长、花色亮丽、植株低矮等特点，常作为镶边材料、植物前景的第一层次的地被植物应用，增加园林景观的层次感；兰花草具有较强的抗旱、抗贫瘠和抗盐碱土壤的能力，因此可与岩石、墙垣或砾石相配，形成独具特色的岩石园景观。兰花草也可做盆栽花卉，尤其是老株老茎上会有老叶脱落的痕迹，茎秆半木质化，质感苍劲有力，可搭配小陶盆做成小型桌上盆景。

② 作为时令草花应用：兰花草因耐高温、耐高湿、耐雨性和花期长的特点，是夏季花不可多得的花材，常作为花坛材料或道路节点的时花；在炎热的 5~10 月间，中国福建地区高温和台风天气，尤其是台风暴雨过后，温度、湿度、光照强度变化剧烈，对草花的抗性要求很高，许多草花寿命极短，为了保持良好的景观效果，一般要更换 2~4 次的草花。而兰花草在这期间正好是性状表现最好的时期，至少可减少 2 次左右的草花更换，而更换一次草花的费用约 43~55 元 /m²，栽植兰花草与其他草花相比，大大地节省了人力、物力、财力。

兰花草虽然在园林造景和应用中尤其突出的优点，但作为时花使用时，也有其明显的不足之处，表现为在 11 月之后，就基本上没有花了，尤其是在 1 月前后低温来袭，兰花草的叶片发生抗逆反应，叶片变暗和发紫，在一定程度上影响景观效果，因此在重要的节点，建议将兰花草作为一年生季节性草花栽培，而在一般性景观带，作为多年生草花使用。

繁殖方法

主要用播种、扦插等方法繁殖，一年四季均可进行，但以春秋为最佳季节。

1. 播种

种子成熟后可随采随播，选择通透性好、富含养分的土壤作为播种基质，将苗床耙细、整平、压实，然后再刮平。播种前将底水浇足、浇透。因种子细小，需掺细砂或细土 1~2 倍，均匀撒播。播后在苗床上方加盖塑料薄膜，以防水分蒸发过快。种子发芽适温 20~25℃，土壤温度过高时，应增大通风量。在光照充足的中午前后，用遮阳网适当遮光以降低土温，避免土温过高使种子丧失生命力。播后约 5~8 d 出苗，待小苗具 2~3 对真叶时分苗、移栽。扦插在生长季节进行，选用蛭石或砂土等渗水性良好的材料做基质，从生长健壮的枝条上剪取嫩梢为插穗，长为 5~10 cm，基部自节下斜削，只保留顶端 2~3 片叶。插后浇透水，置半阴处养护。每天向叶面喷水 1~2 次，保持基质湿润，在温度 20~30℃的条件下约 15~20 d 可生根。

2. 分株

在春季萌芽前进行，将地下根茎连同叶片分切为数丛，每丛带 3~5 支茎秆，然后分别种植。待小苗具 2~3 对真叶时可进行移栽。

3. 扦插

选用粗砂、砂土或掺砂的园土为基质，从生长健壮的枝条上剪取嫩梢为插穗，长为 5~10 cm，基部自节下斜削，只保留顶端 2~3 片叶，其余的全部摘除。插后浇透水，置半阴处养护。每天向叶面喷水 1~2 次，保持基质湿润，在温度 20~30℃的条件下约 15~20 d 可生根、移栽。

栽培管理

1. 栽植

兰花草袋苗的移栽除冬季外其余时间均可进行，一般在中国福建地区 11 月以后不宜栽植，要待翌年 3 月初方可栽植，移栽后应保持充足的水分，选择肥力中等、土质疏松、排水透气性良好、富含腐殖质的土壤作为栽培基质。生长期间适量浇水，土壤保持湿润即可，炎夏时需向叶面喷水。施肥以复合肥或磷钾肥高的肥料为佳。

2. 养护

兰花草养护成本低，很少修剪，一般为保持株形美观，植株老化时需强剪，栽植 2~3 年的兰花草依然生长良好，但存在着大小不一的现象，为此建议进行强剪，以促使新枝萌发，枝形丰满，进行更新复壮，或者把更换下来的兰花草作为盆栽花卉，这不仅分枝多、开花多、层次分明，老枝也半木质化，具有草花和盆景双层观赏效果。

3. 病虫害防治

植株生性强健，病虫害较少发生。偶尔发生根腐病，多见于高温多湿季节，常导致根部腐烂，甚至造成植株成片死亡。主要防治方法为：加强栽植地的排水；用波尔多液每隔 6 d 左右喷洒 1 次，连续喷 3~5 次；拔除病株烧毁，并用石灰液消毒病穴，以防蔓延。

参考文献

[1] 张越 . 广东滨海常见园林植物光合生理特性与养分含量研究 [D]. 华南农业大学 , 2016.

[2] 杨志恒 . 翠芦莉栽培技术 [J]. 中国花卉园艺 , 2015(20):39.

[3] 王意成 . 翠芦莉 [J]. 花木盆景 (花卉园艺), 2015(10):27.

[4] 姚一麟 , 修美玲 , 蓝风 . 上海植物园掠影 [J]. 花木盆景 (花卉园艺), 2015(2):31-33.

[5] 棕榈园林股份有限公司 , 邓碧芳 , 刘坤良 , 等 . 华南特色花境营建有章法 [N]. 中国花卉报 , 2014-10-30(A07).

[6] 聂磊 , 贺漫媚 . 观赏挺水植物在河涌污水中的生长及净化效果研究 [J]. 江西农业大学学报 , 2012, 34(4):832-838.

[7] 蔡汉 , 王小明 . 园林新优宿根花卉——翠芦莉 [J]. 中国花卉园艺 , 2008(10):24-25.

楝 （楝树、紫花树、楝枣子、翠树、森树、楝枣树、火稔树、花心树、苦辣树、洋花森）

Melia azedaeach L.

物种介绍

苦楝为楝科楝属落叶乔木，高达 20 m。花期 4~5 月，果期 10~11 月。强阳性树，不耐庇荫，喜温暖气候，对土壤要求不严。耐潮、风、水湿，但在积水处则生长不良，不耐干旱。枝梢生长快，至生长期终了嫩梢尚未充分成熟，顶芽容易脱落，梢端易受冻害。春季主梢下部成熟部位再萌发生长，从而形成分枝多、树干矮的特性。主根不明显，侧根发达，须根较少，抗风力强，因而大树移植成活差。幼树生长快，寿命短，对二氧化硫等抗性强，具有吸滞粉尘和杀灭细菌的功能。

苦楝在我国分布很广，黄河流域以南、华东及华南等地皆有栽培。多生于路旁、坡脚，或栽于屋旁、篱边。在湿润的沃土上生长迅速，对土壤要求不严，在酸性土、中性土与石灰岩地区均能生长，是平原及低海拔丘陵区的良好造林树种，在村边路旁种植更为适宜。其主要价值如下。

苦楝树形潇洒，枝叶秀丽，花淡雅芳香，又耐烟尘、抗污染并能杀菌。故适宜作庭荫树、行道树、疗养林的树种，也是工厂绿化、四旁绿化的好树种。苦楝也是良好的蜜源植物，同时苦楝果实是榨油和酿酒的工业原料。另外，苦楝抗盐能力强，在含盐量 0.46% 以下的盐碱土上均能生长，是盐碱土植被恢复树种。

苦楝是重要的乡土树种，由于其生长迅速，材质坚软适中，纹理美观，不变形。有香气，耐腐朽，抗虫蛀，适宜作各种家具、装饰、装潢、工艺、乐器等的高级用材，是木材加工业的优质原料。

苦楝适应性强，耐干旱瘠薄，不耐水渍，能在酸性、中性及钙质土壤中生长，病虫害少，是营造混交林的优良树种，宜在河渠、堤滩、农田林网、庄台四旁栽植。其木材用途广泛，经济效益高，市场价格 1200~1500 元 /m³。

苦楝还是重要的药用植物。有清热、燥湿、杀虫之效。用于治疗蛔虫、蛲虫，风疹，疥癣。根皮和干皮可入药。具体如下。

杀虫，用于治疗多种肠道寄生虫病。本品对蛔虫、钩虫、蛲虫，均有较强的毒杀作用。单用即效，亦可与槟榔、使君子等配合使用，如化虫丸。单用水煎液保留灌肠，适用于小儿蛲虫病或小儿蛔虫性肠梗阻。

疥癣，用于治疗疥癣湿疮。可单用本品研末，醋或猪脂调涂患处。煎服，6~9 g；鲜品 15~30 g。外用适量。

本品有毒，不可过量或持续服用。本品主要成分苦楝素有驱蛔作用。其煎液在体外对蛲虫有麻痹作用，对猪钩虫有驱杀作用。其乙醇浸液对常见致病真菌有明显抑制作用。其毒性反应常为头晕、头痛、思睡、恶心、腹痛等，严重者可出现中毒性肝炎、精神失常、呼吸中枢麻痹及内脏出血，甚至死亡。

繁育技术

1. 种子繁殖

以播种繁殖为主。出种率 25%~40%，种子千粒重 550~830 g，每千克 1200~1800 粒，发芽率 60%~80%。冬播或早春播都可，每亩播种量 15~20 kg，约需 40~50 d 才开始发芽，亩产苗量 1.0~1.5 万株，1 年生苗高 1.0~1.5 m。

苦楝易于栽植，主要技术措施是：打塘规格 60 cm 见方即可，成片造林株行距以 2 m×3 m，3 m×4 m，4 m×5 m 为宜。农田林网、四旁栽植单行株距 3~4 m，两行以上株行距 4~5 m。栽植深度应掌握在根茎以上 5 cm，不宜深栽，栽植后浇透水，填土踏实，在岗淤土地或低温条件下栽后要覆盖地膜，保墒增温，提高造林成活率。农田林网上栽植苦楝一定要培垄栽植，避免出现"水包树"现象。

不同种源苦楝种子发芽率、发芽指数和活力指数的差异均达到极显著水平。陕西杨凌的种子发芽率和发芽指数最高，分别为 81.4% 和 2.9；福建平潭的种子活力指数最高，为 0.31；而湖北黄冈的种子发芽率、发芽指数和活力指数均最低，分别为 50.6% 和 1.5 和 0.055。

(1) 育苗

种子处理：果核坚硬不易开裂，应在冬季砂藏 3 个月以上。也可在播种前用 50℃的温水浸种后放置 2 d，然后混沙增温催芽，促使种壳开裂，但不如低温层积处理的种子发芽整齐。

（2）播种

大田式或苗床式均可。播种行距 40 cm，开沟深度 5~6 cm，为节省种子，最好采用点播方式，每隔 15 cm 放 3~4 粒种子，覆土厚度 2~3 cm。播种量 350 g/m²。

（3）幼苗管理

种子发芽后易成丛出苗，苗高 5 cm 时进行第一次间苗，每穴留 2 株。苗高 10 cm 时第二次间苗定株，每穴选留 1 株。注意浇水、排水，及时中耕除草。1 年生苗高达 1~1.5 m 即可出圃。

（4）栽植选择

栽前穴状整地，平原一般穴径 60 cm、深 45 cm；山区丘陵多采用水平阶或鱼鳞坑整地。多用苗高 1~1.5 m，地径 1.5~2 cm 的 1 年生苗造林。

2. 扦插技术

（1）根插

苦楝根部有很强的萌蘖能力，根插成活率最高，达 98% 以上，但引进的苦楝良种根系数量有限，且取根困难，难以大规模繁殖生产。

（2）整地

苗圃地选择交通方便、靠近水源、排灌畅通、土层深厚肥沃、地下水位较低、无病虫侵染源、地势平坦的砂壤土为宜。扦插前精细整地，随耕随耙，及时平整。全垦前施腐熟的农家肥 75~150 t/hm²、磷肥或复合肥 600~750 kg/hm²。作床前清除草根等杂物，细整耙平。

（3）扦插

选用健壮、通直、木质化程度高、无病虫害的 1 年生苗木，在春季萌动前或起苗时用锋利的枝剪、切刀截根，上下切口均平切，切面平滑，不破皮，不劈裂。种根长度 12~15 cm，按直径大小分级捆扎，注意上下端摆放一致，保湿存放待插，也可秋季采集种根后挖坑砂藏，至 3 月底 4 月初，先将种根放在通风遮阴处晾晒 1 d 再进行根插。采用直插的方法。株行距为 40 cm×60 cm，插穗下切口朝下垂直插入土中，上切口与苗床平齐，插后覆土 3 cm。

（4）插后管理

扦插后采用浇灌、畦灌等灌水 1 次。苗木生长期间遇干旱及时灌水，雨后及时排水，追肥 3 次，第 1 次在 5 月中旬，沟施碳铵 150~250 kg/ 亩；第 2 次在 6 月中下旬，沟施尿素 200~300 kg/ 亩；第 3 次在 7 月中下旬，沟施复合肥 500~700 kg/ 亩。一般在 6 月上旬、7 月中旬与 8 月下旬，结合除草平均松土 3 次，可用机械浅耕松土，注意不伤苗、不伤根。平时保持插床清洁卫生，及时将落叶或死去的插穗清除掉。当萌条高度 30~50 cm 时，每株选留 1 个通直、健壮、无病虫害萌条，其余萌条从基部剪去。楝树病虫害比较少，幼苗期主要是立枯病，可用 50% 多菌灵溶液喷施。害虫主要是蛴螬和蝼蛄，可用 50% 对硫磷乳油拌麦麸撒于苗床。

（5）枝插

楝树自然生长往往分枝低矮，影响主干高度和木材使用价值，栽植上常采用"截干法"，连续 2~3 在早春萌芽前用利刀斩梢 1/3~1/2，截干后又会产生大量萌条，硬枝扦插平均成活率达 75% 以上，但同样取穗受限。嫩枝扦插成活率较高，扦插成活率达 80% 以上，且穗源数量大，取穗容易，很具推广价值，因时值夏季，气温高，生根快，因此需要保持一定的湿度，对设备要求较高，为枝插奠定了基础。

（6）春季硬枝扦插

扦插床用干净新鲜的锯末和河沙（1:1）搅拌拌匀作为扦插基质，厚度 20~30 cm，用 0.3%~0.4%高锰酸钾溶液均匀喷洒表面消毒，之后喷透水，再经日光曝晒，待插床扦插层彻底晒干后再喷透水，以备扦插。选用健壮、无病虫害、芽饱满枝条，截成 15~20 cm 插穗，切口离芽约 1 cm，上切口平切，下切面斜切，切口平滑，50 根 1 捆同方向扎好，基部朝下先放入流水中浸泡数小时再用 0.2% 多菌灵浸泡 5 min 消毒，之后用 300 mg/L IBA 处理 2 h 后进行扦插。按 10 cm×15 cm 株行距，斜插入土 1/2 或 1/3，插后浇透水，隔 5 d 喷 1 次 0.2% 多菌灵 + 尿素或其他叶面肥。

（7）夏季嫩枝扦插

扦插基质及消毒，扦插床预先安装间歇性自动喷雾装置。待 6 月底 7 月初苦楝截干后萌条长 20~25 cm 半木质化时剪取 8~10 cm 做插穗，上下剪口平整，枝段保留 1~2 个复叶小叶片。采穗应在阴天或早上露水末干时进行，将穗条放入水桶中用湿布、塑料薄膜包裹，扦插前将插穗的基部在 0.1% 高锰酸钾溶液中浸蘸 1~2 min 消毒，然后在 1000 mg/L IBA 溶液中速蘸一下，随即插入扦插床中，插后喷 0.2% 多菌灵杀菌。阴雨天可少喷或不喷水，每隔 5 天在傍晚时分加喷 1 次 0.2% 叶面肥 + 多菌灵或甲基托布津。自动喷雾装置初期设置成每隔 5 min 喷雾 1 次，每次喷雾时间 20 s。20 d 后喷水间隔时间延至 10 min；30 d 后喷水间隔时间延至 20 min，每次喷水 1 min；50 d 后逐渐减少喷水，每天喷 3~4 次，每次 2 min，60~70 d 后即可移栽。

3. 组织培养

一株植物的不同组织和不同部位在器官发生的能力上有相当大的差别。试验结果表明新生的顶芽出芽率高于带腋芽的茎段，并且组培苗的生长状况也优于后者。分析其原因可能有以下 2 个方面：一是顶端优势的影响，新生的顶芽抑制了腋芽的萌发，致使腋芽所储存的营养物质减少，进而影响组织培养中芽的萌发和生长；二是带腋芽的茎段两端，在切口处出现大量的愈伤组织，也抑制了芽的分化和增殖。初代培养最适宜的培养基为 MS + NAA 0.2 mg/L+ BA 2.0

mg/L。NAA 对芽诱导的效果最明显，当 NAA 浓度为 0.2 mg/L 时，出芽率最高，小苗健壮，生长速度快。随着 NAA 浓度的升高，芽的萌动数逐渐降低，苗木矮小，出现畸形。因此适当降低 NAA 的浓度，可提高出芽率，利于组培苗的健壮生长。BA 对芽的萌发也起了促进作用，随着其浓度的升高，出芽率也随之提高，和 NAA 同时使用，培养效果更好。KIN 对苦楝芽诱导的效果不明显，可能是在培养初期，外植体较小，对生长素的需求量更高。增殖培养的最佳培养基组合为 MS + KIN 2.0 mg/L+ NAA 0.05 mg/L KT 在增殖培养中起到了关键作用，随着其浓度的升高，增殖率和增殖倍数均随之升高，不定芽的生长情况也越来越好。高浓度的 NAA 对增殖培养有抑制作用。当 NAA 为 0.05 mg/L 时，效果最好。在生根培养中，1/2MS + IBA 0.5 mg/L+ NAA 0.2 mg/L 最适宜诱导生根。生长素 IBA 主要的生理作用是诱导根的形成和伸长，因此适宜浓度的 IBA 对生根诱导有促进作用，在试验浓度范围内，IBA 与生根率和平均生根数呈现正相关。添加了 NAA 后，生根率会继续升高，但到一定程度，又出现下降趋势，故 IBA 和 NAA 配合使用效果更好，但是高浓度的 NAA 又会抑制根的发生。炼苗移栽时，基质的种类对移栽成活率有很大影响，其中泥炭土影响最大，泥炭土与河沙 1∶1 时，成活率最高，小苗生长健壮。河沙与珍珠岩、河沙与蛭石混合基质对成活率的影响最小。

参考文献

[1] 陈丽君, 刘明骞, 廖柏勇, 等. 不同种源苦楝苗期生长性状变异研究 [J]. 广东农业科学, 2018, 45(5):30-35.

[2] 吴柳清. 苦楝苗期生长规律及风口造林初报 [J]. 防护林科技, 2017(7):36-38.

[3] 高国红, 樊卫. 苦楝树栽培技术 [J]. 现代农村科技, 2014(12):36-37.

[4] 仲东明, 王桂芳, 王丽, 等. 苦楝良种扦插快繁技术 [J]. 现代农业科技, 2014(2):185.

[5] 陈佳, 陈凌艳, 陈礼光, 等. 苦楝组织培养技术研究 [J]. 福建林学院学报, 2014, 34(1):48-51.

[6] 江军, 谌九大, 江民. 苦楝种子形态相关性及萌发习性的观测与研究 [J]. 江西林业科技, 2013(1):21-23+42.

[7] 王家源, 郭杰, 喻方圆. 不同种源苦楝种子生物学特性差异 [J]. 南京林业大学学报 (自然科学版), 2013, 37(1):49-54.

[8] 陈羡德, 陈礼光, 陈珺, 等. 苦楝扦插育苗技术试验研究 [J]. 林业实用技术, 2012(12):47-48.

[9] 王荣国. 乡土树种苦楝的栽培与应用 [J]. 安徽农学通报 (下半月刊), 2011, 17(16):80-81+211.

[10] 教忠意, 唐凌凌, 隋德宗, 等. 苦楝的研究现状与展望 [J]. 福建林业科技, 2009, 36(4):269-274.

车桑子（坡柳、明油子）

Dodonaea viscosa (L.) Jacq.

物种介绍

车桑子为无患子科车桑子属灌木或小乔木，花期秋末，果期冬末春初。常生于干旱山坡、旷地或海边的沙土上。喜光、耐旱、耐瘠薄、萌生性强，能在石灰岩裸露的荒山生长。车桑子适应的气候范围比较广，从热带至亚热带都有生长。中心分布区平均温度14.7~22.1℃，最冷月平均温度 8.4~15.2℃，活动积温52~80℃以上，年降水量 540~755 mm，年平均相对湿度 50%~67%，水热系数 0.6~1.5。

车桑子能耐干热气候，又耐瘠薄土壤，在表土流失、岩石裸露的石砾土壤或石头缝隙都能生长。在海拔 1800 m 左右的干燥山坡、河谷或稀疏的灌木林中

生长良好，起到保持水土的作用。

分布于全世界的热带和亚热带地区；在中国分布于西南部、南部至东南部。常生长于干旱山坡、旷地或海边的沙土上。在中国分布于云南（金沙江中部河谷两岸，如丽江、中甸、鹤庆、保山、景谷等地）、福建南部、台湾、广东、广西、海南和四川等地区。其主要价值如下。

车桑子耐干旱，萌生力强，根系发达，又有丛生习性，是一种良好的固沙保土树种。全株含微量氢氰酸，叶尚生物碱和皂苷，食之可引起腹泻等症状。其种子含油量15.7%，种子油可供制肥皂，民间还用于点灯。叶研细可治烫伤和咽喉炎。枝干可作燃料、豆架等。根有大毒，可杀虫。全株用于治风湿。

全株药用。叶：性味辛、苦，平，具清热渗湿、消肿解毒功效，主治小便淋沥，癃闭，肩部漫肿，疮痒疔疖，会阴部肿毒，烫、烧伤。根：具消肿解毒功效，主治牙痛、风毒流注。外用治疮毒、湿疹、瘾疹、皮疹。花、果实：主治顿咳。煎服15~30 g，外用适量。

繁育技术

车桑子造林在中国主要采用飞播和人工撒播，也有挖穴直播和撒播。时间以雨季来临之前（5月中旬）为宜，待雨水下透后，种子很快发芽。在干旱地区，飞机播种也可与思茅松、云南松混播。由于车桑子生长快，对松树幼苗起庇荫作用，有利于松幼苗生长。播种用种每亩100 g。

人工撒播在缓坡地可用牛犁整地或在地被覆盖小的地方撒播，效果也好，每亩用种250 g，最后保存2~5株/m^2。穴

播造林，株行距 0.4 m×0.4 m，每穴放种子 5~10 粒。造林后严禁开荒、割草、放牧，严防山火，2~4 年便可利用。

　　车桑子种子没有厚实的种皮，不具休眠性，播种后不会影响种子对水分的吸收和膨胀。用热水处理后均可显著提高萌发率，说明车桑子种子具有一定的物理休眠特性。而在自然条件下，土壤中的车桑子种子休眠可能被 3 个因素破除，包括干热，即土壤温度升高至 55~65℃；湿热，即降雨滋润种子，随后温度升高至 50℃；温差，即 5~7 月的日温波动 15~20℃，20℃以上适合车桑子萌发。

参考文献

[1] 王雪梅，闫帮国，刘刚才，等 . 元谋干热河谷车桑子种子休眠与萌芽的空间变异特征研究 [J]. 热带亚热带植物学报，2016, 24(4):375-380.

[2] 蒋丽伟，唐夫凯，崔明，等 . 典型岩溶区不同退耕模式土壤抗蚀性差异及其评价 [J]. 林业资源管理，2014(3):56-61.

[3] 袁恩贤 . 车桑子在白云质沙石山地治理中的推广应用 [J]. 防护林科技，2014(5):59-60.

[4] 张琼瑛，孙海龙，李绍才，等 . 不同环境条件对车桑子萌发的影响 [J]. 种子，2013, 32(1):12-14+19.

[5] 张春华，唐国勇，孙永玉，等 . 车桑子种子抗逆生理学特性及其对天然更新的影响 [J]. 西南农业学报，2010, 23(5):1471-1476.

木麻黄
Casuarina equisetifolia L.

物种介绍

木麻黄是木麻黄科木麻黄属常绿乔木。高可达 30 m，大树树干通直，直径达 70 cm；花期 4~5 月，果期 7~10 月。木麻黄在澳大利亚的原产地平均最高温度为 35~37℃，平均最低温度为 2~5℃。中国适生的气候条件，只要年活动积温在 7000℃ 以上，绝对最低温度在 0℃ 以上均能生长。耐干旱、抗风固沙、抗沙埋和耐盐碱。现在中国广东、广西等地均有栽培。

木麻黄是强阳性树种，生长期间喜高温多湿。适生于海岸的疏松沙地，在离海较远的酸性土壤亦能生长良好，尤其在土层深厚、疏松肥沃的冲积土上更为繁茂。土壤以中性或微碱性最为适宜，而在黏重土壤上则生长不良。其主要价值如下。

生长迅速，萌芽力强，由于它的根系深广，具有耐干旱、抗风沙和耐盐碱的特性，因此成为热带海岸防风固沙的优良先锋树种。木麻黄在城市及郊区亦可做行道树、防护林或绿篱。

木材经过海水浸渍或防虫防腐处理，可延长使用期。用作船底板，可耐久用。木麻黄为优良薪炭材，树皮含单宁 11%~18%，纯度可达 80%~85%，为栲胶工业原料。木麻黄枝叶可供家畜饲料，种子可作为鸡的饲料。

枝叶可入药，性温、味微苦，具温寒行气、止咳化痰之功效，主治疝气、寒湿泄泻和慢性咳嗽。

繁育技术

1. 种子繁育

采种：4~5 月开花，9~10 月大量果熟，应及时采种。但有的地区木麻黄 1 年开花 2 次：3~4 月开花，8~9 月果熟；6~8 月开花，11~12 月果熟。以第 1 次花果最多。当果实呈青黄色，鳞片坚硬刺手，顶端微有裂口即可采集。种子每千克约有 70 万粒，发芽率为 15%~20%。

圃地应选背风、排水良好的砂质壤土。幼苗抗寒力弱，宜开春回暖后播种。撒播或条播，每亩播种量为 4~5 kg。播后 7~10 d 即发芽，2 个月左右，苗高 15 cm 时，即可分床，或移植入营养杯或营养篮育苗。营养土为砂土混合畜粪、草木灰、火烧土、磷肥等拌成。营养篮用竹篾编成，高 20 cm，直径 12~15 cm；

营养杯高 15 cm，直径 10 cm 大小。苗期注意水肥管理。当年秋季苗高 50~70 cm，或翌年春季或雨期，苗高 1~1.5 m 时即可造林。

2. 扦插繁育

圃地选择：采穗圃选择在地势平坦，排水良好，土层深厚肥沃，光照充足，没有种植过木麻黄及蔬菜的地段。

整地：采穗圃定植前，深耕整地施足基肥，挖穴种植，种植前先起畦，畦宽 1~1.2 m，步道 40 cm，株行距 25 cm×25 cm。

母树选择：采穗母树选择优良无性系水培苗。

矮化处理：采穗母树定植后约 2 个月开始截干促萌，截干高度距地面 10~20 cm，截干后当萌芽条生长至 1~2 cm 时应立即进行水肥管理，肥料以复合肥或有机肥为主。不可单施氮肥，否则会引起萌芽条含氮过高细小徒长。

插穗的剪取：待萌芽条长到 10~15 cm 时，就可以采集。穗条要求半木质化，生长健壮，无病虫害，有顶芽的穗条。

采集时间：一般在早晨 10:00 前或下午 17:00 后采集，阴天全天可采集。为防止插穗干燥，穗条应每 50~100 根捆成一捆，放在阴凉湿润的地方或及时放在盛有清水的盆中，水深 3~4 cm。

扦插：南方全年四季均可扦插。用于扦插的基质不需肥力，一般用纯净的红（黄）心土即可，要求土质疏松不含杂草及杂质。一般采用 7 cm×11 cm，或 8 cm×12 cm 的规格装袋，苗床宽一般 1.1 m 左右，每行苗床可装袋 23 个，步道宽 50 cm。插前将袋泥淋透，然后用 0.3% 高锰酸钾溶液消毒待用。

插穗处理：扦插前穗条先用 0.2% 的托布津或多菌灵水溶液消毒 10 min，再将基部蘸上生根粉，垂直插入袋子中心处，插入深度为 2~3 cm，淋透水，覆上遮光网。生根粉主要成分为 IBA 浓度为 0.1%~0.13%，用滑石粉作填充剂蘸根。

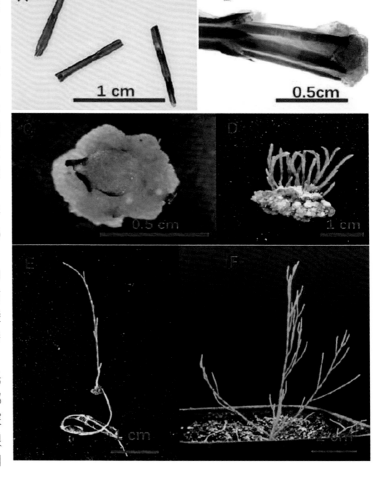

插后管理：主要是遮阴和淋水。淋水次数视天气情况而定，一般晴天 5~6 次，阴天每天 4 次左右。

炼苗：扦插的穗条生根后（一般夏季 20 d，冬季 30 d，揭掉遮阳网，接受全光炼苗，苗高 25~50 cm 时可出圃造林。苗期每 7~10 d，施 1 次 3%~5% 液态复合肥。木麻黄嫩枝扦插育苗，生根率高（95% 以上），成苗快，一般 2 个月可出圃，苗木整齐，成本低，经济效益高，可大规模生产，是弥补木麻黄种源不足的主要育苗措施之一。

3. 组织培养

① 愈伤组织诱导、增殖：取木麻黄幼嫩枝条为外植体，在 1/2MS + 0.1 mg/L TDZ + NAA + 30 g/L 蔗糖 +3.5 g/L 植物凝胶、pH 5.7 的培养基上，28℃暗培养 10 d，可获得初级愈伤组织，将初级愈伤组织切割后放在 0.5 mg/L BA + 0.1 mg/L TDZ + 1/2MS+30 g/L 蔗糖 +3.5 g/L 植物凝胶，pH 5.7 的培养基上，28℃暗增殖培养 5 d，获得可分化不定芽的愈伤组织。

② 在 1/2MS + 0.1 mg/L TDZ + 0.5 mg/L BA +30 g/L 蔗糖 +3.5 g/L 植物凝胶，pH 5.7 的培养基上，28℃，16 h 光照培养，诱导不定芽的产生和伸长生长，不定芽的诱导率为 97.5%。

③ 在 1/2MS + 0.02 mg/L IBA + 0.04 mg/L IAA +30 g/L 蔗糖 +3.5 g/L 植物凝胶，pH 5.7 的培养基上，28℃，16 h 光照培养，诱导不定芽生根，生根率为 83.25%。本研究是对木麻黄愈伤组织再生体系进行的首次探究，建立了一个快速、高效的愈伤组织再生体系，整个体系的再生时间为 4 个月左右，相较于以往的研究，这个再生体系的生长时间缩短了 6 个月左右，其中一个外植体可获得 3~4 块愈伤组织，一块愈伤组织上可诱导分化出 15~30 个左右的不定芽，其中 50% 左右的不定芽可以进行生根培养。

栽培管理

1. 造林

中国粤西和海南岛一般在秋雨季节定植，而福建沿海沙地则多在夏初雨季造林，也有春雨期栽植的。广东阳江等地用营养杯或营养篮育苗于 8~9 月造林，成活率达 97%，枯梢率仅 18%，而同期用裸根 1 年生苗造林，成活率仅 52%，枯梢率达 90%。造林密度，如在海岸前沿沙地营造防护林带，宽约 20~30 m，每亩宜栽植 667 株，株行距为 1 m×1 m。在林带后面造林，以生产木材和树皮为主，株行距离宜用 1.5~2.0 m。用裸根苗定植时，如在半流动沙地上，其植穴内应放碎块的海泥、塘泥或较肥沃的细土，拌细砂均匀后定植。如在冲风流动较大的沙地造林，起苗时每株要带宿土 1.0~1.5 kg 栽植。

2. 抚育

木麻黄栽后未成活前如遇连续晴天，要浇水，保持表土湿润。在杂草较多的地区，应适当除草松土。大风或台风之后应进行海岸沙地的幼林检查，将吹斜植株扶正，用土把裸露树根覆盖好。木麻黄栽植后不要打枝，幼林郁闭后可适当整枝间伐。人工整枝高度为树高的 30%~50%。若生产坑木为目的，以 10 年左右为轮伐期较适宜，这期间可疏伐 1~2 次，每亩主伐前保留 65~100 株。若生产枕木和桥梁用材等，采伐期 20~25 年为宜，疏伐 2~3 次，每亩最后仍保留 45 株左右。疏伐的产品还可作小径材及燃料材。

3. 病虫害防治

（1）病害

① 青枯病：中国沿海地区的木麻黄，每当遭到强台风袭击后，造成许多损伤，抗病能力减弱，造成青枯病菌侵染的条件。植株感病后，枯梢多，小枝呈黄绿色而凋落；根系腐烂变黑，有水渍臭味，横切后不久即有乳白色或褐黄色黏液溢出，继而全株枯萎致死。重病株树干上有黑褐色条斑，木质部变褐色。苗木感病迅速枯死。应选好圃地，避免选用种过茄科作物和花生等土地育苗，分床苗、出圃苗进行严格检疫，病苗加以烧毁。林分严重病株，及时清除，连根烧毁，清出隔离带，翻晒土壤，以消灭病源。加强苗木和林木抚育管理，增强抗病能力，选育抗病良种，减少此类病害。

② 肿枝病：患病的植株中上部小枝呈浅绿色、黄绿色或红褐色，肿大，水渍状，稍透明，有咸涩味。之后肿枝皱缩、枯梢，严重的病株根系变黑，皮层腐烂，小枝脱落而枯死。应避免选用低洼积水地或常被海潮浸淹的地方育苗、造林，苗圃发病应多淋灌清水。造林地应尽可能排除积水，起垄植树。

（2）虫害

① 龙眼蚁天社蛾：从春季到 10 月份均有幼虫危害，11 月份虫渐少。此虫可吐丝随风传播，严重时可将小枝啃食殆尽。可用人工摘除虫苞；引进和保护小茧蜂、姬蜂等天敌；灯火诱杀成虫；喷洒 90% 敌百虫 1500 倍液，或 50% 马拉松 2000 倍液。

② 星天牛：5 月中旬，成虫产卵于 1m 以下树干基部，6 月上旬孵化，初在韧皮部蛀道取食，稍大钻

入木质部，从蛀洞中经常排出木屑与褐色排泄物，危害严重时，植株死亡。可于日出前，露水未干，成虫多集中于树梢时，轻击即落，收集消灭，晴天中午成虫在树干基部产卵，易于捕杀。根据幼虫排泄物的位置，容易掏出幼虫加以消灭。在幼虫盛发期可在侵蛀部位注射 40% 乐果乳剂或辛硫磷 400~800 倍液或敌敌畏 300 倍液；也可用 6% 六六六粉加些泥土作成毒泥团，堵塞蛀孔，或用棉花蘸敌敌畏（1：10）塞入蛀孔，外用黄泥封住洞口，均有效果。

③ 吹绵蚧：若虫在枝干上吸取树液，严重时引起树枝枯萎，危害期间被害枝条满布白粉，极易识别，同时分泌蜜露，引起烟煤病。这时引进大红瓢虫和澳洲瓢虫进行生物防治，效果很好。适当整枝，使通风透光，以创造不适宜吹绵蚧繁殖的环境。

参考文献

[1] 郭照彬，刘积史，符小干 . 不同立地条件对木麻黄成活率及生长量的影响 [J]. 热带林业，2016, 44(3):45-46+42.

[2] 付甜，张勇，仲崇禄，等 . 木麻黄小枝水培生根研究进展 [J]. 中国农学通报，2016, 32(10):42-46.

[3] 何贵平，陈雨春，陈炳，等 . 木麻黄无性系苗期耐寒性研究 [J]. 江西农业大学学报，2015, 37(3):450-453.

[4] 薛杨，王小燕，韩成吉，等 . 木麻黄育苗技术与早期生长效果研究 [J]. 热带林业，2012, 40(3):28-31+15.

[5] 武冲 . 木麻黄生殖生物学研究 [D]. 海南大学，2010.

[6] 苏上真 . 木麻黄繁殖圃营建技术措施 [J]. 福建农业，2008(4):19.

[7] 何学友 . 木麻黄虫害研究概述 [J]. 防护林科技，2007(3):48-51.

[8] 柯玉铸 . 木麻黄优良无性系水培苗培育及防护林营造技术研究 [D]. 南京林业大学，2006.

[9] 仲崇禄，白嘉雨，张勇 . 我国木麻黄种质资源引种与保存 [J]. 林业科学研究，2005(3):345-350.

构树（楮桃）

Broussonetia papyrifera (Linn.) L'Hér. ex Vent.

物种介绍

构树为桑科构属落叶乔木，高 10~20 m；花期 4~5 月，果期 6~7 月。喜光，适应性强，耐干旱瘠薄，也能生于水边，多生于石灰岩山地，也能在酸性土及中性土上生长；耐烟尘，抗大气污染力强。印度、缅甸、泰国、越南、马来西亚、日本、朝鲜有分布，野生或栽培。在中国分布于黄河、长江和珠江流域地区。常野生或栽于村庄附近的荒地、田园及沟旁。其主要价值如下。

1. 经济价值

构树能抗二氧化硫、氟化氢和氯气等有毒气体，可用作为荒滩、偏僻地带及污染严重的工厂的绿化树种。构树具有速生、适应性强、分布广、易繁殖、热量高、轮伐期短的特点。其根系浅，侧根分布很广，生长快，萌芽力和分蘖力强，耐修剪。也可用作行道树，或用于造纸。

2. 饲用价值

嫩叶可喂猪。构树叶蛋白质含量高达 20%~30%，氨基酸、维生素、碳水化合物及微量元素等营养成分也十分丰富，经科学加工后可用于生产全价畜禽饲料。采用构树叶为主要原料发酵制成，不含农药、激素。利用生物技术发酵生产的构树叶饲料具有独特的清香味，猪喜吃，吃后贪睡、肯长。根据饲养生猪品种的不同和生长阶段的不同，饲料消化率有所不同，但均达 80% 以上。

3. 药用价值

中医学上称果为楮实子、构树子，与根共入药，有补肾、利尿、强筋骨的功效。主治：补肾、明目、强筋骨。构树以乳液、根皮、树皮、叶、果实及种子入药。夏秋采乳液、叶、果实及种子；冬春采根皮、树皮，鲜用或阴干。性味：子甘、寒；叶甘、凉；皮甘、平。

繁殖技术

1. 种子繁育

育苗：每年 10 月份采集成熟的构树果实，装在桶内捣烂，进行漂洗，除去渣液，便获得纯净种子，稍晾干即可干藏备用。由于种粒小，种壳坚硬，吸水较困难，播种前必须用湿细砂进行催芽。春季条播，行距 25~30 cm，播种时，将种子和细砂混合均匀后撒入 2 cm 深的条沟内，覆土以不见种子为宜，播后盖草，待 3 周后种子即发芽出土。做好出苗前期管护工作，防止鸟类及鼠害，保证种子的安全越冬。当年生苗木可达到 80~90 cm，即可出圃造林。

播种：选择背风向阳、疏松肥沃、深厚、不积水的壤土地作为圃地。在秋季翻犁一遍，去除杂草、树根、石块。在播种前 1 个月进行整地和施肥，整地要做到三犁三耙，深度达到 30 cm 以上，土壤细碎、平整。结合整地每亩施入粉碎的饼肥 150 kg 或厩肥 1000~1200 kg。播种床宽 1.0 m，长 8~10 cm，床高约 15 cm，排水沟宽 30 cm。

提高构树种子萌芽的最佳方案是播种前要将种子用清水浸泡 2~3 h，捞出晾干后用倍于种子的细砂混合均匀，堆放于室内进行催芽，要定期查看，保持湿润，种子用浓度为 250 mg/L 的 GA$_3$ 溶液浸泡 2 h，然后放置于智能恒温恒湿箱中，每天 8:00~18:00 光照，温度设为 30℃，每天的 19:00 至次日 7:00 温度设为 20℃。当种子有 30% 裂嘴时，即可进行播种。采用条播方法，行距 25 cm，播种量 30 g/m^2 左右，播种时，将种子和细砂混合均匀后撒入条沟内，覆土以不见种子为度，播后盖草以防鸟害和保湿。当 30%~40% 幼苗出土时，应在下午分批揭除盖草。用此方案处理的构树种子 1 个月萌发率平均为 46%，最高可达 52%。

2. 扦插

硬枝扦插取得了较好的研究效果，最高可达 88% 的生根率，所采用的枝条直径为 0.8~1.2 cm，但硬枝扦插繁殖的季节性强，一般都在惊蛰到清明之间进行扦插繁殖，当硬枝萌芽后，枝条内的营养会逐渐流失，成活率得不到保障，而且育苗受气候环境影响较大，育苗期长达 1 年，后期管理费用较高；构树的嫩枝扦插也已经有研究报告，但扦插的基质较为复杂，成本较高，而且只能采集半木质化的嫩枝，使可获得的穗条的数量有限，繁殖效率较低。

构树嫩枝扦插的方法，包括以下操作步骤：

① 插穗选择：选取生长健壮、无病虫害的 1 年生构树或者 2 年生构树伐桩后的萌芽林作为采穗母株，选取顶芽、侧芽或者截去顶芽且已经半木质化的穗条作为插穗，采集时间为 3~7 月，插穗直径为 0.2~0.4 cm，插穗修剪成长为 5~9 cm，留 1~3 个芽，生物学下端修剪成斜切面，生物学上端修剪成平切面，下切口距芽 2 cm，摆放整齐待用；

② 扦插基质选择：采用透明育苗杯作为育苗袋，所述透明育苗杯选用直径为 5 cm、高度为 8 cm 的透明育苗杯。所述生根粉溶液由 ABT6 号 GGR 生根粉、蔗糖、维生素 B12 加水配制成，其中 ABT6 号 GGR 生根粉的浓度为 400 mg/L、白糖的浓度为 5 g/L、维生素 B12 的浓度为 0.1 g/L；生根粉溶液与滑石粉按重量份优选配比为 2:1。采用红心土作为育苗基质，扦插前 5~7 d 用 0.3%~0.5% 的高锰酸钾对红心土进行消毒，扦插前 1 天用自来水淋透，冲掉高锰酸钾；

③ 剪掉插穗的部分或者全部叶片，扦插时用玻璃棒在育苗基质中戳一个 1.5~2.5 cm 深的洞，将插穗下端 2 cm 浸入由生根粉溶液与滑石粉混合搅拌成的糊状物中蘸一下，然后插入戳好的洞中，用育苗基质轻轻压实；

④ 插后立即淋透水一次，后期用全日照间歇喷雾系统的方式，保持红心土湿润，同时要避免高温和强光照，在 10:00~16:00 阳光较强的时段拉遮阳网，育苗场地要通风透气，同时要求排水性好。

3. 组织培养

以杂交构树通过对杂交构树茎段的离体培养和扩繁，探究了不同激素配比对杂交构树诱导愈伤、丛生芽、壮苗和生根的影响。试验结果表明，以具腋芽的构树茎段为外植体材料，75% 乙醇溶液浸泡 40 s 后，再经 0.3% HgCl$_2$ 灭菌 15 min，外植体的成活率可达 44%；诱导愈伤组织的最佳培养基为 MS+IBA 0.5 mg/L+BA 2.0 mg/L + 蔗糖 25 g/L+ 琼脂 7.0 g/L，pH 5.7，愈伤诱导率达 90%；诱导丛生芽的最佳培养基为 MS+IBA 1.5 mg/L +BA 2.0 mg /L+ 蔗糖 25 g/L+ 琼脂 7.0 g/L、pH 5.6，丛生芽增殖倍数为 4.2，生长势较好；壮苗的最佳培养基为 MS + IBA 0.2 mg/L + BA 1.5 mg/L + 蔗糖 25 g/L+ 琼脂 7.0 g/L、pH 5.6，平均株高 4.8 cm；生根的最佳培养基为 1/2MS + IBA 0.8 mg/L+ 活性炭 1.5 g/L+ 马铃薯 50 g/L + 蔗糖 25 g/L+ 琼脂 7.0 g/L，pH 5.7，生根率 100%。最佳的炼苗移栽基质土为珍珠岩：蛭石：草炭 =1 : 1 : 1 的混合基质，幼苗生长得最好，平均株高为 7.3 cm。

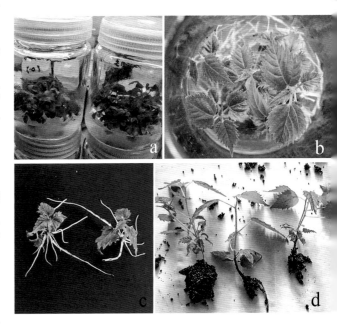

栽培管理

1. 造林

构树造林不受条件和地形地貌的限制，既可集中连片造林也可见缝插针，在沟、塘、库岸、溪流两侧，房前屋后都可种植。种植密度根据营林目的不同而有差别，一般造林密度以株距 1.5 m、行距 2.0 m、每亩约 200 株为宜；以营造水土保持林和薪炭林为目的，每亩分别以 330~660 株为宜。定植 2 年后，要从主干 30~50 cm 处截掉，以促其萌枝条，3~5 年即可进入产皮产叶的盛期。

2. 营造混交林

例如，构树与泓森槐混交林，可以充分利用空间和营养面积，能较好地发挥防护效益，可增强抗御自然灾害的能力，改善立地条件，充分利用土地资源和光照资源提高林产品的数量和质量，实现经济利益最大化。

3. 抚育管理

构树幼林地易生杂灌，影响林木生长，为使林相整齐，生长健壮，提高树林的产量和质量，因此，砍杂除灌是林地抚育管理的必要工作，每年要进行 1~2 次，必要时可进行林地中耕除草和施肥。另外，对散生和成龄老树，要进行适时截干更新，促其抽发枝条，提高单位面积产量，同时也便于采叶取皮。

4. 病虫防治

主要病虫害为烟煤病和天牛。防治方法：烟煤病用石硫合剂每隔 15 d 喷 1 次，连续 2~3 次即可。天牛用敌敌畏和敌百虫合剂 800 倍液喷杀，或用脱脂棉团沾放敌畏原液，塞入虫孔道，再用黄泥等将孔口封住毒杀。

猝倒病、根腐病及茎腐病是构树幼苗期的主要病害，容易引起幼苗大量死亡，需及时防治。土壤消毒、种子消毒和出芽后药物喷施是主要的防治措施。幼苗发病后，必须立即采取措施，及时清除病苗，并喷施多菌灵可湿性粉剂或恶霉灵，施药之后随即以清水喷苗，以防茎、叶部受药害。危害构树的害虫主要有地老虎、蚂蚁、隐刺虫等，常危害构树幼苗，一旦虫害发作，危害严重，宜每周喷施一次溴氰菊酯，施药时在苗圃地周围一定范围内也要喷药，以切断害虫进入苗圃地的路径，亦防亦治，效果良好。施药应选择阴天或者晴天的傍晚进行，效果较好。

参考文献

[1] 轩敏感, 李永东, 曹先进, 等 . 杂交构树的开发前景及栽培技术 [J]. 农家参谋 , 2019(17):70+72.

[2] 武玉婷 . 构树高效再生体系的建立 [D]. 内蒙古农业大学 , 2019.

[3] 田瑞, 黄咏明, 卢素芳, 等 . 杂交构树茎段组织培养体系的建立 [J]. 湖北农业科学 , 2019, 58(9):120-123.

[4] 黄咏明, 田瑞, 卢素芳, 等 . 构树化学成分及饲用价值研究进展 [J]. 湖北林业科技 , 2019, 48(2):36-40.

[5] 彭献军, 沈世华 . 构树：一种新型木本模式植物 [J]. 植物学报 , 2018, 53(3):372-381.

[6] 黄悦, 张洪卫, 陶小买, 等 . 杂交构树叶片组培快速繁殖体系的建立 [J]. 贵州农业科学 , 2018, 46(2):46-48.

[7] 张亚洲, 陈应福, 陈骏 . 构树种子育苗技术 [J]. 农技服务 , 2017, 34(19):63+56.

[8] 吉仁花, 林晓飞, 张文波, 等 . 构树研究现状及开发利用前景 [J]. 林产工业 , 2017, 44(10):3-6.

刺茉莉

Azima sarmentosa (Bl.) Benth. et Hook. f.

物种介绍

　　刺茉莉为刺茉莉科刺茉莉属直立灌木，具长 2~4 m、攀缘或下垂的枝条，种子 1~3 枚。花期 1~3 月。产中国广东海南。印度、中南半岛、马来西亚及印度尼西亚也有分布。东南亚一带也有。生于灌木林中。

繁育技术

种子繁殖：收集种子，即可进行播种。浆果容易发芽，但也容易出问题。种子散播到有机质和砂的混合基质里，将种子埋入 1 cm 深。保湿管理。1 个星期内种子即可萌发。在砂床上共培养 1 个月后，将 10 cm 高的小苗移植到育苗袋中。育苗袋直径 10 cm、高 10 cm，里应放有黄土：有机质（2∶1）。在育苗袋里继续管理 3 个月后即可移植到室外种植。

红厚壳

（海棠、胡桐、海桐、君子树、海棠木、琼州海棠）

Calophyllum inophyllum L.

物种介绍

红厚壳为藤黄科红厚壳属乔木，高 5~12 m；花期 3~6 月，果期 9~11 月。分布于中国、印度、斯里兰卡、中南半岛、马来西亚、印度尼西亚苏门答腊、安达曼群岛、菲律宾群岛、波利尼西亚以及马达加斯加和澳大利亚等地。在中国分布于海南和台湾，中国广东、广西和云南等地南部也有少数引种栽培。野生或栽培于海拔 60~200 m 的丘陵空旷地和海滨沙荒地上。

极喜光树种。对土壤要求不严，在玄武岩和花岗岩等岩石风化成的砖红壤、滨海冲积、沙土或盐碱土，均能正常生长。

适生的气候为年平均气温约 24~28℃，年降水量约 900~2800 mm，年蒸发量约 1000~2000 mm。耐高温和干旱。在年降水量仅 900 mm，4~5 个月无雨，极端最高气温 38℃，年日照时数大于 2600 h，年蒸发量 2000 mm 以上的环境中，亦能生长。忌霜冻，极端最低气温 7℃ 以下会受冻害，2℃ 以下冻死。

其主要价值如下。

1. 药用

AIDS(获得性免疫缺陷综合症)是由 HIV-1(人类免疫缺陷病毒)引起的一种免疫和中枢神经系统退化性疾病，从红厚壳中提取的香豆素类化合物，在艾滋病治疗上的作用，受到医学界的特别注意。科学家发现，红厚壳中的香豆素类化合物 Calanolide A、CalanolideB 和其次生代谢物 inophylloms 能抑制 HIV 逆转录酶 (HIV Reverse Transcriptase, HIV-RT)，具有抗 HIV 的活性，这一研究发现给治疗 AIDS 带来了希望。有研究表明，从红厚壳中分离出的 8 种香豆素类化合物，其中有 2 种能抑制 HIV-1 的复制和繁殖，另外 6 种也显示出一定的抗 HIV-1 活性。

红厚壳素 (calophyllolide) 属于香豆素类化合物，具有抗炎作用，能有效降低毛细血管通透性，保护毛细血管；山酮类化合物具有抗肿瘤、抗菌消炎、增强乙酰化酶和抑制脂质过氧化酶的作用；黄酮类化合物可治疗风湿和皮肤的各种炎症；而这些化合物均可从红厚壳中分离出来。在我国民间，红厚壳是被用作治

疗眼病、外伤出血、风湿骨痛、跌打损伤等的草药。上述药用功能研究结果表明，红厚壳在医药产业中具有良好的开发利用前景。

2. 生态保护

红厚壳根系发达，可在贫瘠干旱的海滨、山地中生长。对环境的适应能力非常强，是营造防风和防沙林的良好树种。红厚壳为海南的乡土树种，粗生易种。海南农民常在荒坡上先用耕牛犁出一条沟，再把种子播入沟内，然后盖上泥土，几年后就能长成一行行的树木。在海南岛，红厚壳一般在滨海地生长得较多，常年经受海风侵蚀。经调查，临高县有 2 株红厚壳的树与红树林相伴，说明红厚壳耐盐碱能力非常强。同时还发现，有的红厚壳在水池边、沙地等环境条件下也生长良好，进一步证明其良好的环境适应能力。这说明红厚壳是一种明显的优势树种，其生态竞争力非常强。同时，红厚壳抗污染的能力也特别强。泰国曼谷在大气污染特别严重的地区对不同树种进行盆栽试验表明，未发现红厚壳有明显的伤害症状，且生长速度明显快于其他试验用的常规绿化树种。泰国、印度均推荐将红厚壳作为空气污染严重地区的栽培树种。

3. 油用

红厚壳是很好的榨油的原料，种子富含油脂，一株成龄红厚壳树平均年产干果 40~50 kg，其中产油脂 17~18 kg。通过石醚萃取法测定，发现红厚壳种子含油量达 48%；油脂酸值 25.3，比椰子油、大豆油高。同时其碘值为 75，与蓖麻油碘值相同，皂化值 202，与棕油、棕榈酸、硬脂酸、油酸、亚油酸相仿。由于油脂中的一些成分具有抑制某些真菌的作用，因此红厚壳还被用作天然抑菌剂及其他用途，如用作真菌抑制剂控制木船的霉变等。红厚壳油脂中的主要脂肪酸是亚油酸，约占 32.5%。油脂呈棕黄色，精炼后可食用，也可用于制皂、润滑油、润发油，还可供制环氧十八酸丁酯、聚氯乙烯塑料增塑剂等。从红厚壳中提取的芳香油是一种名贵香料，经济效益很高，目前美国市场上 15 mL 的装芳香油售价为 15 美元。有研究发现，红厚壳的种子、叶提取物有灭蚊活性，可开发成驱蚊剂。红厚壳油脂还可用在防治作物虫害方面。对水稻喷施红厚壳油的试验表明，施用红厚壳油后水稻螟蛾幼虫对水稻的危害显著降低。

4. 材用

红厚壳树皮光滑，呈黄白色，富含黄色乳汁，有边材、心材之分。边材为肉黄色，心材呈浅红色，纹理均匀，散孔材，管孔中等，单独，少数呈径向复管孔，具轮界薄壁组织，结构细，生长轮略明显，比重中等。红厚壳木材比重中等，干缩性小、不变形、不开裂，硬度适中，强度中等，加工性能优良，少虫蛀。同时，红厚壳木材纹理交错，结构细密，质地坚硬，不易霉变，耐磨损和海水侵蚀，是制造船只、高级家具、枕木、桥梁、农具等的理想材料。

5. 观赏

红厚壳枝叶繁茂、树冠整洁、高大挺拔、抗污染性强，在东南亚国家的城市中被用作行道树，同时也是观赏园林中难得的优美风景树。由于红厚壳树木材料具有很好的物理力学特性和各种生态功能，可起到美化和绿化的作用，因此发展红厚壳种植利国利民。

在国际上，红厚壳深加工产品种类很多，经济效益较高，如制作香料、农药等，特别在人类医药方面呈现出光明的前景。广泛的用途决定了红厚壳作为一种珍贵的植物资源，因此必须得到有效的保护。就目前海南岛的实际状况而言，首先应当在油用价值等方面进行深入的研究，提高其产值和产量，进而推广种植，才能真正保护好红厚壳资源。

红厚壳耐盐碱、耐干旱、抗风性强，适宜在海岸带和西部干旱地区栽培，在水土保持、改善土壤方面有独特的生态功能。目前海南岛水土流失和荒漠化土地面积已有 12.8 万平方千米，红厚壳的广泛适应性和良好生态功能，有可能使其成为治理该类土地的优良树种，应引起有关方面的足够重视。

繁殖技术

1. 种子繁育

1 年可开花结实 2 次，第 1 次 5~8 月开花，9~11 月果熟；第 2 次 11 月至翌年 1 月开花，3~4 月果熟，但常因低温使得花的发育结实少且质量差，以第 1 次结实较好且产量高。外果皮变软，由青转为黄褐色，即可采收，可在地上拾取，上树采摘或用竹竿敲击落地收集。果实收集后，浸水 2~3 d，擦洗去果肉，晒干，发芽力可延续 7~12 个月。果约 208~255 颗 /kg。

播种：除去果壳的种仁，用清水浸泡 24 h 后播种，播种后 7~10 d 开始发芽出土，带壳播种，10~25 d 发芽率达 80%~100%。如在高温多雨季节，用带壳果实浸尿水（或清水）2 d 后再播种，可防日灼腐烂，但发芽时间可能拖长至 2 个月左右。轻轻敲裂果壳，浸 50% 人尿 12 h 后，稍阴干即行播种，既缩短发芽时间，又不怕灼伤腐烂，且幼苗长势茁壮。

使用植物生长调节剂浸种可以打破种子休眠，破坏妨碍种子萌发的活性物质，从而有利于种子的吸水萌发。GA_3 浸种能促进发芽，可能是因为 GA_3 能打破种子的休眠促进生长素类物质的的合成，提高种子内淀粉酶的活性，加快种子代谢活动，从而提高种子发芽能力；IBA 具有提高根系活力、促进生根的特点，还可以促进植物细胞伸长。本研究使用 GA_3 和 IBA 两种植物生长调节剂均可以提高红厚壳发芽率、发芽势、发芽指数，并减少起始发芽时间和平均发芽时间，从效果上看 GA_3 比 IBA 的效果好，两种激素浓度分别在 100 mg/L 和 50 mg/L 时效果最好。

用 KH_2PO_4 处理红厚壳种仁，发芽率可达 98%，对今后红厚壳育苗的推广应用具有一定的意义。具体如下。

① 不同试剂浸泡红厚壳带壳果实，发芽时间不同，发芽率不同，幼苗长势强弱不同，试验结果证明：用 KH_2PO_4 浸泡，红厚壳发芽时间短，发芽率高，幼苗长势好。

② 不同试剂浸泡红厚壳种仁，发芽时间不同，发芽率不同，幼苗长势强弱不同，试验结果证明：用 KH_2PO_4 浸泡，红厚壳发芽率高，时间短，幼苗生势较强。

③ 同一试剂，不同时间浸泡红厚壳种仁，试验结果证明：浸泡时间长短，对其发芽率、发芽时间、幼苗长势的影响不明显。

④ 用红厚壳种仁育苗比红厚壳带壳育苗效果较显著，发芽可提高 30% 以上，而且缩短育苗时间。

⑤ 红厚壳果实采用不同方法进行处理，育苗试验结果表明，用 KH_2PO_4 处理红厚壳种仁，出芽率高，时间短，幼苗长势好，而且材料来源充足，方法简便，可进行推广应用。

近年来，为丰富热带沿海防护林种植材料的选择和开发利用乡土树种资源，海南省积极发展红厚壳资源培育，力图构建多树种、多结构和多功能的防护林。然而，红厚壳种子具有种皮厚和致密坚硬等特点，导致发芽率较低、发芽时间长和发芽不整齐，从而影响了红厚壳苗木培育的效率。为提高红厚壳发芽率、缩短发芽时间，本文探讨不同处理对红厚壳种子发芽的影响，为促进红厚壳人工资源培育供科学依据。采用去除种壳、敲裂种壳和对照（不处理）3 种方式对红厚壳种子进行了发芽试验研究，结果表明：不同处理方式对种子发芽产生显著影响，处理效果为：去除种壳 > 敲裂种壳 > 对照，去除种壳处理的效果最好，种子发芽率 89.4%，发芽势 88.4%，发芽指数 1.78 和平均发芽时间 34.5 d，分别较对照处理提高了 41.3%、70.8%、1.3 和 37.1 d；去除种壳可明显提高发芽率和整齐度，显著缩短种子发芽时间。

2. 压条

为了研究红厚壳无性快繁技术，以 NAA 为生根剂，对红厚壳高空压条进行处理，设置 50、100、200、400 mg/L 4 种浓度，并以蒸馏水处理作为对照。结果表明：用蒸馏水和 NAA 处理都能获得较高的生根率和移栽成活率，但以蒸馏水处理的效果最好，生根率和移栽的成活率都达到 100%。

由于红厚壳生根困难，常规的营养插穗繁殖在生产上并不适用。相关试验也证明，利用扦插技术对红厚壳进行无性繁殖时，虽然前期生根顺利，但在后期的生长中根容易死亡，扦插成功率为 0，这可能与扦插枝条的营养供应不足有关。采用高空压条技术，在枝条生根后再进行剪切、移栽，既能顺利生根，又能由母株为新生根提供营养，从而提高压条的成活率。高空压条是植物无性繁殖过程中常用到的一种技术手段，在多种植物上均有相关报道，应用十分广泛。在高空压条生根过程中，各种植物生长调节剂如 NAA、IBA 及 ABT 生根粉等常用来促进根的形成与生长。但是对于红厚壳压条生根，对照的生根效果优于 NAA 处理，在没有激素处理的情况下即可达到 100% 生根率。虽然没有考虑其他激素对于压条生根的影响，但就生产成本而言，对照是最合适的处理方法。在实际生产中，红厚壳实生苗幼苗在移栽过程中容易死亡，而在本试验的各处理中，生根枝条的移栽成活率均达到 100%，远远高于实生苗，这可能与实生苗的根系在移栽过程中容易受到损伤有关。因此，后续的试验应该对试验方法进行优化，找到最佳生根条件。

分析不同嫁接处理组合对成活率和抽芽数的影响。研究结果表明：劈接、合接、切接 3 种不同嫁接方式中切接的成活率最高，显著高于合接和劈接；半木质化穗条比木质化穗条嫁接成活率高 3.5 个百分点，差异未达到显著水平；穗条存放 0~2 d 后嫁接的成活率显著高于存放 3 d；利用存放 2 d 的半木质化穗条进行切接，抽芽数最多，达到 3.9 个。综合分析，采用半木质化穗条存放 0~2 d 后进行切接有利于提高红厚壳嫁接的成活率。

3. 组织培养

以红厚壳带节茎段为外植体，探讨生长调节剂对腋芽萌发及丛生芽诱导、伸长和试管苗生根的影响。研究结果表明，外植体腋芽萌发和丛生芽诱导效果最好的培养基是 MS + NAA 1.0 mg/L+ TDZ 0.5 mg/L，在此条件下培养 21 d 后，转入添加 0.5 g/L 活性炭且无生长调节剂的 MS 培养基，可有效促进不定芽的伸长。将带不定芽的外植体先在附加 1.0 mg/L NAA 的 1/2MS 培养基上进行生根诱导 4 周，之后转入附加 1.0 g/L 活性炭的无激素培养基进行根的伸长培养，这样的两步生根法能有效促进红厚壳生根。

栽培管理

1. 栽植

因苗木主根长，侧根少，裸根造林不易成活，一般采用容器苗造林。在土壤较肥沃深厚的平缓立地，可用机耕或牛耕；在台地和低丘地造林，可采用穴垦。在海南地区造林季节宜在雨季进行。造林规格可根据立地条件确定，一般采用 2 m × 2 m 或 2 m × 3 m，植穴规格为 50 cm × 50 cm × 40 cm。

2. 抚育

每年雨季前后，对幼林进行抚育，雨季前抚育时，结合除草每穴施复合肥 100 g，连续抚育 3 年，以促进幼林提前郁闭。

3. 红厚壳开发型保护的途径和方法

目前，对红厚壳的砍伐较严重，主要有以下原因：一是土地开发压力。现代社会土地资源稀少，开发土地能取得很大的经济效益，对红厚壳占据的土地资源也成为开发的对象。二是科研进度缓慢。目前，对红厚壳的研究少，未开发出红厚壳的价值潜力；管理差，红厚壳的产量低，目前野生红厚壳每株产量只有几千克，而国外种植的红厚壳高产植株产量高达几十千克。三是利用范围不广。虽然红厚壳的利用潜力巨大，但利用范围不广，目前仅是油用。四是相关部门不够重视。政府和科研部门的重视不够，使红厚壳的研究落后，栽培保护不到位。这些都是造成红厚壳野生资源快速萎缩的主要原因。基于目前红厚壳资源现状，红厚壳资源的保护应从开发的理念出发，通过开发来促进资源保护。

4. 驯化栽培

依靠野生的红厚壳已远远满足不了市场及研究的需求，而驯化栽培是对红厚壳开发性保护的最有效途径。通过驯化，选育红厚壳品种，加强管理可增加红厚壳的产量。通过驯化栽培、发现以及保存红厚壳品种，加强对优良品种的选育。优质的红厚壳幼苗既可提高幼苗的成活率，又能提高红厚壳的产量。在考虑高产栽培管理的基础上，应研究配套的高产栽培技术，以促进红厚壳的开发利用。

5. 开发油脂的应用范围

植物油脂含有人体不能合成的必需脂肪酸和具有特殊生理活性的脂肪酸，如油酸、亚油酸、亚麻酸等，价格比人造奶油便宜。红厚壳中含有丰富的油脂，其油用价值非常巨大，继续开发油脂的应用范围，可很好地保护红厚壳品种。在开发油脂的应用中，逐渐使人们认识到红厚壳在油脂方面的巨大价值，同时宣传其他方面的价值，群众才会积极保护和栽培红厚壳，减少砍伐。

6. 海岸防护林设置

由于红厚壳具有很强的生态保护作用，是海岸防护林的优选树种，特别是海南岛西部沿海地区更为适用。海南沿海岸沙滩地带多发大风、台风，沙土松软、固树力差，因此沿海岸沙滩地带的环保风景林树种要求主根深、侧根发达、木材物理力学性质优良，而红厚壳非常适合作为海岸防护林树种，可通过对海南防护林的设置，更好地保护和开发红厚壳。

7. 建议政府和科研部门的关注

红厚壳是较稀有的物种，政府部门应加强对物种保护、资源特点及利用潜力的宣传，使有关部门、林业科研、教学单位和企业充分认识到红厚壳保护制度在育种创新、油脂加工工业和海岸防护林设置中的重要作用。在红厚壳生长的地方，应充分利用当地资源积极研究、开发和合理利用。红厚壳的研究开发必须与相关法律和法规政策相结合，以促进生物遗传物种多样性的可持续利用和保护为目标。在科研单位，应积极研究红厚壳的各种生理特性，发掘其潜在价值，并与企业合作，使红厚壳逐步向工业产业化的方向发展。政府与科研部门紧密合作，走一条高效保护和合理利用红厚壳的资源之路。

参考文献

[1] 张世柯,黄耀,简曙光,等.热带滨海植物红厚壳的抗逆生物学特性 [J].热带亚热带植物学报,2019, 27(4):391-398.

[2] 覃国铭,任征,于彬,等.不同嫁接方式对红厚壳成活率及抽芽数的影响 [J].林业与环境科学,2019, 35(2):62-66.

[3] 林之盼,林小琼,薛杨,等.文昌市低效木麻黄林近自然改造效果 [J].安徽农业科学,2019,47(3):94-97.

[4] 唐相红.红厚壳苗木对不同遮阴变化与施肥处理的生长及生理响应 [D].广西大学,2018.

[5] 王瑾,刘强,罗炽武,等.海南岛红厚壳不同种源种子表型性状和萌发特性研究 [J].广东农业科学,2015, 42(13):48-53.

[6] 王瑾.海南岛海岸乡土树种红厚壳、草海桐的育苗和在海防林下混交种植的研究 [D].海南师范大学, 2015.

[7] 袁星.酮类天然产物异巴西红厚壳素的抗肝癌活性及其作用机制研究 [D].第二军医大学,2015.

[8] 王瑾,刘顿,刘强.海南岛海岸带红厚壳资源分布及生态防护应用研究进展 [J].热带林业,2014,42(2):11-14.

[9] 许德成,王小菁.红厚壳茎段丛生芽诱导与植株再生 [J].植物学报,2014,49(2):167-172.

[10] 高磊,李静,郑永清,等.中国红厚壳属植物油脂研究进展 [J].广东农业科学,2014,41(2):28-32.

[11] 张军,刘蕊,范海阔,等.红厚壳高空压条繁殖技术研究 [J].农学学报,2013,3(5):56-57+65.

[12] 贾瑞丰,尹光天,杨锦昌,等.红厚壳种子发芽试验的初步研究 [J].林业实用技术,2011(7):24-26.

[13] 贾瑞丰,尹光天,杨锦昌,等.红厚壳的研究进展及应用前景 [J].广东林业科技,2011,27(2):85-90.

榄仁树

Terminalia catappa L.

物种介绍

榄仁树为使君子科诃子属大乔木，高 15 m 或更高。花期 3~6 月，果期 7~9 月。榄仁树是热带树种，在温热气候条件下生长茂盛，喜光，在全光照或适度荫蔽下均生长良好。深根性，抗风性强，稍耐瘠薄，在沿海沙地、泥炭土、石灰岩土壤均可生长，适生于热带及南亚热带海拔 300 m 以下丘陵、缓坡地和海岸沙地。遇低温反应敏感，能耐轻霜及短期 1℃ 低温。天然更新良好。具有较强的耐盐能力，在盐度高达 17% 条件下仍可正常生长，温室里幼苗可在 10% 左右的盐度下存活，10% 的盐度能增加幼苗叶片叶绿素含量，20%~30% 则下降。榄仁树喜高温湿热的海边沙滩地，对土壤肥力的要求较高，在沿海冲积土上生长良好，在黏重土和干瘦土中生长不良。其主要作用如下。

其成熟果实为中药诃子，有涩肠、敛肺、降气作用。其幼果为中药西青果，有清热、生津、解毒的功效。

榄仁树的木材可作舟船、家具等用材。树皮含单宁，能生产黑色染料。

种子油可食，也供药用。

该树生长快、树枝平展、树冠宽大如伞状，很美观，遮阴效果好，为优良园林绿化树种。

榄仁树每年 4~5 月是全树换叶，长出新叶，整树通红，十分艳丽，景观非常壮观，可开发成为景观树种。

繁育技术

1. 种子繁殖

采种：榄仁树成熟时果皮由青绿色转黄色，成熟后落于地面。采种可地面拾捡，也可敲打落地收集，晾干后即可运输。采回果实无需特殊处理，带果播种或湿沙贮藏，种子千粒重 5400 g。

播种：榄仁树种子没有休眠期，可随采随播，在整地、起垄和土壤消毒好的苗圃地里进行播种。榄仁树种子种壳坚硬，发芽率一般只有 5%~15%，影响生产发展。近年，通过试验得出：人工剥去种壳种皮的种子与带种皮种子发芽率分别为 67% 和 14%，去种壳种仁与去种皮带种壳种子发芽率分别为 92% 和 68%，去种壳种仁在露地 1~4 月播种发芽率分别为 37%、74%、87% 和 94%。

播种方法采用点播，以避免种子之间相压，垄长、宽按 6 m×1 m 左右，点播后，撒一层 1~2 cm 的椰糠。

遮光在床面盖一层透光度为 85% 的遮光网，以保持床面的湿度和防止雨水的冲刷，以免影响种子的发芽和防止杂草生长。

幼苗管理：幼苗在种子播种后约 20~25 d 出土。幼苗叶子过嫩，需要适度遮阳，以避免日灼伤、损伤幼苗。

幼苗特征：榄仁树种子，胚根萌发后 4~5 d 子叶出土，子叶再过 8~10 d 初生叶展出，幼叶及叶柄基部常具锈色绒毛。叶螺族状集生枝顶，纸质，长 15~20 cm，宽 5~11 cm，全缘成微波状，先端纯或具短尖，基部渐狭，两面无毛，绿色，35 d 左右，幼苗高 8~10 cm，地径 0.1~0.2 cm。

幼苗管理

淋水：在干旱时，要及时给幼苗淋水，让苗床湿润，淋水时间以晚上为宜，不宜在白天阳光直照，温度高时进行。

除草松土：圃地除草应除早除，同时进行松土，防止床面土壤板结，减少水分蒸发，松土时避免伤根系和苗木。

入袋：榄仁树小苗粗生、快长，当幼苗高 8~10 cm 时，移入营养袋培育，营养袋以 11 cm×14 cm 为宜，营养土系用 1:1:0.05 的表土、火烧土和过磷酸钙配制而成。

追肥：在 5 月中旬至 6 月中旬可施 0.5% 的尿素水一次，进行追苗，以促进幼苗生长，7 月施少量钾肥使幼苗充分木质化，以便造林。

播种前将果实浸水 1~2 d，让外果皮吸足水分，然后密播于砂床，保持砂床湿润。播种后 1 个月种子陆续发芽，2 个月后进入发芽盛期，通常发芽率在 85% 以上。发芽后，约 10 d 左右即可移入育苗袋内培育，因发芽不整齐，宜分批移栽。容器育苗营养土宜选用疏松肥沃田园土，加 3% 过磷酸钙。育苗袋规格以 8 cm×15 cm 为宜。移植时淋足定根水，并遮阴 1 周左右。以后无需遮阴，经常淋水，保持土壤湿润，常除杂草，1 个月后可施复合肥，以后每月可施 1~2 次，浓度不宜太高，以少量多次为宜，施后应淋清水洗苗，以免产生肥害。

用植物生长调节剂 25.50、100 mg/L NAA 处理榄仁树种子，进行育苗，榄仁树种子 23 d 后开始萌发，发芽率随着浓度的增大先升高后降低，以 50 mg/L NAA 的处理效果最好，平均发芽率达 50.54%。用 25.50、100 mg/L GA$_3$ 处理，

随着浓度的增大，发芽率逐渐减小。用植物生长调节剂浸种能明显提高种子萌发率。用破壳方法对不同种源地榄仁树果核进行处理，榄仁树种子萌发期为 19 d~60 d，木兰港种源地完整果核的榄仁树萌发时间，比其他处理组迟了 8 d。敲破果核处理的种子萌发率（最高为 61.1%）高于完整果核的种子（最高为 50%）。

2. 扦插繁育

ABT1# 是扦插成活率和生根数的主要影响因子，生根数越多，穗条扦插成活率越高；穗条浸泡 4 h 有助于扦插苗新枝生长；浓度为 0.1 g/L 的 ABT1# 有助于一级侧根直径生长。外源激素种类是影响扦插苗生长指标的主导因子，其次是浸泡时间，由此说明，采用 0.1 g/L 的 ABT1# 溶液浸泡 4~6 h，有助于扦插苗新枝和生根数生长。

3. 组织培养

取茎段经消毒后，再 MS 基本培养基含 BA 的培养基上培养 1 个月，在腋芽处长出新的腋芽。将新的腋芽转到 BA 0.5~3.0 mg/L 或 KIN 0.5~3.0 mg/L 的培养基继续培养，能够产生 2.8 个丛芽。最适合芽的诱导和繁殖的培养基是 0.25 mg/L BA + 0.25 mg/L KIN。将丛芽单切转到 IBA 50~500 mg/L 或 NAA 50~500 mg/L 上培养诱导生根。在培养基含 200 mg/L IBA 的培养基上可以诱导 80% 的芽生根。当小苗移植到室外后 5 个星期，75% 的小苗能够成活。

栽培管理

1. 种植

培育绿化大苗，可用 40 cm 左右的容器苗栽植，栽植前应整地，可采用穴状整地，选择雨季阴雨天气定植。旱季时栽植应除去部分枝叶，淋足定根水。榄仁树易成活，通常造林成活率在 90% 以上。榄仁树冠较大，树冠直径几乎与树高相当，因此移植密度宜稀，以 1.5 m × 2 m 为宜。榄仁树生长快，树高年生长量在 1.2 m 以上，为培育良好冠形应及时修枝，2 m 以下侧枝应剔除。

抚育：一般在定植第 1 年雨季末进行砍草松土 1 次，以后 3 年内每年在雨季前后结合松土施肥，进行全面砍草，直至幼林郁闭。因幼林分叉早，主干矮，应注意及时整枝。幼林郁闭后，为了给幼林创造良好的生长环境，增加光照和营养以达到速生丰产。

2. 修剪原则

修剪必须遵守"同一时期修剪，统一高度，统一树冠大小"的原则。修剪要在同一时期进行，避免当年修剪这一段路的树，翌年修剪另一段路的树。修剪前必须经过多次观察，多方论证，根据榄仁树生长特点以及周围环境确定修剪应保留的树木高度和树冠大小，使之以后长成高度和树冠都较为统一的行道树。

榄仁树全年都可以修剪，基于榄仁树的生长特性和中国南方的气候特点，最佳的修剪时期为每年的 1 月中旬至 2 月底，即冬季修剪。原因如下：①榄仁树在 1 月中旬至 2 月底处于休眠期，树体在漫长的冬季贮存大量的养分，在这一时期修剪树体贮存的养分，集中供应修剪后保留下来的枝条生长，长出来的芽及枝条较壮；②这段时期榄仁树树叶基本全部脱落，剩下光秃秃的树条，由于没有大量树叶的阻挡，修剪操作起来方便。同时，由于树叶较少，不必花费大量的人力物力进行现场清理；③这一时期修剪的榄仁树经过 3~4 个月生长，在炎热的 6~9 月已长出一定数量的枝叶，已起到遮阴作用。最差的修剪时期为每年的 5~9 月，即夏季修剪。因为这一时期榄仁树的枝叶最多，修剪操作不方便，需要花费大量人力物力清理剪下来的枝叶。最重要的一点是，这一时期树体储藏的养分较少，修剪减少了叶面积，因而减少了光合产物。修剪对树体的生长有较大的抑制作用。而且这一时期修剪，因为剪去大量的枝叶而使榄仁树失去了遮阴的作用。包括对剪口的处理和对剪下的枝叶处理。

3. 剪口处理

因为中国南方 2~3 月份天气较为潮湿，病菌较多，如果剪口不加以处理，伤口受到日晒雨淋，病菌入侵而腐烂。保护方法是在剪口用硫酸铜溶液消毒，然后涂保护蜡。保护蜡是由松香、黄蜡、动物油按 5:3:1 的比例配制而成，方法是先将动物油放入锅中用温火加热再加入松香和黄蜡，不断搅拌至全部溶化即可。

4. 枝叶处理

对剪下来的枝条马上用汽车运走，以免妨碍车辆和行人的通行。主要的修剪机械有高空作业车和油锯。按照传统的人工爬树的修剪方法一个班组（6~8人）一天只能修剪4~5棵榄仁树，使用高空作业车，一个班组一天能修剪10~12棵榄仁树，工作效率大为提高，并且较为安全。

5. 修剪

对每棵榄仁树修剪前应绕树三圈，进行仔细观察，根据榄仁树的生长特点，对应该保留哪些枝条，剪去哪些枝条，做到心中有数。一般情况下，主干上要保留2~3条分枝，每条分枝上又保留2~3个侧枝，这样使整个树冠枝条分布均匀。为以后形成一个均衡树冠打下良好基础。

由上往下修剪：先剪去上部的枝条，再剪下部枝条，上部先剪好后不会造成操作时碰伤已剪好的枝条，也有利于树冠成型。

由外往内修剪：使用高空作业车辅助修剪要由外往内进行。如果按照传统由内往外修剪，载人作业斗需要伸入树冠内膛去操作，将受到尚未修剪的外围枝条阻挡，作业斗不能伸入树冠的内膛空间。因此，必须剪去外部枝条，再剪内部枝条。

6. 截干

这是对榄仁树修剪的主要技法。主要是截去过高的干茎或粗大的主枝。因为站在地面看得比较准确，修剪时空中修剪人员要服从地面人员的指挥，地面人员手持一条较长的竹竿指挥空中修剪人员应该修剪哪些枝条及每条枝条下锯的位置等。

7. 剪枝

分为疏枝和短截。疏枝是指疏去过密枝条、病虫枝、枯枝、徒长枝等。短截则是剪去过长枝条的一部分，修剪的长度应根据实际情况确定。

8. 除萌

即除去榄仁树基部附近萌生的枝条，集中养分供应植株生长。

参考文献

[1] 张婧芳. 榄仁树的化学成分研究 [J]. 海峡药学, 2020, 32(1):37-39.

[2] 冯剑. 海南岛海岸乡土树种榄仁树、莲叶桐的育苗和在木麻黄海防林下种植试验研究 [D]. 海南师范大学, 2015.

[3] 武爱龙. 锦叶榄仁树的离体组织培养与快速繁殖 [J]. 南方园艺, 2015, 26(2):41-42.

[4] 唐荣平, 苏汉林, 王先宏, 等. 诃子种子萌发特性初步研究 [J]. 种子, 2014, 33(8):92-94.

[5] 盛小彬, 李晓斌, 林日武. 小叶榄仁树种苗培育试验初报 [J]. 热带林业, 2013, 41(2):22-23+21.

[6] 卢靖, 周长富, 徐保燕, 等. 千果榄仁树育苗试验初报 [J]. 西部林业科学, 2010, 39(1):81-85.

[7] 林武星, 朱炜, 张立华, 等. 台湾榄仁树实生苗期生长和培育技术研究 [J]. 安徽农学通报 (上半月刊), 2010, 16(3):133-134.

[8] 唐斌, 李世平. 中药诃子的发芽试验 [J]. 特产研究, 2003(2):31-32.

海人树

Suriana maritima L.

物种介绍

海人树为海人树科海人树属灌木或小乔木，高 1~3 m，花果期夏秋季。海人树广泛分布于热带海岸，生于海岛边缘的沙地或石缝中。在海人树种子成熟后，种子经历了一系列复杂的生理生化变化，如水分在种子干燥过程中急剧减少，各种酶的活性显著降低，呼吸作用减弱，并使原生质胶体处于凝脱状态，种子进入休眠状态；此外，海人树种子表现为对海水传播种子途径的高度适应，即外种皮十分坚硬，种皮内的胚和胚乳较小，在种子内部形成中空的腔，以利于海水漂浮从而传播种子；该特征一方面利于海人树植物适应特殊的热带海岛环境，另一方面，也严重影响了海人树种子的萌发破芽。其主要功能如下：

259

海人树是美化中国南海岛礁、进行热带海洋岛屿自然生态系统重建和恢复的工具物种，也可作为中国热带沿海及海洋岛屿独特的园林园艺植物。

海人树拥有新颖结构的三萜烯二醇、β- 谷甾醇、芦丁、鼠李黄素 -3- 芸香糖苷和一个新的黄酮醇甙，从海人树根皮提取物中分离出的甲基芦丁、原儿茶酸和类黄酮芦丁用于诱导鼠胚胎干细胞的变异，虽然最后证实这 3 种成分无法诱导变异，但也发现提取混合物中有一种不知名的化学成分诱导了细胞变异。研究发现海人树的叶片、茎皮和根皮提取物成分对治疗口腔溃疡有效果，并且其根皮提取物成分对抑制癌细胞活性也有一定效果。

繁殖技术

1. 种子繁育

（1）采种处理

3 月中旬采集新鲜成熟的海人树种子，于阴凉干燥通风处 4 d（后熟）。将后熟的种子浸泡于 60℃ 热水中 12 h，取出后室温下在质量分数 95% 的硫酸水溶液中浸泡 50 min，打破种子的休眠从而促进种子萌发，取出后再于室温下用质量分数 0.1% 赤霉素水溶液浸泡处理 72 h，进一步打破种子休眠并提高种子活力。

（2）基质消毒

培养基质使用前每 10 kg 培养基质均匀撒上质量分数 0.8% 的福尔马林水溶液 250 mL，然后密封，放置 2 d 后开封以完成培养基质消毒处理。

播种方法：将前述赤霉素水溶液浸泡后的种子播于培养基质中，培养基质上 1.8 m 处覆盖一层遮光率为 70% 的遮光网，

每天进行浇水或喷雾保湿，将种子的萌发温度控制为 30℃。所述的培养基质，其成分及质量比为珊瑚砂：泥炭土：珍珠岩：陶粒：鸟粪土：草木灰 =4：2：1：1：1：1，将上述成分混合均匀后得到培养基质。

（3）苗期管理

10 d 后开始出芽，2 个月后出苗率（萌发率）达 95%。基本达到规模化种植生产的原料需要。在种子萌发及育苗过程中，适当施用少量有机肥，在植株生长良好后，可部分打开遮阴网，利于植物更好地进行光合作用。

2. 组织培养

（1）材料预处理

将聚伞的小枝剪下来，然后把老的苞片剥掉，留下仅靠近顶芽的几片，处理后用较柔软的毛刷在自来水下将表面的灰尘颗粒刷干净，

（2）外植体消毒

将处理后的枝芽投入到 0.1%HgCl₂ 溶液里消毒 25 min，消毒期间间隔地将外植体摇晃一下，以达到充分的消毒效果，消毒好后用无菌水洗 5 次后接入到 MS 培养基中培养。所有培养基附加 3% 蔗糖，培养基是根据内容的不同附加不同生长调节剂，培养基中的 pH 调到 6.5，将接种后的材料置于温度 28℃、光照 9 h/d、光强 2800 lx 左右的培养室内，进行培养和观察。

（3）生长调节剂对叶片的诱导

将经过一段时间培养，将无污染且生长良好的小枝接到各种生长调节剂培养基中，数据显示出，接种后的第 10 d，小枝上的芽开始出现，此时只是形成一个小点，各种调节剂对芽的形成影响很大，低浓度的细胞分裂素有利于芽的正常形成，特别是低浓度的 IAA 对芽的诱导较好，高浓度的激素有利于愈伤形成，TDZ 配合低浓度的生长素有利于胚性愈伤组织的形成。

将叶片从小枝上剥下来转到各种培养基中，培养 15 d 左右，各培养基中培养的叶片明显有所不同，大部分的叶片发生愈伤组织，愈伤组织发生较好的培养基为每升附加 TDZ 1.0 mg/L + 2,4-D 0.2 mg/L 培养基，可见到有颗粒状的愈伤组织，并观察到个别愈伤上有分化芽和叶片直接发生芽的现象。

参考文献

[1] LAI Q, ZHU C, GU S, et al. Complete plastid genome of *Suriana maritima* L. (Surianaceae) and its implications in phylogenetic reconstruction of Fabales[J]. Journal of Genetics, 2019, 98(5):109.

[2] 王军, 段瑞军, 黄圣卓, 等. 西沙群岛 4 种木材的解剖学研究 [J]. 热带作物学报, 2020, 41(03):603-608.

[3] J LIU, S LI, H CHEN, et al. A karyological study of *Suriana maritima* L. (Surianaceae) from Xisha Islands of South China Sea[J]. Caryologia, 2018, 71(2)：109-112.

[4] W CHEN, Z WANG, G ZHAO, et al. Microsatellite and chloroplast DNA analyses reveal no genetic variation in a beach plant *Surianana maritima* on the Paracel Islands, China[J]. Biochemical Systematics and Ecology, 2016, 65:171-175.

[5] CHEN WS, ZHAO G, JIAN SG, et al. Development of microsatellite markers for *Suriana maritima* (Surianaceae) using next-generation sequencing technology. [J]. Genetics and molecular research：GMR, 2015, 14(4):14115-14118.

水芫花（海芙蓉、海梅）

Pemphis acidula J. R. et Forst.

物种介绍

水芫花为千屈菜科水芫花属多分枝小灌木，高约 1 m。主要分布于东半球热带海岸，在印度、菲律宾、马来西亚、泰国、澳大利亚、日本冲绳地区、基里巴斯等地都有记载。水芫花在中国的分布范围十分有限，仅见于海南省文昌市清澜自然保护区、西沙群岛以及台湾南部海岸。多生长于热带岩石岸礁与珊瑚岛礁之上，能从岩石和极有限的土壤中吸收营养而生长，也有与其他红树植物伴生的情况。水芫花属于嗜热窄布种，能适应温度最低月为平均气温大于 20℃，是中国最不耐寒的半红树植物。但耐盐碱力很强。适应强光照、高湿度的气候。其主要价值如下。

1. 环保

水芫花可作护岸树种。

2. 观赏

自然条件下，水芫花是天然的优良盆景材料，在中国台湾、菲律宾等地是名贵的盆景树。水芫花木材坚硬，不易劈裂而易光滑，常用作工具把柄，也可供制锚、木钉等。

3. 药用

水芫花的提取物具有抗肿瘤、消炎、抗氧化和抑菌等活性，可应用于生物医药中。

4. 科研

水芫花具有千屈菜科植物中独特的二

型花柱，对于研究异型花柱植物的形成和演化具有重要意义。因此，水芫花有重要的保护价值和研究意义。

繁殖技术

水芫花具有独特的二型花柱繁殖体系，自交不亲和，因此必须同时具备二型花柱并具有有效授粉媒介才能正常结实，形成有繁殖力的后代。而目前，水芫花种群植株数目太少，可能达不到适当的花形比例，或者缺乏适当的授粉媒介，这都可能是目前采收种子无法萌发的原因。采收的种子基本为空粒，无法发芽。水芫花不易，种子繁殖的详细机理及其相应的保育措施，仍需要进一步的研究。

1. 扦插繁殖

剪取比较老的枝条，剪成 10 cm 长的茎段。浸入 1.0 mg/L 的 IBA 中半小时。然后斜插到海沙和河沙的混合基质中 (1: 2)，保湿处阴管理。1 个月后就会从基部长出不定根，在上部的腋芽出长出新芽。

将生根的幼苗转入有机质和黄泥土 (1: 1) 的育苗袋中，浇透水后在阴凉处管理 1 个星期。之后可以转移到正常的露天管理。2 个月后，小苗会长到 20~30 cm 高。这样的小苗适应能力强，可以进行远程运输和在海岛上种植。

2. 组织培养

从母株上剪下小枝，将小枝上的叶片剪掉，单留下小枝，将小枝投入到 0.1% $HgCl_2$ 里消毒 18 min，用无菌水洗 4 次后接到 MS 培养基中。初始接种培养基为 BA 1.0 mg/L + NAA 0.1 mg/L，芽增殖培养基为 BA 0.8 mg/L +NAA 0.1 mg/L。所有 MS 培养基的蔗糖为 30 g/L。目前已建立离体培养体系，其繁育和再生体系有待完善。

参考文献

[1] 曹策，简曙光，任海，等．热带海滨植物水芫花 (*Pemphis acidula*) 的生理生态学特性 [J]．生态环境学报，2017, 26(12):2064-2070.

[2] 张海峰．海滨植物的生长习性与景观应用 [J]．现代园艺，2014(16):101.

[3] 胡宏友，陈顺洋，王文卿，等．中国红树植物种质资源现状与苗木繁育关键技术 [J]．应用生态学报，2012, 23(4):939-946.

[4] 钟才荣，李诗川，管伟，等．中国 3 种濒危红树植物的分布现状 [J]．生态科学，2011, 30(4):431-435.

[5] 张浪，刘振文，姜殿强．西沙群岛植被生态调查 [J]．中国农学通报，2011, 27(14):181-186.

[6] 王健，龚萍，赵钟鑫，等．水芫花研究进展 [J]．安徽农业科学，2010, 38(20):10729-10730.

[7] T MASUDA, K IRITANI, S YONEMORI, Yasuo OYAMA, Yoshio TAKEDA. Isolation and Antioxidant Activity of Galloyl Flavonol Glycosides from the Seashore Plant, *Pemphis acidula*[J]. Journal of the Agriculteral Chemical Society of Japan, 2001,65(6):1302-1309.

[8] 邢福武，李泽贤，叶华谷，等．我国西沙群岛植物区系地理的研究 [J]．热带地理，1993(3):250-257.

大花蒺藜

Tribulus cistoides L.

物种介绍

　　大花蒺藜为蒺藜科蒺藜属多年生草本。花果期 5~11 月。无胚乳，种皮薄膜质。果刺易黏附动物的毛间或人都衣服上，传播到远处。生命力十分顽强，种子平均可存活 7 年之久，一旦有一点机会，就会萌发蔓延、泛滥成灾，且很难清除掉。生于海拔 350~600 m 的干热河谷地区。在中国分布于海南、广东、云南。其主要价值是：果实清肝明目，解毒疗疮。治肝火上炎所致的目赤肿痛、巅顶头痛、皮肤疮疖痈肿、红肿热痛。具有平肝解郁、活血祛风以及明目止痒等功效，同时对脑血管、神经系统等都有一定的疗效，同时还能起到抑制癌症、降低血糖、调节血脂等作用。内服：9~12 g，水煎服。外用：捣敷或研面外用患部。

繁育技术

1. 种子繁殖

　　8~9月种子成熟时，选个大、充实、饱满的绿白色果实，晒干备用。播前将种子摊于石碾上碾，使果瓣分开，

簸去果刺和壳渣，留下纯净种子播种。

播种的最佳时间是每年的 3 月底到 4 月初。选好种子之后，可以直接播种，但最好是放入用保水剂配置的药剂中浸泡 0.5 h 左右，再进行播种。播种的时候按照行间距 50 cm、株间距为 35 cm 左右挖穴播种，播种后覆土掩种，浇上适量的水，这样有利于出苗。

当田间蒺藜的幼苗长到 6~7 cm 左右的时候，要将田间长势较弱的蒺藜苗头以及过密的幼苗拔除，并查看田间蒺藜的生长情况，及时补苗，保证田间齐苗。出苗之后，田间也会伴随杂草的生长，所以要及时地进行中耕除草，在定植后进行第二次中耕，一般进行 2 次中耕，至少要进行 3 次除草。在施足基肥的情况下，视幼苗的生长情况来进行追肥，一般 2 次追肥即可，主要是以粪尿水为主。等到 8 月中下旬，为了促使种子成熟，需要进行掐顶，促进侧枝的生长，以提高产量并达到催熟的目的。

2. 组织培养

对大花蒺藜芽的生长、分化、不定芽生根、试管苗移栽、扦插和移植进行了研究，建立起大花蒺藜的无性系。结果证明：1/2MS+BA 0.2 mg/L + NAA 0.1 mg/L 是促进培养芽伸长生长的理想培养基；1/2MS+AgNO₃ 1.0 mg/L+BA 0.5 mg/L + NAA 0.1 mg/L 是生长芽分化培养的理想培养基；1/3MS+IAA 0.2 mg/L + NAA 0.2 mg/L+ 蔗糖 10 g/L 是蒺藜试管苗生根培养的理想培养基；移植于山坡上的试管苗生长旺。

栽培管理

1. 间苗

在苗高 4~7 cm 时，拔掉弱苗和过密苗，在苗高 10 cm 左右时。撒播按株距 30~40 cm 留苗，点播每穴留壮苗 2~3 株。如发现缺株缺穴，应带土移栽补齐。

2. 中耕除草

出苗后有杂草发生时，及时进行中耕除草，锄时小苗期宜浅，以 1~2 cm 为宜。

3. 追肥

在施足底肥的基础上，应视地力情况，要进行适当的追肥，一般应追施 2 次。

4. 掐顶

在 8 月中旬后，为了使种子能集中成熟，可掐去各枝的生长点，使枝蔓上多生短枝、多结果，提早成熟。野生的蒺藜抗病性较强，但是人工栽培的病虫害较多，所以在种植的过程中就需要提前做好预防病虫害的准备。其中最主要的病害就是白锈病、黑斑病、白粉病、锈病以及猝倒病。可以分别使用甲霜铜可湿性粉剂、代森锌可湿性粉剂、硫胶悬剂、粉锈宁可湿性粉剂、猝枯净进行防治。而最主要的虫害有蟋蟀、豆蚜、红蜘蛛、珠硕蚧等，可以使用敌百虫进行防治。

参考文献

[1] J MAE KA, J OSCAR PJ, J REAGAN A, et al. The role of spines in anthropogenic seed dispersal on the Galápagos Islands[J]. Ecology and evolution, 2020, 10(3):1639-1647.

[2] S CE, ANDREW PH, NANCY CE, et al. The ecology and evolution of seed predation by Darwin's finches on *Tribulus cistoides* on the Galápagos Islands[J]. Ecological Monographs, 2020, 90(1): 1639-1647.

[3] SWEDELL L, HAILEMESKEL G, SCHREIER A. Composition and seasonality of diet in wild hamadryas baboons: preliminary findings from Filoha[J]. Folia Primatologica, 2008, 79(6):476-490.

[4] ACHENBACH H, HÜBNER H, REITER M. New cardioactive steroid saponins and other glycosides from Mexican *Tribulus cistoides*[J]. Advances in experimental medicine and biology, 1996, 404:357-370.

文定果（南美假樱桃）

Muntingia calabura L.

物种介绍

文定果为椴树科文定果属常绿小乔木，高达5~8 m。原产热带美洲、西印度群岛，在中国分布于海南、广东、福建等地。喜阳光，喜温暖湿润气候，耐旱。对土壤要求不严，环境适应性强，抗风能力强。其主要价值如下。

文定果的树形、枝叶、花和果实均具有很高的观赏价值。

树形：主干常弯曲或倾斜生长，给人以沧桑感，又不失挺拔壮观特质，分枝呈伞形，树冠层次分明，枝叶稠密，树形飘逸，树姿优美。

花：直径约2 cm，洁白、雅致、芳香，单朵花从花瓣开展到凋落约3~4 d。全年不间断开花，在2~4月花较少，其余时间几乎花开满树，花朵宛如一群白色蝴蝶在翠绿树冠上纷飞，景观价值较高。

果实：全年结果，和花期一致。2~4月果较少，其余时间较多；4~9月果实在成熟变成紫红色才凋落，10月至翌年2月果实多数变黄色后凋落。单个果实从发育到成熟约30~40 d，直径约1 cm，且果实味甜。同时，可以吸引大量鸟类前来觅食，为优良的招鸟植物。

文定果是一种可食用的野果，成熟时果呈红色的，色泽鲜艳，类似樱桃，果肉柔软多汁，可直接食用，味微甜，风味独特，是一种具有开发前景的热带水果。

繁殖技术

1. 种子繁育

文定果一般用种子进行繁殖。其种子在正常条件下很少萌发，而在建筑垃圾堆、采石场和边坡等环境却易萌发。其种子细小，建议播种前与细砂搅拌混匀，在浸种 24 h，温度 25℃ 条件下，萌发率达 70%。由于文定果终年开花结果，宜随采随播，可将种子繁殖作为主要培育手段，种植在开阔、光照和雨量充足地区。

2. 扦插繁育

选择不同的基质和不同的激素对文定果进行扦插试验，结果表明：IBA、NAA 和 ABT 生根粉 3 种外源激素对文定果生根均有促进效果，其中以 500 mg/ L ABT 处理 5 min 总体效果最好，生根率达 43.51%，平均不定根数 2.5 条，平均不定根长为 2.1 cm；选用珍珠岩或黄沙的单一基质相较混合基质（珍珠岩：泥炭=1：1）生根效果更好。

参考文献

[1] 邓星，孙键，赖燕玲，等.文定果的种子萌发和育苗技术研究 [J]. 现代园艺，2019(18):9-10.

[2] 李翠翠，丘国松，龙丹丹，等.不同浸泡时间和温度条件对文定果种子萌发的影响 [J]. 现代园艺，2019(15):27-28.

[3] 王一钦，陈晓熹，孙延军，等.不同激素和基质对文定果扦插生根的影响 [J]. 现代园艺，2019(15):3-4.

[4] 田素梅，马艳粉，萧自位.文定果营养成分及抗氧化性分析 [J]. 农产品加工，2018(22):54-55+58.

[5] 孙延军，赖燕玲，王晓明.优良的园林观赏植物——文定果 [J]. 广东园林，2011, 33(1):55-56.

香蒲桃
Syzygium odoratum (Lour.) DC.

物种介绍

香蒲桃为桃金娘科蒲桃属常绿乔木，高达 20 m；花期 6~8 月。分布于越南以及中国大陆的广西、广东等地，常生于平地疏林和山中常绿林中，目前尚未有人工引种栽培。香蒲桃为中高海拔热带山地雨林和常绿季雨林树种。分布较普遍，喜光，幼苗期耐阴，但生长不良，壮龄期要求有充足阳光，否则长势不旺。适生于年平均气温 18~24℃，极端最高气温 36℃，极端最低气温−4℃，年降水量 1600~2800 mm。对土壤肥力要求不苛，在砖红壤和砖黄壤均能生长，在海拔 850 m 山腰中等的立地上，生长速度中断。其主要价值如下。

1. 经济价值

木材散孔材，材色深暗紫褐色，纵切面较淡带红。木材纹理局部交错，结构密致而均匀，材质坚硬，有性而重，易加工，很耐腐，干燥后略开裂而变形，材色一致，纵切面具光泽，光滑。适用于车辆、枕木、桥、造船及建筑等用材。

2. 生态价值

适应性强，耐干旱，耐盐碱，耐瘠薄。在海边固定沙地都可正常生长。枝叶繁茂，开花时节馥郁芬芳，秋冬季节硕果累累。防风固沙功能强，可用于沿海沙地绿

化。可用于沿海基干林带造林。

香蒲桃是分布在热带海岸的耐盐乡土树种,是热带海岸典型的植被类型。香蒲桃林是自然村的"风水林",也是自然村抵御台风的天然防护林。

繁殖技术

1. 种子繁殖

(1) 圃地整理

选择肥沃、疏松、交通便利及排水良好的砂质壤土作圃地。在播种前 1~2 个月提前整地。首先将圃地用旋耕机深耕 1 遍,达 35 cm。不耙,间隔 1~2 个月,促进土壤风化。然后每平方米施腐熟的厩肥 3 kg,或腐熟的饼肥 0.3 kg,或复合肥 2 kg,每种方式均可配过磷酸钙 100 kg。用旋耕机将圃地连续耙地 3~4 遍,将圃地耙平,土粒耙碎,肥料均匀混合于土壤中。

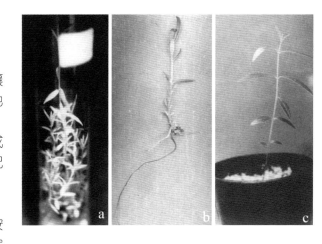

为防止阳光灼伤幼苗,苗床多采用南北向,按 1.5 m 人工打线挖厢沟作床。其中苗床宽 1.2 m,厢沟宽 0.3 m,厢沟深 0.25 m,同时将圃地四周的排水沟(俗称围沟)挖出,圃地的横纵中沟挖出。使围沟、中沟、厢沟"三沟"相通,利于排灌水及人员作业,将沟中的肥土均匀铺于苗床,用工具捣碎。

对有病虫害的圃地,在播种前可进行 1 次杀菌杀虫处理。杀菌可用敌克松(3 g/m³)、硫酸亚铁(30 g/m³)拌细土撒施,虫害可用 3% 的呋喃丹颗粒结合播种施入,每亩 5 kg。

(2) 种子采集

香蒲桃自然授粉结实少。可人工授粉。11~12 月份前后成熟开裂。开裂时带棕色柔毛的种子会自动飘落,要及时收集,晾干。

(3) 播种

香蒲桃播种多随采随播。12 月份精挑细选晾干的香蒲桃种子,去除瘪种、畸形和受损失的种子,挑选饱满种子。用温热水浸种 12~24 h,捞起,滤干。开条播沟,沟深 2~3 cm,条距 25 cm,将浸过种的香蒲桃种子均匀播于沟内,覆细土 2 cm,再用锯末、稻草、松针等覆盖保墒,以疏松透气。可适当用乙草胺喷雾防杂草滋生。2~4 月份,根据天气适当浇水,使苗床保持适宜湿度,促使种子吸收萌发。大约 4 月份清明前后出苗,可分两批揭去稻草、松针,并间隔 10 d 左右用稀释 1000 倍液多菌灵溶液配杀虫剂喷雾,当年苗高可达 80 cm。

(4) 播种方法

播种分别在育苗床和胶盆中进行,胶盆的规格为 40×30×10 cm,胶盆中的基质分别为河沙、泥炭土、河沙与泥炭土(1:1)、火烧土与泥炭土(1:1)。播种前,种子先浸水 24 h,再用清水冲洗数次,然后用 2000 倍的百菌清水溶液浸种 1~2 h 进行消毒。播种时把种子均匀撒播在育苗床上或育苗器中,用河沙或泥炭土等盖好种子,厚度以看不到种子,淋水后用塑料薄膜盖好。基质对种子的发芽影响不大,其发芽率达 82%~90%。

2. 扦插繁殖

剪取半木质化枝条为插穗,枝条长度约 5~10 cm,有 4~5 对叶子。香蒲桃枝条细小,失水后叶子卷曲,难于恢复到正常的生长状态,因此在剪下枝条和扦插过程中要注意保持水分,扦插后用塑料薄膜覆盖,防止水分蒸发过度。扦插的基质为河沙和黄泥,采用 IBA 为促根生长激素。扦插后 45 d 检查插穗的生根情况。

当床上的小苗长出 2~3 对真叶时,就可移到育苗袋上种植,育苗袋规格为 6 cm× 7 cm× 14 cm 的黑育苗袋,基质采用 80% 黄心泥 + 20% 火烧土混合而成;小苗期在种植后的 2~3 个月内生长缓慢,要经常拔除杂草,结合除草工作,每 2 周淋 1000 倍的复合肥水溶液 1 次。采用扦插繁育的小苗,在插床上拨取生根的小苗移植到同规格的育苗袋中,经过 1 个月时间的遮阴和淋水管理后,小苗长出红色嫩叶,以后的管理方法和种子育苗的管理方法相同。经过 6~9 个月的培育，其生长高度达 20~30 cm，冠幅 20~25 cm，就可出圃种植。

3. 组织培养

通过茎尖和腋芽消毒后再改良的 MS 培养基附加单独 BA、KIN 或 IBA 和 IAA、NAA 以及 IBA 混合培养，建立丛芽繁芽体系。其中繁育效果最好的培养基是 17.6 μM BA 和 2.6 μM NAA。将芽分切再 1/2MS 培养基附加 IAA 或 IBA 能够很好的生根。将生根的小苗移植到土壤中，大约 70% 的小苗能够成活。

栽培管理

1. 造林地宜

以土壤深厚、疏松、肥沃、湿润的环境为主，土壤瘠薄、干燥的山脊及坡顶则不宜选用。整地炼山在造林前 2 个月进行，选取土壤条件较好的地方，可采用穴垦整地，植穴规格为 50×50×40 cm。大陆宜在春季定植。海南应在雨季栽植，时间在 7~8 月。幼林生长较快，株行距为 3 m×3 m 或 3 m×2 m，根据立地条件而定。

2. 抚育

造林后当年的 12 月至翌年 1 月进行穴状除草松土，并将杂草堆理穴内，以保持水分，抚育时，应做好补植、扶正、培土等工作。以后每年抚育 2 次。成林后，林木生长转入高粗生长盛期，需要充足的阳光，应根据林分生长状况及立地条件等具体情况，及时调整株行密度，有利于林木正常生长。

3. 病虫防治

蓝绿象成虫啃食叶片，发生时常将叶吃光，严重影响幼苗和幼林生长。可用 90% 敌百虫 1500~2000 倍液或 80% 敌敌畏乳剂 1500 倍液。

参考文献

[1] 蔡文良，谢艳云，唐雯. 海南尖峰岭热带山地雨林土壤有机碳储量和垂直分布特征 [J]. 生态环境学报，2019, 28(8):1514-1521.

[2] 杨青青，杨众养，陈小花，等. 热带海岸香蒲桃天然次生林群落优势种群种间联结性 [J]. 林业科学，2017, 53(9):105-113.

[3] 张永夏，陈红锋，秦新生，等. 深圳大鹏半岛"风水林"香蒲桃群落特征及物种多样性研究 [J]. 广西植物，2007(4):596-603.

雀梅藤

Sageretia thea (Osbeck) Johnst.

物种介绍

雀梅藤为鼠李科雀梅藤属藤状或直立灌木；花期 7~11 月，果期翌年 3~5 月。分布于印度、越南、朝鲜、日本和中国；在中国分布于安徽、江苏、浙江、江西、福建、台湾、广东、广西、湖南、湖北、四川和云南。常生于海拔 2100 m 以下的丘陵、山地林下或灌丛中。其主要价值如下。

食用：叶可代茶，果酸味可食。

药用：叶可供药用，治疮疡肿毒；根可治咳嗽，降气化痰。

绿篱：由于枝密集具刺，在中国南方常栽培作绿篱。

观赏：茎枝节间长，梢蔓斜出横展，叶秀花繁；晚秋时节，淡黄色小花发出幽幽的清香，藤蔓依石攀岩，高低分层，错落有致；适于园林建筑中，配植于山石坡岩、陡坎峭壁，在假山、石矶的隐蔽面，以其作为立体绿化更为适宜；形态苍古奇特，耐修剪，宜蟠扎，是制作树桩盆景的极好材料，素有树桩盆景"七贤"之一的美称。

繁殖方法

可用播种的方法进行有性繁殖，在园林栽培中也可用扦插和分株的方法进行无性繁殖。也可进行组织培养的繁育和再生。

1. 播种

雀梅藤秋末冬初开黄色小花，浆果翌年平均重量为 0.2 g，平均直径为 7.2 mm，平均长度为 6.5 mm，尺寸分布范围为 5.1~10.0 mm。每果籽数为 1.8 粒，1000 粒重为 7.77g，直径 3.7 mm，厚度 1.7 mm。种子在 4~5月成熟，当其果实呈现紫黑色时便可采收。而且成熟日期越早，种子数量越大。雀梅藤的果实为核果，采收后，可除去果皮，并用沙子搓擦种核，将其残肉除尽，清洗干净，便可播种。雀梅藤播种前，要准备好苗床，如果数量不多，可采用木箱苗床。木箱的大小以搬动方便为宜，一般长为 45~50 cm，宽为 30~35 cm，高为20~25 cm，基质可用干净的中细河沙，最好经过高温消毒，然后装入苗床，便可播种。在 15℃ 时最高发芽率为 95%。

播种时，将种子均匀地平放在基质上，用砂土覆盖，厚度为种子直径的 2 倍，然后将砂土刮平、压紧，以浸箱的方法把基质湿透，苗床置于阴凉通风处。雀梅藤播种后的管理，主要是保持基质湿润，给水要均匀，基质不能忽干忽湿或过干过湿，要经常检查覆盖是否完好，以防喷水露出种子。苗床温度应控制在22~25℃，如温度保证不了，还可采用玻璃覆盖，每天盖上报纸晾晒 2~3 h，增加床内温度。如果温度过高要揭去玻璃，加强通风，控制好温度。种子发芽出土后，要揭去覆盖物，务使其逐步见光，经过一段时间的锻炼后，可增加光照时间，促进幼苗健壮生长。真叶出现后，可用 0.05% 的磷酸二氢钾水溶液进行喷施，促进幼苗生长。温暖地区的秋季便可移至露地苗床继续培育，一般 2 年以后，便可用于园林绿化栽培。

2. 扦插

雀梅藤还可采用软枝扦插的方法进行无性繁殖。软枝扦插又叫嫩枝扦插或绿枝扦插，要求挑选当年生长并已半木质的健壮枝或徒长枝作插穗。雀梅藤的这种枝条比硬枝再生能力强，插后生长较为容易，成活后生长也比较迅速，短期内就能获得大量的苗株。软枝扦插的成败，取决于对插穗的选择，一是要选组织充实、无病虫害的枝条，其中花前枝、徒长枝最好；二是挑选软枝，也就是半木质化或中间部位最易生根，因为枝条插入土壤后，能迅速形成愈合组织，并继续分化形成生活根而成活。

苗床要提前准备。可根据自己的实际情况，挑选排水好、向阳背风的地方，先进行 30~35 cm 的深翻、整细后理箱，一般长约 600~800 cm，宽 60~80 cm，然后把细土耙平，深度为 30 cm，填入 10~15 cm 厚的干杂肥料，回土填平至高于地面 10~15 cm，床上再填 15~20 cm 的黄色素砂土，再用 0.5% 的高锰酸钾水溶液进行喷洒消毒，最后密封 24 h，晾晒数日，便可进行扦插。扦插时间最好在花前的 7~8 月份进行，这时雨水多，空气相对湿度大，温度易于掌握，是扦插雀梅藤的最佳时间。挑选枝条最好在早晨，此时枝条含水量高，利于生根，插穗每段长约 10~12 cm，一般要保持 3~4 个节间，切口上平下斜，每根插穗要保证有 2~3 个芽苞，留顶端 2 片叶子，用以进行光合作用，以利迅速愈合生根。插穗剪好后可用 0.05%~0.07% 浓度的 NAA 水溶液浸蘸一下，便可按照 6~8 cm 的株行距，插入准备好的苗床内。随浸随插，插入基质的深度为 6~8 cm，插后用细孔喷壶把水喷透，使基质与插穗茎干密贴。雀梅藤扦插后，要在苗床上搭设荫棚，光照度在 40%~45% 为宜。因为 7~8 月，各地的阳光都比较强烈，要保持枝条插入后不枯萎，保持小范围的空间湿润。扦插能否成活，还与温度有关，苗床内温度不能过低，温度太低，愈合生根慢；温度过高（超过 30℃），插穗的叶片容易脱落，未生根的枝条会因失去养分的补充而枯萎。苗床温度一般应控制在 20~25℃ 为宜，如果温度过高，要采取通风降温，最好用雾状喷水的方法，降低温度，减少叶片水分蒸发，对其生根非常有利。插穗生根后，要加强营养管理，施一些稍薄的肥料，冬季用竹块搭架，上面覆盖塑料薄膜，保证幼苗越冬。翌年春季便可进行移植栽培。

3. 分株

雀梅藤的分株繁殖，是将露地栽培数年的植株的茎干基部先行剪短，促进萌发蘖芽、并松土让其自行生根。根据母株萌发和生根情况，一般在翌年的 2 月底或 3 月初，就可进行分株繁殖。分株前，要准备好苗圃。分株时，将母株全部挖起，去除多余的附着土，然后按蘖条的分布和根系的生长情况，以每株 1~2 根茎干分切。操作时，要细心，尽量保护好根系，切口涂抹草木灰，然后将其分株苗植于苗圃内，植入深度以完全稳住植株为宜，再用喷水壶把水灌透。在阳光强烈的地区，最好搭设荫棚遮阴，每天多次进行雾状喷水，保护叶片，最好不萎蔫，不发黄，不脱落，这对分株苗成活特别有利，一般经过 1 年左右的培育，翌年春季便可进行定植栽培。

栽培管理

栽培应根据需要，盆栽、地栽、假山石岩栽培均可。

① 露地栽培：雀梅藤露地栽培，要选地势稍高，既能排水又能保水的地方最好是疏松肥沃，富含有机质的砂质酸性土壤。栽培要经常保持环境的湿润状态，待新芽萌发后，便可进行正常管理。

② 假山石崖栽培：要把扦插成活的幼苗带土团植于岩石洞孔或较深的缝隙中。栽好后，把水喷透，置于湿润环境，荫蔽培育，每天向其雾状喷水数次，一般 10~15 d 后，植株就能成活。这时要逐步加强阳光照射，20~30 d 后便可进行正常管理。

③ 盆栽：如要制作雀梅藤树桩盆景，最好在秋季，到山区挖取野生雀梅藤，尤其是那些苍古奇特的老蔸。挖掘时，要尽量保护须根，用苔藓包扎，使之不失水分，取回后将其埋在疏松肥沃的土壤中，略露枝干，长期保持环境的湿润状态，待其抽枝发叶时，再适当进行整枝摘芽，保留有用枝条，到翌年春季，便可挖起，通过修剪造型后，即可上盆栽培。雀梅桩头栽培，第一年还应选择透气性较好的土陶花盆，用水浸泡 5~7 d，然后用数块瓦片棚盖花盆底孔，用培养土栽培，成活后加强水分、养分的管理，培育较多的须根，翌年用质地美观的宜兴轴质盆栽培。一般经过 2~3 年的培育造型，就可获得 1 棵完美的雀梅藤树桩盆景了。

雀梅藤的水分和养分的管理，也应根据栽培的实际情况而有所区别。

① 施肥：露地栽培的植株，每年春季要施一次重肥，时间在 4~5 月，施时可在植株周围进行环状挖沟，施入长效有机肥和速效的复合化肥，施入后回土填平，把水灌透。夏季是雀梅藤的花芽分化期，在这以前，可用 0.2% 的磷酸二氢钾水溶液进行浇灌，每 7~10 d 1 次，连续浇灌 2~3 次，促进植株的花芽分化和秋季的开花。花谢以后，继续施肥，每年早春进行修剪，保持树态就可以了。盆栽树桩盆景，可在春季修枝造型后，施薄肥 2~3 次。秋末再施 1~2 次复合肥料即可。其他季节都不必再施肥，保持植株繁茂的树态，而不增大或过于增高树势，使其保持玲珑、绮丽、美观。

② 浇水：雀梅藤性喜湿润，不论哪种方法栽培的植株，生长地方都应保持湿润，土壤不能过于干燥，否则要落叶。但是，雀梅藤又不耐水渍，露地栽培的地方，要利于排水，土壤要湿润透气。结合施肥要进行松土，每次施肥后，都要把水浇透，使植株周围长期保持疏松、肥沃、湿润的良好状态。一般春季每月灌透水 3~4 次，夏季每星期灌水 1~2 次，秋季为开花期，土壤保持湿润即可，一般在花前浇水 1 次，花谢

后再浇一次即可。冬季在入冬前把水浇透，如果地下水位过低，土壤过于干燥，在 12 月底再浇一次就行了。山石上栽培的植株，只要盆内有水即可，不必单独浇水。树柱盆栽在植株的繁茂生长期，要适当控制水分，千万不能形成徒长枝，盆土以见湿为宜。孕蕾以后，土壤要湿润，促进花蕾的成长，使其开花鲜艳，花谢以后结合施肥把水灌透，使其果实迅速成长和桩头的完整美观。冬季保持盆土湿润，每十天半月用洒水壶冲洗一次，让余水湿润盆土即可。

③ 光照：一般莳养者，大多认为雀梅藤在半阴湿润的地方生长最好，即便夏季在阳光下，气温高达 35~38℃，只要在花盆周围把地面湿透，整个夏天连续晒几天，植株也未出现灼伤叶片的现象，这不仅省去了遮阴的麻烦，而且植株孕蕾多，开花繁茂。主要的问题在炎热的夏季，既要保持环境的湿润，又要使盆土不缺水分，而且疏松透气，增加小范围的空气湿度，这样就能降低光照的强度。如果气温过高，超过 38℃ 时，就要把花盆移至半荫蔽的地方，并向叶片进行雾状喷水，保护好植株繁茂的树态，以利观赏。

④ 温度：雀梅藤在野生环境中，大多生长在南亚热带的温暖湿润的山坡、岩石、林缘和山麓沟边，因而喜欢温暖的气候，它最适宜的生长温度为 20~28℃，在它生长的地区，全年最冷月份的温度为 2~12℃，最热月份的气温为 18~29℃，全年平均气温都在 15~21℃，无霜期在 300~330 d。雀梅藤在这样的气候环境中，常年青枝绿叶，鲜花繁茂，花色艳丽。其他地区栽培雀梅藤，要人为创造适宜生长的生态环境，特别是盆栽植株，更应满足它对温度和光照的要求，使其全年都具有观赏价值。

参考文献

[1] 尤龙辉, 叶功富, 陈增鸿, 等. 滨海沙地主要优势树种的凋落物分解及其与初始养分含量的关系 [J]. 福建农林大学学报 (自然科学版), 2014, 43(6):585-591.

[2] 乔宽, 韦万兴, 莫利书, 等. 雀梅浆果中花青素成分研究 [J]. 广西大学学报 (自然科学版), 2014, 39(3):461-466.

[3] 雷科婵, 乔宽, 韦万兴. 雀梅浆果中花青素成分研究 [C]// 中国化学会 . 中国化学会第十七届全国有机分析与生物分析学术研讨会论文集 . 中国化学会 : 中国化学会, 2013:135.

[4] 钱莲芳, 黎章矩, 钱永涛, 等 . 4 种雀梅生态习性与根系解剖结构 [J]. 浙江林学院学报, 1996(1):34-40.

[5] 钱莲芳, 黎章矩, 钱永涛, 等 . 4 种雀梅繁殖试验 [J]. 浙江林学院学报, 1995(4):374-379.

中文名索引

拉丁名索引

中英文缩写词表

缩写词	英文名称	中文名称
2,4-D	2,4-Dichlorophenoxyacetic acid	2,4-二氯苯氧乙酸
BA	6-Benzylaminopurine	6-卞氨基腺嘌呤
GA_3	Gibberellin acid	赤霉素
IAA	Indole-3-acetic acid	吲哚乙酸
KIN	Kinetin	激动素
MS	Murashige & Skoog mdium	MS 基本培养基
IBA	Inole-3-butyric acid	吲哚丁酸
ZEA/ZT	2-methyl-4-(7H-purin-6-ylamino) but-2-en-1-ol	玉米素
NAA	α-Naphthaleneacetic acid	萘乙酸
TDZ	Thidiazuron	噻苯隆
SG	Seed germination percentage	种子萌发率
PGR	Plant growth regulator	植物生长调节剂
TTC	2,3,5-triphenyte-trazoliumchloride	2,3,5-三苯基氯化四氮唑
s	second	秒
L	Litre	升
mg	Milligram	毫克
min	Minute	分钟
mm	micrometre	毫米
g	Gram	克
cm	Centimeter	厘米
℃	Degree centigrade	摄氏度
h	Hour	小时
d	Day	天
m	Meter	米
kg	Kirogram	公斤

留属名)"。豆科 Fabaceae 的 "Butea J. Koenig ex Roxb., Pl. Coromandel i. 22. t. 21(1795) = Butea Roxb. ex Willd. (1802)(保留属名)"和"Butea Roxb., Pl. Coromandel 1:22(−23). 1795, Nom. inval. ≡ Butea K. König ex Roxb. (1795)"都无描述,均应废弃。"Butea Koenig et Blatt., Journ. Ind. Bot. Soc. viii. 134(1929), descr. emend."修订了属的描述,亦应废弃。"Plaso Adanson, Fam. 2:325,592. Jul−Aug 1763(废弃属名)"是"Butea Roxb. ex Willd. (1802)(保留属名)"的同模式异名(Homotypic synonym, Nomenclatural synonym)。【分布】巴基斯坦,印度至马来西亚,中国。【模式】Butea frondosa Roxburgh ex Willdenow, Nom. illegit. [Erythrina monosperma Lamarck; Butea monosperma (Lamarck) Taubert]。【参考异名】Butea K. König et Blatt. (1929) descr. emend. (废弃属名);Butea K. König ex Roxb. (1795) Nom. inval., Nom. nud. (废弃属名);Butea Roxb. (1795) Nom. inval., Nom. nud. (废弃属名);Megalotropis Griff. (1854) Nom. illegit.;Meizotropis Voigt(1845);Mizotropis Post et Kuntze(1903);Plaso Adans. (1763)(废弃属名)●

7986 Buteraea Nees (1832)【汉】缅甸爵床属。【隶属】爵床科 Acanthaceae。【包含】世界 3 种。【学名诠释与讨论】〈阴〉(人)Butera。此属的学名是"Buteraea C. G. D. Nees in Wallich, Pl. Asiat. Rar. 3:75, 83. 15 Aug 1832"。亦有文献把"Buteraea Nees (1832)"处理为"Strobilanthes Blume(1826)"的异名。【分布】缅甸。【模式】Buteraea ulmifolia C. G. D. Nees。【参考异名】Strobilanthes Blume(1826)■☆

7987 Butia (Becc.) Becc. (1916)【汉】果冻棕属(贝蒂棕属,波蒂亚棕属,布迪椰子属,布帝亚椰子属,布齐亚椰子属,布提椰子属,冻椰属,冻子椰子属,弓葵属,果冻椰子属,菩提棕属,普提桐属)。【日】ブティア属。【俄】бутия。【英】Butia Palm, Jelly Palm, Palm, Yatay Palm。【隶属】棕榈科 Arecaceae(Palmae)。【包含】世界 8-9 种。【学名诠释与讨论】〈阴〉(拉)buteo,一种鹰,或隼。指叶柄两侧具曲齿状刺化的小叶。另说来自巴西植物俗名。此属的学名,ING 和 TROPICOS 记载是"Butia (Beccari) Beccari, Agric. Colon. 10:489. 30 Nov 1916",由"Cocos subgen. Butia Beccari, Malpighia 1:352. 1887"改级而来。GCI 和 IK 则记载为"Arecaceae Butia Becc., Agric. Colon. 10:471. 1916"。【分布】巴拉圭,玻利维亚,热带和亚热带南美洲。【后选模式】Butia capitata (C. F. P. Martius) Beccari [Cocos capitata C. F. P. Martius]。【参考异名】Butia Becc. (1916) Nom. illegit.;Cocos subgen. Butia Becc. (1887)●☆

7988 Butia Becc. (1916) Nom. illegit. ≡ Butia (Becc.) Becc. (1916) [棕榈科 Arecaceae(Palmae)]●☆

7989 Butinia Boiss. (1838) = Conopodium W. D. J. Koch (1824)(保留属名) [伞形花科(伞形科)Apiaceae(Umbelliferae)]■☆

7990 Butneria Duhamel(1755)(废弃属名) = Calycanthus L. (1759)(保留属名) [蜡梅科 Calycanthaceae]●

7991 Butneria P. Browne (1756)(废弃属名) = Buttneria P. Browne (1756);~ = Casasia A. Rich. (1850) [茜草科 Rubiaceae]●☆

7992 Butneriaceae Barnhart (1895) = Calycanthaceae Lindl. (保留科名)●

7993 Butomaceae Mirb. (1804)(保留科名)【汉】花蔺科。【日】ハナイ科,ハナヰ科。【俄】Сусаковые。【英】Butomus Family, Flowering Rush Family, Floweringrush Family, Flowering − rush Family。【包含】世界 1-4 属 1-13 种,中国 1-3 属 1-3 种。【分布】温带欧亚大陆。【科名模式】Butomus L. ■

7994 Butomaceae Rich. = Butomaceae Mirb. (保留科名)■

7995 Butomissa Salisb. (1866) = Allium L. (1753) [百合科 Liliaceae//葱科 Alliaceae]■

7996 Butomopsis Kunth(1841)【汉】拟花蔺属(假花蔺属)。【英】Bloomingrush, Tenagocharis。【隶属】花蔺科 Butomaceae//黄花蔺科(沼鳖科)Limnocharitaceae。【包含】世界 1 种,中国 1 种。【学名诠释与讨论】〈阴〉(属)Butomus 花蔺属(藨草属)+希腊文 opsis,外观,模样。此属的学名是"Butomopsis Kunth, Enum. Pl. 3:164. 23- 29 Mai 1841"。亦有文献把其处理为"Tenagocharis Hochst. (1841)"的异名。【分布】热带旧世界。【模式】未指定。【参考异名】Tenagocharis Hochst. (1841)■

7997 Butomus L. (1753)【汉】花蔺属(藨草属)。【日】ハナイ属,ハナヰ属。【俄】Сусак。【英】Florrush, Flowering Rush, Flowering − rush。【隶属】花蔺科 Butomaceae。【包含】世界 1 种,中国 1 种。【学名诠释与讨论】〈阳〉(希)bous,所有格 boos,牛,野牛+tomos,一片,锐利的,切割的。tome,断片,残株。指叶片边缘锐利。【分布】巴基斯坦,中国,温带欧亚大陆。【模式】Butomus umbellatus Linnaeus。■

7998 Butonica Lam. (1785) = Barringtonia J. R. Forst. et G. Forst. (1775)(保留属名) [玉蕊科(巴西果科)Lecythidaceae//翅玉蕊科(金刀木科)Barringtoniaceae]●

7999 Butonicoides R. Br. (1888) Nom. illegit. ≡ Butonicoides R. Br. ex T. Durand(1888);~ = Planchonia Blume(1851−1852) [玉蕊科(巴西果科)Lecythidaceae]●☆

8000 Butonicoides R. Br. ex T. Durand (1888) = Planchonia Blume (1851−1852) [玉蕊科(巴西果科)Lecythidaceae]●☆

8001 Buttneria Duhamel (1801) Nom. illegit. = Planchonia Blume (1851−1852) [玉蕊科(巴西果科)Lecythidaceae]●☆

8002 Buttneria P. Browne (1756) = Casasia A. Rich. (1850) [茜草科 Rubiaceae]●☆

8003 Buttneria Schreb. (1789) Nom. illegit. = Byttneria Loefl. (1758)(保留属名) [梧桐科 Sterculiaceae//刺果藤科(利末花科)Byttneriaceae]●

8004 Buttonia McKen ex Benth. (1871)【汉】巴顿列当属(巴顿玄参属)。【隶属】玄参科 Scrophulariaceae//列当科 Orobanchaceae。【包含】世界 2-3 种。【学名诠释与讨论】〈阴〉(人)Edward Button, 1836−1900,英国植物学者。【分布】热带和非洲南部。【模式】Buttonia natalensis McKen ex Bentham。●☆

8005 Butumia G. Taylor(1953)【汉】尼日利亚苔草属。【隶属】髯管花科 Geniostomaceae。【包含】世界 1-2 种。【学名诠释与讨论】〈阴〉(地)Butum, 布图姆, 位于非洲。此属的学名是"Butumia G. Taylor, Bull. Brit. Mus. (Nat. Hist.), Bot. 1: 55. Nov 1953"。亦有文献把其处理为"Saxicolella Engl. (1926)"的异名。【分布】非洲。【模式】Butumia marginalis G. Taylor。【参考异名】Saxicolella Engl. (1926)■☆

8006 Butyrospermum Kotschy (1865)【汉】牛油果属(黄油树属)。【俄】Дерево масляное。【英】Butter Seed, Butterfruit, Butyrospermum。【隶属】山榄科 Sapotaceae。【包含】世界 1 种,中国 1 种。【学名诠释与讨论】〈中〉(希)boutyrum,奶油,黄油+sperma,所有格 spermatos,种子,孢子。指种仁富含脂肪。此属的学名是"Butyrospermum Kotschy, Sitzungsber. Kaiserl. Akad. Wiss., Math. −Naturwiss. Cl., Abt. 1. 50:357. 1865"。亦有文献把其处理为"Vitellaria C. F. Gaertn. (1807)"的异名。【分布】中国,热带非洲北部。【后选模式】Butyrospermum parkii (G. Don) Kotschy [Bassia parkii G. Don]。【参考异名】Micadania R. Br. (1827) Nom. inval.;Vitellaria C. F. Gaertn. (1807)●

8007 Buxaceae Dumort. (1822)(保留科名)【汉】黄杨科。【日】ツゲ科。【俄】Самшитовые。【英】Box Family, Boxwood Family, Boxwood Family。【包含】世界 4-6 属 70-100 种,中国 3 属 43 种。【分布】热带和温带。【科名模式】Buxus L. (1753)●■

8008 Buxaceae Loisel =Buxaceae Dumort.（保留科名）●■

8009 Buxanthus Tiegh.（1897）= Buxus L.（1753）［黄杨科 Buxaceae］●

8010 Buxella Small（1933）Nom. illegit. =Gaylussacia Kunth（1819）（保留属名）［杜鹃花科（欧石南科）Ericaceae］●☆

8011 Buxella Tiegh.（1897）= Buxus L.（1753）［黄杨科 Buxaceae］●

8012 Buxiphyllum W. T. Wang et C. Z. Gao（1981）= Paraboea（C. B. Clarke）Ridl.（1905）［苦苣苔科 Gesneriaceae］■

8013 Buxiphyllum W. T. Wang（1981）Nom. illegit. ≡Buxiphyllum W. T. Wang et C. Z. Gao（1981）；~ =Paraboea（C. B. Clarke）Ridl.（1905）［苦苣苔科 Gesneriaceae］■

8014 Buxus L.（1753）【汉】黄杨属。【日】ツゲ属，ブクスス属。【俄】Буксус，Самшит。【英】Box, Box Tree, Box-tree, Boxwood, Box-wood。【隶属】黄杨科 Buxaceae。【包含】世界 50-90 种，中国 30 种。【学名诠释与讨论】〈阴〉（拉）Buxus，锦熟黄杨（Buxus sempervirens）的古名，来自希腊文 pyknos，茂盛的，稠密的。或箱子，指木材小型，只能做箱子。【分布】巴基斯坦，巴拿马，玻利维亚，厄瓜多尔，菲律宾，马达加斯加，中国，马来半岛，加里曼丹岛，热带和非洲南部，温带欧亚大陆，中美洲。【模式】Buxus sempervirens Linnaeus。【参考异名】Buxanthus Tiegh.（1897）；Buxella Tiegh.（1897）；Crantzia Sw.（1788）Nom. illegit.（废弃属名）；Cranzia J. F. Gmel.（1791）；Notobuxus Oliv.（1882）；Tricera Schreb.（1791）●

8015 Bwusemichea Balansa =Zoysia Willd.（1801）（保留属名）［禾本科 Poaceae（Gramineae）］■

8016 Byblidaceae（Engl. et Gilg）Domin =Byblidaceae Domin ●☆

8017 Byblidaceae Domin（1922）（保留科名）【汉】二型腺毛科（捕虫纸草科，腺毛草科）。【包含】世界 1-2 属 2-4 种。【分布】澳大利亚，新几内亚岛。【科名模式】Byblis Salisb.●☆

8018 Byblis Salisb.（1808）【汉】二型腺毛属（白布莉斯属，捕虫纸草属，腺毛草属）。【隶属】二型腺毛科（捕虫纸草科，腺毛草科）Byblidaceae。【包含】世界 2-6 种。【学名诠释与讨论】〈阴〉（人）Byblis，神话中化为泉水的米列托斯之女。【分布】澳大利亚，新几内亚岛。【模式】Byblis liniflora R. A. Salisbury。【参考异名】Drosanthus R. Br. ex Planch.（1848）Nom. inval. ；Drosophorus R. Br. ex Planch.（1848）Nom. inval. ；Psyche Salisb.（1808）●■☆

8019 BygnoniaBarcena（1873）= Bignonia L.（1753）（保留属名）［紫葳科 Bignoniaceae］●

8020 Byrnesia Rose（1922）= Graptopetalum Rose（1911）［景天科 Crassulaceae］■●☆

8021 Byronia Endl.（1836）= Ilex L.（1753）［冬青科 Aquifoliaceae］●

8022 Byrsa Noronha（1790）= Stephania Lour.（1790）［防己科 Menispermaceae］●■

8023 Byrsanthes C. Presl（1836）（废弃属名）= Siphocampylus Pohl（1831）［桔梗科 Campanulaceae］■●☆

8024 Byrsanthus Guill.（1838）（保留属名）【汉】西非大风子属。【隶属】刺篱木科（大风子科）Flacourtiaceae。【包含】世界 1 种。【学名诠释与讨论】〈阳〉（希）bursa，兽皮，变为现代拉丁文 bursa，皮袋+anthos，花。此属的学名"Byrsanthus Guill. in Delessert, Icon. Sel. Pl. 3：30. Feb 1838"是保留属名。相应的废弃属名是桔梗科 Campanulaceae 的"Byrsanthes C. Presl, Prodr. Monogr. Lobel. ：41. Jul-Aug 1836 =Siphocampylus Pohl（1831）"。"Anetia Endlicher, Gen. 923. Nov 1839"是"Byrsanthus Guill.（1838）（保留属名）"的晚出的同模式异名（Homotypic synonym, Nomenclatural synonym）。【分布】非洲西部。【模式】Byrsanthus brownii J. B. A. Guillemin。【参考异名】Anetia Endl.（1839）Nom. illegit. ●☆

8025 Byrsella Luer（2006）【汉】袋兰属。【隶属】兰科 Orchidaceae。【包含】世界 42 种。【学名诠释与讨论】〈阴〉（拉）bursa+-

ellus，-ella，-ellum，加在名词词干后面形成指小式的词尾。或加在人名、属名等后面以组成新属的名称。【分布】参见 Rourea Aubl.（1775）（保留属名）。【模式】Byrsella coriacea（Lindl.）Luer［Masdevallia coriacea Lindl.］■☆

8026 Byrsocarpus Schumach.（1827）= Rourea Aubl.（1775）（保留属名）［牛栓藤科 Connaraceae］●

8027 Byrsocarpus Schumach. et Thonn.（1827）Nom. illegit. ≡ Byrsocarpus Schumach.（1827）；~ =Rourea Aubl.（1775）（保留属名）［牛栓藤科 Connaraceae］●

8028 Byrsonima Juss.（1822）Nom. illegit. ≡Byrsonima Rich. ex Juss.（1822）；~ ≡Byrsonima Rich. ex Kunth（1822）［金虎尾科（黄褥花科）Malpighiaceae］●☆

8029 Byrsonima Rich.（1822）Nom. illegit. ≡Byrsonima Rich. ex Juss.（1822）；~ ≡Byrsonima Rich. ex Kunth（1822）［金虎尾科（黄褥花科）Malpighiaceae］●☆

8030 Byrsonima Rich. ex Juss.（1822）Nom. inval. ≡Byrsonima Rich. ex Kunth（1822）［金虎尾科（黄褥花科）Malpighiaceae］●☆

8031 Byrsonima Rich. ex Kunth（1822）【汉】金匙树属（糅皮木属）。【俄】Бирсонима。【英】Byrsonima, Locust, Locust Bean, Surette。【隶属】金虎尾科（黄褥花科）Malpighiaceae。【包含】世界 120-130 种。【学名诠释与讨论】〈阴〉（拉）bursa，兽皮，皮袋+nimius，过分的，无理性的，过火的。另说"希"byrseuo，鞣，硝（皮），制（革）+"拉"nimius，过分，过甚，但这里所取的意思是用处很多。此属的学名，ING、GCI 和 IK 记载是"Byrsonima L. C. Richard ex Kunth in Humboldt, Bonpland et Kunth, Nova Gen. Sp. 5：ed. fol. 113；ed. qu. 147. 25 Feb 1822"。"Byrsonima Rich. ex Juss. , Ann. Mus. Natl. Hist. Nat. 18：481. 1811 ≡Byrsonima Rich. ex Kunth（1822）"和"Byrsonima Rich.（1822）≡Byrsonima Rich. ex Juss.（1822）"是未合格发表的名称（Nom. inval. ）。"Byrsonima Juss.（1822）Nom. illegit. ≡Byrsonima Rich. ex Juss.（1822）"的命名人引证有误。【分布】巴拉圭，巴拿马，秘鲁，玻利维亚，厄瓜多尔，哥伦比亚（安蒂奥基亚），哥斯达黎加，尼加拉瓜，西印度群岛，美洲。【后选模式】Byrsonima spicata（Cavanilles）A. P. de Candolle［Malpighia spicata Cavanilles］。【参考异名】Alcoceratothrix Nied.（1901）；Byrsonima Juss.（1822）Nom. illegit. ；Byrsonima Rich.（1822）Nom. illegit. ；Byrsonima Rich. ex Juss.（1822）Nom. inval. ；Callyntranthele Nied.（1897）；Calyntranthele Nied. ；Trichotheca（Nied.）Willis ●☆

8032 Byrsophyllum Hook. f.（1873）【汉】袋叶茜属。【隶属】茜草科 Rubiaceae。【包含】世界 2 种。【学名诠释与讨论】〈中〉（希）bursa，兽皮，皮袋+希腊文 phyllon，叶子。phyllodes，似叶的，多叶的。phylleion，绿色材料，绿草。【分布】斯里兰卡，印度。【后选模式】Byrsophyllum ellipticum（Thwaites）J. D. Hooker［Coffea elliptica Thwaites］●■☆

8033 Bystropogon L' Hér.（1789）（保留属名）【汉】绒萼木属。【隶属】唇形科 Lamiaceae（Labiatae）。【包含】世界 4-10 种。【学名诠释与讨论】〈阳〉词源不详。此属的学名"Bystropogon L' Hér. , Sert. Angl. ：19. Jan（prim. ）1789"是保留属名。法规未列出相应的废弃属名。【分布】玻利维亚，葡萄牙（马德拉群岛），西班牙（加那利群岛），中国。【模式】Bystropogon plumosus L' Héritier de Brutelle［as 'plumosum'］。【参考异名】Minthostachys（Benth.）Griseb.（1840）Nom. illegit. ；Minthostachys Spach（1840）●

8034 Bythophyton Hook. f.（1884）【汉】水中透骨草属。【隶属】玄参科 Scrophulariaceae//透骨草科 Phrymaceae。【包含】世界 1 种。【学名诠释与讨论】〈中〉（希）bythos，深+phyton，植物，树木，枝条。【分布】印度至马来西亚。【模式】Bythophyton indicum（J. D. Hooker et T. Thomson）J. D. Hooker［Micranthemum indicum J.

D. Hooker et T. Thomson]■☆

8035 Bytneria Jacq.（1770）Nom. illegit.（废弃属名）≡Byttneria Loefl.（1758）（保留属名）［梧桐科 Sterculiaceae//刺果藤科（利末花科）Byttneriaceae］●

8036 Byttneria Loefl.（1758）（保留属名）【汉】刺果藤属。【英】Burvine，Byttneria。【隶属】梧桐科 Sterculiaceae//刺果藤科（利末花科）Byttneriaceae。【包含】世界 70-170 种，中国 3 种。【学名诠释与讨论】〈阴〉（人）D. S. A. Büttner，1724-1788，德国植物学者。此属的学名“Byttneria Loefl.，Iter Hispan. :313. Dec 1758”是保留属名。相应的废弃属名是蜡梅科 Calycanthaceae 的“Butneria Duhamel，Traité Arbr. Arbust. 1 :113. 1755 ＝Calycanthus L.（1759）（保留属名）”。蜡梅科 Calycanthaceae 的“Byttneria Steud.，Nomencl. Bot.［Steudel］，ed. 2. 1 :243. 1840 ＝Calycanthus L.（1759）（保留属名）”亦应废弃；其变体“Bytneria Jacq.（1770）Nom. illegit.”也须废弃。“Watsonia Boehmer in Ludwig，Def. Gen. ed. Boehmer 278. 1760”是“Byttneria Loefl.（1758）（保留属名）”的晚出的同模式异名（Homotypic synonym，Nomenclatural synonym）。“Buettneria Kearney，Bulletin of the Torrey Botanical Club 21 :174. 1894”则是“Buettneria Kearney（1894）Nom. illegit.”的拼写变体。【分布】巴拉圭，巴拿马，玻利维亚，厄瓜多尔，马达加斯加，尼加拉瓜，中国，中美洲。【模式】Byttneria scabra Linnaeus。【参考异名】Buettnera J. F. Gmel.（1791）；Buettneria Benth.（1861）Nom. illegit.；Buettneria Kearney（1894）Nom. illegit.；Buettneria L.（1759）；Buettneria Murray（1784）Nom. illegit.；Buttneria Schreb.（1789）Nom. illegit.；Bytneria Jacq.（1770）Nom. illegit.（废弃属名）；Chaetaea Jacq.（1760）；Dayena Adans.（1763）Nom. illegit.；Heterophyllum Bojer ex Hook.（1830）Nom. inval.；Heterophyllum Bojer（1830）Nom. inval.，Nom. illegit.；Pentaceros G. Mey.（1818）（废弃属名）；Telfairia Newman ex Hook.（1830）Nom. inval.；Watsonia Boehm.（1760）Nom. illegit.（废弃属名）●

8037 Byttneria Steud.（1840）（废弃属名）＝Calycanthus L.（1759）（保留属名）［蜡梅科 Calycanthaceae］●

8038 Byttneriaceae R. Br.（1814）（保留科名）［亦见 Malvaceae Juss.（保留科名）锦葵科和 Sterculiaceae Vent.（保留科名）梧桐科］【汉】刺果藤科（利末花科）。【包含】世界 1 属 170 种。【分布】热带。【科名模式】Byttneria Loefl.●■☆

8039 Caampyloa Post et Kuntze（1903）＝Campuloa Desv.（1810）Nom. illegit.；~ ＝Ctenium Panz.（1813）（保留属名）［禾本科 Poaceae（Gramineae）］■☆

8040 Caapeba Mill.（1754）Nom. illegit.≡Cissampelos L.（1753）［防己科 Menispermaceae］●

8041 Caapeba Plum. ex Adans.（1763）Nom. illegit.＝Cissampelos L.（1753）［防己科 Menispermaceae］●

8042 Caatinganthus H. Rob.（1999）【汉】短命地胆草属。【隶属】菊科 Asteraceae（Compositae）。【包含】世界 2 种。【学名诠释与讨论】〈阴〉（地）Caatinga，卡廷加，位于巴西+anthos，花。antheros，多花的。antheo，开花。【分布】巴西。【模式】Caatinganthus harleyi H. Rob. 。■☆

8043 Caballeria Ruiz et Pav.（1794）Nom. illegit.≡Manglilla Juss.（1789）；~ ＝Myrsine L.（1753）［紫金牛科 Myrsinaceae］●

8044 Caballeroa Font Quer（1935）【汉】非洲合柱补血草属。【隶属】白花丹科（矶松科，蓝雪科）Plumbaginaceae。【包含】世界 1 种。【学名诠释与讨论】〈阴〉（人）Caballero。【分布】非洲西北部。【模式】Caballeroa ifniensis（Caball.）Font Quer。【参考异名】Lerrouxia Caball.（1935）Nom. illegit. ■☆

8045 Cabanisia Klotzsch ex Schltdl.（1862）＝Eichhornia Kunth（1843）（保留属名）［雨久花科 Pontederiaceae］■

8046 Cabi Ducke（1944）＝Callaeum Small（1910）［金虎尾科（黄褥花科）Malpighiaceae］●☆

8047 Cabobanthus H. Rob.（1999）【汉】聚花瘦片菊属。【隶属】菊科 Asteraceae（Compositae）。【包含】世界 2 种。【学名诠释与讨论】〈阳〉词源不详。【分布】热带非洲。【模式】Cabobanthus bullulatus（S. Moore）H. Rob. 。■☆

8048 Cabomba Aubl.（1775）【汉】竹节水松属（水盾草属）。【日】カボンバ属，ハゴロモモ属，フサジュンサイ属。【俄】Кабомба。【英】Fanwort，Fish Grass。【隶属】睡莲科 Nymphaeaceae//竹节水松科（莼菜科，莼科）Cabombaceae。【包含】世界 5-7 种，中国 1 种。【学名诠释与讨论】〈阴〉（圭亚那）cabomba，植物俗名。此属的学名，ING、APNI、GCI、TROPICOS 和 IK 记载是“Cabomba Aubl.，Histoire des Plantes de La Guiane Francoise 1 1775”。“Nectris Schreber，Gen. 237. Apr 1789”是“Cabomba Aubl.（1775）”的晚出的同模式异名（Homotypic synonym，Nomenclatural synonym）。【分布】巴拿马，秘鲁，玻利维亚，厄瓜多尔，美国（密苏里），尼加拉瓜，中国，中美洲，美洲。【模式】Cabomba aquatica Aublet。【参考异名】Caromba Steud.（1840）；Nectris Schreb.（1789）Nom. illegit.；Villarsia Neck.（1790）Nom. inval.（废弃属名）■

8049 Cabombaceae A. Rich. ＝Cabombaceae Rich. ex A. Rich.（保留科名）■

8050 Cabombaceae Rich. ex A. Rich.（1822）（保留科名）［亦见 Nymphaeaceae Salisb.（保留科名）睡莲科］【汉】竹节水松科（莼菜科，莼科）。【日】ハゴロモモ科。【英】Cabomba Family，Water-shield Family。【包含】世界 2 属 6-8 种，中国 2 属 2 种。【分布】广泛分布。【科名模式】Cabomba Aubl.■

8051 Cabralea A. Juss.（1830）【汉】南美楝属（卡氏楝属，南美洲楝属）。【隶属】楝科 Meliaceae。【包含】世界 1-40 种。【学名诠释与讨论】〈阴〉（人）Pedro Alvares（Alvarez）Cabral（Cabrera），c. 1467/68-c. 1526，葡萄牙探险家。【分布】巴拉圭，秘鲁，玻利维亚，厄瓜多尔，哥斯达黎加，热带南美洲，中美洲。【后选模式】Cabralea polytricha A. H. L. Jussieu。●☆

8052 Cabralia Schrank（1821）Nom. illegit.≡Spixia Schrank（1819）；~ ＝Centratherum Cass.（1817）［菊科 Asteraceae（Compositae）］■☆

8053 Cabrera Lag.（1816）＝Axonopus P. Beauv.（1812）；~ ＝Paspalum L.（1759）［禾本科 Poaceae（Gramineae）］■☆

8054 Cabreraea Bonif.（2009）【汉】阿安菊属。【隶属】菊科 Asteraceae（Compositae）。【包含】世界 1 种。【学名诠释与讨论】〈阴〉（地）Cabrera，卡夫雷拉，位于阿根廷。此属的学名是“Cabreraea Bonif.，Smithsonian Contributions to Botany 92：20. 2009”。亦有文献把其处理为“Chiliophyllum Phil.（1864）（保留属名）”的异名。【分布】阿根廷的安第斯山区。【模式】Cabreraea andina（Cabrera）Bonif.。【参考异名】Chiliophyllum Phil.（1864）（保留属名）●☆

8055 Cabreriella Cuatrec.（1980）【汉】光藤菊属。【隶属】菊科 Asteraceae（Compositae）。【包含】世界 2 种。【学名诠释与讨论】〈阴〉（属）Cabreraea 阿安菊属+-ellus，-ella，-ellum，加在名词词干后面形成指小式的词尾。或加在人名、属名等后面以组成新属的名称。【分布】哥伦比亚。【模式】Cabreriella sanctae-martae（J. M. Greenman）J. Cuatrecasas［Senecio sanctae-martae J. M. Greenman］●☆

8056 Cabucala Pichon（1948）【汉】卡布木属。【隶属】夹竹桃科 Apocynaceae。【包含】世界 18 种。【学名诠释与讨论】〈阴〉词源不详。此属的学名是“Cabucala Pichon，Notul. Syst.（Paris）13：202. Jan 1948”。亦有文献把其处理为“Petchia Livera（1926）”的

异名。【分布】马达加斯加。【模式】Cabucala madagascariensis (Alph. de Candolle) Pichon [Alyxia madagascariensis Alph. de Candolle]。【参考异名】Petchia Livera (1926) ●☆

8057　Cacabus Bernh. (1839) Nom. illegit. ≡ Exodeconus Raf. (1838) [茄科 Solanaceae] ■☆

8058　Cacalia Burm. (1737) Nom. inval. [菊科 Asteraceae (Compositae)] ☆

8059　Cacalia DC., Nom. illegit. = Psacalium Cass. (1826) [菊科 Asteraceae (Compositae)] ■☆

8060　Cacalia Kuntze (1891) Nom. illegit. ≡ Behen Hill (1762); ~ = Adenostyles Cass. (1816) [菊科 Asteraceae (Compositae)//欧蟹甲科 Adenostylidaceae] ●■

8061　Cacalia L. (1753) (废弃属名) = Parasenecio W. W. Sm. et J. Small (1922); ~ = Senecio L. (1753) [菊科 Asteraceae (Compositae)//千里光科 Senecionidaceae] ■●

8062　Cacalia Lour., Nom. illegit. = Crassocephalum Moench (1794) (废弃属名); ~ = Gynura Cass. (1825) (保留属名) [菊科 Asteraceae (Compositae)] ■

8063　Cacaliopsis A. Gray (1883) 【汉】类蟹甲属。【隶属】菊科 Asteraceae (Compositae)。【包含】世界1种。【学名诠释与讨论】〈阴〉(属) Cacalia = Parasenecio 蟹甲草属+希腊文 opsis, 外观, 模样, 相似。【分布】美国, 中国, 太平洋地区。【模式】Cacaliopsis nardosmia (A. Gray) A. Gray [Cacalia nardosmia A. Gray] ■

8064　Cacao Mill. (1754) Nom. illegit. = Theobroma L. (1753) [梧桐科 Sterculiaceae//锦葵科 Malvaceae//可可科 Theobromaceae] ●

8065　Cacao Tourn. ex Mill. (1754) Nom. illegit. ≡ Cacao Mill. (1754); ~ = Theobroma L. (1753) [梧桐科 Sterculiaceae//锦葵科 Malvaceae//可可科 Theobromaceae] ●

8066　Cacaoaceae Augier ex T. Post et Kuntze = Malvaceae Juss. (保留科名) ●■

8067　Cacaoaceae Post et Kuntze (1903) = Malvaceae Juss. (保留科名) ●■

8068　Cacara Rumph. ex Thouars (1806) (废弃属名) ≡ Cacara Thouars (1806) (废弃属名); ~ ≡ Pachyrhizus Rich. ex DC. (1825) (保留属名 [豆科 Fabaceae (Leguminosae)//蝶形花科 Papilionaceae] ■

8069　Cacara Thouars (1806) Nom. illegit. (废弃属名) ≡ Cacara Rumph. ex Thouars (1806) (废弃属名); ~ ≡ Cacara Thouars (1806) (废弃属名); ~ ≡ Pachyrhizus Rich. ex DC. (1825) [豆科 Fabaceae (Leguminosae)//蝶形花科 Papilionaceae] ■

8070　Cacatali Adans. (1763) Nom. illegit. ≡ Pedalium D. Royen ex L. (1759) Nom. illegit.; ~ ≡ Pedalium D. Royen (1759) [胡麻科 Pedaliaceae] ■☆

8071　Caccinia Savi (1832) 【汉】卡克草属。【俄】Каччиния。【隶属】紫草科 Boraginaceae。【包含】世界6种。【学名诠释与讨论】〈阴〉(人) Caccin。【分布】亚洲中部。【模式】Caccinia glauca G. Savi。【参考异名】Anisanthera Raf. (1837, Boraginaceae); Heliocarya Bunge (1871) ■☆

8072　Cachris D. Dietr. (1839) = Cachrys L. (1753) [伞形花科 (伞形科) Apiaceae (Umbelliferae)] ■

8073　Cachrydium Link (1829) Nom. illegit. iCachrys L. (1753); ~ = Hippomarathrum Link (1821) Nom. illegit. = Cachrys L. (1753) [伞形花科 (伞形科) Apiaceae (Umbelliferae)] ■☆

8074　Cachrys L. (1753) 【汉】绵果芹属。【俄】Кахрис。【英】Cachris, Cachrys。【隶属】伞形花科 (伞形科) Apiaceae (Umbelliferae)。【包含】世界30-38种, 中国4种。【学名诠释与讨论】〈阴〉(希) kachrys, 炒干的大麦。又柔黄花序, 球状。指果的形状。另说此字来自"希"kaio 烧, 因为此种植物有驱风, 排气

的性质。此属的学名, ING 和 IK 记载是"Cachrys L. (1753)"。"Armarintea Bubani, Fl. Pyrenaea 2: 415. 1899 (sero?) ('1900')"和"Cachrydium Link, Handb. 1: 339. 1829 (ante Sep)"是"Cachrys L. (1753)"的晚出的同模式异名 (Homotypic synonym, Nomenclatural synonym)。【分布】中国, 地中海地区, 亚洲中西部。【模式】Cachrys libanotis Linnaeus。【参考异名】Aegomarathrum Steud. (1840) Nom. illegit.; Armarintea Bubani (1899) Nom. illegit.; Cachris D. Dietr. (1839); Cachrydium Link (1829) Nom. illegit.; Cachyris Zumagl. (1849); Hippomarathrum Hoffmanns. et Link (1820 – 1834) Nom. illegit.; Hippomarathrum Link (1821) Nom. illegit. ■

8075　Cachyris Zumagl. (1849) = Cachrys L. (1753) [伞形花科 (伞形科) Apiaceae (Umbelliferae)] ■

8076　Caconapea Cham. (1833) = Bacopa Aubl. (1775) (保留属名); ~ = Mella Vand. (1788) [玄参科 Scrophulariaceae//婆婆纳科 Veronicaceae] ■

8077　Caconobea Walp. (1845) = Caconapea Cham. (1833); ~ = Bacopa Aubl. (1775) (保留属名); ~ = Mella Vand. (1788) [玄参科 Scrophulariaceae//婆婆纳科 Veronicaceae] ■

8078　Cacosmanthus de Vriese (1856) Nom. illegit. = Madhuca Buch. - Ham. ex J. F. Gmel. (1791) [山榄科 Sapotaceae] ●

8079　Cacosmanthus Miq. (1856) Nom. illegit. = Kakosmanthus Hassk. (1855); ~ = Payena A. DC. (1844) [山榄科 Sapotaceae] ●☆

8080　Cacosmia Kunth (1818) 【汉】无冠黄安菊属。【隶属】菊科 Asteraceae (Compositae)。【包含】世界3种。【学名诠释与讨论】〈阴〉词源不详。【分布】秘鲁。【模式】Cacosmia rugosa Kunth。【参考异名】Clairvillea DC. (1836); Xantholepis Willd. ex Less. (1829) ●☆

8081　Cacotanis Raf. (1837) = Boltonia L'Hér. (1789) [菊科 Asteraceae (Compositae)] ■☆

8082　Cacoucia Aubl. (1775) = Combretum Loefl. (1758) (保留属名) [使君子科 Combretaceae] ●

8083　Cactaceae Juss. (1789) (保留科名) 【汉】仙人掌科。【日】サボテン科。【俄】Кактусовые。【英】Cactus Family。【包含】世界50-200属1400-3000种, 中国引进60余属600余种。【分布】主要在热带美洲和非洲的干旱地区。【科名模式】Cactus L. (nom. rej.) [Mammillaria Haw.. Nom. cons.] ●■

8084　Cactodendron Bigelow = Opuntia Mill. (1754) [仙人掌科 Cactaceae] ●

8085　Cactus Britton et Rose (废弃属名) ≡ Cactus sensu Britton et Rose (废弃属名); ~ = Melocactus Link et Otto (1827) (保留属名) [仙人掌科 Cactaceae] ●

8086　Cactus Kuntze (1891) Nom. illegit. (废弃属名) = Mammillaria Haw. (1812) (保留属名) [仙人掌科 Cactaceae] ●

8087　Cactus L. (1753) (废弃属名) ≡ Mammillaria Haw. (1812) (保留属名); ~ = Melocactus Link et Otto (1827) (保留属名) + Mammillaria Haw. (1812) (保留属名) + Opuntia Mill. (1754) [仙人掌科 Cactaceae] ●■

8088　Cactus L. ex Kuntze (1891) Nom. illegit. (废弃属名) ≡ Cactus Kuntze (1891) Nom. illegit. (废弃属名); ~ = Mammillaria Haw. (1812) (保留属名) [仙人掌科 Cactaceae] ●

8089　Cactus Lem., Nom. illegit. (废弃属名) = Opuntia Mill. (1754) [仙人掌科 Cactaceae] ●

8090　Cactus sensu Britton et Rose (废弃属名) = Melocactus Link et Otto (1827) (保留属名) [仙人掌科 Cactaceae] ●

8091　Cacucia J. F. Gmel. (1791) Nom. illegit. ≡ Cacoucia Aubl. (1775); ~ = Combretum Loefl. (1758) (保留属名) [使君子科

Combretaceae]●

8092 Cacuvallum Medik.（1787）= Mucuna Adans.（1763）（保留属名）
［豆科 Fabaceae（Leguminosae）//蝶形花科 Papilionaceae］■■

8093 Cadaba Forssk.（1775）【汉】腺花山柑属（热带白花菜属）。【隶
属】山柑科（白花菜科，醉蝶花科）Capparaceae//白花菜科（醉蝶
花科）Cleomaceae。【包含】世界 30 种。【学名诠释与讨论】〈阴〉
（阿）kadhab，为 Cadaba rotundifolia Forssk. 的俗名。此属的学名，
ING 和 IK 记载是"Cadaba Forssk., Flora Aegyptiaco-Arabica sive
descriptiones Plantarum, 67. 1775"。"Stroemia Vahl, Symb. 1: 19.
Aug-Oct 1790"是"Cadaba Forssk.（1775）"的晚出的同模式异名
（Homotypic synonym, Nomenclatural synonym）。【分布】巴基斯
坦，马达加斯加，亚洲西南部至斯里兰卡，印度尼西亚（爪哇岛）
至澳大利亚（北部），热带非洲。【后选模式】Cadaba rotundifolia
Forsskål。【参考异名】Desmocarpus Wall.（1832）；Macromerum
Burch.（1824）；Mozambe Raf.（1838）；Scheperia Raf.（1838）；
Schepperia Neck.（1793）Nom. inval.；Schepperia Neck. ex DC.
（1824）；Stroemia Vahl（1790）Nom. illegit.●☆

8094 Cadacya Raf. = Kadakia Raf.（1837）Nom. illegit.；~ = Monochoria
C. Presl（1827）［雨久花科 Pontederiaceae］■

8095 Cadalvena Fenzl（1865）= Costus L.（1753）［姜科（蘘荷科）
Zingiberaceae//闭鞘姜科 Costaceae］■

8096 Cadamba Sonn.（1782）= Guettarda L.（1753）［茜草科
Rubiaceae//海岸桐科 Guettardaceae］●

8097 Cadelari Adans.（1763）= Achyranthes L.（1753）（保留属名）
［苋科 Amaranthaceae］■

8098 Cadelari Medik.（1787）Nom. illegit. ≡ Pupalia Juss.（1803）（保
留属名）［苋科 Amaranthaceae］■☆

8099 Cadelaria Raf.（1837）= Cadelari Adans.（1763）［苋科
Amaranthaceae］■

8100 Cadelium Medik.（1787）= Phaseolus L.（1753）［豆科 Fabaceae
（Leguminosae）//蝶形花科 Papilionaceae］■

8101 Cadellia F. Muell.（1860）【汉】澳大利亚海人树属。【隶属】海
人树科 Surianaceae。【包含】世界 1-2 种。【学名诠释与讨论】
〈阴〉（人）Francis Cadell,1822-1879,澳大利亚航海家。【分布】
亚澳大利亚（热带）。【模式】Cadellia pentastylis F. v. Mueller。●☆

8102 Cadetia Gaudich.（1829）【汉】卡德兰属。【隶属】兰科
Orchidaceae。【包含】世界 67 种。【学名诠释与讨论】〈阴〉（人）
Charles-Louis Cadet de Gassi-court（or Cadet），1769-1821,法国
药剂师。【分布】所罗门群岛,新几内亚岛。【模式】Cadetia
umbellata Gaudichaud – Beaupré。【参考异名】Sarcocadetia
（Schltr.）M. A. Clem. et D. L. Jones（2002）■■☆

8103 Cadia Forssk.（1775）【汉】卡迪豆属（卡迪亚豆属）。【俄】
Кадия。【英】Cadia。【隶属】豆科 Fabaceae（Leguminosae）。【包
含】世界 6-8 种。【学名诠释与讨论】〈阴〉（阿）来自阿拉伯植物
俗名 kady,qadhy 或 kadi。【分布】马达加斯加,阿拉伯地区,非洲
东部。【模式】未指定。【参考异名】Panciatica Picciv.（1783）；
Spaendoncea Desf.（1796）；Spaendoncea Desf. ex Usteri（1796）
Nom. illegit.●■☆

8104 Cadiscus E. Mey. ex DC.（1838）【汉】水漂菊属。【隶属】菊科
Asteraceae（Compositae）。【包含】世界 1 种。【学名诠释与讨论】
〈阳〉（希）kados,瓮+-iscus,指示小的词尾。【分布】非洲南部。
【模式】Cadiscus aquaticus E. H. F. Meyer ex A. P. de Candolle。
【参考异名】Symphipappus Klatt（1896）；Symphyopappus Post et
Kuntze（1903）Nom. illegit.■☆

8105 Cadsura Spreng.（1825）= Kadsura Kaempf. ex Juss.（1810）［木
兰科 Magnoliaceae//五味子科 Schisandraceae］●

8106 Caela Adans.（1763）Nom. illegit. ≡ Torenia L.（1753）［玄参科

Scrophulariaceae//婆婆纳科 Veronicaceae］■

8107 Caelebogyne J. Sm.（1839）= Coelebogyne J. Sm.（1839）Nom.
illegit.；~ = Alchornea Sw.（1788）［大戟科 Euphorbiaceae］●

8108 Caelebogyne Rchb.（1841）Nom. illegit. = Coelebogyne J. Sm.
（1839）Nom. illegit.；~ = Alchornea Sw.（1788）［大戟科
Euphorbiaceae］●

8109 Caelestina Cass.（1817）= Ageratum L.（1753）［菊科 Asteraceae
（Compositae）］■●

8110 Caelia G. Don（1839）= Coelia Lindl.（1830）［兰科 Orchidaceae］
■☆

8111 Caelobogyne N. T. Burb.（1963）= Coelebogyne J. Sm.（1839）；
~ = Alchornea Sw.（1788）［大戟科 Euphorbiaceae］●

8112 Caelodepas Benth.（1880）Nom. illegit. ≡ Caelodepas Benth. et
Hook. f.（1880）Nom. illegit.；~ = Koilodepas Hassk.（1856）［大戟
科 Euphorbiaceae］●

8113 Caelodepas Benth. et Hook. f.（1880）Nom. illegit. = Koilodepas
Hassk.（1856）［大戟科 Euphorbiaceae］●

8114 Caelogyne Wall.（1840）Nom. illegit. ≡ Caelogyne Wall. ex Steud.
（1840）Nom. illegit.；~ = Coelogyne Lindl.（1821）［兰科
Orchidaceae］■

8115 Caelogyne Wall. ex Steud.（1840）Nom. illegit. = Coelogyne Lindl.
（1821）［兰科 Orchidaceae］■

8116 Caelospermum Blume（1827）Nom. illegit. = Coelospermum Blume
（1827）［茜草科 Rubiaceae］●

8117 Caenotus（Nutt.）Raf.（1837）= Conyza Less.（1832）（保留属
名）；~ = Erigeron L.（1753）［菊科 Asteraceae（Compositae）］■●

8118 Caenotus Raf.（1837）Nom. illegit. ≡ Caenotus（Nutt.）Raf.
（1837）；~ = Conyza Less.（1832）（保留属名）；~ = Erigeron L.
（1753）［菊科 Asteraceae（Compositae）］■●

8119 Caepha Leschen. ex Rchb.（1837）= Platysace Bunge（1845）［伞
形花科（伞形科）Apiaceae（Umbelliferae）］■☆

8120 Caesalpina Plum. ex L.（1753）≡ Caesalpinia L.（1753）［豆科
Fabaceae（Leguminosae）//云实科（苏木科）Caesalpiniaceae］■

8121 Caesalpinia L.（1753）【汉】云实属（苏木属）。【日】ケザルピ
ニア属, ジャケツイバラ属。【俄】Цезальпиния。【英】
Brasiletto, Caesalpinia, Nicaragua Wood, Poinciana。【隶属】豆科
Fabaceae（Leguminosae）//云实科（苏木科）Caesalpiniaceae。【包
含】世界 100-150 种,中国 20-24 种。【学名诠释与讨论】〈阴〉
（人）Andréa Cesalpino, 拉丁化为 Andréas Caesalpinus, 1519 -
1603,意大利医生、植物学者,被林奈尊称为第一个植物分类学
者,著作《植物》等。此属的学名,ING 和 IK.记载是"Caesalpinia
L., Sp. Pl. 1:380. 1753 [1 May 1753]"。"Caesalpina Plum."是命
名起点著作之前的名称,故"Caesalpinia L.（1753）"和
"Caesalpina Plum. ex L.（1753）"都是合法名称,可以通用。
"Brasilettia（A. P. de Candolle）O. Kuntze, Rev. Gen. 1:164. 5 Nov
1891"是"Caesalpinia L.（1753）"的晚出的同模式异名
（Homotypic synonym, Nomenclatural synonym）。【分布】巴基斯
坦,巴拉圭,巴拿马,玻利维亚,厄瓜多尔,哥伦比亚（安蒂奥基
亚）,哥斯达黎加,马达加斯加,尼加拉瓜,中国,中美洲。【后选
模式】Caesalpinia brasiliensis Linnaeus。【参考异名】
Balsamocarpon Clos（1847）；Biancaea Tod.（1860）；Bonduc Adans.
（1763）Nom. illegit.；Bonduc Mill.（1754）Nom. illegit.；Brasilettia
（DC.）Kuntze（1891）Nom. illegit.；Caesalpina Plum. ex L.（1753）；
Campecia Adans.（1763）；Cinclidocarpus Zoll. et Moritzi（1846）；
Cladotrichium Vogel（1837）；Coulteria Kunth（1824）；Denisophytum
R. Vig.（1949）；Erythrostemon Klotzsch（1841）；Guaymasia Britton
et Rose（1930）；Guilandina L.（1753）；Lebidibia Griseb.（1866）；

Libidibia（DC.）Schltdl.（1830）；Libidibia Schltdl.（1830）Nom. illegit.；Mezoneuron Desf.（1818）；Mopana Britton et Rose；Moparia Britton et Rose（1930）；Moringa Burm.（1737）Nom. inval.；Nicarago Britton et Rose（1930）；Poinciana L.（1753）；Poincianella Britton et Rose（1930）；Pomaria Cav.（1799）；Pseudosantalum Mill.（1768）；Russellodendron Britton et Rose（1930）；Ruuellodendron Britton et Rose；Tara Molina（1810）；Ticanto Adans.（1763）●

8122　Caesalpiniaceae R. Br.（1814）（保留科名）［亦见 Fabaceae（Leguminosae）（保留科名）豆科］【汉】云实科（苏木科）。【日】ジャケツイバラ科。【俄】Цезальпиниевые。【英】Caesalpinia Family，Senna Family。【包含】世界 153-155 属 2175-3300 种，中国 51 属 1000 种。【分布】广泛分布。【科名模式】Caesalpinia L.（1753）●■

8123　Caesalpiniodes Kuntze（1891）Nom. illegit. = Gleditsia L.（1753）［豆科 Fabaceae（Leguminosae）//云实科（苏木科）Caesalpiniaceae］●

8124　Caesarea Cambess.（1829）= Viviania Cav.（1804）［牻牛儿苗科 Geraniaceae//青蛇胚科（曲胚科，韦韦苗科）Vivianiaceae］■☆

8125　Caesia R. Br.（1810）【汉】蔡斯吊兰属。【隶属】吊兰科（猴面包科，猴面包树科）Anthericaceae//苞花草科（红箭花科）Johnsoniaceae。【包含】世界 11 种。【学名诠释与讨论】〈阴〉（人）Federico Cesi（Fridericus Cae-sius），1585-1630，意大利植物学者。【分布】澳大利亚，非洲南部。【后选模式】Caesia vittata R. Brown。【参考异名】Nanolirion Benth.（1883）■☆

8126　Caesia Vell.（1829）Nom. illegit. ≡ Cormonema Reissek ex Endl.（1840）［鼠李科 Rhamnaceae］●

8127　Caesulia Roxb.（1759）【汉】腋序菊属。【隶属】菊科 Asteraceae（Compositae）。【包含】世界 1 种。【学名诠释与讨论】〈阴〉（拉）caesullae，caesullarum，灰眼睛。【分布】印度。【模式】Caesulia axillaris Roxburgh。■☆

8128　Caeta Steud.（1840）= Caela Adans.（1763）Nom. illegit.；~ = Torenia L.（1753）［玄参科 Scrophulariaceae//婆婆纳科 Veronicaceae］■

8129　Caetocapnia Endl.（1837）= Bravoa Lex.（1824）；~ = Coetocapnia Link et Otto（1828）［石蒜科 Amaryllidaceae//龙舌兰科 Agavaceae］■

8130　Cafe Adans.（1763）Nom. illegit. ≡ Coffea L.（1753）［茜草科 Rubiaceae//咖啡科 Coffeaceae］●

8131　Caffea Noronha（1790）= Coffea L.（1753）［茜草科 Rubiaceae//咖啡科 Coffeaceae］●

8132　Cahota H. Karst.（1857）= Clusia L.（1753）［猪胶树科（克鲁西科，山竹子科，藤黄科）Clusiaceae（Guttiferae）］●☆

8133　Caidbeja Forssk.（1775）Nom. illegit. ≡ Forsskaolea L.（1764）［荨麻科 Urticaceae］■☆

8134　Cailliea Guill. et Perr.（1832）（废弃属名）= Dichrostachys（DC.）Wight et Arn.（1834）（保留属名）［豆科 Fabaceae（Leguminosae）//含羞草科 Mimosaceae］●

8135　Cailliella Jacq.-Fél.（1939）【汉】西非野牡丹属。【隶属】野牡丹科 Melastomataceae。【包含】世界 1 种。【学名诠释与讨论】〈阴〉（属）Cailliea Guill. et Perr. = Dichrostachys（A. DC.）Wight et Arn. 色穗木属（柏筋树属，代儿茶属，二色穗属，双色花属）+-ellus，-ella，-ellum，加在名词词干后面形成指小式的词尾。或加在人名、属名等后面以组成新属的名称。【分布】热带非洲西部。【模式】Cailliella praerupticola Jacques-Félix。●☆

8136　Caina Panch. ex Baill.（1880）= Neuburgia Blume（1850）［马钱科（断肠草科，马钱子科）Loganiaceae］●☆

8137　Cainito Adans.（1763）Nom. illegit. ≡ Cainito Plum. ex Adans.（1763）；~ ≡ Chrysophyllum L.（1753）［山榄科 Sapotaceae］●

8138　Cainito Plum. ex Adans.（1763）Nom. illegit. ≡ Chrysophyllum L.（1753）［山榄科 Sapotaceae］●

8139　Caiophora C. Presl（1831）【汉】南美刺莲花属（烧莲属）。【日】カヨフォラ属。【隶属】刺莲花科（硬毛草科）Loasaceae。【包含】世界 56-65 种。【学名诠释与讨论】〈阴〉（希）kaio，燃烧+phoros，具有，梗，负载，发现者。指螫毛。此属的学名，ING、GCI、TROPICOS 和 IK 记载是“Caiophora C. Presl, Reliq. Haenk. 2：41. 1831（GCI）”。“Cajophora C. Presl（1831）”和“Cajophora Endlicher, Gen. 931. Nov 1839”是其拼写变体。“Cajophora Endlicher, Gen. 931. Nov 1839”和“Helicterodes（A. P. de Candolle）O. Kuntze in Post et O. Kuntze, Lex. 271. Dec 1903（‘1904’）”是“Caiophora C. Presl（1831）”的晚出的同模式异名（Homotypic synonym，Nomenclatural synonym）。【分布】秘鲁，玻利维亚，厄瓜多尔，南美洲。【模式】contorta（Lamarck）K. B. Presl［Loasa contorta Lamarck］。【参考异名】Cajophora C. Presl（1831）Nom. illegit.；Cajophora Endl.（1839）Nom. illegit.；Gripidea Miers（1865）；Helicterodes（DC.）Kuntze（1903）Nom. illegit.；Illairea Lenné et K. Koch（1853）；Raphisanthe Lilja（1841）■☆

8140　Cajalbania Urb.（1928）Nom. illegit. ≡ Sauvallella Rydb.（1924）；~ = Gliricidia Kunth（1824）；~ = Poitea Vent.（1800）［豆科 Fabaceae（Leguminosae）//蝶形花科 Papilionaceae］●☆

8141　Cajan Adans.（1763）Nom. illegit.（废弃属名）≡ Cajanus Adans.（1763）［as ‘Cajan’］（保留属名）［豆科 Fabaceae（Leguminosae）//蝶形花科 Papilionaceae］●

8142　Cajanum Raf.（1838）Nom. illegit.（废弃属名）≡ Cajanus Adans.（1763）［as ‘Cajan’］（保留属名）［豆科 Fabaceae（Leguminosae）//蝶形花科 Papilionaceae］●

8143　Cajanus Adans.（1763）（保留属名）［as ‘Cajan’］【汉】木豆属（虫豆属）。【日】カヤーヌス属，キマメ属，リュウキュウマメ属。【俄】Кайанус，Каянус。【英】Cajan，Pigeonpea，Pigeon-pea。【隶属】豆科 Fabaceae（Leguminosae）//蝶形花科 Papilionaceae。【包含】世界 3-37 种，中国 8 种。【学名诠释与讨论】〈阳〉印度马拉巴尔语 catiang，一种植物俗名。此属的学名“Cajanus Adans., Fam. Pl. 2：326，529. Jul-Aug 1763（‘Cajan’）（orth. cons.）”是保留属名。法规未列出相应的废弃属名。但是豆科 Fabaceae 的“Cajanus DC., Catalogus Plantarum Horti Botanici Monspeliensis 1813 = Cajanus Adans.（1763）（保留属名）”应该废弃。其变体“Cajan Adans.（1763）”亦应废弃。“Cajanum Rafinesque, Sylva Tell. 25. Oct-Dec 1838”是“Cajanus Adans.（1763）（保留属名）”的晚出的同模式异名（Homotypic synonym，Nomenclatural synonym）。【分布】巴基斯坦，巴拉圭，巴拿马，玻利维亚，厄瓜多尔，哥伦比亚（安蒂奥基亚），哥斯达黎加，马达加斯加，尼加拉瓜，中国，热带非洲，亚洲，中美洲。【模式】Cajanus cajan（Linnaeus）E. Huth［Cytisus cajan Linnaeus］。【参考异名】Atylosia Wight et Arn.（1834）；Cajan Adans.（1763）Nom. illegit.（废弃属名）；Cajanum Raf.（1838）Nom. illegit.（废弃属名）；Cajanus DC.（1813）Nom. illegit.（废弃属名）；Cantharospermum Wight et Arn.（1834）；Endomallus Gagnep.（1915）；Peckelia Hutch.；Peekelia Harms（1920）●

8144　Cajanus DC.（1813）Nom. illegit.（废弃属名）= Cajanus Adans.（1763）［as ‘Cajan’］（保留属名）［豆科 Fabaceae（Leguminosae）//蝶形花科 Papilionaceae］●

8145　Cajophora C. Presl（1831）Nom. illegit. ≡ Caiophora C. Presl（1831）［刺莲花科（硬毛草科）Loasaceae］■☆

8146　Cajophora Endl.（1839）Nom. illegit. ≡ Caiophora C. Presl（1831）［刺莲花科（硬毛草科）Loasaceae］■☆

8147　Caju Kuntze（1891）Nom. illegit. ≡ Cajum Kuntze（1891）Nom. illegit. ；~ ≡ Pongamia Adans.（1763）（保留属名）［as 'Pongam'］；~ =Pongam Adans.（1763）Nom. illegit.（废弃属名）［豆科 Fabaceae（Leguminosae）//蝶形花科 Papilionaceae］●

8148　Cajum Kuntze（1891）Nom. illegit. ≡Pongamia Adans.（1763）（保留属名）［as 'Pongam'］；~ =Pongam Adans.（1763）Nom. illegit.（废弃属名）［豆科 Fabaceae（Leguminosae）//蝶形花科 Papilionaceae］●

8149　Caju-puti Adans.（1763）Nom. illegit. ≡ Cajuputi Adans.（1763）Nom. inval. ；~ =Melaleuca L. ［桃金娘科 Myrtaceae］●▲

8150　Cajuputi Adans.（1763）Nom. inval. = Melaleuca L. ［桃金娘科 Myrtaceae］●

8151　Cajuputi Adans. ex A. Lyons（1900）Nom. illegit. ≡ Cajuputi Adans.（1763）Nom. inval. ；~ = Melaleuca L. ［桃金娘科 Myrtaceae］●

8152　Cakile Mill.（1754）【汉】海滨芥属（海凯菜属）。【俄】Горчица морская，Морская горчица。【英】Sea Rocket。【隶属】十字花科 Brassicaceae（Cruciferae）。【包含】世界 7 种。【学名诠释与讨论】〈阴〉（阿）kakile，kakeleh，qaqila 或 qaqulla，植物俗名。此属的学名，ING、APNI、GCI、TROPICOS 和 IK 记载是"Cakile Mill. ，Gard. Dict. Abr. ，ed. 4. ［236］. 1754 ［28 Jan 1754］"。"Kakile R. L. Desfontaines，Fl. Atl. 2：77. Oct 1798"是"Cakile Mill.（1754）"的晚出的同模式异名（Homotypic synonym，Nomenclatural synonym）。【分布】澳大利亚，巴拿马，尼加拉瓜，阿拉伯地区，地中海地区，欧洲，北美洲，中美洲。【后选模式】Cakile maritima Scopoli。【参考异名】Kakile Desf.（1798）Nom. illegit. ■▲

8153　Cakpethia Britton（1892）= Anemone L.（1753）（保留属名）［毛茛科 Ranunculaceae//银莲花科（罂粟莲花科）Anemonaceae］■

8154　Calaba Mill.（1754）Nom. illegit. ≡Calophyllum L.（1753）［猪胶树科（克鲁西科，山竹子科，藤黄科）Clusiaceae（Guttiferae）//红厚壳科 Calophyllaceae］●

8155　Calacantha T. Anderson ex Benth.（1876）Nom. illegit. ≡ Calacanthus T. Anderson ex Benth. et Hook. f.（1876）［爵床科 Acanthaceae］■▲

8156　Calacanthus Kuntze（1891）Nom. illegit. =Calacanthus T. Anderson ex Benth. et Hook. f.（1876）［爵床科 Acanthaceae］■▲

8157　Calacanthus T. Anderson ex Benth.（1876）Nom. illegit. ≡ Calacanthus T. Anderson ex Benth. et Hook. f.（1876）［爵床科 Acanthaceae］■▲

8158　Calacanthus T. Anderson ex Benth. et Hook. f.（1876）【汉】丽刺爵床属。【隶属】爵床科 Acanthaceae。【包含】世界 1 种。【学名诠释与讨论】〈阳〉（希）kalos，美丽的+akantha，荆棘，刺。此属的学名，ING 和 IK 记载是"Calacanthus T. Anderson ex Bentham et Hook. f. ，Gen. Pl. ［Bentham et Hooker f.]2（2）：1088. 1876 ［May 1876］"。TROPICOS 则记载为"Calacanthus T. Anderson ex Benth. ，Gen. Pl. 2：1088，1876"。三者引用的文献相同。"Calacantha T. Anderson ex Benth.（1876）Nom. illegit. ≡ Calacanthus T. Anderson ex Benth. et Hook. f.（1876）"拼写错误。"Calacanthus Kuntze，Revis. Gen. Pl. 2：483，1891"是晚出的非法名称。【分布】印度至马来西亚。【模式】Calacanthus dalzellianus T. Anderson ex Bentham et J. D. Hooker，Nom. illegit. ［as 'dalzelliana'］［Lepidagathis grandiflora Dalzell；Calacanthus grandiflorus（Dalzell）L. Radlkofer］。【参考异名】Calacantha T. Anderson ex Benth.（1876）Nom. illegit. ；Calacanthus Kuntze；Calacanthus T. Anderson ex Benth.（1876）Nom. illegit. ■▲

8159　Calachyris Post et Kuntze（1903）= Calliachyris Torr. et A. Gray（1845）；~ =Layia Hook. et Arn. ex DC.（1838）（保留属名）［菊科 Asteraceae（Compositae）]●▲

8160　Calacinum Raf.（1837）（废弃属名）≡ Muehlenbeckia Meisn.（1841）（保留属名）［蓼科 Polygonaceae］●▲

8161　Caladenia R. Br.（1810）【汉】裂缘兰属（卡拉迪兰属）。【日】カラデニア属。【英】Caladenia。【隶属】兰科 Orchidaceae。【包含】世界 80-108 种。【学名诠释与讨论】〈阴〉（希）kalos，美丽的+aden，所有格 adenos，腺体。指着生花瓣的花盘上有具色的腺体。【分布】澳大利亚，马来西亚，法属新喀里多尼亚，新西兰。【模式】未指定。【参考异名】Arachnorchis D. L. Jones et M. A. Clem.（2001）；Caladeniastrum（Szlach.）Szlach.（2003）；Calonema（Lindl.）D. L. Jones et M. A. Clem.（2001）Nom. illegit. ；Calonema（Lindl.）Szlach.（2001）Nom. illegit. ；Calonemorchis Szlach.（2002）；Ericksonella Hopper et A. P. Br.（2004）；Glycorchis D. L. Jones et M. A. Clem.（2001）Nom. inval. ；Leptoceras（R. Br.）Lindl.（1839）；Leptoceras Lindl.（1839）；Pentisea（Lindl.）Szlach.（2001）；Pentisea Lindl. ，Nom. illegit. ；Petalochilus R. S. Rogers（1924）；Pheladenia D. L. Jones et M. A. Clem.（2001）；Phlebochilus（Benth.）Szlach.（2001）；Praecoxanthus Hopper et A. P. Br.（2000）；Stegostyla D. L. Jones et M. A. Clem.（2001）■▲

8162　Caladeniastrum（Szlach.）Szlach.（2003）【汉】小裂缘兰属。【隶属】兰科 Orchidaceae。【包含】世界 6 种。【学名诠释与讨论】〈阴〉（属）Caladenia 裂缘兰属（卡拉迪兰属）+-astrum，指示小的词尾，也有"不完全相似"的含义。此属的学名是"Caladeniastrum（Szlach.）Szlach. ，Ann. Bot. Fenn. 40（2）：144（2003）"，由"Caladenia sect. Caladeniastrum Szlach. Polish Bot. J. 46（1）：15. 2001 ［28 Feb 2001］"改级而来。亦有文献把"Caladeniastrum（Szlach.）Szlach.（2003）"处理为"Caladenia R. Br.（1810）"的异名。【分布】参见 Caladenia R. Br.（1810）。【模式】不详。【参考异名】Caladenia R. Br.（1810）；Caladenia sect. Caladeniastrum Szlach.（2001）■▲

8163　Caladiaceae Salisb.（1866）［亦见 Araceae Juss.（保留科名）天南星科］【汉】五彩芋科。【包含】世界 1 属 7-16 种，中国 1 属 2 种。【分布】热带南美洲。【科名模式】Caladium Vent. ■

8164　Caladiopsis Engl.（1905）= Chlorospatha Engl.（1878）［天南星科 Araceae］■▲

8165　Caladium Raf. =Caladium Vent.（1801）［天南星科 Araceae//五彩芋科 Caladiaceae］■

8166　Caladium Vent.（1801）【汉】五彩芋属（彩叶芋属，花叶芋属，叶芋属，杯芋属）。【日】カラジューム属，ニシキイモ属，ハイモ属。【俄】Каладиум。【英】Angel Wings，Angel - wings，Caladium，Elephat's-ear，Garishtaro，Mother-in-law Plant。【隶属】天南星科 Araceae//五彩芋科 Caladiaceae。【包含】世界 7-16 种，中国 2 种。【学名诠释与讨论】〈中〉（印尼）印度尼西亚和马来半岛的植物俗名 kaladi 或 kelady+-ius，-ia，-ium，在拉丁文和希腊文中，这些词尾表示性质或状态。此属的学名，ING、APNI、GCI、TROPICOS 和 IK 记载是"Caladium Vent. ，Mag. Encycl. 4：463. 1801 ［22 Dec 1800-21 Jan 1801］"。【分布】巴基斯坦，巴拿马，秘鲁，玻利维亚，厄瓜多尔，哥伦比亚（安蒂奥基亚），哥斯达黎加，尼加拉瓜，中国，热带南美洲，中美洲。【后选模式】Caladium bicolor（Aiton）Ventenat。【参考异名】Aphyllarum S. Moore（1895）；Caladium Raf. ；Calladium R. Br.（1810）；Calladium Raf. ；Cyrtospadix C. Koch（1853）Nom. illegit. ；Cyrtospadix K. Koch（1853）■

8167　Calaena Schltdl.（1827）= Caleana R. Br.（1810）［兰科 Orchidaceae］■▲

8168　Calais DC.（1838）= Microseris D. Don（1832）［菊科 Asteraceae（Compositae）]■▲

8169　Calamaceae Kunth ex Perleb(1838) = Arecaceae Bercht. et J. Presl (保留科名)//Palmae Juss. (保留科名)●

8170　Calamaceae Y. R. Ling (2002) = Arecaceae Bercht. et J. Presl (保留科名)//Palmae Juss. (保留科名)●

8171　Calamagrostis Adans. (1763)【汉】拂子茅属。【日】ノガリヤス属。【俄】Вейник。【英】Feather Grass,Feather Reed Grass,Reed Grass,Reedbentgrass,Smallreed,Small-reed,Woodreed。【隶属】禾本科 Poaceae (Gramineae)。【包含】世界 20-280 种,中国 6-21 种。【学名诠释与讨论】〈阴〉(希) kalamos,芦苇+agrostis 禾草。此属的学名,ING、APNI、GCI、TROPICOS 和 IK 记载是 "Calamagrostis Adans.,Fam. Pl. (Adanson) 2:31,530. 1763 [Jul-Aug 1763]"。"Amagris Rafinesque,Princ. Somiol. 27. Sep-Dec 1814" 和 "Athernotus Dulac,Fl. Hautes-Pyrénées 74. 1867" 是 "Calamagrostis Adans. (1763)" 的晚出的同模式异名 (Homotypic synonym,Nomenclatural synonym)。【分布】巴基斯坦,巴拿马,秘鲁,玻利维亚,厄瓜多尔,哥伦比亚 (安蒂奥基亚),哥斯达黎加,马达加斯加,美国 (密苏里),中国,中美洲,温带。【模式】Calamagrostis lanceolata A. W. Roth。【参考异名】Achaeta E. Fourn. (1886);Amagris Raf. (1814) Nom. illegit.;Ancistrochloa Honda (1936);Anisachne Keng (1958);Aniselytron Merr. (1910);Athernotus Dulac (1867) Nom. illegit.;Aulacolepis Hack. (1907) Nom. illegit.;Chamaecalamus Meyen (1834);Cinnagrostis Griseb. (1874);Deyeuxia Clarion ex P. Beauv. (1812);Deyeuxia Clarion (1812);Deyeuxia P. Beauv. (1812);Lechlera Miq. ex Steud. (1854) Nom. illegit.;Lechlera Steud. (1854) Nom. illegit.;Neoaulacolepis Rauschert (1982);Pteropodium Steud. (1841) Nom. inval.;Sclerodeyeuxia (Stapf) Pilg. (1947);Sclerodeyeuxia Pilg. (1947) Nom. illegit.;Stilpnophleum Nevski (1937);Stylagrostis Mez (1922);Toxeumia L. Nutt. ex Scribn. et Merr. (1901)■

8172　Calamina P. Beauv. (1812) Nom. illegit. = Apluda L. (1753) [禾本科 Poaceae (Gramineae)]■

8173　Calamintha Adans. (1763) Nom. illegit. ≡ Glecoma L. (1753) Nom. illegit.;~ = Nepeta L. (1753) [唇形科 Lamiaceae (Labiatae)//荆芥科 Nepetaceae]■●

8174　Calamintha Lam. (1779) Nom. illegit. [唇形科 Lamiaceae (Labiatae)]■☆

8175　Calamintha Mill. (1754)【汉】新风轮菜属 (新风轮属)。【俄】Душевик,Клиноног,Пахучка。【英】Calamint,Calamintha,Savory。【隶属】唇形科 Lamiaceae (Labiatae)。【包含】世界 6 种,中国 1 种。【学名诠释与讨论】〈阴〉(希) kalaminthe = 拉丁文 calaminthe,来自 kalos,美丽的+minthe,薄荷。此属的学名,ING、APNI、GCI、TROPICOS 和 IK 记载是 "Calamintha Mill.,Gard. Dict. Abr.,ed. 4. (1754);Druce in Rep. Bot. Exch. Cl. Brit. Isles 3:430 (1913)"。唇形科 Lamiaceae (Labiatae) 的 "Calamintha Adans.,Fam. Pl. (Adanson) 2:192. 1763 ≡ Glecoma L. (1753) Nom. illegit. ≡ Glechoma L. = Nepeta L. (1753)" 和 "Calamintha Lam.,Fl. Franç. (Lamarck) 2:393. 1779 [1778 publ. after 21 Mar 1779]" 是晚出的非法名称。亦有文献把 "Calamintha Mill. (1754)" 处理为 "Clinopodium L. (1753)" 的异名。【分布】巴基斯坦,中国,欧洲西部至亚洲中部,中美洲。【模式】未指定。【参考异名】Acynos Pers. (1806);Antonina Vved. (1961);Clinopodium L. (1753);Faucibarba Dulac (1867)■

8176　Calamochloa E. Fourn. (1878) Nom. illegit. ≡ Sohnsia Airy Shaw (1965) [禾本科 Poaceae (Gramineae)]■☆

8177　Calamochloe Rchb. (1828) Nom. illegit. hGoldbachia Trin. (1821) (废弃属名);~ = Arundinella Raddi (1823) [禾本科 Poaceae (Gramineae)//野古草科 Arundinellaceae]■

8178　Calamophyllum Schwantes (1927)【汉】苇叶番杏属。【日】カラモフィルム属。【隶属】番杏科 Aizoaceae。【包含】世界 3 种。【学名诠释与讨论】〈中〉(希) kalamos,芦苇+phyllon,叶子。此属的学名是 "Calamophyllum Schwantes,Z. Sukkulentenk. 3:15,28. 1927"。亦有文献把其处理为 "Cylindrophyllum Schwantes (1927)" 的异名。【分布】非洲南部。【后选模式】Calamophyllum teretifolium (Haworth) Schwantes [Mesembryanthemum teretifolium Haworth]。【参考异名】Cylindrophyllum Schwantes (1927)■☆

8179　Calamosagus Griff. (1845) = Korthalsia Blume (1843) [棕榈科 Arecaceae (Palmae)]●☆

8180　Calamovilfa (A. Gray) Hack. (1890)【汉】沙茅属。【隶属】禾本科 Poaceae (Gramineae)。【包含】世界 4 种。【学名诠释与讨论】〈阴〉(希) kalamos,芦苇+ (属) Vilfa = Agrostis 剪股颖属 (小糠草属)。此属的学名,ING 和 GCI 记载是 "Calamovilfa (A. Gray) Hackel in Scribner et Southworth,True Grasses 113. 1890",由 "Calamagrostis subgen. Calamovilfa A. Gray,Manual Bot. 582. 10 Feb. 1848" 改级而来。IK 记载为 "Calamovilfa Hack.,True Grasses (1896) 113"。TROPICOS 则记载为 "Calamovilfa Hack. ex Scribn. et Southw.,True Grasses 113,1890"。三者引用的文献相同。它曾被处理为 "Sporobolus sect. Calamovilfa (A. Gray) P. M. Peterson,Taxon 63 (6):1233. 2014" 和 "Sporobolus subsect. Calamovilfa (A. Gray) P. M. Peterson,Taxon 63 (6):1233. 2014"。【分布】美国。【后选模式】Calamovilfa brevipilis (Torrey) Scribner [Arundo brevipilis Torrey]。【参考异名】Calamagrostis subgen. Calamovilfa A. Gray (1848);Calamovilfa Hack. (1896) Nom. illegit.;Sporobolus sect. Calamovilfa (A. Gray) P. M. Peterson (2014);Sporobolus subsect. Calamovilfa (A. Gray) P. M. Peterson (2014)■☆

8181　Calamovilfa Hack. (1896) Nom. illegit. ≡ Calamovilfa (A. Gray) Hack. (1890);~ ≡ Calamovilfa (A. Gray) Hack. (1890) [禾本科 Poaceae (Gramineae)]■☆

8182　Calamovilfa Hack. ex Scribn. et Southw. (1890) Nom. illegit. ≡ Calamovilfa (A. Gray) Hack. (1890) [禾本科 Poaceae (Gramineae)]■☆

8183　Calampelis D. Don (1829) = Eccremocarpus Ruiz et Pav. (1794) [紫葳科 Bignoniaceae]●☆

8184　Calamphoreus Chinnock (2007)【汉】澳大利亚沙漠木属。【隶属】苦槛蓝科 (苦槛盘科) Myoporaceae。【包含】世界 1 种。【学名诠释与讨论】〈阳〉(拉) calamus,芦苇,来自希腊文 kalamos,芦苇或阿拉伯语 kalam 芦苇+phoros,具有,梗,负载,发现者。此属的学名是 "Calamphoreus Chinnock,Eremophila and Allied Genera:A Monograph of the Plant Family Myoporaceae 169. 2007. (24 Apr 2007)"。亦有文献把其处理为 "Eremophila R. Br. (1810)" 的异名。【分布】澳大利亚。【模式】Calamphoreus inflatus (C. A. Gardner) Chinnock。【参考异名】Eremophila R. Br. (1810)●☆

8185　Calamus Garsault (1764) Nom. illegit.,Nom. inval. [菖蒲科 Acoraceae]●☆

8186　Calamus L. (1753)【汉】省藤属 (白藤属,水藤属,藤属)。【日】カラムス属,トウ属。【俄】Каламус。【英】Cane Palms,Malacca Cane,Rattan,Rattan Palm,Rattan Palms,Rattanpalm,Rattan-palm,Reed Palm,White-awhile Vine。【隶属】棕榈科 Arecaceae (Palmae)。【包含】世界 370-400 种,中国 39-44 种。【学名诠释与讨论】〈阳〉(拉) calamus,芦苇,来自希腊文 kalamos,芦苇或阿拉伯语 kalam 芦苇。指其似芦苇。此属的学名,ING、APNI、GCI、TROPICOS 和 IK 记载是 "Calamus L.,Sp. Pl. 1:325. 1753 [1 May 1753]"。晚出的非法名称 "Calamus Garsault,Fig. Pl. Med. t. 40. 1764",TROPICOS 记载隶属于棕榈科 Arecaceae (Palmae)//IPNI 则归于菖

蒲科 Acoraceae。"Draco Crantz, Duab. Drac. Arb. 13. 1768"、"Palmijuncus O. Kuntze, Rev. Gen. 2：731. 5 Nov 1891"、"Rotang Adanson, Fam. 2：24, 599. Jul-Aug 1763"和"Rotanga Boehmer in Ludwig, Def. Gen. ed. Boehmer 395. 1760"是"Calamus L. (1753)"的晚出的同模式异名(Homotypic synonym, Nomenclatural synonym)。【分布】巴基斯坦, 中国, 古热带。【模式】Calamus rotang Linnaeus。【参考异名】Canna Noronha, Nom. illegit. ; Cornera Furtado (1955); Corneria A. V. Bobrov et Melikyan (2000) Nom. illegit. ; Draco Crantz (1768) Nom. illegit. ; Palmijuncus Kuntze (1891) Nom. illegit. ; Palmijuncus Rumph. (1747) Nom. inval. ; Palmijuncus Rumph. ex Kuntze (1891) Nom. illegit. ; Rotang Adans. (1763) Nom. illegit. ; Rotanga Boehm. (1760) Nom. inval. ; Rotanga Boehm. ex Crantz (1766) Nom. illegit. ; Schizospatha Furtado (1955); Zalaccella Becc. (1908)●

8187　Calamus Pall. = Acorus L. (1753) [天南星科 Araceae//菖蒲科 Acoraceae]●

8188　Calanassa Post et Kuntze (1903) = Callianassa Webb et Beethel. (1836-1850); ～ = Isoplexis (Lindl.) Loudon (1829) [玄参科 Scrophulariaceae//婆婆纳科 Veronicaceae]●☆

8189　Calanchoe Pers. (1805) = Kalanchoe Adans. (1763) [景天科 Crassulaceae]a■

8190　Calanda K. Schum. (1903)【汉】热非紫草属。【隶属】紫草科 Boraginaceae。【包含】世界1种。【学名诠释与讨论】〈阴〉词源不详。【分布】热带非洲。【模式】Calanda rubricaulis K. Schumann。【参考异名】Otocephalua Chiov. (1924)■☆

8191　Calandarium Juss. ex Steud. (1840) = Calandrinia Kunth (1823) (保留属名) [马齿苋科 Portulacaceae]■☆

8192　Calandra Post et Kuntze (1903) = Calliandra Benth. (1840) (保留属名); ～ = Inga Mill. (1754) [豆科 Fabaceae (Leguminosae)//含羞草科 Mimosaceae]●■☆

8193　Calandrinia Kunth (1823) (保留属名)【汉】岩马齿苋属。【日】マツゲボタン属。【俄】Каландриния。【英】Parakeelya, Rock Pueslane, Rockpueslane。【隶属】马齿苋科 Portulacaceae。【包含】世界10-60种。【学名诠释与讨论】〈阴〉(人) Jean Louis Calandrini, 1703-1758, 瑞士植物学者, 或说意大利人。此属的学名"Calandrinia Kunth in Humboldt et al. , Nov. Gen. Sp. 6, ed. f°: 62. 14 Apr 1823"是保留名。相应的废弃属名是马齿苋科 Portulacaceae 的"Baitaria Ruiz et Pav. , Fl. Peruv. Prodr. ；63. Oct (prim.) 1794 = Calandrinia Kunth (1823) (保留属名)"。"Calandrinia Ruiz. et Pav. = Calandrinia Kunth (1823) (保留属名)"亦应废弃。【分布】澳大利亚, 秘鲁, 玻利维亚, 厄瓜多尔, 加拿大, 中美洲。【模式】Calandrinia caulescens Kunth。【参考异名】Baitaria Ruiz. et Pav. (1794) (废弃属名); Calandarium Juss. ex Steud. (1840); Calandrinia Ruiz. et Pav. (废弃属名); Calandriniopsis E. Franz (1908); Cistanthe Spach (1836); Cosmia Dombey ex Juss. (1789); Diazia Phil. (1860); Geunsia Moc. et Sessé; Monocosmia Fenzl (1839); Phacosperma Haw. (1827); Rhodopsis Lilja (1840) Nom. illegit. (废弃属名); Tegneria Lilja (1839)■☆

8194　Calandrinia Ruiz. et Pav. (废弃属名) = Calandrinia Kunth (1823) (保留属名) [马齿苋科 Portulacaceae]■☆

8195　Calandriniopsis E. Franz (1908)【汉】拟岩马齿苋属。【隶属】马齿苋科 Portulacaceae。【包含】世界4种。【学名诠释与讨论】〈阴〉(属) Calandrinia 岩马齿苋属+希腊文 opsis, 外观, 模样, 相似。此属的学名是"Calandriniopsis Franz, Bot. Jahrb. Syst. 42. Beibl. 97：19. 29 Dec 1908"。亦有文献把其处理为"Calandrinia Kunth (1823) (保留属名)"的异名。【分布】智利。【模式】未指

定。【参考异名】Calandrinia Kunth (1823) (保留属名)■☆

8196　Calanira Post et Kuntze (1903) = Callianira Miq. (1843); ～ = Piper L. (1753) [胡椒科 Piperaceae]●■

8197　Calanthe Ker Gawl. (1821) (废弃属名) = Calanthe R. Br. (1821) (保留属名) [兰科 Orchidaceae]■

8198　Calanthe R. Br. (1821) (保留属名)【汉】虾脊兰属(根节兰属)。【日】エビネ属。【俄】Каланта。【英】Calanthe。【隶属】兰科 Orchidaceae。【包含】世界150-250种, 中国52种。【学名诠释与讨论】〈阴〉(希) kalos, 美丽的+anthos, 花。此属的学名"Calanthe R. Br. in Bot. Reg. : ad t. 573 ('578'). 1 Oct 1821"是保留名。相应的废弃属名是兰科 Orchidaceae 的"Alismorkis Thouars in Nouv. Bull. Sci. Soc. Philom. Paris 1；318. Apr 1809 = Calanthe R. Br. (1821) (保留属名)"。兰科 Orchidaceae 的"Calanthe Ker Gawl. , Edwards's Botanical Register 7 1821 = Calanthe R. Br. (1821) (保留属名)"亦应废弃。【分布】巴基斯坦, 巴拿马, 哥斯达黎加, 马达加斯加, 尼加拉瓜, 中国, 中美洲。【模式】Calanthe veratrifolia Ker-Gawler, Nom. illegit. [Limodorum veratrifolium Willdenow, Nom. illegit. ; Calanthe triplicata (Willemet) O. Ames]。【参考异名】Alismorchis Thouars (1822) Nom. illegit. ; Alismorkis Thouars (1809) (废弃属名); Amblyglottis Blume (1825); Aulostylis Schltr. (1912); Calanthe Ker Gawl. (1821) (废弃属名); Calanthidium Pfitzer (1888); Centrosia A. Rich. (1828) Nom. illegit. ; Centrosis Thouars (1822); Cytheris Lindl. (1831); Ghiesbrechtia Lindl. (1847) Nom. illegit. ; Ghiesbreghtia A. Rich. et Galeotti (1845) Nom. illegit. ; Limatodes Blume (1825) Nom. illegit. ; Limatodes Lindl. (1833) Nom. illegit. ; Paracalanthe Kudô (1930) Nom. illegit. ; Preptanthe Rchb. f. (1853); Silvalismis Thouars, Nom. illegit. ; Styloglossum Breda (1827); Sylvalismis Dalla Torre et Harms; Sylvalismis Thouars, Nom. illegit. ; Sylvalismus Post et Kuntze (1903); Zeduba Ham. ex Meisn. (1842); Zoduba Buch. -Ham. ex D. Don (1825)■

8199　Calanthea (DC.) Miers (1865)【汉】箭羽芭蕉属(热美白花菜属)。【隶属】白花菜科(醉蝶花科) Cleomaceae。【包含】世界10种。【学名诠释与讨论】〈阴〉(希) kalos, 美丽的+anthos, 花。此属的学名, ING 和 IK 记载是"Calanthea (A. P. de Candolle) Miers, Proc. Roy. Hort. Soc. London 4：161. 1865", 由"Capparis sect. Calanthea A. P. de Candolle, Prodr. 1：250. Jan. (med.) 1824"改级而来。IK 还记载了"Calanthea Miers, Proc. Roy. Hort. Soc. iv. (1864) 161"; TROPICOS 亦如此记载。它们其实是同物。【分布】墨西哥至秘鲁, 西印度群岛。【模式】Calanthea pulcherrima (N. J. Jacquin) Miers [Capparis pulcherrima N. J. Jacquin]。【参考异名】Calanthea Miers (1865) Nom. illegit. ; Capparis sect. Calanthea DC. (1824)■☆

8200　Calanthea Miers (1865) Nom. illegit. ≡ Calanthea (DC.) Miers (1865) [白花菜科(醉蝶花科) Cleomaceae]■☆

8201　Calanthemum Post et Kuntze (1903) = Callianthemum C. A. Mey. (1830) [毛茛科 Ranunculaceae]■

8202　Calanthera Hook. (1856) Nom. illegit. ≡ Calanthera Kunth ex Hook. (1856); ～ = Alchornea Sw. (1788); ～ = Buchloë Engelm. (1859) (保留属名) [禾本科 Poaceae (Gramineae)]■

8203　Calanthera Kunth ex Hook. (1856) = Buchloë Engelm. (1859) (保留属名); ～ = Alchornea Sw. (1788) [禾本科 Poaceae (Gramineae)]■

8204　Calanthidium Pfitzer (1888) = Calanthe R. Br. (1821) (保留属名) [兰科 Orchidaceae]■

8205　Calanthus Oerst. (1861) Nom. illegit. = Calanthus Oerst. ex Hanst. (1854); ～ = Alloplectus Mart. (1829) (保留属名); ～ = Drymonia

Mart. (1829) [苦苣苔科 Gesneriaceae] ●■☆

8206　Calanthus Oerst. ex Hanst. (1854) = Alloplectus Mart. (1829) (保留属名); ~ = Drymonia Mart. (1829) [苦苣苔科 Gesneriaceae] ●☆

8207　Calanthus Post et Kuntze(1903) Nom. illegit. = Callanthus Rchb. (1828); ~ = Watsonia Mill. (1758) (保留属名) [鸢尾科 Iridaceae] ■☆

8208　Calantica Jaub. ex Tul. (1857)【汉】东非大风子属。【隶属】刺篱木科(大风子科) Flacourtiaceae。【包含】世界 7-8 种。【学名诠释与讨论】〈阴〉(拉) calautica 或 calantica, 女人的头巾。【分布】马达加斯加, 非洲东部。【模式】未指定。【参考异名】Bivinia Jaub. ex Tul. (1857); Bivinia Tul. (1857) Nom. illegit. ●☆

8209　Calanticaria (B. L. Rob. et Greenm.) E. E. Schill. et Panero (2002)【汉】少花葵属。【隶属】菊科 Asteraceae (Compositae)。【包含】世界 5 种。【学名诠释与讨论】〈阴〉(属) Calantica 东非大风子属+-arius, -aria, -arium, 指示"属于、相似、具有、联系"的词尾。此属的学名, ING 和记载是"Calanticaria (B. L. Rob. et Greenm.) E. E. Schill. et Panero, Bot. J. Linn. Soc. 140 (1): 73 (2002).", 由"Proceedings of the Boston Society of Natural History 2: 89. 1899"改级而来。【分布】墨西哥。【模式】不详。【参考异名】Gymnolomia subgen. Calanticaria B. L. Rob. et Greenm. (1899) ●☆

8210　Calappa Kuntze(1891) Nom. illegit. ≡ Calappa Rumph. ex Kuntze (1891); ~ = Cocos L. (1753) [棕榈科 Arecaceae(Palmae)] ●

8211　Calappa Rumph. (1741) Nom. inval. Calappa Rumph. ex Kuntze (1891); ~ = Cocos L. (1753) [棕榈科 Arecaceae(Palmae)] ●

8212　Calappa Rumph. ex Kuntze(1891) = Cocos L. (1753) [棕榈科 Arecaceae(Palmae)] ●

8213　Calappa Steck(1757) Nom. illegit. ≡ Cocos L. (1753) [棕榈科 Arecaceae(Palmae)] ●

8214　Calasias Raf. (1838) (废弃属名) ≡ Anisotes Nees(1847) (保留属名) [爵床科 Acanthaceae] ●☆

8215　Calathea G. Mey. (1818)【汉】肖竹芋属(篮花蕉属)。【日】カラテーア属, テブラサウ属, テブラソウ属。【俄】Калатея。【英】Calathea。【隶属】竹芋科(苳叶科, 柊叶科) Marantaceae。【包含】世界 150-300 种, 中国 4 种。【学名诠释与讨论】〈阴〉(希) kalathos, 瓶状的筐篮。指唇瓣篮子状。【分布】巴拿马, 秘鲁, 玻利维亚, 厄瓜多尔, 哥伦比亚(安蒂奥基亚), 哥斯达黎加, 尼加拉瓜, 中国, 西印度群岛, 热带美洲, 中美洲。【后选模式】Calathea discolor G. F. W. Meyer, Nom. illegit. [Maranta cassupo N. J. Jacquin]。【参考异名】Allouya Aubl. (1775) Nom. illegit.; Allouya Plum. ex Aubl. (1775); Endocodon Raf. (1838) Nom. illegit.; Monostiche Körn. (1858); Psydaranta Neck. (1790) Nom. inval.; Psydaranta Neck. ex Raf. (1838); Thymocarpus Nicolson, Steyerm. et Sivad. (1981); Zelmira Raf. (1838) ■

8216　Calathiana Delarbre (1800) = Gentiana L. (1753) [龙胆科 Gentianaceae] ■

8217　Calathinus Raf. (1838) = Narcissus L. (1753) [石蒜科 Amaryllidaceae//水仙科 Narcissaceae] ■

8218　Calathodes Hook. f. et Thomson(1855)【汉】鸡爪草属(肖篮花蕉属)。【英】Calathodes, Cockclawflower。【隶属】毛茛科 Ranunculaceae。【包含】世界 4 种, 中国 4 种。【学名诠释与讨论】〈阴〉(希) kalathos, 瓶状的筐篮+oides, 相像。指花形。【分布】中国, 喜马拉雅山。【模式】Calathodes palmata J. D. Hooker et T. Thomson。【参考异名】Chrysocyathus Falc. (1839) ■★

8219　Calathostelma E. Fourn. (1885)【汉】篮冠萝藦属。【隶属】萝藦科 Asclepiadaceae。【包含】世界 1 种。【学名诠释与讨论】〈中〉(希) kalothes, 篮子+stelma, stelmatos, 腰带。【分布】巴西。【模式】Calathostelma ditassoides E. P. N. Fournier。☆

8220　Calatola Standl. (1923)【汉】热美茶茱萸属。【隶属】茶茱萸科 Icacinaceae。【包含】世界 7 种。【学名诠释与讨论】〈阴〉(拉) calatus, 被召唤的+-olus, -ola, -olum, 拉丁文指示小的词尾。【分布】巴拿马, 秘鲁, 玻利维亚, 厄瓜多尔, 哥伦比亚(安蒂奥基亚), 哥斯达黎加, 美国(马萨诸塞), 墨西哥, 尼加拉瓜, 中美洲。【后选模式】Calatola mollis Standley。☆

8221　Calaunia Grudz. (1964) = Streblus Lour. (1790) [桑科 Moraceae] ●

8222　Calawaya Szlach. et Sitko(2012)【汉】卡拉维兰属。【隶属】兰科 Orchidaceae。【包含】世界 15 种。【学名诠释与讨论】〈阴〉词源不详。似来自人名。【分布】热带。【模式】Calawaya meridensis (Lindl.) Szlach. et Sitko [Maxillaria meridensis Lindl.] ☆

8223　Calboa Cav. (1799) = Ipomoea L. (1753) (保留属名) [旋花科 Convolvulaceae] ●■

8224　Calcalia Krock. (1790) Nom. illegit. ≡ Cacalia L. (1753) [菊科 Asteraceae(Compositae)] ●■

8225　Calcaratolobelia Wilbur (1997) = Lobelia L. (1753) [桔梗科 Campanulaceae//山梗菜科(半边莲科) Nelumbonaceae] ●■

8226　Calcareoboea C. Y. Wu ex H. W. Li(1982)【汉】朱红苣苔属。【隶属】苦苣苔科 Gesneriaceae。【包含】世界 1 种, 中国 1 种。【学名诠释与讨论】〈阴〉(拉) calcareus, 石灰质的+(属) Boea 旋蒴苣苔属。指模式种生于石灰岩上。此属的学名,《中国植物志》英文版、《Chinese Plant Names》和 TROPICOS 记载是"Calcareoboea C. Y. Wu ex H. W. Li, Acta Bot. Yunnan. 4: 241. 1982"; ING 则记载为"Calcareoboea C. Y. Wu in H. W. Li, Acta Bot. Yunnanica 4: 241. Aug 1982"。亦有文献把其处理为"Platyadenia B. L. Burtt(1971)"的异名。【分布】越南, 中国。【模式】Calcareoboea coccinea C. Y. Wu。【参考异名】Calcareoboea C. Y. Wu, Nom. inval.; Calcareoboea H. W. Li(1982) Nom. illegit.; Platyadenia B. L. Burtt(1971) ■★

8227　Calcareoboea C. Y. Wu, Nom. inval. = Calcareoboea C. Y. Wu ex H. W. Li (1982) = Platyadenia B. L. Burtt (1971) [苦苣苔科 Gesneriaceae] ■★

8228　Calcareoboea H. W. Li (1982) Nom. illegit. = Calcareoboea C. Y. Wu ex H. W. Li(1982) = Platyadenia B. L. Burtt (1971) [苦苣苔科 Gesneriaceae] [苦苣苔科 Gesneriaceae] ■★

8229　Calcarunia Raf. (1830) Nom. illegit. ≡ Monochoria C. Presl (1827) [雨久花科 Pontederiaceae] ■

8230　Calcatrippa Heist. (1748) Nom. inval. = Delphinium L. (1753) [毛茛科 Ranunculaceae//翠雀花科 Delphiniaceae] ■

8231　Calcearia Blume (1825) = Corybas Salisb. (1807) [兰科 Orchidaceae] ■

8232　Calceolangis Thouars = Angraecum Bory (1804) [兰科 Orchidaceae] ■

8233　Calceolaria Fabr. (1763) Nom. illegit. (废弃属名) ≡ Calceolaria Heist. ex Fabr. (1763) Nom. illegit. (废弃属名); ~ ≡ Cypripedium L. (1753) [兰科 Orchidaceae] ■

8234　Calceolaria Heist. ex Fabr. (1763) Nom. illegit. (废弃属名) ≡ Cypripedium L. (1753) [兰科 Orchidaceae] ■

8235　Calceolaria L. (1770) (保留属名)【汉】蒲包花属(风帽草属, 荷包花属, 鞋形草属)。【日】キンチャクソウ属。【俄】Кальцеолария, Кальцеолярия, Кошельки。【英】Calceolaria, Slipper Flower, Slipperwort。【隶属】玄参科 Scrophulariaceae//蒲包花科(荷包花科) Calceolariaceae。【包含】世界 240-400 种。【学名诠释与讨论】〈阴〉(拉) calceus, 指小式 calceolus, 鞋, 拖鞋; calceolarius 鞋匠+-arius, -aria, -arium, 指示"属于、相似、具有、联系"的词尾。指花形似拖鞋。此属的学名"Calceolaria L. in

Kongl. Vetensk. Acad. Handl. 31：286. Oct–Dec 1770"是保留属名。相应的废弃属名是堇菜科 Violaceae 的 "Calceolaria Loefl. , Iter Hispan. ：183, 185. Dec 1758 ≡ Calceolaria Loefl. ex Kuntze, Nom. illegit. (废弃属名) = Hybanthus Jacq. (1760) (保留属名)"。兰科 Orchidaceae 的 "Calceolaria Fabr. (1763) ≡ Calceolaria Heister ex Fabricius, Enum. ed. 2. 37. Sep–Dec 1763, Nom. illegit. (废弃属名) ≡ Cypripedium L. (1753)"亦应废弃。【分布】巴拿马, 秘鲁, 玻利维亚, 厄瓜多尔, 哥伦比亚(安蒂奥基亚), 墨西哥, 南美洲, 中美洲。【模式】Calceolaria pinnata Linnaeus。【参考异名】Fagelia Schwencke(1774)；Logia Mutis(1821)■☆

8236 Calceolaria Loefl. (1758) (废弃属名) ≡ Calceolaria Loefl. ex Kuntze, Nom. illegit. (废弃属名)；~ = Hybanthus Jacq. (1760) (保留属名) [堇菜科 Violaceae] ●■

8237 Calceolariaceae Olmstead (2001) = Calceolariaceae Raf. ex Olmstead ■☆

8238 Calceolariaceae Raf. ex Olmstead(2001)【汉】蒲包花科(荷包花科)。【包含】世界 1-3 属 354-395 种。【分布】墨西哥至南美洲。【科名模式】Calceolaria L. ■☆

8239 Calceolus Adans. (1763) Nom. illegit. = Cypripedium L. (1753) [兰科 Orchidaceae] ■

8240 Calceolus Mill. (1754) Nom. illegit. ≡ Cypripedium L. (1753) [兰科 Orchidaceae] ■

8241 Calceolus Nieuwl. (1913) Nom. illegit. = Cypripedium L. (1753) [兰科 Orchidaceae] ■

8242 Calchas P. V. Heath(1997) = Plectranthus L' Hér. (1788) (保留属名) [唇形科 Lamiaceae(Labiatae)] ●■

8243 Calcicola W. R. Anderson et C. Davis(2007)【汉】墨西哥金虎尾属。【隶属】金虎尾科(黄褥花科) Malpighiaceae。【包含】世界 2 种。【学名诠释与讨论】〈阴〉(拉)calcareus, 石灰质的+cola, 居住者。此属的学名是 "Calcicola W. R. Anderson et C. Davis, Contributions from the University of Michigan Herbarium 25：148. 2007. (13 Aug 2007)"。亦有文献把其处理为 "Malpighia L. (1753)"的异名。【分布】墨西哥。【模式】Calcicola parvifolia (A. Juss.) W. R. Anderson et C. Davis [Malpighia parvifolia A. Juss.]。【参考异名】Malpighia L. (1753) ●☆

8244 Calciphila Liede et Meve(2006)【汉】钙竹桃属。【隶属】夹竹桃科 Apocynaceae。【包含】世界 2 种。【学名诠释与讨论】〈阴〉(拉)calcareus+philos, 喜欢的, 爱的。【分布】索马里。【模式】Calciphila galgalensis (Liede) Liede et Meve [Cynanchum galgalense Liede] ●☆

8245 Calcitrapa Adans. (1763) = Centaurea L. (1753) (保留属名) [菊科 Asteraceae(Compositae)//矢车菊科 Centaureaceae] ●■

8246 Calcitrapa Haller(1742) Nom. inval. ≡ Calcitrapa Heist. ex Fabr. (1759)；~ = Centaurea L. (1753) (保留属名) [菊科 Asteraceae (Compositae)//矢车菊科 Centaureaceae] ●■

8247 Calcitrapa Heist. ex Fabr. (1759) = Centaurea L. (1753) (保留属名) [菊科 Asteraceae(Compositae)//矢车菊科 Centaureaceae] ●■

8248 Calcitrapa Hill (1762) Nom. illegit. =? Centaurea L. (1753) (保留属名) [菊科 Asteraceae(Compositae)] ☆

8249 Calcitrapa Vaill. , Nom. inval. [菊科 Asteraceae(Compositae)] ☆

8250 Calcitrapoides Fabr. (1759) = Centaurea L. (1753) (保留属名) [菊科 Asteraceae(Compositae)//矢车菊科 Centaureaceae] ●■

8251 Calcoa Salisb. (1866) = Luzuriaga Ruiz et Pav. (1802) (保留属名) [菱瓣木科(菝葜木科)Luzuriagaceae//智利花科(垂花科, 金钟木科, 喜爱花科)Philesiaceae//六出花科 Alstroemeriaceae//百合科 Liliaceae] ■☆

8252 Caldasia Humb. ex Willd. (1807) Nom. illegit. ≡ Bonplandia Cav. (1800) [花荵科 Polemoniaceae] ●☆

8253 Caldasia Lag. (1821) Nom. illegit. ≡ Oreomyrrhis Endl. (1839) [伞形花科(伞形科)Apiaceae(Umbelliferae)] ■

8254 Caldasia Mutis(1810) Nom. illegit. ≡ Caldasia Mutis ex Caldas (1810) Nom. illegit. . ; ~ = Helosis Rich. (1822) (保留属名) [蛇菰科(土鸟巅科)Balanophoraceae//盾苞菰科 Helosaceae] ■☆

8255 Caldasia Willd. (1807) Nom. illegit. ≡ Caldasia Humb. ex Willd. (1807) Nom. illegit. ; ~ ≡ Bonplandia Cav. (1800) [花荵科 Polemoniaceae] ●☆

8256 Caldcluvia D. Don(1830)【汉】圆锥火把树属。【隶属】火把树科(常绿棱枝树科, 角瓣木科, 库诺尼科, 南蔷薇科, 轻木科)Cunoniaceae。【包含】世界 1 种。【学名诠释与讨论】〈阴〉(人)Alexander Caldcleugh, 探险家和植物采集家。他的标本送给了英国植物学者 Aylmer Bourke Lambert(1761-1842)。此属的学名, ING、TROPICOS 和 IK 记载是 "Caldcluvia D. Don, Edinburgh New Philos. J. 9：92. Apr–Jun 1830"。"Dieterica Seringe ex A. P. de Candolle, Prodr. 4：8. Sep (sero) 1830"是 "Caldcluvia D. Don (1830)"的晚出的同模式异名(Homotypic synonym, Nomenclatural synonym)。亦有文献把 "Caldcluvia D. Don (1830)"处理为 "Ackama A. Cunn. (1839)"的异名。【分布】智利。【模式】Caldcluvia paniculata (Cavanilles) D. Don [Weinmannia paniculata Cavanilles]。【参考异名】Ackama A. Cunn. (1839)；Betchea Schltr. (1914)；Dichynchosia Mull. Berol. (1858) Nom. illegit. ；Dieterica Ser. (1830) Nom. illegit. ；Dieterica Ser. ex DC. (1830) Nom. illegit. ；Dirhynchosia Blume (1855)；Opocunonia Schltr. (1914)；Spiraeopsis Miq. (1856) Nom. inval. ；Stollaea Schltr. (1914) ●☆

8257 Caldenbachia Pohl ex Nees(1847) = Stenandrium Nees(1836) (保留属名) [爵床科 Acanthaceae] ■☆

8258 Calderonella Soderstr. et H. F. Decker (1974)【汉】丝柄穗顶草属。【隶属】禾本科 Poaceae(Gramineae)。【包含】世界 1 种。【学名诠释与讨论】〈阴〉(人)Calderon+-ellus, -ella, -ellum, 加在名词词干后面形成指小式的词尾。或加在人名、属名等后面以组成新属的名称。【分布】中美洲。【模式】Calderonella sylvatica T. R. Soderstrom et H. F. Decker. ■☆

8259 Calderonia Standl. (1923) = Simira Aubl. (1775) [茜草科 Rubiaceae] ■☆

8260 Caldesia Parl. (1860)【汉】泽苔草属(圆叶泽泻属)。【日】マルバオモダカ属。【俄】Кальдезия。【英】Caldesia, Dampsedge, Water-plantain。【隶属】泽泻科 Alismataceae。【包含】世界 4 种, 中国 2 种。【学名诠释与讨论】〈阴〉(人)Ludovico (Luigi) Caldesi, 1821-1884, 意大利真菌学者。【分布】巴基斯坦, 马达加斯加, 中国, 热带。【模式】Caldesia parnassifolia (Bassi ex Linnaeus) Parlatore [Alisma parnassifolium Bassi ex Linnaeus] ■

8261 Calea L. (1763)【汉】多鳞菊属(美菊属)。【隶属】菊科 Asteraceae(Compositae)。【包含】世界 110-125 种。【学名诠释与讨论】〈阴〉(希)kalos, 美丽的。指花美丽。此属的学名, ING、APNI、GCI、TROPICOS 和 IK 记载是 "Calea L. , Sp. Pl. , ed. 2. 2：1179. 1763 [Aug 1763]"。【分布】巴拉圭, 巴拿马, 秘鲁, 玻利维亚, 厄瓜多尔, 哥伦比亚(安蒂奥基亚), 尼加拉瓜, 热带美洲, 中美洲。【后选模式】Calea jamaicensis Linnaeus。【参考异名】Allocarpus Kunth (1818) Nom. illegit. ；Alloospermum Spreng. (1818)；Alloispermum Willd. (1807)；Aschenbornia S. Schauer (1847)；Brasilia G. M. Barroso (1963)；Caleacte R. Br. (1817)；Calebrachys Cass. (1828)；Calydermos Lag. (1816)；Chrysosphaerium Willd. ex DC. ；Geissopappus Benth. (1840)；Lemmatium DC. (1836) Nom. illegit. ；Meyeria DC. (1836) Nom.

illegit. ; Mocinna Lag. (1816); Osteiza Steud. (1841); Oteiza La Llave(1832);Schomburgkia Benth. et Hook. f. (1873) Nom. illegit. ; Stenophyllum Sch. Bip. ex Benth. et Hook. f. (1873) Nom. illegit. ; Tetrachyron Schltdl. (1847);Tonalanthus Brandegee(1914)●■☆

8262 Calea Sw. = Neurolaena R. Br. (1817) [菊科 Asteraceae (Compositae)]●■☆

8263 Caleacte Less. (1830) Nom. illegit. = Calea L. (1763) [菊科 Asteraceae(Compositae)]●■☆

8264 Caleacte R. Br. (1817) = Calea L. (1763) [菊科 Asteraceae (Compositae)]●■☆

8265 Caleana R. Br. (1810)【汉】卡丽娜兰属。【英】Caleana。【隶属】兰科 Orchidaceae。【包含】世界 5 种。【学名诠释与讨论】〈阴〉(人) George Caley, 1770-1829, 英国植物学者 + - anus, -ana, -anum, 加在名词词干后面使形成形容词的词尾, 含义为"属于"。【分布】澳大利亚(温带), 新西兰。【后选模式】Caleana major R. Brown。【参考异名】Calaena Schltdl. (1827); Caleya R. Br. (1813);Paracaleana Blaxell(1972)■☆

8266 Caleatia Mart. ex Steud. (1841) = Lucuma Molina(1782) [山榄科 Sapotaceae]●

8267 Calebrachys Cass. (1828) = Calea L. (1763) [菊科 Asteraceae (Compositae)]●■☆

8268 Calectasia R. Br. (1810)【汉】澳丽花属(条花属)。【隶属】澳丽花科 (篮花木科)Calectasiaceae//毛瓣花科(多须草科) Dasypogonaceae。【包含】世界 2-3 种。【学名诠释与讨论】〈阴〉(希)kalos, 美丽的+ektasis, 发展, 生长。指其扩展的美丽花被。【分布】澳大利亚(南部)。【模式】Calectasia cyanea R. Brown。【参考异名】Baxteria R. Br. (1843)(保留属名);Baxteria R. Br. ex Hook. (1843)(废弃属名);Huttia Preiss ex Hook. (1840)●☆

8269 Calectasiaceae Endl. [亦见 Dasypogonaceae Dumort. 毛瓣花科 (多须草科)和 Xanthorrhoeaceae Dumort. (保留科名)黄脂木科 (草树胶科, 刺叶树科, 禾木胶科, 黄胶木科, 黄万年青科, 黄脂草科, 木根旱生草科)]【汉】澳丽花科(篮花木科)。【包含】世界 1 属 2 种。【分布】澳大利亚南部。【科名模式】Calectasia R. Br. ●☆

8270 Calectasiaceae Schnizl. (1845) = Calectasiaceae Endl. ●☆

8271 Calendelia Kuntze (1898) Nom. illegit. ≡ Calendula L. (1753) [菊科 Asteraceae(Compositae)//金盏花科 Calendulaceae]●■

8272 Calendula L. (1753)【汉】金盏花属(金盏菊属)。【日】キンセンカ属,キンセンクワ属,ホンキンセンカ属。【俄】Календула, Ноготки,Ногошок。【英】Calendula,Marigold,Pot Marigold。【隶属】菊科 Asteraceae(Compositae)//金盏花科 Calendulaceae。【包含】世界 15-20 种, 中国 2 种。【学名诠释与讨论】〈阴〉(拉) calendae,罗马每月的初一+ula 趋向。指其花期为一个月, 或指"月月开花"。此属的学名,ING、APNI、GCI、TROPICOS 和 IK 记载是"Calendula L., Sp. Pl. 2:921. 1753 [1 May 1753]"。"Calendella O. Kuntze, Rev. Gen. 3(2):135. 28 Sep 1898"和"Caltha P. Miller,Gard. Dict. Abr. ed. 4. 28 Jan 1754(non Linnaeus 1753)"是"Calendula L. (1753)"的晚出的同模式异名 (Homotypic synonym, Nomenclatural synonym)。【分布】玻利维亚, 厄瓜多尔, 哥伦比亚(安蒂奥基亚), 美国(密苏里), 中国, 地中海至伊朗, 中美洲。【后选模式】Calendula officinalis Linnaeus。【参考异名】Calendelia Kuntze (1898) Nom. illegit. ;Caltha Mill. (1754)Nom. illegit. ;Caltha Tourn. ex Adans. (1763)Nom. illegit. ●■

8273 Calendulaceae Bercht. et J. Presl(1820)= Asteraceae Bercht. et J. Presl(保留科名)//Compositae Giseke(保留科名)●■

8274 Calendulaceae Link【汉】金盏花科。[亦见 Asteraceae Bercht. et J. Presl(保留科名)//Compositae Giseke(保留科名)菊科]【包含】世界 1 属 12-20 种。【分布】地中海至伊朗。【科名模式】

Calendula L. (1753)●■

8275 Caleopsis Fedde (1910) Nom. illegit. ≡ Goldmanella Greenm. (1908) [菊科 Asteraceae(Compositae)]■☆

8276 Calepina Adans. (1763)【汉】卡来荠属。【俄】Калепина。【英】Calepine。【隶属】十字花科 Brassicaceae(Cruciferae)。【包含】世界 1 种。【学名诠释与讨论】〈阴〉词源不详。【分布】地中海地区。【模式】Calepina corvini (Allioni) Desvaux [Crambe corvini Allioni]。【参考异名】Rapistrum Bergeret(废弃属名)■☆

8277 Calesia Raf. (1814) = Lannea A. Rich. (1831)(保留属名) [漆树科 Anacardiaceae]●

8278 Calesiam Adans. (1763)(废弃属名) = Lannea A. Rich. (1831) (保留属名) [漆树科 Anacardiaceae]●

8279 Calesium Kuntze(1891) = Lannea A. Rich. (1831)(保留属名) [漆树科 Anacardiaceae]●

8280 Calestania Koso - Pol. (1915) Nom. illegit. ≡ Thyselium Raf. (1840); ~ = Peucedanum L. (1753) [伞形花科(伞形科) Apiaceae(Umbelliferae)]●☆

8281 Caletia Baill. (1858) = Micrantheum Desf. (1818) [大戟科 Euphorbiaceae]●☆

8282 Caleya R. Br. (1813) = Caleana R. Br. (1810) [兰科 Orchidaceae]■☆

8283 Caleyana Post et Kuntze (1903) = Caleya R. Br. (1813) [兰科 Orchidaceae]■☆

8284 Calhounia A. Nels. (1924) = Lagascea Cav. (1803) [as 'Lagasca'](保留属名) [菊科 Asteraceae(Compositae)]●■☆

8285 Calia Berland. (1832) Nom. illegit. ≡ Calia Terán et Berland. (1832) Nom. illegit. = Sophora L. (1753) [豆科 Fabaceae (Leguminosae)//蝶形花科 Papilionaceae]●■

8286 Calia Terán et Berland. (1832) Nom. illegit. = Sophora L. (1753) [豆科 Fabaceae(Leguminosae)//蝶形花科 Papilionaceae]●■

8287 Calibanus Rose(1906)【汉】墨西哥龙血树属。【隶属】龙血树科 Dracaenaceae//诺林兰科(玲花蕉科, 南青冈科, 陷孔木科) Nolinaceae。【包含】世界 1 种。【学名诠释与讨论】〈阳〉词源不详。【分布】墨西哥。【模式】Calibanus caespitosus (Scheidweiler) J. N. Rose [Dasylirion caespitosum Scheidweiler]●☆

8288 Calibrachoa Cerv. (1825)【汉】卡利茄属。【英】Million Bells。【隶属】茄科 Solanaceae。【包含】世界 37 种。【学名诠释与讨论】〈阴〉(人) Antonio de la Caly Bracho, 1766-1833, 墨西哥植物学者和药理学者。此属的学名,ING、TROPICOS 和 IK 记载是"Calibrachoa Cervantes in La Llave et Lexarza, Nov. Veg. Descr. 2:3. 1825"。"Calibrachoa Cerv. ex La Llave et Lex. (1825)"和"Calibrachoa La Llave et Lex. (1825)"的命名人引证均有误。亦有文献把"Calibrachoa Cerv. (1825)"处理为"Petunia Juss. (1803)(保留属名)"的异名。【分布】南美洲。【模式】Calibrachoa procumbens Cervantes。【参考异名】Petunia Juss. (1803)(保留属名);Stimomphis Raf. (1837)■☆

8289 Calibrachoa Cerv. ex La Llave et Lex. (1825) Nom. illegit. ≡ Calibrachoa Cerv. (1825) [茄科 Solanaceae]■

8290 Calibrachoa La Llave et Lex. (1825) Nom. illegit. ≡ Calibrachoa Cerv. (1825) [茄科 Solanaceae]■

8291 Calicanthus Cothen. ,Nom. illegit. = Calycanthus L. (1759)(保留属名) [蜡梅科 Calycanthaceae]●

8292 Calicanthus Raf. ,Nom. illegit. = Calycanthus L. (1759)(保留属名) [蜡梅科 Calycanthaceae]●

8293 Calicera Cav. (1797) Nom. illegit. (废弃属名) ≡ Calycera Cav. (1797) [as 'Calicera'](保留属名) [萼角花科(萼角科, 头花草科)Calyceraceae]■☆

8294　Calicoca Raf. = Callicocca Schreb.（1789）Nom. illegit.；~ = Cephaëlis Sw.（1788）（保留属名）［茜草科 Rubiaceae］●

8295　Calicorema Hook. f.（1880）【汉】亮红苋属。【隶属】苋科 Amaranthaceae。【包含】世界 2 种。【学名诠释与讨论】〈阴〉（拉）calix，所有格 calicis，小杯+remus，桨。【分布】热带和非洲南部。【模式】Calicorema capitata（Moquin－Tandon）J. D. Hooker ［Sericocoma capitata Moquin－Tandon］。【参考异名】Calocorema Post et Kuntze（1903）●☆

8296　Calicotome Link（1808）【汉】刺桂豆属（刺桂属）。【英】Thorny Broom。【隶属】豆科 Fabaceae（Leguminosae）。【包含】世界 2 种。【学名诠释与讨论】〈阴〉（拉）calix，所有格 calicis，小杯+tomos，一片，锐利的，切割的。tome，断片，残株。此属的学名，ING 和 IK 记载为"Calicotome Link，Neues Journal fur die Botanik 2（2-3）1808"。"Calycotome Link，Enumeratio Plantarum Horti Regii Berolinensis 2 1822"是"Calicotome Link（1808）"的拼写变体。"Calycotomon Hoffmannsegg，Verzeichniss Pflanzenkult. 166. 1824"是"Calicotome Link（1808）"的晚出的同模式异名（Homotypic synonym，Nomenclatural synonym）。"Calycotome E. H. F. Meyer，Comment. Pl. Africae Austr. 113. 14 Feb－5 Jun 1836（'1837'）（non Calicotome Link 1808）"则是"Melinospermum Walp.（1840）［豆科 Fabaceae（Leguminosae）］"的晚出的同模式异名。【分布】小亚细亚。【模式】Calicotome villosa（Poiret）Link ［Spartium villosum Poiret］。【参考异名】Calycotome Link（1822）Nom. illegit.；Calycotomon Hoffmanns.（1824）Nom. illegit.●☆

8297　California Aldasoro，C. Navarro，P. Vargas，L. Sáez et Aedo（2002）【汉】加州牻牛儿苗属。【隶属】牻牛儿苗科 Geraniaceae。【包含】世界 1 种。【学名诠释与讨论】〈阴〉（地）California，加利福尼亚，位于美国。此属的学名是"California J. J. Aldasoro et al.，Anales Jard. Bot. Madrid 59：213. 29 Jul 2002（'2001'）."。亦有文献把其处理为"Erodium L Aldasorons.（1789）"的异名。【分布】美国（加利福尼亚）。【模式】macrophylla（W. J. Hooker et Arnott）J. J. Aldasoro et al. ［Erodium macrophyllum W. J. Hooker et Arnott］。【参考异名】Erodium L' Hér. ex Aiton（1789）■☆

8298　Caligula Klotzsch（1851）= Agapetes D. Don ex G. Don（1834）［杜鹃花科（欧石南科）Ericaceae//越橘科（乌饭树科）Vacciniaceae］●

8299　Calimeris Nees（1832）= Aster L.（1753）；~ = Kalimeris（Cass.）Cass.（1825）［菊科 Asteraceae（Compositae）］●■

8300　Calinea Aubl.（1775）= Doliocarpus Rol.（1756）［五桠果科（第伦桃科，五丫果科，锡叶藤科）Dilleniaceae］●☆

8301　Calinux Raf.（1808）Nom. illegit. ≡ Pyrularia Michx.（1803）［檀香科 Santalaceae］●

8302　Caliphruria Herb.（1844）（废弃属名）= Eucharis Planch. et Linden（1853）（保留属名）［石蒜科 Amaryllidaceae］■☆

8303　Calipogon Raf.（1832）= Calopogon R. Br.（1813）（保留属名）［兰科 Orchidaceae］■☆

8304　Calirhoe Raf. = Callirhoe Nutt.（1821）［锦葵科 Malvaceae］■●☆

8305　Calisaya Hort. ex Pav.（1862）= Cinchona L.（1753）［茜草科 Rubiaceae//金鸡纳科 Cinchonaceae］■●

8306　Calispepla Vved.（1952）【汉】中亚银豆属。【隶属】豆科 Fabaceae（Leguminosae）//蝶形花科 Papilionaceae。【包含】世界 1 种。【学名诠释与讨论】〈阴〉词源不详。【分布】亚洲中部。【模式】Calispepla aegacanthoides A. I. Vvedensky。■☆

8307　Calispermum Lour.（1790）= Embelia Burm. f.（1768）（保留属名）［紫金牛科 Myrsinaceae//酸藤子科 Embeliaceae］●■

8308　Calista Ritg.（1831）Nom. illegit. ≡ Callista Lour.（1790）（废弃属名）；~ = Dendrobium Sw.（1799）（保留属名）［兰科 Orchidaceae］■

8309　Calistachya Raf.（1808）Nom. inval. = Veronicastrum Heist. ex Fabr.（1759）［玄参科 Scrophulariaceae//婆婆纳科 Veronicaceae］■

8310　Calistegia Raf. = Calystegia R. Br.（1810）（保留属名）［旋花科 Convolvulaceae］■

8311　Calisto Gaudich.（1826）Nom. illegit. ≡ Calisto Neraud.（1826）Nom. illegit. ［莎草科 Cyperaceae］■☆

8312　Calisto Neraud.（1826）Nom. illegit. ［莎草科 Cyperaceae］■☆

8313　Calius Blanco（1837）= Streblus Lour.（1790）［桑科 Moraceae］●

8314　Calixnos Raf.（1838）= Crawfurdia Wall.（1826）；~ = Gentiana L.（1753）［龙胆科 Gentianaceae］■

8315　Calla L.（1753）【汉】水芋属。【日】カラ－属，ガリアンドラ属，ヒメカイウ属，ミズイモ属，ミヅイモ属。【俄】Белокрыльник，Калла。【英】Bog Arum，Calla，Calla Lily，Water Arum，Wild Calla。【隶属】天南星科 Araceae//水芋科 Callaceae。【包含】世界 1-10 种，中国 1 种。【学名诠释与讨论】〈阴〉（希）kalos，美丽的。kallos，美人，美丽。kallistos，最美的。此属的学名，ING 和 IK 记载为"Calla L.，Sp. Pl. 2：968. 1753［1 May 1753］"。"Aroides Heister ex Fabricius，Enum. ed. 2. 42. Sep－Dec 1763"、"Callaria Rafinesque，Amer. Monthly Mag. et Crit. Rev. 2：267. Feb 1818"和"Provenzalia Adanson，Fam. 2：469. Jul － Aug 1763"都是"Calla L.（1753）"的晚出的同模式异名（Homotypic synonym，Nomenclatural synonym）。"Aroides Fabr.（1763）≡ Aroides Heist. ex Fabr.（1763）Nom. illegit. ≡ Calla L.（1753）"的命名人引证有误。【分布】巴基斯坦，玻利维亚，中国，北温带亚极地。【后选模式】Calla palustris Linnaeus。【参考异名】Arisarum Haller（1745）Nom. inval.；Aroides Fabr.（1763）Nom. illegit.；Aroides Heist. ex Fabr.（1763）Nom. illegit.；Callaion Raf.（1836）Nom. illegit.；Callaria Raf.（1818）；Colla Raf.；Provenzalia Adans.（1763）Nom. illegit. ■

8316　Callaceae Baetl. = Araceae Juss.（保留科名）■●

8317　Callaceae Rchb. ex Bartl.（1830）［亦见 Araceae Juss.（保留科名）天南星科］【汉】水芋科。【包含】世界 1 属 1-10 种，中国 1 属 1 种。【分布】北温带亚极地。【科名模式】Calla L. ■

8318　Calladium R. Br.（1810）= Caladium Vent.（1801）［天南星科 Araceae//五彩芋科 Caladiaceae］■

8319　Calladium Raf. = Caladium Vent.（1801）［天南星科 Araceae//五彩芋科 Caladiaceae］■

8320　Callaeocarpus Miq.（1851）= Castanopsis（D. Don）Spach（1841）（保留属名）［壳斗科（山毛榉科）Fagaceae］●

8321　Callaeolepium H. Karst.（1869）= Fimbristemma Turcz.（1852）［萝藦科 Asclepiadaceae］☆

8322　Callaeum Small（1910）【汉】冠虎尾属。【隶属】金虎尾科（黄褥花科）Malpighiaceae。【包含】世界 10 种。【学名诠释与讨论】〈中〉（希）kallaion，公鸡的冠。【分布】中美洲。【模式】Callaeum nicaraguense（Grisebach）J. K. Small ［Jubelina nicaraguensis Grisebach］。【参考异名】Cabi Ducke（1944）；Mascagnia（DC.）Bertero（1824）；Mascagnia Bertero（1824）●☆

8323　Callaion Raf.（1836）Nom. illegit. ≡ Calla L.（1753）［天南星科 Araceae//水芋科 Callaceae］■

8324　Callanthus Rchb.（1828）= Watsonia Mill.（1758）（保留属名）［鸢尾科 Iridaceae］■☆

8325　Callaria Raf.（1818）Nom. illegit. ≡ Calla L.（1753）［天南星科 Araceae//水芋科 Callaceae］■

8326　Callerya Endl.（1843）【汉】鸡血藤属（昆明鸡血藤属，崖豆藤属）。【隶属】豆科 Fabaceae（Leguminosae）//蝶形花科 Papilionaceae。【包含】世界 16-30 种，中国 15-18 种。【学名诠释与讨论】〈阴〉（人）Callery。此属的学名"Callerya Endlicher，Gen.

Suppl. 3：104. Oct 1843" 是一个替代名称。"Marquartia J. R. Th. Vogel, Nov. Actorum Acad. Caes. Leop. –Carol. Nat. Cur. 19（Suppl. 1）：35. 1843" 是一个非法名称（Nom. illegit.），因为此前已经有了 "Marquartia Hasskarl, Flora 25（2, Beibl.）：14. 14 Jul 1842 = Pandanus Parkinson（1773）［露兜树科 Pandanaceae］"。故用 "Callerya Endl.（1843）" 替代之。亦有文献把 "Callerya Endl.（1843）" 处理为 "Millettia Wight et Arn.（1834）（保留属名）" 的异名。【分布】澳大利亚，中国，亚洲东部和东南部。【模式】Marquartia tomentosa J. R. Th. Vogel。【参考异名】Adinobotrys Dunn（1911）；Marquartia Vogel（1843）Nom. illegit.；Millettia Wight et Arn.（1834）（保留属名）；Padbruggea Miq.（1855）；Whitfordiodendron Elmer（1910）●■

8327　Calliachyris Torr. et A. Gray（1845）= Layia Hook. et Arn. ex DC.（1838）（保留属名）［菊科 Asteraceae（Compositae）］■☆

8328　Calliagrostis Ehrh.（1789）Nom. inval. = Bromus L.（1753）（保留属名）［禾本科 Poaceae（Gramineae）］■

8329　Callianassa Webb et Beethel.（1836–1850）= Isoplexis（Lindl.）Loudon（1829）［玄参科 Scrophulariaceae//婆婆纳科 Veronicaceae］●☆

8330　Calliandra Benth.（1840）（保留属名）【汉】朱缨花属（美洲合欢属）。【日】カリアンドラ属，ベニガフクワン属，ベニゴウカン属。【英】Calliandra, Pauderpuff, Pauderpuff Tree。【隶属】豆科 Fabaceae（Leguminosae）//含羞草科 Mimosaceae。【包含】世界 200 种，中国 2-3 种。【学名诠释与讨论】〈阴〉（希）kalos, 美丽的+aner, 所有格 andros, 雄性, 雄蕊。指花丝长而突露于花冠之外，极美丽。此属的学名 "Calliandra Benth. in J. Bot.（Hooker）2：138. Apr 1840" 是保留属名。法规未列出相应的废弃属名。"Anneslia R. A. Salisbury, Parad. Lond. ad t. 64. 1 Mar 1807（废弃属名）" 是 "Calliandra Benth.（1840）（保留属名）" 的同模式异名（Homotypic synonym, Nomenclatural synonym）。【分布】巴基斯坦，巴拉圭，巴拿马，玻利维亚，厄瓜多尔，哥伦比亚（安蒂奥基亚），哥斯达黎加，马达加斯加，尼加拉瓜，中国，亚洲，美洲。【模式】Calliandra houstonii Bentham, Nom. illegit.［as 'houstoni'］［Mimosa houstonii L'Héritier Nom. illegit.［as 'houstoni'］, Mimosa houstoniana P. Miller；Calliandra houstoniana（P. Miller）P. C. Standley］。【参考异名】Anneslea Hook.（1807）（废弃属名）；Anneslea W. Hook.（1807）Nom. illegit.（废弃属名）；Annesleia W. Hook.（1807）Nom. illegit.（废弃属名）；Anneslia Salisb.（1807）Nom. illegit.（废弃属名）；Calandra Post et Kuntze（1903）；Clelia Casar.（1842）；Codonandra H. Karst.（1862）●

8331　Calliandropsis H. M. Hern. et P. Guinet（1990）【汉】拟朱缨花属（多脉合欢草属）。【隶属】豆科 Fabaceae（Leguminosae）//含羞草科 Mimosaceae。【包含】世界 1 种。【学名诠释与讨论】〈阴〉（属）Calliandra 朱缨花属（美洲合欢属）+希腊文 opsis, 外观, 模样。【分布】墨西哥。【模式】Calliandropsis nervosus（N. L. Britton et J. N. Rose）H. M. Hernández et P. Guinet［Anneslia nervosa N. L. Britton et J. N. Rose］●☆

8332　Callianira Miq.（1843）= Piper L.（1753）［胡椒科 Piperaceae］●■

8333　Callianthe Donnell（2012）【汉】南美苘麻属。【隶属】锦葵科 Malvaceae。【包含】世界种。【学名诠释与讨论】〈阴〉词源不详。【分布】巴西，南美洲。【模式】Callianthe rufinerva（A. St. –Hil.）Donnell［Abutilon rufinerve A. St. –Hil.］☆

8334　Callianthemoides Tamura（1992）【汉】美花毛茛属。【隶属】毛茛科 Ranunculaceae。【包含】世界 1 种。【学名诠释与讨论】〈阴〉（属）Callianthemum 美花草属+oides, 来自 o+eides, 像, 似；或 o+eidos 形, 含义为相像。【分布】南美洲南部。【模式】Callianthemoides semiverticillata（Phil.）Tamura。■☆

8335　Callianthemum C. A. Mey.（1830）【汉】美花草属。【日】ウメザキサバノオ属，カリアンセマム属，キタダケソウ属，ヒダカサウ属，ヒダカソウ属。【俄】Каллиантемум, Красивоцвет。【英】Callianthemum。【隶属】毛茛科 Ranunculaceae。【包含】世界 12-14 种，中国 5 种。【学名诠释与讨论】〈阴〉（希）kalos, 美花的+anthemon, 花。【分布】巴基斯坦，中国，欧洲和亚洲中部山区。【模式】Callianthemum rutefolium（Linnaeus）C. A. Meyer［Ranunculus rutaefolius Linnaeus］。【参考异名】Calanthemum Post et Kuntze（1903）■

8336　Callias Cass.（1822）= Heliopsis Pers.（1807）（保留属名）；~ = Kallias Cass.（1825）Nom. illegit.；~ = Kallias（Cass.）Cass.（1825）；~ = Heliopsis Pers.（1807）（保留属名）［菊科 Asteraceae（Compositae）］■☆

8337　Calliaspidia Bremek.（1948）【汉】虾衣花属（麒麟吐珠属，虾衣草属）。【隶属】爵床科 Acanthaceae//鸭嘴花科（鸭咀花科）Justiciaceae。【包含】世界 1 种，中国 1 种。【学名诠释与讨论】〈阴〉（希）kalos, 美丽的+aspis, 所有格 aspidos, 指小式 aspidion 盾。此属的学名是 "Calliaspidia Bremekamp, Verh. Kon. Ned. Akad. Wetensch., Afd. Natuurk., Tweede Sect. 45（2）：54. 20 Mai 1948"。亦有文献把其处理为 "Drejerella Lindau（1900）" 或 "Justicia L.（1753）" 的异名。【分布】墨西哥，中国，北美洲，中美洲。【模式】Calliaspidia guttata（F. S. Brandegee）Bremekamp［Beloperone guttata F. S. Brandegee］。【参考异名】Drejerella Lindau（1900）；Justicia L.（1753）■

8338　Callicarpa L.（1753）【汉】紫珠属。【日】ムラサキシキブ属。【俄】Калликарпа。【英】Beauty Berry, Beauty Bush, Beautyberry, Beauty–berry, French Mulberry, Purplepearl。【隶属】马鞭草科 Verbenaceae//牡荆科 Viticaceae。【包含】世界 140-190 种，中国 48-59 种。【学名诠释与讨论】〈阴〉（希）kalos, 美丽的+karpos, 果实。指果熟时色泽艳丽。此属的学名，ING、APNI、GCI、TROPICOS 和 IK 记载是 "Callicarpa L., Sp. Pl. 1：111. 1753［1 May 1753］"。"Burcardia Heister ex Duhamel du Monceau, Traité Arbres Arbust. 1：xxx, 11. 1755（废弃属名）" 是 "Callicarpa L.（1753）" 的晚出的同模式异名（Homotypic synonym, Nomenclatural synonym）。【分布】巴基斯坦，巴拿马，秘鲁，玻利维亚，厄瓜多尔，哥伦比亚（安蒂奥基亚），马达加斯加，美国（密苏里），尼加拉瓜，中国，中美洲。【模式】Callicarpa americana Linnaeus。【参考异名】Aganon Raf.（1838）；Amictonis Raf.（1838）；Burcardia Duhamel（1755）；Burcardia Heist. ex Duhamel（1755）（废弃属名）；Burchardia B. D. Jacks.（废弃属名）；Calocarpa Post et Kuntze（1903）Nom. illegit.；Calocarpus Post et Kuntze（1903）；Geunsia Blume（1823）Nom. illegit.；Illa Adans.（1763）Nom. illegit.；Johnsonia Mill.（1754）（废弃属名）；Johnsonia T. Dale ex Mill.（1752）Nom. inval.；Jonsonia Garden（1821）；Porphyra Lour.（1790）；Sphondylococcum Schauer（1847）；Spondylococcos Mitch.（1748）Nom. inval.；Tomex L.（1753）●

8339　Callicephalus C. A. Mey.（1831）【汉】丽头菊属（肖美头菊属）。【俄】Каллицефалюс。【隶属】菊科 Asteraceae（Compositae）。【包含】世界 1 种。【学名诠释与讨论】〈阳〉（希）kalos, 美丽的+kephale, 头。指花序美丽。此属的学名是 "Callicephalus C. A. Meyer, Verzeichniss Pfl. Caucasus 66. Nov–Dec 1831."。亦有文献把其处理为 "Centaurea L.（1753）（保留属名）" 的异名。【分布】伊朗，高加索，亚洲中部。【模式】Callicephalus nitens（Marschall von Bieberstein ex Willdenow）C. A. Meyer［Centaurea nitens Marschall von Bieberstein ex Willdenow］。【参考异名】Centaurea L.（1753）（保留属名）■☆

8340　Callichilia Stapf（1902）【汉】丽唇夹竹桃属。【隶属】夹竹桃科

Apocynaceae。【包含】世界7种。【学名诠释与讨论】〈阴〉（希）kalos，美丽的 + cheilos，唇。【分布】热带非洲。【后选模式】Callichilia subsessilis（Bentham）Stapf［Tabernaemontana subsessilis Bentham］。【参考异名】Calochilus Post et Kuntze（1903）Nom. illegit.；Ephippiocarpa Markgr.（1923）；Hedranthera（Stapf）Pichon（1948）●☆

8341　Callichlamys Miq.（1845）【汉】美苞紫葳属。【隶属】紫葳科 Bignoniaceae。【包含】世界1种。【学名诠释与讨论】〈阴〉（希）kalos，美丽的 + chlamys，所有格 chlamydos，斗篷，外衣。【分布】巴拿马，秘鲁，比尼翁，玻利维亚，厄瓜多尔，哥伦比亚（安蒂奥基亚），尼加拉瓜，热带美洲，中美洲。【模式】Callichlamys riparia Miquel，Nom. illegit.［Bignonia latifolia L. C. Richard；Callichlamys latifolia（L. C. Richard）K. Schumann］。【参考异名】Calochlamys Post et Kuntze（1903）Nom. illegit.●☆

8342　Callichloe Pfeiff.（1873）Nom. illegit. = Callichloe Willd. ex Steud.（1840）；~ = Elionurus Humb. et Bonpl. ex Willd.（1806）（保留属名）［禾本科 Poaceae（Gramineae）］■☆

8343　Callichloe Willd. ex Steud.（1840）= Elionurus Humb. et Bonpl. ex Willd.（1806）（保留属名）［禾本科 Poaceae（Gramineae）］■☆

8344　Callichloea Spreng. ex Steud.（1840）= Callichloe Willd. ex Steud.（1840）；~ = Elionurus Humb. et Bonpl. ex Willd.（1806）（保留属名）［禾本科 Poaceae（Gramineae）］■☆

8345　Callichloea Steud.（1840）Nom. illegit. ≡ Callichloea Spreng. ex Steud.（1840）；~ = Elionurus Humb. et Bonpl. ex Willd.（1806）（保留属名）= Callichloe Willd. ex Steud.（1840）；［禾本科 Poaceae（Gramineae）］■☆

8346　Callichroa Fisch. et C. A. Mey.（1836）= Layia Hook. et Arn. ex DC.（1838）（保留属名）［菊科 Asteraceae（Compositae）］■☆

8347　Callicocca Schreb.（1789）Nom. illegit. = Cephaëlis Sw.（1788）（保留属名）；~ = Psychotria L.（1759）（保留属名）［茜草科 Rubiaceae//九节科 Psychotriaceae］●

8348　Callicoma Andréws（1809）【汉】美毛木属（卡利寇马属，瓦特木属）。【日】カリコマ属。【英】Black Wattle。【隶属】火把树科（常绿棱枝树科，角瓣木科，库诺尼科，南蔷薇科，轻木科）Cunoniaceae。【包含】世界1种。【学名诠释与讨论】〈阴〉（希）kalos，美丽的 + kome，毛发，束毛，冠毛，来自拉丁文 coma。指花的形态。【分布】澳大利亚（东部）。【模式】Callicoma serratifolia H. C. Andrews。【参考异名】Callicomis Wittst.（1852）；Calocoma Post et Kuntze（1903）；Calycomis R. Br.（1814）；Calycomis R. Br. ex T. Nees et Sinning（1825–1831）Nom. illegit.；Calycomis T. Nees（1827）Nom. illegit.●☆

8349　Callicomaceae J. Agardh（1858）= Cunoniaceae R. Br.（保留科名）●☆

8350　Callicomis Wittst.（1852）= Callicoma Andréws（1809）［火把树科（常绿棱枝树科，角瓣木科，库诺尼科，南蔷薇科，轻木科）Cunoniaceae］●☆

8351　Callicore Link（1829）= Amaryllis L.（1753）（保留属名）［石蒜科 Amaryllidaceae］■☆

8352　Callicornia Burm. f.（1768）= Asteropterus Adans.（1763）Nom. illegit.（废弃属名）；~ = Leysera L.（1763）［菊科 Asteraceae（Compositae）］●☆

8353　Callicysthus Endl.（1833）= Vigna Savi（1824）（保留属名）［豆科 Fabaceae（Leguminosae）//蝶形花科 Papilionaceae］■

8354　Callidrynos Néraud（1826）= Molinaea Comm. ex Juss.（1789）［无患子科 Sapindaceae］●☆

8355　Calliglossa Hook. et Arn.（1839）【汉】美舌菊属。【隶属】菊科 Asteraceae（Compositae）。【包含】世界1种。【学名诠释与讨论】〈阴〉（希）kalos，美丽的 + glossa，舌。此属的学名是"Calliglossa W. J. Hooker et Arnott, Bot. Beechey's Voyage Suppl. 356. Jan–Mai 1839（'1841'）"。亦有文献把其处理为"Layia Hook. et Arn. ex DC.（1838）（保留属名）"的异名。【分布】美国（加利福尼亚）。【模式】Calliglossa douglasii W. J. Hooker et Arnott［as 'douglasi'］。【参考异名】Caloglossa Post et Kuntze（1903）；Layia Hook. et Arn. ex DC.（1838）（保留属名）■☆

8356　Calligonaceae Khalk.（1985）［亦见 Polygonaceae Juss.（保留科名）蓼科］【汉】沙拐枣科。【包含】世界1属 35-85 种，中国1属 23-25 种。【分布】欧洲南部，非洲北部，亚洲西部。【科名模式】Calligonum L.●

8357　Calligonum L.（1753）【汉】沙拐枣属。【俄】Джузгун，Жузгун，Кандум。【英】Calligonum，Kneejujube。【隶属】蓼科 Polygonaceae//沙拐枣科 Calligonaceae。【包含】世界 35-85 种，中国 23-25 种。【学名诠释与讨论】〈中〉（希）kalos，美丽的 + gonia，角，角隅，关节，膝，来自拉丁文 giniatus，成角度的。指枝条具关节。此属的学名，ING、TROPICOS 和 IK 记载是"Calligonum Linnaeus, Sp. Pl. 530. 1 Mai 1753"。五桠果科 Dilleniaceae 的"Calligonum Lour., Fl. Cochinch. 1：342. 1790［Sep 1790］= Tetracera L.（1753）"是晚出的非法名称。"Polygonoides Ortega, Tabulae Bot. 8. 1773"是"Calligonum L.（1753）"的晚出的同模式异名（Homotypic synonym，Nomenclatural synonym）。【分布】巴基斯坦，巴勒斯坦，中国，非洲北部，欧洲南部，亚洲西部。【模式】Calligonum polygonoides Linnaeus。【参考异名】Calliphysa Fisch. et C. A. Mey.（1836）；Calogonum Post et Kuntze（1903）；Calophysa Post et Kuntze（1903）Nom. illegit.；Gibsonia Stocks（1848）；Pallasia L. f.（1782）Nom. illegit.；Polygonoidea Ortega（1773）Nom. illegit.；Pterococcus Pall.（1773）（废弃属名）●

8358　Calligonum Lour.（1790）Nom. illegit. = Tetracera L.（1753）［锡叶藤科 Tetraceraceae//五桠果科（第伦桃科，五丫果科，锡叶藤科）Dilleniaceae］●

8359　Callilepis DC.（1836）【汉】美鳞鼠麴木属。【隶属】菊科 Asteraceae（Compositae）。【包含】世界 3-5 种。【学名诠释与讨论】〈阴〉（希）kalos，美丽的 + lepis，所有格 lepidos，指小式 lepion 或 lepidion，鳞，鳞片。【分布】非洲南部。【后选模式】Callilepis laureola A. P. de Candolle。【参考异名】Calolepis Post et Kuntze（1903）Nom. illegit.；Zoutpansbergia Hutch.（1946）■●☆

8360　CallioniaGreene（1906）= Potentilla L.（1753）［蔷薇科 Rosaceae//委陵菜科 Potentillaceae］■●

8361　Calliopea D. Don（1828–1829）= Crepis L.（1753）［菊科 Asteraceae（Compositae）］■

8362　Calliopsis Rchb.（1823）= Coreopsis L.（1753）［菊科 Asteraceae（Compositae）//金鸡菊科 Coreopsidaceae］●■

8363　Callipappus Meyen（1834）Nom. illegit. ≡ Calopappus Meyen（1834）［菊科 Asteraceae（Compositae）］●☆

8364　Calliparion（Link）Rchb. ex Wittst. = Aconitum L.（1753）［毛茛科 Ranunculaceae］■

8365　Callipeltis Steven（1829）【汉】美盾茜属。【隶属】茜草科 Rubiaceae。【包含】世界3种。【学名诠释与讨论】〈阴〉（希）kalos，美丽的 + pelte，指小式 peltarion，盾。此属的学名，ING 和 IK 记载是"Callipeltis C. Steven, Nouv. Mém. Soc. Imp. Naturalistes Moscou 1：275. 1829"。"Cucullaria Kramer ex O. Kuntze, Rev. Gen. 1：279. 5 Nov 1891（non Schreber 1789）"是"Callipeltis Steven（1829）"的晚出的同模式异名（Homotypic synonym，Nomenclatural synonym）。【分布】西班牙和埃及至巴基斯坦（俾路支）。【模式】未指定。【参考异名】Calopeltis Post et Kuntze（1903）；Cucullaria Kramer ex Kuntze（1891）Nom. illegit.；Cucullaria Kuntze

（1891）Nom. illegit.；Warburgina Eig（1927）■☆

8366　Calliphruria Lindl. = Eucharis Planch. et Linden（1853）（保留属名）［石蒜科 Amaryllidaceae］■☆

8367　Calliphyllon Bubani（1901）Nom. illegit. ≡ Epipactis Zinn（1757）（保留属名）［兰科 Orchidaceae］■

8368　Calliphysa Fisch. et C. A. Mey.（1836）= Calligonum L.（1753）［蓼科 Polygonaceae//沙拐枣科 Calligonaceae］●

8369　Calliphysalis Whitson（2012）【汉】路州酸浆属。【隶属】茄科 Solanaceae。【包含】世界 1 种。【学名诠释与讨论】〈阴〉（希）kalos，美丽的+（属）Physalis 酸浆属（灯笼草属）。【分布】美国。【模式】Calliphysalis carpenteri（Riddell）Whitson［Physalis carpenteri Riddell；Calliphysalis carpenteri Whitson，Nom. inval.］☆

8370　Calliprena Salisb.（1866）= Allium L.（1753）［百合科 Liliaceae//葱科 Alliaceae］■

8371　Calliprora Lindl.（1833）= Brodiaea Sm.（1810）（保留属名）；~ = Triteleia Douglas ex Lindl.（1830）［百合科 Liliaceae//葱科 Alliaceae］■☆

8372　Callipsyche Herb.（1842）= Eucrosia Ker Gawl.（1817）［石蒜科 Amaryllidaceae］■☆

8373　Callirhoe Nutt.（1821）【汉】罂粟葵属。【日】カリロエ属，ケシバナアオイ属。【英】Poppy Mallow。【隶属】锦葵科 Malvaceae。【包含】世界 8-10 种。【学名诠释与讨论】〈阴〉（希）Kallirhoe，希腊神话中的女神，是 Alcmaeon 之妻。此属的学名，ING、GCI 和 IK 记载是"Callirhoe Nutt.，J. Acad. Nat. Sci. Philadelphia 2（Sig. 6）：181. 1821［Dec 1821］"。Barton（1822）曾用"Nuttallia Barton，Fl. N. Amer.（Barton）2：74，t. 62. 1822［Jan–Jul 1822］"替代"Callirhoe Nutt.（1821）"，多余了。"Nuttallia Dick ex Barton（1822）"的命名人引证有误。"Aigosplen Rafinesque，Good Book 62. Jan 1840"和"Sesquicella Alefeld，Oesterr. Bot. Z. 12：255. Jul 1862"是"Callirhoe Nutt.（1821）"的晚出的同模式异名（Homotypic synonym，Nomenclatural synonym）。【分布】美国，北美洲。【模式】Callirhoe digitata Nuttall。【参考异名】Aigosplen Raf.（1840）Nom. illegit.；Calirhoe Raf.；Callirrhoe A. Gray（1849）；Calorhoe Post et Kuntze（1903）；Monolix Raf.（1824）；Nuttallia Barton（1822）Nom. illegit.；Nuttallia Dick ex Barton（1822）Nom. illegit.；Sesquicella Alef.（1862）Nom. illegit. ■●☆

8374　Callirrhoe A. Gray（1849）= Callirhoe Nutt.（1821）［锦葵科 Malvaceae］■●☆

8375　Callisace Fisch.（1816）Nom. illegit. ≡ Callisace Fisch. ex Hoffm.（1816）；~ = Angelica L.（1753）［伞形花科（伞形科）Apiaceae（Umbelliferae）］■

8376　Callisace Fisch. ex Hoffm.（1816）= Angelica L.（1753）［伞形花科（伞形科）Apiaceae（Umbelliferae）］■

8377　Calliscirpus C. N. Gilmour, J. R. Starr et Naczi（2013）【汉】加州藨草属。【隶属】莎草科 Cyperaceae。【包含】世界 2 种。【学名诠释与讨论】〈阴〉（希）kalos，美丽的+（属）Scirpus 藨草属（莞草属，莞属）。【分布】美国。【模式】Calliscirpus criniger（A. Gray）C. N. Gilmour, J. R. Starr et Naczi［Scirpus criniger A. Gray］☆

8378　Callisema Steud.（1840）= Callisemaea Benth.（1837）［豆科 Fabaceae（Leguminosae）］■☆

8379　Callisemaea Benth.（1837）= Platypodium Vogel（1837）［豆科 Fabaceae（Leguminosae）］■☆

8380　Callisia L.（1760）Nom. illegit. ≡ Leysera L.（1763）；~ = Asteropterus Adans.（1763）Nom. illegit.（废弃属名）；~ = Leysera L.（1763）［菊科 Asteraceae（Compositae）］■●☆

8381　Callisia Loefl.（1758）【汉】锦竹草属（卡利草属，洋竹草属）。【日】カリシア属。【隶属】［鸭趾草科 Commelinaceae］。【包含】

世界 10-22 种，中国 1 种。【学名诠释与讨论】〈阴〉（希）kallos，美丽的。此属的学名，ING、GCI、TROPICOS 和 IK 记载是"Callisia Loefl.，Iter Hispan. 305. 1758［Dec 1758］"。菊科 Asteraceae 的"Callisia L.，Pl. Rar. Afr. 23. 1760［20 Dec 1760］≡ Leysera L.（1763）= Asteropterus Adans.（1763）Nom. illegit.（废弃属名）"是晚出的非法名称。"Hapalanthus N. J. Jacquin，Enum. Pl. Carib. 1. Aug-Sep 1760"是"Callisia Loefl.（1758）"的晚出的同模式异名（Homotypic synonym，Nomenclatural synonym）。【分布】巴拿马，秘鲁，玻利维亚，厄瓜多尔，哥伦比亚（安蒂奥基亚），哥斯达黎加，尼加拉瓜，中国，热带美洲，中美洲。【模式】Callisia repens（N. J. Jacquin）Linnaeus［Hapalanthus repens N. J. Jacquin］。【参考异名】Apalantus Adans.（1763）；Aploleia Raf.（1837）；Cuthbertia Small（1903）；Hadrodemas H. E. Moore（1963）；Hapalanthus Jacq.（1760）Nom. illegit.；Leiandra Raf.（1837）；Leptocallisia（Benth.）Pichon（1946）Nom. illegit.；Leptocallisia（Benth. et Hook. f.）Pichon（1946）Nom. illegit.；Leptorhoeo C. B. Clarke et Hemsl.（1880）Nom. illegit.；Leptorhoeo C. B. Clarke（1880）；Phyodina Raf.（1837）；Rectanthera O. Deg.（1932）；Spironema Lindl.（1840）Nom. illegit.；Tradescantella Small（1903）；Wachendorfia Loefl.（1758）Nom. illegit. ■☆

8382　Callista D. Don（1834）Nom. illegit.（废弃属名）= Erica L.（1753）［杜鹃花科（欧石南科）Ericaceae］●☆

8383　Callista Lour.（1790）（废弃属名）= Dendrobium Sw.（1799）（保留属名）［兰科 Orchidaceae］■

8384　Callistachya Raf.（1808）= Veronica L.（1753）；~ = Veronicastrum Heist. ex Fabr.（1759）［玄参科 Scrophulariaceae//婆婆纳科 Veronicaceae］■☆

8385　Callistachya Sm.（1808）= Callistachys Vent.（1803）（废弃属名）；~ = Oxylobium Andréws（1807）（保留属名）［豆科 Fabaceae（Leguminosae）］■☆

8386　Callistachys Heuffel（1844）Nom. illegit.（废弃属名）≡ Heuffelia Opiz（1845）；~ = Carex L.（1753）［莎草科 Cyperaceae］■

8387　Callistachys Vent.（1803）（废弃属名）= Oxylobium Andréws（1807）（保留属名）［豆科 Fabaceae（Leguminosae）］■☆

8388　Callistanthos Szlach.（2008）【汉】粉红肥根兰属。【隶属】兰科 Orchidaceae。【包含】世界 2 种。【学名诠释与讨论】〈阳〉（希）kalos，美丽的。kallos，美人，美丽。kallistos，最美的+anthos，花。antheros，多花的。antheo，开花。此属的学名是"Callistanthos Szlach.，Classification of Spiranthinae, Stenorrhynchidinae and Cyclopogoninae 165. 2008"。亦有文献把其处理为"Pelexia Poit. ex Lindl.（1826）（保留属名）"的异名。【分布】巴西，新格陵兰岛。【模式】Callistanthos roseoalbus（Rchb. f.）Szlach.［Pelexia roseoalba Rchb. f.］。【参考异名】Pelexia Poit. ex Lindl.（1826）（保留属名）■☆

8389　Callistema Cass.（1817）Nom. illegit.（废弃属名）= Callistephus Cass.（1825）（保留属名）［菊科 Asteraceae（Compositae）］■

8390　Callistemma（Mert. et W. D. J. Koch）Boiss.（1875）Nom. illegit.（废弃属名）= Tremastelma Raf.（1838）［川续断科（刺参科，山萝卜科，续断科）Dipsacaceae］■☆

8391　Callistemma Boiss.（1875）Nom. illegit.（废弃属名）≡ Callistemma（Mert. et W. D. J. Koch）Boiss.（1875）Nom. illegit.（废弃属名）；~ = Tremastelma Raf.（1838）［川续断科（刺参科，山萝卜科，续断科）Dipsacaceae］■☆

8392　Callistemma Cass.（1817）（废弃属名）≡ Callistephus Cass.（1825）（保留属名）［菊科 Asteraceae（Compositae）］■

8393　Callistemon R. Br.（1814）【汉】红千层属（瓶刷树属，瓶子刷树属）。【日】アキバブラシノキ属，カリステモン属，ブラッシノ

キ属,マキバブラッシノキ属。【俄】Каллистемон。【英】Bottle Brush,Bottlebrush,Bottle‐brush。【隶属】桃金娘科 Myrtaceae。【包含】世界 20-30 种,中国 4 种。【学名诠释与讨论】〈阳〉(希)kalos,美丽的+stemon,雄蕊。指雄蕊红色,美丽。此属的学名是"Callistemon R. Brown in Flinders,Voyage Terra Austr. 2(App. 3):547. 18 Jul‐10 Aug 1814;Gen. Rem. 15. 1814"。亦有文献把其处理为"Melaleuca L.(1767)(保留属名)"的异名。【分布】澳大利亚,巴基斯坦,巴拿马,玻利维亚,厄瓜多尔,哥伦比亚(安蒂奥基亚),尼加拉瓜,中国,法属新喀里多尼亚,中美洲。【模式】Callistemon rigidus R. Brown [as 'rigidum']。【参考异名】Calostemon Post et Kuntze(1903);Melaleuca L.(1767)(保留属名)●

8394 Callistephana Fourr.(1868)= Coronilla L.(1753)(保留属名)[豆科 Fabaceae(Leguminosae)//蝶形花科 Papilionaceae]●■

8395 Callistephus Cass.(1825)(保留属名)【汉】翠菊属。【日】エゾギク属,サツマギク属。【俄】Астра садовая,Каллистефус,Садовая астра。【英】China Aster,China‐aster,Chinese Aster。【隶属】菊科 Asteraceae(Compositae)。【包含】世界 1 种,中国 1 种。【学名诠释与讨论】〈阳〉(希)kalos,美丽的+stephos,stephanos,花冠,王冠,指冠毛复生而美丽。此属的学名"Callistephus Cass. in Cuvier,Dict. Sci. Nat. 37:491. Dec 1825"是保留属名。相应的废弃属名是菊科 Asteraceae 的"Callistemma Cass. in Bull. Sci. Soc. Philom. Paris 1817:32. Feb 1817 ≡ Callistephus Cass.(1825)(保留属名)"。川续断科 Dipsacaceae 的"Callistemma(Mertens et W. D. J. Koch)Boissier,Fl. Orient. 3:146. Sep‐Oct 1875 = Tremastelma Raf.(1838)"亦应废弃。"Callistemma Boiss.,Fl. Orient.[Boissier]3:146. 1875[Sep‐Oct 1875]"的命名人引证有误,亦应废弃。"Asteriscodes O. Kuntze,Rev. Gen. 1:318. 5 Nov 1891"和"Callistemma Cassini,Bull. Sci. Soc. Philom. Paris 1817:32. Feb 1817(废弃属名)"是"Callistephus Cass.(1825)(保留属名)"的同模式异名(Homotypic synonym,Nomenclatural synonym)。【分布】日本,中国。【模式】Callistephus chinensis(Linnaeus)C. G. D. Nees [Aster chinensis Linnaeus]。【参考异名】Asteriscodes Kuntze(1891)Nom. illegit.;Callistema Cass.(1817)(废弃属名);Callistemma Cass.(1817)Nom. illegit.(废弃属名);Calostephus Post et Kuntze(1903);Conyza L.(1753)(废弃属名)●■

8396 Callisteris Greene(1905)Nom. illegit. ≡ Batanthes Raf.(1832);~ =Gilia Ruiz et Pav.(1794);~ =Ipomopsis Michx.(1803)[花荵科 Polemoniaceae]■☆

8397 Callisthene Mart.(1826)【汉】美丽囊萼花属。【隶属】独蕊科(蜡烛树科,囊萼花科)Vochysiaceae。【包含】世界 10-14 种。【学名诠释与讨论】〈阴〉(希)kalos,美丽的+sthenos,力量。【分布】巴拉圭,玻利维亚,南美洲。【后选模式】Callisthene major C. F. P. Martius。【参考异名】Callisthenia Spreng.(1830)☆

8398 Callisthenia Spreng.(1830)= Callisthene Mart.(1826)[独蕊科(蜡烛树科,囊萼花科)Vochysiaceae]☆

8399 Callistigma Dinter et Schwantes(1928)= Mesembryanthemum L.(1753)(保留属名)[番杏科 Aizoaceae//龙须海棠科(日中花科)Mesembryanthemaceae]■●

8400 Callistroma Fenzl(1843)= Oliveria Vent.(1801)[伞形花科(伞形科)Apiaceae(Umbelliferae)]■☆

8401 Callistylon Pittier(1928)= Coursetia DC.(1825)[豆科 Fabaceae(Leguminosae)]●☆

8402 Callithamna Herb. = Stenomesson Herb.(1821)[石蒜科 Amaryllidaceae]■☆

8403 Callithronum Ehrh.(1789)Nom. inval. = Cephalanthera Rich.(1817);~ =Serapias L.(1753)(保留属名)[兰科 Orchidaceae]■☆

8404 Callitraceae Seward = Cupressaceae Gray(保留科名)●

8405 Callitrichaceae Bercht. et J. Presl = Callitrichaceae Link(保留科名)■

8406 Callitrichaceae Link(1821)(保留科名)[亦见 Plantaginaceae Juss.(保留科名)车前科(车前草科)]【汉】水马齿科。【日】アワゴケ科,ミヅハコベ科。【俄】Болотниковые,Красноволосковые。【英】Water Starwort Family,Waterstarwort Family,Water‐starwort Family。【包含】世界 1 属 17-75 种,中国 1 属 9 种。【分布】广泛分布。【科名模式】Callitriche L. ■

8407 Callitriche L.(1753)【汉】水马齿属。【日】アワゴケ属,ミヅハコベ属。【俄】Болотник,Водяная звездочка,Звёздочка водяная,Красноволоска,Красовласка。【英】Starwort,Water Starwort,Waterstarwort,Water‐starwort。【隶属】水马齿科 Callitrichaceae。【包含】世界 17-75 种,中国 9 种。【学名诠释与讨论】〈阴〉(希)kalos+thrix,所有格 trichos,毛,毛发。此属的学名,ING、APNI、GCI、TROPICOS 和 IK 记载是"Callitriche L.,Sp. Pl. 2:969. 1753[1 May 1753]"。"Stellaria Séguier,Pl. Veron. 3:144. Jul‐Dec 1754(non Linnaeus 1753)"和"Stellina P. Bubani,Fl. Pyrenaea 1:85. 1897"是"Callitriche L.(1753)"的晚出的同模式异名(Homotypic synonym,Nomenclatural synonym)。【分布】巴基斯坦,巴拉圭,秘鲁,玻利维亚,厄瓜多尔,哥伦比亚(安蒂奥基亚),马达加斯加,美国(密苏里),中国,中美洲。【模式】Callitriche palustris Linnaeus。【参考异名】Calotriche Post et Kuntze(1903);Stellaria Ség.(1754)Nom. illegit.;Stellaria Zinn(1757)Nom. illegit.;Stellina Bubani(1897)Nom. illegit.,Nom. superfl.■

8408 Callitris Vent.(1808)【汉】澳大利亚柏属(澳柏属,澳洲柏属,美丽柏属)。【日】カリトリス属,マオウヒバ属。【俄】Каллитрис。【英】Australian Cypress Pine,Callitris,Cypress Pine,Cypress‐pine。【隶属】柏科 Cupressaceae。【包含】世界 14-20 种,中国 4 种。【学名诠释与讨论】〈阴〉(希)kalos,美丽的。kallos 美人。kallistos,最美的+treis ="拉"tri,三。tris,三次。另说最后一节无意义。此属的学名,ING、APNI、TROPICOS 和 IK 记载是"Callitris Ventenat,Decas Gen. 10. 1808"。"Frenela Mirbel,Mém. Mus. Hist. Nat. 13:30 in nota,74. 1825"是"Callitris Vent.(1808)"的晚出的同模式异名(Homotypic synonym,Nomenclatural synonym)。【分布】澳大利亚,中国,法属新喀里多尼亚。【模式】Callitris rhomboidea R. Brown ex L. C. Richard。【参考异名】Cyparissia Hoffmanns.(1833);Frenela Mirb.(1825)Nom. illegit.;Fresnelia Steud.(1840);Laechhardtia Gordon(1862)Nom. illegit.;Laechhardtia Archer ex Gordon(1862)Nom. illegit.;Leichhardtia H. Sheph.(1851)Nom. illegit.;Octoclinis F. Muell.(1858)●

8409 Callitropsis Compton(1922)Nom. illegit. ≡ Neocallitropsis Florin(1944);~ =Chamaecyparis Spach(1841)[柏科 Cupressaceae]●☆

8410 Callitropsis Oerst.(1864)= Chamaecyparis Spach(1841)[柏科 Cupressaceae]●☆

8411 Callixene Comm. ex Juss.(1789)(废弃属名)= Luzuriaga Ruiz et Pav.(1802)(保留属名)[菝瓣花科(菝葜木科)Luzuriagaceae//智利花科(垂花科,金钟木科,喜爱花科)Philesiaceae//六出花科 Alstroemeriaceae//百合科 Liliaceae]■☆

8412 Callobuxus Panch. ex Brongn. et Gris(1863)= Tristania R. Br.(1812)[桃金娘科 Myrtaceae]●

8413 Calloglossum Schltr. = Cymbidiella Rolfe(1918)[兰科 Orchidaceae]■☆

8414 Callopisma Mart.(1827)Nom. illegit. ≡ Deianira Cham. et

Schltdl.（1826）［龙胆科 Gentianaceae］■☆

8415　Callopsis Engl.（1895）【汉】拟水芋属。【隶属】天南星科 Araceae。【包含】世界1种。【学名诠释与讨论】〈阴〉（属）Calla 水芋属+希腊文 opsis，外观，模样，相似。【分布】西赤道非洲。【模式】Callopsis volkensii Engler。■☆

8416　Callosmia C. Presl（1845）Nom. illegit. ≡ Anneslea Wall.（1829）（保留属名）［山茶科（茶科）Theaceae//厚皮香科 Ternstroemiaceae］●

8417　Callostylis Blume（1825）【汉】美柱兰属。【英】Beautystyle。【隶属】兰科 Orchidaceae。【包含】世界5-6种，中国2种。【学名诠释与讨论】〈阴〉（希）kalos，美丽的。kallos，美人，美丽。kallistos，最美的+stylos =拉丁文 style，花柱，中柱，有尖之物，桩，柱，支持物，支柱，石头做的界标。此属的学名，ING、GCI、TROPICOS 和 IK 记载是"Callostylis Blume, Bijdr. Fl. Ned. Ind. 7：340, t. 74. 1825 ［20 Sep～7 Dec 1825］"。"Tylostylis Blume, Fl. Javae Praef. vi. 1828（Jun～Dec）"是"Callostylis Blume（1825）"的晚出的同模式异名（Homotypic synonym，Nomenclatural synonym）。亦有文献把"Callostylis Blume（1825）"处理为"Eria Lindl.（1825）（保留属名）"的异名。【分布】老挝，马来西亚，缅甸，泰国，印度，印度尼西亚，越南，中国，喜马拉雅山区。【模式】Callostylis rigida Blume。【参考异名】Calostylis Kuntze（1891）；Eria Lindl.（1825）（保留属名）；Tylostylis Blume（1828）Nom. illegit.■

8418　Callothlaspi F. K. Mey.（1973）= Thlaspi L.（1753）［十字花科 Brassicaceae（Cruciferae）//菥蓂科 Thlaspiaceae］■

8419　Callotropis G. Don（1832）= Galega L.（1753）［豆科 Fabaceae（Leguminosae）//蝶形花科 Papilionaceae］■

8420　Calluna Salisb.（1802）【汉】帚石南属（佳萝属）。【日】カルナ属，ギョリュウモドキ属。【俄】Вереск。【英】Heather, Ling, Summer Heather。【隶属】杜鹃花科（欧石南科）Ericaceae。【包含】世界1种。【学名诠释与讨论】〈阴〉（希）kalluno，清扫。指植物可以做扫帚。此属的学名，ING、APNI、TROPICOS 和 IK 记载是"Calluna R. A. Salisbury, Trans. Linn. Soc. London 6：317. 1802"。"Erica O. Kuntze, Rev. Gen. 2：389. 5 Nov 1891（non Linnaeus 1753）"是"Calluna Salisb.（1802）"的晚出的同模式异名（Homotypic synonym，Nomenclatural synonym）。【分布】摩洛哥，葡萄牙（亚述尔群岛），西伯利亚，欧洲。【模式】Calluna vulgaris（Linnaeus）Hull ［Erica vulgaris Linnaeus］。【参考异名】Erica Kuntze（1891）Nom. illegit.●☆

8421　Callyntranthele Nied.（1897）= Byrsonima Rich. ex Juss.（1822）［金虎尾科（黄褥花科）Malpighiaceae］●☆

8422　Calobota Eckl. et Zeyh.（1836）= Lebeckia Thunb.（1800）［豆科 Fabaceae（Leguminosae）//蝶形花科 Papilionaceae］■☆

8423　Calobotrya Spach（1835）= Ribes L.（1753）［虎耳草科 Saxifragaceae//醋栗科（茶藨子科）Grossulariaceae］●

8424　Calobuxus Post et Kuntze（1903）= Callobuxus Panch. ex Brongn. et Gris（1863）；~ = Tristania R. Br.（1812）［桃金娘科 Myrtaceae］●

8425　Calocapnos Spach（1839）= Corydalis DC.（1805）（保留属名）［罂粟科 Papaveraceae//紫堇科（荷苞牡丹科）Fumariaceae］■

8426　Calocarpa Post et Kuntze（1903）Nom. illegit. = Callicarpa L.（1753）［唇形科 Lamiaceae（Labiatae）］●

8427　Calocarpum Pierre et Urb.（1897）Nom. illegit. ≡ Calocarpum Pierre（1890）；~ = Pouteria Aubl.（1775）［山榄科 Sapotaceae］●

8428　Calocarpum Pierre ex Engl.（1897）Nom. illegit. ≡ Calocarpum Pierre（1890）；~ = Pouteria Aubl.（1775）［山榄科 Sapotaceae］●

8429　Calocarpum Pierre（1890）【汉】美果榄属（美果山榄属）。【隶属】山榄科 Sapotaceae。【包含】世界6种。【学名诠释与讨论】

〈中〉（希）kalos，美丽的+karpos，果实。此属的学名，TROPICOS 和 GCI 记载是"Calocarpum Pierre, Nat. Pflanzenfam. Nachtr.［Engler et Prantl］1：274. 1897"。ING 和 IK 记载的"Calocarpum L. Pierre in L. Pierre et I. Urban in I. Urban, Symb. Antill. 5：97. 20 Mai 1904"是晚出的非法名称；TROPICOS 记载为"Calocarpum Pierre et Urb., Symb. Antill. 5：97, 1904"。ING 记载"Calocarpum Pierre（1897）≡ Calospermum L. Pierre 1890"。"Calocarpum Pierre ex Engl., Nat. Pflanzenfam. Nachtr.［Engler et Prantl］I. 274（1897）≡ Calocarpum Pierre（1897）"的命名人引证有误。本属似应取"Calospermum Pierre（1890）"为正名。【分布】中美洲。【模式】Calocarpum mammosum Pierre。【参考异名】Calocarpum Pierre et Urb.（1897）Nom. illegit.；Calocarpum Pierre（1897）Nom. illegit.；Calocarpum Pierre（1904）Nom. illegit.；Calospermum Pierre ex Engl.（1890）Nom. illegit.；Pouteria Aubl.（1775）●☆

8430　Calocarpum Pierre（1897）Nom. illegit. ≡ Calospermum Pierre（1890）；~ = Pouteria Aubl.（1775）［山榄科 Sapotaceae］●

8431　Calocarpum Pierre（1904）Nom. illegit. ≡ Calospermum Pierre（1890）［山榄科 Sapotaceae］●

8432　Calocarpus Post et Kuntze（1903）= Callicarpa L.（1753）［马鞭草科 Verbenaceae//牡荆科 Viticaceae］●

8433　Calocedrus Kurz（1873）【汉】翠柏属（肖楠属）。【日】オニヒバ属，ショウナンバク属。【俄】Калоцедрус。【英】Incense Cedar, Nothern Incense Cedar。【隶属】柏科 Cupressaceae。【包含】世界2-3种，中国1种。【学名诠释与讨论】〈阴〉（希）kalos，美丽的+（属）Cedrus 雪松。指枝叶美丽，似雪松。【分布】缅甸（北部），泰国（东北），中国，北美洲。【模式】Calocedrus macrolepis S. Kurz。【参考异名】Heyderia C. Koch（1873）Nom. illegit.；Heyderia K. Koch（1873）Nom. illegit.●

8434　Calocephalus R. Br.（1817）【汉】美头菊属。【日】カロセファラス属。【隶属】菊科 Asteraceae（Compositae）。【包含】世界11-18种。【学名诠释与讨论】〈阴〉（希）kalos，美丽的+kephale，头。指花序美丽。【分布】澳大利亚（温带）。【模式】未指定。【参考异名】Achrysum A. Gray（1852）；Blennospora A. Gray（1851）；Leucophyta R. Br.（1817）；Pachysurus Steetz（1845）；Pachyurus Post et Kuntze（1903）■●☆

8435　Calochilus Post et Kuntze（1903）Nom. illegit. = Callichilia Stapf（1902）［夹竹桃科 Apocynaceae］●☆

8436　Calochilus R. Br.（1810）【汉】卡洛基兰属。【英】Calochilus。【隶属】兰科 Orchidaceae。【包含】世界11-12种。【学名诠释与讨论】〈阳〉（希）kalos，美丽的+cheilos，唇。在希腊文组合词中，cheil-，cheilo-，-chilus，-chilia 等均为"唇，边缘"之义。【分布】澳大利亚，法属新喀里多尼亚，新西兰，新几内亚岛。【模式】未指定。■☆

8437　Calochlamys C. Presl（1845）= Congea Roxb.（1820）［马鞭草科 Verbenaceae//唇形科 Lamiaceae（Labiatae）//六苞藤科（伞序材科）Symphoremataceae］●

8438　Calochlamys Post et Kuntze（1903）Nom. illegit. = Callichlamys Miq.（1845）［紫葳科 Bignoniaceae］●☆

8439　Calochloa Kunze（1903）Nom. illegit. ≡ Elionurus Humb. et Bonpl. ex Willd.（1806）（保留属名）［禾本科 Poaceae（Gramineae）］■☆

8440　Calochloa Post et Kuntze（1903）Nom. illegit. ≡ Calochloa Kunze（1903）Nom. illegit.；~ ≡ Elionurus Humb. et Bonpl. ex Willd.（1806）（保留属名）［禾本科 Poaceae（Gramineae）］■☆

8441　Calochone Keay（1958）【汉】丽蔓属。【隶属】茜草科 Rubiaceae。【包含】世界2种。【学名诠释与讨论】〈阴〉（希）kalos，美丽的+chone，漏斗。【分布】热带非洲西部。【模式】Calochone acuminata Keay。●☆

8442　Calochortaceae Dumort.（1829）［亦见 Liliaceae Juss.（保留科名）百合科］【汉】美莲草科（裂果草科，油点草科）。【包含】世界 1-5 属 60-100 种，中国 3 属 20 种。【分布】美洲北部和中部。【科名模式】Calochortus Pursh ■

8443　Calochortus Pursh（1814）【汉】美莲草属（蝶花百合属，丽草属，仙灯属，油点草属）。【日】カロコルタス属。【俄】Калохортус，Марипоза。【英】Butterfly Tulip，Butterfly-lily，Cat's-ears，Fairy Lantern，Globe Tulip，Globe-tulip，Mariposa，Mariposa Lily，Mariposa Tulip，Mariposa-lily，Star Tulip。【隶属】百合科 Liliaceae//油点草科 Tricyrtidaceae//美莲草科（裂果草科，油点草科）Calochortaceae。【包含】世界 60-65 种。【学名诠释与讨论】〈阳〉（希）kalos，美丽的+chortos，植物园，草。【分布】温带北美洲西部，中美洲。【模式】Calochortus elegans Pursh。【参考异名】Cyclobothra D. Don ex Sweet（1828）；Cyclobothra D. Don（1828）；Mariposa（A. W. Wood）Hoover（1944）■☆

8444　Calochroa Post et Kuntze（1）= Callichroa Fisch. et C. A. Mey.（1836）；~ = Layia Hook. et Arn. ex DC.（1838）（保留属名）［菊科 Asteraceae（Compositae）］■☆

8445　Calococca Post et Kuntze（2）= Callicocca Schreb.（1789）Nom. illegit. ；~ = Cephaëlis Sw.（1788）（保留属名）［茜草科 Rubiaceae］

8446　Calococcus Kurz ex Teijsm.（1864）Nom. illegit. ≡ Calococcus Kurz ex Teijsm. et Binnend.（1864）；~ = Margaritaria L. f.（1782）［大戟科 Euphorbiaceae］●

8447　Calococcus Kurz ex Teijsm. et Binnend.（1864）= Margaritaria L. f.（1782）［大戟科 Euphorbiaceae］●

8448　Calocoma Post et Kuntze（1903）= Callicoma Andréws（1809）［火把树科（常绿棱枝树科，角瓣木科，库诺尼科，南蔷薇科，轻木科）Cunoniaceae］●☆

8449　Calocorema Post et Kuntze（1903）= Calicorema Hook. f.（1880）［苋科 Amaranthaceae］●☆

8450　Calocornia Post et Kuntze（1903）= Callicornia Burm. f.（1768）；~ = Leysera L.（1763）［菊科 Asteraceae（Compositae）］■●☆

8451　Calocrater K. Schum.（1895）【汉】丽杯夹竹桃属。【隶属】夹竹桃科 Apocynaceae。【包含】世界 1 种。【学名诠释与讨论】〈阳〉（希）kalos，美丽的+crater，杯，火山口。【分布】非洲。【模式】Calocrater preussii K. M. Schumann。【参考异名】Colocrater K. Schum.（1895）Nom. illegit. ；Colocrater T. Durand et Jacks. ，Nom. illegit. ●☆

8452　Calocysthus Post et Kuntze（1903）= Callicysthus Endl.（1833）；~ = Vigna Savi（1824）（保留属名）［豆科 Fabaceae（Leguminosae）//蝶形花科 Papilionaceae］■

8453　Calodecaryia J.-F. Leroy（1960）【汉】马达加斯加棟属。【隶属】棟科 Meliaceae。【包含】世界 1-2 种。【学名诠释与讨论】〈阴〉（希）kalos，美丽的+deka，十个 dekatos 第十个+karyon，胡桃，硬壳果，核，坚果。【分布】马达加斯加。【模式】Calodecaryia pauciflora Leroy。●☆

8454　Calodendrum Thunb.（1782）（保留属名）【汉】丽芸木属（好望角美树属，卡罗树属，美木芸香属）。【英】Cape Chestnut。【隶属】芸香科 Rutaceae。【包含】世界 1-2 种。【学名诠释与讨论】〈中〉（希）kalos，美丽的+dendron 或 dendros，树木，棍，丛林。此属的学名"Calodendrum Thunb. ，Nov. Gen. Pl. ：41. 10 Jul 1782"是保留属名。相应的废弃属名是芸香科 Rutaceae 的"Pallassia Houtt. ，Nat. Hist. 2（4）：382. 4 Aug 1775 = Calodendrum Thunb.（1782）（保留属名）"。【分布】热带和非洲南部。【模式】Calodendrum capense Thunberg。【参考异名】Pallasia Houtt.（1775）（废弃属名）Nom. illegit. ；Pallassia Houtt.（1775）（废弃属

名）；Panzera Cothen.（1790）Nom. illegit. ●☆

8455　Calodium Lour.（1790）= Cassytha L.（1753）［樟科 Lauraceae//无根藤科 Cassythaceae］■●

8456　Calodonta Nutt.（1841）= Tolpis Adans.（1763）［菊科 Asteraceae（Compositae）］●■☆

8457　Calodracon Planch.（1850-1851）= Cordyline Comm. ex R. Br.（1810）（保留属名）［百合科 Liliaceae//点柱花科（朱蕉科）Lomandraceae//龙舌兰科 Agavaceae］●

8458　Calodryum Desv.（1826）= Quivisia Comm. ex Juss.（1789）；~ = Turraea L.（1771）［棟科 Meliaceae］●

8459　Caloglossa Post et Kuntze（1903）= Calliglossa Hook. et Arn.（1839）；~ = Layia Hook. et Arn. ex DC.（1838）（保留属名）［菊科 Asteraceae（Compositae）］■☆

8460　Caloglossum Schltr.（1918）= Cymbidiella Rolfe（1918）［兰科 Orchidaceae］■☆

8461　Calogonum Post et Kuntze（1）= Calligonum L.（1753）［蓼科 Polygonaceae//沙拐枣科 Calligonaceae］●

8462　Calogonum Post et Kuntze（2）= Calligonum Lour.（1790）Nom. illegit. ；~ = Tetracera L.（1753）［锡叶藤科 Tetraceraceae//五桠果科（第伦桃科，五丫果科，锡叶藤科）Dilleniaceae］●

8463　Calographis Thouars = Eulophidium Pfitzer（1888）Nom. illegit. ；~ = Limodorum Boehm.（1760）（保留属名）［兰科 Orchidaceae］■☆

8464　Calogyna Post et Kuntze（1903）Nom. illegit. = Calogyne R. Br.（1810）［草海桐科 Goodeniaceae］■

8465　Calogyne R. Br.（1810）【汉】离根香属（离根菜属，美柱草属，美柱兰属）。【英】Calogyne。【隶属】草海桐科 Goodeniaceae。【包含】世界 5-9 种，中国 1-2 种。【学名诠释与讨论】〈阴〉（希）kalos，美丽的+gyne，所有格 gynaikos，雌性，雌蕊。此属的学名，ING、APNI、TROPICOS 和 IK 记载是"Calogyne R. Br. ，Prodr. Fl. Nov. Holland. 579. 1810［27 Mar 1810］"。"Calogyna T. Post et Kuntze，Lexicon Generum Phanerogamarum 1903 = Calogyne R. Br.（1810）"是其拼写变体。亦有文献把"Calogyne R. Br.（1810）"处理为"Goodenia Sm.（1794）"的异名。【分布】澳大利亚，菲律宾，马来西亚（东部），中国，中南半岛。【模式】Calogyne pilosa R. Brown。【参考异名】Balingayum Blanco（1837）；Calogyna Post et Kuntze（1903）Nom. illegit. ；Distylis Gaudich.（1829）；Goodenia Sm.（1794）■

8466　Calolepis Post et Kuntze（1903）Nom. illegit. = Callilepis DC.（1836）［菊科 Asteraceae（Compositae）］■●☆

8467　Calolisianthus Gilg（1895）= Irlbachia Mart.（1827）［龙胆科 Gentianaceae］■☆

8468　Calomecon Spach（1838）= Papaver L.（1753）［罂粟科 Papaveraceae］■

8469　Calomeria Vent.（1804）【汉】香木菊属（苋菊属，香木属）。【隶属】菊科 Asteraceae（Compositae）。【包含】世界 1-2 种。【学名诠释与讨论】〈阴〉（希）kalos，美丽的+meros，一部分。拉丁文 merus 含义为纯洁的，真正的。此属的学名，ING、APNI、TROPICOS 和 IK 记载是"Calomeria Vent. ，Jard. Malmaison 73. t. 73（1804）"。"Agathomeris Delaunay，Bon Jard. 1806：250. 1805"和"Razumovia K. P. J. Sprengel ex A. L. Jussieu in F. Cuvier, Dict. Sci. Nat. 44：526. Dec 1826（non K. P. J. Sprengel 1807）"是"Calomeria Vent.（1804）"的晚出的同模式异名（Homotypic synonym，Nomenclatural synonym）。亦有文献把"Calomeria Vent.（1804）"处理为"Humea Sm.（1804）"的异名。【分布】澳大利亚。【模式】Calomeria amaranthoides Ventenat。【参考异名】Agathomeria Baill. ；Agathomeris Delaun.（1805）Nom. inval. ，Nom. illegit. ；Agathomeris Delaun. ex DC. ，Nom. illegit. ；Agathomeris

Laun. (1806) Nom. illegit.；Humea Sm. (1804)；Humeocline Anderb. (1991)；Oxyphoeria Dum. Cours. (1805)；Razumovia Spreng. ex Juss. (1826) Nom. illegit. ■●☆

8470 Calomicta Post et Kuntze (1903) = Actinidia Lindl. (1836)；~ = Kolomikta Regel ex Dippel (1893) Nom. illegit.；~ = Actinidia Lindl. (1836)；~ = Kalomikta Regel (1857) [猕猴桃科 Actinidiaceae] ●

8471 Calomorphe Kuntze ex Walp. (1840) = Lennea Klotzsch (1842) [豆科 Fabaceae (Leguminosae)] ■☆

8472 Calomyrtus Blume (1850) = Myrtus L. (1753) [桃金娘科 Myrtaceae] ●

8473 Caloncoba Gilg (1908)【汉】卡洛木属。【英】Caloncoba。【隶属】刺篱木科(大风子科) Flacourtiaceae。【包含】世界 10-15 种。【学名诠释与讨论】〈阴〉(希) kalos, 美丽的+Oncoba 鼻烟盒树属。此属的学名 "Caloncoba Gilg, Bot. Jahrb. Syst. 40：458. 3 Mar 1908" 是一个替代名称。它替代的是废弃属名 "Ventenatia Palisot de Beauvois, Fl. Oware 29. t. 17. Mai 1805 = Oncoba Forssk. (1775) [刺篱木科 (大风子科) Flacourtiaceae]"。"Caloncoba Gilg (1908)" 的异物同名还有：Ventenatia Cav. (1797)(废弃属名) = Astroloma R. Br. (1810)+Melichrus R. Br. (1810)；Ventenatia Sm. (1806) Nom. illegit. (废弃属名) = Stylidium Sw. ex Willd. (1805)(保留属名)；Ventenatia Tratt. (1802) Nom. illegit. (废弃属名) = Pedilanthus Neck. ex Poit. (1812)(保留属名。【分布】热带非洲。【模式】Caloncoba glauca (Palisot de Beauvois) Gilg [Ventenatia glauca Palisot de Beauvois]。【参考异名】Paraphyadanthe Mildbr. (1920)；Phylirastrum (Pierre) Pierre；Ventenatia Cav. (1797)(废弃属名)；Ventenatia P. Beauv. (1805) Nom. illegit. (废弃属名)●☆

8474 Calonema (Lindl.) D. L. Jones et M. A. Clem. (2001) Nom. illegit. = Caladenia R. Br. (1810) [兰科 Orchidaceae] ■☆

8475 Calonema (Lindl.) Szlach. (2001) Nom. illegit. = Caladenia R. Br. (1810) [兰科 Orchidaceae] ■☆

8476 Calonemorchis Szlach. (2002) = Caladenia R. Br. (1810) [兰科 Orchidaceae] ■☆

8477 Calonnea Buc'hoz (1786) = Gaillardia Foug. (1786) [菊科 Asteraceae (Compositae)] ■

8478 Calonyction Choisy (1834) Nom. illegit. ≡ Bonanox Raf. (1821)；~ = Ipomoea L. (1753)(保留属名) [旋花科 Convolvulaceae] ●■

8479 Calopanax Post et Kuntze (1903) = Kalopanax Miq. (1863) [五加科 Araliaceae] ●

8480 Calopappus Meyen (1834)【汉】智利网菊属。【隶属】菊科 Asteraceae (Compositae)。【包含】世界 1 种。【学名诠释与讨论】〈阳〉(希) kalos, 美丽的+希腊文 pappos 指柔毛, 软毛。pappus 则与拉丁文同义, 指冠毛。此属的学名是 "Calopappus F. J. F. Meyen, Reise 1：315. 23-31 Mai 1834"。亦有文献把其处理为 "Nassauvia Comm. ex Juss. (1789)" 的异名。【分布】智利。【模式】Calopappus acerosus F. J. F. Meyen。【参考异名】Callipappus Meyen (1834) Nom. illegit.；Nassauvia Comm. ex Juss. (1789) ●☆

8481 Caloparion Post et Kuntze = Aconitum L. (1753)；~ = Calliparion (Link) Rchb. ex Wittst. [毛茛科 Ranunculaceae] ■

8482 Calopeltis Post et Kuntze (1903) = Callipeltis Steven (1829) [茜草科 Rubiaceae] ■☆

8483 Calopetalon Harv. (1855) Nom. illegit. ≡ Calopetalon J. Drumm. ex Harv. (1855)；~ = Marianthus Hügel ex Endl. (1837) [海桐花科 Pittosporaceae] ●☆

8484 Calopetalon J. Drumm. ex Harv. (1855) = Marianthus Hügel ex Endl. (1837) [海桐花科 (海桐科) Pittosporaceae] ●☆

8485 Calophaca Fisch. (1812) Nom. inval. = Calophaca Fisch. ex DC. (1825) [豆科 Fabaceae (Leguminosae)//蝶形花科 Papilionaceae] ●

8486 Calophaca Fisch. ex DC. (1825)【汉】丽豆属。【俄】Майкараган。【英】Calophaca, Prettybean。【隶属】豆科 Fabaceae (Leguminosae)//蝶形花科 Papilionaceae。【包含】世界 5-10 种, 中国 3-4 种。【学名诠释与讨论】〈阴〉(希) kalos, 美丽的+phake 小扁豆。此属的学名, ING 记载是 "Calophaca F. E. L. Fischer ex A. P. de Candolle, Prodr. 2：270. Nov (med.) 1825"。IK 则记载为 "Calophaca Fisch., Cat. Jard. Pl. Gorenki ed. 2, 67；et in DC. Prod. 2：270 (1825). 1812"。二者引用的文献相同。此名称在 2016 年被处理为 "Caragana sect. Calophaca (Fisch.) L. Duan, J. Wen et Zhao Y. Chang PhyteKeys 70：126. 2016 [4 Oct 2016]"。【分布】巴基斯坦, 俄罗斯 (南部), 缅甸, 中国。【模式】Calophaca wolgarica (Linnaeus f.) F. E. L. Fischer ex A. P. de Candolle [Cytisus wolgarica Linnaeus f.]。【参考异名】Calophaca Fisch. (1812) Nom. inval.；Caragana sect. Calophaca (Fisch.) L. Duan, J. Wen et Zhao Y. Chang (2016) ●

8487 Calophanes D. Don (1833) = Dyschoriste Nees (1832) [爵床科 Acanthaceae] ■●

8488 Calophanoides (C. B. Clarke) Ridl. (1923) Nom. illegit. = Calophanoides Ridl. (1923)；~ = Justicia L. (1753) [爵床科 Acanthaceae//鸭嘴花科 (鸭咀花科) Justiciaceae] ●■

8489 Calophanoides Ridl. (1923)【汉】杜根藤属 (赛爵床属)。【英】Calophanoides。【隶属】爵床科 Acanthaceae//鸭嘴花科 (鸭咀花科) Justiciaceae。【包含】世界 22 种, 中国 18 种。【学名诠释与讨论】〈阴〉(属) Calophanes = Dyschoriste 安龙花属+希腊文 oides, 相像。此属的学名, ING、TROPICOS 和 IK 记载是 "Calophanoides Ridley, Fl. Malay Penins. 2：592. 1923"。APNI 则记载为 "Calophanoides (C. B. Clarke) Ridl., Flora of the Malay Peninsula 2 1923", 但是未给出基源异名。亦有文献把 "Calophanoides Ridl. (1923)" 处理为 "Justicia L. (1753)" 的异名。【分布】印度至马来西亚, 中国。【后选模式】Calophanoides quadrifaria (Nees) Ridley [Gendarussa quadrifaria Nees]。【参考异名】Calophanoides (C. B. Clarke) Ridl. (1923) Nom. illegit.；Justicia L. (1753) ●■

8490 Calophruria Post et Kuntze (1903) = Eucharis Planch. et Linden (1853)(保留属名) [石蒜科 Amaryllidaceae] ■☆

8491 Calophthalmum Rchb. (1841) = Blainvillea Cass. (1823) [菊科 Asteraceae (Compositae)] ■●

8492 Calophylica C. Presl (1845) = Phylica L. (1753) [as 'Philyca'] [鼠李科 Rhamnaceae//菲利木科 Phylicaceae] ●☆

8493 Calophyllaceae J. Agardh (1858) [亦见 Clusiaceae Lindl. (保留科名)//Guttiferae Juss. (保留科名) 猪胶树科 (克鲁西科, 山竹子科, 藤黄科)]【汉】红厚壳科。【包含】世界 1 属 186-190 种, 中国 1 属 4-7 种。【分布】马达加斯加, 毛里求斯, 热带澳大利亚, 印度-马来西亚, 中南半岛, 太平洋地区, 西印度群岛, 热带美洲。【科名模式】Calophyllum L. ●

8494 Calophylloides Smeathman (1828) Nom. illegit. ≡ Calophylloides Smeathman ex DC. (1828)；~ = Eugenia L. (1753) [桃金娘科 Myrtaceae] ●

8495 Calophyllum L. (1753)【汉】红厚壳属 (胡桐属, 琼崖海棠属)。【日】テリハボク属。【俄】Дерево розовое, Калофиллум。【英】Beauty Leaf, Beautyleaf, Beauty-leaf, Bintangor, Poon, Poon Tree。【隶属】猪胶树科 (克鲁西科, 山竹子科, 藤黄科) Clusiaceae (Guttiferae) [红厚壳科 Calophyllaceae。【包含】世界 186-190 种, 中国 4-7 种。【学名诠释与讨论】〈中〉(希) kalos, 美丽的+希腊文 phyllon, 叶子。此属的学名, ING、APNI、TROPICOS 和 IK 记载是 "Calophyllum L., Sp. Pl. 1：513. 1753 [1 May 1753]"。"Calaba P. Miller, Gard. Dict. Abr. ed. 4. 28 Jan 1754"、"Lamprophyllum

Miers, Proc. Linn. Soc. London 2：338. 6 Feb 1855" 和 "Schmidelia
Boehmer in Ludwig, Def. Gen. ed. Boehmer 371. 1760" 是
"Calophyllum L.（1753）" 的晚出的同模式异名（Homotypic
synonym, Nomenclatural synonym）。晚出的非法名称 "Schmidelia
L., Mant. Pl. 10. 1767［15-31 Oct 1767］" 则是 "Allophylus L.
（1753）［无患子科 Sapindaceae］" 的异名。【分布】巴拿马，玻利
维亚，厄瓜多尔，哥斯达黎加，马达加斯加，毛里求斯，尼加拉瓜，
澳大利亚（热带），印度至马来西亚，中国，中南半岛，西印度群
岛，太平洋地区，热带美洲，中美洲。【后选模式】Calophyllum
calaba Linnaeus。【参考异名】A포terium Blume（1825）；Augia
Lour.（1790）（废弃属名）；Balsamaria Lour.（1790）Nom. illegit. ；
Calaba Mill.（1754）Nom. illegit. ；Lamprophyllum Miers（1854）
Nom. illegit. ；Ponna Boehm.（1760）；Schmidelia Boehm.（1760）
Nom. illegit. ●

8496　Calophyllum Post et Kuntze（1）Nom. illegit. = Calliphyllon Bubani
et Penz., Nom. illegit. ；~ = Epipactis Zinn（1757）（保留属名）［兰
科 Orchidaceae］■

8497　Calophyllum Post et Kuntze（2）Nom. illegit. = Kallophyllon Pohl ex
Baker（1876）；~ = Symphyopappus Turcz.（1848）［菊科 Asteraceae
（Compositae）]●☆

8498　Calophysa DC.（1828）= Clidemia D. Don（1823）［野牡丹科
Melastomataceae］●☆

8499　Calophysa Post et Kuntze（1903）Nom. illegit.（1）= Calliphysa
Fisch. et C. A. Mey.（1836）；~ = Calligonum L.（1753）［蓼科
Polygonaceae//沙拐枣科 Calligonaceae］

8500　Calopisma Post et Kuntze（1903）Nom. illegit.（2）= Callopisma
Mart.（1827）Nom. illegit. ；~ = Deianira Cham. et Schltdl.（1826）
［龙胆科 Gentianaceae］■☆

8501　Caloplectus Oerst.（1861）= Alloplectus Mart.（1829）（保留属
名）；~ = Drymonia Mart.（1829）［苦苣苔科 Gesneriaceae］●■☆

8502　Calopogon R. Br.（1813）（保留属名）【汉】北美毛唇兰属（毛唇
兰属）。【日】カロポゴン属。【俄】Лимодорум。【英】
Calopogon, Grass pink, Grass - pink Orchid。【隶属】兰科
Orchidaceae。【包含】世界 4 种。【学名诠释与讨论】〈阳〉（希）
kalos, 美丽的 + pogon, 所有格 pogonos, 指小式 pogonion, 胡须, 髯
毛, 芒。pogonias, 有须的。此属的学名 "Calopogon R. Br. in
Aiton, Hort. Kew., ed. 2,5：204. Nov 1813" 是保留属名。法规未列
出相应的废弃属名。"Helleborine O. Kuntze, Rev. Gen. 2：665. 5
Nov 1891（废弃属名）（non P. Miller 1754）" 和 "Limodorum
Linnaeus, Sp. Pl. 950. 1 Mai 1753（废弃属名）" 是 "Calopogon R.
Br.（1813）（保留属名）" 的同模式异名（Homotypic synonym,
Nomenclatural synonym）。【分布】美国, 北美洲。【模式】
Calopogon pulchellus R. Brown, Nom. illegit. ［Limodorum tuberosum
Linnaeus；Calopogon tuberosus（Linnaeus）N. L. Britton, Sterns et
Poggenburg］。【参考异名】Calipogon Raf.（1832）；Cathea Salisb.
（1812）；Helleborine Kuntze（1891）Nom. illegit.（废弃属名）；
Helleborine Martyn ex Kuntze（1891）Nom. illegit.（废弃属名）；
Helleborine Martyn（1736）Nom. illegit.（废弃属名）；Limodorum L.
（1753）（废弃属名）■☆

8503　Calopogonium Desv.（1826）【汉】毛蔓豆属（拟大豆属）。【英】
Hairvinebean。【隶属】豆科 Fabaceae（Leguminosae）//蝶形花科
Papilionaceae。【包含】世界 6-10 种, 中国 1 种。【学名诠释与讨
论】〈中〉（希）kalos, 美丽的 + pogon, 所有格 pogonos, 指小式
pogonion, 胡须, 髯毛, 芒。pogonias, 有须的 +-ius, -ia, -ium, 在拉
丁文和希腊文中, 这些词尾表示性质或状态。【分布】巴拉圭, 巴
拿马, 秘鲁, 玻利维亚, 厄瓜多尔, 哥伦比亚（安蒂奥基亚）, 哥斯
达黎加, 尼加拉瓜, 中国, 西印度群岛, 中美洲。【模式】

Calopogonium mucunoides Desvaux。【参考异名】Cyanostremma
Benth. ex Hook. et Arn.（1840）；Stenolobium Benth.（1837）Nom.
illegit. ●

8504　Caloprena Post et Kuntze = Allium L.（1753）；~ = Calliprena
Salisb.（1866）Nom. illegit. ；~ = Allium L.（1753）［百合科
Liliaceae//葱科 Alliaceae］■

8505　Caloprora Post et Kuntze = Brodiaea Sm.（1810）（保留属名）；
~ = Calliprora Lindl.（1833）［百合科 Liliaceae//葱科 Alliaceae］■☆

8506　Calopsis P. Beauv.（1827）Nom. illegit. ≡ Calopsis P. Beauv. ex
Juss.（1827）［帚灯草科 Restionaceae］■☆

8507　Calopsis P. Beauv. ex Desv.（1828）Nom. illegit. ≡ Calopsis P.
Beauv. ex Juss.（1827）［帚灯草科 Restionaceae］■☆

8508　Calopsis P. Beauv. ex Juss.（1827）【汉】南非帚灯草属。【隶属】
帚灯草科 Restionaceae。【包含】世界 23-24 种。【学名诠释与讨
论】〈阴〉（希）kalos+希腊文 opsis, 外观, 模样, 相似。此属的学
名, IK 记载为 "Calopsis Beauv. ex Juss., Dict. Sci. Nat., ed. 2.［F.
Cuvier］45：272. 1827；et ex Desv. in Ann. Sc. Nat. Ser. I. xiii.
（1828）44., t. 3."。ING 和 TROPICOS 记载是 "Calopsis Palisot de
Beauvois ex Desvaux, Ann. Sci. Nat.（Paris）13：44. 1828"；这是一
个晚出名称。"Calopsis P. Beauv.（1827）" 的命名人引证有误。
亦有文献把 "Calopsis P. Beauv. ex Juss.（1827）" 处理为
"Leptocarpus R. Br.（1810）（保留属名）" 的异名。【分布】非洲
南部。【模式】Calopsis paniculata（Rottböll）Desvaux ［Restio
paniculatus Rottböll］。【参考异名】Calopsis P. Beauv.（1827）
Nom. illegit. ；Calopsis P. Beauv. ex Desv.（1828）Nom. illegit. ；
Leptocarpus R. Br.（1810）（保留属名）■☆

8509　Calopsyche Post et Kuntze = Callipsyche Herb.（1842）；~ =
Eucrosia Ker Gawl.（1817）［石蒜科 Amaryllidaceae］■☆

8510　Calopteryx A. C. Sm.（1946）【汉】南美杜鹃属。【隶属】杜鹃花
科（欧石南科）Ericaceae。【包含】世界 2 种。【学名诠释与讨论】
〈阴〉（希）kalos, 美丽的 + pteryx, 所有格 pterygos, 指小式
pterygion, 翼, 羽毛, 鳍。此属的学名是 "Calopteryx A. C. Smith, J.
Arnold Arbor. 27：100. 15 Jan 1946"。亦有文献把其处理为
"Thibaudia Ruiz et Pav.（1805）" 的异名。【分布】热带南美洲西
部, 中美洲。【模式】Calopteryx insignis A. C. Smith。【参考异名】
Thibaudia Ruiz et Pav.（1805）●☆

8511　Caloptilium Lag.（1811）= Nassauvia Comm. ex Juss.（1789）［菊
科 Asteraceae（Compositae）]●☆

8512　Calopyxis Tul.（1856）【汉】美果使君子属。【隶属】使君子科
Combretaceae。【包含】世界 23 种。【学名诠释与讨论】〈阴〉
（希）kalos, 美丽的+pyxis, 指小式 pyxidion =拉丁文 pyxis, 所有格
pixidis, 箱, 果, 盖果。此属的学名是 "Calopyxis L. R. Tulasne,
Ann. Sci. Nat. Bot. ser. 4. 6：86. 1856"。亦有文献把其处理为
"Combretum Loefl.（1758）（保留属名）" 的异名。【分布】马达加
斯加。【后选模式】Calopyxis sphaeroides L. R. Tulasne。【参考异
名】Caropyxis Benth. et Hook. f.（1865）；Combretum Loefl.（1758）
（保留属名）●☆

8513　Calorchis Barb. Rodr.（1877）= Ponthieva R. Br.（1813）［兰科
Orchidaceae］■☆

8514　Calorezia Panero（2007）【汉】智利钝柱菊属。【隶属】菊科
Asteraceae（Compositae）。【包含】世界 2 种。【学名诠释与讨论】
〈阴〉（希）kalos, 美丽的+（属）Perezia 莲座钝柱菊属。此属的学
名是 "Calorezia Panero, Phytologia 89（2）：199-200. 2007"。亦有
文献把其处理为 "Perezia Lag.（1811）" 的异名。【分布】智利。
【模式】Calorezia nutans（Less.）Panero ［Perezia nutans Less.］。
【参考异名】Perezia Lag.（1811）■☆

8515　Calorhabdos Benth.（1835）【汉】四方麻属。【隶属】玄参科

Scrophulariaceae。【包含】世界5种,中国5种。【学名诠释与讨论】〈阴〉(希)kalos,美丽的+rhabdos,四方形,竿,棒,魔杖。此属的学名是"Calorhabdos Bentham,Edwards's Bot. Reg. ad 1770〔3〕. 1 Jun 1835"。亦有文献把其处理为"Veronicastrum Heist. ex Fabr. (1759)"的异名。【分布】中国,东喜马拉雅山。【模式】Calorhabdos brunoniana Bentham。【参考异名】Veronicastrum Heist. ex Fabr. (1759)■

8516 Calorhoe Post et Kuntze(1903)= Callirhoe Nutt. (1821)〔锦葵科 Malvaceae〕■●☆

8517 Calorophus Labill. (1806)(废弃属名)= Hypolaena R. Br. (1810)(保留属名)〔帚灯草科 Restionaceae〕■☆

8518 Calosace Post et Kuntze = Angelica L. (1753);~ = Callisace Fisch. ex Hoffm. (1816)〔伞形花科(伞形科)Apiaceae (Umbelliferae)〕■

8519 Calosacme Wall. (1829)= Chirita Buch. –Ham. ex D. Don(1822)〔苦苣苔科 Gesneriaceae〕●■

8520 Calosanthes Blume(1826)Nom. illegit. ≡ Oroxylum Vent. (1808)〔紫葳科 Bignoniaceae〕●

8521 Calosanthus Rchb. (1827)= Kalosanthes Haw. (1821)〔景天科 Crassulaceae〕●■☆

8522 Caloscilla Jord. et Fourr. (1869)= Scilla L. (1753)〔百合科 Liliaceae//风信子科 Hyacinthaceae//绵枣儿科 Scillaceae〕■

8523 Caloscordum Herb. (1844)【汉】合被韭属。【隶属】百合科 Liliaceae//葱科 Alliaceae。【包含】世界5种。【学名诠释与讨论】〈中〉(希)kalos,美丽的 + skordon,蒜。此属的学名是"Caloscordum Herbert,Edwards's Bot. Reg. 30 (Misc.):66. Sep 1844"。亦有文献把其处理为"Allium L. (1753)"或"Nothoscordum Kunth(1843)(保留属名)"的异名。【分布】中国。【模式】Caloscordum neriniflorum Herbert。【参考异名】Allium L. (1753);Nothoscordum Kunth(1843)(保留属名)■

8524 Calosemaea Post et Kuntze = Callisemaea Benth. (1837);~ = Platypodium Vogel(1837)〔豆科 Fabaceae(Leguminosae)〕■☆

8525 Caloseris Benth. (1841)= Onoseris Willd. (1803)〔菊科 Asteraceae(Compositae)〕●■☆

8526 Calosmon Bercht. et J. Presl (1825)Nom. illegit. ≡ Calosmon Bercht. ex J. Presl (1825)Nom. illegit. ;~ ≡ Benzoin Boerh. ex Schaeff. (1760)(废弃属名);~ = Lindera Thunb. (1783)(保留属名)〔樟科 Lauraceae〕●

8527 Calosmon J. Presl (1823)Nom. inval. ,Nom. illegit. ≡ Calosmon Bercht. ex J. Presl (1825)Nom. illegit. ;~ = Calosmon Bercht. ex J. Presl(1825)Nom. illegit. ;~ ≡ Benzoin Boerh. ex Schaeff. (1760)(废弃属名);~ = Lindera Thunb. (1783)(保留属名)〔樟科 Lauraceae〕●

8528 Calospatha Becc. (1911)【汉】美苞棕属。【英】Calospatha。【隶属】棕榈科 Arecaceae(Palmae)。【包含】世界2种。【学名诠释与讨论】〈阴〉(希)kalos,美丽的+spathe =拉丁文 spatha,佛焰苞,鞘,叶片,匙状苞,窄而平之薄片,竿杖。【分布】马来半岛。【模式】Calospatha scortechinii Beccari。●■☆

8529 Calospermum Pierre(1890)= Lucuma Molina(1782);~ = Pouteria Aubl. (1775)〔山榄科 Sapotaceae〕●

8530 Calosphace(Benth.)Raf. (1837)Nom. illegit. = Salvia L. (1753)〔唇形科 Lamiaceae(Labiatae)//鼠尾草科 Salviaceae〕●■

8531 Calosphace Raf. (1837)Nom. illegit. ≡ Calosphace (Benth.)Raf. (1837)Nom. illegit. ;~ = Salvia L. (1753)〔唇形科 Lamiaceae (Labiatae)//鼠尾草科 Salviaceae〕●■

8532 Calostachya Post et Kuntze(1903)= Callistachys Raf. 〔玄参科 Scrophulariaceae//婆婆纳科 Veronicaceae〕■

8533 Calostachys Post et Kuntze(1903)(1)= Callistachys Heuffel (1844)Nom. illegit. (废弃属名);~ = Carex L. (1753)〔莎草科 Cyperaceae〕■

8534 Calostachys Post et Kuntze(1903)(2)= Callistachys Vent. (1803)(废弃属名);~ = Oxylobium Andrent(1807)(保留属名)〔豆科 Fabaceae(Leguminosae)〕■☆

8535 Calosteca Desv. (1810)= Briza L. (1753);~ = Calotheca Desv. (1810)〔禾本科 Poaceae(Gramineae)〕■

8536 Calostelma D. Don(1833)= Liatris Gaertn. ex Schreb. (1791)(保留属名)〔菊科 Asteraceae(Compositae)〕■☆

8537 Calostemma Post et Kuntze(1903)= Callistemma Boiss. (1875)Nom. illegit. (废弃属名);~ = Tremastelma Raf. (1838)〔川续断科(刺参科,蓟叶参科,山萝卜科,续断科)Dipsacaceae〕■☆

8538 Calostemma R. Br. (1810)【汉】东澳石蒜属。【英】Gariand-lily。【隶属】石蒜科 Amaryllidaceae。【包含】世界1-2种。【学名诠释与讨论】〈中〉(希)kalos,美丽的+stemma,所有格 stemmatos,花冠,花环,王冠。此属的学名,ING、APNI、TROPICOS 和 IK 记载是"Calostemma R. Br. ,Prodr. Fl. Nov. Holland. 297. 1810〔27 Mar 1810〕"。"Calostemma Post et Kuntze(1903)= Callistemma Boiss. (1875)Nom. illegit. (废弃属名)= Tremastelma Raf. (1838)"是晚出的非法名称。【分布】澳大利亚(东部)。【模式】未指定。☆

8539 Calostemon Post et Kuntze(1903)= Callistemon R. Br. (1814)〔桃金娘科 Myrtaceae〕●

8540 Calostephana Post et Kuntze(1903)= Callistephana Fourr. (1868);~ = Coronilla L. (1753)(保留属名)〔豆科 Fabaceae (Leguminosae)//蝶形花科 Papilionaceae〕■

8541 Calostephane Benth. (1872)【汉】丽冠菊属。【隶属】菊科 Asteraceae(Compositae)。【包含】世界6种。【学名诠释与讨论】〈阴〉(希)kalos,美丽的+stephos,所有格 stephanos,花冠,王冠。【分布】热带非洲南部。【模式】Calostephane divaricata Bentham。【参考异名】Mollera O. Hoffm. (1890)■☆

8542 Calostephus Post et Kuntze(1903)= Callistephus Cass. (1825)(保留属名)〔菊科 Asteraceae(Compositae)〕■

8543 Calostigma Decne. (1838)【汉】丽柱萝藦属。【隶属】萝藦科 Asclepiadaceae。【包含】世界12种。【学名诠释与讨论】〈中〉(希)kalos,美丽的+stigma,所有格 stigmatos,柱头,眼点。此属的学名,ING 和 IK 记载是"Calostigma Decaisne,Ann. Sci. Nat. Bot. ser. 2. 9:343. t. 12, f. H. Jun 1838"。天南星科的"Calostigma Schott(1832)"未发表;而"Calostigma Schott ex B. D. Jacks. (1893)"虽然合格发表了,但是却是晚出的非法名称了。【分布】巴西,秘鲁,玻利维亚,厄瓜多尔。【模式】Calostigma insigne Decaisne。【参考异名】Calostigma Schott(1832)Nom. inval. ■☆

8544 Calostigma Schott ex B. D. Jacks. (1893)Nom. illegit. = Philodendron Schott(1829)〔as ' Philodendrum'〕(保留属名)〔天南星科 Araceae〕■●

8545 Calostigma Schott(1832)Nom. inval. =Calostigma Schott ex B. D. Jacks. (1893)Nom. illegit. ;~ = Philodendron Schott (1829)〔as dendrodendrum'〕(保留属名)〔 =Philodendron Schott(1829)〔as dendron Schott(保留属名)天南星科 Araceae〕■●

8546 Calostima Raf. (1837)Nom. illegit. ≡ Urera Gaudich. (1830)〔荨麻科 Urticaceae〕●☆

8547 Calostroma Post et Kuntze(1903)= Callistroma Fenzl(1843);~ = Oliveria Vent. (1801)〔伞形花科(伞形科)Apiaceae (Umbelliferae)〕■☆

8548 Calostrophus F. Muell. (1873)= Hypolaena R. Br. (1810)(保留属名)〔帚灯草科 Restionaceae〕■☆

8549　Calostylis Kuntze（1891）＝ Callostylis Blume（1825）；～＝ Eria Lindl.（1825）（保留属名）［兰科 Orchidaceae］■

8550　Calota Hare. ex Lindl. ＝ Ceratandra Eckl. ex F. A. Bauer（1837）［兰科 Orchidaceae］■☆

8551　Calotesta P. O. Karis（1990）【汉】白苞鼠麴木属。【隶属】菊科 Asteraceae（Compositae）。【包含】世界1种。【学名诠释与讨论】〈阴〉（希）kalos，美丽的＋testa 壳，砖，瓦。【分布】非洲南部。【模式】Calotesta alba P. O. Karis。●☆

8552　Calothamnus Labill.（1806）【汉】网木属（半边花属）。【英】Net Bush，Woolly Netbush。【隶属】桃金娘科 Myrtaceae。【包含】世界 24-40 种。【学名诠释与讨论】〈阴〉（希）kalos，美丽的＋thamnos，指小式 thamnion，灌木，灌丛，树丛，枝。【分布】澳大利亚（西部）。【模式】Calothamnus sanguinea Labillardière。【参考异名】Baudinia Lesch. ex DC.（1828）；Billotia Colla（1824）；Billottia Colla（1824）●☆

8553　Calothauma Post et Kuntze（1903）＝ Callithamna Herb.；～＝ Stenomesson Herb.（1821）［石蒜科 Amaryllidaceae］■☆

8554　Calotheca Desv.（1810）Nom. illegit.≡Calotheca Desv. ex Spreng.（1817）Nom. illegit.；～＝ Aeluropus Trin.（1820）；～＝ Briza L.（1753）［禾本科 Poaceae（Gramineae）］■

8555　Calotheca Desv. ex Spreng.（1817）Nom. illegit.＝ Aeluropus Trin.（1820）；～＝ Briza L.（1753）［禾本科 Poaceae（Gramineae）］■

8556　Calotheca P. Beauv.，Nom. illegit.＝ Briza L.（1753）［禾本科 Poaceae（Gramineae）］■

8557　Calotheca Spreng.（1817）Nom. illegit.≡Calotheca Desv. ex Spreng.（1817）Nom. illegit.；～＝ Aeluropus Trin.（1820）；～＝ Briza L.（1753）［禾本科 Poaceae（Gramineae）］■

8558　Calotheria Steud.（1854）Nom. illegit.≡Calotheria Wight et Arn. ex Steud.（1854）；～＝ Calotheria Wight et Arn. ex Steud.（1854）；～＝ Enneapogon Desv. ex P. Beauv.（1812）；～＝ Pappophorum Schreb.（1791）［禾本科 Poaceae（Gramineae）］■☆

8559　Calotheria Wight et Arn.（1854）Nom. inval.≡Calotheria Wight et Arn. ex Steud.（1854）；～＝Enneapogon Desv. ex P. Beauv.（1812）；～＝Pappophorum Schreb.（1791）［禾本科 Poaceae（Gramineae）］■☆

8560　Calotheria Wight et Arn. ex Steud.（1854）＝ Enneapogon Desv. ex P. Beauv.（1812）；～＝ Pappophorum Schreb.（1791）［禾本科 Poaceae（Gramineae）］■☆

8561　Calothyrsus Spach（1834）＝ Aesculus L.（1753）［七叶树科 Hippocastanaceae//无患子科 Sapindaceae］●

8562　Calotis R. Br.（1820）【汉】刺冠菊属。【英】Bur Daisy，Calotis。【隶属】菊科 Asteraceae（Compositae）。【包含】世界 20-30 种，中国1种。【学名诠释与讨论】〈阴〉（希）kalos，美丽的＋ous，所有格 otos，指小式 otion，耳。otikos，耳的。【分布】澳大利亚，中国。【模式】Calotis cuneifolia R. Brown。【参考异名】Cheiroloma F. Muell.（1853）；Chiroloma Post et Kuntze（1903）；Goniopogon Turcz.（1851）；Huenefeldia Walp.（1840）；Hunefeldia Lindl.（1847）；Tolbonia Kuntze（1891）■

8563　Calotriche Post et Kuntze（1903）Nom. illegit.（1）＝ Callitriche L.（1753）［水马齿科 Callitrichaceae］■

8564　Calotropis Endl.（1840）Nom. illegit.［豆科 Fabaceae（Leguminosae）//蝶形花科 Papilionaceae］☆

8565　Calotropis Post et Kuntze（1903）Nom. illegit.（2）＝ Callotropis G. Don（1832）；～＝ Galega L.（1753）［豆科 Fabaceae（Leguminosae）//蝶形花科 Papilionaceae］■

8566　Calotropis R. Br.（1810）【汉】牛角瓜属。【俄】Калотропис。【英】Calotrope，Madar，Mudar，Mudar Fibre。【隶属】萝藦科 Asclepiadaceae。【包含】世界 3-6 种，中国2种。【学名诠释与讨论】〈阴〉（希）kalos，美丽的＋tropos，转弯，方式上的改变。trope，转弯的行为。tropo，转。tropis，所有格 tropeos，后来的。tropis，所有格 tropidos，龙骨。指花具龙骨。此属的学名，ING、APNI、GCI、TROPICOS 和 IK 记载是"Calotropis R. Br.，Asclepiadeae 28. 1810［3 Apr 1810］"。"Madorius O. Kuntze，Rev. Gen. 2；421. 5 Nov 1891"是"Calotropis R. Br.（1810）"的晚出的同模式异名（Homotypic synonym，Nomenclatural synonym）。"Calotropis Endl.，Genera Plantarum（Endlicher）1272. 1840［豆科 Fabaceae（Leguminosae）//蝶形花科 Papilionaceae］"和"Calotropis Post et Kuntze（1903）＝ Callotropis G. Don（1832）＝ Galega L.（1753）［豆科 Fabaceae（Leguminosae）//蝶形花科 Papilionaceae］"是晚出的非法名称。【分布】巴基斯坦，巴拉圭，巴拿马，玻利维亚，哥伦比亚（安蒂奥基亚），马达加斯加，尼加拉瓜，中国，热带非洲，亚洲，中美洲。【后选模式】Calotropis procera（W. Aiton）W. T. Aiton［Asclepias procera W. Aiton］。【参考异名】Madorius Kuntze（1891）Nom. illegit.；Madorius Rumph.（1750）Nom. inval.；Madorius Rumph. ex Kuntze（1891）Nom. illegit. ●

8567　Caloxene Post et Kuntze（1903）＝ Callixene Comm. ex Juss.（1789）（废弃属名）；～＝ Luzuriaga Ruiz et Pav.（1802）（保留属名）［菱瓣花科（菝葜木科）Luzuriagaceae//智利花科（垂花科，金钟木科，喜爱花科）Philesiaceae//六出花科 Alstroemeriaceae//百合科 Liliaceae］■☆

8568　Calpandria Blume（1825）＝ Camellia L.（1753）［山茶科（茶科）Theaceae］●

8569　Calpicarpum G. Don（1837）＝ Kopsia Blume（1823）（保留属名）；～＝ Ochrosia Juss.（1789）［夹竹桃科 Apocynaceae］●

8570　Calpidia Thouars（1805）＝ Ceodes J. R. Forst. et G. Forst.（1775）；～＝ Pisonia L.（1753）［紫茉莉科 Nyctaginaceae//腺果藤科（避霜花科）Pisoniaceae］●

8571　Calpidisca Barnhart（1916）＝ Utricularia L.（1753）［狸藻科 Lentibulariaceae］■

8572　Calpidochlamys Diels（1935）＝ Trophis P. Browne（1756）（保留属名）［桑科 Moraceae］●☆

8573　Calpidosicyos Harms（1923）＝ Momordica L.（1753）［葫芦科（瓜科，南瓜科）Cucurbitaceae］■

8574　Calpigyne Blume（1857）＝ Koilodepas Hassk.（1856）［大戟科 Euphorbiaceae］●

8575　Calpocalyx Harms（1897）【汉】瓮萼豆属。【英】Calpocalyx。【隶属】豆科 Fabaceae（Leguminosae）。【包含】世界11种。【学名诠释与讨论】〈阳〉（希）kalpis，所有格 kalpidos，瓮＋kalyx，所有格 kalykos ＝拉丁文 calyx，花萼，杯子。【分布】热带非洲西部。【模式】Calpocalyx dinklagei（Taubert）Harms［Erythrophloeum dinklagei Taubert］。●☆

8576　Calpocarpus Post et Kuntze（1903）＝ Calpicarpum G. Don（1837）；～＝ Kopsia Blume（1823）（保留属名）［夹竹桃科 Apocynaceae］e

8577　Calpurnia E. Mey.（1836）【汉】翼荚豆属。【隶属】豆科 Fabaceae（Leguminosae）。【包含】世界6种。【学名诠释与讨论】〈阴〉（希）kalpis，所有格 kalpidos，瓮＋urnus 属于。【分布】厄瓜多尔，非洲。【后选模式】Calpurnia intrusa（R. Brown）E. H. F. Meyer［Virgilia intrusa R. Brown］■☆

8578　Calsiama Raf.（1838）Nom. illegit.≡Calesiam Adans.（1763）（废弃属名）；～＝ Lannea A. Rich.（1831）（保留属名）［漆树科 Anacardiaceae］●

8579　Caltha L.（1753）【汉】驴蹄草属。【日】リウキンクワ属，リュウキンカ属。【俄】Калужница，Кальта。【英】Kingcup，Marsh Marigold，Marshmarigold，Marsh-marigold，Populage。【隶属】毛茛科 Ranunculaceae。【包含】世界 10-30 种，中国 4-8 种。【学名诠

释与讨论〈阴〉(希)kalathos,瓶状篮子,有脚的杯子。指花的形状。【分布】巴基斯坦,秘鲁,玻利维亚,厄瓜多尔,美国(密苏里),新西兰,中国,极地和北温带,温带南美洲。【模式】Caltha palustris Linnaeus。【参考异名】Caltha Mill. (1754) Nom. illegit. ; Polulago Mill. (1754);Populago Mill. (1754);Psychrophila (DC.) Bercht. et J. Presl(1823);Psychrophila Bercht. et J. Presl(1823) Nom. illegit. ;Psycrophila Raf. (1832);Thacla Spach(1838)■

8580　Caltha Mill. (1754) Nom. illegit. ≡ Calendula L. (1753)[菊科 Asteraceae(Compositae)//金盏花科 Calendulaceae]●■

8581　Caltha Tourn. ex Adans. (1763) Nom. illegit. = Calendula L. (1753)[菊科 Asteraceae(Compositae)//金盏花科 Calendulaceae]●■

8582　Calthaceae Martinov(1820)= Ranunculaceae Juss. (保留科名)●■

8583　Calthoides B. Juss. ex DC. (1838)= Othonna L. (1753)[菊科 Asteraceae(Compositae)]●■☆

8584　Calucechinus Hombr. et Jacquinot ex Decne. (1853) Nom. illegit. (废弃属名)≡ Calucechinus Hombr. et Jacquinot (1843) (废弃属名); ~=Nothofagus Blume(1851)(保留属名)[壳斗科(山毛榉科)Fagaceae]●☆

8585　Calucechinus Hombr. et Jacquinot(1843)(废弃属名)= Nothofagus Blume(1851)(保留属名)[壳斗科(山毛榉科)Fagaceae//假山毛榉科(南青冈科,南山毛榉科,拟山毛榉科)Nothofagaceae]●☆

8586　Caluera Dodson et Determann(1983)【汉】卡卢兰属。【隶属】兰科 Orchidaceae。【包含】世界2种。【学名诠释与讨论】〈阴〉(人)Carlyle A. Luer,1922-,美国植物学者,兰科 Orchidaceae 专家。【分布】厄瓜多尔,几内亚,苏里南。【模式】Caluera surinamensis C. H. Dodson et R. O. Determann。■☆

8587　Calusia Bert. ex Steud. (1840)= Myrospermum Jacq. (1760)[豆科 Fabaceae(Leguminosae)]●☆

8588　Calusparassus Hombr. et Jacquinot ex Decne. (1853) Nom. illegit. (废弃属名)≡ Calusparassus Hombr. et Jacquinot(1843)(废弃属名); ~=Nothofagus Blume(1851)(保留属名)[壳斗科(山毛榉科)Fagaceae//假山毛榉科(南青冈科,南山毛榉科,拟山毛榉科)Nothofagaceae]●☆

8589　Calusparassus Hombr. et Jacquinot(1843)(废弃属名)= Nothofagus Blume(1851)(保留属名)[壳斗科(山毛榉科)Fagaceae//假山毛榉科(南青冈科,南山毛榉科,拟山毛榉科)Nothofagaceae]●☆

8590　Calvaria C. F. Gaertn. (1806) Nom. illegit. ≡ Calvaria Comm. ex C. F. Gaertn. (1806); ~=Sideroxylon L. (1753)[山榄科 Sapotaceae]●☆

8591　Calvaria Comm. ex C. F. Gaertn. (1806)= Sideroxylon L. (1753)[山榄科 Sapotaceae]●☆

8592　Calvelia Moq. (1849)= Suaeda Forssk. ex J. F. Gmel. (1776)(保留属名)[藜科 Chenopodiaceae]●■

8593　Calvoa Hook. f. (1867)【汉】非洲野牡丹属。【隶属】野牡丹科 Melastomataceae。【包含】世界18种。【学名诠释与讨论】〈阴〉(人)Calvo。【分布】热带非洲。【模式】未指定。■☆

8594　Calycacanthus K. Schum. (1889)【汉】新几内亚爵床属。【隶属】爵床科 Acanthaceae。【包含】世界1种。【学名诠释与讨论】〈阳〉(希)kalyx,所有格 kalykos =拉丁文 calyx,花萼,杯子+akantha,荆棘。akanthikos,荆棘的。akanthion,蓟的一种,豪猪刺猬。akanthinos,多刺的,用荆棘做成的。在植物描述中 acantha 通常指刺。【分布】新几内亚岛。【模式】Calycacanthus magnusianus K. M. Schumann。■☆

8595　Calycadenia DC. (1836)【汉】腺萼菊属。【隶属】菊科

Asteraceae(Compositae)。【包含】世界10-11种。【学名诠释与讨论】〈阳〉(希)kalyx,所有格 kalykos,花萼,杯子+aden,所有格 adenos,腺体。此属的学名是"Calycadenia A. P. de Candolle, Prodr. 5: 695. Oct(prim.)1836"。亦有文献把其处理为"Hemizonia DC. (1836)"的异名。【分布】美国(西部)。【后选模式】Calycadenia truncata A. P. de Candolle。【参考异名】Hemizonia DC. (1836)■☆

8596　Calycampe O. Berg(1856)= Myrcia DC. ex Guill. (1827)[桃金娘科 Myrtaceae]●☆

8597　Calycandra Lepr. ex A. Rich. (1832)= Cordyla Lour. (1790)[豆科 Fabaceae(Leguminosae)//云实科(苏木科)Caesalpiniaceae]●☆

8598　Calycanthaceae Lindl. (1819)(保留科名)【汉】蜡梅科。【日】ラフバイ科,ロウバイ科。【俄】Каликантовые。【英】Allspice Family, Calycanthus Family, Strawberrshrub Family, Strawberry Shrub Family,Strawberry-shrub Family。【包含】世界2-4属9-10种,中国2属7-9种。【分布】澳大利亚(东北部),东亚,北美洲。【科名模式】Calycanthus L. (1759)(保留属名)●

8599　Calycanthemeae Vent. =Lythraceae J. St. -Hil. (保留科名)■●

8600　Calycanthemeae[L.]Vent. ≡ Calycanthemeae Vent. ; ~= Lythraceae J. St. -Hil. (保留科名)■●

8601　Calycanthemum Klotzsch(1861)= Ipomoea L. (1753)(保留属名)[旋花科 Convolvulaceae]●■

8602　Calycanthus L. (1759)(保留属名)【汉】夏蜡梅属(美国蜡梅属,夏腊梅属,洋蜡梅属,泽蜡梅属)。【日】クロバナラフバイ属,クロバナロウバイ属。【俄】Каликант, Каликантус,Чашецветник。【英】Allspice, Calycanthus, Carolina Allspice, Spicebush, Strawberry Shrub, Strawberryshrub, Strawberry - shrub, Sweet Shrub, Sweet - scented Bush, Sweet - scented Shrub, Sweetshrub。【隶属】蜡梅科 Calycanthaceae。【包含】世界2-3种,中国1-2种。【学名诠释与讨论】〈阳〉(希)kalyx,所有格 kalykos,花萼,杯子+anthos,花。指萼片与花瓣同形。此属的学名"Calycanthus L. , Syst. Nat. , ed. 10: 1053, 1066, 1371. 7 Jun 1759"是保留属名。相应的废弃属名是蜡梅科 Calycanthaceae 的"Basteria Mill. ,Fig. Pl. Gard. Dict. :40. 30 Dec 1755 =Calycanthus L. (1759)(保留属名)"。菊科的"Basteria Houttuyn, Natuurl. Hist. 2(6): 158. 11 Sep 1776 =Berkheya Ehrh. (1784)(保留属名)"亦应废弃。【分布】美国,中国。【模式】Calycanthus floridus Linnaeus。【参考异名】Basteria Mill. (1755)(废弃属名);Beurreria Ehret(1755)(废弃属名);Beveria Collinson(1821)Nom. illegit. ;Butneria Duhamel(1755)(废弃属名);Byttneria Steud. (1840)(废弃属名);Calicanthus Cothen. , Nom. illegit. ;Calicanthus Raf. , Nom. illegit. ;Gardenia J. Ellis(1821)Nom. illegit. (废弃属名);Pompadoura Buc'hoz ex DC. (1828);Sinocalycanthus(W. C. Cheng et S. Y. Chang)W. C. Cheng et S. Y. Chang(1964)●

8603　Calycera Cav. (1797)(保留属名)[as 'Calicera']【汉】萼角属(萼角属,头花草属)。【隶属】萼角花科(萼角科,头花草科)Calyceraceae。【包含】世界15-20种。【学名诠释与讨论】〈阴〉(希)kalyx,所有格 kalykos,花萼,杯子+keras,所有格 keratos,角,弓。此属的学名"Calycera Cav. , Icon. 4: 34. Sep - Dec 1797('Calicera')(orth. cons.)"是保留属名。法规未列出相应的废弃属名。但是其拼写变体"Calicera Cav. (1797)"应该废弃。【分布】阿根廷,秘鲁,玻利维亚,智利。【模式】Calycera herbacea Cavanilles。【参考异名】Anomocarpus Miers(1860)Nom. illegit. ;Calicera Cav. (1797)Nom. illegit. (废弃属名);Discophytum Miers(1847);Gymnocaulus Phil. (1858);Leucocera Turcz. (1848)■☆

8604　Calyceraceae R. Br. ex Rich. (1820)(保留科名)【汉】萼角花科

（萼角科,头花草科）。【包含】世界 4-6 属 40-60 种。【分布】中美洲和南美洲。【科名模式】Calycera Cav.●■☆

8605　Calycium Elliott（1823）= Heterotheca Cass.（1817）［菊科 Asteraceae（Compositae）］■☆

8606　Calycobolus Schult.（1819）【汉】落萼旋花属。【隶属】旋花科 Convolvulaceae。【包含】世界 18-30 种。【学名诠释与讨论】〈阳〉（希）kalyx,所有格 kalykos = 拉丁文 calyx,花萼,杯子+bolos,投掷,捕捉,大药丸。此属的学名,ING 记载是"Calycobolus J. A. Schultes in J. J. Roemer et J. A. Schultes, Syst. Veg. 5: ii. Dec 1819"。IK 和 TROPICOS 则记载为"Calycobolus Willd. ex Roem. et Schult. ,Syst. Veg. , ed. 15 bis［Roemer et Schultes］5; ii. 1819［Dec 1819］"。三者引用的文献相同。亦有文献把"Calycobolus Schult.（1819）"处理为"Prevostea Choisy（1825）"的异名。【分布】秘鲁,玻利维亚,非洲,热带美洲。【后选模式】Calycobolus emarginatus J. A. Schultes。【参考异名】Baillandea Roberty（1952）; Calycobolus Willd. ex Roem. et Schult.（1819）Nom. illegit. ; Calycobolus Willd. ex Schult.（1819）; Prevostea Choisy（1825）●☆

8607　Calycobolus Willd. ex Roem. et Schult.（1819）Nom. illegit. = Calycobolus Schult.（1819）［旋花科 Convolvulaceae］●☆

8608　Calycobolus Willd. ex Schult.（1819）Nom. illegit. = Calycobolus Schult.（1819）［旋花科 Convolvulaceae］●☆

8609　Calycocarpum（Nutt.）Spach（1839）Nom. illegit. ≡ Calycocarpum（Nutt. ex Torr. et A. Gray）Spach（1839）［防己科 Menispermaceae］●☆

8610　Calycocarpum（Nutt. ex Torr. et A. Gray）Spach（1839）【汉】杯子藤属。【英】Cupseed。【隶属】防己科 Menispermaceae。【包含】世界 1 种。【学名诠释与讨论】〈中〉（希）kalyx,所有格 kalykos,花萼,杯子 + karpos,果实。此属的学名,ING 记载是"Calycocarpum（Nuttall）Spach,Hist. Nat. Vég. PHAN.（种子）8:7. 23 Nov 1839",由"Menispermum subgen. Calycospermum Nuttall in J. Torrey et A. Gray, Fl. N. Amer. 1:48. Jul 1838"改级而来;《北美植物志》亦用此名;但它的命名人引证有误。TROPICOS 记载为"Calycocarpum（Nutt. ex Torr. et A. Gray）Spach,Hist. Nat. Vég. 8:7,1839［1838］",由"Menispermum sect. Calycocarpum Nutt. ex Torr. et A. Gray"改级而来。IK 则记载为"Calycocarpum Nutt. ex Torr. et A. Gray, Fl. N. Amer.（Torr. et A. Gray）1（1）:48. 1838［Jul 1838］";这是一个作为"sect."发表的名称,"Calycocarpum Nutt. ex Torr. et A. Gray（1838）"表述有误。【分布】美国,北美洲。【模式】Calycocarpum lyonii Nutt. ex A. Gray。【参考异名】Calycocarpum（Nutt.）Spach（1839）Nom. illegit. ; Calycocarpum Nutt. ex Spach（1839）Nom. illegit. ; Menispermum sect. Calycocarpum Nutt. ex Torr. et A. Gray; Menispermum subgen. Calycospermum Nutt.（1838）●☆

8611　Calycocarpum Nutt. ex Torr. etA. Gray（1838）Nom. illegit. ≡ Calycocarpum（Nutt. ex Torr. et A. Gray）Spach（1839）［防己科 Menispermaceae］●☆

8612　Calycocorsus F. W. Schmidt（1795）Nom. illegit. ≡ Willemetia Neck.（1777-1778）; ~ = Chondrilla L.（1753）［菊科 Asteraceae（Compositae）］■

8613　Calycodaphne Bojer（1837）= Ocotea Aubl.（1775）［樟科 Lauraceae］●☆

8614　Calycodendron A. C. Sm.（1936）【汉】萼木属。【隶属】茜草科 Rubiaceae。【包含】世界 7 种。【学名诠释与讨论】〈中〉（希）kalyx,所有格 kalykos,花萼,杯子+dendron 或 dendros,树木,棍,丛林。此属的学名是"Calycodendron A. C. Smith, Bernice P. Bishop Mus. Bull. 141: 154. 28 Nov 1936"。亦有文献把其处理为

"Psychotria L.（1759）（保留属名）"的异名。【分布】参见 Psychotria L.。【模式】Calycodendron pubiflorum（A. Gray）A. C. Smith［Calycosia pubiflora A. Gray］。【参考异名】Psychotria L.（1759）（保留属名）●☆

8615　Calycodon Nutt.（1848）= Muhlenbergia Schreb.（1789）［禾本科 Poaceae（Gramineae）］■

8616　Calycodon Wendl. = Hyospathe Mart.（1823）［棕榈科 Arecaceae（Palmae）］●☆

8617　Calycogonium DC.（1828）【汉】萼叶茜属。【隶属】茜草科 Rubiaceae。【包含】世界 30-40 种。【学名诠释与讨论】〈中〉（希）kalyx,所有格 kalykos,花萼,杯子+gonia,角,角隅,关节,膝,来自拉丁文 giniatus,成角度的+-ius,-ia,-ium,在拉丁文和希腊文中,这些词尾表示性质或状态。【分布】西印度群岛。【后选模式】Calycogonium stellatum A. P. de Candolle, Nom. illegit.［Melastoma calycopteris L. C. Richard; Calycogonium calycopteris（L. C. Richard）I. Urban］。【参考异名】Calycopteris Rich. ex DC. , Nom. illegit. ; Calygogonium G. Don（1832）; Calygonium D. Dietr.（1840）●☆

8618　Calycolpus O. Berg（1856）【汉】沟萼桃金娘属。【隶属】桃金娘科 Myrtaceae。【包含】世界 14 种。【学名诠释与讨论】〈阳〉（希）kalyx,所有格 kalykos,花萼,杯子+colpos,乳间,胸部。【分布】巴拿马,秘鲁,玻利维亚,厄瓜多尔,哥伦比亚（安蒂奥基亚）,哥斯达黎加,尼加拉瓜,西印度群岛,南美洲,中美洲。【后选模式】Calycolpus goetheanus（A. P. de Candolle）O. C. Berg［Myrtus goetheana A. P. de Candolle］●☆

8619　Calycomelia Kostel.（1834）= Fraxinus L.（1753）［木犀榄科（木犀科）Oleaceae//白蜡树科 Fraxinaceae］●

8620　Calycomis D. Don（1830）Nom. illegit. = Acrophyllum Benth.（1838）; ~ = Calycomis T. Nees（1827）Nom. illegit. ; = Callicoma Andréws（1809）［火把树科（常绿棱枝树科,角瓣木科,库诺尼科,南蔷薇科,轻木科）Cunoniaceae］●☆

8621　Calycomis R. Br.（1814）Nom. illegit. = Callicoma Andréws（1809）［火把树科（常绿棱枝树科,角瓣木科,库诺尼科,南蔷薇科,轻木科）Cunoniaceae］●☆

8622　Calycomis R. Br. ex T. Nees et Sinning（1825-1831）Nom. illegit. = Callicoma Andréws（1809）［火把树科（常绿棱枝树科,库诺尼科,南蔷薇科,轻木科）Cunoniaceae］●☆

8623　Calycomis T. Nees（1827）Nom. illegit. = Callicoma Andréws（1809）［火把树科（常绿棱枝树科,角瓣木科,库诺尼科,南蔷薇科,轻木科）Cunoniaceae］●☆

8624　Calycomorphum C. Presl（1830）= Trifolium L.（1753）［豆科 Fabaceae（Leguminosae）//蝶形花科 Papilionaceae］■

8625　Calycopeplus Planch.（1861）【汉】萼被大戟属。【隶属】大戟科 Euphorbiaceae。【包含】世界 3 种。【学名诠释与讨论】〈阳〉（希）kalyx,所有格 kalykos,花萼,杯子+peplos,袍,套。指花萼长,遮盖花冠。【分布】澳大利亚。【模式】Calycopeplus ephedroides J. E. Planchon。☆

8626　Calycophisum H. Karst. et Triana（1855）Nom. illegit. ≡ Calycophysum H. Karst. et Triana（1855）［葫芦科（瓜科,南瓜科）Cucurbitaceae］■☆

8627　Calycophyllum DC.（1830）【汉】萼叶木属。【隶属】茜草科 Rubiaceae。【包含】世界 6 种。【学名诠释与讨论】〈阳〉（希）kalyx,所有格 kalykos,花萼,杯子 + 希腊文 phyllon,叶子。phyllodes,似叶的,多叶的。phylleion,绿色材料,绿草。【分布】巴拉圭,巴拿马,秘鲁,玻利维亚,厄瓜多尔,尼加拉瓜,西印度群岛,南美洲,中美洲。【后选模式】Calycophyllum candidissimum（Vahl）A. P. de Candolle［Macrocnemum candidissimum Vahl］。

【参考异名】Enkylista Benth. et Hook. f.（1873）Nom. illegit.；Enkylista Hook. f.（1873）Nom. illegit.；Eukylista Benth.（1853）●☆

8628　Calycophysum H. Karst. et Triana（1855）【汉】南美葫芦属。【隶属】葫芦科（瓜科，南瓜科）Cucurbitaceae。【包含】世界5种。【学名诠释与讨论】〈阴〉（希）kalyx，所有格 kalykos，花萼，杯子+physa，风箱，气泡。此属的学名，ING 记载是"Calycophysum Triana, Nuev. Jen. Esp. Fl. Neogranad. 20. 1855（'1854'）"。IK 和 TROPICOS 则记载为"Calycophysum H. Karst. et Triana, Nuev. Jen. Esp. 20. 1855［1854 publ. 1855］, as 'Calycophisum'"。三者引用的文献相同。【分布】秘鲁，玻利维亚，厄瓜多尔，哥伦比亚（安蒂奥基亚），热带南美洲西北部。【模式】Calycophysum pedunculatum Triana。【参考异名】Bisedmondia Hutch.（1967）；Calycophisum H. Karst. et Triana（1855）Nom. illegit.；Calycophysum Triana（1855）Nom. illegit.；Edmondia Cogn.（1881）Nom. illegit. ■☆

8629　Calycophysum Triana（1855）Nom. illegit. ≡ Calycophysum H. Karst. et Triana（1855）［葫芦科（瓜科，南瓜科）Cucurbitaceae］■☆

8630　Calyoplectus Oerst.（1861）= Alloplectus Mart.（1829）（保留属名）［苦苣苔科 Gesneriaceae］●■☆

8631　Calycopteris Lam.（1793）Nom. nud. ≡ Calycopteris Lam. ex Poir.（1811）Nom. illegit.；~ ≡ Getonia Roxb.（1798）［使君子科 Combretaceae］●

8632　Calycopteris Lam. ex Poir.（1811）Nom. illegit.；~ ≡ Getonia Roxb.（1798）［使君子科 Combretaceae］●

8633　Calycopteris Poir.（1811）Nom. illegit. ≡ Calycopteris Lam. ex Poir.（1811）Nom. illegit.；~ ≡ Getonia Roxb.（1798）［使君子科 Combretaceae］●

8634　Calycopteris Rich. ex DC., Nom. illegit. = Calycogonium DC.（1828）［茜草科 Rubiaceae］●☆

8635　Calycopteris Siebold, Nom. illegit. = Buckleya Torr.（1843）（保留属名）［檀香科 Santalaceae］●

8636　Calycorectes O. Berg（1856）【汉】直萼木属。【隶属】桃金娘科 Myrtaceae。【包含】世界17种。【学名诠释与讨论】〈阳〉（希）kalyx，所有格 kalykos，花萼，杯子+rectes 直。【分布】巴拉圭，秘鲁，玻利维亚，西印度群岛，南美洲。【后选模式】Calycorectes grandifolius O. C. Berg。【参考异名】Catinga Aubl.（1775）；Schizocalomyrtus Kausel（1967）；Schizocalyx O. Berg（1856）Nom. illegit.（废弃属名）●☆

8637　Calycoseris A. Gray（1853）【汉】杯苣属。【英】Tackstem, Tackstem。【隶属】菊科 Asteraceae（Compositae）。【包含】世界2种。【学名诠释与讨论】〈阴〉（希）kalyx，所有格 kalykos，花萼，杯子+seris，菊苣。【分布】美国（西南部），墨西哥。【模式】Calycoseris wrightii A. Gray。●☆

8638　Calycosia A. Gray（1858）【汉】索岛茜属。【隶属】茜草科 Rubiaceae。【包含】世界5种。【学名诠释与讨论】〈阴〉（希）kalyx，所有格 kalykos，花萼，杯子。【分布】波利尼西亚群岛。【模式】未指定。☆

8639　Calycosiphonia（Pierre）Lebrun（1941）【汉】管萼茜属。【隶属】茜草科 Rubiaceae//咖啡科 Coffeaceae。【包含】世界2种。【学名诠释与讨论】〈中〉（希）kalyx，所有格 kalykos，花萼，杯子+siphon，所有格 siphonos，管子。此属的学名，ING 和 IK 记载是"Calycosiphonia Pierre ex E. Robbrecht, Bull. Jard. Bot. Natl. Belgique 51：370. 31 Dec 1981"；这是一个晚出的非法名称。IK 记载的"Calycosiphonia（Pierre）Lebrun, Mem. Inst. Roy. Col. Belge, Sect. Sci. Nat. et Med. 8vo. xi. Fasc. 3, 68（1941）"，由"Coffea sect. Calycosiphonia Pierre."改级而来；此名称应该作为正名。亦有文献把"Calycosiphonia（Pierre）Lebrun（1941）"处理为"Coffea L.（1753）"的异名。【分布】热带非洲。【模式】Calycosiphonia spathicalyx（K. M. Schumann）E. Robbrecht［Coffea spathicalyx K. M. Schumann］。【参考异名】Calycosiphonia Pierre ex Robbr.（1981）Nom. illegit.；Coffea L.（1753）；Coffea sect. Calycosiphonia Pierre. ●☆

8640　Calycosiphonia Pierre ex Robbr.（1981）Nom. illegit. = Calycosiphonia（Pierre）Lebrun（1941）［茜草科 Rubiaceae］●☆

8641　Calycosorus Endl.（1838）= Calycocorsus F. W. Schmidt（1795）Nom. illegit.；~ = Chondrilla L.（1753）［菊科 Asteraceae（Compositae）］■

8642　Calycostegia Lem.（1849）= Calystegia R. Br.（1810）（保留属名）［旋花科 Convolvulaceae］■

8643　Calycostemma Hanst.（1858）= Isoloma Decne.（1848）Nom. illegit.；~ = Kohleria Regel（1847）［苦苣苔科 Gesneriaceae］●■☆

8644　Calycostylis hort.（1895）= Beloperone Nees（1832）［爵床科 Acanthaceae］■☆

8645　Calycostylis hort. ex Viim. = Beloperone Nees（1832）［爵床科 Acanthaceae］■☆

8646　Calycostylis Sieber et Voss（1895）= Beloperone Nees（1832）［爵床科 Acanthaceae］☆

8647　Calycothrix Meisn.（1838）Nom. illegit. ≡ Calytrix Labill.（1806）［桃金娘科 Myrtaceae］●☆

8648　Calycotome E. Mey.（1836）Nom. illegit. ≡ Melinospermum Walp.（1840）；~ = Dichilus DC.（1826）［豆科 Fabaceae（Leguminosae）//蝶形花科 Papilionaceae］■☆

8649　Calycotome Link（1822）Nom. illegit. = Calicotome Link（1808）［豆科 Fabaceae（Leguminosae）］●☆

8650　Calycotomon Hoffmanns.（1824）Nom. illegit. ≡ Calicotome Link（1808）［豆科 Fabaceae（Leguminosae）］●☆

8651　Calycotomus Rich.（1828）Nom. illegit. ≡ Calycotomus Rich. ex DC.（1828）；~ = Conostegia D. Don（1823）［野牡丹科 Melastomataceae］■☆

8652　Calycotomus Rich. ex DC.（1828）= Conostegia D. Don（1823）［野牡丹科 Melastomataceae］■☆

8653　Calycotropis Turcz.（1862）【汉】墨西哥白鼓钉属。【隶属】石竹科 Caryophyllaceae。【包含】世界1种。【学名诠释与讨论】〈阴〉（拉）kalyx，所有格 kalykos，花萼，杯子+tropos 转弯。此属的学名是"Calycotropis Turczaninow, Bull. Soc. Imp. Naturalistes Moscou 35（2）：327. 1862"。亦有文献把其处理为"Polycarpaea Lam.（1792）（保留属名）［as 'Polycarpaea'］"的异名。【分布】墨西哥。【模式】Calycotropis minuartioides Turczaninow。【参考异名】Polycarpaea Lam.（1792）（保留属名）［as 'Polycarpaea'］■☆

8654　Calyctenium Greene（1906）= Rubus L.（1753）［蔷薇科 Rosaceae］●■

8655　Calyculogygas Krapov.（1960）【汉】手萼锦葵属。【隶属】锦葵科 Malvaceae。【包含】世界1种。【学名诠释与讨论】〈阴〉（拉）calyculus，外花萼，小花蕾+gygas，所有格 gigantos，巨人，百手巨人。【分布】乌拉圭。【模式】Calyculogygas uruguayensis Krapovickas。●☆

8656　Calydermos Lag.（1816）= Calea L.（1763）［菊科 Asteraceae（Compositae）］●■☆

8657　Calydermos Ruiz et Pav.（1799）Nom. illegit. ≡ Nicandra Adans.（1763）（保留属名）［茄科 Solanaceae］■

8658　Calydorea Herb.（1843）【汉】矛鞘鸢尾属。【隶属】鸢尾科 Iridaceae。【包含】世界8-10种。【学名诠释与讨论】〈阴〉（希）kalyx，所有格 kalykos，花萼，杯子；caly，鞘+dory，矛。【分布】玻利维亚，美国（南部）至南美洲，中美洲。【模式】Calydorea speciosa（W. J. Hooker）Herbert［Sisyrinchium speciosum W. J. Hooker］。

【参考异名】Botherbe Steud. ex Klatt（1862）；Cardiostigma Baker（1877）；Catila Ravenna（1983）；Itysa Ravenna（1986）；Lethia Ravenna（1986）；Roterbe Klatt（1871）；Salpingostylis Small（1931）；Tamia Ravenna（2001）■☆

8659　Calygogonium G. Don（1832）＝Calycogonium DC.（1828）［茜草科 Rubiaceae］●☆

8660　Calygonium D. Dietr.（1840）＝Calycogonium DC.（1828）［茜草科 Rubiaceae］●☆

8661　Calylophis Spach（1835）Nom. illegit. ≡Calylophus Spach（1835）［柳叶菜科 Onagraceae］■☆

8662　Calylophus Spach（1835）【汉】北美夜来香属。【英】Evening-primrose。【隶属】柳叶菜科 Onagraceae。【包含】世界 6 种。【学名诠释与讨论】〈阳〉（希）kalyx，所有格 kalykos＝拉丁文 calyx，花萼，杯子＋lophos，脊，鸡冠，装饰。此属的学名，ING、GCI、TROPICOS 和 IK 记载是 "Calylophus Spach, Hist. Nat. Vég.（Spach）4：349（－350）. 1835［11 Apr 1835］"。"Calylophis Spach, Ann. Sci. Nat., Bot. sér. 2, 4：272. 1835" 是其拼写变体。"Meriolix Rafinesque ex Endlicher, Gen. 1190. Jun 1840" 是 "Calylophus Spach（1835）" 的晚出的同模式异名（Homotypic synonym, Nomenclatural synonym）。"Calylophus Spach（1835）" 曾先后被处理为 "Oenothera［unranked］Calylophus（Spach）Torr. & A. Gray, Fl. N. Amer. 1（3）：501. 1840.（Fl. N. Amer.）"、"Oenothera sect. Calylophus（Spach）W. L. Wagner & Hoch, Systematic Botany Monographs 83：147. 2007" 和 "Oenothera subsect. Calylophus（Spach）W. L. Wagner & Hoch, Systematic Botany Monographs 83：147. 2007"。【分布】美国，墨西哥（北部）。【模式】Calylophus nuttallii Spach, Nom. illegit.［Oenothera serrulata Nuttall；Calylophus serrulatus（Nuttall）P. H. Raven［as 'serrulata'］。【参考异名】Calylophis Spach（1835）Nom. illegit. ；Galpinsia Britton（1894）；Meriolix Raf.（1819）Nom. inval. ；Meriolix Raf. ex Endl.（1840）Nom. illegit. ；Oenothera［unranked］Calylophus（Spach）Torr. & A. Gray（1840）；Oenothera sect. Calylophus（Spach）W. L. Wagner & Hoch（2007）；Oenothera subsect. Calylophus（Spach）W. L. Wagner & Hoch（2007）；Salpingia（Torr. et A. Gray）Raim.（1893）Nom. illegit. ；Salpingia Raim.（1893）Nom. illegit. ■☆

8663　Calymenia Pers.（1805）Nom. illegit. ≡Oxybaphus Lers. . Calylophu（1797）；～＝Calyxhymenia Ortega（1797）；～＝Mirabilis L.（1753）［紫茉莉科 Nyctaginaceae］■

8664　Calymeris Post et Kuntze（1903）＝Aster L.（1753）；～＝Kalimeris（Cass.）Cass.（1825）［菊科 Asteraceae（Compositae）］●■

8665　Calymmandra Torr. et A. Gray（1842）＝Evax Gaertn.（1791）［菊科 Asteraceae（Compositae）］■☆

8666　Calymmanthera Schltr.（1913）【汉】纱药兰属。【隶属】兰科 Orchidaceae。【包含】世界 5 种。【学名诠释与讨论】〈阴〉（希）kalymma，面纱，头巾，颅＋anthera，花药。指花药具盖。【分布】新几内亚岛。【模式】未指定。■☆

8667　Calymmanthium F. Ritter（1962）【汉】灌木柱属。【隶属】仙人掌科 Cactaceae。【包含】世界 1 种。【学名诠释与讨论】〈中〉（希）kalymma，面纱，头巾，颅＋anthos，花＋-ius，-ia，-ium，在拉丁文和希腊文中，这些词尾表示性质或状态。在来源于人名的植物属名中，它们常常出现。在医学中，则它们来作疾病或病状的名称。【分布】秘鲁。【模式】Calymmanthium substerile Ritter。【参考异名】Diploperianthium F. Ritter ●☆

8668　Calymmatium O. E. Schulz（1933）【汉】面纱芥属。【隶属】十字花科 Brassicaceae（Cruciferae）。【包含】世界 2 种。【学名诠释与讨论】〈中〉（希）kalymma，面纱，头巾，颅。Kalymmation，小面纱。

【分布】亚洲中部。【模式】Calymmatium draboides O. E. Schulz。【参考异名】Nasturtiicarpa Gilli（1955）■☆

8669　Calymmostachya Bremek.（1965）＝Justicia L.（1753）［爵床科 Acanthaceae//鸭嘴花科（鸭咀花科）Justiciaceae］●■

8670　Calymnandra Lindl.（1847）Nom. illegit.［菊科 Asteraceae（Compositae）］☆

8671　Calyntranthele Nied. ＝Byrsonima Rich. ex Juss.（1822）［金虎尾科（黄褥花科）Malpighiaceae］●☆

8672　Calynux Raf.（1819）＝Calinux Raf.（1808）Nom. illegit. ；～＝Pyrularia Michx.（1803）［檀香科 Santalaceae］●

8673　Calyplectus Ruiz et Pav.（1794）＝Lafoensia Vand.（1788）［千屈菜科 Lythraceae］●

8674　Calypso Salisb.（1807）（保留属名）【汉】布袋兰属（匙唇兰属）。【日】ホテイラン属。【俄】Калинсо луковичное, Калинсо луковичный, Калипсо。【英】Calypso, Fairy-slipper。【隶属】兰科 Orchidaceae。【包含】世界 1-2 种，中国 1 种。【学名诠释与讨论】〈阴〉（希）Kalypso ＝Calypso，希腊神话中寂静之女神。暗喻其花美丽珍奇。此属的学名 "Calypso Salisb., Parad. Lond. ；ad t. 89. 1 Dec 1807" 是保留属名。相应的废弃属名是卫矛科 Celastraceae 的 "Calypso Thouars, Hist. Vég. Iles France：29. 1804（ante 22 Sep）＝Johnia Roxb.（1820）Nom. illegit. ＝Salacia L.（1771）（保留属名）"。R. A. Salisbury（1808）用 "Cytherea R. A. Salisbury, Parad. Lond. 2（1）：errata. 1 Mai 1808" 替代 "Calypso R. A. Salisbury, Parad. Lond. ad t. 89. 1 Dec 1807"，多余了。"Cytherea R. A. Salisbury, Parad. Lond. 2（1）：errata. 1 Mai 1808"、"Norna Wahlenberg, Fl. Suecica 2：561. Feb（?）1826" 和 "Orchidium O. Swartz in J. W. Palmstruch, Svensk Bot. Tidskr. 8：t. 518. 1816（non Orchidion J. Mitchell 1769）" 是 "Calypso Salisb.（1807）（保留属名）" 的晚出的同模式异名（Homotypic synonym, Nomenclatural synonym）。【分布】中国，北温带。【模式】Calypso borealis R. A. Salisbury, Nom. illegit.［Cypripedium bulbosum Linnaeus, Calypso bulbosa（Linnaeus）Oakes］。【参考异名】Calypsodium Link（1829）；Cytherea Salisb.（1812）Nom. illegit. ；Norna Wahlenb.（1826）Nom. illegit. ；Orchidium Sw.（1814）Nom. illegit. ■

8675　Calypso Thouars（1804）（废弃属名）＝Johnia Roxb.（1820）Nom. illegit. ；～＝Salacia L.（1771）（保留属名）［卫矛科 Celastraceae//翅子藤科 Hippocrateaceae//五层龙科 Salaciaceae］e

8676　Calypsodium Link（1829）＝Calypso Salisb.（1807）（保留属名）［兰科 Orchidaceae］■

8677　Calypteriopetalon Hassk.（1857）＝Croton L.（1753）［大戟科 Euphorbiaceae//巴豆科 Crotonaceae］●☆

8678　Calypthrantes Raeusch.（1797）＝Calyptranthes Sw.（1788）（保留属名）［桃金娘科 Myrtaceae］●☆

8679　Calyptocarpus Less.（1832）【汉】金腰箭舅属（隐果菊属）。【隶属】菊科 Asteraceae（Compositae）。【包含】世界 2-3 种，中国 1 种。【学名诠释与讨论】〈阳〉（希）kalyptos，遮盖的，隐藏的。kalypter，遮盖物，鞘，小箱＋karpos，果实。【分布】巴拉圭，巴拿马，美国（南部），墨西哥，尼加拉瓜，中国，西印度群岛，中美洲。【模式】Calyptocarpus vialis Lessing。【参考异名】Calyptrocarpus Rchb.（1841）■●

8680　Calyptochloa C. E. Hubb.（1933）【汉】昆士兰隐草属。【隶属】禾本科 Poaceae（Gramineae）。【包含】世界 1 种。【学名诠释与讨论】〈阴〉（希）kalyptos，遮盖的，隐藏的＋chloe，草的幼芽，嫩草，禾草草。【分布】澳大利亚（昆士兰）。【模式】Calyptochloa gracillima C. E. Hubbard。■☆

8681　Calyptosepalum S. Moore（1925）【汉】隐萼大戟属。【隶属】大戟

科 Euphorbiaceae。【包含】世界 2 种。【学名诠释与讨论】〈中〉（希）kalyptos，遮盖的，隐藏的＋sepalum，花萼。此属的学名是"Calyptosepalum S. M. Moore，J. Bot. 63 Suppl. 91. Jun 1925"。亦有文献把其处理为"Drypetes Vahl（1807）"的异名。【分布】印度尼西亚（苏门答腊岛）。【模式】Calyptosepalum sumatranum S. M. Moore。【参考异名】Drypetes Vahl（1807）●☆

8682　Calyptospermum A. Dietr.（1831）Nom. illegit. ≡ Bolivaria Cham. et Schltdl.（1826）［木犀榄科（木犀科）Oleaceae］●☆

8683　Calyptostylis Arènes（1946）Nom. illegit. ≡ Rhynchophora Arènes（1946）［金虎尾科（黄褥花科）Malpighiaceae］●☆

8684　Calyptracordia Britton（1925）＝ Cordia L.（1753）（保留属名）；~ ＝ Varronia P. Browne（1756）［紫草科 Boraginaceae//破布木科（破布树科）Cordiaceae］●☆

8685　Calyptraemalva Krapov.（1965）【汉】异锦葵属。【隶属】锦葵科 Malvaceae。【包含】世界 1 种。【学名诠释与讨论】〈阴〉（希）kalyptos，遮盖的，隐藏的＋（属）Malva 锦葵属。此属的学名，ING、GCI 和 IK 记载是"Calyptraemalva Krapov.，Kurtziana 2：123. 1965"。"Calyptrimalva Krapov.（1965）"是其拼写变体。【分布】巴西。【模式】Calyptraemalva catharinensis Krapovickas。【参考异名】Calyptrimalva Krapov.（1965）Nom. illegit. ●☆

8686　Calyptranthe（Maxim.）Nakai（1952）＝ Hydrangea L.（1753）［虎耳草科 Saxifragaceae//绣球花科（八仙花科，绣球科）Hydrangeaceae］●

8687　Calyptranthera Klack.（1996）【汉】隐药萝藦属。【隶属】萝藦科 Asclepiadaceae。【包含】世界 10 种。【学名诠释与讨论】〈阴〉（希）kalyptra，遮盖物，面纱＋anthera，花药。【分布】马达加斯加。【模式】Calyptranthera caudiclava（P. Choux）J. Klackenberg［Toxocarpus caudiclavus P. Choux］☆

8688　Calyptranthes Sw.（1788）（保留属名）【汉】冠花树属。【隶属】桃金娘科 Myrtaceae。【包含】世界 130 种。【学名诠释与讨论】〈阴〉（希）kalyptra，遮盖物，面纱＋anthos，花。此属的学名"Calyptranthes Sw.，Prodr.：5，79. 20 Jun–29 Jul 1788"是保留属名。相应的废弃属名是桃金娘科 Myrtaceae 的"Chytraculia P. Browne，Civ. Nat. Hist. Jamaica：239. 10 Mar 1756 ≡ Calyptranthes Sw.（1788）（保留属名）"。"Chytralia Adanson，Fam. 2：80，538（'Chitralia'）. Jul–Aug 1763"也是"Calyptranthes Sw.（1788）（保留属名）"的同模式异名（Homotypic synonym，Nomenclatural synonym），亦应废弃。【分布】巴拉圭，巴拿马，秘鲁，玻利维亚，厄瓜多尔，哥伦比亚（安蒂奥基亚），哥斯达黎加，美国，尼加拉瓜，西印度群岛，热带美洲，中美洲。【模式】Calyptranthes chytraculia（Linnaeus）O. Swartz［Myrtus chytraculia Linnaeus］。【参考异名】Calypthrantes Raeusch.（1797）；Calyptranthus Juss.（1806）；Chytraculia P. Browne（1756）（废弃属名）；Chytralia Adans.（1763）（废弃属名）；Suzygium P. Browne（1756）（废弃属名）●☆

8689　Calyptranthus Blume（1827）＝ Syzygium P. Browne ex Gaertn.（1788）（保留属名）［桃金娘科 Myrtaceae］●

8690　Calyptranthus Juss.（1806）＝ Calyptranthes Sw.（1788）（保留属名）［桃金娘科 Myrtaceae］●☆

8691　Calyptranthus Thouars（1811）＝ Capparis L.（1753）［山柑科（白花菜科，醉蝶花科）Capparaceae］●

8692　Calyptraria Naudin（1852）＝ Centronia D. Don（1823）；~ ＝ Graffenrieda DC.（1828）［野牡丹科 Melastomataceae］●☆

8693　Calyptridium Nutt.（1838）【汉】裂果猫爪苋属。【隶属】马齿苋科 Portulacaceae。【包含】世界 14 种。【学名诠释与讨论】〈阴〉（希）kalyptra，遮盖物，面纱＋-idius，-idia，-idium，指示小的词尾。此属的学名，ING、GCI、TROPICOS 和 IK 记载是

"Calyptridium Nuttall in Torrey et A. Gray，Fl. N. Amer. 1：198. Oct 1838"。"Calyptridium Nutt. ex Torr. et A. Gray（1838）"的命名人引证有误。亦有文献把"Calyptridium Nutt.（1838）"处理为"Cistanthe Spach（1836）"的异名。【分布】美国（西南部）。【模式】Calyptridium monandrum Nuttall。【参考异名】Calyptridium Nutt. ex Torr. et A. Gray（1838）Nom. illegit. ；Cistanthe Spach（1836）■☆

8694　Calyptridium Nutt. ex Torr. et A. Gray（1838）Nom. illegit. ≡ Calyptridium Nutt.（1838）［马齿苋科 Portulacaceae］■☆

8695　Calyptrimalva Krapov.（1965）Nom. illegit. ＝ Calyptraemalva Krapov.（1965）［锦葵科 Malvaceae］●☆

8696　Calyptrion Ging.（1823）Nom. inval. ≡ Calyptrion Ging. ex DC.（1824）Nom. illegit. ≡ Corynostylis Mart.（1824）［堇菜科 Violaceae］■☆

8697　Calyptrion Ging. ex DC.（1824）Nom. illegit. ≡ Corynostylis Mart.（1824）［堇菜科 Violaceae］■☆

8698　Calyptriopetalum Hassk. ex Müll. Arg.（1866）＝ Croton L.（1753）［大戟科 Euphorbiaceae//巴豆科 Crotonaceae］●

8699　Calyptrocalyx Blume（1838）【汉】隐萼椰子属（被萼椰属，盖萼棕属，隐萼桐属，隐萼椰属）。【日】カリブトロカリテクス属。【英】Calyptrocalyx，Henahena Palm。【隶属】棕榈科 Arecaceae（Palmae）。【包含】世界 5-38 种，中国 1 种。【学名诠释与讨论】〈阳〉（希）kalyptra，遮盖物，面纱＋kalyx，所有格 kalykos ＝拉丁文 calyx，花萼，杯子。【分布】印度尼西亚（马鲁古群岛），中国，新几内亚岛。【模式】Calyptrocalyx spicatus（Lamarck）Blume［Areca spicata Lamarck］。【参考异名】Laccospadix Drude et H. Wendl.（1875）Nom. illegit. ；Linospadix Becc.（1877）Nom. inval. ；Linospadix Becc. ex Benth. et Hook. f.（1883）Nom. illegit. ；Linospadix Becc. ex Hook. f.（1883）Nom. illegit. ；Paralinospadix Burret（1935）●

8700　Calyptrocarpus Rchb.（1841）＝ Calyptocarpus Less.（1832）［菊科 Asteraceae（Compositae）］■●

8701　Calyptrocarya Nees（1834）【汉】隐果莎草属。【隶属】莎草科 Cyperaceae。【包含】世界 8 种。【学名诠释与讨论】〈阴〉（希）kalyptra，遮盖物，面纱＋karyon，胡桃，硬壳果，核，坚果。【分布】巴拿马，秘鲁，玻利维亚，厄瓜多尔，哥伦比亚（安蒂奥基亚），哥斯达黎加，美国，尼加拉瓜，热带美洲，中美洲。【模式】Calyptrocarya fragifera（Rudge）C. G. D. Nees［Schoenus fragiferus Rudge］。【参考异名】Daphonanthe Schrad. ex Nees ■☆

8702　Calyptrochilum Kraenzl.（1895）【汉】帽唇兰属。【隶属】兰科 Orchidaceae。【包含】世界 10 种。【学名诠释与讨论】〈中〉（希）kalyptra，遮盖物，面纱＋chilos，唇。【分布】热带非洲。【模式】Calyptrochilum preussii Kraenzlin。【参考异名】Rhaphidorhynchus Finet（1907）■☆

8703　Calyptrocoryne Schott（1857）＝ Theriophonum Blume（1837）［天南星科 Araceae］■☆

8704　Calyptrogenia Burret（1941）【汉】热美桃金娘属。【隶属】桃金娘科 Myrtaceae。【包含】世界 6 种。【学名诠释与讨论】〈阴〉（希）kalyptra，遮盖物，面纱＋genos，种族。gennao，产生。此属的学名，ING、TROPICOS、GCI 和 IK 记载是"Calyptrogenia Burret，Notizbl. Bot. Gart. Berlin–Dahlem 15：541，545. 30 Mar 1941"。它曾被处理为"Neomitranthes subgen. Calyptrogenia（Burret）Mattos，Loefgrenia；communicaçoes avulsas de botânica 99：5. 1990"。【分布】热带南美洲，西印度群岛。【模式】Calyptrogenia ekmanii（Urban）Burret［Calyptranthes ekmanii Urban］。【参考异名】Neomitranthes D. Legrand（1977）；Neomitranthes subgen. Calyptrogenia（Burret）Mattos（1990）●☆

8705　Calyptrogyne H. Wendl. (1859)【汉】草椰属(被蕊桐属,盖雌棕属,隐雌椰属,隐蕊椰子属)。【隶属】棕榈科 Arecaceae (Palmae)。【包含】世界 8 种。【学名诠释与讨论】〈阴〉(希) kalyptra,遮盖物,面纱+gyne,所有格 gynaikos,雌性,雌蕊。【分布】中美洲。【后选模式】Calyptrogyne spicigera (K. Koch) H. Wendland [Geonoma spicigera K. Koch]。【参考异名】Roebelia Engel(1865)●☆

8706　Calyptrolepis Steud. (1855) = Rhynchospora Vahl (1805) [as 'Rynchospora'](保留属名)[莎草科 Cyperaceae]■☆

8707　Calyptromyrcia O. Berg (1855) = Myrcia DC. ex Guill. (1827) [桃金娘科 Myrtaceae]●☆

8708　Calyptronoma Griseb. (1864)【汉】肖椰子属。【日】マナックやシ属。【隶属】棕榈科 Arecaceae(Palmae)。【包含】世界 3-8 种。【学名诠释与讨论】〈阴〉(希)kalyptra,遮盖物,面纱+nomos,所有格 nomatos,草地,牧场,住所。【分布】大安的列斯群岛。【模式】Calyptronoma swartzii Grisebach, Nom. illegit. [Elaeis occidentalis O. Swartz [as 'Elais']。【参考异名】Cocops O. F. Cook(1901)●☆

8709　Calyptroon Miq. (1861) = Baccaurea Lour. (1790) [大戟科 Euphorbiaceae]●

8710　Calyptropetalum Post et Kuntze(1903) = Calyptriopetalum Hassk. ex Müll. Arg. (1866); ~ = Croton L. (1753) [大戟科 Euphorbiaceae//巴豆科 Crotonaceae]●

8711　Calyptropsidium O. Berg(1856) = Psidium L. (1753) [桃金娘科 Myrtaceae]●

8712　Calyptrosciadium Rech. f. et Kuber(1964)【汉】隐伞芹属。【隶属】伞形花科(伞形科)Apiaceae (Umbelliferae)。【包含】世界 1 种。【学名诠释与讨论】〈阴〉(希)kalyptra,遮盖物,面纱+(属)Sciadium 伞芹属。【分布】阿富汗。【模式】Calyptrosciadium polycladum K. H. Rechinger et Kuber。■☆

8713　Calyptrosicyos Keraudren(1959) Nom. inval. [葫芦科(瓜科,南瓜科)Cucurbitaceae]☆

8714　Calyptrosicyos Rabenant. = Corallocarpus Welw. ex Benth. et Hook. f. (1867) [葫芦科(瓜科,南瓜科)Cucurbitaceae]■☆

8715　Calyptrospatha Klotzsch ex Baill. (1858) = Acalypha L. (1753) [大戟科 Euphorbiaceae//铁苋菜科 Acalyphaceae]●■

8716　Calyptrospatha Klotzsch ex Peters (1861) Nom. illegit. = Calyptrospatha Klotzsch ex Baill. (1858); ~ = Acalypha L. (1753) [大戟科 Euphorbiaceae//铁苋菜科 Acalyphaceae]●■

8717　Calyptrospermum A. Dietr. (1831) Nom. illegit. ≡ Bolivaria Cham. et Schltdl. (1826); ~ = Menodora Humb. et Bonpl. (1812) Nom. illegit. ; ~ ≡ Menodora Bonpl. (1812) [木犀榄科(木犀科)Oleaceae]●☆

8718　Calyptrostegia C. A. Mey. (1845) = Pimelea Banks ex Gaertn. (1788)(保留属名)[瑞香科 Thymelaeaceae]●☆

8719　Calyptrostigma Klotzsch (1845) Nom. illegit. ≡ Beyeria Miq. (1844) [大戟科 Euphorbiaceae]☆

8720　Calyptrostigma Trautv. et C. A. Mey. (1855) Nom. illegit. ≡ Macrodiervilla Nakai (1936) Nom. illegit. ; ~ ≡ Wagneria Lem. (1857) Nom. illegit. ; ~ = Weigela Thunb. (1780) [忍冬科 Caprifoliaceae]●☆

8721　Calyptrostylis Nees (1834) = Rhynchospora Vahl (1805) [as 'Rynchospora'](保留属名)[莎草科 Cyperaceae]■☆

8722　Calyptrotheca Gilg (1897)【汉】冠盖树属。【隶属】马齿苋科 Amaranthaceae。【包含】世界 2 种。【学名诠释与讨论】〈阴〉(希)kalyptra,遮盖物,面纱+theke=拉丁文 theca,匣子,箱子,室,药室,囊。【分布】热带非洲东北部。【模式】Calyptrotheca somalensis Gilg。●☆

8723　Calysaccion Wight(1840) = Mammea L. (1753); ~ = Ochrocarpos Thouars (1806) [猪胶树科(克鲁西科,山竹子科,藤黄科) Clusiaceae(Guttiferae)]u

8724　Calysericos Eckl. et Zeyh. (1857) Nom. illegit. = Calysericos Eckl. et Zeyh. ex Meisn. (1857); ~ = Cryptadenia Meisn. (1841) [瑞香科 Thymelaeaceae]●☆

8725　Calysphyrum Bunge (1833) = Weigela Thunb. (1780) [忍冬科 Caprifoliaceae]

8726　Calystegia R. Br. (1810)(保留属名)【汉】打碗花属(滨旋花属)。【日】ヒルガオ属,ヒルガホ属。【俄】Вьюнок, Калистедия,Повой。【英】Bindweed, Calystegia, Glorybind。【隶属】旋花科 Convolvulaceae。【包含】世界25 种,中国 6 种。【学名诠释与讨论】〈阴〉(希)kalyx,所有格 kalykos =拉丁文 calyx,花萼,杯子+stege,盖。指 2 枚大包叶将萼覆盖。此属的学名"Calystegia R. Br. ,Prodr. :483. 27 Mar 1810"是保留属名。相应的废弃属名是旋花科 Convolvulaceae 的"Volvulus Medik. ,Philos. Bot. 2:42. Mai 1791 ≡ Calystegia R. Br. (1810)(保留属名)"。【分布】巴基斯坦,秘鲁,厄瓜多尔,美国(密苏里),中国,温带和热带。【模式】Calystegia sepium (Linnaeus) R. Brown [Convolvulus sepium Linnaeus]。【参考异名】Calistegia Raf. ; Calycostegia Lem. (1849);Milhania Neck. ex Raf. (1838);Milhania Raf. (1838)Nom. illegit. ;Volvulus Medik. (1791)(废弃属名)■◆

8727　Calythrix DC. (1828) Nom. illegit. ≡ Calytrix Labill. (1806) [桃金娘科 Myrtaceae]●☆

8728　Calythrix Labill. (1806) Nom. illegit. ≡ Calytrix Labill. (1806) [桃金娘科 Myrtaceae]●☆

8729　Calythropsis C. A. Gardner(1942)【汉】萼红木属。【隶属】桃金娘科 Myrtaceae。【包含】世界 1 种。【学名诠释与讨论】〈阴〉(属)Calytrix 星花木属+opsis,外观,模样,相似。此属的学名是"Calythropsis C. A. Gardner, J. & Proc. Roy. Soc. Western Australia 27:188. 7 Aug 1942"。亦有文献把其处理为"Calytrix Labill. (1806)"的异名。【分布】澳大利亚(西部)。【模式】Calythropsis aurea C. A. Gardner。【参考异名】Calytrix Labill. (1806)●☆

8730　Calytriplex Ruiz et Pav. (1794) = Bacopa Aubl. (1775)(保留属名); ~ = Brami Adans. (1763) (废弃属名) [玄参科 Scrophulariaceae//婆婆纳科 Veronicaceae]■

8731　Calytrix Labill. (1806)【汉】星花木属。【英】Fringe Myrtle, Fringe-myrtle, Fringe-myrtles, Star Flower。【隶属】桃金娘科 Myrtaceae。【包含】世界 75 种。【学名诠释与讨论】〈阴〉(希)kalyx,所有格 kalykos =拉丁文 calyx,花萼,杯子+thrix,毛发。此属的学名,ING, APNI, TROPICOS 和 IK 记载是"Calytrix Labillardière, Novae Holl. Pl. Spec. 2:8. t. 146. Feb 1806"。"Calythrix DC. ,Prodromus 3 1828"和"Calythrix Labill. (1806)"是其拼写变体。"Calycothrix C. F. Meisner, Pl. Vasc. Gen. 107. 8-14 Apr 1838"和"Trichocalyx Schauer, Nova Acta Phys. -Med. Acad. Caes. Leop. -Carol. Nat. Cur. 19,Suppl. 2:238. 1841(废弃属名)"是"Calytrix Labill. (1806)"的晚出的同模式异名(Homotypic synonym, Nomenclatural synonym)。【分布】澳大利亚。【模式】Calytrix tetragona Labillardière。【参考异名】Calycothrix Meisn. (1838) Nom. illegit. ;Calythrix DC. (1828) Nom. illegit. ;Calythrix Labill. (1806) Nom. illegit. ;Calythropsis C. A. Gardner(1942);Lhotskya Schauer(1836);Trichocalyx Schauer(1843) Nom. illegit. (废弃属名)●☆

8732　Calyxhymenia Ortega (1797) = Mirabilis L. (1753) [紫茉莉科 Nyctaginaceae]■

8733　Camacum Adans. ex Steud. (1841) Nom. illegit. ≡ Camacum Steud. (1841); ~ = Comacum Adans. (1763) Nom. illegit. ; ~ =

Myristica Gronov. (1755) (保留属名) [肉豆蔻科 Myristicaceae] ●

8734　Camacum Steud. (1841) = Comacum Adans. (1763) Nom. illegit. ; ~ = Myristica Gronov. (1755) (保留属名) [肉豆蔻科 Myristicaceae] n

8735　Camaion Raf. (1838) = Helicteres L. (1753) [梧桐科 Sterculiaceae//锦葵科 Malvaceae] ●

8736　Camara Adans. (1763) Nom. illegit. ≡ Lantana L. (1753) (保留属名) [马鞭草科 Verbenaceae//马缨丹科 Lantanaceae] ●

8737　Camarandraceae Dulac = Rhamnaceae Juss. (保留科名) ●

8738　Camarea A. St. -Hil. (1823) 【汉】拱顶金虎尾属。【隶属】金虎尾科(黄褥花科) Malpighiaceae。【包含】世界 7 种。【学名诠释与讨论】〈阴〉(希) kamara, 有拱顶的屋子。kamarotos, 有拱顶的。拉丁文 cameratio, 拱顶的, cameratus, 有拱顶的。O. Kuntze (1891) 用"Cryptolappa (A. H. L. Jussieu) O. Kuntze, Rev. Gen. 1 : 88. 5 Nov 1891"替代"Camarea A. F. C. P. Saint - Hilaire, Bull. Sci. Soc. Philom. Paris 1823 : 133. Sep 1823"; 这是多余的。【分布】巴拉圭, 玻利维亚, 南美洲。【后选模式】Camarea ericoides A. F. C. P. Saint - Hilaire。【参考异名】Cryptolappa (A. Jussieu) Kuntze (1891) Nom. illegit. ; Cryptolappa Kuntze (1891) Nom. illegit. ☆

8739　Camaridium Lindl. (1824) = Maxillaria Ruiz et Pav. (1794) [兰科 Orchidaceae] ■☆

8740　Camarilla Salisb. (1866) Nom. illegit. ≡ Geboscon Raf. (1824) Nom. inval. ; ~ = Allium L. (1753) [百合科 Liliaceae//葱科 Alliaceae] ■

8741　Camarinnea Bubani et Penz. = Empetrum L. (1753) [岩高兰科 Empetraceae] ●

8742　Camarotea Scott-Elliot (1891) 【汉】拱顶爵床属。【隶属】爵床科 Acanthaceae。【包含】世界 1 种。【学名诠释与讨论】〈阴〉(希) kamara, 有拱顶的屋子。kamarotos, 有拱顶的。拉丁文 cameratio, 拱顶的, cameratus, 有拱顶的。【分布】马达加斯加。【模式】Camarotea souiensis G. F. S. Elliot。☆

8743　Camarotis Lindl. (1833) 【汉】拱顶兰属(卡马洛兹属)。【英】Camarotis。【隶属】兰科 Orchidaceae。【包含】世界 12 种。【学名诠释与讨论】〈阴〉(希) kamarotos, 有拱顶的。此属的学名是"Camarotis Lindley, Gen. Sp. Orchid. Pl. 219. Mai 1833"。亦有文献把其处理为"Micropera Lindl. (1832)"的异名。【分布】澳大利亚, 所罗门群岛, 印度至马来西亚, 东南亚。【模式】Camarotis purpurea Lindley。【参考异名】Micropera Dalzell (1851) Nom. nud. ; Micropera Dalzell (1858) Nom. illegit. ; Micropera Lindl. (1832) ■☆

8744　Camassia Eckl. ex Pfeiff. (废弃属名) = Gonioma E. Mey. (1838) [夹竹桃科 Apocynaceae] ●☆

8745　Camassia Lindl. (1832) (保留属名) 【汉】克美莲属(雏百合属, 卡马莲属, 卡玛百合属)。【日】カマシア属。【俄】Камассия, Квамассия。【英】Camas, Camash, Camass, Camassia, Camus Lily, Quamash, Wild Hyacinth。【隶属】百合科 Liliaceae//风信子科 Hyacinthaceae。【包含】世界 5-6 种。【学名诠释与讨论】〈阴〉来自北美印第安人的植物俗名 lakamas, camass 或 kamass 或 kamas (Camassia esculenta), 其球茎是当地人的主食, 生吃与熟食均可。另说来自北美土人的名字 Quamash。此属的学名"Camassia Lindl. in Edwards's Bot. Reg. ; ad t. 1486. 1 Apr 1832"是保留属名。相应的废弃属名是百合科 Liliaceae//风信子科 Hyacinthaceae) 的"Cyanotris Raf. in Amer. Monthly Mag. et Crit. Rev. 3 : 356. Sep 1818 = Camassia Lindl. (1832) (保留属名)"。夹竹桃科 Apocynaceae 的"Camassia Eckl. ex Pfeiff. = Gonioma E. Mey. (1838)"亦应废弃。【分布】玻利维亚, 美国, 北美洲。【模式】Camassia esculenta Lindley, Nom. illegit. [Phalangium quamash Pursh ; Camassia quamash (Pursh) E. L. Greene]。【参考异名】Bulbedulis Raf. (1837) Nom. illegit. ; Cyanotris Raf. (1818) (废弃属名) ; Lemotris Raf. (1837) Nom. illegit. ; Quamasia Raf. (1818) ; Sitocodium Salisb. (1866) ■☆

8746　Camax Schreb. (1789) Nom. illegit. ≡ Ropourea Aubl. (1775) ; ~ = Diospyros L. (1753) [柿树科 Ebenaceae] ●

8747　Cambajuva P. L. Viana, L. G. Clark et Filg. (2013) 【汉】巴西青篱竹属。【隶属】禾本科 Poaceae (Gramineae)。【包含】世界 1 种。【学名诠释与讨论】〈阴〉词源不详。【分布】巴西。【模式】Cambajuva ulei (Hack.) P. L. Viana, L. G. Clark et Filg. [Arundinaria ulei Hack.]。☆

8748　Cambania Comm. ex M. Roem. (1846) = Dysoxylum Blume (1825) [楝科 Meliaceae] ●

8749　Cambderia Steud. (1840) = Campderia A. Rich. (1822) Nom. illegit. ; ~ = Vellozia Vand. (1788) [翡若翠科 (巴西蒜科, 尖叶棱枝草科, 尖叶鳞枝科) Velloziaceae] ■☆

8750　Cambea Endl. (1840) = Careya Roxb. (1811) (保留属名) ; ~ = Cumbia Buch. -Ham. (1807) [玉蕊科 (巴西果科) Lecythidaceae] ●☆

8751　Cambessedea Kunth (1824) (废弃属名) = Buchanania Spreng. (1802) [漆树科 Anacardiaceae] ●

8752　Cambessedea Wight et Arn. (1834) Nom. illegit. (废弃属名) ≡ Bouea Meisn. (1837) [漆树科 Anacardiaceae] ●

8753　Cambessedesia DC. (1828) (保留属名) 【汉】巴南野牡丹属。【隶属】野牡丹科 Melastomataceae。【包含】世界 21 种。【学名诠释与讨论】〈阴〉(人) Jacques Cambessedes, 1799-1863, 法国植物学者, 旅行家。此属的学名"Cambessedesia DC., Prodr. 3 : 110. Mar (med.) 1828"是保留属名。相应的废弃属名是漆树科 Anacardiaceae 的"Cambessedea Kunth in Ann. Sci. Nat. (Paris) 2 : 336. 1824 = Buchanania Spreng. (1802)"。漆树科 Anacardiaceae 的"Cambessedea R. Wight et Arnott, Prodr. 170. Oct (prim.) 1834 ≡ Bouea Meisn. (1837)"亦应废弃。【分布】巴西 (南部)。【模式】Cambessedesia hilariana (Kunth) DC. [Rhexia hilariana Kunth]。【参考异名】Pyramia Cham. (1835) ●■☆

8754　Cambogia L. (1754) = Garcinia L. (1753) [猪胶树科 (克鲁西科, 山竹子科, 藤黄科) Clusiaceae (Guttiferae)//金丝桃科 Hypericaceae] ●

8755　Cambogiaceae Horan. (1834) = Clusiaceae Lindl. (保留科名)//Guttiferae Juss. (保留科名) ●■

8756　Camchaya Gagnep. (1920) 【汉】凋缨菊属。【英】Camchaya。【隶属】菊科 Asteraceae (Compositae)。【包含】世界 4-7 种, 中国 1 种。【学名诠释与讨论】〈阴〉词源不详。【分布】泰国, 中国, 中南半岛。【模式】Camchaya kampotensis Gagnepain。【参考异名】Thorelia Gagnep. (1920) (保留属名) ; Thoreliella C. Y. Wu (1957) ■

8757　Camdenia Scop. (1777) Nom. illegit. ≡ Vistnu Adans. (1763) ; ~ = Evolvulus L. (1762) [旋花科 Convolvulaceae] ●■

8758　Camderia Dumort. (1829) Nom. illegit. ≡ Heritiera J. F. Gmel. (1791) Nom. illegit. ; ~ = Lachnanthes Elliott (1816) (保留属名) [血草科 (半授花科, 给血草科, 血皮草科) Haemodoraceae] ■☆

8759　Camelia Raf. = Camellia L. (1753) [山茶科 (茶科) Theaceae] ●

8760　Camelina Crantz (1762) 【汉】亚麻荠属。【日】アマナヅナ属。【俄】Рыжей, Рыжик。【英】Camelina, Cameline, False Flax, Falseflax, Gold of Pleasure, Gold-of-pleasure。【隶属】十字花科 Brassicaceae (Cruciferae)。【包含】世界 6-10 种, 中国 6 种。【学名诠释与讨论】〈阴〉(希) chamai, chame, 矮小的, 地面, 在地上的 + linea, linum, 线, 绳, 亚麻。希腊文 linon, 网, 亚麻古名。此属的学名, ING、APNI、TROPICOS 和 IK 记载是"Camelina Crantz,

Stirp. Austr. Fasc. i. 18（1762）；ed. II. 18（1769）"。" Dorella Bubani，Fl. Pyrenaea 3：231. 1901（ante 27 Aug）" 和 "Linostrophum Schrank，Prim. Fl. Salisburg. 163. Apr – Mai 1792" 是 " Camelina Crantz（1762）" 的晚出的同模式异名（Homotypic synonym，Nomenclatural synonym）。【分布】巴基斯坦，美国，中国，地中海地区，欧洲，亚洲中部。【模式】Camelina sativa（Linnaeus）Crantz ［Myagrum sativum Linnaeus］。【参考异名】Chamaelinum Host（1831）；Dorella Bubani（1901）Nom. illegit.；Linostrophum Schrank（1792）Nom. illegit.；Sinistrophorum Schrank ex Endl.（1839）■

8761　Camelinopsis A. G. Mill.（1978）【汉】曲柄荠属。【隶属】十字花科 Brassicaceae（Cruciferae）。【包含】世界 1 种。【学名诠释与讨论】〈阴〉（属）Camelina 亚麻荠属 + 希腊文 opsis，外观，模样，相似。【分布】伊拉克，伊朗。【模式】Camelinopsis campylopoda（J. Bornmüller et E. Gauba）A. G. Miller ［Cochlearia campylopoda J. Bornmüller et E. Gauba］■☆

8762　Camellia L.（1753）【汉】山茶属（茶属）。【日】チャノキ属，ツバキ属。【俄】Зантедешия，Камелия，Рисовидка，Ричардия，Чай，Чайный куст。【英】Calla Lily，Camellia，Tea，Tea Bush，Tea Plant，Tea Tree，Trumpet Lily。【隶属】山茶科（茶科）Theaceae。【包含】世界 120-300 种，中国 97-283 种。【学名诠释与讨论】〈阴〉（人）Georg Joseph（Georgius Josephus）Kamel（Camellus，Camel，Camelli），1661-1706，捷克斯洛伐克药剂师，天主教传教士，植物采集家。曾旅居菲律宾多年，著有《菲律宾吕宋岛植物志》。此属的学名，ING 和 IK 记载是 "Camellia L.，Sp. Pl. 2：698. 1753［1 May 1753］"。" Kemelia Rafinesque，Sylva Tell. 138，139. Oct–Dec 1838" 和 " Tsubuki Kaempf. ex Adans.（1763）≡ Tsubaki Adanson，Fam. 2：399. Jul–Aug 1763" 是 " Camellia L.（1753）" 的晚出的同模式异名（Homotypic synonym，Nomenclatural synonym）。" Camellia S. Ye Liang et D. J. Dong，Guangxi Forest. Sci. Technol. 1990（1）：12［山茶科（茶科）Theaceae］" 是晚出的非法名称，亦是一个裸名。【分布】玻利维亚，哥伦比亚（安蒂奥基亚），马达加斯加，日本，印度至马来西亚，中国，中美洲。【模式】Camellia japonica Linnaeus。【参考异名】Bembiciopsis H. Perrier（1940）；Calpandria Blume（1825）；Camelia Raf.；Camelliastrum Nakai（1940）；Desmitus Raf.（1838）；Drupifera Raf.（1838）；Glyptocarpa Hu（1965）；Kailosocarpus Hu；Kalpandria Walp.（1842）；Kamelia Steud.（1821）；Kemelia Raf.（1838）Nom. illegit.；Piquetia（Pierre）Hallier f.（1921）；Piquetia Hallier f.（1921）Nom. illegit.；Salceda Blanco（1845）；Sasanqua Nees ex Esenbeck；Sasanqua Nees（1834）；Stereocarpus（Pierre）Hallier f.（1921）；Stereocarpus Hallier f.（1921）Nom. illegit.；Thea L.（1753）；Theaphyla Raf.（1838）Nom. illegit.；Theaphylla Raf.（1830）Nom. illegit.；Then L.；Theopsis（Cohen-Stuart）Nakai（1940）；Theopsis Nakai（1940）；Tsia Adans.（1763）；Tsubaki Adans.（1763）Nom. illegit.；Tsubuki Kaempf. ex Adans.（1763）Nom. illegit.；Yunnanea Hu（1956）●

8763　Camellia S. Ye Liang et D. J. Dong（1990）Nom. inval.，Nom. nud.［山茶科（茶科）Theaceae］●

8764　Camelliaceae DC. = Theaceae Mirb.（1816）（保留科名）●

8765　Camelliaceae Dumort. = Theaceae Mirb.（1816）（保留科名）●

8766　Camelliaceae Mirb.（1816）= Theaceae Mirb.（1816）（保留科名）●

8767　Camelliastrum Nakai（1940）= Camellia L.（1753）［山茶科（茶科）Theaceae］●

8768　Camelostalix Pfitzer et Kraenzl.（1907）= Pholidota Lindl. ex Hook.（1825）［兰科 Orchidaceae］■

8769　Camelostalix Pfitzer（1907）Nom. illegit. = Pholidota Lindl. ex Hook.（1825）［兰科 Orchidaceae］■

8770　Cameraria Boehm.（1760）Nom. illegit. ≡ Hemerocallis L.（1753）［百合科 Liliaceae//萱草科（黄花菜科）Hemerocallidaceae］■

8771　Cameraria Dill. ex Moench（1794）Nom. illegit. = Montia L.（1753）［马齿苋科 Portulacaceae］■☆

8772　Cameraria Fabr.（1759）Nom. illegit. ≡ Montia L.（1753）［马齿苋科 Portulacaceae］■☆

8773　Cameraria L.（1753）【汉】鸭蛋花属。【隶属】夹竹桃科 Apocynaceae。【包含】世界 4-6 种，中国 1 种。【学名诠释与讨论】〈阴〉（人）Camerarius，德国植物学者。此属的学名，ING、TROPICOS 和 IK 记载是 " Cameraria L.，Sp. Pl. 1：210. 1753［1 May 1753］"。" Cameraria Boehmer in C. G. Ludwig，Def. Gen. ed. 3. 56. 1760 ≡ Hemerocallis L.（1753）"、" Cameraria Dill. ex Moench，Methodus（Moench）520（1794）［4 May 1794］= Montia L.（1753）" 和 " Cameraria Fabr.，Enum.［Fabr.］. 98. 1759 ≡ Montia L.（1753）" 是晚出的非法名称。【分布】中国，西印度群岛，中美洲。【后选模式】Cameraria latifolia Linnaeus。●

8774　Cameridium Rchb. f.（1850）= Camaridium Lindl.（1824）［兰科 Orchidaceae］■☆

8775　Camerunia（Pichon）Boiteau（1976）= Tabernaemontana L.（1753）［夹竹桃科 Apocynaceae//红月桂科 Tabernaemontanaceae］●

8776　Camforosma Spreng.（1824）= Camphorosma L.（1753）［藜科 Chenopodiaceae］●■

8777　Camilleugenia Frapp. ex Cordem.（1895）= Cynorkis Thouars（1809）［兰科 Orchidaceae］■☆

8778　Camirium Gaertn.（1791）Nom. illegit. ≡ Aleurites J. R. Forst. et G. Forst.（1775）［大戟科 Euphorbiaceae］●

8779　Camirium Rumph. ex Gaertn.（1791）Nom. illegit. ≡ Aleurites J. R. Forst. et G. Forst.（1775）［大戟科 Euphorbiaceae］●■

8780　Camissonia Link（1818）【汉】卡密柳叶菜属。【隶属】柳叶菜科 Onagraceae。【包含】世界 62 种。【学名诠释与讨论】〈阴〉（人）Ludolf Karl Adelbert von Chamisso（Louis – Charles Adelaide Chamisseau de Boncourt），1781-1838，出生于法国的德国诗人，植物学者，旅行家。此属的学名是 " Camissonia Link，Jahrb. Gewächsk. 1（1）：186. 1818"。亦有文献把其处理为 " Oenothera L.（1753）" 的异名。【分布】秘鲁，墨西哥，北美洲西部，温带南美洲南部。【模式】Camissonia flava Link。【参考异名】Agassizia Spach（1835）Nom. illegit.；Chamissonia Endl.（1840）；Chamissonia Raim.（1893）Nom. illegit.；Chylisma Nutt. ex Torr. et A. Gray（1840）Nom. illegit.；Chylisma（Nutt. ex Torr. et A. Gray）Raim.（1893）；Chylismia（Torr. et A. Gray）Nutt. ex Raim.（1893）；Chylismia Nutt.（1840）Nom. illegit.；Chylismia Nutt. ex Torr. et A. Gray（1840）Nom. inval.；Eulobus Nutt.（1840）Nom. illegit.；Eulobus Nutt. ex Torr. et A. Gray（1840）；Holostigma Spach（1835）Nom. illegit.；Oenothera L.（1753）；Sphaerostigma（Ser.）Fisch. et C. A. Mey.（1835）；Sphaerostigma Fisch. et C. A. Mey.（1835）Nom. illegit.；Taraxia（Nutt.）Raim.（1893）；Taraxia（Nutt. ex Torr. et A. Gray）Raim.（1893）Nom. illegit.；Taraxia（Torr. et A. Gray）Nutt. ex Raim.（1893）Nom. illegit.；Taraxia Nutt. ex Torr. et A. Gray（1840）Nom. inval.■☆

8781　Camissoniopsis W. L. Wagner et Hoch（2007）【汉】拟卡密柳叶菜属。【隶属】柳叶菜科 Onagraceae。【包含】世界 14 种。【学名诠释与讨论】〈阴〉（属）Camissonia 卡密柳叶菜属 + 希腊文 opsis，外观，模样，相似。此属的学名 " Camissoniopsis W. L. Wagner et Hoch，Syst. Bot. Monogr. 83：123. 2007［17 Sep 2007］" 是一个替代名称。" Agassizia Spach，Hist. Nat. Vég.（Spach）4：347. 1835［11 Apr 1835］" 是一个非法名称（Nom. illegit.），因为此前已经有了 " Agassizia Chav.，Monogr. Antirrh. 180，t. 11. 1833［1830 publ. Jan

1833〕 ≡ Galvezia Dombey ex Juss.（1789）［玄参科 Scrophulariaceae//婆婆纳科 Veronicaceae ］"。故用"Camissoniopsis W. L. Wagner et Hoch（2007）"替代之。亦有文献把"Camissoniopsis W. L. Wagner et Hoch（2007）"处理为"Agassizia Spach（1835）Nom. illegit."的异名。【分布】参见 Agassizia Spach。【模式】Camissoniopsis cheiranthifolia（Hornem. ex Spreng.）W. L. Wagner et Hoch［Oenothera cheiranthifolia Hornem. ex Spreng.］。【参考异名】Agassizia Spach（1835）Nom. illegit.■☆

8782　Cammarum（DC.）Fourr.（1868）Nom. illegit.（废弃属名）= Aconitum L.（1753）［毛茛科 Ranunculaceae］■

8783　Cammarum Fourr.（1868）Nom. illegit.（废弃属名）= Aconitum L.（1753）［毛茛科 Ranunculaceae］■

8784　Cammarum Hill（1756）（废弃属名）= Eranthis Salisb.（1807）（保留属名）［毛茛科 Ranunculaceae］■

8785　Camocladia L.（1759）= Comocladia P. Browne（1756）［漆树科 Anacardiaceae］●☆

8786　Camoensia Welw.（1859）（废弃属名）≡ Camoensia Welw. ex Benth. et Hook. f.（1865）（保留属名）［豆科 Fabaceae（Leguminosae）］●☆

8787　Camoensia Welw. ex Benth. et Hook. f.（1865）（保留属名）【汉】西非豆藤属（西非豆属）。【日】カモエンシア属。【隶属】豆科 Fabaceae（Leguminosae）。【包含】世界 2 种。【学名诠释与讨论】〈阴〉（人）Luis Vaz de Camoes（Camoens），circa 1524-1580，葡萄牙诗人，旅行家。此属的学名"Camoënsia Welw. ex Benth. et Hook. f.，Gen. Pl. 1：456，557. 19 Oct 1865"是保留属名。相应的废弃属名是豆科 Fabaceae 的"Giganthemum Welw. in Ann. Cons. Ultramarino, ser. 1, 1858：585. Dec 1859 = Camoensia Welw. ex Benth. et Hook. f.（1865）（保留属名）"。"Camoensia Welw.（1859）"是一个未合格发表的名称（Nom. inval.）。【分布】热带非洲西部。【模式】Camoensia maxima Welwitsch ex Bentham。【参考异名】Camoensia Welw.（废弃属名）；Giganthemum Welw.（1859）（废弃属名）●☆

8788　Camolenga Post et Kuntze（1903）Nom. illegit. ≡ Benincasa Savi（1818）［葫芦科（瓜科，南瓜科）Cucurbitaceae］■

8789　Camomilla Gilib.（1792）= Matricaria L.（1753）（保留属名）［菊科 Asteraceae（Compositae）］■

8790　Camonea Raf.（1838）（废弃属名）= Merremia Dennst. ex Endl.（1841）（保留属名）［旋花科 Convolvulaceae］●■

8791　Campaccia Baptista, P. A. Harding et V. P. Castro（2011）【汉】巴西瘤瓣兰属。【隶属】兰科 Orchidaceae。【包含】世界 1 种。【学名诠释与讨论】〈阴〉词源不详。亦有文献把"Campaccia Baptista, P. A. Harding et V. P. Castro（2011）"处理为"Oncidium Sw.（1800）（保留属名）"的异名。【分布】巴西。【模式】Campaccia venusta（Drap.）Baptista, P. A. Harding et V. P. Castro［Oncidium venustum Drap.］☆

8792　Campana Post et Kuntze（1903）= Tecomanthe Baill.（1888）［紫葳科 Bignoniaceae］■☆

8793　Campanea Decne.（1849）Nom. illegit. = Capanea Decne. ex Planch.（1849）［苦苣苔科 Gesneriaceae］●■☆

8794　Campanemia Post et Kuntze（1903）= Capanemia Barb. Rodr.（1877）［兰科 Orchidaceae］■☆

8795　Campanocalyx Valeton（1910）= Keenania Hook. f.（1880）［茜草科 Rubiaceae］●

8796　Campanolea Gilg et Schellenb.（1913）= Chionanthus L.（1753）；~ = Linociera Sw. ex Schreb.（1791）（保留属名）［木犀榄科（木犀科）Oleaceae］

8797　Campanopsis（R. Br.）Kuntze（1891）= Wahlenbergia Schrad. ex Roth（1821）（保留属名）［桔梗科 Campanulaceae］■●

8798　Campanopsis Kuntze（1891）Nom. illegit. ≡ Campanopsis（R. Br.）Kuntze（1891）；~ = Wahlenbergia Schrad. ex Roth（1821）（保留属名）［桔梗科 Campanulaceae］■●

8799　Campanula L.（1753）【汉】风铃草属（桔梗属）。【日】カンパニュラ属，ホタルブクロ属。【俄】Кампанула，Колокольчик。【英】Bell Flower, Bellflower, Bell-flower, Blue Bells, Bluebell, Campanula, Harebell。【隶属】桔梗科 Campanulaceae。【包含】世界 200-421 种，中国 20-26 种。【学名诠释与讨论】〈阴〉（拉）campana，指小式 campanula，钟，铃。指花冠形状。【分布】巴基斯坦，玻利维亚，厄瓜多尔，马达加斯加，美国，中国，北温带，地中海地区，热带山区，中美洲。【后选模式】Campanula latifolia Linnaeus。【参考异名】Annaea Kolak.（1979）；Astrocodon Fed.（1957）；Azorina Feer（1890）；Ballela Raf.（1838）；Blepheuria Raf.；Brachycodon Fed.（1957）Nom. illegit.；Brachycodonia Fed.；Brachycodonia Fed. ex Kolak.（1994）；Campanulastrum Small（1903）；Canadaea Gand.；Cenekia Opiz（1839）；Davaea Gand.；Decaprisma Raf.（1837）；Depierrea Anon. ex Schltdl.（1842）Nom. inval.；Depierrea Schltdl.（1842）Nom. inval.；Diosphaera Buser；Drymocodon Fourr.（1869）；Echinocodon Kolak.（1986）Nom. illegit. Echinocodonia Kolak.（1994）；Erinia Noulet（1837）Nom. illegit.；Favratia Feer（1890）；Fedorovia Kolak.（1980）Nom. illegit. Gadellia Schulkina（1979）；Hemisphaera Kolak.（1984）；Hyssaria Kolak.（1981）；Lacara Raf.（1838）Nom. illegit.；Loreia Raf.（1837）；Loreya Post et Kuntze（1903）Nom. illegit.；Marianthemum Schrank（1822）；Medium Fisch. ex A. DC.（1830）Nom. inval.；Medium Opiz（1839）Nom. inval., Nom. illegit.；Mzymtella Kolak.（1981）；Nenningia Opiz（1839）；Neocodon Kolak. et Serdyuk.（1984）；Opitzia Seits；Palaeno Raf.；Pentropis Raf.（1837）；Petkovia Stef.（1936）；Pleurima Raf.；Popoviocodonia Fed.（1957）；Pseudocampanula Kolak.（1980）；Quinquelocularia C. Koch（1850）；Quinquelocularia K. Koch（1850）；Rapunculus Fourr.（1869）；Rapuntia Chevall.（1836）；Rapuntium Post et Kuntze（1903）Nom. illegit.；Rotantha Small（1933）Nom. illegit.；Roucela Dumort.（1822）；Sachokiella Kolak.（1985）；Sicyocodon Feer（1890）；Stephalea Raf.；Sykoraea Opiz（1852）；Symphyandra A. DC.（1830）；Syncodon Fourr.（1869）；Talanelis Raf.（1838）；Talechium Hill（1756）Nom. illegit.；Theodorovia Kolak.（1991）；Theodorovia Kolak. ex Ogan.（1991）Nom. illegit.；Trachelioides Opiz（1839）；Tracheliopsis Buser（1894）；Tracheliopsis Opiz（1852）；Trachelium Hill（1756）；Weitenwebera Opiz（1839）■●

8800　Campanulaceae Adans. = Campanulaceae Juss.（1789）（保留科名）■●

8801　Campanulaceae Juss.（1789）（保留科名）【汉】桔梗科。【日】キキヤウ科，キキョウ科。【俄】Колокольчиковые。【英】Bellflower Family。【包含】世界 56-92 属 1000-2300 种，中国 15-20 属 161-197 种。【分布】温带和亚热带，热带山区。【科名模式】Campanula L.（1753）■●

8802　Campanulastrum Small（1903）= Campanula L.（1753）［桔梗科 Campanulaceae］■●

8803　Campanuloides A. DC.（1830）【汉】拟风铃草属。【隶属】桔梗科 Campanulaceae。【包含】世界 1 种。【学名诠释与讨论】〈阴〉（属）Campanula 风铃草属 + 希腊文 oides，相像。此属的学名，IK 记载是"Campanuloides Hort. Kew. ex A. DC., Monogr. Campan. 107. 1830 [5 or 6 May 1830]"。亦有文献把"Campanuloides A. DC.（1830）"处理为"Lightfootia L'Hér.（1789）Nom. illegit."或

"Wahlenbergia Schrad. ex Roth（1821）（保留属名）"的异名。【分布】中国，热带非洲。【模式】Campanuloides subulata Hort. Kew. ex A. DC.。【参考异名】Campanuloides Hort. Kew. ex A. DC. （1830）；Lightfootia L'Hér.（1789）Nom. illegit. ；Wahlenbergia Schrad. ex Roth（1821）（保留属名）■●

8804　Campanuloides Hort. Kew. ex A. DC.（1830）Nom. illegit. ≡ Campanuloides A. DC.（1830）［桔梗科 Campanulaceae］■●

8805　Campanulopsis（Roberty）Roberty（1964）Nom. illegit. = Convolvulus L.（1753）［旋花科 Convolvulaceae］■●

8806　Campanulopsis Zoll. et Moritzi（1844）= Wahlenbergia Schrad. ex Roth（1821）（保留属名）［桔梗科 Campanulaceae］■●

8807　Campanulorchis Brieger（1981）【汉】钟兰属。【隶属】兰科 Orchidaceae。【包含】世界5种，中国1种。【学名诠释与讨论】〈阴〉（拉）campana，指小式 campanula，钟，铃＋orchis，原义是睾丸，后变为植物兰的名称，因为根的形态而得名。变为拉丁文 orchis，所有格 orchidis，睾丸。此属的学名是"Campanulorchis F. G. Brieger in F. G. Brieger et al. ，Schlechter Orchideen 1（11-12）：750. Jul 1981"。亦有文献把其处理为"Eria Lindl.（1825）（保留属名）"的异名。【分布】印度尼西亚，中国，新几内亚岛，东南亚。【模式】Campanulorchis globifera（Rolfe）F. G. Brieger［Eria globifera Rolfe］。【参考异名】Eria Lindl.（1825）（保留属名）■

8808　Campanumoea Blume（1826）【汉】金钱豹属。【日】ツルギキャウ属，ツルギキョウ属。【英】Campanumoea，Leopard。【隶属】桔梗科 Campanulaceae。【包含】世界5-8种，中国5种。【学名诠释与讨论】〈阴〉（拉）campana，指小式 campanula，钟，铃＋meion 小型。此属的学名，ING 和 IK 记载是"Campanumoea Blume，Bijdr. Fl. Ned. Ind. 13：726. 1826［24 Jan 1826］"。洪德元（2015）把其改级为"Codonopsis sect. Campanumoea（Blume）D. Y. Hong Monogr. Codonopsis 172. 2015"。亦有文献把"Campanumoea Blume（1826）"处理为"Codonopsis Wall.（1824）"的异名。【分布】马来西亚，缅甸，日本，印度，中国，喜马拉雅山，琉球群岛。【模式】未指定。【参考异名】Campanumoea Blume ex Roxb.（1824）Nom. illegit. ；Codonopsis Wall.（1824）；Codonopsis Wall. ex Roxb.（1824）Nom. illegit. ；Codonopsis sect. Campanumoea（Blume）D. Y. Hong（2015）；Cyclocodon Griff.（1858）■

8809　Campbellia Wight（1850）= Christisonia Gardner（1847）［列当科 Orobanchaceae//玄参科 Scrophulariaceae］■

8810　Campderia A. Rich.（1822）Nom. illegit. = Vellozia Vand.（1788）［翡若翠科（巴西蒜科，尖叶棱枝草科，尖叶鳞枝科）Velloziaceae］■☆

8811　Campderia Benth.（1846）Nom. illegit. = Coccoloba P. Browne（1756）［as 'Coccolobis'］（保留属名）［蓼科 Polygonaceae］●

8812　Campderia Lag.（1821）Nom. illegit. ≡ Kundmannia Scop.（1777）（保留属名）［伞形花科（伞形科）Apiaceae（Umbelliferae）］■☆

8813　Campe Dulac（1867）Nom. illegit. ≡ Barbarea W. T. Aiton（1812）（保留属名）［十字花科 Brassicaceae（Cruciferae）］■

8814　Campecarpus H. Wendl.（1921）Nom. illegit. = Cyphophoenix H. Wendl. ex Benth. et Hook. f.（1883）［棕榈科 Arecaceae（Palmae）］●☆

8815　Campecarpus H. Wendl. ex Becc.（1921）Nom. illegit. = Cyphophoenix H. Wendl. ex Benth. ex Hook. f.（1883）［棕榈科 Arecaceae（Palmae）］●☆

8816　Campecarpus H. Wendl. ex Benth. et Hook. f.（1883）【汉】曲果椰属（坎佩卡普椰属，密根柱椰属，曲果属）。【隶属】棕榈科 Arecaceae（Palmae）。【包含】世界1种。【学名诠释与讨论】〈阳〉（希）kampe，弯曲，毛虫＋karpos，果实。此属的学名，ING 和 IK 记载是"Campecarpus H. Wendl. ex Benth. et Hook. f. ，Gen. Pl.

［Bentham et Hooker f.]3（2）：893. 1883［14 Apr 1883］"。棕榈科 Arecaceae 的"Campecarpus H. Wendland ex Beccari，Palm. Nuova Caledonia 28. 10 Dec 1920 = Cyphophoenix H. Wendl. ex Benth. et Hook. f.（1883）"是晚出的非法名称。"Campecarpus H. Wendl.（1921）= Cyphophoenix H. Wendl. ex Benth. et Hook. f.（1883）"是未合格发表的名称。【分布】法属新喀里多尼亚。【模式】Campecarpus fulcitus（A. T. Brongniart）H. Wendland ex Beccari［as 'fulcita'］［Kentia fulcita A. T. Brongniart］。【参考异名】Campecarpus H. Wendl.（1921）Nom. illegit. ；Campecarpus H. Wendl. ex Becc.（1921）Nom. illegit. ；Campocarpus Post et Kuntze（1903）●☆

8817　Campecia Adans.（1763）= Caesalpinia L.（1753）［豆科 Fabaceae（Leguminosae）//云实科（苏木科）Caesalpiniaceae］●

8818　Campeiostachys Drobow（1941）= Elymus L.（1753）［禾本科 Poaceae（Gramineae）］■

8819　Campelepis Falc.（1843）= Periploca L.（1753）［萝藦科 Asclepiadaceae//杠柳科 Periplocaceae］●

8820　Campelia Kunth（1833）Nom. illegit. = Campella Link（1827）Nom. illegit. ；~ = Deschampsia P. Beauv.（1812）［禾本科 Poaceae（Gramineae）］■

8821　Campelia Rich.（1808）= Tradescantia L.（1753）［鸭趾草科 Commelinaceae］■

8822　Campella Link（1827）Nom. illegit. ≡ Deschampsia P. Beauv.（1812）［禾本科 Poaceae（Gramineae）］■

8823　Campereia Engl. = Champereia Griff.（1843）［山柚子科（山柑科，山柚仔科）Opiliaceae］●

8824　Campesia Wight et Arn. ex Steud. = Galactia P. Browne（1756）［豆科 Fabaceae（Leguminosae）//蝶形花科 Papilionaceae］●

8825　Campestigma Pierre ex Costantin（1912）【汉】曲柱萝藦属。【隶属】萝藦科 Asclepiadaceae。【包含】世界1种。【学名诠释与讨论】〈中〉（希）kampe，弯曲，毛虫＋stigma，所有格 stigmatos，柱头，眼点。【分布】中南半岛。【模式】Campestigma purpurea Pierre ex Costantin。☆

8826　Camphora Fabr.（1759）（废弃属名）= Cinnamomum Schaeff.（1760）（保留属名）［樟科 Lauraceae］●

8827　Camphorata Fabr.（1759）Nom. illegit. ≡ Selago L.（1753）［玄参科 Scrophulariaceae］●☆

8828　Camphorata Mill.（1754）= Camphorosma L.（1753）［藜科 Chenopodiaceae］●■

8829　Camphorata Tourn. ex Crantz（1766）Nom. illegit. = Camphorosma L.（1753）［藜科 Chenopodiaceae］●■

8830　Camphorata Zinn（1757）Nom. illegit. = Camphorosma L.（1753）［藜科 Chenopodiaceae］●■

8831　Camphorina Noronha（1790）= Desmos Lour.（1790）［番荔枝科 Annonaceae］●

8832　Camphoromoea Nees et Meisn.（1833）= Ocotea Aubl.（1775）［樟科 Lauraceae］●☆

8833　Camphoromoea Nees（1833）Nom. illegit. ≡ Camphoromoea Nees et Meisn.（1833）；~ = Ocotea Aubl.（1775）［樟科 Lauraceae］b☆

8834　Camphoromyrtus Schauer（1843）Nom. illegit. ≡ Triplarina Raf.（1838）；~ = Baeckea L.（1753）［桃金娘科 Myrtaceae］●

8835　Camphoropsis Moq. ex Pfeiff. = Nanophyton Less.（1834）［藜科 Chenopodiaceae］●■

8836　Camphorosma L.（1753）【汉】樟味藜属。【俄】Камфоловма，Трава камфарная。【英】Camphorfume，Camphor－fume，Stink Groundpine。【隶属】藜科 Chenopodiaceae。【包含】世界10种，中国1种。【学名诠释与讨论】〈阴〉（阿拉伯）kamfour，樟脑＋osme

=odme,香味,臭味,气味。在希腊文组合词中,词头 osm-和词尾-osma 通常指香味。指某些种类具樟脑味。此属的学名,ING 和 IK 记载是"Camphorosma Sauvages, Sp. Pl. 1:122. 1753 [1 May 1753]"。TROPICOS 则记载为"Camphorosma L., Species Plantarum 1:122. 1753.(1 May 1753)"。正确表述应该是"Camphorosma L.(1753)"或"Camphorosma Sauvages ex L.(1753)"。"Camphorata Zinn, Cat. Pl. Gott. 36. 20 Apr-21 Mai 1757"是"Camphorosma L.(1753)"的晚出的同模式异名(Homotypic synonym, Nomenclatural synonym)。【分布】巴基斯坦,中国,地中海地区,亚洲中部。【后选模式】Camphorosma monspeliaca Linnaeus。【参考异名】Camforosma Spreng.(1824);Camphorata Mill.(1754);Camphorata Tourn. ex Crantz(1766)Nom. illegit.;Camphorata Zinn(1757)Nom. illegit.;Selago Adans.(1763)●■

8837　Camphorosma Sauvages ex L.(1753)≡Camphorosma L.(1753)[藜科 Chenopodiaceae]●■

8838　Camphorosma Sauvages(1753)Nom. illegit. ≡Camphorosma L.(1753)[藜科 Chenopodiaceae]●■

8839　Camphusia de Vriese(1850)= Scaevola L.(1771)(保留属名)[草海桐科 Goodeniaceae]●■

8840　Camphyleia Spreng.(1831)= Campuleia Thouars(1806);~ = Striga Lour.(1790)[玄参科 Scrophulariaceae//列当科 Orobanchaceae]■

8841　Campia Dombey ex Endl.(1841)= Capia Dombey ex Juss.(1806);~ =Lapageria Ruiz et Pav.(1802)[百合科 Liliaceae//智利花科(垂花科,金钟木科,喜爱花科)Philesiaceae]●☆

8842　Campilostachys A. Juss.(1849)= Campylostachys Kunth(1832)[密穗木科(密穗草科 Stilbaceae]●☆

8843　Campimia Ridl.(1911)【汉】南洋野牡丹属。【隶属】野牡丹科 Melastomataceae。【包含】世界 1 种。【学名诠释与讨论】〈阴〉词源不详。【分布】加里曼丹岛,马来半岛。【模式】未指定。●☆

8844　Campnosperma Thwaites(1854)(保留属名)【汉】曲籽漆属。【英】Tigasco Oil。【隶属】漆树科 Anacardiaceae。【包含】世界 15 种。【学名诠释与讨论】〈中〉(希)kamptos,弯曲+sperma,所有格 spermatos,种子,孢子。此属的学名"Campnosperma Thwaites in Hooker's J. Bot. Kew Gard. Misc. 6:65. Mar 1854"是保留属名。相应的废弃属名是漆树科 Anacardiaceae 的"Coelopyrum Jack in Malayan Misc. 2(7):65. 1822 = Campnosperma Thwaites(1854)(保留属名)"。【分布】热带,中美洲。【模式】Campnosperma zeylanicum Thwaites。【参考异名】Coelopyrum Jack(1822)(废弃属名);Cyrtospermum Benth.(1852);Drepanospermum Benth.(1862)Nom. illegit.●☆

8845　Campocarpus Post et Kuntze(1903)= Campecarpus H. Wendl. ex Benth. et Hook. f.(1883)[棕榈科 Arecaceae(Palmae)]●☆

8846　Campolepis Post et Kuntze(1903)= Campelepis Falc.(1843);~ = Periploca L.(1753)[萝藦科 Asclepiadaceae//杠柳科 Periplocaceae]●

8847　Campomanesia Ruiz et Pav.(1794)【汉】坎波木属。【英】Para Guava。【隶属】桃金娘科 Myrtaceae。【包含】世界 80 种。【学名诠释与讨论】〈阴〉(人)Pedro Rodriguez Campomanes y Sorrida,1723-1803,西班牙外交官。【分布】巴拉圭,秘鲁,玻利维亚,厄瓜多尔,哥伦比亚(安蒂奥基亚),南美洲。【模式】Campomanesia lineatifolia Ruiz et Pavón。【参考异名】Abbevillea O. Berg(1856);Acrandra O. Berg(1856);Britoa O. Berg(1856);Burcardia Neck. ex Raf.(1838)(废弃属名);Burcardia Raf.(1838)Nom. illegit.(废弃属名);Lacerdaea O. Berg(1856);Paivaea O. Berg(1859)●☆

8848　Campovassouria R. M. King et H. Rob.(1971)【汉】显脉泽兰属。

【隶属】菊科 Asteraceae(Compositae)。【包含】世界 1 种。【学名诠释与讨论】〈阴〉词源不详。【分布】巴西。【模式】Campovassouria bupleurifolia(A. P. de Candolle)R. M. King et H. E. Robinson [Eupatorium bupleurifolium A. P. de Candolle]●☆

8849　Campsanthus Steud.(1840)= Compsanthus Spreng.(1827)Nom. illegit.;~ = Tricyrtis Wall.(1826)(保留属名)[百合科 Liliaceae//铃兰科 Convallariaceae//油点草科 Tricyrtidaceae]■

8850　Campsiandra Benth.(1840)【汉】弯蕊豆属(卡姆苏木属,弯花属)。【隶属】豆科 Fabaceae(Leguminosae)//云实科(苏木科)Caesalpiniaceae。【包含】世界 3 种。【学名诠释与讨论】〈阴〉(希)kampsis,弯曲。kampto,使弯曲。kamptos,kamptikos,可弯曲的+aner,所有格 andros,雄性,雄蕊。【分布】秘鲁,玻利维亚,热带美洲。【后选模式】Campsiandra comosa Bentham。●☆

8851　Campsidium Seem.(1862)【汉】小凌霄花属。【隶属】紫葳科 Bignoniaceae。【包含】世界 1 种。【学名诠释与讨论】〈中〉(属)Campsis 凌霄花属(凌霄属,紫葳属)+-idius,-idia,-idium,指示小的词尾。【分布】阿根廷,智利。【模式】Campsidium chilense Reissek et B. C. Seemann ex B. C. Seemann。●☆

8852　Campsis Lour.(1790)(保留属名)【汉】凌霄花属(凌霄属,紫葳属)。【日】ノウゼンカズラ属,ノウゼンカツラ属。【俄】Кампсис。【英】Trumpet Creeper, Trumpet Vine, Trumpetcreeper, Trumpet-creeper。【隶属】紫葳科 Bignoniaceae。【包含】世界 2 种,中国 2 种。【学名诠释与讨论】〈阴〉(希)kampsis,弯曲。kampto,使弯曲。kamptos,kamptikos,可弯曲的。指雄蕊弯曲状。一说指茎弯曲。此属的学名"Campsis Lour., Fl. Cochinch.;358, 377. Sep 1790"是保留属名。相应的废弃属名是紫葳科 Bignoniaceae 的"Notjo Adans., Fam. Pl. 2:226,582. Jul-Aug 1763 = Campsis Lour.(1790)(保留属名)"。【分布】巴基斯坦,巴拉圭,秘鲁,玻利维亚,厄瓜多尔,美国(东部),中国,东亚。【模式】Campsis adrepens Loureiro。【参考异名】Notjo Adans.(1763)(废弃属名)●

8853　Camptacra N. T. Burb.(1982)【汉】根茎层菀属。【隶属】菊科 Asteraceae(Compositae)。【包含】世界 2 种。【学名诠释与讨论】〈阴〉(希)kamptos,可弯曲的+akron,顶点,最高点,末端。【分布】澳大利亚,新几内亚岛。【模式】Camptacra brachycomoides(F. von Mueller)N. T. Burbidge [Aster brachycomoides F. von Mueller]■☆

8854　Camptandra Ridl.(1899)【汉】曲蕊姜属(弯蕊花属)。【隶属】姜科(蘘荷科)Zingiberaceae。【包含】世界 3-4 种。【学名诠释与讨论】〈阴〉(希)kamptos,可弯曲的+aner,所有格 andros,雄性,雄蕊。【分布】马来西亚(西部),中国。【后选模式】Camptandra latifolia Ridley。■

8855　Camptederia Steud.(1840)= Campderia A. Rich.(1822)Nom. illegit.;~ = Vellozia Vand.(1788)[翡若翠科(巴西蒜科,尖叶棱枝草科,尖叶鳞枝科)Velloziaceae]■☆

8856　Camptocarpus Decne.(1844)(保留属名)【汉】弯果萝藦属。【隶属】萝藦科 Asclepiadaceae。【包含】世界 1 种。【学名诠释与讨论】〈阳〉(希)kamptos,可弯曲的+karpos,果实。此属的学名"Camptocarpus Decne. in Candolle, Prodr. 8:493. Mar(med.)1844"是保留属名。相应的废弃属名是紫草科 Boraginaceae 的"Camptocarpus K. Koch in Linnaea 17:304. Jan 1844 ≡ Oskampia Moench(1794)= Alkanna Tausch(1824)(保留属名)"。【分布】马达加斯加,毛里求斯。【模式】Camptocarpus mauritianus(Lamarck)Decaisne [Cynanchum mauritianum Lamarck]。【参考异名】Harpanema Decne.(1844);Symphytonema Schltr.(1895);Tanulepis Balf. f.(1877);Tanulepis Balf. f. ex Baker(1877)Nom. illegit.●■☆

8857　Camptocarpus K. Koch（1844）（废弃属名）≡ Oskampia Moench（1794）；~ = Alkanna Tausch（1824）（保留属名）［紫草科 Boraginaceae］●■☆

8858　Camptolepis Radlk.（1907）【汉】弯鳞无患子属。【隶属】无患子科 Sapindaceae。【包含】世界1-4种。【学名诠释与讨论】〈阴〉（希）kamptos，可弯曲的+lepis，所有格 lepidos，指小式 lepion 或 lepidion，鳞，鳞片 lepidotos，多鳞的。lepos，鳞，鳞片。【分布】热带非洲东部。【模式】Camptolepis ramiflora（Taubert）Radlkofer ［Deinbollia ramiflora Taubert］。【参考异名】Hypseloderma Radlk.（1932）●☆

8859　Camptoloma Benth.（1846）【汉】弯边玄参属。【隶属】玄参科 Scrophulariaceae。【包含】世界3种。【学名诠释与讨论】〈中〉（希）kamptos，可弯曲的+loma，所有格 lomatos，边缘。【分布】热带非洲。【模式】Camptoloma rotundifolium Bentham ［as 'rotundifolia'］■●☆

8860　Camptophytum Pierre ex A. Chev.（1917）= Tarenna Gaertn.（1788）［茜草科 Rubiaceae］●

8861　Camptopus Hook. f.（1869）= Psychotria L.（1759）（保留属名）［茜草科 Rubiaceae//九节科 Psychotriaceae］●

8862　Camptorrhiza Hutch.（1934）【汉】弯根秋水仙属。【隶属】秋水仙科 Colchicaceae。【包含】世界1种。【学名诠释与讨论】〈阴〉（希）kamptos，可弯曲的+rhiza，或 rhizoma，根，根茎。【分布】非洲南部。【后选模式】Camptorrhiza schlechteri（Engler）E. P. Phillips ［Iphigenia schlechteri Engler］。【参考异名】Iphigeniopsis Buxb.（1936）■☆

8863　Camptosema Hook. et Arn.（1833）【汉】曲藤豆属。【隶属】豆科 Fabaceae（Leguminosae）//蝶形花科 Papilionaceae。【包含】世界12种。【学名诠释与讨论】〈中〉（希）kamptos，可弯曲的+sema，所有格 sematos，旗帜，标记。【分布】巴拉圭，玻利维亚，南美洲。【模式】Camptosema rubicundum W. J. Hooker et Arnott。【参考异名】Bionia Mart. ex Benth.（1837）■☆

8864　Camptostemon Mast.（1872）【汉】曲蕊木棉属。【隶属】木棉科 Bombacaceae//锦葵科 Malvaceae。【包含】世界2种。【学名诠释与讨论】〈阳〉（希）kamptos，可弯曲的+stemon，雄蕊。【分布】澳大利亚，菲律宾（菲律宾群岛）。【模式】Camptostemon schultzii Masters。【参考异名】Cumingia Vidal（1885）（保留属名）●☆

8865　Camptostylus Gilg（1898）【汉】弯柱大风子属。【隶属】刺篱木科（大风子科）Flacourtiaceae。【包含】世界3种。【学名诠释与讨论】〈阳〉（希）kamptos，可弯曲的+stylos = 拉丁文 style，花柱，中柱，有尖之物，桩，柱，支持物，支柱，石头做的界标。【分布】热带非洲西部。【模式】Camptostylus caudatus Gilg。【参考异名】Cerolepis Pierre（1899）●☆

8866　Camptotheca Decne.（1873）【汉】喜树属（旱莲木属，旱莲属）。【俄】Камптотека。【英】Camptotheca。【隶属】蓝果树科（珙桐科，紫树科）Nyssaceae//山茱萸科 Cornaceae。【包含】世界1-2种，中国2种。【学名诠释与讨论】〈阴〉（希）kamptos，可弯曲的+theke = 拉丁文 theca，匣子，箱子，室，药室，囊。指果窄矩圆形稍弯曲，似箱形。此属的学名，ING、TROPICOS 和 IK 记载是"Camptotheca Decne., Bull. Soc. Bot. France 20：157. 1873"。"Nyssopsis O. Kuntze in Post et O. Kuntze, Lex. 393. Dec 1903（'1904'）"是"Camptotheca Decne.（1873）"的晚出的同模式异名（Homotypic synonym, Nomenclatural synonym）。【分布】中国，中美洲。【模式】Camptotheca acuminata Decaisne。【参考异名】Nyssopsis Kuntze（1903）Nom. illegit. ●

8867　Camptouratea Tiegh.（1902）Nom. illegit. = Ouratea Aubl.（1775）（保留属名）［金莲木科 Ochnaceae］●

8868　Campuleia Thouars（1806）= Striga Lour.（1790）［玄参科 Scrophulariaceae//列当科 Orobanchaceae］■

8869　Campuloa Desv.（1810）Nom. illegit. = Ctenium Panz.（1813）（保留属名）［禾本科 Poaceae（Gramineae）］■☆

8870　Campuloclinium DC.（1836）【汉】大头柄泽兰属。【隶属】菊科 Asteraceae（Compositae）//泽兰科 Eupatoriaceae。【包含】世界14种。【学名诠释与讨论】〈中〉（希）kampylos，弯曲的+klinion，床，来自 klino，倾斜，斜倚+-ius，-ia，-ium，在拉丁文和希腊文中，这些词尾表示性质或状态。此属的学名是"Campuloclinium A. P. de Candolle, Prodr. 5：136. Oct（prim.）1836"。亦有文献把其处理为"Eupatorium L.（1753）"的异名。【分布】巴拉圭，玻利维亚，南美洲，中美洲。【后选模式】Campuloclinium macrocephalum（Lessing）A. P. de Candolle ［Eupatorium macrocephalum Lessing］。【参考异名】Campylochinium Endl.（1837）；Eupatorium L.（1753）■●☆

8871　Campulosus Desv.（1810）（废弃属名）≡ Ctenium Panz.（1813）（保留属名）［禾本科 Poaceae（Gramineae）］■☆

8872　Campydorum Salisb.（1866）= Polygonatum Mill.（1754）［百合科 Liliaceae//黄精科 Polygonataceae//铃兰科 Convallariaceae］■

8873　Campylandra Baker（1875）【汉】开口箭属（扁竹枝属）。【英】Tupistra。【隶属】百合科 Liliaceae//铃兰科 Convallariaceae。【包含】世界14-24种，中国16种。【学名诠释与讨论】〈阴〉（希）kampylos，弯曲的+aner，所有格 andros，雄性，雄蕊。指花药弯曲。此属的学名是"Campylandra J. G. Baker, J. Linn. Soc., Bot. 14：582. 1875"。亦有文献把其处理为"Tupistra Ker Gawl.（1814）"的异名。【分布】缅甸，印度，中国，中南半岛，东喜马拉雅山。【模式】Campylandra aurantiaca J. G. Baker。【参考异名】Tilcusta Raf.（1838）；Tupistra Ker Gawl.（1814）■●

8874　Campylanthera Hook.（1837）Nom. illegit. ≡ Spiranthera Hook.（1836）；~ = Pronaya Ha Hook.. a J（1837）［海桐花科 Pittosporaceae］●☆

8875　Campylanthera Schott et Endl.（1832）【汉】弯药海桐属。【隶属】海桐花科（海桐科）Pittosporaceae//木棉科 Bombacaceae//锦葵科 Malvaceae。【包含】世界1种。【学名诠释与讨论】〈阴〉（希）kampylos，弯曲的+anthera，花药。此属的学名，ING、TROPICOS 和 IK 记载是"Campylanthera H. W. Schott et Endlicher, Melet. Bot. 35. 1832"。"Campylanthera Hook., Icon. Pl. 1：t. 82. 1837 ［1 Feb 1837］≡ Spiranthera Hook.（1836）= Pronaya Hügel ex Endl.（1837）［海桐花科 Pittosporaceae］"是"Spiranthera W. J. Hooker 1836"的替代名称，但是一个晚出的非法名称。《显花植物与蕨类植物词典》记载为"Campylanthera Schott = Eriodendron DC.（Malvac.）"。亦有文献把"Campylanthera Schott et Endl.（1832）"处理为"Ceiba Mill.（1754）"或"Eriodendron DC.（1824）Nom. illegit."的异名。【分布】澳大利亚。【模式】Campylanthera fraseri（W. J. Hooker）W. J. Hooker ［Spiranthera fraseri W. J. Hooker］。【参考异名】Ceiba Mill.（1754）；Eriodendron DC.（1824）Nom. illegit. ●☆

8876　Campylanthus Roth（1821）【汉】弯花婆婆纳属（弯花玄参属）。【隶属】玄参科 Scrophulariaceae//婆婆纳科 Veronicaceae。【包含】世界11种。【学名诠释与讨论】〈阳〉（希）kampylos，弯曲的+anthos，花。antheros，多花的。antheo，开花。【分布】巴基斯坦（西部），佛得角，西班牙（加那利群岛），也门（索科特拉岛），阿拉伯地区。【模式】Campylanthus salsoloides（Linnaeus f.）A. W. Roth ［Eranthemum salsoloides Linnaeus f.］。【参考异名】Chamaeacanthus Chiov.（1929）●☆

8877　Campyleia Spreng.（1827）= Campuleia Thouars（1806）；~ = Striga Lour.（1790）［玄参科 Scrophulariaceae//列当科 Orobanchaceae］■

8878　Campyleja Post et Kuntze（1903）= Campyleia Spreng.（1827）［玄

参科 Scrophulariaceae]■

8879　Campylia Lindl. ex Sweet = Pelargonium L' Hér. ex Aiton（1789）［牻牛儿苗科 Geraniaceae]●■

8880　Campylobotrys Lem.（1847）= Hoffmannia Sw.（1788）［茜草科 Rubiaceae]●■☆

8881　Campylocaryum DC. ex A. DC.（1846）Nom. illegit. = Alkanna Tausch（1824）（保留属名）［紫草科 Boraginaceae]●☆

8882　Campylocaryum DC. ex Meisn.（1840）= Alkanna Tausch（1824）（保留属名）［紫草科 Boraginaceae]●☆

8883　Campylocentron Benth.（1881）Nom. illegit. ≡ Campylocentrum Benth.（1881）［兰科 Orchidaceae]■☆

8884　Campylocentron Benth. et Hook. f.（1881）Nom. illegit. = ≡ Campylocentrum Benth.（1881）［兰科 Orchidaceae]■☆

8885　Campylocentrum Benth.（1881）【汉】弯唇兰属。【隶属】兰科 Orchidaceae。【包含】世界 55 种。【学名诠释与讨论】〈中〉（希）kampylos，弯曲的＋kentron，点，刺，圆心，中央，距。此属的学名"Campylocentrum Bentham, J. Linn. Soc. , Bot. 18：337. 21 Feb 1881"是一个替代名称。"Todaroa A. Richard et Galeotti, Ann. Sci. Nat. Bot. ser. 3. 3：28. Jan 1845"是一个非法名称（Nom. illegit.），因为此前已经有了"Todaroa Parlatore in P. B. Webb et S. Berthelot, Hist. Nat. Iles Canaries 3（2. 2）：155. Jan 1843［伞形花科（伞形科）Apiaceae（Umbelliferae）]"。故用"Campylocentrum Benth.（1881）"替代之。"Campylocentron Benth. , J. Linn. Soc. , Bot. 18：337. 1881"是其拼写变体。【分布】巴拉圭，巴拿马，秘鲁，玻利维亚，厄瓜多尔，哥伦比亚（安蒂奥基亚），哥斯达黎加，尼加拉瓜，美国（佛罗里达）至西印度群岛，热带南美洲，中美洲。【模式】Todaroa micrantha A. Richard et Galeotti。【参考异名】Campylocentron Benth.（1881）；Campylocentron Benth. et Hook. f.（1881）Nom. illegit. ；Todaroa A. Rich. et Galeotti（1845）Nom. illegit.■☆

8886　Campylocera Nutt.（1842）= Legousia Durand（1782）；~ = Triodanis Raf.（1838）［桔梗科 Campanulaceae]●■☆

8887　Campylocercum Tiegh.（1902）= Campylospermum Tiegh.（1902）；~ = Ouratea Aubl.（1775）（保留属名）［金莲木科 Ochnaceae]u

8888　Campylochinium B. D. Jacks. = Eupatorium L.（1753）［菊科 Asteraceae（Compositae）//泽兰科 Eupatoriaceae]■●

8889　Campylochinium Endl.（1837）= Campuloclinium DC.（1836）；~ = Eupatorium L.（1753）［菊科 Asteraceae（Compositae）//泽兰科 Eupatoriaceae]■●

8890　Campylochiton Welw. ex Hiern（1898）= Combretum Loefl.（1758）（保留属名）［使君子科 Combretaceae]●

8891　Campylochnella Tiegh.（1902）= Ochna L.（1753）［金莲木科 Ochnaceae]●

8892　Campylogyne Welw. ex Hemsl.（1897）= Combretum Loefl.（1758）（保留属名）；~ = Quisqualis L.（1762）［使君子科 Combretaceae]●

8893　Campylonema Poir.（1823）= Campynema Labill.（1805）［黑药花科（藜芦科）Melanthiaceae//金梅草科 Campynemataceae]■☆

8894　Campylonema Schult. et Schult. f.（1830）Nom. illegit. ≡ Campynema Labill.（1805）［黑药花科（藜芦科）Melanthiaceae//金梅草科 Campynemataceae]■☆

8895　Campylopelma Rchb.（1837）= Hypericum L.（1753）［金丝桃科 Hypericaceae//猪胶树科（克鲁西科，山竹子科，藤黄科）Clusiaceae（Guttiferae）]■●

8896　Campylopetalum Forman（1954）【汉】弯瓣木属。【隶属】九子母科（九子不离母科）Podoaceae。【包含】世界 1 种。【学名诠释与

讨论】〈中〉（希）kampylos，弯曲的＋希腊文 petalos，扁平的，铺开的；petalon，花瓣，叶，花叶，金属叶子；拉丁文的花瓣为 petalum。【分布】泰国。【模式】Campylopetalum siamense Forman。【参考异名】Campylostemon Erdtman●☆

8897　Campylopora Tiegh.（1902）= Brackenridgea A. Gray（1853）［金莲木科 Ochnaceae]●☆

8898　Campyloptera Boiss.（1842）【汉】弯翅芥属。【隶属】十字花科 Brassicaceae（Cruciferae）。【包含】世界 3 种。【学名诠释与讨论】〈阴〉（希）kampylos，弯曲的＋pteron，指小式 pteridion，翅。此属的学名是"Campyloptera Boissier, Ann. Sci. Nat. Bot. ser. 2. 16：381. Dec 1841"。亦有文献把其处理为"Aethionema W. T. Aiton（1812）"的异名。【分布】巴基斯坦。【模式】Campyloptera syriaca Boissier。【参考异名】Aethionema R. Br.（1812）Nom. illegit. ；Aethionema W. T. Aiton（1812）■☆

8899　Campylopus Spach（1836）Nom. illegit. ≡ Campylopelma Rchb.（1837）；~ = Hypericum L.（1753）［金丝桃科 Hypericaceae//猪胶树科（克鲁西科，山竹子科，藤黄科）Clusiaceae（Guttiferae）]■●

8900　Campylosiphon Benth.（1882）【汉】弯管水玉簪属。【隶属】水玉簪科 Burmanniaceae。【包含】世界 1 种。【学名诠释与讨论】〈中〉（希）kampylos，弯曲的＋siphon，所有格 siphonos，管子。此属的学名，ING、TROPICOS 和 IK 记载是"Campylosiphon Bentham, Hooker's Icon. Pl. 14：65. Jun 1882"。TROPICOS 和 IK 记载了"Campylosiphon St. -Lag. , Ann. Soc. Bot. Lyon vii.（1880）135［桔梗科 Campanulaceae]"，TROPICOS 标注为"Nom. illegit. "。如果这个标注准确，则"Campylosiphon Benth.（1882）"也是非法名称（Nom. illegit.）；若"Campylosiphon St. - Lag.（1880）"是"Nom. inval. "或者"Nom. nud. "，"Campylosiphon Benth.（1882）"还可以是合法名称。此属名暂放于此。【分布】秘鲁，热带南美洲。【模式】Campylosiphon purpurascens Bentham。【参考异名】Dipterosiphon Huber（1899）■☆

8901　Campylosiphon St. - Lag.（1880）Nom. inval. , Nom. illegit. = Siphocampylus Pohl（1831）［桔梗科 Campanulaceae]■●☆

8902　Campylospermum Tiegh.（1902）【汉】赛金莲木属（奥里木属）。【俄】Гомфия。【英】Gomphia。【隶属】金莲木科 Ochnaceae。【包含】世界 65 种，中国 2 种。【学名诠释与讨论】〈中〉（希）kampylos，弯曲的＋sperma，所有格 spermatos，种子，孢子。指果形。此属的学名是"Campylospermum M. E. J. Chandler, Upper Eocene Fl. Hordle（Monogr. Palaeontogr. Soc.）16. Dec 1925（non Van Tieghem 1902）."。亦有文献把其处理为"Gomphia Schreb.（1789）"的异名。【分布】马达加斯加，中国，热带非洲东部，热带亚洲。【模式】未指定。【参考异名】Bisetaria Tiegh.（1902）；Campylocercum Tiegh.（1902）；Gomphia Schreb.（1789）；Meesia Gaertn.（1788）；Walkera Schreb.（1789）Nom. illegit. ●

8903　Campylosporua Spach（1836）= Hypericum L.（1753）［金丝桃科 Hypericaceae//猪胶树科（克鲁西科，山竹子科，藤黄科）Clusiaceae（Guttiferae）]■●

8904　Campylostachys E. Mey.（1843）Nom. inval. , Nom. illegit. = Fimbristylis Vahl（1805）（保留属名）［莎草科 Cyperaceae]■

8905　Campylostachys Kunth（1832）【汉】弯穗木属。【隶属】密穗木科（密穗草科）Stilbaceae。【包含】世界 1-2 种。【学名诠释与讨论】〈阴〉（希）kampylos，弯曲的＋stachys，穗，谷，长钉。此属的学名，ING、TROPICOS 和 IK 记载是"Campylostachys Kunth, Abh. Phys. Kl. Akad. Wiss. Berlin 1831：206. 1832"。"Campylostachys E. Mey. , Zwei Pflanzengeogr. Docum.（Drège）83. 1843［7 Aug 1843]"是晚出的非法名称（Nom. illegit.），也是一个未合格发表的名称（Nom. inval.）。【分布】非洲南部。【模式】Campylostachys cernua（Linnaeus f.）E. H. F. Meyer。【参考异名】

Campilostachys A. Juss. (1849) ●☆

8906　Campylostemon E. Mey. (1843) Nom. inval. , Nom. nud. = Justicia L. (1753) ［爵床科 Acanthaceae//鸭嘴花科（鸭咀花科）Justiciaceae］●■

8907　Campylostemon Erdtman = Campylopetalum Forman (1954) ［九子母科（九子不离母科）Podoaceae］●☆

8908　Campylostemon Welw. (1867) Nom. illegit. ≡ Campylostemon Welw. ex Benth. et Hook. f. (1867) ［卫矛科 Celastraceae］●☆

8909　Campylostemon Welw. ex Benth. et Hook. f. (1867)【汉】曲蕊卫矛属。【隶属】卫矛科 Celastraceae。【包含】世界 8-12 种。【学名诠释与讨论】〈阳〉（希）kampylos, 弯曲的+stemon, 雄蕊。此属的学名, ING 记载是"Campylostemon Welwitsch ex Bentham et Hook. f. , Gen. 1: 998. Sep 1867"; TROPICOS 记载是"Campylostemon Welw. ex Hook. f. , Gen. Pl. 1: 998, 1867"; IK 则记载为"Campylostemon Welw. , Gen. Pl. [Bentham et Hooker f.]1(3): 998. 1867 [Sep 1867]"。三者引用的文献相同。"Campylostemon E. Mey. , Zwei Pflanzengeogr. Docum. (Drège) 170. 1843 [7 Aug 1843] = Justicia L. (1753)"为裸名, 也未合格发表。另有"Campylostemon Erdtman = Campylopetalum Forman (1954)"。【分布】热带非洲西部。【模式】Campylostemon angolensis Welwitsch ex Oliver [as 'angolense']。【参考异名】Campylostemon Welw. (1867) Nom. illegit. ●☆

8910　Campylosus Post et Kuntze (1903) = Campulosus Desv. (1810)（废弃属名）; ～ = Ctenium Panz. (1813)（保留属名）［禾本科 Poaceae (Gramineae)]■☆

8911　Campylotheca Cass. (1827) = Bidens L. (1753) ［菊科 Asteraceae (Compositae)]■●

8912　Campylotropis Bunge (1835)【汉】杭子梢属（杭子稍属, 弯龙骨属）。【英】Clover Shrub, Clovershrub。【隶属】豆科 Fabaceae (Leguminosae)//蝶形花科 Papilionaceae。【包含】世界 37-65 种, 中国 32-50 种。【学名诠释与讨论】〈阴〉（希）kampylos, 弯曲的+tropis, 所有格 tropidos, 龙骨。指龙骨瓣弯曲。【分布】中国、亚洲东部和南部。【模式】Campylotropis chinensis Bunge, Nom. illegit. [Lespedeza macrocarpa Bunge; Campylotropis macrocarpa (Bunge) Rehder]。【参考异名】Oxyramphis Wall. (1831–1832) Nom. inval. ; Oxyramphis Wall. ex Meisn. (1837); Phlebosporum Jungh. (1845) ●

8913　Campylus Lour. (1790)（废弃属名）= Tinospora Miers (1851)（保留属名）［防己科 Menispermaceae]●■

8914　Campynema Labill. (1805)【汉】金梅草属（弯丝草属）。【隶属】黑药花科（藜芦科）Melanthiaceae//金梅草科 Campynemataceae。【包含】世界 1 种。【学名诠释与讨论】〈中〉（希）kampylos, 弯曲的+nema, 所有格 nematos, 丝, 花丝。此属的学名, ING、APNI、TROPICOS 和 IK 记载是"Campynema Labill. , Novae Hollandiae Plantarum Specimen 1 1805"。"Campylonema J. A. Schultes et J. H. Schultes in J. J. Roemer et J. A. Schultes, Syst. Veg. 7 (2): xcvi, 1507. 1830 (sero)"是"Campynema Labill. (1805)"的晚出的同模式异名（Homotypic synonym, Nomenclatural synonym）。【分布】澳大利亚（塔斯马尼亚岛）, 法属新喀里多尼亚。【模式】Campynema linearis Labillardière。【参考异名】Campylonema Poir. (1823); Campylonema Schult. et Schult. f. (1830) Nom. illegit. ■☆

8915　Campynemaceae Dumort. = Campynemataceae Dumort. ■☆

8916　Campynemanthe Baill. (1893)【汉】曲丝花属。【隶属】黑药花科（藜芦科）Melanthiaceae//金梅草科 Campynemataceae。【包含】世界 3 种。【学名诠释与讨论】〈阴〉（希）kampylos, 弯曲的+nema, 所有格 nematos, 丝, 花丝+anthos, 花。antheros, 多花的。

antheo, 开花。【分布】法属新喀里多尼亚。【模式】Campynemanthe viridiflora Baillon。■☆

8917　Campynemataceae Dumort. (1829) ［亦见 Hypoxidaceae R. Br.（保留科名）长喙科（仙茅科）]【汉】金梅草科。【包含】世界 2 属 4 种。【分布】澳大利亚（塔斯马尼亚岛）, 法属新喀里多尼亚。【科名模式】Campynema Labill. ■☆

8918　Camunium Adans. (1763)（废弃属名）= Trichogamila P. Browne (1756) ［安息香科（齐墩果科, 野茉莉科）Styracaceae]●

8919　Camunium Kuntze (1891) Nom. illegit. (废弃属名) ≡ Chalcas L. (1767) Nom. illegit. ; ～ = Murraya J. König ex L. (1771) [as 'Murraea']（保留属名）［芸香科 Rutaceae]J

8920　Camunium Roxb. (1814) Nom. illegit. (废弃属名) = Aglaia Lour. (1790)（保留属名）［楝科 Meliaceae]●

8921　Camusia Lorch (1961) = Acrachne Wight et Arn. ex Chiov. (1907); ～ = Dactyloctenium Willd. (1809) ［禾本科 Poaceae (Gramineae)]■

8922　Camusiella Bosser (1966) = Setaria P. Beauv. (1812)（保留属名）［禾本科 Poaceae (Gramineae)]■

8923　Camutia Bonat. ex Steud. (1840) = Melampodium L. (1753) ［菊科 Asteraceae (Compositae)]■●

8924　Canabis Roth (1788) = Cannabis L. (1753) ［桑科 Moraceae//大麻科 Cannabaceae]■

8925　Canaca Guillaumin (1927) = Austrobuxus Miq. (1861) ［大戟科 Euphorbiaceae]●☆

8926　Canacomyrica Guillaumin (1940)【汉】高山杨梅属。【隶属】杨梅科 Myricaceae。【包含】世界 1 种。【学名诠释与讨论】〈阴〉（人）Kanake, 风神 Aeolus 之女+（属）Myrica 杨梅属。此属的学名是"Canacomyrica Guillaumin, Bull. Soc. Bot. France 87: 300. post 8 Nov 1940"。亦有文献把其处理为"Myrica L. (1753)"的异名。【分布】法属新喀里多尼亚。【模式】Canacomyrica monticola Guillaumin。【参考异名】Myrica L. (1753) ●☆

8927　Canacomyricaceae Baum. -Bod. , Nom. inval. = Myricaceae Rich. ex Kunth（保留科名）●

8928　Canacomyricaceae Baum. -Bod. ex Doweld (2000) = Myricaceae Rich. ex Kunth（保留科名）●

8929　Canacorchis Guillaumin (1964) = Bulbophyllum Thouars (1822)（保留属名）［兰科 Orchidaceae]■

8930　Canadaea Gand. = Campanula L. (1753) ［桔梗科 Campanulaceae]■●

8931　Canadanthus G. L. Nesom (1994)【汉】沼菀属。【英】Aster。【隶属】菊科 Asteraceae (Compositae)。【包含】世界 1 种。【学名诠释与讨论】〈阳〉（地）Canada, 加拿大+anthos, 花。指主要分布在加拿大。此属的学名, ING、TROPICOS 和 IK 记载是"Canadanthus G. L. Nesom, Phytologia 77 (3): 250. 1995 [Sep 1994 publ. 31 Jan 1995]"。它曾被处理为"Aster subgen. Canadanthus (G. L. Nesom) Semple, University of Waterloo Biological Series 38: 36. 1996"。【分布】加拿大。【模式】Canadanthus modestus (Lindl.) G. L. Nesom。【参考异名】Aster subgen. Canadanthus (G. L. Nesom) Semple (1996) ■☆

8932　Canahia Steud. (1821) = Kanahia R. Br. (1810) ［萝藦科 Asclepiadaceae]■☆

8933　Canala Pohl (1831) = Spigelia L. (1753) ［马钱科（断肠草科, 马钱子科）Loganiaceae//驱虫草科（度量草科）Spigeliaceae]■☆

8934　Canalia F. W. Schmidt (1793) = Gnidia L. (1753) ［瑞香科 Thymelaeaceae]●☆

8935　Cananga (DC.) Hook. f. et Thomson (1855)（保留属名）【汉】依兰属（加拿楷属, 夷兰属）。【日】イランイランノキ属。【俄】

Кананга。【英】Cananga。【隶属】番荔枝科 Annonaceae。【包含】世界 2-4 种，中国 1 种。【学名诠释与讨论】〈阴〉（马来）kananga，一种植物俗名。此属的学名"Cananga（DC.）Hook. f. et Thomson, Fl. Ind. : 129. 1-19 Jul 1855"是保留属名，由"Unona [subsect.] Cananga A. P. de Candolle, Syst. Nat. 1 : 485. 1-15 Nov 1817"改级而来。相应的废弃属名是番荔枝科 Annonaceae 的"Cananga Aubl., Hist. Pl. Guiane: 607. Jun-Dec 1775 = Guatteria Ruiz et Pav.（1794）（保留属名）"。"Cananga Hook. f. et Thomson（1855）Nom. illegit."、"Cananga Raf."、"Cananga Rumph. ex Hook. f. et Thomson"和"Cananga（Dunal）Hook. f. et Thomson（1855）Nom. illegit."都应废弃。【分布】巴拿马，厄瓜多尔，哥伦比亚（安蒂奥基亚），尼加拉瓜，中国，热带亚洲至澳大利亚，中美洲。【模式】Cananga odorata（Lamarck）J. D. Hooker et T. Thomson [Uvaria odorata Lamarck]。【参考异名】Cananga（Dunal）Hook. f. et Thomson（1855）Nom. illegit.（废弃属名）；Cananga Hook. f. et Thomson（1855）Nom. illegit.（废弃属名）；Cananga Raf.（废弃属名）；Cananga Rumph. ex Hook. f. et Thomson（废弃属名）；Canangium Baill.（1868）Nom. illegit. ；Catanga Steud.（1840）；Fitzgeraldia F. Muell.（1867）Nom. illegit. ；Guatteria Ruiz et Pav.（1794）（保留属名）；Unona [subsect.] Cananga DC.（1817）●

8936　Cananga（Dunal）Hook. f. et Thomson（1855）Nom. illegit.（废弃属名）≡ Cananga（DC.）Hook. f. et Thomson（1855）（保留属名）[番荔枝科 Annonaceae]●

8937　Cananga Aubl.（1775）（废弃属名）= Guatteria Ruiz et Pav.（1794）（保留属名）[番荔枝科 Annonaceae]●☆

8938　Cananga Hook. f. et Thomson（1855）Nom. illegit.（废弃属名）≡ Cananga（DC.）Hook. f. et Thomson（1855）（保留属名）[番荔枝科 Annonaceae]●

8939　Cananga Raf.（废弃属名）= Cananga（DC.）Hook. f. et Thomson（1855）（保留属名）[番荔枝科 Annonaceae]●

8940　Cananga Rumph. ex Hook. f. et Thomson（废弃属名）≡ Cananga（DC.）Hook. f. et Thomson（1855）（保留属名）[番荔枝科 Annonaceae]●

8941　Canangium Baill.（1868）Nom. illegit. = Cananga（DC.）Hook. f. et Thomson（1855）（保留属名）[番荔枝科 Annonaceae]●

8942　Canaria Jim. Mejías et P. Vargas（2015）Nom. illegit. [伞形花科（伞形科）Apiaceae（Umbelliferae）]■☆

8943　Canaria L.（1771）Nom. illegit. = Canarina L.（1771）（保留属名）[桔梗科 Campanulaceae]■☆

8944　Canariastrum Engl.（1899）= Uapaca Baill.（1858）[大戟科 Euphorbiaceae]■☆

8945　Canariellum Engl.（1896）= Canarium L.（1759）[橄榄科 Burseraceae]●

8946　Canarina L.（1771）（保留属名）【汉】加那利参属。【日】カナリア属。【隶属】桔梗科 Campanulaceae。【包含】世界 3 种。【学名诠释与讨论】〈阴〉（地）Canary，加那利群岛 +-inus, -ina, -inum 拉丁文加在名词词干之后，以形成形容词的词尾，含义为"属于、相似、关于、小的"。此属的学名"Canarina L., Mant. Pl. : 148, 225, 588. Oct 1771"是保留属名。相应的废弃属名是桔梗科 Campanulaceae 的"Mindium Adans., Fam. Pl. 2 : 134, 578. Jul-Aug 1763 ≡ Canarina L.（1771）（保留属名）"。"Canaria L., Mantissa Plantarum [588]. 1771"是"Canarina L.（1771）"的拼写变体。"Canaria Jim. Mejías et P. Vargas, Phytotaxa 212（1）: 73. 2015 [2 June 2015] [伞形花科（伞形科）Apiaceae（Umbelliferae）]"是晚出的非法名称。"Mindium Adanson, Fam. 2：134, 578（'Mindion'）. Jul-Aug 1763（废弃属名）"是"Canarina L.（1771）（保留属名）"的同模式异名（Homotypic synonym, Nomenclatural

synonym）。【分布】西班牙（加那利群岛），热带非洲东部。【模式】Canarina campanula Linnaeus, Nom. illegit. [Campanula canariensis Linnaeus；Canarina canariensis（Linnaeus）W. Vatke]。【参考异名】Canaria L.（1771）；Canarion St. -Lag.（1880）；Canariopsis Hochr.（1904）Nom. illegit. ；Mindium Adans.（1763）（废弃属名）；Mindium Raf.（废弃属名）；Pernetya Scop.（1777）（废弃属名）■☆

8947　Canarion St. -Lag.（1880）= Canarina L.（1771）（保留属名）[桔梗科 Campanulaceae]■☆

8948　Canariopsis（Blume）Miq.（1859）= Canarium L.（1759）[橄榄科 Burseraceae]■☆

8949　Canariopsis Hochr.（1904）Nom. illegit. = Canarina L.（1771）（保留属名）[桔梗科 Campanulaceae]■☆

8950　Canariopsis Miq.（1859）Nom. illegit. ≡ Canariopsis（Blume）Miq.（1859）；~ = Canarium L.（1759）[橄榄科 Burseraceae]■☆

8951　Canariothamnus B. Nord.（2006）Nom. illegit. ≡ Bethencourtia Choisy（1825）；~ = Cineraria L.（1763）[菊科 Asteraceae（Compositae）]■●☆

8952　Canarium L.（1759）【汉】橄榄属。【日】カンラン属。【俄】Канариум。【英】Black Dammar, Canarium, Canary Tree, Canarytree, Canary-tree, China Olive, Chinese Olive, Kedondong, Olive, Pili Nut。【隶属】橄榄科 Burseraceae。【包含】世界 77-80 种，中国 9 种。【学名诠释与讨论】〈中〉（马来）kanari, kenari，橄榄的俗名 +-ius, -ia, -ium，在拉丁文和希腊文中，这些词尾表示性质或状态。【分布】澳大利亚（北部），巴拿马，马达加斯加，中国，太平洋地区，热带非洲，亚洲，中美洲。【模式】Canarium indicum Linnaeus。【参考异名】Canariellum Engl.（1896）；Canariopsis（Blume）Miq.（1859）；Canariopsis Miq.（1859）Nom. illegit. ；Cenarium L.（1759）；Colophonia Comm. ex Kunth（1824）；Lipara Lour. ex Gomes（1868）；Nanari Adans.（1763）；Pimela Lour.（1790）；Sonzaya Marchand（1867）；Strania Noronha（1790）●

8953　Canastra Morrone, Zuloaga, Davidse et Filg.（2001）【汉】巴西节芒草属。【隶属】禾本科 Poaceae（Gramineae）。【包含】世界 2 种。【学名诠释与讨论】〈阴〉词源不详。【分布】巴西。【模式】Canastra lanceolata（Filg.）Morrone, Zuloaga, Davidse et Filg. [Arthropogon lanceolatus Filg.]。☆

8954　Canavali Adans.（1763）Nom. illegit.（废弃属名）≡ Canavalia Adans.（1763）[as 'Canavali'] （保留属名）[豆科 Fabaceae（Leguminosae）//蝶形花科 Papilionaceae]●■

8955　Canavalia Adans.（1763）[as 'Canavali'] （保留属名）【汉】刀豆属。【日】ナタマメ属。【俄】Канавалия。【英】Jack Bean, Jackbean, Jack-bean, Knifebean。【隶属】豆科 Fabaceae（Leguminosae）//蝶形花科 Papilionaceae。【包含】世界 50-51 种，中国 7 种。【学名诠释与讨论】〈阴〉（马拉巴）kanavali，刀豆俗名。此属的学名"Canavalia Adans., Fam. Pl. 2 : 325, 531. Jul-Aug 1763"是保留属名。法规未列出相应的废弃属名。但是豆科 Fabaceae 的"Canavalia DC., Familles des Plantes 2 1763 = Canavalia Adans.（1763）[as 'Canavali'] （保留属名）"应该废弃。其变体"Canavali Adans.（1763）≡ Canavalia Adans.（1763）[as 'Canavali'] （保留属名）"亦应废弃。【分布】安提瓜和巴布达，巴基斯坦，巴拉圭，巴拿马，秘鲁，玻利维亚，厄瓜多尔，哥斯达黎加，马达加斯加，美国（密苏里），尼加拉瓜，中国，热带和亚热带，中美洲。【模式】Canavalia ensiformis（Linnaeus）A. P. de Candolle [Dolichos ensiformis Linnaeus]。【参考异名】Canavali Adans.（1763）Nom. illegit.（废弃属名）；Canavalia DC.（1763）（废弃属名）；Cavanalia Griseb.（1866）；Clementea Cav.（1804）；Cryptophaseolus Kuntze（1891）；Malocchia Savi（1824）；Nattamame

Banks; Wenderothia Schltdl. (1838)●■

8956 Canavalia DC. (1763)(废弃属名)= Canavalia Adans. (1763)［as 'Canavali'］(保留属名)［豆科 Fabaceae (Leguminosae)//蝶形花科 Papilionaceae］●■

8957 Canbya Parry ex A. Gray(1876)【汉】矮罂粟属。【英】Pygmy-poppy。【隶属】罂粟科 Papaveraceae。【包含】世界2种。【学名诠释与讨论】〈阴〉(人)William Marriott Canby,1831-1904,美国特拉华植物学者。此属的学名,ING、GCI 和 IK 记载是"Canbya Parry ex A. Gray, Proc. Amer. Acad. Arts 12:51. 1877"。"Canbya Parry(1876)≡Canbya Parry ex A. Gray(1876)"的命名人引证有误。【分布】美国(加利福尼亚),墨西哥。【模式】Canbya candida Parry ex A. Gray。【参考异名】Canbya Parry(1876) Nom. illegit. ■☆

8958 Canbya Parry(1876) Nom. illegit. ≡ Canbya Parry ex A. Gray(1876)［罂粟科 Papaveraceae］■☆

8959 Cancellaria(DC.)Mattei(1921) Nom. illegit. = Pavonia Cav.(1786)(保留属名)［锦葵科 Malvaceae］●■☆

8960 Cancellaria Mattei(1921) Nom. illegit. ≡ Cancellaria(DC.)Mattei(1921) Nom. illegit. ; = Pavonia Cav.(1786)(保留属名)［锦葵科 Malvaceae］●■☆

8961 Cancellaria Sch. Bip. ex Oliver(1877)= Adelostigma Steetz(1864)［菊科 Asteraceae(Compositae)］■☆

8962 Cancrinia Kar. et Kir.(1842)【汉】小甘菊属。【俄】Канкриния。【英】Cancrinia,Sweetdaisy。【隶属】菊科 Asteraceae(Compositae)。【包含】世界1-30种,中国5种。【学名诠释与讨论】〈阴〉(拉)cancer,蟹+inius 相似。【分布】阿富汗,中国,亚洲中部。【模式】Cancrinia chrysocephala Karelin et Kirilov。●■

8963 Cancriniella Tzvelev(1961)【汉】木甘菊属。【英】Hairy Lady's Smock。【隶属】菊科 Asteraceae(Compositae)。【包含】世界1种。【学名诠释与讨论】〈阴〉(属)Cancrinia 小甘菊属+-ellus,-ella,-ellum,加在名词词干后面形成指小式的词尾。或加在人名、属名等后面以组成新属的名称。【分布】亚洲中部。【模式】Brachanthemum krascheninnikovii Rubtzov。●☆

8964 Candarum Reichenb. ex Schott et Endl.(1832) Nom. illegit. ≡ Amorphophallus Blume ex Decne.(1834)(保留属名)［天南星科 Araceae］■●

8965 Candarum Schott(1832) Nom. illegit. ≡ Candarum Reichenb. ex Schott et Endl.(1832) Nom. illegit. ; = Amorphophallus Blume ex Decne.(1834)(保留属名)［天南星科 Araceae］■●

8966 Candelabria Hochst.(1843)= Bridelia Willd.(1806)［as 'Briedelia'］(保留属名)［大戟科 Euphorbiaceae］●

8967 Candelium Medik. = Vigna Savi(1824)(保留属名)［豆科 Fabaceae(Leguminosae)//蝶形花科 Papilionaceae］■

8968 Candidea Ten.(1839)= Baccharoides Moench(1794); ~ = Vernonia Schreb.(1791)(保留属名)［菊科 Asteraceae(Compositae)//斑鸠菊科(绿菊科)Vernoniaceae］●■

8969 Candjera Decne.(1843)= Cansjera Juss.(1789)(保留属名)［山柑科(白花菜科,醉蝶花科)Capparaceae//山柑藤科 Cansjeraceae//山柚子科(山柑科,山柚仔科)Opiliaceae］●

8970 Candollea Baumg.(1810) Nom. illegit. = Menziesia Sm.(1791)［杜鹃花科(欧石南科)Ericaceae//仿杜鹃花科 Menziesiaceae］●☆

8971 Candollea Labill.(1805) Nom. illegit. = Stylidium Sw. ex Willd.(1805)(保留属名)［花柱草科(丝滴草科)Stylidiaceae］■

8972 Candollea Labill.(1806) Nom. illegit. = Eeldea T. Durand(1888); ~ = Hibbertia Andréws(1800)［五桠果科(第伦桃科,五丫果科,锡叶藤科)Dilleniaceae//纽扣花科 Hibbertiaceae］●☆

8973 Candollea Steud.(1840) Nom. illegit. = Agrostis L.(1753)(保留属名); ~ = Decandolia Bastard(1809) Nom. illegit. ; ~ = Agrostis L.(1753)(保留属名)［禾本科 Poaceae(Gramineae)//剪股颖科 Agrostidaceae］■

8974 Candolleaceae F. Muell. = Stylidiaceae R. Br.(保留科名)●■

8975 Candolleaceae Schonl. = Stylidiaceae R. Br.(保留科名)●■

8976 Candolleodendron R. S. Cowan(1966)【汉】巴西坎多豆属。【隶属】豆科 Fabaceae(Leguminosae)//蝶形花科 Papilionaceae。【包含】世界1种。【学名诠释与讨论】〈中〉(人)Augustin Pyramus de Candolle,1778-1841,瑞士植物学者+dendron 或 dendros,树木,棍,丛林。【分布】巴西。【模式】Candolleodendron brachystachyum(A. P. de Candolle)Cowan［Swartzia brachystachya A. P. de Candolle］●☆

8977 Candollina Tiegh.(1895)= Amyema Tiegh.(1894)［桑寄生科 Loranthaceae］●☆

8978 Canella Dombey ex Endl.(1841) Nom. illegit.(废弃属名)= Drimys J. R. Forst. et G. Forst.(1775)(保留属名)［八角科 Illiciaceae//林仙科(冬木科,假八角科,辛辣木科)Winteraceae］●☆

8979 Canella P. Browne(1756)(保留属名)【汉】白桂皮属(白樟属,假樟属)。【日】カネラ属。【俄】Канелла。【英】Canella,Wild-cinnamon。【隶属】白桂皮科(白樟科,假樟科)Canellaceae。【包含】世界1-2种。【学名诠释与讨论】〈阴〉(法)canelle,肉桂。另说希腊文 kanna,芦苇,苇席。拉丁文 canna,指小式 cannula,芦管,管子,通道+-ellus,-ella,-ellum,加在名词词干后面形成指小式的词尾。或加在人名、属名等后面以组成新属的名称。此属的学名"Canella P. Browne, Civ. Nat. Hist. Jamaica:275. 10 Mar 1756"是保留属名。法规未列出相应的废弃属名。但是"Canella Dombey ex Endl.,Enchiridion Botanicum 428. 1841 = Drimys J. R. Forst. et G. Forst.(1775)(保留属名)［八角科 Illiciaceae//林仙科(冬木科,假八角科,辛辣木科)Winteraceae］"和"Canella Post et Kuntze(1903)= Cannella Schott ex Meisn. = Ocotea Aubl.(1775)［樟科 Lauraceae］"应该废弃。"Winterana Linnaeus, Syst. Nat. ed. 10. 1041,1045,1370. 7 Jun 1759"是"Canella P. Browne(1756)(保留属名)"的晚出的同模式异名(Homotypic synonym, Nomenclatural synonym)。【分布】美国(佛罗里达),西印度群岛,热带美洲,中美洲。【模式】Canella winterana(Linnaeus)J. Gaertner［Laurus winterana Linnaeus］。【参考异名】Winterana L.(1759) Nom. illegit. ;Winterania L.(1759) Nom. illegit. ●☆

8980 Canella Post et Kuntze(1903) Nom. illegit.(废弃属名)= Cannella Schott ex Meisn.(1864); ~ = Ocotea Aubl.(1775)［樟科 Lauraceae］●☆

8981 Canellaceae Mart.(1832)(保留科名)【汉】白桂皮科(白樟科,假樟科)。【日】カネラ科。【英】Canella Family,Wild-cinnamon Family。【包含】世界5-6属16-35种。【分布】马达加斯加,南美洲,西印度群岛,非洲东部。【科名模式】Canella P. Browne●☆

8982 Canephora Juss.(1789)【汉】苇梗茜属。【隶属】茜草科 Rubiaceae。【包含】世界5种。【学名诠释与讨论】〈阴〉(希)kanes,kanetos,垫子,kaneon,柳条筐子,kane 筐子,苇席+phoros,具有,梗,负载,发现者。【分布】马达加斯加。【模式】Canephora madagascariensis J. F. Gmelin。【参考异名】Canophora Post et Kuntze(1903)■☆

8983 Canhamo Perini(1905)= Hibiscus L.(1753)(保留属名)［锦葵科 Malvaceae//木槿科 Hibiscaceae］●■

8984 Canicidia Vell.(1829)= Connarus L.(1753)［牛栓藤科 Connaraceae］●

8985 Canidia Salisb.(1866)= Allium L.(1753)［百合科 Liliaceae//葱科 Alliaceae］■

8986 Caniram Thouars ex Steud.(1840)= Strychnos L.(1753)［马钱科(断肠草科,马钱子科)Loganiaceae］●

8987 Canistropsis(Mez)Leme(1998)【汉】拟筒凤梨属。【隶属】凤梨科 Bromeliaceae。【包含】世界10种。【学名诠释与讨论】〈阴〉（属）Canistrum+opsis，模样，外观，相似。此属的学名，ING 和 IK 记载是"Canistropsis（Mez）E. M. C. Leme, Canistropsis Bromel. Atl. Forests 20. Jul–Dec 1998"，由"Nidularium subgen. Canistropsis Mez in C. F. P. Martius, Fl. Brasil. 3（3）:214. 1 Nov 1891"改级而来。它曾被处理为"Aregelia subgen. Canistropis（Mez）Mez, Das Pflanzenreich IV. 32: 51. 1934"。【分布】南美洲。【模式】Nidularium pubisepalum Mez。【参考异名】Aregelia subgen. Canistropis（Mez）Mez（1934）；Nidularium subgen. Canistropsis Mez（1891）■☆

8988 Canistrum E. Morren(1873)【汉】筒凤梨属（卡尼斯楚斯，笼凤梨属，心花凤梨属，心花属）。【日】カニストルム属。【英】Canistrum。【隶属】凤梨科 Bromeliaceae。【包含】世界7-10种。【学名诠释与讨论】〈中〉（希）canistrum，笼子，筐。【分布】巴西。【模式】Canistrum aurantiacum E. Morren。【参考异名】Mosenia Lindm.（1891）■☆

8989 Canizaresia Britton(1920)= Piscidia L.（1759）（保留属名）［豆科 Fabaceae(Leguminosae)］■☆

8990 Cankrienia de Vriese(1850)= Primula L.（1753）［报春花科 Primulaceae］■

8991 Canna L.(1753)【汉】美人蕉属（美人焦属，昙华属）。【日】カンナ属，ダンドク属。【俄】Канна。【英】Canna, Flowering Reed, Indian Shot, Indian Shot Plant。【隶属】美人蕉科 Cannaceae。【包含】世界10-55种，中国1-8种。【学名诠释与讨论】〈阴〉（希）kanna，芦苇，苇席。拉丁文 canna，指小式 cannula，芦管，管子，通道。另说希腊文 cana 杖，脚。此属的学名，ING、APNI、TROPICOS 和 IK 记载是"Canna L., Sp. Pl. 1: 1. 1753［1 May 1753］"。"Cannacorus P. Miller, Gard. Dict. Abr. ed. 4. 28 Jan 1754"和"Katubala Adanson, Fam. 2: 67, 534. Jul – Aug 1763"是"Canna L.（1753）"的晚出的同模式异名（Homotypic synonym, Nomenclatural synonym）。【分布】哥伦比亚（安蒂奥基亚），巴基斯坦，巴拿马，玻利维亚，厄瓜多尔，哥斯达黎加，马达加斯加，尼加拉瓜，中国，热带和亚热带美洲，中美洲。【后选模式】Canna indica Linnaeus。【参考异名】Achirida Horan.（1862）；Cannacorus Mill.（1754）Nom. illegit.；Cannacorus Tourn. ex Medik.（1790）Nom. illegit.；Distemon Bouché（1845）Nom. inval.；Eurystylus Bouché（1845）；Katubala Adans.（1763）Nom. illegit.；Xyphostylis Raf.（1838）■

8992 Canna Noronha, Nom. illegit. = Calamus L.（1753）；~ = Daemonorops Blume（1830）；~ = Plectocomia Mart. et Blume（1830）［棕榈科 Arecaceae(Palmae)］●

8993 Cannabaceae Endl. = Cannabaceae Martinov（保留科名）■

8994 Cannabaceae Martinov(1820)［as 'Cannabinae'］（保留科名）【汉】大麻科。【日】アサ科。【俄】Коноплевые。【英】Hemp Family, Hop Family。【包含】世界2-3属4种，中国2-3属4种。【分布】北温带。【科名模式】Cannabis L.■

8995 Cannabidaceae Endl. = Cannabaceae Martinov（保留科名）■

8996 Cannabina Mill.(1754)Nom. illegit. ≡ Datisca L.（1753）［疣柱花科（达麻科，短序花科，四数木科，四薮木科，野麻科）Datiscaceae］●■☆

8997 Cannabina Tourn. ex Medik.(1789)Nom. illegit. = Datisca L.（1753）［疣柱花科（达麻科，短序花科，四数木科，四薮木科，野麻科）Datiscaceae］●■☆

8998 Cannabinaceae Lindl. = Cannabaceae Martinov（保留科名）■

8999 Cannabinastrum Fabr. = Galeopsis L.（1753）［唇形科 Lamiaceae(Labiatae)］■

9000 Cannabinastrum Heist. ex Fabr. = Galeopsis L.（1753）［唇形科 Lamiaceae(Labiatae)］■

9001 Cannabis L.（1753）【汉】大麻属。【日】アサ属。【俄】Конопля。【英】Hemp, Indian Hemp, Marihuana, Marijuana。【隶属】桑科 Moraceae//大麻科 Cannabaceae。【包含】世界1-3种，中国1种。【学名诠释与讨论】〈阴〉（希）kannabis，大麻。【分布】中国，亚洲中部。【模式】Cannabis sativa Linnaeus。【参考异名】Canabis Roth(1788)■

9002 Cannaboides B.-E. van Wyk（1999）【汉】拟大麻属。【隶属】伞形花科（伞形科）Apiaceae（Umbelliferae）。【包含】世界1-2种。【学名诠释与讨论】〈阴〉（属）Cannabis 大麻属+希腊文 oides，相像。【分布】马达加斯加，美洲。【模式】Cannaboides andohahelensis（Humbert）B.-E. van Wyk。●☆

9003 Cannaceae Juss.（1789）（保留科名）【汉】美人蕉科（昙花科，昙华科）。【日】カンナ科，ダンドク科。【俄】Канновые。【英】Canna Family。【包含】世界1属10-55种，中国1属1-8种。【分布】热带和亚热带美洲。【科名模式】Canna L.■

9004 Cannacorus Mill.（1754）Nom. illegit. ≡ Canna L.（1753）［美人蕉科 Cannaceae］■

9005 Cannacorus Tourn. ex Medik.（1790）Nom. illegit. = Canna L.（1753）［美人蕉科 Cannaceae］■

9006 Cannaeorchis M. A. Clem. et D. L. Jones（1998）= Dendrobium Sw.（1799）（保留属名）［兰科 Orchidaceae］■

9007 Cannella Schott ex Meisn.（1864）= Ocotea Aubl.（1775）［樟科 Lauraceae］●☆

9008 Cannomois P. Beauv. ex Desv.（1828）【汉】歪果帚灯草属。【隶属】帚灯草科 Restionaceae。【包含】世界7种。【学名诠释与讨论】〈阴〉词源不详。【分布】非洲南部。【模式】Cannomois cephalotes Palisot de Beauvois ex Desvaux。【参考异名】Cucullifera Nees（1836）；Cuculligera Mast.（1868）；Mesanthus Nees（1836）■☆

9009 Canonanthus G. Don（1834）= Siphocampylus Pohl（1831）［桔梗科 Campanulaceae］■●☆

9010 Canophollis G. Don（1837）= Conopholis Wallr.（1825）［列当科 Orobanchaceae//玄参科 Scrophulariaceae］■☆

9011 Canophora Post et Kuntze（1903）= Canephora Juss.（1789）［茜草科 Rubiaceae］■☆

9012 Canopodaceae C. Presl = Santalaceae R. Br.（保留科名）●■

9013 Canopus C. Presl（1851）= Exocarpos Labill.（1800）（保留属名）［檀香科 Santalaceae//外果木科 Exocarpaceae］●☆

9014 Canothus Rain.（1808）= Ceanothus L.（1753）［鼠李科 Rhamnaceae］●☆

9015 Canotia Torr.（1857）Nom. inval. = Canotia Torr. ex A. Gray（1861）［卫矛科 Celastraceae//墨西哥卫矛科 Celastraceae//卡诺希科 Canotiaceae］●☆

9016 Canotia Torr. ex A. Gray（1861）【汉】墨西哥卫矛属（卡诺希属）。【隶属】卫矛科 Celastraceae//墨西哥卫矛科（卡诺希科）Canotiaceae。【包含】世界2种。【学名诠释与讨论】〈阴〉（墨西哥）cannotia，植物俗名。此属的学名，ING 和 IK 记载是"Canotia J. Torrey, Rep. Explor. Railroad Pacific Ocean 4（5）: 68. Sep 1857（'1856'）"。GCI 和 TROPICOS 则记载为"Canotia Torr. ex A. Gray, Rep. Colorado R.（Ives）4: 15. 1861［post May 1861］"。【分布】美国（西南部），墨西哥。【模式】Canotia holacantha J. Torrey。【参考异名】Canotia Torr.（1857）Nom. inval.●☆

9017 Canotiaceae Airy Shaw = Celastraceae R. Br.（1814）（保留科名）●

9018 Canotiaceae Britton［亦见 Celastraceae R. Br.（1814）（保留科名）卫矛科］【汉】墨西哥卫矛科（卡诺希科）。【包含】世界2属3种。【分布】美国（西南部），墨西哥。【科名模式】Canotia Torr.

●☆

9019 Canschi Adans. (1763) Nom. illegit. ≡Trewia L. (1753) [大戟科 Euphorbiaceae] ●

9020 Canscora Griseb. (1838) Nom. illegit. = Canscora Lam. (1785) [龙胆科 Gentianaceae] ■

9021 Canscora Lam. (1785)【汉】穿心草属(贯叶草属,堪司哥拉属)。【英】Canscora。【隶属】龙胆科 Gentianaceae。【包含】世界 31 种,中国 3-5 种。【学名诠释与讨论】〈阴〉(乌拉巴)kansgan-cera,是 Canscora perfoliata Lam. 的俗名。此属的学名,ING、APNI、GCI、TROPICOS 和 IK 记载是"Canscora Lam., Encycl. [J. Lamarck et al.]1(2):601. 1785 [1 Aug 1785] = Canscora Lam. (1785)"。龙胆科 Gentianaceae 的"Canscora Griseb., Gen. Sp. Gent. 155. 1838 [1839 publ. Oct 1838] = Canscora Lam. (1785)"是晚出的非法名称。"Pladera Solander ex Roxburgh, Fl. Indica 1:416. Jan-Jun(?)1820"是"Canscora Lam. (1785)"的晚出的同模式异名(Homotypic synonym, Nomenclatural synonym)。【分布】马达加斯加,利比里亚(宁巴),中国,热带。【模式】Canscora perfoliata Lamarck。【参考异名】Canscora Griseb. (1838) Nom. illegit.;Centaurium Borkh. (1796) Nom. illegit.;Cobamba Blanco (1837);Duplipetala Thiv(2003);Euphorbiopsis H. Lév. et Vaniot.;Flemingia Roxb. ex Wall. (废弃属名);Heterocanscora (Griseb.) C. B. Clarke (1875);Heterocanscora C. B. Clarke (1875) Nom. illegit.;Heteroclita Raf. (1837);Orthostemon R. Br. (1810);Phyllocyclus Kurz(1874);Pladera Sol. (1814) Nom. inval.;Pladera Sol. ex Roxb. (1820) Nom. illegit.;Pootia Dennst. (1818)■

9022 Canscorinella Shahina et Nampy(2014)【汉】印度穿心草属。【隶属】龙胆科 Gentianaceae。【包含】世界 2 种。【学名诠释与讨论】〈阴〉(属)Canscora 穿心草属(贯叶草属,堪司哥拉属)+-ellus,-ella,-ellum,加在名词词干后面形成指小式的词尾。或加在人名、属名等后面以组成新属的名称。【分布】印度。【模式】Canscorinella stricta (Sedgw.) Nampy et Shahina [Canscora stricta Sedgw.]☆

9023 Cansenia Raf. (1838) = Bauhinia L. (1753) [豆科 Fabaceae (Leguminosae)//云实科(苏木科)Caesalpiniaceae//羊蹄甲科 Bauhiniaceae] ●

9024 Cansiera J. F. Gmel. (1791) = Cansjera Juss. (1789)(保留属名) [山柑科(白花菜科,醉蝶花科)Capparaceae//山柑藤科 Cansjeraceae//山柚子科(山柑科,山柚仔科)Opiliaceae] ●

9025 Cansiera Spreng. = Potameia Thouars(1806) [樟科 Lauraceae] ●☆

9026 Cansjera Juss. (1789)(保留属名)【汉】山柑藤属。【英】Cansjera。【隶属】山柑科(白花菜科,醉蝶花科)Capparaceae//山柑藤科 Cansjeraceae//山柚子科(山柑科,山柚仔科)Opiliaceae。【包含】世界 3-5 种,中国 1 种。【学名诠释与讨论】〈阴〉(马拉巴)Tsjeru valli Canjiram 或 tsjerou cansjeram,植物俗名。Tsjeru 义为小的。valli 义为攀缘。Canjiram 则是马钱子 Strychnos nux-vomica L. 的俗名。此属的学名"Cansjera Juss., Gen. Pl.;448. 4 Aug 1789"是保留属名。相应的废弃属名是山柑科 Capparaceae//山柚子科(山柚仔科)Opiliaceae]"Tsjeru-caniram Adans., Fam. Pl. 2;80,614. Jul-Aug 1763 ≡Cansjera Juss. (1789)(保留属名)"。"Cansiera J. F. Gmel. (1791)"是"Cansjera Juss. (1789)"的拼写变体。"Tsjeru-caniram Adanson, Fam. 2;80,614. Jul-Aug 1763(废弃属名)"是"Cansjera Juss. (1789)(保留属名)"的同模式异名(Homotypic synonym, Nomenclatural synonym)。【分布】澳大利亚,中国,热带亚洲。【模式】Cansjera rheedei J. F. Gmelin。【参考异名】Candjera Decne. (1843);Cassiera Raeusch. (1797);Tsjeracanarinum T. Durand et Jacks.;Tsjerucaniram Adans. (1763);Tsjeru-caniram Adans. (1763)(废

弃属名)●

9027 Cansjeraceae J. Agardh(1858) [亦见 Opiliaceae Valeton(保留科名)山柚子科(山柚仔科)]【汉】山柑藤科。【包含】世界 1 属 3-5 种,中国 1 属 1 种。【分布】澳大利亚,热带亚洲。【科名模式】Cansjera Juss. ●

9028 Cantalea Raf. (1838) Nom. illegit. ≡Trozelia Raf. (1838)(废弃属名);~ =Lycium L. (1753) [茄科 Solanaceae] ●☆

9029 Cantharospermum Wight et Arn. (1834) = Atylosia Wight et Arn. (1834);~ =Cajanus Adans. (1763) [as us Adan(保留属名) [豆科 Fabaceae(Leguminosae)//蝶形花科 Papilionaceae] ●■

9030 Canthiopsis Seem. (1866) = Randia L. (1753);~ =Tarenna Gaertn. (1788) [茜草科 Rubiaceae//山黄皮科 Randiaceae] ●

9031 Canthium Lam. (1785)【汉】鱼骨木属(步散属,铁屎米属)。【英】Canthium。【隶属】茜草科 Rubiaceae。【包含】世界 50 种,中国 3-5 种。【学名诠释与讨论】〈中〉(马拉巴)kanti,一种植物俗名。【分布】马达加斯加,中国。【后选模式】Canthium parviflorum Lamarck。【参考异名】Bullockia (Bridson) Razafim., Lantz et B. Bremer(2009);Caranda Gaertn. (1791);Clusiophyllea Baill. (1878);Dondisia DC. (1830) Nom. illegit.;Everistia S. T. Reynolds et R. J. F. Hend. (1999);Kandena Raf. (1838);Keetia E. Phillips(1926);Lycioserissa Roem. et Schult. (1819);Psilostoma Klotzsch ex Eckl. et Zeyh. (1837);Psilostoma Klotzsch(1837) Nom. illegit.;Psydrax Gaertn. (1788)●

9032 Canthopsis Miq. (1857) = Catunaregam Wolf (1776);~ =Randia L. (1753) [茜草科 Rubiaceae//山黄皮科 Randiaceae] ●

9033 Cantinoa Harley et J. F. B. Pastore(2012)【汉】多带山香属。【隶属】唇形科 Lamiaceae(Labiatae)。【包含】世界 25 种。【学名诠释与讨论】〈阴〉词源不详。此属的学名"Cantinoa Harley et J. F. B. Pastore, Phytotaxa 58:8. 2012 [27 Jun 2012]"是"Hyptis sect. Polydesmia Benth. Labiat. Gen. Spec. 114. 1833"的替代名称。【分布】玻利维亚,美洲。【模式】未指定。【参考异名】Hyptis sect. Polydesmia Benth. (1833)☆

9034 Cantleya Ridl. (1922)【汉】香茶茱萸属。【隶属】茶茱萸科 Icacinaceae。【包含】世界 1 种。【学名诠释与讨论】〈阴〉(人)Nathaniel Cantley,? -1888,植物学者。【分布】马来西亚(西部)。【模式】Cantleya johorica Ridley。●☆

9035 Cantua Juss. (1789) Nom. illegit. ≡Cantua Juss. ex Lam. (1785) [花荵科 Polemoniaceae] ●☆

9036 Cantua Juss. ex Lam. (1785)【汉】坎图木属(坎吐阿木属,坎吐阿属,魔力花属)。【日】カンツア属。【英】Magic Flower of the Incas, Sacred Flower of the Incas。【隶属】花荵科 Polemoniaceae。【包含】世界 6-20 种。【学名诠释与讨论】〈阴〉(人)Cantu。此属的学名,ING、GCI、TROPICOS 和 IK 记载是"Cantua J. Jussieu ex Lamarck, Encycl. Meth., Bot. 1:603. 1 Aug 1785"。花荵科 Polemoniaceae 的"Cantua Juss., Gen. Pl. [Jussieu] 136. 1789 [4 Aug 1789] ≡Cantua Juss. ex Lam. (1785)"是一个晚出的非法名称。"Cantua Lam. (1785) ≡Cantua Juss. ex Lam. (1785)"的命名人引证有误。【分布】秘鲁,玻利维亚,厄瓜多尔。【后选模式】Cantua buxifolia J. Jussieu ex Lamarck。【参考异名】Cantua Juss. (1789) Nom. illegit.;Cantua Lam.;Huthia Brand (1908);Periphragmos Ruiz et Pav. (1794);Tunaria Kuntze(1898)●☆

9037 Cantua Lam. (1785) Nom. illegit. ≡Cantua Juss. ex Lam. (1785) [花荵科 Polemoniaceae] ●☆

9038 Cantuffa J. F. Gmel. (1791)(废弃属名) = Pterolobium R. Br. ex Wight et Arn. (1834)(保留属名) [豆科 Fabaceae (Leguminosae)//云实科(苏木科)Caesalpiniaceae] ●

9039 Caonabo Turpin ex Raf. = Columnea L. (1753) [苦苣苔科

Gesneriaceae]●■☆

9040 Caopia Adans. (1763)(废弃属名)= Vismia Vand. (1788)(保留属名)[猪胶树科(克鲁西科,山竹子科,藤黄科)Clusiaceae(Guttiferae)]●☆

9041 Caoutchoua J. F. Gmel. (1792) Nom. illegit. ≡ Hevea Aubl. (1775)[大戟科 Euphorbiaceae]●

9042 Capanea Decne. (1849) Nom. illegit. = Capanea Decne. ex Planch. (1849)[苦苣苔科 Gesneriaceae]●■☆

9043 Capanea Decne. ex Planch. (1849)【汉】卡帕苣苔属。【隶属】苦苣苔科 Gesneriaceae。【包含】世界 6-11 种。【学名诠释与讨论】〈阴〉(人)Capane. 此属的学名,IPNI 记载是"Capanea Decne. ex Planch. ,Fl. Serres Jard. Eur. 5;t. 499-500. 1849[Aug? 1849]"。IK 和 TROPICOS 则记载为"Capanea Decne. ,in Van Houtte, Fl. des Serres t. 499(1850)";这是一个未合格发表的名称(Nom. inval.)。三者引用的文献相同。"Campanea Decne. , Rev. Hort. [Paris]. (1849) 241. t. 13"是"Capanea Decne. ex Planch. (1849)"的拼写变体。"Capanea Planch. (1849) ≡ Capanea Decne. ex Planch. (1849)"的命名人引证有误。"Sisyrocarpus Post et O. Kuntze, Lex. 521. Dec 1903"是"Capanea Decne. ex Planch. (1849)"的晚出的同模式异名(Homotypic synonym, Nomenclatural synonym)。【分布】巴拿马,秘鲁,厄瓜多尔,南美洲,中美洲。【模式】Capanea grandiflora (Kunth) Decaisne [Besleria grandiflora Kunth]。【参考异名】Campanea Decne. (1849) Nom. illegit. ; Capanea Planch. (1849) Nom. illegit. ; Sisyrocarpus Klotzsch; Sisyrocarpus Post et Kuntze (1903) Nom. illegit. ●■☆

9044 Capanea Planch. (1849) Nom. illegit. ≡ Capanea Decne. ex Planch. (1849)[苦苣苔科 Gesneriaceae]●■☆

9045 Capanemia Barb. Rodr. (1877)【汉】卡氏兰属(卡班兰属)。【日】カパネミア属。【隶属】兰科 Orchidaceae。【包含】世界 14-15 种。【学名诠释与讨论】〈阴〉(人)Guillermo Sechuch de Capanema,巴西博物学者。【分布】巴拉圭,巴西,玻利维亚。【模式】Capanemia micromera J. Barbosa Rodrigues。【参考异名】Campanemia Post et Kuntze(1903)■☆

9046 Capassa Klotzsch(1861)= Philenoptera Fenzl ex A. Rich. (1847) Nom. illegit. ; ~ = Philenoptera Hochst. ex A. Rich. (1847); ~ = Lonchocarpus Kunth (1824)(保留属名)[豆科 Fabaceae(Leguminosae)]●■☆

9047 Capelio B. Nord. (2002)【汉】多绒菊属。【隶属】菊科 Asteraceae(Compositae)。【包含】世界 3 种。【学名诠释与讨论】〈阴〉词源不详。此属的学名"Capelio B. Nordenstam, Comp. Newslett. 38;72. 7 Jul 2002"是一个替代名称。它替代的是废弃属名"Celmisia Cassini, Bull. Sci. Soc. Philom. Paris 1817;32. Feb 1817 ≡ Capelio B. Nord. (2002)[菊科 Asteraceae(Compositae)]"。【分布】非洲。【模式】Celmisia rotundifolia Cassini。【参考异名】Alciope DC. (1836) Nom. illegit. ; Alciope DC. ex Lindl. (1836)Nom. illegit. ;Celmisia Cass. (1817)(废弃属名);Celmisia Cass. (1825)(保留属名)■☆

9048 Capellenia Hassk. (1844)= Capellia Blume (1825); ~ = Dillenia L. (1753)[五桠果科(第伦桃科,五丫果科,锡叶藤科)Dilleniaceae]●■☆

9049 Capellenia Teijsm. et Binn. (1866) Nom. illegit. = Endospermum Benth. (1861)(保留属名)[大戟科 Euphorbiaceae]●

9050 Capellia Blume (1825) = Dillenia Heist. ex Fabr. (1763) Nom. illegit. ;~ =Sherardia L. (1753)[茜草科 Rubiaceae]■☆

9051 Capeobolus J. Browning(1999)= Costularia C. B. Clarke ex Dyer (1900)[莎草科 Cyperaceae]■☆

9052 Capeochloa H. P. Linder et N. P. Barker(2010)【汉】南非扁芒草属。【隶属】禾本科 Poaceae(Gramineae)。【包含】世界 3 种。【学名诠释与讨论】〈阴〉(希)cape 海角+chloa,禾草。【分布】南非。【模式】Capeochloa cincta (Nees) N. P. Barker et H. P. Linder [Danthonia cincta Nees]☆

9053 Caperonia A. St. –Hil. (1826)【汉】卡普龙大戟属(羊大戟属)。【隶属】大戟科 Euphorbiaceae。【包含】世界 40-60 种。【学名诠释与讨论】〈阴〉(人)Caperoni,药剂师。【分布】巴拉圭,巴拿马,秘鲁,玻利维亚,厄瓜多尔,非洲,哥伦比亚(安蒂奥基亚),哥斯达黎加,马达加斯加,尼加拉瓜,热带美洲,中美洲。【模式】Caperonia castaneifolia (Linnaeus) A. F. C. P. Saint –Hilaire [as 'castanefolia'] [Croton castaneifolius Linnaeus [as 'castaneifolium']。【参考异名】Acanthopyxis Miq. ex Lanj. (1932);Androphoranthus H. Karst. (1859);Cavanilla Vell. (1829) Nom. illegit. ; Lepidococca Turcz. (1848); Materana Pax et K. Hoffm. ;Meterana Raf. (1838)■☆

9054 Capethia Britton (1891) Nom. illegit. ≡ Oreithales Schltdl. (1856); ~ = Anemone L. (1753)(保留属名)[毛茛科 Ranunculaceae//银莲花科(罂粟莲花科)Anemonaceae]■

9055 Caphexandra Iltis et Cornejo (2011)【汉】哈拉帕山柑属。【隶属】山柑科(白花菜科,醉蝶花科)Capparaceae//白花菜科(醉蝶花科)Cleomaceae。【包含】世界 1 种。【学名诠释与讨论】〈阴〉词源不详。【分布】南美洲,中美洲。【模式】Caphexandra heydeana (Donn. Sm.)Iltis et Cornejo [Capparis heydeana Donn.]☆

9056 Capia Dombey ex Juss. (1806)= Lapageria Ruiz et Pav. (1802)[百合科 Liliaceae//智利花科(垂花科,金钟木科,喜爱花科)Philesiaceae]●☆

9057 Capillipedium Stapf(1917)【汉】细柄草属。【英】Capillipedium, Ministalkgrass。【隶属】禾本科 Poaceae(Gramineae)。【包含】世界 10-14 种,中国 5 种。【学名诠释与讨论】〈中〉(拉)capillus,毛发+pes,所有格 pedis,指小型 pediculus,足,梗+–idium,指示小的词尾。指花梗基部有毛。【分布】巴基斯坦,中国,旧世界。【模式】未指定。【参考异名】Filipedium Raizada et S. K. Jain(1951)■

9058 Capirona Spruce (1859)【汉】卡比茜属。【隶属】茜草科 Rubiaceae。【包含】世界 5 种。【学名诠释与讨论】〈阴〉来自植物俗名。【分布】秘鲁,玻利维亚,厄瓜多尔,南美洲,中美洲。【模式】Capirona decorticans Spruce。【参考异名】Loretoa Standl. (1936);Monadelphanthus H. Karst. (1859)■☆

9059 Capitanopsis S. Moore(1916)【汉】马岛香茶菜属。【隶属】唇形科 Lamiaceae(Labiatae)。【包含】世界 2-3 种。【学名诠释与讨论】〈阴〉(属)Capitanya 卡匹塔草属+希腊文 opsis,外观,模样,相似。【分布】马达加斯加。【模式】Capitanopsis cloiselii S. Moore。●☆

9060 Capitanya Gürke (1895) Nom. illegit. = Capitanya Schweinf. ex Gürke (1895) Nom. illegit. ; ~ = Capitanya Schweinf. ex Penz. (1893)[唇形科 Lamiaceae(Labiatae)]●☆

9061 Capitanya Schweinf. ex G Moo (1895) Nom. illegit. ≡ Capitanya Schweinf. ex Penz. (1893); ~ ≡ Plectranthus L' Hér. (1788)(保留属名)[唇形科 Lamiaceae(Labiatae)]●■

9062 Capitanya Schweinf. ex Gürke(1895)Nom. illegit.

9063 Capitanya Schweinf. ex Penz. (1893)【汉】卡匹塔草属。【隶属】唇形科 Lamiaceae(Labiatae)。【包含】世界 1 种。【学名诠释与讨论】〈阴〉词源不详。此属的学名,ING、TROPICOS 和 GCI 记载是"Capitanya Gürke, Bot. Jahrb. Syst. 21(1-2);105. 1895[28 May 1895]"。IK 则记载为"Capitanya Schweinf. ex Penz. , Atti Congr. Bot. Genova (1893) 355; et ex Gurke, in Bot. Jahrb. xxi. (1895) 105"。亦有文献把"Capitanya Schweinf. ex Penz. (1893)"处理为

"Plectranthus Leinf.（1788）（保留属名）"的异名。【分布】非洲东部。【模式】Capitanya ostostegioides Gürke。【参考异名】Capitanya Gürke（1895）Nom. illegit.；Capitanya Schweinf. ex Gürke（1895）Nom. illegit.；Plectranthus L'Hér.（1788）（保留属名）●☆

9064　Capitellaria Naudin（1852）= Clidemia D. Don（1823）；~ = Sagraea DC.（1828）［野牡丹科 Melastomataceae］●☆

9065　Capitularia J. V. Suringar（1912）Nom. illegit. ≡ Capitularina Kern（1974）［莎草科 Cyperaceae］■☆

9066　Capitularina Kern（1974）【汉】五棱莎草属。【隶属】莎草科 Cyperaceae。【包含】世界 1-2 种。【学名诠释与讨论】〈阴〉（拉）caput，所有格 capitis，指小式 capitulum = capitellum 头，capitatus 有头的＋larinos 肥的。此属的学名"Capitularina J. H. Kern, Fl. Males., Ser. 1 7:458. 13 Sep 1974"是一个替代名称。"Capitularia J. V. Suringar, Nova Guinea 8:711. 1912"是一个非法名称（Nom. illegit.），因为此前已经有了地衣的"Capitularia Flörke, Ges. Naturf. Freunde Berlin, Mag. Neuesten Entdeck. Gesammten Naturk. 1:294. 1807"。故用"Capitularina Kern（1974）"替代之。【分布】马来西亚。【模式】Capitularina involucrata（J. V. Suringar）J. H. Kern［Capitularia involucrata J. V. Suringar］。【参考异名】Capitularia J. V. Suringar（1912）Nom. illegit. ■☆

9067　Capnites（DC.）Dumort.（1827）= Corydalis DC.（1805）（保留属名）［罂粟科 Papaveraceae//紫堇科（荷苞牡丹科）Fumariaceae］■

9068　Capnites Dumort.（1827）Nom. illegit. = Corydalis DC.（1805）（保留属名）［罂粟科 Papaveraceae//紫堇科（荷苞牡丹科）Fumariaceae］■

9069　Capnitis E. Mey.（1836）= Lotononis（DC.）Eckl. et Zeyh.（1836）（保留属名）［豆科 Fabaceae（Leguminosae）//蝶形花科 Papilionaceae］■

9070　Capnocystis Juss.（1811）= Corydalis DC.（1805）（保留属名）［罂粟科 Papaveraceae//紫堇科（荷苞牡丹科）Fumariaceae］■

9071　Capnodes Kuntze（1891）= Capnoides Mill.（1754）（废弃属名）；~ = Corydalis DC.（1805）（保留属名）［罂粟科 Papaveraceae//紫堇科（荷苞牡丹科）Fumariaceae］■

9072　Capnogonium Benth. ex Endl.（1842）= Corydalis DC.（1805）（保留属名）［罂粟科 Papaveraceae//紫堇科（荷苞牡丹科）Fumariaceae］■

9073　Capnogorium Bernh.（1841）Nom. illegit. ≡ Calocapnos Spach（1839）；~ = Corydalis DC.（1805）（保留属名）［罂粟科 Papaveraceae//紫堇科（荷苞牡丹科）Fumariaceae］■

9074　Capnoides Mill.（1754）（废弃属名）= Corydalis DC.（1805）（保留属名）［罂粟科 Papaveraceae//紫堇科（荷苞牡丹科）Fumariaceae］■

9075　Capnoides Tourn. ex Adans.（1763）（废弃属名）= Corydalis DC.（1805）（保留属名）［罂粟科 Papaveraceae//紫堇科（荷苞牡丹科）Fumariaceae］■

9076　Capnophyllum Gaertn.（1790）【汉】烟叶草属。【隶属】伞形花科（伞形科）Apiaceae（Umbelliferae）。【包含】世界 1-2 种。【学名诠释与讨论】〈中〉（希）kapnos，烟，蒸汽，延胡索＋希腊文 phyllon，叶子。此属的学名，ING、APNI、TROPICOS 和 IK 记载是"Capnophyllum Gaertn., Fruct. Sem. Pl. ii. 32. t. 85（1791）.（IK）"。"Abioton Rafinesque, Good Book 56. Jan 1840"是"Capnophyllum Gaertn.（1790）"的晚出的同模式异名（Homotypic synonym，Nomenclatural synonym）。【分布】西班牙（加那利群岛），地中海地区，非洲南部。【模式】Capnophyllum africanum（Linnaeus）J. Gaertner［Conium africanum Linnaeus］。【参考异名】Abioton Raf.（1840）Nom. illegit.；Actinocladus E. Mey.（1846）；Krubera Hoffm.（1814）；Sclerosciadium W. D. J. Koch；

Sclerosciadium W. D. J. Koch ex DC.（1829）；Timoron Raf.（1840）Nom. illegit.；Ulospermum Link（1821）■☆

9077　Capnorchis Borkh.（1797）（废弃属名）≡ Eucapnos Bernh.（1833）；~ ≡ Lamprocapnos Endl.（1850）［罂粟科 Papaveraceae］■

9078　Capnorchis Mill.（1754）（废弃属名）= Dicentra Bernh.（1833）（保留属名）［罂粟科 Papaveraceae//紫堇科（荷苞牡丹科）Fumariaceae］■

9079　Capnorea Raf.（1837）（废弃属名）= Hesperochiron S. Watson（1871）（保留属名）［田梗草科（田基麻科，田亚麻科）Hydrophyllaceae］■☆

9080　Capparaceae Adans. = Capparaceae Juss.（保留科名）●■

9081　Capparaceae Juss.（1789）［as 'Capparides'］（保留科名）【汉】山柑科（白花菜科，醉蝶花科）。【日】フウチョウソウ科，フウテウサウ科。【俄】Каперсовые，Каперцовые。【英】Caper Family。【包含】世界 28-45 属 650-1000 种，中国 4-9 属 46-57 种。【分布】热带、亚热带和温带。【科名模式】Capparis L.（1753）●■

9082　Capparicordis Iltis et Cornejo（2007）【汉】美洲山柑属。【隶属】山柑科（白花菜科，醉蝶花科）Capparaceae。【包含】世界 3 种。【学名诠释与讨论】〈阴〉（属）Capparis 山柑属（槌果藤属，马槟榔属，山柑仔属）+ cor，所有格 cordis 心。此属的学名是"Capparicordis Iltis et Cornejo, Brittonia 59（3）: 246-254, f. 1-4. 2007"。亦有文献把其处理为"Capparis L.（1753）"的异名。【分布】玻利维亚，中美洲。【模式】Capparicordis crotonoides（Kunth）Iltis et Cornejo。【参考异名】Capparis L.（1753）●☆

9083　Capparidaceae Juss. = Capparaceae Juss.（保留科名）●■

9084　Capparidastrum Hutch.（1967）= Capparis L.（1753）［山柑科（白花菜科，醉蝶花科）Capparaceae］●

9085　Capparis L.（1753）【汉】山柑属（槌果藤属，马槟榔属，山柑仔属）。【日】カッパリス属，フウチウボク属，フウチョウボク属。【俄】Каперсник，Каперсы，Каперцы。【英】Caper，Caper Bush，Caperbush。【隶属】山柑科（白花菜科，醉蝶花科）Capparaceae。【包含】世界 250-400 种，中国 37-39 种。【学名诠释与讨论】〈阴〉（希）kapparis 或 kappari，植物古名，来自阿拉伯语 kapar 或波斯语 kabar，它是刺山柑 Capparis spinosa 的俗名。另说头状花之义。【分布】巴基斯坦，巴拿马，秘鲁，玻利维亚，厄瓜多尔，哥伦比亚（安蒂奥基亚），马达加斯加，尼加拉瓜，中国，中美洲。【后选模式】Capparis spinosa Linnaeus。【参考异名】Anisocapparis Cornejo et Iltis（2008）；Anisosticte Bartl.（1830）Nom. illegit.；Beautempsia（Benth. et Hook. f.）Gaudich.（1866）；Beautempsia Gaudich.（1842）Nom. inval.；Breynia L.（1753）（废弃属名）；Busbeckea Endl.（1833）Nom. illegit.；Busbeckia Rchb.（1841）Nom. illegit.；Calyptranthus Thouars（1811）；Capparicordis Iltis et Cornejo（2007）；Capparidastrum Hutch.（1967）；Colicodendron Mart.（1839）；Cynophalla（DC.）J. Presl（1825）；Cynophalla J. Presl（1825）Nom. illegit.；Destrugesia Gaudich.（1844–1846）；Hispaniolanthus Cornejo et Iltis（2009）；Holophytum Post et Kuntze（1903）；Hombak Adans.（1763）；Intutis Raf.（1838）；Lindackera Sieber ex Endl.（1839）；Linnaeobreynia Hutch.（1967）；Marsesina Raf.（1838）；Mesocapparis（Eichler）Cornejo et Iltis（2008）；Monilicarpa Cornejo et Iltis（2008）；Neocalyptrocalyx Hutch.（1967）；Octanema Raf.（1838）；Oligloron Raf.（1838）；Olofuton Raf.（1838）；Petersia Klotzsch（1861）；Peuteron Raf.；Pleuteron Raf.（1838）Nom. illegit.；Quadrella（DC.）J. Presl（1825）；Quadrella J. Presl（1825）Nom. illegit.；Sarcotoxicum Cornejo et Iltis（2008）；Sodada Forssk.（1775）；Uterveria Bertol.（1839）；Volkamera Post et Kuntze（1903）；Volkameria Burm. f.；Volkameria Kuntze（1891）；Voyara Aubl.（1775）●

9086　Cappidastrum Hutch.（1967）Nom. illegit. = Capparidastrum Hutch.（1967）[天南星科 Araceae]●

9087　Capraea Opiz（1852）= Salix L.（1753）（保留属名）[杨柳科 Salicaceae]●

9088　Capraria L.（1753）【汉】羊玄参属。【隶属】玄参科 Scrophulariaceae//婆婆纳科 Veronicaceae。【包含】世界 4 种。【学名诠释与讨论】〈阴〉（拉）caper，指小式 caprella，山羊。capra，母山羊。caprinus 属于山羊的+-arius，-aria，-arium，指示"属于、相似、具有、联系"的词尾。【分布】巴拉圭，巴拿马，秘鲁，玻利维亚，厄瓜多尔，哥伦比亚（安蒂奥基亚），马达加斯加，尼加拉瓜，中国，西印度群岛，美洲。【模式】Capraria biflora Linnaeus。【参考异名】Pogostoma Schrad.（1831）；Verbenastrum Lippi ex Del.；Xuaresia Pers.（1805）；Xuarezia Ruiz et Pav.（1794）■☆

9089　Caprariaceae Martinov（1820）= Scrophulariaceae Juss.（保留科名）●■

9090　Caprella Raf. =Capsella Medik.（1792）（保留属名）[十字花科 Brassicaceae（Cruciferae）]■

9091　Caprificus Gasp.（1844）= Ficus L.（1753）[桑科 Moraceae]●

9092　Caprifoliaceae Adans. =Caprifoliaceae Juss.（保留科名）●■

9093　Caprifoliaceae Juss.（1789）（保留科名）【汉】忍冬科。【日】スイカズラ科，スヒカヅラ科。【俄】Жимолостные。【英】Honeysuckle Family。【包含】世界 11-15 属 260-500 种，中国 12 属 130-260 种。【分布】北温带和热带山区。【科名模式】Caprifolium Mill.[Lonicera L.（1753）]●■

9094　Caprifolium Mill.（1754）Nom. illegit. ≡Lonicera L.（1753）[忍冬科 Caprifoliaceae]●■

9095　Capriola Adans.（1763）（废弃属名）= Cynodon Rich.（1805）（保留属名）[禾本科 Poaceae（Gramineae）]■

9096　Caprosma G. Don（1834）Nom. illegit. = Coprosma J. R. Forst. et G. Forst.（1775）[茜草科 Rubiaceae]●☆

9097　Caproxylon Tussac（1827）= Hedwigia Sw.（1788）；~ =Tetragastris Gaertn.（1790）[橄榄科 Burseraceae]☆

9098　Capsella Medik.（1792）（保留属名）【汉】荠属（荠菜属）。【日】ナズナ属，ナヅナ属。【俄】Пастушья сумка，Сумочник。【英】Shepherd's purse, Shepherd's-purse, Shepherdspurse。【隶属】十字花科 Brassicaceae（Cruciferae）。【包含】世界 1-5 种，中国 1 种。【学名诠释与讨论】〈阴〉（拉）capsa，指小式 capsula，匣，袋，箱子，来自"希"kapsa，箱+-ellus，-ella，-ellum，加在名词词干后面形成指小式的词尾。或加在人名、属名等后面以组成新属的名称。指果实。此属的学名"Capsella Medik.，Pfl.-Gatt.：85，99. 22 Apr 1792"是保留属名。相应的废弃属名是十字花科 Brassicaceae 的"Bursa-pastoris Ség.，Pl. Veron. 3：166. Jul-Aug 1754 ≡ Capsella Medik.（1792）（保留属名）"。十字花科 Brassicaceae 的"Bursapastoris Quer"亦应废弃。"Bursa-pastoris Ruppius（1745）"是命名起点著作之前的名称。"Bursa Boehmer in C. G. Ludwig, Def. Gen. ed. 3. 225. 1760"、"Bursa-pastoris Seguier, Pl. Veron. 3：166. 1754（废弃属名）"、"Nasturtium A. W. Roth, Tent. Fl. German. 1：281. Feb-Apr 1788"和"Rodschiedia P. G. Gaertner, B. Meyer et Scherbius, Oekon.-Techn. Fl. Wetterau 2：413，435. 1800"是"Capsella Medik.（1792）（保留属名）"的同模式异名（Homotypic synonym, Nomenclatural synonym）。【分布】巴基斯坦，秘鲁，玻利维亚，厄瓜多尔，美国（密苏里），中国，温带，亚热带，中美洲。【模式】Capsella bursa-pastoris（Linnaeus）Medikus[Thlaspi bursa-pastoris Linnaeus]。【参考异名】Bursa Boehm.（1760）Nom. illegit.；Bursa Weber（1780）Nom. illegit.；Bursapastoris Quer（废弃属名）；Bursa-pastoris Ruppius（1745）

Nom. inval.（废弃属名）；Bursa-pastoris Ség.（1754）（废弃属名）；Caprella Raf.；Marsypocarpus Neck.（1790）Nom. inval.；Marsyrocarpus Steud.（1821）；Microlepidium F. Muell.（1853）；Nasturtium Roth（1788）Nom. illegit.（废弃属名）；Opizia Raf.（1836）Nom. illegit.；Rodschiedia G. Gaertn.，B. Mey. et Scberb.（1800）Nom. illegit.；Solmsiella Borbas ■

9099　Capsicodendron Hoehne（1933）【汉】辣樟属（桂枝树属，辣树属）。【隶属】白桂皮科 Canellaceae。【包含】世界 2 种。【学名诠释与讨论】〈中〉（属）Capsicum 辣椒属+dendron 或 dendros，树木，棍，丛林。此属的学名是"Capsicodendron Hoehne, Ostenia 294. 11 Feb 1933"。亦有文献把其处理为"Cinnamodendron Endl.（1840）"的异名。【分布】巴西。【模式】Capsicodendron pimenteira Hoehne。【参考异名】Cinnamodendron Endl.（1840）●☆

9100　Capsicophysalis（Bitter）Averett et M. Martínez（2009）【汉】墨西哥刺酸浆属。【隶属】茄科 Solanaceae。【包含】世界 1 种。【学名诠释与讨论】〈阴〉（属）Capsicum 辣椒属+（属）Physalis 酸浆属。此属的学名是"Capsicophysalis（Bitter）Averett et M. Martínez, J. Bot. Res. Inst. Texas 3（1）：72. 2009[15 Jul 2009]"，由"Physalis sect. Capsicophysalis Bitter Repert. Spec. Nov. Regni Veg. 20：370. 1924"改级而来。亦有文献把"Capsicophysalis（Bitter）Averett et M. Martíver（2009）"处理为"Chamaesaracha（A. Gray）Benth. et Hook. f.（1876）"的异名。【分布】墨西哥，中美洲。【模式】Capsicophysalis potosina（B. L. Rob. et Greenm.）Averett et M. Martínez。【参考异名】Chamaesaracha（A. Gray）Benth. et Hook. f.（1876）■☆

9101　Capsicum L.（1753）【汉】辣椒属。【日】タウガラシ属，トウガラシ属。【俄】Капсикум，Перец。【英】Bell Pepper, Capsicum, Cyaennepepper, Green Pepper, Paprika, Pimento, Red Pepper, Redpepper, Red-pepper, Sweet Pepper。【隶属】茄科 Solanaceae。【包含】世界 10-25 种，中国 1-3 种。【学名诠释与讨论】〈中〉（拉）capsa，指小式 capsula，匣，袋，箱子，来自"希"kapsa，箱+拉丁文词尾-icus，-ica，-icum =希腊文词尾-ikos，属于，关于。指果实袋形。一说来自希腊文 kapto 吞下，快快地吃。指果有辛辣味，刺激食欲。【分布】巴基斯坦，巴拉圭，巴拿马，秘鲁，玻利维亚，厄瓜多尔，哥伦比亚（安蒂奥基亚），马达加斯加，美国（密苏里），尼加拉瓜，中国，中美洲。【后选模式】Capsicum annuum Linnaeus。【参考异名】Tubocapsicum（Wettst.）Makino（1908）；Tubocapsicum Makino（1908）Nom. illegit. ■

9102　Captaincookia N. Hallé（1973）【汉】新喀茜属。【隶属】茜草科 Rubiaceae。【包含】世界 1 种。【学名诠释与讨论】〈阴〉（人）Capt. James Cook, R. N.，1728-1779，英国旅行家。【分布】法属新喀里多尼亚。【模式】Captaincookia margaretae H. Hallé。☆

9103　Capura Blanco（1837）= Otophora Blume（1849）[无患子科 Sapindaceae]●

9104　Capura L.（1771）（废弃属名）= Wikstroemia Endl.（1833）[as 'Wickstroemia']（保留属名）[瑞香科 Thymelaeaceae]●

9105　Capurodendron Aubrév.（1962）【汉】卡普山榄属。【隶属】山榄科 Sapotaceae。【包含】世界 23 种。【学名诠释与讨论】〈阴〉（人）René Paul Raymond Capuron，1921-1971，树木学者+dendron 或 dendros，树木，棍，丛林。【分布】马达加斯加。【模式】Capurodendron rubrocostatum（Jumelle et Perrier de la Bâthie）Aubréville[Sideroxylon rubrocostatum Jumelle et Perrier de la Bâthie]●☆

9106　Capuronetta Markgr.（1972）= Tabernaemontana L.（1753）[夹竹桃科 Apocynaceae//红月桂科 Tabernaemontanaceae]●

9107　Capuronia Lourteig（1960）【汉】卡普草属。【隶属】千屈菜科 Lythraceae。【包含】世界 1 种。【学名诠释与讨论】〈阴〉（人）

René Paul Raymond Capuron, 1921-1971, 树木学者。【分布】马达加斯加。【模式】Capuronia madagascariensis Lourteig。●☆

9108　Capuronianthus J. –F. Leroy (1958)【汉】卡普棟属。【隶属】棟科 Meliaceae。【包含】世界 2 种。【学名诠释与讨论】〈阳〉（人）René Paul Raymond Capuron, 1921-1971, 树木学者+anthos, 花。【分布】马达加斯加。【模式】Capuronianthus mahafalensis Leroy。●☆

9109　Capusia Lecomte (1926) = Siphonodon Griff. (1843)［异卫矛科 Siphonodontaceae］●☆

9110　Capusiaceae Gagnep. = Celastraceae R. Br. (1814)（保留科名）；~ =Siphonodontaceae Gagnep. et Tardieu（保留科名）●

9111　Caquepiria J. F. Gmel. (1791) Nom. illegit. ≡ Piringa Juss. (1820)；~ = Gardenia J. Ellis (1761)（保留属名）［茜草科 Rubiaceae//栀子科 Gardeniaceae］●

9112　Carabichea Post et Kuntze (1903) = Cephaëlis Sw. (1788)（保留属名）［茜草科 Rubiaceae］●

9113　Caracalla Tod. (1861) Nom. inval. ≡ Caracalla Tod. ex Lem. (1862)；~ = Phaseolus L. (1753)［豆科 Fabaceae (Leguminosae)//蝶形花科 Papilionaceae］■

9114　Caracalla Tod. ex Lem. (1862) = Phaseolus L. (1753)［豆科 Fabaceae(Leguminosae)//蝶形花科 Papilionaceae］■

9115　Caracasia Szyszyl. (1894)【汉】加拉加斯藤属。【隶属】蜜囊花科（附生藤科）Marcgraviaceae。【包含】世界 2 种。【学名诠释与讨论】〈阴〉（地）Caracas, 加拉加斯, 位于委内瑞拉。此属的学名 “Caracasia Szyszyl in Engler et Prantl, Nat. Pflanzenfam. 3（6a）：162,164. 18 Apr 1894” 是一个替代名称。“Vargasia A. Ernst, Várgas Consid. Bot. 23. Dec 1877” 是一个非法名称（Nom. illegit.），因为此前已经有了 “Vargasia Bertero ex K. P. J. Sprengel, Syst. Veg. 2：283,388. Jan–Mai 1825 =Thouinia Poit. (1804)（保留属名）［无患子科 Sapindaceae］”。故用 “Caracasia Szyszyl. (1894)” 替代之。【分布】巴拿马, 委内瑞拉。【模式】未指定。【参考异名】Vargasia Ernst(1877) Nom. illegit. ●☆

9116　Carachera Juss. (1817)（1）= Charachera Forssk. (1775)［爵床科 Acanthaceae］●

9117　Carachera Juss. (1817)（2）= Lantana L. (1753)（保留属名）［马鞭草科 Verbenaceae//马缨丹科 Lantanaceae］●

9118　Caraea Hochst. (1840) = Euryops (Cass.) Cass. (1820)［菊科 Asteraceae(Compositae)］●■☆

9119　Caragana Fabr. (1763)【汉】锦鸡儿属。【日】ムラスズメ属, ムレスズメ属。【俄】Карагана, Караганник, Чапышник, Чилига, Чилижник。【英】Pea Shrub, Pea Tree, Peashrub, Pea – shrub, Peatree, Pea-tree。【隶属】豆科 Fabaceae(Leguminosae)//蝶形花科 Papilionaceae。【包含】世界 80-100 种, 中国 65-68 种。【学名诠释与讨论】〈阴〉（鞑靼）carachana, 或蒙古语 caragan, qaraqan, 为树锦鸡儿 Caragana arborescens 的俗名。【分布】中国, 喜马拉雅山, 亚洲中部。【模式】Caragana arborescens Lamarck［Robinia caragana Linnaeus］。【参考异名】Caragana Lam. (1785)；Caragna Medik. ●

9120　Caragana Lam. (1785) = Caragana Fabr. (1763)［豆科 Fabaceae (Leguminosae)//蝶形花科 Papilionaceae］●

9121　Caragna Medik. = Caragana Fabr. (1763)［豆科 Fabaceae (Leguminosae)//蝶形花科 Papilionaceae］●

9122　Caraguata Adans. (1763) Nom. illegit. ≡Tillandsia L. (1753)［凤梨科 Bromeliaceae//花凤梨科 Tillandsiaceae］■☆

9123　Caraguata Lindl. (1827) Nom. illegit. = Guzmania Ruiz et Pav. (1802)［凤梨科 Bromeliaceae］■☆

9124　Caraipa Aubl. (1775)【汉】南美洲藤黄属（卡瑞藤黄属）。【隶属】猪胶树科（克鲁西科, 山竹子科, 藤黄科）Clusiaceae (Guttiferae)。【包含】世界 20-28 种。【学名诠释与讨论】〈阴〉法属圭亚那称模式种 Caraipa parvifolia Aubl. 为 caraipe。【分布】秘鲁, 玻利维亚, 哥伦比亚（安蒂奥基亚）, 热带南美洲。【后选模式】Caraipa parvifolia Aublet。●☆

9125　Carajaea (Tul.) Wedd. (1873) = Castelnavia Tul. et Wedd. (1849)［髯管花科 Geniostomaceae］■☆

9126　Carajaea Wedd. (1873) Nom. illegit. ≡ Carajaea (Tul.) Wedd. (1873)；~ = Castelnavia Tul. et Wedd. (1849)［髯管花科 Geniostomaceae］■☆

9127　Carajasia R. M. Salas, E. L. Cabral et Dessein (2015)【汉】卡拉茜属。【隶属】茜草科 Rubiaceae。【包含】世界 1 种。【学名诠释与讨论】〈阴〉词源不详。似来自人名。【分布】巴西。【模式】Carajasia cangae R. M. Salas, E. L. Cabral et Dessein。☆

9128　Carallia Roxb. (1811)（保留属名）【汉】竹节树属（鹅山木属）。【英】Carallia。【隶属】红树科 Rhizophoraceae。【包含】世界 10 种, 中国 4 种。【学名诠释与讨论】〈阴〉Karalli, 为 Carallia lucida 的印度泰卢固语的俗名。此属的学名 “Carallia Roxb., Pl. Coromandel 3：8. Jul 1811” 是保留属名。相应的废弃名是红树科 Rhizophoraceae 的 “Karekandel Wolf, Gen. Pl. ：73. 1776 = Barraldeia Thouars, Gen. Nov. Madagasc. ：24. 17 Nov 1806 =Carallia Roxb. (1811)（保留属名）” 和 “Barraldeia Thouars, Gen. Nov. Madagasc. ：24 17 Nov 1806 = Carallia Roxb. (1811)（保留属名）”。红树科 Rhizophoraceae 的 “Karekandel Adans. ex Wolf (1776) Nom. illegit. ≡ Karekandel Wolf (1776)（废弃属名）”, “Kare – Kandel Adans. (1763) = Carallia Roxb. (1811)（保留属名）” 和 “Carallia Roxb. ex R. Br., in Flind. Voy. ii. 549(1814) = Carallia Roxb. (1811)（保留属名）” 亦应废弃。【分布】澳大利亚（北部）, 马达加斯加, 印度至马来西亚, 中国。【模式】Carallia lucida Roxburgh。【参考异名】Baraultia Spreng. (1825) Nom. illegit.；Baraultia Steud. ex Spreng. (1825) Nom. illegit.；Barraldeia Thouars (1806)（废弃属名）；Carallia Roxb. ex R. Br. (1814)（废弃属名）；Catalium Buch. – Ham. ex Wall. (1831 – 1832)；Demidofia Dennst. (1818) Nom. illegit.；Diatoma Lour. (1790)；Kare – Kandel Adans. (1763)（废弃属名）；Karekandel Adans. ex Wolf (1776) Nom. illegit. (废弃属名)；Karekandel Wolf (1776)（废弃属名）；Karekandelia Kuntze (1891)；Karkandela Raf. (1838) Nom. illegit.；Petalotoma DC. (1828) Nom. illegit.；Sagittipetalum Merr. (1908)；Symmetria Blume (1826) ●

9129　Carallia Roxb. ex R. Br. (1814)（废弃属名）= Carallia Roxb. (1811)（保留属名）［红树科 Rhizophoraceae］●

9130　Caralluma R. Br. (1810)【汉】水牛角属（龙角属, 水牛掌属）。【日】カラルマ属。【英】Caralluma。【隶属】萝藦科 Asclepiadaceae。【包含】世界 56-110 种, 中国 1 种。【学名诠释与讨论】〈阴〉carallum, 为 Caralluma adscendens Haw. 的印度泰卢固语的俗名。【分布】中国, 地中海至缅甸, 非洲。【模式】Caralluma adscendens (Roxburgh) Haworth［Stapelia adscendens Roxburgh］。【参考异名】Australluma Plowes (1995)；Borealluma Plowes (1995)；Boucerosia Wight et Arn. (1834)；Coralluma Schrank ex Haw. (1812)；Crenulluma Plowes (1995)；Cylindrilluma Plowes (1995)；Desmidorchis Ehrenb. (1829)；Drakebrockmania A. C. White et B. Sloane (1937) Nom. illegit.；Hutchinia Wight et Arn. (1834)；Hutschinia D. Dietr. (1839)；Pleuralluma Plowes (2008)；Quaqua N. E. Br. (1879)；Sanguilluma Plowes (1995)；Sarcocodon N. E. Br. (1878)；Saurolluma Plowes (1995)；Somalluma Plowes (1995)；Spathulopetalum Chiov. (1912)；Vadulia Plowes (2003) ■

9131　Caramanica Tineo (1846) = Taraxacum F. H. Wigg. (1780)（保留属名）［菊科 Asteraceae(Compositae)］■

9132 Carambola Adans. (1763) Nom. illegit. ≡ Averrhoa L. (1753)［酢浆草科 Oxalidaceae//阳桃科(捻子科,羊桃科)Averrhoaceae］●

9133 Caramuri Aubrév. et Pellegr. (1961) = Pouteria Aubl. (1775)［山榄科 Sapotaceae］●

9134 Caranda Gaertn. (1791) = Canthium Lam. (1785)［茜草科 Rubiaceae］●

9135 Carandas Adans. (1763)(废弃属名)≡ Carissa L. (1767)(保留属名)［夹竹桃科 Apocynaceae］●

9136 Carandas Rumph. ex Adans. (1763)(废弃属名)≡ Carandas Adans. (1763)(废弃属名); ~ = Carissa L. (1767)(保留属名)［夹竹桃科 Apocynaceae］a

9137 Carandra Gaertn. = Psydrax Gaertn. (1788)［茜草科 Rubiaceae］●☆

9138 Caranga Juss. (1804) Nom. illegit. ≡ Curanga Juss. (1807)［玄参科 Scrophulariaceae］■☆

9139 Caranga Vahl (1805) Nom. illegit. = Curanga Juss. (1807)［玄参科 Scrophulariaceae］■☆

9140 Carania Chiov. (1929) = Basananthe Peyr. (1859); ~ = Tryphostemma Harv. (1859)［西番莲科 Passifloraceae］■●☆

9141 Carapa Aubl. (1775)【汉】酸渣树属(苦油楝属,苦油树属)。【俄】Kapana。【英】Crab Wood。【隶属】楝科 Meliaceae。【包含】世界 2-7 种。【学名诠释与讨论】〈阴〉(圭亚那)carapa,苦油树 Carapa guianensis Aubl. 的俗名。【分布】巴拿马,秘鲁,厄瓜多尔,哥伦比亚(安蒂奥基亚),哥斯达黎加,马达加斯加,美国,尼加拉瓜,中美洲。【模式】Carapa guianensis Aublet。【参考异名】Amapa Steud. (1821); Granatum Kuntze (1891) Nom. illegit.; Monosoma Griff. (1854); Persoonia Willd. (1799) Nom. illegit. (废弃属名); Racapa M. Roem. (1846); Touloucouna M. Roem. (1846); Tulucuna Post et Kuntze (1903); Zelea Hort. ex Ten. (1841); Zurloa Ten. (1841)●☆

9142 Carapichea Aubl. (1775)(废弃属名)= Cephaëlis Sw. (1788)(保留属名); ~ = Psychotria L. (1759)(保留属名)［茜草科 Rubiaceae//九节科 Psychotriaceae］●

9143 Carara Medik. (1792) Nom. illegit. ≡ Coronopus Zinn (1757)(保留属名)［十字花科 Brassicaceae(Cruciferae)］■

9144 Caratas Raf. = Bromelia L. (1753); ~ = Karatas Mill. (1754) Nom. illegit.; ~ = Bromelia L. (1753)［凤梨科 Bromeliaceae］■☆

9145 Caraxeron Raf. (1837) Nom. illegit. ≡ Caraxeron Vaill. ex Raf. (1837); ~ ≡ Philoxerus R. Br. (1810); ~ = Iresine P. Browne (1756)(保留属名)［苋科 Amaranthaceae］●■

9146 Caraxeron Vaill. ex Raf. (1837) Nom. illegit. ≡ Philoxerus R. Br. (1810); ~ = Iresine P. Browne (1756)(保留属名)［苋科 Amaranthaceae］●■

9147 Carbeni Adans. (1763) Nom. illegit. ≡ Carbenia Adans. (1763); ~ ≡ Cnicus L. (1753)(保留属名)［菊科 Asteraceae(Compositae)］■●

9148 Carbenia Adans. (1763) Nom. illegit. ≡ Cnicus L. (1753)(保留属名)［菊科 Asteraceae(Compositae)］■●

9149 Carbenia Benth. = Carbeni Adans. (1763) Nom. illegit.; ~ = Carbenia Adans. (1763); ~ ≡ Cnicus L. (1753)(保留属名)［菊科 Asteraceae(Compositae)］■●

9150 Carcerulaceae Dulac = Tiliaceae Juss. (1789)(保留科名)●■

9151 Carcia Raeusch. (1797) = Garcia Rohr (1792)［大戟科 Euphorbiaceae］●☆

9152 Carcinetrum Post et Kuntze(1903)= Karkinetron Raf. (1837)(废弃属名); ~ = Muehlenbeckia Meisn. (1841)(保留属名); ~ = Polygonum L. (1753)(保留属名)［蓼科 Polygonaceae］■●

9153 Carda Noronha (1790) Nom. inval., Nom. nud. = Aleurites J. R. Forst. et G. Forst. (1775)［大戟科 Euphorbiaceae］●

9154 Cardamindaceae Link = Tropaeolaceae Juss. ex DC. (保留科名)■

9155 Cardamindum Adans. (1763) Nom. illegit. ≡ Tropaeolum L. (1753)［旱金莲科 Tropaeolaceae］■

9156 Cardamindum Tourn. ex Adans. (1763) Nom. illegit. ≡ Cardamindum Adans. (1763) Nom. illegit.; ~ ≡ Tropaeolum L. (1753)［旱金莲科 Tropaeolaceae］■

9157 Cardamine L. (1753)【汉】碎米荠属。【日】タネツケバナ属。【俄】Сердечник。【英】Bitter Cress, Bittercress, Bitter - cress, Cress, Cuckoo Flower。【隶属】十字花科 Brassicaceae (Cruciferae)。【包含】世界 200 种,中国 48-54 种。【学名诠释与讨论】〈阴〉(希)kardamine,一种可食芥类植物俗名。此属的学名,ING、APNI、GCI、TROPICOS 和 IK 记载是“Cardamine L., Sp. Pl. 2:654. 1753［1 May 1753］”。“Dracamine Nieuwland, Amer. Midl. Naturalist 4:40. 23 Jan 1915”和“Ghinia Bubani, Fl. Pyrenaea 3:158. 1901(ante 27 Aug)(non Schreber 1789)”是“Cardamine L. (1753)”的晚出的同模式异名(Homotypic synonym, Nomenclatural synonym)。【分布】哥伦比亚(安蒂奥基亚),巴基斯坦,巴拿马,玻利维亚,厄瓜多尔,马达加斯加,美国(密苏里),尼加拉瓜,中国,中美洲。【后选模式】Cardamine pratensis Linnaeus。【参考异名】Cardaminopsis (C. A. Mey.) Hayek (1908); Dentaria L. (1753); Dracamine Nieuwl. (1915) Nom. illegit.; Ghinia Bubani (1901) Nom. illegit.; Heterocarpus Phil. (1856) Nom. illegit.; Loxostemon Hook. f. et Thomson (1861); Porphyrocodon Hook. f. (1862); Pteroneuron DC. ex Meisn. (1837) Nom. illegit.; Pteroneuron Meisn. (1837) Nom. illegit.; Pteroneurum DC. (1821); Sibara Greene (1896); Sphaerotorrhiza (O. E. Schulz) Khokhr. (1985)■

9158 Cardamineae Dumort. (1827) Nom. illegit.［十字花科 Brassicaceae(Cruciferae)］■☆

9159 Cardaminopsis(C. A. Mey.) Hayek (1908)【汉】假碎米荠属。【英】Rockcress。【隶属】十字花科 Brassicaceae(Cruciferae)。【包含】世界 13 种。【学名诠释与讨论】〈阴〉(属)Cardamine 碎米荠属+希腊文 opsis,外观,模样,相似。此属的学名,ING 记载是“Cardaminopsis (C. A. Meyer) Hayek, Fl. Steiermark 1:477. 30 Dec 1908”,由“Arabis sect. Cardaminopsis C. A. Meyer in Ledebour, Fl. Altaica 3:19. Jul. -Dec. (?)1831”改级而来。IK 和 TROPICOS 则记载为“Cardaminopsis Hayek, Fl. Steiermark i. 477(1908)”。三者引用的文献相同。亦有文献把“Cardaminopsis (C. A. Mey.) Hayek(1908)”处理为“Arabidopsis Heynh. (1842)(保留属名)”或“Arabis L. (1753)”或“Cardamine L. (1753)”的异名。【分布】中国,北温带和极地。【模式】未指定。【参考异名】Arabidopsis Heynh. (1842)(保留属名); Arabis L. (1753); Arabis sect. Cardaminopsis C. A. Mey. (1831); Cardamine L. (1753); Cardaminopsis Hayek(1908)Nom. illegit.■

9160 Cardaminopsis Hayek(1908)Nom. illegit. ≡ Cardaminopsis (C. A. Mey.) Hayek(1908); ~ = Arabidopsis Heynh. (1842)(保留属名); ~ = Arabis L. (1753); ~ = Cardamine L. (1753)［十字花科 Brassicaceae(Cruciferae)］■

9161 Cardaminum Moench (1794)(废弃属名)≡ Nasturtium W. T. Aiton (1812)(保留属名); ~ = Nasturtium Adans. (1763) Nom. illegit. (废弃属名); ~ = Rorippa Scop. (1760)［十字花科 Brassicaceae(Cruciferae)］■

9162 Cardamomum Kuntze(1891)Nom. illegit. ≡ Cardamomum Rumph. ex Kuntze(1891)Nom. illegit.; ~ = Amomum Roxb. (1820)(保留属名)［姜科(襄荷科)Zingiberaceae］■

9163　Cardamomum Noronha(1790) Nom. nud. , Nom. illegit. ［姜科（襄荷科）Zingiberaceae］☆

9164　Cardamomum Rumph. (1745－1747) Nom. inval. ≡Cardamomum Rumph. ex Kuntze(1891) Nom. illegit. ; ～＝Amomum Roxb. (1820)（保留属名）［姜科（襄荷科）Zingiberaceae］■

9165　Cardamomum Rumph. ex Kuntze (1891) Nom. illegit. ＝Amomum Roxb. (1820)（保留属名）［姜科（襄荷科）Zingiberaceae］■●

9166　Cardamomum Salisb. (1812) Nom. inval. ＝Elettaria Maton(1811)［姜科（襄荷科）Zingiberaceae］■

9167　Cardamon(DC.) Fourr. (1868)＝Lepidium L. (1753)［十字花科 Brassicaceae(Cruciferae)］■

9168　Cardamon Beck(1892) Nom. illegit. ＝Lepidium L. (1753)［十字花科 Brassicaceae(Cruciferae)］■

9169　Cardamon Fourr. (1868) Nom. illegit. ≡Cardamon (DC.) Fourr. (1868); ～＝Lepidium L. (1753)［十字花科 Brassicaceae(Cruciferae)］■

9170　Cardanoglyphus Post et Kuntze(1903)＝Kardanoglyphos Schltdl. (1857)［十字花科 Brassicaceae(Cruciferae)］■☆

9171　Cardanthera Buch. - Ham. , Nom. inval. ≡Synnema Benth. (1846); ～＝Hygrophila R. Br. (1810)［爵床科 Acanthaceae］R ■☆

9172　Cardanthera Buch. - Ham. ex Benth. (1876) Nom. illegit. ≡Synnema Benth. (1846); ～＝Hygrophila R. Br. (1810)［爵床科 Acanthaceae］●■

9173　Cardanthera Buch. - Ham. ex Benth. et Hook. f. (1876) Nom. illegit. ≡Synnema Benth. (1846); ～＝Hygrophila R. Br. (1810)［爵床科 Acanthaceae］●■☆

9174　Cardanthera Buch. -Ham. ex Nees(1847) Nom. illegit. ≡Synnema Benth. (1846); ～＝Hygrophila R. Br. (1810)［爵床科 Acanthaceae］●■☆

9175　Cardanthera Buch. -Ham. ex Voigt(1845) Nom. inval. , Nom. nud. ≡Synnema Benth. (1846); ～＝Hygrophila R. Br. (1810)［爵床科 Acanthaceae］●■☆

9176　Cardaria Desv. (1815)【汉】群心菜属。【俄】Двугнёздка, Кардария, Сердечница。【英】Cardaria, Pepperwort, Whitetop。【隶属】十字花科 Brassicaceae(Cruciferae)。【包含】世界 2-4 种，中国 2-3 种。【学名诠释与讨论】〈阴〉（希）kardia, 心脏＋- arius, -aria, -arium, 指示"属于、相似、具有、联系"的词尾。指模式种的果实心脏形。此属的学名是"Cardaria Desvaux, J. Bot. Agric. 3：163. 1815(prim.)('1814')"。亦有文献把其处理为"Lepidium L. (1753)"的异名（由后选模式而成为同模式异名）。【分布】巴基斯坦，玻利维亚，中国，地中海地区，亚洲西部。【模式】Cardaria draba (Linnaeus) Desvaux ［Lepidium draba Linnaeus］。【参考异名】Cardiolepis Wallr. (1822); Hymenophysa C. A. Mey. (1831) Nom. illegit. ; Hymenophysa C. A. Mey. ex Ledeb. (1830); Jundzillia Audrz. ex DC. (1821); Lepidium L. (1753); Physolepidion Schrenk (1841); Physolepidium Endl. (1842) Nom. illegit. ■

9177　Cardenanthus R. C. Foster(1945)【汉】基管鸢尾属。【隶属】鸢尾科 Iridaceae。【包含】世界 8 种。【学名诠释与讨论】〈中〉（人）Martin Cárdenas Hermosa, 1899－1973, 玻利维亚植物学者，Manual de Plantas Economicas de Bolivia 的作者＋anthos, 花，antheros, 多花的。antheo, 开花。【分布】秘鲁，玻利维亚，安第斯山，热带美洲。【模式】Cardenanthus boliviensis R. C. Foster。■☆

9178　Cardenasia Rusby (1927)＝Bauhinia L. (1753)［豆科 Fabaceae (Leguminosae)//云实科（苏木科）Caesalpiniaceae//羊蹄甲科 Bauhiniaceae］●

9179　Cardenasiodendron F. A. Barkley (1954)【汉】卡尔漆属。【隶属】漆树科 Anacardiaceae。【包含】世界 1 种。【学名诠释与讨论】〈中〉（人）Martin Cárdenas Hermosa, 1899－1973, 玻利维亚植物学者＋dendron 或 dendros, 树木，棍，丛林。【分布】玻利维亚。【模式】Cardenasiodendron brachypterum (Loesener ex Herzog) Barkley ［Loxopterygium brachypterum Loesener ex Herzog］●☆

9180　Carderina (Cass.) Cass. (1825)＝Senecio L. (1753)［菊科 Asteraceae(Compositae)//千里光科 Senecionidaceae］■●

9181　Carderina Cass. (1825) Nom. illegit. ≡Carderina (Cass.) Cass. (1825); ～＝Senecio L. (1753)［菊科 Asteraceae(Compositae)//千里光科 Senecionidaceae］■●

9182　Cardia Dulac(1867) Nom. illegit. ≡Veronica L. (1753)［玄参科 Scrophulariaceae//婆婆纳科 Veronicaceae］■

9183　Cardiaca L. ＝Leonurus L. (1753)［唇形科 Lamiaceae (Labiatae)］■

9184　Cardiaca Mill. (1754) Nom. illegit. ≡Leonurus L. (1753)［唇形科 Lamiaceae(Labiatae)］■

9185　Cardiacanthus Nees et Schauer(1847)（废弃属名）＝Carlowrightia A. Gray(1878)（保留属名）; ～＝Jacobinia Nees ex Moric. (1847)（保留属名）［爵床科 Acanthaceae］●■☆

9186　Cardiacanthus Schauer(1847)（废弃属名）≡Cardiacanthus Nees et Schauer(1847)（废弃属名）; ～＝Carlowrightia A. Gray (1878)（保留属名）; ～＝Jacobinia Nees ex Moric. (1847)（保留属名）［爵床科 Acanthaceae］●■☆

9187　Cardiandra Siebold et Zucc. (1839)【汉】草绣球属（草八仙花属，草紫阳花属，人心药属）。【日】クサアジサイ属，クサアヂサヰ属。【英】Cardiandra。【隶属】虎耳草科 Saxifragaceae//绣球花科（八仙花科，绣球科）Hydrangeaceae。【包含】世界 4-9 种，中国 2-3 种。【学名诠释与讨论】〈阴〉（希）kardia, 心脏＋aner, 所有格 andros, 雄性, 雄蕊。指花药肾状倒心形。【分布】日本，中国。【模式】Cardiandra alternifolia (Siebold) Siebold et Zuccarini ［Hydrangea alternifolia Siebold］●

9188　Cardianthera Hance (1872)＝Cardanthera Buch. -Ham. ex Voigt (1845) Nom. inval. ; ～＝Synnema Benth. (1846); ～＝Hygrophila R. Br. (1810)［爵床科 Acanthaceae］●■☆

9189　Cardinalis Fabr. (1759) Nom. illegit. ≡Lobelia L. (1753)［桔梗科 Campanulaceae//山梗菜科（半边莲科）Nelumbonaceae］●■

9190　Cardinalis Ruppius(1745) Nom. inval. ＝Lobelia L. (1753)［桔梗科 Campanulaceae//山梗菜科（半边莲科）Nelumbonaceae］●■

9191　Cardiobatus Greene (1906)＝Rubus L. (1753)［蔷薇科 Rosaceae］●■

9192　Cardiocarpus Reinw. (1828)＝Soulamea Lam. (1785)［苦木科 Simaroubaceae］●☆

9193　Cardiochilos P. J. Cribb (1977)【汉】心唇兰属。【隶属】兰科 Orchidaceae。【包含】世界 1 种。【学名诠释与讨论】〈阳〉（希）kardia, 心脏＋chilos, 唇。【分布】马拉维，坦桑尼亚。【模式】Cardiochilos williamsonii P. J. Cribb。■☆

9194　Cardiochlamys Oliv. (1883)【汉】心被旋花属。【隶属】旋花科 Convolvulaceae。【包含】世界 2 种。【学名诠释与讨论】〈阴〉（希）kardia, 心脏＋chlamys, 所有格 chlamydos, 斗篷, 外衣。【分布】马达加斯加。【模式】Cardiochlamys madagascariensis D. Oliver。●☆

9195　Cardiocrinum(Endl.) Lindl. (1847)【汉】大百合属（荞麦叶贝母属）。【日】ウバユリ属。【英】Cardiocrinum, Giant Lily, Largelily。【隶属】百合科 Liliaceae。【包含】世界 3 种，中国 2 种。【学名诠释与讨论】〈中〉（希）kardia, 心脏＋（属）Crinum 文殊兰属。指叶心脏形。此属的学名，ING 和 IK 记载是"Cardiocrinum (Endlicher) J. Lindley, Veg. Kingdom 205. Jan - Mai 1846", 由

"Lilium e. Cardiocrinum Endlicher, Gen. 141. Dec 1836"改级而来。"Cardiocrinum Endl.（1847）"和"Cardiocrinum Lindl.（1847）"的命名人引证有误。【分布】中国，东亚，喜马拉雅山。【模式】未指定。【参考异名】Cardiocrinum Endl.（1847）Nom. illegit. ; Cardiocrinum Lindl.（1847）Nom. illegit. ; Lilium e. Cardiocrinum Endl.（1836）■

9196   Cardiocrinum Endl.（1847）Nom. illegit. = Cardiocrinum（Endl.）Lindl.（1847）［百合科 Liliaceae］■

9197   Cardiodaphnopsis Hutch. = Caryodaphnopsis Airy Shaw（1940）［樟科 Lauraceae］●

9198   Cardiogyne Bureau（1873）= Maclura Nutt.（1818）（保留属名）［桑科 Moraceae］●

9199   Cardiolepis Raf.（1825）Nom. illegit. ≡ Endotropis Raf.（1825）; ~ =Rhamnus L.（1753）［鼠李科 Rhamnaceae］●■

9200   Cardiolepis Wallr.（1822）= Cardaria Desv.（1815）; ~ =Lepidium L.（1753）［十字花科 Brassicaceae(Cruciferae)］■

9201   Cardiolochia Raf.（1828）Nom. illegit. ≡ Cardiolochia Raf. ex Rchb.（1828）; ~ = Aristolochia L.（1753）［马兜铃科 Aristolochiaceae］■●

9202   Cardiolochia Raf. ex Rchb.（1828）= Aristolochia L.（1753）［马兜铃科 Aristolochiaceae］■●

9203   Cardiolophus Griff.（1836）= Bacopa Aubl.（1775）（保留属名）［玄参科 Scrophulariaceae//婆婆纳科 Veronicaceae］■

9204   Cardionema DC.（1828）【汉】沙垫花属。【英】Sandcarpet。【隶属】石竹科 Caryophyllaceae//醉人花科（裸果木科）Illecebraceae。【包含】世界6种。【学名诠释与讨论】〈中〉（希）kardia，心脏＋nema，所有格 nematos，丝，花丝。【分布】秘鲁，玻利维亚，厄瓜多尔，北美洲至智利，太平洋地区。【模式】multicaule A. P. de Candolle。【参考异名】Acanthonychia（DC.）Rohrb.（1872）Nom. illegit. ; Acanthonychia Rohrb.（1872）Nom. illegit. ; Bivonaea Moc. et Sessé ex DC.（1828）（废弃属名）; Bivonaea Moc. et Sessé（1828）Nom. illegit.（废弃属名）; Pentacaena Bartl.（1830）■☆

9205   Cardiopetalum Schltdl.（1834）【汉】心瓣花属。【隶属】番荔枝科 Annonaceae。【包含】世界1-5种。【学名诠释与讨论】〈中〉（希）kardia，心脏＋希腊文 petalos，扁平的，铺开的; petalon，花瓣，叶，花叶，金属叶子; 拉丁文的花瓣为 petalum。【分布】玻利维亚，热带南美洲。【模式】Cardiopetalum calophyllum Schlechtendal。【参考异名】Froesiodendron R. E. Fr.（1956）; Stormia S. Moore（1895）●☆

9206   Cardiophora Benth.（1843）= Soulamea Lam.（1785）［苦木科 Simaroubaceae］●☆

9207   Cardiophyllarium Choux（1926）= Doratoxylon Thouars ex Hook. f.（1862）Nom. illegit. ; ~ = Doratoxylon Thouars ex Benth. et Hook. f.（1862）［无患子科 Sapindaceae］●☆

9208   Cardiophyllum Ehrh.（1789）Nom. inval. = Listera R. Br.（1813）（保留属名）; ~ = Ophrys L.（1753）［兰科 Orchidaceae］■☆

9209   Cardiopteridaceae Blume（1847）（保留科名）【汉】心翼果科。【英】Cardiopteris Family。【包含】世界1属2-3种，中国1属2种。【分布】东南亚至澳大利亚。【科名模式】Cardiopteris Wall. ex Royle（1847）■

9210   Cardiopteris Wall.（1847）Nom. inval. , Nom. illegit. = Cardiopteris Wall. ex Royle（1834）［茶茱萸科 Icacinaceae//心翼果科 Cardiopteridaceae］●■

9211   Cardiopteris Wall. ex Benn. et R. Br.（1852）Nom. illegit. = Cardiopteris Wall. ex Royle（1847）［茶茱萸科 Icacinaceae//心翼果科 Cardiopteridaceae］●■

9212   Cardiopteris Wall. ex Blume（1849）Nom. illegit. = Cardiopteris

Wall. ex Royle（1847）［茶茱萸科 Icacinaceae//心翼果科 Cardiopteridaceae］●■

9213   Cardiopteris Wall. ex Royle（1834）【汉】心翼果属。【英】Peripterygium。【隶属】茶茱萸科 Icacinaceae//心翼果科 Cardiopteridaceae。【包含】世界2-3种，中国2种。【学名诠释与讨论】〈阴〉（希）kardia，心脏＋pteron，指小式 pteridion，翅。此属的学名，ING 和 TROPICOS 记载是"Cardiopteris Wallich ex Royle, Ill. Bot. Himalayan Mts. 136. Sep 1834"; APNI 记载的"Cardiopteris Wall. ex Royle, Rumphia 3 1847 = Cardiopteris Wall. ex Royle（1834）"是晚出的非法名称。心翼果科 Cardiopteridaceae 的"Cardiopteris Wall. ex Benn. et R. Br. , Pl. Jav. Rar. 246(1852)"和"Cardiopteris Wall. ex Blume, Rumphia 3; 205. 1849［Jan 1849］"也是晚出的非法名称。铁青树科 Olacaceae 的"Cardiopteris Wall. , Numer. List［Wallich］n. 8033. 1847 = Cardiopteris Wall. ex Royle（1834）"亦是晚出的非法名称。《中国植物志》英文版用"Cardiopteris Wallich ex Royle, Ill. Bot. Himal. Mts. 136. 1834"。化石植物的"Cardiopteris Schimper, Traité Paléont. Vég. 1; 451. 1869"也是晚出的非法名称。【分布】澳大利亚，巴布亚新几内亚（新不列颠岛），马来西亚，孟加拉国，缅甸，泰国，印度（东北部），印度尼西亚（苏门答腊岛，爪哇岛，苏拉威西岛，马鲁古群岛），中国，加里曼丹岛，马来半岛，小巽他群岛，新几内亚岛，中南半岛。【模式】未指定。【参考异名】Cardiopteris Wall.（1847）Nom. inval. , Nom. illegit. ; Cardiopteris Wall. ex Benn. et R. Br.（1852）Nom. illegit. ; Cardiopteris Wall. ex Royle（1847）Nom. illegit. ; Peripterygium Hassk.（1843）●■

9214   Cardiopteris Wall. ex Royle（1847）Nom. illegit. = Cardiopteris Wall. ex Royle（1834）［茶茱萸科 Icacinaceae//心翼果科 Cardiopteridaceae］●■

9215   Cardiopterygaceae Blume = Cardiopteridaceae Blume（保留科名）●■

9216   Cardiopterygaceae Tiegh. = Cardiopteridaceae Blume（保留科名）●■

9217   Cardiopteryx Wall. ex Blume（1849）Nom. illegit. = Peripterygium Hassk.（1843）［心翼果科 Cardiopteridaceae］●■

9218   Cardiospermum L.（1753）【汉】倒地铃属（灯笼藤属）。【日】フウセンカズラ属，フウセンカヅラ属。【俄】Кардиосперм，Кардиоспермум。【英】Heartseed，Heart-seed。【隶属】无患子科 Sapindaceae。【包含】世界12-14种，中国1种。【学名诠释与讨论】〈中〉（希）kardia，心脏＋sperma，所有格 spermatos，种子，孢子。指黑色的种子上有白色心脏形的花纹。此属的学名，ING、APNI、TROPICOS 和 IK 记载是"Cardiospermum L. , Sp. Pl. 1; 366. 1753［1 May 1753］"。"Corindum P. Miller, Gard. Dict. Abr. ed. 4. 28 Jan 1754"是"Cardiospermum L.（1753）"的晚出的同模式异名（Homotypic synonym, Nomenclatural synonym）。【分布】巴基斯坦，巴拉圭，巴拿马，玻利维亚，厄瓜多尔，哥伦比亚（安蒂奥基亚），马达加斯加，美国（密苏里），尼加拉瓜，中国，中美洲。【模式】Cardiospermum halicacabum Linnaeus。【参考异名】Corindum Mill.（1754）Nom. illegit. ; Corindum Tourn. ex Medik.（1787）Nom. illegit. ; Rhodiola Lour.（1790）■

9219   Cardiostegia C. Presl（1851）= Melhania Forssk.（1775）［梧桐科 Sterculiaceae//锦葵科 Malvaceae］●■

9220   Cardiostigma Baker（1877）= Calydorea Herb.（1843）; ~ = Sphenostigma Baker（1877）［鸢尾科 Iridaceae］■☆

9221   Cardioteucris C. Y. Wu（1962）【汉】心叶石蚕属（腺香菇属）。【英】Cardioteucris。【隶属】马鞭草科 Verbenaceae//唇形科 Lamiaceae(Labiatae)//牡荆科 Viticaceae。【包含】世界1种，中国1种。【学名诠释与讨论】〈阴〉（希）kardia，心脏＋（属）Teucrium 石蚕属。此属的学名是"Cardioteucris C. Y. Wu in C. Y. Wu et S. Chow, Acta Bot. Sin. 10; 247. Sep 1962"。亦有文献把其

处理为"Caryopteris Bunge（1835）"或"Rubiteucris Kudô（1929）"的异名。【分布】中国。【模式】Cardioteucris cordifolia C. Y. Wu。【参考异名】Caryopteris Bunge（1835）；Rubiteucris Kudô（1929）■★

9222 Cardiotheca Ehrenb. ex Steud. （1840）= Anarrhinum Desf. （1798）（保留属名）［玄参科 Scrophulariaceae//婆婆纳科 Veronicaceae］■●☆

9223 Cardiocarpus Reinw. = Soulamea Lam. （1785）［苦木科 Simaroubaceae］●☆

9224 Cardonaea Aristeg. , Maguire et Steyerm. （1972）= Gongylolepis R. H. Schomb. （1847）［菊科 Asteraceae（Compositae）］●☆

9225 Cardopatium Juss. （1805）【汉】蓝丝菊属。【隶属】菊科 Asteraceae（Compositae）。【包含】世界 1-2 种。【学名诠释与讨论】〈中〉（法）cardon，蓟+pateo 走，踏，patos 路径+-ius，-ia，-ium，在拉丁文和希腊文中，这些词尾表示性质或状态。此属的学名"Cardopatium A. L. Jussieu, Ann. Mus. Natl. Hist. Nat. 6：324. 1805"是一个替代名称。"Brotera Willdenow, Sp. Pl. 3（3）：2399. Apr-Dec 1803"是一个非法名称（Nom. illegit.），因为此前已经有了"Brotera Cavanilles, Icon. 5：19. Jun – Sep 1799 = Melhania Forssk. （1775）［梧桐科 Sterculiaceae//锦葵科 Malvaceae］"。故用"Cardopatium Juss. （1805）"替代之。A. L. Jussieu（1805）同时还用"Chamalium A. L. Jussieu, Ann. Mus. Natl. Hist. Nat. 6：324. 1805"替代"Brotera Willd. （1803）"。ING 记载"Cardopatium Juss. （1805）"和"Chamalium Juss. （1805）"是"Alternative name"不妥；这 2 个名称，只能是一个合法一个非法，或者两个都非法。【分布】地中海地区，亚洲中部。【模式】Cardopatium corymbosum （Linnaeus）Persoon［Carthamus corymbosus Linnaeus］。【参考异名】Brotera Willd. （1803）Nom. illegit. ；Broteroa Kuntze（1891）Nom. illegit. ；Chamalium Juss. （1805）Nom. illegit. ■☆

9226 Cardosanctus Bubani（1899）Nom. illegit. ≡Cnicus L. （1753）（保留属名）［菊科 Asteraceae（Compositae）］■●

9227 Cardosoa S. Ortiz et Paiva（2010）【汉】安哥拉山黄菊属。【隶属】菊科 Asteraceae（Compositae）。【包含】世界 1 种。【学名诠释与讨论】〈阴〉（人）Cardoso. 此属的学名是"Cardosoa S. Ortiz et Paiva, Anales del Jardín Botánico de Madrid 67：8. 2010"。亦有文献把其处理为"Anisopappus Hook. et Arn. （1837）"的异名。【分布】安哥拉。【模式】Cardosoa athanasioides （Paiva et S. Ortiz）S. Ortiz et Paiva。【参考异名】Anisopappus Hook. et Arn. （1837）■☆

9228 Carduaceae Bercht. et J. Presl（1820）= Asteraceae Bercht. et J. Presl（保留科名）//Compositae Giseke（保留科名）●■

9229 Carduaceae Dumort. = Asteraceae Bercht. et J. Presl（保留科名）//Compositae Giseke（保留科名）●■

9230 Carduaceae Small［亦见 Asteraceae Bercht. et J. Presl（保留科名）菊科］【汉】飞廉科。【包含】世界 1 属 90-95 种，中国 1 属 7 种。【分布】欧洲，地中海，亚洲。【科名模式】Carduus L. ●■

9231 Carduncellus Adans. （1763）【汉】小飞廉属（类飞廉属）。【隶属】菊科 Asteraceae（Compositae）。【包含】世界 27-29 种。【学名诠释与讨论】〈阳〉（属）Carduus 飞廉属+-cellus，-cella，-cellum，指示小的词尾。此属的学名，ING 和 IK 记载是"Carduncellus Adanson, Fam. 2：116, 532. Jul – Aug 1763"。"Carthamodes O. Kuntze, Rev. Gen. 1：325. 5 Nov 1891"是"Carduncellus Adans. （1763）"的晚出的同模式异名（Homotypic synonym, Nomenclatural synonym）。【分布】地中海地区。【模式】未指定。【参考异名】Carthamodes Kuntze（1891）Nom. illegit. ；Lamottea Pomel（1860）；Onobroma Gaertn. （1791）■☆

9232 Carduus L. （1753）【汉】飞廉属。【日】ヒレアザミ属，ヤハズアザミ属。【俄】Репейник，Чертогон，Чертополох。【英】Bristlethistle, Bristle – thistle, Chardon, Plumeless Thistle, Thistle，

【隶属】菊科 Asteraceae（Compositae）//飞廉科 Carduaceae。【包含】世界 90-95 种，中国 3-7 种。【学名诠释与讨论】〈阳〉（拉）carduus，一种蓟的古拉丁名，来自"希"kardos，一种荆棘。此属的学名，ING、APNI、GCI、TROPICOS 和 IK 记载是"Carduus Linnaeus, Sp. Pl. 820. 1 Mai 1753"。P. Bubani （1899）曾用"Onopyxus P. Bubani, Fl. Pyrenaea 2：139. 1899 （sero）"替代"Carduus L. （1753）"，多余了。"Ascalea J. Hill, Veg. Syst. 4：14. 1762"是"Carduncellus Adans. （1763）"的同模式异名（Homotypic synonym, Nomenclatural synonym）。【分布】玻利维亚，美国，中国，地中海地区，欧洲，亚洲，中美洲。【后选模式】Carduus nutans Linnaeus。【参考异名】Ascalea Hill（1762）Nom. illegit. ；Clavena DC. （1838）；Clomium Adans. （1763）；Onopyxus Bubani（1899）Nom. illegit. ；Pternix Hill（1762）；Wettsteinia Petr. （1910）■

9233 Cardwellia F. Muell. （1865）【汉】澳大利亚银桦树属（昆士兰山龙眼属）。【英】Austrlian Silky – oak。【隶属】山龙眼科 Proteaceae。【包含】世界 1 种。【学名诠释与讨论】〈阴〉（人）Cardwell, 1813 – 1886. 【分布】澳大利亚（昆士兰）。【模式】Cardwellia sublimis F. v. Mueller。●☆

9234 Carelia Adans. （1763）Nom. illegit. = Ageratum L. （1753）［菊科 Asteraceae（Compositae）］■●

9235 Carelia Cav. （1802）Nom. illegit. = Mikania Willd. （1803）（保留属名）［菊科 Asteraceae（Compositae）］■

9236 Carelia Fabr. （1759）Nom. illegit. ≡ Ageratum L. （1753）；~ ≡ Carelia Ponted. ex Fabr. （1759）Nom. illegit. ；~ ≡ Ageratum L. （1753）［菊科 Asteraceae（Compositae）］■●

9237 Carelia Juss. ex Cav. （1802）Nom. illegit. ≡ Carelia Cav. （1802）Nom. illegit. ；~ = Mikania Willd. （1803）（保留属名）［菊科 Asteraceae（Compositae）］■

9238 Carelia Less. （1832）Nom. illegit. ≡ Radlkoferotoma Kuntze （1891）［菊科 Asteraceae（Compositae）］●☆

9239 Carelia Moehring（1736）Nom. inval. = Ageratum L. （1753）；~ = Carelia Adans. （1763）Nom. illegit. ；~ = Ageratum L. （1753）［菊科 Asteraceae（Compositae）］■●

9240 Carelia Ponted. ex Fabr. （1759）Nom. illegit. ≡ Ageratum L. （1753）［菊科 Asteraceae（Compositae）］■●

9241 Carenidium Baptista（2006）= Oncidium Sw. （1800）（保留属名）［兰科 Orchidaceae］■☆

9242 Carenophila Ridl. （1909）= Geostachys （Baker）Ridl. （1899）［姜科（蘘荷科）Zingiberaceae］■☆

9243 Careum Adans. （1763）Nom. illegit. ≡ Carum L. （1753）［伞形花科（伞形科）Apiaceae（Umbelliferae）］■

9244 Carex L. （1753）【汉】苔草属（苔属）。【日】スゲ属。【俄】Осока。【英】New Zealand Sedge, Sedge。【隶属】莎草科 Cyperaceae。【包含】世界 2000 种，中国 502-584 种。【学名诠释与讨论】〈阴〉（拉）carex，所有格 caricis，苔，经典拉丁名称。源于 carere 切。此属的学名，ING、APNI、GCI、TROPICOS 和 IK 记载是"Carex L. , Sp. Pl. 2：972. 1753［1 May 1753］"。"Cyperoides Séguier, Pl. Veron. 3：73. Jul-Dec 1754"是"Carex L. （1753）"的晚出的同模式异名（Homotypic synonym, Nomenclatural synonym）。【分布】哥伦比亚（安蒂奥基亚），巴基斯坦，巴拿马，玻利维亚，厄瓜多尔，哥斯达黎加，马达加斯加，美国（密苏里），尼加拉瓜，中国，中美洲。【后选模式】Carex hirta Linnaeus。【参考异名】Agastachys Ehrh. （1789）Nom. inval. ；Ammorrhiza Ehrh. （1789）；Anithista Raf. （1840）；Baeochortus Ehrh. （1789）Nom. inval. ；Biteria Börner （1913）Nom. illegit. ；Bitteria Börner （1913）；Callistachys Heuffel（1844）Nom. illegit. （废弃属名）；Calostachys Post et Kuntze（1903）；Caricella Ehrh. （1789）Nom. inval. ；Caricina

St. - Lag. （1889）; Caricinella St. - Lag. （1889）; Chionanthula Börner（1913）; Chionoglochin Gand.; Chordorrhiza Ehrh. （1789） Nom. inval.; Coleachyron J. Gay ex Boiss. （1882）; Cryptoglochin Heuff. （1844）; Cyperoides Ség. （1754）Nom. illegit.; Dapedostachys Börner（1913）; Desmiograstis Börner（1913）; Deweya Raf. （1840）; Diemisa Raf. （1840）; Diplocarex Hayata （1921）; Dornera Heuff. ex Schur（1866）; Drymeia Ehrh. （1789）Nom. inval.; Echinochlaenia Börner（1912）; Edritria Raf. （1840）; Facolos Raf. （1840）; Forexeta Raf. （1840）; Genersichia Heuff. （1844）; Heleonastes Ehrh. （1789） Nom. inval.; Heuffelia Opiz（1845）; Homalostachys Boeck. （1888）; Itheta Raf. （1840）; Kolerma Raf. （1840）; Kuekenthalia Börner （1913）; Lamprochlaena Börner （1913）; Leptostachys Ehrh. （1789）; Leptovignea Börner （1913）; Leucoglochin （Dumort.） Heuff. （1844）Nom. illegit.; Leucoglochin Ehrh.; Leucoglochin Heuff. （1844）; Limivasculum Börner （1913）; Limonaetes Ehrh. （1789）Nom. inval.; Loncoperis Raf. （1840）; Loxanisa Raf. （1840）; Loxotrema Raf. （1840）; Maltrema Raf. （1840）; Manochlaenia Börner（1913）; Maukschia Heuff. （1844）; Meltrema Raf. （1840）; Neilreichia B. D. Jacks.; Neskiza Raf. （1840）; Olamblis Raf. （1840）; Olotrema Raf. （1840）; Onkerma Raf. （1840）; Osculisa Raf. （1840）; Phaeolorum Ehth. （1789）Nom. inval.; Phyllostachys Torr. （1836）Nom. inval. （废弃属名）; Phyllostachys Torr. ex Steud. （废弃属名）; Physiglochis Neck. （1790） Nom. inval.; Physoglochin Post et Kuntze （1903）; Polyglochin Ehrh. （1789）Nom. inval.; Proteocarpus Börner（1913）; Pseudocarex Miq. （1865–1866）; Psyllophora Ehrh. （1789）Nom. inval.; Psyllophora Heuffel （1844）Nom. illegit.; Ptacoseia Ehrh. （1789）Nom. inval.; Rhaptocalymma Börner （1913）; Rhynchopera Börner（1913）; Schelhammeria Moench（1802）; Scuria Raf. （1819）; Temnemis Raf. （1840）; Thysanocarex Börner（1913）; Trasus S. F. Gray （1821）; Triodus Raf. （1819）; Triplima Raf. （1819）; Ulva Adans. （1763）; Vesicarex Steyerm. （1951）; Vignantha Schur （1866）; Vignea P. Beauv., Nom. inval.; Vignea P. Beauv. ex T. Lestib. （1819）; Vignidula Börner（1913）■

9245 Careya Roxb. （1811）（保留属名）【汉】印度玉蕊属（卡里玉蕊属）。【隶属】玉蕊科（巴西果科）Lecythidaceae。【包含】世界4种。【学名诠释与讨论】〈阴〉（人）William Carey，1761–1834，英国牧师，植物采集家。此属的学名"Careya Roxb.，Pl. Coromandel 3：13. Jul 1811"是保留属名。法规未列出相应的废弃属名。【分布】印度至马来西亚。【模式】Careya herbacea Roxburgh。【参考异名】Cambea Endl. （1840）; Cumbia Buch. –Ham. （1807）●☆

9246 Cargila Raf. （1840）= Melampodium L. （1753）［菊科 Asteraceae （Compositae）］■●

9247 Cargilia Hassk. （1844）Nom. illegit. =Cargillia R. Br. （1810）［柿树科 Ebenaceae］●

9248 Cargilla Adans. （1763）= Chrysogonum A. Juss.; ~ = Leontice L. （1753）［小檗科 Berberidaceae//狮足草科 Leonticaceae］●■

9249 Cargillia R. Br. （1810）= Diospyros L. （1753）［柿树科 Ebenaceae］●

9250 Cargyllia Steud. （1840）= Cargillia R. Br. （1810）［柿树科 Ebenaceae］●

9251 Caribea Alain （1960）【汉】抱茎茉莉属。【隶属】紫茉莉科 Nyctaginaceae。【包含】世界1-3种。【学名诠释与讨论】〈阴〉模式种采自古巴。可能源于当地名称。【分布】古巴。【模式】Caribea litoralis Alain。●☆

9252 Carica L. （1753）【汉】番木瓜属。【日】パパイヤ属，バンクワジュ属。【俄】Дерево дынное，Карика。【英】Papaya，Pawpaw。

【隶属】番木瓜科（番瓜树科，万寿果科）Caricaceae。【包含】世界45种，中国1种。【学名诠释与讨论】〈阴〉（拉）carica，干无花果，来自小亚细亚地名 Caria，因该地被错误地假定为原产地。此属的学名，ING、APNI、GCI、TROPICOS 和 IK 记载是"Carica L.，Sp. Pl. 2：1036. 1753［1 May 1753］"。"Papaya P. Miller, Gard. Dict. Abr. ed. 4. 28 Jan 1754"是"Carica L. （1753）"的晚出的同模式异名（Homotypic synonym，Nomenclatural synonym）。【分布】巴基斯坦，巴拿马，秘鲁，玻利维亚，厄瓜多尔，哥伦比亚（安蒂奥基亚），尼加拉瓜，中国，热带美洲，中美洲。【后选模式】Carica papaya Linnaeus。【参考异名】Papaya Adans. （1763）Nom. illegit.; Papaya Mill. （1754）Nom. illegit.; Papaya Tourn. ex L.; Vasconcellea A. St. –Hil. （1837）; Vasconcellosia Caruel（1876）●

9253 Caricaceae Bercht. et J. Presl =Caricaceae Dumort. （保留科名）●

9254 Caricaceae Dumort. （1829）（保留科名）【汉】番木瓜科（番瓜树科，万寿果科）。【日】パパイア科，バンカジュ科，バンクワジュ科。【俄】Дыниковые，Кариковые，Папаевые。【英】Carica Family，Papaw Family，Papaya Family，Pawpaw Family。【包含】世界4-6属34-60种，中国1属1种。【分布】西印度群岛，热带非洲西部，热带和亚热带美洲。【科名模式】Carica L. ●

9255 Caricella Ehrh. （1789）Nom. inval. = Carex L. （1753）［莎草科 Cyperaceae］■

9256 Caricina St. - Lag. （1889）= Carex L. （1753）［莎草科 Cyperaceae］■

9257 Caricinella St. - Lag. （1889）= Carex L. （1753）［莎草科 Cyperaceae］■●

9258 Caricteria Scop. （1777）= Corchorus L. （1753）［椴树科（椴科，田麻科）Tiliaceae//锦葵科 Malvaceae］■●

9259 Caridochloa Endl. = Alloteropsis J. Presl ex C. Presl（1830）; ~ = Coridochloa Nees ex Graham, Nom. illegit.; ~ = Alloteropsis J. Presl ex C. Presl（1830）［禾本科 Poaceae（Gramineae）］■

9260 Carigola Raf. （1837）Nom. illegit. ≡ Monochoria C. Presl （1827）［雨久花科 Pontederiaceae］■

9261 Carima Raf. （1838）= Adhatoda Mill. （1754）［爵床科 Acanthaceae//鸭嘴花科（鸭咀花科）Justiciaceae］●

9262 Carinavalva Ising（1955）【汉】澳大利亚灰绿芥属。【隶属】十字花科 Brassicaceae（Cruciferae）。【包含】世界1种。【学名诠释与讨论】〈阴〉（拉）carina，龙骨，龙首+valva，瓣膜，折叠门。指果实形态。【分布】澳大利亚（南部）。【模式】Carinavalva glauca E. H. Ising。【参考异名】Carinivalva Airy Shaw, Nom. illegit. ■☆

9263 Cariniana Casar. （1842）【汉】龙头木属（卡林玉蕊属，龙木属）。【英】Abarco，Abarco Wood，Albarco，Bacu，Jequitiba，Jiquitiba，Monkey Pot。【隶属】玉蕊科（巴西果科）Lecythidaceae。【包含】世界13-15种。【学名诠释与讨论】〈阴〉（拉）carina，龙骨，龙首+-anus，-ana，-anum，加在名词词干后面使形成形容词的词尾，含义为"属于"。【分布】巴拿马，秘鲁，玻利维亚，哥伦比亚，热带南美洲，中美洲。【模式】Cariniana brasiliensis Casaretto。【参考异名】Amphoricarpus Spruce ex Miers（1874）Nom. illegit.，Nom. inval. ●☆

9264 Carinivalva Airy Shaw, Nom. illegit. = Carinavalva Ising（1955）［十字花科 Brassicaceae（Cruciferae）］■☆

9265 Carinta W. Wight（1905）= Geophila D. Don（1825）（保留属名）［茜草科 Rubiaceae］■

9266 Carionia Naudin（1851）【汉】菲律宾酸脚杆属。【隶属】野牡丹科 Melastomataceae。【包含】世界1种。【学名诠释与讨论】〈阴〉（人）Carion。此属的学名是"Carionia Naudin, Ann. Sci. Nat. Bot. ser. 3. 15：311. Mai 1851"。亦有文献把其处理为"Medinilla Gaudich. ex DC. （1828）"的异名。【分布】菲律宾。【模式】

Carionia elegans Naudin。【参考异名】Medinilla Gaudich. ex DC. (1828)●☆

9267　Carissa L.（1767）（保留属名）【汉】假虎刺属（刺黄果属）。【日】カリッサ属。【俄】Кариcca。【英】Carissa, Congaberry, Conkerberry。【隶属】夹竹桃科 Apocynaceae。【包含】世界 30-37 种,中国 4-5 种。【学名诠释与讨论】〈阴〉〈梵文〉carissa,一种植物俗名。此属的学名"Carissa L., Syst. Nat., ed. 12, 2：135, 189；Mant. Pl.：7, 52. 15-31 Oct 1767"是保留属名。相应的废弃属名是夹竹桃科 Apocynaceae 的"Carandas Adans., Fam. Pl. 2：171, 532. Jul-Aug 1763 ≡ Carissa L.（1767）（保留属名）"。夹竹桃科 Apocynaceae 的"Carandas Rumph. ex Adans., Fam. Pl.（Adanson）2：171. 1763 ≡ Carandas Adans.（1763）（废弃属名）"亦应废弃。"Carandas Adanson, Fam. 2：171, 532. Jul-Aug 1763（废弃属名）"是"Carissa L.（1767）（保留属名）"的同模式异名（Homotypic synonym, Nomenclatural synonym）。【分布】巴基斯坦,巴拿马,马达加斯加,尼加拉瓜,中国,热带非洲和亚洲,中美洲。【模式】Carissa carandas Linnaeus。【参考异名】Antura Forssk.；Arduina Mill.（1760）Nom. illegit.；Arduina Mill.（1767）Nom. illegit.；Arduina Mill. ex L.（1767）Nom. illegit.；Carandas Adans.（1763）（废弃属名）；Carandas Rumph. ex Adans.（1763）（废弃属名）；Jasminonerium Wolf（1776）；Leioclusia Baill.（1880）●

9268　Carissaceae Bertol.（1891）= Apocynaceae Juss.（保留科名）●■

9269　Carissophyllum Pichon（1949）= Tachiadenus Griseb.（1838）［龙胆科 Gentianaceae］●■☆

9270　Carlea C. Presl（1851）= Symplocos Jacq.（1760）［山矾科（灰木科）Symplocaceae］●

9271　Carlemannia Benth.（1853）【汉】香茜属。【英】Carlemannia。【隶属】茜草科 Rubiaceae//香茜科 Carlemanniaceae。【包含】世界 3 种,中国 1 种。【学名诠释与讨论】〈阴〉〈人〉Charles Morgan Lemann, 1806-1852,英国植物学者。【分布】印度尼西亚（苏门答腊岛）,印度（阿萨姆）,中国,东喜马拉雅山,东南亚。【模式】Carlemannia griffithii Bentham。■

9272　Carlemanniaceae Airy Shaw（1965）［亦见 Caprifoliaceae Juss.（保留科名）忍冬科］【汉】香茜科。【包含】世界 2 属 5-6 种,中国 2 属 3 种。【分布】中国（西南部）,喜马拉雅山,东南亚。【科名模式】Carlemannia Benth.。■●

9273　Carlephyton Jum.（1919）【汉】沼石南星属。【隶属】天南星科 Araceae。【包含】世界 3 种。【学名诠释与讨论】〈中〉词源不详。此属的学名,ING、TROPICOS 和 IK 记载是"Carlephyton H. Jumelle, Ann. Inst. Bot. - Géol. Colon. Marseille ser. 3. 7：187. 1919"。"Carlephyton Jum. et Buchet, Bull. Soc. Bot. France 88：847, descr. emend. 1942"修订了属的描述。【分布】马达加斯加。【模式】Carlephyton madagascariense H. Jumelle。【参考异名】Carlephyton Jum. et Buchet（1942）descr. emend.。■☆

9274　Carlephyton Jum. et Buchet（1942）descr. emend. = Carlephyton Jum.（1919）［天南星科 Araceae］■☆

9275　Carlesia Dunn（1902）【汉】山茴香属。【日】サントウゼリ属。【英】Carlesia。【隶属】伞形花科（伞形科）Apiaceae（Umbelliferae）。【包含】世界 1 种,中国 1 种。【学名诠释与讨论】〈阴〉〈人〉W. R. Carles,曾任英国驻华领事。【分布】中国。【模式】Carlesia sinensis Dunn。■★

9276　Carlina L.（1753）【汉】刺苞菊属（刺苞木属,刺苞术属,刺菊属）。【日】チャボアザミ属。【俄】Колючелистник, Колючник。【英】Carlina, Carline Thistle, Carline-thistle, Thistle。【隶属】菊科 Asteraceae（Compositae）。【包含】世界 20-28 种,中国 1 种。【学名诠释与讨论】〈阴〉〈拉〉carduus,蓟。此属的学名,ING 和 IK 记载是"Carlina L., Sp. Pl. 2：828. 1753［1 May 1753］"。

"Chromatolepis Dulac, Fl. Hautes-Pyrénées 526. 1867"是"Carlina L.（1753）"的晚出的同模式异名（Homotypic synonym, Nomenclatural synonym）。【分布】中国,地中海地区,欧洲,亚洲。【后选模式】Carlina vulgaris Linnaeus。【参考异名】Athamus Neck.（1790）Nom. inval.；Carlowizia Moench（1802）；Chamaeleon Cass.（1827）；Chromatolepis Dulac（1867）Nom. illegit.；Lyrolepis Rech. f.（1943）；Mitina Adans.（1763）■●

9277　Carlinaceae Bercht. et J. Presl = Asteraceae Bercht. et J. Presl（保留科名）//Compositae Giseke（保留科名）●■

9278　Carlinodes Kuntze = Berkheya Ehrh.（1784）（保留属名）［菊科 Asteraceae（Compositae）］●■☆

9279　Carlomohria Greene（1893）Nom. illegit. ≡ Halesia J. Ellis ex L.（1759）（保留属名）［安息香科（齐墩果科,野茉莉科）Styracaceae//银钟花科 Halesiaceae］●

9280　Carlostephania Bubani（1899）Nom. illegit. ≡ Carlo-stephania Bubani（1899）Nom. illegit.；~ ≡ Circaea L.（1753）［柳叶菜科 Onagraceae］■

9281　Carlo-stephania Bubani（1899）Nom. illegit. ≡ Circaea L.（1753）［柳叶菜科 Onagraceae］■

9282　Carlowizia Moench（1802）= Carlina L.（1753）［菊科 Asteraceae（Compositae）］■●

9283　Carlowrightia A. Gray（1878）（保留属名）【汉】卡洛爵床属。【隶属】爵床科 Acanthaceae。【包含】世界 23 种。【学名诠释与讨论】〈阴〉〈人〉Charles（Carlos）Wright, 1811-1885,美国植物学者。此属的学名"Carlowrightia A. Gray in Proc. Amer. Acad. Arts 13：364. 5 Apr 1878"是保留属名。相应的废弃属名是爵床科 Acanthaceae 的"Cardiacanthus Nees et Schauer in Candolle, Prodr. 11：331. 25 Nov 1847 = Carlowrightia A. Gray（1878）（保留属名）"。爵床科 Acanthaceae 的"Cardiacanthus S. Schauer, Linnaea 20：714（1847）；et in DC. Prod. 11：331（1847）≡ Cardiacanthus Nees et Schauer（1847）（废弃属名）"。【分布】厄瓜多尔,美国（西南部）,墨西哥,尼加拉瓜,中美洲。【模式】Carlowrightia linearifolia（Torrey）A. Gray［Schaueria linearifolia Torrey］。【参考异名】Cardiacanthus Nees et Schauer（1847）（废弃属名）；Cardiacanthus Schauer（1847）（废弃属名）；Croftia Small（1903）Nom. illegit.■☆

9284　Carlquistia B. G. Baldwin（1999）【汉】星盘菊属。【隶属】菊科 Asteraceae（Compositae）。【包含】世界 1 种。【学名诠释与讨论】〈阴〉〈人〉Sherwin Carlquist, 1930-?,美国加利福尼亚州植物学者。【分布】北美洲。【模式】Carlquistia muirii（A. Gray）B. G. Baldwin［Raillardella muirii A. Gray］■☆

9285　Carludovica Ruiz et Pav.（1794）【汉】巴拿马草属。【日】バナマサウ属,バナマソウ属,パナマソウ属。【俄】Карллюдовика, Карлудовика。【英】Carludovica。【隶属】巴拿马草科（环花科）Cyclanthaceae。【包含】世界 4 种,中国 1 种。【学名诠释与讨论】〈阴〉〈人〉西班牙 Charles 四世（1748-1819）及其王妃 Luisa（1751-1819）。此属的学名,ING、TROPICOS 和 IK 记载是"Carludovica Ruiz et Pav., Fl. Peruv. Prodr. 146, t. 31. 1794［early Oct 1794］"。"Salmia Willdenow, Ges. Naturf. Freunde Berlin Mag. Neuesten Entdeck. 5：399. 1811（sero）（1812?）"是"Carludovica Ruiz et Pav.（1794）"的晚出的同模式异名（Homotypic synonym, Nomenclatural synonym）。【分布】巴拿马,秘鲁,玻利维亚,厄瓜多尔,哥伦比亚（安蒂奥基亚）,哥斯达黎加,尼加拉瓜,中国,热带南美洲西北部,中美洲。【后选模式】Carludovica palmata Ruiz et Pavón。【参考异名】Ludovia Pers.（1807）（废弃属名）；Salmia Willd.（1811）Nom. illegit.（废弃属名）；Sarcinanthus Oerst.（1857）（废弃属名）●■

9286 Carludovicaceae A. Kern. = Cyclanthaceae Poit. ex A. Rich. （保留科名）●■

9287 Carmelita Gay ex DC.（1838）= Chaetanthera Ruiz et Pav.（1794）［菊科 Asteraceae（Compositae）］■☆

9288 Carmelita Gay（1838）Nom. illegit. ≡ Carmelita Gay ex DC.（1838）；~ = Chaetanthera Ruiz et Pav.（1794）［菊科 Asteraceae（Compositae）］■☆

9289 Carmenocania Wernham（1912）= Pogonopus Klotzsch（1854）［茜草科 Rubiaceae］■☆

9290 Carmenta Noronha（1790）= Viburnum L.（1753）［忍冬科 Caprifoliaceae//荚蒾科 Viburnaceae］●

9291 Carmichaela Rchb.（1841）= Carmichaelia R. Br.（1825）［豆科 Fabaceae（Leguminosae）//蝶形花科 Papilionaceae］●☆

9292 Carmichaelia R. Br.（1825）【汉】假金雀花属（扁枝豆属）。【日】ニュージーランドイチビ属。【英】New Zealand Broom。【隶属】豆科 Fabaceae（Leguminosae）//蝶形花科 Papilionaceae。【包含】世界 23-40 种。【学名诠释与讨论】〈阴〉（人）C. Dugald Carmichael，1772-1827，英国植物采集家。【分布】新西兰。【模式】Carmichaelia australis R. Brown。【参考异名】Carmichaela Rchb.（1841）；Huttonella Kirk（1897）●☆

9293 Carminatia Moc. ex DC.（1838）【汉】羽冠肋泽兰属。【隶属】菊科 Asteraceae（Compositae）。【包含】世界 3 种。【学名诠释与讨论】〈阴〉（人）Bassiani Carminati，18 世纪意大利人，曾著作医药卫生方面书籍。【分布】墨西哥，中美洲。【模式】Carminatia tenuiflora A. P. de Candolle。■☆

9294 Carmona Cav.（1799）【汉】基及树属（满福木属）。【英】Carmona。【隶属】紫草科 Boraginaceae//破布木科（破布树科）Cordiaceae//厚壳树科 Ehretiaceae。【包含】世界 1 种，中国 1 种。【学名诠释与讨论】〈阴〉（人）Bruno S. Carmona，为瑞典植物学者 Peter Loefling 的同事和绘画家。此属的学名是 " Carmona Cavanilles，Icon. 5：22. Jun-Sep 1799 "。亦有文献把其处理为 " Ehretia P. Browne（1756）" 的异名。【分布】中国。【模式】Carmona heterophylla Cavanilles。【参考异名】Carmonea Pers.（1805）；Carmorea Steud.（1840）；Ehretia P. Browne（1756）●

9295 Carmonea Pers.（1805）= Carmona Cav.（1799）［紫草科 Boraginaceae//破布木科（破布树科）Cordiaceae］●

9296 Carmorea Steud.（1840）= Carmona Cav.（1799）［紫草科 Boraginaceae//破布木科（破布树科）Cordiaceae］●

9297 Carnarvonia F. Muell.（1867）【汉】卡尔山龙眼属。【隶属】山龙眼科 Proteaceae。【包含】世界 1 种。【学名诠释与讨论】〈阴〉（人）Henry Howard Molyneux Herbert，1831-1890，英国政治家。【分布】澳大利亚（昆士兰）。【模式】Carnarvonia araliifolia F. von Mueller［as 'aralifolia'］●☆

9298 Carnegiea Britton et Rose（1908）【汉】巨人柱属。【日】カーネキエカ属。【日】カーネキエカ属。【英】Saguaro。【隶属】仙人掌科 Cactaceae。【包含】世界 1 种。【学名诠释与讨论】〈阴〉（人）Andrew Carnegie，1835-1919，苏格兰出生的美国慈善家，他曾资助过仙人掌的研究。此属的学名，ING、GCI、TROPICOS 和 IK 记载是 "Carnegiea N. L. Britton et J. N. Rose，J. New York Bot. Gard. 9：187. Dec 1908"。香材树科 Monimiaceae 的 " Carnegiea J. Perkins in Engler，Pflanzenr. IV. 101（Heft 49）：36. 10 Oct 1911 ≡ Carnegieodoxa Perkins（1914）" 是晚出的非法名称。【分布】美国（西南部），墨西哥。【模式】Carnegiea gigantea（Engelmann）N. L. Britton et J. N. Rose［Cereus giganteus Engelmann］●☆

9299 Carnegiea（1911）Nom. illegit. ≡ Carnegieodoxa Perkins（1914）［香材树科（杯轴花科，黑檫木科，芒籽科，蒙立米科，檬立木科，香材木科，香树木科）Monimiaceae］●☆

9300 Carnegieodoxa Perkins（1914）【汉】卡香木属。【隶属】香材树科（杯轴花科，黑檫木科，芒籽科，蒙立米科，檬立木科，香材木科，香树木科）Monimiaceae。【包含】世界 1 种。【学名诠释与讨论】〈阴〉（人）Andrew Carnegie，1835-1919，苏格兰出生的美国慈善家+doxa，光荣，光彩，华丽，荣誉，有名，显著此属的学名。" Carnegieodoxa J. Perkins in Engler et Prantl，Nat. Pflanzenfam. Nachtr. 4：94. Apr 1914 " 是一个替代名称。" Carnegiea J. Perkins in Engler，Pflanzenr. IV. 101（Heft 49）：36. 10 Oct 1911 " 是一个非法名称（Nom. illegit.），因为此前已经有了 " Carnegiea N. L. Britton et J. N. Rose，J. New York Bot. Gard. 9：187. Dec 1908［仙人掌科 Cactaceae］"。故用 " Carnegieodoxa Perkins（1914）" 替代之。【分布】法属新喀里多尼亚。【模式】Carnegieodoxa eximia（J. Perkins）J. Perkins［Carnegiea eximia J. Perkins］。【参考异名】Carnegiea Perkins（1911）Nom. illegit.●☆

9301 Carolifritschia Post et Kuntze（1903）= Carolofritschia Engl.（1899）［苦苣苔科 Gesneriaceae］■☆

9302 Caroli-Gmelina P. Gaertn.，B. Mey. et Scherb.（1800）Nom. illegit. ≡ Radicula Hill（1756）；~ = Rorippa Scop.（1760）［十字花科 Brassicaceae（Cruciferae）］■

9303 Carolinea L. f.（1782）Nom. illegit. ≡ Pachira Aubl.（1775）［木棉科 Bombacaceae//锦葵科 Malvaceae］●

9304 Carolinella Hemsl.（1902）= Primula L.（1753）［报春花科 Primulaceae］■

9305 Carolofritschia Engl.（1899）= Acanthonema Hook. f.（1862）（保留属名）［苦苣苔科 Gesneriaceae］■☆

9306 Carolus W. R. Anderson（2006）【汉】巴西藤翅果属。【隶属】金虎尾科（黄褥花科）Malpighiaceae。【包含】世界 6 种。【学名诠释与讨论】〈阳〉词源不详。此属的学名是 " Carolus W. R. Anderson，Novon 16（2）：186-187. 2006.（26 Jul 2006）"。亦有文献把其处理为 "Hiraea Jacq.（1760）" 的异名。【分布】玻利维亚，哥伦比亚（安蒂奥基亚），哥斯达黎加，尼加拉瓜，热带美洲，中美洲。【模式】Carolus chlorocarpus（A. Jussieu）W. R. Anderson［Hiraea chlorocarpa A. Jussieu］。【参考异名】Hiraea Jacq.（1760）●☆

9307 Caromba Steud.（1840）= Cabomba Aubl.（1775）［睡莲科 Nymphaeaceae//竹节水松科（莼菜科，莼科）Cabombaceae］■

9308 Caropodium Stapf et Wettst.（1886）【汉】头足草属。【俄】Тминоножка。【隶属】伞形花科（伞形科）Apiaceae（Umbelliferae）。【包含】世界 5 种。【学名诠释与讨论】〈中〉（希）kara 头+pous，所有格 podos，指小式 podion，脚，足，柄，梗。podotes，有脚的+-ius，-ia，-ium，在拉丁文和希腊文中，这些词尾表示性质或状态。此属的学名，ING 和 TROPICOS 记载为 "Caropodium Stapf et Wettstein in Stapf，Denkschr. Kaiserl. Akad. Wiss.，Math.-Naturwiss. Kl. 51（2）：317. 1886"。IK 则记载为 "Caropodium Stapf et Wettst. ex Stapf，in Denkschr. Acad. Wien li.（1886）317"。三者引用的文献相同。亦有文献把 "Caropodium Stapf et Wettst.（1886）" 处理为 "Grammosciadium DC.（1829）" 的异名。【分布】参见 Grammosciadium DC.。【模式】Caropodium meoides Stapf et Wettstein。【参考异名】Caropodium Stapf et Wettst. ex Stapf（1886）Nom. illegit.；Grammosciadium DC.（1829）；Stenodiptera Koso-Pol.（1914）■☆

9309 Caropodium Stapf et Wettst. ex Stapf（1886）Nom. illegit. ≡ Caropodium Stapf et Wettst.（1886）；~ = Grammosciadium DC.（1829）［伞形花科（伞形科）Apiaceae（Umbelliferae）］■☆

9310 Caropsis（Rouy et Camus）Rauschert（1982）【汉】头状草属。【隶属】伞形花科（伞形科）Apiaceae（Umbelliferae）。【包含】世界 1 种。【学名诠释与讨论】〈中〉（属）Carum 葛缕子属（黄蒿属）+希

腊文 opsis，外观，模样。此属的学名，ING 和记载是 "Caropsis（G. Rouy et E.‐G. Camus）S. Rauschert，Taxon 31：555. 9 Aug 1982"，由 "Ptychotis sect. Caropsis G. Rouy et E.‐G. Camus，Fl. France 7：354. Nov 1901" 改级而来；但是 ING 又记载它是 "Thorea J. Briquet，Arch. Sci. Phys. Nat. ser. 4. 13：614. 1902（post 20 Mar）（non Bory de St. Vincent 1808）" 和 "Thorella J. Briquet，Annuaire Conserv. Jard. Bot. Genève 17：274. 1 Feb 1914（non B. Gaillon 1833）" 的替代名称；替代之说似误。"Thorea J. Briquet，Arch. Sci. Phys. Nat. ser. 4. 13：614. 1902（post 20 Mar）（non Bory de St. Vincent 1808）" 和 "Thorella J. Briquet，Annuaire Conserv. Jard. Bot. Genève 17：274. 1 Feb 1914（non B. Gaillon 1833）" 都是晚出的非法名称，因为此前已经有了 "Thorea Bory de St.‐Vincent，Ann. Mus. Natl. Hist. Nat. 12：127. 1808（红藻）" 和 "Thorella B. Gaillon，Tabl. Syn. Némazoaires［7］（Aperçu Hist. Nat. 31）. 1833 ≡ Thorea J. B. Bory St.‐Vincent 1808（红藻）"。【分布】欧洲西部。【模式】Caropsis verticillato‐inundata（J. Thore）S. Rauschert。【参考异名】Ptychotis sect. Caropsis Rouy et Camus（1901）；Thorea Briq.（1902）Nom. illegit.；Thorella Briq.（1914）Nom. illegit. ■☆

9311　Caropyxis Benth. et Hook. f.（1865）= Calopyxis Tul.（1856）；~ = Combretum Loefl.（1758）（保留属名）［使君子科 Combretaceae］e

9312　Caroselinum Griseb.（1843）= Peucedanum L.（1753）［伞形花科（伞形科）Apiaceae（Umbelliferae）］■

9313　Carota Rupr.（1860）Nom. illegit. ≡ Daucus L.（1753）；~ = Daucus L.（1753）［伞形花科（伞形科）Apiaceae（Umbelliferae）］■

9314　Carota Rupr.（1869）Nom. illegit. = Daucus L.（1753）［伞形花科（伞形科）Apiaceae（Umbelliferae）］■

9315　Caroxylon Thunb.（1782）= Salsola L.（1753）［藜科 Chenopodiaceae//猪毛菜科 Salsolaceae］●■

9316　Carpacoce Sond.（1865）【汉】尖果茜属。【隶属】茜草科 Rubiaceae。【包含】世界 7 种。【学名诠释与讨论】〈阴〉（希）kapos，果实 + akoke，尖端，边缘。【分布】非洲南部。【后选模式】Carpacoce scabra（Thunberg）Sonder［Anthospermum scabrum Thunberg］。【参考异名】Lagotis E. Mey.（1843）Nom. illegit.，Nom. inval. ■●☆

9317　Carpangis Thouars = Angraecum Bory（1804）［兰科 Orchidaceae］■

9318　Carpanthea N. E. Br.（1925）【汉】隐子玉属。【日】カルパンテア属。【隶属】番杏科 Aizoaceae。【包含】世界 1 种。【学名诠释与讨论】〈阴〉（希）kapos，果实 + anthos，花，antheros，多花的，antheo，开花。【分布】非洲南部。【模式】Carpanthea pomeridiana（Linnaeus）N. E. Brown［Mesembryanthemum pomeridianum Linnaeus］。【参考异名】Macrocaulon N. E. Br.（1927）■☆

9319　Carparomorchis M. A. Clem. et D. L. Jones（2002）【汉】澳大利亚石豆兰属。【隶属】兰科 Orchidaceae。【包含】世界 2 种。【学名诠释与讨论】〈阴〉词源不详。此属的学名 "Carparomorchis M. A. Clem. et D. L. Jones，Orchadian 13（11）：499（2002）" 是 "Bulbophyllum sect. Stenochilus J. J. Sm. Bull. Jard. Bot. Buitenzorg Ser. 2. 13：33. 1914［Mar 1914］" 的替代名称。亦有文献把 "Carparomorchis M. A. Clem. et D. L. Jones（2002）" 处理为 "Bulbophyllum Thouars（1822）（保留属名）" 的异名。【分布】澳大利亚。【模式】未指定。【参考异名】Bulbophyllum Thouars（1822）（保留属名）；Bulbophyllum sect. Stenochilus Sm.（1914）■☆

9320　Carpentaria Becc.（1885）【汉】东澳棕属（北澳椰属，北澳棕属，木匠椰属）。【隶属】棕榈科 Arecaceae（Palmae）。【包含】世界 1 种。【学名诠释与讨论】〈阴〉（人）Professor William Marbury Carpenter，1811‐1848，美国医生、植物学者。【分布】澳大利亚（东北部）。【模式】Carpentaria acuminata（H. Wendland et Drude）Beccari［Kentia acuminata H. Wendland et Drude］●☆

9321　Carpenteria Torr.（1851）【汉】树银莲花属（茶花常山属）。【英】Anemone。【隶属】绣球花科（八仙花科，绣球科）Hydrangeaceae。【包含】世界 1 种。【学名诠释与讨论】〈阴〉（人）William Marbury Carpenter，1811‐1848，美国植物学者。【分布】美国（加利福尼亚）。【模式】Carpenteria californica J. Torrey。●☆

9322　Carpentia Ewart（1917）= Cressa L.（1753）［旋花科 Convolvulaceae］■☆

9323　Carpentiera Steud.（1840）= Charpentiera Gaudich.（1826）［苋科 Amaranthaceae］●☆

9324　Carpesium L.（1753）【汉】天名精属（金挖耳属）。【日】ヤブタバコ属。【俄】Карпезиум。【英】Carpesium。【隶属】菊科 Asteraceae（Compositae）。【包含】世界 21-25 种，中国 19 种。【学名诠释与讨论】〈中〉（希）karpesion，一种药用芳香植物名 + ‐ius，‐ia，‐ium，在拉丁文和希腊文中，这些词尾表示性质或状态。此属的学名，ING、APNI、TROPICOS 和 IK 记载是 "Carpesium L.，Sp. Pl. 2：859. 1753［1 May 1753］"。"Ponaea Bubani，Fl. Pyrenaea 2：195. 1899（sero？）（' 1900 '）（non Schreber 1789）" 是 "Carpesium L.（1753）" 的晚出的同模式异名（Homotypic synonym，Nomenclatural synonym）。【分布】中国，欧洲南部，温带亚洲。【后选模式】Carpesium cernuum Linnaeus。【参考异名】Carpezium Gouan（1765）；Conyzoides DC.（1838）Nom. illegit.；Conyzoides Tourn. ex DC.（1838）Nom. illegit.；Ponaea Bubani（1899）Nom. illegit. ■

9325　Carpezium Gouan（1765）= Carpesium L.（1753）［菊科 Asteraceae（Compositae）］■

9326　Carpha Banks et Sol. ex R. Br.（1810）【汉】壳莎属。【隶属】莎草科 Cyperaceae。【包含】世界 4-15 种。【学名诠释与讨论】〈阴〉（希）karphos，木、石头等碎片，枝子，谷草等的皮壳。【分布】澳大利亚，马达加斯加，日本，新西兰，马斯克林群岛，新几内亚岛，热带和非洲南部，温带南美洲。【后选模式】Carpha alpina R. Brown。【参考异名】Asterochaete Nees（1834）；Oreograstis K. Schum.（1895）■☆

9327　Carphalea Juss.（1789）【汉】卡尔茜属。【隶属】茜草科 Rubiaceae。【包含】世界 10 种。【学名诠释与讨论】〈阴〉（希）karphaleos，干的。【分布】马达加斯加。【模式】Carphalea madagascariensis J. F. Gmelin。【参考异名】Dirichletia Klotzsch（1853）■☆

9328　Carphephorus Cass.（1816）【汉】托鞭菊属。【隶属】菊科 Asteraceae（Compositae）。【包含】世界 4 种。【学名诠释与讨论】〈阴〉（希）karphos，谷糠 + phoros，具有，梗，负载，发现者。【分布】美国（东南部）。【模式】Carphephorus pseudoliatris Cassini。【参考异名】Carphophorus Post et Kuntze（1903）Nom. illegit.；Litrisa Small（1924）；Trilisa（Cass.）Cass.（1820）；Trilisa Cass.（1820）Nom. illegit. ■☆

9329　Carphobolus Schott（1827）= Piptocarpha Hook. et Arn.（1835）Nom. illegit.；~ = Chuquiraga Juss.（1789）；~ = Dasyphyllum Kunth（1818）［菊科 Asteraceae（Compositae）］●☆

9330　Carphochaete A. Gray（1849）【汉】肖长芒菊属。【隶属】菊科 Asteraceae（Compositae）。【包含】世界 7-8 种。【学名诠释与讨论】〈阴〉（希）karphos，谷糠 + chaite = 拉丁文 chaeta，刚毛。此属的学名是 "Carphochaete A. Gray，Mem. Amer. Acad. Arts ser. 2. 4：65. 10 Feb 1849"。亦有文献把其处理为 "Cronquistia R. M. King（1968）" 的异名。【分布】美国（西南部），墨西哥。【模式】Carphochaete wislizeni A. Gray。【参考异名】Cronquistia R. M. King（1968）；Revealia R. M. King et H. Rob.（1976）■☆

9331　Carpholoma D. Don（1826）= Lachnospermum Willd.（1803）［菊

科 Asteraceae（Compositae）]●☆

9332　Carphopappus Sch. Bip.（1843）= Iphiona Cass.（1817）（保留属名）［菊科 Asteraceae（Compositae）]●■☆

9333　Carphophorus Post et Kuntze（1903）Nom. illegit. = Carphephorus Cass.（1816）［菊科 Asteraceae（Compositae）]■☆

9334　Carphostephium Cass. = Tridax L.（1753）［菊科 Asteraceae（Compositae）]●

9335　Carpidopterix H. Karst.（1862）= Thouinia Poit.（1804）（保留属名）［无患子科 Sapindaceae]●☆

9336　Carpinaceae Kuprian.［亦见 Betulaceae Gray（保留科名）桦木科 和 Corylaceae Mirb.（保留科名）榛科（榛木科）]【汉】鹅耳枥科。【包含】世界 3 属 47 种。【分布】北温带。【科名模式】Carpinus L.●

9337　Carpinaceae Vest（1818）= Betulaceae Gray（保留科名）●

9338　Carpinum Raf. = Carpinus L.（1753）［榛科 Corylaceae//鹅耳枥科 Carpinaceae//桦木科 Betulaceae]●

9339　Carpinus L.（1753）【汉】鹅耳枥属（千金榆属）。【日】イヌシ デ属，クマシデ属，ケマシテ属，シデゾク属。【俄】Граб。【英】Hornbeam, Ironwood。【隶属】榛科 Corylaceae//鹅耳枥科 Carpinaceae//桦木科 Betulaceae。【包含】世界 25-50 种，中国 33-42 种。【学名诠释与讨论】〈阴〉（拉）carpinus betulus 的古名，来自 Carpinus betulus 的古名，源于凯尔特语 car，木+pin，头。此属 的学名，ING 和 IK 记载是"Carpinus L., Sp. Pl. 2：998. 1753［1 May 1753]"。"Ostrya J. Hill, Brit. Herbal 513. Jan 1757（废弃属名）"是"Carpinus L.（1753）"的晚出的同模式异名（Homotypic synonym, Nomenclatural synonym）。Ostrya Hill（1757）Nom. illegit.（废弃属名）≠ Ostrya Scop.（保留属名）。【分布】玻利维亚，美国，尼加拉瓜，中国，北温带主要东亚，中美洲。【后选模式】Carpinus betulus Linnaeus。【参考异名】Carpinum Raf.；Dietegocarpus Willis, Nom. inval.；Distegocarpus Siebold et Zucc.（1846）；Distigocarpus Sargent（1893）；Ostrya Hill（1757）Nom. illegit.（废弃属名）●

9340　Carpiphea Raf.（1838）= Cordia L.（1753）（保留属名）［紫草科 Boraginaceae//破布木科（破布树科）Cordiaceae]●

9341　Carpobrotus N. E. Br.（1925）【汉】佛手掌属（果仁草属，食用昼花属，松叶菊属）。【日】カルポブロッス属。【英】Fig-marigold, Hottentot Fig, Hottentot-fig, Ice Plant。【隶属】番杏科 Aizoaceae。【包含】世界 13-25 种。【学名诠释与讨论】〈阳〉（希）karpos，果实+brotus，可食的。此属的学名，ING、APNI、GCI、TROPICOS 和 IK 记载是"Carpobrotus N. E. Br., Gard. Chron. ser. 3, 78：433. 1925［28 Nov 1925]"。"Abryanthemum Necker ex Rothmaler, Notizbl. Bot. Gart. Berlin-Dahlem 15：413. 30 Mai 1941"是"Carpobrotus N. E. Br.（1925）"的晚出的同模式异名（Homotypic synonym, Nomenclatural synonym）。【分布】澳大利亚，玻利维亚，厄瓜多尔，新西兰，非洲南部，太平洋地区。【模式】Carpobrotus edulis（Linnaeus）N. E. Brown［Mesembryanthemum edule Linnaeus]。【参考异名】Abryanthemum Neck.（1790）Nom. inval.；Abryanthemum Neck. ex Rothm.（1941）Nom. illegit.；Sarcozona J. M. Black（1934）●■☆

9342　Carpocalymna Zipp.（1829）= Epithema Blume（1826）［苦苣苔科 Gesneriaceae]■

9343　Carpoceras（DC.）Link（1831）Nom. illegit. = Carpoceras Link（1831）［十字花科 Brassicaceae（Cruciferae）//菥蓂科 Thlaspiaceae]☆

9344　Carpoceras A. Rich.（1830）Nom. illegit. = Martynia L.（1753）［角胡麻科 Martyniaceae//胡麻科 Pedaliaceae]■

9345　Carpoceras A. Rich.（1846）Nom. illegit. = Martynia L.（1753）

［角胡麻科 Martyniaceae//胡麻科 Pedaliaceae]■

9346　Carpoceras Boiss. = Carpoceras（DC.）Link（1831）；~ = Thlaspi L.（1753）［十字花科 Brassicaceae（Cruciferae）//菥蓂科 Thlaspiaceae]■

9347　Carpoceras Link（1831）【汉】角果菥蓂属。【隶属】十字花科 Brassicaceae（Cruciferae）//菥蓂科 Thlaspiaceae。【包含】世界 13 种。【学名诠释与讨论】〈中〉（希）karpos，果实+keras，所有格 keratos，角，距，弓。此属的学名，ING 和 IK 记载是"Carpoceras J. H. F. Link, Handb. 2：289. 1831（ante Sep）"。"Carpoceras（DC.）Link（1831）"的命名人引证有误。角胡麻科 Martyniaceae//胡麻科 Pedaliaceae 的"Carpoceras A. Rich., Elem. Bot.（1846）706 = Martynia L.（1753）"和"Carpoceras A. Rich., Ferussac, Bull. Sc. Nat. et Geol. xxi. 98（1830），in obs."是晚出的非法名称。亦有文献把"Carpoceras Link（1831）"处理为"Thlaspi L.（1753）"的异名。【分布】参见 Thlaspi L.（1753）。【模式】Carpoceras sibiricum J. H. F. Link。【参考异名】Carpoceras（DC.）Link（1831）Nom. illegit.；Carpoceras Boiss.；Thlaspi L.（1753）■☆

9348　Carpodetaceae Fenzl（1841）［亦见 Brexiaceae Lindl. 雨湿木科（流苏沟脉科）、Escalloniaceae R. Br. ex Dumort.（保留科名）南美鼠刺科（吊片果科，鼠刺科，夷鼠刺科）、Grossulariaceae DC.（保留科名）醋栗科（茶藨子科）和 Rousseaceae DC.]鲁索木科（卢梭木科，毛岛藤灌科）]【汉】腕带花科。【包含】世界 1 属 2-10 种。【分布】马来西亚（东部），新西兰。【科名模式】Carpodetus J. R. Forst. et G. Forst.●☆

9349　Carpodetes Herb.（1821）= Stenomesson Herb.（1821）［石蒜科 Amaryllidaceae]■☆

9350　Carpodetus J. R. Forst. et G. Forst.（1775）【汉】腕带花属（卡尔珀图属）。【英】Marble Leaf。【隶属】醋栗科（茶藨子科）Grossulariaceae//腕带花科 Carpodetaceae。【包含】世界 2-10 种。【学名诠释与讨论】〈阳〉（希）karpos，果实+deta 明显的。【分布】新西兰，新几内亚岛。【模式】Carpodetus serratus J. R. Forster et J. G. A. Forster。【参考异名】Argyrocalymma K. Schum. et Lauterb.（1900）；Argyrocalymna K. Schum. et Lauterb.（1900）Nom. illegit.●☆

9351　Carpodinopsis Pichon（1953）= Pleiocarpa Benth.（1876）［夹竹桃科 Apocynaceae]●☆

9352　Carpodinus R. Br. ex G. Don（1837）Nom. illegit. = Landolphia P. Beauv.（1806）（保留属名）［夹竹桃科 Apocynaceae]●☆

9353　Carpodinus R. Br. ex Sabine（1823）= Landolphia P. Beauv.（1806）（保留属名）［夹竹桃科 Apocynaceae]●☆

9354　Carpodiptera Griseb.（1860）【汉】双翅果属。【隶属】椴树科（椴科，田麻科）Tiliaceae//锦葵科 Malvaceae。【包含】世界 1-6 种。【学名诠释与讨论】〈阴〉（希）karpos，果实+dis 二+pteron，指小式 pteridion，翅。此属的学名是"Carpodiptera Grisebach, Pl. Wright. 1：163. Dec, 1860"。亦有文献把"Carpodiptera Griseb.（1860）"处理为"Berrya Roxb.（1820）（保留属名）"的异名。【分布】参见 Berrya Roxb.。【模式】Carpodiptera cubensis Grisebach。【参考异名】Berrya Roxb.（1820）（保留属名）●☆

9355　Carpodon Spreng.（1825）Nom. illegit.［密藏花科 Eucryphiaceae]☆

9356　Carpodontos Labill.（1800）= Eucryphia Cav.（1798）［蔷薇科 Rosaceae//独子果科 Physenaceae//火把树科 Cunoniaceae//密藏花科 Eucryphiaceae]●☆

9357　Carpolepis（J. W. Dawson）J. W. Dawson（1985）= Metrosideros Banks ex Gaertn.（1788）（保留属名）［桃金娘科 Myrtaceae]●☆

9358　Carpoliza Steud.（1840）= Carpolyza Salisb.（1807）［石蒜科 Amaryllidaceae]■☆

9359　Carpolobia G. Don（1831）【汉】片果远志属。【隶属】远志科

Polygalaceae。【包含】世界4种。【学名诠释与讨论】〈阴〉（希）karpos,果实+lobos = 拉丁文lobulus,片,裂片,叶,荚,蒴。【分布】热带非洲西部。【模式】未指定。【参考异名】Carpolobium Post et Kuntze（1903）;Falya Desc.（1957）●☆

9360　Carpolobium Postet Kuntze（1903）= Carpolobia G. Don（1831）［远志科 Polygalaceae］●☆

9361　Carpolyza Salisb.（1807）【汉】口果石蒜属（口果属）。【隶属】石蒜科 Amaryllidaceae。【包含】世界1种。【学名诠释与讨论】〈阴〉（希）karpos,果实+lyssa,疯狂。指果实裂口不规则。此属的学名,ING、TROPICOS 和 IK 记载是"Carpolyza R. A. Salisbury, Parad. Lond. ad 63. 1 Mar 1807"。"Hessea P. J. Bergius ex D. F. L. Schlechtendal, Linnaea 1:252. Apr 1826（废弃属名）"是"Carpolyza Salisb.（1807）"的晚出的同模式异名（Homotypic synonym, Nomenclatural synonym）。【分布】非洲南部。【模式】Carpolyza spiralis（L'Héritier）R. A. Salisbury［Amaryllis spiralis L'Héritier］。【参考异名】Carpoliza Steud.（1840）;Hessea P. J. Bergius ex Schltdl.（1826）（废弃属名）;Hessea P. J. Bergius（1826）（废弃属名）■☆

9362　Carponema（DC.）Eckl. et Zeyh.（1834）= Heliophila Burm. f. ex L.（1763）［十字花科 Brassicaceae（Cruciferae）］●■☆

9363　Carponema Eckl. et Zeyh.（1834）Nom. illegit. ≡ Carponema（DC.）Eckl. et Zeyh.（1834）;~ = Heliophila Burm. f. ex L.（1763）［十字花科 Brassicaceae（Cruciferae）］●■☆

9364　Carpophillus Neck.（1790）Nom. inval. = Pereskia Mill.（1754）［仙人掌科 Cactaceae］●

9365　Carpophora Klotzsch（1862）= Silene L.（1753）（保留属名）［石竹科 Caryophyllaceae］■

9366　Carpophyllum Miq.（1861）Nom. illegit. = Sterculia L.（1753）［梧桐科 Sterculiaceae//锦葵科 Malvaceae］●

9367　Carpophyllum Neck.（1790）Nom. inval. = Carpophillus Neck.（1790）Nom. inval. ;~ = Pereskia Mill.（1754）［仙人掌科 Cactaceae］●

9368　Carpopodium（DC.）Eckl. et Zeyh.（1834-1835）Nom. illegit. = Heliophila Burm. f. ex L.（1763）［十字花科 Brassicaceae（Cruciferae）］●■☆

9369　Carpopodium Eckl. et Zeyh.（1834-1835）Nom. illegit. ≡ Carpopodium（DC.）Eckl. et Zeyh.（1834-1835）;~ = Heliophila Burm. f. ex L.（1763）［十字花科 Brassicaceae（Cruciferae）］●■☆

9370　Carpopogon Roxb.（1832）Nom. illegit. = Mucuna Adans.（1763）（保留属名）［豆科 Fabaceae（Leguminosae）//蝶形花科 Papilionaceae］●■

9371　Carpopogon Roxb. ex Spreng.（1827）= Mucuna Adans.（1763）（保留属名）［豆科 Fabaceae（Leguminosae）//蝶形花科 Papilionaceae］●■

9372　Carpothalis E. Mey.（1843）= Kraussia Harv.（1842）;~ = Tricalysia A. Rich. ex DC.（1830）［茜草科 Rubiaceae］●☆

9373　Carpotheca Tamamshyan（1975）= Echinophora L.（1753）［伞形花科（伞形科）Apiaceae（Umbelliferae）］■☆

9374　Carpotriche Rchb.（1841）= Carpotroche Endl.（1839）［刺篱木科（大风子科）Flacourtiaceae］●☆

9375　Carpotroche Endl.（1839）【汉】轮果大风子属。【隶属】刺篱木科（大风子科）Flacourtiaceae。【包含】世界11-15种。【学名诠释与讨论】〈阴〉（希）karpos,果实+trochos = 拉丁文trochus,轮,箍。【分布】巴拿马,秘鲁,玻利维亚,厄瓜多尔,哥伦比亚（安蒂奥基亚）,哥斯达黎加,尼加拉瓜,热带美洲,中美洲。【模式】Carpotroche brasiliensis（Raddi）Endlicher［Mayna brasiliensis Raddi］。【参考异名】Carpotriche Rchb.（1841）;Kuhlmanniodendron Fiaschi et Groppo（2008）●☆

9376　Carpoxis Raf.（1836）= Forestiera Poir.（1810）（保留属名）［木犀榄科（木犀科）Oleaceae］●☆

9377　Carpoxylon H. Wendl. et Drude（1875）【汉】木果椰属（硬果椰属）。【隶属】棕榈科 Arecaceae（Palmae）。【包含】世界1种。【学名诠释与讨论】〈中〉（希）karpos,果实+xyle = xylon,木材。【分布】瓦努阿图。【模式】Carpoxylon macrospermum H. Wendland et Drude［as 'macrosperma'］●☆

9378　Carptotepala Moldenke（1951）= Syngonanthus Ruhland（1900）［谷精草科 Eriocaulaceae］■☆

9379　Carpunya C. Presl（1851）= Piper L.（1753）［胡椒科 Piperaceae］●■

9380　Carpupica Raf.（1838）= Piper L.（1753）［胡椒科 Piperaceae］●■

9381　Carradoria A. DC.（1848）= Globularia L.（1753）［球花木科（肾药花科）Globulariaceae］●☆

9382　Carramboa Cuatrec.（1976）【汉】巨叶菊属。【隶属】菊科 Asteraceae（Compositae）。【包含】世界5种。【学名诠释与讨论】〈阴〉词源不详。此属的学名是"Carramboa J. Cuatrecasas, Phytologia 35:54. 23 Nov（'Oct'）1976"。亦有文献把其处理为"Espeletia Mutis ex Bonpl.（1808）"的异名。【分布】委内瑞拉。【模式】Carramboa pittieri（J. Cuatrecasas）J. Cuatrecasas［Espeletia pittieri J. Cuatrecasas］。【参考异名】Espeletia Bonpl.（1808）Nom. illegit. ;Espeletia Mutis ex Humb. et Bonpl.（1808）Nom. illegit. ●☆

9383　Carregnoa Boiss.（1842）Nom. illegit. ≡ Braxireon Raf.（1838）Nom. illegit. ;~ = Tapeinanthus Herb.（1837）（废弃属名）;~ = Braxireon Raf.（1838）Nom. illegit. ;~ = Narcissus L.（1753）［石蒜科 Amaryllidaceae//水仙科 Narcissaceae］■

9384　Carria Gardner（1847）= Gordonia J. Ellis（1771）（保留属名）［山茶科（茶科）Theaceae］●

9385　Carria V. P. Castro et K. G. Lacerda（2005）Nom. illegit. = Oncidium Sw.（1800）（保留属名）［兰科 Orchidaceae］■☆

9386　Carrichtera Adans.（1763）Nom. illegit.（废弃属名）≡ Vella L.（1753）［十字花科 Brassicaceae（Cruciferae）］●☆

9387　Carrichtera DC.（1821）（保留属名）【汉】杓喙芥属。【隶属】十字花科 Brassicaceae（Cruciferae）。【包含】世界1种。【学名诠释与讨论】〈阴〉（人）Car Richter,德国植物学者。此属的学名"Carrichtera DC. in Mém. Mus. Hist. Nat. 7:244. 20 Apr 1821"是保留属名。相应的废弃属名是十字花科 Brassicaceae 的"Carrichtera Adans., Fam. Pl. 2:421,533. Jul-Aug 1763 ≡ Vella L.（1753）"。椴树科（椴科,田麻科）Tiliaceae 的"Carrichtera Post et Kuntze（1903）= Caricteria Scop.（1777）= Corchorus L.（1753）"亦应废弃。【分布】地中海至伊朗,西班牙（加那利群岛）。【模式】Carrichtera annua（Linnaeus）A. P. de Candolle［Vella annua Linnaeus］。【参考异名】Carrichteria Wittst. ■☆

9388　Carrichtera Post et Kuntze（1903）Nom. illegit.（废弃属名）= Caricteria Scop.（1777）;~ = Corchorus L.（1753）［椴树科（椴科,田麻科）Tiliaceae//锦葵科 Malvaceae］■●

9389　Carrichteria Wittst. = Carrichtera DC.（1821）（保留属名）［十字花科 Brassicaceae（Cruciferae）］■☆

9390　Carriella V. P. Castro et K. G. Lacerda（2006）= Oncidium Sw.（1800）（保留属名）［兰科 Orchidaceae］■☆

9391　Carrierea Franch.（1896）【汉】山羊角树属（山羊角属）。【英】Carrierea, Goathorntree。【隶属】刺篱木科（大风子科）Flacourtiaceae。【包含】世界2种,中国2种。【学名诠释与讨论】〈阴〉（人）Elie-Abel Carrière,1816-1896,法国植物学者。【分布】中国,中南半岛。【模式】Carrierea calycina A. R.

Franchet。●

9392 Carrissoa Baker f.（1933）【汉】安哥拉雀脷珠属。【隶属】豆科 Fabaceae（Leguminosae）//蝶形花科 Papilionaceae。【包含】世界 1 种。【学名诠释与讨论】〈阴〉（人）Carrisso。【分布】安哥拉。【模式】Carrissoa angolensis E. G. Baker。■☆

9393 Carroa C. Presl（1858）Nom. illegit. ≡ Trichopodium C. Presl（1844）Nom. illegit. ; ~ =Dalea L.（1758）（保留属名）; ~ =Marina Liebm.（1854）［豆科 Fabaceae（Leguminosae）//蝶形花科 Papilionaceae］■☆

9394 Carronia F. Muell.（1875）【汉】卡罗藤属。【隶属】防己科 Menispermaceae。【包含】世界 3 种。【学名诠释与讨论】〈阴〉（人）William Carron，1823–1876，英国植物学者。【分布】新几内亚岛至澳大利亚（新威尔士）。【模式】Carronia multisepalea F. v. Mueller。【参考异名】Bania Becc.（1877）; Husemannia F. Muell.（1883）●☆

9395 Carruanthus（Schwantes）Schwantes（1927）【汉】菊波属。【日】カルアンツス属。【隶属】番杏科 Aizoaceae。【包含】世界 1-2 种。【学名诠释与讨论】〈阴〉（地）Karroo 或 Karoo，卡鲁高原，位于南非 + anthos，花。此属的学名，ING 记载是" Carruanthus（Schwantes）Schwantes, Z. Sukkulentenk. 3:106. Jul–Dec 1927"，由" Bergeranthus subgen. Carruanthus Schwantes, Z. Sukkulentenk. 2:180. 30 Apr 1926"改级而来; TROPICOS 记载为" Carruanthus Schwantes, Z. Sukkulentenk. 3：106, 1927"; IK 则记载为" Carruanthus Schwantes, Z. Sukkulentenk. ii. 181（1926），in obs."。" Carruanthus Schwantes ex N. E. Br., J. Bot. 66：325. 1928 = Carruanthus（Schwantes）Schwantes（1927）"是晚出的非法名称。【分布】非洲南部。【模式】Carruanthus caninus（Lamarck）Schwantes［Mesembryanthemum caninum Lamarck］。【参考异名】Bergeranthus subgen. Carruanthus Schwantes（1926）; Carruanthus Schwantes ex N. E. Br.（1928）Nom. illegit. ; Carruanthus Schwantes（1927）Nom. illegit. ; Tischleria Schwantes（1951）■☆

9396 Carruanthus Schwantes ex N. E. Br.（1928）Nom. illegit. = Carruanthus（Schwantes）Schwantes（1927）［番杏科 Aizoaceae］■☆

9397 Carruanthus Schwantes（1927）Nom. illegit. = Carruanthus（Schwantes）Schwantes（1927）［番杏科 Aizoaceae］■☆

9398 Carruthersia Seem.（1866）【汉】卡竹桃属。【隶属】夹竹桃科 Apocynaceae。【包含】世界 3-8 种。【学名诠释与讨论】〈阴〉（人）William Carruthers，1830–1922，英国植物学者。【分布】菲律宾，斐济，所罗门群岛。【模式】Carruthersia scandens（B. C. Seemann）B. C. Seemann［Rejoua scandens B. C. Seemann］●☆

9399 Carruthia Kuntze（1891）Nom. illegit. ≡ Nymania Lindb.（1868）［楝科 Meliaceae］●☆

9400 Carsonia Greene（1900）= Cleome L.（1753）［山柑科（白花菜科，醉蝶花科）Capparaceae//白花菜科（醉蝶花科）Cleomaceae］●■

9401 Cartalinia Szov. ex Kunth（1850）= Paris L.（1753）［百合科 Liliaceae//延龄草科（重楼科）Trilliaceae］■

9402 Carterella Terrell（1987）【汉】卡特茜属。【隶属】茜草科 Rubiaceae。【包含】世界 1 种。【学名诠释与讨论】〈阴〉（人）Carter+-ellus，-ella，-ellum，加在名词词干后面形成指小式的词尾。或加在人名、属名等后面以组成新属的名称。【分布】美国（加利福尼亚）。【模式】Carterella alexanderae（A. Carter）E. E. Terrell［Bouvardia alexanderae A. Carter］●☆

9403 Carteretia A. Rich.（1834）= Acampe Lindl.（1853）（保留属名）; ~ =Cleisostoma Blume（1825）; ~ =Sarcanthus Lindl.（1824）（废弃属名）［兰科 Orchidaceae］■

9404 Carteria Small（1910）= Basiphyllaea Schltr.（1921）［兰科 Orchidaceae］■☆

9405 Carterothamnus R. M. King（1967）= Hofmeisteria Walp.（1846）［菊科 Asteraceae（Compositae）］■●☆

9406 Cartesia Cass.（1816）= Stokesia L' Hér.（1789）［菊科 Asteraceae（Compositae）］■☆

9407 Carthamodes Kuntze（1891）Nom. illegit. ≡ Carduncellus Adans.（1763）［菊科 Asteraceae（Compositae）］■☆

9408 Carthamoides Wolf（1776）= Carduus L.（1753）+ Carduncellus Adans.（1763）+Carthamus L.（1753）+Centaurea L.（1753）（保留属名）+ Cnicus L.（1753）（保留属名）［菊科 Asteraceae（Compositae）//飞廉科 Carduaceae］■

9409 Carthamus L.（1753）【汉】红花属（红蓝花属，红蓝菊属）。【日】ベニバナ属。【俄】Сафлор。【英】Distaff Thistle, False Saffron, Safflower。【隶属】菊科 Asteraceae（Compositae）。【包含】世界 14-20 种，中国 2 种。【学名诠释与讨论】〈阳〉（阿拉伯）quertam，qurtum 或 qurtom，红花，染色。【分布】中国，地中海地区，非洲，亚洲，中美洲。【后选模式】Carthamus tinctorius Linnaeus。【参考异名】Atractylia Rchb.（1841）; Atractylis Boehm.（1760）Nom. illegit. ; Centrophyllum Dumort.（1829）; Durandoa Pomel（1860）; Heracantha Hoffmanns. et Link（1820 – 1834）; Heteracantha Link（1840）; Hohenwartha Vest（1820）; Kentrophyllum Neck.（1790）Nom. inval. ; Kentrophyllum Neck. ex DC.（1810）; Onobroma Gaertn.（1791）; Phonus Hill（1762）■

9410 Cartiera Greene（1906）【汉】卡蒂芥属。【隶属】十字花科 Brassicaceae（Cruciferae）。【包含】世界 6 种。【学名诠释与讨论】〈阴〉（人）Cartier。此属的学名是" Cartiera E. L. Greene, Leafl. Bot. Observ. Crit. 1：226. 8 Sep, 1906"。亦有文献把" Cartiera Greene（1906）"处理为" Streptanthus Nutt.（1825）"的异名。【分布】北美洲西部。【模式】Cartiera cordata（Nuttall）E. L. Greene［Streptanthus cordatus Nuttall］。【参考异名】Streptanthus Nutt.（1825）■☆

9411 Cartodium Sol. ex R. Br.（1817）= Craspedia G. Forst.（1786）［菊科 Asteraceae（Compositae）］■☆

9412 Cartonema R. Br.（1810）【汉】黄剑草属（彩花草属）。【隶属】黄剑草科（彩花草科）Cartonemataceae。【包含】世界 6-11 种。【学名诠释与讨论】〈中〉（希）kartos，kratos，强壮的+nema，所有格 nematos，丝，花丝。【分布】几内亚，澳大利亚（热带）。【模式】Cartonema spicatum R. Brown。【参考异名】Amarolea Small（1933）Nom. illegit. ; Pausia Raf.（1838）Nom. illegit. ■☆

9413 Cartonemataceae Pichon（1946）（保留科名）［亦见 Commelinaceae Mirb.（保留科名）鸭趾草科］【汉】黄剑草科（彩花草科）。【包含】世界 1 科 6 种。【分布】几内亚，热带澳大利亚。【科名模式】Cartonema R. Br. ■☆

9414 Cartrema Raf.（1838）= Osmanthus Lour.（1790）［木犀榄科（木犀科）Oleaceae］●

9415 Caruelia Parl.（1854）Nom. illegit. ≡ Melomphis Raf.（1837）; ~ = Ornithogalum L.（1753）［风信子科 Hyacinthaceae//百合科 Liliaceae］■☆

9416 Caruelina Kuntze（1891）Nom. illegit. ≡ Chomelia Jacq.（1760）（保留属名）［茜草科 Rubiaceae］●☆

9417 Carui Mill.（1754）Nom. illegit. ≡ Carum L.（1753）［伞形花科（伞形科）Apiaceae（Umbelliferae）］■

9418 Carum L.（1753）【汉】葛缕子属（黄蒿属）。【日】イブキゼリ属，カルム属，シムラニンジン属。【俄】Тмин。【英】Caraway。【隶属】伞形花科（伞形科）Apiaceae（Umbelliferae）。【包含】世界 20-30 种，中国 4 种。【学名诠释与讨论】〈中〉（希）kara 头，指植物的伞房花序和果实头状。此属的学名，ING、APNI、GCI、TROPICOS 和 IK 记载是" Carum L., Sp. Pl. 1：263. 1753［1 May

1753]"。"Careum Adanson, Fam. 2：95，532. Jul – Aug 1763"、"Carui P. Miller, Gard. Dict. Abr. ed. 4. 28 Jan 1754"和"Carvi Bubani, Fl. Pyrenaea 2：352. 1899(sero?)('1900')(non Bernhardi 1800)"是"Carum L.(1753)"的晚出的同模式异名(Homotypic synonym, Nomenclatural synonym)。【分布】巴基斯坦，秘鲁，玻利维亚，马达加斯加，美国(密苏里)，中国，温带和亚热带，中美洲。【模式】Carum carvi Linnaeus。【参考异名】Ammios Moench (1794)(废弃属名)；Anisactis Dulac(1867) Nom. illegit.；Banium Ces. ex Boiss.(1872)；Bulbocastanum Schur(1866) Nom. illegit.；Careum Adans.(1763) Nom. illegit.；Carui Mill.(1754) Nom. illegit.；Carvi Bubani(1899) Nom. illegit.；Diaphycarpus Calest.(1905)；Edosmia Nutt. ex Torr. et A. Gray(1840) Nom. illegit.；Elwendia Boiss.(1844)；Geocaryum Coss.(1851)；Hladnickia Meisn.(1838)；Hladnikia Rchb.(1831) Nom. illegit.；Huetia Boiss.(1856) Nom. illegit.；Karos Nieuwl. et Lunell(1916)；Lomatocarum Fisch. et C. A. Mey.(1840)；Osmaton Raf.；Phymatis E. Mey.(1843)；Ptychotis W. D. J. Koch(1824)；Ridolfia Moris(1841)；Selinopsis Coss. et Durieu ex Munby(1859)；Stoibrax Raf.(1840)；Sympodium C. Kooh(1842) Nom. illegit.；Sympodium K. Koch (1842)；Trocdaris Raf.(1840)；Wydleria DC.(1829)■

9419　Carumbium Kurz(1877) Nom. illegit. = Sapium Jacq.(1760)(保留属名)［大戟科 Euphorbiaceae］●

9420　Carumbium Reinw.(1823) = Homalanthus A. Juss.(1824)［as 'Omalanthus'］(保留属名)［大戟科 Euphorbiaceae］●

9421　Caruncularia Haw.(1812) = Stapelia L.(1753)(保留属名)［萝藦科 Asclepiadaceae//豹皮花科 Stapeliaceae］■

9422　Carusia Mart. ex Nied.(1896) = Burdachia Juss. ex Endl.(1840)［金虎尾科(黄褥花科) Malpighiaceae］●☆

9423　Carvalhoa K. Schum.(1895)【汉】小钟夹竹桃属。【隶属】夹竹桃科 Apocynaceae。【包含】世界 1 种。【学名诠释与讨论】〈阴〉(人)Carvalho, 植物学者。【分布】热带非洲东部。【模式】Carvalhoa campanulata K. M. Schumann。●☆

9424　Carvi Bubani(1899) Nom. illegit. ≡ Carum L.(1753)；~ = Carui Mill.(1754) Nom. illegit.［伞形花科(伞形科) Apiaceae (Umbelliferae)］■

9425　Carvia Bremek.(1944) = Strobilanthes Blume(1826)［爵床科 Acanthaceae］●■

9426　Carvifolia C. Bauh. ex Vill.(1787) Nom. illegit. ≡ Selinum L.(1762)(保留属名)［伞形花科(伞形科) Apiaceae (Umbelliferae)］■

9427　Carvifolia Vill.(1787) Nom. illegit. ≡ Selinum L.(1762)(保留属名)［伞形花科(伞形科) Apiaceae(Umbelliferae)］■

9428　Carya Nutt.(1818)(保留属名)【汉】山核桃属。【日】ペカン属。【俄】Гиккори, Кария。【英】Caryer, Hickory, Hicorier, Pecan-tree, Pican。【隶属】胡桃科 Juglandaceae。【包含】世界 15-25 种，中国 5 种。【学名诠释与讨论】〈阴〉(希)karyon, 胡桃, 硬壳果, 核, 坚果。指果为坚果。或来自希腊文 karya, 为胡桃树 Juglans regia 的古名。此属的学名"Carya Nutt. , Gen. N. Amer. Pl. 2：220. 14 Jul 1818"是保留属名。相应的废弃属名是胡桃科 Juglandaceae 的"Hicorius Raf. , Fl. Ludov. ：109. Oct – Dec(prim.) 1817 = Carya Nutt.(1818)(保留属名)"。胡桃科 Juglandaceae 的"Hicorius Benth. et Hook. f. = Hicoria Raf.(1838)"亦应废弃。【分布】美国，中国，东亚，北美洲东部，中美洲。【模式】Carya tomentosa(Poiret) Nuttall［Juglans tomentosa Poiret］。【参考异名】Annamocarya A. Chev.(1941)；Corya Raf.；Hicarya Raf.；Hickoria C. Mohr, Nom. illegit.；Hicoria Raf.(1838)；Hicorius Raf.(1817)(废弃属名)；Rhamphocarya Kuang(1941)；Scoria Raf.

(1808)；Scorias Raf.(1840) Nom. illegit.；Scorias Raf. ex Endl.(1840) Nom. illegit.●

9429　Carylopha Fisch. et Trautv.(1837) Nom. illegit.［紫草科 Boraginaceae］☆

9430　Carynephyllum Rose = Sedum L.(1753)［景天科 Crassulaceae］●■

9431　Caryocar F. Allam.(1771) = Caryocar F. Allam. ex L.(1771)［多柱树科(油桃木科) Caryocaraceae］●☆

9432　Caryocar F. Allam. ex L.(1771)【汉】多柱树属(油桃木属)。【日】カリオカル属。【隶属】多柱树科(油桃木科) Caryocaraceae。【包含】世界 15-20 种。【学名诠释与讨论】〈中〉(希)karyon, 胡桃, 硬壳果, 核, 坚果。此属的学名，ING 和记载是 "Caryocar F. Allamand ex Linnaeus, Mant. 2：154. Oct 1771"。GCI 和 IK 记载为"Caryocar F. Allam. , Mant. Pl. Altera 154, 247. 1771 ［Oct 1771］"。TROPICOS 则记载为"Caryocar F. Allam. , Mant. Pl. Altera 154, 247. 1771"。四者引用的文献相同。【分布】巴拿马，秘鲁，玻利维亚，厄瓜多尔，哥伦比亚(安蒂奥基亚)，热带美洲，中美洲。【模式】Caryocar nuciferum F. Allamand。【参考异名】Acantacaryx Arruda ex H. Kost.(1816) Nom. illegit.；Acantacaryx Arruda(1816)；Acanthocarya Arruda ex Endl.(1840)；Barollaea Neck.(1790) Nom. inval.；Caryocar F. Allam.(1771)；Caryocar L.(1771)；Pekea Aubl.(1775) Nom. illegit.；Rhizobolus Gaertn. ex Schreb.(1789) Nom. illegit.；Saouari Aubl.(1775)；Souari Endl.(1840)●☆

9433　Caryocar L.(1771) = Caryocar F. Allam. ex L.(1771)［多柱树科(油桃木科) Caryocaraceae］●☆

9434　Caryocaraceae Szyszyl. = Caryocaraceae Voigt(保留科名)●☆

9435　Caryocaraceae Voigt(1845)(保留科名)【汉】多柱树科(油桃木科)。【包含】世界 2 属 25 种。【分布】热带美洲。【科名模式】Caryocar L. ●☆

9436　Caryochloa Spreng.(1827) Nom. illegit. = Oryzopsis Michx.(1803)；~ = Piptochaetium J. Presl(1830)(保留属名)［禾本科 Poaceae(Gramineae)］■☆

9437　Caryochloa Trin.(1826) = Luziola Juss.(1789)［禾本科 Poaceae (Gramineae)］■☆

9438　Caryococca Willd. ex Roem. et Schult.(1827) = Gonzalagunia Ruiz et Pav.(1794)［茜草科 Rubiaceae］●☆

9439　Caryodaphne Blume ex Nees(1836) = Cryptocarya R. Br.(1810) (保留属名)［樟科 Lauraceae］●

9440　Caryodaphnopsis Airy Shaw(1940)【汉】檬果樟属(桂樟属)。【英】Caryodaphnopsis。【隶属】樟科 Lauraceae。【包含】世界 14-15 种，中国 3-5 种。【学名诠释与讨论】〈阴〉(希)karyon + daphne, 月桂树 + 希腊文 opsis, 外观，模样，相似。【分布】巴拿马，秘鲁，玻利维亚，厄瓜多尔，菲律宾，哥伦比亚(安蒂奥基亚)，哥斯达黎加，泰国，中国，加里曼丹岛，中南半岛，中美洲。【模式】Caryodaphnopsis tonkinensis(Lecomte) Airy – Shaw［Nothaphoebe tonkinensis Lecomte］。【参考异名】Cardiodaphnopsis Hutch.●

9441　Caryodendron H. Karst.(1860)【汉】核果大戟属。【隶属】大戟科 Euphorbiaceae。【包含】世界 3 种。【学名诠释与讨论】〈中〉(希)karyon, 胡桃, 硬壳果, 核, 坚果 + dendron 或 dendros, 树木, 棍, 丛林。【分布】巴拿马，玻利维亚，厄瓜多尔，哥伦比亚(安蒂奥基亚)，哥斯达黎加，热带南美洲，中美洲。【模式】Caryodendron orinocense H. Karsten。【参考异名】Centrodiscus Müll. Arg.(1874)●☆

9442　Caryolobis Gaertn.(1788)(废弃属名) = Doona Thwaites(1851) (保留属名)；~ = Shorea Roxb. ex C. F. Gaertn.(1805)［龙脑香科 Dipterocarpaceae］●

9443　Caryolobium Steven(1832) = Astragalus L.(1753)［豆科

Fabaceae(Leguminosae)//蝶形花科 Papilionaceae]●■

9444　Caryolopha Fisch. ex Trautv. (1837) Nom. illegit. ≡ Pentaglottis Tausch(1829)；~ = Anchusa L. (1753) [紫草科 Boraginaceae]■☆

9445　Caryomene Barneby et Krukoff(1971)【汉】月实藤属。【隶属】防己科 Menispermaceae。【包含】世界 4-6 种。【学名诠释与讨论】〈阴〉(希)karyon+mene = menos, 所有格 menados 月亮。【分布】巴西, 秘鲁, 玻利维亚。【模式】Caryomene prumnoides Barneby et Krukoff。●☆

9446　Caryophyllaceae Juss. (1789)(保留科名)【汉】石竹科。【日】セキチク科, ナデシコ科, ニデシコ科。【俄】Гвоздичные。【英】Pink Family。【包含】世界 75-101 属 2000-3000 种, 中国 30-32 属 390-485 种。【分布】广泛分布。主要在温带。【科名模式】Caryophyllus Mill. [Dianthus L. (1753)]●

9447　Caryophyllata Mill. (1754) = Geum L. (1753) [蔷薇科 Rosaceae]■

9448　Caryophyllata Tourn. ex Scop. (1772) Nom. illegit. = Geum L. (1753) [蔷薇科 Rosaceae]■

9449　Caryophyllea Opiz(1852)Nom. illegit. = Aira L. (1753)(保留属名) [禾科 Poaceae(Gramineae)]■

9450　Caryophyllus L. (1753)(废弃属名) = Syzygium P. Browne ex Gaertn. (1788)(保留属名) [桃金娘科 Myrtaceae]●

9451　Caryophyllus Mill. (1754) Nom. illegit. (废弃属名) ≡ Dianthus L. (1753) [石竹科 Caryophyllaceae]■

9452　Caryophyllus Tourn. exMoench(1794)Nom. illegit. (废弃属名)= Dianthus L. (1753) [石竹科 Caryophyllaceae]■

9453　Caryopitys Small(1903) = Pinus L. (1753) [松科 Pinaceae]●

9454　Caryopteris Bunge(1835)【汉】莸属(莸草属)。【日】カリガネサワ属, カリガネソウ属。【俄】Кариоптерис。【英】Blue Mist Shrub, Blue Spirea, Bluebeard, Blue-beard。【隶属】马鞭草科 Verbenaceae//牡荆科 Viticaceae。【包含】世界 10-23 种, 中国 14 种。【学名诠释与讨论】〈阴〉(希)karyon, 胡桃, 硬壳果, 核, 坚果+pteron, 指小式 pteridion, 翅。pteridios, 有羽毛的。指果瓣具翅。【分布】中国, 喜马拉雅山至日本。【模式】Caryopteris mongholica Bunge。【参考异名】Barbula Lour. (1790)；Cardioteucris C. Y. Wu(1962)；Mastacanthus Endl. (1838)●

9455　Caryospermum Blume(1850) = Perrottetia Kunth(1824) [卫矛科 Celastraceae]●

9456　Caryota L. (1753)【汉】鱼尾葵属(假桃榔属, 假榔属, 孔雀椰子属, 鱼尾椰属)。【日】クジャクヤシ属。【俄】Кариота, Пальма, Пальма-Кариота。【英】Bastard Sago Palm, Fishtail Palm, Fish-tail Palm, Fish-tail Palms, Fishtailpalm, Wine Palm。【隶属】棕榈科 Arecaceae(Palmae)//鱼尾葵科 Caryotaceae。【包含】世界 13 种, 中国 5 种。【学名诠释与讨论】〈阴〉(希)karyotos 或 karyota, 枣椰状的坚果, 原指一种栽培的刺葵属 Phoenix 植物。此属的学名, ING、APNI、TROPICOS 和 IK 记载是 "Caryota L., Sp. Pl. 2：1189. 1753 [1 May 1753]"。"Schunda-Pana Adanson, Fam. 2：24, 602. Jul-Aug 1763"是"Caryota L. (1753)"的晚出的同模式异名(Homotypic synonym, Nomenclatural synonym)。【分布】澳大利亚(东北部), 巴基斯坦, 玻利维亚, 哥伦比亚(安蒂奥基亚), 尼加拉瓜, 斯里兰卡, 所罗门群岛, 印度至马来西亚, 中国, 中美洲。【模式】Caryota urens Linnaeus。【参考异名】Schunda-Pana Adans. (1763)Nom. illegit. ；Thuessinkia Korth. ex Miq. (1855)●

9457　Caryotaceae O. F. Cook [亦见 Arecaceae Bercht. et J. Presl(保留科名)//Palmae Juss. (保留科名)棕榈科]【汉】鱼尾葵科。【包含】世界 1 属 13 种, 中国 1 属 1 种。【分布】澳大利亚, 斯里兰卡, 所罗门群岛, 印度-马来西亚。【科名模式】Caryota L. ●

9458　Caryotaxus Zucc. ex Henk. et Hochst. (1865) Nom. illegit. ≡

Torreya Arn. (1838)(保留属名)；~ ≡ Tumion Raf. ex Greene (1891)Nom. illegit. ; ~ ≡Torreya Arn. (1838)(保留属名) [红豆杉科(紫杉科)Taxaceae//榧树科 Torreyaceae]●

9459　Caryotophora Leistner(1958)【汉】长瓣玉属。【日】カリオトフォラ属。【隶属】番杏科 Aizoaceae。【包含】世界 1 种。【学名诠释与讨论】〈阴〉(希)karyotos 或 karyota, 枣椰状的坚果, 原指一种栽培的刺葵属 Phoenix 植物+phoros, 具有, 梗, 负载, 发现者。【分布】非洲南部。【模式】Caryotophora skiatophytoides Leistner。■☆

9460　Casabitoa Alain (1980)【汉】海地大戟属。【隶属】大戟科 Euphorbiaceae。【包含】世界 1 种。【学名诠释与讨论】〈阴〉词源不详。【分布】海地。【模式】Casabitoa perfae A. H. Liogier。☆

9461　Casalea A. St. -Hil. (1824) = Ranunculus L. (1753) [毛茛科 Ranunculaceae]■

9462　Casanophorum Neck. = Castanea Mill. (1754) [壳斗科(山毛榉科)Fagaceae]●

9463　Casarettoa Walp. (1844) = Vitex L. (1753) [马鞭草科 Verbenaceae//唇形科 Lamiaceae(Labiatae)//牡荆科 Viticaceae]●

9464　Casasia A. Rich. (1850)【汉】卡萨茜属。【隶属】茜草科 Rubiaceae。【包含】世界 11 种。【学名诠释与讨论】〈阴〉(人)Casas。【分布】美国(佛罗里达), 墨西哥, 西印度群岛。【模式】Casasia calophylla A. Richard。【参考异名】Butneria P. Browne (1756)(废弃属名)●☆

9465　Cascabela Raf. (1838) = Thevetia L. (1758)(保留属名) [夹竹桃科 Apocynaceae]●

9466　Cascadia A. M. Johnson(1927)【汉】肖虎耳草属。【隶属】虎耳草科 Saxifragaceae。【包含】世界 1 种。【学名诠释与讨论】〈阴〉(地)Cascade, 喀斯喀特, 位于美国。此属的学名是"Cascadia A. M. Johnson, Amer. J. Bot. 14：38. 29 Jan 1927"。亦有文献把"Cascadia A. M. Johnson(1927)"处理为"Saxifraga L. (1753)"的异名。【分布】美国(西部)。【模式】Cascadia nuttallii (J. K. Small)A. M. Johnson [Saxifraga nuttallii J. K. Small]。【参考异名】Saxifraga L. (1753)■☆

9467　Cascarilla (Endl.) Wedd. (1848) Nom. illegit. = Ladenbergia Klotzsch ex Moq. (1846) [茜草科 Rubiaceae]●☆

9468　Cascarilla Adans. (1763)Nom. illegit. = Croton L. (1753) [大戟科 Euphorbiaceae//巴豆科 Crotonaceae]●☆

9469　Cascarilla Ruiz ex Steud. (1821) Nom. inval. = Cinchona L. (1753) [茜草科 Rubiaceae//金鸡纳科 Cinchonaceae]■●

9470　Cascarilla Wedd. (1848) Nom. illegit. ≡ Cascarilla (Endl.) Wedd. (1848) Nom. illegit. ; ~ = Ladenbergia Klotzsch ex Moq. (1846) [茜草科 Rubiaceae]●☆

9471　Cascaronia Griseb. (1879)【汉】紫云英豆属。【隶属】豆科 Fabaceae(Leguminosae)//蝶形花科 Papilionaceae。【包含】世界 1 种。【学名诠释与讨论】〈阴〉词源不详。【分布】阿根廷, 玻利维亚。【模式】Cascaronia astragalina (Gillies ex W. J. Hooker et Arnott)Grisebach [Glycyrrhiza astragalina Gillies ex W. J. Hooker et Arnott]■☆

9472　Cascoelytrum P. Beauv. (1812) = Briza L. (1753)；~ = Chascolytrum Desv. (1810) [禾本科 Poaceae(Gramineae)]■

9473　Casearia Griseb. = Casearia Jacq. (1760)；~ = Gossypiospermum (Griseb.)Urb. (1923) [刺篱木科(大风子科)Flacourtiaceae//天料木科 Samydaceae]●☆

9474　Casearia Jacq. (1760)【汉】脚骨脆属(嘉赐木属, 嘉赐树属)。【日】イヌカンコノキ属。【英】Casearia。【隶属】刺篱木科(大风子科)Flacourtiaceae//天料木科 Samydaceae。【包含】世界 160-180 种, 中国 7-13 种。【学名诠释与讨论】〈阴〉(人)J. Casearius, 1642-1678, 荷兰传教士, 植物学者。此属的学名, ING、APNI、

GCI、TROPICOS 和 IK 记载是"Casearia Jacq., Enum. Syst. Pl. 4 (21). 1760 [Sep – Nov 1760]"。"Casearia Griseb. = Gossypiospermum (Griseb.) Urb. (1923) = Casearia Jacq. (1760)"是其异名。【分布】巴基斯坦, 巴拉圭, 巴拿马, 秘鲁, 玻利维亚, 厄瓜多尔, 哥伦比亚, 哥斯达黎加, 马达加斯加, 尼加拉瓜, 中国, 中美洲。【后选模式】Casearia nitida (Linnaeus) N. J. Jacquin [Samyda nitida Linnaeus]。【参考异名】Anavinga Adans. (1763); Antigona Vell. (1829); Athenaea Schreb. (1789) Nom. illegit. (废弃属名); Bedousi Augier; Bedousia Dennst. (1818); Bedusia Raf. (1838); Bigelovia Spreng. (1821) Nom. illegit.; Casearia Griseb.; Celsa Vell. (1829); Chaetocrater Ruiz et Pav. (1799); Chetocrater Raf. (1838) Nom. illegit.; Chorizospermum Post et Kuntze (1903); Clasta Comm. ex Vent. (1803); Corizospermum Zipp. ex Blume (1851); Crateria Pers. (1805) Nom. illegit.; Glossodiscus Warb. ex Sleumer (1934); Gossypiospermum (Griseb.) Urb. (1923); Gossypiospermum Urb. (1923) Nom. illegit.; Iroucana Aubl. (1775); Irucana Post et Kuntze (1903); Langleia Scop. (1777) Nom. illegit.; Melistaurum J. R. Forst. et G. Forst. (1776); Moelleria Scop. (1777) Nom. illegit.; Piparea Aubl. (1775); Pitumba Aubl. (1775); Samyda P. Br. (废弃属名); Synandrina Standl. et L. O. Williams (1952); Tardiella Gagnep. (1955); Valentina R. Hedw. (1806) Nom. illegit.; Valentinia Sw. (1788) Nom. illegit.; Vareca Gaertn. (1788); Wolfia Schreb. (1791) (废弃属名)●

9475　Caseola Noronha (1790) = Sonneratia L. f. (1782) (保留属名) [海桑科 Sonneratiaceae//千屈菜科 Lythraceae]●

9476　Cashalia Standl. (1923) = Dussia Krug et Urb. ex Taub. (1892) [豆科 Fabaceae (Leguminosae)//蝶形花科 Papilionaceae]■☆

9477　Casia Duhamel (1755) = Osyris L. (1753) [檀香科 Santalacea; (沙针科 Osyridaceae]●

9478　Casia Gagnebin (1755) Nom. illegit. ≡ Osyris L. (1753) [檀香科 Santalaceae//沙针科 Osyridaceae]●

9479　Casimira Scop. (1777) Nom. illegit. ≡ Melicoccus L. (1762) Nom. illegit.; ~ = Melicoccus P. Browne (1756) [无患子科 Sapindaceae]●

9480　Casimirella Hassl. (1913)【汉】卡氏茶茱萸属。【隶属】茶茱萸科 Icacinaceae。【包含】世界 7 种。【学名诠释与讨论】〈阴〉(人) Cardinal Casimiro Gomey de Ortego, 18 世纪西班牙植物学者。【分布】巴拉圭。【模式】Casimirella guaranitica Hassler。【参考异名】Humirianthera Huber (1914)●☆

9481　Casimiroa Dombey ex Baill. = Cervantesia Ruiz et Pav. (1794) [檀香科 Santalaceae//赛檀香科 Cervantesiaceae]●☆

9482　Casimiroa La Lave et Lex. (1825) Nom. illegit. = Casimiroa La Lave (1825) [芸香科 Rutaceae]●

9483　Casimiroa La Lave (1825)【汉】香肉果属 (加锡弥罗果属)。【日】カシミローア属。【俄】Казимироа。【英】Casimiroa, Savoryfruit。【隶属】芸香科 Rutaceae。【包含】世界 2-5 种, 中国 1 种。【学名诠释与讨论】〈阴〉(人) Cardinal Casimiro Gomey de Ortego, 18 世纪西班牙植物学者。此属的学名, ING 和 IK 记载是"Casimiroa La Llave in La Llave et Lexarza, Nov. Veg. Descr. 2:2. 1825"。"Casimiroa La Lave et Lex. (1825)"的命名人引证有误。【分布】中国, 中美洲。【模式】Casimiroa edulis La Llave。【参考异名】Casimiroa La Lave et Lex. (1825) Nom. illegit.●

9484　Casinga Griseb. (1861) = Laetia Loefl. ex L. (1759) (保留属名) [刺篱木科 (大风子科) Flacourtiaceae]●☆

9485　Casiostega Galeotti (1842) Nom. inval. = Opizia J. Presl et C. Presl (1830) [禾本科 Poaceae (Gramineae)]■☆

9486　Casiostega Rupr. ex Galeotti (1842) Nom. inval. = Opizia J. Presl et C. Presl (1830) [禾本科 Poaceae (Gramineae)]■☆

9487　Casparea Kunth (1824) Nom. illegit. ≡ Casparia Kunth (1824) Nom. illegit.; ~ = Bauhinia L. (1753) [豆科 Fabaceae (Leguminosae)//云实科 (苏木科) Caesalpiniaceae//羊蹄甲科 Bauhiniaceae]●

9488　Caspareopsis Britton et Rose (1930) = Bauhinia L. (1753) [豆科 Fabaceae (Leguminosae)//云实科 (苏木科) Caesalpiniaceae//羊蹄甲科 Bauhiniaceae]●

9489　Casparia Kunth (1824) Nom. illegit. = Bauhinia L. (1753) [豆科 Fabaceae (Leguminosae)//云实科 (苏木科) Caesalpiniaceae//羊蹄甲科 Bauhiniaceae]●

9490　Casparya Klotzsch (1854) = Begonia L. (1753) [秋海棠科 Begoniaceae]●■

9491　Caspia Galushko (1976) = Salsola L. (1753) [藜科 Chenopodiaceae//猪毛菜科 Salsolaceae]●■

9492　Caspia Pison. ex Scop. (1777) = Caspia Scop. (1777) Nom. illegit.; ~ = Caopia Adans. (1763) (废弃属名); ~ = Vismia Vand. (1788) (保留属名) [猪胶树科 (克鲁西科, 山竹子科, 藤黄科) Clusiaceae (Guttiferae)]●☆

9493　Caspia Scop. (1777) Nom. illegit. = Caopia Adans. (1763) (废弃属名); ~ = Vismia Vand. (1788) (保留属名) [猪胶树科 (克鲁西科, 山竹子科, 藤黄科) Clusiaceae (Guttiferae)]●☆

9494　Cassandra D. Don (1834) Nom. illegit. ≡ Chamaedaphne Moench (1794) (保留属名) [杜鹃花科 (欧石南科) Ericaceae]●

9495　Cassandra Spach (1840) Nom. illegit. ≡ Eubotrys Nutt. (1842); ~ = Leucothoë D. Don (1834) [杜鹃花科 (欧石南科) Ericaceae]●☆

9496　Cassebeeria Dennst. (1818) Nom. illegit. ≡ Sonerila Roxb. (1820) (保留属名); ~ = Codigi Augier [野牡丹科 Melastomataceae]●■

9497　Casselia Dumort. (1822) Nom. illegit. (废弃属名) ≡ Mertensia Roth (1797) (保留属名) [紫草科 Boraginaceae]●

9498　Casselia Nees et Mart. (1823) (保留属名)【汉】卡斯尔草属。【隶属】马鞭草科 Verbenaceae。【包含】世界 12 种。【学名诠释与讨论】〈阴〉(人) Franz Peter Cassel, 1784 – 1821, 植物学者 +-elis 属于。此属的学名"Casselia Nees et Mart. in Nova Acta Phys. –Med. Acad. Caes. Leop. –Carol. Nat. Cur. 11:73. 1823"是保留属名。相应的废弃属名是紫草科 Boraginaceae 的"Casselia Dumort., Comment. Bot.:21. Nov (sero) – Dec (prim.) 1822 ≡ Mertensia Roth (1797) (保留属名)"。"Timotocia Moldenke, Repert. Spec. Nov. Regni Veg. 39:129. 31 Jun 1936"是"Casselia Nees et Mart. (1823) (保留属名)"的晚出的同模式异名 (Homotypic synonym, Nomenclatural synonym)。【分布】玻利维亚, 热带美洲。【模式】Casselia serrata C. G. D. Nees et C. F. P. Martius。【参考异名】Mertensia Roth (1797) (保留属名); Timotocia Moldenke (1936) Nom. illegit. ■●☆

9499　Cassia L. (1753) (保留属名)【汉】决明属 (假含羞草属, 山扁豆属, 铁刀木属, 铁刀苏木属)。【日】カハラケツメイ属, カワラケツメイ属。【俄】Кассия, Сенна。【英】Cassia, Senna, Shower Tree。【隶属】豆科 Fabaceae (Leguminosae)//云实科 (苏木科) Caesalpiniaceae。【包含】世界 30-600 种, 中国 1-30 种。【学名诠释与讨论】〈阴〉(希) kassia, 一种豆科 Fabaceae (Leguminosae) 植物的古名, 原只用于樟科 Lauraceae 肉桂 Cinnamomum cassia, 源自希伯来语 ketzioth, 肉桂 gasta 剥皮。指肉桂剥取树皮供药用, 后转用为本属名。此属的学名"Cassia L., Sp. Pl.:376. 1 Mai 1753"是保留属名。法规未列出相应的废弃属名。"Bactyrilobium Willdenow, Enum. Pl. Horti Berol. 439. Apr 1809"、"Cassiana Rafinesque, Amer. Monthly Mag. et Crit. Rev. 2:266. Feb 1818"和"Cathartocarpus Persoon, Syn. Pl. 1:459. 1 Apr – 15 Jun 1805"是"Cassia L. (1753) (保留属名)"的晚出的同模式异名

（Homotypic synonym, Nomenclatural synonym）。【分布】巴基斯坦,巴拉圭,巴拿马,秘鲁,玻利维亚,厄瓜多尔,哥伦比亚（安蒂奥基亚）,哥斯达黎加,马达加斯加,尼加拉瓜,中国,中美洲,热带和温带。【模式】Cassia fistula Linnaeus。【参考异名】Adipera Raf.（1838）; Bactyrilobium Willd.（1809）Nom. illegit.; Cassiana Raf.（1818）Nom. illegit.; Cathartocarpus Pers.（1805）Nom. illegit.; Chamaecassia Link（1831）; Chamaecrista Moench（1794）Nom. illegit.; Chamaefistula（DC.）G. Don（1832）; Chamaefistula G. Don（1832）Nom. illegit.; Chamaesenna Pittier（1928）Nom. illegit.; Cowellocassia Britton（1930）; Desmodiocassia Britton et Rose（1930）; Dialanthera Raf.（1838）; Diallobus Raf.（1838）; Diplotax Raf.（1838）; Disterepta Raf.（1838）; Ditremexa Raf.（1838）; Earleocassia Britton（1930）; Echinocassia Britton et Rose（1930）; Emelista Raf.（1838）; Gaumerocassia Britton（1930）; Hepteireca Raf.（1838）; Herpetica Cook et Collins（1903）Nom. illegit.; Herpetica Raf.（1838）Nom. illegit.; Isandrina Raf.（1838）; Leonocassia Britton（1930）; Mac–leayia Montrouz.（1860）; Mac–Leayia Montrouz.（1860）; Nictitella Raf.（1838）; Octelisia Raf.（1838）; Ophiocaulon Raf.（1838）; Palmerocassia Britton（1930）; Panisia Raf.（1838）; Peiranisia Raf.（1838）; Phragmocassia Britton et Rose（1930）; Psilorhegma（Vogel）Britton et Rose（1930）; Psilorhegma Britton et Rose（1930）Nom. illegit.; Pterocassia Britton et Rose（1930）; Sciacassia Britton（1930）; Scolodia Raf.（1838）; Senna Mill.（1754）; Senna Tourn. ex Mill.（1768）; Sericeocassia Britton（1930）; Sooja Siebold（1830）Nom. inval.; Tagera Raf.（1838）; Tharpia Britton et Rose（1930）; Vogelocassia Bntton（1930）; Xamacrista Raf.（1838）Nom. illegit.; Xerocassia Britton et Rose（1930）●■

9500　Cassiaceae Link = Fabaceae Lindl.（保留科名）//Leguminosae Juss.（1789）（保留科名）●■

9501　Cassiaceae Vest（1818）= Fabaceae Lindl.（保留科名）//Leguminosae Juss.（1789）（保留科名）●■

9502　Cassiana Raf.（1818）Nom. illegit. ≡ Cassia L.（1753）（保留属名）［豆科 Fabaceae（Leguminosae）//云实科（苏木科）Caesalpiniaceae］●■

9503　Cassida Hill（1756）Nom. illegit. = Scutellaria L.（1753）［唇形科 Lamiaceae（Labiatae）//黄芩科 Scutellariaceae］●■

9504　Cassida Ség.（1754）Nom. illegit. ≡ Scutellaria L.（1753）［唇形科 Lamiaceae（Labiatae）//黄芩科 Scutellariaceae］●■

9505　Cassida Tourn. ex Adans.（1763）Nom. illegit. = Scutellaria L.（1753）［唇形科 Lamiaceae（Labiatae）//黄芩科 Scutellariaceae］●■

9506　Cassidispermum Hemsl.（1892）= Burckella Pierre（1890）［山榄科 Sapotaceae］●☆

9507　Cassidocarpus C. Presl ex DC.（1830）= Asteriscium Cham. et Schltdl.（1826）［伞形花科（伞形科）Apiaceae（Umbelliferae）］■☆

9508　Cassidospermum Post et Kuntze（1903）= Burckella Pierre（1890）; ~ = Cassidispermum Hemsl.（1892）［山榄科 Sapotaceae］●☆

9509　Cassiera Raeusch.（1797）= Cansjera Juss.（1789）（保留属名）［山柑科（白花菜科,醉蝶花科）Capparaceae//山柑藤科 Cansjeraceae//山柚子科（山柑科,山柑仔科）Opiliaceae］●

9510　Cassine Kuntze（废弃属名）= Otherodendron Makino（1909）［卫矛科 Celastraceae］●

9511　Cassine L.（1753）（保留属名）【汉】藏红卫矛属。【俄】Кассина。【英】Caxsine。【隶属】卫矛科 Celastraceae。【包含】世界 3-60 种。【学名诠释与讨论】〈阴〉来自佛罗里达印第安人的植物俗名。此属的学名 "Cassine L., Sp. Pl.; 268. 1 Mai 1753" 是保留属名。法规未列出相应的废弃属名。但是卫矛科

Celastraceae 的 "Cassine Loes. = Elaeodendron Jacq.（1782）" 和 "Cassine Kuntze（废弃属名）= Otherodendron Makino（1909）" 应该废弃。亦有文献把 "Cassine L.（1753）（保留属名）" 处理为 "Elaeodendron L." 的异名。【分布】巴基斯坦,巴拿马,玻利维亚,非洲南部,马达加斯加,热带亚洲至太平洋地区。【模式】Cassine peragua Linnaeus。【参考异名】Elaeodendron Jacq.（1782）; Elaeodendron Jacq. ex J. Jacq.（1884）; Elaeodendron L.; Hartogiella Codd（1983）; Loureira Raeusch.（1797）●☆

9512　Cassine Loes.（废弃属名）= Elaeodendron Jacq.（1782）［卫矛科 Celastraceae］●☆

9513　Cassinia R. Br.（1813）（废弃属名）= Angianthus J. C. Wendl.（1808）（保留属名）［菊科 Asteraceae（Compositae）//滨篱菊科 Cassiniaceae］■●☆

9514　Cassinia R. Br.（1817）（保留属名）【汉】滨篱菊属（比迪木属）。【隶属】菊科 Asteraceae（Compositae）//滨篱菊科 Cassiniaceae。【包含】世界 20-28 种。【学名诠释与讨论】〈阴〉（人）Alexandre Henri Gabriel de Cassini, 1781-1832, 法国植物学者。此属的学名 "Cassinia R. Br., Observ. Compos.; 126. 1817（ante Sep）" 是保留属名。相应的废弃属名是菊科 Asteraceae 的 "Cassinia R. Br. in Aiton, Hort. Kew., ed. 2, 5; 184. Nov 1813 = Angianthus J. C. Wendl.（1808）（保留属名）"。二者极易混淆。异名中, "Hapalochlamys Kuntze, Lexicon Generum Phanerogamarum 1903" 和 "Hapalochlamys Rchb., Deut. Bot. Herb. – Buch 90. 1841 [Jul 1841]" 是 "Apalochlamys Cass., Dict. Sci. Nat., ed. 2. [F. Cuvier] 56;223. 1828 [Sep 1828] ≡ Apalochlamys（Cass.）Cass.（1828）" 的拼写变体。【分布】澳大利亚,热带和非洲南部,新西兰,中美洲。【模式】Cassinia aurea R. Brown。【参考异名】Achromolaena Cass.（1828）Nom. illegit.; Angianthus J. C. Wendl.（1808）（保留属名）; Apalochlamys（Cass.）Cass.（1828）; Apalochlamys Cass.（1828）Nom. illegit.; Aplochlamis Steud.（1840）; Chromochiton Cass.（1828）; Hapalochlamys Kuntze（1903）Nom. illegit.; Hapalochlamys Rchb.（1841）Nom. illegit.; Rhynea DC.（1838）Nom. illegit.●☆

9515　Cassiniaceae Sch. Bip. ［亦见 Asteraceae Bercht. et J. Presl（保留科名）//Compositae Giseke（保留科名）菊科］【汉】滨篱菊科。【包含】世界 1 属 20-28 种。【分布】热带,非洲南部,澳大利亚,新西兰。【科名模式】Cassinia R. Br.●

9516　Cassiniola F. Muell.（1863）= Helipterum DC. ex Lindl.（1836）Nom. confus.［菊科 Asteraceae（Compositae）］■☆

9517　Cassinopsis Sond.（1860）【汉】拟滨篱菊属。【隶属】茶茱萸科 Icacinaceae。【包含】世界 4 种。【学名诠释与讨论】〈阴〉（属）Cassinia 滨篱菊属（比迪木属）+希腊文 opsis, 外观,模样。此属的学名 "Cassinopsis Sonder in W. H. Harvey et Sonder, Fl. Cap. 1; 473. 11-31 Mai 1860" 是一个替代名称。"Hartogia Hochstetter, Flora 27; 305. 14 Mai 1844" 是一个非法名称（Nom. illegit.）,因为此前已经有了 "Hartogia Linnaeus, Syst. Nat. ed. 10. 939. 7 Jun 1759（废弃属名）= Agathosma Willd.（1809）（保留属名）［芸香科 Rutaceae］"。故用 "Cassinopsis Sond.（1860）" 替代之。【分布】马达加斯加,非洲南部。【模式】Cassinopsis capensis Sonder, Nom. illegit. ［Hartogia ilicifolia Hochstetter; Cassinopsis ilicifolia（Hochstetter）Sleumer］。【参考异名】Hartogia Hochst.（1844）Nom. illegit.（废弃属名）; Tridianisia Baill.（1879）●☆

9518　Cassiope D. Don（1834）【汉】锦绦花属（岩须属）。【日】イハヒゲ属, イワヒゲ属。【俄】Кассиопа, Кассиопея。【英】Cassiope。【隶属】杜鹃花科（欧石南科）Ericaceae。【包含】世界 12-21 种, 中国 16 种。【学名诠释与讨论】〈阴〉（希）kassiope Ethiope, 卡西俄珀,希腊神话中一女神名,埃塞俄比亚 Ethiopia 国王刻甫斯

Kepheus 的妻子,安德洛墨达 Andromeda 的母亲。【分布】中国,喜马拉雅山。【模式】Cassiope tetragona（Linnaeus）D. Don [Andromeda tetragona Linnaeus]●

9519　Cassiphone Rchb.（1841）Nom. illegit. ≡ Leucothoë D. Don（1834）[杜鹃花科（欧石南科）Ericaceae]●

9520　Cassipourea Aubl.（1775）【汉】红柱树属。【隶属】红树科 Rhizophoraceae。【包含】世界 40-80 种。【学名诠释与讨论】〈阴〉来自圭亚那植物俗名。此属的学名,ING、GCI、TROPICOS 和 IK 记载是"Cassipourea Aubl., Hist. Pl. Guiane 528. 1775 [Jun 1775]"。"Legnotis O. Swartz, Prodr. 5,84. 20 Jun-29 Jul 1788"和"Tita Scopoli, Introd. 219. Jan-Apr 1777"是"Cassipourea Aubl.（1775）"的晚出的同模式异名（Homotypic synonym, Nomenclatural synonym）。【分布】巴拿马,秘鲁,玻利维亚,厄瓜多尔,马达加斯加,尼加拉瓜,斯里兰卡,西印度群岛,热带和非洲南部,热带美洲,中美洲。【模式】Cassipourea guianensis Aublet。【参考异名】Anstrutheria Gardner（1846）; Dactylopetalum Benth.（1858）; Endosteira Turcz.（1863）; Legnotis Sw.（1788）Nom. illegit. ; Petalodactylis Arènes（1954）; Richaeia Thouars（1806）（废弃属名）; Richea Kuntze（1891）Nom. illegit.（废弃属名）; Richiaea Benth. et Hook. f.（1865）; Tita Scop.（1777）Nom. illegit. ; Weihea Spreng.（1825）（保留属名）●☆

9521　Cassipoureaceae J. Agardh（1858）= Rhizophoraceae Pers.（保留科名）●

9522　Cassitha Hill（1765）= Cassytha L.（1753）[樟科 Lauraceae//无根藤科 Cassythaceae]■●

9523　Cassumbium Benth. et Hook. f.（1862）= Cussambium Buch. - Ham.（1826）Nom. illegit.（废弃属名）; ~ = Schleichera Willd.（1806）（保留属名）[无患子科 Sapindaceae]●☆

9524　Cassumunar Colla（1830）= Zingiber Mill.（1754）[as 'Zinziber']（保留属名）[姜科（蘘荷科）Zingiberaceae]■

9525　Cassupa Bonpl.（1806）= Isertia Schreb.（1789）[茜草科 Rubiaceae]●☆

9526　Cassupa Humb. et Bonpl.（1806）Nom. illegit. ≡ Cassupa Bonpl.（1806）; ~ = Isertia Schreb.（1789）[茜草科 Rubiaceae]●☆

9527　Cassutha Des Moul.（1853）= Cuscuta L.（1753）[旋花科 Convolvulaceae//菟丝子科 Cuscutaceae]■

9528　Cassuviaceae Juss. ex R. Br. = Anacardiaceae R. Br.（保留科名）●

9529　Cassuviaceae R. Br. = Anacardiaceae R. Br.（保留科名）●

9530　Cassuvium Kuntze（1891）Nom. illegit. ≡ Semecarpus L. f.（1782）[漆树科 Anacardiaceae]●

9531　Cassuvium Lam.（1783）Nom. illegit. ≡ Anacardium L.（1753）[漆树科 Anacardiaceae]●

9532　Cassyta J. M. Mill., Nom. illegit. = Rhipsalis Gaertn.（1788）（保留属名）[仙人掌科 Cactaceae]●

9533　Cassyta L.（1753）Nom. illegit. = Cassytha Osbeck ex L.（1753）[樟科 Lauraceae//无根藤科 Cassythaceae]■●

9534　Cassyta L.（1764）Nom. illegit. = Cassytha Osbeck ex L.（1753）[樟科 Lauraceae//无根藤科 Cassythaceae]■●

9535　Cassytha Gray（1821）Nom. illegit. ≡ Cuscuta L.（1753）[旋花科 Convolvulaceae//菟丝子科 Cuscutaceae]■

9536　Cassytha L.（1753）≡ Cassytha Osbeck ex L.（1753）[樟科 Lauraceae//无根藤科 Cassythaceae]■●

9537　Cassytha Mill.（1768）Nom. illegit. = Rhipsalis Gaertn.（1788）（保留属名）[仙人掌科 Cactaceae]●

9538　Cassytha Osbeck ex L.（1753）【汉】无根藤属（无根草属）。【日】スナヅル属。【英】Dodder-laurel, Rootless Vine。【隶属】樟科 Lauraceae//无根藤科 Cassythaceae。【包含】世界 15-20 种,中

国 1 种。【学名诠释与讨论】〈阴〉（希）菟丝子 Cuscuta 的希腊名,Kassytha 转用于此。此属的学名,ING、APNI、GCI、TROPICOS 和 IK 记载是"Cassytha P. Osbeck in Linnaeus, Sp. Pl. 35. 1 Mai 1753";这样表述不妥,应该用为"Cassytha Osbeck ex L.（1753）"或"Cassytha L.（1753）"。"Rombut Adanson, Fam. 2:284. Jul-Aug 1763"是"Cassytha L.（1753）"的晚出的同模式异名（Homotypic synonym, Nomenclatural synonym）。"Cassytha Gray, Nat. Arr. Brit. Pl. ii. 345（1821）≡ Cuscuta L.（1753）[旋花科 Convolvulaceae//菟丝子科 Cuscutaceae]"和"Cassytha Mill., Gard. Dict., ed. 8. 1768 [16 Apr 1768] = Rhipsalis Gaertn.（1788）（保留属名）[仙人掌科 Cactaceae]"是晚出的非法名称。"Cassyta L., Genera Plantarum ed. 5 1754"和"Cassyta L., Gen. Pl., ed. 6. 291. 1764 [Jun 1764]"是"Cassytha Osbeck ex L.（1753）"的拼写变体。【分布】巴拿马,玻利维亚,哥伦比亚（安蒂奥基亚）,哥斯达黎加,马达加斯加,尼加拉瓜,宁巴,中国,古热带,中美洲。【模式】Cassytha filiformis Linnaeus。【参考异名】Calodium Lour.（1790）; Cassitha Hill（1765）; Cassyta L.（1753）Nom. illegit. ; Cassyta L.（1764）Nom. illegit. ; Cassytha Osbeck（1753）Nom. illegit. ; Rombut Adans.（1763）Nom. illegit. ; Rombut Rumph. ex Adans.（1763）; Rumputris Raf.（1838）; Spironema Raf.（1838）Nom. illegit. ; Volutella Forssk.（1775）■●

9539　Cassytha Osbeck（1753）Nom. illegit. ≡ Cassytha Osbeck ex L.（1753）[樟科 Lauraceae//无根藤科 Cassythaceae]■●

9540　Cassythaceae Bartl. ex Lindl.（1833）（保留科名）[亦见 Lauraceae Juss.（保留科名）樟科]【汉】无根藤科。【包含】世界 1 属 15-20 种,中国 1 属 1 种。【分布】古热带。【科名模式】Cassytha L.●■

9541　Castalia Salisb.（1805）Nom. illegit. ≡ Nymphaea L.（1753）（保留属名）[睡莲科 Nymphaeaceae]■

9542　Castalis Cass.（1824）【汉】洁菊属。【隶属】菊科 Asteraceae（Compositae）。【包含】世界 3 种。【学名诠释与讨论】〈阴〉（拉）castus, 纯洁的, 无暇的 +-alis 属于, 关于。此属的学名是"Castalis Cassini in F. Cuvier, Dict. Sci. Nat. 30: 331. Mai 1824"。亦有文献把其处理为"Dimorphotheca Vaill.（1754）（保留属名）"的异名。【分布】非洲南部, 中美洲。【模式】Castalis ventenata Cassini, Nom. illegit. [Calendula flaccida Ventenat]。【参考异名】Dimorphotheca Vaill.（1754）（保留属名）■☆

9543　Castanea Mill.（1754）【汉】栗属（板栗属）。【日】クリ属。【俄】Каштан。【英】Chestnut, Chinkapin, Chinquapin, Spanish Chestnut, Sweet Chestnut。【隶属】壳斗科（山毛榉科）Fagaceae。【包含】世界 8-12 种, 中国 4 种。【学名诠释与讨论】〈阴〉（拉）castanea, 栗树 C. sativa 的古名, 来自希腊文 kastanon 或 kastanea, 因最早发现于希腊塞萨利亚 Thessaly 的 Kastana 地方, 此地生有大量栗树, 故得名。【分布】巴基斯坦, 美国, 中国, 北温带, 中美洲。【后选模式】Castanea sativa P. Miller。【参考异名】Casanophorum Neck. ; Castanophorum Pfeiff.●

9544　Castaneaceae Adans.（1763）= Fagaceae Dumort.（保留科名）●

9545　Castaneaceae Baill. = Fagaceae Dumort.（保留科名）●

9546　Castaneaceae Link = Fagaceae Dumort.（保留科名）; ~ = Hippocastanaceae A. Rich.（保留科名）●

9547　Castanedia R. M. King et H. Rob.（1978）= Castenedia R. M. King et H. Rob.（1978）[菊科 Asteraceae（Compositae）]■☆

9548　Castanella Spruce ex Benth. et Hook. f.（1862）= Paullinia L.（1753）[无患子科 Sapindaceae]●☆

9549　Castanella Spruce ex Hook. f.（1862）Nom. illegit. ≡ Castanella Spruce ex Benth. et Hook. f.（1862）; ~ = Paullinia L.（1753）[无患子科 Sapindaceae].☆

9550 Castanocarpus Sweet(1830) = Castanospermum A. Cunn. ex Hook. (1830) [豆科 Fabaceae(Leguminosae)//蝶形花科 Papilionaceae] ●☆

9551 Castanola Llanos(1859) = Agelaea Sol. ex Planch. (1850) [牛栓藤科 Connaraceae] ●

9552 Castanophorum Neck. (1790) Nom. inval. [壳斗科(山毛榉科) Fagaceae] ●☆

9553 Castanophorum Pfeiff. = Casanophorum Neck. ; ~ = Castanea Mill. (1754) [壳斗科(山毛榉科)Fagaceae] ●

9554 Castanopsis(D. Don)Spach(1841)(保留属名)【汉】锥栗属(栲属,苦槠属,椎属)。【日】クラガシ属,クリガシ属,シイノキ属,シイ属,シヒノキ属。【俄】Кастанопсис。【英】Chinkapin, Chinquapin, Evergreen Chinkapin, Evergreen Chinkapiu, Evergreenchinkapin,Oat Chestnut,Oatchestnut。【隶属】壳斗科(山毛榉科)Fagaceae。【包含】世界 110-130 种,中国 58-74 种。【学名诠释与讨论】〈阴〉(属)Castanea 栗属+希腊文 opsis,外观,模样,相似。指其与栗属相似。此属的学名"Castanopsis (D. Don) Spach, Hist. Nat. Vég. 11:142, 185. 25 Dec 1841"是保留属名,由"Quercus [infragen. unranked]Castanopsis D. Don(1825)"改级而来。相应的废弃属名是壳斗科(山毛榉科)Fagaceae 的"Balanoplis Raf. , Alsogr. Amer. :29. 1838 = Castanopsis (D. Don) Spach(1841)(保留属名)"。"Castanopsis D. Don"和"Castanopsis Spach(1841)"的命名人引证均有误,亦应废弃。【分布】中国,热带和亚热带亚洲。【模式】Castanopsis armata (Roxburgh) Spach [Quercus armata Roxburgh]。【参考异名】Balanoplis Raf. (1838)(废弃属名);Callaeocarpus Miq. (1851);Castanopsis D. Don, Nom. illegit. (废弃属名);Chlamydobalanus (Endl.) Koidz. (1940);Limlia Masam. et Tomiya (1947);Pasaniopsis Kudô (1922);Quercus [infragen. unranked]Castanopsis D. Don(1825);Shiia Makino(1928)●

9555 Castanopsis D. Don, Nom. illegit. (废弃属名) ≡ Castanopsis (D. Don)Spach(1841)(保留属名)[壳斗科(山毛榉科)Fagaceae] ●

9556 Castanopsis Spach(1841)Nom. illegit. (废弃属名) ≡ Castanopsis (D. Don) Spach (1841) (保留属名) [壳斗科 (山毛榉科) Fagaceae] ●

9557 Castanospermum A. Cunn. (1830)Nom. illegit. ≡ Castanospermum A. Cunn. ex Mudie(1829) [豆科 Fabaceae(Leguminosae)//蝶形花科 Papilionaceae] ●☆

9558 Castanospermum A. Cunn. ex Hook. (1830) = Castanospermum A. Cunn. ex Mudie(1829) [豆科 Fabaceae(Leguminosae)//蝶形花科 Papilionaceae] ●☆

9559 Castanospermum A. Cunn. ex Mudie(1829)【汉】栗豆木属(昆士兰黑豆属,栗豆树属,栗果豆属,栗籽豆属)。【英】Moreton Bay Chestnut。【隶属】豆科 Fabaceae (Leguminosae)//蝶形花科 Papilionaceae。【包含】世界 1 种。【学名诠释与讨论】〈中〉(希)kastanon,kastana,栗+sperma,所有格 spermatos,种子,孢子。此属的学名,ING 和 APNI 记载为"Castanospermum A. Cunningham ex W. J. Hooker, Bot. Misc. 1:241. Apr-Jul 1830"。IK 则记载为"Castanospermum A. Cunn. ex Mudie, Pict. Australia 149 (Sep 1829)"。《巴基斯坦植物志》则记载为"Castanospermum A. Cunn. in Hook. Bot. Misc. 1:241. t. 51. 1830. Parker, For. Fl. Punj. ed. 3. 171. 1956."。【分布】澳大利亚(亚热带)。【模式】Castanospermum australe A. Cunningham et Fraser ex W. J. Hooker。【参考异名】Alexa Moq. (1849);Castanocarpus Sweet (1830);Castanospermum A. Cunn. (1830)Nom. illegit. ;Castanospermum A. Cunn. ex Hook. (1830)Nom. illegit. ;Vieillardia Montrouz. (1860);Vieillardia Benth. et Hook. f. (1865)Nom. illegit. ●☆

9560 Castanospora F. Muell. (1875)【汉】栗果无患子属。【隶属】无患子科 Sapindaceae。【包含】世界 1 种。【学名诠释与讨论】〈阴〉(希)kastanon, kastana,栗+spora,孢子,种子。【分布】澳大利亚(东部)。【模式】Castanospora alphandi (F. v. Mueller) F. v. Mueller [Ratonia alphandi F. v. Mueller]●☆

9561 Castela Turpin(1806)(保留属名)【汉】堡树属(卡斯德拉属)。【隶属】苦木科 Simaroubaceae。【包含】世界 15 种。【学名诠释与讨论】〈阴〉(人)R. Richard Louis Castel, 1759-1832,法国植物学者。此属的学名"Castela Turpin in Ann. Mus. Natl. Hist. Nat. 7:78. 1806"是保留属名。相应的废弃属名是马鞭草科 Verbenaceae 的"Castelia Cav. in Anales Ci. Nat. 3:134. 1801 = Pitraea Turcz. (1863)"。苦木科 Simaroubaceae 的"Castelia Liebm. , Vidensk. Meddel. Naturhist. Foren. Kjøbenhavn(1853)108 = Castela Turpin (1806)(保留属名)"亦应废弃。"Neocastela Small, N. Amer. Fl. 25:230. 1907"是"Castela Turpin(1806)(保留属名)"的晚出的同模式异名 (Homotypic synonym, Nomenclatural synonym)。"Neocastela Small"的出版时间,ING 和 TROPICOS 记载是:"1907",GCI 和 IK 则记载为"1911"。四者引用的文献相同。【分布】秘鲁,玻利维亚,厄瓜多尔,美国(南部)至阿根廷,中国,西印度群岛。【模式】Castela depressa Turpin。【参考异名】Castelaria Small(1911);Castelia Liebm. (1853)Nom. illegit. (废弃属名);Holacantha A. Gray(1855);Neocastela Small(1911)●

9562 Castelaceae J. Agardh(1858) = Simaroubaceae DC. (保留科名)●

9563 Castelaria Small(1911) = Castela Turpin(1806)(保留属名)[苦木科 Simaroubaceae] ●

9564 Castelia Cav. (1801)(废弃属名) = Pitraea Turcz. (1863) [马鞭草科 Verbenaceae] ■☆

9565 Castelia Liebm. (1853)Nom. illegit. (废弃属名) = Castela Turpin (1806)(保留属名) [苦木科 Simaroubaceae] ●

9566 Castellanoa Traub(1953)【汉】卡斯石蒜属。【隶属】石蒜科 Amaryllidaceae。【包含】世界 1 种。【学名诠释与讨论】〈阴〉(人)Castellano。此属的学名"Castellanoa Traub, Pl. Life 9:69. Jan 1953"是一个替代名称。"Sanmartina Traub, Pl. Life 7:41. Jan 1951"是一个非法名称(Nom. illegit.),因为此前已经有了"Sanmartinia Buchinger, Comm. Inst. Nat. Cienc. Nat. Bot. 1(4):5. 1950 = Eriogonum Michx. (1803) [蓼科 Polygonaceae//野荞麦科 Eriogonaceae]"。故用"Castellanoa Traub(1953)"替代之。【分布】阿根廷,玻利维亚。【模式】Castellanoa marginata (R. E. Fries)Traub [Hippeastrum marginatum R. E. Fries]。【参考异名】Sanmartina Traub(1951)Nom. illegit. ■☆

9567 Castellanosia Cárdenas(1951)【汉】钟花柱属。【日】カステラノシア属。【隶属】仙人掌科 Cactaceae。【包含】世界 1 种。【学名诠释与讨论】〈阴〉(人)Alberto Castellanos, 1897-1968。此属的学名是"Castellanosia H. M. Cárdenas, Cact. Succ. J. (Los Angeles) 23:90. Mai-Jun 1951"。亦有文献把其处理为"Browningia Britton et Rose(1920)"的异名。【分布】玻利维亚。【模式】Castellanosia caineana H. M. Cárdenas。【参考异名】Browningia Britton et Rose(1920)■☆

9568 Castellia Tineo(1846)【汉】堡垒草属。【隶属】禾本科 Poaceae (Gramineae)。【包含】世界 1 种。【学名诠释与讨论】〈阴〉(希)castellum,堡垒。此属的学名,ING、TROPICOS 和 IK 记载是"Castellia Tineo, Pl. Bar. Sicil. Fasc. 1, 17 (1846)"。它曾先后被处理为"Catapodium sect. Castellia (Tineo)Batt. & Trab. , Fl. Alger. Tunisie 390. 1904"、"Catapodium subgen. Castellia (Tineo)Trab. , Flore d' Alger 233. 1895"、"Catapodium subgen. Castellia (Tineo) Trab. , 1895"、"Desmazeria sect. Castellia (Tineo)Bonnet & Barratte,Cat. Rais. Pl. Vasc. Tunisie 482. 1896"和"Festuca sect.

Castellia（Tineo）F. Herm. , Verhandlungen des Botanischen Vereins der Provinz Brandenburg 76：28. 1936"。【分布】巴基斯坦，西班牙（加那利群岛），苏丹，印度，阿拉伯地区，地中海地区。【模式】Castellia tuberculata Tineo。【参考异名】Catapodium sect. Castellia（Tineo）Batt. & Trab.（1904）；Catapodium subgen. Castellia（Tineo）Trab.（1895）；Desmazeria sect. Castellia（Tineo）Bonnet & Barratte（1896）；Festuca sect. Castellia（Tineo）F. Herm.（1936）■☆

9569 Castelnavia Tul. et Wedd.（1849）【汉】巴西苔草属。【隶属】髯管花科 Geniostomaceae。【包含】世界9种。【学名诠释与讨论】〈阴〉（人）Francois Louis Nompar de Caumat de Laporte Castelnau，1810-1880，法国植物学者。【分布】巴西。【后选模式】Castelnavia princepa L. R. Tuslasne et Weddell。【参考异名】Carajaea（Tul.）Wedd.（1873）；Carajaea Wedd.（1873）■☆

9570 Castenedia R. M. King et H. Rob.（1978）【汉】细柱亮泽兰属。【隶属】菊科 Asteraceae（Compositae）//泽兰科 Eupatoriaceae。【包含】世界1种。【学名诠释与讨论】〈阴〉词源不详。此属的学名是"Castenedia R. M. King et H. Robinson 1978"。亦有文献把其处理为"Eupatorium L.（1753）"的异名。【分布】哥伦比亚。【模式】Castenedia santamartensis R. M. King et H. Robinson。【参考异名】Eupatorium L.（1753）■☆

9571 Castiglionia Ruiz et Pav.（1794）Nom. illegit. ≡ Curcas Adans.（1763）；~ = Jatropha L.（1753）（保留属名）［大戟科 Euphorbiaceae］●■

9572 Castilla Cerv.（1794）【汉】橡胶桑属（美胶木属，美胶属，美洲胶属，美洲橡胶树属）。【日】カスチア属，カスチロア属。【俄】Кастилла，Кастиллоа。【英】Castilla, Gum Tree, Gum-tree。【隶属】桑科 Moraceae。【包含】世界3-10种。【学名诠释与讨论】〈阴〉（人）Castillejo，西班牙植物学者。【分布】巴拿马，秘鲁，玻利维亚，厄瓜多尔，哥伦比亚（安蒂奥基亚），哥斯达黎加，古巴，尼加拉瓜，热带美洲，中美洲。【模式】Castilla elastica V. Cervantes。【参考异名】Castilla Sessé；Castilloa Cerv.（1794）Nom. illegit. ；Castilloa Endl.（1837）Nom. illegit. ●☆

9573 Castilla Sessé = Castilla Cerv.（1794）［桑科 Moraceae］●☆

9574 Castilleja Mutis ex L. f.（1782）【汉】火焰草属（卡斯蒂属）。【俄】Касстиллея，Кастилейя，Кастиллейя。【英】Flamegrass, Indian Paint-brosh, Indian Paintbrush, Painted Cup, Paintedcup。【隶属】玄参科 Scrophulariaceae//列当科 Orobanchaceae。【包含】世界30-200种，中国1种。【学名诠释与讨论】〈阴〉（人）Domingo Castillejo，1744-1793，西班牙植物学者。【分布】巴拿马，秘鲁，玻利维亚，厄瓜多尔，哥伦比亚（安蒂奥基亚），美国（密苏里），尼加拉瓜，中国，极地，欧亚大陆，中美洲。【后选模式】Castilleja fissifolia Linnaeus f. 。【参考异名】Castillejoa Post et Kuntze（1903）；Euchroma Nutt.（1818）；Gentrya Breedlove et Heckard（1970）■

9575 Castillejoa Post et Kuntze（1903）= Castilleja Mutis ex L. f.（1782）［玄参科 Scrophulariaceae//列当科 Orobanchaceae］■

9576 Castilloa Cerv.（1794）Nom. illegit. ≡ Castilla Cerv.（1794）［桑科 Moraceae］●☆

9577 Castilloa Endl.（1837）Nom. illegit. ≡ Castilla Cerv.（1794）［桑科 Moraceae］●☆

9578 Castorea Mill.（1754）Nom. illegit. ≡ Duranta L.（1753）［马鞭草科 Verbenaceae//假连翘科 Durantaceae］●

9579 Castra Vell.（1829）= Trixis P. Browne（1756）［菊科 Asteraceae（Compositae）］■●☆

9580 Castratella Naudin（1850）【汉】雄黄牡丹属。【隶属】野牡丹科 Melastomataceae。【包含】世界1种。【学名诠释与讨论】〈阴〉词源不详。【分布】哥伦比亚，委内瑞拉。【模式】Castratella

piloselloides（Bonpland）Naudin［Rhexia piloselloides Bonpland］☆

9581 Castrea A. St. -Hil.（1840）= Phoradendron Nutt.（1848）［桑寄生科 Loranthaceae//美洲桑寄生科 Phoradendraceae］●☆

9582 Castrilanthemum Vogt et Oberpr.（1996）【汉】丁毛菊属。【隶属】菊科 Asteraceae（Compositae）。【包含】世界1种。【学名诠释与讨论】〈中〉词源不详。【分布】欧洲。【模式】Castrilanthemum debeauxii（A. Degen, G. M. J. Hervier et É. Reverchon）R. Vogt et C. Oberprieler［Pyrethrum debeauxii A. Degen, G. M. J. Hervier et É. Reverchon］■☆

9583 Castroa Guiard（2006）= Oncidium Sw.（1800）（保留属名）［兰科 Orchidaceae］■☆

9584 Castronia Noronha（1790）= Helicia Lour.（1790）［山龙眼科 Proteaceae］●

9585 Castroviejoa Galbany, L. Sáez et Benedí（2004）【汉】岛蜡菊属。【隶属】菊科 Asteraceae（Compositae）。【包含】世界2种。【学名诠释与讨论】〈阴〉（人）Castroviejo。此属的学名是"Castroviejoa Galbany, L. Sáez et Benedí, Butlletí de la Institució Catalana d'Història Natural, Secció de Botànica 71：133. 2003［2004］.（Apr 2004）"。亦有文献把其处理为"Xeranthemum L.（1753）"的异名。【分布】澳大利亚。【模式】Castroviejoa frigida（J. J. H. Labillardiere）M. Galbany - Casals, L. Sáez et C. Benedi［Xeranthemum frigidum J. J. H. Labillardiere］。【参考异名】Xeranthemum L.（1753）■☆

9586 Casuarina Adans.（1763）= Casuarina L.（1759）［木麻黄科 Casuarinaceae］●

9587 Casuarina J. R. Forst. et G. Forst.（1776）Nom. illegit.［木麻黄科 Casuarinaceae］☆

9588 Casuarina L.（1759）【汉】木麻黄属。【日】モクマオウ属，モクマワウ属。【俄】Казуарина。【英】Australian - pine, Austrian Pine, Beef Wood, Beefwood, Casuarina, Ironwood, She Oak, She-oak, Swamp Oak。【隶属】木麻黄科 Casuarinaceae。【包含】世界16-65种，中国3-10种。【学名诠释与讨论】〈阴〉（拉）casuarius，食火鸡，源自马来语 kasuari+-inus, -ina, -inum，拉丁文加在名词词干之后，以形成形容词的词尾，含义为"属于、相似、关于、小的"。指枝叶状如食火鸡的羽毛。此属的学名，ING、APNI、TROPICOS 和 IK 记载是"Casuarina L. , Amoen. Acad. , Linnaeus ed. 4：123, 143. 1759［Nov 1759］"。木麻黄科 Casuarinaceae 的"Casuarina J. R. Forst. et G. Forst. , Char. Gen. Pl. , ed. 2. 103. 1776［1 Mar 1776］"是晚出的非法名称。【分布】澳大利亚，巴基斯坦，巴拿马，秘鲁，玻利维亚，东南亚，厄瓜多尔，哥伦比亚（安蒂奥基亚），马达加斯加，尼加拉瓜，中国，热带非洲东部，中美洲。【模式】Casuarina equisetifolia Linnaeus［as 'equisefolia'］。【参考异名】Casuarina Adans. ●

9589 Casuarinaceae R. Br.（1814）（保留科名）【汉】木麻黄科。【日】モクマオウ科，モクマワウ科。【俄】Казуариновые。【英】Beefwood Family, Casuarina Family, She-oak Family。【包含】世界1-4属65-97种，中国1属3-10种。【分布】澳大利亚，热带非洲东部，东南亚。【科名模式】Casuarina L. ●

9590 Catabrosa P. Beauv.（1812）【汉】沿沟草属。【俄】Поручейница。【英】Brookgrass, Whorl - grass。【隶属】禾本科 Poaceae（Gramineae）。【包含】世界2-4种，中国2种。【学名诠释与讨论】〈阴〉（希）katabrosis，吞食，食尽。指颖的先端啮蚀状。【分布】巴基斯坦，玻利维亚，中国，温带。【后选模式】Catabrosa aquatica（Linnaeus）Palisot de Beauvois［Aira aquatica Linnaeus］■

9591 Catabrosella（Tzvelev）Tzvelev（1965）【汉】小沿沟草属。【隶属】禾本科 Poaceae（Gramineae）。【包含】世界6种，中国1种。【学

名诠释与讨论】〈阴〉（属）Catabrosa 沿沟草属+－ellus，－ella，－ellum，加在名词词干后面形成指小式的词尾。或加在人名、属名等后面以组成新属的名称。此属的学名，ING、TROPICOS 和 IK 记载是"Catabrosella（Tzvelev）Tzvelev in Tzvelev et Bolkhovskikh, Bot. Zurn.（Moscow & Leningrad）50：1320（in obs.）. Sep 1965"。它曾被处理为"Colpodium sect. Catabrosella（Tzvelev）Tzvelev, Novosti Sistematiki Vysshchikh Rastenii 1964：14. 1964"。亦有文献把"Catabrosella（Tzvelev）Tzvelev（1965）"处理为"Colpodium Trin.（1820）"的异名。【分布】巴基斯坦，中国，喜马拉雅山，亚洲中部。【模式】Catabrosella humilis（Marschall von Bieberstein）Tzvelev［Aira humilis Marschall von Bieberstein］。【参考异名】Catabrosia Roem. et Schult.（1817）；Colpodium Trin.（1820）；Colpodium sect. Catabrosella（Tzvelev）Tzvelev（1964）■

9592　Catabrosia Roem. et Schult.（1817）＝ Catabrosella（Tzvelev）Tzvelev（1965）［禾本科 Poaceae（Gramineae）］■

9593　Catachaenia Griseb.（1860）＝ Miconia Ruiz et Pav.（1794）（保留属名）［野牡丹科 Melastomataceae//米氏野牡丹科 Miconiaceae］●☆

9594　Catachaetum Hoffmanns.（1842）＝ Catasetum Rich. ex Kunth（1822）［兰科 Orchidaceae］■☆

9595　Catachaetum Hoffmanns. ex L.（1842）＝ Catachaetum Hoffmanns.（1842）；～＝ Catasetum Rich. ex Kunth（1822）［兰科 Orchidaceae］■☆

9596　Catachaetum Hoffmanns. ex Rchb. ＝ Catasetum Rich. ex Kunth（1822）［兰科 Orchidaceae］■☆

9597　Catachenia Griseb. ＝ Miconia Ruiz et Pav.（1794）（保留属名）［野牡丹科 Melastomataceae//米氏野牡丹科 Miconiaceae］●☆

9598　Catacline Edgew.（1847）＝ Tephrosia Pers.（1807）（保留属名）［豆科 Fabaceae（Leguminosae）//蝶形花科 Papilionaceae］●■

9599　Catacolea B. G. Briggs et L. A. S. Johnson（1998）【汉】扁秆帚灯草属。【隶属】帚灯草科 Restionaceae。【包含】世界 1 种。【学名诠释与讨论】〈阴〉词源不详。【分布】澳大利亚（西部）。【模式】Catacolea enodis B. G. Briggs et L. A. S. Johnson。■☆

9600　Catacoma Walp.（1842）＝ Bredemeyera Willd.（1801）；～＝ Catocoma Benth.（1841）［远志科 Polygalaceae］●☆

9601　Catadysia O. E. Schulz（1929）【汉】秘鲁莲座芥属。【隶属】十字花科 Brassicaceae（Cruciferae）。【包含】世界 1 种。【学名诠释与讨论】〈阴〉（希）katadysis，浸渍，镶嵌。【分布】秘鲁。【模式】Catadysia rosulans O. E. Schulz。☆

9602　Catagyna Beauv.（1819）Nom. illegit. ≡ Catagyna Beauv. ex T. Lestib.（1819）＝ Coleochloa Gilly（1943）；～＝ Scleria P. J. Bergius（1765）［莎草科 Cyperaceae］■☆

9603　Catagyna Beauv. ex T. Lestib.（1819）＝ Coleochloa Gilly（1943）［莎草科 Cyperaceae］■☆

9604　Catagyna Hutch. et Dalzell（1936）Nom. illegit. ＝ Coleochloa Gilly（1943）；～＝ Scleria P. J. Bergius（1765）［莎草科 Cyperaceae］■

9605　Catakidozamia W. Hill（1865）＝ Macrozamia Miq.（1842）［苏铁科 Cycadaceae//泽米苏铁科（泽米科）Zamiaceae］●☆

9606　Catalepidia P. H. Weston（1995）＝ Helicia Lour.（1790）［山龙眼科 Proteaceae］●

9607　Catalepis Stapf et Stent（1929）【汉】实心草属。【隶属】禾本科 Poaceae（Gramineae）。【包含】世界 1 种。【学名诠释与讨论】〈阴〉（希）kata（在元音字母和 h 前用 cat－，在辅音字母前用 cata－）向下，下面，反对，沿着+lepis，所有格 lepidos，指小式 lepion 或 lepidion，鳞，鳞片。【分布】非洲南部。【模式】Catalepis gracilis Stapf et Stent。☆

9608　Cataleuca Hort. ex K. Koch ＝ Onoseris Willd.（1803）［菊科 Asteraceae（Compositae）］●■☆

9609　Cataleuca Koch et Fintelm.（1859）Nom. nud. ［菊科 Asteraceae（Compositae）］■☆

9610　Catalium Buch. - Ham. ex Wall.（1831-1832）＝ Carallia Roxb.（1811）（保留属名）［红树科 Rhizophoraceae］●

9611　Catalpa Juss. ＝ Catalpa Scop.（1777）［紫葳科 Bignoniaceae］●

9612　Catalpa Scop.（1777）【汉】梓属（楸属，梓树属）。【日】キササゲ属。【俄】Катальпа。【英】Beantree, Catalpa, Catawba, Indian Bean, Indian Catalpa。【隶属】紫葳科 Bignoniaceae。【包含】世界 11-21 种，中国 4-6 种。【学名诠释与讨论】〈阴〉北美洲印第安语 catalpa，catawba 或 catawaba，kathulpa，为美国梓（Catalpa bignonioides）的俗名。一说来自印度俗名。此属的学名，ING、GCI、TROPICOS 和 IK 记载是"Catalpa Scop., Intr. Hist. Nat. 170. 1777 [Jan-Apr 1777]"。"Catalpa Juss."是其异名。"Catalpium Raf., Princ. Somiol. 27（1814）"是其拼写变体。【分布】巴基斯坦，美国，中国，西印度群岛，东亚，美洲。【模式】Catalpa bignonioides T. Walter［Bignonia catalpa Linnaeus］。【参考异名】Catalpa Juss.；Catalpium Raf.（1814）；Cumbalu Adans.（1763）；Macrocatalpa（Griseb.）Britton（1918）；Macrocatalpa Britton（1918）Nom. illegit.；Talpa Raf.。●

9613　Catalpium Raf.（1814）Nom. illegit. ＝ Catalpa Scop.（1777）［紫葳科 Bignoniaceae］●

9614　Catamixis Thomson（1867）【汉】簇黄菊属。【隶属】菊科 Asteraceae（Compositae）。【包含】世界 1 种。【学名诠释与讨论】〈阴〉（希）kata，向下，下面，反对，沿着+misis 混杂的。或 katamixis，katameixis，混合物。【分布】喜马拉雅山。【模式】Catamixis baccharoides T. Thomson。●☆

9615　Catanance St. - Lag.（1889）＝ Catananche L.（1753）［菊科 Asteraceae（Compositae）］■☆

9616　Catananche L.（1753）【汉】蓝箭菊属（蓝苣属，琉璃菊属）。【日】ルリニカナ属，ルリニガナ属。【俄】Катананхе。【英】Blue Cupidone, Cupid's Dart, Cupid's-dart, Cupid's-darts, Cupidone, Cupids-dart。【隶属】菊科 Asteraceae（Compositae）。【包含】世界 5-6 种。【学名诠释与讨论】〈阴〉（希）katanake，植物俗名。此属的学名，ING、TROPICOS 和 IK 记载是"Catananche L., Sp. Pl. 2：812. 1753 [1 May 1753]"。"Cupidone Lemaire in A. C. V. D. d' Orbigny, Dict. Universel Hist. Nat. 4：464. 1849"和"Cupidonia Bubani, Fl. Pyrenaea 2：47. 1899（sero?）（'1900'）"是"Catananche L.（1753）"的晚出的同模式异名（Homotypic synonym, Nomenclatural synonym）。【分布】地中海地区。【后选模式】Catananche lutea Linnaeus。【参考异名】Catanance St. - Lag.（1889）；Cupidone Lem.（1849）Nom. illegit.；Cupidonia Bubani（1899）Nom. illegit.；Piptocephalum Sch. Bip.（1860）■☆

9617　Catanga Steud.（1840）＝ Cananga（DC.）Hook. f. et Thomson（1855）（保留属名）；～＝ Guatteria Ruiz et Pav.（1794）（保留属名）［番荔枝科 Annonaceae］●☆

9618　Catanthera F. Muell.（1886）【汉】垂药野牡丹属。【隶属】野牡丹科 Melastomataceae。【包含】世界 16 种。【学名诠释与讨论】〈阴〉（希）kata，向下，下，反对，沿着+anthera，花药。【分布】加里曼丹岛，新几内亚岛。【模式】Catanthera lysipetala F. v. Mueller。【参考异名】Hederella Stapf（1895）；Malanthos Stapf（1895）；Melanthos Post et Kuntze（1903）；Phyllapophysis Mansf.（1925）●☆

9619　Catapodium Link（1827）［as ' Catopodium'］【汉】绳柄草属。【日】ルリニカナ属。【英】Catapodium, Fern-grass。【隶属】禾本科 Poaceae（Gramineae）。【包含】世界 2 种。【学名诠释与讨论】〈中〉（希）kata，向下，下，反对，沿着+pous，所有格 podos，指小式 podion，脚，足，柄，梗。podotes，有脚的+－ius，－ia，－ium，在拉丁文和希腊文中，这些词尾表示性质或状态。此属的学名，ING、

TROPICOS、APNI 和 IK 记载是"Catapodium Link, Hortus Berol. 1: 44（'Catopodium'）, 380. Oct-Dec 1827；2：193. Jul-Dec 1833"。它曾先后被处理为"Brachypodium sect. Catapodium（Link）Bluff, Nees & Schauer, Compendium Florae Germaniae 1：93. 1836"、"Desmazeria sect. Catapodium（Link）Bonnet & Barratte, Cat. Rais. Pl. Vasc. Tunisie 482. 1896"、"Festuca［unranked］Catapodium（Link）Endl., Genera Plantarum（Endlicher）101. 1836"、"Poa sect. Catapodium（Link）W. D. J. Koch, Synopsis Florae Germanicae et Helveticae 800. 1837"和"Poa sect. Catapodium（Link）W. D. J. Koch, Synopsis Florae Germanicae et Helveticae（ed. 2）925. 1844.（Nov 1844）"。【分布】巴基斯坦，玻利维亚，地中海地区，欧洲。【模式】Catapodium loliaceum（Hudson）Link［Poa loliacea Hudson］。【参考异名】Brachypodium sect. Catapodium（Link）Bluff, Nees & Schauer（1836）；Catapodium Link（1827）；Desmazeria sect. Catapodium（Link）Bonnet & Barratte（1896）；Festuca［unranked］Catapodium（Link）Endl.（1836）；Narduroides Rouy（1913）；Poa sect. Catapodium（Link）W. D. J. Koch（1837）；Poa sect. Catapodium（Link）W. D. J. Koch（1844）；Scleropoa Griseb.（1846）；Synaphe Dulac（1867）Nom. illegit. ■☆

9620 Catappa Gaertn.（1791）= Terminalia L.（1767）（保留属名）［使君子科 Combretaceae//榄仁树科 Terminaliaceae］●

9621 Catapuntia Müll. Arg.（1866）= Caputia Boehm.［大戟科 Euphorbiaceae］●■

9622 Caputia Boehm. = Ricinus L.（1753）［大戟科 Euphorbiaceae］●■

9623 Caputia Ludw.（1760）= Ricinus L.（1753）［大戟科 Euphorbiaceae］●■

9624 Cataria Adans.（1763）Nom. illegit. = Nepeta L.（1753）［唇形科 Lamiaceae（Labiatae）//荆芥科 Nepetaceae］■●

9625 Cataria Mill.（1754）Nom. illegit. ≡ Nepeta L.（1753）［唇形科 Lamiaceae（Labiatae）//荆芥科 Nepetaceae］■●

9626 Catarsis Post et Kuntze（1903）= Gypsophila L.（1753）；~ = Katarsis Medik.（1787）［石竹科 Caryophyllaceae］■●

9627 Catas Domb. ex Lam.（1786）= Embothrium J. R. Forst. et G. Forst.（1775）［山龙眼科 Proteaceae］●☆

9628 Catasetum L. = Catasetum Rich. ex Kunth（1822）［兰科 Orchidaceae］■☆

9629 Catasetum Rich.（1822）Nom. illegit. = Catasetum Rich. ex Kunth（1822）［兰科 Orchidaceae］■☆

9630 Catasetum Rich. ex Kunth（1822）【汉】龙须兰属。【日】カタセーツム属。【英】Catasetum, Monkflower。【隶属】兰科 Orchidaceae。【包含】世界 70-100 种。【学名诠释与讨论】〈中〉（希）kata，向下，下，反对，沿着+拉丁文 seta =saeta，刚毛，刺毛。指花药向下突起。此属的学名，ING、GCI 和 IK 记载是"Catasetum L. C. Richard ex Kunth, Syn. Pl. 1：330. 9 Dec 1822"。"Catasetum Rich."的命名人引证有误。"Cuculina Rafinesque, Fl. Tell. 4：49. 1838（med.）（'1836'）"是"Catasetum Rich. ex Kunth（1822）"的晚出的同模式异名（Homotypic synonym, Nomenclatural synonym）。【分布】巴拉圭，巴拿马，秘鲁，玻利维亚，厄瓜多尔，哥伦比亚（安蒂奥基亚），哥斯达黎加，尼加拉瓜，热带美洲，中美洲。【模式】Catasetum macrocarpum L. C. Richard ex Kunth。【参考异名】Catachaetum Hoffmanns.（1842）；Catachaetum Hoffmanns. ex Rchb.；Catasetum L.；Catasetum Rich.（1822）Nom. illegit.；Clowesia Lindl.（1843）；Cuculina Raf.（1838）Nom. illegit.；Monacanthus G. Don（1839）；Monachanthus Lindl.（1832）；Myanthus Lindl.（1832）；Warczewitzia Skinner（1850）；Warszewiczia Post et Kuntze（1903）Nom. illegit. ■☆

9631 Cataterophora Steud.（1840）= Catatherophora Steud.（1829）；~ =

Pennisetum Rich.（1805）［禾本科 Poaceae（Gramineae）］■

9632 Catatherophora Steud.（1829）= Pennisetum Rich.（1805）［禾本科 Poaceae（Gramineae）］■

9633 Catatia Humbert（1923）【汉】尖柱鼠麴木属。【隶属】菊科 Asteraceae（Compositae）。【包含】世界 2 种。【学名诠释与讨论】〈阴〉（人）Catat。【分布】马达加斯加。【模式】未指定。●☆

9634 Catenaria Benth.（1852）Nom. illegit. ≡ Ohwia H. Ohashi（1999）；~ = Desmodium Desv.（1813）（保留属名）［豆科 Fabaceae（Leguminosae）//蝶形花科 Papilionaceae］●■

9635 Catenularia Botsch.（1957）Nom. illegit. ≡ Catenulina Soják（1980）［十字花科 Brassicaceae（Cruciferae）］■☆

9636 Catenulina Soják（1980）【汉】塔吉克芥属。【隶属】十字花科 Brassicaceae（Cruciferae）。【包含】世界 1 种。【学名诠释与讨论】〈阴〉（拉）catena，链+linea，linum，线，绳，亚麻。linon 网，也是亚麻古名。此属的学名"Catenulina J. Soják, Cas. Nár. Muz., Rada Prír. 148：193. Oct 1980（'1979'）"是一个替代名称。"Catenularia V. P. Botschantzev, Bot. Mater. Gerb. Bot. Inst. Komarova Akad. Nauk SSSR 18：101. 1957"是一个非法名称（Nom. illegit.），因为此前已经有了真菌的"Catenularia Grove ex P. A. Saccardo, Syll. Fungorum 4：303. 10 Apr 1886"。故用"Catenulina Soják（1980）"替代之。【分布】亚洲中部。【模式】Catenulina hedysaroides（V. P. Bocancev）J. Soják［Catenularia hedysaroides V. P. Bocancev］。【参考异名】Catenularia Botsch.（1957）Nom. illegit.；Chodsha-Kasiana Rauschert（1982）Nom. illegit. ■☆

9637 Catesbaea Gronov., Nom. inval. ≡ Catesbaea Gronov. ex L.（1753）；~ ≡ Catesbaea L.（1753）［茜草科 Rubiaceae］■☆

9638 Catesbaea Gronov. ex L.（1753）≡ Catesbaea L.（1753）［茜草科 Rubiaceae］■☆

9639 Catesbaea L.（1753）【汉】卡德藤属（卡德斯巴牙藤属）。【隶属】茜草科 Rubiaceae。【包含】世界 10-20 种。【学名诠释与讨论】〈阴〉（人）Mark Catesby, 1683-1749，英国博物学者，植物采集家。此属的学名，ING、GCI 和 IK 记载是"Catesbaea Gronovius in Linnaeus, Sp. Pl. 109. 1 Mai 1753"。TROPICOS 则记载为"Catesbaea L., Species Plantarum 1：109. 1753.（1 May 1753）"。"Catesbaea L.（1753）"和"Catesbaea Gronov. ex L.（1753）"都是合法名称。但是"Catesbaea Gronov."是命名起点著作之前的名称，不合法；"Catesbaea Gronovius in Linnaeus"的表述有误。【分布】巴基斯坦，美国（佛罗里达），西印度群岛，中美洲。【模式】Catesbaea spinosa Linnaeus。【参考异名】Catesbaea Gronov. ex L.（1753）；Catesbya Cothen., Nom. inval.；Echinodendrum A. Rich.（1855）■☆

9640 Catesbaeaceae Martinov（1820）= Rubiaceae Juss.（保留科名）●■

9641 Catesbya Cothen., Nom. illegit. = Catesbaea L.（1753）［茜草科 Rubiaceae］■☆

9642 Catevala Medik.（1786）（废弃属名）= Haworthia Duval（1809）（保留属名）；~ = Aloe L.（1753）+Haworthia Duval（1809）（保留属名）［百合科 Liliaceae//阿福花科 Asphodelaceae//芦荟科 Aloaceae］■☆

9643 Catha Forssk.（1775）Nom. inval.（废弃属名）≡ Catha Forssk. ex Schreb.（1777）（废弃属名）；~ = Catha Forssk. ex Scop.（1777）（废弃属名）；~ = Gymnosporia（Wight et Arn.）Benth. et Hook. f.（1862）（保留属名）；~ = Maytenus Molina（1782）［卫矛科 Celastraceae］●

9644 Catha Forssk. ex Schreb.（1777）（废弃属名）；~ ≡ Catha Forssk. ex Scop.（1777）（废弃属名）= Gymnosporia（Wight et Arn.）Benth. et Hook. f.（1862）（保留属名）［卫矛科 Celastraceae］●

9645 Catha Forssk. ex Scop.（1777）（废弃属名）【汉】巧茶属（阿拉伯

茶属,卡茶属)。【俄】Ката,Хат。【英】Arebian-tea,Artfulttea,Cafta,Chat,Khat,Khate Tree。【隶属】卫矛科 Celastraceae。【包含】世界 1 种,中国 1 种。【学名诠释与讨论】〈阴〉(阿)catha,qat 或 khat,植物俗名。一些国家包括中国的植物志都采用"Catha Forssk. ex Scop. ,Intr. Hist. Nat. :228. Jan–Apr 1777"为正名;但这是一个被法规所废弃的名称;与其相应的保留属名是"Gymnosporia (Wight et Arn.) Benth. et Hook. f. ,Gen. Pl. 1:359,365. 7 Aug 1862(裸实属)",由"Celastrus sect. Gymnosporia Wight et Arn. ,Prodr. Fl. Ind. Orient. :159. 10 Oct 1834"改级而来。相应的废弃属名还有"Scytophyllum Eckl. et Zeyh. ,Enum. Pl. Afric. Austral. : 124. Dec 1834 = Elaeodendron Jacq. (1782) = Gymnosporia (Wight et Arn.) Benth. et Hook. f. (1862)(保留属名)","Encentrus C. Presl in Abh. Königl. Böhm. Ges. Wiss. ,ser 5,3:463. Jul – Dec 1845 = Gymnosporia (Wight et Arn.) Benth. et Hook. f. (1862)(保留属名)"和"Polyacanthus C. Presl in Abh. Königl. Böhm. Ges. Wiss. , ser. 5, 3: 463. Jul – Dec 1845 = Gymnosporia (Wight et Arn.) Benth. et Hook. f. (1862)(保留属名)"。"Catha Forssk. , Fl. Aegypt. –Arab:cvii, 63. 1775"是一个未合格发表的名称(Nom. inval.)。"Catha G. Don, Gen. Hist. 2: 9. 1832 [Oct 1832] = Celastrus L. (1753)(保留属名) [卫矛科 Celastraceae]亦须废弃。亦有文献把"Catha Forssk. ex Scop. (1777) (废弃属名)"处理为"Gymnosporia (Wight et Arn.) Benth. et Hook. f. (1862)(保留属名)"的异名。【分布】巴基斯坦,马达加斯加,中国,热带非洲。【后选模式】Catha edulis (Vahl) Endlicher [Celastrus edulis Vahl]。【参考异名】Catha Forssk. (1775) Nom. inval. (废弃属名);Catha Forssk. ex Schreb. (1777) (废弃属名);Dillonia Sacleux(1932);Gymnosporia (Wight et Arn.) Benth. et Hook. f. (1862) (保留属名);Lydenburgia N. Robson(1965);Maytenus Molina(1782)●

9646　Catha G. Don (1832) Nom. illegit. (废弃属名) = Celastrus L. (1753)(保留属名) [卫矛科 Celastraceae]●

9647　Cathanthes Rich. (1815) = Tetroncium Willd. (1808) [水麦冬科 Juncaginaceae]■☆

9648　Catharanthus G. Don(1837)【汉】长春花属。【日】ニチニチソウ属。【英】Periwinkle。【隶属】夹竹桃科 Apocynaceae。【包含】世界 8 种,中国 1 种。【学名诠释与讨论】〈阳〉(希)katharos,纯洁的+anthos,花。此属的学名,ING、APNI、TROPICOS 和 IK 记载是"Catharanthus G. Don, A General History of Dichlamydeous Plants 4 1837"。"Ammocallis J. K. Small, Fl. Southeast U. S. 935. Jul 1903"和"Lochnera H. G. L. Reichenbach ex Endlicher, Gen. 583. Aug 1838"是"Catharanthus G. Don(1837)"的晚出的同模式异名(Homotypic synonym, Nomenclatural synonym)。亦有文献把"Catharanthus G. Don(1837)"处理为"Vinca L. (1753)"的异名。【分布】巴基斯坦,巴拿马,玻利维亚,厄瓜多尔,哥伦比亚(安蒂奥基亚),马达加斯加,尼加拉瓜,中国,中美洲。【后选模式】Catharanthus roseus (Linnaeus) G. Don [Vinca rosea Linnaeus]。【参考异名】Ammocallis Small(1903) Nom. illegit. ;Lochnera Endl. (1838) Nom. illegit. , Nom. inval. ;Lochnera Rchb. (1828) Nom. inval. ,Nom. illegit. ;Lochnera Rchb. ex Endl. (1838) Nom. illegit. ;Vinca L. (1753)●■

9649　Cathariostachys S. Dransf. (1998)【汉】洁穗禾属。【隶属】禾科 Poaceae(Gramineae)。【包含】世界 2 种。【学名诠释与讨论】〈阴〉(希)katharos,纯洁的+stachys,穗,谷,长钉。【分布】马达加斯加。【模式】Cathariostachys capitata (Kunth) S. Dransf. 。●☆

9650　Cathartocarpus Pers. (1805) Nom. illegit. ≡ Cassia L. (1753)(保留属名) [豆科 Fabaceae (Leguminosae)//云实科 (苏木科) Caesalpiniaceae]●■

9651　Cathartolinum Rchb. (1837) = Linum L. (1753) ; ~ = Mesynium Raf. (1837) [亚麻科 Linaceae]●■

9652　Cathastrum Turcz. (1858) = Pleurostylia Wight et Arn. (1834) [卫矛科 Celastraceae]●

9653　Cathaya Chun et Kuang(1962)【汉】银杉属。【英】Cathay Silver Fir。【隶属】松科 Pinaceae。【包含】世界 1 种,中国 1 种。【学名诠释与讨论】〈阴〉(汉)cathaya,华夏(中国古称)。指其为中国特有属植物。【分布】中国。【模式】Cathaya argyrophylla W. –Y. Chun et K. –Z. Kuang。●★

9654　Cathayambar(Harms) Nakai (1943) = Liquidambar L. (1753) [金缕梅科 Hamamelidaceae//枫香树科(枫香科)Liquidambaraceae]●

9655　Cathayanthe Chun(1946)【汉】扁蒴苣苔属。【英】Cathayanthe。【隶属】苦苣苔科 Gesneriaceae。【包含】世界 1 种,中国 1 种。【学名诠释与讨论】〈中〉(汉)cathaya,华夏(中国古称)+希腊文 anthos,花。antheros,多花的。antheo,开花。希腊文 anthos 亦有"光明、光辉、优秀"之义。【分布】中国。【模式】Cathayanthe biflora W. –Y. Chun。■★

9656　Cathayeia Ohwi(1931) Nom. illegit. ≡ Idesia Maxim. (1866) (保留属名) [刺篱木科 (大风子科) Flacourtiaceae]●

9657　Cathcartia Hook. f. (1851) = Meconopsis R. Vig. ex DC. (1821) [罂粟科 Papaveraceae]■

9658　Cathea Salisb. (1812) = Calopogon R. Br. (1813)(保留属名) [兰科 Orchidaceae]■☆

9659　Cathedra Miers (1852)【汉】椅树属。【隶属】铁青树科 Olacaceae。【包含】世界 11 种。【学名诠释与讨论】〈阴〉(希)cathedra,坐位,椅子。【分布】秘鲁,玻利维亚,厄瓜多尔,热带南美洲。【后选模式】Cathedra rubricaulis Miers。【参考异名】Diplocrater Benth. (1851)●☆

9660　Cathedraceae Tiegh. (1899) = Olacaceae R. Br. (保留科名)●

9661　Cathestecum J. Presl(1830)【汉】假格兰马草属。【隶属】禾科 Poaceae(Gramineae)。【包含】世界 5 种。【学名诠释与讨论】〈中〉(希)katestekotos,固定。【分布】美国(南部),墨西哥,中美洲。【模式】Cathestecum prostratum J. S. Presl。■☆

9662　Cathetostema Blume (1849) = Hoya R. Br. (1810) [萝藦科 Asclepiadaceae]●

9663　Cathetostemma Blume (1849) = Hoya R. Br. (1810) [萝藦科 Asclepiadaceae]●

9664　Cathetus Lour. (1790) = Phyllanthus L. (1753) [大戟科 Euphorbiaceae//叶下珠科(叶萝藦科)Phyllanthaceae]●■

9665　Cathissa Salisb. (1866)【汉】短梗风信子属。【隶属】风信子科 Hyacinthaceae//百合科 Liliaceae。【包含】世界 4 种。【学名诠释与讨论】〈阴〉词源不详。此属的学名是"Cathissa, R. A. Salisbury, Gen. 34. Apr – Mai 1866"。亦有文献把其处理为"Ornithogalum L. (1753)"的异名。【分布】参见 Ornithogalum L. (1753)。【模式】未指定。【参考异名】Ornithogalum L. (1753)■☆

9666　Cathormion(Benth.) Hassk. (1855)【汉】链荚欢属。【隶属】豆科 Fabaceae(Leguminosae)//含羞草科 Mimosaceae。【包含】世界 15 种。【学名诠释与讨论】〈中〉(希)kathormion,链,项圈。此属的学名,ING 和 APNI 都记载记载是"Cathormion (Benth.) Hassk. ,Retzia sive Observationes Botanicae, quas in primis in horto botanico Bogoriensi mensibus Februario ad Julium 1855 1 1855";但是都未给基源异名。而 IK 和 TROPICOS 则记载为"Cathormion Hassk. , Retzia i. 231 (1855)"。亦有文献把"Cathormion (Benth.) Hassk. (1855)"处理为"Albizia Durazz. (1772)"的异名。【分布】巴拉圭,玻利维亚。【模式】Cathormion moniliferum (Decaisne) Hasskarl [Inga monilifera Decaisne]。【参考异名】Albizia Durazz. (1772);Cathormion Hassk. (1855) Nom. illegit. ●☆

9667　Cathormion Hassk. (1855) Nom. illegit. ≡ Cathormion (Benth.) Hassk. (1855); ~ = Albizia Durazz. (1772)［豆科 Fabaceae (Leguminosae)］●

9668　Catila Ravenna (1983) = Calydorea Herb. (1843)［鸢尾科 Iridaceae］■☆

9669　Catimbium Holtt. = Alpinia Roxb. (1810) (保留属名)［姜科(蘘荷科) Zingiberaceae//山姜科 Alpiniaceae］■

9670　Catimbium Juss. (1789) = Alpinia Roxb. (1810) (保留属名); ~ = Renealmia L. f. (1782) (保留属名)［姜科(蘘荷科) Zingiberaceae//山姜科 Alpiniaceae］■☆

9671　Catinga Aubl. (1775) = Calycorectes O. Berg (1856)［桃金娘科 Myrtaceae］●☆

9672　Catis O. F. Cook (1901) Nom. illegit. ≡ Euterpe Mart. (1823) (保留属名)［棕榈科 Arecaceae(Palmae)］●☆

9673　Catoblastus H. Wendl. (1860)【汉】巴帕椰属。【隶属】棕榈科 Arecaceae(Palmae)。【包含】世界 17 种。【学名诠释与讨论】〈阳〉(希)kato-,向下,下面,劣等的+blastos,芽,胚,嫩枝,枝,花。【分布】巴拿马,秘鲁,热带南美洲,中美洲。【模式】Catoblastus praemorsus (Willdenow) H. Wendland ［Oreodoxa praemorsa Willdenow］。【参考异名】Acrostigma O. F. Cook et Doyle(1913);Catostigma O. F. Cook et Doyle(1913)●☆

9674　Catocoma Benth. (1841) = Bredemeyera Willd. (1801)［远志科 Polygalaceae］●☆

9675　Catocoryne Hook. f. (1867)【汉】蔓牡丹属。【隶属】野牡丹科 Melastomataceae。【包含】世界 1 种。【学名诠释与讨论】〈阴〉(希)kato-,向下,下面,劣等的+coryne,棍棒。【分布】秘鲁。【模式】Catocoryne linnaeoides J. D. Hooker。●☆

9676　Catodiacrum Dulac (1867) Nom. illegit. ≡ Orobanche L. (1753)［列当科 Orobanchaceae//玄参科 Scrophulariaceae］■

9677　Catoferia(Benth.) Benth. (1867)【汉】疏蕊无梗花属。【隶属】唇形科 Lamiaceae(Labiatae)。【包含】世界 4 种。【学名诠释与讨论】〈阴〉(希)kato-,向下,下面,劣等的+拉丁文 fero 生育。此属的学名,GCI 记载是“ Catoferia (Benth.) Benth., Gen. Pl. [Bentham et Hooker f.] 2(2):1163,1173. 1876［May 187］”,由“Orthosiphon sect. Catoferia Benth. Prodr.［A. P. de Candolle］12:53. 1848［5 Nov 1848］”改级而来。【分布】墨西哥,中美洲。【模式】Catoferia spicata (Benth.) Benth.。【参考异名】Catopheria Benth. (1876) Nom. illegit.;Orthosiphon sect. Catoferia Benth. (1848)●■☆

9678　Catolesia D. J. N. Hind (2000)【汉】落苞柄泽兰属。【隶属】菊科 Asteraceae(Compositae)。【包含】世界 1 种。【学名诠释与讨论】〈阴〉词源不详。【分布】巴西。【模式】mentiens D. J. N. Hind。■☆

9679　Catolobus(C. A. Mey.) Al-Shehbaz(2005)【汉】垂片荠属。【隶属】十字花科 Brassicaceae(Cruciferae)。【包含】世界 1 种。【学名诠释与讨论】〈阳〉(希)kato-,向下,下面,劣等的+lobus,裂片。此属的学名,INPI 记载是“ Catolobus (C. A. Mey.) Al-Shehbaz,Novon 15(4):520. 2005［12 Dec 2005］”,由“ Arabis sect. Catolobus C. A. Mey. Fl. Altaic.[Ledebour]. 3:20. 1831”改级而来。【分布】俄罗斯。【模式】Catolobus pendulus (L.) Al-Shehbaz。■☆

9680　Catonia Moench (1794) Nom. illegit. = Crepis L. (1753)［菊科 Asteraceae(Compositae)］■

9681　Catonia P. Browne(1756) = Miconia Ruiz et Pav. (1794) (保留属名)［野牡丹科 Melastomataceae//米氏野牡丹科 Miconiaceae］●☆

9682　Catonia Vahl(1810) Nom. illegit. = Erycibe Roxb. (1802)［旋花科 Convolvulaceae//丁公藤科 Erycibaceae］●

9683　Catonia Vell. (1829) Nom. illegit. = Symplocos Jacq. (1760)［山矾科(灰木科) Symplocaceae］●

9684　Catopheria Benth. (1876) Nom. illegit. = Catoferia (Benth.) Benth. (1867)［唇形科 Lamiaceae(Labiatae)］●■☆

9685　Catophractes D. Don (1839)【汉】南非刺葳属。【隶属】紫葳科 Bignoniaceae。【包含】世界 1 种。【学名诠释与讨论】〈阴〉(希)kato-,向下,下面,劣等的+phractos 围起来的,有保护的。【分布】热带和非洲南部。【模式】Catophractes alexandrii D. Don［as ‘alexandri’］●☆

9686　Catophyllum Poht ex Baker(1876) = Mikania Willd. (1803) (保留属名)［菊科 Asteraceae(Compositae)］■

9687　Catopodium Link (1827) = Catapodium Link (1827)［as ‘Catopodium’］［禾本科 Poaceae(Gramineae)］■☆

9688　Catopsis Griseb. (1864)【汉】卡凤梨属(拟卡铁凤)。【隶属】凤梨科 Bromeliaceae。【包含】世界 17-19 种。【学名诠释与讨论】〈阴〉(希)katopsios,看得见的。此属的学名“Catopsis Grisebach, Nachr. Königl. Ges. Wiss. Georg-Augusts-Univ. 1864”是一个替代名称。“ Tussacia Willdenow ex J. G. Beer, Fam. Bromel. 21, 99. Sep-Oct 1856(‘1857’)”是一个非法名称(Nom. illegit.),因为此前已经有了“Tussacia Willdenow ex J. A. Schultes et J. H. Schultes in J. J. Roemer et J. A. Schultes, Syst. Veg. 7(1):x, 57. 1829 = Catopsis Griseb. (1864)［凤梨科 Bromeliaceae］”等。故用“Catopsis Griseb. (1864)”替代之。“Pogospermum Brongniart, Ann. Sci. Nat. Bot. ser. 5. 1:327. Jun 1864”也是“Catopsis Griseb. (1864)”的晚出的同模式异名(Homotypic synonym, Nomenclatural synonym)。【分布】巴拿马,秘鲁,玻利维亚,厄瓜多尔,哥伦比亚(安蒂奥基亚),哥斯达黎加,美国(佛罗里达),墨西哥,尼加拉瓜,西印度群岛,热带南美洲,中美洲。【后选模式】Catopsis nitida (W. J. Hooker) Grisebach［Tillandsia nitida W. J. Hooker］。【参考异名】Pogospermum Brongn. (1864) Nom. illegit.;Tussacia Beer(1856) Nom. illegit.;Tussacia Klotzsch ex Beer(1856) Nom. illegit.;Tussacia Willd. ex Beer (1856) Nom. illegit.;Tussacia Willd. ex Schult. et Schult. f. (1829) Nom. illegit.■☆

9689　Catosperma Benth. (1868) Nom. illegit. = Goodenia Sm. (1794)［草海桐科 Goodeniaceae］●■☆

9690　Catospermum Benth. (1868) = Goodenia Sm. (1794)［草海桐科 Goodeniaceae］●■☆

9691　Catostemma Benth. (1843)【汉】垂冠木棉属。【隶属】木棉科 Bombacaceae//锦葵科 Malvaceae。【包含】世界 8-11 种。【学名诠释与讨论】〈中〉(希)kato-,向下,下面,劣等的+stemma,所有格 stemmatos,花冠,花环,王冠。【分布】巴西,厄瓜多尔,哥伦比亚,几内亚。【模式】Catostemma fragrans Bentham。【参考异名】Guenetia Sagot ex Benoist(1919);Guenetia Sagot (1919) Nom. illegit.■●☆

9692　Catostigma O. F. Cook et Doyle(1913) = Catoblastus H. Wendl. (1860)［棕榈科 Arecaceae(Palmae)］●☆

9693　Catsjopiri Rumph. = Gardenia J. Ellis(1761) (保留属名)［茜草科 Rubiaceae//栀子科 Gardeniaceae］●

9694　Cattimarus Kuntze(1891) Nom. illegit. ≡ Cattimarus Rumph. ex Kuntze(1891) Nom. illegit.; ~ = Kleinhovia L. (1763)［梧桐科 Sterculiaceae//锦葵科 Malvaceae］●

9695　Cattimarus Rumph. (1743) Nom. inval. ≡ Cattimarus Rumph. ex Kuntze(1891) Nom. illegit.; ~ ≡ Kleinhovia L. (1763)［梧桐科 Sterculiaceae//锦葵科 Malvaceae］●

9696　Cattimarus Rumph. ex Kuntze(1891) Nom. illegit. ≡ Kleinhovia L. (1763)［梧桐科 Sterculiaceae//锦葵科 Malvaceae］●

9697　Cattleya Lindl. (1821)【汉】卡特兰属(布袋兰属,嘉德利亚兰

属,卡特丽亚兰属)。【日】カトレヤ属。【俄】Каттлея。【英】Cattleya。【隶属】兰科 Orchidaceae。【包含】世界 45-60 种,中国 15 种。【学名诠释与讨论】〈阴〉(人) William Cattley, 1788-1835,英国珍奇植物搜集家、园艺家。【分布】巴拿马,秘鲁,玻利维亚,厄瓜多尔,哥伦比亚(安蒂奥基亚),哥斯达黎加,墨西哥,尼加拉瓜,中国,西印度群岛,热带南美洲,中美洲。【模式】Cattleya labiata J. Lindley。【参考异名】Brasilaelia Campacci (2006); Cattleyella Van den Berg et M. W. Chase (2004); Chironiella Braem (2006); Maclenia Dumort.; Maelenia Dumort. (1834); Phaedrosanthus Post et Kuntze (1903); Schluckebieria Braem(2004)■

9698　Cattleyella Van den Berg et M. W. Chase(2004)【汉】小卡特兰属。【隶属】兰科 Orchidaceae。【包含】世界 1 种。【学名诠释与讨论】〈阴〉(属) Cattleya 卡特兰属(布袋兰属,嘉德利亚兰属,卡特丽亚兰属)+-ellus, -ella, -ellum,加在名词词干后面形成指小式的词尾。或加在人名、属名等后面以组成新属的名称。此属的学名是"Cattleyella Van den Berg & M. W. Chase, Boletim, Coordenadoria das Associacoes Orquidsfilas do Brasil 52: 100. 2004. (Bol. CAOB)"。亦有文献把"Cattleyella Van den Berg et M. W. Chase(2004)"处理为"Cattleya Lindl. (1821)"的异名。【分布】巴西。【模式】Cattleyella araguaiensis (Pabst) Van den Berg et M. W. Chase。【参考异名】Cattleya Lindl. (1821)■☆

9699　Cattleyopsis Lem. (1854)【汉】拟卡特兰属。【日】カトレイオパシス属。【隶属】兰科 Orchidaceae。【包含】世界 2 种。【学名诠释与讨论】〈阴〉(属) Cattleya 卡特兰属+希腊文 opsis,外观,模样,相似。此属的学名是"Cattleyopsis Lemaire, Jard. Fleur. 4: misc. 59. 1 Aug 1853"。亦有文献把其处理为"Broughtonia R. Br. (1813)"的异名。【分布】西印度群岛。【模式】Cattleyopsis delicatula Lemaire。【参考异名】Broughtonia R. Br. (1813)■☆

9700　Cattutella Rchb. = Katoutheka Adans. (1763)(废弃属名); ~ = Wendlandia Bartl. ex DC. (1830)(保留属名)[茜草科 Rubiaceae]●

9701　Catu-Adamboe Adans. (1763) = Lagerstroemia L. (1759)[千屈菜科 Lythraceae//紫薇科 Lagerstroemiaceae]●

9702　Catunaregam Adans. ex Wolf (1776) Nom. illegit. ≡ Catunaregam Wolf(1776)[茜草科 Rubiaceae//山黄皮科 Randiaceae]●

9703　Catunaregam Wolf (1776)【汉】山石榴属。【英】Wild Pomegranate。【隶属】茜草科 Rubiaceae//山黄皮科 Randiaceae。【包含】世界 5-10 种,中国 1 种。【学名诠释与讨论】〈阴〉来自印度西南部方言 Catu-naregam, Katu,森林,丛林+naregam,柑橘。此属的学名, ING、TROPICOS 和 IK 记载是"Catunaregam Wolf, Gen. Pl. 75(1776); vide Ross in Acta Bot. Neerl. xv. 156(1966)";《中国植物志》英文版和《巴基斯坦植物志》亦使用此名称。"Catunaregam Adans. ex Wolf(1776) Nom. illegit. ≡ Catunaregam Wolf(1776)"的命名人引证有误。"Catunaregam Adans. ex Wolf"似为误记。亦有文献把"Catunaregam Wolf(1776)"处理为"Randia L. (1753)"的异名。【分布】巴基斯坦,马达加斯加,中国,热带非洲,热带亚洲,中美洲。【后选模式】Catunaregam spinosa (Thunberg) D. D. Tirvengadum [Gardenia spinosa Thunberg]。【参考异名】Canthopsis Miq. (1857); Ceriscus Gaertn. (1788) Nom. inval.; Ceriscus Gaertn. ex Nees(1825); Ceriscus Nees (1825) Nom. inval.; Lachnosiphonium Hochst. (1842); Leiopogon T. Durand et Schinz; Lejopogon Post et Kuntze(1903); Lepipogon G. Bertol. (1853); Narega Raf. (1838); Randia L. (1753); Xeromphis Raf. (1838)●

9704　Caturus L. (1767) = Acalypha L. (1753)[大戟科 Euphorbiaceae//铁苋菜科 Acalyphaceae]●■

9705　Caturus Lour. (1790) Nom. illegit. = Malaisia Blanco (1837)[桑科 Moraceae]●

9706　Catutsjeron Kuntze = Holigarna Buch. -Ham. ex Roxb. (1820)(保留属名)[漆树科 Anacardiaceae]●☆

9707　Catyona Lindl. (1847) = Crepis L. (1753); ~ = Gatyona Cass. (1818)[菊科 Asteraceae(Compositae)]■

9708　Caucaea Schltr. (1920)【汉】考卡兰属(高加兰属)。【隶属】兰科 Orchidaceae。【包含】世界 1 种。【学名诠释与讨论】〈阴〉(地) Cauca,考卡,位于哥伦比亚。此属的学名, ING、GCI 和 IK 记载是"Caucaea Schlechter, Repert. Spec. Nov. Regni Veg. Beih. 7: 189. 31 Jan 1920"。"Caucaea Schltr. et Mansf., Repert. Spec. Nov. Regni Veg. 35: 342, descr. emend. 1934"修订了属的描述。【分布】哥伦比亚。【模式】Caucaea obscura (Lehmann et Kraenzlin) Schlechter [Rodriguezia obscura Lehmann et Kraenzlin]。【参考异名】Abels Lindl.; Abola Lindl. (1853) Nom. illegit.; Caucaea Schltr. et Mansf. (1934) descr. emend. ■☆

9709　Caucaea Schltr. et Mansf. (1934) descr. emend. = Caucaea Schltr. (1920) [兰科 Orchidaceae]■☆

9710　Caucalidaceae Bercht. et J. Presl = Apiaceae Lindl. (保留科名); ~ = Umbelliferae Juss. (保留科名)■●

9711　Caucaliopsis H. Wolff (1921)【汉】拟小窃衣属。【隶属】伞形花科(伞形科) Apiaceae(Umbelliferae)。【包含】世界 1 种。【学名诠释与讨论】〈阴〉(属) Caucalis 小窃衣属(高加利属,高卡利属)+希腊文 opsis,外观,模样,相似。此属的学名是"Caucaliopsis H. Wolff, Bot. Jahrb. Syst. 57: 221. 6 Mai 1921"。亦有文献把其处理为"Agrocharis Hochst. (1844)"的异名。【分布】热带非洲东部。【模式】Caucaliopsis stolzii H. Wolff。【参考异名】Agrocharis Hochst. (1844)■☆

9712　Caucalis L. (1753)【汉】小窃衣属(高加利属,高卡利属)。【俄】Принцепник。【英】Bur parsley, False Carrot。【隶属】伞形花科(伞形科) Apiaceae(Umbelliferae)。【包含】世界 1-4 种。【学名诠释与讨论】〈阴〉(希) Tordylium apulum 的希腊名转用。此属的学名, ING、APNI、TROPICOS 和 IK 记载是"Caucalis L., Sp. Pl. 1: 240. 1753 [1 May 1753]"。"Muitis Rafinesque, Good Book 54. Jan 1840"和"Nigera Bubani, Fl. Pyrenaea 2: 404. Dec 1899"是"Caucalis L. (1753)"的晚出的同模式异名(Homotypic synonym, Nomenclatural synonym)。亦有文献把"Caucalis L. (1753)"处理为"Agrocharis Hochst. (1844)"的异名。【分布】巴基斯坦,欧洲至亚洲中部。【后选模式】Caucalis daucoides Linnaeus。【参考异名】Ageomoron Raf. (1840); Agrocharis Hochst. (1844); Caucaloides Fabr. (1759) Nom. illegit.; Caucaloides Heist. ex Fabr. (1759) Nom. illegit.; Daucalis Pomel (1874); Glochidotheca Fenzl (1843); Lappularia Pomel (1874); Muitis Raf. (1840) Nom. illegit.; Nigera Bubani (1899) Nom. illegit.; Pullipes Raf. (1840); Yabea Koso-Pol. (1914)■☆

9713　Caucaloides Fabr. (1759) Nom. illegit. ≡ Caucaloides Heist. ex Fabr. (1759) Nom. illegit.; ~ = Caucalis L. (1753) [伞形花科(伞形科) Apiaceae(Umbelliferae)]■☆

9714　Caucaloides Heist. ex Fabr. (1759) Nom. illegit. = Caucalis L. (1753) [伞形花科(伞形科) Apiaceae(Umbelliferae)]■☆

9715　Caucanthus Forssk. (1775)【汉】考卡花属。【隶属】金虎尾科(黄褥花科) Malpighiaceae。【包含】世界 3-5 种。【学名诠释与讨论】〈阳〉(地) Cauca,考卡,位于哥伦比亚+anthos,花。antheros,多花的。antheo,开花。此属的学名, ING、TROPICOS 和 IK 记载是"Caucanthus Forssk., Fl. Aegypt. -Arab. 91 (1775) [1 Oct 1775]"。【分布】阿拉伯地区,非洲东部。【模式】Caucanthus edulis Forsskål。【参考异名】Diaspis Nied. (1891); Eriocaucanthus (Nied.) Chiov. (1912); Eriocaucanthus Chiov. (1912) Nom. illegit.

●☆

9716 Caucanthus Raf. , Nom. illegit. = Sterculia L. (1753) [梧桐科 Sterculiaceae//锦葵科 Malvaceae]●

9717 Caucasalia B. Nord. (1997)【汉】高加索菊属。【隶属】菊科 Asteraceae(Compositae)。【包含】世界 4 种。【学名诠释与讨论】〈阴〉(拉)caucasus, 高加索的+alia 属于。【分布】高加索。【模式】不详。■☆

9718 Caudanthera Plowes(1995)【汉】尾药萝藦属。【隶属】萝藦科 Asclepiadaceae。【包含】世界 3 种。【学名诠释与讨论】〈阴〉(拉)cauda, 尾+anthera, 花药。【分布】阿拉伯半岛。【模式】不详。■☆

9719 Caudicia Ham. ex Wight =Parsonsia R. Br. (1810)(保留属名)[夹竹桃科 Apocynaceae]●

9720 Caudoleucaena Britton et Rose (1928) = Leucaena Benth. (1842)(保留属名)[豆科 Fabaceae (Leguminosae)//含羞草科 Mimosaceae]●

9721 Caudoxalis Small (1918) = Oxalis L. (1753) [酢浆草科 Oxalidaceae]●

9722 Caulangis Thouars =Angraecum Bory(1804)[兰科 Orchidaceae]■

9723 Caulanthus S. Watson(1871)【汉】甘蓝花属。【隶属】十字花科 Brassicaceae(Cruciferae)。【包含】世界 15 种。【学名诠释与讨论】〈阳〉(希)kaulos =拉丁文 caulis, 指小式 cauliculus, 茎, 干, 亦指甘蓝+anthos, 花。【分布】美国(西部)。【后选模式】Caulanthus crassicaulis (Torrey) S. Watson [Streptanthus crassicaulis Torrey]。【参考异名】Guillenia Greene (1906); Microsisymbrium O. E. Schulz (1924) Nom. illegit. ; Stanfordia S. Watson(1880)■☆

9724 Caularthron Raf. (1837)【汉】双角兰属。【隶属】兰科 Orchidaceae。【包含】世界 3 种。【学名诠释与讨论】〈中〉(希)kaulos, 茎, 干+arthron, 关节。【分布】巴拿马, 厄瓜多尔, 哥斯达黎加, 尼加拉瓜, 中美洲。【模式】未指定。【参考异名】Diacrium (Lindl.)Benth. (1881); Diacrium Benth. (1881) Nom. illegit.■☆

9725 Caulinia DC. (1805) Nom. illegit. ≡Posidonia K. D. König(1805)(保留属名)[眼子菜科 Potamogetonaceae//波喜荡草科(波喜荡科, 海草科, 海神草科)Posidoniaceae]■

9726 Caulinia Moench (1802) Nom. illegit. ≡ Kennedia Vent. (1805) [豆科 Fabaceae(Leguminosae)//蝶形花科 Papilionaceae]●☆

9727 Caulinia Willd. (1801) = Najas L. (1753) [茨藻科 Najadaceae]■

9728 Caulipsolon Klak (1998) Nom. inval. = Mesembryanthemum L. (1753)(保留属名)[番杏科 Aizoaceae//龙须海棠科(日中花科)Mesembryanthemaceae]■●

9729 Caulipsolon Klak(2002) = Mesembryanthemum L. (1753)(保留属名)[番杏科 Aizoaceae//龙须海棠科(日中花科)Mesembryanthemaceae]■●

9730 Caullinia Raf. (1808) = Hippuris L. (1753) [杉叶藻科 Hippuridaceae]■

9731 Caulobryon Klotzsch ex C. DC. (1869) = Piper L. (1753) [胡椒科 Piperaceae]●■

9732 Caulocarpus Baker f. (1926)【汉】茎果豆属。【隶属】豆科 Fabaceae(Leguminosae)。【包含】世界 1 种。【学名诠释与讨论】〈阳〉(希)kaulos, 茎, 干+karpos, 果实。此属的学名是"Caulocarpus E. G. Baker, Legum. Trop. Africa 169. Jan 1926"。亦有文献把其处理为"Tephrosia Pers. (1807)(保留属名)"的异名。【分布】安哥拉。【模式】Caulocarpus gossweileri E. G. Baker。【参考异名】Tephrosia Pers. (1807)(保留属名)●☆

9733 Caulokaempferia K. Larsen (1964)【汉】大苞姜属。【英】Bigbractginger。【隶属】姜科(蘘荷科)Zingiberaceae。【包含】世界 10 种, 中国 1 种。【学名诠释与讨论】〈阴〉(希)kaulos, 茎, 干+(属)Kaempferia 山柰属。【分布】中国, 喜马拉雅山至东南亚。【模式】Caulokaempferia linearis (N. Wallich) Larsen [Kaempferia linearis N. Wallich]。【参考异名】Jirawongsea Picheans. (2008)■

9734 Cauloma Raf. = Verbesina L. (1753)(保留属名)[菊科 Asteraceae(Compositae)]●■☆

9735 Caulophyllum Michx. (1803)【汉】红毛七属(红三七属, 类叶杜鹃属, 类叶牡丹属, 威岩仙属, 葳岩仙属, 岩威仙属)。【日】ハイヨウボタン属, ルイヨウボタン属, ルヰエフボタン属。【俄】Каулофилум, Стеблелист。【英】Blue Cohosh, Cohosh, Papoose Root, Squaw-root。【隶属】小檗科 Berberidaceae//狮足草科 Leonticaceae。【包含】世界 3 种, 中国 1 种。【学名诠释与讨论】〈中〉(希)kaulos, 茎, 干+希腊文 phyllon, 叶子。此属的学名, ING、TROPICOS、GCI 和 IK 记载是"Caulophyllum A. Michaux, Fl. Bor. - Amer. 1: 204. t. 21. 19 Mar 1803"。"Phtheirotheca C. Maximowicz ex E. Regel, Bull. Cl. Phys. - Math. Acad. Imp. Sci. Saint-Pétersbourg 15: 223. 17 Jan 1857"是"Caulophyllum Michx. (1803)"的晚出的同模式异名(Homotypic synonym, Nomenclatural synonym)。【分布】美国, 中国, 亚洲东北部, 北美洲。【模式】Caulophyllum thalictroides (Linnaeus) A. Michaux [Leontice thalictroides Linnaeus]。【参考异名】Phtheirotheca Maxim. ex Regel(1857)●■

9736 Caulopsis Fourr. (1868) Nom. inval. = Arabis L. (1753) [十字花科 Brassicaceae(Cruciferae)]●■

9737 Caulostramina Rollins(1973)【汉】石缝铁线芥属。【隶属】十字花科 Brassicaceae(Cruciferae)。【包含】世界 1 种。【学名诠释与讨论】〈阴〉(希)kaulos, 茎, 干+stramen, 稻草, 麦秆+-inus, -ina, -inum 拉丁文加在名词词干之后, 以形成形容词的词尾, 含义为"属于、相似、关于、小的"。含义指秆淡黄色。【分布】美国(西南部)。【模式】Caulostramina jaegeri (R. C. Rollins) R. C. Rollins [Thelypodium jaegeri R. C. Rollins]■☆

9738 Caulotretus Rich. ex Spreng. (1827) Nom. illegit. ≡ Caulotretus (DC.) Rich. ex Spreng. (1827) Nom. illegit. ; ~ = Bauhinia L. (1753) [豆科 Fabaceae (Leguminosae)//云实科(苏木科)Caesalpiniaceae//羊蹄甲科 Bauhiniaceae]●

9739 Caulotulis Raf. (1838) = Ipomoea L. (1753)(保留属名)[旋花科 Convolvulaceae]●■

9740 Causea Scop. (1777) = Hirtella L. (1753) [金壳果科 Chrysobalanaceae]●☆

9741 Causonia Raf. (1830) Nom. illegit. ≡Cayratia Juss. (1818)(保留属名)[葡萄科 Vitaceae]●

9742 Caustis R. Br. (1810)【汉】枝莎属。【隶属】莎草科 Cyperaceae。【包含】世界 6-7 种。【学名诠释与讨论】〈阴〉(希)kaustos, 燃烧的。【分布】澳大利亚。【后选模式】Caustis flexuosa R. Brown。【参考异名】Eurostorhiza Steud. (1855)■☆

9743 Cautlea Royle(1839) Nom. inval. = Cautleya Royle(1839) Nom. illegit. ; ~ =Cautleya (Benth.)Hook. f. (1888); ~ =Cautleya Hook. f. (1888) [姜科(蘘荷科)Zingiberaceae]■●

9744 Cautleya(Benth.) Hook. f. (1888) Nom. illegit. =Cautleya Hook. f. (1888) [姜科(蘘荷科)Zingiberaceae]■●

9745 Cautleya (Royle ex Benth. et Hook. f.) Hook. f. (1888) Nom. illegit. ≡Cautleya Hook. f. (1888) [姜科(蘘荷科)Zingiberaceae]■●

9746 Cautleya Hook. f. (1888)【汉】距药姜属。【英】Cautleya。【隶属】姜科(蘘荷科)Zingiberaceae。【包含】世界 3-5 种, 中国 3 种。【学名诠释与讨论】〈阴〉(人)Proby Thomas Cautley, 1802-1871, 博物学者, The Ganges Canal 的作者。此属的学名, ING 和 IK 记载是"Cautleya Hook. f. , Bot. Mag. 114: ad t. 6991. 1 Apr 1888"; IK

记载它是"Roscoea sect. Cautlea Royle ex Bentham et J. D. Hooker, Gen. 3:641. 1883"的替代名称。"Cautleya（Benth.）Hook. f. (1888)"的命名人引证有误。TROPICOS 则记载为"Cautleya （Royle ex Benth. et Hook. f.）Hook. f., Bot. Mag. 114:, pl. 6991, 1888"。三者引用的文献相同。"Cautlea Royle, Ill. Bot. Himal. Mts.［Royle］361（1839）= Cautleya Royle（1839）Nom. illegit."是一个未合格发表的名称（Nom. inval.）。【分布】印度，中国，喜马拉雅山。【后选模式】Cautleya gracilis（J. E. Smith）Dandy ［Roscoea gracilis J. E. Smith］。【参考异名】Cautlea Royle（1839） Nom. illegit.；Cautleya（Royle ex Benth. et Hook. f.）Hook. f. (1888）Nom. illegit.；Cautleya Royle（1839）Nom. illegit.；Roscoea sect. Cautlea Royle ex Benth.（1883）；Cautleya（Benth.）Hook. f. (1888）Nom. illegit.；Cautleya（Royle ex Benth. et Hook. f.）Hook. f. (1888）Nom. illegit. ■

9747 Cautleya Royle（1839）Nom. illegit. = Cautleya（Benth.）Hook. f. (1888）；~ = Cautleya Hook. f.（1888）［姜科（襄荷科） Zingiberaceae］■

9748 Cavacoa J. Léonard（1955）【汉】卡瓦大戟属。【隶属】大戟科 Euphorbiaceae。【包含】世界 3 种。【学名诠释与讨论】〈阴〉 （人）Alberto Judice Leote Cavaco，1916-，葡萄牙植物学者。【分布】热带非洲。【模式】Cavacoa quintasii（Pax et K. Hoffmann）J. Léonard［Grossera quintasii Pax et K. Hoffmann］☆

9749 Cavalam Adans.（1763）Nom. illegit.，Nom. superfl. ≡ Sterculia L. (1753)［梧桐科 Sterculiaceae//锦葵科 Malvaceae］●

9750 Cavalcantia R. M. King et H. Rob.（1980）【汉】宽片菊属。【隶属】菊科 Asteraceae（Compositae）//泽兰科 Eupatoriaceae。【包含】世界 2 种。【学名诠释与讨论】〈阴〉（人）Cavalcanti。此属的学名是"Cavalcantia R. M. King et H. E. Robinson, Phytologia 47: 113. 29 Nov（'Dec'）1980"。亦有文献把"Cavalcantia R. M. King et H. Rob.（1980）"处理为"Eupatorium L.（1753）"的异名。【分布】巴西。【模式】Cavalcantia glomeratum（G. M. Barroso et R. M. King）R. M. King et H. E. Robinson ［Ageratum glomeratum G. M. Barroso et R. M. King］。【参考异名】Eupatorium L.（1753）■※☆

9751 Cavaleriea H. Léava（1912）= Ribes L.（1753）［虎耳草科 Saxifragaceae//醋栗科（茶藨子科）Grossulariaceae］M

9752 Cavaleriea H. Lév.（1912）= Ribes L.（1753）［虎耳草科 Saxifragaceae//醋栗科（茶藨子科）Grossulariaceae］●

9753 Cavaleriella H. Lév.（1914-1915）= Aspidopterys A. Juss. ex Endl.（1840）+ Dipelta Maxim.（1877）［金虎尾科（黄褥花科） Malpighiaceae］●★

9754 Cavallium Schott（1832）Nom. illegit. ≡ Cavallium Schott et Endl. (1832)；~ = Sterculia L.（1753）［梧桐科 Sterculiaceae］●

9755 Cavanalia Griseb.（1866）= Canavalia Adans.（1763）［as 'Canavali'］（保留属名）［豆科 Fabaceae（Leguminosae）//蝶形花科 Papilionaceae］●■

9756 Cavanilla J. F. Gmel.（1792）Nom. illegit. ≡ Dombeya Cav.（1786） （保留属名）［梧桐科 Sterculiaceae//锦葵科 Malvaceae］●☆

9757 Cavanilla Salisb.（1796）Nom. illegit. ≡ Malachodendron Mitch. (1769）Nom. illegit.；~ = Stewartia L.（1753）［山茶科（茶科） Theaceae］●

9758 Cavanilla Thunb.（1792）= Pyrenacantha Wight（1830）（保留属名）［茶茱萸科 Icacinaceae］●

9759 Cavanilla Vell.（1829）Nom. illegit. = Caperonia A. St.-Hil. (1826）［大戟科 Euphorbiaceae］■☆

9760 Cavanillea Desr.（1789）Nom. illegit. ≡ Mabola Raf.（1838）；~ = Diospyros L.（1753）［柿树科 Ebenaceae］●

9761 Cavanillea Medik.（1787）Nom. illegit. = Anoda Cav.（1785）［锦葵科 Malvaceae］■●☆

9762 Cavanillesia Ruiz et Pav.（1794）【汉】卡夫木棉属。【日】カバニレシア属。【隶属】木棉科 Bombacaceae//锦葵科 Malvaceae。 【包含】世界 3-4 种。【学名诠释与讨论】〈阴〉（人）Antonio Jose (Joseph)Cavanilles，1745-1804，西班牙植物学者。此属的学名， ING 和 IK 记载是"Cavanillesia Ruiz et Pav., Fl. Peruv. Prodr. 97. t. 20（1794）"。"Pourretia Willdenow, Sp. Pl. 3:844. 1800（non Ruiz et Pavon 1794）"是"Cavanillesia Ruiz et Pav.（1794）"的晚出的同模式异名（Homotypic synonym, Nomenclatural synonym）。【分布】巴拿马，秘鲁，玻利维亚，厄瓜多尔，哥伦比亚（安蒂奥基亚），热带美洲，中美洲。【模式】Cavanillesia umbellata Ruiz et Pavón。 【参考异名】Pourretia Willd.（1800）Nom. illegit. ●☆

9763 Cavaraea Speg.（1916）= Tamarindus L.（1753）［豆科 Fabaceae (Leguminosae)//云实科（苏木科）Caesalpiniaceae//酸豆科 Tamarindaceae］●

9764 Cavaria Steud.（1821）= Tovaria Ruiz et Pav.（1794）（保留属名） ［烈味三叶草科（多籽果科，鲜芹味科）Tovariaceae//铃兰科 Convallariaceae］●■

9765 Cavea W. W. Sm.（1917）Nom. illegit. ≡ Cavea W. W. Sm. et J. Small（1917）［菊科 Asteraceae（Compositae）］■

9766 Cavea W. W. Sm. et J. Small（1917）【汉】葶菊属（莛菊属）。 【英】Cavea。【隶属】菊科 Asteraceae（Compositae）。【包含】世界 1 种，中国 1 种。【学名诠释与讨论】〈阴〉（拉）cavea，洞穴。此属的学名，ING、TROPICOS 和 IK 记载是"Cavea W. W. Smith et J. K. Small, Trans. Proc. Bot. Soc. Edinburgh 27:119. 1917"。"Cavea W. W. Sm."的命名人引证有误。【分布】中国，东喜马拉雅山。 【模式】Cavea tanguensis（Drummond）W. W. Smith et J. K. Small ［Saussurea tanguensis Drummond］。【参考异名】Cavea W. W. Sm. (1917）Nom. illegit. ■

9767 Cavendishia Lindl.（1835）（保留属名）【汉】艳苞莓属（类越橘属）。【日】キャベンディシア属。【隶属】杜鹃花科（欧石南科） Ericaceae。【包含】世界 100-150 种。【学名诠释与讨论】〈阴〉 （人）Lord William George Spencer，1790-1858，Cavendish 六世公爵。此属的学名"Cavendishia Lindl. in Edwards's Bot. Reg. :ad t. 1791. 1 Sep 1835"是保留属名。相应的废弃属名是苔藓的 "Cavendishia Gray, Nat. Arr. Brit. Pl. 1:678, 689. 1 Nov 1821 ≡ Antoiria Raddi 1818"和杜鹃花科（欧石南科）Ericaceae 的 "Chupalon Adans., Fam. Pl. 2:164, 538. Jul-Aug 1763 = Cavendishia Lindl.（1835）（保留属名）"。【分布】巴拿马，秘鲁，玻利维亚，厄瓜多尔，哥伦比亚（安蒂奥基亚），哥斯达黎加，尼加拉瓜，热带美洲，中美洲。【模式】Cavendishia nobilis J. Lindley。 【参考异名】Antoiria Raddi（1818）（废弃属名）；Chupalon Adans. (1763）（废弃属名）；Chupalones Nieremb. ex Steud.（1840）； Polybaea Klotasch ex Benh. et Hook. f.（1876）Nom. illegit.； Polyboea Klotzsch（1851）Nom. illegit.；Proclesia Klotzsch（1851）； Socratesia Klotzsch（1851）●☆

9768 Cavinium Thouars（1806）= Vaccinium L.（1753）［杜鹃花科（欧石南科）Ericaceae//越橘科（乌饭树科）Vacciniaceae］●

9769 Cavoliana Raf.（1819）Nom. illegit. = Cavolinia Raf.（1818）［水鳖科 Hydrocharitaceae］■

9770 Cavolinia Raf.（1818）= Caulinia Willd.（1801）；~ = Najas L. (1753)［茨藻科 Najadaceae］■

9771 Caxamarca Dillon et Sagást.（1999）【汉】臭根菊属。【隶属】菊科 Asteraceae（Compositae）。【包含】世界 1-45 种。【学名诠释与讨论】〈阴〉词源不详。【分布】秘鲁。【模式】Catolesia sanchezii M. O. Dillon et A. Sagástegui。●☆

9772 Cayaponia Silva Manso（1836）（保留属名）【汉】泻瓜属。【隶

属】葫芦科(瓜科,南瓜科)Cucurbitaceae。【包含】世界 45 种。【学名诠释与讨论】〈阴〉词源不详。此属的学名"Cayaponia Silva Manso, Enum. Subst. Braz. :31. 1836"是保留属名。法规未列出相应的废弃属名。【分布】巴拉圭,巴拿马,秘鲁,玻利维亚,厄瓜多尔,哥伦比亚(安蒂奥基亚),哥斯达黎加,马达加斯加,美国(密苏里),印度尼西亚(爪哇岛),尼加拉瓜,热带非洲西部,美洲。【模式】Cayaponia diffusa A. L. P. da Silva Manso。【参考异名】Antagonia Griseb. (1874); Arkezostis Raf. (1838); Boykinia Nutt. (1834)(保留属名); Cionandra Griseb. (1860); Dermophylla Silva Manso(1836); Dromophylla Lindl. (1847); Druparia Silva Manso (1836)Nom. illegit.; Dryparia Post et Kuntze (1903)Nom. illegit.; Perianthopodus Silva Manso (1836); Trianosperma (Torr. et A. Gray)Mart. (1843); Trianosperma Mart. (1843)Nom. illegit. ■☆

9773　Caylusea A. St. –Hil. (1837)(保留属名)【汉】凯吕斯草属。【隶属】木犀草科 Resedaceae。【包含】世界 3-63 种。【学名诠释与讨论】〈阴〉或来自植物俗名。此属的学名"Caylusea A. St. –Hil., Deux. Mém. Réséd. ;29. 1837 (sero)–Jan (prim.)1838"是保留属名。法规未列出相应的废弃属名。【分布】佛得角,非洲东部和北部至印度。【模式】Caylusea canescens Webb［Caylusea hexagyna (Forssk.) M. L. Green; Reseda hexagyna Forssk.]。【参考异名】Chirocarpus A. Braun ex Pfeiff.; Hexastylis Raf. (1837) Nom. illegit.; Stylexia Raf. (1838); Syntrophe Ehrenb. (1857)Nom. inval.; Syntrophe Ehrenb. ex Müll. Arg. ■☆

9774　Cayratia Juss. (1818)(保留属名)【汉】乌蔹莓属(虎葛属)。【日】ヤブカラシ属,ヤブガラシ属。【英】Cayratia。【隶属】葡萄科 Vitaceae。【包含】世界 45-60 种,中国 17 种。【学名诠释与讨论】〈阴〉(越南)cay rat,越南称膝曲乌蔹莓 Cayratia geniculata (Blume)Gagnep. 为 cay rat。此属的学名"Cayratia Juss. in Cuvier, Dict. Sci. Nat. 10:103. 23 Mai 1818"是保留属名。相应的废弃属名是葡萄科 Vitaceae 的"Lagenula Lour., Fl. Cochinch. :65,88. Sep 1790 =Cayratia Juss. (1818)(保留属名)"。葡萄科 Vitaceae 的"Cayratia Juss. ex Guill. (1823)= Cayratia Juss. (1818)(保留属名)"命名人引证有误,亦应废弃。真菌的"Lagenula Arnaud, Annales Epiphyt. 16:267. 1930"和黄藻的"Lagenula Ehrenberg, Symb. Phys. Anim. Evertebr. 1:［36］. 1831 ≡ Lagenella Ehrenberg 1835"也须废弃。"Columella Loureiro, Fl. Cochinch. 64, 85. Sep 1790(废弃属名)"是"Cayratia Juss. (1818)(保留属名)"的同模式异名(Homotypic synonym, Nomenclatural synonym)。【分布】澳大利亚,巴基斯坦,马达加斯加,印度至马来西亚,中国,法属新喀里多尼亚,非洲,太平洋地区。【模式】Columella pedata Loureiro。【参考异名】Causonia Raf. (1830) Nom. illegit.; Cayratia Juss. ex Guill. (1823) Nom. illegit. (废弃属名); Columella Lour. (1790)(废弃属名); Lagenula Lour. (1790)(废弃属名); Pedastis Raf. (1838)●

9775　Cayratia Juss. ex Guill. (1823) Nom. illegit. (废弃属名)= Cayratia Juss. (1818)(保留属名)［葡萄科 Vitaceae］●

9776　Ceanothus L. (1753)【汉】美洲茶属(蓟木属,曲萼茶属,野丁香属)。【日】ソリチャ属。【俄】Капуста цветная, Цеанотус。【英】Blue Ceanothus, California Lilac, Californian Lilac, Ceanothus, Cogwood, Mountain Lilac, New Jersey Tea, Wild Lilac。【隶属】鼠李科 Rhamnaceae。【包含】世界 55 种。【学名诠释与讨论】〈中〉(希)keanothos,一种未详植物,林奈选为本属名。此属的学名,ING、APNI、GCI、TROPICOS 和 IK 记载是"Ceanothus L., Sp. Pl. 1:195. 1753［1 May 1753］"。【分布】巴基斯坦,巴拿马,玻利维亚,马达加斯加,美国(密苏里),尼加拉瓜,中美洲。【后选模式】Ceanothus americanus Linnaeus。【参考异名】Canothus Rain. (1808); Cenothus Raf. (1808)Nom. illegit.; Cenotis Raf. (1808)

Nom. illegit.; Forrestia Raf. (1806)●☆

9777　Ceanothus Wall. = Rhamnus L. (1753)［鼠李科 Rhamnaceae］●

9778　Cearanthes Ravenna(2000)【汉】巴西堇石蒜属。【隶属】石蒜科 Amaryllidaceae。【包含】世界 1 种。【学名诠释与讨论】〈阴〉(地)Ceara,塞阿拉+anthes 花。【分布】巴西。【模式】Cearanthes fuscoviolacea Ravenna。■☆

9779　Cearia Dumort. (1822)Nom. illegit. ≡ Proiphys Herb. (1821); ~ = Eurycles Salisb. (1830)Nom. illegit.; ~ = Eurycles Salisb. ex Lindl. (1829)Nom. illegit.; ~ = Eurycles Salisb. ex Schult. et Schult. f. (1830)［石蒜科 Amaryllidaceae］■☆

9780　Ceballosia G. Kunkel ex Förther (1980)【汉】墨西哥紫丹属。【隶属】紫草科 Boraginaceae。【包含】世界 1 种。【学名诠释与讨论】〈阴〉词源不详。此属的学名,IK 记载是"Ceballosia G. Kunkel ex Förther, Sendtnera 5:129 (1998)"。"Ceballosia G. Kunkel, Kanarischen Inseln Pflanzenwelt 158. 1980"是个裸名(Nom. nud.)。亦有文献把"Ceballosia G. Kunkel ex Förther (1980)"处理为"Messerschmidia L. ex Hebenstr. (1763)Nom. illegit. "或"Tournefortia L. (1753)"的异名。【分布】墨西哥。【模式】Ceballosia fruticosa (L. f.)G. Kunkel ex Förther。【参考异名】Messerschmidia L. ex Hebenstr. (1763) Nom. illegit.; Tournefortia L. (1753)●■☆

9781　Ceballosia G. Kunkel(1980)Nom. inval. , Nom. nud. = Ceballosia G. Kunkel ex Förther(1980)［紫草科 Boraginaceae］●■

9782　Cebatha Forssk. (1775)(废弃属名)= Cocculus DC. (1817)(保留属名)［防己科 Menispermaceae］●

9783　Cebipira Juss. ex Kuntze (1903) Nom. illegit. ≡ Bowdichia Kunth (1824)［豆科 Fabaceae(Leguminosae)］●☆

9784　Cecarria Barlow (1973)【汉】切卡寄生属。【隶属】桑寄生科 Loranthaceae。【包含】世界 1 种。【学名诠释与讨论】〈阴〉(人) Cedric Errol Carr, 1892-1936,植物学者,出生于新西兰。【分布】澳大利亚,菲律宾,巴布亚新几内亚(新不列颠岛),所罗门群岛,新几内亚岛。【模式】Cecarria obtusifolia (E. D. Merrill) B. A. Barlow［Phrygilanthus obtusifolius E. D. Merrill]●☆

9785　Cecchia Chiov. (1932)= Oldfieldia Benth. et Hook. f. (1850)［大戟科 Euphorbiaceae］●☆

9786　Cecidodaphne Nees(1831)= Cinnamomum Schaeff. (1760)(保留属名)［樟科 Lauraceae］●

9787　Cecropia Loefl. (1758)(保留属名)【汉】蚁栖树属(号角树属,南美伞树属,轻桑属,伞树属,砂纸桑属,惜古比হ)。【俄】Цекропия。【英】Pumpwood, Snakcwood–tree, Snakewood Tree, Trumpet Tree, Trumpet–tree。【隶属】荨麻科 Urticaceae//蚁牺树科(号角树科,南美伞科,南美伞树科,伞树科,锥头麻科) Cecropiaceae。【包含】世界 8-75 种。【学名诠释与讨论】〈阴〉(人)Cecrops,古代 Athens 的第一任国王。此属的学名"Cecropia Loefl., Iter Hispan. :272. Dec 1758"是保留属名。相应的废弃属名是荨麻科 Urticaceae 的"Coilotapalus P. Browne, Civ. Nat. Hist. Jamaica:111. 10 Mar 1756 ≡ Cecropia Loefl. (1758)(保留属名)"。"Ambaiba Adanson, Fam. 2:377. Jul–Aug 1763"和"Coilotapalus P. Browne, Civ. Nat. Hist. Jamaica 111. 10 Mar 1756(废弃属名)"是"Cecropia Loefl. (1758)(保留属名)"的同模式异名(Homotypic synonym, Nomenclatural synonym)。【分布】巴拉圭,巴拿马,秘鲁,玻利维亚,厄瓜多尔,哥伦比亚(安蒂奥基亚),马达加斯加,尼加拉瓜,热带美洲,中美洲。【模式】Cecropia peltata Linnaeus。【参考异名】Ambaiba Adans. (1763)Nom. illegit.; Ambaiba Barrere ex Kuntze (1891)Nom. illegit.; Ambaiba Barrere (1741)Nom. inval.; Coelotapalus Post et Kuntze (1903); Coilotapalus P. Browne(1756)(废弃属名); Collotapalus P. Br. ●☆

9788 Cecropiaceae C. C. Berg（1978）［亦见 Urticaceae Juss.（保留科名）荨麻科］【汉】蚁蛉树科（号角树科，南美伞树科，南美伞树科，伞树科，锥头麻科）。【包含】世界 6 属 180-230 种，中国 1 属 3 种。【分布】非洲，热带亚洲，热带美洲。【科名模式】Cecropia Loefl.（1758）（保留属名）●

9789 Cedraceae C. C. Berg ＝ Pinaceae Spreng. ex F. Rudolphi（保留科名）●

9790 Cedraceae Vest（1818）＝ Pinaceae Spreng. ex F. Rudolphi（保留科名）●

9791 Cedrela P. Browne（1756）【汉】洋椿属（椿属，香椿属）。【日】チャンチン属。【俄】Цедрела。【英】Bastard Cedar, Cedrela, Chinese Cedar, Foreigntoona。【隶属】楝科 Meliaceae。【包含】世界 9 种，中国 2 种。【学名诠释与讨论】〈阴〉（属）Cedrus 雪松属+拉丁文 ela 指示小的词尾。指木材像雪松一样含有芳香树脂。此属的学名，ING、TROPICOS、APNI、TROPICOS 和 IK 记载是" Cedrela P. Browne, Civ. Nat. Hist. Jamaica 158. 1756［10 Mar 1756］"。" Cedrus P. Miller, Gard. Dict. ed. 7. 1757［non Duhamel du Monceau 1755（废弃属名），nec Trew 1757（nom. cons.）]"和" Johnsonia Adanson, Fam. 2：343. Jul – Aug 1763［non P. Miller 1754（废弃属名），nec R. Brown 1810（nom. cons.）]"是" Cedrela P. Browne（1756）"的晚出的同模式异名（Homotypic synonym, Nomenclatural synonym）。【分布】巴基斯坦，玻利维亚，中国，墨西哥至热带南美洲。【后选模式】Cedrela odorata Linnaeus。【参考异名】Cedrella Scop.（1777）；Cedro Loefl.；Cedrus Mill.（1757）Nom. illegit.（废弃属名）；Cuveraca Jones（1795）Nom. inval.；Johnsonia Adans.（1763）Nom. illegit.（废弃属名）；Pterosiphon Turcz.（1863）；Surenus Kuntze（1891）Nom. illegit.；Toona M. Roem.（1846）Nom. illegit. ●

9792 Cedrelaceae R. Br.（1814）＝ Meliaceae Juss.（保留科名）●

9793 Cedrelinga Ducke（1922）【汉】椿豆属（亚马孙豆属）。【隶属】豆科 Fabaceae（Leguminosae）。【包含】世界 1 种。【学名诠释与讨论】〈阴〉（属）Cedrela 洋椿属+linga，阳具。【分布】巴西。【模式】Cedrelinga catenaeformis（Ducke）Ducke［Piptadenia catenaeformis Ducke]●☆

9794 Cedrella Scop.（1777）＝ Cedrela P. Browne（1756）［楝科 Meliaceae]●

9795 Cedrelopsis Baill.（1893）【汉】拟洋椿属。【隶属】喷嚏木科（嚏树科）Ptaeroxylaceae。【包含】世界 8 种。【学名诠释与讨论】〈阴〉（属）Cedrela 洋椿属+希腊文 opsis，外观，模样，相似。【分布】马达加斯加。【模式】Cedrelopsis grevei Baillon。【参考异名】Katafa Costantin et J. Poiss.（1908）●☆

9796 Cedro Loefl.＝Cedrela P. Browne（1756）［楝科 Meliaceae]●

9797 Cedronella Moench（1794）【汉】柠檬草属。【隶属】唇形科 Lamiaceae（Labiatae）。【包含】世界 1 种。【学名诠释与讨论】〈阴〉（希）kedros，雪松，一种多树脂的树木。kedrinos，属于雪松的。kedron 雪松的果实+-ellus，-ella，-ellum，加在名词词干后面形成指小式的词尾。或加在人名、属名等后面以组成新属的名称。此属的学名，ING、TROPICOS 和 APNI 记载是" Cedronella Moench, Methodas Plantas Horti Botanici et Agri Marburgensis 1794"。" Cedronella Riv. ex Ruppius（1745）Nom. inval. ＝ Cedronella Moench（1794）"是命名起点著作之前的名称。" Volcameria Heister ex Fabricius, Enum. 55. 1759（non Volkameria Linnaeus 1753）"是" Cedronella Moench（1794）"的同模式异名（Homotypic synonym, Nomenclatural synonym）。【分布】西班牙（加那利群岛），葡萄牙（马德拉群岛）。【模式】Cedronella triphylla Moench, Nom. illegit.［Dracocephalum canariense Linnaeus；Cedronella canariensis（Linnaeus）Webb et Berthelot]。【参考异名】Cedronella Riv. ex Ruppius（1745）Nom. inval.；Volcameria Heist. ex Fabr.（1759）Nom. illegit.；Volckameria Fabr.（1759）Nom. illegit. ●☆

9798 Cedronella Riv. ex Ruppius（1745）Nom. inval. ＝ Cedronella Moench（1794）［唇形科 Lamiaceae（Labiatae）]●☆

9799 Cedronia Cuatrec.（1951）＝ Picrolemma Hook. f.（1862）［苦木科 Simaroubaceae]●☆

9800 Cedrostis Post et Kuntze（1903）Nom. illegit. ＝ Kedrostis Medik.（1791）［葫芦科（瓜科，南瓜科）Cucurbitaceae]■☆

9801 Cedrota Schreb.（1789）Nom. illegit. ≡ Aniba Aubl.（1775）［樟科 Lauraceae]●☆

9802 Cedrus Duhamel（1755）（废弃属名）＝ Juniperus L.（1753）［柏科 Cupressaceae]●

9803 Cedrus Loud.（1838）Nom. illegit.（废弃属名）≡ Cedrus Mill.（1737）Nom. inval.；~ ＝Pinus L.（1753）［松科 Pinaceae]●

9804 Cedrus Mill.（1737）Nom. inval. ＝ Pinus L.（1753）［松科 Pinaceae]●

9805 Cedrus Mill.（1757）Nom. illegit.（废弃属名）＝ Cedrela P. Browne（1756）［楝科 Meliaceae]●

9806 Cedrus Trew（1757）（保留属名）【汉】雪松属。【日】ヒマラヤスギ属。【俄】Дерево кедровое, Кедр, Орехи кедровые。【英】Cedar, True Cedar。【隶属】松科 Pinaceae。【包含】世界 4 种，中国 2 种。【学名诠释与讨论】〈阴〉（拉）cedrus 雪松，来自希腊文 kedros 雪松，源于巴勒斯坦河名 Cedron，因本属一种植物在该河边生长很多。另说来自阿拉伯 cedros 雪松，源于 kedron 力量，指材质良好而具香味。此属的学名" Cedrus Trew, Cedr. Lib. Hist. 1：6. 12 Mai–13 Oct 1757"是保留属名。相应的废弃属名是柏科 Cupressaceae 的" Cedrus Duhamel, Traité Arbr. Arbust. 1：xxviii, 139. 1755 ＝Juniperus L.（1753）"。楝科 Meliaceae 的" Cedrus P. Miller, Gard. Dict. ed. 7. 1757 ＝Cedrela P. Browne（1756）"和松科 Pinaceae 的" Cedrus Mill., Gard. Dict., ed. 3.（1737）Nom. inval. ≡ Cedrus Loud.（1838）Nom. illegit. ≡ Cedrus Loud., Arb. Brit. iv. 2402（1838）Nom. illegit. ＝Pinus L.（1753）"亦应废弃。" Cedrus Loud.（1838）Nom. illegit.（废弃属名）≡ Cedrus Mill.（1737）Nom. inval.［松科 Pinaceae]"的命名人引证有误。【分布】阿尔及利亚，阿富汗，巴基斯坦，黎巴嫩，摩洛哥，塞浦路斯，喜马拉雅山，叙利亚，以色列，中国，安纳托利亚，亚洲中部。【模式】Cedrus libani A. Richard［Pinus cedrus Linnaeus]●

9807 Ceiba Medik.（1787）Nom. illegit.［木棉科 Bombacaceae]☆

9808 Ceiba Mill.（1754）【汉】吉贝属（爪哇木棉属）。【日】ケイバ属。【俄】Цейба。【英】Ceiba, Kapok, Silk-cotton。【隶属】木棉科 Bombacaceae//锦葵科 Malvaceae。【包含】世界 7-20 种，中国 1 种。【学名诠释与讨论】〈阴〉印尼语或中美洲语 ceiba，一种木棉的俗名。另说来自南美洲植物俗名。此属的学名，ING、GCI、TROPICOS 和 IK 记载是" Ceiba Mill., Gard. Dict. Abr., ed. 4.［287］. 1754［28 Jan 1754]"。木棉科 Bombacaceae 的" Ceiba Medik., Malv. 15（1787）"是晚出的非法名称。" Xylon Linnaeus, Opera Varia 212. 1758"、" Eriodendron A. P. de Candolle, Prodr. 1：479. Jan 1824"和" Xylum Post et O. Kuntze, Lex. 598. Dec 1903"是" Ceiba Mill.（1754）"的晚出的同模式异名（Homotypic synonym, Nomenclatural synonym）。【分布】巴基斯坦，巴拉圭，巴拿马，秘鲁，玻利维亚，厄瓜多尔，哥伦比亚（安蒂奥基亚），尼加拉瓜，中国，热带美洲，中美洲。【后选模式】Ceiba pentandra（Linnaeus）J. Gaertner［Bombax pentandrum Linnaeus]。【参考异名】Campylanthera Schott et Endl.（1832）；Chorisia Kunth（1822）；Eriodendron DC.（1824）Nom. illegit.；Erione Schott et Endl.（1832）；Gossampinus Buch. -Ham. emend. Schott et Endl.（1832）；

Gossampinus Schott et Endl. (1832) Nom. illegit.；Spirotheca Ulbr. (1914)；Xylon L. (1758) Nom. illegit.；Xylum Post et Kuntze (1903) Nom. illegit.；Zeiba Raf.●

9809　Celaena Wedd. (1857) = Oligandra Less. (1832)；~ = Lucilia Cass. (1817)［菊科 Asteraceae(Compositae)］■☆

9810　Celaenodendron Standl. (1927)【汉】黑大戟属。【隶属】大戟科 Euphorbiaceae。【包含】世界 1 种。【学名诠释与讨论】〈中〉(希) kelainos，黑色的+dendron 或 dendros，树木，棍，丛林。【分布】墨西哥。【模式】Celaenodendron mexicanum Standley。●☆

9811　Celasine Pritz. (1855) Nom. illegit. = Gelasine Herb. (1840)［鸢尾科 Iridaceae］■☆

9812　Celastraceae R. Br. (1814) (保留科名)【汉】卫矛科。【日】ニシキギ科。【俄】Бересклетовые，Краснопузырниковые。【英】Spindle Family，Stafftree Family，Staff－tree Family。【包含】世界 85-98 属 860-1363 种，中国 14 属 261 种。【分布】热带、亚热带和温带温暖地区。【科名模式】Celastrus L.●

9813　Celastrus Baill. (废弃属名) = Denhamia Meisn. (1837) (保留属名)［卫矛科 Celastraceae］●☆

9814　Celastrus L. (1753) (保留属名)【汉】南蛇藤属。【日】ツルウメモドキ属。【俄】Древогубец，Краснопузырник，Целяструс。【英】Bittersweet，Climbing Bittersweet，Staff Tree，Staff Vine，Staff－tree。【隶属】卫矛科 Celastraceae。【包含】世界 32-60 种，中国 26 种。【学名诠释与讨论】〈阳〉(希) kelastros，kelastron，一种常绿树的古名，源于希腊文 kelas 晚秋。指果挂在树上过冬，或指晚秋叶色变红+astrum 指示小的词尾，也有"不完全相似"的含义。此属的学名"Celastrus L.，Sp. Pl.：196. 1 Mai 1753 (gend. masc. cons.)"是保留属名。法规未列出相应的废弃属名。但是卫矛科 Celastraceae 的"Celastrus Baill. = Denhamia Meisn. (1837) (保留属名)"应该废弃。"Euonymoides Medikus，Philos. Bot. 1：173 ('Evonymoides'). Apr 1789"和"Evonimoides Duhamel du Monceau，Traité Arbres Arbust. 1：223. 1755"是"Celastrus L. (1753) (保留属名)"的晚出的同模式异名(Homotypic synonym，Nomenclatural synonym)。【分布】巴基斯坦，巴拿马，秘鲁，玻利维亚，厄瓜多尔，哥伦比亚(安蒂奥基亚)，马达加斯加，美国(密苏里)，尼加拉瓜，中国，热带和亚热带，中美洲。【模式】Celastrus scandens Linnaeus。【参考异名】Catha G. Don (1832) Nom. illegit. (废弃属名)；Eucentrus Endl. (1850)；Euonymoides Medik. (1789) Nom. illegit.；Evonimoides Duhamel (1755) Nom. illegit.；Evonymoides Isnard ex Medik. (1789) Nom. illegit.；Evonymoides Medik. (1789) Nom. illegit.；Guevinia Hort. Par. ex Decne. (1845 - 1846)；Monocelastrus F. T. Wang et Ts. Tang (1951)；Schieckea H. Karst. (1848)；Schieckia H. Karst. (1848) Nom. illegit.；Schiekea Walp.；Sonneratia Comm. ex Endl.●

9815　Celebnia Noronha (1790) = Saraca L. (1767)［豆科 Fabaceae (Leguminosae)//云实科(苏木科) Caesalpiniaceae］

9816　Celeri Adans. (1763) = Apium L. (1753)［伞形花科(伞形科) Apiaceae (Umbelliferae)］■

9817　Celerina Benoist (1964)【汉】马爵床属。【隶属】爵床科 Acanthaceae。【包含】世界 1 种。【学名诠释与讨论】〈阴〉(拉) celer，迅速+-inus，-ina，-inum 拉丁文加在名词词干之后，以形成形容词的词尾，含义为"属于、相似、关于、小的"。【分布】马达加斯加。【模式】Celerina seyrigi Benoist。☆

9818　Celestina Raf. = Ageratum L. (1753)；~ = Coelestina Cass. (1817)［菊科 Asteraceae(Compositae)］■●

9819　Celianella Jabl. (1965)【汉】山酒珠属。【隶属】大戟科 Euphorbiaceae。【包含】世界 1 种。【学名诠释与讨论】〈阴〉(属) Celerina+-ellus，-ella，-ellum，加在名词词干后面形成指小式的词尾。或加在人名、属名等后面以组成新属的名称。【分布】委内瑞拉。【模式】Celianella montana Jablonski。☆

9820　Celiantha Maguire (1981)【汉】瘤花龙胆属。【隶属】龙胆科 Gentianaceae。【包含】世界 3 种。【学名诠释与讨论】〈阴〉(希) kele 瘤，肿，kelis 斑点，kelos 干的，焦的+anthos，花。antheros，多花的。antheo，开花。【分布】圭亚那，委内瑞拉。【模式】Celiantha bella B. Maguire et J. A. Steyermark。■☆

9821　Celmisia Cass. (1817) (废弃属名) ≡ Capelio B. Nord. (2002)［菊科 Asteraceae(Compositae)］■☆

9822　Celmisia Cass. (1825) (保留属名)【汉】寒菀属。【隶属】菊科 Asteraceae(Compositae)。【包含】世界 60-61 种。【学名诠释与讨论】〈阴〉词源不详。此属的学名"Celmisia Cass. in Cuvier，Dict. Sci. Nat. 37：259. Dec 1825"是保留属名。相应的废弃属名是"Celmisia Cass. in Bull. Sci. Soc. Philom. Paris 1817：32. Feb 1817 ≡ Capelio B. Nord. (2002)"。"Elcismia B. L. Robinson，Proc. Amer. Acad. Arts 49：511. Oct 1913"是"Celmisia Cass. (1825) (保留属名)"的晚出的同模式异名(Homotypic synonym，Nomenclatural synonym)。【分布】澳大利亚(包括塔斯曼半岛)，玻利维亚，新西兰。【模式】Celmisia longifolia Cassini。【参考异名】Alciope DC. (1836) Nom. illegit.；Alciope DC. ex Lindl. (1836) Nom. illegit.；Damnamenia Given (1973)；Elcismia B. L. Rob. (1913) Nom. illegit.■☆

9823　Celome Greene (1900) = Cleome L. (1753)［山柑科(白花菜科，醉蝶花科) Capparaceae//白花菜科(醉蝶花科) Cleomaceae］●■

9824　Celosia L. (1753)【汉】青葙属(鸡冠属)。【日】ケイトウ属。【俄】Гребешок петуший，Петуший гребешки，Целозия。【英】Cock's Comb，Cockscomb，Woolflower。【隶属】苋科 Amaranthaceae。【包含】世界 45-65 种，中国 3-4 种。【学名诠释与讨论】〈阴〉(希) kelos，火焰，干的，焦了的。keleos，燃烧的。指花色和花序火焰色。此属的学名，ING、TROPICOS、APNI、GCI 和 IK 记载是"Celosia L.，Sp. Pl. 1：205. 1753 [1 May 1753]"。"Amaranthus Adanson，Fam. 2：269. Jul - Aug 1763 (non Linnaeus 1753)"是"Celosia L. (1753)"的晚出的同模式异名(Homotypic synonym，Nomenclatural synonym)。【分布】哥伦比亚(安蒂奥基亚)，巴基斯坦，巴拉圭，巴拿马，玻利维亚，厄瓜多尔，马达加斯加，美国(密苏里)，尼加拉瓜，中国，热带和温带，中美洲。【后选模式】Celosia argentea Linnaeus。【参考异名】Amaranthus Adans. (1763) Nom. illegit.；Gonufas Raf. (1838) Nom. illegit.；Gonyphas Post et Kuntze (1903)；Lepiphaia Raf. (1840) Nom. illegit.；Lestiboudesia Rchb. (1828)；Lestibudesia Thouars (1806)；Lophoxera Raf. (1837) Nom. illegit.；Nevrolis Raf. (1840)；Sukana Adans. (1763)■

9825　Celosiaceae Martinov (1820) = Amaranthaceae Juss. (保留科名)●●

9826　Celsa Cothen. (1790) Nom. inval. = Celsia L. (1753)［玄参科 Scrophulariaceae//毛蕊花科 Verbascaceae］■

9827　Celsa Vell. (1829) Nom. illegit.［蒺藜科 Zygophyllaceae］●

9828　Celsia Boehm. (1760) Nom. illegit. ≡ Bulbocodium L. (1753)［百合科 Liliaceae//秋水仙科 Colchicaceae//春水仙科 Bulbocodiaceae］■☆

9829　Celsia Fabr. (1763) Nom. illegit. ≡ Celsia Heist. ex Fabr. (1763) Nom. illegit.；~ ≡ Ornithogalum L. (1753)［百合科 Liliaceae//风信子科 Hyacinthaceae］■

9830　Celsia Heist. ex Fabr. (1763) Nom. illegit. ≡ Ornithogalum L. (1753)；~ = Ornithogalum L. (1753)+Gagea Salisb. (1806)［百合科 Liliaceae//风信子科 Hyacinthaceae］■

9831　Celsia L. (1753)【汉】肖毛蕊花属。【英】Celsia。【隶属】玄参科 Scrophulariaceae//毛蕊花科 Verbascaceae。【包含】世界 300-

360 种。【学名诠释与讨论】〈阴〉〈拉〉celsus, 高的, 举起的。另说是纪念 Olof Celsius, 瑞典植物学者。此属的学名, ING、APNI、TROPICOS 和 IK 记载是"Celsia L., Sp. Pl. 2:621. 1753 [1 May 1753]"。秋水仙科 Colchicaceae//百合科 Liliaceae 的"Celsia Boehmer in Ludwig, Def. Gen. ed. 3. 370. 1760 ≡ Bulbocodium L. (1753)"和"Celsia Heister ex Fabricius Enum. ed. 2. 22. Sep-Dec 1763 ≡ Ornithogalum L. (1753)"是晚出的非法名称。亦有文献把"Celsia L. (1753)"处理为"Verbascum L. (1753)"的异名。【分布】中国。【模式】Celsia orientalis Linnaeus。【参考异名】Celsa Cothen. (1790) Nom. inval.; Ditaxia Endl. (1839) Nom. illegit.; Ditoxia Raf. (1814); Ianthe Pfeiff.; Janthe Griseb. (1844); Nefflea (Benth.) Spach (1840); Nefflea Spach; Thapsandra Griseb. (1844); Verbascum L. (1753) ■

9832 Celtica F. M. Vázquez et Barkworth (2004) = Stipa L. (1753) [禾本科 Poaceae (Gramineae)//针茅科 Stipaceae] ■

9833 Celtidaceae Endl. (1841) [亦见 Ulmaceae Mirb. (保留科名) 榆科]【汉】朴树科 (朴科)。【包含】世界 1 属 60-100 种, 中国 11-38 种。【分布】非洲南部。【科名模式】Celtis L. (1753) ●

9834 Celtidaceae Link, Nom. inval. = Cannabaceae Martinov (保留科名); ~ = Celtidaceae Endl. (1841); ~ = Ulmaceae Mirb. (保留科名) ●■

9835 Celtidopsis Priemer (1893) = Celtis L. (1753) [榆科 Ulmaceae//朴树科 Celtidaceae] ●

9836 Celtis L. (1753)【汉】朴树属 (朴属)。【日】エノキ属。【俄】Дерево камедное, Каркас。【英】Hackberries, Hackberry, Nettle Tree, Nettletree, Nettle-tree, Sugar Berry, Sugarberry。【隶属】榆科 Ulmaceae//朴树科 Celtidaceae。【包含】世界 60-100 种, 中国 11-38 种。【学名诠释与讨论】〈阴〉〈拉〉celtis, 非洲朴 C. soyauxii 的古名, 其原义为鞭。指枝条可制鞭子。另说, 来自一种树木的古希腊名。指一种花香果甜而多汁的灌木 Lotos, 后转用于本属。【分布】巴基斯坦, 巴勒斯坦, 巴拿马, 秘鲁, 玻利维亚, 厄瓜多尔, 哥伦比亚 (安蒂奥基亚), 马达加斯加, 美国 (密苏里), 尼加拉瓜, 中国, 非洲南部, 中美洲。【后选模式】Celtis australis Linnaeus。【参考异名】Celtidopsis Priemer (1893); Colletia Scop. (1777) (废弃属名); Mertensia Kunth (1817) Nom. illegit.; Momisia Dietr. (1819); Saurobroma Raf. (1838) Nom. illegit.; Solenostigma Endl. (1833); Sparrea Hunz. et Dottori (1978) ●

9837 Cembra (Spach) Opiz (1852) = Pinus L. (1753) [松科 Pinaceae] ●

9838 Cembra Opiz (1852) Nom. illegit. ≡ Cembra (Spach) Opiz (1852); ~ = Pinus L. (1753) [松科 Pinaceae]

9839 Cenarium L. (1759) = Canarium L. (1759) [橄榄科 Burseraceae] ●

9840 Cenarrhenes Labill. (1805)【汉】空雄龙眼属。【隶属】山龙眼科 Proteaceae。【包含】世界 1 种。【学名诠释与讨论】〈阳〉〈希〉kenos, 空的+arrhena, 所有格 ayrhenos, 雄的。【分布】澳大利亚 (塔斯马尼亚岛)。【模式】Cenarrhenes nitida Labillardière。【参考异名】Cennarrhenes Steud. (1840) ●☆

9841 Cenchrinaceae Link = Gramineae Juss. (保留科名)//Poaceae Barnhart (保留科名) ■●

9842 Cenchropsis Nash (1903) = Cenchrus L. (1753) [禾本科 Poaceae (Gramineae)] ■

9843 Cenchrus L. (1753)【汉】蒺藜草属。【俄】Ценхрус。【英】Bur Grass, Hedgehog Grass, Sandbur。【隶属】禾本科 Poaceae (Gramineae)。【包含】世界 23-30 种, 中国 4 种。【学名诠释与讨论】〈阳〉〈希〉kenchros, 一种谷物名。此属的学名, ING、TROPICOS、GCI、APNI 和 IK 记载是"Cenchrus L., Sp. Pl. 2:1049. 1753 [1 May 1753]"。"Echinaria Heister ex Fabricius, Enum. 206. 1759 (废弃属名)"和"Raram Adanson, Fam. 2:35, 597. Jul-Aug 1763"是"Cenchrus L. (1753)"的晚出的同模式异名 (Homotypic synonym, Nomenclatural synonym)。【分布】哥伦比亚 (安蒂奥基亚), 巴基斯坦, 巴拿马, 秘鲁, 玻利维亚, 厄瓜多尔, 哥斯达黎加, 马达加斯加, 美国 (密苏里), 尼加拉瓜, 中国, 热带和温带, 中美洲。【后选模式】Cenchrus echinatus Linnaeus。【参考异名】Cenchropsis Nash (1903); Echinaria Desf. (1799) (保留属名); Echinaria Fabr. (1759) Nom. illegit. (废弃属名); Echinaria Heist. ex Fabr. (1759) Nom. illegit. (废弃属名); Nastus Lunell (1915) Nom. illegit.; Raram Adans. (1763) Nom. illegit.; Roram Endl. (1836); Runcina Allem. (1770) ■

9844 Cenekia Opiz (1839) = Campanula L. (1753) [桔梗科 Campanulaceae] ■●

9845 Cenesmon Gagnep. (1925) = Cnesmone Blume (1826) [大戟科 Euphorbiaceae] ●

9846 Cenia Comm. ex Juss. (1789) = Lancisia Fabr. (1759) Nom. illegit.; ~ = Cotula L. (1753) [菊科 Asteraceae (Compositae)] ■

9847 Cennarrhenes Steud. (1840) = Cenarrhenes Labill. (1805) [山龙眼科 Proteaceae] ●☆

9848 Cenocentrum Gagnep. (1909)【汉】大萼葵属。【英】Cenocentrum。【隶属】锦葵科 Malvaceae。【包含】世界 1 种, 中国 1 种。【学名诠释与讨论】〈中〉〈希〉kenos, 空的+kentron, 点, 刺, 圆心, 中央, 距。指茎中空。【分布】中国, 中南半岛。【模式】Cenocentrum tonkinense Gagnepain。■●

9849 Cenocline C. Koch (1843) Nom. illegit. ≡ Cenocline K. Koch (1843); ~ = Matricaria L. (1753) (保留属名) [菊科 Asteraceae (Compositae)] ■

9850 Cenocline K. Koch (1843) = Matricaria L. (1753) (保留属名) [菊科 Asteraceae (Compositae)] ■

9851 Cenolophium W. D. J. Koch ex DC. (1824) Nom. illegit. ≡ Cenolophium W. D. J. Koch (1824) [伞形花科 (伞形科) Apiaceae (Umbelliferae)] ■

9852 Cenolophium W. D. J. Koch (1824)【汉】空棱芹属。【日】チシマゼリ属。【俄】Пустореберник。【英】Cenolophium。【隶属】伞形花科 (伞形科) Apiaceae (Umbelliferae)。【包含】世界 1-2 种, 中国 1 种。【学名诠释与讨论】〈中〉〈希〉kenos, 空的+lophos, 脊, 鸡冠, 装饰+-ius, -ia, -ium, 在拉丁文和希腊文中, 这些词尾表示性质或状态。此属的学名, ING、TROPICOS 和 IK 记载是"Cenolophium W. D. J. Koch, Nova Acta Phys. -Med. Acad. Caes. Leop. -Carol. Nat. Cur. 12: add. to 103. 1824"。"Cenolophium W. D. J. Koch ex DC. (1824) Nom. illegit. ≡ Cenolophium W. D. J. Koch (1824)"的命名人引证有误。【分布】中国, 西伯利亚, 温带和极地欧洲, 亚洲中部。【后选模式】Cenolophium fischeri W. D. J. Koch, Nom. illegit. [Athamanta denudata J. W. Hornemann; Cenolophium denudatum (J. W. Hornemann) T. G. Tutin]。【参考异名】Cenolophium W. D. J. Koch ex DC. (1824) Nom. illegit.; Coenolophium Rchb. (1828) ■

9853 Cenolophon Blume (1827) = Alpinia Roxb. (1810) (保留属名) [姜科 (蘘荷科) Zingiberaceae//山姜科 Alpiniaceae] ■

9854 Cenopleurum Post et Kuntze (1903) = Ferula L. (1753); ~ = Kenopleurum P. Candargy (1897) [伞形花科 (伞形科) Apiaceae (Umbelliferae)] ■

9855 Cenostigma Tul. (1843)【汉】空柱豆属 (星毛苏木属)。【隶属】豆科 Fabaceae (Leguminosae)//云实科 (苏木科) Caesalpiniaceae。【包含】世界 1 种。【学名诠释与讨论】〈中〉〈拉〉kenos, 空的+stigma, 所有格 stigmatos, 柱头, 眼点。【分布】巴拉圭, 巴西。【后选模式】Cenostigma macrophyllum L. R. Tulasne。■☆

9856　Cenothus Raf.（1808）Nom. illegit. ＝Ceanothus L.（1753）［鼠李科 Rhamnaceae］●☆

9857　Cenotis Raf.（1808）Nom. illegit. ＝ Cenotus Raf.（1808）Nom. illegit. ；～＝Erigeron L.（1753）［菊科 Asteraceae（Compositae）］■●

9858　Cenotus Raf.（1808）Nom. illegit. ＝ Caenotus Raf.（1837）Nom. illegit. ；～＝Erigeron L.（1753）［菊科 Asteraceae（Compositae）］■●

9859　Centaurea L.（1753）（保留属名）【汉】矢车菊属。【日】セントーレア属，ヤグルマギク属。【俄】Василек，Василёк，Центаурреа。【英】Bachelor's Button，Blue Bottle，Bluebottle，Bluet，Centaurea，Centaury Knapweed，Cornflower，Knapweed，Star Thistle。【隶属】菊科 Asteraceae（Compositae）//矢车菊科 Centaureaceae。【包含】世界 250-600 种，中国 10 种。【学名诠释与讨论】〈阴〉（希）kentaurie，矢车菊的古希腊名。来源于希腊神话中的 kentauros 半人半马怪物。此属的学名"Centaurea L. , Sp. Pl. : 990. 1 Mai 1753"是保留属名。法规未列出相应的废弃属名。"Bielzia Schur, Enum. Pl. Transsilv. 409. Apr – Jun 1866"是"Centaurea L.（1753）"的晚出的同模式异名（Homotypic synonym, Nomenclatural synonym）。【分布】澳大利亚，巴拉圭，秘鲁，玻利维亚，厄瓜多尔，美国（密苏里），中国，欧洲和非洲北部至印度（北部）和温带，美洲。【模式】Centaurea paniculata Linnaeus。【参考异名】Acosta Adans.（1763）；Acrocentron Cass.（1826）；Acrolophus Cass.（1827）Nom. illegit. ；Aegialophila Boiss. et Heldr.（1849）；Aetheopappus Cass.（1827）；Alophium Cass.（1829）；Amblyopogon（DC.）Jaub. et Spach（1847）Nom. illegit. ；Amblyopogon（Fisch. et C. A. Mey. ex DC.）Jaub. et Spach（1847）；Amblyopogon Fisch. et C. A. Mey.（1847）Nom. illegit. ；Amblyopogon Fisch. et C. A. Mey. ex DC.（1838）Nom. illegit. ；Ammocyanus（Boiss.）Dostál（1973）；Antaurea Neck.（1790）Nom. inval. ；Autranea C. Winkl. et Barbey；Behen Hill（1762）；Bielzia Schur（1866）Nom. illegit. ；Calcitrapa Adans. ；Calcitrapa Haller（1742）Nom. inval. ；Calcitrapa Heist. ex Fabr.（1759）；Calcitrapoides Fabr.（1759）；Callicephalus C. A. Mey.（1831）；Centauria L. ；Centaurium Cass. ；Centaurium Haller（1768）Nom. illegit. ；Cestrinus Cass.（1817）；Chartolepis Cass.（1826）；Cheirolepis Boiss.（1849）；Cheirolophus Cass.（1827）；Chirolepis Post et Kuntze（1903）；Chirolophus Cass.（1827）Nom. illegit. ；Chryseis Cass.（1817）；Chrysopappus Takht.（1938）；Cistrum Hill（1762）；Cnicus L.（1753）（保留属名）；Colymbada Hill（1762）；Crocodilium Hill（1762）；Crocodylium Hill（1769）；Cyananthus Raf.（1815）（废弃属名）；Cyanus Juss. ；Cyanus Mill.（1754）（废弃属名）；Cynaroides（Boiss. ex Walp.）Dostál（1973）；Eremopappus Takht.（1945）Nom. illegit. ；Erinacella（Rech. f.）Dostál（1973）；Eriopha Hill（1762）；Femeniasia Susanna（1988）；Fornicium Cass.（1819）；Grossheimia Sosn. et Takht.（1945）；Halocharis M. Bieb. ex DC. ；Heraclea Hill（1762）；Heterolophus Cass.（1827）；Hippophaestum Gray（1821）Nom. illegit. ；Hookia Neck.（1790）Nom. inval. ；Hyalaea Benth. et Hook. f.（1873）；Hyalaea Jaub. et Spach；Hyalea（DC.）Jaub. et Spach（1847）；Hyalea Jaub. et Spach（1847）Nom. illegit. ；Hymenocentroa Cass.（1826）；Hymnnocephalus Jaub. et Spach；Jacea Haller（1768）Nom. illegit. ；Jacea Juss. ；Jacea Mill.（1754）；Lencantha Gray；Lepteranthus Neck.（1790）Nom. inval. ；Lepteranthus Neck. ex Cass. ；Leptranthus Steud.（1840）；Leucacantha Gray（1821）；Leucacantha Nieuwl. et Lunell（1917）Nom. illegit. ；Leucantha Gray（1821）；Lopholoma Cass.（1826）；Malacocephalus Tausch（1828）；Melanoloma Cass.（1823）；Menomphalus Pomel（1874）；Mesocentron Cass.（1826）Nom. illegit. ；Microlophus Cass.（1826）；Odontolophus Cass.

（1827）；Oligochaeta（DC.）K. Koch（1843）；Oligochaeta K. Koch（1843）Nom. illegit. ；Pachycentron Pomel（1874）；Palaeocyanus Dostál（1973）；Pectinastrum Cass.（1826）；Petrodavisia Holub（1975）；Phaeopappus（DC.）Boiss.（1846）；Phaeopappus Boiss.（1846）Nom. illegit. ；Phalolepis Cass.（1827）；Philostizus Cass.（1826）；Phrygia（Pers.）Gray（1821）；Phrygia Gray（1821）Nom. illegit. ；Piptoceras Cass.（1827）；Piptoseras Cass. ；Platylophus Cass.（1826）（废弃属名）；Plectocephalus D. Don（1830）；Plumosipappus Czerep.（1960）；Plumosipappus De Moor；Podia Neck.（1790）Nom. inval. ；Polyacantha Gray（1821）Nom. illegit. ；Psephellus Cass.（1826）；Psora Hill（1762）；Pterolophus Cass.（1826）；Ptosimopappus Boiss.（1845）；Pycnocomus Hill（1762）Nom. illegit. ；Rhaponticum Haller（1742）Nom. inval. ；Rhaponticum Ludw.（1757）Nom. illegit. ；Sagmen Hill（1762）；Seridia Juss.（1789）；Setachna Dulac（1867）；Solstitiaria Hill（1762）；Sphaerocephala Hill（1762）；Spilacron Cass.（1827）；Staebe Hill（1762）；Stenoloma Cass.（1826）；Stephanochilus Coss. et Durieu ex Benth. , Nom. illegit. ；Stizolophus Cass.（1826）；Tetramorphaea DC.（1833）；Tetrarnorphaea DC. ；Tomanthea DC.（1838）；Trifoliada Rojas（1897）；Triplocentron Cass.（1826）；Veltis Adans.（1763）；Verutina Cass.（1826）；Wagenitzia Dostál（1973）；Xanthopsis（DC.）K. Koch（1851）；Xanthopsis C. Koch（1851）Nom. illegit. ；Xanthopsis K. Koch（1851）Nom. illegit. ●■

9860　Centaureaceae Bercht. et J. Presl（1820）＝Asteraceae Bercht. et J. Presl（保留科名）//Compositae Giseke（保留科名）●■

9861　Centaureaceae Martinov［亦见 Asteraceae Bercht. et J. Presl（保留科名）//Compositae Giseke（保留科名）菊科］【汉】矢车菊科。【包含】世界 7 属 370-623 种，中国 2 属 11 种。【分布】中国，澳大利亚，欧洲和非洲北部至印度（北部），美洲，温带。【科名模式】Centaurea L.（1753）（保留属名）■

9862　Centaurella Delarbre（1800）Nom. illegit. ≡ Centaurium Hill（1756）［龙胆科 Gentianaceae］■

9863　Centaurella Michx.（1803）Nom. illegit. ＝Bartonia Muhl. ex Willd.（1801）（保留属名）［龙胆科 Gentianaceae］■☆

9864　Centaureum Ruppius（1745）Nom. inval. ＝ Erythraea Borkh.（1796）Nom. illegit. ；～＝ Centaurium Hill（1756）［龙胆科 Gentianaceae］■

9865　Centauria L. ＝Centaurea L.（1753）（保留属名）［菊科 Asteraceae（Compositae）//矢车菊科 Centaureaceae］●■

9866　Centauridium Torr. et A. Gray（1842）＝ Xanthisma DC.（1836）［菊科 Asteraceae（Compositae）］●■☆

9867　Centaurium Borkh.（1796）Nom. illegit. ≡ Heteroclita Raf.（1837）；～＝Cansora Lam.（1785）［龙胆科 Gentianaceae］■

9868　Centaurium Cass. ＝Centaurium Haller（1768）Nom. illegit. ；～＝ Rhaponticum Ludw.（1757）Nom. illegit. ；～＝ Centaurea L.（1753）（保留属名）［菊科 Asteraceae（Compositae）//矢车菊科 Centaureaceae］●■

9869　Centaurium Gilib.（1781）Nom. illegit. ［龙胆科 Gentianaceae］☆

9870　Centaurium Haller（1768）Nom. illegit. ≡ Rhaponticum Ludw.（1757）Nom. illegit. ；～＝Centaurea L.（1753）（保留属名）［菊科 Asteraceae（Compositae）//矢车菊科 Centaureaceae］u ■

9871　Centaurium Hill（1756）【汉】百金花属（埃蕾属，白金花属，百金属）。【日】シマセンブリ属，セントーリューム属。【俄】Золототысячник。【英】Centaurium，Centaury。【隶属】龙胆科 Gentianaceae。【包含】世界 20-50 种，中国 4 种。【学名诠释与讨论】〈中〉（希）kentauros，神话中的半人半马怪物。或拉丁文 certum 百+aurus 金+-ius，-ia，-ium，在拉丁文和希腊文中，这些

词尾表示性质或状态。此属的学名，ING、APNI、GCI、TROPICOS 和 IK 记载是"Centaurium Hill，Brit. Herb.（Hill）62. 1756 ［Mar 1756］"。菊科 Asteraceae 的"Centaurium Haller，Hist. Stirp. Helv. 1：69. 7 Mar－8 Aug 1768 ≡ Rhaponticum Ludw.（1757）Nom. illegit. =Centaurea L.（1753）（保留属名）"是晚出的非法名称；TROPICOS 记载的"Centaurium Haller f."命名人引证有误。"Centaurium Cass."是"Centaurium Haller（1768）Nom. illegit."的异名。龙胆科 Gentianaceae 的"Centaurium Borkhausen，Arch. Bot.（Leipzig）1（1）：29. 1796 ≡ Heteroclita Raf.（1837）= Canscora Lam.（1785）"、"Centaurium Gilib.，Fl. Lit. Inch. 1：35. 1781"和"Centaurium Persoon，Syn. Pl. 1：137. 1 Apr－15 Jun 1805 ≡ Centaurella Michx.（1803）Nom. illegit. = Bartonia Muhl. ex Willd.（1801）（保留属名）"也都是晚出的非法名称。"Centaurodes Moehring ex O. Kuntze，Rev. Gen. 2：426. 5 Nov 1891"、"Centaurella A. Delarbre，Fl. Auvergne ed. 2. 28. Aug 1800"和"Erythraea Borkhausen，Arch. Bot.（Leipzig）1（1）：30. 1796"都是"Centaurium Hill（1756）"的晚出的同模式异名（Homotypic synonym，Nomenclatural synonym）。【分布】巴基斯坦，巴拿马，秘鲁，玻利维亚，厄瓜多尔，哥斯达黎加，美国（密苏里），尼加拉瓜，中国，中美洲。【后选模式】Gentiana centaurium Linnaeus。【参考异名】Centaurella Delarbre（1800）Nom. illegit.；Centaurion Adans.（1763）Nom. illegit.；Centaurodes Möhring ex Kuntze（1891）Nom. illegit.；Chironia P. Gaertn.，B. Mey. et Scherb.，Nom. illegit.；Erithraea Neck.（1853）；Erythraea Borkh.（1796）Nom. illegit.；Erythraea L.（1796）；Erythraea Renealm. ex Borkh.（1796）Nom. illegit.；Gonipia Raf.（1837）Nom. illegit.；Gyrandra Griseb.（1845）；Hippocentaurea Schult.（1814）；Libadion Bubani（1897）Nom. illegit.；Schenkia Griseb.（1853）；Thylacitis Reneaulme ex Adans.（1763）Nom. illegit.；Thylacitis Reneaulme（1837）Nom. illegit.；Xanthaea Rchb. ■

9872　Centaurium Pers.（1805）Nom. illegit. ≡ Centaurella Michx.（1803）Nom. illegit.；~ =Bartonia Muhl. ex Willd.（1801）（保留属名）［龙胆科 Gentianaceae］■☆

9873　Centaurodendron Johow（1896）【汉】矢车木属。【隶属】菊科 Asteraceae（Compositae）。【包含】世界 1-2 种。【学名诠释与讨论】〈中〉（希）kentauros，神话中的半人半马怪物＋dendron 或 dendros，树木，棍，丛林。【分布】智利（胡安－费尔南德斯群岛）。【模式】Centaurodendron dracaenoides Johow。【参考异名】Yunquea Skottsb.（1929）●☆

9874　Centaurodes Möhring ex Kuntze（1891）Nom. illegit. ≡ Centaurium Hill（1756）［龙胆科 Gentianaceae］■

9875　Centauropsis Bojer ex DC.（1836）【汉】矢车鸡菊花属（拟矢车菊属）。【隶属】菊科 Asteraceae（Compositae）。【包含】世界 8-10 种。【学名诠释与讨论】〈阴〉（属）Centaurea 矢车菊属＋希腊文 opsis，外观，模样，相似。【分布】马达加斯加，中美洲。【模式】未指定。●☆

9876　Centaurothamnus Wagenitz et Dittrich（1982）【汉】小矢车木属。【隶属】菊科 Asteraceae（Compositae）。【包含】世界 1 种。【学名诠释与讨论】〈阴〉（属）Centaurea 矢车菊属＋thamnos，指小式 thamnion，灌木，灌丛，树丛，枝。【分布】阿拉伯半岛西南部。【模式】Centaurothamnus maximus（Forsskål）G. Wagenitz et M. Dittrich ［Centaurea maxima Forsskål］●☆

9877　Centella L.（1763）【汉】积雪草属（雷公根属）。【日】ツボクサ属。【俄】Центелла。【英】Pennywort。【隶属】伞形花科（伞形科）Apiaceae（Umbelliferae）。【包含】世界 20-40 种，中国 1 种。【学名诠释与讨论】〈阴〉（希）kenteo，刺＋-ellus，-ella，-ellum，加在名词词干后面形成指小式的词尾。或加在人名、属名等后面以组成新属的名称。另说 centum，一百，很多＋-ellus，-ella，-

ellum，加在名词词干后面形成指小式的词尾。或加在人名、属名等后面以组成新属的名称。指很多货币状的叶子包裹着茎。【分布】澳大利亚，巴基斯坦，巴拉圭，秘鲁，玻利维亚，厄瓜多尔，哥伦比亚（安蒂奥基亚），马达加斯加，尼加拉瓜，新西兰，中国，非洲，中美洲。【后选模式】Centella villosa Linnaeus。【参考异名】Odacmis Raf.（1836）；Solandra L.（1759）（废弃属名）；Trisanthus Lour.（1790）■

9878　Centema Hook. f.（1880）【汉】花刺苋属。【隶属】苋科 Amaranthaceae。【包含】世界 2 种。【学名诠释与讨论】〈阴〉（希）kenteo，刺。此属的学名，ING、TROPICOS 和 IK 记载是"Centema Hook. f.，Gen. Pl. ［Bentham et Hooker f.］3（1）：31. 1880 ［7 Feb 1880］"。"Pseudocentema Chiovenda，Fl. Somala 2：378. Oct 1932"是"Centema Hook. f.（1880）"的晚出的同模式异名（Homotypic synonym，Nomenclatural synonym）。【分布】热带非洲。【后选模式】Centema kirkii J. D. Hooker。【参考异名】Eriostylos C. C. Towns.（1979）；Pseudocentema Chiov.（1932）Nom. illegit. ■●☆

9879　Centemopsis Schinz（1911）【汉】类花刺苋属。【隶属】苋科 Amaranthaceae。【包含】世界 3-11 种。【学名诠释与讨论】〈阴〉（属）Centema 花刺苋属＋希腊文 opsis，外观，模样，相似。【分布】热带非洲。【模式】未指定。【参考异名】Robynsiella Suess.（1938）■☆

9880　Centhriscus Spreng. ex Steud.（1821）= Anthriscus Pers.（1805）（保留属名）［伞形花科（伞形科）Apiaceae（Umbelliferae）］■

9881　Centinodia（Rchb.）Rchb.（1837）= Polygonum L.（1753）（保留属名）［蓼科 Polygonaceae］■●

9882　Centinodia Rchb.（1837）Nom. illegit. ≡ Centinodia（Rchb.）Rchb.（1837）；~ = Polygonum L.（1753）（保留属名）［蓼科 Polygonaceae］■●

9883　Centinodium（Rchb.）Drejer（1838）= Polygonum L.（1753）（保留属名）；~ = Centinodia（Rchb.）Rchb.（1837）［蓼科 Polygonaceae］■●

9884　Centinodium（Rchb.）Montandon（1856）Nom. illegit. ≡ Polygonum L.（1753）（保留属名）；~ = Centinodia（Rchb.）Rchb.（1837）［蓼科 Polygonaceae］■●

9885　Centinodium Friche-Joset et Montandon（1856）Nom. illegit. ［蓼科 Polygonaceae］☆

9886　Centipeda Lour.（1790）【汉】石胡荽属。【日】トキンサウ属，トキンソウ属。【俄】Стоножка，Центипеда。【英】Centipeda，Sneezeweed。【隶属】菊科 Asteraceae（Compositae）。【包含】世界 6 种，中国 1 种。【学名诠释与讨论】〈阴〉（拉）centum，百＋pes，所有格 pedis，指小型 pediculus，足，梗。指叶子。此属的学名是"Centipeda Loureiro，Fl. Cochinch. 492. Sep 1790"。"Myriogyne Lessing，Linnaea 6：219. Jul-Dec，1831"曾被处理为"Centipeda sect. Myriogyne（Less.）C. B. Clarke"。【分布】阿富汗，澳大利亚，马达加斯加，新西兰，印度至马来西亚，智利，中国，波利尼西亚群岛，东亚。【模式】Centipeda orbicularis Loureiro。【参考异名】Myriogyne Less.（1831）■●

9887　Centopodium Burch.（1822）= Emex Campd.（1819）（保留属名）［蓼科 Polygonaceae］■☆

9888　Centosteca Desv.（1810）Nom. illegit.（废弃属名）≡ Centotheca Desv.（1810）［as 'Centosteca'］（保留属名）［禾本科 Poaceae（Gramineae）］■

9889　Centotheca Desv.（1810）［as 'Centosteca'］（保留属名）【汉】假淡竹叶属（牛蒡芒属，酸模芒属）。【日】ラッパグサ属。【英】Centotheca。【隶属】禾本科 Poaceae（Gramineae）。【包含】世界 3-4 种，中国 1 种。【学名诠释与讨论】〈阴〉（希）kenteo，刺＋

theke＝拉丁文 theca，匣子，箱子，室，药室，囊。此属的学名
"Centotheca Desv. in Nouv. Bull. Sci. Soc. Philom. Paris 2：189. Dec
1810（'Centosteca'）（orth. cons.）"是保留属名。法规未列出相
应的废弃属名。但是其拼写变体"Centosteca Desv.（1810）"和禾
本科 Poaceae（Gramineae）的"Centotheca P. Beauv.（1812）＝
Centotheca Desv.（1810）［as 'Centosteca'］（保留属名）"应该废
弃。禾本科 Poaceae（Gramineae）"Centotheca P. Beauv.（1812）＝
Agrostographiae 1812 ＝ Centotheca Desv.（1810）［as
'Centosteca'］（保留属名）"亦应废弃。【分布】马达加斯加，中
国，波利尼西亚群岛，热带非洲，亚洲。【模式】Centotheca
lappacea（Linnaeus）Desvaux［Cenchrus lappaceus Linnaeus］。【参
考异名】Centosteca Desv.（1810）Nom. illegit.；Centotheca P.
Beauv.（1812）Nom. illegit.（废弃属名）；Ramosia Merr.（1916）■

9890　Centotheca P. Beauv.（1812）Nom. illegit.（废弃属名）＝
Centotheca Desv.（1810）［as 'Centosteca'］（保留属名）［禾本科
Poaceae（Gramineae）］■

9891　Centrachaena Less.（1832）＝ Centrachena Schott ex Rchb.（1827）
［菊科 Asteraceae（Compositae）］■●

9892　Centrachena Schott ex Rchb.（1827）＝ Chrysanthemum L.（1753）
（保留属名）［菊科 Asteraceae（Compositae）］■●

9893　Centrachena Schott（1823）Nom. inval. ≡ Centrachena Schott ex
Rchb.（1827）；～＝ Chrysanthemum L.（1753）（保留属名）［菊科
Asteraceae（Compositae）］■●

9894　Centradenia G. Don（1832）【汉】距药花属。【隶属】野牡丹科
Melastomataceae。【包含】世界 4-6 种。【学名诠释与讨论】〈阴〉
（希）kentron，点，刺，圆心，中央，距＋aden，所有格 adenos，腺体。
【分布】墨西哥，中美洲。【模式】Centradenia inaequilateralis
（Schlechtendal et Chamisso）G. Don［Rhexia inaequilateralis
Schlechtendal et Chamisso］。【参考异名】Doncklaeria Hort. ex
Loudon（1855）；Donkelaaria Hort. ex Lem.（1855）Nom. inval.；
Plagiophyllum Schltdl.（1839）Nom. inval.●■☆

9895　Centradeniastrum Cogn.（1908）【汉】小距药花属。【隶属】野牡
丹科 Melastomataceae。【包含】世界 1-2 种。【学名诠释与讨论】
〈中〉（属）Centradenia 距药花属＋-astrum，指示小的词尾，也有
"不完全相似"的含义。【分布】秘鲁，厄瓜多尔，热带南美洲西
部。【模式】Centradeniastrum roseum Cogniaux。■☆

9896　Centrandra H. Karst.（1857）＝ Julocroton Mart.（1837）（保留属
名）［大戟科 Euphorbiaceae］●■☆

9897　Centranthera R. Br.（1810）【汉】胡麻草属。【日】ゴマクサ属。
【英】Centranthera。【隶属】玄参科 Scrophulariaceae。【包含】世
界 5-9 种，中国 3-5 种。【学名诠释与讨论】〈阴〉（希）kentron，
点，刺，圆心，中央，距＋anthera，花药。指花药具距。【分布】澳大
利亚，印度至马来西亚，中国。【模式】Centranthera hispida R.
Brown。【参考异名】Gumteolis Buch.－Ham. ex D. Don（1825）；
Purshia Dennst.（1818）Nom. illegit.；Razumovia Spreng.（1807）
Nom. inval.■

9898　Centranthera Scheidw.（1842）Nom. illegit. ＝ Pleurothallis R. Br.
（1813）［兰科 Orchidaceae］■☆

9899　Centrantheropsis Bonati（1914）【汉】假胡麻草属。【英】
Centrantheropsis。【隶属】玄参科 Scrophulariaceae。【包含】世界 1
种，中国 1 种。【学名诠释与讨论】〈阴〉（属）Centranthera 胡麻草
属＋希腊文 opsis，外观，模样，相似。此属的学名是
"Centrantheropsis Bonati, Bull. Soc. Bot. Genève ser. 2. 5：313. 8
Mai 1914"。亦有文献把其处理为"Phtheirospermum Bunge ex
Fisch. et C. A. Mey.（1835）"的异名。【分布】中国。【模式】
Centrantheropsis rigida Bonati。【参考异名】Phtheirospermum
Bunge ex Fisch. et C. A. Mey.（1835）■★

9900　Centranthus DC.（1805）【汉】距药草属（距花属，中花属）。
【日】セントランサス属，ベニカノコソウ属。【俄】Кентрантус，
Центрантус。【英】Centranth, Jupiter's Beard, Red Valerian,
Valerian。【隶属】缬草科（败酱科）Valerianaceae。【包含】世界 9
种，中国 1 种。【学名诠释与讨论】〈阳〉（希）kentron，点，刺，圆
心，中央，距＋anthos，花。指筒状花冠基部具长距。此属的学名，
ING、APNI、TROPICOS 和 IK 记载是"Centranthus A. P. de
Candolle in Lamarck et A. P. de Candolle, Fl. Franç. ed. 3. 4：238. 17
Sep 1805"。"Centranthus Lam. et DC.（1805）＝ Centranthus DC.
（1805）"和"Centranthus Neck. ex Lam. et DC.（1805）＝
Centranthus DC.（1805）"的命名人引证有误。【分布】巴基斯坦，
玻利维亚，中国，地中海地区，欧洲。【模式】Centranthus ruber
（Linnaeus）A. P. de Candolle［Valeriana rubra Linnaeus］。【参考
异名】Centranthus Lam. et DC.（1805）Nom. illegit.；Centranthus
Neck. ex Lam. et DC.（1805）Nom. illegit.；Kentranthus Raf.（1840）
Nom. illegit.；Ocymastrum Kuntze（1891）Nom. illegit.■

9901　Centranthus Lam. et DC.（1805）Nom. illegit. ＝ Centranthus DC.
（1805）［缬草科（败酱科）Valerianaceae］■

9902　Centranthus Neck. ex Lam. et DC.（1805）Nom. illegit. ＝
Centranthus DC.（1805）［缬草科（败酱科）Valerianaceae］■

9903　Centrapalus Cass.（1817）【汉】糙毛菊属。【隶属】菊科
Asteraceae（Compositae）//斑鸠菊科（绿菊科）Vernoniaceae。【包
含】世界 9 种。【学名诠释与讨论】〈阳〉（希）kentron，点，刺，圆
心，中央，距＋palus，桩子，支柱。此属的学名，ING、TROPICOS 和
IK 记载是"Centrapalus Cass., Dict. Sci. Nat., ed. 2.［F. Cuvier］7：
382. 1817［24 May 1817］"。它曾被处理为"Vernonia subsect.
Centrapalus（Cass.）S. B. Jones, Rhodora 83（833）：69. 1981.（9
Feb 1981）"。亦有文献把"Centrapalus Cass.（1817）"处理为
"Vernonia Schreb.（1791）（保留属名）"的异名。【分布】非洲。
【模式】Centrapalus galamensis Cassini。【参考异名】Vernonella
Sond.（1850）；Vernonia Schreb.（1791）（保留属名）；Vernonia
subsect. Centrapalus（Cass.）S. B. Jones（1981）■☆

9904　Centratherum Cass.（1817）【汉】中芒菊属（蓝冠菊属）。【英】
Larkdaisy。【隶属】菊科 Asteraceae（Compositae）。【包含】世界 2-
3 种。【学名诠释与讨论】〈阴〉（拉）kentron，点，刺，圆心，中央，
距＋atherum，芒。【分布】巴拉圭，巴拿马，秘鲁，玻利维亚，厄瓜
多尔，哥伦比亚（安蒂奥基亚），尼加拉瓜，热带，中美洲。【模
式】Centratherum punctatum Cassini。【参考异名】Ampherephis
Kunth（1818）；Amphibecis Humboldt ex Schrank（1824）；
Amphibecis Schrank（1824）Nom. illegit.；Amphiraphis Hook. f.
（1881）Nom. illegit.；Amphirephis Nees et Mart.（1824）；
Amphirhepis Wall.（1831）Nom. illegit.；Cabralia Schrank（1821）
Nom. illegit.；Crantzia Vell.（1831）Nom. illegit.（废弃属名）；
Decaneurum DC.（1833）Nom. illegit.；Phyllocephalum Blume
（1826）；Rolfinkia Zenk.（1837）；Spixia Schrank（1819）；Wightia
Spreng. ex DC.（1836）Nom. illegit.■☆

9905　Centrilla Lindau（1900）＝ Justicia L.（1753）［爵床科
Acanthaceae//鸭嘴花科（鸭咀花科）Justiciaceae］●■

9906　Centrocarpha D. Don（1831）＝ Rudbeckia L.（1753）［菊科
Asteraceae（Compositae）］■

9907　Centrochilus Schauer（1843）＝ Habenaria Willd.（1805）；～＝
Platanthera Rich.（1817）（保留属名）［兰科 Orchidaceae］■

9908　Centrochloa Swallen（1935）【汉】巴西雀稗属。【隶属】禾本科
Poaceae（Gramineae）。【包含】世界 1 种。【学名诠释与讨论】
〈阴〉（希）kentron，点，刺，圆心，中央，距＋chloe，草的幼芽，嫩草，
禾草。【分布】巴西。【模式】Centrochloa singularis Swallen。【参
考异名】Centrogonium Willis, Nom. inval.；Eltroplectris Raf.

(1837); Ochyrella Szlach. et R. González (1996) ■☆

9909 Centrochrosia Post et Kuntze (1903) = Kentrochrosia Lauterb. et K. Schum. (1900) [夹竹桃科 Apocynaceae] ●

9910 Centroclinium D. Don (1830) = Onoseris Willd. (1803) [菊科 Asteraceae (Compositae)] ●■☆

9911 Centrodiscus Müll. Arg. (1874) = Caryodendron H. Karst. (1860) [大戟科 Euphorbiaceae] ●☆

9912 Centrogenium Schltr. (1919) Nom. illegit. ≡ Eltroplectris Raf. (1837); ~ = Stenorrhynchos Rich. ex Spreng. (1826) [兰科 Orchidaceae] ■☆

9913 Centroglossa Barb. Rodr. (1882)【汉】距舌兰属。【隶属】兰科 Orchidaceae。【包含】世界 6 种。【学名诠释与讨论】〈阴〉(希) kentron, 点, 刺, 圆心, 中央, 距+glossa, 舌。【分布】巴拉圭, 巴西, 秘鲁。【后选模式】Centroglossa tripollinica (Barbosa Rodrigues) Barbosa Rodrigues [Ornithocephalus tripollinica Barbosa Rodrigues] ■☆

9914 Centrogonium Willis, Nom. inval. = Centrogenium Schltr. (1919) Nom. illegit.; ~ = Eltroplectris Raf. (1837); ~ = Stenorrhynchos Rich. ex Spreng. (1826) [兰科 Orchidaceae] ☆

9915 Centrogyne Welw. ex Benth. et Hook. f. (1880) = Bosquiea Thouars ex Baill. (1863) [桑科 Moraceae] ●☆

9916 Centrolepidaceae Desv. = Centrolepidaceae Endl. (保留科名) ■

9917 Centrolepidaceae Endl. (1836) (保留科名)【汉】刺鳞草科。【日】カツマダソウ科。【英】Centrolepis Family。【包含】世界 3-5 属 35-40 种, 中国 1 属 1 种。【分布】东南亚至澳大利亚, 北美洲 1 种。【科名模式】Centrolepis Labill.

9918 Centrolepis Labill. (1804)【汉】刺鳞草属。【英】Centrolepis。【隶属】刺鳞草科 Centrolepidaceae。【包含】世界 20-25 种, 中国 1 种。【学名诠释与讨论】〈阴〉(希) kentron, 点, 刺, 圆心, 中央, 距+lepis, 所有格 lepidos, 指小式 lepion 或 lepidion, 鳞, 鳞片。此属的学名, ING、TROPICOS、APNI 和 IK 记载是 "Centrolepis Labillardière, Novae Holl. Pl. Spec. 1: 7. Dec (sero) 1804"。"Devauxia R. Brown, Prodr. 252. 27 Mar 1810" 是 "Centrolepis Labill. (1804)" 的晚出的同模式异名 (Homotypic synonym, Nomenclatural synonym)。【分布】马来西亚, 中国, 中南半岛。【模式】Centrolepis fascicularis Labillardière。【参考异名】Alepyrum Hieron. (1873) Nom. illegit.; Alepyrum Hieron. ex Baill. (1892) Nom. illegit.; Alepyrum R. Br. (1810) Nom. inval.; Centrosepis R. Hedw. (1806); Desvauxia Benth. et Hook. f. (1810) Nom. illegit.; Desvauxia R. Br. (1810) Nom. illegit.; Desvauxia Spreng. (1824) Nom. illegit.; Devauxia R. Br. (1810) Nom. illegit.; Pseudalepyrum Dandy (1932) ■

9919 Centrolobium Mart. ex Benth. (1837)【汉】刺片豆属。【俄】Центролобиум。【英】Porcupine Pod Tree, Porcupine-pod Tree。【隶属】豆科 Fabaceae (Leguminosae)。【包含】世界 6-7 种。【学名诠释与讨论】〈中〉(希) kentron, 点, 刺, 圆心, 中央, 距+lobos = 拉丁文 lobulus, 片, 裂片, 叶, 荚, 荫。【分布】巴拿马, 玻利维亚, 厄瓜多尔, 哥伦比亚(安蒂奥基亚), 热带美洲, 中美洲。【模式】Centrolobium robustum (Velloso) C. F. P. Martius ex Bentham [Nissolia robusta Velloso] ●☆

9920 Centromadia Greene (1894)【汉】星刺菊属。【英】Spikeweed。【隶属】菊科 Asteraceae (Compositae)。【包含】世界 4 种。【学名诠释与讨论】〈阴〉(拉) kentron, 点, 刺, 圆心, 中央, 距+(属) Madia 星草菊属(麻迪菊属)。此属的学名是 "Centromadia E. L. Greene, Manual Bot. San Francisco Bay 196. 2 Feb 1894"。亦有文献把其处理为 "Hemizonia DC. (1836)" 的异名。【分布】美国, 墨西哥。【模式】未指定。【参考异名】Hemizonia DC. (1836) ■☆

9921 Centronia Blume (1826) Nom. illegit. ≡ Centronota A. DC. (1840) Nom. illegit.; ~ = Aeginetia L. (1753) [列当科 Orobanchaceae//野菰科 Aeginetiaceae//玄参科 Scrophulariaceae] ■

9922 Centronia D. Don (1823)【汉】刺萼野牡丹属。【隶属】野牡丹科 Melastomataceae。【包含】世界 15 种。【学名诠释与讨论】〈阴〉(希) kentron, 点, 刺, 圆心, 中央, 距。此属的学名, ING 和 IK 记载是 "Centronia D. Don, Mem. Wern. Nat. Hist. Soc. 4: 284, 314. Mai 1823"。玄参科 Scrophulariaceae 的 "Centronia Blume, Bijdr. Fl. Ned. Ind. 14: 776. 1826 [Jul–Dec 1826] ≡ Centronota A. DC. (1840) Nom. illegit. = Aeginetia L. (1753)" 是晚出的非法名称。【分布】巴拿马, 秘鲁, 玻利维亚, 厄瓜多尔, 哥伦比亚(安蒂奥基亚), 几内亚, 热带美洲, 中美洲。【模式】Centronia laurifolia D. Don。【参考异名】Brachycentrum Meisn. (1837); Calyptraria Naudin (1852); Stephanogastra H. Karat. et Triana (1855); Stephanogastra Triana (1855) ●☆

9923 Centronota A. DC. (1840) Nom. illegit. = Aeginetia L. (1753) [列当科 Orobanchaceae//野菰科 Aeginetiaceae//玄参科 Scrophulariaceae] ■

9924 Centropappus Hook. f. (1847)【汉】泌液菊属。【隶属】菊科 Asteraceae (Compositae)//千里光科 Senecionidaceae。【包含】世界 1 种。【学名诠释与讨论】〈阳〉(希) kentron, 点, 刺, 圆心, 中央, 距+希腊文 pappos 柔毛, 软毛。pappus 则与拉丁文同义, 指冠毛。此属的学名是 "Centropappus J. D. Hooker, London J. Bot. 6: 124. 1847"。亦有文献把其处理为 "Senecio L. (1753)" 的异名。【分布】马达加斯加。【模式】Centropappus brunonis Hook. f.。【参考异名】Senecio L. (1753) ■☆

9925 Centropetalum Lindl. (1839) = Fernandezia Ruiz et Pav. (1794) [兰科 Orchidaceae] ■☆

9926 Centrophorum Trin. (1820) (废弃属名) = Chrysopogon Trin. (1820) (保留属名) [禾本科 Poaceae (Gramineae)] ■

9927 Centrophyllum Dumort. (1829) = Carthamus L. (1753) [菊科 Asteraceae (Compositae)] ■

9928 Centrophyta Rchb. (1841) = Astragalus L. (1753); ~ = Kentrophyta Nutt. (1838) [豆科 Fabaceae (Leguminosae)//蝶形花科 Papilionaceae] ●■

9929 Centroplacaceae Doweld et Reveal (2005) [亦见 Pandaceae Engl. et Gilg (保留科名) 攀打科(盘木科, 箫科, 小盘木科, 油树科)]【汉】裂药树科。【包含】世界 1 属 1 种。【分布】热带非洲西部。【科名模式】Centroplacus Pierre ●☆

9930 Centroplacus Pierre (1899)【汉】裂药树属(小花木属)。【隶属】攀打科 Pandaceae//裂药树科 Centroplacaceae。【包含】世界 1 种。【学名诠释与讨论】〈阳〉(希) kentron, 点, 刺, 圆心, 中央, 距+plax, 扁平物。【分布】热带非洲西部。【模式】Centroplacus glaucinus Pierre。●☆

9931 Centropodia (R. Br.) Rchb. (1828-1829)【汉】白霜草属。【隶属】禾本科 Poaceae (Gramineae)。【包含】世界 4 种。【学名诠释与讨论】〈阴〉(希) kentron, 点, 刺, 圆心, 中央, 距+pous, 所有格 podos, 指小式 podion, 脚, 足, 柄, 梗。podotes, 有脚的。此属的学名, ING 和 IK 记载是 "Centropodia (R. Brown) H. G. L. Reichenbach, Consp. 212a. Dec 1828–Mar 1829"。"Centropodia Rchb. (1829) ≡ Centropodia (R. Br.) Rchb. (1829)" 的命名人引证有误。"Asthenatherum Nevski, Trudy Sredne-Aziatsk. Gosud. Univ., Ser. 8b, Bot. 17: 8. 13 Apr 1934" 是 "Centropodia (R. Br.) Rchb. (1828-1829)" 的晚出的同模式异名 (Homotypic synonym, Nomenclatural synonym)。亦有文献把 "Centropodia (R. Br.) Rchb. (1829)" 处理为 "Danthonia DC. (1805) (保留属名)" 的异名。【分布】非洲北部、东部和南部, 亚洲西南部至巴基斯坦和印

度(北部),亚洲中部。【后选模式】Centropodia forskaolii（Vahl）T. A. Cope［as 'forskalii'］［Avena forskaolii Vahl；Avena pensylvanica Forsskål 1775, non Linnaeus 1753］。【参考异名】Asthenatherum Nevski（1934）Nom. illegit.；Centropodia Rchb.（1829）Nom. illegit.；Danthonia DC.（1805）(保留属名)［禾本科 Poaceae（Gramineae）］■☆

9932　Centropodia Rchb.（1829）Nom. illegit. ≡ Centropodia（R. Br.）Rchb.（1829）［禾本科 Poaceae（Gramineae）］■☆

9933　Centropodium Lindl.（1836）= Centopodium Burch.（1822）；~ = Emex Campd.（1819）(保留属名)［蓼科 Polygonaceae］■☆

9934　Centropogon C. Presl（1836）【汉】须距桔梗属。【隶属】桔梗科 Campanulaceae。【包含】世界230种。【学名诠释与讨论】〈阳〉(希)kentron,点,刺,圆心,中央,距+pogon,所有格 pogonos,指小式 pogonion,胡须,髯毛,芒。pogonias,有须的。【分布】巴拿马,秘鲁,玻利维亚,厄瓜多尔,哥伦比亚(安蒂奥基亚),尼加拉瓜,西印度群岛,热带美洲,中美洲。【后选模式】Centropogon surinamensis（Linnaeus）K. B. Presl［Lobelia surinamensis Linnaeus］●■☆

9935　Centropsis Endl.（1842）= Kentropsis Moq.（1840）［藜科 Chenopodiaceae］●☆

9936　Centrosema（DC.）Benth.（1837）(保留属名)【汉】距瓣豆属(山珠豆属)。【日】チョウマメモドキ属。【英】Butter Pea, Butterflypea, Butterfly - pea, Centrosema, Conchita, Spurstandard。【隶属】豆科 Fabaceae（Leguminosae）//蝶形花科 Papilionaceae。【包含】世界35-50种,中国1种。【学名诠释与讨论】〈中〉(希)kentron,点,刺,圆心,中央,距+sema,所有格 sematos,旗帜,标记。指旗瓣背部具距。此属的学名"Centrosema（DC.）Benth., Comm. Legum. Gen.:53. Jun 1837（Clitoria sect. Centrosema DC., Prodr. 2:234. Nov（med.）1825）"是保留属名。相应的废弃属名是豆科 Fabaceae 的"Steganotropis Lehm., Sem. Hort. Bot. Hamburg. 1826:18. 1826 = Centrosema（DC.）Benth.（1837）(保留属名)"。豆科 Fabaceae 的"Centrosema Benth.（1837）≡ Centrosema（DC.）Benth.（1837）(保留属名)"和"Centrosema DC.（1837）≡ Centrosema（DC.）Benth.（1837）(保留属名)"的命名人引证有误,亦应废弃。【分布】巴拉圭,巴拿马,秘鲁,玻利维亚,厄瓜多尔,哥伦比亚(安蒂奥基亚),哥斯达黎加,马达加斯加,美国(密苏里),尼加拉瓜,利比里亚(宁巴),中美洲。【模式】Centrosema brasilianum（Linnaeus）Bentham［Clitoria brasiliana Linnaeus］。【参考异名】Bradburya Raf.（1817）(废弃属名)；Centrosema Benth.（1837）Nom. illegit.(废弃属名)；Centrosema DC.（1837）Nom. illegit.(废弃属名)；Clitoria sect. Centrosema DC.（1825）；Cruminium Desv.（1826）；Pilanthus Poit. ex Endl.（1840）；Platysema Benth.（1838）；Steganotropis Lehm.（1826）(废弃属名)；Vexillaria Benth.（1837）Nom. illegit.；Vexillaria Hoffmanns.（1824）Nom. illegit.；Vexillaria Hoffmanns. ex Benth.（1837）Nom. illegit.●■☆

9937　Centrosema Benth.（1837）(废弃属名)≡ Centrosema（DC.）Benth.（1837）(保留属名)［豆科 Fabaceae（Leguminosae）//蝶形花科 Papilionaceae］●■☆

9938　Centrosema DC.（1837）Nom. illegit.(废弃属名)≡ Centrosema（DC.）Benth.（1837）(保留属名)［豆科 Fabaceae（Leguminosae）//蝶形花科 Papilionaceae］●■☆

9939　Centrosepis R. Hedw.（1806）= Centrolepis Labill.（1804）［刺鳞草科 Centrolepidaceae］■

9940　Centrosia A. Rich.（1828）Nom. illegit. = Calanthe R. Br.（1821）(保留属名)；~ = Centrosis Sw.（1814）［兰科 Orchidaceae］■☆

9941　Centrosis Sw.（1814）Nom. inval. = Centrosis Sw. ex Thouars（1822）；~ ≡ Centrosis Sw. ex Thouars（1822）［兰科 Orchidaceae］■☆

9942　Centrosis Sw.（1829）Nom. illegit. ≡ Centrosis Sw. ex Thouars（1822）［兰科 Orchidaceae］■☆

9943　Centrosis Sw. ex Thouars（1822）Nom. illegit. ≡ Alismorkis Thouars（1809）(废弃属名)；~ = Limodorum Boehm.（1760）(保留属名)；~ = Calanthe R. Br.（1821）(保留属名)［兰科 Orchidaceae］■

9944　Centrosis Thouars（1822）Nom. illegit. ≡ Centrosis Sw. ex Thouars（1822）［兰科 Orchidaceae］■☆

9945　Centrosolenia Benth.（1846）(废弃属名)= Nautilocalyx Linden ex Hanst.（1854）(保留属名)［苦苣苔科 Gesneriaceae］■☆

9946　Centrospermum Kunth（1818）(废弃属名)= Acanthospermum Schrank（1820）(保留属名)［菊科 Asteraceae（Compositae）］■

9947　Centrospermum Spreng.（1818）(废弃属名)= Chrysanthemum L.（1753）(保留属名)［菊科 Asteraceae（Compositae）］■●

9948　Centrosphaera Post et Kuntze（1903）= Kentrosphaera Volkens ex Gilg（1897）Nom. illegit.；~ = Volkensinia Schinz（1912）［苋科 Amaranthaceae］■☆

9949　Centrostachys Wall.（1824）【汉】湿生苋属。【隶属】苋科 Amaranthaceae。【包含】世界1种。【学名诠释与讨论】〈阴〉(希)kentron,点,刺,圆心,中央,距+stachys,穗,谷,长钉。【分布】马达加斯加,澳大利亚(诺福克岛),印度,印度尼西亚(爪哇岛),非洲北部。【模式】Centrostachys aquatica（Roxburgh）Wallich［Achyranthes aquatica Roxburgh］■☆

9950　Centrostegia A. Gray ex Benth.（1856）Nom. illegit. ≡ Centrostegia A. Gray（1856）［蓼科 Polygonaceae］■☆

9951　Centrostegia A. Gray（1856）【汉】刺苞蓼属。【英】Red Triangles。【隶属】蓼科 Polygonaceae。【包含】世界1种。【学名诠释与讨论】〈阴〉(希)kentron,点,刺,圆心,中央,距+stegion,屋顶,盖。指花苞基部有刺。此属的学名,ING 记载是"Centrostegia A. Gray in Bentham in Alph. de Candolle, Prodr. 14:27. Oct（med.）1856"。GCI 则记载为"Centrostegia A. Gray in Benth., Prodr.［A. P. de Candolle］14（1）:27. 1856［Oct 1856］"。IK 记载为"Centrostegia A. Gray ex Benth., Prodr.［A. P. de Candolle］14（1）:27. 1856"。三者引用的文献相同。"Centrostegia A. Gray（1856）"曾被处理为"Chorizanthe sect. Centrostegia（A. Gray ex Benth.）Parry, Proceedings of the Davenport Academy of Natural Sciences 4:50. 1884"。【分布】美国(加利福尼亚)。【模式】Centrostegia thurberii A. Gray。【参考异名】Centrostegia A. Gray ex Benth.（1856）Nom. illegit.；Chorizanthe sect. Centrostegia（A. Gray ex Benth.）Parry（1884）■☆

9952　Centrostemma Baill., Nom. illegit. = Ceratostema Juss.（1789）［杜鹃花科(欧石南科)Ericaceae］●☆

9953　Centrostemma Decne.（1838）【汉】蜂出巢属(飞凤花属)。【英】Centrostemma。【隶属】萝藦科 Asclepiadaceae。【包含】世界5种,中国2种。【学名诠释与讨论】〈中〉(希)kentron,点,刺,圆心,中央,距+stemma,所有格 stemmatos,花冠,花环,王冠。指副花冠基部有距。此属的学名,ING、TROPICOS 和 IK 记载是"Centrostemma Decaisne, Ann. Sci. Nat. Bot. ser. 2. 9:271. Mai 1838"。"Centrostemma Baill."是"Ceratostema Juss.（1789）［杜鹃花科(欧石南科)Ericaceae］"的异名。亦有文献把"Centrostemma Decne.（1838）"处理为"Hoya R. Br.（1810）"的异名。【分布】中国,东南亚。【模式】Centrostemma multiflorum（Blume）Decaisne［Hoya multiflora Blume］。【参考异名】Hoya R. Br.（1810）●

9954　Centrostigma Schltr.（1915）【汉】距柱兰属。【隶属】兰科 Orchidaceae。【包含】世界5种。【学名诠释与讨论】〈中〉(希)kentron,点,刺,圆心,中央,距+stigma,所有格 stigmatos,柱头,眼点。【分布】热带非洲。【后选模式】Centrostigma schlecheri

（Kraenzlin）Schlechter［Habenaria schlechteri Kraenzlin］■☆

9955　Centrostylis Baill.（1858）【汉】距柱大戟属。【隶属】大戟科 Euphorbiaceae。【包含】世界 1 种。【学名诠释与讨论】〈阴〉（希）kentron，点，刺，圆心，中央，距+stylos ＝拉丁文 style，花柱，中柱，有尖之物，桩，柱，支持物，支柱，石头做的界标。此属的学名是"Centrostylis Baillon, Étude Gén. Euphorb. 469. 1858"。亦有文献把其处理为"Adenochlaena Boiss. ex Baill.（1858）"的异名。【分布】斯里兰卡。【模式】Centrostylis zeylanica Baillon。【参考异名】Adenochlaena Boiss. ex Baill.（1858）■☆

9956　Centunculus Adans.（1763）Nom. illegit. ≡ Cerastium L.（1753）［石竹科 Caryophyllaceae］■

9957　Centunculus L.（1753）＝ Anagallis L.（1753）［报春花科 Primulaceae//紫金牛科 Myrsinaceae］■

9958　Ceodes J. R. Forst. et G. Forst.（1775）【汉】胶果木属（肖腺果藤属）。【隶属】紫茉莉科 Nyctaginaceae//腺果藤科（避霜花科）Pisoniaceae。【包含】世界 25 种，中国 2 种。【学名诠释与讨论】〈阴〉（希）keodes，香味。指花具香味。此属的学名是"Ceodes J. R. Forster et J. G. A. Forster, Charact. Gen. 141. 1 Mar 1776"。亦有文献把其处理为"Pisonia L.（1753）"的异名。【分布】澳大利亚，马来西亚，中国，波利尼西亚群岛，马斯克林群岛。【模式】Ceodes umbellifera J. R. Forster et J. G. A. Forster。【参考异名】Calpidia Thouars（1805）；Pisonia L.（1753）●

9959　Cepa Kuntze（1891）Nom. illegit. ≡ Proiphys Herb.（1821）；～ ＝ Eurycles Salisb.（1830）Nom. illegit. ；～ ＝ Eurycles Salisb. ex Lindl.（1829）Nom. illegit. ；～ ＝ Eurycles Salisb. ex Schult. et Schult. f.（1830）［石蒜科 Amaryllidaceae］■☆

9960　Cepa Mill.（1754）＝ Allium L.（1753）［百合科 Liliaceae//葱科 Alliaceae］■

9961　Cepaceae Salisb.（1866）＝ Alliaceae Borkh.（保留科名）■

9962　Cepaea Caesalp. ex Fourr.（1868）Nom. illegit. ＝ Sedum L.（1753）［景天科 Crassulaceae］●■

9963　Cepaea Fabr.（1759）＝ Sedum L.（1753）［景天科 Crassulaceae］●■

9964　Cepaeaceae Salisb. ＝ Alliaceae Borkh.（保留科名）●

9965　Cepalaria Raf.（1838）＝ Cephalaria Schrad.（1818）（保留属名）［川续断科（刺参科，蓟叶参科，山萝卜科，续断科）Dipsacaceae］●

9966　Cephaëlis Sw.（1788）（保留属名）【汉】头九节属（头花属，吐根属）。【日】トコン属。【英】Cephaelis, Ipecacuanha, Ninenode。【隶属】茜草科 Rubiaceae。【包含】世界 60-100 种，中国 1-3 种。【学名诠释与讨论】〈阴〉（希）kephale，头，头盖。指头状花序。此属的学名"Cephaëlis Sw. , Prodr. : 3, 45. 20 Jun–29 Jul 1788"是保留属名。相应的废弃属名是茜草科 Rubiaceae 的"Evea Aubl. , Hist. Pl. Guiane : 100. Jun–Dec 1775 ＝ Cephaëlis Sw.（1788）（保留属名）"、"Carapichea Aubl. , Hist. Pl. Guiane : 167. Jun–Dec 1775 ＝ Cephaëlis Sw.（1788）（保留属名）"和"Tapogomea Aubl. , Hist. Pl. Guiane : 157. Jun–Dec 1775 ＝ Cephaëlis Sw.（1788）（保留属名）"。亦有文献把"Cephaëlis Sw.（1788）（保留属名）"处理为"Psychotria L.（1759）（保留属名）"的异名。【分布】中国，热带。【模式】Cephaëlis muscosa（N. J. Jacquin）O. Swartz［Morinda muscosa N. J. Jacquin］。【参考异名】Calicoca Raf. ；Callicocca Schreb.（1789）Nom. illegit. ；Calococca Post et Kuntze（1903）；Carabichea Post et Kuntze（1903）；Carapichea Aubl.（1775）（废弃属名）；Cephaleis Vahl（1796）Nom. illegit. ；Chesnea Scop.（1777）Nom. illegit. ；Eurhotia Neck.（1790）Nom. inval. ；Evea Aubl.（1775）（废弃属名）；Macrocalyx Miers ex Lindl.（1847）Nom. illegit. ；Nettlera Raf.（1838）；Psychotria L.（1759）（保留属名）；Tapagomea Kuntze（1891）；Tapogomea Aubl.（1775）（废弃属名）；

Uragoga Baill.（1879）Nom. illegit. ●

9967　Cephalacanthus Lindau（1905）【汉】头刺爵床属。【隶属】爵床科 Acanthaceae。【包含】世界 1 种。【学名诠释与讨论】〈阳〉（希）kephale，头，头盖+akantha，荆棘，刺。【分布】秘鲁。【模式】Cephalacanthus maculatus Lindau。■☆

9968　Cephalandra Eckl. et Zeyh.（1836）Nom. illegit. ≡ Cephalandra Schrad.（1836）；～ ＝ Coccinia Wight et Arn.（1834）；～ ＝ Coccinia Wight et Arn.（1834）［葫芦科（瓜科，南瓜科）Cucurbitaceae］■

9969　Cephalandra Schrad.（1836）＝ Coccinia Wight et Arn.（1834）［葫芦科（瓜科，南瓜科）Cucurbitaceae］■

9970　Cephalandra Schrad. ex Eckl. et Zeyh.（1836）Nom. illegit. ≡ Cephalandra Schrad.（1836）；～ ＝ Coccinia Wight et Arn.（1834）［葫芦科（瓜科，南瓜科）Cucurbitaceae］■

9971　Cephalangraecum Schltr.（1918）＝ Ancistrorhynchus Finet（1907）［兰科 Orchidaceae］■☆

9972　Cephalanophlos Fourr.（1869）Nom. illegit. ≡ Cephalonoplos（Neck. ex DC.）Fourr.（1869）Nom. illegit. ；～ ＝ Breea Less.（1832）；～ ＝ Cirsium Mill.（1754）［菊科 Asteraceae（Compositae）］■

9973　Cephalanophlos Neck.（1790）Nom. inval. ≡ Cephalonoplos Neck.（1790）Nom. inval. ；～ ＝ Cirsium Mill.（1754）［菊科 Asteraceae（Compositae）］■

9974　Cephalanthaceae Dumort. ＝ Rubiaceae Juss.（保留科名）●■

9975　Cephalanthaceae Raf.（1820）＝ Rubiaceae Juss.（保留科名）●■

9976　Cephalanthera Rich.（1817）【汉】头蕊兰属（金兰属）。【日】キンラン属，ハクリン属。【俄】Пыльцеголовник，Цефалянтера。【英】Cephalanthera, Helleborine, Phantom Orchid, Skull Orchid。【隶属】兰科 Orchidaceae。【包含】世界 16 种，中国 9 种。【学名诠释与讨论】〈阴〉（希）Kephale，头，头盖+anthera，花药。指花药大形。【分布】巴基斯坦，中国，北温带。【后选模式】Cephalanthera damasonium（P. Miller）Druce［Serapias damasonium P. Miller］。【参考异名】Callithronum Ehrh.（1789）Nom. inval. ；Dorycheile Rchb.（1841）；Eburophyton A. Heller（1904）；Helleborine Mill.（1754）（废弃属名）；Limonias Ehrh.（1789）Nom. inval. ；Lonchophyllum Ehrh.（1789）Nom. inval. ；Sinorchis S. C. Chen（1978）；Tangtsinia S. C. Chen（1965）；Xiphophyllum Ehrh.（1789）Nom. inval. ■

9977　Cephalantheropsis Guill.（1960）【汉】肖头蕊兰属（黄兰属）。【隶属】兰科 Orchidaceae。【包含】世界 5-8 种，中国 3 种。【学名诠释与讨论】〈阴〉（属）Cephalanthera 头蕊兰属+希腊文 opsis，外观，模样，相似。【分布】中国，中南半岛。【模式】Cephalantheropsis lateriscapa Guillaumin。●■

9978　Cephalanthus L.（1753）【汉】风箱树属（风箱属）。【日】ヤマタマガサ属。【俄】Цефалантус，Цефалянтус。【英】Button Bush, Buttonbush。【隶属】茜草科 Rubiaceae。【包含】世界 3-10 种，中国 2 种。【学名诠释与讨论】〈阳〉（希）kephale，头，头盖+anthos，花。指花聚成头状。【分布】巴拉圭，玻利维亚，马达加斯加，美国（密苏里），中国，亚洲，美洲。【后选模式】Cephalanthus occidentalis Linnaeus。【参考异名】Acrodryon Spreng.（1824）；Axolus Raf.（1838）Nom. illegit. ；Eresimus Raf.（1838）；Franchetia Baill.（1885）；Gilipus Raf.（1838）；Silamnus Raf.（1838）●

9979　Cephalaralia Harms（1897）【汉】头楤木属。【隶属】五加科 Araliaceae。【包含】世界 1 种。【学名诠释与讨论】〈阴〉（希）Kephale+（属）Aralia 楤木属（刺楤属，独活属，土当归属）。【分布】澳大利亚。【模式】Cephalaralia cephalobotrys（F. v. Mueller）Harms［Panax cephalobotrys F. v. Mueller］●☆

9980　Cephalaria Roem. et Schult.（1818）Nom. illegit.（废弃属名）≡ Cephalaria Schrad.（1818）（保留属名）［川续断科（刺参科，蓟叶

参科,山萝卜科,续断科)Dipsacaceae]■

9981　Cephalaria Schrad.（1814）Nom. inval.（废弃属名）≡Cephalaria Schrad.（1818）（保留属名）[川续断科（刺参科,蓟叶参科,山萝卜科,续断科)Dipsacaceae]■

9982　Cephalaria Schrad.（1818）（保留属名）【汉】头花草属（刺头草属,头刺草属,头序花属,蝇毒草属）。【日】キバナノマツムシソウ属,キンラン属,セファラリーア属,ハクリン属。【俄】Головчатка, Пыльцеголовник, Цефалярия。【英】Cephalanthera, Cephalaria, Giant Scabious, Skull Orchid。【隶属】川续断科（刺参科,蓟叶参科,山萝卜科,续断科）Dipsacaceae。【包含】世界65种,中国2种。【学名诠释与讨论】〈阳〉（希）Kephale,头,头盖+-arius,-aria,-arium,指示"属于、相似、具有、联系"的词尾。指小花密集成头状花序。此属的学名"Cephalaria Schrad. in Roemer et Schultes, Syst. Veg. 3:1,43. Apr-Jul 1818"是保留属名。相应的废弃属名是川续断科 Dipsacaceae 的"Lepicephalus Lag., Gen. Sp. Pl. :7. Jun-Dec 1816 = Cephalaria Schrad.（1818）（保留属名）"。川续断科 Dipsacaceae 的"Cephalaria J. J. Roemer et J. A. Schultes, Syst. Veg. 3:1. Apr-Jul 1818 ≡ Cephalaria Schrad.（1818）（保留属名）"和"Cephalaria Schrad. ex Roem. et Schult.（1818）≡ Cephalaria Schrad.（1818）（保留属名）"的命名人引证有误,亦应废弃。【分布】巴基斯坦,中国,地中海至亚洲中部,非洲南部。【模式】Cephalaria alpina（Linnaeus）J. J. Roemer et J. A. Schultes [Scabiosa alpina Linnaeus]。【参考异名】Cepalaria Raf.（1838）;Cephalaria Roem. et Schult.（1818）Nom. illegit.（废弃属名）;Cephalaria Schrad.（1814）Nom. inval.（废弃属名）;Cephalaria Schrad. ex Roem. et Schult.（1818）Nom. illegit.（废弃属名）;Cephalodes St. -Lag.（1881）;Cerionanthus Schott ex Roem. et Schult.（1818）Nom. illegit.（废弃属名）;Gonoceras Post et Kuntze（1903）;Gonokeros Raf.（1838）;Lepicephalus Lag.（1816）（废弃属名）;Leucopsora Raf.（1838）;Phalacrocarpus（Boiss.）Tiegh.（1909）;Picnocomon Wallr. ex DC.（1830）;Pycnocomon Wallr. ;Xetola Raf.（1838）■

9983　Cephalaria Schrad. ex Roem. et Schult.（1818）Nom. illegit.（废弃属名）≡Cephalaria Schrad.（1818）（保留属名）[川续断科（刺参科,蓟叶参科,山萝卜科,续断科)Dipsacaceae]■

9984　Cephaleis Vahl（1796）Nom. illegit. =Cephaëlis Sw.（1788）（保留属名）;~ = Psychotria L.（1759）（保留属名）[茜草科 Rubiaceae//九节科 Psychotriaceae]萝

9985　Cephalidium A. Rich.（1830）= Anthocephalus A. Rich.（1834）;~ = Breonia A. Rich. ex DC.（1830）[茜草科 Rubiaceae]●☆

9986　Cephalidium A. Rich. ex DC.（1834）Nom. illegit. ≡Cephalidium A. Rich.（1830）;~ = Anthocephalus A. Rich.（1834）;~ = Breonia A. Rich. ex DC.（1830）[茜草科 Rubiaceae]●☆

9987　Cephalina Thonn.（1827）= Sarcocephalus Afzel. ex Sabine（1824）[茜草科 Rubiaceae]●☆

9988　Cephalipterum A. Gray（1852）【汉】顶羽鼠麴草属。【英】Pompon Head。【隶属】菊科 Asteraceae（Compositae）。【包含】世界1种。【学名诠释与讨论】〈中〉（希）kephale,头,头盖+pteron,指小式 pteridion,翅。pteridios,有羽毛的。【分布】澳大利亚。【模式】Cephalipterum drummondii A. Gray。【参考异名】Cephalopterum Post et Kuntze（1903）■☆

9989　Cephalobembix Rydb.（1914）= Schkuhria Roth（1797）（保留属名）[菊科 Asteraceae（Compositae）]■☆

9990　Cephalocarpus Nees（1842）【汉】头果莎属。【隶属】莎草科 Cyperaceae。【包含】世界3-7种。【学名诠释与讨论】〈阳〉（希）kephale,头,头盖+karpos,果实。此属的学名,ING、TROPICOS 和 IK 记载是"Cephalocarpus C. G. D. Nees in C. F. P. Martius, Fl.

Brasil. 2（1）:162. 1 Apr 1842"。它曾被处理为"Lagenocarpus subgen. Cephalocarpus（Nees）H. Pfeiff., Repertorium Specierum Novarum Regni Vegetabilis 18:91. 1922"。【分布】热带南美洲。【模式】Cephalocarpus dracaenula C. G. D. Nees。【参考异名】Lagenocarpus subgen. Cephalocarpus（Nees）H. Pfeiff.（1922）■☆

9991　Cephalocereus Pfeiff.（1838）【汉】翁柱属。【日】ケファロセレウス属。【俄】Цефалоцереус。【英】Cephalocereus。【隶属】仙人掌科 Cactaceae。【包含】世界3-48种,中国4种。【学名诠释与讨论】〈阳〉（希）kephale,头,头盖+（属）Cereus 仙影掌属。此属的学名,ING、TROPICOS、GCI 和 IK 记载是"Cephalocereus Pfeiff., Allg. Gartenzeitung（Otto et Dietrich）6:142. 1838 [5 May 1838]"。"Cephalocereus Pfeiff., Backeb., Blatter Kakteenforsch. 1938, No. 6, p. [22], descr. emend."修订了属的描述。"Pilocereus Lemaire, Cact. Gen. Nova 6. Feb 1839"是"Cephalocereus Pfeiff.（1838）"的多余的替代名称。"Cephalocereus Pfeiff.（1838）"曾被处理为"Cereus subgen. Cephalocereus（Pfeiff.）A. Berger, Annual Report of the Missouri Botanical Garden 16:61-62. 1905.（31 May 1905）"。【分布】玻利维亚,美国（佛罗里达）至巴西,中国,中美洲。【后选模式】Cephalocereus senilis（Haworth）K. Schumann [Cactus senilis Haworth]。【参考异名】Cephalophorus Lem.（1838）;Cephalophorus Lem. ex Boom, Nom. illegit. ; Cereus subgen. Cephalocereus（Pfeiff.）A. Berger（1905）;Haseltonia Backeb.（1949）;Neodawsonia Backeb.（1949）;Pilocereus Lem.（1839）Nom. illegit. ;Subpilocereus Backeb.（1938）●

9992　Cephalochloa Coss. et Durieu（1854）= Ammochloa Boiss.（1854）[禾本科 Poaceae（Gramineae）]■☆

9993　Cephalocleistocactus F. Ritter（1959）= Cleistocactus Lem.（1861）[仙人掌科 Cactaceae]●☆

9994　Cephalocroton Hochst.（1841）【汉】肖巴豆属。【隶属】大戟科 Euphorbiaceae。【包含】世界6-8种。【学名诠释与讨论】〈中〉（希）kephale,头,头盖+（属）Croton 巴豆属。此属的学名,ING、TROPICOS 和 IK 记载是"Cephalocroton Hochstetter, Flora 24:370. 28 Jun 1841"。它曾被处理为"Cephalocroton sect. Cephalocrotonopsis（Hochst.）Radcl. -Sm., Kew Bulletin 28:131. 1973"。【分布】马达加斯加,热带非洲。【模式】Cephalocroton cordofanum Hochstetter。【参考异名】Adenochlaena Boiss. ex Baill.（1858）;Cephalocroton sect. Cephalocrotonopsis（Hochst.）Radcl. -Sm.（1973）;Cephalocrotonopsis Pax（1910）●☆

9995　Cephalocrotonopsis Pax（1910）【汉】类巴豆属。【隶属】大戟科 Euphorbiaceae。【包含】世界1种。【学名诠释与讨论】〈阴〉（属）Cephalocroton 肖巴豆属+希腊文 opsis,外观,模样,相似。此属的学名是"Cephalocrotonopsis Pax in Engler, Pflanzenr. IV. 147. II（Heft 44）:15. 4 Oct 1910"。亦有文献把其处理为"Cephalocroton Hochst.（1841）"的异名。【分布】也门（索科特拉岛）。【模式】Cephalocrotonopsis socotrana（I. B. Balfour）Pax [Cephalocroton socotranus I. B. Balfour]。【参考异名】Cephalocroton Hochst.（1841）●☆

9996　Cephalodendron Steyerm.（1972）【汉】头木茜属。【隶属】茜草科 Rubiaceae。【包含】世界2种。【学名诠释与讨论】〈中〉（希）kephale,头,头盖+dendron 或 dendros,树木,棍,丛林。【分布】南美洲北部。【模式】Cephalodendron globosum J. A. Steyermark。●☆

9997　Cephalodes St. -Lag.（1881）= Cephalaria Schrad.（1818）（保留属名）[川续断科（刺参科,蓟叶参科,山萝卜科,续断科）Dipsacaceae]■

9998　Cephalohibiscus Ulbr.（1935）【汉】头木槿属。【隶属】锦葵科 Malvaceae。【包含】世界1种。【学名诠释与讨论】〈阳〉（希）

kephale，头，头盖 + Hibiscus 木槿属。此属的学名是"Cephalohibiscus Ulbrich，Notizbl. Bot. Gart. Berlin – Dahlem 12：495. 30 Jun 1935"。亦有文献把其处理为"Thespesia Sol. ex Corrêa(1807)(保留属名)"的异名。【分布】所罗门群岛，新几内亚岛。【模式】Cephalohibiscus peekelii Ulbrich。【参考异名】Thespesia Sol. ex Corrêa(1807)(保留属名)●☆

9999　Cephaloma Neck. (1790) Nom. inval. = Dracocephalum L. (1753) (保留属名) [唇形科 Lamiaceae(Labiatae)] ■●

10000　Cephalomamillaria Frič. (1924) = Epithelantha F. A. C. Weber ex Britton et Rose(1922) [仙人掌科 Cactaceae] ●

10001　Cephalomammillaria Frič (1924) Nom. illegit. = Cephalomamillaria Frič. (1924) [仙人掌科 Cactaceae] ●

10002　Cephalomappa Baill. (1874)【汉】肥牛木属(肥牛树属)。【英】Cephalomappa。【隶属】大戟科 Euphorbiaceae。【包含】世界5种,中国2种。【学名诠释与讨论】〈阴〉(希)kephale,头,头盖+(属)Mappa =Macaranga 血桐属。【分布】马来西亚(西部),中国。【模式】Cephalomappa beccariana Baillon。【参考异名】Muricococcum Chun et F. C. How(1956) ●

10003　Cephalomedinilla Merr. (1910) = Medinilla Gaudich. ex DC. (1828) [野牡丹科 Melastomataceae] ●

10004　Cephalonema K. Schum. (1900) Nom. inval. ≡ Cephalonema K. Schum. ex Sprague(1909); ~ = Clappertonia Meisn. (1837) [椴树科(椴科,田麻科) Tiliaceae//锦葵科 Malvaceae] ●☆

10005　Cephalonema K. Schum. ex Sprague(1909) = Clappertonia Meisn. (1837) [椴树科(椴科,田麻科) Tiliaceae//锦葵科 Malvaceae] ●☆

10006　Cephalonoplos(Neck. ex DC.) Fourr. (1869) Nom. illegit. ≡ Breea Less. (1832); ~ = Cirsium Mill. (1754) [菊科 Asteraceae (Compositae)] ■

10007　Cephalonoplos Fourr. (1869) Nom. illegit. ≡ Cephalonoplos(Neck. ex DC.) Fourr. (1869) Nom. illegit.; ~ ≡ Breea Less. (1832); ~ = Cirsium Mill. (1754) [菊科 Asteraceae(Compositae)] ■

10008　Cephalonoplos Neck. (1790) Nom. inval. = Cirsium Mill. (1754) [菊科 Asteraceae(Compositae)] ■

10009　Cephalopanax Baill. = Acanthopanax(Decne. et Planch.) Miq. (1863) Nom. illegit.; ~ = Eleutherococcus Maxim. (1859) [五加科 Araliaceae] ●

10010　Cephalopappus Nees et Mart. (1824)【汉】毛头钝柱菊属。【隶属】菊科 Asteraceae(Compositae)。【包含】世界1种。【学名诠释与讨论】〈阳〉(希)kephale,头,头盖+希腊文 pappos 指柔毛,软毛。pappus 则与拉丁文同义,指冠毛。【分布】巴西(东部)。【模式】Cephalopappus sonchifolius C. G. D. Nees et C. F. P. Martius。●☆

10011　Cephalopentandra Chiov. (1929)【汉】五头蕊属。【隶属】葫芦科(瓜科,南瓜科) Cucurbitaceae。【包含】世界1种。【学名诠释与讨论】〈阴〉(希)kephale,头,头盖+pente,五+aner,所有格andros,雄性,雄蕊。【分布】热带非洲。【模式】Cephalopentandra obbiadensis Chiovenda。●☆

10012　Cephalophilon(Meisn.) Spach(1841) = Persicaria(L.) Mill. (1754); ~ = Polygonum L. (1753)(保留属名) [蓼科 Polygonaceae] ■●

10013　Cephalophilum Börner(1913) Nom. illegit. ≡ Cephalophilum(Meisn.) Börner(1913) Nom. illegit.; ~ ≡ Echinocaulon(Meisn.) Spach(1841); ~ = Persicaria(L.) Mill. (1754); ~ = Polygonum L. (1753)(保留属名); ~ = Tasoba Raf. (1837) [蓼科 Polygonaceae] ■●

10014　Cephalophilum Meisn. ex Börner(1913) Nom. illegit. ≡ Cephalophilum(Meisn.) Börner(1913) Nom. illegit. ≡ Echinocaulon(Meisn.) Spach(1841); ~ = Persicaria(L.) Mill. (1754); ~ =

Polygonum L. (1753)(保留属名); ~ = Tasoba Raf. (1837) [蓼科 Polygonaceae] ■●

10015　Cephalophis Vollesen(2010)【汉】肯尼亚爵床属。【隶属】爵床科 Acanthaceae。【包含】世界1种。【学名诠释与讨论】〈阴〉词源不详。【分布】肯尼亚。【模式】Cephalophis lukei Vollesen。☆

10016　Cephalophora Cav. (1801) = Helenium L. (1753) [菊科 Asteraceae(Compositae)//堆心菊科 Heleniaceae] ■

10017　Cephalophorus Lem. (1838) = Cephalocereus Pfeiff. (1838); ~ = Cereus Mill. (1754) [仙人掌科 Cactaceae] ●

10018　Cephalophorus Lem. ex Boom, Nom. illegit. ≡ Cephalophorus Lem. (1838); ~ = Cereus Mill. (1754) [仙人掌科 Cactaceae] ●

10019　Cephalophyllum(Haw.) N. E. Br. (1925) Nom. illegit. ≡ Cephalophyllum N. E. Br. (1925) [番杏科 Aizoaceae] ■☆

10020　Cephalophyllum Haw. (1821) Nom. inval. ≡ Cephalophyllum N. E. Br. (1925) [番杏科 Aizoaceae] ■☆

10021　Cephalophyllum N. E. Br. (1925)【汉】帝王花属(绘岛属)。【日】セファロフィルム属。【英】Red Spike Ice Plant。【隶属】番杏科 Aizoaceae。【包含】世界30-70种。【学名诠释与讨论】〈阳〉(希)kephale,头,头盖+phylos 叶。此属的学名,ING、TROPICOS 和 IK 记载是"Cephalophyllum N. E. Brown, Gard. Chron. ser. 3. 78:433. 28 Nov 1925",基于"Mesembryanthemum 2. Cephalophylla A. H. Haworth, Revis. Pl. Succ. 108. 1821"而建立。"Cephalophyllum Haw., Revis. Pl. Succ. 108, in obs. 1821"是一个未合格发表的名称(Nom. inval.)。"Cephalophyllum(Haw.) N. E. Br. (1925)"的命名人引证有误。【分布】非洲南部。【后选模式】Cephalophyllum tricolorum(A. H. Haworth) N. E. Brown。【参考异名】Cephalophyllum(Haw.) N. E. Br. (1925) Nom. illegit.; Cephalophyllum Haw. (1821) Nom. inval.; Mesembryanthemum 2. Cephalophylla Haw. (1821) ■☆

10022　Cephalophyton Hook. f. ex Baker(1883) = Thonningia Vahl(1810) [蛇菰科(土鸟黐科) Balanophoraceae] ■☆

10023　Cephalopodum Korovin(1973)【汉】头梗芹属。【隶属】伞形花科(伞形科) Apiaceae(Umbelliferae)。【包含】世界2种。【学名诠释与讨论】〈中〉(希)kephale,头,头盖+pous,所有格 podos,指小式 podion,脚,足,柄,梗。podotes,有脚的。【分布】亚洲中部。【模式】Cephalopodum badachschanicum E. P. Korovin。☆

10024　Cephalopterum Post et Kuntze(1903) = Cephalipterum A. Gray(1852) [菊科 Asteraceae(Compositae)] ■☆

10025　Cephalorhizum Popov et Korovin(1923)【汉】粗根补血草属。【俄】Корнеглав。【隶属】白花丹科(矶松科,蓝雪科) Plumbaginaceae。【包含】世界2种。【学名诠释与讨论】〈中〉(希)kephale,头,头盖+rhiza,或 rhizoma,根,根茎。【分布】亚洲中部。【模式】未指定。●☆

10026　Cephalorhyncus Boiss. (1844) Nom. illegit. ≡ Cephalorrhynchus Boiss. (1844) [菊科 Asteraceae(Compositae)] ■

10027　Cephalorrhynchus Boiss. (1844)【汉】头嘴菊属(头喙苣属,头咀菊属,头嘴苣属)。【俄】Цефалоринхус。【英】Cephalorrhynchus。【隶属】菊科 Asteraceae(Compositae)。【包含】世界10-15种,中国3种。【学名诠释与讨论】〈阳〉(希)kephale,头,头盖+rhynchos,喙。指瘦果的喙端有头状长毛。此属的学名,ING 和 IK 记载是"Cephalorrhynchus Boissier, Diagn. Pl. Orient. ser. 1. 1(4):28. Jun 1844"。"Cephalorhyncus Boiss. (1844)"为拼写变体。【分布】中国,亚洲西南部。【模式】Cephalorrhynchus glandulosus Boissier。【参考异名】Cephalorhyncus Boiss. (1844) Nom. illegit. ■

10028　Cephaloschefflera(Harms) Merr. (1923) = Schefflera J. R. Forst. et G. Forst. (1775)(保留属名) [五加科 Araliaceae] ●

10029　Cephaloschefflera Merr.（1923）Nom. illegit. ≡ Cephaloschefflera（Harms）Merr.（1923）；~ = Schefflera J. R. Forst. et G. Forst.（1775）（保留属名）［五加科 Araliaceae］●

10030　Cephaloschoenus Nees（1834）= Rhynchospora Vahl（1805）［as 'Rynchospora'］（保留属名）［莎草科 Cyperaceae］■☆

10031　Cephaloscirpus Kurz（1869）= Mapania Aubl.（1775）［莎草科 Cyperaceae］■

10032　Cephaloseris Poepp. ex Rchb.（1828）= Polyachyrus Lag.（1811）［菊科 Asteraceae（Compositae）］●■☆

10033　Cephalosiachyum Munro = Schizostachyum Nees（1829）［禾本科 Poaceae（Gramineae）］●

10034　Cephalosorus A. Gray（1851）【汉】鳞冠鼠麴草属。【隶属】菊科 Asteraceae（Compositae）。【包含】世界 1 种。【学名诠释与讨论】〈阳〉（希）kephale，头，头盖 + sorus，堆。此属的学名是"Cephalosorus A. Gray, Hooker's J. Bot. Kew Gard. Misc. 3：98，152. Apr 1851"。亦有文献把其处理为"Angianthus J. C. Wendl.（1808）（保留属名）"的异名。【分布】澳大利亚（西部）。【模式】未指定。【参考异名】Angianthus J. C. Wendl.（1808）（保留属名）；Cephalosurus C. Muell.■☆

10035　Cephalosphaera Warb.（1903）【汉】球花肉豆蔻属（球花蔻属，头花楠属）。【隶属】肉豆蔻科 Myristicaceae。【包含】世界 1 种。【学名诠释与讨论】〈阴〉（希）kephale，头，头盖 + sphaira，指小式 sphairion，球，sphairikos，球形的。sphairotos，圆的。【分布】热带非洲。【模式】Cephalosphaera usambarensis（Warburg）Warburg［Brochoneura usambarensis Warburg］。●☆

10036　Cephalostachyum Munro（1868）【汉】空竹属（头穗竹属，香竹属）。【英】Hollow Bamboo, Hollowbamboo, Hollow-bamboo。【隶属】禾本科 Poaceae（Gramineae）。【包含】世界 20 种，中国 6 种。【学名诠释与讨论】〈中〉（希）kephale，头，头盖 + stachys，穗，谷，长钉。指假小穗组成头状。此属的学名是"Cephalostachyum Munro, Trans. Linn. Soc. London 26：138. 5 Mar–11 Apr 1868"。亦有文献把其处理为"Schizostachyum Nees（1829）"的异名。【分布】马达加斯加，印度至马来西亚，中国。【后选模式】Cephalostachyum capitatum Munro。【参考异名】Schizostachyum Nees（1829）●

10037　Cephalostemon R. H. Schomb.（1845）【汉】头蕊偏穗草属。【隶属】偏穗草科（雷巴第科，瑞碑题雅科）Rapateaceae。【包含】世界 9 种。【学名诠释与讨论】〈阳〉（希）kephale，头，头盖 + stemon，雄蕊。此属的学名，ING 和 IK 记载是"Cephalostemon R. H. Schomburgk, Rapatea Saxo-Fridericia 9. 1845"。"Cephalostemon Rob. = Cephalostemon R. H. Schomb.（1845）"是晚出的非法名称。【分布】玻利维亚，热带南美洲。【模式】Cephalostemon gracilis（Poeppig et Endlicher）R. H. Schomburgk ex Körnicke。【参考异名】Cephalostemon Rob.■☆

10038　Cephalostemon Rob., Nom. illegit. = Cephalostemon R. H. Schomb.（1845）［偏穗草科（雷巴第科，瑞碑题雅科）Rapateaceae］■☆

10039　Cephalostigma A. DC.（1830）【汉】星花草属。【英】Cephalostigma。【隶属】桔梗科 Campanulaceae。【包含】世界 1-15 种，中国 1 种。【学名诠释与讨论】〈中〉（希）kephale，头，头盖 + stigma，所有格 stigmatos，柱头，眼点。指柱头头状。此属的学名是"Cephalostigma Alph. de Candolle, Monogr. Campan. 117. 5-6 Mai 1830"。亦有文献把其处理为"Wahlenbergia Schrad. ex Roth（1821）（保留属名）"的异名。【分布】马达加斯加，中国，热带。【后选模式】Cephalostigma paniculatum Alph. de Candolle。【参考异名】Wahlenbergia Schrad. ex Roth（1821）（保留属名）●

10040　Cephalostigmaton（Yakovlev）Yakovlev（1967）【汉】东京槐属。

【隶属】豆科 Fabaceae（Leguminosae）//蝶形花科 Papilionaceae。【包含】世界 1 种，中国 1 种。【学名诠释与讨论】〈中〉（希）kephale，头，头盖 + stigma，所有格 stigmatos，柱头，眼点。此属的学名，IPNI 记载是"Cephalostigmaton（Yakovlev）Yakovlev, Vopr. Farmakogn. 4：47. 1967"，由"Sophora sect. Cephalostigmaton Yakovlev"改级而来。TROPICOS 则记载为"Cephalostigmaton Yakovlev, Proc. Leningr. Chem. – Pharm. Inst. 21：47, 1967"。"Cephalostigmaton Yakovlev（1967）≡ Cephalostigmaton（Yakovlev）Yakovlev（1967）"的命名人引证有误。亦有文献把"Cephalostigmaton（Yakovlev）Yakovlev（1967）"处理为"Sophora L.（1753）"的异名。【分布】越南（北部），中国。【模式】Cephalostigmaton tonkinensis（Gagnep.）Yakovlev。【参考异名】Cephalostigmaton Yakovlev（1967）Nom. illegit. ；Sophora L.（1753）●

10041　Cephalostigmaton Yakovlev（1967）Nom. illegit. ≡ Cephalostigmaton（Yakovlev）Yakovlev（1967）［豆科 Fabaceae（Leguminosae）//蝶形花科 Papilionaceae］●■

10042　Cephalosurus C. Muell. = Angianthus J. C. Wendl.（1808）（保留属名）；~ = Cephalosorus A. Gray（1851）［菊科 Asteraceae（Compositae）］■●☆

10043　Cephalotaceae Dumort.（1829）（保留科名）［亦见 Rubiaceae Juss.（保留科名）茜草科］【汉】土瓶草科（捕蝇草科，囊叶草科）。【日】フクロユキノシタ科。【包含】世界 1 属 1 种。【分布】澳大利亚西部。【科名模式】Cephalotus Labill.■☆

10044　Cephalotaceae Neger（1907）= Cephalotaceae Dumort.（保留科名）■☆

10045　Cephalotaxaceae Neger（1907）（保留科名）［亦见 Taxaceae Gray（保留科名）红豆杉科（紫杉科）］【汉】三尖杉科（粗榧科）。【日】イヌガヤ科。【俄】Голпвчатотиссвые。【英】Cowtail Pine Family, Plumyew Family, Plum-yew Family。【包含】世界 1-2 属 8-12 种，中国 1 属 6-7 种。【分布】泰国，中国（台湾），东喜马拉雅山至日本。【科名模式】Cephalotaxus Siebold et Zucc. ex Endl.●

10046　Cephalotaxus Siebold et Zucc., Nom. illegit. = Cephalotaxus Siebold et Zucc. ex Endl.（1842）［三尖杉科 Cephalotaxaceae］●

10047　Cephalotaxus Siebold et Zucc. ex Endl.（1842）【汉】三尖杉属（粗榧属）。【日】イヌガヤ属。【俄】Головчатый тисс, Тис головчатый, Тисовник, Цефалотаксус。【英】Chinese Cow's Tall Pine, Plum Yew, Plumyew, Plum-yew。【隶属】三尖杉科 Cephalotaxaceae。【包含】世界 8-11 种，中国 6-7 种。【学名诠释与讨论】〈阴〉（希）kephale，头，头盖 +（属）Taxus 红豆杉属。指叶似红豆杉而雌球花头状。此属的学名，ING，TROPICOS 和 IK 记载是"Cephalotaxus Siebold et Zuccarini ex Endlicher, Gen. Suppl. 2：27. Mar–Jun 1842"。《中国植物志》英文版和《台湾植物志》均用此名称。"Cephalotaxus Siebold et Zucc."的命名人引证有误。【分布】朝鲜，马来西亚，泰国，中国，东喜马拉雅山至日本。【后选模式】Cephalotaxus pedunculata Siebold et Zuccarini ex Endlicher, Nom. illegit.［Taxus harringtonia Knight ex Forbes, Cephalotaxus harringtonia（Knight ex Forbes）K. H. E. Koch］。【参考异名】Cephalotaxus Siebold et Zucc., Nom. illegit.●

10048　Cephalotes Lehm.（1845）= Cephalotus Labill.（1806）（保留属名）［土瓶草科 Cephalotaceae］■☆

10049　Cephalotomandra H. Karst. et Triana（1855）【汉】木果茉莉属。【隶属】紫茉莉科 Nyctaginaceae。【包含】世界 1-3 种。【学名诠释与讨论】〈阴〉（希）kephale，头，头盖 + tomos，一片，锐利的，切割的。tome，断片，残株 + aner，所有格 andros，雄性，雄蕊。此属的学名，GCI、TROPICOS 和 IK 记载是"Cephalotomandra H. Karst. et Triana, Nuev. Jen. Esp. 23. 1855［dt. 1854；issued in 1855］"。ING 则记载为"Cephalotomandra Triana, Nuev. Jen. Esp. Fl.

Neogranad. 23. 1855('1854')"。【分布】巴拿马,哥伦比亚。【模式】Cephalotomandra fragrans Triana。【参考异名】Cephalotomandra Triana(1855)Nom. illegit. ■☆

10050　Cephalotomandra Triana(1855)Nom. illegit. ≡Cephalotomandra H. Karst. et Triana(1855)［紫茉莉科 Nyctaginaceae］■☆

10051　Cephalotos Adans. (1763)(废弃属名)=Thymus L. (1753)［唇形科 Lamiaceae(Labiatae)］●

10052　Cephalotrophis Blume(1856)=Malaisia Blanco(1837);~=Trophis P. Browne(1756)(保留属名)［桑科 Moraceae］●

10053　Cephalotus Labill. (1806)(保留属名)【汉】土瓶草属(捕蝇草属,囊叶草属)。【日】セファロタス属,フクロユキノシタ属。【俄】Камнеломка австоралийская。【英】Albany Pitcher Plant, Australian Pitcher Plant, Cephalotus。【隶属】土瓶草科 Cephalotaceae。【包含】世界1种。【学名诠释与讨论】〈阳〉(希)kephalotos,有头的。此属的学名"Cephalotus Labill. , Nov. Holl. Pl. 2:6. Feb 1806"是保留属名。相应的废弃属名是唇形科 Lamiaceae(Labiatae)的"Cephalotos Adans. , Fam. Pl. 2:189,534. Jul-Aug 1763 =Thymus L. (1753)"。【分布】澳大利亚(西部)。【模式】Cephalotus follicularis Labillardière。【参考异名】Cephalotes Lehm. (1845)■☆

10054　Cephaloxis Desv. (1809)Nom. illegit. ≡Cephaloxys Desv. (1809);~=Juncus L. (1753)［灯心草科 Juncaceae］■

10055　Cephaloxys Desv. (1809)=Juncus L. (1753)［灯心草科 Juncaceae］■

10056　Ceradia Lindl. (1845)=Othonna L. (1753)［菊科 Asteraceae(Compositae)］●■☆

10057　Ceraia Lour. (1790)(废弃属名)=Dendrobium Sw. (1799)(保留属名)［兰科 Orchidaceae］■

10058　Ceramanthe(Rchb.)Dumort. (1834)=Scrophularia L. (1753)［玄参科 Scrophulariaceae］■●

10059　Ceramanthe(Rchb. f.)Dumort. (1834)Nom. illegit. =Scrophularia L. (1753)［玄参科 Scrophulariaceae］■●

10060　Ceramanthe Dumort. (1834)Nom. illegit. =Scrophularia L. (1753)［玄参科 Scrophulariaceae］■●

10061　Ceramanthus(Kunze)Malme(1905)Nom. illegit. =Funastrum E. Fourn. (1882);~=Sarcostemma R. Br. (1810)［萝藦科 Asclepiadaceae］■

10062　Ceramanthus Hassk. (1844)=Phyllanthus L. (1753)［大戟科 Euphorbiaceae//叶下珠科(叶萝藦科)Phyllanthaceae］●■

10063　Ceramanthus Malme(1905)Nom. illegit. =Ceramanthus(Kunze)Malme(1905)Nom. illegit. ;~=Funastrum E. Fourn. (1882);~=Sarcostemma R. Br. (1810)［萝藦科 Asclepiadaceae］■

10064　Ceramanthus Post et Kuntze(1903)Nom. illegit. =Adenia Forssk. (1775);~=Keramanthus Hook. f. (1876)［西番莲科 Passifloraceae］●

10065　Ceramia D. Don(1834)=Erica L. (1753)［杜鹃花科(欧石南科)Ericaceae］●☆

10066　Ceramicalyx Blume(1849)=Osbeckia L. (1753)［野牡丹科 Melastomataceae］●■

10067　Ceramiocephalum Sch. Bip. (1862)=Crepis L. (1753)［菊科 Asteraceae(Compositae)］■

10068　Ceramium Blume(1826)Nom. illegit. ≡Munnickia Rchb. (1828)Nom. illegit. ;~=Apama Lam. (1783);~=Thottea Rottb. (1783)［马兜铃科 Aristolochiaceae//阿柏麻科 Apamaceae］●

10069　Ceramocalyx Post et Kuntze(1903)=Ceramicalyx Blume(1849);~=Osbeckia L. (1753)［野牡丹科 Melastomataceae］●■

10070　Ceramocarpium Nees ex Meisn. (1864)=Ocotea Aubl. (1775)［樟科 Lauraceae］●☆

10071　Ceramocarpus Wittst. =Coriandrum L. (1753);~=Keramocarpus Fenzl(1843)［伞形花科(伞形科)Apiaceae(Umbelliferae)//芫荽科 Coriandraceae］●☆

10072　Ceramophora Nees ex Meisn. (1864)=Ocotea Aubl. (1775)［樟科 Lauraceae］●☆

10073　Ceranthe(Rchb.)Opiz(1839)=Cerinthe L. (1753)［紫草科 Boraginaceae//琉璃紫草科 Cerinthaceae］■☆

10074　Ceranthe Opiz(1852)Nom. illegit. ≡Ceranthe(Rchb.)Opiz(1839);~=Cerinthe L. (1753)［紫草科 Boraginaceae//琉璃紫草科 Cerinthaceae］■☆

10075　Ceranthera Elliott(1821)Nom. illegit. ≡Dicerandra Benth. (1830)［唇形科 Lamiaceae(Labiatae)］●■☆

10076　Ceranthera Endl. (1842)Nom. illegit. =Ceratanthera Hornem. (1813);~=Colebrookia Donn ex T. Lestib. (1841)Nom. illegit. ;~=Globba L. (1771)［姜科(蘘荷科)Zingiberaceae］■

10077　Ceranthera P. Beauv. (1808)=Rinorea Aubl. (1775)(保留属名)［堇菜科 Violaceae］●

10078　Ceranthera Raf. (1819)Nom. illegit. ≡Androcera Nutt. (1818);~=Solanum L. (1753)［茄科 Solanaceae］●■

10079　Cerantheraceae Dulac =Ericaceae Juss. (保留科名)●

10080　Ceranthus Schreb. (1789)(废弃属名)=Chionanthus L. (1753);~=Linociera Sw. ex Schreb. (1791)(保留属名)［木犀榄科(木犀科)Oleaceae］●

10081　Cerapadus Buia =Prunus L. (1753)［蔷薇科 Rosaceae//李科 Prunaceae］●

10082　Ceraria H. Pearson et Stephens(1912)【汉】长寿城属(单性树马齿苋属)。【隶属】马齿苋科 Portulacaceae。【包含】世界4-5种。【学名诠释与讨论】〈阴〉(希)keros 蜂蜡,kerion 蜂巢,变为拉丁文 cera 蜡和 cereus 蜡烛或火炬+-arius,-aria,-arium,指示"属于、相似、具有、联系"的词尾。【分布】热带和非洲南部。【后选模式】Ceraria namaquensis(Sonder)Pearson et Stevens［Portulacaria namaquensis Sonder］。●☆

10083　Ceraseidos Siebold et Zucc. (1843)=Prunus L. (1753)［蔷薇科 Rosaceae//李科 Prunaceae］●

10084　Ceraselma Wittst. =Euphorbia L. (1753);~=Keraselma Neck. (1790)Nom. inval. ;~=Keraselma Neck. ex Juss. (1822);~=Euphorbia L. (1753)［大戟科 Euphorbiaceae］●■

10085　Cerasiocarpum Hook. f. (1867)【汉】角果葫芦属。【隶属】葫芦科(瓜科,南瓜科)Cucurbitaceae。【包含】世界4种。【学名诠释与讨论】〈中〉(希)keras,所有格 keratos,指小式 keration,角,弓。keraos,kerastes,keratophyes,有角的+karpos,果实。此属的学名是"Cerasiocarpum J. D. Hooker in Bentham et J. D. Hooker, Gen. 1:832. Sep 1867"。亦有文献把其处理为"Kedrostis Medik. (1791)"的异名。【分布】巴基斯坦,斯里兰卡,印度,印度尼西亚(爪哇岛)。【模式】Cerasiocarpum zeylanicum(Thwaites)C. B. Clarke。【参考异名】Cerasiocarpus Post et Kuntze(1903);Kedrostis Medik. (1791)■☆

10086　Cerasiocarpus Post et Kuntze(1903)=Cerasiocarpum Hook. f. (1867)［葫芦科(瓜科,南瓜科)Cucurbitaceae］■☆

10087　Cerasites Steud. (1840)=Cerastites Gray(1821)Nom. illegit. ;~=Papaver L. (1753)［罂粟科 Papaveraceae］■

10088　Cerasophora Neck. (1790)Nom. inval. =Cerasus Mill. (1754);~=Prunus L. (1753)［蔷薇科 Rosaceae//李科 Prunaceae］●

10089　Cerastiaceae Vest(1818)=Caryophyllaceae Juss. (保留科名)■●

10090　Cerastites Gray(1821)Nom. illegit. ≡Meconopsis R. Vig. ex DC. (1821);~=Papaver L. (1753)［罂粟科 Papaveraceae］■

10091　Cerastium L. (1753)【汉】卷耳属(寄奴花属)。【日】ミミナグサ属。【俄】Ясколка。【英】Cerastium, Chickweed, Hornkraut, Mouse Ear, Mouse - ear, Mouseear Chickweed, Mouse - ear Chickweed, Snow - in - summer。【隶属】石竹科 Caryophyllaceae。【包含】世界 100 种,中国 23-28 种。【学名诠释与讨论】〈中〉(希)keras,所有格 keratos,指小式 keration,角,弓。keraos,有角的。kerastes,有角的。keratophyes,有角的。keratinos,角制的+-ius,-ia,-ium,在拉丁文和希腊文中,这些词尾表示性质或状态。指蒴果具弯曲的角。此属的学名,ING、TROPICOS、APNI、GCI 和 IK 记载是“Cerastium L. , Sp. Pl. 1:437. 1753 [1 May 1753]”。“Centunculus Adanson, Fam. 2:256. Jul-Aug 1763(non Linnaeus 1753)”和“Myosotis Moench, Meth. 224. 4 Mai 1794(non Linnaeus 1753)”是“Cerastium L. (1753)”的晚出的同模式异名(Homotypic synonym, Nomenclatural synonym)。【分布】巴基斯坦,巴拿马,秘鲁,玻利维亚,厄瓜多尔,哥伦比亚(安蒂奥基亚),马达加斯加,美国(密苏里),尼加拉瓜,中国,中美洲。【后选模式】Cerastium arvense Linnaeus。【参考异名】Alsinella Moench (1794) Nom. illegit. ; Centunculus Adans. (1763) Nom. illegit. ; Dichodon (Bartl. ex Rchb.) Rchb. (1841) Nom. illegit. ; Dichodon (Rchb.) Rchb. (1841); Dichodon Bartl. ex Rchb. (1841) Nom. illegit. ; Dichodon Rchb. (1841) Nom. nud. ; Doerriena Borkh. (1793) Nom. illegit. ; Doerriera Steud. (1840); Esmarchia Rchb. (1832); Gypsophytum Adans. (1763) Nom. illegit. ; Leucodonium (Rchb.) Opiz (1852); Leucodonium Opiz (1852); Myosotis Mill. (1754) Nom. illegit. ; Myosotis Moench(1794) Nom. illegit. ; Myosotis Tourn. ex Moench (1794) Nom. illegit. ; Pentaple Rchb. (1841); Prevoita Steud. (1841); Prevotia Adans. (1763); Provancheria B. Boivin(1966) ■

10092　Cerasus Mill. (1754)【汉】樱属(樱桃属,郁李属)。【俄】Вишня。【英】Cherry。【隶属】蔷薇科 Rosaceae。【包含】世界 30-150 种,中国 43-51 种。【学名诠释与讨论】〈阴〉(地)Cera Sun 市,位于小亚细亚。模式种的产地。或“希”kerasos,樱桃树。“拉”cerasinus,樱红色。此属的学名,ING、TROPICOS、GCI 和 IK 记载是“Cerasus Mill. ,Gard. Dict. Abr. , ed. 4. [textus s. n.]. 1754 [28 Jan 1754]”。它曾先后被处理为“Prunus sect. Cerasus (Mill.) Pers. , Published In: Synopsis Plantarum 2:34. 1806”和“Prunus subgen. Cerasus (Mill.) Focke, Die Natürlichen Pflanzenfamilien 3:54. 1888”。亦有文献把“Cerasus Mill. (1754)”处理为“Prunus L. (1753)”的异名。【分布】玻利维亚,中国,北温带,中美洲。【模式】未指定。【参考异名】Cerasophora Neck. (1790) Nom. inval. ; Padellus Vassilcz. (1973); Prunus L. (1753); Prunus sect. Cerasus (Mill.) Pers. (1806); Prunus subgen. Cerasus (Mill.) Focke (1888); Prunus-Cerasus Weston; Tubopadus Pomel(1860) ●

10093　Ceratandra Eckl. ex F. A. Bauer (1837)【汉】角雄兰属。【隶属】兰科 Orchidaceae。【包含】世界 2 种。【学名诠释与讨论】〈阴〉(希)keras,所有格 keratos,指小式 keration,角,弓+aner,所有格 andros,雄性,雄蕊。【分布】非洲南部。【模式】Ceratandra chloroleuca Eckl. ex Bauer。【参考异名】Calota Hare. ex Lindl. ; Ceratandra Lindl. (1838); Ceratandropais Rolfe (1913); Evota (Lindl.) Rolfe (1913); Evota Rolfe (1913) Nom. illegit. ; Hippopodium Harv. ; Hippopodium Harv. ex Lindl. ■☆

10094　Ceratandra Lindl. (1838) = Ceratandra Eckl. ex F. A. Bauer (1837) [兰科 Orchidaceae] ■☆

10095　Ceratandropais Rolfe (1913) = Ceratandra Eckl. ex F. A. Bauer (1837) [兰科 Orchidaceae] ■☆

10096　Ceratanthera Hornem. (1813) = Globba L. (1771) [姜科(蘘荷科)Zingiberaceae] ■

10097　Ceratanthera T. Lestib. (1841) Nom. illegit. [姜科(蘘荷科)Zingiberaceae] ☆

10098　Ceratanthus F. Muell. (1865) Nom. inval. = Ceratanthus F. Muell. ex G. Taylor(1936); ~ =Platostoma P. Beauv. (1818) [唇形科 Lamiaceae(Labiatae)] ■☆

10099　Ceratanthus F. Muell. ex G. Taylor(1936)【汉】角花属。【英】Hornflower。【隶属】唇形科 Lamiaceae(Labiatae)。【包含】世界 8-10 种,中国 1 种。【学名诠释与讨论】〈阳〉(希)keras,所有格 keratos,指小式 keration,角,弓+anthos,花。指花冠筒基部具距。此属的学名,ING、TROPICOS 和 APNI 记载是“Ceratanthus F. v. Mueller ex G. Taylor, J. Bot. 74:35. Feb 1936”。IK 则记载为“Ceratanthus F. Muell. , Fragm. (Mueller) 5 (33):52. 1865, in obs. ”。亦有文献把“Ceratanthus F. Muell. ex G. Taylor(1936)”处理为“Platostoma P. Beauv. (1818)”的异名。【分布】澳大利亚,中国,新几内亚岛,中南半岛。【模式】Ceratanthus longicornis (F. v. Mueller) G. Taylor [Plectranthus longicornis F. v. Mueller]。【参考异名】Ceratanthus F. Muell. (1865) Nom. inval. ; Hemsleia Kudô (1929); Platostoma P. Beauv. (1818) ■

10100　Ceratella Hook. f. (1844) = Abrotanella Cass. (1825) [菊科 Asteraceae(Compositae)] ■☆

10101　Ceratephorus de Vriese, Nom. illegit. = Payena A. DC. (1844) [山榄科 Sapotaceae] ●☆

10102　Ceratia Adans. (1763) Nom. illegit. ≡ Ceratonia L. (1753) [豆科 Fabaceae(Leguminosae)//云实科(苏木科)Caesalpiniaceae] ●

10103　Ceratiola Michx. (1803)【汉】岩角兰属(角石南属,沙石南属)。【英】Sand Heath。【隶属】岩高兰科 Empetraceae。【包含】世界 2 种。【学名诠释与讨论】〈阴〉(希)keras,所有格 keratos,指小式 keration,角,弓+-olus,-ola,-olum 拉丁文指示小的词尾。【分布】美国(东南部)。【模式】Ceratiola ericoides A. Michaux。●☆

10104　Ceratiosicyos Nees(1836)【汉】落冠藤属。【隶属】脐脐子科(柄果木科,宿冠花科,钟花科)Achariaceae。【包含】世界 1 种。【学名诠释与讨论】〈阳〉(希)keras,所有格 keratos,指小式 keration,角,弓+sikyos,葫芦,野胡瓜。【分布】非洲南部。【模式】Ceratiosicyos ecklonii C. G. D. Nees。【参考异名】Ceratosicyus Post et Kuntze(1903) ●☆

10105　Ceratites Gray(1821) Nom. illegit. = Cerastites Gray(1821) Nom. illegit. ; ~ = Meconopsis R. Vig. ex DC. (1821); ~ = Papaver L. (1753) [罂粟科 Papaveraceae] ■

10106　Ceratites Hort. =Eriosyce Phil. (1872) [仙人掌科 Cactaceae] ●☆

10107　Ceratites Labour. = Eriosyce Phil. (1872) [仙人掌科 Cactaceae] ●☆

10108　Ceratites Miers(1878) Nom. illegit. =Rudgea Salisb. (1807) [茜草科 Rubiaceae] ■☆

10109　Ceratites Sol. ex Miers(1878) = Rudgea Salisb. (1807) [茜草科 Rubiaceae] ■☆

10110　Ceratium Blume (1825) Nom. illegit. = Cylindrolobus Blume (1828); ~ =Eria Lindl. (1825) (保留属名) [兰科 Orchidaceae] ■

10111　Ceratobium(Lindl.) M. A. Clem. et D. L. Jones = Dendrobium Sw. (1799) (保留属名) [兰科 Orchidaceae] ■

10112　Ceratocalyx Coss. (1848) Nom. illegit. ≡ Boulardia F. Schultz (1848); ~ =Orobanche L. (1753) [列当科 Orobanchaceae//玄参科 Scrophulariaceae] ■

10113　Ceratocapnos Durieu (1844)【汉】藤堇属。【英】Climbing Corydalis。【隶属】罂粟科 Papaveraceae//紫堇科(荷苞牡丹科)Fumariaceae。【包含】世界 3 种。【学名诠释与讨论】〈阳〉(希)

keras,所有格 keratos,指小式 keration,角,弓+kapnos,烟,蒸汽,延胡索。"Ceratocarpus Durieu(1844)"似为误记。【分布】非洲西北部,叙利亚。【模式】Ceratocapnos heterocarpus Durieu［as 'Ceratocarpus'］。【参考异名】Ceratocarpus Durieu(1844)Nom. illegit.■☆

10114　Ceratocarpus Buxb. ex L.(1753)≡Ceratocarpus L.(1753)［藜科 Chenopodiaceae］■

10115　Ceratocarpus Durieu(1844)Nom. illegit. = Ceratocapnos Durieu(1844)［罂粟科 Papaveraceae//紫堇科（荷包牡丹科）Fumariaceae］■☆

10116　Ceratocarpus L.(1753)【汉】角果藜属。【俄】Рогач,Устели-поле,Эбелек。【英】Ceratocarpus。【隶属】藜科 Chenopodiaceae。【包含】世界 2 种,中国 1 种。【学名诠释与讨论】〈阳〉(希)keras,所有格 keratos,指小式 keration,角,弓+karpos,果实。指果顶端具喙。此属的学名,ING 记载是"Ceratocarpus Linnaeus,Sp. Pl. 969. 1 Mai 1753"。IK 则记载为"Ceratocarpus Buxb. ex L.,Sp. Pl. 2;969. 1753"。这 2 个名称都是合法名称,可以通用;因为"Ceratocarpus Buxb."是命名起点著作之前的名称。"Ceratocarpus Durieu(1844) = Ceratocapnos Durieu(1844)［罂粟科 Papaveraceae//紫堇科(荷包牡丹科)Fumariaceae］"是晚出的非法名称。"Ceratodes O. Kuntze,Rev. Gen. 2;548. 5 Nov 1891"是"Ceratocarpus L.(1753)"的晚出的同模式异名(Homotypic synonym,Nomenclatural synonym)。化石植物的"Ceratocarpus J. Velenovský et L. Viniklár,Rozpr. Státního Geol. Ústavu Ceskoslov. Republ. 5;14,74. 1931"也是晚出的非法名称。【分布】巴基斯坦,中国,温带亚洲。【模式】Ceratocarpus arenarius Linnaeus。【参考异名】Ceratocarpus Buxb. ex L.(1753);Ceratodes Kuntze(1891)Nom. illegit.;Ceratoides(Tourn.)Gagnebin(1755)Nom. illegit.;Ceratoides Gagnebin(1755)■

10117　Ceratocaryum Nees(1836)【汉】角果帚灯草属。【隶属】帚灯草科 Restionaceae。【包含】世界 5-6 种。【学名诠释与讨论】〈中〉(希)keras,所有格 keratos,指小式 keration,角,弓+karyon,胡桃,硬壳果,核,坚果。【分布】非洲南部。【模式】Ceratocaryum argenteum C. G. D. Nees。■☆

10118　Ceratocaulos(Bernh.)Rchb.(1837)Nom. illegit. ≡ Apemon Raf.(1837);~ =Datura L.(1753)［茄科 Solanaceae］●■

10119　Ceratocaulos(Bernh.)Spach(1840)Nom. illegit. ≡Ceratocaulos(Bernh.)Rchb.(1837)Nom. illegit.;~ ≡ Apemon Raf.(1837);~ =Datura L.(1753)［茄科 Solanaceae］●■

10120　Ceratocaulos Rchb.(1837)Nom. illegit. ≡ Ceratocaulos(Bernh.)Rchb.(1837)Nom. illegit.;~ ≡ Apemon Raf.(1837);~ =Datura L.(1753)［茄科 Solanaceae］●■

10121　Ceratocentron Senghas(1989)【汉】弓距兰属。【隶属】兰科 Orchidaceae。【包含】世界 1 种。【学名诠释与讨论】〈中〉(希)keras,所有格 keratos,指小式 keration,角,弓+kentron,点,刺,圆心,中央,距。【分布】菲律宾。【模式】Ceratocentron fesselii K. Senghas。■☆

10122　Ceratocephala Moench(1794)【汉】角果毛茛属(角茛属)。【俄】Рогоглавник。【英】Ceratocephalus。【隶属】毛茛科 Ranunculaceae。【包含】世界 2-3 种,中国 2 种。【学名诠释与讨论】〈阴〉(希)keras,所有格 keratos,指小式 keration,角,弓+kephale,头。指果实角状。此属的学名,ING、GCI、TROPICOS 和 IK 记载是"Ceratocephala Moench,Methodus(Moench)218(1794)［4 May 1794］";"Ceratocephalus Moench,Methodus(Moench)218(1794)［4 May 1794］"是其拼写变体。TROPICOS 用"Ceratocephalus Pers.,Synopsis Plantarum 1;341. 1805"为正名;它其实是一个晚出的非法名称(Nom. illegit.),因为此前已经有

了"Ceratocephala Moench(1794)"。"Ceratocephalus Rich. ex Pers.(1807)Nom. illegit."是一个未合格发表的名称(Nom. inval.),也是晚出的非法名称;它属于菊科,既不是本属的异名,也不是"Ceratocephalus Pers.(1805)"的异名,而是"Bidens pilosa L."的互用名称。菊科 Asteraceae 的"Ceratocephalus O. Kuntze,Rev. Gen. 1;326. 5 Nov 1891 ≡ Ceratocephalus Burm. ex Kuntze,Revis. Gen. Pl. 1;326. 1891［5 Nov 1891］ ≡ Acmella Rich. ex Pers.(1807)"是"Spilanthes Jacq.,Enum. Syst. Pl. 8,28. 1760［Aug-Sep 1760］"的替代名称,但是这个替代是多余的。"Ceratocephalus Cass.(1817)Nom. illegit. ≡Ceratocephalus Vaill. ex Cass.,Dict. Sci. Nat.,ed. 2.［F. Cuvier］7;432. 1817［24 May 1817］=Bidens L.(1753)［菊科 Asteraceae(Compositae)］"也是晚出的非法名称。【分布】巴基斯坦,美国,缅甸,中国,地中海至亚洲中部和喜马拉雅山。【模式】Ceratocephala spicata Moench,Nom. illegit.［Ranunculus falcatus Linnaeus;Ceratocephala falcata(Linnaeus)Persoon］。【参考异名】Ceratocephalus Moench(1794)Nom. illegit.;Ceratocephalus Pers.(1805)Nom. illegit.;Ceratocephalus Rich. ex Pers.(1807)Nom. illegit.;Ranunculus subgen. Ceratocephala(Moench)L. D. Benson(1940)■

10123　Ceratocephalus Burm. ex Kuntze(1891)Nom. illegit.,Nom. superfl. ≡ Acmella Rich. ex Pers.(1807);~ ≡ Spilanthes Jacq.(1760)［菊科 Asteraceae(Compositae)］■

10124　Ceratocephalus Cass.(1817)Nom. illegit. ≡ Ceratocephalus Vaill. ex Cass.(1817)Nom. illegit.;~ = Bidens L.(1753)［菊科 Asteraceae(Compositae)］■●

10125　Ceratocephalus Kuntze(1891)Nom. illegit. ≡ Ceratocephalus Burm. ex Kuntze(1891)Nom. illegit.,Nom. superfl.;~ ≡ Acmella Rich. ex Pers.(1807);~ ≡ Spilanthes Jacq.(1760)［菊科 Asteraceae(Compositae)］■

10126　Ceratocephalus Moench(1794)Nom. illegit. ≡ Ceratocephala Moench(1794)［毛茛科 Ranunculaceae］■

10127　Ceratocephalus Pers.(1805)Nom. illegit. = Ceratocephala Moench(1794)［毛茛科 Ranunculaceae］■

10128　Ceratocephalus Rich. ex Pers.(1807)Nom. illegit. = Bidens L.(1753)［菊科 Asteraceae(Compositae)］■●

10129　Ceratocephalus Vaill. ex Cass.(1817)Nom. illegit. = Bidens L.(1753)［菊科 Asteraceae(Compositae)］■●

10130　Ceratochaete Lunell(1915)Nom. illegit. ≡ Zizania L.(1753)［禾本科 Poaceae(Gramineae)］■

10131　Ceratochilus Blume(1825)【汉】角唇兰属。【隶属】兰科 Orchidaceae。【包含】世界 1 种。【学名诠释与讨论】〈阳〉(希)keras,所有格 keratos,指小式 keration,角,弓+cheilos,唇。在希腊文组合词中,cheil-、cheilo-、-chilus,-chilia 等均为"唇,边缘"之义。【分布】马来西亚。【模式】Ceratochilus biglandulosus Blume。【参考异名】Jejewoodia Szlach.(1995)■☆

10132　Ceratochilus Lindl.(1828)Nom. illegit. = Stanhopea J. Frost ex Hook.(1829)［兰科 Orchidaceae］■☆

10133　Ceratochloa DC. et P. Beauv.(1812)【汉】角雀麦属。【俄】Горовик。【英】Brome,Brome Grass。【隶属】禾本科 Poaceae(Gramineae)。【包含】世界 26 种。【学名诠释与讨论】〈阴〉(希)keras,所有格 keratos,指小式 keration,角,弓+chloe,草的幼芽,嫩草,禾草。此属的学名,ING、APNI、GCI 和 IK 记载是"Ceratochloa A. P. de Candolle et Palisot de Beauvois in Palisot de Beauvois,Essai Agrost. 75,158. Dec 1812"。TROPICOS 则记载为"Ceratochloa P. Beauv.,Ess. Agrostogr. 75,158. 1812"。多数学者将其归入"Bromus L.(1753)（保留属名）"。它曾被处理为"Bromus sect. Ceratochloa(P. Beauv.)Griseb.,Flora Rossica 4

（13）：360. 1852.（Sep 1852）"和"Bromus subgen. Ceratochloa（P. Beauv.）Hack.，Die Natürlichen Pflanzenfamilien 2（2）：76. 1887"。【分布】巴基斯坦，玻利维亚，北美洲，南美洲。【模式】Ceratochloa festucoides Palisot de Beauvois, Nom. illegit.［Festuca unioloides Willdenow；Ceratochloa unioloides（Willdenow）A. P. de Candolle］。【参考异名】Bromus L.（1753）（保留属名）；Bromus sect. Ceratochloa（P. Beauv.）Griseb.（1852）；Bromus subgen. Ceratochloa（P. Beauv.）Hack.（1887）；Ceratochloa P. Beauv.（1812）Nom. illegit. ■☆

10134 Ceratochloa P. Beauv.（1812）Nom. illegit. = Ceratochloa DC. et P. Beauv.（1812）；~ = Bromus L.（1753）（保留属名）［禾本科 Poaceae（Gramineae）］■

10135 Ceratocnemum Coss. et Balansa（1873）【汉】摩洛哥野蔓菁属。【隶属】十字花科 Brassicaceae（Cruciferae）。【包含】世界 1 种。【学名诠释与讨论】〈中〉（希）keras，所有格 keratos，指小式 keration，角，弓+kneme，节间。knemis，所有格 knemidos，胫衣，脚绊。knema，所有格 knematos，碎片，碎屑，刨花。山的肩状突出部分。【分布】摩洛哥。【模式】Ceratocnemum rapistroides Cosson et Balansa。■☆

10136 Ceratococca Schult.（1820）= Microtea Sw.（1788）［商陆科 Phytolaccaceae//美洲商陆科 Microteaceae］■☆

10137 Ceratococca Willd. ex Roem. et Schult.（1820）Nom. illegit. ≡ Ceratococca Willd. ex Roem. et Schult.（1820）Nom. illegit. ；~ = Microtea Sw.（1788）［商陆科 Phytolaccaceae//美洲商陆科 Microteaceae］■☆

10138 Ceratococcus Meisn.（1843）Nom. illegit. ≡ Pterococcus Hassk.（1842）（保留属名）［大戟科 Euphorbiaceae］●☆

10139 Ceratodes Kuntze（1891）Nom. illegit. ≡ Ceratocarpus L.（1753）［藜科 Chenopodiaceae］■

10140 Ceratodiscus T. Durand et Jacks.（1892）= Corallodiscus Batalin（1892）［苦苣苔科 Gesneriaceae］■

10141 Ceratoealyx Coss. = Orobanche L.（1753）［列当科 Orobanchaceae//玄参科 Scrophulariaceae］■

10142 Ceratogonon Meisn.（1832）= Oxygonum Burch. ex Campd.（1819）［蓼科 Polygonaceae］●■☆

10143 Ceratogonum C. A. Mey.（1840）= Ceratogonon Meisn.（1832）；~ = Oxygonum Burch. ex Campd.（1819）［蓼科 Polygonaceae］●■☆

10144 Ceratogyna Post et Kuntze（1903）= Ceratogyne Turcz.（1851）［菊科 Asteraceae（Compositae）］■☆

10145 Ceratogyne Turcz.（1851）【汉】角果菊属。【隶属】菊科 Asteraceae（Compositae）。【包含】世界 1 种。【学名诠释与讨论】〈阴〉（希）keras，所有格 keratos，指小式 keration，角，弓+gyne，所有格 gynaikos，雌性，雌蕊。此属的学名，ING、APNI、TROPICOS 和 IK 记载是"Ceratogyne obionoides Turcz.，Bull. Soc. Imp. Naturalistes Moscou xxiv.（1851）II. 69.（IK）"。"Ceratogyna T. Post et Kuntze, Lexicon Generum Phanerogamarum 1903 = Ceratogyne Turcz.（1851）"是其拼写变体。【分布】澳大利亚（温带）。【模式】Ceratogyne obionoides Turczaninow。【参考异名】Ceratogyna Post et Kuntze（1903）；Diatosperma C. Muell.（1859）；Diotosperma A. Gray（1851）■☆

10146 Ceratogynum Wight（1852）= Sauropus Blume（1826）［大戟科 Euphorbiaceae］●■

10147 Ceratoides（Tourn.）Gagnebin（1755）Nom. illegit. ≡ Ceratoides Gagnebin（1755）；~ = Axyris L.（1753）；~ = Ceratocarpus L.（1753）；~ = Krascheninnikovia Gueldenst.（1772）［藜科 Chenopodiaceae］■

10148 Ceratoides Gagnebin（1755）= Axyris L.（1753）；~ =

Ceratocarpus L.（1753）；~ = Krascheninnikovia Gueldenst.（1772）［藜科 Chenopodiaceae］●■

10149 Ceratolacis（Tul.）Wedd.（1873）【汉】空角川苔草属。【隶属】髯管花科 Geniostomaceae。【包含】世界 1-2 种。【学名诠释与讨论】〈阴〉（希）keras，所有格 keratos，指小式 keration，角，弓+lakkos，水池，引申为中空。此属的学名，ING 和 GCI 记载是"Ceratolacis（Tulasne）Weddell in Alph. de Candolle, Prodr. 17：66. 16 Oct 1873"，由"Dicraeia［infragen. unranked］Ceratolacis Ann. Sci. Nat.，Bot. sér. 3, 11：102. 1849"改级而来。IK 和 TROPICOS 则记载为"Ceratolacis Wedd.，Prodr.［A. P. de Candolle］17：66. 1873［16 Oct 1873］"。四者引用的文献相同。【分布】巴西。【模式】Ceratolacis erytholichen（Tulasne et Weddell）Weddell［Dicraea erytholichen Tulasne et Weddell］。【参考异名】Ceratolacis Wedd.（1873）Nom. illegit. ■☆

10150 Ceratolacis Wedd.（1873）Nom. illegit. ≡ Ceratolacis（Tul.）Wedd.（1873）［髯管花科 Geniostomaceae］■☆

10151 Ceratolepis Cass.（1819）= Pamphalea DC.（1812）Nom. illegit. ；~ = Panphalea Lag.（1811）［菊科 Asteraceae（Compositae）］■☆

10152 Ceratolimon M. B. Crespo et M. D. Lledó（2000）【汉】角匙丹属。【隶属】白花丹科（矶松科，蓝雪科）Plumbaginaceae。【包含】世界 4 种。【学名诠释与讨论】〈中〉（希）keras+leimon 草地。【分布】摩洛哥，也门（南部），索马里。【模式】Ceratolimon feei（Girard）M. B. Crespo et Lledó。■☆

10153 Ceratolobus Blume（1830）【汉】角裂棕属（角裂藤属，距裂藤属，孔苞藤属）。【英】Ceratolobus。【隶属】棕榈科 Arecaceae（Palmae）。【包含】世界 5-6 种。【学名诠释与讨论】〈阳〉（希）keras，所有格 keratos，指小式 keration，角，弓+lobos = 拉丁文 lobulus，片，裂片，叶，荚，蒴。【分布】马来西亚（西部）。【模式】Ceratolobus glaucescens Blume。●☆

10154 Ceratominthe Briq.（1896）= Satureja L.（1753）［唇形科 Lamiaceae（Labiatae）］●■

10155 Ceratonia L.（1753）【汉】长角豆属（角豆树属，角豆苏木属）。【日】イナゴマメ属。【俄】Цератония。【英】Carob, Carob Tree, Locust-tree。【隶属】豆科 Fabaceae（Leguminosae）//云实科（苏木科）Caesalpiniaceae。【包含】世界 1-2 种，中国 1 种。【学名诠释与讨论】〈阴〉（希）keratonia，长角豆树 C. siliqua 的古名，来自希腊文 keras，所有格 keratos，指小式 keration，角。指荚果为长角状。此属的学名，ING、APNI、TROPICOS 和 IK 记载是"Ceratonia Linnaeus, Sp. Pl. 1026. 1 Mai 1753"。"Ceratia Adanson, Fam. 2：319,535. Jul-Aug 1763"和"Siliqua Duhamel du Monceau, Traité Arbres Arbust. 2：261. 1755"是"Ceratonia L.（1753）"的晚出的同模式异名（Homotypic synonym, Nomenclatural synonym）。【分布】巴基斯坦，秘鲁，玻利维亚，中国，地中海地区。【模式】Ceratonia siliqua Linnaeus。【参考异名】Ceratia Adans.（1763）Nom. illegit. ；Siliqua Duhamel（1755）Nom. illegit. ●

10156 Ceratoniaceae Link（1831）= Fabaceae Lindl.（保留科名）//Leguminosae Juss.（1789）（保留科名）●■

10157 Ceratonychia Edgew.（1847）= Cometes L.（1767）［石竹科 Caryophyllaceae］■☆

10158 Ceratopetalorchis Szlach.，Górniak et Tukallo（2003）= Habenaria Willd.（1805）［兰科 Orchidaceae］■

10159 Ceratopetalum Sm.（1793）【汉】角瓣木属。【日】ケラトペタールム属。【英】Christmas Bush。【隶属】鲍氏木科 Baueraceae//火把树科（常绿棱枝树科，角瓣木科，库诺尼科，南蔷薇科，轻木科）Cunoniaceae。【包含】世界 5-9 种。【学名诠释与讨论】〈中〉（希）keras，所有格 keratos，指小式 keration，角，弓+希腊文 petalos，扁平的，铺开的；petalon，花瓣，叶，花叶，金属叶子；拉丁文的花瓣为 petalum。指花瓣的裂片状似鹿角。【分布】澳大利亚(东部),新几内亚岛。【模式】Ceratopetalum gummiferum J. E. Smith。●☆

10160 Ceratophorus Hassk. (1859) Nom. illegit. ≡ Ceratophorus Hassk. ex Miq. (1859) Nom. illegit. ; ~ = Keratophorus C. B. Clarke (1855) [山榄科 Sapotaceae]●☆

10161 Ceratophorus Hassk. ex Miq. (1859) = Keratophorus C. B. Clarke (1855) [山榄科 Sapotaceae]●☆

10162 Ceratophorus Sond. (1850) = Suregada Roxb. ex Rottler (1803) [大戟科 Euphorbiaceae]●

10163 Ceratophyllaceae Gray (1822)(保留科名)【汉】金鱼藻科。【日】キンギョモ科,マツモ科。【俄】Рогористиковые,Рогористниковые。【英】Hornwort Family。【包含】世界1-2属6-10种,中国1属7种。【分布】广泛分布。【科名模式】Ceratophyllum L. ■

10164 Ceratophyllum L. (1753)【汉】金鱼藻属。【日】キンギョモ属,マツモ属。【俄】Крапива водяная, Кушир, Рогористик, Рогористник。【英】Coontail, Cornifle, Horn Wort, Hornweed, Hornwort, Morass-weed。【隶属】金鱼藻科 Ceratophyllaceae。【包含】世界2-7种,中国7种。【学名诠释与讨论】〈中〉(希)keras,所有格 keratos,指小式 keration,角,弓+phyllon,叶子。指叶的裂片呈二叉状。此属的学名,ING、APNI、GCI、TROPICOS 和 IK 记载是 “Ceratophyllum L. , Sp. Pl. 2:992. 1753 [1 May 1753]”。 “ Dichotophyllum Moench, Meth. 345. 4 Mai 1794”、 “Hydroceratophyllon Séguier, Pl. Veron. 3:62. Jul–Aug 1754” 和 “Revatophyllum Röhling, Deutschl. Fl. ed. 2. 2:514. 1812” 是 “Ceratophyllum L. (1753)” 的晚出的同模式异名(Homotypic synonym, Nomenclatural synonym)。【分布】巴基斯坦,巴拿马,秘鲁,玻利维亚,厄瓜多尔,哥伦比亚(安蒂奥基亚),马达加斯加,美国(密苏里),尼加拉瓜,中国,中美洲。【模式】Ceratophyllum demersum Linnaeus。【参考异名】Dichotophyllum Moench (1794) Nom. illegit. ; Hydroceratophyllon Ség. (1754) Nom. illegit. ; Limnopeuce Ség. (1754) Nom. illegit. ; Revatophyllum Roehl. (1812) Nom. illegit. ■

10165 Ceratophytum Pittier (1928)【汉】角紫葳属。【隶属】紫葳科 Bignoniaceae。【包含】世界1种。【学名诠释与讨论】〈中〉(希)keras,所有格 keratos,指小式 keration,角,弓+phyton,植物,树木,枝条。【分布】委内瑞拉。【模式】Ceratophytum capricorne H. Pittier。●☆

10166 Ceratopsis Lindl. (1840) = Epipogium J. G. Gmel. ex Borkh. (1792) [兰科 Orchidaceae]■

10167 Ceratopyxis Hook. f. (1872)【汉】古巴角果茜属。【隶属】茜草科 Rubiaceae。【包含】世界1种。【学名诠释与讨论】〈阴〉(希)keras,所有格 keratos,指小式 keration,角,弓+pyxis,指小式 pyxidion =拉丁文 pyxis,所有格 pixidis,箱,果,盖果。【分布】古巴。【模式】Ceratopyxis verbenacea (Grisebach) J. D. Hooker [Rondeletia verbenacea Grisebach]。☆

10168 Ceratosanthes Adans. (1763) Nom. illegit. ≡ Ceratosanthes Burm. ex Adans. (1763) [葫芦科(瓜科,南瓜科)Cucurbitaceae]■☆

10169 Ceratosanthes Burm. ex Adans. (1763)【汉】角花葫芦属。【隶属】葫芦科(瓜科,南瓜科)Cucurbitaceae。【包含】世界5种。【学名诠释与讨论】〈阴〉(希)keras,所有格 keratos,指小式 keration,角,弓+anthos,花。antheros,多花的。antheo,开花。此属的学名,ING 和 TROPICOS 记载是 “Ceratosanthes Adanson, Fam. 2:139. Jul–Aug 1763”。IK 则记载为 “Ceratosanthes Burm. ex Adans. ,Fam. Pl. (Adanson) 2:139 (1763)”。三者引用的文献相同。“ Ceratosanthus Schur (1866) ≡ Consolida Gray (1821) =

Delphinium L. (1753) [毛茛科 Ranunculaceae//翠雀花科 Delphiniaceae]” 与本属的学名极易混淆。【分布】巴拉圭,玻利维亚,厄瓜多尔,西印度群岛至巴西。【模式】Ceratosanthes tuberosa J. F. Gmelin。【参考异名】Ceratosanthes Adans. (1763) Nom. illegit. ■☆

10170 Ceratosanthus Schur (1866) Nom. illegit. ≡ Consolida Gray (1821) ; ~ = Delphinium L. (1753) [毛茛科 Ranunculaceae//翠雀花科 Delphiniaceae]■

10171 Ceratoschoenus Nees (1834)【汉】角莎属。【隶属】莎草科 Cyperaceae。【包含】世界6种。【学名诠释与讨论】〈阳〉(希)keras,所有格 keratos,指小式 keration,角,弓+(属)Schoenus 赤箭莎属。此属的学名是 “Ceratoschoenus C. G. D. Nees, Linnaea 9:296. 1834”。亦有文献把其处理为 “Rhynchospora Vahl (1805) [as ‘Rynchospora’](保留属名)” 的异名。【分布】中美洲。【模式】Ceratoschoenus corniculatus C. G. D. Nees。【参考异名】Rhynchospora Vahl (1805) [as ‘Rynchospora’](保留属名)●■☆

10172 Ceratoscyphus Chun (1946) = Chirita Buch. – Ham. ex D. Don (1822) ; ~ = Ornithoboea Parish ex C. B. Clarke (1883) [苦苣苔科 Gesneriaceae]●■

10173 Ceratosepalum Oerst. (1863)【汉】角萼西番莲属。【隶属】西番莲科 Passifloraceae。【包含】世界1种。【学名诠释与讨论】〈中〉(希)keras,所有格 keratos,指小式 keration,角,弓+sepalum,花萼。此属的学名是 “Ceratosepalum D. Oliver, Hooker’s Icon. Pl. 24: ad t. 2307. Mai 1894 (non Oersted 1863)”。亦有文献把其处理为 “Passiflora L. (1753)(保留属名)” 的异名。【分布】美洲。【模式】Ceratosepalum micranthum Oerst.。【参考异名】Passiflora L. (1753)(保留属名)●☆

10174 Ceratosepalum Oliv. (1894) Nom. illegit. ≡ Triumfettoides Rauschert (1982) ; ~ = Triumfetta L. (1753) [椴树科(椴科,田麻科)Tiliaceae//锦葵科 Malvaceae]●■

10175 Ceratosicyus Post et Kuntze (1903) = Ceratiosicyos Nees (1836) [脊脐子科(柄果木科,宿冠花科,钟花科)Achariaceae]●☆

10176 Ceratospermum Pers. (1807)【汉】角籽藜属。【隶属】藜科 Chenopodiaceae//苋科 Amaranthaceae。【包含】世界1种。【学名诠释与讨论】〈中〉(希)keras,所有格 keratos,指小式 keration,角,弓+sperma,所有格 spermatos,种子,孢子。此属的学名,ING、TROPICOS 和 IK 记载是 “Ceratospermum Persoon, Syn. Pl. 2:551. Sep 1807”。TROPICOS 把其置于苋科 Amaranthaceae。亦有文献把 “Ceratospermum Pers. (1807)” 处理为 “Axyris L. (1753)”、 “Eurotia Adans. (1763) Nom. illegit. , Nom. superfl.” 或 “Ceratoides (Tourn.) Gagnebin (1755) Nom. illegit.” 的异名。【分布】欧洲,亚洲北部,北美洲。【模式】Ceratospermum papposum Pers.。【参考异名】Axyris L. (1753) ; Ceratoides (Tourn.) Gagnebin (1755) Nom. illegit. ; Ceratoides Gagnebin (1755) ; Eurotia Adans. (1763) Nom. illegit. , Nom. superfl.●☆

10177 Ceratostachys Blume (1826) = Nyssa L. (1753) [蓝果树科(珙桐科,紫树科)Nyssaceae//山茱萸科 Cornaceae]●

10178 Ceratostanthus B. D. Jacks. = Ceratostanthus Schur (1866) Nom. illegit. ; ~ = Delphinium L. (1753) [毛茛科 Ranunculaceae//翠雀花科 Delphiniaceae]■

10179 Ceratostanthus Schur (1853) = Delphinium L. (1753) [毛茛科 Ranunculaceae//翠雀花科 Delphiniaceae]■

10180 Ceratostema G. Don = Pellegrinia Sleumer (1935) [杜鹃花科(欧石南科)Ericaceae]●☆

10181 Ceratostema Juss. (1789)【汉】角蕊莓属(囊冠莓属)。【隶属】杜鹃花科(欧石南科)Ericaceae。【包含】世界23-32种。【学名诠释与讨论】〈中〉(希)keras,所有格 keratos,指小式 keration,角,

弓+stema,所有格 stematos,雄蕊。此属的学名,ING、GCI、TROPICOS 和 IK 记载是"Ceratostema A. L. Jussieu, Gen. 163. 4 Aug 1789"。杜鹃花科(欧石南科)Ericaceae 的"Ceratostema Ruiz et Pav. ,Anales Inst. Bot. Cavanilles 14:756. 1956"是晚出的非法名称。"Ceratostemma Spreng. ,Systema Vegetabilium,editio decima sexta 2:275,294. 1825"是"Ceratostema Juss.(1789)"的拼写变体。"Ceratostema G. Don"是"Pellegrinia Sleumer(1935)[杜鹃花科(欧石南科)Ericaceae]"的异名。【分布】秘鲁,玻利维亚,厄瓜多尔,中国,安第斯山区,热带南美洲。【模式】Ceratostema peruvianum J. F. Gmelin。【参考异名】Centrostemma Baill. ;Ceratostemma Spreng. (1825) Nom. illegit. ; Englerodoxa Hoerold (1909) ; Periclesia A. C. Smith (1932); Siphonostema Griseb. (1857) Nom. inval. ; Siphonostoma Griseb. ex Lechl. (1857) Nom. inval. ;Siphonostoma Benth. et Hook. f. (1876) Nom. illegit. ●

10182　Ceratostema Ruiz et Pav. (1956) Nom. illegit. [杜鹃花科(欧石南科)Ericaceae]●☆

10183　Ceratostemma Spreng. (1825) Nom. illegit. ≡Ceratostema Juss. (1789) [杜鹃花科(欧石南科)Ericaceae]●☆

10184　Ceratostigma Bunge(1833)【汉】蓝雪花属(角柱花属,蓝雪属,蓝血花属,蓝血属)。【日】ルリマツリモドキ属。【俄】Цератостигма。【英】Bluesnow, Ceratostigma, Hardy Plumbago, Leadwort, Plumbago。【隶属】白花丹科(矶松科,蓝雪科)Plumbaginaceae。【包含】世界 8 种,中国 5 种。【学名诠释与讨论】〈中〉(希)keras,所有格 keratos,指小式 keration,角,弓+stigma,所有格 stigmatos,柱头,眼点。指柱头为角状。【分布】美国,缅甸,泰国,中国,喜马拉雅山,热带非洲东部。【模式】Ceratostigma plumbaginoides Bunge。【参考异名】Valoradia Hochst. (1842) ●■

10185　Ceratostylis Blume(1825)【汉】牛角兰属。【日】ケラトスティリス属。【英】Ceratostylis, Hornstyle。【隶属】兰科 Orchidaceae。【包含】世界 80-100 种,中国 3 种。【学名诠释与讨论】〈阴〉(希)keras,所有格 keratos,指小式 keration,角,弓+stylos=拉丁文 style,花柱,中柱,有尖之物,桩,柱,支持物,支柱,石头做的界标。【分布】印度至马来西亚,中国,波利尼西亚群岛。【后选模式】Ceratostylis subulata Blume。【参考异名】Ritaia King et Pantl. (1898);Trigonanthus Korth. ex Hook. f. ■

10186　Ceratosycios Walp. (1843) Nom. illegit. [西番莲科 Passifloraceae]☆

10187　Ceratotheca Endl. (1832)【汉】角囊胡麻属。【隶属】胡麻科 Pedaliaceae。【包含】世界 5-9 种。【学名诠释与讨论】〈阴〉(希)keras,所有格 keratos,指小式 keration,角,弓+theke=拉丁文 theca,匣子,箱子,室,药室,囊。【分布】热带和非洲南部,中美洲。【模式】Ceratotheca sesamoides Endlicher。【参考异名】Sporledera Bernh. (1842) ■●☆

10188　Ceratoxalis (Dumort.) Lunell (1916) Nom. illegit. ≡Xanthoxalis Small (1903) ; ~=Oxalis L. (1753) [酢浆草科 Oxalidaceae]■●

10189　Ceratoxalis Lunell(1916) Nom. illegit. ≡Ceratoxalis (Dumort.) Lunell (1916) Nom. illegit. ; ~≡Xanthoxalis Small (1903) ; ~=Oxalis L. (1753) [酢浆草科 Oxalidaceae]■●

10190　Ceratozamia Brongn. (1846)【汉】角果铁属(角果泽米属,角铁属,有角坚果凤尾蕉属)。【日】ツノミザミア属。【俄】Цератозамия。【英】Ceratozamia, Horncone。【隶属】苏铁科 Cycadaceae//泽米苏铁科(泽米科)Zamiaceae。【包含】世界 4-10 种。【学名诠释与讨论】〈阴〉(希)keras,所有格 keratos,指小式 keration,角,弓+(属)Zamia 大苏铁属。【分布】墨西哥。【模式】Ceratozamia mexicana Brongniart。【参考异名】Dipsacozamia Lehm. ex Lindl. (1847);Eriozamia Hort. ex Schuster(1932)●☆

10191　Ceraunia Noronha(1790)=Aegiceras Gaertn. (1788)[紫金牛科 Myrsinaceae//蜡烛果科(桐花树科)Aegicerataceae]●

10192　Cerbera L. (1753)【汉】海杧果属(海檬果属)。【日】ミフクラギ属。【英】Cerberus Tree, Cerberustree, Cerberus-tree。【隶属】夹竹桃科 Apocynaceae。【包含】世界 3-9 种,中国 1 种。【学名诠释与讨论】〈阴〉(拉)cerberus,或(希)Kerberus,为希腊神话中的三头蛇尾犬,地狱守门犬,喻示果皮剧毒,人畜误食能致死。此属的学名,ING、APNI、GCI、TROPICOS 和 IK 记载是"Cerbera L. , Sp. Pl. 1:208. 1753 [1 May 1753]"。"Odollam Adanson, Fam. 2: 171. Jul-Aug 1763"是"Cerbera L. (1753)"的晚出的同模式异名(Homotypic synonym, Nomenclatural synonym)。【分布】巴基斯坦,玻利维亚,马达加斯加,中国,中美洲。【后选模式】Cerbera manghas Linnaeus。【参考异名】Cerbera Lour. (1790) Nom. illegit. ;Elcana Blanco (1845);Galaxa Parkinson;Odollam Adans. (1763) Nom. illegit. ; Tanghinia Thouars (1806) ; Thevetia Adans. (1763) Nom. illegit. (废弃属名)●

10193　Cerbera Lour. (1790) Nom. illegit. =Cerbera L. (1753) [夹竹桃科 Apocynaceae]●

10194　Cerberaceae Martinov(1820)=Apocynaceae Juss. (保留科名)●■

10195　Cerberiopsis Vieill. ex Pancher et Sebert(1874)【汉】拟海杧果属。【隶属】夹竹桃科 Apocynaceae。【包含】世界 3 种。【学名诠释与讨论】〈阴〉(属)Cerbera 海杧果属+希腊文 opsis,外观,模样,相似。【分布】法属新喀里多尼亚。【模式】Cerberiopsis candelabra Vieillard ex Pancher et Sebert。【参考异名】Pterochrosia Baill. (1889)●☆

10196　Cercaceae Dulac =Ceratophyllaceae Gray(保留科名)●■

10197　Cercanthemum Tiegh. (1902)=Ouratea Aubl. (1775)(保留属名)[金莲木科 Ochnaceae]●

10198　Cercestis Schott(1857)【汉】网纹芋属。【英】Rhektophyllum。【隶属】天南星科 Araceae。【包含】世界 10-13 种。【学名诠释与讨论】〈阴〉(希)kerkis,所有格 kerkidos,梭,木钉,针。kerkos,尾巴,柄,阴茎+kestos,腰带,杂色的。【分布】非洲西部。【模式】Cercestis afzelii H. W. Schott。【参考异名】Alocasiophyllum Engl. (1892);Rhektophyllum N. E. Br. (1882)■☆

10199　Cercidiopsis Britton et Rose(1930)=Cercidium Tul. (1844); ~~=Parkinsonia L. (1753) [豆科 Fabaceae(Leguminosae)//云实科(苏木科)Caesalpiniaceae]●☆

10200　Cercidiphyllaceae Engl. (1907)(保留科名)【汉】连香树科。【日】カツラ科。【俄】Багляниковые。【英】Cercidiphyllum Family, Katsura Tree Family, Katsuratree Family, Katsura-tree Family。【包含】世界 1 属 2 种,中国 1 属 1 种。【分布】东亚。【科名模式】Cercidiphyllum Siebold et Zucc. ●

10201　Cercidiphyllaceae Tiegh. =Cercidiphyllaceae Engl. (保留科名)●

10202　Cercidiphyllum Siebold et Zucc. (1846)【汉】连香树属。【日】カツラ属。【俄】Круглолистник。【英】Cercidiphyllum, Katsura Tree, Katsuratree, Katsura-tree。【隶属】连香树科 Cercidiphyllaceae。【包含】世界 2 种,中国 1 种。【学名诠释与讨论】〈中〉(属)Cercis 紫荆属+希腊文 phyllon,叶子。指叶形似紫荆。【分布】日本,中国。【模式】Cercidiphyllum japonicum Siebold et Zuccarini ex J. J. Hoffmann et H. Schultes。【参考异名】Cercidophyllum Post et Kuntze(1903)●

10203　Cercidium Tul. (1844)【汉】假紫荆属。【隶属】豆科 Fabaceae (Leguminosae)//云实科(苏木科)Caesalpiniaceae。【包含】世界 12 种。【学名诠释与讨论】〈阴〉(希)kerkis,所有格 kerkidos,指小式 kerkidion,梭,木钉,针,梳子。kerkos,尾巴,柄,阴茎+-ius,-ia,-ium,在拉丁文和希腊文中,这些词尾表示性质或状态。指其果实。此属的学名是"Cercidium P. A. Dangeard, Ann. Sci.

Nat. Bot. ser. 7.7：120. 1888（non L. R. Tulasne 1844）”。亦有文献把其处理为“Parkinsonia L.（1753）”的异名。【分布】巴拉圭，秘鲁，玻利维亚，厄瓜多尔，美洲。【模式】Cercidium spinosum L. R. Tulasne。【参考异名】Cercidiopsis Britton et Rose（1930）；Parkinsonia L.（1753）；Retinophleum Benth. et Hook. f.（1865）；Rhetinophloeum H. Karst.（1862）●☆

10204　Cercidophyllum Post et Kuntze（1903）= Cercidiphyllum Siebold et Zucc.（1846）［连香树科 Cercidiphyllaceae］●

10205　Cercinia Tiegh.（1902）= Ouratea Aubl.（1775）（保留属名）［金莲木科 Ochnaceae］●

10206　Cercis L.（1753）【汉】紫荆属。【日】ハナズオウ属，ハナズハウ属。【俄】Багряник, Багрянник, Церцис。【英】Cercis, Judas Tree, Judas－tree, Red Bud, Redbud。【隶属】豆科 Fabaceae（Leguminosae）//云实科（苏木科）Caesalpiniaceae。【包含】世界 12 种，中国 5-12 种。【学名诠释与讨论】〈阴〉（希）kerkis，被古希腊哲学学者 Theophrastus 所用之名。指南欧紫荆 C. siliquastrum，其词原义为梭 kerkis。指英果似织布用的梭子。此属的学名，ING、TROPICOS 和 IK 记载是“Cercis L. , Sp. Pl. 1：374. 1753［1 May 1753］”。“Siliquastrum Duhamel du Monceau, Traité Arbres Arbust. 2：263. 1755”是“Cercis L.（1753）”的晚出的同模式异名（Homotypic synonym, Nomenclatural synonym）。【分布】巴基斯坦，美国（密苏里），中国，北温带，中美洲。【后选模式】Cercis siliquastram Linnaeus。【参考异名】Circis Chapm.（1860）；Siliquastrum Duhamel（1755）Nom. illegit. ●

10207　Cercocarpaceae J. Agardh（1858）［亦见 Rosaceae Juss.（1789）（保留科名）蔷薇科］【汉】山桃花心木科。【包含】世界 1 属 5-8 种。【分布】北美洲。【科名模式】Cercocarpus Kunth ●

10208　Cercocarpus Kunth（1824）【汉】山桃花心木属。【俄】Церкокарпус。【英】Mountain－mahogany。【隶属】蔷薇科 Rosaceae//山桃花心木科 Cercocarpaceae。【包含】世界 5-8 种。【学名诠释与讨论】〈阳〉（希）kerkis，所有格 kerkidos，梭，木钉，针。kerkos，尾巴，柄，阴茎+karpos，果实。【分布】美国（西南部和西部），墨西哥。【模式】Cercocarpus fothergilloides Kunth。【参考异名】Bertolonia Moc. et Sessé ex DC.（1825）（废弃属名）；Bertolonia Moc. et Sessé（废弃属名）●☆

10209　Cercocodia Post et Kuntze（1903）= Cercodia Murr.（1781）Nom. illegit. ；~ = Haloragis J. R. Forst. et G. Forst.（1776）［小二仙草科 Haloragaceae］■●

10210　Cercocoma Miq.（1856）Nom. illegit. = Rhynchodia Benth.（1876）［夹竹桃科 Apocynaceae］■☆✿

10211　Cercocoma Wall.（1829）Nom. inval. ≡Cercocoma Wall. ex G. Don（1838）；~ = Strophanthus DC.（1802）［夹竹桃科 Apocynaceae］●

10212　Cercocoma Wall. ex G. Don（1838）= Strophanthus DC.（1802）［夹竹桃科 Apocynaceae］●

10213　Cercodea Sol. ex Lam.（1785）= Cercodia Murr.（1781）Nom. illegit. ；~ = Cercodia Banks ex Murr.（1781）；~ = Haloragis J. R. Forst. et G. Forst.（1776）［小二仙草科 Haloragaceae］■●

10214　Cercodia Banks ex Murr.（1781）= Haloragis J. R. Forst. et G. Forst.（1776）［小二仙草科 Haloragaceae］■●

10215　Cercodia Murr.（1781）Nom. illegit. ≡Cercodia Banks ex Murr.（1781）；~ = Haloragis J. R. Forst. et G. Forst.（1776）［小二仙草科 Haloragaceae］■●

10216　Cercodiaceae Juss.（1817）= Haloragaceae R. Br.（保留科名）●■

10217　Cercopetalum Gilg（1897）= Pentadiplandra Baill.（1886）［瘤药花科（瘤药树科）Pentadiplandraceae］●☆

10218　Cercophora Miers（1874）Nom. illegit. ≡ Strailia T. Durand

（1888）；~ = Lecythis Loefl.（1758）［玉蕊科（巴西果科）Lecythidaceae］●☆

10219　Cercostylos Less.（1832）= Gaillardia Foug.（1786）［菊科 Asteraceae（Compositae）］■

10220　Cercouratea Tiegh.（1902）= Ouratea Aubl.（1775）（保留属名）［金莲木科 Ochnaceae］●

10221　Cerdana Ruiz et Pav.（1794）= Cordia L.（1753）（保留属名）［紫草科 Boraginaceae//破布木科（破布树科）Cordiaceae］●

10222　Cerdia DC.（1828）= Cerdia Moc. et Sessé ex DC.（1828）［石竹科 Caryophyllaceae］■☆

10223　Cerdia Moc. et Sessé ex DC.（1828）【汉】单蕊莲豆草属。【隶属】石竹科 Caryophyllaceae。【包含】世界 4 种。【学名诠释与讨论】〈阴〉（希）kerdo，狐狸。此属的学名，TROPICOS 和 IK 记载是“Cerdia Moc. et Sessé ex DC. , Prodr. [A. P. de Candolle] 3：377. 1828 [mid Mar 1828]”。ING 则记载为“Cerdia A. P. de Candolle, Prodr. 3：377. Mar（med.）1828”。三者引用的文献相同。“Cerdia DC.（1828）= Cerdia Moc. et Sessé ex DC.（1828）”的命名人引证有误。【分布】墨西哥。【模式】未指定。【参考异名】Cerdia DC.（1828）Nom. illegit. ；Cerdia Moc. et Sessé（1828）Nom. illegit. ■☆

10224　Cerdia Moc. et Sessé（1828）Nom. illegit. ≡ Cerdia Moc. et Sessé ex DC.（1828）［石竹科 Caryophyllaceae］■☆

10225　Cerdosurus Ehth.（1789）Nom. inval. = Alopecurus L.（1753）［禾本科 Poaceae（Gramineae）］■

10226　Cerea Schltdl.（1854）Nom. illegit. = Ceresia Pers.（1805）；~ = Paspalum L.（1759）［禾本科 Poaceae（Gramineae）］■

10227　Cerea Thouars（1805）= Elaeocarpus L.（1753）［杜英科 Elaeocarpaceae］●

10228　Cereaceae DC. et Spreng. = Cactaceae Juss.（保留科名）●■

10229　Cereaceae Spreng. ex DC. et Spreng.（1821）= Cactaceae Juss.（保留科名）●■

10230　Cereaceae Spreng. ex Jameson = Cactaceae Juss.（保留科名）●■

10231　Cerefolium Fabr.（1759）（废弃属名）= Anthriscus Pers.（1805）（保留属名）［伞形花科（伞形科）Apiaceae（Umbelliferae）］■

10232　Cereopsis Blanco（1845）= Coreopsis L.（1753）［菊科 Asteraceae（Compositae）//金鸡菊科 Coreopsidaceae］●■

10233　Cereopsis Raf. = Coreopsis L.（1753）［菊科 Asteraceae（Compositae）//金鸡菊科 Coreopsidaceae］●■

10234　Ceresia Pers.（1805）= Paspalum L.（1759）［禾本科 Poaceae（Gramineae）］■

10235　Cereus Haw. = Cereus Mill.（1754）［仙人掌科 Cactaceae］●

10236　Cereus L. = Cereus Mill.（1754）［仙人掌科 Cactaceae］●

10237　Cereus Mill.（1754）【汉】仙影掌属（天轮柱属，仙人拳属，仙人柱属，仙人山属）。【日】セレウス属，ヒモサボテン属。【俄】Кактус колонновидный, Кактус－цереус, Цереус。【英】Cereus。【隶属】仙人掌科 Cactaceae。【包含】世界 36-50 种，中国 5 种。【学名诠释与讨论】〈阳〉（希）keros 蜂蜡，kerion 蜂巢，变为拉丁文 cera 蜡和 cereus 蜡烛或火炬。此属的学名，ING、APNI 和 IK 记载是“Cereus Mill. , Gard. Dict. Abr. , ed. 4. [308]. 1754 [28 Jan 1754]”。“Cereus Haw. = Cereus Mill.（1754）”、“Cereus L. = Cereus Mill.（1754）”和“Cereus Raf. = Cereus Mill.（1754）”都应该是晚出的非法名称。【分布】巴拿马，秘鲁，玻利维亚，厄瓜多尔，马达加斯加，中国，西印度群岛，南美洲，中美洲。【后选模式】Cereus hexagonus（Linnaeus）P. Miller［Cactus hexagonus Linnaeus］。【参考异名】Cephalophorus Lem.（1838）；Cereus Haw. ；Cereus L. ；Cereus Raf. ；Cirinosum Neck.（1790）Nom. inval. ；Lagenosocereus Doweld（2002）；Marginatocereus（Backeb.）

Backeb.（1942）；Marginatocereus Backeb.（1942）Nom. illegit.；Mirabella F. Ritter（1979）；Monvillea Britton et Rose（1920）；Ophiorhipsalis（K. Schum.）Doweld（2002）；Piptanthocereus（A. Berger）Riccob.（1909）；Praecereus Buxb.（1968）；Subpilocereus Backeb.（1938）●

10238　Cereus Raf.＝Cereus Mill.（1754）［仙人掌科 Cactaceae］●

10239　Cerinozoma Post et Kuntze（1903）＝Kerinozoma Steud. ex Zoll.（1854）［禾本科 Poaceae（Gramineae）］■☆

10240　Cerinthaceae Bercht. et J. Presl（1820）＝Boraginaceae Juss.（保留科名）●●

10241　Cerinthaceae Martinov［亦见 Boraginaceae Juss.（保留科名）紫草科］【汉】琉璃紫草科。【包含】世界1属10种。【分布】欧洲，地中海。【科名模式】Cerinthe L.。■

10242　Cerinthe L.（1753）【汉】琉璃紫草属（琉璃苣属）。【日】キバナノリリソウ属。【俄】Восковник，Воскоцветник。【英】Honeywort。【隶属】紫草科 Boraginaceae//琉璃紫草科 Cerinthaceae。【包含】世界10种。【学名诠释与讨论】〈阴〉（希）keros，蜂蜡+anthos，花。【分布】地中海地区，欧洲。【后选模式】Cerinthe major Linnaeus。【参考异名】Ceranthe（Rchb.）Opiz（1839）；Ceranthe Opiz（1852）Nom. illegit.■☆

10243　Cerinthodes Kuntze（1891）Nom. illegit.≡Cerinthodes Ludwig ex Kuntze（1891）Nom. illegit.；~≡Mertensia Roth（1797）（保留属名）［紫草科 Boraginaceae］■

10244　Cerinthodes Ludwig ex Kuntze（1891）Nom. illegit.≡Mertensia Roth（1797）（保留属名）［紫草科 Boraginaceae］■

10245　Cerinthodes Ludwig（1737）Nom. inval.≡Cerinthodes Ludwig ex Kuntze（1891）Nom. illegit.；~≡Mertensia Roth（1797）［紫草科 Boraginaceae］■

10246　Cerinthopsis Kotschy ex Benth. et Hook. f.（1876）Nom. illegit.＝Solenanthus Ledeb.（1829）［紫草科 Boraginaceae］■

10247　Cerinthopsis Kotschy ex Paine（1875）＝Lindelofia Lehm.（1850）［紫草科 Boraginaceae］■

10248　Cerionanthus Schott ex Roem. et Schult.（1818）＝Cephalaria Schrad.（1818）（保留属名）［川续断科（刺参科，蓟叶参科，山萝卜科，续断科）Dipsacaceae］■

10249　Ceriops Arn.（1838）【汉】角果木属（细蕊红树属）。【日】タカオコヒルギ，タカヲコヒルギ属。【英】Ceriops。【隶属】豆科 Fabaceae（Leguminosae）//云实科（苏木科）Caesalpiniaceae//红树科 Rhizophoraceae。【包含】世界2-3种，中国2种。【学名诠释与讨论】〈阴〉（希）keras，所有格 keratos，指小式 keration，角，弓。keraos，kerastes，keratophyes，有角的+ops 外观。指果实具角。【分布】巴基斯坦，中国，热带，中美洲。【后选模式】Ceriops roxburghiana Arnott。●

10250　Ceriosperma（O. E. Schulz）Greuter et Burdet（1983）【汉】叙利亚豆瓣菜属。【隶属】十字花科 Brassicaceae（Cruciferae）。【包含】世界1种。【学名诠释与讨论】〈中〉（希）keros，蜂蜡+sperma 种子。此属的学名，ING 和 IK 记载是“Ceriosperma（O. E. Schulz）W. Greuter et H. M. Burdet in W. Greuter et T. Raus，Willdenowia 13：86. 23 Jul 1983”，由“Nasturtium sect. Ceriosperma O. E. Schulz，Bot. Jahrb. Syst. 66：96. 20 Oct 1933”改级而来。亦有文献把“Ceriosperma（O. E. Schulz）Greuter et Burdet（1983）”处理为“Rorippa Scop.（1760）”的异名。【分布】叙利亚。【模式】Ceriosperma macrocarpum（Boissier）W. Greuter et H. M. Burdet［Nasturtium macrocarpum Boissier］。【参考异名】Nasturtium sect. Ceriosperma O. E. Schulz（1933）；Rorippa Scop.（1760）■☆

10251　Ceriscoides（Benth. et Hook. f.）Tirveng.（1978）【汉】木瓜榄属。【英】Ceriscoides。【隶属】茜草科 Rubiaceae。【包含】世界7-

10种，中国1种。【学名诠释与讨论】〈阴〉（希）keras，所有格 keratos，指小式 keration，角，弓。keraos，kerastes，keratophyes，有角的+oides，相像。此属的学名，ING、TROPICOS 和 GCI 记载是“Ceriscoides（Bentham et J. D. Hooker）D. D. Tirvengadum，Bull. Mus. Natl. Hist. Nat.，Sér. 3，Bot. 35（521）：13. 15-31 Dec（‘Nov-Dec’）1978”，由“Gardenia sect. Ceriscoides Bentham et J. D. Hooker，Gen. 2：90. 7-9 Apr 1873”改级而来。IK 则记载为“Ceriscoides（Hook. f.）Tirveng.，Bull. Mus. Natl. Hist. Nat.，Sér. 3，Bot. 521，Bot. 35：13. 1978”。四者引用的文献相同。【分布】菲律宾，热带亚洲，斯里兰卡，印度尼西亚（爪哇岛），中国。【模式】Ceriscoides turgida（Roxburgh）D. D. Tirvengadum［Gardenia turgida Roxburgh］。【参考异名】Ceriscoides（Hook. f.）Tirveng.（1978）Nom. illegit.；Gardenia sect. Ceriscoides Benth. et Hook. f.（1873）●

10252　Ceriscoides（Hook. f.）Tirveng.（1978）Nom. illegit.＝Ceriscoides（Benth. et Hook. f.）Tirveng.（1978）［茜草科 Rubiaceae］●

10253　Ceriscus Gaertn.（1788）Nom. inval.＝Catunaregam Wolf（1776）；~＝Randia L.（1753）［茜草科 Rubiaceae］●

10254　Ceriscus Gaertn. ex Nees（1825）＝Catunaregam Wolf（1776）；~＝Randia L.（1753）［茜草科 Rubiaceae］●

10255　Ceriscus Nees（1825）Nom. inval.＝Catunaregam Wolf（1776）；~＝Randia L.（1753）；~＝Tarenna Gaertn.（1788）［茜草科 Rubiaceae］●

10256　Cerium Lour.（1790）＝Lysimachia L.（1753）［报春花科 Primulaceae//珍珠菜科 Lysimachiaceae］●■

10257　Cernohorskya Á. Löve et D. Löve（1974）＝Arenaria L.（1753）［石竹科 Caryophyllaceae］■

10258　Cerocarpus Colebr. ex Hassk.（1842）Nom. illegit.≡Cerocarpus Hassk.（1842）Nom. illegit.；~≡Malidra Raf.（1838）；~＝Syzygium P. Browne ex Gaertn.（1788）（保留属名）［桃金娘科 Myrtaceae］●

10259　Cerocarpus Hassk.（1842）Nom. illegit.≡Malidra Raf.（1838）；~＝Syzygium P. Browne ex Gaertn.（1788）（保留属名）［桃金娘科 Myrtaceae］●

10260　Cerochilus Lindl.（1854）＝Hetaeria Blume（1825）［as ‘Etaeria’］（保留属名）［兰科 Orchidaceae］■

10261　Cerochlamys N. E. Br.（1928）【汉】玉细鳞属（蜡波属）。【日】ケロクラミス属。【隶属】番杏科 Aizoaceae。【包含】世界1种。【学名诠释与讨论】〈阴〉（希）keros，蜂蜡，kerion 蜂巢，变为拉丁文 cera 蜡和 cereus 蜡烛或火炬+chlamys，所有格 chlamydos，斗篷，外衣。【分布】非洲南部。【模式】Cerochlamys trigona N. E. Brown。■☆

10262　Cerolepis Pierre（1899）＝Camptostylus Gilg（1898）［刺篱木科（大风子科）Flacourtiaceae］●☆

10263　Ceropegia L.（1753）【汉】吊灯花属（吊金钱属，金雀马尾参属）。【日】セロプジア属。【俄】Кактус свисающий，Кактус церопегия，Церопегия。【英】Ceropegia，Pendentlamp。【隶属】萝藦科 Asclepiadaceae。【包含】世界170种，中国17-20种。【学名诠释与讨论】〈阴〉（希）keros keros，蜂蜡+pege，源泉，来源。指某些种的花为蜡质。此属的学名，ING、APNI、GCI、TROPICOS 和 IK 记载是“Ceropegia L.，Sp. Pl. 1：211. 1753［1 May 1753］”。“Niota Adanson，Fam. 2：172. Jul – Aug 1763”是“Ceropegia L.（1753）”的晚出的同模式异名（Homotypic synonym，Nomenclatural synonym）。【分布】巴基斯坦，西班牙（加那利群岛），马达加斯加，利比里亚（宁巴），中国，热带和非洲南部，热带和亚热带亚洲，中美洲。【后选模式】Ceropegia candelabrum Linnaeus。【参考异名】Apegla Neck.（1790）Nom. inval.；Cinclia Hoffmanns.（1833）；Niota Adans.（1763）Nom. illegit.；Systrepha Burch.

（1822）；Systrephia Benth. et Hook. f.（1876）Nom. illegit.；Triplosperma G. Don（1837）■

10264 Cerophora Raf.（1838）Nom. illegit. = Myrica L.（1753）［杨梅科 Myricaceae］●

10265 Cerophyllum Spach（1838）= Ribes L.（1753）［虎耳草科 Saxifragaceae//醋栗科（茶藨子科）Grossulariaceae］●

10266 Cerothamnus Tidestr.（1910）= Myrica L.（1753）［杨梅科 Myricaceae］●

10267 Ceroxylaceae O. F. Cook = Arecaceae Bercht. et J. Presl（保留科名）//Palmae Juss.（保留科名）●

10268 Ceroxylaceae Vines（1895）= Arecaceae Bercht. et J. Presl（保留科名）//Palmae Juss.（保留科名）●

10269 Ceroxylon Bonpl.（1804）Nom. illegit. = Ceroxylon Bonpl. ex DC.（1804）［棕榈科 Arecaceae（Palmae）］●☆

10270 Ceroxylon Bonpl. ex DC.（1804）【汉】蜡棕属（安地斯蜡椰子属，蜡棕属，蜡材椆属，蜡椰属，蜡椰子属）。【日】アンデスロウヤシ属。【英】Andean Wax Palm, Wax Palm。【隶属】棕榈科 Arecaceae（Palmae）。【包含】世界 11-20 种。【学名诠释与讨论】〈中〉（希）keros，蜂蜡+xyle = xylon，木材。指木材含蜡。此属的学名，GCI 和 IK 记载是 "Ceroxylon Bonpland, Bull. Sci. Soc. Philom. Paris 3：339（'239'）. Sep-Oct 1804"。ING 和 TROPICOS 则记载为 "Ceroxylon Bonpl. ex DC. ,Bull. Sci. Soc. Philom. Paris 3：239,1804"。四者引用的文献相同。"Ceroxylon Humb. et Bonpl.（1804）≡ Ceroxylon Bonpl. ex DC.（1804）" 的命名人引证有误。【分布】秘鲁，玻利维亚，厄瓜多尔，哥伦比亚（安蒂奥基亚），安第斯山。【模式】Ceroxylon alpinum Bonpland。【参考异名】Beethovenia Engl.（1865）；Ceroxylon Bonpl.（1804）Nom. illegit.；Ceroxylon Humb. et Bonpl.（1804）Nom. illegit.；Klopstockia H. Karst.（1856）●☆

10271 Ceroxylon Humb. et Bonpl.（1804）Nom. illegit. ≡ Ceroxylon Bonpl. ex DC.（1804）［棕榈科 Arecaceae（Palmae）］●☆

10272 Cerqueiria Benth. et Hook. f.（1865）Nom. illegit. = Cerqueiria O. Berg（1855）［桃金娘科 Myrtaceae］●☆

10273 Cerqueiria O. Berg（1855）= Gomidesia O. Berg（1855）；~ = Myrcia DC. ex Guill.（1827）［桃金娘科 Myrtaceae］●☆

10274 Cerraria Tausch（1834）Nom. illegit. = Cervaria Wolf（1781）Nom. illegit.；~ = Peucedanum L.（1753）［伞形花科（伞形科）Apiaceae（Umbelliferae）］■

10275 Cerris Raf.（1838）= Quercus L.（1753）［壳斗科（山毛榉科）Fagaceae］●

10276 Cerseidos Siebold et Zucc. = Prunus L.（1753）［蔷薇科 Rosaceae//李科 Prunaceae］●

10277 Ceruana Forssk.（1775）【汉】草基黄属。【隶属】菊科 Asteraceae（Compositae）。【包含】世界 1 种。【学名诠释与讨论】〈阴〉（阿）Ceruana pratensis Forssk. 的俗名。【分布】埃及，热带非洲。【模式】Ceruana pratensis Forsskål。●☆

10278 Ceruchis Gaertn. ex Schreb.（1791）= Spilanthes Jacq.（1760）［菊科 Asteraceae（Compositae）］■

10279 Cervantesia Ruiz et Pav.（1794）【汉】赛檀香属。【隶属】檀香科 Santalaceae//赛檀香科 Cervantesiaceae。【包含】世界 5 种。【学名诠释与讨论】〈阴〉（人）Vicente（Vincente）de Cervantes, 1755-1829，西班牙植物学者。【分布】安第斯山，秘鲁，玻利维亚，厄瓜多尔。【模式】Cervantesia tomentosa Ruiz et Pavón。【参考异名】Casimiroa Dombey ex Baill.●☆

10280 Cervantesiaceae Nickrent et Der（2010）【汉】赛檀香科。【包含】世界 1 属 5 种。【分布】安第斯山。【科名模式】Cervantesia Ruiz et Pav.●☆

10281 Cervaria L.（1787）Nom. illegit. ≡ Ortegia L.（1753）［石竹科 Caryophyllaceae］■☆

10282 Cervaria Wolf（1781）Nom. illegit. ≡ Libanotis Haller ex Zinn（1757）（保留属名）；~ = Peucedanum L.（1753）［伞形花科（伞形科）Apiaceae（Umbelliferae）］■

10283 Cervia Rodr. ex Lag.（1816）= Rochelia Rchb.（1824）（保留属名）［紫草科 Boraginaceae］■

10284 Cervicina Delile（1813）（废弃属名）= Wahlenbergia Schrad. ex Roth（1821）（保留属名）［桔梗科 Campanulaceae］■●

10285 Cervispina Ludw.（1757）Nom. illegit. ≡ Rhamnus L.（1753）［鼠李科 Rhamnaceae］●

10286 Cervispina Moench（1794）Nom. illegit. = Rhamnus L.（1753）［鼠李科 Rhamnaceae］●

10287 Cerynella DC. = Poitea Vent.（1800）［豆科 Fabaceae（Leguminosae）//蝶形花科 Papilionaceae］●☆

10288 Cesatia Endl.（1838）= Trachymene Rudge（1811）［伞形花科（伞形科）Apiaceae（Umbelliferae）//天胡荽科 Hydrocotylaceae］■☆

10289 Cesdelia DC. ex Raf. = Ammannia L.（1753）［千屈菜科 Lythraceae//水苋菜科 Ammanniaceae］■

10290 Cespa Hill（1769）= Eriocaulon L.（1753）［谷精草科 Eriocaulaceae］■

10291 Cespedesia Goudot（1844）【汉】同萼树属。【隶属】金莲木科 Ochnaceae。【包含】世界 3 种。【学名诠释与讨论】〈阴〉（人）Cespedes。【分布】巴拿马，秘鲁，玻利维亚，厄瓜多尔，哥伦比亚（安蒂奥基亚），哥斯达黎加，尼加拉瓜，热带南美洲，中美洲。【模式】Cespedesia bonplandii Goudot。【参考异名】Fournieria Tiegh.（1904）Nom. illegit. ●☆

10292 Cestichis Pfitzer（1887）Nom. illegit. ≡ Cestichis Thouars ex Pfitzer（1887）；~ = Liparis Rich.（1817）（保留属名）［兰科 Orchidaceae］■

10293 Cestichis Thouars ex Pfitzer（1887）= Liparis Rich.（1817）（保留属名）［兰科 Orchidaceae］■

10294 Cestichis Thouars（1822）Nom. inval. ≡ Cestichis Thouars ex Pfitzer（1887）；~ = Liparis Rich.（1817）（保留属名）［兰科 Orchidaceae］■

10295 Cestraceae Schltdl.（1833）= Solanaceae Juss.（保留科名）●■

10296 Cestrinus Cass.（1817）= Centaurea L.（1753）（保留属名）［菊科 Asteraceae（Compositae）//矢车菊科 Centaureaceae］●■

10297 Cestron St. - Lag.（1880）= Cestrum L.（1753）［茄科 Solanaceae］●

10298 Cestrum L.（1753）【汉】夜香树属（夜香花属，夜香木属）。【日】キチャウジ属，キチョウジ属。【俄】Цеструм。【英】Cestrum, Jessamine, Red Cestrum。【隶属】茄科 Solanaceae。【包含】世界 160-180 种，中国 3 种。【学名诠释与讨论】〈中〉（希）kestron，一种植物的古名。另说希腊文 kestra 槌，花丝基部有一个齿，好像有柄的棒槌。【分布】巴基斯坦，巴拉圭，巴拿马，秘鲁，玻利维亚，厄瓜多尔，哥伦比亚（安蒂奥基亚），马达加斯加，尼加拉瓜，中国，西印度群岛，中美洲。【后选模式】Cestrum nocturnum Linnaeus。【参考异名】Cestron St. - Lag.（1880）；Fregirardia Dunal ex Delile（1849）；Fregirardia Dunal ex Raf. ,Nom. illegit.；Fregirardia Dunal（1849）Nom. illegit.；Habrothamnus Endl.（1839）；Lomeria Raf.（1838）；Meyenia Schltdl.（1833）Nom. illegit.；Parqui Adans.（1763）；Wadea Raf.（1838）●

10299 Cetra Noronha（1790）= Syzygium P. Browne ex Gaertn.（1788）（保留属名）［桃金娘科 Myrtaceae］●

10300 Ceuthocarpus Aiello（1979）【汉】古巴隐果茜属。【隶属】茜草科 Rubiaceae。【包含】世界 1 种。【学名诠释与讨论】〈阳〉（希）

keutho, 隐藏, keuthos 深 + karpos, 果实。【分布】古巴。【模式】Ceuthocarpus involucratus（H. F. Wernham）A. Aiello［Portlandia involucrata H. F. Wernham］。●☆

10301　Ceuthocarpus Nees（1829）= Chaetium Nees（1829）■☆

10302　Ceuthostoma L. A. S. Johnson（1988）【汉】隐口木麻黄属（新几内亚木麻黄属）。【隶属】木麻黄科 Casuarinaceae。【包含】世界 2 种。【学名诠释与讨论】〈中〉（希）keutho, 隐藏 + stoma, 所有格 stomatos, 孔口。【分布】菲律宾, 加里曼丹岛, 加罗林群岛, 新几内亚岛。【模式】Ceuthostoma terminale L. A. S. Johnson。●☆

10303　Cevallia Lag.（1805）【汉】墨西哥刺莲花属。【隶属】刺莲花科（硬毛草科）Loasaceae。【包含】世界 1 种。【学名诠释与讨论】〈阴〉词源不详。【分布】美国（西南部）, 墨西哥。【模式】Cevallia sinuata Lagasca。【参考异名】Petalanthera Nees et Mart.（1833）; Petalanthera Nutt.（1833）Nom. illegit.●☆

10304　Cevalliaceae Griseb.（1854）= Loasaceae Juss.（保留科名）●■☆

10305　Ceytosis Munro（1862）= Crypsis Aiton（1789）（保留属名）［禾本科 Poaceae（Gramineae）］■

10306　Chabertia（Gand.）Gand.（1886）= Rosa L.（1753）［蔷薇科 Rosaceae］●

10307　Chaboissaea Benth. et Hook. f.（1883）Nom. illegit. ≡ Chaboissaea E. Fourn. ex Benth. et Hook. f.（1883）; ~ = Muhlenbergia Schreb.（1789）［禾本科 Poaceae（Gramineae）］■

10308　Chaboissaea E. Fourn.（1883）Nom. inval. ≡ Chaboissaea E. Fourn. ex Benth. et Hook. f.（1883）; ~ = Muhlenbergia Schreb.（1789）［禾本科 Poaceae（Gramineae）］■

10309　Chaboissaea E. Fourn. ex Benth. et Hook. f.（1883）= Muhlenbergia Schreb.（1789）［禾本科 Poaceae（Gramineae）］■

10310　Chabraea Adans.（1763）Nom. illegit. ≡ Peplis L.（1753）［千屈菜科 Lythraceae］■

10311　Chabraea Bubani（1899）Nom. illegit. ≡ Lythrum L.（1753）［千屈菜科 Lythraceae］●■

10312　Chabraea DC.（1812）Nom. illegit. = Leucheria Lag.（1811）［菊科 Asteraceae（Compositae）］■☆

10313　Chabrea Raf.（1840）【汉】沙布尔芹属。【隶属】伞形花科（伞形科）Apiaceae（Umbelliferae）。【包含】世界 1 种。【学名诠释与讨论】〈阴〉（人）Chabre。此属的学名是"Chabrea Rafinesque, Good Book 51. Jan 1840"。亦有文献把其处理为"Peucedanum L.（1753）"的异名。【分布】欧洲。【模式】Chabrea carvifolia（Villars）Rafinesque［Peucedanum carvifolium Villars［as 'carvifolia'］; Selinum carvifolium Chrabraeus ex Crantz］。【参考异名】Peucedanum L.（1753）■☆

10314　Chacaya Escal.（1945）Nom. illegit. ≡ Ochetophila Poepp. ex Reissek（1840）; ~ = Discaria Hook.（1829）［鼠李科 Rhamnaceae］●☆

10315　Chacoa R. M. King et H. Rob.（1975）【汉】腺瓣亮泽兰属。【隶属】菊科 Asteraceae（Compositae）。【包含】世界 1 种。【学名诠释与讨论】〈阴〉（地）Chaco, 查科, 位于巴拉圭, 阿根廷。【分布】阿根廷, 巴拉圭。【模式】Chacoa pseudoprasiifolia（Hassler）R. M. King et H. E. Robinson［Eupatorium pseudoprasiifolium Hassler, Eupatorium fiebrigii Hassler］。●☆

10316　Chadara Forssk.（1775）= Grewia L.（1753）［椴树科（椴科, 田麻科）Tiliaceae//锦葵科 Malvaceae//扁担杆科 Grewiaceae］●

10317　Chadra T. Anderson（1860）= Chadara Forssk.（1775）［椴树科（椴科, 田麻科）Tiliaceae］●

10318　Chadsia Bojer（1843）【汉】灌木查豆属。【隶属】豆科 Fabaceae（Leguminosae）。【包含】世界 17 种。【学名诠释与讨论】〈阴〉词源不详。【分布】马达加斯加。【后选模式】Chadsia flammea

Bojer。【参考异名】Chaldia Bojer ●☆

10319　Chaelanthus Poir.（1817）Nom. illegit. = Chaetanthus R. Br.（1810）［帚灯草科 Restionaceae］■☆

10320　Chaelothilus Beck. = Gentiana L.（1753）［龙胆科 Gentianaceae］■

10321　Chaelothilus Neck.（1790）Nom. illegit. = Gentiana L.（1753）［龙胆科 Gentianaceae］■

10322　Chaenactis DC.（1836）【汉】针垫菊属。【英】Pincushion。【隶属】菊科 Asteraceae（Compositae）。【包含】世界 18-40 种。【学名诠释与讨论】〈阴〉（希）chaino = chasko, 张口打哈欠, 张开的口, 裂开 + aktis, 所有格 aktinos, 光线, 光束, 射线。【分布】美国（西部）, 墨西哥, 中美洲。【后选模式】Chaenactis glabriuscula A. P. de Candolle。【参考异名】Acarphaea Harv. et Gray ex A. Gray（1849）; Acicarphaea Walp.（1852）; Macrocarpus Nutt.（1841）; Macrocephalus Lindl.（1847）Nom. illegit.■●☆

10323　Chaenanthe Lindl.（1838）【汉】裂兰兰属。【隶属】兰科 Orchidaceae。【包含】世界 3 种。【学名诠释与讨论】〈阴〉（希）chaino = chasko, 张开的口, 裂开 + anthos, 花。此属的学名是"Chaenanthe J. Lindley, Edwards's Bot. Reg. 24（Misc.）: 38. Mai 1838"。亦有文献把其处理为"Diadenium Poepp. et Endl.（1836）"的异名。【分布】巴西, 玻利维亚。【模式】Chaenanthe barkeri J. Lindley。【参考异名】Diadenium Poepp. et Endl.（1836）■☆

10324　Chaenanthera Rich. ex DC.（1828）= Charianthus D. Don（1823）［野牡丹科 Melastomataceae］●☆

10325　Chaenarrhinum Rchb.（1828）Nom. illegit. = Chaenorhinum（DC.）Rchb.（1829）［玄参科 Scrophulariaceae//婆婆纳科 Veronicaceae］■☆

10326　Chaenesthes Miers（1845）Nom. illegit. = Iochroma Benth.（1845）（保留属名）［茄科 Solanaceae］●☆

10327　Chaenocarpus Juss.（1817）= Spermacoce L.（1753）［茜草科 Rubiaceae//繁缕科 Alsinaceae］●■

10328　Chaenocarpus Neck. ex Juss.（1817）Nom. illegit. = Chaenocarpus Juss.（1817）; ~ = Spermacoce L.（1753）［茜草科 Rubiaceae//繁缕科 Alsinaceae］●■

10329　Chaenocephalus Griseb.（1861）= Verbesina L.（1753）（保留属名）［菊科 Asteraceae（Compositae）］●■☆

10330　Chaenolobium Miq.（1861）= Ormosia Jacks.（1811）（保留属名）［豆科 Fabaceae（Leguminosae）//蝶形花科 Papilionaceae］●

10331　Chaenolobus Small（1903）= Pterocaulon Elliott（1823）［菊科 Asteraceae（Compositae）］■

10332　Chaenomeles Bartl.（1830）Nom. illegit.（废弃属名）= Chaenomeles Lindl.（1821）［as 'Choenomeles'］（保留属名）［蔷薇科 Rosaceae］●

10333　Chaenomeles Lindl.（1821）［as 'Choenomeles'］（保留属名）【汉】贴梗海棠属（木瓜属）。【日】ボケ属。【俄】Айва японская, Хеномелес, Цидония японская。【英】Cydonia, Flowering Quince, Floweringquince, Flowering-quince, Japanese Quince, Japonica, Quince。【隶属】蔷薇科 Rosaceae。【包含】世界 4 种, 中国 4 种。【学名诠释与讨论】〈阴〉（希）chaino = chasko, 张开的口, 裂开 + melon, 树上生的水果, 苹果。因瑞典学者 Thunberg 猜想其果 5 片裂。此属的学名"Chaenomeles Lindl. in Trans. Linn. Soc. London 13: 96, 97. 23 Mai - 21 Jun 1821（'Choenomeles'）（orth. cons.）"是保留属名。法规未列出相应的废弃属名。但是蔷薇科 Rosaceae 的"Chaenomeles Bartl., Ordines Naturales Plantarum 1830 = Chaenomeles Lindl.（1821）［as 'Choenomeles'］（保留属名）"和其变体"Choenomeles Lindl.

（1821）"应该废弃。【分布】玻利维亚，美国，中国，东亚。【模式】Chaenomeles japonica（Thunberg）Spach［Pyrus japonica Thunberg］。【参考异名】Chaenomeles Bartl.（1830）Nom. illegit.（废弃属名）；Choenomeles Lindl.（1821）Nom. illegit.（废弃属名）；Pseudochaenomeles Carrière（1882）；Pseudo-chaenomeles Carrière（1882）Nom. illegit.；Pseudocydonia（C. K. Schneid.）C. K. Schneid.（1906）；Pseudocydonia C. K. Schneid.（1906）Nom. illegit. ●

10334 Chaenophora Rich. ex Crueger（1847）= Miconia Ruiz et Pav.（1794）（保留属名）［野牡丹科 Melastomataceae//米氏野牡丹科 Miconiaceae］●☆

10335 Chaenopleura Rich. ex DC.（1828）= Miconia Ruiz et Pav.（1794）（保留属名）［野牡丹科 Melastomataceae//米氏野牡丹科 Miconiaceae］●☆

10336 Chaenorhinum（DC.）Rchb.（1829）【汉】云兰参属。【俄】Хеноринум。【英】Toadflax。【隶属】玄参科 Scrophulariaceae//婆婆纳科 Veronicaceae。【包含】世界 21 种。【学名诠释与讨论】〈中〉（希）chaino = chasko, 张开的口，裂开 + rhinos, 鼻子。指花冠开口。此属的学名，ING 和 IK 记载是"Chaenorhinum（A. P. de Candolle）H. G. L. Reichenbach, Consp. 123（'Chaenarrhinum'）. Dec 1828– Mar 1829"，由"Linaria groupe Chaenorhinum A. P. de Candolle in Lamarck et A. P. de Candolle, Fl. Franç. ed. 3. 5:410. 8 Oct 1815"改级而来。"Chaenorrhinum（DC.）Rchb.（1829）"和"Chaenorrhinum Lange（1870）"是其拼写变体。【分布】美国，地中海地区，欧洲，亚洲西部。【模式】未指定。【参考异名】Chaenarrhinum Rchb.（1828）Nom. illegit.；Chaenorrhinum（DC.）Rchb., Nom. illegit.；Chaenorrhinum Lange（1870）Nom. illegit.；Hueblia Speta（1982）；Linaria groupe Chaenorhinum DC.（1815）；Microrhinum（Endl.）Fourr.（1869）Nom. illegit.；Microrhinum Fourr.（1869）Nom. illegit. ■☆

10337 Chaenorrhinum（DC.）Rchb.（1829）Nom. illegit. = Chaenorhinum（DC.）Rchb.（1829）［玄参科 Scrophulariaceae//婆婆纳科 Veronicaceae］■☆

10338 Chaenorrhinum Lange（1870）Nom. illegit. = Chaenorhinum（DC.）Rchb.（1829）；~ = Chaenorhinum（DC.）Rchb.（1829）［玄参科 Scrophulariaceae//婆婆纳科 Veronicaceae］■☆

10339 Chaenostoma Benth.（1836）（保留属名）【汉】裂口玄参属。【隶属】玄参科 Scrophulariaceae。【包含】世界 90 种。【学名诠释与讨论】〈中〉（希）chaino, 张开的口，裂开 + stoma, 所有格 stomatos, 孔口。指管状花冠的裂口。此属的学名"Chaenostoma Benth. in Companion Bot. Mag. 1：374. 1 Jul 1836"是保留属名。相应的废弃属名是玄参科 Scrophulariaceae 的"Palmstruckia Retz., Obs. Bot. Pugill.：15. 14 Nov 1810 = Chaenostoma Benth.（1836）（保留属名）≡ Sutera Roth（1807）"。十字花科 Brassicaceae 的"Palmstruckia Sonder in W. H. Harvey et Sonder, Fl. Cap. 1：35. 10-31 Mai 1860 ≡ Thlaspeocarpa C. A. Sm.（1931）"亦应废弃。亦有文献把"Chaenostoma Benth.（1836）（保留属名）"处理为"Sutera Roth（1807）"的异名。【分布】参见 Sutera Roth。【模式】Chaenostoma aethiopicum（Linnaeus）Bentham［Buchnera aethiopica Linnaeus］。【参考异名】Palmstruckia Retz.（1810）Nom. illegit.（废弃属名）；Phaenostoma Steud.（1840）Nom. illegit.；Sutera Roth（1807）■☆

10340 Chaenotheca Urb.（1902）Nom. illegit. = Chascotheca Urb.（1904）；~ = Securinega Comm. ex Juss.（1789）（保留属名）［大戟科 Euphorbiaceae］●☆

10341 Chaeradoplectron Benth. et Hook. f.（1883）= Choeradoplectron Schauer（1843）；~ = Habenaria Willd.（1805）［兰科 Orchidaceae］■

10342 Chaerefolium Haller（1768）= Anthriscus Pers.（1805）（保留属名）；~ = Cerefolium Fabr.（1759）（废弃属名）；~ = Anthriscus Pers.（1805）（保留属名）［伞形花科（伞形科）Apiaceae（Umbelliferae）］■

10343 Chaerefolium Hoffm. = Anthriscus Pers.（1805）（保留属名）［伞形花科（伞形科）Apiaceae（Umbelliferae）］■

10344 Chaerophyllastrum Fabr.（1759）Nom. illegit. ≡ Chaerophyllastrum Heist. ex Fabr.（1759）；~ ≡ Myrrhis Mill.（1754）［伞形花科（伞形科）Apiaceae（Umbelliferae）］■☆

10345 Chaerophyllastrum Heist. ex Fabr.（1759）Nom. illegit. ≡ Myrrhis Mill.（1754）［伞形花科（伞形科）Apiaceae（Umbelliferae）］■☆

10346 Chaerophyllopsis H. Boissieu（1909）【汉】滇藏细叶芹属（滇细叶芹属，假香叶芹属）。【英】Falsechervil。【隶属】伞形花科（伞形科）Apiaceae（Umbelliferae）。【包含】世界 1 种，中国 1 种。【学名诠释与讨论】〈阴〉（属）Chaerophyllum 细叶芹属 + 希腊文 opsis, 外观，模样，相似。指叶的形状似细叶芹。【分布】中国。【模式】Chaerophyllopsis huai Boissieu。■★

10347 Chaerophyllum L.（1753）【汉】细叶芹属（香叶芹属）。【日】ケロフィルム属。【俄】Бутень。【英】Chervil, Wild Chervil。【隶属】伞形花科（伞形科）Apiaceae（Umbelliferae）。【包含】世界 35-40 种，中国 2-5 种。【学名诠释与讨论】〈中〉（希）choiros, 幼猪，豚。又尼罗河中的一种鱼 + phyllon, 叶子。另说 chairo, 喜欢，喜悦，雅致，美丽，流行 + phyllon, 叶子。指叶子具有令人愉快的香味。此属的学名，ING、GCI、TROPICOS 和 IK 记载是"Chaerophyllum L., Sp. Pl. 1：258. 1753［1 May 1753］"。"Polgidon Rafinesque, Good Book 53. Jan 1840"是"Chaerophyllum L.（1753）"的晚出的同模式异名（Homotypic synonym, Nomenclatural synonym）。【分布】巴基斯坦，玻利维亚，美国（密苏里），中国，北温带，中美洲。【后选模式】Chaerophyllum temulum Linnaeus。【参考异名】Apotaenium Koso-Pol.（1915）；Bellia Bubani（1899）；Blephixis Raf.（1840）；Cherophylum Raf.；Choerophyllum Brongn.；Chrysophae Koso-Pol.（1915）；Croaspila Raf.（1840）；Crosapila Raf.；Fiebera Opiz（1839）Nom. illegit.；Golenkinianthe Koso-Pol.（1914）；Polgidon Raf.（1840）Nom. illegit.；Quetia Gand.；Rhynchostylis Tausch（1834）；Sikira Raf.（1840）■

10348 Chaetacanthus Nees（1836）【汉】刺毛爵床属。【隶属】爵床科 Acanthaceae。【包含】世界 4 种。【学名诠释与讨论】〈阳〉（希）chaite = 拉丁文 chaeta, 刚毛 + akantha, 荆棘。akanthikos, 荆棘的。akanthion, 蓟的一种，豪猪，刺猬。akanthinos, 多刺的，用荆棘做成的。在植物学中，acantha 通常指刺。【分布】非洲南部。【模式】Chaetacanthus persoonii C. G. D. Nees, Nom. illegit.［Ruellia setigera Persoon；Chaetacanthus setigera（Persoon）Lindau］。■☆

10349 Chaetachlaena D. Don（1830）= Onoseris Willd.（1803）［菊科 Asteraceae（Compositae）］●■☆

10350 Chaetachme Planch.（1848）【汉】非洲朴属。【隶属】榆科 Ulmaceae。【包含】世界 1-4 种。【学名诠释与讨论】〈阴〉（拉）chaeta, 刚毛 + aechme, 凸头。此属的学名，ING、TROPICOS 和 IK 记载是"Chaetachme Planchon, Ann. Sci. Nat. Bot. ser. 3. 10：266. Nov 1848"。"Chaetacme Planch., Prodromus Systematis Naturalis Regni Vegetabilis 17：209. 1873"是其拼写变体。【分布】马达加斯加，热带和非洲南部。【模式】Chaetachme aristata Planchon。【参考异名】Chaetacme Planch.（1873）Nom. illegit. ●☆

10351 Chaetacme Planch.（1873）Nom. illegit. ≡ Chaetachme Planch.（1848）［榆科 Ulmaceae］●☆

10352 Chaetadelpha A. Gray ex S. Watson（1873）【汉】骨苣属。【英】Skeletonweed。【隶属】菊科 Asteraceae（Compositae）。【包含】世

界1种。【学名诠释与讨论】〈阴〉（希）chaite＝拉丁文 chaeta，刚毛＋adelphe 紫菀，或 adelphos，兄弟。此属的学名，ING、GCI 和 IK 记载是" Chaetadelpha A. Gray ex S. Watson, Amer. Naturalist 7：301. Mai 1873"。" Chaetadelpha A. Gray（1873）≡Chaetadelpha A. Gray ex S. Watson（1873）"的命名人引证有误。【分布】美国（西南部）。【模式】Chaetadelpha wheeleri A. Gray ex S. Watson。【参考异名】Chaetadelpha A. Gray（1873）Nom. illegit.■☆

10353　Chaetadelpha A. Gray（1873）Nom. illegit. ≡Chaetadelpha A. Gray ex S. Watson（1873）［菊科 Asteraceae（Compositae）］■☆

10354　Chaetaea Jacq.（1760）＝Byttneria Loefl.（1758）（保留属名）［梧桐科 Sterculiaceae//刺果藤科（利末花科）Byttneriaceae］●

10355　Chaetaea Post et Kuntze（1903）Nom. illegit. ＝Chaitaea Sol. ex Seem.（1865）；~＝Tacca J. R. Forst. et G. Forst.（1775）（保留属名）［蒟蒻薯科（箭根薯科，蛛丝草科）Taccaceae//薯蓣科 Dioscoreaceae］■

10356　Chaetagastra Crueg.（1847）＝Chaetogastra DC.（1828）；~＝Tibouchina Aubl.（1775）［野牡丹科 Melastomataceae］●■☆

10357　Chaetantera Less.（1832）Nom. illegit. ＝Chaetanthera Ruiz et Pav.（1794）［菊科 Asteraceae（Compositae）］■☆

10358　Chaetanthera Nutt.（1834）Nom. illegit. ≡Chaetopappa DC.（1836）［菊科 Asteraceae（Compositae）］■☆

10359　Chaetanthera Ruiz et Pav.（1794）【汉】毛药菊属（寒绒菊属，毛花属）。【隶属】菊科 Asteraceae（Compositae）。【包含】世界42种。【学名诠释与讨论】〈阴〉（希）chaite＝拉丁文 chaeta，刚毛＋anthera，花药。此属的学名，ING、GCI、TROPICOS 和 IK 记载是" Chaetanthera Ruiz et Pav., Fl. Peruv. Prodr. 106. 1794［Oct 1794］"。菊科 Asteraceae 的" Chaetanthera Nutt., J. Acad. Nat. Sci. Philadelphia 7：111. 1834［post 28 Oct 1834］"是晚出的非法名称；它已经被" Chaetopappa A. P. de Candolle, Prodr. 5：301. Oct（prim.）1836"所替代。" Chaetantera Less., Syn. Gen. Compos. 111. 1832［Jul－Aug 1832］"似为" Chaetanthera Ruiz et Pav.（1794）"的拼写变体。【分布】秘鲁，玻利维亚，智利，中美洲。【后选模式】Chaetanthera ciliata Ruiz et Pavon。【参考异名】Aldunatea J. Rémy（1848）；Carmelita Gay ex DC.（1838）；Carmelita Gay, Nom. illegit.；Chaetantera Less.（1832）Nom. illegit.；Cherina Cass.（1817）；Chetanthera Raf.；Chondrochilus Phil.（1858）；Egania J. Rémy（1848）；Elachia DC.（1838）；Euthrixia D. Don（1830）；Luciliopsis Wedd.（1856）；Minythodes Phil. ex Benth. et Hook. f.（1873）；Oriastrum Poepp.（1843）；Oriastrum Poepp. et Endl.（1843）Nom. illegit.；Proselia D. Don（1830）；Tylloma D. Don（1830）■☆

10360　Chaetanthus R. Br.（1810）【汉】齿瓣帚灯草属。【隶属】帚灯草科 Restionaceae。【包含】世界1-3种。【学名诠释与讨论】〈阳〉（希）chaite＝拉丁文 chaeta＋anthos，花。【分布】澳大利亚（西南部）。【模式】Chaetanthus leptocarpoides R. Brown。【参考异名】Chaelanthus Poir.（1817）；Prionosepalum Steud.（1855）Nom. illegit.■☆

10361　Chaetaphora Nutt.（1834）Nom. illegit. ≡Chaetanthera Nutt.（1834）Nom. illegit.；~＝Chaetopappa DC.（1836）［菊科 Asteraceae（Compositae）］■☆

10362　Chaetaria P. Beauv.（1812）Nom. illegit. ≡Aristida L.（1753）［禾本科 Poaceae（Gramineae）］■

10363　Chaethymenia Hook. et Arn.（1841）【汉】毛棱菊属。【隶属】菊科 Asteraceae（Compositae）。【包含】世界1种。【学名诠释与讨论】〈阴〉（拉）chaeta，刚毛＋thymos＝thymon 百里香。此属的学名是" Chaethymenia Hook. et Arn., Genera Plantarum（Endlicher）1382. 1841"。亦有文献把其处理为" Jaumea Pers.（1807）"的异名。【分布】墨西哥。【模式】Chaethymenia peduncularis Hook. et Arn.。【参考异名】Chaetymenia Hook. et Arn.（1838）；Jaumea Pers.（1807）■☆

10364　Chaetium Nees（1829）【汉】刚毛禾属。【隶属】禾本科 Poaceae（Gramineae）。【包含】世界3种。【学名诠释与讨论】〈中〉（希）chaite＝拉丁文 chaeta，刚毛＋-ius，-ia，-ium，在拉丁文和希腊文中，这些词尾表示性质或状态。【分布】古巴，热带美洲。【模式】Chaetium festucoides C. G. D. Nees。【参考异名】Berchtoldia C. Presl（1830）Nom. illegit.；Berchtoldia J. Presl（1830）；Ceuthocarpus Nees（1829）■☆

10365　Chaetobromus Nees（1836）【汉】南非雀麦属。【隶属】禾本科 Poaceae（Gramineae）。【包含】世界1种。【学名诠释与讨论】〈阴〉（希）chaite＝拉丁文 chaeta，刚毛＋Bromus 雀麦属。【分布】非洲南部。【模式】Chaetobromus involucratus（Schrader）C. G. D. Nees［Avena involucrata Schrader］。■☆

10366　Chaetocalyx DC.（1825）【汉】鬃萼豆属（毛萼豆属）。【隶属】豆科 Fabaceae（Leguminosae）。【包含】世界12种。【学名诠释与讨论】〈阳〉（希）chaite＝拉丁文 chaeta，刚毛＋kalyx，所有格 kalykos＝拉丁文 calyx，花萼，杯子。此属的学名，ING、TROPICOS 和 IK 记载是" Chaetocalyx A. P. de Candolle, Prod. 2：243. Nov（med.）1825"。" Boenninghausia K. P. J. Sprengel, Syst. Veg. 3：153, 245. Jan－Mar 1826（废弃属名）"是" Chaetocalyx DC.（1825）"的晚出的同模式异名（Homotypic synonym, Nomenclatural synonym）。【分布】巴拉圭，巴拿马，秘鲁，玻利维亚，厄瓜多尔，哥伦比亚（安蒂奥基亚），哥斯达黎加，尼加拉瓜，西印度群岛，美洲。【后选模式】Chaetocalyx vincentina（Ker）A. P. de Candolle［Glycine vincentina Ker］。【参考异名】Boenninghausia Spreng.（1826）（废弃属名）；Isodesmia Gardner（1843）；Planarium Desv.（1826）；Raimondianthus Harms（1928）；Rhadinocarpus Vogel（1838）■☆

10367　Chaetocapnia Sweet（1839）＝Coetocapnia Link et Otto（1828）；~＝Polianthes L.（1753）［石蒜科 Amaryllidaceae//龙舌兰科 Agavaceae］■

10368　Chaetocarpus Schreb.（1789）Nom. illegit.（废弃属名）≡Pouteria Aubl.（1775）［山榄科 Sapotaceae］●

10369　Chaetocarpus Thwaites（1854）（保留属名）【汉】刺果树属（白大凤属，毛果大戟属）。【英】Chestnutfruit, Chestnut－fruit, Setafruit。【隶属】大戟科 Euphorbiaceae。【包含】世界19种，中国1种。【学名诠释与讨论】〈阳〉（希）chaite＝拉丁文 chaeta，刚毛＋karpos，果实。指果被刚毛。此属的学名" Chaetocarpus Thwaites in Hooker's J. Bot. Kew Gard. Misc. 6：300. Oct 1854"是保留属名。相应的废弃属名是山榄科 Sapotaceae 的" Chaetocarpus Schreb., Gen. Pl.：75. Apr 1789 ≡Pouteria Aubl.（1775）"。" Gaedawakka O. Kuntze, Rev. Gen. 2：606. 5 Nov 1891"是" Chaetocarpus Thwaites（1854）（保留属名）"的晚出的同模式异名（Homotypic synonym, Nomenclatural synonym）。真菌（腹菌）的" Chaetocarpus P. A. Karsten, Bidrag Kännedom Finlands Natur Folk 48：406. 1889"亦应废弃。【分布】玻利维亚，马达加斯加，中国。【模式】Chaetocarpus pungens Thwaites, Nom. illegit.［Chaetocarpus castanicarpus（Roxburgh）Thwaites［as ' castanocarpus'］, Adelia castanicarpa Roxburgh］。【参考异名】Gaeclawakka Kuntze（1891）Nom. illegit.；Neochevaliera A. Chev. et Beille（1907）；Neochevaliera Beille（1907）Nom. illegit.；Regnaldia Baill.（1861）●

10370　Chaetocephala Barb. Rodr.（1882）＝Myoxanthus Poepp. et Endl.（1836）［兰科 Orchidaceae］■☆

10371　Chaetochilus Vahl（1804）＝Schwenckia L.（1764）［茄科 Solanaceae］■●☆

10372　Chaetochlaena Post et Kuntze（1903）＝Chaetachlaena D. Don（1830）；～＝Onoseris Willd.（1803）［菊科 Asteraceae（Compositae）］●■☆

10373　Chaetochlamys Lindau（1895）＝Justicia L.（1753）［爵床科 Acanthaceae//鸭嘴花科（鸭咀花科）Justiciaceae］●■

10374　Chaetochloa Scribn.（1897）Nom. illegit. ≡Setaria P. Beauv.（1812）（保留属名）［禾本科 Poaceae（Gramineae）］■

10375　Chaetocladus J. Nelson（1866）Nom. illegit. ≡Ephedra Tourn. ex L.（1753）［麻黄科 Ephedraceae］●■

10376　Chaetocrater Ruiz et Pav.（1799）＝Casearia Jacq.（1760）［刺篱木科（大风子科）Flacourtiaceae//天料木科 Samydaceae］●

10377　Chaetocyperus Nees（1834）＝Eleocharis R. Br.（1810）［莎草科 Cyperaceae］■

10378　Chaetodiscus Steud.（1855）＝Eriocaulon L.（1753）［谷精草科 Eriocaulaceae］■

10379　Chaetogastra DC.（1828）＝Tibouchina Aubl.（1775）［野牡丹科 Melastomataceae］●■☆

10380　Chaetolepis（DC.）Miq.（1828）【汉】毛鳞野牡丹属。【隶属】野牡丹科 Melastomataceae。【包含】世界10种。【学名诠释与讨论】〈阴〉（希）chaite ＝拉丁文 chaeta,刚毛+lepis,所有格 lepidos,指小式 lepion 或 lepidion,鳞,鳞片。此属的学名,IK 记载为“Chaetolepis Miq., Comm. Phytogr. ii. 72（1828）”。ING 和 TROPICOS 则记载为“Chaetolepis（A. P. de Candolle）Miquel, Comment. Phytogr. 72. 16-21 Mar 1840”;,由“Osbeckia sect. Chaetolepis DC.”改级而来。【分布】哥伦比亚（安蒂奥基亚）,哥斯达黎加,西印度群岛,热带美洲,中美洲。【模式】Chaetolepis microphylla（Bonpland）Naudin。【参考异名】Chaetolepis Miq.（1828）Nom. illegit. ;Haplodesmium Naudin（1850）;Osbeckia sect. Chaetolepis DC. ;Trimeranthus H. Karst.（1859）●☆

10381　Chaetolepis Miq.（1840）Nom. illegit. ＝Chaetolepis（DC.）Miq.（1828）［野牡丹科 Melastomataceae］●☆

10382　Chaetolimon（Bunge）Lincz.（1940）【汉】刚毛彩花属（大苞补血草属）。【俄】Хетолимон。【隶属】白花丹科（矶松科,蓝雪科）Plumbaginaceae。【包含】世界3种。【学名诠释与讨论】〈中〉（希）chaite ＝拉丁文 chaeta,刚毛+Limonium 补血草属（匙叶草属,矶松属,石苁蓉属）。此属的学名,ING、TROPICOS 和 IK 记载是“Chaetolimon Lincz., Trudy Tadzhikistansk. Bazy 8：586. 1940［dt. 1938;issued post 28 Feb 1940］”。TROPICOS 则记载为“Chaetolimon（Bunge）Lincz., Trudy Tadzhikistansk. Bazy 8：586. 1940”,由“Acantholimon sect. Chaetolimon Bunge, Mémoires de l'Académie Impériale des Sciences de Saint Pétersbourg, Septième Série（Sér. 7）18（2）：68. 1872”改级而来。三者引用的文献相同。“Vassilczenkoa I. A. Linczevskii, Novosti Sist. Vyssh. Rast. 16：166. 1979（post 24 Aug）”是“Chaetolimon（Bunge）Lincz.（1940）”的晚出的同模式异名（Homotypic synonym, Nomenclatural synonym）。【分布】阿富汗,亚洲中部。【模式】Chaetolimon sogdianum I. A. Linczevski。【参考异名】Acantholimon sect. Chaetolimon Bunge（1872）;Chaetolimon Lincz.（1940）Nom. illegit. ;Vassilczenkoa Lincz.（1979）Nom. illegit. ■☆

10383　Chaetolimon Lincz.（1940）Nom. illegit. ≡Chaetolimon（Bunge）Lincz.（1940）［白花丹科（矶松科,蓝雪科）Plumbaginaceae］■☆

10384　Chaetonychia（DC.）Sweet（1839）【汉】异萼醉人花属。【隶属】石竹科 Caryophyllaceae//醉人花科（裸果木科）Illecebraceae//指甲草科 Paronichiaceae。【包含】世界1种。【学名诠释与讨论】〈阴〉（希）chaite ＝拉丁文 chaeta,刚毛+onyx,所有格 onychos,指甲,爪。此属的学名,ING 和 TROPICOS 记载是“Chaetonychia（A. P. de Candolle）Sweet, Hortus Brit. ed. 3. 263. 1839（sero）”;,

由“Paronychia sect. Chaetonychia DC., Prodromus Systematis Naturalis Regni Vegetabilis 3：370. 1828”改级而来。IK 则记载为“Chaetonychia Sweet, Hort. Brit.［Sweet］, ed. 3. 263. 1839”。三者引用的文献相同。亦有文献把“Chaetonychia（DC.）Sweet（1839）”处理为“Paronychia Mill.（1754）”的异名。【分布】地中海地区。【模式】Chaetonychia cymosa（Linnaeus）Sweet［Illecebrum cymosum Linnaeus］。【参考异名】Chaetonychia Sweet（1839）Nom. illegit. ;Paronychia Mill.（1754）;Paronychia sect. Chaetonychia DC.（1828）■☆

10385　Chaetonychia Sweet（1839）Nom. illegit. ≡Chaetonychia（DC.）Sweet（1839）［石竹科 Caryophyllaceae//醉人花科（裸果木科）Illecebraceae］■☆

10386　Chaetopappa DC.（1836）【汉】毛冠雏菊属。【英】Lazy Daisy。【隶属】菊科 Asteraceae（Compositae）。【包含】世界10-11种。【学名诠释与讨论】〈阴〉（希）chaite ＝拉丁文 chaeta,刚毛+希腊文 pappos 指柔毛,软毛。pappus 则与拉丁文同义,指冠毛。此属的学名“Chaetopappa A. P. de Candolle, Prodr. 5：301. Oct（prim.）1836”是一个替代名称。“Chaetanthera Nuttall, J. Acad. Nat. Sci. Philadelphia 7：111. post 28 Oct 1834”是一个非法名称（Nom. illegit.）,因为此前已经有了“Chaetanthera Ruiz et Pavon, Prodr. 106. Oct（prim.）1794［菊科 Asteraceae（Compositae）］”以及绿藻的“Chaetophora F. Schrank, Naturforscher（Halle）19：125. 1783”和苔藓的“Chaetophora S. E. Bridel, Musc. Recent. Suppl. 4：xvii, 148（‘Chaetephora’）. 18 Dec 1818（‘1819’）”。故用“Chaetopappa DC.（1836）”替代之。“Chaetophora Nutt. ex DC., Prodr.［A. P. de Candolle］5：301. 1836［1-10 Oct 1836］”、“Chaetopappa A. P. de Candolle, Prodr. 5：301. Oct（prim.）1836”和“Diplostelma Rafinesque, New Fl. 2：44, 95. Jul–Dec 1837（‘1836’）”也是“Chaetopappa DC.（1836）”的晚出的同模式异名。【分布】美国（西南部）,墨西哥。【模式】Chaetopappa asteroides（Nuttall）A. P. de Candolle［Chaetanthera asteroides Nuttall］。【参考异名】Actinocarpus Raf.（1810）;Aphantochaeta A. Gray（1857）;Asteridium Engelm. ex Walp.（1843）;Bourdonia Greene（1893）;Chaetanthera Nutt.（1834）Nom. illegit. ;Chaetophora Nutt. ex DC.（1836）Nom. inval. , Nom. illegit. ;Chetanthera Raf. ;Chetopappua Raf. ;Diplostelma A. Gray（1849）Nom. illegit. ;Diplostelma Raf.（1836）Nom. illegit. ;Distasis DC.（1836）;Keerlia A. Gray et Engelm.（1848）Nom. illegit. ;Keerlia DC.（1836）;Leucelene Greene（1896）;Pentachaeta Nutt.（1840）■☆

10387　Chaetophora Nutt. ex DC.（1836）Nom. inval. , Nom. illegit. ＝Chaetopappa DC.（1836）［菊科 Asteraceae（Compositae）］■☆

10388　Chaetopoa C. E. Hubb.（1967）【汉】东非早熟禾属。【隶属】禾本科 Poaceae（Gramineae）。【包含】世界2种。【学名诠释与讨论】〈阴〉（希）chaite ＝拉丁文 chaeta,刚毛+poa,禾草。【分布】热带非洲东部。【模式】Chaetopoa taylori C. E. Hubbard。■☆

10389　Chaetopogon Janch.（1913）【汉】刚须草属。【隶属】禾本科 Poaceae（Gramineae）。【包含】世界1种。【学名诠释与讨论】〈阳〉（希）chaite ＝拉丁文 chaeta,刚毛+pogon,所有格 pogonos,指小式 pogonion,胡须,髯毛,芒。pogonias,有须的。【分布】葡萄牙,西班牙。【模式】Chaeturus fasciculatus Link。【参考异名】Chaeturus Link（1800）Nom. illegit. ■☆

10390　Chaetoptelea Liebm.（1850）【汉】墨西哥榆属。【隶属】榆科 Ulmaceae。【包含】世界1种。【学名诠释与讨论】〈阴〉（希）chaite ＝拉丁文 chaeta,刚毛+ptelea 榆树。此属的学名,ING、TROPICOS 和 IK 记载是“Chaetoptelea Liebmann, Vidensk. Meddel. Dansk Naturhist. Foren. Kjøbenhavn 1850：76. 1850”。它曾被处理为“Ulmus sect. Chaetoptelea（Liebm.）C. K. Schneid.”

【分布】墨西哥至巴拿马,中美洲。【模式】Chaetoptelea mexicana Liebmann。【参考异名】Ulmus sect. Chaetoptelea (Liebm.) C. K. Schneid. ●☆

10391 Chaetosciadium Boiss. (1872)【汉】刚毛伞芹属。【隶属】伞形花科(伞形科) Apiaceae(Umbelliferae)。【包含】世界1种。【学名诠释与讨论】〈阴〉(希) chaite =拉丁文 chaeta,刚毛+(属) Sciadium 伞芹属。【分布】地中海东部。【模式】Chaetosciadium trichospermum (Linnaues) Boissier [Scandix trichosperma Linnaeus]。■☆

10392 Chaetoseris C. Shih (1991)【汉】毛鳞菊属。【隶属】菊科 Asteraceae(Compositae)。【包含】世界22种,中国22种。【学名诠释与讨论】〈阴〉(希) chaite =拉丁文 chaeta,刚毛+seris,菊苣。【分布】中国,东亚。【模式】不详。■

10393 Chaetospermum (M. Roem.) Swingle (1913) Nom. illegit. ≡ Chaetospermum Swingle (1913) Nom. illegit.; ~ ≡ Swinglea Merr. (1927); ~ ≡ Limonia L. (1762) [芸香科 Rutaceae]●☆

10394 Chaetospermum Swingle (1913) Nom. illegit. ; ~ ≡ Swinglea Merr. (1927); ~ ≡ Limonia L. (1762) [芸香科 Rutaceae]●☆

10395 Chaetospira S. F. Blake(1935) Nom. illegit. ≡ Spirochaeta Turcz. (1851); ~ = Pseudelephantopus Rohr (1792) [as 'Pseudo-Elephantopus'](保留属名) [菊科 Asteraceae(Compositae)]■

10396 Chaetospora Kunth (1816) Nom. illegit. = Chaetospora R. Br. (1810); ~ = Rhynchospora Vahl(1805) [as 'Rynchospora'](保留属名) [莎草科 Cyperaceae]■☆

10397 Chaetospora R. Br. (1810)【汉】毛子莎属。【隶属】莎草科 Cyperaceae。【包含】世界90种。【学名诠释与讨论】〈阴〉(希) chaite =拉丁文 chaeta,刚毛+spora,孢子,种子。此属的学名,ING、APNI、TROPICOS 和 IK 记载是"Chaetospora R. Brown, Prodr. 232. 27 Mar 1810"。"Chaetospora Kunth (1816) = Chaetospora R. Br. (1810) = Rhynchospora Vahl (1805) [as 'Rynchospora'](保留属名)"是一个晚出的非法名称。红藻的"Chaetospora C. A. Agardh, Syst. Algarum xxix, 146('156'). 1824 ≡ Naccaria Endlicher 1836"和真菌的"Chaetospora L. Faurel et G. Schotter, Rev. Mycol. (Paris) 30(3):149. 1965 ≡ Neochaetospora B. C. Sutton et K. V. Sankaran 1991"也都是晚出的非法名称。亦有文献把"Chaetospora R. Br. (1810)"处理为"Schoenus L. (1753)"的异名。【分布】玻利维亚,马达加斯加,中美洲。【模式】Chaetospora quezelii L. Faurel et G. Schotter。【参考异名】Chaetospora Kunth(1816) Nom. illegit. ;Choetophora Franch. et Sav. (1879);Schoenus L. (1753)■☆

10398 Chaetostachydium Airy Shaw(1965)【汉】小毛穗茜属。【隶属】茜草科 Rubiaceae。【包含】世界1种。【学名诠释与讨论】〈阴〉(希) chaite =拉丁文 chaeta,刚毛+stachys,穗,谷,长钉+-idium,指示小的词尾此属的学名。此属的学名"Chaetostachydium Airy Shaw, Kew Bull. 18: 271. 8 Dec 1965"是一个替代名称。"Chaetostachys Valeton, Nova Guinea 8:495. 1911"是一个非法名称(Nom. illegit.),因为此前已经有了"Chaetostachys Bentham in Wallich, Pl. Asiat. Rar. 2: 19. 20 Dec 1830 = Lavandula L. (1753) [唇形科 Lamiaceae(Labiatae)]"。故用"Chaetostachydium Airy Shaw (1965)"替代之。【分布】新几内亚岛。【模式】Chaetostachydium versteegii (Valeton) Airy Shaw [Chaetostachys versteegii Valeton]。【参考异名】Chaetostachys Valeton (1911) Nom. illegit. ●■☆

10399 Chaetostachys Benth. (1831) = Lavandula L. (1753) [唇形科 Lamiaceae(Labiatae)]●■

10400 Chaetostachys Valeton (1911) Nom. illegit. ≡ Chaetostachydium Airy Shaw(1965) [茜草科 Rubiaceae]●■☆

10401 Chaetostemma Rchb. (1828) = Chaetostoma DC. (1828) [野牡丹科 Melastomataceae]●☆

10402 Chaetostichium C. E. Hubb. (1937) = Oropetium Trin. (1820) [禾本科 Poaceae(Gramineae)]■☆

10403 Chaetostoma DC. (1828)【汉】毛口野牡丹属。【隶属】野牡丹科 Melastomataceae。【包含】世界12种。【学名诠释与讨论】〈中〉(希) chaite =拉丁文 chaeta,刚毛+stoma,所有格 stomatos,孔口。【分布】巴西。【模式】Chaetostoma pungens A. P. de Candolle。【参考异名】Chaetostemma Rchb. (1828)●☆

10404 Chaetosus Benth. (1843) = Parsonsia R. Br. (1810) (保留属名) [夹竹桃科 Apocynaceae]●

10405 Chaetothylax Nees (1847) = Justicia L. (1753) [爵床科 Acanthaceae//鸭嘴花科(鸭咀花科) Justiciaceae]●■

10406 Chaetothylopsis Oerst. (1854) = Chaetothylax Nees (184; ~ = Justicia L. (1753) [爵床科 Acanthaceae//鸭嘴花科(鸭咀花科) Justiciaceae]●■

10407 Chaetotropis Kunth (1829)【汉】智利刺毛禾属。【英】Chaetotropis。【隶属】禾本科 Poaceae(Gramineae)。【包含】世界6种。【学名诠释与讨论】〈阳〉(希) chaite =拉丁文 chaeta,刚毛+ tropis,所有格 tropidos,龙骨。此属的学名是"Chaetotropis Kunth, Rév. Gram. 1: 72. Jun–Jul (prim) 1829"。亦有文献把其处理为"Polypogon Desf. (1798)"的异名。【分布】玻利维亚,温带南美洲,中美洲。【模式】Chaetotropis chilensis Kunth。【参考异名】Chaetotropis D. Dietr. (1839) Nom. illegit. ;Polypogon Desf. (1798)■☆

10408 Chaetotropis D. Dietr. (1839) Nom. illegit. = Chaetotropis Kunth (1829) [禾本科 Poaceae(Gramineae)]■☆

10409 Chaeturus Host ex St. -Lag. (1889) Nom. illegit. ≡ Chaiturus Willd. (1787); ~ = Leonurus L. (1753) [唇形科 Lamiaceae(Labiatae)]■

10410 Chaeturus Link (1800) Nom. illegit. ≡ Chaetopogon Janch. (1913) [禾本科 Poaceae(Gramineae)]■☆

10411 Chaeturus Rchb. (1828) Nom. illegit. = Chaiturus Willd. (1787) [唇形科 Lamiaceae(Labiatae)]■

10412 Chaetymenia Hook. et Arn. (1838) = Chaethymenia Hook. et Arn. (1841) [菊科 Asteraceae(Compositae)]■☆

10413 Chaffeyopuntia Frič et Schelle = Opuntia Mill. (1754) [仙人掌科 Cactaceae]●

10414 Chailletia DC. (1811) = Dichapetalum Thouars(1806) [毒鼠子科 Dichapetalaceae]●

10415 Chailletiaceae R. Br. (1818) = Dichapetalaceae Baill. (保留科名)●

10416 Chaitaea Sol. ex Seem. (1865) = Tacca J. R. Forst. et G. Forst. (1775) (保留属名) [蒟蒻薯科(箭根薯科,蛛丝草科) Taccaceae//薯蓣科 Dioscoreaceae]■

10417 Chaitea S. Parkinson = Chaitaea Sol. ex Seem. (1865) [蒟蒻薯科(箭根薯科,蛛丝草科) Taccaceae]■

10418 Chaiturus Ehrh. ex Willd. (1787) Nom. illegit. = Chaiturus Willd. (1787) [唇形科 Lamiaceae(Labiatae)]■

10419 Chaiturus Willd. (1787)【汉】鬃尾草属。【日】イスパニヤガヤ属。【俄】Гривохвост, Хайтурус。【英】Chaiturus。【隶属】唇形科 Lamiaceae(Labiatae)。【包含】世界1种,中国1种。【学名诠释与讨论】〈中〉(希) chaite =拉丁文 chaeta,刚毛+-urus,-ura,-uro,用于希腊文组合词,含义为"尾巴"。此属的学名,ING、TROPICOS 和 IK 记载是"Chaiturus Willdenow, Fl. Berol. Prodr. 200. 1787"。"Chaiturus Ehrh. ex Willd. (1787) Nom. illegit. = Chaiturus Willd. (1787)"的命名人引证有误。"Chaeturus Host ex Saint-Lager in Cariot,Étude Fleurs ed. 8. 2：681. 1889（non Link 1800）”是“Chaiturus Willd.（1787）”的晚出的同模式异名（Homotypic synonym,Nomenclatural synonym）；亦有学者把其处理为“Leonurus L.（1753）”的异名。“Chaeturus Link, J. Bot.（Schrader）1799（2）：313. Apr 1800 ［禾本科 Poaceae（Gramineae）]”是晚出的非法名称；它已经被“Chaetopogon Janchen, Eur. Gatt. Farn. ed. 2. 33. 1913”所替代。“Chaeturus Rchb.（1828）,Conspectus Regni Vegetabilis 116. 1828 ＝Chaiturus Willd.（1787）”也是晚出的非法名称。【分布】中国,欧洲西部至亚洲中部。【模式】Chaiturus leonuroides, Nom. illegit.［Leonurus marrubiastrum Linnaeus]。【参考异名】Chaeturus Host ex St. - Lag.（1889）Nom. illegit. ; Chaeturus Rchb.（1828）Nom. illegit. ; Chaiturus Ehrh. ex Willd.（1787）Nom. illegit. ■

10420　Chaixia Lapeyr.（1818）Nom. illegit. ＝Ramonda Rich.（1805）（保留属名）［苦苣苔科 Gesneriaceae//欧洲苣苔科 Ramondaceae]■☆

10421　Chakiatella DC.（1836）＝Chatiakella Cass.（1823）; ~ ＝Wulffia Neck. ex Cass.（1825）［菊科 Asteraceae（Compositae）]■☆

10422　Chalarium DC.（1836）Nom. illegit. ＝Desmodium Desv.（1813）（保留属名）; ~ ＝ Edusaron Medik.（1787）Nom. illegit. ; ~ ＝ Meibomia Heist. ex Fabr.（1759）（废弃属名）; ~ ＝ Desmodium Desv.（1813）（保留属名）［豆科 Fabaceae（Leguminosae）//蝶形花科 Papilionaceae]●■

10423　Chalarium Poit. ex DC.（1836）＝Eleutheranthera Poit. ex Bosc（1803）; ~ ＝Ogiera Cass.（1818）［菊科 Asteraceae（Compositae）]■☆

10424　Chalarothyrsus Lindau（1904）【汉】柔茎爵床属。【隶属】爵床科 Acanthaceae。【包含】世界 1 种。【学名诠释与讨论】〈阳〉（希）chlaros, 松的, 柔的+thyrsus, 聚伞圆锥花序, 团。thyrsos, 茎, 杖。【分布】墨西哥。【模式】Chalarothyrsus amplexicaulis Lindau。☆

10425　Chalazocarpus Hiern（1898）＝Schumanniophyton Harms（1897）［茜草科 Rubiaceae]●☆

10426　Chalcanthus Boiss.（1867）【汉】中亚铜花芥属。【俄】Медноцвет。【隶属】十字花科 Brassicaceae（Cruciferae）。【包含】世界 1 种。【学名诠释与讨论】〈阳〉（希）chalkos, 铜+anthos, 花。antheros, 多花的。antheo, 开花。【分布】伊朗。【模式】Chalcanthus renifolius Boissier。■☆

10427　Chalcas L.（1767）Nom. illegit. ＝Camunium Adans.（1763）（废弃属名）; ~ ＝Murraya J. König ex L.（1771）［as ‘ Murraea’]（保留属名）［芸香科 Rutaceae]●

10428　Chalcitis Post et Kuntze（1903）＝Xalkitis Raf.（1836）Nom. illegit. ; ~ ＝? Aster L.（1753）［菊科 Asteraceae（Compositae）]●■

10429　Chalcoelytrum Lunell（1915）Nom. illegit. ≡ Sorghastrum Nash（1901）; ~ ＝ Chrysopogon Trin.（1820）（保留属名）［禾本科 Poaceae（Gramineae）]■

10430　Chaldia Bojer ＝Chadsia Bojer（1843）［豆科 Fabaceae（Leguminosae）]●☆

10431　Chaleas N. T. Burb.（1963）＝Chalcas L.（1767）Nom. illegit. ; ~ ≡Murraya J. König ex L.（1771）［as ‘ Murraea’]（保留属名）［芸香科 Rutaceae]●

10432　Chalebus Raf.（1817）＝Salix L.（1753）（保留属名）［杨柳科 Salicaceae]●

10433　Chalema Dieterle（1980）【汉】聚药瓜属。【隶属】葫芦科（瓜科,南瓜科）Cucurbitaceae。【包含】世界 1 种。【学名诠释与讨论】〈阴〉词源不详。【分布】墨西哥。【模式】Chalema synanthera J. V. A. Dieterle。■☆

10434　Chalepoa Hook. f.（1871）＝Tribeles Phil.（1863）［醋栗科（茶

蔗子科）Grossulariaceae//三齿叶科（三刺木科,智利木科）Tribelaceae]●☆

10435　Chalepophyllum Hook. f.（1873）【汉】三齿叶茜属（亮叶茜属）。【隶属】茜草科 Rubiaceae。【包含】世界 5 种。【学名诠释与讨论】〈中〉（属）Chalepoa ＝Tribeles 三齿叶属（三刺木属,智利木属）+ 希腊文 phyllon, 叶子。phyllodes, 似叶的, 多叶的。phylleion, 绿色材料, 绿草。【分布】几内亚,委内瑞拉。【模式】Chalepophyllum guyanense J. D. Hooker。☆

10436　Chalinanthus Briq. ＝Lagochilus Bunge ex Benth.（1834）［唇形科 Lamiaceae（Labiatae）]●■

10437　Chalmersia F. Muell. ex S. Moore（1899）＝ Dichrotrichum Reinw.（1856）［苦苣苔科 Gesneriaceae]■☆

10438　Chalmysporum Salisb.（1808）（废弃属名）≡Thysanotus R. Br.（1810）（保留属名）［百合科 Liliaceae//点柱花科（朱蕉科）Lomandraceae//吊兰科（猴面包科,猴面包树科）Anthericaceae//天门冬科 Asparagaceae]■

10439　Chaloupkaea Niederle（2016）【汉】金花瓦莲属。【隶属】景天科 Crassulaceae。【包含】世界 8 种。【学名诠释与讨论】〈阴〉词源不详。此属的学名,“Chaloupkaea Niederle, Skalničkářův rok 73：16. 2016［11 Jan 2016]”是“Rosularia sect. Chrysanthae Eggli Monogr. Study Gen. Rosularia（Crassulac.）（Bradleya 6 Suppl.）32（1988）”的替代名称（replaced synonym）。【分布】不详。【模式】不详。【参考异名】Rosularia sect. Chrysanthae Eggli（1988）■☆

10440　Chalybea Naudin（1851）【汉】钢灰野牡丹属。【隶属】野牡丹科 Melastomataceae。【包含】世界 1 种。【学名诠释与讨论】〈阴〉（希）chalyps, 所有格 chalybos, 钢灰色。此属的学名是“Chalybea Naudin, Ann. Sci. Nat. Bot. ser. 3. 16：99. Aug 1851”。亦有文献把其处理为“Pachyanthus A. Rich.（1846）”的异名。【分布】热带美洲。【模式】Chalybea corymbifera Naudin。【参考异名】Pachyanthus A. Rich.（1846）●☆

10441　Chalynochlamys Franch. ＝Arundinella Raddi（1823）［禾本科 Poaceae（Gramineae）//野古草科 Arundinellaceae]■

10442　Chamabainia Wight（1853）【汉】微柱麻属（虫蚁麻属,张麻属）。【日】モリサウ属, モリソウ属。【英】Chamabainia, Ministylenettle。【隶属】荨麻科 Urticaceae。【包含】世界 1-2 种, 中国 1 种。【学名诠释与讨论】〈阴〉（人）Chamabain。另说, 希腊文 chamai, 在地上, 矮的+baino, 走。指其习性。【分布】印度至马来西亚,中国。【模式】Chamabainia cuspidata R. Wight。■

10443　Chamaeacanthus Chiov.（1929）＝Campylanthus Roth（1821）［玄参科 Scrophulariaceae//婆婆纳科 Veronicaceae]●☆

10444　Chamaealoe A. Berger（1905）Nom. illegit. ≡ Bowiea Haw.（1824）（废弃属名）; ~ ＝Aloe L.（1753）［百合科 Liliaceae//阿福花科 Asphodelaceae//芦荟科 Aloaceae]●■

10445　Chamaeangis Schltr.（1918）【汉】矮船兰属。【隶属】兰科 Orchidaceae。【包含】世界 13 种。【学名诠释与讨论】〈阴〉（希）chamai, 矮小的, 在地上的, 假的+angos, 瓮, 管子, 指小式 angeion, 容器, 花托。指其距形。【分布】马达加斯加,马斯克林群岛,热带非洲。【后选模式】Chamaeangis gracilis（Du Petit-Thouars）Schlechter［Angraecum gracile Du Petit-Thouars]。【参考异名】Gracilangis Thouars；Microterangis（Schltr.）Senghas（1985）■☆

10446　Chamaeanthus Schltr.（1905）Nom. illegit. ≡ Chamaeanthus Schltr. ex J. J. Sm.（1905）［兰科 Orchidaceae]■

10447　Chamaeanthus Schltr. ex J. J. Sm.（1905）【汉】低药兰属（微花兰属）。【英】Lowanther-orchis。【隶属】兰科 Orchidaceae。【包含】世界 2-6 种, 中国 1 种。【学名诠释与讨论】〈阳〉（希）chamai, 矮小的, 在地上的, 假的+anthos, 花。指花微小。此属的学名,ING 和 IK 记载是“Chamaeanthus Schlechter ex J. J. Smith,

Orchideen Java 552. 1905"。"Chamaeanthus Schltr.（1905）≡ Chamaeanthus Schltr. ex J. J. Sm.（1905）"的命名人引证有误。"Chamaeanthus Ule，Verh. Bot. Vereins Prov. Brandenburg 50：71. 10 Jun 1908 ≡ Uleopsis Fedde（1911）≡ Geogenanthus Ule（1913）Nom. illegit.，Nom. superfl.［鸭跖草科 Commelinaceae］"是一个晚出的非法名称（Nom. illegit.）；"Uleopsis Fedde（1911）"和"Geogenanthus Ule（1913）Nom. illegit.，Nom. superfl."都是它的替代名称。【分布】马来西亚，中国。【模式】Chamaeanthus brachystachys Schlechter ex J. J. Smith。【参考异名】Chamaeanthus Schltr.（1905）Nom. illegit.；Uleopsis Fedde（1911）■

10448　Chamaeanthus Ule（1908）Nom. illegit. ≡ Geogenanthus Ule（1913）Nom. illegit.，Nom. superfl.；~ ≡ Uleopsis Fedde（1911）［鸭跖草科 Commelinaceae］■

10449　Chamaebatia Benth.（1849）【汉】矮灌蔷薇属。【隶属】蔷薇科 Rosaceae。【包含】世界 1-2 种。【学名诠释与讨论】〈阴〉（希）chamai，矮小的，在地上的，假的+batos 荆棘。【分布】美国（加利福尼亚）。【模式】Chamaebatia foliolosa Bentham。●☆

10450　Chamaebatiaria（Porter ex W. H. Brewer et S. Watson）Maxim.（1879）【汉】蕨木属（蓍叶木属）。【英】Fernbush。【隶属】蔷薇科 Rosaceae。【包含】世界 1 种。【学名诠释与讨论】〈阴〉（属）Chamaebatia 矮灌蔷薇属+-arius，-aria，-arium，指示"属于、相似、具有、联系"的词尾。此属的学名，ING、GCI 和 IK 均记载是"Chamaebatiaria（Porter ex W. H. Brewer et S. Watson）Maximowicz，Trudy Imp. S. -Peterburgsk. Bot. Sada 6：225. Jul-Dec 1879"，由"Spiraea sect. Chamaebatiaria Porter ex W. H. Brewer et S. Watson，Bot. California 1：170. Mai-Jun 1876"改级而来。蔷薇科 Rosaceae 的"Chamaebatiaria（Porter）Maxim.（1879）≡ Chamaebatiaria（Porter ex W. H. Brewer et S. Watson）Maxim.（1879）"、"Chamaebatiaria（W. H. Brewer et S. Watson）Maxim.（1879）≡ Chamaebatiaria（Porter ex W. H. Brewer et S. Watson）Maxim.（1879）"和"Chamaebatiaria Maxim.（1879）≡ Chamaebatiaria（Porter ex W. H. Brewer et S. Watson）Maxim.（1879）"的命名人引证均有误。【分布】美国（西部）。【模式】Chamaebatiaria millefolium（Torrey）Maximowicz［Spiraea millefolium Torrey］。【参考异名】Chamaebatiaria（Porter）Maxim.（1879）Nom. illegit.；Chamaebatiaria（W. H. Brewer et S. Watson）Maxim.（1879）Nom. illegit.；Chamaebatiaria Maxim.（1879）Nom. illegit.；Spiraea sect. Chamaebatiaria Porter ex W. H. Brewer et S. Watson（1876）●☆

10451　Chamaebatiaria（Porter）Maxim.（1879）Nom. illegit. ≡ Chamaebatiaria（Porter ex W. H. Brewer et S. Watson）Maxim.（1879）［蔷薇科 Rosaceae］●☆

10452　Chamaebatiaria（W. H. Brewer et S. Watson）Maxim.（1879）Nom. illegit. ≡ Chamaebatiaria（Porter ex W. H. Brewer et S. Watson）Maxim.（1879）［蔷薇科 Rosaceae］●☆

10453　Chamaebatiaria Maxim.（1879）Nom. illegit. ≡ Chamaebatiaria（Porter ex W. H. Brewer et S. Watson）Maxim.（1879）［蔷薇科 Rosaceae］●☆

10454　Chamaebetula Opiz（1855）= Betula L.（1753）［桦木科 Betulaceae］●

10455　Chamaebuxus（DC.）Spach（1838）Nom. illegit. = Chamaebuxus Spach（1838）Nom. illegit.；~ = Polygala L.（1753）；~ = Polygaloides Haller（1768）［远志科 Polygalaceae］●■

10456　Chamaebuxus（Tourn.）Spach（1838）Nom. illegit. = Chamaebuxus Spach（1838）Nom. illegit.；~ = Polygala L.（1753）；~ = Polygaloides Haller（1768）［远志科 Polygalaceae］●■

10457　Chamaebuxus Spach（1838）Nom. illegit. = Polygala L.（1753）；~ = Polygaloides Haller（1768）［远志科 Polygalaceae］●☆

10458　Chamaecalamus Meyen（1834）= Calamagrostis Adans.（1763）；~ = Deyeuxia Clarion ex P. Beauv.（1812）［禾本科 Poaceae（Gramineae）］■

10459　Chamaecallis Smedmark（2014）【汉】印度委陵菜属。【隶属】蔷薇科 Rosaceae。【包含】世界 1 种。【学名诠释与讨论】〈阴〉（希）chamai，矮小的，在地上的，假的+kalos，美丽的。kallos，美人，美丽。kallistos，最美的。【分布】印度（包含锡金）。【模式】Chamaecallis perpusilloides（W. W. Sm.）Smedmark［Potentilla perpusilloides W. W. Sm.］。■☆

10460　Chamaecassia Link（1831）= Cassia L.（1753）（保留属名）［豆科 Fabaceae（Leguminosae）//云实科（苏木科）Caesalpiniaceae］●■

10461　Chamaecerasus Duhamel（1755）= Lonicera L.（1753）［忍冬科 Caprifoliaceae］●■

10462　Chamaecerasus Medik.（1789）Nom. illegit.［忍冬科 Caprifoliaceae］□☆

10463　Chamaecereus Britton et Rose（1922）【汉】白檀属（白檀柱属，仙人柱属）。【日】カマエセレウス属，カメエケレウス属。【英】Peanut Cactus。【隶属】仙人掌科 Cactaceae。【包含】世界 1 种。【学名诠释与讨论】〈阳〉（希）chamai，矮小的，在地上的，假的+（属）Cereus 仙影掌属。此属的学名是"Chamaecereus N. L. Britton et J. N. Rose，Cact. 3：48. 12 Oct 1922"。亦有文献把其处理为"Echinopsis Zucc.（1837）"的异名。【分布】阿根廷。【模式】Chamaecereus silvestrii（Spegazzini）N. L. Britton et J. N. Rose［Cereus silvestrii Spegazzini］。【参考异名】Echinopsis Zucc.（1837）●☆

10464　Chamaechaenactis Rydb.（1906）【汉】矮针垫菊属。【英】Fullstem。【隶属】菊科 Asteraceae（Compositae）。【包含】世界 1 种。【学名诠释与讨论】〈阴〉〈希〉chamai，矮小的，在地上的，假的+（属）Chaenactis 针垫菊属。【分布】美国（西南部）。【模式】Chamaechaenactis scaposa（Eastwood）Rydberg［Chaenactis scaposa Eastwood］。■☆

10465　Chamaecissos Lunell（1916）Nom. illegit. ≡ Glechoma L.（1753）（保留属名）［唇形科 Lamiaceae（Labiatae）］■

10466　Chamaecistus（G. Don）Regel（1874）Nom. illegit. ≡ Rhodothamnus Rchb.（1827）（保留属名）；~ = Rhododendron L.（1753）［杜鹃花科（欧石南科）Ericaceae］●

10467　Chamaecistus Fabr. = Helianthemum Mill.（1754）［半日花科（岩蔷薇科）Cistaceae］●■

10468　Chamaecistus Gray（1821）Nom. illegit. = Loiseleuria Desv.（1813）（保留属名）［杜鹃花科（欧石南科）Ericaceae］●☆

10469　Chamaecistus Oeder（1762）Nom. illegit. ≡ Loiseleuria Desv.（1813）（保留属名）［杜鹃花科（欧石南科）Ericaceae］●☆

10470　Chamaecistus Regel（1874）Nom. illegit. ≡ Chamaecistus（G. Don）Regel（1874）Nom. illegit.；~ = Rhodothamnus Rchb.（1827）（保留属名）；~ = Rhododendron L.（1753）［仙人掌科 Cactaceae］●☆

10471　Chamaecladon Miq.（1856）= Homalomena Schott（1832）［天南星科 Araceae］■

10472　Chamaeclema Boehm.（1760）= Glechoma L.（1753）（保留属名）［唇形科 Lamiaceae（Labiatae）］■

10473　Chamaeclema Moench（1794）Nom. illegit. = Nepeta L.（1753）［唇形科 Lamiaceae（Labiatae）//荆芥科 Nepetaceae］■●

10474　Chamaeclitandra（Stapf）Pichon（1953）【汉】非洲斜蕊夹竹桃属。【隶属】夹竹桃科 Apocynaceae。【包含】世界 1 种。【学名诠释与讨论】〈阴〉（希）chamai，矮小的，在地上的，假的+klitos = klitys，山坡，斜面，低的，荆棘+aner，所有格 andros，雄性，雄蕊。

此属的学名,ING 和 IK 记载是"Chamaeclitandra（Stapf）Pichon, Mem. Inst. Franc. Afr. Noire no. 35（Monogr. Landolph.）202（1953）";但是未给出基源异名。【分布】热带非洲。【模式】Chamaeclitandra henriquesiana（H. G. Hallier）Pichon［Landolphia henriquesiana H. G. Hallier］。●☆

10475　Chamaecnide Nees et Mart. ex Miq.（1853）= Pilea Lindl.（1821）（保留属名）［荨麻科 Urticaceae］■

10476　Chamaecostus C. D. Specht et D. W. Stev.（2006）= Globba L.（1771）［姜科（蘘荷科）Zingiberaceae］■

10477　Chamaecrinum Diels ex Diels et Pritz., Nom. illegit. ≡ Chamaecrinum Diels（1904）; ~ = Hensmania W. Fitzg.（1903）［吊兰科（猴面包科,猴面包树科）Anthericaceae//苞花草科（红箭花科）Johnsoniaceae//百合科 Liliaceae］■☆

10478　Chamaecrinum Diels（1904）= Hensmania W. Fitzg.（1903）［吊兰科（猴面包科,猴面包树科）Anthericaceae//苞花草科（红箭花科）Johnsoniaceae//百合科 Liliaceae］■☆

10479　Chamaecrista（L.）Moench（1794）【汉】茶豆属（山扁豆属,鷾鸪豆属）。【隶属】豆科 Fabaceae（Leguminosae）。【包含】世界 265-270 种,中国 3 种。【学名诠释与讨论】〈阴〉（希）chamai, 矮小的,在地上的,假的+crista 鸡冠。此属的学名,ING 和 IK 记载是"Chamaecrista Moench, Meth. 272. 4 Mai 1794"。而 APNI、TROPICOS 和 GCI 则记载为"Chamaecrista（L.）Moench, Methodus（Moench）272. 1794［4 May 1794］", 由"Cassia［infragen. unranked］Chamaecrista L. Sp. Pl. 1; 379. 1753［1 May 1753］（as 'chamaecristae'）"改级而来。"Chamaecrista Moench（1794）≡ Chamaecrista（L.）Moench（1794）"的命名人引证有误。"Xamacrista Rafinesque, Sylva Tell. 127. Oct - Dec 1838"是"Chamaecrista（L.）Moench（1794）"的晚出的同模式异名（Homotypic synonym, Nomenclatural synonym）。亦有文献把"Chamaecrista（L.）Moench（1794）"处理为"Cassia L.（1753）（保留属名）"的异名。【分布】巴拉圭,巴拿马,玻利维亚,厄瓜多尔,哥斯达黎加,马达加斯加,美国（密苏里）,尼加拉瓜,中国,热带美洲,中美洲。【模式】Chamaecrista nictitans Moench［Cassia chamaecrista Linnaeus］。【参考异名】Cassia［infragen. unranked］Chamaecrista L.（1753）［as 'chamaecristae'］; Chamaecrista Moench（1794）Nom. illegit.; Grimaldia Schrank（1805）; Heptereica Raf.（1838）; Nictitella Raf.（1838）; Ophiocaulon Raf.（1838）; Sooja Siebold（1830）Nom. inval.; Tagera Raf.（1838）; Xamacrista Raf.（1838）Nom. illegit.■●

10480　Chamaecrista Moench（1794）Nom. illegit. ≡ Chamaecrista（L.）Moench（1794）［豆科 Fabaceae（Leguminosae）//云实科（苏木科）Caesalpiniaceae］■●

10481　Chamaecrypta Schltr. et Diels（1942）= Diascia Link et Otto（1820）［玄参科 Scrophulariaceae］■☆

10482　Chamaecyparis Spach（1841）【汉】扁柏属（花柏属）。【日】ヒノキ属。【俄】Кипарисник, Кипарисовик, Лжекипарис。【英】Cypress, False Cypress, Falsecypress, False - cypress, Lawson Cypress, White-cedar, Yellow Cedar。【隶属】柏科 Cupressaceae。【包含】世界 6-8 种,中国 6 种。【学名诠释与讨论】〈阴〉（希）chamai, 矮小的,在地上的,假的+kyparissos, 柏木。指其果实比与柏木小。【分布】玻利维亚,日本,中国,北美洲。【后选模式】Chamaecyparis sphaeroidea Spach, Nom. illegit.［Thuia sphaeroidea K. P. J. Sprengel, Nom. illegit., Cupressus thyoides Linnaeus, Chamaecyparis thyoides（Linnaeus）N. L. Britton, Sterns et Poggenburg］。【参考异名】Callitropsis Compton（1922）Nom. illegit.; Callitropsis Oerst.（1864）; Chamaepeuce Zucc.（1841）Nom. illegit.; Retinispora Siebold et Zucc.（1844）; Shishindenia

Makino ex Koidz.（1940）●

10483　Chamaecytisus Link（1831）【汉】假金雀儿属（山雀花属,小金雀属）。【英】Dwarfbroom。【隶属】豆科 Fabaceae（Leguminosae）//蝶形花科 Papilionaceae。【包含】世界 30 种。【学名诠释与讨论】〈阳〉（希）chamai, 矮小的,在地上的,假的+（属）Cytisus 金雀儿属。【分布】地中海地区,欧洲。【后选模式】Chamaecytisus supinus（Linnaeus）Link［Cytisus supinus Linnaeus］。●☆

10484　Chamaecytisus Vis.（1851）Nom. illegit. = Argyrolobium Eckl. et Zeyh.（1836）（保留属名）［豆科 Fabaceae（Leguminosae）］●☆

10485　Chamaedactylis T. Nees（1840）= Aeluropus Trin.（1820）［禾本科 Poaceae（Gramineae）］■

10486　Chamaedadon Miq. = Homalomena Schott（1832）［天南星科 Araceae］■

10487　Chamaedaphne Catesby ex Kuntze（1891）Nom. illegit.（废弃属名）≡ Kalmia L.（1753）［杜鹃花科（欧石南科）Ericaceae］●

10488　Chamaedaphne Catesby（1891）Nom. illegit.（废弃属名）≡ Chamaedaphne Catesby ex Kuntze（1891）Nom. illegit.（废弃属名）; ~ ≡ Kalmia L.（1753）［杜鹃花科（欧石南科）Ericaceae］●

10489　Chamaedaphne Kuntze（1891）Nom. illegit.（废弃属名）≡ Chamaedaphne Catesby ex Kuntze（1891）Nom. illegit.（废弃属名）; ~ ≡ Kalmia L.（1753）［杜鹃花科（欧石南科）Ericaceae］●

10490　Chamaedaphne Mitch.（1769）Nom. illegit.（废弃属名）≡ Mitchella L.（1753）［茜草科 Rubiaceae］■

10491　Chamaedaphne Moench（1794）（保留属名）【汉】地桂属（矮绿属,矮踯躅属,甸杜属,湿地踯躅属）。【日】チャツッジ属。【俄】Кассандра, Хамедафна, Хамедафне。【英】Cassandra, Chamaedaphne, Leatherleaf。【隶属】杜鹃花科（欧石南科）Ericaceae。【包含】世界 1 种,中国 1 种。【学名诠释与讨论】〈阴〉（希）Cassandra, 卡珊德拉女神,系特洛亚国王普里阿摩斯 Priam 的女儿。另说 chamai, 矮小的,在地上的,假的+daphne, 月桂树。此属的学名"Chamaedaphne Moench, Methodus; 457. 4 Mai 1794"是保留属名。相应的废弃属名是茜草科 Rubiaceae 的"Chamaedaphne Mitch., Diss. Princ. Bot.; 44. 1769 ≡ Mitchella L.（1753）"。杜鹃花科（欧石南科）Ericaceae 的"Chamaedaphne Catesby ex Kuntze, Revis. Gen. Pl. 2; 388. 1891［5 Nov 1891］≡ Kalmia L.（1753）"亦应废弃。"Chamaedaphne Catesby ex O. Kuntze, Rev. Gen. 2; 388. 5 Nov 1891 ≡ Kalmia L.（1753）［杜鹃花科（欧石南科）Ericaceae］"是晚出的非法名称,也须废弃。"Chamaedaphne Catesby（1891）Nom. illegit.（废弃属名）≡ Chamaedaphne Catesby ex Kuntze（1891）Nom. illegit.（废弃属名）"和"Chamaedaphne Kuntze（1891）Nom. illegit.（废弃属名）≡ Chamaedaphne Catesby ex Kuntze（1891）Nom. illegit.（废弃属名）"的命名人引证有误;也须废弃。"Cassandra D. Don, Edinburgh New Philos. J. 17; 158. Jul 1834"是"Chamaedaphne Moench（1794）（保留属名）"的晚出的同模式异名（Homotypic synonym, Nomenclatural synonym）。亦有文献把"Chamaedaphne Moench（1794）（保留属名）"处理为"Cassandra D. Don（1834）Nom. illegit."的异名。【分布】中国,温带北半球。【模式】Chamaedaphne calyculata（Linnaeus）Moench［Andromeda calyculata Linnaeus］。【参考异名】Cassandra D. Don（1834）Nom. illegit.; Lyonia Rchb.（废弃属名）●

10492　Chamaedoraceae C. F. Cook（1913）= Arecaceae Bercht. et J. Presl（保留科名）//Palmae Juss.（保留科名）●

10493　Chamaedorea Willd.（1806）（保留属名）【汉】袖珍椰子属（矮椰子属,茶马椰子属,凯美多利属,坎棕属,客室葵属,客室棕属,客厅棕属,玲珑椰子属,墨西哥棕属,欧洲矮棕属,唐棕榈属,袖珍椰属,竹节椰属,竹棕属)。【日】テーブルヤシ属,バーラーヤシ属,モレノヤシ属。【俄】Хамедоρея。【英】Bamboo Palm,Chamaedorea,Dorea Palm,Moreno Palm,Pacaya,Parlor Palm。【隶属】棕榈科 Arecaceae(Palmae)。【包含】世界 100-110 种。【学名诠释与讨论】〈阴〉(希)chamai,矮小的,在地上的,假的+dorea 礼物。指其果小,或指其习性。此属的学名"Chamaedorea Willd.,Sp. Pl. 4:638,800. Apr 1806 [Palm.]"是保留属名。相应的废弃属名是棕榈科 Arecaceae 的"Morenia Ruiz et Pav., Fl. Peruv. Prodr.:150. Oct (prim.)1794 =Chamaedorea Willd. (1806)(保留属名)"和"Nunnezharia Ruiz et Pav., Fl. Peruv. Prodr.:147. Oct (prim.)1794 =Chamaedorea Willd. (1806)(保留属名)"。【分布】巴拿马,秘鲁,玻利维亚,厄瓜多尔,哥伦比亚(安蒂奥基亚),哥斯达黎加,尼加拉瓜,中美洲。【模式】Chamaedorea gracilis Willdenow, Nom. illegit. [Borassus pinnatifrons N. J. Jacquin;Chamaedorea pinnatifrons (N. J. Jacquin) Oersted]。【参考异名】Anothea O. F. Cook(1943); Cladandra O. F. Cook (1943); Collinia (Liebm.) Liebm. ex Oerst. (1846) Nom. illegit.; Collinia (Liebm.) Oerst. (1846) Nom. illegit.; Collinia (Mart.) Liebm. ex Oerst. (1846) Nom. illegit.; Dasystachys Oerst. (1859); Discoma O. F. Cook(1943); Docanthe O. F. Cook(1943); Edanthe O. F. Cook et Doyle(1939); Eleuteropetalum (H. Wendl.) H. Wendl. ex Oerst. (1858) Nom. illegit.; Eleuteropetalum H. Wendl. (1858) Nom. illegit.; Eleuteropetalum H. Wendl. ex Oerst. (1858); Encheila O. F. Cook(1947) Nom. inval., Nom. nud.; Eucheila O. F. Cook(1947) Nom. inval., Nom. nud.; Kinetostigma Dammer (1905); Kunthea Humb. et Bonpl.; Legnea O. F. Cook (1943); Lobia O. F. Cook (1943); Lophothele O. F. Cook (1943); Mauranthe O. F. Cook (1943); Meiota O. F. Cook(1943); Migandra O. F. Cook (1943); Morenia Ruiz et Pav. (1794) (废弃属名); Neanthe O. F. Cook (1937) Nom. illegit.; Nunnezharia Ruiz et Pav. (1794) (废弃属名); Nunnezharria Ruiz et Pav. (废弃属名); Nunnezia Willd. (1806) Nom. illegit.; Omanthe O. F. Cook (1939); Paranthe O. F. Cook(1943); Platythea O. F. Cook(1947) Nom. inval.; Psylostachys Oerst.; Spathoscaphe Oerst. (1858); Stachyophorbe (Liebm. ex Mart.) Liebm. (1846) Nom. inval.; Stachyophorbe (Liebm. ex Mart.) Liebm. ex Klotzsch(1852); Stachyophorbe Liebm. (1846); Stephanostachys (Klotzsch) Klotzsch ex O. E. Schulz (1858); Stephanostachys Klotzsch ex Oerst. (1858); Tuerckheimia Dammer ex Dorm. Sm. (1905) Nom. illegit.; Tuerckheimia Dammer(1905); Vadia O. F. Cook(1947)●☆

10494 Chamaedoreaceae C. F. Cook (1913) = Arecaceae Bercht. et J. Presl(保留科名)//Palmae Juss. (保留科名)●

10495 Chamaedryfolia Kuntze (1891) Nom. illegit. ≡ Forsskaolea L. (1764) [荨麻科 Urticaceae]■☆

10496 Chamaedryfolium Post et Kuntze(1903) = Chamaedryfolia Kuntze (1891) Nom. illegit.; ~ = Forsskaolea L. (1764) [荨麻科 Urticaceae]■☆

10497 Chamaedrys Mill. (1754) = Teucrium L. (1753) [唇形科 Lamiaceae(Labiatae)]●■

10498 Chamaedrys Moench (1794) Nom. illegit. = Teucrium L. (1753) [唇形科 Lamiaceae(Labiatae)]●■

10499 Chamaefistula(DC.) G. Don(1832) = Cassia L. (1753)(保留属名) [豆科 Fabaceae (Leguminosae)//云实科 (苏木科) Caesalpiniaceae]●■

10500 Chamaefistula G. Don (1832) Nom. illegit. ≡ Chamaefistula (DC.) G. Don(1832); ~ = Cassia L. (1753)(保留属名) [豆科 Fabaceae(Leguminosae)//云实科(苏木科)Caesalpiniaceae]●■

10501 Chamaegastrodia Makino et F. Maek. (1935)【汉】叠鞘兰属(迭鞘兰属)。【英】Dualsheathorchis。【隶属】兰科 Orchidaceae。【包含】世界 3-5 种,中国 3-4 种。【学名诠释与讨论】〈阴〉(希)chamai,矮小的,在地上的,假的+(属)Gastrodia 天麻属。【分布】日本,中国。【模式】Chamaegastrodia shikokiana Makino et F. Maekawa。【参考异名】Evrardiana Aver. (1988) Nom. illegit.; Evrardianthe Rauschert(1983)■

10502 Chamaegeron Schrenk(1845)【汉】矮蓬属。【俄】Хамегерон。【隶属】菊科 Asteraceae(Compositae)。【包含】世界 4 种。【学名诠释与讨论】〈中〉(希)chamai,矮小的,在地上的,假的+geron,老人。【分布】亚洲中部。【模式】Chamaegeron Chamaegeron oligocephalum A. G. Schrenk。■☆

10503 Chamaegigas Dinter ex Heil(1924)【汉】南非母草属。【隶属】玄参科 Scrophulariaceae//母草科 Linderniaceae//婆婆纳科 Veronicaceae。【包含】世界 1 种。【学名诠释与讨论】〈阳〉(希)chamai,矮小的,在地上的,假的+gigas,所有格 gigantos,巨人。此属的学名,ING 和 IK 记载是"Chamaegigas Dinter ex Heil, Beih. Bot. Centralbl. 41(1):42,49. 30 Apr 1924"。"Chamaegigas Dinter (1924) ≡ Chamaegigas Dinter ex Heil(1924)"的命名人引证有误。亦有文献把"Chamaegigas Dinter ex Heil (1924)"处理为"Lindernia All. (1766)"的异名。【分布】非洲西南部。【模式】Chamaegigas intrepidus Dinter ex Heil。【参考异名】Chamaegigas Dinter(1924) Nom. illegit.; Lindernia All. (1766)■☆

10504 Chamaegigas Dinter(1924) Nom. illegit. ≡ Chamaegigas Dinter ex Heil (1924); ~ = Lindernia All. (1766) [玄参科 Scrophulariaceae//母草科 Linderniaceae]■☆

10505 Chamaegyne Suess. (1943) = Eleocharis R. Br. (1810) [莎草科 Cyperaceae]■

10506 Chamaeiasma Gmel. = Cymbaria L. (1753) [玄参科 Scrophulariaceae//列当科 Orobanchaceae]■

10507 Chamaeiris Medik. (1790) = Iris L. (1753) [鸢尾科 Iridaceae]■■

10508 Chamaejasme Amm. (1739) Nom. inval. ≡ Chamaejasme Amm. ex Kuntze(1891); ~ ≡ Stellera L. (1753) [瑞香科 Thymelaeaceae]■●

10509 Chamaejasme Amm. ex Kuntze(1891) Nom. illegit. ≡ Stellera L. (1753) [瑞香科 Thymelaeaceae]■●

10510 Chamaejasme Kuntze(1891) Nom. illegit. ≡ Chamaejasme Amm. ex Kuntze(1891); ~ ≡ Stellera L. (1753) [瑞香科 Thymelaeaceae]■●

10511 Chamaelauciaceae Lindl. = Myrtaceae Juss. (保留科名)●

10512 Chamaelaucium DC. (1828) Nom. illegit. = Chamelaucium Desf. (1819) [桃金娘科 Myrtaceae]●☆

10513 Chamaelaucium Desf. (1819) Nom. illegit. = Chamelaucium Desf. (1819) [桃金娘科 Myrtaceae]●☆

10514 Chamaele Miq. (1867)【汉】俯卧叠鞘兰属。【隶属】伞形花科(伞形科)Apiaceae(Umbelliferae)。【包含】世界 1 种。【学名诠释与讨论】〈阴〉(希)chamai,矮小的,在地上的,假的+-ele,古法语指示小的词尾。【分布】日本。【模式】Chamaele tenera Miquel。■☆

10515 Chamaelea Adans. (1763) Nom. illegit. = Cneorum L. (1753) [叶柄花科 Cneoraceae//拟荨麻科 Urticaceae]●☆

10516 Chamaelea Duhamel (1755) Nom. illegit. = Cneorum L. (1753) [叶柄花科 Cneoraceae//拟荨麻科 Urticaceae]●☆

10517 Chamaelea Gagnebin (1755) Nom. illegit. ≡ Cneorum L. (1753) [叶柄花科 Cneoraceae//拟荨麻科 Urticaceae]●☆

10518 Chamaelea Tiegh. (1898) Nom. illegit. ≡ Neochamaelea (Engl.) Erdtman(1952); ~ = Cneorum L. (1753) [叶柄花科 Cneoraceae//拟荨麻科 Urticaceae]●☆

10519　Chamaeleaceae Bertol. = Cneoraceae Vest（保留科名）；~ = Rutaceae Juss.（保留科名）●■

10520　Chamaeledon Link（1821）Nom. illegit. ≡ Loiseleuria Desv.（1813）（保留属名）［杜鹃花科（欧石南科）Ericaceae］●☆

10521　Chamaeleon Cass.（1827）【汉】小狮菊属。【隶属】菊科 Asteraceae（Compositae）。【包含】世界 2 种。【学名诠释与讨论】〈阳〉（希）chamai，矮小的，在地上的，假的＋leon，所有格 leontos，狮子。此属的学名，ING、TROPICOS 和 IK 记载是"Chamaeleon Cassini in F. Cuvier, Dict. Sci. Nat. 47：498，509. Mai 1827"。"Chamaeleon I. F. Tausch, Flora 11：325. 7 Jun 1828［菊科 Asteraceae（Compositae）］"是晚出的非法名称；它是"Picnomon Adans. ,Fam. Pl.（Adanson）2：116. 1763"的晚出的同模式异名（Homotypic synonym, Nomenclatural synonym）。"Chamalium Cassini, Dict. Sci. Nat. 47：498. Mai 1827（non A. L. Jussieu 1805）"是"Chamaeleon Cass.（1827）"的晚出的同模式异名。亦有文献把"Chamaeleon Cass.（1827）"处理为"Atractylis L.（1753）"或"Carlina L.（1753）"的异名。【分布】地中海地区。【模式】Chamaeleon gummifer（Linnaeus）Cassini。【参考异名】Atractylis L.（1753）；Carlina L.（1753）；Chamalium Cass.（1827）Nom. illegit. ■☆

10522　Chamaeleon Tausch（1828）Nom. illegit. ≡ Picnomon Adans.（1763）［菊科 Asteraceae（Compositae）］■☆

10523　Chamaeleorchis Senghas et Lückel（1997）= Miltonia Lindl.（1837）（保留属名）［兰科 Orchidaceae］■☆

10524　Chamaelinum Guett. = Radiola Hill（1756）［亚麻科 Linaceae］■☆

10525　Chamaelinum Host（1831）Nom. illegit. ≡ Neslia Desv.（1815）（保留属名）；~ = Camelina Crantz（1762）［十字花科 Brassicaceae（Cruciferae）］■☆

10526　Chamaelirium Willd.（1808）【汉】矮百合属。【隶属】百合科 Liliaceae//黑药花科（藜芦科）Melanthiaceae。【包含】世界 1 种。【学名诠释与讨论】〈中〉（希）chamai，矮小的，在地上的，假的＋lirion，白百合＋-ius,-ia,-ium，在拉丁文和希腊文中，这些词尾表示性质或状态。此属的学名，ING 和 IK 记载是"Chamaelirium Willdenow, Ges. Naturf. Freunde Berlin Mag. Neuesten Entdeck. Gesammten Naturk. 2：18. 1808"。"Chamaelinum Host（1831）Nom. illegit. ≡ Neslia Desv.（1815）（保留属名）= Camelina Crantz（1762）［十字花科 Brassicaceae（Cruciferae）］"是晚出的非法名称。【分布】北美洲。【模式】Chamaelirium carolinianum Willdenow, Nom. illegit. ［Helonias pumila N. J. Jacquin］。【参考异名】Chamalirium Raf. ; Dasurus Salisb.（1866）Nom. illegit. ; Dasyurus Post et Kuntze（1903）Nom. illegit. ; Diclinotrys Raf.（1825）Nom. illegit. ; Ophiostachys Delile（1815）; Ophiostachys Redouté（1815）Nom. illegit. ; Ophyostachys Steud.（1841）■☆

10527　Chamaelobivia Y. Ito（1957）= Echinopsis Zucc.（1837）［仙人掌科 Cactaceae］●

10528　Chamaelum Baker（1877）= Chamelum Phil.（1863）［鸢尾科 Iridaceae］■☆

10529　Chamaemeles Lindl.（1821）【汉】矮薔薇属。【隶属】薔薇科 Rosaceae。【包含】世界 1 种。【学名诠释与讨论】〈阳〉（希）chamai，矮小的，在地上的，假的＋melon，树上生的水果，苹果。【分布】葡萄牙（马德拉群岛）。【模式】Chamaemeles coriacea J. Lindley。●☆

10530　Chamaemelum Mill.（1754）【汉】果香菊属（甘菊属，黄金菊属）。【俄】Хамемелюм。【英】Chamaemelum, Chamomile, Spicedaisy。【隶属】菊科 Asteraceae（Compositae）。【包含】世界 2-6 种，中国 1 种。【学名诠释与讨论】〈中〉（希）chamai，矮小的，在地上的，假的＋melon，树上生的水果，苹果。此属的学名，

ING、APNI、GCI、TROPICOS 和 IK 记载是"Chamaemelum P. Miller, Gard. Dict. Abr. ed. 4. 28 Jan 1754"。菊科 Asteraceae 的"Chamaemelum Tourn. ex Adans. , Fam. Pl.（Adanson）2：128（1763）= Anthemis L.（1753）"和"Chamaemelum Visiani, Giorn. Bot. Ital. 2（1）：33. 1845 ≡ Tripleurospermum Sch. Bip.（1844）= Matricaria L.（1753）"是晚出的非法名称。【分布】巴基斯坦，中国，地中海地区，欧洲西部和中部，中美洲。【后选模式】Chamaemelum nobile（Linnaeus）Allioni。【参考异名】Chamomilla Godr.（1843）Nom. illegit. ; Marcelia Cass.（1825）; Ormenis Cass.（1823）; Perideraea Webb（1838）■

10531　Chamaemelum Tourn. ex Adans.（1763）Nom. illegit. = Anthemis L.（1753）［菊科 Asteraceae（Compositae）//春黄菊科 Anthemidaceae］■

10532　Chamaemelum Vis.（1845）Nom. illegit. ≡ Tripleurospermum Sch. Bip.（1844）; ~ = Matricaria L.（1753）（保留属名）［菊科 Asteraceae（Compositae）］■

10533　Chamaemespilus Medik.（1789）= Sorbus L.（1753）［薔薇科 Rosaceae］●

10534　Chamaemoraceae Lilja（1870）= Rosaceae Juss.（1789）（保留科名）●■

10535　Chamaemorus Ehrh.（1789）Nom. illegit. = Rubus L.（1753）［薔薇科 Rosaceae］●■

10536　Chamaemorus Greene（1906）Nom. illegit. = Rubus L.（1753）［薔薇科 Rosaceae］●■

10537　Chamaemorus Hill.（1756）= Rubus L.（1753）［薔薇科 Rosaceae］●■

10538　Chamaemyrrhis Endl. ex Heynh.（1846）= Oreomyrrhis Endl.（1839）［伞形花科（伞形科）Apiaceae（Umbelliferae）］■

10539　Chamaenerion Adans.（1763）Nom. illegit. = Epilobium L.（1753）［柳叶菜科 Onagraceae］■

10540　Chamaenerion Hill = Epilobium L.（1753）［柳叶菜科 Onagraceae］■

10541　Chamaenerion Ség.（1754）= Epilobium L.（1753）［柳叶菜科 Onagraceae］■

10542　Chamaenerion Ség. emend. Gray = Epilobium L.（1753）［柳叶菜科 Onagraceae］■

10543　Chamaenerion Spach（1763）Nom. illegit. ≡ Epilobium L.（1753）; ~ = Chamaenerion Ség. emend. Gray［柳叶菜科 Onagraceae］■

10544　Chamaenerium Spach（1835）= Chamaenerion Spach（1763）Nom. illegit. ; ~ = Epilobium L.（1753）; ~ = Chamaenerion Ség. emend. Gray［柳叶菜科 Onagraceae］■

10545　Chamaeorchis Rich.（1817）Nom. illegit. ≡ Chamorchis Rich.（1817）［兰科 Orchidaceae］■☆

10546　Chamaeorchis W. D. J. Koch（1837）Nom. illegit. = Chamorchis Rich.（1817）; ~ = Herminium L.（1758）［兰科 Orchidaceae］■

10547　Chamaepentas Bremek.（1952）【汉】矮五星花属。【隶属】茜草科 Rubiaceae。【包含】世界 1 种。【学名诠释与讨论】〈阴〉（希）chamai＋（属）Pentas 五星花属。【分布】热带非洲东部。【模式】Chamaepentas greenwayii Bremekamp。☆

10548　Chamaepericlimenum Asch. et Graebn.（1898）Nom. illegit. = Chamaepericlymenum Asch. et Graebn.（1898）; ~ = Chamaepericlymenum Hill（1756）［山茱萸科 Cornaceae］■

10549　Chamaepericlymenum Graebn.（1898）Nom. illegit. = Chamaepericlymenum Hill（1756）［山茱萸科 Cornaceae］■

10550　Chamaepericlymenum Hill（1756）【汉】草茱萸属（御膳橘属）。【日】ゴゼンタチバナ属。【俄】Дерен。【英】Grasscoal。【隶属】

山茱萸科 Cornaceae。【包含】世界 2 种，中国 1 种。【学名诠释与讨论】〈中〉（希）chamai，矮小的，在地上的，假的 +（属）Periclymenum ＝Lonicera 忍冬属（金银花属）。此属的学名，ING、GCI、TROPICOS 和 IK 记载是"Chamaepericlymenum J. Hill, Brit. Herb. 331. 4 Sep 1756"。多数文献包括《中国植物志》用"Chamaepericlymenum Graebn.（1898）"为正名，但是这是一个晚出的非法名称。"Chamaepericlymenum Asch. et Graebn.（1898）"的命名人引证有误。"Chamaepericlimenum Asch. et Graebn.（1898）"是其拼写变体。"Cornella Rydberg, Bull. Torrey Bot. Club 33：147. 7 Apr 1906"是"Chamaepericlymenum Hill（1756）"的晚出的同模式异名（Homotypic synonym，Nomenclatural synonym）。亦有文献把"Chamaepericlymenum Hill（1756）"处理为"Cornus L.（1753）"的异名。【分布】中国，北温带。【模式】Chamaepericlymenum suecicum（Linnaeus）Graebner。【参考异名】Arctocrania（Endl.）Nakai（1909）；Arctocrania Nakai（1909）；Chamaepericlimenum Asch. et Graebn.（1898）Nom. illegit.；Chamaepericlymenum Asch. et Graebn.（1898）Nom. illegit.；Chamaepericlymenum Graebn.（1898）Nom. illegit.；Cornelia Rydb.（1906）Nom. illegit.；Cornus L.（1753）；Eukrania Raf.（1838）■

10551 Chamaepeuce DC.（1838）Nom. illegit. ≡ Ptilostemon Cass.（1816）［菊科 Asteraceae（Compositae）］■☆

10552 Chamaepeuce Zucc.（1841）Nom. illegit. ＝ Chamaecyparis Spach（1841）［柏科 Cupressaceae］●☆

10553 Chamaephoenix Curtiss（1887）Nom. illegit. ≡ Chamaephoenix H. Wendl. ex Curtiss（1887）［棕榈科 Arecaceae（Palmae）］●☆

10554 Chamaephoenix H. Wendl. ex Curtiss（1887）Nom. illegit. ≡ Pseudophoenix H. Wendl. ex Sarg.（1886）（废弃属名）；~ ＝ Sargentia S. Watson（1890）（保留属名）［棕榈科 Arecaceae（Palmae）］●☆

10555 Chamaephyton Fourr.（1868）＝ Potentilla L.（1753）［蔷薇科 Rosaceae//委陵菜科 Potentillaceae］■●

10556 Chamaepitys Hill（1756）＝ Ajuga L.（1753）［唇形科 Lamiaceae（Labiatae）］■●

10557 Chamaepitys Tourn. ex Ruppius（1745）Nom. inval. ＝ Ajuga L.（1753）［唇形科 Lamiaceae（Labiatae）］■●

10558 Chamaeplium Wallr.（1822）Nom. illegit. ≡ Kibera Adans.（1763）；~ ＝ Sisymbrium L.（1753）［十字花科 Brassicaceae（Cruciferae）］■

10559 Chamaepus Spreng., Nom. illegit. ＝ Herminium L.（1758）［兰科 Orchidaceae］■

10560 Chamaepus Wagenitz（1980）【汉】骨碎紫绒草属。【隶属】菊科 Asteraceae（Compositae）。【包含】世界 1 种。【学名诠释与讨论】〈阴〉（希）chamai，矮小的，在地上的，假的 +pous，所有格 podos，指小式 podion，脚，足，柄，梗。podotes，有脚的。此属的学名，ING 和 IK 记载是"Chamaepus G. Wagenitz in G. Georgiadou et al. in K. H. Rechinger, Fl. Iranica 145：12. Apr 1980"。兰科 Orchidaceae 的"Chamaepus Spreng. ＝ Herminium L.（1758）"。【分布】阿富汗。【模式】Chamaepus afghanicus G. Wagenitz。■☆

10561 Chamaeranthemum Nees（1836）＝ Chameranthemum Nees（1836）［爵床科 Acanthaceae］■☆

10562 Chamaeraphis Kuntze ＝ Setaria P. Beauv.（1812）（保留属名）［禾本科 Poaceae（Gramineae）］■

10563 Chamaeraphis R. Br.（1810）【汉】短针狗尾草属。【隶属】禾本科 Poaceae（Gramineae）。【包含】世界 1 种。【学名诠释与讨论】〈阴〉（希）chamai，矮小的，在地上的，假的 + raphis，所有格 raphidos，针。此属的学名，ING、APNI、TROPICOS 和 IK 记载是"Chamaeraphis R. Br., Prodr. Fl. Nov. Holland. 193. 1810［27 Mar

1810］"。禾本科 Poaceae（Gramineae）"Chamaeraphis Kuntze ＝ Setaria P. Beauv.（1812）（保留属名）"是晚出的非法名称。【分布】澳大利亚（北部）。【模式】Chamaeraphis hordeacea R. Brown。【参考异名】Setosa Ewart（1917）■☆

10564 Chamaerepes Spreng.（1826）Nom. illegit. ≡ Chamorchis Rich.（1817）；~ ＝ Herminium L.（1758）［兰科 Orchidaceae］■

10565 Chamaerhodendron Bubani（1899）＝ Chamaerhododendron Mill.（1754）；~ ＝ Rhododendron L.（1753）［杜鹃花科（欧石南科）Ericaceae］●

10566 Chamaerhodiola Nakai（1933）＝ Rhodiola L.（1753）；~ ＝ Sedum L.（1753）［景天科 Crassulaceae//红景天科 Rhodiolaceae］●■

10567 Chamaerhododendron Bubani（1899）Nom. illegit. ＝ Rhododendron L.（1753）［杜鹃花科（欧石南科）Ericaceae］●●

10568 Chamaerhododendron Mill.（1754）＝ Rhododendron L.（1753）［杜鹃花科（欧石南科）Ericaceae］●●

10569 Chamaerhododendros Duhamel（1755）Nom. illegit. ＝ Chamaerhododendron Mill.（1754）［杜鹃花科（欧石南科）Ericaceae］●

10570 Chamaerhododendros S. G. Gmel.（1769）Nom. illegit. ＝ Rhododendron L.（1753）［杜鹃花科（欧石南科）Ericaceae］●

10571 Chamaerhodos Bunge（1829）【汉】地蔷薇属。【日】インチンロウゲ属。【俄】Хамеродос。【英】Chamaerhodos，Minorrose。【隶属】蔷薇科 Rosaceae。【包含】世界 5-11 种，中国 5-6 种。【学名诠释与讨论】〈阳〉（希）chamai，矮小的，在地上的，假的 +rhodon，玫瑰，红色。指植株矮小而花红色。【分布】巴基斯坦，中国，西伯利亚和亚洲中部，温带北美洲。【后选模式】Chamaerhodos erecta（Linnaeus）Bunge［Sibbaldia erecta Linnaeus］。【参考异名】Brachycaulos Dikshit et Panigrahi（1981）■●

10572 Chamaeriphe Steck（1757）Nom. illegit. ≡ Chamaerops L.（1753）［棕榈科 Arecaceae（Palmae）］●☆

10573 Chamaeriphes Dill. ex Kuntze（1891）Nom. illegit. ≡ Hyphaene Gaertn.（1788）［棕榈科 Arecaceae（Palmae）］●☆

10574 Chamaeriphes Kuntze（1891）Nom. illegit. ≡ Chamaeriphes Dill. ex Kuntze（1891）Nom. illegit.；~ ＝ Hyphaene Gaertn.（1788）［棕榈科 Arecaceae（Palmae）］●☆

10575 Chamaeriphes Ponted. ex Gaertn.（1788）Nom. illegit. ≡ Chamaerops L.（1753）［棕榈科 Arecaceae（Palmae）］●☆

10576 Chamaerops L.（1753）【汉】欧洲矮棕属（矮棕属，矮棕属，丛棕属，低丛棕榈属，发棕属，欧矮棕属，欧洲棕属，扇葵属，扇棕属）。【日】チャボトウジュロ属。【俄】Хамеропс。【英】Dwarf Fan Palm，European Fan Palm，Fan Palm，Hair Palm，Mediterranean Palm，Palm。【隶属】棕榈科 Arecaceae（Palmae）。【包含】世界 1-2 种。【学名诠释与讨论】〈阳〉（希）chamai，矮小的，在地上的，假的 + rops，灌木，或 + rhops，丛林，灌木。此属的学名，ING、TROPICOS、GCI 和 IK 记载是"Chamaerops L., Sp. Pl. 2：1187. 1753［1 May 1753］"。"Chamaeriphes Pontedera ex J. Gaertner, Fruct. 1：25. Dec 1788"和"Chamaeriphe Steck, Diss. de Sagu 20. 21 Sep 1757"是"Chamaerops L.（1753）"的晚出的同模式异名（Homotypic synonym，Nomenclatural synonym）。【分布】巴基斯坦，玻利维亚，厄瓜多尔，地中海西部。【模式】Chamaerops humilis Linnaeus。【参考异名】Chamaeriphe Steck（1757）Nom. illegit.；Chamaeriphes Ponted. ex Gaertn.（1788）Nom. illegit.；Chamerops Raf. ●☆

10577 Chamaesaracha（A. Gray）A. Gray（1876）Nom. illegit. ≡ Chamaesaracha（A. Gray）Benth. et Hook. f.（1876）［茄科 Solanaceae］■☆

10578 Chamaesaracha（A. Gray）Benth.（1876）Nom. illegit. ≡

Chamaesaracha（A. Gray）Benth. et Hook. f.（1876）［茄科 Solanaceae］■☆

10579　Chamaesaracha（A. Gray）Benth. et Hook. f.（1876）【汉】刺酸浆属。【隶属】茄科 Solanaceae。【包含】世界 7 种。【学名诠释与讨论】〈阴〉（希）chamai，矮小的，在地上的，假的+（属）Saracha 萨拉茄属。此属的学名，ING、TROPICOS 和 GCI 记载是"Chamaesaracha（A. Gray）Benth. et Hook. f.，Gen. Pl.［Bentham et Hooker f.］2：891. 1876［May 1876］"，由"Saracha［par.］Chamaesaracha A. Gray，Proc. Amer. Acad. Arts 10：62. 25 Dec 1874"改级而来。"Chamaesaracha（A. Gray）Benth.（1876）≡ Chamaesaracha（A. Gray）Benth. et Hook. f.（1876）"的命名人引证有误。"Chamaesaracha（A. Gray）A. Gray，Bot. California［W. H. Brewer］1：540. 1876［May–Jun 1876］≡ Chamaesaracha（A. Gray）Benth. et Hook. f.（1876）"和"Chamaesaracha（A. Gray）Franch. et Sav.，Enum. Pl. Jap. 2（2）：454. 1878 ≡ Chamaesaracha（A. Gray）Benth. et Hook. f.（1876）"是晚出的非法名称。"Chamaesaracha A. Gray ex Franch. et Sav.（1878）"和"Chamaesarachia Franch. et Sav.（1876）"的命名人引证亦有误。【分布】玻利维亚，美国（西南部），墨西哥（北部），中美洲。【后选模式】Chamaesaracha coronopus（Dunal）A. Gray。【参考异名】Capsicophysalis（Bitter）Averett et M. Martínez（2009）；Chamaesaracha（A. Gray）A. Gray（1876）Nom. illegit.；Chamaesaracha（A. Gray）Benth.（1876）Nom. illegit.；Chamaesaracha（A. Gray）Franch. et Sav.（1878）Nom. illegit.；Chamaesaracha A. Gray ex Franch. et Sav.（1878）Nom. illegit.；Chamaesarachia Franch. et Sav.（1876）Nom. illegit. ■☆

10580　Chamaesaracha（A. Gray）Franch. et Sav.（1878）Nom. illegit. ≡ Chamaesaracha（A. Gray）Benth. et Hook. f.（1876）；~ = Physaliastrum Makino（1914）；~ = Physaliastrum Makino（1914）［茄科 Solanaceae］■

10581　Chamaesaracha A. Gray ex Franch. et Sav.（1878）Nom. illegit. = Physaliastrum Makino（1914）［茄科 Solanaceae］■

10582　Chamaesarachia Franch. et Sav.（1876）Nom. illegit. ≡ Chamaesaracha A. Gray ex Franch. et Sav.（1878）Nom. illegit.；~ = Physaliastrum Makino（1914）［茄科 Solanaceae］■

10583　Chamaeschoenus Ehrh.（1789）Nom. inval. = Scirpus L.（1753）（保留属名）［莎草科 Cyperaceae//蔍草科 Scirpaceae］■

10584　Chamaesciadium C. A. Mey.（1831）【汉】矮伞芹属（矮泽芹属）。【俄】Низкозонтичник。【英】Chamaesciadium。【隶属】伞形花科（伞形科）Apiaceae（Umbelliferae）。【包含】世界 3 种，中国 1 种。【学名诠释与讨论】〈中〉（希）chamai，矮小的，在地上的，假的+（属）Sciadium 伞芹属。【分布】伊朗，中国，高加索，安纳托利亚。【模式】Chamaesciadium flavescens C. A. Meyer，Nom. illegit.［Bunium acaule Marschall von Bieberstein；Chamaesciadium acaule（Marschall von Bieberstein）Boissier］。■

10585　Chamaescilla F. Muell.（1870）Nom. inval. ≡ Chamaescilla F. Muell. ex Benth.（1878）［吊兰科（猴面包科，猴面包树科）Anthericaceae//点柱花科 Lomandraceae］■☆

10586　Chamaescilla F. Muell. ex Benth.（1878）【汉】绵枣兰属。【隶属】吊兰科（猴面包科，猴面包树科）Anthericaceae//点柱花科 Lomandraceae。【包含】世界 2 种。【学名诠释与讨论】〈阴〉（希）chamai，矮小的，在地上的，假的+skilla，绵枣儿。此属的学名，ING 和 APNI 记载是"Chamaescilla F. von Mueller ex Bentham，Fl. Austral. 7：48. 23-30 Mar 1878"。吊兰科（猴面包科，猴面包树科）Anthericaceae 的"Chamaescilla F. Muell.，Fragm.（Mueller）7（53）：68. 1870［Jan 1870］≡ Chamaescilla F. Muell. ex Benth.（1878）"是一个未合格发表的名称（Nom. inval.）。【分布】澳大

利亚（包含塔斯曼半岛）。【模式】未指定。【参考异名】Chamaescilla F. Muell.（1870）Nom. inval. ■☆

10587　Chamaesenna（DC.）Raf. ex Pittier（1928）Nom. illegit. ≡ Chamaesenna Raf. ex Pittier（1928）；~ = Cassia L.（1753）（保留属名）；~ = Senna Mill.（1754）［云实科（苏木科）Caesalpiniaceae］●■

10588　Chamaesenna Pittier（1928）Nom. illegit. ≡ Chamaesenna Raf. ex Pittier（1928）；~ = Cassia L.（1753）（保留属名）；~ = Senna Mill.（1754）［豆科 Fabaceae（Leguminosae）//云实科（苏木科）Caesalpiniaceae］●■

10589　Chamaesenna Raf. ex Pittier（1928）= Cassia L.（1753）（保留属名）；~ = Senna Mill.（1754）［豆科 Fabaceae（Leguminosae）//云实科（苏木科）Caesalpiniaceae］●■

10590　Chamaesium H. Wolff（1925）【汉】矮泽芹属（矮芹属，地芹属）。【英】Chamaesium。【隶属】伞形花科（伞形科）Apiaceae（Umbelliferae）。【包含】世界 8 种，中国 7 种。【学名诠释与讨论】〈中〉（希）chamai，矮小的，在地上的，假的。【分布】中国，喜马拉雅山。【模式】Chamaesium paradoxum H. Wolff。【参考异名】Dolpojestella Farille et Lachard（2002）■★

10591　Chamaespartium Adans.（1763）= Genista L.（1753）［豆科 Fabaceae（Leguminosae）//蝶形花科 Papilionaceae］●

10592　Chamaesparton Fourr.（1868）= Chamaespartium Adans.（1763）［豆科 Fabaceae（Leguminosae）//蝶形花科 Papilionaceae］●

10593　Chamaesphacos Schrenk ex Fisch. et C. A. Mey.（1841）Nom. illegit. ≡ Chamaesphacos Schrenk（1841）［唇形科 Lamiaceae（Labiatae）］■

10594　Chamaesphacos Schrenk（1841）【汉】矮刺苏属。【俄】Хамесфакос，Шалфейчик。【英】Chamaesphacos。【隶属】唇形科 Lamiaceae（Labiatae）。【包含】世界 1 种，中国 1 种。【学名诠释与讨论】〈阳〉（希）chamai，矮小的，在地上的，假的+sphacos，一种鼠尾草属植物。此属的学名，ING 和 IK 记载是"Chamaesphacos A. Schrenk in F. E. L. Fischer et C. A. Meyer，Enum. Pl. Nov. 1：27. 15 Jun 1841"。唇形科 Lamiaceae（Labiatae）的"Chamaesphacos Schrenk ex Fisch. et C. A. Mey.（1841）≡ Chamaesphacos Schrenk（1841）"的命名人引证有误。【分布】阿富汗，伊朗，中国，亚洲中部。【模式】Chamaesphacos ilicifolius A. Schrenk。【参考异名】Chamaesphacos Schrenk（1841）■

10595　Chamaesphaerion A. Gray（1851）= Chthonocephalus Steetz（1845）［菊科 Asteraceae（Compositae）］■☆

10596　Chamaespilus Fourr.（1868）= Chamaemespilus Medik.（1789）；~ = Sorbus L.（1753）［蔷薇科 Rosaceae］●

10597　Chamaestephanum Willd.（1807）= Schkuhria Roth（1797）（保留属名）［菊科 Asteraceae（Compositae）］■☆

10598　Chamaesyce Gray（1821）【汉】地锦苗属。【隶属】大戟科 Euphorbiaceae。【包含】世界 250 种，中国 18 种。【学名诠释与讨论】〈阴〉（希）chamai，矮小的，在地上的，假的+sykon，指小式 sykidion，无花果。sykinos，无花果树的。sykites，像无花果的。此属的学名是"Chamaesyce S. F. Gray，Nat. Arr. Brit. Pl. 2：260. 1 Nov 1821"。亦有文献把其处理为"Euphorbia L.（1753）"的异名。【分布】巴基斯坦，巴拉圭，巴拿马，秘鲁，玻利维亚，厄瓜多尔，马达加斯加，尼加拉瓜，中国，中美洲。【后选模式】Chamaesyce maritima S. F. Gray，Nom. illegit.［Euphorbia peplis Linnaeus；Chamaesyce peplis（Linnaeus）Y. I. Prokhanov］。【参考异名】Chamysyke Raf.；Euphorbia L.（1753）；Xamesike Raf.（1838）●■

10599　Chamaetaxus Bubani（1897）Nom. illegit. = Empetrum L.（1753）［岩高兰科 Empetraceae］●

10600　Chamaetaxus Rupr.（1860）Nom. illegit. ≡ Empetrum L.（1753）

[岩高兰科 Empetraceae]●

10601　Chamaethrinax H. Wcndl. ex R. Pfister（1892）= Trithrinax Mart.（1837）[棕榈科 Arecaceae（Palmae）]●☆

10602　Chamaexeros Benth.（1878）【汉】矮点柱花属。【隶属】点柱花科 Lomandraceae。【包含】世界 3-4 种。【学名诠释与讨论】〈阳〉（希）chamai，矮小的，在地上的，假的+xeros，干旱的。【分布】澳大利亚（西南部）。【模式】未指定。■☆

10603　Chamaexiphion Hochst. ex Steud.（1854）Nom. illegit. ≡ Chamaexyphium Hochst. ex Steud.（1854）；～= Ficinia Schrad.（1832）（保留属名）[莎草科 Cyperaceae]■☆

10604　Chamaexyphium Hochst.（1844）Nom. illegit. ≡ Chamaexyphium Hochst. ex Steud.（1854）；～= Ficinia Schrad.（1832）（保留属名）[莎草科 Cyperaceae]■☆

10605　Chamaexyphium Hochst. ex Steud.（1854）= Ficinia Schrad.（1832）（保留属名）[莎草科 Cyperaceae]■☆

10606　Chamaexyphium Pfeiff., Nom. illegit. = Chamaexiphium Hochst.（1844）Nom. illegit.；～= Chamaexyphium Hochst. ex Steud.（1854）；～= Ficinia Schrad.（1832）（保留属名）[莎草科 Cyperaceae]■☆

10607　Chamaezelum Link（1829）Nom. illegit. ≡ Antennaria Gaertn.（1791）（保留属名）[菊科 Asteraceae（Compositae）]■●

10608　Chamagrostidaceae Link = Gramineae Juss.（保留科名）//Poaceae Barnhart（保留科名）■●

10609　Chamagrostis Borkh.（1799）Nom. illegit. ≡ Chamagrostis Borkh. ex Wibel（1799）；～= Mibora Adans.（1763）[禾本科 Poaceae（Gramineae）]■☆

10610　Chamagrostis Borkh. ex Wibel（1799）= Mibora Adans.（1763）[禾本科 Poaceae（Gramineae）]■☆

10611　Chamalirium Raf. = Chamaelirium Willd.（1808）[百合科 Liliaceae//黑药花科（藜芦科）Melanthiaceae]■☆

10612　Chamalium Cass.（1827）Nom. illegit. ≡ Chamaeleon Cass.（1827）；～= Atractylis L.（1753）[菊科 Asteraceae（Compositae）]■☆

10613　Chamalium Juss.（1805）Nom. illegit. ≡ Cardopatium Juss.（1805）[菊科 Asteraceae（Compositae）]■☆

10614　Chamarea Eckl. et Zeyh.（1837）【汉】矮缕子属。【隶属】伞形花科（伞形科）Apiaceae（Umbelliferae）。【包含】世界 5 种。【学名诠释与讨论】〈阴〉来自西南非霍屯督人的俗名。【分布】非洲南部。【后选模式】Chamarea capensis（Thunberg）Ecklon et Zeyher [Anethum capense Thunberg]。【参考异名】Schlechterosciadium H. Wolff（1921）；Trachysciadium（DC.）Eckl. et Zeyh.（1837）；Trachysciadium Eckl. et Zeyh.（1837）■☆

10615　Chamartemisia Rydb.（1916）= Artemisia L.（1753）；～= Sphaeromeria Nutt.（1841）；～= Tanacetum L.（1753）[菊科 Asteraceae（Compositae）//菊蒿科 Tanacetaceae]■●

10616　Chambeyronia Vieill.（1873）【汉】红心椰属（茶梅椰属，禅比罗棕属，肖肯棕属）。【日】イヌケンチャ属。【英】Chambeyronia Palm。【隶属】棕榈科 Arecaceae（Palmae）。【包含】世界 2 种。【学名诠释与讨论】〈阴〉（人）Chambeyron。【分布】法属新喀里多尼亚。【后选模式】Chambeyronia macrocarpa（A. T. Brongniart）Vieillard ex Beccari [Kentiopsis macrocarpa A. T. Brongniart]。●☆

10617　Chamedrys Raf.（1836）= Spiraea L.（1753）[蔷薇科 Rosaceae//绣线菊科 Spiraeaceae]●

10618　Chamedrys Raf.（1837）= Teucrium L.（1753）；～= Chamaedrys Moench（1794）Nom. illegit.；～= Teucrium L.（1753）[唇形科 Lamiaceae（Labiatae）]●■

10619　Chamelaea Post et Kuntze（1903）= Chamaelea Duhamel（1755）

Nom. illegit.；～= Cneorum L.（1753）[叶柄花科 Cneoraceae//拟荨麻科 Urticaceae]●☆

10620　Chamelauciaceae DC. ex F. Rudolphi（1830）= Myrtaceae Juss.（保留科名）●

10621　Chamelauciaceae F. Rudolphi = Myrtaceae Juss.（保留科名）●

10622　Chamelaucium Desf.（1819）【汉】澳蜡花属（玉梅属）。【英】Esperance Waxflower，Geraldton Wax Flower，Wax Flower。【隶属】桃金娘科 Myrtaceae。【包含】世界 23 种。【学名诠释与讨论】〈中〉（希）chamai，矮小的，在地上的，假的+leukos，白色。指茎的形态和颜色。此属的学名，ING、APNI 和 IK 记载是"Chamelaucium Desfontaines，Mém. Mus. Hist. Nat. 5：39. 1819"。"Chamaelaucium Desf.（1819）"是其拼写变体。"Chamaelaucium DC.（1828）"既是其拼写变体，也是非法名称。【分布】澳大利亚（西部）。【后选模式】Chamelaucium ciliatum Desfontaines。【参考异名】Chamaelaucium DC.（1828）Nom. illegit.；Chamaelaucium Desf.（1819）Nom. illegit.；Decalophium Turcz.（1847）●☆

10623　Chamelophyton Garay（1974）【汉】枝变兰属。【隶属】兰科 Orchidaceae。【包含】世界 1 种。【学名诠释与讨论】〈中〉（希）chamaileon，避役+phyton，植物，树木，枝条。【分布】圭亚那，委内瑞拉。【模式】Chamelophyton kegelii（H. G. Reichenbach）Garay [Restrepia kegelii H. G. Reichenbach]。【参考异名】Garayella Brieger（1975）■☆

10624　Chamelum Phil.（1863）= Olsynium Raf.（1836）[鸢尾科 Iridaceae]■☆

10625　Chamepeuce Raf. = Chamaepeuce DC.（1838）Nom. illegit.；～= Cirsium Mill.（1754）[菊科 Asteraceae（Compositae）]■☆

10626　Chameranthemum Nees（1836）【汉】小可爱花属。【隶属】爵床科 Acanthaceae。【包含】世界 4 种。【学名诠释与讨论】〈中〉（希）chamai，在地上，矮生的，小的，假的+（属）Eranthemum 可爱花属。【分布】热带美洲。【模式】Chameranthemum beyrichii C. G. D. Nees。【参考异名】Chamaeranthemum Nees（1836）■☆

10627　Chamerasia Raf.（1820）Nom. illegit. ≡ Chamaecerasus Medik.（1789）Nom. illegit.；～= Lonicera L.（1753）[忍冬科 Caprifoliaceae]●■

10628　Chamerion（Raf.）Raf.（1833）Nom. illegit. ≡ Chamerion（Raf.）Raf. ex Holub（1972）[柳叶菜科 Onagraceae]■

10629　Chamerion（Raf.）Raf. ex Holub（1972）【汉】柳兰属。【俄】Кипрей，Кипрейник，Хаменерий，Хаменериум。【英】Willowweed。【隶属】柳叶菜科 Onagraceae。【包含】世界 8-15 种，中国 4 种。【学名诠释与讨论】〈中〉（希）chamai，矮小的，在地上的，假的+nerion，一种夹竹桃属植物。此属的学名，ING、GCI 和 IK 记载是"Chamerion Rafinesque ex J. Holub，Folia Geobot. Phytotax. 7：85. 28 Apr 1972"。《中国植物志》英文版和 TROPICOS 采用"Chamerion（Rafinesque）Rafinesque ex Holub，Folia Geobot. Phytotax. 7（1）：85. 1972"，由"Epilobium subgen. Chamerion Rafinesque，Amer. Monthly Mag. et Crit. Rev. 2：266. 1818"改级而来。"Chamerion Raf.，Herb. Raf. 51. 1833 = Epilobium L.（1753）≡ Chamerion（Raf.）Raf. ex Holub（1972）"是一个未合格发表的名称（Nom. inval.）。"Chamerion（Raf.）Raf.（1833）"似为误引。亦有文献把"Chamerion（Raf.）Raf. ex Holub（1972）"处理为"Chamaenerion Ség. emend. Gray"或"Epilobium L.（1753）"的异名。【分布】中国，非洲北部，欧洲，亚洲，北美洲南部。【模式】Epilobium amenum Rafinesque。【参考异名】Chamaenerion Ség. emend. Gray；Chamerion（Raf.）Raf.（1833）Nom. illegit.；Chamerion Raf.（1833）Nom. inval.；Chamerion Raf. ex Holub（1972）Nom. illegit.；Epilobium L.（1753）；Epilobium subgen. Chamerion Raf.（1818）；Lonicera L.（1753）■

10630　Chamerion Raf. (1833) Nom. inval. , Nom. nud. ≡ Chamerion (Raf.) Raf. ex Holub(1972);~ = Epilobium L. (1753) [柳叶菜科 Onagraceae]■

10631　Chamerion Raf. ex Holub (1972) Nom. illegit. ≡ Chamerion (Raf.) Raf. ex Holub(1972);~ = Epilobium L. (1753) [柳叶菜科 Onagraceae]■

10632　Chamerops Raf. (1833) Nom. inval. = Chamaerops L. (1753) [棕榈科 Arecaceae(Palmae)]●☆

10633　Chamguava Landrum(1991)【汉】美樱木属。【隶属】桃金娘科 Myrtaceae。【包含】世界 3 种。【学名诠释与讨论】〈阴〉(希) chamai, 矮小的, 在地上的, 假的+guava, 番石榴。【分布】巴拿马, 伯利兹, 洪都拉斯, 墨西哥, 危地马拉。【模式】Chamguava gentlei (C. L. Lundell) L. R. Landrum [Eugenia gentlei C. L. Lundell]。●☆

10634　Chamira Thunb. (1782)【汉】南非角状芥属。【隶属】十字花科 Brassicaceae(Cruciferae)。【包含】世界 1 种。【学名诠释与讨论】〈阴〉(希)chamai, 矮小的, 在地上的, 假的。【分布】非洲南部。【模式】Chamira cornuta Thunb.。■☆

10635　Chamisme (Raf.) Nieuwl. (1915) Nom. illegit. = Houstonia L. (1753) [茜草科 Rubiaceae//休氏茜草科 Houstoniaceae]■☆

10636　Chamisme Nieuwl. (1915) Nom. illegit. = Houstonia L. (1753) [茜草科 Rubiaceae//休氏茜草科 Houstoniaceae]■☆

10637　Chamisme Raf. , Nom. illegit. ≡ Chamisme Raf. ex Steud. (1840);~ = Houstonia L. (1753) [茜草科 Rubiaceae]■☆

10638　Chamisme Raf. ex Steud. (1840) = Houstonia L. (1753) [茜草科 Rubiaceae//休氏茜草科 Houstoniaceae]■☆

10639　Chamissoa Kunth(1818) (保留属名)【汉】弓枝苋属。【隶属】苋科 Amaranthaceae。【包含】世界 2 种。【学名诠释与讨论】〈阴〉(人) Ludolf Karl Adelbert von Chamisso, 1781 – 1838, 德国植物学者, 诗人。此属的学名"Chamissoa Kunth in Humboldt et al. , Nov. Gen. Sp. 2, ed. 4:196; ed. f:158. Feb 1818"是保留属名。相应的废弃属名是苋科 Amaranthaceae 的"Kokera Adans. , Fam. Pl. 2:269,541. Jul – Aug 1763 = Chamissoa Kunth (1818) (保留属名)"。【分布】巴拉圭, 巴拿马, 秘鲁, 玻利维亚, 厄瓜多尔, 哥伦比亚(安蒂奥基亚), 尼加拉瓜, 中美洲。【模式】Chamissoa altissima (N. J. Jacquin) Kunth [Achyranthes altissima N. J. Jacquin]。【参考异名】Kokera Adans. (1763) (废弃属名)■●☆

10640　Chamissomneia Kuntze (1891) Nom. illegit. ≡ Schlechtendalia Less. (1830) (保留属名) [菊科 Asteraceae(Compositae)]■☆

10641　Chamissonia Endl. (1840) = Camissonia Link (1818);~ = Oenothera L. (1753) [柳叶菜科 Onagraceae]●■

10642　Chamissonia Raim. (1893) Nom. illegit. = Camissonia Link (1818) [柳叶菜科 Onagraceae]■☆

10643　Chamissoniophila Brand(1929)【汉】喜查花属。【隶属】紫草科 Boraginaceae。【包含】世界 2 种。【学名诠释与讨论】〈阴〉(人) Ludolf Karl Adelbert von Chamisso, 1781 – 1838, 植物学者+phila 喜欢。【分布】巴西(南部)。【模式】未指定。■☆

10644　Chamitea (Dumort.) A. Kern. (1860) Nom. illegit. ≡ Nectusion Raf. (1838);~ = Salix L. (1753) (保留属名) [杨柳科 Salicaceae]●

10645　Chamitea A. Kern. (1860) Nom. illegit. ≡ Chamitea (Dumort.) A. Kern. (1860) Nom. illegit. ; ≡ Nectusion Raf. (1838);~ = Salix L. (1753) (保留属名) [杨柳科 Salicaceae]●

10646　Chamitis Banks ex Gaertn. (1788) = Azorella Lam. (1783) [伞形花科 (伞形科) Apiaceae(Umbelliferae)]■☆

10647　Chamoletta Adans. (1763) = Iris L. (1753);~ = Xiphion Mill. (1754) [鸢尾科 Iridaceae]■

10648　Chamomilla Godr. (1843) Nom. illegit. ≡ Chamaemelum Mill. (1754);~ = Anthemis L. (1753) [菊科 Asteraceae(Compositae)//春黄菊科 Anthemidaceae]■

10649　Chamomilla Gray (1821) = Matricaria L. (1753) (保留属名) [菊科 Asteraceae(Compositae)]■

10650　Chamorchis Rich. (1817)【汉】偃伏兰属。【俄】Ятрышничк。【英】Dwarf Orchid, Musk Orchidd。【隶属】兰科 Orchidaceae。【包含】世界 1 种。【学名诠释与讨论】〈阴〉(希)chamai, 矮小的, 在地上的, 假的+orchis, 原义是睾丸, 后变为植物兰的名称, 因为根的形态而得名。变为拉丁文 orchis, 所有格 orchidis。此属的学名, ING 和 IK 记载是"Chamorchis L. C. Richard, Orchideis Eur. Annot. 20,27,35. Aug-Sep 1817"。"Chamaeorchis Rich. (1817)"是其拼写变体。"Chamaerepes K. P. J. Sprengel, Syst. Veg. 3:676, 702. Jan-Mar 1826"是"Chamorchis Rich. (1817)"的晚出的同模式异名(Homotypic synonym, Nomenclatural synonym)。亦有文献把"Chamorchis Rich. (1817)"处理为"Herminium L. (1758)"的异名。【分布】欧洲。【模式】Chamorchis alpina (Linnaeus) L. C. Richard [Ophrys alpina Linnaeus]。【参考异名】Chamaeorchis Rich. (1817) Nom. illegit. ; Chamaeorchis W. D. J. Koch (1837) Nom. illegit. ; Chamaerepes Spreng. (1826) Nom. illegit. ; Herminium L. (1758)■☆

10651　Champaca Adans. (1763) Nom. illegit. ≡ Michelia L. (1753) [木兰科 Magnoliaceae]●

10652　Champereia Griff. (1843)【汉】台湾山柚属(拟常山属, 詹柏木属)。【日】カナビキボク属。【英】Champereia。【隶属】山柚子科(山柑科, 山柚仔科) Opiliaceae。【包含】世界 1-2 种, 中国 2 种。【学名诠释与讨论】〈阴〉(马来)Champerai, 植物俗名。【分布】印度至马来西亚, 中国。【模式】Champereia perottetiana Baillon。【参考异名】Campereia Engl. ; Govantesia Llanos(1865); Malulucban Blanco(1837);Nallogia Baill. (1892);Yunnanopilia C. Y. Wu et D. Z. Li(2000)●

10653　Championella Bremek. (1944)【汉】黄猄草属(黄琼草属, 棱果马兰属, 棱果爵床属)。【英】Championella。【隶属】爵床科 Acanthaceae。【包含】世界 11 种, 中国 11 种。【学名诠释与讨论】〈阴〉(人) John George Champion, 1815 – 1854, 英国植物学者。此属的学名是"Championella Bremekamp, Verh. Kon. Ned. Akad. Wetensch. , Afd. Natuurk. , Tweede Sect. 41 (1): 150. 11 Mai 1944"。亦有文献把其处理为"Strobilanthes Blume(1826)"的异名。【分布】日本, 中国, 中南半岛。【模式】Championella tetrasperma (Champion ex Bentham) Bremekamp [Ruellia tetrasperma Champion ex Bentham]。【参考异名】Strobilanthes Blume(1826)●■

10654　Championia C. B. Clarke(1874) Nom. illegit. = Leptobaea Benth. (1876) [苦苣苔科 Gesneriaceae]●

10655　Championia Gardner(1846)【汉】斯里兰卡苣苔属。【隶属】苦苣苔科 Gesneriaceae。【包含】世界 1 种。【学名诠释与讨论】〈阴〉(人)John George Champion, 1815 – 1854, 英国植物学者。此属的学名, ING、TROPICOS 和 IK 记载是"Championia G. Gardner, Calcutta J. Nat. Hist. 6:485. Jan 1846"。苦苣苔科 Gesneriaceae 的"Championia C. B. Clarke, Commelyn. Cyrtandr. Bengal 98, t. 68. 1874 = Leptobaea Benth. (1876)"是晚出的非法名称。【分布】斯里兰卡。【模式】Championia reticulata G. Gardner。●☆

10656　Chamula Noronha (1790) = Lobelia L. (1753) [桔梗科 Campanulaceae//山梗菜科(半边莲科) Nelumbonaceae]●■

10657　Chamysyke Raf. = Chamaesyce Gray (1821) [大戟科 Euphorbiaceae]●■

10658　Chandrasekharania V. J. Nair, V. S. Ramach. et Sreek. (1982)【汉】喀拉草属(喀拉拉草属)。【隶属】禾本科 Poaceae

（Gramineae）。【包含】世界 1 种。【学名诠释与讨论】〈阴〉（人）P. Chandrasekharan，植物学者。【分布】印度（南部）。【模式】Chandrasekharania keralensis V. J. Nair, V. S. Ramachandran et P. V. Sreekumar。●☆

10659　Chanekia Lundell（1937）= Licaria Aubl.（1775）［樟科 Lauraceae］●☆

10660　Changiodendron R. H. Miao（1995）【汉】岐花鼠刺属。【隶属】虎耳草科 Saxifragaceae//鼠刺科 Iteaceae。【包含】世界 1 种，中国 1 种。【学名诠释与讨论】〈中〉（人）Hung Ta Chang, 1919-，张宏达，中国植物学者，中山大学教授+dendron 或 dendros，树木，棍，丛林。此属的学名是“Changiodendron R. H. Miao, Acta Scientiarum Naturalium Universitatis Sunyatseni 34（1）：65. 1995”。亦有文献把其处理为“Sabia Colebr.（1819）”的异名。【分布】中国。【模式】Changiodendron guangxiense R. H. Miao。【参考异名】Sabia Colebr.（1819）●

10661　Changiostyrax Tao Chen（1995）【汉】长果安息香属。【隶属】安息香科（齐墩果科，野茉莉科）Styracaceae。【包含】世界 1 种。【学名诠释与讨论】〈中〉（人）Hung Ta Chang, 1919-，张宏达，中国植物学者，中山大学教授+（属）Styrax 安息香属（野茉莉属）。此属的学名是“Changiostyrax Tao Chen, Guihaia 15（4）：289-292. 1995”。亦有文献把其处理为“Sinojackia Hu（1928）”的异名。【分布】中国。【模式】Changiostyrax dolichocarpus（C. J. Qi）Tao Chen。【参考异名】Sinojackia Hu（1928）●

10662　Changium H. Wolff（1924）【汉】明党参属。【英】Changium。【英】Changium。【隶属】伞形花科（伞形科）Apiaceae（Umbelliferae）。【包含】世界 1 种，中国 1 种。【学名诠释与讨论】〈中〉（人）Chang Tsung-su，张东旭，中国人，植物标本标本采集人，他于 1924 年在浙江采到本属模式标本+-ius, -ia, -ium，在拉丁文和希腊文中，这些词尾表示性质或状态。【分布】中国。【模式】Changium smyrnioides H. Wolff。●★

10663　Changnienia S. S. Chien（1935）【汉】独花兰属（长年兰属）。【英】Uniflower Orchid, Uniflowerorchid。【隶属】兰科 Orchidaceae。【包含】世界 1 种，中国 1 种。【学名诠释与讨论】〈阴〉（人）Changnien Chen，陈长年，中国科学院生物研究所标本采集员。【分布】中国。【模式】Changnienia amoena Chien。■★

10664　Changruicaoia Z. Y. Zhu（2001）【汉】长蕊草属。【英】Changruicaoia。【隶属】唇形科 Lamiaceae（Labiatae）。【包含】世界 1 种，中国 1 种。【学名诠释与讨论】〈阴〉（汉）Changruicao，长蕊草。此属的学名是“Changruicaoia Z. Y. Zhu, Acta Phytotaxonomica Sinica 39（6）：540-541. 2001”。亦有文献把其处理为“Heterolamium C. Y. Wu（1965）”的异名。【分布】中国。【模式】Changruicaoia flaviflora Z. Y. Zhu。【参考异名】Heterolamium C. Y. Wu（1965）■

10665　Chapeliera Meisn.（1838）= Chapelieria A. Rich. ex DC.（1830）［茜草科 Rubiaceae］●☆

10666　Chapelieria A. Rich.（1830）Nom. illegit. ≡ Chapelieria A. Rich. ex DC.（1830）［茜草科 Rubiaceae］●☆

10667　Chapelieria A. Rich. ex DC.（1830）【汉】沙普茜属。【隶属】茜草科 Rubiaceae。【包含】世界 2 种。【学名诠释与讨论】〈阴〉（人）Louis Armand Chapelier, 1779-1802，植物学者。此属的学名，ING、TROPICOS 和 IK 记载是“Chapelieria A. Rich. ex DC., Prodr.［A. P. de Candolle］4：389. 1830［late Sep 1830］；A. Rich. in Mem. Fam. Rubiac.（Mem. Soc. Hist. Nat. Paris, 5：252（1834））172［Dec. 1830］”。IK 则记载的“Chapelieria A. Rich., Mém. Soc. Hist. Nat. Paris v.（1830）252.”是一个晚出的非法名称。【分布】马达加斯加。【模式】Chapelieria madagascariensis A. Richard ex A. P. de Candolle。【参考异名】Chapeliera Meisn.（1838）；

Chapelieria A. Rich.（1830）Nom. illegit.；Tamatavia Hook. f.（1873）●☆

10668　Chapelliera Nees（1834）= Cladium P. Browne（1756）［莎草科 Cyperaceae］■

10669　Chapmannia Torr. et A. Gray（1838）【汉】佛罗里达豆属。【隶属】豆科 Fabaceae（Leguminosae）。【包含】世界 1 种。【学名诠释与讨论】〈阴〉（人）Alvan（Alvin）Wentworth Chapman, 1809-1899，美国植物学者。【分布】美国（佛罗里达）。【模式】Chapmannia floridana J. Torrey et A. Gray。■☆

10670　Chapmanolirion Dinter（1909）= Pancratium L.（1753）［石蒜科 Amaryllidaceae//百合科 Liliaceae//全能花科 Pancratiaceae］■

10671　Chaptalia Royle（1839）Nom. illegit.（废弃属名）= Gerbera L.（1758）（保留属名）［菊科 Asteraceae（Compositae）］■

10672　Chaptalia Vent.（1802）（保留属名）【汉】阳帽菊属（沙普塔菊属）。【英】Sunbonnet。【隶属】菊科 Asteraceae（Compositae）。【包含】世界 60 种。【学名诠释与讨论】〈阴〉（人）Jean Antoine Claude Chaptal（Count）de Chanteloup, 1756-1832，他发明了葡萄酒的酿造法，称为 chaptalization。此属的学名“Chaptalia Vent., Descr. Pl. Nouv.：ad t. 61. 22 Mar 1802”是保留属名。法规未列出相应的废弃属名。但是菊科 Asteraceae 的晚出名称“Chaptalia Royle, Ill. Bot. Himal. Mts.［Royle］t. 59. f. 2（1839）= Pancratium L.（1753）”应该废弃。“Thyrsanthema Necker ex O. Kuntze, Rev. Gen. 1：369. 5 Nov 1891”是“Chaptalia Vent.（1802）（保留属名）”的晚出的同模式异名（Homotypic synonym, Nomenclatural synonym）；“Thyrsanthema Neck.（1790）”是一个未合格发表的名称（Nom. inval.）。【分布】巴拉圭，巴拿马，秘鲁，玻利维亚，厄瓜多尔，哥伦比亚（安蒂奥基亚），尼加拉瓜，西印度群岛，美洲。【模式】Chaptalia tomentosa Ventenat。【参考异名】Leeria Steud.（1821）；Leria DC.（1812）Nom. illegit.；Lieberkuehna Rchb.（1828）；Lieberkuehnia Rchb.（1841）；Lieberkuhna Cass.（1823）；Lieberkuhnia Less.（1832）Nom. illegit.；Loxodon Cass.（1823）；Oxodon Steud.（1841）；Oxydon Less.（1830）；Oxyodon DC.（1838）；Thyrsanthema Neck.（1790）Nom. inval.；Thyrsanthema Neck. ex Kuntze（1891）Nom. illegit. ■☆

10673　Chaquepiria Endl.（1838）= Caquepiria J. F. Gmel.（1791）；~ = Gardenia J. Ellis（1761）（保留属名）［茜草科 Rubiaceae//栀子科 Gardeniaceae］●

10674　Characera Forssk.（1775）= Lantana L.（1753）（保留属名）［马鞭草科 Verbenaceae//马缨丹科 Lantanaceae］●

10675　Characias Gray（1821）= Euphorbia L.（1753）［大戟科 Euphorbiaceae］●■

10676　Charadra Scop.（1777）= Chadara Forssk.（1775）；~ = Grewia L.（1753）［椴树科（椴科，田麻科）Tiliaceae//锦葵科 Malvaceae//扁担杆科 Grewiaceae］●

10677　Charadranaetes Janovec et H. Rob.（1997）【汉】裸托千里光属。【隶属】菊科 Asteraceae（Compositae）。【包含】世界 1 种。【学名诠释与讨论】〈阳〉（希）charadra，沟+naetes，居民。【分布】哥斯达黎加，南美洲，中美洲。【模式】Charadranaetes durandii（F. W. Klatt）J. P. Janovec et H. Robinson［Senecio durandii F. W. Klatt］。●☆

10678　Charadrophila Marloth（1899）【汉】喜沟玄参属。【隶属】玄参科 Scrophulariaceae。【包含】世界 1 种。【学名诠释与讨论】〈阴〉（希）charadra，沟+philos，喜欢的，爱的。【分布】非洲南部。【模式】Charadrophila capensis Marloth。■☆

10679　Chardinia Desf.（1817）【汉】外翅菊属。【俄】Шардения。【隶属】菊科 Asteraceae（Compositae）。【包含】世界 1 种。【学名诠释与讨论】〈阴〉（人）Chardin。【分布】亚洲西部。【模式】Chardinia xeranthemoides Desfontaines, Nom. illegit.［Xeranthemum orientale Willdenow］。■☆

10680　Chareis N. T. Burb.（1963）= Charieis Cass.（1817）［菊科 Asteraceae（Compositae）］■☆

10681　Charesia E. A. Busch（1926）= Silene L.（1753）（保留属名）［石竹科 Caryophyllaceae］■

10682　Charia C. DC.（1907）= Ekebergia Sparrm.（1779）［楝科 Meliaceae］●☆

10683　Charia C. E. C. Fisch. = Ekebergia Sparrm.（1779）［楝科 Meliaceae］●☆

10684　Charianthus D. Don（1823）【汉】雅花野牡丹属。【隶属】野牡丹科 Melastomataceae。【包含】世界 11 种。【学名诠释与讨论】〈阳〉（希）charis,喜悦,雅致,美丽,流行+anthos,花。【分布】西印度群岛。【后选模式】Charianthus purpureus D. Don（Melastoma coccinea Vahl 1796, non L. C. Richard 1792）。【参考异名】Chaenanthera Rich. ex DC.（1828）;Tetrazygos Rich. ex DC.（1828）●☆

10685　Charidia Baill.（1858）= Savia Willd.（1806）［大戟科 Euphorbiaceae］●☆

10686　Charidion Bong.（1836）= Luxemburgia A. St. –Hil.（1822）［金莲木科 Ochnaceae］●☆

10687　Charieis Cass.（1817）【汉】佳丽菊属（小非洲菊属）。【日】ヒメアフリカギク属。【隶属】菊科 Asteraceae（Compositae）。【包含】世界 2 种。【学名诠释与讨论】〈阴〉（希）charieis,优美的,雅致的。指花美丽。【分布】非洲南部。【模式】Charieis heterophylla Cassini。【参考异名】Chareis N. T. Burb.（1963）;Kaulfussia Nees（1820）Nom. illegit. ■☆

10688　Chariessa Miq.（1856）= Citronella D. Don（1832）［茶茱萸科 Icacinaceae］●☆

10689　Chariomma Miers（1878）= Echites P. Browne（1756）［夹竹桃科 Apocynaceae］●☆

10690　Charistemma Janka（1886）= Scilla L.（1753）［百合科 Liliaceae//风信子科 Hyacinthaceae//绵枣儿科 Scillaceae］■

10691　Charlwoodia Sweet（1827）= Cordyline Comm. ex R. Br.（1810）（保留属名）［百合科 Liliaceae//点柱花科（朱蕉科）Lomandraceae//龙舌兰科 Agavaceae］●

10692　Charpentiera Gaudich.（1826）【汉】穗苋树属。【隶属】苋科 Amaranthaceae。【包含】世界 5-6 种。【学名诠释与讨论】〈阴〉（人）Jean G. F. de Charpentier,1786–1855,德国出生的瑞士植物学者,地质学者。此属的学名,ING、TROPICOS 和 IK 记载是“Charpentiera Gaudichaud–Beaupré in Freycinet, Voyage Monde, Uranie Physicienne, Bot. Atlas t. 48. 25 Oct 1826［1829］”。茜草科 Rubiaceae 的“Charpentiera Vieillard, Bull. Soc. Linn. Normandie 9:346. 1865 = Ixora L.（1753）”是晚出的非法名称。“Charpentiera Vieill. ex Brongn. et Gris, Bull. Soc. Linn. Normandie 9:346（1865）≡Charpentiera Vieill.（1865）Nom. illegit.”的命名人引证有误。【分布】美国（夏威夷）。【模式】Charpentiera obovata Gaudichaud–Beaupré。【参考异名】Carpentiera Steud.（1840）●☆

10693　Charpentiera Vieill.（1865）Nom. illegit. = Ixora L.（1753）［茜草科 Rubiaceae］●

10694　Charpentiera Vieill. ex Brongn. et Gris（1865）Nom. illegit. ≡ Charpentiera Vieill.（1865）Nom. illegit. ; ~ = Ixora L.（1753）［茜草科 Rubiaceae］●

10695　Chartacalyx Maingay ex Mast.（1874）= Schoutenia Korth.（1848）［椴树科（椴科,田麻科）Tiliaceae］●☆

10696　Chartocalyx Regel（1879）Nom. illegit. ≡ Harmsiella Briq.（1897）; ~ = Otostegia Benth.（1834）［唇形科 Lamiaceae（Labiatae）］●☆

10697　Chartolepis Cass.（1826）【汉】薄鳞菊属。【俄】Хартолепис。【英】Chartolepis。【隶属】菊科 Asteraceae（Compositae）。【包含】世界 7 种,中国 1 种。【学名诠释与讨论】〈阴〉（希）charta,羊皮纸+lepis,所有格 lepidos,指小式 lepion 或 lepidion,鳞,鳞片。lepidotos,多鳞的。lepos,鳞,鳞片。此属的学名,ING、TROPICOS 和 IK 记载是“Chartolepis Cass. , Dict. Sci. Nat. , ed. 2.［F. Cuvier］44:36. 1826［Dec 1826］”。“Rhacoma Adanson, Fam. 2:117,596. Jul-Aug 1763（non Linnaeus 1759）”是“Chartolepis Cass.（1826）”的同模式异名（Homotypic synonym, Nomenclatural synonym）。亦有文献把“Chartolepis Cass.（1826）”处理为“Centaurea L.（1753）（保留属名）”的异名。【分布】阿富汗,伊朗,中国,高加索,安纳托利亚东部,欧洲南部,亚洲中部。【模式】Chartolepis glastifolia（Linnaeus）Cassini［Centaurea glastifolia Linnaeus］。【参考异名】Centaurea L.（1753）（保留属名）; Rhacoma Adans.（1763）Nom. illegit. ■

10698　Chartoloma Bunge（1844）【汉】薄缘芥属。【俄】Бумагоплодник。【隶属】十字花科 Brassicaceae（Cruciferae）。【包含】世界 1 种。【学名诠释与讨论】〈中〉（希）charta,羊皮纸+loma,所有格 lomatos,袍的边缘。【分布】亚洲中部。【模式】Chartoloma platycarpum（Bunge）Bunge［Isatis platycarpa Bunge］。【参考异名】Chastoloma Lindl.（1847）■☆

10699　Charybdis Speta（1998）【汉】西西里风信子属。【隶属】风信子科 Hyacinthaceae。【包含】世界 10 种。【学名诠释与讨论】〈阴〉（希）charybdis,西西里海岸危险的旋涡。IK 记载此属的学名“Charybdis Speta, Phyton（Horn）38（1）:58, nom. nov. 1998”是“Squilla Steinheil, Ann. Sci. Nat. Bot. ser. 2. 6:276. Jun 1836”的替代名称。【分布】意大利（西西里岛）。【后选模式】Squilla maritima（Linnaeus）Steinheil［Scilla maritima Linnaeus］。【参考异名】Squilla Steinh.（1836）Nom. illegit. ■☆

10700　Chasalia Comm. ex DC.（1830）Nom. illegit. = Chassalia Comm. ex Poir.（1812）［茜草科 Rubiaceae］■

10701　Chasalia DC.（1830）Nom. illegit. = Chassalia Comm. ex Poir.（1812）［茜草科 Rubiaceae］■

10702　Chasallia Comm. ex Juss.（1820）Nom. illegit. ≡ Chassalia Comm. ex Poir.（1812）［茜草科 Rubiaceae］■

10703　Chascanum E. Mey.（1838）（保留属名）【汉】胀萼马鞭草属。【隶属】马鞭草科 Verbenaceae。【包含】世界 27-30 种。【学名诠释与讨论】〈阴〉（希）chaskanon,具有开口的面罩。此属的学名“Chascanum E. Mey. , Comment. Pl. Afr. Austr. :275. 1-8 Jan 1838”是保留属名。相应的废弃属名是马鞭草科 Verbenaceae 的“Plexipus Raf. , Fl. Tellur. 2:104. Jan–Mar 1837 = Chascanum E. Mey.（1838）（保留属名）”。【分布】阿拉伯地区至印度,马达加斯加,非洲。【模式】Chascanum cernuum（Linnaeus）E. H. F. Meyer［Buchnera cernua Linnaeus］。【参考异名】Bouchea Cham.（1832）（保留属名）; Gisania Ehrenb. ex Moldenke（1938）; Marulea Schrad. ex Moldenke（1938）; Plexipus Raf.（1837）（废弃属名）; Svensonia Moldenke（1936）●☆

10704　Chascolytrum Desv.（1810）= Briza L.（1753）［禾本科 Poaceae（Gramineae）］■

10705　Chascotheca Urb.（1904）【汉】裂果大戟属。【隶属】大戟科 Euphorbiaceae。【包含】世界 2 种。【学名诠释与讨论】〈阴〉（希）chasko,开放,张口凝视+theke =拉丁文 theca,匣子,箱子,室,药室,囊。此属的学名“Chascotheca Urb. , Symb. Antill.（Urban）. 5（1）:14. 1904［20 May 1904］”是一个替代名称。“Chaenotheca Urb. , Symb. Antill.（Urban）. 3（2）:284. 1902［15 Aug 1902］”是一个非法名称（Nom. illegit.）,因为此前已经有了

地衣的"Chaenotheca Th. M. Fries, Lich. Arctoi 350. Mai – Dec 1860"。故用"Chascotheca Urb.（1904）"替代之。亦有文献把"Chascotheca Urb.（1904）"处理为"Securinega Comm. ex Juss.（1789）（保留属名）"的异名。【分布】印度。【模式】未指定。【参考异名】Chaenotheca Urb.（1902）Nom. illegit.；Securinega Comm. ex Juss.（1789）（保留属名）●☆

10706　Chasea Nieuwl.（1911）＝Panicum L.（1753）［禾本科 Poaceae（Gramineae）］■

10707　Chasechloa A. Camus（1949）【汉】肖刺衣黍属。【隶属】禾本科 Poaceae（Gramineae）。【包含】世界3种。【学名诠释与讨论】〈阴〉（人）N. C. Chase，罗得西亚，植物采集者+chloe，草的幼芽，嫩草，禾草。此属的学名是"Chasechloa A. Camus, Bull. Soc. Bot. France 95：330. 4 Apr 1949"。此属的学名是"Chasechloa A. Camus, Bull. Soc. Bot. France 95：330. 4 Apr 1949"。亦有文献把其处理为"Echinolaena Desv.（1813）"的异名。【分布】马达加斯加。【模式】Chasechloa madagascariensis A. Camus。【参考异名】Echinolaena Desv.（1813）■☆

10708　Chaseella Summerh.（1961）【汉】沙塞兰属。【隶属】兰科 Orchidaceae。【包含】世界1种。【学名诠释与讨论】〈阴〉（人）N. C. Chase，罗得西亚，植物采集者+-ellus，-ella，-ellum，加在名词词干后面形成指小式的词尾。或加在人名、属名等后面以组成新属的名称。【分布】津巴布韦。【模式】Chaseella pseudohydra Summerhayes。■☆

10709　Chaseopsis Szlach. et Sitko（2012）【汉】禾兰属（小鳃兰属）。【隶属】兰科 Orchidaceae。【包含】世界5种。【学名诠释与讨论】〈阴〉（属）Chasea+希腊文 opsis，外观，模样，相似。【分布】热带。【模式】Chaseopsis microphyton（Schltr.）Szlach. et Sitko［Maxillaria microphyton Schltr.］。■☆

10710　Chasmanthe N. E. Br.（1932）【汉】裂冠花属（豁裂花属）。【英】Chasmanthe，Pennants。【隶属】鸢尾科 Iridaceae。【包含】世界3-7种。【学名诠释与讨论】〈阴〉（希）chasma，所有格 chasmatos，裂缝，裂口，敞口+anthe 花。含义指敞口的花。【分布】热带和非洲南部。【模式】Chasmanthe aethiopica（Linnaeus）N. E. Brown［Antholyza aethiopica Linnaeus］。■☆

10711　Chasmanthera Hochst.（1844）【汉】裂药防己属（张口藤属）。【隶属】防己科 Menispermaceae。【包含】世界2种。【学名诠释与讨论】〈阴〉（希）chasma，所有格 chasmatos，裂缝，裂口，敞口+anthera，花药。此属的学名是"Chasmanthera Hochstetter, Flora 27：21. 14 Jan, 1844"。亦有文献把"Chasmanthera Hochst.（1844）"处理为"Tinospora Miers（1851）（保留属名）"的异名。【分布】热带非洲。【模式】Chasmanthera dependens Hochstetter。【参考异名】Tinospora Miers（1851）（保留属名）■☆

10712　Chasmanthium Link（1827）【汉】裂口草属（海竹属）。【英】Sea Oats。【隶属】禾本科 Poaceae（Gramineae）。【包含】世界6种。【学名诠释与讨论】〈中〉（希）chasma，所有格 chasmatos，裂缝，裂口，敞口+anthos，花+-ius，-ia，-ium，在拉丁文和希腊文中，这些词尾表示性质或状态。【分布】美国，温带北美洲。【模式】Chasmanthium gracile（Michaux）Link［Uniola gracilis Michaux］。【参考异名】Gouldochloa J. Valdés，Morden et S. L. Hatch（1986）■☆

10713　Chasmatocallis R. C. Foster（1939）＝Lapeirousia Pourr.（1788）［鸢尾科 Iridaceae］■☆

10714　Chasmatophyllum（Schwantes）Dinter et Schwantes（1927）Nom. illegit. ＝Chasmatophyllum Dinter et Schwantes（1927）［番杏科 Aizoaceae］●■☆

10715　Chasmatophyllum Dinter et Schwantes（1927）【汉】裂叶番杏属（开叶玉属）。【日】カスマトフィルム属。【隶属】番杏科 Aizoaceae。【包含】世界6种。【学名诠释与讨论】〈中〉（希）chasms + 希腊文 phyllon，叶子。phyllodes，似叶的，多叶的。phylleion，绿色材料，绿草。此属的学名是"Chasmatophyllum Dinter et Schwantes, Z. Sukkulentenk. 3：14，17. 1927"。"Chasmatophyllum（Schwantes）Dinter et Schwantes（1927）"的命名人引证有误。【分布】非洲南部。【模式】Chasmatophyllum musculinum（A. H. Haworth）Dinter et Schwantes［Mesembryanthemum musculinum A. H. Haworth］。【参考异名】Chasmatophyllum（Schwantes）Dinter et Schwantes（1927）Nom. illegit. ●■☆

10716　Chasme Salisb.（1807）＝Leucadendron R. Br.（1810）（保留属名）［山龙眼科 Proteaceae］●

10717　Chasmia Schott ex Spreng.（1827）Nom. illegit. ≡Chasmia Schott（1827）；～＝Arrabidaea DC.（1838）+Tynnanthus Miers（1863）Nom. illegit.［紫葳科 Bignoniaceae］●☆

10718　Chasmia Schott（1827）＝Arrabidaea DC.（1838）［紫葳科 Bignoniaceae］●☆

10719　Chasmone E. Mey.（1835）＝Argyrolobium Eckl. et Zeyh.（1836）（保留属名）［豆科 Fabaceae（Leguminosae）］●☆

10720　Chasmonia C. Presl（1826）＝Moluccella L.（1753）［唇形科 Lamiaceae（Labiatae）］■☆

10721　Chasmopodium Stapf（1917）【汉】假叶柄草属。【隶属】禾本科 Poaceae（Gramineae）。【包含】世界2种。【学名诠释与讨论】〈中〉（希）chasma，所有格 chasmatos，裂缝，裂口，敞口+pous，所有格 podos，指小式 podion，脚，足，柄，梗。podotes，有脚的+-ius，-ia，-ium，在拉丁文和希腊文中，这些词尾表示性质或状态。【分布】热带非洲。【模式】未指定。■☆

10722　Chassalia Comm. ex Poir.（1812）【汉】弯管花属（柴杉榈属）。【英】Chasalia。【隶属】茜草科 Rubiaceae。【包含】世界42-50种，中国1种。【学名诠释与讨论】〈阴〉（希）chasis，分离+alia 属于。另说可能来自人名 Chazal de Chamarel。此属的学名，ING、GCI、TROPICOS 和 IK 记载是"Chassalia Comm. ex Poir.，Encycl.［J. Lamarck et al.］Suppl. 2. 450. 1812［3 Jul 1812］"。"Chassalia Comm. ex Poir.，Dict. Sci. Nat.，ed. 2.［F. Cuvier］8：198，nomen alternativum. 1817［23 Aug 1817］"是晚出的非法名称。"Chasallia Commerson ex A. L. Jussieu 1820"、"Chasalia Comm. ex DC.（1830）"和"Chasalia DC.（1830）"是其拼写变体。【分布】马达加斯加，中国，热带。【模式】未指定。【参考异名】Chasallia Comm. ex Juss.（1820）Nom. illegit.；Chasallia Comm. ex Poir.（1817）Nom. illegit.■

10723　Chassalia Comm. ex Poir.（1817）Nom. illegit. ＝Chassalia Comm. ex Poir.（1812）［茜草科 Rubiaceae］■■

10724　Chasseloupia Vieill.（1866）＝Symplocos Jacq.（1760）［山矾科（灰木科）Symplocaceae］●

10725　Chastenaea DC.（1828）＝Axinaea Ruiz et Pav.（1794）［野牡丹科 Melastomataceae］●☆

10726　Chastoloma Lindl.（1847）＝Chartoloma Bunge（1844）［十字花科 Brassicaceae（Cruciferae）］■☆

10727　Chataea Sol.（1865）Nom. illegit. ≡Chataea Sol. ex Seem.（1865）；～＝Tacca J. R. Forst. et G. Forst.（1775）（保留属名）［蒟蒻薯科（箭根薯科，蛛丝草科）Taccaceae//薯蓣科 Dioscoreaceae］■

10728　Chataea Sol. ex Seem.（1865）＝Chaitaea Sol. ex Seem.（1865）；～＝Tacca J. R. Forst. et G. Forst.（1775）（保留属名）［蒟蒻薯科（箭根薯科，蛛丝草科）Taccaceae//薯蓣科 Dioscoreaceae］■

10729　Chatelania Neck.（1790）Nom. inval. ＝Tolpis Adans.（1763）［菊科 Asteraceae（Compositae）］●■☆

10730　Chatiakella Cass.（1823）＝Wulffia Neck. ex Cass.（1825）［菊科 Asteraceae（Compositae）］■☆

10731 Chatinia Tiegh. (1895) = Psittacanthus Mart. (1830) [桑寄生科 Loranthaceae] ●

10732 Chaubardia Rchb. f. (1852)【汉】肖巴尔兰属（乔巴兰属）。【隶属】兰科 Orchidaceae。【包含】世界 2 种。【学名诠释与讨论】〈阴〉（人）Louis Athanase（Anastase）Chaubard, 1785–1854, 法国植物学者。【分布】秘鲁, 玻利维亚, 厄瓜多尔, 热带南美洲。【模式】Chaubardia surinamensis H. G. Reichenbach。■☆

10733 Chaubardiella Garay (1969)【汉】拟乔巴兰属。【隶属】兰科 Orchidaceae。【包含】世界 6 种。【学名诠释与讨论】〈阴〉（人）Louis Athanase（Anastase）Chaubard, 1785–1854, 植物学者 + -ellus, -ella, -ellum, 加在名词词干后面形成指小式的词尾。或加在人名、属名等后面以组成新属的名称。或（属）Chaubardia 肖巴尔兰属(乔巴兰属) + -ella。【分布】巴拿马, 秘鲁, 厄瓜多尔, 哥伦比亚(安蒂奥基亚), 哥斯达黎加, 热带美洲, 中美洲。【模式】Chaubardiella tigrina（L. A. Garay et G. C. K. Dunsterville）L. A. Garay [Chaubardia tigrina L. A. Garay et G. C. K. Dunsterville]。■☆

10734 Chauliodon Summerh. (1943)【汉】突齿兰属。【隶属】兰科 Orchidaceae。【包含】世界 1 种。【学名诠释与讨论】〈阳〉（希）chauliodous, chauliodon, 所有格 chauliodontos, 有突出牙齿的。【分布】热带非洲西部。【模式】Chauliodon buntingii Summerhayes。■☆

10735 Chaulmoogra Roxb. (1814) Nom. inval. = Gynocardia R. Br. (1820) [刺篱木科(大风子科) Flacourtiaceae] ●

10736 Chaunanthus O. E. Schulz (1924)【汉】口花芥属。【隶属】十字花科 Brassicaceae(Cruciferae)。【包含】世界 8 种。【学名诠释与讨论】〈阳〉（希）chaunos, 张口以待的, 软的, 空的, 松的, 肿胀的 + anthos, 花。此属的学名是“Chaunanthus O. E. Schulz in Engler, Pflanzenr. IV. 105 (Heft 86): 159. 22 Jul 1924”。亦有文献把其处理为“Iodanthus（Torr. et A. Gray）Steud. (1840)[as ‘Jodanthus’]”的异名。【分布】参见 Iodanthus（Torr. et A. Gray）Steud. (1840)[as ‘Jodanthus’]。【模式】Chaunanthus petiolatus（Hemsley）O. E. Schulz [Thelypodium petiolatum Hemsley]。【参考异名】Iodanthus（Torr. et A. Gray）Steud. (1840)[as ‘Jodanthus’]。■☆

10737 Chaunochiton Benth. (1867)【汉】张口木属。【隶属】铁青树科 Olacaceae。【包含】世界 5 种。【学名诠释与讨论】〈中〉（希）chaunos, 张口以待的, 软的, 空的, 松的, 肿胀的 + chiton = 拉丁文 chitin, 罩衣, 覆盖物, 铠甲。【分布】玻利维亚, 哥伦比亚(安蒂奥基亚), 哥斯达黎加, 热带南美洲, 中美洲。【模式】Chaunochiton loranthoides Bentham。【参考异名】Sagotanthus Tiegh. (1897) ●☆

10738 Chaunochitonaceae Tiegh. (1899) = Olacaceae R. Br. (保留科名) ●

10739 Chaunostoma Donn. Sm. (1895)【汉】开口草属。【隶属】唇形科 Lamiaceae(Labiatae)。【包含】世界 1 种。【学名诠释与讨论】〈中〉（希）chaunos, 张口以待的, 软的, 空的, 松的, 肿胀的 + stoma, 所有格 stomatos, 孔口。【分布】中美洲。【模式】Chaunostoma mecistandrum J. D. Smith。●☆

10740 Chautemsia A. O. Araujo et V. C. Souza (2010)【汉】巴西苣苔属。【隶属】苦苣苔科 Gesneriaceae。【包含】世界 1 种。【学名诠释与讨论】〈阴〉词源不详。【分布】巴西。【模式】Chautemsia calcicola A. O. Araujo et V. C. Souza。☆

10741 Chauvinia Steud. (1854) Nom. illegit. = Spartina Schreb. ex J. F. Gmel. (1789)[禾本科 Poaceae(Gramineae)//米草科 Spartinaceae] ■

10742 Chavannesia A. DC. (1844) = Urceola Roxb. (1799) (保留属名)[夹竹桃科 Apocynaceae] ●

10743 Chavica Miq. (1843) = Piper L. (1753)[胡椒科 Piperaceae] ●■

10744 Chavinia Gand. = Rosa L. (1753)[蔷薇科 Rosaceae] ●

10745 Chayamaritia D. J. Middleton et Mich. Möller (2015)【汉】泰国苣苔属。【隶属】苦苣苔科 Gesneriaceae。【包含】世界 2 种。【学名诠释与讨论】〈阴〉词源不详。【分布】泰国。【模式】Chayamaritia smitinandii（B. L. Burtt）D. J. Middleton [Chirita smitinandii B. L. Burtt]。☆

10746 Chaydaia Pit. (1912)【汉】苞叶木属。【英】Chaydaia。【隶属】鼠李科 Rhamnaceae。【包含】世界 2 种, 中国 2 种。【学名诠释与讨论】〈阴〉词源不详。此属的学名是“Chaydaia Pitard in Lecomte, Fl. Gén. Indo-Chine 1: 925. Jan 1912”。亦有文献把其处理为“Rhamnella Miq. (1867)”的异名。【分布】印度(北部), 中国。【模式】Chaydaia tonkinensis Pitard。【参考异名】Rhamnella Miq. (1867) ●

10747 Chayota Jacq. (1780) Nom. illegit. ≡ Sechium P. Browne (1756) (保留属名)[葫芦科(瓜科, 南瓜科) Cucurbitaceae] ■

10748 Chazaliella E. Petit et Verdc. (1975)【汉】沙扎尔茜属。【隶属】茜草科 Rubiaceae。【包含】世界 25 种。【学名诠释与讨论】〈阴〉（人）Chazal + -ellus, -ella, -ellum, 加在名词词干后面形成指小式的词尾。或加在人名、属名等后面以组成新属的名称。【分布】热带非洲。【模式】Chazaliella abrupta（W. P. Hiern）E. Petit et B. Verdcourt [Psychotria abrupta W. P. Hiern]。●☆

10749 Cheesemania O. E. Schulz (1929)【汉】澳大利亚芥属。【隶属】十字花科 Brassicaceae(Cruciferae)。【包含】世界 5-7 种。【学名诠释与讨论】〈阴〉（人）Thomas Frederic Cheeseman, 1846–1923, 新西兰植物学者。【分布】澳大利亚(塔斯曼半岛), 新西兰。【模式】未指定。■☆

10750 Cheiloclinium Miers (1872)【汉】斜唇卫矛属。【隶属】卫矛科 Celastraceae。【包含】世界 11-23 种。【学名诠释与讨论】〈中〉（希）cheilos, 唇, 边缘 + kline, 床, 来自 klino, 倾斜, 斜倚 + -ius, -ia, -ium, 在拉丁文和希腊文中, 这些词尾表示性质或状态。【分布】巴拿马, 秘鲁, 玻利维亚, 厄瓜多尔, 哥伦比亚(安蒂奥基亚), 尼加拉瓜, 中美洲。【模式】Cheiloclinium anomalum Miers。【参考异名】Chilococca Post et Kuntze (1903) ●☆

10751 Cheilococca Salisb. (1793) Nom. illegit. ≡ Cheilococca Salisb. ex Sm. (1793); ~ = Platylobium Sm. (1793) (废弃属名); ~ = Bossiaea Vent. (1800)[豆科 Fabaceae(Leguminosae)] ●☆

10752 Cheilococca Salisb. ex Sm. (1793) = Platylobium Sm. (1793) (废弃属名); ~ = Bossiaea Vent. (1800)[豆科 Fabaceae(Leguminosae)] ●☆

10753 Cheilocostus C. D. Specht (2006) Nom. illegit. = Banksea J. König (1783) Nom. illegit. ; ~ = Costus L. (1753)[姜科(蘘荷科) Zingiberaceae//闭鞘姜科 Costaceae] ■

10754 Cheilodiscus Triana (1858) = Pectis L. (1759)[菊科 Asteraceae(Compositae)] ■☆

10755 Cheilophyllum Pennell ex Britton (1920) Nom. illegit. ≡ Cheilophyllum Pennell. (1920)[玄参科 Scrophulariaceae] ■☆

10756 Cheilophyllum Pennell. (1920)【汉】唇叶玄参属。【隶属】玄参科 Scrophulariaceae。【包含】世界 8 种。【学名诠释与讨论】〈中〉（希）cheilos, 唇, 边缘 + 希腊文 phyllon, 叶子。phyllodes, 似叶的, 多叶的。phylleion, 绿色材料, 绿草。此属的学名, ING、GCI 和 IK 记载是“Cheilophyllum Pennell in N. L. Britton, Mem. Torrey Bot. Club 16: 103. 10 Sep 1920”。TROPICOS 则记载为“Cheilophyllum Pennell ex Britton, Mem. Torrey Bot. Club 16: 103 (1920)”。四者引用的文献相同。【分布】西印度群岛。【模式】Cheilophyllum radicans（Grisebach）Pennell [Stemodia radicans Grisebach]。【参考异名】Cheilophyllum Pennell ex Britton (1920) Nom. illegit. ■☆

10757 Cheilopsis Moq.（1832）= Acanthus L.（1753）［爵床科 Acanthaceae］●■

10758 Cheilosa Blume（1826）【汉】山唇木属。【隶属】大戟科 Euphorbiaceae//山唇木科 Cheilosaceae。【包含】世界 1 种。【学名诠释与讨论】〈阴〉（希）cheilos，唇，边缘。【分布】马来西亚（西部）。【模式】Cheilosa montana Blume。【参考异名】Chilosa Post et Kuntze（1903）●☆

10759 Cheilosaceae Doweld（2001）【汉】山唇木科。【包含】世界 1 属 1 种。【分布】马来西亚。【科名模式】Cheilosa Blume ●☆

10760 Cheilosandra Griff. ex Lindl.（1847）= Rhynchotechum Blume（1826）［苦苣苔科 Gesneriaceae］●

10761 Cheilotheca Hook. f.（1876）【汉】假水晶兰属（拟水晶兰属，水晶兰属）。【英】Cheilotheca。【隶属】鹿蹄草科 Pyrolaceae//水晶兰科 Monotropaceae。【包含】世界 2-7 种，中国 3 种。【学名诠释与讨论】〈阴〉（希）cheilos，唇，边缘+theke＝拉丁文 theca，匣子，箱子，室，药室，囊。【分布】印度（阿萨姆），中国，马来半岛。【模式】Cheilotheca khasiana J. D. Hooker。【参考异名】Andresia Sleumer（1967）；Chilotheca Post et Kuntze（1903）；Eremotropa Andrés（1953）；Monotropastrum Andrés（1936）■

10762 Cheilyctis（Raf.）Spach（1840）Nom. illegit. = Monarda L.（1753）［唇形科 Lamiaceae（Labiatae）］■

10763 Cheilyctis Benth.（1835）Nom. illegit. = Monarda L.（1753）［唇形科 Lamiaceae（Labiatae）］■

10764 Cheiradenia Lindl.（1853）【汉】手腺兰属。【隶属】兰科 Orchidaceae。【包含】世界 1 种。【学名诠释与讨论】〈阴〉（希）cheir，手+aden，所有格 adenos，腺体。【分布】几内亚。【模式】Cheiradenia cuspidata J. Lindley。【参考异名】Chiradenia Post et Kuntze（1903）■☆

10765 Cheiranthera A. Cunn. ex Lindl.（1834）Nom. illegit. = Cheiranthera Brongn.（1834）［海桐花科（海桐科）Pittosporaceae］●☆

10766 Cheiranthera Brongn.（1834）【汉】毛花海桐属。【隶属】海桐花科（海桐科）Pittosporaceae。【包含】世界 5 种。【学名诠释与讨论】〈阴〉（希）cheir，手+anthera，花药。指花药像手指。此属的学名，ING 和 IK 记载是"Cheiranthera A. T. Brongniart in Duperrey, Voyage Monde Coquille, Bot.（PHAN.（种子））t. 77. 1834（'1826'）"。APNI 则记载为"Cheiranthera A. Cunn. ex Brongn., Voyage Autour du Monde. La Coquille 2 1834"。IK 还记载了"Cheiranthera Endl., Enchir. 515（1841）"。IPNI 的记载是"Cheiranthera A. Cunn. ex Lindl., Edwards's Bot. Reg. 20：sub. t. 1719. 1834［1 Nov 1834］"。"Cheiranthera A. Cunn. ex Lindl.（1834）"是一个晚出名称。另一个晚出名称 Cheiranthera Endl.（1841）Nom. illegit. = Chiranthodendron Sessé ex Larreat.（1795）。【分布】澳大利亚（温带）。【模式】Cheiranthera cyanea A. T. Brongniart。【参考异名】Cheiranthera A. Cunn. ex Lindl.（1834）Nom. illegit.；Chiranthera Post et Kuntze（1903）●☆

10767 Cheiranthera Endl.（1841）Nom. illegit. = Chiranthodendron Sessé ex Larreat.（1795）［梧桐科 Sterculiaceae//锦葵科 Malvaceae］●☆

10768 Cheiranthodendraceae A. Gray = Sterculiaceae Vent.（保留科名）●■

10769 Cheiranthodendron Benth. et Hook. f.（1862）= Chiranthodendron Larreat.（1795）［梧桐科 Sterculiaceae//锦葵科 Malvaceae］●☆

10770 Cheiranthodendrum Steud.（1821）= Chiranthodendron Larreat.（1795）［梧桐科 Sterculiaceae//锦葵科 Malvaceae］●☆

10771 Cheiranthus L.（1753）【汉】桂竹香属（紫罗兰花属）。【日】ニオイアラセイトウ属，ニホヒアラセイトウ属。【俄】Желтофиоль, Лакфиоль, Хейрантус。【英】Wall Flower,

Wallflower。【隶属】十字花科 Brassicaceae（Cruciferae）。【包含】世界 10 种，中国 3 种。【学名诠释与讨论】〈阳〉（阿拉伯）keiri，芳香的+希腊文 anthos，花。指花具香味。有人推测是阿拉伯文 keiri 或 kheyri，或 希腊文 cheir，手+希腊文 anthos，花。此属的学名，ING、APNI、GCI、TROPICOS 和 IK 记载是"Cheiranthus L., Sp. Pl. 2：661. 1753［1 May 1753］"。"Cheiri C. G. Ludwig, Inst. ed. 2. 125. 1-5 Mar 1757"和"Leucoium P. Miller, Gard. Dict. Abr. ed. 4. 28 Jan 1754（non Leucojum Linnaeus 1753）"是"Cheiranthus L.（1753）"的晚出的同模式异名（Homotypic synonym, Nomenclatural synonym）。亦有文献把"Cheiranthus L.（1753）"处理为"Erysimum L.（1753）"的异名。【分布】巴基斯坦，中国，地中海和北温带。【后选模式】Cheiranthus cheiri Linnaeus。【参考异名】Abasicarpon（Andrz. ex Rchb.）Rchb.（1858）；Abazicarpus Andrz. ex DC.（1821）；Agonolobus（C. A. Mey.）Rchb.（1841）；Agonolobus Rchb.（1841）；Cheiri Adans.（1763）Nom. illegit.；Cheiri Ludw.（1757）Nom. illegit.；Dichroanthus Webb et Berthel.（1886）；Dilosma Post et Kuntze（1903）；Erysimum L.（1753）；Keiri Fabr.（1759）；Leucoium Mill.（1754）Nom. illegit.；Phoenicaulis Nutt.（1838）；Phoenicaulis Nutt. ex Torr. et A. Gray（1838）Nom. illegit.●■

10772 Cheiri Adans.（1763）Nom. illegit. = Cheiranthus L.（1753）［十字花科 Brassicaceae（Cruciferae）］●■

10773 Cheiri Ludw.（1757）Nom. illegit. ≡ Cheiranthus L.（1753）［十字花科 Brassicaceae（Cruciferae）］●■

10774 Cheiridopsis N. E. Br.（1925）【汉】虾疳花属（鞘袖属）。【日】ケイリドプシス属。【英】Cheiridopsis。【隶属】番杏科 Aizoaceae。【包含】世界 23-100 种。【学名诠释与讨论】〈阴〉（希）cheir，手+希腊文 opsis，外观，模样，相似。指鞘与袖子相似。【分布】非洲南部。【后选模式】Cheiridopsis tuberculata（P. Miller）N. E. Brown。【参考异名】Ihlenfeldtia H. E. K. Hartmann（1992）■☆

10775 Cheirinia Link（1822）Nom. illegit. ≡ Erysimum L.（1753）；~ = Erysimum L.（1753）+ Sisymbrium L.（1753）［十字花科 Brassicaceae（Cruciferae）］■

10776 Cheirodendron Nutt. ex Seem.（1867）【汉】手参木属。【隶属】五加科 Araliaceae。【包含】世界 5 种。【学名诠释与讨论】〈中〉（希）cheir，手+dendron 或 dendros，树木，棍，丛林。【分布】美国（夏威夷），法属波利尼西亚（马克萨斯群岛）。【模式】未指定。【参考异名】Chirodendrum Post et Kuntze（1903）●☆

10777 Cheirolaena Benth.（1862）【汉】手苞梧桐属。【隶属】梧桐科 Sterculiaceae//锦葵科 Malvaceae。【包含】世界 1 种。【学名诠释与讨论】〈阴〉（希）cheir，手+laina＝chlaine＝拉丁文 laena，外衣，衣服。【分布】毛里求斯。【模式】Cheirolaena linearis Bentham。【参考异名】Chirochlaena Post et Kuntze（1903）■●☆

10778 Cheirolepis Boiss.（1849）【汉】手鳞菊属。【俄】Хейролепис。【隶属】菊科 Asteraceae（Compositae）。【包含】世界 10 种。【学名诠释与讨论】〈阴〉（希）cheir+lepis，所有格 lepidos，指小式 lepion 或 lepidion，鳞，鳞片。lepidotos，多鳞的。lepos，鳞，鳞片。此属的学名是"Cheirolepis Boissier, Diagn. Pl. Orient. 2（10）：106. Mar-Apr 1849"。化石植物的"Cheirolepis W. P. Schimper, Traité Paléontol. Vég. 2：247. 7 Apr 1870（non Boissier 1849）≡ Cheirolepidium Takhtajan ex S. J. Dijkstra（1971）［掌鳞杉科 Cheirolepidiaceae］"是晚出的非法名称。"Chirolepis Post et Kuntze（1903）"是"Cheirolepis Boiss.（1849）"的拼写变体。亦有文献把"Cheirolepis Boiss.（1849）"处理为"Centaurea L.（1753）（保留属名）"的异名。【分布】土耳其，叙利亚，伊朗，高加索。【模式】未指定。【参考异名】Centaurea L.（1753）（保留属名）；

Chirolepis Post et Kuntze(1903)●■☆

10779 Cheiroloma F. Muell.（1853）＝Calotis R. Br.（1820）［菊科 Asteraceae(Compositae)]■

10780 Cheirolophus Cass.（1827）【汉】齿菊木属。【隶属】菊科 Asteraceae(Compositae)。【包含】世界 20-25 种。【学名诠释与讨论】〈阳〉（希）cheir，手+lophos，脊，鸡冠，装饰。此属的学名，ING、TROPICOS 和 IK 记载是"Cheirolophus Cass.，Dict. Sci. Nat.，ed. 2.［F. Cuvier]50：250. 1827［Nov 1827］"。"Chirolophus Cassini in F. Cuvier, Dict. Sci. Nat. 50：247. Nov 1827"是"Cheirolophus Cass.（1827）"的互用名称。亦有文献把"Cheirolophus Cass.（1827）"处理为"Centaurea L.（1753）（保留属名）"的异名。【分布】西班牙(加那利群岛)，非洲北部，欧洲，温带南美洲。【模式】未指定。【参考异名】Centaurea L.（1753）（保留属名）；Chirolophus Cass.（1827）Nom. illegit.●■☆

10781 Cheiropetalum E. Fries ex Schltdl.（1859）＝Silene L.（1753）（保留属名）［石竹科 Caryophyllaceae]■

10782 Cheiropetalum E. Fries（1857）Nom. inval.≡Cheiropetalum E. Fries ex Schltdl.（1859）；~＝Silene L.（1753）（保留属名）［石竹科 Caryophyllaceae]■

10783 Cheiropsis（DC.）Bercht. et J. Presl（1823）Nom. illegit.≡Muralta Adans.（1763）（废弃属名）；~＝Clematis L.（1753）［毛茛科 Ranunculaceae]●■

10784 Cheiropsis Bercht. et J. Presl（1823）Nom. illegit.≡Cheiropsis（DC.）Bercht. et J. Presl（1823）Nom. illegit.；~＝Muralta Adans.（1763）（废弃属名）；~＝Clematis L.（1753）［毛茛科 Ranunculaceae]●■

10785 Cheiropterocephalus Barb. Rodr.（1877）＝Malaxis Sol. ex Sw.（1788）［兰科 Orchidaceae]■

10786 Cheirorchis Carr（1932）＝Cordiglottis J. J. Sm.（1922）［兰科 Orchidaceae]■☆

10787 Cheirostemon Bonpl.（1806）Nom. illegit.＝Chiranthodendron Larreat.（1795）［梧桐科 Sterculiaceae//锦葵科 Malvaceae]●☆

10788 Cheirostemon Humb. et Bonpl.（1806）Nom. illegit.≡Cheirostemon Bonpl.（1806）Nom. illegit.；~＝Chiranthodendron Larreat.（1795）［梧桐科 Sterculiaceae//锦葵科 Malvaceae]●☆

10789 Cheirostylis Blume（1825）【汉】叉柱兰属（指柱兰属）。【日】カイロラン属。【英】Cheirostylis。【隶属】兰科 Orchidaceae。【包含】世界 15-50 种，中国 14-17 种。【学名诠释与讨论】〈阴〉（希）cheir，手+stylos＝拉丁文 style，花柱，中柱，有尖之物，桩，柱，支持物，支柱，石头做的界标。指花柱指状叉开。【分布】巴基斯坦，马达加斯加，中国，热带非洲，太平洋地区，亚洲。【模式】Cheirostylis montana Blume。【参考异名】Arisanorchis Hayata（1914）；Chelrostylis Pritz.（1855）；Chirostylis Post et Kuntze（1903）；Gymnochilus Blume（1859）；Mariarisqueta Guinea（1946）■

10790 Chelidoniaceae Martinov（1820）＝Papaveraceae Juss.（保留科名）●■

10791 Chelidoniaceae Nakai ＝Papaveraceae Juss.（保留科名）●■

10792 Chelidonium L.（1753）【汉】白屈菜属。【日】クサノオウ属，クサノワウ属。【俄】Бородавочник，Честотел，Чистотел。【英】Celandine，Celandine Poppy，Greater Celandine。【隶属】罂粟科 Papaveraceae。【包含】世界 1 种，中国 1 种。【学名诠释与讨论】〈中〉（希）chelidon，所有格 chelidonos，燕子。chelidonios，燕的或似燕的。颜色似燕喉的，朽叶色的。据说母燕用白屈菜的汁给小燕子洗眼睛能增强视力。此属的学名，ING 记载是"Chelidonium Linnaeus,Sp. Pl. 505. 1 Mai 1753"。IK 则记载为"Chelidonium Tourn. ex L.，Sp. Pl. 1：505. 1753［1 May 1753]"。"Chelidonium Tourn."是命名起点著作之前的名称，故

"Chelidonium L.（1753）"和"Chelidonium Tourn. ex L.（1753）"都是合法名称，可以通用。【分布】巴基斯坦，秘鲁，美国，中国，温带和亚极地欧亚大陆。【后选模式】Chelidonium majus Linnaeus。【参考异名】Chelidonium Tourn. ex L.（1753）；Coreanomecon Nakai（1935）■

10793 Chelidonium Tourn. ex L.（1753）≡Chelidonium L.（1753）［罂粟科 Papaveraceae]■

10794 Chelidospermum Zipp. ex Blume（1850）＝Pittosporum Banks ex Gaertn.（1788）（保留属名）［海桐花科（海桐科）Pittosporaceae]●

10795 Cheliusia Sch. Bip.（1841）＝Vernonia Schreb.（1791）（保留属名）［菊科 Asteraceae（Compositae）//斑鸠菊科（绿菊科）Vernoniaceae]●■

10796 Chelona Post et Kuntze（1903）＝Chelone L.（1753）［玄参科 Scrophulariaceae//婆婆纳科 Veronicaceae]■☆

10797 Chelonaceae D. Don ＝Plantaginaceae Juss.（保留科名）；~＝Scrophulariaceae Juss.（保留科名）●■

10798 Chelonaceae Martinov（1820）＝Scrophulariaceae Juss.（保留科名）●■

10799 Chelonanthera Blume（1825）＝Pholidota Lindl. ex Hook.（1825）［兰科 Orchidaceae]■

10800 Chelonanthus（Griseb.）Gilg（1895）【汉】龟花龙胆属。【隶属】龙胆科 Gentianaceae。【包含】世界 20 种。【学名诠释与讨论】〈阳〉（希）chelone，乌龟+anthos，花。此属的学名，ING 和 TROPICOS 记载是"Chelonanthus（Grisebach）E. Gilg in Engler et Prantl，Nat. Pflanzenfam. 4（2）:98. Jun 1895"，由"Lisianthius sect. Chelonanthus Grisebach，Gen. Sp. Gentian. 180. Oct.（prim.）1838（'1839'）"改级而来。IK 则记载为"Chelonanthus Gilg，Nat. Pflanzenfam.［Engler et Prantl]iv. II. 98（1895）"。三者引用的文献相同。"Chelonanthus Raf.（1814）≡Chlonanthus Raf.（1814）Nom. illegit.［玄参科 Scrophulariaceae//婆婆纳科 Veronicaceae]"是晚出的非法名称；它是"Chelone L.（1753）"的晚出的同模式异名（Homotypic synonym，Nomenclatural synonym）。玄参科 Scrophulariaceae 的"Chelonanthus Raf.（1814）"是"Chlonanthus Rafinesque，Princ. Fond. Somiol. 26. Sep－Dec 1814（'1813'）＝Chelone L.（1753）"的拼写变体。亦有文献把"Chelonanthus（Griseb.）Gilg（1895）"处理为"Irlbachia Mart.（1827）"的异名。【分布】巴拿马，秘鲁，玻利维亚，哥伦比亚（安蒂奥基亚），哥斯达黎加，尼加拉瓜，中美洲。【后选模式】Chelonanthus uliginosus（Grisebach）E. Gilg［Lisianthius uliginosus Grisebach]。【参考异名】Chelonanthus Gilg（1895）Nom. illegit.；Chlonanthes Raf.（1836）；Irlbachia Mart.（1827）；Lisianthius sect. Chelonanthus Griseb.（1838）■☆

10801 Chelonanthus Gilg（1895）Nom. illegit.≡Chelonanthus（Griseb.）Gilg（1895）［龙胆科 Gentianaceae]■☆

10802 Chelonanthus Raf.（1814）Nom. illegit.≡Chlonanthus Raf.（1814）Nom. illegit.；~＝Chelone L.（1753）［玄参科 Scrophulariaceae//婆婆纳科 Veronicaceae]■☆

10803 Chelone L.（1753）【汉】龟头花属（龟草属，蛇头草属）。【日】ジャコウソウモドキ属。【俄】Хелоне。【英】Chelone，Shellflower，Turtlehead，Turtle－head。【隶属】玄参科 Scrophulariaceae//婆婆纳科 Veronicaceae。【包含】世界 4-6 种。【学名诠释与讨论】〈阴〉（希）chelone，乌龟。指花蕾似龟头。"Chlonanthus Rafinesque，Princ. Fond. Somiol. 26. Sep－Dec 1814（'1813'）"是"Chelone L.（1753）"的晚出的同模式异名（Homotypic synonym，Nomenclatural synonym）。【分布】玻利维亚，美国（东部）。【后选模式】Chelone glabra Linnaeus。【参考异名】Chelona Post et Kuntze（1903）；Chelonanthus Raf.（1814）Nom.

illegit. ; Chlonanthus Raf. (1814) Nom. illegit. ; Ophianthes Raf. ; Penstemon Mitch. (1748) Nom. inval. ; Penstemon Mitch. (1769) Nom. illegit. ; Pentstemon Mitch. (1748) Nom. inval. ■☆

10804　Chelonecarya Pierre (1896) = Rhaphiostylis Planch. ex Benth. (1849) [茶茱萸科 Icacinaceae] ●☆

10805　Chelonespermum Hemsl. (1892) = Burckella Pierre (1890) [山榄科 Sapotaceae] ●☆

10806　Chelonistele Pfitzer et Carr (1935) Nom. illegit. = Chelonistele Pfitzer (1907) [兰科 Orchidaceae] ■☆

10807　Chelonistele Pfitzer (1907)【汉】龟柱兰属(角柱兰属)。【隶属】兰科 Orchidaceae。【包含】世界 11 种。【学名诠释与讨论】〈阴〉(希) chelone, 乌龟 + stele, 花柱。此属的学名, ING, TROPICOS 和 IK 记载是"Chelonistele Pfitzer in Engler, Pflanzenr. IV. 50 IIB (Heft 32) 7：136. 26 Nov 1907"。兰科 Orchidaceae 的"Chelonistele Pfitzer et Carr, Gard. Bull. Straits Settlem. 8：216, descr. emend. 1935 = Chelonistele Pfitzer (1907)"是晚出的非法名称。亦有文献把"Chelonistele Pfitzer (1907)"处理为"Panisea (Lindl.) Lindl. (1854) (保留属名)"的异名。【分布】马来西亚(西部), 缅甸。【模式】未指定。【参考异名】Chelonistele Pfitzer et Carr (1935) Nom. illegit. ; Panisea (Lindl.) Lindl. (1854) (保留属名) ; Sigmatochilus Rolfe (1914) ■☆

10808　Chelonopsis Miq. (1865)【汉】铃子香属(麝香草属)。【日】ジャカウサウ属, ジャカウソウ属。【英】Chelonopsis。【隶属】唇形科 Lamiaceae (Labiatae) //薄荷科 Menthaceae。【包含】世界 16 种, 中国 13 种。【学名诠释与讨论】〈阴〉(属) Chelone 龟头花属 + 希腊文 opsis, 外观, 模样, 相似。【分布】巴基斯坦, 日本, 中国, 喀什米尔地区。【模式】Chelonopsis moschata Miquel。●■

10809　Chelrostylis Pritz. (1855) = Cheirostylis Blume (1825) [兰科 Orchidaceae] ■

10810　Chelyella Szlach. et Sitko (2012)【汉】小龟兰属。【隶属】兰科 Orchidaceae。【包含】世界 15 种。【学名诠释与讨论】〈阴〉(希) chelys, 乌龟 +-ellus, -ella, -ellum, 加在名词词干后面形成指小式的词尾。或加在人名、属名等后面以组成新属的名称。【分布】热带。【模式】Chelyella densa (Lindl.) Szlach. et Sitko [Maxillaria densa Lindl. ; Camaridium densum (Lindl.) M. A. Blanco]。☆

10811　Chelyocarpus Dammer (1920)【汉】龟果棕属(龟果棕属, 契里棕属)。【隶属】棕榈科 Arecaceae (Palmae)。【包含】世界 4 种。【学名诠释与讨论】〈阳〉(希) chelys, 乌龟 + karpos, 果实。【分布】秘鲁, 玻利维亚, 厄瓜多尔, 热带南美洲。【模式】Chelyocarpus ulei Dammer。【参考异名】Tessmanniodoxa Burret (1941) ; Tessmanniophoenix Burret (1928) ●☆

10812　Chelyorchis Dressler et N. H. Williams (2000)【汉】中美瘤瓣兰属。【隶属】兰科 Orchidaceae。【包含】世界 2 种。【学名诠释与讨论】〈阴〉(希) chelys, 乌龟 + orchis, 原义为睾丸, 后变为植物兰的名称, 因为根的形态而得名。变为拉丁文 orchis, 所有格 orchidis。此属的学名是"Chelyorchis Dressler et N. H. Williams, Orchids of Venezuela: An Illustrated Field Guide (ed. 2) = Orquideas de Venezuela : una guia de campo ilustrada (ed. 2) 1130. 2000"。亦有文献把其处理为"Oncidium Sw. (1800) (保留属名)"的异名。【分布】中美洲。【模式】Chelyorchis ampliata (Lindl.) Dressler et N. H. Williams [Oncidium ampliatum Lindl.]。【参考异名】Oncidium Sw. (1800) (保留属名) ■☆

10813　Chelystachya Mytnik et Szlach. (2011)【汉】龟穗兰属。【隶属】兰科 Orchidaceae。【包含】世界 2 种。【学名诠释与讨论】〈阴〉(希) chelys, 乌龟 + stachys, 穗, 谷, 长钉。【分布】热带非洲。【模式】Chelystachya affinis (Lindl.) Mytnik et Szlach. [Polystachya affinis Lindl.]。☆

10814　Chemnicia Scop. (1777) Nom. illegit. ≡ Rouhamon Aubl. (1775) ; ~ = Strychnos L. (1753) [马钱科(断肠草科, 马钱子科) Loganiaceae] ●

10815　Chemnitzia Post et Kuntze (1903) = Chemnicia Scop. (1777) Nom. illegit. ; ~ = Rouhamon Aubl. (1775) ; ~ = Strychnos L. (1753) [马钱科(断肠草科, 马钱子科) Loganiaceae] ●

10816　Chemnizia Fabr. (1763) Nom. illegit. ≡ Chemnizia Heist. ex Fabr. (1763) ; ~ = Lagoecia L. (1753) [伞形花科(伞形科) Apiaceae (Umbelliferae)] ●☆

10817　Chemnizia Heist. ex Fabr. (1763) Nom. illegit. ≡ Lagoecia L. (1753) [伞形花科(伞形科) Apiaceae (Umbelliferae)] ●☆

10818　Chemnizia Steud. (1840) Nom. illegit. = Chemnicia Scop. (1777) Nom. illegit. ; ~ ≡ Rouhamon Aubl. (1775) ; ~ = Strychnos L. (1753) [马钱科(断肠草科, 马钱子科) Loganiaceae] ●

10819　Chengiopanax C. B. Shang et J. Y. Huang (1993)【汉】人参木属。【英】Chengiopanax。【隶属】五加科 Araliaceae。【包含】世界 2 种, 中国 1 种。【学名诠释与讨论】〈阳〉(希) Wanchun Cheng, 1904-1983, 郑万钧, 中国著名林学家、树木分类学家、林业教育学家, 中国近代林业开拓者之一。在树木学方面有极深造诣 + (属) Panax 人参属。【分布】日本, 中国。【模式】不详。●

10820　Chennapyrum Á. Löve (1982) = Aegilops L. (1753) (保留属名) [禾本科 Poaceae (Gramineae)] ■

10821　Chenocarpus Neck. (1790) Nom. inval. = Chaenocarpus Juss. (1817) ; ~ = Spermacoce L. (1753) [茜草科 Rubiaceae//繁缕科 Alsinaceae] ●■

10822　Chenolea Thunb. (1781)【汉】膜被雾冰藜属。【隶属】藜科 Chenopodiaceae。【包含】世界 4 种。【学名诠释与讨论】〈阴〉(希) chen, 鹅 + elaia = 拉丁文 olea 橄榄。喻指含糊。或许来自人名。此属的学名是"Chenolea Thunberg, Nova Gen. Pl. 9. 24 Nov 1781"。亦有文献把其处理为"Bassia All. (1766)"的异名。【分布】地中海地区, 非洲南部。【模式】Chenolea diffusa Thunberg。【参考异名】Bassia All. (1766) ; Chonolea Kuntze (1891) ; Villemetia Moq. (1834) ●☆

10823　Chenoleoides (Ulb.) Botsch. (1976) = Bassia All. (1766) [藜科 Chenopodiaceae] ■●

10824　Chenoleoides Botsch. (1976) Nom. illegit. ≡ Chenoleoides (Ulb.) Botsch. (1976) ; ~ = Bassia All. (1766) [藜科 Chenopodiaceae] ■●

10825　Chenopodiaceae Vent. (1799) (保留科名) [亦见 Amaranthaceae Juss. (保留科名) 苋科 和 Chionographidaceae Takht. 白丝草科]【汉】藜科。【日】アカザ科。【俄】Маревые。【英】Goosefoot Family。【包含】世界 100-130 属 1300-1500 种, 中国 42-45 属 190-211 种。【分布】广泛分布, 主要在温带和亚热带。【科名模式】Chenopodium L. (1753) ●■

10826　Chenopodina (Moq.) Moq. (1849) Nom. illegit. ≡ Suaeda Forssk. ex J. F. Gmel. (1776) (保留属名) [藜科 Chenopodiaceae] ●■

10827　Chenopodina Moq. (1849) Nom. illegit. ≡ Chenopodina (Moq.) Moq. (1849) Nom. illegit. ; ~ ≡ Suaeda Forssk. ex J. F. Gmel. (1776) (保留属名) [藜科 Chenopodiaceae] ●■

10828　Chenopodiopsis Hilliard et B. L. Burtt, Nom. illegit. ≡ Chenopodiopsis Hilliard (1990) [玄参科 Scrophulariaceae] ■☆

10829　Chenopodiopsis Hilliard (1990)【汉】假藜属。【隶属】玄参科 Scrophulariaceae。【包含】世界 3 种。【学名诠释与讨论】〈阴〉(属) Chenopodium 藜属 + 希腊文 opsis, 外观, 模样, 相似。此属的学名, ING、TROPICOS 和 IK 记载是"Chenopodiopsis O. M. Hilliard, Edinburgh J. Bot. 47：339. 20 Dec 1990"。"Chenopodiopsis Hilliard et B. L. Burtt ≡ Chenopodiopsis Hilliard (1990)"的命名人

引证有误。【分布】非洲南部。【模式】Chenopodiopsis retrorsa O. M. Hilliard。【参考异名】Chenopodiopsis Hilliard et B. L. Burtt, Nom. illegit.■☆

10830 Chenopodium L. (1753)【汉】藜属(灰菜属)。【日】アカザ属。【俄】Лебеда, Марь。【英】Blite, Goosefoot, Pigweed。【隶属】藜科 Chenopodiaceae。【包含】世界 100-250 种，中国 15-22 种。【学名诠释与讨论】〈中〉(希) chen, 鹅 + pous, 所有格 podos, 指小式 podion, 脚, 足, 柄, 梗。podotes, 有脚之 +-ius, -ia, -ium, 在拉丁文和希腊文中, 这些词尾表示性质或状态。指叶形。此属的学名, ING、APNI、GCI、TROPICOS 和 IK 记载是" Chenopodium L., Sp. Pl. 1:218. 1753 [1 May 1753]"。" Botrys Nieuwland, Amer. Midl. Naturalist 3:274. 15 Mai 1914"是" Chenopodium L. (1753)"的晚出的同模式异名(Homotypic synonym, Nomenclatural synonym)。" Chenopodium Vell., Florae Fluminensis, seu, Descriptionum plantarum parectura Fluminensi sponte mascentium liber primus ad systema sexuale concinnatus 126. 1825 [1829] [藜科 Chenopodiaceae]"是晚出的非法名称。【分布】巴基斯坦, 巴拉圭, 巴拿马, 秘鲁, 玻利维亚, 厄瓜多尔, 马达加斯加, 美国(密苏里), 尼加拉瓜, 中国, 温带, 中美洲。【后选模式】Chenopodium album Linnaeus。【参考异名】Agathophyton Moq. (1849) Nom. inval., Nom. illegit.; Agathophytum Moq. (1834) Nom. illegit.; Ambrina Spach (1836) Nom. illegit.; Anserina Dumort. (1827); Baolia H. W. Kung et G. L. Chu (1978); Blitum Hill (1757) Nom. illegit.; Blitum L. (1753); Botrydium Spach (1836) Nom. illegit.; Botrys Nieuwl. (1914); Botrys Rchb. ex Nieuwl. (1914) Nom. illegit.; Gandriloa Steud. (1840) Nom. illegit.; Lipandra Moq. (1840); Meiomeria Standl. (1916); Morocarpus Boehm. (1760) Nom. illegit.; Neobotrydium Moldenke (1946); Oligandra Less. (1834-1835) Nom. illegit.; Oliganthera Endl. (1841) Nom. illegit., Nom. superfl.; Orthospermum (R. Br.) Opiz (1852) Nom. illegit.; Orthospermum Opiz (1852) Nom. illegit.; Orthosporum (R. Br.) C. A. Mey. ex T. Nees (1835) Nom. illegit.; Orthosporum (R. Br.) Kostel.; Orthosporum (R. Br.) T. Nees (1835); Orthosporum T. Nees (1835) Nom. illegit.; Oxybasis Kar. et Kir. (1841); Roubieva Moq. (1834); Scleroblitum Ulbr. (1934); Syoctonum Bernh. (1847); Teloxys Moq. (1834); Vulvaria Bubani (1897)■●

10831 Chenopodium Vell. (1825) Nom. illegit. [苋科 Amaranthaceae]■☆

10832 Chenorchis Z. J. Liu, K. W. Liu et L. J. Chen (2008) = Penkimia Phukan et Odyuo (2006) [兰科 Orchidaceae]■

10833 Cheobula Vell. (1831) = Cleobula Vell. (1829) [豆科 Fabaceae (Leguminosae)]☆

10834 Cheramela Rumph. = Cicca L. (1767) [大戟科 Euphorbiaceae]●

10835 Cherimolia Raf. = Annona L. (1753) [番荔枝科 Annonaceae]●

10836 Cherina Cass. (1817) = Chaetanthera Ruiz et Pav. (1794) [菊科 Asteraceae (Compositae)]■☆

10837 Cherleria Haller ex L. (1753) ≡ Cherleria L. (1753) [石竹科 Caryophyllaceae]■

10838 Cherleria Haller (1740) Nom. inval. ≡ Cherleria Haller ex L. (1753); ~ ≡ Cherleria L. (1753) [石竹科 Caryophyllaceae]■

10839 Cherleria L. (1753) = Arenaria L. (1753); ~ = Minuartia L. (1753) [石竹科 Caryophyllaceae]■

10840 Cherophilum Nocca (1793) = Cherophylum Raf. [伞形花科(伞形科) Apiaceae (Umbelliferae)]■

10841 Cherophylum Raf. = Chaerophyllum L. (1753) [伞形花科(伞形科) Apiaceae (Umbelliferae)]■

10842 Chersodoma Phil. (1891)【汉】山绒菊属。【隶属】菊科 Asteraceae (Compositae)。【包含】世界 9 种。【学名诠释与讨论】

〈阴〉(希) chersos, 干地 + doma, 所有格 domatos, 礼物。此属的学名, ING、GCI、TROPICOS 和 IK 记载是" Chersodoma R. A. Philippi, Anales Mus. Nac. Chile 33. 1891"。" Chersodoma Phil. et Cabrera (1946)"修订了属的描述。【分布】秘鲁, 玻利维亚, 温带南美洲。【模式】Chersodoma candida R. A. Philippi。【参考异名】Chersodoma Phil. et Cabrera (1946) descr. emend.■●☆

10843 Chersodoma Phil. et Cabrera (1946) descr. emend. = Chersodoma Phil. (1891) [菊科 Asteraceae (Compositae)]■●☆

10844 Chersydrium Schott (1865) = Dracontium L. (1753) [天南星科 Araceae]■☆

10845 Chesmone Bubani (1899) = Argyrolobium Eckl. et Zeyh. (1836) (保留属名); ~ = Chasmone E. Mey. (1835) [豆科 Fabaceae (Leguminosae)]●☆

10846 Chesnea Scop. (1777) Nom. illegit. ≡ Carapichea Aubl. (1775) (废弃属名); ~ = Cephaëlis Sw. (1788) (保留属名); ~ = Psychotria L. (1759) (保留属名) [茜草科 Rubiaceae//九节科 Psychotriaceae]●

10847 Chesneya Bertol. (1842) Nom. illegit. ≡ Gaytania Münter (1843); ~ = Pimpinella L. (1753) [伞形花科(伞形科) Apiaceae (Umbelliferae)]■

10848 Chesneya Lindl. (1840) Nom. illegit. ≡ Chesneya Lindl. ex Endl. (1840) [豆科 Fabaceae (Leguminosae)//蝶形花科 Papilionaceae]●

10849 Chesneya Lindl. ex Endl. (1840)【汉】雀儿豆属。【俄】Чезнейя。【英】Birdlingbran, Chesneya。【隶属】豆科 Fabaceae (Leguminosae)//蝶形花科 Papilionaceae。【包含】世界 21 种, 中国 7-11 种。【学名诠释与讨论】〈阴〉(人) Francis Rawdon Chesney, 1789-1872, 英国植物采集者, 旅行家。此属的学名, ING 和 TROPICOS 记载是" Chesneya Lindley ex Endlicher, Gen. 1275. Aug 1840"。伞形花科 Apiaceae 的" Chesneya A. Bertoloni, Novi Comment. Acad. Sci. Inst. Bononiensis 5:427. post 1 Sep 1842 ≡ Gaytania Münter (1843) = Pimpinella L. (1753)"是晚出的非法名称。" Chesneya Lindl. in Endl. Gen. 1275 (1840). ≡ Chesneya Lindl. ex Endl. (1840)"的命名人引证有误。【分布】巴基斯坦, 亚美尼亚, 伊拉克, 中国。【后选模式】Chesneya rytidosperma Jaubert et Spach。【参考异名】Chesneya Lindl. (1840) Nom. illegit.; Chesniella Boriss. (1964); Chesnya Rchb. (1841); Kostyczewa Korsh. (1896); Spongiocarpella Yakovlev et N. Ulziykh. (1987); Spongiocarpella Yakovlev et N. Ulziykh. ex Yakovlev et Sviaz. (1987)●

10850 Chesniella Boriss. (1964)【汉】旱雀豆属。【英】Chesniella, Drybirdbean。【隶属】豆科 Fabaceae (Leguminosae)//蝶形花科 Papilionaceae。【包含】世界 6 种, 中国 2 种。【学名诠释与讨论】〈阴〉(属) Chesnea +-ellus, -ella, -ellum, 加在名词词干后面形成指小式的词尾。或加在人名、属名等后面以组成新属的名称。此属的学名是" Chesniella Borissova, Trudy Bot. Inst. Akad. Nauk SSSR, Ser. 1, Fl. Sist. Vyss Rast. 1964:182. 1964"。亦有文献把其处理为" Chesneya Lindl. ex Endl. (1840)"的异名。【分布】中国, 喀什米尔地区, 亚洲中部。【模式】Chesniella ferganensis (Korshinsky) Borissova [Chesneya ferganensis Korshinsky]。【参考异名】Chesneya Lindl. ex Endl. (1840)●

10851 Chesnya Rchb. (1841) = Chesneya Lindl. ex Endl. (1840) [豆科 Fabaceae (Leguminosae)//蝶形花科 Papilionaceae]●

10852 Chetanthera Raf. = Chaetanthera Ruiz et Pav. (1794); ~ = Chaetopappa DC. (1836) [菊科 Asteraceae (Compositae)]■☆

10853 Chetaria Steud. (1841) = Scabiosa L. (1753) [川续断科(刺参科, 蓟叶参科, 山萝卜科, 续断科) Dipsacaceae//蓝盆花科 Scabiosaceae]●■

10854　Chetastrum Neck.（1790）Nom. inval. ＝Scabiosa L.（1753）［川续断科（刺参科，蓟叶参科，山萝卜科，续断科）Dipsacaceae//蓝盆花科 Scabiosaceae］●■

10855　Chetocrater Raf.（1838）Nom. illegit. ≡Chaetocrater Ruiz et Pav.（1799）；~ = Casearia Jacq.（1760）［刺篱木科（大风子科）Flacourtiaceae//天料木科 Samydaceae］●

10856　Chetopappua Raf. =Chaetopappa DC.（1836）［菊科 Asteraceae（Compositae）］■☆

10857　Chetropis Raf.（1837）= Arenaria L.（1753）；~ = Sedum L.（1753）［景天科 Crassulaceae］●■

10858　Chevalierella A. Camus（1933）【汉】隐节草属。【隶属】禾本科 Poaceae（Gramineae）。【包含】世界 1 种。【学名诠释与讨论】〈阴〉（人）Auguste Jean Baptiste Chevalier，1873-1956，法国植物学者，探险家+-ellus，-ella，-ellum，加在名词词干后面形成指小式的词尾。或加在人名、属名等后面以组成新属的名称。【分布】刚果（布）。【模式】Chevalierella congoensis A. Camus。■☆

10859　Chevalieria Gaudich.（1843）Nom. inval. ≡Chevalieria Gaudich. ex Beer（1852）；~ =Aechmea Ruiz et Pav.（1794）（保留属名）［凤梨科 Bromeliaceae］■☆

10860　Chevalieria Gaudich. ex Beer（1852）【汉】雪佛凤梨属（雪佛兰属）。【隶属】凤梨科 Bromeliaceae。【包含】世界 5-22 种。【学名诠释与讨论】〈阴〉（人）Chevalier，植物学者。此属的学名，IK 记载是"Chevalieria Gaudich.，Voy. Bonite，Bot. 3（Atlas）：t. 61，62. 1843"。这是一个未合格发表的名称（Nom. inval.）。合法名称是"Chevalieria Gaudich. ex Beer（1852）"。真菌的"Chevalieria Arnaud，Compt. Rend. Hebd. Séances Acad. Sci. 170：203. 1920 ≡ Chevalieropsis Arnaud 1923"则是晚出的非法名称。亦有文献把"Chevalieria Gaudich. ex Beer（1852）"处理为"Aechmea Ruiz et Pav.（1794）（保留属名）"的异名。【分布】阿根廷，巴西（东部）。【模式】不详。【参考异名】Aechmea Ruiz et Pav.（1794）（保留属名）；Chevalieria Gaudich.（1843）Nom. inval. ；Chevalliera Carrière（1881）■☆

10861　Chevalierodendron J. -F. Leroy（1948）= Streblus Lour.（1790）［桑科 Moraceae］●

10862　Chevalliera Carrière（1881）= Chevalieria Gaudich. ex Beer（1852）［凤梨科 Bromeliaceae］■☆

10863　Chevreulia Cass.（1817）【汉】钝柱紫绒草属。【隶属】菊科 Asteraceae（Compositae）。【包含】世界 5-6 种。【学名诠释与讨论】〈阴〉（人）Chevreul。【分布】巴拉圭，秘鲁，玻利维亚，厄瓜多尔，福克兰群岛，南美洲。【模式】Chevreulia stolonifera Cassini，Nom. illegit. ［Tussilago sarmentosa Persoon；Chevreulia sarmentosa（Persoon）S. F. Blake］。【参考异名】Leucopodum Gardner（1845）■☆

10864　Cheynia Harv.（1855）Nom. illegit. ≡Cheynia J. Drumm. ex Harv.（1855）［桃金娘科 Myrtaceae］●☆

10865　Cheynia J. Drumm. ex Harv.（1855）= Balaustion Hook.（1851）［桃金娘科 Myrtaceae］●☆

10866　Cheyniana Rye（2009）【汉】澳大利亚石榴花属。【隶属】桃金娘科 Myrtaceae。【包含】世界 2 种。【学名诠释与讨论】〈阴〉（地）Cheyne，切恩，位于澳大利亚。亦有文献把其处理为"Balaustion Hook.（1851）"的异名。【分布】澳大利亚（西部）。【模式】Cheyniana microphylla（C. A. Gardner）Rye。【参考异名】Balaustion Hook.（1851）●☆

10867　Chiangiodendron T. Wendt（1988）【汉】墨西哥大风子属。【隶属】刺篱木科（大风子科）Flacourtiaceae。【包含】世界 1 种。【学名诠释与讨论】〈中〉词源不详。【分布】哥斯达黎加，墨西哥，中美洲。【模式】Chiangiodendron mexicanum T. Wendt。●☆

10868　Chianthemum Kuntze（1891）Nom. illegit. ≡Chianthemum Sieg. ex Kuntze（1891）Nom. illegit. ; ~ ≡Galanthus L.（1753）［石蒜科 Amaryllidaceae//雪花莲科 Galanthaceae］■☆

10869　Chianthemum Sieg.（1736）Nom. inval. ≡Chianthemum Sieg. ex Kuntze（1891）；~ ≡ Galanthus L.（1753）［石蒜科 Amaryllidaceae//雪花莲科 Galanthaceae］■☆

10870　Chianthemum Sieg. ex Kuntze（1891）Nom. illegit. ≡Galanthus L.（1753）［石蒜科 Amaryllidaceae//雪花莲科 Galanthaceae］■☆

10871　Chiapasia Britton et Rose（1923）【汉】恰帕斯掌属（恰帕西亚属）。【隶属】仙人掌科 Cactaceae。【包含】世界 1 种。【学名诠释与讨论】〈阴〉（地）Chiapas，恰帕斯，位于墨西哥。此属的学名是"Chiapasia N. L. Britton et J. N. Rose，Cact. 4：203. 24 Dec 1923"。亦有文献把"Chiapasia Britton et Rose（1923）"处理为"Disocactus Lindl.（1845）"的异名。【分布】洪都拉斯，墨西哥，危地马拉。【模式】Chiapasia nelsonii（N. L. Britton et J. N. Rose）N. L. Britton et J. N. Rose［Epiphyllum nelsonii N. L. Briton et J. N. Rose］。【参考异名】Disocactus Lindl.（1845）●☆

10872　Chiapasophyllum Doweld（2002）【汉】墨西哥昙花属。【隶属】仙人掌科 Cactaceae。【包含】世界 1 种。【学名诠释与讨论】〈阴〉（地）Chiapas，恰帕斯，位于墨西哥。此属的学名是"Chiapasophyllum A. B. Doweld，Sukkulenty 4：32. 15 Sep 2001"。亦有文献把"Chiapasophyllum Doweld（2002）"处理为"Epiphyllum Haw.（1812）"的异名。【分布】墨西哥。【模式】Chiapasophyllum chrysocardium（E. J. Alexander）A. B. Doweld［Epiphyllum chrysocardium E. J. Alexander］。【参考异名】Epiphyllum Haw.（1812）●☆

10873　Chiarinia Chiov.（1932）= Lecaniodiscus Planch. ex Benth.（1849）［无患子科 Sapindaceae］●☆

10874　Chiastophyllum（Ledeb.）A. Berger（1930）Nom. illegit. ≡ Chiastophyllum（Ledeb.）Stapf（1930）［景天科 Crassulaceae］■☆

10875　Chiastophyllum（Ledeb.）Stapf ex A. Berger（1930）Nom. illegit. ≡Chiastophyllum（Ledeb.）Stapf（1930）［景天科 Crassulaceae］■☆

10876　Chiastophyllum（Ledeb.）Stapf（1930）【汉】对叶景天属。【英】Chiastophyllum，Cotyledon。【隶属】景天科 Crassulaceae。【包含】世界 1 种。【学名诠释与讨论】〈中〉（希）chiastos，对生+希腊文 phyllon，叶子。此属的学名，ING 记载是"Chiastophyllum（Ledebour）A. Berger in Engler et Prantl，Nat. Pflanzenfam. ed. 2. 18a：418. Jan - Oct 1930"，由"Umbilicus sect. Chiastophyllum Ledebour，Fl. Ross. 2：176. Sep 1843"改级而来。TROPICOS 记载为"Chiastophyllum（Ledeb.）Stapf ex A. Berger，Nat. Pflanzenfam.（ed. 2）18a：418（1930）"。IK 则记载为"Chiastophyllum Stapf，Index Londin. ii. 176，316（1930）；A. Berger in Engl. et Prantl，Nat. Pflanzenfam. ed. 2，xviii a. 418（1930）"。【分布】热带。【模式】Chiastophyllum oppositifolium（Ledeb. ex Nordm.）A. Berger。【参考异名】Chiastophyllum（Ledeb.）A. Berger（1930）Nom. illegit. ；Chiastophyllum（Ledeb.）Stapf ex A. Berger（1930）Nom. illegit. ；Chiastophyllum Stapf（1930）Nom. illegit. ；Umbilicus sect. Chiastophyllum Ledeb.（1843）■☆

10877　Chiastophyllum Stapf（1930）Nom. illegit. ≡ Chiastophyllum（Ledeb.）Stapf（1930）［景天科 Crassulaceae］■☆

10878　Chiazospermum Bernh.（1833）【汉】节角茴属。【隶属】罂粟科 Papaveraceae//角茴香科 Hypecoaceae。【包含】世界 3 种。【学名诠释与讨论】〈中〉（希）chiazo，带有 2 条交叉线的记号，类似于 X + sperma，所有格 spermatos，种子，孢子。此属的学名是"Chiazospermum Bernhardi，Linnaea 8：465. post Jul 1833"。亦有文献把"Chiazospermum Bernh.（1833）"处理为"Hypecoum L.（1753）"的异名。【分布】中国。【模式】Chiazospermum erectum

Bernhardi。【参考异名】Hypecoum L.（1753）■

10879　Chibaca G. Bertol.（1853）（废弃属名）＝Warburgia Engl.（1895）（保留属名）［白桂皮科 Canellaceae//白樟科 Lauraceae//假樟科 Lauraceae］●☆

10880　Chichaea C. Presl（1836）＝Brachychiton Schott et Endl.（1832）［梧桐科 Sterculiaceae//锦葵科 Malvaceae］●☆

10881　Chicharronia A. Rich.（1845）＝Terminalia L.（1767）（保留属名）［使君子科 Combretaceae//榄仁树科 Terminaliaceae］●☆

10882　Chichicaste Weigend（1997）【汉】长叶刺莲花属。【隶属】刺莲花科（硬毛草科）Loasaceae。【包含】世界1种。【学名诠释与讨论】〈阴〉词源不详。【分布】哥斯达黎加,南美洲,中美洲。【模式】Chichicaste grandis（P. C. Standley）M. Weigend［Loasa grandis P. C. Standley］。■☆

10883　Chichipia Backeb.（1950）＝Polaskia Backeb.（1949）［仙人掌科 Cactaceae］●☆

10884　Chichipia Marn.–Lap.＝Polaskia Backeb.（1949）［仙人掌科 Cactaceae］●☆

10885　Chickrassia A. Juss.（1830）＝Chukrasia A. Juss.（1830）［楝科 Meliaceae］●

10886　Chickrassia Wight et Arn.（1834）≡Chukrasia A. Juss.（1830）［楝科 Meliaceae］●

10887　Chiclea Lundell（1976）＝Manilkara Adans.（1763）（保留属名）［山榄科 Sapotaceae］●

10888　Chicoca Augier＝Chiococca P. Browne ex L.（1759）［茜草科 Rubiaceae］●☆

10889　Chicoinaea Comm. ex DC.（1830）＝Psathura Comm. ex Juss.（1789）［茜草科 Rubiaceae］■☆

10890　Chidlowia Hoyle（1932）【汉】奇罗维豆属。【隶属】豆科 Fabaceae（Leguminosae）。【包含】世界1种。【学名诠释与讨论】〈阴〉（人）Chidlow Vigne, 1900–?,英国植物学者。【分布】热带非洲西部。【模式】Chidlowia sanguinea Hoyle。●☆

10891　Chienia W. T. Wang（1964）＝Delphinium L.（1753）［毛茛科 Ranunculaceae//翠雀花科 Delphiniaceae］■

10892　Chieniodendron Tsiang et P. T. Li（1964）【汉】蕉木属（钱木属）。【隶属】番荔枝科 Annonaceae。【包含】世界1种,中国1种。【学名诠释与讨论】〈阴〉（人）Sungshu Chien, 1883–1965,钱崇澍,字雨农,中国植物学家,教育家,中国近代植物学奠基人之一。毕生从事植物学研究、教育和组织工作。1916年、1917年和1927年分别发表的植物分类学、植物生理学、植物生态学和地植物学论文,均属我国在该领域的第一篇科学文献。对难度较大的兰科 Orchidaceae、荨麻科 Urticaceae、豆科 Fabaceae（Leguminosae）、毛茛科 Ranunculaceae 等植物的分类进行了系统研究,培养了许多植物学人才,对我国近代植物学的开拓和发展做出了重大贡献+dendron 或 dendros,树木,棍,丛林。此属的学名是"Chieniodendron Y. Tsiang et P. T. Li, Acta Phytotax. Sin 9: 374. Oct 1964"。亦有文献把其处理为"Meiogyne Miq.（1865）"或"Oncodostigma Diels（1912）"的异名。【分布】中国。【模式】Chieniodendron hainanense（E. D. Merrill）Y. Tsiang et P. T. Li［Fissistigma hainanense E. D. Merrill］。【参考异名】Meiogyne Miq.（1865）;Oncodostigma Diels（1912）●

10893　Chienodoxa Y. Z. Sun（1951）＝Schnabelia Hand.–Mazz.（1924）［马鞭草科 Verbenaceae//唇形科 Lamiaceae（Labiatae）］■●★

10894　Chifolium Hamm.＝Anthriscus Pers.（1805）（保留属名）［伞形花科（伞形科）Apiaceae（Umbelliferae）］■

10895　Chigua D. W. Stev.（1990）【汉】哥伦比亚苏铁属。【隶属】泽米苏铁科 Zamiaceae//泽米苏铁科（泽米科）Zamiaceae。【包含】世界2种。【学名诠释与讨论】〈阴〉词源不详。【分布】哥伦比

亚。【模式】Chigua restrepoi D. W. Stevenson。●☆

10896　Chihuahuana Urbatsch et R. P. Roberts（2004）【汉】簇黄花属。【隶属】菊科 Asteraceae（Compositae）。【包含】世界1种。【学名诠释与讨论】〈阴〉（地）Chihuahua,奇瓦瓦+-anus, -ana, -anum,加在名词词干后面使形成形容词的词尾,含义为"属于"。【分布】墨西哥。【模式】Chihuahuana purpusii（Brandegee）Urbatsch et R. P. Roberts。●☆

10897　Chikusichloa Koidz.（1925）【汉】山涧草属。【日】ツクシガヤ属。【英】Chikusichloa, Gullygrass。【隶属】禾本科 Poaceae（Gramineae）。【包含】世界3种,中国3种。【学名诠释与讨论】〈阴〉（地）Tukusi,筑紫,位于日本+希腊文 chloe 草。【分布】日本,中国,琉球群岛。【模式】Chikusichloa aquatica Koidzumi。■★

10898　Childsia Childs（1899）＝Hidalgoa La Llave（1824）［菊科 Asteraceae（Compositae）］■☆

10899　Chilechium Pfeiff.（1873）＝Chilochium Raf.（1815）Nom. illegit.;～＝Echiochilon Desf.（1798）［紫草科 Boraginaceae］■☆

10900　Chilenia Backeb.（1935）Nom. illegit.＝Neoporteria Britton et Rose（1922）;～＝Nichelia Bullock（1938）［仙人掌科 Cactaceae］●■

10901　Chilenia Backeb.（1938）Nom. illegit.＝Neoporteria Britton et Rose（1922）;～＝Nichelia Bullock（1938）［仙人掌科 Cactaceae］●■

10902　Chilenia Backeb.（1939）Nom. illegit.＝Neoporteria Britton et Rose（1922）;～＝Nichelia Bullock（1938）［仙人掌科 Cactaceae］●■

10903　Chileniopsis Backeb.（1936）＝Neoporteria Britton et Rose（1922）;～＝Nichelia Bullock（1938）［仙人掌科 Cactaceae］●■

10904　Chileocactus Frič（1931）＝Horridocactus Backeb.（1938）;～＝Neoporteria Britton et Rose（1922）［仙人掌科 Cactaceae］●■

10905　Chileorchis Szlach.（2008）＝Chloraea Lindl.（1827）［兰科 Orchidaceae］■☆

10906　Chileorebutia F. Ritter（1959）Nom. illegit.≡Chileorebutia Frič ex F. Ritter（1959）;～＝Pyrrhocactus（A. Berger）Backeb. et F. M. Knuth（1935）Nom. illegit.;～＝Pyrrhocactus Backeb.（1936）Nom. illegit.;～＝Neoporteria Britton et Rose（1922）［仙人掌科 Cactaceae］●■

10907　Chileorebutia Frič ex F. Ritter（1959）＝Pyrrhocactus（A. Berger）Backeb. et F. M. Knuth（1935）Nom. illegit.;～＝Pyrrhocactus Backeb.（1936）Nom. illegit.;～＝Neoporteria Britton et Rose（1922）［仙人掌科 Cactaceae］●■

10908　Chileorebutia Frič（1938）Nom. illegit.≡Chileorebutia Frič ex F. Ritter（1959）;～＝Pyrrhocactus（A. Berger）Backeb. et F. M. Knuth（1935）Nom. illegit.;～＝Pyrrhocactus Backeb.（1936）Nom. illegit.;～＝Neoporteria Britton et Rose（1922）［仙人掌科 Cactaceae］●■

10909　Chileranthemum Oerst.（1854）【汉】智利喜花草属。【隶属】爵床科 Acanthaceae。【包含】世界2种。【学名诠释与讨论】〈中〉chilias 或 chilios,一千+（属）Eranthemum 可爱花属。【分布】墨西哥,中美洲。【模式】Chileranthemum trifidum Oersted。【参考异名】Trybliocalyx Lindau（1904）■☆

10910　Chiliadenus Cass.（1825）【汉】千腺菊属（千腺菊属）。【隶属】菊科 Asteraceae（Compositae）。【包含】世界9-10种。【学名诠释与讨论】〈阳〉（希）chilias 或 chilios,一千+aden,所有格 adenos,腺体。此属的学名"Chiliadenus Cassini in F. Cuvier, Dict. Sci. Nat. 34: 34. Apr 1825"是一个替代名称。"Myriadenus Cassini, Bull. Sci. Soc. Philom. Paris 1817"是一个非法名称（Nom. illegit.）,因为此前已经有了"Myriadenus Desvaux, J. Bot. Agric. 1: 121. t. 4, f. 11. Mar 1813"。故用"Chiliadenus Cass.（1825）"替代之。亦有文献把"Chiliadenus Cass.（1825）"处理为"Jasonia（Cass.）Cass.（1825）"的异名。【分布】地中海地区。【模式】Chiliadenus camphoratus Cassini, Nom. illegit. ［Erigeron glutinosus Linnaeus；Chiliadenus glutinosus（Linnaeus）Fourreau］。【参考异名】Jasonia（Cass.）Cass.（1817）；Myriadenus Cass.（1817）Nom. illegit. ■●☆

10911　Chiliandra Griff.（1854）= Rhynchotechum Blume（1826）［苦苣苔科 Gesneriaceae］●

10912　Chilianthus Burch.（1822）【汉】千花醉鱼草属。【隶属】醉鱼草科 Buddlejaceae//马钱科（断肠草科，马钱子科）Loganiaceae。【包含】世界 3 种。【学名诠释与讨论】〈阳〉（希）chilias 或 chilios，一千+anthos，花，antheros，多花的，antheo，开花。此属的学名是"Chilianthus Burchell, Trav. S. Africa 1：94. post Feb, 1822"。亦有文献把"Chilianthus Burch.（1822）"处理为"Buddleja L.（1753）"的异名。【分布】澳大利亚，非洲。【模式】Chilianthus oleaceus Burchell, Nom. illegit. ［Scoparia arborea Linnaeus f.；Chilianthus arboreus（Linnaeus f.）Bentham］。【参考异名】Buddleja L.（1753）；Semnos Raf.（1838）●☆

10913　Chiliocephalum Benth.（1873）【汉】千头草属（光果金绒草属，千头属）。【隶属】菊科 Asteraceae（Compositae）。【包含】世界 1-2 种。【学名诠释与讨论】〈中〉（希）chilias 或 chilios，一千+kephale，头。【分布】埃塞俄比亚。【模式】Chiliocephalum schimperi Bentham。【参考异名】Kralikia Sch. Bip.（1867）Nom. inval. ■☆

10914　Chiliophyllum DC.（1836）Nom. illegit.（废弃属名）≡ Hybridella Cass.（1817）；~ = Zaluzania Pers.（1807）［菊科 Asteraceae（Compositae）］■●

10915　Chiliophyllum Phil.（1864）（保留属名）【汉】黄帚菀属。【隶属】菊科 Asteraceae（Compositae）。【包含】世界 3 种。【学名诠释与讨论】〈中〉（希）chilias 或 chilios，一千+希腊文 phyllon，叶子。phyllodes，似叶的，多叶的。phylleion，绿色材料，绿草。此属的学名"Chiliophyllum Phil. in Linnaea 33：132. Aug 1864"是保留属名。相应的废弃属名是菊科 Asteraceae 的"Chiliophyllum DC., Prodr. 5：554. 1-10 Oct 1836 ≡ Hybridella Cass.（1817）= Zaluzania Pers.（1807）"。【分布】安第斯山。【模式】Chiliophyllum densifolium R. A. Philippi。【参考异名】Cabreraea Bonif.（2009）；Hybridella Cass.（1817）；Phyllochilium Cabrera（1937）Nom. illegit. ●☆

10916　Chiliorebutia Frič（1938）Nom. illegit. = Neoporteria Britton et Rose（1922）［仙人掌科 Cactaceae］●■

10917　Chiliotrichiopsis Cabrera（1937）【汉】胶帚菀属。【隶属】菊科 Asteraceae（Compositae）。【包含】世界 3 种。【学名诠释与讨论】〈阴〉（属）Chiliotrichum 绒帚菀属+希腊文 opsis，外观，模样，相似。【分布】阿根廷，玻利维亚。【模式】Chiliotrichiopsis keideli A. L. Cabrera。【参考异名】Haroldia Bonif.（2009）●☆

10918　Chiliotrichum Cass.（1817）【汉】绒帚菀属。【隶属】菊科 Asteraceae（Compositae）。【包含】世界 2-7 种。【学名诠释与讨论】〈中〉（希）chilias 或 chilios，一千+thrix，所有格 trichos，毛，毛发。此属的学名，ING、TROPICOS 和 IK 记载是"Chiliotrichum Cass., Bull. Sci. Soc. Philom. Paris 1817：69（1817）"。"Tropidolepis Tausch, Flora 12：68. 7 Feb 1829"是"Chiliotrichum Cass.（1817）"的晚出的同模式异名（Homotypic synonym, Nomenclatural synonym）。【分布】温带南美洲。【模式】Chiliotrichum amelloideum Cassini。【参考异名】Tropidolepis Tausch（1829）Nom. illegit. ●☆

10919　Chilita Orcutt（1926）= Mammillaria Haw.（1812）（保留属名）［仙人掌科 Cactaceae］●

10920　Chillania Roiv.（1933）= Eleocharis R. Br.（1810）［莎草科 Cyperaceae］■

10921　Chilmoria Buch. -Ham.（1822）Nom. illegit. ≡ Gynocardia R. Br.（1820）［刺篱木科（大风子科）Flacourtiaceae］●

10922　Chilocalyx Hook. f. = Chylocalyx Hassk.（1842）；~ = Echinocaulos Hassk.（1842）［蓼科 Polygonaceae］●■

10923　Chilocalyx Klotzsch（1861）= Cleome L.（1753）［山柑科（白花菜科，醉蝶花科）Capparaceae//白花菜科（醉蝶花科）Cleomaceae］●■

10924　Chilocalyx Turcz.（1863）Nom. illegit. ≡ Pamburus Swingle（1916）；~ = Atalantia Corrêa（1805）（保留属名）［芸香科 Rutaceae］●

10925　Chilocardamum O. E. Schulz（1924）【汉】千碎荠属（巴塔哥尼亚芥属）。【隶属】十字花科 Brassicaceae（Cruciferae）。【包含】世界 4 种。【学名诠释与讨论】〈中〉（希）chilias 或 chilios，一千+（属）Cardamine 碎米荠属。此属的学名是"Chilocardamum O. E. Schulz in Engler, Pflanzenr. IV. 105（Heft 86）：179. 22 Jul 1924"。亦有文献把其处理为"Sisymbrium L.（1753）"的异名。【分布】巴塔哥尼亚。【模式】Chilocardamum patagonicum（Spegazzini）O. E. Schulz ［Sisymbrium patagonicum Spegazzini］。【参考异名】Dimitria Ravenna（1972）；Sisymbrium L.（1753）■☆

10926　Chilocarpus Blume（1823）【汉】唇果夹竹桃属。【隶属】夹竹桃科 Apocynaceae。【包含】世界 15 种。【学名诠释与讨论】〈阳〉（希）cheilos，唇。在希腊文组合词中，cheil-，cheilo-，-chilus，-chilia 等均为"唇"义，边缘+karpos，果实。【分布】澳大利亚（昆士兰），印度至马来西亚。【模式】Chilocarpus suaveolens Blume。【参考异名】Neokeithia Steenis（1948）；Rhytileucoma F. Muell.（1860）●☆

10927　Chilochium Raf.（1815）Nom. illegit. ≡ Echiochilon Desf.（1798）［紫草科 Boraginaceae］■☆

10928　Chilochloa P. Beauv.（1812）= Phleum L.（1753）［禾本科 Poaceae（Gramineae）］■

10929　Chilococca Post et Kuntze（1903）= Cheilococca Salisb. ex Sm.（1793）；~ = Platylobium Sm.（1793）（废弃属名）；~ = Bossiaea Vent.（1800）［豆科 Fabaceae（Leguminosae）］●☆

10930　Chilodia R. Br.（1810）= Prostanthera Labill.（1806）［唇形科 Lamiaceae（Labiatae）］●☆

10931　Chilodiscus Post et Kuntze（1903）= Cheilodiscus Triana（1858）；~ = Pectis L.（1759）［菊科 Asteraceae（Compositae）］■☆

10932　Chilogloasa Oerst.（1854）= Justicia L.（1753）；~ = Dianthera L.（1753）［爵床科 Acanthaceae//鸭嘴花科（鸭咀花科）Justiciaceae］■☆

10933　Chiloglottis R. Br.（1810）【汉】喉唇兰属。【隶属】兰科 Orchidaceae。【包含】世界 18 种。【学名诠释与讨论】〈阴〉（希）cheilos，唇，边缘+glottis，所有格 glottidos，气管口，来自 glotta = glossa，舌。【分布】澳大利亚，新西兰。【模式】Chiloglottis diphylla R. Brown。【参考异名】Myrmechila D. L. Jones et M. A. Clem.（2005）■☆

10934　Chilopogon Schltr.（1912）= Appendicula Blume（1825）［兰科 Orchidaceae］■

10935　Chiloporus Naudin（1845）= Miconia Ruiz et Pav.（1794）（保留属名）［野牡丹科 Melastomataceae//米氏野牡丹科 Miconiaceae］●☆

10936　Chilopsis D. Don（1823）【汉】沙漠紫葳属（沙漠柳属，沙漠葳属）。【英】Desert Willow。【隶属】紫葳科 Bignoniaceae。【包含】世界 1 种。【学名诠释与讨论】〈阴〉（希）cheilos，唇，边缘+希腊文 opsis，外观，模样，相似。【分布】美国（南部），墨西哥。【模式】Chilopsis saligna D. Don。●☆

10937　Chilopsis Post et Kuntze（1903）Nom. illegit. = Acanthus L.（1753）；~ = Cheilopsis Moq.（1832）［爵床科 Acanthaceae］●■

10938　Chilosa Blume（1826）【汉】爪哇大戟属。【隶属】大戟科

Euphorbiaceae。【包含】世界 1 种。【学名诠释与讨论】〈阴〉（希）cheilos，唇。在希腊文组合词中，cheil-，cheilo-，-chilus，-chilia 等均为"唇"义，边缘。【分布】印度尼西亚（爪哇岛）。【模式】Chilosa montana Blume。【参考异名】Chilosa Post et Kuntze（1903）Nom. illegit.。●☆

10939 Chilosa Post et Kuntze（1903）Nom. illegit. = Cheilosa Blume（1826）［大戟科 Euphorbiaceae//山唇木科 Cheilosaceae］●☆

10940 Chilosandra Post et Kuntze（1903）= Cheilosandra Griff. ex Lindl.（1847）；~ = Rhynchotechum Blume（1826）［苦苣苔科 Gesneriaceae］●

10941 Chiloschista Lindl.（1832）【汉】异唇兰属（大蜘蛛兰属，异型兰属）。【英】Chilosehista。【隶属】兰科 Orchidaceae。【包含】世界 10-18 种，中国 3-4 种。【学名诠释与讨论】〈阴〉（希）cheilos，唇，边缘+schitos，分开的，裂开的。【分布】印度至马来西亚，中国。【模式】Chiloschista usneoides（D. Don）J. Lindley ［Epidendrum usneoides D. Don］。■

10942 Chilostigma Hochst.（1841）= Aptosimum Burch. ex Benth.（1836）（保留属名）［玄参科 Scrophulariaceae］■●☆

10943 Chiloterus D. L. Jones et M. A. Clem.（2004）= Prasophyllum R. Br.（1810）［兰科 Orchidaceae］■☆

10944 Chilotheca Post et Kuntze（1903）= Cheilotheca Hook. f.（1876）［鹿蹄草科 Pyrolaceae//水晶兰科 Monotropaceae］■

10945 Chilyathum Post et Kuntze（1903）= Oncidium Sw.（1800）（保留属名）；~ = Xeilyathum Raf.（1837）Nom. illegit.［兰科 Orchidaceae］■☆

10946 Chilyctis Post et Kuntze（1903）= Cheilyctis（Raf.）Spach（1840）Nom. illegit.；~ = Monarda L.（1753）［唇形科 Lamiaceae（Labiatae）］●

10947 Chimaerochloa H. P. Linder（2010）【汉】山羊禾属。【隶属】禾本科 Poaceae（Gramineae）。【包含】世界 1 种。【学名诠释与讨论】〈阴〉（希）chimaaira，母山羊；奇形怪状的喷火的怪物+chloe，草的幼芽，嫩草，禾草。【分布】美国。【模式】Chimaerochloa archboldii（Hitchc.）Pirie et H. P. Linder ［Danthonia archboldii Hitchc.］。☆

10948 Chimantaea Maguire, Steyerm. et Wurdack（1957）【汉】直瓣菊属。【隶属】菊科 Asteraceae（Compositae）。【包含】世界 8-10 种。【学名诠释与讨论】〈阴〉词源不详。【分布】几内亚，委内瑞拉。【模式】Chimantaea mirabilis Maguire, Steyermark et Wurdack。●☆

10949 Chimanthus Raf.（1817）= Lauro-Cerasus Duhamel（1755）［蔷薇科 Rosaceae］●

10950 Chimaphila Pursh（1814）【汉】喜冬草属（爱冬叶属，梅笠草属）。【日】ウメガササウ属，ウメガササゥ属。【俄】Зимолюбка，Химафила。【英】Ground Holly, Pipsissewa, Prince's Pine, Waxflower, Wintergreen。【隶属】鹿蹄草科 Pyrolaceae//杜鹃花科（欧石南科）Ericaceae。【包含】世界 4-10 种，中国 5 种。【学名诠释与讨论】〈阴〉（希）cheimon，所有格 cheimonos，冬天，寒冷+philos，喜欢的，爱的。【分布】巴拿马，哥斯达黎加，尼加拉瓜，中国，西印度群岛，欧亚大陆，北美洲，中美洲。【后选模式】Chimaphila maculata（Linnaeus）Pursh ［Pyrola maculata Linnaeus］。【参考异名】Chimaza R. Br. ex DC.（1839）Nom. inval.；Chimophila Radius（1821）；Pipseva Raf.（1840）；Pseva Raf.（1819）●■

10951 Chimarhis Raf.（1820）= Chimarrhis Jacq.（1763）［茜草科 Rubiaceae］■☆

10952 Chimarrhis Jacq.（1763）【汉】急流茜属。【隶属】茜草科 Rubiaceae。【包含】世界 14 种。【学名诠释与讨论】〈阴〉（希）cheimarros，急流。【分布】巴拿马，秘鲁，玻利维亚，厄瓜多尔，尼

加拉瓜，西印度群岛，热带南美洲，中美洲。【模式】Chimarrhis cymosa N. J. Jacquin。【参考异名】Chimarhis Raf（1820）；Pseudochimarrhis Ducke（1922）■☆

10953 Chimaza R. Br. ex DC.（1839）Nom. inval. = Chimaphila Pursh（1814）［鹿蹄草科 Pyrolaceae//杜鹃花科（欧石南科）Ericaceae］●■

10954 Chimborazoa H. T. Beck（1992）= Paullinia L.（1753）［无患子科 Sapindaceae］●☆

10955 Chimerophora Y. Itô（1981）Nom. illegit.［仙人掌科 Cactaceae］☆

10956 Chimocarpus Baill.（1879）= Chymocarpus D. Don ex Brewster, R. Taylor et R. Phillips（1834）；~ = Tropaeolum L.（1753）［旱金莲科 Tropaeolaceae］■

10957 Chimonanthaceae Perleb（1838）= Calycanthaceae Lindl.（保留科名）●

10958 Chimonanthus Lindl.（1819）（保留属名）【汉】蜡梅属（腊梅属）。【日】ラフバイ属。【俄】Химонант。【英】Wintersweet。【隶属】蜡梅科 Calycanthaceae。【包含】世界 4-7 种，中国 7 种。【学名诠释与讨论】〈阳〉（希）cheimon，冬天，寒冷+anthos，花。指冬天开花的习性。此属的学名"Chimonanthus Lindl. in Bot. Reg. ;ad t. 404. 1 Oct 1819"是保留属名。相应的废弃属名是蜡梅科 Calycanthaceae 的"Meratia Loisel. , Herb. Gén. Amat. 3; ad t. 173. Jul 1818 ≡ Chimonanthus Lindl.（1819）（保留属名）"。菊科 Asteraceae 的"Meratia Cass. , Dict. Sci. Nat. , ed. 2. ［F. Cuvier］30：65. 1824 ［May 1824］≡ Delilia Spreng.（1823）= Elvira Cass.（1824）"和紫草科 Boraginaceae 的"Meratia A. DC. , Prodr. ［A. P. de Candolle］10：104. 1846 ［8 Apr 1846］= Moritzia DC. ex Meisn.（1840）亦应废弃。"Meratia Loiseleur-Deslongchamps, Herb. Gén. Amat. 3：t. 173. Jul 1818（'1819'）（废弃属名）"是"Chimonanthus Lindl.（1819）（保留属名）"的同模式异名（Homotypic synonym, Nomenclatural synonym）。【分布】中国。【模式】Chimonanthus fragrans J. Lindley, Nom. illegit. ［Calycanthus praecox L.；Chimonanthus praecox（L.）Link］。【参考异名】Meratia Loisel.（1819）（废弃属名）●★

10959 Chimonobambusa Makino（1914）【汉】方竹属（寒竹属，四方竹属）。【日】カンチク属。【俄】Химонобамбуза。【英】Bamboo, Square Bamboo, Squarebamboo, Square-bamboo, Square-stemmed Bamboo。【隶属】禾本科 Poaceae（Gramineae）。【包含】世界 10-37 种，中国 22-34 种。【学名诠释与讨论】〈阴〉（希）cheimon，冬天，寒冷+（属）Bambusa 箣竹属。指秋冬出笋，能耐寒冷，冬天仍能生长的竹类。【分布】巴基斯坦，印度至日本，中国。【模式】Chimonobambusa marmorea（Mitford）Makino ［Bambusa marmorea Mitford］。【参考异名】Menstruocalamus T. P. Yi（1992）；Oreocalamus Keng（1940）；Qiongzhuea（T. H. Wen et Ohrnb.）J. R. Xue et T. P. Yi（1996）Nom. illegit.；Qiongzhuea J. R. Xue et T. P. Yi（1980）Nom. inval.；Qiongzhuea J. R. Xue et T. P. Yi（1983）●

10960 Chimonocalamus J. R. Xue et T. P. Yi（1979）【汉】香竹属。【英】Fragrant Bamboo, Fragrantbamboo, Fragrant-bamboo。【隶属】禾本科 Poaceae（Gramineae）。【包含】世界 11-18 种，中国 9-18 种。【学名诠释与讨论】〈阳〉（希）cheimon，冬天，寒冷+kalamos，芦苇，转义为竹子。指夏秋发笋的竹类。此属的学名，ING、TROPICOS 和 IK 记载是"Chimonocalamus J. R. Xue et T. P. Yi, Acta Bot. Yunnan. 1（2）：76. Nov 1979"。它曾被处理为"Sinarundinaria sect. Chimnocalamus（Hsueh & T. P. Yi）C. S. Chao & Renvoize, Kew Bulletin 44（2）：353. 1989"。亦有文献把"Chimonocalamus J. R. Xue et T. P. Yi（1979）"处理为"Sinarundinaria Nakai（1935）"的异名。【分布】中国，亚洲南部。【模式】Chimonocalamus delicatus J. R. Xue et T. P. Yi。【参考异

名〕Sinarundinaria Nakai（1935）；Sinarundinaria sect. Chimnocalamus（Hsueh & T. P. Yi）C. S. Chao & Renvoize（1989）●

10961 Chimophila Radius（1821）= Chimaphila Pursh（1814）〔鹿蹄草科 Pyrolaceae//杜鹃花科（欧石南科）Ericaceae〕●■

10962 Chincharronia A. Rich.（1853）= Terminalia L.（1767）（保留属名）〔使君子科 Combretaceae//榄仁树科 Terminaliaceae〕●

10963 Chinchona Howard（1866）= Cinchona L.（1753）〔茜草科 Rubiaceae//金鸡纳科 Cinchonaceae〕■●

10964 Chingiacanthus Hand. -Mazz.（1934）= Isoglossa Oerst.（1854）（保留属名）〔爵床科 Acanthaceae〕■★

10965 Chingithamnaceae Hand. -Mazz.（1932）= Celastraceae R. Br.（1814）（保留科名）●

10966 Chingithamnus Hand. - Mazz.（1932）= Microtropis Wall. ex Meisn.（1837）（保留属名）〔卫矛科 Celastraceae〕●

10967 Chingyungia T. M. Ai（1995）= Melampyrum L.（1753）〔玄参科 Scrophulariaceae//列当科 Orobanchaceae//山罗花科 Melampyraceae〕■

10968 Chiococca L.（1759）= Chiococca P. Browne ex L.（1759）〔茜草科 Rubiaceae〕●☆

10969 Chiococca P. Browne ex L.（1759）【汉】雪果木属。【俄】Хиококка。【英】Milkberry。【隶属】茜草科 Rubiaceae。【包含】世界 6 种。【学名诠释与讨论】〈阴〉（希）chion，雪+kokkos，变为拉丁文 coccus，仁，谷粒，浆果。此属的学名，ING、GCI 和 IK 记载是" Chiococca P. Browne, Civ. Nat. Hist. Jamaica 164. 10 Mar 1756"。IK 还记载了" Chiococca P. Browne ex L., Syst. Nat., ed. 10. 2：917. 1759 [7 Jun 1759]"。【分布】巴拉圭，巴拿马，秘鲁，玻利维亚，厄瓜多尔，哥伦比亚（安蒂奥基亚），美国（佛罗里达），尼加拉瓜，西印度群岛，热带美洲，中美洲。【模式】Chiococca alba（Linnaeus）Hitchcock [Lonicera alba Linnaeus]。【参考异名】Chicoca Augier；Chiococca L.（1759）；Chiococca P. Browne（1756）Nom. inval.；Siphonandra Turcz.（1848）Nom. illegit.
●☆

10970 Chiococca P. Browne（1756）Nom. inval. ≡ Chiococca P. Browne ex L.（1759）〔茜草科 Rubiaceae〕●☆

10971 Chiogenes Salisb.（1817）Nom. inval. ≡ Chiogenes Salisb. ex Torr.（1843）；～ ≡ Glyciphylla Raf.（1819）〔杜鹃花科（欧石南科）Ericaceae〕●

10972 Chiogenes Salisb. et Torr.（1843）Nom. illegit. ≡ Chiogenes Salisb. ex Torr.（1843）；～ ≡ Glyciphylla Raf.（1819）〔杜鹃花科（欧石南科）Ericaceae〕●

10973 Chiogenes Salisb. ex Torr.（1843）Nom. illegit.【汉】伏地杜鹃属（伏地杜属）。【日】ハリガネカズラ属，ハリガネカヅラ属。【英】Chiogenes。【隶属】杜鹃花科（欧石南科）Ericaceae。【包含】世界 3 种，中国 2 种。【学名诠释与讨论】〈阴〉（希）chion，雪+genos，种族，后代。gennao，产生。此属的学名，ING 记载是" Chiogenes R. A. Salisbury et J. Torrey, Fl. New York 1：450. 1843 ≡ Glyciphylla Rafinesque 1819"。IK 记载为" Chiogenes Salisb., Trans. Hort. Soc. London ii.（1817）94" 和" Chiogenes Salisb. ex Torr., Fl. State New - York i. 450（1843）"。TROPICOS 则用" Chiogenes Salisb., Transactions of the Horticultural Society of London 2：94. 1817" 为正名；《中国植物志》中文版亦用" Chiogenes Salisb.（1817）" 为正名。" Chiogenes Salisb. ex Torr.（1843）" 已经被处理为" Gaultheria sect. Chiogenes（Salisb. ex Torr.）T. Yamaz. Fl. Jap.（Iwatsuki et al., eds.）3a：53, with incorrect basionym ref. 1993"。此属暂放于此。亦有文献把" Chiogenes Salisb. ex Torr.（1843）"处理为" Gaultheria L.（1753）" 或" Glyciphylla Raf.（1819）"的异名。【分布】中国。

【模式】Chiogenes serpyllifolia Salisb.。【参考异名】Chiogenes Salisb.（1817）；Chiogenes Salisb. et Torr.（1843）Nom. illegit.；Gaultheria L.（1753）；Gaultheria sect. Chiogenes（Salisb. ex Torr.）T. Yamaz.（1993）；Glyciphylla Raf.（1819）；Glycyphylla Spach（1840）Nom. illegit.；Lasierpa Torr.（1839）●

10974 Chionachne R. Br.（1838）【汉】葫芦草属。【隶属】禾本科 Poaceae（Gramineae）。【包含】世界 7-9 种，中国 1 种。【学名诠释与讨论】〈阴〉（希）chion，雪+achne，鳞片，泡沫，泡囊，谷壳，稃。暗喻其果或小花穗。【分布】澳大利亚（东部），巴基斯坦，印度至马来西亚，中国，中南半岛。【模式】Chionachne barbata（Roxburgh）Bentham [Coix barbata Roxburgh]。【参考异名】Sclerachne R. Br.（1838）■

10975 Chionanthula Börner（1913）= Carex L.（1753）〔莎草科 Cyperaceae〕■

10976 Chionanthus Gaertn.（1788）Nom. illegit. = Linociera Sw. ex Schreb.（1791）（保留属名）〔木犀榄科（木犀科）Oleaceae〕●

10977 Chionanthus L.（1753）【汉】流苏树属（流苏木属，牛金子属）。【日】ヒトツバタゴ属。【俄】Дерево снежное，Хионант，Хионантус。【英】Fringe Flower, Fringe Tree, Fringe - flower, Fringetree, Fringe - tree, Tasseltree。【隶属】木犀榄科（木犀科）Oleaceae。【包含】世界 3-100 种，中国 3-7 种。【学名诠释与讨论】〈阳〉（希）chion，雪+anthos，花。指花白色。此属的学名，ING 和 TROPICOS 记载是" Chionanthus Linnaeus, Sp. Pl. 8. 1 Mai 1753"。APNI、GCI 和 IK 则记载为" Chionanthus D. Royen, Sp. Pl. 1：8. 1753 [1 May 1753]"。后者引证有误。" Chionanthus Royen" 是命名起点著作之前的名称，故" Chionanthus L.（1753）" 和" Chionanthus Royen ex L.（1753）" 都是合法名称，可以通用；但是不能记为" Chionanthus Royen L.（1753）"。木犀榄科（木犀科）Oleaceae 的" Chionanthus Gaertn., Fruct. Sem. Pl. i. 189. t. 39（1788）= Linociera Sw. ex Schreb.（1791）（保留属名）" 是晚出的非法名称。【分布】巴拿马，秘鲁，玻利维亚，厄瓜多尔，哥斯达黎加，马达加斯加，美国（密苏里），尼加拉瓜，中国，东亚，北美洲东部，中美洲。【后选模式】Chionanthus virginicus Linnaeus [as ' virginica']。【参考异名】Bonamica Vell.（1829）；Campanolea Gilg et Schellenb.（1913）；Ceranthus Schreb.（1789）（废弃属名）；Chionanthus Royen ex L.（1753）；Chionanthus Royen（1753）Nom. illegit.；Cylindria Lour.（1790）；Dekindtia Gilg（1902）；Freyeria Scop.（1777）Nom. illegit.；Linociera Sw.（废弃属名）；Linociera Sw. ex Schreb.（1791）（保留属名）；Majepea Kuntze（1903）Nom. illegit.；Majepea Post et Kuntze（1903）Nom. illegit.；Mayepea Aubl.（1775）（废弃属名）；Minutia Vell.（1829）；Thuinia Raf., Nom. illegit. ●

10978 Chionanthus Royen ex L.（1753）≡ Chionanthus L.（1753）〔木犀榄科（木犀科）Oleaceae〕●

10979 Chionanthus Royen（1753）Nom. illegit. ≡ Chionanthus Royen ex L.（1753）；～ ≡ Chionanthus L.（1753）〔木犀榄科（木犀科）Oleaceae〕●

10980 Chione DC.（1830）【汉】雪茜属。【隶属】茜草科 Rubiaceae。【包含】世界 15 种。【学名诠释与讨论】〈阴〉（希）chion，雪。chioneos 白如雪。此属的学名，ING、GCI、TROPICOS 和 IK 记载是" Chione DC., Prodr. [A. P. de Candolle] 4：461. 1830 [late Sep 1830]"。" Crusea A. Richard, Mém. Fam. Rub. 124. Dec 1830（non Chamisso et D. F. L. Schlechtendal 1830）" 和" Sacconia Endlicher, Gen. 541. Jun 1838" 是" Chione DC.（1830）" 的晚出的同模式异名（Homotypic synonym, Nomenclatural synonym）。Endlicher（1838）曾用" Sacconia Endl., Gen. Pl. [Endlicher] 541. 1838 [Jun 1838]" 替代" Chione DC.（1830）"，多余了。【分布】巴拿马，尼

加拉瓜, 西印度群岛, 中美洲。【模式】Chione glabra A. P. de Candolle。【参考异名】Crusea A. Rich.（1830）Nom. illegit. ; Cruzea A. Rich.（1853）Nom. illegit. ; Sacconia Endl.（1838）Nom. illegit. , Nom. superfl. ■☆

10981　Chione Salisb.（1866）= Narcissus L.（1753）［石蒜科 Amaryllidaceae//水仙科 Narcissaceae］■

10982　Chionice Bunge ex Ledeb.（1843）= Potentilla L.（1753）［蔷薇科 Rosaceae//委陵菜科 Potentillaceae］■●

10983　Chionocarpum Brand（1898）= Adesmia DC.（1825）（保留属名）［豆科 Fabaceae（Leguminosae）］■☆

10984　Chionocharis I. M. Johnst.（1924）【汉】垫紫草属。【英】Chionocharis。【隶属】紫草科 Boraginaceae。【包含】世界 1 种, 中国 1 种。【学名诠释与讨论】〈阴〉（希）chion, 雪, chioneos, 雪白+charis, 喜悦, 雅致, 美丽, 流行。指其生境。【分布】中国, 喜马拉雅山。【模式】Chionocharis hookeri（Clarke）I. M. Johnston［Myosotis hookeri Clarke］。■

10985　Chionochlaena Post et Kuntze（1903）= Chionolaena DC.（1836）［菊科 Asteraceae（Compositae）］●☆

10986　Chionochloa Zotov（1963）【汉】白穗茅属。【隶属】禾本科 Poaceae（Gramineae）。【包含】世界 22 种。【学名诠释与讨论】〈阴〉（希）chion, 雪+chloe, 草的幼芽, 嫩草, 禾草。【分布】澳大利亚（东南部）, 新西兰。【模式】Chionochloa rigida（Raoul）Zotov［Danthonia rigida Raoul］。■☆

10987　Chionodoxa Boiss.（1844）【汉】雪光花属（雪百合属, 雪宝花属, 雪花百合属）。【日】チオノドクサ属。【俄】Хионодокса。【英】Chionodoxa, Glory-of-the-snow。【隶属】百合科 Liliaceae//风信子科 Hyacinthaceae//绵枣儿科 Scillaceae。【包含】世界 6-9 种。【学名诠释与讨论】〈阴〉（希）chion, 雪+doxa, 光荣, 光彩, 华丽, 荣誉, 有名, 显著。Boissier 在 7 月份化雪之际于 2000 米高山上发现模式种。此属的学名是“Chionodoxa Boissier, Diagn. Pl. Orient. ser. 1. 1（5）: 61. Oct-Nov 1844”。亦有文献把其处理为“Scilla L.（1753）”的异名。【分布】地中海东部。【模式】Chionodoxa luciliae Boissier。【参考异名】Scilla L.（1753）■☆

10988　Chionogentias L. G. Adams（1995）【汉】雪龙胆属。【隶属】龙胆科 Gentianaceae。【包含】世界 35 种。【学名诠释与讨论】〈阴〉（希）chion, 雪+（属）Gentiana 龙胆属。【分布】热带。【模式】不详。☆

10989　Chionoglochin Gand. = Carex L.（1753）［莎草科 Cyperaceae］■

10990　Chionographidaceae Takht.（1994）［亦见 Melanthiaceae Batsch ex Borkh.（保留科名）黑药花科（藜芦科）］【汉】白丝草科。【包含】世界 1 属 7 种, 中国 1 属 1 种。【分布】东亚。【科名模式】Chionographis Maxim.■

10991　Chionographis Maxim.（1867）（保留属名）【汉】白丝草属。【日】シライトサウ属, シライトソウ属。【英】Chionographis, Whitesilkgrass。【隶属】百合科 Liliaceae//白丝草科 Chionographidaceae//黑药花科（藜芦科）Melanthiaceae。【包含】世界 3-7 种, 中国 1 种。【学名诠释与讨论】〈阴〉（希）chion, 雪+graphis, 雕刻, 文字, 图画, 笔。指花穗上着生很多小白花, 形似笔状。此属的学名“Chionographis Maxim. in Bull. Acad. Imp. Sci. Saint-Pétersbourg 11: 435. 31 Mai 1867”是保留属名。相应的废弃属名是百合科 Liliaceae 的“Siraitos Raf. , Fl. Tellur. 4: 26. 1838（med. ）= Chionographis Maxim.（1867）（保留属名）”。【分布】中国, 东亚。【模式】japonica（Willdenow）Maximowicz［Melanthium japonicum Willdenow］。【参考异名】Siraitos Raf.（1838）（废弃属名）■

10992　Chionohebe B. G. Briggs et Ehrend.（1976）【汉】雪婆婆纳属。【隶属】玄参科 Scrophulariaceae//婆婆纳科 Veronicaceae。【包

含】世界 1-6 种。【学名诠释与讨论】〈阴〉（希）chion, 雪+（属）Hebe 本木婆婆纳属（长阶花属, 赫柏木属, 拟婆婆纳属）。此属的学名“Chionohebe B. G. Briggs et F. Ehrendorfer, Contr. Herb. Austral. 25: 1. 20 Oct 1976”是一个替代名称。“Pygmea Hook. f. , Handb. New Zealand Fl. 217. 1864”是一个非法名称（Nom. illegit. ）, 因为此前已经有了苔藓的“Pylaisaea W. P. Schimper 1851 = Pylaisia W. P. Schimper 1851”。故用“Chionohebe B. G. Briggs et Ehrend.（1976）”替代之。【分布】新西兰, 中美洲。【模式】Chionohebe ciliolata（J. D. Hooker）B. G. Briggs et F. Ehrendorfer［Pygmea ciliolata J. D. Hooker］。【参考异名】Pygmaea B. D. Jacks.（1895）; Pygmea Hook. f.（1864）Nom. illegit. ●☆

10993　Chionolaena DC.（1836）【汉】雪衣鼠麹木属。【隶属】菊科 Asteraceae（Compositae）。【包含】世界 17-18 种。【学名诠释与讨论】〈阴〉（希）chion, 雪+laina = chlaine = 拉丁文 laena, 外衣, 衣服。【分布】墨西哥, 南美洲, 中美洲。【模式】Chionolaena arbuscula A. P. de Candolle。【参考异名】Chionochlaena Post et Kuntze（1903）; Leucopholis Gardner（1843）; Parachionolaena M. O. Dillon et Sagást.（1992）; Pseudoligandra Dillon et Sagast.（1990）; Pseudotigandra Dillon et Sagast. ●☆

10994　Chionopappus Benth.（1873）【汉】羽冠黄安菊属。【隶属】菊科 Asteraceae（Compositae）。【包含】世界 1 种。【学名诠释与讨论】〈阳〉（希）chion, 雪+希腊文 pappos 指柔毛, 软毛。pappus 则与拉丁文同义, 指冠毛。【分布】秘鲁。【模式】Chionopappus benthamii S. F. Blake。●☆

10995　Chionophila Benth.（1846）【汉】喜寒婆婆纳属（喜寒玄参属）。【隶属】玄参科 Scrophulariaceae//婆婆纳科 Veronicaceae。【包含】世界 2 种。【学名诠释与讨论】〈阴〉（希）chion, 雪+philos, 喜欢的, 爱的。此属的学名, ING、TROPICOS 和 IK 记载是“Chionophila Bentham in Alph. de Candolle, Prodr. 10: 331. 8 Apr 1846”。尊角花科 Calyceraceae 的“Chionophila Miers ex Lindl. , Veg. Kingd. 701（1847）= Boopis Juss.（1803）”是晚出的非法名称。【分布】美国。【模式】Chionophila jamesii Bentham。【参考异名】Pentstemonopsis Rydb.（1917）■☆

10996　Chionophila Miers ex Lindl.（1847）Nom. illegit. = Boopis Juss.（1803）［尊角花科（尊角科, 头花草科）Calyceraceae］■☆

10997　Chionoptera DC.（1838）= Pachylaena D. Don ex Hook. et Arn.（1835）［菊科 Asteraceae（Compositae）］●☆

10998　Chionothrix Hook. f.（1880）【汉】白苋木属。【隶属】苋科 Amaranthaceae。【包含】世界 2-3 种。【学名诠释与讨论】〈阴〉（希）chion, 雪+thrix, 所有格 trichos, 毛, 毛发。【分布】索马里。【模式】Chionothrix somalensis（S. Moore）J. D. Hooker［Sericocoma somalensis S. Moore］。●☆

10999　Chionotria Jack（1822）= Glycosmis Corrêa（1805）（保留属名）［芸香科 Rutaceae］●

11000　Chiophila Raf.（1837）= Gentiana L.（1753）［龙胆科 Gentianaceae］■

11001　Chiovendaea Speg.（1916）= Coursetia DC.（1825）［豆科 Fabaceae（Leguminosae）］●☆

11002　Chiradenia Post et Kuntze（1903）= Cheiradenia Lindl.（1853）; ~ = Zygopetalum Hook.（1827）［兰科 Orchidaceae］■☆

11003　Chiranthera Post et Kuntze（1903）= Cheiranthera A. Cunn. ex Brongn.（1834）［海桐花科 Pittosporaceae］●☆

11004　Chiranthodendraceae A. Gray（1887）= Malvaceae Juss.（保留科名）●■

11005　Chiranthodendron Cerv.（1803）Nom. illegit. = Chiranthodendron Larreat.（1795）［梧桐科 Sterculiaceae//锦葵科 Malvaceae］●☆

11006　Chiranthodendron Cerv. ex Cav.（1803）Nom. illegit.

Chiranthodendron Larreat. (1795) ［梧桐科 Sterculiaceae//锦葵科 Malvaceae］●☆

11007　Chiranthodendron Larreat. (1795)【汉】手药木属。【隶属】梧桐科 Sterculiaceae//锦葵科 Malvaceae。【包含】世界 1 种。【学名诠释与讨论】〈中〉(希)cheir，手+anthos，花+dendron 或 dendros，树木，棍，丛林。此属的学名，ING、TROPICOS 和 GCI 记载是 "Chiranthodendron Larreátegui, Descr. Pl. 37. 1795"。"Chiranthodendron Sessé ex Larreat. (1795) ≡ Chiranthodendron Larreat. (1795)"的命名人引证有误。梧桐科 Sterculiaceae//锦葵科 Malvaceae 的"Chiranthodendron Cerv. ex Cav., Anales Ci. Nat. vi. (1803) 303 ≡ Chiranthodendron Larreat. (1795)"则是晚出的非法名称。"Cheirostemon Bonpland in Humboldt et Bonpland, Pl. Aequin. 1：81. 15 Dec 1806 ('1808')"、"Chirostemon V. Cervantes, Anales Ci. Nat. 6：303. Oct 1803"和"Chirostemum Cerv., Anales Ci. Nat. vi. (1803) 303"也是"Chiranthodendron Larreat. (1795)"的晚出的同模式异名(Homotypic synonym, Nomenclatural synonym)。"Cheirostemon Humb. et Bonpl. (1806) Nom. illegit. ≡ Cheirostemon Bonpl. (1806) Nom. illegit."的命名人引证有误。【分布】墨西哥，中美洲。【模式】Chiranthodendron pentadactylon Larreátegui。【参考异名】Cheiranthera Endl. (1841) Nom. illegit.; Cheiranthodendron Benth. et Hook. f. (1862); Cheiranthodendrum Steud. (1821); Cheirostemon Bonpl. (1806) Nom. illegit.; Cheirostemon Humb. et Bonpl. (1806) Nom. illegit.; Chiranthodendron Cerv. ex Cav. (1803) Nom. illegit.; Chiranthodendron Sessé ex Larreat. (1795) Nom. illegit.; Chirostemum Cerv. (1803) Nom. illegit. ●☆

11008　Chiranthodendron Sessé ex Larreat. (1795) Nom. illegit. ≡ Chiranthodendron Larreat. (1795) ［梧桐科 Sterculiaceae//锦葵科 Malvaceae］●☆

11009　Chirata G. Don (1837) = Chirita Buch. -Ham. ex D. Don (1822) ［苦苣苔科 Gesneriaceae］●■

11010　Chiratia Montrouz. (1860) = Sonneratia L. f. (1782) (保留属名) ［海桑科 Sonneratiaceae//千屈菜科 Lythraceae］●

11011　Chiridium Tiegh. (1894) = Helixanthera Lour. (1790) ［桑寄生科 Loranthaceae］●

11012　Chirita Buch. -Ham. (1825) Nom. illegit. = Chirita Buch. -Ham. ex D. Don (1822) ［苦苣苔科 Gesneriaceae］●■

11013　Chirita Buch. -Ham. ex D. Don (1822)【汉】唇柱苣苔属(蚂蝗七属，双心皮草属)。【日】イワギリソウ属，キリタ属，ツノギリサウ属。【英】Chirita。【隶属】苦苣苔科 Gesneriaceae。【包含】世界 139-140 种，中国 99-130 种。【学名诠释与讨论】〈阴〉chirita，尼泊尔或印度斯坦人的植物俗名。此属的学名，ING 记载是"Chirita F. Hamilton ex D. Don, Edinburgh Philos. J. 7：83. 1822"。IK 则记载为"Chirita Buch. -Ham., Prodr. Fl. Nepal. 89 (1825) ［26 Jan-1 Feb 1825］"；这是一个晚出的非法名称。【分布】印度至马来西亚，中国，东南亚。【后选模式】Chirita urticifolia F. Hamilton ex D. Don。【参考异名】Babactes DC. (1840); Babactes DC. ex Meisn. (1840); Bilabium Miq. (1856); Calosacme Wall. (1829); Ceratoscyphus Chun (1946); Chirata G. Don (1837); Chirita Buch. -Ham. (1825) Nom. illegit.; Clinta Griff. (1854); Damrongia Kerr ex Craib (1918); Deltocheilos W. T. Wang (1981); Gonatostemon Regel (1866); Horsfieldia Chifflot (1909) Nom. illegit.; Hypopteron Hassk. (1844); Liebigia Endl. (1841); Morstdorffia Steud. (1841) Nom. illegit.; Tromsdorffia Blume (1826) Nom. illegit. ●■

11014　Chiritopsis W. T. Wang (1981)【汉】小花苣苔属。【英】Chiritopsis。【隶属】苦苣苔科 Gesneriaceae。【包含】世界 9 种，中国 9 种。【学名诠释与讨论】〈阴〉(属) Chirita 唇柱苣苔属+希腊文 -opsis，外观，模样，相似。【分布】中国。【模式】Chiritopsis repanda W. T. Wang。■★

11015　Chirocalyx Meisn. (1843) = Erythrina L. (1753) ［豆科 Fabaceae (Leguminosae)//蝶形花科 Papilionaceae］●■

11016　Chirocarpus A. Braun ex Pfeiff. = Caylusea A. St. -Hil. (1837) (保留属名) ［木犀草科 Resedaceae］■☆

11017　Chirochlaena Post et Kuntze (1903) = Cheirolaena Benth. (1862) ［梧桐科 Sterculiaceae//锦葵科 Malvaceae］■●☆

11018　Chirodendrum Post et Kuntze (1903) = Cheirodendron Nutt. ex Seem. (1867) ［五加科 Araliaceae］●☆

11019　Chirolepis Post et Kuntze (1903) = Centaurea L. (1753) (保留属名); ~ = Cheirolepis Boiss. (1849); ~ = Calotis R. Br. (1820); ~ = Cheiroloma F. Muell. (1853) ［菊科 Asteraceae (Compositae)//矢车菊科 Centaureaceae］●■☆

11020　Chirolophus Cass. (1827) Nom. illegit. ≡ Cheirolophus Cass. (1827); ~ = Centaurea L. (1753) (保留属名) ［菊科 Asteraceae (Compositae)//矢车菊科 Centaureaceae］●■

11021　Chironea Raf. = Chironia L. (1753) ［龙胆科 Gentianaceae//圣诞果科 Chironiaceae］●■☆

11022　Chironia F. W. Schmidt, Nom. illegit. = Gentiana L. (1753) ［龙胆科 Gentianaceae］■

11023　Chironia L. (1753)【汉】圣诞果属(蚩龙属)。【俄】Хирония。【英】Star Pink, Star-pink。【隶属】龙胆科 Gentianaceae//圣诞果科 Chironiaceae。【包含】世界 15 种。【学名诠释与讨论】〈阴〉(希) chiron，蚩龙，著名的精通植物的半人半马怪物。此属的学名，ING、TROPICOS 和 IK 记载是"Chironia L., Sp. Pl. 1：189. 1753 [1 May 1753]"。龙胆科 Gentianaceae 的"Chironia F. W. Schmidt = Gentiana L. (1753)"和"Chironia P. Gaertn., B. Mey. et Scherb., Nom. illegit. = Centaurium Hill (1756)"都是晚出的非法名称。"Onefera Rafinesque, Fl. Tell. 3：30. Nov - Dec 1837 ('1836')"是"Chironia L. (1753)"的晚出的同模式异名(Homotypic synonym, Nomenclatural synonym)。【分布】马达加斯加，非洲。【后选模式】Chironia linoides Linnaeus。【参考异名】Chironea Raf.; Chirvnia Raf.; Eupodia Raf. (1837); Evalthe Raf. (1837); Onefera Raf. (1837) Nom. illegit.; Plocandra E. Mey. (1837); Roeslinia Moench (1802); Roslinia G. Don (1837) ■☆

11024　Chironia P. Gaertn., B. Mey. et Scherb., Nom. illegit. = Centaurium Hill (1756) ［龙胆科 Gentianaceae］■

11025　Chironiaceae Bercht. et J. Presl = Gentianaceae Juss. (保留科名) ●■

11026　Chironiaceae Horan. (1843) ［亦见 Gentianaceae Juss. (保留科名) 龙胆科］【汉】圣诞果科。【包含】世界 1 属 15 种。【分布】非洲，马达加斯加。【科名模式】Chironia L. (1753) ■

11027　Chironiella Braem (2006) = Cattleya Lindl. (1821) ［兰科 Orchidaceae］■

11028　Chiropetalum A. Juss. (1832) = Argythamnia P. Browne (1756) ［大戟科 Euphorbiaceae］●☆

11029　Chirostemon Cerv. (1803) Nom. illegit. ≡ Chiranthodendron Sessé ex Larreat. (1795) ［梧桐科 Sterculiaceae//锦葵科 Malvaceae］●☆

11030　Chirostemum Cerv. (1803) Nom. illegit. ≡ Chiranthodendron Sessé ex Larreat. (1795); ~ ≡ Chirostemon Cerv. (1803) Nom. illegit. ［梧桐科 Sterculiaceae//锦葵科 Malvaceae］●☆

11031　Chirostylis Post et Kuntze (1903) = Cheirostylis Blume (1825) ［兰科 Orchidaceae］■

11032　Chirripoa Suess. (1942) = Guzmania Ruiz et Pav. (1802) ［凤梨科 Bromeliaceae］■☆

11033　Chirvnia Raf. = Chironia L.（1753）［龙胆科 Gentianaceae//圣诞果科 Chironiaceae］●■☆

11034　Chisocheton Blume（1825）【汉】溪桫属（拟樫木属）。【日】クスクスジュラン属。【英】Chisocheton。【隶属】棟科 Meliaceae。【包含】世界 50-100 种，中国 3 种。【学名诠释与讨论】〈阳〉（希）schizo，schizein，分裂+chiton =拉丁文 chitin，罩衣，外罩，上衣，铠甲，覆盖物。指花的性状。【分布】印度至马来西亚，中国，新几内亚岛，东南亚。【后选模式】Chisocheton divergens Blume。【参考异名】Chizocheton A. Juss.（1849）；Clemensia Merr.（1908）；Dasycoleum Turcz.（1858）；Diplotaxis Wall. ex Kurz；Megaphyllaea Hemsl.（1887）；Melio-Schinzia K. Schum.（1889）；Melio-schinzia K. Schum.（1889）；Melioschinzia K. Schum.（1889）Nom. illegit.；Rhetinosperma Radlk.（1907）；Schizochiton Spreng.（1827）●

11035　Chithonanthus Lehm.（1842）= Acacia Mill.（1754）（保留属名）［豆科 Fabaceae（Leguminosae）//含羞草科 Mimosaceae//金合欢科 Acaciaceae］●■

11036　Chitonanthera Schltr.（1905）= Octarrhena Thwaites（1861）［兰科 Orchidaceae］■☆

11037　Chitonia D. Don（1823）= Miconia Ruiz et Pav.（1794）（保留属名）［野牡丹科 Melastomataceae//米氏野牡丹科 Miconiaceae］●☆

11038　Chitonia DC.（1824）Nom. illegit. ≡ Chitonia Moc. et Sessé ex DC.（1824）Nom. illegit.；~ ≡ Morkillia Rose et Painter（1907）［蒺藜科 Zygophyllaceae］●■☆

11039　Chitonia Moc. et Sessé ex DC.（1824）Nom. illegit. ≡ Morkillia Rose et Painter（1907）［蒺藜科 Zygophyllaceae］●☆

11040　Chitonia Moc. et Sessé（1824）Nom. illegit. ≡ Chitonia Moc. et Sessé ex DC.（1824）Nom. illegit.；~ ≡ Morkillia Rose et Painter（1907）［蒺藜科 Zygophyllaceae］●☆

11041　Chitonia Salisb.（1866）Nom. illegit. = Zigadenus Michx.（1803）［百合科 Liliaceae//黑药花科（藜芦科）Melanthiaceae］■

11042　Chitonochilus Schltr.（1905）【汉】隐唇兰属。【隶属】兰科 Orchidaceae。【包含】世界 1 种。【学名诠释与讨论】〈阳〉（希）chiton =拉丁文 chitin，罩衣，外罩，上衣，铠甲，覆盖物+cheilos，唇。在希腊文组合词中，cheil-，cheilo-，-chilus，-chilia 等均为"唇，边缘"之义。此属的学名是"Chitonochilus Schlechter in K. M. Schumann et Lauterbach, Nachtr. Fl. Deutsch. Schutzgeb. Südsee 134. Nov（prim.）1905"。亦有文献把"Chitonochilus Schltr.（1905）"处理为"Agrostophyllum Blume（1825）"的异名。【分布】新几内亚岛。【模式】Chitonochilus papuanum Schlechter。【参考异名】Agrostophyllum Blume（1825）■☆

11043　Chizocheton A. Juss.（1849）= Chisocheton Blume（1825）［棟科 Meliaceae］●

11044　Chlaenaceae Thouars = Sarcolaenaceae Caruel（保留科名）●☆

11045　Chlaenandra Miq.（1868）【汉】被蕊藤属。【隶属】防己科 Menispermaceae。【包含】世界 1 种。【学名诠释与讨论】〈阴〉（希）chlaena，外衣，斗篷+aner，所有格 andros，雄性，雄蕊。【分布】新几内亚岛。【模式】Chlaenandra ovata Miquel。【参考异名】Porotheca K. Schum.●☆

11046　Chlaenanthus Post et Kuntze（1903）= Chlainanthus Briq.（1896）；~ = Lagochilus Bunge ex Benth.（1834）［唇形科 Lamiaceae（Labiatae）］●■

11047　Chlaenobolus Cass.（1827）= Pterocaulon Elliott（1823）［菊科 Asteraceae（Compositae）］■

11048　Chlaenosciadium C. Norman（1938）【汉】篷伞芹属。【隶属】伞形花科（伞形科）Apiaceae（Umbelliferae）。【包含】世界 1 种。【学名诠释与讨论】〈阴〉（希）chlaena，外衣，斗篷+（属）Sciadium 伞芹属。【分布】澳大利亚（西部）。【模式】Chlaenosciadium gardneri C. Norman。■☆

11049　Chlainanthus Briq.（1896）= Lagochilus Bunge ex Benth.（1834）［唇形科 Lamiaceae（Labiatae）］●■

11050　Chlamidacanthus Lindau（1893）Nom. illegit. ≡ Chlamydacanthus Lindau（1893）［爵床科 Acanthaceae］■☆

11051　Chlamydacanthus Lindau（1893）【汉】刺被爵床属。【隶属】爵床科 Acanthaceae。【包含】世界 4 种。【学名诠释与讨论】〈阳〉（希）chlamys，所有格 chlamydos，斗篷，外衣，无袖外套+akantha，荆棘，刺。此属的学名，ING 和 TROPICOS 记载是"Chlamydacanthus Lindau, Bot. Jahrb. Syst. 17：109. 9 Mai 1893"。IK 则记载为"Chlamidacanthus Lindau, Bot. Jahrb. Syst. 18（1-2）：58. 1893"；应为拼写变体。亦有文献把"Chlamydacanthus Lindau（1893）"处理为"Theileamea Baill.（1890）"的异名。【分布】马达加斯加，热带非洲东部。【模式】Chlamydacanthus euphorbioides Lindau。【参考异名】Chlamidacanthus Lindau（1893）Nom. illegit.；Theileamea Baill.（1890）■☆

11052　Chlamydanthus C. A. Mey.（1843）Nom. illegit. ≡ Tartonia Raf.（1840）；~ = Thymelaea Mill.（1754）（保留属名）［瑞香科 Thymelaeaceae］●■

11053　Chlamydia Banks ex Gaertn.（1788）Nom. illegit. ≡ Phormium J. R. Forst. et G. Forst.（1775）［石蒜科 Amaryllidaceae//龙舌兰科 Agavaceae//萱草科 Hemerocallidaceae//惠灵麻科（麻兰科，新西兰麻科）Phormiaceae］■☆

11054　Chlamydia Gaertn.（1788）Nom. illegit. ≡ Chlamydia Banks ex Gaertn.（1788）Nom. illegit.；~ ≡ Phormium J. R. Forst. et G. Forst.（1775）［石蒜科 Amaryllidaceae//龙舌兰科 Agavaceae//萱草科 Hemerocallidaceae//惠灵麻科（麻兰科，新西兰麻科）Phormiaceae］■☆

11055　Chlamydioboea Stapf = Paraboea（C. B. Clarke）Ridl.（1905）［苦苣苔科 Gesneriaceae］■

11056　Chlamydites J. R. Drumm.（1907）【汉】厚毛紫菀属。【英】Chitalpa，Chlamydites。【隶属】菊科 Asteraceae（Compositae）。【包含】世界 1 种，自贡 1 种。【学名诠释与讨论】〈阳〉（希）chlamys，所有格 chlamydos，斗篷，外衣，无袖外套+-ites，表示关系密切的词尾。此属的学名是"Chlamydites J. R. Drummond, Bull. Misc. Inform. 1907：90. Mar 1907"。亦有文献把其处理为"Aster L.（1753）"的异名。【分布】中国。【模式】Chlamydites prainii J. R. Drummond。【参考异名】Aster L.（1753）●

11057　Chlamydobalanus（Endl.）Koidz.（1940）= Castanopsis（D. Don）Spach（1841）（保留属名）［壳斗科（山毛榉科）Fagaceae］●

11058　Chlamydoboea Stapf（1913）【汉】宽萼苣苔属（被萼苣苔属）。【英】Chlamydoboea。【隶属】苦苣苔科 Gesneriaceae。【包含】世界 2 种，中国 2 种。【学名诠释与讨论】〈阴〉（希）chlamys，外衣，斗篷+（属）Boea 旋蒴苣苔属。此属的学名是"Chlamydoboea Stapf, Bull. Misc. Inform. 1913：354. 1913"。亦有文献把其处理为"Paraboea（C. B. Clarke）Ridl.（1905）"的异名。【分布】缅甸，中国。【模式】Chlamydoboea sinensis（D. Oliver）Stapf［Phylloboea sinensis D. Oliver］。【参考异名】Paraboea（C. B. Clarke）Ridl.（1905）■

11059　Chlamydocardia Lindau（1894）【汉】心被爵床属。【隶属】爵床科 Acanthaceae。【包含】世界 4 种。【学名诠释与讨论】〈阴〉（希）chlamys，外衣，斗篷+kardia，心脏。【分布】热带非洲西部。【模式】Chlamydocardia buettneri Lindau。☆

11060　Chlamydocarya Baill.（1872）【汉】篷果茶茱萸属。【隶属】茶茱萸科 Icacinaceae。【包含】世界 1 种。【学名诠释与讨论】〈阴〉（希）chlamys+karyon，胡桃，硬壳果，核，坚果。【分布】热带非洲

西部。【后选模式】Chlamydocarya thomsoniana Baillon。☆

11061　Chlamydocola(K. Schum.)Bodard(1954)【汉】斗篷木属。【隶属】梧桐科 Sterculiaceae//锦葵科 Malvaceae。【包含】世界 2 种。【学名诠释与讨论】〈阴〉(希)chlamys, 外衣, 斗篷+(属)Cola 可拉木属(非洲梧桐属, 可拉属, 可乐果属, 可乐树属)。此属的学名, ING、TROPICOS 和 IK 记载是"Chlamydocola (K. Schumann) Bodard, J. Agric. Trop. Bot. Appl. 1：313. 1954", 由"Cola sect. Chlamydocola K. Schum."改级而来。亦有文献把"Chlamydocola (K. Schum.)Bodard(1954)"处理为"Cola Schott et Endl. (1832) (保留属名)"的异名。【分布】热带非洲西部。【模式】Chlamydocola chlamydantha (K. Schumann) Bodard ［Cola chlamydantha K. Schumann］。【参考异名】Cola Schott et Endl. (1832) (保留属名) ;Cola sect. Chlamydocola K. Schum. ●☆

11062　Chlamydojatropha Pax et K. Hoffm. (1912)【汉】斗篷麻疯树属。【隶属】大戟科 Euphorbiaceae。【包含】世界 1 种。【学名诠释与讨论】〈阴〉(希)chlamys, 外衣, 斗篷+(属)Jatropha 麻疯树属(膏桐属, 假白榄属, 麻风树属)。【分布】西赤道非洲。【模式】Chlamydojatropha kamerunica Pax et Hoffmann。●☆

11063　Chlamydophora Ehrenb. (1832) Nom. illegit. ≡ Chlamydophora Ehrenb. ex Less. (1832)［菊科 Asteraceae(Compositae)］■☆

11064　Chlamydophora Ehrenb. ex Less. (1832)【汉】齿芫荽属。【隶属】菊科 Asteraceae(Compositae)。【包含】世界 1 种。【学名诠释与讨论】〈阴〉(希)chlamys, 外衣, 斗篷+phoros, 具有, 梗, 负载, 发现者。此属的学名, ING、TROPICOS 和 IK 记载是"Chlamydophora Ehrenb. ex Less., Syn. Gen. Compos. 265, 448. 1832 ［Jul – Aug 1832］"。"Chlamydophora Ehrenb. (1832) ≡ Chlamydophora Ehrenb. ex Less. (1832)"的命名人引证有误。亦有文献把"Chlamydophora Ehrenb. ex Less. (1832)"处理为"Cotula L. (1753)"的异名。【分布】希腊(克里特岛, 罗得岛), 非洲北部。【模式】Chlamydophora tridentata Ehrenberg ex Lessing。【参考异名】Chlamydophora Ehrenb. (1832) Nom. illegit. ;Cotula L. (1753)■☆

11065　Chlamydophytum Mildbr. (1925)【汉】斗篷菰属。【隶属】蛇菰科(土鸟黐科)Balanophoraceae。【包含】世界 1 种。【学名诠释与讨论】〈中〉(希)chlamys, 外衣, 斗篷+phyton, 植物, 树木, 枝条。【分布】西赤道非洲。【模式】Chlamydophytum aphyllum Mildbraed。■☆

11066　Chlamydosperma A. Rich. (1845) = Stegnosperma Benth. (1844)［白籽树科(闭籽花科)Stegnospermataceae］●☆

11067　Chlamydostachya Mildbr. (1934)【汉】篷穗爵床属。【隶属】爵床科 Acanthaceae。【包含】世界 1 种。【学名诠释与讨论】〈阴〉(希)chlamys, 外衣, 斗篷+stachys, 穗, 谷, 长钉。【分布】热带非洲东部。【模式】Chlamydostachya spectabilis Mildbraed。■☆

11068　Chlamydostylus Baker(1876) = Nemastylis Nutt. (1835)［鸢尾科 Iridaceae］■☆

11069　Chlamyphorus Klatt (1889) = Gomphrena L. (1753)［苋科 Amaranthaceae］●■

11070　Chlamysperma Less. (1832) = Villanova Lag. (1816) (保留属名)［菊科 Asteraceae(Compositae)］■☆

11071　Chlamyspermum F. Muell. (1882) = Chlamysporum Salisb. (1808) (废弃属名) ; ~ = Thysanotus R. Br. (1810) (保留属名)［百合科 Liliaceae//点柱花科(朱蕉科)Lomandraceae//吊兰科(猴面包科, 猴面包树科)Anthericaceae//天门冬科 Asparagaceae］■

11072　Chlamysporum Salisb. (1808) (废弃属名) = Thysanotus R. Br. (1810) (保留属名)［百合科 Liliaceae//点柱花科(朱蕉科)Lomandraceae//吊兰科(猴面包科, 猴面包树科)Anthericaceae//天门冬科 Asparagaceae］■

11073　Chlanis Klotzsch(1861) = Xylotheca Hochst. (1843)［刺篱木科(大风子科)Flacourtiaceae］●☆

11074　Chlaotrachelus Hook. f. (1881) = Claotrachelus Zoll. (1845) ; ~ = Vernonia Schreb. (1791) (保留属名)［菊科 Asteraceae(Compositae)//斑鸠菊科(绿菊科)Vernoniaceae］●■

11075　Chleterus Raf. (1814) Nom. illegit. ≡ Boea Comm. ex Lam. (1785)［苦苣苔科 Gesneriaceae］■

11076　Chlevax Cesati ex Boiss. = Ferula L. (1753)［伞形花科(伞形科)Apiaceae(Umbelliferae)］■

11077　Chlidanthus Herb. (1821)【汉】黛玉花属(千花属, 柔花属)。【日】クリダンツス属。【隶属】石蒜科 Amaryllidaceae。【包含】世界 1-6 种。【学名诠释与讨论】〈阳〉(希)chlide, 优美的, 脆弱的, 柔软的+anthos, 花。antheros, 多花的。antheo, 开花。【分布】南美洲。【模式】Chlidanthus fragrans Herbert。【参考异名】Clitanthes Herb. (1839) Nom. illegit. ;Clitanthum Benth. et Hook. f. (1883) ;Coleophyllum Klotzsch(1840)■☆

11078　Chloachne Stapf(1916) = Poecilostachys Hack. (1884)［禾本科 Poaceae(Gramineae)］■☆

11079　Chloamnia Raf. (1825) = Festuca L. (1753) ; ~ = Vulpia C. C. Gmel. (1805)［禾本科 Poaceae(Gramineae)//羊茅科 Festucaceae］■

11080　Chloamnia Schltdl. (1833) Nom. illegit. = Chloamnia Raf. (1825)［禾本科 Poaceae(Gramineae)//羊茅科 Festucaceae］■

11081　Chloanthaceae Hutch. (1959)［亦见 Dicrastylidaceae J. Drumm. ex Harv. 离柱花科、Labiatae Juss. (保留科名)//Lamiaceae Martinov(保留科名)唇形科］【汉】连药灌科。【包含】世界 11 属 110 种。【分布】澳大利亚。【科名模式】Chloanthes R. Br. ●■☆

11082　Chloanthes R. Br. (1810)【汉】连药灌属(连药属)。【隶属】唇形科 Lamiaceae(Labiatae)//连药灌科 Chloanthaceae。【包含】世界 4 种。【学名诠释与讨论】〈阴〉(希)chloe, 禾草+anthos, 花。另说 chloanthes, 发芽。【分布】澳大利亚, 新西兰。【后选模式】Chloanthes stoechadis R. Brown。【参考异名】Cloanthe Nees (1825) ;Hemistemon F. Muell. (1876)●☆

11083　Chloerum Willd. ex Link = Abolboda Bonpl. (1813)［黄眼草科(黄谷精科, 芴草科)Xyridaceae//三棱黄眼草科 Abolbodaceae］■☆

11084　Chloerum Willd. ex Spreng. (1820) = Abolboda Bonpl. (1813)［黄眼草科(黄谷精科, 芴草科)Xyridaceae//三棱黄眼草科 Abolbodaceae］■☆

11085　Chloidia Lindl. (1840) = Tropidia Lindl. (1833) ; ~ = Corymborkis Thouars (1809) + Tropidia Lindl. (1833)［兰科 Orchidaceae］■

11086　Chlonanthes Raf. (1836) Nom. illegit. = Chelonanthus Raf. (1814) Nom. illegit. ; ~ = Chelone L. (1753)［玄参科 Scrophulariaceae//婆婆纳科 Veronicaceae］■☆

11087　Chlonanthus Raf. (1814) Nom. illegit. ≡ Chelone L. (1753)［玄参科 Scrophulariaceae//婆婆纳科 Veronicaceae］■☆

11088　Chloopsis Blume(1827) = Ophiopogon Ker Gawl. (1807) (保留属名)［百合科 Liliaceae//铃兰科 Convallariaceae//沿阶草科 Ophiopogonaceae］■

11089　Chloothamnus Büse (1854) = Nastus Juss. (1789)［禾本科 Poaceae(Gramineae)］●☆

11090　Chlora Adans. (1763) Nom. illegit. ≡ Blackstonia Huds. (1762)［龙胆科 Gentianaceae］■☆

11091　Chlora Ren. ex Adans. (1763) Nom. illegit. ≡ Blackstonia Huds. (1762) ; ~ ≡ Chlora Adans. (1763) Nom. illegit.［龙胆科 Gentianaceae］■☆

11092　Chloracantha G. L. Nesom, Y. B. Suh, D. R. Morgan, S. D. Sundb.

et B. B. Simpson(1991)【汉】刺菀属。【英】Mexican devilweed, Spiny Aster。【隶属】菊科 Asteraceae(Compositae)。【包含】世界 1 种。【学名诠释与讨论】〈阴〉(希)chloros,绿色。chloro- = 拉丁文 viridi-,绿色。chloro- = 拉丁文 viridi-,绿色+akantha,荆棘,刺。亦有文献把"Chloracantha G. L. Nesom, Y. B. Suh, D. R. Morgan, S. D. Sundb. et B. B. Simpson(1991)"处理为"Boltonia L' Hér. (1789)"的异名。【分布】巴拿马,尼加拉瓜,北美洲,中美洲。【模式】Chloracantha spinosa (Benth.) G. L. Nesom。●■☆

11093　Chloradenia Baill. (1858) Nom. illegit. ≡ Adenogynum Rchb. f. et Zoll. (1856) Nom. illegit.; ~ = Cladogynos Zipp. ex Span. (1841) [大戟科 Euphorbiaceae]●

11094　Chloraea Lindl. (1827)【汉】绿丝兰属(科劳里亚兰属)。【英】Chloraea。【隶属】兰科 Orchidaceae。【包含】世界 47-100 种。【学名诠释与讨论】〈阴〉(希)chloros,绿色。【分布】秘鲁,玻利维亚,南美洲。【模式】Chloraea gavilu Lindley, Nom. illegit. [Cymbidium luteum Willldenow, Chloraea lutea (Willldenow) Schlechter]。【参考异名】Asarca Lindl. (1827); Asarca Poepp. ex Lindl. (1827) Nom. illegit.; Bieneria Rchb. f. (1853); Chileorchis Szlach. (2008); Correorchis Szlach. (2008); Dothilis Raf. (1837) Nom. illegit.; Geoblasta Barb. Rodr. (1891); Ulantha Hook. (1830) ■☆

11095　Chloranthaceae R. Br., Nom. inval. = Chloranthaceae R. Br. ex Sims(保留科名)●■

11096　Chloranthaceae R. Br. ex Lindl. = Chloranthaceae R. Br. ex Sims (保留科名)●■

11097　Chloranthaceae R. Br. ex Sims(1820)(保留科名)【汉】金粟兰科。【日】センリヤウ科,センリョウ科,チャラン科。【俄】Зеленоцветниковые, Хлорантовые。【英】Chloranth Family, Chloranthus Family。【包含】世界 4-5 属 70-77 种,中国 3 属 15-16 种。【分布】热带和亚热带。【科名模式】Chloranthus Sw.●■

11098　Chloranthus Sw. (1787)【汉】金粟兰属。【日】センリヤウ属,センリョウ属,チャラン属。【俄】Зеленоцвет, Хлорантус。【英】Chloranth, Chloranthus。【隶属】金粟兰科 Chloranthaceae。【包含】世界 17-18 种,中国 13 种。【学名诠释与讨论】〈阳〉(希)chloros+anthos,花。指花带绿色。【分布】印度至马来西亚,中国,东亚。【模式】Chloranthus inconspicuus O. Swartz。【参考异名】Aloranthus F. S. Voigt(1811); Creodus Lour. (1790); Cryphaea Buch. – Ham. (1825) Nom. illegit.; Nigrina Thunb. (1783) Nom. illegit.; Peperidia Rchb. (1828); Saintlegeria Cordem. (1863); Stropha Noronha(1790); Tricercandra A. Gray(1857) ■●

11099　Chloraster Haw. (1824) = Narcissus L. (1753) [石蒜科 Amaryllidaceae//水仙科 Narcissaceae]■

11100　Chloridaceae(Rchb.) Herter = Gramineae Juss. (保留科名)// Poaceae Barnhart(保留科名)■●

11101　Chloridaceae Bercht. et J. Presl(1820) = Gramineae Juss. (保留科名);//Poaceae Barnhart(保留科名)■●

11102　Chloridaceae Herter = Gramineae Juss. (保留科名)//Poaceae Barnhart(保留科名)■●

11103　Chloridaceae Link(1827) Nom. inval. = Gramineae Juss. (保留科名)//Poaceae Barnhart(保留科名)■●

11104　Chloridion Stapf (1900) Nom. illegit. = Stereochlaena Hack. (1908) [禾本科 Poaceae(Gramineae)]■☆

11105　Chloridiopsis J. Gay ex Scribn. = Trichloris E. Fourn. ex Benth. (1881) [禾本科 Poaceae(Gramineae)]■☆

11106　Chloridopsis Hack. (1887) = Chloridiopsis Hort. ex Hack.; ~ = Trichloris E. Fourn. ex Benth. (1881); ~ = Chloridiopsis J. Gay ex Scribn. [禾本科 Poaceae(Gramineae)]■☆

11107　Chloridopsis Hort. ex Hack. (1887) = Chloridiopsis J. Gay ex Scribn. [禾本科 Poaceae(Gramineae)]■☆

11108　Chloris Sw. (1788)【汉】虎尾草属(棒槌草属,棒锤草属)。【日】オヒゲシバ属,ヒゲシバ属。【俄】Хлорис。【英】Chloris, Finger Grass, Fingergrass, Finger – grass, Green Grass, Windmill Grass, Windmillgrass, Windmill – grass。【隶属】禾本科 Poaceae(Gramineae)。【包含】世界 40-55 种,中国 5-6 种。【学名诠释与讨论】〈阴〉(希)chloros,绿色。指花绿色。另说 Chloris 为神话中司花的女神。此属的学名,ING、APNI、GCI、TROPICOS 和 IK 记载是"Chloris Sw., Nova Genera et Species Plantarum seu Prodromus 1788"。"Chlorostis Rafinesque, Princ. Fond. Somiol. 26, 29. Sep-Dec 1814('1813')"是"Chloris Sw. (1788)"的晚出的同模式异名(Homotypic synonym, Nomenclatural synonym)。【分布】哥伦比亚(安蒂奥基亚),巴基斯坦,巴拿马,秘鲁,玻利维亚,厄瓜多尔,哥斯达黎加,马达加斯加,美国(密苏里),尼泊尔,尼加拉瓜,中国,热带和温带,中美洲。【后选模式】Chloris cruciata (Linnaeus) O. Swartz [Agrostis cruciata Linnaeus]。【参考异名】Actinochloris Panzer; Actinochloris Steud. (1840); Agrostomia Cerv. (1870); Apogon Steud. (1840) Nom. illegit.; Chloridiopsis J. Gay ex Scribn.; Chloridopsis Hack. (1887); Chloridopsis Hort. ex Hack. (1887); Chlorodes Post et Kuntze(1903); Chloroides Fisch. (1863) Nom. illegit.; Chloroides Fisch. ex Regel(1863); Chloroides Regel (1863) Nom. illegit.; Chlorostis Raf. (1814) Nom. illegit.; Codonachne Steud. (1840) Nom. illegit.; Codonachne Wight et Arn. ex Steud. (1840); Eustachys Desv. (1810); Geopogon Steud.; Heterolepis Bhrenb. ex Boiss. (1884); Heterolepis Boiss.; Langsdorffia Fisch. ex Regel(1863) Nom. inval.; Leptochloris Munro ex Kuntze(1891); Macrostachya A. Rich. (1850) Nom. inval., Nom. nud.; Macrostachya Hochst. ex A. Rich. (1850) Nom. inval., Nom. nud.; Phacellaria Steud. (1840) Nom. inval.; Phacellaria Willd. ex Steud. (1840) Nom. illegit.; Pterochloris (A. Camus) A. Camus (1957); Pterochloris A. Camus (1957) Nom. illegit.; Schultesia Spreng. (1815) (废弃属名); Stapfochloa H. Scholz (2004); Trichloris E. Fourn. ex Benth. (1881)●■

11109　Chlorita Raf. = Blackstonia Huds. (1762); ~ = Chlora Adans. (1763) Nom. illegit. [龙胆科 Gentianaceae]■☆

11110　Chloriza Salisb. (1866) = Lachenalia J. Jacq. (1784) [百合科 Liliaceae//风信子科 Hyacinthaceae]■☆

11111　Chlorocalymma Clayton(1970)【汉】东非绿苞草属。【隶属】禾本科 Poaceae(Gramineae)。【包含】世界 1 种。【学名诠释与讨论】〈阴〉(希)chloros,绿色+kalymma,面纱,头巾,颊。【分布】热带非洲东部。【模式】Chlorocalymma cryptacanthum W. D. Clayton。■☆

11112　Chlorocardium Rohwer, H. G. Richt. et van der Werff(1991)【汉】毒樟属(绿心樟属)。【隶属】樟科 Lauraceae。【包含】世界 2 种。【学名诠释与讨论】〈中〉(希)chloros,绿色+kardia,心脏。【分布】厄瓜多尔,哥伦比亚,圭亚那,苏里南。【模式】Chlorocardium rodiei (R. H. Schomburgk) J. G. Rohwer, H. G. Richter et H. van der Werff [Nectandra rodiei R. H. Schomburgk (as 'rodioei')]。●☆

11113　Chlorocarpa Alston(1931)【汉】绿果木属。【隶属】刺篱木科(大风子科)Flacourtiaceae。【包含】世界 1 种。【学名诠释与讨论】〈阴〉(希)chloros,绿色+karpos,果实。【分布】斯里兰卡。【模式】Chlorocarpa pentaschista Alston。●☆

11114　Chlorocaulon Klotzsch ex Endl. (1850) Nom. illegit. ≡ Chlorocaulon Klotzsch (1850); ~ = Chiropetalum A. Juss. (1832) [大戟科 Euphorbiaceae]●☆

11115　Chlorocaulon Klotzsch（1850）= Chiropetalum A. Juss.（1832）［大戟科 Euphorbiaceae］●☆

11116　Chlorocharis Rildi（1895）= Eleocharis R. Br.（1810）［莎草科 Cyperaceae］■

11117　Chlorochlamys Miq.（1868－1869）= Marsdenia R. Br.（1810）（保留属名）［萝藦科 Asclepiadaceae］●

11118　Chlorochorion Puff et Robbr.（1989）【汉】绿膜茜属。【隶属】茜草科 Rubiaceae。【包含】世界 2 种。【学名诠释与讨论】〈中〉（希）chloros，绿色＋chorion，皮，膜。此属的学名是"Chlorochorion Puff et Robbr., Boletin de la Sociedad Cubana de Orquideas 110（4）：547. 1989.（Bol. Soc. Cub. Orquid.）"。亦有文献把"Chlorochorion Puff et Robbr.（1989）"处理为"Pentanisia Harv.（1842）"的异名。【分布】布隆迪，肯尼亚，马拉维，坦桑尼亚，赞比亚，刚果（金）。【模式】不详。【参考异名】Pentanisia Harv.（1842）■☆

11119　Chlorocodon（DC.）Fourr.（1869）= Erica L.（1753）［杜鹃花科（欧石南科）Ericaceae］●☆

11120　Chlorocodon Fourr.（1869）Nom. illegit. ≡ Chlorocodon（DC.）Fourr.（1869）；～= Erica L.（1753）［杜鹃花科（欧石南科）Ericaceae］●☆

11121　Chlorocodon Hook. f.（1871）Nom. illegit. ≡ Mondia Skeels（1911）［杠柳科 Periplocaceae］●☆

11122　Chlorocrambe Rydb.（1907）【汉】绿色两节荠属。【隶属】十字花科 Brassicaceae（Cruciferae）。【包含】世界 1 种。【学名诠释与讨论】〈阴〉（希）chloros，绿色＋（属）Crambe 两节荠属。【分布】北美洲西部。【模式】Chlorocrambe hastata（S. Watson）Rydberg［Caulanthus hastatus S. Watson］。■☆

11123　Chlorocrepis Griseb.（1853）= Hieracium L.（1753）［菊科 Asteraceae（Compositae）］■

11124　Chlorocyathus Oliv.（1887）【汉】绿杯萝藦属。【隶属】萝藦科 Asclepiadaceae。【包含】世界 1 种。【学名诠释与讨论】〈阳〉（希）chloros，绿色＋kyathos，杯。【分布】热带非洲东部。【模式】Chlorocyathus monteiroae D. Oliver。■☆

11125　Chlorocyperus Rikli（1895）Nom. illegit. ≡ Pycreus P. Beauv.（1816）；～= Cyperus L.（1753）［莎草科 Cyperaceae］■

11126　Chlorodes Post et Kuntze（1903）= Chloris Sw.（1788）；～= Chloroides Fisch. ex Regel（1863）［禾本科 Poaceae（Gramineae）］●■

11127　Chlorogalaceae Doweld et Reveal（2005）= Agavaceae Dumort.（保留科名）●■

11128　Chlorogalum（Lindl.）Kunth（1843）Nom. illegit.（废弃属名）≡ Chlorogalum Kunth（1843）（保留属名）［百合科 Liliaceae//风信子科 Hyacinthaceae］■☆

11129　Chlorogalum Kunth（1843）（保留属名）【汉】皂百合属（绿莲属）。【英】Soap Plant。【隶属】百合科 Liliaceae//风信子科 Hyacinthaceae。【包含】世界 5 种。【学名诠释与讨论】〈中〉（希）chloros，绿色，黄绿色＋gala，所有格 galaktos，牛乳，乳。galaxaios，似牛乳的。此属的学名"Chlorogalum Kunth, Enum. Pl. 4:681. 17-19 Jul 1843"是保留属名。相应的废弃属名是百合科 Liliaceae 的"Laothoë Raf., Fl. Tellur. 3：53. Nov－Dec 1837 ≡ Chlorogalum Kunth（1843）（保留属名）"。"Chlorogalum（Lindl.）Kunth（1843）≡ Chlorogalum Kunth（1843）（保留属名）"的命名人引证有误，亦应废弃。【分布】美国（加利福尼亚）。【模式】Chlorogalum pomeridianum（A. P. de Candolle）Kunth［Scilla pomeridiana A. P. de Candolle］。【参考异名】Chlorogalum（Lindl.）Kunth（1843）Nom. illegit.（废弃属名）；Laothoë Raf.（1837）（废弃属名）■☆

11130　Chloroides Fisch.（1863）Nom. illegit. ≡ Chloroides Fisch. ex Regel（1863）；～= Chloris Sw.（1788）；～= Eustachys Desv.（1810）［禾本科 Poaceae（Gramineae）］●■

11131　Chloroides Fisch. ex Regel（1863）= Chloris Sw.（1788）；～= Eustachys Desv.（1810）［禾本科 Poaceae（Gramineae）］■

11132　Chloroides Regel（1863）Nom. illegit. ≡ Chloroides Fisch. ex Regel（1863）；～= Chloris Sw.（1788）；～= Eustachys Desv.（1810）［禾本科 Poaceae（Gramineae）］●■

11133　Chlorolepis Nutt.（1841）= Maschalanthus Nutt.（1835）Nom. illegit.；～= Andrachne L.（1753）；～= Savia Willd.（1806）［大戟科 Euphorbiaceae］●☆

11134　Chloroleucon（Benth.）Britton et Rose（1927）= Albizia Durazz.（1772）；～= Pithecellobium Mart.（1837）［as 'Pithecollobium'］（保留属名）［豆科 Fabaceae（Leguminosae）//含羞草科 Mimosaceae］●

11135　Chloroleucon（Benth.）Record（1927）Nom. illegit. = Chloroleucon（Benth.）Britton et Rose（1927）；～= Albizia Durazz.（1772）；～= Pithecellobium Mart.（1837）［as 'Pithecollobium'］（保留属名）［豆科 Fabaceae（Leguminosae）//含羞草科 Mimosaceae］●

11136　Chloroleucon Britton et Rose ex Record（1928）Nom. illegit. ≡ Chloroleucon（Benth.）Record（1927）Nom. illegit.；～= Chloroleucon（Benth.）Britton et Rose（1927）；～= Albizia Durazz.（1772）；～= Pithecellobium Mart.（1837）［as 'Pithecollobium'］（保留属名）［豆科 Fabaceae（Leguminosae）//含羞草科 Mimosaceae］●

11137　Chloroleucon Record（1927）Nom. illegit. ≡ Chloroleucon（Benth.）Record（1927）Nom. illegit.；～= Chloroleucon（Benth.）Britton et Rose（1927）；～= Albizia Durazz.（1772）；～= Pithecellobium Mart.（1837）［as 'Pithecollobium'］（保留属名）［豆科 Fabaceae（Leguminosae）//含羞草科 Mimosaceae］●

11138　Chloroleucum（Benth.）Record（1927）Nom. illegit. ≡ Chloroleucon（Benth.）Record（1927）Nom. illegit.；～= Chloroleucon（Benth.）Britton et Rose（1927）［豆科 Fabaceae（Leguminosae）//含羞草科 Mimosaceae］●

11139　Chloroleucum Record（1927）Nom. illegit. ≡ Chloroleucon（Benth.）Record（1927）Nom. illegit.；～= Chloroleucon（Benth.）Britton et Rose（1927）［豆科 Fabaceae（Leguminosae）//含羞草科 Mimosaceae］●

11140　Chloroluma Baill.（1891）= Chrysophyllum L.（1753）［山榄科 Sapotaceae］●

11141　Chloromeles（Decne.）Decne.（1881）= Malus Mill.（1754）［蔷薇科 Rosaceae//苹果科 Malaceae］●

11142　Chloromyron Pers.（1806）Nom. illegit. ≡ Verticillaria Ruiz et Pav.（1794）；～= Rheedia L.（1753）［猪胶树科（克鲁西科，山竹子科，藤黄科）Clusiaceae（Guttiferae）］●☆

11143　Chloromyrtus Pierre（1898）= Eugeissona Griff.（1844）［棕榈科 Arecaceae（Palmae）］●

11144　Chloropatane Engl.（1899）= Erythrococca Benth.（1849）［大戟科 Euphorbiaceae］●☆

11145　Chlorophora Gaudich.（1830）【汉】绿柄桑属（黄颜木属）。【俄】Хлорофора。【英】Fustic Tree, Fustic-tree。【隶属】桑科 Moraceae。【包含】世界 12 种。【学名诠释与讨论】〈阴〉（希）chloros，绿色＋phoros，具有，梗，负载，发现者。此属的学名，ING、TROPICOS 和 IK 记载是"Chlorophora Gaudichaud-Beaupré in Freycinet, Voyage Monde, Uranie Physicienne, Bot. 508, 509. Mar 1830（'1826'）"。"Fusticus Rafinesque, New Fl. 3：43. 1838（'1836'）"和"Sukaminea Rafinesque, New Fl. 3：44. Jan-Mar 1838（'1836'）"是"Chlorophora Gaudich.（1830）"的晚出的同模式异

名(Homotypic synonym, Nomenclatural synonym)。亦有文献把
"Chlorophora Gaudich. (1830)"处理为"Broussonetia L'Hér. ex
Vent. (1799) (保留属名)"或"Maclura Nutt. (1818) (保留属
名)"的异名。【分布】巴拉圭,巴拿马,玻利维亚,马达加斯加,
非洲,热带美洲。【模式】Chlorophora tinctoria (Linnaeus)
Gaudichaud-Beaupré ex Bentham et J. D. Hooker。【参考异名】
Broussonetia L'Hér. ex Vent. (1799) (保留属名);Fusticus Raf.
(1836) Nom. illegit. ; Maclura Nutt. (1818) (保留属名);
Sukaminea Raf. (1836) Nom. illegit. ●☆

11146 Chlorophyllum Liais(1872) = Chrysophyllum L. (1753) [山榄科
Sapotaceae] ●

11147 Chlorophyton Benth. (1878) Nom. illegit. = Chlorophytum Ker
Gawl. (1807) [百合科 Liliaceae//吊兰科(猴面包科,猴面包树
科) Anthericaceae] ■

11148 Chlorophytum Ker Gawl. (1807) 【汉】吊兰属(青百合属,类阿
福花属)。【日】オリヅルラン 属。【俄】Венечник
живородящий,Хлорофитум。【英】Bernard's Lily, Bracketplant,
Chlorophytum。【隶属】百合科 Liliaceae//吊兰科(猴面包科,猴
面包树科) Anthericaceae。【包含】世界 100-215 种,中国 4-7 种。
【学名诠释与讨论】〈中〉(希)chloros,绿色+phyton,植物,树木,
枝条。此属的学名,INGAPNI 和 IK 记载是"Chlorophytum Ker
Gawl. , Curtis's Botanical Magazine 27 1807"。"Chlorophyton
Benth. (1878)"是其拼写变体。【分布】澳大利亚(包括塔斯曼
半岛),秘鲁,玻利维亚,厄瓜多尔,马达加斯加,印度,中国,非
洲,南美洲,中美洲。【模式】Chlorophytum inornatum Ker-Gawler。
【参考异名】Asphodelopsis Steud. ex Baker (1876), Nom. inval. ;
Chlorophyton Benth. (1878) Nom. illegit. ;Dasystachys Baker(1878)
Nom. illegit. ;Diuranthera Hemsl. (1902);Hartwegia Nees (1831);
Hollia Heynh. (1846) Nom. illegit. ;Verdickia De Wild. (1902) ■

11149 Chlorophytum Pohl ex DC. = Spermacoce L. (1753) [茜草科
Rubiaceae//繁缕科 Alsinaceae] ●■

11150 Chloropsis Hack. ex Kuntze(1891) Nom. illegit. ≡ Trichloris E.
Fourn. ex Benth. (1881) [禾本科 Poaceae(Gramineae)] ■☆

11151 Chloropsis Kuntze (1891) Nom. illegit. ≡ Chloropsis Hack. ex
Kuntze (1891) Nom. illegit. ; ~ ≡ Trichloris E. Fourn. ex Benth.
(1881) [禾本科 Poaceae(Gramineae)] ■☆

11152 Chloropyron Behr(1855) = Cordylanthus Nutt. ex Benth. (1846)
(保留属名) [玄参科 Scrophulariaceae//列当科 Orobanchaceae] ■☆

11153 Chlorosa Blume (1825) = Cryptostylis R. Br. (1810) [兰科
Orchidaceae] ■

11154 Chlorospatha Engl. (1878) 【汉】绿苞南星属。【隶属】天南星
科 Araceae。【包含】世界 16 种。【学名诠释与讨论】〈阴〉(希)
chloros,绿色+spathe =拉丁文 spatha,佛焰苞,鞘,叶片,匙状苞,
窄而平之薄片,竿杖。【分布】哥伦比亚。【模式】Chlorospatha
kolbii Engler。【参考异名】Caladiopsis Engl. (1905) ■☆

11155 Chlorostelma Welw. ex Rendle = Asclepias L. (1753) [萝藦科
Asclepiadaceae] ■

11156 Chlorostemma(Lange) Fourr. (1868) Nom. illegit. ≡ Asperula L.
(1753) (保留属名);~ ≡ Galium L. (1753) [茜草科 Rubiaceae//
车叶草科 Asperulaceae] ■●

11157 Chlorostemma Fourr. (1868) Nom. illegit. ≡ Chlorostemma
(Lange) Fourr. (1868) Nom. illegit. ;~ ≡ Asperula L. (1753) (保留
属名);~ ≡ Galium L. (1753) [茜草科 Rubiaceae] ■●

11158 Chlorostis Raf. (1814) Nom. illegit. = Chloris Sw. (1788) [禾本
科 Poaceae(Gramineae)] ●■

11159 Chloroxylon DC. (1824) (保留属名) 【汉】绿木树属。【俄】
Хлороксилон。【隶属】芸香科 Rutaceae。【包含】世界 1 种。【学

名诠释与讨论】〈阴〉(希)chloros,绿色+xylon,木材。此属的学
名"Chloroxylon DC. ,Prodr. 1 ;625. Jan (med.)1824"是保留属名。
相应的废弃属名是鼠李科 Rhamnaceae 的"Chloroxylum P.
Browne,Civ. Nat. Hist. Jamaica ;187. 10 Mar 1756 = Ziziphus Mill.
(1754)"。柿树科 Ebenaceae 的"Chloroxylon Raf. = Diospyros L.
(1753)",楝科 Meliaceae 的"Chloroxylon Rumph. ex Scop. (1777)
≡ Chloroxylon Scop. (1777) (废弃属名)"和"Chloroxylon Scop.
(1777) = Chloroxylon DC. (1824) (保留属名)",芸香科 Rutaceae
的"Chloroxylum Post et Kuntze(1903) = Chloroxylon DC. (1824)
(保留属名)"亦应废弃。【分布】斯里兰卡,印度。【模式】
Chloroxylon swietenia A. P. de Candolle [Swietenia chloroxylon
Roxburgh]。【参考异名】Chloroxylon Rumph. ex Scop. (1777)
Nom. illegit. (废弃属名);Chloroxylon Scop. (1777) Nom. illegit.
(废弃属名);Chloroxylum Post et Kuntze(1903) Nom. illegit. (废弃
属名)●☆

11160 Chloroxylon Raf. (废弃属名) = Diospyros L. (1753) [柿树科
Ebenaceae] ●

11161 Chloroxylon Rumph. ex Scop. (1777) Nom. illegit. (废弃属名)
≡ Chloroxylon Scop. (1777) Nom. illegit. (废弃属名);~ ≡
Chloroxylon DC. (1824)(保留属名) [芸香科 Rutaceae] ●☆

11162 Chloroxylon Scop. (1777) Nom. illegit. (废弃属名) ≡
Chloroxylon DC. (1824)(保留属名) [芸香科 Rutaceae] ●☆

11163 Chloroxylum P. Browne (1756) (废弃属名) = Ziziphus Mill.
(1754) [鼠李科 Rhamnaceae//枣科 Ziziphaceae] ●

11164 Chloroxylum Post et Kuntze (1903) Nom. illegit. (废弃属名) =
Chloroxylon DC. (1824)(保留属名) [芸香科 Rutaceae] ●☆

11165 Chloryllis E. Mey. (1835) = Dolichos L. (1753) (保留属名)
[豆科 Fabaceae(Leguminosae)//蝶形花科 Papilionaceae] ■

11166 Chloryta Raf. = Blackstonia Huds. (1762);~ = Chlora Adans.
(1763) Nom. illegit. ; ~ = Blackstonia Huds. (1762) [龙胆科
Gentianaceae] ■☆

11167 Chnoanthus Phil. (1862) = Gomphrena L. (1753) [苋科
Amaranthaceae] ●■

11168 Choananthus Rendle (1908) = Scadoxus Raf. (1838) [石蒜科
Amaryllidaceae//百合科 Liliaceae] ■

11169 Chocho Adans. (1763) Nom. illegit. ≡ Sechium P. Browne
(1756)(保留属名) [葫芦科(瓜科,南瓜科) Cucurbitaceae] ■

11170 Chodanthus Hassl. (1906) = Mansoa DC. (1838) [紫葳科
Bignoniaceae] ●☆

11171 Chodaphyton Minod(1918) = Stemodia L. (1759) (保留属名)
[玄参科 Scrophulariaceae//婆婆纳科 Veronicaceae] ■☆

11172 Chodondendron Bosc(1822) Nom. illegit. ≡ Chondrodendron Ruiz
et Pav. (1794) [防己科 Menispermaceae] ●☆

11173 Chodsha-Kasiana Rauschert (1982) Nom. illegit. ≡ Catenularia
Botsch. (1957) Nom. illegit. ; ~ = Catenulina Soják(1980) [十字花
科 Brassicaceae(Cruciferae)] ■☆

11174 Choenomeles Lindl. (1821) (废弃属名) = Chaenomeles Lindl.
(1821) [as 'Choenomeles'] (保留属名) [蔷薇科 Rosaceae] ●

11175 Choeradodia Herb. (1837) = Strumaria Jacq. (1790) [石蒜科
Amaryllidaceae] ■☆

11176 Choeradoplectron Schauer (1843) = Habenaria Willd. (1805);
~ = Peristylus Blume(1825)(保留属名) [兰科 Orchidaceae] ■

11177 Choerophillum Neck. (1768) = Choerophyllum Brongn. [伞形花
科(伞形科) Apiaceae(Umbelliferae)] ■

11178 Choerophyllum Brongn. = Chaerophyllum L. (1753) [伞形花科
(伞形科) Apiaceae(Umbelliferae)] ■

11179 Choeroseris Link (1829) = Picris L. (1753) [菊科 Asteraceae

（Compositae）］■

11180　Choerospondias B. L. Burtt et A. W. Hill（1937）【汉】南酸枣属。【日】チャンチンモドキ属。【俄】Хероспондиас。【英】Choerospondias, Southern Wildjujube。【隶属】漆树科 Anacardiaceae。【包含】世界 1 种，中国 1 种。【学名诠释与讨论】〈阳〉（希）chairo，使喜欢+（属）spondias 槟榔青属。指其与槟榔青属相近。一说其第一个构词成分来自 choiros 猪。另说第一个构词成分来自 choiras，扁桃体。【分布】泰国（北部），印度（东北），中国。【模式】Choerospondias axillaris（Roxburgh）Burtt et A. W. Hill ［Spondias axillaris Roxburgh］。●

11181　Choetophora Franch. et Sav.（1879）= Chaetospora R. Br.（1810）；~ =Schoenus L.（1753）［莎草科 Cyperaceae］■

11182　Choisya Kunth（1823）【汉】墨西哥橘属。【日】ケイシヤ属，コイシヤ属。【英】Mexican Orange, Mexican Orange Blossom。【隶属】芸香科 Rutaceae。【包含】世界 7 种。【学名诠释与讨论】〈阴〉（人）Jacques Denys（Denis）Choisy, 1799-1859，瑞士植物学者。【分布】美国（南部），墨西哥，北美洲。【模式】Choisya ternata Kunth。【参考异名】Astrophyllum Neck. ex Lindb.（1878）Nom. illegit.；Astrophyllum Torr.（1857）；Astrophyllum Torr. et A. Gray（1857）；Juliana Rchb.（1841）；Juliania La Llave（1825）；Plenckia Moc. et Sessé ex DC.●☆

11183　Cholisma Greene（1904）= Xolisma Raf.（1819）Nom. illegit. ≡ Lyonia Nutt.（1818）（保留属名）［杜鹃花科（欧石南科）Ericaceae］●

11184　Chomelia Jacq.（1760）（保留属名）【汉】肖乌口树属。【隶属】茜草科 Rubiaceae。【包含】世界 20-25 种。【学名诠释与讨论】〈阴〉（人）Pierre Jean Baptiste Chomel, 1674-1740，法国医生，Abregé de I' histoire des plantes usuelles 的作者。此属的学名“Chomelia Jacq., Enum. Syst. Pl. : 1, 12. Aug-Sep 1760”是保留属名。相应的废弃属名是茜草科 Rubiaceae 的“Chomelia L., Opera Var. : 210. 1758 = Tarenna Gaertn.（1788）”。冬青科 Aquifoliaceae 的“Chomelia Vell., Fl. Flumin. 42. 1829 ［1825 publ. 7 Sep-28 Nov 1829］= Ilex L.（1753）”亦应废弃。亦有文献把“Chomelia Jacq.（1760）（保留属名）”处理为“Anisomeris C. Presl（1833）”的异名。【分布】澳大利亚，巴拉圭，巴拿马，秘鲁，玻利维亚，厄瓜多尔，哥伦比亚（安蒂奥基亚），马达加斯加，尼加拉瓜，塞舌尔（塞舌尔群岛），热带非洲，热带亚洲，中美洲。【模式】Chomelia spinosa N. J. Jacquin。【参考异名】Anisomeris C. Presl（1833）；Caruelina Kuntze（1891）Nom. illegit.●☆

11185　Chomelia L.（1758）（废弃属名）= Tarenna Gaertn.（1788）［茜草科 Rubiaceae］●

11186　Chomelia Vell.（1829）Nom. illegit.（废弃属名）= Ilex L.（1753）［冬青科 Aquifoliaceae］●

11187　Chomutowia B. Fedtsch.（1922）= Acantholimon Boiss.（1846）（保留属名）［白花丹科（矶松科，蓝雪科）Plumbaginaceae］●

11188　Chona D. Don（1834）= Erica L.（1753）［杜鹃花科（欧石南科）Ericaceae］●☆

11189　Chonais Salisb.（1866）= Hippeastrum Herb.（1821）（保留属名）［石蒜科 Amaryllidaceae］■

11190　Chondilophyllum Panch. ex Guillaumin（1911）= Meryta J. R. Forst. et G. Forst.（1775）［五加科 Araliaceae］●☆

11191　Chondodendron Benth. et Hook. f. = Odontocarya Miers（1851）［防己科 Menispermaceae］●☆

11192　Chondodendron Ruiz et Pav.（1794）Nom. illegit. ≡ Chondrodendron Ruiz et Pav.（1794）［防己科 Menispermaceae］●☆

11193　Chondrachna Post et Kuntze（1903）= Chondrachne R. Br.（1810）［莎草科 Cyperaceae］■

11194　Chondrachne R. Br.（1810）= Lepironia Pers.（1805）［莎草科 Cyperaceae］■

11195　Chondrachyrum Nees（1836）= Briza L.（1753）；~ = Melica L.（1753）［禾本科 Poaceae（Gramineae）//臭草科 Melicaceae］■

11196　Chondradenia Maxim. ex Maekawa（1971）= Orchis L.（1753）［兰科 Orchidaceae］■

11197　Chondradenia Maxim. ex Makino（1902）Nom. illegit. = Orchis L.（1753）［兰科 Orchidaceae］■

11198　Chondraphylla A. Nelson = Gentiana L.（1753）［龙胆科 Gentianaceae］■

11199　Chondrilla L.（1753）【汉】粉苞菊属（苞粉菊属，粉苞苣属）。【俄】Хондрила, Хондрилла, Хондрилля。【英】Chondrilla, Gum Succory, Skeletonweed, Spanish Succory。【隶属】菊科 Asteraceae（Compositae）。【包含】世界 25-30 种，中国 10-13 种。【学名诠释与讨论】〈阴〉（希）chondros，指小式 chondrion，谷粒，粒状物，砂，也指脆骨，软骨+-illus，-illa，-illum，指示小的词尾。此属的学名，ING、TROPICOS、APNI、GCI 和 IK 记载是“Chondrilla Linnaeus, Sp. Pl. 796. 1 Mai 1753”。【分布】中国，温带欧亚大陆。【模式】Chondrilla juncea Linnaeus。【参考异名】Aspideium Zollik. ex DC.（1838）；Calycocorsus F. W. Schmidt（1795）Nom. illegit.；Calycosorus Endl.（1838）；Davaella Gand.；Peltidium Zollik.（1820）；Wibelia Roehl.（1813）Nom. illegit.；Willemetia Neck.（1777-1778）；Willemetia Neck.（1790）Nom. illegit.；Willemetia Neck. ex Cass.（1777-1778）Nom. illegit.；Willemetia Neck. ex Cass.（1790）Nom. illegit.；Zollikoferia Nees（1825）Nom. illegit.■

11200　Chondrocarpus Nutt.（1818）= Hydrocotyle L.（1753）［伞形花科（伞形科）Apiaceae（Umbelliferae）//天胡荽科 Hydrocotylaceae］■

11201　Chondrocarpus Steven（1832）Nom. illegit. = Astragalus L.（1753）［豆科 Fabaceae（Leguminosae）//蝶形花科 Papilionaceae］●■

11202　Chondrochilus Phil.（1858）= Chaetanthera Ruiz et Pav.（1794）［菊科 Asteraceae（Compositae）］■☆

11203　Chondrochlaena Kuntze, Nom. illegit. = Prionanthium Desv.（1831）［禾本科 Poaceae（Gramineae）］■☆

11204　Chondrochlaena Post et Kuntze（1903）= Chondrolaena Nees（1841）Nom. illegit.；~ = Prionanthium Desv.（1831）［禾本科 Poaceae（Gramineae）］■☆

11205　Chondrococcus Steyerm.（1972）Nom. illegit. = Coccochondra Rauschert（1982）［茜草科 Rubiaceae］☆

11206　Chondrodendron Ruiz et Pav.（1794）【汉】粉毒藤属（甘蜜树属，谷树属，南美防己属）。【隶属】防己科 Menispermaceae。【包含】世界 3-10 种。【学名诠释与讨论】〈中〉（希）chondros，指小式 chondrion，谷粒，粒状物，砂，也指脆骨，软骨+ dendron 或 dendros，树木，棍，丛林。此属的学名，ING、TROPICOS 和 GCI 记载是“Chondrodendron Ruiz et Pav., Fl. Peruv. Prodr. 132. 1794 ［early Oct 1794］（as ‘Chondodendron’）；corr.：Miers, Contr. 3：307. 1871”。IK 则记载为“Chondrodendron Spreng., Syst. Veg.（ed. 16）［Sprengel］2：155, in syn. 1825 ［Jan-May 1825］”；这是晚出的非法名称。“Chondodendron Ruiz et Pav.（1794）”是其拼写变体。“Chodondendron Bosc, Encycl. Agric. vii. 296（1822）”是错误拼写。【分布】巴西，秘鲁。【模式】Chondrodendron tomentosum Ruiz et Pavón。【参考异名】Botryopsis Miers（1851）；Chodondendron Bosc（1822）Nom. illegit.；Chondodendron Ruiz et Pav.（1794）Nom. illegit.；Chondrodendron Spreng.（1825）Nom. illegit.；Welwitschiina Engl. ex Dalla Torre et Harms（1901）●●☆

11207　Chondrodendron Spreng.（1825）Nom. illegit. = Chondrodendron Ruiz et Pav.（1794）［防己科 Menispermaceae］●☆

11208 Chondrolaena Nees（1841）Nom. illegit. ≡ Prionachne Nees（1836）；~ = Prionanthium Desv.（1831）［禾本科 Poaceae（Gramineae）］■☆

11209 Chondrolomia Nees（1842）Nom. illegit. = Scleria P. J. Bergius（1765）［莎草科 Cyperaceae］■

11210 Chondropetalon Raf.（1836）= Chondropetalum Rottb.（1772）［帚灯草科 Restionaceae］■☆

11211 Chondropetalum Rottb.（1772）【汉】软骨瓣属。【隶属】帚灯草科 Restionaceae。【包含】世界 12 种。【学名诠释与讨论】〈中〉（希）chondros，指小式 chondrion，谷粒、粒状物，砂，也指脆骨，软骨+希腊文 petalos，扁平的，铺开的；petalon，花瓣，叶，花叶，金属叶子；拉丁文的花瓣为 petalum。此属的学名，ING、TROPICOS 和 IK 记载是"Chondropetalum Rottböll, Descript. Pl. Progr. 11. 1772"。"Chondropetalon Raf.（1836）= Chondropetalum Rottb.（1772）"是其异名，似为变体。兰科 Orchidaceae 的杂交属"× Chondropetalon，1908"是晚出的非法名称。【分布】非洲南部。【后选模式】Chondropetalum deustum Rottböll。【参考异名】Chondropetalon Raf. ■☆

11212 Chondrophora Raf.（1838）Nom. inval. ≡ Chondrophora Raf. ex Porter et Britton（1894）；~ = Bigelowia DC.（1836）（保留属名）［菊科 Asteraceae（Compositae）］●☆

11213 Chondrophora Raf. ex Porter et Britton（1894）Nom. illegit. ≡ Bigelowia DC.（1836）（保留属名）［菊科 Asteraceae（Compositae）］●☆

11214 Chondrophylla（Bunge）A. Nelson（1904）【汉】脆叶龙胆属。【隶属】龙胆科 Gentianaceae。【包含】世界 6 种。【学名诠释与讨论】〈阴〉（希）chondros，指小式 chondrion，谷粒、粒状物，砂，也指脆骨，软骨+phyllon，叶子。此属的学名，ING、TROPICOS 和 IK 记载是"Chondrophylla A. Nelson, Bull. Torrey Bot. Club. 31：245. Mai 1904"。而 GCI 则记载为"Chondrophylla（Bunge）A. Nelson, Bull. Torrey Bot. Club 31：245. 1904"，由"Gentiana［sect.］Chondrophyllae Bunge, Nouv. Mém. Soc. Imp. Naturalistes Moscou 1：207. 1829"改级而来。亦有文献把"Chondrophylla（Bunge）A. Nelson（1904）"处理为"Gentiana L.（1753）"的异名。【分布】巴基斯坦。【后选模式】Chondrophylla aquatica（Linnaeus）W. A. Weber［Gentiana aquatica Linnaeus］。【参考异名】Chondrophylla A. Nelson（1904）Nom. illegit.；Gentiana L.（1753）Nom. illegit.；Gentiana［sect.］Chondrophyllae Bunge（1829）■☆

11215 Chondrophylla A. Nelson（1904）Nom. illegit. ≡ Chondrophylla（Bunge）A. Nelson（1904）［龙胆科 Gentianaceae］■☆

11216 Chondropis Raf.（1837）= Exacum L.（1753）［龙胆科 Gentianaceae］●■

11217 Chondropyxis D. A. Cooke（1986）【汉】长果鼠麴草属。【隶属】菊科 Asteraceae（Compositae）。【包含】世界 1 种。【学名诠释与讨论】〈阴〉（希）chondros，指小式 chondrion，谷粒、粒状物，砂，也指脆骨，软骨+pyxis，指小式 pyxidion = 拉丁文 pyxis，所有格 pixidis，箱，果，盖果。【分布】澳大利亚（西部和南部）。【模式】Chondropyxis halophila D. A. Cooke。【参考异名】Aetheorhyncha Dressler（2005）■☆

11218 Chondrorhyncha（Rchb. f.）Garay = Stenia Lindl.（1837）［兰科 Orchidaceae］■☆

11219 Chondrorhyncha Lindl.（1846）【汉】喙柱兰属（康多兰属）。【日】コンドモミンカ属。【英】Chondrorhyncha。【隶属】兰科 Orchidaceae。【包含】世界 11-24 种。【学名诠释与讨论】〈阴〉（希）chondros，指小式 chondrion，谷粒、粒状物，砂，也指脆骨，软骨+rhynchos，喙。指柱头喙状。此属的学名，ING、TROPICOS 和 IK 记载是"Chondrorhyncha Lindl., Orchid. Linden. 12（1846）［Nov-Dec 1846]"。【分布】巴拿马，秘鲁，玻利维亚，厄瓜多尔，哥伦比亚（安蒂奥基亚），哥斯达黎加，尼加拉瓜，热带南美洲，中美洲。【模式】Chondrorhyncha rosea J. Lindley。【参考异名】Chondroscaphe（Dressler）Senghas et G. Gerlach（1993）；Daiotyla Dressler（2005）；Ixyophora Dressler（2005）；Stenotyla Dressler（2005）；Warscewiczella Rchb. f.（1852）Nom. illegit. ■☆

11220 Chondrosaceae Link = Gramineae Juss.（保留科名）//Poaceae Barnhart（保留科名）■●

11221 Chondroscaphe（Dressler）Senghas et G. Gerlach（1993）= Chondrorhyncha Lindl.（1846）；~ = Zygopetalum Hook.（1827）［兰科 Orchidaceae］■☆

11222 Chondrosea Haw.（1821）= Saxifraga L.（1753）［虎耳草科 Saxifragaceae］■

11223 Chondrosia Benth.（1881）= Chondrosum Desv.（1810）［禾本科 Poaceae（Gramineae）］■☆

11224 Chondrosium Desv.（1813）Nom. illegit. ≡ Chondrosum Desv.（1810）［禾本科 Poaceae（Gramineae）］■☆

11225 Chondrospermum Wall.（1831）Nom. inval. ≡ Chondrospermum Wall. ex G. Don（1837）；~ = Myxopyrum Blume（1826）［木犀榄科（木犀科）Oleaceae］●

11226 Chondrospermum Wall. ex G. Don（1837）= Myxopyrum Blume（1826）［木犀榄科（木犀科）Oleaceae］●

11227 Chondrostylis Boerl.（1897）【汉】骨柱大戟属。【隶属】大戟科 Euphorbiaceae。【包含】世界 2 种。【学名诠释与讨论】〈阴〉（希）chondros，指小式 chondrion，谷粒、粒状物，砂，也指脆骨，软骨+stylos = 拉丁文 style，花柱，中柱，有尖之物，桩，柱，支持物，支柱，石头做的界标。【分布】马来西亚（西部），中南半岛。【模式】Chondrostylis bancana Boerlage。【参考异名】Kunstlera King ex Gage, Nom. illegit.；Kunstlerodendron Ridl.（1924）；Kuntlerodendron Ridl. ●☆

11228 Chondrosum Desv.（1810）【汉】砂垂穗草属。【隶属】禾本科 Poaceae（Gramineae）。【包含】世界 14 种。【学名诠释与讨论】〈中〉（希）chondros，指小式 chondrion，谷粒、粒状物，砂，也指脆骨，软骨。此属的学名，ING、TROPICOS 和 IK 记载是"Chondrosum Desv., Nouv. Bull. Sci. Soc. Philom. Paris 2：188. 1810"。"Actinochloa Willdenow ex J. J. Roemer et J. A. Schultes, Syst. Veg. 2：22，417. Nov 1817"是"Chondrosum Desv.（1810）"的晚出的同模式异名（Homotypic synonym，Nomenclatural synonym）。"Chondrosium Desv.，J. Bot. Agric. 1：68. 1813"是其拼写变体。亦有文献把"Chondrosum Desv.（1810）"处理为"Bouteloua Lag.（1805）［as 'Botelua']（保留属名）"的异名。【分布】巴拿马，秘鲁，玻利维亚，从加拿大到阿根廷，厄瓜多尔，马达加斯加，美洲。【模式】Chondrosum procumbens（Durand）Desvaux［Chloris procumbens Durand］。【参考异名】Actinochloa Roem. et Schult.（1817）Nom. illegit.；Actinochloa Willd. ex Roem. et Schult.（1817）Nom. illegit.；Antichloa Steud.（1840）；Botelua Lag.（1805）Nom. illegit.；Bouteloua Lag.（1805）［as 'Botelua']（保留属名）；Chondrosium Desv.（1813）Nom. illegit.；Erucaria Cerv.（1870）Nom. illegit. ■☆

11229 Chondylophyllum Panch. ex R. Vig.（1910）= Meryta J. R. Forst. et G. Forst.（1775）［五加科 Araliaceae］●☆

11230 Chone Dulac（1867）Nom. illegit. ≡ Eupatorium L.（1753）［菊科 Asteraceae（Compositae）//泽兰科 Eupatoriaceae］■●

11231 Chonemorpha G. Don（1837）（保留属名）【汉】鹿角藤属。【英】Antlevine, Chonemorpha。【隶属】夹竹桃科 Apocynaceae。【包含】世界 15-20 种，中国 8-9 种。【学名诠释与讨论】〈阴〉（希）chone = choane，漏斗+morphe，形状。指花冠漏斗状。此属

的学名"Chonemorpha G. Don,Gen. Hist. 4;69,76. 1837"是保留属名。相应的废弃属名是夹竹桃科 Apocynaceae 的"Belutta-kaka Adans.,Fam. Pl. 2;172,525. Jul-Aug 1763 ≡ Belutta-kaka Adans.,Fam. Pl. 2;00 172,525 Jul-Aug 1763"。J. O. Voigt(1845)曾用"Epichysianthus J. O. Voigt, Hortus Suburb. Calcut. 523. 1845"替代"Chonemorpha G. Don(1837)";这是多余的。【分布】印度至马来西亚,中国,东南亚。【模式】Chonemorpha macrophylla G. Don, Nom. illegit. [Echites fragrans A. Moon;Chonemorpha fragrans(A. Moon)A. H. G. Alston]。【参考异名】Beluttakaka Adans.(1763);Belutta-kaka Adans.(废弃属名);Beluttakaka Adans. ex Kuntze;Epichysianthus Voigt(1845)Nom. illegit.;Rhynchodia Benth.(1876)●

11232　Chonocentrum Pierre ex Pax et K. Hoffm.(1922)【汉】管距大戟属。【隶属】大戟科 Euphorbiaceae。【包含】世界 1 种。【学名诠释与讨论】〈中〉(希)chone =choane,漏斗+kentron,点,刺,圆心,中央,距。【分布】巴西,亚马孙河流域。【模式】Chonocentrum cyathophorum(J. Mueller-Arg.)Pierre ex Pax et K. Hoffmann [Drypetes cyathophora J. Mueller-Arg.]。●☆

11233　Chonolea Kuntze(1891)= Chenolea Thunb.(1781)[藜科 Chenopodiaceae]●☆

11234　Chonopetalum Radlk.(1920)【汉】管瓣无患子属。【隶属】无患子科 Sapindaceae。【包含】世界 1 种。【学名诠释与讨论】〈中〉(希)chone =choane,漏斗+希腊文 petalos,扁平的,铺开的;petalon,花瓣,叶,花叶,金属叶子+拉丁文的花瓣为 petalum。【分布】热带非洲西部。【模式】Chonopetalum stenodictyum Radlkofer。●☆

11235　Chontalesia Lundell(1982)= Ardisia Sw.(1788)(保留属名)[紫金牛科 Myrsinaceae]●■

11236　Chordifex B. G. Briggs et L. A. S. Johnson(1998)【汉】乳突帚灯草属。【隶属】帚灯草科 Restionaceae。【包含】世界 18 种。【学名诠释与讨论】〈阳〉(希)chorde,肠,线,弦,乐器+-fex 作者。【分布】澳大利亚。【模式】Chordifex stenandrus B. G. Briggs et L. A. S. Johnson。●☆

11237　Chordorrhiza Ehrh.(1789)Nom. inval. = Carex L.(1753)[莎草科 Cyperaceae]■

11238　Chordospartium Cheeseman(1910)【汉】裸枝豆属(新西兰裸枝豆属)。【隶属】豆科 Fabaceae(Leguminosae)//蝶形花科 Papilionaceae。【包含】世界 1-2 种。【学名诠释与讨论】〈中〉(希)chorde,肠,线,弦,乐器+(属)Spartium 鹰爪豆属(无叶豆属)。【分布】新西兰。【模式】Chordospartium stevensonii Cheeseman [as 'stevensoni']。●☆

11239　Choretis Herb.(1837)= Hymenocallis Salisb.(1812)[石蒜科 Amaryllidaceae]■

11240　Choretrum R. Br.(1810)【汉】垂酸木属。【隶属】檀香科 Santalaceae。【包含】世界 6 种。【学名诠释与讨论】〈中〉(希)choros 地方,区域。choretes,乡下人,村夫。【分布】澳大利亚。【后选模式】Choretrum glomeratum R. Brown。●☆

11241　Choriantha Riedl(1961)【汉】分花紫草属。【隶属】紫草科 Boraginaceae。【包含】世界 1 种。【学名诠释与讨论】〈阴〉(希)choris-,分离,分开+anthos,花。antheros,多花的。antheo,开花。【分布】伊拉克。【模式】Choriantha popoviana Riedl。☆

11242　Choribaena Steud.(1840)Nom. illegit. = Chorilaena Endl.(1837)[芸香科 Rutaceae]●☆

11243　Choribena Endl. ex Steud.(1840)Nom. illegit. ≡ Chorilaena Endl.(1837)[芸香科 Rutaceae]●☆

11244　Choribena Steud.(1840)Nom. illegit. ≡ Choribena Endl. ex Steud.(1840)Nom. illegit.;~ ≡ Chorilaena Endl.(1837)[芸香科 Rutaceae]●☆

11245　Choricarpha Boeck.(1858)= Lepironia Pers.(1805)[莎草科 Cyperaceae]■

11246　Choricarpia Domin(1928)【汉】分果桃金娘属。【隶属】桃金娘科 Myrtaceae。【包含】世界 2 种。【学名诠释与讨论】〈阴〉(希)choris-,分离,分开+karpos,果实。【分布】澳大利亚(东部)。【模式】Choricarpia leptopetala(F. v. Mueller)Domin [Syncarpia leptopetala F. v. Mueller]。●☆

11247　Choriceras Baill.(1873)【汉】分角大戟属。【隶属】大戟科 Euphorbiaceae。【包含】世界 1-3 种。【学名诠释与讨论】〈中〉(希)choris-,分离,分开+keras,所有格 keratos,角,距,弓。【分布】澳大利亚(东北部),新几内亚岛。【模式】Choriceras australianum Baillon [as 'australiana']。☆

11248　Chorichlaena Post et Kuntze(1903)= Chorilaena Endl.(1837)[芸香科 Rutaceae]●☆

11249　Chorigyne R. Erikss.(1989)【汉】分蕊草属。【隶属】巴拿马草科(环花科)Cyclanthaceae。【包含】世界 7 种。【学名诠释与讨论】〈阴〉(希)choris-,分离,分开+gyne,所有格 gynaikos,雌性,雌蕊。【分布】巴拿马,哥斯达黎加,尼加拉瓜,中美洲。【模式】Chorigyne ensiformis(J. D. Hooker)R. Eriksson [Carludovica ensiformis J. D. Hooker]。■☆

11250　Chorilaena Endl.(1837)【汉】分被芸香属。【隶属】芸香科 Rutaceae。【包含】世界 1 种。【学名诠释与讨论】〈阴〉(希)choris-,分离,分开+laina = chlaine = 拉丁文 laena,外衣,衣服。此属的学名,ING、APNI、TROPICOS 和 IK 记载是"Chorilaena Endlicher in Endlicher et al., Enum. Pl. Hügel. 17. Apr 1837"。"Choribena Endlicher ex Steudel, Nom. Bot. ed. 2. 1;355. Aug(sero)1840"是"Chorilaena Endl.(1837)"的晚出的同模式异名(Homotypic synonym,Nomenclatural synonym)。【分布】澳大利亚(西部)。【模式】Chorilaena quercifolia Endlicher。【参考异名】Choribaena Steud.(1840)Nom. illegit.;Choribena Endl. ex Steud.(1840)Nom. illegit.;Choribena Steud.(1840)Nom. illegit.;Chorichlaena Post et Kuntze(1903)●☆

11251　Chorilepidella Tiegh.(1911)= Lepidaria Tiegh.(1895)[桑寄生科 Loranthaceae]●☆

11252　Chorilepis Tiegh.(1911)= Lepidaria Tiegh.(1895)[桑寄生科 Loranthaceae]●☆

11253　Chorioluma Baill.(1890)= Pycnandra Benth.(1876)[山榄科 Sapotaceae]●☆

11254　Choriophyllum Benth.(1879)= Austrobuxus Miq.(1861);~ = Longetia Baill.(1866)[大戟科 Euphorbiaceae]●☆

11255　Choriosphaera Melch.(1937)= Pseudocalymma A. Samp. et Kuhlm.(1933)[紫葳科 Bignoniaceae]●☆

11256　Choriozandra Steud.(1840)= Chorizandra R. Br.(1810)[莎草科 Cyperaceae]■☆

11257　Choripetalum A. DC.(1834)= Embelia Burm. f.(1768)(保留属名)[紫金牛科 Myrsinaceae//酸藤子科 Embeliaceae]●■

11258　Choriptera Botsch.(1967)【汉】离翅蓬属。【隶属】藜科 Chenopodiaceae。【包含】世界 3 种。【学名诠释与讨论】〈阴〉(希)choris-,分离,分开+pteron,指小式 pteridion,翅。pteridios,有羽毛的。【分布】埃及。【模式】Choriptera semhahensis(F. Vierhapper)V. P. Botschantzev [Salsola semhahensis F. Vierhapper]。【参考异名】Gyroptera Botsch.(1967)●☆

11259　Chorisandra Benth.(1878)Nom. illegit. = Chorizandra R. Br.(1810)[莎草科 Cyperaceae]■☆

11260　Chorisandra Benth. et Hook. f.(1883)Nom. illegit. = Chorizandra R. Br.(1810)[莎草科 Cyperaceae]■☆

11261　Chorisandra R. Br.（1810）Nom. illegit. ≡ Chorizandra R. Br.（1810）［莎草科 Cyperaceae］■☆

11262　Chorisandra Wight（1994）Nom. illegit. = Phyllanthus L.（1753）［大戟科 Euphorbiaceae//叶下珠科（叶萝藦科）Phyllanthaceae］●■

11263　Chorisandrachne Airy Shaw（1969）【汉】分蕊鞘属。【隶属】大戟科 Euphorbiaceae。【包含】世界1种。【学名诠释与讨论】〈阴〉（希）choris-，分离，分开+aner，所有格 andros，雄性，雄蕊+achne，鳞片，泡沫，泡囊，谷壳，秤。【分布】泰国。【模式】Chorisandrachne diplosperma Airy Shaw。☆

11264　Chorisanthera（G. Don）Oerst.（1861）= Pentarhaphia Lindl.（1827）［苦苣苔科 Gesneriaceae］■☆

11265　Chorisanthera Oerst.（1861）Nom. illegit. ≡ Chorisanthera（G. Don）Oerst.（1861）；~ = Pentarhaphia Lindl.（1827）［苦苣苔科 Gesneriaceae］■☆

11266　Chorisema Fisch.（1841）= Chorizema Labill.（1800）［豆科 Fabaceae（Leguminosae）//蝶形花科 Papilionaceae］●■☆

11267　Chorisepalum Gleason et Wodehouse（1931）【汉】分萼龙胆属。【隶属】龙胆科 Gentianaceae。【包含】世界5种。【学名诠释与讨论】〈中〉（希）choris-，分离，分开+sepalum，花萼。【分布】委内瑞拉。【模式】Chorisepalum ovatum Gleason et Wodehouse。■☆

11268　Chorisia Kunth（1822）【汉】美人树属（郝瑞棉属，郝瑞希阿属，南美木棉属，丝绵树属）。【日】コリシア属，トッケリキワタ属。【隶属】木棉科 Bombacaceae//锦葵科 Malvaceae。【包含】世界5种。【学名诠释与讨论】〈阴〉（人）J. Ludwig Choris，画家。此属的学名是"Chorisia Kunth, Malv. 6. 20 Apr（'12 Mai'）1822"。亦有文献把"Chorisia Kunth（1822）"处理为"Ceiba Mill.（1754）"的异名。【分布】巴基斯坦，巴拉圭，秘鲁，玻利维亚，热带南美洲，中美洲。【模式】Chorisia insignis Kunth。【参考异名】Ceiba Mill.（1754）●☆

11269　Chorisis DC.（1838）【汉】沙苦荬属（厚肋苦荬菜属）。【俄】Хоризис。【英】Chorisis。【隶属】菊科 Asteraceae（Compositae）//莴苣科 Lactucaceae。【包含】世界1种，中国1种。【学名诠释与讨论】〈阴〉（人）J. L. Choris，1795–1828，俄国自然科学者。此属的学名"Chorisis A. P. de Candolle, Prodr. 7：177. Apr（sero）1838"是一个替代名称。"Chorisma D. Don, Edinburgh New Philos. J.［6］：308. Jan–Mar 1829"是一个非法名称（Nom. illegit.），因为此前已经有了"Chorisma Lindley ex Sweet, Geraniaceae 1：79. 1821 = Pelargonium L' Hér. ex Aiton（1789）［牻牛儿苗科 Geraniaceae］"。故用"Chorisis DC.（1838）"替代之。亦有文献把"Chorisis DC.（1838）"处理为"Lactuca L.（1753）"的异名。【分布】中国，从俄罗斯（远东）至越南，亚洲东部。【模式】Chorisis repens（Linnaeus）A. P. de Candolle［Prenanthes repens Linnaeus］。【参考异名】Chorisma D. Don（1829）Nom. illegit.；Lactuca L.（1753）■

11270　Chorisiva（A. Gray）Rydb.（1922）【汉】内华达伊瓦菊属（肖伊瓦菊属）。【隶属】菊科 Asteraceae（Compositae）//伊瓦菊科 Ivaceae。【包含】世界1种。【学名诠释与讨论】〈阴〉（希）choris-，分离，分开+（属）Iva 伊瓦菊属。此属的学名，ING 记载是"Chorisiva（A. Gray）Rydberg, N. Amer. Fl. 33：8. 15 Sep 1922"，由"Iva subgen. Chorisiva A. Gray, Syn. Fl. N. Amer. 1（2）：247. Jul 1884"改级而来。GCI 和 IK 则记载为"Chorisiva Rydb., N. Amer. Fl. 33（1）：8. 1922［15 Sep 1922］"。亦有文献把"Chorisiva（A. Gray）Rydb.（1922）"处理为"Euphrosyne DC.（1836）"或"Iva L.（1753）"的异名。【分布】美国（内华达）。【模式】Chorisiva nevadensis（M. E. Jones）Rydberg［Iva nevadensis M. E. Jones］。【参考异名】Chorisiva Rydb.（1922）Nom. illegit.；Euphrosyne DC.（1836）；Iva L.（1753）；Iva subgen. Chorisiva A. Gray（1884）■☆

11271　Chorisiva Rydb.（1922）Nom. illegit. ≡ Chorisiva（A. Gray）Rydb.（1922）［菊科 Asteraceae（Compositae）］■☆

11272　Chorisma D. Don（1829）Nom. illegit. ≡ Chorisis DC.（1838）；~ = Lactuca L.（1753）［菊科 Asteraceae（Compositae）//莴苣科 Lactucaceae］■

11273　Chorisma Lindl.（1820）Nom. inval. ≡ Chorisma Lindl. ex Sw.（1821）；~ = Pelargonium L' Hér. ex Aiton（1789）［牻牛儿苗科 Geraniaceae］●■

11274　Chorisma Lindl. ex Sw.（1821）= Pelargonium L' Hér. ex Aiton（1789）［牻牛儿苗科 Geraniaceae］●■

11275　Chorisochora Vollesen（1994）【汉】赭爵床属。【隶属】爵床科 Acanthaceae。【包含】世界3种。【学名诠释与讨论】〈阴〉（希）choris-，分离，分开+ochora，黄赭土。【分布】也门。【模式】Chorisochora transvaalensis（A. D. J. Meeuse）K. Vollesen［Angkalanthus transvaaliensis A. D. J. Meeuse］。■☆

11276　Chorispermum R. Br.（1812）Nom. illegit.（废弃属名）= Chorispora R. Br. ex DC.（1821）（保留属名）［十字花科 Brassicaceae（Cruciferae）］■

11277　Chorispermum W. T. Aiton（1812）（废弃属名）≡ Chorispora R. Br. ex DC.（1821）（保留属名）［十字花科 Brassicaceae（Cruciferae）］■

11278　Chorispora DC.（1821）Nom. illegit.（废弃属名）≡ Chorispora R. Br. ex DC.（1821）（保留属名）［十字花科 Brassicaceae（Cruciferae）］■

11279　Chorispora R. Br. ex DC.（1821）（保留属名）【汉】离子芥属（离子草属）。【俄】Хориспора。【英】Chorispora。【隶属】十字花科 Brassicaceae（Cruciferae）。【包含】世界11种，中国8种。【学名诠释与讨论】〈阴〉（希）choris-，分离，分开+spora，孢子，种子。此属的学名"Chorispora R. Br. ex DC. in Mém. Mus. Hist. Nat. 7：237. 20 Apr 1821"是保留属名。相应的废弃属名是十字花科 Brassicaceae 的"Chorispermum W. T. Aiton, Hort. Kew., ed. 2, 4：129. Dec 1812 ≡ Chorispora R. Br. ex DC.（1821）（保留属名）"。十字花科 Brassicaceae 的"Chorispermum R. Br., Hortus Kew. 4：129 1812 = Chorispora R. Br. ex DC.（1821）（保留属名）"亦应废弃。"Chorispora DC.（1821）"的命名人引证有误；也须废弃。【分布】巴基斯坦，美国，中国，地中海东部，亚洲中部。【模式】Chorispora tenella（Pallas）A. P. de Candolle［Raphanus tenellus Pallas］。【参考异名】Chorispermum R. Br.（1812）Nom. illegit.（废弃属名）；Chorispermum W. T. Aiton（1812）（废弃属名）；Chorispora DC.（1821）Nom. illegit.（废弃属名）■

11280　Choristanthus K. Schum.（1891）= Eleutheranthus K. Schum., Nom. illegit.；~ = Eleuthranthes F. Muell.（1864）［茜草科 Rubiaceae］■☆

11281　Choristea Thunb.（1800）= Didelta L' Hér.（1786）（保留属名）［菊科 Asteraceae（Compositae）］■☆

11282　Choristega Tiegh.（1911）= Lepeostegeres Blume（1731）［桑寄生科 Loranthaceae］●☆

11283　Choristegeres Tiegh.（1911）= Choristega Tiegh.（1911）；~ = Lepeostegeres Blume（1731）［桑寄生科 Loranthaceae］●☆

11284　Choristegia Tiegh. = Lepeostegeres Blume（1731）［桑寄生科 Loranthaceae］●☆

11285　Choristemon H. B. Will.（1924）【汉】分蕊尖苞木属。【隶属】尖苞木科 Epacridaceae。【包含】世界1种。【学名诠释与讨论】〈阳〉（希）choris-，分离，分开+stemon，雄蕊。【分布】维多利亚。【模式】Choristemon humilis Williamson。●☆

11286　Choristes Benth.（1840）= Deppea Cham. et Schltdl.（1830）［茜草科 Rubiaceae］●☆

11287　Choristigma（Baill.）Baill.（1892）= Tetrastylidium Engl.（1872）

［铁青树科 Olacaceae］●☆

11288 Choristigma Baill.（1892）Nom. illegit. ≡ Choristigma（Baill.）Baill.（1892）；~ = Tetrastylidium Engl.（1872）［铁青树科 Olacaceae］●☆

11289 Choristigma Kurtz ex Heger（1897）Nom. illegit. ≡ Stuckertia Kuntze（1903）［萝藦科 Asclepiadaceae］●☆

11290 Choristigma Kurtz（1897）Nom. illegit. ≡ Choristigma Kurtz ex Heger（1897）Nom. illegit.；~ ≡ Stuckertia Kuntze（1903）［萝藦科 Asclepiadaceae］●☆

11291 Choristylis Harv.（1842）【汉】分柱鼠刺属。【隶属】鼠刺科 Iteaceae。【包含】世界 1 种。【学名诠释与讨论】〈阴〉（希）choris-，分离，分开+stylos =拉丁文 style，花柱，中柱，有尖之物，桩，柱，支持物，支柱，石头做的界标。【分布】非洲。【模式】Choristylis rhamnoides Harvey。●☆

11292 Choritaenia Benth.（1867）【汉】分带芹属。【隶属】伞形花科（伞形科）Apiaceae（Umbelliferae）。【包含】世界 1 种。【学名诠释与讨论】〈阴〉（希）choris-，分离，分开+tainia，变为拉丁文 taenia，带，taeniatus，有条纹的，taenidium，螺旋丝。此属的学名"Choritaenia Bentham in Bentham et Hook. f., Gen. 1：907. Sep 1867"是一个替代名称。"Pappea Sonder in W. H. Harvey et Sonder, Fl. Cap. 2：562. 16-31 Oct 1862"是一个非法名称（Nom. illegit.），因为此前已经有了"Pappea Ecklon et Zeyher, Enum. 53. Dec 1834-1835［无患子科 Sapindaceae］"。故用"Choritaenia Benth.（1867）"替代之。【分布】非洲南部。【模式】Choritaenia capensis Burtt Davy［Pappea capensis Sonder 1862］。【参考异名】Choritaenia Benth.（1867）；Pappea Sond.（1862）Nom. illegit.；Pappea Sond. et Harv.（1862）Nom. illegit.。●☆

11293 Chorizandra Benth. et Hook. f.（1880）Nom. illegit. = Chorisandra Wight（1994）Nom. illegit.；~ = Phyllanthus L.（1753）［大戟科 Euphorbiaceae//叶下珠科（叶萝藦科）Phyllanthaceae］●■

11294 Chorizandra Griff. ex C. B. Clarke = Boeica T. Anderson ex C. B. Clarke（1874）［苦苣苔科 Gesneriaceae］●■

11295 Chorizandra R. Br.（1810）【汉】分蕊莎草属。【隶属】莎草科 Cyperaceae。【包含】世界 6-8 种。【学名诠释与讨论】〈阴〉（希）choris-，分离，分开+aner，所有格 andros，雄性，雄蕊。此属的学名，ING、APNI、TROPICOS 和 IK 记载是"Chorizandra R. Brown, Prodr. 221. 27 Mar 1810"。大戟科 Euphorbiaceae 的"Chorizandra Benth. et Hook. f., Gen. Pl.［Bentham et Hooker f.］3（1）：275, in textu. 1880［7 Feb 1880］= Chorisandra Wight（1994）Nom. illegit. = Phyllanthus L.（1753）"是晚出的非法名称。【分布】澳大利亚（包括塔斯曼半岛）。【后选模式】Chorizandra sphaerocephala R. Brown。【参考异名】Choriozandra Steud.（1840）；Chorisandra Benth.（1878）Nom. illegit.；Chorisandra Benth. et Hook. f.（1883）Nom. illegit.；Chorisandra R. Br.（1810）Nom. illegit.。■☆

11296 Chorizanthe R. Br.（1836）Nom. illegit. = Chorizanthe R. Br. ex Benth.（1836）［蓼科 Polygonaceae］■●☆

11297 Chorizanthe R. Br. ex Benth.（1836）【汉】刺花蓼属（离花蓼属）。【英】Spineflower。【隶属】蓼科 Polygonaceae。【包含】世界 50 种。【学名诠释与讨论】〈阴〉（希）choris-，分离，分开+anthos，花。antheros，多花的。antheo，开花。此属的学名，ING、GCI 和 IK 记载是"Chorizanthe R. Brown ex Bentham, Trans. Linn. Soc. London 17：405, 416. 21 Jun-9 Jul 1836"。"Chorizanthe R. Br. = Chorizanthe R. Br. ex Benth.（1836）"的命名人引证有误。【分布】美洲。【后选模式】Chorizanthe virgata Bentham。【参考异名】Acanthogonum Torr.（1857）；Chorizanthe R. Br.（1836）Nom. illegit.；Eriogonella Goodman（1934）；Lastarriaea J. Rémy（1851-1852）；Mucronea Benth.（1836）；Systenotheca Reveal et Hardham

（1989）；Trigonocarpus Bert. ex Steud.（1841）Nom. illegit.。■●☆

11298 Chorizema Labill.（1800）【汉】甘泉豆属（橙花豆属，火豌豆属）。【日】コリゼマ属，ヒイラギハギ属。【英】Flame Pea, Tango-plant。【隶属】豆科 Fabaceae（Leguminosae）//蝶形花科 Papilionaceae。【包含】世界 18-25 种。【学名诠释与讨论】〈中〉（希）choros，跳跃的+zema，饮料。本属命名人 Labillardiere 在海滨采集标本时，其他植物果实都因为含盐而难以下咽，惟独本种的果实含水丰富，清甜可口。Labillardiere 情不自禁地给出这样一个优美的名字。另外还有几种解释，如 choris 分开。chorismos。各别的地方。choristos，分开的。chorizo，分开，散布。此属的学名，ING 和 APNI 记载是"Chorizema Labill., Relation du Voyage la Recherche de la Prouse 1 1800"。"Choryzema Bosc（1822）"是其拼写变体。IPNI 记载的大戟科的"Chorizonema Jean F. Brunel, Gen. Phyllanthus Afr. Intertrop. Madag. 256. 1987"是晚出的非法名称；TROPICOS 则记载为"Chorizonema（Wight）Jean F. Brunel, Gen. Phyllanthus Afr. Intertrop. Madag. 256, 1987"，并错误地标注"Basionym：Chorisandra Wight（1994）"。【分布】澳大利亚。【模式】Chorizema ilicifolium Labillardiere［as 'ilicifolia'］。【参考异名】Aciphyllum Steud.（1840）Nom. illegit.；Chorisema Fisch.（1841）；Chorosema Brongn.（1843）；Chorozema Sm.（1808）Nom. illegit.；Choryzema Bosc（1822）Nom. illegit.；Choryzemum Bosc（1822）；Orthotropis Benth.（1839）；Orthotropis Benth. ex Lindl.（1839）●■☆

11299 Chorizonema（Wight）Jean F. Brunel（1987）Nom. illegit. ≡ Chorizonema Jean F. Brunel（1987）；~ = Chorisandra Wight（1994）Nom. illegit.；~ = Phyllanthus L.（1753）［大戟科 Euphorbiaceae//叶下珠科（叶萝藦科）Phyllanthaceae］●■

11300 Chorizonema Jean F. Brunel（1987）= Chorisandra Wight（1994）Nom. illegit.；~ = Phyllanthus L.（1753）［大戟科 Euphorbiaceae//叶下珠科（叶萝藦科）Phyllanthaceae］●■

11301 Chorizospermum Post et Kuntze（1903）= Casearia Jacq.（1760）；~ = Corizospermum Zipp. ex Blume（1851）［刺篱木科（大风子科）Flacourtiaceae//天料木科 Samydaceae］●

11302 Chorizotheca Müll. Arg.（1863）= Pseudanthus Sieber ex A. Spreng.（1827）［大戟科 Euphorbiaceae//假花大戟科 Pseudanthaceae］■☆

11303 Chorobanche B. D. Jacks. = Orobanche L.（1753）［列当科 Orobanchaceae//玄参科 Scrophulariaceae］■

11304 Chorobane C. Presl = Orobanche L.（1753）［列当科 Orobanchaceae//玄参科 Scrophulariaceae］■

11305 Chorosema Brongn.（1843）= Chorizema Labill.（1800）［豆科 Fabaceae（Leguminosae）//蝶形花科 Papilionaceae］●■☆

11306 Chorozema Sm.（1808）Nom. illegit. = Chorizema Labill.（1800）［豆科 Fabaceae（Leguminosae）//蝶形花科 Papilionaceae］●■☆

11307 Chortolirion A. Berger（1908）【汉】园白属。【隶属】阿福花科 Asphodelaceae。【包含】世界 1 种。【学名诠释与讨论】〈中〉（希）chortos，植物园，草+lirion，白百合。此属的学名是"Chortolirion A. Berger in Engler, Pflanzenr. IV. 38 III, II（Heft 33）：72. 8 Mai 1908"。亦有文献把其处理为"Haworthia Duval（1809）（保留属名）"的异名。【分布】非洲。【后选模式】Chortolirion angolense（J. G. Baker）A. Berger［Haworthia angolensis J. G. Baker］。【参考异名】Haworthia Duval（1809）（保留属名）■☆

11308 Choryzema Bosc（1822）Nom. illegit. = Chorizema Labill.（1800）［豆科 Fabaceae（Leguminosae）//蝶形花科 Papilionaceae］●■☆

11309 Choryzemum Bosc（1822）= Chorizema Labill.（1800）［豆科 Fabaceae（Leguminosae）//蝶形花科 Papilionaceae］●■☆

11310 Chosenia Nakai（1920）【汉】钻天柳属（朝鲜柳属）。【日】ケシ

ョウヤナキ属。【俄】Чозения。【英】Chosenia。【隶属】杨柳科 Salicaceae。【包含】世界 1 种,中国 1 种。【学名诠释与讨论】〈阴〉(地)Chosen,朝鲜。指模式种标本采自朝鲜。此属的学名是"Chosenia Nakai,Bot. Mag.(Tokyo) 34:67. Mai 1920"。亦有文献把其处理为"Salix L.(1753)(保留属名)"的异名。【分布】中国,温带和亚极地,亚洲东北部。【模式】Chosenia splendida (Nakai) Nakai［Salix splendida Nakai］。【参考异名】Salix L.(1753)(保留属名)●

11311 Chotchia Benth. = Chotekia Opiz et Corda(1830);~ = Pogostemon Desf.(1815)［唇形科 Lamiaceae(Labiatae)］●■

11312 Choteckia Steud.(1840)Nom. illegit. = Chotekia Opiz et Corda(1830);~ = Pogostemon Desf.(1815)［唇形科 Lamiaceae(Labiatae)］●■

11313 Chotekia Opiz et Corda(1830)= Pogostemon Desf.(1815)［唇形科 Lamiaceae(Labiatae)］●■

11314 Chotekia Steud.(1840)Nom. illegit. = Choteckia Steud.(1840)Nom. illegit.;~ = Chotekia Opiz et Corda(1830);~ = Pogostemon Desf.(1815)［杨柳科 Salicaceae］●■

11315 Chotellia Hook. f. = Pogostemon Desf.(1815)［唇形科 Lamiaceae(Labiatae)］●■

11316 Chouardia Speta(1998)【汉】舒氏风信子属。【隶属】风信子科 Hyacinthaceae。【包含】世界 2 种。【学名诠释与讨论】〈阴〉(人)Chouard。【分布】欧洲。【模式】未指定。■☆

11317 Choulettia Pomel(1874)= Gaillonia A. Rich. ex DC.(1830);~ = Jaubertia Guill.(1841)［茜草科 Rubiaceae］■☆

11318 Chouxia Capuron(1969)【汉】干序木属。【隶属】无患子科 Sapindaceae。【包含】世界 1 种。【学名诠释与讨论】〈阴〉(人)Choux。【分布】马达加斯加。【模式】Chouxia sorindeioides R. Capuron。●☆

11319 Chresta Vell.(1831)Nom. inval. ≡ Chresta Vell. ex DC.(1836);~ = Eremanthus Less.(1829)［菊科 Asteraceae(Compositae)］●☆

11320 Chresta Vell. ex DC.(1836)【汉】长管菊属。【隶属】菊科 Asteraceae(Compositae)。【包含】世界 7-11 种。【学名诠释与讨论】〈阴〉(希)chrestos,好的,有用的。此属的学名,ING、TROPICOS 和 GCI 记载是"Chresta Vellozo ex A. P. de Candolle,Prodr. 5:85. Oct(prim.)1836"。IK 则记载为"Chresta Vell.,Fl. Flumin. Icon. 8:t. 150,151. 1831［1827 publ. 29 Oct 1831］"。亦有文献把"Chresta Vell. ex DC.(1836)"处理为"Eremanthus Less.(1829)"的异名。【分布】巴西,玻利维亚。【模式】未指定。【参考异名】Argyrovernonia MacLeish(1984);Chresta Vell.(1831)Nom. inval.;Eremanthus Less.(1829);Glaziovianthus G. M. Barroso(1947)■●☆

11321 Chrestienia Montrouz.(1901)= Pseuderanthemum Radlk. ex Lindau(1895)［爵床科 Acanthaceae］●■

11322 Chretomeris Nutt. ex J. G. Sm.(1899)= Sitanion Raf.(1819)［禾本科 Poaceae(Gramineae)］■☆

11323 Chrisanthemum Neck.(1768)= Chrysanthemum L.(1753)(保留属名)［菊科 Asteraceae(Compositae)］■●

11324 Chrisosplenium Neck.(1768)Nom. illegit. ≡ Chrysosplenium L.(1753)［虎耳草科 Saxifragaceae］■

11325 Christannia C. Presl(1831)= Pineda Ruiz et Pav.(1794)［刺篱木科(大风子科)Flacourtiaceae］●☆

11326 Christensonella Szlach.,Mytnik,Górniak et śmiszek(2006)【汉】拟越南兰属。【隶属】兰科 Orchidaceae。【包含】世界 20 种。【学名诠释与讨论】〈阴〉(属)Christensonia 越南兰属+-ellus,-ella,-ellum,加在名词词干后面形成指小式的词尾。或加在人名、属名等后面以组成新属的名称。此属的学名是"Christensonella Szlach.,Mytnik,Górniak et śmiszek,Polish Botanical Journal 51(1):57-58. 2006.(21 Jul 2006)"。亦有文献把其处理为"Maxillaria Ruiz et Pav.(1794)"的异名。【分布】玻利维亚,美洲。【模式】Christensonella paulistana(Hoehne)Szlach.,Mytnik,Górniak et śmiszek。【参考异名】Maxillaria Ruiz et Pav.(1794)■☆

11327 Christensonia Haager(1993)【汉】越南兰属。【隶属】兰科 Orchidaceae。【包含】世界 1 种。【学名诠释与讨论】〈阴〉(人)E. A. Christenson,植物学者。【分布】越南。【模式】Christensonia vietnamica Haager。■☆

11328 Christia Moench(1802)【汉】蝙蝠草属(萝藟草属)。【日】ホオズキハギ属。【英】Batweed,Christia。【隶属】豆科 Fabaceae(Leguminosae)//蝶形花科 Papilionaceae。【包含】世界 13 种,中国 5 种。【学名诠释与讨论】〈阴〉(人),1739-1813,德国植物学者。另说是瑞士学者。此属的学名,ING、TROPICOS 和 IK 记载是"Christia Moench,Supplementum ad Methodum Plantas 1802"。"Lourea Necker ex Desvaux,J. Bot. Agric. 1:122. Mar 1813"是"Christia Moench(1802)"的晚出的同模式异名(Homotypic synonym,Nomenclatural synonym)。【分布】澳大利亚,印度至马来西亚,中国,中南半岛。【模式】Christia lunata Moench。【参考异名】Lourea Desv.(1813)Nom. illegit.;Lourea Neck.(1790)Nom. inval.;Lourea Neck. ex Desv.(1813)Nom. illegit.;Lourea Neck. ex J. St.-Hil.(1813)Nom. illegit.;Ploca Lour. ex Gomes(1868)■●

11329 Christiana DC.(1824)【汉】翅果片椴属(非洲椴属)。【隶属】椴树科(椴科,田麻科)Tiliaceae//锦葵科 Malvaceae。【包含】世界 2-4 种。【学名诠释与讨论】〈阴〉(人)Christen(Christian)Smith,1785-1816,挪威植物学者(另说是 Hermann Christ,1833-1933,瑞士植物学者)+-anus,-ana,-anum,加在名词词干后面使形成形容词的词尾,含义为"属于"。【分布】厄瓜多尔,马达加斯加,尼加拉瓜,热带非洲,热带南美洲,中美洲。【模式】Christiana africana A. P. de Candolle。【参考异名】Asterophorum Sprague(1908);Christannia Walp.(1842)Nom. illegit.;Speirostyla Baker(1889);Spirostylis Post et Kuntze(1903)Nom. illegit.(废弃属名);Tahitia Burret(1926)●☆

11330 Christianella W. R. Anderson(2006)【汉】小克利木属。【隶属】金虎尾科(黄褥花科)Malpighiaceae。【包含】世界 5 种。【学名诠释与讨论】〈阴〉(人)Hermann Christ,1833-1933,瑞士植物学者+-ellus,-ella,-ellum,加在名词词干后面形成指小式的词尾。或加在人名、属名等后面以组成新属的名称。此属的学名是"Christianella W. R. Anderson,Novon 16(2):190-191. 2006.(26 Jul 2006)"。亦有文献把其处理为"Mascagnia(Bertero ex DC.)Colla(1824)Nom. illegit."的异名。【分布】玻利维亚,哥斯达黎加,中美洲。【模式】Christianella mesoamericana(W. R. Anderson)W. R. Anderson［Mascagnia mesoamericana W. R. Anderson］。【参考异名】Mascagnia(Bertero ex DC.)Colla(1824)Nom. illegit.;Mascagnia(DC.)Bertero(1824)●☆

11331 Christiania Rchb.(1837)Nom. illegit. ≡ Christiannia Wittst.(1852)Nom. illegit.;~ ≡ Christannia C. Presl(1831);~ = Pineda Ruiz et Pav.(1794)［刺篱木科(大风子科)Flacourtiaceae］●☆

11332 Christiannia Wittst.(1852)Nom. illegit. ≡ Christannia C. Presl(1831);~ = Pineda Ruiz et Pav.(1794)［刺篱木科(大风子科)Flacourtiaceae］●☆

11333 Christisonia Gardner(1847)【汉】假野菰属(彩花菰属)。【英】Christisonia。【隶属】列当科 Orobanchaceae//玄参科 Scrophulariaceae。【包含】世界 16-17 种,中国 1 种。【学名诠释

与讨论】〈阴〉（波斯）christisone，一种植物俗名。【分布】巴基斯坦，印度至马来西亚，中国，东南亚。【模式】未指定。【参考异名】Campbellia Wight（1850）；Cliffordia Livera（1927）；Legocia Livera（1927）；Oligopholis Wight（1850）■

11334　Christmannia Dennst.（1818）Nom. inval. ≡ Christmannia Dennst. ex Kostel.（1836）Nom. illegit. ；～ ≡ Courondi Adans.（1763）（废弃属名）；～ = Salacia L.（1771）（保留属名）［卫矛科 Celastraceae//翅子藤科 Hippocrateaceae//五层龙科 Salaciaceae］●

11335　Christmannia Dennst. ex Kostel.（1836）Nom. illegit. ≡ Courondi Adans.（1763）（废弃属名）；～ = Salacia L.（1771）（保留属名）［卫矛科 Celastraceae//翅子藤科 Hippocrateaceae//五层龙科 Salaciaceae］●

11336　Christolea Cambess.（1836–1839）【汉】高原芥属（北疆芥属，新疆芥属）。【俄】Христолея。【英】Plateaucress Christolea。【隶属】十字花科 Brassicaceae（Cruciferae）。【包含】世界 2-21 种，中国 2-16 种。【学名诠释与讨论】〈阴〉（希）chrio，染污 + stole，匍匐茎。此属的学名，ING、TROPICOS 和 IK 记载是 "Christolea Cambessèdes in Jacquemont, Voyage Inde 4, Bot.：17. t. 17. 1836（med.）-Jun 1839（'1844'）"。"Christolea Cambess. ex Jacquem.（1839）"的命名人引证有误。"Christolia Post et Kuntze（1903）"是其拼写变体。【分布】阿富汗，巴基斯坦，美国（阿拉斯加），中国，喀什米尔地区，西喜马拉雅山，亚洲中部。【模式】Christolea crassifolia Cambessèdes。【参考异名】Acroschizocarpus Gombocz（1940）；Christolea Cambess. ex Jacquem.（1839）Nom. illegit. ；Christolia Post et Kuntze（1903）Nom. illegit. ；Desideria Pamp.（1926）；Ermania Cham.（1831）；Ermania Cham. ex O. E. Schulz（1978）Nom. illegit. ；Eurycarpus Botsch.（1955）；Koelzia Rech. f.（1951）；Melanidion Greene（1912）；Oreoblastus Suslova（1972）；Vvedenskyella Botsch.（1955）■

11337　Christolea Cambess. ex Jacquem.（1839）Nom. illegit. = Christolea Cambess.（1839）［十字花科 Brassicaceae（Cruciferae）］■

11338　Christolia Post et Kuntze（1）Nom. illegit. = Christolea Cambess.（1839）［十字花科 Brassicaceae（Cruciferae）］■

11339　Christolia Post et Kuntze（2）Nom. illegit. = Chrystolia Montrouz. ex Beauvis.（1901）；～ = Glycine Willd.（1802）（保留属名）；～ = Soja Moench（1794）Nom. illegit.（废弃属名）；～ ≡ Soja Moench（1794）Nom. illegit.（废弃属名）；～ = Glycine Willd.（1802）（保留属名）［豆科 Fabaceae（Leguminosae）//蝶形花科 Papilionaceae］■

11340　Christopheria J. F. Sm. et J. L. Clark（2013）【汉】黄苣苔属。【隶属】苦苣苔科 Gesneriaceae。【包含】世界 1 种。【学名诠释与讨论】〈阴〉词源不详。【分布】法属几内亚。【模式】Christopheria xantha（Leeuwenb.）J. F. Sm. et J. L. Clark［Episcia xantha Leeuwenb.］。☆

11341　Christophoriana Burm.（1738）Nom. illegit. ≡ Christophoriana Burm. ex Kuntze（1891）Nom. illegit. ；～ ≡ Christophoriana Kuntze（1891）Nom. illegit. ；～ ≡ Knowltonia Salisb.（1796）［毛茛科 Ranunculaceae］■☆

11342　Christophoriana Burm. ex Kuntze（1891）Nom. illegit. ≡ Christophoriana Kuntze（1891）Nom. illegit. ；～ ≡ Knowltonia Salisb.（1796）［毛茛科 Ranunculaceae］■☆

11343　Christophoriana Kuntze（1891）Nom. illegit. ≡ Knowltonia Salisb.（1796）［毛茛科 Ranunculaceae］■☆

11344　Christophoriana Mill.（1754）Nom. illegit. ≡ Actaea L.（1753）［毛茛科 Ranunculaceae］■

11345　Christophoriana Tourn. ex Ruppius（1745）Nom. inval. = Actaea L.（1753）［毛茛科 Ranunculaceae］■

11346　Christya Ward et Harv.（1841）= Strophanthus DC.（1802）［夹竹桃科 Apocynaceae］●

11347　Chritmum Brot.（1804）= Crithmum L.（1753）［伞形花科（伞形科）Apiaceae（Umbelliferae）］■☆

11348　Chroesthes Benoist（1927）【汉】色萼花属（色萼木属）。【英】Chroesthes，Colorcalyx。【隶属】爵床科 Acanthaceae。【包含】世界 1-4 种，中国 1-2 种。【学名诠释与讨论】〈阴〉（希）chroa，颜色 + esthes，衣服。指花萼具色泽。【分布】印度（北部），中国。【模式】Chroesthes pubiflora Benoist。●

11349　Chroilema Bernh.（1841）= Haplopappus Cass.（1828）［as 'Aplopappus'］（保留属名）［菊科 Asteraceae（Compositae）］■●☆

11350　Chromanthus Phil.（1871）= Talinum Adans.（1763）（保留属名）［马齿苋科 Portulacaceae//土人参科 Talinaceae］■●

11351　Chromatolepis Dulac（1867）Nom. illegit. ≡ Carlina L.（1753）［菊科 Asteraceae（Compositae）］■●

11352　Chromatopogon F. W. Schmidt（1795）= Scorzonera L.（1753）［菊科 Asteraceae（Compositae）］■

11353　Chromatotriccum M. A. Clem. et D. L. Jones（2002）= Dendrobium Sw.（1799）（保留属名）［兰科 Orchidaceae］

11354　Chromochiton Cass.（1828）= Cassinia R. Br.（1817）（保留属名）［菊科 Asteraceae（Compositae）//滨篱菊科 Cassiniaceae］●☆

11355　Chromolaena DC.（1836）【汉】香泽兰属（飞机草属，色衣菊属）。【隶属】菊科 Asteraceae（Compositae）。【包含】世界 150-168 种，中国 1 种。【学名诠释与讨论】〈阴〉（希）chroma，所有格 chromatos，颜色，身体的表面或皮肤的颜色。chromatikos，关于颜色的，柔软的，和谐的。chromatiko，有色的 + laina，斗篷。【分布】巴拉圭，巴拿马，秘鲁，玻利维亚，厄瓜多尔，哥伦比亚（安蒂奥基亚），美国（南部），中国，西印度群岛，热带南美洲，中美洲。【模式】Chromolaena horminoides A. P. de Candolle。【参考异名】Heterolaena（Endl.）C. A. Mey.（1845）；Heterolaena C. A. Mey.（1845）Nom. illegit. ；Heterolaena C. A. Mey. ex Fisch. Mey. et Avé-Lall.（1845）Nom. illegit. ；Heterolaena Sch. Bip. ex Benth. et Hook. f.（1873）Nom. illegit. ；Osmia Sch. Bip.（1866）●■

11356　Chromolepis Benth.（1840）【汉】彩鳞菊属。【隶属】菊科 Asteraceae（Compositae）。【包含】世界 1 种。【学名诠释与讨论】〈阴〉（希）chroma，颜色 + lepis，所有格 lepidos，指小式 lepion 或 lepidion，鳞，鳞片。lepidotos，多鳞的。lepos，鳞，鳞片。【分布】墨西哥。【模式】Chromolepis heterophylla Bentham。【参考异名】Stephanopholis S. F. Blake（1913）■☆

11357　Chromoluculma Ducke（1925）【汉】大托叶山榄属。【隶属】山榄科 Sapotaceae。【包含】世界 2 种。【学名诠释与讨论】〈中〉（希）chroma，颜色 +（属）Lucuma 蛋黄果属（果榄属，鸡蛋果属，路库玛属）。【分布】巴西（东北部），几内亚。【模式】Chromolucuma rubriflora Ducke。●☆

11358　Chromophora Post et Kuntze（1903）= Chrozophora A. Juss.（1824）［as 'Crozophora'］（保留属名）［大戟科 Euphorbiaceae］●

11359　Chronanthos（DC.）K. Koch（1854）= Cytisus Desf.（1798）（保留属名）；～ = Genista L.（1753）［豆科 Fabaceae（Leguminosae）//蝶形花科 Papilionaceae］●

11360　Chronanthos K. Koch（1854）Nom. illegit. = Cytisus Desf.（1798）（保留属名）；～ = Genista L.（1753）［豆科 Fabaceae（Leguminosae）//蝶形花科 Papilionaceae］●

11361　Chronanthus K. Koch（1854）Nom. illegit. ≡ Chronanthos（DC.）K. Koch（1854）；～ = Genista L.（1753）［豆科 Fabaceae（Leguminosae）//蝶形花科 Papilionaceae］●

11362　Chrone Dulac = Eupatorium L.（1753）［菊科 Asteraceae（Compositae）//泽兰科 Eupatoriaceae］■●

11363　Chroniochilus J. J. Sm.（1918）【汉】迟花兰属。【隶属】兰科

Orchidaceae。【包含】世界6种。【学名诠释与讨论】〈阳〉（希）chronios，迟的，长期持续的+cheilos，唇。在希腊文组合词中，cheil-，cheilo-，-chilus，-chilia 等均为"唇，边缘"之义。【分布】斐济，马来半岛，泰国，印度尼西亚（爪哇岛）。【模式】Chroniochilus tjidadapensis J. J. Smith。■☆

11364　Chronobasis DC. ex Benth. et Hook. f. （1873）= Ursinia Gaertn. （1791）（保留属名）［菊科 Asteraceae（Compositae）］●■☆

11365　Chronopappus DC. （1836）【汉】泡叶巴西菊属。【隶属】菊科 Asteraceae（Compositae）。【包含】世界1种。【学名诠释与讨论】〈阳〉（希）chronos，时间+希腊文 pappos 指柔毛，软毛。pappus 则与拉丁文同义，指冠毛。【分布】巴西。【模式】Chronopappus bifrons （Persoon） A. P. de Candolle［Serratula bifrons Persoon］。●☆

11366　Chrosothamnus Post et Kuntze（1903）= Aster L. （1753）；~ = Chrysothamnus Nutt. （1840）（保留属名）［菊科 Asteraceae（Compositae）］■●☆

11367　Chrosperma Raf. （1825）（废弃属名）= Amianthium A. Gray （1837）（保留属名）［百合科 Liliaceae//黑药花科（藜芦科） Melanthiaceae］■☆

11368　Chrozophora A. Juss. （1824）［as 'Crozophora'］（保留属名）【汉】沙戟属（苏染草属，星毛戟属）。【俄】Трава лакмусовая，Хрозофора。【英】Croton，Turnsole，Turnsole crozophore。【隶属】大戟科 Euphorbiaceae。【包含】世界6-12种，中国1种。【学名诠释与讨论】〈阴〉（希）chrozo，染色+phoros，具有，梗，负载，发现者。暗指其为染料资源。此属的学名"Chrozophora A. Juss.，Euphorb. Gen.；27. 21 Feb 1824（'Crozophora'）（orth. cons.）"是保留属名。相应的废弃属名是大戟科 Euphorbiaceae 的"Tournesol Adans.，Fam. Pl. 2：356，612. Jul – Aug 1763 ≡ Chrozophora A. Juss. （1824）［as 'Crozophora'］（保留属名）"。大戟科 Euphorbiaceae 的"Chrozophora Neck.，Elem. Bot. （Necker） 2：337. 1790 ≡ Chrozophora A. Juss. （1824）［as 'Crozophora'］（保留属名）"、"Chrozophora Neck. ex A. Juss. （1824）≡ Chrozophora A. Juss. （1824）［as 'Crozophora'］（保留属名）"和"Chrozophora Pax et K. Hoffm.，Pflanzenr. IV. 147 XIV （Heft 68）：5，1919"亦应废弃。"Chrozophora A. Juss. （1824）"的拼写变体"Crozophora A. Juss. （1824）"也应废弃。【分布】巴基斯坦，中国，热带非洲至印度，地中海地区。【模式】Chrozophora tinctoria （Linnaeus） A. H. L. Jussieu［Croton tinctorius Linnaeus［as 'tinctorium'］。【参考异名】Chromophora Post et Kuntze（1903）；Chrozophora Neck. （1790） Nom. inval. （废弃属名）；Chrozophora Neck. ex A. Juss. （1824）（废弃属名）；Chrozophora Pax et K. Hoffm. （1919） Nom. illegit. （废弃属名）；Crossophora Link（1831）；Crozophora A. Juss. （1824） Nom. illegit. （废弃属名）；Lepidocroton C. Presl （1851） Nom. illegit. ；Ricinoides Moench （1794） Nom. illegit. ；Ricinoides Tourn. ex Moench（1794）Nom. illegit. ；Tournesol Adans. （1763）（废弃属名）；Tournesolia Nissol. ex Scop. （1777）；Tournesolia Scop. （1777）●

11369　Chrozophora Neck. （1790） Nom. inval. （废弃属名）≡ Chrozophora A. Juss. （1824）［as 'Crozophora'］（保留属名）［大戟科 Euphorbiaceae］●■

11370　Chrozophora Neck. ex A. Juss. （1824）（废弃属名）≡ Chrozophora A. Juss. （1824）［as 'Crozophora'］（保留属名）［大戟科 Euphorbiaceae］●■

11371　Chrozophora Pax et K. Hoffm. （1919） Nom. illegit. （废弃属名）= Chrozophora A. Juss. （1824）［as 'Crozophora'］（保留属名）［大戟科 Euphorbiaceae］●

11372　Chrozorrhiza Ehrh. （1789）= Galium L. （1753）［茜草科 Rubiaceae］■●

11373　Chryostoma Lilja（1840）Nom. illegit. = Mentzelia L. （1753）［刺莲花科（硬毛草科）Loasaceae］●■☆

11374　Chrysa Raf. （1809）= Chryza Raf. （1808）；~ = Coptis Salisb. （1807）［毛茛科 Ranunculaceae］■

11375　Chrysactinia A. Gray （1849）【汉】墨西哥金星菊（金线菊属）。【隶属】菊科 Asteraceae（Compositae）。【包含】世界6种。【学名诠释与讨论】〈阴〉（希）chrysos，黄金。chryseos，金的，富的，华丽的。chrysites，金色的。在植物形态描述中，chrys-和 chryso-通常指金黄色+aktis，所有格 aktinos，光线，光束，射线。【分布】美国（西南部），墨西哥。【模式】Chrysactinia mexicana A. Gray。【参考异名】Cyphadenia Post et Kuntze（1903）；Kyphadenia Sch. Bip. ex O. Hoffm. ●☆

11376　Chrysactinium（Kunth）Wedd. （1857）【汉】白冠黑药菊属。【隶属】菊科 Asteraceae（Compositae）。【包含】世界6种。【学名诠释与讨论】〈中〉（希）chrys-，金黄色+aktis，所有格 actinos，光线，射线+-ius，-ia，-ium，在拉丁文和希腊文中，这些词尾表示性质或状态。此属的学名，ING 和 TROPICOS 记载是"Chrysactinium（Kunth）Weddell，Chloris Andina 1：212. 30 Nov 1857（'1856'）"，由"Andromachia sect. Chrysactinium Kunth in Humboldt，Bonpland et Kunth，Nova Gen. Sp. 4：ed. fol. 77. 26 Oct. 1818"改级而来。IK 则记载为"Chrysactinium Wedd. ，Chlor. Andina 1：212，t. 39. 1857［1855 publ. 30 Nov 1857］"。亦有文献把"Chrysactinium（Kunth） Wedd. （1857）"处理为"Liabum Adans. （1763） Nom. illegit. ≡ Amellus L. （1759）（保留属名）"的异名。【分布】秘鲁，玻利维亚，厄瓜多尔，热带南美洲。【后选模式】Chrysactinium acaule （Kunth）Weddell［Andromachia acaulis Kunth］。【参考异名】Amellus L. （1759）（保留属名）；Andromachia sect. Chrysactinium Kunth（1818）；Chrysactinium Wedd. （1857） Nom. illegit. ；Liabum Adans. （1763）Nom. illegit. ■☆

11377　Chrysactinium Wedd. （1857） Nom. illegit. ≡ Chrysactinium （Kunth）Wedd. （1857）［菊科 Asteraceae（Compositae）］■●☆

11378　Chrysaea Nieuwl. et Lunell（1916）Nom. illegit. = Impatiens L. （1753）［凤仙花科 Balsaminaceae］■

11379　Chrysalidocarpus H. Wendl. （1878）【汉】散尾葵属（黄椰属，黄椰子属）。【日】アレカヤシ属，タケヤシ属。【俄】Хризалидокарпус。【英】Butterfly Palm，Chrysalidocarpus，Golden Cane Palm，Madagascar Palm，Madagascarpalm。【隶属】棕榈科 Arecaceae（Palmae）。【包含】世界20种，中国1种。【学名诠释与讨论】〈阳〉（希）chrisalis，所有格 chrisalidos，金色的蛹+karpos，果实。指果金黄色，似蝶蛹。此属的学名是"Chrysalidocarpus H. Wendland，Bot. Zeitung （Berlin） 36：117. 22 Feb 1878"。亦有文献把其处理为"Dypsis Noronha ex Mart. （1837）"的异名。【分布】巴基斯坦，玻利维亚，厄瓜多尔，科摩罗，马达加斯加，中国。【模式】Chrysalidocarpus lutescens H. Wendland。【参考异名】Dypsis Noronha ex Mart. （1837）；Macrophloga Becc. （1914）；Phlogella Baill. （1894）●

11380　Chrysallidosperma H. E. Moore（1963）= Syagrus Mart. （1824）［棕榈科 Arecaceae（Palmae）］●

11381　Chrysamphora Greene（1891）Nom. illegit. ≡ Darlingtonia Torr. （1853）（保留属名）［瓶子草科（管叶草科，管子草科）Sarraceniaceae］■☆

11382　Chrysangia Link（1829）Nom. illegit. ≡ Musschia Dumort. （1822）［桔梗科 Campanulaceae］●☆

11383　Chrysanthellina Cass. （1822） Nom. inval. ≡ Chrysanthellum Rich. ex Pers. （1807）［菊科 Asteraceae（Compositae）］■☆

11384　Chrysanthellinae Ryding et K. Bremer（1992）Nom. illegit. ［菊科 Asteraceae（Compositae）］■☆

11385　Chrysanthellum Pers.（1807）Nom. illegit. ≡ Chrysanthellum Rich. ex Pers.（1807）［菊科 Asteraceae（Compositae）］■☆

11386　Chrysanthellum Rich.（1807）Nom. illegit. ≡ Chrysanthellum Rich. ex Pers.（1807）［菊科 Asteraceae（Compositae）］■☆

11387　Chrysanthellum Rich. ex Pers.（1807）【汉】苏头菊属。【隶属】菊科 Asteraceae（Compositae）。【包含】世界 5-11 种。【学名诠释与讨论】〈中〉（希）chrys-，chryso-，金黄色+anthela，长侧枝聚伞花序，苇鹰的羽毛+-ellus，-ella，-ellum 加在名词词干后面形成指小式的词尾。此属的学名，ING 记载是 "Chrysanthellum Persoon，Syn. Pl. 2：471. Sep 1807"。GCI、TROPICOS 和 IK 则记载为 "Chrysanthellum Rich.，Syn. Pl.［Persoon］2（2）：471. 1807［Sep 1807］"。四者引用的文献相同。还有文献记载为 "Chrysanthellum Rich. ex Pers.（1807）"。Cassini（1822）曾用 "Chrysanthellina Cass.（1822）" 替代 "Chrysanthellum"；但是因为仅有种名而为不合格发表。"Collaea K. P. J. Sprengel，Syst. Veg. 3：622. Jan-Mar 1826（non A. P. de Candolle 1825）" 和 "Sebastiania Bertoloni，Lucub. Herb. 37. 1822（non K. P. J. Sprengel 1820）" 是 "Chrysanthellum Rich. ex Pers.（1807）" 的晚出的同模式异名（Homotypic synonym，Nomenclatural synonym）。【分布】巴拿马，秘鲁，玻利维亚，厄瓜多尔，马达加斯加，尼加拉瓜，中美洲。【模式】Chrysanthellum procumbens Persoon，Nom. illegit.［Verbesina mutica Linnaeus，Nom. illegit.，Anthemis americana Linnaeus；Chrysanthellum americanum（Linnaeus）W. Vatke］。【参考异名】Adenocarpum D. Don ex Hook. et Arn.；Adenocarpus Post et Kuntze（1903）；Adenospermum Hook. et Arn.（1841）；Chrysanthellina Cass.（1822）Nom. inval.，Nom. illegit.；Chrysanthellum Pers.（1807）Nom. illegit.；Chrysanthellum Rich.（1807）Nom. illegit.；Collaea Spreng.（1826）Nom. illegit.；Eryngiophyllum Greenm.（1903）；Hinterhubera Sch. Bip. ex Wedd.（1857）；Neuractis Cass.（1825）；Sebastiana Benth. et Hook. f.（1873）Nom. illegit.；Sebastiania Bertol.（1822）Nom. illegit. ■☆

11388　Chrysanthemodes Post et Kuntze（1903）= Chrysanthemoides Medik.（1789）Nom. illegit.；~ = Chrysanthemoides Thourn. ex Medik.（1789）Nom. illegit.；~ = Chrysanthemoides Medik.（1789）Nom. illegit.；~ = Chrysanthemoides Fabr.（1759）；~ = Osteospermum L.（1753）［菊科 Asteraceae（Compositae）］●☆

11389　Chrysanthemoides Fabr.（1759）【汉】核果菊属（菊状木属）。【隶属】菊科 Asteraceae（Compositae）。【包含】世界 2-6 种。【学名诠释与讨论】〈阴〉（属）Chrysanthemum 蒿蒿属+oides，来自 o+eides，像，似；或 o+eidos 形，含义为相像。此属的学名，ING、APNI、TROPICOS 和 IK 记载是 "Chrysanthemoides Fabricius，Enum. 79. 1759"。菊科 Asteraceae 的 "Chrysanthemoides Tourn. ex Medik.，Philos. Bot.（Medikus）1：159. 1789 ≡ Chrysanthemoides Thourn. ex Medik.（1789）= Chrysanthemoides Fabr.（1759）" 是晚出的非法名称。"Chrysanthemoides Medik.（1789）Nom. illegit." 的命名人引证有误。亦有文献把 "Chrysanthemoides Fabr.（1759）" 处理为 "Osteospermum L.（1753）" 的异名。【分布】热带和非洲南部。【模式】未指定。【参考异名】Chrysanthemoides Medik.（1789）Nom. illegit.；Chrysanthemoides Thourn. ex Medik.（1789）Nom. illegit.；Osteospermum L.（1753）●☆

11390　Chrysanthemoides Medik.（1789）Nom. illegit. ≡ Chrysanthemoides Thourn. ex Medik.（1789）Nom. illegit.；~ = Chrysanthemoides Fabr.（1759）；~ = Osteospermum L.（1753）［菊科 Asteraceae（Compositae）］●☆

11391　Chrysanthemoides Thourn. ex Medik.（1789）Nom. illegit. ≡ Chrysanthemoides Medik.（1789）Nom. illegit.；~ =

Chrysanthemoides Fabr.（1759）；~ = Osteospermum L.（1753）［菊科 Asteraceae（Compositae）］●☆

11392　Chrysanthemopsis Rech. f.（1951）= Smelowskia C. A. Mey. ex Ledebour（1830）（保留属名）［十字花科 Brassicaceae（Cruciferae）］■

11393　Chrysanthemum L.（1753）（保留属名）【汉】蒿蒿属。【日】キク属。【俄】Златоцвет，Нивяник，Пиретрум，Ромашка инсектисидная，Ромашник，Хризантема，Хризантема летние，Хризантемум。【英】Chrysanthemum，Crown Daisy，Marigold，Matricaria，Mum，Oxeyedaisy，Shasta Daisy，Tansy。【隶属】菊科 Asteraceae（Compositae）。【包含】世界 3-41 种，中国 3-4 种。【学名诠释与讨论】〈中〉（希）chrys-，chryso-，金黄色+anthemon，花。此属的学名 "Chrysanthemum L.，Sp. Pl.：887. 1 Mai 1753" 是保留属名。法规未列出相应的废弃属名。"Dendranthema（A. P. de Candolle）Des Moulins，Actes Soc. Linn. Bordeaux 20：561. 8 Feb 1860" 是 "Chrysanthemum L.（1753）（保留属名）" 的晚出的同模式异名（Homotypic synonym，Nomenclatural synonym）。前者的后选模式是 "Dendranthema indica（Linnaeus）Des Moulins［as 'indicum'］［Chrysanthemum indicum Linnaeus］"。【分布】巴基斯坦，巴拉圭，秘鲁，玻利维亚，厄瓜多尔，哥伦比亚（安蒂奥基亚），尼加拉瓜，中国，非洲，欧洲，亚洲，美洲。【模式】Chrysanthemum indicum Linnaeus。【参考异名】Balsamita Mill.（1754）Nom. illegit.；Centrachena Schott ex Rchb.（1827）；Centrachena Schott（1823）Nom. inval.；Centrospermum Spreng.（1818）（废弃属名）；Chrisanthemum Neck.（1768）；Endopappus Sch. Bip.（1860）；Glebionis Cass.（1826）；Glossopappus Kunze（1846）；Gymnocline Cass.（1816）；Heteranthemia Schott（1818）；Hymenostemma Kuntze ex Willk.（1864）；Ismelia Cass.（1826）；Monoptera Sch. Bip.（1844）；Myconia Neck. ex Sch. Bip.（1844）Nom. illegit.；Phalacrodiscus Less.（1832）；Phalacroglossum Sch. Bip.（1835－1860）；Pinardia Cass.（1826）；Plagion St. - Lag.（1881）；Plagius L' Hér. ex DC.（1838）；Pontia Bubani（1873）Nom. illegit.，Nom. superfl.；Preauxia Sch. Bip.（1844）Nom. illegit.；Prolongoa Boiss.（1840）（保留属名）；Pyrethrum Zinn（1757）；Pyrethrum sect. Dendranthema DC.（1838）；Pyrethum Zinn（1757）Nom. illegit.；Richteria Kar. et Kir.（1842）；Tzvelevopyrethrum Kamelin（1993）；Xanthophthalmum Sch. Bip.（1844）■●

11394　Chrysanthoglossum B. H. Wilcox，K. Bremer et Humphries（1993）【汉】黄舌菊属。【隶属】菊科 Asteraceae（Compositae）。【包含】世界 2 种。【学名诠释与讨论】〈中〉（希）chrys-，chryso-，金黄色+anthos，花+glossa，舌。【分布】非洲北部。【模式】Chrysanthoglossum trifurcatum（Desfontaines）B. H. Wilcox，K. Bremer et C. J. Humphries［Chrysanthemum trifurcatum Desfontaines］。■☆

11395　Chrysapsis Pascher = Trifolium L.（1753）［豆科 Fabaceae（Leguminosae）//蝶形花科 Papilionaceae］■

11396　Chrysaspis Desv.（1827）= Trifolium L.（1753）［豆科 Fabaceae（Leguminosae）//蝶形花科 Papilionaceae］■

11397　Chrysastrum Willd. ex Wedd.（1857）= Liabum Adans.（1763）Nom. illegit.；~ = Amellus L.（1759）（保留属名）［菊科 Asteraceae（Compositae）］■●☆

11398　Chryseis Cass.（1817）= Amberboa（Pers.）Less.（1832）（废弃属名）；~ = Centaurea L.（1753）（保留属名）［菊科 Asteraceae（Compositae）//矢车菊科 Centaureaceae］●■

11399　Chryseis Lindl.（1837）Nom. illegit. ≡ Eschscholtzia Cham.（1820）［罂粟科 Papaveraceae］■

11400 Chrysion Spach(1836)= Viola L.(1753)［堇菜科 Violaceae］■●

11401 Chrysiphiala Ker Gawl.(1824)= Stenomesson Herb.(1821)［石蒜科 Amaryllidaceae］■☆

11402 Chrysis DC.(1836)Nom. illegit. ≡ Chrysis Renealm. ex DC.(1836); ~ = Helianthus L.(1753)［菊科 Asteraceae(Compositae)//向日葵科 Helianthaceae］■

11403 Chrysis Renealm. ex DC.(1836)= Helianthus L.(1753)［菊科 Asteraceae(Compositae)//向日葵科 Helianthaceae］■

11404 Chrysithrix L.(1771)Nom. illegit. ≡ Chrysitrix L.(1771)［莎草科 Cyperaceae］■☆

11405 Chrysitrix L.(1771)【汉】金黄莎草属。【隶属】莎草科 Cyperaceae。【包含】世界 2-4 种。【学名诠释与讨论】〈阴〉(希)chrys-,chryso-,金黄色+trix 词尾,阴性,指示做某种行为的人或物。此属的学名,ING、APNI、TROPICOS 和 IK 记载是"Chrysitrix L., Mant. Pl. Altera 165. 1771［Oct 1771］"。"Chrysithrix L.(1771)"是其拼写变体。【分布】澳大利亚(西部),非洲南部。【模式】Chrysithrix capensis Linnaeus。【参考异名】Chrysithrix L.(1771)Nom. illegit. ;Chrysothrix Roam. et Schult.(1824)■☆

11406 Chrysobactron Hook. f.(1844)= Bulbinella Kunth(1843)［阿福花科 Asphodelaceae］■☆

11407 Chrysobalanaceae R. Br.(1818)(保留科名)【汉】金壳果科(金棒科,金橡实科,可可李科)。【包含】世界 10-17 属 423-500 种。【分布】热带和亚热带。【科名模式】Chrysobalanus L.●☆

11408 Chrysobalanus L.(1753)【汉】金壳果属(金棒属,可可李属,可口梅属)。【日】イガコ属,クリソバラヌス属。【俄】Слива кокосовая,Хризобаланус。【英】Coco Plum。【隶属】蔷薇科 Rosaceae//金壳果科(金棒科,金橡实科,可可李科)Chrysobalanaceae。【包含】世界 2-3 种。【学名诠释与讨论】〈阳〉(希)chrys-,chryso-,金黄色+balanos,橡子。指果实形态。此属的学名,ING、TROPICOSGCI 和 IK 记载是"Chrysobalanus L., Sp. Pl. 1:513. 1753［1 May 1753］"。"Icaco Adanson, Fam. 2:305,565. Jul-Aug 1763"是"Chrysobalanus L.(1753)"的晚出的同模式异名(Homotypic synonym,Nomenclatural synonym)。【分布】巴拿马,玻利维亚,厄瓜多尔,哥伦比亚(安蒂奥基亚),尼加拉瓜,西印度群岛,热带非洲,热带美洲,中美洲。【模式】Chrysobalanus icaco Linnaeus。【参考异名】Icaco Adans.(1763)Nom. illegit.●☆

11409 Chrysobaphus Wall.(1826)= Anoectochilus Blume(1825)［as 'Anecochilus'］(保留属名)［兰科 Orchidaceae］■

11410 Chrysobotrya Spach(1835)= Ribes L.(1753)［虎耳草科 Saxifragaceae//醋栗科(茶藨子科)Grossulariaceae］●

11411 Chrysobraya H. Hara(1974)【汉】金色肉叶芥属(金肉叶芥属)。【隶属】十字花科 Brassicaceae(Cruciferae)。【包含】世界 1 种。【学名诠释与讨论】〈阴〉(希)chrys-,chryso-,金黄色+(属)Braya 肉叶荠属(柏蕾荠属,肉叶芥属)。此属的学名是"Chrysobraya H. Hara,J. Jap. Bot. 49:193. Jul 1974"。亦有文献把其处理为"Lepidostemon Hook. f. et Thomson(1861)(保留属名)"的异名。【分布】不丹,尼泊尔。【模式】Chrysobraya glaricola H. Hara。【参考异名】Lepidostemon Hook. f. et Thomson(1861)(保留属名)■☆

11412 Chrysocactus Y. Ito = Notocactus(K. Schum.)A. Berger et Backeb.(1938)Nom. illegit. ; ~ = Parodia Speg.(1923)(保留属名)［仙人掌科 Cactaceae］■

11413 Chrysocalyx Guill. et Perr.(1832)【汉】金萼豆属。【隶属】豆科 Fabaceae(Leguminosae)。【包含】世界 8 种。【学名诠释与讨论】〈阳〉(希)chrys-,chryso-,金黄色+kalyx,所有格 kalykos =拉丁文 calyx,花萼,杯子。此属的学名是"Chrysocalyx J. B. A. Guillemin et Perrottet in J. B. A. Guillemin,Perrottet et A. Richard,

Fl. Seneg. Tent. 157. Sep 1831"。亦有文献把其处理为"Crotalaria L.(1753)(保留属名)"的异名。【分布】玻利维亚。【模式】Chrysocalyx helichrysoides Walpers。【参考异名】Crotalaria L.(1753)(保留属名);Crypsocalyx Endl.(1834)■☆

11414 Chrysocephalum Walp.(1841)【汉】金头菊属。【隶属】菊科 Asteraceae(Compositae)。【包含】世界 7-8 种。【学名诠释与讨论】〈中〉(希)chrys-,chryso-,金黄色+kephale,头。此属的学名是"Chrysocephalum Walpers, Linnaea 14: 503. Jan - Feb 1841('1840')"。亦有文献把其处理为"Helichrysum Mill.(1754)［as 'Elichrysum'］(保留属名)"的异名。【分布】澳大利亚。【模式】Chrysocephalum helichrysoides Walpers。【参考异名】Argyrophanes Schltdl.(1847);Helichrysum Mill.(1754)(保留属名)■☆

11415 Chrysochamela(Fenzl)Boiss.(1867)【汉】金角芥属(金角状芥属)。【俄】Златотравка。【隶属】十字花科 Brassicaceae(Cruciferae)。【包含】世界 3-4 种。【学名诠释与讨论】〈阴〉(希)chrys-,chryso-,金黄色+chamai 在地上的,矮的,植物学中有时指假的。此属的学名,ING 记载是"Chrysochamela(Fenzl)Boissier,Fl. Orient. 1: 313. Apr-Jun 1867",由"Hutchinsia sect. Chrysochamela Fenzl,Pugillus Pl. Nov. 14. Mai. -Jun. 1842"改级而来。IK 和 TROPICOS 则记载为"Chrysochamela Boiss. ,Fl. Orient.［Boissier］1:313. 1867［Apr-Jun 1867］"。【分布】地中海东部至亚美尼亚和伊拉克。【模式】未指定。【参考异名】Chrysochamela Boiss.(1867)Nom. illegit. ; Hutchinsia sect. Chrysochamela Fenzl(1842)■☆

11416 Chrysochamela Boiss.(1867)Nom. illegit. ≡ Chrysochamela(Fenzl)Boiss.(1867)［十字花科 Brassicaceae(Cruciferae)］■☆

11417 Chrysochlamys Poepp.(1840)【汉】金被藤黄属。【隶属】猪胶树科(克鲁西科,山竹子科,藤黄科)Clusiaceae(Guttiferae)。【包含】世界 20-55 种。【学名诠释与讨论】〈阴〉(希)chrys-,chryso-,金黄色+chlamys,所有格 chlamydos,斗篷,外衣。此属的学名,ING、GCI、TROPICOS 和 IK 记载是"Chrysochlamys Poeppig in Poeppig et Endlicher, Nova Gen. Sp. 3: 13. 5-11 Jul 1840"。"Chrysochlamys Poepp. et Endl.(1840)"的命名人引证有误。亦有文献把"Chrysochlamys Poepp.(1840)"处理为"Tovomitopsis Planch. et Triana(1860)"的异名。【分布】巴拿马,秘鲁,玻利维亚,厄瓜多尔,哥伦比亚(安蒂奥基亚),哥斯达黎加,尼加拉瓜,热带美洲,中美洲。【模式】Chrysochlamys multiflora Poeppig。【参考异名】Balboa Planch. et Triana(1860)(保留属名);Chrysochlamys Poepp. et Endl.(1840)Nom. illegit. ; Commirhoea Miers(1855);Poecilostemon Triana et Planch.(1860)Nom. inval. ; Tovomitopsis Planch. et Triana(1860)●☆

11418 Chrysochlamys Poepp. et Endl.(1840)Nom. illegit. ≡ Chrysochlamys Poepp.(1840)［猪胶树科(克鲁西科,山竹子科,藤黄科)Clusiaceae(Guttiferae)］●☆

11419 Chrysochloa Swallen(1941)【汉】金草属。【隶属】禾本科 Poaceae(Gramineae)。【包含】世界 4 种。【学名诠释与讨论】〈阴〉(希)chrys-,chryso-,金黄色+chloe,草的幼芽,嫩草,禾草。"Chrysochloa Swallen,Proc. Biol. Soc. Wash. 54:44. 20 Mai 1941"是一个替代名称。"Bracteola Swallen,Amer. J. Bot. 20:118. 28 Feb 1933 ≡ Chrysochloa Swallen(1941)［禾本科 Poaceae(Gramineae)］"因为与技术术语一致,是一个不合法名称(Nom. illegit.),故用"Chrysochloa Swallen(1941)"替代之。【分布】热带非洲。【模式】Chrysochloa lucida(Swallen)Swallen［Bracteola lucida Swallen］。【参考异名】Bracteola Swallen(1933)Nom. illegit.■☆

11420 Chrysocoma L.(1753)【汉】金毛菀属。【日】グリゾゴーマ属。

【英】Shrub Goldilocks。【隶属】菊科 Asteraceae（Compositae）。【包含】世界 18-20 种。【学名诠释与讨论】〈阴〉（希）chrys-，chryso-，金黄色+kome，毛发，束毛，冠毛，来自拉丁文 coma。【分布】巴基斯坦，玻利维亚，南美洲，热带和非洲南部。【后选模式】Chrysocoma coma - aurea Linnaeus。【参考异名】Alkibias Raf.（1838）；Chrysocome St. -Lag.（1889）●☆

11421　Chrysocome St. -Lag.（1889）= Chrysocoma L.（1753）［菊科 Asteraceae（Compositae）］●☆

11422　Chrysocoptis Nutt.（1834）= Coptis Salisb.（1807）［毛茛科 Ranunculaceae］■

11423　Chrysocoryne Endl.（1843）Nom. illegit. ≡ Crossolepis Benth.（1837）Nom. illegit.；~ = Angianthus J. C. Wendl.（1808）（保留属名）；~ = Gnephosis Cass.（1820）［菊科 Asteraceae（Compositae）］■☆

11424　Chrysocoryne Zoellner（1973）Nom. illegit. ≡ Pabellonia Quezada et Martic.（1976）；~ = Leucocoryne Lindl.（1830）［百合科 Liliaceae//葱科 Alliaceae］■☆

11425　Chrysocyathus Falc.（1839）= Adonis L.（1753）（保留属名）；~ = Calathodes Hook. f. et Thomson（1855）［毛茛科 Ranunculaceae］■★

11426　Chrysocycnis Linden et Rchb. f.（1854）【汉】金鹅兰属。【隶属】兰科 Orchidaceae。【包含】世界 3 种。【学名诠释与讨论】〈阴〉（希）chrys-，chryso-，金黄色+kyknos 拉丁文 cycnus = cygnus 天鹅。【分布】厄瓜多尔，哥伦比亚。【模式】Chrysocycnis schlimii Linden et H. G. Reichenbach。■☆

11427　Chrysodendron Meisn.（1856）Nom. illegit. ≡ Chrysodendron Vaill. ex Meisn.（1856）Nom. illegit.；~ = Protea L.（1771）（保留属名）［山龙眼科 Proteaceae］●☆

11428　Chrysodendron Teran et Beriand.（1832）= Mahonia Nutt.（1818）（保留属名）［小檗科 Berberidaceae］●

11429　Chrysodendron Vaill. ex Meisn.（1856）Nom. illegit. = Protea L.（1771）（保留属名）［山龙眼科 Proteaceae］●☆

11430　Chrysodiscus Steetz（1845）= Athrixia Ker Gawl.（1823）［菊科 Asteraceae（Compositae）］●■☆

11431　Chrysodracon P. L. Lu et Morden（2014）【汉】金花天门冬属。【隶属】天门冬科 Asparagaceae。【包含】世界 6 种。【学名诠释与讨论】〈阴〉（希）chrys-，chryso-，金黄色+（拉）draco，所有格 draconis，来自希腊文 drakon，龙+kephale，头。【分布】热带。【模式】Chrysodracon aurea（H. Mann）P. L. Lu et Morden［Dracaena aurea H. Mann］。☆

11432　Chrysoglossella Hatus.（1967）【汉】小金唇兰属。【隶属】兰科 Orchidaceae。【包含】世界 1 种。【学名诠释与讨论】〈阴〉（属）Chrysoglossum 金唇兰属+-ellus，-ella，-ellum，加在名词词干后面形成指小式的词尾。或加在人名、属名等后面以组成新属的名称。此属的学名是"Chrysoglossella Hatus., Science Report of the Yokosuka City Museum 13：29. 1967"。亦有文献把其处理为"Hancockia Rolfe（1903）"的异名。【分布】日本。【模式】Chrysoglossella japonica Hatus.。【参考异名】Hancockia Rolfe（1903）■☆

11433　Chrysoglossum Blume（1825）【汉】金唇兰属（黄唇兰属）。【日】クリソラン属。【英】Chrysoglossum, Goldlip-orchis。【隶属】兰科 Orchidaceae。【包含】世界 4-5 种，中国 2 种。【学名诠释与讨论】〈中〉（希）chrysos，黄金。chryseos，金的，富的，华丽的。chrysites，金色的。在植物形态描述中，chrys-和 chryso-通常指金黄色+glossa，舌。【分布】印度至马来西亚，中国，波利尼西亚群岛。【后选模式】Chrysoglossum ornatum Blume。【参考异名】Pilophyllum Schltr.（1914）■

11434　Chrysogonum A. Juss. = Leontice L.（1753）［小檗科 Berberidaceae//狮足草科 Leonticaceae］●■

11435　Chrysogonum L.（1753）【汉】金星菊属。【日】クリソゴナム 属。【俄】Хризогонум。【英】Golden Star, Green and Gold。【隶属】菊科 Asteraceae（Compositae）。【包含】世界 1-5 种。【学名诠释与讨论】〈中〉（希）chrys-，chryso-，金黄色+gone，所有格 gonos = gone，后代，子孙，籽粒，生殖器官。Goneus，父亲。Gonimos，能生育的，有生育力的。新拉丁文 gonas，所有格 gonatis，胚乳，生殖腺，生殖器官。此属的学名，ING、APNI、TROPICOS 和 IK 记载是"Chrysogonum L., Sp. Pl. 2：920. 1753［1 May 1753］"。"Chrysogonum L. et F. Br., Bull. Bernice P. Bishop Mus. 130；340, descr. emend. 1935"修订了属的描述。【分布】玻利维亚，马达加斯加，美国（东部）。【后选模式】Chrysogonum virginianum Linnaeus。【参考异名】Chrysogonum L. et F. Br.（1935）descr. emend.；Pentalepis F. Muell.（1863）●■☆

11436　Chrysogonum L. et F. Br.（1935）descr. emend. = Chrysogonum L.（1753）［菊科 Asteraceae（Compositae）］●■☆

11437　Chrysojasminum Banfi（2014）【汉】金素馨属。【隶属】木犀榄科（木犀科）Oleaceae。【包含】世界 10 种。【学名诠释与讨论】〈中〉（希）chrys-，chryso-，金黄色+（属）Jasminum 素馨属（茉莉属，茉莉属，素英属，迎春花属）。【分布】热带亚洲。【模式】Chrysojasminum humile（L.）Banfi［Jasminum humile L.］。☆

11438　Chrysolaena H. Rob.（1988）【汉】黄毛斑鸠菊属。【隶属】菊科 Asteraceae（Compositae）//斑鸠菊科（绿菊科）Vernoniaceae。【包含】世界 9 种。【学名诠释与讨论】〈阴〉（希）chrys-，chryso-，金黄色+laina = chlaine = 拉丁文 laena，外衣，衣服。此属的学名是"Chrysolaena H. E. Robinson, Proc. Biol. Soc. Washington 101：956. 7 Dec 1988"。亦有文献把其处理为"Vernonia Schreb.（1791）（保留属名）"的异名。【分布】巴拉圭，巴西，玻利维亚。【模式】Chrysolaena flexuosa（Sims）H. E. Robinson［Vernonia flexuosa Sims］。【参考异名】Vernonia Schreb.（1791）（保留属名）■☆

11439　Chrysolarix H. E. Moore（1965）Nom. illegit. = Pseudolarix Gordon（1858）（保留属名）［松科 Pinaceae］●★

11440　Chrysolepis Hjelmq.（1948）【汉】金栗属（黄鳞栗属）。【英】Chinquapin, Western Chinkapin。【隶属】壳斗科 Fagaceae。【包含】世界 2 种，中国 1 种。【学名诠释与讨论】〈阴〉（希）chrys-，chryso-，金黄色+lepis，所有格 lepidos，指小式 lepion 或 lepidion，鳞，鳞片。lepidotos，多鳞的。lepos，鳞，鳞片。【分布】美国（西部）。【模式】Chrysolepis chrysophylla（Douglas ex W. J. Hooker）Hjelmqvist［Castanea chrysophylla Douglas ex W. J. Hooker］。●☆

11441　Chrysoliga Willd. ex DC.（1828）= Nesaea Comm. ex Kunth（1823）（保留属名）［千屈菜科 Lythraceae］■●☆

11442　Chrysolinum Fourr.（1868）= Linum L.（1753）［亚麻科 Linaceae］●■

11443　Chrysolyga Willd. ex Steud.（1840）= Nesaea Comm. ex Kunth（1823）（保留属名）［千屈菜科 Lythraceae］■●☆

11444　Chrysoma Nutt.（1834）【汉】木黄花属。【英】Woody Goldenrod。【隶属】菊科 Asteraceae（Compositae）。【包含】世界 1 种。【学名诠释与讨论】〈阴〉（希）chrys-，chryso-，金黄色+ome 具有。此属的学名是"Chrysoma Nuttall, J. Acad. Nat. Sci. Philadelphia 7：67. post 28 Oct 1834"。亦有文献把其处理为"Solidago L.（1753）"的异名。【分布】北美洲。【模式】Chrysoma solidaginoides Nuttall。【参考异名】Solidago L.（1753）●☆

11445　Chrysomallum Thouars（1806）= Vitex L.（1753）［马鞭草科 Verbenaceae//唇形科 Lamiaceae（Labiatae）//牡荆科 Viticaceae］●

11446　Chrysomelea Tausch（1836）Nom. illegit. = Coreopsoides Moench（1794）Nom. illegit.；~ = Coreopsis L.（1753）［菊科 Asteraceae（Compositae）//金鸡菊科 Coreopsidaceae］■●

11447　Chrysomelon J. R. Forst. et G. Forst. ex A. Gray（1854）= Spondias L.（1753）［漆树科 Anacardiaceae］●

11448　Chrysonias Benth. ex Steud.（1840）= Chrysoscias E. Mey.（1836）；~ = Rhynchosia Lour.（1790）（保留属名）［豆科 Fabaceae（Leguminosae）//蝶形花科 Papilionaceae］●■

11449　Chrysopappus Takht.（1938）= Centaurea L.（1753）（保留属名）［菊科 Asteraceae（Compositae）//矢车菊科 Centaureaceae］●■

11450　Chrysopelta Tausch（1821）= Achillea L.（1753）［菊科 Asteraceae（Compositae）］■

11451　Chrysophae Koso-Pol.（1915）= Chaerophyllum L.（1753）［伞形花科（伞形科）Apiaceae（Umbelliferae）］■

11452　Chrysophania Kunth ex Less.（1832）= Zaluzania Pers.（1807）［菊科 Asteraceae（Compositae）］■☆

11453　Chrysophiala Post et Kuntze（1903）= Chrysiphiala Ker Gawl.（1824）；~ =Stenomesson Herb.（1821）［石蒜科 Amaryllidaceae］■☆

11454　Chrysophora Cham. ex Triana（1872）= Leandra Raddi（1820）；~ =Oxymeris DC.（1828）［野牡丹科 Melastomataceae］●■☆

11455　Chrysophtalmum Sch. Bip.（1843）Nom. illegit. ≡ Chrysophthalmum Sch. Bip. ex Walp.（1843）［as 'Chysophtalmum'］［菊科 Asteraceae（Compositae）］■☆

11456　Chrysophthalmum Phil.（1858）Nom. illegit.［菊科 Asteraceae（Compositae）］●■☆

11457　Chrysophthalmum Sch. Bip.（1843）Nom. illegit. ≡ Chrysophthalmum Sch. Bip. ex Walp.（1843）［as 'Chysophtalmum'］［菊科 Asteraceae（Compositae）］■☆

11458　Chrysophthalmum Sch. Bip. ex Walp.（1843）［as 'Chysophtalmum'］【汉】金眼菊属。【隶属】菊科 Asteraceae（Compositae）。【包含】世界 1-3 种。【学名诠释与讨论】〈中〉（希）chrys-,chryso-,金黄色+ophthalmos,眼。此属的学名,ING 记载是"Chrysophtalmum C. H. Schultz-Bip. ex Walpers, Repert. 2：955. 28-30 Dec 1843"。IK 记载是"Chrysophthalmum Sch. Bip., Repert. Bot. Syst.（Walpers）2：955. 1843［28-30 Dec 1843］"。二者引用的文献相同。IK 和 TROPICOS 则记载为"Chrysophthalmum R. A. Philippi, Linnaea 29：9. Feb-Mar 1858 = Grindelia Willd.（1807）"；这是晚出的非法名称。"Chrysophtalmum Sch. Bip.（1843）"是其拼写变体。【分布】亚洲西南部。【模式】Chrysophthalmum sternutatorium Sch. Bip.。【参考异名】Chrysophtalmum Sch. Bip.（1843）Nom. illegit.；Chrysophthalmum Sch. Bip.（1843）Nom. illegit. ■☆

11459　Chrysophyllum L.（1753）【汉】金叶树属（金叶山榄属,星苹果属）。【日】オーガストノキ属。【俄】Златолист,Хризофиллум,Хризофиллюм。【英】Golden Leaf, Goldenleaf, Goldleaftree, Star Apple, Starapple, Star-apple。【隶属】山榄科 Sapotaceae。【包含】世界 23-150 种,中国 1-2 种。【学名诠释与讨论】〈中〉（希）chrys-,chryso-,金黄色+phyllon,叶子。指叶金黄色。此属的学名,ING、TROPICOS、APNI、GCI 和 IK 记载是"Chrysophyllum L., Sp. Pl. 1：192. 1753［1 May 1753］"。"Caïnito Adanson, Fam. 2：166. Jul-Aug 1763"是"Chrysophthalmum Sch. Bip. ex Walp.（1843）"的晚出的同模式异名（Homotypic synonym, Nomenclatural synonym）。【分布】巴基斯坦,巴拉圭,巴拿马,玻利维亚,厄瓜多尔,马达加斯加,尼加拉瓜,中国,中美洲。【模式】Chrysophyllum cainito Linnaeus。【参考异名】Achrouteria Eyma（1936）；Amorphospermum F. Muell.（1870）；Aubletella Pierre（1891）；Austrogambeya Aubrév. et Pellegr.（1961）；Cainito Adans.（1763）Nom. illegit.；Cainito Plum. ex Adans.（1763）；Chloroluma Baill.（1891）；Chlorophyllum Liais（1872）；Cornuella Pierre（1891）；Cynodendron Baehni（1964）；Dactimala Raf.（1838）Nom. illegit.；Dactymala Post et Kuntze（1903）；Donella Pierre ex Baill.（1891）；Donella Pierre, Nom. illegit.；Fibocentrum Pierre ex Glaz.（1910）Nom. nud.；Gambeya Pierre（1891）；Gambeyobotrys Aubrév.（1972）；Guersentia Raf.（1838）；Martiusella Pierre（1891）；Nycterision Ruiz et Pav.（1794）；Prieurella Pierre et Aubrév.（1964）Nom. inval., Nom. illegit.；Prieurella Pierre（1891）；Ragala Pierre（1891）；Scleroxylon Bertol.（1857）Nom. illegit.；Trouettia Pierre ex Baill.（1891）；Villocuspis（A. DC.）Aubrév. et Pellegr.（1961）●

11460　Chrysopia Noronha ex Thouars（1806）= Symphonia L. f.（1782）［猪胶树科（克鲁西科,山竹子科,藤黄科）Clusiaceae（Guttiferae）］●☆

11461　Chrysopia Thouars（1806）Nom. illegit. ≡ Chrysopia Noronha ex Thouars（1806）；~ = Symphonia L. f.（1782）［猪胶树科（克鲁西科,山竹子科,藤黄科）Clusiaceae（Guttiferae）］●☆

11462　Chrysopogon Trin.（1820）（保留属名）【汉】金须茅属（金丝草属,竹节草属,异味草属）。【俄】Золотобородник, Поллиния。【英】Brush Grass, Chrysopogon, False Beardgrass, Scented Grass, Scented-grass, Sugar Grass。【隶属】禾本科 Poaceae（Gramineae）。【包含】世界 25-44 种,中国 3-4 种。【学名诠释与讨论】〈阳〉（希）chrys-,chryso-,金黄色+pogon,所有格 pogonos,指小式 pogonion,胡须,髯毛,芒。pogonias,有须的。此属的学名"Chrysopogon Trin., Fund. Agrost.：187. Jan 1820"是保留属名。相应的废弃属名是禾本科 Poaceae（Gramineae）的"Centrophorum Trin., Fund. Agrost.：106. Jan 1820 = Chrysopogon Trin.（1820）（保留属名）"、"Pollinia Spreng., Pl. Min. Cogn. Pug. 2：10. 1815 ≡ Chrysopogon Trin.（1820）（保留属名）"和"Rhaphis Lour., Fl. Cochinch.：538,552. Sep 1790 = Chrysopogon Trin.（1820）（保留属名）"。棕榈科 Arecaceae 的"Rhaphis Walp., Ann. Bot. Syst.（Walpers）3（3）：471,sphalm. 1852［24-25 Aug 1852］= Rhapis L. f. ex Aiton（1789）"亦应废弃。有些文献包括《苏联植物志》承认"Pollinia Trinius, Mém. Acad. Imp. Sci. St.-Pétersbourg, Sér. 6, Sci. Math. 2：304. Nov 1833（异味草属）"。由于法规废弃了"Pollinia Spreng.（1815）",故所有的"Pollinia"包括"Pollinia Trin.（1833）= Microstegium Nees（1836）"都要废弃。Pollinia Spreng.（1815）和"Phoenix Haller, Hist. Stirp. Helv. 2：202. 1768（non Linnaeus 1753）"是"Chrysopogon Trin.（1820）（保留属名）"的同模式异名（Homotypic synonym, Nomenclatural synonym）。【分布】巴基斯坦,巴拿马,玻利维亚,马达加斯加,中国,热带和亚热带,中美洲。【模式】Chrysopogon gryllus（Linnaeus）Trinius［Andropogon gryllus Linnaeus］。【参考异名】Centrophorum Trin.（1820）（废弃属名）；Chalcoelytrum Lunell（1915）Nom. illegit.；Dipogon Steud.（1840）Nom. illegit.；Dipogon Willd. ex Steud.（1840）Nom. inval.；Phoenix Haller（1768）Nom. illegit.；Pollinia Spreng.（1815）（废弃属名）；Pollinia Spreng.（1815）（废弃属名）；Raphis P. Beauv.（1812）；Rhaphis Lour.（1790）（废弃属名）；Sarga Ewart（1911）；Trianthium Desv.（1831）Nom. inval.；Vetiveria Bory（1822）■

11463　Chrysoprenanthes（Sch. Bip.）Bramwell（2003）【汉】金盘果菊属。【隶属】菊科 Asteraceae（Compositae）。【包含】世界 1 种。【学名诠释与讨论】〈阴〉（希）chrys-,chryso-,金黄色+（属）Prenanthes 福王草属（盘果菊属）。此属的学名是"Chrysoprenanthes（Sch. Bip.）Bramwell, Bot. Macaron., IV Ci. 24：182（2003）",由"Prenanthes subgen. Chrysoprenanthes"改级而来。【分布】西班牙（加那利群岛）。【模式】Chrysoprenanthes pendula（Sch. Bip.）Bramwell。【参考异名】Prenanthes L.（1753）；Prenanthes subgen. Chrysoprenanthes Sch. Bip. ■☆

11464　Chrysopsis（Nutt.）Elliott（1823）（保留属名）【汉】金菊属（金

菀属)。【英】Goldaster，Golden Aster。【隶属】菊科 Asteraceae（Compositae）。【包含】世界 10-20 种。【学名诠释与讨论】〈阴〉（希）chrys-，chryso-，金黄色+opsis，模样，外观，相似。指花冠颜色。此属的学名"Chrysopsis（Nutt.）Elliott，Sketch Bot. S. Carolina 2：333. 1823"是保留属名，由"Inula subgen. Chrysopsis Nutt.，Gen. N. Amer. Pl. 2：150. 14 Jul 1818"改级而来。相应的废弃属名是菊科 Asteraceae 的"Diplogon Raf. in Amer. Monthly Mag. et Crit. Rev. 4：195. Jan 1819 ≡ Chrysopsis（Nutt.）Elliott（1823）（保留属名）"。"Diplogon Poir.（1819）Nom. illegit.（废弃属名）= Diplogon Raf.（1819）（废弃属名）[菊科 Asteraceae（Compositae）]"也须废弃。IK 记载的"Chrysopsis Elliott，Sketch Bot. S. Carolina [Elliott] 2：333. 1823 ≡ Chrysopsis（Nutt.）Elliott（1823）（保留属名）"的命名人引证有误，亦应废弃。"Chrysopsis（Nutt.）Elliott（1823）（保留属名）"曾被处理为"Heterotheca sect. Chrysopsis（Nutt.）V. L. Harms，Wrightia 4（1）：12. 1968"。亦有文献把"Chrysopsis（Nutt.）Elliott（1823）（保留属名）"处理为"Pityopsis Nutt.（1840）"的异名。【分布】北美洲，中美洲。【模式】Chrysopsis mariana（Linnaeus）S. Elliott [Inula mariana Linnaeus]。【参考异名】Ammodia Nutt.（1840）；Bradburia Torr. et A. Gray（1842）（保留属名）；Diplogon Raf.（1819）（废弃属名）；Diplopappus Cass.（1817）；Diplopapus Raf.（1836）；Hectorea DC.（1836）；Heterotheca sect. Chrysopsis（Nutt.）V. L. Harms（1968）；Heyfeldera Sch. Bip.（1853）；Inula subgen. Chrysopsis Nutt.（1818）；Macrocnemia Lindl.；Macronema Nutt.（1840）；Pityopsis Nutt.（1840）■☆

11465 Chrysopsis Elliott（1823）Nom. illegit.（废弃属名）≡ Chrysopsis（Nutt.）Elliott（1823）（保留属名）[菊科 Asteraceae（Compositae）]■☆

11466 Chrysorhoe Lindl.（1837）= Verticordia DC.（1828）（保留属名）[桃金娘科 Myrtaceae]●☆

11467 Chrysosciadium Tamamsch.（1967）= Echinophora L.（1753）[伞形花科（伞形科）Apiaceae（Umbelliferae）]■☆

11468 Chrysoscias E. Mey.（1836）【汉】金影鹿藿属。【隶属】豆科 Fabaceae（Leguminosae）//蝶形花科 Papilionaceae。【包含】世界 6 种。【学名诠释与讨论】〈阴〉（希）chrys-，chryso-，金黄色+scias，伞。此属的学名是"Chrysoscias E. H. F. Meyer，Comment. Pl. Africae Austr. 139. 14 Feb-5 Jun 1836（'1837'）"。亦有文献把其处理为"Rhynchosia Lour.（1790）（保留属名）"的异名。【分布】参见 Rhynchosia Lour.（1790）（保留属名）。【后选模式】Chrysoscias grandiflora E. H. F. Meyer。【参考异名】Chrysonias Benth. ex Steud.（1840）；Rhynchosia Lour.（1790）（保留属名）■☆

11469 Chrysosperma T. Durand et Jacks. = Amianthium A. Gray（1837）（保留属名）；~ = Chrosperma Raf.（1825）（废弃属名）；~ = Zigadenus Michx.（1803）[百合科 Liliaceae//黑药花科（藜芦科）Melanthiaceae]■

11470 Chrysospermum Rchb.（1828）= Anthospermum L.（1753）[茜草科 Rubiaceae]●☆

11471 Chrysosphaerium Willd. ex DC. = Calea L.（1763）[菊科 Asteraceae（Compositae）]●■☆

11472 Chrysospleniaceae Bercht. et J. Presl = Saxifragaceae Juss.（保留科名）●■

11473 Chrysosplenium L.（1753）【汉】金腰属（金腰子属，猫儿眼睛草属，猫眼草属）。【日】ネコノメサウ属，ネコノメソウ属。【俄】Селезеночник，Селезёночник。【英】Golden Saxifrage，Golden-saxifrage，Goldsaxifrage，Goldwaist。【隶属】虎耳草科 Saxifragaceae。【包含】世界 65 种，中国 35-55 种。【学名诠释与讨论】〈中〉（希）chrys-，chryso-，金黄色+splen，所有格 splynos，

脾+-ius，-ia，-ium，在拉丁文和希腊文中，这些词尾表示性质或状态。可能指花色和药效，或指叶无柄。此属的学名，ING 和 GCI 记载是"Chrysosplenium L.，Sp. Pl. 1：398. 1753 [1 May 1753]"。IK 则记载为"Chrysosplenium Tourn. ex L.，Sp. Pl. 1：398. 1753 [1 May 1753]"。"Chrysosplenium Tourn."是命名起点著作之前的名称，故"Chrysosplenium L.（1753）"和"Chrysosplenium Tourn. ex L.（1753）"都是合法名称，可以通用。"Chrisosplenium Necker，Delic. Gal. - Belg. 2：190. 1768"是"Chrysosplenium L.（1753）"的晚出的同模式异名（Homotypic synonym，Nomenclatural synonym）。【分布】中国，北温带和极地，非洲北部，温带南美洲。【后选模式】Chrysosplenium oppositifolium Linnaeus。【参考异名】Chrisosplenium Neck.（1768）Nom. illegit.；Chrysosplenium Tourn. ex L.（1753）■

11474 Chrysosplenium Tourn. ex L.（1753）≡ Chrysosplenium L.（1753）[虎耳草科 Saxifragaceae]■

11475 Chrysostachys Poepp. ex Baill. = Sclerolobium Vogel（1837）[豆科 Fabaceae（Leguminosae）]■☆

11476 Chrysostachys Pohl（1830）【汉】金花使君子属。【隶属】使君子科 Combretaceae。【包含】世界 1 种。【学名诠释与讨论】〈阴〉（希）chrys-，chryso-，金黄色+stachys，穗，谷，长钉。此属的学名，ING、TROPICOS 和 IK 记载是"Chrysostachys Pohl，Pl. Bras. Icon. Descr. ii. 65. t. 143（1831）"。亦有文献把"Chrysostachys Pohl（1830）"处理为"Combretum Loefl.（1758）（保留属名）"的异名。【分布】热带。【模式】Chrysostachys ovalifolia Pohl。【参考异名】Combretum Loefl.（1758）（保留属名）●☆

11477 Chrysostemma E. Mey. ex Spach = Gorteria L.（1759）[菊科 Asteraceae（Compositae）]■☆

11478 Chrysostemma Less.（1832）【汉】金冠菊属。【隶属】菊科 Asteraceae（Compositae）//金鸡菊科 Coreopsidaceae。【包含】世界 3 种。【学名诠释与讨论】〈中〉（希）chrys-，chryso-，金黄色+stemma，所有格 stemmatos，花冠，花环，王冠。此属的学名，ING 和 IK 记载是"Chrysostemma Lessing，Syn. Gen. Comp. 227. 1832"。"Chrysostemma E. Mey. ex Spach"是"Gorteria L.（1759）[菊科 Asteraceae（Compositae）]"的异名。亦有文献把"Chrysostemma Less.（1832）"处理为"Coreopsis L.（1753）"的异名。【分布】中国。【模式】Chrysostemma tripteris（Linnaeus）Lessing [Coreopsis tripteris Linnaeus]。【参考异名】Coreopsis L.（1753）■

11479 Chrysostemon Klotzsch（1848）= Pseudanthus Sieber ex A. Spreng.（1827）[大戟科 Euphorbiaceae//假花大戟科 Pseudanthaceae]■☆

11480 Chrysostoma Lilja（1840）Nom. illegit. = Mentzelia L.（1753）[刺莲花科（硬毛草科）Loasaceae]●■☆

11481 Chrysothamnus Nutt.（1840）（保留属名）【汉】金灌菊属（金枝菊属，兔黄花属）。【英】Rabbit Brush，Rabbitbrush。【隶属】菊科 Asteraceae（Compositae）。【包含】世界 13-15 种。【学名诠释与讨论】〈阳〉（希）chrys-，chryso-，金黄色+thamnos，指小式 thamnion，灌木，灌丛，树丛，枝。此属的学名"Chrysothamnus Nutt. in Trans. Amer. Philos. Soc.，ser. 2，7：323. Oct-Dec 1840"是保留属名。法规未列出相应的废弃属名。【分布】北美洲西部。【模式】Chrysothamnus pumilus Nuttall。【参考异名】Chrosothamnus Post et Kuntze（1903）；Vanclevea Greene（1899）■●☆

11482 Chrysothemis Decne.（1849）【汉】金红花属。【隶属】苦苣苔科 Gesneriaceae。【包含】世界 7 种。【学名诠释与讨论】〈阴〉（希）chrys-，chryso-，金黄色+Themis 正义之女神，也被认为是预言之女神。【分布】巴拿马，厄瓜多尔，哥伦比亚（安蒂奥基亚），哥斯达黎加，尼加拉瓜，西印度群岛，南美洲，中美洲。【后选模式】Chrysothemis pulchella（Donn ex Sims）Decaisne [Besleria pulchella

Donn ex Sims]。【参考异名】Tussaca Rchb.（1824）Nom. inval.，Nom. illegit.；Tussacia Benth.（1846）Nom. illegit.；Tussacia Rchb.（1824）Nom. illegit.；Tyssacia Steud.（1841）■☆

11483　Chrysothesium（Jaub. et Spach）Hendrych（1994）【汉】金黄百蕊草属。【隶属】檀香科 Santalaceae。【包含】世界 4 种。【学名诠释与讨论】〈中〉（希）chrys-，chryso-，金黄色+（属）Thesium 百蕊草属。此属的学名，IK 记载是"Chrysothesium（Jaub. et Spach）Hendrych, Preslia 65（4）：319. 1994［1993 publ. 1994］"，由"Thesium subgen. Chrysothesium Jaub. et Spach"改级而来。亦有文献把"Chrysothesium（Jaub. et Spach）Hendrych（1994）"处理为"Thesium L.（1753）"的异名。【分布】欧洲，安纳托利亚。【模式】不详。【参考异名】Thesium L.（1753）；Thesium subgen. Chrysothesium Jaub. et Spach ■☆

11484　Chrysothrix Roam. et Schult.（1824）= Chrysithrix L.（1771）［莎草科 Cyperaceae］■☆

11485　Chrysotolia N. T. Burb.（1963）= Chrystolia Montrouz. ex Beauvis.（1901）［豆科 Fabaceae（Leguminosae）//蝶形花科 Papilionaceae］■

11486　Chrysoxylon Casar.（1843）= Plathymenia Benth.（1840）（保留属名）［豆科 Fabaceae（Leguminosae）//云实科（苏木科）Caesalpiniaceae］●☆

11487　Chrysoxylon Wedd.（1849）Nom. illegit. ≡ Howardia Wedd.（1854）；~ = Pogonopus Klotzsch（1854）［茜草科 Rubiaceae］■☆

11488　Chrystolia Montrouz.（1901）Nom. illegit. ≡ Chrystolia Montrouz. ex Beauvis.（1901）；~ = Glycine Willd.（1802）（保留属名）［豆科 Fabaceae（Leguminosae）//蝶形花科 Papilionaceae］■

11489　Chrystolia Montrouz. ex Beauvis.（1901）= Glycine Willd.（1802）（保留属名）［豆科 Fabaceae（Leguminosae）//蝶形花科 Papilionaceae］■

11490　Chrysurus Pers.（1805）Nom. illegit. ≡ Lamarckia Moench（1794）［as 'Lamarkia'］（保留属名）［禾本科 Poaceae（Gramineae）］■☆

11491　Chrytotheca G. Don（1832）= Ammannia L.（1753）；~ = Cryptotheca Blume（1827）［千屈菜科 Lythraceae//水苋菜科 Ammanniaceae］■

11492　Chryza Raf.（1808）= Coptis Salisb.（1807）［毛茛科 Ranunculaceae］■

11493　Chthamalia Decne.（1844）= Lachnostoma Kunth（1819）［萝藦科 Asclepiadaceae］●☆

11494　Chthonia Cass.（1817）= Pectis L.（1759）［菊科 Asteraceae（Compositae）］■☆

11495　Chthonocephalus Steetz（1845）【汉】对叶鼠麹草属。【隶属】菊科 Asteraceae（Compositae）。【包含】世界 4-6 种。【学名诠释与讨论】〈阳〉（希）chthon, 所有格 chthonos, 土地+kephale, 头。【分布】澳大利亚（温带）。【模式】Chthonocephalus pseudevax Steetz。【参考异名】Chamaesphaerion A. Gray（1851）；Gyrostephium Turcz.（1851）；Lachnothalamus F. Muell.（1863）■☆

11496　Chuanminshen M. L. Sheh et R. H. Shan（1980）【汉】川明参属。【英】Chuanminshen。【隶属】伞形花科（伞形科）Apiaceae（Umbelliferae）。【包含】世界 1 种，中国 1 种。【学名诠释与讨论】〈中〉（汉）chuanminshen, 川明参, 一种植物俗名, 中药。【分布】中国。【模式】Chuanminshen violaceum M. L. Sheh et R. H. Shan。■★

11497　Chucoa Cabrera（1955）【汉】黄菊木属。【隶属】菊科 Asteraceae（Compositae）。【包含】世界 1 种。【学名诠释与讨论】〈阴〉（地）Santiago de Chuco, 圣地亚哥-德丘科, 位于秘鲁。【分布】秘鲁，中美洲。【模式】Chucoa ilicifolia Cabrera。【参考异名】

Weberbaueriella Ferreyra（1955）Nom. illegit. ●☆

11498　Chukrasia A. Juss.（1830）【汉】麻楝属。【英】Chittagong Chickrassy。【隶属】楝科 Meliaceae。【包含】世界 1 种，中国 1 种。【学名诠释与讨论】〈阴〉Chukrasia tabularis A. Juss. 的印地语俗名。此属的学名，ING，APNI，GCI，TROPICOS 和 IK 记载是"Chukrasia A. H. L. Jussieu in Guillemin, Bull. Sci. Nat. Géol. 23：239. Nov 1830"。"Plagiotaxis Wallich ex O. Kuntze, Rev. Gen. 1：110. 5 Nov 1891"是"Chukrasia A. Juss.（1830）"的晚出的同模式异名（Homotypic synonym, Nomenclatural synonym）。"Chickassia Wight & Arn., Prodromus Florae Peninsulae Indiae Orientalis 123. 1834"是"Chukrasia A. Juss.（1830）"的拼写变体。【分布】巴基斯坦，印度至马来西亚，中国。【模式】Chukrasia tabularis A. H. L. Jussieu, Nom. illegit.［Swietenia chickrassa Roxburgh］。【参考异名】Chickrassia A. Juss.（1830）；Chickrassia Wight et Arn.（1834）；Plagiotaxis Wall.（1829）Nom. inval.；Plagiotaxis Wall. ex Kuntze（1891）Nom. illegit.；Sotrophola Buch. -Ham. ●

11499　Chulusium Raf.（1820）= Polygonum L.（1753）（保留属名）［蓼科 Polygonaceae］●○

11500　Chumsriella Bor（1968）= Germainia Balansa et Poitr.（1873）［禾本科 Poaceae（Gramineae）］■

11501　Chunchoa Pers.（1805）= Chuncoa Pav. ex Juss.（1789）［使君子科 Combretaceae］●

11502　Chuncoa Pav. ex Juss.（1789）= Terminalia L.（1767）（保留属名）［使君子科 Combretaceae//榄仁树科 Terminaliaceae］●

11503　Chunechites Tsiang（1937）【汉】乐东藤属。【英】Chunechites, Lotungvine。【隶属】夹竹桃科 Apocynaceae。【包含】世界 1 种，中国 1 种。【学名诠释与讨论】〈阳〉（人）Woon Young Chun，1890-1971，陈焕镛，中国著名植物学家，中国科学院院士（学部委员），我国近代植物分类学的开拓者和奠基者之一。中国科学院华南植物研究所研究员、所长。他创建了中山农林植物研究室（后改为研究所），收集植物标本，建成中国南方第一个植物标本室。对中国华南的植物进行大量的调查、采集和研究，发现 100 多个新种，10 多个新属，其中裸子植物银杉属和为纪念植物学家钟观光而命名的木兰科 Magnoliaceae 孑遗植物观光木属 Tsoongiodendron 在植物分类上有重大意义+（属）Echites 蛇木属。此属的学名是"Chunechites Y. Tsiang, Sunyatsenia 3：305. Aug 1937"。亦有文献把其处理为"Urceola Roxb.（1799）（保留属名）"的异名。【分布】中国。【模式】Chunechites xylinabariopsoides Y. Tsiang。【参考异名】Urceola Roxb.（1799）（保留属名）●★

11504　Chunia Hung T. Chang（1948）【汉】山铜材属（陈木属，假马蹄荷属）。【英】Chunia。【隶属】金缕梅科 Hamamelidaceae。【包含】世界 1 种，中国 1 种。【学名诠释与讨论】〈阴〉（人）Woon Young Chun，1890-1971，陈焕镛，中国著名植物学家。【分布】中国。【模式】Chunia bucklandioides Hung T. Chang。●★

11505　Chuniodendmn Hu（1938）= Aphanamixis Blume（1825）［楝科 Meliaceae］●

11506　Chuniophoenix Burret（1937）【汉】琼棕属（掌叶海枣属）。【英】Chuniophoenix, Qiongpalm。【隶属】棕榈科 Arecaceae（Palmae）。【包含】世界 2-3 种，中国 2 种。【学名诠释与讨论】〈阴〉（人）Woon Young Chun，1890-1971，陈焕镛，中国著名植物学家+希腊文 phoenix 刺葵。【分布】中国，中南半岛。【模式】Chuniophoenix hainanensis Burret。●

11507　Chupalon Adans.（1763）（废弃属名）= Cavendishia Lindl.（1835）（保留属名）［杜鹃花科（欧石南科）Ericaceae］●☆

11508　Chupalones Nieremb. ex Steud.（1840）= Cavendishia Lindl.（1835）（保留属名）；~ = Chupalon Adans.（1763）；~ = Cavendishia

Lindl.（1835）（保留属名）[杜鹃花科（欧石南科）Ericaceae] ●☆

11509 Chuquiraga Juss.（1789）【汉】多枝刺菊木属（丘奎菊属）。【隶属】菊科 Asteraceae（Compositae）。【包含】世界 20-40 种。【学名诠释与讨论】〈阴〉词源不详。此属的学名，ING、APNI、TROPICOS 和 IK 记载是"Chuquiraga Juss., Gen. Pl. [Jussieu] 178. 1789 [4 Aug 1789]"。"Johannia Willdenow, Sp. Pl. 3（3）：1705. Apr-Dec 1803"是"Chuquiraga Juss.（1789）"的晚出的同模式异名（Homotypic synonym, Nomenclatural synonym）。【分布】巴拉圭，秘鲁，玻利维亚，厄瓜多尔，南美洲。【模式】Chuquiraga jussieui J. F. Gmelin。【参考异名】Diacantha Lag.（1811）；Joannea Spreng.（1818）；Joannesia Pers.（1807）；Johannia Willd.（1803）Nom. illegit.；Piptocarpha Hook. et Arn.（1835）Nom. illegit. ●☆

11510 Churumaya Raf.（1838）= Piper L.（1753）[胡椒科 Piperaceae] ●■

11511 Chusquea Kunth（1822）【汉】楚氏竹属（楚氏库竹属，南美高原竹属，丘斯夸竹属，朱丝贵竹属，朱丝奎竹属）。【俄】Xускуеа。【英】Chusquea。【隶属】禾本科 Poaceae（Gramineae）。【包含】世界 100-120 种。【学名诠释与讨论】〈阴〉（人）Chusque。【分布】巴拿马，秘鲁，玻利维亚，厄瓜多尔，哥伦比亚（安蒂奥基亚），哥斯达黎加，尼加拉瓜，中美洲。【模式】Chusquea scandens Kunth, Nom. illegit. [Nastus chusque Kunth]。【参考异名】Coliquea Bibra；Coliquea Steud. ex Bibra（1853）；Dendragrostis B. D. Jacks.（1893）Nom. illegit.；Dendragrostis Nees ex B. D. Jacks.（1893）；Dendragrostis Nees（1835）Nom. inval.；Mustelia Cav. ex Steud.（1840）Nom. inval.；Mustelia Steud.（1840）Nom. inval., Nom. illegit.；Rettbergia Raddi（1823）；Swallenochloa McClure（1973）●☆

11512 Chusua Nevski（1935）= Orchis L.（1753）；~ = Ponerorchis Rchb. f.（1852）[兰科 Orchidaceae] ■

11513 Chwenkfeldia Willd. = Sabicea Aubl.（1775）[茜草科 Rubiaceae] ●☆

11514 Chydenanthus Miers（1875）【汉】节毛玉蕊属。【隶属】玉蕊科（巴西果科）Lecythidaceae。【包含】世界 1-2 种。【学名诠释与讨论】〈阴〉（希）chydaios = 拉丁文 chydaeus，大量的，充足的 + anthos 花。【分布】缅甸，印度尼西亚（苏门答腊岛）至新几内亚岛，加里曼丹岛。【模式】Chydenanthus excelsus（Blume）Miers [Barringtonia excelsa Blume]。●☆

11515 Chylaceae Dulac = Fumariaceae Marquis（保留科名）●☆

11516 Chylisma Nutt. ex Torr. et A. Gray（1840）Nom. illegit. ≡ Chylismia Nutt. ex Torr. et A. Gray（1840）Nom. inval.；~ = Camissonia Link（1818）[柳叶菜科 Onagraceae] ■☆

11517 Chylismia（Nutt. ex Torr. et A. Gray）Raim.（1893）= Camissonia Link（1818）[柳叶菜科 Onagraceae] ■☆

11518 Chylismia（Torr. et A. Gray）Nutt. ex Raim.（1893）= Camissonia Link（1818）[柳叶菜科 Onagraceae] ■☆

11519 Chylismia Nutt.（1840）Nom. illegit. = Camissonia Link（1818）；~ = Chylismia（Torr. et A. Gray）Nutt. ex Raim.（1893）[柳叶菜科 Onagraceae] ■☆

11520 Chylismia Nutt. ex Torr. et A. Gray（1840）Nom. inval. = Camissonia Link（1818）[柳叶菜科 Onagraceae] ■☆

11521 Chylismia Small（1896）Nom. illegit. = Chylismia（Torr. et A. Gray）Nutt. ex Raim.（1893）[柳叶菜科 Onagraceae] ■☆

11522 Chylismiella（Munz）W. L. Wagner et Hoch（2007）【汉】翅籽月见草属。【隶属】柳叶菜科 Onagraceae。【包含】世界 1 种。【学名诠释与讨论】〈阴〉（属）Chylismia = Camissonia 卡密柳叶菜属 + -ellus, -ella, -ellum，加在名词词干后面形成指小式的词尾。或加在人名、属名等后面以组成新属的名称。此属的学名，TROPICOS 和 IPNI 记载是"Chylismiella（Munz）W. L. Wagner &

Hoch, Syst. Bot. Monogr. 83：115. 2007 [17 Sep 2007]"，由"Oenothera sect. Chylismiella Munz Amer. J. Bot. 15：224. 1928"改级而来。它曾被处理为"Camissonia sect. Chylismiella（Munz）P. H. Raven, Brittonia 16（3）：282. 1964"。亦有文献把"Chylismiella（Munz）W. L. Wagner et Hoch（2007）"处理为"Oenothera L.（1753）"的异名。【分布】北美洲。【模式】Chylismiella pterosperma（S. Watson）W. L. Wagner et Hoch。【参考异名】Camissonia sect. Chylismiella（Munz）P. H. Raven（1964）；Oenothera L.（1753）■☆

11523 Chylocalyx Hassk. ex Miq., Nom. illegit. ≡ Chylocalyx Hassk.（1842）；~ = Echinocaulos Hassk.（1842）[柳叶菜科 Onagraceae] ●■

11524 Chylodia Rich. ex Cass.（1823）Nom. illegit. ≡ Chatiakella Cass.（1823）；~ = Wulffia Neck. ex Cass.（1825）[菊科 Asteraceae（Compositae）] ■☆

11525 Chylogala Fourr.（1869）= Euphorbia L.（1753）[大戟科 Euphorbiaceae] ●■

11526 Chymaceae Dulac = Papaveraceae Juss.（保留科名）●■

11527 Chymocarpus D. Don ex Brewster, R. Taylor et R. Phillips（1833）= Tropaeolum L.（1753）[旱金莲科 Tropaeolaceae] ■

11528 Chymocarpus D. Don（1834）Nom. illegit. = Chymocarpus D. Don ex Brewster, R. Taylor et R. Phillips（1834）；~ = Tropaeolum L.（1753）[旱金莲科 Tropaeolaceae] ■

11529 Chymococca Meisn.（1857）= Passerina L.（1753）[瑞香科 Thymelaeaceae] ●☆

11530 Chymocormus Harv.（1842）= Fockea Endl.（1839）[萝藦科 Asclepiadaceae] ●☆

11531 Chymsydia Albov（1895）【汉】高加索芹属。【俄】Хымзыдия。【隶属】伞形花科（伞形科）Apiaceae（Umbelliferae）。【包含】世界 1-2 种。【学名诠释与讨论】〈阴〉词源不详。此属的学名是"Chymsydia Alboff, Bull. Herb. Boissier 3：233. 1895；Prodr. Fl. Colch. 110. 1895"。亦有文献把其处理为"Agasyllis Spreng.（1813）"的异名。【分布】高加索。【模式】Chymsydia agasylloides（Alboff）Alboff [Selinum agasylloides Alboff]。【参考异名】Agasyllis Spreng.（1813）■☆

11532 Chysis Lindl.（1837）【汉】长足兰属（长脚兰属）。【日】チシス属。【英】Baby Orchid, Chysis。【隶属】兰科 Orchidaceae。【包含】世界 6 种。【学名诠释与讨论】〈阴〉（希）chysis，四散，溶化，泼出的行为。指植物悬垂于树木上。【分布】巴拿马，秘鲁，玻利维亚，厄瓜多尔，哥伦比亚（安蒂奥基亚），哥斯达黎加，尼加拉瓜，热带美洲，中美洲。【模式】Chysis aurea J. Lindley。【参考异名】Thorvaldsenia Liebm.（1844）■☆

11533 Chytra C. F. Gaertn.（1807）（废弃属名）= Agalinis Raf.（1837）（保留属名）；~ = Gerardia Benth.（1846）Nom. illegit.（废弃属名）；~ = Agalinis Raf.（1837）（保留属名）[玄参科 Scrophulariaceae//列当科 Orobanchaceae] ■☆

11534 Chytraculia P. Browne（1756）（废弃属名）≡ Calyptranthes Sw.（1788）（保留属名）[桃金娘科 Myrtaceae] ●☆

11535 Chytralia Adans.（1763）= Calyptranthes Sw.（1788）（保留属名）[桃金娘科 Myrtaceae] ●☆

11536 Chytranthus Hook. f.（1862）【汉】壶花无患子属。【隶属】无患子科 Sapindaceae。【包含】世界 30 种。【学名诠释与讨论】〈阳〉（希）chytros，或 chytra，指小式 chytrion，壶，花钵 + anthos，花。antheros，多花的。antheo，开花。【分布】热带非洲。【模式】Chytranthus mannii J. D. Hooker。【参考异名】Glossolepis Gilg（1897）●☆

11537 Chytroglossa Rchb. f.（1863）【汉】壶舌兰属。【日】キトログッ

サ属。【隶属】兰科 Orchidaceae。【包含】世界 3 种。【学名诠释与讨论】〈阴〉（希）chytros，或 chytra，壶，花钵+glossa，舌。【分布】巴西。【后选模式】Chytroglossa aurata H. G. Reichenbach。●☆

11538　Chytroma Miers(1874)【汉】热美玉蕊属。【隶属】玉蕊科（巴西果科）Lecythidaceae。【包含】世界 46 种。【学名诠释与讨论】〈阴〉（希）chytros，或 chytra，壶，花钵+omos，相似的。此属的学名是"Chytroma Miers, Trans. Linn. Soc. London 30：164,229. t. 34B. 14 Nov 1874"。亦有文献把其处理为"Lecythis Loefl. (1758)"的异名。【分布】玻利维亚，热带南美洲，中美洲。【后选模式】Chytroma schomburgkii (Berg) Miers [Lecythis schomburgkii Berg]。【参考异名】Lecythis Loefl. (1758)●☆

11539　Chytropsia Bremek. (1934) = Psychotria L. (1759)（保留属名）[茜草科 Rubiaceae//九节科 Psychotriaceae]●

11540　Cianitis Reinw. (1828) = Cyanitis Reinw. (1823)；~ = Dichroa Lour. (1790) [虎耳草科 Saxifragaceae//绣球花科（八仙花科，绣球科）Hydrangeaceae]●

11541　Cibirhiza Bruyns (1988)【汉】囊根萝藦属。【隶属】萝藦科 Asclepiadaceae。【包含】世界 1 种。【学名诠释与讨论】〈阴〉（拉）cibus，食物+rhiza，根，根茎。【分布】埃塞俄比亚，坦桑尼亚，赞比亚。【模式】Cibirhiza dhofarensis P. Bruyns。☆

11542　Cibotarium O. E. Schulz (1933) = Sphaerocardamum Schauer (1847) [十字花科 Brassicaceae(Cruciferae)]■☆

11543　Cicca Adans. (1763) = Julocroton Mart. (1837)（保留属名）[大戟科 Euphorbiaceae]●■☆

11544　Cicca L. (1767)【汉】醋栗属（核果叶下珠属）。【隶属】大戟科 Euphorbiaceae//叶下珠科（叶萝藦科）Phyllanthaceae。【包含】世界 1 种。【学名诠释与讨论】〈阴〉（希）kikkos，钟塔。此属的学名，ING、APNI、GCI、TROPICOS、和 IK 记载是"Cicca L. , Syst. Nat. ,ed. 12. 2：621. 1767 [15-31 Oct 1767]"。它曾被处理为"Phyllanthus sect. Cicca (L.) Müll. Arg. , Linnaea 32：50. 1863"。亦有文献把"Cicca L. (1767)"处理为"Phyllanthus L. (1753)"的异名。【分布】巴基斯坦，马达加斯加，中国，热带，中美洲。【模式】Cicca disticha Linnaeus。【参考异名】Cheramela Rumph. ；Cycca Batsch (1802)；Frankia Bert. ex Steud (1840) Nom. inval. ；Phyllanthus L. (1753)；Phyllanthus sect. Cicca (L.) Müll. Arg. (1863)●

11545　Cicendia Adans. (1763)【汉】百黄花属。【英】Cicendia, Yellow Centaury。【隶属】龙胆科 Gentianaceae。【包含】世界 1 种。【学名诠释与讨论】〈阴〉（意）kikenda，植物俗名。此属的学名，ING、APNI、GCI、TROPICOS 和 IK 记载是"Cicendia Adans. , Fam. Pl. (Adanson) 2：503. 1763"。"Cicendiola Bubani, Fl. Pyrenaea 1：536. 1897"、"Franquevillia R. A. Salisbury ex S. F. Gray, Nat. Arr. Brit. Pl. 2：338. 1 Nov 1821"和"Microcala Hoffmannsegg et Link, Fl. Portug. 1：359. 1813-1820"是"Cicendia Adans. (1763)"的晚出的同模式异名（Homotypic synonym, Nomenclatural synonym）。"Cicendia Griseb."是"Exaculum Caruel (1886) [龙胆科 Gentianaceae]"的异名。【分布】秘鲁，玻利维亚，厄瓜多尔，非洲北部，美国（加利福尼亚），安纳托尼亚，南美洲南部，欧洲。【模式】Cicendia filiformis (Linnaeus) Delarbre [Gentiana filiformis Linnaeus]。【参考异名】Cicendiola Bubani (1897) Nom. illegit. ；Exaculum Caruel(1886)；Franquevillia Salisb. ex Gray (1821) Nom. illegit. ；Microcala Hoffmanns. et Link(1813) Nom. illegit. ■☆

11546　Cicendia Griseb. = Exaculum Caruel (1886) [龙胆科 Gentianaceae]■☆

11547　Cicendiola Bubani (1897) Nom. illegit. ≡ Cicendia Adans. (1763) [龙胆科 Gentianaceae]■☆

11548　Cicendiopsis Kuntze (1898) = Exaculum Caruel (1886) [龙胆科

Gentianaceae]■☆

11549　Cicer L. (1753)【汉】鹰嘴豆属（鸡豆属，鹰咀豆属）。【日】ヒヨコマメ属。【俄】Нут。【英】Chick Pea, Chickpea, Chick-pea。【隶属】豆科 Fabaceae (Leguminosae)//蝶形花科 Papilionaceae。【包含】世界 20-40 种，中国 2 种。【学名诠释与讨论】〈中〉（拉）cicer，鹰嘴豆。【分布】埃塞俄比亚，巴基斯坦，秘鲁，玻利维亚，厄瓜多尔，中国，地中海至亚洲中部，非洲北部，中美洲。【模式】Cicer arietinum Linnaeus。【参考异名】Nochotta S. G. Gmel. (1774)■

11550　Ciceraceae Steele (1847) = Fabaceae Lindl. (保留科名)//Leguminosae Juss. (1789)(保留科名)●■

11551　Cicerbita Wallr. (1822)【汉】岩参属（鸡豆菊属）。【俄】Цицербита。【英】Blue Sow-thistle, Sow-thistle。【隶属】菊科 Asteraceae(Compositae)。【包含】世界 18-35 种，中国 5 种。【学名诠释与讨论】〈阴〉（属）Cicer 鹰咀豆属+拉丁文 herbidus，草本的。【分布】中国，北温带。【模式】未指定。【参考异名】Kovalevskiella Kamelin (1993)；Lactucopsis Sch. Bip. ex Vis. (1870)；Lathyrus L. (1753)；Mulgedium Cass. (1824)■

11552　Cicercula Medik. (1787) = Lathyrus L. (1753) [豆科 Fabaceae (Leguminosae)//蝶形花科 Papilionaceae]■

11553　Cicercula Moench (1794) Nom. illegit. [豆科 Fabaceae (Leguminosae)]■☆

11554　Cicerella DC. (1825) = Cicercula Medik. (1787) [豆科 Fabaceae(Leguminosae)]■

11555　Ciceronia Urb. (1925)【汉】长冠亮泽兰属。【隶属】菊科 Asteraceae(Compositae)。【包含】世界 1 种。【学名诠释与讨论】〈阴〉（希）cicer，鹰嘴豆+-inus，-ina，-inum 拉丁文加在名词词干之后，以形成形容词的词尾，含义为"属于、相似、关于、小的"。【分布】古巴。【模式】Ciceronia chaptalioides Urban。■☆

11556　Cicheria Raf. = Cichorium L. (1753) [菊科 Asteraceae (Compositae)//菊苣科 Cichoriaceae]■

11557　Cichlanthus(Endl.)Tiegh. (1895) = Scurrula L. (1753)（废弃属名）；~ = Loranthus Jacq. (1762) [桑寄生科 Loranthaceae]●

11558　Cichlanthus Tiegh. (1895) Nom. illegit. ≡ Cichlanthus (Endl.) Tiegh. (1895)；~ = Scurrula L. (1753)（废弃属名）；~ = Loranthus Jacq. (1762) [桑寄生科 Loranthaceae]●

11559　Cichoriaceae Juss. (1789)（保留科名） [亦见 Asteraceae Bercht. et J. Presl(保留科名)//Compositae Giseke(保留科名)菊科]【汉】菊苣科。【俄】Языкоцветные。【英】Cichorium Family。【包含】世界 1 属 6-11 种，中国 1 属 2-4 种。【俄】Языкоцветные。【英】Cichorium Family。【分布】中国，欧洲，地中海地区，埃塞俄比亚，玻利维亚，马达加斯加，美国（密苏里），中美洲。【科名模式】Cichorium L. (1753)■

11560　Cichorium L. (1753)【汉】菊苣属。【日】キクヂシャ属。【俄】Цикорий，Цикорник。【英】Chicory, Succory, Wild Chicory。【隶属】菊科 Asteraceae(Compositae)//菊苣科 Cichoriaceae。【包含】世界 6-11 种，中国 2-4 种。【学名诠释与讨论】〈中〉（希）kichorion=kichore=kichora=kichoreia，菊苣的俗名。另说源于阿拉伯俗名。【分布】埃塞俄比亚，玻利维亚，马达加斯加，美国（密苏里），中国，地中海地区，欧洲，中美洲。【后选模式】Cichorium intybus Linnaeus。【参考异名】Acanthophyllum Less. (1832) Nom. illegit. ；Acanthophyton Less. (1832)；Acanthophyton Sch. Bip. ；Cicheria Raf. ；Endivia Hill(1756)■

11561　Ciclospermum Lag. (1821) Nom. illegit. （废弃属名）≡ Cyclospermum Lag. (1821) [as 'Ciclospermum']（保留属名） [伞形花科（伞形科）Apiaceae(Umbelliferae)]■

11562　Ciconium Sweet (1822) = Pelargonium L' Hér. ex Aiton (1789)

［牻牛儿苗科 Geraniaceae］●■

11563　Cicuta L.（1753）【汉】毒芹属。【日】ドクゼリ属。【俄】Вех，Цикута。【英】Cowbane，Poisoncelery，Poisonhemlock，Water Hemlock，Waterhemlock。【隶属】伞形花科（伞形科）Apiaceae（Umbelliferae）。【包含】世界 3-20 种，中国 1 种。【学名诠释与讨论】〈阴〉（拉）cicuta，毒芹。另说古拉丁名，中空之义。此属的学名，ING、APNI、TROPICOS 和 IK 记载是“Cicuta Linnaeus, Sp. Pl. 255. 1 Mai 1753”。伞形花科（伞形科）Apiaceae 的“Cicuta P. Miller，Gard. Dict. Abr. ed. 4. 28 Jan 1754 ≡ Conium L.（1753）”是晚出的非法名称。【分布】巴基斯坦，玻利维亚，美国，中国，北温带。【后选模式】Cicuta virosa Linnaeus［as‘pirosa’］。【参考异名】Cicutaria Lam.（1779）Nom. illegit. ；Keraskomion Raf.（1836）■

11564　Cicuta Mill.（1754）Nom. illegit. ≡ Conium L.（1753）［伞形花科（伞形科）Apiaceae（Umbelliferae）］■

11565　Cicutaria Fabr.（1759）Nom. illegit. = Cicutaria Heist. ex Fabr.（1759）Nom. illegit. ；~ ≡ Conium L.（1753）［伞形花科（伞形科）Apiaceae（Umbelliferae）］■

11566　Cicutaria Heist. ex Fabr.（1759）Nom. illegit. ≡ Conium L.（1753）［伞形花科（伞形科）Apiaceae（Umbelliferae）］■

11567　Cicutaria Lam.（1779）Nom. illegit. = Cicuta L.（1753）［伞形花科（伞形科）Apiaceae（Umbelliferae）］■

11568　Cicutaria Mill.（1754）Nom. illegit. = Molospermum W. D. J. Koch（1824）［伞形花科（伞形科）Apiaceae（Umbelliferae）］■☆

11569　Cicutaria Moench（1802）Nom. illegit. ［伞形花科（伞形科）Apiaceae（Umbelliferae）］■☆

11570　Cicutastrum Fabr. = Thapsia L.（1753）［伞形花科（伞形科）Apiaceae（Umbelliferae）］■☆

11571　Cieca Adans.（1763）（废弃属名）= Julocroton Mart.（1837）（保留属名）［大戟科 Euphorbiaceae］●■☆

11572　Cieca Medik.（1787）Nom. illegit. （废弃属名）= Passiflora L.（1753）（保留属名）［西番莲科 Passifloraceae］●■

11573　Cienfuegia Willd.（1800）= Cienfuegosia Cav.（1786）［锦葵科 Malvaceae］■●☆

11574　Cienfuegosia Cav.（1786）【汉】美非棉属。【隶属】锦葵科 Malvaceae。【包含】世界 25-26 种。【学名诠释与讨论】〈阴〉（人）Bernardo Cienfuegos，西班牙 16 世纪人。此属的学名，ING、APNI、GCI、TROPICOS 和 IK 记载是“Cienfuegosia Cav.，Diss. 2, Secunda Diss. Bot.［App.］：［vi］. 1786［Jan-Apr 1786］”。锦葵科 Malvaceae 的“Cienfugosia DC.，Prodr.［A. P. de Candolle］1：457. 1824［mid Jan 1824］= Cienfuegosia Cav.（1786）”和“Cienfugosia Giseke，Praelectiones in Ordines Naturales Plantarum 1792 = Cienfuegosia Cav.（1786）”是晚出的非法名称。“Fugosia A. L. Jussieu，Gen. 274. 4 Aug 1789”是“Cienfuegosia Cav.（1786）”的晚出的同模式异名（Homotypic synonym，Nomenclatural synonym）。【分布】澳大利亚，巴拉圭，秘鲁，玻利维亚，厄瓜多尔，非洲，马达加斯加，热带和亚热带美洲，中美洲。【模式】Cienfuegosia digitata Cavanilles。【参考异名】Cienfuegia Willd.（1800）；Cienfugosia DC.（1824）Nom. illegit. ；Cienfugosia Giseke（1792）Nom. illegit. ；Fugosia Juss.（1789）Nom. illegit. ；Redoutea Vent.（1800）；Redutea Pers.（1806）Nom. illegit. ■●☆

11575　Cienfugosia DC.（1824）Nom. illegit. = Cienfuegosia Cav.（1786）［锦葵科 Malvaceae］■●☆

11576　Cienfugosia Giseke（1792）Nom. illegit. = Cienfuegosia Cav.（1786）［锦葵科 Malvaceae］■●☆

11577　Cienkowskia Schweinf.（1867）Nom. illegit. ≡ Cienkowskiella Y. K. Kam（1980）Nom. illegit. ；~ ≡ Siphonochilus J. M. Wood et Franks（1911）［姜科（蘘荷科）Zingiberaceae］■☆

11578　Cienkowskiella Y. K. Kam（1980）Nom. illegit. = Siphonochilus J. M. Wood et Franks（1911）［姜科（蘘荷科）Zingiberaceae］■☆

11579　Cienkowskya Pfeiff.（1873）Nom. illegit. ［紫草科 Boraginaceae］☆

11580　Cienkowskya Regel et Rach（1858）= Ehretia L.（1759）Nom. illegit. ；~ ≡ Ehretia P. Browne（1756）［紫草科 Boraginaceae//破布木科（破布树科）Cordiaceae//厚壳树科 Ehretiaceae］●

11581　Cienkowskya Schweinf.（1867）Nom. inval. = Cienkowskia Schweinf.（1867）Nom. illegit. ；~ = Siphonochilus J. M. Wood et Franks（1911）［姜科（蘘荷科）Zingiberaceae］■☆

11582　Cienkowskya Solms（1867）Nom. inval. ，Nom. illegit. = Kaempferia L.（1753）［姜科（蘘荷科）Zingiberaceae］■

11583　Cigarrilla Aiello（1979）Nom. illegit. ≡ Nernstia Urb.（1923）［茜草科 Rubiaceae］●☆

11584　Ciliaria Haw.（1821）Nom. illegit. = Saxifraga L.（1753）［虎耳草科 Saxifragaceae］■

11585　Ciliosemina Antonelli（2005）= Cinchona L.（1753）［茜草科 Rubiaceae//金鸡纳科 Cinchonaceae］■●

11586　Ciliovallaceae Dulac = Campanulaceae Juss.（1789）（保留科名）■●

11587　Cimbaria Hill（1772）= Cymbaria L.（1753）［玄参科 Scrophulariaceae//列当科 Orobanchaceae］■

11588　Cimicifuga L.（1750）Nom. inval. ≡ Cimicifuga Wernisch.（1763）［毛茛科 Ranunculaceae］●■

11589　Cimicifuga L. ex Wernisch.（1763）≡ Cimicifuga Wernisch.（1763）［毛茛科 Ranunculaceae］■

11590　Cimicifuga Wernisch.（1763）【汉】升麻属。【日】サラシナショウマ属。【俄】Клопогон，Цимицифуга。【英】Black Cohosh，Black Snakeroot，Bugbane，Cohosh，Snakeroot。【隶属】毛茛科 Ranunculaceae。【包含】世界 18-19 种，中国 9 种。【学名诠释与讨论】〈阴〉（拉）cimex，所有格 cimicis，臭虫。cimicinus，有臭虫般的臭味的+fugio，逃避，变为 fugax，所有格 fugacis，迅疾的，急过的。此属的学名，ING、GCI 和 IK 记载是“Cimicifuga Wernisch.，Gen. Pl. 298,321. 1763［Jan-Sep 1763］”。TROPICOS 则记载为“Cimicifuga L. ex Wernisch.，Gen. Pl. 298, 321, 1763”。“Cimicifuga L.，Pl. Rar. Camsch. 21，1750 ≡ Cimicifuga Wernisch.（1763）”是命名起点著作之前的名称，故“Cimicifuga Wernisch.（1763）”和“Cimicifuga L. ex Wernisch.（1763）”都是合法名称，可以通用。“Thalictrodes O. Kuntze，Rev. Gen. 1：4. 5 Nov 1891”是“Cimicifuga Wernisch.（1763）”的晚出的同模式异名（Homotypic synonym，Nomenclatural synonym）。【分布】巴基斯坦，中国，北温带。【模式】Cimicifuga foetida Linnaeus。【参考异名】Cimicifuga L.（1750）Nom. inval. ；Cimicifuga L. ex Wernisch.（1763）；Macrotys DC.（1817）Nom. illegit. ；Macrotys Raf. ex DC.（1817）Nom. illegit. ；Megotris Raf.（1819）Nom. illegit. ；Megotrys Raf.（1818）；Thalictrodes Kuntze（1891）Nom. illegit. ●■

11591　Cimicifugaceae Arn.（1840）= Ranunculaceae Juss.（保留科名）●■

11592　Cimicifugaceae Bromhead = Ranunculaceae Juss.（保留科名）●■

11593　Ciminalis Adans.（1763）= Gentiana L.（1753）［龙胆科 Gentianaceae］■

11594　Ciminalis Raf.（1837）Nom. illegit. = Leiphaimos Cham. et Schltdl.（1831）［龙胆科 Gentianaceae］■☆

11595　Cinamomum Schaeff.（1760）Nom. illegit. （废弃属名）≡ Cinnamomum Schaeff.（1760）（保留属名）［樟科 Lauraceae］●

11596　Cinara L.（1753）Nom. illegit. ≡ Cynara L.（1753）［菊科 Asteraceae（Compositae）］■

11597　Cinara Mill.（1754）Nom. illegit. ≡ Cynara L.（1753）［菊科 Asteraceae（Compositae）］■

11598　Cinarocephalaceae Juss. = Asteraceae Bercht. et J. Presl（保留科名）//Compositae Giseke（保留科名）●■

11599　Cinarocephalae Juss. = Cynaraceae Lindl.■

11600　Cinchona L.（1753）【汉】金鸡纳属（鸡纳树属，金鸡纳树属）。【日】キナノキゾク属，キナノキ属。【俄】Дерево хинное，Хинное дерево，Цинхона。【英】Chinchona Tree，Cinchon，Cinchona，Cinchona Tree，Druggists' Bark，Jesuit's Bark Tree，Peru Bark，Peruvian Bark，Quinine，Quinine Tree。【隶属】茜草科 Rubiaceae//金鸡纳科 Cinchonaceae。【包含】世界 40 种，中国 3-4 种。【学名诠释与讨论】〈阴〉（人）Countess de Cinchon，为 17 世纪上半叶西班牙驻秘鲁总督 Dukedel Chinchon 夫人。据说，1638 年她患疟疾，服用秘鲁金鸡纳树皮治愈，后导致治疟特效药奎宁的发现。此属的学名，ING、TROPICOS、GCI 和 IK 记载是"Cinchona L.，Sp. Pl. 1：172. 1753［1 May 1753］"。"Kinkina Adanson，Fam. 2：147. Jul－Aug 1763"、"Quinquina Condam. ex Boehm.，Def. Gen. Pl.（ed. 3）30，1760"和"Quinquina Condam. ex Kuntze，Revis. Gen. Pl. 1：294，1891"是"Cinchona L.（1753）"的晚出的同模式异名（Homotypic synonym，Nomenclatural synonym）。"Quinquina Condam. ≡ Quinquina Condam. ex Boehm.（1760）Nom. illegit. ≡ Quinquina Condam. ex Kuntze（1891）Nom. illegit. "是一个未合格发表的名称（Nom. inval.）。"Quinquina Boehm.（1760）Nom. illegit.，Nom. superfl. ≡ Quinquina Condam. ex Boehm.（1760）Nom. illegit. "的命名人引证有误。【分布】巴基斯坦，巴拉圭，巴拿马，秘鲁，玻利维亚，厄瓜多尔，哥伦比亚（安蒂奥基亚），中国，安第斯山，中美洲。【模式】Cinchona officinalis Linnaeus。【参考异名】Calisaya Hort. ex Pav.（1862）；Cascarilla Ruiz ex Steud.（1821）Nom. inval.；Chinchona Howard（1866）；Ciliosemina Antonelli（2005）；Cinhona L.（1764）；Kinkina Adans.（1763）Nom. illegit.；Pleurocarpus Klotzsch（1859）；Quinquina Boehm.（1760）Nom. illegit.，Nom. superfl.；Quinquina Condam.，Nom. inval.；Quinquina Condam. ex Kuntze（1891）Nom. illegit.■●

11601　Cinchonaceae Batsch（1802）= Rubiaceae Juss.（保留科名）●■

11602　Cinchonaceae Juss.［亦见 Rubiaceae Juss.（保留科名）茜草科］【汉】金鸡纳科。【包含】世界 1 属 40 种，中国 1 属 3-4 种。【分布】中国，安第斯山。【科名模式】Cinchona L.（1753）●

11603　Cinchonopsis L. Andersson（1995）【汉】拟金鸡纳属。【隶属】茜草科 Rubiaceae。【包含】世界 2 种。【学名诠释与讨论】〈阴〉（属）Cinchona 金鸡纳属+希腊文 opsis，外观，模样，相似。【分布】秘鲁。【模式】Cinchonopsis amazonica（Standl.）L. Andersson。●☆

11604　Cincinnobotrys Gilg（1897）【汉】卷序牡丹属。【隶属】野牡丹科 Melastomataceae。【包含】世界 7 种。【学名诠释与讨论】〈阴〉（拉）cincinnus，一圈毛发+botrys，葡萄串，总状花序，簇生。【分布】热带非洲。【模式】Cincinnobotrys oreophila Gilg。【参考异名】Bourdaria A. Chev.（1933）；Gravesiella A. Fern. et R. Fern.（1960）；Haplophyllophora（Brenan）A. Fern. et R. Fern.（1972）；Haplophyllophorus（Brenan）A. Fern. et R. Fern.（1972）Nom. illegit.；Primularia Brenan（1953）■☆

11605　Cinclia Hoffmanns.（1833）= Ceropegia L.（1753）［萝藦科 Asclepiadaceae］■

11606　Cinclidocarpus Zoll. et Moritzi（1846）= Caesalpinia L.（1753）［豆科 Fabaceae（Leguminosae）//云实科（苏木科）Caesalpiniaceae］●

11607　Cineraria L.（1763）【汉】泽菊属（瓜叶菊属，黄花瓜叶菊属）。【俄】Пепериник，Цинерария。【英】Cineraria。【隶属】菊科 Asteraceae（Compositae）。【包含】世界 30-35 种。【学名诠释与讨论】〈阴〉（拉）ciner，所有格 cineris，灰。cinereus，灰色的＋-

arius，-aria，-arium，指示"属于、相似、具有、联系"的词尾。此属的学名，ING、APNI、GCI、TROPICOS 和 IK 记载是"Cineraria L.，Sp. Pl.，ed. 2. 2：1242. 1763［Aug 1763］"。"Xenocarpus Cassini in F. Cuvier，Dict. Sci. Nat. 59：108. Jun 1829"是"Cineraria L.（1763）"的晚出的同模式异名（Homotypic synonym，Nomenclatural synonym）。【分布】玻利维亚，马达加斯加，非洲。【后选模式】Cineraria geifolia Linnaeus。【参考异名】Canariothamnus B. Nord.（2006）Nom. illegit.；Xenocarpus Cass.（1829）Nom. illegit.■●☆

11608　Cinga Noronha（1790）= Cyrtandra J. R. Forst. et G. Forst.（1775）［苦苣苔科 Gesneriaceae］●■

11609　Cinhona L.（1764）= Cinchona L.（1753）［茜草科 Rubiaceae//金鸡纳科 Cinchonaceae］●●

11610　Cinna L.（1753）【汉】单蕊草属。【日】フサガヤ属。【俄】Цинна。【英】Wood Reed，Woodreed。【隶属】禾本科 Poaceae（Gramineae）。【包含】世界 4 种。【学名诠释与讨论】〈阴〉（希）kinna，Dioscorides 采用的一个植物俗名，含义指穗状。此属的学名，ING、APNI、GCI、TROPICOS 和 IK 记载是"Cinna L.，Sp. Pl. 1：5. 1753［1 May 1753］"。"Abola Adanson，Fam. 2：31，511. Jul－Aug 1763"是"Cinna L.（1753）"的晚出的同模式异名（Homotypic synonym，Nomenclatural synonym）。【分布】巴拿马，秘鲁，玻利维亚，厄瓜多尔，哥斯达黎加，美国（密苏里），中国，温带，新世界草原，美洲。【模式】Cinna arundinacea Linnaeus。【参考异名】Abola Adans.（1763）Nom. illegit.；Blyttia Fr.（1839）Nom. illegit.；Cinnagrostis Griseb.（1874）；Cinnastrum E. Fourn.（1886）Nom. illegit.；Cinnastrum E. Fourn. ex Benth. et Hook. f.（1883）■

11611　Cinnabarinea F. Ritter（1980）Nom. illegit. ≡ Cinnabarinea Frič ex F. Ritter（1980）；~ = Echinopsis Zucc.（1837）；~ = Lobivia Britton et Rose（1922）［仙人掌科 Cactaceae］［仙人掌科 Cactaceae］●

11612　Cinnabarinea Frič ex F. Ritter（1980）= Echinopsis Zucc.（1837）；~ = Lobivia Britton et Rose（1922）［仙人掌科 Cactaceae］●

11613　Cinnabarinea Frič（1980）Nom. illegit. ≡ Cinnabarinea Frič ex F. Ritter（1980）；~ = Echinopsis Zucc.（1837）；~ = Lobivia Britton et Rose（1922）［仙人掌科 Cactaceae］●

11614　Cinnadenia Kosterm.（1973）【汉】圆锥樟属（喜马拉雅山樟属）。【隶属】樟科 Lauraceae。【包含】世界 2 种。【学名诠释与讨论】〈阴〉kinna 是 Dioscorides 采用的一个植物俗名，含义指管状+aden，所有格 adenos，腺体。【分布】不丹，马来半岛，缅甸，尼泊尔。【模式】Cinnadenia paniculata（J. D. Hooker）A. J. G. H. Kostermans［Dodecadenia paniculata J. D. Hooker］。●☆

11615　Cinnagrostis Griseb.（1874）= Calamagrostis Adans.（1763）；~ = Cinna L.（1753）［禾本科 Poaceae（Gramineae）］■

11616　Cinnamodendron Endl.（1840）【汉】多蕊樟属（桂枝树属，辣树属，南美樟属）。【隶属】樟科 Lauraceae//白桂皮科 Canellaceae。【包含】世界 5-7 种。【学名诠释与讨论】〈中〉（希）kinnamomon，kinnamon，肉桂树的古名，来自希腊文 kino 卷+dendron 或 dendros，树木，棍，丛林。【分布】中国，南非（热带），西印度群岛。【模式】Cinnamodendron axillare（C. G. D. Nees et C. F. P. Martius）Endlicher ex Walpers［Canella axillaris C. G. D. Nees et C. F. P. Martius］。【参考异名】Capsicodendron Hoehne（1933）●

11617　Cinnamomum Blume = Cinnamomum Schaeff.（1760）（保留属名）［樟科 Lauraceae］●

11618　Cinnamomum Nees et Eberm.（1831）Nom. illegit.（废弃属名）［樟科 Lauraceae］●☆

11619　Cinnamomum Schaeff.（1760）（保留属名）【汉】樟属。【日】クスノキ属。【俄】Дерево коричное，Корица，Коричник，Лавр коричный，Лавр цейлонский，Циннамомум。【英】Camphor

Tree, Cassia, Cinnamon。【隶属】樟科 Lauraceae。【包含】世界 251-350 种，中国 49-61 种。【学名诠释与讨论】〈中〉（希） kinnamomon，肉桂树+amomos 香气。指剥取的树皮干燥时卷曲，具浓烈的香气。一说来自阿拉伯语 kinamon，樟、肉桂。此属的学名"Cinnamomum Schaeff., Bot. Exped.:74. Oct-Dec 1760"是保留名。相应的废弃属名是樟科 Lauraceae 的"Camphora Fabr., Enum.:218. 1759 = Cinnamomum Schaeff.（1760）（保留属名）"。樟科 Lauraceae 的"Cinnamomum Blume = Cinnamomum Schaeff.（1760）（保留属名）"、"Cinnamomum Spreng., Anleit. Kenntn. Gew., ed. 2. ii. 1. 340. 1817 = Cinnamomum Schaeff.（1760）（保留属名）"、"Cinnamomum Trew. = Cinnamomum Schaeff.（1760）（保留属名）"、"Cinnamomum Nees et Eberm., Handb. Med.-Pharm. Bot. 2:430,1831"和其变体"Cinamomum Schaeff.（1760）"亦应废弃。【分布】巴基斯坦，巴拉圭，巴拿马，秘鲁，玻利维亚，厄瓜多尔，哥伦比亚（安蒂奥基亚），哥斯达黎加，尼加拉瓜，印度至马来西亚，中国，东亚，中美洲。【模式】Cinnamomum verum J. S. Presl。【参考异名】Camphora Fabr.（1759）（废弃属名）；Cecidodaphne Nees（1831）；Cinnamomum Blume；Cinnamomum Spreng.（1817）Nom. illegit.（废弃属名）；Cinnamomum Trew.（废弃属名）；Cynamonum Deniker；Malabathrum Burm.；Parthenoxylon Blume（1851）；Sassafridium Meisn.（1864）；Temmodaphne Kosterm.（1973）●

11620 Cinnamomum Spreng.（1817）Nom. illegit.（废弃属名）= Cinnamomum Schaeff.（1760）（保留属名）［樟科 Lauraceae］●

11621 Cinnamomum Trew.（废弃属名）= Cinnamomum Schaeff.（1760）（保留属名）［樟科 Lauraceae］●

11622 Cinnamosma Baill.（1867）【汉】合瓣樟属。【隶属】白桂皮科（白樟科,假樟科）Canellaceae。【包含】世界 3 种。【学名诠释与讨论】〈阴〉（希）kinnamomon, kinnamon,肉桂树+osme = odme,香味,臭味,气味。在希腊文组合词中,词头 osm-和词尾-osma 通常指香味。【分布】马达加斯加。【模式】Cinnamosma fragrans Baillon。●☆

11623 Cinnastrum E. Fourn.（1886）Nom. illegit. ≡ Cinnastrum E. Fourn. ex Benth. et Hook. f.（1883）;~ = Cinna L.（1753）［禾本科 Poaceae（Gramineae）］■

11624 Cinnastrum E. Fourn. ex Benth. et Hook. f.（1883）= Cinna L.（1753）［禾本科 Poaceae（Gramineae）］■

11625 Cinogasum Neck.（1790）Nom. illegit. = Croton L.（1753）［大戟科 Euphorbiaceae//巴豆科 Crotonaceae］●

11626 Cinsania Lavy.（1830）【汉】意大利杜鹃属。【隶属】杜鹃花科（欧石南科）Ericaceae。【包含】世界 1 种。【学名诠释与讨论】〈阴〉词源不详。【分布】意大利。【模式】Cinsania ericoides Lavy。●☆

11627 Cintia Kniže et Řiha（1995）【汉】玻利维亚仙人掌属。【隶属】仙人掌科 Cactaceae。【包含】世界 1 种。【学名诠释与讨论】〈阴〉词源不详。【分布】玻利维亚。【模式】Cintia knizei J. Ríha。■☆

11628 Ciomena P. Beauv. = Muhlenbergia Schreb.（1789）［禾本科 Poaceae（Gramineae）］■

11629 Cionandra Griseb.（1860）= Cayaponia Silva Manso（1836）（保留属名）［葫芦科（瓜科,南瓜科）Cucurbitaceae］■☆

11630 Cionisaccus Breda（1827）= Goodyera R. Br.（1813）［兰科 Orchidaceae］■

11631 Cionomene Krukoff（1979）【汉】月牙藤属。【隶属】防己科 Menispermaceae。【包含】世界 1 种。【学名诠释与讨论】〈阴〉（希）kion,所有格 kionos,柱,圆柱 + mene = menos,所有格 menados,月亮。此属的学名"Cionomene B. A. Krukoff,

Phytologia 41:241. 17 Jan 1979"。亦有文献把其处理为"Elephantomene Barneby et Krukoff（1974）"的异名。【分布】巴西。【模式】Cionomene javariensis B. A. Krukoff。【参考异名】Elephantomene Barneby et Krukoff（1974）●☆

11632 Cionosicyos Benth. & Hook. f.（1867）≡ Cionosicys Griseb.（1860）［葫芦科（瓜科,南瓜科）Cucurbitaceae］■☆

11633 Cionosicys Griseb.（1860）Nom. illegit. ≡ Cionosicys Griseb.（1860）［葫芦科（瓜科,南瓜科）Cucurbitaceae］■☆

11634 Cionosicys Griseb.（1860）【汉】柱葫芦属。【隶属】葫芦科（瓜科,南瓜科）Cucurbitaceae。【包含】世界 3 种。【学名诠释与讨论】〈阳〉（希）kion,柱,圆柱+sikyos,葫芦,野甜瓜。此属的学名,ING、TROPICOS 和 IK 记载是"Cionosicys Griseb., Fl. Brit. W. I. ［Grisebach］［3］:288. 1860［late 1860］"。"Cionosicyos Griseb. Fl,ora of the British West Indian Islands 288. 1864［1860］.（late 1860）"和"Cionosicyos Benth. & Hook. f., Genera Plantarum 1:826. 1867"是其拼写变体。亦有文献把"Cionosicys Griseb.（1860）Nom. illegit."处理为"Cionosicys Griseb.（1860）"的异名。【分布】巴拿马,哥斯达黎加,尼加拉瓜,西印度群岛,中美洲。【模式】Cionosicys pomiformis（Macfadyen）Grisebach［Trichosanthes pomiformis Macfadyen］。【参考异名】Cionosicyos Benth. & Hook. f.（1867）;Cionosicys Griseb.（1860）Nom. illegit.;Cionosicyus Post et Kuntze（1903）■☆

11635 Cionosicyus Post et Kuntze（1903）= Cionosicys Griseb.（1860）［葫芦科（瓜科,南瓜科）Cucurbitaceae］■☆

11636 Cionura Griseb.（1844）【汉】拟牛奶菜属。【隶属】萝藦科 Asclepiadaceae。【包含】世界 1 种。【学名诠释与讨论】〈阴〉（希）kion,柱,圆柱+-urus,-ura,-uro,用于希腊文组合词,含义为"尾巴"。此属的学名是"Cionura Grisebach, Spicil. Fl. Rumel. 2:69. Jul 1844"。亦有文献把其处理为"Marsdenia R. Br.（1810）（保留属名）"的异名。【分布】希腊（克里特岛）,巴尔干半岛至伊朗。【模式】Cionura erecta（Linnaeus）Grisebach［Cynanchum erectum Linnaeus］。【参考异名】Marsdenia R. Br.（1810）（保留属名）■☆

11637 Cipadessa Blume（1825）【汉】浆果楝属。【日】アメリカニガキ属。【英】Baccamelia, Cipadessa。【隶属】楝科 Meliaceae。【包含】世界 4 种,中国 2 种。【学名诠释与讨论】〈阴〉印度尼西亚爪哇语 cipadessa,一种植物俗名。【分布】马达加斯加,印度至马来西亚,中国。【模式】Cipadessa fruticosa Blume。【参考异名】Cupadessa Hassk.（1844）;Mallea A. Juss.（1830）●

11638 Cipocereus F. Ritter（1979）【汉】角棱柱属。【隶属】仙人掌科 Cactaceae。【包含】世界 5 种。【学名诠释与讨论】〈阳〉（地）Cipo,锡波,位于巴西+（属）Cereus 仙影掌属。【分布】巴西。【模式】Cipocereus pleurocarpus F. Ritter。【参考异名】Floribunda F. Ritter（1979）;Pierrebraunia Esteves（1997）●☆

11639 Cipoia C. T. Philbrick, Novelo et Irgang（2004）【汉】锡波川苔草属。【隶属】髯管花科 Geniostomaceae。【包含】世界 2 种。【学名诠释与讨论】〈阴〉（地）Cipo,锡波,位于巴西。【分布】巴西。【模式】Cipoia inserta C. T. Philbrick, A. Novelo R. et B. E. Irgang。■☆

11640 Ciponima Aubl.（1775）= Symplocos Jacq.（1760）［山矾科（灰木科）Symplocaceae］●

11641 Ciposia Silveira（1918）【汉】巴西桃金娘属。【隶属】桃金娘科 Myrtaceae。【包含】世界 2 种。【学名诠释与讨论】〈阴〉词源不详。【分布】巴西。【模式】Ciposia mandapuca Silveira。●☆

11642 Cipura Aubl.（1775）【汉】粗柱鸢尾属。【隶属】鸢尾科 Iridaceae。【包含】世界 6 种。【学名诠释与讨论】〈阴〉词源不详。此属的学名,ING、GCI、TROPICOS 和 IK 记载是"Cipura

Aubl. , Hist. Pl. Guiane 38. 1775［Jun 1775］"。鸢尾科 Iridaceae 的"Cipura Klotzsch ex Klatt, Abh. Naturf. Ges. Halle 15：362. 1882 = Alophia Herb. (1840) = Herbertia Sweet(1827)"是晚出的非法名称。"Marica Schreber, Gen. 37. Apr 1789"是"Cipura Aubl. (1775)"的晚出的同模式异名(Homotypic synonym, Nomenclatural synonym)。【分布】巴拿马,秘鲁,玻利维亚,哥伦比亚(安蒂奥基亚),哥斯达黎加,尼加拉瓜,热带美洲,中美洲。【模式】Cipura paludosa Aublet。【参考异名】Marica Schreb. (1789) Nom. illegit. ■☆

11643 Cipura Klotzsch ex Klatt (1882) = Alophia Herb. (1840); ~ = Herbertia Sweet(1827) ［鸢尾科 Iridaceae］■☆

11644 Cipuropsis Ule (1907)【汉】奇普凤梨属。【隶属】凤梨科 Bromeliaceae。【包含】世界 1 种。【学名诠释与讨论】〈阴〉(属) Cipura 粗柱鸢尾属+希腊文 opsis,外观,模样,相似。此属的学名是"Cipuropsis Ule, Verh. Bot. Vereins Prov. Brandenburg 48：148. 30 Sep 1907"。亦有文献把其处理为"Vriesea Lindl. (1843)(保留属名)［as 'Vriesia']"的异名。【分布】秘鲁。【模式】Cipuropsis subandina Ule。【参考异名】Vriesea Lindl. (1843)(保留属名)■☆

11645 Circaea L. (1753)【汉】露珠草属(谷蓼属)。【日】ミズタマソウ属,ミヅタマサウ属。【俄】Двсемянник, Двулепестник, Колдун - трава, Трава колдуновая, Цирцея, Черноцвет。【英】Circaea, Dewdrograss, Enchanter's Nightshade, Enchanter's - nightshade。【隶属】柳叶菜科 Onagraceae。【包含】世界 8 种,中国 7 种。【学名诠释与讨论】〈阴〉(希) Kirke,小说中的女巫。此属的学名,ING、TROPICOS 和 IK 记载是"Circaea L., Sp. Pl. 1：9. 1753［1 May 1753］"。"Carlo-stephania Bubani, Fl. Pyrenaea 2：658. 1899(sero?) - 1900"、"Ocimastrum Ruprecht, Fl. Ingrica 366. Mai 1860"和"Regmus Dulac, Fl. Hautes-Pyrénées 328. 1867"是"Circaea L. (1753)"的晚出的同模式异名(Homotypic synonym, Nomenclatural synonym)。"Circea Raf."似为"Circaea L. (1753)"的拼写变体。【分布】巴基斯坦,美国,中国,北温带和极地。【后选模式】Circaea lutetiana Linnaeus。【参考异名】Carlostephania Bubani(1899) Nom. illegit. ; Carlo - stephania Bubani (1899) Nom. illegit. ; Circea Raf. , Nom. illegit. ; Ocimastrum Rupr. (1860) Nom. illegit. ; Regmus Dulac(1867) Nom. illegit. ■

11646 Circaeaceae Bercht. et J. Presl (1820) = Onagraceae Juss. (保留科名)■●

11647 Circaeaceae Lindl. = Onagraceae Juss. (保留科名)■●

11648 Circaeaster Maxim. (1882)【汉】星叶草属(星叶属)。【英】Circaester。【隶属】毛茛科 Ranunculaceae//金粟兰科 Chloranthaceae//星叶草科 Circaeasteraceae。【包含】世界 1 种,中国 1 种。【学名诠释与讨论】〈阳〉(属) Circaea 露珠草属+希腊文 aster,所有格 asteros,星,星鱼。astron,星。astroeides,似星的。asterias, astratos, asterion,有星的,星形的。拉丁文词尾 -aster, -astra, -astrum 加在名词词干之后形成指小式名词。【分布】中国,喜马拉雅山。【模式】Circaeaster agrestis Maximowicz。■

11649 Circaeasteraceae Hutch. (1926)(保留科名)【汉】星叶草科。【英】Circaeaster Family。【包含】世界 1 属 1 种,中国 1 属 1 种。【分布】中国,南亚和东南亚。【科名模式】Circaeaster Maxim. ■

11650 Circaeasteraceae Kuntze ex Hutch. (1926) = Circaeasteraceae Hutch. (保留科名)■

11651 Circaeocarpus C. Y. Wu(1957) = Zippelia Blume(1830)［胡椒科 Piperaceae］■

11652 Circandra N. E. Br. (1930)【汉】亮黄玉属。【隶属】番杏科 Aizoaceae。【包含】世界 1 种。【学名诠释与讨论】〈阴〉(希) kirkos =kirkinos,圆圈+aner,所有格 andros,雄性,雄蕊。【分布】非洲南部。【模式】Circandra serrata (Linnaeus) N. E. Brown

［Mesembryanthemum serratum Linnaeus］。●☆

11653 Circea Mill. (1754) = Circaea L. (1753) ［柳叶菜科 Onagraceae］■

11654 Circea Raf. , Nom. illegit. = Circaea L. (1753) ［柳叶菜科 Onagraceae］■

11655 Circinnus Medik. (1787)(废弃属名) ≡ Hymenocarpos Savi (1798)(保留属名) ［豆科 Fabaceae(Leguminosae)］■☆

11656 Circinus Medik. (1789) = Circinnus Medik. (1787)(废弃属名); ~ = Hymenocarpos Savi(1798)(保留属名) ［豆科 Fabaceae (Leguminosae)］■☆

11657 Circis Chapm. (1860) = Cercis L. (1753) ［豆科 Fabaceae (Leguminosae)//云实科(苏木科) Caesalpiniaceae］●

11658 Cirinosum Neck. (1790) Nom. inval. = Cereus Mill. (1754) ［仙人掌科 Cactaceae］●

11659 Ciripedium Zumagl. (1829) = Cypripedium L. (1753) ［兰科 Orchidaceae］■

11660 Cirrhaea Lindl. (1832)【汉】须喙兰属(卷须兰属)。【日】キレア属。【英】Cirrhaea。【隶属】兰科 Orchidaceae。【包含】世界 6- 7 种。【学名诠释与讨论】〈阴〉(拉) cirrus,卷发,变为 cirrh-"是 cirr-的虽错误却常见的形式。原来人们有个错误的概念,以为"拉"cirrus,卷发可以用"希"kirrhos 来代表,但这个希腊字是找不到的";cirratus 卷的。指花序异常下垂。【分布】巴西。【模式】未指定。【参考异名】Sarcoglossum Beer (1854); Scleropteris Scheidw. (1839); Scleropterys Scheidw. (1839)■☆

11661 Cirrhopetalum Lindl. (1830)(保留属名)【汉】卷瓣兰属。【隶属】兰科 Orchidaceae。【包含】世界 70 种。【学名诠释与讨论】〈中〉(拉) cirrus,卷发,变为 cirrh-"是 cirr-的虽错误却常见的形式。原来人们有个错误的概念,以为"拉"cirrus,卷发可以用"希"kirrhos 来代表,但这个希腊字是找不到的";cirratus 卷的+希腊文 petalos,扁平的,铺开的;petalon,花瓣,叶,花叶,金属叶子;拉丁文的花瓣为 petalum。指花瓣曲卷。此属的学名"Cirrhopetalum Lindl. ,Gen. Sp. Orchid. Pl. ；45, 58. Mai 1830"是保留属名。相应的废弃属名是兰科 Orchidaceae 的"Ephippium Blume, Bijdr. ；308. 20 Sep - 7 Dec 1825 = Cirrhopetalum Lindl. (1830)(保留属名)"和"Zygoglossum Reinw. in Syll. Pl. Nov. 2：4. 1825 = Cirrhopetalum Lindl. (1830)(保留属名)"。IK 记载的"Zygoglossum Reinw. ex Blume, Cat. Gew. Buitenzorg (Blume) 100, nomen. 1823; et in Syll. Ratisb. ii. (1828) 4. "亦应废弃。晚出的化石植物(定鞭藻)"Ephippium V. N. Vekschina, Trudy Sibirsk. Nauchno-Issl. Inst. Geol. Geofiz. Mineral. Syr'ja 2：69. 6 Apr 1959"也须废弃。"Cirrhopetalum Lindl. (1830)(保留属名)"曾被处理为"Bulbophyllum sect. Cirrhopetalum (Lindl.) Rchb. f. , Annales Botanices Systematicae 6：259. 1861"。亦有文献把"Cirrhopetalum Lindl. (1830)(保留属名)"处理为"Bulbophyllum Thouars(1822)(保留属名)"的异名。【分布】马达加斯加,中国,印度至马来西亚至法属波利尼西亚(塔希提亚),马斯克林群岛,热带非洲。【模式】Cirrhopetalum thouarsii J. Lindley, Nom. illegit. ［Cirrhopetalum umbellatum (J. G. Forster) Frappier ex Cordemoy, Epidendrum umbellatum J. G. Forster］。【参考异名】Bolbophyllopsis Rchb. , Nom. illegit. ; Bolbophyllopsis Rchb. f. (1852); Bulbophyllum Thouars(1822)(保留属名); Bulbophyllum sect. Cirrhopetalum (Lindl.) Rchb. f. (1861); Cirsellium Gaertn. (1791); Hippoglossum Breda (1829) Nom. illegit. ; Longiphylis Thouars; Mastigion Garay, Hamer et Siegerist (1994); Zygoglossum Reinw. (1825) Nom. illegit. (废弃属名); Zygoglossum Reinw. ex Blume(1823)(废弃属名)■

11662 Cirselium Brot. (1804) = Cirsellium Gaertn. (1791) ［菊科

Asteraceae(Compositae)]■☆

11663　Cirsellium Gaertn.（1791）= Atractylis L.（1753）［菊科 Asteraceae(Compositae)]■☆

11664　Cirsium Adans.（1763）Nom. illegit.［菊科 Asteraceae（Compositae）]■☆

11665　Cirsium Mill.（1754）【汉】蓟属。【日】アザミ属。【俄】Бодяк，Колютик，Хамепейце。【英】Plumed Thistle，Thistle。【隶属】菊科 Asteraceae(Compositae)。【包含】世界 200-300 种，中国 50-62 种。【学名诠释与讨论】〈中〉（希）kirsion，静脉扩张+-ius，-ia，-ium，在拉丁文和希腊文中，这些词尾表示性质或状态。指植物可治疗静脉扩张。此属的学名，ING、APNI、GCI、TROPICOS 和 IK 记载是"Cirsium Mill.，Gard. Dict. Abr.，ed. 4.［334］. 1754［28 Jan 1754]"。菊科 Asteraceae 的"Cirsium Adans.，Fam. Pl.（Adanson）2：116（1763）"是晚出的非法名称。多有文献承认"刺儿菜属 Cephalonoplos（Necker ex A. P. de Candolle）Fourreau，Ann. Soc. Linn. Lyon ser. 2. 17：95. 28 Dec 1869"；但它是"Breea Less.，Syn. Gen. Compos. 9. 1832［Jul-Aug 1832]"的晚出的同模式异名，应予废弃。【分布】巴拿马，秘鲁，玻利维亚，厄瓜多尔，美国（密苏里），尼加拉瓜，中国，北温带，非洲北部和东部，欧亚大陆，北美洲，中美洲。【后选模式】Cirsium heterophyllum（Linnaeus）J. Hill［Carduus heterophyllus Linnaeus]。【参考异名】Ancathia DC.（1833）；Breea Less.（1832）；Cephalanophlos Fourr.（1869）Nom. illegit.；Cephalonoplos（Neck. ex DC.）Fourr.（1869）Nom. illegit.；Cephalonoplos Fourr.（1869）Nom. illegit.；Cephalonoplos Neck.（1790）Nom. illegit.；Cephalonoplos Neck.（1790）Nom. inval.；Chamepeuce Raf.；Crepula Hill（1762）；Echenais Cass.（1818）；Echinais C. Koch；Echinais K. Koch（1851）；Epitrachys C. Koch（1851）Nom. illegit.；Epitrachys K. Koch（1851）；Eriolepis Fourr.（1869）；Eriolepis Cass.（1826）；Erythrochlaena Post et Kuntze（1903）；Erythrolaena Sweet（1825）；Ixine Hill.（1762）Nom. illegit.；Lophiolepis（Cass.）Cass.（1823）；Lophiolepis Cass.（1823）Nom. illegit.；Notobasis（Cass.）Cass.（1825）；Onopix Raf.（1817）；Onopyxos Spreng.（1826）；Onotrophe Cass.（1825）；Orthocentron（Cass.）Cass.（1825）；Orthocentron Cass.（1825）；Picnomon Adans.（1763）；Pycnocomon St. - Lag.（1880）Nom. illegit.；Spanioptilon Less.（1832）；Stemmacantha Cass.（1817）；Tetralix Hill（1762）Nom. illegit.（废弃属名）；Tetralyx Hill（1768）；Xylanthema Neck.（1790）Nom. inval. ■

11666　Cischweinfia Dressler et N. H. Williams（1970）【汉】西宣兰属。【隶属】兰科 Orchidaceae。【包含】世界 7 种。【学名诠释与讨论】〈阴〉（人）Charles Schwein-furth，1890-1970，美国植物学者，兰科 Orchidaceae 分类专家。【分布】巴拿马，秘鲁，玻利维亚，厄瓜多尔，哥伦比亚（安蒂奥基亚），哥斯达黎加，南美洲，中美洲。【模式】Cischweinfia pusilla（C. Schweinfurth）Dressler et N. H. Williams［Aspasia pusilla C. Schweinfurth]。■☆

11667　Cissabryon Kuntze ex Poepp. = Viviania Cav.（1804）［牻牛儿苗科 Geraniaceae//青蛇胚科（曲胚科，韦韦苗科）Vivianiaceae]■☆

11668　Cissabryon Meisn.（1837）= Cissarobryon Poepp.（1833）；~ = Viviania Cav.（1804）［牻牛儿苗科 Geraniaceae//青蛇胚科（曲胚科，韦韦苗科）Vivianiaceae]■☆

11669　Cissaceae Drejer（1840）= Vitaceae Juss.（保留科名）●■

11670　Cissaceae Horan. = Vitaceae Juss.（保留科名）●■

11671　Cissampelopsis（DC.）Miq.（1856）【汉】藤菊属（大叶千里光属，菊属）。【英】Cissampelopsis。【隶属】菊科 Asteraceae（Compositae）。【包含】世界 10-20 种，中国 6 种。【学名诠释与讨论】〈阴〉（属）Cissampelos 锡生藤属+希腊文 opsis，外观，模样，

相似。此属的学名，ING 和 TROPICOS 记载是"Cissampelopsis（A. P. de Candolle）Miquel，Fl. Ind. Bat. 2：102. 4 Dec 1856"，由"Cacalia sect. Cissampelopsis A. P. de Candolle，Prodr. 6：331. Jan.（prim.）1838"改级而来。IK 则记载为"Cissampelopsis Miq.，Fl. Ned. Ind. ii. 102（1856）"。三者引用的文献相同。亦有文献把"Cissampelopsis（DC.）Miq.（1856）"处理为"Senecio L.（1753）"的异名。【分布】中国，热带旧世界，中美洲。【后选模式】Cissampelopsis volubilis（Blume）Miquel［Cacalia volubilis Blume]。【参考异名】Cacalia sect. Cissampelopsis DC.（1838）；Cissampelopsis Miq.（1856）Nom. illegit.；Senecio L.（1753）●■

11672　Cissampelopsis Miq.（1856）Nom. illegit. ≡ Cissampelopsis（DC.）Miq.（1856）［菊科 Asteraceae(Compositae)]■●

11673　Cissampelos L.（1753）【汉】锡生藤属。【日】ミャコジマツヅラフジ属，ミャコジマツヅラフヂ属。【英】Cissampelos，False Pareira Root。【隶属】防己科 Menispermaceae。【包含】世界 20-25 种，中国 1-3 种。【学名诠释与讨论】〈阴〉（希）kissos，常春藤+ampelos，藤蔓，攀缘植物。指其为攀缘状灌木，似常春藤。此属的学名，ING、TROPICOS、APNI、GCI 和 IK 记载是"Cissampelos L.，Sp. Pl. 2：1031. 1753［1 May 1753]"。"Caapeba P. Miller，Gard. Abr. Abr. ed. 4. 28 Jan 1754"是"Cissampelos L.（1753）"的晚出的同模式异名（Homotypic synonym，Nomenclatural synonym）。【分布】巴基斯坦，巴拉圭，巴拿马，秘鲁，玻利维亚，厄瓜多尔，哥斯达黎加，马达加斯加，尼加拉瓜，中国，热带，中美洲。【后选模式】Cissampelos pareira Linnaeus。【参考异名】Caapeba Mill.（1754）Nom. illegit.；Caapeba Plum. ex Adans.（1763）Nom. illegit.；Dissopetalum Miers（1866）；Paracyclea Kudô et Yamam.（1932）●

11674　Cissarobryon Kuntze ex Poepp.（1833）Nom. illegit. ≡ Cissarobryon Poepp.（1833）；~ = Viviania Cav.（1804）［牻牛儿苗科 Geraniaceae]■☆

11675　Cissarobryon Kuntze（1833）Nom. illegit. ≡ Cissarobryon Kuntze ex Poepp.（1833）Nom. illegit.；~ ≡ Cissarobryon Poepp.（1833）；~ = Viviania Cav.（1804）［牻牛儿苗科 Geraniaceae]■☆

11676　Cissarobryon Poepp.（1833）= Viviania Cav.（1804）［牻牛儿苗科 Geraniaceae//青蛇胚科（曲胚科，韦韦苗科）Vivianiaceae]■☆

11677　Cissodendron F. Muell.（1882）= Kissodendron Seem.（1865）［五加科 Araliaceae]●

11678　Cissodendrum Post et Kuntze（1903）= Cissodendron F. Muell.（1882）［五加科 Araliaceae]●

11679　Cissus L.（1753）【汉】白粉藤属（粉藤属，青紫葛属）。【日】キススス属，シッサス属，ヤブガラシ属，リュウキュウヤブカラシ属。【俄】Виноград комнатный，Циссус。【英】Cissus，Grape Ivy，Ivy Treebine，Treebine。【隶属】葡萄科 Vitaceae。【包含】世界 160-350 种，中国 15-22 种。【学名诠释与讨论】〈阴〉（希）kissos，常春藤。此属的学名，ING、APNI、GCITROPICOS 和 IK 记载是"Cissus L.，Sp. Pl. 1：117. 1753［1 May 1753]"。"Vitis Adanson，Fam. 2：408. Jul-Aug 1763（non Linnaeus 1753）"是"Cissus L.（1753）"的晚出的同模式异名（Homotypic synonym，Nomenclatural synonym）。【分布】巴基斯坦，巴拿马，秘鲁，玻利维亚，厄瓜多尔，马达加斯加，美国（密苏里），尼加拉瓜，中国，热带，中美洲。【模式】Cissus vitiginea Linnaeus。【参考异名】Aimenia Comm. ex Planch.；Cyphostemma（Planch.）Alston（1931）；Gonoloma Raf.（1838）；Irsiola P. Browne（1756）；Kemoxis Raf.（1838）；Malacoxylum Jacq.（1800）；Pterocissus Urb. et Ekman（1926）；Puria N. C. Nair（1974）；Rinxostylis Raf.（1838）；Rynchostylis Post et Kuntze（1903）Nom. illegit.；Saelanthus Forssk.（1775）Nom. inval.，Nom. nud.；Saelanthus Forssk. ex Scop.

（1777）；Soelanthus Raf.（1838）Nom. inval.；Vitis Adans.（1763）Nom. illegit. ●

11680　Cistaceae Adans. = Cistaceae Juss.（保留科名）●■

11681　Cistaceae Juss.（1789）（保留科名）【汉】半日花科（岩蔷薇科）。【日】ニチバナ科，ハンニチバナ科。【俄】Ладанниковые。【英】Rock Rose Family，Rockrose Family，Rock-rose Family。【包含】世界 8-9 属 170-204 种，中国 1-2 属 1-4 种。【分布】北温带，少数在南美洲。【科名模式】Cistus L.（1753）●■

11682　Cistanche Hoffmanns. et Link（1813–1820）【汉】肉苁蓉属。【俄】Цистанхе。【英】Cistanche。【隶属】列当科 Orobanchaceae//玄参科 Scrophulariaceae。【包含】世界 10-21 种，中国 5-7 种。【学名诠释与讨论】〈阴〉（希）kiste，箱+anchi 附近。另说 kistos 岩蔷薇+ancho 绞杀，以带缚之。【分布】埃塞俄比亚，巴基斯坦，中国，地中海至西印度，非洲西北部。【模式】未指定。【参考异名】Cystanche Ledeb.（1849）；Haemodoron Rchb.（1828）■

11683　Cistanthe Spach（1836）【汉】猫爪苋属。【英】Pussypaws。【隶属】马齿苋科 Portulacaceae。【包含】世界 25 种。【学名诠释与讨论】〈阴〉（属）Cistos 岩蔷薇属+anthos，花。指其花与岩蔷薇的相似。此属的学名是“Cistanthe Spach, Hist. Nat. Vég. Phan. 5：229. 27 Jun 1836”。亦有文献把其处理为“Calandrinia Kunth（1823）（保留属名）”的异名。【分布】秘鲁。【模式】未指定。【参考异名】Calandrinia Kunth（1823）（保留属名）；Calyptridium Nutt.（1838）；Lewisiopsis Govaerts（1999）；Spraguea Torr.（1851）■☆

11684　Cistanthera K. Schum.（1897）= Nesogordonia Baill. et H. Perrier（1845）［梧桐科 Sterculiaceae//锦葵科 Malvaceae］●☆

11685　Cistela Blume（1828）= Geodorum Jacks.（1811）［兰科 Orchidaceae］■

11686　Cistella Blume（1825）= Geodorum Jacks.（1811）［兰科 Orchidaceae］■

11687　Cisticapnos Adans.（1763）Nom. illegit. = Corydalis DC.（1805）（保留属名）［罂粟科 Papaveraceae//紫堇科（荷苞牡丹科）Fumariaceae］■

11688　Cistocarpium Spach（1838）Nom. illegit. ≡ Alyssoides Mill.（1754）；~ = Vesicaria Adans.（1763）［十字花科 Brassicaceae（Cruciferae）］■☆

11689　Cistocarpum Pfeiff.（1874）= Cistocarpus Kunth（1827）［牻牛儿苗科 Geraniaceae］●☆

11690　Cistocarpus Kunth（1827）= Balbisia Cav.（1804）（保留属名）［牻牛儿苗科 Geraniaceae］●☆

11691　Cistomorpha Caley ex DC.（1817）= Hibbertia Andréws（1800）［五桠果科（第伦桃科，五丫果科，锡叶藤科）Dilleniaceae//纽扣花科 Hibbertiaceae］●☆

11692　Cistrum Hill（1762）= Centaurea L.（1753）（保留属名）［菊科 Asteraceae（Compositae）//矢车菊科 Centaureaceae］●■

11693　Cistula Noronha（1790）= Maesa Forssk.（1775）［紫金牛科 Myrsinaceae//杜茎山科 Maesaceae］●

11694　Cistus L.（1753）【汉】岩蔷薇属（爱花属，半日花属，午时葵属）。【日】キストゥス属，コシアオイ属，ゴジアフイ属，シスタス属。【俄】Ладанник。【英】Cistus，Rock Rose，Rockrose，Sunrose，Sun-rose。【隶属】半日花科（岩蔷薇科）Cistaceae。【包含】世界 17-20 种，中国 2 种。【学名诠释与讨论】〈阳〉（希）kistos，岩蔷薇的古名，来自希腊文 kiste 箱，盒，蒴果。指蒴果的形状。此属的学名，ING、APNI、GCI、TROPICOS 和 IK 记载是“Cistus L., Sp. Pl. 1：523. 1753［1 May 1753］”。“Cistus Medik.”是半日花科（岩蔷薇科）Cistaceae 的“Helianthemum Mill.（1754）”的异名。【分布】巴基斯坦，西班牙（加那利群岛），中国，地中海至外高加索。【后选模式】Cistus crispus Linnaeus［as

‘crispa’］。【参考异名】Aphananthemum（Spach）Fourr（1868）Nom. illegit.；Aphananthemum Fourr（1868）Nom. illegit.；Ladaniopsis Gand.；Ladanium Spach（1836）；Ladanum Raf.（1838）Nom. illegit.；Ledonia（Dunal）Spach（1836）；Ledonia Spach（1836）；Libanotis Raf.（1838）（废弃属名）；Rhodocistus Spach（1836）；Stephanocarpus Spach（1836）●

11695　Cistus Medik.，Nom. illegit. = Helianthemum Mill.（1754）［半日花科（岩蔷薇科）Cistaceae］●■

11696　Citharexylon Adans.（1763）= Citharexylum L.（1753）［马鞭草科 Verbenaceae］●☆

11697　Citharella Noronha（1790）= Eranthemum L.（1753）［爵床科 Acanthaceae］●■

11698　Cithareloma Bunge（1845）【汉】对枝菜属（竖琴芥属）。【俄】Гитарник。【隶属】十字花科 Brassicaceae（Cruciferae）。【包含】世界 1-3 种，中国 1 种。【学名诠释与讨论】〈中〉（希）kithara，古希腊的七弦琴+loma，所有格 lomatos，边缘。【分布】伊朗，中国，亚洲中部。【模式】Cithareloma lehmannii Bunge。■

11699　Citharexylon Adans.（1763）Nom. illegit. = Citharexylum L.（1753）［马鞭草科 Verbenaceae］●☆

11700　Citharexylon L.（1753）Nom. illegit. ≡ Citharexylum L.（1753）［马鞭草科 Verbenaceae］●☆

11701　Citharexylum B. Juss.（1753）Nom. illegit. ≡ Citharexylum B. Juss. ex L.（1753）；~ ≡ Citharexylum L.（1753）［马鞭草科 Verbenaceae］●☆

11702　Citharexylum B. Juss. ex L.（1753）≡ Citharexylum L.（1753）［马鞭草科 Verbenaceae］●☆

11703　Citharexylum L.（1753）【汉】琴木属。【俄】Лиродревесник，Цитарексилум。【英】Fiddlewood。【隶属】马鞭草科 Verbenaceae。【包含】世界 75-130 种。【学名诠释与讨论】〈中〉（希）kithara，古希腊的七弦琴+xyle = xylon，木材。此属的学名，ING 和 TROPICOS 记载是“Citharexylum Linnaeus, Sp. Pl. 625. 1 Mai 1753”。GCI 和 IK 则记载为“Citharexylum B. Juss., Sp. Pl. 2：625. 1753［1 May 1753］；Gen. Pl., ed. 5. 273. 1754（“Citharexylon”）”。“Citharexylum B. Juss.”是命名起点著作之前的名称，故“Citharexylum L.（1753）”和“Citharexylum B. Juss. ex L.（1753）”都是合法名称，可以通用。“Citharexylon L.（1753）”是其拼写变体。“Citharexylum Mill.（1754）Nom. illegit. = Citharexylum L.（1753）”是晚出的非法名称。【分布】巴基斯坦，巴拉圭，巴拿马，秘鲁，玻利维亚，厄瓜多尔，哥伦比亚（安蒂奥基亚），马达加斯加，美国（南部）至阿根廷，尼加拉瓜，中美洲。【模式】Citharexylum spinosum Linnaeus。【参考异名】Citharaexylon Adans.，Nom. illegit.；Citharexylon Adans.，Nom. illegit.；Citharexylon L.（1753）；Citharexylum B. Juss.（1753）Nom. illegit.；Citharexylum Mill.（1754）Nom. illegit.；Cytharexylum Jacq.（1760）Nom. illegit. ●☆

11704　Citharexylum Mill.（1754）Nom. illegit. = Citharexylum L.（1753）［马鞭草科 Verbenaceae］●☆

11705　Citinus All.（1785）= Cytinus L.（1764）（保留属名）［大花草科 Rafflesiaceae］■☆

11706　Citrabenis Thouars = Habenaria Willd.（1805）［兰科 Orchidaceae］■

11707　Citraceae Drude = Aurantiaceae Juss.；~ = Rutaceae Juss.（保留科名）●■

11708　Citraceae Roussel（1806）= Rutaceae Juss.（保留科名）●■

11709　Citrangis Thouars = Aerangis Rchb. f.（1865）；~ = Angraecum Bory（1804）［兰科 Orchidaceae］■

11710　Citreum Mill.（1754）= Citrus L.（1753）［芸香科 Rutaceae］●

11711　Citriobathus A. Juss.（1849）Nom. illegit. = Citriobatus A. Cunn. ex Putt.（1839）［海桐花科（海桐科）Pittosporaceae］●☆

11712　Citriobatus A. Cunn.（1832）Nom. inval. ≡ Citriobatus A. Cunn. ex Putt.（1839）［海桐花科（海桐科）Pittosporaceae］●☆

11713　Citriobatus A. Cunn. et Putt.（1839）Nom. illegit. ≡ Citriobatus A. Cunn. ex Putt.（1839）［海桐花科（海桐科）Pittosporaceae］●☆

11714　Citriobatus A. Cunn. ex Loudon（1832）Nom. illegit. ≡ Citriobatus A. Cunn. ex Putt.（1839）［海桐花科（海桐科）Pittosporaceae］●☆

11715　Citriobatus A. Cunn. ex Putt.（1839）【汉】橘海桐属。【隶属】海桐花科（海桐科）Pittosporaceae。【包含】世界5种。【学名诠释与讨论】〈阳〉（希）Citrus 柑橘属+batos, 荆棘。此属的学名, ING、APNI、TROPICOS 和 IPNI 记载是"Citriobatus A. Cunningham ex A. Putterlick, Syn. Pittosp. 4. Nov-Dec 1839"。海桐花科（海桐科）Pittosporaceae 的"Citriobatus A. Cunn. ex Loudon, Sweet's Hortus Britannicus Suppl. 1 1832 ≡ Citriobatus A. Cunn. ex Putt.（1839）"是晚出的非法名称。"Citriobatus A. Cunn., Hort. Brit.［Loudon］, ed. 2. 585. 1832 ≡ Citriobatus A. Cunn. ex Putt.（1839）"是未合格发表的名称。"Citriobatus A. Cunn. et Putt.（1839）≡ Citriobatus A. Cunn. ex Putt.（1839）≡ Citriobatus A. Cunn. ex Putt.（1839）"的命名人引证有误。"Citriobathus A. Juss., Dict. Univ. Hist. Nat. x. 228（1849）"是"Citriobatus A. Cunn. ex Putt.（1839）"的拼写变体。亦有文献把"Citriobatus A. Cunn. ex Putt.（1839）"处理为"Pittosporum Banks ex Gaertn.（1788）（保留属名）"的异名。【分布】澳大利亚（东部和北部）, 菲律宾, 马来西亚, 斯里兰卡, 印度尼西亚（爪哇岛）。【模式】Citriobatus multiflorus A. Cunningham ex Bentham。【参考异名】Citriobathus A. Juss.（1849）Nom. illegit. ; Citriobatus A. Cunn.（1832）Nom. inval. ; Citriobatus A. Cunn. et Putt.（1839）Nom. illegit. ; Citriobatus A. Cunn. ex Loudon（1832）Nom. illegit. ; Ixiosporum F. Muell.（1860）; Pittosporum Banks ex Gaertn.（1788）（保留属名）●☆

11716　Citriopsis Pierre ex A. Chev.（1961）【汉】类橘属。【隶属】芸香科 Rutaceae。【包含】世界1-8种。【学名诠释与讨论】〈阳〉（属）Citrus 柑橘属+希腊文 opsis, 外观, 模样。【分布】热带和非洲。【模式】Citriopsis sheppeyense M. E. J. Chandler。●☆

11717　Citriosma Tul.（1855）= Citrosma Ruiz et Pav.（1794）; ~ = Siparuna Aubl.（1775）［香材树科（杯轴花科, 黑檫木科, 芒籽科, 蒙立米科, 檬立木科, 香材木科, 香树木科）Monimiaceae//坛罐花科（西帕木科）Siparunaceae］●☆

11718　Citronella D. Don（1832）【汉】橘茱萸属。【隶属】茶茱萸科 Icacinaceae。【包含】世界19-21种。【学名诠释与讨论】〈阴〉（希）Citrus 柑橘属+-ellus, -ella, -ellum, 加在名词词干后面形成指小式的词尾。或加在人名、属名等后面以组成新属的名称。此属的学名"Citronella D. Don, Edinburgh New Philos. J. 13 : 243. Oct 1832"是一个替代名称。"Villaresia Ruiz et Pavon, Fl. Peruv. Chil. 3 : 9. Aug 1802"是一个非法名称（Nom. illegit.）, 因为此前已经有了"Villaresia Ruiz et Pavon, Prodr. 35. Oct（prim.）1794［茶茱萸科 Icacinaceae］"。故用"Citronella D. Don（1832）"替代之。【分布】巴拿马, 秘鲁, 玻利维亚, 厄瓜多尔, 哥伦比亚（安蒂奥基亚）, 哥斯达黎加, 马来西亚, 澳大利亚（热带）, 热带南美洲, 太平洋地区, 中美洲。【模式】Citronella mucronata（Ruiz et Pavón）D. Don［Villaresia mucronata Ruiz et Pavón］。【参考异名】Briquetina J. F. Macbr.（1931）; Chariessa Miq.（1856）; Sarcanthidion Baill.（1874）; Sarcanthidium Baill. ex Engl. et Prantl（1893）; Sarcanthidium Engl. et Prantl（1893）Nom. illegit. ; Villaresia Ruiz et Pav.（1802）Nom. illegit. ; Villaresiopsis Sleumer（1940）●☆

11719　Citrophorum Neck.（1790）Nom. inval. = Citrus L.（1753）［芸香科 Rutaceae］●

11720　Citropsis（Engl.）Swingle et M. Kellerm.（1914）【汉】樱桃橘属（非洲樱桃橘属）。【日】シトロプシス属。【英】Cherry Orange。【隶属】芸香科 Rutaceae。【包含】世界8-10种。【学名诠释与讨论】〈阴〉（属）Citrus 柑橘属+希腊文 opsis, 外观, 模样, 相似。此属的学名, ING 和 TROPICOS 记载是"Citropsis（Engler）W. T. Swingle et M. Kellerman, J. Agric. Res. 1 : 421. 16 Feb 1914", 由"Limonia sect. Citropsis Engler in Engler et Prantl, Nat. Pflanzemfam. 3（4）: 189. Mar 1896"改级而来。IK 则记载为"Citropsis Swingle et Kellerman, J. Agric. Research i. 419（1913）"。"Citropsis Swingle, J. Agric. Res. 1 : 421, 1914 = Citropsis（Engl.）Swingle et M. Kellerm.（1914）"是晚出的非法名称。【分布】热带非洲。【模式】Citropsis preussii（Engler）W. T. Swingle et M. Kellerman［Limonia preussii Engler］。【参考异名】Citropsis Swingle et M. Kellerm.（1914）Nom. illegit. ; Citropsis Swingle（1914）Nom. illegit. ; Limonia sect. Citropsis Engl.（1896）●☆

11721　Citropsis Swingle et M. Kellerm.（1914）Nom. illegit. = Citropsis（Engl.）Swingle et M. Kellerm.（1914）［芸香科 Rutaceae］●☆

11722　Citropsis Swingle（1914）Nom. illegit. = Citropsis（Engl.）Swingle et M. Kellerm.（1914）［芸香科 Rutaceae］●☆

11723　Citrosena Bose ex Steud.（1840）= Citrosma Ruiz et Pav.（1794）［香材树科（杯轴花科, 黑檫木科, 芒籽科, 蒙立米科, 檬立木科, 香材木科, 香树木科）Monimiaceae］●☆

11724　Citrosma Ruiz et Pav.（1794）= Siparuna Aubl.（1775）［香材树科（杯轴花科, 黑檫木科, 芒籽科, 蒙立米科, 檬立木科, 香材木科, 香树木科）Monimiaceae//坛罐花科（西帕木科）Siparunaceae］●☆

11725　Citrullus Forssk.（1775）（废弃属名）= Citrullus Schrad. ex Eckl. et Zeyh.（1836）（保留属名）［葫芦科（瓜科, 南瓜科）Cucurbitaceae］■

11726　Citrullus Schrad.（1836）Nom. illegit.（废弃属名）= Citrullus Schrad. ex Eckl. et Zeyh.（1836）（保留属名）［葫芦科（瓜科, 南瓜科）Cucurbitaceae］■

11727　Citrullus Schrad. ex Eckl. et Zeyh.（1836）（保留属名）【汉】西瓜属。【日】スイカ属, スヰクワ属。【俄】Арбуз, Арбус。【英】Citrul, Citrullus, Watermelon。【隶属】葫芦科（瓜科, 南瓜科）Cucurbitaceae。【包含】世界4-9种, 中国1-2种。【学名诠释与讨论】〈阳〉（属）Citrus 柑橘属+拉丁文-ullus, -ulla, -ullum, 指示小的词尾, 来自-ulus, 指小式。此属的学名"Citrullus Schrad. ex Eckl. et Zeyh., Enum. Pl. Afric. Austral. : 279. Jan 1836"是保留属名。相应的废弃属名是葫芦科 Cucurbitaceae 的"Anguria Mill., Gard. Dict. Abr., ed. 4 :［93］. 28 Jan 1754 ≡ Citrullus Schrad. ex Eckl. et Zeyh.（1836）（保留属名）"和"Colocynthis Mill., Gard. Dict. Abr., ed. 4 :［357］. 28 Jan 1754 = Citrullus Schrad. ex Eckl. et Zeyh.（1836）（保留属名）"。葫芦科 Cucurbitaceae 的"Citrullus Forssk., Fl. Aegypt. -Arab. 167. 1775 = Citrullus Schrad. ex Eckl. et Zeyh.（1836）（保留属名）"亦应废弃。"Citrullus H. A. Schrader in Ecklon et Zeyher, Enum. 279. Jan-Feb 1836"的命名人引证有误; 也须废弃。葫芦科 Cucurbitaceae 的"Anguria N. J. Jacquin, Enum. Pl. Carib. 9, 31. Aug-Sep 1760 ≡ Psiguria Neck. ex Arn.（1841）= Citrullus Schrad. ex Eckl. et Zeyh.（1836）（保留属名）"亦应废弃。"Anguria P. Miller, Gard. Dict. Abr. ed. 4. 28 Jan 1754（废弃属名）"是"Citrullus Schrad. ex Eckl. et Zeyh.（1836）（保留属名）"的同模式异名（Homotypic synonym, Nomenclatural synonym）。【分布】巴基斯坦, 巴拉圭, 巴拿马, 玻利维亚, 厄瓜多尔, 非洲, 哥伦比亚（安蒂奥基亚）, 哥斯达黎加, 马达加斯加, 美国（密苏里）, 尼加拉瓜, 中国, 地中海地区, 热带亚洲, 中美洲。【模式】Citrullus vulgaris Schrad. ex Eckl. et Zeyh.［Cucurbita citrullus L.]。【参考异名】Anguria Mill.（1754）（废弃属名）；Citrullus Forssk.（1775）（废弃属名）；Citrullus Schrad.（1836）Nom. illegit.（废弃属名）；Colocynthis Mill.（1754）（废弃属名）■

11728　Citrus L.（1753）【汉】柑橘属。【日】カンキツ属，ミカン属。【俄】Агрум，Цитрон，Цитрус。【英】Citrus，Gold Fruit，Orange，Pomelo。【隶属】芸香科 Rutaceae。【包含】世界 16-31 种，中国 31 种。【学名诠释与讨论】〈阴〉（拉）citrus，为香橼（Citrus medica）的古名，源于希腊文 kitron，香橼果，箱。又说来自巴勒斯坦南部犹地亚 Judea 的 Citron 镇名。或说来自拉丁文 citrus 枸橼树古名。此属的学名，ING、APNI、GCI、TROPICOS 和 IK 记载是 "Citrus L.，Sp. Pl. 2：782. 1753 [1 May 1753]"。"Limon P. Miller，Gard. Dict. Abr. ed. 4. 28 Jan 1754" 是 "Citrus L.（1753）" 的晚出的同模式异名（Homotypic synonym，Nomenclatural synonym）。【分布】巴基斯坦，巴拉圭，巴拿马，玻利维亚，厄瓜多尔，哥伦比亚（安蒂奥基亚），马达加斯加，尼加拉瓜，印度至马来西亚，中国，东南亚，中美洲。【后选模式】Citrus medica Linnaeus。【参考异名】Acrumen Gallesio；Aurantium Mill.（1754）；Aurantium Tourn. ex Mill.（1754）；Citreum Mill.（1754）；Citrophorum Neck.（1790）Nom. inval.；Limon Mill.（1754）Nom. illegit.；Limon Tourn. ex Mill.（1754）Nom. illegit.；Papeda Hassk.（1842）；Pleurocitrus Tanaka（1929）Nom. inval.；Sarcodactilis C. F. Gaertn.（1805）●

11729　Citta Lour.（1790）＝ Mucuna Adans.（1763）（保留属名）［豆科 Fabaceae（Leguminosae）//蝶形花科 Papilionaceae］●■

11730　Cittaronium Rchb.（1841）＝ Viola L.（1753）［堇菜科 Violaceae］■●

11731　Cittorhinchus Willd. ex Kunth（1823）＝ Ouratea Aubl.（1775）（保留属名）［金莲木科 Ochnaceae］●

11732　Cittorhynchus Post et Kuntze（1903）＝ Cittorhinchus Willd. ex Kunth（1823）［金莲木科 Ochnaceae］●

11733　Cladandra O. F. Cook（1943）＝ Chamaedorea Willd.（1806）（保留属名）［棕榈科 Arecaceae（Palmae）］●☆

11734　Cladanthus（L.）Cass.（1816）Nom. illegit. ＝ Cladanthus Cass.（1816）［菊科 Asteraceae（Compositae）］●■☆

11735　Cladanthus Cass.（1816）【汉】羽叶香菊属（金凤菊属，枝花菊属）。【日】クラダンサス属。【英】Cladanthus。【隶属】菊科 Asteraceae（Compositae）。【包含】世界 1-5 种。【学名诠释与讨论】〈阳〉（希）klados，枝 + anthos，花。此属的学名，ING、TROPICOS 和 IK 记载是 "Cladanthus Cassini，Bull. Sci. Soc. Philom. Paris 1816：199. Dec 1816"。"Cladanthus（L.）Cass.（1816）" 的命名人引证有误。【分布】非洲西北部，西班牙。【模式】Cladanthus arabicus（Linnaeus）Cassini ［Anthemis arabica Linnaeus］。【参考异名】Cladanthus（L.）Cass.（1816）Nom. illegit.；Ormenis（Cass.）Cass.（1823）●■☆

11736　Cladapus Moeller（1899）Nom. illegit. ≡ Cladopus H. Möller（1899）［川苔草科 Podostemaceae］■

11737　Cladapus Tbis.-Dyer，Nom. illegit. ＝ Cladopus H. Möller（1899）［川苔草科 Podostemaceae］■

11738　Claderia Hook. f.（1890）（保留属名）【汉】绿花脆兰属。【隶属】兰科 Orchidaceae。【包含】世界 1-2 种。【学名诠释与讨论】〈阴〉（希）klados，枝 + erion，羊毛。指其与 Eria 毛兰属（欧石南属，绒兰属）不同。此属的学名 "Claderia Hook. f.，Fl. Brit. India 5：810. Apr 1890" 是保留属名。相应的废弃属名是芸香科 Rutaceae 的 "Claderia Raf.，Sylva Tellur.：12. Oct - Dec 1838 ＝ Murraya J. König ex L.（1771）［as 'Murraea'］（保留属名）"。【分布】马来西亚。【模式】Claderia viridiflora J. D. Hooker。■☆

11739　Claderia Raf.（1838）（废弃属名）＝ Murraya J. König ex L.（1771）［as 'Murraea'］（保留属名）［芸香科 Rutaceae］●

11740　Cladium P. Browne（1756）【汉】克拉莎属（一本芒属）。【日】ヒトモトススキ属。【俄】Марискус，Меч - трава。【英】Cladium，Galingale，Great Fen - sedge，Marisque，Saw Grass，Sawgrass，Saw-grass，Sedge，Twig Rush，Twigrush，Twig-rush。【隶属】莎草科 Cyperaceae。【包含】世界 1-100 种，中国 1-4 种。【学名诠释与讨论】〈中〉（希）klados，枝，芽。指小式 kladion，棒棍 +-ius，-ia，-ium，在拉丁文和希腊文中，这些词尾表示性质或状态。指花序梗。【分布】巴基斯坦，巴拿马，秘鲁，玻利维亚，哥斯达黎加，马达加斯加，尼加拉瓜，中国，热带和温带，中美洲。【模式】Cladium jamaicense Crantz ［as 'iamaicense'］。【参考异名】Agylla Phil.（1865）；Chapelliera Nees（1834）；Macharina Steud.（1855）；Mariscus Scop.（1754）（废弃属名）；Terobera Steud.（1850）；Trachyrhynchium Nees（1843）；Trachyrhyngium Kunth（1837）Nom. illegit.；Trachyrhyngium Nees ex Kunth（1837）；Trasi Lestib.（1819）Nom. illegit.；Trasi P. Beauv. ex Lestib.（1819）；Trasis P. Beanv.（1819）Nom. illegit.；Trasis P. Beauv. ex Lestib.（1819）；Vauthiera A. Rich.（1832）■

11741　Cladobium Lindl.（1836）＝ Scaphyglottis Poepp. et Endl.（1836）（保留属名）［兰科 Orchidaceae］■☆

11742　Cladobium Schltr.（1920）Nom. illegit. ＝ Lankesterella Ames（1923）；~ ＝ Stenorrhynchos Rich. ex Spreng.（1826）［兰科 Orchidaceae］■☆

11743　Cladocarpa（St. John）St. John（1978）＝ Sicyos L.（1753）［葫芦科（瓜科，南瓜科）Cucurbitaceae］■

11744　Cladocaulon Gardn.（1843）＝ Paepalanthus Mart.（1834）（保留属名）［谷精草科 Eriocaulaceae］■☆

11745　Cladoceras Bremek.（1940）【汉】弓枝茜属。【隶属】茜草科 Rubiaceae。【包含】世界 1 种。【学名诠释与讨论】〈中〉（希）klados，枝 + keras，所有格 keratos，角，距，弓。【分布】热带非洲东部。【模式】Cladoceras subcapitatum（K. Schumann et K. Krause）Bremekamp ［Chomelia subcapitata K. Schumann et K. Krause］。●☆

11746　Cladochaeta DC.（1838）【汉】毛果棕鼠麹属。【俄】кладохета。【隶属】菊科 Asteraceae（Compositae）。【包含】世界 2 种。【学名诠释与讨论】〈阴〉（希）klados，枝 + chaite ＝ 拉丁文 chaeta，刚毛。【分布】高加索。【模式】Cladochaeta candidissima A. P. de Candolle ［Gnaphalium candidissimum Marschall von Bieberstein 1808，non Lamarck 1786］。■☆

11747　Cladocolea Tiegh.（1895）【汉】鞘枝寄生属。【隶属】桑寄生科 Loranthaceae。【包含】世界 26 种。【学名诠释与讨论】〈中〉（希）klados，枝 + koleos，鞘。此属的学名是 "Cladocolea Van Tieghem，Bull. Soc. Bot. France 42：166. post 22 Feb 1895"。亦有文献把其处理为 "Oryctanthus（Griseb.）Eichler（1868）" 的异名。苔藓植物的 "Cladocolea Schuster，Beih. Nova Hedwigia 9：155. 1963（post 15 Jun）（non Van Tieghem 1895）≡ Schusterolejeunea R. Grolle（1980）［鳞苔科 Lejeuneaceae］" 是晚出的非法名称。【分布】巴拿马，巴西，秘鲁，厄瓜多尔，哥伦比亚，洪都拉斯，墨西哥，危地马拉，委内瑞拉。【模式】Cladocolea andrieuxii Van Tieghem。【参考异名】Loxania Tiegh.（1895）；Oryctanthus（Griseb.）Eichler（1868）●☆

11748　Cladoda（Cladodea）Poir.（1817）＝ Cladodes Lour.（1790）；~ ＝ Alchornea Sw.（1788）［大戟科 Euphorbiaceae］●

11749　Cladoda Poir.（1817）＝ Cladodes Lour.（1790）；~ ＝ Alchornea Sw.（1788）［大戟科 Euphorbiaceae］●

11750　Cladodea Poir.（1817）＝ Cladodes Lour.（1790）；~ ＝ Alchornea Sw.（1788）［大戟科 Euphorbiaceae］●

11751　Cladodes Lour.（1790）＝ Alchornea Sw.（1788）［大戟科 Euphorbiaceae］●

11752 Cladogynos Zipp. ex Span. (1841)【汉】枝实属(白大凤属)。【英】Cladogynos。【隶属】大戟科 Euphorbiaceae。【包含】世界 1 种,中国 1 种。【学名诠释与讨论】〈阳〉(希) klados, 枝 +gyne, 所有格 gynaikos, 雌性, 雌蕊。指花柱上部有分枝。【分布】中国, 东南亚。【模式】Cladogynos orientalis Zippelius ex Spanoghe。【参考异名】Adenogynum Rchb. f. et Zoll. (1856) Nom. illegit.; Baprea Pierre ex Pax et K. Hoffm. (1914); Chloradenia Baill. (1858) Nom. illegit. ●

11753 Cladolepis Moq. (1849) = Ofaiston Raf. (1837) [藜科 Chenopodiaceae] ■☆

11754 Cladomischus Klotzsch ex A. DC. (1864) = Begonia L. (1753) [秋海棠科 Begoniaceae] ●■

11755 Cladomyza Danser (1940)【汉】枝寄生属。【隶属】檀香科 Santalaceae。【包含】世界 20 种。【学名诠释与讨论】〈中〉(希) klados, 枝 +myzao 吸, 或 +mixa 黏液, 也是一种李树的希腊名。【分布】所罗门群岛, 加里曼丹岛, 新几内亚岛。【模式】Cladomyza microphylla (Lauterbach) Danser [Henslowia microphylla Lauterbach]。【参考异名】Clayomyza Whitmore ●☆

11756 Cladophyllaceae Dulac = Dioscoreaceae R. Br. (保留科名) ●■

11757 Cladopogon Sch. Bip. (1852) Nom. inval. ≡ Cladopogon Sch. Bip. ex Lehm. et E. Otto (1853); ~ = Senecio L. (1753) [菊科 Asteraceae(Compositae)//千里光科 Senecionidaceae] ■●

11758 Cladopogon Sch. Bip. ex Lehm. et E. Otto (1853) = Senecio L. (1753) [菊科 Asteraceae (Compositae)//千里光科 Senecionidaceae] ■●

11759 Cladopus H. Möller(1899)【汉】飞瀑草属(川苔草属, 河苔草属, 爪哇川苔草属)。【日】カワゴケソウ属。【英】Cladopus。【隶属】川苔草科 Podostemaceae。【包含】世界 5-6 种, 中国 2 种。【学名诠释与讨论】〈阳〉(希) klados, 枝 +pous, 所有格 podos, 指小式 podion, 脚, 足, 柄, 梗。podotes, 有脚的。此属的学名, ING、TROPICOS 和 IK 记载是 "Cladopus H. A. Möller, Ann. Jard. Bot. Buitenzorg 16: 115. 1899"。"Cladapus Moeller, Ann. Jard. Bot. Buitenzorg xvi. (1899) 115" 是其拼写变体。"Cladapus Tbis. – Dyer"亦似其变体。【分布】日本, 泰国, 印度尼西亚(苏拉威西岛, 爪哇岛), 中国。【模式】Cladopus nymanii H. Möller [as 'nymani']。【参考异名】Cladapus H. Möller (1899) Nom. illegit.; Cladapus Tbis. – Dyer; Griffithella (Tul.) Warm. (1901); Hemidistichophyllum Koidz. (1928); Lawiella Koidz. (1927) Nom. inval.; Lawiella Koidz. ex Koidz. (1931) Nom. illegit.; Lecomtea Koidz. (1929) Nom. illegit.; Torrenticola Domin ex Steenis(1947); Torrenticola Domin(1928) Nom. inval. ■

11760 Cladoraphis Franch. (1887)【汉】木本画眉草属。【隶属】禾本科 Poaceae(Gramineae)。【包含】世界 2 种。【学名诠释与讨论】〈中〉(希) klados, 枝 + raphis, 针, 芒。此属的学名, ING、TROPICOS 和 IK 记载是 "Cladoraphis A. R. Franchet, Bull. Mens. Soc. Linn. Paris 1: 673. 6 Apr 1887"。它曾被处理为 "Eragrostis sect. Cladoraphis (Franch.) Pilg., Die natürlichen Pflanzenfamilien, Zweite Auflage 14d: 15. 1956"。亦有文献把 "Cladoraphis Franch. (1887)" 处理为 "Eragrostis Wolf(1776)" 的异名。【分布】纳米比亚, 南美洲。【模式】Cladoraphis duparquetii A. R. Franchet。【参考异名】Eragrostis Wolf (1776); Eragrostis sect. Cladoraphis (Franch.) Pilg. (1956) ●☆

11761 Cladorhiza Raf. (1828) Nom. illegit. ≡ Corallorhiza Gagnebin (1755) [as 'Corallorrhiza'](保留属名) [兰科 Orchidaceae] ■

11762 Cladoseris (Less.) Less. ex Spach (1841) Nom. illegit. ≡ Cladoseris (Less.) Spach(1841); ~ = Onoseris Willd. (1803) [菊科 Asteraceae(Compositae)] ●■☆

11763 Cladoseris (Less.) Spach (1841) ≡ Cladoseris (Less.) Less. ex Spach (1841) Nom. illegit.; ~ = Onoseris Willd. (1803) [菊科 Asteraceae(Compositae)] ●■☆

11764 Cladoseris Spach (1841) Nom. illegit. ≡ Cladoseris (Less.) Spach (1841); ~ = Onoseris Willd. (1803) [菊科 Asteraceae (Compositae)] ●■☆

11765 Cladosicyos Hook. f. (1871) = Cucumeropsis Naudin(1866) [葫芦科(瓜科, 南瓜科) Cucurbitaceae] ■☆

11766 Cladosperma Griff. (1851) Nom. illegit. = Pinanga Blume(1838) [棕榈科 Arecaceae(Palmae)] ●

11767 Cladostachys D. Don (1825) = Deeringia R. Br. (1810) [苋科 Amaranthaceae] ●■

11768 Cladostemon A. Braun et Vatke (1877)【汉】枝蕊白花菜属。【隶属】山柑科(白花菜科, 醉蝶花科) Capparaceae//白花菜科(醉蝶花科) Cleomaceae。【包含】世界 1 种。【学名诠释与讨论】〈阳〉(希) klados, 枝 +stemon, 雄蕊。【分布】热带非洲东部。【模式】Cladostemon paradoxus A. Braun et Vatke。●☆

11769 Cladostigma Radlk. (1883)【汉】枝柱头旋花属。【隶属】旋花科 Convolvulaceae。【包含】世界 2 种。【学名诠释与讨论】〈中〉(拉) klados, 枝 +stigma, 所有格 stigmatos, 柱头, 眼点。【分布】热带非洲。【模式】Cladostigma dioicum Radlkofer。■☆

11770 Cladostyles Bonpl. (1808) = Evolvulus L. (1762) [旋花科 Convolvulaceae] ●■

11771 Cladostyles Humb. et Bonpl. (1808) Nom. illegit. ≡ Cladostyles Bonpl. (1808); ~ = Evolvulus L. (1762) [旋花科 Convolvulaceae] ●■

11772 Cladothamnus Bong. (1832) = Elliottia Muhl. ex Elliott (1817) [杜鹃花科(欧石南科) Ericaceae] ●☆

11773 Cladotheca Steud. (1855) = Cryptangium Schrad. ex Nees(1842) [莎草科 Cyperaceae] ■☆

11774 Cladothrix (Moq.) Hook. f. (1880) Nom. illegit. ≡ Cladothrix (Nutt. ex Moq.) Nutt. ex Benth. et Hook. f. (1880) Nom. illegit.; ~ ≡ Tidestromia Standl. (1916) [苋科 Amaranthaceae] ■☆

11775 Cladothrix (Moq.) Nutt. ex Benth. et Hook. f. (1880) Nom. illegit. ≡ Cladothrix (Nutt. ex Moq.) Nutt. ex Benth. et Hook. f. (1880) Nom. illegit.; ~ ≡ Tidestromia Standl. (1916) [苋科 Amaranthaceae] ■☆

11776 Cladothrix (Nutt. ex Moq.) Benth. (1880) Nom. illegit. ≡ Cladothrix (Nutt. ex Moq.) Nutt. ex Benth. et Hook. f. (1880) Nom. illegit.; ~ ≡ Tidestromia Standl. (1916) [苋科 Amaranthaceae] ■☆

11777 Cladothrix(Nutt. ex Moq.) Nutt. ex Benth. et Hook. f. (1880) Nom. illegit. ≡ Tidestromia Standl. (1916) [苋科 Amaranthaceae] ■☆

11778 Cladothrix Nutt. ex Hook. f. (1880) Nom. illegit. ≡ Cladothrix (Nutt. ex Moq.) Nutt. ex Benth. et Hook. f. (1880) Nom. illegit.; ~ ≡ Tidestromia Standl. (1916) [苋科 Amaranthaceae] ■☆

11779 Cladothrix Nutt. ex Moq. (1849) Nom. illegit. ≡ Cladothrix (Nutt. ex Moq.) Nutt. ex Benth. et Hook. f. (1880) Nom. illegit.; ~ ≡ Tidestromia Standl. (1916) [苋科 Amaranthaceae] ■☆

11780 Cladothrix Nutt. ex S. Watson, Nom. illegit. = Tidestromia Standl. (1916) [苋科 Amaranthaceae] ■☆

11781 Cladotrichium Vogel (1837) = Caesalpinia L. (1753) [豆科 Fabaceae(Leguminosae)//云实科(苏木科) Caesalpiniaceae] ●

11782 Cladrastis Raf. (1824)【汉】香槐属。【日】フジキ属, フヂキ属。【俄】Кладрастис。【英】Yellow Wood, Yellowwood, Yellow-wood。【隶属】豆科 Fabaceae (Leguminosae)//蝶形花科 Papilionaceae。【包含】世界 5-70 种, 中国 5-8 种。【学名诠释与讨论】〈阴〉(希) klados, 枝 +thraustos, 柔弱的, 脆的。指枝条脆弱

易折,或指圆锥花序下垂。另说 klados,枝+asteios,美丽的。【分布】美国,中国,东亚,北美洲东部。【模式】Cladrastis fragrans Rafinesque。【参考异名】Andrastis Raf. ex Benth. (1838); Buergeria Miq. (1867) Nom. illegit.; Platyosprion (Maxim.) Maxim. (1877); Platyosprion Maxim. (1877) Nom. illegit. ●

11783 Clairisia Abat ex Benth. et Hook. f. (1880) = Anredera Juss. (1789) [落葵科 Basellaceae//落葵薯科 Anrederaceae] ●■

11784 Clairisia Benth. et Hook. f. (1880) Nom. illegit. ≡ Clairisia Abat ex Benth. et Hook. f. (1880); ~ = Anredera Juss. (1789) [落葵科 Basellaceae//落葵薯科 Anrederaceae] ●■

11785 Clairvillea DC. (1836) = Cacosmia Kunth (1818) [菊科 Asteraceae(Compositae)] ●☆

11786 Clambus Miers (1866) = Phyllanthus L. (1753) [大戟科 Euphorbiaceae//叶下珠科(叶萝藦科) Phyllanthaceae] ●■

11787 Clamydanthus Fourr. (1869) = Chlamydanthus C. A. Mey. (1843) Nom. illegit.; ~ = Thymelaea Mill. (1754) (保留属名) [瑞香科 Thymelaeaceae] ●■

11788 Clandestina Adans. (1763) Nom. illegit. ≡ Clandestina Tourn. ex Adans. (1763) [列当科 Orobanchaceae//玄参科 Scrophulariaceae] ■

11789 Clandestina Hill (1756) = Lathraea L. (1753) [列当科 Orobanchaceae//玄参科 Scrophulariaceae] ■

11790 Clandestina Tourn. ex Adans. (1763) Nom. illegit. = Lathraea L. (1753) [列当科 Orobanchaceae//玄参科 Scrophulariaceae] ■

11791 Clandestinaria Spach (1838) Nom. illegit. ≡ Clandestinaria (DC.) Spach (1838); ~ = Rorippa Scop. (1760) [十字花科 Brassicaceae(Cruciferae)] ■

11792 Claotrachelus Zoll. (1845) = Vernonia Schreb. (1791) (保留属名) [菊科 Asteraceae (Compositae)//斑鸠菊科(绿菊科) Vernoniaceae] ●■

11793 Claoxylon A. Juss. (1824) 【汉】白桐树属(假铁苋属,咸鱼头属)。【日】アカリフヤモドキ属。【英】Claoxylon, Whitetung。【隶属】大戟科 Euphorbiaceae。【包含】世界 80-90 种,中国 5 种。【学名诠释与讨论】〈中〉(希)klao,击破+xylon,木材。指木材易碎。【分布】马达加斯加,中国,热带。【模式】Claoxylon parviflorum A. H. L. Jussieu。【参考异名】Blackwellia Sieber ex Pax et K. Hoffm.; Erythrochilus Reinw. (1825); Erythrochylus Reinw. (1825) Nom. illegit.; Erythrochylus Reinw. ex Blume (1823) Nom. illegit.; Erytrochilus Blume (1826); Erytrochilus Reinw. ex Blume (1826) Nom. illegit.; Quadrasia Elmer(1915) ●

11794 Claoxylopsis Léandri(1939) 【汉】拟白桐树属。【隶属】大戟科 Euphorbiaceae。【包含】世界 3 种。【学名诠释与讨论】〈阴〉(属)Claoxylon 白桐树属+希腊文 opsis,外观,模样,相似。【分布】马达加斯加。【模式】Claoxylopsis perrieri Léandri。●☆

11795 Clappertonia Meisn. (1837) 【汉】合头椴属(克拉椴属)。【隶属】椴树科(椴科,田麻科) Tiliaceae//锦葵科 Malvaceae。【包含】世界 2-3 种。【学名诠释与讨论】〈阴〉(人)Bain Hugh Clapperton, 1788 - 1827,英国植物采集者。此属的学名"Clappertonia C. F. Meisner, Pl. Vasc. Gen. 1:36;2:28. 21-27 Mai 1837"是一个替代名称。"Honkenya Willdenow ex Cothenius, Disp. 19. Jan~Mai 1790"是一个非法名称(Nom. illegit.),因为此前已经有了"Honkenya J. F. Ehrhart 1788 = Honckenya Ehrh. (1783) [石竹科 Caryophyllaceae]"。故用"Clappertonia Meisn. (1837)"替代之。【分布】巴拿马,热带非洲西部。【模式】Clappertonia ficifolia (Willdenow) Decaisne [Honkenya ficifolia Willdenow]。【参考异名】Cephalonema K. Schum. (1900) Nom. inval.; Cephalonema K. Schum. ex Sprague (1909); Honckeneya

Steud. (1840) Nom. inval.; Honckeneya Willd. ex Steud. (1840) Nom. inval.; Honckenia Pers. (1805) Nom. inval.; Honckenya Willd. (1790) Nom. illegit.; Honckenya Willd. (1793) Nom. illegit.; Honckenya Willd. ex Cothen. (1790) Nom. inval.; Honkenya Cothen., Nom. illegit.; Honkenya Willd. ex Cothen. (1790) Nom. illegit. ●☆

11796 Clappia A. Gray(1859) 【汉】盐菊属。【隶属】菊科 Asteraceae (Compositae)。【包含】世界 1 种。【学名诠释与讨论】〈阴〉(人)Dr. Asahel Clapp。【分布】美国(南部),墨西哥。【模式】Clappia suaedaefolia A. Gray。●☆

11797 Clara Kunth(1848) = Herreria Ruiz et Pav. (1794) [肖薯蓣科(赫雷草科,异菝葜科) Herreriaceae//百合科 Liliaceae] ■☆

11798 Clarckia Pursh (1813) = Clarkia Pursh (1814) [柳叶菜科 Onagraceae] ■

11799 Clariona Spreng. (1826) = Clarionea Lag. ex DC. (1812) Nom. illegit.; ~ = Perezia Lag. (1811) [菊科 Asteraceae(Compositae)] ■☆

11800 Clarionea Lag. (1812) Nom. illegit. ≡ Clarionea Lag. ex DC. (1812) Nom. illegit. ≡ Perezia Lag. (1811) [菊科 Asteraceae (Compositae)] ■☆

11801 Clarionea Lag. ex DC. (1812) Nom. illegit. ≡ Perezia Lag. (1811) [菊科 Asteraceae(Compositae)] ■☆

11802 Clarionella DC. ex Steud. (1840) = Clarionea Lag. ex DC. (1812) Nom. illegit.; ~ = Perezia Lag. (1811) [菊科 Asteraceae (Compositae)] ■☆

11803 Clarionema Phil. (1858) = Clarionea Lag. ex DC. (1812) Nom. illegit.; ~ = Perezia Lag. (1811) [菊科 Asteraceae(Compositae)] ■☆

11804 Clarionia D. Don (1830) = Clarionea Lag. ex DC. (1812) Nom. illegit.; ~ = Perezia Lag. (1811) [菊科 Asteraceae(Compositae)] ■☆

11805 Clarisia Abat(1792) (废弃属名) ≡ Anredera Juss. (1789) [落葵科 Basellaceae//落葵薯科 Anrederaceae] ●■

11806 Clarisia Ruiz et Pav. (1794) (保留属名) 【汉】无被桑属(克拉桑属)。【隶属】桑科 Moraceae。【包含】世界 2-3 种。【学名诠释与讨论】〈阴〉(人) Miguel Barnades y Claris。此属的学名"Clarisia Ruiz et Pav., Fl. Peruv. Prodr.; 128. Oct (prim.) 1794"是保留属名。相应的废弃属名是桑科 Moraceae 的"Clarisia Abat in Mem. Acad. Soc. Med. Sevilla 10: 418. 1792 ≡ Anredera Juss. (1789)"。桑科 Moraceae 的"Clarisia Ruiz, Pav. et Lanj. (1936) descr. emend. = Clarisia Ruiz et Pav. (1794) (保留属名)"亦应废弃。【分布】巴拿马,秘鲁,玻利维亚,厄瓜多尔,哥伦比亚(安蒂奥基亚),哥斯达黎加,尼加拉瓜,墨西哥至热带南美洲,中美洲。【模式】Clarisia racemosa Ruiz et Pavón。【参考异名】Acanthinophyllum Allemão (1858) Nom. illegit.; Acanthinophyllum Burger, Nom. illegit.; Aliteria Benoist (1929); Anredera Juss. (1789); Clarisia Ruiz, Pav. et Lanj. (1936) descr. emend. (废弃属名); Sahagunia Liebm. (1851); Soaresia Allemão(1857) (废弃属名) ●☆

11807 Clarisia Ruiz, Pav. et Lanj. (1936) descr. emend. (废弃属名) = Clarisia Ruiz et Pav. (1794) (保留属名) [桑科 Moraceae] ●☆

11808 Clarkeasia J. R. I. Wood(1994) 【汉】喜马拉雅恋岩花属。【隶属】爵床科 Acanthaceae。【包含】世界 1 种。【学名诠释与讨论】〈阴〉(人)Charles Baron Clarke, 1832 - 1906,英国植物学者+Asia 亚洲。此属的学名是"Clarkeasia J. R. I. Wood, Edinburgh Journal of Botany 51 (2): 187. 1994"。亦有文献把其处理为"Echinacanthus Nees(1832)"的异名。【分布】尼泊尔至泰国,喜马拉雅山。【模式】Clarkeasia parviflora (T. Anderson) J. R. I. Wood。【参考异名】Echinacanthus Nees(1832) ●☆

11809 Clarkeifedia Kuntze(1903) = Patrinia Juss. (1807) (保留属名)

［缬草科（败酱科）Valerianaceae］■

11810　Clarkella Hook. f. (1880)【汉】岩上珠属（矮独叶属）。【英】Rockpearl。【隶属】茜草科 Rubiaceae。【包含】世界 2 种，中国 1 种。【学名诠释与讨论】〈阴〉（人）Charles Baron Clarke，1832－1906，英国植物学者+ella，小型词尾。【分布】泰国，中国，喜马拉雅山。【模式】Clarkella nana (Edgeworth) J. D. Hooker［Ophiorrhiza nana Edgeworth］。■

11811　Clarkia Pursh(1814)【汉】克拉花属（春再来属，古代稀属，山字草属）。【日】サンジサウ属，サンジソウ属。【俄】Годеция，Кларкия，Эухаридиум。【英】Clarkia，Farewell-to-spring，Godetia。【隶属】柳叶菜科 Onagraceae。【包含】世界 36 种，中国 1 种。【学名诠释与讨论】〈阴〉（人）William Clark，1770－1838，探险家。【分布】秘鲁，玻利维亚，智利，中国，北美洲西部，中美洲。【模式】Clarkia pulchella Pursh。【参考异名】Clarckia Pursh(1813)；Eucharidium Fisch. et C. A. Mey. (1835)；Gauropsis C. Presl (1851)；Godetia Spach (1835)；Guaropsis C. Presl (1851)；Heterogaura Rothr. (1864)；Oenotheridium Reiche (1898)；Opsianthes Lilja(1840)Nom. illegit.；Phaeostoma Spach(1835)■

11812　Clarorivinia Pax et K. Hoffm. (1914) = Ptychopyxis Miq. (1861)［大戟科 Euphorbiaceae］●☆

11813　Clasta Comm. ex Vent. (1803) = Casearia Jacq. (1760)［刺篱木科（大风子科）Flacourtiaceae//天料木科 Samydaceae］●

11814　Clastilix Raf. (1838) = Miconia Ruiz et Pav. (1794)（保留属名）［野牡丹科 Melastomataceae//米氏野牡丹科 Miconiaceae］●☆

11815　Clastopus Bunge ex Boiss. (1867)【汉】克拉荠属。【隶属】十字花科 Brassicaceae(Cruciferae)。【包含】世界 1-2 种。【学名诠释与讨论】〈阳〉词源不详。【分布】伊朗。【模式】未指定。■☆

11816　Clathrospermum Planch. (1848) Nom. illegit. (废弃属名) ≡ Clathrospermum Planch. ex Hook. f. (1862) Nom. illegit. (废弃属名)；~ = Clathrospermum Planch. ex Benth. et Hook. f. (1862) Nom. illegit. (废弃属名)；~ = Enneastemon Exell (1932)（保留属名）；~ = Monanthotaxis Baill. (1890)［番荔枝科 Annonaceae］●☆

11817　Clathrospermum Planch. ex Benth. (1862) Nom. illegit. (废弃属名) ≡ Clathrospermum Planch. ex Hook. f. (1862) Nom. illegit. (废弃属名)；~ = Clathrospermum Planch. ex Benth. et Hook. f. (1862) Nom. illegit. (废弃属名)；~ = Enneastemon Exell (1932)（保留属名）；~ = Monanthotaxis Baill. (1890)［番荔枝科 Annonaceae］●☆

11818　Clathrospermum Planch. ex Benth. et Hook. f. (1862) Nom. illegit. (废弃属名) ≡ Clathrospermum Planch. ex Hook. f. (1862) Nom. illegit. (废弃属名)；~ = Enneastemon Exell (1932)（保留属名）；~ = Monanthotaxis Baill. (1890)［番荔枝科 Annonaceae］●☆

11819　Clathrospermum Planch. ex Hook. f. (1862) Nom. illegit. (废弃属名) = Enneastemon Exell(1932)（保留属名）；~ = Monanthotaxis Baill. (1890)；~ = Clathrospermum Planch. ex Benth. et Hook. f. (1862) Nom. illegit. (废弃属名)；~ = Enneastemon Exell (1932)（保留属名）；~ = Monanthotaxis Baill. (1890)［番荔枝科 Annonaceae］●☆

11820　Clathrotropis(Benth.) Harms (1901)【汉】龙骨豆属（格瓣豆属）。【隶属】豆科 Fabaceae (Leguminosae)//蝶形花科 Papilionaceae。【包含】世界 4-6 种。【学名诠释与讨论】〈阴〉（希）clathri，格子+tropos，转弯，方式上的改变。trope，转弯的行为。tropo，转。tropis，所有格 tropeos，后来的。tropis，所有格 tropidos，龙骨。此属的学名，ING 记载是“Clathrotropis (Bentham) Harms in Dalla Torre et Harms, Gen. Siphon. 221. 1901”，由“Diplotropis sect. Clathrotropis Bentham in C. F. P. Martius, Fl. Bras. 15 (1)；322. 15 Jan 1862”改级而来；IK 和 TROPICOS 则记载为“Clathrotropis Harms, Dalla Torre et Harms,

Gen. Siphon. 221(1901)”。【分布】巴西，哥伦比亚，几内亚。【后选模式】Clathrotropis nitida (Bentham) Harms［Diplotropis nitida Bentham］。【参考异名】Clathrotropis Harms (1901) Nom. illegit. ；Diplotropis sect. Clathrotropis Benth. (1862)●☆

11821　Clathrotropis Harms(1901) Nom. illegit. = Clathrotropis (Benth.) Harms (1901)［豆科 Fabaceae (Leguminosae)//蝶形花科 Papilionaceae］●☆

11822　Claucena Burm. f. (1768) Nom. illegit. = Clausena Burm. f. (1768)［芸香科 Rutaceae］●

11823　Claudia Opiz ex Panz. (1808) Nom. illegit. = Beckeria Bernh. (1800) Nom. illegit.；~ = Melica L. (1753)［禾本科 Poaceae (Gramineae)//臭草科 Melicaceae］■

11824　Claudia Opiz (1853) Nom. illegit. = Beckeria Bernh. (1800) Nom. illegit.；~ = Melica L. (1753)［禾本科 Poaceae (Gramineae)//臭草科 Melicaceae］■

11825　Clausena Burm. f. (1768)【汉】黄皮属（黄皮果属）。【日】ワンビ属。【俄】Цитроид。【英】Wampee。【隶属】芸香科 Rutaceae。【包含】世界 23-30 种，中国 16 种。【学名诠释与讨论】〈阴〉（人）Peder Claussen，1545－1614，丹麦牧师。【分布】马达加斯加，中国，热带，中美洲。【模式】Clausena excavata N. L. Burman。【参考异名】Claucena Burm. f. (1768) Nom. illegit. ；Coockia Batsch(1802)；Cookia Sonn. (1782)；Fagarastrum G. Don (1832)；Gallesioa M. Roem. (1846)；Glaucena Vitman (1789)；Kookia Pers. (1805)；Myaris C. Presl (1845)；Piptostylis Dalzell (1851)；Polycyema Voigt (1845)；Pseudoclausena T. P. Clark (1994)；Quinaria Lour. (1790)●

11826　Clausenellia Á. Löve et D. Löve(1985) = Sedum L. (1753)［景天科 Crassulaceae］●■

11827　Clausenopsis Engl. (1931) Nom. illegit. ≡ Clausenopsis (Engl.) Engl. (1931)；~ = Fagaropsis Mildbr. ex Siebenl. (1914)［芸香科 Rutaceae］●☆

11828　Clausia Korn. -Trotzky ex Hayek (1911)【汉】香芥属（寇夕属）。【俄】Клаусия，Кляусия。【英】Aromcress，Clausia。【隶属】十字花科 Brassicaceae (Cruciferae)。【包含】世界 6 种，中国 2 种。【学名诠释与讨论】〈阴〉（拉）clausus，封闭的空间。此属的学名，ING 记载是“Clausia Trotzky ex A. von Hayek, Beih. Bot. Centralbl. 27：223. 15 Jul 1911”。IK 则记载为“Clausia Trotzky, Ind. Sem. Hort. Casan. (1839)”。TROPICOS 记载了 2 个名称。【分布】中国，亚洲。【模式】未指定。【参考异名】Clausia Korn. -Trotzky(1839) Nom. inval. ；Diptychocarpus Regel et Schrank■

11829　Clausia Korn. -Trotzky (1839) Nom. inval. ≡ Clausia Korn. -Trotzky ex Hayek(1911)［十字花科 Brassicaceae(Cruciferae)］■

11830　Clausonia Pomel (1860) = Asphodelus L. (1753)［百合科 Liliaceae//阿福花科 Asphodelaceae］■☆

11831　Clausospicula Lazarides(1991)【汉】闭穗草属。【隶属】禾本科 Poaceae(Gramineae)。【包含】世界 1 种。【学名诠释与讨论】〈阴〉（拉）clausus，封闭的空间+spica，指小式 spiculum，尖，矛，长钉，梢，丛。【分布】澳大利亚。【模式】Clausospicula extensa Lazarides。【参考异名】Anadelphia Hack. (1885)■☆

11832　Clavapetalum Pulle (1912) = Dendrobangia Rusby et R. A. Howard(1842)［茶茱萸科 Icacinaceae］●☆

11833　Clavaria Steud. (1821) = Calvaria Comm. ex C. F. Gaertn. (1806)［山榄科 Sapotaceae］●☆

11834　Clavarioidia Frič et Schelle ex Kreuz. (1935) Nom. inval. = Opuntia Mill. (1754)［仙人掌科 Cactaceae］●

11835　Clavarioidia Kreuz. (1935) Nom. inval. = Opuntia Mill. (1754)［仙人掌科 Cactaceae］●

11836　Clavena DC.（1838）＝ Carduus L.（1753）［菊科 Asteraceae（Compositae）// 飞廉科 Carduaceae］■

11837　Clavenna Neck. ex Standl.（1918）Nom. illegit. ≡ Lucya DC.（1830）（保留属名）［茜草科 Rubiaceae］■☆

11838　Clavennaea Neck. ex Post et Kuntze（1903）Nom. illegit. ≡ Lucya DC.（1830）（保留属名）［茜草科 Rubiaceae］■☆

11839　Claviga Regel（1890）＝ Clavija Ruiz et Pav.（1794）［假轮叶科（狄氏木科，拟棕科）Theophrastaceae］●☆

11840　Clavigera DC.（1836）＝ Brickellia Elliott（1823）（保留属名）［菊科 Asteraceae（Compositae）］■●

11841　Clavija Ruiz et Pav.（1794）【汉】全缘轮叶科。【隶属】假轮叶科（狄氏木科，拟棕科）Theophrastaceae。【包含】世界 50-55 种。【学名诠释与讨论】〈阴〉（人）Jose Clavijo（Clavigo）y Fajardo（Faxardo），1730-1806，西班牙作家，博物学者。【分布】巴拿马，秘鲁，玻利维亚，厄瓜多尔，哥伦比亚，尼加拉瓜，热带美洲，中美洲。【模式】Clavija macrocarpa Ruiz et Pavon。【参考异名】Claviga Regel（1890）；Horta Vell.（1829）；Hosta Pfalff.（1874）Nom. illegit.（废弃属名）；Hosta Vell. ex Pfeiff.（1874）（废弃属名）；Zacintha Vell.（1829）Nom. illegit.●☆

11842　Clavimyrtus Blume（1850）＝ Syzygium P. Browne ex Gaertn.（1788）（保留属名）［桃金娘科 Myrtaceae］●

11843　Clavinodum T. H. Wen（1984）＝ Arundinaria Michx.（1803）；~ ＝ Oligostachyum Z. P. Wang et G. H. Ye（1982）［禾本科 Poaceae（Gramineae）// 青篱竹科 Arundinariaceae］●★

11844　Clavipodium Desv. ex Grruening（1913）＝ Beyeria Miq.（1844）［大戟科 Euphorbiaceae］☆

11845　Clavistylus J. J. Sm.（1910）＝ Megistostigma Hook. f.（1887）［大戟科 Euphorbiaceae］■

11846　Clavophylis Thouars ＝ Bulbophyllum Thouars（1822）（保留属名）［兰科 Orchidaceae］■

11847　Clavula Dumort.（1827）＝ Eleocharis R. Br.（1810）；~ ＝ Scirpus L.（1753）（保留属名）［莎草科 Cyperaceae// 藨草科 Scirpaceae］■

11848　Clavulium Desv.（1826）＝ Crotalaria L.（1753）（保留属名）［豆科 Fabaceae（Leguminosae）// 蝶形花科 Papilionaceae］●■

11849　Clavulum G. Don（1832）＝ Clavulium Desv.（1826）［豆科 Fabaceae（Leguminosae）］●■

11850　Clayomyza Whitmore ＝ Cladomyza Danser（1940）［檀香科 Santalaceae］●☆

11851　Claytonia Gronov. ex L.（1753）≡ Claytonia L.（1753）［马齿苋科 Portulacaceae］■☆

11852　Claytonia L.（1753）【汉】春美草属（春美苋属，克莱东苋属）。【日】クレイト-ニア属。【俄】Клайтония，Клейтония。【英】Claytonia，Purslane，Spring Beauty，Spring-beauty。【隶属】马齿苋科 Portulacaceae。【包含】世界 15-24 种。【学名诠释与讨论】〈阴〉（人）John Clayton，1686-1773，美国医生、植物学者。他曾在维吉尼亚采集植物标本。另说是英国学者。此属的学名，ING、APNI、GCI、TROPICOS 和 IK 记载是“Claytonia L. ，Sp. Pl. 1：204. 1753［1 May 1753］”。“Claytonia Gronov.”是命名起点著作之前的名称，故“Claytonia L.（1753）”和“Claytonia Gronov. ex L.（1753）”都是合法名称，可以通用。【分布】美国，东西伯利亚，北美洲，中美洲。【后选模式】Claytonia virginica Linnaeus。【参考异名】Claytonia Gronov. ex L.（1753）■☆

11853　Claytoniella Jurtzev（1972）【汉】小春美草属。【隶属】马齿苋科 Portulacaceae。【包含】世界 2 种。【学名诠释与讨论】〈阴〉（属）Claytonia 春美草属 +-ellus，-ella，-ellum，加在名词词干后面形成指小式的词尾。或加在人名、属名等后面以组成新属的名称。此属的学名，ING 记载是“Claytoniella B. A. Yurtsev in B.

A. Yurtsev et N. N. Tsvelyov，Bot. Zurn.（Moscow & Leningrad）57：644. Jun 1972”；TROPICOS 记载为“Claytoniella Jurtzev，Botanicheskii Zhurnal（Moscow & Leningrad）57；644. 1972.（Bot. Zhurn.（Moscow & Leningrad））”。它曾被处理为“Montia sect. Claytoniella（Jurtzev）McNeill，Canadian Journal of Botany 53（8）：805. 1975.（15 Apr 1975）”。亦有文献把“Claytoniella Jurtsev（1972）”处理为“Montia L.（1753）”或“Montiastrum（A. Gray）Rydb.（1917）”的异名。【分布】极地和阿尔卑斯山区，美洲西北部，亚洲东北部。【模式】Claytoniella vassilievii（O. I. Kuzeneva）B. A. Yurtsev［Claytonia vassilievii O. I. Kuzeneva］。【参考异名】Montia L.（1753）；Montia sect. Claytoniella（Jurtzev）McNeill（1975）；Montiastrum（A. Gray）Rydb.（1917）■☆

11854　Cleachne Adans.（1763）＝ Paspalum L.（1759）［禾本科 Poaceae（Gramineae）］■

11855　Cleachne Roland ex Steud.（1840）Nom. illegit. ＝ Paspalum L.（1759）≡ Cleanthe Salisb. ex Benth. et Hook. f.（1883）［禾本科 Poaceae（Gramineae）］■

11856　Cleanthe Salisb.（1812）Nom. inval. ≡ Cleanthe Salisb. ex Benth. et Hook. f.（1883）［鸢尾科 Iridaceae］■☆

11857　Cleanthe Salisb. ex Benth.（1883）Nom. illegit. ≡ Cleanthe Salisb. ex Benth. et Hook. f.（1883）［鸢尾科 Iridaceae］■☆

11858　Cleanthe Salisb. ex Benth. et Hook. f.（1883）＝ Aristea Aiton（1789）［鸢尾科 Iridaceae］■☆

11859　Cleanthes D. Don（1830）＝ Trixis P. Browne（1756）［菊科 Asteraceae（Compositae）］■●☆

11860　Cleghornia Wight（1848）【汉】金平藤属。【英】Baissea。【隶属】夹竹桃科 Apocynaceae。【包含】世界 4 种，中国 1 种。【学名诠释与讨论】〈阴〉（人）Hugh Francis Clark Cleghom，1820-1895，英国植物学者，医生。【分布】印度至马来西亚，中国，中南半岛。【模式】Cleghornia acuminata R. Wight［Baissea acuminata（R. Wight）J. D. Hooker］。【参考异名】Baissea A. DC.（1844）；Giadotrum Pichon（1948）●

11861　Cleianthus Lour. ex Gomes（1868）＝ Clerodendrum L.（1753）［马鞭草科 Verbenaceae// 牡荆科 Viticaceae］●■

11862　Cleidiocarpon Airy Shaw（1965）【汉】蝴蝶果属。【英】Butterflyfruit，Cleidiocarpon。【隶属】大戟科 Euphorbiaceae。【包含】世界 2 种，中国 1 种。【学名诠释与讨论】〈中〉（希）kleidoo，关闭，锁上 +karpos，果实。指果不裂。【分布】缅甸，中国。【模式】Cleidiocarpon laurinum Airy Shaw。【参考异名】Sinopimelodendron Tsiang（1973）●

11863　Cleidion Blume（1826）【汉】棒柄花属。【日】エノキフヂ属。【英】Cleidion。【隶属】大戟科 Euphorbiaceae。【包含】世界 25 种，中国 3 种。【学名诠释与讨论】〈中〉（希），kleidion，klidion，关闭，锁，钥匙 +-ion，表示出现。暗喻花蕊梗。【分布】巴拿马，秘鲁，玻利维亚，厄瓜多尔，哥伦比亚，哥斯达黎加，马达加斯加，尼加拉瓜，中国，中美洲。【模式】Cleidion javanicum Blume。【参考异名】Clidium Post et Kuntze（1903）；Lasiostyles C. Presl（1845）；Lasiostylis Pax et K. Hoffm. ；Psilostachys Turcz.（1843）；Redia Casar.（1843）；Tetraglossa Bedd.（1861）●

11864　Cleiemera Raf.（1838）＝ Ipomoea L.（1753）（保留属名）［旋花科 Convolvulaceae］●■

11865　Cleiostoma Raf.（1838）＝ Ipomoea L.（1753）（保留属名）［旋花科 Convolvulaceae］●■

11866　Cleisocentron Brühl（1926）【汉】闭距兰属。【隶属】兰科 Orchidaceae。【包含】世界 1 种。【学名诠释与讨论】〈中〉（希）kleis，所有格 kleidos，关闭，钥匙，锁骨，门闩 +kentron，点，刺，圆心，中央，距。【分布】喜马拉雅山。【模式】Cleisocentron trichromum（H. G. L. Reichenbach）Brühl［Saccolabium trichromum H. G. L. Reichenbach］。■☆

11867 Cleisocratera Korth.（1844）= Saprosma Blume（1827）［茜草科 Rubiaceae］●

11868 Cleisomeria Lindl. ex G. Don（1855）【汉】半闭兰属。【隶属】兰科 Orchidaceae。【包含】世界 2 种。【学名诠释与讨论】〈阴〉（希）kleio，关闭+meros，一部分。拉丁文 merus 含义为纯洁的，真正的。【分布】柬埔寨，老挝，马来半岛，缅甸，泰国，越南。【模式】Cleisomeria lanata J. Lindley ex G. Don。■☆

11869 Cleisostoma B. D. Jacks. = Cleiostoma Raf.（1838）；～ = Ipomoea L.（1753）（保留属名）［旋花科 Convolvulaceae］●■

11870 Cleisostoma Blume（1825）【汉】隔距兰属（闭口兰属，蜈蚣兰属）。【日】クレイソスト一マ属，ニウメンラン属，ムカデラン属。【英】Cleisostoma，Closedspurorchis。【隶属】兰科 Orchidaceae。【包含】世界 80-100 种，中国 17 种。【学名诠释与讨论】〈中〉（希）kleis，所有格 kleidos，关闭，钥匙，锁骨，门闩+stoma，所有格 stomatos，孔口。唇瓣在基部延伸而成距，其入口几被一突起隔塞。此属的学名，ING、APNI、TROPICOS 和 IK 记载是"Cleisostoma Blume，Bijdr. Fl. Ned. Ind. 8：362. 1825［20 Sep-7 Dec 1825］"。旋花科 Convolvulaceae 的"Cleisostoma Raf.，Fl. Tellur. 4：80. 1838［1836 publ. mid-1838］= Convolvulus L.（1753）"和"Cleisostoma B. D. Jacks. = Cleiostoma Raf.（1838）= Ipomoea L.（1753）（保留属名）"是晚出的非法名称。亦有文献把"Cleisostoma Blume（1825）"处理为"Acampe Lindl.（1853）（保留属名）"或"Sarcanthus Lindl.（1824）（废弃属名）"的异名。【分布】马来西亚，中国，所罗门群岛，热带亚洲从尼泊尔和印度东部至中南半岛，马来半岛至新几内亚岛和巴布亚新几内亚（新爱尔兰岛）。【后选模式】Cleisostoma sagittatum Blume。【参考异名】Acampe Lindl.（1853）（保留属名）；Carteretia A. Rich.；Echinoglossum Blume；Echinoglossum Rchb.；Sarcanthus Lindl.（1824）（废弃属名）■

11871 Cleisostoma Raf.（1838）= Convolvulus L.（1753）［旋花科 Convolvulaceae］■●

11872 Cleisostomopsis Seidenf.（1992）【汉】拟隔距兰属。【隶属】兰科 Orchidaceae。【包含】世界 1 种，中国 1 种。【学名诠释与讨论】〈中〉（属）Cleisostoma 隔距兰属+希腊文 opsis，外观，模样，相似。【分布】越南，中国。【模式】Cleisostomopsis eberhardtii（Finet）Seidenf.。■

11873 Cleissocratera Miq.（1856）= Cleisocratera Korth.（1844）；～ = Saprosma Blume（1827）［茜草科 Rubiaceae］●

11874 Cleistachne Benth.（1882）【汉】闭壳草属。【隶属】禾本科 Poaceae（Gramineae）。【包含】世界 1 种。【学名诠释与讨论】〈阴〉（希）kleistos，klistos，关闭了的，封闭的+achne，鳞片，泡沫，泡囊，谷壳，稃。【分布】印度，热带和非洲南部。【模式】Cleistachne sorghoides Bentham。■☆

11875 Cleistanthes Kuntze（1891）= Cleistanthus Hook. f. ex Planch.（1848）［大戟科 Euphorbiaceae］●

11876 Cleistanthium Kuntze（1851）= Gerbera L.（1758）（保留属名）［菊科 Asteraceae（Compositae）］■

11877 Cleistanthopsis Capuron（1965）= Allantospermum Forman（1965）［黏木科 Ixonanthaceae］●☆

11878 Cleistanthus Hook. f. ex Planch.（1848）【汉】闭花木属（闭花属，尾叶木属）。【英】Cleistanthus。【隶属】大戟科 Euphorbiaceae。【包含】世界 140 种，中国 8 种。【学名诠释与讨论】〈阳〉（希）kleistoo+anthos，花。指雌花的花盘将子房基部或全部包裹。此属的学名，ING、APNI、TROPICOS 和 IK 记载是"Cleistanthus Hook. f. ex Planch.，Icon. Pl. 4：t. 779. 1848［May

1848］"。"Kaluhaburunghos O. Kuntze, Rev. Gen. 2：607. 5 Nov 1891"是"Cleistanthus Hook. f. ex Planch.（1848）"的晚出的同模式异名（Homotypic synonym，Nomenclatural synonym）。【分布】马达加斯加，中国。【模式】Cleistanthus polystachyus J. D. Hooker ex J. E. Planchon。【参考异名】Cleistanthes Kuntze（1891）；Clistanthus Post et Kuntze（1903）Nom. illegit.；Godefroya Gagnep.（1923）；Kaluhaburunghos Kuntze（1891）Nom. illegit.；Lebidiera Baill.（1858）；Lebidieropsis Müll. Arg.（1863）；Leiopyxis Miq.（1861）；Nanopetalum Hassk.（1855）；Paracleisthus Gagnep.（1923）；Paracroton Gagnep. ex Pax et K. Hoffm.；Schistostigma Lauterb.（1905）Nom. illegit.；Stenonia Baill.（1858）Nom. illegit.；Stenoniella Kuntze（1903）；Stenoniella Post et Kuntze（1903）Nom. illegit.；Zenkerodendron Gilg ex Jabl.（1915）●

11879 Cleistes Rich.（1818）Nom. inval. ≡ Cleistes Rich. ex Lindl.（1840）［兰科 Orchidaceae］■☆

11880 Cleistes Rich. ex Lindl.（1840）【汉】科雷兰属。【日】クレイステス属。【英】Cleistes，Spreading Pogonia。【隶属】兰科 Orchidaceae。【包含】世界 25-55 种。【学名诠释与讨论】〈阴〉（希）kleistos，关闭了的，封闭的。指唇瓣筒状，即便在花全开时看起来也似闭合。此属的学名，ING、GCI、TROPICOS 和 IK 记载是"Cleistes L. C. Richard ex J. Lindley, Gen. Sp. Orchid. Pl. 409. Feb 1840"。"Cleistes Rich.，Mém. Mus. Hist. Nat. 4：31. 1818 ≡ Cleistes Rich. ex Lindl.（1840）"是一个不合格发表的名称。【分布】巴拿马，秘鲁，玻利维亚，厄瓜多尔，哥伦比亚（安蒂奥基亚），哥斯达黎加，温带和热带南美洲，中美洲。【模式】Cleistes lutea J. Lindley, Nom. illegit.［C. grandiflora（Aublet）Schlechter, Limodorum grandiflorum Aublet］。【参考异名】Cleistes Rich.（1818）Nom. inval.；Clistes Post et Kuntze（1903）；Katharine Gregg et Paul M. Catling ■☆

11881 Cleistesiopsis Pansarin et F. Barros（2009）= Arethusa L.（1753）［兰科 Orchidaceae］■☆

11882 Cleistocactus Lem.（1861）【汉】管花柱属（吹雪柱属）。【日】クレイスタントセレウス属，クレイストカクタス属，セチセレウス属，ボラビセレウス属，ロクサントセレウス属。【英】Cleistocatus。【隶属】仙人掌科 Cactaceae。【包含】世界 30-50 种。【学名诠释与讨论】〈阳〉（希）kleistos，关闭了的，封闭的+cactos，有刺的植物，通常指仙人掌科 Cactaceae 植物。此属的学名，ING、GCI、TROPICOS 和 IK 记载是"Cleistocactus Lem.，Ill. Hort. 8：misc. 35. 1861［Jun 1861］"。"Cleistocereus A. V. Frič et K. Kreuzinger in K. Kreuzinger, Verzeichnis Amer. Sukk. Revision Syst. Kakteen 39. 30 Apr 1935"是"Cleistocactus Lem.（1861）"的晚出的同模式异名（Homotypic synonym，Nomenclatural synonym）。"Cleistocactus Lem.（1861）"曾被处理为"Cereus subgen. Cleistocactus（Lem.）A. Berger，Annual Report of the Missouri Botanical Garden 16：81-82, t. 9, f. 2-5, t. 12, f. 2. 1905.（31 May 1905）"。【分布】阿根廷，巴拉圭，秘鲁，玻利维亚，厄瓜多尔，乌拉圭。【后选模式】Cleistocactus baumannii（Lemaire）Lemaire［Cereus baumannii Lemaire］。【参考异名】Akersia Buining（1961）；Bolivicereus Cárdenas（1951）；Borzicactella（Johnson）F. Ritter（1981）Nom. illegit.；Borzicactella F. Ritter（1981）Nom. illegit.；Borzicactella Johnson ex F. Ritter（1981）Nom. illegit.；Borzicactus Riccob.（1909）；Borzicereus Frič et Kreuz.（1935）Nom. illegit.；Cephalocleistocactus F. Ritter（1959）；Cereus subgen. Cleistocactus（Lem.）A. Berger（1905）；Cleistocereus Frič et Kreuz.（1935）Nom. illegit.；Clistanthocereus Backeb.（1937）；Demnosa Frič（1929）；Gymnanthocereus Backeb.（1937）；Hildewintera F. Ritter ex G. D. Rowley（1968）；Hildewintera F. Ritter（1966）Nom.

inval. ; Loxanthocereus Backeb. (1937) ; Maritimocereus et Buining(1950) ; Maritimocereus Akers (1950) Nom. illegit. ; Pseudoechinocereus Buining, Nom. inval. ; Seticereus Backeb. (1937) ; Seticleistocactus Backeb. (1963) ; Winteria F. Ritter (1962) Nom. illegit. ; Winterocereus Backeb. (1966) Nom. illegit. ●☆

11883 Cleistocalyx Blume (1850)【汉】水翁属（水榕属，水蓊属）。【英】Cleistocalyx，Waterfig。【隶属】桃金娘科 Myrtaceae。【包含】世界 20 种，中国 2 种。【学名诠释与讨论】〈阳〉（希）kleistos，关闭了的，封闭的+kalyx，所有格 kalykos＝拉丁文 calyx，花萼，杯子。指萼片合生成帽状体。此属的学名，ING、APNI、TROPICOS 和 IK 记载是"Cleistocalyx Blume, Mus. Bot. 1 (6)：84，t. 56. 1850 [1 Jun 1849 publ. Apr 1850]"。莎草科 Cyperaceae 的"Cleistocalyx Steud.，Syn. Pl. Glumac. 2：151，1855 ＝ Rhynchospora Vahl(1805) [as 'Rynchospora']（保留属名）"是晚出的非法名称。亦有文献把"Cleistocalyx Blume (1850)"处理为"Syzygium P. Browne ex Gaertn. (1788)（保留属名）"的异名。【分布】中国。【后选模式】Cleistocalyx nitidus Blume。【参考异名】Acicalyptus A. Gray(1854) ; Syzygium P. Browne ex Gaertn. (1788)（保留属名）●

11884 Cleistocalyx Steud. (1855) Nom. illegit. ＝ Rhynchospora Vahl (1805) [as 'Rynchospora']（保留属名）[莎草科 Cyperaceae]■☆

11885 Cleistocereus Frič et Kreuz. (1935) Nom. illegit. ≡ Cleistocactus Lem. (1861) [仙人掌科 Cactaceae]●☆

11886 Cleistochlamys Oliv. (1865)【汉】闭被木属。【隶属】番荔枝科 Annonaceae。【包含】世界 1 种。【学名诠释与讨论】〈阴〉（希）kleistos，关闭了的，封闭的+chlamys，所有格 chlamydos，斗篷，外衣。【分布】热带非洲东部。【模式】Cleistochlamys kirkii (Bentham) D. Oliver [Popowia kirkii Bentham]。●☆

11887 Cleistochloa C. E. Hubb. (1933)【汉】澳隐黍属。【隶属】禾本科 Poaceae(Gramineae)。【包含】世界 3 种。【学名诠释与讨论】〈阴〉（希）kleistos，关闭了的，封闭的+chloe，草的幼芽，嫩草，禾草。某些小穗闭花受精，而某些小穗则开花受精。【分布】澳大利亚。【模式】Cleistochloa subjuncea C. E. Hubbard。【参考异名】Dimorphochloa S. T. Blake(1941)■☆

11888 Cleistogenes Keng(1934)【汉】隐子草属（耿氏草属）。【日】テウセンガリヤス属。【俄】Змеевка。【英】Cleistogenes，Diplachne，Hideseedgrass。【隶属】禾本科 Poaceae(Gramineae)。【包含】世界 13-20 种，中国 10-13 种。【学名诠释与讨论】〈阴〉（希）kleistos，关闭了的，封闭的+genos，种族。gennao，产生。此属的学名是"Cleistogenes Y. L. Keng, Sinensia 5：147. Aug 1934"。Packer(1960)认为这是一个非法名称，因为它与英语的专业术语相同；故用"Kengia J. G. Packer, Bot. Not. 113：291. 30 Sep 1960"替代"Cleistogenes Keng(1934)"。但是，专业术语不是拉丁文。故"Cleistogenes Keng(1934)"是合法名称；而替代名称"Kengia Packer(1960)"则是非法的。法规(2006)20.2 的例 5 讲了这个问题。【分布】巴基斯坦，中国，温带欧亚大陆。【模式】Cleistogenes serotina (Linnaeus) Y. L. Keng [Festuca serotina Linnaeus]。【参考异名】Kengia Packer (1960) Nom. illegit. ; Moliniopsis Gand. (1891) Nom. inval. ■

11889 Cleistoloranthus Merr. (1909) ＝ Amyema Tiegh. (1894) [桑寄生科 Loranthaceae]●☆

11890 Cleistopetalum H. Okada (1996)【汉】合瓣番荔枝属。【隶属】番荔枝科 Annonaceae。【包含】世界 2 种。【学名诠释与讨论】〈阴〉（希）kleistos，关闭了的，封闭的+希腊文 petalos，扁平的，铺开的；petalon，花瓣，叶，花叶，金属叶子；拉丁文的花瓣为 petalum。【分布】印度尼西亚（苏门答腊岛），加里曼丹岛。【模

11891 Cleistopholis Pierre ex Engl. (1897)【汉】闭盔木属（闭鳞番荔枝属）。【隶属】番荔枝科 Annonaceae。【包含】世界 3-5 种。【学名诠释与讨论】〈阴〉（希）kleistos，关闭了的，封闭的+pholis，鳞甲。【分布】热带非洲西部。【后选模式】Cleistopholis patens (Bentham) Engler et Diels [Oxymitra patens Bentham]。【参考异名】Cleistopholis Pierre。●☆

11892 Cleistoyucca Eastw. (1905) ＝ Clistoyucca (Engelm.) Trel. (1902) [龙舌兰科 Agavaceae]●☆

11893 Cleithria Steud. (1841) ＝ Cleitria Schrad. (1831) [菊科 Asteraceae(Compositae)]■☆

11894 Cleitria Schrad. (1831) Nom. inval. ≡ Cleitria Schrad. ex L. (1832) ; ~ ＝ Venidium Less. (1831) [菊科 Asteraceae (Compositae)]■☆

11895 Cleitria Schrad. ex L. (1832) ＝ Venidium Less. (1831) [菊科 Asteraceae(Compositae)]■☆

11896 Clelandia J. M. Black(1932) ＝ Hybanthus Jacq. (1760)（保留属名）[堇菜科 Violaceae]●■

11897 Clelia Casar. (1842) ＝ Calliandra Benth. (1840)（保留属名）[豆科 Fabaceae(Leguminosae)//含羞草科 Mimosaceae]●

11898 Clemanthus Klotzsch(1861) ＝ Adenia Forssk. (1775) [西番莲科 Passifloraceae]●

11899 Clematepistephium N. Hallé (1977)【汉】歧冠兰属。【隶属】兰科 Orchidaceae。【包含】世界 1 种。【学名诠释与讨论】〈中〉（希）clema，指小式 clematis，所有格 clematidos，枝，小枝+stephos，stephanos，花冠，王冠+-ius，-ia，-ium，在拉丁文和希腊文中，这些词尾表示性质或状态。【分布】法属新喀里多尼亚。【模式】Clematepistephium smilacifolium (H. G. Reichenbach) N. Hallé [Epistephium smilacifolium H. G. Reichenbach]。■☆

11900 Clematicissus Planch. (1887)【汉】多枝藤属。【隶属】葡萄科 Vitaceae。【包含】世界 1 种。【学名诠释与讨论】〈阳〉（希）clema，指小式 clematis，所有格 clematidos，枝，小枝+kissos 常春藤。【分布】澳大利亚（西部）。【模式】Clematicissus angustissima (F. v. Mueller) J. E. Planchon [Vitis angustissima F. v. Mueller]。●☆

11901 Clematidaceae Martinov (1820) ＝ Ranunculaceae Juss. （保留科名）●■

11902 Clematis Dill. ex L. (1753) ≡ Clematis L. (1753) [毛茛科 Ranunculaceae]●■

11903 Clematis L. (1753)【汉】铁线莲属。【日】クレマチス属，センニンサウ属，センニンソウ属。【俄】Жгунец，Клематис，Княжик，Лозинка，Ломонос。【英】Clematis，Lady's Bower，Lether Flower，Old Man's Beard，Traveller's-joy，Virgin's Bower，Virgin's-bower。【隶属】毛茛科 Ranunculaceae。【包含】世界 295-330 种，中国 147-151 种。【学名诠释与讨论】〈阴〉（希）kleimatis，一种攀缘植物的古名，来自 klema，指小式 klematis，枝，小枝；所有格 klematidos，幼芽，卷须。指小枝先端和叶柄呈卷须状的藤本植物。此属的学名，ING、TROPICOS 和 GCI 记载是"Clematis L.，Sp. Pl. 1：543. 1753 [1 May 1753]"。IK 则记载为"Clematis Dill. ex L.，Sp. Pl. 1：543. 1753 [1 May 1753]"。"Clematis Dill. "是命名起点著作之前的名称，故"Clematis L. (1753)"和"Clematis Dill. ex L. (1753)"都是合法名称，可以通用。"Clematitis Duhamel du Monceau，Traité Arbres Arbust. 1：171. 1755 "是"Clematis L. (1753)"的晚出的同模式异名（Homotypic synonym，Nomenclatural synonym）。【分布】巴基斯坦，巴拿马，玻利维亚，厄瓜多尔，马达加斯加，美国（密苏里），尼加拉瓜，中国，热带，温带，中美洲。【后选模式】Clematis vitalba Linnaeus。【参考异名】Archiclematis (Tamura) Tamura (1968) Nom. illegit. ; Archiclematis

Tamura（1968）；Archidernatis（Tamura）Tamura；Atragene L.（1753）；Cheiropsis（DC.）Bercht. et J. Presl（1823）Nom. illegit.；Cheiropsis Bercht. et J. Presl（1823）Nom. illegit.；Clematis Dill. ex L.（1753）；Clematitis Duhamel（1755）Nom. illegit.；Clematopsis Bojer ex Hook.（1837）；Clematopsis Bojer ex Hutch.（1920）Nom. illegit.；Coriflora W. A. Weber（1982）Nom. inval.；Meclatis Spach（1838）；Monypus Raf.；Muralta Adans.（1763）（废弃属名）；Sieboldia Hoffmanns.（1842）；Trigula Noronha（1790）；Valvaria Ser.（1849）；Viorna（Pers.）Rchb.（1837）Nom. illegit.；Viorna Rchb.（1837）Nom. illegit.；Viticella Dill. ex Moench（1794）；Viticella Moench（1794）Nom. illegit.●■

11904　Clematitaria Bureau（1864）= Pleonotoma Miers（1863）［紫葳科 Bignoniaceae］●☆

11905　Clematitis Duhamel（1755）Nom. illegit. ≡ Clematis L.（1753）［毛茛科 Ranunculaceae］●■

11906　Clematoclethra（Franch.）Maxim.（1890）【汉】藤山柳属（铁线山柳属）。【英】Vineclethra。【隶属】猕猴桃科 Actinidiaceae。【包含】世界 1-5 种，中国 1-5 种。【学名诠释与讨论】〈阴〉（希）clematis，藤本的，攀缘的+（属）Clethra 桤叶树属，指植物体为藤本，叶与山柳科的山柳属类似。此属的学名，ING、TROPICOS 和 IK 记载是"Clematoclethra（Franchet）Maximowicz, Trudy Imp. S.-Peterburgsk. Bot. Sada 11：36. 1890"，由"Clethra sect. Clematoclethra Franchet, Nouv. Arch. Mus. Hist. Nat. ser. 2. 10：53. 1888"改级而来。"Clematoclethra Maxim.（1890）≡ Clematoclethra（Franch.）Maxim.（1890）"的命名人引证有误。【分布】中国。【模式】Clematoclethra scandens（Franchet）Maximowicz［Clethra scandens Franchet］。【参考异名】Clematoclethra Maxim.（1890）Nom. illegit.；Clethra sect. Clematoclethra Franch.（1888）；Pentastigma Maxim. ex Kom.●★

11907　Clematoclethra Maxim.（1889）Nom. illegit. ≡ Clematoclethra（Franch.）Maxim.（1889）［猕猴桃科 Actinidiaceae］●★

11908　Clematopsis Bojer ex Hook.（1837）= Clematis L.（1753）［毛茛科 Ranunculaceae］●■

11909　Clematopsis Bojer ex Hutch.（1920）Nom. illegit. = Clematis L.（1753）［毛茛科 Ranunculaceae］●■

11910　Clemensia Merr.（1908）= Chisocheton Blume（1825）［楝科 Meliaceae］●

11911　Clemensia Schltr.（1915）Nom. illegit. ≡ Clemensiella Schltr.（1915）［萝藦科 Asclepiadaceae］■☆

11912　Clemensiella Schltr.（1915）【汉】克莱门斯兰萝藦属。【隶属】萝藦科 Asclepiadaceae。【包含】世界 1 种。【学名诠释与讨论】〈阴〉（属）Clemensia+-ellus，-ella，-ellum，加在名词词干后面形成指小式的词尾。或加在人名、属名等后面以组成新属的名称。此属的学名"Clemensiella Schlechter, Repert. Spec. Nov. Regni Veg. 13：566. 15 Sep 1915"是一个替代名称。"Clemensia Schlechter, Repert. Spec. Nov. Regni Veg. 13：542. 30 Jun 1915"是一个非法名称（Nom. illegit.），因为此前已经有了"Clemensia Merrill, Philipp. J. Sci., C 3：143. 18 Jul 1908 = Honckenya Ehrh.（1783）［石竹科 Caryophyllaceae］"。故用"Clemensiella Schltr.（1915）"替代之。【分布】菲律宾。【模式】Clemensiella mariae（Schlechter）Schlechter［Clemensia mariae Schlechter］。【参考异名】Clemensia Schltr.（1915）Nom. illegit.■☆

11913　Clementea Cav.（1804）= Canavalia Adans.（1763）［as 'Canavali'］（保留属名）［豆科 Fabaceae（Leguminosae）//蝶形花科 Papilionaceae］●■

11914　Clementsia Rose ex Britton et Rose（1903）Nom. illegit. ≡ Clementsia Rose（1903）；~ = Rhodiola L.（1753）；~ = Sedum L.（1753）［景天科 Crassulaceae//红景天科 Rhodiolaceae］●■

11915　Clementsia Rose（1903）= Rhodiola L.（1753）；~ = Sedum L.（1753）［景天科 Crassulaceae//红景天科 Rhodiolaceae］●■

11916　Cleobula Vell.（1829）【汉】巴西克豆属。【隶属】豆科 Fabaceae（Leguminosae）。【包含】世界 1 种。【学名诠释与讨论】〈阴〉（人）Kleobis+-ulus，-ula，-ulum，指示小的词尾。【分布】巴西。【模式】Cleobula pinnata Vellozo。【参考异名】Cheobula Vell.（1831）☆

11917　Cleobulia Mart. ex Benth.（1837）【汉】克利奥豆属。【隶属】豆科 Fabaceae（Leguminosae）//蝶形花科 Papilionaceae。【包含】世界 3 种。【学名诠释与讨论】〈阴〉（人）Cleobula，她是 Amyntor 的妻子。【分布】巴西。【模式】Cleobulia multiflora C. F. P. Martius ex Bentham。■☆

11918　Cleochroma Miers（1848）= Iochroma Benth.（1845）（保留属名）［茄科 Solanaceae］●☆

11919　Cleodora Klotzsch（1841）= Croton L.（1753）［大戟科 Euphorbiaceae//巴豆科 Crotonaceae］●

11920　Cleomaceae Airy Shaw（1965）= Brassicaceae Burnett（保留科名）//Cruciferae Juss.（保留科名）■●

11921　Cleomaceae Bercht. et J. Presl（1825）［亦见 Capparaceae Juss.（保留科名）山柑科（白花菜科，醉蝶花科）］【汉】白花菜科（醉蝶花科）。【包含】世界 7-9 属 150-190 种，中国 2-5 属 5-7 种。【分布】热带和亚热带。【科名模式】Cleome L.（1753）●■

11922　Cleomaceae Horan.（1834）= Capparaceae Juss.（保留科名）●■

11923　Cleome L.（1753）【汉】白花菜属（风蝶草属，紫龙须属，醉蝶花属）。【日】グレオメ属，セイヤウフウチヨサウ属，セイヨウフウチョウソウ属。【俄】Гинандропсис，Клеома，Клеоме，Паучник。【英】Cleome，Gleome，Spider Flower，Spider Herb，Spider Plant，Spiderflower。【隶属】山柑科（白花菜科，醉蝶花科）Capparaceae//白花菜科（醉蝶花科）Cleomaceae。【包含】世界 15-150 种，中国 1-6 种。【学名诠释与讨论】〈阴〉（拉）eleome，一种芥子植物的古名，来自"希"kleio，关闭，封锁。此属的学名，ING、APNI、GCI、TROPICOS 和 IK 记载是"Cleome L., Sp. Pl. 2：671. 1753［1 May 1753］"。"Micambe Adanson, Fam. 2：407. Jul-Aug 1763"和"Sinapistrum P. Miller, Gard. Dict. Abr. ed. 4. 28 Jan 1754"是"Cleome L.（1753）"的晚出的同模式异名（Homotypic synonym, Nomenclatural synonym）。亦有文献把"Cleome L.（1753）"处理为"Gynandropsis DC.（1824）（保留属名）"的异名。【分布】巴基斯坦，巴拿马，秘鲁，玻利维亚，厄瓜多尔，哥伦比亚（安蒂奥基亚），马达加斯加，美国（密苏里），尼加拉瓜，中国，热带，亚热带，中美洲。【后选模式】Cleome ornithopodioides Linnaeus。【参考异名】Acome Baker（1882）；Aldenella Greene（1900）；Aleome Neck.（1790）Nom. inval.；Anomalostemon Klotzsch（1861）；Arivela Raf.（1838）；Atalanta（Nutt.）Raf.（1838）Nom. illegit.；Atalanta Nutt.（1818）Nom. illegit.；Aubion Raf.（1838）；Blanisia Pritz.（1855）；Carsonia Greene（1900）；Celome Greene（1900）；Chilocalyx Klotzsch（1861）；Coalisina Raf.（1838）；Corynandra Schrad.（1826）Nom. inval.；Corynandra Schrad. ex Spreng.（1827）；Decastemon Klotzsch（1861）；Dianthera Klotzsch（1861）Nom. illegit.；Diorimasperma Raf.（1838）；Gynandropsis DC.（1824）（保留属名）；Hemiscola Raf.（1838）；Isexina Raf.（1838）；Isomeris Nutt.（1838）；Justago Kuntze（1891）；Melidiscus Raf.（1838）；Micambe Adans.（1763）Nom. illegit.；Mitostylis Raf.（1838）；Neocleome Small（1933）Nom. illegit.；Oncufis Raf.（1838）；Oncyphis Post et Kuntze（1903）；Pedicellaria Schrank（1790）（废弃属名）；Pericla Raf.（1838）；Peritoma DC.（1824）；Physostemon Mart.（1824）Nom. illegit.；Polanisia Raf.；

Rorida J. F. Gmel. (1791); Roridula Forssk. (1775) Nom. illegit.; Scolosperma Raf. (1838); Sieruela Raf. (1838); Siliquaria Forssk. (1775); Sinapistrum Mill. (1754) Nom. illegit.; Stylista Raf. (1838); Symphyostemon Klotzsch (1861) Nom. illegit.; Tarenaya Raf. (1838); Tetrateleia Arw.; Tetrateleia Sond. (1860) Nom. illegit.; Tetratelia Sond. (1860); Triandrophora O. Schwarz (1927) ●■

11924　Cleomella DC. (1824)【汉】小白花菜属(小醉蝶花属)。【隶属】山柑科(白花菜科,醉蝶花科) Capparaceae//白花菜科(醉蝶花科) Cleomaceae。【包含】世界 10 种。【学名诠释与讨论】〈阴〉(属) Cleome 白花菜属+-ellus, -ella, -ellum, 加在名词词干后面形成指小式的词尾。或加在人名、属名等后面以组成新属的名称。此属的学名, ING、GCI、TROPICOS 和 IK 记载是"Cleomella DC., Prodr. [A. P. de Candolle] 1: 237. 1824 [mid-Jan 1824]"。"Cleomella DC. (1824)"曾被处理为"Cleome sect. Cleomella (DC.) Baill., Histoire des Plantes 3: 149. 1872"。"Hyponema Rafinesque, Good Book 40. Jan 1840"和"Isopara Rafinesque, Atlantic J. 144. winter 1832"是"Cleomella DC. (1824)"的晚出的同模式异名(Homotypic synonym, Nomenclatural synonym)。【分布】美国(西南部),墨西哥。【模式】Cleomella mexicana A. P. de Candolle。【参考异名】Cleome sect. Cleomella (DC.) Baill. (1872); Hyponema Raf. (1840) Nom. illegit.; Isopara Raf. (1832) Nom. illegit. ■☆

11925　Cleomena Roem. et Schult. (1817) Nom. illegit. = Muhlenbergia Schreb. (1789) [禾本科 Poaceae(Gramineae)] ■

11926　Cleomodendron Pax(1891) = Farsetia Turra (1765) [十字花科 Brassicaceae(Cruciferae)] ■☆

11927　Cleomopsideae Vill. = Stanleyaceae Nutt. ●■

11928　Cleonia L. (1763)【汉】克里昂草属(蓝苞草属)。【隶属】唇形科 Lamiaceae(Labiatae)。【包含】世界 1-2 种。【学名诠释与讨论】〈阴〉(拉) cleonia, 雏菊属一种植物代表名称。【分布】地中海西部。【模式】Cleonia lusitanica (Linnaeus) Linnaeus [Prunella lusitanica Linnaeus]。■☆

11929　Cleopatra Croizat(1938) = Neoguillauminia Croizat(1938) [大戟科 Euphorbiaceae] ☆

11930　Cleopatra Pancher ex Baillon = Neoguillauminia Croizat (1938) [大戟科 Euphorbiaceae] ☆

11931　Cleopatra Pancher ex Croizat (1938) = Neoguillauminia Croizat (1938) [大戟科 Euphorbiaceae] ☆

11932　Cleophora Gaertn. (1791) Nom. illegit. ≡ Latania Comm. ex Juss. (1789) [棕榈科 Arecaceae(Palmae)] ●☆

11933　Cleoserrata Iltis(2007)【汉】西洋白花菜属。【隶属】白花菜科(醉蝶花科) Cleomaceae。【包含】世界 5 种, 中国 1 种。【学名诠释与讨论】〈阴〉词源不详。【分布】中国, 非洲, 热带美洲, 北美洲南部, 南美洲, 中美洲。【模式】Cleoserrata serrata (Jacq.) Iltis。●

11934　Cleosma Urb. et Ekman ex Sandwith (1962) Nom. illegit. = Tynanthus Miers(1863) [紫葳科 Bignoniaceae] ●☆

11935　Clercia Vell. (1829) = Salacia L. (1771) (保留属名) [卫矛科 Celastraceae//翅子藤科 Hippocrateaceae//五层龙科 Salaciaceae] ●

11936　Cleretum N. E. Br. (1925)【汉】鸦嘴玉属。【隶属】番杏科 Aizoaceae。【包含】世界 3 种。【学名诠释与讨论】〈中〉词源不详。【分布】非洲南部。【模式】Cleretum papulosum (Linnaeus f.) L. Bolus [Mesembryanthemum papulosum Linnaeus f.]。【参考异名】Micropterum Schwantes(1928) ■☆

11937　Clerkia Neck. (1790) Nom. inval. = Tabernaemontana L. (1753) [夹竹桃科 Apocynaceae//红月桂科 Tabernaemontanaceae] ●

11938　Clermontia Gaudich. (1829)【汉】克勒木属(克勒草属)。【隶属】桔梗科 Campanulaceae。【包含】世界 22 种。【学名诠释与讨论】〈阴〉(人) Clermont。【分布】美国(夏威夷)。【后选模式】Clermontia oblongifolia Gaudichaud-Beaupré。●☆

11939　Clerodendranthus Kudô (1929)【汉】肾茶属。【英】Clerodendranthus。【隶属】唇形科 Lamiaceae(Labiatae)。【包含】世界 5 种, 中国 1 种。【学名诠释与讨论】〈阳〉(属) Clerodendrum 赪桐属(臭牡丹属, 大青属, 海州常山属)+希腊文 anthos, 花。此属的学名是"Clerodendranthus Kudo, Mem. Fac. Sci. Taihoku Imp. Univ. 2(2): 117. Dec 1929"。亦有文献把其处理为"Orthosiphon Benth. (1830)"的异名。【分布】印度至马来西亚, 中国, 亚洲东部。【模式】Clerodendranthus stamineus (Bentham) Kudo [Orthosiphon stamineus Bentham]。【参考异名】Orthosiphon Benth. (1830) ●

11940　Clerodendron Adans. (1763) Nom. illegit. = Clerodendrum L. (1753) [马鞭草科 Verbenaceae//牡荆科 Viticaceae] ●■

11941　Clerodendron Burm. (1737) Nom. inval. = Clerodendrum L. (1753) [马鞭草科 Verbenaceae//牡荆科 Viticaceae] ●■

11942　Clerodendron L. (1753) Nom. illegit. ≡ Clerodendrum L. (1753) [马鞭草科 Verbenaceae//牡荆科 Viticaceae] ●■

11943　Clerodendron R. Br., Nom. illegit. ≡ Clerodendrum L. (1753) [马鞭草科 Verbenaceae//牡荆科 Viticaceae] ●■

11944　Clerodendrum L. (1753)【汉】赪桐属(臭牡丹属, 大青属, 海州常山属)。【日】クサギ属, クレロデンドロングレオメ属。【俄】Волкамерия, Клероденрон, Сифонантус。【英】Glory Bower, Glory Tree, Glorybower, Glory-bower, Glory-tree, Tuber Flower, Tuberflower。【隶属】马鞭草科 Verbenaceae//牡荆科 Viticaceae。【包含】世界 400-500 种, 中国 34-44 种。【学名诠释与讨论】〈中〉(希) kleros, 命运, 机遇+dendron 或 dendros, 树木, 棍, 丛林。指其具有不确定的医药性能。此属的学名"Clerodendrum Linnaeus, Sp. Pl. 637. 1 Mai 1753"。"Clerodendron L. (1753)"、"Clerodendron R. Br."和"Klerodendron Adans., Fam. Pl. 2: 12. 1763"是其拼写变体。【分布】巴基斯坦, 巴拿马, 秘鲁, 玻利维亚, 厄瓜多尔, 哥伦比亚(安蒂奥基亚), 马达加斯加, 尼加拉瓜, 中国, 热带, 亚热带, 中美洲。【模式】Clerodendrum infortunatum Linnaeus [as 'infortunata']。【参考异名】Agricolaea Schrank(1808); Archboldia E. Beer et H. J. Lam(1936); Bellevalia Scop. (1777) Nom. illegit. (废弃属名); Cleianthus Lour. ex Gomes (1868); Clerodendron Adans. (1763) Nom. illegit.; Clerodendron Burm. (1737) Nom. inval.; Clerodendron L. (1753) Nom. illegit.; Clerodendron R. Br., Nom. illegit.; Cornacchinia Savi (1837); Cyclonema Hochst. (1842); Cyrtostemma Kunze (1843) Nom. illegit.; Douglassia Mill. (1754) Nom. illegit. (废弃属名); Duglassia Houst. (1781); Egena Raf. (1837); Kalaharia Baill. (1891); Klerodendron Adans. (1763) Nom. illegit.; Marurungia Scop.; Marurang Adans. (1763) Nom. illegit.; Marurang Rumph. ex Adans. (1763); Montalbania Neck. (1790) Nom. inval.; Ovieda L. (1753); Patulix Raf. (1840); Rotheca Raf. (1838); Siphoboea Baill. (1888); Siphonanthus L. (1753); Spironema Hochst. (1842) Nom. illegit.; Torreya Spreng. (1820) Nom. illegit. (废弃属名); Valdia Boehm. (1760) Nom. illegit.; Volkamera Post et Kuntze (1903); Volkameria L. (1753); Volkmannia Jacq. (1798) ■

11945　Cleterus Raf., Nom. illegit. = Chleterus Raf. (1814) Nom. illegit.; ~ = Boea Comm. ex Lam. (1785) [苦苣苔科 Gesneriaceae] ■

11946　Clethra Bert. ex Steud., Nom. illegit. = Viviania Cav. (1804) [牻牛儿苗科 Geraniaceae//青蛇胚科(曲胚科, 韦韦苗科) Vivianiaceae] ■☆

11947　Clethra Gronov. ex L. (1753) ≡ Clethra L. (1753) [桤叶树科

（山柳科）Clethraceae]●

11948 Clethra L.（1753）【汉】桤叶树属（山柳属）。【日】リャウブ属，リョウブ属。【俄】Клетра。【英】Clethra，Summer Sweet，Summersweet，Summer-sweet，White Alder，White-alder。【隶属】桤叶树科（山柳科）Clethraceae。【包含】世界70-83种，中国7-17种。【学名诠释与讨论】〈阴〉（希）klethra，桤木Alnus的古名。指其与桤木属相似。此属的学名，ING和IK记载是"Clethra Linnaeus，Sp. Pl. 396. 1 Mai 1753"。此属的学名，ING、TROPICOS和IK记载是"Clethra L.，Sp. Pl. 1：396. 1753［1 May 1753］"。也有文献用为"Clethra Gronov. ex L.（1753）"。"Clethra Gronov."是命名起点著作之前的名称，故"Clethra L."和"Clethra Gronov. ex L.（1753）"都是合法名称，可以通用。而"Clethra Bert. ex Steud."则是晚出的非法名称。"Junia Adanson，Fam. 2：165. Jul-Aug 1763"是"Clethra L.（1753）"的晚出的同模式异名（Homotypic synonym，Nomenclatural synonym）。Junia晚出的非法名称"Rafinesque，Aut. Bot. 6. 1840"属于虎耳草科Saxifragaceae//"Junia Dumortier，Comment. Bot. 81. Nov（sero）-Dec（prim.）1822"则是真菌。【分布】巴拿马，秘鲁，玻利维亚，厄瓜多尔，哥伦比亚（安蒂奥基亚），葡萄牙（马德拉群岛），尼加拉瓜，中国，亚洲，美洲。【模式】Clethra alnifolia Linnaeus。【参考异名】Clethra Gronov. ex L.（1753）；Crossophrys Klotzsch（1851）；Junia Adans.（1763）Nom. illegit.，Nom. superfl.；Tinus L.（1759）Nom. illegit. ●

11949 Clethraceae Klotzsch（1851）（保留科名）［亦见 Cyrillaceae Lindl.（保留科名）翅萼树科（翅萼樹科，西里拉科）]【汉】桤叶树科（山柳科）。【日】リャウブ科，リョウブ科。【俄】Клетровые。【英】Clethra Family，Pepperbush Family，White Alder Family。【包含】世界1-2属64-95种，中国1属7-17种。【分布】亚洲，美洲。【科名模式】Clethra L. ●

11950 Clethropsis Spach（1841）= Alnus Mill.（1754）［桦木科 Betulaceae]●

11951 Clethrospermum Planch.（1848）Nom. illegit. = Clathrospermum Planch. ex Hook. f.（1862）Nom. illegit.（废弃属名）；~ = Enneastemon Exell（1932）（保留属名）［番荔枝科 Annonaceae]●☆

11952 Clevelandia Greene ex Brandegee（1891）【汉】克利草属。【隶属】玄参科 Scrophulariaceae//列当科 Orobanchaceae。【包含】世界1种。【学名诠释与讨论】〈阴〉（人）Cleveland，植物学者。此属的学名，ING、TROPICOS和IK记载是"Clevelandia E. L. Greene，Bull. Calif. Acad. Sci. 1（4）：182. 29 Aug 1885"；这是一个未合格发表的名称（Nom. inval.）。IK记载的"Clevelandia Greene ex Brandegee，Proc. Calif. Acad. Sci. ser. 2，3：157. 1891；et ex O. Hoffm. in Engl. et Prantl. Naturl. Pflanzenfam. 4：3b.（1893）99"是合法名称。亦有文献把"Clevelandia Greene ex Brandegee（1891）"处理为"Orthocarpus Nutt.（1818）"的异名。【分布】美国（加利福尼亚）。【模式】Clevelandia beldingii（E. L. Greene）E. L. Greene［as'beldingi'］［Orthocarpus beldingi E. L. Greene]。【参考异名】Orthocarpus Nutt.（1818）；Clevelandia Greene ex O. Hoffm.（1893）Nom. illegit.；Clevelandia Greene（1885）Nom. inval. ■☆

11953 Clevelandia Greene ex O. Hoffm.（1893）Nom. illegit. ≡ Clevelandia Greene ex Brandegee（1891）［玄参科 Scrophulariaceae//列当科 Orobanchaceae]■☆

11954 Clevelandia Greene（1885）Nom. inval. ≡ Clevelandia Greene ex Brandegee（1891）［玄参科 Scrophulariaceae//列当科 Orobanchaceae]■☆

11955 Cleyera Adans.（1763）（废弃属名）≡ Polypremum L.（1763）［四粉草科 Tetrachondraceae//岩高兰科 Empetraceae//醉鱼草科

Buddlejaceae//马钱科 Loganiaceae]■☆

11956 Cleyera Thunb.（1783）（保留属名）【汉】红淡比属（肖柃属，杨桐属）。【日】サカキ属。【俄】Клейера。【英】Cleyera，Eurya。【隶属】山茶科（茶科）Theaceae//厚皮香科 Ternstroemiaceae。【包含】世界8-24种，中国9种。【学名诠释与讨论】〈阴〉（人）Andrés Andréw Cleyer，? -1697，荷兰医生、植物学者，曾研究亚洲的药草。此属的学名"Cleyera Thunb.，Nov. Gen. Pl.：68. 18 Jun 1783"是保留属名。相应的废弃属名是"Cleyera Adans.，Fam. Pl. 2：224，540. Jul-Aug 1763 ≡ Polypremum L.（1763）［四粉草科 Tetrachondraceae//岩高兰科 Empetraceae//醉鱼草科 Buddlejaceae//马钱科 Loganiaceae]"。"Sakakia Nakai，Fl. Sylv. Koreana 17：76. Dec 1928"是"Cleyera Thunb.（1783）（保留属名）"的晚出的同模式异名（Homotypic synonym，Nomenclatural synonym）。亦有文献把"Cleyera Thunb.（1783）（保留属名）"处理为"Ternstroemia Mutis ex L. f.（1782）（保留属名）"的异名。【分布】墨西哥至巴拿马，尼加拉瓜，中国，喜马拉雅山至日本，西印度群岛，中美洲。【模式】Cleyera japonica Thunberg。【参考异名】Sakakia Nakai（1928）Nom. illegit.；Ternstroemia Mutis ex L. f.（1782）（保留属名）；Tristylium Turcz.（1858）●

11957 Cleyria Neck.（1790）Nom. inval. = Dialium L.（1767）［豆科 Fabaceae（Leguminosae）//云实科（苏木科）Caesalpiniaceae]●☆

11958 Clianthus Banks et Sol. ex G. Don（1832）（废弃属名）= Clianthus Sol. ex Lindl.（1835）（保留属名）［豆科 Fabaceae（Leguminosae）//蝶形花科 Papilionaceae]●

11959 Clianthus Sol. ex Lindl.（1835）（保留属名）【汉】鹦鹉嘴属（沙耀花豆属，所罗豆属，耀花豆属，原耀花豆属）。【日】クリアンサス属。【俄】Клиантус。【英】Clianthus，Glory Pea，Glory Vine，Glorypea，Kakabeak，Parrot-beak，Parrotbill，Parrot-bill，Parrotheak，Parrothill，Sarcodum。【隶属】豆科 Fabaceae（Leguminosae）//蝶形花科 Papilionaceae。【包含】世界1种。【学名诠释与讨论】〈阳〉（希）kleios，光荣+anthos，花。指花艳丽。此属的学名"Clianthus Sol. ex Lindl. in Edwards's Bot. Reg.：ad t. 1775. 1 Jul 1835"是保留属名。相应的废弃属名是豆科 Fabaceae 的"Sarcodum Lour.，Fl. Cochinch.：425，461. Sep 1790 = Clianthus Sol. ex Lindl.（1835）（保留属名）"。豆科 Fabaceae 的"Clianthus Banks et Sol. ex G. Don（1832）= Clianthus Sol. ex Lindl.（1835）（保留属名）亦应废弃。"Donia G. Don et D. Don in G. Don，Gen. Hist. 2：467. Oct 1832（non R. Brown 1813）"是"Clianthus Sol. ex Lindl.（1835）（保留属名）"的同模式异名（Homotypic synonym，Nomenclatural synonym）。【分布】澳大利亚，玻利维亚，厄瓜多尔，新西兰，中国。【模式】Clianthus puniceus（G. Don）Solander ex J. Lindley［Donia punicea G. Don]。【参考异名】Clianthus Banks et Sol. ex G. Don（1832）（废弃属名）；Donia G. Don et D. Don ex G. Don（1832）Nom. illegit.；Donia G. Don et D. Don（1832）Nom. illegit.；Eremocharis R. Br.（1848）Nom. inval.；Sarcodium Pers.（1807）；Sarcodum Lour.（1790）（废弃属名）；Willdampia A. S. George（1999）●

11960 Clibadium F. Allam. ex L.（1771）【汉】白头菊属（克力巴菊属）。【英】Guado。【隶属】菊科 Asteraceae（Compositae）。【包含】世界24-40种。【学名诠释与讨论】〈中〉词源不详。此属的学名，ING、TROPICOS和GCI记载是"Clibadium F. Allam. ex L.，Mant. Pl. Altera 161. 1771［Oct 1771］"。IK则记载为"Clibadium L.，Mant. Pl. Altera 161. 1771［Oct 1771]"。三者引用的文献相同。【分布】巴拉圭，巴拿马，秘鲁，玻利维亚，厄瓜多尔，哥伦比亚（安蒂奥基亚），尼加拉瓜，西印度群岛，热带美洲，中美洲。【模式】Clibadium surinamense Linnaeus。【参考异名】Baillieria Aubl.（1775）；Balleria Juss.（1789）；Clibadium L.（1771）Nom.

illegit. ; Orsinia Bertol. ex DC. (1836) ; Oswalda Cass. (1829) ; Trichapium Gilli (1983) ; Trixis Sw. (1788) Nom. illegit. ●■☆

11961　Clibadium L. (1771) Nom. illegit. ≡ Clibadium F. Allam. ex L. (1771) ［菊科 Asteraceae (Compositae) ］●■☆

11962　Clidanthera R. Br. (1848) = Glycyrrhiza L. (1753) ［豆科 Fabaceae (Leguminosae) //蝶形花科 Papilionaceae ］■

11963　Clidemia D. Don (1823)【汉】克利木属（克莱迪米属）。【日】クリデミア属。【英】Bush Currant。【隶属】野牡丹科 Melastomataceae。【包含】世界 117 种。【学名诠释与讨论】〈阴〉（人）Klidemi，古希腊的植物学者，医生。【分布】巴拉圭，巴拿马，秘鲁，玻利维亚，厄瓜多尔，哥伦比亚（安蒂奥基亚），哥斯达黎加，马达加斯加，尼加拉瓜，西印度群岛，中美洲。【后选模式】Clidemia neglecta D. Don。【参考异名】Calophysa DC. (1828) ; Capitellaria Naudin (1852) ; Climedia Raf. (1877) ; Dancera Raf. (1838) ; Diplodonta H. Karst. (1857) ; Necramium Britton (1924) ; Octomeris Naudin (1845) Nom. illegit. ; Octonum Raf. (1838) ; Prosanerpis S. F. Blake (1922) ; Sagraea DC. (1828) ; Staphidiastrum Naudin (1852) ; Staphidium Naudin (1852) ; Stephanotrichum Naudin (1845)●☆

11964　Clidemiastrum Nand. (1852) = Leandra Raddi (1820) ; ~ = Oxymeris DC. (1828) ［野牡丹科 Melastomataceae ］●■☆

11965　Clidium Post et Kuntze (1903) = Cleidion Blume (1826) ［大戟科 Euphorbiaceae ］●

11966　Cliffordia Livera (1927) = Christisonia Gardner (1847) ［列当科 Orobanchaceae//玄参科 Scrophulariaceae ］■

11967　Cliffordiochloa B. K. Simon (1992)【汉】澳禾属。【隶属】禾本科 Poaceae (Gramineae)。【包含】世界 1 种。【学名诠释与讨论】〈阴〉（人）Clifford + chloa，禾草。【分布】澳大利亚。【模式】Cliffordiochloa parvispicula B. K. Simon。■☆

11968　Cliffortia L. (1753)【汉】可利果属。【隶属】蔷薇科 Rosaceae。【包含】世界 100-115 种。【学名诠释与讨论】〈阴〉（人）Anglo‐Dutch banker George Clifford，1685‐1760，东印度公司董事，林奈的朋友和资助人。【分布】非洲。【后选模式】Cliffortia polygonifolia Linnaeus。【参考异名】Monographidium C. Presl (1851) ; Morilandia Neck. (1790) Nom. inval. ●☆

11969　Cliffortiaceae Mart. = Rosaceae Juss. (1789) （保留科名）●■

11970　Cliffortioides Dryand. ex Hook. (1844) = Nothofagus Blume (1851) （保留属名）［壳斗科（山毛榉科）Fagaceae//假山毛榉科（南青冈科，南山毛榉科，拟山毛榉科）Nothofagaceae ］●☆

11971　Cliftonia Banks ex C. F. Gaertn. (1807)【汉】克利夫木属。【隶属】翅萼树科（翅萼木科，西里拉科）Cyrillaceae。【包含】世界 1 种。【学名诠释与讨论】〈阴〉（人）William Clifton，英国植物学者。【分布】美国（东南部）。【模式】Cliftonia nitida C. F. Gaertner。【参考异名】Mylocaryum Willd. (1809) ; Walteriana Fraser ex Endl. (1841)●☆

11972　Climacandra Miq. (1852) = Ardisia Sw. (1788) （保留属名）［紫金牛科 Myrsinaceae ］●■

11973　Climacanthus Nees (1847) Nom. illegit. ≡ Clinacanthus Nees (1847) ［爵床科 Acanthaceae ］■

11974　Climacoptera Botsch. (1956)【汉】梯翅蓬属。【隶属】藜科 Chenopodiaceae//猪毛菜科 Salsolaceae。【包含】世界 42 种。【学名诠释与讨论】〈阴〉（希）klimax，所有格 klimakos，梯，楼梯 + pteron，指小式 pteridion，翅。pteridios，有羽毛的。此属的学名是 "Climacoptera V. P. Botschantzev, Akad. Sukacheva Sborn Rabot 111. 1956"。亦有文献把其处理为 "Salsola L. (1753)" 的异名。【分布】巴勒斯坦，亚洲中部。【模式】Climacoptera lanata (Pallas) V. P. Botschantzev ［Salsola lanata Pallas ］。【参考异名】Salsola L. (1753)●☆

11975　Climacorachis Hemsl. et Rose (1903) = Aeschynomene L. (1753) ［豆科 Fabaceae (Leguminosae) //蝶形花科 Papilionaceae ］●■

11976　Climedia Raf. (1877) = Clidemia D. Don (1823) ［野牡丹科 Melastomataceae ］●☆

11977　Clinacanthus Nees (1847)【汉】鳄嘴花属（鳄咀花属，扭序花属，梯序花属）。【英】Clinacanthus。【隶属】爵床科 Acanthaceae。【包含】世界 2 种，中国 1 种。【学名诠释与讨论】〈阳〉（希）kline，床，来自 klino，倾斜，斜倚 + akantha，荆棘，刺。指花序扭曲。此属的学名，ING、TROPICOS、IK 和《中国植物志》记载是 "Clinacanthus Nees, Prodr. [A. P. de Candolle] 11：511. 1847 [25 Nov 1847]"。"Climacanthus Nees" 拼写有误。【分布】马来西亚，中国，中南半岛。【模式】Clinacanthus burmanni C. G. D. Nees, Nom. illegit. [Justicia nutans Burman f. ; Clinacanthus nutans (Burman f.) Lindau]。【参考异名】Climacanthus Nees (1847) Nom. illegit. ■

11978　Clinanthus Herb. (1821) = Stenomesson Herb. (1821) ［石蒜科 Amaryllidaceae ］■☆

11979　Clinelymus (Griseb.) Nevski (1932) Nom. illegit. ≡ Elymus L. (1753) ［禾本科 Poaceae (Gramineae) ］■

11980　Clinelymus Nevski (1932) Nom. illegit. ≡ Clinelymus (Griseb.) Nevski (1932) Nom. illegit. ≡ Elymus L. (1753) ［禾本科 Poaceae (Gramineae) ］■

11981　Clinhymenia A. Rich. et Galeotti (1844) = Cryptarrhena R. Br. (1816) ; ~ = Orchidofunckia A. Rich. et Galeotti (1845) ［兰科 Orchidaceae ］■☆

11982　Clinogyne K. Schum. , Nom. illegit. = Marantochloa Brongn. ex Gris (1860) ［竹芋科（苳叶科，柊叶科）Marantaceae ］■☆

11983　Clinogyne Salisb. (1812) Nom. inval. ≡ Clinogyne Salisb. ex Benth. (1883) ［竹芋科（苳叶科，柊叶科）Marantaceae ］■☆

11984　Clinogyne Salisb. ex Benth. (1883) Nom. illegit. = Donax Lour. (1790) + Schumannianthus Gagnep. (1904) + Marantochloa Brongn. ex Gris (1860) ［竹芋科（苳叶科，柊叶科）Marantaceae ］■☆

11985　Clinopodium L. (1753)【汉】风轮菜属。【日】タフバナ属，トウバナ属。【俄】Душевга，Душевик，Клиноног，Пахучка。【英】Calamint，Clinopodium，Wildbasil。【隶属】唇形科 Lamiaceae (Labiatae)。【包含】世界 20-100 种，中国 12 种。【学名诠释与讨论】〈中〉（希）kline，床 + pous，所有格 podos，指小式 podion，脚，足，柄，梗 + ‐ius，‐ia，‐ium，在拉丁文和希腊文中，这些词尾表示性质或状态。【分布】巴基斯坦，玻利维亚，厄瓜多尔，哥斯达黎加，马达加斯加，美国（密苏里），中国，北温带，中美洲。【后选模式】Clinopodium vulgare Linnaeus。【参考异名】Acinos Mill. (1754) ; Antonina Vved. (1961) ; Calamintha Mill. (1754) ; Dictilis Raf. (1837) ; Diodeilis Raf. (1837) ; Diodontocheilis Raf. ; Gardoquia Ruiz et Pav. (1794) ; Phyllotephrum Gand. ; Rafinesquia Raf. (1837) （废弃属名）; Xenopoma Willd. (1811) （废弃属名）■●

11986　Clinosperma Becc. (1921)【汉】斜籽棕属（克利诺椰属，细鳞椰属，斜子棕属）。【隶属】棕榈科 Arecaceae (Palmae)。【包含】世界 1 种。【学名诠释与讨论】〈中〉（希）klino，倾斜，斜倚 + sperma，所有格 spermatos，种子，孢子。【分布】法属新喀里多尼亚。【模式】Clinosperma bracteale (A. T. Brongniart) Beccari ［as ' bractealis ' ］［Cyphokentia bractealis A. T. Brongniart ］。●☆

11987　Clinostemon Kuhlm. et A. Samp. (1928)【汉】斜蕊樟属。【隶属】樟科 Lauraceae。【包含】世界 2 种。【学名诠释与讨论】〈阳〉（希）klino，倾斜，斜倚 + stemon，雄蕊。此属的学名是 "Clinostemon Kuhlmann et Sampaio, Bol. Mus. Nac. Rio de Janeiro 4 (2)：57. Jun 1928"。亦有文献把其处理为 "Licaria Aubl. (1775)" 或

"Mezilaurus Kuntze ex Taub.（1892）"的异名。【分布】热带美洲。【模式】Clinostemon mahuba（Sampaio）Kuhlmann et Sampaio［Acrodiclidium mahuba Sampaio］。【参考异名】Licaria Aubl.（1775）；Mezilaurus Kuntze ex Taub.（1892）●☆

11988　Clinostigma H. Wendl.（1862）【汉】斜柱棕属（根柱椰子属，曲嘴椰子属，萨摩亚棕属，西萨摩亚棕属，斜柱头桐属，斜柱椰属）。【日】ノヤシ属，マガクチヤシ属。【隶属】棕榈科 Arecaceae（Palmae）。【包含】世界 13 种。【学名诠释与讨论】〈中〉（希）klino，倾斜，斜倚+stigma，所有格 stigmatos，柱头，眼点。【分布】斐济，萨摩亚群岛。【模式】Clinostigma samoënse H. Wendland。【参考异名】Bentinckiopsis Becc.（1921）；Clinostigmopsis Becc.（1934）；Exorrhiza Becc.（1885）；Lepidorhachis O. F. Cook（1927）Nom. illegit.●☆

11989　Clinostigmopsis Becc.（1934）【汉】拟斜柱棕属。【隶属】棕榈科 Arecaceae（Palmae）。【包含】世界 2 种。【学名诠释与讨论】〈阴〉（属）Clinostigma 斜柱棕属+希腊文 opsis，外观，模样，相似。此属的学名是"Clinostigmopsis Beccari in Martelli, Atti Soc. Tosc. Sci. Nat. Pisa Mem. 44：161. 1934"。亦有文献把其处理为"Clinostigma H. Wendl.（1862）"的异名。【分布】斐济，瓦努阿图。【后选模式】Clinostigmopsis thurstonii（Beccari）Beccari。【参考异名】Clinostigma H. Wendl.（1862）●☆

11990　Clinostylis Hochst.（1844）【汉】斜柱百合属。【隶属】百合科 Liliaceae//秋水仙科 Colchicaceae。【包含】世界 1 种。【学名诠释与讨论】〈阴〉（希）klino，倾斜，斜倚+stylos＝拉丁文 style，花柱，中柱，有尖之物，桩，柱，支持物，支柱，石头做的界标。此属的学名是"Clinostylis Hochstetter, Flora 27：26. 14 Jan 1844"。亦有文献把其处理为"Gloriosa L.（1753）"的异名。【分布】参见 Gloriosa L.。【模式】Clinostylis speciosa Hochstetter。【参考异名】Gloriosa L.（1753）■☆

11991　Clinta Griff.（1854）＝Chirita Buch.－Ham. ex D. Don（1822）［苦苣苔科 Gesneriaceae］●■

11992　Clintonia Douglas ex Lindl.（1829）Nom. illegit. ≡Downingia Torr.（1857）（保留属名）［桔梗科 Campanulaceae］■☆

11993　Clintonia Douglas（1829）Nom. illegit. ≡Clintonia Douglas ex Lindl.（1829）Nom. illegit. ≡Downingia Torr.（1857）（保留属名）［桔梗科 Campanulaceae］■☆

11994　Clintonia Raf.（1818）【汉】七筋姑属（七筋菇属）。【日】ツバメオモト属。【俄】Клинтония。【英】Bead Lily, Broadlily, Clinton's Lily, Clintonia, Clintonis, Wood Lily。【隶属】百合科 Liliaceae//铃兰科 Convallariaceae//美地草科（美地科，七筋菇科，七筋姑科）Medeolaceae。【包含】世界 5-6 种，中国 1 种。【学名诠释与讨论】〈阴〉（人）De Witt Clinton, 1769-1828，政治家，曾任纽约市长，也是博物学者。此属的学名，ING、GCI、TROPICOS 和 IK 记载是"Clintonia Raf., Amer. Monthly Mag. et Crit. Rev. 2：266. 1818［Feb 1818］"。桔梗科 Campanulaceae 的"Clintonia Douglas（1829）Nom. illegit. ≡Clintonia Douglas ex Lindl., Edwards's Bot. Reg. 15：t. 1241. 1829［1 Jun 1829］≡Downingia Torr.（1857）（保留属名）"是晚出的非法名称。【分布】中国，温带东亚，北美洲。【模式】Clintonia borealis（W. Aiton）Rafinesque［Dracaena borealis W. Aiton］。【参考异名】Hylocharis Tiling ex Regel et Tiling（1859）；Xeniatrum Salisb.（1866）■

11995　Cliocarpus Miers（1849）＝Solanum L.（1753）［茄科 Solanaceae］●■

11996　Cliococca Bab.（1841）【汉】穿蕊亚麻属。【隶属】亚麻科 Linaceae。【包含】世界 1-2 种。【学名诠释与讨论】〈阴〉（希）Kleio，希腊神话中司历史的女神+kokkos，变为拉丁文 coccus，仁，谷粒，浆果。此属的学名是"Cliococca Babington, Proc. Linn. Soc.

London 1：90. 22 Apr 1841"。亦有文献把其处理为"Linum L.（1753）"的异名。【分布】玻利维亚，温带南美洲。【模式】Cliococca tenuifolia Babington。【参考异名】Linum L.（1753）■☆

11997　Cliomera Post et Kuntze（1903）＝Cleiemera Raf.（1838）；~＝Ipomoea L.（1753）（保留属名）［旋花科 Convolvulaceae］●■

11998　Clipeola Hail.＝Clypeola L.（1753）［十字花科 Brassicaceae（Cruciferae）］■☆

11999　Clipteria Raf.（1836）＝Eclipta L.（1771）（保留属名）［菊科 Asteraceae（Compositae）］■

12000　Clistanthium Post et Kuntze（1903）＝Cleistanthium Kuntze（1851）；~＝Gerbera L.（1758）（保留属名）［菊科 Asteraceae（Compositae）］■

12001　Clistanthocereus Backeb.（1937）＝Borzicactus Riccob.（1909）；~＝Cleistocactus Lem.（1861）［仙人掌科 Cactaceae］●☆

12002　Clistanthus Müll. Arg.（1866）＝Clistranthus Poit. ex Baill.（1858）；~＝Pera Mutis（1784）［袋戟科（大袋科）Peraceae//大戟科 Euphorbiaceae］●☆

12003　Clistanthus Post et Kuntze（1903）Nom. illegit.＝Cleistanthus Hook. f. ex Planch.（1848）［大戟科 Euphorbiaceae］●

12004　Clistax Mart.（1829）【汉】坚冠爵床属（坚冠马兰属）。【隶属】爵床科 Acanthaceae。【包含】世界 2 种。【学名诠释与讨论】〈阴〉词源不详。【分布】巴西。【模式】Clistax brasiliensis C. F. P. Martius。【参考异名】Corythacanthus Nees（1836）☆

12005　Clistes Post et Kuntze（1903）＝Cleistes Rich. ex Lindl.（1840）［兰科 Orchidaceae］■☆

12006　Clistoyucca（Engelm.）Trel.（1902）【汉】闭丝兰属（短叶丝兰属）。【隶属】百合科 Liliaceae//龙舌兰科 Agavaceae//丝兰科 Orchidaceae。【包含】世界 1 种。【学名诠释与讨论】〈阴〉（希）kleistos, klistos，能被封闭的东西+（属）Yucca 丝兰。此属的学名，ING、GCI 和 IK 记载是"Clistoyucca（Engelmann）Trelease, Annual Rep. Missouri Bot. Gard. 41. 1902"，由"Yucca sect. Clistoyucca Engelmann, Trans. Acad. Sci. St. Louis 3；47. 1878"改级而来。"Clistoyucca Trel.（1902）≡Clistoyucca（Engelm.）Trel.（1902）"的命名人引证有误。亦有文献把"Clistoyucca（Engelm.）Trel.（1902）"处理为"Yucca L.（1753）"的异名。【分布】美国（西南部）。【模式】Clistoyucca arborescens Trelease, Nom. illegit.［Yucca brevifolia Engelmann］。【参考异名】Cleistoyucca Eastw.（1905）；Clistoyucca Trel.（1902）Nom. illegit.；Yucca L.（1753）；Yucca sect. Clistoyucca Engelm.（1878）●☆

12007　Clistoyucca Trel.（1902）Nom. illegit. ≡Clistoyucca（Engelm.）Trel.（1902）［龙舌兰科 Agavaceae］●☆

12008　Clistranthus Poit. ex Baill.（1858）＝Pera Mutis（1784）［袋戟科（大袋科）Peraceae//大戟科 Euphorbiaceae］●☆

12009　Clitandra Benth.（1849）【汉】斜蕊夹竹桃属。【隶属】夹竹桃科 Apocynaceae。【包含】世界 1 种。【学名诠释与讨论】〈阴〉（希）klitos＝klitys 山坡，斜面，低的，荆棘+aner，所有格 andros，雄性，雄蕊。【分布】热带非洲。【模式】Clitandra cymulosa Bentham。●☆

12010　Clitandropsis S. Moore（1923）＝Melodinus J. R. Forst. et G. Forst.（1775）［夹竹桃科 Apocynaceae］●

12011　Clitanthes Herb.（1839）Nom. illegit. ≡Chlidanthus Herb.（1821）；~＝Stenomesson Herb.（1821）［石蒜科 Amaryllidaceae］■☆

12012　Clitanthum Benth. et Hook. f.（1883）＝Chlidanthus Herb.（1821）［石蒜科 Amaryllidaceae］■☆

12013　Clithria Post et Kuntze（1903）＝Cleitria Schrad. ex L.（1832）；~＝Venidium Less.（1831）［菊科 Asteraceae（Compositae）］■☆

12014　Clitocyamos St.－Lag.（1880）＝Ipomoea L.（1753）（保留属

名);~ = Quamoclit Moench(1794)Nom. illegit.;~ = Quamoclit Tourn. ex Moench(1794)Nom. illegit.;~ = Ipomoea L. (1753)(保留属名)[旋花科 Convolvulaceae]●■

12015 Clitoria L.(1753)【汉】蝶豆属(蝴蝶花豆属)。【日】チョウマメ属,テフマメ属。【俄】Клитория。【英】Butterfly Pea, Pigeonwings, Pigeon – wings。【隶属】豆科 Fabaceae (Leguminosae)//蝶形花科 Papilionaceae。【包含】世界60-70 种,中国 5 种。【学名诠释与讨论】〈阴〉(希)kleitoris,所有格 kleitoridos,阴蒂,来自 kleio 封闭。此属的学名,ING、APNI、GCI、TROPICOS 和 IK 记载是"Clitoria L.,Sp. Pl. 2;753. 1753 [1 May 1753]"。"Nauchea Descourtilz,Mém. Soc. Linn. Paris 4(2):[3],7. 1826"、"Ternatea P. Miller, Gard. Dict. Abr. ed. 4. 28 Jan 1754" 和"Vexillaria A. Eaton, Manual Bot. 82. Jul 1817"都是"Clitoria L. (1753)"的晚出的同模式异名(Homotypic synonym, Nomenclatural synonym)。【分布】巴基斯坦,巴拉圭,巴拿马,玻利维亚,厄瓜多尔,哥伦比亚(安蒂奥基亚),哥斯达黎加,马达加斯加,美国(密苏里),尼加拉瓜,中国,热带和亚热带,中美洲。【后选模式】Clitoria ternatea Linnaeus。【参考异名】Barbieria DC. (1925);Barbieria Spreng. (1831)Nom. illegit.;Clitoriastrum Heist. (1748) Nom. inval.;Clytoria J. Presl(1830–1835);Macrotrullion Klotzsch (1849);Martia Leandro(1821)Nom. illegit.;Martiusia Schult. (1822)Nom. illegit.;Nauchea Descourt. (1826)Nom. illegit.; Neurocarpon Desv. (1813)Nom. illegit.;Neurocarpum Desv. (1813);Nevrocarpon Spreng.;Rhombifolium Rich. ex DC. (1825); Rhombolobium Rich. ex Kunth;Rombolobium Post et Kuntze (1903);Ternatea Mill. (1754)Nom. illegit.;Vexillaria Eaton (1817)Nom. illegit.;Vexillaria Raf. (1818)Nom. inval. ●

12016 Clitoriastrum Heist. (1748)Nom. inval. =Clitoria L. (1753)[豆科 Fabaceae(Leguminosae)//蝶形花科 Papilionaceae]●

12017 Clitoriopsis R. Wilczek(1954)【汉】苏丹豆属。【隶属】豆科 Fabaceae(Leguminosae)//蝶形花科 Papilionaceae。【包含】世界 1 种。【学名诠释与讨论】〈阴〉(属)Clitoria 蝶豆属(蝴蝶花豆属)+希腊文 opsis,外观,模样。【分布】热带非洲。【模式】Clitoriopsis mollis Wilczek。●☆

12018 Clivia Lindl. (1828)【汉】君子兰属。【日】クンシラン属。【俄】Кливия。【英】Flame Lily, Kaffir Lily, Kaffirlily, Kaffir – lily。【隶属】石蒜科 Amaryllidaceae。【包含】世界 3-4 种,中国 2 种。【学名诠释与讨论】〈阴〉(人)Lady Charlotte Florentina Clive,英国旅行家 Northumberland 公爵的夫人。【分布】非洲南部,中国。【模式】Clivia nobilis J. Lindley。【参考异名】Himanthophyllum D. Dietr. (1840);Himantophyllum Spreng. (1830);Imantophyllum Hook. (1854)Nom. illegit.;Imatophyllum Hook. (1828)■

12019 Cloanthe Nees(1825)= Chloanthes R. Br. (1810)[唇形科 Lamiaceae(Labiatae)//连药灌科 Chloanthaceae]●☆

12020 Cloanthes Lehm. (1844)Nom. illegit. [唇形科 Lamiaceae (Labiatae)]☆

12021 Cloezia Brongn. et Gris(1864)【汉】新喀香桃属。【隶属】桃金娘科 Myrtaceae。【包含】世界 8 种。【学名诠释与讨论】〈阴〉(人)Cloez。【分布】法属新喀里多尼亚。【后选模式】Cloezia canescens A. T. Brongniart et Gris。【参考异名】Ballardia Montrouz. (1860)Nom. illegit.;Mooria Montrouz. (1860)●☆

12022 Cloiselia S. Moore(1906)= Dicoma Cass. (1817)[菊科 Asteraceae(Compositae)●☆

12023 Clomena P. Beauv. (1812)= Muhlenbergia Schreb. (1789)[禾本科 Poaceae(Gramineae)]■

12024 Clomenocoma Cass. (1817)= Dyssodia Cav. (1801)[菊科 Asteraceae(Compositae)]■☆

12025 Clomenolepis Cass. (1817)Nom. illegit. [菊科 Asteraceae (Compositae)]☆

12026 Clomium Adans. (1763)= Carduus L. (1753)[菊科 Asteraceae (Compositae)//飞廉科 Carduaceae]■

12027 Clomopanus Steud. (1840)= Lonchocarpus Kunth(1824)(保留属名)[豆科 Fabaceae(Leguminosae)]●■☆

12028 Clomophyllum M. Chen et J. M. H. Shaw(2003)Nom. illegit. [兰科 Orchidaceae]■☆

12029 Clompanus Aubl. (1775)(废弃属名)= Lonchocarpus Kunth (1824)(保留属名)[豆科 Fabaceae(Leguminosae)]●■☆

12030 Clompanus Raf. (1838)Nom. illegit. (废弃属名)= Sterculia L. (1753)[梧桐科 Sterculiaceae//锦葵科 Malvaceae]●

12031 Clompanus Rumph. (1743)Nom. inval. ≡ Clompanus Rumph. ex Kuntze(1891)Nom. illegit. (废弃属名);~ = Sterculia L. (1753) [梧桐科 Sterculiaceae//锦葵科 Malvaceae]●

12032 Clonium Post et Kuntze(1903)= Eryngium L. (1753);~ = Klonion Raf. (1836)[伞形花科(伞形科)Apiaceae (Umbelliferae)]■

12033 Clonodia Griseb. (1858)【汉】八腺木属。【隶属】金虎尾科(黄褥花科)Malpighiaceae。【包含】世界 2-3 种。【学名诠释与讨论】〈阴〉(希)klonodes,颤抖的。【分布】玻利维亚,热带南美洲。【模式】Clonodia verrucosa Grisebach。【参考异名】Atopocarpus Cuatrec. (1958);Skoliopteris Cuatrec. (1958)●☆

12034 Clonostachys Klotzsch(1841)= Sebastiania Spreng. (1821)[大戟科 Euphorbiaceae]●

12035 Clonostylis S. Moore(1925)= Spathiostemon Blume(1826)[大戟科 Euphorbiaceae]●☆

12036 Closaschima Korth. (1842)= Laplacea Kunth(1822)(保留属名)[山茶科(茶科)Theaceae]●☆

12037 Closia J. Rémy(1849)= Perityle Benth. (1844)[菊科 Asteraceae(Compositae)]●■☆

12038 Closirospermum Neck. (1790)Nom. inval. ≡ Closirospermum Neck. ex Rupr. (1860);~ ≡ Picris L. (1753);~ = Crepis L. (1753)[菊科 Asteraceae(Compositae)]■

12039 Closirospermum Neck. ex Rupr. (1860)Nom. illegit. ≡ Picris L. (1753);~ = Crepis L. (1753)[菊科 Asteraceae(Compositae)]■

12040 Closterandra Boiv. (1839)= Papaver L. (1753)[罂粟科 Papaveraceae]■☆

12041 Closterandra Boiv. ex Bél. (1839)Nom. illegit. ≡ Closterandra Boiv. (1839);~ =Papaver L. (1753)[罂粟科 Papaveraceae]■☆

12042 Closteranthera Walp. (1842)= Closterandra Boiv. ex Bél. (1839) [罂粟科 Papaveraceae]■☆

12043 Clowesia Lindl. (1843)【汉】克洛斯兰属(克劳兰属)。【隶属】兰科 Orchidaceae。【包含】世界 6 种。【学名诠释与讨论】〈阴〉(人)John Clowes,1777–1846,英国牧师,植物学者。此属的学名是"Clowesia J. Lindley,Edwards's Bot. Reg. 29 Misc.：25. Apr 1843"。亦有文献把其处理为"Catasetum Rich. ex Kunth(1822)" 的异名。【分布】中美洲。【模式】Clowesia rosea Lindley。【参考异名】Catasetum Rich. ex Kunth(1822)■☆

12044 Clozelia A. Chev. (1912)Nom. illegit. = Antrocaryon Pierre (1898)[兰科 Orchidaceae]●☆

12045 Clozella Courtet(1910)Nom. illegit. = Clozelia A. Chev. (1912) Nom. illegit.;~ =Antrocaryon Pierre(1898)[兰科 Orchidaceae]●☆

12046 Cluacena Raf. (1838)(废弃属名)= Myrteola O. Berg(1856) (保留属名)[桃金娘科 Myrtaceae]●☆

12047 Clueria Raf. (1837)= Eremostachys Bunge(1830)[唇形科 Lamiaceae(Labiatae)]■

12048　Clugnia Comm. ex DC.（1817）= Dillenia L.（1753）［五桠果科（第伦桃科，五丫果科，锡叶藤科）Dilleniaceae］●

12049　Clusia L.（1753）【汉】猪胶树属（克鲁斯木属，克鲁希亚木属，书带木属）。【日】オトギリソウ属。【俄】Клюзия。【英】Clusia, Rock Balsam。【隶属】猪胶树科（克鲁西科，山竹子科，藤黄科）Clusiaceae（Guttiferae）。【包含】世界140-145种。【学名诠释与讨论】〈阴〉（人）Carolus Clusius（Charles de l'Ecluse 或 Lescluse），1526-1609，法国植物学者。【分布】巴拿马，秘鲁，玻利维亚，厄瓜多尔，哥伦比亚（安蒂奥基亚），哥斯达黎加，马达加斯加，尼加拉瓜，法属新喀里多尼亚，中美洲。【后选模式】Clusia major Linnaeus。【参考异名】Androstylium Miq.（1851）；Arrudea A. St. -Hil. et Camb.（1827）Nom. illegit.；Arrudea Camb.（1827）；Asthotheca Miers ex Planch. et Triana（1860）；Astrotheca Miers ex Planch. et Triana（1862）；Astrotheca Miers ex Vesque（1892）Nom. illegit.；Astrotheca Vesque（1892）Nom. illegit.；Birolia Raf.（1838）Nom. illegit.；Cahota H. Karst.（1857）；Cochlanthera Choisy（1851）；Decaphalangium Melch.（1930）；Elwertia Raf.（1838）；Firkea Raf.（1838）；Icostegia Raf.（1838）；Lipophyllum Miers（1855）；Oxystemon Planch. et Triana（1860）；Perissus Miers；Polythecandra Planch. et Triana（1860）；Smithia Scop.（1777）Nom. illegit.（废弃属名）；Triplandron Benth.（1844）；Xanthe Schreb.（1791）Nom. illegit. ●☆

12050　Clusiaceae Lindl. = Guttiferae Juss.（保留科名）●■

12051　Clusiaceae Lindl.（1836）（保留科名）【汉】猪胶树科（克鲁西科，山竹子科，藤黄科）。【日】オトギリサウ科，オトギリソウ科。【俄】Гуммигутовые, Зверобойные。【英】Clusia Family, Garcinia Family, St. John's-wort Family。【包含】世界35-47属940-1396种，中国8属95种。Guttiferae Juss. 和 Clusiaceae Lindl. 均为保留科名，是《国际植物命名法规》确定的九对互用科名之一。【分布】主要热带。【科名模式】Clusia L.（1753）●■

12052　Clusianthemum Vieill.（1865）= Garcinia L.（1753）［猪胶树科（克鲁西科，山竹子科，藤黄科）Clusiaceae（Guttiferae）//金丝桃科 Hypericaceae］●

12053　Clusiella Planch. et Triana（1860）【汉】小猪胶树属。【隶属】猪胶树科（克鲁西科，山竹子科，藤黄科）Clusiaceae（Guttiferae）。【包含】世界1-7种。【学名诠释与讨论】〈阴〉（属）Clusia 猪胶树属+-ellus,-ella,-ellum,加在名词词干后面形成指小式的词尾。或加在人名、属名等后面以组成新属的名称。【分布】哥伦比亚。【模式】Clusiella elegans Planchon et Triana。●☆

12054　Clusiophyllea Baill.（1878）= Canthium Lam.（1785）［茜草科 Rubiaceae］●

12055　Clusiophyllum Müll. Arg.（1864）= Cunuria Baill.（1864）；~ = Micrandra Benth.（1854）（保留属名）［大戟科 Euphorbiaceae］●☆

12056　Clutia Boerh. ex L.（1753）≡ Clutia L.（1753）［大戟科 Euphorbiaceae//袋戟科 Peraceae］■☆

12057　Clutia L.（1753）【汉】油芦子属。【隶属】大戟科 Euphorbiaceae//袋戟科 Peraceae。【包含】世界70种。【学名诠释与讨论】〈阴〉（人）Outgers Cluyt（Angerius Clutius, Theodorus Augerius Clutius），1590-1650，荷兰植物学者。另说是 Willard Nelson Clute，1869-1950，美国植物学者。此属的学名，ING 和 IK 记载是"Clutia L., Sp. Pl. 2：1042. 1753［1 May 1753］"；TROPICOS 则记载为"Clutia Boerh. ex L., Species Plantarum 2：1042. 1753.（1 May 1753）"。"Clutia Boerh."是命名起点著之前的名称，故"Clutia L.（1753）"和"Clutia Boerh. ex L.（1753）"都是合法名称，可以通用。"Altora Adanson, Fam. 2：356, 515. Jul-Aug 1763"是"Clutia L.（1753）"的晚出的同模式异名（Homotypic synonym, Nomenclatural synonym）。【分布】阿拉伯地

区，巴基斯坦，非洲。【后选模式】Clutia pulchella Linnaeus。【参考异名】Altora Adans.（1763）Nom. illegit.；Cluytia Aiton, Nom. illegit.；Clytia Stokes（1812）Nom. illegit.；Cratoehwilia Neck.（1790）Nom. inval.；Middelbergia Schinz ex Pax（1911）■☆

12058　Cluytia Aiton, Nom. illegit. = Clutia L.（1753）［大戟科 Euphorbiaceae//袋戟科 Peraceae］■☆

12059　Cluytia Roxb. ex Steud.（1840）Nom. inval. = Bridelia Willd.（1806）［as 'Briedelia'］（保留属名）［大戟科 Euphorbiaceae］●

12060　Cluytia Steud.（1840）Nom. inval. = Bridelia Willd.（1806）［as 'Briedelia'］（保留属名）［大戟科 Euphorbiaceae］●

12061　Cluytiandra Müll. Arg.（1864）Nom. illegit. = Meineckia Baill.（1858）［大戟科 Euphorbiaceae］■☆

12062　Clybatis Phil.（1872）= Leucheria Lag.（1811）［菊科 Asteraceae（Compositae）］■☆

12063　Clymenia Swingle（1939）【汉】多蕊橘属。【隶属】芸香科 Rutaceae。【包含】世界2种。【学名诠释与讨论】〈阴〉（希）klymenos,有名的，被纪念的，有时亦作可耻的、不名誉的讲。也是一种不知名植物的名字。【分布】巴布亚新几内亚（俾斯麦群岛）。【模式】Clymenia polyandra（Tanaka）Swingle［Citrus polyandra Tanaka］。●☆

12064　Clymenum Mill.（1754）= Lathyrus L.（1753）［豆科 Fabaceae（Leguminosae）//蝶形花科 Papilionaceae］■

12065　Clynhymenia A. Rich. et Galeotti（1845）= Cryptarrhena R. Br.（1816）［兰科 Orchidaceae］■☆

12066　Clyostomanthus Pichon = Clytostoma Miers ex Bureau.（1868）［紫葳科 Bignoniaceae］●

12067　Clypea Blume（1825）= Stephania Lour.（1790）［防己科 Menispermaceae］●■

12068　Clypeola Burm. ex DC., Nom. illegit. = Pterocarpus Jacq.（1763）（保留属名）［豆科 Fabaceae（Leguminosae）//蝶形花科 Papilionaceae］●

12069　Clypeola Crantz, Nom. illegit. = Biscutella L. + Alyssum L.（1753）［十字花科 Brassicaceae（Cruciferae）］■●

12070　Clypeola L.（1753）【汉】盾果荠属。【俄】Щитница。【隶属】十字花科 Brassicaceae（Cruciferae）。【包含】世界9-10种。【学名诠释与讨论】〈阴〉（拉）clypeus,指小式 clypeolus,盾。此属的学名，ING、TROPICOS 和 IK 记载是"Clypeola Linnaeus, Sp. Pl. 652. 1 Mai 1753"。豆科 Fabaceae 的"Clypeola Burm. ex DC., Nom. illegit. = Pterocarpus Jacq.（1763）（保留属名）"，十字花科 Brassicaceae 的"Clypeola Crantz, Nom. illegit. = Biscutella L. + Alyssum L.（1753）"和"Clypeola Neck. = Adyseton Adans.（1763）= Alyssum L.（1753）"都是晚出的非法名称。"Fosselinia Scopoli, Introd. 318. Jan-Apr 1777"和"Jonthlaspi Gérard, Fl. Gallo-Prov. 353. Feb-Mar 1761"是"Clypeola L.（1753）"的晚出的同模式异名（Homotypic synonym, Nomenclatural synonym）。【分布】巴基斯坦，玻利维亚，地中海地区。【后选模式】Clypeola jonthlaspi Linnaeus。【参考异名】Bergeretia Desv.（1815）；Clipeola Hail.；Fosselinia Scop.（1777）Nom. illegit.；Ionthlaspi Gerard；Jonthlaspi All.（1757）；Jonthlaspi Gerard（1761）Nom. illegit.；Orium Desv.（1815）；Pseudanastatica（Boiss.）Lemee；Pseudoanastatica（Boiss.）Grossh.（1930）；Pseudoanastatica Grossh.（1930）Nom. illegit. ■☆

12071　Clypeola Neck., Nom. illegit. = Aduseton Adans.（1763）；~ = Alyssum L.（1753）［十字花科 Brassicaceae（Cruciferae）］■●

12072　Clystomenon Müll. Arg. = Cyclostemon Blume（1826）；~ = Drypetes Vahl（1807）［大戟科 Euphorbiaceae］●

12073　Clytia Stokes（1812）Nom. illegit. = Clutia L.（1753）［大戟科

Euphorbiaceae//袋戟科 Peraceae]■☆

12074 Clytoria J. Presl（1830－1835）＝ Clitoria L.（1753）［豆科 Fabaceae（Leguminosae）//蝶形花科 Papilionaceae］●

12075 Clytostoma Bureau（1868）Nom. illegit. ≡ Clytostoma Miers ex Bureau.（1868）［紫葳科 Bignoniaceae］●

12076 Clytostoma Miers ex Bureau.（1868）【汉】连理藤属（美花藤属）。【日】クリトストマ属。【英】Trumpet Vine, Trumpetvine, Trumpet-vine。【隶属】紫葳科 Bignoniaceae。【包含】世界 9-12 种,中国 1 种。【学名诠释与讨论】〈中〉（希）klytos,著名的,光荣的,美丽的,+stoma,所有格 stomatos,孔口。指花冠美丽,呈漏斗状。此属的学名,ING、GCI、TROPICOS 和 IK 记载是"Clytostoma Miers ex Bureau, Adansonia 8: 353. Aug 1868"。"Clytostoma Bureau（1868）≡ Clytostoma Miers ex Bureau.（1868）"和"Clytostoma Miers（1868）≡ Clytostoma Miers ex Bureau.（1868）"的命名人引证均有误。【分布】巴基斯坦,巴拉圭,巴拿马,秘鲁,比尼翁,玻利维亚,厄瓜多尔,哥伦比亚（安蒂奥基亚）,尼加拉瓜,中国,中美洲。【模式】Clytostoma callistegioides（Chamisso）Grisebach［as 'calystegioides'］［Bignonia callistegioides Chamisso］。【参考异名】Clyostomanthus Pichon（1946）; Clytostoma Bureau（1868）Nom. illegit.; Clytostoma Miers（1868）Nom. illegit.; Pithecoxanium Corrêa de Mello（1952）Nom. inval.。●

12077 Clytostoma Miers（1868）Nom. illegit. ≡ Clytostoma Miers ex Bureau.（1868）［紫葳科 Bignoniaceae］●

12078 Clytostomanthus Pichon（1946）【汉】丽口紫葳属。【隶属】紫葳科 Bignoniaceae。【包含】世界 1 种。【学名诠释与讨论】〈阳〉（希）klytos, 著名的,光荣的,美丽的,+stoma, 所有格 stomatos,孔口+anthos, 花。【分布】巴拉圭,巴西,厄瓜多尔。【模式】Clytostomanthus decorus（S. Moore）Pichon［Anemopaegma decorum S. Moore］。●☆

12079 Cnema Post et Kuntze（1903）＝ Knema Lour.（1790）［肉豆蔻科 Myristicaceae］●

12080 Cnemidia Lindl.（1833）＝ Tropidia Lindl.（1833）［兰科 Orchidaceae］■

12081 Cnemidiscus Pierre（1895）＝ Glenniea Hook. f.（1862）［无患子科 Sapindaceae］●☆

12082 Cnemidophacos Rydb.（1906）＝ Astragalus L.（1753）［豆科 Fabaceae（Leguminosae）//蝶形花科 Papilionaceae］●■

12083 Cnemidostachys Mart.（1824）Nom. illegit. ＝ Sebastiania Spreng.（1821）［大戟科 Euphorbiaceae］●

12084 Cnemidostachys Mart. et Zucc.（1824）＝ Sebastiania Spreng.（1821）［大戟科 Euphorbiaceae］●

12085 Cnenamum Tausch（1828）Nom. inval. ＝ Crenamum Adans.（1763）Nom. illegit.; ~ ＝ Crepis L.（1753）［菊科 Asteraceae（Compositae）］■

12086 Cneoraceae Link ＝ Cneoraceae Vest（保留科名）; ~ ＝ Rutaceae Juss.（保留科名）●■

12087 Cneoraceae Vest（1818）（保留科名）［亦见 Rutaceae Juss.（保留科名）芸香科］【汉】叶柄花科（拟荨麻科）。【包含】世界 1-2 属 3 种。【分布】古巴,西班牙加那利群岛,地中海。【科名模式】Cneorum L.（1753）●☆

12088 Cneoridium Hook. f.（1862）【汉】小叶柄花属。【隶属】芸香科 Rutaceae。【包含】世界 1 种。【学名诠释与讨论】〈中〉（属）Cneorum 叶柄花属+-idius, -idia, -idium, 指示小的词尾。此属的学名,ING 和 IK 记载是"Cneoridium Hook. f. in Bentham et Hook. f., Gen. 1: 312. 7 Aug 1862"。"Gastrostylus（Torrey）O. Kuntze in Post et O. Kuntze, Lex. 244. Dec 1903"是"Cneoridium Hook. f.（1862）"的晚出的同模式异名（Homotypic synonym, Nomenclatural

synonym）。"Cnenamum Tausch, Flora 11（1, Ergänzungsbl.）: 80. 1828 ＝ Crenamum Adans.（1763）Nom. illegit. ＝ Crepis L.（1753）［菊科 Asteraceae（Compositae）］"是一个未合格发表的名称（Nom. inval.）。【分布】美国（加利福尼亚）。【模式】Cneoridium dumosum（Nuttall ex Torrey et A. Gray）B. D. Jackson［Pitavia dumosa Nuttall ex Torrey et A. Gray］。【参考异名】Gastrostylus（Torr.）Kuntze（1903）Nom. illegit.; Pitavia Nutt. ex Torr. et A. Gray（1838）Nom. illegit.。●☆

12089 Cneorum L.（1753）【汉】叶柄花属（拟荨麻属）。【日】クネオルム属。【俄】Кнеорум, Оливник。【英】Spurge Olive, Spurge-olive, Widow-wail。【隶属】叶柄花科 Cneoraceae//拟荨麻科 Urticaceae。【包含】世界 1-3 种。【学名诠释与讨论】〈中〉（希）kneoron, 植物俗名。此属的学名, ING、TROPICOS 和 IK 记载是"Cneorum L., Sp. Pl. 1: 34. 1753［1 May 1753］"。"Chamaelea Gagnebin, Acta Helv. Phys. -Math. 2: 60. Feb 1755"是"Cneorum L.（1753）"的晚出的同模式异名（Homotypic synonym, Nomenclatural synonym）。【分布】古巴,西班牙（加那利群岛）,地中海地区。【模式】Cneorum tricoccon Linnaeus。【参考异名】Chamaelea Adans.（1763）Nom. illegit.; Chamaelea Duhamel（1755）Nom. illegit.; Chamaelea Gagnebin（1755）Nom. illegit.; Chamaelea Tiegh.（1898）Nom. illegit.; Chamelaea Post et Kuntze（1903）; Cubincola Urb.（1918）; Gneorum G. Don（1832）; Neochamaelea（Engl.）Erdtman（1952）●☆

12090 Cnesmocarpon Adema（1993）【汉】锉果属。【隶属】无患子科 Sapindaceae。【包含】世界 4 种。【学名诠释与讨论】〈中〉（希）knesmos, 痒的,渴望的,+karpos,果实。指其果具刺激性毛。【分布】澳大利亚,新几内亚岛。【模式】Cnesmocarpon dasyanthum（Radlkofer）F. Adema［as 'dasyantha'］［Guioa dasyantha Radlkofer］。●☆

12091 Cnesmocarpus Zipp. ex Blume（1849）＝ Pometia J. R. Forst. et G. Forst.（1776）［无患子科 Sapindaceae］●

12092 Cnesmone Blume（1826）【汉】粗毛藤属。【英】Cnesmone, Shagvine。【隶属】大戟科 Euphorbiaceae。【包含】世界 10 种,中国 4 种。【学名诠释与讨论】〈阴〉（希）knesmos, 痒的,渴望的。指植物体具蜇毛。此属的学名是"Cnesmone Blume, Bijdragen tot de flora van Nederlandsch Indië 630. 1826"。亦有文献把其处理为"Cnesmone Blume（1826）"的异名。【分布】印度（阿萨姆）,中国,东南亚西部。【模式】Cnesmone javanica Blume。【参考异名】Cnesmon Gagnep.（1925）; Cnesmosa Blume（1826）●

12093 Cnestidaceae Raf.（1830）＝ Connaraceae R. Br.（保留科名）●

12094 Cnestidium Planch.（1850）【汉】小螫毛果属。【隶属】牛栓藤科 Connaraceae。【包含】世界 2-3 种。【学名诠释与讨论】〈中〉（属）Cnestis 螫毛果属+-idius, -idia, -idium, 指示小的词尾。【分布】巴拿马,玻利维亚,厄瓜多尔,哥伦比亚（安蒂奥基亚）,哥斯达黎加,尼加拉瓜,热带南美洲,中美洲。【模式】Cnestidium rufescens J. E. Planchon。●☆

12095 Cnestis Juss.（1789）【汉】螫毛果属。【英】Cnestis。【隶属】牛栓藤科 Connaraceae。【包含】世界 13-40 种,中国 1 种。【学名诠释与讨论】〈阴〉（希）knestis, 锉具,搔爬用的器械,削刮刀。指果实具螫毛。【分布】巴拿马,马达加斯加,马来西亚,中国,热带非洲。【后选模式】Cnestis corniculata Lamarck。【参考异名】Sarmienta Siebold ex Baill.; Spondiodes Kuntze; Spondioides Smeathman ex Lam.（1789）; Thysamus Rchb.（1828）; Thysanus Lour.（1790）●

12096 Cnicaceae Vest（1818）＝ Asteraceae Bercht. et J. Presl（保留科名）//Compositae Giseke（保留科名）●■

12097 Cnicothamnus Griseb.（1874）【汉】橙菊木属。【隶属】菊科

Asteraceae(Compositae)。【包含】世界 2 种。【学名诠释与讨论】〈阴〉(拉)cnicus, cnecus ＝希腊文 knekos, 红花;希腊文 knekos, 黄色,黄褐色+thamnos, 指小式 thamnion, 灌木,灌丛,树丛,枝。【分布】阿根廷, 玻利维亚。【模式】Cnicothamnus lorentzii Grisebach。【参考异名】Lefrovia Franch. (1888) ●☆

12098　Cnicus D. Don(废弃属名)＝Theodorea (Cass.) Cass. (1827)〔菊科 Asteraceae(Compositae)〕●■

12099　Cnicus Gaertn. (1791) Nom. illegit. (废弃属名)＝Carbenia Adans. (1763)〔菊科 Asteraceae(Compositae)〕■●

12100　Cnicus L. (1753)(保留属名)【汉】藏掖花属(廉菊属)。【日】サントリサウ属,サントリソウ属。【俄】Бенедикт, Волчец, Кникус。【英】Blessed Thistle, Cnicus, Thistle。【隶属】菊科 Asteraceae(Compositae)//矢车菊科 Centaureaceae。【包含】世界 1-2 种,中国 1 种。【学名诠释与讨论】〈阳〉(希)knekos, 钩, 红花,苍白的,黄色的,黄褐色的,蓟。此属的学名"Cnicus L., Sp. Pl.:826. 1 Mai 1753"是保留属名。法规未列出相应的废弃属名。但是菊科 Asteraceae 的"Cnicus Gaertn., Fruct. Sem. Pl. ii. 385. t. 162(1791)＝Carbenia Adans. (1763)"和"Cnicus D. Don ＝Theodorea (Cass.) Cass. (1827)"应该废弃。"Carbeni Adanson, Fam. 2;116,532. Jul-Aug 1763"、"Hierapicra O. Kuntze, Rev. Gen. 1;346. 5 Nov 1891"和"Cardosanctus Bubani, Fl. Pyrenaea 2;152. 1899(sero?)('1900')"都是"Cnicus L. (1753)(保留属名)"的晚的同模式异名(Homotypic synonym, Nomenclatural synonym)。亦有文献把"Cnicus L. (1753)(保留属名)"处理为"Centaurea L. (1753)(保留属名)"的异名。【分布】中国,地中海地区,中美洲。【模式】Cnicus benedictus Linnaeus。【参考异名】Carbeni Adans. (1763) Nom. illegit.;Carbenia Adans. (1763) Nom. illegit.;Cardosanctus Bubani(1899) Nom. illegit.;Centaurea L. (1753)(保留属名);Cephalanophlos Neck. (1790) Nom. inval.;Cnicus Gaertn. (1791) Nom. illegit. (废弃属名);Hierapicra Kuntze (1891);Tetralix Hill(1762) Nom. illegit. (废弃属名)■●

12101　Cnidiocarpa Pimenov (1983)【汉】麻刺果属(荨麻刺果属)。【隶属】伞形花科(伞形科)Apiaceae(Umbelliferae)。【包含】世界 4 种。【学名诠释与讨论】〈阴〉(希)knide, 荨麻;knizein, 刮刀,粗锉, 搔 + karpos, 果实。【分布】非洲南部, 温带。【模式】Cnidiocarpa alaica M. G. Pimenov。●☆

12102　Cnidium Cusson ex Juss. (1787) Nom. illegit. ≡Cnidium Cusson (1782)〔伞形花科(伞形科)Apiaceae(Umbelliferae)〕■

12103　Cnidium Cusson(1782)【汉】蛇床属(芎䓖属)。【日】センキウ属, センキュウ属, ハマゼリ属。【俄】Жгун - корень, Жигунец。【英】Cnidium, Sakebed。【隶属】伞形花科(伞形科)Apiaceae(Umbelliferae)。【包含】世界 6-20 种,中国 5-7 种。【学名诠释与讨论】〈中〉(希)knide, 荨麻+-ius, -ia, -ium, 在拉丁文和希腊文中, 这些词尾表示性质或状态。此属的学名, IK 和《中国植物志》英文版记载是"Cnidium Cusson, Mém. Soc. Méd. Emul. Paris. 280. 1782"。ING 和 GCI、TROPICOS 则记载为"Cnidium Cusson in A. L. Jussieu, Hist. Soc. Roy. Méd. 1782 - 1783;280. 1787";这是一个晚出的非法名称。"Cnidium Cusson ex Juss. (1787) ≡Cnidium Cusson (1782)"和"Cnidium Juss. (1787) ≡Cnidium Cusson (1782)"的命名人引证有误。亦有文献把"Cnidium Cusson (1782)"处理为"Selinum L. (1762)(保留属名)"的异名。【分布】朝鲜,俄国(远东),马达加斯加,日本,中国,西伯利亚,北美洲,中美洲。【后选模式】Cnidium monnieri (Linnaeus) K. P. J. Sprengel〔as 'monnierii'〕。【参考异名】Cnidium Cusson ex Juss. (1787) Nom. illegit.;Cnidium Cusson (1787) Nom. illegit.;Cnidium Juss. (1787) Nom. illegit.;Gnidium G. Don (1830);Katapsuxis Raf. (1840);Lithosciadium Turcz.

(1844);Pinasgelon Raf. (1840);Selinum L. (1762)(保留属名)■

12104　Cnidium Cusson(1787) Nom. illegit. ≡Cnidium Cusson (1782)〔伞形花科(伞形科)Apiaceae(Umbelliferae)〕■

12105　Cnidium Juss. (1787) Nom. illegit. ≡Cnidium Cusson (1782)〔伞形花科(伞形科)Apiaceae(Umbelliferae)〕■

12106　Cnidone E. Mey. ex Endl. (1842)＝Kissenia R. Br. ex Endl. (1842)〔as 'Fissenia'〕〔刺莲花科(硬毛草科)Loasaceae〕●☆

12107　Cnidoscolus Pohl(1827)【汉】荨麻刺属。【英】Chilte。【隶属】大戟科 Euphorbiaceae。【包含】世界 75 种。【学名诠释与讨论】〈阳〉(希)knide, 荨麻+skolos, 刺, 针。【分布】巴拉圭,巴拿马,秘鲁,玻利维亚, 厄瓜多尔, 哥伦比亚(安蒂奥基亚),哥斯达黎加,尼加拉瓜, 中美洲。【后选模式】Cnidoscolus hamosus Pohl。【参考异名】Bivonea Raf. (1814) (废弃属名);Jussieuia Houst. (1781);Victorinia Léon(1941)●☆

12108　Cnidume E. Mey. ex Walp. (1842)＝Cnidone E. Mey. ex Endl.〔刺莲花科(硬毛草科)Loasaceae〕●☆

12109　Cnopos Raf. (1837)＝Polygonum L. (1753)(保留属名)〔蓼科 Polygonaceae〕■●

12110　Coa Adans. (1763) Nom. illegit. ＝Hippocratea L. (1753)〔卫矛科 Celastraceae//翅子藤科(希藤科)Hippocrateaceae〕●☆

12111　Coa Mill. (1754) Nom. illegit. ≡Hippocratea L. (1753)〔卫矛科 Celastraceae//翅子藤科(希藤科)Hippocrateaceae〕●☆

12112　Coalisia Raf. (1838)＝Coalisina Raf. (1838)〔山柑科(白花菜科,醉蝶花科)Capparaceae〕●■

12113　Coalisina Raf. (1838)＝Cleome L. (1753)〔山柑科(白花菜科,醉蝶花科)Capparaceae//白花菜科(醉蝶花科)Cleomaceae〕●■

12114　Coatesia F. Muell. (1862)＝Geijera Schott (1834)〔芸香科 Rutaceae〕●☆

12115　Coaxana J. M. Coult. et Rose(1895)【汉】紫美芹属。【隶属】伞形花科(伞形科)Apiaceae(Umbelliferae)。【包含】世界 2 种。【学名诠释与讨论】〈阴〉词源不详。此属的学名, ING、GCI、TROPICOS 和 IK 记载是"Coaxana J. M. Coult. et Rose, Contr. U. S. Natl. Herb. 3(5);297. 1895〔14 Dec 1895〕"。"Oaxacana J. N. Rose, Contr. U. S. Natl. Herb. 8;337. 20 Apr 1905"是"Coaxana J. M. Coult. et Rose (1895)"的晚出的同模式异名(Homotypic synonym, Nomenclatural synonym)。【分布】墨西哥,中美洲。【模式】Coaxana purpurea J. M. Coulter et J. N. Rose。【参考异名】Oaxacana Rose(1905) Nom. illegit. ■☆

12116　Cobaea Cav. (1791)【汉】电灯花属。【日】コーベア属。【俄】Кобея。【英】Cobaea。【隶属】花荵科 Polemoniaceae//电灯花科 Cobaeaceae。【包含】世界 10-20 种,中国 1 种。【学名诠释与讨论】〈阴〉(人)Barnabas (Bernabe) Cobo, 1582-1657, 西班牙传教士,植物学者。此属的学名, INGAPNI、GCI、TROPICOS 和 IK 记载是"Cobaea Cav., Icon. 〔Cavanilles〕1;11. 1791〔16 Feb 1791〕"。忍冬科 Caprifoliaceae 的"Cobaea Neck., Nom. illegit. ＝Lonicera L. (1753)"是晚出的非法名称。【分布】巴拿马,秘鲁,玻利维亚,厄瓜多尔,哥伦比亚(安蒂奥基亚),中国,中美洲。【模式】Cobaea scandens Cavanilles。【参考异名】Rosenbergia Oerst. (1856)●■

12117　Cobaea Neck., Nom. illegit. ＝Lonicera L. (1753)〔忍冬科 Caprifoliaceae〕●■

12118　Cobaeaceae D. Don(1824)〔亦见 Polemoniaceae Juss. (保留科名)花荵科〕【汉】电灯花科。【包含】世界 1 属 10-18 种。【分布】美洲。【科名模式】Cobaea Cav. ●■

12119　Cobamba Blanco (1837)＝Canscora Lam. (1785)〔龙胆科 Gentianaceae〕■

12120　Cobana Ravenna (1974)【汉】科沃鸢尾属。【隶属】鸢尾科

Iridaceae。【包含】世界 1-2 种。【学名诠释与讨论】〈阴〉（人）Barnabas（Bernabe）Cobo，1582－1657，西班牙传教士＋-anus，-ana，-anum，加在名词词干后面使形成形容词的词尾，含义为"属于"。【分布】洪都拉斯，危地马拉，中美洲。【模式】Cobana guatemalensis（P. C. Standley）P. Ravenna ［Eleutherine guatemalensis P. C. Standley］。■☆

12121　Cobananthus Wiehler（1977）【汉】科沃苣苔属。【隶属】苦苣苔科 Gesneriaceae。【包含】世界 1 种。【学名诠释与讨论】〈阳〉（属）Cobana 科沃鸢尾属＋anthos，花。antheros，多花的。antheo，开花。此属的学名是"Cobananthus H. Wiehler, Selbyana 2：94. 20 Aug 1977"。亦有文献把其处理为"Alloplectus Mart.（1829）（保留属名）"的异名。【分布】危地马拉。【模式】Cobananthus calochlamys（J. Donnell Smith）H. Wiehler［Alloplectus calochlamys J. Donnell Smith］。【参考异名】Alloplectus Mart.（1829）（保留属名）■☆◆

12122　Cobresia Pars.（1807）Nom. illegit. ≡ Kobresia Pars.（1807）Nom. illegit.；~＝Kobresia Willd.（1805）［莎草科 Cyperaceae］■

12123　Cobresia Willd.（1805）Nom. illegit. = Kobresia Willd.（1805）［莎草科 Cyperaceae//嵩草科 Kobresiaceae］■

12124　Coburgia Herb.（1819）= Leopoldia Parl.（1845）（保留属名）［风信子科 Hyacinthaceae］■☆

12125　Coburgia Herb. ex Sims emend. Herb.（1821）= Leopoldia Parl.（1845）（保留属名）［风信子科 Hyacinthaceae］■☆

12126　Coburgia Sweet（1829）Nom. illegit. = Stenomesson Herb.（1821）［石蒜科 Amaryllidaceae］■☆

12127　Coccanthera K. Koch et Hanst.（1855）= Codonanthe（Mart.）Hanst.（1854）（保留属名）［苦苣苔科 Gesneriaceae］●■☆

12128　Coccanthera K. Koch et Hanst. ex Hanst.（1855）= Codonanthe（Mart.）Hanst.（1854）（保留属名）［苦苣苔科 Gesneriaceae］●■☆

12129　Coccineorchis Schltr.（1920）= Stenorrhynchos Rich. ex Spreng.（1826）［兰科 Orchidaceae］■☆

12130　Coccinia Wight et Arn.（1834）【汉】红瓜属（狸红瓜属）。【英】Ivygourd。【隶属】葫芦科（瓜科，南瓜科）Cucurbitaceae。【包含】世界 20-50 种，中国 1 种。【学名诠释与讨论】〈阴〉（拉）coceineus，狸红色。指果成熟时鲜红色。【分布】巴基斯坦，美国（密苏里），尼加拉瓜，印度和马来西亚，中国，非洲南部，热带。【模式】Coccinia indica R. Wight et Arnott, Nom. illegit. ［Bryonia grandis Linnaeus；Coccinia grandis（Linnaeus）J. O. Voigt］。【参考异名】Cephalandra Eckl. et Zeyh.（1836）Nom. illegit.；Cephalandra Schrad.（1836）；Cephalandra Schrad. ex Eckl. et Zeyh.（1836）Nom. illegit.；Physedra Hook. f.（1867）；Staphylosyce Hook. f.（1867）■

12131　Coccobryon Klotzsch（1843）= Piper L.（1753）［胡椒科 Piperaceae］●■

12132　Coccoceras Miq.（1861）= Mallotus Lour.（1790）［大戟科 Euphorbiaceae］●

12133　Coccochondra Rauschert（1982）【汉】脆果茜属。【隶属】茜草科 Rubiaceae。【包含】世界 1 种。【学名诠释与讨论】〈阴〉（希）kokkos，浆果，谷粒。球+chondros，指小式 chondrion，谷粒，粒状物，砂，也指脆骨，软骨。"Coccochondra S. Rauschert, Taxon 31：561. 9 Aug 1982"是一个替代名称。"Chondrococcus J. A. Steyermark in B. Maguire et al., Mem. New York Bot. Gard. 23：403. 30 Nov 1972"是一个非法名称（Nom. illegit.），因为此前已经有了"Chondrococcus F. T. Kützing, Bot. Zeitung（Berlin）5：23. 8 Jan 1847（红藻）"。故用"Coccochondra Rauschert（1982）"替代之。【分布】南美洲北部。【模式】Coccochondra laevis（J. A. Steyermark）S. Rauschert ［Chondrococcus laevis J. A. Steyermark］。

【参考异名】Chondrococcus Steyerm.（1972）Nom. illegit. ☆

12134　Coccocipsilum P. Browne（1756）Nom. illegit.（废弃属名）= Coccocypselum P. Browne（1756）（保留属名）［茜草科 Rubiaceae］●☆

12135　Coccocypselum P. Browne（1756）（保留属名）【汉】蜂巢茜属。【隶属】茜草科 Rubiaceae。【包含】世界 20 种。【学名诠释与讨论】〈中〉（希）kokkos，浆果，谷粒。球+kypsele，蜂巢。此属的学名"Coccocypselum P. Browne, Civ. Nat. Hist. Jamaica：144. 10 Mar 1756（'Coccocipsilum'）（orth. cons.）"是保留属名。相应的废弃属名是茜草科 Rubiaceae 的"Sicelium P. Browne, Civ. Nat. Hist. Jamaica：144. 10 Mar 1756 = Coccocypselum P. Browne（1756）（保留属名）"。茜草科 Rubiaceae 的"Coccocypselum Sw., in Schreb. Gen. ii. 789（1791）= Coccocypselum P. Browne（1756）（保留属名）"和"Sicelium P. Browne et Boehm., in Ludwig, Def. Gen. Pl., ed. 3. 14. 1760 = Coccocypselum P. Browne（1756）（保留属名）"亦应废弃。"Coccocipsilum P. Browne（1756）"是"Coccocypselum P. Browne（1756）（保留属名）"的拼写变体，也要废弃。【分布】巴拉圭，巴拿马，秘鲁，玻利维亚，厄瓜多尔，哥伦比亚（安蒂奥基亚），尼加拉瓜，热带美洲，中美洲。【模式】Coccocypselum repens O. Swartz。【参考异名】Bellardia Schreb.（1791）Nom. illegit.；Coccocipsilum P. Browne（1756）；Coccocypselum Sw.（1791）Nom. illegit.（废弃属名）；Coccosipsilum Sw.（1788）；Coccocipsilum J. St. – Hil.（1805）；Condalia Ruiz et Pav.（1794）（废弃属名）；Lipostoma D. Don（1830）；Sicelium P. Browne et Boehm.（1760）Nom. illegit.（废弃属名）；Sicelium P. Browne（1756）（废弃属名）●☆

12136　Coccocypselum Sw.（1791）Nom. illegit.（废弃属名）= Coccocypselum P. Browne（1756）（保留属名）［茜草科 Rubiaceae］●☆

12137　Coccoderma Miers（1847）Nom. illegit. ［防己科 Menispermaceae］☆

12138　Coccoglochidion K. Schum.（1905）= Glochidion J. R. Forst. et G. Forst.（1776）（保留属名）［大戟科 Euphorbiaceae］●

12139　Coccoloba L.（1759）（废弃属名）≡ Coccoloba P. Browne（1756）［as 'Coccolobis'］（保留属名）［蓼科 Polygonaceae］●

12140　Coccoloba P. Browne ex L.（1759）（废弃属名）≡ Coccoloba L.（1759）（废弃属名）≡ Coccoloba P. Browne（1756）［as 'Coccolobis'］（保留属名）［蓼科 Polygonaceae］●

12141　Coccoloba P. Browne（1756）［as 'Coccolobis'］（保留属名）【汉】海葡萄属。【日】コッコロバ属。【英】Sea Grape, Seagrape, Sea-grape。【隶属】蓼科 Polygonaceae。【包含】世界 120-150 种，中国 1 种。【学名诠释与讨论】〈阴〉（希）kokkos，浆果，谷粒。球+lobos = 拉丁文 lobulus，片，裂片，叶，荚，蒴。指宿存花被肥大，内藏三角状瘦果。或指宿存的花被红色。此属的学名"Coccoloba P. Browne, Civ. Nat. Hist. Jamaica：209. 10 Mar 1756（'Coccolobis'）（orth. cons.）"是保留属名。相应的废弃属名是蓼科 Polygonaceae 的"Guaiabara Mill., Gard. Dict. Abr., ed. 4：［590］. 28 Jan 1754 = Coccoloba P. Browne（1756）［as 'Coccolobis'］（保留属名）"。"Coccolobis P. Browne（1756）"是"Coccoloba P. Browne（1756）（保留属名）"的拼写变体，亦应废弃。蓼科 Polygonaceae 的"Coccoloba L., Syst. Nat., ed. 10. 2：1007. 1759 ［7 Jun 1759］ ≡ Coccoloba P. Browne（1756）［as 'Coccolobis'］（保留属名）"、"Coccoloba P. Browne ex L.（1759）≡ Coccoloba P. Browne（1756）［as 'Coccolobis'］（保留属名）"和"Guaiabara Plum. ex Boehm., in Ludw. Def. Gen. Pl. 402（1760）"也须废弃。"Guiabara Adanson, Fam. 2：277, 563. Jul–Aug 1763（non Guaiabara P. Miller 1754）"和"Uvifera O. Kuntze, Rev. Gen. 2：561. 5 Nov 1891"是"Coccoloba P. Browne（1756）"的晚出的同

模式异名(Homotypic synonym，Nomenclatural synonym)。【分布】巴拉圭，巴拿马，秘鲁，玻利维亚，厄瓜多尔，哥伦比亚(安蒂奥基亚)，马达加斯加，尼加拉瓜，中国，热带和亚热带美洲，中美洲。【模式】Coccoloba uvifera(Linnaeus)Linnaeus[Polygonum uvifera Linnaeus]。【参考异名】Campderia Benth.(1846)Nom. illegit.；Coccoloba L.(1759)(废弃属名)；Coccoloba P. Browne ex L.(1759)(废弃属名)；Coccolobis P. Browne(1756)Nom. illegit.；Cocoloba Raf.(1837)；Guaiabara Mill.(1754)(废弃属名)；Guiabara Adans.(1763)Nom. illegit.；Lyperodendron Willd. ex Meisn.(1856)；Naucorephes Raf.(1837)；Schlosseria Mill. ex Steud.(1841)Nom. illegit.；Uvifera Kuntze(1891)Nom. illegit.●

12142　Coccolobaceae Barkley = Polygonaceae Juss.(保留科名)●■

12143　Coccolobis P. Browne(1756)Nom. illegit. ≡ Coccoloba P. Browne(1756)[as 'Coccolobis'](保留属名)[蓼科 Polygonaceae]●

12144　Coccomelia Reinw.(1825)= Baccaurea Lour.(1790)[大戟科 Euphorbiaceae]●

12145　Coccomelia Ridl.(1920)Nom. illegit. = Angelesia Korth.(1855)；~ = Licania Aubl.(1775)[金壳果科 Chrysobalanaceae//金棒科(金橡实科，可可李科)Prunaceae]●☆

12146　Cocconerion Baill.(1873)【汉】桃金大戟属。【隶属】大戟科 Euphorbiaceae。【包含】世界 2 种。【学名诠释与讨论】〈阳〉(希)kokkos，浆果，谷粒，球+nerion，夹竹桃。【分布】法属新喀里多尼亚。【模式】未指定。●☆

12147　Coccos Gaertn.(1788)= Cocos L.(1753)[棕榈科 Arecaceae(Palmae)]●

12148　Coccosipsilum Sw.(1788)= Coccocypselum P. Browne(1756)(保留属名)[茜草科 Rubiaceae]●☆

12149　Coccosperma Klotzsch(1838)= Blaeria L.(1753)；~ = Erica L.(1753)[杜鹃花科(欧石南科)Ericaceae]●☆

12150　Coccothrinax Sarg.(1899)【汉】银扇葵属(可可棕榈属，银桐属，银扇棕属，银叶葵属，银叶棕属，银棕属)。【日】ホソエクマデヤシモドキ属。【英】Silver Palm，Thatch Palm。【隶属】棕榈科 Arecaceae(Palmae)。【包含】世界 49 种。【学名诠释与讨论】〈阴〉(希)kokkos，浆果，谷粒，球+(属)Thrinax 白果棕属。【分布】美国(佛罗里达)，尼加拉瓜，西印度群岛，中美洲。【模式】Coccothrinax jucunda Sargent。【参考异名】Antia O. F. Cook(1941)；Beata O. F. Cook(1941)；Haitiella L. H. Bailey(1947)；Pithodes O. F. Cook(1941)；Thrincoma O. F. Cook(1901)；Thringis O. F. Cook(1901)●☆

12151　Cocculidium Spach(1838)= Cocculus DC.(1817)(保留属名)[防己科 Menispermaceae]●

12152　Cocculus DC.(1817)(保留属名)【汉】木防己属。【日】アオツヅラフジ属，アヲツヅラフヂ属。【俄】Коккулус，Коккулюс，Коломбо，Кукольван。【英】Coral Beads，Coral - beads，Red Moons，Snailseed，Snail - seed。【隶属】防己科 Menispermaceae。【包含】世界 8-35 种，中国 2-5 种。【学名诠释与讨论】〈阳〉(希)kokkos，浆果，谷粒，球+-ulus，-ula，-ulum，指示小的词尾。指果形小。此属的学名"Cocculus DC.，Syst. Nat. 1：515. 1-15 Nov 1817"是保留属名。相应的废弃属名是防己科 Menispermaceae 的"Cebatha Forssk.，Fl. Aegypt. - Arab.：171. 1 Oct 1775 = Cocculus DC.(1817)(保留属名)"、"Leaeba Forssk.，Fl. Aegypt. - Arab.：172. 1 Oct 1775 = Cocculus DC.(1817)(保留属名)"、"Epibaterium J. R. Forst. et G. Forst.，Char. Gen. Pl.：54. 29 Nov 1775 = Cocculus DC.(1817)(保留属名)"、"Nephroia Lour.，Fl. Cochinch.：539，565. Sep 1790 = Cocculus DC.(1817)(保留属名)"、"Baumgartia Moench，Methodus：650. 4 Mai 1794 = Cocculus DC.(1817)(保留属名)"和"Androphylax J. C. Wendl.，Bot.

Beob.：37，38. 1798 = Cocculus DC.(1817)(保留属名)"。"Holopeira Miers，Ann. Mag. Nat. Hist. ser. 2. 7：37，42. Jan 1851"是"Cocculus DC.(1817)(保留属名)"的晚出的同模式异名(Homotypic synonym，Nomenclatural synonym)。【分布】巴基斯坦，秘鲁，玻利维亚，马加斯加，美国(密苏里)，中国，热带和亚热带。【模式】Cocculus villosus(Lamarck)A. P. de Candolle，Nom. illegit.[Menispermum villosum Lamarck，Nom. illegit.，Cocculus hirsutus(Linnaeus)Diels，Menispermum hirsutum Linnaeus]。【参考异名】Adenocheton Fenzl(1844)；Androphilax Steud.(1840)；Androphylax J. C. Wendl.(1798)(废弃属名)；Antophylax Poir.(1816)；Baumgartia Moench(1794)(废弃属名)；Bricchettia Pax(1897)；Cebatha Forssk.(1775)(废弃属名)；Cocculidium Spach(1838)；Columbra Comm. ex Endl.；Epibaterium J. R. Forst. et G. Forst.(1776)(废弃属名)；Ferrandia Gaudich.(1830)；Galloa Hassk.(1844)；Holopeira Miers(1851)Nom. illegit.；Leaeba Forssk.(1775)(废弃属名)；Menispermum L.(1753)；Nephroia Lour.(1790)(废弃属名)；Otamplis Raf.(1836)；Quinio Schltdl.(1855)；Salloa Walp.(1845)；Selwynia F. Muell.(1864)；Wendlandia Willd.(1799)(废弃属名)●

12153　Coccus Mill.(1754)Nom. illegit. ≡ Cocos L.(1753)[棕榈科 Arecaceae(Palmae)]●

12154　Coccyganthe(Rchb.)Rchb.(1844)= Lychnis L.(1753)(废弃属名)；~ = Silene L.(1753)(保留属名)[石竹科 Caryophyllaceae]■

12155　Coccyganthe Rchb.(1844)Nom. illegit. ≡ Coccyganthe(Rchb.)Rchb.(1844)；~ = Lychnis L.(1753)(废弃属名)；~ = Silene L.(1753)(保留属名)[石竹科 Caryophyllaceae]■

12156　Cochemiea(K. Brandegee)Walton(1899)= Mammillaria Haw.(1812)(保留属名)[仙人掌科 Cactaceae]●

12157　Cochemiea Walton(1899)Nom. illegit. ≡ Cochemiea(K. Brandegee)Walton(1899)；~ = Mammillaria Haw.(1812)(保留属名)[仙人掌科 Cactaceae]●

12158　Cochinchinochloa H. N. Nguyen et V. T. Tran(2013)【汉】越南草属。【隶属】禾本科 Poaceae(Gramineae)。【包含】世界 1 种。【学名诠释与讨论】〈阴〉(希)Cochinchina 中南半岛+希腊文 chloe 多利斯文 chloa，草的幼芽，嫩草，禾草。【分布】越南。【模式】Cochinchinochloa braiana H. N. Nguyen et V. T. Tran。☆

12159　Cochiseia W. H. Earle(1976)= Coryphantha(Engelm.)Lem.(1868)(保留属名)；~ = Escobaria Britton et Rose(1923)[仙人掌科 Cactaceae]●☆

12160　Cochlanthera Choisy(1851)【汉】螺药藤黄属(匙花藤黄属)。【隶属】猪胶树科(克鲁西科，山竹子科，藤黄科)Clusiaceae(Guttiferae)。【包含】世界 1 种。【学名诠释与讨论】〈阴〉(希)kochlos，拉丁文 coclea，cochlea，蜗牛，来自 kochlo 盘旋，转+anthera，花药。此属的学名是"Cochlanthera J. D. Choisy，Mém. Soc. Phys. Genève 12：426. 1851"。亦有文献把其处理为"Clusia L.(1753)"的异名。【分布】委内瑞拉。【模式】Cochlanthera lanceolata J. D. Choisy。【参考异名】Clusia L.(1753)●☆

12161　Cochlanthus Balf. f.(1884)= Socotranthus Kuntze(1903)[萝藦科 Asclepiadaceae//杠柳科 Periplocaceae]●☆

12162　Cochleanthes Raf.(1838)【汉】匙花兰属(壳花兰属)。【隶属】兰科 Orchidaceae。【包含】世界 15 种。【学名诠释与讨论】〈阴〉(拉)cochlear，羹匙，来自 cochlea 蜗牛壳+anthos，花。或 kochlos，拉丁文 coclea，cochlea，蜗牛+anthos，花。【分布】巴拿马，秘鲁，玻利维亚，厄瓜多尔，哥斯达黎加，尼加拉瓜，西印度群岛，热带南美洲，中美洲。【模式】Cochleanthes fragrans Rafinesque，Nom. illegit.[Zygopetalon cochleare Lindley]。【参考异名】

Warscewiczella Rchb. f. (1852) Nom. illegit. ; Warszewiczella Benth. et Hook. f. ■☆

12163   Cochlearia L. (1753)【汉】岩荠属(假山葵属,辣根菜属,辣根属,岩荠属)。【日】コクレアーリア属,トモシリサウ属,トモシリソウ属。【俄】Лжеочток,Ложечница。【英】Cragcress, Scurvy Weed, Scurvy - grass, Scurvyweed, Spoonwort。【隶属】十字花科 Brassicaceae(Cruciferae)。【包含】世界 17-36 种,中国 14 种。【学名诠释与讨论】〈阴〉(拉)cochlear,羹匙,来自 cochlea 蜗牛壳+-arius,-aria,-arium,指示"属于、相似、具有、联系"的词尾。指其基部叶子的形状。【分布】巴基斯坦,中国,北温带,南至东喜马拉雅山。【后选模式】Cochlearia officinalis Linnaeus。【参考异名】Cochleariopsis Á. Löve et D. Löve (1976);Glaucocochlearia (O. E. Schulz) Pobed. (1968);Hilliella (O. E. Schulz) Y. H. Zhang et H. W. Li (1986);Peltariopsis (Boiss.) N. Busch (1927);Pseudosempervivum (Boiss.) Grossh. (1930)■

12164   Cochleariella Y. H. Zhang et Vogt (1989) Nom. illegit. = Yinshania Ma et Y. Z. Zhao (1979);~ ≡ Cochleariopsis Y. H. Zhang (1985) Nom. illegit. ; ~ = Hilliella (O. E. Schulz) Y. H. Zhang et H. W. Li (1986) [十字花科 Brassicaceae(Cruciferae)]■★

12165   Cochleariopsis Á. Löve et D. Löve (1976)【汉】棒毛荠属(拟棒毛荠属,棒毛芥属)。【隶属】十字花科 Brassicaceae(Cruciferae)。【包含】世界 1 种,中国 1 种。【学名诠释与讨论】〈阴〉(属)Cochlearia 岩荠属+希腊文 opsis,外观,模样,相似。此属的学名,国内文献多用"Cochleariopsis Y. H. Zhang, Acta Bot. Yunnanica 7:143. Mai 1985"。但是,它是一个非法名称(Nom. illegit.),因为此前已经有了"Cochleariopsis Á. Löve et D. Löve, Bot. Not. 128:513. 6 Mai 1976"。"Cochleariopsis Á. Löve et D. Löve (1976)"的模式是"Cochleariopsis groenlandica (Linnaeus) Á. Löve et D. Löve [Cochlearia groenlandica Linnaeus]"。亦有文献把"Cochleariopsis Á. Löve et D. Löve (1976)"处理为"Cochlearia L. (1753)"的异名。【分布】中国。【模式】Cochleariopsis zhejiangensis Y. H. Zhang。【参考异名】Cochleariella Y. H. Zhang et Voigt (1989) Nom. illegit. ;Yinshania Ma et Y. Z. Zhao (1979)■

12166   Cochleariopsis Y. H. Zhang (1985) Nom. illegit. = Cochleariella Y. H. Zhang et Voigt (1989) Nom. illegit. ; ~ = Yinshania Ma et Y. Z. Zhao (1979) [十字花科 Brassicaceae(Cruciferae)]■★

12167   Cochleata Medik. (1789) = Medicago L. (1753)(保留属名) [豆科 Fabaceae(Leguminosae)//蝶形花科 Papilionaceae]●■

12168   Cochleatoria R. Deane (1965) [as 'Cochleatorea'], Nom. illegit. [兰科 Orchidaceae]■☆

12169   Cochlia Blume(1825) = Bulbophyllum Thouars(1822)(保留属名) [兰科 Orchidaceae]■

12170   Cochlianthus Benth. (1852)【汉】旋花豆属。【英】Cochlianthus, Turnflowerbean。【隶属】豆科 Fabaceae(Leguminosae)//蝶形花科 Papilionaceae。【包含】世界 2 种,中国 2 种。【学名诠释与讨论】〈阳〉(希)kochlo,螺旋,盘旋+anthos,花。指花螺状旋卷。【分布】中国,喜马拉雅山。【模式】Cochlianthus gracilis Bentham。■

12171   Cochliasanthus Trew (1764) = Caracalla Tod. ex Lem. (1862);~ = Phaseolus L. (1753) [豆科 Fabaceae(Leguminosae)//蝶形花科 Papilionaceae]■

12172   Cochlidiosperma(Rchb.) Rchb. (1837)【汉】旋子草属。【隶属】玄参科 Scrophulariaceae。【包含】世界 8-10 种,中国 1 种。【学名诠释与讨论】〈中〉(希)kochlo,螺旋,盘旋+sperma,所有格 spermatos,种子,孢子。此属的学名,ING 记载是"Cochlidiosperma (H. G. L. Reichenbach) H. G. L. Reichenbach, Handb. 198. 1-7 Oct 1837",由"Veronica A. Cochlidiosperma H. G. L. Reichenbach, Fl.

German. Excurs. 365. Jul – Dec 1831"改级而来。IK 记载为"Cochlidiospermum Rchb., Consp. Regn. Veg. [H. G. L. Reichenbach]121. 1828"。TROPICOS 则误记为"Cochlidiosperma (Rchb. f.) Rchb., Handb. Nat. Pfl. - Syst. 198, 1837"。"Pocilla (Dumortier) Fourreau, Ann. Soc. Linn. Lyon ser. 2. 17;129. 28 Dec 1869"是"Cochlidiosperma (Rchb.) Rchb. (1837)"的晚出的同模式异名(Homotypic synonym, Nomenclatural synonym)。"Cochlidiosperma (Rchb.) Rchb. (1837)"曾被处理为"Veronica subsect. Cochlidiosperma (Rchb. f.) Albach, Annals of the Missouri Botanical Garden 95 (4):559. 2008"。亦有文献把"Cochlidiosperma (Rchb.) Rchb. (1837)"处理为"Veronica L. (1753)"的异名。【分布】中国,中南半岛。【后选模式】Cochlidiosperma hederifolia (Linnaeus) Opiz [Veronica hederifolia Linnaeus]。【参考异名】Cochlidiosperma Rchb. (1837) Nom. illegit. ;Cochlidiospermum Opiz (1839) Nom. illegit. ;Cochlidiospermum Rchb. (1828) Nom. illegit. ;Pocilla (Dumort.) Fourr. (1869) Nom. illegit. ;Veronica L. (1753);Veronica A. Cochlidiosperma Rchb. (1831);Veronica subsect. Cochlidiosperma (Rchb. f.) Albach(2008)■

12173   Cochlidiosperma Rchb. (1837) Nom. illegit. ≡ Cochlidiosperma (Rchb.) Rchb. (1837) [玄参科 Scrophulariaceae]■

12174   Cochlidiospermum Opiz (1839) Nom. illegit. = Cochlidiosperma (Rchb.) Rchb. (1837);~ = Veronica L. (1753) [玄参科 Scrophulariaceae//婆婆纳科 Veronicaceae]■

12175   Cochlidiospermum Rchb. (1828) Nom. illegit. = Veronica L. (1753) [玄参科 Scrophulariaceae//婆婆纳科 Veronicaceae]■

12176   Cochlioda Lindl. (1853)【汉】蜗牛兰属。【日】コクリオーダ属。【英】Cochlioda。【隶属】兰科 Orchidaceae。【包含】世界 5 种。【学名诠释与讨论】〈阴〉(希)kochlos,指小型 kochlidion,有螺丝壳的软体动物,如蜗牛。指唇瓣形态。【分布】秘鲁,玻利维亚,厄瓜多尔,哥伦比亚(安蒂奥基亚),热带南美洲。【模式】Cochlioda densiflora Lindley。■☆

12177   Cochliopetalum Beer(1854) = Pitcairnia L'Hér. (1789)(保留属名) [凤梨科 Bromeliaceae]■☆

12178   Cochliospermum Lag. (1817) = Suaeda Forssk. ex J. F. Gmel. (1776)(保留属名) [藜科 Chenopodiaceae]●■

12179   Cochliostema Lem. (1859)【汉】旋蕊草属(鹤蕊花属)。【隶属】鸭趾草科 Commelinaceae。【包含】世界 2 种。【学名诠释与讨论】〈中〉(希)kochlo, kochlos, kochlias,螺旋+stema,所有格 stematos,雄蕊。此属的学名,ING、TROPICOS 和 IK 记载是"Cochliostema Lemaire, Ill. Hort. 6:Misc. 70. Aug 1859"。"Cochlostemon Post et Kuntze(1903)"似为其变体。【分布】巴拿马,玻利维亚,厄瓜多尔,哥伦比亚,哥斯达黎加,尼加拉瓜,中美洲。【模式】Cochliostema odoratissimum Lemaire。【参考异名】Cochlostemon Post et Kuntze(1903) Nom. illegit. ■☆

12180   Cochlospermaceae Planch. (1847) [as 'Cochlospermeae'](保留科名) [亦见 Bixaceae Kunth(保留科名)红木科(胭脂树科)]【汉】弯籽木科(卷胚科,弯胚树科,弯子木科)。【包含】世界 2 属 15-24 种。【分布】热带。【科名模式】Cochlospermum Kunth (1822)(保留属名)●■☆

12181   Cochlospermum Kunth(1822)(保留属名)【汉】弯籽木属(黄花木棉属,卷胚属,弯胚树属)。【俄】Кохлоспермум。【英】Shellseed。【隶属】弯籽木科(卷胚科,弯胚树科,弯子木科)(红木科(胭脂树科)Bixaceae//木棉科 Bombacaceae。【包含】世界 12-15 种。【学名诠释与讨论】〈中〉(希)kochlo, kochlos, kochlias,螺旋 + sperma,所有格 spermatos,种子,孢子。此属的学名"Cochlospermum Kunth in Humboldt et al., Nov. Gen. Sp. 5, ed. 4:

297；ed. f：231. Jun 1822"是保留属名。法规未列出相应的废弃属名。"Cochlospermum Post et Kuntze（1903）Nom. illegit. = Cochliospermum Lag.（1817）= Suaeda Forssk. ex J. F. Gmel.（1776）（保留属名）［藜科 Chenopodiaceae］"是晚出的非法名称；应予废弃。【分布】巴拿马，秘鲁，玻利维亚，厄瓜多尔，哥伦比亚（安蒂奥基亚），尼加拉瓜，中美洲。【模式】Bombax gossypium L. , Nom. illegit. ［Bombax religiosum L. ；Cochlospermum religiosum（L.）Alston］。【参考异名】Azeredia Allemão（1846）Nom. illegit. ；Azeredia Arruda ex Allemão（1846）Nom. illegit. ；Lachnocistus Duchass. ex Linden et Planch.（1863）；Maximilianea Mart. et Schrank（1819）Nom. illegit.（废弃属名）；Maximiliania Endl. ；Wittelsbachia Mart.（1824）Nom. illegit. ●☆

12182　Cochlospermum Post et Kuntze（1903）Nom. illegit.（废弃属名）= Cochliospermum Lag.（1817）；~ = Suaeda Forssk. ex J. F. Gmel.（1776）（保留属名）［藜科 Chenopodiaceae］●■

12183　Cochlostemon Post et Kuntze（1903）Nom. illegit. = Cochliostema Lem.（1859）［鸭趾草科 Commelinaceae］■☆

12184　Cochranea Miers（1868）= Heliotropium L.（1753）［紫草科 Boraginaceae//天芥菜科 Heliotropiaceae］●■

12185　Cockaynea Zntov（1943）= Stenostachys Turcz.（1862）；~ = Hystrix Moench（1794）［禾本科 Poaceae（Gramineae）］■

12186　Cockburnia Balf. f.（1884）= Poskea Vatke（1882）［球花木科（球花科,肾药花科）Globulariaceae］●☆

12187　Cockerellia（R. T. Clausen et Uhl）Á. Löve et D. Löve（1985）= Sedum L.（1753）［景天科 Crassulaceae］●■

12188　Cockerellia Á. Löve et D. Löve（1985）Nom. illegit. ≡ Cockerellia（R. T. Clausen et Uhl）Á. Löve et D. Löve（1985）= Sedum L.（1753）［景天科 Crassulaceae］●■

12189　Cocleorchis Szlach.（1994）【汉】巴拿马兰属。【隶属】兰科 Orchidaceae。【包含】世界 2 种。【学名诠释与讨论】〈阴〉词源不详。【分布】巴拿马，中美洲。【模式】Cocleorchis sarcoglottidis D. L. Szlachetko。●☆

12190　Cocoaceae Schultz Sch. = Arecaceae Bercht. et J. Presl（保留科名）//Palmae Juss.（保留科名）●

12191　Cococipsilum J. St. – Hil.（1805）= Coccocypselum P. Browne（1756）（保留属名）［茜草科 Rubiaceae］●☆

12192　Cocoloba Raf.（1837）= Coccoloba P. Browne（1756）［as 'Coccolobis'］（保留属名）［蓼科 Polygonaceae］●

12193　Cocops O. F. Cook（1901）= Calyptronoma Griseb.（1864）［棕榈科 Arecaceae（Palmae）］●☆

12194　Cocos L.（1753）【汉】椰子属（可可椰子属）。【日】ココス属，コーコス属，ココヤシ属，ヤシ属。【俄】Кокос。【英】Coco, Coconut, Coco – nut, Coconut Palm。【隶属】棕榈科 Arecaceae（Palmae）。【包含】世界 1 种，中国 1 种。【学名诠释与讨论】〈阴〉（葡）coco, 猿猴。指果末端像猴头，或指内果皮基部三个圆形孔迹，形似猴脸。一说可能来自希腊文 kouki 椰子树或 kokkos, 浆果。也许来自葡萄牙语 coco, 椰子。此属的学名，ING、APNI、GCI、TROPICOS 和 IK 记载是"Cocos L. , Sp. Pl. 2：1188. 1753［1 May 1753］"。"Calappa Steck, Diss. de Sagu 9. 21 Sep 1757"和"Coccus P. Miller, Gard. Dict. Abr. ed. 4. 28 Jan 1754"是"Cocos L.（1753）"的晚出的同模式异名（Homotypic synonym, Nomenclatural synonym）。【分布】巴基斯坦，巴拿马，玻利维亚，厄瓜多尔，哥伦比亚（安蒂奥基亚），哥斯达黎加，尼加拉瓜，中国，热带亚洲，中美洲。【模式】Cocos nucifera Linnaeus。【参考异名】Calappa Kuntze（1891）Nom. illegit. ；Calappa Rumph.（1741）Nom. inval. ；Calappa Rumph. ex Kuntze（1891）；Calappa Steck（1757）Nom. illegit. ；Coccos Gaertn.（1788）；Coccus Mill.（1754）

Nom. illegit. ●

12195　Cocosaceae Schultz Sch.（1832）= Arecaceae Bercht. et J. Presl（保留科名）//Palmae Juss.（保留科名）●

12196　Cocoucia Aubl. = Combretum Loefl.（1758）（保留属名）［使君子科 Combretaceae］●

12197　Codanthera Raf.（1837）= Salvia L.（1753）［唇形科 Lamiaceae（Labiatae）//鼠尾草科 Salviaceae］●■

12198　Codaria Kuntze（1891）Nom. illegit. ≡ Codaria L. ex Kuntze（1891）Nom. illegit. ；~ ≡ Lerchea L.（1771）（保留属名）［茜草科 Rubiaceae］●■

12199　Codaria L. ex Benn.（1838）= Lerchea L.（1771）（保留属名）［茜草科 Rubiaceae］●■

12200　Codaria L. ex Kuntze（1891）Nom. illegit. ≡ Lerchea L.（1771）（保留属名）［茜草科 Rubiaceae］●■

12201　Codariocalyx Hassk.（1841）Nom. illegit. ≡ Codoriocalyx Hassk.（1842）；~ = Desmodium Desv.（1813）（保留属名）［豆科 Fabaceae（Leguminosae）//蝶形花科 Papilionaceae］●■

12202　Codarium Sol. ex Vahl（1806）= Dialium L.（1767）［豆科 Fabaceae（Leguminosae）//云实科（苏木科）Caesalpiniaceae］●☆

12203　Codazzia H. Karst. et Triana（1855）= Delostoma D. Don（1823）［紫葳科 Bignoniaceae］●☆

12204　Codazzia Triana（1855）Nom. illegit. ≡ Codazzia H. Karst. et Triana（1855）；~ = Delostoma D. Don（1823）［紫葳科 Bignoniaceae］●☆

12205　Coddampulli Adans.（1763）Nom. illegit. ≡ Cambogia L.（1754）；~ = Garcinia L.（1753）［猪胶树科（克鲁西科,山竹子科,藤黄科）Clusiaceae（Guttiferae）//金丝桃科 Hypericaceae］●

12206　Codda–Pana Adans.（1763）Nom. illegit. ≡ Corypha L.（1753）［棕榈科 Arecaceae（Palmae）］●

12207　Coddia Verdc.（1981）【汉】科德茜属。【隶属】茜草科 Rubiaceae。【包含】世界 1 种。【学名诠释与讨论】〈阴〉（人）Leslie Edward Wastell Codd, 1908–, 南非植物学者。【分布】法属新喀里多尼亚。【模式】Coddia rudis（E. H. F. Meyer ex W. H. Harvey）B. Verdcourt。☆

12208　Coddingtonia Bowdich（1825）【汉】科丁茜属。【隶属】茜草科 Rubiaceae。【包含】世界 1 种。【学名诠释与讨论】〈阴〉词源不详。【分布】热带。【模式】Coddingtonia parasitica S. Bowdich。☆

12209　Codebo Raf. = Codiaeum A. Juss.（1824）（保留属名）［大戟科 Euphorbiaceae］●

12210　Codia Forst.（1775）Nom. illegit. = Codia J. R. Forst. et G. Forst.（1775）［火把树科（常绿棱枝树科,角瓣木科,库诺尼科,南蔷薇科,轻木科）Cunoniaceae］●☆

12211　Codia J. R. Forst. et G. Forst.（1775）【汉】无瓣火把树属。【隶属】火把树科（常绿棱枝树科,角瓣木科,库诺尼科,南蔷薇科,轻木科）Cunoniaceae//虎耳草科 Saxifragaceae。【包含】世界 12-14 种。【学名诠释与讨论】〈阴〉词源不详。此属的学名，ING、TROPICOS 和 IK 记载是"Codia J. R. Forster et J. G. A. Forster, Charact. Gen. 30. 29 Nov 1775"。"Codia Forst.（1775）= Codia J. R. Forst. et G. Forst.（1775）"的命名人引证有误。"Pfeifferago O. Kuntze, Rev. Gen. 1：227. 5 Nov 1891"是"Codia J. R. Forst. et G. Forst.（1775）"的晚出的同模式异名（Homotypic synonym, Nomenclatural synonym）。【分布】法属新喀里多尼亚。【模式】Codia montana J. R. et J. G. A. Forster。【参考异名】Codia Forst.（1775）Nom. illegit. ；Pfeifferago Kuntze（1891）Nom. illegit. ；Pullea Schltr.（1914）●☆

12212　Codiaceae Tiegh. = Cunoniaceae R. Br.（保留科名）●☆

12213　Codiaeum A. Juss.（1824）（保留属名）【汉】变叶木属。【日】

クロトンノキ属, ヘンエフボク属。【俄】Кодиеум。【英】Chengingleaf Tree, Croton, Leafcroton, Leaf-croton, Seaside-balsam。【隶属】大戟科 Euphorbiaceae。【包含】世界 6-15 种, 中国 1 种。【学名诠释与讨论】〈中〉(希)kodeia, kodia, 头, 小球。指古代当地用叶编花环做头饰。此属的学名"Codiaeum A. Juss., Euphorb. Gen. :33. 21 Feb 1824"是保留属名。相应的废弃属名是大戟科 Euphorbiaceae 的"Phyllaurea Lour., Fl. Cochinch. :540, 575. Sep 1790 ≡ Codiaeum A. Juss. (1824)(保留属名)"。大戟科 Euphorbiaceae 的"Codiaeum Rumph. ex A. Juss., Euphorb. Gen. 33. t. 9(1824) ≡ Codiaeum A. Juss. (1824)(保留属名)"亦应废弃。"Crozophyla Rafinesque, Sylva Tell. 64. Oct–Dec 1838"也是"Codiaeum A. Juss. (1824)(保留属名)"的晚出的同模式异名(Homotypic synonym, Nomenclatural synonym)。【分布】澳大利亚(北部), 巴基斯坦, 巴拉圭, 巴拿马, 玻利维亚, 厄瓜多尔, 哥伦比亚(安蒂奥基亚), 马来西亚, 尼加拉瓜, 中国, 波利尼西亚群岛, 中美洲。【模式】Codiaeum variegatum (Linnaeus) A. H. L. Jussieu [Croton variegatus Linnaeus [as 'variegatum']。【参考异名】Codebo Raf.; Codiaeum Rumph. ex A. Juss. (1824)(废弃属名); Codieum Raf.; Crozophyla Raf. (1838) Nom. illegit.; Godiaeum Bojer(1837); Junghuhnia Miq. (1859) Nom. illegit.; Phyllaurea Lour. (1790)(废弃属名); Synapisma Steud. (1841); Synaspisma Endl. (1840)●

12214 Codiaeum Rumph. ex A. Juss. (1824)(废弃属名) ≡ Codiaeum A. Juss. (1824)(保留属名)[大戟科 Euphorbiaceae]●

12215 Codiaminum Raf. (1838) = Narcissus L. (1753)[石蒜科 Amaryllidaceae//水仙科 Narcissaceae]■

12216 Codieum Raf. = Codiaeum A. Juss. (1824)(保留属名)[大戟科 Euphorbiaceae]●

12217 Codigi Augier = Sonerila Roxb. (1820)(保留属名)[野牡丹科 Melastomataceae]●■

12218 Codiocarpus R. A. Howard(1943)【汉】钟果茱萸属。【隶属】茶茱萸科 Icacinaceae。【包含】世界 2 种。【学名诠释与讨论】〈阳〉(希)kodon, 指小式 kodonion, 钟, 铃+karpos, 果实。另说 kodion, 指小型 kodarion, 羊毛, 羊皮+karpos, 果实。【分布】印度(安达曼群岛), 菲律宾。【模式】Codiocarpus merrittii (Merrill) Howard [Stemonurus merrittii Merrill]。●☆

12219 Codiphus Raf. (1837) = Prismatocarpus L'Hér. (1789)(保留属名)[桔梗科 Campanulaceae]●■☆

12220 Codivalia Raf. (1837) Nom. illegit. ≡ Pupalia Juss. (1803)(保留属名)[苋科 Amaranthaceae]■☆

12221 Codochisma Raf. (1821) = Convolvulus L. (1753)[旋花科 Convolvulaceae]●■

12222 Codochonia Dunal(1852) = Acnistus Schott ex Endl. (1831)[茄科 Solanaceae]●☆

12223 Codocline A. DC. = Xylopia L. (1759)(保留属名)[番荔枝科 Annonaceae]●

12224 Codomale Raf. (1840) = Polygonatum Mill. (1754)[百合科 Liliaceae//黄精科 Polygonataceae//铃兰科 Convallariaceae]■

12225 Codon D. Royen ex L. (1767) = Codon L. (1767)[田梗草科(田基麻科, 田亚麻科)Hydrophyllaceae//紫草科 Boraginaceae]☆

12226 Codon D. Royen(1767) = Codon D. Royen ex L. (1767); ~ = Codon L. (1767)[田梗草科(田基麻科, 田亚麻科)Hydrophyllaceae//紫草科 Boraginaceae]☆

12227 Codon L. (1767)【汉】钟基麻属。【隶属】田梗草科(田基麻科, 田亚麻科)Hydrophyllaceae//紫草科 Boraginaceae。【包含】世界 10-12 种。【学名诠释与讨论】〈阳〉(希)kodon, 指小式 kodonion, 钟, 铃。此属的学名, ING 和 TROPICOS 记载是"Codon

Linnaeus, Syst. Nat. ed. 12 : 12. 2 : 15-31 Oct 1767"。IK 则记载为"Codon D. Royen, Syst. Nat. , ed. 12. 2 : 284, 292. 1767 [15-31 Oct 1767]"。【分布】非洲南部。【模式】Codon royeni Linnaeus [as 'rogeni']。【参考异名】Codon D. Royen ex L. (1767); Codon D. Royen(1767)☆

12228 Codonacanthus Nees(1847)【汉】钟花草属(刺针草属)。【日】アリモリサウ属, アリモリソウ属。【英】Codonacanthus。【隶属】爵床科 Acanthaceae。【包含】世界 2 种, 中国 1 种。【学名诠释与讨论】〈阳〉(希)kodon, 指小式 kodonion, 钟, 铃+(属)Akanthus 老鼠竻属。【分布】印度(阿萨姆), 中国。【模式】Codonacanthus pauciflorus (C. G. D. Nees) C. G. D. Nees [Asystasia pauciflora Nees]。■

12229 Codonachne Steud. (1840) Nom. illegit. ≡ Codonachne Wight et Arn. ex Steud. (1840); ~ = Chloris Sw. (1788); ~ = Tetrapogon Desf. (1799)[禾本科 Poaceae(Gramineae)]■☆

12230 Codonachne Wight et Arn. ex Steud. (1840) = Chloris Sw. (1788); ~ = Tetrapogon Desf. (1799)[禾本科 Poaceae(Gramineae)]■☆

12231 Codonandra H. Karst. (1862) = Calliandra Benth. (1840)(保留属名)[豆科 Fabaceae(Leguminosae)//含羞草科 Mimosaceae]●

12232 Codonanthe(Mart.) Hanst. (1854)(保留属名)【汉】钟花苣苔属。【英】Codonanthe。【隶属】苦苣苔科 Gesneriaceae。【包含】世界 15-20 种。【学名诠释与讨论】〈阴〉(希)kodon, 指小式 kodonion, 钟, 铃+anthos, 花。此属的学名"Codonanthe (Mart.) Hanst. in Linnaea 26 : 209. Apr 1854"是保留属名, 由"Hypocyrta sect. Codonanthe C. F. P. Martius, Nov. Gen. Sp. 3 : 50. Jan – Jun 1829"改级而来。相应的废弃属名是旋花科 Convolvulaceae 的"Codonanthus G. Don, Gen. Hist. 4 : 164, 166. 1837 = Breweria R. Br. (1810)"。"Codonanthe Hanst., Linnaea 26 : 209. 1854 ≡ Codonanthe (Mart.) Hanst. (1854)(保留属名)"的命名人引证有误, 亦应废弃。苦苣苔科 Gesneriaceae 的"Codonanthe Mart. ex Steud., Nomencl. Bot. [Steudel], ed. 2. 1 : 791, in syn. 1840 = Codonanthe (Mart.) Hanst. (1854)(保留属名) = Hypocyrta Mart. (1829)"和萝藦科 Asclepiadaceae 的"Codonanthus Hassk., Flora 25(2, Beibl.):24. 1842 = Physostelma Wight(1834)"都应废弃。【分布】巴拿马, 秘鲁, 玻利维亚, 厄瓜多尔, 哥伦比亚(安蒂奥基亚), 哥斯达黎加, 尼加拉瓜, 中美洲。【模式】Codonanthe gracilis (C. F. P. Martius) Hanstein [Hypocyrta gracilis C. F. P. Martius]。【参考异名】Coccanthera K. Koch et Hanst. (1855); Coccanthera K. Koch et Hanst. ex Hanst. (1855); Codonanthe Hanst. (1854) Nom. illegit. (废弃属名); Codonanthe Mart. ex Steud. (1840)(废弃属名); Codonanthus G. Don (1837)(废弃属名); Hypocyrta sect. Codonanthe(1829)●■☆

12233 Codonanthe Hanst. (1854) Nom. illegit. (废弃属名) ≡ Codonanthe (Mart.) Hanst. (1854)(保留属名)[苦苣苔科 Gesneriaceae]●■☆

12234 Codonanthe Mart. ex Steud. (1840) Nom. inval. (废弃属名) = Codonanthe (Mart.) Hanst. (1854)(保留属名); ~ = Hypocyrta Mart. (1829)[苦苣苔科 Gesneriaceae]●■☆

12235 Codonanthemum Klotzsch(1838) = Eremia D. Don(1834)[杜鹃花科(欧石南科)Ericaceae]●☆

12236 Codonanthes Raf. (1838) = Pitcairnia L'Hér. (1789)(保留属名)[凤梨科 Bromeliaceae]■☆

12237 Codonanthopsis Mansf. (1934)【汉】拟钟花苣苔属。【隶属】苦苣苔科 Gesneriaceae。【包含】世界 5-6 种。【学名诠释与讨论】〈阴〉(属)Codonanthe 钟花苣苔属+希腊文 opsis, 外观, 模样, 相似。【分布】巴西, 秘鲁, 玻利维亚, 厄瓜多尔。【后选模式】

Codonanthopsis ulei Mansfeld。■●☆

12238　Codonanthus G. Don（1837）（废弃属名）＝ Breweria R. Br.（1810）［旋花科 Convolvulaceae］●☆

12239　Codonanthus Hassk.（1842）Nom. illegit.（废弃属名）＝ Physostelma Wight（1834）［萝藦科 Asclepiadaceae］●☆

12240　Codonechites Markgr.（1924）＝ Odontadenia Benth.（1841）［夹竹桃科 Apocynaceae］●☆

12241　Codonemma Miers（1878）＝ Tabernaemontana L.（1753）［夹竹桃科 Apocynaceae//红月桂科 Tabernaemontanaceae］●

12242　Codonium Rohr（1792）【汉】钟青树属。【隶属】铁青树科 Olacaceae。【包含】世界4种。【学名诠释与讨论】〈中〉（希）kodon，指小式 kodonion，钟，铃。此属的学名，ING 和 IK 记载是"Codonium Rohr, Skr. Naturhist. –Selsk. 2（1）: 206, t. 6. 1792"。铁青树科 Olacaceae 的"Codonium Vahl（1792）Nom. illegit. ＝ Schoepfia Schreb.（1789）"记载有误。【分布】中美洲。【模式】Codonium arborescens Vahl。●☆

12243　Codonium Vahl（1792）Nom. illegit. ＝ Schoepfia Schreb.（1789）［铁青树科 Olacaceae//青皮木科（香芙木科）Schoepfiaceae//山龙眼科 Proteaceae］●

12244　Codonoboea Ridl.（1923）＝ Didymocarpus Wall.（1819）（保留属名）［苦苣苔科 Gesneriaceae］●■

12245　Codonocalyx Klotzsch ex Baill.（1858）＝ Croton L.（1753）［大戟科 Euphorbiaceae//巴豆科 Crotonaceae］●

12246　Codonocalyx Miers ex Lindl.（1847）＝ Psychotria L.（1759）（保留属名）［茜草科 Rubiaceae//九节科 Psychotriaceae］●■

12247　Codonocalyx Miers（1847）Nom. illegit. ≡ Codonocalyx Miers ex Lindl.（1847）；～ ＝ Psychotria L.（1759）（保留属名）［大戟科 Euphorbiaceae//九节科 Psychotriaceae］●

12248　Codonocarpus A. Cunn., Nom. inval. ＝Codonocarpus A. Cunn. ex Endl.（1837）［环蕊木科（环蕊科）Gyrostemonaceae//圆百部科 Stemonaceae］●☆

12249　Codonocarpus A. Cunn. ex Endl.（1837）【汉】钟果木属（铃果属）。【英】Bellfruit–tree。【隶属】环蕊木科（环蕊科）Gyrostemonaceae//圆百部科 Stemonaceae。【包含】世界3种。【学名诠释与讨论】〈阳〉（希）kodon，指小式 kodonion，钟，铃＋karpos，果实。此属的学名，ING、TROPICOS 和 IK 记载是"Codonocarpus A. Cunningham ex Endlicher in Endlicher et al., Enum. Pl. Huegel. 10. Apr 1837"。APNI 则记载为"Codonocarpus Endl., Enumeratio Plantarum. Huegel 1837"。【分布】澳大利亚。【模式】Codonocarpus australis A. Cunningham ex Moquin–Tandon【参考异名】Codonocarpus A. Cunn., Nom. inval.；Codonocarpus Endl.（1837）Nom. illegit.；Hymenotheca（F. Muell.）F. Muell.（1859）Nom. illegit.；Hymenotheca F. Muell.（1859）Nom. illegit.●☆

12250　Codonocarpus Endl.（1837）Nom. illegit. ≡ Codonocarpus A. Cunn. ex Endl.（1837）［环蕊木科（环蕊科）Gyrostemonaceae//圆百部科 Stemonaceae］●☆

12251　Codonocephalum Fenzl（1843）【汉】西亚菊属。【俄】Кодоноцефалум。【隶属】菊科 Asteraceae（Compositae）//旋覆花科 Inulaceae。【包含】世界2种。【学名诠释与讨论】〈中〉（希）kodon，指小式 kodonion，钟，铃＋kephale，头。此属的学名，ING 和 IK 记载是"Codonocephalum Fenzl, Flora 26: 397. 28 Jun 1843"。"Codonocephalus Fenzl（1843）"似为误记。"Sprunnera C. H. Schultz–Bip. ex Walpers, Repert. 2: 954. 28-30 Dec 1843"是"Codonocephalum Fenzl（1843）"的晚出的同模式异名（Homotypic synonym, Nomenclatural synonym）。亦有文献把"Codonocephalum Fenzl（1843）"处理为"Inula L.（1753）"的异名。【分布】伊朗至亚洲中部。【模式】Codonocephalum inuloides Fenzl。【参考异名】

Codonocephalus Fenzl（1843）Nom. illegit.；Inula L.（1753）；Sprunnera Sch. Bip.（1843）Nom. illegit. ■☆

12252　Codonocephalus Fenzl（1843）Nom. illegit. ≡ Codonocephalum Fenzl（1843）［菊科 Asteraceae（Compositae）］●■

12253　Codonochlamys Ulbr.（1915）【汉】钟被锦葵属。【隶属】锦葵科 Malvaceae。【包含】世界2种。【学名诠释与讨论】〈阴〉（希）kodon，指小式 kodonion，钟，铃＋chlamys，所有格 chlamydos，斗篷，外衣。【分布】巴西。【模式】未指定。【参考异名】Prasanthea（DC.）Decne.（1848）Nom. illegit.；Prasanthea Decne.（1848）Nom. illegit.●☆

12254　Codonocrinum Willd. ex Schult.（1829）Nom. illegit. ≡ Codonocrinum Willd. ex Schult. et Schult. f.（1829）；～ ＝ Yucca L.（1753）［百合科 Liliaceae//龙舌兰科 Agavaceae//丝兰科 Orchidaceae］●■

12255　Codonocrinum Willd. ex Schult. et Schult. f.（1829）＝ Yucca L.（1753）［百合科 Liliaceae//龙舌兰科 Agavaceae//丝兰科 Orchidaceae］●■

12256　Codonocrinum Willd. ex Schult. f.（1829）Nom. illegit. ≡ Codonocrinum Willd. ex Schult. et Schult. f.（1829）；～ ＝ Yucca L.（1753）［百合科 Liliaceae//龙舌兰科 Agavaceae//丝兰科 Orchidaceae］●■

12257　Codonocroton E. Mey. ex Engl. et Diels（1899）＝ Combretum Loefl.（1758）（保留属名）［使君子科 Combretaceae］●

12258　Codonophora Lindl.（1827）＝ Paliavana Vell. ex Vand.（1788）［苦苣苔科 Gesneriaceae］●☆

12259　Codonoprasum Rchb.（1828）＝ Allium L.（1753）［百合科 Liliaceae//葱科 Alliaceae］■

12260　Codonopsis A. DC.（1839）Nom. illegit.［桔梗科 Campanulaceae］■☆

12261　Codonopsis Wall.（1824）【汉】党参属（山奶草属，羊乳属）。【日】ツルニンジン属。【俄】Кодонопсис。【英】Asia Bell, Asiabell, Asian Bell, Bellwort, Bonnet Bellflower。【隶属】桔梗科 Campanulaceae。【包含】世界30-58种，中国41-43种。【学名诠释与讨论】〈阴〉（希）kodon，指小式 kodonion，钟，铃＋希腊文 opsis，外观，模样，相似。指花钟状。此属的学名，ING、TROPICOS 和 IK 记载是"Codonopsis Wallich in Roxburgh, Fl. Indica 2: 103. Mar–Jun（?）1824"。"Codonopsis Wall. ex Roxb.（1824）≡ Codonopsis Wall.（1824）"的命名人引证有误。"Codonopsis Alph. de Candolle in A. P. de Candolle, Prodr. 7: 423. Dec（sero）1839 ≠ Codonopsis Wall.（1824）桔梗科 Campanulaceae"是晚出的非法名称。【分布】巴基斯坦，马来西亚，中国，喜马拉雅山，东亚。【后选模式】Codonopsis viridis Wallich。【参考异名】Campanumoea Blume ex Roxb.（1824）Nom. illegit.；Campanumoea Blume（1826）；Codonopsis Wall. ex Roxb.（1824）Nom. illegit.；Cyclocodon Griff.（1858）；Glosocomia D. Don（1825）Nom. illegit.；Glossocomia D. Don, Nom. illegit.；Glossocomia Rchb.（1828）；Numaeacampa Gagnep.（1948）■

12262　Codonopsis Wall. ex Roxb.（1824）Nom. illegit. ≡ Codonopsis Wall.（1824）［桔梗科 Campanulaceae］■

12263　Codonoraphia Oerst.（1859）＝ Pentarhaphia Lindl.（1827）［苦苣苔科 Gesneriaceae］■☆

12264　Codonorchis Lindl.（1840）【汉】毛唇钟兰属。【隶属】兰科 Orchidaceae。【包含】世界3种。【学名诠释与讨论】〈阴〉（希）kodon，指小式 kodonion，钟，铃＋orchis，原义是睾丸，后变为植物兰的名称，因为根的形态而得名。变为拉丁文 orchis，所有格 orchidis。【分布】热带和温带南美洲。【后选模式】Codonorchis lessonii（Brongniart）J. Lindley［Calopogon lessonii Brongniart］。■☆

12265 Codonorhiza Goldblatt et J. C. Manning（2015）【汉】钟根鸢尾属。【隶属】鸢尾科 Iridaceae。【包含】世界种。【学名诠释与讨论】〈阴〉（希）kodon，指小式 kodonion，钟，铃+rhiza，或 rhizoma，根，根茎。【分布】热带非洲。【模式】Codonorhiza corymbosa（L.）Goldblatt et J. C. Manning［Ixia corymbosa L.］。☆

12266 Codonosiphon Schltr.（1913）= Bulbophyllum Thouars（1822）（保留属名）［兰科 Orchidaceae］■

12267 Codonostigma Klotzsch ex Benth.（1839）= Scyphogyne Decne.（1828）［杜鹃花科（欧石南科）Ericaceae］●☆

12268 Codonostigma Klotzsch（1839）Nom. illegit. ≡ Codonostigma Klotzsch ex Benth.（1839）；~ = Scyphogyne Decne.（1828）［杜鹃花科（欧石南科）Ericaceae］●☆

12269 Codonura K. Schum.（1896）= Baissea A. DC.（1844）［夹竹桃科 Apocynaceae］●☆

12270 Codoriocalyx Hassk.（1841）【汉】舞草属（钟萼豆属）。【英】Codariocalyx，Danceweed，Dancing Grass，Telegraph Plant。【隶属】豆科 Fabaceae（Leguminosae）//蝶形花科 Papilionaceae。【包含】世界2种，中国2种。【学名诠释与讨论】〈阳〉（希）kodion，指小型 kodarion，革质的袋，短角，羊毛，羊皮+kalyx，所有格 kalykos＝拉丁文 calyx，花萼，杯子。指萼筒及裂齿革质。此属的学名发表时为"Codoriocalyx Hasskarl，Linnaea 15（Litt.）：80. Apr 1841"，后来订正为"Codariocalyx Hassk（1841）"。从词源来看，后者为对。亦有文献把"Codoriocalyx Hassk.（1841）"处理为"Desmodium Desv.（1813）（保留属名）"的异名。【分布】澳大利亚，中国。【模式】Codariocalyx conicus Hasskarl。【参考异名】Codoriocalyx Hassk.（1842）Nom. illegit. ；Desmodium Desv.（1813）（保留属名）●

12271 Codornia Gand.，Nom. inval. = Helianthemum Mill.（1754）［半日花科（岩蔷薇科）Cistaceae］●■

12272 Codosiphus Raf.（1821）= Convolvulus L.（1753）［旋花科 Convolvulaceae］●■

12273 Codylis Raf.（1819）= Solanum L.（1753）［茄科 Solanaceae］●■

12274 Coelachna Post et Kuntze（1903）Nom. illegit. = Coelachne R. Br.（1810）［禾本科 Poaceae（Gramineae）］■

12275 Coelachne R. Br.（1810）【汉】小丽草属。【日】ヒナザサ属。【英】Coelachne。【隶属】禾本科 Poaceae（Gramineae）。【包含】世界4-11种，中国1种。【学名诠释与讨论】〈阴〉（希）koilos，空穴，凹的。koilia，腹+achne，鳞片，囊泡，关节。此属的学名，APNI 记载是"Coelachne R. Br.，Prodromus Florae Novae Hollandiae 1810"。"Coelachne R. Br. et C. E. Hubb.，Hooker's Icon. Pl. 35：t. 3440，descr. emend. 1943［Mar 1943］"修订了描述。"Coelachna Post et Kuntze（1903）"是其拼写变体。【分布】马达加斯加，中国，热带。【模式】Coelachne pulchella R. Brown。【参考异名】Coelachna Post et Kuntze（1903）Nom. illegit. ；Coelachne R. Br. et C. E. Hubb.（1943），descr. emend. ■

12276 Coelachne R. Br. et C. E. Hubb.（1943），descr. emend. = Coelachne R. Br.（1810）［禾本科 Poaceae（Gramineae）］■

12277 Coelachyropsis Bor（1972）= Coelachyrum Hochst. et Nees（1842）［禾本科 Poaceae（Gramineae）］■☆

12278 Coelachyrum Hochst. et Nees（1842）【汉】天壳草属。【隶属】禾本科 Poaceae（Gramineae）。【包含】世界8种。【学名诠释与讨论】〈中〉（希）koilos，空穴，凹的。koilia，腹+achyron，糠，皮，壳，英。此属的学名，ING 和 TROPICOS 记载是"Coelachyrum Hochstetter et C. G. D. Nees，Linnaea 16：221. Apr-Jul 1842"。IK 则记载为"Coelachyrum Nees，Linnaea 16：221. 1842"。三者引用的文献相同。【分布】巴基斯坦，热带非洲，热带亚洲西南部。【模式】Coelachyrum brevifolium Hochstetter et C. G. D. Nees。【参考异名】Coelachyropsis Bor（1972）；Coelochloa Hochst.（1840）

Nom. illegit. ；Coelochloa Hochst. ex Steud.（1840）；Coelochloa Steud.（1840）Nom. illegit. ；Cypholepis Chiov.（1908）■☆

12279 Coelachyrum Nees（1842）Nom. illegit. ≡ Coelachyrum Hochst. et Nees（1842）；~ = Eragrostis Wolf（1776）［禾本科 Poaceae（Gramineae）］■☆

12280 Coeladena Post et Kuntze（1903）= Coiladena Raf.（1837）；~ = Ipomoea L.（1753）（保留属名）［旋花科 Convolvulaceae］●■

12281 Coelandria Fitzg.（1882）= Dendrobium Sw.（1799）（保留属名）［兰科 Orchidaceae］■

12282 Coelanthe Griseb.（1838）= Coilantha Borkh.（1796）；~ = Gentiana L.（1753）［龙胆科 Gentianaceae］■

12283 Coelanthera Post et Kuntze（1903）= Coilanthera Raf.（1838）；~ = Cordia L.（1753）（保留属名）［紫草科 Boraginaceae//破布木科（破布树科）Cordiaceae］●

12284 Coelanthium Sond.（1860）Nom. illegit. ≡ Coelanthum E. Mey. ex Fenzl（1836）［番杏科 Aizoaceae//粟米草科 Molluginaceae］■☆

12285 Coelanthum E. Mey. ex Fenzl（1836）【汉】连萼粟草属。【隶属】番杏科 Aizoaceae//粟米草科 Molluginaceae。【包含】世界3种。【学名诠释与讨论】〈中〉（希）koilos，空穴，凹的。koilia，腹+anthos，花。antheros，多花的。antheo，开花。此属的学名，ING、TROPICOS 和 IK 记载是"Coelanthum E. Mey. ex Fenzl，Ann. Wiener Mus. Naturgesch. i.（1836）353；ii.（1838）267"。"Coelanthium Sond.，Fl. Cap.（Harvey）1：147. 1860［10-31 May 1860］"是"Coelanthum E. Mey. ex Fenzl（1836）"的拼写变体。【分布】非洲南部。【后选模式】Coelanthum grandiflorum E. H. F. Meyer ex Fenzl。☆

12286 Coelanthus Willd. ex Schult. f.（1830）= Lachenalia J. Jacq.（1784）［百合科 Liliaceae//风信子科 Hyacinthaceae］■☆

12287 Coelarthron Hook. f.（1896）= Microstegium Nees（1836）［禾本科 Poaceae（Gramineae）］■

12288 Coelas Dulac（1867）Nom. illegit. ≡ Sibbaldia L.（1753）［蔷薇科 Rosaceae］■

12289 Coelebogyne J. Sm.（1839）；~ = Alchornea Sw.（1788）［大戟科 Euphorbiaceae］●

12290 Coelebogyne J. Sm.，Nom. illegit. = Alchornea Sw.（1788）［大戟科 Euphorbiaceae］●

12291 Coelestina Cass.（1817）Nom. illegit. = Ageratum L.（1753）；~ = Caelestina Cass.（1817）［菊科 Asteraceae（Compositae）］■●

12292 Coelestina Hill（1761）= Amellus L.（1759）（保留属名）［菊科 Asteraceae（Compositae）］■●☆

12293 Coelestinia Endl.（1837）= Ageratum L.（1753）；~ = Caelestina Cass.（1817）［菊科 Asteraceae（Compositae）］■●

12294 Coelia Lindl.（1830）【汉】粉兰属。【隶属】兰科 Orchidaceae。【包含】世界5种。【学名诠释与讨论】〈阴〉（希）koilos，空穴，凹的。koilia，腹。【分布】巴拿马，哥斯达黎加，尼加拉瓜，西印度群岛，中美洲。【模式】Coelia bauerana Lindley，Nom. illegit. ［Coelia triptera（Smith）G. Don ex Steudel；Epidendrum tripterum Smith］。【参考异名】Bothriochilus Lem.（1856）；Caelia G. Don（1839）■☆

12295 Coelidium Vogel ex Walp.（1840）【汉】天盛豆属。【隶属】豆科 Fabaceae（Leguminosae）//蝶形花科 Papilionaceae。【包含】世界20种。【学名诠释与讨论】〈中〉（希）koilos，指小型 koilidion，空穴，凹的。koilia，腹+-idius，-idia，-idium，指示小的词尾。指叶片或雄蕊形态。【分布】非洲南部。【后选模式】Coelidium ciliare（Ecklon et Zeyher）J. R. T. Vogel ex Walpers［Amphithalea ciliaris Ecklon et Zeyher］。■☆

12296 Coelina Noronha（1790）= Elaeocarpus L.（1753）［杜英科

Elaeocarpaceae]●

12297　Coeliopsis Rchb. f.（1872）【汉】拟粉兰属。【隶属】兰科 Orchidaceae。【包含】世界1种。【学名诠释与讨论】〈阴〉（属）Coelia 粉兰属+希腊文 opsis，外观，模样，相似。【分布】巴拿马，厄瓜多尔，哥伦比亚，哥斯达黎加，中美洲。【模式】Coeliopsis hyacinthosma H. G. Reichenbach。■☆

12298　Coelobogyne J. Sm.，Nom. illegit. = Alchornea Sw.（1788）［大戟科 Euphorbiaceae］●

12299　Coelocarpum Balf. f.（1883）【汉】凹果马鞭草属。【隶属】马鞭草科 Verbenaceae。【包含】世界1-5种。【学名诠释与讨论】〈中〉（希）koilos，空穴，凹的。koilia，腹+karpos，果实。【分布】马达加斯加，也门（索科特拉岛）。【模式】Coelocarpum socotranum I. B. Balfour。【参考异名】Coelocarpus Scott Elliot ●☆

12300　Coelocarpus Post et Kuntze（1903）= Coilocarpus F. Muell. ex Domin（1921）［藜科 Chenopodiaceae］●☆

12301　Coelocarpus Scott Elliot = Coelocarpum Balf. f.（1883）［马鞭草科 Verbenaceae］●☆

12302　Coelocaryon Warb.（1895）【汉】凹果豆蔻属（天堂果属）。【隶属】肉豆蔻科 Myristicaceae。【包含】世界4-7种。【学名诠释与讨论】〈中〉（希）koilos，空穴，凹的+karyon，胡桃，硬壳果，核，坚果。【分布】热带非洲。【模式】Coelocaryon preussii Warburg。●☆

12303　Coelochloa Hochst.（1840）Nom. illegit. ≡ Coelochloa Hochst. ex Steud.（1840）；~ = Coelachyrum Hochst. et Nees（1842）［禾本科 Poaceae（Gramineae）］■☆

12304　Coelochloa Hochst. ex Steud.（1840）= Coelachyrum Hochst. et Nees（1842）［禾本科 Poaceae（Gramineae）］■☆

12305　Coelochloa Steud.（1840）Nom. illegit. ≡ Coelochloa Hochst. ex Steud.（1840）；~ = Coelachyrum Hochst. et Nees（1842）［禾本科 Poaceae（Gramineae）］■☆

12306　Coelocline A. DC.（1832）= Xylopia L.（1759）（保留属名）［番荔枝科 Annonaceae］●

12307　Coelococcus H. Wendl.（1862）【汉】橡扣树属（波利西谷椰属）。【英】Ivory-nut Palm，Sago Palm。【隶属】棕榈科 Arecaceae（Palmae）。【包含】世界2种。【学名诠释与讨论】〈阳〉（希）koilos，空穴，凹的+kokkos，变为拉丁文 coccus，仁，谷粒，浆果。此属的学名是“Coelococcus H. Wendland, Bonplandia 10：199. 1862”。亦有文献把其处理为“Metroxylon Rottb.（1783）（保留属名）”的异名。绿藻的“Coelodiscus C. C. Jao, Sinensia 12：294. Dec 1941（non Baillon 1858）≡ Jaoa K. C. Fan（1964）”是晚出的非法名称。【分布】波利尼西亚群岛。【模式】Coelococcus vitiensis H. Wendland。【参考异名】Metroxylon Rottb.（1783）（保留属名）●☆

12308　Coelodepas Hassk.（1857）Nom. illegit. = Koilodepas Hassk.（1856）［大戟科 Euphorbiaceae］●

12309　Coelodiscus Baill.（1858）【汉】穴盘木属。【英】Coelodiscus。【隶属】大戟科 Euphorbiaceae。【包含】世界5种，中国1种。【学名诠释与讨论】〈阳〉（希）koilos，空穴，凹的+diskos，圆盘。指花盘凹陷。此属的学名是“Coelodiscus Baillon, Étude Gén. Euphorb. 293. post Mar 1858”。亦有文献把其处理为“Mallotus Lour.（1790）”的异名。【分布】中国。【模式】Ricinus dioicus Wallich ex Baillon。【参考异名】Mallotus Lour.（1790）●

12310　Coeloglossum Hartm.（1820）（废弃属名）【汉】凹舌兰属（凹唇兰属）。【俄】Пололепестник。【英】Coeloglossum，Frog Orchid，Frog-orchis，Long-bracted Orchid。【隶属】兰科 Orchidaceae。【包含】世界1种，中国1种。【学名诠释与讨论】〈中〉（希）koilos，空穴，凹的+glossa，舌。此属的学名“Coeloglossum Hartm.，Handb. Skand. Fl.：329. 1820”是废弃属名，相应的保留属名是兰科

Orchidaceae 的“Dactylorhiza Necker ex Nevski in Fl. URSS 4：697, 713. 1935”。《中国植物志》、《台湾植物志》、《中国兰花》和很多中外文献都用“Coeloglossum Hartm.（1820）（废弃属名）”为正名，故暂放于此。兰科 Orchidaceae 的“Coeloglossum Lindley, Edwards's Bot. Reg. sub. t. 1701. 1 Sep 1834 = Peristylus Blume（1825）（保留属名）”是晚出的非法名称，亦应废弃；它已经被“Lindblomia Fr.（1843）”所替代。“Caeloglossum Steud.，Nomencl. Bot.［Steudel］, ed. 2. i. 247（1840）”似为“Coeloglossum Hartm.（1820）（废弃属名）”的拼写变体。Coeloglossum Hartm.（1820）（废弃属名）≡ Satyrium Sw.（1800）（保留属名）。【分布】巴基斯坦，美国，中国，温带欧亚大陆，北美洲。【后选模式】Coeloglossum viride（Linnaeus）C. J. Hartman［Satyrium viride Linnaeus］。【参考异名】Caeloglossum Steud.（1840）Nom. illegit.；Coeloglossum Lindl.（1834）Nom. illegit.（废弃属名）；Dactylorhiza Neck. ex Nevski（1935）（保留属名）；Diplorrhiza Ehrh.（1789）；Entaticus Gray（1821）Nom. illegit.；Lindblomia Fr.（1843）；Satorkis Thouars（1809）Nom. illegit.；Satyrium L.（1753）（废弃属名）；Satyrium Sw.（1800）（保留属名）；Sieberia Spreng.（1817）（废弃属名）■

12311　Coeloglossum Lindl.（1834）Nom. illegit.（废弃属名）≡ Lindblomia Fr.（1843）；~ = Peristylus Blume（1825）（保留属名）［兰科 Orchidaceae］■

12312　Coelogyne Lindl.（1821）【汉】贝母兰属。【日】キンヤウラク属，セロヂネ属。【俄】Целогина，Целогине。【英】Coelogyne。【隶属】兰科 Orchidaceae。【包含】世界100-200种，中国26-31种。【学名诠释与讨论】〈阴〉（希）koilos，空穴，凹的+gyne，所有格 gynaikos，雌性，雌蕊。指柱头形状。【分布】玻利维亚，中国，印度至马来西亚，太平洋地区。【后选模式】Coelogyne cristata Lindley。【参考异名】Bolborchis Lindl.；Caelogyne Wall.（1840）Nom. illegit.；Caelogyne Wall. ex Steud.（1840）Nom. illegit.；Cologyne Griff.（1851）；Gomphostylis Wall. ex Lindl.（1830）；Hologyne Pfitzer（1907）；Ptychogyne Pfitzer（1907）■

12313　Coelonema Maxim.（1880）【汉】穴丝荠属（穴丝荠属）。【英】Coelonema。【隶属】十字花科 Brassicaceae（Cruciferae）。【包含】世界1种，中国1种。【学名诠释与讨论】〈中〉（希）koilos，空穴，凹的+nema，所有格 nematos，丝，花丝。此属的学名是“Coelonema Maximowicz, Bull. Acad. Imp. Sci. Saint-Pétersbourg ser. 3. 26：423. 28 Oct 1880”。亦有文献把其处理为“Draba L.（1753）”的异名。【分布】中国。【模式】Coelonema draboides Maximowicz。【参考异名】Draba L.（1753）■★

12314　Coelonox Post et Kuntze（1903）= Coilonox Raf.（1837）；~ = Ornithogalum L.（1753）［百合科 Liliaceae//风信子科 Hyacinthaceae］■

12315　Coelophragmus O. E. Schulz（1924）【汉】墨西哥大蒜芥属。【隶属】十字花科 Brassicaceae（Cruciferae）。【包含】世界2种。【学名诠释与讨论】〈阳〉（希）koilos，空穴，凹的+phragma，所有格 phragmatos，篱笆。phragmos，篱笆，障碍物。phragmites，长在篱笆中的。【分布】墨西哥。【模式】未指定。■☆

12316　Coelopleurum Ledeb.（1844）【汉】高山芹属（高山芹属，空肋芥属）。【日】エゾノシシウド属，ミヤマセンコ属。【俄】Пусторебрышник。【英】Alpparsley，Angelica。【隶属】伞形花科（伞形科）Apiaceae（Umbelliferae）。【包含】世界4-5种，中国2种。【学名诠释与讨论】〈中〉（希）koilos，空穴，凹的+pleura = pleuron，肋骨，脉，棱，侧生。指果实形态。此属的学名是“Coelopleurum Ledebour, Fl. Rossica 2：361. Jul 1844”。亦有文献把其处理为“Angelica L.（1753）”的异名。【分布】中国，亚洲东北部。【模式】Coelopleurum gmelinii（A. P. de Candolle）Ledebour

［as 'gmelini'］, Archangelica gmelinii A. P. de Candolle［as 'gmelini'］。【参考异名】Angelica L. (1753); Homopteryx Kitag. (1937); Physolophium Turcz. (1844)■

12317 Coelopyrena Valeton (1909)【汉】柳叶茜属。【隶属】茜草科 Rubiaceae。【包含】世界 1 种。【学名诠释与讨论】〈阴〉(希) koilos, 空穴, 凹的+pyren, 核, 颗粒。【分布】印度尼西亚(马鲁古群岛), 新几内亚岛。【模式】Coelopyrena salicifolia Valeton。☆

12318 Coelopyrum Jack(1822)(废弃属名) = Campnosperma Thwaites (1854)(保留属名)[漆树科 Anacardiaceae]●☆

12319 Coelorachis Brongn. (1831)【汉】空轴茅属。【英】Emptygrass。【隶属】禾本科 Poaceae (Gramineae)。【包含】世界 12-21 种, 中国 1 种。【学名诠释与讨论】〈阴〉(希) koilos, 空穴, 凹的+rachis, 轴, 花轴, 叶轴, 中轴, 主轴, 枝。此属的学名是"Coelorachis A. T. Brongniart in Duperrey, Voyage Coquille Bot. 2: 64. Jan 1831 ('1829')"。亦有文献把其处理为"Mnesithea Kunth (1829)"的异名。【分布】巴拿马, 玻利维亚, 哥斯达黎加, 美国(密苏里), 中国, 中美洲。【模式】Coelorachis muricata (Retzius) A. T. Brongniart [Aegilops muricata Retzius]。【参考异名】Apogonia (Nutt.) E. Fourn. (1886); Apogonia E. Fourn. (1886) Nom. illegit.; Coelorhachis Endl. (1838) Nom. illegit.; Cycloteria Stapf (1931); Mnesithea Kunth(1829)■

12320 Coelorhachis Endl. (1838) Nom. illegit. = Coelorachis Brongn. (1831) [禾本科 Poaceae(Gramineae)]■

12321 Coelosperma Post et Kuntze(1903) = Coilosperma Raf. (1837) Nom. illegit.; ~ = Deeringia R. Br. (1810) [苋科 Amaranthaceae]●■

12322 Coelospermum Blume (1827)【汉】穴果木属。【英】Caelospermum, Coelospermum。【隶属】茜草科 Rubiaceae。【包含】世界 15-17 种, 中国 2 种。【学名诠释与讨论】〈中〉(希) koilos, 空穴, 凹的+sperma, 所有格 spermatos, 种子, 孢子。指果形如豌豆, 内有种子。亦有文献把其处理为"Caelospermum Blume (1827) Nom. illegit."的异名。【分布】澳大利亚, 马来西亚, 法属新喀里多尼亚, 中国, 中南半岛。【模式】Coelospermum scandens Blume。【参考异名】Caelospermum Blume (1827) Nom. illegit.; Figuierea Montrouz. (1860); Holostyla DC.; Holostyla Endl. (1838) Nom. illegit.; Merismostigma S. Moore (1921); Olostyla DC. (1830); Pogonolobus F. Muell. (1858); Trisciadia Hook. f. (1873)●

12323 Coelostegia Benth. (1862)【汉】凹顶木棉属(露冠树属)。【隶属】木棉科 Bombacaceae//锦葵科 Malvaceae。【包含】世界 5 种。【学名诠释与讨论】〈阴〉(希) koilos, 空穴, 凹的+stege, 盖子, 覆盖物。【分布】马来西亚。【模式】Coelostegia griffithii Bentham。●☆

12324 Coelostelma E. Fourn. (1885)【汉】空柱萝藦属。【隶属】萝藦科 Asclepiadaceae。【包含】世界 1 种。【学名诠释与讨论】〈阴〉(拉) koilos, 空穴, 凹的+stele, 支持物, 支柱, 石头做的界标, 柱, 中柱, 花柱+ima 最高级词尾。【分布】巴西。【模式】Coelostelma refractum E. P. N. Fournier。☆

12325 Coelostigma Post et Kuntze (1903) = Coilostigma Klotzsch (1838); ~ = Salaxis Salisb. (1802) [杜鹃花科(欧石南科) Ericaceae]●☆

12326 Coelostigmaceae Dulac = Berberidaceae Juss. (保留科名)●■

12327 Coelostylis(A. Juss.) Kuntze(1891) Nom. illegit. = Echinopterys A. Juss. (1843) [金虎尾科(黄褥花科) Malpighiaceae]●☆

12328 Coelostylis Post et Kuntze(1903) Nom. illegit. = Coilostylis Raf. (1838); ~ = Epidendrum L. (1763)(保留属名)[兰科 Orchidaceae]■☆

12329 Coelostylis Torr. et A. Gray ex Endl. (1839) Nom. illegit. ≡ Coelostylis Torr. et A. Gray ex Endl. et Fenzl(1839); ~ = Spigelia L.

(1753) [马钱科(断肠草科, 马钱子科) Loganiaceae//驱虫草科(度量草科) Spigeliaceae]■☆

12330 Coelostylis Torr. et A. Gray ex Endl. et Fenzl(1839) = Spigelia L. (1753) [马钱科(断肠草科, 马钱子科) Loganiaceae//驱虫草科(度量草科) Spigeliaceae]■☆

12331 Coelostylis Torr. et A. Gray (1839) Nom. illegit. ≡ Coelostylis Torr. et A. Gray ex Endl. et Fenzl(1839); ~ = Spigelia L. (1753) [马钱科(断肠草科, 马钱子科) Loganiaceae//驱虫草科(度量草科) Spigeliaceae]■☆

12332 Coelotapalus Post et Kuntze (1903) = Cecropia Loefl. (1758)(保留属名); ~ = Coilotapalus P. Browne (1756)(废弃属名) [荨麻科 Urticaceae//蚁栖树科(号角树科, 南美伞科, 南美伞树科, 伞树科, 锥头麻科) Cecropiaceae]●☆

12333 Coemansia Marchal(1879) Nom. illegit. ≡ Coudenbergia Marchal (1879); ~ = Pentapanax Seem. (1864) [五加科 Araliaceae]●

12334 Coenadenium (Summerh.) Szlach. (2003) = Angraecopsis Kraenzl. (1900) [兰科 Orchidaceae]■☆

12335 Coenochlamys Post et Kuntze(1903) = Coinochlamys T. Anderson ex Benth. et Hook. f. (1876) [马钱科(断肠草科, 马钱子科) Loganiaceae]●☆

12336 Coenoemersa R. González et Lizb. Hern. (2010)【汉】污兰属。【隶属】兰科 Orchidaceae。【包含】世界 3 种。【学名诠释与讨论】〈阴〉(拉) coenum, 污物; coenosus, 垃圾+emersus, 出来的, 出现的。【分布】墨西哥, 北美洲。【模式】Coenoemersa R. González et Lizb. Hern. [Platanthera limosa Lindl.; Habenaria limosa (Lindl.) Hemsl.]。☆

12337 Coenogyna Post et Kuntze (1903) = Coinogyne Less. (1831); ~ = Jaumea Pers. (1807) [菊科 Asteraceae(Compositae)]■●☆

12338 Coenolophium Rchb. (1828) = Cenolophium W. D. J. Koch (1824) [伞形花科(伞形科) Apiaceae(Umbelliferae)]■

12339 Coenotus Benth. et Hook. f. (1873) = Caenotus Raf. (1837) Nom. illegit.; ~ = Erigeron L. (1753) [菊科 Asteraceae (Compositae)]■●

12340 Coerulinia Fourr. (1869) = Veronica L. (1753) [玄参科 Scrophulariaceae//婆婆纳科 Veronicaceae]■

12341 Coespeletia Cuatrec. (1976) = Espeletia Mutis ex Bonpl. (1808) [菊科 Asteraceae(Compositae)]●☆

12342 Coespiphylis Thouars = Bulbophyllum Thouars (1822)(保留属名) [兰科 Orchidaceae]■

12343 Coestichis Thouars = Liparis Rich. (1817)(保留属名); ~ = Malaxis Sol. ex Sw. (1788) [兰科 Orchidaceae]■

12344 Coetocapnia Link et Otto(1828) = Polianthes L. (1753) [石蒜科 Amaryllidaceae//龙舌兰科 Agavaceae]■☆

12345 Cofeanthus A. Chev. (1947) = Coffea L. (1753); ~ = Psilanthus Hook. f. (1873)(保留属名) 茜草科 Rubiaceae//咖啡科 Coffeaceae]●☆

12346 Cofer Loefl. (1758) = Symplocos Jacq. (1760) [山矾科(灰木科) Symplocaceae]●

12347 Coffea L. (1753)【汉】咖啡属。【日】コーヒーノキ属, コーヒー属。【俄】Дерево кофейное, Кофе。【英】Coffee, Coffee Plant。【隶属】茜草科 Rubiaceae//咖啡科 Coffeaceae。【包含】世界 40-90 种, 中国 5-8 种。【学名诠释与讨论】〈阴〉(阿拉伯) kahwah, quahwah, qahwa 均为此属的阿拉伯俗名。Kaffa 或 Caffa 是非洲埃塞俄比亚南部的咖法镇, 因该地有大量野生的咖啡树。阿拉伯词的含义为具生活力的。指其有兴奋作用。此属的学名, ING、APNI、GCI、TROPICOS 和 IK 记载是"Coffea L., Sp. Pl. 1: 172. 1753 [1 May 1753]"。"Cafe Adanson, Fam. 2: 500. Jul-Aug

1763"是"Coffea L.（1753）"的晚出的同模式异名（Homotypic synonym, Nomenclatural synonym）。【分布】巴拉圭,巴拿马,玻利维亚,厄瓜多尔,马达加斯加,尼加拉瓜,中国,热带,中美洲。【模式】Coffea arabica Linnaeus。【参考异名】Argocoffea（Pierre ex De Wild.）Lebrun（1941）; Argocoffeopsis（Pierre ex De Wild.）Lebrun（1941）; Argocoffeopsis Lebrun（1941）; Buseria T. Durand（1888）; Cafe Adans.（1763）Nom. illegit.; Caffea Noronha（1790）; Calycosiphonia（Pierre）Lebrun（1941）; Calycosiphonia Pierre ex Robbr.（1981）Nom. illegit.; Cofeanthus A. Chev.（1947）; Discocoffea A. Chev.（1931）; Hexepta Raf.（1838）; Leiochilus Hook. f.（1873）Nom. illegit.; Nescidia A. Rich.（1834）Nom. illegit.; Nescidia A. Rich. ex DC.（1830）; Paolia Chiov.（1916）; Pleurocoffea Baill.（1880）; Psilanthopsis A. Chev.（1939）; Solenixora Baill.（1880）●

12348 Coffeaceae Batsch（1802）= Rubiaceae Juss.（保留科名）●■

12349 Coffeaceae J. Agardh［亦见 Rubiaceae Juss.（保留科名）茜草科］【汉】咖啡科。【包含】世界 1 属 40-90 种,中国 1 属 5-8 种。【分布】热带。【科名模式】Coffea L.（1753）●

12350 Cogniauxella Baill.（1884）Nom. illegit. = Cogniauxia Baill.（1884）［葫芦科（瓜科,南瓜科）Cucurbitaceae］■☆

12351 Cogniauxia Baill.（1884）【汉】科葫芦属。【隶属】葫芦科（瓜科,南瓜科）Cucurbitaceae。【包含】世界 1-2 种。【学名诠释与讨论】〈阴〉（人）Célestin Alfred Cogniaux,1841-1916,比利时植物学者。另说是法国学者。【分布】热带非洲。【模式】Cogniauxia podolaena Baillon。【参考异名】Cogniauxella Baill.（1884）Nom. illegit.■☆

12352 Cogniauxiocharis（Schltr.）Hoehne（1944）= Stenorrhynchos Rich. ex Spreng.（1826）［兰科 Orchidaceae］■☆

12353 Cogsvellia Raf. = Cogswellia Roem. et Schult.（1820）Nom. illegit.; ~ ≡ Cogswellia Spreng.（1820）Nom. illegit.; ~ ≡ Lomatium Raf.（1819）; ~ = Peucedanum L.（1753）［伞形花科（伞形科）Apiaceae（Umbelliferae）］■☆

12354 Cogswellia Roem. et Schult.（1820）Nom. illegit. ≡ Cogswellia Spreng.（1820）Nom. illegit.; ~ ≡ Lomatium Raf.（1819）; ~ = Peucedanum L.（1753）［伞形花科（伞形科）Apiaceae（Umbelliferae）］■☆

12355 Cogswellia Schult.（1820）Nom. illegit. ≡ Cogswellia Spreng.（1820）Nom. illegit.; ~ ≡ Lomatium Raf.（1819）; ~ = Peucedanum L.（1753）［伞形花科（伞形科）Apiaceae（Umbelliferae）］■☆

12356 Cogswellia Spreng.（1820）Nom. illegit. ≡ Lomatium Raf.（1819）; ~ = Peucedanum L.（1753）［伞形花科（伞形科）Apiaceae（Umbelliferae）］■

12357 Cogylia Molina（1810）Nom. illegit. ≡ Lardizabala Ruiz et Pav.（1794）［木通科 Lardizabalaceae］●☆

12358 Cohautia Endl.（1841）= Kohautia Cham. et Schltdl.（1829）; ~ = Oldenlandia L.（1753）［茜草科 Rubiaceae］●■

12359 Cohiba Raf.（1837）= Wigandia Kunth（1819）（保留属名）［田梗草科（田基麻科,田亚麻科）Hydrophyllaceae］●■☆

12360 Cohnia Kunth（1850）【汉】空树属。【隶属】聚星草科（芳香草科,无柱花科）Asteliaceae//龙舌兰科 Agavaceae//百合科 Liliaceae//天门冬科 Asparagaceae。【包含】世界 3 种。【学名诠释与讨论】〈阴〉（人）Ferdinand Julius Cohn,1828-1898,植物学教授,细菌学者。此属的学名,ING、TROPICOS 和 IK 记载是"Cohnia Kunth, Enum. Pl.［Kunth］5: 35. 1850［10-11 Jun 1850］"。兰科的"Cohnia Rchb. f., Bot. Zeitung（Berlin）10: 928. 1852 =Cohniella Pfitzer（1889）"是晚出的非法名称。亦有文献把"Cohnia Kunth（1850）"处理为"Cordyline Comm. ex R. Br.（1810）

（保留属名）"的异名。【分布】马斯克林群岛,法属新喀里多尼亚。【模式】未指定。【参考异名】Cordyline Comm. ex R. Br.（1810）（保留属名）●☆

12361 Cohnia Rchb. f.（1852）Nom. illegit. = Cohniella Pfitzer（1889）［兰科 Orchidaceae］■☆

12362 Cohniella Pfitzer（1889）【汉】科恩兰属。【隶属】兰科 Orchidaceae。【包含】世界 1 种。【学名诠释与讨论】〈阴〉（属）（来自人名 Ferdinand Julius Cohn, 1828-1898, 植物学教授, 细菌学者）+-ellus, -ella, -ellum, 加在名词词干后面形成指小式的词尾。或加在人名、属名等后面以组成新属的名称。此属的学名"Cohniella Pfitzer in Engler et Prantl, Nat. Pflanzenfam. 2（6）: 194. Mar 1889"是一个替代名称。"Cohnia Rchb. f., Bot. Zeitung（Berlin）10: 928. 31 Dec 1852"是一个非法名称（Nom. illegit.）,因为此前已经有了"Cohnia Kunth, Enum. 5: 35. ante 10-11 Jun 1850［聚星草科（芳香草科,无柱花科）Asteliaceae//龙舌兰科 Agavaceae//百合科 Liliaceae//天门冬科 Asparagaceae］"。故用"Cohniella Pfitzer（1889）"替代之。【分布】巴拿马,玻利维亚,中美洲。【模式】Cohniella quekettioides（H. G. Reichenbach）Pfitzer［Cohnia quekettioides H. G. Reichenbach］。【参考异名】Cohnia Rchb. f.（1852）Nom. illegit.■☆

12363 Coiladena Raf.（1837）= Ipomoea L.（1753）（保留属名）［旋花科 Convolvulaceae］●■

12364 Coilantha Borkh.（1796）= Gentiana L.（1753）［龙胆科 Gentianaceae］■

12365 Coilanthera Raf.（1838）= Cordia L.（1753）（保留属名）［紫草科 Boraginaceae//破布木科（破布树科）Cordiaceae］●

12366 Coilmeroa Endl.（1843）= Colmeiroa Reut.（1843）; ~ = Securinega Comm. ex Juss.（1789）（保留属名）［大戟科 Euphorbiaceae］●☆

12367 Coilocarpus Domin（1921）= Sclerolaena R. Br.（1810）［藜科 Chenopodiaceae］●☆

12368 Coilocarpus F. Muell. ex Domin（1921）Nom. illegit. ≡ Coilocarpus Domin（1921）［藜科 Chenopodiaceae］●☆

12369 Coilochilus Schltr.（1906）【汉】空唇兰属。【隶属】兰科 Orchidaceae。【包含】世界 1 种。【学名诠释与讨论】〈阳〉（希）koilos,空穴,凹的。koilia,腹+cheilos,唇。在希腊文组合词中,cheil-,cheilo-,-chilus,-chilia 等均为"唇,边缘"之义。【分布】法属新喀里多尼亚。【模式】Coilochilus neocaledonicum Schlechter［as 'neo-caledonicum'］。■☆

12370 Coilomphis Raf. = Melaleuca L.（1767）（保留属名）［桃金娘科 Myrtaceae//白千层科 Melaleucaceae］●

12371 Coilonox Raf.（1837）【汉】钻丝风信子属。【隶属】风信子科 Hyacinthaceae//百合科 Liliaceae。【包含】世界 30 种。【学名诠释与讨论】〈中〉词源不详。此属的学名是"Coilonox Rafinesque, Fl. Tell. 2: 28. Jan-Mar 1837（'1836'）"。亦有文献把其处理为"Ornithogalum L.（1753）"的异名。【分布】参见 Ornithogalum L.（1753）。【模式】Coilonox albucoides（W. Aiton）Rafinesque［Anthericum albucoides W. Aiton］。【参考异名】Coelonox Post et Kuntze（1903）; Ornithogalum L.（1753）■☆

12372 Coilostigma Klotzsch（1838）【汉】空柱杜鹃属。【隶属】杜鹃花科（欧石南科）Ericaceae。【包含】世界 2 种。【学名诠释与讨论】〈中〉（希）koilos,空穴,凹的+stigma,所有格 stigmatos,柱头,眼点。此属的学名是"Coilostigma Klotzsch, Linnaea 12: 234. Mar-Jul 1838"。亦有文献把其处理为"Erica L.（1753）"或"Salaxis Salisb.（1802）"的异名。【分布】非洲南部。【模式】未指定。【参考异名】Coelostigma Post et Kuntze（1903）; Erica L.（1753）; Salaxis Salisb.（1802）●☆

12373　Coilostylis Raf.（1838）＝Epidendrum L.（1763）（保留属名）［兰科 Orchidaceae］■☆

12374　Coilotapalus P. Browne（1756）（废弃属名）≡Cecropia Loefl.（1758）（保留属名）［荨麻科 Urticaceae//蚁栖树科（号角树科，南美伞科，南美伞科，伞树科，锥头麻科）Cecropiaceae］●☆

12375　Coincya Rouy（1891）【汉】星芥属。【英】Cabbage, Mustard。【隶属】十字花科 Brassicaceae（Cruciferae）。【包含】世界 6 种。【学名诠释与讨论】〈阴〉（人）Auguste Henri Cornut de la Fontaine de Coincy, 1837-1903, 法国植物学者。【分布】西班牙。【模式】Coincya rupestris Rouy。【参考异名】Brassicella Fourr.（1868）Nom. inval.；Brassicella Fourr. ex O. E. Schulz（1916）Nom. illegit.；Hutera Porta et Gonz. Albo（1934）descr. emend.；Hutera Porta（1891）；Rhynchosinapis Hayek（1911）■☆

12376　Coinochlamys T. Anderson ex Benth. et Hook. f.（1876）【汉】同被马钱属。【隶属】马钱科（断肠草科，马钱子科）Loganiaceae。【包含】世界 5 种。【学名诠释与讨论】〈阴〉（希）Coino＝coeno，共同之意＋chlamys，所有格 chlamydos，斗篷，外衣。此属的学名是"Coinochlamys T. Anderson ex Bentham et J. D. Hooker, Gen. 2：1091. Mai 1876"。亦有文献把其处理为"Mostuea Didr.（1853）"的异名。【分布】热带非洲西部。【模式】Coinochlamys hirsuta T. Anderson ex Bentham et J. D. Hooker。【参考异名】Coenochlamys Post et Kuntze（1903）；Mostuea Didr.（1853）●☆

12377　Coinogyne Less.（1831）＝Jaumea Pers.（1807）［菊科 Asteraceae（Compositae）］■●☆

12378　Coix L.（1753）【汉】薏苡属。【日】ジュズダマ属。【俄】Коикс。【英】Coix, Jobstears。【隶属】禾本科 Poaceae（Gramineae）。【包含】世界 4-10 种，中国 4-5 种。【学名诠释与讨论】〈阴〉（希）koix，一种埃及棕榈的古希腊名。此属的学名，ING、APNI、GCI、TROPICOS 和 IK 记载是"Coix L., Sp. Pl. 2：972. 1753［1 May 1753］"。"Lachryma-jobi Ortega, Tabulae Bot. 30（'Lachryma-job'）. 1773"、"Lachrymaria Heister ex Fabricius, Enum. 208. 1759"、"Lacryma Medikus, Philos. Bot. 1：177. Apr 1789"、"Lithagrostis J. Gaertner, Fruct. 1：7. Dec 1788"和"Sphaerium O. Kuntze, Rev. Gen. 2：793. 5 Nov 1891"都是"Coix L.（1753）"的晚出的同模式异名（Homotypic synonym, Nomenclatural synonym）。【分布】哥伦比亚（安蒂奥基亚），巴基斯坦，巴拿马，秘鲁，玻利维亚，厄瓜多尔，哥斯达黎加，马达加斯加，尼加拉瓜，中国，热带亚洲，中美洲。【后选模式】Coix lacryma-jobi Linnaeus。【参考异名】Lachryma-jobi Ortega（1773）Nom. illegit.；Lachrymaria Fabr.（1759）Nom. illegit.；Lachrymaria Heisl.（1748）Nom. inval.；Lachrymaria Heist. ex Fabr.（1759）Nom. illegit.；Lacryma Medik.（1789）Nom. illegit.；Lithagrostis Gaertn.（1788）Nom. illegit.；Sphaerium Kuntze（1891）Nom. illegit. ●■

12379　Cojoba Britton et Rose（1928）【汉】科若木属。【隶属】豆科 Fabaceae（Leguminosae）//含羞草科 Mimosaceae。【包含】世界 20 种。【学名诠释与讨论】〈阴〉词源不详。此属的学名是"Cojoba N. L. Britton et J. N. Rose, N. Amer. Fl. 23：29. 11 Feb 1928"。亦有文献把其处理为"Pithecellobium Mart.（1837）［as 'Pithecollobium'］（保留属名）"的异名。【分布】巴拿马，伯利兹，哥伦比亚，哥斯达黎加，墨西哥，尼加拉瓜。【模式】Cojoba arborea（Linnaeus）N. L. Britton et J. N. Rose［Mimosa arborea Linnaeus］。【参考异名】Pithecellobium Mart.（1837）［as 'Pithecollobium'］（保留属名）●☆

12380　Cola Schott et Endl.（1832）（保留属名）【汉】可拉木属（非洲梧桐属，可拉属，可乐果属，可乐树属，苏丹梧桐属）。【日】コラナットノキ属，コラノキ属，コラ属。【俄】Кола。【英】Cola, Cola Nut, Kola, Kola Nut。【隶属】梧桐科 Sterculiaceae//锦葵科 Malvaceae。【包含】世界 100-125 种。【学名诠释与讨论】〈阴〉来自非洲西部地区俗名 cola, kola, k'ola 或 goro, 或 guro。此属的学名"Cola Schott et Endl., Melet. Bot. :33. 1832"是保留属名。相应的废弃属名是梧桐科 Sterculiaceae 的"Bichea Stokes, Bot. Mater. Med. 2：564. 1812 ＝Cola Schott et Endl.（1832）（保留属名）"。"Colaria Rafinesque, Sylva Tell. 73. Oct-Dec 1838"是"Cola Schott et Endl.（1832）（保留属名）"的晚出的同模式异名（Homotypic synonym, Nomenclatural synonym）。【分布】厄瓜多尔，非洲。【模式】Cola acuminata（Palisot de Beauvois）H. W. Schott et Endlicher［Sterculia acuminata Palisot de Beauvois］。【参考异名】Bichea Stokes（1812）（废弃属名）；Braxipis Raf.（1838）；Chlamydocola（K. Schum.）Bodard（1954）；Colaria Raf.（1838）Nom. illegit.；Courtenia R. Br.（1844）Nom. illegit.；Edwardia Raf.（1814）Nom. inval., Nom. illegit.；Edwardia Raf. ex DC.（1825）Nom. illegit.；Ingonia（Pierre）Bodard（1955）Nom. illegit.；Ingonia Bodard（1955）Nom. illegit.；Ingonia Pierre ex Bodard（1955）；Lunanea DC.（1825）Nom. illegit.（废弃属名）；Siphoniopsis H. Karst.（1860）●☆

12381　Colania Gagnep.（1934）＝Aspidistra Ker Gawl.（1822）［百合科 Liliaceae//铃兰科 Convallariaceae//蜘蛛抱蛋科 Aspidistraceae］●■

12382　Colanthelia McClure et E. W. Sm.（1973）【汉】短序竹属。【隶属】禾本科 Poaceae（Gramineae）。【包含】世界 7 种。【学名诠释与讨论】〈阴〉词源不详。【分布】新世界。【模式】Colanthelia cingulata（F. A. McClure et L. B. Smith）F. A. McClure［Aulonemia cingulata F. A. McClure et L. B. Smith］。●☆

12383　Colaria Raf.（1838）Nom. illegit. ≡Cola Schott et Endl.（1832）（保留属名）［梧桐科 Sterculiaceae//锦葵科 Malvaceae］●☆

12384　Colax Lindl.（1843）Nom. illegit. ≡Pabstia Garay（1973）［兰科 Orchidaceae］■☆

12385　Colax Lindl. ex Spreng.（1826）【汉】巴西寄生兰属。【隶属】兰科 Orchidaceae。【包含】世界 5 种。【学名诠释与讨论】〈阳〉（希）kolax，所有格 kolakos，诌媚者，寄生物。常用在寄生种类中。此属的学名，ING、TROPICOS 和 IK 记载是"Colax Lindley ex K. P. J. Sprengel, Syst. Veg. 3：680, 727. Jan-Mar 1826"。兰科 Orchidaceae 的"Colax Lindl., Edwards's Bot. Reg. 29（misc.）：50. 1843 ≡Pabstia Garay（1973）＝Colax Lindl. ex Spreng.（1826）"是晚出的非法名称。【分布】巴西。【模式】未指定。■☆

12386　Colbertia Salisb.（1807）＝Dillenia L.（1753）［五桠果科（第伦桃科，五丫果科，锡叶藤科）Dilleniaceae］●

12387　Colchicaceae DC.（1804）（保留科名）【汉】秋水仙科。【包含】世界 15-19 属 165-255 种，中国 4 属 17 种。【科名模式】Colchicum L. ■

12388　Colchicum L.（1753）【汉】秋水仙属。【日】イヌサフラン属，コルチカム属。【俄】Безвременник, Зимовник, Колхикум, Осенник。【英】Autumn Crocus, Autumn-croctus, Colchicum, Meadow Saffron。【隶属】百合科 Liliaceae//秋水仙科 Colchicaceae。【包含】世界 65-90 种，中国 1 种。【学名诠释与讨论】〈中〉（希）来自希腊古名 kolchikon。源于 Colchis，黑海附近的古国名。此属的同物异名"Monocaryum（R. Brown）Rchb., Consp. 64. Dec 1828-Mar 1829"是一个替代名称；替代的是"Paludaria Salisb.（1866）Nom. illegit.［废弃名称］"。【分布】中国，地中海至亚洲中部和印度（北部），欧洲。【后选模式】Colchicum autumnale Linnaeus。【参考异名】Bulbocodium L.（1753）；Eudesmis Raf.（1837）；Fouha Pomel（1860）；Hermodactylos Rchb.（1828）Nom. illegit.；Merendera Ramond（1801）；Monocaryum（R. Br.）Rchb.（1828）Nom. illegit.；Monocaryum R. Br.（1828）；Paludaria Salisb.（1866）Nom. illegit.

（废弃名称）；Synsiphon Regel（1879）；Sysiphon Post et Kuntze（1903）■

12389 Coldenella Ellis（1821）＝ Coptis Salisb.（1807）；~ ＝ Fibra Colden ex Schöpf（1787）［毛茛科 Ranunculaceae］■

12390 Coldenia L.（1753）【汉】双柱紫草属（刺锚草属，生果草属）。【日】ホウザンカラクサ属。【英】Coldenia。【隶属】紫草科 Boraginaceae//双柱紫草科 Coldeniaceae。【包含】世界 1-20 种，中国 1 种。【学名诠释与讨论】〈阴〉（人）Scottish（but born in Ireland）scientist Cadwal-lader Golden，1688-1776，苏格兰学者，林奈的朋友。【分布】巴基斯坦，玻利维亚，马达加斯加，中国，中美洲。【模式】Coldenia procumbens Linnaeus。【参考异名】Eddya Torr. et A. Gray（1855）；Galapagoa Hook. f.（1846）；Gallapagoa Pritz.（1866）；Goldenia Raeusch.（1797）；Lobophyllum F. Muell.（1857）；Monomesia Raf.（1838）Nom. illegit.；Ptilocalyx Torr. et A. Gray（1857）；Stegnocarpus（DC.）Torr.（1855）；Stegnocarpus Torr.（1855）Nom. illegit.；Tiquilia Pers.（1805）；Triquiliopsis A. Heller ex Rydb.（1917）；Triquillopsis Rydb.（1917）Nom. illegit.■

12391 Coldeniaceae J. S. Mill. et Gottschling（2016）【汉】双柱紫草科。【包含】世界 1 属 1-20 种，中国 1 属 1-17 种。【分布】中国，巴基斯坦，玻利维亚，马达加斯加，中美洲。【科名模式】Coldenia L.（1753）■

12392 Colea Bojer ex Meisn.（1840）（保留属名）【汉】鞘葳属。【隶属】紫葳科 Bignoniaceae。【包含】世界 20-21 种。【学名诠释与讨论】〈阴〉（希）koleos，鞘，护套。此属的学名 "Colea Bojer ex Meisn. ，Pl. Vasc. Gen. 1：301；2：210. 25-31 Oct 1840" 是保留属名。相应的废弃属名是紫葳科 Bignoniaceae 的 "Odisca Raf. ，Sylva Tellur. ：80. Oct-Dec 1838 ≡ Colea Bojer ex Meisn.（1840）（保留属名）" 和 "Uloma Raf. ，Fl. Tellur. 2：62. Jan-Mar 1837 ＝ Colea Bojer ex Meisn.（1840）（保留属名）"。IK 记载的 "Colea Bojer，Hortus Maurit. 220（1837）≡ Colea Bojer ex Meisn.（1840）保留属名" 是一个未合格发表的名称（Nom. inval. ），亦应废弃。"Odisca Rafinesque，Sylva Tell. 80. Oct-Dec 1838（废弃属名）" 是 "Colea Bojer ex Meisn.（1840）（保留属名）" 的同模式异名（Homotypic synonym，Nomenclatural synonym）。【分布】马达加斯加，马斯克林群岛。【模式】Colea mauritiana Bojer ex A. P. de Candolle。【参考异名】Colea Bojer（1837）Nom. inval.（废弃属名）；Leontophthalmum Willd.（1807）；Odisca Raf.（1838）（废弃属名）；Uloma Raf.（1837）（废弃属名）●☆

12393 Colea Bojer（1837）Nom. inval.（废弃属名）≡ Colea Bojer ex Meisn.（1840）（保留属名）［紫葳科 Bignoniaceae］●☆

12394 Coleachyron J. Gay ex Boiss.（1882）＝ Carex L.（1753）［莎草科 Cyperaceae］■

12395 Coleactina N. Hallé（1970）【汉】射鞘茜属。【隶属】茜草科 Rubiaceae。【包含】世界 1 种。【学名诠释与讨论】〈阴〉（希）koleos，鞘，护套＋aktis，所有格 aktinos，光线，光束，射线。【分布】西赤道非洲。【模式】Coleactina papalis N. Hallé。☆

12396 Coleanthaceae Link ＝ Gramineae Juss.（保留科名）；~ ＝ Poaceae Barnhart（保留科名）■●

12397 Coleanthera Stschegl.（1859）【汉】锥药石南属。【隶属】尖苞木科 Epacridaceae//杜鹃花科（欧石南科）Ericaceae。【包含】世界 3 种。【学名诠释与讨论】〈阴〉（希）koleos，鞘，护套＋anthera，花药。【分布】澳大利亚（西部）。【模式】未指定。【参考异名】Michiea F. Muell.（1864）●☆

12398 Coleanthus Seidl ex Roem. et Schult.（1817）Nom. illegit.（废弃属名）≡ Coleanthus Seidl（1817）（保留属名）［禾本科 Poaceae（Gramineae）］■

12399 Coleanthus Seidl（1817）（保留属名）【汉】莎禾属（沙禾属）。

【日】コヌカシバ属。【俄】Колеантус。【英】Mud Grass，Mudgrass。【隶属】禾本科 Poaceae（Gramineae）。【包含】世界 1 种，中国 1 种。【学名诠释与讨论】〈阳〉（希）koleos，鞘，护套＋anthos，花。指花序下有苞片状叶鞘。此属的学名 "Coleanthus Seidl［ 'Seidel'］in Roemer et Schultes，Syst. Veg. 2：11，276. Nov 1817" 是保留属名。法规未列出相应的废弃属名。但是 IK 记载的 "Coleanthus Seidl ex Roem. et Schult. ，Syst. Veg. ，ed. 15 bis［Roemer et Schultes］2：11，276. 1817［Nov 1817］≡ Coleanthus Seidl（1817）（保留属名）" 的命名人引证有误；应该废弃。"Schmidtia Trattinick，Fl. Oesterr. Kaiserth. 1：12. 1816［non Moench 1802（废弃属名），nec Steudel ex J. A. Schmidt 1852（nom. cons. ）］" 和 "Wilibalda Sternberg ex A. W. Roth，Enum. 1（1）：92. Oct-Dec 1827" 是 "Coleanthus Seidl（1817）（保留属名）" 的晚出的同模式异名（Homotypic synonym，Nomenclatural synonym）。"Schmiedtia Raf. ，Autikon Botanikon 187. 1840" 是 "Smidetia Raf.（1840）Nom. illegit.（废弃属名）" 的拼写变体，亦应废弃。【分布】中国，北温带欧亚大陆。【模式】Coleanthus subtilis（Trattinick）W. B. Seidl［Schmidtia subtilis Trattinick］。【参考异名】Coleanthus Seidl ex Roem. et Schult.（1817）Nom. illegit.（废弃属名）；Schmidtia Tratt.（1816）（废弃属名）；Schmiedtia Raf.（1840）Nom. illegit.（废弃属名）；Smidetia Raf.（1840）Nom. illegit.（废弃属名）；Wilibalda Roth（1827）Nom. illegit.；Wilibalda Sternb.（1819）Nom. inval.；Wilibalda Sternb. ex Roth（1827）Nom. illegit.；Willibalda Steud.（1841）■

12400 Coleataenia Griseb.（1879）＝ Panicum L.（1753）［禾本科 Poaceae（Gramineae）］■

12401 Colebrockia Donn ex T. Lestib.（1841）Nom. illegit. ≡ Colebrookia Donn ex T. Lestib.（1841）Nom. illegit.；~ ＝ Globba L.（1771）［姜科（襄荷科）Zingiberaceae］■

12402 Colebrockia Roxb. ex Spreng.（1825）Nom. illegit. ≡ Colebrookia Roxb. ex Spreng.（1825）Nom. illegit.；~ ＝ Colebrookea Sm.（1806）［唇形科 Lamiaceae（Labiatae）］●

12403 Colebrockia Spreng.（1825）Nom. illegit. ≡ Colebrookia Roxb. ex Spreng.（1825）Nom. illegit.；~ ＝ Colebrookea Sm.（1806）［唇形科 Lamiaceae（Labiatae）］●

12404 Colebrockia Steud.（1）Nom. illegit. ＝ Colebrookea Sm.（1806）［唇形科 Lamiaceae（Labiatae）］●

12405 Colebrockia Steud.（2）Nom. illegit. ＝ Colebrookia Donn ex T. Lestib.（1841）Nom. illegit.；~ ＝ Globba L.（1771）［姜科（襄荷科）Zingiberaceae］■

12406 Colebrookea Sm.（1806）【汉】羽萼木属。【英】Colebrookea，Colebrookia。【隶属】唇形科 Lamiaceae（Labiatae）。【包含】世界 1 种，中国 1 种。【学名诠释与讨论】〈阴〉（人）Henry Thomas Colebrooke，1765 – 1837，英国植物学者。此属的学名，ING、TROPICOS 和 IK 记载是 "Colebrookea Sm. ，Exot. Bot. 2：111，t. 115. 1806［1 Oct 1806］"。姜科 Zingiberaceae 的 "Colebrookia Donn，Hort. Cantabrig. 1. 1796［Jan-Jul 1796］≡ Colebrookia Donn ex T. Lestib.（1841）Nom. illegit." 是一个未合格发表的名称（Nom. inval. ）。姜科 Zingiberaceae 的 "Colebrookia Donn ex Lestiboudois，Ann. Sci. Nat. Bot. ser. 2. 15：335（'Colebrickia'），339，341. Jun 1841 ＝ Globba L.（1771）" 是晚出的非法名称；"Colebrickia Donn ex T. Lestib.（1841）Nom. illegit." 是其拼写变体。"Colebrookia Roxb. ex Spreng. ，Syst. Veg.（ed. 16）［Sprengel］2：713. 1825［Jan-May 1825］"、"Colebrookia Spreng.（1825）"、"Colebrockia Roxb. ex Spreng.（1825）Nom. illegit." 和 "Colebrockia Spreng.（1825）Nom. illegit." 是 "Colebrookea Sm.（1806）" 的拼写变体。"Buchanania J. E. Smith，Exot. Bot. 2：t.

115. 1 Oct 1806（non K. P. J. Sprengel 1802）"是"Colebrookea Sm.（1806）"的同模式异名（Homotypic synonym, Nomenclatural synonym）。"J. C. Willis. A Dictionary of the Flowering Plants and Ferns（Student Edition）. 1985. Cambridge. Cambridge University Press. 1-1245"记载：Colebrockia Steud.（1）Nom. illegit. = Colebrookea Sm.（1806）[唇形科 Lamiaceae（Labiatae）]；Colebrockia Steud.（2）Nom. illegit. = Colebrookia Donn ex T. Lestib.（1841）Nom. illegit. [姜科（蘘荷科）Zingiberaceae]；Colebrockia Steud.（3）Nom. illegit. = Globba L.（1771）[姜科（蘘荷科）Zingiberaceae]。【分布】印度，中国。【模式】Colebrookea oppositifolia J. E. Smith。【参考异名】Buchanania Sm.（1805）Nom. illegit. ; Colebrockia Steud.（1840）Nom. illegit. ; Colebrookia Roxb. ex Spreng.（1825）Nom. illegit. ; Colebrookia Spreng.（1825）Nom. illegit. ●

12407 Colebrookia Donn ex T. Lestib.（1841）Nom. illegit. = Globba L.（1771）[姜科（蘘荷科）Zingiberaceae]■

12408 Colebrookia Donn（1796）Nom. inval. = Colebrookia Donn ex T. Lestib.（1841）Nom. illegit. ; ~ = Globba L.（1771）[姜科（蘘荷科）Zingiberaceae]■

12409 Colebrookia Roxb. ex Spreng.（1825）Nom. illegit. = Colebrookea Sm.（1806）[唇形科 Lamiaceae（Labiatae）]●

12410 Colebrookia Spreng.（1825）Nom. illegit. = Colebrookea Sm.（1806）[唇形科 Lamiaceae（Labiatae）]●

12411 Colema Raf.（1838）Nom. illegit. = Corema D. Don（1826）[岩高兰科 Empetraceae]●☆

12412 Colensoa Hook. f.（1852）= Pratia Gaudich.（1825）[桔梗科 Campanulaceae]■

12413 Coleobotrys Tiegh.（1894）= Helixanthera Lour.（1790）[桑寄生科 Loranthaceae]●

12414 Coleocarya S. T. Blake（1943）【汉】鞘苞灯草属。【隶属】帚灯草科 Restionaceae。【包含】世界1种。【学名诠释与讨论】〈阴〉（希）koleos, 鞘, 护套+karyon, 胡桃, 硬壳果, 核, 坚果。指其果仁具鞘。【分布】澳大利亚（昆士兰）。【模式】Coleocarya gracilis S. T. Blake。■☆

12415 Coleocephalocereus Backeb.（1938）【汉】鞘头柱属（头天轮柱属）。【隶属】仙人掌科 Cactaceae。【包含】世界6-10种。【学名诠释与讨论】〈阳〉（希）koleos, 鞘, 护套+（属）Cephalocereus 翁柱属。此属的学名, ING、GCI、TROPICOS 和 IK 记载是"Coleocephalocereus Backeb. , Blätt. Kakteenf. 1938（6）：[18；9, 13, 25]"。"Coleocephalocereus Backeb. , Buxb. et Buining（1970）"修订了描述。亦有文献把"Coleocephalocereus Backeb.（1938）"处理为"Austrocephalocereus（Backeb.）Backeb.（1938）Nom. illegit."的异名。【分布】巴西（东部）。【模式】Coleocephalocereus fluminensis（Miquel）Backeberg [Cereus fluminensis Miquel]。【参考异名】Austrocephalocereus（Backeb.）Backeb.（1938）；Coleocephalocereus Backeb. , Buxb. et Buining（1970）descr. emend. ●☆

12416 Coleocephalocereus Backeb. , Buxb. et Buining（1970）descr. emend. = Coleocephalocereus Backeb.（1938）[仙人掌科 Cactaceae]●☆

12417 Coleochloa Gilly（1943）【汉】鞘芽莎草属。【隶属】莎草科 Cyperaceae。【包含】世界7种。【学名诠释与讨论】〈阴〉（希）koleos, 鞘, 护套+chloe, 草的幼芽, 嫩草, 禾草。此属的学名"Coleochloa Gilly, Brittonia 5：12. 20 Sep 1943"是一个替代名称。"Eriospora Hochstetter ex A. Richard, Tent. Fl. Abyss. 2：508. 1851"是一个非法名称（Nom. illegit.），因为此前已经有了"Eriospora M. J. Berkeley et Broome, Ann. Mag. Nat. Hist. ser. 2. 5：455. 1850

（真菌）"。故用"Coleochloa Gilly（1943）"替代之。【分布】马达加斯加, 热带和亚热带非洲。【模式】Coleochloa abyssinica（Hochstetter ex A. Richard）Gilly [Eriospora abyssinica Hochstetter ex A. Richard]。【参考异名】Catagyna Beauv.（1819）Nom. illegit. ; Catagyna Beauv. ex T. Lestib.（1819）；Catagyna Hutch. et Dalzell（1936）Nom. illegit. ; Eriospora Hochst.（1850）；Eriospora Hochst. ex A. Rich.（1851）Nom. illegit. ■☆

12418 Coleocoma F. Muell.（1857）【汉】鞘苞菊属（宽苞菊属）。【隶属】菊科 Asteraceae（Compositae）。【包含】世界1种。【学名诠释与讨论】〈阴〉（希）koleos, 鞘, 护套+kome, 毛发, 束毛, 冠毛, 来自拉丁文 coma。【分布】澳大利亚（热带）。【模式】Coleocoma centaurea F. v. Mueller。■☆

12419 Coleogeton（Rchb.）Les et R. R. Haynes（1996）Nom. illegit. ≡ Stuckenia Börner（1912）[眼子菜科 Potamogetonaceae]■

12420 Coleogynaceae J. Agardh（1858）= Rosaceae Juss.（1789）（保留科名）●■

12421 Coleogyne Torr.（1851）【汉】鞘蕊蔷薇属。【隶属】蔷薇科 Rosaceae。【包含】世界1种。【学名诠释与讨论】〈阴〉（希）koleos, 鞘, 护套+gyne, 所有格 gynaikos, 雌性, 雌蕊。【分布】美国（西南部）。【模式】Coleogyne ramosissima J. Torrey。●☆

12422 Coleonema Bartl. et H. L. Wendl.（1824）【汉】糖果木属（石南芸木属, 石楠芸木属）。【英】Diosma, White Breath of Heaven。【隶属】芸香科 Rutaceae。【包含】世界8-11种。【学名诠释与讨论】〈中〉（希）koleos, 鞘, 护套+nema, 所有格 nematos, 丝, 花丝。【分布】非洲南部。【模式】Coleonema alba（Thunberg）Bartling et H. L. Wendland [Diosma alba Thunberg]。●☆

12423 Coleophora Miers（1851）= Daphnopsis Mart.（1824）[瑞香科 Thymelaeaceae]●☆

12424 Coleophyllum Klotzsch（1840）【汉】鞘叶石蒜属。【隶属】石蒜科 Amaryllidaceae。【包含】世界1种。【学名诠释与讨论】〈中〉（希）koleos, 鞘, 护套+希腊文 phyllon, 叶子。phyllodes, 似叶的, 多叶的。phylleion, 绿色材料, 绿草。此属的学名是"Coleophyllum Klotzsch, Allg. Gartenzeitung 8：185. 13 Jun 1840"。亦有文献把其处理为"Chlidanthus Herb.（1821）"的异名。【分布】墨西哥。【模式】Coleophyllum ehrenbergii Klotzsch。【参考异名】Chlidanthus Herb.（1821）■☆

12425 Coleosanthus Cass.（1817）（废弃属名）= Brickellia Elliott（1823）（保留属名）[菊科 Asteraceae（Compositae）]■●

12426 Coleospadix Becc.（1885）= Drymophloeus Zipp.（1829）[棕榈科 Arecaceae（Palmae）]●☆

12427 Coleostachys A. Juss.（1840）【汉】鞘穗花属。【隶属】金虎尾科（黄褥花科）Malpighiaceae。【包含】世界1种。【学名诠释与讨论】〈阴〉（希）koleos, 鞘, 护套+stachys, 穗, 谷, 长钉。【分布】热带南美洲北部。【模式】Coleostachys genipifolia A. H. L. Jussieu [as 'genipaefolia']。●☆

12428 Coleostephus Cass.（1826）【汉】鞘冠菊属。【隶属】菊科 Asteraceae（Compositae）。【包含】世界3-7种, 中国1-3种。【学名诠释与讨论】〈阳〉（希）koleos, 鞘, 护套+stephus, 花冠。此属的学名, ING、TROPICOS 和 IK 记载是"Coleostephus Cass. , Dict. Sci. Nat. , ed. 2. [F. Cuvier] 41：43. 1826 [Jun 1826]"。"Myconia C. H. Schultz Bip. in P. B. Webb et S. Berthelot, Hist. Nat. Iles Canaries 3（2. 2）：245. Jul 1844（non Ventenat 1808）"是"Coleostephus Cass.（1826）"的晚出的同模式异名（Homotypic synonym, Nomenclatural synonym）。【分布】西班牙（加那利群岛）, 中国, 地中海西部。【模式】Coleostephus myconis（Linnaeus）H. G. L. Reichenbach。【参考异名】Kremeria Durieu（1846）；Myconella Sprague（1928）；Myconia Neck. ex Sch. Bip.（1844）

Nom. illegit. ;Myconia Sch. Bip. (1844) Nom. illegit. ■

12429 Coleostyles Benth. et Hook. f. (1876) = Coleostylis Sond. (1845) [花柱草科(丝滴草科)Stylidiaceae]■☆

12430 Coleostylis Sond. (1845) = Levenhookia R. Br. (1810) [花柱草科(丝滴草科)Stylidiaceae]☆

12431 Coleotrype C. B. Clarke(1881)【汉】瓣鞘花属。【隶属】鸭趾草科 Commelinaceae。【包含】世界9种。【学名诠释与讨论】〈阴〉(希)koleos,鞘,护套+trypa,洞孔。【分布】马达加斯加,非洲东南部。【后选模式】Coleotrype natalensis C. B. Clarke。■☆

12432 Coletia Vell. (1829) = Mayaca Aubl. (1775) [三蕊细叶草科(花水薜科)Mayacaceae]☆

12433 Coleus Lour.(1790)【汉】鞘蕊花属(彩叶草属,锦紫苏属,鞘蕊花属,小鞘蕊花属)。【日】コレウス属,サヤバナ属。【俄】Колеус。【英】Coleus, Flame Nettle, Flamenettle, Painted Leaves。【隶属】唇形科 Lamiaceae(Labiatae)。【包含】世界90-150种,中国6-7种。【学名诠释与讨论】〈阳〉(希)koleos,鞘,护套。指雄蕊基部合生成筒形的鞘,或指唇瓣鞘状。此属的学名,ING、GCI、TROPICOS 和 IK 记载是"Coleus Lour., Fl. Cochinch. 2:372. 1790 [Sep 1790]"。"Majana O. Kuntze, Rev. Gen. 2:523. 5 Nov 1891"是"Coleus Lour. (1790)"的晚出的同模式异名(Homotypic synonym, Nomenclatural synonym)。"Majana Rumph."是一个未合格发表的名称(Nom. inval.)。"Majana Rumph. ex Kuntze(1891) Nom. illegit. ≡Majana Kuntze(1891) Nom. illegit."的命名人引证有误。亦有文献把"Coleus Lour. (1790)"处理为"Plectranthus L'Hér. (1788)(保留属名)"或"Solenostemon Thonn. (1827)"的异名。【分布】巴基斯坦,巴拿马,秘鲁,玻利维亚,马达加斯加,中国,古热带,中美洲。【模式】Coleus amboinicus Loureiro。【参考异名】Colus Raeusch. (1797);Majana Kuntze (1891) Nom. illegit. ;Majana Rumph. (1747) Nom. inval.;Majana Rumph. ex Kuntze(1891) Nom. illegit. ;Mitsa Chapel. ex Benth. (1832);Plectranthus L' Hér. (1788)(保留属名);Saccostoma Wall. ex Voigt(1845);Solenostemon Thonn. (1827)●■

12434 Colicodendron Mart. (1839) = Capparis L. (1753) [山柑科(白花菜科,醉蝶花科)Capparaceae]●

12435 Colignonia Endl. (1837)【汉】大苞茉莉属。【隶属】紫茉莉科 Nyctaginaceae。【包含】世界6种。【学名诠释与讨论】〈阴〉(人)Colignon。【分布】秘鲁,玻利维亚,厄瓜多尔,安第斯山。【模式】Colignonia parviflora (Kunth) J. D. Choisy [Abronia parviflora Kunth]。【参考异名】Collignonia Endl. (1841) Nom. illegit. ■☆

12436 Colima(Ravenna) Aarón Rodr. et Ortiz-Cat. (2003)【汉】科里马鸢尾属。【隶属】鸢尾科 Iridaceae。【包含】世界2种。【学名诠释与讨论】〈阴〉词源不详。此属的学名,ING 和 IPNI 记载是"Colima (P. F. Ravenna) A. Rodríguez et L. Ortiz–Catedral, Acta Bot. Mex. 65:53. 2-31 Dec 2003",由"Nemastylis subgen. Colima P. F. Ravenna, Bonplandia 2:282. Feb 1968"改级而来。亦有文献把"Colima (Ravenna) Aarón Rodr. et Ortiz–Cat. (2003)"处理为"Nemastylis Nutt. (1835)"的异名。【分布】墨西哥。【模式】Colima convoluta (P. F. Ravenna) A. Rodríguez et L. Ortiz–Catedral [Nemastylis convoluta P. F. Ravenna]。【参考异名】Nemastylis Nutt. (1835);Nemastylis Nutt. subgen. Colima Ravenna(1968)■☆

12437 Colinil Adans. (1763) Nom. illegit. ≡Tephrosia Pers. (1807)(保留属名);~ = Cracca Benth. (1853)(保留属名)[豆科 Fabaceae(Leguminosae)//蝶形花科 Papilionaceae]●☆

12438 Coliquea Bibra (1853) Nom. illegit. ≡Coliquea Steud. ex Bibra (1853);~ = Chusquea Kunth (1822) [禾本科 Poaceae (Gramineae)]●☆

12439 Coliquea Steud. ex Bibra(1853) = Chusquea Kunth(1822) [禾本科 Poaceae(Gramineae)]●☆

12440 Colla Raf. = Calla L. (1753) [天南星科 Araceae//水芋科 Callaceae]■

12441 Collabiopsis S. S. Ying (1977)【汉】假吻兰属。【隶属】兰科 Orchidaceae。【包含】世界2种。【学名诠释与讨论】〈阴〉(属)Collabium 吻兰属+希腊文 opsis,外观,模样,相似。指外形与吻兰相似。此属的学名是"Collabiopsis S. S. Ying, Coloured Illustrations of Indigenous Orchids of Taiwan 1: 112. 1977"。亦有文献把其处理为"Collabium Blume(1825)"的异名。【分布】中国。【模式】Coallabiopsis formosanum (Hayata) S. S. Ying。【参考异名】Collabium Blume(1825)■

12442 Collabium Blume(1825)【汉】吻兰属(柯丽白兰属)。【日】コラビラン属。【英】Collabium。【隶属】兰科 Orchidaceae。【包含】世界11种,中国3种。【学名诠释与讨论】〈中〉(拉)collum,颈+labium,唇。指唇瓣的基部包围花柱。【分布】马来西亚,中国,波利尼西亚群岛,中南半岛。【模式】Collabium nebulosum Blume。【参考异名】Collabiopsis S. S. Ying(1977)■

12443 Colladea Pers. (1805) Nom. illegit. ≡Colladoa Cav. (1799) [禾本科 Poaceae(Gramineae)]■

12444 Colladoa Cav. (1799) = Ischaemum L. (1753) [禾本科 Poaceae (Gramineae)]■

12445 Colladonia DC. (1830) Nom. illegit. ≡Perlebia DC. (1829) Nom. illegit. ;~ = Heptaptera Margot et Reut. (1839) [伞形花科(伞形科)Apiaceae(Umbelliferae)]■☆

12446 Colladonia Spreng. (1824) = Palicourea Aubl. (1775) [茜草科 Rubiaceae]●☆

12447 Collaea Bert. ex Colla(1835) Nom. illegit. = Ardisia Sw. (1788)(保留属名)[紫金牛科 Myrsinaceae]●■

12448 Collaea DC. (1825) = Galactia P. Browne (1756) [豆科 Fabaceae(Leguminosae)//蝶形花科 Papilionaceae]■

12449 Collaea Endl. (1842) Nom. illegit. = Collea Lindl. (1823)(废弃属名);~ = Pelexia Poit. ex Lindl. (1826)(保留属名)[兰科 Orchidaceae]■

12450 Collaea Spreng. (1826) Nom. illegit. ≡Chrysanthellum Rich. (1807) [菊科 Asteraceae(Compositae)]■☆

12451 Collandra Lem. (1847) = Columnea L. (1753);~ = Dalbergaria Tussac(1808) [苦苣苔科 Gesneriaceae]●☆

12452 Collania Herb. (1837) Nom. illegit. ≡Wichuraea M. Roem. (1847);~ = Bomarea Mirb. (1804) [石蒜科 Amaryllidaceae//百合科 Liliaceae//六出花科(彩花扭柄科,扭柄叶科)Alstroemeriaceae]■☆

12453 Collania Schult. et Schult. f. (1830) Nom. illegit. = Urceolina Rchb. (1829)(保留属名)[石蒜科 Amaryllidaceae]■☆

12454 Collania Schult. f. (1830) Nom. illegit. ≡Collania Schult. et Schult. f. (1830) Nom. illegit. ;~ = Urceolina Rchb. (1829)(保留属名)[石蒜科 Amaryllidaceae]■☆

12455 Collare - stuartense Senghas et Bockemühl (1997) = Odontoglossum Kunth(1816) [兰科 Orchidaceae]■

12456 Collea Lindl. (1823)(废弃属名)≡Pelexia Poit. ex Lindl. (1826)(保留属名)[兰科 Orchidaceae]■

12457 Collema Anderson ex DC. (1839) Nom. illegit. = Goodenia Sm. (1794) [草海桐科 Goodeniaceae]●■☆

12458 Collema Anderson ex R. Br. (1810) = Goodenia Sm. (1794) [草海桐科 Goodeniaceae]●■☆

12459 Collenucia Chiov. (1929) = Jatropha L. (1753)(保留属名)[大戟科 Euphorbiaceae]●■

12460 Colleteria David W. Taylor (2003) Nom. inval. ≡Wandersong

David W. Taylor(2014); ~ =Psychotria L.(1759)(保留属名) [茜草科 Rubiaceae//九节科 Psychotriaceae]●

12461　Colletia Comm., Nom. inval.(废弃属名) ≡ Colletia Comm. ex Juss.(1789)(保留属名) [鼠李科 Rhamnaceae]●☆

12462　Colletia Comm. ex Juss.(1789)(保留属名)【汉】筒萼木属(科力木属,克莱梯木属)。【俄】Коллеция, Негниючник колёсивовидный。【英】Colletia。【隶属】鼠李科 Rhamnaceae。【包含】世界 5-17 种。【学名诠释与讨论】〈阴〉(人)P. Collet,法国植物学者。此属的学名"Colletia Comm. ex Juss., Gen. Pl.: 380. 4 Aug 1789"是保留属名。相应的废弃属名是榆科 Ulmaceae 的"Colletia Scop., Intr. Hist. Nat.:207. Jan-Apr 1777 = Celtis L.(1753)"。三蕊细叶草科(花水藓科)Mayacaceae 的"Colletia Endl. = Coletia Vell.(1829) = Mayaca Aubl.(1775)"和鼠李科 Rhamnaceae 的"Colletia Juss., Genera Plantarum 1838 = Colletia Comm. ex Juss.(1789)(保留属名)"亦应废弃。《智利植物志》记载的"Colletia Comm. ≡ Colletia Comm. ex Juss.(1789)(保留属名)"也须废弃。【分布】秘鲁,玻利维亚,厄瓜多尔,温带和亚热带南美洲。【模式】Colletia spinosa Lamarck。【参考异名】Colletia Comm., Nom. inval.(废弃属名); Colletia Juss.(1838)Nom. illegit.(废弃属名)●☆

12463　Colletia Endl.(废弃属名) = Coletia Vell.(1829); ~ = Mayaca Aubl.(1775) [三蕊细叶草科(花水藓科)Mayacaceae]■☆

12464　Colletia Juss.(1838)Nom. illegit.(废弃属名) = Colletia Comm. ex Juss.(1789)(保留属名) [鼠李科 Rhamnaceae]●☆

12465　Colletia Scop.(1777)(废弃属名) = Celtis L.(1753) [榆科 Ulmaceae//朴树科 Celtidaceae]●

12466　Colletoecema E. Petit.(1963)【汉】基茜树属。【隶属】茜草科 Rubiaceae。【包含】世界 1 种。【学名诠释与讨论】〈阴〉词源不详。【分布】热带非洲。【模式】Colletoecema dewevrei(De Wildeman)E. Petit [Plectronia dewevrei De Wildemann]。●☆

12467　Colletogyne Buchet(1939)【汉】黏蕊南星属。【隶属】天南星科 Araceae。【包含】世界 1 种。【学名诠释与讨论】〈阴〉(希)kolla,胶。kolletos,胶在一起的+gyne,所有格 gynaikos,雌性,雌蕊。【分布】马达加斯加。【模式】Colletogyne perrieri Buchet。■☆

12468　Collignonia Endl.(1841)Nom. illegit. = Colignonia Endl.(1837) [紫茉莉科 Nyctaginaceae]■☆

12469　Colliguaja Augier = Colliguaja Molina(1782) [大戟科 Euphorbiaceae]●☆

12470　Colliguaja Molina(1782)【汉】考利桂属。【隶属】大戟科 Euphorbiaceae。【包含】世界 3 种。【学名诠释与讨论】〈阴〉来自植物俗名。此属的学名,ING、TROPICOS 和 IK 记载是"Colliguaja Molina, Sag. Stor. Nat. Chili 158,354. 1782"。【分布】温带南美洲。【模式】Colliguaja odorifera Molina。【参考异名】Colliguaja Augier; Spegazziniophytum Esser(2001)●☆

12471　Collinaria Ehrh.(1789)Nom. inval. = Koeleria Pers.(1805); ~ =Poa L.(1753) [禾本科 Poaceae(Gramineae)]■

12472　Collinia(Liebm.)Liebm. ex Oerst.(1846)Nom. illegit. = Chamaedorea Willd.(1806)(保留属名) [棕榈科 Arecaceae(Palmae)]●☆

12473　Collinia(Liebm.)Oerst.(1846)Nom. illegit. ≡ Collinia(Liebm.)Liebm. ex Oerst.(1846)Nom. illegit.; ~ = Chamaedorea Willd.(1806)(保留属名) [棕榈科 Arecaceae(Palmae)]●☆

12474　Collinia(Liebm. ex Mart.)Liebm. ex Oerst.(1859)Nom. illegit. = Collinia(Liebm.)Liebm. ex Oerst.(1846)Nom. illegit.; ~ = Chamaedorea Willd.(1806)(保留属名) [棕榈科 Arecaceae(Palmae)]●☆

12475　Collinia(Mart.)Liebm.(1845)Nom. illegit. ≡ Collinia(Mart.) Liebm. ex Oerst.(1846)Nom. illegit.; ~ = Chamaedorea Willd.(1806)(保留属名) [棕榈科 Arecaceae(Palmae)]●☆

12476　Collinia(Mart.)Liebm. ex Oerst.(1846)Nom. illegit. = Chamaedorea Willd.(1806)(保留属名) [棕榈科 Arecaceae(Palmae)]●☆

12477　Collinia Liebm.(1845)Nom. illegit. =Collinia(Mart.)Liebm. ex Oerst.(1846)Nom. illegit.; ~ = Chamaedorea Willd.(1806)(保留属名) [棕榈科 Arecaceae(Palmae)]●☆

12478　Collinia Raf.(1819) = Collinsia Nutt.(1817) [玄参科 Scrophulariaceae//婆婆纳科 Veronicaceae]■☆

12479　Colliniana Raf.(1819) = Collinsia Nutt.(1817) [玄参科 Scrophulariaceae//婆婆纳科 Veronicaceae]■☆

12480　Collinsia Nutt.(1817)【汉】科林花属(锦龙花属,柯林草属)。【日】コリンシア属。【俄】Коллинзия, Коллинсия。【英】Collinsia。【隶属】玄参科 Scrophulariaceae//婆婆纳科 Veronicaceae。【包含】世界 18-20 种。【学名诠释与讨论】〈阴〉(人)Zacchaeus(Zaccheus)Collins, 1764-1831,美国植物学者。此属的学名,ING、GCI、TROPICOS 和 IK 记载是"Collinsia Nutt., J. Acad. Nat. Sci. Philadelphia 1: 190, t. 9. 1817"。其异名"Collinsiana Raf."似为误记。【分布】美国(东部),太平洋地区,北美洲。【模式】Collinsia verna Nuttall。【参考异名】Collinia Raf.(1819); Colliniana Raf.(1819); Collinsiana Raf.■☆

12481　Collinsiana Raf. = Collinsia Nutt.(1817) [玄参科 Scrophulariaceae//婆婆纳科 Veronicaceae]■☆

12482　Collinsonia L.(1753)【汉】二蕊紫苏属。【俄】Коллинзония, Коллинсония。【英】Horse Balm。【隶属】唇形科 Lamiaceae(Labiatae)。【包含】世界 5-10 种。【学名诠释与讨论】〈阴〉(人)Peter Collinson, 1693/1694-1768,英国植物学者。【分布】美国,北美洲北部。【模式】Collinsonia canadensis Linnaeus。【参考异名】Diallosteira Raf.(1825); Hypogon Raf.(1817); Micheliella Briq.(1897); Pleuradenia Raf.(1825)●☆

12483　Collococcus P. Browne(1756) = Cordia L.(1753)(保留属名) [紫草科 Boraginaceae//破布木科(破布树科)Cordiaceae]●

12484　Colloea Endl.(1823)(废弃属名) = Collea Lindl.(1823)(废弃属名); ~ = Pelexia Poit. ex Lindl.(1826)(保留属名) [兰科 Orchidaceae]■

12485　Collomia Nutt.(1818)【汉】胶壁籽属(粘胶花属)。【日】コロミア属。【俄】Колломия。【英】Collomia。【隶属】花荵科 Polemoniaceae。【包含】世界 15 种。【学名诠释与讨论】〈阴〉(希)kolla,胶。指种子有黏性。此属的学名,ING、APNI、GCI、TROPICOS 和 IK 记载是"Collomia Nutt., Gen. N. Amer. Pl. [Nuttall]. 1: 126. 1818 [14 Jul 1818]"。"Collomia Sieber ex Steud."是"Felicia Cass.(1818)(保留属名) [菊科 Asteraceae(Compositae)]"的异名。【分布】玻利维亚,美国,太平洋地区,北美洲,温带南美洲。【模式】Collomia linearis Nuttall。【参考异名】Courtoisia Rchb.(1837)Nom. illegit.; Cullomia Juss.(1826); Curtoisia Endl.(1842)■☆

12486　Collomia Sieber ex Steud. = Felicia Cass.(1818)(保留属名) [菊科 Asteraceae(Compositae)]●■

12487　Collomiastrum(Brand)S. L. Welsh(2003) = Gilia Ruiz et Pav.(1794) [花荵科 Polemoniaceae]■●☆

12488　Collophora Mart.(1828) = Couma Aubl.(1775) [夹竹桃科 Apocynaceae]●☆

12489　Collospermum Skottsb.(1934)【汉】胶籽花属。【隶属】聚星草科(芳香草科,无柱花科)Asteliaceae。【包含】世界 4 种。【学名诠释与讨论】〈中〉(希)kolla,胶+sperma,所有格 spermatos,种子,孢子。【分布】斐济,新西兰,萨摩亚群岛。【模式】未指定。■☆

12490 Collotapalus P. Br. = Cecropia Loefl.（1758）（保留属名）；~ = Coilotapalus P. Browne（1756）（废弃属名）［荨麻科 Urticaceae// 蚁栖树科（号角树科，南美伞科，南美伞树科，伞树科，锥头麻科） Cecropiaceae］●☆

12491 Collyris Vahl（1810）= Dischidia R. Br.（1810）［萝藦科 Asclepiadaceae］●■

12492 Colmeiroa F. Muell.（1871）Nom. illegit. = Corokia A. Cunn.（1839）；~ = Paracorokia M. Kral（1966）［山茱萸科 Cornaceae// 四照花科 Cornaceae// 鼠刺科 Iteaceae// 南美鼠刺科（吊片果科，鼠刺科，夷鼠刺科）Escalloniaceae// 宿萼果科 Corokiaceae］●☆

12493 Colmeiroa Reut.（1843）= Flueggea Willd.（1806）；~ = Securinega Comm. ex Juss.（1789）（保留属名）［大戟科 Euphorbiaceae］●☆

12494 Colobachne P. Beauv.（1812）= Alopecurus L.（1753）［禾本科 Poaceae（Gramineae）］■

12495 Colobandra Bartl.（1845）= Hemigenia R. Br.（1810）［唇形科 Lamiaceae（Labiatae）］●☆

12496 Colobanthera Humbert（1923）【汉】平托菊属。【隶属】菊科 Asteraceae（Compositae）。【包含】世界 1 种。【学名诠释与讨论】〈阴〉（希）kolobos，切断的，发育受阻的，矮小的+anthera，花药。【分布】马达加斯加。【模式】Colobanthera waterlotii Humbert。■☆

12497 Colobanthium（Rchb.）G. Taylor（1966）Nom. illegit. = Sphenopholis Scribn.（1906）［禾本科 Poaceae（Gramineae）］■☆

12498 Colobanthium Rchb.（1841）Nom. illegit. = Avellinia Parl.（1842）［禾本科 Poaceae（Gramineae）］■☆

12499 Colobanthus（Trin.）Spach（1846）Nom. illegit. = Sphenopholis Scribn.（1906）［禾本科 Poaceae（Gramineae）］■☆

12500 Colobanthus Bartl.（1830）【汉】密缀属。【隶属】石竹科 Caryophyllaceae。【包含】世界 20 种。【学名诠释与讨论】〈阳〉（希）kolobos，切断的，发育受阻的，矮小的+anthos，花。指花缺乏翼瓣，或指起生境。此属的学名，ING、APNI 和 IK 记载是"Colobanthus Bartling, Ord. Nat. 305. Sep 1830"。禾本科 Poaceae（Gramineae）的"Colobanthus（Trin.）Spach, Hist. Nat. Vég.（Spach）13：163. 1846［27 Jun 1846］= Sphenopholis Scribn.（1906）"是晚出的非法名称，由"Trisetum sect. Colobanthus Trin. Mém. Acad. Imp. Sci. St. - Pétersbourg, Sér. 6, Sci. Math. 1：66. 1830"改级而来；"Colobanthus Trin. = Colobanthium Rchb.（1841）Nom. illegit.［禾本科 Poaceae（Gramineae）］"的命名人引证有误。【分布】安第斯山，秘鲁，玻利维亚，厄瓜多尔，温带南美洲。【模式】Colobanthus quitensis（Kunth）Bartling。■☆

12501 Colobanthus Trin., Nom. illegit. = Colobanthium Rchb.（1841）Nom. illegit.；~ = Avellinia Parl.（1842）［禾本科 Poaceae（Gramineae）］■☆

12502 Colobatus Walp.（1840）= Buchenroedera Eckl. et Zeyh.（1836）；~ = Colobotus E. Mey.（1836）［豆科 Fabaceae（Leguminosae）］■

12503 Colobium Roth（1796）= Leontodon L.（1753）（保留属名）［菊科 Asteraceae（Compositae）］■☆

12504 Colobocarpos Esser et Welzen（2001）= Croton L.（1753）［大戟科 Euphorbiaceae// 巴豆科 Crotonaceae］●

12505 Colobogyne Gagnep.（1920）= Acmella Rich. ex Pers.（1807）［菊科 Asteraceae（Compositae）］■

12506 Colobogynium Schott（1865）= Schismatoglottis Zoll. et Moritzi（1846）［天南星科 Araceae］■

12507 Colobopetalum Post et Kuntze（1903）= Kolobopetalum Engl.（1899）［爵床科 Acanthaceae］■☆

12508 Colobotus E. Mey.（1836）= Buchenroedera Eckl. et Zeyh.（1836）［豆科 Fabaceae（Leguminosae）］■

12509 Colocasia Link（1795）（废弃属名）≡ Zantedeschia Spreng.（1826）（保留属名）；~ = Richardia Kunth.（1818）Nom. illegit.［天南星科 Araceae］■

12510 Colocasia Schott（1832）（保留属名）【汉】芋属。【日】サトイモ属。【俄】Колоказия, Колокасия。【英】Colocasia, Dashen, Elephant's Ear, Elephant's-ear, Taro。【隶属】天南星科 Araceae。【包含】世界 8-14 种，中国 9 种。【学名诠释与讨论】〈阴〉（希）kolokasion, kolokasia，埃及产的一种水生植物。指块茎可食用。此属的学名"Colocasia Schott in Schott et Endlicher, Melet. Bot.：18. 1832"是保留属名。相应的废弃属名是天南星科 Araceae 的"Colocasia Link, Diss. Bot.：77. 1795 ≡ Zantedeschia Spreng.（1826）（保留属名）= Richardia Kunth.（1818）Nom. illegit."。【分布】巴基斯坦，巴拿马，秘鲁，玻利维亚，厄瓜多尔，哥伦比亚（安蒂奥基亚），哥斯达黎加，马达加斯加，尼加拉瓜，印度至马来西亚，中国，波利尼西亚群岛，中美洲。【模式】Colocasia antiquorum Schott［Arum colocasia Linnaeus］。【参考异名】Leucocasia Schott（1857）■

12511 Colocasiaceae Vines = Araceae Juss.（保留科名）■●

12512 Colococca Raf.（1838）= Collococcus P. Browne（1756）；~ = Cordia L.（1753）（保留属名）［紫草科 Boraginaceae// 破布木科（破布树科）Cordiaceae］●

12513 Colocrater K. Schum.（1895）Nom. illegit. = Calocrater K. Schum.（1895）［夹竹桃科 Apocynaceae］●☆

12514 Colocrater T. Durand et Jacks., Nom. illegit. = Calocrater K. Schum.（1895）［夹竹桃科 Apocynaceae］●☆

12515 Colocynthis Mill.（1754）（废弃属名）= Citrullus Schrad. ex Eckl. et Zeyh.（1836）（保留属名）［葫芦科（瓜科，南瓜科）Cucurbitaceae］■

12516 Cologania Kunth（1824）【汉】热美两型豆属。【隶属】豆科 Fabaceae（Leguminosae）// 蝶形花科 Papilionaceae。【包含】世界 10 种。【学名诠释与讨论】〈阴〉（人）Cologan。此属的学名是"Cologania Kunth, Mimoses 205. 28 Jun 1824"。亦有文献把其处理为"Amphicarpaea Elliott ex Nutt.（1818）［as 'Amphicarpa'］（保留属名）"的异名。【分布】巴拿马，玻利维亚，厄瓜多尔，哥斯达黎加，尼加拉瓜，中美洲。【后选模式】Cologania angustifolia Kunth。【参考异名】Amphicarpaea Elliott ex Nutt.（1818）（保留属名）●☆

12517 Cologyne Griff.（1851）= Coelogyne Lindl.（1821）［兰科 Orchidaceae］■

12518 Cololobus H. Rob.（1994）【汉】短瓣斑鸠菊属。【隶属】菊科 Asteraceae（Compositae）。【包含】世界 3 种。【学名诠释与讨论】〈阳〉（希）kolono，缩减，使短+lobos = 拉丁文 lobulus，片，裂片，叶，荚，荫。【分布】巴西（东部）。【模式】Cololobus hatschbachii H. E. Robinson。●☆

12519 Colomandra Neck.（1790）Nom. inval. = Aiouea Aubl.（1775）［樟科 Lauraceae］●☆

12520 Colombiana Ospina（1973）= Pleurothallis R. Br.（1813）［兰科 Orchidaceae］■☆

12521 Colombobalanus Nixon et Crepet（1989）= Trigonobalanus Forman（1962）［壳斗科（山毛榉科）Fagaceae］●

12522 Colona Cav.（1798）【汉】一担柴属（泡火绳属）。【英】Colona。【隶属】椴树科（椴科，田麻科）Tiliaceae。【包含】世界 20-30 种，中国 2 种。【学名诠释与讨论】〈阴〉（拉）colonus，群体。或说希腊文 kolonos，小山。此属的学名，ING、TROPICOS 和 IK 记载是"Colona Cav., Icon.［Cavanilles］iv. 47. t. 870（1797）"。"Columbia Persoon, Syn. Pl. 2：66. Nov 1806"是"Colona Cav.

（1798）"的晚出的同模式异名（Homotypic synonym, Nomenclatural synonym）。【分布】印度至马来西亚,中国,东南亚。【模式】Colona serratifolia Cavanilles。【参考异名】Colonna J. St. – Hil. (1805); Columbia Pers. (1806) Nom. illegit.; Diplofractum Walp.; Diplophractum Desf. (1819) ●

12523　Colonna J. St. –Hil. (1805) = Colona Cav. (1798)［椴树科（椴科,田麻科）Tiliaceae］●

12524　Colonnea Endl. (1838) = Calonnea Buc' hoz (1786); ~ = Gaillardia Foug. (1786)［菊科 Asteraceae(Compositae)］■

12525　Colophonia Comm. ex Kunth (1824) = Canarium L. (1759)［橄榄科 Burseraceae］●

12526　Colophonia Post et Kuntze (1903) Nom. illegit. = Ipomoea L. (1753)（保留属名）; ~ = Kolofonia Raf. (1838)［旋花科 Convolvulaceae］●■

12527　Colophospermum J. Kirk ex Benth. (1865)（废弃属名）= Colophospermum J. Kirk ex J. Léonard (1949)（保留属名）［豆科 Fabaceae(Leguminosae)//云实科（苏木科）Caesalpiniaceae］●☆

12528　Colophospermum J. Kirk ex J. Léonard (1949)（保留属名）【汉】可乐豆属。【隶属】豆科 Fabaceae(Leguminosae)//云实科（苏木科）Caesalpiniaceae。【包含】世界 1 种。【学名诠释与讨论】〈中〉词源不详。此属的学名"Colophospermum J. Kirk ex J. Léonard in Bull. Jard. Bot. Etat 19:390. Dec 1949"是保留属名。相应的废弃属名是豆科 Fabaceae 的"Hardwickia Roxb., Pl. Coromandel 3:6, t. 209. Jul 1811 = Colophospermum J. Kirk ex J. Léonard (1949)（保留属名）"。豆科 Fabaceae 的"Colophospermum J. Kirk ex Benth. (1865) = Colophospermum J. Kirk ex J. Léonard (1949)（保留属名）"亦应废弃。"Colophospermum J. Léonard (1949) ≡ Colophospermum J. Kirk ex J. Léonard (1949)（保留属名）"命名人引证有误,也须废弃。【分布】热带非洲南部。【模式】Colophospermum mopane (J. Kirk ex Bentham) J. Léonard［Copaifera mopane J. Kirk ex Bentham］。【参考异名】Colophospermum J. Kirk ex Benth. (1865)（废弃属名）; Colophospermum J. Léonard (1949) Nom. illegit.（废弃属名）; Hardwickia Roxb. (1814)（废弃属名）●☆

12529　Colophospermum J. Léonard (1949) Nom. illegit.（废弃属名）≡ Colophospermum J. Kirk ex J. Léonard (1949)（保留属名）［豆科 Fabaceae(Leguminosae)//云实科（苏木科）Caesalpiniaceae］●☆

12530　Coloptera J. M. Coult. et Rose (1888) = Cymopterus Raf. (1819)［伞形花科（伞形科）Apiaceae(Umbelliferae)］■☆

12531　Coloradoa Boissev. et C. Davidson (1940) = Sclerocactus Britton et Rose (1922)［仙人掌科 Cactaceae］●☆

12532　Colostephanus Harv. (1838) = Cynanchum L. (1753)［萝藦科 Asclepiadaceae］●■

12533　Colpias E. Mey. ex Benth. (1836)【汉】鞘玄参属。【隶属】玄参科 Scrophulariaceae。【包含】世界 1 种。【学名诠释与讨论】〈阳〉(希)kolpos,胸部,怀中,海湾,子宫+-ias,希腊文词尾,表示关系密切。【分布】非洲南部。【模式】Colpias mollis E. H. F. Meyer ex Bentham。●☆

12534　Colpodium Trin. (1820)【汉】鞘柄茅属（拟沿沟草属,小沿沟草属）。【俄】Колподим。【隶属】禾本科 Poaceae(Gramineae)。【包含】世界 5-22 种,中国 5 种。【学名诠释与讨论】〈中〉(希)kolpos,胸部,怀中,海湾,子宫。kolpodes,kolpoeides,盘旋的,蜿蜒的,怀抱的,像乳房的。此属的学名,ING、TROPICOS、GCI 和 IK 记载是"Colpodium Trin., Fund. Agrost. (Trinius) 119. 1820 [Jan 1820]"。它曾被处理为"Catabrosa sect. Colpodium (Trin.) Boiss., Flora Orientalis 5:578. 1884"和"Vilfa subgen. Colpodium (Trin.) Trin., Neue Entdeckungen im Ganzen Umfang der

Pflanzenkunde 2:37,58. 1821"。【分布】巴基斯坦,中国,北温带。【模式】未指定。【参考异名】Catabrosa sect. Colpodium (Trin.) Boiss. (1884); Catabrosella (Tzvelev) Tzvelev (1965); Hyalopoa (Tzvelev) Tzvelev (1965); Keniochloa Melderis (1956); Paracolpodium (Tzvelev) Tzvelev (1965); Vilfa subgen. Colpodium (Trin.) Trin. (1821)■

12535　Colpogyne B. L. Burtt (1971)【汉】沟果苣苔属。【隶属】苦苣苔科 Gesneriaceae。【包含】世界 1 种。【学名诠释与讨论】〈阴〉(希)kolpos,胸部,怀中,海湾,子宫+gyne,所有格 gynaikos,雌性,雌蕊。【分布】马达加斯加。【模式】Colpogyne betsiliensis (H. Humbert) B. L. Burtt［Streptocarpus betsiliensis H. Humbert］。■☆

12536　Colpoon P. J. Bergius (1767)【汉】檀枣属。【隶属】檀香科 Santalaceae//沙针科 Osyridaceae。【包含】世界 3 种。【学名诠释与讨论】〈中〉词源不详。此属的学名是"Colpoon P. J. Bergius, Descript. Pl. Cap. 38. Sep 1767"。亦有文献把其处理为"Osyris L. (1753)"的异名。【分布】非洲南部。【模式】Colpoon compressum P. J. Bergius。【参考异名】Fusanus L. (1774) Nom. illegit.; Fusanus Murray; Hamiltonia Harv. (1838); Osyris L. (1753) ●☆

12537　Colpophyllos Trew (1761) = Ellisia L. (1763)（保留属名）［田梗草科（田基麻科,田亚麻科）Hydrophyllaceae］■☆

12538　Colpothrinax Griseb. et H. Wendl. (1879) Nom. illegit. ≡ Colpothrinax Schaedtler (1875)［棕榈科 Arecaceae(Palmae)］●☆

12539　Colpothrinax Schaedtler (1875)【汉】瓶棕属（瓶棕属,鞘扇棕属,桶棕属）。【日】キューバヤシ属。【隶属】棕榈科 Arecaceae(Palmae)。【包含】世界 1-2 种。【学名诠释与讨论】〈阴〉(希)kolpos,胸部,怀中,海湾,子宫+(属)Thrinax 白果棕属。此属的学名,ING、TROPICOS 和 IK 记载是"Colpothrinax Grisebach et H. Wendland, Bot. Zeitung (Berlin) 148. 7 Mar 1879; Bentham et Hook. f., Gen. 3:927. 14 Apr 1883";文献也多用此为正名;其实这是一个晚出的非法名称,正名应该是"Colpothrinax Schaedtler, Hamburger Garten–Blumenzeitung 31:160. 1875"。【分布】古巴。【后选模式】Colpothrinax wrightii Schaedtler。【参考异名】Colpothrinax Griseb. et H. Wendl. (1879) Nom. illegit. ●☆

12540　Colquhounia Wall. (1822)【汉】火把花属。【英】Colquhounia, Torchflower。【隶属】唇形科 Lamiaceae(Labiatae)。【包含】世界 6 种,中国 5 种。【学名诠释与讨论】〈阴〉(人) Robert Colquhoun,? -1838,印度加尔各答植物园的赞助人,模式种的采集者。【分布】中国,东喜马拉雅山。【模式】Colquhounia coccinea Wallich。●

12541　Colsmannia Lehm. (1818) = Onosma L. (1762)［紫草科 Boraginaceae］■

12542　Colubrina Brongn. (1826)（废弃属名）= Colubrina Rich. ex Brongn. (1826)（保留属名）［鼠李科 Rhamnaceae］●

12543　Colubrina Friche–Joset et Montandon (1856)（废弃属名）= Polygonum L. (1753)（保留属名）［蓼科 Polygonaceae］■●

12544　Colubrina Montandon (1856) Nom. illegit.（废弃属名）≡ Bistorta (L.) Scop. (1754); ~ = Polygonum L. (1753)（保留属名）［蓼科 Polygonaceae］■●

12545　Colubrina Rich. ex Brongn. (1826)（保留属名）【汉】蛇藤属（滨枣属）。【日】ヤヘヤマハマナツメ属。【俄】Колубрина。【英】Colubrina, Snakevine。【隶属】鼠李科 Rhamnaceae。【包含】世界 23-31 种,中国 2-3 种。【学名诠释与讨论】〈阴〉(拉) coluber,蛇+-inus,-ina,-inum 拉丁文加在名词词干之后,以形成形容词的词尾,含义为"属于、相似、关于、小的"。指有的种类为藤状灌木。另说是指雄蕊扭曲的样子。此属的学名"Colubrina Rich. ex Brongn., Mém. Fam. Rhamnées:61. Jul 1826"是保留属名。法规未列出相应的废弃属名。但是鼠李科 Rhamnaceae 的

"Colubrina Brongn. ,Memoire sur la Famille des Rhamnees 1826 = Colubrina Rich. ex Brongn. （1826）（保留属名）"，蓼科 Polygonaceae 的"Colubrina Friche-Joset et Montandon，Syn. Fl. Jura 268. 1856 = Polygonum L. （1753）（保留属名）"和"Colubrina Montandon，Syn. Fl. Jur. Sept. 268. 1856 ≡ Bistorta （L.）Scop. （1754）= Polygonum L. （1753）（保留属名）"都应废弃。"Marcorella （Necker ex G. Don）Rafinesque，Sylva Tell. 31. Oct-Dec 1838"是"Colubrina Rich. ex Brongn. （1826）（保留属名）"的晚出的同模式异名（Homotypic synonym，Nomenclatural synonym）。【分布】澳大利亚（昆士兰），巴拿马，秘鲁，玻利维亚，厄瓜多尔，哥伦比亚（安蒂奥基亚），马达加斯加，尼加拉瓜，毛里求斯，印度至马来西亚，中国，太平洋地区，热带非洲东部，热带和亚热带美洲，亚洲东部和南部，中美洲。【模式】Colubrina ferruginosa A. T. Brongniart ［Rhamnus colubrinus N. J. Jacquin］。【参考异名】Barcena Duges（1879）；Barcenia Duges（1879）；Bistorta （L.）Scop. （1754）；Colubrina Brongn. （1826）（废弃属名）；Cormonema Reissek ex Endl. （1840）；Cormonema Reissek（1840）Nom. illegit.；Diplisca Raf. （1838）；Hybosperma Urb. （1899）；Macrorhamnus Baill. （1875）；Marcorella （Neck. ex G. Don）Raf. （1838）Nom. illegit.；Marcorella Neck. （1790）Nom. inval.；Rhamnobrina H. Perrier（1943）；Thalliana Steud. （1841）；Tralliana Lour. （1790）；Tubanthera Comm. ex DC. （1825）●

12546 Columbaria J. Presl et C. Presl（1819）= Scabiosa L. （1753）［川续断科（刺参科，蓟叶参科，山萝卜科，续断科）Dipsacaceae//蓝盆花科 Scabiosaceae］■

12547 Columbea Salisb. （1807）Nom. illegit. ≡ Araucaria Juss. （1789）［南洋杉科 Araucariaceae］●

12548 Columbia Pers. （1806）Nom. illegit. ≡ Colona Cav. （1798）［椴树科（椴科，田麻科）Tiliaceae］●

12549 Columbiadoria G. L. Nesom（1991）【汉】溪黄花属。【隶属】菊科 Asteraceae（Compositae）。【包含】世界1种。【学名诠释与讨论】〈阴〉（地）Columbia，哥伦比亚（河）+ doria，秋麒麟草 goldenrods 的早期名称。【分布】北美洲。【模式】Columbiadoria hallii （A. Gray）G. L. Nesom。■☆

12550 Columbra Comm. ex Endl. = Cocculus DC. （1817）（保留属名）［防己科 Menispermaceae］●

12551 Columella Comm. ex DC. （废弃属名）= Pavonia Cav. （1786）（保留属名）［锦葵科 Malvaceae］●■☆

12552 Columella Lour. （1790）（废弃属名）≡ Cayratia Juss. （1818）（保留属名）［葡萄科 Vitaceae］●

12553 Columella Vahl（1805）Nom. illegit. （废弃属名）= Columellia Ruiz et Pav. （1794）（保留属名）［弯药树科 Columelliaceae］●☆

12554 Columella Vell. （1805）Nom. illegit. （废弃属名）= Pisonia L. （1753）［紫茉莉科 Nyctaginaceae//腺果藤科（避霜花科）Pisoniaceae］●

12555 Columellaceae Dulac = Euphorbiaceae Juss. （保留科名）+ Buxaceae Dumort. （保留科名）●■

12556 Columellea Jacq. （1798）Nom. illegit. ≡ Nestlera Spreng. （1818）［菊科 Asteraceae（Compositae）］■☆

12557 Columellia Ruiz et Pav. （1794）（保留属名）【汉】弯药树属。【隶属】弯药树科 Columelliaceae。【包含】世界4种。【学名诠释与讨论】〈阴〉（人）Columell，1世纪罗马作家。此属的学名"Columellia Ruiz et Pav. ，Fl. Peruv. Prodr. ；3. Oct （prim.）1794"是保留属名。相应的废弃属名是葡萄科 Vitaceae 的"Columella Lour. ，Fl. Cochinch. ；64，85. Sep 1790 ≡ Cayratia Juss. （1818）（保留属名）"。弯药树科 Columelliaceae 的"Columella Vahl，Enum. Pl. ［Vahl］i. 300（1805）. 1804 = Columellia Ruiz et Pav. （1794）

（保留属名）"，紫茉莉科 Nyctaginaceae 的"Columella Vell. ，Fl. Flumin. 155. 1829 ［1825 publ. 7 Sep-28 Nov 1829］= Pisonia L. （1753）"以及锦葵科 Malvaceae 的"Columella Comm. ex DC. = Pavonia Cav. （1786）（保留属名）"都应废弃。"Uluxia A. L. Jussieu in F. Cuvier，Dict. Sci. Nat. 10：103. 23 Mai 1818"是"Columellia Ruiz et Pav. （1794）（保留属名）"的晚出的同模式异名（Homotypic synonym，Nomenclatural synonym）。【分布】秘鲁，玻利维亚，厄瓜多尔，安第斯山。【模式】Columellia oblonga Ruiz et Pavón。【参考异名】Cayratia Juss. （1818）（保留属名）；Columella Vahl（1805）Nom. illegit. （废弃属名）；Uluxia Juss. （1818）Nom. illegit. ●☆

12558 Columelliaceae D. Don（1828）（保留科名）【汉】弯药树科。【包含】世界1属4种。【分布】南美洲。【科名模式】Columellia Ruiz et Pav. ●☆

12559 Columnea L. （1753）【汉】金鱼苣苔属（金鱼花属）。【日】コルムネア属。【英】Columnea。【隶属】苦苣苔科 Gesneriaceae。【包含】世界75-270种。【学名诠释与讨论】〈阴〉（人）Fabio Colonna 或 Fabius Columna，1567-1640，意大利人。此属的学名，ING、GCI、TROPICOS 和 IK 记载是"Columnea L. ，Sp. Pl. 2：638 ［"938"］. 1753 ［1 May 1753］"。"Glycanthes Rafinesque，Sylva Tell. 83. Oct-Dec 1838"是"Columnea L. （1753）"的晚出的同模式异名（Homotypic synonym，Nomenclatural synonym）。【分布】巴拿马，秘鲁，玻利维亚，厄瓜多尔，哥伦比亚（安蒂奥基亚），哥斯达黎加，尼加拉瓜，热带美洲，中美洲。【模式】Columnea scandens Linnaeus。【参考异名】Achimenes P. Browne（1756）（废弃属名）；Aponoa Raf. （1838）；Bucinella （Wiehler）Wiehler（1977）Nom. illegit. ；Bucinellina Wiehler（1981）；Caonabo Turpin ex Raf. ；Collandra Lem. （1847）；Dahlbergia Raf. ；Dalbergaria Tussac （1808）；Eusynetra Raf. （1837）；Fluckigeria Rusby（1894）Nom. illegit. ；Glycanthes Raf. （1838）Nom. illegit. ；Haematophyla Post et Kuntze（1903）；Hematophyla Raf. （1838）；Kohlerianthus Fritsch （1897）；Loboptera Colla （1849）；Ortholoma （Benth. ）Hanst. （1854）；Ortholoma Hanst. （1854）Nom. illegit. ；Pentadenia （Planch. ）Hanst. （1854）；Pentadenia Hanst. （1854）Nom. illegit. ；Pterygoloma Hanst. （1854）；Sciophila Post et Kuntze（1903）Nom. illegit. ；Stenanthus Oerst. ex Hanst. （1854）；Stygnanthe Hanst. （1854）；Trichantha Hook. （1844）；Trichantha Hook. f. （1844）Nom. illegit. ；Vireya Raf. （1814）（废弃属名）●■☆

12560 Coluppa Adans. （1763）Nom. illegit. ≡ Gomphrena L. （1753）［苋科 Amaranthaceae］●■

12561 Coluria R. Br. （1823）【汉】无尾果属。【俄】Колюрия。【英】Clove-root Plant，Coluria。【隶属】蔷薇科 Rosaceae。【包含】世界5种，中国4种。【学名诠释与讨论】〈阴〉（希）kolouros，截去尾巴的，缩短的。来自 kolos，成长受阻的，矮小的，截断的，缩短的+ oura，尾巴。【分布】中国，西伯利亚南部。【模式】Geum potentilloides W. Aiton，Nom. illegit. ［Dryas geoides Pallas；Coluria geoides （Pallas）Ledebour］。【参考异名】Laxmannia Fisch. （1812）Nom. inval. （废弃属名）■

12562 Colus Raeusch. （1797）= Coleus Lour. （1790）［唇形科 Lamiaceae（Labiatae）］●■

12563 Colutea L. （1753）【汉】膀胱豆属（气囊豆属，鱼鳔槐属）。【日】ギリシア属，バウクワワマメ属，ボウコウマメ属。【俄】Пузырник。【英】Bladder Senna，Bladdersenna，Bladder-senna，Senna，Soundbean。【隶属】豆科 Fabaceae（Leguminosae）//蝶形花科 Papilionaceae。【包含】世界28种，中国4种。【学名诠释与讨论】〈阴〉（拉）kolutea，果实像荚的。此属的学名，ING、APNI、TROPICOS 和 IK 记载是"Colutea Linnaeus，Sp. Pl. 723. 1 Mai

1753"。"Baguenaudiera Bubani, Fl. Pyrenaea 2:513. 1899（sero）-1900"是"Colutea L.（1753）"的晚出的同模式异名（Homotypic synonym, Nomenclatural synonym）。【分布】巴基斯坦，玻利维亚，中国，欧洲南部和埃塞俄比亚至亚洲中部和喜马拉雅山。【后选模式】Colutea arborescens Linnaeus。【参考异名】Baguenaudiera Bubani（1899）Nom. illegit. ●

12564　Coluteastrum Fabr.（1763）（废弃属名）≡Coluteastrum Heist. ex Fabr.（1763）Nom. illegit.（废弃属名）；~≡Coluteastrum Fabr.（1763）（废弃属名）；~ = Lessertia DC.（1802）（保留属名）［豆科 Fabaceae（Leguminosae）//蝶形花科 Papilionaceae］●■☆

12565　Coluteastrum Heist. ex Fabr.（1763）Nom. illegit.（废弃属名）=Coluteastrum Fabr.（1763）（废弃属名）；~ = Lessertia DC.（1802）（保留属名）［豆科 Fabaceae（Leguminosae）//蝶形花科 Papilionaceae］●■☆

12566　Coluteastrum Möhring ex Kuntze（1891）Nom. illegit.（废弃属名）= Lessertia DC.（1802）（保留属名）［豆科 Fabaceae（Leguminosae）//蝶形花科 Papilionaceae］●■☆

12567　Coluteocarpus Boiss.（1841）【汉】鳔果芥属（鱼鳔果芥属）。【俄】Пузыреплодник。【隶属】十字花科 Brassicaceae（Cruciferae）。【包含】世界 1-2 种。【学名诠释与讨论】〈阳〉（希）kolutea，果实像荚的+karpos，果实。【分布】亚洲西南部山区。【模式】Coluteocarpus reticulatus（Lamarck）Boissier, Nom. illegit.［Vesicaria reticulata Lamarck, Alyssum vesicaria Linnaeus］。【参考异名】Lagowskia Trautv.（1858）■☆

12568　Colutia Medik.（1787）Nom. illegit. ≡ Sutherlandia R. Br.（1812）（保留属名）［豆科 Fabaceae（Leguminosae）//蝶形花科 Papilionaceae］●☆

12569　Colvillea Bojer ex Hook.（1834）Nom. illegit. = Colvillea Bojer（1834）［豆科 Fabaceae（Leguminosae）］●☆

12570　Colvillea Bojer（1834）【汉】异凤凰木属（垂花楹属）。【隶属】豆科 Fabaceae（Leguminosae）。【包含】世界 1 种。【学名诠释与讨论】〈阴〉（人）Charles Colville, 1770-1843，苏格兰一公爵。此属的学名，ING 和 TROPICOS 记载是"Colvillea Bojer in W. J. Hooker, Bot. Mag. t. 3325, 3326. 1 Jun 1834"。IK 则记载为"Colvillea Bojer ex Hook., Bot. Mag. 61:tt. 3325,3326. 1834［1 Jun 1834］"。三者引用的文献相同。【分布】马达加斯加。【模式】Colvillea racemosa Bojer。【参考异名】Colvillea Bojer ex Hook.（1834）Nom. illegit. ●☆

12571　Colymbada Hill（1762）= Centaurea L.（1753）（保留属名）［菊科 Asteraceae（Compositae）//矢车菊科 Centaureaceae］●■

12572　Colymbea Steud.（1840）= Araucaria Juss.（1789）；~ = Columbea Salisb.（1807）Nom. illegit. ; ~ = Araucaria Juss.（1789）［南洋杉科 Araucariaceae］●

12573　Colyris Endl.（1838）= Collyris Vahl（1810）；~ = Dischidia R. Br.（1810）［萝藦科 Asclepiadaceae］●■

12574　Colythrum Schott（1834）= Esenbeckia Kunth（1825）［芸香科 Rutaceae］●☆

12575　Comaceae Dulac = Tamaricaceae Link（保留科名）●■

12576　Comacephalus Klotzsch（1838）= Eremia D. Don（1834）［杜鹃花科（欧石南科）Ericaceae］●☆

12577　Comaclinium Scheidw. et Planch.（1852）【汉】山橙菊属。【隶属】菊科 Asteraceae（Compositae）。【包含】世界 1 种。【学名诠释与讨论】〈中〉（希）kome = 拉丁文 coma，毛发+kline，床，来自 klino，倾斜，斜倚+-ius,-ia,-ium，在拉丁文和希腊文中，这些词尾表示性质或状态。此属的学名是"Comaclinium Scheidweiler et J. E. Planchon, Fl. Serres Jard. Eur. 8:19. t. 756. 1852（post 5 Oct）"。亦有文献把其处理为"Dyssodia Cav.（1801）"的异名。

【分布】墨西哥至巴拿马，中美洲。【模式】Comaclinium aurantiacum Scheidweiler et J. E. Planchon。【参考异名】Dyssodia Cav.（1801）■☆

12578　Comacum Adans.（1763）Nom. illegit. ≡ Myristica Gronov.（1755）（保留属名）［肉豆蔻科 Myristicaceae］●

12579　Comandra Nutt.（1818）【汉】毛蕊木属（假柳穿鱼属）。【英】Commandra。【隶属】檀香科 Santalaceae//毛蕊木科 Comandraceae。【包含】世界 5 种。【学名诠释与讨论】〈阴〉（希）kome = 拉丁文 coma，毛发+aner，所有格 andros，雄性，雄蕊。指其雄蕊胡须状。【分布】美国，欧洲东部和亚洲，北美洲。【模式】Comandra umbellata（Linnaeus）Nuttall［Thesium umbellatum Linnaeus］。【参考异名】Hamiltonia Spreng. ●☆

12580　Comandraceae Nickrent et Der（2010）【汉】毛蕊木科。【包含】世界 1 属 5 种。【分布】欧洲东部和亚洲，北美洲。【科名模式】Comandra Nutt. ●☆

12581　Comanthera L. B. Sm.（1937）= Syngonanthus Ruhland（1900）［谷精草科 Eriocaulaceae］■☆

12582　Comanthosphace S. Moore（1877）【汉】绵穗苏属（天人草属）。【日】テンニンサウ属，テンニンソウ属。【英】Comanthosphace。【隶属】唇形科 Lamiaceae（Labiatae）。【包含】世界 3-6 种，中国 3-4 种。【学名诠释与讨论】〈阴〉（希）kome = 拉丁文 coma，毛发+anthos，花+sphakos，一种鼠尾草植物。指穗状花序具绵毛，形似鼠尾。【分布】日本，中国。【模式】未指定。■

12583　Comarella Rydb.（1896）= Potentilla L.（1753）［蔷薇科 Rosaceae//委陵菜科 Potentillaceae］●■

12584　Comarobatia Greene（1906）= Rubus L.（1753）［蔷薇科 Rosaceae］●■

12585　Comaropsis Rich.（1816）Nom. illegit. = Waldsteinia Willd.（1799）［蔷薇科 Rosaceae］■

12586　Comaropsis Rich. ex Nestl.（1816）= Waldsteinia Willd.（1799）［蔷薇科 Rosaceae］■

12587　Comarostaphylis Zucc.（1837）【汉】夏冬青属。【隶属】杜鹃花科（欧石南科）Ericaceae。【包含】世界 20 种。【学名诠释与讨论】〈阴〉（希）komaron，为草莓树（垂花树莓，荔莓，莓实树）Arbutus unedo 的俗名+staphyle，一串葡萄，或肿大的小舌。指本属植物果实簇集，形似草莓树。它曾先后被处理为"Arctostaphylos sect. Comarostaphylis（Zucc.）A. Gray, Geological Survey of California, Botany 1:454. 1876"、"Arctostaphylos sect. Comarostaphylis（Zucc.）Benth. & Hook. f., Genera Plantarum 2（2）：582. 1876"和"Arctostaphylos subgen. Comarostaphylis（Zucc.）Drude, Die Natürlichen Pflanzenfamilien 4（1）:49. 1891"。亦有文献把"Comarostaphylos Zucc.（1837）"处理为"Comarostaphylis Zucc.（1837）"的异名。【分布】巴拿马，哥斯达黎加，美国（西南部），墨西哥，尼加拉瓜，中美洲。【模式】Comarostaphylis arguta Zuccarini。【参考异名】Arctostaphylos sect. Comarostaphylis（Zucc.）A. Gray（1876）；Arctostaphylos sect. Comarostaphylis（Zucc.）Benth. & Hook. f.（1876）；Arctostaphylos subgen. Comarostaphylis（Zucc.）Drude（1891）；Comarostaphylos Zucc.（1837）●☆

12588　Comarouna Carrière（1873）= Dipteryx Schreb.（1791）（保留属名）［豆科 Fabaceae（Leguminosae）］●☆

12589　Comarum L.（1753）【汉】沼委陵菜属。【日】クロバナラフゲ属，クロバナロウゲ属。【俄】Сабельник。【英】Cinquefoil, Marsh Cinquefoil。【隶属】蔷薇科 Rosaceae//委陵菜科 Potentillaceae。【包含】世界 5 种，中国 2 种。【学名诠释与讨论】〈中〉（希）komaron，为草莓树（垂花树莓，荔莓，莓实树）Arbutus unedo 的俗名。指本属植物果实簇集，形似草莓树。此属的学名，ING、GCI、

TROPICOS 和 IK 记载是"Comarum L. ,Sp. Pl. 1;502. 1753［1 May 1753］"。"Pancovia Heister ex Fabricius, Enum. 64. 1759（废弃属名）"是"Comarum L.（1753）"的晚出的同模式异名（Homotypic synonym, Nomenclatural synonym）。亦有文献把"Comarum L.（1753）"处理为"Potentilla L.（1753）"的异名。【分布】巴基斯坦,中国,温带北半球。【模式】Comarum palustre Linnaeus。【参考异名】Commarum Schrank（1792）; Farinopsis Chrtek et Soják（1984）; Gomarum Raf. ; Pancovia Heist. ex Fabr.（1759）Nom. illegit.（废弃属名）;Potentilla L.（1753）●■

12590　Comaspermum Pers.（1807）= Comesperma Labill.（1806）［远志科 Polygalaceae］●☆

12591　Comastoma（Wettst.）Toyok.（1961）【汉】喉毛花属（喉花草属,喉花草属,喉毛草属）。【日】サンプクリンドウ属。【英】Comastoma,Throathair。【隶属】龙胆科 Gentianaceae。【包含】世界 15 种,中国 11 种。【学名诠释与讨论】〈中〉（希）kome =拉丁文 coma,毛,毛发+stoma,所有格 stomatos,孔口。指在花冠喉部有 2 片流苏状鳞片。此属的学名,ING 和 TROPICOS 记载是"Comastoma（Wettstein）Toyokuni, Bot. Mag.（Tokyo）74: 198. 25 Apr 1961",由"Gentiana sect. Comastoma Wettst. ,Oesterreichische Botanische Zeitschrift 45（6）:174. 1896"改级而来。IK 则记载为"Comastoma Toyokuni, Bot. Mag.（Tokyo）lxxiv. 198（1961）"。三者引用的文献相同。亦有学者把本属归入"Gentiana L.（1753）"。【分布】巴基斯坦,中国,欧洲,亚洲,北美洲。【模式】Comastoma tenellum（Rottbøll）Toyokuni［Gentiana tenella Rottbøll］。【参考异名】Comastoma Toyok.（1961）Nom. illegit. ; Gentiana L.（1753）;Gentiana L. sect. Comastoma Wettst.（1896）■

12592　Comastoma Toyok.（1961）Nom. illegit. ≡ Comastoma（Wettst.）Toyok.（1961）［龙胆科 Gentianaceae］■

12593　Comatocroton H. Karst.（1859）= Croton L.（1753）［大戟科 Euphorbiaceae//巴豆科 Crotonaceae］●

12594　Comatoglossum H. Karst. et Triana（1855）Nom. illegit. = Talisia Aubl.（1775）［无患子科 Sapindaceae］●☆

12595　Comatoglossum Triana（1855）= Talisia Aubl.（1775）［无患子科 Sapindaceae］●☆

12596　Comatoglosum H. Karst. et Triana（1855）Nom. illegit. = Talisia Aubl.（1775）［无患子科 Sapindaceae］●☆

12597　Comatoglosum Triana（1855）Nom. illegit. = Talisia Aubl.（1775）［无患子科 Sapindaceae］●☆

12598　Combera Sandwith（1936）【汉】库默茄属。【隶属】茄科 Solanaceae。【包含】世界 2 种。【学名诠释与讨论】〈阴〉（人）Harold Frederick Comber, 1897 – 1969, 英国植物采集家。【分布】阿根廷,智利,安第斯山。【模式】Combera paradoxa Sandwith。■☆

12599　Combesia A. Rich.（1848）= Crassula L.（1753）［景天科 Crassulaceae］●■☆

12600　Comborhiza Anderb. et K. Bremer（1991）【汉】粗根鼠麹木属。【隶属】菊科 Asteraceae（Compositae）。【包含】世界 2 种。【学名诠释与讨论】〈阴〉（希）kombos,卷,袋,囊,结,条带,腰带+rhiza,或 rhizoma,根,根茎。【分布】非洲南部。【模式】不详。●☆

12601　Combretaceae R. Br.（1810）（保留科名）【汉】使君子科。【日】シクンシ科。【俄】Комбретовые。【英】Combretum Family, Myrobalan Family。【包含】世界 18-20 属 500-600 种,中国 6 属 20-33 种。【分布】热带和亚热带。【科名模式】Combretum Loefl.（1758）（保留属名）●

12602　Combretocarpus Hook. f.（1865）【汉】风车果属。【隶属】异叶木科（四柱木科,异形叶科,异叶红树科）Anisophylleaceae//红树科 Rhizophoraceae。【包含】世界 1 种。【学名诠释与讨论】〈阳〉（属）Combretum 风车子属+karpos,果实。【分布】马来西亚。【模式】Combretocarpus motleyi J. D. Hooker。●☆

12603　Combretodendron A. Chev.（1909）Nom. inval. ≡ Combretodendron A. Chev. ex Exell（1930）Nom. illegit. ; ~ ≡ Petersianthus Merr.（1916）［玉蕊科（巴西果科）Lecythidaceae］●☆

12604　Combretopsis K. Schum.（1889）= Lophopyxis Hook. f.（1887）［五翼果科（冠状果科）Lophopyxidaceae//卫矛科 Celastraceae］●☆

12605　Combretum Loefl.（1758）（保留属名）【汉】风车子属（风车藤属,藤诃子属）。【俄】Кольза, Комбретум。【英】Combretum, Indian Gum, Redwithe, Windmill。【隶属】使君子科 Combretaceae。【包含】世界 250-255 种,中国 8-16 种。【学名诠释与讨论】〈中〉（拉）combretum,为罗马学者 Pliny 公元 23-79 所用之名。指一种攀缘植物。此属的学名"Combretum Loefl. ,Iter Hispan. :308. Dec 1758"是保留属名。相应的废弃属名是使君子科 Combretaceae 的"Grislea L. , Sp. Pl. :348. 1 Mai 1753 = Combretum Loefl.（1758）（保留属名）"。千屈菜科 Lythraceae 的"Grislea Loefl. , Iter Hispan. 245. 1758;Linn. Syst. ed. 10, ii. 999 = Pehria Sprague（1923）"亦应废弃。"Aëtia Adanson, Fam. 2: 84, 513. Jul – Aug 1763"是"Combretum Loefl.（1758）（保留属名）"的晚出的同模式异名（Homotypic synonym, Nomenclatural synonym）。【分布】巴基斯坦,巴拿马,玻利维亚,厄瓜多尔,哥斯达黎加,马达加斯加,尼加拉瓜,中国,中美洲。【模式】Combretum fruticosum（Loefling）Stuntz。【参考异名】Aetia Adans.（1763）Nom. inval. , Nom. illegit. ; Bucholzia Stadtm. ex Wiliem.（1796）; Bureava Baill.（1860）（废弃属名）; Cacoucia Aubl.（1775）; Cacucia J. F. Gmel.（1791）Nom. illegit. ; Calopyxis Tul.（1856）; Campylochiton Welw. ex Hiern（1898）; Campylogyne Welw. ex Hemsl.（1897）; Caropyxis Benth. et Hook. f.（1865）; Chrysostachys Pohl（1830）; Cocoucia Aubl. ; Codonocroton E. Mey. ex Engl. et Diels（1899）; Cristaria Sonn.（1782）（废弃属名）; Embryogonia Blume（1856）; Forsgardia Vell.（1829）; Gonocarpus Ham.（1825）Nom. illegit. ; Griselea D. Dietr.（1840）; Grislea L.（1753）（废弃属名）; Hambergera Scop.（1777）Nom. illegit. ; Meiostemon Exell et Stace（1966）; Pevraea Comm. ex Juss.（1789）; Physopodium Desv.（1826）; Poevrea Tul.（1856）; Poivrea Comm. ex DC.（1828）Nom. illegit. ; Poivrea Comm. ex Thouars（1806）Nom. inval. ; Quisqualis L.（1762）; Scheadendron G. Bertol（1850）;Schousbea Raf.（1814）;Schousboea Willd.（1799）Nom. illegit. ; Seguiera Rchb. ex Oliv.（1871）Nom. illegit. ;Sheadendron G. Bertol.（1850）;Thiloa Eichler（1866）●

12606　Comesperma Labill.（1806）【汉】雅志属。【隶属】远志科 Polygalaceae。【包含】世界 2 种。【学名诠释与讨论】〈中〉（希）kome = 拉丁文 coma, 毛发 + sperma, 种子。此属的学名是"Comesperma Labillardière, Novae Holl. Pl. Spec. 2: 21. 1806"。亦有文献把其处理为"Bredemeyera Willd.（1801）"的异名。【分布】澳大利亚。【模式】未指定。【参考异名】Bredemeyera Willd.（1801）;Comaspermum Pers.（1807）;Comosperma Poir.（1818）●☆

12607　Cometes L.（1767）【汉】彗星花属。【隶属】石竹科 Caryophyllaceae。【包含】世界 2 种。【学名诠释与讨论】〈阴〉（希）cometes,彗星,长毛的,多毛的。【分布】埃塞俄比亚至印度（西南）,非洲东北部。【模式】Cometes surattensis Linnaeus。【参考异名】Ceratonychia Edgew.（1847）; Saltia R. Br.（1814）Nom. inval. ,Nom. nud. ■☆

12608　Cometia Thouars ex Baill.（1858）= Drypetes Vahl（1807）; ~ = Drypetes Vahl（1807）+ Thecacoris A. Juss.（1824）［大戟科 Euphorbiaceae］●

12609　Comeurya Baill.（1872）= Dracontomelon Blume（1850）［漆树科 Anacardiaceae］●

12610　Cominia P. Browne（1756）= Allophylus L.（1753）［无患子科

Sapindaceae］●

12611　Cominia Raf.（1840）Nom. illegit. = Rhus L.（1753）［漆树科 Anacardiaceae］●

12612　Cominsia Hemsl.（1891）【汉】长瓣竹芋属。【隶属】竹芋科（苳叶科，柊叶科）Marantaceae。【包含】世界1-5种。【学名诠释与讨论】〈阴〉词源不详。【分布】印度尼西亚（马鲁古群岛），所罗门群岛，新几内亚岛。【模式】Cominsia guppyi W. B. Hemsley。■☆

12613　Comiphyton Floret（1974）【汉】加蓬红树属。【隶属】红树科 Rhizophoraceae。【包含】世界1种。【学名诠释与讨论】〈中〉（拉）coma，毛发+phyton，植物，树木，枝条。【分布】刚果（布），刚果（金），加蓬。【模式】Comiphyton gabonense J. -J. Floret。●☆

12614　Commarum Schrank（1792）= Comarum L.（1753）；~ = Potentilla L.（1753）［蔷薇科 Rosaceae//委陵菜科 Potentillaceae］■●

12615　Commelina L.（1753）【汉】鸭跖草属。【日】ツユクサ属。【俄】Коммелина，Лазорник。【英】Day Flower，Dayflower，Dayflower，Spiderflower，Spider-wort，Widow's-tears。【隶属】鸭跖草科 Commelinaceae。【包含】世界90-170种，中国8种。【学名诠释与讨论】〈阴〉（人）纪念两位荷兰植物学者 Jan Commelijn（1629-1692）和他的侄子 Caspar Commelyn（1667-1731）+-inus，-ina，-inum，拉丁文加在名词词干之后，以形成形容词的词尾，含义为"属于、相似、关于、小的"。此属的学名，ING、APNI、IK 和 GCI 记载是"Commelina L. ，Sp. Pl. 1：40. 1753 ［1 May 1753］"。也有文献如《北美植物志》用为"Commelina Plumier ex L.（1753）"。"Commelina Plumier"是命名起点著作之前的名称，故"Commelina L.（1753）"和"Commelina Plumier ex L.（1753）"都是合法名称，可以通用。【分布】玻利维亚，中国，中美洲。【后选模式】Commelina communis Linnaeus。【参考异名】Allosperma Raf.（1838）Nom. illegit. ；Allotria Raf.（1837）；Ananthopus Raf.（1817）；Athyrocarpus Schltdl.（1855）Nom. illegit. ；Athyrocarpus Schltdl. ex Benth.（1883）Nom. illegit. ；Athyrocarpus Schltdl. ex Benth. et Hook. f.（1883）Nom. illegit. ；Athyrocarpus Schltdl. ex Hassk.（1866）Nom. illegit. ；Commelina Plumier ex L.（1753）；Commelinopsis Pichon（1946）；Commelyna Endl.（1836）Nom. illegit. ；Commelyna Endl.（1838）Nom. illegit. ；Commelyna Hoffmanns. ex Endl.（1836）Nom. illegit. ；Dirtea Raf.（1837）；Disecocarpus Hassk.（1866）；Dissecocarpus Hassk.（1870）；Erxlebia Medik.（1790）；Eudipetala Raf.（1837）；Gaura Lam.（1793）Nom. illegit. ；Hedwigia Medik.（1790）Nom. illegit. ；Heterocarpus Wight（1853）；Isanthina Rchb.（1840）Nom. illegit. ；Isanthina Rchb. ex Steud.（1840）；Larnalles Raf.（1837）；Lechea Kalm ex L.（1753）；Lechea Lour.（1790）Nom. illegit. ；Nephralles Raf.（1837）；Omphalotheca Hassk.（1865）；Ovidia Raf.（1837）（废弃属名）；Phaeosphaerion Hassk.（1866）；Phaeosphaeriona Hassk. ；Spathodithyros Hassk.（1866）；Trithyrocarpus Hassk.（1866）■

12616　Commelina Plumier ex L.（1753）≡ Commelina L.（1753）［鸭跖草科 Commelinaceae］■

12617　Commelinaceae Mirb.（1804）（保留科名）【汉】鸭跖草科。【日】ツユクサ科。【俄】Коммелиновые。【英】Dayflower Family，Spiderwort Family。【法】Commélinacées。【包含】世界40-41属600-700种，中国15-17属59-62种。【分布】热带和亚热带。【科名模式】Commelina L. ■

12618　Commelinaceae R. Br. = Commelinaceae Mirb.（保留科名）●■

12619　Commelinantia Tharp（1922）= Tinantia Scheidw.（1839）（保留属名）［鸭跖草科 Commelinaceae］■☆

12620　Commelinidium Stapf（1920）= Acroceras Stapf（1920）［禾本科 Poaceae（Gramineae）］■

12621　Commelinopsis Pichon（1946）= Commelina L.（1753）［鸭跖草科 Commelinaceae］■

12622　Commelyna Endl.（1836）Nom. illegit. ≡ Commelina L.（1753）［鸭跖草科 Commelinaceae］■

12623　Commelyna Endl.（1838）Nom. illegit. ≡ Commelyna Endl.（1836）Nom. illegit. ≡ Commelina L.（1753）［鸭跖草科 Commelinaceae］■

12624　Commelyna Hoffmanns. ex Endl.（1836）Nom. illegit. ≡ Commelyna Endl.（1836）；~ ≡ Commelina L.（1753）［鸭跖草科 Commelinaceae］■

12625　Commercona Sonn.（1776）Nom. illegit. ≡ Barringtonia J. R. Forst. et G. Forst.（1775）（保留属名）［玉蕊科（巴西果科）Lecythidaceae//翅玉蕊科（金刀木科）Barringtoniaceae］●

12626　Commerconia F. Muell.（1879）Nom. inval. ≡ Commerconia F. Muell. ex Tate（1889）；~ = Commersonia J. R. Forst. et G. Forst.（1775）［梧桐科 Sterculiaceae//锦葵科 Malvaceae］●

12627　Commersia Thouars = Commersorchis Thouars（1822）；~ ≈ Dendrobium Sw.（1799）（保留属名）［兰科 Orchidaceae］■

12628　Commersona Sonn.（1776）Nom. illegit. ≡ Barringtonia J. R. Forst. et G. Forst.（1775）（保留属名）；~ = Mitraria J. F. Gmel.（1791）Nom. illegit. （废弃属名）；~ = Commersona Sonn.（1776）Nom. illegit. ［玉蕊科（巴西果科）Lecythidaceae//翅玉蕊科（金刀木科）Barringtoniaceae//桃金娘科 Myrtaceae］●

12629　Commersonia Comm. ex Juss. ，Nom. illegit. = Polycardia Juss.（1789）［卫矛科 Celastraceae］●☆

12630　Commersonia J. R. Forst. et G. Forst.（1775）【汉】山麻树属。【英】Commersonia。【隶属】梧桐科 Sterculiaceae//锦葵科 Malvaceae。【包含】世界9-14种，中国1种。【学名诠释与讨论】〈阴〉（人）Philibert Commerson，1727-1773，法国植物学者，旅行家。此属的学名，ING、TROPICOS、IK 和《中国植物志》英文版记载是"Commersonia J. R. Forst. et G. Forst. ，Char. Gen. Pl. ，ed. 2. 43. 1776 ［1 Mar 1776］"。卫矛科 Celastraceae 的"Commersonia Comm. ex Juss. ，Nom. illegit. = Polycardia Juss.（1789）"似命名人引证有误。"Restiaria O. Kuntze，Rev. Gen. 1：81. 5 Nov 1891（non Loureiro 1790）"是"Commersonia J. R. Forst. et G. Forst.（1775）"的晚出的同模式异名（Homotypic synonym，Nomenclatural synonym）。【分布】澳大利亚，马达加斯加，中国，热带东南亚。【模式】Commersonia echinata J. R. Forster et J. G. A. Forster。【参考异名】Commerconia F. Muell.（1879）Nom. inval. ；Commerconia F. Muell. ex Tate（1889）；Restiaria Kuntze（1891）Nom. illegit. ●

12631　Commersophylis Thouars = Bulbophyllum Thouars（1822）（保留属名）［兰科 Orchidaceae］■

12632　Commersorchis Thouars（1822）= Dendrobium Sw.（1799）（保留属名）［兰科 Orchidaceae］■

12633　Commia Ham. ex Meisn. ，Nom. illegit. = Aporusa Blume（1828）［大戟科 Euphorbiaceae］●

12634　Commia Lour.（1790）= Excoecaria L.（1759）［大戟科 Euphorbiaceae］●

12635　Commianthus Benth.（1841）= Retiniphyllum Bonpl.（1806）［茜草科 Rubiaceae］●☆

12636　Commicarpus Standl.（1909）【汉】黏腺果属。【英】Mucilagefruit。【隶属】紫茉莉科 Nyctaginaceae。【包含】世界16-25种，中国2种。【学名诠释与讨论】〈阳〉（希）kommi，胶+karpos，果实。此属的学名是"Commicarpus Standley，Contr. U. S. Natl. Herb. 12：373. 23 Apr 1909"。亦有文献把其处理为"Boerhavia L.（1753）"的异名。【分布】巴基斯坦，秘鲁，玻利维亚，厄瓜多尔，马达加斯加，中国，热带和亚热带，中美洲。【模

式】Commicarpus scandens (Linnaeus) Standley [Boerhavia scandens Linnaeus]。【参考异名】Boerhavia L. (1753)●

12637 Commidendron Lem. (1849) Nom. illegit. ≡ Commidendrum Burch. ex DC. (1833) [菊科 Asteraceae(Compositae)]●☆

12638 Commidendrum Burch. ex DC. (1833)【汉】胶菀木属。【隶属】菊科 Asteraceae(Compositae)。【包含】世界 4 种。【学名诠释与讨论】〈中〉(希) kommi, 胶+dendron 或 dendros, 树木, 棍, 丛林。此属的学名, ING 记载为"Commidendrum A. P. de Candolle, Arch. Bot. (Paris) 2:334. 31 Oct 1833"。IK 和 TROPICOS 则记载为"Commidendrum Burch. ex DC., in Guillem., Arch. Bot. (Paris) ii. (1833) 334"。三者引用的文献相同。"Commidendron Lem., Dict. Univ. Hist. Nat. 4:147. 1849"是"Commidendrum DC. (1833) Nom. illegit."的拼写变体。【分布】英国(圣赫勒拿岛)。【模式】未指定。【参考异名】Commidendron Lem. (1849) Nom. illegit.; Commidendrum DC. (1833) Nom. illegit.●☆

12639 Commidendrum DC. (1833) Nom. illegit. ≡ Commidendrum Burch. ex DC. (1833) [菊科 Asteraceae(Compositae)]●☆

12640 Commilobium Benth. (1838) = Pterodon Vogel (1837) [豆科 Fabaceae(Leguminosae)]■☆

12641 Commiphora Jacq. (1797)(保留属名)【汉】没药属(密儿拉属)。【日】コンミフォラ属, ミルラノキ属。【俄】Дерево мировое, Коммифора。【英】Myrrh, Myrrh Tree, Myrrhtree。【隶属】橄榄科 Burseraceae。【包含】世界 185-190 种, 中国 2 种。【学名诠释与讨论】〈阴〉(希) kommi, 树胶+phoros, 具有, 梗, 负载, 发现者。此属的学名"Commiphora Jacq., Pl. Hort. Schoenbr. 2:66. 1797"是保留属名。相应的废弃属名是橄榄科 Burseraceae 的"Balsamea Gled. in Schriften Berlin. Ges. Naturf. Freunde 3:127. 1782 = Commiphora Jacq. (1797)(保留属名)"。【分布】阿拉伯地区至西印度群岛, 巴基斯坦, 玻利维亚, 非洲, 马达加斯加, 中国。【模式】Commiphora madagascarensis N. J. Jacquin。【参考异名】Balsamea Gled. (1782)(废弃属名); Balsamodendron DC. (1825) Nom. illegit., Nom. inval.; Balsamodendron Kunth (1824) Nom. illegit.; Balsamodendrum Kunth (1824); Balsamophleos O. Berg(1862); Balsamus Stackh. (1814); Bdellium Baill. ex Laness. (1886) Nom. illegit.; Hemprichia Ehrenb. (1829); Heudelotia A. Rich. (1832); Hitzeria Klotzsch(1861); Neomangenotia J. -F. Leroy (1976); Niotoutt Adans. (1759); Protionopsis Blume (1850); Protium Wight et Arn. (废弃属名); Protonopsis Pfeiff.; Spondiopsis Engl. (1895)●

12642 Commirhoea Miers(1855) = Chrysochlamys Poepp. (1840) [猪胶树科(克鲁西科, 山竹子科, 藤黄科)Clusiaceae(Guttiferae)]●☆

12643 Commitheca Bremek. (1940)【汉】胶囊茜属。【隶属】茜草科 Rubiaceae。【包含】世界 1 种。【学名诠释与讨论】〈阴〉(希) kommi, 胶+theke = 拉丁文 theca, 匣子, 箱子, 室, 药室, 囊。【分布】热带非洲西部。【模式】Commitheca liebrechtsiana (De Wildeman et Th. Durand) Bremekamp [Urophyllum liebrechtsianum De Wildeman et Th. Durand]。●☆

12644 Comocarpa Rydb. (1898) = Potentilla L. (1753) [蔷薇科 Rosaceae//委陵菜科 Potentillaceae]■●

12645 Comocladia P. Browne(1756)【汉】毛枝漆属。【隶属】漆树科 Anacardiaceae。【包含】世界 20 种。【学名诠释与讨论】〈阴〉(希) kome = 拉丁文 coma, 毛发+klados, 枝, 芽, 指小式 kladion, 棍棒。kladodes 有许多枝子的。【分布】西印度群岛, 中美洲。【模式】Comocladia pinnatifolia Linnaeus。【参考异名】Camocladia L. (1759); Dodonaea Adans. (1763) Nom. illegit.; Dodonaea Plum. ex Adans. (1763) Nom. illegit.●☆

12646 Comocladiaceae Martinov(1820) = Anacardiaceae R. Br. (保留科名)●

12647 Comolia DC. (1828)【汉】腺海棠属。【隶属】野牡丹科 Melastomataceae。【包含】世界 22 种。【学名诠释与讨论】〈阴〉(人) Comoli。【分布】玻利维亚, 热带南美洲。【模式】Comolia berberifolia (Bonpland) A. P. de Candolle [Rhexia berberifolia Bonpland]。【参考异名】Hostmannia Steud. ex Naud.; Leiostegia Benth. (1840); Pachyloma DC. (1828); Tetrameris Naudin(1850); Tricentrum DC. (1828)●☆

12648 Comoliopsis Wurdack(1984)【汉】类腺海棠属。【隶属】野牡丹科 Melastomataceae。【包含】世界 1 种。【学名诠释与讨论】〈阴〉(属) Comolia 腺海棠属+希腊文 opsis, 外观, 模样, 相似。【分布】委内瑞拉。【模式】Comoliopsis neblinae J. J. Wurdack。●☆

12649 Comomyrsine Hook. f. (1876) = Cybianthus Mart. (1831)(保留属名); ~ = Weigeltia A. DC. (1834) Nom. illegit.; ~ = Cybianthus Mart. (1831)(保留属名) [紫金牛科 Myrsinaceae]●☆

12650 Comoneura Pierre ex Engl., Nom. illegit. ≡ Comoneura Pierre (1897); ~ = Strombosia Blume(1827) [铁青树科 Olacaceae]●☆

12651 Comoneura Pierre(1897) = Strombosia Blume(1827) [铁青树科 Olacaceae]●☆

12652 Comopycna Kuntze(1903) = Pycnocoma Benth. (1849) [大戟科 Euphorbiaceae]●☆

12653 Comopyrum (Jaub. et Spach) Á. Löve (1982) = Aegilops L. (1753)(保留属名) [禾本科 Poaceae(Gramineae)]■

12654 Comopyrum Á. Löve (1982) Nom. illegit. ≡ Comopyrum (Jaub. et Spach) Á. Löve (1982); ~ = Aegilops L. (1753)(保留属名) [禾本科 Poaceae(Gramineae)]■

12655 Comoranthus Knobl. (1934)【汉】毛花木犀属。【隶属】木犀榄科(木犀科) Oleaceae。【包含】世界 3 种。【学名诠释与讨论】〈阳〉(拉) comos, 多毛的+anthos, 花。antheros, 多花的。antheo, 开花。【分布】科摩罗, 马达加斯加。【模式】Comoranthus obconicus Knoblauch [as 'obconica']。●☆

12656 Comoroa Oliv. (1895) = Teclea Delile (1843)(保留属名) [芸香科 Rutaceae]●☆

12657 Comosperma Poir. (1818) = Comesperma Labill. (1806) [远志科 Polygalaceae]●☆

12658 Comospermum Rauschert(1982)【汉】鸡尾莲属(毛籽吊兰属)。【隶属】吊兰科(猴面包科, 猴面包树科) Anthericaceae。【包含】世界 1-2 种。【学名诠释与讨论】〈中〉(拉) comos, 多毛的+sperma, 所有格 spermatos, 种子, 孢子。此属的学名"Comospermum S. Rauschert, Taxon 31:560. 9 Aug 1982"是一个替代名称。"Alectorurus Makino, Bot. Mag. (Tokyo) 22:14. Jan 1908"是一个非法名称(Nom. illegit.), 因为此前已经有了化石植物的"Alectorurus W. P. Schimper, Traité Paléontol. Vég. 1:203. 1869"。故用"Comospermum Rauschert(1982)"替代之。【分布】日本。【模式】Comospermum yedoense (Maximowicz ex A. Franchet et L. Savatier) S. Rauschert [Anthericum yedoense Maximowicz ex A. Franchet et L. Savatier as 'yedoensis']。【参考异名】Alectorurus Makino(1908) Nom. illegit.■☆

12659 Comostemum Nees (1834) = Androtrichum (Brongn.) Brongn. (1834) [莎草科 Cyperaceae]■☆

12660 Comparettia Poepp. et Endl. (1836)【汉】考姆兰属。【日】ンンパレッティア属。【隶属】兰科 Orchidaceae。【包含】世界 10-12 种。【学名诠释与讨论】〈阴〉(人) Andrea Comparetti, 1745 – 1801, 意大利植物学者。【分布】巴拿马, 秘鲁, 玻利维亚, 厄瓜多尔, 哥伦比亚(安蒂奥基亚), 哥斯达黎加, 尼加拉瓜, 热带美洲, 中美洲。【后选模式】Comparettia falcata Poeppig et Endlicher。【参考异名】Pfitzeria Senghas(1998)■☆

12661　Comperia C. Koch（1849）Nom. illegit. ≡ Comperia K. Koch（1849）［兰科 Orchidaceae］■☆

12662　Comperia K. Koch（1849）【汉】康珀兰属。【俄】Комперия。【隶属】兰科 Orchidaceae。【包含】世界 2 种。【学名诠释与讨论】〈阴〉来自 Orchis comperiana Stev. 的俗名。此属的学名是"Comperia K. H. E. Koch, Linnaea 22：287. Jul 1849"。亦有文献把其处理为"Orchis L.（1753）"的异名。【分布】地中海东部，亚洲西南部至伊朗。【模式】Comperia taurica K. H. E. Koch, Nom. illegit.［Comperia comperiana（Steven）Ascherson et Graebner, Orchis comperiana（Steven）］。【参考异名】Comperia C. Koch（1849）Nom. illegit. ；Orchis L.（1753）■☆

12663　Comphoropsis Moq.（1849）= Camphoropsis Moq. ex Pfeiff. ；~ = Nanophyton Less.（1834）［藜科 Chenopodiaceae］●■

12664　Comphrena Aubl.（1775）= Gomphrena L.（1753）［苋科 Amaranthaceae］●■

12665　Complaya Strother（1991）= Sphagneticola O. Hoffm.（1900）［菊科 Asteraceae（Compositae）］■☆

12666　Compositae Adans. = Asteraceae Bercht. et J. Presl（保留科名）；~ = Compositae Giseke（保留科名）●■

12667　Compositae Giseke（1792）（保留科名）【汉】菊科。【日】キク科。【俄】Астровые, Сложноцветные。【英】Aster Family, Composite Family, Composites, Daisy Family。【包含】世界 900-1535 属 13000-30000 种，中国 232-248 属 2160-2556 种。Compositae Giseke 和 Asteraceae Bercht. et J. Presl 均为保留科名，是《国际植物命名法规》确定的九对互用科名之一。【分布】广泛分布，主要温带和亚热带。【科名模式】Aster L.（1753）●■

12668　Compsanthus Spreng.（1827）Nom. illegit. ≡ Compsoa D. Don（1825）（废弃属名）；~ = Tricyrtis Wall.（1826）（保留属名）［百合科 Liliaceae//铃兰科 Convallariaceae//油点草科 Tricyrtidaceae］■

12669　Compsoa D. Don（1825）（废弃属名）= Tricyrtis Wall.（1826）（保留属名）［百合科 Liliaceae//铃兰科 Convallariaceae//油点草科 Tricyrtidaceae］■

12670　Compsoaceae Horan.（1834）= Colchicaceae DC.（保留科名）■

12671　Compsoneura（A. DC.）Warb.（1897）Nom. illegit. = Compsoneura Warb.（1895）［肉豆蔻科 Myristicaceae］●☆

12672　Compsoneura Warb.（1895）【汉】饰脉树属（聚脉树属）。【隶属】肉豆蔻科 Myristicaceae。【包含】世界 12-14 种。【学名诠释与讨论】〈阴〉（希）kompsos，华丽的，多饰的+neuron，脉。此属的学名，TROPICOS 记载为"Compsoneura Warb., Ber. Deutsch. Bot. Ges. 13：94, 1895"。ING 记载是"Compsoneura（Alph. de Candolle）Warburg, Ber. Deutsch. Bot. Ges. 13：(84),（94). 18 Feb 1896"，由"Myristica sect. Compsoneura Alph. de Candolle, Prodr. 14：199. Oct（med.）1856"改级而来。IK 记载是"Compsoneura Warb., Nova Acta Acad. Caes. Leop. -Carol. German. Nat. Cur. 68：125. 1897"。后二者是晚出的非法名称。【分布】巴拿马，秘鲁，玻利维亚，厄瓜多尔，尼加拉瓜，热带美洲，中美洲。【模式】Compsoneura sprucei（Alph. de Candolle）Warburg［Myristica sprucei Alph. de Candolle］。【参考异名】Compsoneura（A. DC.）Warb.（1897）Nom. illegit. ；Compsoneura Warb.（1897）Nom. illegit. ；Myristica sect. Compsoneura A. DC.（1856）；Myristica sect. Compsoneura（1856）●☆

12673　Compsoneura Warb.（1897）Nom. illegit. = Compsoneura Warb.（1895）［肉豆蔻科 Myristicaceae］●☆

12674　Comptonanthus B. Nord.（1964）= Ifloga Cass.（1819）［菊科 Asteraceae（Compositae）］■☆

12675　Comptonella Baker f.（1921）【汉】肖长苞杨梅属（肖香蕨木属）。【隶属】芸香科 Rutaceae。【包含】世界 8 种。【学名诠释与讨论】〈阴〉（属）Comptonia 长苞杨梅属（香蕨木属）+-ellus, -ella, -ellum，加在名词词干后面形成指小式的词尾。或加在人名、属名等后面以组成新属的名称。【分布】法属新喀里多尼亚。【模式】Comptonella albiflora E. G. Baker。●☆

12676　Comptonia Banks ex Gaertn.（1791）= Myrica L.（1753）［杨梅科 Myricaceae］●

12677　Comptonia L' Hér.（1789）Nom. illegit. ≡ Comptonia L' Hér. ex Aiton（1789）［杨梅科 Myricaceae］●☆

12678　Comptonia L' Hér. ex Aiton（1789）【汉】长苞杨梅属（香蕨木属）。【俄】Комптония。【英】Sweet Fern, Sweet Fern Shrub, Sweetfern。【隶属】杨梅科 Myricaceae。【包含】世界 1 种。【学名诠释与讨论】〈阴〉（人）Henry Compton, 1632-1713，牧师，植物学者。此属的学名，ING 和 TROPICOS 记载是"Comptonia L' Héritier ex W. Aiton, Hortus Kew. 3：334. 7 Aug-1 Oct 1789"；GCI 记载为"Comptonia L' Hér., Hort. Kew.［W. Aiton］3：334. 1789［7 Aug-1 Oct 1789］"；三者引用的文献相同。"Comptonia Banks ex Gaertn., Fruct. Sem. Pl. ii. 58. t. 90（1791）= Myrica L.（1753）［杨梅科 Myricaceae］"是晚出的非法名称。"Comptonia L' Hér. ex Aiton（1789）"曾先后被处理为"Myrica sect. Comptonia（L' Hér. ex Aiton）Endl. ex C. DC., Prodromus Systematis Naturalis Regni Vegetabilis 16（2）：151. 1864"和"Myrica subgen. Comptonia（L' Hér. ex Aiton）Engl., Die Natürlichen Pflanzenfamilien 3（1）：28. 1893"。【分布】北美洲东部。【模式】Comptonia asplenifolia（Linnaeus）L' Héritier ex W. Aiton［Liquidambar asplenifolium Linnaeus］。【参考异名】Comptonia L' Hér.（1789）Nom. illegit. ；Myrica sect. Comptonia（L' Hér. ex Aiton）Endl. ex C. DC.（1864）；Myrica subgen. Comptonia（L' Hér. ex Aiton）Engl.（1893）●☆

12679　Comularia Pichon（1953）= Hunteria Roxb.（1832）［夹竹桃科 Apocynaceae］●

12680　Comus Salisb.（1866）Nom. illegit. ≡ Leopoldia Parl.（1845）（保留属名）；~ = Muscari Mill.（1754）［百合科 Liliaceae//风信子科 Hyacinthaceae］■☆

12681　Conami Aubl.（1775）= Phyllanthus L.（1753）［大戟科 Euphorbiaceae//叶下珠科（叶萝摩科）Phyllanthaceae］●■

12682　Conamomum Ridl.（1899）= Amomum Roxb.（1820）（保留属名）［姜科（襄荷科）Zingiberaceae］■

12683　Conandrium（K. Schum.）Mez（1902）Nom. illegit. ≡ Conandrium Mez（1902）［紫金牛科 Myrsinaceae］●☆

12684　Conandrium Mez（1902）【汉】锥蕊紫金牛属。【隶属】紫金牛科 Myrsinaceae。【包含】世界 2-9 种。【学名诠释与讨论】〈阴〉（希）konos，圆锥体+aner，所有格 andros，雄性，雄蕊+-ius, -ia, -ium，在拉丁文和希腊文中，这些词尾表示性质或状态。此属的学名，ING 记载是"Conandrium（K. Schumann）Mez in Engler, Pflanzenr. IV. 236（Heft 9）：13, 156. 6 Mai 1902"；但是未给出基源异名。IK 和 TROPICOS 则记载为"Conandrium Mez, Pflanzenr.（Engler）Myrsin. 156. 1902［6 May 1902］"。三者引用的文献相同。【分布】印度尼西亚（马鲁古群岛），新几内亚岛。【模式】Conandrium polyanthum（Lauterbach et K. Schumann）Mez［Amblyanthus polyantha Lauterbach et K. Schumann］。【参考异名】Conandrium（K. Schum.）Mez（1902）Nom. illegit. ●☆

12685　Conandron Siebold et Zucc.（1843）【汉】苦苣苔属。【日】イハタバコ属, イワタバコ属。【英】Conandron。【隶属】苦苣苔科 Gesneriaceae。【包含】世界 1 种，中国 1 种。【学名诠释与讨论】〈中〉（希）konos，圆锥体+aner，所有格 andros，雄性，雄蕊。指雄蕊堆积成圆锥形。【分布】日本，中国，中南半岛。【模式】Conandron ramondioides Siebold et Zuccarini。■

12686　Conanthera Ruiz et Pav.（1802）【汉】锥药花属。【隶属】蒂可

花科(百鸢科,基叶草科)Tecophilaeaceae。【包含】世界 5-6 种。【学名诠释与讨论】〈阴〉(希)konos,圆锥体+anthera,花药。【分布】智利。【模式】Conanthera bifolia Ruiz et Pavón。【参考异名】Cumingia Kunth(1843)(废弃属名);Cummingia D. Don(1828)(废弃属名)■☆

12687　Conantheraceae Endl.(1873)= Tecophilaeaceae Leyb.(保留科名)■☆

12688　Conantheraceae Hook. f. =Tecophilaeaceae Leyb.(保留科名)■☆

12689　Conanthes Raf.(1838)= Pitcairnia L'Hér.(1789)(保留属名)[凤梨科 Bromeliaceae]■☆

12690　Conanthodium A. Gray(1852)= Helichrysum Mill.(1754)[as 'Elichrysum'](保留属名)[菊科 Asteraceae(Compositae)//蜡菊科 Helichrysaceae]●■

12691　Conanthus(A. DC.)S. Watson(1871)= Nama L.(1759)(保留属名)[田梗草科(田基麻科,田亚麻科)Hydrophyllaceae]■

12692　Conanthus S. Watson(1871)Nom. illegit. ≡Conanthus(A. DC.)S. Watson(1871);~ = Nama L.(1759)(保留属名)[田梗草科(田基麻科,田亚麻科)Hydrophyllaceae]■

12693　Conceveiba Aubl.(1775)【汉】康斯大戟属。【隶属】大戟科 Euphorbiaceae。【包含】世界 6-7 种。【学名诠释与讨论】〈阴〉来自植物俗名。【分布】巴拿马,秘鲁,玻利维亚,厄瓜多尔,哥伦比亚(安蒂奥基亚),哥斯达黎加,尼加拉瓜,热带南美洲,中美洲。【模式】Conceveiba guianensis Aublet。【参考异名】Aubletiana J. Murillo(2000);Conceveibastrum(Müll. Arg.)Pax et K. Hoffm.(1914);Conceveibastrum Pax et K. Hoffm.(1914);Conceveibum A. Rich. ex A. Juss.(1824)Nom. illegit.;Veconcibea(Müll. Arg.)Pax et K. Hoffm.(1914);Veconcibea Pax et K. Hoffm.(1914)Nom. illegit.●☆

12694　Conceveibastrum(Müll. Arg.)Pax et K. Hoffm.(1914)= Conceveiba Aubl.(1775)[大戟科 Euphorbiaceae]●☆

12695　Conceveibastrum Pax et K. Hoffm.(1914)Nom. illegit. ≡ Conceveibastrum(Müll. Arg.)Pax et K. Hoffm.(1914);~ = Conceveiba Aubl.(1775)[大戟科 Euphorbiaceae]●☆

12696　Conceveibum A. Rich. ex A. Juss.(1824)Nom. illegit. ≡ Aparisthmium Endl.(1840)Nom. illegit., Nom. superfl.;~ = Conceveiba Aubl.(1775)[大戟科 Euphorbiaceae]●☆

12697　Conchidium Griff.(1851)【汉】蛤兰属。【隶属】兰科 Orchidaceae。【包含】世界 10 种,中国 4 种。【学名诠释与讨论】〈中〉(希)konche,指小式 konchion,壳,贝类 + - idius, - idia, - idium,指示小的词尾。此属的学名,ING、TROPICOS 和 IK 记载是"Conchidium W. Griffith, Notul. Pl. Asiat.(Posthum. Pap.)3:321. t. 310. 1851"。它与"Eria sect. Conchidium(Griff.)Lindl., Journal of the Proceedings of the Linnean Society, Botany 3:46. 1859"同物。亦有文献把"Conchidium Griff.(1851)"处理为"Eria Lindl.(1825)(保留属名)"的异名。【分布】不丹,老挝,尼泊尔,日本(南部),泰国,印度(北部),越南,中国。【模式】Conchidium pusillum W. Griffith[as 'pussillum']。【参考异名】Eria Lindl.(1825)(保留属名);Eria sect. Conchidium(Griff.)Lindl.,1859 ■

12698　Conchium Sm.(1798)= Hakea Schrad.(1798)[山龙眼科 Proteaceae]●☆

12699　Conchocarpus Mikan(1820)= Angostura Roem. et Schult.(1819)[芸香科 Rutaceae]●☆

12700　Conchochilus Hassk.(1842)= Appendicula Blume(1825)[兰科 Orchidaceae]■

12701　Conchoglossum Breda(1830)Nom. illegit.[兰科 Orchidaceae]■☆

12702　Conchopetalum Radlk.(1888)【汉】壳瓣花属。【隶属】无患子

科 Sapindaceae。【包含】世界 1 种。【学名诠释与讨论】〈中〉(希)konche,指小式 konchion,壳,贝类+希腊文 petalos,扁平的,铺开的;petalon,花瓣,叶,花叶,金属叶子;拉丁文的花瓣为 petalum。【分布】马达加斯加,中国。【模式】Conchopetalum imbricatum Blume[as 'inbricatum']。☆

12703　Conchophyllum Blume(1827)【汉】壳叶萝藦属。【隶属】萝藦科 Asclepiadaceae。【包含】世界 10 种。【学名诠释与讨论】〈中〉(希)konche,指小式 konchion,壳,贝类+希腊文 phyllon,叶子。phyllodes,似叶的,多叶的。phylleion,绿色材料,绿草。此属的学名,ING、TROPICOS 和 IK 记载是"Conchophyllum Blume--Bijdr. Fl. Ned. Ind. 16:1060.[Oct 1826-Nov 1827]"。化石植物(裸子植物)的"Conchophyllum Schenk in F. von Richthofen, China 4:223. 1883"是晚出的非法名称。亦有文献把"Conchophyllum Blume(1827)"处理为"Dischidia R. Br.(1810)"的异名。【分布】马来西亚。【模式】Conchophyllum imbricatum Blume[as 'inbricatum']。【参考异名】Dischidia R. Br.(1810)●■☆

12704　Concilium Raf.(1837)= Lightfootia L'Hér.(1789)Nom. illegit.;~ = Wahlenbergia Schrad. ex Roth(1821)(保留属名)[桔梗科 Campanulaceae]■●

12705　Concocidium Romowicz et Szlach.(2006)= Oncidium Sw.(1800)(保留属名)[兰科 Orchidaceae]■☆

12706　Condaea Steud.(1840)= Condea Adans.(1763)(废弃属名);~ = Hyptis Jacq.(1787)(保留属名)[唇形科 Lamiaceae(Labiatae)]●■

12707　Condalia Cav.(1799)(保留属名)【汉】康达木属。【俄】Кондалия。【英】Condalia。【隶属】鼠李科 Rhamnaceae。【包含】世界 18-20 种。【学名诠释与讨论】〈阴〉(人)Antonio Condal, 1745-1804,西班牙医生,植物学者。此属的学名"Condalia Cav. in Anales Hist. Nat. 1:39. Oct 1799"是保留属名。相应的废弃属名是茜草科 Rubiaceae 的"Condalia Ruiz et Pav., Fl. Peruv. Prodr.:11. Oct(prim.)1794 = Coccocypselum P. Browne(1756)(保留属名)"。【分布】秘鲁,玻利维亚,厄瓜多尔。【模式】Condalia microphylla Cavanilles。【参考异名】Condaliopsis(Weberb.)Suess.(1953);Microrhamnus A. Gray(1852)●☆

12708　Condalia Ruiz et Pav.(1794)(废弃属名)= Coccocypselum P. Browne(1756)(保留属名)[茜草科 Rubiaceae]●☆

12709　Condaliopsis(Weberb.)Suess.(1953)= Condalia Cav.(1799)(保留属名)[鼠李科 Rhamnaceae]●☆

12710　Condaminea DC.(1830)【汉】安第斯茜属。【隶属】茜草科 Rubiaceae。【包含】世界 3 种。【学名诠释与讨论】〈阴〉(人)Charles Marie de la Condamine,1701-1774,法国学者。【分布】巴拿马,秘鲁,玻利维亚,厄瓜多尔,哥伦比亚(安蒂奥基亚),安第斯山,中美洲。【后选模式】Condaminea corymbosa(Ruiz et Pavón)A. P. de Candolle[Macrocnemum corymbosum Ruiz et Pavón]。●☆

12711　Condea Adans.(1763)(废弃属名)= Hyptis Jacq.(1787)(保留属名)[唇形科 Lamiaceae(Labiatae)]●■

12712　Condgiea Baill. ex Tiegh.(1905)= Klainedoxa Pierre ex Engl.(1896)[黏木科 Ixonanthaceae]●☆

12713　Condylago Luer(1982)【汉】节瘤兰属。【隶属】兰科 Orchidaceae。【包含】世界 1 种。【学名诠释与讨论】〈阴〉(希)kondylos,关节,瘤+-ago,新拉丁文词尾,表示关系密切,相似,追随,携带,诱导。【分布】哥伦比亚。【模式】Condylago rodrigoi C. A. Luer。☆

12714　Condylicarpus Steud.(1841)= Tordylium L.(1753)[伞形花科(伞形科)Apiaceae(Umbelliferae)]■☆

12715　Condylidium R. M. King et H. Rob.(1972)【汉】狭管尖泽兰属。

【隶属】菊科 Asteraceae(Compositae)。【包含】世界 2 种。【学名诠释与讨论】〈中〉(希)kondylos,关节,瘤+-idius,-idia,-idium,指示小的词尾。【分布】巴拿马,秘鲁,玻利维亚,厄瓜多尔,哥伦比亚(安蒂奥基亚),热带美洲,中美洲。【模式】Condylidium iresinoides (Humboldt, Bonpland et Kunth) R. M. King et H. E. Robinson [Eupatorium iresinoides Humboldt, Bonpland et Kunth]。■●☆

12716　Condylocarpon Desf. (1822)【汉】瘤果夹竹桃属。【隶属】夹竹桃科 Apocynaceae。【包含】世界 7 种。【学名诠释与讨论】〈中〉(希)kondylos,关节,瘤+karpos,果实。【分布】巴拉圭,秘鲁,玻利维亚,尼加拉瓜,热带南美洲,中美洲。【模式】Condylocarpon guyanense Desfontaines。【参考异名】Condylocarpus K. Schum.; Hortsmania Miq. (1851); Maycockia A. DC. (1844); Rhipidia Markgr. (1930)●☆

12717　Condylocarpus Endl. (1850) Nom. illegit. [十字花科 Brassicaceae(Cruciferae)]■☆

12718　Condylocarpus Hoffm. (1816) = Tordylium L. (1753) [伞形花科(伞形科)Apiaceae(Umbelliferae)]■☆

12719　Condylocarpus K. Schum. = Condylocarpon Desf. (1822) [夹竹桃科 Apocynaceae]●☆

12720　Condylocarpus Salisb. ex Lamb. (1832) Nom. illegit. = Sequoia Endl. (1847)(保留属名) [杉科(落羽杉科)Taxodiaceae//北美红杉科 Sequoiaceae]●

12721　Condylocarya Bess. ex Endl. = Rapistrum Crantz(1769)(保留属名) [十字花科 Brassicaceae(Cruciferae)]■☆

12722　Condylopodium R. M. King et H. Rob. (1972)【汉】微腺修泽兰属。【隶属】菊科 Asteraceae(Compositae)。【包含】世界 4 种。【学名诠释与讨论】〈中〉(希)kondylos,关节,瘤+pous,所有格 podos,指小式 podion,脚,足,柄,梗。podotes,有脚的+-ius,-ia,-ium,在拉丁文和希腊文中,这些词尾表示性质或状态。【分布】厄瓜多尔,哥伦比亚。【模式】Condylopodium fuliginosum (Humboldt, Bonpland et Kunth) R. M. King et H. E. Robisnon [Eupatorium fuliginosum Humboldt, Bonpland et Kunth]。●☆

12723　Condylostylis Piper(1926) = Vigna Savi(1824)(保留属名) [豆科 Fabaceae(Leguminosae)//蝶形花科 Papilionaceae]■

12724　Confluaceae Dulac = Globulariaceae DC. (保留科名)●■☆

12725　Conforata Caesalp. ex Fourr. (1869) = Achillea L. (1753) [菊科 Asteraceae(Compositae)]■

12726　Conforata Fourr. (1869) = Achillea L. (1753) [菊科 Asteraceae(Compositae)]■

12727　Congdonia Jeps. (1925) Nom. illegit. = Sedum L. (1753) [景天科 Crassulaceae]●■

12728　Congdonia Müll. Arg. (1876) = Declieuxia Kunth(1819) [茜草科 Rubiaceae]■☆

12729　Congea Roxb. (1820)【汉】绒苞藤属(五翅藤属)。【英】Congea。【隶属】马鞭草科 Verbenaceae//唇形科 Lamiaceae(Labiatae)//六苞藤科(伞序材科)Symphoremataceae。【包含】世界 7-10 种,中国 2 种。【学名诠释与讨论】〈阴〉(印度)congea,一种植物俗名。另说,孟加拉人称 Congea tomentosa Roxb. 为 Kangi。【分布】印度尼西亚(苏门答腊岛),印度,中国,马来半岛,东南亚。【模式】Congea tomentosa Roxburgh。【参考异名】Calochlamys C. Presl(1845)●

12730　Conghas Wall. (1847) Nom. inval. = Schleichera Willd. (1806)(保留属名) [无患子科 Sapindaceae]●☆

12731　Conghas Wall. ex Hiern = Schleichera Willd. (1806)(保留属名) [无患子科 Sapindaceae]●☆

12732　Congolanthus A. Raynal(1968)【汉】康吉龙胆属。【隶属】龙胆科 Gentianaceae。【包含】世界 1 种。【学名诠释与讨论】〈阳〉(地)Congo,刚果+anthos,花。antheros,多花的。antheo,开花。【分布】热带非洲。【模式】Congolanthus longidens (N. E. Brown) A. Raynal [Neurotheca longidens N. E. Brown]。■☆

12733　Coniandra Eckl. et Zeyh. (1836) Nom. illegit. ≡ Coniandra Schrad. (1836) [葫芦科(瓜科,南瓜科)Cucurbitaceae]

12734　Coniandra Schrad. (1836) = Coniandra Schrad. (1836); ~ = Kedrostis Medik. (1791) [葫芦科(瓜科,南瓜科)Cucurbitaceae]■☆

12735　Coniandra Schrad. ex Eckl. et Zeyh. (1836) Nom. illegit. ≡ Coniandra Schrad. (1836); ~ = Coniandra Schrad. (1836); ~ = Kedrostis Medik. (1791) [葫芦科(瓜科,南瓜科)Cucurbitaceae]■☆

12736　Conicosia N. E. Br. (1925)【汉】锥果玉属。【日】コニコシア属。【隶属】番杏科 Aizoaceae。【包含】世界 1-2 种。【学名诠释与讨论】〈阴〉(希)konikos,圆锥。【分布】非洲南部。【模式】Conicosia pugioniformis (Linnaeus) N. E. Brown [Mesembryanthemum pugioniforme Linnaeus]。【参考异名】Herrea Schwantes(1927)■☆

12737　Conilaria Raf. (1840) Nom. illegit. ≡ Lecokia DC. (1829) [伞形花科(伞形科)Apiaceae(Umbelliferae)]■☆

12738　Conimitella Rydb. (1905) = Heuchera L. (1753) [虎耳草科 Saxifragaceae]■☆

12739　Coniogeton Blume(1826) = Buchanania Spreng. (1802) [漆树科 Anacardiaceae]●

12740　Conioneura Pierre ex Engl. (1897) = Strombosia Blume(1827) [铁青树科 Olacaceae]●☆

12741　Conioselinum Fisch. ex Hoffm. (1814)【汉】山芎属(川芎属,滇芎属,弯柱芎属)。【日】ミヤマセンキウ属,ミヤマセンキュウ属。【俄】Гирчевник,Гирчовник。【英】Hemlock Parsley,Hemlockparsley。【隶属】伞形花科(伞形科)Apiaceae(Umbelliferae)。【包含】世界 10-12 种,中国 3-4 种。【学名诠释与讨论】〈中〉(属)Conium 毒芹属+(属)Selinum 亮蛇床属。指其分类位置介于二者中间,形态与二属都有些相似。此属的学名,ING 和 GCI 记载是“Conioselinum G. F. Hoffmann, Gen. Pl. Umbellif. XXXIII, 180. 1814”。IK 和 TROPICOS 则记载为“Conioselinum Fisch. ex Hoffm. ,Gen. Pl. Umbell. 180 et 28. 1814”。四者引用的文献相同。【分布】中国,温带欧亚大陆。【模式】Conioselinum tataricum G. F. Hoffmann。【参考异名】Conioselinum Hoffm. (1814);Kreidion Raf. (1840)■

12742　Conioselinum Hoffm. (1814) Nom. illegit. ≡ Conioselinum Fisch. ex Hoffm. (1814) [伞形花科(伞形科)Apiaceae(Umbelliferae)]■

12743　Coniothele DC. (1836) = Blennosperma Less. (1832) [菊科 Asteraceae(Compositae)]■☆

12744　Coniphylis Thouars = Bulbophyllum Thouars(1822)(保留属名) [兰科 Orchidaceae]■

12745　Conirostrum Dulac(1867) = Brassica L. (1753) [十字花科 Brassicaceae(Cruciferae)]■●

12746　Conisa Desf. ex Steud. (1840) = Conyza Less. (1832)(保留属名) [菊科 Asteraceae(Compositae)]■

12747　Conium L. (1753)【汉】毒参属(毒胡萝蔔属)。【日】ドクニンジン属。【俄】Болиголов,Омег。【英】Conium,Hemlock,Poisonhemlock。【隶属】伞形花科(伞形科)Apiaceae(Umbelliferae)。【包含】世界 6-7 种,中国 1 种。【学名诠释与讨论】〈中〉(希)kanao,发作。或说 koneion,konion,由毒芹提取的毒药。此属的学名,ING、TROPICOS 和 IK 记载是“Conium L. ,Sp. Pl. 1;243. 1753 [1 May 1753]”。“Cicuta P. Miller, Gard. Dict. Abr. ed. 4. 28 Jan 1754 (non Linnaeus 1753)”和“Cicutaria Heister ex Fabricius, Enum. 40. 1759”是“Conium L. (1753)”的晚

出的同模式异名（Homotypic synonym, Nomenclatural synonym）。"Cicutaria Fabr.（1759）≡ Cicutaria Heist. ex Fabr.（1759）Nom. illegit."的命名人引证有误。【分布】巴基斯坦，秘鲁，玻利维亚，厄瓜多尔，非洲南部，哥伦比亚（安蒂奥基亚），美国（密苏里），中国，北温带欧亚大陆，中美洲。【后选模式】Conium maculatum Linnaeus。【参考异名】Cicuta Mill.（1754）Nom. illegit.；Cicutaria Fabr.（1759）Nom. illegit.；Cicutaria Heist. ex Fabr.（1759）Nom. illegit. ■

12748　Coniza Neck.（1768）= Conyza Less.（1832）（保留属名）［菊科 Asteraceae（Compositae）］■

12749　Connaraceae R. Br.（1818）（保留科名）【汉】牛栓藤科。【日】コウトウマメ科，コンナルス科，ヒルガホ科。【英】Connarus Family, Zebrawood Family。【包含】世界12-24属110-406种，中国6属9-11种。【分布】热带。【科名模式】Connarus L.（1753）●

12750　Connaropsis Planch. ex Hook. f.（1860）= Sarcotheca Blume（1851）［酢浆草科 Oxalidaceae］●☆

12751　Connarus L.（1753）【汉】牛栓藤属。【英】Connarus。【隶属】牛栓藤科 Connaraceae。【包含】世界75-120种，中国2种。【学名诠释与讨论】〈阳〉（希）konnaros，一种常青多刺的树，原为埃及的希腊语法学者 Athenaeus 约公元200所用之名，后转用为本属名。此属的学名，ING、TROPICOS 和 IK 记载是"Connarus L., Sp. Pl. 2：675. 1753［1 May 1753］"。"Tapomana Adanson, Fam. 2：343,609. Jul-Aug 1763"是"Connarus L.（1753）"的晚出的同模式异名（Homotypic synonym, Nomenclatural synonym）。【分布】澳大利亚，巴拿马，秘鲁，玻利维亚，厄瓜多尔，哥伦比亚（安蒂奥基亚），哥斯达黎加，马达加斯加，尼加拉瓜，中国，非洲，亚洲，热带美洲，中美洲，太平洋地区。【模式】Connarus monocarpa Linnaeus。【参考异名】Anisostemon Turcz.（1847）；Canicidia Vell.（1829）；Erythrostigma Hassk.（1842）；Omphalobium Gaertn.（1788）；Tali Adans.（1763）；Tapomana Adans.（1763）Nom. illegit.；Tricholobus Blume（1850）●

12752　Connellia N. E. Br.（1901）【汉】点头凤梨属。【隶属】凤梨科 Bromeliaceae。【包含】世界5种。【学名诠释与讨论】〈阴〉（人）Connell。【分布】几内亚，委内瑞拉。【后选模式】Connellia augustae（R. H. Schomburgk）N. E. Brown［Encholirium augustae R. H. Schomburgk］。■☆

12753　Connorochloa Barkworth, S. W. L. Jacobs et H. Q. Zhang（2009）【汉】细碱草属。【隶属】禾本科 Poaceae（Gramineae）。【包含】世界1种。【学名诠释与讨论】〈阴〉词源不详。【分布】热带。【模式】Connorochloa tenuis（Buchanan）Barkworth, S. W. L. Jacobs et H. Q. Zhang［Agropyron scabrum（R. Br.）P. Beauv. var. tenue Buchanan］。☆

12754　Conobaea Bert. ex Steud.（1840）= Muehlenbeckia Meisn.（1841）（保留属名）［蓼科 Polygonaceae］●☆

12755　Conobea Aubl.（1775）【汉】双唇婆婆纳属。【隶属】玄参科 Scrophulariaceae//婆婆纳科 Veronicaceae。【包含】世界7种。【学名诠释与讨论】〈阴〉词源不详。【分布】秘鲁，玻利维亚，厄瓜多尔，哥伦比亚（安蒂奥基亚），西印度群岛，美洲。【模式】Conobea aquatica Aublet。【参考异名】Blanckia Neck.（1790）Nom. inval.；Sphaerotheca Cham. et Schltdl.（1827）■☆

12756　Conocalpis Bojer ex Decne.（1844）= Gymnema R. Br.（1810）［萝藦科 Asclepiadaceae］●

12757　Conocalyx Benoist（1967）【汉】锥萼爵床属。【隶属】爵床科 Acanthaceae。【包含】世界1种。【学名诠释与讨论】〈阳〉（希）konos，圆锥体+kalyx，所有格 kalykos =拉丁文 calyx，花萼，杯子。【分布】马达加斯加。【模式】Conocalyx laxus Benoist。☆

12758　Conocarpus Adans.（1763）Nom. illegit. ≡ Leucadendron R. Br.（1810）（保留属名）；~ ≡ Protea L.（1753）（废弃属名）；~ ≡ Leucadendron R. Br.（1810）（保留属名）［山龙眼科 Proteaceae］●

12759　Conocarpus L.（1753）【汉】锥果藤属（圆锥果属，锥果木属）。【隶属】使君子科 Combretaceae。【包含】世界2种。【学名诠释与讨论】〈阳〉（希）konos，圆锥体+karpos，果实。此属的学名，ING、GCI、TROPICOS 和 IK 记载是"Conocarpus L., Sp. Pl. 1：176. 1753［1 May 1753］"。"Rudbeckia Adanson, Fam. 2：80, 599［Rudbekia］. Jul-Aug 1763（non Linnaeus 1753）"是"Conocarpus L.（1753）"的晚出的同模式异名（Homotypic synonym, Nomenclatural synonym）。"Conocarpus Adanson, Fam. 2：284. Jul-Aug 1763（non Linnaeus 1753）≡ Protea Linnaeus 1753（废弃属名）≡ Leucadendron R. Brown 1810（保留属名）［山龙眼科 Proteaceae］（10）9 Feb 1996"是晚出的非法名称。【分布】巴基斯坦，巴拿马，秘鲁，厄瓜多尔，哥伦比亚（安蒂奥基亚），哥斯达黎加，美国（佛罗里达），尼加拉瓜，西印度群岛，热带非洲，热带美洲，中美洲。【后选模式】Conocarpus erectus Linnaeus［as 'erecta'］。【参考异名】Rudbeckia Adans.（1763）Nom. illegit. ●☆

12760　Conocephalopsis Kuntze（1898）Nom. illegit. ≡ Conocephalus Blume（1825）Nom. illegit.；~ = Poikilospermum Zipp. ex Miq.（1864）［荨麻科 Urticaceae//蚁牺树科（号角树科，南美伞科，南美伞树科，伞树科，锥头麻科）Cecropiaceae］●

12761　Conocephalus Blume（1825）Nom. illegit. = Poikilospermum Zipp. ex Miq.（1864）［荨麻科 Urticaceae//蚁牺树科（号角树科，南美伞科，南美伞树科，伞树科，锥头麻科）Cecropiaceae］●

12762　Conocliniopsis R. M. King et H. Rob.（1972）【汉】齿缘柄泽兰属。【隶属】菊科 Asteraceae（Compositae）。【包含】世界1种。【学名诠释与讨论】〈阴〉（属）Conoclinium 破坏草属+希腊文 opsis，外观，模样，相似。【分布】巴西，哥伦比亚，委内瑞拉。【模式】Conocliniopsis prasiifolia（A. P. de Candolle）R. M. King et H. E. Robinson［Conoclinium prasiifolium A. P. de Candolle］。●☆

12763　Conoclinium DC.（1836）【汉】破坏草属。【隶属】菊科 Asteraceae（Compositae）//泽兰科 Eupatoriaceae。【包含】世界3-4种，中国1种。【学名诠释与讨论】〈阴〉（希）konos，圆锥体+kline，床，来自 klino 倾斜，斜倚+-ius, -ia, -ium，在拉丁文和希腊文中，这些词尾表示性质或状态。此属的学名是"Conoclinium A. P. de Candolle, Prodr. 5：135. Oct（prim.）1836"。亦有文献把其处理为"Eupatorium L.（1753）"的异名。【分布】美国（东部），墨西哥，中国。【后选模式】Conoclinium coelestinum（Linnaeus）A. P. de Candolle［Eupatorium coelestinum Linnaeus］。【参考异名】Eupatorium L.（1753）■

12764　Conogyne（R. Br.）Spach（1841）= Grevillea R. Br. ex Knight（1809）［as 'Grevillia'］（保留属名）［山龙眼科 Proteaceae］●

12765　Conohoria Aubl.（1775）（废弃属名）= Rinorea Aubl.（1775）（保留属名）［堇菜科 Violaceae］●

12766　Conomitra Fenzl（1839）【汉】锥帽萝藦属。【隶属】萝藦科 Asclepiadaceae。【包含】世界1种。【学名诠释与讨论】〈阴〉（希）konos，圆锥体+mitra，指小式 mitrion，僧帽，尖帽，头巾。mitratus，戴头巾或其他帽类之物的。此属的学名是"Conomitra Fenzl in Endlicher et Fenzl, Nov. Stirp. Decades 65. 10 Jul 1839"。亦有文献把其处理为"Glossonema Decne.（1838）"的异名。【分布】苏丹。【模式】Conomitra linearis Fenzl。【参考异名】Glossonema Decne.（1838）■☆

12767　Conomorpha A. DC.（1834）= Cybianthus Mart.（1831）（保留属名）［紫金牛科 Myrsinaceae］●☆

12768　Conophallus Schott（1856）= Amorphophallus Blume ex Decne.（1834）（保留属名）［天南星科 Araceae］■●

12769　Conopharyngia G. Don（1837）Nom. illegit. ≡ Pandaca Noronha ex

Thouars（1806）；~ = Tabernaemontana L.（1753）［夹竹桃科 Apocynaceae//红月桂科 Tabernaemontanaceae］●

12770 Conopholis Wallr.（1825）【汉】锥鳞叶属。【俄】Конофолис。【英】Cancer-root。【隶属】列当科 Orobanchaceae//玄参科 Scrophulariaceae。【包含】世界 2 种。【学名诠释与讨论】〈阴〉（希）konos，圆锥体+pholis，鳞甲。【分布】巴拿马，哥斯达黎加，美国（东南部）至巴拿马，尼加拉瓜，中美洲。【模式】Conopholis americana（Linnaeus）Wallroth［Orobanche americana Linnaeus］。【参考异名】Canophollis G. Don（1837）●☆

12771 Conophora（DC.）Nieuwl.（1914）= Arnoglossum Raf.（1817）；~ = Mesadenia Raf.（1832）［菊科 Asteraceae（Compositae）］●☆

12772 Conophora Nieuwl.（1914）Nom. illegit. ≡ Conophora（DC.）Nieuwl.（1914）［菊科 Asteraceae（Compositae）］●☆

12773 Conophyllum Schwantes（1928）【汉】玉条草属。【日】コノフィルム属。【隶属】番杏科 Aizoaceae。【包含】世界 20 种。【学名诠释与讨论】〈中〉（希）konos，圆锥体+希腊文 phyllon，叶子。phyllodes，似叶的，多叶的。phylleion，绿色材料，绿草。此属的学名是"Conophyllum Schwantes, Z. Sukkulentenk. 3: 321. 1928"。亦有文献把其处理为"Mitrophyllum Schwantes（1926）"的异名。【分布】非洲南部。【模式】Conophyllum marlothianum Schwantes。【参考异名】Mitrophyllum Schwantes（1926）●☆

12774 Conophyta Schum. ex Hook. f.（1856）= Thonningia Vahl（1810）［蛇菰科（土鸟麴科）Balanophoraceae］●☆

12775 Conophyton Haw.（1821）Nom. inval. = Conophytum N. E. Br.（1922）［番杏科 Aizoaceae］●☆

12776 Conophytum N. E. Br.（1922）【汉】肉锥花属（厚锥花属）。【日】コノフィツム属。【英】Pebble Plant。【隶属】番杏科 Aizoaceae。【包含】世界 85-290 种。【学名诠释与讨论】〈阳〉（希）konos，圆锥体+phyton，植物，树木，枝条。此属的学名，ING、TROPICOS 和 IK 记载是"Conophytum N. E. Br. – – Gard. Chron. ser. 3, 71: 198. 1922［22 Apr 1922］"。"Conophyton Haw., Revis. Pl. Succ. 82, in obs. 1821"是一个未合格发表的名称（Nom. inval.）。【分布】非洲南部。【后选模式】Conophytum minutum（Haworth）N. E. Brown［Mesembryanthemum minutum Haworth］。【参考异名】Conophyton Haw.（1821）Nom. inval. ; Derenbergia Schwantes（1925）●☆

12777 Conopodium W. D. J. Koch（1824）（保留属名）【汉】锥足芹属（锥足草属）。【英】Earthnut, Earth-nut, Hognut, Pignut。【隶属】伞形花科（伞形科）Apiaceae（Umbelliferae）。【包含】世界 20 种。【学名诠释与讨论】〈中〉（希）konos，圆锥体+pous，所有格 podos，指小式 podion，脚，足，柄，梗。podotes，有脚的+-ius，-ia，-ium，在拉丁文和希腊文中，这些词尾表示性质或状态。此属的学名"Conopodium W. D. J. Koch in Nova Acta Phys. –Med. Acad. Caes. Leop. –Carol. Nat. Cur. 12: 118. 1824（ante 28 Oct）"是保留属名。法规未列出相应的废弃属名。【分布】非洲北部，欧洲，亚洲。【模式】Conopodium denudatum W. D. J. Koch, Nom. illegit.［Bunium denudatum A. P. de Candolle, Nom. illegit. ; Bunium majus Gouan; Conopodium majus（Gouan）H. Loret］。【参考异名】Bulbocastanum Lag.（1821）Nom. illegit. ; Butinia Boiss.（1838）; Heterotaenia Boiss.（1840）●☆

12778 Conopsidium Wallr.（1840）Nom. illegit. ≡ Platanthera Rich.（1817）（保留属名）［兰科 Orchidaceae］●

12779 Conoria Juss.（1789）= Rinorea Aubl.（1775）（保留属名）［堇菜科 Violaceae］●

12780 Conosapium Müll. Arg.（1863）= Sapium Jacq.（1760）（保留属名）［大戟科 Euphorbiaceae］●

12781 Conosilene（Rohrb.）Fourr.（1868）Nom. illegit. ≡ Pleconax Raf.

（1840）Nom. illegit. ; ~ = Silene L.（1753）（保留属名）［石竹科 Caryophyllaceae］■

12782 Conosilene Fourr.（1868）Nom. illegit. ≡ Conosilene（Rohrb.）Fourr.（1868）Nom. illegit. ; ~ ≡ Pleconax Raf.（1840）Nom. illegit. ; ~ = Silene L.（1753）（保留属名）［石竹科 Caryophyllaceae］■

12783 Conosiphon Poepp.（1841）= Sphinctanthus Benth.（1841）［茜草科 Rubiaceae］●☆

12784 Conosiphon Poepp. et Endl.（1841）Nom. illegit. ≡ Conosiphon Poepp.（1841）; ~ = Sphinctanthus Benth.（1841）［茜草科 Rubiaceae］●☆

12785 Conospermum Sm.（1798）【汉】烟木属。【英】Smoke Bush。【隶属】山龙眼科 Proteaceae。【包含】世界 30-53 种。【学名诠释与讨论】〈中〉（希）konos，圆锥体+sperma，所有格 spermatos，种子，孢子。【分布】澳大利亚。【模式】Conospermum longifolium J. E. Smith。【参考异名】Isomerium（R. Br.）Spach（1841）●☆

12786 Conostalix（Kraenzl.）Brieger（1981）= Dendrobium Sw.（1799）（保留属名）; ~ = Eria Lindl.（1825）（保留属名）［兰科 Orchidaceae］■

12787 Conostalix（Schltr.）Brieger（1981）Nom. illegit. = Dendrobium Sw.（1799）（保留属名）; ~ = Eria Lindl.（1825）（保留属名）［兰科 Orchidaceae］■

12788 Conostalix Brieger（1981）Nom. illegit. = Dendrobium Sw.（1799）（保留属名）; ~ = Eria Lindl.（1825）（保留属名）［兰科 Orchidaceae］■

12789 Conostegia D. Don（1823）【汉】锥被野牡丹属。【隶属】野牡丹科 Melastomataceae。【包含】世界 43 种。【学名诠释与讨论】〈阴〉（希）konos，圆锥体+stege，盖子，覆盖物。【分布】巴拿马，秘鲁，玻利维亚，厄瓜多尔，哥伦比亚（安蒂奥基亚），哥斯达黎加，尼加拉瓜，西印度群岛，热带美洲，中美洲。【模式】未指定。【参考异名】Bruguiera Rich. ex DC. ; Calycotomus Rich. ; Calycotomus Rich. ex DC.（1828）; Cryptophysa Standl. et J. F. Macbr.（1929）; Eustegia Raf.（1838）Nom. illegit. ; Synodon Raf.（1838）■☆

12790 Conostemum Kunth（1837）= Androtrichum（Brongn.）Brongn.（1834）; ~ = Comostemum Nees（1834）［莎草科 Cyperaceae］■☆

12791 Conostephiopsis Stschegl.（1859）= Conostephium Benth.（1837）［尖苞木科 Epacridaceae//杜鹃花科（欧石南科）Ericaceae］●☆

12792 Conostephium Benth.（1837）【汉】锥花石南属（梭花石南属）。【隶属】尖苞木科 Epacridaceae//杜鹃花科（欧石南科）Ericaceae。【包含】世界 5-6 种。【学名诠释与讨论】〈阴〉（希）konos，圆锥体+stephos，stephanos，花冠，王冠+-ius，-ia，-ium，在拉丁文和希腊文中，这些词尾表示性质或状态。【分布】澳大利亚。【模式】Conostephium pendulum Bentham。【参考异名】Conostephiopsis Stschegl.（1859）●☆

12793 Conostomium（Stapf）Cufod.（1948）【汉】锥口茜属。【隶属】茜草科 Rubiaceae。【包含】世界 9 种。【学名诠释与讨论】〈中〉（希）konos，圆锥体+stoma，所有格 stomatos，孔口。此属的学名，ING 记载是"Conostomium（Stapf）Cufodontis, Nuovo Giorn. Bot. Ital. ser. 2. 55: 85. 1948"；但是未给出基源异名。IK 记载由"Oldenlanoia sect. Conostomium Stapf."改级而来。【分布】热带非洲东部。【模式】Conostomium quadrangulare（Rendle）Cufodontis［Pentas quadrangularis Rendle, Oldenlandia dolichantha Stapf］。【参考异名】Oldenlanoia sect. Conostomium Stapf ■☆

12794 Conostylidaceae（Pax）Takht.（1987）= Haemodoraceae R. Br.（保留科名）■☆

12795 Conostylidaceae Takht.（1987）［亦见 Haemodoraceae R. Br.（保

留科名)血草科(半授花科,给血草科,血皮草科)]【汉】锥柱草科(叉毛草科)。【包含】世界6属66种。【分布】澳大利亚西部和西南部。【科名模式】Conostylis R. Br. ■☆

12796　Conostylis R. Br.（1810）【汉】锥柱草属（叉毛草属）。【隶属】血草科(半授花科,给血草科,血皮草科)Haemodoraceae//锥柱草科(叉毛草科)Conostylidaceae。【包含】世界45种。【学名诠释与讨论】〈阴〉(希)konos,圆锥体+stylos＝拉丁文style,花柱,中柱,有尖之物,桩,柱,支持物,支柱,石头做的界标。【分布】澳大利亚(西南部)。【模式】未指定。【参考异名】Androstemma Lindl.（1839）；Blancoa Lindl.（1840）■☆

12797　Conostylus Pohl ex A. DC.（1834）＝Conomorpha A. DC.（1834）[紫金牛科 Myrsinaceae]●☆

12798　Conothamnus Lindl.（1839）【汉】锥灌桃金娘属。【隶属】桃金娘科 Myrtaceae。【包含】世界3种。【学名诠释与讨论】〈阴〉(希)konos,圆锥体+thamnos,指小式 thamnion,灌木,灌丛,树丛,枝。【分布】澳大利亚(西部)。【模式】Conothamnus trinervis J. Lindley。【参考异名】Trichobasis Turcz.（1852）●☆

12799　Conotrichia A. Rich.（1830）＝Manettia Mutis ex L.（1771）(保留属名)[茜草科 Rubiaceae]●■☆

12800　Conradia Mart.（1829）Nom. illegit. ＝Gesneria L.（1753）[苦苣苔科 Gesneriaceae]●☆

12801　Conradia Nutt.（1834）Nom. illegit. ≡ Macranthera Nutt. ex Benth.（1835）[玄参科 Scrophulariaceae//列当科 Orobanchaceae]■☆

12802　Conradia Raf.（1825）＝Tofieldia Huds.（1778）[百合科 Liliaceae//纳茜菜科(肺筋草科)Nartheciaceae//无叶莲科(樱井草科)Petrosaviaceae//岩菖蒲科 Tofieldiaceae]■

12803　Conradina A. Gray（1870）【汉】假迷迭香属（康拉德草属）。【隶属】唇形科 Lamiaceae(Labiatae)。【包含】世界6种。【学名诠释与讨论】〈阴〉(人)Solomon White Conrad,1779-1831,美国植物学者+-inus,-ina,-inum 拉丁文加在名词词干之后,以形成形容词的词尾,含义为"属于,相似,关于,小的"。【分布】美国(东南部)。【模式】Conradina canescens (Torrey et A. Gray ex Bentham) A. Gray [Calamintha canescens Torrey et A. Gray ex Bentham]。【参考异名】Crantzia Lag. ex DC.（废弃属名）●☆

12804　Conringia Adans.（1763）Nom. illegit. ＝Conringia Heist. ex Fabr.（1759）[十字花科 Brassicaceae(Cruciferae)]■

12805　Conringia Fabr.（1759）Nom. illegit. ≡Conringia Heist. ex Fabr.（1759）[十字花科 Brassicaceae(Cruciferae)]■

12806　Conringia Heist. ex Fabr.（1759）【汉】线果芥属(肋果芥属,肋果芥属,四棱芥属)。【俄】Конрингия。【英】Conringia, Hare's-ear, Hare's-ear Cabbage, Hare's-ear Mustard, Ribsilique。【隶属】十字花科 Brassicaceae(Cruciferae)。【包含】世界6-8种,中国1种。【学名诠释与讨论】〈阴〉(人)Hermann Conring,1606-1681,德国医生、植物学者。此属的学名,ING、APNI、TROPICOS 和 IK 记载是"Conringia Heist. ex Fabr.,Enumeratio Methodica Plantarum horti medici Helmstadiensis 1759"。"Conringia Adans.（1763）＝Conringia Heist. ex Fabr.（1759）"是晚出的非法名称。"Conringia Fabr.（1759）≡Conringia Heist. ex Fabr.（1759）"的命名人引证有误。"Gorinkia J. S. Presl et K. B. Presl, Fl. Cechica 140. 1819"是"Conringia Heist. ex Fabr.（1759）"的晚出的同模式异名(Homotypic synonym, Nomenclatural synonym)。【分布】阿富汗,巴基斯坦,美国,伊朗,中国,地中海地区,高加索,西伯利亚西部,亚洲中部,欧洲。【后选模式】Conringia orientalis (Linnaeus) Dumortier。【参考异名】Conringia Adans.（1763）Nom. illegit. ；Conringia Fabr.（1759）Nom. illegit. ；Coringia J. Presl et C. Presl；Couringia Adans.（1763）Nom. illegit. ；Goniolobium Beck（1890）；

Gorinkia J. Presl et C. Presl（1819）Nom. illegit. ■

12807　Consana Adans.（1763）Nom. illegit. ≡Subularia L.（1753）[十字花科 Brassicaceae(Cruciferae)]■☆

12808　Consolea Lem.（1862）【汉】康氏掌属。【隶属】仙人掌科 Cactaceae。【包含】世界17种。【学名诠释与讨论】〈阴〉(人)Michelangelo Console,1812-1897,意大利植物学者,巴勒莫植物园管理人。此属的学名是"Consolea Lemaire, Rev. Hort. 1862：174.1 Mai 1862"。亦有文献把其处理为"Opuntia Mill.（1754）"的异名。【分布】参见 Opuntia Mill.。【后选模式】Consolea spinosissima (P. Miller) Lemaire [Opuntia spinosissima P. Miller]。【参考异名】Opuntia Mill.（1754）■☆

12809　Consolida (DC.) Gray（1821）Nom. illegit. ≡ Consolida Gray（1821）[毛茛科 Ranunculaceae]■

12810　Consolida (DC.) Opiz ＝ Consolida (DC.) Gray（1821）；~ ＝ Delphinium L.（1753）；~ ＝ Adonis L.（1753）(保留属名)[毛茛科 Ranunculaceae//翠雀花科 Delphiniaceae]■

12811　Consolida Gilib. ＝ Symphytum L.（1753）[紫草科 Boraginaceae]■

12812　Consolida Gray（1821）【汉】飞燕草属。【日】ヒエンソウ属。【英】Consolida, Larkspur。【隶属】毛茛科 Ranunculaceae。【包含】世界43-50种,中国2种。【学名诠释与讨论】〈阴〉(拉)con-,在一起+solidus,结实的,健全的。此属的学名,ING、APNI、GCI 和 IK 记载是"Consolida Gray, A Natural Arrangement of British Plants 1821"；TROPICOS 则记载为"Consolida (DC.) Gray, Nat. Arr. Brit. Pl. 2：711, 1821",由"Delphinium sect. Consolida DC., Regni Vegetabilis Systema Naturale 1：341. 1818 [1817]。(1-15 Nov 1817)"改级而来；五者引用的文献相同。紫草科 Boraginaceae 的"Consolida Riv. ex Ruppius, Fl. Jen. ed. Hall. 8（1745）＝Symphytum L.（1753）"是命名起点著作之前的名称。"Ceratosanthus Schur, Enum. Pl. Transsilv. 30. Apr-Jun 1866(non Ceratosanthes Adanson 1763)"是"Consolida Gray（1821）"的晚出的同模式异名(Homotypic synonym, Nomenclatural synonym)。毛茛科 Ranunculaceae 的"Consolida (DC.) Opiz ＝ Delphinium L.（1753）＝Consolida (DC.) Gray（1821）＝Adonis L.（1753）(保留属名)"似为晚出的非法名称。"Consolida Gilib."是"Symphytum L.（1753）[紫草科 Boraginaceae]"的异名。【分布】巴基斯坦,玻利维亚,厄瓜多尔,美国(密苏里),中国,地中海地区,欧洲,亚洲,中美洲。【模式】Consolida regalis S. F. Gray [Delphinium consolida Linnaeus]。【参考异名】Ceratosanthus Schur（1866）Nom. illegit. ；Consolida (DC.) Gray（1821）Nom. illegit.（1818）；Consolida (DC.) Opiz；Delphinium sect. Consolida DC.（1818）■

12813　Consolida Riv. ex Ruppius（1745）Nom. inval. ＝Symphytum L.（1753）[紫草科 Boraginaceae]■

12814　Constancea B. G. Baldwin（2000）【汉】绵菊木属。【英】Nevin's Eriophyllum。【隶属】菊科 Asteraceae(Compositae)。【包含】世界1种。【学名诠释与讨论】〈阴〉(人)Lincoln Constance,1909-2001,美国加里福尼亚州植物学者。【分布】美国(加利福尼亚)。【模式】Constancea nevinii (A. Gray) B. G. Baldwin [Eriophyllum nevinii A. Gray]。●☆

12815　Constantia Barb. Rodr.（1877）【汉】孔唐兰属。【隶属】兰科 Orchidaceae。【包含】世界4种。【学名诠释与讨论】〈阴〉(人)Dona Constança Barbosa Rodrigues,她是巴西植物学者 Joao Barbosa Rodrigues(1842-1909)的妻子。【分布】巴西。【模式】Constantia rupestris Barbosa Rodrigues。■☆

12816　Contarena Adans.（1763）Nom. illegit. ≡Corymbium L.（1753）[菊科 Asteraceae(Compositae)]■●☆

12817　Contarenia Vand.（1788）＝Alectra Thunb.（1784）[玄参科

Scrophulariaceae//列当科 Orobanchaceae]■

12818 Contortaceae Dulac = Convolvulaceae Juss. + Cuscutaceae Dumort. ●■

12819 Contortuplicata Medik. (1787) = Astragalus L. (1753)［豆科 Fabaceae(Leguminosae)//蝶形花科 Papilionaceae]●■

12820 Contrarenia J. St. –Hil. (1805) = Contarenia Vand. (1788)［玄参科 Scrophulariaceae//列当科 Orobanchaceae]■

12821 Conuleum A. Rich. (1823) = Siparuna Aubl. (1775)［香材树科（杯轴花科，黑檫木科，芒籽科，蒙立米科，檫立木科，香材木科，香树木科)Monimiaceae//坛罐花科（西帕木科)Siparunaceae]●☆

12822 Convallaria L. (1753)【汉】铃兰属（草玉铃属）。【日】キミカゲサウ属，スズラン属，ョキミカゲソウ属。【俄】Ландыш。【英】Convallaria, Lily of the Valley, Lily-of-the-valley, Valley Lily。【隶属】百合科 Liliaceae//铃兰科 Convallariaceae。【包含】世界1-3 种，中国 1 种。【学名诠释与讨论】〈阴〉(拉)convallis，河谷，盆地+希腊文 leirion，百合。此属的学名，ING、GCI、TROPICOS 和 IK 记载是“Convallaria L., Sp. Pl. 1：314. 1753［1 May 1753]”。“Majanthemum O. Kuntze, Rev. Gen. 2：981. 5 Nov 1891 (non Maianthemum G. H. Weber 1780(nom. cons.))”是“Convallaria L. (1753)”的晚出的同模式异名(Homotypic synonym, Nomenclatural synonym)。【分布】巴基斯坦，北半球，玻利维亚，美国（密苏里)，中国，中美洲。【后选模式】Convallaria majalis Linnaeus。【参考异名】Lilium-Convallium Moench(1794)；Lilium–convallium Tourn. ex Moench (1794)；Majanthemum Kuntze (1891) Nom. illegit.；Majanthemum Sieg. (1736) Nom. inval.；Majanthemum Sieg. ex Kuntze (1891) Nom. illegit.；Polygonatum Zinn (1757) Nom. illegit.■

12823 Convallariaceae Horan. (1834)［亦见 Liliaceae Juss. (保留科名)百合科]【汉】铃兰科。【英】Morning–glory Family。【包含】世界 19-24 属 247-281 种，中国 16 属 201 种。【分布】北温带。【科名模式】Convallaria L.■

12824 Convallariaceae L. = Convallariaceae Horan.；~ = Ruscaceae M. Roem. (保留科名)●

12825 Convolvulaceae Juss. (1789)(保留科名)【汉】旋花科。【日】ビルガオ科。【俄】Вьюнковые。【英】Bindweed Family，Glorybind Family，Morning Glory Family，Morningglory Family，Morning–glory Family。【包含】世界 56-61 属 1600-2000 种，中国 20-22 属 129-151 种。【分布】热带、亚热带和温带。【科名模式】Convolvulus L. (1753)●■

12826 Convolvulaster Fabr. = Convolvulus L. (1753)［旋花科 Convolvulaceae]■●

12827 Convolvuloides Moench(1794)(废弃属名)≡ Pharbitis Choisy (1833)(保留属名)；~ = Ipomoea L. (1753)(保留属名)［旋花科 Convolvulaceae]●■

12828 Convolvulus L. (1753)【汉】旋花属（鼓子属，三色牵牛属）。【日】サンシキヒルガオ属，サンシキヒルガホ属。【俄】Вьюнок，Калистедия，Повой。【英】Bindweed，Bind – weed，Convolvulus，Field Bindweed，Glorybind，Morning Glory。【隶属】旋花科 Convolvulaceae。【包含】世界 150-250 种，中国 8-9 种。【学名诠释与讨论】〈阳〉(拉)convolvo, convolve, volvi, volutum, 缠绕，旋卷，绕着滚+-ulus, -ula, -ulum, 指示小的词尾。指茎蔓生、缠绕。【分布】巴基斯坦，巴拉圭，秘鲁，玻利维亚，厄瓜多尔，哥伦比亚（安蒂奥基亚)，哥斯达黎加，马达加斯加，美国（密苏里)，尼加拉瓜，中国，中美洲。【后选模式】Convolvulus arvensis Linnaeus。【参考异名】Bucharea Raf. (1838)；Campanulopsis (Roberty) Roberty (1964) Nom. illegit.；Cleisostoma Raf. (1838)；Codochisma Raf. (1821)；Codosiphus Raf. (1821)；Convolvulaster

Fabr.；Idalia Raf. (1838)；Lizeron Raf. (1838)；Nemostima Raf. (1838)；Pantocsekia Griseb. (1873)(废弃属名)；Pantocsekia Griseb. ex Pantoc. (1873)(废弃属名)；Periphas Raf. (1838)；Podaletra Raf. (1838)；Rhodorhiza Webb (1841) Nom. illegit.；Rhodorrhiza Webb et Berthel. (1844)；Rhodoxylon Raf. (1838)；Scammonea Raf. (1821)；Sciadiara Raf. (1838)；Stevogtia Neck. (1790) Nom. inval.；Stevogtia Neck. ex Raf. (1838)；Strophocaulos (G. Don) Small (1933)；Strophocaulos Small (1933) Nom. illegit.；Symethus Raf. (1838)■●

12829 Consya Adans. (1763) Nom. illegit. = Conyza Less. (1832)(保留属名)［菊科 Asteraceae(Compositae)]■

12830 Consya Burm. f. (1768) Nom. illegit. = Conyza Less. (1832)(保留属名)［菊科 Asteraceae(Compositae)]■

12831 Conystylus Pritz. (1866) = Ascochilopsis Carr (1929)［兰科 Orchidaceae]■☆

12832 Conyza Hill(1756) = Conyza Less. (1832)(保留属名)［菊科 Asteraceae(Compositae)]■

12833 Conyza L. (1753)(废弃属名) = Callistephus Cass. (1825)(保留属名)；~ = Gnaphalium L. (1753)；~ = Inula L. (1753)［菊科 Asteraceae(Compositae)//旋覆花科 Inulaceae]●■

12834 Conyza Less. (1832)(保留属名)【汉】白酒草属（假蓬属，腺果层菀属，拉氏菊属）。【日】イズハハコ属，ヤマヂワウギク属。【英】Conyza, Fleabane, Horseweed。【隶属】菊科 Asteraceae (Compositae)。【包含】世界 60-100 种，中国 10 种。【学名诠释与讨论】〈阴〉(希)konyza，古希腊一种有强烈臭味的植物。此属的学名“Conyza Less., Syn. Gen. Compos.：203. Jul–Aug 1832”是保留属名。相应的废弃属名是菊科 Asteraceae 的“Conyza L., Sp. Pl.：861. 1 Mai 1753 = Inula L. (1753) = Gnaphalium L. (1753) = Callistephus Cass. (1825)(保留属名)”、“Eschenbachia Moench, Methodus：573. 4 Mai 1794 = Conyza Less. (1832)(保留属名)”、“Dimorphanthes Cass. in Bull. Sci. Soc. Philom. Paris 1818：30. Feb 1818 = Conyza Less. (1832)(保留属名)”和“Laennecia Cass. in Cuvier, Dict. Sci. Nat. 25：91. 1822 = Conyza Less. (1832)(保留属名)”。菊科 Asteraceae 的“Conyza Hill, Brit. Herb. 447 (1756) = Conyza Less. (1832)(保留属名)”和“Laennecia A. Gray (1822)”亦应废弃。【分布】巴基斯坦，巴拉圭，巴拿马，秘鲁，玻利维亚，厄瓜多尔，哥伦比亚（安蒂奥基亚)，马达加斯加，美国（密苏里)，尼加拉瓜，利比里亚（宁巴)，中国，温带和亚热带，中美洲。【模式】Conyza chilensis K. P. J. Sprengel。【参考异名】Caenotus (Nutt.) Raf. (1837)；Caenotus Raf. (1837) Nom. illegit.；Conisa Desf. ex Steud. (1840)；Coniza Neck. (1768)；Consya Adans. (1763) Nom. illegit.；Consya Burm. f. (1768) Nom. illegit.；Conyza Hill (1756)；Conyza L. (1753)(废弃属名)；Conyzella Fabr. (1759)；Dimorphanthes Cass. (1818)(废弃属名)；Edemias Raf. (1837) Nom. illegit.；Ernstia V. M. Badillo (1947)；Eschenbachia Moench (1794)(废弃属名)；Fimbrillaria Cass. (1818) Nom. illegit.；Laennecia Cass. (1822) Nom. illegit. (废弃属名)；Novopokrovskia Tzvelev (1994)；Webbia Sch. Bip. (1843) Nom. illegit.■

12835 Conyzanthus Tamamsch. (1959)【汉】科尼花属。【俄】конизантус。【隶属】菊科 Asteraceae(Compositae)。【包含】世界 3-4 种。【学名诠释与讨论】〈阳〉(希)konyza，古希腊植物名+anthos，花。此属的学名是“Conyzanthus S. G. Tamamschjan in B. K. Schischkin, Fl. URSS 25：583. 1959 (post 22 Apr)”。亦有文献把其处理为“Aster L. (1753)”的异名。【分布】玻利维亚，南美洲，中美洲。【模式】Conyzanthus graminifolius (K. P. J. Sprengel) S. G. Tamamschjan［Conyza graminifolia K. P. J. Sprengel]。【参考

异名】Aster L.（1753）■☆

12836 Conyzella Fabr.（1759）＝Conyza Less.（1832）（保留属名）［菊科 Asteraceae（Compositae）］■

12837 Conyzella Rupr.（1869）＝Erigeron L.（1753）［菊科 Asteraceae（Compositae）］■●

12838 Conyzoides DC.（1838）Nom. illegit.＝Conyzoides Tourn. ex DC.（1838）Nom. illegit.；～≡Erigeron L.（1753）［菊科 Asteraceae（Compositae）］■●

12839 Conyzoides Fabr.（1759）Nom. illegit.≡Conyzoides Tourn. ex DC.（1838）Nom. illegit.；～≡Erigeron L.（1753）［菊科 Asteraceae（Compositae）］■●

12840 Conyzoides Tourn. ex DC.（1838）Nom. illegit.≡Erigeron L.（1753）；～＝Carpesium L.（1753）［菊科 Asteraceae（Compositae）］■

12841 Conzattia Rose（1909）【汉】黄花苏木属。【隶属】豆科 Fabaceae（Leguminosae）//云实科（苏木科）Caesalpiniaceae。【包含】世界2种。【学名诠释与讨论】〈阴〉（人）Cassiano Conzatti，1862-1951，意大利出生的墨西哥人，植物学者。【分布】墨西哥。【模式】Conzattia arborea J. N. Rose。●☆

12842 Coockia Batsch（1802）＝Clausena Burm. f.（1768）；～＝Cookia Sonn.（1782）［芸香科 Rutaceae］●

12843 Cookia J. F. Gmel.（1791）Nom. illegit.≡Pimelea Banks ex Gaertn.（1788）（保留属名）［瑞香科 Thymelaeaceae］●☆

12844 Cookia Sonn.（1782）＝Clausena Burm. f.（1768）［芸香科 Rutaceae］●

12845 Cooktownia D. L. Jones（1997）【汉】澳昆兰属。【隶属】兰科 Orchidaceae。【包含】世界1种。【学名诠释与讨论】〈阴〉（地）Cooktown，库克敦，位于澳大利亚。【分布】澳大利亚（昆士兰）。【模式】Cooktownia robertsii D. L. Jones。■☆

12846 Coombea P. Royen（1960）＝Medicosma Hook. f.（1862）［芸香科 Rutaceae］●☆

12847 Cooperia Herb.（1836）【汉】夜星花属（雨百合属）。【日】クーペーリア属。【英】Rain Lily。【隶属】石蒜科 Amaryllidaceae。【包含】世界8种。【学名诠释与讨论】〈阴〉（人）J. G. Cooper，英国人，植物培育学者，喜欢培育珍稀植物和兰花。此属的学名是"Cooperia Herbert, Edwards's Bot. Reg. t. 1835. 1 Feb 1836"。亦有文献把其处理为"Zephyranthes Herb.（1821）（保留属名）"的异名。【分布】巴西，美国，墨西哥（北部）。【后选模式】Cooperia drummondii Herbert。【参考异名】Sceptranthes R. Graham（1836）；Zephyranthes Herb.（1821）（保留属名）■☆

12848 Coopernookia Carolin（1968）【汉】库珀草海桐属。【隶属】草海桐科 Goodeniaceae。【包含】世界6种。【学名诠释与讨论】〈阴〉（地）Coopernook，库珀努克，位于澳大利亚。【分布】澳大利亚（西南和东南部以及塔斯曼半岛）。【模式】Coopernookia barbata（R. Brown）R. C. Carolin［Goodenia barbata R. Brown］。●☆

12849 Copaiba Adans.（1763）Nom. illegit.＝Copaifera L.（1762）（保留属名）［豆科 Fabaceae（Leguminosae）//云实科（苏木科）Caesalpiniaceae］●☆

12850 Copaiba Mill（1754）（废弃属名）＝Copaifera L.（1762）（保留属名）［豆科 Fabaceae（Leguminosae）//云实科（苏木科）Caesalpiniaceae］●☆

12851 Copaica T. Durand et Jacks.＝Copaifera L.（1762）（保留属名）［豆科 Fabaceae（Leguminosae）//云实科（苏木科）Caesalpiniaceae］●☆

12852 Copaifera L.（1762）（保留属名）【汉】古巴香脂树属（古巴树属，柯比胶树属，香脂树属，香脂苏木属）。【俄】Копайфера。【英】Balsam - tree，Copaifera，Copal Tree，Copal - tree，Ironwood。【隶属】豆科 Fabaceae（Leguminosae）//云实科（苏木科）

Caesalpiniaceae。【包含】世界25-30种。【学名诠释与讨论】〈阴〉南美图皮语 copaiba，一种生产医用树胶的树（柯拉比亚树）。此属的学名"Copaifera L., Sp. Pl., ed. 2；557. Sep 1762"是保留属名。相应的废弃属名是豆科 Fabaceae 的"Copaiva Jacq., Enum. Syst. Pl.：4,21. Sep-Nov 1760≡Copaifera L.（1762）（保留属名）"和"Copaiba Mill., Gard. Dict. Abr., ed. 4：［371］. 28 Jan 1754≡Copaifera L.（1762）（保留属名）"。【分布】巴拉圭，巴拿马，秘鲁，玻利维亚，哥伦比亚（安蒂奥基亚），哥斯达黎加，尼加拉瓜，热带非洲，热带美洲，中美洲。【模式】Copaifera officinalis（N. J. Jacquin）Linnaeus［Copaiva officinalis N. J. Jacquin］。【参考异名】Copaiba Adans.（1763）Nom. illegit.；Copaiba Mill（1754）（废弃属名）；Copaica T. Durand et Jacks.；Copaiva Jacq.（1760）（废弃属名）；Cotyelobiopsis Heim（1892）；Cotylolobiopsis Post et Kuntze（1903）；Pseudocopaiva Britton et P. Wilson（1929）；Pseudosindora Symington（1944）●☆

12853 Copaiva Jacq.（1760）（废弃属名）≡Copaifera L.（1762）（保留属名）［豆科 Fabaceae（Leguminosae）//云实科（苏木科）Caesalpiniaceae］●☆

12854 Copedesma Gleason（1925）＝Miconia Ruiz et Pav.（1794）（保留属名）［野牡丹科 Melastomataceae//米氏野牡丹科 Miconiaceae］●☆

12855 Copernicia Mart.（1837）Nom. illegit.≡Copernicia Mart. ex Endl.（1837）［棕榈科 Arecaceae（Palmae）］●☆

12856 Copernicia Mart. ex Endl.（1837）【汉】哥白尼棕属（巴西蜡棕属，杯形花属，粗柄扇椰子属，科布桐属，蜡桐属，蜡棕属）。【日】フトエウチワヤシ属。【俄】Коперниция。【英】Caranda Palm，Copernica，Copernicus Palm，Wax Palm。【隶属】棕榈科 Arecaceae（Palmae）。【包含】世界25-30种。【学名诠释与讨论】〈阴〉（人）Nicolaus Copernicus，1473-1543，哥白尼，波兰天文学家、日心说创立者，近代天文学的奠基人。此属的学名，ING、TROPICOS 和 GCI 记载是"Copernicia Mart. ex Endl., Gen. Pl.［Endlicher］253. 1837［Oct 1837］"。IK 则记载为"Copernicia Mart., Hist. Nat. Palm. il. 151. t. 50 A；iii. 242（1837?）"。【分布】巴拉圭，玻利维亚，西印度群岛，热带美洲。【模式】未指定。【参考异名】Arrudaria Macedo（1867）Nom. inval.；Copernicia Mart.（1837）Nom. illegit.；Coryphomia Rojas（1918）●☆

12857 Copianthus Hill（1778）【汉】印度苋属。【隶属】苋科 Amaranthaceae。【包含】世界1种。【学名诠释与讨论】〈阴〉（希）kope，把手，浆，分开，隔开，相撞＋希腊文 anthos，花，antheros，多花的，antheo，开花。希腊文 anthos 亦有"光明、光辉、优秀"之义。【分布】印度。【模式】Copianthus indica Hill。☆

12858 Copiapoa Britton et Rose（1922）【汉】龙爪球属（龙爪玉属，南美仙人球属）。【日】コピアポア属。【英】Copiapoa。【隶属】仙人掌科 Cactaceae。【包含】世界15-20种，中国3种。【学名诠释与讨论】〈阴〉（地）Copiapo，科皮亚波，位于智利。指产地。【分布】玻利维亚，智利，中国。【模式】Copiapoa marginata（Salm-Dyck）N. L. Britton et Rose［Echinocactus marginatus Salm-Dyck］。【参考异名】Pilocopiapoa F. Ritter（1961）●

12859 Copioglossa Miers（1863）＝Ruellia L.（1753）［爵床科 Acanthaceae］■●

12860 Copisma E. Mey.（1836）＝Rhynchosia Lour.（1790）（保留属名）［豆科 Fabaceae（Leguminosae）//蝶形花科 Papilionaceae］●■

12861 Coppenaia Dumort.（1835）＝Oncidium Sw.（1800）（保留属名）［兰科 Orchidaceae］■☆

12862 Coppoleria Todaro（1845）＝Vicia L.（1753）［豆科 Fabaceae（Leguminosae）//蝶形花科 Papilionaceae//野豌豆科 Viciaceae］■

12863 Coprosma J. R. Forst. et G. Forst.（1775）【汉】异味树属（臭味木属，染料木属，污生境属，便嗅花属）。【英】Coprosma。【隶属】

茜草科 Rubiaceae。【包含】世界 90 种。【学名诠释与讨论】〈阴〉（希）kopros, 粪+osme = odme, 香味, 臭味, 气味。在希腊文组合词中, 词头 osm-和词尾-osma 通常指香味。【分布】澳大利亚, 玻利维亚, 马来西亚, 新西兰, 智利, 波利尼西亚群岛。【后选模式】Coprosma foetidissima J. R. Forster et J. G. A. Forster。【参考异名】Caprosma G. Don（1834）Nom. illegit. ; Euarthronia Nutt. ex A. Gray（1860）; Eurynoma Steud.（1840）Nom. illegit. ; Eurynome DC.（1830）; Marquisia A. Rich.（1830）; Marquisia A. Rich. ex DC.（1830）; Pelaphia Banks et Sol. ; Pelaphia Banks et Sol. ex A. Cunn. ●☆

12864　Coprosmanthus（Torr.）Kunth（1850）= Smilax L.（1753）［百合科 Liliaceae//菝葜科 Smilacaceae］●

12865　Coprosmanthus Kunth（1848）Nom. illegit. ≡ Coprosmanthus（Torr.）Kunth（1850）; ~ = Smilax L.（1753）［百合科 Liliaceae//菝葜科 Smilacaceae］●

12866　Coptaceae（Gregory）Á. Löve et D. Löve（1974）= Ranunculaceae Juss.（保留科名）●■

12867　Coptaceae Á. Löve et D. Löve（1974）= Ranunculaceae Juss.（保留科名）●■

12868　Coptidaceae A. Löve et D. Löve = Ranunculaceae Juss.（保留科名）●■

12869　Coptidium（Prantl）Á. Löve et D. Löve ex Tzvelev（1994）Nom. illegit. = Ranunculus L.（1753）［毛茛科 Ranunculaceae］■

12870　Coptidium（Prantl）Beurl. ex Rydb.（1917）Nom. illegit. = Ranunculus L.（1753）［毛茛科 Ranunculaceae］■

12871　Coptidium（Prantl）Rydb.（1917）Nom. illegit. = Ranunculus L.（1753）［毛茛科 Ranunculaceae］■

12872　Coptidium（Prantl）Tzvelev（1994）Nom. illegit. ≡ Coptidium（Prantl）Á. Löve et D. Löve ex Tzvelev（1994）Nom. illegit. ; ~ = Ranunculus L.（1753）［毛茛科 Ranunculaceae］■

12873　Coptidium Nyman（1878）= Ranunculus L.（1753）［毛茛科 Ranunculaceae］■

12874　Coptis Salisb.（1807）【汉】黄连属。【日】オウレン属, ワウレン属。【俄】Коптис。【英】Cankerberry, Coptide, Goldthread。【隶属】毛茛科 Ranunculaceae。【包含】世界 10-16 种, 中国 6 种。【学名诠释与讨论】〈阴〉（希）kopto, 打, 刺, 割切。指叶片割裂。【分布】中国, 北温带和极地。【后选模式】Coptis trifolia（Linnaeus）Salisbury［Helleborus trifolius Linnaeus］。【参考异名】Chrysa Raf.（1809）; Chrysocoptis Nutt.（1834）; Chryza Raf.（1808）; Coldenella Ellis（1821）; Fibra Colden ex Schöpf（1787）Nom. illegit. ; Fibra Colden（1787）■

12875　Coptocheile Hoffmanns.（1842）= ? Gesneria L.（1753）［苦苣苔科 Gesneriaceae］●☆

12876　Coptocheile Hoffmanns. ex L.（1842）Nom. illegit. ≡ Coptocheile Hoffmanns.（1842）; ~ = ? Gesneria L.（1753）［苦苣苔科 Gesneriaceae］●☆

12877　Coptophyllum Korth.（1851）（保留属名）【汉】裂叶茜属。【隶属】茜草科 Rubiaceae。【包含】世界 14 种。【学名诠释与讨论】〈中〉（希）copto, 打, 刺, 割切+希腊文 phyllon, 叶子。phyllodes, 似叶的, 多叶的。phylleion, 绿色材料, 绿草。此属的学名“Coptophyllum Korth. in Ned. Kruidk. Arch. 2（2）：161. 1851”是保留属名。相应的废弃属名是蕨类的“Coptophyllum Gardner in London J. Bot. 1：133. 1 Mar 1842”。【分布】马来西亚（西部）。【模式】Coptophyllum bracteatum P. W. Korthals。【参考异名】Jainia N. P. Balakr. ; Pomazota Ridl.（1893）■☆

12878　Coptosapelta Korth.（1851）【汉】流苏子属。【英】Coptosapelta。【隶属】茜草科 Rubiaceae。【包含】世界 1-13 种, 中国 1 种。【学

名诠释与讨论】〈阴〉（希）koptos, 切成小块的 + pelte, 指小式 peltarion, 盾。指种子具翅。此属的学名, ING、TROPICOS 和 IK 记载是“Coptosapelta Korth. , Ned. Kruidk. Arch. ii. II. 112. 1851”。“Coptospelta K. Schum.（1891）”和“Coptospelta T. Durand et Jacks. ”是其异名, 而且仅有属名。【分布】中国, 东南亚, 琉球群岛。【模式】Coptosapelta flavescens Korthals。【参考异名】Coptospelta K. Schum.（1891）Nom. illegit. ; Coptospelta T. Durand et Jacks. , Nom. illegit. ; Thysanospermum Champ. ex Benth.（1852）●

12879　Coptospelta K. Schum.（1891）Nom. illegit. = Coptosapelta Korth.（1851）［茜草科 Rubiaceae］●

12880　Coptospelta T. Durand et Jacks. , Nom. illegit. = Coptosapelta Korth.（1851）［茜草科 Rubiaceae］●

12881　Coptosperma Hook. f.（1873）【汉】裂籽茜属。【隶属】茜草科 Rubiaceae。【包含】世界 1 种。【学名诠释与讨论】〈中〉（希）copto, 打, 刺, 切割+sperma, 所有格 spermatos, 种子, 孢子。此属的学名是“Coptosperma J. D. Hooker in Bentham et J. D. Hooker, Gen. 2：86. 7-9 Apr 1873”。亦有文献把其处理为“Tarenna Gaertn.（1788）”的异名。【分布】热带非洲。【模式】Coptosperma nigrescens J. D. Hooker。【参考异名】Tarenna Gaertn.（1788）●☆

12882　Coquebertia Brongn.（1833）= Zollernia Wied – Neuw. et Nees（1827）［豆科 Fabaceae（Leguminosae）//蝶形花科 Papilionaceae］●☆

12883　Coralliokyphos H. Fleischm. et Rech.（1910）= Moerenhoutia Blume（1858）［兰科 Orchidaceae］■☆

12884　Coralliorrhiza Asch.（1864）= Corallorhiza Gagnebin（1755）［as 'Corallorrhiza'］（保留属名）［兰科 Orchidaceae］■

12885　Corallobotrys Hook. f.（1876）= Agapetes D. Don ex G. Don（1834）［杜鹃花科（欧石南科）Ericaceae//越橘科（乌饭树科）Vacciniaceae］●

12886　Corallocarpus Welw.（1867）Nom. illegit. ≡ Corallocarpus Welw. ex Benth. et Hook. f.（1867）［葫芦科（瓜科, 南瓜科）Cucurbitaceae］■☆

12887　Corallocarpus Welw. ex Benth. et Hook. f.（1867）【汉】珊瑚果属。【隶属】葫芦科（瓜科, 南瓜科）Cucurbitaceae。【包含】世界 13 种。【学名诠释与讨论】〈阳〉（希）korallion, 珊瑚+karpos, 果实。此属的学名, ING、TROPICOS 和 IK 记载是“Corallocarpus Welwitsch ex Bentham et Hook. f. , Gen. 1：831. Sep 1867”。“Corallocarpus Welw. ex Hook. f.（1867）≡ Corallocarpus Welw. et Benth. et Hook. f.（1867）”和“Corallocarpus Welw.（1867）≡ Corallocarpus Welw. ex Benth. et Hook. f.（1867）”的命名人引证有误。“Gijefa（M. J. Roemer）O. Kuntze in Post et O. Kuntze, Lex. 248. Dec 1903（‘1904’）”是“Corallocarpus Welw. ex Benth. et Hook. f.（1867）”的晚出的同模式异名（Homotypic synonym, Nomenclatural synonym）; “Gijefa（M. Roem.）Post et Kuntze（1903）≡ Gijefa（M. Roem.）Kuntze（1903）”的命名人引证有误。【分布】巴基斯坦, 马达加斯加, 印度, 热带非洲, 中美洲。【后选模式】Corallocarpus welwitschii（Naudin）Welwitsch。【参考异名】Anguriopsis J. R. Johnst.（1905）; Calyptrosicyos Rabenant. ; Corallocarpus Welw.（1867）Nom. illegit. ; Corallocarpus Welw. ex Hook. f.（1867）Nom. illegit. ; Doyerea Grosourdy（1864）Nom. inval. ; Gijefa（M. Roem.）Kuntze（1903）Nom. illegit. ; Gijefa（M. Roem.）Post et Kuntze（1903）Nom. illegit. ; Phialocarpus Deflers（1895）■☆

12888　Corallocarpus Welw. ex Hook. f.（1867）Nom. illegit. ≡ Corallocarpus Welw. ex Benth. et Hook. f.（1867）［葫芦科（瓜科, 南瓜科）Cucurbitaceae］■☆

12889　Corallodendron Kuntze, Nom. illegit. = Erythrina L.（1753）［豆

科 Fabaceae（Leguminosae）//蝶形花科 Papilionaceae]●■

12890 Corallodendron Mill.（1754）Nom. illegit. ≡ Erythrina L.（1753）［豆科 Fabaceae（Leguminosae）//蝶形花科 Papilionaceae]●■

12891 Corallodendron Tourn. ex Ruppius（1745）Nom. inval. = Erythrina L.（1753）［豆科 Fabaceae（Leguminosae）//蝶形花科 Papilionaceae]●■

12892 Corallodiscus Batalin（1892）【汉】珊瑚苣苔属（珊瑚盘属）。【英】Corallodiscus。【隶属】苦苣苔科 Gesneriaceae。【包含】世界 3-18 种，中国 3-10 种。【学名诠释与讨论】〈阳〉（希）korallion，珊瑚，红珊瑚+diskos，圆盘。【分布】中国，喜马拉雅山，中南半岛。【模式】Corallodiscus conchaefolius Batalin。【参考异名】Ceratodiscus T. Durand et Jacks.（1892）■

12893 Corallophyllum Kumh（1825）= Lennoa Lex.（1824）［多室花科（盖裂寄生科）Lennoaceae]■☆

12894 Corallorhiza Châtel.（1760）Nom. illegit.（废弃属名）= Corallorhiza Gagnebin（1755）［as 'Corallrrhiza'］（保留属名）［兰科 Orchidaceae]■

12895 Corallorhiza Gagnebin（1755）［as 'Corallrrhiza'］（保留属名）【汉】珊瑚兰属。【俄】Ладьян。【英】Chichen's Toes，Corallorhiza，Coralroot，Coral-root，Coralroot Orchid。【隶属】兰科 Orchidaceae。【包含】世界 11-14 种，中国 1 种。【学名诠释与讨论】〈阴〉（希）korallion，珊瑚，特别是红珊瑚，变成"近拉"coralli-nus，珊瑚红+rhiza，或 rhizoma，根。此属的学名"Corallorhiza Gagnebin in Acta Helv. Phys. -Math. 2：61. Feb 1755"是保留属名。法规未列出相应的废弃属名。但是兰科 Orchidaceae 的"Corallorhiza Châtel.，Spec. Inaug. Corallorhiza 5（1760）［13 May 1760］= Corallorhiza Gagnebin（1755）［as 'Corallrrhiza'］（保留属名）"和"Corallorhiza Nutt.，Gen. N. Amer. Pl.［Nuttall］. 2：197（-198）. 1818 =Corallorhiza Gagnebin（1755）［as 'Corallrrhiza'］（保留属名）"应该废弃。"Corallrrhiza Gagnebin（1755）"和"Corallrrhiza Ruppiusex Gagnebin.（1755）"是其拼写变体，亦应废弃。【分布】巴基斯坦，美国，尼加拉瓜，中国，北温带，中美洲。【模式】Corallorhiza trifida Châtelain［Ophrys corallorhiza Linnaeus］。【参考异名】Cladorhiza Raf.（1828）Nom. illegit.；Coralliorrhiza Asch.（1864）；Corallorhiza Châtel.（1760）Nom. illegit.（废弃属名）；Corallorhiza Nutt.（1818）Nom. illegit.（废弃属名）；Corallrrhiza Gagnebin（1755）；Corallrrhiza Ruppiusex Gagnebin.；Coralorhiza Raf.；Rhizocorallon Gagnebin（1755）Nom. illegit.■

12896 Corallorhiza Nutt.（1818）Nom. illegit.（废弃属名）= Corallorhiza Gagnebin（1755）［as 'Corallrrhiza'］（保留属名）［兰科 Orchidaceae]■

12897 Corallrrhiza Gagnebin（1755）Nom. illegit.（废弃属名）≡ Corallorhiza Gagnebin（1755）［as 'Corallrrhiza'］（保留属名）［兰科 Orchidaceae]■

12898 Corallrrhiza Ruppiusex Gagnebin.（1755）Nom. illegit.（废弃属名）≡ Corallorhiza Gagnebin（1755）［as 'Corallrrhiza'］（保留属名）［兰科 Orchidaceae]■

12899 Corallospartium J. B. Armstr.（1881）【汉】珊瑚雀枝属。【隶属】豆科 Fabaceae（Leguminosae）//蝶形花科 Papilionaceae。【包含】世界 1-2 种。【学名诠释与讨论】〈中〉（希）korallion，珊瑚+（属）Spartium 鹰爪豆属（无叶豆属）。【分布】新西兰。【模式】Corallospartium crassicaule（J. D. Hooker）J. B. Armstrong［Carmichaelia crassicaulis J. D. Hooker］。●☆

12900 Coralluma Schrank ex Haw.（1812）= Caralluma R. Br.（1810）［萝藦科 Asclepiadaceae]■

12901 Coralrhiza Raf. = Corallorhiza Gagnebin（1755）［as 'Corallrrhiza'］（保留属名）［兰科 Orchidaceae]■

12902 Corbassona Aubrév.（1967）= Niemeyera F. Muell.（1870）（保留属名）［山榄科 Sapotaceae]●☆

12903 Corbichonia Scop.（1777）【汉】多瓣粟草属。【隶属】粟米草科 Molluginaceae。【包含】世界 2 种。【学名诠释与讨论】〈阴〉（拉）corbis，筐+chonetes =希腊文 chono =choane，漏斗。【分布】热带非洲至印度。【模式】Corbichonia decumbens（Forsskål）Exell。【参考异名】Orygia Forssk.（1775）■☆

12904 Corbularia Salisb.（1812）Nom. inval. ≡ Corbularia Salisb. ex Haw.（1819）；~ =Narcissus L.（1753）［石蒜科 Amaryllidaceae//水仙科 Narcissaceae]■

12905 Corbularia Salisb. ex Haw.（1819）= Narcissus L.（1753）［石蒜科 Amaryllidaceae//水仙科 Narcissaceae]■

12906 Corbularia Salisb. ex Herb.（1837）Nom. illegit. = Narcissus L.（1753）［石蒜科 Amaryllidaceae//水仙科 Narcissaceae]■

12907 Corchoropsis Siebold et Zucc.（1843）【汉】田麻属。【日】カラスノゴマ属。【英】Corchoropsis。【隶属】椴树科（椴科，田麻科）Tiliaceae//锦葵科 Malvaceae。【包含】世界 1-3 种，中国 1 种。【学名诠释与讨论】〈阴〉（属）Corchorus 黄麻属+希腊文 opsis，外观，模样，相似。指两属叶形相似。【分布】中国，东亚。【模式】Corchoropsis crenata Siebold et Zuccarini。■●

12908 Corchorus L.（1753）【汉】黄麻属。【日】ツナソ属。【俄】Джут。【英】Gunny，Jute。【隶属】椴树科（椴科，田麻科）Tiliaceae//锦葵科 Malvaceae。【包含】世界 40-100 种，中国 4 种。【学名诠释与讨论】〈阳〉（希）koreo，下方+kore，瞳。指对眼疾有疗效。另说希腊文 korchoros 一种苦味的植物。【分布】巴基斯坦，巴拿马，秘鲁，玻利维亚，厄瓜多尔，哥伦比亚（安蒂奥基亚），马达加斯加，尼加拉瓜，中国，中美洲。【后选模式】Corchorus olitorius Linnaeus。【参考异名】Antichorus L.（1767）；Caricteria Scop.（1777）；Carrichtera Post et Kuntze（1903）Nom. illegit.（废弃属名）；Coreta P. Browne（1756）；Ganja（DC.）Rchb.（1837）；Ganja Rchb.（1837）Nom. illegit.；Maerlensia Vell.（1829）；Nettoa Baill.（1866）；Oceanopapaver Guillaumin（1932）；Psammocorchorus Rchb.；Rhizanota Lour. ex Gomes（1868）；Scorpia Ewart et A. H. K. Petrie（1926）■●

12909 Corculum Stuntz（1913）= Antigonon Endl.（1837）［蓼科 Polygonaceae]●■

12910 Corda St. -Lag.（1881）= Cordia L.（1753）（保留属名）［紫草科 Boraginaceae//破布木科（破布树科）Cordiaceae]●

12911 Cordaea Spreng.（1831）Nom. illegit. ≡ Cyamopsis DC.（1826）［豆科 Fabaceae（Leguminosae）//蝶形花科 Papilionaceae]■

12912 Cordanthera L. O. Williams.（1941）【汉】心药兰属。【隶属】兰科 Orchidaceae。【包含】世界 1 种。【学名诠释与讨论】〈阴〉（希）cor，所有格 cordis，心+anthera，花药。【分布】哥伦比亚。【模式】Cordanthera andina L. O. Williams。■☆

12913 Cordeauxia Hemsl.（1907）【汉】野合豆属。【隶属】豆科 Fabaceae（Leguminosae）//云实科（苏木科）Caesalpiniaceae。【包含】世界 1 种。【学名诠释与讨论】〈阴〉（希）cor，所有格 cordis，心脏+auxe，生长，增加。【分布】热带非洲。【模式】Cordeauxia edulis W. B. Hemsley。■☆

12914 Cordemoya Baill.（1861）【汉】科尔大戟属。【隶属】大戟科 Euphorbiaceae。【包含】世界 1 种。【学名诠释与讨论】〈阴〉（人）F. Cordemoy，植物学者。此属的学名"Cordemoya Baillon，Adansonia 1：255. Apr 1861"是一个替代名称。"Boutonia W. Bojer，Procès-Verbaux Soc. Hist. Nat. Ile Maurice 1842-1845：151. Dec 1846"是一个非法名称（Nom. illegit.），因为此前已经有了"Boutonia A. P. de Candolle，Biblioth. Universelle Genève 17：134. Sep 1838［爵床科 Acanthaceae］"。故用"Cordemoya Baill.

（1861）"替代之。【分布】马达加斯加，马斯克林群岛。【模式】Cordemoya integrifolia（Willdenow）Baillon［Ricinus integrifolius Willdenow］。【参考异名】Boutonia Bojer ex Baill.（1858）Nom. illegit.；Boutonia Bojer（1837）Nom. inval.；Boutonia Bojer（1846）Nom. illegit.；Boutonia Bojer（1858）Nom. illegit.●☆

12915　Cordia L.（1753）（保留属名）【汉】破布木属（破布子属）。【日】イヌヂシャ属。【俄】Кордия。【英】Cordia，Jujube Tree。【隶属】紫草科 Boraginaceae//破布木科（破布树科）Cordiaceae。【包含】世界 250-325 种，中国 5-8 种。【学名诠释与讨论】〈阴〉（人）Euricius Cordus，1484-1535，德国植物学者，医生。另说纪念他的儿子 Valerius Cordus，1515-1544，德国医生和植物学者。此属的学名"Cordia L.，Sp. Pl.：190. 1 Mai 1753"是保留属名。法规未列出相应的废弃属名。"Cordiopsis Desv. ex Ham.（1825）"由"Cordia sect. Cordiopsis（Desv. ex Ham.）A. DC."改级而来；多数学者仍把其归入本属。"Lithocardium O. Kuntze，Rev. Gen. 2：438. 5 Nov 1891"、"Myxa（Endlicher）Lindley，Veg. Kingd. 629. Jan-Mai 1846"、"Sebestena Boehmer in Ludwig，Def. Gen. ed. Boehmer 38. 1760"和"Sebestena J. Gaertner，Fruct. 1：364. Dec 1788（non Boehmer 1760）"是"Cordia L.（1753）（保留属名）"的晚出的同模式异名（Homotypic synonym，Nomenclatural synonym）。【分布】哥伦比亚（安蒂奥基亚），巴基斯坦，巴拉圭，巴拿马，秘鲁，玻利维亚，厄瓜多尔，马达加斯加，尼加拉瓜，中国，中美洲。【模式】Cordia myxa Linnaeus。【参考异名】Acnadena Raf.（1838）；Borellia Neck.（1790）Nom. inval.；Bourgia Scop.（1777）Nom. illegit.；Calyptracordia Britton（1925）；Carpiphea Raf.（1838）；Catonia Raf.（1837）Nom. illegit.；Cerdana Ruiz et Pav.（1794）；Coelanthera Post et Kuntze（1903）；Coilanthera Raf.（1838）；Collococcus P. Browne（1756）；Colocoeca Raf.（1838）；Corda St.-Lag.（1881）；Cordiada Vell.（1829）；Cordiopsis Desv.（1825）Nom. illegit.；Cordiopsis Desv. ex Ham.（1825）；Cordiopsis Ham.（1825）Nom. illegit.；Coredia Hook. f.（1857）；Dasicephala Raf.；Ectemis Raf.（1838）；Firensia Scop.（1777）；Gerascanthus P. Browne（1756）；Gynaion A. DC.（1845）；Hemigymnia Griff.（1843）；Lithocardium Kuntze（1891）Nom. illegit.；Macielia Vand.（1788）；Macria Tenure（1848）Nom. illegit.；Marcielia Steud.（1841）；Montjolya Friesen（1931）；Myxa（Endl.）Lindl.（1846）Nom. illegit.；Novella Raf.（1838）Nom. illegit.；Paradigma Miers（1875）；Pavonia Dombey ex Lam.（废弃属名）；Physoclada（DC.）Lindl（1846）；Pilicordia（DC.）Lindl（1846）；Piloisa Raf.（1838）Nom. illegit.；Piloisia Raf.（1838）；Plethostephia Miers（1875）；Quarena Raf.（1838）；Rhabdocalyx（A. DC.）Lindl.（1847）；Rhabdocalyx Lindl.（1847）Nom. illegit.；Salimori Adans.（1763）；Sebestena Boehm.（1760）Nom. illegit.；Sebestena Gaertn.（1788）Nom. illegit.；Topiaris Raf.（1838）Nom. illegit.；Toquera Raf.（1838）；Ulmarronia Friesen（1933）Nom. illegit.；Varronia P. Browne（1756）；Varroniopsis Friesen（1933）●

12916　Cordiaceae R. Br. ex Dumort.（1829）（保留科名）［亦见 Ehretiaceae Mart.（保留科名）厚壳树科和 Boraginaceae Juss.（保留科名）紫草科］【汉】破布木科（破布树科）。【包含】世界 10-12 属 320-400 种，中国 3 属 24 种。【分布】广泛。【科名模式】Cordia L.（1753）（保留属名）●■

12917　Cordiada Vell.（1829）= Cordia L.（1753）（保留属名）［紫草科 Boraginaceae//破布木科（破布树科）Cordiaceae］●

12918　Cordiera A. Rich.（1830）Nom. inval. ≡ Alibertia A. Rich. ex DC.（1830）；~ = Alibertia A. Rich. ex DC.（1830）［茜草科 Rubiaceae］●☆

12919　Cordiera A. Rich. ex DC.（1830）= Alibertia A. Rich. ex DC.

（1830）［茜草科 Rubiaceae］●☆

12920　Cordiglottis J. J. Sm.（1922）【汉】心舌兰属。【隶属】兰科 Orchidaceae。【包含】世界 7 种。【学名诠释与讨论】〈阴〉（希）cor，所有格 cordis，心脏+glottis，所有格 glottidos，气管口，来自 glotta＝glossa，舌。【分布】马来半岛，印度尼西亚（苏门答腊岛），泰国。【模式】Cordiglottis westenenkii J. J. Smith。【参考异名】Cheirorchis Carr（1932）■☆

12921　Cordiopsis Desv.（1825）Nom. illegit. ≡ Cordiopsis Desv. ex Ham.（1825）；~ = Cordia L.（1753）（保留属名）［紫草科 Boraginaceae//破布木科（破布树科）Cordiaceae］●

12922　Cordiopsis Desv. ex Ham.（1825）= Cordia L.（1753）（保留属名）［紫草科 Boraginaceae//破布木科（破布树科）Cordiaceae］●

12923　Cordiopsis Ham.（1825）Nom. illegit. ≡ Cordiopsis Desv. ex Ham.（1825）；~ = Cordia L.（1753）（保留属名）［紫草科 Boraginaceae//破布木科（破布树科）Cordiaceae］●

12924　Cordisepalum Verdc.（1971）【汉】心萼旋花属。【隶属】旋花科 Convolvulaceae。【包含】世界 1 种。【学名诠释与讨论】〈中〉（希）cor，所有格 cordis，心脏+sepalum，花萼。【分布】泰国，中南半岛。【模式】Cordisepalum thorelii（Gagnepain）B. Verdcourt［Cardiochlamys thorelii Gagnepain］。●☆

12925　Cordobia Nied.（1912）【汉】克尔金虎尾属。【隶属】金虎尾科（黄褥花科）Malpighiaceae。【包含】世界 2 种。【学名诠释与讨论】〈阴〉（地）Cordoba，科尔多瓦，位于南美洲。【分布】巴拉圭，玻利维亚，南美洲。【模式】Cordobia argentea（Grisebach）Niedenzu［Mionandra argentea Grisebach］。●☆

12926　Cordula Raf.（1838）Nom. illegit.（废弃属名）≡ Paphiopedilum Pfitzer（1886）（保留属名）［兰科 Orchidaceae］■

12927　Cordyla Blume（1825）Nom. illegit. ≡ Roptrostemon Blume（1828）；~ = Nervilia Comm. ex Gaudich.（1829）（保留属名）［兰科 Orchidaceae］■

12928　Cordyla Lour.（1790）【汉】棒状苏木属。【隶属】豆科 Fabaceae（Leguminosae）//云实科（苏木科）Caesalpiniaceae。【包含】世界 4-5 种。【学名诠释与讨论】〈阴〉（希）kordyle，棍棒。喻其果实形状或子房。此属的学名，ING 和 TROPICOS 记载是"Cordyla Loureiro，Fl. Cochinch. 402，411. Sep 1790"。兰科 Orchidaceae 的"Cordyla Blume，Bijdr. Fl. Ned. Ind. 8：416. 1825［20 Sep-7 Dec 1825］≡ Roptrostemon Blume（1828）= Nervilia Comm. ex Gaudich.（1829）（保留属名）"和"Cordyla Post et Kuntze（1903）Nom. illegit. = Paphiopedilum Pfitzer（1886）（保留属名）= Cordula Raf.（1838）Nom. illegit.（废弃属名）"是晚出的非法名称。亦有文献把"Cordyla Lour.（1790）"处理为"Dupuya J. H. Kirkbr.（2005）"的异名。【分布】马达加斯加，热带和非洲南部。【模式】Cordyla africana Loureiro。【参考异名】Calycandra Lepr. ex A. Rich.（1832）；Cordylia Pers.（1806）；Coryda B. D. Jacks.；Dupuya J. H. Kirkbr.（2005）●☆

12929　Cordyla Post et Kuntze（1903）Nom. illegit. = Cordula Raf.（1838）Nom. illegit.（废弃属名）；~ = Paphiopedilum Pfitzer（1886）（保留属名）［兰科 Orchidaceae］■

12930　Cordylanthus Blume（1852）Nom. illegit.（废弃属名）= Homalium Jacq.（1760）［刺篱木科（大风子科）Flacourtiaceae//天料木科 Samydaceae］●

12931　Cordylanthus Nutt. ex Benth.（1846）（保留属名）【汉】棒花列当属（棒花属）。【隶属】玄参科 Scrophulariaceae//列当科 Orobanchaceae。【包含】世界 18-40 种。【学名诠释与讨论】〈阳〉（希）kordyle，棍棒，肿瘤+anthos，花。此属的学名"Cordylanthus Nutt. ex Benth. in Candolle，Prodr. 10：597. 8 Apr 1846"是保留属名。相应的废弃属名是玄参科 Scrophulariaceae//列当科

Orobanchaceae)的"Adenostegia Benth. in Lindley, Intr. Nat. Syst. Bot., ed. 2：445. Jul 1836 ≡ Cordylanthus Nutt. ex Benth.（1846）（保留属名）"。"Cordylanthus Blume, Mus. Bot. 2（1-8）：27, t. 3. 1852［1856］.［Feb 1856］= Homalium Jacq.（1760）［刺篱木科（大风子科）Flacourtiaceae//天料木科 Samydaceae］"亦应废弃。"Adenostegia Bentham in J. Lindley, Nat. Syst. ed. 2. 445. Jul（?）1836（废弃属名）"是"Cordylanthus Nutt. ex Benth.（1846）（保留属名）"的同模式异名（Homotypic synonym, Nomenclatural synonym）。【分布】北美洲西部。【模式】Cordylanthus filifolius Nuttall ex Bentham, Nom. illegit.［Adenostegia rigida Bentham; Cordylanthus rigidus（Bentham）Jepsen］。【参考异名】Adenostegia Benth.（1836）（废弃属名）；Chloropyron Behr（1855）；Dicranostegia（A. Gray）Pennell（1947）■☆

12932　Cordylestylis Falc.（1841）= Goodyera R. Br.（1813）［兰科 Orchidaceae］■

12933　Cordylia Pers.（1806）= Cordyla Lour.（1790）［豆科 Fabaceae（Leguminosae）//云实科（苏木科）Caesalpiniaceae］●☆

12934　Cordyline Adans.（1763）（废弃属名）≡ Cordyline Royen ex Adans.（1763）Nom. illegit.（废弃属名）；~ ≡ Sansevieria Thunb.（1794）（保留属名）［百合科 Liliaceae//龙舌兰科 Agavaceae//龙血树科 Dracaenaceae//石蒜科 Amaryllidaceae//虎尾兰科 Sansevieriaceae//天门冬科 Asparagaceae］■

12935　Cordyline Comm. ex Juss.（1789）（废弃属名）= Cordyline Comm. ex R. Br.（1810）（保留属名）［百合科 Liliaceae//点柱花科（朱蕉科）Lomandraceae//龙舌兰科 Agavaceae//天门冬科 Asparagaceae］●

12936　Cordyline Comm. ex R. Br.（1810）（保留属名）【汉】朱蕉属。【日】センネンボク属。【俄】Кордилина, Лилия - кордилина。【英】Cabbage Palm, Cabbage Tree, Club Palm, Cordyline, Dracaena, Dracaena Palm, Ti plant。【隶属】百合科 Liliaceae//点柱花科（朱蕉科）Lomandraceae//龙舌兰科 Agavaceae//天门冬科 Asparagaceae。【包含】世界 15-20 种, 中国 1-4 种。【学名诠释与讨论】〈阴〉（希）kordyle, 棍棒、肿块、肿、瘤+-inus, -ina, -inum 拉丁文加在名词词干之后, 以形成形容词的词尾, 含义为"属于、相似、关于、小的"。指某些种具肉质根。此属的学名"Cordyline Comm. ex R. Br., Prodr.：280. 27 Mar 1810［Lil.］"是保留属名。相应的废弃属名是百合科 Liliaceae//龙舌兰科 Agavaceae//天门冬科 Asparagaceae的"Cordyline Adans., Fam. Pl. 2：54, 543. Jul-Aug 1763［Monocot.：Lil.］≡ Sansevieria Thunb.（1794）（保留属名）"和"Taetsia Medik., Theodora：82. 1786 = Cordyline Comm. ex R. Br.（1810）（保留属名）"。百合科 Liliaceae 的"Cordyline Royen ex Adans., Fam. Pl.（Adanson）2：54. 1763 ≡ Sansevieria Thunb.（1794）（保留属名）"、"Cordyline Persoon, Syn. Pl. 1：372. 1 Apr-15 Jun 1805 = Dianella Lam. ex Juss.（1789）"和"Cordyline Comm. ex Juss.（1789）（废弃属名）= Cordyline Comm. ex R. Br.（1810）（保留属名）"以及龙血树科 Dracaenaceae 的"Cordyline Fabr. = Dracaena Vand. ex L.（1767）Nom. illegit."都应该废弃。【分布】巴基斯坦, 巴拿马, 玻利维亚, 厄瓜多尔, 哥斯达黎加, 尼加拉瓜, 中国, 热带, 温带, 中美洲。【模式】Cordyline cannifolia R. Brown［as 'cannaefolia'］。【参考异名】Calodracon Planch.（1850-1851）；Charlwoodia Sweet（1827）；Cohnia Kunth（1850）；Cordyline Comm. ex Juss.（废弃属名）；Dracaenopsis Planch.（1850-1851）；Euphyleia Raf.（1838）；Taetsia Medik.（1786）（废弃属名）；Terminalis Kuntze（1891）Nom. illegit.；Terminalis Rumph.（1744）Nom. inval.；Terminalis Rumph. ex Kuntze（1891）Nom. illegit. ●

12937　Cordyline Fabr.（废弃属名）= Dracaena Vand. ex L.（1767）

Nom. illegit.；~ ≡ Dracaena Vand.（1767）［百合科 Liliaceae//龙舌兰科 Agavaceae//龙血树科 Dracaenaceae］●■

12938　Cordyline Pers.（1805）（废弃属名）= Dianella Lam. ex Juss.（1789）［百合科 Liliaceae//山营兰科（山菅兰科）Dianellaceae］●■

12939　Cordyline Royen ex Adans.（1763）Nom. illegit.（废弃属名）≡ Sansevieria Thunb.（1794）（保留属名）［百合科 Liliaceae//龙舌兰科 Agavaceae//龙血树科 Dracaenaceae//石蒜科 Amaryllidaceae//虎尾兰科 Sansevieriaceae］■

12940　Cordyloblaste Hensch. ex Moritzi（1848）= Symplocos Jacq.（1760）［山矾科（灰木科）Symplocaceae］●

12941　Cordyloblaste Moritzi（1848）Nom. illegit. ≡ Cordyloblaste Hensch. ex Moritzi（1848）；~ = Symplocos Jacq.（1760）［山矾科（灰木科）Symplocaceae］●

12942　Cordylocarpus Desf.（1798）【汉】北非棒果芥属。【隶属】十字花科 Brassicaceae（Cruciferae）。【包含】世界 1-11 种。【学名诠释与讨论】〈阳〉（希）kordyle, 棍棒+karpos, 果实。【分布】非洲北部。【模式】Cordylocarpus muricatus Desfontaines。■☆

12943　Cordylocarya Besser ex DC. = Rapistrum Crantz（1769）（保留属名）［十字花科 Brassicaceae（Cruciferae）］■☆

12944　Cordylogne Lindl.（1848）Nom. illegit. = Cordylogyne E. Mey.（1838）［萝藦科 Asclepiadaceae］■☆

12945　Cordylogyne E. Mey.（1838）【汉】棒蕊萝藦属。【隶属】萝藦科 Asclepiadaceae。【包含】世界 1 种。【学名诠释与讨论】〈阴〉（希）kordyle, 棍棒+gyne, 所有格 gynaikos, 雌性、雌蕊。【分布】非洲南部。【模式】Cordylogyne globosa E. H. F. Meyer。【参考异名】Cordylogne Lindl.（1848）Nom. illegit.■☆

12946　Cordylophorum（Nutt. ex Torr. et A. Gray）Rydb.（1917）= Epilobium L.（1753）［柳叶菜科 Onagraceae］■

12947　Cordylophorum Rydb.（1917）Nom. illegit. ≡ Cordylophorum（Nutt. ex Torr. et A. Gray）Rydb.（1917）；~ = Epilobium L.（1753）［柳叶菜科 Onagraceae］■

12948　Cordylostigma Groeninckx et Dessein（2010）【汉】厚柱头茜属。【隶属】茜草科 Rubiaceae。【包含】世界 9 种。【学名诠释与讨论】〈阴〉（希）kordyle, 棍棒++stigma, 所有格 stigmatos, 柱头、眼点。TROPICOS 记载"Cordylostigma Groeninckx et Dessein, Taxon 59（5）：1466. 2010［8 Oct 2010］"是"Kohautia subgen. Pachystigma Bremek. Verh. Kon. Ned. Akad. Wetensch., Afd. Natuurk., Sect. 2. 48：66. 1952"的替代名称（replaced synonym）；此说不妥。【分布】马达加斯加。【模式】Kohautia longifolia Klotzsch。【参考异名】Kohautia Cham. et Schltdl.（1829）■☆

12949　Cordylostylis Post et Kuntze（1903）= Cordylestylis Falc.（1841）；~ = Goodyera R. Br.（1813）［兰科 Orchidaceae］■

12950　Coreanomecon Nakai（1935）【汉】荷青花白屈菜属。【隶属】罂粟科 Papaveraceae。【包含】世界 1 种。【学名诠释与讨论】〈阴〉（地）Corean, 朝鲜+mecon 罂粟。此属的学名是"Coreanomecon Nakai, J. Jap. Bot. 11：151. 1935"。亦有文献把其处理为"Chelidonium L.（1753）"或"Hylomecon Maxim.（1859）"的异名。【分布】朝鲜。【模式】Coreanomecon hylomeconoides Nakai。【参考异名】Chelidonium L.（1753）；Hylomecon Maxim.（1859）■☆

12951　Coredia Hook. f.（1857）= Cordia L.（1753）（保留属名）［紫草科 Boraginaceae//破布木科（破布树科）Cordiaceae］●

12952　Corellia A. M. Powell = Perityle Benth.（1844）［菊科 Asteraceae（Compositae）］●■☆

12953　Corema Bercht. et J. Presl（1830-1835）Nom. illegit., Nom. inval. ≡ Corema J. Presl（1830）Nom. illegit., Nom. inval.；~ = Sarothamnus Wimm.（1832）（保留属名）［豆科 Fabaceae（Leguminosae）］●☆

12954　Corema D. Don（1826）【汉】岩帚兰属（丛枝木属，帚高兰属）。【隶属】岩高兰科 Empetraceae。【包含】世界 2 种。【学名诠释与讨论】〈中〉（希）korema，所有格 koreniatos，扫帚，垃圾，废物。此属的学名，ING、TROPICOS 和 IK 记载是"Corema D. Don，Edinburgh New Philos. J. 2：63. Dec 1826"。豆科 Fabaceae 的"Corema J. S. Presl in Berchtold et J. S. Presl，Prirozenosti Rostlin 3：9，88. 1830-1835 =Sarothamnus Wimm.（1832）（保留属名）"是晚出的非法名称。"Corema Bercht. et J. Presl（1830 - 1835）≡ Corema J. Presl（1830）Nom. illegit.，Nom. inval."的命名人引证有误。"Euleucum Rafinesque，Fl. Tell. 3：56. Nov - Dec 1837（'1836'）"是"Corema D. Don（1826）"的晚出的同模式异名（Homotypic synonym，Nomenclatural synonym）。【分布】西班牙（加那利群岛），葡萄牙（亚述尔群岛），欧洲西南部，北美洲东部。【模式】Corema album（Linnaeus）D. Don ex Steudel。【参考异名】Colema Raf.（1838）Nom. illegit.；Endammia Raf.（1838）；Euleucum Raf.（1837）Nom. illegit.；Oakesia Tuck.（1842）；Tuckermannia Klotzsch（1841）；Tuckermannia Klotzsch（1841）Nom. illegit. ●☆

12955　Corema J. Presl（1830）Nom. illegit.，Nom. inval. = Sarothamnus Wimm.（1832）（保留属名）［豆科 Fabaceae（Leguminosae）］●☆

12956　Coreocarpus Benth.（1844）【汉】虫籽菊属（虫子菊属）。【隶属】菊科 Asteraceae（Compositae）。【包含】世界 8-9 种。【学名诠释与讨论】〈阳〉（希）koreos，臭虫+karpos，果实。指果形。【分布】美国（加利福尼亚），墨西哥。【模式】Coreocarpus parthenioides Bentham。【参考异名】Acoma Benth.（1844）；Coriocarpus Pax et K. Hoffm. ■☆

12957　Coreopis Gunn（1772）= Coreopsis L.（1753）［菊科 Asteraceae（Compositae）//金鸡菊科 Coreopsidaceae］●■

12958　Coreopsidaceae Link（1829）［亦见 Asteraceae Bercht. et J. Presl（保留科名）//Compositae Giseke（保留科名）菊科］【汉】金鸡菊科。【包含】世界 3 属 39-124 种，中国 2 属 4-8 种。【分布】美洲，热带非洲。【科名模式】Coreopsis L.（1753）●■

12959　Coreopsis L.（1753）【汉】金鸡菊属。【日】ハルシャギク属。【俄】Кореопсис，Ленок，Лептосине。【英】Coreopsis，Sea Dahlia，Tickseed，Tickweed。【隶属】菊科 Asteraceae（Compositae）//金鸡菊科 Coreopsidaceae。【包含】世界 35-120 种，中国 3-7 种。【学名诠释与讨论】〈阴〉（希）koreos，臭虫+opsis，外观，模样，相似。指瘦果形似臭虫。此属的学名，ING、APNI、GCITROPICOS 和 IK 记载是"Coreopsis L.，Sp. Pl. 2：907. 1753［1 May 1753］"。"Coreopsoides Moench，Meth. 594. 4 Mai 1794"和"Chrysomelea Tausch，Hortus Canal. 1：sub t. 4. 1823"是"Coreopsis L.（1753）"的晚出的同模式异名（Homotypic synonym，Nomenclatural synonym）。"Coreopis Gunnerus，Fl. Norveg. 2：87. 1772［23 Apr 1772］sphalm. pro Coreopsis L."是晚出的非法名称，而且拼写错误。【分布】秘鲁，玻利维亚，厄瓜多尔，马达加斯加，美国（密苏里），中国，热带非洲，美洲。【后选模式】Coreopsis lanceolata Linnaeus。【参考异名】Acidosperma Clem.；Acispermum Neck.（1790）；Agarista DC.（1836）Nom. illegit.；Anacis Schrank（1817）；Calliopsis Rchb.（1823）；Cereopsis Blanco（1845）；Cereopsis Raf.；Chrysomelea Tausch（1836）Nom. illegit.；Chrysostemma Less.（1832）；Coreopis Gunn（1772）；Coreopsoides Moench（1794）Nom. illegit.；Coropsis Adans.；Cymbaecarpa Cav.（1803）；Diatonta Walp.（1843）；Diodonta Nutt.（1841）；Diplosastera Tausch（1823）；Electra DC.（1836）Nom. illegit.；Epilepis Benth.（1839）；Heterodonta Hort. ex Benth. et Hook. f.（1873）；Leachia Cass.（1822）；Leiodon Shuttlew. ex Sherff（1936）；Leptosyne DC.（1836）；Lerchia Rchb.（1828）Nom. illegit.（废弃属名）；Lophactis Raf.（1824）；Loreopsis Raf.；

Odoglossa Raf.（1836）；Prestinaria Sch. Bip. ex Hochst.（1841）Nom. illegit.；Pugiopappus A. Gray ex Torr.（1857）Nom. illegit.；Pugiopappus A. Gray（1857）；Selleophytum Urb.（1915）；Tuckermannia Nutt.（1841）；Vernasolis Raf.（1832）●■

12960　Coreopsoides Moench（1794）Nom. illegit. ≡Coreopsis L.（1753）［菊科 Asteraceae（Compositae）//金鸡菊科 Coreopsidaceae］●■

12961　Coreosma Spach（1835）= Ribes L.（1753）［虎耳草科 Saxifragaceae//醋栗科（茶藨子科）Grossulariaceae］●

12962　Coresantha Alef.（1863）= Iris L.（1753）［鸢尾科 Iridaceae］■

12963　Coresanthe Baker（1877）= Coresantha Alef（1863）［鸢尾科 Iridaceae］■

12964　Coreta P. Browne（1756）= Corchorus L.（1753）［椴树科（椴科，田麻科）Tiliaceae//锦葵科 Malvaceae］■●

12965　Corethamnium R. M. King et H. Rob.（1978）【汉】展瓣亮泽兰属。【隶属】菊科 Asteraceae（Compositae）。【包含】世界 1 种。【学名诠释与讨论】〈中〉（希）koreos，臭虫+thamnos，指小式 thamnion，灌木，灌丛，树丛，枝+-ius，-ia，-ium，在拉丁文和希腊文中，这些词尾表示性质或状态。【分布】哥伦比亚。【模式】Corethamnium chocoensis R. M. King et H. Robinson。●☆

12966　Corethrodendron Fisch. et Basiner（1845）【汉】扫帚木属（山竹子属）。【隶属】豆科 Fabaceae（Leguminosae）。【包含】世界 4 种，中国 4 种。【学名诠释与讨论】〈中〉（希）korethron，扫帚，金雀花 + dendron 或 dendros，树木，棍，丛林。此属的学名是"Corethrodendron F. E. L. Fischer et T. F. J. Basiner in T. F. J. Basiner，Bull. Cl. Phys. -Math. Acad. Imp. Sci. Saint-Pétersbourg 4：315. 1845"。亦有文献把其处理为"Hedysarum L.（1753）（保留属名）"的异名。【分布】俄罗斯，哈萨克斯坦，蒙古，中国。【模式】Corethrodendron scoparium（F. E. L. Fischer et C. A. Meyer）F. E. L. Fischer et Basiner［Hedysarum scoparium F. E. L. Fischer et C. A. Meyer］。【参考异名】Hedysarum L.（1753）（保留属名）●

12967　Corethrogyne DC.（1836）【汉】沙紫菀属。【英】Sandaster。【隶属】菊科 Asteraceae（Compositae）。【包含】世界 1 种。【学名诠释与讨论】〈阴〉（希）korethron，扫帚，金雀花，一束树枝+gyne，所有格 gynaikos，雌性，雌蕊。此属的学名是"Corethrogyne A. P. de Candolle，Prodr. 5：215. Oct（prim.）1836"。亦有文献把其处理为"Lessingia Cham.（1829）"的异名。【分布】美国（加利福尼亚）。【模式】Corethrogyne californica A. P. de Candolle。【参考异名】Lessingia Cham.（1829）●■☆

12968　Corethrostyles Benth. et Hook. f.（1862）Nom. illegit. = Corethrostylis Endl.（1839）；~ =Lasiopetalum Sm.（1798）［梧桐科 Sterculiaceae//锦葵科 Malvaceae//柔木科 Lasiopetalaceae］●☆

12969　Corethrostyles Endl.（1839）Nom. illegit. ≡Corethrostylis Endl.（1839）；~ =Lasiopetalum Sm.（1798）［梧桐科 Sterculiaceae//锦葵科 Malvaceae//柔木科 Lasiopetalaceae］●☆

12970　Corethrostylis Endl.（1839）= Lasiopetalum Sm.（1798）［梧桐科 Sterculiaceae//锦葵科 Malvaceae//柔木科 Lasiopetalaceae］●☆

12971　Corethrum Vahl（1810）【汉】扫帚禾属。【隶属】禾本科 Poaceae（Gramineae）。【包含】世界 1-3 种。【学名诠释与讨论】〈中〉（希）korethron，扫帚。此属的学名是"Corethrum M. Vahl，Skr. Naturhist. - Selsk. 6：85. 1810"。亦有文献把其处理为"Bouteloua Lag.（1805）［as 'Botelua'］（保留属名）"的异名。【分布】俄罗斯欧洲部分和远东，高加索，地中海地区，亚洲西南部，亚洲中部。【模式】Corethrum bromoides M. Vahl。【参考异名】Botelua Lag.（1805）Nom. illegit.（废弃属名）；Bouteloua Lag.（1805）［as 'Botelua'］（保留属名）■☆

12972　Coriaceae J. Agardh =Primulaceae Batsch ex Borkh.（保留科名）●■

12973　Coriandraceae Burnett（1835）［亦见 Apiaceae Lindl.（保留科名）//Umbelliferae Juss.（保留科名）伞形花科（伞形科）］【汉】芫荽科。【包含】世界 2 属 3-4 种，中国 1 种。【分布】地中海，中国。【科名模式】Coriandrum L.。■☆

12974　Coriandropsis H. Wolff（1921）【汉】拟芫荽属。【隶属】伞形花科（伞形科）Apiaceae（Umbelliferae）//芫荽科 Coriandraceae。【包含】世界 1 种。【学名诠释与讨论】〈阴〉（属）Coriandrum 芫荽属+希腊文 opsis，外观，模样，相似。此属的学名是"Coriandropsis H. Wolff, Repert. Spec. Nov. Regni Veg. 17：177. 30 Jun 1921"。亦有文献把其处理为"Coriandrum L.（1753）"的异名。【分布】库尔德斯坦。【模式】Coriandropsis syriaca H. Wolff。【参考异名】Coriandrum L.（1753）■☆

12975　Coriandrum L.（1753）【汉】芫荽属。【日】コエンドロ属。【俄】Киндза，Киндзя，Кишнец，Кориандр。【英】Coriander。【隶属】伞形花科（伞形科）Apiaceae（Umbelliferae）//芫荽科 Coriandraceae。【包含】世界 2-3 种，中国 1 种。【学名诠释与讨论】〈中〉（希）koris，臭虫+aner，所有格 andros，雄性，雄蕊。另说，古希腊语 koris 臭虫+annon 茴芹（Pimpinella anisum L.）。指种子像茴芹的果实一样，具有臭虫样的臭味。【分布】巴基斯坦，巴拉圭，秘鲁，玻利维亚，厄瓜多尔，哥伦比亚（安蒂奥基亚），美国（密苏里），中国，地中海地区，中美洲。【后选模式】Coriandrum sativum Linnaeus。【参考异名】Ceramocarpus Wittst.；Coriandropsis H. Wolff（1921）；Keramocarpus Fenzl（1843）■

12976　Coriaria L.（1753）【汉】马桑属。【日】ドクウツギ属。【俄】Кориария。【英】Coriaria。【隶属】马桑科 Coriariaceae。【包含】世界 5-30 种，中国 3 种。【学名诠释与讨论】〈阴〉（拉）corium，皮革+-arius，-aria，-arium，指示"属于、相似、具有、联系"的词尾。指某些种叶片和树皮富含单宁，用于制革。此属的学名，ING 和 TROPICOS 记载是"Coriaria Linnaeus, Sp. Pl. 1037. 1 Mai 1753"。IK 则记载为"Coriaria Niss. ex L., Sp. Pl. 2：1037. 1753［1 May 1753］"。"Coriaria Niss."是命名起点著作之前的名称，故"Coriaria Niss. ex L.（1753）"和"Coriaria L.（1753）"都是合法名称，可以通用。【分布】巴基斯坦，巴拿马，秘鲁，厄瓜多尔，哥伦比亚，哥斯达黎加，墨西哥，新西兰，智利，中国，地中海至日本，中美洲。【后选模式】Coriaria myrtifolia Linnaeus。【参考异名】Coriaria Niss. ex L.（1753）；Heterocladus Turcz.（1847）；Heterophylleia Turcz.（1848）Nom. illegit.●

12977　Coriaria Niss. ex L.（1753）≡ Coriaria L.（1753）［马桑科 Coriariaceae］●

12978　Coriariaceae DC.（1824）（保留科名）［亦见 Primulaceae Batsch ex Borkh.（保留科名）报春花科］【汉】马桑科。【日】ドクウツギ科。【俄】Кориариевые。【英】Coriaria Family。【包含】世界 1 属 5-20 种，中国 1 属 3 种。【分布】欧亚大陆，新西兰，中美洲和南美洲。【科名模式】Coriaria L.（1753）●

12979　Coridaceae J. Agardh.（1858）［亦见 Myrsinaceae R. Br.（保留科名）紫金牛科和 Primulaceae Batsch ex Borkh.（保留科名）报春花科］【汉】麝香报春科（麝香草科）。【包含】世界 1 属 1 种。【分布】地中海，非洲东北部。【科名模式】Coris L.●☆

12980　Coridochloa Nees ex Graham, Nom. illegit. = Alloteropsis J. Presl ex C. Presl（1830）［禾本科 Poaceae（Gramineae）］■

12981　Coridochloa Nees（1833）= Alloteropsis J. Presl ex C. Presl（1830）［禾本科 Poaceae（Gramineae）］■

12982　Coridothymus Rchb. f.（1857）= Thymbra L.（1753）［唇形科 Lamiaceae（Labiatae）］●☆

12983　Coriflora W. A. Weber（1982）Nom. inval. = Clematis L.（1753）［毛茛科 Ranunculaceae］●■

12984　Corilus Nocca（1793）= Corylus L.（1753）［榛科（榛木科）

Corylaceae//桦木科 Betulaceae］●

12985　Corindum Adans.（1763）Nom. illegit. = Paullinia L.（1753）［无患子科 Sapindaceae］●☆

12986　Corindum Mill.（1754）Nom. illegit. ≡ Cardiospermum L.（1753）［无患子科 Sapindaceae］■

12987　Corindum Tourn. ex Medik.（1787）Nom. illegit. = Cardiospermum L.（1753）［无患子科 Sapindaceae］■

12988　Coringia J. Presl et C. Presl = Conringia Heist. ex Fabr.（1759）［十字花科 Brassicaceae（Cruciferae）］■

12989　Corinocarpus Poir.（1818）= Corynocarpus J. R. Forst. et G. Forst.（1775）［棒果木科（棒果科，毛利果科）Corynocarpaceae］●☆

12990　Coriocarpus Pax et K. Hoffm. = Coreocarpus Benth.（1844）［菊科 Asteraceae（Compositae）］■☆

12991　Corion Hoffmanns. et Link（1840）Nom. illegit. = Bifora Hoffm.（1816）（保留属名）［伞形花科（伞形科）Apiaceae（Umbelliferae）］■☆

12992　Corion Mitch.（1748）Nom. inval. = Spergularia（Pers.）J. Presl et C. Presl（1819）（保留属名）［石竹科 Caryophyllaceae］■

12993　Coriophyllus Rydb.（1913）= Cymopterus Raf.（1819）［伞形花科（伞形科）Apiaceae（Umbelliferae）］■☆

12994　Coriospermum Post et Kuntze（1903）= Corispermum L.（1753）［藜科 Chenopodiaceae］■

12995　Coris L.（1753）【汉】麝香报春属（考丽草属）。【隶属】报春花科 Primulaceae//麝香报春科 Coridaceae//紫金牛科 Myrsinaceae。【包含】世界 1-2 种。【学名诠释与讨论】〈阴〉（希）koris，金丝桃的一种。又一种鱼。此属的学名，ING 和 TROPICOS 记载是"Coris Linnaeus, Sp. Pl. 177. 1 Mai 1753"。IK 则记载为"Coris Tourn. ex L., Sp. Pl. 1：177. 1753［1 May 1753］"。"Coris L.（1753）"和"Coris Tourn. ex L.（1753）"都是合法名称，可以通用。"Alus Bubani, Fl. Pyrenaea 1：236. 1897"是"Coris L.（1753）"的晚出的同模式异名（Homotypic synonym, Nomenclatural synonym）。【分布】地中海地区，非洲东北部。【模式】Coris monspeliensis Linnaeus。【参考异名】Alus Bubani（1897）Nom. illegit.；Coris Tourn. ex L.（1753）●☆

12996　Coris Tourn. ex L.（1753）≡ Coris L.（1753）［报春花科 Primulaceae//麝香报春科 Coridaceae//紫金牛科 Myrsinaceae］●☆

12997　Corisanthera C. B. Clarke（1884）= Corysanthera Wall. ex Benth.（1839）；~ = Rhynchotechum Blume（1826）［苦苣苔科 Gesneriaceae］●

12998　Corisanthes Steud.（1840）= Criosanthes Raf.（1818）［兰科 Orchidaceae］■

12999　Corispermaceae Link（1831）= Amaranthaceae Juss.（保留科名）；~ = Chenopodiaceae Vent.（保留科名）●■

13000　Corispermum（B. Juss.）ex L.（1753）≡ Corispermum L.（1753）［藜科 Chenopodiaceae］■

13001　Corispermum B. Juss. ex L.（1753）≡ Corispermum L.（1753）［藜科 Chenopodiaceae］■

13002　Corispermum L.（1753）【汉】虫实属。【日】カハラヒジキ属，カワラヒジキ属。【俄】Верблюдка。【英】Bugseed, Tickseed, Tick-seed。【隶属】藜科 Chenopodiaceae。【包含】世界 60-70 种，中国 29 种。【学名诠释与讨论】〈中〉（希）koris，臭虫+sperma，所有格 spermatos，种子，孢子。指种子的形状和颜色似臭虫。此属的学名，ING 和 GCI 记载是"Corispermum L., Sp. Pl. 1：4. 1753［1 May 1753］"。IK 则记载为"Corispermum B. Juss. ex L., Sp. Pl. 1：4. 1753［1 May 1753］"。"Corispermum B. Juss."是命名起点著作之前的名称，故"Corispermum L.（1753）"和"Corispermum B. Juss. ex L.（1753）"都是合法名称，可以通用。"Corispermum（B.

Juss.）ex L.（1753）"的表述方式是旧法规的规定：命名起点著作之前的名称的命名人须放在内，例如这个名称的（B. Juss.）。【分布】巴基斯坦，美国，中国，北温带。【后选模式】Corispermum hyssopifolium Linnaeus。【参考异名】Coriospermum Post et Kuntze（1903）；Corispermum（B. Juss.）ex L.（1753）；Corispermum B. Juss. ex L.（1753）；Stellaria Hill（1742）Nom. inval.　■

13003　Coristospermum Bertol.（1838）【汉】臭虫草属。【隶属】伞形花科（伞形科）Apiaceae（Umbelliferae）。【包含】世界3种。【学名诠释与讨论】〈中〉（希）koris+sperma，所有格 spermatos，种子，孢子。此属的学名是"Coristospermum A. Bertoloni, Fl. Ital. 3：466. Nov 1838（'1837'）."。亦有文献把其处理为"Ligusticum L.（1753）"的异名。【分布】欧洲南部。【模式】Coristospermum cuneifolium（Gussone）A. Bertoloni［Ligusticum cuneifolium Gussone］。【参考异名】Ligusticum L.（1753）■☆

13004　Corium Post et Kuntze（1）= Corion Hoffmanns. et Link（1840）；~ = Bifora Hoffm.（1816）（保留属名）［伞形花科（伞形科）Apiaceae（Umbelliferae）］■☆

13005　Corium Post et Kuntze（2）= Spergularia（Pers.）J. Presl et C. Presl（1819）（保留属名）；~ = Corion Mitch.（1748）Nom. inval.；~ =Spergularia（Pers.）J. Presl et C. Presl（1819）（保留属名）［石竹科 Caryophyllaceae］■

13006　Corizospermum Zipp. ex Blume（1851）= Casearia Jacq.（1760）［刺篱木科（大风子科）Flacourtiaceae//天料木科 Samydaceae］●

13007　Cormigonus Raf.（1820）= Bikkia Reinw.（1825）（保留属名）［茜草科 Rubiaceae］●☆

13008　Cormonema Reissek（1840）Nom. illegit. ≡ Cormonema Reissek ex Endl.（1840）；~ =Colubrina Rich. ex Brongn.（1826）（保留属名）［鼠李科 Rhamnaceae］●

13009　Cormus Spach（1834）= Sorbus L.（1753）［蔷薇科 Rosaceae］●

13010　Cormylus Raf.（1820）Nom. inval. = Hedyotis L.（1753）（保留属名）［茜草科 Rubiaceae］●■

13011　Corna Noronha（1790）= Avicennia L.（1753）［马鞭草科 Verbenaceae//海榄雌科 Avicenniaceae］●■

13012　Cornacchinia Endl.（1841）Nom. illegit. ≡ Baeolepis Decne. ex Moq.（1849）［萝藦科 Asclepiadaceae］■☆

13013　Cornacchinia Savi（1837）= Clerodendrum L.（1753）［马鞭草科 Verbenaceae//牡荆科 Viticaceae］●■

13014　Cornaceae Bercht. et J. Presl（1825）（保留科名）【汉】山茱萸科（四照花科）。【日】ミズキ科，ミヅキ科。【俄】Деренные，Дерённые，Кизиловые。【英】Dogwood Family。【包含】世界1-15属55-140种，中国1-9属25-69种。【分布】温带，热带山区。【科名模式】Cornus L.（1753）●

13015　Cornaceae Bercht. ex J. Presl（1825）= Cornaceae Bercht. et J. Presl（1825）（保留科名）●

13016　Cornaceae Dumort. = Cornaceae Bercht. et J. Presl（保留科名）●■

13017　Cornalia Lavy（1830）【汉】意大利芥属。【隶属】十字花科 Brassicaceae（Cruciferae）。【包含】世界1种。【学名诠释与讨论】〈阴〉词源不详。似来自人名。【分布】意大利。【模式】Cornalia glabra Lavy。■☆

13018　Cornelia Ard.（1764）= Ammannia L.（1753）［千屈菜科 Lythraceae//水苋菜科 Ammanniaceae］■

13019　Cornelia Rydb.（1906）Nom. illegit. ≡ Chamaepericlymenum Asch. et Graebn.（1898）［山茱萸科 Cornaceae］■

13020　Cornera Furtado（1955）【汉】科纳棕属（可耐拉棕属）。【英】Cornera。【隶属】棕榈科 Arecaceae（Palmae）。【包含】世界3种。【学名诠释与讨论】〈阴〉（人）Edred John Henry Corner，1906-1996，英国植物学者。此属的学名是"Cornera Furtado, Gard.

Bull. Straits Settlem. ser. 3. 14：518. 15 Feb 1955"。亦有文献把其处理为"Calamus L.（1753）"的异名。【分布】马来西亚（西部）。【模式】Cornera pycnocarpa Furtado。【参考异名】Calamus L.（1753）；Corneria A. V. Bobrov et Melikyan（2000）Nom. illegit.●☆

13021　Corneria A. V. Bobrov et Melikyan（2000）Nom. illegit. =Calamus L.（1753）；~ = Cornera Furtado（1955）［棕榈科 Arecaceae（Palmae）］●☆

13022　Cornicina（DC.）Boiss.（1840）= Anthyllis L.（1753）［豆科 Fabaceae（Leguminosae）//蝶形花科 Papilionaceae］■☆

13023　Cornicina Boiss.（1840）Nom. illegit. ≡ Cornicina（DC.）Boiss.（1840）；~ = Anthyllis L.（1753）［豆科 Fabaceae（Leguminosae）//蝶形花科 Papilionaceae］■☆

13024　Cornidia Ruiz et Pav.（1794）= Hydrangea L.（1753）［虎耳草科 Saxifragaceae//绣球花科（八仙花科，绣球科）Hydrangeaceae］●

13025　Corniola Adans.（1763）Nom. illegit. = Genista L.（1753）［豆科 Fabaceae（Leguminosae）//蝶形花科 Papilionaceae］●

13026　Corniveum Nienwi.（1914）= Dicentra Bernh.（1833）（保留属名）［罂粟科 Papaveraceae//紫堇科（荷苞牡丹科）Fumariaceae］■

13027　Cornthamnus（Koch）C. Presl = Genista L.（1753）［豆科 Fabaceae（Leguminosae）//蝶形花科 Papilionaceae］●

13028　Cornucopiae L.（1753）【汉】角刀草属。【隶属】禾本科 Poaceae（Gramineae）。【包含】世界2种。【学名诠释与讨论】〈中〉（拉）cornu，角。cornutus，长了角的。corneus，角质的+kopeeis，kope 桨，刀剑等之柄。【分布】玻利维亚，地中海东部，中美洲。【模式】Cornucopiae cucullatum Linnaeus。■☆

13029　Cornuella Pierre（1891）= Chrysophyllum L.（1753）［山榄科 Sapotaceae］●

13030　Cornukaempferia Mood et K. Larsen（1997）【汉】考尔姜属。【隶属】姜科（襄荷科）Zingiberaceae。【包含】世界2种。【学名诠释与讨论】〈阴〉（拉）cornu，角+（人）Kaempfer。【分布】泰国。【模式】Cornukaempferia aurantiflora Mood et K. Larsen。■☆

13031　Cornulaca Delile（1813）【汉】单刺蓬属（单刺花属，单刺属）。【俄】Колнулака。【英】Cornulaca。【隶属】藜科 Chenopodiaceae。【包含】世界6-7种，中国1种。【学名诠释与讨论】〈阴〉（拉）cornu，角+laco，不足。指刺不发达。【分布】埃及至亚洲中部，巴基斯坦，巴勒斯坦，中国。【模式】Cornulaca monacantha Delile。●■

13032　Cornulus Fabr. =Swida Opiz（1838）［山茱萸科 Cornaceae］●

13033　Cornus L.（1753）【汉】山茱萸属（梾木属）。【日】コルヌス属，ズミノキ属，ミズキ属，ミヅキ属。【俄】Дерен，Дерён，Кизил，Свидина。【英】Bunchberry，Cornel，Dogwood。【隶属】山茱萸科 Cornaceae//四照花科 Cornaceae。【包含】世界5-65种，中国5-25种。【学名诠释与讨论】〈阴〉（拉）cornus，为欧洲梾木（Cornus mas）的古拉丁名，源出于 cornu，角。cornutus，长了角的。corneus，角质的。指木材像兽角样坚固。此属的学名，ING、GCI、TROPICOS 和 IK 记载是"Cornus L., Sp. Pl. 1：117. 1753［1 May 1753］Muscari Mill.（1754）"。百合科 Liliaceae//风信子科 Hyacinthaceae）的似为晚出的非法名称。"Macrocarpium（Spach）Nakai, Bot. Mag.（Tokyo）23：38. Mar 1909"是"Cornus L.（1753）"的晚出的同模式异名（Homotypic synonym, Nomenclatural synonym）。【分布】巴基斯坦，巴拿马，秘鲁，玻利维亚，厄瓜多尔，哥伦比亚，哥伦比亚（安蒂奥基亚），哥斯达黎加，美国，尼加拉瓜，中国，东亚，欧洲至高加索，中美洲。【后选模式】Cornus mas Linnaeus。【参考异名】Afrocrania（Harms）Hutch.（1942）；Arctocrania（Endl.）Nakai（1909）；Arctocrania Nakai（1909）Nom. illegit.；Benthamia Lindl.（1833）Nom. illegit.；Benthamidia Spach（1839）；Bothrocaryum（Koehne）Pojark.（1950）；Chamaepericlymenum Hill（1756）；Cornuta L.（1764）；Cynoxylon

（Raf.）Small（1903）Nom. illegit.；Cynoxylon Raf.（1838）Nom. illegit.；Dendrobenthamia Hutch.（1942）；Discocrania（Harms）M. Kral（1966）；Macrocarpium（Spach）Nakai（1909）Nom. illegit.；Mesomora（Raf.）O. O. Rudbeck ex Lunell（1916）；Svida Opiz（1852）Nom. illegit.；Svida Small，Nom. illegit.；Swida Opiz（1838）；Thelycrania（Dumort.）Fourr.（1868）；Yinquania Z. Y. Zhu（1984）●

13034　Cornus Salisb. ＝Muscari Mill.（1754）［百合科 Liliaceae//风信子科 Hyacinthaceae］■☆

13035　Cornus Spach ＝Sorbus L.（1753）［蔷薇科 Rosaceae］●

13036　Cornuta L.（1764）＝Cornus L.（1753）［山茱萸科 Cornaceae//四照花科 Cornaceae］●

13037　Cornuta Burm. f. ＝Premna L.（1771）（保留属名）［马鞭草科 Verbenaceae//唇形科 Lamiaceae（Labiatae）//牡荆科 Viticaceae］●■

13038　Cornutia L.（1753）【汉】墨蓝花属（科努草属）。【俄】Корнутия。【英】Cornutia。【隶属】马鞭草科 Verbenaceae//唇形科 Lamiaceae（Labiatae）。【包含】世界 12 种。【学名诠释与讨论】〈阴〉（人）Jacques Philippe Cornut（Cornuti）（Jacobus Philippus Cornutus），1606–1651，法国植物学者。另说纪念 Auguste Henri Cornut de Coincy，1837–1903。此属的学名，ING、TROPICOS 和 IK 记载是"Cornutia L.，Sp. Pl. 2：628. 1753［1 May 1753］"。马鞭草科 Verbenaceae 的"Cornutia Burm. f. ＝Premna L.（1771）（保留属名）"似为晚出的非法名称。【分布】巴拿马，秘鲁，玻利维亚，厄瓜多尔，哥伦比亚（安蒂奥基亚），马达加斯加，尼加拉瓜，中国，西印度群岛，热带美洲，中美洲。【模式】Cornutia pyramidata Linnaeus。【参考异名】Hosta Jacq.（1797）（废弃属名）；Hostana Pers.（1806）■☆

13039　Corocephalus D. Dietr.（1839）＝Conocephalus Blume（1825）Nom. illegit.；~ ＝Poikilospermum Zipp. ex Miq.（1864）［荨麻科 Urticaceae//蚁栖树科（号角树科，南美伞科，南美伞树科，伞树科，锥头麻科）Cecropiaceae］●

13040　Corokia A. Cunn.（1839）【汉】宿萼果属（假醉鱼草属，克劳凯奥属，克罗开木属，秋叶果属）。【英】Whakataka。【隶属】山茱萸科 Cornaceae//四照花科 Cornaceae//鼠刺科 Iteaceae//南美鼠刺科（吊片果科，鼠刺科，夷鼠刺科）Escalloniaceae//宿萼果科 Corokiaceae。【包含】世界 4-6 种。【学名诠释与讨论】〈阴〉（希）korokio 或 kowkia-taranga，毛利人的植物俗名。【分布】澳大利亚，新西兰，波利尼西亚群岛。【模式】Corokia buddleioides A. Cunningham。【参考异名】Colmeiroa F. Muell.（1871）Nom. illegit.；Lautea F. Br.（1926）；Paracorokia M. Kral（1966）●☆

13041　Corokiaceae Kapil ex Takht.（1997）［亦见 Argophyllaceae Takht. 雪叶木科（雪叶科）和 Corsiaceae Becc.（保留科名）腐蛛草科（白玉簪科，美丽腐草科，美丽腐生草科）］【汉】宿萼果科。【包含】世界 1 属 4-6 种。【分布】澳大利亚，新西兰，波利尼西亚群岛。【科名模式】Corokia A. Cunn.（1839）●☆

13042　Corollonema Schltr.（1914）【汉】冠丝萝藦属。【隶属】萝藦科 Asclepiadaceae。【包含】世界 1 种。【学名诠释与讨论】〈中〉（拉）corona，指小式 coronula ＝corolla ＝coronilla，花冠，花环，王冠+nema，所有格 nematos，丝，花丝。【分布】玻利维亚。【模式】Corollonema boliviense Schlechter。☆

13043　Corona Fisch. ex Graham（1836）＝Fritillaria L.（1753）［百合科 Liliaceae//贝母科 Fritillariaceae］■

13044　Coronanthera Vieill. ex C. B. Clarke（1883）【汉】冠药苣苔属。【隶属】苦苣苔科 Gesneriaceae。【包含】世界 10 种。【学名诠释与讨论】〈阴〉（拉）corona，花冠，花环，王冠+anthera，花药。【分布】澳大利亚（昆士兰），法属新喀里多尼亚。【后选模式】Coronanthera deltoidifolia Vieillard ex C. B. Clarke。●☆

13045　Coronaria Adans.（1763）Nom. illegit.［石竹科 Caryophyllaceae］

☆

13046　Coronaria Guett.（1754）＝Lychnis L.（1753）（废弃属名）；~ ＝Silene L.（1753）（保留属名）［石竹科 Caryophyllaceae］■

13047　Corone（Hoffmanns. ex Rchb. f.）Fourr.（1868）Nom. illegit. ＝Silene L.（1753）（保留属名）［石竹科 Caryophyllaceae］■

13048　Corone Hoffmanns. ex Steud.（1840）Nom. illegit. ＝Silene L.（1753）（保留属名）［石竹科 Caryophyllaceae］■

13049　Coronidium Paul G. Wilson（2008）【汉】尖鳞菊属。【隶属】菊科 Asteraceae（Compositae）。【包含】世界 17 种。【学名诠释与讨论】〈中〉（拉）corona，花冠，花环，王冠+-idius，-idia，-idium，指示小的词尾。【分布】澳大利亚。【模式】Coronidium oxylepis F. Muell.。☆

13050　Coronilla Ehrh.（废弃属名）＝Coronilla L.（1753）（保留属名）［豆科 Fabaceae（Leguminosae）//蝶形花科 Papilionaceae］●■

13051　Coronilla L.（1753）（保留属名）【汉】小冠花属。【日】オウゴンハギ属，ワウゴンハギ属。【俄】Вязель。【英】Coronilla，Crown Vetch，Crownvetch，Scorpion's Senna，Scorpionsenna，Scorpion-vetch，Vetch。【隶属】豆科 Fabaceae（Leguminosae）//蝶形花科 Papilionaceae。【包含】世界 9-55 种，中国 2-3 种。【学名诠释与讨论】〈阴〉（拉）corona，指小式 coronula ＝corolla ＝"新拉"coronilla，花冠，花环，王冠。指具长柄的伞形花序似王冠。此属的学名"Coronilla L.，Sp. Pl.：742. 1 Mai 1753"是保留属名。法规未列出相应的废弃属名。但是豆科 Fabaceae 的"Coronilla Ehrh. ＝Coronilla L.（1753）（保留属名）"应该废弃。【分布】巴基斯坦，厄瓜多尔，马达加斯加，中国，地中海地区，欧洲。【模式】Coronilla valentina Linnaeus。【参考异名】Artrolobium Desv.（1813）Nom. illegit.；Astrolobium DC.（1825）；Aviunculus Fourr.（1868）；Bonaveria Scop.（1777）（废弃属名）；Callistephana Fourr.（1868）；Calostephana Post et Kuntze（1903）；Coronilla Ehrh.（废弃属名）；Emerus Mill.（1754）；Emerus Tourn. ex Mill.（1754）；Emerus Tourn. ex Scheele（1843）Nom. illegit.；Ornithopodioides Fabr.（1759）Nom. inval.；Ornithopodioides Heist. ex Fabr.（1759）；Scorpius Medik.（1787）Nom. illegit.；Securidaca Mill.（1754）Nom. illegit.（废弃属名）；Securidaca Tourn. ex Mill.（1754）Nom. illegit.（废弃属名）；Securigera DC.（1805）（保留属名）●■

13052　Coronillaceae Martinov（1820）＝Fabaceae Lindl.（保留科名）//Leguminosae Juss.（1789）（保留科名）●■

13053　Coronocarpus Schumach.（1827）【汉】冠果菊属。【隶属】菊科 Asteraceae（Compositae）。【包含】世界 4 种。【学名诠释与讨论】〈阳〉（拉）corona，花冠，花环，王冠+希腊文 karpos 果实。此属的学名，ING、TROPICOS 和 IK 记载是"Coronocarpus H. C. F. Schumacher，Beskr. Guin. Pl. 393. 1827"。菊科 Asteraceae 的"Coronocarpus Schumach. et Thonn.（1827）≡ Coronocarpus Schumach.（1827）＝Aspilia Thouars（1806）"的命名人引证有误。亦有文献把"Coronocarpus Schumach.（1827）"处理为"Aspilia Thouars（1806）"的异名。【分布】参见 Aspilia Thouars 和 Coronocarpus Schumach.。【模式】Coronocarpus helianthoides H. C. F. Schumacher。【参考异名】Aspilia Thouars（1806）；Coronocarpus Schumach. et Thonn.（1827）Nom. illegit.■☆

13054　Coronocarpus Schumach. et Thonn.（1827）Nom. illegit. ≡ Coronocarpus Schumach.（1827）＝Aspilia Thouars（1806）［菊科 Asteraceae（Compositae）］■☆

13055　Coronopus Mill.（1754）（废弃属名）＝Plantago L.（1753）［车前科（车前草科）Plantaginaceae］●

13056　Coronopus Rchb.（1837）Nom. illegit.（废弃属名）＝Plantago L.（1753）［车前科（车前草科）Plantaginaceae］●

13057　Coronopus Zinn（1757）（保留属名）【汉】臭荠属（滨芥属，肾果

荠属,硬果芥属,硬果荠属)。【俄】Воронья лапа,Лапа воронья,Лапка воронья。【英】Swine Cress,Swine's - cress,Swinecress,Swine-cress,Wart Cress,Wartcress。【隶属】十字花科 Brassicaceae(Cruciferae)。【包含】世界 10 种,中国 2 种。【学名诠释与讨论】〈阳〉(希)korone,海鸥,鸦,大鸦 + pous,所有格 podos,指小式 podion,脚,足,柄,梗。podotes,有脚的。指叶鸟足状分裂。此属的学名“Coronopus Zinn,Cat. Pl. Hort. Gott. :325. 20 Apr-21 Mai 1757 = Lepidium L.(1753)”是保留属名。相应的废弃属名是车前科 Plantaginaceae 的“Coronopus Mill.,Gard. Dict. Abr. ,ed. 4:[387]. 28 Jan 1754 = Plantago L.(1753)”。车前科 Plantaginaceae 的“Coronopus Rchb.,Handb. Nat. Pfl. -Syst. 202. 1837 [1-7 Oct 1837] = Plantago L.(1753)”亦应废弃。“Carara Medikus,Pflanzen - Gatt. 34. 22 Apr 1792”是“Coronopus Zinn (1757)(保留属名)”的晚出的同模式异名(Homotypic synonym,Nomenclatural synonym)。亦有文献把“Coronopus Zinn(1757)(保留属名)”处理为“Lepidium L.(1753)”的异名。【分布】巴基斯坦,秘鲁,玻利维亚,厄瓜多尔,马达加斯加,中国。【模式】Coronopus ruellii Allioni [Cochlearia coronopus L.]。【参考异名】Carara Medik.(1792)Nom. illegit. ;Cotyliscus Desv.(1815);Eudistemon Raf.(1830)Nom. inval.;Lepicochlea Rojas(1918);Lepidium L.(1753);Nasturtiolum Medik.(1792);Senebiera DC.(1799)Nom. illegit. ;Sennebiera Willd.(1809)Nom. illegit. ■

13058 Coropsis Adans.(1763)= Coreopsis L.(1753)[菊科 Asteraceae(Compositae)//金鸡菊科 Coreopsidaceae]●■

13059 Corothamnus(W. D. J. Koch)C. Presl(1845)【汉】鸟灌豆属。【隶属】豆科 Fabaceae(Leguminosae)//蝶形花科 Papilionaceae。【包含】世界 16 种。【学名诠释与讨论】〈阴〉(希)korone + thamnos,指小式 thamnion,灌木,灌丛,树丛,枝。此属的学名,ING 记载是“Corothamnus(W. D. J. Koch)K. B. Presl,Abh. Königl. Böhm. Ges. Wiss. ser. 5. 3:567. Jul-Dec 1845(‘1844’)”,由“Genista sect. Corothamnus W. D. J. Koch,Syn. Fl. Germ. Helv. ed. 2. 166. 19-21 Jun 1843”改级而来。IK 则记载为“Corothamnus C. Presl,Abh. Königl. Böhm. Ges. Wiss. ser. 5,3:567. 1845 [Jul-Dec 1845];Bot. Bemerk.(C. Presl):137. [Jan-Apr 1846]”。亦有文献把“Corothamnus(W. D. J. Koch)C. Presl(1845)”处理为“Cytisus Desf.(1798)(保留属名)”或“Genista L.(1753)”的异名。【分布】参见 Cytisus Desf. 和 Genista L.。【模式】未指定。【参考异名】Corothamnus C. Presl(1845)Nom. illegit. ;Cytisus Desf.(1798)(保留属名);Genista L.(1753);Genista sect. Corothamnus W. D. J. Koch(1843)●☆

13060 Corothamnus C. Presl(1845)Nom. illegit. ≡ Corothamnus(W. D. J. Koch)C. Presl(1845)[豆科 Fabaceae(Leguminosae)]●☆

13061 Coroya Pierre(1899)【汉】肖黄檀属。【隶属】豆科 Fabaceae(Leguminosae)//蝶形花科 Papilionaceae。【包含】世界 1 种。【学名诠释与讨论】〈阴〉词源不详。此属的学名是“Coroya Pierre,Fl. Forest. Cochinchine ad t. 392. 15 Apr 1899”。亦有文献把其处理为“Dalbergia L. f.(1782)(保留属名)”的异名。【分布】中南半岛。【模式】Coroya dialoides Pierre。【参考异名】Dalbergia L. f.(1782)(保留属名)●☆

13062 Corozo Jacq. ex Giseke(1792)= Elaeis Jacq.(1763)[棕榈科 Arecaceae(Palmae)]●

13063 Corpodetes Rchb.(1828)= Stenomesson Herb.(1821)[石蒜科 Amaryllidaceae]■☆

13064 Corpuscularia Schwantes(1926)【汉】白绒玉属。【隶属】番杏科 Aizoaceae。【包含】世界 3-5 种。【学名诠释与讨论】〈阴〉(希)corpuscule,微粒 +-arius,-aria,-arium,指示“属于、相似、具有、联系”的词尾。此属的学名,ING、TROPICOS 和 IK 记载是

“Corpuscularia Schwantes,Z. Sukkulentenk. 2:185. 30 Apr 1926”。“Schonlandia H. M. L. Bolus,Fl. Pl. South Africa 7:259. Apr 1927”是“Corpuscularia Schwantes(1926)”的晚出的同模式异名(Homotypic synonym,Nomenclatural synonym)。亦有文献把“Corpuscularia Schwantes(1926)”处理为“Delosperma N. E. Br.(1925)”的异名。【分布】参见 Delosperma N. E. Br.。【后选模式】Corpuscularia lehmannii(Ecklon et Zeyher)Schwantes [Mesembryanthemum lehmannii Ecklon et Zeyher]。【参考异名】Delosperma N. E. Br.(1925);Schonlandia L. Bolus(1927)Nom. illegit. ●☆

13065 Corraea Sm.(1798)Nom. illegit. ≡ Correa Andréws(1798)(保留属名)[芸香科 Rutaceae]●☆

13066 Correa Andréws(1798)(保留属名)【汉】考来木属(澳吊钟属)。【英】Australian Fuchsia,Correa。【隶属】芸香科 Rutaceae。【包含】世界 11 种。【学名诠释与讨论】〈阴〉(人)Jose Francisco Correa(Correira)da Serra,1751-1823,葡萄牙植物学者。此属的学名“Correa Andrews in Bot. Repos.:ad t. 18. 1 Apr 1798”是保留属名。相应的废弃属名是金莲木科 Ochnaceae 的“Correia Vand. ,Fl. Lusit. Bras. Spec. :28. 1788 = Correia Vell.(1796)Nom. illegit. (废弃属名)= Ouratea Aubl.(1775)(保留属名)”。“Corraea Sm. ,Trans. Linn. Soc. London 4:219. 1798 [24 May 1798]”是“Correa Andréws(1798)(保留属名)”的拼写变体。金莲木科 Ochnaceae 的“Correia Vell. ,in Roem. Script. 106. t. 6. 1796 = Ouratea Aubl.(1775)(保留属名)”亦应废弃。“Correa Becerra in Univ. Nac. Mexico, Foll. Div. Cient. Publ. Inst. Biol. xxiv. 3 (1936), sinedescr. lat. = Dialium L.(1767)[豆科 Fabaceae(Leguminosae)//云实科(苏木科)Caesalpiniaceae]”是晚出的非法名称;也须废弃。APNI 记载“Correaea T. Post et Kuntze, Lexicon Generum Phanerogamarum etlt;ROetgt;1903”是“Correa Andréws(1798)(保留属名)”的拼写变体;但是也有文献记载“Correaea Post et Kuntze(1903)= Ouratea Aubl.(1775)(保留属名)= Correia Vell.(1796)Nom. illegit. [金莲木科 Ochnaceae]”。“Correaa J. E. Smith,Trans. Linn. Soc. London 4:219. 1798(post Mar)”是“Correa Andréws(1798)(保留属名)”的同模式异名(Homotypic synonym,Nomenclatural synonym)。【分布】澳大利亚(温带)。【模式】Correa alba H. C. Andrews。【参考异名】Corraea Sm.(1798)Nom. illegit. ;Correa Andréws(1798)(保留属名);Correas Hoffmanns.(1824);Corroea Paxton(1840);Correaea Post et Kuntze(1903)(2);Didymeria Lindl.(1841);Euphocarpus Anderson ex R. Br.(1810)Nom. inval.;Euphocarpus Anderson ex Steud.(1840)Nom. inval.;Euphocarpus Steud.(1840);Mazeutoxeron Labill.(1800)●☆

13067 Correa Becerra(1936)Nom. illegit. (废弃属名)= Dialium L.(1767)[豆科 Fabaceae(Leguminosae)//云实科(苏木科)Caesalpiniaceae]●☆

13068 Correaceae J. Agardh = Rutaceae Juss.(保留科名)●■

13069 Correaea Post et Kuntze(1903)(1)= Correia Vell.(1796)Nom. illegit. (废弃属名);~ = Ouratea Aubl.(1775)(保留属名)[金莲木科 Ochnaceae]●

13070 Correaea Post et Kuntze(1903)(2)≡ Correa Andréws(1798)(保留属名)[芸香科 Rutaceae]●☆

13071 Correas Hoffmanns.(1824)= Correa Andréws(1798)(保留属名)[芸香科 Rutaceae]●☆

13072 Correia Vand.(1788)(废弃属名)= Ouratea Aubl.(1775)(保留属名)[金莲木科 Ochnaceae]●

13073 Correia Vell.(1796)Nom. illegit. (废弃属名)Nom. illegit. = Ouratea Aubl.(1775)(保留属名)[金莲木科 Ochnaceae]●

13074　Correllia A. M. Powell(1973)【汉】科雷尔菊属。【隶属】菊科 Asteraceae(Compositae)。【包含】世界1种。【学名诠释与讨论】〈阴〉(人)Donovan Stewart Correll, 1908－1983, 美国植物学者。【分布】墨西哥。【模式】Correllia montana A. M. Powell。☆

13075　Correlliana D'Arcy(1973) = Cybianthus Mart. (1831)(保留属名)[紫金牛科 Myrsinaceae]●☆

13076　Correorchis Szlach. (2008)【汉】智利柱穗兰属。【隶属】兰科 Orchidaceae。【包含】世界1种。【学名诠释与讨论】〈阴〉(人)Correa+orchis, 原义是睾丸, 后变为植物兰的名称, 因为根的形态而得名。变为拉丁文 orchis, 所有格 orchidis。此属的学名是"Correorchis Szlach., Acta Societatis Botanicorum Poloniae 77：115. 2008"。亦有文献把其处理为"Chloraea Lindl. (1827)"的异名。【分布】智利。【模式】Correorchis cylindrostachya (Poepp.) Szlach.。【参考异名】Chloraea Lindl. (1827)■☆

13077　Corrigiola Kuntze(1891) Nom. illegit. ≡ Illecebrum L. (1753)[石竹科 Caryophyllaceae//醉人花科(裸果木科)Illecebraceae]■☆

13078　Corrigiola L. (1753)【汉】互叶指甲草属(丝带根属)。【英】Corrigiole, Knotgrass, Strapwort。【隶属】石竹科 Caryophyllaceae。【包含】世界11种。【学名诠释与讨论】〈阴〉(拉)corrigia, 鞋带, 草带, 皮条+-olus, -ola, -olum, 拉丁文指示小的词尾。可能指其茎纤细, 像鞋带。此属的学名, ING、APNI、GCI、TROPICOS 和 IK 记载为"Corrigiola L., Sp. Pl. 1：271. 1753[1 May 1753]"。石竹科 Caryophyllaceae 的"Corrigiola Kuntze, Revis. Gen. Pl. 2：534. 1891[5 Nov 1891]≡ Illecebrum L. (1753)"是晚出的非法名称。"Furera Bubani, Fl. Pyrenaea 3：16. 1901(ante 27 Aug)(non Adanson 1763)"和"Polygonifolia Fabricius, Enum. 29. 1759"是"Corrigiola L. (1753)"的晚出的同模式异名(Homotypic synonym, Nomenclatural synonym)。【分布】秘鲁, 玻利维亚, 马达加斯加。【模式】Corrigiola litoralis Linnaeus。【参考异名】Furera Bubani (1901) Nom. illegit. (废弃属名); Polygonifolia Fabr. (1759) Nom. illegit.■☆

13079　Corrigiolaceae (Dumort.) Dumort. (1829) = Caryophyllaceae Juss. (保留科名)■●

13080　Corrigiolaceae Dumort. = Caryophyllaceae Juss. (保留科名)■●

13081　Corroea Paxton(1840) = Correa Andréws(1798)(保留属名)[芸香科 Rutaceae]●☆

13082　Corryocactus Britton et Rose(1920)【汉】恐龙角属。【日】コリヨカクタス属。【隶属】仙人掌科 Cactaceae。【包含】世界21-44种。【学名诠释与讨论】〈阴〉(人)T. A. Corry, 秘鲁某铁路公司的工程师+cactos, 有刺的植物, 通常指仙人掌科 Cactaceae 植物。此属的学名, ING、GCI、TROPICOS 和 IK 记载为"Corryocactus N. L. Britton et J. N. Rose, Cact. 2：66. 9 Sep 1920"。"Corryocereus A. V. Frič et K. Kreuzinger in K. Kreuzinger, Verzeichnis Amer. Sukk. Revision Syst. Kakteen 19. 30 Apr 1935"是"Corryocactus Britton et Rose(1920)"的晚出的同模式异名(Homotypic synonym, Nomenclatural synonym)。【分布】秘鲁, 玻利维亚, 智利。【模式】Corryocactus brevistylus (K. Schumann ex Vaupel) N. L. Britton et J. N. Rose[Cereus brevistylus K. Schumann ex Vaupel]。【参考异名】Corryocereus Frič et Kreuz., Nom. illegit.; Erdisia Britton et Rose(1920); Eulychnocactus Backeb. (1931)●☆

13083　Corryocereus Frič et Kreuz., Nom. illegit. = Corryocactus Britton et Rose(1920)[仙人掌科 Cactaceae]●☆

13084　Corsia Becc. (1878)【汉】腐蛛草属。【隶属】腐蛛草科 Corsiaceae//白玉簪科 Hostaceae。【包含】世界26种。【学名诠释与讨论】〈阴〉(人)Cors。【分布】澳大利亚, 所罗门群岛, 新几内亚岛。【模式】Corsia ornata Beccari。■☆

13085　Corsiaceae Becc. (1878)(保留科名)【汉】腐蛛草科(白玉簪科, 美丽腐草科, 美丽腐生草科)。【包含】世界2-3属27-29种, 中国1属1种。【分布】智利, 中国, 新几内亚岛。【科名模式】Corsia Becc.。■

13086　Corsiopsis D. X. Zhang, R. M. K. Saunders et C. M. Hu(1999)【汉】类腐蛛草属(白玉簪属)。【英】Corsiopsis。【隶属】腐蛛草科(白玉簪科, 美丽腐草科, 美丽腐生草科)Corsiaceae。【包含】世界1种, 中国1种。【学名诠释与讨论】〈阳〉(属)Corsia 腐蛛草属+希腊文 opsis, 外观, 模样, 相似。【分布】中国。【模式】Corsiopsis chinensis D. X. Zhang, R. M. K. Saunders et C. M. Hu。■★

13087　Cortaderia Stapf(1897)(保留属名)【汉】蒲苇属(银芦属)。【日】シロガネヨシ属。【俄】Кортадерия。【英】Pampas Grass, Pampas-grass。【隶属】禾本科 Poaceae(Gramineae)。【包含】世界10-24种, 中国1种。【学名诠释与讨论】〈阴〉(阿根廷)cortaderia, 植物俗名, 含义为尖锐的。或来自西班牙语 cotadera, 割。此属的学名"Cortaderia Stapf in Gard. Chron., ser. 3, 22：378. 27 Nov 1897"是保留属名。相应的废弃属名是禾本科 Poaceae(Gramineae)的"Moorea Lem. in Ill. Hort. 2：14. 2 Feb 1855 ≡ Cortaderia Stapf(1897)(保留属名)"。兰科 Orchidaceae 的"Moorea Rolfe, Gard. Chron. ser. 3, 8：7. 1890 ≡ Neomoorea Rolfe(1904)"亦应废弃。【分布】巴拿马, 秘鲁, 玻利维亚, 厄瓜多尔, 哥伦比亚(安蒂奥基亚), 哥斯达黎加, 新西兰, 中国, 南美洲, 中美洲。【模式】Cortaderia selloana (J. A. et J. H. Schultes) Ascherson et Graebner。【参考异名】Kampmannia Steud. (1853) Nom. illegit.; Moorea Lem. (1855)(废弃属名)■

13088　Cortesia Cav. (1798)【汉】澳大利亚紫草属。【英】Australian Fuchsia。【隶属】紫草科 Boraginaceae。【包含】世界2种。【学名诠释与讨论】〈阴〉(人)Cortes。【分布】温带南美洲。【模式】Cortesia cuneifolia Cavanilles。■☆

13089　Corthumia Rchb. (1841) = Pelargonium L'Hér. ex Aiton(1789)[牻牛儿苗科 Geraniaceae]●■

13090　Corthusa Rchb. (1828) = Cortusa L. (1753)[报春花科 Primulaceae]■

13091　Cortia DC. (1830)【汉】喜峰芹属(郊栓果芹属)。【英】Lovebeecelery。【隶属】伞形花科(伞形科)Apiaceae(Umbelliferae)。【包含】世界3-10种, 中国1种。【学名诠释与讨论】〈阴〉(人)Bonaventura Corti, 1729-1813, 意大利植物学者。【分布】阿富汗, 中国。【模式】Cortia lindleyi A. P. de Candolle[as 'lindleii']。【参考异名】Schultzia Wall. (1829) Nom. illegit. (废弃属名)■

13092　Cortiella C. Norman(1937)【汉】栓果芹属。【英】Cortiella。【隶属】伞形花科(伞形科)Apiaceae(Umbelliferae)。【包含】世界3种, 中国3种。【学名诠释与讨论】〈阴〉(属)Cortia 喜峰芹属+希腊文 opsis, 外观, 模样, 相似。【分布】中国, 喜马拉雅山。【模式】Cortiella hookeri (C. B. Clarke) C. Norman[Cortia hookeri C. B. Clarke]。■★

13093　Cortusa L. (1753)【汉】假报春属(假报春花属)。【日】サクラサウモドキ属, サクラソウモドキ属。【俄】Кортуза。【英】Bear's-ear Sanicle, Cortusa。【隶属】报春花科 Primulaceae。【包含】世界8-10种, 中国1-2种。【学名诠释与讨论】〈阴〉(人)Giacomo (Jacopo) Antonio Cortusi (Cortusius), 1513-1593, 意大利植物学者, 曾任植物园长。【分布】巴基斯坦, 中国, 欧洲中部至日本和俄罗斯(库页岛)。【后选模式】Cortusa matthioli Linnaeus。【参考异名】Corthusa Rchb. (1828)■

13094　Cortusina(DC.) Eckl. et Zeyh. (1834) = Pelargonium L'Hér. ex Aiton(1789)[牻牛儿苗科 Geraniaceae]●■

13095　Cortusina Eckl. et Zeyh. (1834) Nom. illegit. ≡ Cortusina (DC.) Eckl. et Zeyh. (1834); ~ = Pelargonium L'Hér. ex Aiton(1789)

［牻牛儿苗科 Geraniaceae］●■

13096　Corunastylis Fitzg. (1888) Nom. illegit. ≡ Anticheirostylis Fitzg. (1888); ~ = Genoplesium R. Br. (1810) ［兰科 Orchidaceae］■☆

13097　Corunastylis Post et Kuntze (1903) Nom. illegit. = Corunastylis Fitzg. (1888); ~ = Anticheirostylis Fitzg. (1888); ~ = Genoplesium R. Br. (1810) ［兰科 Orchidaceae］■☆

13098　Corvina B. D. Jacks. = Muricaria Desv. (1815) ［十字花科 Brassicaceae(Cruciferae)］■☆

13099　Corvina Steud. (1840) = Muricaria Desv. (1815) ［十字花科 Brassicaceae(Cruciferae)］■☆

13100　Corvinia Stadtm. ex Willern. (1796) = Litchi Sonn. (1782) ［无患子科 Sapindaceae］●

13101　Corvisartia Mérat (1812) Nom. illegit. = Inula L. (1753) ［菊科 Asteraceae(Compositae)//旋覆花科 Inulaceae］●■

13102　Corya Raf. = Carya Nutt. (1818) (保留属名) ［胡桃科 Juglandaceae］●

13103　Coryanthes Hook. (1831)【汉】吊桶兰属(科瑞安兰属,盔兰属,帽花兰属,头盔兰属)。【日】ゴリアーンテス属。【英】Bucket Orchid, Helmet Flower。【隶属】兰科 Orchidaceae。【包含】世界 17-33 种。【学名诠释与讨论】〈阴〉(希)korys,头盔+anthos,花。指其唇瓣状似头盔。此属的学名,ING、GCI、TROPICOS 和 IK 记载是"Coryanthes Hook., Bot. Mag. 58: t. 3102. 1831 [1 Oct 1831]"。【分布】巴拿马,秘鲁,玻利维亚,厄瓜多尔,哥伦比亚,哥斯达黎加,尼加拉瓜,热带美洲,中美洲。【模式】未指定。【参考异名】Coryanthes Lam., Nom. illegit.; Coryanthes Schltr., Nom. illegit.; Corynanthes Schltdl. (1848); Corythanthes Lem. (1849); Meciclis Raf.; Meliclis Raf. (1837); Panstrepis Raf. (1838)■☆

13104　Coryanthes Lam., Nom. illegit. = Coryanthes Hook. (1831) ［兰科 Orchidaceae］☆

13105　Coryanthes Schltr., Nom. illegit. = Coryanthes Hook. (1831) ［兰科 Orchidaceae］■☆

13106　Corybas Salisb. (1807)【汉】铠兰属(盔兰属)。【英】Corybas, Helmet Orchid。【隶属】兰科 Orchidaceae。【包含】世界 100 种,中国 3-5 种。【学名诠释与讨论】〈阳〉(希)korybas,以颠狂著称的 Korybantes 神父。暗喻花萼。【分布】澳大利亚,所罗门群岛,新西兰,印度至马来西亚,中国。【模式】Corybas aconitiflorus R. A. Salisbury。【参考异名】Calcearia Blume(1825); Corysanthes R. Br. (1810); D. L. Jones et M. A. Clem. (2002); Gastrosiphon (Schltr.) M. A. Clem. et D. L. Jones(2002); Molloybas D. L. Jones et M. A. Clem. (2002); Nematoceras Hook. f. (1853); Singularybas Molloy■

13107　Corycarpus Spreng. (1824) Nom. illegit. ≡ Corycarpus Zea ex Spreng. (1824); ~ = Diarrhena P. Beauv. (1812) (保留属名) ［禾本科 Poaceae(Gramineae)］■

13108　Corycarpus Zea ex Spreng. (1824) = Diarrhena P. Beauv. (1812) (保留属名) ［禾本科 Poaceae(Gramineae)］■

13109　Corycium Sw. (1800)【汉】蜜兰属。【隶属】兰科 Orchidaceae。【包含】世界 14 种。【学名诠释与讨论】〈中〉(希)korykos,囊+-ius,-ia,-ium,在拉丁文和希腊文中,这些词尾表示性质或状态。指其花。【分布】非洲南部。【模式】未指定。■☆

13110　Coryda B. D. Jacks. = Cordyla Lour. (1790) ［豆科 Fabaceae (Leguminosae)//云实科(苏木科) Caesalpiniaceae］●☆

13111　Corydalaceae Vest(1818) = Fumariaceae Marquis(保留科名)■☆

13112　Corydalis DC. (1805) (保留属名)【汉】紫堇属(延胡索属)。【日】キケマン属,ムラサキケマン属,ヤブケマン属。【俄】Хохлатка。【英】Corydalis, Fumitory, Rock Harlequin, Yanhusuo。【隶属】罂粟科 Papaveraceae//紫堇科(荷包牡丹科) Fumariaceae。

【包含】世界 140-465 种,中国 323-357 种。【学名诠释与讨论】〈阴〉(希)korydallis =korydalos,花距似云雀的距的一种植物,延胡索。又一种云雀。是 korydos,有冠毛的云雀的扩展形式。指花的距与该云雀的距形状相似。此属的学名"Corydalis DC. in Lamarck et Candolle, Fl. Franç., ed. 3,4:637. 17 Sep 1805"是保留属名。相应的废弃属名是罂粟科 Papaveraceae 的"Corydalis Medik., Philos. Bot. 1: 96. Apr 1789 ≡ Cysticapnos Mill. 1754"、"Capnoides Mill., Gard. Dict. Abr., ed. 4: [249]. 28 Jan 1754 = Corydalis DC. (1805) (保留属名)"、"Pistolochia Bernh., Syst. Verz.: 57, 74. 1800 ≡ Corydalis DC. (1805) (保留属名)"、"Capnoides Mill., Gard. Dict. Abr., ed. 4: [249]. 28 Jan 1754 = Corydalis DC. (1805) (保留属名)"、"Cysticapnos Mill., Gard. Dict. Abr., ed. 4: [427]. 28 Jan 1754 = Corydalis DC. (1805) (保留属名)"和"Pseudo-fumaria Medik., Philos. Bot. 1:110. Apr 1789 = Corydalis DC. (1805) (保留属名)"。罂粟科 Papaveraceae 的"Corydalis Vent. (1803) Nom. inval., Nom. illegit. ≡ Capnoides Mill. (1754) = Corydalis DC. (1805) (保留属名)"、"Pistolochia Bernhardi, Syst. Verzeichnis Pflanzen 1: 57, 74. 1800 = Corydalis DC. (1805) (保留属名)"、"Capnoides Tourn. ex Adans., Fam. Pl. (Adanson) 2:431. 1763 = Corydalis DC. (1805) (保留属名)",马兜铃科 Aristolochiaceae 的"Pistolochia (Rafinesque) Rafinesque, Fl. Tell. 4:98. 1838 = Aristolochia L. (1753)"和"Pistolochia Raf., Fl. Tellur. 4: 98. 1838 [1836 publ. mid-1838] ≡ Pistolochia (Raf.) Raf. (1838) Nom. illegit."都应废弃。【分布】巴基斯坦,美国,中国,热带非洲,北温带。【模式】Corydalis bulbosa (Linnaeus) A. P. de Candolle, comb. rej. [Fumaria bulbosa Linnaeus; Fumaria bulbosa var. solida L.; Corydalis solida (L.) Clairv.]。【参考异名】Barkhausenia Schur(1877); Borckhausenia P. Gaertn., B. Mey. et Scherb. (1801) Nom. illegit.; Bulbocapnos Bernh. (1833) Nom. illegit.; Calocapnos Spach (1839); Capnites (DC.) Dumort. (1827); Capnites Dumort. (1827) Nom. illegit.; Capnocystis Juss. (1811); Capnodes Kuntze (1891); Capnogonium Benth. ex Endl. (1842); Capnogorium Bernh. (1841) Nom. illegit.; Capnoides Mill. (1754) (废弃属名); Capnoides Tourn. ex Adans. (1763) (废弃属名); Cisticapnos Adans. (1763) Nom. illegit.; Corydalis Medik. (1789) (废弃属名); Corydalis Vent. (1803) Nom. illegit. (废弃属名); Corydallis Asch. (1864); Cryptoceras Schott et Kotschy(1854); Cysticapnos Mill. (1754) (废弃属名); Cysticorydalis Fedde ex Ikonn. (1936); Cysticorydalis Fedde (1936); Cystocapnus Post et Kuntze (1903); Dissosperma Soják (1986); Neckeria Scop. (1777) Nom. illegit.; Odoptera Raf. (1824) Nom. inval.; Phacocapnos Bernh. (1838); Pistolochia Bernh. (1800) (废弃属名); Pseudofumaria Medik. (1789) (废弃属名); Pseudo-fumaria Medik. (1789) (废弃属名); Roborowskia Batalin (1893); Sophorocapnos Turcz. (1848)■

13113　Corydalis Medik. (1789) (废弃属名) ≡ Cysticapnos Mill. (1754) (废弃属名); ~ = Corydalis DC. (1805) (保留属名) ［罂粟科 Papaveraceae//紫堇科(荷包牡丹科) Fumariaceae］■

13114　Corydalis Vent. (1803) Nom. inval., Nom. illegit. (废弃属名) ≡ Capnoides Mill. (1754) (废弃属名); ~ = Corydalis DC. (1805) (保留属名) ［罂粟科 Papaveraceae//紫堇科(荷包牡丹科) Fumariaceae］■

13115　Corydallis Asch. (1864) (废弃属名) = Corydalis DC. (1805) (保留属名) ［罂粟科 Papaveraceae//紫堇科(荷包牡丹科) Fumariaceae］■

13116　Corydandra Rchb. (1841) Nom. illegit. ≡ Galeandra Lindl. et Bauer (1832) Nom. illegit.; ~ ≡ Galeandra Lindl. (1832) ［兰科

Orchidaceae]■☆

13117 Corylaceae Mirb. (1815) (保留科名) [亦见 Betulaceae Gray (保留科名) 桦木科] 【汉】榛科 (榛木科)。【俄】Орешниковые。【英】Filbert Family, Hazal Family, Hazelnut Family。【包含】世界 4 属 67 种, 中国 4 属 61 种。【分布】北温带。【科名模式】Corylus L.。●

13118 Corylopasania (Hickel et A. Camus) Nakai (1939) = Lithocarpus Blume (1826); ~ = Pasania (Miq.) Oerst. (1867) [壳斗科 (山毛榉科) Fagaceae]●

13119 Corylopsis Siebold et Zucc. (1836) 【汉】蜡瓣花属 (瑞木属)。【日】トサミズキ, トサミヅキ属。【俄】Корилопсис。【英】Corylopsis, Waxpetal, Winter Hazel, Winterhazel, Winter-hazel。【隶属】金缕梅科 Hamamelidaceae。【包含】世界 10-30 种, 中国 20-25 种。【学名诠释与讨论】〈阴〉(属) Corylus 榛属+希腊文 opsis, 外观, 模样, 相似。指叶形和习性似榛属植物。【分布】中国, 喜马拉雅山, 东亚。【后选模式】Corylopsis spicata Siebold et Zuccarini。●

13120 Corylus L. (1753) 【汉】榛属 (榛木属)。【日】ハシバミ属。【俄】Лещина, Орех лесной, Орешник。【英】Cobnut, Cobnuts, Filbert, Filberts, Hazel, Hazelnut, Hazelnuts, Walking Stick-harry Lauder。【隶属】榛科 (榛木科) Corylaceae//桦木科 Betulaceae。【包含】世界 15-20 种, 中国 7-12 种。【学名诠释与讨论】〈阴〉(拉) corylus, 榛的古名, 来自 korys 头盔。指坚果为篮状总苞所包。【分布】巴基斯坦, 美国 (密苏里), 中国, 北温带, 中美洲。【后选模式】Corylus avellana Linnaeus。【参考异名】Corilus Nocca (1793)●

13121 Corymbia K. D. Hill et L. A. S. Johnson (1995) 【汉】伞房花桉属 (科林比亚属, 柠檬桉属)。【英】Blood Wood, Eucalypt, Ghost Gum, Gum。【隶属】桃金娘科 Myrtaceae。【包含】世界 113 种, 中国 1 种。【学名诠释与讨论】〈阴〉(拉) corymbus, 丛花, 伞房花序。来自希腊文 korymbos, 头, 最高点。此属的学名是 "Corymbia K. D. Hill et L. A. S. Johnson, Telopea 6: 214. 13 Dec 1995"。亦有文献把其处理为 "Eucalyptus L'Hér. (1789)" 的异名。【分布】巴基斯坦, 中国, 新几内亚岛。【模式】Corymbia gummifera (J. Gaertner) K. D. Hill et L. A. S. Johnson [Metrosideros gummifera J. Gaertner]。【参考异名】Eucalyptus L'Hér. (1789)●

13122 Corymbiferae Juss. = Asteraceae Bercht. et J. Presl (保留科名)●■

13123 Corymbis Lindl. = Corymborkis Thouars (1809) [兰科 Orchidaceae]■

13124 Corymbis Rchb. f. = Corymborkis Thouars (1809) [兰科 Orchidaceae]■

13125 Corymbis Thouars (1822) Nom. illegit. ≡ Corymborkis Thouars (1809) [兰科 Orchidaceae]■

13126 Corymbium Gronov., Nom. inval. ≡ Corymbium Gronov. ex L. (1753); ~ ≡ Corymbium L. (1753) [菊科 Asteraceae (Compositae)]■●☆

13127 Corymbium Gronov. ex L. (1753) ≡ Corymbium L. (1753) [菊科 Asteraceae (Compositae)]■●☆

13128 Corymbium L. (1753) 【汉】绣球菊属。【隶属】菊科 Asteraceae (Compositae)。【包含】世界 9 种。【学名诠释与讨论】〈中〉(拉) corymbus+-ius, -ia, -ium, 在拉丁文和希腊文中, 这些词尾表示性质或状态。此属的学名, ING 和 TROPICOS 记载是 "Corymbium Linnaeus, Sp. Pl. 928. 1 Mai 1753"。也有文献用为 "Corymbium Gronov. ex L. (1753)"。"Corymbium Gronov." 是命名起点著作之前的名称, 故 "Corymbium Gronov. ex L. (1753)" 和 "Corymbium L. (1753)" 都是合法名称, 可以通用。IK 记载为 "Corymbium Gronov., Sp. Pl. 2: 928. 1753 [1 May 1753]" 有违法规。"Contarena Adanson, Fam. 2: 120, 543. Jul-Aug 1763" 是

"Corymbium L. (1753)" 的晚出的同模式异名 (Homotypic synonym, Nomenclatural synonym)。【分布】非洲南部。【模式】Corymbium africanum Linnaeus。【参考异名】Contarena Adans. (1763) Nom. illegit.; Corymbium Gronov., Nom. inval.; Corymbium Gronov. ex L. (1753)■●☆

13129 Corymborchis Thouars ex Blume (1858) Nom. illegit. ≡ Corymborkis Thouars (1809) ≡ Corymborchis Thouars ex Blume (1858) [兰科 Orchidaceae]■

13130 Corymborchis Thouars (1822) Nom. inval., Nom. illegit.; Corymborchis Thouars ex Blume (1858) Nom. illegit.; ~ ≡ Corymborkis Thouars (1809) ≡ Corymborchis Thouars ex Blume (1858) [兰科 Orchidaceae]■

13131 Corymborkis Thouars (1809) 【汉】管花兰属。【英】Corymborkis, Tubeorchis。【隶属】兰科 Orchidaceae。【包含】世界 5-8 种, 中国 1 种。【学名诠释与讨论】〈阴〉(拉) corymbus, 丛花, 伞房花序+(属) Orchis 红门兰属。指与红门兰相似, 但花为伞形花序。此属的学名, ING、APNI、TROPICOS 和 IK 记载是 "Corymborkis Du Petit-Thouars, Nouv. Bull. Sci. Soc. Philom. Paris 1: 318. Apr 1809"。兰科 Orchidaceae 的 "Corymborchis Thouars, Hist. Orchid., 1822" 和 "Corymborchis Thouars ex Blume, Coll. Orchid. 125. 1859 [1858 publ. before Dec, 1858] 都是 "Corymborkis Thouars (1809)" 的拼写变体。"Corymbis L. M. A. A. Du Petit-Thouars, Hist. Pl. Orchidées 1: tt. 37-38. 1822" 是 "Corymborkis Thouars (1809)" 的晚出的同模式异名 (Homotypic synonym, Nomenclatural synonym)。【分布】巴拉圭, 巴拿马, 秘鲁, 玻利维亚, 厄瓜多尔, 哥斯达黎加, 马达加斯加, 尼加拉瓜, 中国, 热带, 中美洲。【模式】Corymborkis corymbis Du Petit-Thouars。【参考异名】Corymbis Lindl.; Corymbis Rchb. f.; Corymbis Thouars (1822) Nom. illegit.; Corymborchis Thouars ex Blume (1858) Nom. illegit.; Corymborchis Thouars, Nom. inval., Nom. illegit.; Hysteria Reinw. (1825) Nom. illegit.; Hysteria Reinw. ex Blume (1823); Macrostylis Breda (1828) Nom. illegit.; Rhynchandra Rchb. f. (1841) Nom. illegit.; Rynchanthera Blume (1825) (废弃属名); Tomotris Raf. (1837)■

13132 Corymbostachys Lindau (1897) = Anisostachya Nees (1847); ~ = Justicia L. (1753) [爵床科 Acanthaceae//鸭嘴花科 (鸭咀花科) Justiciaceae]●■

13133 Corymbula Raf. (1836) = Polygala L. (1753) [远志科 Polygalaceae]●■

13134 Corynabutilon (K. Schum.) Kearney (1949) 【汉】棒苘麻属。【隶属】锦葵科 Malvaceae。【包含】世界 4-6 种。【学名诠释与讨论】〈中〉(希) coryne, 棍棒+(属) Abutilon 苘麻属。此属的学名, ING 和 IK 记载是 "Corynabutilon (K. Schumann) Kearney, Leafl. W. Bot. 5: 189. Dec 1949", 由 "Abutilon sect. Corynabutilon K. Schum." 改级而来。亦有文献把 "Corynabutilon (K. Schum.) Kearney (1949)" 处理为 "Abutilon Mill. (1754)" 的异名。【分布】智利。【模式】未指定。【参考异名】Abutilon Mill. (1754); Abutilon Mill. sect. Corynabutilon K. Schum.●☆

13135 Corynaea Hook. f. (1856) 【汉】安第斯菰属。【隶属】蛇菰科 (土鸟鳞科) Balanophoraceae。【包含】世界 1 种。【学名诠释与讨论】〈阴〉(希) coryne, 棍棒。此属的学名, ING、TROPICOS 和 IK 记载是 "Corynaea Hook. f., Trans. Linn. Soc. London 22(1): 31, t. 13, 14. 1856 [23 Oct-8 Dec 1856]"。"Itoasia O. Kuntze, Rev. Gen. 2: 590. 5 Nov 1891" 是 "Corynaea Hook. f. (1856)" 的晚出的同模式异名 (Homotypic synonym, Nomenclatural synonym)。【分布】安第斯山, 巴拿马, 秘鲁, 玻利维亚, 厄瓜多尔, 哥伦比亚 (安蒂奥基亚), 中美洲。【模式】未指定。【参考异名】Itoasia Kuntze

（1891）Nom. illegit. ■☆

13136　Corynandra Schrad.（1826）Nom. inval. ≡ Corynandra Schrad. ex Spreng.（1827）；~ = Cleome L.（1753）［天南星科 Araceae］●■

13137　Corynandra Schrad. ex Spreng.（1827）= Cleome L.（1753）［山柑科（白花菜科，醉蝶花科）Capparaceae//白花菜科（醉蝶花科）Cleomaceae］●■

13138　Corynanthe Welw.（1869）【汉】宾树属（棒花属，柯楠属）。【隶属】茜草科 Rubiaceae。【包含】世界 8 种。【学名诠释与讨论】〈中〉（希）coryne，棍棒 + anthos，花。antheros，多花的，antheo，开花。【分布】热带非洲。【模式】Corynanthe paniculata Welwitsch。【参考异名】Pseudocinchona A. Chev.（1909）；Pseudocinchona A. Chev. ex Perrot（1909）Nom. illegit. ●☆

13139　Corynanthelium Kunze（1847）= Mikania Willd.（1803）（保留属名）［菊科 Asteraceae（Compositae）］■

13140　Corynanthera J. W. Green（1979）【汉】棒药桃金娘属。【隶属】桃金娘科 Myrtaceae。【包含】世界 1 种。【学名诠释与讨论】〈阴〉（希）coryne，棍棒+anthera，花药。【分布】澳大利亚（西部）。【模式】Corynanthera flava J. W. Green。●☆

13141　Corynanthes Schltdl.（1848）= Coryanthes Hook.（1831）［兰科 Orchidaceae］■☆

13142　Corynelia Rchb.（1841）Nom. illegit. = Corynella DC.（1825）［豆科 Fabaceae（Leguminosae）//蝶形花科 Papilionaceae］■☆

13143　Corynella DC.（1825）【汉】小棒豆属。【隶属】豆科 Fabaceae（Leguminosae）//蝶形花科 Papilionaceae。【包含】世界 3 种。【学名诠释与讨论】〈阴〉（希）coryne，棍棒+-ellus，-ella，-ellum，加在名词词干后面形成指小式的词尾。或加在人名、属名等后面以组成新属的名称。此属的学名，ING、GCI 和 TROPICOS 记载是"Corynella A. P. de Candolle, Ann. Sci. Nat.（Paris）4：93. Jan 1825"。"Corynitis K. P. J. Sprengel, Syst. Veg. 4（2）：263，280. Jan-Jun 1827"是"Corynella DC.（1825）"的晚出的同模式异名（Homotypic synonym，Nomenclatural synonym）。真菌的"Corynella Boudier, Bull. Soc. Mycol. France 1：114. Mai 1885"是晚出的非法名称。【分布】西印度群岛。【后选模式】Corynella polyantha（O. Swartz）A. P. de Candolle［Robinia polyantha O. Swartz］。【参考异名】Corynelia Rchb.（1841）Nom. illegit. ；Corynitis Spreng.（1827）Nom. illegit. ；Toxotropis Turcz.（1846）■☆

13144　Corynelobos R. Roem.（1852）= Brassica L.（1753）［十字花科 Brassicaceae（Cruciferae）］■●

13145　Corynelobos R. Roem. ex Willk.（1852）Nom. illegit. ≡ Corynelobos R. Roem.（1852）；~ = Brassica L.（1753）［十字花科 Brassicaceae（Cruciferae）］■●

13146　Corynemyrtus（Kiaersk.）Mattos（1963）= Myrtus L.（1753）［桃金娘科 Myrtaceae］●■

13147　Corynephorus P. Beauv.（1812）（保留属名）【汉】棒芒草属。【俄】Булавоносец。【英】Club Awn Grass, Club Awn - grass, Clubawngrass, Grey Hair - grass, Hair - grass。【隶属】禾本科 Poaceae（Gramineae）。【包含】世界 6 种。【学名诠释与讨论】〈阳〉（希）coryne，棍棒+phoros，具有，梗，负载，发现者。此属的学名"Corynephorus P. Beauv.，Ess. Agrostogr.：90，159. Dec 1812"是保留属名。相应的废弃属名是禾本科 Poaceae（Gramineae）的"Weingaertneria Bernh.，Syst. Verz.：23，51. 1800 ≡ Corynephorus P. Beauv.（1812）（保留属名）"。"Weingaertneria Bernhardi，Syst. Verzeichniss Pflanzen 1：23，51. 1800（废弃属名）"是"Corynephorus P. Beauv.（1812）（保留属名）"的同模式异名（Homotypic synonym，Nomenclatural synonym）。【分布】地中海地区，厄瓜多尔，欧洲。【模式】Corynephorus canescens（Linnaeus）Palisot de Beauvois［Aira canescens Linnaeus］。【参考异名】

Anachortus V. Jirásek et Chrtek（1962）；Corynophorus Kunth（1815）Nom. illegit. ；Weingaertneria Bernh.（1800）（废弃属名）；Weingartneria Benth.（1881）Nom. illegit. ■☆

13148　Corynephyllum Rose（1905）【汉】棒叶景天属。【隶属】景天科 Crassulaceae。【包含】世界 1 种。【学名诠释与讨论】〈中〉（希）coryne，棍棒+phyllon，叶子。此属的学名是"Corynephyllum J. N. Rose, N. Amer. Fl. 22：28. 22 Mai 1905"。亦有文献把其处理为"Sedum L.（1753）"的异名。【分布】墨西哥。【模式】Corynephyllum viride J. N. Rose。【参考异名】Sedum L.（1753）■☆

13149　Corynitis Spreng.（1827）Nom. illegit. ≡ Corynella DC.（1825）［豆科 Fabaceae（Leguminosae）//蝶形花科 Papilionaceae］■☆

13150　Corynocarpaceae Engl.（1897）（保留科名）【汉】棒果木科（棒果科，毛利果科）。【包含】世界 1 属 5-7 种。【分布】澳大利亚，瓦努阿图，新西兰，新几内亚岛，太平洋西南岸。【科名模式】Corynocarpus J. R. Forst. et G. Forst.（1775）●☆

13151　Corynocarpus J. R. Forst. et G. Forst.（1775）【汉】棒果木属（棒果属，卡拉卡属，毛利果属）。【俄】Каринокарпус。【英】Karaka Nut。【隶属】棒果木科（棒果科，毛利果科）Corynocarpaceae。【包含】世界 5-7 种。【学名诠释与讨论】〈阳〉（希）coryne，棍棒+karpos，果实。此属的学名，ING、TROPICOS 和 IK 记载是"Corynocarpus J. R. Forst. et G. Forst.，Char. Gen. Pl.，ed. 2. 31. 1776［1 Mar 1776］"。"Merretia Solander ex N. L. Marchand，Rév. Anacard. 58. 1869"是"Corynocarpus J. R. Forst. et G. Forst.（1775）"的晚出的同模式异名（Homotypic synonym，Nomenclatural synonym）。【分布】澳大利亚（昆士兰），瓦努阿图，新西兰，新几内亚岛。【模式】Corynocarpus laevigata J. R. Forster et J. G. A. Forster。【参考异名】Corinocarpus Poir.（1818）；Merretia Sol. ex Marchand（1869）Nom. illegit. ；Merrettia Sol. ex Engl.●☆

13152　Corynolobus Post et Kuntze（1903）= Brassica L.（1753）；~ = Corynelobos R. Roem.（1852）［十字花科 Brassicaceae（Cruciferae）］●■

13153　Corynophallus Schott（1857）= Amorphophallus Blume ex Decne.（1834）（保留属名）［天南星科 Araceae］■●

13154　Corynophora Schrad. ex Spreng.（1827）Nom. illegit. ［山柑科（白花菜科，醉蝶花科）Capparaceae］☆

13155　Corynophorus Kunth（1815）Nom. illegit. = Corynephorus P. Beauv.（1812）（保留属名）［禾本科 Poaceae（Gramineae）］■☆

13156　Corynopuntia F. M. Knuth（1936）【汉】棍棒仙人掌属。【日】コリノプンテイア属。【隶属】仙人掌科 Cactaceae。【包含】世界 15 种。【学名诠释与讨论】〈阴〉（希）coryne，棍棒+（属）Opuntia 仙人掌属。此属的学名是"Corynopuntia F. M. Knuth in Backeberg et F. M. Knuth, Kaktus - ABC 114，410. 12 Feb 1936（'31 Dec 1935'）"。亦有文献把其处理为"Grusonia Rchb. f. ex K. Schum.（1919）"或"Opuntia Mill.（1754）"的异名。【分布】参见 Grusonia Rchb. f. ex K. Schum.（1919）和 Opuntia Mill.。【模式】Corynopuntia clavata（Engelmann）F. M. Knuth［Opuntia clavata Engelmann］。【参考异名】Grusonia Rchb. f. ex K. Schum.（1919）；Opuntia Mill.（1754）；Opuntia subgen. Corynopuntia（F. M. Knuth）Bravo（1972）■☆

13157　Corynosicyos F. Muell.（1876）= Cucumeropsis Naudin（1866）［葫芦科（瓜科，南瓜科）Cucurbitaceae］■☆

13158　Corynostigma C. Presl（1851）= Ludwigia L.（1753）［柳叶菜科 Onagraceae］●■

13159　Corynostylis Mart.（1824）【汉】盘柱堇属。【隶属】堇菜科 Violaceae。【包含】世界 4 种。【学名诠释与讨论】〈阴〉（希）coryne，棍棒+stylos＝拉丁文 style，花柱，中柱。此属的学名，ING、TROPICOS 和 IK 记载是"Corynostylis Mart.，Nov. Gen. Sp.

Pl. （Martius）1（2）：25，t. 17，18. ［late 1823 or Jan－Feb 1824］”。“Calyptrion Gingins ex A. P. de Candolle，Prodr. 1：288. Jan（med.）1824”是“Corynostylis Mart.（1824）”的同模式异名（Homotypic synonym，Nomenclatural synonym）。【分布】巴拿马，秘鲁，玻利维亚，厄瓜多尔，哥伦比亚（安蒂奥基亚），尼加拉瓜，热带美洲，中美洲。【模式】Corynostylis hybanthus C. F. P. Martius，Nom. illegit. ［Viola laurifolia J. E. Smith］。【参考异名】Calyptrion Ging.（1823）Nom. inval. ；Calyptrion Ging. ex DC.（1824）Nom. illegit. ■☆

13160　Corynostylus Post et Kuntze（1903）Nom. illegit. ≡ Corunastylis Fitzg.（1888）；~ = Anticheirostylis Fitzg.（1888）；~ = Genoplesium R. Br.（1810）［兰科 Orchidaceae］■☆

13161　Corynotheca F. Muell.（1870）Nom. inval. ≡ Corynotheca F. Muell. ex Benth.（1878）［吊兰科（猴面包科，猴面包树科）Anthericaceae//苞花草科（红箭花科）Johnsoniaceae］■☆

13162　Corynotheca F. Muell. ex Benth.（1878）【汉】棒室吊兰属。【隶属】吊兰科（猴面包科，猴面包树科）Anthericaceae//苞花草科（红箭花科）Johnsoniaceae。【包含】世界6种。【学名诠释与讨论】〈阴〉（希）coryne，棍棒+theke=拉丁文 theca，匣子，箱子，室，药室，囊。此属的学名，ING 和 APNI 记载是“Corynotheca F. von Mueller ex Bentham，Fl. Austral. 7：49. 23-30 Mar 1878”。IK 则记载为“Corynotheca F. Muell.，Fragm.（Mueller）7（53）：68. 1870 ［Jan 1870］”。苔藓的“Corynotheca R. Ochyra，Polish Bot. Stud. 1：60. 15 Oct 1991（‘1990’）”是晚出的非法名称。【分布】热带和澳大利亚（西部）。【模式】未指定。【参考异名】Corynotheca F. Muell.（1870）Nom. inval. ■☆

13163　Corynula Hook. f.（1872）= Leptostigma Arn.（1841）［茜草科 Rubiaceae］■☆

13164　Corypha L.（1753）【汉】贝叶棕属（贝叶椰，大叶棕属，顶桐属，行李桐属，行李叶椰子属，金丝葵属，金丝桐属，团扇葵属）。【日】コウリバヤシ属。【俄】Корифа，Корифа зонтичная。【英】Corypha，Cowryleafpalm，Talipot Palm。【隶属】棕榈科 Arecaceae（Palmae）。【包含】世界8种，中国1种。【学名诠释与讨论】〈阴〉（希）koryphe，头，顶点，头顶，顶，头盔，主要点。指花序生于干顶部。此属的学名，ING、APNI、GCI、TROPICOS 和 IK 记载是“Corypha L.，Sp. Pl. 2：1187. 1753 ［1 May 1753］”。“Codda－Pana Adanson，Fam. 2：25，541. Jul-Aug 1763”和“Codda－pana Adanson”是“Corypha L.（1753）”的晚出的同模式异名（Homotypic synonym，Nomenclatural synonym）。【分布】巴基斯坦，东南亚，斯里兰卡，印度至马来西亚，中国。【模式】Corypha umbraculifera Linnaeus。【参考异名】Codda－Pana Adans.（1763）Nom. illegit. ；Codda－pana Adans.（1763）Nom. illegit. ；Gembanga Blume（1825）；Kodda－Pana Adans.（1763）Nom. illegit. ；Taliera Mart.（1824）●

13165　Coryphaceae Schultz Sch.（1832）= Arecaceae Bercht. et J. Presl（保留科名）//Palmae Juss.（保留科名）●

13166　Coryphadenia Morley（1953）= Votomita Aubl.（1775）［野牡丹科 Melastomataceae］●☆

13167　Coryphantha（Engelm.）Lem.（1868）（保留属名）【汉】菠萝球属（顶花球属）。【日】コリファンタ属。【英】Coryphantha，Pincushion Cactus，Red Cactus。【隶属】仙人掌科 Cactaceae。【包含】世界45-64种，中国7种。【学名诠释与讨论】〈阴〉（希）koryphe 头，顶点，头顶，顶，头盔，主要点+antha 花。此属的学名“Coryphantha（Engelm.）Lem.，Cactées：32. Aug 1868”是保留属名，由“Mammillaria subgen. Coryphanta Engelm. in Emory，Rep. U. S. Mex. Bound. 2：10. 1858”改级而来。相应的废弃属名是仙人掌科 Cactaceae 的“Aulacothele Monv.，Cat. Pl. Exot.：21. 1846 = Coryphantha（Engelm.）Lem.（1868）（保留属名）”。

“Coryphantha Lem.（1868）≡ Coryphantha（Engelm.）Lem.（1868）（保留属名）”的命名人引证有误，亦应废弃。【分布】古巴，美国（西南部），墨西哥，中国。【后选模式】Coryphantha sulcata（Engelmann）N. L. Britton et J. N. Rose ［Mammillaria sulcata Engelmann］。【参考异名】Aulacothele Lem.（1927）Nom. illegit. （废弃属名）；Aulacothele Monv.（1846）Nom. inval. （废弃属名）；Aulacothele Monv. ex Lem. （废弃属名）；Cochiseia W. H. Earle（1976）；Coryphantha Lem.（1868）Nom. illegit. （废弃属名）；Cumarinia（Knuth）Buxb.（1951）；Cumarinia Buxb.（1951）Nom. illegit. ；Escobaria Britton et Rose（1923）；Escobesseya Hester（1941）；Escobrittonia Doweld（2000）；Glandulifera（Salm－Dyck）Frič（1924）Nom. illegit. ；Glandulifera Frič（1924）Nom. illegit. ；Lepidocoryphantha Backeb.（1938）；Mammillaria subgen. Coryphantha Engelm.（1856）；Neobesseya Britton et Rose（1923）；Roseia Frič（1925）●■

13168　Coryphantha Lem.（1868）Nom. illegit. （废弃属名）≡ Coryphantha（Engelm.）Lem.（1868）（保留属名）［仙人掌科 Cactaceae］●■

13169　Coryphomia Rojas（1918）【汉】阿根廷蜡棕属。【隶属】棕榈科 Arecaceae（Palmae）。【包含】世界1种。【学名诠释与讨论】〈阴〉（属）Corypha 贝叶棕属+homoios，homios，类似于。此属的学名是“Coryphomia N. Rojas Acosta，Bull. Acad. Int. Géogr. Bot. 28：158. Oct－Dec 1918”。亦有文献把其处理为“Copernicia Mart. ex Endl.（1837）”的异名。【分布】阿根廷，玻利维亚。【模式】Coryphomia tectorum N. Rojas Acosta。【参考异名】Copernicia Mart. ex Endl.（1965）●☆

13170　Coryphothamnus Steyerm.（1965）【汉】头灌茜属。【隶属】茜草科 Rubiaceae。【包含】世界7种。【学名诠释与讨论】〈阴〉（希）koryphe，头，顶点，头顶，顶，头盔，主要点+thamnos，指小式 thamnion，灌木，灌丛，树丛，枝。【分布】委内瑞拉。【模式】Coryphothamnus auyantepuiensis（J. A. Steyermark）J. A. Steyermark ［Pagamea auyantepuiensis Steyermark］。●☆

13171　Corysadenia Griff.（1846）Nom. inval. = Illigera Blume（1827）［莲叶桐科 Hernandiaceae//青藤科 Illigeraceae］●■

13172　Corysanthera Decne. ex Regel（1852）Nom. illegit. ≡ Heppiella Regel（1853）；~ ≡ Corysanthera Decne. ex Regel（1852）Nom. illegit. ；~ ≡ Heppiella Regel（1853）；~ = Corysanthera Wall. ex Benth.（1839）［苦苣苔科 Gesneriaceae］●

13173　Corysanthera Endl.（1839）Nom. illegit. = Rhynchotechum Blume（1826）［苦苣苔科 Gesneriaceae］●

13174　Corysanthera Regel（1852）Nom. illegit. ≡ Corysanthera Decne. ex Regel（1852）Nom. illegit. ；~ ≡ Heppiella Regel（1853）；~ = Corysanthera Wall. ex Benth.（1839）［苦苣苔科 Gesneriaceae］●

13175　Corysanthera Wall.（1832）Nom. inval. ≡ Corysanthera Wall. ex Benth.（1839）；~ = Rhynchotechum Blume（1826）［苦苣苔科 Gesneriaceae］●

13176　Corysanthera Wall. ex Benth.（1839）= Rhynchotechum Blume（1826）［苦苣苔科 Gesneriaceae］●

13177　Corysanthera Wall. ex Endl.（1839）Nom. illegit. = Rhynchotechum Blume（1826）［苦苣苔科 Gesneriaceae］●

13178　Corysanthes R. Br.（1810）= Corybas Salisb.（1807）［兰科 Orchidaceae］■

13179　Corythacanthus Nees（1836）= Clistax Mart.（1829）［爵床科 Acanthaceae］☆

13180　Corythanthes Lem.（1849）= Coryanthes Hook.（1831）［兰科 Orchidaceae］■☆

13181　Corythea S. Watson（1887）= Acalypha L.（1753）［大戟科

Euphorbiaceae//铁苋菜科 Acalyphaceae]●■

13182　Corytholobium Benth. (1839) = Securidaca L. (1759)(保留属名)[远志科 Polygalaceae]●

13183　Corytholobium Mart. ex Benth. (1839) Nom. illegit. ≡ Corytholobium Benth. (1839); ~ = Securidaca L. (1759)(保留属名)[远志科 Polygalaceae]●

13184　Corytholoma (Benth.) Decne. (1848) = Rechsteineria Regel (1848)(保留属名); ~ = Sinningia Nees (1825)[苦苣苔科 Gesneriaceae]●■☆

13185　Corytholoma Decne. (1848) Nom. illegit. ≡ Corytholoma (Benth.) Decne. (1848); ~ =Rechsteineria Regel(1848)(保留属名); ~ =Sinningia Nees(1825)[苦苣苔科 Gesneriaceae]■☆

13186　Corythophora R. Knuth(1939)【汉】头梗玉蕊属。【隶属】玉蕊科(巴西果科)Lecythidaceae。【包含】世界4种。【学名诠释与讨论】〈阴〉(希)korys,所有格 korythos,头盔,顶,头+phoros,具有,梗,负载,发现者。【分布】巴西。【模式】Corythophora alta Knuth。●☆

13187　Corytoplectus Oerst. (1858)【汉】奥氏苣苔属。【隶属】苦苣苔科 Gesneriaceae。【包含】世界10-15种。【学名诠释与讨论】〈阳〉(希)korys,所有格 korythos,头盔,顶,头+plektos,编织的。此属的学名是"Corytoplectus Oersted, Centralamer. Gesner. 45. 1858"。亦有文献把其处理为"Alloplectus Mart. (1829)(保留属名)"的异名。【分布】秘鲁,玻利维亚,厄瓜多尔,热带美洲。【模式】Corytoplectus capitatus (W. J. Hooker) H. Wiehler。【参考异名】Alloplectus Mart. (1829)(保留属名); Diplolegnon Rusby (1900)■☆

13188　Coryzadenia Griff. (1854) = Illigera Blume (1827)[莲叶桐科 Hernandiaceae//青藤科 Illigeraceae]●■

13189　Cosaria J. F. Gmel. (1791) = Dorstenia L. (1753); ~ = Kosaria Forssk. (1775)[桑科 Moraceae]■●☆

13190　Cosbaea Lem. (1855) = Schisandra Michx. (1803)(保留属名)[木兰科 Magnoliaceae//五味子科 Schisandraceae//八角科 Illiciaceae]●

13191　Coscinium Colebr. (1821)【汉】筛藤属(南洋药藤属)。【隶属】防己科 Menispermaceae。【包含】世界2种。【学名诠释与讨论】〈中〉(希)koskinon,指小型 koskinion,筛子,漏勺+-ius,-ia,-ium,在拉丁文和希腊文中,这些词尾表示性质或状态。此属的学名,ING、TROPICOS 和 IK 记载是"Coscinium Colebr., Trans. Linn. Soc. London 13(1): 51. 1821[23 May-21 Jun 1821]"。"Pereiria Lindley, Fl. Med. 370. 1838"是"Coscinium Colebr. (1821)"的晚出的同模式异名(Homotypic synonym, Nomenclatural synonym)。【分布】印度至马来西亚,中南半岛。【模式】Coscinium fenestratum (J. Gaertner) Colebrooke[Menispermum fenestratum J. Gaertner]。【参考异名】Pereiria Lindl. (1838) Nom. illegit. ●☆

13192　Cosmantha Y. Itô(1967) Nom. illegit. [仙人掌科 Cactaceae]☆

13193　Cosmanthus Nolte ex A. DC. (1845) = Phacelia Juss. (1789)[田梗草科(田基麻科,田亚麻科)Hydrophyllaceae]■☆

13194　Cosmarium Dulac(1867) Nom. illegit. ≡ Adonis L. (1753)(保留属名)[毛茛科 Ranunculaceae]■

13195　Cosmea Willd. (1803) = Cosmos Cav. (1791)[菊科 Asteraceae(Compositae)]■

13196　Cosmelia R. Br. (1810)【汉】笔管石南属。【隶属】尖苞木科 Epacridaceae。【包含】世界1种。【学名诠释与讨论】〈阴〉(希)kosmos,秩序,形式+elis,属于。指花美丽。【分布】澳大利亚(西南部)。【模式】Cosmelia rubra R. Brown。●☆

13197　Cosmia Dombey ex Juss. (1789) = Calandrinia Kunth(1823)(保留属名)[马齿苋科 Portulacaceae]■☆

13198　Cosmianthemum Bremek. (1960)【汉】秋英爵床属。【隶属】爵床科 Acanthaceae。【包含】世界8-10种,中国4种。【学名诠释与讨论】〈中〉(希)kosmos,秩序,装饰,形式+anthemon,花。【分布】中国,加里曼丹岛。【模式】Cosmianthemum magnifolium Bremekamp。●■

13199　Cosmibuena Ruiz et Pav. (1794)(废弃属名)≡Sphenista Raf. (1838) Nom. illegit. ; ~ =Cosmibuena Ruiz et Pav. (1794)(废弃属名); ~ = Hirtella L. (1753)[蔷薇科 Rosaceae//金壳果科 Chrysobalanaceae]●☆

13200　Cosmibuena Ruiz et Pav. (1802)(保留属名)【汉】长管栀子属。【隶属】茜草科 Rubiaceae。【包含】世界12种。【学名诠释与讨论】〈阴〉(希)kosmos,秩序,装饰,形式,秩序井然的系统+(属)Buena =Gonzalagunia 西印度茜属。另说纪念 Cosme Bueno, 1711-1798。此属的学名"Cosmibuena Ruiz et Pav., Fl. Peruv. 3: 2. Aug 1802"是保留属名。相应的废弃属名是"Cosmibuena Ruiz et Pav., Fl. Peruv. Prodr.: 10. Oct(prim.)1794 ≡ Sphenista Rafinesque, Sylva Tell. 90. Oct-Dec 1838 =Hirtella L. (1753)[蔷薇科 Rosaceae//金壳果科 Chrysobalanaceae]"。二者极易混淆。"Buena Pohl, Pl. Brasil. 1:8. t. 8. Aug 1826(non Cavanilles 1800)"是"Cosmibuena Ruiz et Pav. (1802)(保留属名)"的晚出的同模式异名(Homotypic synonym, Nomenclatural synonym)。【分布】巴拿马,秘鲁,玻利维亚,厄瓜多尔,哥伦比亚(安蒂奥基亚),尼加拉瓜,中美洲和热带南美洲。【后选模式】Cosmibuena obtusifolia Ruiz et Pavón, Nom. illegit. [Cinchona grandiflora Ruiz et Pavón; Cosmibuena grandiflora (Ruiz et Pavón) Rusby]。【参考异名】Buena Pohl(1827) Nom. illegit. ●☆

13201　Cosmidium Nutt. (1841) = Thelesperma Less. (1831)[菊科 Asteraceae(Compositae)]■●☆

13202　Cosmiusa Alef. (1866) = Parochetus Buch. – Ham. ex D. Don (1825)[豆科 Fabaceae(Leguminosae)]■

13203　Cosmiza Raf. (1838)(废弃属名) = Polypompholyx Lehm. (1844)(保留属名); ~ = Utricularia L. (1753)[狸藻科 Lentibulariaceae]■

13204　Cosmocalyx Standl. (1930)【汉】齐萼茜属。【隶属】茜草科 Rubiaceae。【包含】世界1种。【学名诠释与讨论】〈阳〉(希)kosmos,秩序,装饰,形式+kalyx,所有格 kalykos =拉丁文 calyx,花萼,杯子。指花萼美丽。【分布】墨西哥,中美洲。【模式】Cosmocalyx spectabilis Standley。●☆

13205　Cosmoneuron Pierre(1897) = Strombosia Blume(1827)[铁青树科 Olacaceae]●☆

13206　Cosmophyllum C. Koch(1854) Nom. illegit. ≡Cosmophyllum K. Koch(1854); ~ = Podachaenium Benth. (1853)[菊科 Asteraceae(Compositae)]●☆

13207　Cosmophyllum K. Koch(1854) = Podachaenium Benth. (1853)[菊科 Asteraceae(Compositae)]●☆

13208　Cosmos Cav. (1791)【汉】秋英属(波斯菊属,大波斯菊属,秋樱属)。【日】オオバルシャ属,オホバルシャ属,コスモス属。【俄】Космея, Космос, Красотка。【英】Cosmos, Mexican Aster。【隶属】菊科 Asteraceae(Compositae)。【包含】世界26-28种,中国2种。【学名诠释与讨论】〈阳〉(希)kosmos,秩序,装饰,形式。指花色美丽。【分布】巴拉圭,巴拿马,秘鲁,玻利维亚,厄瓜多尔,哥伦比亚(安蒂奥基亚),马达加斯加,美国(密苏里),尼加拉瓜,中国,西印度群岛,热带和亚热带美洲,中美洲。【模式】Cosmos bipinnatus Cavanilles。【参考异名】Adenolepis Less. (1831); Cosmea Willd. (1803)■

13209　Cosmostigma Wight(1834)【汉】荟蔓藤属(阔柱藤属)。【英】

Cosmostigma。【隶属】萝藦科 Asclepiadaceae。【包含】世界 3 种，中国 1 种。【学名诠释与讨论】〈中〉(希) kosmos，秩序，装饰，形式+stigma，所有格 stigmatos，柱头，眼点。指柱头美丽。【分布】中国。【模式】Cosmostigma racemosum（Roxburgh）R. Wight [Asclepias racemosa Roxburgh]。●

13210　Cossignea Willd.（1799）= Cossinia Comm. ex Lam.（1786）[无患子科 Sapindaceae]●☆

13211　Cossignia Comm. ex Juss.（1789）Nom. illegit. = Cossinia Comm. ex Lam.（1786）[无患子科 Sapindaceae]●☆

13212　Cossignia Comm. ex Lam.（1786）Nom. illegit. = Cossinia Comm. ex Lam.（1786）[无患子科 Sapindaceae]●☆

13213　Cossignia Comm. ex Radlk.（1895）Nom. illegit. = Cossinia Comm. ex Lam.（1786）[无患子科 Sapindaceae]●☆

13214　Cossignya Baker（1877）= Cossinia Comm. ex Lam.（1786）[无患子科 Sapindaceae]●☆

13215　Cossinia Comm. ex Lam.（1786）【汉】澳木患属。【隶属】无患子科 Sapindaceae。【包含】世界 4 种。【学名诠释与讨论】〈阴〉(人) Joseph François Charpentier-Cossigny de Palma，1730－1809，法国博物学者。此属的学名，ING、APNI 和 IK 记载是 "Cossinia Commerson ex Lamarck, Encycl. Meth., Bot. 2:132. 16 Oct 1786"。"Cossignia" 是本属学名的拼写变体。【分布】斐济，马达加斯加，法属新喀里多尼亚，马斯克林群岛。【后选模式】Cossinia pinnata Commerson ex Lamarck。【参考异名】Cossignea Willd.（1799）；Cossignia Comm. ex Juss.（1789）Nom. illegit.；Cossignia Comm. ex Lam., Nom. illegit.；Cossignia Comm. ex Radlk.（1895）Nom. illegit.；Cossignya Baker（1877）；Melicopsidium Baill.（1874）●☆

13216　Cossonia Durieu（1853）= Raffenaldia Godr.（1853）[十字花科 Brassicaceae（Cruciferae）]■☆

13217　Costa Vell.（1829）= Galipea Aubl.（1775）[芸香科 Rutaceae]●☆

13218　Costaceae（Meisn.）Nakai（1941）[亦见 Zingiberaceae Martinov（保留科名）姜科（蘘荷科）]【汉】闭鞘姜科。【日】オオホザキアヤメ科。【包含】世界 4 属 100-156 种，中国 1 属 5-6 种。【分布】热带亚洲。【科名模式】Costus L.■

13219　Costaceae Nakai（1941）= Costaceae（Meisn.）Nakai；~ = Zingiberaceae Martinov（保留科名）■

13220　Costaea A. Rich.（1853）[桤叶树科（山柳科）Clethraceae//翅萼树科（翅萼木科，西里拉科）Cyrillaceae]●☆

13221　Costaea Post et Kuntze（1）Nom. illegit. = Costa Vell.（1829）；~ = Galipea Aubl.（1775）[芸香科 Rutaceae]●☆

13222　Costaea Post et Kuntze（2）Nom. illegit. = Costia Willk.（1858）Nom. illegit.；~ = Agropyron Gaertn.（1770）[禾本科 Poaceae（Gramineae）]■

13223　Costaea Post et Kuntze（3）Nom. illegit. = Iris L.（1753）；~ = Costia Willk.（1860）Nom. illegit.；~ = Iris L.（1753）[鸢尾科 Iridaceae]■

13224　Costantina Bullock（1965）= Lygisma Hook. f.（1883）[萝藦科 Asclepiadaceae]■

13225　Costarica L. D. Gómez（1983）= Sicyos L.（1753）[葫芦科（瓜科，南瓜科）Cucurbitaceae]■

13226　Costaricaea Schltr.（1923）= Hexisea Lindl.（1834）（废弃属名）；~ = Scaphyglottis Poepp. et Endl.（1836）（保留属名）[兰科 Orchidaceae]■☆

13227　Costea A. Rich.（1853）Nom. illegit. ≡ Costaea A. Rich.（1853）；~ = Purdiaea Planch.（1846）[桤叶树科（山柳科）Clethraceae//翅萼树科（翅萼木科，西里拉科）Cyrillaceae]●☆

13228　Costera J. J. Sm.（1910）【汉】腺叶莓属。【隶属】杜鹃花科（欧石南科）Ericaceae。【包含】世界 9 种。【学名诠释与讨论】〈阴〉(人) Coster。【分布】菲律宾，印度尼西亚（苏门答腊岛），加里曼丹岛。【模式】Costera ovalifolia J. J. Smith。【参考异名】Cymothoe Airy Shaw（1935）；Iaera H. F. Copel.（1932）●☆

13229　Costia Willk.（1858）Nom. illegit. = Agropyron Gaertn.（1770）[禾本科 Poaceae（Gramineae）]■

13230　Costia Willk.（1860）Nom. illegit. = Iris L.（1753）[鸢尾科 Iridaceae]■

13231　Costularia C. B. Clarke ex Dyer（1900）【汉】细脉莎草属。【隶属】莎草科 Cyperaceae。【包含】世界 20 种。【学名诠释与讨论】〈阴〉(拉) costa，指小型 costula，肋骨，排骨。Costatis，肋骨的，体侧的+-ulus，-ula，-ulum，指示小的词尾。指细脉。此属的学名，ING 记载是 "Costularia C. B. Clarke in Thiselton-Dyer, Fl. Cap. 7:274. Jul 1898"。IK 记载为 "Costularia C. B. Clarke, Consp. Fl. Afr. [T. A. Durand et H. Schinz] 5:658. 1894 [Dec 1894]"。APNI 则记载为 "Costularia C. B. Clarke ex Dyer, Flora Capensis 7 1900"。褐藻的 "Costularia Yu. Petrov et I. Gusarova in I. Gusarova et Yu. Petrov, Nov. Sist. Nizsh. Rast.（Bot. Inst. Akad. Nauk SSSR）7;87. 25 Jan 1971" 是晚出的非法名称。【分布】澳大利亚，非洲南部，马达加斯加，马斯克林群岛。【模式】未指定。【参考异名】Capeobolus J. Browning（1999）；Costularia C. B. Clarke（1894）Nom. inval.；Costularia C. B. Clarke（1898）Nom. inval.；Cyclocampe Benth. et Hook. f.（1883）Nom. illegit.；Lophoschoenus Stapf（1914）■☆

13232　Costularia C. B. Clarke（1894）Nom. inval. ≡ Costularia C. B. Clarke ex Dyer（1900）[莎草科 Cyperaceae]■☆

13233　Costus L.（1753）【汉】闭鞘姜属（巴西掠姜花属，广商陆属，鞘姜属）。【日】オオホザキアヤメ属，オオホホザキアヤメ属，コスタス属。【俄】Koctyc。【英】Spiral Flag，Spiral Ginger，Spiralflag。【隶属】姜科（蘘荷科）Zingiberaceae//闭鞘姜科 Costaceae。【包含】世界 42-152 种，中国 5-6 种。【学名诠释与讨论】〈阳〉(希) kostos，拉丁文 costum 或 costos，植物古名。【分布】巴拿马，秘鲁，玻利维亚，厄瓜多尔，哥伦比亚（安蒂奥基亚），哥斯达黎加，马达加斯加，尼加拉瓜，利比里亚（宁巴），中国，中美洲。【模式】arabicus Linnaeus。【参考异名】Banksea J. König（1783）Nom. illegit.；Cadalvena Fenzl（1865）；Cheilocostus C. D. Specht（2006）Nom. illegit.；Gissanthe Salisb.（1812）；Hellenia Retz.（1791）；Jacuanga T. Lestib.（1841）；Planea P. O. Karis（1990）；Planera Giseke（1792）Nom. illegit.；Planera P. O. Karis；Pyxa Noronha（1790）Nom. inval.；Swarzia Retz.；Tsiana J. F. Gmel.（1791）Nom. illegit.■

13234　Cota J. Gay ex Guss.（1845）【汉】全黄菊属。【隶属】菊科 Asteraceae（Compositae）//春黄菊科 Anthemidaceae。【包含】世界 40 种。【学名诠释与讨论】〈阴〉(希) kotis，所有格 kotidos 小脑，头的顶部和后部。此属的学名，ING 记载是 "Cota J. Gay ex Gussone, Fl. Siculae Syn. 2;866. Sep-Oct 1845(?)（'1844'）"。IK 则记载为 "Cota J. Gay, Fl. Sicul. Syn. 2;866. 1845 [dt. 1844；publ. Sep-Oct 1845?]"。二者引用的文献相同。亦有文献把 "Cota J. Gay ex Guss.（1845）" 处理为 "Anthemis L." 的异名。【分布】非洲北部，美国，欧洲，亚洲西南部。【后选模式】Cota tinctoria（Linnaeus）J. Gay ex Gussone [Anthemis tinctoria Linnaeus]。【参考异名】Anthemis L.（1753）；Cota J. Gay（1845）Nom. illegit.■☆

13235　Cota J. Gay（1845）Nom. illegit. ≡ Cota J. Gay ex Guss.（1845）；~ = Anthemis L. [菊科 Asteraceae（Compositae）//春黄菊科 Anthemidaceae]■☆

13236　Cotema Britton et P. Wilson（1920）Nom. illegit. ≡ Spirotecoma

（Baill.）Dalla Torre et Harms（1904）［紫葳科 Bignoniaceae］●☆

13237　Cotinus Mill.（1754）【汉】黄栌属。【日】コチヌス属。【俄】Дерево париковое，Желтинник，Скумпия。【英】Smoke Bush，Smoke Tree，Smoketree，Smoke-tree，Smoke-wood，Wig Tree。【隶属】漆树科 Anacardiaceae。【包含】世界 5 种，中国 4 种。【学名诠释与讨论】〈阴〉（拉）cotinus，一种可提取黄色染料的灌木植物。另说来自希腊文 kotinos，齐墩果即油橄榄的古名。【分布】巴基斯坦，美国（东南部），中国，欧洲南部至喜马拉雅山，中美洲。【模式】Cotinus coggygria Scopoli（Rhus cotinus Linnaeus 1753）。●

13238　Cotonea Raf.（1837）Nom. illegit.，Nom. superfl. ≡ Cotoneaster Medik.（1789）［蔷薇科 Rosaceae］●

13239　Cotoneaster J. B. Ehrh. = Cotoneaster Medik.（1789）［蔷薇科 Rosaceae］●

13240　Cotoneaster Medik.（1789）【汉】栒子属（铺地蜈蚣属）。【日】コトネアスター属，シャリンタウ属，シャリントウ属，ベニシタン属。【俄】Кизильник，Котонеастер。【英】Cotoneaster，Quince-leaved Medlar，Rose-box。【隶属】蔷薇科 Rosaceae。【包含】世界 90-261 种，中国 59-83 种。【学名诠释与讨论】〈阳〉（希）kotoneon，拉丁文 cotoneus（cotonius），榲桲树+希腊文 aster，所有格 asteros，星，紫菀属。拉丁文词尾-aster，-astra，-astrum 加在名词词干之后形成指小式名词。指某些种的叶与榲桲相似。此属的学名，ING、APNI、GCI、TROPICOS 和 IK 记载是“Cotoneaster Medikus，Philos. Bot. 1：154. Apr 1789”。“Cotoneaster Ruppius，Fl. Jen. ed. Hall. 137（1745）；Medik. Phil. Bot. i. 155（1789）≡ Cotoneaster Medik.（1789）”是命名起点著作之前的名称。TROPICOS 和 IK 记载，Rafinesque（1837）曾用“Cotonea Raf.，Flora Telluriana 3：5. 1836［1837］”替代“Cotoneaster Medik.（1789）”，多余了。“Gymnopyrenum Dulac，Fl. Hautes Pyrénées 316. 1867”是“Cotoneaster Medik.（1789）”的晚出的同模式异名（Homotypic synonym，Nomenclatural synonym）。【分布】秘鲁，玻利维亚，美国，中国，北温带。【模式】Cotoneaster integerrimus Medikus［Mespilus cotoneaster Linnaeus］。【参考异名】Cotonea Raf.（1837）Nom. illegit.，Nom. superfl.；Cotoneaster J. B. Ehrh.；Cotoneaster Ruppius（1745）Nom. inval.；Gymnopyrenium Dulac（1867）Nom. illegit.●

13241　Cotoneaster Ruppius（1745）Nom. inval. ≡ Cotoneaster Medik.（1789）［蔷薇科 Rosaceae］●

13242　Cotopaxia Mathias et Constance（1952）【汉】哥伦比亚草属。【隶属】伞形花科（伞形科）Apiaceae（Umbelliferae）。【包含】世界 2 种。【学名诠释与讨论】〈阴〉（希）Cotopaxi，位于厄瓜多尔的火山。另说 kotis，所有格 kotidos，小脑，头的顶部和后部+（属）Paxia。【分布】厄瓜多尔。【模式】Cotopaxia asplundii Mathias et Constance。☆

13243　Cottaea Endl.（1836）= Cottea Kunth（1829）［禾本科 Poaceae（Gramineae）］■

13244　Cottea Kunth（1829）【汉】寇蒂禾属。【隶属】禾本科 Poaceae（Gramineae）。【包含】世界 1 种。【学名诠释与讨论】〈阴〉（地）Cottian，位于阿尔卑斯山。另说纪念德国人 Johann Georg Cotta von Cottendorf，1796-1863。【分布】秘鲁，玻利维亚，厄瓜多尔，厄瓜多尔至阿根廷，美国（南部）至墨西哥，中国。【模式】Cottea pappophoroides Kunth。【参考异名】Cottaea Endl.（1836）■

13245　Cottendorfia Schult. et Schult. f.（1830）Nom. illegit. ≡ Cottendorfia Schult. f.（1830）［凤梨科 Bromeliaceae］■☆

13246　Cottendorfia Schult. f.（1830）【汉】卡田凤梨属（卡田道夫属）。【隶属】凤梨科 Bromeliaceae。【包含】世界 1 种。【学名诠释与讨论】〈阴〉词源不详。此属的学名，ING 和 IK 记载是“Cottendorfia

J. H. Schultes in J. A. Schultes et J. H. Schultes in J. J. Roemer et J. A. Schultes，Syst. Veg. 7（2）：lxiv，1193. 1830（sero）”。TROPICOS 则记载为“Cottendorfia Schult. et Schult. f.，Syst. Veg.（ed. 15 bis）7（2）：lxiv，1193，1830”。三者引用的文献相同。【分布】巴西（东部），玻利维亚。【模式】Cottendorfia florida J. H. Schultes。【参考异名】Cottendorfia Schult. et Schult. f.（1830）Nom. illegit.■☆

13247　Cottetia（Gand.）Gand.（1886）= Rosa L.（1753）［蔷薇科 Rosaceae］●

13248　Cottetia Gand.（1886）Nom. illegit. ≡ Cottetia（Gand.）Gand.（1886）；~ = Rosa L.（1753）［蔷薇科 Rosaceae］●

13249　Cottonia Wight（1851）【汉】科顿兰属。【隶属】兰科 Orchidaceae。【包含】世界 1 种。【学名诠释与讨论】〈阴〉（人）Arthur Disbrowe Cotton，1879-1962，植物学者。另说纪念 Frederic（Frederick）Conyers Cotton。【分布】斯里兰卡，印度（南部）。【模式】Cottonia macrostachys R. Wight。■☆

13250　Cottsia Dubard et Dop（1908）= Janusia A. Juss. ex Endl.（1840）［金虎尾科（黄褥花科）Malpighiaceae］●☆

13251　Cotula L.（1753）【汉】山芫荽属（铜扣菊属，芫荽属）。【日】タカサゴトキンサウ属，タカサゴトキンソウ属。【俄】Котула。【英】Brass Buttons，Brassbuttons，Buttonweed，Cotula。【隶属】菊科 Asteraceae（Compositae）。【包含】世界 55-75 种，中国 2-3 种。【学名诠释与讨论】〈阴〉（希）kotyle，杯形的；kotyledon，空穴+-ulus，-ula，-ulum，指示小的词尾。指抱茎叶子的基部凹陷。此属的学名，ING、APNI、GCI、TROPICOS 和 IK 记载是“Cotula L.，Sp. Pl. 2：891. 1753［1 May 1753］”。“Lancisia Fabricius，Enum. 87. 1759”是“Cotula L.（1753）”的晚出的同模式异名（Homotypic synonym，Nomenclatural synonym）。【分布】巴基斯坦，巴拉圭，秘鲁，玻利维亚，厄瓜多尔，哥伦比亚（安蒂奥基亚），马达加斯加，中国，广泛分布尤其南半球，中美洲。【后选模式】Cotula coronopifolia Linnaeus。【参考异名】Baldingeria Neck.（1790）Nom. inval.；Brocchia Vis.（1836）；Cenia Comm. ex Juss.（1789）；Cenocline C. Koch（1843）Nom. illegit.；Chlamydophora Ehrenb.，Nom. illegit.；Cotulina Pomel（1874）Nom. illegit.；Cotylina Post et Kuntze（1903）；Ctenosperma Hook. f.（1847）；Gymnogyne Steetz（1845）；Lancisia Fabr.（1759）Nom. illegit.；Lancisia Lam.（1798）Nom. illegit.；Leptinella Cass.（1822）；Leptogyne Less.（1831）；Machlis DC.（1838）；Otochlamys DC.（1838）；Otoglyphis Pomel（1874）；Pleiogyne C. Koch（1843）Nom. illegit.；Pleiogyne K. Koch（1843）Nom. illegit.；Pyrethraria Pers. ex Steud.（1841）；Sphaeroclinium（DC.）Sch. Bip.（1844）；Strongylosperma Less.（1832）；Symphyomera Hook. f.（1847）■

13252　Cotulina Pomel（1874）Nom. illegit. ≡ Cenocline K. Koch（1843）；~ = Cotula L.（1753）；~ = Matricaria L.（1753）（保留属名）［菊科 Asteraceae（Compositae）］■

13253　Cotylanthera Blume（1826）【汉】杯药草属（杯蕊草属，杯蕊属）。【英】Cotylanthera。【隶属】龙胆科 Gentianaceae。【包含】世界 4 种，中国 1 种。【学名诠释与讨论】〈阴〉（希）kotyle，杯形的+anthera，花药。指花药杯形。【分布】印度尼西亚（爪哇岛），中国，波利尼西亚群岛，喜马拉雅山。【模式】Cotylanthera tenuis Blume。【参考异名】Eophylon A. Gray（1869）■

13254　Cotylaria Raf.（1814）Nom. illegit. ≡ Cotyledon L.（1753）（保留属名）［粟米草科 Molluginaceae］●■☆

13255　Cotyledon L.（1753）（保留属名）【汉】长筒莲属（圣塔属，银波锦属，瓦松属）。【日】コチレドン属。【俄】Котиледон。【英】Cotyledon。【隶属】粟米草科 Molluginaceae。【包含】世界 11-40 种。【学名诠释与讨论】〈阴〉（希）kotyledon，穴，脐，子叶。另说为 Cotyledon umbilicus = Umbilicus pandulinus 的希腊名。指群叶

密集,中央凹陷似脐。此属的学名"Cotyledon L. , Sp. Pl. : 429. 1 Mai 1753"是保留属名。法规未列出相应的废弃属名。但是粟米草科 Molluginaceae 的"Cotyledon Tourn. ex L. (1753)"应予废弃。【分布】阿拉伯地区,巴基斯坦,玻利维亚,厄立特里亚,马达加斯加,非洲南部。【模式】Cotyledon orbiculata Linnaeus。【参考异名】Cotylaria Raf. (1814) Nom. illegit. ; Cotyledon Tourn. ex L. (1753) (废弃属名); Cotyliphyllum Link (1831); Pistorinia DC. (1828); Umbilicaria Pers. (1805) Nom. illegit. ■☆

13256 Cotyledon Tourn. ex L. (1753) (废弃属名) ≡ Cotyledon L. (1753) (保留属名) [粟米草科 Molluginaceae] ●■☆

13257 Cotyledonaceae Martinov (1820) = Crassulaceae J. St. - Hil. (保留科名) ●■

13258 Cotylelobiopsis Heim (1892) = Copaifera L. (1762) (保留属名) [豆科 Fabaceae (Leguminosae)//云实科 (苏木科) Caesalpiniaceae] ●☆

13259 Cotylelobium Pierre(1890)【汉】杯裂香属。【隶属】龙脑香科 Dipterocarpaceae。【包含】世界 5 种。【学名诠释与讨论】〈中〉(希) kotyle,杯形的+lobos = 拉丁文 lobulus,片,裂片,叶,荚,萌+-ius,-ia,-ium,在拉丁文和希腊文中,这些词尾表示性质或状态。【分布】马来西亚(西部),斯里兰卡。【模式】Cotylelobium melanoxylon (J. D. Hooker) Pierre ex Heim [Anisoptera melanoxylon J. D. Hooker]。【参考异名】Cotylolobium Post et Kuntze(1903) ●☆

13260 Cotylephora Meisn. (1837) Nom. illegit. ≡ Neesia Blume(1835) (保留属名) [木棉科 Bombacaceae//锦葵科 Malvaceae] ●☆

13261 Cotylina Post et Kuntze (1903) = Cotulina Pomel (1874) Nom. illegit. ; ~ = Cotula L. (1753) [菊科 Asteraceae(Compositae)] ■

13262 Cotyliphyllum Link (1831) = Cotyledon L. (1753) (保留属名) [粟米草科 Molluginaceae] ●■☆

13263 Cotyliscus Desv. (1815) = Coronopus Zinn(1757) (保留属名); ~ = Lepidium L. (1753) [十字花科 Brassicaceae(Cruciferae)] ■

13264 Cotylodiscus Radlk. (1878) = Plagioscyphus Radlk. (1878) [无患子科 Sapindaceae] ●☆

13265 Cotylolabium Garay (1982) = Stenorrhynchos Rich. ex Spreng. (1826) [兰科 Orchidaceae] ■☆

13266 Cotylolobiopsis Post et Kuntze (1903) = Copaifera L. (1762) (保留属名); ~ = Cotylelobiopsis Heim (1892) [豆科 Fabaceae (Leguminosae)//云实科(苏木科) Caesalpiniaceae] ●☆

13267 Cotylolobium Post et Kuntze (1903) = Cotylelobium Pierre(1890) [龙脑香科 Dipterocarpaceae] ●☆

13268 Cotylonia C. Norman (1922) = Dickinsia Franch. (1885) [伞形花科 (伞形科) Apiaceae(Umbelliferae)] ■★

13269 Cotylonychia Stapf (1908)【汉】杯距梧桐属。【隶属】梧桐科 Sterculiaceae 瘤药花科(瘤药树科) Pentadiplandraceae//锦葵科 Malvaceae。【包含】世界 1 种。【学名诠释与讨论】〈阴〉(希) kotyle,杯形的+onyx,所有格 onychos,指甲,爪。此属的学名是 "Cotylonychia Stapf, Bull. Misc. Inform. 1908: 286. Aug 1908"。亦有文献把其处理为"Pentadiplandra Baill. (1886)"的异名。【分布】热带非洲。【模式】Cotylonychia chevalierii Stapf。【参考异名】Pentadiplandra Baill. (1886) ●☆

13270 Cotylophyllum Post et Kuntze (1903) = Cotyliphyllum Link (1831); ~ = Umbilicus DC. (1801) [景天科 Crassulaceae] ■☆

13271 Cotyloplecta Alef. (1863) = Hibiscus L. (1753) (保留属名) [锦葵科 Malvaceae//木槿科 Hibiscaceae] ●■☆

13272 Coublandia Aubl. (1775) (废弃属名) = Lonchocarpus Kunth (1824) (保留属名); ~ = Muellera L. f. (1782) (保留属名) [豆科 Fabaceae(Leguminosae)] ●■☆

13273 Coudenbergia Marchal (1879) = Pentapanax Seem. (1864) [五加科 Araliaceae] ●

13274 Couepia Aubl. (1775)【汉】库佩果属。【隶属】金壳果科 Chrysobalanaceae。【包含】世界 67 种。【学名诠释与讨论】〈阴〉couepi,植物俗名。【分布】巴拿马,秘鲁,玻利维亚,厄瓜多尔,哥伦比亚(安蒂奥基亚),尼加拉瓜,中美洲和热带南美洲。【模式】Couepia guianensis Aublet。【参考异名】Cuepia J. F. Gmel. (1791) ●☆

13275 Coula Baill. (1862)【汉】柯拉铁青树属。【隶属】铁青树科 Olacaceae。【包含】世界 1-3 种。【学名诠释与讨论】〈阴〉nkula,加蓬植物俗名。【分布】热带非洲西部。【模式】Coula edulis Baillon. ●☆

13276 Coulaceae Tiegh. (1897) = Erythropalaceae Planch. ex Miq. (保留科名); ~ = Olacaceae R. Br. (保留科名) ●

13277 Coulaceae Tiegh. ex Bullock = Erythropalaceae Planch. ex Miq. (保留科名); ~ = Olacaceae R. Br. (保留科名) ●

13278 Coulejia Dennst. (1818) = Antidesma L. (1753) [大戟科 Euphorbiaceae//五月茶科 Stilaginaceae//叶下珠科 (叶萝藦科) Phyllanthaceae] ●

13279 Coulterella Tiegh. (1909) Nom. illegit. = Pterocephalus Vaill. ex Adans. (1763) [川续断科(刺参科,蓟叶参科,山萝卜科,续断科) Dipsacaceae] ●■

13280 Coulterella Vasey et Rose ex O. Hoffm. (1890) Nom. illegit. ≡ Coulterella Vasey et Rose(1890) [菊科 Asteraceae(Compositae)] ■☆

13281 Coulterella Vasey et Rose(1890)【汉】盘头菊属。【隶属】菊科 Asteraceae(Compositae)。【包含】世界 1 种。【学名诠释与讨论】〈阴〉(人) John Merle Coulter, 1851 - 1928,美国植物学者 + -ellus,-ella,-ellum,加在名词词干后面形成指小式的词尾。或加在人名、属名等后面以组成新属的名称。此属的学名,ING、GCI、TROPICOS 和 IK 记载是"Coulterella G. Vasey et J. N. Rose, Contr. U. S. Natl. Herb. 1: 71. 1 Nov 1890"。"Coulterella Vasey et Rose ex O. Hoffm. (1890)"似为错误引用。"Coulterella Van Tieghem, Ann. Sci. Nat. Bot. ser. 9. 10: 154. 1909 = Pterocephalus Vaill. ex Adans. (1763) [川续断科(刺参科,蓟叶参科,山萝卜科,续断科) Dipsacaceae]"是晚出的非法名称。真菌的"Coulterella Zebrowski, Ann. Missouri Bot. Garden 23: 556. 8 Jan 1937"也是晚出的非法名称。【分布】墨西哥。【模式】Coulterella capitata G. Vasey et J. N. Rose。【参考异名】Coulterella Vasey et Rose ex O. Hoffm. (1890) Nom. illegit. ■☆

13282 Coulteria Kunth (1824) = Caesalpinia L. (1753) [豆科 Fabaceae (Leguminosae)//云实科(苏木科) Caesalpiniaceae] ●

13283 Coulterina Kuntze(1891) Nom. illegit. ≡ Physaria (Nutt. ex Torr. et A. Gray) A. Gray (1848) Nom. illegit. ; ~ ≡ Physaria (Nutt.) A. Gray (1848); ~ = Vesicaria Adans. (1763) [十字花科 Brassicaceae (Cruciferae)] ■☆

13284 Coulterophytum B. L. Rob. (1892)【汉】考特草属。【隶属】伞形花科 (伞形科) Apiaceae (Umbelliferae)。【包含】世界 5 种。【学名诠释与讨论】〈阴〉(人) John Merle Coulter, 1851-1928,美国植物学者+phyton,植物,树木,枝条。【分布】墨西哥,中美洲。【模式】Coulterophytum laxum B. L. Robinson. ☆

13285 Couma Aubl. (1775)【汉】牛奶木属。【英】Couma Rubber。【隶属】夹竹桃科 Apocynaceae。【包含】世界 15 种。【学名诠释与讨论】〈阴〉法属圭亚那印第安人称 Couma guianensis Aubl. 为 Couma。加勒比人叫 couma。此属的学名,ING、TROPICOS 和 IK 记载是"Couma Aubl. , Hist. Pl. Guiane 2 (Suppl.): 39, t. 392. 1775"。【分布】巴拿马,巴西,秘鲁,玻利维亚,厄瓜多尔,几内亚,尼加拉瓜,中美洲。【模式】Couma guianensis Aublet。【参考异名】Collophora Mart. (1828); Cuma Post et Kuntze(1903) ●☆

13286　Coumarouna Aubl.（1775）（废弃属名）≡ Dipteryx Schreb.（1791）（保留属名）［豆科 Fabaceae（Leguminosae）］●☆

13287　Coupia G. Don（1832）Nom. illegit. = Goupia Aubl.（1775）［毛药树科 Goupiaceae//卫矛科 Celastraceae］●☆

13288　Coupoui Aubl.（1775）= Duroia L. f.（1782）（保留属名）［茜草科 Rubiaceae］●☆

13289　Coupuia Raf. ，Nom. illegit. = Duroia L. f.（1782）（保留属名）［茜草科 Rubiaceae］●☆

13290　Coupuya Raf. ，Nom. illegit. = Duroia L. f.（1782）（保留属名）［茜草科 Rubiaceae］●☆

13291　Couralia Spltg.（1842）Nom. illegit. ≡ Potamoxylon Raf.（1838）；~ = Tabebuia Gomes ex DC.（1838）［紫葳科 Bignoniaceae］●☆

13292　Courantia Lem.（1851）= Echeveria DC.（1828）［景天科 Crassulaceae］●■☆

13293　Couratari Aubl.（1775）【汉】纤皮玉蕊属。【隶属】玉蕊科（巴西果科）Lecythidaceae。【包含】世界 18-20 种。【学名诠释与讨论】〈阴〉Couratari guianensis Aubl. 的南美洲俗名。此属的学名，ING、TROPICOS 和 IK 记载是“Couratari Aublet, Hist. Pl. Guiane 723. t. 290. Jun－Dec 1775”。“Curataria K. P. J. Sprengel, Gen. 436. Jan－Sep 1830”是“Couratari Aubl.（1775）”的晚出的同模式异名（Homotypic synonym, Nomenclatural synonym）。“Couratari Cambess. ，Flora Brasiliae Meridionalis（quarto ed.）2（20）：379. 1829［1833］.（3 Aug 1833）［玉蕊科（巴西果科）Lecythidaceae]”是晚出的非法名称。“Couratori Walp. ，Repert. Bot. Syst.（Walpers）2：193. 1843”是“Couratari Aubl.（1775）”的拼写变体。【分布】巴拿马，秘鲁，玻利维亚，厄瓜多尔，哥伦比亚（安蒂奥基亚），哥斯达黎加，热带南美洲，中美洲。【模式】Couratari guianensis Aublet。【参考异名】Amphoricarpus Spruce ex Miers（1874）Nom. illegit. ，Nom. inval. ；Couratari Cambess.（1829）Nom. illegit. ；Couratori Walp.（1843）Nom. illegit. ；Curatari J. F. Gmel.（1792）Nom. illegit. ；Curataria Spreng.（1830）Nom. illegit. ；Lecythopsis Schrank（1821）●☆

13294　Couratari Cambess.（1829）Nom. illegit. =? Couratari Aubl.（1775）［玉蕊科（巴西果科）Lecythidaceae］●☆

13295　Couratori Walp.（1843）Nom. illegit. ≡ Couratari Aubl.（1775）［玉蕊科（巴西果科）Lecythidaceae］●☆

13296　Courbari Adans.（1763）Nom. illegit. ≡ Hymenaea L.（1753）；~ =Courbaril Mill.（1754）Nom. illegit. ；~ ≡ Hymenaea L.（1753）［豆科 Fabaceae（Leguminosae）//云实科（苏木科）Caesalpiniaceae］●

13297　Courbaril Mill.（1754）Nom. illegit. ≡ Hymenaea L.（1753）［豆科 Fabaceae（Leguminosae）//云实科（苏木科）Caesalpiniaceae］●

13298　Courbaril Plum. ex Endl.（1840）Nom. illegit. = Courbaril Mill.（1754）Nom. illegit. ；~ ≡ Hymenaea L.（1753）［豆科 Fabaceae（Leguminosae）//云实科（苏木科）Caesalpiniaceae］●

13299　Courbonia Brongn.（1863）= Maerua Forssk.（1775）［山柑科（白花菜科，醉蝶花科）Capparaceae//白花菜科（醉蝶花科）Cleomaceae］●☆

13300　Courimari Aubl.（1775）= Sloanea L.（1753）［杜英科 Elaeocarpaceae］●

13301　Courimari Aubl.（1918）Nom. illegit. =Sloanea L.（1753）［杜英科 Elaeocarpaceae］●

13302　Couringia Adans.（1763）= Conringia Heist. ex Fabr.（1759）［十字花科 Brassicaceae（Cruciferae）］■

13303　Courondi Adans.（1763）（废弃属名）= Salacia L.（1771）（保留属名）［卫矛科 Celastraceae//翅子藤科 Hippocrateaceae//五层龙科 Salaciaceae］●

13304　Couroupita Aubl.（1775）【汉】炮弹树属（炮弹果属）。【日】ホウガンノキ属。【英】Cannonball Tree, Cannon－ball Tree。【隶属】玉蕊科（巴西果科）Lecythidaceae。【包含】世界 3-20 种。【学名诠释与讨论】〈阴〉源于模式种产地南美洲的俗名，称其couroupito-utou-mou。此属的学名，ING、TROPICOS 和 IK 记载是“Couroupita Aublet, Hist. Pl. Guiane 708. t. 282. Jun－Dec 1775”。“Pontopidana Scopoli, Introd. 195. Jan－Apr 1777”是“Couroupita Aubl.（1775）”的晚出的同模式异名（Homotypic synonym, Nomenclatural synonym）。【分布】巴基斯坦，巴拿马，秘鲁，玻利维亚，厄瓜多尔，哥伦比亚（安蒂奥基亚），哥斯达黎加，尼加拉瓜，西印度群岛，热带美洲，中美洲。【模式】Couroupita guianensis Aublet。【参考异名】Curupita Post et Kuntze（1903）；Elssholtzia Neck.（1790）Nom. inval. ；Elssholzia Post et Kuntze（1903）Nom. illegit. ；Pontopidana Scop.（1777）Nom. illegit. ●☆

13305　Courrantia Sch. Bip.（1845）= Matricaria L.（1753）（保留属名）［菊科 Asteraceae（Compositae）］■

13306　Coursetia DC.（1825）【汉】婴帽豆属。【隶属】豆科 Fabaceae（Leguminosae）。【包含】世界 38 种。【学名诠释与讨论】〈阴〉（人）George（s）Louis Marie Dumont de Courset, 1746－1824, 法国农学家。【分布】巴拉圭，巴拿马，秘鲁，玻利维亚，厄瓜多尔，哥斯达黎加，美国（加利福尼亚南部）至巴西，尼加拉瓜，中美洲。【后选模式】Coursetia tomentosa A. P. de Candolle, Nom. illegit. ［Lathyrus fruticosa Cavanilles；Coursetia fruticosa（Cavanilles）J. F. Macbride］。【参考异名】Benthamantha Alef.（1862）Nom. illegit. ；Callistylon Pittier（1928）；Chiovendaea Speg.（1916）；Cracca Benth.（1853）（保留属名）；Humboldtiella Harms（1923）；Neocracca Kuntze（1898）；Poissonia Baill.（1870）●☆

13307　Coursiana Homolle（1942）【汉】库斯茜属。【隶属】茜草科 Rubiaceae。【包含】世界 1-2 种。【学名诠释与讨论】〈阴〉词源不详。似来自人名。此属的学名是“Coursiana Homolle, Bull. Soc. Bot. France 89：57. post 13 Mar 1942”。亦有文献把其处理为“Schismatoclada Baker（1883）”的异名。【分布】马达加斯加。【模式】未指定。【参考异名】Schismatoclada Baker（1883）■☆

13308　Courtenia R. Br.（1844）Nom. illegit. = Cola Schott et Endl.（1832）（保留属名）［梧桐科 Sterculiaceae//锦葵科 Malvaceae］●☆

13309　Courtoisia Nees（1834）Nom. illegit. ≡ Courtoisina Soják（1980）［莎草科 Cyperaceae］■

13310　Courtoisia Rchb.（1837）Nom. illegit. = Collomia Nutt.（1818）；~ = Phlox L.（1753）［花荵科 Polemoniaceae］■

13311　Courtoisina Soják（1980）【汉】翅鳞莎属。【英】Courtoisia, Courtoisina。【隶属】莎草科 Cyperaceae。【包含】世界 3 种，中国 1 种。【学名诠释与讨论】〈阴〉（人）Richard Joseph Courtois, 1806－1835, 比利时植物学者+－inus, －ina, －inum 拉丁文加在名词词干之后，以形成形容词的词尾，含义为“属于、相似、关于、小的”。另说（属）Courtoisia Nees+－ina。此属的学名“Courtoisina J. Soják, Cas. Nár. Muz. , Rada Prír. 148：193. Oct 1980（‘1979’）”是一个替代名称。“Courtoisia C. G. D. Nees, Linnaea 9：286. 1834”是一个非法名称（Nom. illegit.），因为此前已经有了“Courtoisia Marchand, Bijdr. Natuurk. Wetensch. 5：191. 1830（地衣）”。故用“Courtoisina Soják（1980）”替代之。【分布】马达加斯加，印度，中国，非洲。【模式】Courtoisina cyperoides（Roxburgh）J. Soják［Kyllinga cyperoides Roxburgh］。【参考异名】Courtoisia Nees（1834）Nom. illegit. ；Indocourtoisia Bennet et Raizada（1981）Nom. illegit. ；Pseudomariscus Rauschert（1982）Nom. illegit. ■

13312　Cousinia Cass.（1827）【汉】刺头菊属（假蓟属，栲新菊属）。

【俄】Кузиния。【英】Cousinia, Vinegentian。【隶属】菊科 Asteraceae(Compositae)。【包含】世界 500-700 种,中国 11-12 种。【学名诠释与讨论】〈阴〉(人) M. Cousin, 法国植物学者。【分布】阿富汗,中国,西喜马拉雅山,地中海东部至亚洲中部,南至伊朗。【模式】Cousinia carduiformis Cassini。【参考异名】Anura Tschern. (1962) Nom. illegit.; Anura (Juz.) Tschern. (1962); Auchera DC. (1837); Tiarocarpus Rech. f. (1972)●■

13313 Cousiniopsis Nevski (1937)【汉】蓝刺菊属。【隶属】菊科 Asteraceae(Compositae)。【包含】世界 1 种。【学名诠释与讨论】〈阴〉(属) Cousinia 刺头菊属 + 希腊文 opsis, 外观,模样,相似。【分布】亚洲中部。【模式】Cousiniopsis atractyloides (C. Winkler) Nevski [Cardopatium atractyloides C. Winkler as 'atractyloide']。■☆

13314 Coussapoa Aubl. (1775)【汉】糙麻树属。【隶属】蚁栖树科(号角树科,南美伞科,南美伞树科,伞树科,锥头麻科) Cecropiaceae。【包含】世界 50 种。【学名诠释与讨论】〈阴〉coussapoui, 南美洲加勒比人的植物俗名。【分布】巴拿马,秘鲁,玻利维亚,厄瓜多尔,哥伦比亚(安蒂奥基亚),尼加拉瓜,热带南美洲,中美洲。【后选模式】Coussapoa latifolia Aublet。【参考异名】Cussapoa Post et Kuntze(1903) Nom. illegit.●☆

13315 Coussarea Aubl. (1775)【汉】热美茜属。【隶属】茜草科 Rubiaceae。【包含】世界 100 种。【学名诠释与讨论】〈阴〉南美洲的植物俗名。此属的学名,ING、GCI、TROPICOS 和 IK 记载是"Coussarea Aubl., Hist. Pl. Guiane 98. 1775 [Jun 1775]"。"Pecheya Scopoli, Introd. 143. Jan-Apr 1777"是"Coussarea Aubl. (1775)"的晚出的同模式异名(Homotypic synonym, Nomenclatural synonym)。【分布】巴拉圭,巴拿马,秘鲁,玻利维亚,厄瓜多尔,哥伦比亚(安蒂奥基亚),尼加拉瓜,中美洲。【模式】Coussarea violacea Aublet。【参考异名】Billardiera Vahl(1797) Nom. illegit.; Cussarea Post et Kuntze(1903) Nom. illegit.; Froehlichia D. Dietr.(1839) Nom. illegit.; Froelichia Vahl(1797) Nom. illegit.; Pecheya Scop.(1777) Nom. illegit.; Peckeya Raf.(1820) Nom. illegit.●☆

13316 Coutaportla Urb. (1923)【汉】美茜树属。【隶属】茜草科 Rubiaceae。【包含】世界 2 种。【学名诠释与讨论】〈阴〉喻其与(属) Portlandia 波特兰木属(波特蓝木属)相似。此属的学名是"Coutaportla Urban, Symb. Antill. 9: 146. 1 Jan 1923"。亦有文献把其处理为"Portlandia P. Browne(1756)"的异名。【分布】墨西哥,中美洲。【模式】Coutaportla ghiesbreghtiana (Baillon) Urban [Portlandia ghiesbreghtiana Baillon]。【参考异名】Portlandia P. Browne(1756)●☆

13317 Coutarea Aubl. (1775)【汉】南美茜属(库塔茜属)。【隶属】茜草科 Rubiaceae。【包含】世界 7 种。【学名诠释与讨论】〈阴〉来自南美洲植物俗名。【分布】巴拉圭,巴拿马,秘鲁,玻利维亚,厄瓜多尔,哥伦比亚(安蒂奥基亚),美国,尼加拉瓜,西印度群岛,热带美洲,中美洲。【模式】Coutarea speciosa Aublet, Nom. illegit. [Portlandia hexandra N. J. Jacquin; Coutarea hexandra (N. J. Jacquin) K. M. Schumann]。【参考异名】Cutarea J. St. -Hil. (1805); Cutaria Brign. (1862) Nom. illegit.; Outarda Dumort. (1829) Nom. illegit.●■☆

13318 Coutareaceae Martinov(1820) = Rubiaceae Juss. (保留科名)●■

13319 Couthovia A. Gray (1858) = Neuburgia Blume (1850) [马钱科(断肠草科,马钱子科) Loganiaceae]●☆

13320 Coutinia Vell. (1799) (废弃属名) = Aspidosperma Mart. et Zucc. (1824) (保留属名) [夹竹桃科 Apocynaceae]●☆

13321 Coutiria Willis, Nom. inval. = Coutinia Vell. (1799) (废弃属名); ~ = Aspidosperma Mart. et Zucc. (1824) (保留属名) [夹竹桃科 Apocynaceae]●☆

13322 Coutoubaea Ham. (1825) = Coutoubea Aubl. (1775) [龙胆科 Gentianaceae]■☆

13323 Coutoubea Aubl. (1775)【汉】库塔龙胆属(库塔草属)。【隶属】龙胆科 Gentianaceae。【包含】世界 5 种。【学名诠释与讨论】〈阴〉来自南美洲加勒比人的植物俗名(Coutoubea ramosa Aublet 和 C. spicata Aublet.)。此属的学名, ING、TROPICOS 和 IK 记载是"Coutoubea Aubl., Hist. Pl. Guiane 1: 72, t. 27, 28. 1775"。"Limborchia Scopoli, Introd. 139. Jan-Apr 1777"和"Picrium Schreber, Gen. 791. Mai 1791"是"Coutoubea Aubl. (1775)"的晚出的同模式异名(Homotypic synonym, Nomenclatural synonym)。【分布】巴拿马,秘鲁,玻利维亚,哥伦比亚(安蒂奥基亚),哥斯达黎加,尼加拉瓜,西印度群岛,热带南美洲,中美洲。【后选模式】Coutoubea spicata Aublet。【参考异名】Coutoubaea Ham. (1825); Coutubea Steud. (1840); Cutubea J. St. -Hil. (1805); Limborchia Scop. (1777) Nom. illegit.; Picria Benth. et Hook. f. (1876) Nom. illegit.; Picrium Schreb. (1791) Nom. illegit.■☆

13324 Coutoubeaceae Martinov(1820) = Gentianaceae Juss. (保留科名)●■

13325 Coutubea Steud. (1840) = Coutoubea Aubl. (1775) [龙胆科 Gentianaceae]■☆

13326 Covalia Rchb. (1828) = Covolia Neck. ex Raf. (1790) Nom. inval.; ~ = Spermacoce L. (1753) [茜草科 Rubiaceae//繁缕科 Alsinaceae]●■

13327 Covelia Endl. (1838) Nom. illegit. = Covalia Rchb. (1828) [茜草科 Rubiaceae]●■

13328 Covellia Gasp. (1844) = Ficus L. (1753) [桑科 Moraceae]●

13329 Covilhamia Korth. (1848) = Stixis Lour. (1790) [山柑科(白花菜科,醉蝶花科) Capparaceae//斑果藤科(六蕚藤科,罗志藤科) Stixaceae]●

13330 Covillea Vail (1895) Nom. illegit. ≡ Larrea Cav. (1800) (保留属名) [蒺藜科 Zygophyllaceae]●☆

13331 Covola Medik. (1791) = Salvia L. (1753) [唇形科 Lamiaceae (Labiatae)//鼠尾草科 Salviaceae]●■

13332 Covola Neck. ex Raf. (1820) Nom. illegit. [菊科 Asteraceae (Compositae)]●■

13333 Covolia Neck. ex Raf. (1790) Nom. inval. = Spermacoce L. (1753) [茜草科 Rubiaceae//繁缕科 Alsinaceae]●■

13334 Cowania D. Don ex Okamoto et Taylor, Nom. illegit. ≡ Cowania D. Don(1824) [蔷薇科 Rosaceae]●☆

13335 Cowania D. Don (1824)【汉】考恩蔷薇属。【隶属】蔷薇科 Rosaceae。【包含】世界 1-5 种。【学名诠释与讨论】〈阴〉(人) James Cowan,? -1823, 英国植物采集家,旅行家,商人。此属的学名, ING、GCI 和 IK 记载是"Cowania D. Don, Philos. Mag. J. 64: 374. Nov 1824"。"Cowania D. Don ex Okamoto et Taylor ≡ Cowania D. Don(1824)"的命名人引证有误。亦有文献把"Cowania D. Don(1824)"处理为"Purshia DC. ex Poir. (1816)"的异名。【分布】美国(西南部),墨西哥。【模式】Cowania mexicana D. Don。【参考异名】Cowania D. Don ex Okamoto et Taylor, Nom. illegit.; Purshia DC. ex Poir. (1816)●☆

13336 Cowellocassia Britton(1930) = Cassia L. (1753) (保留属名); ~ = Crudia Schreb. (1789) (保留属名) [豆科 Fabaceae (Leguminosae)//云实科(苏木科) Caesalpiniaceae]●☆

13337 Cowiea Wernham (1914) = Hypobathrum Blume (1827); ~ = Petunga DC. (1830) [茜草科 Rubiaceae]●☆

13338 Coxella Cheeseman et Hemsl. (1911) = Aciphylla J. R. Forst. et G. Forst. (1775) [伞形花科(伞形科) Apiaceae (Umbelliferae)]■☆

13339 Coxia Endl. (1839) = Lysimachia L. (1753) [报春花科

Primulaceae//珍珠菜科 Lysimachiaceae]●■

13340　Crabbea Harv.（1838）（废弃属名）= Crabbea Harv.（1842）（保留属名）［爵床科 Acanthaceae］■☆

13341　Crabbea Harv.（1842）（保留属名）【汉】克拉布爵床属。【隶属】爵床科 Acanthaceae。【包含】世界 12 种。【学名诠释与讨论】〈阴〉（人）George Crabbe，1754－1832，英国牧师，诗人，业余植物学者。此属的学名"Crabbea Harv. in London J. Bot. 1：27. 1 Jan 1842"是保留属名。相应的废弃属名是爵床科 Acanthaceae 的"Crabbea Harv.，Gen. S. Afr. Pl.：276. Aug－Dec 1838 ≠ Crabbea Harv.（1842）（保留属名）"。二者极易混淆。【分布】热带和非洲南部。【模式】Crabbea hirsuta Harv.。■☆

13342　Crabowskia G. Don（1836）= Grabowskia Schltdl.（1832）［茄科 Solanaceae］●☆

13343　Cracca Benth.（1853）（保留属名）【汉】大巢菜属。【隶属】豆科 Fabaceae（Leguminosae）。【包含】世界 8 种。【学名诠释与讨论】〈阴〉（拉）cracca，大巢菜的古名。此属的学名"Cracca Benth. in Vidensk. Meddel. Dansk Naturhist. Foren. Kjøbenhavn 1853：8. 1853"是保留属名。相应的废弃属名是豆科 Fabaceae 的"Cracca L.，Sp. Pl.：752. 1 Mai 1753 ≡ Tephrosia Pers.（1807）（保留属名）"。豆科 Fabaceae 的"Cracca J. Hill，Brit. Herb. 285. 9 Aug 1756 = Vicia L.（1753）= Vicia L.（1753）［豆科 Fabaceae（Leguminosae）//蝶形花科 Papilionaceae//野豌豆科 Viciaceae］"和"Cracca Medikus，Vorles. Churpf. Phys. –ökon. Ges. 2：359. 1787 = Vicia L.（1753）［豆科 Fabaceae（Leguminosae）//蝶形花科 Papilionaceae//野豌豆科 Viciaceae］"亦应废弃；"Cracca Medik.（1787）"后被"Vicia sect. Cracca Dumort.，Florula belgica，opera majoris prodromus，auctore. 103. 1827［豆科 Fabaceae（Leguminosae）//蝶形花科 Papilionaceae//野豌豆科 Viciaceae］"所替代。"Cracca Benth. ex Oerst.（1853）≡ Cracca Benth.（1853）（保留属名）= Coursetia DC.（1825）［豆科 Fabaceae（Leguminosae）］"的命名人引证有误；亦须废弃。"Benthamantha Alefeld，Bonplandia 10：264. 1 Sep 1862"是"Cracca Benth.（1853）（保留属名）"的晚出的同模式异名（Homotypic synonym，Nomenclatural synonym）。亦有文献把"Cracca Benth.（1853）（保留属名）"处理为"Coursetia DC.（1825）"的异名。【分布】巴基斯坦，巴拿马，玻利维亚，热带和亚热带美洲，中美洲。【模式】Cracca glandulifera Bentham。"Cracca Benth. ex Oerst.（1853）"、"Cracca Medik.（1787）"和"Cracca Hill（1756）"亦应废弃。【参考异名】Benthamantha Alef.（1862）Nom. illegit.；Brittonamra Kuntze（1891）；Colinil Adans.（1763）Nom. illegit.；Coursetia DC.（1825）；Cracca Benth. ex Oerst.（1853）（废弃属名）●☆

13344　Cracca Benth. ex Oerst.（1853）Nom. illegit.（废弃属名）≡ Cracca Benth.（1853）（保留属名）［豆科 Fabaceae（Leguminosae）］●☆

13345　Cracca Hill（1756）（废弃属名）= Vicia L.（1753）［豆科 Fabaceae（Leguminosae）//蝶形花科 Papilionaceae//野豌豆科 Viciaceae］■

13346　Cracca L.（1753）（废弃属名）≡ Tephrosia Pers.（1807）（保留属名）［豆科 Fabaceae（Leguminosae）//蝶形花科 Papilionaceae］●■

13347　Cracca Medik.（1787）Nom. illegit.（废弃属名）= Vicia L.（1753）［豆科 Fabaceae（Leguminosae）//蝶形花科 Papilionaceae//野豌豆科 Viciaceae］■

13348　Craccina Steven（1856）= Astragalus L.（1753）［豆科 Fabaceae（Leguminosae）//蝶形花科 Papilionaceae］●■

13349　Cracosna Gagnep.（1929）【汉】老挝龙胆属。【隶属】龙胆科 Gentianaceae。【包含】世界 3 种。【学名诠释与讨论】〈阴〉词源不详。【分布】中南半岛。【模式】Cracosna xyridiformis

Gagnepain。■☆

13350　Craepalia Schrank（1789）= Lolium L.（1753）［禾本科 Poaceae（Gramineae）］■

13351　Craepaloprumnon（Endl.）H. Karst.（1861）Nom. illegit. = Xylosma G. Forst.（1786）（保留属名）［红木科（胭脂树科）Bixaceae//Flacourtiaceae］；刺篱木科（大风子科）Flacourtiaceae］●

13352　Craepaloprumnon H. Karst.（1861）Nom. illegit. ≡ Craepaloprumnon（Endl.）H. Karst.（1861）［红木科（胭脂树科）Bixaceae//Flacourtiaceae］；刺篱木科（大风子科）Flacourtiaceae］●

13353　Crafordia Raf.（1814）= Tephrosia Pers.（1807）（保留属名）［豆科 Fabaceae（Leguminosae）//蝶形花科 Papilionaceae］●■

13354　Craibella R. M. K. Saunders，Y. C. F. Su et Chalermglin（2004）【汉】泰国番荔枝属。【隶属】番荔枝科 Annonaceae。【包含】世界 1 种。【学名诠释与讨论】〈阴〉（人）William Grant Craib，1882－1933，英国植物学者+－ellus，－ella，－ellum，加在名词词干后面形成指小式的词尾。或加在人名、属名等后面以组成新属的名称。【分布】泰国。【模式】Craibella phuyensis R. M. K. Saunders，Y. C. F. Su et P. Chalermglin。●☆

13355　Craibia Dunn（1911）Nom. illegit. ≡ Craibia Harms et Dunn（1911）［豆科 Fabaceae（Leguminosae）］●☆

13356　Craibia Harms et Dunn（1911）【汉】克来豆属。【隶属】豆科 Fabaceae（Leguminosae）。【包含】世界 10 种。【学名诠释与讨论】〈阴〉（人）William Grant Craib，1882－1933，英国植物学者。【分布】热带非洲。【后选模式】Craibia brevicaudata（Vatke）Dunn［Dalbergia brevicaudata Vatke］。【参考异名】Craibia Dunn（1911）Nom. illegit. ●☆

13357　Craibiodendron W. W. Sm.（1911）【汉】金叶子属（假木荷属，克榴树属，泡花树属）。【英】Craibiodendron，Goldleaf。【隶属】杜鹃花科（欧石南科）Ericaceae。【包含】世界 5-7 种，中国 5 种。【学名诠释与讨论】〈中〉（人）William Grant Craib，1882－1933，英国植物学者+希腊文 dendron 或 dendros，树木，棍，丛林。【分布】中国，东南亚。【模式】Craibiodendron shanicum W. W. Smith。【参考异名】Nuihonia Dop（1931）●

13358　Craigia W. W. Sm. et Evans（1921）【汉】滇桐属。【英】Craigia。【隶属】椴树科（椴科，田麻科）Tiliaceae。【包含】世界 2 种，中国 2 种。【学名诠释与讨论】〈阴〉（人）Craig。【分布】中国。【模式】Craigia yunnanensis W. W. Smith et W. E. Evans。●★

13359　Crambe L.（1753）【汉】两节荠属（甘比菜属，海边芥蓝属，海甘蓝属）。【日】ハマナ属。【俄】Капуста морская，Катран，Крамбе，Крамбекатран。【英】Colewort，Crambe，Kale，Sea－kale。【隶属】十字花科 Brassicaceae（Cruciferae）。【包含】世界 20-35 种，中国 1 种。【学名诠释与讨论】〈阴〉（希）krambe，甘蓝菜。另说 krambos 干的，指其适合生长于海岸的沙地。【分布】中国，地中海地区，欧洲，热带非洲，亚洲。【后选模式】Crambe maritima Linnaeus。【参考异名】Rapistrum Medik.（1789）（废弃属名）；Rapistrum Tourn. ex Medik.（1789）（废弃属名）■

13360　Crambella Maire（1924）【汉】小两节荠属（柱叶荠属）。【隶属】十字花科 Brassicaceae（Cruciferae）。【包含】世界 1 种。【学名诠释与讨论】〈阴〉（属）Crambe 两节荠属+－ellus，－ella，－ellum，加在名词词干后面形成指小式的词尾。或加在人名、属名等后面以组成新属的名称。【分布】摩洛哥。【模式】Crambella teretifolia（Battandier）R. Maire［Crambe teretifolia Battandier］。■☆

13361　Crameria L.（1774）Nom. illegit.［远志科 Polygalaceae］☆

13362　Crameria Murr. = Krameria L. ex Loefl.（1758）［刺球果科（刚毛果科，克雷木科，拉坦尼科）Krameriaceae］●■☆

13363　Crangonorchis D. L. Jones et M. A. Clem.（2002）【汉】澳大利亚虾兰属。【隶属】兰科 Orchidaceae。【包含】世界 2 种。【学名诠

释与讨论】〈阴〉(希) krangon, 小虾 + orchis, 原义是睾丸, 后变为植物兰的名称, 因为根的形态而得名。变为拉丁文 orchis, 所有格 orchidis。此属的学名是 "Crangonorchis D. L. Jones et M. A. Clem., Australian Orchid Research 4：67. 2002"。亦有文献把其处理为 "Pterostylis R. Br. (1810)(保留属名)" 的异名。【分布】澳大利亚。【模式】不详。【参考异名】Pterostylis R. Br. (1810)(保留属名)■☆

13364　Cranichis Sw. (1788)【汉】宝石兰属。【英】Helmet Orchid, Jewel Orchid。【隶属】兰科 Orchidaceae。【包含】世界 34-60 种。【学名诠释与讨论】〈阴〉(希) kranos, 头盔 + orchis, 原义是睾丸, 后变为植物兰的名称, 因为根的形态而得名。变为拉丁文 orchis, 所有格 orchidis。指唇的形状。【分布】巴拉圭, 巴拿马, 秘鲁, 玻利维亚, 厄瓜多尔, 哥伦比亚(安蒂奥基亚), 哥斯达黎加, 马达加斯加, 尼加拉瓜, 西印度群岛, 中美洲。【后选模式】Cranichis muscosa O. Swartz。【参考异名】Cystochilum Barb. Rodr. (1877)；Nezahualcoyotlia R. González (1997)；Ocampoa A. Rich. et Galeotti (1845)■☆

13365　Craniolaria L. (1753)【汉】长管角胡麻属。【隶属】角胡麻科 Martyniaceae//胡麻科 Pedaliaceae。【包含】世界 3 种。【学名诠释与讨论】〈阴〉(希) kranion, 头颅 + laros, 海鸥。指果实形状。【分布】玻利维亚, 南美洲。【后选模式】Craniolaria annua Linnaeus。■☆

13366　Craniospermum Lehm. (1818)【汉】颅果草属。【俄】Черепоплодник。【英】Craniospermum, Headfruit。【隶属】紫草科 Boraginaceae。【包含】世界 4-5 种, 中国 2 种。【学名诠释与讨论】〈中〉(希) kranion, 头颅 + sperma, 所有格 spermatos, 种子, 孢子。指种子头颅状。【分布】巴基斯坦, 中国, 温带亚洲。【模式】Craniospermum subvillosum J. G. C. Lehmann。【参考异名】Diploloma Schrenk (1844)■

13367　Craniotome Rchb. (1825)【汉】簇序草属(颅萼草属)。【英】Craniotome。【隶属】唇形科 Lamiaceae (Labiatae)。【包含】世界 2 种, 中国 2 种。【学名诠释与讨论】〈阴〉(希) kranion, 头颅 + tomos, 一片, 锐利的, 切割的。tome, 断片, 残株。指花萼的喉部头颅状。【分布】巴基斯坦, 中国, 喜马拉雅山。【模式】Craniotome versicolor H. G. L. Reichenbach, Nom. illegit. (Ajuga furcata Link)[Craniotome furcata (Link) O. Kuntze]。■

13368　Cranocarpus Benth. (1859)【汉】巴西盔豆属。【隶属】豆科 Fabaceae (Leguminosae)。【包含】世界 3 种。【学名诠释与讨论】〈阳〉(希) kranion, 头颅 + karpos, 果实。【分布】巴西。【模式】Cranocarpus martii Bentham。■☆

13369　Crantzia DC., Nom. illegit. (废弃属名) = Cranzia Schreb. (1789)；~ = Toddalia Juss. (1789)(保留属名)[芸香科 Rutaceae//飞龙掌血科 Toddaliaceae]●

13370　Crantzia Kuntze (1891) Nom. illegit. (废弃属名)[芸香科 Rutaceae]☆

13371　Crantzia Lag. ex DC. (废弃属名) = Conringia Adans. + Moricandia DC. (1821)[十字花科 Brassicaceae (Cruciferae)]■☆

13372　Crantzia Nutt. (1818) Nom. illegit. (废弃属名) ≡ Crantziola F. Muell. (1882) Nom. illegit.；~ ≡ Hallomuellera Kuntze (1891) Nom. illegit.；~ ≡ Lilaeopsis Greene (1891)[伞形花科(伞形科) Apiaceae (Umbelliferae)]■☆

13373　Crantzia Scop. (1777)(废弃属名) = Alloplectus Mart. (1829)(保留属名)[苦苣苔科 Gesneriaceae]●■☆

13374　Crantzia Sw. (1788) Nom. illegit. (废弃属名) ≡ Tricera Schreb. (1791)；~ = Buxus L. (1753)[黄杨科 Buxaceae]●

13375　Crantzia Vell. (1831) Nom. illegit. (废弃属名) = Centratherum Cass. (1817)[菊科 Asteraceae (Compositae)]■☆

13376　Crantziola F. Muell. (1882) Nom. inval. ≡ Crantziola F. Muell. ex Koso-Pol. (1916) Nom. illegit.；~ ≡ Lilaeopsis Greene (1891)[伞形花科(伞形科) Apiaceae (Umbelliferae)]■☆

13377　Crantziola F. Muell. ex Koso-Pol. (1916) Nom. illegit. ≡ Lilaeopsis Greene (1891)[伞形花科(伞形科) Apiaceae (Umbelliferae)]■☆

13378　Crantziola Koso-Pol. (1916) Nom. illegit. ≡ Crantziola F. Muell. ex Koso-Pol. (1916) Nom. illegit.；~ ≡ Lilaeopsis Greene (1891)[伞形花科(伞形科) Apiaceae (Umbelliferae)//天胡荽科 Hydrocotylaceae]■

13379　Cranzia J. F. Gmel. (1791) Nom. illegit. = Buxus L. (1753)；~ = Crantzia Sw. (1788) Nom. illegit. (废弃属名)；~ ≡ Tricera Schreb. (1791)；~ = Buxus L. (1753)[黄杨科 Buxaceae]●

13380　Cranzia Schreb. (1789) = Toddalia Juss. (1789)(保留属名)[芸香科 Rutaceae//飞龙掌血科 Toddaliaceae]●

13381　Crasanloma D. Dietr. = Geissoloma Lindl. ex Kunth (1830)[四棱果科 Geissolomataceae]●☆

13382　Craspedia G. Forst. (1786)【汉】金杖球属(金绣球属)。【隶属】菊科 Asteraceae (Compositae)。【包含】世界 11-20 种。【学名诠释与讨论】〈阴〉(希) kraspedon, 边缘, 流苏, 刘海。【分布】澳大利亚(温带), 新西兰。【模式】Craspedia uniflora J. G. A. Forster。【参考异名】Cartodium Sol. ex R. Br. (1817)；Pycnosorus Benth. (1837)；Richea Lablll. (1800)(废弃属名)■☆

13383　Craspedolepis Steud. (1855) = Restio Rottb. (1772)(保留属名)[帚灯草科 Restionaceae]■☆

13384　Craspedolobium Harms (1921)【汉】巴豆藤属。【英】Craspedolobium, Crotonvine。【隶属】豆科 Fabaceae (Leguminosae)//蝶形花科 Papilionaceae。【包含】世界 1 种, 中国 1 种。【学名诠释与讨论】〈中〉(希) kraspedon, 边缘, 流苏, 刘海 + lobos = 拉丁文 lobulus, 片, 裂片, 叶, 荚, 蒴 + -ius, -ia, -ium, 在拉丁文和希腊文中, 这些词尾表示性质或状态。指荚果腹缝线有窄翅。【分布】中国。【模式】Craspedolobium schochii Harms。●★

13385　Craspedorhachis Benth. (1882)【汉】流苏舌草属。【隶属】禾本科 Poaceae (Gramineae)。【包含】世界 2 种。【学名诠释与讨论】〈阴〉(希) kraspedon, 边缘, 流苏, 刘海 + rhachis, 针, 刺, 轴。【分布】热带非洲。【模式】Craspedorhachis africana Bentham。■☆

13386　Craspedospermum Airy Shaw = Craspidospermum Bojer ex DC. (1844)[夹竹桃科 Apocynaceae]●☆

13387　Craspedospermum Bojer ex DC. = Craspidospermum Bojer ex DC. (1844)[夹竹桃科 Apocynaceae]●☆

13388　Craspedostoma Domke (1934)【汉】缘口香属。【隶属】瑞香科 Thymelaeaceae。【包含】世界 5 种。【学名诠释与讨论】〈中〉(希) kraspedon, 边缘, 流苏, 刘海 + stoma, 所有格 stomatos, 孔口。此属的学名是 "Craspedostoma Domke, Biblioth. Bot. 111：135. 1934"。亦有文献把其处理为 "Gnidia L. (1753)" 的异名。【分布】非洲南部。【模式】Craspedostoma cephalotes (Lichtenstein ex Meisner) Domke[Gnidia cephalotes Lichtenstein ex Meisner]。【参考异名】Gnidia L. (1753)●☆

13389　Craspedum Lour. (1790) = Elaeocarpus L. (1753)[杜英科 Elaeocarpaceae]●

13390　Craspidospermum Bojer ex DC. (1844)【汉】轮生夹竹桃属。【隶属】夹竹桃科 Apocynaceae。【包含】世界 1 种。【学名诠释与讨论】〈中〉(希) kraspedon, 边缘, 流苏, 刘海 + sperma, 所有格 spermatos, 种子, 孢子。【分布】马达加斯加。【模式】Craspidospermum verticillatum Bojer ex Alph. de Candolle。【参考异名】Craspedospermum Airy Shaw；Craspedospermum Bojer ex DC.

●☆

13391 Crassa Ruppius(1745)Nom. inval.［萝藦科 Asclepiadaceae］☆

13392 Crassangis Thouars = Angraecum Bory（1804）［兰科 Orchidaceae］■

13393 Crassina Scepin(1758)（废弃属名）≡Zinnia L.（1759）（保留属名）［菊科 Asteraceae（Compositae）●■

13394 Crassipes Swallen(1931)= Sclerochloa P. Beauv.（1812）［禾本科 Poaceae（Gramineae）］■

13395 Crassocephalum Moench(1794)（废弃属名）【汉】野茼蒿属（革命菜属，木耳菜属，昭和草属）。【俄】Гинура。【英】Velvet Plant。【隶属】菊科 Asteraceae（Compositae）。【包含】世界 21-24 种，中国 1 种。【学名诠释与讨论】〈中〉（拉）crassus，厚的 +kephale，头。国内外文献包括《中国植物志》中文版和英文版和《台湾植物志》多用"Crassocephalum Moench(1794)"为正名；但这是一个废弃属名。法规载"Crassocephalum Moench(1794)（废弃属名）= Gynura Cass.（1825）（保留属名）"。"Cremocephalum Cassini in F. Cuvier, Dict. Sci. Nat. 34：390. Apr 1825"是"Crassocephalum Moench(1794)（废弃属名）"的晚出的同模式异名（Homotypic synonym，Nomenclatural synonym）。亦有文献把"Crassocephalum Moench(1794)（废弃属名）"处理为"Gynura Cass.（1825）（保留属名）"的异名。【分布】玻利维亚，马达加斯加，中国，热带东亚，热带非洲，中美洲。【模式】Crassocephalum cernuum Moench，Nom. illegit.［Senecio cernuus Linnaeus f., Nom. illegit., Senecio rubens B. Jussieu ex N. J. Jacquin；Crassocephalum rubens（B. Jussieu ex N. J. Jacquin）S. Moore］。【参考异名】Cacalia Lour., Nom. illegit.；Cremocephalum Cass.（1825）Nom. illegit.；Gynura Cass.（1825）（保留属名）■

13396 Crassopetalum Northrop(1902)Nom. illegit. = Crossopetalum P. Browne(1756)；~ =Myginda Jacq.（1760）［卫矛科 Celastraceae］●☆

13397 Crassothonna B. Nord.（2012）【汉】异蟹甲属。【隶属】菊科 Asteraceae（Compositae）。【包含】世界 13 种。【学名诠释与讨论】〈阴〉（拉）crassus，厚的，重的 +（属）Othonna 厚敦菊属（肉叶菊属）。【分布】英国。【模式】Crassothonna cylindrica（Lam.）B. Nord.［Cacalia cylindrica Lam.］。☆

13398 Crassouvia Comm. ex DC.（1828）= Bryophyllum Salisb.（1805）；~ =Crassuvia Comm. ex Lam.（1786）［景天科 Crassulaceae］●■

13399 Crassula L.（1753）【汉】青锁龙属（厚叶属）。【日】クラッスラ属。【俄】Крассула，Толокнянка。【英】Crassula，Letter Flower，Pygmyweed。【隶属】景天科 Crassulaceae。【包含】世界 195-300 种。【学名诠释与讨论】〈阴〉（拉）crassus，厚的，重的 +-ulus，-ula，-ulum，指示小的词尾。指叶加厚成肉质。【分布】巴基斯坦，秘鲁，玻利维亚，厄瓜多尔，哥伦比亚（安蒂奥基亚），哥斯达黎加，马达加斯加，中美洲。【后选模式】Crassula perfoliata Linnaeus。【参考异名】Bulliarda DC.（1801）Nom. illegit.；Combesia A. Rich.（1848）；Crassularia Hochst. ex Schweinf.（1867）；Creusa P. V. Heath（1993）；Curtogyne Haw.（1821）；Cyrtogyne Rchb.（1828）Nom. illegit.；Danielia（DC.）Lem.（1869）Nom. illegit.；Danielia Lem.（1869）；Dasystemon DC.（1828）；Dinacria Harv.（1862）Nom. illegit.；Dinacria Harv. et Sond.（1862）；Dinacria Harv. ex Sond.（1862）Nom. illegit.；Disporocarpa A. Rich.（1848）；Globulea Haw.（1812）；Gomara Adans.（1763）；Grammanthes DC.（1828）Nom. illegit.；Helophytum Eckl. et Zeyh.（1836）；Hydrophila Ehrh.（1920）Nom. illegit.；Hydrophila Ehrh. ex House(1920)Nom. illegit.；Hydrophila House(1920)Nom. illegit.；Larochea Pers.（1805）Nom. illegit.；Mesanchum Dulac(1867)Nom. illegit.；Pagella Schönl.（1921）；Petrogeton Eckl. et Zeyh.（1837）；Purgosea Haw.（1828）；Pyrgosea

Eckl. et Zeyh.（1837）Nom. illegit.；Rachea DC.；Rhopalota N. E. Br.（1931）；Rochea DC.（1802）（保留属名）；Sarcolipes Eckl. et Zeyh.（1837）；Seplimia P. V. Heath；Septas L.（1760）；Septimia P. V. Heath(1993)；Sphaeritis Eckl. et Zeyh.（1837）；Tetraphyle Eckl. et Zeyh.（1837）；Thillaea Sang.（1852）；Thisantha Eckl. et Zeyh.（1837）；Thysantha Hook.（1843）；Tillaea L.（1753）；Tillaeastrum Britton（1903）Nom. illegit.；Tillea L.（1852）Nom. illegit.；Toelkenia P. V. Heath(1993)；Turgosea Haw.（1821）；Vauanthes Haw.（1821）●■☆

13400 Crassulaceae DC. = Crassulaceae J. St. -Hil.（保留科名）●■

13401 Crassulaceae J. St. -Hil.（1805）（保留科名）【汉】景天科。【日】ベンケイサウ科，ベンケイソウ科。【俄】Толстянка，Толстянковые。【英】Crassula Family，Orpine Family，Stonecrop Family。【包含】世界 33-200 属 1100-2000 种，中国 13 属 233-286 种。【分布】广泛分布，主要在非洲南部。【科名模式】Crassula L.●■

13402 Crassularia Hochst. ex Schweinf.（1867）= Crassula L.（1753）［景天科 Crassulaceae］●■☆

13403 Crassuvia Comm. ex Lam.（1786）= Kalanchoe Adans.（1763）［景天科 Crassulaceae］●■

13404 Crataego-mespilus Simon-Louis ex Bellair（1899）= Crataegus monogyna（C. oxycantha）+Mespilus germanica［蔷薇科 Rosaceae］●☆

13405 Crataego-mespilus Simon-Louis（1899）Nom. inval. ≡Crataego-mespilus Simon-Louis ex Bellair(1899)［蔷薇科 Rosaceae］●☆

13406 Crataegosorbus Makino（1929）= Sorbus L.（1753）［蔷薇科 Rosaceae］●

13407 Crataegus L.（1753）【汉】山楂属。【日】サンザシ属。【俄】Боярышник。【英】Hawthorn，Haythorn，May Flower，May Thorn，Ornamental Thorn，Thorn，Thornapple。【隶属】蔷薇科 Rosaceae。【包含】世界 100-1000 种，中国 18-31 种。【学名诠释与讨论】〈阴〉（希）krataigos，一种多刺的开花灌木的古名，来自 kratos，坚固的，有力量的 +ago 相似，联系，追随，携带，诱导。指木材坚硬，或指植物体常具刺。此属的学名，ING 和 APNI 记载是"Crataegus Linnaeus，Sp. Pl. 475. 1 Mai 1753"。IK 则记载为"Crataegus Tourn. ex L.，Sp. Pl. 1：475. 1753［1 May 1753］"。"Crataegus Tourn."是命名起点著作之前的名称，故"Crataegus Tourn. ex L.（1753）""Crataegus L.（1753）"和"Crataegus Tourn. ex L.（1753）"都是合法名称，可以通用。【分布】秘鲁，玻利维亚，厄瓜多尔，美国，中国，北温带，中美洲。【后选模式】Crataegus oxyacantha Linnaeus。【参考异名】Anthomeles M. Roem.（1847）；Azarolus Borkh.（1803）；Crataegus Tourn. ex L.（1753）；Halmia M. Roem.（1847）；Phaenopyrum M. Roem.（1847）Nom. illegit.；Phalacros Wenzig(1874)；Xeromalon Raf.（1836）●

13408 Crataegus Tourn. ex L.（1753）≡Crataegus L.（1753）［蔷薇科 Rosaceae］●

13409 Crataeva L.（1759）= Crateva L.（1753）［山柑科（白花菜科，醉蝶花科）Capparaceae］●

13410 Crateola Raf.（1838）= Hemigraphis Nees（1847）［爵床科 Acanthaceae］■

13411 Crateranthus Baker f.（1913）【汉】杯花玉蕊属。【隶属】围裙花科 Napoleonaeaceae//玉蕊科（巴西果科）Lecythidaceae。【包含】世界 3 种。【学名诠释与讨论】〈阳〉（希）crater，杯，碗，火山口 +anthos，花。【分布】热带非洲西部。【模式】Crateranthus talbotii E. G. Baker。●☆

13412 Crateria Pers.（1805）Nom. illegit. ≡Chaetocrater Ruiz et Pav.（1799）；~ = Casearia Jacq.（1760）［刺篱木科（大风子科）

Flacourtiaceae//天料木科 Samydaceae]●

13413 Craterianthus Valeton ex K. Heyne（1917）= Pellacalyx Korth. （1836）［红树科 Rhizophoraceae］●

13414 Cratericarpium Spach（1835）= Boisduvalia Spach（1835）；~ = Oenothera L.（1753）［柳叶菜科 Onagraceae］●■

13415 Crateriphytum Scheff. ex Boerl.（1899）Nom. illegit. = Neuburgia Blume（1850）［马钱科（断肠草科，马钱子科）Loganiaceae］●☆

13416 Crateriphytum Scheff. ex Koord.（1898）= Neuburgia Blume （1850）［马钱科（断肠草科，马钱子科）Loganiaceae］●☆

13417 Craterispermum Benth.（1849）【汉】杯籽茜属（杯籽属）。【隶属】茜草科 Rubiaceae。【包含】世界 16 种。【学名诠释与讨论】〈中〉（希）crater，杯，碗，火山口+sperma，所有格 spermatos，种子，孢子。指种子形状。【分布】塞舌尔（塞舌尔群岛），热带非洲。【模式】Craterispermum laurinum（Poiret）Bentham ［Coffea laurina Poiret］。●☆

13418 Crateritecoma Lindl.（1847）= Craterotecoma Mart. ex DC. （1845）Nom. illegit.；~ =Lundia DC.（1838）（保留属名）［紫葳科 Bignoniaceae］●☆

13419 Craterocapsa Hilliard et B. L. Burtt（1973）【汉】杯囊桔梗属。【隶属】桔梗科 Campanulaceae。【包含】世界 4 种。【学名诠释与讨论】〈阴〉（希）crater，杯，碗，火山口+capsa，匣，袋。【分布】热带非洲和非洲南部。【模式】Craterocapsa tarsodes O. M. Hilliard et B. L. Burtt。☆

13420 Craterocoma Mart. ex DC. = Lundia DC.（1838）（保留属名）［紫葳科 Bignoniaceae］●☆

13421 Craterogyne Lanj.（1935）= Dorstenia L.（1753）［桑科 Moraceae］■●☆

13422 Craterosiphon Engl. et Gilg（1894）【汉】宽管瑞香属。【隶属】瑞香科 Thymelaeaceae。【包含】世界 9-10 种。【学名诠释与讨论】〈中〉（希）crater，杯，碗，火山口+siphon，所有格 siphonos，管子。【分布】热带非洲。【模式】Craterosiphon scandens Engler et Gilg。●☆

13423 Craterostemma K. Schum.（1893）= Brachystelma R. Br.（1822）（保留属名）［萝藦科 Asclepiadaceae］■

13424 Craterostigma Hochst.（1841）【汉】杯柱玄参属。【隶属】玄参科 Scrophulariaceae。【包含】世界 9 种。【学名诠释与讨论】〈中〉（希）crater，杯，碗，火山口+stigma，所有格 stigmatos，柱头，眼点。【分布】马达加斯加，热带和非洲南部。【后选模式】Craterostigma plantagineum Hochstetter。■☆

13425 Craterotecoma Mart. ex DC.（1845）Nom. illegit. = Lundia DC. （1838）（保留属名）［紫葳科 Bignoniaceae］●☆

13426 Craterotecoma Mart. ex Meisn.（1840）= Lundia DC.（1838）（保留属名）［紫葳科 Bignoniaceae］●☆

13427 Crateva L.（1753）【汉】鱼木属（树头菜属）。【日】ギョボク属。【英】Crateva，Fishwood，Garlic Pear，Medlar-hawthorn。【隶属】山柑科（白花菜科，醉蝶花科）Capparaceae。【包含】世界 8-20 种，中国 5-6 种。【学名诠释与讨论】〈阴〉（人）Crataevus，古希腊药用植物学者，生活在希波克拉底 Hippocrates，约公元前 460-377 的时代。另说为 Krataevas，希腊作家。此属的学名，ING、APNI、GCI、TROPICOS 和 IK 记载为“Crateva L.，Sp. Pl. 1：444. 1753［1 May 1753］”。“Tapia P. Miller，Gard. Dict. Abr. ed. 4. 28 Jan 1754”是“Crateva L.（1753）”的晚出的同模式异名（Homotypic synonym，Nomenclatural synonym）。【分布】秘鲁，玻利维亚，哥伦比亚（安蒂奥基亚），马达加斯加，尼加拉瓜，中国，中美洲。【后选模式】Crateva tapia Linnaeus。【参考异名】Crataeva L.（1759）；Farquharia Hilsenb. et Bojer ex Bojer；Nevosmila Raf.（1838）；Othrys Noronha ex Thouars（1806）；Tapia

Mill.（1754）Nom. illegit.；Triclanthera Raf.（1838）●

13428 Cratoehwilia Neck.（1790）Nom. inval. = Clutia L.（1753）［大戟科 Euphorbiaceae//袋戟科 Peraceae］■☆

13429 Cratoxylon Blume（1825）Nom. illegit. ≡ Cratoxylum Blume （1823）［猪胶树科（克鲁西科，山竹子科，藤黄科）Clusiaceae （Guttiferae）］●

13430 Cratoxylum Blume（1823）【汉】黄牛木属（九苓木属，山竹子属）。【英】Cratoxylum，Oxwood。【隶属】猪胶树科（克鲁西科，山竹子科，藤黄科）Clusiaceae（Guttiferae）。【包含】世界 6 种，中国 2 种。【学名诠释与讨论】〈中〉（希）kratos，强壮，权力+xyle = xylon，木材。指木质坚硬。此属的学名“Cratoxylum Blume，Verh. Batav. Genootsch. Kunsten 9：172，174. 1823”是一个替代名称。“Hornschuchia Blume，Cat. Buitenzorg 15. 1823”是一个非法名称 （Nom. illegit.），因为此前已经有了“Hornschuchia C. G. D. Nees，Flora 4：302. 21 Mai 1821［番荔枝科 Annonaceae］”和“Hornschuchia K. P. J. Sprengel，Neue Entdeck. Pflanzenk. 3：64. 1822 =? Mimusops L.（1753）［山榄科 Sapotaceae］”。故用“Cratoxylum Blume（1823）”替代之。“Cratoxylon Blume，Bijdr. Fl. Ned. Ind. 3：143. 1825［20 Aug 1825］”是“Cratoxylum Blume （1823）”的拼写变体。【分布】中国，东南亚西部。【模式】Cratoxylum hornschuchii Blume，Nom. illegit.［Hornschuchia hypericina Blume；Cratoxylum hypericinum Merrill］。【参考异名】Ancistrolobus Spach（1836）；Cratoxylon Blume（1825）Nom. illegit.；Elodea Jack，Nom. illegit.；Hornschuchia Blume（1823）Nom. illegit.；Stalagmites Miq.；Tridesmis Spach（1836）Nom. illegit. ●

13431 Cratylia Mart. ex Benth.（1837）【汉】克拉豆属。【隶属】豆科 Fabaceae（Leguminosae）//蝶形花科 Papilionaceae。【包含】世界 5-8 种。【学名诠释与讨论】〈阴〉（希）krateros，kratys，强壮的。【分布】秘鲁，玻利维亚，南美洲。【后选模式】Cratylia hypargyrea C. F. P. Martius ex Bentham。●☆

13432 Cratystylis S. Moore（1905）【汉】束柱菊属。【隶属】菊科 Asteraceae（Compositae）。【包含】世界 3-4 种。【学名诠释与讨论】〈阴〉（希）kratos，强壮的+stylos =拉丁文 style，花柱，中柱，有尖之物，桩，柱，支持物，支柱，石头做的界标。其花柱粗而硬。【分布】澳大利亚。【模式】未指定。【参考异名】Stera Ewart （1912）■☆

13433 Crawfurdia Wall.（1826）【汉】蔓龙胆属。【日】ツルリンダウ属。【俄】Кравфурдия。【英】Crawfurdia，Vinegentian。【隶属】龙胆科 Gentianaceae。【包含】世界 16-18 种，中国 14-16 种。【学名诠释与讨论】〈阴〉（人）John Crawfurd，1783-1868，英国植物学者。此属的学名是“Crawfurdia N. Wallich，Tent. Fl. Nepal. 63. Sep-Dec 1826”。亦有文献把其处理为“Gentiana L.（1753）”或“Tripterospermum Blume（1826）”的异名。【分布】不丹，缅甸，印度，中国。【后选模式】Crawfurdia speciosa Wallich。【参考异名】Calixnos Raf.（1838）；Gentiana L.（1753）；Golowninia Maxim. （1862）；Pterygocalyx Maxim.（1859）；Tripterospermum Blume （1826）■

13434 Creaghia Scort.（1884）= Mussaendopsis Baill.（1879）［茜草科 Rubiaceae］●■☆

13435 Creaghiella Stapf（1896）= Anerincleistus Korth.（1844）［野牡丹科 Melastomataceae］●☆

13436 Creatantha Standl.（1931）= Isertia Schreb.（1789）［茜草科 Rubiaceae］●☆

13437 Cremanium D. Don（1823）= Miconia Ruiz et Pav.（1794）（保留属名）［野牡丹科 Melastomataceae//米氏野牡丹科 Miconiaceae］●☆

13438 Cremanthodium Benth.（1873）【汉】垂头菊属。【英】Cremanthodium，Nutantdaisy。【隶属】菊科 Asteraceae

（Compositae）。【包含】世界 68-75 种,中国 68 种。【学名诠释与讨论】〈中〉（希）kremao,悬垂,悬挂。Kremastos,悬挂起来的+anthos,花+-idium,指示小的词尾。指头状花序下垂。【分布】巴基斯坦,中国,喜马拉雅山。【模式】未指定。■

13439　Cremaspora Benth.（1849）【汉】悬籽茜属。【隶属】茜草科 Rubiaceae。【包含】世界 3-4 种。【学名诠释与讨论】〈阴〉（希）kremao,悬垂,悬挂+spora,孢子,种子。【分布】马达加斯加,热带非洲。【模式】Cremaspora africana Bentham, Nom. illegit.［Coffea hirsutus G. Don］。【参考异名】Cremospora Post et Kuntze（1903）; Pappostyles Pierre（1896）Nom. illegit.; Pappostylum Pierre（1896）Nom. illegit.; Schizospermum Boiv. ex Baill.（1896）Nom. illegit.●☆

13440　Cremastogyne（H. Winkl.）Czerep.（1955）【汉】悬蕊桤属。【隶属】桦木科 Betulaceae。【包含】世界 3 种。【学名诠释与讨论】〈阴〉（希）kremastos,悬挂起来的+gyne,所有格 gynaikos,雌性,雌蕊。此属的学名,ING 和 IK 记载是"Cremastogyne（H. Winkler）S. K. Czerepanov, Bot. Mater. Gerb. Bot. Inst. Komarova Akad. Nauk SSSR 17:91. 1955（post 9 Nov）",由"Alnus Mill. sect. Cremastogyne H. Winkler in Engler, Pflanzenreich IV. 61（Heft 19）:102, 127. 17 Jun 1904"改级而来。TROPICOS 则记载为"Cremastogyne Czerep., Bot. Mater. Gerb. Bot. Inst. Komarova Akad. Nauk SSSR 17:91. 1955.（Bot. Mater. Gerb. Bot. Inst. Komarova Akad. Nauk SSSR）"。"Cremastogyne（H. Winkl.）De Moor（1955）"是晚出的非法名称。亦有文献把"Cremastogyne（H. Winkl.）Czerep.（1955）"处理为"Alnus Mill.（1754）"的异名。【分布】中国。【模式】Cremastogyne longipes S. K. Czerepanov［Alnus cremastogyne Burkill］。【参考异名】Alnus Mill.（1754）; Alnus Mill. sect. Cremastogyne H. Winkl.（1904）; Cremastogyne（H. Winkl.）De Moor（1955）Nom. illegit.●

13441　Cremastogyne（H. Winkl.）De Moor（1955）Nom. illegit. ≡ Cremastogyne（H. Winkl.）Czerep.（1955）［桦木科 Betulaceae］●

13442　Cremastopus Paul G. Wilson（1962）【汉】悬足葫芦属。【隶属】葫芦科（瓜科,南瓜科）Cucurbitaceae。【包含】世界 2 种。【学名诠释与讨论】〈阳〉（希）kremastos,悬挂起来的+pous,所有格 podos,指小式 podion,脚,足,柄,梗。podotes,有脚的。此属的学名,ING、GCI、TROPICOS 和 IK 记载是"Cremastopus Paul G. Wilson, Hooker's Icon. Pl. 36: t. 3586. 1962［May 1962］"。"Heterosicyos（S. Watson）T. D. A. Cockerell, Bot. Gaz.（Crawfordsville）24:378. Nov 1897（non Welwitsch ex Bentham et Hook. f. 1867）"是"Cremastopus Paul G. Wilson（1962）"的同模式异名（Homotypic synonym, Nomenclatural synonym）。【分布】中美洲。【模式】Cremastopus minimus（S. Watson）Paul G. Wilson［Sicyos minimus S. Watson］。【参考异名】Heterosicyos（S. Watson）Cockerell（1897）Nom. illegit.; Heterosicyus Post et Kuntze（1903）Nom. illegit.■☆

13443　Cremastosciadium Rech. f.（1963）= Eriocycla Lindl.（1835）［伞形花科（伞形科）Apiaceae（Umbelliferae）］■

13444　Cremastosperma R. E. Fr.（1930）【汉】焰子木属。【隶属】番荔枝科 Annonaceae。【包含】世界 17-19 种。【学名诠释与讨论】〈中〉（希）kremastos,悬挂起来的+sperma,所有格 spermatos,种子,孢子。【分布】巴拿马,秘鲁,玻利维亚,厄瓜多尔,哥伦比亚（安蒂奥基亚）,热带南美洲,中美洲。【模式】Cremastosperma pedunculatum（Diels）R. E. Fries［Aberemoa pedunculata Diels］。●☆

13445　Cremastostemon Jacq.（1809）【汉】悬蕊千屈菜属。【隶属】千屈菜科 Lythraceae 方枝树科（阿林尼亚科）Oliniaceae//管萼木科（管萼科）Penaeaceae。【包含】世界 1 种。【学名诠释与讨论】〈阳〉（希）kremastos,悬挂起来的+stemon,雄蕊。此属的学名是

"Cremastostemon N. J. Jacquin, Fragm. Bot. Ill. 68. 1809"。亦有文献把其处理为"Olinia Thunb.（1800）（保留属名）"的异名。【分布】非洲。【模式】Cremastostemon capensis N. J. Jacquin。【参考异名】Olinia Thunb.（1800）（保留属名）●☆

13446　Cremastra Lindl.（1833）【汉】杜鹃兰属（马鞭兰属,毛慈姑属）。【日】サイハイラン属。【俄】Кремастра。【英】Cremastra, Cuckoo-orchis。【隶属】兰科 Orchidaceae。【包含】世界 4 种,中国 3 种。【学名诠释与讨论】〈阴〉（希）kremao,悬挂+astron 星,指本属的花星而下垂。另说 kremastra 指花梗,而此处则指子房具梗。【分布】中国,东亚。【模式】Cremastra wallichiana J. Lindley, Nom. illegit.［Cremastra appendiculata（D. Don）Makino, Cymbidium appendiculatum D. Don］。【参考异名】Hyacinthorchis Blume（1849）■

13447　Cremastus Miers（1863）= Arrabidaea DC.（1838）［紫葳科 Bignoniaceae］●☆

13448　Crematomia Miers（1869）Nom. illegit. ≡ Morelosia Lex.（1824）; ~ = Bourreria P. Browne（1756）（保留属名）［紫草科 Boraginaceae］●☆

13449　Cremersia Feuillet et L. E. Skog（2003）【汉】克里苣苔属。【隶属】苦苣苔科 Gesneriaceae。【包含】世界 1 种。【学名诠释与讨论】〈阳〉（人）Georges Cremers, 1936-,植物学者。【分布】南美洲。【模式】Cremersia platula C. Feuillet et L. E. Skog。■☆

13450　Cremnobates Ridl.（1916）= Schizomeria D. Don（1830）［火把树科（常绿棱枝树科）,角瓣木科,库诺尼科,南蔷薇科,轻木科）Cunoniaceae］●☆

13451　Cremnophila Rose（1905）【汉】悬崖景天属。【隶属】景天科 Crassulaceae。【包含】世界 2 种。【学名诠释与讨论】〈阴〉（希）kremnos,突出的岩石,悬崖+philos,喜欢的,爱的。此属的学名是"Cremnophila J. N. Rose, N. Amer. Fl. 22: 56. 1905"。亦有文献把其处理为"Sedum L.（1753）"的异名。【分布】墨西哥。【模式】Cremnophila nutans（J. N. Rose）J. N. Rose［Sedum nutans J. N. Rose］。【参考异名】Sedum L.（1753）■☆

13452　Cremnophyton Brullo et Pavone（1987）【汉】岩石藜属。【隶属】藜科 Chenopodiaceae。【包含】世界 1 种。【学名诠释与讨论】〈中〉（希）kremnos,突出的岩石,悬崖+phyton,植物,树木,枝条。【分布】马耳他（马耳他岛）。【模式】Cremnophyton lanfrancoi S. Brullo et P. Pavone。●☆

13453　Cremnothamnus Puttock（1854）【汉】黄花鼠麴木属。【隶属】菊科 Asteraceae（Compositae）。【包含】世界 1 种。【学名诠释与讨论】〈阴〉（希）kremnos,突出的岩石,悬崖+thamnos,指小式 thamnion,灌木,灌丛,树丛,枝。【分布】澳大利亚（西北部—）。【模式】Bromelia zebrina W. Herbert。●☆

13454　Cremobotrys Beer（1854）Nom. illegit. ≡ Eucallias Raf.（1838）; ~ = Billbergia Thunb.（1821）［凤梨科 Bromeliaceae］■

13455　Cremocarpon Baill.（1879）Nom. illegit. = Cremocarpon Boiv. ex Baill.（1879）［茜草科 Rubiaceae］●☆

13456　Cremocarpon Boiv. ex Baill.（1879）【汉】悬果茜属。【隶属】茜草科 Rubiaceae。【包含】世界 1 种。【学名诠释与讨论】〈中〉（希）kremao,悬挂。kremastos 悬挂起来的+karpos,果实。此属的学名,ING 记载是"Cremocarpon Baillon, Bull. Mens. Soc. Linn. Paris 1: 192. 1 Jan 1879"。IK 则记载为"Cremocarpon Boiv. ex Baill., Bull. Mens. Soc. Linn. Paris i.（1879）192"。二者引用的文献相同。【分布】科摩罗。【模式】Cremocarpon boivinianum Baillon。【参考异名】Cremocarpon Baill.（1879）Nom. illegit.; Cremocarpus K. Schum.（1891）●☆

13457　Cremocarpus K. Schum.（1891）= Cremocarpon Boiv. ex Baill.（1879）［茜草科 Rubiaceae］●☆

13458　Cremocephalium Miq.（1856）Nom. illegit. = Cremocephalum Cass.（1825）Nom. illegit.；~ = Crassocephalum Moench（1794）（废弃属名）；~ = Gynura Cass.（1825）（保留属名）［菊科 Asteraceae（Compositae）］■●

13459　Cremocephalum Cass.（1825）Nom. illegit. ≡ Crassocephalum Moench（1794）（废弃属名）；~ = Gynura Cass.（1825）（保留属名）［菊科 Asteraceae（Compositae）］■●

13460　Cremochilus Turcz.（1852）= Siphocampylus Pohl（1831）［桔梗科 Campanulaceae］■●☆

13461　Cremolobus DC.（1821）【汉】双钱荠属。【隶属】十字花科 Brassicaceae（Cruciferae）。【包含】世界 7 种。【学名诠释与讨论】〈阳〉（希）kremao，悬垂，悬挂 + lobos = 拉丁文 lobulus，片，裂片，叶，荚，蒴。【分布】安第斯山，秘鲁，玻利维亚，厄瓜多尔。【模式】未指定。【参考异名】Loxoptera O. E. Schulz（1933）；Urbanodoxa Muschl.（1908）■☆

13462　Cremophyllum Scheidw.（1842）= Dalechampia L.（1753）［大戟科 Euphorbiaceae］●

13463　Cremopyrum Schur（1866）Nom. illegit. = Agropyron Gaertn.（1770）；~ = Eremopyrum（Ledeb.）Jaub. et Spach（1851）［禾本科 Poaceae（Gramineae）］■

13464　Cremosperma Benth.（1846）【汉】悬子苣苔属。【隶属】苦苣苔科 Gesneriaceae。【包含】世界 23-30 种。【学名诠释与讨论】〈中〉（希）kremao，悬垂，悬挂 + sperma，所有格 spermatos，种子，孢子。【分布】安第斯山，巴拿马，秘鲁，厄瓜多尔，哥伦比亚（安蒂奥基亚），哥斯达黎加，中美洲。【模式】Cremosperma hirsutissimum Bentham［as 'hirsutissima'］。■☆

13465　Cremospermopsis L. E. Skog et L. P. Kvist（2002）【汉】拟悬子苣苔属。【隶属】苦苣苔科 Gesneriaceae。【包含】世界 2 种。【学名诠释与讨论】〈阴〉（属）Cremosperma 悬子苣苔属 + 希腊文 opsis，外观，模样，相似。【分布】哥伦比亚。【模式】Cremospermopsis cestroides（K. Fritsch）L. E. Skog et L. P. Kvist［Besleria cestroides K. Fritsch］。■●☆

13466　Cremospora Post et Kuntze（1903）= Cremaspora Benth.（1849）［茜草科 Rubiaceae］●☆

13467　Cremostachys Tul.（1851）= Galearia Zoll. et Moritzi（1846）（保留属名）［攀打科 Pandaceae］●☆

13468　Crena Scop.（1777）= Crenea Aubl.（1775）［千屈菜科 Lythraceae］●☆

13469　Crenaea Schreb.（1789）= Crenea Aubl.（1775）［千屈菜科 Lythraceae］●☆

13470　Crenamon Raf.（1836）= ? Leontodon L.（1753）（保留属名）+ Picris L.（1753）［菊科 Asteraceae（Compositae）］■

13471　Crenamum Adans.（1763）Nom. illegit. ≡ Helminthotheca Zinn（1757）；~ = Crepis L.（1753）+ Picris L.（1753）［菊科 Asteraceae（Compositae）］■

13472　Crenea Aubl.（1775）【汉】巴西千屈菜属。【隶属】千屈菜科 Lythraceae。【包含】世界 2 种。【学名诠释与讨论】〈阴〉（希）krene，指小型 krenidion，泉，井。指本属植物喜欢盐水。【分布】厄瓜多尔，特立尼达和多巴哥（特立尼达岛），热带南美洲。【模式】Crenea maritima Aublet。【参考异名】Crena Scop.（1777）；Crenaea Schreb.（1789）；Dodecas L.（1775）Nom. inval.，Nom. nud.；Dodecas L. f.（1782）；Faya Neck.（1790）Nom. inval. ●☆

13473　Crenias A. Spreng.（1827）【汉】巴西川苔草属。【隶属】髯管花科 Geniostomaceae。【包含】世界 1-5 种。【学名诠释与讨论】〈中〉（拉）crena，指小式 crenula，刻痕 + -ias，希腊文词尾，表示关系密切。此属的学名 "Crenias Spreng.，Syst. Veg.（ed. 16）［Sprengel］4（2，Cur. Post.）：246, 247. 1827［Jan-Jun 1827］" 是一个替代名称。"Mniopsis Mart.，Nov. Gen. Sp. Pl.（Martius）1（1）：3, t. 1.［late 1823 or Jan-Feb 1824］" 是一个非法名称（Nom. illegit.），因为此前已经有了苔藓的 "Mniopsis Dumortier, Commentat. 114. Nov（sero）-Dec（ante）1822 ≡ Haplomitrium C. G. D. Nees 1833（nom. cons.）"。故用 "Crenias A. Spreng.（1827）" 替代之。亦有文献把 "Crenias A. Spreng.（1827）" 处理为 "Mniopsis Mart.（1823）" 的异名。【分布】巴西（东南部）。【模式】Crenias scopulorum K. P. J. Sprengel，Nom. illegit.［Mniopsis scaturiginum C. F. P. Martius］。【参考异名】Mniopsis Mart.（1823）Nom. illegit. ■☆

13474　Crenidium Haegi（1981）【汉】澳大利亚茄属。【隶属】茄科 Solanaceae。【包含】世界 1 种。【学名诠释与讨论】〈中〉（希）krene，指小型 krenidion，泉，井，源泉。【分布】澳大利亚（西南部）。【模式】Crenidium spinescens L. Haegi。☆

13475　Crenosciadium Boiss. et Heldr.（1849）【汉】纹伞芹属。【隶属】伞形花科（伞形科）Apiaceae（Umbelliferae）。【包含】世界 1 种。【学名诠释与讨论】〈阴〉（拉）crena，刻痕，圆齿 +（属）Sciadium 伞芹属。此属的学名是 "Crenosciadium Boissier et Heldreich in Boissier, Diagn. Pl. Orient. Ser. 1. 2（10）：30. Mar-Apr 1849"。亦有文献把其处理为 "Opopanax W. D. J. Koch（1824）" 的异名。【分布】土耳其。【模式】Crenosciadium siifolium Boissier et Heldreich。【参考异名】Opopanax W. D. J. Koch（1824）■☆

13476　Crenularia Boiss.（1842）= Aethionema W. T. Aiton（1812）［十字花科 Brassicaceae（Cruciferae）］■☆

13477　Crenulluma Plowes（1995）= Caralluma R. Br.（1810）［萝藦科 Asclepiadaceae］■

13478　Creochiton Blume（1831）【汉】肉被野牡丹属。【隶属】野牡丹科 Melastomataceae。【包含】世界 6 种。【学名诠释与讨论】〈阴〉（希）kreas，所有格 kreatos，指小式 kreadion，肉 + chiton = 拉丁文 chitin，罩衣，覆盖物，铠甲。【分布】菲律宾，印度尼西亚（爪哇岛），加里曼丹岛，新几内亚岛。【模式】未指定。【参考异名】Anplectrella Furtado（1963）；Eisocreochiton Quisumb. et Merr.（1928）；Enchosanthera King et Stapf ex Guillaumin（1913）；Enchosanthera King et Stapf（1913）Nom. illegit. ●☆

13479　Creocome Kunae（1848）= Oreocome Edgew.（1845）；~ = Selinum L.（1762）（保留属名）［伞形花科（伞形科）Apiaceae（Umbelliferae）］■

13480　Creodus Lour.（1790）= Chloranthus Sw.（1787）［金粟兰科 Chloranthaceae］■●

13481　Creolobus Lilja（1839）= Mentzelia L.（1753）［刺莲花科（硬毛草科）Loasaceae］■●☆

13482　Crepalia Steud.（1821）= Craepalia Schrank（1789）；~ = Lolium L.（1753）［禾本科 Poaceae（Gramineae）］■

13483　Crepidaria Haw.（1812）Nom. illegit. ≡ Pedilanthus Neck. ex Poit.（1812）（保留属名）；~ ≡ Tithymalus Mill.（1754）（废弃属名）；~ ≡ Pedilanthus Neck. ex Poit.（1812）（保留属名）［大戟科 Euphorbiaceae］●

13484　Crepidiastrum Nakai（1920）【汉】假还阳参属（假还羊参属，假黄鹤菜属）。【日】アゼタウナ属，アゼトウナ属。【英】Crepidiastrum。【隶属】菊科 Asteraceae（Compositae）。【包含】世界 7-15 种，中国 2 种。【学名诠释与讨论】〈中〉（属）Crepis 还阳参属 + -astrum，指示小的词尾，也有 "不完全相似" 的含义。指其外观与还阳参相似。此属的学名是 "Crepidiastrum Nakai, Bot. Mag.（Tokyo）34：147. Oct 1920"。亦有文献把其处理为 "Ixeris（Cass.）Cass.（1822）" 的异名。【分布】中国，亚洲东部。【后选模式】Crepidiastrum lanceolatum（M. Houttuyn）T. Nakai［Prenanthes lanceolata M. Houttuyn］。【参考异名】Ixeris（Cass.

Cass. (1822); Paraixeris Nakai (1920) ●■

13485　Crepidifolium Sennikov(2007)【汉】还阳参叶菊属。【隶属】菊科 Asteraceae(Compositae)。【包含】世界6种。【学名诠释与讨论】〈中〉(属)Crepis 还阳参属+folium, 叶。【分布】亚洲。【模式】Crepidifolium tenuicaule (Babc. et Stebbins)Tzvelev. ■☆

13486　Crepidispermum Fr. (1862) = Hieracium L. (1753) [菊科 Asteraceae(Compositae)]■

13487　Crepidium Blume (1825)【汉】沼兰属。【隶属】兰科 Orchidaceae。【包含】世界280种, 中国17种。【学名诠释与讨论】〈中〉(希)krepis, 所有格 krepidos, 鞋+-idius, -idia, -idium, 指示小的词尾。此属的学名"Crepidium Blume, Bijdr. Fl. Ned. Ind. 8: 387. 1825 [20 Sep – 7 Dec 1825]"已经改级为"Malaxis sect. Crepidium (Blume) Seidenf. Dansk Bot. Arkiv 33(1) 1978"。亦有文献把"Crepidium Blume(1825)"处理为"Malaxis Sol. ex Sw. (1788)"的异名。【分布】澳大利亚, 中国, 印度洋岛屿, 亚洲。【后选模式】Crepidium rheedei Blume [as 'rhedii']。【参考异名】Fingardia Szlach. (1995); Glossochilopsis Szlach. (1995); Malaxis Sol. ex Sw. (1788); Malaxis sect. Crepidium (Blume) Seidenf. (1978); Pseudoliparis Finet (1907); Pterochilus Hook. et Arn. (1832); Saurolophorkis Marg. et Szlach. (2001); Seidenfia Szlach. (1995); Seidenforchis Marg. (2006) ■

13488　Crepidium Tausch(1828)Nom. illegit. ≡ Endoptera DC. (1838); ~ = Crepis L. (1753) [菊科 Asteraceae(Compositae)]■

13489　Crepidocarpus Klotzsch ex Boeck. (1870) = Scirpus L. (1753) (保留属名) [莎草科 Cyperaceae//藨草科 Scirpaceae]■

13490　Crepidopsis Arv.-Touv. (1897) = Hieracium L. (1753) [菊科 Asteraceae(Compositae)]■

13491　Crepidopteris Benth. (1859) = Crepidotropis Walp. (1840); ~ = Dioclea Kunth(1824) [豆科 Fabaceae(Leguminosae)]■☆

13492　Crepidorhopalon Eb. Fisch. (1989)【汉】肖蝴蝶草属。【隶属】玄参科 Scrophulariaceae//婆婆纳科 Veronicaceae。【包含】世界28种。【学名诠释与讨论】〈中〉(希)krepis, 所有格 krepidos, 鞋+rhopalon, 阴茎, 棍棒。此属的学名是"Crepidorhopalon E. Fischer, Feddes Repert. 100: 443. Nov 1989"。亦有文献把其处理为"Torenia L. (1753)"的异名。【分布】赞比亚, 刚果(金)。【模式】Crepidorhopalon schweinfurthii (D. Oliver) E. Fischer [Torenia schweinfurthii D. Oliver]。【参考异名】Torenia L. (1753)■☆

13493　Crepidospermum Benth. et Hook. f. (1873) Nom. illegit. ≡ Crepidospermum Hook. f. (1862) [橄榄科 Burseraceae]●☆

13494　Crepidospermum Hook. f. (1862)【汉】鞋籽橄榄属。【隶属】橄榄科 Burseraceae。【包含】世界5种。【学名诠释与讨论】〈中〉(希)krepis, 所有格 krepidos, 鞋+sperma, 所有格 spermatos, 种子, 孢子。此属的学名, ING 和 IK 记载是"Crepidospermum Hook. f. in Bentham et Hook. f., Gen. 1: 325. 7 Aug 1862"。"Crepidospermum Benth. et Hook. f. (1873)"的命名人引证有误。亦有文献把"Crepidospermum Hook. f. (1862)"处理为"Hieracium L. (1753)"的异名。【分布】秘鲁, 玻利维亚, 厄瓜多尔, 哥伦比亚(安蒂奥基亚), 热带南美洲。【模式】Crepidospermum sprucei J. D. Hooker。【参考异名】Crepidospermum Benth. et Hook. f. (1873) Nom. illegit.; Hemicrepidospermum Swart(1942) ●☆

13495　Crepidotropis Walp. (1840) = Dioclea Kunth (1824) [豆科 Fabaceae(Leguminosae)]■☆

13496　Crepinella Marchal ex Oliver (1887) Nom. illegit. ≡ Crepinella Marchal(1886); ~ = Schefflera J. R. Forst. et G. Forst. (1775) (保留属名) [五加科 Araliaceae]●

13497　Crepinella Marchal (1887) = Schefflera J. R. Forst. et G. Forst. (1775) (保留属名) [五加科 Araliaceae]●

13498　Crepinia (Gand.) Gand. (1886) Nom. illegit. = Rosa L. (1753) [蔷薇科 Rosaceae]●

13499　Crepinia Gand. (1886) Nom. illegit. ≡ Crepinia (Gand.) Gand. (1886) Nom. illegit.; ~ = Rosa L. (1753) [蔷薇科 Rosaceae]●

13500　Crepinia Rchb. (1829) = Crepis L. (1753); ~ = Pterotheca Cass. (1816) [菊科 Asteraceae(Compositae)]■

13501　Crepinodendron Pierre (1890) = Micropholis (Griseb.) Pierre (1891) [山榄科 Sapotaceae]●☆

13502　Crepis L. (1753)【汉】还阳参属(还羊参属, 驴打滚草属)。【日】オニタビラコ属, クレビス属, クレピス属, フタマタタンポポ属。【俄】Баркаузия, Зацинта, Скерда, Скерда болотная。【英】Dandelion, Hawk's Beard, Hawk's-beard, Hawksbeard, Hawks-beard。【隶属】菊科 Asteraceae(Compositae)。【包含】世界200种, 中国22-28种。【学名诠释与讨论】〈阴〉(拉)crepis, 一种植物古名。另说来自希腊文 krepis, 鞋, 长靴。指叶子鞋状。此属的学名, ING、APNI、GCI、TROPICOS 和 IK 记载是"Crepis L., Sp. Pl. 2: 805. 1753 [1 May 1753]"。"Hieraciodes O. Kuntze, Rev. Gen. 1: 344. 5 Nov 1891"和"Limonoseris Petermann, Fl. Lips. Excurs. 589. 1838"是"Crepis L. (1753)"的晚出的同模式异名(Homotypic synonym, Nomenclatural synonym)。也有文献把"Crepis L. (1753)"和"Youngia Cass. (1831)"互处理为异名。【分布】北半球, 秘鲁, 玻利维亚, 厄瓜多尔, 马达加斯加, 美国(密苏里), 中国, 热带和非洲南部, 中美洲。【后选模式】Crepis biennis Linnaeus。【参考异名】Acacium Steud.; Aegoseris Steud. (1840); Aetheorhiza Cass. (1827); Anisoderis Cass. (1827) Nom. illegit.; Anisoramphus DC. (1838); Anthochytrum Rchb. f. (1859) Nom. illegit.; Aracium (Neck.) Alf. Monnler (1829); Aracium Alf. Monnler (1829); Aracium Neck. (1790) Nom. inval.; Askellia W. A. Weber(1984); B. Mey. et Scherb. (1801) Nom. illegit.; Barckhausia DC. (1815); Barkhausia Moench (1794); Behrinia Sieber; Behrinia Sieber ex Steud. (1821); Behrinia Sieber, Nom. illegit.; Berinia Brign. (1810); Billotia Sch. Bip. (1841) Nom. illegit.; Borkhausia Nutt. (1818); Brachyderea Cass. (1827); Calliopea D. Don(1828-1829); Catonia Moench (1794) Nom. illegit.; Catyona Lindl. (1847); Ceramiocephalum Sch. Bip. (1862); Closirospermum Neck. (1790) Nom. inval.; Closirospermum Neck. ex Rupr. (1860) Nom. illegit.; Cnenamum Tausch (1828); Crepidium Tausch(1828) Nom. illegit.; Crepinia Rchb. (1829); Derouetia Boiss. et Balansa(1856); Endoptera DC. (1838); Gatyona Cass. (1818); Geblera Andrz. ex Besser (1834) Nom. inval.; Geracium Rchb. (1829); Hapalostephium D. Don ex Sweet(1829); Hieraciodes Kuntze(1891) Nom. illegit.; Hieracioides Fabr. (1759); Hieracioides Rupr.; Homalocline Rchb. (1828); Hostia Moench (1802) Nom. illegit.; Idianthes Desv. (1827) Nom. illegit.; Inthybus Herder (1870); Intybellia Cass. (1821); Intybellia Monn. (1829) Nom. illegit.; Intybus Fr. (1828); Lagoseris Hoffmanns. et Link (1820-1834) Nom. illegit.; Lagoseris M. Bieb. (1810); Lepicaune Lepeyr. (1813); Lepidoseris (Rchb. f.) Fourr. (1869); Lepidoseris Fourr. (1869) Nom. illegit.; Limnocrepis Fourr. (1869); Limonoseris Peterm. (1838) Nom. illegit.; Melitella Sommier (1907); Microderis D. Don ex Gand. (1918); Myoseris Link (1822) Nom. illegit.; Nemauchenes Cass. (1818); Omalocline Cass. (1827); Pachylepis Less. (1832); Paleya Cass. (1826); Phaecasium Cass. (1826); Phalacroderis DC. (1838) Nom. illegit.; Phitosia Kamari et Greuter (2000); Picris L. (1753); Psammoseris Boiss. et Reut. (1849); Psilachenia Benth. (1873); Psilochenia Nutt. (1841); Psilochlaena Walp. (1843); Pterotheca Cass. (1816); Rhynchopappus Dulac

（1867）；Rodigia Spreng.（1820）；Sclerolepis Monn.（1829）Nom. illegit.；Sclerophyllum Gaudin（1829）Nom. illegit.；Sonchella Sennikov（2008）；Soyeria Monnier（1829）；Succisocrepis Fourr.（1869）Nom. illegit.，Nom. superfl.；Trichocrepis Vis.（1826）；Trichoseris Vis.；Wibelia P. Gaertn., B. Mey. et Scherb.（1801）；Youngia Cass.（1831）；Zacintha Mill.（1754）；Zacyntha Adans.（1763）■

13503　Crepula Hill（1762）= Cirsium Mill.（1754）［菊科 Asteraceae（Compositae）］■

13504　Crepula Noronha =Phrynium Willd.（1797）（保留属名）［竹芋科（苳叶科，柊叶科）Marantaceae］■

13505　Crescentia L.（1753）【汉】葫芦树属（炮弹果属，蒲瓜树属）。【日】フクベノキ属。【俄】Дерево горлянковое，Дерево калабассовое，Кресченция。【英】Calabash Tree，Calabashtree，Calabash-tree。【隶属】紫葳科 Bignoniaceae//葫芦树科（炮弹果科）Crescentiaceae。【包含】世界 5-82 种，中国 2 种。【学名诠释与讨论】〈阴〉（人）Pietro Crescenti，16 世纪意大利农学家。一说来自 Peterus Crescentis，1230-1320，意大利修道士，植物学者。此属的学名，ING、TROPICOS 和 IK 记载是"Crescentia L.，Sp. Pl. 2:626. 1753［1 May 1753］"。"Cuiete P. Miller，Gard. Dict. Abr. ed. 4. 28 Jan 1754"和"Cuiete Adans.，Fam. Pl.（Adanson）2:207. 1763"是"Crescentia L.（1753）"的晚出的同模式异名（Homotypic synonym，Nomenclatural synonym）。【分布】巴基斯坦，巴拉圭，巴拿马，秘鲁，玻利维亚，厄瓜多尔，哥伦比亚（安蒂奥基亚），尼加拉瓜，中国，热带美洲，中美洲。【模式】Crescentia cujete Linnaeus。【参考异名】Cuiete Adans.（1763）Nom. illegit.；Cuiete Mill.（1754）Nom. illegit.；Pteromischus Pichon（1945）●

13506　Crescentiaceae Dumort.（1829）［亦见 Bignoniaceae Juss.（保留科名）紫葳科］【汉】葫芦树科（炮弹果科）。【包含】世界 1 属 5-82 种，中国 1 属 2 种。【分布】热带美洲。【科名模式】Crescentia L.（1753）●

13507　Creslobus Lilja = Mentzelia L.（1753）［刺莲花科（硬毛草科）Loasaceae］●■☆

13508　Cressa L.（1753）【汉】克里特旋花属。【俄】Kpecca。【隶属】旋花科 Convolvulaceae。【包含】世界 1 种。【学名诠释与讨论】〈阴〉（希）Kres，Kressa，克里特人。【分布】巴基斯坦，巴拉圭，秘鲁，玻利维亚，厄瓜多尔，马达加斯加，热带和亚热带，中美洲。【模式】Cressa cretica Linnaeus。【参考异名】Carpentia Ewart（1917）；Cressaria Raf.■☆

13509　Cressaceae Raf.（1821）= Convolvulaceae Juss.（保留科名）●■

13510　Cressaria Raf. =Cressa L.（1753）［旋花科 Convolvulaceae］■☆

13511　Creusa P. V. Heath（1993）= Crassula L.（1753）［景天科 Crassulaceae］●■☆

13512　Cribbia Senghas（1985）【汉】克里布兰属。【隶属】兰科 Orchidaceae。【包含】世界 1-2 种。【学名诠释与讨论】〈阴〉（人）Phillip James Cribb，英国植物学者，兰科 Orchidaceae 专家。此属的学名，ING、TROPICOS 和 IK 记载是"Cribbia K. Senghas，Orchidee（Hamburg）36:19. 21 Jan 1985"。G. J. Braem（1988）用"Azadehdelia G. J. Braem，Schlechteriana 2:34. 22 Jan 1988"替代它；这是多余的。【分布】利比里亚至刚果（金）、赞比亚、肯尼亚和乌干达，热带非洲。【模式】Cribbia brachyceras（V. S. Summerhayes）K. Senghas［Aërangis brachyceras V. S. Summerhayes］。【参考异名】Azadehdelia Braem（1988）Nom. illegit.■☆

13513　Criciuma Soderstr. et Londoño（1987）【汉】环草属。【隶属】禾本科 Poaceae（Gramineae）。【包含】世界 1 种。【学名诠释与讨论】〈阴〉（希）krikos，指小型 krikion，环，指环。【分布】巴西。【模式】Criciuma asymmetrica T. R. Soderstrom et X. Londoño。●☆

13514　Crimaea Vassilcz.（1979）= Medicago L.（1753）（保留属名）［豆科 Fabaceae（Leguminosae）//蝶形花科 Papilionaceae］■●

13515　Crinaceae Vest（1818）（1）= Amaryllidaceae J. St. -Hil.（保留科名）●■

13516　Crinaceae Vest（1818）（2）= Gramineae Juss.（保留科名）//Poaceae Barnhart（保留科名）●●

13517　Crinipes Hochst.（1855）【汉】毛发草属。【隶属】禾本科 Poaceae（Gramineae）。【包含】世界 2 种。【学名诠释与讨论】〈阳〉（拉）crinis，毛发+pes，所有格 pedis，指小型 pediculus，足，梗。【分布】热带和非洲南部。【模式】Crinipes abyssinicus（Hochstetter）Hochstetter［Danthonia abyssinica Hochstetter］。■☆

13518　Crinissa Rchb.（1841）= Pyrrhopappus DC.（1838）（保留属名）［菊科 Asteraceae（Compositae）］■☆

13519　Crinita Houtt.（1777）= Pavetta L.（1753）［茜草科 Rubiaceae］●

13520　Crinita Moench（1794）Nom. illegit. ≡ Crinitaria Cass.（1825）；~ = Linosyris Cass.（1825）Nom. illegit.；~ = Crinitaria Cass.（1825）［菊科 Asteraceae（Compositae）］■●☆

13521　Crinitaria Cass.（1825）【汉】毛麻菀属。【俄】Грудница，Линозирис。【英】Flaxaster，Linosyris。【隶属】菊科 Asteraceae（Compositae）。【包含】世界 5-13 种。【学名诠释与讨论】〈阴〉（拉）crinitus，覆以毛发的+-arius，-aria，-arium，指示"属于、相似、具有、联系"的词尾。指植物体被毛。此属的学名"Crinitaria Cassini in F. Cuvier，Dict. Sci. Nat. 37:460，475. Dec 1825"是一个替代名称。"Crinita Moench，Meth. 578. 4 Mai 1794"是一个非法名称（Nom. illegit.），因为此前已经有了"Crinita Houttuyn，Natuurl. Hist. 2（7）:361. 11 Jun 1777 =Pavetta L.（1753）［茜草科 Rubiaceae］"。故用"Crinitaria Cass.（1825）"替代之。《中国植物志》和多有文献承认"麻菀属（灰毛麻菀属）"，用"Linosyris Cass.，Dict. Sci. Nat.，ed. 2.［F. Cuvier］37:460，476. 1825［Dec 1825］"为正名，但它是一个晚出的非法名称（Nom. illegit.），因为此前已经有了"Linosyris Ludw.，Institutiones Historica Physicae Regni Vegetabilis ed. 2 1757 = Thesium L.（1753）［檀香科 Santalaceae］"。亦有文献把"Crinitaria Cass.（1825）"处理为"Aster L.（1753）"或"Linosyris Cass.（1825）Nom. illegit."的异名。【分布】温带欧亚大陆。【模式】Chrysocoma biflora Linnaeus。【参考异名】Aster L.（1753）；Crinita Moench（1794）Nom. illegit.；Linosyris（Cass.）Rchb. f.（1825）Nom. illegit.；Linosyris Cass.（1825）Nom. illegit.■●☆

13522　Crinodendron Molina（1782）【汉】智利灯笼树属（百合木属）。【日】トリクスピダーリア属。【英】Lantern Tree。【隶属】杜英科 Elaeocarpaceae。【包含】世界 4-5 种。【学名诠释与讨论】〈中〉（希）krinon，百合+dendron 或 dendros，树木，棍，丛林。【分布】玻利维亚，温带南美洲。【模式】Crinodendron patagua Molina。【参考异名】Crinodendrum Juss.（1789）；Tricuspidaria Ruiz et Pav.（1794）；Tricuspis Pers.（1806）●☆

13523　Crinodendrum Juss.（1789）= Crinodendron Molina（1782）［杜英科 Elaeocarpaceae］●☆

13524　Crinonia Banks ex Tul. =Crinonia Blume（1825）；~ = Pholidota Lindl. ex Hook.（1825）［兰科 Orchidaceae］●☆

13525　Crinonia Blume（1825）= Pholidota Lindl. ex Hook.（1825）［兰科 Orchidaceae］■

13526　Crinopsis Herb.（1837）= Crinum L.（1753）［石蒜科 Amaryllidaceae］■

13527　Crinum L.（1753）【汉】文殊兰属（文珠兰属）。【日】クリナム属，ハマオモト属。【俄】Кринум。【英】Cape Lily，Crinum，Crinum Lily，Crinum-lilies，Spider Lily，String-lily，Swamp-lily，

Veld Lily。【隶属】石蒜科 Amaryllidaceae。【包含】世界 65-120 种,中国 2 种。【学名诠释与讨论】〈中〉(希)krinon,百合。指花的外形似百合。此属的学名,ING、APNI、GCI、TROPICOS 和 IK 记载是 "Crinum L., Sp. Pl. 1: 291. 1753 [1 May 1753]"。 "Tanghekolli Adanson, Fam. 2: 57, 609. Jul-Aug 1763" 是 "Crinum L. (1753)" 的晚出的同模式异名 (Homotypic synonym, Nomenclatural synonym)。【分布】巴基斯坦,巴拿马,厄瓜多尔,哥伦比亚(安蒂奥基亚),哥斯达黎加,马达加斯加,玻利维亚,尼加拉瓜,中国,热带和亚热带,中美洲。【后选模式】Crinum americanum Linnaeus。【参考异名】Bulbine Gaertn. (1788) Nom. illegit. (废弃属名); Crinopsis Herb. (1837); Erigone Salisb. (1866); Liriamus Raf. (1838); Pancratio-Crinum Herb. ex Steud. (1841); Scadianus Raf. (1833); Taenais Salisb. (1866); Tanghekolli Adans. (1763) Nom. illegit. ■

13528 Crioceras Pierre(1897)【汉】羊角夹竹桃属。【隶属】夹竹桃科 Apocynaceae。【包含】世界 1 种。【学名诠释与讨论】〈中〉(希)krios,公羊,山羊+keras,所有格 keratos,角,距,弓。【分布】热带非洲。【模式】Crioceras longiflorum Pierre [as 'longiflora']。●☆

13529 Criogenes Salisb. (1814) = Cypripedium L. (1753) [兰科 Orchidaceae] ■

13530 Criosanthes Raf. (1818) = Cypripedium L. (1753) [兰科 Orchidaceae] ■

13531 Criosophila Post et Kuntze (1903) = Cryosophila Blume (1838) [棕榈科 Arecaceae(Palmae)] ●☆

13532 Criptangis Thouars = Angraecum Bory (1804) [兰科 Orchidaceae] ■

13533 Criptina Raf. (1820) = Crypta Nutt. (1817); ~ = Elatine L. (1753) [繁缕科 Alsinaceae//沟繁缕科 Elatinaceae//玄参科 Scrophulariaceae] ■

13534 Criptophylis Thouars = Bulbophyllum Thouars (1822)(保留属名) [兰科 Orchidaceae] ■

13535 Criscia Katinas (1994)【汉】橙花钝柱菊属。【隶属】菊科 Asteraceae(Compositae)。【包含】世界 1 种。【学名诠释与讨论】〈阴〉(希)krios,公羊,山羊+skia,影子,鬼。喻指阴暗处。【分布】南美洲。【模式】Criscia stricta (Spreng.) L. Katinas。●☆

13536 Criscianthus Grossi et J. N. Nakaj. (2013)【汉】赞比亚泽兰属。【隶属】菊科 Asteraceae(Compositae)。【包含】世界 1 种。【学名诠释与讨论】〈阳〉词源不详。似来自(属)Criscia 橙花钝柱菊属+anthos,花。【分布】马拉维,赞比亚。【模式】Criscianthus zambiensis (R. M. King et H. Rob.) M. A. Grossi et J. N. Nakaj. [Stomatanthes zambiensis R. M. King et H. Rob.]。☆

13537 Crispaceae Dulac = Balsaminaceae A. Rich. (保留科名) ●■

13538 Crispiloba Steenis(1984)【汉】二籽假海桐属。【隶属】岛海桐科(假海桐科)Alseuosmiaceae。【包含】世界 1 种。【学名诠释与讨论】〈阴〉(拉)crispus,卷曲的,有皱纹的+希腊文 lobos=拉丁文 lobulus,片,裂片,叶,荚,蒴。【分布】澳大利亚。【模式】Crispiloba disperma (S. Moore) C. G. G. J. van Steenis [Randia disperma C. G. G. J. van Steenis]。●☆

13539 Crista - galli Ruppius (1745) Nom. inval. [玄参科 Scrophulariaceae] ☆

13540 Cristaria Cav. (1799)(保留属名)【汉】冠毛锦葵属。【隶属】锦葵科 Malvaceae。【包含】世界 75 种。【学名诠释与讨论】〈阴〉(拉)crista,冠毛,cristatus,有冠毛的+-arius,-aria,-arium,指示 "属于、相似、具有、联系" 的词尾。此属的学名 "Cristaria Cav., Icon. 5: 10. Jun-Sep 1799" 是保留属名。相应的废弃属名是使君子科 Combretaceae 的 "Cristaria Sonn., Voy. Indes Orient., ed. 4, 2: 247; ed. 8, 3: 284. 1782 = Combretum Loefl. (1758)(保留属名)"。

"Poivrea Commerson ex A. P. de Candolle, Prodr. 3: 17. Mar (med.) 1828 = Combretum Loefl. (1758)(保留属名)" 是 "Cristaria Sonn. (1782)(废弃属名)" 的晚出的同模式异名 (Homotypic synonym, Nomenclatural synonym)。【分布】秘鲁,温带南美洲。【模式】Cristaria glaucophylla Cavanilles。【参考异名】Lecanophora Krapov.; Lecanophora Speg. (1926); Plarodrigoa Looser(1935) ■●◇☆

13541 Cristaria Sonn. (1782)(废弃属名) = Combretum Loefl. (1758) (保留属名) [使君子科 Combretaceae] ●

13542 Cristatella Nutt. (1834)【汉】冠毛山柑属。【隶属】山柑科(白花菜科,醉蝶花科)Capparaceae。【包含】世界 2 种。【学名诠释与讨论】〈阴〉(希)crista,冠毛,cristatus,有冠毛的+-ellus,-ella,-ellum,加在名词词干后面形成指小式的词尾。或加在人名、属名等后面以组成新属的名称。此属的学名,ING、GCITROPICOS 和 IK 记载是 "Cristatella Nutt., J. Acad. Nat. Sci. Philadelphia 7: 85(-86). 1834 [post-28 Oct 1834]"; "Cristella Raf. (1834)" 是其拼写变体。"Cyrbasium Endlicher, Gen. 891. Nov 1839" 和 "Dispara Rafinesque, Sylva Tell. 112. Oct-Dec 1838" 是 "Cristatella Nutt. (1834)" 的晚出的同模式异名 (Homotypic synonym, Nomenclatural synonym)。藻类的 "Cristatella G. Stache, Abh. K. K. Geol. Reichsanst. (Wien) 13: 131. 1 Dec 1889" 是晚出的非法名称。"Cristatella Nutt. (1834)" 曾先后被处理为 "Cleome sect. Cristatella (Nutt.) Baill., Histoire des Plantes 3: 149. 1872" 和 "Polanisia sect. Cristatella (Nutt.) Iltis, Brittonia 10 (2): 54. 1958"。【分布】美国,中美洲。【模式】Cristatella erosa Nuttall。【参考异名】Cleome sect. Cristatella (Nutt.) Baill. (1872); Cristella Raf.; Cyrbasium Endl. (1839) Nom. illegit.; Dispara Raf. (1838) Nom. illegit.; Polanisia sect. Cristatella (Nutt.) Iltis(1958) ■☆

13543 Cristella Raf. (1834) Nom. illegit. ≡ Cristatella Nutt. (1834) [山柑科(白花菜科,醉蝶花科)Capparaceae] ■☆

13544 Cristesion Raf. = Hordeum L. (1753) [禾本科 Poaceae (Gramineae)] ■

13545 Cristonia J. H. Ross (2001)【汉】可利豆属。【隶属】豆科 Fabaceae(Leguminosae)。【包含】世界 2 种。【学名诠释与讨论】〈阴〉词源不详。此属的学名是 "Cristonia J. H. Ross, Muelleria 15: 11. 2001"。亦有文献把其处理为 "Bossiaea Vent. (1800)" 的异名。【分布】澳大利亚。【模式】Cristonia biloba (Benth.) J. H. Ross。【参考异名】Bossiaea Vent. (1800) ●☆

13546 Critamus Besser(1822) Nom. illegit. = Falcaria Fabr. (1759)(保留属名) [伞形花科(伞形科)Apiaceae(Umbelliferae)] ■

13547 Critamus Hoffm. (1816) = Apium L. (1753) [伞形花科(伞形科)Apiaceae(Umbelliferae)] ■

13548 Critamus Mert. et W. D. J. Koch (1826) Nom. illegit. [伞形花科(伞形科)Apiaceae(Umbelliferae)] ■

13549 Critesia Raf. = Salsola L. (1753) [藜科 Chenopodiaceae//猪毛菜科 Salsolaceae] ●■

13550 Critesion Raf. (1819)【汉】芒麦草属。【隶属】禾本科 Poaceae (Gramineae)。【包含】世界 40 种。【学名诠释与讨论】〈中〉(希)krites,裁判官。此属的学名是 "Critesion Rafinesque, J. Phys. Chim. Hist. Nat. Arts 89: 103. Aug 1819"。亦有文献把其处理为 "Hordeum L. (1753)" 的异名。【分布】参见 Hordeum L. (1753)。【模式】Critesion geniculatum Rafinesque, Nom. illegit. [Hordeum jubatum Linnaeus; Critesion jubatum (Linnaeus) Nevski]。【参考异名】Critesium Endl. (1836); Hordeum L. (1753); Hordeum sect. Critesion (Raf.) Nevski(1941) ■☆

13551 Critesium Endl. (1836) = Critesion Raf. (1819) [禾本科 Poaceae(Gramineae)] ■☆

13552　Crithmum L.（1753）【汉】海茴香属。【日】クリスマム属。【俄】Критмум，Серпник。【英】Fennel，Rock Samphire，Samphire，Sea-fennel。【隶属】伞形花科（伞形科）Apiaceae（Umbelliferae）。【包含】世界1种。【学名诠释与讨论】〈中〉（希）krethmos = krithmos = krethmon = krithmon = 拉丁文 crethmos，植物俗名。【分布】地中海地区。【后选模式】Crithmum maritimum Linnaeus。【参考异名】Chritmum Brot.（1804）●■☆

13553　Critho E. Mey.（1848）= Hordeum L.（1753）［禾本科 Poaceae（Gramineae）］■

13554　Crithodium Link（1834）= Triticum L.（1753）［禾本科 Poaceae（Gramineae）］■

13555　Crithopsis Jaub. et Spach（1851）【汉】类大麦属。【隶属】禾本科 Poaceae（Gramineae）。【包含】世界1种。【学名诠释与讨论】〈阴〉（属）Critho = Hordeum 大麦属+希腊文 opsis，外观，模样，相似。【分布】非洲北部和东部。【模式】Crithopsis rhachitricha Jaubert et Spach。■☆

13556　Crithopyrum Hort. Prag. ex Steud.（1854）= Agropyron Gaertn.（1770）；~ = Elymus L.（1753）［禾本科 Poaceae（Gramineae）］■

13557　Crithopyrum Steud.（1854）Nom. illegit. ≡ Crithopyrum Hort. Prag. ex Steud.（1854）［禾本科 Poaceae（Gramineae）］■

13558　Critonia Cass. = Vernonia Schreb.（1791）（保留属名）［菊科 Asteraceae（Compositae）//斑鸠菊科（绿菊科）Vernoniaceae］●■

13559　Critonia Gaertn. = Kalmia L.（1753）［杜鹃花科（欧石南科）Ericaceae］●

13560　Critonia P. Browne（1756）【汉】亮泽兰属。【隶属】菊科 Asteraceae（Compositae）。【包含】世界43种。【学名诠释与讨论】〈阴〉（人）Criton。此属的学名，ING 和 IK 记载是“Critonia P. Browne, Civ. Nat. Hist. Jamaica 490（errata），314. 10 Mar 1756”。【分布】巴拉圭，巴拿马，秘鲁，玻利维亚，厄瓜多尔，哥伦比亚（安蒂奥基亚），墨西哥，西印度群岛，中美洲。【模式】Critonia dalea（Linnaeus）A. P. de Candolle［Eupatorium dalea Linnaeus］。【参考异名】Dalea P. Browne（1756）（废弃属名）●☆

13561　Critoniadelphus R. M. King et H. Rob.（1971）【汉】腺果亮泽兰属。【隶属】菊科 Asteraceae（Compositae）。【包含】世界2种。【学名诠释与讨论】〈阳〉（属）Critonia 亮泽兰属+adelphos，兄弟。【分布】墨西哥，中美洲。【模式】Critoniadelphus nubigenus（Bentham）R. M. King et H. E. Robinson［Eupatorium nubigenum Bentham］。●☆

13562　Critoniella R. M. King et H. Rob.（1975）【汉】柔柱亮泽兰属。【隶属】菊科 Asteraceae（Compositae）。【包含】世界6种。【学名诠释与讨论】〈阴〉（属）Critonia 亮泽兰属+-ellus，-ella，-ellum，加在名词词干后面形成指小式的词尾。或加在人名、属名等后面以组成新属的名称。【分布】秘鲁，厄瓜多尔，哥伦比亚，哥伦比亚（安蒂奥基亚），委内瑞拉。【模式】Critoniella acuminata（Humboldt, Bonpland et Kunth）R. M. King et H. Robinson［Eupatorium acuminatum Humboldt, Bonpland et Kunth］。■●☆

13563　Critoniopsis Sch. Bip.（1863）【汉】腺瓣落苞菊属。【隶属】菊科 Asteraceae（Compositae）//斑鸠菊科（绿菊科）Vernoniaceae。【包含】世界28-76种。【学名诠释与讨论】〈阴〉（属）Critonia 亮泽兰属+希腊文 opsis，外观，模样，相似。此属的学名是“Critoniopsis C. H. Schultz-Bip., Jahresber. Pollichia 20-21：430. 30 Mar 1864（‘1863’）”。亦有文献把其处理为“Vernonia Schreb.（1791）（保留属名）”的异名。【分布】玻利维亚，厄瓜多尔，哥伦比亚（安蒂奥基亚），尼加拉瓜，南美洲安第斯山区，中美洲。【模式】Critoniopsis lindenii C. H. Schultz-Bip.。【参考异名】Eremosis（DC.）Gleason（1906）；Tephrothamnus Sch. Bip.（1863）Nom. illegit.；Turpinia Lex. ex La Llave et Lex.（废弃属名）；

Vernonia Schreb.（1791）（保留属名）●■☆

13564　Croaspila Raf.（1840）= Chaerophyllum L.（1753）［伞形花科（伞形科）Apiaceae（Umbelliferae）］■

13565　Croatiella E. G. Gonç.（2005）= Asterostigma Fisch. et C. A. Mey.（1845）［天南星科 Araceae］■☆

13566　Crobylanthe Bremek.（1940）【汉】辫花茜属。【隶属】茜草科 Rubiaceae。【包含】世界1种。【学名诠释与讨论】〈阴〉（希）krobylos，辫，卷发，发结。Krobyle，发网+anthos，花。【分布】加里曼丹岛。【模式】Crobylanthe pellacalyx（Ridley）Bremekamp［Urophyllum pellacalyx Ridley］。●☆

13567　Crocaceae Vest（1818）= Iridaceae Juss.（保留科名）■●

13568　Crocanthemum Spach（1836）【汉】拟番红花属。【英】Frostwort。【隶属】半日花科（岩蔷薇科）Cistaceae。【包含】世界24种。【学名诠释与讨论】〈中〉（希）krokos，番红花+anthemon，花。此属的学名是“Crocanthemum Spach, Ann. Sci. Nat. Bot. ser. 2. 6：370. Dec 1836”。亦有文献把其处理为“Halimium（Dunal）Spach（1836）”的异名。【分布】美国（东南部），墨西哥，西印度群岛，美洲。【后选模式】Crocanthemum carolinianum（T. Walter）Spach［Cistus carolinianus T. Walter］。【参考异名】Halimium（Dunal）Spach（1836）；Heteromeris Spach（1837）；Horanthes Raf.（1836）；Horanthus B. D. Jacks.；Horanthus Raf.（1838）；Menandra Gronov.；Taeniostema Spach（1837）；Trichasterophyllum Willd. ex Link（1820）●☆

13569　Crocanthus Klotzsch ex Klatt（1864）= Crocosmia Planch.（1851-1852）［鸢尾科 Iridaceae］■☆

13570　Crocanthus L. Bolus（1927）Nom. illegit. = Malephora N. E. Br.（1927）［番杏科 Aizoaceae］■☆

13571　Crocaria Noronha = Microcos L.（1753）［椴树科（椴科，田麻科）Tiliaceae//锦葵科 Malvaceae］●

13572　Crocidium Hook.（1834）【汉】腋绒菊属。【隶属】菊科 Asteraceae（Compositae）。【包含】世界1-2种。【学名诠释与讨论】〈中〉（希）krokis，所有格 krokidos，指小型 krokidion，毛织物，绒毛+-idius，-idia，-idium，指示小的词尾。指植物具腋毛。【分布】北美洲西北部。【模式】Crocidium multicaule W. J. Hooker。■☆

13573　Crocion Nieuwl.（1914）Nom. illegit. ≡ Crocion Nieuwl. et Kaczm.（1914）；~ = Viola L.（1753）［堇菜科 Violaceae］■●

13574　Crocion Nieuwl. et Kaczm.（1914）= Viola L.（1753）［堇菜科 Violaceae］■●

13575　Crociris Schur（1853）= Crocus L.（1753）［鸢尾科 Iridaceae］■

13576　Crociseris（Rchb.）Fourr.（1868）= Senecio L.（1753）［菊科 Asteraceae（Compositae）//千里光科 Senecionidaceae］■●

13577　Crociseris Fourr.（1868）Nom. illegit. ≡ Crociseris（Rchb.）Fourr.（1868）；~ = Senecio L.（1753）［菊科 Asteraceae（Compositae）//千里光科 Senecionidaceae］■●

13578　Crockeria Greene ex A. Gray（1884）= Lasthenia Cass.（1834）［菊科 Asteraceae（Compositae）］■☆

13579　Crococylum Steud.（1840）= Crocoxylon Eckl. et Zeyh.（1835）［卫矛科 Celastraceae］●☆

13580　Crocodeilanthe Rchb. f., Nom. illegit. = Pleurothallis R. Br.（1813）［兰科 Orchidaceae］■☆

13581　Crocodeilanthe Rchb. f. et Warsz.（1854）Nom. illegit. = Plazia Ruiz et Pav.（1794）［菊科 Asteraceae（Compositae）］●☆

13582　Crocodilina Bubani（1899）Nom. illegit. ≡ Atractylis L.（1753）［菊科 Asteraceae（Compositae）］■☆

13583　Crocodilium Hill（1762）= Centaurea L.（1753）（保留属名）［菊科 Asteraceae（Compositae）//矢车菊科 Centaureaceae］●■

13584　Crocodilium Juss.（1789）Nom. illegit.［菊科 Asteraceae

（Compositae）〕☆

13585　Crocodilodes Adans.（1763）（废弃属名）≡ Berkheya Ehrh.（1784）（保留属名）〔菊科 Asteraceae（Compositae）〕●■☆

13586　Crocodiloides B. D. Jacks. = Crocodilodes Adans.（1763）（废弃属名）；~ = Berkheya Ehrh.（1784）（保留属名）〔菊科 Asteraceae（Compositae）〕●■☆

13587　Crocodylium Hill（1769）= Centaurea L.（1753）（保留属名）〔菊科 Asteraceae（Compositae）//矢车菊科 Centaureaceae〕●■

13588　Crocopsis Pax（1889）= Stenomesson Herb.（1821）〔石蒜科 Amaryllidaceae〕■☆

13589　Crocosma Klatt（1864）= Crocosmia Planch.（1851-1852）〔鸢尾科 Iridaceae〕■

13590　Crocosmia Planch.（1851-1852）【汉】雄黄兰属（臭藏红花属，观音兰属，香鸢尾属，射干水仙属）。【日】クロコスミア属，ヒメトウショウブ属。【英】Coppertip, Crocosmia, Falling Star, Montbretia, Pleated Leaves。【隶属】鸢尾科 Iridaceae。【包含】世界 10 种，中国 3 种。【学名诠释与讨论】〈阴〉（希）krokos，番红花+osme = odme，香味，臭味，气味。在希腊文组合词中，词头 osm-和词尾-osma 通常指香味。指干燥的花浸入水中时发出像番红花一样的香味。【分布】巴拿马，秘鲁，玻利维亚，厄瓜多尔，哥伦比亚（安蒂奥基亚），哥斯达黎加，马达加斯加，尼加拉瓜，中国，热带和非洲南部，中美洲。【模式】Crocosmia aurea（Pappe ex W. J. Hooker）J. E. Planchon〔Tritonia aurea Pappe ex W. J. Hooker〕。【参考异名】Crocanthus Klotzsch ex Klatt（1864）; Crocosma Klatt（1864）; Curtonus N. E. Br.（1932）; Geissorhiza Ker Gawl.（1803）; Montbretia DC.（1803）■

13591　Crocoxylon Eckl. et Zeyh.（1835）【汉】番红花卫矛属。【隶属】卫矛科 Celastraceae。【包含】世界 2 种。【学名诠释与讨论】〈中〉（希）krokos，番红花+xyle = xylon，木材。此属的学名是"Crocoxylon Ecklon et Zeyher, Enum. 128. Dec 1834-Mar 1835"。亦有文献把其处理为"Elaeodendron Jacq.（1782）"的异名。【分布】热带和非洲南部。【模式】Crocoxylon excelsum Ecklon et Zeyher, Nom. illegit.〔Ilex crocea Thunberg〕。【参考异名】Crococylum Steud.（1840）; Elaeodendron Jacq.（1782）; Elaeodendron Jacq. ex J. Jacq.（1884）; Pseudocassine Bredell（1936）●☆

13592　Crocus L.（1753）【汉】番红花属（藏红花属）。【日】クロッカス属，サフラン属。【俄】Крокус, Шафран。【英】Crocus, Saffron。【隶属】鸢尾科 Iridaceae。【包含】世界 80 种，中国 2 种。【学名诠释与讨论】〈阳〉（希）krokos =拉丁文 crocum, crocus，番红花。或来自 kroke，线，丝。指雌蕊丝状。【分布】巴基斯坦（西部），中国，地中海至亚洲中部，非洲，欧洲，中美洲。【后选模式】Crocus sativus Linnaeus。【参考异名】Crociris Schur（1853）; Geanthia Raf.（1808）; Geanthus Raf.（1814）; Safran Medik.（1790）■

13593　Crocyllis E. Mey.（1843）Nom. inval. ≡ Crocyllis E. Mey. ex Benth. et Hook. f.（1873）〔茜草科 Rubiaceae〕●☆

13594　Crocyllis E. Mey. ex Benth. et Hook. f.（1873）【汉】南非茜属。【隶属】茜草科 Rubiaceae。【包含】世界 1 种。【学名诠释与讨论】〈阴〉词源不详。此属的学名，ING 记载是"Crocyllis E. Meyer ex Bentham et Hook. f., Gen. 2：26, 136. 7-9 Apr 1873"。IK 则记载为"Crocyllis E. Mey. ex Hook. f., Gen. Pl.〔Bentham et Hooker f.〕2（1）：26, 136. 1873〔7-9 Apr 1873〕"。"Crocyllis E. Mey., Zwei Pflanzengeogr. Docum.（Drège）176. 1843〔7 Aug 1843〕"是一个未合格发表的名称（Nom. inval.）。【分布】非洲南部。【模式】Crocyllis anthospermoides E. P. Phillips。【参考异名】Crocyllis E. Mey.（1843）Nom. inval.; Crocyllis E. Mey. ex Hook. f.（1873）●☆

13595　Crocyllis E. Mey. ex Hook. f.（1873）Nom. illegit. ≡ Crocyllis E.

Mey. ex Benth. et Hook. f.（1873）〔茜草科 Rubiaceae〕●☆

13596　Crodisperma Poit. ex Cass.（1827）= Wulffia Neck. ex Cass.（1825）〔菊科 Asteraceae（Compositae）〕■☆

13597　Croftia King et Prain（1896）= Pommereschea Wittm.（1895）〔姜科（蘘荷科）Zingiberaceae〕■

13598　Croftia Small（1903）Nom. illegit. = Carlowrightia A. Gray（1878）（保留属名）〔爵床科 Acanthaceae〕■☆

13599　Croixia Pierre（1890）= Palaquium Blanco（1837）〔山榄科 Sapotaceae〕●

13600　Croizatia Steyerm.（1952）【汉】克罗大戟属。【隶属】大戟科 Euphorbiaceae。【包含】世界 3 种。【学名诠释与讨论】〈阴〉（人）Leon Camille Marius Croizat, 1894-1982，意大利植物学者。【分布】巴拿马，厄瓜多尔，哥伦比亚，玻利维亚，热带南美洲。【模式】Croizatia neotropica Steyermark。☆

13601　Crolocos Raf.（1837）Nom. illegit. ≡ Stiefia Medik.（1791）; ~ = Salvia L.（1753）〔唇形科 Lamiaceae（Labiatae）//鼠尾草科 Salviaceae〕●■

13602　Cromapanax Grierson.（1991）【汉】克罗参属。【隶属】五加科 Araliaceae。【包含】世界 1 种。【学名诠释与讨论】〈阳〉词源不详。【分布】不丹。【模式】Cromapanax lobatus Grierson。☆

13603　Cromidon Compton（1931）【汉】苞萼玄参属。【隶属】玄参科 Scrophulariaceae。【包含】世界 2-12 种。【学名诠释与讨论】〈阴〉（属）由小齿玄参属 Microdon 字母改缀而来。【分布】非洲南部。【模式】Cromidon corrigioloides（Rolfe）R. H. Compton〔Selago corrigioloides Rolfe〕。■☆

13604　Croninia J. M. Powell（1857）【汉】沙鞭石南属。【隶属】尖苞木科 Epacridaceae//杜鹃花科（欧石南科）Ericaceae。【包含】世界 1 种。【学名诠释与讨论】〈阴〉（人）Cronin。【分布】澳大利亚。【模式】Croninia paradoxa M. J. Berkeley〔Riccia paradoxa W. J. Hooker et W. Wilson〕。●☆

13605　Cronquistia R. M. King（1968）【汉】长芒菊属。【隶属】菊科 Asteraceae（Compositae）。【包含】世界 1 种。【学名诠释与讨论】〈阴〉（人）Arthur John Cronquist, 1919-1992，美国植物学者。此属的学名是"Cronquistia R. M. King, Brittonia 20：11. 5 Feb 1968"。亦有文献把其处理为"Carphochaete A. Gray（1849）"的异名。【分布】墨西哥。【模式】Cronquistia pringlei（S. Watson）R. M. King〔Stevia pringlei S. Watson〕。【参考异名】Carphochaete A. Gray（1849）■☆

13606　Cronquistianthus R. M. King et H. Rob.（1972）【汉】圆苞亮泽兰属。【隶属】菊科 Asteraceae（Compositae）。【包含】世界 20-29 种。【学名诠释与讨论】〈阴〉（人）Arthur John Cronquist, 1919-1992，美国植物学者+anthos，花。antheros，多花的，antheo，开花。【分布】秘鲁，厄瓜多尔，哥伦比亚。【模式】Cronquistianthus niveus（Kunth）R. M. King et H. E. Robinson〔Eupatorium niveum Kunth〕。●☆

13607　Cronyxium Raf.（1837）Nom. illegit. ≡ Lloydia Salisb. ex Rchb.（1830）（保留属名）〔百合科 Liliaceae〕■

13608　Crookea Small（1903）= Hypericum L.（1753）〔金丝桃科 Hypericaceae//猪胶树科（克鲁西科，山竹子科，藤黄科）Clusiaceae（Guttiferae）〕■●

13609　Croomia Torr.（1840）【汉】黄精叶钩吻属（金刚大属）。【日】ナベワリ属。【英】Croomia。【隶属】百部科 Stemonaceae//黄精叶钩吻科（金刚大科）Croomiaceae。【包含】世界 3 种，中国 1 种。【学名诠释与讨论】〈阴〉（人）H. B. Croom, 1799-1837，美国植物学者。此属的学名，ING 和 IK 记载是"Croomia J. Torrey in J. Torrey et A. Gray, Fl. North Amer. 1：663. Jun 1840"。"Croomia Torr. ex Torr. et A. Gray（1840）≡ Croomia Torr.（1840）"的命名人

引证有误。【分布】美国（东部），日本，中国。【模式】Croomia pauciflora（T. Nuttall）J. Torrey［Cissampelos pauciflora T. Nuttall］。【参考异名】Croomia Torr. ex Torr. et A. Gray（1840）Nom. illegit. ；Torreya Croom ex Meisn.（1843）Nom. inval.，Nom. illegit.（废弃属名）■

13610　Croomia Torr. ex Torr. et A. Gray（1840）Nom. illegit. ≡ Croomia Torr.（1840）［百部科 Stemonaceae//黄精叶钩吻科（金刚大科）Croomiaceae］■

13611　Croomiaceae Nakai（1937）［亦见 Stemonaceae Caruel（保留科名）百部科］【汉】黄精叶钩吻科（金刚大科）。【包含】世界 2 属 5 种，中国 1 属 1 种。【分布】亚洲东部和南部，美国东南部。【科名模式】Croomia Torr. ■

13612　Croptilon Raf.（1837）【汉】划锥菊属。【英】Scratchdaisy。【隶属】菊科 Asteraceae（Compositae）。【包含】世界 3 种。【学名诠释与讨论】〈中〉（希）kropion，镰刀 +ptilon，羽毛，翼，柔毛。此属的学名，ING、GCI、TROPICOS 和 IK 记载是"Croptilon Raf.，Fl. Tellur. 2：47. 1837［1836 publ. Jan-Mar 1837］"。"Isopappus J. Torrey et A. Gray, Fl. North Amer. 2：239. Apr 1842"是"Croptilon Raf.（1837）"的晚出的同模式异名（Homotypic synonym，Nomenclatural synonym）。亦有文献把"Croptilon Raf.（1837）"处理为"Haplopappus Cass.（1828）［as 'Aplopappus'］（保留属名）"的异名。【分布】美国，墨西哥。【模式】Croptilon divaricatum（Nuttall）Rafinesque［Inula divaricata Nuttall］。【参考异名】Chaerophyllum L.（1753）；Haplopappus Cass.（1828）［as 'Aplopappus'］（保留属名）；Isopappus Torr. et A. Gray（1842）Nom. illegit. ■☆

13613　Crosapila Raf. = Chaerophyllum L.（1753）［伞形花科（伞形科）Apiaceae（Umbelliferae）］■

13614　Crosperma Raf.（1837）= Amianthium A. Gray（1837）（保留属名）［百合科 Liliaceae//黑药花科（藜芦科）Melanthiaceae］■☆

13615　Crossandra Salisb.（1805）【汉】十字爵床属（半边黄属，鸟尾花属）。【日】クロッサンドラ属，ヘリドリオシベ属，ヘリドリヲシベ属。【俄】Кроссандра。【英】Crossandra。【隶属】爵床科 Acanthaceae。【包含】世界 25-50 种，中国 2 种。【学名诠释与讨论】〈阴〉（希）krossoi，缨，缝，缘饰，流苏，刘海 +aner，所有格 andros，雄性，雄蕊。指雄蕊具缘饰。【分布】中国，阿拉伯地区，马达加斯加，热带非洲。【模式】Crossandra undulaefolia R. A. Salisbury。【参考异名】Harrachia J. Jacq.（1816）；Pleuroblepharis Baill.（1890）；Polythrix Nees（1847）；Stenandriopsis S. Moore（1906）●

13616　Crossandrella C. B. Clarke（1906）【汉】小十字爵床属。【隶属】爵床科 Acanthaceae。【包含】世界 2 种。【学名诠释与讨论】〈阴〉（属）Crossandra 十字爵床属 +-ellus，-ella，-ellum，加在名词词干后面形成指小式的词尾。或加在人名、属名等后面以组成新属的名称。【分布】热带非洲。【模式】Crossandrella laxispicata C. B. Clarke。■☆

13617　Crossangis Schltr.（1918）= Diaphananthe Schltr.（1914）［兰科 Orchidaceae］■☆

13618　Crosslandia W. Fitzg.（1918）【汉】克罗莎草属。【隶属】莎草科 Cyperaceae。【包含】世界 1 种。【学名诠释与讨论】〈阴〉（人）Charles Crossland，1858-1911，澳大利亚植物学者，植物采集家，探险家。【分布】澳大利亚（西部）。【模式】Crosslandia setifolia W. V. Fitzgerald。■☆

13619　Crossocephalum Britten（1901）【汉】须头草属。【隶属】菊科 Asteraceae（Compositae）。【包含】世界 1 种。【学名诠释与讨论】〈中〉（希）krossoi，缨络，流苏 +kephale，头。【分布】澳大利亚。【模式】108487。■☆

13620　Crossocoma Hook.（1848）= Crossosoma Nutt.（1848）［流苏亮籽科 Crossosomataceae］●☆

13621　Crossoglossa Dressler et Dodson（1993）= Microstylis（Nutt.）Eaton（1822）（保留属名）［兰科 Orchidaceae］■☆

13622　Crossolepis Benth.（1837）Nom. illegit. = Angianthus J. C. Wendl.（1808）（保留属名）；~ = Gnephosis Cass.（1820）［菊科 Asteraceae（Compositae）］■☆

13623　Crossolepis Less.（1832）= Gnephosis Cass.（1820）［菊科 Asteraceae（Compositae）］■☆

13624　Crossolepis N. T. Burb.（1963）= Crossolepis Less.（1832）［菊科 Asteraceae（Compositae）］■☆

13625　Crossoliparis Marg.（2009）= Liparis Rich.（1817）（保留属名）［兰科 Orchidaceae］■

13626　Crossonephelis Baill.（1874）= Glenniea Hook. f.（1862）［无患子科 Sapindaceae］●☆

13627　Crossopetalon Adans.（1763）Nom. illegit. ≡ Crossopetalum P. Browne（1756）［卫矛科 Celastraceae］●☆

13628　Crossopetalum P. Browne（1756）【汉】缨瓣属。【隶属】卫矛科 Celastraceae。【包含】世界 26-50 种。【学名诠释与讨论】〈中〉（希）krossoi，缨络，流苏 +希腊文 petalos，扁平的，铺开的；petalon，花瓣，叶，花叶，金属叶子；拉丁文的花瓣为 petalum。此属的学名，ING、GCI、TROPICOS 和 IK 记载是"Crossopetalum P. Browne，Civ. Nat. Hist. Jamaica 145，t. 17，fig. 1. 1756［10 Mar 1756］"。"Rhacoma Linnaeus，Syst. Nat. ed. 10. 885，896，1361. 7 Jun 1759"是"Crossopetalum P. Browne（1756）"的晚出的同模式异名（Homotypic synonym，Nomenclatural synonym）。"Crossopetalum A. W. Roth，Enum. Pl. Phaen. 1（1）：515. Oct-Dec? 1827 = Gentiana L.（1753）= Gentianopsis Ma（1951）［龙胆科 Gentianaceae］"是晚出的非法名称；"Anthopogon Necker ex Rafinesque, Fl. Tell. 3：25. Nov-Dec 1837（non Nuttall 1818）"是其晚出的同模式异名。"Crossopetalon Adans.，Fam. Pl.（Adanson）2：224. 1763"是"Crossopetalum P. Browne（1756）"的拼写变体。【分布】巴拿马，秘鲁，尼加拉瓜，西印度群岛，热带南美洲，中美洲。【模式】Crossopetalum rhacoma Crantz［Rhacoma crossopetalum Linnaeus］。【参考异名】Crassopetalum Northrop（1902）Nom. illegit. ；Crossopetalon Adans.（1763）；Myginda Jacq.（1760）；Rhacoma L.（1759）Nom. illegit. ；Rhacoma P. Browne ex L.（1759）Nom. illegit. ●☆

13629　Crossopetalum Roth（1827）Nom. illegit. = Gentiana L.（1753）；~ = Gentianopsis Ma（1951）［龙胆科 Gentianaceae］■

13630　Crossophora Link（1831）= Chrozophora A. Juss.（1824）［as 'Crozophora'］（保留属名）［大戟科 Euphorbiaceae］●

13631　Crossophrys Klotzsch（1851）= Clethra Gronov. ex L.（1753）［桤叶树科（山柳科）Clethraceae］●

13632　Crossopteryx Fenzl（1839）【汉】缨翼茜属。【隶属】茜草科 Rubiaceae。【包含】世界 1-2 种。【学名诠释与讨论】〈阴〉（希）krossoi，缨络，流苏 +pteryx，所有格 pterygos，指小式 pterygion，翼，羽毛，鳍。【分布】热带和非洲南部。【模式】Crossopteryx kotschyana Fenzl。■☆

13633　Crossosoma Nutt.（1848）【汉】流苏亮籽属（穗子属，古罗梭马属）。【隶属】流苏亮籽科 Crossosomataceae。【包含】世界 2-3 种。【学名诠释与讨论】〈中〉（希）krossoi，缨络，流苏 +soma 身体，指假种皮形态。【分布】美国（西南部），墨西哥。【模式】Crossosoma californica Nuttall。【参考异名】Crossocoma Hook.（1848）●☆

13634　Crossosomataceae Engl.（1897）（保留科名）【汉】流苏亮籽科（燧体木科）。【日】クロッソソマ科。【包含】世界 1-3 属 4-10

种。【分布】北美洲西部。【科名模式】Crossosoma Nutt.（1848）
●☆

13635　Crossosperma T. G. Hartley（1997）【汉】茎花芸香属。【隶属】
芸香科 Rutaceae。【包含】世界 2 种。【学名诠释与讨论】〈阴〉
（希）krossoi+sperma，所有格 spermatos，种子，孢子。【分布】法属
新喀里多尼亚。【模式】Crossosperma cauliflora T. G. Hartley。●☆

13636　Crossostemma Planch. ex Benth.（1849）【汉】十字西番莲属。
【隶属】西番莲科 Passifloraceae。【包含】世界 1 种【学名诠释
与讨论】〈中〉（拉）cross，十字，交叉+希腊文 stemma 花冠，花环。
【分布】热带非洲西部。【模式】Crossostemma laurifolium Planchon
ex Bentham。●☆

13637　Crossostephium Less.（1831）【汉】芙蓉菊属（蕲艾属，千年艾
属，玉芙蓉属）。【日】モクビャクコウ属。【俄】
Кроссостефиум。【英】Crossostephium, Lotusdaisy。【隶属】菊科
Asteraceae（Compositae）。【包含】世界 1 种，中国 1 种。【学名诠
释与讨论】〈中〉（希）krossoi，缨络，流苏+stephos 冠+-ius，-ia，-
ium，在拉丁文和希腊文中，这些词尾表示性质或状态。指花冠
具流苏状缘饰。【分布】菲律宾（菲律宾群岛），美国（加利福尼
亚），中国，中亚和东亚。【模式】Crossostephium artemisioides
Lessing。●

13638　Crossostigma Spach（1835）【汉】缨柱柳叶菜属。【隶属】柳叶
菜科 Onagraceae。【包含】世界 1 种。【学名诠释与讨论】〈中〉
（拉）krossoi，缨络，流苏+stigma，所有格 stigmatos，柱头，眼点。此
属的学名是"Crossostigma Spach, Ann. Sci. Nat. Bot. ser. 2. 4：174.
Sep 1835"。亦有文献把其处理为"Epilobium L.（1753）"的异
名。【分布】参见 Epilobium L.（1753）。【模式】Crossostigma
lindleyi Spach, Nom. illegit.［Epilobium minutum Lindley］。【参考
异名】Epilobium L.（1753）；Epilobium sect. Crossostigma（Spach）
P. H. Raven（1976）■☆

13639　Crossostoma Spach（1840）= Scaevola L.（1771）（保留属名）
［草海桐科 Goodeniaceae］●■

13640　Crossostylis Benth. et Hook. f.（1775）Nom. illegit. ≡Crossostylis
J. R. Forst. et G. Forst.（1775）［红树科 Rhizophoraceae］●☆

13641　Crossostylis J. R. Forst. et G. Forst.（1775）【汉】缨柱红树属。
【隶属】红树科 Rhizophoraceae。【包含】世界 10 种。【学名诠释
与讨论】〈阴〉（希）krossoi，缨络，流苏+stylos ＝拉丁文 style，花
柱，中柱，有尖之物，桩，柱，支持物，支柱，石头做的界标。此属
的学名，ING、TROPICOS 和 IK 记载是"Crossostylis J. R. Forst. et
G. Forst. , Char. Gen. Pl. , ed. 2. 87. 1776［1 Mar 1776］"。
"Crossostylis Benth. et Hook. f.（1775）≡Crossostylis J. R. Forst. et
G. Forst.（1775）"似为误记。【分布】波利尼西亚群岛。【模式】
Crossostylis biflora J. R. Forster et J. G. A. Forster。【参考异名】
Agatea W. Rich ex A. Gray（1854）Nom. inval. , Nom. illegit. ；
Crossostylis Benth. et Hook. f.（1775）Nom. illegit. ；Grossostylis
Pers.（1806）；Haplopetalon A. Gray（1854）；Haplopetalum Miq.
（1856）Nom. illegit. ；Tomostylis Montrouz.（1860）●☆

13642　Crossothamnus R. M. King et H. Rob.（1972）【汉】腺果修泽兰
属（缨灌菊属）。【隶属】菊科 Asteraceae（Compositae）。【包含】
世界 2-4 种。【学名诠释与讨论】〈阴〉（希）krossoi，缨络，流苏+
thamnos，指小式 thamnion，灌木，灌丛，树丛，枝。【分布】秘鲁，厄
瓜多尔。【模式】Crossothamnus weberbaueri（Hieronymus）R. M.
King et H. E. Robinson［Eupatorium weberbaueri Hieronymus］。●☆

13643　Crossotoma（G. Don）Spach（1840）= Trichoneura Andersson
（1855）［禾本科 Poaceae（Gramineae）］■☆

13644　Crossotoma Spach（1840）Nom. illegit. ≡Crossotoma（G. Don）
Spach（1840）；~ =Trichoneura Andersson（1855）［禾本科 Poaceae
（Gramineae）］■☆

13645　Crossotropis Stapf（1898）= Trichoneura Andersson（1855）［禾本
科 Poaceae（Gramineae）］■☆

13646　Crossyne Salisb.（1866）【汉】红斑石蒜属。【隶属】石蒜科
Amaryllidaceae。【包含】世界 3 种。【学名诠释与讨论】〈阴〉词
源不详。此属的学名是"Crossyne R. A. Salisbury, Gen. 116. Apr-
Mai 1866"。亦有文献把其处理为"Boophone Herb.（1821）（保留
属名）"或"Buphane Herb.（1825）Nom. illegit."的异名。【分布】
参见 Boophane Herb. 和 Buphane Herb.。【模式】Amaryllis ciliaris
Linnaeus。【参考异名】Boophone Herb.（1821）（保留属名）；
Buphane Herb.（1825）Nom. illegit.■☆

13647　Crotalaria Dill. ex L.（1753）（废弃属名）≡Crotalaria L.（1753）
（保留属名）［豆科 Fabaceae（Leguminosae）//蝶形花科
Papilionaceae］●■

13648　Crotalaria L.（1753）（保留属名）【汉】猪屎豆属（野百合属）。
【日】タヌキマメ属。【俄】Кроталярия。【英】Crotalaria,
Rattlebox, Rattle - box, Rattlepod。【隶属】豆科 Fabaceae
（Leguminosae）//蝶形花科 Papilionaceae。【包含】世界 550-600
种，中国 46 种。【学名诠释与讨论】〈阴〉（希）krotalon，响板乐
器，来自 kroteo，发嘎嘎声+-arius，-aria，-arium，指示"属于、相
似、具有、联系"的词尾。指成熟果实摇动时，种子在肿胀的荚果
中有响声。此属的学名"Crotalaria L. , Sp. Pl. ：268. 1 Mai 1753"
是保留属名。法规未列出相应的废弃属名。但是豆科 Fabaceae
的"Crotalaria Dill. ex L.（1753）≡Crotalaria L.（1753）（保留属
名）"应该废弃。【分布】巴基斯坦，巴拉圭，巴拿马，秘鲁，玻利
维亚，厄瓜多尔，哥伦比亚，哥斯达黎加，马达加斯加，美国（密苏
里），尼加拉瓜，中国，热带和亚热带，中美洲。【模式】Crotalaria
lotifolia Linnaeus［as 'latifolia'］。【参考异名】Anisanthera Raf.
（1837）；Atolaria Neck.（1790）Nom. inval. ；Chrysocalyx Guill. et
Perr.（1832）；Clavulium Desv.（1826）；Crotalaria Dill. ex L.
（1753）（废弃属名）；Crotolaria Neck.（1790）Nom. inval. ；
Crotularia Medik.（1787）；Crotularius Medik.（1787）；Crypsocalyx
Endl.（1834）；Cyrtolobum R. Br.（1831 - 1832）Nom. illegit. ；
Cyrtolobum R. Br. ex Wall.（1831-1832）；Goniogyna DC.（1825）；
Goniogyne Benth. et Hook. f.（1865）；Heylandia DC.（1825）Nom.
illegit. ；Iocaulon Raf.（1836）；Maria - Antonia Parl.（1844）；
Pentadynamis R. Br.（1848）；Phyllocalyx A. Rich.（1847）；
Priotropis Wight et Arn.（1834）；Quirosia Blanco（1845）●■

13649　Crotalopsis Michx. ex DC.（1825）= Baptisia Vent.（1808）［豆
科 Fabaceae（Leguminosae）//蝶形花科 Papilionaceae］■☆

13650　Crotolaria Neck.（1790）Nom. inval. = Crotalaria L.（1753）（保
留属名）［豆科 Fabaceae（Leguminosae）//蝶形花科
Papilionaceae］●■

13651　Croton L.（1753）【汉】巴豆属。【日】グミモドキ属，クロトン
属，チャンカニ属，ハズ属。【俄】Дерево кротоновое，Кротон，
Орешник проностый。【英】Croton, Fever Bark。【隶属】大戟科
Euphorbiaceae//巴豆科 Crotonaceae。【包含】世界 750-800 种，中
国 28 种。【学名诠释与讨论】〈中〉（希）kroton，扁虫，臭虫。指
种子形状如扁虫。本属的"性"，多数学者认为是阳性，少数学者
认为是中性，亦有学者作为阴性。按照《国际植物命名法规》的
规定，性不明显的属，其性别由原作者指定。如果该原作者没有
指定性别，可由下一个作者选定，后选的性一经有效发表就应被
接受。本属是林奈创立的，模式种是林奈的 Croton tiglium L. , 显
然是中性。故笔者确认本属的性别是中性。此属的学名，ING、
APNI、GCI、TROPICOS 和 IK 记载是"Croton L. , Sp. Pl. 2：1004.
1753［1 May 1753］"。"Oxydectes Linnaeus ex O. Kuntze, Rev.
Gen. 2：609. 5 Nov 1891"、"Ricinoides Gagnebin, Acta Helv. Phys.
Math. 2：60. Feb 1755（non P. Miller 1754）"和"Tiglium Klotzsch,

Nov. Actorum Acad. Caes. Leop. – Carol. Nat. Cur. 19（Suppl.）1：418. 1843"是"Croton L.（1753）"的晚出的同模式异名（Homotypic synonym, Nomenclatural synonym）。【分布】巴基斯坦，巴拉圭，巴拿马，玻利维亚，厄瓜多尔，哥斯达黎加，马达加斯加，美国（密苏里），尼加拉瓜，中国，热带和亚热带，中美洲。【后选模式】Croton tiglium Linnaeus。【参考异名】Agelandra Engl. et Pax, Nom. illegit.; Aldinia Raf.（1840）Nom. illegit.（废弃属名）; Angelandra Endl.（1850）Nom. illegit.; Anisepta Raf.（1824）Nom. inval.; Anisophyllum Boivin ex Baill.（1858）Nom. illegit.; Argyra Noronha ex Baill.（1861）Nom. illegit.; Argyrodendron（Endl.）Klotzsch（1861）Nom. illegit.; Argyrodendron Klotzsch（1861）Nom. illegit.; Aroton Neck.（1790）Nom. inval.; Astraea Klotzsch（1841）Nom. illegit.; Astrogyne Benth.（1839）; Aubertia Chapel. ex Baill.（1861）; Banalia Raf.（1840）; Barhamia Klotzsch（1853）; Brachystachys Klotzsch（1843）; Brunsvia Neck.（1790）Nom. inval.; Calypteriopetalon Hassk.（1857）; Calyptriopetalum Hassk. ex Müll. Arg.（1866）; Calyptropetalum Post et Kuntze（1903）; Cascarilla Adans.（1763）Nom. illegit.; Cinogasum Neck.（1790）Nom. illegit.; Cleodora Klotzsch（1841）; Codonocalyx Klotzsch ex Baill.（1858）; Colobocarpos Esser et Welzen（2001）; Comatocroton H. Karst.（1859）; Crotonanthus Klotzsch ex Schltdl.（1855）; Crotonopsis Michx.（1803）; Cyclostigma Klotzsch ex Seem.（1853）Nom. illegit.; Cyclostigma Klotzsch（1853）Nom. illegit.; Decarinium Raf.（1825）; Drepadenium Raf.（1825）; Eluteria Steud.（1821）; Engelmannia Klotzsch（1841）Nom. illegit.; Eremocarpus Benth.（1844）; Eutropia Klotzsch（1841）; Furcaria Boivin ex Baill.（1858）Nom. illegit.; Geiseleria Klotzsch（1841）Nom. illegit.; Gymnamblosis Pfeiff.（1874）; Gynamblosis Torr.（1853）; Halecus Raf.（1838）Nom. illegit.; Halecus Rumph. ex Raf.（1838）; Hendecandra Eschsch.（1826）; Heptallon Raf.（1825）; Heterocroton S. Moore（1895）; Julocroton Mart.（1837）（保留属名）; Klotzschiphytum Baill.（1858）; Kurkas Raf.（1838）; Lascadium Raf.（1817）; Lasiogyne Klotzsch（1843）; Leontia Rchb.（1828）; Leucadenia Klotzsch ex Baill.（1864）; Leucadenium Benth. et Hook. f.（1880）Nom. illegit.; Leucadenium Klotzsch ex Benth. et Hook. f.（1880）; Luntia Neck.（1790）Nom. inval.; Luntia Neck. ex Raf.（1838）; Luscadium Endl.（1850）; Macrocroton Klotzsch（1849）; Medea Klotzsch（1841）; Merleta Raf.（1840）; Monguia Chapel. ex Baill.（1861）; Myriogomphos Didr.（1857）; Myriogomphus Didr.（1857）; Ocalia Klotzsch（1841）; Oxydectes Kuntze（1891）Nom. illegit.; Oxydectes L. ex Kuntze（1891）Nom. illegit.; Palamostigma Benth. et Hook. f.（1880）; Palanostigma Mart. ex Klotzsch（1843）; Penteca Raf.（1838）; Pilinophyton Klotzsch（1841）Nom. illegit.; Pilinophytum Klotzsch（1841）; Pleopadium Raf.（1840）; Podostachys Klotzsch（1841）; Ricinoides Gagnebin（1755）Nom. illegit.; Rumphia L.（1753）; Saipania Hosok.（1935）; Schradera Willd.（1798）Nom. illegit.（废弃属名）; Semilta Raf.（1838）; Tiglium Klotzsch（1843）Nom. illegit.; Timandra Klotzsch（1841）; Tridesmis Lour.（1790）; Tridesmus Steud.（1840）; Triplandra Raf.（1838）; Tsiem–tani Adans.（1763）Nom. illegit.; Vandera Raf.（1840）●

13652　Crotonaceae J. Agardh（1858）［亦见 Euphorbiaceae Juss.（保留科名）大戟科］【汉】巴豆科。【包含】世界 1 属 750-800 种，中国 1 属 28 种。【分布】热带和亚热带。【科名模式】Croton L.（1753）●

13653　Crotonanthus Klotzsch ex Schltdl.（1855）= Croton L.（1853）［大戟科 Euphorbiaceae］●

13654　Crotonogyne Müll. Arg.（1864）【汉】虫蕊大戟属。【隶属】大戟科 Euphorbiaceae。【包含】世界 1-15 种。【学名诠释与讨论】〈阴〉（希）kroton，扁虫，臭虫 + gyne，所有格 gynaikos，雌性，雌蕊。【分布】热带非洲。【模式】Crotonogyne manniana J. Mueller Arg.。【参考异名】Neomanniophyton Pax et K. Hoffm.（1912）●☆

13655　Crotonogynopsis Pax（1899）【汉】乌桑巴拉大戟属。【隶属】大戟科 Euphorbiaceae。【包含】世界 2 种。【学名诠释与讨论】〈阴〉（属）Crotonogyne 虫蕊大戟属 + 希腊文 opsis，外观，模样，相似。【分布】热带非洲。【模式】Crotonogynopsis usambarica Pax。☆

13656　Crotonopsis Michx.（1803）【汉】拟豆属。【隶属】大戟科 Euphorbiaceae。【包含】世界 2 种。【学名诠释与讨论】〈阴〉（属）Croton 巴豆属 + 希腊文 opsis，外观，模样，相似。此属的学名，ING、GCI、TROPICOS 和 IK 记载是"Crotonopsis Michx., Fl. Bor. – Amer.（Michaux）2：185, t. 46. 1803 ［19 Mar 1803］"。"Friesia K. P. J. Sprengel, Anleit. ed. 2. 2：885. 31 Mar 1818"和"Leptemon Rafinesque, Med. Repos. ser. 2. 5：352. Feb – Apr 1808"是"Crotonopsis Michx.（1803）"的晚出的同模式异名（Homotypic synonym, Nomenclatural synonym）。"Crotonopsis Michx.（1803）"曾先后被处理为"Croton sect. Crotonopsis（Michx.）G. L. Webster, Novon 2（3）：270. 1992"和"Croton subgen. Crotonopsis（Michx.）Radcl. – Sm. et Govaerts, Kew Bulletin 52：183. 1997"。亦有文献把"Crotonopsis Michx.（1803）"处理为"Croton L.（1753）"的异名。【分布】北美洲东部。【模式】Crotonopsis linearis A. Michaux。【参考异名】Croton L.（1753）; Croton sect. Crotonopsis（Michx.）G. L. Webster（1992）; Croton subgen. Crotonopsis（Michx.）Radcl. – Sm. et Govaerts（1997）; Friesia Spreng.（1818）Nom. illegit.; Leptemon Raf.（1808）Nom. illegit.; Leptomon Steud.（1840）●☆

13657　Crototerum Desv. ex Baill. = Adriana Gaudich.（1825）; ~ = Trachycaryon Klotzsch（1845）［大戟科 Euphorbiaceae］●☆

13658　Crotularia Medik.（1787）= Crotalaria L.（1753）（保留属名）［豆科 Fabaceae（Leguminosae）//蝶形花科 Papilionaceae］●■

13659　Crotularius Medik.（1787）= Crotalaria L.（1753）（保留属名）［豆科 Fabaceae（Leguminosae）//蝶形花科 Papilionaceae］●■

13660　Croum Gled., Nom. illegit. = Ervum L.（1753）［豆科 Fabaceae（Leguminosae）］■

13661　Croum Pfeiff. = Ervum L.（1753）; ~ = Lens Mill.（1754）（保留属名）+ Vicia L.（1753）［豆科 Fabaceae（Leguminosae）//蝶形花科 Papilionaceae//野豌豆科 Viciaceae］■

13662　Crowea Sm.（1798）【汉】异蜡花木属。【日】クロ – ウェア属。【隶属】芸香科 Rutaceae。【包含】世界 3 种。【学名诠释与讨论】〈阴〉（人）James Crow，1750 – 1807，英国植物学者，医生。另说是希腊人。【分布】澳大利亚。【模式】Crowea saligna Andrews。●☆

13663　Crozophora A. Juss.（1824）Nom. illegit.（废弃属名）≡ Chrozophora A. Juss.（1824）（保留属名）［大戟科 Euphorbiaceae］●

13664　Crozophyla Raf.（1838）Nom. illegit. ≡ Codiaeum A. Juss.（1824）（保留属名）［大戟科 Euphorbiaceae］●

13665　Cruciaceae Dulac = Brassicaceae Burnett（保留科名）//Cruciferae Juss.（保留科名）■●

13666　Crucianella L.（1753）【汉】十字叶属（长柱花属）。【日】クルシアネラ属。【俄】Крестовница。【英】Crosswort。【隶属】茜草科 Rubiaceae。【包含】世界 30 种。【学名诠释与讨论】〈阴〉（拉）crux，所有格 crucis，十字架 + aner，所有格 andros，雄性，雄蕊 + -ellus, -ella, -ellum，加在名词词干后面形成指小式的词尾。或加在人名、属名等后面以组成新属的名称。此属的学名，ING、GCI、TROPICOS 和 IK 记载是"Crucianella L., Sp. Pl. 1：108. 1753 ［1 May 1753］"。"Rubeola P. Miller, Gard. Dict. Abr. ed. 4. 28 Jan 1754"是"Crucianella L.（1753）"的晚出的同模式异名

（Homotypic synonym, Nomenclatural synonym）。【分布】巴基斯坦, 地中海至伊朗和亚洲中部。【后选模式】Crucianella latifolia Linnaeus。【参考异名】Mappia Habl. ex Ledeb.（废弃属名）; Rubeola Mill.（1754）Nom. illegit.●■☆

13667　Cruciata Gilib.（1782）Nom. illegit. ≡ Tretorhiza Adans.（1763）; ~ = Gentiana L.（1753）［龙胆科 Gentianaceae］■

13668　Cruciata Mill.（1754）【汉】十字茜属。【英】Crosswort, Mugwort。【隶属】茜草科 Rubiaceae。【包含】世界10种。【学名诠释与讨论】〈阴〉（希）cruciatus, 使受苦的。来自 crux, 所有格 crucis, 十字架。此属的学名, ING, TROPICOS 和 IK 记载是 "Cruciata P. Miller, Gard. Dict. Abr. ed. 4. 28 Jan 1754"。"Cruciata J. E. Gilibert, Fl. Lit. Inch. 1; 36. 1782 ≡ Tretorhiza Adans.（1763）= Gentiana L.（1753）［龙胆科 Gentianaceae］"和"Cruciata Tourn. ex Adans., Fam. Pl.（Adanson）2; 144. 1763 = Galium L.（1753）［茜草科 Rubiaceae］"都是晚出的非法名称; 而且不是本属的异名。亦有文献把"Cruciata Mill.（1754）"处理为"Galium L.（1753）"的异名。【分布】地中海地区, 欧洲。【模式】未指定。【参考异名】Galium L.（1753）■☆

13669　Cruciata Tourn. ex Adans.（1763）Nom. illegit. = Galium L.（1753）［茜草科 Rubiaceae］■●

13670　Crucicaryum O. Brand（1929）【汉】十字果紫草属。【隶属】紫草科 Boraginaceae。【包含】世界1种。【学名诠释与讨论】〈中〉（拉）crux, 所有格 crucis, 十字架+karyon, 胡桃、硬壳果, 核, 坚果。【分布】新几内亚岛。【模式】Crucicaryum papuanum A. Brand。☆

13671　Cruciella Leschen. ex DC.（1830）= Xanthosia Rudge（1811）［伞形花科（伞形科）Apiaceae（Umbelliferae）］■☆

13672　Cruciferae Adans. = Brassicaceae Burnett（保留科名）// Cruciferae Juss.（保留科名）■●

13673　Cruciferae Juss.（1789）（保留科名）【汉】十字花科。【日】アブラナ科。【俄】Крестоцветные。【英】Cabbage Family, Mustard Family。【包含】世界330-388属3200-3605种, 中国103属412-530种。Cruciferae Juss. 和 Brassicaceae Burnett 均为保留科名, 是《国际植物命名法规》确定的九对互用科名之一。【分布】广泛分布与栽培, 主要在北温带。【科名模式】Brassica L.（1753）■●

13674　Crucihimalaya Al-Shehbaz, O'Kane et R. A. Price（1999）【汉】须弥芥属。【隶属】十字花科 Brassicaceae（Cruciferae）。【包含】世界9种, 中国6种。【学名诠释与讨论】〈阴〉（拉）crux, 所有格 crucis+himalaya 喜马拉雅山。【分布】俄罗斯, 中国, 喜马拉雅山, 亚洲中部和西南。【模式】Crucihimalaya himalaica（M. P. Edgeworth）I. A. Al-Shehbaz, S. L. O'Kane et R. A. Price［Arabis himalaica M. P. Edgeworth］。■

13675　Crucita L.（1762）= Cruzeta Loefl.（1758）; ~ = Iresine P. Browne（1756）（保留属名）［苋科 Amaranthaceae］●■

13676　Cruciundula Raf.（1837）= Thlaspi L.（1753）［十字花科 Brassicaceae（Cruciferae）// 菥蓂科 Thlaspiaceae］■

13677　Cruckshanksia Hook.（1831）（废弃属名）= Balbisia Cav.（1804）（保留属名）［牻牛儿苗科 Geraniaceae］●☆

13678　Cruckshanksia Hook. et Arn.（1833）（保留属名）【汉】克鲁茜属。【隶属】茜草科 Rubiaceae。【包含】世界7种。【学名诠释与讨论】〈阴〉（人）Alexander Cruckshanks, 植物采集家, 曾在欧洲和智利采集标本。此属的学名"Cruckshanksia Hook. et Arn. in Bot. Misc. 3; 361. 1 Aug 1833"是保留属名。相应的废弃属名是牻牛儿苗科 Geraniaceae 的"Cruckshanksia Hook. in Bot. Misc. 2; 211. 1831（ante 11 Jun）= Balbisia Cav.（1804）（保留属名）"。鸢尾科 Iridaceae 的"Cruckshanksia Miers, Trav. Chile 2; 529. 1826 = Solenomelus Miers（1841）"亦应废弃。"Cruckshanksia Miers（1826）"亦应废弃。【分布】智利。【模式】Cruckshanksia

hymenodon W. J. Hooker et Arnott。【参考异名】Oreocaryon Kuntze ex K. Schum.; Oreopolus Schltdl.（1857）; Rotheria Meyen（1834）●☆

13679　Cruckshanksia Miers（1826）Nom. inval.（废弃属名）= Solenomelus Miers（1841）［鸢尾科 Iridaceae］■☆

13680　Cruddasia Prain（1898）= Ophrestia H. M. L. Forbes（1948）［豆科 Fabaceae（Leguminosae）// 蝶形花科 Papilionaceae］●■

13681　Crudea K. Schum.（1900）Nom. illegit. = Crudia Schreb.（1789）（保留属名）［豆科 Fabaceae（Leguminosae）// 云实科（苏木科）Caesalpiniaceae］●☆

13682　Crudia Schreb.（1789）（保留属名）【汉】库地苏木属。【隶属】豆科 Fabaceae（Leguminosae）// 云实科（苏木科）Caesalpiniaceae。【包含】世界50-55种。【学名诠释与讨论】〈阴〉来自圭亚那植物俗名。此属的学名"Crudia Schreb., Gen. Pl.; 282. Apr 1789"是保留属名。相应的废弃属名是豆科 Fabaceae 的"Apalatoa Aubl., Hist. Pl. Guiane; 382. Jun - Dec 1775 ≡ Crudia Schreb.（1789）（保留属名）"和"Touchiroa Aubl., Hist. Pl. Guiane; 384. 1775 = Crudia Schreb.（1789）（保留属名）"。"Opalatoa Aubl.（1775）"是"Apalatoa Aubl.（1775）（废弃属名）"的拼写变体, 亦应废弃。【分布】巴拿马, 秘鲁, 玻利维亚, 厄瓜多尔, 哥伦比亚（安蒂奥基亚）, 哥斯达黎加, 尼加拉瓜, 中美洲。【模式】Crudia spicata（Aublet）Willdenow［Apalatoa spicata Aublet］。【参考异名】Apalatoa Aubl.（1775）（废弃属名）; Cowellocassia Britton（1930）; Crudea K. Schum.（1900）; Crudya Batsch（1808）Nom. illegit.; Cyclas Schreb.（1789）Nom. illegit.; Opalatoa Aubl.（1775）Nom. illegit.（废弃属名）; Pryona Miq.（1855）; Touchiroa Aubl.（1775）（废弃属名）; Tuchiroa Kuntze（1891）; Waldschmidtia Scop.（1777）Nom. illegit. ●☆

13683　Crudya Batsch（1808）Nom. illegit. = Crudia Schreb.（1789）（保留属名）［豆科 Fabaceae（Leguminosae）// 云实科（苏木科）Caesalpiniaceae］●☆

13684　Cruicita L.（1762）= Iresine P. Browne（1756）（保留属名）［苋科 Amaranthaceae］●■

13685　Cruikshanksia Benth. et Hook. f.（1862）Nom. illegit. = Balbisia Cav.（1804）（保留属名）; ~ = Cruckshanksia Hook.（1831）（废弃属名）; ~ = Balbisia Cav.（1804）（保留属名）［牻牛儿苗科 Geraniaceae］●☆

13686　Cruikshanksia Rchb.（1828）Nom. illegit. = Solenomelus Miers（1841）［鸢尾科 Iridaceae］■☆

13687　Crula Nieuwl.（1911）= Acer L.（1753）［槭树科 Aceraceae］●☆

13688　Crumenaria Mart.（1826）【汉】袋鼠李属。【隶属】鼠李科 Rhamnaceae。【包含】世界6种。【学名诠释与讨论】〈阴〉（拉）crumena, 荷包, 小钱袋+-arius, -aria, -arium, 指示"属于、相似、具有、联系"的词尾。【分布】玻利维亚, 中美洲至阿根廷。【模式】Crumenaria decumbens C. F. P. Martius。●☆

13689　Cruminium Desv.（1826）= Centrosema（DC.）Benth.（1837）（保留属名）［豆科 Fabaceae（Leguminosae）// 蝶形花科 Papilionaceae］●■☆

13690　Crunocallis Rydb.（1906）【汉】球茎水繁缕属。【隶属】马齿苋科 Portulacaceae。【包含】世界2种。【学名诠释与讨论】〈阴〉（希）krounos, 泉, 井+kalos, 美丽的。kallos, 美人, 美丽。kallistos, 最美的。此属的学名是"Crunocallis Rydberg, Bull. Torrey Bot. Club 33; 139. Mar 1906"。亦有文献把其处理为"Montia L.（1753）"的异名。【分布】美国（西部）, 中美洲。【模式】Crunocallis chamissonis Rydberg, Nom. illegit.［Claytonia chamissoi Ledebour ex K. P. J. Sprengel, Crunocallis chamissoi（Ledebour ex K. P. J. Sprengel）Cockerell ex Daniels］。【参考异名】Montia L.（1753）■☆

13691　Crupina（Pers.）Cass.（1818）Nom. illegit. ≡Crupina（Pers.）DC.（1810）［菊科 Asteraceae（Compositae）］■

13692　Crupina（Pers.）DC.（1810）【汉】半毛菊属（谷粒菊属）。【俄】Crupine，Крупина。【隶属】菊科 Asteraceae（Compositae）。【包含】世界 3-4 种，中国 1 种。【学名诠释与讨论】〈阴〉可能来自比利时或荷兰植物俗名。此属的学名，ING、APNI、TROPICOS 和 IK 记载是"Crupina（Persoon）A. P. de Candolle，Ann. Mus. Natl. Hist. Nat. 16：157. 1810"，由"Centaurea subgen. Crupina Persoon，Syn. Pl. 2：488. Sep 1807"改级而来。"Crupina（Pers.）Cass.（1818）≡Crupina（Pers.）DC.（1810）"是晚出的非法名称。"Crupina DC.（1810）≡Crupina（Pers.）DC.（1810）"和"Crupina Cass.（1818）Nom. illegit. ≡Crupina（Pers.）Cass.（1818）Nom. illegit."的命名人引证有误。【分布】欧洲南部至伊朗，中国。【模式】Centaurea crupina Linnaeus。【参考异名】Centaurea subgen. Crupina Pers.（1807）；Crupina（Pers.）Cass.（1818）Nom. illegit. ；Crupina Cass.（1818）Nom. illegit. ；Crupina DC.（1810）Nom. illegit. ■

13693　Crupina Cass.（1818）Nom. illegit. ≡Crupina（Pers.）Cass.（1818）Nom. illegit. ；~ ≡Crupina（Pers.）DC.（1810）［菊科 Asteraceae（Compositae）］■

13694　Crupina DC.（1810）Nom. illegit. ≡Crupina（Pers.）DC.（1810）［菊科 Asteraceae（Compositae）］■

13695　Crupinastrum Schur（1853）= Serratula L.（1753）［菊科 Asteraceae（Compositae）//麻花头科 Serratulaceae］■

13696　Crusea A. Rich.（1830）Nom. illegit. ≡Chione DC.（1830）［茜草科 Rubiaceae］■☆

13697　Crusea Cham. et Schltdl.（1830）【汉】克吕兹茜属。【隶属】茜草科 Rubiaceae。【包含】世界 13 种。【学名诠释与讨论】〈阴〉（人）Carl Friedrich Wilhelm Cruse 1803–1873，德国植物学者，医生。此属的学名，ING 记载是"Crusea Chamisso et D. F. L. Schlechtendal，Linnaea 5：165. Jan 1830"；它出版于 1830 年 1 月。而"Crusea A. Richard，Mém. Fam. Rub. 124. Dec 1830"出版于 12 月；"Crusea Cham. ex DC. ，Prodr. [A. P. de Candolle] 4：571. 1830 [late Sep 1830]"的出版晚于 9 月；均是晚出名称。"Cruzea A. Rich. ，Hist. Fis. Cuba 11：22, in syn. 1850"是"Crusea A. Rich.（1830）"的拼写变体，而且是晚出的非法名称；它是"雪茜属 Chione DC.（1830）"的异名。【分布】墨西哥，中美洲。【模式】Crusea rubra（N. J. Jacquin）Chamisso et D. F. L. Schlechtendal [Spermacoce rubra N. J. Jacquin]。■☆

13698　Crusea Cham. ex DC.（1830）Nom. illegit. = Mitracarpus Zucc.（1827）[as 'Mitracarpum']［茜草科 Rubiaceae//繁缕科 Alsinaceae］■

13699　Cruzea A. Rich.（1850）Nom. illegit. = Chione DC.（1830）；~ = Crusea A. Rich.（1830）Nom. illegit. ；~ = Chione DC.（1830）［茜草科 Rubiaceae］■☆

13700　Cruzeta DC.（1849）Nom. illegit. ［苋科 Amaranthaceae］■☆

13701　Cruzeta Loefl.（1758）= Iresine P. Browne（1756）（保留属名）［苋科 Amaranthaceae］●■

13702　Cruzia Phil.（1895）= Scutellaria L.（1753）［唇形科 Lamiaceae（Labiatae）//黄芩科 Scutellariaceae］●■

13703　Cruzita L.（1767）= Cruzeta Loefl.（1758）；~ = Iresine P. Browne（1756）（保留属名）［苋科 Amaranthaceae］●■

13704　Cryanthemum Kamelin（1993）= Tanacetum L.（1753）［菊科 Asteraceae（Compositae）//菊蒿科 Tanacetaceae］■●

13705　Cryophytum N. E. Br.（1925）= Gasoul Adans.（1763）Nom. illegit. ；~ = Mesembryanthemum L.（1753）（保留属名）［番杏科 Aizoaceae//龙须海棠科（日中花科）Mesembryanthemaceae］■●

13706　Cryosophila Blume（1838）【汉】根刺棕属（叉刺棕属，刺根桐属，根刺椰子属，克利索桐属）。【日】ハリネヤシ属。【英】Root Spine Palm，Rootspine Palm。【隶属】棕榈科 Arecaceae（Palmae）。【包含】世界 8-10 种。【学名诠释与讨论】〈阴〉（希）kryos，寒冷+phileo 喜好。【分布】墨西哥，中美洲。【模式】Cryosophila nana（Humboldt，Bonpland et Kunth）Blume ex Salomon [Corypha nana Humboldt，Bonpland et Kunth]。【参考异名】Acanthorhiza H. Wendl.（1869）；Acanthorrhiza H. Wendl.（1869）；Criosophila Post et Kuntze（1903）；Crypsophila Benth. et Hook. f. ；Crysophila Benth. et Hook. f.（1883）；Gypsophytum Ehrh.（1789）Nom. illegit. ●☆

13707　Cryphaea Buch. –Ham.（1825）Nom. illegit. ≡Peperidia Rchb.（1828）；~ ≡Chloranthus Sw.（1787）［金粟兰科 Chloranthaceae］■●

13708　Cryphia R. Br.（1810）= Prostanthera Labill.（1806）［唇形科 Lamiaceae（Labiatae）］●☆

13709　Cryphiacanthus Nees（1841）Nom. illegit. ≡Ruellia L.（1753）［爵床科 Acanthaceae］■●

13710　Cryphiantha Eckl. et Zeyh.（1836）= Amphithalea Eckl. et Zeyh.（1836）［豆科 Fabaceae（Leguminosae）//蝶形花科 Papilionaceae］■☆

13711　Cryphiospermum P. Beauv.（1810）= Enydra Lour.（1790）［菊科 Asteraceae（Compositae）］■

13712　Crypsinna E. Fourn.（1886）= Muhlenbergia Schreb.（1789）［禾本科 Poaceae（Gramineae）］■

13713　Crypsinna E. Fourn. ex Benth.（1881）= Muhlenbergia Schreb.（1789）［禾本科 Poaceae（Gramineae）］■

13714　Crypsis Aiton（1789）（保留属名）【汉】隐花草属（扎股草属）。【日】トキンガヤ属。【俄】Скрытница。【英】Crypsis，Prickle Grass，Pricklegrass，Prickle – grass。【隶属】禾本科 Poaceae（Gramineae）。【包含】世界 8-12 种，中国 3 种。【学名诠释与讨论】〈阴〉（希）krypsis，秘密的，隐藏的。指部分花序为叶鞘所包被。此属的学名"Crypsis Aiton，Hort. Kew. 1：48. 7 Aug – 1 Oct 1789"是保留属名。法规未列出相应的废弃属名。"Antitragus J. Gaertner，Fruct. 2：7. Sep（sero）– Nov 1790"是"Crypsis Aiton（1789）（保留属名）"的晚出的同模式异名（Homotypic synonym，Nomenclatural synonym）。【分布】巴基斯坦，马达加斯加，美国（密苏里），中国，地中海地区，热带非洲，中美洲。【模式】Crypsis aculeata（Linnaeus）W. Aiton [Schoenus aculeatus Linnaeus]。【参考异名】Antitragus Gaertn.（1791）Nom. illegit. ；Ceytosis Munro（1862）；Heleochloa Host ex Roem.（1809）；Heleochloa Host（1801）Nom. inval. ；Heleochloa Roem.（1809）；Pachea Pourr. ex Steud.（1840）Nom. inval. ；Pachea Steud.（1840）Nom. illegit. ；Pallasia L'Hér.（1784）Nom. inval. ；Pallasia Scop.（1777）Nom. inval. ，Nom. illegit. ；Pechea Lapeyr. ，Nom. inval. ；Pechea Pour. ，Nom. inval. ；Pechea Pourr. ex Kunth（1833）Nom. illegit. ；Raddia Mazziari（1834）Nom. illegit. ；Raddia Pieri；Torgesia Bornm.（1913）■

13715　Crypsocalyx Endl.（1834）= Chrysocalyx Guill. et Perr.（1832）；~ = Crotalaria L.（1753）（保留属名）［豆科 Fabaceae（Leguminosae）//蝶形花科 Papilionaceae］●■

13716　Crypsophila Benth. et Hook. f. = Cryosophila Blume（1838）［棕榈科 Arecaceae（Palmae）］●☆

13717　Crypta Nutt.（1817）= Elatine L.（1753）［繁缕科 Alsinaceae//沟繁缕科 Elatinaceae//玄参科 Scrophulariaceae］■

13718　Cryptaceae Raf.（1820）= Elatinaceae Dumort.（保留科名）■

13719　Cryptadenia Meisn.（1841）【汉】隐腺瑞香属。【隶属】瑞香科 Thymelaeaceae。【包含】世界 5 种。【学名诠释与讨论】〈阴〉（希）kryptos，秘密的，隐藏的+aden，所有格 adenos，腺体。此属的学名是"Cryptadenia C. F. Meisner，Linnaea 14：404. Jan – Feb

1841"。亦有文献把其处理为"Lachnaea L.（1753）"的异名。【分布】非洲南部。【模式】未指定。【参考异名】Calysericos Eckl. et Zeyh.（1857）Nom. illegit. ; Calysericos Eckl. et Zeyh. ex Meisn.（1857）;Lachnaea L.（1753）●☆

13720 Cryptadia Lindl. ex Endl.（1841）= Gymnarrhena Desf.（1818）［菊科 Asteraceae(Compositae)］■☆

13721 Cryptandra Sm.（1798）【汉】缩苞木属。【英】Cryptandra。【隶属】鼠李科 Rhamnaceae。【包含】世界 40 种。【学名诠释与讨论】〈阴〉（希）kryptos, 秘密的, 隐藏的 + aner, 所有格 andros, 雄性, 雄蕊。【分布】澳大利亚（温带）。【后选模式】Cryptandra ericoides J. E. Smith。【参考异名】Papistylus Kellermann, Rye et K. R. Thiele（1942）; Stenanthemum Reissek（1858）; Wichuraea Nees ex Reissek（1848）Nom. illegit. ; Wichuraea Nees（1848）Nom. illegit. ; Wichurea Benth. et Hook. f.（1862）●☆

13722 Cryptandraceae Barldey = Rhamnaceae Juss.（保留科名）●

13723 Cryptangium Schrad. ex Nees（1842）= Lagenocarpus Nees（1834）［莎草科 Cyperaceae］■☆

13724 Cryptantha G. Don（1837）Nom. illegit. ≡ Cryptantha Lehm. ex G. Don（1837）［紫草科 Boraginaceae］■☆

13725 Cryptantha Lehm.（1836）Nom. inval. ≡ Cryptantha Lehm. ex G. Don（1837）［紫草科 Boraginaceae］■☆

13726 Cryptantha Lehm. ex Fisch. et C. A. Mey.（1836）Nom. inval. ≡ Cryptantha Lehm. ex G. Don（1837）; ~ = Eritrichium Schrad. ex Gaudin（1828）［紫草科 Boraginaceae］■

13727 Cryptantha Lehm. ex G. Don（1837）【汉】秘花草属（隐花草属）。【英】Cryptantha。【隶属】紫草科 Boraginaceae。【包含】世界 100 种。【学名诠释与讨论】〈阴〉（希）kryptos, 秘密的, 隐藏的 + anthos, 花。此属的学名, ING、TROPICOS 和 GCI 记载是"Cryptantha Lehm. ex G. Don, Gen. Hist. 4（1）:373. 1837"。IK 则记载为"Cryptantha Lehm. ex Fisch. et C. A. Mey., Index Seminum［St. Petersburg（Petropolitanus）] 2:35. 1836［dt. 1835; issued 4 Jan 1836]; nom. inval."。"Cryptantha Lehm."似为裸名。【分布】秘鲁, 玻利维亚。【后选模式】Cryptantha glomerata Lehmann ex G. Don。【参考异名】Cryptantha G. Don（1837）Nom. illegit. ; Cryptantha Lehm.（1836）Nom. inval. ; Cryptantha Lehm. ex Fisch. et C. A. Mey.（1836）Nom. inval. ; Cryptanthe Benth. et Hook. f.（1876）; Eremocarya Greene（1887）; Greeneocharis Gürke et Harms（1899）; Hemisphaerocarya Brand（1927）Nom. illegit. ; Johnstonella Brand（1925）; Krynitzia Rchb.（1841）; Krynitzkia Fisch. et C. A. Mey.（1841）; Oreocarya Greene（1887）; Piptocalyx Torr.（1871）Nom. illegit.（废弃属名）; Piptocalyx Torr. ex S. Watson（1871）Nom. illegit.（废弃属名）; Wheelerella G. B. Grant（1906）Nom. illegit. ■☆

13728 Cryptanthe Benth. et Hook. f.（1876）= Cryptantha Lehm. ex G. Don（1837）［紫草科 Boraginaceae］■☆

13729 Cryptanthela Gagnep.（1950）= Argyreia Lour.（1790）［旋花科 Convolvulaceae］●

13730 Cryptanthemis Rupp（1932）= Rhizanthella R. S. Rogers（1928）［兰科 Orchidaceae］■☆

13731 Cryptanthopsis Ule（1908）= Orthophytum Beer（1854）［凤梨科 Bromeliaceae］■☆

13732 Cryptanthus Nutt. ex Moq.（1849）Nom. illegit.（废弃属名）= Aphanisma Nutt. ex Moq.（1849）［藜科 Chenopodiaceae］■☆

13733 Cryptanthus Osbeck（1757）Nom. illegit.（废弃属名）［马鞭草科 Verbenaceae］■

13734 Cryptanthus Otto et A. Dietr.（1836）（保留属名）【汉】姬凤梨属（锦纹凤梨属, 迷你凤梨属, 无柄凤梨属, 小凤梨属, 小型凤梨

属, 隐花凤梨属, 隐花属, 隐花小凤兰属）。【日】クリプタンサス属。【俄】Криптантус。【英】Cryptanthus, Earth Star, Earth Stars, Starfish。【隶属】凤梨科 Bromeliaceae。【包含】世界 21-41 种。【学名诠释与讨论】〈阳〉（希）kryptos, 秘密的, 隐藏的 + anthos, 花, antheros, 多花的。antheo, 开花。此属的学名"Cryptanthus Otto et A. Dietr. in Allg. Gartenzeitung 4:297. 1836"是保留属名。相应的废弃属名是"Cryptanthus Osbeck, Dagb. Ostind. Resa:215. 1757［马鞭草科 Verbenaceae］"。"Cryptanthus Nutt. ex Moq.（1849）Nom. illegit. = Aphanisma Nutt. ex Moq.（1849）［藜科 Chenopodiaceae］"亦应废弃。【分布】巴西。【模式】Cryptanthus chinensis Osbeck。【参考异名】Madvigia Liebm.（1854）; Pholidophyllum Vis.（1847）■☆

13735 Cryptaria Raf. = Crypta Nutt.（1817）; ~ = Elatine L.（1753）［繁缕科 Alsinaceae//沟繁缕科 Elatinaceae//玄参科 Scrophulariaceae］■

13736 Cryptarrhena R. Br.（1816）【汉】藏蕊兰属。【隶属】兰科 Orchidaceae。【包含】世界 4 种。【学名诠释与讨论】〈阴〉（希）kryptos, 秘密的, 隐藏的 + arrhena, 所有格 ayrhenos, 雄的。【分布】墨西哥至热带南美洲。【模式】Cryptarrhena lunata R. Brown。【参考异名】Clinhymenia A. Rich. et Galeotti（1844）; Clynhymenia A. Rich. et Galeotti（1845）; Orchidofunckia A. Rich. et Galeotti（1845）■☆

13737 Cryptella Raf. = Crypta Nutt.（1817）; ~ = Elatine L.（1753）［繁缕科 Alsinaceae//沟繁缕科 Elatinaceae//玄参科 Scrophulariaceae］■

13738 Crypteronia Blume（1827）【汉】隐翼木属（隐翼属）。【日】クスモドキ属。【英】Crypteronia。【隶属】隐翼木科 Crypteroniaceae。【包含】世界 5-7 种, 中国 1 种。【学名诠释与讨论】〈阴〉（希）kryptos, 秘密的, 隐藏的 + pteron, 指小式 pteridion, 翅。pteridios, 有羽毛的。指种子微小而具翅。【分布】印度（阿萨姆）, 中国, 东南亚。【模式】Crypteronia paniculata Blume。【参考异名】Henslovia A. Juss.（1849）; Henslowia Wall.（1832）; Quilamum Blanco（1837）●

13739 Crypteroniaceae A. DC.（1868）（保留科名）【汉】隐翼木科。【英】Crypteronia Family。【包含】世界 2-3 属 5-10 种, 中国 1 属 1 种。【分布】热带亚洲。【科名模式】Crypteronia Blume（1827）●

13740 Crypteroniaceae A. DC. ex DC. et A. DC.（1868）= Crypteroniaceae A. DC.（1868）（保留科名）●

13741 Crypterpis Thouars = Goodyera R. Br.（1813）; ~ = Platylepis A. Rich.（1828）（保留属名）［兰科 Orchidaceae］■☆

13742 Cryptina Raf.（1819）= Crypta Nutt.（1817）; ~ = Elatine L.（1753）［繁缕科 Alsinaceae//沟繁缕科 Elatinaceae//玄参科 Scrophulariaceae］■

13743 Cryptobasis Nevski（1937）= Iris L.（1753）［鸢尾科 Iridaceae］■

13744 Cryptocalyx Benth.（1839）= Lippia L.（1753）［马鞭草科 Verbenaceae］●■☆

13745 Cryptocapnos Rech. f.（1968）【汉】垫状烟堇属。【隶属】罂粟科 Papaveraceae。【包含】世界 1 种。【学名诠释与讨论】〈阳〉（希）kryptos, 秘密的, 隐藏的 + kapnos, 烟, 蒸汽, 延胡索。【分布】阿富汗。【模式】Cryptocapnos chasmophyticus K. H. Rechinger f. 。■☆

13746 Cryptocaria Raf.（1851）= Cryptocarya R. Br.（1810）（保留属名）［樟科 Lauraceae］●

13747 Cryptocarpa Kunth ex Raf.（1828-1829）Nom. inval.［橄榄科 Burseraceae］■☆

13748 Cryptocarpa Steud.（1840）Nom. illegit. = Acicarpha Juss.（1803）; ~ = Cryptocarpha Cass.（1817）Nom. illegit. ; ~ = Acicarpha Juss.（1803）［萼角花科（萼角科, 头花草科）Calyceraceae］■☆

13749 Cryptocarpa Tayl. ex Tul. =Tristicha Thouars（1806）［髯管花科 Geniostomaceae//三列苔草科 Tristichaceae］■☆

13750 Cryptocarpha Cass.（1817）Nom. illegit. ≡ Acicarpha Juss.（1803）［萼角花科（萼角科，头花草科）Calyceraceae］■☆

13751 Cryptocarpum（Dunal）Wijk et al.（1959）=Solanum L.（1753）［茄科 Solanaceae］●■

13752 Cryptocarpus Kunth（1817）【汉】微花茉莉属。【隶属】紫茉莉科 Nyctaginaceae。【包含】世界 1 种。【学名诠释与讨论】〈阳〉（希）kryptos，秘密的，隐藏的+karpos，果实。【分布】秘鲁，玻利维亚，厄瓜多尔，南美洲。【后选模式】Cryptocarpus pyriformis Kunth。●☆

13753 Cryptocarpus Post et Kuntze（1903）Nom. illegit. = Cryptocarpa Tayl. ex Tul.；～=Tristicha Thouars（1806）［髯管花科 Geniostomaceae//三列苔草科 Tristichaceae］■☆

13754 Cryptocarya R. Br.（1810）（保留属名）【汉】厚壳桂属（芳香厚壳桂属，佳叶樟属，拉文萨拉属）。【日】クスモドキ属，シナクスモドキ属。【英】Cryptocarya，Thickshellcassia。【隶属】樟科 Lauraceae。【包含】世界 200-350 种，中国 21-23 种。【学名诠释与讨论】〈阴〉（希）kryptos，秘密的，隐藏的+karyon，胡桃，硬壳果，核，坚果。指果包藏于增大的花被筒内。此属的学名 "Cryptocarya R. Br. ,Prodr. :402. 27 Mar 1810" 是保留属名。相应的废弃属名是樟科 Lauraceae 的 "Ravensara Sonn. , Voy. Indes Orient. 2:226. 1782 = Cryptocarya R. Br.（1810）（保留属名）"。 "Agathophyllum A. L. Jussieu, Gen. 431. 4 Aug 1789 ≡ Ravensara Sonn.（1782）（废弃属名）" 是晚出的非法名称。【分布】秘鲁，玻利维亚，厄瓜多尔，哥斯达黎加，马达加斯加，中国，热带，亚热带，中美洲。【后选模式】Cryptocarya glaucescens R. Brown。【参考异名】Agathophyllum Juss.（1789）Nom. illegit.；Bellota Gay（1849）；Caryodaphne Blume ex Nees（1836）；Cryptocaria Raf.（1851）；Dahlgrenodendron J. J. M. van der Merwe et A. E. van Wyk（1988）；Icosandra Phil.（1858）；Massoia Becc.（1880）；Pseudocryptocarya Teschner（1923）；Ravensara Sonn.（1782）（废弃属名）；Salgada Blanco（1845）●

13755 Cryptocarynaceae J. Agardh（1858）=Araceae Juss.（保留科名）■●

13756 Cryptocentrum Benth.（1880）【汉】隐距兰属。【隶属】兰科 Orchidaceae。【包含】世界 19 种。【学名诠释与讨论】〈中〉（希）kryptos，秘密的，隐藏的+kentron，点，刺，圆心，中央，距。此属的学名，ING、TROPICOS、GCI 和 IK 记载是 "Cryptocentrum Benth. , J. Linn. Soc. , Bot. 18（110）:325. 1881［21 Feb 1881］"。它曾被处理为 "Maxillaria sect. Cryptocentrum（Benth.）Schuit. & M. W. Chase, Phytotaxa 225（1）:22. 2015.（4 Sept 2015）"。【分布】巴拿马，秘鲁，玻利维亚，厄瓜多尔，哥伦比亚（安蒂奥基亚），哥斯达黎加，安第斯山区，中美洲。【模式】Cryptocentrum jamesonii Bentham。【参考异名】Corydalis DC.（1805）；Maxillaria Ruiz & Pav.（1794）；Maxillaria sect. Cryptocentrum（Benth.）Schuit. & M. W. Chase（2015）；Pittierella Schltr.（1906）■☆

13757 Cryptoceras Schott et Kotschy（1854）=Corydalis DC.（1805）（保留属名）［罂粟科 Papaveraceae//紫堇科（荷苞牡丹科）Fumariaceae］

13758 Cryptocereus Alexander（1950）【汉】隐柱昙花属（隐柱天轮柱属）。【日】クリプトセレウス属。【隶属】仙人掌科 Cactaceae。【包含】世界 2 种。【学名诠释与讨论】〈阳〉（希）kryptos，秘密的，隐藏的+cereus 仙人掌。此属的学名，ING、GCI 和 IK 记载是 "Cryptocereus E. J. Alexander, Cact. Succ. J. Los Angeles 22:164. Nov-Dec 1950"。它曾被处理为 "Seleniceureus sect. Cryptocereus（Alexander）D. R. Hunt, Bradleya；Yearbook of the British Cactus and Succulent Society 7:92-93. 1989"。亦有文献把 "Cryptocereus

Alexander（1950）" 处理为 "Seleniceureus（A. Berger）Britton et Rose（1909）" 的异名。【分布】墨西哥，中美洲。【模式】Cryptocereus anthocyanus E. J. Alexander。【参考异名】Seleniceureus（A. Berger）Britton et Rose（1909）；Seleniceureus sect. Cryptocereus（Alexander）D. R. Hunt（1989）■☆

13759 Cryptochaete Ralmondi ex Herrera（1921）=Laccopetalum Ulbr.（1906）［毛茛科 Ranunculaceae］■☆

13760 Cryptochilos Spreng.（1831）=Cryptochilus Wall.（1824）［兰科 Orchidaceae］■

13761 Cryptochilus Wall.（1824）【汉】宿苞兰属。【日】クリプトキールス属。【英】Cryptochilus。【隶属】兰科 Orchidaceae。【包含】世界 3-10 种，中国 3 种。【学名诠释与讨论】〈阳〉（希）kryptos，秘密的，隐藏的+cheilos，唇。在希腊文组合词中，cheil-，cheilo-，-chilus，-chilia 等均为 "唇，边缘" 之义。指部分唇瓣被萼片所包被。【分布】中国，喜马拉雅山。【模式】Cryptochilus sanguineus Wallich［as 'sanguinea'］。【参考异名】Cryptochilos Spreng.（1831）；Xiphosium Griff.（1845）■

13762 Cryptochloa Swallen（1942）【汉】隐藏禾属。【隶属】禾本科 Poaceae（Gramineae）。【包含】世界 10-15 种。【学名诠释与讨论】〈阴〉（希）kryptos，秘密的，隐藏的+chloe，草的幼芽，嫩草，禾草。【分布】墨西哥至哥伦比亚。【模式】Cryptochloa variana Swallen。☆

13763 Cryptochloris Benth.（1882）=Tetrapogon Desf.（1799）［禾本科 Poaceae（Gramineae）］■☆

13764 Cryptocodon Fed.（1957）【汉】隐钟草属。【隶属】桔梗科 Campanulaceae。【包含】世界 1 种。【学名诠释与讨论】〈阳〉（希）kryptos，秘密的，隐藏的+kodon，指小式 kodonion，钟，铃。此属的学名是 "Cryptocodon An. A. Fedorov in B. K. Schischkin et E. G. Bobrov, Fl. URSS 24:474. 1957（post 9 Feb）"。亦有文献把其处理为 "Asyneuma Griseb. et Schenk（1852）" 的异名。【分布】亚洲中部。【模式】Cryptocodon monocephalus（Trautvetter）An. A. Fedorov［Campanula monocephala Trautvetter］。【参考异名】Asyneuma Griseb. et Schenk（1852）■☆

13765 Cryptocoryne Fisch. , Nom. inval. =Cryptocoryne Fisch. ex Wydler（1830）［天南星科 Araceae］●■

13766 Cryptocoryne Fisch. et C. A. Mey. , Nom. illegit. = Cryptocoryne Fisch. ex Wydler（1830）［天南星科 Araceae］●■

13767 Cryptocoryne Fisch. ex Wydler（1830）【汉】隐棒花属。【日】クリプトコリーネ属。【俄】Криптокорина。【英】Cryptocoryne。【隶属】天南星科 Araceae。【包含】世界 40-50 种，中国 4 种。【学名诠释与讨论】〈阳〉（希）kryptos，秘密的，隐藏的+koryne，棍棒。指短棒状的肉穗花序包藏于佛焰苞的底部。此属的学名，ING、TROPICOS 和 IK 记载是 "Cryptocoryne Fischer ex Wydler, Linnaea 5:428. Jul 1830"。 "Cryptocoryne Fisch. et C. A. Mey. = Cryptocoryne Fisch. ex Wydler（1830）" 的命名人引证有误。 "Cryptocoryne Fisch. =Cryptocoryne Fisch. ex Wydler（1830）" 是一个未合格发表的名称（Nom. inval.）。【分布】印度至马来西亚，中国。【模式】Cryptocoryne spiralis（Retzius）Fischer ex Wydler［Arum spirale Retzius］。【参考异名】Cryptocoryne Fisch. , Nom. inval. ；Cryptocoryne Fisch. et C. A. Mey. , Nom. illegit. ；Melioblastis C. Muell.（1846）Nom. illegit. ；Myrioblastus Wall. ex Griff.（1845）●■

13768 Cryptodia Sch. Bip.（1843）=Cryptadia Lindl. ex Endl.（1841）；～=Gymnarrhena Desf.（1818）［菊科 Asteraceae（Compositae）］■☆

13769 Cryptodiscus Schrenk ex Fisch. et C. A. Mey.（1841）Nom. illegit. ≡ Cryptodiscus Schrenk（1841）Nom. illegit. ；～≡ Neocryptodiscus Hedge et Lamond（1987）［伞形花科（伞形科）Apiaceae（Umbelliferae）］■

13770　Cryptoglochin Heuff.（1844）= Carex L.（1753）［莎草科 Cyperaceae］■

13771　Cryptoglottis Blume（1825）= Podochilus Blume（1825）［兰科 Orchidaceae］■

13772　Cryptogyne Cass.（1827）（废弃属名）= Eriocephalus L.（1753）［菊科 Asteraceae（Compositae）］●☆

13773　Cryptogyne Hook. f.（1876）（保留属名）【汉】隐蕊榄属。【隶属】山榄科 Sapotaceae。【包含】世界 1 种。【学名诠释与讨论】〈阴〉（希）kryptos，秘密的，隐藏的+gyne，所有格 gynaikos，雌性，雌蕊。此属的学名"Cryptogyne Hook. f. in Bentham et Hooker, Gen. Pl. 2：652, 656. Mai 1876 = Sideroxylon L.（1753）"是保留属名。相应的废弃属名是菊科 Asteraceae 的"Cryptogyne Cass. in Cuvier, Dict. Sci. Nat. 50：491, 493, 498. Nov 1827 = Eriocephalus L.（1753）"。亦有文献把"Cryptogyne Hook. f.（1876）（保留属名）"处理为"Sideroxylon L.（1753）"的异名。【分布】马达加斯加。【模式】Cryptogyne gerrardiana J. D. Hooker。【参考异名】Sideroxylon L.（1753）●☆

13774　Cryptolappa（A. Jussieu）Kuntze（1891）Nom. illegit. ≡ Camarea A. St. -Hil.（1823）［金虎尾科（黄褥花科）Malpighiaceae］●☆

13775　Cryptolappa Kuntze（1891）Nom. illegit. ≡ Cryptolappa（A. Jussieu）Kuntze（1891）Nom. illegit. ; ~ ≡ Camarea A. St. - Hil.（1823）［金虎尾科（黄褥花科）Malpighiaceae］●☆

13776　Cryptolepis R. Br.（1810）【汉】白叶藤属（半架牛属，隐鳞藤属）。【日】マツムラカヅラ属。【英】Cryptolepis。【隶属】萝藦科 Asclepiadaceae//杠柳科 Periplocaceae//夹竹桃科 Apocynaceae。【包含】世界 12 种，中国 2 种。【学名诠释与讨论】〈阴〉（希）kryptos，秘密的，隐藏的+lepis，所有格 lepidos，指小式 lepion 或 lepidion，鳞，鳞片。lepidotos，多鳞的。lepos，鳞，鳞片。指副花冠的鳞片着生于花冠筒里面。另说是指种子的鳞片不显著。此属的学名，ING、TROPICOS 和 IK 记载是"Cryptolepis R. Brown, On Asclepiad. 58. 3 Apr 1810"。ING 把其置于杠柳科 Periplocaceae；IK 放在萝藦科 Asclepiadaceae；TROPICOS 则归入夹竹桃科 Apocynaceae。亦有文献把"Cryptolepis R. Br.（1810）"处理为"Pentopetia Decne.（1844）"的异名。【分布】巴基斯坦，马达加斯加，中国。【模式】Cryptolepis buchananii J. J. Roemer et J. A. Schultes［as 'buchanani'］。【参考异名】Acustelma Baill.（1889）；Cryptolobus Endl.；Cryptolobus Meisn. ex Steud.（1840）Nom. illegit. ；Ectadiopsis Benth.（1876）；Lepistoma Blume（1828）；Leposma Blume（1826）Nom. illegit. ；Pentopetia Decne.（1844）●

13777　Cryptolluma Plowes（1995）【汉】食萝藦属。【隶属】萝藦科 Asclepiadaceae。【包含】世界 1 种。【学名诠释与讨论】〈阴〉（希）kryptos+lluma，水牛角属 Caralluma 的后半部分。此属的学名是"Cryptolluma Plowes, Haseltonia 3：57. 1995"。亦有文献把其处理为"Boucerosia Wight et Arn.（1834）"的异名。【分布】参见 Boucerosia Wight et Arn。【模式】Cryptolluma edulis（Edgew.）Plowes。【参考异名】Boucerosia Wight et Arn.（1834）■☆

13778　Cryptolobus Endl. = Cryptolepis R. Br.（1810）［萝藦科 Asclepiadaceae//杠柳科 Periplocaceae//夹竹桃科 Apocynaceae］●

13779　Cryptolobus Meisn. ex Steud.（1840）Nom. illegit. = Cryptolepis R. Br.（1810）［萝藦科 Asclepiadaceae//杠柳科 Periplocaceae//夹竹桃科 Apocynaceae］●

13780　Cryptolobus Spreng.（1818）Nom. illegit. ≡ Voandzeia Thouars（1806）（废弃属名）；~ = Amphicarpaea Elliott ex Nutt.（1818）［as 'Amphicarpa'］（保留属名）+Vigna Savi（1824）（保留属名）［豆科 Fabaceae（Leguminosae）//蝶形花科 Papilionaceae］■

13781　Cryptoloma Hanst.（1858）= Isoloma Decne.（1848）Nom. illegit. ; ~ = Kohleria Regel（1847）［苦苣苔科 Gesneriaceae］●■☆

13782　Cryptomeria D. Don（1838）【汉】柳杉属。【日】スギ属。【俄】Криптомерия。【英】Chinese Cedar, Cryptomeria, Japan Cedar, Japanese Cedar, Japanese Red-cedar。【隶属】杉科（落羽杉科）Taxodiaceae//柳杉科 Cryptomeriaceae。【包含】世界 1-2 种，中国 1-2 种。【学名诠释与讨论】〈阴〉（希）kryptos，秘密的，隐藏的+meros，一部分。拉丁文 merus 含义为纯洁的，真正的。指球花部分隐藏，或指球果的苞鳞部分不明显，或指叶基部相重叠。【分布】日本，中国。【模式】Cryptomeria japonica（Linnaeus f.）D. Don［Cupressus japonica Linnaeus f.］。●

13783　Cryptomeriaceae Gorozh.（1904）= Cryptomeriaceae Hayata; ~ = Cupressaceae Gray（保留科名）; ~ = Taxodiaceae Saporta（保留科名）●■

13784　Cryptomeriaceae Hayata［亦见 Cupressaceae Gray（保留科名）柏科和 Taxodiaceae Saporta（保留科名）杉科（落羽杉科）］【汉】柳杉科。【包含】世界 1 属 1-2 种，中国 1 属 1-2 种。【分布】日本。【科名模式】Cryptomeria D. Don ●

13785　Cryptonema Turcz.（1848）Nom. illegit. ≡ Nephrocoelium Turcz.（1853）; ~ = Burmannia L.（1753）［水玉簪科 Burmanniaceae］■

13786　Cryptopetalon Cass.（1817）= Pectis L.（1759）［菊科 Asteraceae（Compositae）］■☆

13787　Cryptopetalum Hook. et Arn.（1833）= Lepuropetalon Elliott（1817）［微形草科 Lepuropetalaceae//梅花草科 Parnassiaceae］■☆

13788　Cryptophaseolus Kuntze（1891）= Canavalia Adans.（1763）［as 'Canavali'］（保留属名）［豆科 Fabaceae（Leguminosae）//蝶形花科 Papilionaceae］●■

13789　Cryptophila W. Wolf（1922）= Monotropsis Schwein.（1817）［杜鹃花科（欧石南科）Ericaceae］●☆

13790　Cryptophoranthus Barb. Rodr.（1881）【汉】窗兰属（萼包兰属）。【日】クリプトフォランツス属。【英】Window Bearing Orchid, Window Orchid。【隶属】兰科 Orchidaceae。【包含】世界 30 种。【学名诠释与讨论】〈阳〉（希）kryptos，秘密的，隐藏的+phoros，具有，梗，负载，发现者+anthos，花。antheros，多花的。antheo，开花。此属的学名是"Cryptophoranthus Barbosa Rodrigues, Gen. Sp. Orchid. Nov. 2：79. 1881"。亦有文献把其处理为"Pleurothallis R. Br.（1813）"的异名。【分布】巴拿马，玻利维亚，西印度群岛，热带美洲。【后选模式】Cryptophoranthus fenestratus（Barbosa Rodrigues）Barbosa Rodrigues［Pleurothallis fenestrata Barbosa Rodrigues］。【参考异名】Dondodia Luer（2006）；Pleurothallis R. Br.（1813）；Tridelta Luer（2006）■☆

13791　Cryptophragmia Benth. et Hook. f.（1876）= Cryptophragmium Nees（1832）［爵床科 Acanthaceae］■☆

13792　Cryptophragmium Nees（1832）【汉】小苞爵床属。【隶属】爵床科 Acanthaceae。【包含】世界 40 种。【学名诠释与讨论】〈中〉（希）kryptos，秘密的，隐藏的+phragma，所有格 phragmatos，篱笆。phragmos，篱笆，障碍物。phragmites，长在篱笆中的+-ius, -ia, -ium，在拉丁文和希腊文中，这些词尾表示性质或状态。"Sarcanthera Rafinesque, Fl. Tell. 4：64. 1838（med.）（'1836'）"是"Cryptophragmium Nees（1832）"的晚出的同模式异名（Homotypic synonym, Nomenclatural synonym）。亦有文献把"Cryptophragmium Nees（1832）"处理为"Gymnostachyum Nees（1832）"的异名。【分布】印度至马来西亚，东南亚。【模式】未指定。【参考异名】Cryptophragmia Benth. et Hook. f.（1876）；Gymnostachyum Nees（1832）；Sarcanthera Raf.（1838）Nom. illegit. ■☆

13793　Cryptophysa Standl. et J. F. Macbr.（1929）= Conostegia D. Don（1823）［野牡丹科 Melastomataceae］■☆

13794　Cryptopleura Nutt.（1841）= Troximon Gaertn.（1791）Nom.

illegit. ; ~ = Krigia Schreb. (1791) (保留属名) ; ~ = Krigia Schreb. +Scorzonera L. (1753) [菊科 Asteraceae(Compositae)]■

13795　Cryptopodium Schrad. ex Nees(1842) Nom. illegit. =Scleria P. J. Bergius(1765) [莎草科 Cyperaceae]■

13796　Cryptopus Lindl. (1824)【汉】隐足兰属。【日】クリプトープス属。【隶属】兰科 Orchidaceae。【包含】世界 3-4 种。【学名诠释与讨论】〈阳〉(希)kryptos, 秘密的, 隐藏的+pous, 所有格 podos, 指小式 podion, 脚, 足, 柄, 梗。podotes, 有脚的。【分布】马达加斯加, 马斯克林群岛。【模式】Cryptopus elatus (Du Petit - Thouars) Lindley [as ' elata '] [Angraecum elatum Du Petit - Thouars]。【参考异名】Beclardia A. Rich. (1828) Nom. illegit. ; Elangis Thouars ■☆

13797　Cryptopylos Garay (1972)【汉】隐口兰属。【隶属】兰科 Orchidaceae。【包含】世界 1 种。【学名诠释与讨论】〈阳〉(希)kryptos, 秘密的, 隐藏的+pyle, 大门, 进口。【分布】老挝, 印度尼西亚(苏门答腊岛), 泰国, 越南。【模式】Cryptopylos clausus (J. J. Smith) Garay [Sarcochilus clausus J. J. Smith]。■☆

13798　Cryptopyrum Heynh. (1846) = Elymus L. (1753) ; ~ = Triticum L. (1753) [禾本科 Poaceae(Gramineae)]■

13799　Cryptorhiza Urb. (1921) = Pimenta Lindl. (1821) [桃金娘科 Myrtaceae]●☆

13800　Cryptorrhynchus Nevski(1937)【汉】隐喙豆属。【隶属】豆科 Fabaceae(Leguminosae)。【包含】世界 5 种。【学名诠释与讨论】〈阳〉(希)kryptos, 秘密的, 隐藏的+rhynchos, 喙。此属的学名是 "Cryptorrhynchus Nevski, Trudy Bot. Inst. Akad. Nauk SSSR, Ser. 1, Fl. Sist. Vyssh. Rast. 4 : 254. 1937 (post 20 Dec)"。亦有文献把其处理为 "Astragalus L. (1753)" 的异名。【分布】参见 Astragalus L. (1753)。【模式】未指定。【参考异名】Astragalus L. (1753)●☆

13801　Cryptosaccus Rchb. f. (1858) = Leochilus Knowles et Westc. (1838) [兰科 Orchidaceae]■☆

13802　Cryptosanus Scheidw. (1843) = Cryptosaccus Rchb. f. (1858) ; ~ =Leochilus Knowles et Westc. (1838) [兰科 Orchidaceae]■☆

13803　Cryptosema Meisn. (1848) = Jansonia Kippist (1847) [豆科 Fabaceae(Leguminosae)//蝶形花科 Papilionaceae]■☆

13804　Cryptosepalum Benth. (1865)【汉】隐萼豆属(垂籽树属)。【隶属】豆科 Fabaceae(Leguminosae)。【包含】世界 15 种。【学名诠释与讨论】〈中〉(希)kryptos, 秘密的, 隐藏的+ sepalum, 花萼。【分布】热带非洲。【模式】Cryptosepalum tetraphyllum (J. D. Hooker) Bentham。【参考异名】Dewindtia De Wild. (1902) ; Pynaertiodendron De Wild. (1915)●☆

13805　Cryptospermum Pers. (1805) Nom. illegit. = Cryptospermum Young ex Pers. (1805) [茜草科 Rubiaceae]■☆

13806　Cryptospermum Steud. =Cryptotaenia DC. (1829) (保留属名) ; ~ = Cyrtospermum Raf. ex DC. [伞形花科 (伞形科) Apiaceae (Umbelliferae)]■☆

13807　Cryptospermum Young ex Pers. (1805) = Opercularia Gaertn. (1788) [茜草科 Rubiaceae]■☆

13808　Cryptospermum Young (1797) Nom. inval. ≡ Cryptospermum Young ex Pers. (1805) ; ~ = Opercularia Gaertn. (1788) [茜草科 Rubiaceae]■☆

13809　Cryptospora Kar. et Kir. (1842)【汉】隐籽芥属(隐子芥属)。【俄】Волосатик, Скрытосемянница。【英】Cryptospora。【隶属】十字花科 Brassicaceae(Cruciferae)。【包含】世界 3 种, 中国 1 种。【学名诠释与讨论】〈阴〉(希)kryptos, 秘密的, 隐藏的+ spora, 孢子, 种子。此属的学名, ING、TROPICOS 和 IK 记载是 "Cryptospora Karelin et Kirilow, Bull. Soc. Imp. Naturalistes Moscou 15 : 161. 3 Jan-31 Oct 1842"。"Maximowasia O. Kuntze, Rev. Gen.

1 : 34. 5 Nov 1891" 是 "Cryptospora Kar. et Kir. (1842)" 的晚出的同模式异名(Homotypic synonym, Nomenclatural synonym)。【分布】中国, 亚洲中部。【模式】Cryptospora falcata Karelin et Kirilow。【参考异名】Maximowasia Kuntze (1891) Nom. illegit. ; Trichochiton Kom. (1896)■

13810　Cryptostachys Steud. (1850) = Sporobolus R. Br. (1810) [禾本科 Poaceae(Gramineae)//鼠尾粟科 Sporobolaceae]■

13811　Cryptostegia R. Br. (1820)【汉】桉叶藤属(隐冠藤属)。【英】Cryptostegia, India Rubber Vine, Madagascar Rubber, Rubber Vine。【隶属】萝藦科 Asclepiadaceae。【包含】世界 2 种, 中国 1 种。【学名诠释与讨论】〈阴〉(希)kryptos, 秘密的, 隐藏的+stege, 隐蔽物, 屋盖。指花冠管内面藏着副花冠, 或指副花冠的鳞片遮盖花药。【分布】马达加斯加, 中国。【模式】Cryptostegia grandiflora R. Brown。●

13812　Cryptostegiaceae Hayata =Apocynaceae Juss. (保留科名)●■

13813　Cryptostemma R. Br. (1813) = Arctotheca J. C. Wendl. (1798) [菊科 Asteraceae(Compositae)]■☆

13814　Cryptostemma R. Br. ex W. T. Aiton (1813) Nom. illegit. ≡ Cryptostemma R. Br. (1813) ; ~ = Arctotheca J. C. Wendl. (1798) [菊科 Asteraceae(Compositae)]■☆

13815　Cryptostemon F. Muell. (1856)【汉】隐蕊桃金娘属。【隶属】桃金娘科 Myrtaceae。【包含】世界 2 种。【学名诠释与讨论】〈阳〉(希)kryptos, 秘密的, 隐藏的+stemon, 雄蕊。此属的学名, ING 和 记载是 "Cryptostemon F. v. Mueller in Miquel, Ned. Kruidk. Arch. 4 : 114. 1856"。APNI 和 IK 则记载为 "Cryptostemon F. Muell. ex Miq. , Ned. Kruidk. Arch. iv. (1859)114"。三者引用的文献相同。亦有文献把 "Cryptostemon F. Muell. (1856)" 处理为 "Darwinia Rudge(1816)" 的异名。【分布】澳大利亚。【模式】Cryptostemon ericaeus F. v. Mueller。【参考异名】Cryptostemon F. Muell. ex Miq. (1856) Nom. illegit. ; Darwinia Rudge(1816)●☆

13816　Cryptostemon F. Muell. ex Miq. (1856) Nom. illegit. ≡ Cryptostemon F. Muell. (1856) [桃金娘科 Myrtaceae]●☆

13817　Cryptostephane Sch. Bip. (1844) = Dicoma Cass. (1817) [菊科 Asteraceae(Compositae)]●☆

13818　Cryptostephanus Welw. ex Baker(1878)【汉】隐冠石蒜属。【隶属】石蒜科 Amaryllidaceae。【包含】世界 1-5 种。【学名诠释与讨论】〈阴〉(希)kryptos, 秘密的, 隐藏的+stephos, stephanos, 花冠, 王冠。【分布】热带非洲南部。【模式】Cryptostephanus densiflorus Welwitsch ex J. G. Baker。■☆

13819　Cryptostoma D. Dietr. (1839) = Cryptostomum Schreb. (1789) Nom. illegit. ; ~ = Moutabea Aubl. (1775) [远志科 Polygalaceae]●☆

13820　Cryptostomum Schreb. (1789) Nom. illegit. ≡ Moutabea Aubl. (1775) [远志科 Polygalaceae]●☆

13821　Cryptostylis R. Br. (1810)【汉】隐柱兰属。【日】オホスズムシラン属。【英】Cryptostylis。【隶属】兰科 Orchidaceae。【包含】世界 20 种, 中国 2 种。【学名诠释与讨论】〈阴〉(希)kryptos, 秘密的, 隐藏的+stylos = 拉丁文 style, 花柱, 中柱, 有尖之物, 桩, 柱, 支持物, 支柱, 石头做的界标。指唇瓣包藏着很小的蕊柱。【分布】澳大利亚, 中国, 印度至马来西亚。【后选模式】Cryptostylis longifolia R. Brown, Nom. illegit. [Malaxis subulata Labillardière ; Cryptostylis subulata (Labillardière) H. G. Reichenbach]。【参考异名】Chlorosa Blume(1825) ; Zosterostylis Blume(1825)■

13822　Cryptotaenia DC. (1829) (保留属名)【汉】鸭儿芹属。【日】ミツバゼリ属, ミツバ属。【俄】Криптотения, Скрытница。【隶属】伞形花科 (伞形科) Apiaceae(Umbelliferae)。【包含】世界 6 种, 中国 1 种。【学名诠释与讨论】〈阴〉(希)kryptos, 秘密的, 隐藏的 + tainia, 变为拉丁文 taenia, 带。taeniatus, 有条纹的。

taenidium,螺旋丝。指油管隐藏。此属的学名"Cryptotaenia
DC.，Coll. Mém. 5：42. 12 Sep 1829"是保留属名。相应的废弃属
名是伞形花科(伞形科)Apiaceae的"Deringa Adans.，Fam. Pl. 2：
498,549. Jul−Aug 1763 ≡ Cryptotaenia DC.(1829)(保留属名)"。
"Alacosperma Necker ex Rafinesque, Good Book 58. Jan 1840"和
"Deringa Adanson, Fam. 2：498. Jul−Aug 1763(废弃属名)"是
"Cryptotaenia DC.(1829)(保留属名)"的同模式异名(Homotypic
synonym, Nomenclatural synonym)。【分布】秘鲁,美国,意大利,
中国,西赤道非洲,东亚和北美洲。【模式】Cryptotaenia
canadensis(Linnaeus)A. P. de Candolle[Sison canadense
Linnaeus]。【参考异名】Alacosperma Neck. ex Raf.(1840)Nom.
illegit.；Alacospermum Neck.(1790)Nom. inval.；Cryptospermum
Steud.；Cryptotenia Raf.；Cryptotonia Tausch(1834)；Cyrtospermum
Raf.，Nom. illegit.；Cyrtospermum Raf. ex DC.；Deeringia Kuntze
(1891)Nom. illegit.；Deringa Adans.(1763)(废弃属名)；
Lereschia Boiss.(1844)；Mesodiscus Raf.(1836)；Myrrha Mitch.
(1769)■

13823　Cryptotaeniopsis Dunn(1902)【汉】拟鸭儿芹属。【隶属】伞形
花科(伞形科)Apiaceae(Umbelliferae)。【包含】世界22种。【学
名诠释与讨论】〈阴〉(属)Cryptotaenia 鸭儿芹属+希腊文 opsis,
外观,模样,相似。此属的学名是"Cryptotaeniopsis Dunn, Hooker's
Icon. Pl. 28：ad t. 2737. Mai 1902"。亦有文献把其处理为
"Pternopetalum Franch.(1885)"的异名。【分布】东亚。【模式】
Cryptotaeniopsis vulgaris Dunn。【参 考 异 名】Pternopetalum
Franch.(1885)■☆

13824　Cryptotenia Raf.=Cryptotaenia DC.(1829)(保留属名)[伞形
花科(伞形科)Apiaceae(Umbelliferae)]■

13825　Cryptotheca Blume(1827)=Ammannia L.(1753)[千屈菜科
Lythraceae//水苋菜科 Ammanniaceae]■

13826　Cryptothladia(Bunge)M. J. Cannon(1984)=Morina L.(1753)
[川续断科(刺参科,蓟叶参科,山萝卜科,续断科)Dipsacaceae//
刺续断科(刺参科,蓟叶参科)Morinaceae]■

13827　Cryptothladia M. J. Cannon(1984)Nom. illegit.≡Cryptothladia
(Bunge)M. J. Cannon(1984)=Morina L.(1753)[川续断科(刺
参科,蓟叶参科,山萝卜科,续断科)Dipsacaceae//刺续断科
Morinaceae]■

13828　Cryptotonia Tausch(1834)=Cryptotaenia DC.(1829)(保留属
名)[伞形花科(伞形科)Apiaceae(Umbelliferae)]■

13829　Crypturus Link(1844)=Lolium L.(1753)[禾本科 Poaceae
(Gramineae)]■

13830　Crypturus Trin.=Lolium L.(1753)[禾本科 Poaceae
(Gramineae)]■

13831　Crysophila Benth. et Hook. f.(1883)=Cryosophila Blume(1838)
[棕榈科 Arecaceae(Palmae)]●☆

13832　Crystallopollen Steetz(1864)=Vernonia Schreb.(1791)(保留属
名)[菊科 Asteraceae(Compositae)//斑鸠菊科(绿菊科)
Vernoniaceae]●■

13833　Csapodya Borhidi(2004)=Deppea Cham. et Schltdl.(1830)[茜
草科 Rubiaceae]●☆

13834　Cszernaevia Endl.(1839)=Angelica L.(1753)；~=
Archangelica Hoffm.(1814)Nom. illegit.；~=Czernaevia Turcz.
(1838)Nom. inval.；~=Czernaevia Turcz. ex Ledeb.(1844)；~=
Angelica L.(1753)[伞形花科(伞形科)Apiaceae(Umbelliferae)]■

13835　Ctenadena Prokh.(1933)=Euphorbia L.(1753)[大戟科
Euphorbiaceae]●■

13836　Ctenanthe Eichler(1882)【汉】栉花芋属(栉花小芭蕉属)。
【日】クテナンテ属。【俄】Ктенанте。【英】Etenanthe。【隶属】

竹芋科(蔶叶科,柊叶科)Marantaceae。【包含】世界 10-20 种。
【学名诠释与讨论】〈阴〉(希)kteis,所有格 ktenos,梳子+anthos,
花。指花栉形。此属的学名是"Ctenanthe Eichler, Abh. Königl.
Akad. Wiss. Berlin 1883：83. 1884"。亦有文献把其处理为
"Myrosma L. f.(1882)"的异名。【分布】巴拿马,巴西,秘鲁,玻
利维亚,厄瓜多尔,哥伦比亚(安蒂奥基亚),哥斯达黎加,中美
洲。【后选模式】Ctenanthe pilosa(J. C. Schauer)Eichler[Maranta
pilosa J. C. Schauer]。【参考异名】Myrosma L. f.(1882)■☆

13837　Ctenardisia Ducke(1930)【汉】栉花紫金牛属。【隶属】紫金牛
科 Myrsinaceae。【包含】世界 2-5 种。【学名诠释与讨论】〈阴〉
(希)kteis,所有格 ktenos,梳子+(属)Ardisia 紫金牛属。【分布】
巴西(东北部),尼加拉瓜,中美洲。【模式】Ctenardisia speciosa
Ducke。【参考异名】Yunckeria Lundell(1964)●☆

13838　Ctenium Panz.(1813)(保留属名)【汉】栉茅属。【隶属】禾本
科 Poaceae(Gramineae)。【包含】世界 17-20 种。【学名诠释与讨
论】〈中〉(希)kteis,所有格 ktenos,梳子+-ius,-ia,-ium,在拉丁
文和希腊文中,这些词尾表示性质或状态。此属的学名
"Ctenium Panz.，Ideen Rev. Gräser：38,61. 1813"是保留属名。相
应的废弃属名是禾本科 Poaceae(Gramineae)的"Campulosus
Desv. in Nouv. Bull. Sci. Soc. Philom. Paris 2：189. Dec 1810 ≡
Ctenium Panz.(1813)(保留属名)"。"Campulosus Desvaux,
Nouv. Bull. Sci. Soc. Philom. Paris 2：189. Dec 1810(废弃属名)"和
"Monocera S. Elliott, Sketch Bot. S.−Carolina Georgia 1：176. Dec
1816"是"Ctenium Panz.(1813)(保留属名)"的晚出的同模式异
名(Homotypic synonym, Nomenclatural synonym)。【分布】巴拿
马,玻利维亚,非洲,马达加斯加,美洲。【模式】Ctenium
carolinianum Panzer, Nom. illegit.[Chloris monostachya A.
Michaux]。【参考异名】Aplocera Raf.，Nom. illegit.；Caampyloa
Post et Kuntze(1903)；Campuloa Desv.(1810)Nom. illegit.；
Campulosus Desv.(1810)(废弃属名)；Campylosus Post et Kuntze
(1903)；Monathera Raf.(1819)Nom. illegit.；Monocera Elliott
(1816)Nom. illegit.；Triatherus Raf.(1818)Nom. illegit.■☆

13839　Ctenocladium Airy Shaw(1965)=Dorstenia L.(1753)[桑科
Moraceae]■●☆

13840　Ctenocladus Engl.(1921)=Ctenocladium Airy Shaw(1965)[桑
科 Moraceae]■●☆

13841　Ctenodaucus Pomel(1874)=Daucus L.(1753)[伞形花科(伞
形科)Apiaceae(Umbelliferae)]■

13842　Ctenodon Baill.(1870)=Aeschynomene L.(1753)[豆科
Fabaceae(Leguminosae)//蝶形花科 Papilionaceae]●■

13843　Ctenolepis Hook. f.(1867)【汉】梳鳞葫芦属。【隶属】葫芦科
(瓜科,南瓜科)Cucurbitaceae。【包含】世界 2 种。【学名诠释与
讨论】〈阴〉(希)kteis,所有格 ktenos,梳子+lepis,所有格 lepidos,
指小式 lepion 或 lepidion,鳞,鳞片。lepidotos,多鳞的。lepos,鳞,
鳞片。此属的学名"Ctenolepis Hook. f. in Bentham et Hook. f.，
Gen. 1：832. Sep 1867"是一个替代名称。"Ctenopsis Naudin,
Ann. Sci. Nat. Bot. ser. 5. 6：12. Jul−Dec 1866"是一个非法名称
(Nom. illegit.),因为此前已经有了"Ctenopsis De Notaris, Index
Sem. Hort. Genuensis 26. Dec 1847−1848[禾本科 Poaceae
(Gramineae)//羊茅科 Festucaceae]"。故用"Ctenolepis Hook. f.
(1867)"替代之。【分布】巴基斯坦,马达加斯加,印度,热带非
洲。【后选模式】Ctenolepis cerasiformis(J. E. Stocks)C. B.
Clarke。【参考异名】Blastania Kotschy et Peyr.(1867)；Ctenopsis
Naudin(1866)Nom. illegit.■☆

13844　Ctenolophon Oliv.(1873)【汉】垂籽树属(垂子树属)。【隶
属】垂籽树科(亚麻藤科)Hugoniaceae。【包含】世界 1-3 种。【学
名诠释与讨论】〈阳〉(希)kteis,所有格 ktenos,梳子+lophos,脊,

鸡冠，装饰。【分布】马来西亚，热带非洲。【后选模式】Ctenolophon parvifolius D. Oliver。●☆

13845 Ctenolophonaceae Exell et Mendonça（1951）＝ Linaceae DC. ex Perleb（保留科名）●■

13846 Ctenomeria Harv.（1842）【汉】篦大戟属。【隶属】大戟科 Euphorbiaceae。【包含】世界 2 种。【学名诠释与讨论】〈阴〉（希）kteis，所有格 ktenos，梳子＋meros，一部分。拉丁文 merus 含义为纯洁的，真正的。【分布】非洲南部。【模式】Ctenomeria cordata W. H. Harvey。●☆

13847 Ctenopaepale Bremek.（1944）＝ Strobilanthes Blume（1826）［爵床科 Acanthaceae］●■

13848 Ctenophrynium K. Schum.（1902）＝ Saranthe（Regel et Körn.）Eichler（1884）［竹芋科（蒉叶科，柊叶科）Marantaceae］■☆

13849 Ctenophyllum Rydb.（1905）＝ Astragalus L.（1753）［豆科 Fabaceae（Leguminosae）//蝶形花科 Papilionaceae］●■

13850 Ctenopsis De Not.（1848）【汉】篦茅属。【隶属】禾本科 Poaceae（Gramineae）//羊茅科 Festucaceae。【包含】世界 2 种。【学名诠释与讨论】〈阴〉（希）kteis，所有格 ktenos，梳子＋希腊文 opsis，外观，模样，相似。此属的学名，ING 和 IK 记载是“Ctenopsis De Notaris, Index Sem. Hort. Genuensis 26. Dec 1847 - 1848（prim.）”。“Ctenopsis Naudin, Ann. Sci. Nat. Bot. ser. 5. 6：12. Jul-Dec 1866”是一个晚出的非法名称（Nom. illegit.），已经用“Ctenolepis Hook. f.（1867）”替代之。化石植物“Ctenopsis E. W. Berry, Maryland Geol. Survey, Lower Cretaceous 347. 1911”亦是一个晚出的非法名称。亦有文献把“Ctenopsis De Not.（1848）”处理为“Vulpia C. C. Gmel.（1805）”的异名。【分布】热带非洲。【模式】Ctenopsis pectinella（Delile）De Notaris［Festuca pectinella Delile］。【参考异名】Vulpia C. C. Gmel.（1805）■☆

13851 Ctenopsis Naudin（1866）Nom. illegit. ≡ Ctenolepis Hook. f.（1867）；~ ＝ Blastania Kotschy et Peyr.（1867）［葫芦科（瓜科，南瓜科）Cucurbitaceae］■☆

13852 Ctenorchis K. Schum.（1899）＝ Angraecum Bory（1804）［兰科 Orchidaceae］■

13853 Ctenosachna Post et Kuntze（1903）＝ Ktenosachne Steud.（1854）；~ ＝ Prionanthium Desv.（1831）；~ ＝ Rostraria Trin.（1820）［禾本科 Poaceae（Gramineae）］■☆

13854 Ctenosperma F. Muell. ex Pfeiff.（1874）Nom. illegit. ＝ Brachyscome Cass.（1816）［菊科 Asteraceae（Compositae）］●■☆

13855 Ctenosperma Hook. f.（1847）＝ Cotula L.（1753）［菊科 Asteraceae（Compositae）］■

13856 Ctenosperma Lehm. ex Pfeiff.（1874）Nom. nud.［菊科 Asteraceae（Compositae）］■☆

13857 Ctenospermum Lehm. ex Post et Kuntze（1903）Nom. illegit. ≡ Pectocarya DC. ex Meisn.（1840）；~ ≡ Ktenospermum Lehm.（1837）［紫草科 Boraginaceae］●☆

13858 Ctenospermum Post et Kuntze（1903）Nom. illegit. ≡ Ctenospermum Lehm. ex Post et Kuntze（1903）Nom. illegit. ；~ ≡ Pectocarya DC. ex Meisn.（1840）；~ ＝ Ktenospermum Lehm.（1837）［紫草科 Boraginaceae］●☆

13859 Cuatrecasanthus H. Rob.（1989）【汉】单花落苞菊属。【隶属】菊科 Asteraceae（Compositae）。【包含】世界 3 种。【学名诠释与讨论】〈阳〉（人）Jose Cuatrecasas Arumi，1903-1996，西班牙植物学者+anthos，花。antheros，多花的。antheo，开花。此属的学名是“Cuatrecasanthus H. Rob. ，Revista de la Academia Colombiana de Ciencias Exactas, Físicas y Naturales 17（65）：209. 1989”。亦有文献把其处理为“Vernonia Schreb.（1791）（保留属名）”的异名。【分布】秘鲁，厄瓜多尔。【模式】Vernonia sandemanii H. Rob. et

B. Kahn. 。【参考异名】Vernonia Schreb.（1791）（保留属名）●■☆

13860 Cuatrecasasia Standl. ＝ Cuatrecasasiodendron Standl. et Steyerm.（1964）［茜草科 Rubiaceae］●☆

13861 Cuatrecasasiella H. Rob.（1985）【汉】对叶紫绒草属。【隶属】菊科 Asteraceae（Compositae）。【包含】世界 2 种。【学名诠释与讨论】〈阴〉（人）José Cuatrecasas，1903-1996，西班牙植物学者+-ellus，-ella，-ellum，加在名词词干后面形成指小式的词尾。或加在人名、属名等后面以组成新属的名称。【分布】阿根廷，秘鲁，玻利维亚，厄瓜多尔，智利，欧亚大陆。【模式】Cuatrecasasiella isernii（Cuatrec.）H. Rob. 。【参考异名】Luciliopsis Wedd.（1856）■☆

13862 Cuatrecasasiodendron Standl. et Steyerm.（1964）【汉】夸特木属。【隶属】茜草科 Rubiaceae。【包含】世界 2 种。【学名诠释与讨论】〈中〉（人）José Cuatrecasas，1903-1996，西班牙植物学者+dendron 或 dendros，树木，棍，丛林。此属的学名，ING 和 GCI 记载是“Cuatrecasasiodendron P. C. Standley et J. A. Steyermark in J. A. Steyermark, Acta Biol. Venez. 4：29. 22 Mai 1964”。IK 则记载为“Cuatrecasasiodendron Steyerm. , Acta Biol. Venez. iv. 29（1964）”。三者引用的文献相同。【分布】哥伦比亚。【模式】Cuatrecasasiodendron colombianum P. C. Standley et J. A. Steyermark。【参考异名】Cuatrecasasia Standl. ；Cuatrecasasiodendron Steyerm.（1964）Nom. illegit. ●☆

13863 Cuatrecasasiodendron Steyerm.（1964）Nom. illegit. ≡ Cuatrecasasiodendron Standl. et Steyerm.（1964）［茜草科 Rubiaceae］●☆

13864 Cuatrecasea Dugand（1940）＝ Iriartella H. Wendl.（1860）［棕榈科 Arecaceae（Palmae）］●☆

13865 Cuatresia Hunz.（1977）【汉】酸浆茄属。【隶属】茄科 Solanaceae。【包含】世界 10 种。【学名诠释与讨论】〈阴〉（人）Cuatrecasas Arumi，1903-1906，西班牙植物学者。【分布】玻利维亚，哥伦比亚，哥斯达黎加，危地马拉。【模式】Cuatresia plowmanii A. T. Hunziker。●☆

13866 Cuba Scop.（1777）Nom. illegit. ≡ Tachigalea Aubl.（1775）［豆科 Fabaceae（Leguminosae）//云实科（苏木科）Caesalpiniaceae］●☆

13867 Cubacroton Alain（1961）【汉】古巴巴豆属。【隶属】大戟科 Euphorbiaceae。【包含】世界 1 种。【学名诠释与讨论】〈中〉（地）Cuba，古巴+（属）Croton 巴豆属。【分布】古巴。【模式】Cubacroton maestrense Alain。●☆

13868 Cubaea Schreb.（1789）＝ Tachigalea Aubl.（1775）［豆科 Fabaceae（Leguminosae）//云实科（苏木科）Caesalpiniaceae］●☆

13869 Cubanola Aiello（1979）【汉】古巴茜属。【隶属】茜草科 Rubiaceae。【包含】世界 2 种。【学名诠释与讨论】〈阴〉（地）暗喻 Cuba 古巴和 Hispaniola 伊斯帕尼奥拉岛。【分布】古巴，海地。【模式】Cubanola daphnoides（R. Graham）A. Aiello［Portlandia daphnoides R. Graham］。●☆

13870 Cubanthus（Boiss.）Millsp.（1913）【汉】古巴花属。【隶属】大戟科 Euphorbiaceae。【包含】世界 3 种。【学名诠释与讨论】〈阳〉（地）Cuba，古巴+希腊文 anthos，花。此属的学名，ING 记载是“Cubanthus（Boissier）Millspaugh, Publ. Field Columbian Mus. , Bot. Ser. 2：371. 1913”；但是未给出基源异名。GCI 和 IK 则记载为“Cubanthus Millsp. , Publ. Field Columb. Mus. , Bot. Ser. 2：371. 1913”。三者引用的文献相同。它曾被处理为“Euphorbia L. sect. Cubanthus（DC.）V. W. Steinm. & P. E. Berry, Anales del Jardín Botánico de Madrid 64（2）：132. 2007”。【分布】古巴。【模式】Cubanthus linearifolius（Grisebach）Millspaugh［Pedilanthus linearifolius Grisebach］。【参考异名】Cubanthus Millsp.（1913）Nom. illegit. ；Euphorbia L.（1753）；Euphorbia L. sect. Cubanthus

（DC.）V. W. Steinm. & P. E. Berry（2007）■☆

13871 Cubanthus Millsp.（1913）Nom. illegit. = Cubanthus（Boiss.）Millsp.（1913）［大戟科 Euphorbiaceae］■☆

13872 Cubeba Raf.（1838）（1）= Litsea Lam.（1792）（保留属名）［樟科 Lauraceae］●

13873 Cubeba Raf.（1838）（2）= Piper L.（1753）［胡椒科 Piperaceae］●■

13874 Cubelium Raf.（1824）Nom. inval. ≡ Cubelium Raf. ex Britton et A. Br.（1897）；~ =Hybanthus Jacq.（1760）（保留属名）［堇菜科 Violaceae］●■

13875 Cubelium Raf. ex Britton et A. Br.（1897）= Hybanthus Jacq.（1760）（保留属名）［堇菜科 Violaceae］●■

13876 Cubilia Blume（1849）【汉】南洋丹属。【隶属】无患子科 Sapindaceae。【包含】世界 1 种。【学名诠释与讨论】〈阴〉词源不详。【分布】菲律宾（菲律宾群岛），印度尼西亚（马鲁古群岛），印度尼西亚（苏拉威西岛）。【模式】Cubilia blancoi Blume，Nom. illegit.［Euphoria cubili Blanco；Cubilia cubili（Blanco）Adelbert］。●☆

13877 Cubincola Urb.（1918）= Cneorum L.（1753）［叶柄花科 Cneoraceae//拟荨麻科 Urticaceae］●☆

13878 Cubitanthus Barringer（1984）【汉】肘花苣苔属。【隶属】苦苣苔科 Gesneriaceae。【包含】世界 1 种。【学名诠释与讨论】〈阳〉（希）cubitus，肘 + anthos，花。antheros，多花的。antheo，开花。【分布】巴西。【模式】Cubitanthus alatus（Chamisso et D. F. L. Schlechtendal）K. Barringer［Russelia alata Chamisso et D. F. L. Schlechtendal］。●☆

13879 Cubospermum Lour.（1790）= Ludwigia L.（1753）［柳叶菜科 Onagraceae］●■

13880 Cuchumatanea Seid. et Beaman（1966）【汉】危地马拉菊属。【隶属】菊科 Asteraceae（Compositae）。【包含】世界 1 种。【学名诠释与讨论】〈阴〉（地）Cuchumatanes，库丘曼塔内斯山，位于危地马拉。【分布】中美洲。【模式】Cuchumatanea steyermarkii Seidenschnur et Beaman。■☆

13881 Cucifera Delile（1813）= Hyphaene Gaertn.（1788）［棕榈科 Arecaceae（Palmae）］●☆

13882 Cucubalus L.（1753）【汉】狗筋蔓属。【日】ナンバンハコベ属。【俄】Волдырник，Пузырник。【英】Berry Catchtly，Bladder Campion，Bladdercampion，Catehfly，Cucubalus。【隶属】石竹科 Caryophyllaceae。【包含】世界 1 种，中国 1 种。【学名诠释与讨论】〈阳〉（希）有人解释为 kanos，恶劣 + bolos，投掷。另说是 Plinius 把 Cucubalus 用于植物名称，也叫 strychnos 和 strumus。此属的学名，ING、APNI、TROPICOS 和 IK 记载是"Cucubalus L.，Sp. Pl. 1：414. 1753 ［1 May 1753］"。"Scribaea Borkhausen，Rhein. Mag. Erweit. Naturk. 1：590. 1793"是"Cucubalus L.（1753）"的晚出的同模式异名（Homotypic synonym，Nomenclatural synonym）。亦有文献把"Cucubalus L.（1753）"处理为"Silene L.（1753）（保留属名）"的异名。【分布】巴基斯坦，中国，北温带。【后选模式】Cucubalus baccifer Linnaeus。【参考异名】Acubalus Neck.（1790）Nom. inval. ; Lychnanthos S. G. Gmel.（1770）；Lychnanthus C. C. Gmel.（1806）；Moenchia Neck.（废弃属名）；Scribaea Borkh.（1793）Nom. illegit. ;Silene L.（1753）（保留属名）■

13883 Cucularia Raf.（1808）= Dicentra Bernh.（1833）（保留属名）［罂粟科 Papaveraceae//紫堇科（荷苞牡丹科）Fumariaceae］■

13884 Cuculina Raf.（1838）= Catasetum Rich. ex Kunth（1822）［兰科 Orchidaceae］■☆

13885 Cucullangis Thouars = Angraecum Bory（1804）［兰科 Orchidaceae］■☆

13886 Cucullaria Endl. = Cucularia Raf.（1808）；~ = Dicentra Bernh.（1833）（保留属名）［罂粟科 Papaveraceae//紫堇科（荷苞牡丹科）Fumariaceae］■

13887 Cucullaria Fabr. =Lychnis L.（1753）（废弃属名）；~ =Silene L.（1753）（保留属名）［石竹科 Caryophyllaceae］■

13888 Cucullaria Kramer ex Kuntze（1891）Nom. illegit. ≡ Callipeltis Steven（1829）［囊萼花科（独蕊科，蜡烛树科）Vochysiaceae//茜草科 Rubiaceae］●☆

13889 Cucullaria Kuntze（1891）Nom. illegit. ≡ Cucullaria Kramer ex Kuntze（1891）Nom. illegit. ；~ ≡ Callipeltis Steven（1829）［囊萼花科（独蕊科，蜡烛树科）Vochysiaceae//茜草科 Rubiaceae］●☆

13890 Cucullaria Schreb.（1789）Nom. illegit. ≡ Cucullaria Kramer ex Schreb.（1789）Nom. illegit. ；~ ≡ Vochysia Aubl.（1775）（保留属名）［as 'Vochy'］［囊萼花科（独蕊科，蜡烛树科）Vochysiaceae//茜草科 Rubiaceae］●☆

13891 Cucullifera Nees（1836）= Cannomois P. Beauv. ex Desv.（1828）［帚灯草科 Restionaceae］■☆

13892 Cuculligera Mast.（1868）= Cannomois P. Beauv. ex Desv.（1828）［帚灯草科 Restionaceae］■☆

13893 Cucumella Chiov.（1929）【汉】小香瓜属。【隶属】葫芦科（瓜科，南瓜科）Cucurbitaceae。【包含】世界 6 种。【学名诠释与讨论】〈阴〉（属）Cucumis 香瓜属 +-ellus，-ella，-ellum，加在名词词干后面形成指小式的词尾。或加在人名、属名等后面以组成新属的名称。【分布】热带非洲。【模式】Cucumella robecchii Chiovenda。■☆

13894 Cucumeria Luer（2004）= Pleurothallis R. Br.（1813）［兰科 Orchidaceae］■☆

13895 Cucumeroides Gaertn.（1791）= Trichosanthes L.（1753）［葫芦科（瓜科，南瓜科）Cucurbitaceae］●

13896 Cucumeropsis Naudin（1866）【汉】热非葫芦属。【隶属】葫芦科（瓜科，南瓜科）Cucurbitaceae。【包含】世界 1 种。【学名诠释与讨论】〈阴〉（希）cucumis，所有格 cucumeris，胡瓜 + 希腊文 opsis，外观，模样，相似。【分布】热带非洲西部。【模式】Cucumeropsis mannii Naudin。【参考异名】Cladosicyos Hook. f.（1871）；Corynosicyos F. Muell.（1876）■☆

13897 Cucumis L.（1753）【汉】黄瓜属（甜瓜属，香瓜属）。【日】キウリ属，キュウリ属。【俄】Дыня，Кукумис，Огурец。【英】Concombre，Cucumber，Cucumis，Melon，Muskmelon。【隶属】葫芦科（瓜科，南瓜科）Cucurbitaceae。【包含】世界 25-70 种，中国 4 种。【学名诠释与讨论】〈阴〉（拉）cucumis，胡瓜，源于 cucuma，中空，壶形的容器。指其果实。【分布】巴基斯坦，巴拉圭，巴拿马，秘鲁，玻利维亚，厄瓜多尔，哥伦比亚（安蒂奥基亚），哥斯达黎加，马达加斯加，美国（密苏里），尼加拉瓜，中国，非洲，亚洲，热带美洲，中美洲。【后选模式】Cucumis sativus Linnaeus。【参考异名】Melo L. ；Melo Mill.（1754）■

13898 Cucurbita L.（1753）【汉】南瓜属。【日】カボチャ属，タウナス属。【俄】Кукурбита，Тыква。【英】Gourd，Marrow，Pompion，Pumpkin，Squash，Winter Squash。【隶属】葫芦科（瓜科，南瓜科）Cucurbitaceae。【包含】世界 13-30 种，中国 3 种。【学名诠释与讨论】〈阴〉（拉）cucurbita，南瓜古名。源于 cucumis，所有格 cucumeris，胡瓜 + orbis 圆形。此属的学名，ING、APNI、GCI、TROPICOS 和 IK 记载是"Cucurbita L.，Sp. Pl. 2：1010. 1753 ［1 May 1753］"。"Pepo P. Miller，Gard. Dict. Abr. ed. 4. 28 Jan 1754"是"Cucurbita L.（1753）"的晚出的同模式异名（Homotypic synonym，Nomenclatural synonym）。【分布】巴基斯坦，巴拿马，玻利维亚，厄瓜多尔，哥伦比亚（安蒂奥基亚），哥斯达黎加，马达加斯加，美国（密苏里），尼加拉瓜，中国，美洲。【后选模式】

Cucurbita pepo Linneaus。【参考异名】Austrobryonia H. Schaef.
(2008);Mellonia Gasp. (1847);Melopepo Mill. (1754);Ozodycus
Raf. (1832);Pepo Mill. (1754) Nom. illegit.;Pileocalyx Gasp.
(1847)（废弃属名）;Sphenantha Schrad. (1838);Tristemon
Scheele(1848)Nom. illegit. ■

13899　Cucurbitaceae Juss. (1789)（保留科名）（汉）葫芦科（瓜科,南
瓜科）。【日】ウリ科。【俄】Тыквенные。【英】Cucumber
Family,Gourd Family,White Bryony Family。【包含】世界 110-140
属 775-960 种,中国 36 属 150-194 种。【分布】热带。【科名模
式】Cucurbita L. (1753) ■●

13900　Cucurbitella Walp. (1846)【汉】小南瓜属。【隶属】葫芦科（瓜
科,南瓜科）Cucurbitaceae。【包含】世界 1 种。【学名诠释与讨
论】〈阴〉（属）Cucurbita 南瓜属+-ellus,-ella,-ellum,加在名词
词干后面形成指小式的词尾。或加在人名、属名等后面以组成
新属的名称。此属的学名"Cucurbitella Walpers, Repert. 6:50. 3-5
Sep 1846（'Curcubitella'）"是一个替代名称。"Schizostigma
Arnott in R. Wight, Madras J. Lit. Sci. 12:50. Jul 1840"是一个非法
名称（Nom. illegit.）,因为此前已经有了"Schizostigma Arnott ex
Meisner, Pl. Vasc. Gen. 1:164,2:116. 16-22 Sep 1838［葫芦科（瓜
科,南瓜科）Cucurbitaceae］"。故用"Cucurbitella Walp. (1846)"
替代之。"Curcubitella Walpers, Repert. 6:50. 3-5 Sep 1846"似为
变体。"Cucurbitula（M. Roem.）Post et Kuntze（1903）Nom.
illegit. ≡Cucurbitula（M. Roem.）Kuntze（1903）Nom. illegit.［葫芦
科(瓜科,南瓜科)Cucurbitaceae]"的命名人引证有误。【分布】
巴拉圭,玻利维亚,南美洲。【模式】Cucurbitella asperata（Gillies
ex W. J. Hooker et Arnott）Walpers［Cucurbita asperata Gillies ex
W. J. Hooker et Arnott]。【参考异名】Curcubitella Walp. (1846)
Nom. illegit.;Prasopepon Naudin (1866) Nom. illegit.;Schizostigma
Arn. (1840) Nom. illegit. ■☆

13901　Cucurbitula(M. Roem.) Kuntze (1903) Nom. illegit. ≡Blastania
Kotschy et Peyr. (1867)［葫芦科（瓜科,南瓜科）Cucurbitaceae］■☆

13902　Cucurbitula（M. Roem.）Post et Kuntze（1903）Nom. illegit. ≡
Cucurbitula（M. Roem.）Kuntze（1903）Nom. illegit.;~ ≡Blastania
Kotschy et Peyr. (1867)［葫芦科（瓜科,南瓜科）Cucurbitaceae］■

13903　Cudicia Buch. -Ham. ex G. Don(1837) = Pottsia Hook. et Arn.
(1837) + Parsonsia R. Br. (1810)（保留属名）［夹竹桃科
Apocynaceae］●

13904　Cudrania Trécul(1847)（保留属名）【汉】柘树属（莨芝属,柘
属）。【日】ハリグハ属,ハリグワ属。【俄】Кудрания。【英】
Cudrania。【隶属】桑科 Moraceae。【包含】世界 5-10 种,中国 7
种。【学名诠释与讨论】〈阴〉（马来）cudrang,一种植物俗名。一
说来自希腊文 kudros,光荣的。此属的学名"Cudrania Trécul in
Ann. Sci. Nat. , Bot. , ser. 3,8:122. Jul-Dec 1847"是保留属名。相
应的废弃属名是桑科 Moraceae 的"Vanieria Lour. , Fl. Cochinch. :
539,564. Sep 1790 =Cudrania Trécul(1847)（保留属名）= Maclura
Nutt. (1818)（保留属名）"。五桠果科 Dilleniaceae 的"Vanieria
Montrouzier, Mém. Acad. Roy. Sci. Lyon, Sect. Sci. ser. 2. 10:176.
1860 =Hibbertia Andréws(1800) = Trisema Hook. f. (1857)"亦应
废弃。"Cudrania Trécul (1847)"曾被处理为"Maclura sect.
Cudrania (Trécul) Corner, Gardens' Bulletin, Singapore 19:237.
1962"。亦有文献把"Cudrania Trécul(1847)（保留属名）"处理
为"Maclura Nutt. (1818)（保留属名）"的异名。【分布】日本至
澳大利亚,中国,法属新喀里多尼亚。【模式】Cudrania javanensis
Trécul。【参考异名】Cudranus Kuntze;Cudranus Miq. (1859) Nom.
illegit.;Cudranus Rumph. ex Miq. (1859) Nom. illegit.;Maclura
Nutt. (1818)（保留属名）;Maclura sect. Cudrania (Trécul) Corner
(1962);Vaniera J. St. -Hil. (1805);Vanieria Lour. (1790)（废弃

属名）●

13905　Cudranus Kuntze = Cudrania Trécul(1847)（保留属名）［桑科
Moraceae］●

13906　Cudranus Miq. (1859)Nom. illegit. ≡Cudranus Rumph. ex Miq.
(1859) Nom. illegit. ; ~ =Cudrania Trécul(1847)（保留属名）［桑
科 Moraceae］●

13907　Cudranus Rumph. ex Miq. (1859) Nom. illegit. =Cudrania Trécul
(1847)（保留属名）［桑科 Moraceae］●

13908　Cuellara Pers. (1805) = Cuellaria Ruiz et Pav. (1794)［杜鹃花
科（欧石南科）Ericaceae］●

13909　Cuellaria Ruiz et Pav. (1794) = Gilibertia J. F. Gmel. (1791)
Nom. illegit. ; ~ =Quivisia Comm. ex Juss. (1789);~ = Turraea L.
(1771)［棟科 Meliaceae//桤叶树科（山柳科）Clethraceae］●

13910　Cuenotia Rizzini (1956)【汉】巴东北爵床属。【隶属】爵床科
Acanthaceae。【包含】世界 1 种。【学名诠释与讨论】〈阴〉（人）
Cuenot。【分布】巴西（东北部）。【模式】Cuenotia speciosa
Rizzini。☆

13911　Cuepia J. F. Gmel. (1791) = Couepia Aubl. (1775)［金壳果科
Chrysobalanaceae］●☆

13912　Cuervea Triana ex Miers(1872)【汉】膜杯卫矛属。【隶属】卫
矛科 Celastraceae。【包含】世界 3-5 种。【学名诠释与讨论】
〈阴〉（地）Cuervo, 库埃沃, 位于美国。此属的学名, ING、
TROPICOS 和 IK 记载是"Cuervea Triana ex Miers, Trans. Linn.
Soc. London 28（2）:370. 1872［after 17 May 1872, possibly 8
Jun］"。它曾被处理为"Hippocratea sect. Cuervea（Triana ex
Miers）Peyr. , Sitzungsberichte der Kaiserlichen Akademie der
Wissenschaften, Mathematisch – Naturwissenschaftlichen Classe,
Abteilung 1 70（1）:414. 1875"和"Hippocratea subgen. Cuervea
（Triana ex Miers）Loes. , Die Natürlichen Pflanzenfamilien 3（5）:
228. 1893"。【分布】巴拿马,秘鲁,玻利维亚,厄瓜多尔,墨西哥,
西印度群岛,热带南美洲,中美洲。【后选模式】Cuervea
granadensis Miers。【参考异名】Hippocratea sect. Cuervea（Triana
ex Miers）Peyr. (1875);Hippocratea subgen. Cuervea（Triana ex
Miers）Loes. (1893);Romualdea Triana et Planch. (1872)●☆

13913　Cufodontia Woodson (1934) = Aspidosperma Mart. et Zucc.
(1824)（保留属名）［夹竹桃科 Apocynaceae］●☆

13914　Cuiavus Trew(1754) Nom. illegit. ≡Psidium L. (1753)［桃金
娘科 Myrtaceae］●

13915　Cuiete Adans. (1763) Nom. illegit. ≡Crescentia L. (1753)［紫
葳科 Bignoniaceae//葫芦树科（炮弹果科）Crescentiaceae］●

13916　Cuiete Mill. (1754)Nom. illegit. ≡Crescentia L. (1753)［紫葳
科 Bignoniaceae//葫芦树科（炮弹果科）Crescentiaceae］●

13917　Cuitlanzina Lindl. (1826) Nom. illegit. = Cuitlauzina La Llave et
Lex. (1825);~ =Odontoglossum Kunth(1816)［兰科 Orchidaceae］■

13918　Cuitlanzina Roeper = Cuitlauzina La Llave et Lex. (1825);~ =
Odontoglossum Kunth(1816)［兰科 Orchidaceae］■

13919　Cuitlauzina La Llave et Lex. (1825) = Odontoglossum Kunth
(1816)［兰科 Orchidaceae］■

13920　Cuitlauzinia Rchb. (1841) = Cuitlauzina La Llave et Lex.
(1825);~ =Odontoglossum Kunth(1816)［兰科 Orchidaceae］■

13921　Cujunia Alef. (1861) = Vicia L. (1753)［豆科 Fabaceae
(Leguminosae)//蝶形花科 Papilionaceae//野豌豆科 Viciaceae］■

13922　Culcasia P. Beauv. (1803)（保留属名）【汉】库卡苇属。【隶
属】天南星科 Araceae。【包含】世界 20-27 种。【学名诠释与讨
论】〈阴〉来自阿拉伯植物俗名。此属的学名"Culcasia P.
Beauv. , Fl. Oware, ed. 4:4. 2 Oct 1803"是保留属名。法规未列出
相应的废弃属名。"Denhamia H. W. Schott in H. W. Schott et

Endlicher, Melet. Bot. 19. 1832（废弃属名）"是"Culcasia P. Beauv.（1803）（保留属名）"的晚出的同模式异名（Homotypic synonym, Nomenclatural synonym）。【分布】热带非洲。【模式】Culcasia scandens Palisot de Beauvois。【参考异名】Denhamia Schott（1832）Nom. illegit.（废弃属名）■☆

13923 Culcitium Bonpl.（1808）【汉】垂绒菊属。【隶属】菊科 Asteraceae（Compositae）。【包含】世界 15 种。【学名诠释与讨论】〈阴〉（拉）culcita，eulcitra，床，垫子，枕头。此属的学名，ING、TROPICOS 和 IK 记载是"Culcitium Bonpland in Humboldt et Bonpland, Pl. Aequin. 2：1. Nov 1808（'1809'）"。"Culcitium Humb. & Bonpl., Plantes Equinoxiales 2 1808 ≡ Culcitium Bonpl.（1808）"的命名人引证有误。"Culcitium Bonpl.（1808）"曾被处理为"Senecio sect. Culcitium（Bonpl.）Cuatrec., Fieldiana, Botany 27（1）：50. 1950.（8 Jun 1950）"。亦有文献把"Culcitium Bonpl.（1808）"处理为"Senecio L.（1753）"的异名。【分布】玻利维亚，厄瓜多尔，安第斯山区。【模式】Culcitium rufescens Bonpland。【参考异名】Culcitium Humb. et Bonpl.（1808）Nom. illegit.；Culcitum N. T. Burb.（1963）Nom. illegit.；Lasiocephalus Willd. ex Schltdl.（1818）；Oresigonia Schltdl. ex Less.（1832）；Senecio L.（1753）；Senecio sect. Culcitium（Bonpl.）Cuatrec.（1950）■☆

13924 Culcitium Humb. et Bonpl.（1808）Nom. illegit. ≡ Culcitium Bonpl.（1808）［菊科 Asteraceae（Compositae）//千里光科 Senecionidaceae］■☆

13925 Culcitum N. T. Burb.（1963）Nom. illegit. = Culcitium Bonpl.（1808）［菊科 Asteraceae（Compositae）］■☆

13926 Culhamia Forssk.（1775）= Sterculia L.（1753）［梧桐科 Sterculiaceae//锦葵科 Malvaceae］●

13927 Cullay Molina ex Steud.（1840）= Quillaja Molina（1782）［蔷薇科 Rosaceae//皂树科 Quillajaceae］●☆

13928 Cullen Medik.（1787）【汉】热带补骨脂属。【隶属】豆科 Fabaceae（Leguminosae）//蝶形花科 Papilionaceae。【包含】世界 35 种，中国 1 种。【学名诠释与讨论】〈中〉词源不详。此属的学名，ING 和 TROPICOS 记载是"Cullen Medik., Vorlesungen der Churpfalzischen Physikalisch–Okonomische Gesellschaft 2 1787"。"Dorychnium Moench, Meth. 109. 4 Mai 1794"是"Cullen Medik.（1787）"的晚出的同模式异名（Homotypic synonym, Nomenclatural synonym）。亦有文献把"Cullen Medik.（1787）"处理为"Psoralea L.（1753）"的异名。【分布】中国，北美洲，热带旧世界。【模式】Cullen corylifolium（Linnaeus）Medikus［Psoralea corylifolia Linnaeus］。【参考异名】Baueropsis Hutch.（1964）；Dorychnium Moench（1794）Nom. illegit.；Dorychnium Royen ex Moench（1794）Nom. illegit.；Meladenia Turcz.（1848）；Psoralea L.（1753）●■

13929 Cullenia Wight（1851）【汉】卡伦木棉属。【隶属】木棉科 Bombacaceae//锦葵科 Malvaceae。【包含】世界 3 种。【学名诠释与讨论】〈中〉（人）James Cullen，1936–，植物学者。另说纪念英国气象学者 Lieut–General William Cullen，1785–1862。亦有文献把"Cullenia Wight（1851）"处理为"Durio Adans.（1763）"的异名。【分布】斯里兰卡，印度（南部）。【模式】Cullenia excelsa R. Wight，Nom. illegit.［Durio ceylanicus G. Gardner］。【参考异名】Durio Adans.（1763）●☆

13930 Cullmannia Distefano（1956）= Peniocereus（A. Berger）Britton et Rose（1909）；~ = Wilcoxia Britton et Rose（1909）［仙人掌科 Cactaceae］■☆

13931 Cullomia Juss.（1826）= Collomia Nutt.（1818）［花荵科 Polemoniaceae］■☆

13932 Cullumia R. Br.（1813）【汉】寻叶联苞菊属。【隶属】菊科 Asteraceae（Compositae）。【包含】世界 15-16 种。【学名诠释与讨论】〈阴〉（人）Cullum。【分布】非洲南部。【后选模式】Cullumia ciliaris（Willdenow）R. Brown［Berkheya ciliaris Willdenow］。■☆

13933 Cullumiopsis Drake（1899）= Dicoma Cass.（1817）；~ = Macledium Cass.（1825）［菊科 Asteraceae（Compositae）］●☆

13934 Cultridendris Thouars = Dendrobium Sw.（1799）（保留属名）；~ = Polystachya Hook.（1824）（保留属名）［兰科 Orchidaceae］■

13935 Cuma Post et Kuntze（1903）= Couma Aubl.（1775）［夹竹桃科 Apocynaceae］●☆

13936 Cumarinia（Knuth）Buxb.（1951）【汉】薰大将属。【隶属】仙人掌科 Cactaceae。【包含】世界 1 种。【学名诠释与讨论】〈阴〉词源不详。似来自人名。此属的学名，ING 记载是"Cumarinia F. Buxbaum, Oesterr. Bot. Z. 98：61. 28 Apr 1951"。而 IK 则记载为"Cumarinia（F. M. Knuth）Buxb., Oesterr. Bot. Z. 98：61, in adnot. 1951"，由"Coryphantha subgen. Cumarinia Knuth."改级而来。亦有文献把"Cumarinia（Knuth）Buxb.（1951）"处理为"Coryphantha（Engelm.）Lem.（1868）（保留属名）"的异名。【分布】墨西哥。【模式】未指定。【参考异名】Coryphantha（Engelm.）Lem.（1868）（保留属名）；Coryphantha subgen. Cumarinia Knuth.；Cumarinia Buxb.（1951）Nom. illegit.■☆

13937 Cumarinia Buxb.（1951）Nom. illegit. ≡ Cumarinia（Knuth）Buxb.（1951）［仙人掌科 Cactaceae］■☆

13938 Cumarouma Steud.（1840）= Cumaruna J. F. Gmel.（1792）；~ = Dipteryx Schreb.（1791）（保留属名）［豆科 Fabaceae（Leguminosae）］●☆

13939 Cumaruma Steud.（1821）= Cumaruna J. F. Gmel.（1792）；~ = Dipteryx Schreb.（1791）（保留属名）［豆科 Fabaceae（Leguminosae）］●☆

13940 Cumaruna J. F. Gmel.（1792）= Dipteryx Schreb.（1791）（保留属名）［豆科 Fabaceae（Leguminosae）］●☆

13941 Cumaruna Kuntze（1891）Nom. illegit. = Coumarouna Aubl.（1775）（废弃属名）；~ = Dipteryx Schreb.（1791）（保留属名）［豆科 Fabaceae（Leguminosae）］●☆

13942 Cumbalu Adans.（1763）= Catalpa Scop.（1777）［紫葳科 Bignoniaceae］●

13943 Cumbalu B. D. Jacks. = Cumbulu Adans.（1763）；~ = Gmelina L.（1753）［马鞭草科 Verbenaceae//牡荆科 Viticaceae］●

13944 Cumbata Raf.（1838）= Rubus L.（1753）［蔷薇科 Rosaceae］●■

13945 Cumbea Wight et Arn.（1834）= Cumbia Buch. –Ham.（1807）［玉蕊科（巴西果科）Lecythidaceae］●☆

13946 Cumbia Buch. –Ham.（1807）= Careya Roxb.（1811）（保留属名）［玉蕊科（巴西果科）Lecythidaceae］●☆

13947 Cumbula Steud.（1840）= Cumbulu Adans.（1763）［唇形科 Lamiaceae（Labiatae）］●

13948 Cumbulu Adans.（1763）= Gmelina L.（1753）［马鞭草科 Verbenaceae//牡荆科 Viticaceae］●

13949 Cumbulu Rheede ex Adans.（1763）Nom. illegit. ≡ Cumbulu Adans.（1763）；~ = Gmelina L.（1753）［马鞭草科 Verbenaceae//牡荆科 Viticaceae］●

13950 Cumelopuntia F. Ritter（1980）Nom. illegit.［仙人掌科 Cactaceae］☆

13951 Cumetea Raf.（1838）= Myrcia DC. ex Guill.（1827）［桃金娘科 Myrtaceae］●☆

13952 Cumingia Kunth（1843）（废弃属名）= Cummingia D. Don（1828）（废弃属名）；~ = Conanthera Ruiz et Pav.（1802）［蒂可花科（百鸢科，基叶草科）Tecophilaeaceae］■☆

13953 Cumingia Vidal（1885）（保留属名）【汉】卡明木棉属。【隶属】

木棉科 Bombacaceae//锦葵科 Malvaceae。【包含】世界 1 种。【学名诠释与讨论】〈阴〉（人）Hugh Cuming，1791 - 1865，英国植物采集家。此属的学名"Cumingia Vidal，Phan. Cuming. Philipp.：211. Nov 1885"是保留属名。相应的废弃属名是蒂可花科（百鸢科，基叶草科）Tecophilaeaceae 的" Cummingia D. Don in Sweet，Brit. Fl. Gard. 3：ad t. 257. Apr 1828 = Conanthera Ruiz et Pav.（1802）"。蒂可花科（百鸢科，基叶草科）Tecophilaeaceae 的" Cumingia Kunth，Enum. Pl.［Kunth］4：631. 1843.［17-19 Jul 1843］= Cummingia D. Don（1828）（废弃属名）= Conanthera Ruiz et Pav.（1802）"亦应废弃。亦有文献把" Cumingia Vidal（1885）（保留属名）"处理为" Camptostemon Mast.（1872）"的异名。【分布】菲律宾（菲律宾群岛）。【模式】Cumingia philippinensis Vidal y Soler。【参考异名】Camptostemon Mast.（1872）●☆

13954　Cuminia B. D. Jacks. = Cuminum L.（1753）［伞形花科（伞形科）Apiaceae（Umbelliferae）］■

13955　Cuminia Colla（1835）【汉】马岛塔花属。【隶属】唇形科 Lamiaceae（Labiatae）。【包含】世界 1 种。【学名诠释与讨论】〈阴〉（希）kyminon，一种旱芹。此属的学名，ING、TROPICOS 和 IK 记载是" Cuminia Colla，Mem. Reale Accad. Sci. Torino 38：139. Nov - Dec 1835"。" Johowia Epling et Looser，Revista Univ.（Santiago）22（2）：168. Jun - Jul 1937"和" Skottsbergiella Epling，Repert. Spec. Nov. Regni Veg. Beih. 85：1. 10 Aug 1935（non Petrak 1927）"是" Cuminia Colla（1835）"的晚出的同模式异名（Homotypic synonym，Nomenclatural synonym）。【分布】智利（胡安 - 费尔南德斯群岛）。【模式】Cuminia fernandezia Colla。【参考异名】Johowia Epling et Looser（1937）Nom. illegit.；Skottsbergiella Epling（1935）Nom. illegit.●☆

13956　Cuminoides Fabr.（1759）Nom. illegit. ≡ Lagoecia L.（1753）［伞形花科（伞形科）Apiaceae（Umbelliferae）］●☆

13957　Cuminoides Moench（1794）Nom. illegit. = Lagoecia L.（1753）［伞形花科（伞形科）Apiaceae（Umbelliferae）］●☆

13958　Cuminoides Tourn.（1794）Nom. illegit. ≡ Cuminoides Tourn. ex Moench（1794）Nom. illegit.；~ = Lagoecia L.（1753）［伞形花科（伞形科）Apiaceae（Umbelliferae）］●☆

13959　Cuminoides Tourn. ex Moench（1794）Nom. illegit. = Lagoecia L.（1753）［伞形花科（伞形科）Apiaceae（Umbelliferae）］●☆

13960　Cuminum L.（1753）【汉】孜然芹属（小茴香属）。【日】クミヌム属，ヒメウイキョウ属。【俄】Кмин。【英】Cumin，Cuminum，Cummin。【隶属】伞形花科（伞形科）Apiaceae（Umbelliferae）。【包含】世界 4 种，中国 1 种。【学名诠释与讨论】〈中〉（希）kuminon，孜然芹古名。此属的学名，ING、TROPICOS 和 IK 记载是" Cuminum L.，Sp. Pl. 1：254. 1753［1 May 1753］"。" Cyminum J. Hill，Brit. Herb. 422. Nov 1756"和" Luerssenia O. Kuntze，Rev. Gen. 1：268. 5 Nov 1891（non Kuhn ex Luerssen 1882）"是" Cuminum L.（1753）"的晚出的同模式异名（Homotypic synonym，Nomenclatural synonym）。" Cummin Hill，Veg. Syst. vi. 7（1764）"似为" Cuminum L.（1753）"的拼写变体。【分布】巴基斯坦，玻利维亚，中国，地中海至苏丹和亚洲中部。【模式】Cuminum cyminum Linnaeus。【参考异名】Cuminia B. D. Jacks.；Cummin Hill（1764）；Cyminon St. -Lag.（1880）；Cyminum Hill（1756）Nom. illegit.；Luerssenia Kuntze（1891）Nom. illegit.■

13961　Cummin Hill（1764）= Cuminum L.（1753）［伞形花科（伞形科）Apiaceae（Umbelliferae）］■

13962　Cummingia D. Don（1828）（废弃属名）= Conanthera Ruiz et Pav.（1802）［蒂可花科（百鸢科，基叶草科）Tecophilaeaceae］■☆

13963　Cumminsia King ex Prain（1906）= Meconopsis R. Vig. ex DC.（1821）［罂粟科 Papaveraceae］■

13964　Cumulopuntia F. Ritter（1980）= Opuntia Mill.（1754）［仙人掌科 Cactaceae］●

13965　Cuncea Buch. -Ham. ex D. Don（1825）= Knoxia L.（1753）［茜草科 Rubiaceae］■

13966　Cuniculotinus Urbatsch，R. P. Roberts et Neubig（2005）【汉】兔黄花属（禾状兔黄花属）。【英】Rock Goldenrod。【隶属】菊科 Asteraceae（Compositae）。【包含】世界 1 种。【学名诠释与讨论】〈阳〉（拉）cuniculus，野兔+tinus，灌木丛。【分布】美国。【模式】Cuniculotinus gramineus（H. M. Hall）Urbatsch，R. P. Roberts et Neubig。●☆

13967　Cunigunda Bubani（1899）Nom. illegit. ≡ Eupatorium L.（1753）［菊科 Asteraceae（Compositae）//泽兰科 Eupatoriaceae］■●

13968　Cunila D. Royen ex L.（1759）Nom. illegit.（废弃属名）≡ Cunila L.（1759）（保留属名）［唇形科 Lamiaceae（Labiatae）］●

13969　Cunila D. Royen（1759）Nom. illegit.（废弃属名）≡ Cunila D. Royen ex L.（1759）Nom. illegit.（废弃属名）；~ ≡ Cunila L.（1759）（保留属名）［唇形科 Lamiaceae（Labiatae）］●

13970　Cunila L.（1759）（保留属名）【汉】岩薄荷属。【俄】Кунила。【英】Stone Mint，Stone - mint。【隶属】唇形科 Lamiaceae（Labiatae）。【包含】世界 15 种。【学名诠释与讨论】〈阴〉（拉）cunile，cunila，cunela 或 conila，植物古名。此属的学名" Cunila L.，Syst. Nat.，ed. 10：1359. 7 Jun 1759"是保留属名。相应的废弃属名是唇形科 Lamiaceae（Labiatae）的" Cunila L. ex Mill.，Gard. Dict. Abr.，ed. 4：［414］. 28 Jan 1754 ≠ Cunila L.（1759）（保留属名）"。唇形科 Lamiaceae（Labiatae）的" Cunila D. Royen ex Linnaeus，Syst. Nat. ed. 10. 1359. 7 Jun 1759 ≡ Cunila L.（1759）（保留属名）"、" Cunila Mill.，Gard. Dict. Abr.，ed. 4.［414］. 1754［28 Jan 1754］≡ Cunila L. ex Mill.（1754）（废弃属名）= Sideritis L.（1753）［唇形科 Lamiaceae（Labiatae）]"和" Cunila D. Royen，Syst. Nat.，ed. 10. 2：1359. 1759［7 Jun 1759］≡ Cunila D. Royen ex L.（1759）Nom. illegit.（废弃属名）"亦应废弃。" Hedyosmos J. Mitchell，Brev. Bot. Zool. 33. 1769"是" Cunila L.（1759）（保留属名）"的晚出的同模式异名（Homotypic synonym，Nomenclatural synonym）。" Burgsdorfia Moench，Meth. 392. 4 Mai 1794"和" Mappia Heister ex Fabricius，Enum. 58. 1759（废弃属名）"是" Cunila L. ex Mill.（1754）（废弃属名）"的晚出的同模式异名（Homotypic synonym，Nomenclatural synonym）。【分布】巴拿马，哥斯达黎加，美国（密苏里），中国，北美洲东部至乌拉圭，中美洲。【后选模式】Cunila mariana L.，Nom. illegit.［Satureja origanoides L.；Cunila origanoides（L.）Britton］。【参考异名】Cunila D. Royen ex L.（1759）Nom. illegit.（废弃属名）；Cunila D. Royen（1759）Nom. illegit.（废弃属名）；Hedyosmos Mitch.（1748）Nom. inval.；Hedyosmos Mitch.（1769）Nom. illegit.；Mappia Fabr.（1759）Nom. illegit.（废弃属名）；Mappia Heist. ex Fabr.（1759）Nom. illegit.（废弃属名）●

13971　Cunila L. ex Mill.（1754）（废弃属名）= Sideritis L.（1753）［唇形科 Lamiaceae（Labiatae）］■●

13972　Cunila Mill.（1754）（废弃属名）≡ Cunila L. ex Mill.（1754）（废弃属名）；~ = Sideritis L.（1753）［唇形科 Lamiaceae（Labiatae）］■●

13973　Cunina Clos（1848）= Nertera Banks ex Gaertn.（1788）（保留属名）［茜草科 Rubiaceae］■

13974　Cunina Gay（1848）= Nertera Banks ex Gaertn.（1788）（保留属名）［茜草科 Rubiaceae］■

13975　Cunninghamia R. Br.（1826）（保留属名）【汉】杉木属。【日】クワウエフザン属，コウヨウザン属。【俄】Куннингамия。【英】China Fir，Chinafir，China-fir，Chinese Fir。【隶属】杉科（落

羽杉科）Taxodiaceae。【包含】世界 3 种,中国 3 种。【学名诠释与讨论】〈阴〉〈人〉James Cunningham,? -1709,英国东印度公司的外科医师。1701 年在我国华东地区采集植物标本 600 余种,包括本属模式 C. lanceolata。一说是纪念英国植物学者 J. Cunningham 和 A. Cunningham 兄弟俩。此属的学名 "Cunninghamia R. Br. in Richard, Comm. Bot. Conif. Cycad.: 80, 149. Sep~Nov 1826" 是保留属名。相应的废弃属名是茜草科 Rubiaceae 的 "Cunninghamia Schreb., Gen. Pl.: 789. Mai 1791 ≡ Malanea Aubl. (1775)" 和杉科(落羽杉科)Taxodiaceae 的 "Belis Salisb. in Trans. Linn. Soc. London 8: 315. 9 Mar 1807 ≡ Cunninghamia R. Br. (1826)(保留属名)"。"Cunninghamia R. Br. ex Rich." 和 "Cunninghamia R. Br. ex Rich. et A. Rich." 的命名人引证有误,亦应废弃。真菌的 "Cunninghamia Currey, J. Linn. Soc., Bot. 13: 334. 21 Mar 1873 ≡ Choanephora Currey 1873" 也须废弃。"Belis R. A. Salisbury, Trans. Linn. Soc. London 8: 315. 1807 (废弃属名)" 是 "Cunninghamia R. Br. (1826)(保留属名)" 的同模式异名(Homotypic synonym, Nomenclatural synonym)。【分布】中国。【模式】Cunninghamia infundibulifera Currey。【参考异名】Belis Salisb. (1807)(废弃属名); Cunninghamia R. Br. ex Rich. (1826) Nom. illegit. (废弃属名); Cunninghamia R. Br. ex Rich. et A. Rich. (1826) Nom. illegit. (废弃属名); Jacularia Raf. (1832) Nom. illegit.; Ratopitys Carrière (1867); Raxopitys J. Nelson (1866) Nom. illegit. ●★

13976 Cunninghamia R. Br. ex Rich. (1826) Nom. illegit. (废弃属名) ≡ Cunninghamia R. Br. (1826)(保留属名)[杉科(落羽杉科)Taxodiaceae] ●★

13977 Cunninghamia R. Br. ex Rich. et A. Rich. (1826) Nom. illegit. (废弃属名) ≡ Cunninghamia R. Br. (1826)(保留属名)[杉科(落羽杉科)Taxodiaceae] ●★

13978 Cunninghamia Schreb. (1791) Nom. illegit. (废弃属名) ≡ Malanea Aubl. (1775)[茜草科 Rubiaceae] ●☆

13979 Cunninghamiaceae Hayata (1932) = Cupressaceae Gray (保留科名) ●

13980 Cunninghamiaceae Siebold et Zucc. (1842) = Cupressaceae Gray (保留科名); ~ = Taxodiaceae Saporta (保留科名) ●

13981 Cunninghamiaceae Zucc. (1842) = Cunninghamiaceae Siebold et Zucc. (1842) ●

13982 Cunonia Büttner ex Mill. (1756)(废弃属名) = Gladiolus L. (1753)[鸢尾科 Iridaceae] ■

13983 Cunonia L. (1759)(保留属名)【汉】火把树属(库诺尼属,匙木属)。【日】クノニア属。【隶属】火把树科(常绿棱枝树科,角瓣木科,库诺尼科,南薔薇科,轻木科)Cunoniaceae。【包含】世界 15-25 种。【学名诠释与讨论】〈阴〉〈人〉Johann [Joan] Christian Cuno,1708-1780,荷兰博物学者。此属的学名 "Cunonia L., Syst. Nat., ed. 10: 1013, 1025, 1368. 7 Jun 1759" 是保留属名。相应的废弃属名是鸢尾科 Iridaceae 的 "Cunonia Mill., Fig. Pl. Gard. Dict. 1: 75. 28 Sep 1756 = Gladiolus L. (1753)"。"Cunonia Büttner ex P. Miller, Fig. Pl. Gard. Dict. 1: 75, 1756 ≡ Cunonia Mill. (1756)(废弃属名)" 亦应废弃。"Oosterdyckia Boehmer in Ludwig, Def. Gen. ed. Boehmer. 299. 1760" 和 "Osterdikia Adanson, Fam. 2: 445. Jul~Aug 1763" 是 "Cunonia L. (1759)(保留属名)" 的晚出的同模式异名(Homotypic synonym, Nomenclatural synonym)。【分布】法属新喀里多尼亚,非洲南部。【模式】Cunonia capensis Linnaeus。【参考异名】Oosterdickia Boehm. (1760) Nom. illegit.; Oosterdyckia Boehm. (1760); Osterdikia Adans. (1763) Nom. illegit.; Osterdyckia Rchb. (1828) Nom. illegit. ●☆

13984 Cunonia Mill. (1756)(废弃属名) = Gladiolus L. (1753)[鸢尾科 Iridaceae] ■

13985 Cunoniaceae R. Br. (1814)(保留科名)【汉】火把树科(常绿棱枝树科,角瓣木科,库诺尼科,南薔薇科,轻木科)。【日】クノニア科。【包含】世界 19-26 属 250-420 种。【分布】主要在南纬 130-150 度,少数达菲律宾、墨西哥(南部)和西印度群岛。【科名模式】Cunonia L. ●☆

13986 Cunto Adans. (1763) = Acronychia J. R. Forst. et G. Forst. (1775)(保留属名)[芸香科 Rutaceae] ●

13987 Cunuria Baill. (1864) = Micrandra Benth. (1854)(保留属名)[大戟科 Euphorbiaceae] ●☆

13988 Cupadessa Hassk. (1844) = Cipadessa Blume (1825)[楝科 Meliaceae] ●

13989 Cupameni Adans. (1763) Nom. illegit. ≡ Acalypha L. (1753)[大戟科 Euphorbiaceae//铁苋菜科 Acalyphaceae] ●■

13990 Cupamenis Raf. (1838) = Cupameni Adans. (1763) Nom. illegit.; ~ = Acalypha L. (1753)[大戟科 Euphorbiaceae//铁苋菜科 Acalyphaceae] ●■

13991 Cupania L. (1753)【汉】库潘树属。【俄】Купания。【英】Cupania, Guara, Lobinlly Tree。【隶属】无患子科 Sapindaceae//叠珠树科 Akaniaceae。【包含】世界 55 种。【学名诠释与讨论】〈阴〉〈人〉Francesco Cupani, 1657-1711,意大利修道士、植物学者。此属的学名,ING,APNI 和 IK 记载是 "Cupania L., Sp. Pl. 1: 200. 1753 [1 May 1753]"。也有文献用为 "Cupania Plum. ex L. (1753)"。"Cupania Plum." 是命名起点著作之前的名称,故 "Cupania L. (1753)" 和 "Cupania Plum. ex L. (1753)" 都是合法名称,可以通用。【分布】巴基斯坦,巴拉圭,巴拿马,秘鲁,玻利维亚,厄瓜多尔,哥伦比亚(安蒂奥基亚),马达加斯加,尼加拉瓜,中美洲。【模式】Cupania americana Linnaeus。【参考异名】Cupania Plum. ex L. (1753); Digonocarpus Vell. (1829); Diplopetalon Spreng. (1827) Nom. illegit.; Trigonis Jacq. (1760); Trigonocarpus Vell. (1829) ●☆

13992 Cupania Plum. ex L. (1753) ≡ Cupania L. (1753)[无患子科 Sapindaceae//叠珠树科 Akaniaceae] ●☆

13993 Cupaniopsis Radlk. (1879)【汉】拟库潘树属(库帕尼奥氏,拟火把树属)。【隶属】无患子科 Sapindaceae//叠珠树科 Akaniaceae。【包含】世界 60 种。【学名诠释与讨论】〈阴〉(属) Cupania 库潘树属+希腊文 opsis,外观,模样,相似。【分布】澳大利亚,巴基斯坦,波利尼西亚群岛。【后选模式】Cupaniopsis anacardioides (A. Richard) Radlkofer [Cupania anacardioides A. Richard]。●☆

13994 Cuparilla Raf. (1838) = Acacia Mill. (1754)(保留属名)[豆科 Fabaceae (Leguminosae)//含羞草科 Mimosaceae//金合欢科 Acaciaceae] ●■

13995 Cuphaea Moench (1794) Nom. illegit. = Cuphea Adans. ex P. Browne (1756)[千屈菜科 Lythraceae] ●■

13996 Cuphea Adans. ex P. Browne (1756) Nom. illegit. ≡ Cuphea P. Browne (1756)[千屈菜科 Lythraceae] ●■

13997 Cuphea P. Browne (1756)【汉】萼距花属(花柳属,克非亚属,雪茄花属)。【日】クフエア属,クフエヤ属,タバコソウ属。【俄】Куфея, Парсония。【英】Cuphea。【隶属】千屈菜科 Lythraceae。【包含】世界 260-300 种,中国 9 种。【学名诠释与讨论】〈阴〉(希) kyphos,弯曲,瘤。指萼筒基部突出。此属的学名,ING,APNI,IK 和 GCI 记载是 "Cuphea P. Browne, Civ. Nat. Hist. Jamaica 216. 1756 [10 Mar 1756]"。"Cuphea Adans. ex P. Browne (1756)" 的命名人引证有误。【分布】巴拉圭,巴拿马,秘鲁,玻利维亚,厄瓜多尔,哥伦比亚(安蒂奥基亚),哥斯达黎加,美国(密苏里),尼加拉瓜,中国,中美洲。【模式】Cuphea decandra W.

科 Iridaceae] ■

T. Aiton。【参考异名】Balsamona Vand.（1771）；Banksia Dombey ex DC.（1828）（废弃属名）；Bergenia Raf.（1838）（废弃属名）；Cuphaea Moench（1794）Nom. illegit.；Cuphea Adans. ex P. Browne（1756）Nom. illegit.；Cuphoea Brongn. ex Neumann（1845－1846）；Cyphaea Lem.（1849）；Cyphea Post et Kuntze（1903）；Dipetalon Raf.（1838）；Duvernaya Desv. ex DC.（1828）；Endecaria Raf.（1838）；Maja Klotzsch（1849）；Melanium P. Browne（1756）；Melfona Raf.（1838）；Melvilla A. Anderson ex Lindl.（1824）；Melvilla A. Anderson ex Raf.（1838）Nom. illegit.；Melvilla A. Anderson（1807）Nom. inval.，Nom nud.；Parfonsia Scop.（1777）；Parsonsia P. Browne ex Adans.（1763）（废弃属名）；Parsonsia P. Browne（1756）（废弃属名）；Quirina Raf.（1838）●■

13998 Cupheanthus Seem.（1865）【汉】弯花桃金娘属。【隶属】桃金娘科 Myrtaceae。【包含】世界 5 种。【学名诠释与讨论】〈阳〉（希）kyphos，弯曲，瘤＋anthos，花。antheros，多花的。antheo，开花。【分布】法属新喀里多尼亚。【模式】Cupheanthus neocaledonicus B. C. Seemann［as 'neo-caledonicus'］。【参考异名】Cypheanthus Post et Kuntze（1903）；Gaslondia Vieill.（1866）●☆

13999 Cuphocarpus Decne. et Planch.（1854）【汉】弯果五加属。【隶属】五加科 Araliaceae。【包含】世界 1 种。【学名诠释与讨论】〈阳〉（希）kyphos，弯曲，瘤＋karpos，果实。此属的学名是 "Cuphocarpus Decaisne et J. E. Planchon, Rev. Hort. ser. 4. 3：109. 16 Mar 1854"。亦有文献把其处理为 "Polyscias J. R. Forst. et G. Forst.（1776）" 的异名。【分布】马达加斯加。【模式】Cuphocarpus aculeatus Decaisne et J. E. Planchon。【参考异名】Cyphocarpus Post et Kuntze（1903）Nom. illegit.；Polyscias J. R. Forst. et G. Forst.（1776）●☆

14000 Cuphoea Brongn. ex Neumann（1845－1846）＝ Cuphea Adans. ex P. Browne（1756）［千屈菜科 Lythraceae］●■

14001 Cuphonotus O. E. Schulz（1933）【汉】驼缘荠属。【隶属】十字花科 Brassicaceae（Cruciferae）。【包含】世界 2 种。【学名诠释与讨论】〈阳〉（希）kyphos，弯曲，瘤＋notos，背部。【分布】澳大利亚（包括塔斯曼半岛）。【后选模式】Cuphonotus humistratus（F. von Mueller）O. E. Schulz［Capsella humistrata F. von Mueller］。■☆

14002 Cupi Adans.（1763）Nom. illegit. ≡ Chomelia L.（1758）（废弃属名）；～＝ Rondeletia L.（1753）；～＝ Tarenna Gaertn.（1788）［茜草科 Rubiaceae］●

14003 Cupia（Schult.）DC.（1830）Nom. illegit. ≡ Anomanthodia Hook. f.（1873）；～＝ Cupi Adans.（1763）Nom. illegit.；～＝ Chomelia L.（1758）（废弃属名）；～＝ Rondeletia L.（1753）；～＝ Tarenna Gaertn.（1788）［茜草科 Rubiaceae］●

14004 Cupia DC.（1830）Nom. illegit. ≡ Cupia（Schult.）DC.（1830）Nom. illegit.；～＝ Anomanthodia Hook. f.（1873）；～＝ Cupi Adans.（1763）Nom. illegit.；～＝ Chomelia L.（1758）（废弃属名）；～＝ Rondeletia L.（1753）；～＝ Tarenna Gaertn.（1788）［茜草科 Rubiaceae］●

14005 Cupidone Lem.（1849）Nom. illegit. ≡ Catananche L.（1753）［菊科 Asteraceae（Compositae）］■☆

14006 Cupidonia Bubani（1899）Nom. illegit. ≡ Catananche L.（1753）［菊科 Asteraceae（Compositae）］■☆

14007 Cupirana Miers（1878）Nom. illegit. ≡ Coupoui Aubl.（1775）；～＝Duroia L. f.（1782）（保留属名）［茜草科 Rubiaceae］●☆

14008 Cuprella Salmerón-Sánchez, Mota et Fuertes（2015）【汉】摩洛哥荠属。【隶属】十字花科 Brassicaceae（Cruciferae）。【包含】世界 2 种。【学名诠释与讨论】〈阴〉词源不详。【分布】摩洛哥。【模式】Cuprella antiatlantica（Emb. et Maire）Salmerón-Sánchez, Mota et Fuertes［Alyssum antiatlanticum Emb. et Maire］。☆

14009 Cuprespinnata J. Nelson（1866）Nom. illegit. ≡ Taxodium Rich.（1810）［杉科（落羽杉科）Taxodiaceae］●

14010 Cupressaceae Gray（1822）（保留科名）【汉】柏科。【日】ヒノキ科。【俄】Кипарисовые。【英】Cypress Family, Juniper Family, Redwood Family。【包含】世界 19-32 属 110-300 种，中国 8-9 属 42-46 种。【分布】广泛分布。【科名模式】Cupressus L. ●

14011 Cupressaceae Neger ＝ Cupressaceae Gray（保留科名）●

14012 Cupressaceae Rich. ex Bartl. ＝ Cupressaceae Gray（保留科名）●

14013 Cupressus L.（1753）【汉】柏属（柏木属）。【日】イトスギ属，クプレッズスス属，シダレイトスギ属。【俄】Кипарис。【英】Cypress, True Cypress。【隶属】柏科 Cupressaceae。【包含】世界 10-26 种，中国 9-10 种。【学名诠释与讨论】〈阴〉（拉）cupressus，为地中海柏木 Cupressus sempervirens 的古名，来自希腊文 kyparissos 柏木＋希腊文 kyo 生产，生长＋parisos 相等的。指某些种类的树冠生长对称。【分布】巴基斯坦，巴勒斯坦，巴拿马，秘鲁，玻利维亚，地中海地区，厄瓜多尔，哥伦比亚（安蒂奥基亚），尼加拉瓜，中国，撒哈拉沙漠，亚洲，中美洲。【后选模式】Cupressus sempervirens Linnaeus。【参考异名】Hesperocyparis Bartel et R. A. Price（2009）；Platycyparis A. V. Bobrov et Melikyan（2006）；Tassilicyparis A. V. Bobrov et Melikyan（2006）；Xanthocyparis Farjon et T. H. Nguyên（2002）●

14014 Cuprestellata Carrière（1867）＝ Fitzroya Hook. ex Lindl.（1851）［as 'Fitz-Roy'］（保留属名）［柏科 Cupressaceae//南美柏科 Fitzroyaceae］●☆

14015 Cupuia Raf.（1814）＝ Coupoui Aubl.（1775）；～＝ Duroia L. f.（1782）（保留属名）［茜草科 Rubiaceae］●☆

14016 Cupulaceae Dulac ＝Cupuliferae A. Rich.

14017 Cupulanthus Hutch.（1964）【汉】盆花豆属。【隶属】豆科 Fabaceae（Leguminosae）//蝶形花科 Papilionaceae。【包含】世界 1 种。【学名诠释与讨论】〈阳〉（希）cupula，桶，盆＋anthos，花。【分布】澳大利亚（西部）。【模式】Cupulanthus bracteolosus（F. v. Mueller）J. Hutchinson［Brachysema bracteolosum F. v. Mueller］。■☆

14018 Cupularia Godr. et Gren.（1850）Nom. illegit. ≡ Cupularia Godr. et Gren. ex Godr.（1851）Nom. illegit.；～≡ Dittrichia Greuter（1973）；～＝ Inula L.（1753）［菊科 Asteraceae（Compositae）］■☆

14019 Cupularia Godr. et Gren. ex Godr.（1851）Nom. illegit. ≡ Dittrichia Greuter（1973）；～＝ Inula L.（1753）［菊科 Asteraceae（Compositae）］●■

14020 Cupuliferae A. Rich. ＝Betulaceae Gray（保留科名）＋Corylaceae Mirb.（保留科名）＋Fagaceae Dumort.（保留科名）●

14021 Cupulissa Raf.（1837）（废弃属名）＝ Anemopaegma Mart. ex Meisn.（1840）（保留属名）［紫葳科 Bignoniaceae］●☆

14022 Cupuya Raf.（1814）Nom. illegit. ≡ Cupuia Raf.（1814）［茜草科 Rubiaceae］●☆

14023 Curanga Juss.（1807）【汉】苦味草属。【隶属】玄参科 Scrophulariaceae。【包含】世界 1 种。【学名诠释与讨论】〈阴〉（地）Curang，朱朗山，位于马来西亚。此属的学名，ING、TROPICOS 和 IK 记载是 "Curanga A. L. Jussieu in Vahl, Enum. 1：100. Jul－Dec 1804（'Caranga'）；corr. A. L. Jussieu, Ann. Mus. Natl. Hist. Nat. 9；319. 1807"。"Caranga A. L. Jussieu in M. Vahl, Enum. Pl. 1：100. Jul-Dec 1804" 是 "Curanga Juss.（1807）" 的同模式异名（Homotypic synonym, Nomenclatural synonym）。亦有文献把 "Curanga Juss.（1807）" 处理为 "Picria Lour.（1790）" 的异名。【分布】印度至马来西亚，中国。【模式】Curanga amara A. L. Jussieu。【参考异名】Caranga Juss.（1804）Nom. illegit.；Caranga Vahl（1805）Nom. illegit.；Curania Roem. et Schult.（1817）；Drupina

L.（1775）；Picria Lour.（1790）；Pikria G. Don（1837）；Symphyllium Post et Kuntze（1903）Nom. illegit.；Synphyllium Griff.（1836）；Treisteria Griff.（1854）；Tresteira Hook. f.（1884）；Tristeria Hook. f.（1884）■

14024　Curania Roem. et Schult.（1817）＝Curanga Juss.（1807）［玄参科 Scrophulariaceae］☆

14025　Curare Kunth ex Humb.（1817）＝Strychnos L.（1753）［马钱科（断肠草科，马钱子科）Loganiaceae］●

14026　Curarea Barneby et Krukoff（1971）【汉】箭毒藤属。【隶属】防己科 Menispermaceae。【包含】世界 4 种。【学名诠释与讨论】〈阴〉（地）Curare，库拉雷，位于委内瑞拉。另说来自植物俗名 curare，curara，curare。【分布】热带南美洲。【模式】Curarea toxicofera（Weddell）Barneby et Krukoff［Cocculus toxicoferus Weddell］。●☆

14027　Curatari J. F. Gmel.（1792）Nom. illegit. ＝Couratari Aubl.（1775）［玉蕊科（巴西果科）Lecythidaceae］●☆

14028　Curataria Spreng.（1830）Nom. illegit. ≡Couratari Aubl.（1775）［玉蕊科（巴西果科）Lecythidaceae］●☆

14029　Curatella Loefl.（1758）【汉】拭戈木属（库拉五桠果木属）。【英】Curatella。【隶属】五桠果科（第伦桃科，五丫果科，锡叶藤科）Dilleniaceae。【包含】世界 1-2 种。【学名诠释与讨论】〈阴〉（拉）curatus，当心＋-ellus，-ella，-ellum，加在名词词干后面形成指小式的词尾。或加在人名、属名等后面以组成新属的名称。【分布】巴拿马，秘鲁，玻利维亚，哥伦比亚（安蒂奥基亚），哥斯达黎加，尼加拉瓜，西印度群岛，中美洲。【模式】Curatella americana Linnaeus。●☆

14030　Curbaril Post et Kuntze（1903）＝Courbaril Mill.（1754）Nom. illegit.；～＝Hymenaea L.（1753）［豆科 Fabaceae（Leguminosae）//云实科（苏木科）Caesalpiniaceae］●

14031　Curcas Adans.（1763）＝Jatropha L.（1753）（保留属名）［大戟科 Euphorbiaceae］●■

14032　Curcubitella Walp.（1846）Nom. illegit. ≡Cucurbitella Walp.（1846）［葫芦科（瓜科，南瓜科）Cucurbitaceae］■☆

14033　Curculigo Gaertn.（1788）【汉】仙茅属。【日】キンバイザサ属。【俄】Куркулига，Куркулиго。【英】Curculigo。【隶属】石蒜科 Amaryllidaceae//长喙草科（仙茅科）Hypoxidaceae。【包含】世界 10-20 种，中国 7-8 种。【学名诠释与讨论】〈阴〉（拉）curculio，所有格 curculionis，谷象虫。指种子先端突起，或指子房破裂时的形状。【分布】巴基斯坦，巴拿马，玻利维亚，哥斯达黎加，马达加斯加，尼加拉瓜，中国，热带，中美洲。【模式】Curculigo orchioides J. Gaertner。【参考异名】Aurota Raf.（1837）；Empodium Salisb.（1866）；Fabricia Thunb.（1779）Nom. illegit.；Forbesia Eckl.（1827）Nom. inval.；Forbesia Eckl. ex Nel（1914）Nom. illegit.；Molineria Colla（1826）■

14034　Curcuma L.（1753）（保留属名）【汉】姜黄属（郁金属）。【日】ウコン属。【俄】Куркума。【英】Curcuma，Hidden Lily，Hidden-lily，Turmeric。【隶属】姜科（蘘荷科）Zingiberaceae。【包含】世界 40-50 种，中国 12 种。【学名诠释与讨论】〈阴〉（阿拉伯）kirkum，变成西班牙语 curcuma，姜黄。此属的学名"Curcuma L.，Sp. Pl.：2. 1 Mai 1753"是保留属名。法规未列出相应的废弃属名。"Kua Medikus，Hist. et Commentat. Acad. Elect. Sci. 6（Phys.）：394. 1790"和"Stissera Giseke，Prael. Ord. Nat. ad 202，207. Apr 1792"是"Curcuma L.（1753）（保留属名）"的晚出的同模式异名（Homotypic synonym，Nomenclatural synonym）。【分布】巴基斯坦，玻利维亚，厄瓜多尔，哥伦比亚（安蒂奥基亚），哥斯达黎加，马达加斯加，印度至马来西亚，中国，中美洲。【模式】Curcuma longa Linnaeus。【参考异名】Erndlia Giseke（1792）；Kua Medik.（1790）Nom. illegit.；Kua Rheede ex Medik.（1790）Nom. illegit.；Stissera Giseke（1792）Nom. illegit.；Zedoaria Raf.（1838）Nom. illegit.；Zerumbeth Retz. ■

14035　Curcumaceae Dumort.（1829）＝Zingiberaceae Martinov（保留科名）■

14036　Curcumorpha A. S. Rao et D. M. Verma（1974）＝Boesenbergia Kuntze（1891）［姜科（蘘荷科）Zingiberaceae］■

14037　Curima O. F. Cook（1901）＝Aiphanes Willd.（1807）［棕榈科 Arecaceae（Palmae）］●☆

14038　Curimari Post et Kuntze（1903）＝Courimari Aubl.（1918）Nom. illegit.；～＝Sloanea L.（1753）［杜英科 Elaeocarpaceae］●

14039　Curinila Raf. ＝Leptadenia R. Br.（1810）［萝藦科 Asclepiadaceae］●☆

14040　Curinila Roem. et Schult.（1819）Nom. illegit. ≡Curinila Schult.（1819）；～＝Leptadenia R. Br.（1810）［萝藦科 Asclepiadaceae］●☆

14041　Curinila Schult.（1819）＝Leptadenia R. Br.（1810）［萝藦科 Asclepiadaceae］●☆

14042　Curio P. V. Heath（1997）＝Senecio L.（1753）［菊科 Asteraceae（Compositae）//千里光科 Senecionidaceae］■●

14043　Curitiba Salywon et Landrum（2007）＝Eugeissona Griff.（1844）［棕榈科 Arecaceae（Palmae）］●

14044　Curmeria André（1873）＝Homalomena Schott（1832）［天南星科 Araceae］■

14045　Curmeria Linden et André（1873）＝Curmeria André（1873）；～＝Homalomena Schott（1832）［天南星科 Araceae］■

14046　Curnilia Raf.（1838）＝Curinila Roem. et Schult.（1819）；～＝Leptadenia R. Br.（1810）［萝藦科 Asclepiadaceae］●☆

14047　Curondia Raf.（1838）＝Salacia L.（1771）（保留属名）［卫矛科 Celastraceae//翅子藤科 Hippocrateaceae//五层龙科 Salaciaceae］●

14048　Curraniodendron Merr.（1910）＝Quintinia A. DC.（1830）［虎耳草科 Saxifragaceae//昆廷树科 Quintiniaceae］●☆

14049　Curroria Planch. ex Benth.（1849）【汉】库萝藦属。【隶属】萝藦科 Asclepiadaceae。【包含】世界 4 种。【学名诠释与讨论】〈阴〉（人）A. B. Curror，植物采集家。【分布】也门（索科特拉岛），阿拉伯地区南部，热带和亚热带非洲。【模式】Curroria decidua Planchon ex Bentham。●☆

14050　Cursonia Nutt.（1841）＝Onoseris Willd.（1803）［菊科 Asteraceae（Compositae）］●■☆

14051　Curtia Cham. et Schltdl.（1826）【汉】库尔特龙胆属。【隶属】龙胆科 Gentianaceae。【包含】世界 10 种。【学名诠释与讨论】〈阴〉（人）Kurt Polycarp Joachim Sprengel，1766-1833，德国植物学者，医生。此属的学名，ING、TROPICOS 和 IK 记载是"Curtia Chamisso et D. F. L. Schlechtendal，Linnaea 1：209. Apr 1826"。"Schuebleria C. F. P. Martius，Nova Gen. Sp. 2：113. Jan-Jul 1827（'1826'）"是"Curtia Cham. et Schltdl.（1826）"的晚出的同模式异名（Homotypic synonym，Nomenclatural synonym）。【分布】巴拿马，玻利维亚，哥斯达黎加，几内亚，尼加拉瓜，乌拉圭，中美洲。【模式】Curtia gentianoides Chamisso et D. F. L. Schlechtendal，Nom. illegit.［Sabatia verticillaris K. P. J. Sprengel；Curtia verticillaris（K. P. J. Sprengel）Knoblauch］。【参考异名】Apophragma Griseb.（1838）；Hackela Pohl ex Welden；Hackelia Pohl ex Griseb.；Schuebleria Mart.（1827）Nom. illegit.；Thurnhausera Pohl ex G. Don（1837）■☆

14052　Curtisia Aiton（1789）（保留属名）【汉】南非茱萸属（短山茱萸属，山茱萸树属）。【英】Assegai Tree。【隶属】南非茱萸科（菲茱萸科，山茱萸树科）Curtisiaceae//山茱萸科 Cornaceae。【包含】世界 1 种。【学名诠释与讨论】〈阴〉（人）William Curtis，1746-

1799,英国植物学者。此属的学名"Curtisia Aiton, Hort. Kew. 1：162. 7 Aug–1 Oct 1789"是保留属名。相应的废弃属名是芸香科 Rutaceae 的"Curtisia Schreb., Gen. Pl.：199. Apr 1789 = Zanthoxylum L. (1753)"；"Ochroxylum Schreber, Gen. 2：826. Mai 1791"是"Curtisia Schreb. (1789)"晚出的同模式异名(Homotypic synonym, Nomenclatural synonym)。"Junghansia J. F. Gmelin, Syst. Nat. 2：212, 259. Sep (sero) – Nov 1791"则是"Curtisia Aiton (1789)(保留属名)"的晚出的同模式异名(Homotypic synonym, Nomenclatural synonym)。【分布】非洲南部。【模式】Curtisia faginea W. Aiton, Nom. illegit. [Sideroxylon dentatum N. L. Burman; Curtisia dentata (N. L. Burman) C. A. Smith]。【参考异名】Junghansia J. F. Gmel. (1791) Nom. illegit.；Relhamia J. F. Gmel. (1791)●☆

14053 Curtisia Schreb. (1789)(废弃属名) = Zanthoxylum L. (1753) [芸香科 Rutaceae//花椒科 Zanthoxylaceae]●

14054 Curtisiaceae (Harms) Takht. (1987) = Cornaceae Bercht. et J. Presl(保留科名)●■

14055 Curtisiaceae Takht. (1987) [亦见 Cornaceae Bercht. et J. Presl(保留科名)山茱萸科(四照花科)【汉】南非茱萸科(菲茱萸科，柯茱萸科，山茱萸树科)。【包含】世界 1 属 1 种。【分布】非洲南部和东南部。【科名模式】Curtisia Aiton ●☆

14056 Curtisina Ridl. (1920) = Dacryodes Vahl (1810) [橄榄科 Burseraceae]●☆

14057 Curtogyne Haw. (1821) = Crassula L. (1753) [景天科 Crassulaceae]●■☆

14058 Curtoisia Endl. (1842) = Collomia Nutt. (1818)；~ = Courtoisia Rchb. (1837) Nom. illegit.；~ = Phlox L. (1753) [花荵科 Polemoniaceae]■

14059 Curtonus N. E. Br. (1932) = Crocosmia Planch. (1851–1852) [鸢尾科 Iridaceae]■

14060 Curtopogon P. Beauv. (1812) = Aristida L. (1753) [禾本科 Poaceae (Gramineae)]■

14061 Curupira G. A. Black(1948)【汉】巴西铁青树属。【隶属】铁青树科 Olacaceae。【包含】世界 1 种。【学名诠释与讨论】〈阴〉来自巴西植物俗名。【分布】巴西。【模式】Curupira tefeensis G. A. Black。●☆

14062 Curupita Post et Kuntze(1903) = Couroupita Aubl. (1775) [玉蕊科(巴西果科)Lecythidaceae]●☆

14063 Cururu Mill. (1754) Nom. illegit. ≡ Paullinia L. (1753) [无患子科 Sapindaceae]●☆

14064 Curvophylis Thouars = Angraecum Bory (1804)；~ = Bulbophyllum Thouars(1822)(保留属名)；~ = Jumellea Schltr. (1914) [兰科 Orchidaceae]■☆

14065 Cuscatlania Standl. (1923)【汉】纤苞茉莉属。【隶属】紫茉莉科 Nyctaginaceae。【包含】世界 1 种。【学名诠释与讨论】〈阴〉(地)Cuscatlan，库斯卡特兰，位于萨尔瓦多。【分布】中美洲。【模式】Cuscatlania vulcanicola Standley。■☆

14066 Cuscuaria Schott(1857) = Scindapsus Schott(1832) [天南星科 Araceae]■

14067 Cuscuta L. (1753)【汉】菟丝子属。【日】ネナシカズラ属，ネナシカヅラ属。【俄】Зард–печак, Кускута, Плющ, Повилика, Трава войлочная。【英】Devil's Bit Guts, Devil's Guts, Dodder, Love Vine, Scald。【隶属】旋花科 Convolvulaceae//菟丝子科 Cuscutaceae。【包含】世界 145-170 种，中国 11 种。【学名诠释与讨论】〈阴〉(阿拉伯)kechout, kusuta, kushuta, keshut 或 kuskut，菟丝子俗名。此属的学名，ING、APNI、GCI、TROPICOS 和 IK 记载是"Cuscuta L. , Sp. Pl. 1：124. 1753 [1 May 1753]"。"Cassytha S.

F. Gray, Nat. Arr. Brit. Pl. 2：345. 1 Nov 1821(non Linnaeus 1753)"是"Cuscuta L. (1753)"的晚出的同模式异名(Homotypic synonym, Nomenclatural synonym)。【分布】哥伦比亚(安蒂奥基亚)，巴基斯坦，巴拉圭，巴拿马，秘鲁，玻利维亚，厄瓜多尔，哥斯达黎加，马达加斯加，美国(密苏里)，尼加拉瓜，中国，热带和温带，中美洲。【后选模式】Cuscuta europaea Linnaeus。【参考异名】Anthanema Raf. (1838)；Aplostylis Raf. (1838)；Buchingera F. Schultz(1848)；Cassutha Des Moul. (1853)；Cassytha Gray (1821) Nom. illegit. ；Cuscutina Pfeiff. (1846)；Cussutha Benth. et Hook. f. (1876)；Dactylepia Raf. (1838)；Dastylepis Raf. ；Engelmannia Pfeiff. (1845) Nom. illegit. ；Epilinella Pfeiff. (1845)；Epithymum Opiz (1852)；Eronema Raf. (1838)；Grammica Lour. (1790)；Haplostylis Post et Kuntze(1903) Nom. illegit. ；Kadaras Raf. (1838)(废弃属名)；Kadurias Raf. (1838)；Lepidanche Engelm. (1842)；Lepimenes Raf. (1838)；Monogynella Des Monl. (1853)；Nemepis Raf. (1838)；Pentake Raf. (1838)；Pfeifferia Buchinger (1846) Nom. illegit. ；Schrebera L. (1763)(废弃属名)；Succuta Des Moul. (1853)■

14068 Cuscutaceae Bercht. et J. Presl = Convolvulaceae Juss. (保留科名)●■

14069 Cuscutaceae Dumort. (1829)(保留科名) [亦见 Convolvulaceae Juss. (保留科名)旋花科]【汉】菟丝子科。【日】ネナシカズラ科。【俄】Повиликовые。【英】Cuscuta Family, Dodder Family。【包含】世界 1 属 145-170 种，中国 1 属 10 种。【分布】广泛分布。【科名模式】Cuscuta L. (1753)■

14070 Cuscutina Pfeiff. (1846) = Cuscuta L. (1753) [旋花科 Convolvulaceae//菟丝子科 Cuscutaceae]■

14071 Cusickia M. E. Jones (1908) = Lomatium Raf. (1819) [伞形花科(伞形科)Apiaceae(Umbelliferae)]■☆

14072 Cusickia O. E. Schulz(1927) Nom. nud. [十字花科 Brassicaceae (Cruciferae)]■☆

14073 Cusickiella Rollins(1988)【汉】库西葶苈属。【隶属】十字花科 Brassicaceae(Cruciferae)。【包含】世界 2 种。【学名诠释与讨论】〈阴〉(人)W. C. Cusick, 1842–1922，美国植物学者+-ellus, -ella, -ellum，加在名词词干后面形成指小式的词尾。或加在人名、属名等后面以组成新属的名称。【分布】美国。【模式】Cusickiella douglasii (A. Gray) R. C. Rollins [Draba douglasii A. Gray]。■☆

14074 Cuspa Humb. (1814) = Rinorea Aubl. (1775)(保留属名) [堇菜科 Violaceae]●

14075 Cusparia D. Dietr. (1840) Nom. illegit. = Bauhinia L. (1753)；~ = Casparia Kunth (1824) Nom. illegit. [豆科 Fabaceae (Leguminosae)//云实科(苏木科)Caesalpiniaceae//羊蹄甲科 Bauhiniaceae]●

14076 Cusparia Humb. (1807) Nom. inval. , Nom. nud. ≡ Cusparia Humb. ex DC. (1822)；~ ≡ Angostura Roem. et Schult. (1819) [芸香科 Rutaceae]●☆

14077 Cusparia Humb. ex DC. (1822) Nom. illegit. ≡ Angostura Roem. et Schult. (1819) [芸香科 Rutaceae]●☆

14078 Cusparia Humb. ex R. Br. (1807) Nom. inval. , Nom. nud. = Angostura Roem. et Schult. (1819)；~ = Cusparia Humb. ex DC. (1822) Nom. illegit. ；~ = Angostura Roem. et Schult. (1819) [芸香科 Rutaceae]●☆

14079 Cusparia Humb. ex R. Br. (1814) Nom. inval. , Nom. nud. = Cusparia Humb. ex DC. (1822) Nom. illegit. ；~ = Angostura Roem. et Schult. (1819) [芸香科 Rutaceae]●☆

14080 Cusparia Kunth ex DC. (1822) Nom. illegit. ≡ Angostura Roem.

et Schult. (1819) [芸香科 Rutaceae]●☆

14081 Cusparia Kunth (1807) Nom. inval., Nom. nud. ≡ Cusparia Humb. (1807) Nom. inval., Nom. nud.; ~ ≡ Angostura Roem. et Schult. (1819) [芸香科 Rutaceae]●☆

14082 Cuspariaceae J. Agardh = Rutaceae Juss. (保留科名)●■

14083 Cuspariaceae Tratt. = Rutaceae Juss. (保留科名)●■

14084 Cuspidaria(DC.) Besser(1822)(废弃属名)≡ Acachmena H. P. Fuchs (1960)(废弃属名); ~ = Erysimum L. (1753) [十字花科 Brassicaceae(Cruciferae)]■●

14085 Cuspidaria DC. (1838)(保留属名)【汉】尖紫葳属。【隶属】紫葳科 Bignoniaceae。【包含】世界 8 种。【学名诠释与讨论】〈阴〉(希)cuspis,尖端。Cuspidatus,尖的+-arius,-aria,-arium,指示"属于、相似、具有、联系"的词尾。此属的学名"Cuspidaria DC. in Biblioth. Universelle Genève, ser. 2, 17: 125. Sep 1838"是保留属名。相应的废弃属名是十字花科 Brassicaceae 的"Cuspidaria (DC.) Besser, Enum. Pl.: 104. 1822 ≡ Acachmena H. P. Fuchs (1960)(废弃属名)= Erysimum L. (1753)"。十字花科 Brassicaceae 的"Cuspidaria Link, Handbuch [Link] ii. 315(1831)= Erysimum L. (1753)"亦应废弃。蕨类的"Cuspidaria Fée, Mém. Soc. Mus. Hist. Nat. Strasbourg 4: 201. 1850 ≡ Dicranoglossum J. Smith 1854"和苔藓的"Cuspidaria Müller Hal., Flora 82: 474. 28 Oct 1896"也须废弃。"Nouletia Endlicher, Gen. 1407. Feb-Mar 1841"是"Cuspidaria DC. (1838)(保留属名)"的晚出的同模式异名(Homotypic synonym, Nomenclatural synonym)。【分布】巴拉圭,巴拿马,秘鲁,比尼翁,玻利维亚,厄瓜多尔。【模式】Cuspidaria pterocarpa (Chamisso) A. P. de Candolle [Bignonia pterocarpa Chamisso]。【参考异名】Alsocydia Mart. ex J. C. Gomes (1951) Nom. illegit.; Blepharitheca Pichon (1946); Erysimum sect. Cuspidaria DC. (1821); Heterocalycium Rauschert (1982); Lochmocydia Mart. ex DC. (1845); Nouletia Endl. (1841) Nom. illegit.; Orthotheca Pichon (1945); Piriadacus Pichon (1946); Saldanhaea Bureau(1868)●☆

14086 Cuspidaria Link(1831)Nom. illegit. (废弃属名)= Erysimum L. (1753) [十字花科 Brassicaceae(Cruciferae)]■●

14087 Cuspidia Gaertn. (1791)【汉】尖头联苞菊属(杯头联苞菊属)。【隶属】菊科 Asteraceae(Compositae)。【包含】世界 1 种。【学名诠释与讨论】〈阴〉(希)cuspis,尖端+-idius,-idia,-idium,指示小的词尾。【分布】非洲南部。【模式】Cuspidia araneosa J. Gaertner, Nom. illegit. [Gorteria cernua Linnaeus f.; Cuspidia cernua (Linnaeus f.) B. L. Burtt]。【参考异名】Aspidalis Gaertn. (1791) ■☆

14088 Cuspidocarpus Sperm. (1843) = Micromeria Benth. (1829)(保留属名)[唇形科 Lamiaceae(Labiatae)]■●

14089 Cussambium Buch.-Ham. (1826) Nom. illegit. (废弃属名)= Schleichera Willd. (1806)(保留属名)[无患子科 Sapindaceae]●☆

14090 Cussambium Lam. (1786)(废弃属名)= Schleichera Willd. (1806)(保留属名)[无患子科 Sapindaceae]●☆

14091 Cussapoa J. St.-Hil. (1805) Nom. illegit. [桑科 Moraceae]●☆

14092 Cussapoa Post et Kuntze (1903) Nom. illegit. = Coussapoa Aubl. (1775) [蚁栖树科(号角树科,南美伞科,南美伞树科,伞树科,锥头麻科)Cecropiaceae//蚁栖树科(号角树科,南美伞科,南美伞树科,伞树科,锥头麻科)Cecropiaceae]●☆

14093 Cussarea J. F. Gmel. (1791) Nom. illegit. = ? Coussarea Aubl. (1775) [茜草科 Rubiaceae]●☆

14094 Cussarea Post et Kuntze (1903) Nom. illegit. = Coussarea Aubl. (1775) [茜草科 Rubiaceae]●☆

14095 Cussetia M. Kato(2006)【汉】中南川苔草属(印度支那川苔

属)。【隶属】髯管花科 Geniostomaceae。【包含】世界 2 种。【学名诠释与讨论】〈阴〉(人)Cusset。此属的学名是"Cussetia M. Kato, Acta Phytotaxonomica et Geobotanica 57(1): 15-16. 2006"。亦有文献把其处理为"Terniola Tul. (1852) Nom. illegit."的异名。【分布】中南半岛。【模式】Cussetia diversifolia (Lecomte) M. Kato。【参考异名】Terniola Tul. (1852) Nom. illegit. ■☆

14096 Cusso Bruce(1790)= Brayera Kunth ex A. Rich. (1822) [蔷薇科 Rosaceae]■●☆

14097 Cussonia Thunb. (1780)【汉】甘蓝树属(黑五加属,库松木属)。【英】Cabbage Tree, Umbrella Tree。【隶属】五加科 Araliaceae。【包含】世界 20-25 种。【学名诠释与讨论】〈阴〉(人)Pierre Cusson, 1727-1783,法国植物学者,医生。此属的学名是"Cussonia Thunberg, Nova Acta Regiae Soc. Sci. Upsal. 3: 210. 1780"。亦有文献把其处理为"Schefflera J. R. Forst. et G. Forst. (1775)(保留属名)"的异名。【分布】马达加斯加,马斯克林群岛,热带和非洲南部。【模式】未指定。【参考异名】Gussonia D. Dietr. (1840) Nom. illegit.; Schefflera J. R. Forst. et G. Forst. (1775)(保留属名); Sphaerodendron Seem. (1865)●☆

14098 Cussutha Benth. et Hook. f. (1876) = Cassutha Des Moul. (1853); ~ = Cuscuta L. (1753) [旋花科 Convolvulaceae//菟丝子科 Cuscutaceae]■

14099 Custenia Steud. (1821) = Cussutha Benth. et Hook. f. (1876) [卫矛科 Celastraceae]■

14100 Custinia Neck. (1790) Nom. inval. = Salacia L. (1771)(保留属名)[卫矛科 Celastraceae//翅子藤科 Hippocrateaceae//五层龙科 Salaciaceae]●

14101 Cutandia Wilk. (1860)【汉】海滨草属。【俄】Кутандия。【英】Cutandia。【隶属】禾本科 Poaceae(Gramineae)。【包含】世界 6-17 种。【学名诠释与讨论】〈阴〉(人)Vicente Cutanda, 1804-1866,西班牙植物学者。此属的学名,ING、TROPICOS 和 IK 记载是"Cutandia Willkomm, Bot. Zeitung (Berlin) 18: 130. 13 Apr 1860"。它曾被处理为"Festuca sect. Cutandia (Willk.) Asch. & Graebn., Synopsis der Mitteleuropäischen Flora 2(1): 561. 1900"、"Scleropoa sect. Cutandia (Willk.) Bonnet & Barratte, Cat. Rais. Pl. Vasc. Tunisie 482. 1896"和"Scleropoa subgen. Cutandia (Willk.) Rouy, Flore de France 14: 290. 1913"。【分布】巴基斯坦,地中海地区。【模式】Cutandia scleropoides Willkomm, Nom. illegit. [Festuca dichotoma Forsskål, Cutandia dichotoma (Forsskål) Battandier et Trabut]。【参考异名】Festuca sect. Cutandia (Willk.) Asch. & Graebn. (1900); Scleropoa sect. Cutandia (Willk.) Bonnet & Barratte (1896); Scleropoa subgen. Cutandia (Willk.) Rouy(1913)■☆

14102 Cutarea J. St.-Hil. (1805) Nom. illegit. = Cutaria J. St.-Hil. (1805) [茜草科 Rubiaceae]●■☆

14103 Cutaria Brign. (1862) Nom. illegit. = Coutarea Aubl. (1775); ~ = Cutaria J. St.-Hil. (1805) [茜草科 Rubiaceae]●■☆

14104 Cutaria J. St.-Hil. (1805) = Coutarea Aubl. (1775) [茜草科 Rubiaceae]●■☆

14105 Cuthbertia Small(1903)= Callisia Loefl. (1758); ~ = Phyodina Raf. (1837) [鸭趾草科 Commelinaceae]■☆

14106 Cutlera Raf. (1818) = Gentiana L. (1753) [龙胆科 Gentianaceae]■

14107 Cutsis Burns-Bal., E. W. Greenw. et Gonzales (1982) Nom. illegit. ≡ Dichromanthus Garay(1982) [兰科 Orchidaceae]■☆

14108 Cuttera Raf. (1808) = Cutlera Raf. (1818) [龙胆科 Gentianaceae]■

14109 Cuttsia F. Muell. (1865)【汉】卡茨鼠刺属。【隶属】鼠刺科

Iteaceae//腕带花科 Carpodetaceae。【包含】世界 1 种。【学名诠释与讨论】〈阴〉(人) J. Cutts。【分布】澳大利亚(东部)。【模式】Cuttsia viburnea F. v. Mueller。●☆

14110　Cutubaea Post et Kuntze(1903) = Cutubea J. St. -Hil. (1805) [龙胆科 Gentianaceae]■☆

14111　Cutubea J. St. -Hil. (1805) = Coutoubea Aubl. (1775) [龙胆科 Gentianaceae]■☆

14112　Cuveraca Jones(1795) Nom. inval. = Cedrela P. Browne (1756) [楝科 Meliaceae]●

14113　Cuviera DC. (1807)(保留属名)【汉】居维叶茜草属。【俄】Кювьера。【英】Cuviera。【隶属】茜草科 Rubiaceae。【包含】世界 20 种。【学名诠释与讨论】〈阴〉(人) Georges Léopold Chrétien Frédéric Dagobert baron Cuvier,1769-1832,法国博物学者。此属的学名"Cuviera DC. in Ann. Mus. Natl. Hist. Nat. 9；222. 30 Apr 1807"是保留属名。相应的废弃属名是禾本科 Poaceae (Gramineae) 的"Cuviera Koeler, Descr. Gram. ；328('382'). 1802 ≡ Hordelymus (Jess.)Harz(1885)"。【分布】热带非洲。【模式】Cuviera acutiflora A. P. de Candolle。【参考异名】Globulostylis Wernham(1913)■☆

14114　Cuviera Koeler(1802)(废弃属名) ≡ Hordelymus (Jess.)Harz (1885) [禾本科 Poaceae(Gramineae)]■☆

14115　Cwangayana Rauschert (1982) Nom. illegit. ≡ Acanthophora Merr. (1918) Nom. illegit. ；~ = Neoacanthophora Bennet (1979)；~ = Aralia L. (1753) [五加科 Araliaceae]●■

14116　Cyamopsis DC. (1826)【汉】瓜儿豆属(瓜尔豆属,瓜胶豆属)。【英】Cyamopsis, Guar。【隶属】豆科 Fabaceae(Leguminosae)//蝶形花科 Papilionaceae。【包含】世界 4 种,中国 1 种。【学名诠释与讨论】〈阴〉(希) kyamos = 拉丁文 cyamos 或 cyamus,一种豆的俗名 + 希腊文 opsis,外观,模样,相似。此属的学名,ING、TROPICOS 和 IK 记载是"Cyamopsis A. P. de Candolle, Prodr. 2：215. Nov (med.)1825"。"Cordaea K. P. J. Sprengel, Gen. 2；581. Jan-Mai 1831"是"Cyamopsis DC. (1826)"的晚出的同模式异名 (Homotypic synonym, Nomenclatural synonym)。【分布】阿拉伯地区,巴基斯坦,印度,中国,热带和亚热带非洲。【模式】Cyamopsis psoraloïdes A. P. de Candolle, Nom. illegit. [Psoralea tetragonoloba Linnaeus；Cyamopsis tetragonoloba (Linnaeus)Taubert]。【参考异名】Cordaea Spreng. (1831) Nom. illegit. ■

14117　Cyamus Sm. (1805) Nom. illegit. ≡ Nelumbo Adans. (1763) [莲科 Nelumbonaceae]■

14118　Cyanaeorchis Barb. Rodr. (1877)【汉】巴西青兰属。【隶属】兰科 Orchidaceae。【包含】世界 2 种。【学名诠释与讨论】〈阴〉(希) kyaneos,深蓝色 + orchis,兰。另说,Cyane,由仙女 nymph 变成的喷泉 + orchis,兰。指其生境。【分布】巴拉圭,巴西。【模式】Cyanaeorchis arundinae (H. G. Reichenbach) Barbosa Rodrigues [Eulophia arundinae H. G. Reichenbach]。■☆

14119　Cyanandrium Stapf(1895)【汉】蓝蕊野牡丹属。【隶属】野牡丹科 Melastomataceae。【包含】世界 4 种。【学名诠释与讨论】〈阴〉(希) kyaneos,深蓝色 + aner,所有格 andros,雄性,雄蕊 + -ius, -ia, -ium,在拉丁文和希腊文中,这些词尾表示性质或状态。在来源于人名的植物属名中,它们常常出现。在医学中,则用它们来作疾病或病状的名称。【分布】加里曼丹岛。【模式】未指定。☆

14120　Cyananthaceae J. Agardh(1858) = Campanulaceae Juss. (1789)(保留科名)■●

14121　Cyananthus Griff. (1854) Nom. illegit. (废弃属名) = Stauranthera Benth. (1835) [苦苣苔科 Gesneriaceae]■

14122　Cyananthus Miers(废弃属名) = Burmannia L. (1753) [水玉簪科 Burmanniaceae]■

14123　Cyananthus Raf. (1815)(废弃属名) ≡ Cyanus Mill. (1754)(废弃属名)；~ = Centaurea L. (1753)(保留属名) [菊科 Asteraceae (Compositae)//矢车菊科 Centaureaceae]●■

14124　Cyananthus Wall. ex Benth. (1836)(保留属名)【汉】蓝钟花属。【俄】Цианантус。【英】Bluebell, Bluebellflower, Cyananthus, Trailing Bell-flower。【隶属】桔梗科 Campanulaceae。【包含】世界 19-28 种,中国 19-21 种。【学名诠释与讨论】〈阳〉(希) kyanos,深蓝色 + anthos,花。指花冠蓝色。此属的学名 "Cyananthus Wall. ex Benth. in Royle, Ill. Bot. Himal. Mts. ；309. Mai 1836"是保留属名。相应的废弃属名是菊科 Asteraceae 的 "Cyananthus Raf. , Anal. Nat. ；192. Apr-Jul 1815 = Centaurea L. (1753)(保留属名) ≡ Cyanus Mill. (1754)(废弃属名)"。苦苣苔科 Gesneriaceae 的"Cyananthus W. Griffith, Notul. Pl. Asiat. (Posthum. Pap.)4；154. 1854 = Stauranthera Benth. (1835)"和水玉簪科 Burmanniaceae 的"Cyananthus Miers = Burmannia L. (1753)"亦应废弃。【分布】中国,喜马拉雅山。【模式】未指定。■

14125　Cyanastraceae Engl. (1900)(保留科名) [亦见 Tecophilaeaceae Leyb. (保留科名)蒂可花科(百鸢科,基叶草科)]【汉】蓝星科。【日】キアナストルム科。【包含】世界 1 属 3-7 种。【分布】热带非洲。【科名模式】Cyanastrum Oliv. ■☆

14126　Cyanastrum Cass. (1826) Nom. inval. = Volutarella Cass. (1826) Nom. illegit. ；~ = Amberboi Adans. (1763)(废弃属名)；~ = Volutaria Cass. (1816) Nom. illegit. [菊科 Asteraceae (Compositae)]■☆

14127　Cyanastrum Oliv. (1891)【汉】蓝星属。【日】キアナストルム属。【隶属】蓝星科 Cyanastraceae//蒂可花科(百鸢科,基叶草科)Tecophilaeaceae。【包含】世界 3-7 种。【学名诠释与讨论】〈中〉(希) kyanos,深蓝色 +-astrum,指示小的词尾,也有"不完全相似"的含义。后词也可能是"星"。此属的学名,ING、TROPICOS 和 IK 记载是"Cyanastrum D. Oliver, Hooker's Icon. Pl. 20；ad t. 1965. Apr 1891"。"Cyanastrum Cass. , Dict. Sci. Nat. , ed. 2. [F. Cuvier]44；39. 1826 [Dec 1826] = Volutarella Cass. (1826) Nom. illegit. [菊科 Asteraceae(Compositae)]"是一个未合格发表的名称(Nom. inval.)。【分布】热带非洲。【模式】Cyanastrum cordifolium D. Oliver。【参考异名】Kabuyea Brummitt (1998)；Schoenlandia Cornu(1896)■☆

14128　Cyanea Gaudich. (1829)【汉】蓝桔梗属。【隶属】桔梗科 Campanulaceae//半边莲科 Lobeliaceae。【包含】世界 64-78 种。【学名诠释与讨论】〈阴〉(希) kyaneos,深蓝色。此属的学名,ING、TROPICOS 和 IK 记载是"Cyanea Gaudichaud-Beaupré in Freycinet, Voyage Monde, Uranie Physicienne, 457. Sep 1829 ('1826')"。H. G. L. Reichenbach 曾用"Kittelia H. G. L. Reichenbach,Handb. 186. 1-7 Oct 1837"替代"Cyanea Gaudich. (1829)",多余了。【分布】美国。【模式】Cyanea grimesiana Gaudichaud-Beaupré。【参考异名】Kittelia Rchb. (1837) Nom. illegit. ；Macrochilus C. Presl(1836)；Rollandia Gaudich. (1829)■☆

14129　Cyanella L. (1754) ≡ Cyanella Royen ex L. (1754) [蒂可花科(百鸢科,基叶草科)Tecophilaeaceae]■☆

14130　Cyanella Royen ex L. (1754)【汉】蓝蒂可花属。【隶属】蒂可花科(百鸢科,基叶草科)Tecophilaeaceae。【包含】世界 7 种。【学名诠释与讨论】〈阴〉(希) kyaneos,深蓝色 +-ellus, -ella, -ellum,加在名词词干后面形成指小式的词尾。或加在人名、属名等后面以组成新属的名称。或(属) Cyanea 蓝桔梗属 +-ella。此属的学名,ING、APNI 和 IK 记载是"Cyanella D. van Royen in Linnaeus, Gen. ed. 5. 149. Aug 1754"。TROPICOS 则记载为"Cyanella L. , Genera Plantarum, ed. 5 149. et add. post index.

1754"。四者引用的文献相同。似应表述为"Cyanella Royen ex L. (1754)"。【分布】非洲南部。【模式】Cyanella hyacinthoides Linnaeus。【参考异名】Cyanella L. (1754); Cyanella Royen (1754) Nom. illegit.; Eremiolirion J. C. Manning et F. Forest (2005); Pharetrella Salisb. (1866); Trigella Salisb. (1866) ■☆

14131 Cyanella Royen (1754) Nom. illegit. ≡ Cyanella Royen ex L. (1754) [蒂可花科(百鸢科,基叶草科)Tecophilaeaceae] ■☆

14132 Cyanellaceae Salisb. (1866) = Tecophilaeaceae Leyb. (保留科名) ■☆

14133 Cyanitis Reinw. (1823) = Dichroa Lour. (1790) [虎耳草科 Saxifragaceae//绣球花科(八仙花科,绣球科) Hydrangeaceae] ●

14134 Cyanixia Goldblatt et J. C. Manning (2004) = Babiana Ker Gawl. ex Sims (1801) (保留属名) [鸢尾科 Iridaceae] ■☆

14135 Cyanobotrys Zucc. (1846) = Muellera L. f. (1782) (保留属名) [豆科 Fabaceae (Leguminosae)] ●■☆

14136 Cyanocarpus F. M. Bailey (1889) = Helicia Lour. (1790) [山龙眼科 Proteaceae] ●

14137 Cyanocephalus (Pohl ex Benth.) Harley et J. F. B. Pastore (2012) 【汉】蓝花山香属。【隶属】唇形科 Lamiaceae (Labiatae)。【包含】世界 25 种。【学名诠释与讨论】〈阳〉(希) kyaneos, 深蓝色+kephale, 头。此属的学名, ING 和 IK 记载是 "Cyanocephalus (Pohl ex Benth.) Harley et J. F. B. Pastore, Phytotaxa 58: 17. 2012. (27 Jun 2012)", 由 "Hyptis sect. Cyanocephalus Pohl ex Benth., Labiatarum Genera et Species 84. 1833" 改级而来。【分布】玻利维亚。【模式】Hyptis sect. Cyanocephalus Pohl ex Benth.。【参考异名】Hyptis sect. Cyanocephalus Pohl ex Benth. (1833) ☆

14138 Cyanochlamys Bartl. (1845) Nom. illegit. [芸香科 Rutaceae] ☆

14139 Cyanococcus (A. Gray) Rydb. (1917) Nom. illegit. = Vaccinium L. (1753) [杜鹃花科(欧石南科) Ericaceae//越橘科(乌饭树科) Vacciniaceae] ●

14140 Cyanococcus Rydb. (1917) Nom. illegit. ≡ Cyanococcus (A. Gray) Rydb. (1917) Nom. illegit.; ~ = Vaccinium L. (1753) [杜鹃花科(欧石南科) Ericaceae//越橘科(乌饭树科) Vacciniaceae] ●

14141 Cyanodaphne Blume (1851) = Dehaasia Blume (1837) [樟科 Lauraceae] ●

14142 Cyanoneuron C. Tange (1998) 【汉】蓝脉茜属。【隶属】茜草科 Rubiaceae。【包含】世界 5 种。【学名诠释与讨论】〈阴〉(希) kyaneos, 深蓝色+neuron = 拉丁文 nervus, 脉, 筋, 腱, 神经。【分布】加里曼丹岛。【模式】不详。●☆

14143 Cyanophyllum Naudin (1852) = Miconia Ruiz et Pav. (1794) (保留属名) [野牡丹科 Melastomataceae//米氏野牡丹科 Miconiaceae] ●☆

14144 Cyanopis Blume ex DC. (1828) Nom. illegit. ≡ Cyanopis Blume (1828) Nom. illegit.; ~ ≡ Cyanthillium Blume (1826) [菊科 Asteraceae (Compositae)//斑鸠菊科(绿菊科) Vernoniaceae] ■

14145 Cyanopis Blume (1828) Nom. illegit. ≡ Cyanthillium Blume (1826); ~ = Vernonia Schreb. (1791) (保留属名) [菊科 Asteraceae (Compositae)//斑鸠菊科(绿菊科) Vernoniaceae] ●■

14146 Cyanopis Steud. (1840) Nom. illegit. = Cyanopsis Cass. (1817); ~ = Volutarella Cass. (1826) Nom. illegit.; ~ = Amberboi Adans. (1763) (废弃属名); ~ = Volutaria Cass. (1816) Nom. illegit. [菊科 Asteraceae (Compositae)] ■☆

14147 Cyanopngon Welw. ex C. B. Clarke (1881) = Cyanotis D. Don (1825) (保留属名) [鸭趾草科 Commelinaceae] ■

14148 Cyanopsis Cass. (1817) = Volutaria Cass. (1816) Nom. illegit.; ~ = Amberboi Adans. (1763) (废弃属名); ~ = Volutaria Cass. (1816) Nom. illegit. [菊科 Asteraceae (Compositae)] ■☆

14149 Cyanopsis Endl. (1841) Nom. illegit. = Cyanopis Blume (1828) Nom. illegit.; ~ = Vernonia Schreb. (1791) (保留属名) [菊科 Asteraceae (Compositae)//斑鸠菊科(绿菊科) Vernoniaceae] ●■

14150 Cyanorchis Thouars ex Steud. (1840) Nom. illegit. = Phaius Lour. (1790) [兰科 Orchidaceae] ■

14151 Cyanorchis Thouars (1822) Nom. inval. ≡ Cyanorchis Thouars ex Steud. (1840); ~ = Phaius Lour. (1790) [兰科 Orchidaceae] ■

14152 Cyanorkis Thouars (1809) = Cyanorchis Thouars (1822) Nom. inval.; ~ = Cyanorchis Thouars ex Steud. (1840); ~ = Phaius Lour. (1790) [兰科 Orchidaceae] ■

14153 Cyanoseris (W. D. J. Koch) Schur (1853) = Lactuca L. (1753) [菊科 Asteraceae (Compositae)//莴苣科 Lactucaceae] ■

14154 Cyanoseris Schur (1853) Nom. illegit. ≡ Cyanoseris (W. D. J. Koch) Schur (1853); ~ = Lactuca L. (1753) [菊科 Asteraceae (Compositae)//莴苣科 Lactucaceae] ■

14155 Cyanospermum Wight et Arn. (1834) = Rhynchosia Lour. (1790) (保留属名) [豆科 Fabaceae (Leguminosae)//蝶形花科 Papilionaceae] ●■

14156 Cyanostegia Turcz. (1849) 【汉】蓝被草属。【隶属】马鞭草科 Verbenaceae。【包含】世界 5 种。【学名诠释与讨论】〈阴〉(希) kyaneos, 深蓝色+stege, 盖子, 覆盖物。【分布】澳大利亚(西部)。【模式】未指定。【参考异名】Bunnya F. Muell. (1865) ●☆

14157 Cyanostremma Benth. ex Hook. et Arn. (1840) = Calopogonium Desv. (1826) [豆科 Fabaceae (Leguminosae)//蝶形花科 Papilionaceae] ●

14158 Cyanothamnus Lindl. (1839) = Boronia Sm. (1798) [芸香科 Rutaceae//博龙香木科 Boroniaceae] ●☆

14159 Cyanothyrsus Harms (1897) = Daniellia Benn. (1855) [豆科 Fabaceae (Leguminosae)] ●☆

14160 Cyanotis D. Don (1825) (保留属名) 【汉】蓝耳草属(露水草属, 鸭舌疮属, 银毛冠属)。【日】アラゲツユクサ属, シアノチス属。【英】Blueeargrass, Cyanotis。【隶属】鸭趾草科 Commelinaceae。【包含】世界 50 种, 中国 5-6 种。【学名诠释与讨论】〈阴〉(希) kyanos, 深蓝色+ous, 所有格 otos, 指小式 otion, 耳。otikos, 耳的。指花瓣蓝色。此属的学名 "Cyanotis D. Don, Prodr. Fl. Nepal. : 45. 26 Jan-1 Feb 1825" 是保留属名。法规未列出相应的废弃属名。但是水玉簪科 Burmanniaceae 的 "Cyanotis Miers = Burmannia L. (1753)" 应该废弃。也有文献包括《中国植物志》中文版承认 "鞘苞花属 Amischophacelus R. S. Rao et R. V. Kammathy, J. Linn. Soc., Bot. 59: 305. Feb 1966"; 但是它是 "Tonningia Necker ex A. H. L. Jussieu in F. Cuvier, Dict. Sci. Nat. 54: 505. Apr 1829" 的晚出的同模式异名, 应予废弃。"Tonningia Neck., Elem. Bot. (Necker) 3: 165. 1790 ≡ Tonningia Neck. ex A. Juss. (1829)" 则是一个未合格发表的名称 (Nom. inval.)。【分布】巴基斯坦, 马达加斯加, 中国。【模式】Cyanotis barbata D. Don。【参考异名】Amischophacelus R. S. Rao et Kammathy (1966) Nom. illegit.; Cyanopngon Welw. ex C. B. Clarke (1881); Dalzellia Hassk. (1865) Nom. illegit.; Erythrotis Hook. f. (1875); Siphostima Raf. (1837); Tonningia Juss. (1829) Nom. illegit.; Tonningia Neck. (1790) Nom. inval.; Tonningia Neck. ex A. Juss. (1829) Nom. illegit. ■

14161 Cyanotis Miers (废弃属名) = Burmannia L. (1753) [水玉簪科 Burmanniaceae] ■

14162 Cyanotris Raf. (1818) (废弃属名) = Camassia Lindl. (1832) (保留属名); ~ = Zigadenus Michx. (1803) [百合科 Liliaceae//黑药花科(藜芦科) Melanthiaceae] ■

14163 Cyanthillium Blume (1826) 【汉】夜香牛属。【隶属】菊科

Asteraceae（Compositae）。【包含】世界7-25种，中国1种。【学名诠释与讨论】〈中〉（希）cyanos，深蓝色+anthyllion 小花。此属的学名，ING、TROPICOS 和 IK 记载是"Cyanthillium Blume, Bijdr. Fl. Ned. Ind. 15：889. 1826［Jul−Dec 1826］"。"Cyanopis Blume, Fl. Javae Praef. vi. 5 Aug 1828"是"Cyanthillium Blume（1826）"的晚出的同模式异名（Homotypic synonym，Nomenclatural synonym）。亦有文献把"Cyanthillium Blume（1826）"处理为"Vernonia Schreb.（1791）（保留属名）"的异名。【分布】巴拿马，厄瓜多尔，哥伦比亚（安蒂奥基亚），马达加斯加，马来西亚，中国，中美洲。【模式】未指定。【参考异名】Cyanopis Blume ex DC.（1828）Nom. illegit.；Cyanopis Blume（1828）Nom. illegit.；Vernonia Schreb.（1791）（保留属名）■

14164 Cyanus Juss. = Centaurea L.（1753）（保留属名）［菊科 Asteraceae（Compositae）//矢车菊科 Centaureaceae］●■

14165 Cyanus Mill.（1754）（废弃属名）= Centaurea L.（1753）（保留属名）［菊科 Asteraceae（Compositae）//矢车菊科 Centaureaceae］●■

14166 Cyathanthera Pohl（1831）= Miconia Ruiz et Pav.（1794）（保留属名）［野牡丹科 Melastomataceae//米氏野牡丹科 Miconiaceae］●☆

14167 Cyathanthera Puttock = Miconia Ruiz et Pav.（1794）（保留属名）［野牡丹科 Melastomataceae//米氏野牡丹科 Miconiaceae］●☆

14168 Cyathanthus Engl.（1897）= Scyphosyce Baill.（1875）［桑科 Moraceae］●☆

14169 Cyathella Decne.（1838）= Cynanchum L.（1753）［萝藦科 Asclepiadaceae］●■

14170 Cyathidium Lindl., Nom. inval. ≡ Cyathidium Lindl. ex Royle（1835）；~ = Saussurea DC.（1810）（保留属名）［菊科 Asteraceae（Compositae）］●■

14171 Cyathidium Lindl. ex Royle（1835）= Saussurea DC.（1810）（保留属名）［菊科 Asteraceae（Compositae）］●■

14172 Cyathiscus Tiegh.（1895）= Baratranthus（Korth.）Miq.（1856）［桑寄生科 Loranthaceae］●☆

14173 Cyathobasis Aellen（1949）【汉】鞘叶藜属。【隶属】藜科 Chenopodiaceae。【包含】世界1种。【学名诠释与讨论】〈阴〉（希）kyathos，杯+basis，基部，底部，基础。【分布】土耳其。【模式】Cyathobasis fruticulosa（Bunge）P. Aellen［Girgensohnia fruticulosa Bunge］。●☆

14174 Cyathocalyx Champ. ex Hook. f. et Thomson（1855）【汉】杯萼木属（杯萼树属，杯萼藤属）。【隶属】番荔枝科 Annonaceae。【包含】世界15-38种，中国1种。【学名诠释与讨论】〈阳〉（希）kyathos，杯+kalyx，所有格 kalykos＝拉丁文 calyx，花萼，杯子。指萼杯形。【分布】印度至马来西亚，中国。【模式】Cyathocalyx zeylanicus Champion ex J. D. Hooker et T. Thomson。【参考异名】Drepananthna Maingay ex Hook. f.（1872）Nom. illegit.；Drepananthus Maingay ex Hook. f.；Drepananthus Maingay ex Hook. f. et Thomson（1872）；Nephrostigma Griff.（1854）；Soala Blanco（1837）●

14175 Cyathocephalum Nakai（1915）= Ligularia Cass.（1816）（保留属名）［菊科 Asteraceae（Compositae）］■

14176 Cyathochaeta Nees（1846）【汉】刚毛莎属。【隶属】莎草科 Cyperaceae。【包含】世界3-4种。【学名诠释与讨论】〈阴〉（希）kyathos，杯+chaite ＝拉丁文 chaeta，刚毛。【分布】澳大利亚。【模式】Cyathochaeta diandra（R. Brown）C. G. D. Nees［Carpha diandra R. Brown］。【参考异名】Cyathochaete Benth.（1878）；Cyatochaete Kük.（1940）；Tetralepis Steud.（1855）■☆

14177 Cyathochaete Benth.（1878）= Cyathochaeta Nees（1846）［莎草科 Cyperaceae］■☆

14178 Cyathocline Cass.（1829）【汉】杯菊属。【英】Cupdaisy, Cyathocline。【隶属】菊科 Asteraceae（Compositae）。【包含】世界3种，中国1种。【学名诠释与讨论】〈阴〉（希）kyathos，杯+kline，床，来自 klino，倾斜，斜倚。指总苞呈杯状。【分布】印度，中国。【模式】Cyathocline lyrata Cassini。■

14179 Cyathocnemis Klotzsch（1854）= Begonia L.（1753）［秋海棠科 Begoniaceae］●■

14180 Cyathocoma Nees（1834）【汉】杯毛莎草属。【隶属】莎草科 Cyperaceae。【包含】世界3种。【学名诠释与讨论】〈中〉（希）kyathos，杯+kome，毛发，束毛，冠毛，来自拉丁文 coma。此属的学名是"Cyathocoma C. G. D. Nees, Linnaea 9：300. 1834"。亦有文献把其处理为"Tetraria P. Beauv.（1816）"的异名。【分布】澳大利亚。【模式】Cyathocoma ecklonii C. G. D. Nees。【参考异名】Macrochaetium Steud.（1855）；Tetraria P. Beauv.（1816）■☆

14181 Cyathodes Labill.（1805）【汉】核果尖苞木属（杯果尖苞木属，杜松石南属）。【隶属】尖苞木科 Epacridaceae//杜鹃花科（欧石南科）Ericaceae。【包含】世界15-18种。【学名诠释与讨论】〈阴〉（希）kyathos，杯+oides，相像。此属的学名是"Cyathodes Haller ex O. Kuntze, Rev. Gen. 2：850. 5 Nov 1891（non Labillardière 1805）"。亦有文献把其处理为"Styphelia（Sol. ex G. Forst.）Sm.（1795）Nom. illegit."的异名。【分布】澳大利亚（包括，塔斯曼半岛），波利尼西亚群岛，密克罗尼西亚岛。【模式】未指定。【参考异名】Androstoma Hook. f.（1844）；Ardisia Gaertn.（1790）（废弃属名）；Styphelia（Sol. ex G. Forst.）Sm.（1795）●☆

14182 Cyathodiscus Hochst.（1842）= Peddiea Harv. ex Hook.（1840）［瑞香科 Thymelaeaceae］●☆

14183 Cyathoglottis Poepp. et Endl.（1835）= Sobralia Ruiz et Pav.（1794）［兰科 Orchidaceae］■☆

14184 Cyathogyne Müll. Arg.（1864）【汉】肖囊大戟属。【隶属】大戟科 Euphorbiaceae。【包含】世界7种。【学名诠释与讨论】〈阴〉（希）kyathos，杯+希腊文 oides，来自 o+eides，像，似。或 o+eidos 形，含义为相像+gyne，所有格 gynaikos，雌性，雌蕊。此属的学名是"Cyathogyne J. Müller Arg., Flora 47：536. 9 Nov 1864"。亦有文献把其处理为"Thecacoris A. Juss.（1824）"的异名。【分布】马达加斯加，热带非洲。【模式】Cyathogyne viridis J. Mueller Arg.。【参考异名】Thecacoris A. Juss.（1824）●☆

14185 Cyathomiscus Turcz.（1863）= Marianthus Hügel ex Endl.（1837）［海桐花科（海桐科）Pittosporaceae］●☆

14186 Cyathomone S. F. Blake（1923）【汉】杯冠菊属。【隶属】菊科 Asteraceae（Compositae）。【包含】世界1种。【学名诠释与讨论】〈阴〉（希）kyathos，杯+mone 居住。【分布】厄瓜多尔。【模式】Cyathomone sodiroi（Hieronymus）S. F. Blake［Narvalina sodiroi Hieronymus］。●☆

14187 Cyathopappus F. Muell.（1861）= Gnephosis Cass.（1820）［菊科 Asteraceae（Compositae）］■☆

14188 Cyathopappus Sch. Bip.（1861）Nom. illegit. = Elytropappus Cass.（1816）［菊科 Asteraceae（Compositae）］●☆

14189 Cyathophora Raf.（1838）= Euphorbia L.（1753）［大戟科 Euphorbiaceae］●■

14190 Cyathophylla Bocquet et Strid（1986）【汉】杯叶花属（杯叶石竹属）。【隶属】石竹科 Caryophyllaceae。【包含】世界1种。【学名诠释与讨论】〈阴〉（希）kyathos，杯+phyllon，叶子。【分布】法属新喀里多尼亚。【模式】Cyathophylla chlorifolia（Poiret）G. Bocquet et A. Strid［Cucubalus chlorifolius Poiret［as 'chloraefolius'］。■☆

14191 Cyathopsis Brongn. et Gris（1864）【汉】新喀岛尖苞木属（拟杜

松石南属)。【隶属】尖苞木科 Epacridaceae//杜鹃花科(欧石南科)Ericaceae。【包含】世界 1 种。【学名诠释与讨论】〈阴〉(希)kyathos,杯+opsis,外观,模样,相似。【分布】法属新喀里多尼亚。【模式】Cyathopsis floribunda A. T. Brongniart et Gris。●☆

14192　Cyathopus Stapf(1895)【汉】锡金杯禾属(杯禾属)。【隶属】禾本科 Poaceae(Gramineae)。【包含】世界 1 种,中国 1 种。【学名诠释与讨论】〈阳〉(希)kyathos,杯+pous,所有格 podos,指小式 podion,脚,足,柄,梗。podotes,有脚的。【分布】中国,东喜马拉雅山。【模式】Cyathopus sikkimensis Stapf。●■

14193　Cyathorhachis Nees ex Steud. (1854) = Polytoca R. Br. (1838) [禾本科 Poaceae(Gramineae)]■

14194　Cyathorhachis Steud. (1854) Nom. illegit. ≡ Cyathorhachis Nees ex Steud. (1854); ~ = Polytoca R. Br. (1838) [禾本科 Poaceae (Gramineae)]■

14195　Cyathoselinum Benth. (1867)【汉】杯蛇床属。【隶属】伞形花科(伞形科)Apiaceae(Umbelliferae)。【包含】世界 1 种。【学名诠释与讨论】〈中〉(希)kyathos,杯+(属)Selinum 亮蛇床属(滇前胡属)。【分布】前南斯拉夫。【模式】Cyathoselinum tomentosum (Visiani) B. D. Jackson。■☆

14196　Cyathospermum Wall. ex D. Don = Gardneria Wall. (1820) [马钱科(断肠草科,马钱子科)Loganiaceae]●

14197　Cyathostegia(Benth.)Schery(1950)【汉】杯豆属。【隶属】豆科 Fabaceae(Leguminosae)。【包含】世界 2 种。【学名诠释与讨论】〈阴〉(希)kyathos,杯+stegion,屋顶,盖。此属的学名,ING 和 IK 记载是"Cyathostegia(Bentham)Schery, Ann. Missouri Bot. Gard. 37:401. Sep 1950"。IK 给出的基源异名是"Swartzia sect. Cyathostegia Benth."。【分布】秘鲁,玻利维亚,厄瓜多尔,热带美洲。【模式】Cyathostegia matthewsii(Bentham)Schery [Swartzia matthewsii Bentham]。【参考异名】Swartzia sect. Cyathostegia Benth. ■☆

14198　Cyathostelma E. Fourn. (1885)【汉】叉萝藦属。【隶属】萝藦科 Asclepiadaceae。【包含】世界 2 种。【学名诠释与讨论】〈中〉(希)kyathos,杯+stelma,王冠,花冠。【分布】巴西。【模式】未指定。■☆

14199　Cyathostemma Griff. (1854)【汉】杯冠木属。【英】Cyathostemma。【隶属】番荔枝科 Annonaceae。【包含】世界 8 种,中国 1 种。【学名诠释与讨论】〈中〉(希)kyathos,杯+stemma,所有格 stemmatos,花冠,花环,王冠。指花冠杯形。【分布】马来西亚,缅甸,中国。【模式】Cyathostemma viridiflorum W. Griffith [as 'viridiflora']。●

14200　Cyathostemon Turcz. (1852)【汉】杯蕊桃金娘属。【隶属】桃金娘科 Myrtaceae。【包含】世界 1 种。【学名诠释与讨论】〈阳〉(希)kyathos,杯+stemon,雄蕊。此属的学名是"Cyathostemon Turczaninow, Bull. Cl. Phys. – Math. Acad. Imp. Sci. Saint – Pétersbourg Ser. 2. 10:331. 15 Jun 1852"。亦有文献把其处理为"Baeckea L. (1753)"的异名。【分布】澳大利亚。【模式】Cyathostemon tenuifolius Turczaninow。【参考异名】Baeckea L. (1753)●☆

14201　Cyathostyles Schott ex Meisn. (1840) = Cyphomandra Mart. ex Sendtn. (1845) [茄科 Solanaceae]●■

14202　Cyathula Blume(1826)(保留属名)【汉】杯苋属(川牛膝属)。【日】イノコヅチモドキ属,ヰノコヅチモドキ属。【英】Cyathula。【隶属】苋科 Amaranthaceae。【包含】世界 25-27 种,中国 4 种。【学名诠释与讨论】〈阴〉(希)kyathos,杯+-ulus,-ula,-ulum,指示小的词尾。指膜质的花丝基部联合成浅杯状,或指花萼形状。此属的学名"Cyathula Blume, Bijdr. :548. 24 Jan 1826"是保留属名。相应的废弃属名是苋科 Amaranthaceae 的

"Cyathula Lour., Fl. Cochinch. :93, 101. Sep 1790 = Cyathula Blume(1826)(保留属名)"。【分布】巴拿马,秘鲁,玻利维亚,厄瓜多尔,非洲,哥伦比亚(安蒂奥基亚),马达加斯加,马来西亚,尼加拉瓜,斯里兰卡,中国,中美洲。【模式】Cyathula prostrata (Linnaeus) Blume [Achyranthes prostrata Linnaeus]。【参考异名】Polyscalia Wall. (1832)■

14203　Cyathula Lour. (1790)(废弃属名) = Cyathula Blume(1826)(保留属名) [苋科 Amaranthaceae]■

14204　Cyatochaete Kük. (1940) = Cyathochaeta Nees(1846) [莎草科 Cyperaceae]■☆

14205　Cybanthus Post et Kuntze(1903) = Cybianthus Mart. (1831)(保留属名) [紫金牛科 Myrsinaceae]●☆

14206　Cybbanthera Buch. –Ham. ex D. Don(1825) = Limnophila R. Br. (1810)(保留属名) [玄参科 Scrophulariaceae//婆婆纳科 Veronicaceae]■

14207　Cybebus Garay(1978)【汉】哥伦比亚兰属。【隶属】兰科 Orchidaceae。【包含】世界 1 种。【学名诠释与讨论】〈阴〉(希)kybe,头;kybebos,弯曲的。或指女神 Cybebe。【分布】哥伦比亚。【模式】Cybebus grandis L. A. Garay。■☆

14208　Cybele Falc. (1847) Nom. illegit. (废弃属名) = Herminium L. (1758) [兰科 Orchidaceae]■

14209　Cybele Falc. ex Lindl. (1847) Nom. illegit. (废弃属名) ≡ Cybele Falc. (1847) Nom. illegit. (废弃属名); ~ = Herminium L. (1758) [兰科 Orchidaceae]■

14210　Cybele Salisb. (1809) Nom. illegit. (废弃属名) ≡ Cybele Salisb. ex Knight(1809)(废弃属名); ~ = Stenocarpus R. Br. (1810)(保留属名) [山龙眼科 Proteaceae]●☆

14211　Cybele Salisb. ex Knight(1809)(废弃属名) ≡ Stenocarpus R. Br. (1810)(保留属名) [山龙眼科 Proteaceae]●☆

14212　Cybelion Spreng. (1826) Nom. illegit. ≡ Ionopsis Kunth(1816) [兰科 Orchidaceae]■☆

14213　Cybianthopsis(Mez)Lundell(1968) = Cybianthus Mart. (1831) (保留属名) [紫金牛科 Myrsinaceae]●☆

14214　Cybianthus Mart. (1831)(保留属名)【汉】立方花属。【隶属】紫金牛科 Myrsinaceae。【包含】世界 150 种。【学名诠释与讨论】〈阳〉(希)kybos,立方体+anthos,花。此属的学名"Cybianthus Mart., Nov. Gen. Sp. Pl. 3:87. Jan–Mar 1831"是保留属名。相应的废弃属名是紫金牛科 Myrsinaceae 的"Peckia Vell., Fl. Flumin. :51. 7 Sep–28 Nov 1829 = Cybianthus Mart. (1831)(保留属名)"。真菌的"Peckia Clinton in C. H. Peck, Annual Rep. New York State Mus. 29:47. 1878 ≡ Drudeola O. Kuntze 1891"亦应废弃。也有学者把"Wallenia Sw. (1788)(保留属名)"处理为"Cybianthus Mart. (1831)(保留属名)"的异名,不妥。【分布】巴拉圭,巴拿马,秘鲁,玻利维亚,厄瓜多尔,哥伦比亚(安蒂奥基亚),哥斯达黎加,尼加拉瓜,西印度群岛,热带南美洲,中美洲。【模式】Cybianthus penduliflorus C. F. P. Martius。【参考异名】Comomyrsine Hook. f. (1876);Conomorpha A. DC. (1834);Correlliana D'Arcy(1973);Cybanthus Post et Kuntze(1903);Cybianthopsis(Mez)Lundell(1968);Grammadenia Benth. (1846);Gybianthus Pritz. (1855);Microconomorpha(Mez)Lundell(1977);Pechea Arrab. ex Steud. (1841) Nom. illegit. ;Pechea Steud. (1841) Nom. illegit. ;Peckia Vell. (1829)(废弃属名);Weigeltia A. DC. (1834) Nom. illegit. ●☆

14215　Cybiostigma Turcz. (1852) = Ayenia L. (1756) [梧桐科 Sterculiaceae//锦葵科 Malvaceae]●☆

14216　Cybistax Mart. (1845) Nom. illegit. = Cybistax Mart. ex Meisn. (1840) [紫葳科 Bignoniaceae]●☆

14217　Cybistax Mart. ex Meisn. (1840)【汉】艳阳花属。【隶属】紫葳科 Bignoniaceae。【包含】世界 1-3 种。【学名诠释与讨论】〈阴〉(希)kybos, 立方体; kybe, 头 + stax, 一滴。此属的学名, ING 和 APNI 记载是"Cybistax C. F. P. Martius ex C. F. Meisner, Pl. Vasc. Gen. 1:300; 2:208. 25-31 Oct 1840"。紫葳科 Bignoniaceae 的"Cybistax Mart. , Prodr. [A. P. de Candolle] 9:198. 1845 [1 Jan 1845]"是晚出的非法名称。【分布】巴拉圭, 秘鲁, 玻利维亚, 厄瓜多尔, 中美洲。【模式】Cybistax antisyphilitica (C. F. P. Martius) C. F. P. Martius ex Alph. de Candolle [Bignonia antisiphilitica C. F. P. Martius]。【参考异名】Cybistax Mart. (1845) Nom. illegit. ; Cystibax Heynh. (1846); Stenolobium D. Don (1823); Yangua Spruce(1859)●☆

14218　Cybistetes Milne-Redh. et Schweick. (1939)【汉】非洲大球石蒜属。【隶属】石蒜科 Amaryllidaceae。【包含】世界 1 种。【学名诠释与讨论】〈阳〉(希)cybisteter, 头部伸在最前面跳出的人, 泅水人。【分布】非洲南部。【模式】Cybistetes longifolia (Linnaeus) Milne-Redhead et Schweickerdt [Amaryllis longifolia Linnaeus]。●☆

14219　Cybostigma Post et Kuntze (1903) = Ayenia L. (1756); ~ = Cybiostigma Turcz. (1852) [梧桐科 Sterculiaceae//锦葵科 Malvaceae]●☆

14220　Cycadaceae Pers. (1807)(保留科名)【汉】苏铁科。【日】ソテツ科。【俄】Саговниковые, Цикадовые。【英】Cycad Family, Cycas Family。【包含】世界 1-10 属 20-100 种, 中国 1 属 16-18 种。【分布】马达加斯加, 印度-马来西亚, 澳大利亚, 亚洲东部和南部, 波利尼西亚群岛。【科名模式】Cycas L. (1753)●

14221　Cycas L. (1753)【汉】苏铁属。【日】ソテツ属。【俄】Деревосоговое, Саговник, Саговника шишка женская, Цикада, Цикас。【英】Bread Palm, Conehead, Cycad, Cycas, Funeral Palm, Sago Cycas, Sago Palm。【隶属】苏铁科 Cycadaceae。【包含】世界 20-60 种, 中国 16-18 种。【学名诠释与讨论】〈阴〉(希)kykas, 一种生长在非洲埃塞俄比亚的棕榈树名。此属的学名, ING、APNI、GCI、TROPICOS 和 IK 记载是"Cycas L. , Sp. Pl. 2:1188. 1753 [1 May 1753]"。"Todda-Pana Adanson, Fam. 2:25, 611. Jul-Aug 1763"是"Cycas L. (1753)"的晚出的同模式异名(Homotypic synonym, Nomenclatural synonym)。【分布】澳大利亚, 巴基斯坦, 巴拿马, 秘鲁, 波利尼西亚群岛, 玻利维亚, 哥伦比亚(安蒂奥基亚), 马达加斯加, 尼加拉瓜, 印度至马来西亚, 中国, 亚洲东部和南部, 中美洲。【模式】circinalis Linnaeus。【参考异名】Dyerocycas Nakai(1943); Epicycas de Laub. (1998); Todda-pana Adans. (1763) Nom. illegit. ●

14222　Cycca Batsch (1802) = Cicca L. (1767) [大戟科 Euphorbiaceae]●

14223　Cyclacanthus S. Moore (1921)【汉】环刺爵床属。【隶属】爵床科 Acanthaceae。【包含】世界 2 种。【学名诠释与讨论】〈阳〉(希)kyklos, 圆圈, 环状物。kyklas, 所有格 kyklados, 圆形的。kyklotos, 圆的, 关住, 围住 + akantha, 荆棘, 刺。【分布】中南半岛。【模式】Cyclacanthus coccineus S. Moore。☆

14224　Cyclachaena Fresen. (1836) = Euphrosyne DC. (1836) [菊科 Asteraceae(Compositae)]■☆

14225　Cycladenia Benth. (1849)【汉】环腺夹竹桃属。【隶属】夹竹桃科 Apocynaceae。【包含】世界 1 种。【学名诠释与讨论】〈阴〉(希)kyklos, 圆圈, 环状物 + aden, 所有格 adenos, 腺体。【分布】美国(西南部)。【模式】Cycladenia humilis Bentham。●☆

14226　Cyclamen L. (1753)【汉】仙客来属(萝卜海棠属)。【日】シクラメン属, ブタノマンヂュウ属。【俄】Дряква, Фиалка альпийская, Цикламен。【英】Alpine Violet, Cyclamen, Persian Violet, Sowbread。【隶属】报春花科 Primulaceae//紫金牛科

Myrsinaceae。【包含】世界 19-20 种, 中国 1 种。【学名诠释与讨论】〈中〉(希)kyklaminos =kyklos, 圆, 卷曲。指花后花梗螺旋状旋卷成轮形。另说指块根近球形。【分布】中国, 地中海至伊朗, 欧洲。【后选模式】Cyclamen europaeum Linnaeus。【参考异名】Cyclaminos Heldr. (1898); Cyclaminum Bubani (1897); Cyclaminus Asch. (1892) Nom. illegit. ; Cyclaminus Haller(1758)■

14227　Cyclaminos Heldr. (1898) = Cyclamen L. (1753) [报春花科 Primulaceae//紫金牛科 Myrsinaceae]■

14228　Cyclaminum Bubani(1897) = Cyclamen L. (1753) [报春花科 Primulaceae//紫金牛科 Myrsinaceae]■

14229　Cyclaminus Asch. (1892) Nom. illegit. = Cyclamen L. (1753) [报春花科 Primulaceae//紫金牛科 Myrsinaceae]■

14230　Cyclaminus Haller (1758) = Cyclamen L. (1753) [报春花科 Primulaceae//紫金牛科 Myrsinaceae]■

14231　Cyclandra Lauterb. (1922) = Ternstroemia Mutis ex L. f. (1782) (保留属名) [山茶科(茶科) Theaceae//厚皮香科 Ternstroemiaceae]●

14232　Cyclandrophora Hassk. (1842) = Atuna Raf. (1838) [金壳果科 Chrysobalanaceae]●☆

14233　Cyclanthaceae Dumort. = Cyclanthaceae Poit. ex A. Rich. (保留科名)●■

14234　Cyclanthaceae Poit. ex A. Rich. (1824)(保留科名)【汉】巴拿马草科(环花科)。【日】パナマサウ科, パナマソウ科。【俄】Циклантовые。【英】Cyclanthus Family。【包含】世界 11-12 属 190-230 种, 中国 1 属 1 种。【分布】热带美洲。【科名模式】Cyclanthus Poit. ex A. Rich. ■●

14235　Cyclanthera Schrad. (1831)【汉】小雀瓜属(辣子瓜属)。【日】シクランテラ属, バクダンウリ属。【俄】Цикрантера。【英】Cyclanthera。【隶属】葫芦科(瓜科, 南瓜科) Cucurbitaceae。【包含】世界 20-50 种, 中国 1 种。【学名诠释与讨论】〈阴〉(希)kyklos, 圆圈, 环状物 + anthera, 花药。指雄蕊群圆形。【分布】巴拉圭, 巴拿马, 秘鲁, 玻利维亚, 厄瓜多尔, 哥伦比亚(安蒂奥基亚), 哥斯达黎加, 尼加拉瓜, 中国, 中美洲。【模式】Cyclanthera pedata H. A. Schrader。【参考异名】Discanthera Torr. et A. Gray (1840)■

14236　Cyclantheraceae Lilja(1870) = Cucurbitaceae Juss. (保留科名)●■

14237　Cyclantheropsis Harms(1896)【汉】拟小雀瓜属。【隶属】葫芦科(瓜科, 南瓜科) Cucurbitaceae。【包含】世界 2-3 种。【学名诠释与讨论】〈阴〉(属)Cyclanthera 小雀瓜属 + 希腊文 opsis, 外观, 模样, 相似。【分布】马达加斯加, 热带非洲。【模式】Cyclantheropsis parviflora (Cogniaux) Harms [Gerrardanthus parviflorus Cogniaux]。●■☆

14238　Cyclanthus Poit. (1822) Nom. inval. ≡ Cyclanthus Poit. ex A. Rich. (1824) [巴拿马草科(环花科)Cyclanthaceae]■☆

14239　Cyclanthus Poit. ex A. Rich. (1824)【汉】环花草属(巴拿马草属)。【隶属】巴拿马草科(环花科)Cyclanthaceae。【包含】世界 1 种。【学名诠释与讨论】〈阳〉(希)kyklos, 圆圈, 环状物 + anthos, 花。antheros, 多花的。antheo, 开花。希腊文 anthos 亦有"光明, 光辉, 优秀"之义。此属的学名, GCI 记载是"Cyclanthus Poit. ex A. Rich. , Dict. Class. Hist. Nat. [Bory] 5:221. 1824 [15 May 1824]"。ING 和 IK 记载的"Cyclanthus Poiteau, Mém. Mus. Hist. Nat. 9:35. 1822", IK 记载是"Nom. inval. "。【分布】西印度群岛, 热带南美洲, 中美洲。【后选模式】Cyclanthus bipartitus Poiteau [as 'bibartitus']。【参考异名】Cyclanthus Poit. (1822) Nom. inval. ; Cyclosanthes Poepp. (1824); Discanthus Spruce (1859)■☆

14240　Cyclanthus Poit. ex Spreng. = Cyclanthus Poit. ex A. Rich.

（1824）［巴拿马草科（环花科）Cyclanthaceae］■☆

14241　Cyclas Schreb.（1789）Nom. illegit. ≡ Apalatoa Aubl.（1775）（废弃属名）；~ = Crudia Schreb.（1789）（保留属名）［豆科 Fabaceae（Leguminosae）//云实科（苏木科）Caesalpiniaceae］●☆

14242　Cyclea Arn.（1840）Nom. illegit. ≡ Cyclea Arn. ex Wight（1840）［防己科 Menispermaceae］●■

14243　Cyclea Arn. ex Wight（1840）【汉】轮环藤属（银不换属，枭丝藤属）。【英】Cyclea, Ringvine。【隶属】防己科 Menispermaceae。【包含】世界29-30种，中国13-14种。【学名诠释与讨论】〈阴〉（希）kyklos，圆圈，环状物。指雄花的萼片合生成环形。此属的学名，ING 和 IK 记载是"Cyclea Arnott ex R. Wight, Ill. Indian Bot. 1：22. 1840"。"Cyclea Arn."的命名人引证有误。也有文献承认"枭丝藤属 Rhaptomeris Miers, Ann. Mag. Nat. Hist. ser. 2. 7：36, 41. Jan 1851"；但它是"Cyclea Arn. ex Wight（1840）"的晚出的同模式异名（Homotypic synonym, Nomenclatural synonym），必须废弃。【分布】马达加斯加，中国，热带亚洲。【模式】Cyclea burmanni（A. P. de Candolle）J. D. Hooker et T. Thomson［Cocculus burmanni A. P. de Candolle］。【参考异名】Cyclea Arn.（1840）Nom. illegit. ; Gamopoda Baker（1887）; Lophophyllum Griff.（1854）; Peraphora Miers（1866）; Rhaptomeris Miers（1851）Nom. illegit. ; Tripodandra Baill.（1886）●■

14244　Cyclium Steud.（1840）= Cycnium E. Mey. ex Benth.（1836）［玄参科 Scrophulariaceae//列当科 Orobanchaceae］■●☆

14245　Cyclobalanopsis（Endl.）Oerst.（1867）Nom. illegit.（废弃属名）≡ Cyclobalanopsis Oerst.（1867）（保留属名）［壳斗科（山毛榉科）Fagaceae］●

14246　Cyclobalanopsis Oerst.（1867）（保留属名）【汉】青冈属（椆属，青冈栎属，青刚栎属，楮属）。【日】アカガシ属。【英】Cyclobalanopsis, Oak, Qinggang。【隶属】壳斗科（山毛榉科）Fagaceae。【包含】世界150种，中国69-90种。【学名诠释与讨论】〈阴〉（属）Cyclobalanus 红肉杜属+希腊文 opsis，外观，模样，相似。指壳斗鳞片成环状，与红肉杜属近似。此属的学名"Cyclobalanopsis Oerst. in Vidensk. Meddel. Dansk Naturhist. Foren. Kjøbenhavn 1866：77. 5 Jul 1867"是保留属名。相应的废弃属名是壳斗科（山毛榉科）Fagaceae 的"Perytis Raf., Alsogr. Amer.：29. 1838 = Cyclobalanopsis Oerst.（1867）（保留属名）"。壳斗科 Fagaceae 的"Cyclobalanopsis（Endl.）Oerst.（1867）≡ Cyclobalanopsis Oerst.（1867）（保留属名）"的命名人引证有误，亦应废弃。它曾被处理为"Quercus subgen. Cyclobalanopsis（Oerst.）C. K. Schneid."。【分布】中国，热带和亚热带亚洲。【模式】Cyclobalanopsis velutina Oersted［Quercus velutina Lindley ex Wallich, non Lamarck］。【参考异名】Cyclobalanopsis（Endl.）Oerst.（1867）Nom. illegit.（废弃属名）; Perytis Raf.（1838）（废弃属名）; Quercus L.（1753）; Quercus subgen. Cyclobalanopsis（Oerst.）C. K. Schneid. ●

14247　Cyclobalanus（Endl.）Oerst.（1867）【汉】红肉杜属。【隶属】豆科 Fabaceae（Leguminosae）。【包含】世界30种。【学名诠释与讨论】〈阳〉（希）kyklos，圆圈，环状物+balanos，橡实。指果实总苞上的小苞片环状排列。此属的学名，ING 记载是"Cyclobalanus（Endlicher）Oersted, Vidensk. Meddel. Dansk Naturhist. Foren. Kjøbenhavn 1866：80. 5 Jul 1867"，由"Quercus C. Cyclobalanus Endlicher, Gen. Suppl. 4（2）：28. Aug-Oct 1848"改级而来。IK 和 TROPICOS 则记载为"Cyclobalanus Oerst., Vidensk. Meddel. Naturhist. Foren. Kjøbenhavn（1866）80"。二者引用的文献相同。亦有文献把"Cyclobalanus（Endl.）Oerst.（1867）"处理为"Lithocarpus Blume（1826）"的异名。【分布】参见 Lithocarpus Blume（1826）。【模式】未指定。【参考异名】Cyclobalanus Oerst.

（1867）Nom. illegit. ; Lithocarpus Blume（1826）; Quercus C. Cyclobalanus Endl.（1848）●☆

14248　Cyclobalanus Oerst.（1867）Nom. illegit. ≡ Cyclobalanus（Endl.）Oerst.（1867）［豆科 Fabaceae（Leguminosae）］●☆

14249　Cyclobothra D. Don ex Sweet（1828）Nom. illegit. ≡ Cyclobothra Sweet（1828）; ~ = Calochortus Pursh（1814）［百合科 Liliaceae//油点草科 Tricyrtidaceae//美莲草科（裂果草科，油点草科）Calochortaceae］■☆

14250　Cyclobothra D. Don（1828）Nom. illegit. ≡ Cyclobothra Sweet（1828）; ~ = Calochortus Pursh（1814）［百合科 Liliaceae//油点草科 Tricyrtidaceae//美莲草科（裂果草科，油点草科）Calochortaceae］■☆

14251　Cyclobothra Sweet（1828）= Calochortus Pursh（1814）［百合科 Liliaceae//油点草科 Tricyrtidaceae//美莲草科（裂果草科，油点草科）Calochortaceae］■☆

14252　Cyclocampe Benth. et Hook. f.（1883）Nom. illegit. = Lophoschoenus Stapf（1914）［莎草科 Cyperaceae］■☆

14253　Cyclocampe Steud.（1855）= Schoenus L.（1753）［莎草科 Cyperaceae］■

14254　Cyclocarpa Afzel. ex Baker（1871）【汉】球豆属。【隶属】豆科 Fabaceae（Leguminosae）。【包含】世界1种。【学名诠释与讨论】〈阴〉（希）kyklos，圆圈，环状物+karpos，果实。此属的学名，APNI 和 APNI 记载是"Cyclocarpa Afzel. ex Baker, Flora of Tropical Africa 2 1876"。IK 则记载为"Cyclocarpa Afzel. ex Baker, Fl. Trop. Afr.［Oliver et al.］2：151, in obs. 1871; Urb. in Jahrb. Bot. Gart. Berlin, 3：247（1884）"。"Cyclocarpa Miq., Fl. Ned. Ind. iii. 339（1855）"是错误记载。【分布】澳大利亚（北部及昆士兰），印度尼西亚（爪哇岛），中南半岛，加里曼丹岛，热带非洲，。【模式】Cyclocarpa stellaris Afzelius ex I. Urban。【参考异名】Cyclocarpa Afzel. ex Baker（1876）; Cyclocarpa Afzel. ex Urb.（1884）Nom. illegit. ■☆

14255　Cyclocarpa Afzel. ex Baker（1876）Nom. illegit. = Cyclocarpa Afzel. ex Baker（1871）［豆科 Fabaceae（Leguminosae）］■☆

14256　Cyclocarpa Afzel. ex Urb.（1884）Nom. illegit. ≡ Cyclocarpa Afzel. ex Baker（1871）［豆科 Fabaceae（Leguminosae）］■☆

14257　Cyclocarpa Miq.（1855）Nom. illegit. = Cyclocampe Steud.（1855）; ~ = Schoenus L.（1753）［莎草科 Cyperaceae］■

14258　Cyclocarpus Jungh.（1840）= Euodia J. R. Forst. et G. Forst.（1776）［芸香科 Rutaceae］●

14259　Cyclocarya Iljinsk.（1953）【汉】青钱柳属。【英】Cyclocarya。【隶属】胡桃科 Juglandaceae。【包含】世界1种，中国1种。【学名诠释与讨论】〈中〉（希）kyklos，圆圈，环状物+karyon，胡桃，硬壳果，核，坚果。指坚果具圆翅。【分布】中国。【后选模式】Cyclocarya paliurus（A. T. Batalin）I. A. Iljinskaja［Pterocarya paliurus A. T. Batalin］。●★

14260　Cyclocheilaceae Marais（1981）［亦见 Orobanchaceae Vent.（保留名）］【汉】盘果木科（圆唇花科）。【包含】世界2属4种。【分布】热带非洲东部和东北部，阿拉伯半岛南部。【科名模式】Cyclocheilon Oliv. ●☆

14261　Cyclocheilon Oliv.（1895）【汉】盘果木属（圆唇花属）。【隶属】盘果木科（圆唇花科）Cyclocheilaceae//马鞭草科 Verbenaceae。【包含】世界3种。【学名诠释与讨论】〈中〉（希）kyklos，圆圈，环状物+cheilos，唇。在希腊文组合词中，cheil-，cheilo-，-chilus，-chilia 等均为"唇，边缘"之义。【分布】突尼斯至非洲中部（坦噶尼喀），伊拉克，阿拉伯地区。【模式】Cyclocheilon somaliense D. Oliver。【参考异名】Cyclochilus Post et Kuntze（1903）; Tinnea Vatke（1882）Nom. illegit. ●☆

14262 Cyclochilus Post et Kuntze（1903）= Cyclocheilon Oliv.（1895）［盘果木科（圆唇花科）Cyclocheilaceae//马鞭草科 Verbenaceae］●☆

14263 Cyclocodon Griff.（1858）【汉】土党参属（轮钟草属，轮钟花属）。【隶属】桔梗科 Campanulaceae。【包含】世界3种，中国3种。【学名诠释与讨论】〈阳〉（希）kyklos，圆圈，环状物+kodon，指小式 kodonion，钟，铃。此属的学名是"Cyclocodon W. Griffith ex J. D. Hooker et T. Thompson, J. Proc. Linn. Soc. Bot. 2：18. 1858"。亦有文献把其处理为"Campanumoea Blume（1826）"的异名。【分布】中国，东亚。【模式】未指定。【参考异名】Campanumoea Blume；Codonopsis Wall.（1824）■

14264 Cyclocotyla Stapf（1908）【汉】环杯夹竹桃属。【隶属】夹竹桃科 Apocynaceae。【包含】世界1种。【学名诠释与讨论】〈阴〉（希）kyklos，圆圈，环状物+kotyle，杯。【分布】热带非洲西部。【模式】Cyclocotyla congolensis Stapf。●☆

14265 Cyclodiscus K. Schum.（1901）Nom. illegit. =Cylicodiscus Harms（1897）［豆科 Fabaceae（Leguminosae）］●☆

14266 Cyclodiscus Klotzsch（1859）Nom. illegit. ≡ Munnickia Blume ex Rchb.（1828）；~ = Apama Lam.（1783）；~ =Thottea Rottb.（1783）［马兜铃科 Aristolochiaceae//阿柏麻科 Apamaceae］●

14267 Cyclodon Small（1933）= Vincetoxicum Wolf（1776）［萝藦科 Asclepiadaceae］●■

14268 Cyclogyne Benth.（1889）Nom. illegit. = Swainsona Salisb.（1806）［豆科 Fabaceae（Leguminosae）］●■☆

14269 Cyclogyne Benth. ex Lindl.（1839）= Swainsona Salisb.（1806）［豆科 Fabaceae（Leguminosae）］●■☆

14270 Cyclolepis Gillies ex D. Don（1832）【汉】脱叶菊属。【隶属】菊科 Asteraceae（Compositae）。【包含】世界1种。【学名诠释与讨论】〈阴〉（希）kyklos，圆圈，环状物+lepis，所有格 lepidos，指小式 lepion 或 lepidion，鳞，鳞片。lepidotos，多鳞的。lepos，鳞，鳞片。【分布】巴拉圭，玻利维亚，温带南美洲。【模式】Cyclolepis genistoides Gillies ex D. Don。【参考异名】Cyclolepsis Endl.（1841）；Cyclopis Guill.（1833）●☆

14271 Cyclolepis Moq.（1834）Nom. illegit. ≡ Cycloloma Moq.（1840）［藜科 Chenopodiaceae］■☆

14272 Cyclolepsis Endl.（1841）= Cyclolepis Gillies ex D. Don（1832）［菊科 Asteraceae（Compositae）］●☆

14273 Cyclolobium Benth.（1837）【汉】环裂豆属。【隶属】豆科 Fabaceae（Leguminosae）。【包含】世界4-5种。【学名诠释与讨论】〈中〉（希）kyklos，圆圈，环状物+lobos =拉丁文 lobulus，片，裂片，叶，荚，蒴+-ius，-ia，-ium，在拉丁文和希腊文中，这些词尾表示性质或状态。【分布】巴拉圭，巴西，玻利维亚，几内亚。【模式】Cyclolobium brasiliense Bentham。●☆

14274 Cycloloma Moq.（1840）【汉】环翅藜属（环翅萼藜属）。【英】Winged Pigweed。【隶属】藜科 Chenopodiaceae。【包含】世界1种。【学名诠释与讨论】〈中〉（希）kyklos，圆圈，环状物+loma，所有格 lomatos，边界，边缘。此属的学名"Cycloloma Moquin-Tandon, Chenopod. Monogr. Enum. 17. Mai 1840"是一个替代名称。"Cyclolepis Moquin-Tandon, Ann. Sci. Nat. Bot. ser. 2. 1；203. Apr 1834"是一个非法名称（Nom. illegit.），因为此前已经有了"Cyclolepis Gillies ex D. Don, Philos. Mag. Ann. Chem. 11；392. Mai 1832［菊科 Asteraceae（Compositae）]"。故用"Cycloloma Moq.（1840）"替代之。"Petermannia H. G. L. Reichenbach, Deutsche Bot. Herbarienbuch（Syn. Red.）236. Jul 1841（废弃属名）"是"Cycloloma Moq.（1840）"的晚出的同模式异名（Homotypic synonym, Nomenclatural synonym）。【分布】美国，北美洲。【模式】Cycloloma platyphyllum Moquin-Tandon, Nom. illegit. ［Salsola

atriplicifolia K. P. J. Sprengel；Cycloloma atriplicifolium（K. P. J. Sprengel）Coulter］。【参考异名】Amorea Moq.（1844）Nom. inval. ；Amorea Moq. ex Del.（1844）；Amoreuxia Moq.（1826）Nom. illegit. ；Cyclolepis Moq.（1834）Nom. illegit. ；Petermannia Rchb.（1841）Nom. illegit. （废弃属名）■☆

14275 Cyclomorium Walp.（1843）= Desmodium Desv.（1813）（保留属名）［豆科 Fabaceae（Leguminosae）//蝶形花科 Papilionaceae］●■

14276 Cyclonema Hochst.（1842）= Clerodendrum L.（1753）；~ = Rotheca Raf.（1838）［唇形科 Lamiaceae（Labiatae）马鞭草科 Verbenaceae//牡荆科 Viticaceae］●☆

14277 Cyclopappus Cass. ex Sch. Bip. = Asteraceae Bercht. et J. Presl（保留科名）●■

14278 Cyclophyllum Hook. f.（1873）【汉】圆叶茜属。【隶属】茜草科 Rubiaceae。【包含】世界11种。【学名诠释与讨论】〈中〉（希）kyklos，圆圈，环状物+希腊文 phyllon，叶子。【分布】瓦努阿图，法属新喀里多尼亚。【模式】Cyclophyllum deplanchei J. D. Hooker。●☆

14279 Cyclopia Vent.（1808）【汉】南非蜜茶属。【隶属】豆科 Fabaceae（Leguminosae）//蝶形花科 Papilionaceae。【包含】世界20种。【学名诠释与讨论】〈阴〉（希）kyklops，独眼巨人，来自 kyklos，圆+ops，眼。此属的学名，ING、TROPICOS 和 IK 记载是"Cyclopia Ventenat, Dec. Gen. 8. 1808"。"Ibbetsonia Sims, Bot. Mag. t. 1259. 1810"是"Cyclopia Vent.（1808）"的晚出的同模式异名（Homotypic synonym, Nomenclatural synonym）。【分布】非洲南部。【模式】Cyclopia genistoides（Linnaeus）R. Brown。【参考异名】Ibbetsonia Sims（1810）Nom. illegit. ；Ibettsonia Steud.（1840）●☆

14280 Cyclopis Guill.（1833）= Cyclolepis Gillies ex D. Don（1832）［菊科 Asteraceae（Compositae）］●☆

14281 Cyclopogon C. Presl（1827）【汉】萼基毛兰属（环毛兰属）。【隶属】兰科 Orchidaceae。【包含】世界55种。【学名诠释与讨论】〈阳〉（希）kyklos，圆圈，环状物+pogon，所有格 pogonos，指小式 pogonion，胡须，髯毛，芒。pogonias，有须的。可能指模式种的花萼基部具毛。【分布】阿根廷，巴拉圭，巴拿马，秘鲁，玻利维亚，厄瓜多尔，哥伦比亚（安蒂奥基亚），哥斯达黎加，美国（佛罗里达），尼加拉瓜，西印度群岛，热带美洲，中美洲。【模式】Cyclopogon ovalifolius K. B. Presl［as 'ovalifolium'］。【参考异名】Beadlea Small（1903）；Cycloptera Endl.（1841）■☆

14282 Cycloptera（R. Br.）Spach（1841）= Grevillea R. Br. ex Knight（1809）［as 'Grevillia'］（保留属名）［山龙眼科 Proteaceae］●

14283 Cycloptera Endl.（1841）= Cyclopogon C. Presl（1827）［兰科 Orchidaceae］■☆

14284 Cycloptera Nutt. ex A. Gray（1853）Nom. illegit. ［紫茉莉科 Nyctaginaceae］☆

14285 Cyclopterygium Hochst.（1848）Nom. illegit. ≡ Schouwia DC.（1821）（保留属名）［十字花科 Brassicaceae（Cruciferae）］■☆

14286 Cycloptychis E. Mey.（1843）Nom. illegit. =Cycloptychis E. Mey. ex Arn.（1841）［十字花科 Brassicaceae（Cruciferae）］■☆

14287 Cycloptychis E. Mey. ex Arn.（1841）【汉】南非褶芥属。【隶属】十字花科 Brassicaceae（Cruciferae）。【包含】世界2种。【学名诠释与讨论】〈阴〉（希）kyklos，圆圈，环状物+ptyche，所有格 ptychos，皱褶。此属的学名，ING 记载是"Cycloptychis E. H. F. Meyer ex Arnott, J. Bot.（Hooker）3：268. Feb 1841"。IK 则记载为"Cycloptychis E. Mey. , Zwei Pflanzengeogr. Docum.（Drège）176, nomen. 1843；et Harv. et Sond. Fl. Cap. i. 34（1859）"。【分布】非洲南部。【模式】Cycloptychis virgata（Thunberg）O. W. Sonder［Cleome virgata Thunberg］。【参考异名】Cycloptychis E. Mey.（1843）Nom. illegit. ；Cycloptychis E. Mey. ex Sond.（1841）■☆

14288　Cycloptychis E. Mey. ex Sond.（1841）= Cycloptychis E. Mey. ex Arn.（1841）［十字花科 Brassicaceae（Cruciferae）］■☆

14289　Cyclorhiza M. L. Sheh et R. H. Shan（1980）【汉】环根芹属。【英】Cyclorhiza。【隶属】伞形花科（伞形科）Apiaceae（Umbelliferae）。【包含】世界 2 种，中国 2 种。【学名诠释与讨论】〈阴〉（希）kyklos，圆圈，环状物＋rhiza，或 rhizoma，根，根茎。指老根具密集的环状突起。【分布】中国。【模式】Cyclorhiza waltonii（H. Wolff）M. L. Sheh et R. H. Shan［Ligusticum waltonii H. Wolff］。■★

14290　Cyclosanthes Poepp.（1831）= Cyclanthus Poit. ex A. Rich.（1824）［巴拿马草科（环花科）Cyclanthaceae］■☆

14291　Cyclosia Klotzsch（1838）= Mormodes Lindl.（1836）［兰科 Orchidaceae］■☆

14292　Cyclospathe O. F. Cook（1902）= Pseudophoenix H. Wendl. ex Sarg.（1886）（废弃属名）; ~ = Sargentia S. Watson（1890）（保留属名）［棕榈科 Arecaceae（Palmae）］●☆

14293　Cyclospermum Caruel（废弃属名）= Cyclospermum Lag.（1821）［as 'Ciclospermum'］（保留属名）［伞形花科（伞形科）Apiaceae（Umbelliferae）］■

14294　Cyclospermum Lag.（1821）［as 'Ciclospermum'］（保留属名）【汉】细叶旱芹属（圆果旱芹属）。【隶属】伞形花科（伞形科）Apiaceae（Umbelliferae）。【包含】世界 3 种，中国 1 种。【学名诠释与讨论】〈中〉（希）kyklos，圆圈，环状物＋sperma，所有格 spermatos，种子，孢子。此属的学名"Cyclospermum Lag., Amen. Nat. Españ. 1（2）:101. 1821（'Ciclospermum'）（orth. cons.）"是保留属名。法规未列出相应的废弃属名。但是伞形花科（伞形科）Apiaceae 的"Cyclospermum Caruel"和变体"Ciclospermum Lag.（1821）"应予废弃。【分布】巴拉圭，巴拿马，玻利维亚，厄瓜多尔，哥伦比亚（安蒂奥基亚），马达加斯加，尼加拉瓜，中国，热带和亚热带美洲，中美洲。【模式】Cyclospermum leptophyllum（Persoon）N. L. Britton et P. Wilson。【参考异名】Ciclospermum Lag.（1821）Nom. illegit.（废弃属名）; Cyclospermum Caruel（废弃属名）■

14295　Cyclostachya Reeder et C. Reeder（1963）【汉】匍匐圆穗草属。【隶属】禾本科 Poaceae（Gramineae）。【包含】世界 1 种。【学名诠释与讨论】〈阴〉（希）kyklos，圆圈，环状物＋stachys，穗，谷，长钉。【分布】墨西哥。【模式】Cyclostachya stolonifera（Scribner）J. R. et C. G. Reeder［Bouteloua stolonifera Scribner］。■☆

14296　Cyclostegia Benth.（1829）= Elsholtzia Willd.（1790）［唇形科 Lamiaceae（Labiatae）］●■

14297　Cyclostemon Blume（1826）= Drypetes Vahl（1807）［大戟科 Euphorbiaceae］●

14298　Cyclostigma Hochst. ex Endl.（1842）= Voacanga Thouars（1806）［夹竹桃科 Apocynaceae］●

14299　Cyclostigma Klotzsch ex Seem.（1853）Nom. illegit. ≡ Cyclostigma Klotzsch（1853）Nom. illegit. ; ~ = Croton L.（1753）［大戟科 Euphorbiaceae//巴豆科 Crotonaceae］●

14300　Cyclostigma Klotzsch（1853）Nom. illegit. = Croton L.（1753）［大戟科 Euphorbiaceae//巴豆科 Crotonaceae］●

14301　Cyclostigma Phil.（1871）Nom. illegit. = Leptoglossis Benth.（1845）［茄科 Solanaceae］■☆

14302　Cyclotaxis Boiss.（1849）= Scandix L.（1753）［伞形花科（伞形科）Apiaceae（Umbelliferae）］■

14303　Cycloteria Stapf（1931）= Coelorachis Brongn.（1831）; ~ = Coelorhachis Brongn. + Rhytachne Desv. ex Ham.（1825）［禾本科 Poaceae（Gramineae）］■

14304　Cyclotheca Moq.（1849）= Gyrostemon Desf.（1820）［环蕊木科（环蕊科）Gyrostemonaceae］●☆

14305　Cyclotrichium（Boiss.）Manden. et Scheng.（1953）【汉】环毛草属。【隶属】唇形科 Lamiaceae（Labiatae）。【包含】世界 6-8 种。【学名诠释与讨论】〈中〉（希）kyklos，圆圈，环状物＋thrix，所有格 trichos，毛，毛发＋-ius，-ia，-ium，在拉丁文和希腊文中，这些词尾表示性质或状态。此属的学名，ING 记载是"Cyclotrichium（Boissier）Mandenova et Schengelia, Bot. Mater. Gerb. Bot. Inst. Komarova Akad. Nauk SSSR 15: 336. 1953（post 14 Feb）"，由"Calamintha sect. Cyclotrichium Boissier, Fl. Orient. 4:576. Apr-Mai 1879"改级而来。IK 则记载为"Cyclotrichium Manden. et Scheng., Bot. Mater. Gerb. Bot. Inst. Komarova Akad. Nauk S. S. S. R. 15:336. 1953; Lamiaceae"。【分布】伊朗，安纳托利亚。【模式】Cyclotrichium floridum（Boissier）Mandenova et Schengelia［Calamintha florida Boissier］。【参考异名】Calamintha sect. Cyclotrichium Boiss.（1879）; Cyclotrichium Manden. et Scheng.（1953）Nom. illegit. ●☆

14306　Cyclotrichium Manden. et Scheng.（1953）Nom. illegit. ≡ Cyclotrichium（Boiss.）Manden. et Scheng.（1953）［唇形科 Lamiaceae（Labiatae）］●☆

14307　Cycnia Griff.（1854）Nom. illegit. =? Parinari Aubl.（1775）［蔷薇科 Rosaceae//金壳果科 Chrysobalanaceae］●☆

14308　Cycnia Lindl.（1847）= Prinsepia Royle（1835）［蔷薇科 Rosaceae］●

14309　Cycniopsis Engl.（1905）【汉】拟鹅参属。【隶属】玄参科 Scrophulariaceae//列当科 Orobanchaceae。【包含】世界 2-3 种。【学名诠释与讨论】〈阴〉（属）Cycnium 鹅参属＋希腊文 opsis，外观，模样，相似。【分布】热带非洲。【模式】Cycniopsis humifusa（Forsskål）Engler［Browallia humifusa Forsskål］。■☆

14310　Cycnium E. Mey.（1836）Nom. illegit. ≡ Cycnium E. Mey. ex Benth.（1836）［玄参科 Scrophulariaceae//列当科 Orobanchaceae］■●☆

14311　Cycnium E. Mey. ex Benth.（1836）【汉】鹅参属。【隶属】玄参科 Scrophulariaceae//列当科 Orobanchaceae。【包含】世界 15 种。【学名诠释与讨论】〈中〉（属）kyknos ＝拉丁文 cycnus ＝ cygnus，天鹅＋-ius，-ia，-ium，在拉丁文和希腊文中，这些词尾表示性质或状态。此属的学名，ING 和 IK 记载是"Cycnium E. H. F. Meyer ex Bentham in W. J. Hooker, Companion Bot. Mag. 1:368. 1 Jul 1836（'1835'）"。"Cycnium E. Mey.（1836）"的命名人引证有误。【分布】热带和非洲南部。【后选模式】Cycnium adonense E. H. F. Meyer ex Bentham。【参考异名】Cyclium Steud.（1840）; Cycnium E. Mey.（1836）Nom. illegit. ■●☆

14312　Cycnoches Lindl.（1832）【汉】天鹅兰属（肉唇兰属）。【日】キクノケス属。【俄】Цикнохес。【英】Swan Neck, Swan Neck Orchid, Swan Orchid, Swan-orchid, Swan-plant。【隶属】兰科 Orchidaceae。【包含】世界 12-23 种。【学名诠释与讨论】〈阴〉（希）kyknos，天鹅＋auchen 首，颈。指其雄花中纤细弯曲的蕊柱。【分布】巴拿马，秘鲁，玻利维亚，厄瓜多尔，哥伦比亚（安蒂奥基亚），哥斯达黎加，尼加拉瓜，中美洲。【模式】Cycnoches loddigesii J. Lindley。■☆

14313　Cycnogeton Endl.（1838）= Triglochin L.（1753）［眼子菜科 Potamogetonaceae//水麦冬科 Juncaginaceae］■

14314　Cycnopodium Naudin（1845）= Graffenrieda DC.（1828）［野牡丹科 Melastomataceae］●☆

14315　Cycnoseris Endl.（1843）= Hypochaeris L.（1753）［菊科 Asteraceae（Compositae）］■

14316　Cycoctonum Post et Kuntze（1903）= Cynoctonum J. F. Gmel.（1791）; ~ = Mitreola L.（1758）［马钱科（断肠草科，马钱子科）

Loganiaceae//驱虫草科(度量草科)Spigeliaceae]■

14317　Cydenis Sallab.（1866）= Narcissus L.（1753）［石蒜科 Amaryllidaceae//水仙科 Narcissaceae］■

14318　Cydista Miers（1863）【汉】优紫葳属。【隶属】紫葳科 Bignoniaceae。【包含】世界 4-6 种。【学名诠释与讨论】〈阴〉（希）kydistos，最光荣的，最出名的。【分布】巴拉圭，巴拿马，秘鲁，比尼翁，玻利维亚，厄瓜多尔，哥伦比亚（安蒂奥基亚），尼加拉瓜，中美洲。【模式】Cydista aequinoctialis（Linnaeus）Miers［Bignonia aequinoctiales Linnaeus］。【参考异名】Levya Bureau ex Baill.（1888）●☆

14319　Cydonia Mill.（1754）【汉】榅桲属。【日】クワリン属，シドニア属。【俄】Айва，дерево квитовое，Цидония。【英】Common Quince，Quince。【隶属】蔷薇科 Rosaceae。【包含】世界 1 种，中国 1 种。【学名诠释与讨论】〈阴〉（地）kydonia，榅桲。源于地中海克里特岛上的一个城市 Kydonia，现称 Khania Canea。此属的学名，ING、APNI 和 IK 记载是"Cydonia P. Miller，Gard. Dict. Abr. ed. 4. 28 Jan 1754"。IK 还记载了"Cydonia Tourn. ex Mill.，Gard. Dict.，ed. 6"。"Cydonia Tourn."是命名起点著作之前的名称，故"Cydonia Mill.（1754）"和"Cydonia Tourn. ex Mill.（1754）"都是合法名称，可以通用。【分布】伊朗，中国，高加索，安纳托利亚，亚洲中部。【后选模式】Cydonia oblonga P. Miller。【参考异名】Cydonia Tourn. ex Mill.（1754）；Pseudocydonia（C. K. Schneid.）C. K. Schneid.（1906）；Pseudocydonia C. K. Schneid.（1906）Nom. illegit.；Pyrus-cydonia Weston ●

14320　Cydonia Tourn. ex Mill.（1754）≡ Cydonia Mill.（1754）［蔷薇科 Rosaceae］●

14321　Cydoniaceae Schnizl.（1958）= Rosaceae Juss.（1789）（保留科名）●■

14322　Cylactis Raf.（1819）= Rubus L.（1753）［蔷薇科 Rosaceae］●■

14323　Cylastis Raf.（1838）Nom. illegit. = Rubus L.（1753）［蔷薇科 Rosaceae］●■

14324　Cylbanida Noronha ex Tul.（1857）= Pittosporum Banks ex Gaertn.（1788）（保留属名）［海桐花科（海桐科）Pittosporaceae］●

14325　Cylicadenia Lem.（1855）= Odontadenia Benth.（1841）［夹竹桃科 Apocynaceae］●☆

14326　Cylichnanthus Dulac（1867）Nom. illegit. ≡ Dianthus L.（1753）［石竹科 Caryophyllaceae］■

14327　Cylichnium Dulac（1867）Nom. illegit. ≡ Gaudinia P. Beauv.（1812）［禾本科 Poaceae（Gramineae）］■☆

14328　Cylichnium Mizush. = Gaudinia P. Beauv.（1812）［禾本科 Poaceae（Gramineae）］■☆

14329　Cylicodaphne Nees（1831）= Litsea Lam.（1792）（保留属名）［樟科 Lauraceae］●

14330　Cylicodiscus Harms（1897）【汉】圆盘豆属（轮盘豆属）。【隶属】豆科 Fabaceae（Leguminosae）。【包含】世界 1-2 种。【学名诠释与讨论】〈阳〉（希）kylix，所有格 kylikos，杯+diskos，圆盘。【分布】热带非洲。【模式】Cylicodiscus gabunensis（Taubert）Harms［Erythrophloeum gabunense Taubert］。【参考异名】Cyclodiscus K. Schum.（1901）Nom. illegit.；Cyrtoxiphus Harms（1897）●☆

14331　Cylicomorpha Urb.（1901）【汉】叉刺番瓜树属（非洲番瓜树属）。【隶属】番木瓜科（番瓜树科，万寿果科）Caricaceae。【包含】世界 2 种。【学名诠释与讨论】〈阴〉（希）kylix，所有格 kylikos，杯+morphe，形状。【分布】热带非洲。【模式】未指定。●☆

14332　Cylidium Raf.（1819）Nom. inval.［旋花科 Convolvulaceae］☆

14333　Cylindrachne Rchb.（1828）Nom. inval. = Cylindrocline Cass.（1817）［菊科 Asteraceae（Compositae）］●☆

14334　Cylindria Lour.（1790）= Chionanthus L.（1753）［木犀榄科（木

犀科）Oleaceae］●

14335　Cylindrilluma Plowes（1886）【汉】沟梗水牛角属。【隶属】萝藦科 Asclepiadaceae。【包含】世界 1 种。【学名诠释与讨论】〈阴〉（希）kylindros，圆筒，圆柱+lluma，水牛角属 Caralluma 的后半部分。可能指其花萼和花冠。【分布】阿拉伯半岛。【模式】Cylindrilluma delavayi Patouillard。【参考异名】Caralluma R. Br.（1810）■☆

14336　Cylindrilluma Plowes（1995）= Caralluma R. Br.（1810）［萝藦科 Asclepiadaceae］■

14337　Cylindrocarpa Regel（1877）【汉】柱果桔梗属。【隶属】桔梗科 Campanulaceae。【包含】世界 1 种。【学名诠释与讨论】〈阴〉（希）kylindros，圆筒，圆柱+karpos，果实。O. Kuntze（1898）曾用"Euregelia O. Kuntze，Rev. Gen. 3（3）：403 adnot. 28 Sep 1898"替代"Euregelia O. Kuntze，Rev. Gen. 3（3）：403 adnot. 28 Sep 1898"；这是多余的。"Cylindrocarpa Regel（1877）"不是非法名称。【分布】亚洲中部。【模式】Cylindrocarpa sewerzowii（E. Regel）E. Regel［as 'sewerzowi'］［Phyteuma sewerzowii E. Regel［as 'sewerzowi'］。【参考异名】Euregelia Kuntze（1898）Nom. illegit.■☆

14338　Cylindrochilus Thwaites（1861）= Thrixspermum Lour.（1790）［兰科 Orchidaceae］■

14339　Cylindrocline Cass.（1817）【汉】绵背菊属。【隶属】菊科 Asteraceae（Compositae）。【包含】世界 2 种。【学名诠释与讨论】〈阴〉（希）kylindros，圆筒，圆柱+kline，床，来自 klino，倾斜，斜倚。【分布】毛里求斯。【模式】Cylindrocline commersonii Cassini。【参考异名】Cylindrachne Rchb.（1828）Nom. inval.；Lepidopogon Tausch（1829）●☆

14340　Cylindrokelupha Hutch. = Cylindrokelupha Kosterm.（1954）［豆科 Fabaceae（Leguminosae）//含羞草科 Mimosaceae］●

14341　Cylindrokelupha Kosterm.（1954）【汉】棋子豆属（柱可卢法属）。【英】Chessbean，Cylindrokelupha。【隶属】豆科 Fabaceae（Leguminosae）//含羞草科 Mimosaceae。【包含】世界 14 种，中国 14 种。【学名诠释与讨论】〈阴〉（希）kylindros，圆筒，圆柱+kelyphos，荚。指荚果圆柱形。此属的学名是"Cylindrokelupha Kostermans，Bull. Organ. Natuurw. Onderz. Indonesië 20：20. Dec 1954"。亦有文献把其处理为"Archidendron F. Muell.（1865）"的异名。【分布】马来西亚（西部），中国，中南半岛。【模式】Cylindrokelupha bubalina（Jack）Kostermans［Inga bubalina Jack］。【参考异名】Archidendron F. Muell.（1865）；Cylindrolelupha Hutch.；Ortholobium Gagnep.（1952）；Paralbizzia Kosterm.（1954）●●

14342　Cylindrolepis Boeck.（1889）= Mariscus Gaertn.（1788）Nom. illegit.（废弃属名）；~ = Schoenus L.（1753）；~ = Rhynchospora Vahl（1805）［as 'Rynchospora'］（保留属名）［莎草科 Cyperaceae］■

14343　Cylindrolobivia Y. Itô（1967）【汉】阿根廷掌属。【隶属】仙人掌科 Cactaceae。【包含】世界 2 种。【学名诠释与讨论】〈阴〉（希）kylindros，圆筒，圆柱+（属）Lobivia 丽花球属。【分布】阿根廷。【模式】［Cereus huascha F. A. C. Weber］。☆

14344　Cylindrolobus（Blume）Brieger（1981）Nom. illegit. = Eria Lindl.（1825）（保留属名）［兰科 Orchidaceae］■

14345　Cylindrolobus Blume（1828）【汉】柱兰属。【隶属】兰科 Orchidaceae。【包含】世界 30 种，中国 3 种。【学名诠释与讨论】〈阳〉（希）kylindros，圆筒，圆柱+lobus，裂片。指果实。此属的学名"Cylindrolobus Blume，Fl. Javae Praef. vi. Jun-Dec 1828"是一个替代名称。"Ceratium Blume，Bijdr. 342. 20 Sep-7 Dec 1825"是一个非法名称（Nom. illegit.），因为此前已经有了藻类的"Ceratium Schrank，Naturforscher（Halle）27：35. 1793"和黏菌的"Ceratium

Albertini et Schweinitz, Consp. Fung. 358. 1805 "。故用 "Cylindrolobus Blume(1828)" 替代之。Brieger(1981)用 "Eria subgen. Cylindrolobus Blume Bijdr. 382. 1825" 为基源异名改级的 "Cylindrolobus (Blume) Brieger(1981)",是晚出的非法名称。亦 有文献把 "Cylindrolobus Blume(1828)" 处理为 "Eria Lindl. (1825)(保留属名)" 的异名。【分布】菲律宾,马来西亚,缅甸, 泰国,印度尼西亚,中国,中南半岛。【模式】Cylindrolobus compressus (Blume) F. G. Brieger [Ceratium compressum Blume]。 【参考异名】Ceratium Blume(1825)Nom. illegit.；Eria Lindl. (1825)(保留属名)■

14346　Cylindrophyllum Schwantes(1927)【汉】筒叶玉属。【日】キリ ンドロフィルム属。【隶属】番杏科 Aizoaceae。【包含】世界 5 种。【学名诠释与讨论】〈中〉(希)kylindros,圆筒,圆柱+phyllon, 叶子。【分布】非洲南部。【后选模式】Cylindrophyllum calamiforme (Linnaeus) Schwantes [Mesembryanthemum calamiforme Linnaeus]。【参考异名】Calamophyllum Schwantes (1927)●☆

14347　Cylindropsis Pierre(1898)【汉】柱状夹竹桃属。【隶属】夹竹 桃科 Apocynaceae。【包含】世界 1 种。【学名诠释与讨论】〈阴〉 (希)kylindros,圆筒,圆柱+希腊文 opsis,外观,模样,相似。【分 布】热带非洲西部。【模式】Cylindropsis parvifolia Pierre。●☆

14348　Cylindropuntia(Engelm.)F. M. Knuth(1930)【汉】圆筒仙人掌 属。【日】キリンドロプンティア属。【英】Cholla。【隶属】仙人 掌科 Cactaceae。【包含】世界 80 种。【学名诠释与讨论】〈阴〉 (希)kylindros,圆筒,圆柱+(属)Opuntia 仙人掌属。此属的学 名,ING 和 GCI 记载是 "Cylindropuntia (Engelm.) F. M. Knuth, Nye Kaktusbog 102. Sep – Dec 1930",由 "Opuntia subgen. Cylindropuntia Engelmann, Syn. Cactaceae 33, 46. 1856 (post 13 Mar)" 改级而来。" Cylindropuntia (Engelm.) F. M. Knuth, Kaktus–ABC [Backeb. et Knuth]117,410. 1936 [12 Feb 1936]" 和 " Cylindropuntia (Eng.) Frič et Schelle ex Kreuz., Verzeichnis Sukk. Revis. Syst. Kakt. 42(30 Apr. 1935)" 都是晚出的非法名称。 亦有学者不承认此属,把其归入 "Opuntia Mill. (1754)"。【分 布】玻利维亚,马达加斯加。【后选模式】Cylindropuntia arborescens (Engelmann) F. M. Knuth [Opuntia arborescens Engelmann]。【参考异名】Cylindropuntia (Engelm.) Frič et Schelle ex Kreuz. (1936) Nom. illegit.；Opuntia Mill. (1754)； Opuntia sect. Cylindropuntia (Engelm.) Moran ex H. E. Moore (2008)；Opuntia subgen. Cylindropuntia Engelm. (1856)●☆

14349　Cylindropuntia(Engelm.)Frič et Schelle ex Kreuz. (1935)Nom. illegit. = Opuntia Mill. (1754) [仙人掌科 Cactaceae]●

14350　Cylindropus Nees(1834)= Scleria P. J. Bergius(1765) [莎草科 Cyperaceae]■

14351　Cylindropyrum (Jaub. et Spach) Á. Löve (1982) = Aegilops L. (1753)(保留属名) [禾本科 Poaceae(Gramineae)]■

14352　Cylindrorebutia Frič et Kreuz. (1938) = Rebutia K. Schum. (1895) [仙人掌科 Cactaceae]●

14353　Cylindrosolen Kuntze (1903) Nom. illegit. ≡ Cylindrosolenium Lindau(1897) [爵床科 Acanthaceae]■☆

14354　Cylindrosolenium Lindau(1897)【汉】筒爵床属。【隶属】爵床 科 Acanthaceae。【包含】世界 1 种。【学名诠释与讨论】〈中〉 (希)kylindros,圆筒,圆柱+solen,所有格 solenos,管子,沟,阴 茎+-ius,-ia,-ium,在拉丁文和希腊文中,这些词尾表示性质或 状态。此属的学名,ING、TROPICOS 和 IK 记载是 "Cylindrosolenium Lindau, Bull. Herb. Boissier 5；670. Aug 1897"。 "Cylindrosolen O. Kuntze in Post et O. Kuntze, Lex. 157. Dec 1903" 是 "Cylindrosolenium Lindau (1897)" 的晚出的同模式异名

(Homotypic synonym, Nomenclatural synonym)。【分布】秘鲁,厄 瓜多尔。【模式】Cylindrosolenium sprucei Lindau。【参考异名】 Cylindrosolen Kuntze (1903) Nom. illegit. ■☆

14355　Cylindrosorus Benth. (1837) = Angianthus J. C. Wendl. (1808) (保留属名) [菊科 Asteraceae(Compositae)]■●☆

14356　Cylindrosperma Ducke (1930) = Microplumeria Baill. (1889) [夹竹桃科 Apocynaceae]●☆

14357　Cylipogon Raf. (1819) = Dalea L. (1758)(保留属名) [豆科 Fabaceae(Leguminosae)//蝶形花科 Papilionaceae]●■☆

14358　Cylista Aiton(1789)(废弃属名)= Paracalyx Ali(1968)；~ = Rhynchosia Lour. (1790) (保留属名) [豆科 Fabaceae (Leguminosae)//蝶形花科 Papilionaceae]●■

14359　Cylixylon Llanos(1851)= Gymnanthera R. Br. (1810) [萝藦科 Asclepiadaceae]●

14360　Cylizoma Neck. (1790)Nom. inval. = Derris Lour. (1790)(保留 属名) [豆科 Fabaceae(Leguminosae)//蝶形花科 Papilionaceae]●

14361　Cyllenium Schott(1858)= Biarum Schott(1832)(保留属名) [天南星科 Araceae]■☆

14362　Cylopogon Post et Kuntze(1903)= Cylipogon Raf. (1819)；~ = Dalea L. (1758)(保留属名) [豆科 Fabaceae(Leguminosae)//蝶 形花科 Papilionaceae]●■☆

14363　Cymapleura Post et Kuntze(1903)= Kymapleura Nutt. (1841) Nom. illegit.；~ = Troximon Gaertn. (1791) Nom. illegit.；~ = Krigia Schreb. (1791)(保留属名)；~ = Krigia Schreb. + Scorzonera L. (1753) [菊科 Asteraceae(Compositae)]■

14364　Cymaria Benth. (1830)【汉】歧伞花属(伞荆芥属)。【英】 Cymaria。【隶属】唇形科 Lamiaceae(Labiatae)。【包含】世界 2-3 种,中国 2-3 种。【学名诠释与讨论】〈阴〉(希)kyma,所有格 kymatos,波浪,聚伞花序+-arius,-aria,-arium,指示"属于、相似、 具有、联系"的词尾。指花序歧伞状。【分布】菲律宾,缅甸,印度 尼西亚(爪哇岛),中国。【模式】未指定。【参考异名】 Anthocoma Zoll. et Moritzi(1845)●

14365　Cymation Spreng. (1825) Nom. illegit. ≡ Lichtensteinia Willd. (1808)(废弃属名)；~ = Ornithoglossum Salisb. (1806) [百合科 Liliaceae//秋水仙科 Colchicaceae]■☆

14366　Cymatocarpus O. E. Schulz (1924)【汉】歧果芥属。【俄】 Волноплодник。【隶属】十字花科 Brassicaceae(Cruciferae)。【包 含】世界 3 种。【学名诠释与讨论】〈阳〉(希)kyma,所有格 kymatos,波浪,聚伞花序+karpos,果实。【分布】外高加索,亚洲 中部。【模式】Cymatocarpus pilosissimus (Trautvetter) O. E. Schulz [Sisymbrium pilosissimum Trautvetter]。~☆

14367　Cymatochloa Schltdl. (1854)= Paspalum L. (1759) [禾本科 Poaceae(Gramineae)]■

14368　Cymatoptera Turcz. (1854)= Menonvillea R. Br. ex DC. (1821) [十字花科 Brassicaceae(Cruciferae)]■●☆

14369　Cymba(C. Presl)Dulac(1867)Nom. illegit. ≡ Tofieldia Huds. (1778) [百合科 Liliaceae//纳茜菜科 (肺筋草科) Nartheciaceae//无叶莲科 (樱井草科) Petrosaviaceae//岩菖蒲科 Tofieldiaceae]■

14370　Cymba Dulac(1867)Nom. illegit. ≡ Tofieldia Huds. (1778) [百 合科 Liliaceae//纳茜菜科(肺筋草科)Nartheciaceae//无叶莲科 (樱井草科)Petrosaviaceae//岩菖蒲科 Tofieldiaceae]■

14371　Cymba Noronha = Agalmyla Blume (1826) [苦苣苔科 Gesneriaceae]●☆

14372　Cymbachne Retz. (1791)= Rottboellia L. f. (1782)(保留属名) [禾本科 Poaceae(Gramineae)]■

14373　Cymbaecarpa Cav. (1803)= Coreopsis L. (1753) [菊科

Asteraceae(Compositae)//金鸡菊科 Coreopsidaceae]●■

14374　Cymbalaria Hill(1756)【汉】假金鱼草属(蔓柳穿鱼属,铙钹花属,铙钹藤属,梅花草属)。【日】シンバラリア属。【俄】Цимбалярия。【英】Basket Ivy, Ivy - leaved Toadflax, Kenilworth Ivy, Toadflax。【隶属】玄参科 Scrophulariaceae。【包含】世界 9-15 种。【学名诠释与讨论】〈阴〉(希)kymbalon,钵+-arius, -aria, -arium,指示"属于、相似、具有、联系"的词尾。指叶中央凹陷。另说来自乐器 cymbal+-arius, -aria, -arium,指示"属于、相似、具有、联系"的词尾。【分布】玻利维亚,厄瓜多尔,哥伦比亚(安蒂奥基亚),美国(密苏里),地中海地区,欧洲西部,中美洲。【模式】Cymbalaria muralis P. G. Gaertner, B. Meyer et J. Scherbius [Antirrhinum cymbalaria Linnaeus]。【参考异名】Cymbalina Raf. ■☆

14375　Cymbalaria Medik. (1791) = Linaria Mill. (1754) [玄参科 Scrophulariaceae//柳穿鱼科 Linariaceae//婆婆纳科 Veronicaceae]■

14376　Cymbalariella Nappi(1903) = Saxifraga L. (1753) [虎耳草科 Saxifragaceae]■

14377　Cymbalina Raf. = Cymbalaria Hill (1756) [玄参科 Scrophulariaceae]■☆

14378　Cymballaria Steud. (1840) Nom. inval. [玄参科 Scrophulariaceae]☆

14379　Cymbanthaceae Salisb. = Melanthiaceae Batsch ex Borkh. (保留科名)■

14380　Cymbanthelia Andersson = Cymbopogon Spreng. (1815) [禾本科 Poaceae(Gramineae)]■

14381　Cymbanthes Salisb. (1812) = Androcymbium Willd. (1808) [秋水仙科 Colchicaceae]■☆

14382　Cymbaria L. (1753)【汉】芯芭属(大黄花属)。【俄】Цимбария, Цимбохасма。【英】Cymbaria。【隶属】玄参科 Scrophulariaceae//列当科 Orobanchaceae。【包含】世界 4-5 种,中国 2 种。【学名诠释与讨论】〈阴〉(希)kymbos = kymbe,指小式 kymbion,杯,小舟+-arius, -aria, -arium,指示"属于、相似、具有、联系"的词尾。指花冠的二唇瓣张开呈舟形。【分布】中国,亚洲中部和东部。【模式】Cymbaria daurica Linnaeus。【参考异名】Chamaeiasma Gmel. ; Cimbaria Hill(1772); Cymbochasma (Endl.) Klokov et Zoz(1839); Cymbochasma Endl. (1839); Phyloma Gmel. ■

14383　Cymbia (Torr. et A. Gray) Standl. (1911) = Krigia Schreb. (1791)(保留属名) [菊科 Asteraceae(Compositae)]■☆

14384　Cymbia Standl. (1911)Nom. illegit. ≡Cymbia (Torr. et A. Gray) Standl. (1911); ~ = Krigia Schreb. (1791)(保留属名) [菊科 Asteraceae(Compositae)]■☆

14385　Cymbicarpos Steven (1832) = Astragalus L. (1753) [豆科 Fabaceae(Leguminosae)//蝶形花科 Papilionaceae]●■

14386　Cymbidiella Rolfe(1918)【汉】马岛兰属(小建兰属)。【日】シンビディエラ属。【英】Cymbidiella。【隶属】兰科 Orchidaceae。【包含】世界 5 种。【学名诠释与讨论】〈阴〉(属)Cymbidium 兰属+-ellus, -ella, -ellum,加在名词词干后面形成指小式的词尾。或加在人名、属名等后面以组成新属的名称。【分布】马达加斯加。【模式】未指定。【参考异名】Calloglossum Schltr. (1918); Caloglossum Schltr. (1918); Flabellographis Thouars ■☆

14387　Cymbidiopsis H. J. Chowdhery(2009)【汉】南亚兰属。【隶属】兰科 Orchidaceae。【包含】世界 2 种。【学名诠释与讨论】〈阴〉(属)Cymbidium 兰属+希腊文 opsis,外观,模样,相似。此属的学名是"Cymbidiopsis H. J. Chowdhery, Indian Journal of Forestry 32 (1): 154. 2009. (Mar. 2009)"。亦有文献把其处理为"Cymbidium Sw. (1799)"的异名。【分布】热带非洲,西喜马拉雅山。【模式】Cymbidiopsis macrorhiza (Lindl.) H. J. Chowdhery [Cymbidium macrorhizon Lindl]。【参考异名】Cymbidium Sw. (1799)■☆

14388　Cymbidium Sw. (1799)【汉】兰属(蕙兰属,圆兰属)。【日】ガンラン属,キペロルキス属,キンビディウム属,シュンラン属,シンビジューム属。【俄】Цимбидиум。【英】Cymbidium, Cymbidium Orchid, Orchis。【隶属】兰科 Orchidaceae。【包含】世界 44-56 种,中国 39-49 种。【学名诠释与讨论】〈中〉(希)kymbos = kymbe,指小式 kymbion,杯,小舟+-idius, -idia, -idium,指示小的词尾。指唇瓣舟形。【分布】澳大利亚,巴基斯坦,巴拉圭,玻利维亚,马达加斯加,中国,热带亚洲。【后选模式】Cymbidium aloifolium (Linnaeus) O. Swartz [Epidendrum aloifolium Linnaeus]。【参考异名】Arethusantha Finet (1897); Cymbidiopsis H. J. Chowdhery (2009); Cyperorchis Blume (1849); Equitiris Thouars; Iridorchis Blume (1859) Nom. illegit. (废弃属名); Jensoa Raf. (1838); Liuguishania Z. J. Liu et J. N. Zhang (1998); Pachyrhizanthe (Schltr.) Nakai (1931); Sadokum D. Tiu et Cootes (2007); Wutongshania Z. J. Liu et J. N. Zhang(1998)■

14389　Cymbiglossum Halb. (1983) = Lemboglossum Halb. (1984) [兰科 Orchidaceae]■

14390　Cymbispatha Pichon(1946) = Tradescantia L. (1753) [鸭趾草科 Commelinaceae]■

14391　Cymbocarpa Miers(1840)【汉】舟果水玉簪属。【隶属】水玉簪科 Burmanniaceae。【包含】世界 2 种。【学名诠释与讨论】〈阴〉(希)kymbos,杯,小舟+karpos,果实。【分布】巴拿马,秘鲁,厄瓜多尔,哥斯达黎加,西印度群岛,热带南美洲,中美洲。【模式】Cymbocarpa refracta Miers。■☆

14392　Cymbocarpum DC. (1830) Nom. illegit. ≡ Cymbocarpum DC. ex C. A. Mey. (1831) [伞形花科(伞形科) Apiaceae(Umbelliferae)]■☆

14393　Cymbocarpum DC. ex C. A. Mey. (1831)【汉】舟果芹属。【隶属】伞形花科(伞形科) Apiaceae(Umbelliferae)。【包含】世界 3-4 种。【学名诠释与讨论】〈中〉(希)kymbos,杯,小舟+karpos,果实。此属的学名,ING 和 TROPICOS 记载为"Cymbocarpum A. P. de Candolle ex C. A. Meyer, Verzeichniss Pflanzen Caucasus 132. Nov-Dec 1831"。IK 则记载为"Cymbocarpum DC. , Prodr. [A. P. de Candolle]4: 186. 1830"。后者出现在脚注中。【分布】亚洲西南部。【模式】Cymbocarpum anethoides C. A. Meyer [Anethum cymbocarpum A. P. de Candolle]。【参考异名】Cymbocarpum DC. (1830) Nom. illegit. ; Tragosma C. A. Mey. ex Ledeb. (1844)■☆

14394　Cymbochasma (Endl.) Klokov et Zoz (1839) = Cymbaria L. (1753) [玄参科 Scrophulariaceae//列当科 Orobanchaceae]■

14395　Cymbochasma Endl. (1839)【汉】舟口玄参属。【俄】Цимбохасма。【隶属】玄参科 Scrophulariaceae。【包含】世界 1-2 种。【学名诠释与讨论】〈中〉(希)kymbos,杯,小舟+chasma,张开的口。此属的学名,TROPICOS 和 IK 记载是"Cymbochasma Endl. , Gen. Pl. [Endlicher] 693. 1839 [Jan 1839]"。《苏联植物志》则用"Cymbochasma (Endl.) Klokov et Zoz(1839)"为正名。亦有文献把"Cymbochasma Endl. (1839)"处理为"Cymbaria L. (1753)"的异名。【分布】俄罗斯(南部)。【模式】Cymbochasma borysthenica (Pall.) Klokov [Cymbaria borysthenica Pall.]。【参考异名】Cymbaria L. (1753); Cymbochasma (Endl.) Klokov et Zoz (1839)■☆

14396　Cymbochasmia Rchb. (1841) Nom. inval. [玄参科 Scrophulariaceae]☆

14397　Cymboglossum(J. J. Sm.) Brieger (1981) = Eria Lindl. (1825) (保留属名) [兰科 Orchidaceae]■

14398　Cymbolaena Smoljan. (1955)【汉】长柱紫绒草属。【俄】цимболена。【隶属】菊科 Asteraceae(Compositae)。【包含】世界

1种。【学名诠释与讨论】〈阴〉（希）kymbos，杯，小舟+laina = chlaine =拉丁文 laena，外衣，衣服。【分布】阿富汗，巴基斯坦（俾路支），小亚细亚和叙利亚至亚洲中部。【模式】Cymbolaena longifolia（Boissier et Reuter ex Boissier）Smoljan［Micropus longifolius Boissier et Reuter ex Boissier］。【参考异名】Micropus L.（1753）；Stylocline Nutt.（1840）■☆

14399　Cymbonotus Cass.（1825）【汉】澳大利亚熊耳菊属。【隶属】菊科 Asteraceae（Compositae）。【包含】世界3种。【学名诠释与讨论】〈阳〉（希）kymbos，杯，小舟+notos，背部。【分布】澳大利亚（温带）。【模式】未指定。■☆

14400　Cymbopappus B. Nord.（1976）【汉】舟冠菊属。【隶属】菊科 Asteraceae（Compositae）。【包含】世界3-4种。【学名诠释与讨论】〈阳〉（希）kymbos，杯，小舟+希腊文 pappos 指柔毛，软毛。pappus 则与拉丁文同义，指冠毛。【分布】非洲南部。【模式】Cymbopappus lasiopodus（J. Hutchinson）B. Nordenstam［Chrysanthemum lasiopodum J. Hutchinson］。●☆

14401　Cymbopetalum Benth.（1860）【汉】舟瓣花属。【隶属】番荔枝科 Annonaceae。【包含】世界11-27种。【学名诠释与讨论】〈中〉（希）kymbos，杯，小舟+希腊文 petalos，扁平的，铺开的；petalon，花瓣，叶，花叶，金属叶子；拉丁文的花瓣为 petalum。【分布】巴拿马，秘鲁，玻利维亚，厄瓜多尔，哥伦比亚（安蒂奥基亚），墨西哥，尼加拉瓜，中美洲。【模式】Cymbopetalum brasiliense（Vellozo）Baillon。●☆

14402　Cymbophyllum F. Muell.（1856）= Veronica L.（1753）［玄参科 Scrophulariaceae//婆婆纳科 Veronicaceae］■

14403　Cymbopogon Spreng.（1815）【汉】香茅属（橘草属）。【日】オガルカヤ属，ヲガルカヤ属。【英】Brush Grass，Citronella，Lemon Grass，Lemongrass，Oil Grass。【隶属】禾本科 Poaceae（Gramineae）。【包含】世界40-70种，中国24种。【学名诠释与讨论】〈阳〉（希）kymbos，杯，小舟+pogon，所有格 pogonos，指小式 pogonion，胡须，髯毛，芒。pogonias，有须的。指颖多少像船形，或指花序下的佛焰苞船舟形。【分布】巴基斯坦，巴拿马，秘鲁，玻利维亚，厄瓜多尔，哥伦比亚（安蒂奥基亚），哥斯达黎加，马达加斯加，尼加拉瓜，中国，热带和亚热带非洲和亚洲，中美洲。【后选模式】Cymbopogon schoenanthus（Linnaeus）K. P. J. Sprengel［Andropogon schoenanthus Linnaeus］。【参考异名】Cymbanthelia Andersson（1867）；Gymnanthelia Schweinf.（1867）Nom. illegit. ■

14404　Cymbosema Benth.（1840）【汉】淡红豆属。【隶属】豆科 Fabaceae（Leguminosae）//蝶形花科 Papilionaceae。【包含】世界1种。【学名诠释与讨论】〈中〉（希）kymbos，杯，小舟+sema，所有格 sematos，旗帜，标记。【分布】巴拿马，巴西，秘鲁，玻利维亚，厄瓜多尔，哥伦比亚（安蒂奥基亚），尼加拉瓜，中美洲。【模式】Cymbosema roseum Bentham。■☆

14405　Cymbosepalum Baker（1895）【汉】舟萼豆属。【隶属】豆科 Fabaceae（Leguminosae）//云实科（苏木科）Caesalpiniaceae。【包含】世界1种。【学名诠释与讨论】〈中〉（希）kymbos+sepalum，花萼。此属的学名是"Cymbosepalum J. G. Baker, Bull. Misc. Inform. 1895：103. Jun 1895"。亦有文献把其处理为"Haematoxylum L.（1753）"的异名。【分布】马达加斯加。【模式】Cymbosepalum baronii J. G. Baker。【参考异名】Haematoxylum L.（1753）●☆

14406　Cymboseris Boiss.（1849）= Phaecasium Cass.（1826）［菊科 Asteraceae（Compositae）］■

14407　Cymbosetaria Schweick.（1936）= Setaria P. Beauv.（1812）（保留属名）［禾本科 Poaceae（Gramineae）］■

14408　Cymbostemon Spach（1839）= Illicium L.（1759）［木兰科 Magnoliaceae//八角科 Illiciaceae］●

14409　Cymburus Raf.（1836）Nom. illegit. = Elytraria Michx.（1803）（保留属名）［爵床科 Acanthaceae］●☆

14410　Cymburus Salisb.（1806）= Stachytarpheta Vahl（1804）（保留属名）［马鞭草科 Verbenaceae］■●

14411　Cymelonema C. Presl（1851）= Urophyllum Jack ex Wall.（1824）［茜草科 Rubiaceae］●

14412　Cymicifuga Rchb.（1826）= Cimicifuga Wernisch.（1763）［毛茛科 Ranunculaceae］●■

14413　Cyminon St.-Lag.（1880）= Cuminum L.（1753）［伞形花科（伞形科）Apiaceae（Umbelliferae）］■

14414　Cyminosma Gaertn.（1788）= Acronychia J. R. Forst. et G. Forst.（1775）（保留属名）［芸香科 Rutaceae］●

14415　Cyminum Boiss.（1844）Nom. illegit. = Microsciadium Boiss.（1844）［伞形花科（伞形科）Apiaceae（Umbelliferae）］■☆

14416　Cyminum Hill（1756）Nom. illegit. ≡ Cuminum L.（1753）［伞形花科（伞形科）Apiaceae（Umbelliferae）］■

14417　Cyminum Post et Kuntze（1903）Nom. illegit. = Lagoecia L.（1753）［伞形花科（伞形科）Apiaceae（Umbelliferae）］●■☆

14418　Cymodocea K. D. König（1805）（保留属名）【汉】丝粉藻属（海神草属）。【日】シホニラ属。【英】Manateagrass。【隶属】眼子菜科 Potamogetonaceae//茨藻科 Najadaceae//角果藻科 Zannichelliaceae//丝粉藻科 Cymodoceaceae。【包含】世界4-7种，中国1种。【学名诠释与讨论】〈阴〉（希）Cymodoce 或 Cymodocea，海仙女。指本属植物生于咸水中。此属的学名"Cymodocea K. D. Koenig in Ann. Bot.（König et Sims）2：96. 1 Jun 1805"是保留属名。相应的废弃属名是眼子菜科 Potamogetonaceae 的"Phucagrostis Cavolini, Phucagr. Theophr. Anth.：xiii. 1792 = Cymodocea K. D. König（1805）（保留属名）"。丝粉藻科 Cymodoceaceae 的"Phucagrostis Willd.，Sp. Pl.，ed. 4［Willdenow］4（2）：649. 1806［Apr 1806］= Cymodocea K. D. König（1805）（保留属名）"亦应废弃。【分布】马达加斯加，中国，塞内加尔和西班牙（加那利群岛）至地中海地区。【模式】Cymodocea aequorea K. D. E. König。【参考异名】Phucagrostis Cavolini（1792）（废弃属名）；Phucagrostis Willd.（1806）Nom. illegit.（废弃属名）；Phycoschoenus（Asch.）Nakai（1943）■

14419　Cymodoceaceae Benth. et Hook. f.（1883）= Cymodoceaceae Vines（保留科名）■

14420　Cymodoceaceae N. Taylor = Cymodoceaceae Vines（保留科名）■

14421　Cymodoceaceae Vines（1895）（保留科名）【汉】丝粉藻科（海神草科，绿粉藻科）。【英】Manatee-grass Family。【包含】世界4-5属14-20种，中国3属4种。【分布】热带和亚热带水区。【科名模式】Cymodocea K. D. Koenig ■

14422　Cymonamia（Roberty）Roberty（1964）= Bonamia Thouars（1804）（保留属名）［旋花科 Convolvulaceae］●☆

14423　Cymonamia Roberty（1964）Nom. illegit. ≡ Cymonamia（Roberty）Roberty（1964）；~ = Bonamia Thouars（1804）（保留属名）［旋花科 Convolvulaceae］●☆

14424　Cymonetra Roberty（1954）= Gilletiodendron Vermoesen（1923）［豆科 Fabaceae（Leguminosae）//云实科（苏木科）Caesalpiniaceae］●☆

14425　Cymophora B. L. Rob.（1907）【汉】银光菊属。【英】Cymophora。【隶属】菊科 Asteraceae（Compositae）。【包含】世界1-5种。【学名诠释与讨论】〈阴〉（希 kyma，肿胀，波浪，泛滥。又芽或蕾。胚。指小式 kymation，波状花边，聚伞花檐+phoros，具有，梗，负载，发现者。此属的学名是"Cymophora B. L. Robinson, Proc. Amer. Acad. Arts 43：39. Jun 1907"。亦有文献把其处理为"Tridax L.（1753）"的异名。【分布】墨西哥，中美洲。【模式】

Cymophora pringlei B. L. Robinson。【参考异名】Tridax L. （1753）
■☆

14426　Cymophyllus Mack. (1913)【汉】波叶莎草属。【隶属】莎草科
Cyperaceae。【包含】世界 1 种。【学名诠释与讨论】〈阳〉（希）
kyma, 肿胀, 波浪, 泛滥。又芽或蕾。胚。指小式 kymation, 波状
花边, 聚伞花 + phyllon, 叶子。此属的学名, ING 记载是
“Cymophyllus Mackenzie ex N. L. Britton et A. Brown, Ill. Fl. N. U.
S. ed. 2. 1：441. 7 Jun 1913”。GCI、TROPICOS 和 IK 则记载为
“Cymophyllus Mack. , Ill. Fl. N. U. S. (Britton et Brown), ed. 2. 1：
441. 1913”。三者引用的文献相同。“Cymophyllus Mack. ex
Britton (1913)” 的命名人引证有误。【分布】美国（东南部）。
【模式】Cymophyllus fraseri （H. C. Andrews）Mackenzie ex N. L.
Britton et A. Brown ［Carex fraseri H. C. Andrews］。【参考异名】
Cymophyllus Mack. ex Britton et A. Br. （1913）Nom. illegit. ；
Cymophyllus Mack. ex Britton (1913) Nom. illegit. ■☆

14427　Cymophyllus Mack. ex Britton et A. Br. （1913）Nom. illegit. ≡
Cymophyllus Mack. (1913) ［莎草科 Cyperaceae］■☆

14428　Cymophyllus Mack. ex Britton (1913) Nom. illegit. ≡Cymophyllus
Mack. (1913) ［莎草科 Cyperaceae］■☆

14429　Cymopteribus Buckley (1861) Nom. inval. ［伞形花科（伞形科）
Apiaceae (Umbelliferae) ］☆

14430　Cymopterus Raf. (1819)【汉】聚散翼属。【隶属】伞形花科（伞
形科）Apiaceae (Umbelliferae)。【包含】世界 32 种。【学名诠释
与讨论】〈阳〉（希）kyma, 肿胀, 波浪, 泛滥。又芽或蕾。胚。指
小式 kymation, 波状花边, 聚伞花 + pteron, 指小式 pteridion, 翅,
pteridios, 有羽毛的。【分布】北美洲西部。【模式】Cymopterus
glomeratus （T. Nuttall）A. P. de Candolle ［Thapsia glomerata T.
Nuttall, Selinum acaule Pursh 1814, non Cavanilles 1799］。【参考
异名】Aulospermum J. M. Coult. et Rose （1900）；Coloptera J. M.
Coult. et Rose （1888）；Coriophyllus Rydb. （1913）；Halosciastrum
Koidz. （1941）；Leptocnemia Nutt. ex Torr. et A. Gray （1840）；
Phellopterus （Nutt. ex Torr. et A. Gray）J. M. Coult. et Rose (1900)
Nom. illegit. ；Phellopterus Nutt. ex Torr. et A. Gray, Nom. illegit. ；
Pteryxia Nutt. ex Torr. et A. Gray (1840) Nom. illegit. ■☆

14431　Cymothoe Airy Shaw (1935) = Costera J. J. Sm. （1910）［杜鹃花
科（欧石南科）Ericaceae］●☆

14432　Cyna Lour. =Styrax L. （1753）［安息香科（齐墩果科, 野茉莉
科）Styracaceae］●

14433　Cynamonum Deniker = Cinnamomum Schaeff. （1760）（保留属
名）［樟科 Lauraceae］●

14434　Cynanchaceae G. Mey. （1836）= Apocynaceae Juss. （保留科名）
●■

14435　Cynanchica Fourr. （1868）= Asperula L. （1753）（保留属名）
［茜草科 Rubiaceae//车叶草科 Asperulaceae］■

14436　Cynanchum L. （1753）【汉】鹅绒藤属（白前属, 牛皮消属）。
【日】イケマ属, カモメヅル属, シナンクム属。【俄】
Ластовенник, Ластовень, Латовник, Сыноктонум, Цинанхум。
【英】Mosquitotrap, Swallow Wort, Swallowwort, Swallow-wort。【隶
属】萝藦科 Asclepiadaceae。【包含】世界 200-204 种, 中国 57-75
种。【学名诠释与讨论】〈中〉（希）kyon, 所有格 kynos, 狗 +
ancho, 绞杀。指某些种具毒性。此属的学名, ING、APNI、GCI、
TROPICOS 和 IK 记载是 “Cynanchum L. , Sp. Pl. 1：212. 1753 ［1
May 1753］”。【分布】巴基斯坦, 巴拉圭, 巴拿马, 秘鲁, 玻利维
亚, 厄瓜多尔, 哥伦比亚（安蒂奥基亚）, 马达加斯加, 美国（密苏
里）, 缅甸, 尼加拉瓜, 利比里亚（宁巴）, 中国, 热带, 温带亚洲, 中
美洲。【后选模式】Cynanchum acutum Linnaeus。【参考异名】
Alexitoxicon St. - Lag. （1880）Nom. illegit. ；Antitoxicon Pobed. ；

Blynia Arn. ；Colostephanus Harv. （1838）；Cyathella Decne.
（1838）；Cynoctonum E. Mey. （1837）Nom. illegit. ；Decanema
Decne. （1838）；Diploglossum Meisn. （1840）；Emlenia Raf. ？；
Endotropis Endl. （1838）Nom. illegit. ；Enslenia Nutt. （1818）Nom.
illegit. ；Exostegia Bojer ex Decne. （1844）；Flanagania Schltr.
（1894）；Folotsia Costantin et Bois （1908）；Haplostemma Endl.
（1843）；Karimbolea Desc. （1960）；Macbridea Raf. （1818）；
Mellichampia A. Gray ex S. Watson （1887）Nom. illegit. ；
Mellichampia A. Gray （1887）；Monostemma Turcz. （1848）；
Perianthostelma Baill. （1890）Nom. illegit. ；Petalostelma E. Fourn.
（1885）；Platykeleba N. E. Br. （1895）；Psanchum Neck. （1790）
Nom. inval. ；Pycnoneurum Decne. （1838）；Pycnostelma Bunge ex
Decne. （1844）；Rhodostegiella （Pobed. ）C. Y. Wu et D. Z. Li
（1990）；Rhodostegiella C. Y. Wu et D. Z. Li (1990)；Rhodostegiella
D. Z. Li；Roulinia Decne. （1844）Nom. illegit. ；Rouliniella Vail
（1902）；Sarcocyphula Harv. （1863）；Sarcostemma R. Br. （1810）；
Sarmasikia Bubani （1897）；Schizocorona F. Muell. （1853）；
Schizostephanus Hochst. ex K. Schum. （1893）Nom. illegit. ；Seutera
Rchb. （1829）Nom. illegit. ；Tylodontia Griseb. （1866）；
Vincetoxicum Medik. （1790）Nom. illegit. ；Vincetoxicum Wolf
（1776）；Voharanga Costantin et Bois （1908）；Vohemaria Buchenau
（1889）；Ziervoglia Neck. （1790）Nom. inval. ●■

14437　Cynapium Bubani (1899) Nom. illegit. = Aethusa L. （1753）［伞
形花科（伞形科）Apiaceae (Umbelliferae) ］■☆

14438　Cynapium Nutt. (1840)【汉】犬足芹属。【隶属】伞形花科（伞
形科）Apiaceae (Umbelliferae)。【包含】世界 1 种。【学名诠释与
讨论】〈中〉（希）kyon, 所有格 kynos, 狗 +pous, 所有格 podos, 指小
式 podion, 脚, 足, 柄, 梗。podotes, 有脚的。此属的学名, ING 记
载是 “Cynapium Nuttall in Torrey et A. Gray, Fl. North Amer. 1：
640. Jun 1840”。IK 和 TROPICOS 则记载为 “Cynapium Nutt. ex
Torr. et A. Gray, Fl. N. Amer. (Torr. et A. Gray) 1 (4)：640. 1840
［Jun 1840］”。“Cynapium Rupr. , Fl. Ingr. ［Ruprecht］442. 1860
［May 1860］ ≡ Aethusa Linnaeus 1753 ［伞形花科（伞形科）
Apiaceae (Umbelliferae) ］”和“Cynapium Bubani, Fl. Pyren. 2：372,
1899 = Aethusa L. （1753） ［伞形花科（伞形科）Apiaceae
(Umbelliferae) ］”是晚出的非法名称。亦有文献把“Cynapium
Nutt. (1840)”处理为“Ligusticum L. （1753）”的异名。【分布】北
美洲。【后选模式】Cynapium apiifolium Nuttall。【参考异名】
Cynapium Nutt. ex Torr. et A. Gray (1840) Nom. illegit. ；Ligusticum
L. （1753）■☆

14439　Cynapium Nutt. ex Torr. et A. Gray （1840）Nom. illegit. ≡
Cynapium Nutt. （1840） ［伞形花科（伞形科）Apiaceae
(Umbelliferae) ］■☆

14440　Cynapium Rupr. (1860) Nom. illegit. ≡ Aethusa L. （1753）［伞
形花科（伞形科）Apiaceae (Umbelliferae) ］■☆

14441　Cynara L. （1753）【汉】菜蓟属。【日】チョウセンアザミ属,
テウセンアザミ属。【俄】Артишок。【英】Artichoke, Cardoon。
【隶属】菊科 Asteraceae (Compositae)。【包含】世界 10-11 种, 中
国 2 种。【学名诠释与讨论】〈阴〉（希）kinara =kynara, 菜蓟。另
说 kyon 犬, 指苞刺似犬齿。此属的学名, ING、APNI、TROPICOS
和 IK 记载是“Cynara Linnaeus, Sp. Pl. 827. 1 Mai 1753”。“Cynara
Vaill. ”是命名起点著作之前的名称, 故“Cynara L. （1753）”和
“Cynara Vaill. ex L. （1753）”都是合法名称, 可以通用。“Cinara
L. （1753）”是其拼写变体。“Cinara P. Miller, Gard. Dict. Abr. ed.
4 (sub Artichoke). 28 Jan 1754”也是其拼写变体。【分布】玻利维
亚, 地中海至库尔德斯坦, 厄瓜多尔, 哥伦比亚（安蒂奥基亚）, 中
国, 中美洲。【后选模式】Cynara cardunculus Linnaeus。【参考异

名】Bourgaea Coss.（1849）；Cinara L.（1753）Nom. illegit.；Cinara Mill.（1754）Nom. illegit.；Cynara Vaill. ex L.（1753）；Cynaropsis Kuntze（1903）■

14442　Cynara Vaill. ex L.（1753）≡ Cynara L.（1753）［菊科 Asteraceae（Compositae）］■

14443　Cynaraceae Burnett＝Asteraceae Bercht. et J. Presl（保留科名）//Compositae Giseke（保留科名）●■

14444　Cynaraceae Juss.＝Asteraceae Bercht. et J. Presl（保留科名）//Compositae Giseke（保留科名）●■

14445　Cynaraceae Lindl.＝Asteraceae Bercht. et J. Presl（保留科名）●■

14446　Cynaraceae Spenn.（1834）＝Asteraceae Bercht. et J. Presl（保留科名）//Compositae Giseke（保留科名）●■

14447　Cynaroides（Boiss. ex Walp.）Dostál（1973）＝Centaurea L.（1753）（保留属名）［菊科 Asteraceae（Compositae）//矢车菊科 Centaureaceae］●■

14448　Cynaropsis Kuntze（1903）＝Cynara L.（1753）；～＝Silybum Vaill.（1754）（保留属名）［菊科 Asteraceae（Compositae）//苦香木科（水飞蓟科）Simabaceae］■

14449　Cynarospermum Vollesen（1999）【汉】印度百簕花属。【隶属】爵床科 Acanthaceae。【包含】世界 1 种。【学名诠释与讨论】〈阴〉（希）kinara，菜蓟＋sperma，所有格 spermatos，种子，孢子。此属的学名是"Cynarospermum Vollesen, Kew Bulletin 54：171. 1999"。亦有文献把其处理为"Blepharis Juss.（1789）"的异名。【分布】印度。【模式】Cynarospermum asperrimum（Nees）Vollesen。【参考异名】Blepharis Juss.（1789）■☆

14450　Cyne Danser（1929）【汉】犬寄生属。【隶属】桑寄生科 Loranthaceae。【包含】世界 6 种。【学名诠释与讨论】〈阴〉（希）kyon，所有格 kynos，犬。【分布】菲律宾（菲律宾群岛）。【模式】Cyne banahaensis（Elmer）Danser［Loranthus banahaensis Elmer］。【参考异名】Tetradyas Danser（1931）●☆

14451　Cynocardamum Webb et Berthel.（1836）＝Lepidium L.（1753）［十字花科 Brassicaceae（Cruciferae）］■

14452　Cynocrambaceae Meisn.＝Theligonaceae Dumort.（保留科名）；～＝Rubiaceae Juss.（保留科名）；～＝Theligonaceae Dumort.（保留科名）■

14453　Cynocrambe Gagnep.（1755）Nom. illegit. ≡ Theligonum L.（1753）［假繁缕科（假牛繁缕科，牛繁缕科，纤花草科）Theligonaceae//茜草科 Rubiaceae］■

14454　Cynocrambe Hill（1756）Nom. illegit. ≡ Mercurialis L.（1753）［大戟科 Euphorbiaceae//山靛科 Mercurialaceae］■

14455　Cynocrambe Tourn. ex Adans.（1763）Nom. illegit.［茜草科 Rubiaceae］■☆

14456　Cynoctonum E. Mey.（1837）Nom. illegit. ≡ Cyathella Decne.（1838）；～≡Cynanchum L.（1753）［萝摩科 Asclepiadaceae］●■

14457　Cynoctonum J. F. Gmel.（1791）＝Mitreola L.（1758）［马钱科（断肠草科，马钱子科）Loganiaceae//驱虫草科（度量草科）Spigeliaceae］■

14458　Cynodendron Baehni（1964）＝Chrysophyllum L.（1753）［山榄科 Sapotaceae］●

14459　Cynodon Pers.（1805）（废弃属名）＝Cynodon Rich.（1805）（保留属名）［禾本科 Poaceae（Gramineae）］■

14460　Cynodon Rich.（1805）（保留属名）【汉】狗牙根属（绊根草属）。【日】ギャウギシバ属，ギョウギシバ属。【俄】Аджерик аджирык，Жиловник，Злак пальчатый，Зуб собачий，Лапка，Пальчатка，Свинорой，Свинорой пальчатый，Трава пальчатая。【英】Bermuda-grass，Dogstooth Grass，Dogtoothgrass，Star Grass。【隶属】禾本科 Poaceae（Gramineae）。【包含】世界 8-10 种，中国

2 种。【学名诠释与讨论】〈阳〉（希）kyon，所有格 kynos，犬＋odous，所有格 odontos，齿。指其根茎具锐利坚硬如狗牙的鳞片。此属的学名"Cynodon Rich. in Persoon, Syn. Pl. 1：85. 1 Apr-15 Jun 1805"是保留属名。相应的废弃属名是禾本科 Poaceae（Gramineae）的"Capriola Adans. , Fam. Pl. 2：31, 532. Jul-Aug 1763 ＝ Cynodon Rich.（1805）（保留属名）"和"Dactilon Vill. , Hist. Pl. Dauphiné 2：69. Feb 1787 ≡ Cynodon Rich.（1805）（保留属名）"。禾本科 Poaceae（Gramineae）的"Cynodon Persoon, Syn. Pl. 1：85. 1 Apr-15 Jun 1805 ＝ Cynodon Rich.（1805）（保留属名）"和苔藓的"Cynodon S. E. Bridel, Muscol. Recent. Suppl. 4：99. 18 Dec 1818（'1819'）"亦应废弃。"Fibichia G. L. Koeler, Descr. Gram. Gallia German. 308. 1802"是"Cynodon Pers.（1805）（废弃属名）"的同模式异名（Homotypic synonym, Nomenclatural synonym）。【分布】巴基斯坦，巴拿马，秘鲁，玻利维亚，厄瓜多尔，哥伦比亚，哥斯达黎加，马达加斯加，美国（密苏里），尼加拉瓜，中国，热带和亚热带，中美洲。【模式】Cynodon dactylon（Linnaeus）Persoon［Panicum dactylon Linnaeus］。【参考异名】Capriola Adans.（1763）（废弃属名）；Cynodon Pers.（1805）（废弃属名）；Dactilon Vill.（1787）（废弃属名）；Dactylon Roem. et Schult.（1817）；Dactylus Asch.（1864）Nom. illegit. ；Fibichia Koeler（1802）Nom. illegit. ■

14461　Cynodontaceae Link（1827）＝Gramineae Juss.（保留科名）//Poaceae Barnhart（保留科名）■●

14462　Cynogeton Kunth（1841）＝Cycnogeton Endl.（1838）；～＝Triglochin L.（1753）［眼子菜科 Potamogetonaceae//水麦冬科 Juncaginaceae］■

14463　Cynoglossaceae Döll＝Boraginaceae Juss.（保留科名）■●

14464　Cynoglossopsis Brand（1931）【汉】拟琉璃草属。【隶属】紫草科 Boraginaceae。【包含】世界 2 种。【学名诠释与讨论】〈阴〉（属）Cynoglossum 琉璃草属＋希腊文 opsis，外观，模样，相似。【分布】埃塞俄比亚。【模式】Cynoglossopsis latifolia（Hochstetter ex Richard）A. Brand［Echinospermum latifolium Hochstetter ex Richard］。■☆

14465　Cynoglossospermum Kuntze（1891）Nom. illegit. ≡ Cynoglossospermum Siegesb. ex Kuntze（1891）；～＝Eritrichium Schrad. ex Gaudin（1828）［紫草科 Boraginaceae］■

14466　Cynoglossospermum Siegesb.（1736）Nom. inval. ≡ Cynoglossospermum Siegesb. ex Kuntze（1891）；～＝Eritrichium Schrad. ex Gaudin（1828）［紫草科 Boraginaceae］■

14467　Cynoglossospermum Siegesb. ex Kuntze（1891）＝Echinospermum Sw. ex Lehm.（1818）［紫草科 Boraginaceae］■

14468　Cynoglossum L.（1753）【汉】琉璃草属（倒提壶属，狗舌草属）。【日】オオルリソウ属，オホルリサウ属，シノグロッサム属。【俄】Бобы гиацинтовые，Мелколепестник канадский，Омфалодес，Пупочник，Циноглоссум，Чернокорень，Язык песий。【英】Chinese Forget-me-not，Hound's Tongue，Hound's-tongue，Houndstongue。【隶属】紫草科 Boraginaceae。【包含】世界 60-75 种，中国 12-13 种。【学名诠释与讨论】〈中〉（希）kyon，所有格 kynos，犬＋glossa，舌。指叶的形状和柔软似狗舌。【分布】巴基斯坦，巴拿马，秘鲁，玻利维亚，厄瓜多尔，哥伦比亚（安蒂奥基亚），马达加斯加，美国（密苏里），中国，温带和亚热带，中美洲。【后选模式】Cynoglossum officinale Linnaeus。【参考异名】Paracynoglossum Popov（1953）■

14469　Cynoglottis（Gusul.）Vural et Kit Tan（1983）【汉】欧洲狗舌草属。【英】False Alkanet。【隶属】紫草科 Boraginaceae。【包含】世界 2 种。【学名诠释与讨论】〈阴〉（希）kyon，所有格 kynos，犬＋glottis，所有格 glottidos，气管口，来自 glotta＝glossa，舌。此属的

学名,ING 和 IK 记载是"Cynoglottis（Gusuleac）M. Vural et Kit Tan, Notes Roy. Bot. Gard. Edinburgh 41：71. 15 Jun 1983",由 "Anchusa subgen. Cynoglottis M. Gusuleac, Publ. Soc. Nat. Romania 6：87. 1923"改级而来。【分布】欧洲东南部,小亚细亚,叙利亚。【模式】Cynoglottis barrelieri（Allioni）M. Vural et Kit Tan［Buglossum barrelieri Allioni］。【参考异名】Anchusa subgen. Cynoglottis Gusul.（1923）■☆

14470　Cynomarathrum Nutt.（1900）Nom. illegit. ≡ Cynomarathrum Nutt. ex J. M. Coult. et Rose（1900）; ~ = Lomatium Raf.（1819）［伞形花科（伞形科）Apiaceae（Umbelliferae）］■☆

14471　Cynomarathrum Nutt. ex J. M. Coult. et Rose（1900）= Lomatium Raf.（1819）［伞形花科（伞形科）Apiaceae（Umbelliferae）］■☆

14472　Cynometra L.（1753）【汉】茎花豆属（喃果苏木属,喃喃果属）。【日】ナムナム属。【隶属】豆科 Fabaceae（Leguminosae）//云实科（苏木科）Caesalpiniaceae。【包含】世界 70 种。【学名诠释与讨论】〈阴〉（希）kyon,所有格 kynos,犬+metre,子宫,腹。指荚果的形状。此属的学名,ING、APNI、TROPICOS 和 IK 记载是 "Cynometra Linnaeus, Sp. Pl. 382. 1 Mai 1753"。"Cynomora R. A. Hedwig, Gen. 304. Jul 1806"和"Iripa Adanson, Fam. 2：508. Jul - Aug 1763"是"Cynometra L.（1753）"的晚出的同模式异名（Homotypic synonym, Nomenclatural synonym）。【分布】巴拉圭,巴拿马,秘鲁,玻利维亚,厄瓜多尔,哥伦比亚（安蒂奥基亚）,哥斯达黎加,马达加斯加,尼加拉瓜,中美洲。【后选模式】Cynometra cauliflora Linnaeus。【参考异名】Cynomora R. Hedw.（1806）Nom. illegit. ; Iripa Adans.（1763）Nom. illegit. ; Metrocynia Thouars（1806）; Micklethwaitia. P. Lewis et Schrire（2004）●☆

14473　Cynomora R. Hedw.（1806）Nom. illegit. ≡ Cynometra L.（1753）［豆科 Fabaceae（Leguminosae）//云实科（苏木科）Caesalpiniaceae］●☆

14474　Cynomorbium Opiz（1804）= Hericinia Fourr.（1868）; ~ = Pfundia Opiz ex Nevski（1937）［毛茛科 Ranunculaceae］■

14475　Cynomoriaceae（Agardh）Lindl. = Cynomoriaceae Endl. ex Lindl.（保留科名）■

14476　Cynomoriaceae Endl. ex Lindl.（1833）（保留科名）［亦见 Balanophoraceae Rich.（1822）（保留科名）蛇菰科（土鸟繁科）］【汉】锁阳科。【俄】Циномориевые。【英】Cynomorium Family。【包含】世界 1 属 2 种,中国 1 属 1 种。【分布】地中海地区,西班牙（加那利群岛）,亚洲西部和中部。【科名模式】Cynomorium L.■

14477　Cynomoriaceae Lindl.（1833）= Balanophoraceae Rich.（保留科名）; ~ = Cynomoriaceae Endl. ex Lindl.（保留科名）■

14478　Cynomorium L.（1753）【汉】锁阳属。【俄】Циноморий。【英】Cynomorium。【隶属】锁阳科 Cynomoriaceae//蛇菰科（土鸟繁科）Balanophoraceae。【包含】世界 1-2 种,中国 1 种。【学名诠释与讨论】〈中〉（希）kyon,所有格 kynos,犬+morion,阴茎+-ius,-ia,-ium,在拉丁文和希腊文中,这些词尾表示性质或状态。指植物体似狗的阴茎。【分布】巴基斯坦,巴勒斯坦,玻利维亚,中国,地中海地区。【模式】Cynomorium coccineum Linnaeus。■

14479　Cynomyrtus Scriv.（1916）Nom. illegit. ≡ Rhodomyrtus（DC.）Rchb.（1841）［桃金娘科 Myrtaceae］●

14480　Cynopaema Lunell（1916）Nom. illegit. ≡ Apocynum L.（1753）［夹竹桃科 Apocynaceae］●■

14481　Cynophalla（DC.）J. Presl（1825）= Capparis L.（1753）［山柑科（白花菜科,醉蝶花科）Capparaceae］●■

14482　Cynophalla J. Presl（1825）Nom. illegit. ≡ Cynophalla（DC.）J. Presl（1825）; ~ = Capparis L.（1753）［山柑科（白花菜科,醉蝶花科）Capparaceae］●

14483　Cynopoa Ehrh.（1780）= Agropyron Gaertn.（1770）; ~ = Elymus

L.（1753）［禾本科 Poaceae（Gramineae）］■

14484　Cynopsole Endl.（1836）= Balanophora J. R. Forst. et G. Forst.（1776）［蛇菰科（土鸟繁科）Balanophoraceae］■

14485　Cynorchis Thouars（1822）Nom. illegit. = Cynorkis Thouars（1809）［兰科 Orchidaceae］■☆

14486　Cynorhiza Eckl. et Zeyh.（1837）【汉】狗根草属。【隶属】伞形花科（伞形科）Apiaceae（Umbelliferae）。【包含】世界 4 种。【学名诠释与讨论】〈阴〉（希）kyon,所有格 kynos,犬+rhiza,或 rhizoma,根,根茎。此属的学名,ING、TROPICOS 和 IK 记载是 "Cynorhiza Eckl. et Zeyh., Enum. Pl. Afric. Austral.［Ecklon et Zeyher］3：351. 1837［Apr 1837］。"Cynorrhiza Endl., Genera Plantarum（Endlicher）780. 1839"是其拼写变体。"Cynorhiza Eckl. et Zeyh.（1837）≡ Cynorhiza Eckl. et Zeyh.（1837）"似为误引。亦有文献把"Cynorhiza Eckl. et Zeyh.（1837）"处理为 "Peucedanum L.（1753）"的异名。【分布】非洲南部。【模式】未指定。【参考异名】Cynorhiza Eckl. et Zeyh.（1837）Nom. illegit. ; Cynorrhiza Endl.（1839）Nom. illegit. ; Peucedanum L.（1753）■☆

14487　Cynorkis Thouars（1809）【汉】西澳兰属。【日】キノルキス属。【隶属】兰科 Orchidaceae。【包含】世界 125 种。【学名诠释与讨论】〈阴〉（希）kyon,所有格 kynos,犬+orchis,原义是睾丸,后变为植物兰的名称,因为根的形态而得名。变为拉丁文 orchis,所有格 orchidis。【分布】马斯克林群岛,热带和非洲南部。【模式】未指定。【参考异名】Acrostylia Frapp. ex Cordem.（1895）; Amphorchis Thouars（1822）; Amphorkis Thouars（1809）; Bariaea Rchb. f. ; Barlaea Rchb. f.（1876）; Bicornella Lindl.（1834）; Camilleugenia Frapp. ex Cordem.（1895）; Cynorchis Thouars（1822）Nom. illegit. ; Cynosorchis Thouars（1822）Nom. illegit. ; Erythrocynis Thouars; Forsythmajoria Kraenzl. ex Schltr.（1914）; Graminisatis Thouars; Helorchis Schltr.（1924）; Hemiperis Frapp. ex Cordem.（1895）; Isocynis Thouars; Lemuranthe Schltr.（1924）; Lowiorchis Szlach.（2004）; Microtheca Schltr.（1924）; Monadeniorchis Szlach. et Kras（2006）; Purpurabenis Thouars; Purpurocynis Thouars; Schlechterorchis Szlach.（2003）; Triphyllocynis Thouars■☆

14488　Cynorrhiza Eckl. et Zeyh.（1837）Nom. illegit. ≡ Cynorhiza Eckl. et Zeyh.（1837）; ~ = Peucedanum L.（1753）［伞形花科（伞形科）Apiaceae（Umbelliferae）］■

14489　Cynorrhiza Endl.（1839）Nom. illegit. ≡ Cynorhiza Eckl. et Zeyh.（1837）; ~ ≡ Cynorhiza Eckl. et Zeyh.（1837）; ~ = Peucedanum L.（1753）［伞形花科（伞形科）Apiaceae（Umbelliferae）］■☆

14490　Cynorrhynchium Mitch.（1769）= Mimulus L.（1753）［玄参科 Scrophulariaceae//透骨草科 Phrymaceae］●■

14491　Cynosbata（DC.）Rchb.（1837）= Pelargonium L' Hér. ex Aiton（1789）［牻牛儿苗科 Geraniaceae］●■

14492　Cynosbata Rchb.（1837）Nom. illegit. ≡ Cynosbata（DC.）Rchb.（1837）; ~ = Pelargonium L' Hér. ex Aiton（1789）［牻牛儿苗科 Geraniaceae］●■

14493　Cynosciadium DC.（1829）【汉】犬伞芹属。【隶属】伞形花科（伞形科）Apiaceae（Umbelliferae）。【包含】世界 2 种。【学名诠释与讨论】〈阴〉（希）kyon,所有格 kynos,犬+（属）Sciadium 伞芹属。【分布】美国。【后选模式】Cynosciadium digitatum A. P. de Candolle。■☆

14494　Cynosorchis Thouars（1822）Nom. illegit. = Cynorkis Thouars（1809）［兰科 Orchidaceae］■☆

14495　Cynosuraceae Link = Gramineae Juss.（保留科名）//Poaceae Barnhart（保留科名）■●

14496　Cynosurus L.（1753）【汉】洋狗尾草属。【日】クシガヤ属。【俄】Гребенник, Гребневик, Гребник。【英】Dog's-tail, Dog's-tail

Grass, Dog's – tail – grass, Dogstail Grass, Dogtailgrass, Silky Bent Grass。【隶属】禾本科 Poaceae(Gramineae)。【包含】世界 6-8 种,中国 1 种。【学名诠释与讨论】〈阳〉(希)kyon,所有格 kynos,犬+-urus,-ura,-uro,用于希腊文组合词,含义为"尾巴"。指穗状花序状如狗尾。【分布】巴基斯坦,玻利维亚,非洲,美国(密苏里),中国,欧洲,亚洲,中美洲。【后选模式】Cynosurus cristatus Linnaeus。【参考异名】Falona Adans.(1763);Phalona Dumort.(1824)Nom. illegit.■

14497 Cynotis Hoffmanns.(1826)Nom. illegit. ≡ Odontoptera Cass.(1825);~ = Arctotheca J. C. Wendl.(1798);~ = Cryptostemma R. Br.(1813)[菊科 Asteraceae(Compositae)]■☆

14498 Cynotoxicum Vell.(1829)【汉】毒犬藤属。【隶属】牛栓藤科 Connaraceae。【包含】世界 3 种。【学名诠释与讨论】〈阳〉(希)kyon,所有格 kynos,犬+toxicum,毒。【分布】巴西。【模式】未指定。●☆

14499 Cynoxylon(Raf.)Small(1903)Nom. illegit. ≡ Benthamidia Spach(1839);~ = Cornus L.(1753)[山茱萸科 Cornaceae//四照花科 Cornaceae]●

14500 Cynoxylon Raf.(1838)Nom. illegit. = Cornus L.(1753)[山茱萸科 Cornaceae//四照花科 Cornaceae]●

14501 Cynoxylum Pluk. = Nyssa L.(1753)[蓝果树科(珙桐科,紫树科)Nyssaceae//山茱萸科 Cornaceae]●

14502 Cynthia D. Don(1829)Nom. illegit. ≡ Krigia Schreb.(1791)(保留属名)[菊科 Asteraceae(Compositae)]■☆

14503 Cynura d' Orb. = Gynura Cass.(1825)(保留属名)[菊科 Asteraceae(Compositae)]■●

14504 Cyparissia Hoffmanns.(1833)= Callitris Vent.(1808)[柏科 Cupressaceae]●

14505 Cypella Herb.(1826)【汉】杯鸢花属。【日】シペラ属。【俄】Ципелла。【英】Cypella。【隶属】鸢尾科 Iridaceae。【包含】世界 20 种。【学名诠释与讨论】〈阴〉(希)kypellon,杯。指花的形状。此属的学名,ING、GCI、TROPICOS 和 IK 记载是"Cypella Herb., Bot. Mag. 53: ad t. 2637. 1826 [Mar 1826] = Marica Ker Gawl.(1803)Nom. illegit.[鸢尾科 Iridaceae]"是晚出的非法名称。【分布】阿根廷,秘鲁,玻利维亚,墨西哥,中美洲。【模式】Cypella herbertii(Lindley)Herbert [as 'herberti']。【参考异名】Cyphella Post et Kuntze(1903);Hesperoxiphion Baker(1877);Phalocallis Herb.(1839);Phalodallis T. Durand et Jacks.;Polia Ten.(1845)Nom. illegit.(废弃属名);Tinantia Dumort.(1829)(废弃属名);Zygella S. Moore(1895)■☆

14506 Cypella Klatt(1862)Nom. illegit. = Marica Ker Gawl.(1803)Nom. illegit.;~ = Neomarica Sprague(1928)[鸢尾科 Iridaceae]■☆

14507 Cypellium Desv.(1825)Nom. illegit. = Styrax L.(1753)[安息香科(齐墩果科,野茉莉科)Styracaceae]●

14508 Cypellium Desv. ex Ham.(1825)= Styrax L.(1753)[安息香科(齐墩果科,野茉莉科)Styracaceae]●

14509 Cyperaceae Juss.(1789)(保留科名)【汉】莎草科。【日】カヤツリグサ科。【俄】Осоковые。【英】Sedge Family。【包含】世界 90-125 属 4300-5300 种,中国 38 属 974 种。【分布】广泛分布。【科名模式】Cyperus L.(1753)■

14510 Cyperella C. H. Hitchc.(1955)Nom. illegit.[灯心草科 Juncaceae]■☆

14511 Cyperella Kramer ex MacMill.(1892)= Luzula DC.(1805)(保留属名)[灯心草科 Juncaceae]■

14512 Cyperella Kramer, Nom. illegit. = Luzula DC.(1805)(保留属名)[灯心草科 Juncaceae]■

14513 Cyperella MacMill.(1892)Nom. illegit. ≡ Cyperella Kramer ex MacMill.(1892);~ = Luzula DC.(1805)(保留属名)[灯心草科 Juncaceae]■

14514 Cyperochloa Lazarides et L. Watson(1987)【汉】苔草禾属。【隶属】禾本科 Poaceae(Gramineae)。【包含】世界 1 种。【学名诠释与讨论】〈阴〉(希)cyper,莎草,苔+chloe,草的幼芽,嫩草,禾草。【分布】澳大利亚(西部)。【模式】Cyperochloa hirsuta M. Lazarides et L. Watson。■☆

14515 Cyperoides Ség.(1754)Nom. illegit. ≡ Carex L.(1753)[莎草科 Cyperaceae]■

14516 Cyperorchis Blume(1849)= Cymbidium Sw.(1799)[兰科 Orchidaceae]■

14517 Cyperus(Griseb.)C. B. Clarke = Cyperus L.(1753)[莎草科 Cyperaceae]■

14518 Cyperus L.(1753)【汉】莎草属。【日】カヤツリグサ属,シペラス属。【俄】Айрник,Сыть,Циперус。【英】Cypress Grass,Cypressgrass,Cypress – grass,Flat Sedge,Flatsedge,Flat – sedge,Galingale,Nut Grass,Nutsedge,Sedge,Umbrella Sedge,Umbrella – sedge。【隶属】莎草科 Cyperaceae。【包含】世界 300-600 种,中国 43-47 种。【学名诠释与讨论】〈阳〉(希)kypeiros,即 venus 之义,古代本属一种植物的块茎,可做春药用。或 kypeiros,灯心草,薹。【分布】巴基斯坦,巴拿马,秘鲁,玻利维亚,厄瓜多尔,哥伦比亚,哥斯达黎加,马达加斯加,美国(密苏里),尼加拉瓜,中国,热带和温带,中美洲。【后选模式】Cyperus esculentus Linnaeus。【参考异名】Acorellus Palla(1905)Nom. illegit.;Acorellus Palla ex Kneuck.(1903);Adupla Bosc ex Juss.(1804)Nom. illegit.;Adupla Bosc(1805)Nom. inval.;Aglaia F. Allam.(1770)(废弃属名);Anosporum Nees(1834);Ascopholis C. E. C. Fisch.(1931);Atomostylis Steud.(1850);Bobartia L.(1753)(保留属名);Chlorocyperus Rikli(1895)Nom. illegit.;Cyperus(Griseb.)C. B. Clarke;Dichostylis P. Beauv. ex Lestib.(1819)Nom. illegit.;Distimus Raf.(1819);Duvaljouvea Palla;Duval – jouvea Palla(1905);Eucyperus Rikli(1895);Galilea Parl.(1845);Hydroschoenus Zoll. et Moritzi(1846);Juncellus(Griseb.)C. B. Clarke(1893);Mariscus Vahl(1805)(保留属名);Papyrus Willd.(1816);Pterocyperus(Peterm.)Opiz(1852);Pterocyperus Opiz(1852);Pycreus P. Beauv.(1816);Sorostachys Steud.(1850);Sphaeromariscus E. G. Camus(1910);Torreya Raf.(1819)(废弃属名);Torulinium Desv.;Torulinium Desv. ex Ham.(1825);Torulinium Ham.(1825);Trentepohlia Boeck.(1858)Nom. illegit.(废弃属名);Ungeria Nees ex C. B. Clarke(1884)■

14519 Cyphacanthus Leonard(1953)【汉】弯刺爵床属。【隶属】爵床科 Acanthaceae。【包含】世界 1 种。【学名诠释与讨论】〈阳〉(希)kyphos,驼背的,弯曲的,有瘤的+akantha,荆棘。akanthikos,荆棘的。akanthion,蓟的一种,豪猪,刺猬。akanthinos,多刺的,用荆棘做成的。在植物学中,acantha 通常指刺。【分布】哥伦比亚。【模式】Cyphacanthus atopus E. C. Leonard。■☆

14520 Cyphadenia Post et Kuntze(1903)= Chrysactinia A. Gray(1849);~ = Kyphadenia Sch. Bip. ex O. Hoffm.[菊科 Asteraceae(Compositae)]●☆

14521 Cyphaea Lem.(1849)= Cuphea Adans. ex P. Browne(1756)[千屈菜科 Lythraceae]●■

14522 Cyphanthe Raf.(1825)Nom. inval. = Orobanche L.(1753)[列当科 Orobanchaceae//玄参科 Scrophulariaceae]■

14523 Cyphanthera Miers(1853)【汉】驼药茄属。【隶属】茄科 Solanaceae。【包含】世界 9 种。【学名诠释与讨论】〈阴〉(希)kyphos,驼背的,弯曲的,有瘤的+anthera,花药。此属的学名是

"Cyphanthera Miers, Ann. Mag. Nat. Hist. ser. 2. 11：376. Mai 1853". 亦有文献把其处理为"Anthocercis Labill.（1806）"的异名。【分布】澳大利亚（温带）。【模式】未指定。【参考异名】Anthocercis Labill.（1806）■☆

14524 Cyphea Post et Kuntze（1903）= Cuphea Adans. ex P. Browne （1756）［千屈菜科 Lythraceae］●■

14525 Cypheanthus Post et Kuntze（1903）= Cupheanthus Seem.（1865）［桃金娘科 Myrtaceae］●☆

14526 Cyphella Post et Kuntze（1903）= Cypella Herb.（1826）［鸢尾科 Iridaceae］■☆

14527 Cyphia P. J. Bergius（1767）【汉】驼曲草属（腔柱草属）。【隶属】桔梗科 Campanulaceae//驼曲草科（腔柱草科）Cyphiaceae。【包含】世界 50-64 种。【学名诠释与讨论】〈阴〉（希）kyphos，驼背的，弯曲的，有瘤的。此属的学名，ING、TROPICOS 和 IK 记载是" Cyphia P. J. Bergius, Descript. Pl. Cap. 172. Sep 1767"。"Cyphopsis O. Kuntze, Rev. Gen. 3（2）：186. 28 Sep 1898" 是"Cyphia P. J. Bergius（1767）"的晚出的同模式异名（Homotypic synonym, Nomenclatural synonym）。【分布】非洲，佛得角。【模式】Cyphia bulbosa（Linnaeus）P. J. Bergius［Lobelia bulbosa Linnaeus］。【参考异名】Cyphiella（Presl）Spach（1840）；Cyphium J. F. Gmel.（1791）；Cyphopsis Kuntze（1898）Nom. illegit. ■☆

14528 Cyphiaceae A. DC.（1839）［亦见 Campanulaceae Juss.（1789）（保留科名）桔梗科和 Cyphocarpaceae Miers 弯果草科］【汉】驼曲草科（腔柱草科）。【包含】世界 1 属 50-64 种。【分布】热带和南非。【科名模式】Cyphia P. J. Bergius（1767）■☆

14529 Cyphiella（Fresl）Spach（1840）= Cyphia P. J. Bergius（1767）；～=Cyphopsis Kuntze（1898）Nom. illegit. ；～= Cyphia P. J. Bergius（1767）［桔梗科 Campanulaceae//驼曲草科（腔柱草科）Cyphiaceae］■☆

14530 Cyphisia Rizzini（1946）= Justicia L.（1753）［爵床科 Acanthaceae//鸭嘴花科（鸭咀花科）Justiciaceae］●■

14531 Cyphium J. F. Gmel.（1791）= Cyphia P. J. Bergius（1767）［桔梗科 Campanulaceae//驼曲草科（腔柱草科）Cyphiaceae］■☆

14532 Cyphocalyx C. Presl（1845）【汉】弯萼豆属。【隶属】豆科 Fabaceae（Leguminosae）//芳香木科 Aspalathaceae。【包含】世界 1 种。【学名诠释与讨论】〈阳〉（希）kyphos，驼背的，弯曲的，有瘤的+kalyx，所有格 kalykos =拉丁文 calyx，花萼，杯子。此属的学名，ING 和 TROPICOS 记载是" Cyphocalyx K. B. Presl, Abh. Böhm. Ges. Wiss. 5（3）：557. Jul – Dec 1845"。玄参科 Scrophulariaceae 的"Cyphocalyx Gagnep., Notul. Syst.（Paris）14：29. 1950" 是晚出的非法名称，它已经被"Trungboa Rauschert, Taxon 31（3）；562（1982）"所替代。亦有文献把" Cyphocalyx C. Presl（1845）"处理为"Aspalathus L.（1753）"的异名。【分布】参见 Aspalathus L.（1753）。【后选模式】Cyphocalyx aridus（E. H. F. Meyer）K. B. Presl［Aspalathus arida E. H. F. Meyer］。【参考异名】Aspalathus L.（1753）●☆

14533 Cyphocalyx Gagnep.（1950）Nom. illegit. ≡ Trungboa Rauschert（1982）［玄参科 Scrophulariaceae］●☆

14534 Cyphocardamum Hedge（1968）【汉】阿富汗白花芥属。【隶属】十字花科 Brassicaceae（Cruciferae）。【包含】世界 1 种。【学名诠释与讨论】〈中〉（希）kyphos，驼背的，弯曲的，有瘤的+（属）Cardamine 碎米荠属。【分布】阿富汗。【模式】Cyphocardamum aretioides I. Hedge。■☆

14535 Cyphocarpa（Fenzl）Lopr.（1899）Nom. illegit. = Cyphocarpa Lopr.（1899）［苋科 Amaranthaceae//弯果草科 Cyphocarpaceae］■☆

14536 Cyphocarpa Lopr.（1899）【汉】弯果草属。【隶属】苋科 Amaranthaceae//弯果草科 Cyphocarpaceae。【包含】世界 5 种。

【学名诠释与讨论】〈阴〉（希）kyphos，驼背的，弯曲的，有瘤的+karpos，果实。" Cyphocarpa Lopr.（1899）" 是" Sericocoma a. Hypocarpha Fenzl ex Endl.（1842）" 的替代名称。但是这个处理并不合法，因为"Sericocoma a. Hypocarpha Fenzl ex Endl.（1842）" 是一个合法名称，而" Sericocoma subgen. Kyphocarpa Fenzl, Linnaea 17；324. 1843" 才是晚出的非法名称。【分布】热带和非洲南部。【模式】Cyphocarpa trichinioides（Fenzl）Lopriore［as 'trichinoides'］［Sericocoma trichinioides Fenzl］。【参考异名】Cyphocarpa（Fenzl）Lopr.（1899）Nom. illegit. ；Kyphocarpa（Fenzl ex Endl.）Lopr.（1934）Nom. illegit. ；Kyphocarpa（Fenzl）Schinz（1934）Nom. illegit. ；Kyphocarpa Lopr.（1899）Nom. illegit. ；Kyphocarpa Schinz（1934）Nom. illegit. ；Sericocoma a. Hypocarpha Fenzl ex Endl.（1842）■☆

14537 Cyphocarpaceae（Miers）Reveal et Hoogland（1996）= Campanulaceae Juss.（1789）（保留科名）■●

14538 Cyphocarpaceae Miers（1848）［亦见 Campanulaceae Juss.（1789）（保留科名）桔梗科和 Cypripediaceae Lindl. 弯果草科］【汉】弯果草科。【包含】世界 1 属 5 种。【分布】智利。【科名模式】Cyphocarpa Lopr. ■☆

14539 Cyphocarpaceae Reveal et Hoogland（1996）= Campanulaceae Juss.（1789）（保留科名）■●

14540 Cyphocarpus Miers（1848）【汉】弯果桔梗属（弯果草属）。【隶属】桔梗科 Campanulaceae。【包含】世界 2-3 种。【学名诠释与讨论】〈阳〉（希）kyphos，驼背的，弯曲的，有瘤的+karpos，果实。此属的学名，ING、TROPICOS 和 IK 记载是" Cyphocarpus Miers, London J. Bot. 7；62. 1848"。" Cyphocarpus Post et Kuntze（1903）Nom. illegit. =Cuphocarpus Decne. et Planch.（1854）= Polyscias J. R. Forst. et G. Forst.（1776）［五加科 Araliaceae］" 是晚出的非法名称。【分布】智利。【模式】Cyphocarpus rigescens Miers。■☆

14541 Cyphocarpus Post et Kuntze（1903）Nom. illegit. = Cuphocarpus Decne. et Planch.（1854）；～= Polyscias J. R. Forst. et G. Forst.（1776）［五加科 Araliaceae］●

14542 Cyphochilus Schltr.（1912）= Appendicula Blume（1825）［兰科 Orchidaceae］■

14543 Cyphochlaena Hack.（1901）【汉】驼蜀黍属。【隶属】禾本科 Poaceae（Gramineae）。【包含】世界 2 种。【学名诠释与讨论】〈阴〉（希）kyphos，驼背的，弯曲的，有瘤的+laina =chlaine =拉丁文 laena，外衣，衣服。【分布】马达加斯加。【模式】Cyphochlaena madagascariensis Hackel。【参考异名】Boivinella A. Camus（1925）；Sclerolaena A. Camus（1925）Nom. inval. ；Sclerolaena Boivin ex A. Camus（1925）Nom. inval. , Nom. illegit. ■☆

14544 Cyphokentia Brongn.（1873）【汉】赛佛棕属（粉蕊椰属，粉雄椰属，瓶棕属，弯堪蒂棕属）。【英】Cyphokentia。【隶属】棕榈科 Arecaceae（Palmae）。【包含】世界 1-2 种。【学名诠释与讨论】〈阴〉（希）kyphos，驼背的，弯曲的，有瘤的+（属）Kentia =Howea 豪爵棕属。【分布】法属新喀里多尼亚。【后选模式】Cyphokentia macrostachya A. T. Brongniart。【参考异名】Dolichokentia Becc.（1921）；Dolicokentia Becc.（1920）●☆

14545 Cypholepis Chiov.（1908）= Coelachyrum Hochst. et Nees（1842）［禾本科 Poaceae（Gramineae）］■☆

14546 Cypholophus Wedd.（1854）【汉】疣冠麻属（瘤冠麻属，隆冠麻属）。【英】Cypholophus, Tumorcomb。【隶属】荨麻科 Urticaceae。【包含】世界 15-30 种，中国 1 种。【学名诠释与讨论】〈阳〉（希）kyphos，驼背的，弯曲的，有瘤的+lophos，脊，鸡冠，装饰。指雌花花被管具疣状突起。【分布】中国，菲律宾（菲律宾群岛）和印度尼西亚（爪哇岛）至波利尼西亚群岛。【后选模式】Cypholophus macrocephalus Weddell。●

14547　Cypholoron Dodson et Dressler（1972）【汉】驼兰属。【隶属】兰科 Orchidaceae。【包含】世界 2 种。【学名诠释与讨论】〈阴〉（希）kyphos，驼背的，弯曲的，有瘤的+olor，oloris 天鹅。此属的学名是" Cypholoron C. H. Dodson et R. L. Dressler, Phytologia 24：285. 13 Nov 1972"。亦有文献把其处理为" Cypholoron Dodson et Dressler（1972）"的异名。【分布】厄瓜多尔，欧亚大陆。【模式】Cypholoron frigidum C. H. Dodson et R. L. Dressler［as ' frigida'］。【参考异名】Cypholoron Dressler et Dodson（1972）■☆

14548　Cyphomandra Mart. ex Sendtn.（1845）【汉】树番茄属。【日】コダチトマト属。【俄】Цифомандра。【英】Tamarillo, Tree Tomato, Treetomato, Tree－tomato。【隶属】茄科 Solanaceae。【包含】世界 25-35 种，中国 1 种。【学名诠释与讨论】〈阴〉（希）kyphoma，驼背人，瘤+aner，所有格 andros，雄性，雄蕊。指花丝因药隔增厚而偏于花药背面。【分布】巴拿马，秘鲁，玻利维亚，厄瓜多尔，尼加拉瓜，中国，西印度群岛，中美洲。【后选模式】Cyphomandra betacea（Cavanilles）Sendtner［Solanum betaceum Cavanilles］。【参考异名】Cyathostyles Schott ex Meisn.（1840）；Pallavicinia De Not.（1847）；Pionandra Miers（1845）●■

14549　Cyphomattia Boiss.（1875）= Rindera Pall.（1771）［紫草科 Boraginaceae］■

14550　Cyphomeris Standl.（1911）【汉】瘤果茉莉属（歪果茉莉属）。【隶属】紫茉莉科 Nyctaginaceae。【包含】世界 1 种。【学名诠释与讨论】〈阴〉（希）kyphos，驼背的，弯曲的，有瘤的+meros，一部分。拉丁文 merus 含义为纯洁的，真正的。指果上有突起。此属的学名" Cyphomeris Standley, Contr. U. S. Natl. Herb. 13：428. 12 Jul 1911"是一个替代名称。" Lindenia M. Martens et H. G. Galeotti, Bull. Acad. Roy. Sci. Bruxelles 10（1）：357. 1843"是一个非法名称（Nom. illegit.），因为此前已经有了" Lindenia Bentham, Pl. Hartweg. 84. Apr 1841［茜草科 Rubiaceae］"。故用" Cyphomeris Standl.（1911）"替代之。亦有文献把" Cyphomeris Standl.（1911）"处理为" Boerhavia L.（1753）"的异名。【分布】美国（西南部），墨西哥。【模式】Cyphomeris gypsophiloides（Martens et Galeotti）Standley［Lindenia gypsophiloides Martens et Galeotti］。【参考异名】Boerhavia L.（1753）；Lindenia M. Martens et Galeotti（1843）Nom. illegit. ；Senckenbergia Post et Kuntze（1903）Nom. illegit. ；Senkenbergia S. Schauer（1847）；Tinantia M. Martens et Galeotti（1844）Nom. illegit. （废弃属名）■☆

14551　Cyphonanthus Zuloaga et Morrone（2007）【汉】弯花黍属。【隶属】禾本科 Poaceae（Gramineae）。【包含】世界 1 种。【学名诠释与讨论】〈中〉（希）kyphon，弯曲的木头，来自 kyphos，弯曲的，驼背的，有瘤的+anthos，花。此属的学名是" Cyphonanthus Zuloaga et Morrone, Taxon 56（2）：526. 2007"。亦有文献把其处理为" Panicum L.（1753）"的异名。【分布】巴西，玻利维亚。【模式】Cyphonanthus discrepans（Döll）Zuloaga et Morrone。【参考异名】Panicum L.（1753）■☆

14552　Cyphonema Herb.（1839）= Cyrtanthus Aiton（1789）（保留属名）［石蒜科 Amaryllidaceae］■☆

14553　Cyphophoenix H. Wendl. ex Benth. et Hook. f.（1883）【汉】膨颈椰属（大洋洲刺葵属，加罗林椰属，瘤茎椰子属，弯曲扇椰属，弯棕属）。【日】ヘソノヤシ属。【隶属】棕榈科 Arecaceae（Palmae）。【包含】世界 2 种。【学名诠释与讨论】〈阴〉（希）kyphos，驼背的，弯曲的，有瘤的+（属）Phoenix 刺葵属。此属的学名，ING 和 IK 记载是" Cyphophoenix H. Wendl. ex Benth. et Hook. f. , Gen. Pl.［Bentham et Hooker f.］3（2）：893. 1883［14 Apr 1883］"。" Cyphophoenix H. Wendl. ex Hook. f.（1883）≡ Cyphophoenix H. Wendl. ex Benth. et Hook. f.（1883）"的命名人引

证有误。【分布】法属新喀里多尼亚，加罗林群岛。【后选模式】Cyphophoenix elegans（A. T. Brongniart）Salomon［Kentia elegans A. T. Brongniart］。【参考异名】Campecarpus H. Wendl.（1921）Nom. illegit. ；Campecarpus H. Wendl. ex Becc.（1921）Nom. illegit. ；Cyphophoenix H. Wendl. ex Hook. f.（1883）Nom. illegit. ●☆

14554　Cyphophoenix H. Wendl. ex Hook. f.（1883）Nom. illegit. ≡ Cyphophoenix H. Wendl. ex Benth. et Hook. f.（1883）［棕榈科 Arecaceae（Palmae）］●☆

14555　Cyphopsis Kuntze（1898）Nom. illegit. ≡ Cyphia P. J. Bergius（1767）［桔梗科 Campanulaceae//驼曲草科（腔柱草科）Cyphiaceae］■☆

14556　Cyphorima Raf.（1819）= Lithospermum L.（1753）［紫草科 Boraginaceae］■

14557　Cyphosperma H. Wendl.（1883）Nom. illegit. ≡ Cyphosperma H. Wendl. ex Benth. et Hook. f.（1883）［棕榈科 Arecaceae（Palmae）］●☆

14558　Cyphosperma H. Wendl. ex Benth. et Hook. f.（1883）【汉】肿瘤椰属（啮籽棕属）。【隶属】棕榈科 Arecaceae（Palmae）。【包含】世界 3 种。【学名诠释与讨论】〈阴〉（希）kyphos，驼背的，弯曲的，有瘤的+sperma，所有格 spermatos，种子，孢子。此属的学名，ING 和 IK 记载是" Cyphosperma H. Wendl. ex Benth. et Hook. f. , Gen. Pl.［Bentham et Hooker f.]3（2）：895. 1883［14 Apr 1883］"。" Cyphosperma H. Wendl.（1883）"和" Cyphosperma H. Wendl. ex Hook. f.（1883）"的命名人引证有误。TROPICOS 则记载为" Cyphosperma H. Wendland ex J. E. Hooker in Benth. et Hook. f. , Gen. Pl. 3：895, 1883"。【分布】法属新喀里多尼亚。【后选模式】Cyphosperma balansae（A. T. Brongniart）Salomon［Cyphokentia balansae A. T. Brongniart］。【参考异名】Cyphosperma H. Wendl.（1883）Nom. illegit. ；Cyphosperma H. Wendl. ex Hook. f.（1883）Nom. illegit. ；Taveunia Burret（1935）●☆

14559　Cyphosperma H. Wendl. ex Hook. f.（1883）Nom. illegit. = Cyphosperma H. Wendl. ex Benth. et Hook. f.（1883）［棕榈科 Arecaceae（Palmae）］●☆

14560　Cyphostemma（Planch.）Alston（1931）【汉】树葡萄属（葡萄瓮属）。【隶属】葡萄科 Vitaceae。【包含】世界 150-250 种。【学名诠释与讨论】〈中〉（希）kyphos，驼背的，弯曲的，有瘤的+stemma，所有格 stemmatos，花冠，花环，王冠。此属的学名，ING、GCI、TROPICOS 和 IK 记载是" Cyphostemma（J. E. Planchon）Alston in Trimen, Handb. Fl. Ceylon 6：53. 24 Mar 1931"，由" Cissus sect. Cyphostemma Planch. Monogr. Phan.［A. DC. et C. DC.］5（2）：472（' Cyphostomma'）, 577. 1887［Oct 1887］"改级而来。" Cyphostemma Alston（1931）≡ Cyphostemma（Planch.）Alston（1931）［葡萄科 Vitaceae］"的命名人引证有误。" Cyphostemma（Planch.）Alston（1931）"曾被处理为" Cissus subgen. Cyphostemma（Planch.）Gilg & M. Brandt"。【分布】马达加斯加，热带和亚热带。【模式】未指定。【参考异名】Cissus L.（1753）；Cissus sect. Cyphostemma Planch.（1887）；Cissus subgen. Cyphostemma（Planch.）Gilg & M. Brandt ●；Cyphostemma Alston（1931）Nom. illegit. ■☆

14561　Cyphostemma Alston（1931）Nom. illegit. ≡ Cyphostemma（Planch.）Alston（1931）［葡萄科 Vitaceae］●■☆

14562　Cyphostigma Benth.（1882）【汉】驼柱姜属。【隶属】姜科（蘘荷科）Zingiberaceae。【包含】世界 1 种。【学名诠释与讨论】〈中〉（希）kyphos，驼背的，弯曲的，有瘤的+ stigma，所有格 stigmatos，柱头，眼点。【分布】马来西亚（西部），斯里兰卡，泰国。【模式】Cyphostigma pulchellum（Thwaites）Bentham［Amomum pulchellum Thwaites］。■☆

14563 Cyphostyla Gleason（1929）【汉】驼柱野牡丹属。【隶属】野牡丹科 Melastomataceae。【包含】世界 3 种。【学名诠释与讨论】〈阴〉（希）kyphos，驼背的，弯曲的，有瘤的+stylos＝拉丁文 style，花柱，中柱，有尖之物，桩，柱，支持物，支柱，石头做的界标。【分布】哥伦比亚。【模式】未指定。☆

14564 Cyphotheca Diels（1932）【汉】药囊花属（瘤药花属，弯棕属）。【英】Cyphotheca。【隶属】野牡丹科 Melastomataceae。【包含】世界 1 种，中国 1 种。【学名诠释与讨论】〈阴〉（希）kyphos，驼背的，弯曲的，有瘤的+theke＝拉丁文 theca，匣子，箱子，室，药室，囊。指短雄蕊的花药因药隔中部膨大而弯曲。【分布】中国。【模式】Cyphotheca montana Diels。●★

14565 Cyprianthe Spach（1838）＝Ranunculus L.（1753）［毛茛科 Ranunculaceae］■

14566 Cypringlea M. T. Strong（2003）【汉】墨西哥藨草属。【隶属】莎草科 Cyperaceae//藨草科 Scirpaceae。【包含】世界 3 种。【学名诠释与讨论】〈阴〉词源不详。此属的学名是"Cypringlea M. T. Strong，Novon 13：123. 25 Mar 2003"。亦有文献把其处理为"Scirpus L.（1753）（保留属名）"的异名。【分布】墨西哥。【模式】Cypringlea analecta（A. A. Beetle）M. T. Strong［Scirpus analecta A. A. Beetle［as 'analecti'］。【参考异名】Scirpus L.（1753）（保留属名）■☆

14567 Cyprinia Browicz（1966）【汉】鲤鱼萝藦属。【隶属】萝藦科 Asclepiadaceae。【包含】世界 1 种。【学名诠释与讨论】〈阴〉（希）kyprinos，鲤鱼。【分布】塞浦路斯，土耳其。【模式】Cyprinia gracilis（E. Boissier）K. Browicz［Periploca gracilis E. Boissier］。●☆

14568 Cypripediaceae Lindl.（1833）［亦见 Orchidaceae Juss.（保留科名）兰科］【汉】杓兰科。【包含】世界 1 属 40-51 种，中国 34 种。【分布】北温带。【科名模式】Cypripedium L.（1753）■

14569 Cypripedilon St. -Lag.（1889）＝Cypripedium L.（1753）［兰科 Orchidaceae］■

14570 Cypripedilum Asch.（1864）Nom. illegit. ［兰科 Orchidaceae］■☆

14571 Cypripedium L.（1753）【汉】杓兰属（喜普鞋兰属，仙履兰属）。【日】アツモリサウ属，アツモリソウ属，シプリペジューム属。【俄】Башмачек，Башмачок，Башмачок венерин，Винерин башмачек，Орхидные，Сапожки，Циприпедиум。【英】Cypripedium，Lady Slipper，Lady's Slipper，Lady's Slipper Orchid，Lady's - slipper，Lady's - slipper Orchid，Ladyslipper，Moccasin Flower，Moccasin - flower，Slipper Orchid。【隶属】兰科 Orchidaceae//杓兰科 Cypripediaceae。【包含】世界 40-51 种，中国 36 种。【学名诠释与讨论】〈中〉（人）Kypris，女神维纳斯或阿芙罗底特的名称+pedion，靴子+-ius，-ia，-ium，在拉丁文和希腊文中，这些词尾表示性质或状态。指舌瓣大，前倾成袋状，似女人的靴子。此属的学名，ING，GCI、TROPICOS 和 IK 记载是"Cypripedium L.，Sp. Pl. 2：951. 1753［1 May 1753］"。"Calceolaria Heister ex Fabricius，Enum. ed. 2. 37. Sep-Dec 1763［non Loefling 1758（废弃属名），nec Linnaeus 1770（nom. cons.）］"和"Calceolus P. Miller，Gard. Dict. Abr. ed. 4. 28 Jan 1754"是"Cypripedium L.（1753）"的晚出的同模式异名（Homotypic synonym，Nomenclatural synonym）。【分布】巴基斯坦，玻利维亚，厄瓜多尔，美国（密苏里），中国，北温带，中美洲。【后选模式】Cypripedium calceolus Linnaeus。【参考异名】Arietinum Beck（1833）Nom. illegit. ；Calceolaria Fabr.（1763）Nom. illegit. （废弃属名）；Calceolaria Heist. ex Fabr.（1763）Nom. illegit. （废弃属名）；Calceolaria Loefl. ex Kuntze，Nom. illegit. （废弃属名）；Calceolus Adans.（1763）Nom. illegit. ；Calceolus Mill.（1754）Nom. illegit. ；Calceolus Nieuwl.（1913）Nom. illegit. ；Ciripedium Zumagl.（1829）；Criogenes Salisb.（1814）；Criosanthes Raf.

（1818）；Cypripedilon St. -Lag.（1889）；Fissipes Small（1903）；Helleborine Mill.（1754）（废弃属名）；Hypodema Rchb.（1841）；Sacodon Raf.（1838）；Schizopedium Salisb.（1814）；Stimegas Raf.（1838）（废弃属名）■

14572 Cyprolepis Steud.（1850）＝Kyllinga Rottb.（1773）（保留属名）［莎草科 Cyperaceae］■

14573 Cypsela Turpin（1806）【汉】蜂箱草属。【隶属】紫茉莉科 Nyctaginaceae。【包含】世界 1-2 种。【学名诠释与讨论】〈阴〉（希）kypsele，蜂窝，蜂箱。指叶形。【分布】美国（佛罗里达），委内瑞拉，西印度群岛。【模式】Cypselea humifusa Turpin。【参考异名】Millegrana Juss. ex Turp.（1806）Nom. illegit. ；Radiana Raf.（1814）Nom. inval. ；Radiana Raf. ex DC.。☆

14574 Cypselocarpus F. Muell.（1873）【汉】蜂箱果属。【隶属】环蕊木科（环蕊科）Gyrostemonaceae。【包含】世界 1 种。【学名诠释与讨论】〈阳〉（希）kypsele，蜂窝，蜂箱+karpos，果实。【分布】澳大利亚（西部）。【模式】Cypselocarpus halaragoides（F. v. Mueller）F. v. Mueller［Threlkeldia haloragoides F. v. Mueller］。■☆

14575 Cypselodontia DC.（1838）＝Dicoma Cass.（1817）［菊科 Asteraceae（Compositae）］●☆

14576 Cypsophila P. Gaertn. ，B. Mey. et Scherb.（1800）＝Gypsophila L.（1753）［石竹科 Caryophyllaceae］■●

14577 Cyrbasium Endl.（1839）Nom. illegit. ≡Cristatella Nutt.（1834）［山柑科（白花菜科，醉蝶花科）Capparaceae］■☆

14578 Cyrenea F. Allam.（1770）【汉】昔兰尼禾属。【隶属】禾本科 Poaceae（Gramineae）。【包含】世界种。【学名诠释与讨论】〈阴〉（地）Cyrene，昔兰尼，位于非洲北部。【分布】利比亚（昔兰尼加）。【模式】未指定。■☆

14579 Cyrethrum Boiss.（1849）Nom. inval. ［菊科 Asteraceae（Compositae）］☆

14580 Cyrilla Garden ex L.（1767）【汉】翅萼树属（翅萼木属，西里拉属）。【英】Leatherwood。【隶属】翅萼树科（翅萼木科，西里拉科）Cyrillaceae。【包含】世界 1 种。【学名诠释与讨论】〈阴〉（人）Domenico Maria Leone Cirillo（Lat. Cyrillus），1739-1799，意大利植物学者。此属的学名，ING 记载是"Cyrilla Garden ex Linnaeus，Syst. Nat. ed. 12（2）：182. 15-31 Oct 1767"。GCI、TROPICOS 和 IK 则记载为"Cyrilla Garden，Mant. Pl. 5，50. 1767［15-31 Oct 1767］"。"Cyrilla L.（1767）＝Cyrilla Garden ex L.（1767）［翅萼树科（翅萼木科，西里拉科）Cyrillaceae］"的命名人引证有误。苦苣苔科 Gesneriaceae 的"Cyrilla L' Hér.，Stirpes Nov. 147. t. 71（1785）＝Achimenes Pers.（1806）（保留属名）"则是晚出的非法名称。【分布】巴拿马，尼加拉瓜，美国（东南部）至热带南美洲北部，西印度群岛，中美洲。【模式】Cyrilla racemiflora Linnaeus。【参考异名】Cyrilla Garden（1767）Nom. illegit. ；Cyrilla L.（1767）Nom. illegit. ；Stachyanthemum Klotzsch（1848）●☆

14581 Cyrilla Garden（1767）Nom. illegit. ＝Cyrilla Garden ex L.（1767）［翅萼树科（翅萼木科，西里拉科）Cyrillaceae］●☆

14582 Cyrilla L.（1767）Nom. illegit. ＝Cyrilla Garden ex L.（1767）［翅萼树科（翅萼木科，西里拉科）Cyrillaceae］●☆

14583 Cyrilla L' Hér.（1785）Nom. illegit. ＝Achimenes Pers.（1806）（保留属名）［苦苣苔科 Gesneriaceae］■☆

14584 Cyrillaceae Endl.（1846）＝Cyrillaceae Lindl.（保留科名）●☆

14585 Cyrillaceae Lindl.（1846）（保留科名）【汉】翅萼树科（翅萼木科，西里拉科）。【包含】世界 2-4 属 14-78 种。【分布】美洲。【科名模式】Cyrilla Garden ex L.（1767）●☆

14586 Cyrillopsis Kuhlm.（1925）【汉】拟翅萼树属。【隶属】黏木科 Ixonanthaceae。【包含】世界 1 种。【学名诠释与讨论】〈阴〉（属）

Cyrilla 翅萼树属+希腊文 opsis, 外观, 模样, 相似。【分布】巴西（东北部）。【模式】Cyrillopsis paraensis Kuhlmann。●☆

14587　Cyrilwhitea Ising（1964）= Bassia All.（1766）；~ = Sclerolaena R. Br.（1810）［藜科 Chenopodiaceae］●☆

14588　Cyrta Lour.（1790）= Styrax L.（1753）［安息香科（齐墩果科，野茉莉科）Styracaceae］●

14589　Cyrtacanthus Mart. ex Nees（1847）= Ruellia L.（1753）［爵床科 Acanthaceae］■●

14590　Cyrtandra J. R. Forst. et G. Forst.（1775）【汉】浆果苣苔属（曲蕊花属，弯果苣苔属，弯蕊苣苔属，伪苦苣苔属）。【日】ミズビワソウ属。【英】Cyrtandra, Leatherwood。【隶属】苦苣苔科 Gesneriaceae。【包含】世界 350-600 种，中国 2 种。【学名诠释与讨论】〈阴〉（希）kyrtos, 弯曲的, 结节, 弓状的 + aner, 所有格 andros, 雄性, 雄蕊。指两枚发育雄蕊的花丝弯曲。【分布】马来西亚, 中国, 波利尼西亚群岛。【后选模式】Cyrtandra biflora J. R. Forster et J. G. A. Forster。【参考异名】Cinga Noronha（1790）；Cyrtandroidea F. Br.（1935）；Cyrtandropsis C. B. Clarke ex DC.（1883）；Cyrtandropsis Lauterb.（1910）Nom. illegit.；Getonia Banks et Sol., Nom. illegit.；Getonia Banks et Sol. ex Benn.（1838）Nom. illegit.；Kyrtandra J. F. Gmel.（1791）；Protocyrtandra Hosok.（1934）；Rhynchocarpus Reinw. ex Blume（1823）；Whitia Blume（1823）●■

14591　Cyrtandraceae Jack（1823）= Gesneriaceae Rich. et Juss.（保留科名）■●

14592　Cyrtandroidea F. Br.（1935）= Cyrtandra J. R. Forst. et G. Forst.（1775）［苦苣苔科 Gesneriaceae］●■

14593　Cyrtandromoea Zoll.（1855）【汉】囊萼花属。【隶属】玄参科 Scrophulariaceae。【包含】世界 10-11 种，中国 2 种。【学名诠释与讨论】〈阴〉（希）kyrtos, 弯曲的, 结节, 弓状的 + aner, 所有格 andros, 雄性, 雄蕊 + meion 小型。此属的学名，ING、TROPICOS 和 IK 记载是"Cyrtandromoea H. Zollinger, Syst. Verz. Ind. Arch. 3：55, 58. 1855（post Mar）"。"Busea Miquel, Fl. Ind. Bat. 2：732. 8 Apr 1858"是"Cyrtandromoea Zoll.（1855）"的晚出的同模式异名（Homotypic synonym, Nomenclatural synonym）。【分布】马来西亚（西部），缅甸，中国。【模式】Cyrtandromoea decurrens H. Zollinger。【参考异名】Brevidens Miq. ex C. B. Clarke；Busea Miq.（1856）Nom. illegit. ■

14594　Cyrtandropsis C. B. Clarke ex DC.（1883）= Cyrtandra J. R. Forst. et G. Forst.（1775）；~ = Tetraphyllum C. B. Clarke（1883）［苦苣苔科 Gesneriaceae］■☆

14595　Cyrtandropsis Lauterb.（1910）Nom. illegit. = Cyrtandra J. R. Forst. et G. Forst.（1775）［苦苣苔科 Gesneriaceae］●■

14596　Cyrtanhus Herb.（1821）Nom. inval.［石蒜科 Amaryllidaceae］■☆

14597　Cyrtanthaceae Salisb.（1866）= Amaryllidaceae J. St. -Hil.（保留科名）；~ = Gramineae Juss.（保留科名）//Poaceae Barnhart（保留科名）■●

14598　Cyrtanthe F. M. Bailey ex T. Durand et B. D. Jacks.（1902）= Richea R. Br.（1810）（保留属名）［杜鹃花科（欧石南科）Ericaceae//尖苞木科 Epacridaceae］●☆

14599　Cyrtanthe T. Durand et B. D. Jacks.（1902）Nom. illegit. ≡ Cyrtanthe F. M. Bailey ex T. Durand et B. D. Jacks.（1902）［杜鹃花科（欧石南科）Ericaceae//尖苞木科 Epacridaceae］●☆

14600　Cyrtanthe T. Durand（1902）Nom. illegit. ≡ Cyrtanthe F. M. Bailey ex T. Durand et B. D. Jacks.（1902）［杜鹃花科（欧石南科）Ericaceae//尖苞木科 Epacridaceae］●☆

14601　Cyrtanthemum Oerst.（1861）= Besleria L.（1753）［苦苣苔科 Gesneriaceae//贝思乐苣苔科 Besoniaceae］●■☆

14602　Cyrtanthera Nees（1847）【汉】珊瑚花属。【英】Coralflower, Cyrtanthera。【隶属】爵床科 Acanthaceae//鸭嘴花科（鸭咀花科）Justiciaceae]。【包含】世界 10 种，中国 1 种。【学名诠释与讨论】〈阴〉（希）kyrtos, 弯曲的, 结节, 弓状的 + anthera, 花药。指花药弯曲成弓形。此属的学名是"Cyrtanthera C. G. D. Nees in C. F. P. Martius, Fl. Brasil. 9：99. 1 Jun 1847"。亦有文献把其处理为"Justicia L.（1753）"的异名。【分布】中国，热带美洲，中美洲。【后选模式】Cyrtanthera magnifica C. G. D. Nees。【参考异名】Justicia L.（1753）●■

14603　Cyrtantherella Oerst.（1854）【汉】小珊瑚花属。【隶属】爵床科 Acanthaceae//鸭嘴花科（鸭咀花科）Justiciaceae。【包含】世界 1 种。【学名诠释与讨论】〈阴〉（属）Cyrtanthera 珊瑚花属 + -ellus, -ella, -ellum, 加在名词词干后面形成指小式的词尾。或加在人名、属名等后面以组成新属的名称。此属的学名是"Cyrtantherella Oersted, Vidensk. Meddel. Dansk Naturhist. Foren 1854：148. 1854"。亦有文献把其处理为"Jacobinia Nees ex Moric.（1847）（保留属名）"或"Justicia L.（1753）"的异名。【分布】危地马拉，中美洲。【模式】Cyrtantherella macrantha（Bentham）Oersted［Justicia macrantha Bentham］。【参考异名】Jacobinia Nees ex Moric.（1847）（保留属名）；Justicia L.（1753）■☆

14604　Cyrtanthus Aiton（1789）（保留属名）【汉】曲花属（曲管花属）。【日】キルタンサス属。【俄】Циртантус。【英】Cyrtanthus, Fire Lily, Ifafa Lily。【隶属】石蒜科 Amaryllidaceae。【包含】世界 47-50 种。【学名诠释与讨论】〈阳〉（希）kyrtos, 弯曲的, 结节, 弓状的 + anthos, 花。指花筒弯曲。此属的学名"Cyrtanthus Aiton, Hort. Kew. 1：414. 7 Aug - 1 Oct 1789 = Vallota Salisb. ex Herb.（1821）（保留属名）"是保留属名。相应的废弃属名是茜草科 Rubiaceae 的"Cyrtanthus Schreb., Gen. Pl.：122. Apr 1789 ≡ Posoqueria Aubl.（1775）"。"Willdenovia J. F. Gmelin, Syst Nat. 2：298, 362. Sep（sero）-Nov 1791（non Wildenowia Thunberg 1788）"则是"Cyrtanthus Schreb.（1789）（废弃属名）"的晚出的同模式异名（Homotypic synonym, Nomenclatural synonym）。亦有文献把"Cyrtanthus Aiton（1789）（保留属名）"处理为"Vallota Salisb. ex Herb.（1821）（保留属名）"的异名。【分布】热带和非洲南部。【后选模式】Cyrtanthus angustifolius（Linnaeus f.）W. Aiton［Crinum angustifolium Linnaeus f.］。【参考异名】Anoiganthus Baker（1878）；Cyphonema Herb.（1839）；Eusipho Salisb.（1866）；Galstronema Steud.（1840）；Gasteronema Lodd. ex Steud.（1840）；Gastronema Herb.（1821）；Monella Herb.（1821）；Monnella Salisb.（1866）；Posoqueria Aubl.（1775）；Timmia J. F. Gmel.（1791）；Vallota Herb.（1821）（废弃属名）；Vallota Salisb. ex Herb.（1821）（保留属名）●☆

14605　Cyrtanthus Schreb.（1789）（废弃属名）≡ Posoqueria Aubl.（1775）［茜草科 Rubiaceae］●☆

14606　Cyrtidiorchis Rauschert（1982）【汉】弓兰属。【隶属】兰科 Orchidaceae。【包含】世界 4 种。【学名诠释与讨论】〈阴〉（希）kyrtos, 弯曲的, 结节, 弓状的 + orchis, 兰。"Cyrtidiorchis S. Rauschert, Taxon 31：560. 9 Aug 1982"是一个替代名称。"Cyrtidium Schlechter, Repert. Spec. Nov. Regni Veg. Beih. 27：178. 31 Jan 1924"是一个非法名称（Nom. illegit.），因为此前已经有了真菌的"Cyrtidium Vainio, Acta Soc. Fauna Fl. Fenn. 49（2）：227, 262. 1921"。故用"Cyrtidiorchis Rauschert（1982）"替代之。"Cyrtidiorchis Rauschert（1982）"曾被处理为"Maxillaria sect. Cyrtidiorchis（Rauschert）Schuit. & M. W. Chase, Phytotaxa 225（1）：25. 2015.（4 Sept 2015）"。【分布】秘鲁，厄瓜多尔，哥伦比亚（安蒂奥基亚），热带美洲。【模式】Cyrtidiorchis rhomboglossa（F. C. Lehmann et Kraenzlin）S. Rauschert［Chrysocycnis rhomboglossa F. C. Lehmann et Kraenzlin）。【参考异名】Cyrtidium Schltr.（1924）Nom. illegit.；Maxillaria sect. Cyrtidiorchis（Rauschert）Schuit. & M. W. Chase（2015）■☆

14607　Cyrtidium Schltr.（1924）Nom. illegit. ≡ Cyrtidiorchis Rauschert（1982）［兰科 Orchidaceae］■☆

14608　Cyrtocarpa Kunth（1824）【汉】弓果漆属。【隶属】漆树科 Anacardiaceae。【包含】世界 2 种。【学名诠释与讨论】〈阴〉（希）kyrtos，弯曲的，结节，弓状的+karpos，果实。【分布】墨西哥，中美洲。【模式】Cyrtocarpa procera Kunth。【参考异名】Dasycarya Liebm.（1853）●☆

14609　Cyrtoceras Benn.（1838）= Hoya R. Br.（1810）［萝藦科 Asclepiadaceae］●

14610　Cyrtochiloides N. H. Williams et M. W. Chase（2001）= Oncidium Sw.（1800）（保留属名）［兰科 Orchidaceae］■☆

14611　Cyrtochilos Spreng.（1826）= Cyrtochilum Kunth（1816）［兰科 Orchidaceae］■☆

14612　Cyrtochilum Kunth（1816）= Oncidium Sw.（1800）（保留属名）［兰科 Orchidaceae］■☆

14613　Cyrtochloa S. Dransf.（1851）【汉】弓竹属。【隶属】禾本科 Poaceae（Gramineae）。【包含】世界 7 种。【学名诠释与讨论】〈阴〉（希）kyrtos，弯曲的，结节，弓状的+chloe，草的幼芽，嫩草，禾草。【分布】菲律宾。【模式】Cyrtochloa sanguinolentum W. Griffith［as 'sanguinolentem'］。●☆

14614　Cyrtocladon Griff.（1851）= Homalomena Schott（1832）［天南星科 Araceae］■

14615　Cyrtococcum Stapf（1920）【汉】弓果黍属。【英】Cyrtococcum。【隶属】禾本科 Poaceae（Gramineae）。【包含】世界 11 种，中国 2-4 种。【学名诠释与讨论】〈中〉（希）kyrtos，弯曲的，结节，弓状的+kokkos，变为拉丁文 coccus，仁，谷粒，浆果。指谷粒的背部成弯弓形。【分布】马达加斯加，中国，热带，中美洲。【后选模式】Cyrtococcum setigerum（Palisot de Beauvois）Stapf［Panicum setigerum Palisot de Beauvois］。【参考异名】Cyrtococcus Willis，Nom. inval.；Loxostachys Peter（1930）Nom. illegit. ■

14616　Cyrtococcus Willis，Nom. inval. = Cyrtococcum Stapf（1920）［禾本科 Poaceae（Gramineae）］■

14617　Cyrtocymura H. Rob.（1987）【汉】曲序斑鸠菊属。【隶属】菊科 Asteraceae（Compositae）//斑鸠菊科（绿菊科）Vernoniaceae。【包含】世界 6-8 种。【学名诠释与讨论】〈阴〉（希）kyrtos，弯曲的，结节，弓状的+cyme，聚伞花序+-urus，-ura，-uro，用于希腊文组合词，含义为"尾巴"。此属的学名是"Cyrtocymura H. E. Robinson，Proc. Biol. Soc. Wash. 100：849. 31 Dec 1987"。亦有文献把其处理为"Vernonia Schreb.（1791）（保留属名）"的异名。【分布】阿根廷，巴拉圭，玻利维亚，厄瓜多尔，墨西哥，西印度群岛至巴西，中美洲。【模式】Cyrtocymura scorpioides（Lamarck）H. E. Robinson［Conyza scorpioides Lamarck］。【参考异名】Vernonia Schreb.（1791）（保留属名）■☆

14618　Cyrtodeira Hanst.（1854）= Episcia Mart.（1829）［苦苣苔科 Gesneriaceae］■☆

14619　Cyrtoglottis Schltr.（1920）= Mormolyca Fenzl（1850）；~ = Podochilus Blume（1825）［兰科 Orchidaceae］■

14620　Cyrtogonone Prain（1911）【汉】弓大戟属。【隶属】大戟科 Euphorbiaceae。【包含】世界 1 种。【学名诠释与讨论】〈阴〉（希）kyrtos，弯曲的，结节，弓状的+gonia，角，角隅，关节，膝，来自拉丁文 giniatus，成角度的。【分布】热带非洲。【模式】Cyrtogonone argentea（Pax）Prain［Crotonogyne argentea Pax］。●☆

14621　Cyrtogyma Post et Kuntze（1903）= Cyrtogyne Rchb.（1828）Nom. illegit.；~ = Curtogyne Haw.（1821）；~ = Crassula L.（1753）

［景天科 Crassulaceae］●■☆

14622　Cyrtogyne Rchb.（1828）Nom. illegit. ≡ Curtogyne Haw.（1821）；~ = Crassula L.（1753）［景天科 Crassulaceae］●■☆

14623　Cyrtolepis Less.（1831）【汉】弓鳞菊属。【隶属】菊科 Asteraceae（Compositae）。【包含】世界 2 种。【学名诠释与讨论】〈阴〉（希）kyrtos，弯曲的，结节，弓状的+lepis，所有格 lepidos，指小式 lepion 或 lepidion，鳞，鳞片。lepidotos，多鳞的。lepos，鳞，鳞片。此属的学名是"Cyrtolepis Lessing，Linnaea 6：166. 1831（post Mar）"。亦有文献把其处理为"Anacyclus L.（1753）"的异名。【分布】非洲北部。【模式】Cyrtolepis monanthos（Linnaeus）Lessing［Tanacetum monanthos Linnaeus］。【参考异名】Anacyclus L.（1753）■☆

14624　Cyrtolobium R. Br. ex Wall.（1831-1832）= Crotalaria L.（1753）（保留属名）［豆科 Fabaceae（Leguminosae）//蝶形花科 Papilionaceae］●■

14625　Cyrtolobum R. Br.（1831-1832）Nom. illegit. ≡ Cyrtolobium R. Br. ex Wall.（1831-1832）= Crotalaria L.（1753）（保留属名）［豆科 Fabaceae（Leguminosae）//蝶形花科 Papilionaceae］●■

14626　Cyrtonema Eckl. et Zeyh.（1836）Nom. illegit. ≡ Cyrtonema Schrad.（1836）；~ = Kedrostis Medik.（1791）［葫芦科（瓜科，南瓜科）Cucurbitaceae］■☆

14627　Cyrtonema Schrad. ex Eckl. et Zeyh.（1836）Nom. illegit. ≡ Cyrtonema Schrad.（1836）；~ = Kedrostis Medik.（1791）［葫芦科（瓜科，南瓜科）Cucurbitaceae］■☆

14628　Cyrtopera Lindl.（1833）= Eulophia R. Br.（1821）［as 'Eulophus'］（保留属名）［兰科 Orchidaceae］■

14629　Cyrtophyllum Reinw.（1823）Nom. illegit. ≡ Cyrtophyllum Reinw. ex Blume（1823）［马钱科（断肠草科，马钱子科）Loganiaceae］●

14630　Cyrtophyllum Reinw. ex Blume（1823）【汉】曲叶马钱属。【隶属】马钱科（断肠草科，马钱子科）Loganiaceae//龙爪七叶科 Potaliaceae。【包含】世界 5 种。【学名诠释与讨论】〈中〉（希）kyrtos，弯曲的，结节，弓状的+希腊文 phyllon，叶子。此属的学名，ING 记载是"Cyrtophyllum Reinwardt ex Blume，Bijdr. 1022. Oct 1826-Nov 1827"。IK 则记载为"Cyrtophyllum Reinw. ex Blume，Cat. Gew. Buitenzorg（Blume）47. 1823；et Bijdr. Fl. Ned. Ind. 16：1022［Oct 1826-Nov 1827］"。"Cyrtophyllum Reinw."的命名人引证有误。ING 记载的时间有误。亦有文献把"Cyrtophyllum Reinw. ex Blume（1823）"处理为"Fagraea Thunb.（1782）"的异名。【分布】参见 Fagraea Thunb.。亦有学者把其处理为"Fagraea Thunb.（1782）［马钱科（断肠草科，马钱子科）Loganiaceae//龙爪七叶科 Potaliaceae］"的异名。【模式】未指定。【参考异名】Cyrtophyllum Reinw.（1823）Nom. illegit.；Fagraea Thunb.（1782）●☆

14631　Cyrtopodium R. Br.（1813）【汉】曲足兰属。【日】キルトポジューム属。【英】Bee-swarm Orchid。【隶属】兰科 Orchidaceae。【包含】世界 10-30 种。【学名诠释与讨论】〈中〉（希）kyrtos，弯曲的，结节，弓状的+pous，所有格 podos，指小式 podion，脚，足，柄，梗。podotes，有脚的+-ius，-ia，-ium，在拉丁文和希腊文中，这些词尾表示性质或状态。【分布】巴拉圭，巴拿马，秘鲁，玻利维亚，厄瓜多尔，哥斯达黎加，马达加斯加，尼加拉瓜，中美洲。【模式】Cyrtopodium andersonii（Lambert）R. Brown［Cymbidium andersonii Lambert］。【参考异名】Tylochilus Nees（1832）■☆

14632　Cyrtopogon Spreng.（1824）Nom. illegit. ≡ Aristida L.（1753）；~ = Curtopogon P. Beauv.（1812）［禾本科 Poaceae（Gramineae）］■

14633　Cyrtorchis Schltr.（1914）【汉】弯萼兰属。【日】キルトルキス属。【隶属】兰科 Orchidaceae。【包含】世界 16 种。【学名诠释与讨论】〈阴〉（希）kyrtos，弯曲的，结节，弓状的+orchis，兰。【分

布】热带和非洲南部。【后选模式】Cyrtorchis arcuata（Lindley）Schlechter［Angraecum arcuatum Lindley］。【参考异名】Homocolleticon（Summerh.）Szlach. et Olszewski（2001）■☆

14634　Cyrtorhyncha Nutt.（1838）【汉】曲喙毛茛属。【隶属】毛茛科 Ranunculaceae。【包含】世界 4 种。【学名诠释与讨论】〈阴〉（希）kyrtos，弯曲的，结节，弓状的+rhynchos，喙。此属的学名，ING、TROPICOS 和 GCI 记载是“Cyrtorhyncha Nuttall in J. Torrey et A. Gray，Fl. N. Amer. 1：26. Jul 1838”。IK 则记载为“Cyrtorrhyncha Nutt. ex Torr. et A. Gray，Fl. N. Amer.（Torr. et A. Gray）1（1）：26. 1838”。三者引用的文献相同。“Cyrtorrhyncha”是其拼写变体。“Cyrtorhyncha Nutt.（1838）”曾被处理为“Ranunculus subgen. Cyrtorhyncha（Nutt.）A. Gray，Synoptical Flora of North America 1（1［1］）：23. 1895”。亦有文献把“Cyrtorhyncha Nutt.（1838）”处理为“Ranunculus L.（1753）”的异名。【分布】北美洲西部。【模式】Cyrtorrhyncha ranunculina Nutt.。【参考异名】Cyrtorrhyncha Nutt. ex Torr. et A. Gray（1838）Nom. illegit.；Cyrtorrhyncha Nutt.（1838）Nom. illegit.；Cyrtorrhyncha Nutt. ex Torr. et A. Gray（1838）Nom. illegit.；Ranunculus L.（1753）；Ranunculus subgen. Cyrtorhyncha（Nutt.）A. Gray（1895）☆☆

14635　Cyrtorhyncha Nutt. ex Torr. et A. Gray（1838）Nom. illegit. ≡ Cyrtorhyncha Nutt.（1838）［毛茛科 Ranunculaceae］■☆

14636　Cyrtorrhyncha Nutt.（1838）Nom. illegit. ≡ Cyrtorhyncha Nutt.（1838）［毛茛科 Ranunculaceae］■☆

14637　Cyrtorrhyncha Nutt. ex Torr. et A. Gray（1838）Nom. illegit. ≡ Cyrtorhyncha Nutt.（1838）［毛茛科 Ranunculaceae］■☆

14638　Cyrtosia Blume（1825）【汉】肉果兰属。【英】Cyrtosia。【隶属】兰科 Orchidaceae。【包含】世界 5 种，中国 3 种。【学名诠释与讨论】〈阴〉（希）kyrtos，弯曲的，结节，弓状的+-ius，-ia，-ium，具有……特性的。此属的学名，ING、TROPICOS 和 IK 记载是“Cyrtosia Blume，Bijdr. Fl. Ned. Ind. 8：396，t. 6. 1825［20 Sep－7 Dec 1825］”。亦有文献把“Cyrtosia Blume（1825）”处理为“Galeola Lour.（1790）”的异名。【分布】马来半岛，斯里兰卡，印度尼西亚（苏门答腊岛），泰国，印度，越南，中国。【后选模式】Cyrtosia javanica Blume。【参考异名】Galeola Lour.（1790）■

14639　Cyrtosia Lindl. = Eulophia R. Br.（1821）［as ‘Eulophus’］（保留属名）［兰科 Orchidaceae］■

14640　Cyrtosiphonia Miq.（1856）= Rauvolfia L.（1753）［夹竹桃科 Apocynaceae］●

14641　Cyrtospadix C. Koch（1853）Nom. illegit. ≡ Cyrtospadix K. Koch（1853）；~ = Caladium Vent.（1801）［天南星科 Araceae//五彩芋科 Caladiaceae］■

14642　Cyrtospadix K. Koch（1853）= Caladium Vent.（1801）［天南星科 Araceae//五彩芋科 Caladiaceae］■

14643　Cyrtosperma Griff.（1851）【汉】曲籽芋属。【日】シルトスペルマ属。【英】Cyrtosperma。【隶属】天南星科 Araceae。【包含】世界 11-18 种，中国 1 种。【学名诠释与讨论】〈中〉（希）kyrtos，弯曲的，结节，弓状的+sperma，所有格 spermatos，种子，孢子。指种子时肾形的。【分布】中国，热带。【模式】Cyrtosperma lasioides W. Griffith［as ‘lacioides’］。【参考异名】Arisacontis Schott（1857）；Lasimorpha Schott（1857）；Lasiomorpha Post et Kuntze（1903）■

14644　Cyrtospermum Benth.（1852）= Campnosperma Thwaites（1854）（保留属名）［漆树科 Anacardiaceae］●☆

14645　Cyrtospermum Raf., Nom. illegit. ≡ Cyrtospermum Raf. ex DC.；~ = Cryptotaenia DC.（1829）（保留属名）［伞形花科（伞形科）Apiaceae（Umbelliferae）］■

14646　Cyrtospermum Raf. ex DC. = Cryptotaenia DC.（1829）（保留属名）［伞形花科（伞形科）Apiaceae（Umbelliferae）］■

14647　Cyrtostachys Blume（1838）【汉】封蜡棕属（红柄椰属，红椰属，红椰子属，曲穗属，猩红椰属，猩红椰子属，猩猩椰子属）。【日】ショウジョウヤシ属。【俄】Циртостакис, Циртостахис。【英】Sealing-wax Palm。【隶属】棕榈科 Arecaceae（Palmae）。【包含】世界 8-10 种。【学名诠释与讨论】〈阴〉（希）kyrtos，弯曲的，结节，弓状的+stachys，穗，谷，长钉。指肉穗花序下垂。【分布】马来西亚（尤其在新几内亚岛），所罗门群岛，中美洲。【模式】Cyrtostachys renda Blume。●☆

14648　Cyrtostemma（Mert. et Koch）Spach（1841）= Scabiosa L.（1753）［川续断科（刺参科，蓟叶参科，山萝卜科，续断科）Dipsacaceae//蓝盆花科 Scabiosaceae］●■

14649　Cyrtostemma Kunze（1843）Nom. illegit. = Clerodendrum L.（1753）［马鞭草科 Verbenaceae//牡荆科 Viticaceae//唇形科 Lamiaceae（Labiatae）］●■

14650　Cyrtostemma Spach（1841）Nom. illegit. ≡ Cyrtostemma（Mert. et Koch）Spach（1841）；~ = Scabiosa L.（1753）［川续断科（刺参科，蓟叶参科，山萝卜科，续断科）Dipsacaceae//蓝盆花科 Scabiosaceae］●■

14651　Cyrtostylis R. Br.（1810）【汉】弯柱兰属。【隶属】兰科 Orchidaceae。【包含】世界 5 种。【学名诠释与讨论】〈阴〉（希）kyrtos，弯曲的，结节，弓状的+stylos = 拉丁文 style，花柱，中柱，有尖之物，桩，柱，支持物，支柱，石头做的界标。此属的学名是“Cyrtostylis R. Brown，Prodr. 322. 27 Mar 1810”。亦有文献把其处理为“Acianthus R. Br.（1810）Nom. illegit.”的异名。【分布】参见 Acianthus R. Br.。【模式】Cyrtostylis reniformis R. Brown。【参考异名】Acianthus R. Br.（1810）Nom. illegit.。■☆

14652　Cyrtotropis Wall.（1830）= Apios Fabr.（1759）（保留属名）［豆科 Fabaceae（Leguminosae）//蝶形花科 Papilionaceae］●

14653　Cyrtoxiphus Harms（1897）= Cylicodiscus Harms（1897）［豆科 Fabaceae（Leguminosae）］●☆

14654　Cyssopetalum Turcz.（1849）= Oenanthe L.（1753）［伞形花科（伞形科）Apiaceae（Umbelliferae）］■

14655　Cystacanthus T. Anderson（1867）【汉】鳔冠花属（鳔冠草属）。【英】Cystacanthus。【隶属】爵床科 Acanthaceae。【包含】世界 8-10 种，中国 4 种。【学名诠释与讨论】〈阳〉（希）kystis，所有格 cysteos，膀胱，囊，袋+（属）Acanthus 老鼠簕属。指花冠上部一边肿胀成囊状，并与老鼠簕属相近。此属的学名是“Cystacanthus T. Anderson，J. Linn. Soc.，Bot. 9：457. 1867”。亦有文献把其处理为“Phlogacanthus Nees（1832）”的异名。【分布】中国，东南亚。【模式】Cystacanthus cymosus T. Anderson。【参考异名】Phlogacanthus Nees（1832）●■

14656　Cystanche Ledeb.（1849）= Cistanche Hoffmanns. et Link（1813-1820）［列当科 Orobanchaceae//玄参科 Scrophulariaceae］■

14657　Cystanthe R. Br.（1810）（废弃属名）= Richea R. Br.（1810）（保留属名）［杜鹃花科（欧石南科）Ericaceae//尖苞木科 Epacridaceae］●☆

14658　Cystibax Heynh.（1846）= Cybistax Mart. ex Meisn.（1840）［紫葳科 Bignoniaceae］●☆

14659　Cysticapnos Mill.（1754）（废弃属名）= Corydalis DC.（1805）（保留属名）［罂粟科 Papaveraceae//紫堇科（荷苞牡丹科）Fumariaceae］■

14660　Cysticorydalis Fedde ex Ikonn.（1936）Nom. illegit. ≡ Cysticorydalis Fedde（1936）［堇菜科 Violaceae］■

14661　Cysticorydalis Fedde（1936）【汉】鳔紫堇属。【隶属】堇菜科 Violaceae//罂粟科 Papaveraceae//紫堇科（荷苞牡丹科）

Fumariaceae。【包含】世界 2 种。【学名诠释与讨论】〈阴〉（希）kystis+（属）corydalis 紫堇属（延胡索属）。此属的学名，ING、TROPICOS 和 IK 记载是"Cysticorydalis Fedde in Engler et Prantl, Nat. Pflanzenfam. ed. 2. 17b: 137. 1936"。"Cysticorydalis Fedde ex Ikonn. (1936) = Cysticorydalis Fedde (1936)［堇菜科 Violaceae］"的命名人引证有误。亦有文献把"Cysticorydalis Fedde (1936)"处理为"Corydalis DC. (1805)（保留属名）"的异名。【分布】西喜马拉雅山，亚洲中部。【模式】未指定。【参考异名】Corydalis DC. (1805)（保留属名）; Cysticorydalis Fedde ex Ikonn. (1936) Nom. illegit.■☆

14662　Cystidianthus Hassk. (1844)【汉】囊花萝藦属。【隶属】萝藦科 Asclepiadaceae。【包含】世界 2 种。【学名诠释与讨论】〈阳〉（希）kystis，所有格 cysteos，膀胱，囊，袋+-idius，-idia，-idium，指示小的词尾+anthos，花。antheros，多花的。antheo，开花。此属的学名是"Cystidianthus Hasskarl, Cat. Horto Bot. Bogor. 126. 1844"。亦有文献把其处理为"Physostelma Wight (1834)"的异名。【分布】印度尼西亚（爪哇岛）。【模式】Cystidianthus campanulatus (Blume) Hasskarl［as 'campanulatum'］［Hoya campanulata Blume］。【参考异名】Physostelma Wight (1834)●☆

14663　Cystidospermum Prokh. (1933)【汉】囊子大戟属。【隶属】大戟科 Euphorbiaceae。【包含】世界 3 种。【学名诠释与讨论】〈中〉（希）kystis，所有格 cysteos，膀胱，囊，袋+-idius，-idia，-idium，指示小的词尾+sperma，所有格 spermatos，种子，孢子。此属的学名，ING、TROPICOS 和 IK 记载是"Cystidospermum Prokhanow, Consp. Syst. Tithymalorum Asiae Mediae 25. 1933"。它曾被处理为"Euphorbia subgen. Cystidospermum (Prokh.) Prokh., Flora URSS 14: 480. 1949"。亦有文献把"Cystidospermum Prokh. (1933)"处理为"Euphorbia L. (1753)"的异名。【分布】叙利亚。【模式】Cystidospermum cheirolepis (Fischer et E. H. F. Meyer) Prokhanow［Euphorbia cheirolipis Fischer et E. H. F. Meyer］。【参考异名】Euphorbia L. (1753); Euphorbia subgen. Cystidospermum (Prokh.) Prokh. (1949)●■☆

14664　Cystistemon Post et Kuntze (1903) Nom. illegit. = Cystostemon Balf. f. (1883)［紫草科 Boraginaceae］■☆

14665　Cystium (Steven) Steven (1856) Nom. illegit. = Astragalus L. (1753)［豆科 Fabaceae(Leguminosae)//蝶形花科 Papilionaceae］●■

14666　Cystium Steven (1832) = Astragalus L. (1753)［豆科 Fabaceae (Leguminosae)//蝶形花科 Papilionaceae］●■

14667　Cystocapnus Post et Kuntze (1903) = Corydalis DC. (1805)（保留属名）［罂粟科 Papaveraceae//紫堇科（荷包牡丹科）Fumariaceae］●

14668　Cystocarpum Benth. et Hook. (1862) = Vesicaria Adans. (1763)［十字花科 Brassicaceae(Cruciferae)］■☆

14669　Cystocarpus Lam. ex Post et Kuntze (1903) = Cystocarpum Benth. et Hook. (1862) 亦有文献把""处理为""的异名。= Vesicaria Adans. (1763)［十字花科 Brassicaceae(Cruciferae)］■☆

14670　Cystochilum Barb. Rodr. (1877) = Cranichis Sw. (1788)［兰科 Orchidaceae］■☆

14671　Cystogyne Gasp. (1845) = Ficus L. (1753)［桑科 Moraceae］●

14672　Cystopora Lunell (1916) Nom. illegit. ≡ Phaca L. (1753); ~ = Astragalus L. (1753)［豆科 Fabaceae(Leguminosae)//蝶形花科 Papilionaceae］●■

14673　Cystopus Blume (1858) Nom. illegit. ≡ Pristiglottis Cretz. et J. J. Sm. (1934); ~ = Odontochilus Blume (1858)［兰科 Orchidaceae］■

14674　Cystorchis Blume (1858)【汉】膀胱兰属。【隶属】兰科 Orchidaceae。【包含】世界 8 种。【学名诠释与讨论】〈阴〉（希）kystis，所有格 cysteos，膀胱，囊，袋+orchis，兰的名称，因为根的形态而得名。变为拉丁文 orchis，所有格 orchidis。【分布】马来西亚。【后选模式】Cystorchis variegata Blume。■☆

14675　Cystostemma E. Fourn. (1885)【汉】囊冠萝藦属。【隶属】萝藦科 Asclepiadaceae。【包含】世界 5 种。【学名诠释与讨论】〈中〉（希）kystis，所有格 cysteos，膀胱，囊，袋+stemma，所有格 stemmatos，花冠，花环，王冠。此属的学名是"Cystostemma E. P. N. Fournier in C. F. P. Martius, Fl. Brasil. 6(4): 204. 1 Jun 1885"。亦有文献把其处理为"Oxypetalum R. Br. (1810)（保留属名）"的异名。【分布】巴西。【模式】Cystostemma umbellatum E. P. N. Fournier。【参考异名】Oxypetalum R. Br. (1810)（保留属名）●■☆

14676　Cystostemon Balf. f. (1883)【汉】囊蕊紫草属。【隶属】紫草科 Boraginaceae。【包含】世界 13 种。【学名诠释与讨论】〈阳〉（希）kystis，囊+stemon，雄蕊。【分布】也门（索科特拉岛）。【模式】Cystostemon socotranus I. B. Balfour［as 'socotranum'］。【参考异名】Cystistemon Post et Kuntze (1903) Nom. illegit.; Vaupelia Brand (1914)（保留属名）■☆

14677　Cytharexylon Batsch. (1802) Nom. illegit.［马鞭草科 Verbenaceae］☆

14678　Cytharexylum Jacq. (1760) Nom. illegit. ≡ Citharexylum L. (1753)［马鞭草科 Verbenaceae］●☆

14679　Cytheraea (DC.) Wight et Arn. (1834) Nom. illegit. ≡ Cytheraea Wight et Arn. (1834); ~ = Spondias L. (1753)［漆树科 Anacardiaceae］●

14680　Cytheraea Wight et Arn. (1834) = Spondias L. (1753)［漆树科 Anacardiaceae］●

14681　Cytherea Salisb. (1812) Nom. illegit. ≡ Calypso Salisb. (1807)（保留属名）［兰科 Orchidaceae］■

14682　Cytheris Lindl. (1831) = Calanthe R. Br. (1821)（保留属名）; ~ = Nephelaphyllum Blume (1825)［兰科 Orchidaceae］■

14683　Cythisus Schrank (1792) = Cytisus Desf. (1798)（保留属名）［豆科 Fabaceae(Leguminosae)//蝶形花科 Papilionaceae］●

14684　Cyticus Link (1831) = Cythisus Schrank (1792)［豆科 Fabaceae (Leguminosae)］●

14685　Cytinaceae (Brongn.) A. Rich. = Rafflesiaceae Dumort. (保留科名)■

14686　Cytinaceae A. Rich. (1824)［亦见 Rafflesiaceae Dumort. (保留科名)大花草科］【汉】簇花科（簇花草科，大花草科）。【包含】世界 1-3 属 10 种。【分布】马达加斯加，非洲南部，西亚，欧洲，地中海，热带。【科名模式】Cytinus L.■☆

14687　Cytinaceae Brongn. = Rafflesiaceae Dumort. (保留科名)■

14688　Cytinus L. (1764)（保留属名）【汉】簇花属（簇花草属，大花草属）。【俄】Подладанник。【英】Cistus, Cytinus。【隶属】大花草科 Rafflesiaceae。【包含】世界 2-8 种。【学名诠释与讨论】〈阴〉（希）kytinos，石榴的花托，来自 kytos，穴+-inus，-ina，-inum，拉丁文加在名词词干之后，以形成形容词的词尾，含义为"属于、相似、关于、小的"。此属的学名"Cytinus L., Gen. Pl., ed. 6: 576 ('566'). Jun 1764"是保留属名。相应的废弃属名是"Hypocistis Mill., Gard. Dict. Abr., ed. 4:［662］. 28 Jan 1754 ≡ Cytinus L. (1764)（保留属名）"。簇花科（簇花草科，大花草科）Cytinaceae//大花草科 Rafflesiaceae］的"Hypocistis Adans., Fam. Pl. (Adanson) 2: 76. 1763"和"Hypocistis Gerard, Fl. Gallo-Prov. 157(1761)"亦应废弃。【分布】巴勒斯坦，地中海地区，非洲南部，马达加斯加。【模式】Cytinus hypocistis (Linnaeus) Linnaeus［Asarum hypocistis Linnaeus］。【参考异名】Botryocytinus (Baker f.) Watan. (1936); Citinus All. (1785); Haematolepis C. Presl (1851); Hippocistis Mill. (1754); Hypocistis Mill. (1754)（废弃属

名 ）; Hypolepis Pers. （1807） Nom. illegit.; Phelipaea Post et Kuntze, Nom. illegit. （1903） Nom. illegit.; Phelypaea Thunb. （1784） Nom. illegit.; Phelypea Thunb. （1784）; Thyrsine Gled. （1764）■☆

14689 Cytisanthus O. Lang（1843）【汉】欧金雀属。【隶属】豆科 Fabaceae（Leguminosae）//蝶形花科 Papilionaceae。【包含】世界 10 种。【学名诠释与讨论】〈阴〉（希）kytos，穴 + anthos，花。antheros，多花的。antheo，开花。此属的学名是 “Cytisanthus Lang, Flora 26：769. 14 Dec 1843”。亦有文献把其处理为 “Genista L.（1753）”的异名。【分布】地中海地区，欧洲南部。【模式】Cytisanthus radiatus Lang。【参考异名】Genista L.（1753）●☆

14690 Cytisogenista Duhamel（1755）Nom. illegit.（废弃属名）≡ Sarothamnus Wimm. （1832）（保留属名）［豆科 Fabaceae（Leguminosae）］●☆

14691 Cytiso – Genista Duhamel（1755）Nom. illegit.（废弃属名）≡ Sarothamnus Wimm. （1832）（保留属名）［豆科 Fabaceae（Leguminosae）］●☆

14692 Cytisogenista Ortega （1773） Nom. illegit.（废弃属名）= Sarothamnus Wimm. （1832）（保留属名）［豆科 Fabaceae（Leguminosae）］●☆

14693 Cytisophyllum O. Lang（1843）【汉】金雀儿叶属。【隶属】豆科 Fabaceae（Leguminosae）//蝶形花科 Papilionaceae。【包含】世界 1 种。【学名诠释与讨论】〈中〉（属）Cytisus 金雀花属 + 希腊文 phyllon，叶子。phyllodes，似叶的，多叶的。phylleion，绿色材料，绿草。【分布】欧洲南部。【模式】Cytisophyllum sessilifolium （Linnaeus）Lang ［Cytisus sessilifolius Linnaeus］。■☆

14694 Cytisopsis Jaub. et Spach（1844）【汉】西亚绒毛花属。【隶属】豆科 Fabaceae（Leguminosae）//蝶形花科 Papilionaceae。【包含】世界 2 种。【学名诠释与讨论】〈阴〉（属）Cytisus 金雀花属（金雀儿属）+ 希腊文 opsis，外观，模样。【分布】亚洲西部。【模式】Cytisopsis dorycniifolia Jaubert et Spach。【参考异名】Lyauteya Maire（1919）■☆

14695 Cytisus Desf. （1798）（保留属名）【汉】金雀花属（金雀儿属）。【日】エニシダ属。【俄】Жарновец, Острокильница, Ракитник, Цитисус。【英】Broom。【隶属】豆科 Fabaceae （Leguminosae）//蝶形花科 Papilionaceae。【包含】世界 33-50 种，中国 2 种。【学名诠释与讨论】〈阳〉（希）kytisos，一种灌木状三叶草 Medicago arborea。一说来自地名 Cythrus，为希腊爱琴海中基克拉泽斯 Cyclades 群岛之一。指一种植物的最初发现地。此属的学名 “Cytisus Desf. , Fl. Atlant. 2：139. Nov 1798”是保留属名。相应的废弃属名是豆科 Fabaceae 的“Cytisus L. , Sp. Pl. ；739.1 Mai 1753 = Genista L.（1753）［豆科 Fabaceae（Leguminosae）//蝶形花科 Papilionaceae］”；其后选模式“Cytisus sessilifolius L. Sp. Pl. 2：739. 1753 ［1 May 1753］”被“Genista tabernaemontani Scheele, Flora 26（No. 27）：438”所替代。“Phyllocytisus （W. D. J. Koch） Fourreau, Ann. Soc. Linn. Lyon ser. 2. 16：358. 28 Dec 1868”是 “Cytisus Desf. （1798）（保留属名）”的晚出的同模式异名 （Homotypic synonym, Nomenclatural synonym）。“Phyllocytisus Fourr. （1868）≡ Phyllocytisus（W. D. J. Koch）Fourr. （1868）”的命名人引证有误。【分布】巴基斯坦, 玻利维亚, 马达加斯加, 中国, 地中海地区, 欧洲, 中美洲。【模式】Cytisus triflorus L' Héritier。【参考异名】Aulonix Raf. （1838）; Axiron Raf. ; Chronanthos（DC.）K. Koch （1854）; Chronanthus K. Koch （1854） Nom. illegit. ; Corothamnus C. Presl （1845） Nom. illegit. ; Cythisus Schrank （1792）; Diaxulon Raf. （1838）; Laburnocytisus C. K. Schneid. （1907）; Laburnum Fabr. （1759）; Lembotropis Griseb. （1843）;

Lugaion Raf. （1838）; Lygeum Post et Kuntze（1903）Nom. illegit. ; Meiemianthera Raf. （1838）; Miemianthera Post et Kuntze（1903）Nom. illegit. ; Nubigena Raf. （1838）; Peyssonelia Boiv. ex Webb et Berthel. （1836-1850）; Phyllocytisus （W. D. J. Koch）Fourr. （1868）Nom. illegit. ; Phyllocytisus Fourr. （1868） Nom. illegit. ; Sarothamnus Wimm. （1832）（保留属名）; Spartocytisus Webb et Berthel. （1846）; Spartothamnus Webb et Berthel. ex C. Presl（1845）; Teline Medik. （1787）; Tubocytisus （DC.） Fourr. （1868） Nom. illegit. ; Tubocytisus Fourr. （1868） Nom. illegit. ; Viborgia Moench（1794）（废弃属名）; Wiborgia Post et Kuntze（1903）Nom. illegit. （废弃属名）●

14696 Cytisus L. （1753）（废弃属名）= Genista L. （1753） ［豆科 Fabaceae（Leguminosae）//蝶形花科 Papilionaceae］●

14697 Cytogonidium B. G. Briggs et L. A. S. Johnson（1998）【汉】隐蕊帚灯草属。【隶属】帚灯草科 Restionaceae。【包含】世界 1 种。【学名诠释与讨论】〈阳〉（希）kytos，空的，现在常常指细胞 + gone，所有格 gonos = gone，后代，子孙，籽粒，生殖器官。Goneus，父亲。Gonimos，能生育的，有生育力的。新拉丁文 gonas，所有格 gonatis，胚腺，生殖腺，生殖器官 + - ius, - ia, - ium，在拉丁文和希腊文中，这些词尾表示性质或状态。【分布】澳大利亚。【模式】Cytogonidium leptocarpoides （Benth.） B. G. Briggs et L. A. S. Johnson。■☆

14698 Cyttaranthus J. Léonard（1955）【汉】隔花大戟属。【隶属】大戟科 Euphorbiaceae。【包含】世界 1 种。【学名诠释与讨论】〈阳〉（希）kyttaros，分隔，穴 + anthos，花。【分布】热带非洲。【模式】Cyttaranthus congolensis J. Léonard。☆

14699 Cyttarium Peterm. （1838）= Antennaria Gaertn. （1791）（保留属名）+ Helichrysum Mill. （1754）（保留属名）+ Gnaphalium L. （1753） ［菊科 Asteraceae（Compositae）］■

14700 Czackia Andrz. （1818）= Paradisea Mazzuc. （1811）（保留属名）［百合科 Liliaceae//阿福花科 Asphodelaceae//吊兰科（猴面包科, 猴面包树科）Anthericaceae］■☆

14701 Czeikia Ikonn. （2004）【汉】阿富汗石头花属。【隶属】石竹科 Caryophyllaceae。【包含】世界 4 种。【学名诠释与讨论】〈阴〉（地）Czeik。此属的学名是“Czeikia Ikonn. , Botanichnyi Zhurnal 89：114. 2004”。亦有文献把其处理为“Gypsophila L.（1753）”的异名。【分布】阿富汗。【模式】Czeikia scapiflora （Akhtar）Ikonn. ［Gypsophila scapiflora Akhtar］。【参考异名】Gypsophila L. （1753）■☆

14702 Czekelia Schur （1856）= Muscari Mill. （1754） ［百合科 Liliaceae//风信子科 Hyacinthaceae］■☆

14703 Czernaevia Turcz. （1838） Nom. inval. ≡ Czernaevia Turcz. ex Ledeb. （1844）; ~ = Angelica L. （1753） ［伞形花科（伞形科）Apiaceae（Umbelliferae）］■

14704 Czernaevia Turcz. ex Ledeb. （1844）【汉】柳叶芹属。【英】Willowcelery。【隶属】伞形花科（伞形科）Apiaceae （Umbelliferae）。【包含】世界 1 种, 中国 1 种。【学名诠释与讨论】〈阴〉词源不详。此属的学名, ING 记载是“Czernaevia Turczaninow ex Ledebour, Fl. Rossica 2：293. Jul 1844”; IK 记载为“Czerniaevia Turcz. ex Ledeb. , Fl. Ross. （Ledeb.）4（13）：422. 1852 ［Sep 1852］”; TROPICOS 则记载为“Czerniaevia Ledeb. , Fl. Ross. 4（13）：422, 1852, Nom. inval. ”。“Czerniaevia Turcz. , Bull. Soc. Imp. Naturalistes Moscou （1838）93 ≡ Czernaevia Turcz. ex Ledeb. （1844）”是一个未合格发表的名称（Nom. inval.）。“Czerniaevia Turcz. ex Griseb. , Fl. Ross. 4（13）：422, 1852”似引证有误。【分布】朝鲜, 俄罗斯（远东）, 日本, 中国, 西伯利亚。【模式】Czernaevia laevigata Turczaninow ex Ledebour ［Conioselinum czernaevia F. E. L. Fischer et C. A. Meyer ］。【参考异名】Czernaevia Turcz. (1838) Nom. inval. ; Czernaevia Ledeb. (1852) Nom. illegit. ; Czernaevia Turcz. ex Ledeb. (1852) Nom. illegit. ■

14705　Czernaevia Ledeb. (1852) Nom. illegit. = Czernaevia Turcz. ex Ledeb. (1844) ［伞形花科(伞形科) Apiaceae(Umbelliferae) ］■

14706　Czernaevia Turcz. ex Griseb. (1852) Nom. inval. = Deschampsia P. Beauv. (1812) ［禾本科 Poaceae(Gramineae) ］■

14707　Czernaevia Turcz. ex Ledeb. (1852) Nom. illegit. = Czernaevia Turcz. ex Ledeb. (1844) ［伞形花科(伞形科) Apiaceae (Umbelliferae) ］■

14708　Czerniajevia Turcz. (1838) Nom. illegit. = Czernaevia Turcz. ex Ledeb. (1844) ［伞形花科(伞形科) Apiaceae (Umbelliferae) ］■

14709　Czerntajewia Post et Kuntze (1903) = Czernaevia Turcz. ex Ledeb. (1844) ; ~ = Deschampsia P. Beauv. (1812) ［禾本科 Poaceae (Gramineae) ］■

14710　Czernya C. Presl (1820) = Phragmites Adans. (1763) ［禾本科 Poaceae(Gramineae) ］■

14711　D' Ayena Monier ex Mill. (1756) = Ayenia L. (1756) ［梧桐科 Sterculiaceae//锦葵科 Malvaceae ］●☆

14712　Dabanus Kuntze(1891) Nom. illegit. ≡ Pometia J. R. Forst. et G. Forst. (1776) ［无患子科 Sapindaceae ］●

14713　Dabeocia C. Koch (1873) Nom. illegit. ≡ Daboecia K. Koch (1873) ; ~ = Daboecia D. Don (1834) (保留属名) ［杜鹃花科(欧石南科) Ericaceae ］●☆

14714　Dabeocia K. Koch (1873) = Daboecia D. Don (1834) (保留属名) ［杜鹃花科(欧石南科) Ericaceae ］●☆

14715　Daboecia D. Don(1834) (保留属名)【汉】大宝石南属(达布叶斯属)。【日】ゾボエシア属。【英】St. Daboec's Heath。【隶属】杜鹃花科(欧石南科) Ericaceae。【包含】世界 1-2 种。【学名诠释与讨论】〈阴〉(人) St. Daboec, 英国人。此属的学名"Daboecia D. Don in Edinburgh New Philos. J. 17:160. Jul 1834"是保留属名。法规未列出相应的废弃属名。但是"Daboecia C. Koch (1873) ≡ Daboecia K. Koch (1873) ［杜鹃花科(欧石南科) Ericaceae ］"和 "Daboecia K. Koch (1873) = Daboecia D. Don (1834) (保留属名)" 应该废弃。"Boretta Necker ex Baillon, Hist. Pl. 11:173. Jun-Jul 1891 ≡ Boretta Neck. ex Kuntze, Rev. Gen. 2:387. 5 Nov 1891"是 "Daboecia D. Don (1834) (保留属名)"的晚出的同模式异名 (Homotypic synonym, Nomenclatural synonym)。"Boretta Neck., Elem. Bot. (Necker) 1:212. 1790"是一个未合格发表的名称 (Nom. inval.)。"Boretta Kuntze (1891) Nom. illegit. ≡ ≡ Boretta Neck. ex Baill. (1891)"的命名人引证有误。【分布】欧洲, 葡萄牙(亚述尔群岛)。【模式】Daboecia polifolia D. Don, Nom. illegit. ［Vaccinium cantabricum Hudson; Daboecia cantabrica (Hudson) K. H. E. Koch］。【参考异名】Boretta Kuntze (1891) Nom. illegit. ; Boretta Neck. (1790) Nom. inval. ; Boretta Neck. ex Baill. (1891) Nom. illegit. ; Boretta Neck. ex Kuntze(1891) Nom. illegit. ; Daboecia C. Koch(1873) Nom. illegit. ; Daboecia K. Koch(1873) ●☆

14716　Dachel Adans. (1763) Nom. illegit. ≡ Phoenix L. (1753) ; ~ = Phoenix L. (1753) + Elate L. (1753) ［棕榈科 Arecaceae (Palmae) ］●

14717　Dacryanthus (Endl.) Spach (1838) = Dracophyllum Labill. (1800) ［尖苞木科 Epacridaceae//杜鹃花科(欧石南科) Ericaceae ］●☆

14718　Dacrycarpaceae A. V. Bobrov et Melikyan (2000) = Podocarpaceae Endl. (保留科名) ●

14719　Dacrycarpaceae Melikyan et A. V. Bobrov (2000) = Podocarpaceae Endl. (保留科名) ●

14720　Dacrycarpus(Endl.) de Laub. (1969) ≡ Dacrycarpus de Laub. (1969) ［罗汉松科 Podocarpaceae ］●

14721　Dacrycarpus de Laub. (1969)【汉】鸡毛松属。【英】Kahikatea。【隶属】罗汉松科 Podocarpaceae。【包含】世界 1-9 种, 中国 1 种。【学名诠释与讨论】〈阳〉(希) dakry, 或 dakryon, 泪+karpos, 果实。此属的学名, ING 记载是"Dacrycarpus de Laubenfels, J. Arnold Arbor. 50: 315. 15 Jul 1969", 并说明是由"Podocarpus sect. Dacrydioideae J. J. Bennett in J. J. Bennett et R. Brown, Pl. Jav. Rar. 41. 4-7 Jul 1838"改级而来。IK 和 APNI 则记载为"Dacrycarpus (Endl.) de Laub., J. Arnold Arbor. l. 315. 1969"。故此属的学名似应为"Dacrycarpus (Bennett) de Laub. (1969)"。【分布】马来西亚, 缅甸, 中国。【模式】Dacrycarpus dacrydioides (A. Richard) de Laubenfels ［Podocarpus dacrydioides A. Richard］。【参考异名】Bracteocarpus A. V. Bobrov et Melikyan (1998) ; Bracteocarpus Melikian et A. V. Bobrov(1998) Nom. illegit. ; Dacrycarpus de Laub. (1969) ●

14722　Dacrydiaceae A. V. Bobrov et Melikyan (2000)【汉】陆均松科。【包含】世界 3 属 24-30 种, 中国 1 属 1 种。【分布】印度-马来西亚, 澳大利亚(塔斯曼半岛), 新西兰, 法属新喀里多尼亚, 斐济, 智利。【科名模式】Dacrydium Sol. ex J. Forst. (1786) ●

14723　Dacrydium Lamb. (1807) Nom. illegit. = Dacrydium Sol. ex J. Forst. (1786) ［罗汉松科 Podocarpaceae//陆均松科 Dacrydiaceae ］●

14724　Dacrydium Sol. ex J. Forst. (1786)【汉】陆均松属(泪杉属)。【日】リムノキ属。【俄】Дакридиум。【英】Dacrydium, Huon Pine, Huonpine, Rium。【隶属】罗汉松科 Podocarpaceae//陆均松科 Dacrydiaceae。【包含】世界 21-25 种, 中国 1 种。【学名诠释与讨论】〈中〉(希) dakry, 或 dakryon, 泪+希腊女神 Dione 狄俄涅。指流出树脂的植物。另说指果泪滴状。此属的学名, ING 和 GCI 记载是"Dacrydium Sol. ex G. Forst., Pl. Esc. 80. 1786 ［Aug-Sep (?)1786]";《中国植物志》英文版亦使用此名称; TROPICOS 则标注此名称是非法名称, 而用"Dacrydium A. B. Lambert, Descript. Pinus 1:93. 1807"为正名; APNI 亦用此为正名。IK 则记载为"Dacrydium Sol. ex Lamb., Descr. Pinus [Lambert]1(2):93. 1806 [ante 27 Oct 1806]";四者引用的文献相同。【分布】斐济, 澳大利亚(塔斯曼半岛), 法属新喀里多尼亚, 新西兰, 印度至马来西亚, 智利, 中国。【模式】Dacrydium cupressinum Solander ex A. B. Lambert。【参考异名】Alania Colenso; Dacrydium Sol. ex J. Forst. (1786) Nom. illegit. ; Dacrydium Sol. ex Lamb. (1807) Nom. illegit. ; Gaussenia A. V. Bobrov et Melikyan (2000) ; Lagarostrobos Quinn (1982) ; Lepidothamnus Phil. (1861) ; Metadacrydium Baum. -Bod. ex Melikyan et A. V. Bobrov(2000) ●

14725　Dacrydium Sol. ex Lamb. (1807) Nom. illegit. ≡ Dacrydium Sol. ex J. Forst. (1786) ［罗汉松科 Podocarpaceae//陆均松科 Dacrydiaceae ］●

14726　Dacryodes Vahl(1810)【汉】蜡烛木属(蜡烛橄榄树属, 蜡烛树属)。【隶属】橄榄科 Burseraceae。【包含】世界 30-40 种。【学名诠释与讨论】〈阴〉(希) dakry, 或 dakryon, 泪+oides, 相像。【分布】热带。【模式】Dacryodes excelsa M. Vahl。【参考异名】Curtisina Ridl. (1920) ; Hemisantiria H. J. Lam (1929) ; Pachylobus G. Don(1832) ; Santiridium Pierre(1896) ●☆

14727　Dacryotrichia Wild (1973)【汉】毛基黄属。【隶属】菊科 Asteraceae(Compositae)。【包含】世界 1 种。【学名诠释与讨论】〈阴〉(希) dakry, 或 dakryon, 泪+thrix, 所有格 trichos, 毛, 毛发。【分布】赞比亚。【模式】Dacryotrichia robinsonii H. Wild。■☆

14728　Dactilis Neck. (1768) = Dactylis L. (1753) ［禾本科 Poaceae (Gramineae) ］■

14729 Dactilon Vill. (1787)(废弃属名)≡Cynodon Rich. (1805)(保留属名)[禾本科 Poaceae(Gramineae)]■

14730 Dactimala Raf. (1838) Nom. illegit. ≡Guersentia Raf. (1838);~=Chrysophyllum L. (1753)[山榄科 Sapotaceae]●

14731 Dactiphyllon Raf. (1818) Nom. illegit. ≡Lupinaster Fabr. (1759);~=Trifolium L. (1753)[豆科 Fabaceae(Leguminosae)//蝶形花科 Papilionaceae]■

14732 Dactiphyllum Raf. (1819) Nom. illegit. =Dactiphyllon Raf. (1818) Nom. illegit.;~=Lupinaster Fabr. (1759);~=Trifolium L. (1753)[豆科 Fabaceae(Leguminosae)//蝶形花科 Papilionaceae]■

14733 Dactychlaena Post et Kuntze (1903)=Dactylaena Schrad. ex Schult. f. (1829)[山柑科(白花菜科,醉蝶花科)Capparaceae]■☆

14734 Dactyladenia Welw. (1859)【汉】指腺金壳果属。【隶属】金壳果科 Chrysobalanaceae。【包含】世界 27 种。【学名诠释与讨论】〈阴〉(希)daktylos,手指,足趾。daktilotos。有指的,指状的。daktylethra,指套+aden,所有格 adenos,腺体。此属的学名是"Dactyladenia Welwitsch, Ann. Cons. Ultramarino, Parte não off. ('Apont.') ser. 1. 1858:572. Dec 1859"。亦有文献把其处理为"Acioa Aubl. (1775)"的异名。【分布】纳米比亚,热带。【模式】Dactyladenia floribunda Welwitsch。【参考异名】Acioa Aubl. (1775)●☆

14735 Dactylaea(Franch.)Farille (1985)Nom. illegit. (废弃属名)=Sinocarum H. Wolff ex R. H. Shan et F. T. Pu (1980)(保留属名)[伞形花科(伞形科)Apiaceae(Umbelliferae)]■★

14736 Dactylaea Fedde ex H. Wolff (1930)=Sinocarum H. Wolff ex R. H. Shan et F. T. Pu (1980)(保留属名)[伞形花科(伞形科)Apiaceae(Umbelliferae)]■

14737 Dactylaea H. Wolff(1930)Nom. illegit. (废弃属名)≡Dactylaea Fedde ex H. Wolff(1930);~=Sinocarum H. Wolff ex R. H. Shan et F. T. Pu (1980)(保留属名)[伞形花科(伞形科)Apiaceae(Umbelliferae)]■

14738 Dactylaena Schrad. ex Schult. f. (1829)【汉】指被山柑属。【隶属】山柑科(白花菜科,醉蝶花科)Capparaceae。【包含】世界 6 种。【学名诠释与讨论】〈阴〉(希)daktylos,手指,足趾+laina =chlaine =拉丁文 laena,外衣,衣服。【分布】巴西,玻利维亚,西印度群岛。【模式】Dactylaena micrantha H. A. Schrader ex J. A. et J. H. Schultes。【参考异名】Dactychlaena Post et Kuntze(1903)■☆

14739 Dactylanthaceae(Engl.)Takht. (1987)=Dactylanthaceae Takht. (1987)=Balanophoraceae Rich. (保留科名)●■

14740 Dactylanthaceae Takht. (1987)[亦见 Balanophoraceae Rich. (保留科名)蛇菰科(土鸟麟科)]【汉】指菰科(手指花科)。【包含】世界 2 属 2 种。【分布】法属新喀里多尼亚,新西兰。【科名模式】Dactylanthus Hook. f.■☆

14741 Dactylanthera Welw. (1859)【汉】指药藤黄属。【隶属】猪胶树科(克鲁西科,山竹子科,藤黄科)Clusiaceae(Guttiferae)。【包含】世界 4 种。【学名诠释与讨论】〈阳〉(希)daktylos,手指,足趾+anthera,花药。据《显花植物与蕨类植物词典》,此属的学名是"Dactylanthera Welw. ";亦有文献把其处理为"Symphonia L. f. (1782)"的异名。另据 TROPICOS、ING 和《显花植物与蕨类植物词典》,兰科 Orchidaceae 的"xDactylanthera P. F. Hunt et V. S. Summerhayes in J. C. Willis, Dict. Flow. Pl. ed. 7. 327. 1966 [Dactylorhiza Necker ex Nevski 1937 x Platanthera L. C. Richard 1817 (nom. cons.)] =x Rhizanthera P. F. Hunt et Summerhayes"是晚出的非法名称。【分布】参见 Symphonia L. f. (1782)。TROPICOS 和 ING 未记载"Dactylanthera Welw. "。【模式】不详。【参考异名】Symphonia L. f. (1782)●☆

14742 Dactylanthes Haw. (1812)=Euphorbia L. (1753)[大戟科 Euphorbiaceae]●■

14743 Dactylanthocactus Y. Ito (1957) Nom. illegit. ≡Acanthocephala Backeb. (1938);~=Notocactus (K. Schum.) A. Berger et Backeb. (1938) Nom. illegit. ;=Parodia Speg. (1923)(保留属名)[仙人掌科 Cactaceae]■

14744 Dactylanthus Hook. f. (1859)【汉】指花菰属(手指花属)。【英】Wood Rose。【隶属】指花菰科(手指花科)Dactylanthaceae。【包含】世界 1 种。【学名诠释与讨论】〈阳〉(希)daktylos,手指,足趾+anthos,花。【分布】新西兰。【模式】Dactylanthus taylori J. D. Hooker。■☆

14745 Dactylepia Raf. (1838)=Cuscuta L. (1753)[旋花科 Convolvulaceae//菟丝子科 Cuscutaceae]■

14746 Dactylethria Ehrh. (1789)=Digitalis L. (1753)[玄参科 Scrophulariaceae//毛地黄科 Digitalidaceae]■

14747 Dactyliandra(Hook. f.)Hook. f. (1871)【汉】指蕊瓜属。【隶属】葫芦科(瓜科,南瓜科)Cucurbitaceae。【包含】世界 1 种。【学名诠释与讨论】〈阴〉(希)daktylos,手指,足趾+aner,所有格 andros,雄性,雄蕊。此属的学名,ING 记载是"Dactyliandra (Hook. f.)Hook. f. in D. Oliver, Fl. Trop. Africa 2:557. 1871";但是未给出基源异名。IK 和 TROPICOS 则记载为"Dactyliandra Hook. f. ,Fl. Trop. Afr. [Oliver et al.]2:557. 1871"。【分布】非洲西南部至印度。【模式】Dactyliandra welwitschii J. D. Hooker。【参考异名】Dactyliandra Hook. f. (1871)Nom. illegit. ■☆

14748 Dactyliandra Hook. f. (1871) Nom. illegit. ≡Dactyliandra (Hook. f.) Hook. f. (1871)[葫芦科(瓜科,南瓜科)Cucurbitaceae]■☆

14749 Dactylicapnos Wall. (1826)(废弃属名)=Dicentra Bernh. (1833)(保留属名)[罂粟科 Papaveraceae//紫堇科(荷苞牡丹科)Fumariaceae]■

14750 Dactyliocapnos Spreng. , Nom. illegit. =Dicentra Bernh. (1833)(保留属名)[罂粟科 Papaveraceae//紫堇科(荷苞牡丹科)Fumariaceae]■

14751 Dactyliophora Tiegh. (1894)【汉】指梗寄生属。【隶属】桑寄生科 Loranthaceae。【包含】世界 3 种。【学名诠释与讨论】〈阴〉(希)daktylos,手指,足趾+phoros,具有,梗,负载,发现者。【分布】所罗门群岛,新爱尔兰岛,新几内亚岛。【模式】Dactyliophora verticillata (Scheffer) Van Tieghem [Dendrophthoë verticillata Scheffer]。【参考异名】Dactylophora T. Durand et Jacks. ●☆

14752 Dactyliota(Blume)Blume(1849);~=Medinilla Gaudich. ex DC. (1828)[野牡丹科 Melastomataceae]●

14753 Dactyliota Blume (1849) Nom. illegit. ≡Dactyliota (Blume)Blume(1849);~=Medinilla Gaudich. ex DC. (1828)[野牡丹科 Melastomataceae]●

14754 Dactylis L. (1753)【汉】鸭茅属(鸡脚茅属)。【日】カモガヤ属,ダクティリス属。【俄】Ежа。【英】Cock's Foot Grass, Cock's-grass, Cocksfoot, Cocksfoot - grass, Dactylis, Duckgrass, Orchard Grass, Orchardgrass, Orchard - grass。【隶属】禾本科 Poaceae(Gramineae)。【包含】世界 1-5 种,中国 1-2 种。【学名诠释与讨论】〈阴〉(希)daktylos,手指,足趾。指硬直的花序伸展如手指。此属的学名,ING、APNI、GCI、TROPICOS 和 IK 记载是"Dactylis L. ,Sp. Pl. 1;71. 1753 [1 May 1753]"。"Amaxitis Adanson, Fam. 2:34,515. Jul-Aug 1763"和"Trachypoa Bubani, Fl. Pyrenaea 4:359. 1901"是"Dactylis L. (1753)"的晚出的同模式异名(Homotypic synonym, Nomenclatural synonym)。【分布】巴基斯坦,秘鲁,玻利维亚,厄瓜多尔,哥伦比亚(安蒂奥基亚),哥斯达

黎加,美国(密苏里),中国,非洲南部,温带欧亚大陆,北美洲,中美洲。【后选模式】Dactylis glomerata Linnaeus [as 'glomeratus']。【参考异名】Amaxitis Adans.(1763)Nom. illegit.；Dactilis Neck.(1768)；Dactylus Asch.(1864)Nom. illegit.；Trachypoa Bubani(1901)Nom. illegit.■

14755　Dactyliscapnos B. D. Jacks. = Dicentra Bernh.(1833)(保留属名)[罂粟科 Papaveraceae//紫堇科(荷苞牡丹科)Fumariaceae]■

14756　Dactylium Griff.(1853)= Erythropalum Blume(1826)[铁青树科 Olacaceae//赤苍藤科 Erythropalaceae]●

14757　Dactylocardamum Al-Shehbaz(1989)【汉】秘鲁碎米荠属。【隶属】十字花科 Brassicaceae(Cruciferae)。【包含】世界 1 种。【学名诠释与讨论】〈中〉(希)daktylos,手指,足趾+(属)Cardamine 碎米荠属。【分布】秘鲁。【模式】Dactylocardamum imbricatifolium Al-Shehbaz。■☆

14758　Dactylocladus Oliv.(1895)【汉】钟康木属。【隶属】野牡丹科 Melastomataceae。【包含】世界 1 种。【学名诠释与讨论】〈中〉(希)daktylos,手指,足趾+klados,枝,芽,指小式 kladion,棍棒。kladodes 有许多枝子的。【分布】加里曼丹岛。【模式】Dactylocladus stenostachys D. Oliver。●☆

14759　Dactyloctenium Willd.(1809)【汉】龙爪茅属。【日】タツノツメガヤ属。【俄】Вороньянога。【英】Button-grass,Craw Foot,Crowfootgrass。【隶属】禾本科 Poaceae(Gramineae)。【包含】世界 10-30 种,中国 1 种。【学名诠释与讨论】〈中〉(希)daktylos,手指,足趾+kteis,所有格 ktenos,梳子+-ius,-ia,-ium,在拉丁文和希腊文中,这些词尾表示性质或状态。指小穗指状排列于茎顶。【分布】巴基斯坦,巴拿马,秘鲁,玻利维亚,厄瓜多尔,哥伦比亚(安蒂奥基亚),哥斯达黎加,马达加斯加,尼加拉瓜,中国,利比亚,中美洲。【后选模式】Dactyloctenium aegyptium(Linnaeus)Willdenow [as 'aegyptiacum'][Cynosurus aegyptius Linnaeus]。【参考异名】Arthrochloa Lorch(1960)Nom. illegit.；Camusia Lorch(1961)■

14760　Dactylodes Kuntze(1891)Nom. illegit. ≡ Dactylodes Zanoni-Monti ex Kuntze(1891)；~ ≡ Tripsacum L.(1759)[禾本科 Poaceae(Gramineae)]■

14761　Dactylodes Zanoni-Monti ex Kuntze(1891)Nom. illegit. ≡ Tripsacum L.(1759)[禾本科 Poaceae(Gramineae)]■

14762　Dactylodes Zanoni-Monti(1743)Nom. inval. ≡ Dactylodes Zanoni-Monti ex Kuntze(1891)；~ ≡ Tripsacum L.(1759)[禾本科 Poaceae(Gramineae)]■

14763　Dactylogramma Link(1833)= Muehlenbergia Schreb.(1789)[禾本科 Poaceae(Gramineae)]■

14764　Dactyloides Nieuwl.(1915)Nom. illegit. ≡ Muscaria Haw.(1821)；~ =Saxifraga L.(1753)[虎耳草科 Saxifragaceae]■

14765　Dactylon Roem. et Schult.(1817)= Cynodon Rich.(1805)(保留属名)；~ = Dactilon Vill.(1787)(废弃属名)；~ = Cynodon Rich.(1805)(保留属名)[禾本科 Poaceae(Gramineae)]■

14766　Dactylopetalum Benth.(1858)【汉】指瓣树属。【隶属】红树科 Rhizophoraceae。【包含】世界 15 种。【学名诠释与讨论】〈中〉(希)daktylos,手指,足趾+希腊文 petalos,扁平的,铺开的；petalon,花瓣,叶,花叶,金属叶子；拉丁文的花瓣为 petalum。此属的学名是"Dactylopetalum Bentham,J. Proc. Linn. Soc.,Bot. 3：79. 1859"。亦有文献把其处理为"Cassipourea Aubl.(1775)"的异名。【分布】马达加斯加,热带非洲。【模式】Dactylopetalum sessiliflorum Bentham。【参考异名】Cassipourea Aubl.(1775)●☆

14767　Dactylophora T. Durand et Jacks. = Dactyliophora Tiegh.(1894)[桑寄生科 Loranthaceae]●☆

14768　Dactylophora Tiegh.(1895)【汉】指梗桑寄生属。【隶属】桑寄

生科 Loranthaceae。【包含】世界 1 种。【学名诠释与讨论】〈阴〉(希)daktylos,手指,足趾+phoros,具有,梗,负载,发现者。此属的学名,IK 记载为"Dactylophora Tiegh.,Bull. Soc. Bot. France 41：549. 1895 [1894 publ. 1895]"。【分布】不详。【模式】Dactylophora verticillata Tiegh.。【参考异名】Dactylophora T. Durand et Jacks.●☆

14769　Dactylophyllum(Benth.)Spach(1840)Nom. illegit. = Gilia Ruiz et Pav.(1794)；~ = Linanthus Benth.(1833)[花荵科 Polemoniaceae]■☆

14770　Dactylophyllum Spach(1840)Nom. illegit. ≡ Dactylophyllum(Benth.)Spach(1840)Nom. illegit.；~ = Gilia Ruiz et Pav.(1794)；~ =Linanthus Benth.(1833)[花荵科 Polemoniaceae]■☆

14771　Dactylophyllum Spenn.(1829)= Potentilla L.(1753)[蔷薇科 Rosaceae//委陵菜科 Potentillaceae]■●

14772　Dactylopsis N. E. Br.(1925)【汉】手指玉属。【日】ダクチロプシス属。【隶属】番杏科 Aizoaceae。【包含】世界 1-2 种。【学名诠释与讨论】〈阴〉(希)daktylos,手指,足趾+希腊文 opsis,外观,模样,相似。【分布】非洲南部。【模式】Dactylopsis digitata(W. Aiton)N. E. Brown。■☆

14773　Dactylorchis(Klinge)Verm.(1947)【汉】指兰属。【英】Orchid.【隶属】兰科 Orchidaceae。【包含】世界 40 种。【学名诠释与讨论】〈阴〉(希)daktylos,手指,足趾+orchis,原义为睾丸,后变为植物兰的名称,因为根的形态而得名。变为拉丁文 orchis,所有格 orchidis。此属的学名,ING 和 IK 记载是"Dactylorchis(Klinge)Vermeulen,Stud. Dactyl. 64. Jun 1947"。IK 附注的基源异名是"Orchis subgen. Dactylorchis Klinge"。TROPICOS 则记载为"Dactylorchis Verm.,Stud. Dactyl. 64,1947"。三者引用的文献相同。亦有文献把"Dactylorchis(Klinge)Verm.(1947)"处理为"Dactylorhiza Neck. ex Nevski(1935)(保留属名)"或"Orchis L.(1753)"的异名。【分布】参见 Orchis L.(1753)和 Dactylorhiza Neck. ex Nevski(1935)(保留属名)。【模式】Dactylorchis incarnata(Linnaeus)Vermeulen [Orchis incarnata Linnaeus]。【参考异名】Dactylorchis Verm.(1947)Nom. illegit.；Dactylorhiza Neck. ex Nevski(1935)(保留属名)；Orchis L.(1753)；Orchis L. subgen. Dactylorchis Klinge；Satyrium L.(1753)(废弃属名)■☆

14774　Dactylorchis Verm.(1947)Nom. illegit. ≡ Dactylorchis(Klinge)Verm.(1947)[兰科 Orchidaceae]■

14775　Dactylorhiza(Neck. ex Nevski)Nevski(1935)(废弃属名)= Orchis L.(1753)[兰科 Orchidaceae]■

14776　Dactylorhiza Neck.(1790)Nom. inval.(废弃属名)≡ Dactylorhiza Neck. ex Nevski(1935)(保留属名)[兰科 Orchidaceae]■

14777　Dactylorhiza Neck. ex Nevski(1935)(保留属名)【汉】掌根兰属(根爪兰属,肿根属,掌裂兰属,凹舌兰属,凹唇兰属)。【日】ハクサンチドリ属。【俄】Пололепестник。【英】Marsh Orchid,Orchid,Orchis,Salab-misri,Salep,Coeloglossum,Frog Orchid,Frog-orchis,Long-bracted Orchid。【隶属】兰科 Orchidaceae。【包含】世界 30-75 种,中国 6 种。【学名诠释与讨论】〈阴〉(希)daktylos,手指,足趾+rhiza,或 rhizoma,根,根茎。此属的学名"Dactylorhiza Necker ex Nevski in Fl. URSS 4；697,713. 1935"是保留属名。相应的废弃属名是兰科 Orchidaceae 的"Coeloglossum Hartm.,Handb. Skand. Fl.：329. 1820 = Dactylorhiza Neck. ex Nevski(1935)(保留属名)≡ Satyrium Sw.(1800)(保留属名)"。兰科 Orchidaceae 的"Coeloglossum Lindl.,Edwards's Bot. Reg. 20：sub t. 1701. 1834 [1 Sep 1834] ≡ Lindblomia Fr.(1843)= Peristylus Blume(1825)(保留属名)"亦应废弃。兰科 Orchidaceae 的"Dactylorhiza Neck.,Elem. Bot.(Necker)3：129.

1790 ≡Dactylorhiza Neck. ex Nevski(1935)（保留属名）"是一个未合格发表的名称（Nom. inval.）；"Dactylorhiza（Neck. ex Nevski）Nevski(1935)"的命名人引证有误。多有文献仍用废弃属名"Coeloglossum Hartm.（1820）"为正名，包括《中国植物志》、《台湾植物志》和《中国兰花》。【分布】巴基斯坦，美国（阿拉斯加），中国，非洲北部，温带欧亚大陆。【后选模式】Dactylorhiza umbrosa（Kar. et Kir.）Nevski［Orchis umbrosus Kar. et Kir.］。【参考异名】Coeloglossum Hartm.（1820）（废弃属名）；Dactylorchis（Klinge）Verm.（1947）；Satyrium L.（1753）（废弃属名）▪●

14778 Dactylorhynchus Schltr.（1913）【汉】指喙兰属。【英】Orchid。【隶属】兰科 Orchidaceae。【包含】世界 1 种。【学名诠释与讨论】〈阳〉（希）daktylos，手指，足趾+rhynchos，喙。此属的学名是"Dactylorhynchus Schlechter, Repert. Spec. Nov. Regni Veg. Beih. 1：682.1 Dec 1912；890.1 Jul 1913"。亦有文献把其处理为"Bulbophyllum Thouars(1822)（保留属名）"的异名。【分布】新几内亚岛。【模式】Dactylorhynchus flavescens Schlecter。【参考异名】Bulbophyllum Thouars(1822)（保留属名）▪☆

14779 Dactylorrhiza Neck.（1790）Nom. inval.［兰科 Orchidaceae］▪☆

14780 Dactylostalix Rchb. f.（1878）【汉】指脊兰属。【隶属】兰科 Orchidaceae。【包含】世界 1 种。【学名诠释与讨论】〈阴〉（希）daktylos+stalix，所有格 stalikos 拴网的桩。指花柱形态。【分布】日本。【模式】Dactylostalix ringens H. G. Reichenbach。【参考异名】Pergamena Finet(1900)▪☆

14781 Dactylostegium Nees（1847）= Dicliptera Juss.（1807）（保留属名）［爵床科 Acanthaceae］▪

14782 Dactylostelma Schltr.（1895）【汉】指冠萝藦属。【隶属】萝藦科 Asclepiadaceae。【包含】世界 1 种。【学名诠释与讨论】〈中〉（希）daktylos，手指，足趾+stelma，王冠，花冠。【分布】玻利维亚。【模式】Dactylostelma boliviense Schlechter。☆

14783 Dactylostemon Klotzsch(1841)【汉】指蕊大戟属。【隶属】大戟科 Euphorbiaceae。【包含】世界 25 种。【学名诠释与讨论】〈阳〉（希）daktylos，手指，足趾 + stemon，雄蕊。此属的学名是"Dactylostemon Klotzsch, Arch. Naturgesch. 7（1）：181.1841"。亦有文献把其处理为"Actinostemon Mart. ex Klotzsch(1841)"的异名。【分布】巴拉圭，玻利维亚。【模式】Dactylostemon glabrescens Klotzsch。【参考异名】Actinostemon Mart. ex Klotzsch(1841)▪☆

14784 Dactylostigma D. F. Austin（1973）【汉】指柱旋花属。【隶属】旋花科 Convolvulaceae。【包含】世界 1 种。【学名诠释与讨论】〈中〉（拉）daktylos，手指，足趾+stigma，所有格 stigmatos，柱头，眼点。此属的学名是"Dactylostigma D. F. Austin, Phytologia 25：426. Apr 1973"。亦有文献把其处理为"Hildebrandtia Vatke（1876）"的异名。【分布】马达加斯加。【模式】Dactylostigma linearifolia D. F. Austin。【参考异名】Hildebrandtia Vatke(1876)▪☆

14785 Dactylostyles Scheidw.（1839）Nom. illegit. ≡Dactylostylis Scheidw.（1839）；~ = Zygostates Lindl.（1837）［兰科 Orchidaceae］▪☆

14786 Dactylostylis Scheidw.（1839）= Zygostates Lindl.（1837）［兰科 Orchidaceae］▪☆

14787 Dactylus Asch.（1864）Nom. illegit. ≡Dactylis L.（1753）；~ = Cynodon Rich.（1805）（保留属名）［禾本科 Poaceae（Gramineae）］▪

14788 Dactylus Burm. f.（1768）= Microstegium Nees(1836)［禾本科 Poaceae（Gramineae）］▪

14789 Dactylus Forssk.（1775）Nom. illegit. = Diospyros L.（1753）；~ = Cynodon Rich.（1805）（保留属名）［柿树科 Ebenaceae］●

14790 Dactymala Post et Kuntze（1903）= Chrysophyllum L.（1753）；~ = Dactimala Raf.（1838）Nom. illegit.；~ = Guersentia Raf.

（1838）；~ = Chrysophyllum L.（1753）［山榄科 Sapotaceae］●

14791 Dactyphyllum Endl.（1840）= Dactiphyllum Raf.（1819）；~ = Trifolium L.（1753）［豆科 Fabaceae（Leguminosae）//蝶形花科 Papilionaceae］▪

14792 Dadia Vell.（1829）【汉】达蒂菊属。【隶属】菊科 Asteraceae（Compositae）。【包含】世界 1 种。【学名诠释与讨论】〈阴〉词源不详。【分布】巴西。【模式】Dadia lixa Vellozo。▪☆

14793 Dadjoua Parsa（1960）【汉】伊朗石竹属。【隶属】石竹科 Caryophyllaceae。【包含】世界 1 种。【学名诠释与讨论】〈阴〉词源不详。【分布】伊朗。【模式】Dadjoua pteranthoidea A. Parsa。▪☆

14794 Daedalacanthus T. Anderson（1860）= Eranthemum L.（1753）［爵床科 Acanthaceae］●▪

14795 Daemia Poir.（1819）Nom. illegit. ≡Doemia R. Br.（1810）；~ = Pergularia L.（1767）［萝藦科 Asclepiadaceae］▪☆

14796 Daemia R. Br（1819）Nom. illegit. = Doemia R. Br.（1810）；~ = Pergularia L.（1767）［萝藦科 Asclepiadaceae］▪☆

14797 Daemonorops Blume ex Schult. f.（1830）Nom. illegit. ≡Daemonorops Blume(1830)［棕榈科 Arecaceae（Palmae）］●

14798 Daemonorops Blume(1830)【汉】黄藤属（白藤属，红藤属，龙黄藤属，麒麟竭属，提摩藤属，小藤属）。【日】ヒメトウ属。【英】Devil Rattan, Devilrattan, Rattan, Yellowvine。【隶属】棕榈科 Arecaceae（Palmae）。【包含】世界 115 种，中国 1 种。【学名诠释与讨论】〈阴〉（希）daimon，神，魔鬼+rhops，所有格 rhopos，灌木，矮树。指植株优美。此属的学名，ING 和 TROPICOS 记载是"Daemonorops Blume in J. A. Schultes et J. H. Schultes, Syst. Veg. 7：1333"。IK 则记载为"Daemonorops Blume ex Schult. f., Syst. Veg., ed. 15 bis［Roemer et Schultes］7（2）：1333.1830［Oct–Dec 1830］"。三者引用的文献相同。【分布】印度至马来西亚，中国。【模式】Daemonorops melanochaetes Blume。【参考异名】Canna Noronha, Nom. illegit.；Daemonorops Blume ex Schult. f.（1830）Nom. illegit. ●

14799 Daenikera Hurl. et Stauffer（1957）【汉】达尼木属。【隶属】檀香科 Santalaceae。【包含】世界 1 种。【学名诠释与讨论】〈阴〉（人）Albert Ulrich Daeniker，植物学者。【分布】法属新喀里多尼亚。【模式】Daenikera corallina Hürlimann et Stauffer。●☆

14800 Daenikeranthus Baum. - Bod.（1989）Nom. illegit. = Dracophyllum Labill.（1800）［尖苞木科 Epacridaceae//杜鹃花科（欧石南科）Ericaceae］●☆

14801 Dahlberga Cothen.（1790）Nom. inval. ≡Dalbergia L. f.［豆科 Fabaceae（Leguminosae）//蝶形花科 Papilionaceae］●

14802 Dahlbergia Raf. = Columnea L.（1753）；~ = Dalbergaria Tussac（1808）［苦苣苔科 Gesneriaceae］●☆

14803 Dahlgrenia Steyerm.（1952）= Dictyocaryum H. Wendl.（1860）［棕榈科 Arecaceae（Palmae）］●☆

14804 Dahlgrenodendron J. J. M. van der Merwe et A. E. van Wyk（1988）【汉】纳塔尔樟属。【隶属】樟科 Lauraceae。【包含】世界 1 种。【学名诠释与讨论】〈阴〉（人）Bror Eric Dahlgren，1877-1961，美国植物学者+dendron 或 dendros，树木，棍，丛林。此属的学名是"Dahlgrenodendron J. J. M. van der Merwe & A. E. van Wyk in J. J. M. van der Merwe et al., S. African J. Bot. 54：80.1 Feb 1988"。亦有文献把其处理为"Cryptocarya R. Br.（1810）（保留属名）"的异名。【分布】巴西（纳塔尔），南美洲。【模式】Dahlgrenodendron natalense（J. H. Ross）J. J. M. van der Merwe et A. E. van Wyk［Beilschmiedia natalensis J. H. Ross］。【参考异名】Cryptocarya R. Br.（1810）（保留属名）●☆

14805 Dahlia Cav.（1791）【汉】大丽花属。【日】ダリア属，テンジクボタン属，テンヂクボタン属。【俄】Георгина, Георгиния,

Далия。【英】Dahlia, Pompon。【隶属】菊科 Asteraceae (Compositae)。【包含】世界 15-40 种,中国 1 种。【学名诠释与讨论】〈阴〉(人) Anders Dahl (Andreas Dahlius),1751-1789,林奈的高足,瑞典植物学者,医生。【分布】巴拿马,玻利维亚,厄瓜多尔,哥伦比亚(安蒂奥基亚),墨西哥,尼加拉瓜,危地马拉,中国,中美洲。【模式】Dahlia pinnata Cavanilles。【参考异名】Georgina Willd. (1803) Nom. illegit. ■●

14806 Dahlia Thunb. (1792) Nom. illegit. ≡ Trichocladus Pers. (1807) [金缕梅科 Hamamelidaceae] ●☆

14807 Dahliaphyllum Constance et Breedlove(1994)【汉】大丽花叶属。【隶属】伞形花科(伞形科) Apiaceae(Umbelliferae)。【包含】世界 1 种。【学名诠释与讨论】〈中〉(属) Dahlia 大丽花属+希腊文 phyllon,叶子。phyllodes,似叶的,多叶的。phylleion,绿色材料,绿草。【分布】墨西哥。【模式】Dahliaphyllum almedae Constance et Breedlove。■☆

14808 Dahlstedtia Malme (1905)【汉】达氏豆属。【隶属】豆科 Fabaceae(Leguminosae)//蝶形花科 Papilionaceae。【包含】世界 1 种。【学名诠释与讨论】〈阴〉(人) Gustav Adolf Hugo Dahlstedt,1856-1934,瑞典植物学者。【分布】巴西,玻利维亚。【模式】Dahlstedtia pinnata (Bentham) Malme [Camptosema pinnatum Bentham]。■☆

14809 Dahuronia Scop. (1777) Nom. illegit. ≡ Moquilea Aubl. (1775); ~ = Licania Aubl. (1775) [金壳果科 Chrysobalanaceae//金棒科(金橡实科,可可李科) Prunaceae] ●☆

14810 Daiotyla Dressler(2005)= Chondrorhyncha Lindl. (1846) [兰科 Orchidaceae] ■☆

14811 Dais L. (1762)【汉】夏香属(篝火花属)。【日】ダイス属。【隶属】瑞香科 Thymelaeaceae。【包含】世界 2 种。【学名诠释与讨论】〈阴〉(希) dais,所有格 daidos,火炬,火把。指其花序。此属的学名,ING 记载是 "Dais Linnaeus, Sp. Pl. ed. 2. 556. Sep 1762"。IK 则记载为 "Dais Royen ex L., Sp. Pl., ed. 2. 1:556. 1762 [Sep 1762]"。"Dais Royen"是命名起点著作之前的名称,故 "Dais Royen ex L. (1762)" 和 "Dais L. (1762)" 都是合法名称,可以通用。【分布】非洲南部,马达加斯加。【模式】Dais cotinifolia Linnaeus。【参考异名】Dais Royen ex L. (1762) ●☆

14812 Dais Royen ex L. (1762) ≡ Dais L. (1762) [瑞香科 Thymelaeaceae] ●☆

14813 Daiswa Raf. (1838)【汉】蒴果重楼属。【隶属】百合科 Liliaceae//延龄草科(重楼科) Trilliaceae。【包含】世界 15 种。【学名诠释与讨论】〈阴〉dai swa,尼泊尔植物俗名。此属的学名是 "Daiswa Rafinesque,Fl. Tell. 4:18. 1838 (med.) ('1836')"。亦有文献把其处理为 "Paris L. (1753)" 的异名。【分布】缅甸(北部),印度(东北部),喜马拉雅山,中南半岛。【模式】Daiswa polyphylla (J. E. Smith) Rafinesque [as 'polyphyla'] [Paris polyphylla J. E. Smith]。【参考异名】Paris L. (1753) ■☆

14814 Daknopholis Clayton(1967)【汉】咬鳞草属。【隶属】禾本科 Poaceae(Gramineae)。【包含】世界 1 种。【学名诠释与讨论】〈阴〉(希) dakno,咬,叮+pholis,鳞甲。【分布】马达加斯加,非洲东部。【模式】Daknopholis boivinii (A. Camus) W. D. Clayton [Chloris boivinii A. Camus]。■☆

14815 Dalanum Dostál(1984) Nom. illegit. ≡ Galeopsis L. (1753) [唇形科 Lamiaceae(Labiatae)] ■

14816 Dalbergaria Tussac(1808)【汉】达尔苣苔属。【隶属】苦苣苔科 Gesneriaceae。【包含】世界 90-100 种。【学名诠释与讨论】〈阴〉(人) Karl von Dalberg,1744-1817,德国人+-arius,-aria,-arium,指示 "属于、相似、具有、联系" 的词尾。此属的学名是 "Dalbergaria Tussac,Fl. Antill. 1:141. 1808-1813"。亦有文献把

其处理为 "Alloplectus Mart. (1829)(保留属名)" 或 "Columnea L. (1753)" 的异名。【分布】玻利维亚,非洲,广泛分布。【模式】Dalbergaria phaenicea Tussac。【参考异名】Alloplectus Mart. (1829)(保留属名); Collandra Lem. (1847); Columnea L. (1753); Dahlbergia Raf. ●☆

14817 Dalbergia L. f. (1782)(保留属名)【汉】黄檀属(檀属)。【日】ツルサイカチ属。【俄】Дальбергия。【英】Brazil Rosewood,Cocobolo,Kingwood,Nicaragua Wood,Palisander,Rosewood。【隶属】豆科 Fabaceae(Leguminosae)//蝶形花科 Papilionaceae。【包含】世界 100-120 种,中国 31-36 种。【学名诠释与讨论】〈阴〉(人) Nicholas Dalberg,1736-1820,瑞典植物学者。另说纪念瑞典农场主 Carl Gustav Dahlberg,曾是林奈的植物采集员。此属的学名 "Dalbergia L. f.,Suppl. Pl. :52,316. Apr 1782" 是保留属名。相应的废弃属名是豆科 Fabaceae 的 "Amerimnon P. Browne,Civ. Nat. Hist. Jamaica:288. 10 Mar 1756 = Dalbergia L. f. (1782)(保留属名)"、"Ecastaphyllum P. Browne,Civ. Nat. Hist. Jamaica:299. 10 Mar 1756 = Dalbergia L. f. (1782)(保留属名)" 和 "Acouroa Aubl.,Hist. Pl. Guiane:753. Jun - Dec 1775 = Dalbergia L. f. (1782)(保留属名)"。豆科 Fabaceae 的 "Ecastaphyllum Adans.,Fam. Pl. (Adanson) 2:320. 1763 = Dalbergia L. f. (1782)(保留属名)" 亦应废弃。【分布】巴基斯坦,巴拉圭,巴拿马,玻利维亚,厄瓜多尔,非洲南部,哥斯达黎加,马达加斯加,尼加拉瓜,中国,热带和亚热带,中美洲。【模式】Dalbergia lancelaria Linnaeus f.。【参考异名】Acouba Aubl. (废弃属名); Acouroa Aubl. (1775)(废弃属名); Acuroa J. F. Gmel. (1792); Amerimnon P. Browne et Jacq. (1760) Nom. illegit. (废弃属名); Amerimnon P. Browne (1756)(废弃属名); Amerimnum Post et Kuntze (1903) Nom. illegit.; Amerimnum Scop. (1777); Coroya Pierre (1899); Dahlberga Cothen. (1790) Nom. inval.; Diastema L. f. ex B. D. Jacks. (1912); Draaksteinia Post et Kuntze (1903); Drakenstenia Neck. (1790) Nom. inval.; Ecastaphyllum Adans. (1763) Nom. illegit. (废弃属名); Ecastaphyllum P. Browne (1756)(废弃属名); Endespermum Blume (1823)(废弃属名); Endospermum Blume (1861)(废弃属名); Endospermum Endl. (1840)(废弃属名); Hecastophyllum Kunth (1823); Leiolobium Benth. (1838) Nom. illegit.; Mischolobium Post et Kuntze (1903); Miscolobium Vogel (1837); Monetaria Bronn; Podiopetalum Hochst. (1841); Pterocarpus P. J. Bergius (1769) Nom. illegit. (废弃属名); Securidaca L. (1753)(废弃属名); Semeionotis Schott ex Endl. (1829) Nom. illegit.; Semeionotis Schott (1829); Trioptolemea Benth. (1838) Nom. illegit.; Trioptolemea Mart. ex Benth. (1838); Triptolemaea Walp. (1842) Nom. illegit.; Triptolemea Mart. (1837) Nom. illegit. ●

14818 Dalbergiaceae Mart. = Fabaceae Lindl. (保留科名)// Leguminosae Juss. (1789)(保留科名) ●■

14819 Dalbergiella Baker f. (1928)【汉】小黄檀属。【隶属】豆科 Fabaceae(Leguminosae)。【包含】世界 3 种。【学名诠释与讨论】〈阴〉(属) Dalbergia 黄檀属+-ellus,-ella,-ellum,加在名词词干后面形成指小式的词尾。或加在人名、属名等后面以组成新属的名称。【分布】热带非洲南部。【模式】Dalbergiella welwitschii (J. G. Baker) E. G. Baker [Ostryocarpus welwitschii J. G. Baker]。●☆

14820 Dalea Cramer(废弃属名)= Petalostemon Michx. (1803) [as 'Petalostemum'](保留属名)[豆科 Fabaceae(Leguminosae)] ■☆

14821 Dalea Gaertn. (1788)(废弃属名)≡ Microdon Choisy (1823) [玄参科 Scrophulariaceae] ●☆

14822 Dalea Juss. (1789)(废弃属名)= Dalea L. (1758)(保留属名) [豆科 Fabaceae(Leguminosae)//蝶形花科 Papilionaceae] ●■☆

14823 Dalea L. (1758)(保留属名)【汉】戴尔豆属(针叶豆属)。

【日】ダレーア属。【英】Dalea。【隶属】豆科 Fabaceae（Leguminosae）//蝶形花科 Papilionaceae。【包含】世界 160 种。【学名诠释与讨论】〈阴〉（人）Samuel Dale,1659-1739,英国植物学者,医生,药剂师。此属的学名"Dalea L.,Opera Var.:244.1758"是保留属名。相应的废弃属名是茄科 Solanaceae 的"Dalea Mill.,Gard. Dict. Abr.,ed. 4:［433］.28 Jan 1754 ≡ Browallia L.（1753）"。玄参科 Scrophulariaceae 的"Dalea Gaertn.,Fruct. Sem. Pl. i. 235. t. 51（1788）≡ Microdon Choisy（1823）",菊科 Asteraceae//泽兰科 Eupatoriaceae］的"Dalea P. Browne, Hist. Jamaica 239. 10 Mar 1756 =Critonia P. Browne（1756）= Eupatorium L.（1753）",以及豆科 Fabaceae//蝶形花科 Papilionaceae 的"Dalea Juss.（1789）= Dalea L.（1758）（保留属名）"、"Dalea Cramer =Petalostemon Michx.（1803）［as ʻPetalostemumʼ］（保留属名）"和"Dalea L. ex Juss. =Dalea L.（1758）（保留属名）"亦应废弃。【分布】巴拿马,秘鲁,玻利维亚,厄瓜多尔,哥伦比亚（安蒂奥基亚）,哥斯达黎加,美国（密苏里）,尼加拉瓜,中美洲。【模式】Dalea alopecuroides Willdenow［Psoralea dalea Linnaeus］。【参考异名】Asagraea Baill.（1870）;Carroa C. Presl（1858）Nom. illegit.;Cylipogon Raf.（1819）;Cylopogon Post et Kuntze（1903）;Dalea Juss.（1789）（废弃属名）;Dalea L. ex Juss.（废弃属名）;Dalia St. -Lag.（1881）Nom. illegit.;Jamesia Raf.（1832）（废弃属名）;Kuhnistera Lam.（1792）（废弃属名）;Parosela Cav.（1802）;Parosella Cav. ex DC.（1825）;Petalostemon Michx.（1803）（保留属名）;Psorobatus Rydb.（1919）;Psorodendron Rydb.（1919）;Psorothamnus Rydb.（1919）;Thornbera Rydb.（1919）;Trichopodium C. Presl（1844）Nom. illegit. ●■☆

14824　Dalea L. ex Juss.（废弃属名）= Dalea L.（1758）（保留属名）［豆科 Fabaceae（Leguminosae）//蝶形花科 Papilionaceae］●■☆

14825　Dalea Mill.（1754）Nom. illegit.（废弃属名）≡ Browallia L.（1753）［茄科 Solanaceae］■☆

14826　Dalea P. Browne（1756）（废弃属名）= Critonia P. Browne（1756）; ~ = Eupatorium L.（1753）［菊科 Asteraceae（Compositae）//泽兰科 Eupatoriaceae］●

14827　Daleaceae Bercht. et J. Presl = Fabaceae Lindl.（保留科名）//Leguminosae Juss.（1789）（保留科名）●■

14828　Dalechampa Cothen.（1790）Nom. illegit. =? Dalechampia L.（1753）［大戟科 Euphorbiaceae］☆

14829　Dalechampia L.（1753）【汉】黄蓉花属（化妆木属）。【日】ケショウボク属,ダレカンピア属。【俄】Далешампия。【英】Dalechampia。【隶属】大戟科 Euphorbiaceae。【包含】世界 110-115 种,中国 1 种。【学名诠释与讨论】〈阴〉（人）Jacques Dalechamps（Dalechamp or dʼAlechamps）,1513-1588,法国医生,植物学者。此属的学名,ING 和 GCI 记载是"Dalechampia L.,Sp. Pl. 2:1054. 1753［1 May 1753］"。IK 则记载为"Dalechampia Plum. ex L.,Sp. Pl. 2:1054. 1753［1 May 1753］"。"Dalechampia Plum."是命名起点著作之前的名称,故"Dalechampia L.（1753）"和"Dalechampia Plum. ex L.（1753）"都是合法名称,可以通用。【分布】巴基斯坦,巴拉圭,巴拿马,秘鲁,玻利维亚,厄瓜多尔,哥伦比亚（安蒂奥基亚）,哥斯达黎加,马达加斯加,尼加拉瓜,中国,中美洲。【模式】Dalechampia scandens Linnaeus。【参考异名】Cremophyllum Scheidw.（1842）;Dalechampia Plum. ex L.（1753）;Dalechampsia Post et Kuntze（1903）;Rhopalostylis Klotzsch ex Baill.（1865）Nom. illegit. ●

14830　Dalechampia Plum. ex L.（1753）≡Dalechampia L.（1753）［大戟科 Euphorbiaceae］●

14831　Dalechampsia Post et Kuntze（1903）= Dalechampia L.（1753）［大戟科 Euphorbiaceae］●

14832　Dalembertia Baill.（1858）【汉】达来大戟属。【隶属】大戟科 Euphorbiaceae。【包含】世界 4 种。【学名诠释与讨论】〈阴〉（人）Dʼ Alembert。【分布】墨西哥。【模式】Dalembertia populifolia Baillon。【参考异名】Alcoceria Fernald（1901）☆

14833　Dalenia Korth.（1844）【汉】达伦野牡丹属。【隶属】野牡丹科 Melastomataceae。【包含】世界 3 种。【学名诠释与讨论】〈阴〉（人）Dalen。【分布】加里曼丹岛。【模式】Dalenia speciosa P. W. Korthals。●☆

14834　Dalhousiea Graham（1831-1832）Nom. inval. =Dalhousiea Wall. ex Benth.（1838）［豆科 Fabaceae（Leguminosae）//蝶形花科 Papilionaceae］■☆

14835　Dalhousiea Wall. ex Benth.（1837）【汉】光明豆属。【隶属】豆科 Fabaceae（Leguminosae）//蝶形花科 Papilionaceae。【包含】世界 1-3 种。【学名诠释与讨论】〈阴〉（地）Dalhousie,达尔豪西,位于印度。此属的学名,ING 和 TROPICOS 记载是"Dalhousiea Wallich ex Bentham, Commentat. Legum. Gener. 1, 5. Jun 1837"。"Dalhousiea Graham（1831-1832）Nom. inval. =Dalhousiea Wall. ex Benth.（1838）［豆科 Fabaceae（Leguminosae）//蝶形花科 Papilionaceae］"是一个未合格发表的名称（Nom. inval.）。【分布】孟加拉国,印度（东北部）,热带非洲西部。【模式】Dalhousiea bracteata（Roxburgh）Graham ex Bentham［Podalyria bracteata Roxburgh］。【参考异名】Dalhousiea Graham（1831-1832）Nom. inval. ■☆

14836　Dalia Endl.（1841）= Dulia Adans.（1763）Nom. illegit. ; ~ = Ledum L.（1753）［杜鹃花科（欧石南科）Ericaceae］●

14837　Dalia St. -Lag.（1881）Nom. illegit. =Dalea L.（1758）（保留属名）［豆科 Fabaceae（Leguminosae）//蝶形花科 Papilionaceae］●■☆

14838　Dalibarda Kalm ex L.（1753）≡Dalibarda L.（1753）; ~ =Rubus L.（1753）［蔷薇科 Rosaceae］●■

14839　Dalibarda L.（1753）= Rubus L.（1753）［蔷薇科 Rosaceae］●■

14840　Dallachya F. Muell.（1875）【汉】肖猫乳属。【隶属】鼠李科 Rhamnaceae。【包含】世界 1 种。【学名诠释与讨论】〈阴〉（人）John Dallachy,（1808?）1820-1871,英国园艺学者。此属的学名是"Dallachya F. v. Mueller, Fragm. 9: 140. Sep 1875"。亦有文献把其处理为"Rhamnella Miq.（1867）"的异名。【分布】澳大利亚（东部）。【模式】Dallachya vitiensis（Bentham）F. v. Mueller［Rhamnus vitiensis Bentham］。【参考异名】Rhamnella Miq.（1867）●☆

14841　Dallwatsonia B. K. Simon（1992）【汉】昆士兰水禾属。【隶属】禾本科 Poaceae（Gramineae）。【包含】世界 1 种。【学名诠释与讨论】〈阴〉（人）Dall Watson。【分布】澳大利亚（昆士兰）。【模式】Dallwatsonia felliana B. K. Simon。■☆

14842　Dalmatocytisus Trinajstić（2001）= Argyrolobium Eckl. et Zeyh.（1836）（保留属名）; ~ = Chamaecytisus Vis.（1852）［豆科 Fabaceae（Leguminosae）］●☆

14843　Dalrympelea Roxb.（1819）Nom. inval., Nom. nud. = Turpinia Vent.（1807）（保留属名）［省沽油科 Staphyleaceae］●

14844　Dalrymplea Roxb.（1824）Nom. inval.［无患子科 Sapindaceae］☆

14845　Dalucum Adans.（1763）Nom. illegit. ≡Melica L.（1753）［禾本科 Poaceae（Gramineae）//臭草科 Melicaceae］■

14846　Dalzellia Hassk.（1865）Nom. illegit. = Belosynapsis Hassk.（1871）; ~ = Cyanotis D. Don（1825）（保留属名）［鸭跖草科 Commelinaceae］■

14847　Dalzellia Wight（1852）【汉】川藻属。【英】Terniopsis。【隶属】髯管花科 Geniostomaceae。【包含】世界 4 种,中国 1 种。【学名诠释与讨论】〈阴〉（人）Nicol（Nicolas）Alexander Dalzell,1817-1878,英国植物学者,林务官,曾在印度采集标本。"Dalzellia R.

Wight, Icon. Pl. Ind. Or. 5（2）：34. Jan 1852"是一个替代名称。"Lawia Griffith ex L. R. Tulasne, Ann. Sci. Nat. Bot. ser. 3. 11：90, 112. Feb 1849"是一个非法名称（Nom. illegit.），因为此前已经有了"Lawia R. Wight, Calcutta J. Nat. Hist. 7：14. Apr 1846 = Mycetia Reinw.（1825）[茜草科 Rubiaceae]"。故用"Dalzellia Wight（1852）"替代之。"Mnianthus Walpers, Ann. Bot. Syst. 3：443. 24-25 Aug 1852"和"Terniola Tulasne, Arch. Mus. Hist. Nat. 6：189. 1852"是"Dalzellia Wight（1852）"的晚出的同模式异名（Homotypic synonym, Nomenclatural synonym）。"Dalzellia Hasskarl, Flora 48：593. 19 Dec 1865 = Belosynapsis Hassk.（1871）= Cyanotis D. Don（1825）（保留属名）"是晚出的非法名称。【分布】印度（南部），中国。【后选模式】Dalzellia zeylanica（Gardner）R. Wight［Tristicha zeylanica Gardner］。【参考异名】Indodalzellia Koi et M. Kato（2009）；Lawia Griff. ex Tul.（1849）Nom. illegit.；Lawia Tul.（1849）Nom. illegit.；Mnianthus Walp.（1852）Nom. illegit.；Terniola Tul.（1852）Nom. illegit.；Terniopsis H. C. Chao（1980）；Tulasnea Wight（1852）Nom. inval., Nom. illegit. ■

14848　Dalzielia Turrill（1916）【汉】达尔萝藦属。【隶属】萝藦科 Asclepiadaceae。【包含】世界 1 种。【学名诠释与讨论】〈阴〉（人）John McEwan Dalziel, 1872-1942, 英国植物学者, 医生。出生于印度。他曾到很多国家探险, 采集植物。【分布】非洲西部。【模式】Dalzielia lanceolata Turrill。■☆

14849　Damapana Adans.（1763）（废弃属名）= Smithia Aiton（1789）（保留属名）[豆科 Fabaceae（Leguminosae）//蝶形花科 Papilionaceae]●■

14850　Damasoniaceae Nakai（1943）[亦见 Alismataceae Vent.（保留科名）泽泻科]【汉】星果泽泻科。【包含】世界 1 属 3-5 种, 中国 1 属 1 种。【分布】欧洲, 地中海, 亚洲中部和西部, 澳大利亚, 美国（加利福尼亚）。【科名模式】Damasonium Mill.■

14851　Damasonium Adans.（1763）Nom. illegit. = Alisma L.（1753）[泽泻科 Alismataceae]■

14852　Damasonium Mill.（1754）【汉】星果泽泻属（星果泻属）。【俄】Звездоплодник。【英】Damasonium, Starfruit, Star - fruit, Thrumwort。【隶属】泽泻科 Alismataceae//星果泽泻科 Damasoniaceae。【包含】世界 3-5 种, 中国 1 种。【学名诠释与讨论】〈中〉（希）Damason, Damasonion, 希腊植物俗名。此属的学名, ING、APNI、GCI、TROPICOS 和 IK 记载为"Damasonium P. Miller, Gard. Dict. Abr. ed. 4. 28 Jan 1754"。泽泻科 Alismataceae 的"Damasonium Adanson, Fam. 2：458. Jul-Aug 1763 = Alisma L.（1753）"和水鳖科 Hydrocharitaceae 的"Damasonium Schreb., Gen. Pl., ed. 8 [a]. 242. 1789 [Apr 1789] ≡ Ottelia Pers.（1805）"均为晚出的非法名称。"Limnocharis Bonpland in Humboldt et Bonpland, Pl. Aequin. 1：116. Apr 1807（'1808'）"是"Damasonium Adans.（1763）Nom. illegit."的晚出的同模式异名（Homotypic synonym, Nomenclatural synonym）。TROPICOS 把"Damasonium Mill.（1754）"置于水鳖科 Hydrocharitaceae。【分布】澳大利亚, 巴基斯坦, 马达加斯加, 美国（加利福尼亚）, 中国, 地中海地区, 欧洲, 亚洲中部和西部。【后选模式】Damasonium alisma P. Miller［Alisma damasonium Linnaeus］。【参考异名】Actinocarpus R. Br.（1810）；Machaerocarpus Small（1909）■

14853　Damasonium Schreb.（1789）Nom. illegit. ≡ Ottelia Pers.（1805）[水鳖科 Hydrocharitaceae]■

14854　Damatras Rchb.（1841）Nom. illegit. ≡ Damatris Cass.（1817）[菊科 Asteraceae（Compositae）]■☆

14855　Damatrias Rchb.（1828）Nom. illegit. ≡ Damatris Cass.（1817）[菊科 Asteraceae（Compositae）]■☆

14856　Damatris Cass.（1817）= Haplocarpha Less.（1831）[菊科 Asteraceae（Compositae）]■☆

14857　Damburneya Raf.（1838）= Ocotea Aubl.（1775）[樟科 Lauraceae]●☆

14858　Dameria Endl.（1841）= Dauceria Dennst.（1818）；~ = Embelia Burm. f.（1768）（保留属名）[紫金牛科 Myrsinaceae//酸藤子科 Embeliaceae]●■

14859　Damironia Cass.（1828）= Helipterum DC. ex Lindl.（1836）Nom. confus.[菊科 Asteraceae（Compositae）]■☆

14860　Dammara Gaertn.（1791）Nom. illegit. = Protium Burm. f.（1768）（保留属名）[橄榄科 Burseraceae]●

14861　Dammara Lam.（1786）Nom. inval. = Agathis Salisb.（1807）（保留属名）[南洋杉科 Araucariaceae//贝壳杉科（落羽杉科）Taxodiaceae]●

14862　Dammara Link（1822）Nom. illegit. ≡ Agathis Salisb.（1807）（保留属名）[南洋杉科 Araucariaceae//贝壳杉科（落羽杉科）Taxodiaceae]●

14863　Dammaraceae Link（1830）= Arancariaceae Strasb. + Taxodiaceae Saporta（保留科名）●

14864　Dammaropsis Warb.（1891）= Ficus L.（1753）[桑科 Moraceae]●

14865　Dammera K. Schum. et Lanterb.（1900）= Licuala Thunb.（1782）Nom. illegit.[棕榈科 Arecaceae（Palmae）]●

14866　Dammera Lauterb. et K. Schum.（1900）Nom. illegit. ≡ Dammera K. Schum. et Lanterb.（1900）；~ = Licuala Thunb.（1782）Nom. illegit.[棕榈科 Arecaceae（Palmae）]●

14867　Damnacanthus C. F. Gaertn.（1805）【汉】虎刺属（伏牛花属）。【日】アリドオシ属, アリドホシ属。【俄】Дамнакант。【英】Damnacanthus, Tigerthorn。【隶属】茜草科 Rubiaceae。【包含】世界 6-13 种, 中国 12 种。【学名诠释与讨论】〈阳〉（希）damnao, 征服 + akanthos, 针, 刺。指植物具锐利的刺。【分布】中国, 东亚。【模式】Damnacanthus indicus C. F. Gaertner。【参考异名】Baumannia DC.（1834）；Tetraplasia Rehder（1920）●

14868　Damnamenia Given（1973）【汉】漆光菊属。【隶属】菊科 Asteraceae（Compositae）。【包含】世界 1 种。【学名诠释与讨论】〈阴〉（希）damnao, 征服 + menos, 力量。此属的学名是"Damnamenia D. R. Given, New Zealand J. Bot. 11：786. Dec 1973"。亦有文献把其处理为"Celmisia Cass.（1825）（保留属名）"的异名。【分布】新西兰（奥克兰）。【模式】Damnamenia vernicosa（J. D. Hooker）D. R. Given［Celmisia vernicosa J. D. Hooker］。【参考异名】Celmisia Cass.（1825）（保留属名）■☆

14869　Damnxanthodium Strother（1987）【汉】金黄菊属。【隶属】菊科 Asteraceae（Compositae）。【包含】世界 1 种。【学名诠释与讨论】〈中〉词源不详。【分布】墨西哥。【模式】Damnxanthodium calvum（J. M. Greenman）J. L. Strother［Perymenium calvum J. M. Greenman］。■☆

14870　Dampiera R. Br.（1810）【汉】耳冠草海桐属。【隶属】草海桐科 Goodeniaceae。【包含】世界 66 种。【学名诠释与讨论】〈阴〉（人）William Dampier, 1652/1651-1715, 英国人, 海盗, 植物采集家。【分布】澳大利亚。【后选模式】Dampiera incana R. Brown。【参考异名】Linschotenia de Vriese（1848）●■☆

14871　Damrongia Kerr ex Craib（1918）= Chirita Buch. -Ham. ex D. Don（1822）[苦苣苔科 Gesneriaceae]●■

14872　Danaa All.（1785）Nom. illegit.（废弃属名）≡ Physospermum Cusson（1782）[伞形花科（伞形科）Apiaceae（Umbelliferae）]■☆

14873　Danaa Colla（1835）Nom. illegit.（废弃属名）= Senecio L.（1753）[菊科 Asteraceae（Compositae）//千里光科 Senecionidaceae]■●

14874 Danae Medik. (1787) Nom. illegit. ≡ Danaidia Link (1829) [百合科 Liliaceae//假叶树科 Ruscaceae]●☆

14875 Danaida Rchb. (1841) Nom. inval. [百合科 Liliaceae//假叶树科 Ruscaceae]●☆

14876 Danaidia Link (1829)【汉】大王桂属（亚历山大月桂属）。【日】ダナーエ属。【俄】Вздутоплодник, Даная ветвистая, Пузыресеменник, Пузыресемянник。【英】Alexandrian Laurel。【隶属】百合科 Liliaceae//假叶树科 Ruscaceae。【包含】世界 1 种。【学名诠释与讨论】〈阴〉（人）Danae, 她是宙斯之子珀尔修斯 Perseus by Zeus 的母亲。此属的学名, ING、TROPICOS 和 IK 记载是"Danaidia Link, Handbuch [Link] i. 274 (1829)"; 它是"Danae Medikus, Malvenfam. 72. 1787 [non Danaa Allioni 1785 (nom. rej.), nec Danaea J. E. Smith 1793 (nom. cons.)]"的替代名称。【分布】巴尔干半岛, 亚洲西南部。【模式】Danaidia racemosa (Linnaeus) Link [Ruscus racemosus Linnaeus]。【参考异名】Danae Medik. (1787) Nom. illegit. ●☆

14877 Danais Comm. ex Vent. (1799)【汉】达奈茜属。【隶属】茜草科 Rubiaceae。【包含】世界 40 种。【学名诠释与讨论】〈阴〉词源不详。【分布】马达加斯加, 马斯克林群岛。【模式】Danais fragrans (Lamarck) Persoon [Paederia fragrans Lamarck]。【参考异名】Alleizettea Dubard et Dop (1925); Ambraria Fabr. (1763) Nom. illegit.; Ambraria Heist. (1748) Nom. inval.; Ambraria Heist. ex Fabr. (1763) Nom. illegit.; Ancylanthos Desf. (1818)●☆

14878 Danatophorus Blume (1849) = Harpullia Roxb. (1824) [无患子科 Sapindaceae]●

14879 Danbya Salisb. (1866) = Bomarea Mirb. (1804) [百合科 Liliaceae//六出花科（彩花扭柄科, 扭柄叶科）Alstroemeriaceae]■☆

14880 Dancera Raf. (1838) = Clidemia D. Don (1823) [野牡丹科 Melastomataceae]●☆

14881 Dandya H. E. Moore (1953)【汉】丹迪百合属。【隶属】百合科 Liliaceae//葱科 Alliaceae。【包含】世界 1-4 种。【学名诠释与讨论】〈阴〉（人）James Edgar Dandy, 1903-1976, 英国植物学者。【分布】墨西哥。【模式】Dandya purpusii (T. S. Brandegee) H. E. Moore [Muilla purpusii T. S. Brandegee]。■☆

14882 Dangervilla Ven. (1829) = Angostura Roem. et Schult. (1819) [芸香科 Rutaceae]●☆

14883 Danguya Benoist (1930)【汉】丹古爵床属。【隶属】爵床科 Acanthaceae。【包含】世界 1 种。【学名诠释与讨论】〈阴〉（人）Paul Auguste Danguy, 1862-1942, 法国植物学者。【分布】马达加斯加。【模式】Danguya pulchella Benoist。☆

14884 Danguyodrypetes Léandri (1939)【汉】丹古木属。【隶属】大戟科 Euphorbiaceae。【包含】世界 1 种。【学名诠释与讨论】〈阴〉（人）Paul Auguste Danguy, 1862-1942, 法国植物学者 +（属）Drypetes 核果木属（核实木属, 核实属, 环蕊木属, 铁色属）。【分布】马达加斯加。【模式】Danguyodrypetes manongarivensis Léandri。●☆

14885 Danhatchia Garay et Christenson (1995) = Yoania Maxim. (1872) [兰科 Orchidaceae]■

14886 Danielia (DC.) Lem. (1869) Nom. illegit. = Crassula L. (1753); ~ = Rochea DC. (1802)（保留属名）[景天科 Crassulaceae]●■☆

14887 Danielia Lem. (1869) Nom. illegit. ≡ Danielia (DC.) Lem. (1869) Nom. illegit.; ~ = Crassula L. (1753); ~ = Rochea DC. (1802)（保留属名）[景天科 Crassulaceae]●■☆

14888 Danielia Mello ex B. Verl. (1868) Nom. illegit. = Mansoa DC. (1838) [紫葳科 Bignoniaceae]●☆

14889 Daniella Benn. (1865) Nom. illegit. ≡ Daniellia Benn. (1855) [豆科 Fabaceae(Leguminosae)]●☆

14890 Daniella Mello (1868) Nom. illegit. ≡ Danielia Mello ex B. Verl. (1868) Nom. illegit.; ~ = Mansoa DC. (1838) [紫葳科 Bignoniaceae]●☆

14891 Daniella Willis, Nom. inval. = Daniellia Benn. (1855) [豆科 Fabaceae(Leguminosae)]●☆

14892 Daniellia Benn. (1854)【汉】丹尼尔苏木属（丹尼苏木属, 西非苏木属）。【英】Bumbo。【隶属】豆科 Fabaceae(Leguminosae)//云实科（苏木科）Caesalpiniaceae。【包含】世界 8-9 种。【学名诠释与讨论】〈阴〉（人）William Freeman Daniell, 1818-1865, 英国植物学者。此属的学名, ING、TROPICOS 和 IK 记载是"Daniellia J. J. Bennett, Pharm. J. Trans. 14: 252. Dec 1854"。"Daniella Benn., Genera Plantarum 1: 580. 1865"是"Daniellia Benn. (1854)"的拼写变体。【分布】热带非洲西部。【模式】Daniellia thurifera J. J. Bennett。【参考异名】Cyanothyrsus Harms (1897); Daniella Benn. (1865) Nom. illegit.; Daniella Willis, Nom. inval.; Paradaniellia Rolfe (1912)●☆

14893 Dankia Gagnep. (1939)【汉】丹基茶属。【隶属】山茶科（茶科）Theaceae。【包含】世界 1 种。【学名诠释与讨论】〈阴〉（人）Danki。【分布】中南半岛。【模式】Dankia langbianensis Gagnepain。●☆

14894 Dansera Steenis (1948) Nom. illegit. = Dialium L. (1767) [豆科 Fabaceae(Leguminosae)//云实科（苏木科）Caesalpiniaceae]●☆

14895 Danserella Balle (1955) = Oncocalyx Tiegh. (1895) [桑寄生科 Loranthaceae]●☆

14896 Dansiea Byrnes (1981)【汉】昆士兰使君子属。【隶属】使君子科 Combretaceae。【包含】世界 2 种。【学名诠释与讨论】〈阴〉（人）S. J. Dansie, 昆士兰林务官, 植物采集家。【分布】澳大利亚（昆士兰）。【模式】Dansiea elliptica N. B. Byrnes。●☆

14897 Danthia Steud. (1840) = Dantia Boehm. (1760) Nom. superfl.; ~ = Ludwigia L. (1753) [柳叶菜科 Onagraceae]●■

14898 Danthonia DC. (1805)（保留属名）【汉】扁芒草属（邓氏草属）。【俄】Дантония, Зиглингия。【英】Danthonia, Heath Grass, Heath-grass, Sieglingia, Wallaby Grass, Wild Oatgrass。【隶属】禾本科 Poaceae(Gramineae)。【包含】世界 20-130 种, 中国 2 种。【学名诠释与讨论】〈阴〉（人）D. Etienne Danthoine, 法国植物学者, 生活于 18 世纪末 19 世纪初。此属的学名"Danthonia DC. in Lamarck et Candolle, Fl. Franç., ed. 3, 3: 32. 17 Sep 1805"是保留属名。相应的废弃属名是禾本科 Poaceae(Gramineae) 的"Sieglingia Bernh., Syst. Verz.: 44. 1800 = Danthonia DC. (1805)（保留属名）"。"Danthonia Lam. et DC. (1805) ≡ Danthonia DC. (1805)（保留属名）[禾本科 Poaceae(Gramineae)]"的命名人引证有误, 亦应废弃。【分布】巴基斯坦, 秘鲁, 玻利维亚, 厄瓜多尔, 哥伦比亚（安蒂奥基亚）, 哥斯达黎加, 马达加斯加, 美国（密苏里）, 中国, 非洲, 中美洲, 热带和温带。【模式】Danthonia spicata (Linnaeus) J. J. Roemer et J. A. Schultes [Avena spicata Linnaeus]。【参考异名】Brachatera Desv. (1810) Nom. illegit.; Brachyathera Kuntze, Nom. illegit.; Brachyathera Post et Kuntze (1903) Nom. illegit.; Centropodia (R. Br.) Rchb. (1829); Danthonia Lam. et DC. (1805) Nom. illegit.（废弃属名）; Dasychloa Post et Kuntze (1903); Dasyochloa Willd. ex Steud. (1840) Nom. inval., Nom. nud.; Dauthonia Link (1829); Joycea H. P. Linder (1996); Leptopyrum Raf. (1808); Merathrepta Raf. (1830) Nom. illegit.; Monacather Benth. (1881); Monachather Steud. (1854); Notodanlhonia Zotov (1963); Pentameris P. Beauv. (1812); Plinthanthesis Steud. (1853); Rytidosperma Steud. (1854); Sieglingia Bernh. (1800)（废弃属名）; Thonandia H. P. Linder (1996) Nom. illegit.; Triodon Baumg. (1817) Nom. illegit.

Wilibald – schmidtia Conrad, Nom. illegit.; Wilibald – Schmidtia Seidel; Xenochloa Licht. (1817) Nom. illegit.; Xenochloa Licht. ex Roem. et Schult. (1817); Xenochloa Roem. et Schult. (1817) Nom. illegit. ■

14899 Danthonia Lam. et DC. (1805) Nom. illegit. (废弃属名) ≡ Danthonia DC. (1805) (保留属名) [禾本科 Poaceae (Gramineae)] ■

14900 Danthoniastrum (Holub) Holub (1970) = Metcalfia Conert (1960) [禾本科 Poaceae (Gramineae)] ■☆

14901 Danthonidium C. E. Hubb. (1937)【汉】印度扁芒草属。【隶属】禾本科 Poaceae (Gramineae)。【包含】世界1种。【学名诠释与讨论】〈中〉(属) Danthonia 扁芒草属 (邓氏草属) +-idius, -idia, -idium, 指示小的词尾。【分布】印度。【模式】Danthonidium gammiei (Bhide) C. E. Hubbard [Danthonia gammiei Bhide]。■☆

14902 Danthoniopsis Stapf (1916)【汉】拟扁芒草属。【隶属】禾本科 Poaceae (Gramineae)。【包含】世界20种。【学名诠释与讨论】〈阴〉(属) Danthonia 扁芒草属 (邓氏草属) +希腊文 opsis, 外观, 模样, 相似。【分布】阿拉伯地区, 非洲。【模式】Danthoniopsis gossweileri Stapf。【参考异名】Gazachloa J. B. Phipps (1964); Jacquesfelixia J. B. Phipps (1964); Petrina J. B. Phipps (1964); Pleioneura (C. E. Hubb.) J. B. Phipps (1973) Nom. illegit.; Rattraya J. B. Phipps (1964); Xerodanthia J. B. Phipps (1966) ■☆

14903 Danthorhiza Ten. (1811–1815) = Helictotrichon Besser (1827) [禾本科 Poaceae (Gramineae)] ■

14904 Dantia Boehm. (1760) Nom. superfl. ≡ Isnardia L. (1753); ~ = Ludwigia L. (1753) [柳叶菜科 Onagraceae] ●■

14905 Dantia Lippi ex Choisy (1849) Nom. inval., Nom. illegit. = Boerhavia L. (1753) [紫茉莉科 Nyctaginaceae] ■

14906 Danubiunculus Sailer (1845) = Limosella L. (1753) [玄参科 Scrophulariaceae//婆婆纳科 Veronicaceae//水茫草科 Limosellaceae] ■

14907 Danxiaorchis J. W. Zhai, F. W. Xing et Z. J. Liu (2013)【汉】丹霞兰属。【隶属】兰科 Orchidaceae。【包含】世界1种, 中国1种。【学名诠释与讨论】〈阴〉(中) danxia, 丹霞 + orchis, 所有格 orchidis, 兰。【分布】中国。【模式】Danxiaorchis singchiana J. W. Zhai, F. W. Xing et Z. J. Liu。■

14908 Danzleria Bert. ex DC. (1844) = Diospyros L. (1753) [柿树科 Ebenaceae] ●

14909 Dapania Korth. (1854)【汉】五星藤属。【隶属】酢浆草科 Oxalidaceae。【包含】世界3种。【学名诠释与讨论】〈阴〉词源不详。【分布】马达加斯加, 马来西亚 (西部)。【模式】Dapania racemosa P. W. Korthals。●☆

14910 Dapedostachys Börner (1913) = Carex L. (1753) [莎草科 Cyperaceae] ■

14911 Daphmanthus F. K. Ward (1933) = ? Daphne L. (1753) [瑞香科 Thymelaeaceae] ●

14912 Daphnaceae Vent. (1799) = Thymelaea Mill. (1754) (保留属名) ●■

14913 Daphnandra Benth. (1870)【汉】桂雄属 (桂雄香属, 花桂属, 瑞香楠属)。【隶属】香材树科 (杯轴花科, 黑檫木科, 芒籽科, 蒙立米科, 檬立木科, 香材木科, 香树木科) Monimiaceae。【包含】世界5-6种。【学名诠释与讨论】〈阴〉(属) Daphne 瑞香属 +aner, 所有格 andros, 雄性, 雄蕊。【分布】澳大利亚, 新几内亚岛。【模式】Daphnandra micrantha (Tulasne) Bentham [Atherosperma micranthum Tulasne]。●☆

14914 Daphne L. (1753)【汉】瑞香属 (芫花属)。【日】ジンチョウゲ属, ヂンチャウゲ属, ヂンチョウゲ属。【俄】Волчеягодник, Волчник, Дафна, Лаврушка。【英】Bay, Daphne, Garland Flower, Mezercon, Spage Laurel。【隶属】瑞香科 Thymelaeaceae。【包含】世界50-95种, 中国52种。【学名诠释与讨论】〈阴〉(希) daphne, 月桂树 Laurus nobilis 的古名, 来自希腊神话中一女神名 Daphne 达佛涅, 她因被坠入情网的太阳神阿波罗追逐时, 恳求众神援助而变成月桂树。林奈转用为本属。此属的学名, ING、APNI、GCI、TROPICOS 和 IK 记载为 "Daphne L., Sp. Pl. 1: 356. 1753 [1 May 1753]"。"Laureola J. Hill, Brit. Herb. 159. 15 Mai 1756" 和 "Thymelaea Adanson, Fam. 2: 285. Jul – Aug 1763" 是 "Daphne L. (1753)" 的晚出的同模式异名 (Homotypic synonym, Nomenclatural synonym)。"Daphne J. E. Smith in Rees, Cyclopaedia 11: [s. n.]. 23 Sep 1808 [杜鹃花科 (欧石南科) Ericaceae]" 是晚出的非法名称。【分布】澳大利亚, 巴基斯坦, 中国, 非洲北部, 欧洲, 太平洋地区, 温带和亚热带亚洲, 中美洲。【后选模式】Daphne laureola Linnaeus。【参考异名】Daphmanthus F. K. Ward (1933); Eriosolena Blume (1826); Farreria Balf. f. et W. W. Sm. ex Farrer (1917); Laureola Hill (1756) Nom. illegit.; Mezereum C. A. Mey. (1843); Mistralia Fourr. (1869); Pentathymelaea Lecomte (1916); Roumea Wall. ex Meisn.; Sanamunda Neck. (1790) Nom. inval., Nom. illegit.; Scopolia L. f. (1782) Nom. illegit. (废弃属名); Thymelaea Adans. (1763) Nom. illegit. (废弃属名); Thymelaea Mill. (1754) (保留属名); Tumelaia Raf. (1838) ●

14915 Daphne Sm. (1808) Nom. illegit. [杜鹃花科 (欧石南科) Ericaceae] ●

14916 Daphnephyllum Hassk. (1844) = Daphniphyllum Blume (1827) [虎皮楠科 (交让木科) Daphniphyllaceae] ●

14917 Daphnicon Pohl (1825) = Tontelea Miers (1872) (保留属名) [as 'Tontelia'] [翅子藤科 Hippocrateaceae//卫矛科 Celastraceae] ●

14918 Daphnidium Nees (1831) = Lindera Thunb. (1783) (保留属名) [樟科 Lauraceae] ●

14919 Daphnidostaphylis Klotzsch (1851) = Arctostaphylos Adans. (1763) (保留属名) [杜鹃花科 (欧石南科) Ericaceae//熊果科 Arctostaphylaceae] ●☆

14920 Daphniluma Baill. (1890) Nom. inval. = Pouteria Aubl. (1775) [山榄科 Sapotaceae] ●

14921 Daphnimorpha Nakai (1937)【汉】肖瑞香属。【隶属】瑞香科 Thymelaeaceae。【包含】世界2种。【学名诠释与讨论】〈阴〉(属) Daphne 瑞香属 (芫花属) +morphe, 形状。此属的学名是 "Daphnimorpha Nakai, J. Jap. Bot. 13: 884. 1937"。亦有文献把其处理为 "Wikstroemia Endl. (1833) [as 'Wickstroemia'] (保留属名)" 的异名。【分布】日本。【模式】Daphnimorpha kudoi (Makino) Nakai [Wikstroemia kudoi Makino]。【参考异名】Wikstroemia Endl. (1833) [as 'Wickstroemia'] (保留属名) ●☆

14922 Daphniphyllaceae Müll. Arg. (1869) (保留科名)【汉】虎皮楠科 (交让木科)。【日】ユズリハ科。【英】Daphniphyllum Family。【包含】世界1属10-30种, 中国1属17种。【分布】东亚, 马来西亚。【科名模式】Daphniphyllum Blume ●

14923 Daphniphyllopsis Kurz (1876)【汉】拟虎皮楠属。【隶属】蓝果树科 (珙桐科, 紫树科) Nyssaceae//山茱萸科 Cornaceae。【包含】世界1种。【学名诠释与讨论】〈阴〉(属) Daphniphyllum 虎皮楠属 + 希腊文 opsis, 外观, 模样, 相似。此属的学名是 "Daphniphyllopsis S. Kurz, J. Asiat. Soc. Bengal, Pt. 2, Nat. Hist. 44: 201. 13 Jan 1876 ('1875')"。亦有文献把其处理为 "Nyssa L. (1753)" 的异名。【分布】喜马拉雅山。【模式】Daphniphyllopsis capitata S. Kurz, Nom. illegit. [Ilex daphniphylloides Kurz]。【参考异名】Daphnophyllopsis Post et Kuntze (1903); Nyssa L. (1753) ●☆

14924 Daphniphyllum Blume（1827）【汉】虎皮楠属（交让木属）。【日】ユヅリハ属。【俄】Дафнифиллум，Дафнифиллюм。【英】Daphniphyllum，Tigernanmu。【隶属】虎皮楠科（交让木科）Daphniphyllaceae。【包含】世界 10-30 种，中国 17 种。【学名诠释与讨论】〈中〉（希）daphne，月桂树+phyllon，叶子。指叶形似月桂树 Laurus nobilis。【分布】朝鲜，马来西亚，日本，斯里兰卡，印度，中国，东喜马拉雅山。【模式】Daphniphyllum glaucescens Blume。【参考异名】Daphnephyllum Hassk.（1844）；Daphnophyllum Post et Kuntze（1903）；Goughia Wight（1852）；Goughia Wight（1879）Nom. illegit.；Gyrandra Wall.（1847）Nom. illegit. ●

14925 Daphnitis Spreng.（1824）Nom. illegit. ≡ Laurophyllus Thunb.（1792）；~ = Botryceras Willd.（1811）［漆树科 Anacardiaceae］●☆

14926 Daphnobryon Meisn.（1856）= Drapetes Banks ex Lam.（1792）［瑞香科 Thymelaeaceae］●☆

14927 Daphnophyllopsis Post et Kuntze（1903）= Daphniphyllopsis Kurz（1876）；~ = Nyssa L.（1753）［蓝果树科（珙桐科，紫树科）Nyssaceae//山茱萸科 Cornaceae］●

14928 Daphnophyllum Post et Kuntze（1903）= Daphniphyllum Blume（1827）［虎皮楠科（交让木科）Daphniphyllaceae］●

14929 Daphnopsis Mart.（1824）【汉】拟瑞香属（假瑞香属）。【隶属】瑞香科 Thymelaeaceae。【包含】世界 55-65 种。【学名诠释与讨论】〈阴〉（属）Daphne 瑞香属（荛花属）+希腊文 opsis，外观，模样。【分布】阿根廷，巴拿马，秘鲁，玻利维亚，厄瓜多尔，哥伦比亚（安蒂奥基亚），墨西哥，尼加拉瓜，西印度群岛，中美洲。【模式】Daphnopsis brasiliensis C. F. P. Martius。【参考异名】Bosca Vell.（1829）；Boscoa Post et Kuntze（1903）；Coleophora Miers（1851）；Gastrilia Raf.（1838）；Hargasseria C. A. Mey.（1843）；Hargasseria Schiede et Deppe ex C. A. Mey.（1843）；Hyptiodaphne Urb.（1901）；Nordmannia Fisch. et C. A. Mey.（1843）Nom. illegit.；Nordmannia Fisch. et C. A. Mey. ex C. A. Mey.（1843）Nom. illegit. ●☆

14930 Daphonanthe Schrad. ex Nees = Calyptrocarya Nees（1834）［莎草科 Cyperaceae］■☆

14931 Dapsilanthus B. G. Briggs et L. A. S. Johnson（1998）【汉】薄果草属。【隶属】帚灯草科 Restionaceae。【包含】世界 4 种，中国 1 种。【学名诠释与讨论】〈阳〉（希）dapsiles，丰富的，充足的+anthos，花。antheros，多花的。antheo，开花。【分布】澳大利亚，哥伦比亚，老挝，马来西亚，泰国，印度尼西亚，越南，中国，新几内亚岛。【模式】Dapsilanthus elatior（R. Brown）B. G. Briggs et L. A. S. Johnson［Leptocarpus elatior R. Brown］。【参考异名】Leptocarpus R. Br.（1810）（保留属名）■

14932 Darbya A. Gray（1846）= Buckleya Torr.（1843）（保留属名）［檀香科 Santalaceae］●

14933 Darcya B. L. Turner et C. C. Cowan（1993）【汉】达西婆婆纳属。【隶属】玄参科 Scrophulariaceae//婆婆纳科 Veronicaceae。【包含】世界 3 种。【学名诠释与讨论】〈阴〉（人）Darcy。【分布】巴拿马，哥斯达黎加，中美洲。【模式】Darcya reliquiarum（W. G. D'Arcy）B. L. Turner et C. Cowan［Stemodia reliquiarum W. G. D'Arcy］。【参考异名】Darcya Hunz.（2000）Nom. illegit. ■☆

14934 Darcya Hunz.（2000）Nom. illegit. = Darcyanthus Hunz.（2000）Nom. inval.；~ = Physalis L.（1753）［茄科 Solanaceae］■

14935 Darcyanthus Hunz.（2000）Nom. inval. = Physalis L.（1753）［茄科 Solanaceae］■

14936 Dardanis Raf.（1840）= Ferula L.（1753）；~ = Peucedanum L.（1753）［伞形花科（伞形科）Apiaceae（Umbelliferae）］■

14937 Dargeria Decne.（1843）= Leptorhabdos Schrenk（1841）［玄参科 Scrophulariaceae//列当科 Orobanchaceae］■

14938 Dargeria Decne. ex Jacq.（1843）Nom. illegit. ≡ Dargeria Decne.（1843）；~ = Leptorhabdos Schrenk（1841）［玄参科 Scrophulariaceae//列当科 Orobanchaceae］■

14939 Darion Raf.（1840）Nom. illegit. ≡ Kundmannia Scop.（1777）（保留属名）［伞形科（伞形科）Apiaceae（Umbelliferae）］■☆

14940 Darlingia F. Muell.（1866）【汉】达林木属。【隶属】山龙眼科 Proteaceae。【包含】世界 2 种。【学名诠释与讨论】〈阴〉（人）Charles Henry Darling, 1809-1870。另说纪念植物学者 Samuel Taylor Darling, 1872-?。【分布】澳大利亚（昆士兰）。【模式】Darlingia spectatissima F. v. Mueller, Nom. illegit.［Helicia darlingiana F. v. Mueller］。●☆

14941 Darlingtonia DC.（1825）（废弃属名）= Desmanthus Willd.（1806）（保留属名）［豆科 Fabaceae（Leguminosae）//含羞草科 Mimosaceae］■☆

14942 Darlingtonia Torr.（1851）（废弃属名）= Styrax L.（1753）［安息香科（齐墩果科，野茉莉科）Styracaceae］●

14943 Darlingtonia Torr.（1853）（保留属名）【汉】眼镜蛇草属（加州瓶子草属）。【日】ダーリングトニア属，ランチュウソウ属。【俄】Дарлингтония。【英】California Pitcher, California Pitcher Plant, California Pitcherplant, Pitcher Plants。【隶属】瓶子草科（管叶草科，管子草科）Sarraceniaceae。【包含】世界 1 种。【学名诠释与讨论】〈阴〉（人）William Darlington, 1782-1863, 美国植物学者，医生。此属的学名"Darlingtonia Torr. in Smithsonian Contr. Knowl. 6（4）：4. Apr 1853"是保留属名。相应的废弃属名是"Darlingtonia DC. in Ann. Sci. Nat.（Paris）4：97. Jan 1825 = Desmanthus Willd.（1806）（保留属名）［豆科 Fabaceae（Leguminosae）//含羞草科 Mimosaceae］"。"Darlingtonia Torr., Proc. Amer. Assoc. Advancem. Sci. 4：191. 1851 = Styrax L.（1753）［安息香科（齐墩果科，野茉莉科）Styracaceae］"亦应废弃。"Chrysamphora E. L. Greene, Pittonia 2：191. 15 Sep 1891"是"Darlingtonia Torr.（1853）（保留属名）"的晚出的同模式异名（Homotypic synonym, Nomenclatural synonym）。【分布】美国（加利福尼亚）。【模式】Darlingtonia rediviva J. Torrey。【参考异名】Chrysamphora Greene（1891）Nom. illegit. ■☆

14944 Darluca Raf.（1820）= Bouvardia Salisb.（1807）［茜草科 Rubiaceae］●■☆

14945 Darluca Raf.（1838）Nom. illegit. =? Evolvulus L.（1762）［旋花科 Convolvulaceae］●■

14946 Darmera Voss（1899）【汉】雨伞草属（盾叶属）。【日】ペルティフィルーム属。【俄】Пельтифиллум。【英】Indian-rhubarb, Saxifrage, Umbrella Plant。【隶属】虎耳草科 Saxifragaceae。【包含】世界 1 种。【学名诠释与讨论】〈阴〉（人）Karl Darmer, 1843-1918, 德国园艺家。此属的学名"Darmera A. Voss, Gärtn. Zentralbl. 1：645. Nov 1899"是一个替代名称。"Peltiphyllum Engler in Engler et Prantl, Nat. Pflanzenfam. 3（2a）：61. Jan 1891"是一个非法名称（Nom. illegit.），因为此前已经有了"Peltophyllum G. Gardner, Proc. Linn. Soc. London 1：176. 9 Aug 1843［霉草科 Triuridaceae］"。故用"Darmera Voss（1899）"替代之。亦有文献把"Darmera Voss（1899）"处理为"Peltiphyllum（Engl.）Engl.（1891）Nom. illegit."的异名。【分布】美国，太平洋地区。【模式】Darmera peltata（Torrey ex Bentham）A. Voss［Saxifraga peltata Torrey ex Bentham］。【参考异名】Peltiphyllum（Engl.）Engl.（1891）Nom. illegit.；Peltiphyllum Engl.（1891）Nom. illegit. ■☆

14947 Darniella Maire et Weiller（1939）= Salsola L.（1753）［藜科 Chenopodiaceae//猪毛菜科 Salsolaceae］●■

14948 Dartus Lour.（1790）= Maesa Forssk.（1775）［紫金牛科

Myrsinaceae//杜茎山科 Maesaceae]●

14949　Darwinia Dennst. (1818) Nom. illegit. , Nom. inval. = Litsea Lam. (1792)(保留属名)[樟科 Lauraceae]●

14950　Darwinia Raf. (1817) Nom. illegit. = Monoplectra Raf. (1817); ~ = Sesbania Scop. (1777) (保留属名)[豆科 Fabaceae (Leguminosae)//蝶形花科 Papilionaceae]●■

14951　Darwinia Rudge(1816)【汉】达尔文木属(达尔文属)。【日】ダーウィニア属。【英】Umbrella Plant。【隶属】桃金娘科 Myrtaceae。【包含】世界 45 种。【学名诠释与讨论】〈阴〉(人) Dr. Erasmus Darwin, 1731-1803, 达尔文, 英国医生。他是著名科学家达尔文(Charles Robert Darwin, 1809-1882)的祖父。此属的学名, ING、APNI、TROPICOS 和 IK 记载是"Darwinia Rudge, Trans. Linn. Soc. London 11:299. t. 22. 24 Jan 1816('1815')"。"Darwinia Raf. , Fl. Ludov. 106. 1817[Oct-Dec 1817]= Monoplectra Raf. (1817) = Sesbania Scop. (1777)(保留属名)[豆科 Fabaceae(Leguminosae)//蝶形花科 Papilionaceae]"和"Darwinia Dennst. , Schluess. Malab. 31(1818)= Litsea Lam. (1792)(保留属名)[樟科 Lauraceae]"是晚出的非法名称。"Francisia Endlicher, Gen. 1226. Aug 1840(non Francisea Pohl 1826)"是"Darwinia Rudge(1816)"的晚出的同模式异名(Homotypic synonym, Nomenclatural synonym)。"Darwynia Rchb. , Deut. Bot. Herb. -Buch 176. 1841[Jul 1841]"是"Darwinia Rudge (1816)"的拼写变体。【分布】澳大利亚。【模式】Darwinia fascicularis Rudge。【参考异名】Cryptostemon F. Muell. ex Miq. (1856); Darwynia Rchb. (1841) Nom. illegit. ; Francisia Endl. (1840) Nom. illegit. ; Genetyllis DC. (1828); Hedaroma Lindl. (1839); Polyzone Endl. (1839); Schuermannia F. Muell. (1853)●☆

14952　Darwiniana Lindl. = Darwinia Dennst. (1818) Nom. illegit. ; ~ = Litsea Lam. (1792)(保留属名)[樟科 Lauraceae]●

14953　Darwiniella Braas et Lückel (1982) Nom. illegit. = Stellilabium Schltr. (1914); ~ = Trichoceros Kunth(1816)[兰科 Orchidaceae]■☆

14954　Darwiniera Braas et Lückel(1982)【汉】达尔文兰属。【隶属】兰科 Orchidaceae。【包含】世界 1 种。【学名诠释与讨论】〈阴〉(人) Dr. Erasmus Darwin, 1731-1803, 达尔文, 英国科学家。此属的学名"Darwiniera L. A. Braas et E. Lückel, Orchidee (Hamburg) 33:212. Nov 1982"是一个替代名称。"Darwiniella L. A. Braas et E. Lückel, Orchidee (Hamburg) 33:168. Sep 1982"是一个非法名称(Nom. illegit.), 因为此前已经有了真菌的"Darwiniella Spegazzini, Fungi Fuegiani Sep(?) 1887"。故用"Darwiniera Braas et Lückel (1982)"替代之。亦有文献把"Darwiniera Braas et Lückel (1982)"处理为"Stellilabium Schltr. (1914)"或"Trichoceros Kunth(1816)"的异名。【分布】委内瑞拉。【模式】Darwiniera bergoldii (L. A. Garay et C. G. K. Dunsterville) L. A. Braas et E. Lückel[Trichoceros bergoldii L. A. Garay et C. G. K. Dunsterville]。【参考异名】Darwiniella Braas et Lückel (1982) Nom. illegit. ; Stellilabium Schltr. (1914); Trichoceros Kunth(1816)■☆

14955　Darwiniothamnus Harling(1962)【汉】达尔文菊属。【隶属】菊科 Asteraceae(Compositae)。【包含】世界 2-3 种。【学名诠释与讨论】〈阴〉(人) Charles Robert Darwin, 1809-1882, 达尔文, 英国科学家+thamnos, 指小式 thamnion, 灌木, 灌丛, 树丛, 枝。【分布】厄瓜多尔(包括科隆群岛), 中美洲。【模式】Darwiniothamnus tenuifolius (J. D. Hooker) G. Harling[Erigeron tenuifolium J. D. Hooker]。●☆

14956　Darwynia Rchb. (1841) Nom. illegit. ≡ Darwinia Rudge (1816)[桃金娘科 Myrtaceae]●☆

14957　Dasanthera Raf. (1818) Nom. inval. = Penstemon Schmidel

(1763)[玄参科 Scrophulariaceae]●■

14958　Dasianthera C. Presl(1831)= Scolopia Schreb. (1789)(保留属名)[刺篱木科(大风子科)Flacourtiaceae]●

14959　Dasicephala Raf. = Cordia L. (1753)(保留属名)[紫草科 Boraginaceae//破布木科(破布树科)Cordiaceae]●

14960　Dasillipe Dubard(1913)= Madhuca Buch. -Ham. ex J. F. Gmel. (1791)[山榄科 Sapotaceae]●

14961　Dasiogyne Raf. = Prosopis L. (1767)[豆科 Fabaceae (Leguminosae)//含羞草科 Mimosaceae]●

14962　Dasiola Raf. (1825)= Festuca L. (1753); ~ = Vulpia C. C. Gmel. (1805)[禾本科 Poaceae(Gramineae)]■

14963　Dasiorima Raf. (1837)= Solidago L. (1753)[菊科 Asteraceae (Compositae)]■

14964　Dasiphora Raf. (1840)= Potentilla L. (1753)[蔷薇科 Rosaceae//委陵菜科 Potentillaceae]■●

14965　Dasispermum Neck. ex Raf. (1840)【汉】毛籽芹属。【隶属】伞形科(伞形花科)Apiaceae(Umbelliferae)。【包含】世界 1 种。【学名诠释与讨论】〈中〉(希) dasys, 多毛的。dasy- = 拉丁文 tricho-, 多毛的, 具毛的+sperma, 所有格 spermatos, 种子, 孢子。此属的学名, ING 记载是"Dasispermum Necker ex Rafinesque, Good Book 56. Jan 1840"。"Dasispermum Raf. (1840)"的命名人引证有误。【分布】非洲南部。【模式】Dasispermum maritimum Rafinesque Nom. illegit. [Conium rigens Linnaeus]。【参考异名】Dasispermum Raf. (1840)Nom. illegit. ■☆

14966　Dasispermum Raf. (1840) Nom. illegit. ≡ Dasispermum Neck. ex Raf. (1840)[伞形科(伞形花科)Apiaceae(Umbelliferae)]■☆

14967　Dasistema Raf. (1837) Nom. illegit. = Dasistoma Raf. (1819)[玄参科 Scrophulariaceae//列当科 Orobanchaceae]■●☆

14968　Dasistemon Raf. = Aureolaria Raf. (1837)[玄参科 Scrophulariaceae//列当科 Orobanchaceae]■☆

14969　Dasistepha Raf. (1837)= Gentiana L. (1753)[龙胆科 Gentianaceae]■

14970　Dasistoma Raf. (1819)【汉】毛口列当属(毛口玄参属)。【隶属】玄参科 Scrophulariaceae//列当科 Orobanchaceae。【包含】世界 1 种。【学名诠释与讨论】〈中〉(希) dasys, 多毛的+stoma, 所有格 stomatos, 孔口。此属的学名, ING、GCI 和 IK 记载是"Dasistoma Raf. , J. Phys. Chim. Hist. Nat. Arts 89:99. 1819[Aug 1819]"。"Dasistema Raf. (1837)"、"Dasystoma Raf."和"Dasystoma Raf. ex Endl. (1839)"是其拼写变体。【分布】美国(东南部)。【模式】Dasistoma aureum Rafinesque[as 'aurea']。【参考异名】Brachygyne (Benth.) Small (1903) Nom. illegit. ; Dasistema Raf. (1837) Nom. illegit. ; Dasystoma Benth. (1846) Nom. illegit. ; Dasystoma Raf. (1839) Nom. illegit. ; Dasystoma Raf. ex Endl. (1839) Nom. illegit. ; Dasystoma Spach(1840) Nom. illegit. ■●☆

14971　Dasoclema J. Sinclair(1955)【汉】狭瓣玉盘属。【隶属】番荔枝科 Annonaceae。【包含】世界 1 种。【学名诠释与讨论】〈中〉(希) dasys, 多毛的+kleme 枝。【分布】马来西亚(西部), 泰国。【模式】Dasoclema siamensis (Craib) J. Sinclair[Monocarpia siamensis Craib]。●☆

14972　Dasouratea Tiegh. (1902)= Ouratea Aubl. (1775)(保留属名)[金莲木科 Ochnaceae]●

14973　Dassovia Neck. (1790) Nom. inval. = Asclepias L. (1753)[萝藦科 Asclepiadaceae]■

14974　Dastylepis Raf. = Cuscuta L. (1753)[旋花科 Convolvulaceae//菟丝子科 Cuscutaceae]■

14975　Dasurus Salisb. (1866) Nom. illegit. ≡ Ophiostachys Delile (1815); ~ = Chamaelirium Willd. (1808)[百合科 Liliaceae//黑药

花科(藜芦科)Melanthiaceae]■☆

14976 Dasus Lour.(1790)(废弃属名)= Lasianthus Jack(1823)(保留属名)[茜草科 Rubiaceae]●

14977 Dasyandantha H. Rob.(1993)【汉】毛瓣落苞菊属。【隶属】菊科 Asteraceae(Compositae)。【包含】世界1种。【学名诠释与讨论】〈阴〉(希)dasys,多毛的 + anthos,花。antheros,多花的。antheo,开花。【分布】委内瑞拉。【模式】Dasyandantha cuatrecasasiana(L. Aristeguieta)H. E. Robinson [Vernonia cuatrecasasiana L. Aristeguieta]。●☆

14978 Dasyanthera Rchb.(1837)= Dasianthera C. Presl(1831);~ = Scolopia Schreb.(1789)(保留属名)[红木科(胭脂树科)Bixaceae//刺篱木科(大风子科)Flacourtiaceae]●

14979 Dasyanthes D. Don(1834)= Erica L.(1753)[杜鹃花科(欧石南科)Ericaceae]●☆

14980 Dasyanthina H. Rob.(1993)【汉】毛瓣斑鸠菊属。【隶属】菊科 Asteraceae(Compositae)。【包含】世界2种。【学名诠释与讨论】〈阴〉(希)dasys,多毛的 + anthos,花 + -inus,-ina,-inum 拉丁文加在名词词干之后,以形成形容词的词尾,含义为"属于、相似、关于、小的"。【分布】巴拉圭,巴西。【模式】Dasyanthina serrata(Lessing)H. E. Robinson [Vernonia serrata Lessing]。■☆

14981 Dasyanthus Bubani(1899)Nom. illeg., Nom. superfl. ≡ Gnaphalium L.(1753)[菊科 Asteraceae(Compositae)]■

14982 Dasyaulus Thwaites(1860)= Madhuca Buch. – Ham. ex J. F. Gmel.(1791);~ = Payena A. DC.(1844)[山榄科 Sapotaceae]●☆

14983 Dasycalyx F. Muell.(1859)【汉】毛萼苋属。【隶属】苋科 Amaranthaceae。【包含】世界1种。【学名诠释与讨论】〈阳〉(希)dasys,多毛的 + kalyx,所有格 kalykos = 拉丁文 calyx,花萼,杯子。此属的学名是"Dasycalyx F. von Mueller, Fragm. 1: 238. Mar 1858 – Dec 1859"。亦有文献把其处理为"Trichinium R. Br.(1810)"的异名。【分布】非洲。【模式】Trichinium zeyheri Moquin – Tandon。【参考异名】Trichinium R. Br.(1810)■☆

14984 Dasycarpus Oerst.(1856)= Sloanea L.(1753)[杜英科 Elaeocarpaceae]●

14985 Dasycarya Liebm.(1853)= Cyrtocarpa Kunth(1824)[漆树科 Anacardiaceae]●☆

14986 Dasycephala(DC.)Hook. f.(1873)Nom. illegit. ≡ Dasycephala(DC.)Benth. et Hook. f.(1873);~ = Diodia L.(1753)[茜草科 Rubiaceae]■

14987 Dasycephala Benth. et Hook. f.(1873)Nom. illegit. ≡ Dasycephala(DC.)Benth. et Hook. f.(1873);~ = Diodia L.(1753)[茜草科 Rubiaceae]■

14988 Dasycephala Borkh. ex Pfeiff. = Dasystephana Adans.(1763);~ = Gentiana L.(1753)[龙胆科 Gentianaceae]■

14989 Dasychloa Post et Kuntze(1903)= Danthonia DC.(1805)(保留属名);~ = Dasyochloa Willd. ex Steud.(1840)Nom. inval., Nom. nud.;~ = Sieglingia Bernh.(1800)(废弃属名);~ = Danthonia DC.(1805)(保留属名)[禾本科 Poaceae(Gramineae)]■

14990 Dasycoleum Turcz.(1858)= Chisocheton Blume(1825)[棟科 Meliaceae]●

14991 Dasycondylus R. M. King et H. Rob.(1972)【汉】基节柄泽兰属。【隶属】菊科 Asteraceae(Compositae)。【包含】世界8种。【学名诠释与讨论】〈阳〉(希)dasys,多毛的 + condylos,关节,瘤。【分布】巴西,秘鲁。【模式】Dasycondylus lobbii(Klatt)R. M. King et H. E. Robinson [Eupatorium lobbii Klatt]。●☆

14992 Dasydesmus Craib(1919)【汉】毛药苣苔属。【隶属】苦苣苔科 Gesneriaceae。【包含】世界1种。【学名诠释与讨论】〈阳〉(希)dasys,多毛的 + desmos,链,束,结,带,纽带。desma,所有格 desmatos,含义与 desmos 相似。指花药多毛。此属的学名是"Dasydesmus Craib, Notes Roy. Bot. Gard. Edinburgh 11: 253. Nov 1919"。亦有文献把其处理为"Oreocharis Benth.(1876)(保留属名)"的异名。【分布】中国。【模式】Dasydesmus bodinieri(Léveillé)Craib [Oreocharis bodinieri Léveillé]。【参考异名】Oreocharis Benth.(1876)(保留属名)●

14993 Dasyglossum Königer et Schildh.(1994)= Odontoglossum Kunth(1816)[兰科 Orchidaceae]■

14994 Dasygyna Post et Kuntze(1903)= Dasiogyne Raf.(1832);~ = Prosopis L.(1767)[豆科 Fabaceae(Leguminosae)//含羞草科 Mimosaceae]●

14995 Dasylepis Oliv.(1865)【汉】毛鳞大风子属。【隶属】刺篱木科(大风子科)Flacourtiaceae。【包含】世界6种。【学名诠释与讨论】〈阴〉(希)dasys,多毛的 + lepis,所有格 lepidos,指小式 lepion 或 lepidion,鳞,鳞片。lepidotos,多鳞的。lepos,鳞,鳞片。【分布】热带非洲。【模式】Dasylepis racemosa D. Oliver。【参考异名】Pyramidocarpus Oliv.(1865)●☆

14996 Dasylirion Zucc.(1838)【汉】毛百合属(锯齿龙舌,有毛百合属)。【日】ダシリリオン属。【俄】Дазилирион。【英】Bear Grass, Bear – grass, Hare's – foot Fern, Sotol, Tufted Lily。【隶属】石蒜科 Amaryllidaceae//龙舌兰科 Agavaceae//龙血树科 Dracaenaceae//诺林兰科(玲花蕉科,南青冈科,陷孔木科)Nolinaceae。【包含】世界15-18种。【学名诠释与讨论】〈中〉(希)dasys,多毛的 + leirion,百合,leiros 百合白的,苍白的,娇柔的。指花被毛,形似百合。【分布】美国(西南部),墨西哥,中美洲。【后选模式】Dasylirion graminifolium Zuccarini。●☆

14997 Dasyloma DC.(1830)= Oenanthe L.(1753);~ = Seseli L.(1753)[伞形花科(伞形科)Apiaceae(Umbelliferae)]■

14998 Dasymalla Endl.(1839)= Pityrodia R. Br.(1810)[马鞭草科 Verbenaceae//唇形科 Lamiaceae(Labiatae)]●☆

14999 Dasymaschalon(Hook. f. et Thomson)Dalla Torre et Harms(1901)【汉】皂帽花属。【英】Blackhatflower, Dasymaschalon。【隶属】番荔枝科 Annonaceae。【包含】世界16种,中国3种。【学名诠释与讨论】〈中〉(希)dasys,多毛的 + maschale 隔肢窝,空窝。指心皮密被粗毛。此属的学名,ING 记载是"Dasymaschalon(Hook. f. et Thomson)Dalla Torre et Harms, Gen. Siphon. 174. 1901",由"Unona sect. Dasymaschalon Hook. f. et T. Thomson, Fl. Ind. 134. 1-19 Jul 1855"改级而来。IK 则记载为"Dasymaschalon Dalla Torre et Harms, Gen. Siphon. 174. 1901"。二者引用的文献相同。亦有文献把"Dasymaschalon(Hook. f. et Thomson)Dalla Torre et Harms(1901)"处理为"Deppea Cham. et Schltdl.(1830)"的异名。【分布】印度至马来西亚,中国。【后选模式】Dasymaschalon blumei Finet et Gagnepain, Nom. illegit. [Unona dasymaschala Blume]。【参考异名】Dasymaschalon Dalla Torre et Harms(1901)Nom. illegit.;Deppea Cham. et Schltdl.(1830)●

15000 Dasymaschalon Dalla Torre et Harms(1901)Nom. illegit. ≡ Dasymaschalon(Hook. f. et Thomson)Dalla Torre et Harms(1901)[番荔枝科 Annonaceae]●

15001 Dasynema Schott(1827)= Sloanea L.(1753)[杜英科 Elaeocarpaceae]●

15002 Dasynotus I. M. Johnst.(1948)【汉】毛背紫草属。【隶属】紫草科 Boraginaceae。【包含】世界1种。【学名诠释与讨论】〈阳〉(希)dasys,多毛的 + notos,背。【分布】美国西北部。【模式】Dasynotus daubenmirei I. M. Johnston。■☆

15003 Dasyochloa Rydb.(1906)Nom. illegit. = Erioneuron Nash(1903)[禾本科 Poaceae(Gramineae)]■☆

15004 Dasyochloa Willd. ex Rydb.(1906)= Erioneuron Nash(1903)

［禾本科 Poaceae(Gramineae)］■☆

15005　Dasyochloa Willd. ex Steud.（1840）Nom. inval. , Nom. nud. = Danthonia DC.（1805）（保留属名）；~ = Sieglingia Bernh.（1800）（废弃属名）；~ = Danthonia DC.（1805）（保留属名）［禾本科 Poaceae(Gramineae)］■

15006　Dasypetalum Pierre ex A. Chev.（1917）= Scottellia Oliv.（1893）［刺篱木科（大风子科）Flacourtiaceae］●☆

15007　Dasyphonion Raf.（1824）= Aristolochia L.（1753）［马兜铃科 Aristolochiaceae］■●

15008　Dasyphora Post et Kuntze（1903）= Dasiphora Raf.（1840）；~ = Potentilla L.（1753）［蔷薇科 Rosaceae//委陵菜科 Potentillaceae］■●

15009　Dasyphyllum Kunth（1818）【汉】毛叶刺菊木属。【隶属】菊科 Asteraceae(Compositae)。【包含】世界 40 种。【学名诠释与讨论】〈中〉(希)dasys,多毛的+希腊文 phyllon,叶子。phyllodes,似叶的,多叶的。phylleion,绿色材料,绿草。【分布】巴拉圭,秘鲁,玻利维亚,厄瓜多尔,南美洲,中美洲。【模式】Dasyphyllum argenteum Kunth。【参考异名】Flotovia Spreng.（1826）；Flotowia Endl.（1841）；Piptocarpha Hook. et Arn.（1835）Nom. illegit.●☆

15010　Dasypoa Pilg.（1898）= Poa L.（1753）［禾本科 Poaceae(Gramineae)］■

15011　Dasypogon R. Br.（1810）【汉】毛瓣花属。【隶属】毛瓣花科（多须草科）Dasypogonaceae//黄脂木科（草树胶科,刺叶树科,禾木胶科,黄胶木科,黄万年青科,黄脂草科,木根旱生草科）Xanthorrhoeaceae。【包含】世界 3 种。【学名诠释与讨论】〈阳〉(希)dasys,多毛的+pogon,所有格 pogonos,指小式 pogonion,胡须,髯毛,芒。pogonias,有须的。【分布】澳大利亚（西南部）。【模式】Dasypogon bromeliifolius R. Brown。【参考异名】Dasypogonia Rchb.（1841）■☆

15012　Dasypogonaceae Dumort.（1892）［亦见 Xanthorrhoeaceae Dumort.（保留科名）黄脂木科（草树胶科,刺叶树科,禾木胶科,黄胶木科,黄万年青科,黄脂草科,木根旱生草科）］【汉】毛瓣花科（多须草科）。【包含】世界 9 属 72 种。【分布】澳大利亚,法属新喀里多尼亚,巴布亚新几内亚（新不列颠岛）,新几内亚岛。【科名模式】Dasypogon R. Br. ■☆

15013　Dasypogonia Rchb.（1841）= Dasypogon R. Br.（1810）［毛瓣花科（多须草科）Dasypogonaceae//黄脂木科（草树胶科,刺叶树科,禾木胶科,黄胶木科,黄万年青科,黄脂草科,木根旱生草科）Xanthorrhoeaceae］■☆

15014　Dasypyrum（Coss. et Durieu）Maire（1942）= Dasypyrum（Coss. et Durieu）T. Durand（1888）［禾本科 Poaceae(Gramineae)］■☆

15015　Dasypyrum（Coss. et Durieu）P. Candargy（1901）= Haynaldia Schur（1866）Nom. illegit. ; ~ = Dasypyrum（Coss. et Durieu）T. Durand（1888）［禾本科 Poaceae(Gramineae)］■☆

15016　Dasypyrum（Coss. et Durieu）T. Durand（1888）【汉】簇毛麦属。【俄】Гайнальдия。【隶属】禾本科 Poaceae(Gramineae)。【包含】世界 2 种。【学名诠释与讨论】〈中〉(希)dasys,多毛的+pyros,小麦,谷类。此属的学名,ING、TROPICOS 和 IPNI 记载是“Dasypyrum（Coss. et Durieu）T. Durand（1888）”,ING 记载是一个替代名称。“Haynaldia S. Schulzer von Müggenburg in S. Schulzer von Müggenburg, A. Kanitz et Knapp, Verh. K. K. Zool. - Bot. Ges. Wien 16（Abh.）:37. Jan – Mai 1866”是一个非法名称（Nom. illegit.）,因为此前已经有了“Haynaldia S. Schulzer von Müggenburg in S. Schulzer von Müggenburg, A. Kanitz et Knapp, Verh. K. K. Zool. –Bot. Ges. Wien 16（ Abh. ）:37. Jan–Mai 1866（真菌）”。故用“Dasypyrum（Coss. et Durieu）T. Durand（1888）”替代之。但是,从命名人的表述看,应该是改级而不是替代名称。

TROPICOS 记载是由“Triticum sect. Dasypyrum Coss. et Durieu, Exploration Scientifique de l'Algérie 202. 1855”改级而来。“Dasypyrum（Coss. et Durieu）Maire, Bull. Soc. Hist. Nat. Afrique N. xxxiii. 101（1942）= Dasypyrum（Coss. et Durieu）T. Durand（1888）［禾本科 Poaceae(Gramineae)］”和“Dasypyrum（Coss. et Durieu）P. Candargy, Etude Monogr. Hordees（Archiv. Biol. Veg. Athenes, Fasc. 1）. 35, 62（1901）= Haynaldia Schur（1866）Nom. illegit.［禾本科 Poaceae(Gramineae)］”均是晚出的非法名称。【分布】克里米亚半岛,地中海地区,里海,非洲北部,欧洲南部。【后选模式】Dasypyrum villosum（Linnaeus）Candargy［Secale villosum Linnaeus］。【参考异名】Dasypyrum（Coss. et Durieu）Maire（1942）；Haynaldia Schur（1866）Nom. illegit. ; Pseudosecale（Godr.）Degen（1936）Nom. illegit. ; Secalidium Schur（1853）Nom. inval. ; Triticum sect. Dasypyrum Coss. et Durieu; Triticum sect. Dasypyrum Coss. et Durieu（1855）■☆

15017　Dasyranthus Raf. ex Steud.（1840）= Gnaphalium L.（1753）［菊科 Asteraceae(Compositae)］■

15018　Dasys Lem.（1849）= Dasus Lour.（1790）（废弃属名）；~ = Lasianthus Jack（1823）（保留属名）［茜草科 Rubiaceae］●

15019　Dasyspermum Neck.（1790）Nom. inval. = Conium L.（1753）+ Tordylium L.（1753）+Ammi L.（1753）+Scandix L.（1753）［伞形花科（伞形科）Apiaceae(Umbelliferae)］■

15020　Dasysphaera Volkens ex Gilg（1897）【汉】毛头苋属。【隶属】苋科 Amaranthaceae。【包含】世界 4 种。【学名诠释与讨论】〈阴〉(希)dasys,多毛的+sphaira,指小式 sphairion,球。sphairikos,球形的。sphairotos,圆的。【分布】非洲东部。【模式】未指定。■☆

15021　Dasystachys Baker（1878）Nom. illegit. = Chlorophytum Ker Gawl.（1807）［百合科 Liliaceae//吊兰科（猴面包科,猴面包树科）Anthericaceae］■

15022　Dasystachys Oerst.（1859）【汉】毛穗棕属。【隶属】棕榈科 Arecaceae(Palmae)。【包含】世界 4 种。【学名诠释与讨论】〈阴〉(希)dasys,多毛的+stachys,穗,谷,长钉。此属的学名,ING 和 IK 记载是“Dasystachys Oersted, Vidensk. Meddel. Dansk Naturhist. Foren. Kjøbenhavn 1858:25. 1859”。“Dasystachys J. G. Baker, Trans. Linn. Soc. London, Bot. ser. 2. 1:255. Jan 1878”是晚出的非法名称;它被处理为“Chlorophytum Ker Gawl.（1807）”的异名。亦有文献把“Dasystachys Oerst.（1859）”处理为“Chamaedorea Willd.（1806）（保留属名）”的异名。【分布】热带非洲。【模式】Dasystachys deckeriana（Klotzsch）Oersted［Stachyophorbe deckeriana Klotzsch］。【参考异名】Chamaedorea Willd.（1806）（保留属名）●☆

15023　Dasystemon DC.（1828）【汉】毛蕊景天属。【隶属】景天科 Crassulaceae。【包含】世界 1 种。【学名诠释与讨论】〈阳〉(希)dasys,多毛的+stemon,雄蕊。此属的学名是“Dasystemon A. P. de Candolle, Prodr. 3: 382. Mar（med.）1828;Collect. Mem. 2: 15. 27 Sep 1828”。亦有文献把其处理为“Crassula L.（1753）”的异名。【分布】澳大利亚。【模式】Dasystemon calycinus A. P. de Candolle［as ‘calycinum’］。【参考异名】Crassula L.（1753）■☆

15024　Dasystepha Post et Kuntze（1903）= Dasistepha Raf.（1837）；~ = Gentiana L.（1753）［龙胆科 Gentianaceae］■

15025　Dasystephana Adans.（1763）= Gentiana L.（1753）［龙胆科 Gentianaceae］■

15026　Dasystoma Benth.（1846）Nom. illegit. = Dasistoma Raf.（1819）［玄参科 Scrophulariaceae//列当科 Orobanchaceae］■●☆

15027　Dasystoma Raf.（1839）Nom. illegit. ≡ Dasystoma Raf. ex Endl.（1839）Nom. illegit. ; ~ = Aureolaria Raf.（1837）；~ = Dasistoma Raf.（1819）［玄参科 Scrophulariaceae//列当科 Orobanchaceae］■

●☆

15028　Dasystoma Raf. ex Endl.（1839）Nom. illegit. = Aureolaria Raf.（1837）；~ = Dasistoma Raf.（1819）［玄参科 Scrophulariaceae//列当科 Orobanchaceae］■●☆

15029　Dasystoma Spach（1840）Nom. illegit. = Dasistoma Raf.（1819）［玄参科 Scrophulariaceae//列当科 Orobanchaceae］■●○☆

15030　Dasytropis Urb.（1924）【汉】毛肋爵床属。【隶属】爵床科 Acanthaceae。【包含】世界 1 种。【学名诠释与讨论】〈阴〉（希）dasys，多毛的+tropos，转弯，方式上的改变。trope，转弯的行为。tropo，转。tropis，所有格 tropeos，后来的。tropis，所有格 tropidos，龙骨。【分布】古巴。【模式】Dasytropis fragilis Urban。☆

15031　Dasyurus Post et Kuntze（1903）= Chamaelirium Willd.（1808）；~ = Dasurus Salisb.（1866）Nom. illegit.；~ = Ophiostachys Delile（1815）；~ = Chamaelirium Willd.（1808）［百合科 Liliaceae//黑药花科（藜芦科）Melanthiaceae］■☆

15032　Datisca L.（1753）【汉】疣柱花属（达麻属，达提那加属，四数木属，野麻属）。【俄】Датиска。【英】Datisca。【隶属】疣柱花科（达麻科，短序花科，四数木科，四薮木科，野麻科）Datiscaceae。【包含】世界 1-2 种。【学名诠释与讨论】〈阴〉datisca，植物俗名，语源不详。此属的学名，ING、TROPICOS 和 IK 记载是"Datisca L.，Sp. Pl. 2：1037. 1753［1 May 1753］"。"Cannabina P. Miller，Gard. Dict. Abr. ed. 4. 28 Jan 1754"是"Datisca L.（1753）"的晚出的同模式异名（Homotypic synonym，Nomenclatural synonym）。【分布】巴基斯坦，美国（西南部），墨西哥（西北部），地中海至喜马拉雅山和亚洲中部。【后选模式】Datisca cannabina Linnaeus。【参考异名】Cannabina Mill.（1754）Nom. illegit.；Cannabina Tourn. ex Medik.（1789）Nom. illegit.；Tricerastes C. Presl（1836）●■☆

15033　Datiscaceae Bercht. et J. Presl = Datiscaceae Dumort.（保留科名）■●

15034　Datiscaceae Dumort.（1829）（保留科名）【汉】疣柱花科（达麻科，短序花科，四数木科，四薮木科，野麻科）。【日】ダティスカ科，ナギナタソウ科。【俄】Датисковые。【英】Datisca Family。【包含】世界 3 属 4 种，中国 1 属 1 种。【分布】欧亚大陆西部干旱区，北美洲。【科名模式】Datisca L.■●

15035　Datiscaceae Lindl. = Datiscaceae Dumort.（保留科名）■●

15036　Datiscaceae R. Br. ex Lindl. = Datiscaceae Dumort.（保留科名）■●

15037　Datura L.（1753）【汉】曼陀罗属。【日】チウセンアサガホ属，チョウセンアサガオ属。【俄】Датура，Дурман。【英】Angel's Trumpets，Datura，Jimsonweed，Jimson–weed，Thorn Apple，Thorn–apple。【隶属】茄科 Solanaceae//曼陀罗科 Daturaceae。【包含】世界 9-16 种，中国 3-6 种。【学名诠释与讨论】〈阴〉dhattura，东印度一种植物俗名。一说来自阿拉伯语 datorah。另说来自保加利亚语 tatura，指果实具刺。另说来自梵文 dhatura 或 dhattura。此属的学名，ING、APNI、GCI 和 IK 记载是"Datura Linnaeus，Sp. Pl. 179. 1 Mai 1753"。P. Miller（1754）曾用"Stramonium Mill.，Gard. Dict. Abr.，ed. 4.［textus s. n.］. 1754［28 Jan 1754］"替代"Datura L.（1753）"，多余了。【分布】巴基斯坦，巴拉圭，巴拿马，秘鲁，玻利维亚，厄瓜多尔，哥伦比亚（安蒂奥基亚），马达加斯加，美国（密苏里），尼加拉瓜，中国，热带和温带，中美洲。【后选模式】Datura stramonium Linnaeus。【参考异名】Apemon Raf.（1837）；Ceratocaulos（Bernh.）Rchb.（1837）Nom. illegit.；Ceratocaulos（Bernh.）Spach（1840）Nom. illegit.；Ceratocaulos Rchb.（1837）Nom. illegit.；Dutra Bernh. ex Steud.（1840）；Stramonium Mill.（1754）Nom. illegit.，Nom. superfl.●■

15038　Daturaceae Bercht. et J. Presl（1820）= Solanaceae Juss.（保留科名）●■

15039　Daturaceae Raf.［亦见 Solanaceae Juss.（保留科名）茄科］【汉】曼陀罗科。【包含】世界 1 属 9-16 种，中国 1 属 3-6 种。【分布】热带和温带。【科名模式】Datura L.●■

15040　Daturicarpa Stapf（1921）= Tabernanthe Baill.（1889）［爵床科 Acanthaceae］●☆

15041　Daubeninniopsis Rydb. = Sesbania Scop.（1777）（保留属名）［豆科 Fabaceae（Leguminosae）//蝶形花科 Papilionaceae］●■

15042　Daubentona Buc'hoz（1783）Nom. inval.［紫葳科 Bignoniaceae］☆

15043　Daubentonia DC.（1826）= Sesbania Scop.（1777）（保留属名）［豆科 Fabaceae（Leguminosae）//蝶形花科 Papilionaceae］●■

15044　Daubentoniopsis Rydb.（1923）= Sesbania Scop.（1777）（保留属名）［豆科 Fabaceae（Leguminosae）//蝶形花科 Papilionaceae］●■

15045　Daubenya Lindl.（1835）【汉】合花风信子属（多布尼草属）。【日】ダウベニア属。【隶属】风信子科 Hyacinthaceae。【包含】世界 1 种。【学名诠释与讨论】〈阴〉（人）Charles Giles Bridle Daubeny，1795~1867，英国植物学者，医生。【分布】非洲南部。【模式】Daubenya aurea J. Lindley。■☆

15046　Daucaceae Dostal = Apiaceae Lindl.（保留科名）//Umbelliferae Juss.（保留科名）■●

15047　Daucaceae Martinov（1820）= Apiaceae Lindl.（保留科名）//Umbelliferae Juss.（保留科名）■●

15048　Daucalis Pomel（1874）= Caucalis L.（1753）［伞形花科（伞形科）Apiaceae（Umbelliferae）］■☆

15049　Dauceria Dennst.（1818）= Embelia Burm. f.（1768）（保留属名）［紫金牛科 Myrsinaceae//酸藤子科 Embeliaceae］●■

15050　Daucophyllum（Nutt.）Rydb.（1818）Nom. illegit. ≡ Daucophyllum（Nutt. ex J. Torrey et A. Gray）Rydb.（1913）［伞形花科（伞形科）Apiaceae（Umbelliferae）］■☆

15051　Daucophyllum（Nutt. ex J. Torrey et A. Gray）Rydb.（1913）【汉】萝卜叶属。【隶属】伞形花科（伞形科）Apiaceae（Umbelliferae）。【包含】世界 2 种。【学名诠释与讨论】〈中〉（希）daukos，一种胡萝卜类植物+希腊文 phyllon，叶子。phyllodes，似叶的，多叶的。phylleion，绿色材料，绿草。此属的学名，ING 记载是"Daucophyllum（T. Nuttall ex J. Torrey et A. Gray）Rydberg，Bull. Torrey Bot. Club 40：68. Feb 1913"，由"Musenium sect. Daucophyllum T. Nuttall ex J. Torrey et A. Gray，Fl. North Amer. 1：642. Jun. 1840"改级而来。GCI 和 TROPICOS 则记载为"Daucophyllum（Nutt.）Rydb.，Bull. Torrey Bot. Club 40（2）：68. 1913［18 Mar 1913］"。IK 记为"Daucophyllum Rydb.，Bull. Torrey Bot. Club 1913，xl. 68"。四者引用的文献相同。亦有文献把"Daucophyllum（Nutt. ex J. Torrey et A. Gray）Rydb.（1913）"处理为"Musenium Nutt.（1840）Nom. illegit."的异名。【分布】北美洲。【模式】Daucophyllum tenuifolium（T. Nuttall ex J. Torrey et A. Gray）Rydberg［Musenium tenuifolium T. Nuttall ex J. Torrey et A. Gray］。【参考异名】Daucophyllum（Nutt.）Rydb.（1818）Nom. illegit.；Daucophyllum Rydb.（1913）Nom. illegit.；Musenium sect. Daucophyllum Nutt. ex J. Torrey et A. Gray（1840）；Musineon Raf.（1820）■☆

15052　Daucophyllum Rydb.（1913）Nom. illegit. ≡ Daucophyllum（Nutt. ex J. Torrey et A. Gray）Rydb.（1913）［伞形花科（伞形科）Apiaceae（Umbelliferae）］■☆

15053　Daucosma Engelm. et A. Gray ex A. Gray（1850）Nom. illegit. ≡ Daucosma Engelm. et A. Gray（1850）［伞形花科（伞形科）Apiaceae（Umbelliferae）］■☆

15054　Daucosma Engelm. et A. Gray（1850）【汉】萝卜芹属。【隶属】伞形花科（伞形科）Apiaceae（Umbelliferae）。【包含】世界 1 种。【学名诠释与讨论】〈阴〉（希）daukos，一种胡萝卜类植物+osme

=odme,香味,臭味,气味。在希腊文组合词中,词头 osm-和词尾-osma 通常指香味。此属的学名,ING、TROPICOS 和 GCI 记载是"Daucosma Engelmann et A. Gray in A. Gray,Boston J. Nat. Hist. 6:210. Jan 1850"。IK 则记载为"Daucosma Engelm. et A. Gray ex A. Gray,Boston J. Nat. Hist. vi. (1850)210"。四者引用的文献相同。亦有文献把"Daucosma Engelm. et A. Gray(1850)"处理为"Discopleura DC. (1829) Nom. illegit."或"Ptilimnium Raf. (1825)"的异名。【分布】北美洲。【模式】Daucosma laciniata Engelmann et A. Gray [as 'laciniatum']。【参考异名】Daucosma Engelm. et A. Gray ex A. Gray(1850) Nom. illegit.;Discopleura DC. (1829) Nom. illegit.;Ptilimnium Raf. (1825)■☆

15055 Daucus L. (1753)【汉】胡萝卜属。【日】ニンジン属。【俄】Морковь。【英】Corrot。【隶属】伞形花科(伞形科)Apiaceae (Umbelliferae)。【包含】世界 20-60 种,中国 1 种。【学名诠释与讨论】〈阳〉(希)daukos,daukon,deukos,一种胡萝卜类植物。拉丁文 daucum,daucon 和 daucus,与前者同义。此属的学名,ING、APNI、TROPICOS 和 IK 记载是"Daucus L., Sp. Pl. 1:242. 1753 [1 May 1753]"。"Carota Ruprecht, Fl. Ingr. 466. Mai 1860"和"Carota Ruprecht,in Mem. Acad. Petersb. Ser. VII. xiv. (1869)"是"Daucus L. (1753)"的晚出的同模式异名(Homotypic synonym,Nomenclatural synonym)。【分布】巴基斯坦,巴拉圭,巴拿马,秘鲁,玻利维亚,厄瓜多尔,哥伦比亚(安蒂奥基亚),美国(密苏里),中国,非洲,欧洲,亚洲,美洲。【后选模式】Daucus carota Linnaeus。【参考异名】Ammiopsis Boiss. (1856);Ballimon Raf. (1836);Carota Rupr. (1860) Nom. illegit.;Carota Rupr. (1869) Nom. illegit.;Ctenodaucus Pomel(1874);Durieua Boiss. et Reut. (1842) Nom. illegit.;Heterosciadium Lange ex Willk. (1893);Meopsis (Calest.) Koso-Pol. (1914);Meopsis Koso-Pol. (1914) Nom. illegit.;Peltactila Raf. (1836);Platycodon Rchb. (1841);Platydaucon Rchb. (1841);Platysperma Rchb.;Platyspermum Hoffm. (1814);Pomelia Durando ex Pomel(1860);Poraelia Durando ex Pomel;Staflinus Raf. (1836);Staphyllum Dumort.;Tiricta Raf. (1838);Tricholeptus Gand.;Zubiaea Gand.■

15056 Daumailia Airy Shaw = Urospermum Scop. (1777) [菊科 Asteraceae(Compositae)]■☆

15057 Daumailia Arènes(1949) = Urospermum Scop. (1777) [菊科 Asteraceae(Compositae)]■☆

15058 Daun-contu Adans(1763)(废弃属名) ≡ Paederia L. (1767)(保留属名) [茜草科 Rubiaceae]●■

15059 Dauphinea Hedge(1983)【汉】多芬草属。【隶属】唇形科 Lamiaceae(Labiatae)。【包含】世界 1 种。【学名诠释与讨论】〈阴〉(人)J. Dauphin,植物学者。【分布】马达加斯加。【模式】Dauphinea brevilabra I. C. Hedge。●☆

15060 Dauresia B. Nord. et Pelser(2005)【汉】白皮菊属。【隶属】菊科 Asteraceae(Compositae)。【包含】世界 1-2 种。【学名诠释与讨论】〈阴〉(人)Daures。【分布】纳米比亚。【模式】Dauresia alliariifolia (O. Hoffmann) B. Nordenstam et P. B. Pelser [Senecio alliariifolius O. Hoffmann [as 'alliariaefolius']。●☆

15061 Daustinia Buril et A. R. Simões(2015)【汉】山旋花属。【隶属】旋花科 Convolvulaceae。【包含】世界 1 种。【学名诠释与讨论】〈阴〉词源不详。似来自人名。此属的学名,ING 和 TROPICOS 记载是"Daustinia Buril et A. R. Simões, Phytotaxa 197(1):60. 2015 [4 Feb 2015]",它是一个替代名称;"Austinia Buril et A. R. Simões,Phytotaxa 186(5):255. 2014 [4 Dec 2014]"是一个非法名称(Nom. illegit.),因为此前已经有了苔藓的"Austinia Müller Hal.,Linnaea 39:439. Aug 1875"。故用"Daustinia Buril et A. R. Simões(2015)"替代之。【分布】热带。【模式】Daustinia montana (Moric.) Buril et A. R. Simões [Ipomoea montana Moric.;Austinia montana(Moric.)Buril et A. R. Simões]。【参考异名】Austinia Buril et A. R. Simões(2014) Nom. illegit.■☆

15062 Dauthonia Link(1829) = Danthonia DC. (1805)(保留属名) [禾本科 Poaceae(Gramineae)]■

15063 Dauventonia Rchb. (1827) = Daubentonia DC. (1826) [豆科 Fabaceae(Leguminosae)]●■

15064 Davaea Gand. = Campanula L. (1753) [桔梗科 Campanulaceae]■●

15065 Davaella Gand. = Chondrilla L. (1753) [菊科 Asteraceae (Compositae)]■

15066 Daveana Willk. ex Mariz(1891) Nom. illegit. ≡ Daveaua Willk. ex Mariz(1891) [as 'Daveana'] [菊科 Asteraceae(Compositae)]■☆

15067 Daveaua T. Durand et Jacks. = Daveaua Willk. ex Mariz(1891) [as 'Daveana'] [菊科 Asteraceae(Compositae)]■☆

15068 Daveaua Willk. (1891) Nom. illegit. = Daveaua Willk. ex Mariz (1891) [as 'Daveana'] [菊科 Asteraceae(Compositae)]■☆

15069 Daveaua Willk. ex Mariz(1891) [as 'Daveana']【汉】齿翅菊属。【隶属】菊科 Asteraceae(Compositae)。【包含】世界 1 种。【学名诠释与讨论】〈阴〉(人)Jules Alexandre Daveau,1852-1929,法国植物学者。此属的学名,ING、TROPICOS 和 IK 记载是"Daveaua Willkomm ex Mariz, Bol. Soc. Brot. 9:206,220,243. post 29 Jun 1891('Daveana');corr. Mariz, l. c. 258. post 29 Jun 1891"。"Daveana Willk. ex Mariz(1891)"是其拼写变体。【分布】葡萄牙。【模式】Daveaua anthemoides Mariz。【参考异名】Daveaua T. Durand et Jacks.;Daveana Willk. ex Mariz(1891) Nom. illegit.;Daveaua Willk. (1891) Nom. illegit.;Marizia Gand. (1910)■☆

15070 Davejonesia M. A. Clem. (2002) = Dendrobium Sw. (1799)(保留属名); ~ = Dockrillia Brieger(1981) [兰科 Orchidaceae]■

15071 Davenportia R. W. Johnson(2010)【汉】澳旋花属。【隶属】旋花科 Convolvulaceae。【包含】世界 1 种。【学名诠释与讨论】〈阴〉词源不详。似来自人名。【分布】澳洲。【模式】Davenportia R. W. Johnson [Ipomoea davenportii F. Muell.]。☆

15072 Davidia Baill. (1871)【汉】珙桐属(珙桐属)。【日】シノブ属,ダビディア属。【俄】Давидия。【英】Dove Tree, Dovetree, Dove-tree, Ghost-tree, Pocket-handkerchief Tree。【隶属】蓝果树科(珙桐科,紫树科)Nyssaceae//山茱萸科 Cornaceae//珙桐科 Davidiaceae。【包含】世界 1 种,中国 1 种。【学名诠释与讨论】〈阴〉(人)Pére Armand David,1826-1900,法国传教士,植物学者。1862-1874 年间,多次在中国各地采集标本达数以万计,植物种类约 3000 余种,包括新属 9 个,新种 300 多个。本属模式种 D. involucrata 是他 1869 年发现于四川省穆坪宝兴县。他采集的标本主要送 A. R. Franchet 研究,此外还送 Carriere、Decaisne、Baillon、Planchon、Hance 等。标本存放在法国巴黎国家自然历史博物馆。【分布】中国。【模式】Davidia involucrata Baillon。●★

15073 Davidiaceae(Harmus) H. L. Li(1955) = Cornaceae Bercht. et J. Presl(保留科名)●■

15074 Davidiaceae H. L. Li(1955) = Cornaceae Bercht. et J. Presl(保留科名)●■

15075 Davidiaceae Takht. [亦见 Cornaceae Bercht. et J. Presl(保留科名)山茱萸科(四照花科)、Davidsoniaceae Bange 和 Nyssaceae Juss. ex Dumort. (保留科名)]【汉】珙桐科。【日】ダビデイア科,ハンカチノキ科。【英】Davidia Family。【包含】世界 1 属 1 种,中国 1 属 1 种。【分布】中国。【科名模式】Davidia Baill. (1871)●

15076 Davidsea Soderstr. et R. P. Ellis(1988)【汉】戴维兹竹属(大维

兹竹属）。【隶属】禾本科 Poaceae（Gramineae）。【包含】世界 1 种。【学名诠释与讨论】〈阴〉（人）Gerrit Davidse，1942−，植物学者。另说 J. E. Davidson，甜菜种植者。此属的学名是"Davidsea T. R. Soderstrom et R. P. Ellis，Smithsonian Contr. Bot. 72：59. 14 Dec 1988"。亦有文献把其处理为"Schizostachyum Nees（1829）"的异名。【分布】斯里兰卡。【模式】Davidsea attenuata（Thwaites）T. R. Soderstrom et R. P. Ellis［Bambusa attenuata Thwaites］。【参考异名】Schizostachyum Nees（1829）●☆

15077　Davidsonia F. Muell.（1867）【汉】澳楸属（大维逊李属）。【隶属】澳楸科（大维逊李科）Davidsoniaceae//火把树科（常绿棱枝树科，角瓣木科，库诺尼科，南蔷薇科，轻木科）Cunoniaceae。【包含】世界 1-3 种。【学名诠释与讨论】〈阴〉（人）Davidson，植物学者。【分布】澳大利亚（昆士兰）。【模式】Davidsonia pruriens F. v. Mueller。●☆

15078　Davidsoniaceae Bange（1952）［亦见 Cunoniaceae R. Br.（保留科名）火把树科（常绿棱枝树科，角瓣木科，库诺尼科，南蔷薇科，轻木科）和 Decaisneaceae Loconte］【汉】澳楸科（大维逊李科）。【包含】世界 1 属 1-3 种。【分布】澳大利亚东部和东北部。【科名模式】Davidsonia F. Muell.●☆

15079　Daviesia Poir.（1817）Nom. illegit. ＝Borya Labill.（1805）［吊兰科（猴面包科，猴面包树科）Anthericaceae//耐旱草科 Boryaceae］■☆

15080　Daviesia Sm.（1798）【汉】澳苦豆属（苦豆属）。【英】Bacon And Eggs，Bitter Pea。【隶属】豆科 Fabaceae（Leguminosae）。【包含】世界 75-120 种。【学名诠释与讨论】〈阴〉（人）Hugh Davies，1739−1821，威尔士牧师，植物学者。【分布】澳大利亚。【后选模式】Daviesia acicularis J. E. Smith。●☆

15081　Davilanthus E. E. Schill. et Panero（2010）【汉】戴维菊属。【隶属】菊科 Asteraceae（Compositae）。【包含】世界 7 种。【学名诠释与讨论】〈阴〉词源不详。似来自人名 Davil+anthos，花。【分布】墨西哥，北美洲。【模式】Davilanthus purpusii（Brandegee）E. E. Schill. et Panero［Viguiera purpusii Brandegee］。☆

15082　Davilia Mutis ex Sm.（1821）Nom. illegit.［大戟科 Euphorbiaceae］☆

15083　Davilia Mutis（1821）Nom. illegit. ≡Davilia Mutis ex Sm.（1821）Nom. illegit.［大戟科 Euphorbiaceae］☆

15084　Davilla Vand.（1788）【汉】达维木属。【隶属】五桠果科（第伦桃科，五丫果科，锡叶藤科）Dilleniaceae。【包含】世界 20-25 种。【学名诠释与讨论】〈阴〉词源不详。此属的学名，ING、TROPICOS 和 GCI 记载是"Davilla Vandelli，Fl. Lusit. Brasil. 35. 1788"。"Davilla Vell. ex Vand.（1788）≡Davilla Vand.（1788）"的命名人引证有误。【分布】巴拿马，秘鲁，玻利维亚，厄瓜多尔，哥伦比亚（安蒂奥基亚），哥斯达黎加，美国，尼加拉瓜，西印度群岛，热带美洲，中美洲。【模式】Davilla rugosa Poiret。【参考异名】Davilla Vell. ex Vand.（1788）Nom. illegit.●☆

15085　Davilla Vell. ex Vand.（1788）Nom. illegit. ≡Davilla Vand.（1788）［五桠果科（第伦桃科，五丫果科，锡叶藤科）Dilleniaceae］●☆

15086　Davya DC.（1828）＝Adelobotrys DC.（1828）；～＝Meriania Sw.（1797）（保留属名）［野牡丹科 Melastomataceae］●☆

15087　Davya Moc. et Sessé ex DC.（1828）Nom. illegit. , Nom. inval. ＝Saurauia Willd.（1801）（保留属名）［猕猴桃科 Actinidiaceae//水东哥科（伞罗夷科，水冬瓜科）Saurauiaceae］●

15088　Davyella Hack.（1899）Nom. illegit. ≡Neostapfia Burtt Davy（1899）［禾本科 Poaceae（Gramineae）］■☆

15089　Dawea Sprague ex Dawe（1906）＝Warburgia Engl.（1895）（保留属名）［白桂皮科 Canellaceae//白樟科 Lauraceae//假樟科

Lauraceae］●☆

15090　Dayaoshania W. T. Wang（1983）【汉】瑶山苣苔属。【英】Dayaoshania。【隶属】苦苣苔科 Gesneriaceae。【包含】世界 1 种，中国 1 种。【学名诠释与讨论】〈阴〉（地）Dayaoshan，大瑶山，位于中国。【分布】中国。【模式】Dayaoshania cotinifolia W. T. Wang。■★

15091　Daydonia Britten（1888）Nom. illegit. ≡Anneslea Wall.（1829）（保留属名）［山茶科（茶科）Theaceae//厚皮香科 Ternstroemiaceae］●

15092　Dayena Adans.（1763）Nom. illegit. ≡；～＝Byttneria Loefl.（1758）（保留属名）［梧桐科 Sterculiaceae//刺果藤科（利末花科）Byttneriaceae］●

15093　Dayena Monier ex Mill.（1756）＝Ayenia L.（1756）［梧桐科 Sterculiaceae//锦葵科 Malvaceae］●☆

15094　Dayenia Michx. ex Jaub. et Spach（1846）Nom. illegit. ＝Biebersteinia Stephan ex Fisch.（1808）Nom. illegit.；～＝Biebersteinia Stephan（1806）［牻牛儿苗科 Geraniaceae//熏倒牛科 Biebersteiniaceae］■

15095　Dayenia Mill.（1756）＝Ayenia L.（1756）［梧桐科 Sterculiaceae//锦葵科 Malvaceae］●☆

15096　Dayia J. M. Porter（2000）＝Gilia Ruiz et Pav.（1794）［花荵科 Polemoniaceae］■●☆

15097　Dazus Juss.（1823）＝Dasus Lour.（1790）（废弃属名）；～＝Lasianthus Jack（1823）（保留属名）［茜草科 Rubiaceae］●

15098　Deamia Britton et Rose（1920）【汉】三棱尺属（迪姆属，龟甲仙人掌属）。【日】ディミア属。【隶属】仙人掌科 Cactaceae。【包含】世界 3 种。【学名诠释与讨论】〈阴〉（人）Charles demon Deam，1865−1953，美国植物学者。此属的学名，ING、TROPICOS 和 IK 记载是"Deamia Britton & Rose，Cactaceae（Britton & Rose）2：212. 1920［9 Sep 1920］（IK）"。它曾被处理为"Selenicereus sect. Deamia（Britton & Rose）D. R. Hunt，Bradleya；Yearbook of the British Cactus and Succulent Society 7：93. 1989"和"Selenicereus subgen. Deamia（Britton & Rose）Buxb. ，Kakteen 6：. 1965"。亦有文献把"Deamia Britton et Rose（1920）"处理为"Selenicereus（A. Berger）Britton et Rose（1909）"的异名。【分布】洪都拉斯，墨西哥，危地马拉，中美洲。【模式】Deamia testudo（Karwinsky ex Zuccarini）N. L. Britton et Rose［Cereus testudo Karwinsky ex Zuccarini］。【参考异名】Selenicereus（A. Berger）Britton et Rose（1909）；Selenicereus sect. Deamia（Britton & Rose）D. R. Hunt（1989）；Selenicereus subgen. Deamia（Britton & Rose）Buxb.（1965）■☆

15099　Deanea J. M. Coult. et Rose（1895）＝Rhodosciadium S. Watson（1889）［伞形花科（伞形科）Apiaceae（Umbelliferae）］■☆

15100　Deastella Loudon（1830）＝Mimetes Salisb.（1807）［山龙眼科 Proteaceae］●☆

15101　Debeauxia Gand. ＝Cephalotos Adans.（1763）（废弃属名）；～＝Thymus L.（1753）［唇形科 Lamiaceae（Labiatae）］●

15102　Debesia Kuntze（1891）Nom. illegit. ＝Anthericum L.（1753）［百合科 Liliaceae//吊兰科（猴面包科，猴面包树科）Anthericaceae］■☆

15103　Debia Neupane et N. Wikstr.（2015）【汉】德比茜属。【隶属】茜草科 Rubiaceae。【包含】世界 4 种。【学名诠释与讨论】〈阴〉词源不详。似来自人名。【分布】中南半岛。【模式】Debia oligocephala（Pierre ex Pit.）Neupane et N. Wikstr.［Oldenlandia oligocephala Pierre ex Pit.］。☆

15104　Debraea Roem. et Schult.（1817）Nom. illegit. ≡Erisma Rudge（1805）［独蕊科（蜡烛树科，襄萼花科）Vochysiaceae］●☆

15105　Debregeasia Gaudich.（1844）【汉】水麻属。【日】ヤナギイチ

ゴ属。【俄】Дебрежазия。【英】Debregeasia,Waternettle。【隶属】荨麻科 Urticaceae。【包含】世界 4-8 种,中国 6-8 种。【学名诠释与讨论】〈阴〉（人）Prosper Justin de Bregeas,1807-,法国海军军官。此属的学名,ING、TROPICOS 和 IK 记载是"Debregeasia Gaudichaud-Beaupré, Voyage Bonite Bot. Atlas t. 90. 1844"。"Missiessya Gaudichaud-Beaupré ex Weddell, Ann. Sci. Nat. Bot. sér. 4. 1:194. Jan-Jun 1854"是"Debregeasia Gaudich. (1844)"的晚出的同模式异名（Homotypic synonym,Nomenclatural synonym）。【分布】阿富汗,埃塞俄比亚,巴基斯坦,马达加斯加,印度至马来西亚,中国,阿拉伯地区,东亚,中美洲。【模式】Debregeasia velutina Gaudichaud-Beaupré。【参考异名】Leucocnides Miq. (1851); Missiessia Benth. et Hook. f. (1880) Nom. illegit.; Missiessya Gaudich. (1853) Nom. illegit.; Missiessya Gaudich. ex Wedd. (1854) Nom. illegit.; Missiessya Wedd. (1857) Nom. illegit.; Morocarpus Siebold et Zucc. (1846) Nom. illegit.●

15106　Decabelone Decne. (1871) = Tavaresia Welw. ex N. E. Br. (1854)［萝藦科 Asclepiadaceae］●■■☆

15107　Decaceras Harv. (1863) = Anisotoma Fenzl (1844)［萝藦科 Asclepiadaceae］■☆

15108　Decachaena (Hook.) Lindl. (1846) Nom. illegit. ≡ Decachaena (Hook.) Torrey et A. Gray ex Lindl. (1846); ~ = Gaylussacia Kunth (1819)（保留属名）［杜鹃花科（欧石南科）Ericaceae］●☆

15109　Decachaena (Hook.) Torrey et A. Gray ex Lindl. (1846) = Gaylussacia Kunth(1819)（保留属名）［杜鹃花科（欧石南科）Ericaceae］●☆

15110　Decachaena (Torr. et A. Gray) Lindl. (1846) Nom. illegit. ≡ Decachaena (Hook.) Torrey et A. Gray ex Lindl. (1846)［杜鹃花科（欧石南科）Ericaceae］●☆

15111　Decachaena Torr. et A. Gray ex A. Gray (1846) Nom. illegit. ≡ Decachaena (Hook.) Torrey et A. Gray ex Lindl. (1846)［杜鹃花科（欧石南科）Ericaceae］●☆

15112　Decachaeta DC. (1836)【汉】落冠毛泽兰属。【隶属】菊科 Asteraceae(Compositae)。【包含】世界 7 种。【学名诠释与讨论】〈阴〉（希）deka- =拉丁文 decem-,十个。dekatos,第十个+chaite =拉丁文 chaeta,刚毛。此属的学名,ING、TROPICOS 和 IK 记载是"Decachaeta DC., Prodr.［A. P. de Candolle］5:133. 1836［1-10 Oct 1836］"。"Decachaeta Gardner, London J. Bot. 5:462. 1846 = Ageratum L. (1753)［菊科 Asteraceae(Compositae)］"是晚出的非法名称。【分布】巴拿马,墨西哥,中美洲。【模式】Decachaeta haenkeana A. P. de Candolle。●☆

15113　Decachaeta Gardner (1846) Nom. illegit. = Ageratum L. (1753)［菊科 Asteraceae(Compositae)］■●

15114　Decadenium Raf. (1836) Nom. illegit. = Adenaria Kunth (1823)［千屈菜科 Lythraceae］■☆

15115　Decadia Lour. (1790) = Symplocos Jacq. (1760)［山矾科（灰木科）Symplocaceae］●

15116　Decadianthe Rchb. (1841) Nom. illegit.［伞形花科（伞形科）Apiaceae(Umbelliferae)］☆

15117　Decadon G. Don (1832) = Decodon J. F. Gmel. (1791); ~ = Nesaea Comm. ex Kunth (1823)（保留属名）［千屈菜科 Lythraceae］■●☆

15118　Decadonia Raf. (1834) Nom. illegit. ≡ Adenaria Kunth(1823); ~ = Decadenium Raf. (1836) Nom. illegit.; ~ = Adenaria Kunth (1823)［千屈菜科 Lythraceae］■☆

15119　Decadontia Griff. (1854) = Sphenodesme Jack (1820)［马鞭草科 Verbenaceae//唇形科 Lamiaceae(Labiatae)//六苞藤科（伞序材科）Symphorematceae］●

15120　Decagonocarpus Engl. (1874)【汉】十角芸香属。【隶属】芸香科 Rutaceae。【包含】世界 1 种。【学名诠释与讨论】〈阳〉（希）deka- =拉丁文 decem-,十个+gonia,角,角隅,关节,膝,来自拉丁文 giniatus,成角度的+karpos,果实。【分布】巴西,亚马孙河流域。【模式】Decagonocarpus oppositifolius (Spruce) Engler［Galipea oppositifolia Spruce］。●☆

15121　Decaisnea Brongn. (1834)（废弃属名）= Prescottia Lindl. (1824)［as 'Prescotia'］［兰科 Orchidaceae］■☆

15122　Decaisnea Hook. f. et Thomson(1855)（保留属名）【汉】猫儿子属（矮杞树属,猫儿屎属,猫耳屎属）。【日】デカネマ属。【俄】Декенея。【英】Blue Bean Shrub, Decaisnea。【隶属】木通科 Lardizabalaceae//猫儿子科 Decaisneaceae。【包含】世界 1 种,中国 1 种。【学名诠释与讨论】〈阴〉（人）Joseph De Caisne,1807-1882,比利时植物学者。一说是法国植物学者。此属的学名"Decaisnea Hook. f. et T. Thomson, Proc. Linn. Soc. London 2:350. 1 Mai 1855"是一个替代名称,也是保留属名。"Slackia W. Griffith, Itin. Notes Pl. Khasyah (Posthum. Pap.) 187. 1848"是一个非法名称（Nom. illegit.）,因为此前已经有了"Slackia Griff., Calcutta J. Nat. Hist. 5:468(-469). 1845［Jan 1845］［棕榈科 Arecaceae］"。故用"Decaisnea Hook. f. et Thomson (1855)"替代之。同理,"Slackia W. Griffith, Notul. Pl. Asiat. (Posthum. Pap.) 4:158. 1854"也是一个非法名称,相应的废弃属名是兰科 Orchidaceae 的"Decaisnea Brongn. in Duperrey, Voy. Monde, Phan.; 192. Jan 1834 =Prescottia Lindl. (1824)［as 'Prescotia'］"。兰科 Orchidaceae 的"Decaisnea Lindl., Numer. List［Wallich］n. 7388. 1832 = Tropidia Lindl. (1833)"亦应废弃。【分布】中国,喜马拉雅山。【模式】Decaisnea insignis (W. Griffith) J. D. Hooker et Thomson［Slackia insignis W. Griffith］。【参考异名】Slackia Griff. (1848) Nom. illegit.●

15123　Decaisnea Lindl. (1832) Nom. inval.（废弃属名）≡ Decaisnea Lindl. ex Wall. (1832) Nom. inval.（废弃属名）; ~ = Tropidia Lindl. (1833)［兰科 Orchidaceae］■

15124　Decaisnea Lindl. ex Wall. (1832) Nom. inval.（废弃属名）= Tropidia Lindl. (1833)［兰科 Orchidaceae］■☆

15125　Decaisneaceae (Takht. ex H. N. Qin et Y. C. Tang) Loconte (1995) = Lardizabalaceae R. Br.（保留科名）●

15126　Decaisneaceae Loconte (1995)［亦见 Lardizabalaceae R. Br.（保留科名）木通科］【汉】猫儿子科。【包含】世界 1 属 1 种,中国 1 属 1 种。【分布】喜马拉雅山,中国。【科名模式】Decaisnea Hook. f. et Thomson ●

15127　Decaisnella Kuntze (1891) Nom. illegit. ≡ Gyrinopsis Decne. (1843); ~ = Aquilaria Lam. (1783)（保留属名）; ~ = Gyrinops Gaertn. (1791)［瑞香科 Thymelaeaceae］●☆

15128　Decaisnina Tiegh. (1895)【汉】德卡寄生属。【隶属】桑寄生科 Loranthaceae。【包含】世界 25 种。【学名诠释与讨论】〈阴〉（人）Joseph De Caisne,1807-1882,法国植物学者。另说他是比利时植物学者+-inus,-ina,-inum 拉丁文加在名词词干之后,以形成形容词的词尾,含义为"属于、相似、关于、小的"。【分布】菲律宾（菲律宾群岛）至澳大利亚（北部）和法属波利尼西亚（塔希提岛）。【模式】Decaisnina glauca Van Tieghem。【参考异名】Treubania Tiegh. (1897); Treubella Tiegh. (1894) Nom. illegit.●☆

15129　Decalepidanthus Riedl (1963)【汉】十鳞草属。【隶属】紫草科 Boraginaceae。【包含】世界 1 种。【学名诠释与讨论】〈阳〉（希）deka- =拉丁文 decem-,十个。dekatos,第十个+lepis,所有格 lepidos,指小式 lepion 或 lepidion,鳞,鳞片+anthos,花。【分布】巴基斯坦西部。【模式】Decalepidanthus sericophyllus Riedl。●☆

15130　Decalepis Boeck. (1884) Nom. illegit. = Boeckeleria T. Durand

（1888）；~ =Tetraria P. Beauv.（1816）［莎草科 Cyperaceae］■☆

15131　Decalepis Wight et Arn.（1834）【汉】十鳞萝藦属。【隶属】萝藦科 Asclepiadaceae。【包含】世界 1 种。【学名诠释与讨论】〈阴〉（希）deka- =拉丁文 decem-，十个+lepis，所有格 lepidos，指小式 lepion 或 lepidion，鳞，鳞片。此属的学名，ING、TROPICOS 和 IK 记载是"Decalepis R. Wight et Arnott in R. Wight, Contr. Bot. India 64. Dec 1834"。莎草科的"Decalepis Boeckeler, Bot. Jahrb. Syst. 5：509. 5 Sep 1884 = Boeckeleria T. Durand（1888）= Tetraria P. Beauv.（1816）"是晚出的非法名称。【分布】印度。【模式】Decalepis hamitonii R. Wight et Arnott。☆

15132　Decaloba（DC.）J. M. MacDougal et Feuillet（2003）Nom. inval., Nom. illegit. = Passiflora L.（1753）（保留属名）［西番莲科 Passifloraceae］●■

15133　Decaloba（DC.）M. Roem.（1846）Nom. illegit. = Passiflora L.（1753）（保留属名）［西番莲科 Passifloraceae］●■

15134　Decaloba M. Roem.（1846）Nom. illegit. ≡ Decaloba（DC.）M. Roem.（1846）Nom. illegit.；~ = Passiflora L.（1753）（保留属名）［西番莲科 Passifloraceae］●■

15135　Decaloba Raf.（1838）= Ipomoea L.（1753）（保留属名）［旋花科 Convolvulaceae］●■

15136　Decalobanthus Ooststr.（1936）【汉】十裂花属。【隶属】旋花科 Convolvulaceae。【包含】世界 1 种。【学名诠释与讨论】〈阳〉（希）deka- =拉丁文 decem-，十个+lobos =拉丁文 lobulus，片，裂片，叶，荚，荫+anthos，花。【分布】印度尼西亚（苏门答腊岛）。【模式】Decalobanthus sumatranus Ooststroom。■☆

15137　Decaloca F. Muell.【汉】新几内亚尖苞木属。【隶属】尖苞木科 Epacridaceae。【包含】世界 1 种。【学名诠释与讨论】〈阴〉（希）deka- =拉丁文 decem-，十个+locus，指小式 locellus 地方。【分布】新几内亚岛。【模式】不详。●☆

15138　Decalophium Turcz.（1847）= Chamelaucium Desf.（1819）［桃金娘科 Myrtaceae］●☆

15139　Decameria Welw.（1859）= Gardenia J. Ellis（1761）（保留属名）［茜草科 Rubiaceae//栀子科 Gardeniaceae］●

15140　Decamerium Nutt.（1842）= Gaylussacia Kunth（1819）（保留属名）［杜鹃花科（欧石南科）Ericaceae］●☆

15141　Decandolia Bastard（1809）Nom. illegit. = Agrostis L.（1753）（保留属名）［禾本科 Poaceae（Gramineae）//剪股颖科 Agrostidaceae］■

15142　Decanema Decne.（1838）【汉】十蕊萝藦属。【日】デカネマ属。【隶属】萝藦科 Asclepiadaceae。【包含】世界 3 种。【学名诠释与讨论】〈阴〉（希）deka- =拉丁文 decem-，十个+nema，所有格 nematos，丝，花丝。此属的学名是"Decanema Decaisne, Ann. Sci. Nat. Bot. ser. 2. 9：338. Jun 1838"。亦有文献把其处理为"Cynanchum L.（1753）"的异名。【分布】马达加斯加。【模式】Decanema bojerianum Decaisne［as 'Bojeriana'］。【参考异名】Cynanchum L.（1753）■☆

15143　Decanemopsis Costantin et Gallaud（1906）= Sarcostemma R. Br.（1810）［萝藦科 Asclepiadaceae］■

15144　Decaneuropsis H. Rob. et Skvarla（2007）Nom. illegit. = Vernonia Schreb.（1791）（保留属名）［菊科 Asteraceae（Compositae）//斑鸠菊科（绿菊科）Vernoniaceae］●■

15145　Decaneurum DC.（1833）Nom. illegit. ≡ Gymnanthemum Cass.（1817）；~ = Centratherum Cass.（1817）［菊科 Asteraceae（Compositae）］■☆

15146　Decaneurum Sch. Bip.（1844）Nom. illegit. ≡ Leucanthemella Tzvelev（1961）［菊科 Asteraceae（Compositae）］■

15147　Decapenta Raf.（1834）= Diodia L.（1753）［茜草科 Rubiaceae］■

15148　Decapenta Raf.（1838）= Litsea Lam.（1792）（保留属名）［樟科 Lauraceae］●

15149　Decaphalangium Melch.（1930）= Clusia L.（1753）［猪胶树科（克鲁西科，山竹子科，藤黄科）Clusiaceae（Guttiferae）］●☆

15150　Decaprisma Raf.（1837）= Campanula L.（1753）［桔梗科 Campanulaceae］■●

15151　Decaptera Turcz.（1846）【汉】十翼芥属。【隶属】十字花科 Brassicaceae（Cruciferae）。【包含】世界 1 种。【学名诠释与讨论】〈阴〉（希）deka- =拉丁文 decem-，十个+pteron，指小式 pteridion，翅。pteridios，有羽毛的。此属的学名是"Decaptera Turczaninow, Bull. Soc. Imp. Naturalistes Moscou 19（4）：497. 1846"。亦有文献把其处理为"Menonvillea R. Br. ex DC.（1821）"的异名。【分布】智利。【模式】Decaptera trifida Turczaninow。【参考异名】Menonvillea R. Br. ex DC.（1821）■☆

15152　Decaraphe Miq.（1840）= Melastoma L.（1753）；~ = Miconia Ruiz et Pav.（1794）（保留属名）［野牡丹科 Melastomataceae//米氏野牡丹科 Miconiaceae］●☆

15153　Decarhaphe Steud.（1840）Nom. inval.［野牡丹科 Melastomataceae］☆

15154　Decarhaphe Steud.（1844）Nom. inval., Nom. illegit.［野牡丹科 Melastomataceae］☆

15155　Decarinium Raf.（1825）= Croton L.（1753）［大戟科 Euphorbiaceae//巴豆科 Crotonaceae］●

15156　Decarneria Welw. = Gardenia J. Ellis（1761）（保留属名）［茜草科 Rubiaceae//栀子科 Gardeniaceae］●

15157　Decarya Choux（1929）【汉】之形木属（德卡利木属）。【日】デカリア属。【隶属】刺戟木科（刺戟草科，刺戟科，棘针树科，龙树科）Didiereaceae。【包含】世界 1 种。【学名诠释与讨论】〈阴〉（地）Decary，马达加斯加南部城镇，为纪念法国博物学者 M. Raymond Decary, c. 1890-1973 而命名。【分布】马达加斯加。【模式】Decarya madagascariensis Choux。【参考异名】Decaryia Choux（1934）Nom. illegit.●☆

15158　Decaryanthus Bonati（1927）【汉】德参属。【隶属】玄参科 Scrophulariaceae。【包含】世界 1 种。【学名诠释与讨论】〈阴〉（地）Decary，马达加斯加南部城镇，为纪念法国博物学者 M. Raymond Decary, c. 1890-1973 而命名。【分布】马达加斯加。【模式】Decaryanthus parviflorus Bonati。☆

15159　Decarydendron Danguy（1928）【汉】德卡瑞甜桂属。【隶属】香材树科（杯轴花科，黑檫木科，芒籽科，蒙立米科，檬立木科，香材木科，香树木科）Monimiaceae。【包含】世界 3 种。【学名诠释与讨论】〈中〉（人）纪念法国博物学者 M. Raymond Decary, c. 1890-1973+dendron 或 dendros，树木，棍，丛林。【分布】马达加斯加。【模式】Decarydendron helenae Danguy。●☆

15160　Decaryella A. Camus（1931）【汉】小德卡草属。【隶属】禾本科 Poaceae（Gramineae）。【包含】世界 1 种。【学名诠释与讨论】〈阴〉（地）Decary，马达加斯加南部城镇，为纪念法国博物学者 M. Raymond Decary, c. 1890-1973 而命名。【分布】马达加斯加。【模式】Decaryella madagascariensis A. Camus。■☆

15161　Decaryia Choux（1934）Nom. illegit. = Decarya Choux（1929）［刺戟木科（刺戟草科，刺戟科，棘针树科，龙树科）Didiereaceae］●☆

15162　Decaryochloa A. Camus（1946）【汉】德卡竹属。【隶属】禾本科 Poaceae（Gramineae）。【包含】世界 1 种。【学名诠释与讨论】〈阴〉（人）M. Raymond Decary, c. 1890-1973，法国博物学者+chloe，草的幼芽，嫩草，禾草。【分布】马达加斯加。【模式】Decaryochloa diadelpha A. Camus。●☆

15163　Decaschista Rchb.（1841）Nom. illegit. ≡ Decaschistia Wight et Arn.（1834）［锦葵科 Malvaceae］☆

15164 Decaschistia Wight et Arn.（1834）【汉】十裂葵属。【英】Decaschistia。【隶属】锦葵科 Malvaceae。【包含】世界 10-18 种，中国 2 种。【学名诠释与讨论】〈阴〉（希）deka- = 拉丁文 decem-，十个。dekatos，第十个+schitos，分开的，裂开的。指蒴果成熟时室裂为 10 果瓣。另说指花的小苞片、柱头、雌蕊等均为 10 数。此属的学名，ING、TROPICOS、APNI 和 IK 记载是"Decaschistia Wight et Arn.，Prodr. Fl. Ind. Orient. 1：52. 1834［10 Oct 1834］"。"Decaschista Rchb.，Deut. Bot. Herb. - Buch 200. 1841［Jul 1841］"是"Decaschistia Wight et Arn.（1834）"的拼写变体。【分布】中国，印度至马来半岛。【模式】Decaschistia crotonifolia R. Wight et Arnott。【参考异名】Decaschista Rchb.（1841）Nom. illegit. ●■

15165 Decaspermum J. R. Forst. et G. Forst.（1776）【汉】子楝树属（十子木属，十子属）。【日】コウシュンツゲ属。【英】Decaspermum。【隶属】桃金娘科 Myrtaceae。【包含】世界 30-40 种，中国 8 种。【学名诠释与讨论】〈中〉（希）deka- = 拉丁文 decem-，十个 + sperma，所有格 spermatos，种子，孢子。指果具种子 10 颗。此属的学名，ING、TROPICOS 和 IK 记载是"Decaspermum J. R. Forst. et G. Forst.，Char. Gen. Pl.，ed. 2. 73. 1776［1 Mar 1776］"。"Nelitris J. Gaertner，Fruct. 1：134. Dec 1788"是"Decaspermum J. R. Forst. et G. Forst.（1776）"的晚出的同模式异名（Homotypic synonym，Nomenclatural synonym）。【分布】印度至马来西亚，中国。【模式】Decaspermum fruticosum J. R. Forster et J. G. A. Forster。【参考异名】Dodecaspermum Forst. ex Scop.（1777）Nom. illegit.；Dodecaspermum Scop.（1777）；Nelitris Spreng.（1825）Nom. illegit.；Pyrenocarpa Hung T. Chang et R. H. Miao（1975）Nom. inval. ●

15166 Decaspora R. Br.（1810）【汉】十子澳石南属。【隶属】尖苞木科 Epacridaceae//杜鹃花科（欧石南科）Ericaceae。【包含】世界 10 种。【学名诠释与讨论】〈阴〉（希）deka- = 拉丁文 decem-，十个+spora，孢子，种子。此属的学名是"Decaspora R. Brown，Prodr. 548. 27 Mar 1810"。亦有文献把其处理为"Trochocarpa R. Br.（1810）"的异名。【分布】参见 Trochocarpa R. Br.。【模式】未指定。【参考异名】Trochocarpa R. Br.（1810）●☆

15167 Decastelma Schltr.（1899）【汉】十冠萝藦属。【隶属】萝藦科 Asclepiadaceae。【包含】世界 2 种。【学名诠释与讨论】〈中〉（希）deka- = 拉丁文 decem-，十个+stelma，王冠，花冠。【分布】西印度群岛。【模式】Decastelma broadwayi Schlechter。●☆

15168 Decastemon Klotzsch（1861）【汉】十蕊白花菜属。【隶属】山柑科（白花菜科，醉蝶花科）Capparaceae//白花菜科（醉蝶花科）Cleomaceae。【包含】世界 2 种。【学名诠释与讨论】〈阳〉（希）deka- = 拉丁文 decem-，十个+stemon，雄蕊。此属的学名是"Decastemon Klotzsch in W. C. H. Peters，Naturwiss. Reise Mossambique，Bot. 157. 1861（sero）（'1862'）"。亦有文献把其处理为"Cleome L.（1753）"的异名。【分布】参见 Cleome L.。【模式】未指定。【参考异名】Cleome L.（1753）■☆

15169 Decastia Raf. = Nigella L.（1753）［毛茛科 Ranunculaceae//黑种草科 Nigellaceae］■

15170 Decastrophia Griff.（1854）= Erythropalum Blume（1826）［铁青树科 Olacaceae//赤苍藤科 Erythropalaceae］●

15171 Decastylocarpus Humb.（1923）【汉】十肋瘦片菊属。【隶属】菊科 Asteraceae（Compositae）。【包含】世界 1 种。【学名诠释与讨论】〈阳〉（希）deka- = 拉丁文 decem-，十个 + stylos = 拉丁文 style，花柱，中柱，有尖之物，桩，柱，支持物，支柱，石头做的界标+karpos，果实。【分布】马达加斯加。【模式】Decastylocarpus perrieri Humbert。■☆

15172 Decateles Raf.（1838）= Bumelia Sw.（1788）（保留属名）；~ = Sideroxylon L.（1753）［山榄科 Sapotaceae］●☆

15173 Decatoca F. Muell.（1889）【汉】十肋石南属。【隶属】尖苞木科 Epacridaceae//杜鹃花科（欧石南科）Ericaceae。【包含】世界 1 种。【学名诠释与讨论】〈阴〉（希）deka- = 拉丁文 decem-，十个+tokos，后代。【分布】新几内亚岛。【模式】Decatoca spencerii F. v. Mueller。●☆

15174 Decatropis Hook. f.（1862）【汉】十肋芸香属。【隶属】芸香科 Rutaceae。【包含】世界 2-3 种。【学名诠释与讨论】〈阴〉（希）deka- = 拉丁文 decem-，十个 + tropos，转弯，方式上的改变。trope，转弯的行为。tropo，转。tropis，所有格 tropeos，后来的。tropis，所有格 tropidos，龙骨。【分布】墨西哥南部，危地马拉，中美洲。【模式】Decatropis coulteri J. D. Hooker。●☆

15175 Decavenia（Nakai）Koidz.（1930）= Pterostyrax Siebold et Zucc.（1839）［安息香科（齐墩果科，野茉莉科）Styracaceae］●

15176 Decavenia Koidz.（1930）Nom. illegit. ≡ Decavenia（Nakai）Koidz.（1930）［安息香科（齐墩果科，野茉莉科）Styracaceae］●

15177 Decazesia F. Muell.（1879）【汉】膜苞鼠麹草属。【隶属】菊科 Asteraceae（Compositae）。【包含】世界 1 种。【学名诠释与讨论】〈阴〉（人）Decazes。【分布】澳大利亚。【模式】Decazesia hecatocephala F. v. Mueller。■☆

15178 Decazyx Pittier et S. F. Blake（1922）【汉】墨西哥芸香属。【隶属】芸香科 Rutaceae。【包含】世界 2 种。【学名诠释与讨论】〈阴〉（希）deka- = 拉丁文 decem-，十个+zeuxis=新拉丁文 zyxis，联以轭，接合的行为。【分布】中美洲。【模式】Decazyx macrophyllus Pittier et Blake。●☆

15179 Deccania Tirveng.（1983）【汉】戴康茜属。【隶属】茜草科 Rubiaceae。【包含】世界 1 种。【学名诠释与讨论】〈阴〉词源不详。【分布】非洲南部和东南部。【模式】Deccania pubescens（A. W. Roth）D. D. Tirvengadum［Gardenia pubescens A. W. Roth］。●☆

15180 Decemium Raf.（1817）= Hydrophyllum L.（1753）［田梗草科（田基麻科，田亚麻科）Hydrophyllaceae］■☆

15181 Deceptor Seidenf.（1992）= Saccolabium Blume（1825）（保留属名）［兰科 Orchidaceae］■

15182 Dechampsia Kunth（1815）= Deschampsia P. Beauv.（1812）［禾本科 Poaceae（Gramineae）］■

15183 Deckenia H. Wendl.，Nom. illegit. = Deckenia H. Wendl. ex Seem.（1870）［棕榈科 Arecaceae（Palmae）］●☆

15184 Deckenia H. Wendl. ex Seem.（1870）【汉】华丽榈属（华丽刺藤属，拟刺椰子属，塞舌尔王椰属）。【日】トグノヤシモドキ属。【英】Deckenia Palm。【隶属】棕榈科 Arecaceae（Palmae）。【包含】世界 1 种。【学名诠释与讨论】〈阴〉（人）Carl Claus（Karl Klaus）von der Decken，1833-1865，德国植物学者。此属的学名，ING 和 IK 记载是"Deckenia H. Wendland ex B. C. Seemann，Gard. Chron. 1870：561. 1870"。"Deckenia H. Wendl."的命名人引证有误。【分布】塞舌尔（塞舌尔群岛）。【模式】Deckenia nobilis H. Wendland ex B. C. Seemann。【参考异名】Deckenia H. Wendl.，Nom. illegit. ●☆

15185 Deckera Sch. Bip.（1834）= Picris L.（1753）［菊科 Asteraceae（Compositae）］■

15186 Deckeria H. Karst.（1857）= Iriartea Ruiz et Pav.（1794）［棕榈科 Arecaceae（Palmae）//依力棕榈科 Iriarteaceae］●☆

15187 Declieuxia Kunth（1819）【汉】戴克茜属。【隶属】茜草科 Rubiaceae。【包含】世界 27 种。【学名诠释与讨论】〈阴〉词源不详。【分布】西印度群岛，热带南美洲。【模式】Declieuxia chiococcoides Kunth。【参考异名】Congdonia Müll. Arg.（1876）；Psyllocarpus Pohl ex DC.（1830）■☆

15188 Decodon J. F. Gmel.（1791）【汉】敌克冬属。【英】Decodon。

【隶属】千屈菜科 Lythraceae。【包含】世界 1 种。【学名诠释与讨论】〈阳〉(希)deka- =拉丁文 decem-,十个。dekatos,第十个 + odous,所有格 odontos,齿。【分布】美国,北美洲东部。【模式】Decodon aquaticus J. F. Gmelin。【参考异名】Decadon G. Don (1832)●☆

15189 Decodontia Haw. (1812) Nom. illegit. ≡ Huernia R. Br. (1810) [萝藦科 Asclepiadaceae]■☆

15190 Decorima Raf. (1838) = Karwinskia Zucc. (1832) [鼠李科 Rhamnaceae]●☆

15191 Decorsea Basse(1934) Nom. illegit. = Decorsea R. Vig. (1951) [豆科 Fabaceae(Leguminosae)]●■☆

15192 Decorsea R. Vig. (1951)【汉】华美豆属。【隶属】豆科 Fabaceae(Leguminosae)。【包含】世界 4 种。【学名诠释与讨论】〈阴〉(人)J. Decorse,植物学者。此属的学名,ING 和 IK 记载是 "Decorsea R. Viguier,Notul. Syst. (Paris) 14:181. Nov 1951"。IK 还记载了 "Decorsea R. Vig. ex Basse in Ann. Sci. Nat.,Bot. sér. 10, 16:116,nomen. 1934"。"Decorsea Basse(1951)" 和 "Decorsea R. Vig. (1952)" 是晚出的非法名称。【分布】马达加斯加,非洲东部和中部。【模式】Decorsea livida R. Viguier。【参考异名】Decorsea Basse(1934) Nom. illegit. ;Decorsea R. Vig. ex Basse (1934) Nom. inval. ;Decorsea R. Vig. ex R. Vig. (1951) Nom. illegit. = Decorsea R. Vig. (1951)●■☆

15193 Decorsea R. Vig. ex Basse(1934) Nom. inval. = Decorsea R. Vig. (1951) [豆科 Fabaceae(Leguminosae)]●■☆

15194 Decorsea R. Vig. ex R. Vig. (1951) Nom. illegit. = Decorsea R. Vig. (1951) [豆科 Fabaceae(Leguminosae)]●■☆

15195 Decorsella A. Chev. (1917)【汉】早裂堇属。【隶属】堇菜科 Violaceae。【包含】世界 1 种。【学名诠释与讨论】〈阴〉(属)Decorsea 华美豆属+-ellus,-ella,-ellum,加在名词词干后面形成指小式的词尾。或加在人名、属名等后面以组成新属的名称。【分布】热带非洲西部。【模式】Decorsella paradoxa A. Chevalier。【参考异名】Gymnorinorea Keay(1953)■☆

15196 Decostea Ruiz et Pav. (1794) = Griselinia J. R. Forst. et G. Forst. (1775) [山茱萸科 Cornaceae//夷茱萸科 Griseliniaceae]●☆

15197 Dectis Raf. (1837) = Commidendron Lem. (1849) [菊科 Asteraceae(Compositae)]●☆

15198 Decumaria L. (1763)【汉】赤壁木属(赤壁草属,赤壁藤属,罩壁木属)。【英】Decumaria, Wood Vamp。【隶属】虎耳草科 Saxifragaceae//绣球花科 (八仙花科,绣球科) Hydrangeaceae。【包含】世界 2 种,中国 1 种。【学名诠释与讨论】〈阴〉(拉)decuma,第十,十个 + -arius,-aria,-arium,指示"属于、相似、具有、联系"的词尾。指一些种的花部为 10 出数,国产种例外。【分布】美国(东南部),中国。【模式】Decumaria barbara Linnaeus。【参考异名】Forsythia Walter(1788)(废弃属名)●

15199 Decussocarpus de Laub. (1969) Nom. illegit. ≡ Nageia Gaertn. (1788)(废弃属名);~ = Retrophyllum C. N. Page(1989) [罗汉松科 Podocarpaceae//竹柏科 Nageiaceae]●

15200 Dedea Baill. (1879) = Quintinia A. DC. (1830) [虎耳草科 Saxifragaceae//昆廷树科 Quintiniaceae]●☆

15201 Dedeckera Reveal et J. T. Howell(1976)【汉】木黄蓼(德克尔蓼属)。【英】Eureka,July Gold。【隶属】蓼科 Polygonaceae。【包含】世界 1 种。【学名诠释与讨论】〈阴〉(人)Mary Caroline Foster DeDecker,1909-2000,美国加利福尼亚州天然资源保护学者,植物学者。【分布】北美洲西部。【模式】Dedeckera eurekensis J. L. Reveal et J. T. Howell。●☆

15202 Deeringia Kuntze(1891) Nom. illegit. = Cryptotaenia DC. (1829)(保留属名);~ = Deringa Adans. (1763)(废弃属名);~ = Sison

L. (1753) [伞形花科(伞形科)Apiaceae(Umbelliferae)]■☆

15203 Deeringia R. Br. (1810)【汉】浆果苋属(地灵苋属,地苓苋属,纽藤属)。【日】インドヒモカズラ属。【英】Cladostachys。【隶属】苋科 Amaranthaceae。【包含】世界 7-11 种,中国 2 种。【学名诠释与讨论】〈阴〉(人)George Charles Deering, c. 1695-1749,英国植物学者,医生。此属的学名,ING、APNI、TROPICOS 和 IK 记载是 "Deeringia R. Br.,Prodr. Fl. Nov. Holland. 413. 1810 [27 Mar 1810]"。"Coilosperma Rafinesque,Fl. Tell. 3:43. Nov-Dec 1837 ('1836')" 是"Deeringia R. Br. (1810)"的晚出的同模式异名 (Homotypic synonym, Nomenclatural synonym)。" Deeringia Kuntze,Revis. Gen. Pl. 1:267. 1891 [5 Nov 1891] = Sison L. (1753) [伞形花科(伞形科)Apiaceae(Umbelliferae)]"是晚出的非法名称。【分布】巴基斯坦,马达加斯加,印度至马来西亚,中国。【模式】Deeringia celosioides R. Brown, Nom. illegit. [Celosia baccata Retzius;Deeringia baccata (Retzius) Moquin-Tandon]。【参考异名】Cladostachys D. Don (1825);Coelosperma Post et Kuntze (1903); Coilosperma Raf. (1837) Nom. illegit. ; Dendroportulaca Eggli(1997)●■

15204 Deeringiaceae J. Agardh(1858) = Amaranthaceae Juss. (保留科名)●■

15205 Deeringothamnus Small(1924)【汉】假泡泡果属。【隶属】番荔枝科 Annonaceae。【包含】世界 2 种。【学名诠释与讨论】〈阳〉(人)Charles Deering+thamnus,灌木。【分布】美国(佛罗里达)。【模式】Deeringothamnus pulchellus J. K. Small。●☆

15206 Defforgia Lam. (1793) Nom. illegit. = Forgesia Comm. ex Juss. (1789) [鼠刺科 Iteaceae]●☆

15207 Deflersia Gand. = Veratrum L. (1753) [百合科 Liliaceae//黑药花科(藜芦科)Melanthiaceae]■●

15208 Deflersia Schweinf. ex Penz. (1893)【汉】肖红果大戟属。【隶属】大戟科 Euphorbiaceae。【包含】世界 1 种。【学名诠释与讨论】〈阴〉(人)Deflers。此属的学名,TROPICOS 和 IK 记载是 "Deflersia Schweinf. ex Penz., Atti del Congresso Botanico Internazionale de Genova 1892 359. 1893"。也有学者把其处理为 "Erythrococca Benth. (1849) [大戟科 Euphorbiaceae]" 的异名。【分布】非洲。【模式】Deflersia erythrococca Schweinf.。【参考异名】Erythrococca Benth. (1849)●■

15209 Degeneria I. W. Bailey et A. C. Sm. (1942)【汉】单心木兰属。【隶属】单心木兰科 Degeneriaceae。【包含】世界 2 种。【学名诠释与讨论】〈阴〉(拉)Degener,退化的。【分布】斐济。【模式】Degeneria vitiensis I. W. Bailey et A. C. Smith。●☆

15210 Degeneriaceae I. W. Bailey et A. C. Sm. (1942)(保留科名)【汉】单心木兰科。【日】デゲネリア科。【包含】世界 1 属 2 种。【分布】斐济。【科名模式】Degeneria I. W. Bailey et A. C. Sm.。●■

15211 Degeneriaceae I. W. Bailey (1942) = Degeneriaceae I. W. Bailey et A. C. Sm. (保留科名)●☆

15212 Degenia Hayek (1910)【汉】柠檬芥属。【隶属】十字花科 Brassicaceae(Cruciferae)。【包含】世界 1 种。【学名诠释与讨论】〈阴〉(人)Árpád von Degen,1866-1934,匈牙利植物学者。【分布】克罗地亚。【模式】Degenia velebitica (Degen) Hayek [Lesquerella velebitica Degen]。■☆

15213 Degranvillea Determann(1985)【汉】圭亚那兰属。【隶属】兰科 Orchidaceae。【包含】世界 1 种。【学名诠释与讨论】〈阴〉(人)Jean-Jacques de Granville, 1943-,植物学者。【分布】圭亚那。【模式】Degranvillea dermaptera R. O. Determann。■☆

15214 Deguelia Aubl. (1775)(废弃属名)= Derris Lour. (1790)(保留属名) [豆科 Fabaceae(Leguminosae)//蝶形花科 Papilionaceae]●

15215 Dehaasia Blume (1837)【汉】莲桂属(腰果楠属)。【英】

Dehaasia。【隶属】樟科 Lauraceae。【包含】世界 35 种,中国 3 种。【学名诠释与讨论】〈阴〉（人）D. de Haas,荷兰科学赞助人。此属的学名,ING、TROPICOS 和 IK 记载是"Dehaasia Blume, Rumphia 1:161. tt. 44, 45, 47. 1837 [Apr–Jun 1837]"。"Haasia Blume in C. G. D. Nees, Syst. Laurin. 372. 30 Oct–5 Nov 1836 ≡ Dehaasia Blume (1837)"是一个未合格发表的名称（Nom. inval.）。【分布】马来西亚,中国,中美洲。【模式】Haasia microcarpa Blume。【参考异名】Cyanodaphne Blume (1851); Haasia Blume (1836) Nom. inval.; Haasia Nees (1836) Nom. illegit. ●

15216 Deherainia Decne. (1876)【汉】卵花绿果属。【隶属】假轮叶科（狄氏木科,拟棕科）Theophrastaceae。【包含】世界 2 种。【学名诠释与讨论】〈阴〉（人）Pierre Paul De Herain,法国博物学者。【分布】墨西哥。【模式】Deherainia smaragdina Decaisne。【参考异名】Neomezia Votsch (1904) ●☆

15217 Deianira Cham. et Schltdl. (1826)【汉】代亚龙胆属。【隶属】龙胆科 Gentianaceae。【包含】世界 7 种。【学名诠释与讨论】〈阴〉（人）拉丁文 Deianira,希腊文 Deianeira,古代 Aetolia 国王 Oeneus 的女儿,Hercules 的妻子,Hyllus 的母亲,以美丽著称。此属的学名,ING、TROPICOS 和 IK 记载是"Deianira Chamisso et D. F. L. Schlechtendal, Linnaea 1:195. Apr 1826"。"Callopisma C. F. P. Martius, Nova Gen. Sp. 2:107. Jan–Jul 1827 ('1826')"是"Deianira Cham. et Schltdl. (1826)"的晚出的同模式异名（Homotypic synonym, Nomenclatural synonym）。【分布】巴西,玻利维亚。【后选模式】Deianira erubescens Chamisso et D. F. L. Schlechtendal。【参考异名】Callopisma Mart. (1827) Nom. illegit.; Calopisma Post et Kuntze (1903) ■☆

15218 Deidamia E. A. Noronha ex Thouars (1807) Nom. illegit. = Deidamia Thouars (1805) [西番莲科 Passifloraceae] ■☆

15219 Deidamia Thouars (1805)【汉】马岛西番莲属。【隶属】西番莲科 Passifloraceae。【包含】世界 5 种。【学名诠释与讨论】〈阴〉（人）拉丁文 Deidamia,希腊文 Deidameia,古代 Scyros 国王 Lycomedes 的女儿,Pyrrhus 的母亲。此属的学名,ING 记载是"Deidamia Du Petit-Thouars, Hist. Vég. Isles Austr. Afrique 61. Mai 1805"。IK 则记为"Deidamia Noronha ex Thouars, Hist. Veg. Isles Afr. 61. t. 20 (1807)"。【分布】马达加斯加,热带非洲西部。【模式】Deidamia alata Du Petit-Thouars。【参考异名】Deidamia E. A. Noronha ex Thouars (1807) Nom. illegit.; Efulensia C. H. Wright (1897); Giorgiella De Wild. (1914); Octerium Salisb. (1818); Thompsonia R. Br. (1821) ■☆

15220 Deilanthe N. E. Br. (1930) = Aloinopsis Schwantes (1926); ~ = Nananthus N. E. Br. (1925) [番杏科 Aizoaceae] ■☆

15221 Deilosma (DC.) Besser (1822) Nom. illegit. = Hesperis L. (1753) [十字花科 Brassicaceae (Cruciferae)] ■

15222 Deilosma Andrz. ex DC. (1821) Nom. inval. = Hesperis L. (1753) [十字花科 Brassicaceae (Cruciferae)] ■

15223 Deilosma Spach (1838) Nom. illegit. ≡ Kladnia Schur (1866); ~ = Hesperis L. (1753) [十字花科 Brassicaceae (Cruciferae)] ■

15224 Deina Alef. (1866)【汉】波兰小麦属。【隶属】禾本科 Poaceae (Gramineae)。【包含】世界 1 种。【学名诠释与讨论】〈阴〉（希）deinos,恐怖的,异常的。此属的学名是"Deina Alefeld, Landwirthschaftl. Fl. 335. 1-7 Mai 1866"。亦有文献把其处理为"Triticum L. (1753)"的异名。【分布】波兰。【模式】Deina polonica (Linnaeus) Alefeld [Triticum polonicum Linnaeus]。【参考异名】Triticum L. (1753) ■☆

15225 Deinacanthon Mez (1896)【汉】肖凤梨属。【隶属】凤梨科 Bromeliaceae。【包含】世界 1 种。【学名诠释与讨论】〈阴〉（希）deinos,恐怖的,异常的,有权势的,伟大的。dinos 急转的,充满旋

涡的+akantha 荆棘,刺。此属的学名是"Deinacanthon Mez in A. C. de Candolle, Monogr. Phan. 9:12. Jan 1896"。亦有文献把其处理为"Bromelia L. (1753)"的异名。【分布】阿根廷,巴拉圭,玻利维亚。【模式】Deinacanthon urbanianum (Mez) Mez [Rhodostachys urbaniana Mez]。【参考异名】Bromelia L. (1753); Dinacanthon Post et Kuntze (1903) ■☆

15226 Deinandra Greene (1897)【汉】星香菊属。【隶属】菊科 Asteraceae (Compositae)。【包含】世界 21 种。【学名诠释与讨论】〈阴〉（希）deinos,恐怖的,异常的,有权势的,伟大的。dinos 急转的,充满旋涡的+andron 雄蕊。此属的学名"Deinandra E. L. Greene, Fl. Franciscana 424. 5 Aug 1897"是一个替代名称。"Hartmannia A. P. de Candolle, Prodr. 5:693. Oct 1836"是一个非法名称（Nom. illegit.）,因为此前已经有了"Hartmannia Spach, Hist. Nat. Vég. Phan. 4:370. 11 Apr 1835 = Oenothera L. (1753) [柳叶菜科 Onagraceae]"。故用"Deinandra Greene (1897)"替代之。亦有文献把"Deinandra Greene (1897)"处理为"Hemizonia DC. (1836)"的异名。【分布】美国,墨西哥。【模式】Deinandra fasciculata (A. P. de Candolle) E. L. Greene [Hartmannia fasciculata A. P. de Candolle]。【参考异名】Hartmannia DC. (1836) Nom. illegit.; Hemizonia DC. (1836) (Nom. illegit.) ■●☆

15227 Deinanthe Maxim. (1867)【汉】叉叶蓝属（银梅草属）。【日】ギンバイサウ属,ギンバイソウ属。【英】Deinanthe。【隶属】虎耳草科 Saxifragaceae//绣球花科（八仙花科,绣球科）Hydrangeaceae。【包含】世界 2 种,中国 1 种。【学名诠释与讨论】〈阴〉（希）deinos,出色的,完美的,可怕的,恐怖的+anthos 花。指成群的花极大。【分布】日本,中国。【模式】Deinanthe bifida Maximowicz。【参考异名】Dinanthe Post et Kuntze (1903) ■

15228 Deinbollia Schumach. (1827)【汉】邓博木属。【俄】Дейнболлия。【英】Deinbollia。【隶属】无患子科 Sapindaceae。【包含】世界 40 种。【学名诠释与讨论】〈阴〉（人）Peter Vogelius (Wegelius) Deinboll, 1783-1874,丹麦植物学者。此属的学名,IK 记载是"Deinbollia Schumach. et Thonn., in Danske, Selsk. Afh. iv. (1827) 16"。ING 和 TROPICOS 则记载为"Deinbollia H. C. F. Schumacher, Beskr. Guin. Pl. 242. 1827"。【分布】马达加斯加,热带非洲。【模式】Deinbollia pinnata H. C. F. Schumacher。【参考异名】Deinbollia Schumach. et Thonn. (1827); Omalocarpus Choux (1926) ●☆

15229 Deinbollia Schumach. et Thonn. (1827) = Deinbollia Schumach. (1827) [无患子科 Sapindaceae] ●☆

15230 Deinocheilos W. T. Wang (1986)【汉】全唇苣苔属。【英】Deinocheilos。【隶属】苦苣苔科 Gesneriaceae。【包含】世界 2 种,中国 2 种。【学名诠释与讨论】〈中〉（希）deinos,出色的,完美的,可怕的,恐怖的+cheilos,唇。【分布】中国。【模式】Deinocheilos sichuanense W. T. Wang。■★

15231 Deinosmos Raf. (1837) = Erigeron L. (1753); ~ = Pulicaria Gaertn. (1791) [菊科 Asteraceae (Compositae)] ■●

15232 Deinostema T. Yamaz. (1953)【汉】泽番椒属。【日】サワトウガラシ属。【英】Deinostemma。【隶属】玄参科 Scrophulariaceae//婆婆纳科 Veronicaceae。【包含】世界 2 种,中国 2 种。【学名诠释与讨论】〈中〉（希）deinos,出色的,完美的,可怕的,恐怖的+stemon,雄蕊。指雄蕊的花丝中间弯曲。【分布】朝鲜,日本,中国。【模式】未指定。■

15233 Deinostigma W. T. Wang et Z. Y. Li (1992)【汉】越南苣苔属。【隶属】苦苣苔科 Gesneriaceae。【包含】世界 1 种。【学名诠释与讨论】〈中〉（希）deinos,出色的,完美的,可怕的,恐怖的+stigma,所有格 stigmatos,柱头,眼点。【分布】越南（南部）。【模式】Deinostigma poilanei (Pellegrin) W. T. Wang et Z. Y. Li [Hemiboea poilanei Pellegrin〕。■☆

15234　Deiregyne Schltr. （1920）【汉】颈柱兰属。【隶属】兰科 Orchidaceae。【包含】世界 7 种。【学名诠释与讨论】〈阴〉（希）deire，颈+gyne，所有格 gynaikos，雌性，雌蕊。【分布】墨西哥，中美洲。【后选模式】Deiregyne hemichrea （Lindley） Schlechter ［Spiranthes hemichrea Lindley〕。【参考异名】Triceratostris （Szlach.）Szlach. et R. González（1996）■☆

15235　Deiregynopsis Rauschert （1982） Nom. illegit. ≡ Aulosepalum Garay（1982）［兰科 Orchidaceae〕■☆

15236　Dekindtia Gilg（1902）= Chionanthus L. （1753）；~ = Linociera Sw. ex Schreb.（1791）（保留属名）［木犀榄科（木犀科）Oleaceae〕●

15237　Dekinia M. Martens et Galeotti（1844）= Agastache J. Clayton ex Gronov. （1762）［唇形科 Lamiaceae（Labiatae）〕■

15238　Dela Adans. （1763） Nom. illegit. ≡ Libanotis Haller ex Zinn （1757）（保留属名）；~ ≡ Libanotis Hill（1756）（废弃属名）；~ = Seseli L. （1753）［伞形花科（伞形科）Apiaceae（Umbelliferae）〕■

15239　Delabechea Lindl. （1848）= Sterculia L. （1753）［梧桐科 Sterculiaceae//锦葵科 Malvaceae〕●

15240　Delaetia Backeb. （1962）= Neoporteria Britton et Rose（1922）［仙人掌科 Cactaceae〕●■

15241　Delairea Lem.（1844）【汉】肉藤菊属（德氏藤属）。【英】German-ivy。【隶属】菊科 Asteraceae（Compositae）。【包含】世界 1 种。【学名诠释与讨论】〈阴〉（人）Eugene Delaire，1810－1856，他在 1837－1856 年担任奥尔良植物园园长。此属的学名是 "Delairea Lemaire，Ann. Sci. Nat. Bot. ser. 3. 1：379. Jun 1844"。亦有文献把其处理为 "Senecio L. （1753）" 的异名。【分布】非洲南部。【模式】Delairea odorata Lemaire。【参考异名】Senecio L. （1753）■☆

15242　Delairea Post et Kuntze （1903） Nom. illegit. = Baphia Afzel. ex Lodd. （1820）；~ = Delaria Desv.（1826）［豆科 Fabaceae （Leguminosae）〕●☆

15243　Delairia Lem.（1844）Nom. illegit. ≡ Delairea Lem.（1844）［菊科 Asteraceae（Compositae）//千里光科 Senecionidaceae〕■●

15244　Delamerea S. Moore（1900）【汉】锐苞菊属。【隶属】菊科 Asteraceae（Compositae）。【包含】世界 1 种。【学名诠释与讨论】〈阴〉（人）Delamere。【分布】热带非洲东部。【模式】Delamerea procumbens S. M. Moore。■☆

15245　Delaportea Thorel ex Gagnep. （1911）= Acacia Mill. （1754）（保留属名）［豆科 Fabaceae （Leguminosae）//含羞草科 Mimosaceae//金合欢科 Acaciaceae〕●■

15246　Delarbrea Vieill.（1865）【汉】德拉五加属。【隶属】五加科 Araliaceae。【包含】世界 6 种。【学名诠释与讨论】〈阴〉（人）Antoine Delarbre，1724－1813，法国植物学者。【分布】新几内亚岛，法属新喀里多尼亚。【模式】Delarbrea collina Vieillard【参考异名】Porospermum F. Muell.（1870）●☆

15247　Delaria Desv.（1826）= Baphia Afzel. ex Lodd. （1820）［豆科 Fabaceae（Leguminosae）〕●☆

15248　Delastrea A. DC.（1844）= Labramia A. DC. （1844）［山榄科 Sapotaceae〕●☆

15249　Delavaya Franch.（1886）【汉】茶条木属（滇木瓜属，黑枪杆属）。【英】Delavaya。【隶属】无患子科 Sapindaceae。【包含】世界 1 种，中国 1 种。【学名诠释与讨论】〈阴〉（人）Jeao Marie Delavay，1834－1895，法国天主教神父，植物学者。他于 1867 年到广东与海南，1881－1891 年到云南大理和丽江地区，1893－1894 年在昆明附近采集标本，共计约 200000 号，包含植物约 4000 种。其中新属 10 个，新种 1500 个。他的标本主要送 A. R.

Franchet 研究。标本存放在法国巴黎国家自然历史博物馆。【分布】中国。【模式】Delavaya toxocarpa A. R. Franchet。●

15250　Delia Dumort.（1827）Nom. illegit. ≡ Segetella Desv. （1816） Nom. illegit. ；~ =Spergularia （Pers.）J. Presl et C. Presl（1819）（保留属名）［石竹科 Caryophyllaceae〕■

15251　Delila Pfeiff. = Delia Dumort. （1827） Nom. illegit. ；~ = Segetella Desv.（1816） Nom. illegit. ；~ = Spergularia （Pers.）J. Presl et C. Presl（1819）（保留属名）［石竹科 Caryophyllaceae〕■

15252　Delilea Kuntze（1891）Nom. illegit. ≡ Delilia Spreng. （1823） ［菊科 Asteraceae（Compositae）〕■☆

15253　Delilia Spreng.（1823）【汉】圆苞菊属。【隶属】菊科 Asteraceae（Compositae）。【包含】世界 2-3 种。【学名诠释与讨论】〈阴〉（人）Alire Raffeneau Delile，1778－1850，法国植物学者。此属的学名，ING、TROPICOS 记载为 "Delilia K. P. J. Sprengel，Bull. Sci. Soc. Philom. Paris 1823：54. Apr 1823"；IK 则记载为 "Delilia Spreng.，Syst. Veg. （ed. 16）［Sprengel〕3：367. 1826 ［Jan－Mar 1826〕"。"Meratia Cassini in F. Cuvier，Dict. Sci. Nat. 30：65. Mai 1824 ［non Loiseleur－Deslongchamps 1818（废弃属名）〕" 是 "Delilia Spreng.（1823）" 的晚出的同模式异名 （Homotypic synonym, Nomenclatural synonym）。"Delilea Kuntze，Revis. Gen. Pl. 1：333. 1891 ［5 Nov 1891〕" 是 "Delilia Spreng. （1823）" 的拼写变体。【分布】巴拿马，玻利维亚，厄瓜多尔，哥伦比亚（安蒂奥基亚），尼加拉瓜，西班牙，热带美洲，中美洲。【模式】Delilia berterii K. P. J. Sprengel。【参考异名】Delilea Kuntze（1891）；Elvira Cass.（1824）；Meratia Cass.（1824）Nom. illegit. （废弃属名）■☆

15254　Delilia Spreng.（1826）Nom. illegit. = Elvira Cass. （1824）［菊科 Asteraceae（Compositae）〕■☆

15255　Delima L.（1754）= Tetracera L. （1753）［锡叶藤科 Tetraceraceae//五桠果科（第伦桃科，五丫果科，锡叶藤科）Dilleniaceae〕●

15256　Delimaceae Mart. =Dilleniaceae Salisb. （保留科名）●■

15257　Delimopsis Miq.（1859）= Delima L. （1754）［五桠果科（第伦桃科，五丫果科，锡叶藤科）Dilleniaceae〕●

15258　Delissea Gaudich.（1826）【汉】基扭桔梗属。【隶属】桔梗科 Campanulaceae。【包含】世界 9-14 种。【学名诠释与讨论】〈阴〉（人）Jacques Delisse，医生，博物学者。【分布】美国（夏威夷）。【模式】Delissea undulata Gaudichaud-Beaupré。●☆

15259　Delivaria Miq.（1857）= Acanthus L. （1753）；~ =Dilivaria Juss. （1789）［爵床科 Acanthaceae〕●■

15260　Deloderium Cass.（1827）= Leontodon L. （1753）（保留属名）［菊科 Asteraceae（Compositae）〕■☆

15261　Delognaea Baill.（1884）= Ampelosicyos Thouars（1808）［as 'Ampelosycios'〕［葫芦科（瓜科，南瓜科）Cucurbitaceae〕●■☆

15262　Delognaea Cogn.（1884）= Ampelosicyos Thouars（1808）［as 'Ampelosycios'〕［葫芦科（瓜科，南瓜科）Cucurbitaceae〕●■☆

15263　Delognea Cogn.（1884）Nom. illegit. ≡ Delognaea Cogn.（1884）；~ = Ampelosicyos Thouars（1808）［as 'Ampelosycios'〕［葫芦科（瓜科，南瓜科）Cucurbitaceae〕●■☆

15264　Delonix Raf.（1837）【汉】凤凰木属。【日】ホウオウボク属。【英】Flamboyant, Flamboyant Tree, Flamboyanttree, Mohur, Poinciana。【隶属】豆科 Fabaceae（Leguminosae）//云实科（苏木科）Caesalpiniaceae。【包含】世界 2-12 种，中国 1 种。【学名诠释与讨论】〈阴〉（希）delos，明显的，可见的+onyx，爪。指花瓣基部具长爪，即瓣柄。【分布】马达加斯加，中国，热带非洲，亚洲。【模式】Delonix regia （W. J. Hooker）Rafinesque ［Poinciana regia W. J. Hooker〕。【参考异名】Aprevalia Baill.（1884）●

15265　Delopyrum Small（1913）= Polygonella Michx.（1803）［蓼科 Polygonaceae］■☆

15266　Delosperma N. E. Br.（1925）【汉】露子花属。【日】デロスペルマ属。【英】Delosperma, Hardy Ice Plant。【隶属】番杏科 Aizoaceae。【包含】世界120-163种。【学名诠释与讨论】〈中〉（希）delos，明显的，可见的+sperma，所有格 spermatos，种子，孢子，容易见到种子之义。【分布】非洲南部。【后选模式】Delosperma echinatum（Lamarck）Schwantes［Mesembryanthemum echinatum Lamarck］。【参考异名】Corpuscularia Schwantes（1926）；Ectotropis N. E. Br.（1927）●☆

15267　Delostoma D. Don（1823）【汉】张口紫葳属。【隶属】紫葳科 Bignoniaceae。【包含】世界4种。【学名诠释与讨论】〈中〉（希）delos，明显的，可见的+stoma，所有格 stomatos，孔口。指花开口。【分布】安第斯山，秘鲁，厄瓜多尔，哥伦比亚（安蒂奥基亚），热带。【后选模式】Delostoma integrifolium D. Don。【参考异名】Codazzia H. Karst. et Triana（1855）；Codazzia Triana（1855）●☆

15268　Delostylis Raf.（1819）= Trillium L.（1753）［百合科 Liliaceae//延龄草科（重楼科）Trilliaceae］■

15269　Delpechia Montrouz.（1860）= Psychotria L.（1759）（保留属名）［茜草科 Rubiaceae//九节科 Psychotriaceae］●

15270　Delphidium Raf.（1818）Nom. illegit. ≡ Delphinium L.（1753）［毛茛科 Ranunculaceae//翠雀花科 Delphiniaceae］■

15271　Delphinacanthus Benoist（1948）= Pseudodicliptera Benoist（1939）［爵床科 Acanthaceae］●■☆

15272　Delphinastrum（DC.）Spach（1839）= Delphinium L.（1753）［毛茛科 Ranunculaceae//翠雀花科 Delphiniaceae］■

15273　Delphinastrum Spach（1839）Nom. illegit. ≡ Delphinastrum（DC.）Spach（1839）；~ = Delphinium L.（1753）［毛茛科 Ranunculaceae//翠雀花科 Delphiniaceae］■

15274　Delphiniaceae Baum.-Bod.［亦见 Ranunculaceae Juss.（保留科名）毛茛科］【汉】翠雀花科。【包含】世界2属310-360种，中国1属173种。【分布】北温带。【科名模式】Delphinium L.（1753）■

15275　Delphiniaceae Brenner（1886）= Ranunculaceae Juss.（保留科名）●■

15276　Delphiniastrum Willis, Nom. inval. = Delphinastrum（DC.）Spach（1839）［毛茛科 Ranunculaceae//翠雀花科 Delphiniaceae］■

15277　Delphinium L.（1753）【汉】翠雀花属（翠雀属，飞燕草属）。【日】デルフィニューム属，ヒエンサウ属，ヒエンソウ属。【俄】Делет, Дельфиниум, Живокость, Разрыв-трава, Топорики, Шпорник。【英】Delphinium, Dolphin Flower, Larkspur。【隶属】毛茛科 Ranunculaceae//翠雀花科 Delphiniaceae。【包含】世界300-350种，中国173种。【学名诠释与讨论】〈中〉（希）delphis=delphin，所有格 delphinos，海豚+-ius，-ia，-ium，在拉丁文和希腊文中，这些词尾表示性质或状态。指花蕾的形状。此属的学名，ING、APNI、TROPICOS 和 GCI 记载是"Delphinium L., Sp. Pl. 1：530. 1753［1 May 1753］"。IK 则记载为"Delphinium Tourn. ex L., Sp. Pl. 1：530. 1753［1 May 1753］"。"Delphinium Tourn."是命名起点著作之前的名称，故"Delphinium Tourn. ex L.（1753）"和"Delphinium L.（1753）"都是合法名称，可以通用。"Delphidium Rafinesque, Med. Fl. 2：216. 1830"，"Phledinium Spach, Hist. Nat. Vég. PHAN.（种子）7：351. 4 Mai 1839"和"Phtirium Rafinesque, Princ. Somiol. 29. Sep-Dec 1814"都是"Delphinium L.（1753）"的晚出的同模式异名（Homotypic synonym, Nomenclatural synonym）。【分布】巴基斯坦，玻利维亚，美国，中国，北温带。【后选模式】Delphinium peregrinum Linnaeus。【参考异名】Aconitella Spach（1839）；Ajaxia Raf.；Calcatrippa Heist.（1748）Nom. inval.；Ceratosanthus Schur（1866）

Nom. illegit.；Ceratostanthus B. D. Jacks.；Ceratosanthus Schur（1853）；Chienia W. T. Wang（1964）；Consolida（DC.）Opiz；Delphidium Raf.（1818）Nom. illegit.；Delphinastrum（DC.）Spach（1839）；Delphinastrum Spach（1839）；Delphinium Tourn. ex L.（1753）；Diedropetala（Huth）Galushko（1976）；Diedropetala Galushko（1976）；Phledinium Spach（1838）Nom. illegit.；Phtirium Raf.（1814）Nom. illegit.；Plectrornis Raf.（1830）Nom. inval.；Plectrornis Raf. ex Lunell（1916）Nom. illegit.；Plothirium Raf.；Staphisagria Hill（1756）；Staphysagria（DC.）Spach（1839）Nom. illegit.；Staphysagria Spach（1839）Nom. illegit.■

15278　Delphinium Tourn. ex L.（1753）≡ Delphinium L.（1753）［毛茛科 Ranunculaceae//翠雀花科 Delphiniaceae］■

15279　Delphyodon K. Schum.（1898）【汉】齿囊夹竹桃属。【隶属】夹竹桃科 Apocynaceae。【包含】世界1种。【学名诠释与讨论】〈阳〉（希）delphys，子宫+odous，所有格 odontos，齿。【分布】新几内亚岛。【模式】Delphyodon oliganthus K. Schumann。●☆

15280　Delpinoa H. Ross（1898）= Agave L.（1753）［石蒜科 Amaryllidaceae//龙舌兰科 Agavaceae］■

15281　Delpinoella Speg.（1902）Nom. illegit. ≡ Delpinophytum Speg.（1903）［十字花科 Brassicaceae（Cruciferae）］■☆

15282　Delpinophytum Speg.（1903）【汉】巴西岩园芥属。【隶属】十字花科 Brassicaceae（Cruciferae）。【包含】世界1种。【学名诠释与讨论】〈中〉（人）Giacomo Giuseppe Federico Delpino, 1833-1905，意大利植物学者+phyton，植物，树木，枝条。此属的学名"Delpinophytum Spegazzini, Anales Mus. Nac. Hist. Nat. Buenos Aires ser. 3. 2：9. 1 Feb 1903"是一个替代名称。"Delpinoella Spegazzini, Anales Mus. Nac. Hist. Nat. Buenos Aires ser. 2. 7：227. 22 Mar 1902"是一个非法名称（Nom. illegit.），因为此前已经有了真菌的"Delpinoella P. A. Saccardo, Bull. Soc. Roy. Bot. Belgique 38：162. 1899"。故用"Delpinophytum Speg.（1903）"替代之。【分布】巴塔哥尼亚。【模式】Delpinophytum patagonicum（Spegazzini）Spegazzini［Delpinoella patagonica Spegazzini］。【参考异名】Delpinoella Speg.（1902）Nom. illegit.■☆

15283　Delpya Pierre ex Bonati（1912）Nom. illegit. ≡ Pierranthus Bonati（1912）［玄参科 Scrophulariaceae//婆婆纳科 Veronicaceae］■☆

15284　Delpya Pierre ex Radlk.（1910）= Sisyrolepis Radlk.（1905）［无患子科 Sapindaceae］●☆

15285　Delpya Pierre（1895）Nom. inval. = Paranephelium Miq.（1861）［无患子科 Sapindaceae］●

15286　Delpydora Chev.（1917）Nom. illegit. = Delpydora Pierre（1897）［山榄科 Sapotaceae］●☆

15287　Delpydora Pierre（1897）【汉】长被山榄属。【隶属】山榄科 Sapotaceae。【包含】世界2种。【学名诠释与讨论】〈阴〉词源不详。【分布】热带非洲西部。【模式】Delpydora macrophylla Pierre。【参考异名】Delpydora Chev.（1917）Nom. illegit.●☆

15288　Deltaria Steenis（1959）【汉】痕轴瑞香属。【隶属】瑞香科 Thymelaeaceae。【包含】世界1种。【学名诠释与讨论】〈阴〉（希）delta，希腊文的第四个字母 Δ，指三角形的东西+-arius，-aria，-arium，指示"属于、相似、具有、联系"的词尾。【分布】法属新喀里多尼亚。【模式】Deltaria brachyblastophora C. G. G. J. van Steenis。●☆

15289　Deltocarpus L'Hér. ex DC.（1821）Nom. inval. = Myagrum L.（1753）［十字花科 Brassicaceae（Cruciferae）］■☆

15290　Deltocheilos W. T. Wang（1981）= Chirita Buch.-Ham. ex D. Don（1822）［苦苣苔科 Gesneriaceae］●■

15291　Deltonea Peckolt（1883）= Theobroma L.（1753）［梧桐科 Sterculiaceae//锦葵科 Malvaceae//可可科 Theobromaceae）●

15292　Delucia DC.（1836）= Bidens L.（1753）［菊科 Asteraceae（Compositae）］■●

15293　Delwiensia W. A. Weber et R. C. Wittmann（2009）【汉】科罗拉多蒿属。【隶属】菊科 Asteraceae（Compositae）//蒿科 Artemisiaceae。【包含】世界1种。【学名诠释与讨论】〈阴〉（人）Delwiens，此属的学名是"Delwiensia W. A. Weber et R. C. Wittmann，Phytologia 91（1）：92-94. 2009.（Apr 2009）"。亦有文献把其处理为"Artemisia L.（1753）"的异名。【分布】美国（科罗拉多）。【模式】Delwiensia pattersonii（A. Gray）W. A. Weber et R. C. Wittmann。【参考异名】Artemisia L.（1753）■☆

15294　Dematophyllum Griseb.（1879）= Balbisia Cav.（1804）（保留属名）［牻牛儿苗科 Geraniaceae］●☆

15295　Dematra Raf.（1840）= Euphorbia L.（1753）［大戟科 Euphorbiaceae］●■

15296　Demavendia Pimenov（1987）【汉】代马前胡属。【隶属】伞形花科（伞形科）Apiaceae（Umbelliferae）。【包含】世界1种。【学名诠释与讨论】〈阴〉（地）Demavend，达马万德，位于伊朗。【分布】亚洲中部，伊朗。【模式】Demavendia pastinacifolia（Boissier et R. F. Hohenacker ex Boissier）M. G. Pimenov［Peucedanum pastinacifolium Boissier et R. F. Hohenacker ex Boissier］。【参考异名】Demeusia Willis，Nom. inval. ■☆

15297　Demazeria Dumort.（1822）Nom. illegit. = Desmazeria Dumort.（1822）［as 'Demazeria'］［禾本科 Poaceae（Gramineae）］■☆

15298　Demetria Lag.（1816）= Grindelia Willd.（1807）［菊科 Asteraceae（Compositae）］●■☆

15299　Demeusea De Wild. et Durand（1900）= Haemanthus L.（1753）［石蒜科 Amaryllidaceae//网球花科 Haemanthaceae）］■

15300　Demeusia Willis，Nom. inval. = Demeusea De Wild. et Durand（1900）［石蒜科 Amaryllidaceae］■

15301　Demidium DC.（1838）= Gnaphalium L.（1753）［菊科 Asteraceae（Compositae）］■

15302　Demidofia Dennst.（1818）Nom. illegit. = Carallia Roxb.（1811）（保留属名）［红树科 Rhizophoraceae］●

15303　Demidofia J. F. Gmel.（1791）= Dichondra J. R. Forst. et G. Forst.（1775）［旋花科 Convolvulaceae//马蹄金科 Dichondraceae）］■

15304　Demidovia Hoffm.（1808）Nom. illegit. = Paris L.（1753）［百合科 Liliaceae//延龄草科（重楼科）Trilliaceae］■

15305　Demidovia Pall.（1781）= Tetragonia L.（1753）［坚果番杏科 Tetragoniaceae//番杏科 Aizoaceae］●■

15306　Demnosa Frič（1929）= Cleistocactus Lem.（1861）［仙人掌科 Cactaceae］●☆

15307　Democritea DC.（1830）= Serissa Comm. ex Juss.（1789）［茜草科 Rubiaceae］●

15308　Demorchis D. L. Jones et M. A. Clem.（2004）= Gastrodia R. Br.（1810）［兰科 Orchidaceae］■

15309　Demosthenesia A. C. Sm.（1936）【汉】凌霄莓属。【隶属】杜鹃花科（欧石南科）Ericaceae。【包含】世界11-12种。【学名诠释与讨论】〈阴〉（人）Demosthenes。【分布】秘鲁，玻利维亚，安第斯山。【模式】Demosthenesia mandoni（Rusby）A. C. Smith［Ceratostema mandoni Rusby，as 'Ceratostemma'］。●☆

15310　Demosthenia Raf.（1810）Nom. illegit. ≡ Marrubiastrum Moench（1794）Nom. illegit. ；~ = Sideritis L.（1753）［唇形科 Lamiaceae（Labiatae）］■●

15311　Denckea Raf.（1808）= Gentiana L.（1753）［龙胆科 Gentianaceae］■

15312　Dendragrostis B. D. Jacks.（1893）Nom. illegit. = Chusquea Kunth

（1822）［禾本科 Poaceae（Gramineae）］●☆

15313　Dendragrostis Nees ex B. D. Jacks.（1893）= Chusquea Kunth（1822）［禾本科 Poaceae（Gramineae）］●☆

15314　Dendragrostis Nees（1835）Nom. inval. = Chusquea Kunth（1822）［禾本科 Poaceae（Gramineae）］●☆

15315　Dendranthema（DC.）Des Moul.（1860）【汉】菊属。【俄】Дендрантема。【英】Daisy，Dendranthema，Florist's Chrysanthemum。【隶属】菊科 Asteraceae（Compositae）。【包含】世界32-37种，中国17-22种。【学名诠释与讨论】〈中〉（希）dendron 或 dendros，树木，棍，丛林+anthemon，花。此属的学名，ING 和 IK 记载是"Dendranthema（A. P. de Candolle）Des Moulins，Actes Soc. Linn. Bordeaux 20：561. 8 Feb 1860"，由"Pyrethrum sect. Dendranthema A. P. de Candolle，Prodr. 6：62. Jan.（prim.）1838"改级而来。但是，Dendranthema（DC.）Des Moul.（1860）和"茼蒿属 Chrysanthemum L.（1753）（保留属名）"是同模式异名（Homotypic synonym，Nomenclatural synonym）；二者只能承认一个，废弃一个；而"茼蒿属 Chrysanthemum L.（1753）"发表在先，又是保留属名，显具优势。【分布】中国，亚洲中部和东部。【后选模式】Dendranthema indica（Linnaeus）Des Moulins［as 'indicum'］［Chrysanthemum indicum Linnaeus］。【参考异名】Chrysanthemum L.（1753）（保留属名）；Hulteniella Tzvelev（1987）；Pyrethrum sect. Dendranthema DC.（1838）■

15316　Dendrema Raf.（1838）Nom. illegit. ≡ Bessia Raf.（1838）；~ = Intsia Thouars（1806）［豆科 Fabaceae（Leguminosae）//云实科（苏木科）Caesalpiniaceae］●☆

15317　Dendriopoterium Svent.（1948）= Bencomia Webb et Berthel.（1842）；~ = Sanguisorba L.（1753）［蔷薇科 Rosaceae//地榆科 Sanguisorbaceae］■

15318　Dendrium Desv.（1813）= Leiophyllum（Pers.）R. Hedw.（1806）［杜鹃花科（欧石南科）Ericaceae］●☆

15319　Dendroarabis（C. A. Mey. et Bunge）D. A. German et Al-Shehbaz（2008）= Arabis L.（1753）［十字花科 Brassicaceae（Cruciferae）］●■

15320　Dendrobangia Rusby et R. A. Howard（1942）descr. ampl. = Dendrobangia Rusby（1896）［茶茱萸科 Icacinaceae］●☆

15321　Dendrobangia Rusby（1896）【汉】乔茶茱萸属。【隶属】茶茱萸科 Icacinaceae。【包含】世界3种。【学名诠释与讨论】〈阴〉词源不详。此属的学名，ING、GCI、TROPICOS 和 IK 记载是"Dendrobangia Rusby，Mem. Torrey Bot. Club 6：19. 1896"。"Dendrobangia Rusby et R. A. Howard，Contr. Gray Herb. 142：38，40，1942"修订了属的描述。【分布】巴拿马，秘鲁，玻利维亚，厄瓜多尔，哥伦比亚，哥斯达黎加，热带南美洲，中美洲。【模式】Dendrobangia boliviana Rusby。【参考异名】Dendrobangia Rusby et R. A. Howard（1942）descr. ampl. ●☆

15322　Dendrobates M. A. Clem. et D. L. Jones（2002）= Dendrobium Sw.（1799）（保留属名）［兰科 Orchidaceae］■

15323　Dendrobenthamia Hutch.（1942）【汉】四照花属。【英】Dendrobenthamia，Dogwood，Four-involucre。【隶属】山茱萸科 Cornaceae//四照花科 Cornaceae。【包含】世界12种，中国12种。【学名诠释与讨论】〈阴〉（希）dendron 或 dendros，树木，棍，丛林+（人）George Bentham，1800-1884，英国植物学者。此属的学名"Dendrobenthamia J. Hutchinson，Ann. Bot.（London）ser. 2. 6：92. Jan 1942"是一个替代名称。"Benthamia J. Lindley，Edwards's Bot. Reg. 19：t. 1579. 1 Mai 1833"是一个非法名称（Nom. illegit.），因为此前已经有了"Benthamia A. Richard，Mém. Soc. Hist. Nat. Paris 4：37. Sep 1828［兰科 Orchidaceae］"。故用"Dendrobenthamia Hutch.（1942）"替代之。亦有文献把"Dendrobenthamia Hutch.（1942）"处理为"Cornus L.（1753）"的

异名。【分布】中国,东亚,喜马拉雅山。【模式】Dendrobenthamia capitata（Wallich）J. Hutchinson［Cornus capitata Wallich］。【参考异名】Benthamia Lindl.（1833）Nom. illegit.；Benthamodendron Philipson；Cornus L.（1753）●

15324 Dendrobianthe（Schltr.）Mytnik（2008）= Polystachya Hook.（1824）(保留属名)［兰科 Orchidaceae］■

15325 Dendrobium Sw.（1799）(保留属名)【汉】石斛属（石斛兰属）。【日】セキコク属,セッコク属,デンドロビウム属,デンドロビューム属。【俄】Денгамия，Дендробиум。【英】Dendrobium。【隶属】兰科 Orchidaceae。【包含】世界 1000-1100 种,中国 78-83 种。【学名诠释与讨论】〈中〉(希)dendron 或 dendros,树木,棍,丛林+bion,生活+-ius,-ia,-ium,在拉丁文和希腊文中,这些词尾表示性质或状态。指本属植物附生在树上。此属的学名"Dendrobium Sw. in Nova Acta Regiae Soc. Sci. Upsal., ser. 2, 6：82. 1799"是保留属名。相应的废弃属名是兰科 Orchidaceae 的"Callista Lour., Fl. Cochinch.：516, 519. Sep 1790 = Dendrobium Sw.（1799）(保留属名)"和"Ceraia Lour., Fl. Cochinch.：518. Sep 1790 = Dendrobium Sw.（1799）(保留属名)"。"Dendrobrium Agardh, Aphor. Bot. 188, sphalm. 1823"拼写有误,亦应废弃。【分布】澳大利亚,玻利维亚,马达加斯加,中国,热带亚洲至波利尼西亚群岛。【模式】Dendrobium moniliforme（Linnaeus）O. Swartz［Epidendrum moniliforme Linnaeus］。【参考异名】Aclinia Griff.（1851）；Amblyanthe Rauschert（1983）；Anisopetala（Kraenzl.）M. A. Clem.（2003）；Aporopsis（Schltr.）M. A. Clem. et D. L. Jones（2002）；Aporopsis M. A. Clem. et D. L. Jones（2002）Nom. illegit.；Aporum Blume（1825）；Arachnodendris Thouars；Australorchis Brieger（1981）；Bolbidium（Lindl.）Lindl.（1846）；Bolbidium Brieger（1981）Nom. illegit.；Bolbidium Lindl.（1846）Nom. illegit.；Bolbodium Brieger（1981）Nom. illegit.；Bouletia M. A. Clem. et D. L. Jones（2002）；Calista Ritg.（1831）Nom. illegit.；Callista Lour.（1790）(废弃属名)；Cannaeorchis M. A. Clem. et D. L. Jones（1998）；Ceraia Lour.（1790）(废弃属名)；Ceratobium（Lindl.）M. A. Clem. et D. L. Jones；Chromatotriccum M. A. Clem. et D. L. Jones（2002）；Coelandria Fitzg.（1882）；Commersia Thouars；Commersorchis Thouars（1822）；Conostalix（Kraenzl.）Brieger（1981）；Conostalix（Schltr.）Brieger（1981）Nom. illegit.；Conostalix Brieger（1981）Nom. illegit.；Cultridendris Thouars；Davejonesia M. A. Clem.（2002）；Dendrobates M. A. Clem. et D. L. Jones（2002）；Dendrobrium Agardh（1823）Nom. illegit.（废弃属名）；Dendrocoryne（Lindl.）Brieger（1981）Nom. inval.；Dendrocoryne（Lindl. et Paxton）Brieger（1981）Nom. illegit., Nom. inval.；Dichopus Blume（1856）；Distichorchis M. A. Clem. et D. L. Jones（2002）；Ditulima Raf.（1838）；Dockrillia Brieger（1981）；Dolichocentrum（Schltr.）Brieger（1981）；Eleutheroglossum（Schltr.）M. A. Clem. et D. L. Jones（2002）；Endeisa Raf.（1837）；Endisa Post et Kuntze（1903）；Eriopexis（Schltr.）Brieger（1981）；Euphlebium（Kraenzl.）Brieger（1981）；Euphlebium Brieger（1981）Nom. illegit.；Eurycaulis M. A. Clem. et D. L. Jones（2002）；Exochanthus M. A. Clem. et D. L. Jones（2002）；Froscula Raf.（1838）；Fusidendris Thouars；Gastridium Blume（1828）Nom. illegit.；Goldschmidtia Dammer（1910）；Grastidium Blume（1825）；Gunnarorchis Brieger（1981）；Herpethophytum（Schltr.）Brieger（1981）；Herpetophytum（Schltr.）Brieger（1981）；Ichthyostomum D. L. Jones；Inobolbon Schltr. et Kranzl.（1910）；Inobulbon（Schltr.）Schltr.（1910）Nom. illegit.；Inobulbon（Schltr.）Schltr. et Kranzl.（1910）Nom. illegit.；Inobulbum Schltr. et Kranzl.（1910）Nom. inval.；Keranthus Lour. ex Endl.（1837）；Kinetochilus

（Schltr.）Brieger（1981）；Laricorchis Szlach.（2006）；Latourea Blume（1849）Nom. inval.；Latouria Blume（1849）Nom. illegit.；Latourorchis Brieger（1981）；Leioanthum M. A. Clem. et D. L. Jones（2002）；Loddigesia Luer（2006）Nom. illegit.；M. A. Clem. et Molloy（2002）；Maccraithea M. A. Clem. et D. L. Jones（2002）；Macrostomium Blume（1825）；Microphytanthe（Schltr.）Brieger（1981）；Monanthos（Schltr.）Brieger（1981）；Monanthus（Schltr.）Brieger（1981）；Onychium Blume（1825）Nom. illegit.；Ormostema Raf.（1838）；Oxystophyllum Blume（1825）；Pedilonum Blume（1825）；Pierardia Raf.（1838）Nom. illegit.；Polydendris Thouars；Sayera Post et Kuntze（1903）；Sayeria Kraenzl.（1894）；Scaredederis Thouars（1822）Nom. illegit.；Schismaceras Post et Kuntze（1903）；Schismoceras C. Presl（1827）；Stachyobium Rchb. f.（1869）；Thelychiton Endl.（1833）；Thicuania Raf.（1838）；Trachyrhizum（Schltr.）Brieger（1981）；Tropilis Raf.（1837）；Winika M. A. Clem., D. L. Jones et Molloy（1997）■

15326 Dendrobrium Agardh（1823）Nom. illegit.（废弃属名）= Dendrobium Sw.（1799）(保留属名)［兰科 Orchidaceae］■

15327 Dendrobrychis（DC.）Galushko（1976）= Onobrychis Mill.（1754）［豆科 Fabaceae（Leguminosae）//蝶形花科 Papilionaceae］■

15328 Dendrobrychis Galushko（1976）Nom. illegit. ≡ Dendrobrychis（DC.）Galushko（1976）；~ = Onobrychis Mill.（1754）［豆科 Fabaceae（Leguminosae）//蝶形花科 Papilionaceae］■

15329 Dendrobryon Klotzsch ex Pax（1912）= Algernonia Baill. + Tetraplandra Baill.［大戟科 Euphorbiaceae］☆

15330 Dendrocacalia（Nakai）Nakai ex Tuyama（1936）【汉】蟹甲木属。【隶属】菊科 Asteraceae（Compositae）。【包含】世界 1 种。【学名诠释与讨论】〈阴〉(希)dendron 或 dendros+（属）Cacalia 蟹甲草属 =Parasenecio 蟹甲草属的缩写。此属的学名是 Nakai（1928）由"Cacalia sect. Dendrocacalia Nakai, Bot. Mag.（Tokyo）29：12. 1915"改级而来,但是无描述,是为不合格发表的名称（Nom. inval.）。Tuyama（1936）补充了描述,使之合格化。【分布】日本（小笠原群岛）。【模式】Dendrocacalia crepidifolia（Nakai）Nakai ex Tuyama。【参考异名】Cacalia sect. Dendrocacalia Nakai（1915）；Dendrocacalia（Nakai）Nakai（1928）Nom. inval.；Dendrocacalia（Nakai）Tuyama（1936）Nom. illegit. ●☆

15331 Dendrocacalia（Nakai）Nakai（1928）Nom. inval. ≡ Dendrocacalia（Nakai）Nakai ex Tuyama（1936）［菊科 Asteraceae（Compositae）］●☆

15332 Dendrocacalia（Nakai）Tuyama（1936）Nom. illegit. ≡ Dendrocacalia（Nakai）Nakai ex Tuyama（1936）［菊科 Asteraceae（Compositae）］●☆

15333 Dendrocalamopsis（L. C. Chia et H. L. Fung）P. C. Keng（1983）Nom. illegit. = Bambusa Schreb.（1789）(保留属名)；~ = Dendrocalamopsis Q. H. Dai et X. L. Tao（1982）［禾本科 Poaceae（Gramineae）//箣竹科 Bambusaceae］●

15334 Dendrocalamopsis Q. H. Dai et X. L. Tao（1982）【汉】绿竹属。【英】Dendrocalamopsis, Greenbamboo。【隶属】禾本科 Poaceae（Gramineae）。【包含】世界 9 种,中国 9 种。【学名诠释与讨论】〈阳〉(属)Dendrocalamus 牡竹属+希腊文 opsis 相似。指本属与牡竹属近似。此属的学名,"Dendrocalamopsis Q. H. Dai et X. L. Tao（1982）"发表在先；"Dendrocalamopsis（L. C. Chia et H. L. Fung）P. C. Keng（1983）"改级在后,故为非法名称（Nom. illegit.）。亦有文献把"Dendrocalamopsis Q. H. Dai et X. L. Tao（1982）"处理为"Bambusa Schreb.（1789）(保留属名)"的异名。【分布】中国。【模式】Dendrocalamopsis oldhamii（W. Munro）P. C. Keng［as 'oldhami'］［Bambusa oldhamii W. Munro［as 'oldhami'].【参考异名】Bambusa Schreb.（1789）（保留属名）；Bambusa subgen. Dendrocalamopsis L. C. Chia et H. L. Fung（1980）；Dendrocalamopsis Q. H. Dai et X. L. Tao（1982）●

15335　Dendrocalamus Nees（1835）【汉】牡竹属（慈竹属，龙竹属，麻竹属，苏麻竹属）。【日】マチク属。【俄】Дендрокаламус。【英】Dendrocalamus, Dragonbamboo, Giant Bamboo, Tree－like Bamboo。【隶属】禾本科 Poaceae（Gramineae）。【包含】世界 35-40 种，中国 27-31 种。【学名诠释与讨论】〈阳〉（希）dendron 或 dendros，树木，棍，丛林+kalamos，芦苇。指本属为乔木状竹类。【分布】印度至马来西亚，中国。【模式】Dendrocalamus strictus（Roxburgh）C. G. D. Nees［Bambusa stricta Roxburgh］。【参考异名】Klemachloa R. Parker（1932）；Neosinocalamus P. C. Keng（1983）；Patellocalamus W. T. Lin（1989）；Sellulocalamus W. T. Lin（1989）；Sinocalamus McClure（1940）●

15336　Dendrocereus Britton et Rose（1920）【汉】树木柱属（树状天轮柱属）。【日】テンドロセレウス属。【隶属】仙人掌科 Cactaceae。【包含】世界 1 种。【学名诠释与讨论】〈阳〉（希）dendron 或 dendros，树木，棍，丛林+（属）Cereus 仙影掌属。此属的学名是"Dendrocereus N. L. Britton et J. N. Rose, Cact. 2：113. 9 Sep 1920"。亦有文献把其处理为"Acanthocereus（Engelm. ex A. Berger）Britton et Rose（1909）"的异名。【分布】古巴。【模式】Dendrocereus nudiflorus（Engelmann）N. L. Britton et J. N. Rose［Cereus nudiflorus Engelmann］。【参考异名】Acanthocereus（Engelm. ex A. Berger）Britton et Rose（1909）；Acanthocereus Britton et Rose（1909）Nom. illegit.●☆

15337　Dendrocharis Miq.（1857）= Ecdysanthera Hook. et Arn.（1837）；~ = Echites P. Browne（1756）［夹竹桃科 Apocynaceae］●☆

15338　Dendrochilum Blume（1825）【汉】足柱兰属（垂串兰属，穗花一叶兰属）。【日】タイワムカゴサウ属，タイワムカゴソウ属，デンドロキィルム属。【俄】Дендрохилюм。【英】Dendrochilum, Dendrochilum Orchid, Footstyle－orchis。【隶属】兰科 Orchidaceae。【包含】世界 100-270 种，中国 1 种。【学名诠释与讨论】〈中〉（希）dendron 或 dendros，树木，棍，丛林+cheilos，唇。指本属植物具唇形花且生于树上。【分布】马达加斯加，中国，印度至马来西亚至菲律宾和新几内亚岛。【后选模式】Dendrochilum aurantiacum Blume。【参考异名】Acoridium Nees et Meyen（1843）；Basigyne J. J. Sm.（1917）；Platyclinis Benth.（1881）■

15339　Dendrochloa C. E. Parkinson（1933）【汉】乔草竹属。【隶属】禾本科 Poaceae（Gramineae）。【包含】世界 1 种。【学名诠释与讨论】〈阴〉（希）dendron 或 dendros，树木，棍，丛林+chloe，草的幼芽，嫩草，禾草。此属的学名是"Dendrochloa C. E. Parkinson, Indian Forester 59：707. Nov 1933"。亦有文献把其处理为"Schizostachyum Nees（1829）"的异名。【分布】缅甸。【模式】Dendrochloa distans C. E. Parkinson。【参考异名】Schizostachyum Nees（1829）●☆

15340　Dendrocnide Miq.（1851）【汉】火麻树属（树火麻属，树头麻属，咬人狗属）。【英】Giant Nettle, Gympie, Stinger, Woodnettle。【隶属】荨麻科 Urticaceae。【包含】世界 37 种，中国 6 种。【学名诠释与讨论】〈阴〉（希）dendron 或 dendros，树木，棍，丛林+knide，荨麻。此属的学名，ING、TROPICOS、APNI 和 IK 记载是"Dendrocnide Miq. ,Pl. Jungh.［Miquel］1：29. 1851［Mar 1851］"。它曾被处理为"Laportea sect. Dendrocnide（Miq.）Wedd. Archives du Muséum d'Histoire Naturelle 9（1-2）：133. 1856－1857［1856］"。【分布】澳大利亚（东北部），马来西亚，斯里兰卡，印度，中国。【模式】未指定。【参考异名】Laportea sect. Dendrocnide（Miq.）Wedd.（1856-1857）●

15341　Dendrocolla Blume（1825）= Thrixspermum Lour.（1790）+ Pteroceras Hasselt ex Hassk.（1842）［兰科 Orchidaceae］■

15342　Dendrocoryne（Lindl.）Brieger（1981）Nom. inval. = Dendrobium Sw.（1799）（保留属名）［兰科 Orchidaceae］■

15343　Dendrocoryne（Lindl. et Paxton）Brieger（1981）Nom. illegit. , Nom. inval. = Dendrobium Sw.（1799）（保留属名）［兰科 Orchidaceae］■

15344　Dendrocousinia Willis, Nom. inval. = Dendrocousinsia Millsp.（1913）；~ = Sebastiania Spreng.（1821）［大戟科 Euphorbiaceae］●

15345　Dendrocousinsia Millsp.（1913）= Sebastiania Spreng.（1821）［大戟科 Euphorbiaceae］●

15346　Dendrodaphne Beurl.（1854）= Ocotea Aubl.（1775）［樟科 Lauraceae］●☆

15347　Dendrokingstonia Rauschert（1982）【汉】金斯敦木属。【隶属】番荔枝科 Annonaceae。【包含】世界 1 种。【学名诠释与讨论】〈阴〉（希）dendron 或 dendros，树木，棍，丛林+（人）John F. Kingston，植物学者。此属的学名"Dendrokingstonia S. Rauschert, Taxon 31：555. 9 Aug 1982"是一个替代名称。"Kingstonia Hook. f. et T. Thomson in Hook. f. ,Fl. Brit. India 1：93. Mai 1872"是一个非法名称（Nom. illegit.），因为此前已经有了"Kingstonia S. F. Gray, Nat. Arr. Brit. Pl. 2：531. 1 Nov 1821 = Saxifraga L.（1753）［虎耳草科 Saxifragaceae］"。故用"Dendrokingstonia Rauschert（1982）"替代之。【分布】马来半岛，印度尼西亚（爪哇岛）。【模式】Dendrokingstonia nervosa（J. D. Hooker et T. Thomson）S. Rauschert［Kingstonia nervosa J. D. Hooker et T. Thomson］。【参考异名】Kingstonia Hook. f. et Thomson（1872）Nom. illegit. ●☆

15348　Dendroleandria Arènes（1956）= Helmiopsiella Arènes（1956）［梧桐科 Sterculiaceae//锦葵科 Malvaceae］●☆

15349　Dendrolirium Blume（1825）【汉】绒兰属。【隶属】兰科 Orchidaceae。【包含】世界 12 种，中国 2 种。【学名诠释与讨论】〈中〉（希）dendron 或 dendros，树木，棍，丛林+lirion，白百合+-ius, -ia, -ium，在拉丁文和希腊文中，这些词尾表示性质或状态。此属的学名是"Dendrolirium Blume, Bijdr. 343. 20 Sep－7 Dec 1825"。亦有文献把其处理为"Eria Lindl.（1825）（保留属名）"的异名。【分布】不丹，菲律宾，柬埔寨，老挝，马来西亚，缅甸，尼泊尔，泰国，印度，印度尼西亚，越南，中国。【模式】未指定。【参考异名】Eria Lindl.（1825）（保留属名）■

15350　Dendrolobium（Wight et Arn.）Benth.（1852）【汉】假木豆属（木荚豆属，木山蚂蝗属）。【英】Dendrolobium, Fake Woodbean。【隶属】豆科 Fabaceae（Leguminosae）//蝶形花科 Papilionaceae。【包含】世界 8-14 种，中国 5 种。【学名诠释与讨论】〈中〉（希）dendron 或 dendros，树木，棍，丛林+lobos = 拉丁文 lobulus，片，裂片，叶，荚，荫+-ius, -ia, -ium，在拉丁文和希腊文中，这些词尾表示性质或状态。指荚果为厚革质。此属的学名，ING 和 APNI 记载是"Dendrolobium（R. Wight et Arnott）Bentham in Miquel, Pl. Jungh. 215, 216. Aug 1852"，由"Desmodium subgen. Dendrolobium R. Wight et Arnott, Prodr. 223. 10 Oct 1834"改级而来。"Dendrolobium Benth.（1852）= Dendrolobium（Wight et Arn.）Benth.（1852）［豆科 Fabaceae（Leguminosae）//蝶形花科 Papilionaceae］"的命名人引证有误。【分布】澳大利亚，印度至马来西亚，中国。【后选模式】Dendrolobium umbellatum（Linnaeus）Bentham［Hedysarum umbellatum Linnaeus］。【参考异名】Dendrolobium Benth.（1852）Nom. illegit. ; Desmodium subgen. Dendrolobium Wight et Arn.（1834）●

15351　Dendrolobium Benth.（1852）Nom. illegit. = Dendrolobium（Wight et Arn.）Benth.（1852）［豆科 Fabaceae（Leguminosae）//蝶形花科 Papilionaceae］●

15352 Dendromecon Benth. (1835)【汉】树罂粟属(木罂粟属,罂粟木属)。【日】デンドロメーコン属。【英】Tree Poppy。【隶属】罂粟科 Papaveraceae。【包含】世界 1-2 种。【学名诠释与讨论】〈阴〉(希)dendron 或 dendros,树木,棍,丛林+mekon 罂粟。指木本的罂粟。指木本的罂粟。【分布】美国(加利福尼亚),墨西哥。【模式】Dendromecon rigida Bentham［as 'rigidum'］。●☆

15353 Dendromyza Danser(1940)【汉】干寄生属(米扎树属)。【隶属】檀香科 Santalaceae。【包含】世界 7 种。【学名诠释与讨论】〈阴〉(希)dendron 或 dendros,树木,棍,丛林+myzo,myzein,吸。指其寄生的习性。【分布】东南亚,印度至马来西亚。【模式】Dendromyza reinwardtiana (Blume ex Korthals) Danser［Tupeia reinwardtiana Blume ex Korthals］。●☆

15354 Dendropanax Decne. et Planch. (1854)【汉】树参属(木五加属,杞李蓡属,隐蓡属)。【日】カクレミノ属。【俄】Дендропанакс。【英】Dendropanax,Treerenshen。【隶属】五加科 Araliaceae。【包含】世界 60-80 种,中国 14-19 种。【学名诠释与讨论】〈阳〉(希)dendron 或 dendros,树木,棍,丛林+(属)Panax 人参属。指其为木本植物,与人参属相近。【分布】巴拉圭,巴拿马,秘鲁,玻利维亚,厄瓜多尔,哥伦比亚,美国,尼加拉瓜,中国,热带和亚热带,中美洲。【后选模式】Dendropanax arboreus (Linnaeus) Decaisne et J. E. Planchon［as 'arboreum'］［Aralia arborea Linnaeus］。【参考异名】Gilibertia Ruiz et Pav. (1794) Nom. illegit. ; Mesopanax R. Vig. (1906); Textoria Miq. (1863); Wangenheimia A. Dietr. (1810) Nom. illegit. ●

15355 Dendropemon (Blume) Rchb. (1841) Nom. illegit. = Loranthus Jacq. (1762) (保留属名); ~ =Phthirusa Mart. (1830)［桑寄生科 Loranthaceae］●☆

15356 Dendropemon (Blume) Schult. et Schult. f. (1830) = Dendropemon Blume(1830); ~ = Loranthus Jacq. (1762) (保留属名)［桑寄生科 Loranthaceae］●

15357 Dendropemon Blume (1830) Nom. illegit. = Loranthus Jacq. (1762) (保留属名)［桑寄生科 Loranthaceae］●

15358 Dendropeucon Endl. (1850) Nom. illegit.［桑寄生科 Loranthaceae］●☆

15359 Dendrophila Zipp. ex Blume(1849) = Tecomanthe Baill. (1888)［紫葳科 Bignoniaceae］■●☆

15360 Dendrophorbium (Cuatrec.) C. Jeffrey (1992)【汉】千里木属。【隶属】菊科 Asteraceae (Compositae)。【包含】世界 50-75 种。【学名诠释与讨论】〈中〉(希)dendron 或 dendros,树木,棍,丛林+phorbe,所有格 phorbados,食物,牧草。此属的学名,GCI 和 IK 记载是"Dendrophorbium (Cuatrec.) C. Jeffrey,Kew Bull. 47(1):65. 1992［28 Feb 1992］",由"Senecio sect. Dendrophorbium Cuatrec. Fieldiana, Bot. 27:72. 1951"改级而来。【分布】阿根廷,巴拉圭,巴西,秘鲁,玻利维亚,厄瓜多尔,哥伦比亚,西印度。【模式】不详。【参考异名】Senecio sect. Dendrophorbium Cuatrec. (1951)■●☆

15361 Dendrophthoaceae Tiegh. (1898) = Dendrophthoaceae Tiegh. ex Nakai ●

15362 Dendrophthoaceae Tiegh. ex Nakai［亦见 Loranthaceae Juss. (保留科名)桑寄生科］【汉】五蕊寄生科。【包含】世界 1 属 30-35 种,中国 1 属 1 种。【分布】中国,印度至马来西亚,热带澳大利亚,热带非洲。【科名模式】Dendrophthoe Mart. (1830)●

15363 Dendrophthoe Mart. (1830)【汉】五蕊寄生属。【英】Dendrophthoe。【隶属】桑寄生科 Loranthaceae//五蕊寄生科 Dendrophthoaceae。【包含】世界 30-35 种,中国 1 种。【学名诠释与讨论】〈阴〉(希)dendron 或 dendros,树木,棍,丛林+phthos,腐败,衰退。【分布】澳大利亚(热带),印度至马来西亚,中国,热带非洲。【后选模式】Dendrophthoe farinosa (L. A. J. Desrousseaux) C. F. P. Martius［as 'farinosus'］［Loranthus farinosus L. A. J. Desrousseaux］。【参考异名】Androphthoe Scheft. (1870); Etubila Raf. (1838); Lonicera Gaertn. (1788) Nom. illegit. ; Lonicera Plum. ex Gaertn. (1788) Nom. illegit. ; Meiena Raf. (1838); Miena Post et Kuntze(1903); Oedina Tiegh. (1895)●

15364 Dendrophthora Eichler(1868)【汉】美洲槲寄生属。【隶属】槲寄生科 Viscaceae。【包含】世界 54 种。【学名诠释与讨论】〈阴〉(希)dendron 或 dendros,树木,棍,丛林+phthos,腐败,衰退。【分布】巴拿马,秘鲁,玻利维亚,厄瓜多尔,哥伦比亚(安蒂奥基亚),尼加拉瓜,西印度群岛,中美洲。【后选模式】Dendrophthora opuntioides (Linnaeus) Eichler［Viscum opuntioides Linnaeus］。【参考异名】Arceuthobium Griseb. (废弃属名); Distichella Tiegh. (1896)●☆

15365 Dendrophthoraceae Dostal = Dendrophthoaceae Tiegh. ex Nakai; ~ =Loranthaceae Juss. (保留科名)●

15366 Dendrophylax Rchb. f. (1864)【汉】附生兰属(抱树兰属)。【隶属】兰科 Orchidaceae。【包含】世界 6-10 种。【学名诠释与讨论】〈阴〉(希)dendron 或 dendros,树木,棍,丛林+phylla,复数 phylax,附生植物,监护人。【分布】西印度群岛。【模式】Dendrophylax hymenanthus H. G. Reichenbach。【参考异名】Polyradicion Garay(1969); Polyrrhiza Pfitzer(1889)■☆

15367 Dendrophyllanthus S. Moore (1921) = Phyllanthus L. (1753)［大戟科 Euphorbiaceae//叶下珠科(叶萝藦科)Phyllanthaceae］●■

15368 Dendropogon Raf. (1825) = Tillandsia L. (1753)［凤梨科 Bromeliaceae//花凤梨科 Tillandsiaceae］■☆

15369 Dendroportulaca Eggli (1997) = Deeringia R. Br. (1810)［苋科 Amaranthaceae］●■

15370 Dendrorchis Thouars (1822) Nom. illegit. = Dendrorkis Thouars (1809) (废弃属名); ~ = Aerides Lour. (1790); ~ = Polystachya Hook. (1824) (保留属名)［兰科 Orchidaceae］■

15371 Dendrorkis Thouars(1809) (废弃属名) = Aerides Lour. (1790); ~ =Polystachya Hook. (1824) (保留属名)［兰科 Orchidaceae］■

15372 Dendrosenecio(Hauman ex Hedberg) B. Nord. (1978)【汉】木千里光属(莲座千里木属)。【英】Giant Groundsel, Tree Groundsel。【隶属】菊科 Asteraceae(Compositae)。【包含】世界 4-11 种。【学名诠释与讨论】〈阳〉(希)dendron 或 dendros,树木,棍,丛林+(属)Senecio 千里光属(黄菀属)。此属的学名,ING 和 IK 记载是"Dendrosenecio (L. Hauman ex O. Hedberg) B. Nordenstam, Opera Bot. 44:40. 1978",由"Senecio subgen. Dendrosenecio L. Hauman ex O. Hedberg, Symb. Bot. Upsal. 15(1):226. 1957(post 6 Apr)"改级而来。TROPICOS 则记载为"Dendrosenecio B. Nord. , Opera Bot. 44:40, 1978)"。三者引用的文献相同。"Dendrosenecio (Hedberg) B. Nord. (1978)"的命名人引证亦有误。【分布】非洲东部,热带山区。【模式】Dendrosenecio johnstonii (D. Oliver) B. Nordenstam［Senecio johnstonii D. Oliver as 'johnstoni'］。【参考异名】Dendrosenecio (Hedberg) B. Nord. (1978) Nom. illegit. ; Dendrosenecio B. Nord. (1978) Nom. illegit. ; Senecio subgen. Dendrosenecio Hauman ex Hedberg(1957)●☆

15373 Dendrosenecio (Hedberg) B. Nord. (1978) Nom. illegit. ≡ Dendrosenecio (Hauman ex Hedberg) B. Nord. (1978)［菊科 Asteraceae(Compositae)］●☆

15374 Dendrosenecio B. Nord. (1978) Nom. illegit. ≡ Dendrosenecio (Hauman ex Hedberg) B. Nord. (1978)［菊科 Asteraceae(Compositae)］●☆

15375 Dendroseris D. Don (1832)【汉】苦苣木属。【隶属】菊科 Asteraceae(Compositae)。【包含】世界 11 种。【学名诠释与讨论】〈阴〉(希)dendron 或 dendros,树木,棍,丛林+seris,菊苣

【分布】智利（胡安－费尔南德斯群岛）。【模式】Dendroseris macrophylla D. Don。【参考异名】Hesperoseris Skottsb.（1953）；Phoenicoseris（Skottsb.）Skottsb.（1953）；Rea Bertero ex Decne.（1833）●☆

15376 Dendrosicus Raf.（1838）（废弃属名）≡ Enallagma（Miers）Baill.（1888）（保留属名）；~ = Amphitecna Miers（1868）［紫葳科 Bignoniaceae］●☆

15377 Dendrosicyos Balf. f.（1882）【汉】树葫芦属。【日】デンドロシキオス属。【隶属】葫芦科（瓜科，南瓜科）Cucurbitaceae。【包含】世界1种。【学名诠释与讨论】〈阳〉（希）dendron 或 dendros，树木，棍，丛林+sikyos，葫芦，野胡瓜。【分布】也门（索科特拉岛）。【模式】Dendrosicyos socotranus I. B. Balfour［as 'socotrana'］。●☆

15378 Dendrosida Fryxell（1971）【汉】树锦葵属。【隶属】锦葵科 Malvaceae。【包含】世界7种。【学名诠释与讨论】〈阴〉（希）dendron 或 dendros，树木，棍，丛林+（属）Sida 黄花稔属（金午时花属）。【分布】墨西哥，中美洲。【模式】Dendrosida batesii P. A. Fryxell。●☆

15379 Dendrosipanea Ducke et Steyerm.（1964）descr. emend. = Dendrosipanea Ducke（1935）［茜草科 Rubiaceae］●☆

15380 Dendrosipanea Ducke（1935）【汉】树茜属。【隶属】茜草科 Rubiaceae。【包含】世界3种。【学名诠释与讨论】〈阴〉（希）dendron 或 dendros，树木，棍，丛林+（属）Sipanea 锡潘茜属。此属的学名，ING、GCI、TROPICOS 和 IK 记载是"Dendrosipanea Ducke, Arq. Inst. Biol. Veg. 2（1）: 69. 1935［Sep 1935］"。"Dendrosipanea Ducke et Steyerm., Mem. New York Bot. Gard. x. No. 5, 195（1964）"修订了属的描述。【分布】热带南美洲北部。【模式】Dendrosipanea spigelioides Ducke。【参考异名】Dendrosipanea Ducke et Steyerm.（1964）descr. emend. ●☆

15381 Dendrosma Pancher et Sebert（1873）= Geijera Schott（1834）［芸香科 Rutaceae］●☆

15382 Dendrosma R. Br. = Atherosperma Labill.（1806）［香材树科 Monimiaceae//黑檫木科 Atherospermataceae］●☆

15383 Dendrosma R. Br. ex Cromb. = Atherosperma Labill.（1806）［香材树科 Monimiaceae//黑檫木科 Atherospermataceae］●☆

15384 Dendrospartum Spach（1845）= Genista L.（1753）［豆科 Fabaceae（Leguminosae）//蝶形花科 Papilionaceae］●

15385 Dendrostellera（C. A. Mey.）Tiegh.（1893）【汉】树状狼毒属。【俄】Дендростеллера。【隶属】瑞香科 Thymelaeaceae。【包含】世界13种。【学名诠释与讨论】〈阴〉（希）dendron 或 dendros，树木，棍，丛林+（属）Stellera 似狼毒属。此属的学名，ING 记载是"Dendrostellera（C. A. Meyer）Van Tieghem, Ann. Sci. Nat. Bot. ser. 7. 17: 199. 1893"；但是未给出基源异名。IK 则记载为"Dendrostellera Tiegh., Bull. Soc. Bot. France 40: 74. 1893"。亦有文献把"Dendrostellera（C. A. Mey.）Tiegh.（1893）"处理为"Diarthron Turcz.（1832）"的异名。【分布】巴基斯坦，亚洲。【模式】未指定。【参考异名】Dendrostellera Tiegh.（1893）Nom. illegit. ; Diarthron Turcz.（1832）■☆

15386 Dendrostellera Tiegh.（1893）Nom. illegit. ≡ Dendrostellera（C. A. Mey.）Tiegh.（1893）［瑞香科 Thymelaeaceae］■☆

15387 Dendrostigma Gleason（1933）= Mayna Aubl.（1775）［刺篱木科（大风子科）Flacourtiaceae］●☆

15388 Dendrostylis H. Karst. et Triana（1855）= Mayna Aubl.（1775）［刺篱木科（大风子科）Flacourtiaceae］●☆

15389 Dendrostylis H. Karst. et Triana（1857）Nom. illegit. ≡ Dendrostylis H. Karst. et Triana（1855）；~ = Mayna Aubl.（1775）［刺篱木科（大风子科）Flacourtiaceae］●☆

15390 Dendrostylis Triana（1855）Nom. illegit. ≡ Dendrostylis H. Karst. et Triana（1855）；~ = Mayna Aubl.（1775）［刺篱木科（大风子科）Flacourtiaceae］●☆

15391 Dendrothrix Esser（1993）【汉】树毛大戟属。【隶属】大戟科 Euphorbiaceae。【包含】世界3种。【学名诠释与讨论】〈阴〉（希）dendron 或 dendros，树木，棍，丛林+thrix，所有格 trichos，毛，毛发。【分布】巴西，委内瑞拉。【模式】Dendrothrix yutajensis（E. Jablonski）H. -J. Esser［Sapium yutajense E. Jablonski］。●☆

15392 Dendrotrophe Miq.（1856）【汉】寄生藤属。【英】Dendrotrophe, Parasiticvine。【隶属】檀香科 Santalaceae。【包含】世界5-10种，中国7种。【学名诠释与讨论】〈阴〉（希）dendron 或 dendros，树木，棍，丛林+trophe，喂食者。trophis 大的，喂得好的。trophon 食物。指其为木本寄生植物。此属的学名"Dendrotrophe Miquel, Fl. Ind. Bat. 1（1）: 776, 779. 10 Jul 1856"是一个替代名称。"Henslowia Blume, Mus. Bot. Lugd. -Bat. 1: 243. 1851（prim.）"是一个非法名称（Nom. illegit.），因为此前已经有了"Henslowia Wallich, Pl. Asiat. Rar. 3: 13. t. 221. 10 Dec 1831 - 1832 = Crypteronia Blume（1827）［隐翼木科 Crypteroniaceae］"。故用"Dendrotrophe Miq.（1856）"替代之。【分布】澳大利亚（热带），印度至马来西亚，中国，东南亚。【后选模式】Dendrotrophe umbellata（Blume）Miquel［Viscum umbellatum Blume］。【参考异名】Dufrenoya Chatin（1860）；Henslowia Blume（1851）Nom. illegit. ; Hylomyza Danser（1940）；Tupeia Blume（1830）●

15393 Dendroviguiera E. E. Schill. et Panero（2011）【汉】树金菊属。【隶属】菊科 Asteraceae（Compositae）。【包含】世界14种。【学名诠释与讨论】〈阴〉（希）（希）dendron 或 dendros，树木，棍，丛林+（属）Viguiera 金目菊属（金眼菊属，维格菊属）。此属的学名"Dendroviguiera E. E. Schill. et Panero, Bot. J. Linn. Soc. 167（3）: 325. 2011［24 Oct 2011］"是一个替代名称。它替代的是"Viguiera ser. Maculatae S. F. Blake Contr. Gray Herb. 54: 62. 1918"。【分布】中美洲。【模式】不详。【参考异名】Viguiera sect. Maculatae（S. F. Blake）Panero et E. E. Schill. ; Viguiera ser. Maculatae S. F. Blake☆

15394 Denea O. F. Cook（1926）= Howea Becc.（1877）［棕榈科 Arecaceae（Palmae）］●

15395 Deneckia Sch. Bip.（1843）= Denekia Thunb.（1801）［菊科 Asteraceae（Compositae）］■☆

15396 Denekia Thunb.（1801）【汉】青绒草属。【隶属】菊科 Asteraceae（Compositae）。【包含】世界1种。【学名诠释与讨论】〈阴〉词源不详。【分布】热带和非洲南部。【模式】Denekia capensis Thunberg。【参考异名】Deneckia Sch. Bip.（1843）；Denneckia Steud.（1840）■☆

15397 Denhamia Meisn.（1837）（保留属名）【汉】德纳姆卫矛属。【俄】Демьянка。【英】Denhamia。【隶属】卫矛科 Celastraceae。【包含】世界7-10种。【学名诠释与讨论】〈阴〉（人）Denham, Dixon, 1786-1828, 植物学者，旅行家，曾到非洲探险和采集植物标本。此属的学名"Denhamia Meisn., Pl. Vasc. Gen. 1: 18; 2: 16. 26 Mar-1 Apr 1837"是保留属名。相应的废弃属名是天南星科 Araceae 的"Denhamia Schott in Schott et Endlicher, Melet. Bot. : 19. 1832 ≡ Culcasia P. Beauv.（1803）（保留属名）"和卫矛科 Celastraceae 的"Leucocarpum A. Rich. in Urville, Voy. Astrolabe 2: 46. 1834 ≡ Denhamia Meisn.（1837）（保留属名）"。【分布】澳大利亚（热带）。【模式】Denhamia obscura（A. Richard）C. F. Meisner ex Walpers［Leucocarpum obscurum A. Richard］。【参考异名】Celastrus Baill.（废弃属名）；Leucocarpon Endl.（1839）；Leucocarpum A. Rich.（1834）（废弃属名）●☆

15398 Denhamia Schott（1832）（废弃属名）≡ Culcasia P. Beauv.

（1803）（保留属名）［天南星科 Araceae］■☆

15399　Denira Adans.（1763）Nom. illegit. ≡ Iva L.（1753）［菊科 Asteraceae（Compositae）//伊瓦菊属 Ivaceae］■☆

15400　Denisaea Neck.（1790）Nom. inval. = Phryma L.（1753）［透骨草科 Phrymaceae］■

15401　Deniseia Neck. ex Kuntze（1898）= Phryma L.（1753）［透骨草科 Phrymaceae］■

15402　Denisia Post et Kuntze（1903）= Denisaea Neck.（1790）Nom. inval. ; ~ = Phryma L.（1753）［透骨草科 Phrymaceae］■

15403　Denisonia F. Muell.（1859）= Pityrodia R. Br.（1810）［马鞭草科 Verbenaceae//唇形科 Lamiaceae（Labiatae）］●☆

15404　Denisophytum R. Vig.（1949）= Caesalpinia L.（1753）［豆科 Fabaceae（Leguminosae）//云实科（苏木科）Caesalpiniaceae］●

15405　Denmoza Britton et Rose（1922）【汉】火焰龙（绯绣球属）。【日】デンモザ属，デンモーザ属。【英】Denmoza。【隶属】仙人掌科 Cactaceae。【包含】世界 1-2 种。【学名诠释与讨论】〈阴〉（地）由阿根廷的地名 Mendoza 改缀而来。【分布】阿根廷。【模式】Denmoza rhodacantha（Salm-Dyck）N. L. Britton et Rose［Echinocactus rhodacanthus Salm-Dyck］。●☆

15406　Denneckia Steud.（1840）= Denekia Thunb.（1801）［菊科 Asteraceae（Compositae）］■☆

15407　Dennettia Baker f.（1913）【汉】丹尼木属。【隶属】番荔枝科 Annonaceae。【包含】世界 1 种。【学名诠释与讨论】〈阴〉（人）Richard E. Dennett，尼日利亚林务官。【分布】尼日利亚。【模式】Dennettia tripetala E. G. Baker。●☆

15408　Dennisonia F. Muell.（1859）= Pityrodia R. Br.（1810）［马鞭草科 Verbenaceae//唇形科 Lamiaceae（Labiatae）］●☆

15409　Dens Fabr. = Taraxacum F. H. Wigg.（1780）（保留属名）［菊科 Asteraceae（Compositae）］■

15410　Denscantia E. L. Cabral et Bacigalupo（2001）Nom. illegit. ≡ Scandentia E. L. Cabral et Bacigalupo（2001）Nom. inval.［茜草科 Rubiaceae］☆

15411　Dens-leonis Ség.（1754）Nom. illegit. ≡ Leontodon L.（1753）（保留属名）［菊科 Asteraceae（Compositae）］■☆

15412　Denslovia Rydb.（1931）= Gymnadeniopsis Rydb.（1901）; ~ = Habenaria Willd.（1805）［兰科 Orchidaceae］■

15413　Densophylis Thouars = Bulbophyllum Thouars（1822）（保留属名）［兰科 Orchidaceae］■

15414　Dentaria L.（1753）【汉】石芥花属。【俄】Зубянка。【英】Toothwort。【隶属】十字花科 Brassicaceae（Cruciferae）。【包含】世界 20 种。【学名诠释与讨论】〈阴〉（拉）dens，所有格 dentis，齿+-arius，-aria，-arium，指示"属于、相似、具有、联系"的词尾。指块根头部具有几个坚硬的鳞片叶，似齿状。此属的学名是"Dentaria Linnaeus,Sp. Pl. 653. 1 Mai 1753"。亦有文献把其处理为"Cardamine L.（1753）"的异名。【分布】巴基斯坦，欧亚大陆，北美洲。【后选模式】Dentaria pentaphyllos Linnaeus。【参考异名】Barbarea Scop.（1760）（废弃属名）;Cardamine L.（1753）■☆

15415　Dentella J. R. Forst. et G. Forst.（1775）【汉】小牙草属。【日】タイワンミゾハコベ属。【英】Dentella。【隶属】茜草科 Rubiaceae。【包含】世界 10 种,中国 1 种。【学名诠释与讨论】〈阴〉（拉）dens，所有格 dentis，齿+-ellus，-ella，-ellum，加在名词词干后面形成指小式的词尾。或加在人名、属名等后面以组成新属的名称。【分布】澳大利亚，印度至马来西亚，中国，中美洲。【模式】Dentella repens J. R. Forster et J. G. A. Forster。【参考异名】Heymia Dennst.（1818）;Lippaya Endl.（1834）■

15416　Dentidia Lour.（1790）= Perilla L.（1764）［唇形科 Lamiaceae（Labiatae）］■

15417　Dentillaria Kuntze（1891）= Knoxia L.（1753）［茜草科 Rubiaceae］■

15418　Dentimetula Tiegh.（1895）= Agelanthus Tiegh.（1895）; ~ = Tapinanthus（Blume）Rchb.（1841）（保留属名）［桑寄生科 Loranthaceae］●☆

15419　Dentoceras Small（1924）= Polygonella Michx.（1803）［蓼科 Polygonaceae］■☆

15420　Deonia Pierre ex Pax（1911）= Blachia Baill.（1858）（保留属名）［大戟科 Euphorbiaceae］●

15421　Depacarpus N. E. Br.（1930）= Meyerophytum Schwantes（1927）［番杏科 Aizoaceae］●☆

15422　Depanthus S. Moore（1921）【汉】杯花苣苔属。【隶属】苦苣苔科 Gesneriaceae。【包含】世界 2 种。【学名诠释与讨论】〈阳〉（希）depas，杯+anthos，花。antheros，多花的。antheo，开花。【分布】法属新喀里多尼亚。【模式】Depanthus glaber（C. B. Clarke）S. Moore［Coronanthera glabra C. B. Clarke］。●☆

15423　Depierrea Anon. ex Schltdl.（1842）Nom. inval. = Campanula L.（1753）［桔梗科 Campanulaceae］■●

15424　Depierrea Schltdl.（1842）Nom. inval. = Campanula L.（1753）［桔梗科 Campanulaceae］■●

15425　Deplachne Boiss.（1884）= Diplachne P. Beauv.（1812）［禾本科 Poaceae（Gramineae）］■

15426　Deplanchea Vieill.（1863）【汉】德普紫葳属。【隶属】紫葳科 Bignoniaceae。【包含】世界 5 种。【学名诠释与讨论】〈阴〉（人）Emile Deplanche，1824-1875，法国植物学者，海军医生。【分布】澳大利亚，马来西亚，法属新喀里多尼亚。【模式】Deplanchea speciosa Vieillard。【参考异名】Bulweria F. Muell.（1864）;Diplanthera Banks et Sol.（1810）Nom. illegit. ;Diplanthera Banks et Sol. ex R. Br.（1810）Nom. illegit. ; Montravelia Montrouz. ex P. Beauv.（1901）●☆

15427　Deppea Cham. et Schltdl.（1830）【汉】德普茜属。【隶属】茜草科 Rubiaceae。【包含】世界 25 种。【学名诠释与讨论】〈阴〉（人）Mr. Deppe,墨西哥的植物采集者。【分布】巴拿马,墨西哥至委内瑞拉,中美洲。【模式】Deppea erythrorhiza Chamisso et D. F. L. Schlechtendal。【参考异名】Choristes Benth.（1840）;Csapodya Borhidi（2004）;Dasymaschalon（Hook. f. et Thomson）Dalla Torre et Harms（1901）;Plocaniophyllon Brandegee（1914）;Schenckia K. Schum.（1889）●☆

15428　Deppeopsis Borhidi et Strancz.（2012）【汉】拟德普茜属。【隶属】茜草科 Rubiaceae。【包含】世界 5 种。【学名诠释与讨论】〈阴〉（属）Deppea 德普茜属+希腊文 opsis，外观，模样，相似。【分布】墨西哥，北美洲。【模式】Deppeopsis hernandezii（Lorence）Borhidi et Strancz.［Deppea hernandezii Lorence］。☆

15429　Deppia Raf.（1837）= Lycaste Lindl.（1843）［兰科 Orchidaceae］■☆

15430　Deprea Raf.（1838）（废弃属名）= Athenaea Sendtn.（1846）（保留属名）［茄科 Solanaceae］●☆

15431　Depremesnilia F. Muell.（1876）= Pityrodia R. Br.（1810）［马鞭草科 Verbenaceae//唇形科 Lamiaceae（Labiatae）］●☆

15432　Depremesnilia Willis, Nom. inval. = Depremesnilia F. Muell.（1876）［唇形科 Lamiaceae（Labiatae）//马鞭草科 Verbenaceae］●☆

15433　Derderia Jaub. et Spach（1843）= Jurinea Cass.（1821）［菊科 Asteraceae（Compositae）］●■

15434　Derenbergia Schwantes（1925）= Conophytum N. E. Br.（1922）［番杏科 Aizoaceae］■☆

15435　Derenbergiella Schwantes（1928）= Mesembryanthemum L.

（1753）（保留属名）［番杏科 Aizoaceae//龙须海棠科（日中花科）Mesembryanthemaceae］■●

15436 Deringa Adans.（1763）（废弃属名）= Cryptotaenia DC.（1829）（保留属名）［伞形花科（伞形科）Apiaceae（Umbelliferae）］■

15437 Deringia Steud.（1840）= Deringa Adans.（1763）（废弃属名）；~ = Cryptotaenia DC.（1829）（保留属名）［伞形花科（伞形科）Apiaceae（Umbelliferae）］■

15438 Derlinia Neraud（1826）= Gratiola L.（1753）［玄参科 Scrophulariaceae//婆婆纳科 Veronicaceae］■

15439 Dermasea Haw.（1821）= Saxifraga L.（1753）［虎耳草科 Saxifragaceae］■

15440 Dermatobotrys Bolus（1890）【汉】革穗玄参属。【隶属】玄参科 Scrophulariaceae。【包含】世界 1 种。【学名诠释与讨论】〈阴〉（希）derma，所有格 dermatos，皮，革+botrys，葡萄串，总状花序，簇生。【分布】非洲南部。【模式】Dermatobotrys saundersii H. Bolus。●☆

15441 Dermatocalyx Oerst.（1856）= Schlegelia Miq.（1844）［玄参科 Scrophulariaceae//夷地黄科 Schlegeliaceae］●☆

15442 Dermatophyllum Scheele（1848）= Sophora L.（1753）［豆科 Fabaceae（Leguminosae）//蝶形花科 Papilionaceae］●■

15443 Dermophylla Silva Manso（1836）= Cayaponia Silva Manso（1836）（保留属名）［葫芦科（瓜科，南瓜科）Cucurbitaceae］■☆

15444 Deroemera Rchb. f.（1852）= Holothrix Rich. ex Lindl.（1835）（保留属名）；~ = Peristylus Blume（1825）（保留属名）［兰科 Orchidaceae］■

15445 Deroemeria Willis，Nom. inval.= Deroemera Rchb. f.（1852）［兰科 Orchidaceae］■☆

15446 Derosiphia Raf.（1838）= Osbeckia L.（1753）［野牡丹科 Melastomataceae］●■

15447 Derouetia Boiss. et Balansa（1856）= Crepis L.（1753）［菊科 Asteraceae（Compositae）］■

15448 Derris Lour.（1790）（保留属名）【汉】鱼藤属（苦楝藤属，苗栗藤属）。【日】デリス属，ドクフヂ属。【俄】Деррис。【英】Fishvine，Flame Tree，Jewel Vine，Jewelvine。【隶属】豆科 Fabaceae（Leguminosae）//蝶形花科 Papilionaceae。【包含】世界 40-800 种，中国 16-29 种。【学名诠释与讨论】〈阴〉（希）derris，毛皮，壳，毛布，革制的外罩。指荚果壳薄，肉质。另说指荚果富含单宁。此属的学名"Derris Lour.，Fl. Cochinch. :423,432. Sep 1790"是保留属名。相应的废弃属名是豆科 Fabaceae 的"Salken Adans.，Fam. Pl. 2:322,600. Jul-Aug 1763 = Derris Lour.（1790）（保留属名）"、"Solori Adans.，Fam. Pl. 2:327,606. Jul-Aug 1763 = Derris Lour.（1790）（保留属名）"和"Deguelia Aubl.，Hist. Pl. Guiane:750. Jun-Dec 1775 = Derris Lour.（1790）（保留属名）"。豆科 Fabaceae 的"Derris Miq.，Fl. Ned. Ind. 1:145. 1855 ［2 Aug 1855] = Derris Lour.（1790）（保留属名）= Paraderris（Miq.）R. Geesink（1984）"亦应废弃。"Pterocarpus O. Kuntze，Rev. Gen. 1:202. 5 Nov 1891 ［non Linnaeus 1754（废弃属名），nec N. J. Jacquin 1763（nom. cons.）]"是"Derris Lour.（1790）（保留属名）"的晚出的同模式异名（Homotypic synonym，Nomenclatural synonym）。【分布】巴基斯坦，秘鲁，玻利维亚，哥伦比亚（安蒂奥基亚），马达加斯加，中国。【模式】Derris trifoliata Loureiro。【参考异名】Brachypterum（Wight et Arn.）Benth.（1837）；Brachypterum Benth.（1837）Nom. illegit.；Cylizoma Neck.（1790）Nom. inval.；Deguelia Aubl.（1775）（废弃属名）；Derris Miq.（1855）Nom. illegit.（废弃属名）；Lingoum Adans.（1763）Nom. illegit.；Nothoderris Blume ex Miq.（1855）；Paraderris（Miq.）R. Geesink（1984）；Pterocarpus Kuntze（1891）Nom. illegit.（废弃属名）；

Pterocarpus L.（1754）Nom. illegit.（废弃属名）；Salkea Steud.（1841）Nom. illegit.；Salken Adans.（1763）（废弃属名）；Semetor Raf.（1838）；Solori Adans.（1763）（废弃属名）●

15449 Derris Miq.（1855）Nom. illegit.（废弃属名）= Derris Lour.（1790）（保留属名）；~ = Paraderris（Miq.）R. Geesink（1984）［豆科 Fabaceae（Leguminosae）//蝶形花科 Papilionaceae］●

15450 Derwentia Raf.（1838）（废弃属名）= Parahebe W. R. B. Oliv.（1944）（保留属名）；~ = Veronica L.（1753）［玄参科 Scrophulariaceae//婆婆纳科 Veronicaceae］■

15451 Desbordesia Pierre ex Tiegh.（1905）【汉】西非黏木属。【隶属】黏木科 Ixonanthaceae。【包含】世界 1 种。【学名诠释与讨论】〈阴〉（人）Gustave Borgnis-Desbordes。此属的学名，ING 和 IK 记载是"Desbordesia Pierre ex Van Tieghem, Ann. Sci. Nat. Bot. ser. 9. 1:289. 1905"。TROPICOS 则记载为"Desbordesia Pierre et Tiegh.，Ann. Sci. Nat.，Bot. sér. 9, 1:289. 1905,"。三者引用的文献相同。IPNI 记载为"Desbordesia Pierre，Tab. Herb. L. Pierre 1901 ［Feb 1901]"；这是一个未合格发表的名称（Nom. inval.）。【分布】热带非洲西部。【后选模式】Desbordesia glaucescens（Engler）Pierre ex Van Tieghem ［Irvingia glaucescens Engler]。【参考异名】Desbordesia Pierre et Tiegh.（1905）Nom. illegit.；Desbordesia Pierre（1901）Nom. inval. ●☆

15452 Desbordesia Pierre（1901）Nom. inval. ≡ Desbordesia Pierre ex Tiegh.（1905）［黏木科 Ixonanthaceae］●☆

15453 Descantaria Schltdl.（1854）Nom. illegit. ≡ Leptorhoeo C. B. Clarke（1880）；~ = Tripogandra Raf.（1837）［鸭趾草科 Commelinaceae］■☆

15454 Deschampsia P. Beauv.（1812）【汉】发草属（米芒属）。【日】コメススキ属。【俄】Луговик，Шучка。【英】Bull Faces，Bull Pates，Hair Grass，Hairgrass，Hair-grass。【隶属】禾本科 Poaceae（Gramineae）。【包含】世界 40 种，中国 3-9 种。【学名诠释与讨论】〈阴〉（人）Louis Auguste Deschamps，1765-1842，法国植物学者。此属的学名，ING、APNI、GCITROPICOS 和 IK 记载是"Deschampsia P. Beauv.，Ess. Agrostogr. 91. 1812 ［Dec 1812]"。"Campella Link，Hortus Berol. 1：122. Oct-Dec 1827"和"Podionapus Dulac，Fl. Hautes-Pyrénées 82. 1867"是"Deschampsia P. Beauv.（1812）"的晚出的同模式异名（Homotypic synonym，Nomenclatural synonym）。【分布】巴基斯坦，玻利维亚，厄瓜多尔，哥斯达黎加，中国，温带和热带山区，中美洲。【后选模式】Deschampsia cespitosa（Linnaeus）Palisot de Beauvois ［as 'caespitosa'］［Aira cespitosa Linnaeus]。【参考异名】Aeridium Post et Kuntze（1903）；Airidium Steud.（1854）；Aristavena F. Albers et Butzin（1977）；Avenella（Bluff et Fingerh.）Drejer（1838）Nom. illegit.；Avenella Bluff ex Drejer（1838）Nom. illegit.；Avenella Drejer（1838）；Avenella Koch ex Steud.（1840）Nom. illegit.；Avenella Koch，Nom. illegit.；Avenella Parl.（1848）Nom. illegit.；Avenella Parl.（1850）Nom. illegit.；Campelia Kunth（1833）Nom. illegit.；Campella Link（1827）Nom. illegit.；Czerniaevia Turcz. ex Griseb.（1852）Nom. inval.；Czerntajewia Post et Kuntze（1903）；Dechampsia Kunth（1815）；Erioblastus Honda（1930）Nom. illegit.；Erioblastus Honda，S. Honda et Sakisaka（1930）Nom. illegit.；Erioblastus Nakai ex Honda（1930）Nom. illegit.；Homoiachne Pilg.（1949）；Lerchenfeldia Schur（1866）Nom. illegit.；Monandraira E. Desv.（1854）；Periballia Trin.（1820）；Peyritschia E. Fourn. ex Benth. et Hook. f.（1883）Nom. inval.；Podinapus Dulac，Nom. illegit.；Podionapus Dulac（1867）Nom. illegit.；Rytidosperma Steud.（1854）；Vahlodea Fr.（1842）■

15455 Descurainia Webb et Berthel.（1836）（保留属名）【汉】播娘蒿

属。【日】クジラグサ属。【俄】Дескурайния, Дескурения。【英】Fixweed, Tansy Mustard, Tansymustard, Tansy-mustard。【隶属】十字花科 Brassicaceae(Cruciferae)。【包含】世界 40 种,中国 1-2 种。【学名诠释与讨论】〈阴〉(人)François Descourain, 1658-1740,法国药剂师。他是植物学者 Antoine(1686-1758)和 Bernard(1699-1777)的朋友。此属的学名"Descurainia Webb et Berthel., Hist. Nat. Iles Canaries 3(2,1):72. Nov 1836"是保留属名。相应的废弃属名是十字花科 Brassicaceae 的"Sophia Adans., Fam. Pl. 2:417,606. Jul-Aug 1763 ≡ Descurainia Webb et Berthel.(1836)(保留属名)"和"Hugueninia Rchb., Fl. Germ. Excurs.: 691. 1832 = Descurainia Webb et Berthel.(1836)(保留属名)"。锦葵科 Malvaceae//木棉科 Bombacaceae]的"Sophia L., Pl. Surin. 11. 1775〔23 Jun 1775〕= Pachira Aubl.(1775)"亦应废弃。"Discurea(C. A. Meyer ex Ledebour)Schur, Enum. Pl. Transsilv. 54. Apr-Jun 1866"和"Sophia Adanson, Fam. 2:417. Jul-Aug 1763(废弃属名)"是"Descurainia Webb et Berthel.(1836)(保留属名)"的同模式异名(Homotypic synonym, Nomenclatural synonym)。【分布】巴基斯坦,秘鲁,玻利维亚,厄瓜多尔,非洲南部,美国(密苏里),中国,欧亚大陆,温带美洲,中美洲。【模式】Descurainia sophia(Linnaeus)Prantl。【参考异名】Discurainia Walp.(1842)Nom. illegit.; Discurea(C. A. Mey. ex Ledeb.)Schur(1866)Nom. illegit.; Hugueninia Rchb.(1832)(废弃属名); Robeschia Hochst. ex E. Fourn.(1865); Sophia Adans.(1763)Nom. illegit.(废弃属名)■

15456 Desdemona S. Moore(1895)= Basistemon Turcz.(1863)〔玄参科 Scrophulariaceae〕●☆

15457 Desfontaena Vell.(1829)= Chiropetalum A. Juss.(1832)〔大戟科 Euphorbiaceae〕●☆

15458 Desfontaina Steud.(1840)Nom. illegit. = Chiropetalum A. Juss.(1832); ~ = Desfontaena Vell.(1829)〔大戟科 Euphorbiaceae〕●☆

15459 Desfontainea Kunth(1825)= Desfontainia Ruiz et Pav.(1794)〔豆科 Fabaceae(Leguminosae)//虎刺叶科 Desfontainiaceae//马钱科(断肠草科,马钱子科)Loganiaceae//美冬青科 Aquifoliaceae〕●☆

15460 Desfontainea Rchb.(1841)Nom. illegit. = Chiropetalum A. Juss.(1832); ~ = Desfontaena Vell.(1829)〔大戟科 Euphorbiaceae〕●☆

15461 Desfontainesia Hoffmanns.(1824)Nom. illegit. = Fontanesia Labill.(1791)〔木犀榄科(木犀科)Oleaceae〕●

15462 Desfontainia Ruiz et Pav.(1794)【汉】虎刺叶属(德思凤属,迪氏木属,枸骨叶属,美冬青属)。【隶属】豆科 Fabaceae(Leguminosae)//虎刺科 Desfontainiaceae//马钱科(断肠草科,马钱子科)Loganiaceae//美冬青科 Aquifoliaceae。【包含】世界 1 种。【学名诠释与讨论】〈阴〉(人)Rene Louiche Desfontaines 1750-1833,法国植物学者。此属的学名,ING、TROPICOS 和 IK 记载是"Desfontainia Ruiz et Pav., Fl. Peruv. Prodr. 29, t. 5. 1794〔early Oct 1794〕"。"Linkia Persoon, Syn. Pl. 1:219. 1 Apr-15 Jun 1805(non Cavanilles 1798)"是"Desfontainia Ruiz et Pav.(1794)"的晚出的同模式异名(Homotypic synonym, Nomenclatural synonym)。【分布】巴拿马,秘鲁,玻利维亚,厄瓜多尔,哥伦比亚(安蒂奥基亚),哥斯达黎加,安第斯山,中美洲。【模式】Desfontainia spinosa Ruiz et Pavón。【参考异名】Bevania Bridges ex Endl.; Desfontainea Kunth(1825); Linkia Pers.(1805)Nom. illegit.(废弃属名)●☆

15463 Desfontainiaceae Endl.(1873)(保留科名)〔亦见 Dialypetalanthaceae Rizzini et Occhioni(保留科名)毛枝树科(巴西离瓣花科,拟素馨科,素馨科,枝树科)和 Potaliaceae C. Mart. 龙爪七叶树科〕【汉】虎刺叶科(迪氏木科,枸骨叶科,离水花科,美冬青科)。【包含】世界 1 属 1 种。【分布】中美洲和南美洲。【科名模式】Desfontainia Ruiz et Pav.。●☆

15464 Desforgia Steud.(1840)Nom. illegit. ≡ Forgesia Comm. ex Juss.(1789); ~ = Defforgia Lam.(1793)Nom. illegit. 〔虎耳草科 Saxifragaceae//南美鼠刺科(吊片果科,鼠刺科,夷鼠刺科)Escalloniaceae〕●☆

15465 Desideria Pamp.(1926)【汉】扇叶芥属(合蕚芥属)。【隶属】十字花科 Brassicaceae(Cruciferae)。【包含】世界 12 种,中国 8 种。【学名诠释与讨论】〈阴〉词源不详。此属的学名是"Desideria Pampanini, Boll. Soc. Bot. Ital. 1926:111. 30 Jun 1926"。亦有文献把其处理为"Christolea Cambess.(1839)"的异名。【分布】巴基斯坦,塔吉克斯坦,中国,喜马拉雅山。【模式】Desideria mirabilis Pampanini。【参考异名】Christolea Cambess.(1839); Ermaniopsis H. Hara(1974); Oreoblastus Suslova(1972)■

15466 Desmanthodium Benth.(1872)【汉】索果菊属。【隶属】菊科 Asteraceae(Compositae)。【包含】世界 8 种。【学名诠释与讨论】〈中〉(希)desmos,链,束,结,带,纽带。desma,所有格 desmatos,含义与 desmos 相似+anthos,花+-idius,-idia,-idium,指示小的词尾。【分布】墨西哥至委内瑞拉,中美洲。【模式】Desmanthodium perfoliatum Bentham。■●☆

15467 Desmanthus Willd.(1806)(保留属名)【汉】合欢草属(草合欢属)。【日】アメリカガフクワン属。【英】Bundleflower, Prairie Mimosa。【隶属】豆科 Fabaceae(Leguminosae)//含羞草科 Mimosaceae。【包含】世界 24-25 种,中国 1 种。【学名诠释与讨论】〈阳〉(希)desmos,链,束,结,带,纽带+anthos,花。antheros,多花的。antheo,开花。此属的学名"Desmanthus Willd., Sp. Pl. 4:888,1044. Apr 1806"是保留属名。相应的废弃属名是豆科 Fabaceae 的"Acuan Medik., Theodora:62. 1786 ≡ Desmanthus Willd.(1806)(保留属名)"。"Acuania Kuntze, Revis. Gen. Pl. 1:158. 1891〔5 Nov 1891〕"则是"Acuan Medik.(1786)"的拼写变体。【分布】巴基斯坦,巴拉圭,巴拿马,秘鲁,玻利维亚,厄瓜多尔,哥伦比亚(安蒂奥基亚),哥斯达黎加,马达加斯加,美国(密苏里),尼加拉瓜,中国,美洲。【模式】Desmanthus virgatus(Linnaeus)Willdenow〔Mimosa virgata Linnaeus〕。【参考异名】Acuan Medik.(1786)(废弃属名); Acuania Kuntze(1891)●■

15468 Desmaria Tiegh.(1895)【汉】链寄生属。【隶属】桑寄生科 Loranthaceae。【包含】世界 1 种。【学名诠释与讨论】〈阴〉(希)desmos,链,束,结,带,纽带+-arius,-aria,-arium,指示"属于、相似、具有、联系"的词尾。此属的学名是"Desmaria P. Van Tieghem, Bull. Soc. Bot. France 42:458. Jul-Dec 1895"。亦有文献把其处理为"Loranthus Jacq.(1762)(保留属名)"的异名。【分布】智利南部。【模式】Loranthus mutabilis Poeppig et Endlicher。【参考异名】Loranthus Jacq.(1762)(保留属名)●☆

15469 Desmazeria Dumort.(1822)〔as 'Demazeria'〕【汉】纽禾属。【俄】Десмацеря。【隶属】禾本科 Poaceae(Gramineae)。【包含】世界 1 种。【学名诠释与讨论】〈阳〉(人)John Baptiste Henri Joseph Desmazières, 1786-1862,法国植物学者。此属的学名,ING、TROPICOS 和 IK 记载是"Desmazeria Dumort., Commentat. Bot.(Dumort.)26. 1822〔Nov-early Dec 1822〕"。"Brizopyrum Link, Hortus Berol. 1:159. Oct-Dec 1827"和"Demazeria Dumortier, Commentat. 26. Jul-Dec 1822"是"Desmazeria Dumort.(1822)"的晚出的同模式异名(Homotypic synonym, Nomenclatural synonym)。【分布】巴基斯坦,地中海地区,非洲南部。【模式】Desmazeria sicula(N. J. Jacquin)Dumortier〔Cynosurus siculus N. J. Jacquin〕。【参考异名】Brizopyrum Link(1827)Nom. illegit.; Demazeria Dumort.(1822)Nom. illegit.■☆

15470 Desmesia Raf.(1837)= Typhonium Schott(1829)+Sauromatum

Schott（1832）［天南星科 Araceae］■

15471　Desmia D. Don（1834）= Erica L.（1753）［杜鹃花科（欧石南科）Ericaceae］●☆

15472　Desmidochus Rchb.（1828）= Desmidorchis Ehrenb.（1829）［萝藦科 Asclepiadaceae］■☆

15473　Desmidorchis Ehrenb.（1829）= Boucerosia Wight et Arn.（1834）；~ = Caralluma R. Br.（1810）［萝藦科 Asclepiadaceae］■

15474　Desmiograstis Börner（1913）= Carex L.（1753）［莎草科 Cyperaceae］■

15475　Desmitus Raf.（1838）= Camellia L.（1753）［山茶科（茶科）Theaceae］●

15476　Desmocarpus Wall.（1832）= Cadaba Forssk.（1775）［山柑科（白花菜科，醉蝶花科）Capparaceae//白花菜科（醉蝶花科）Cleomaceae］●☆

15477　Desmocephalum Hook. f.（1846）= Elvira Cass.（1824）［菊科 Asteraceae（Compositae）］■☆

15478　Desmochaeta DC.（1813）Nom. illegit. ≡ Pupalia Juss.（1803）（保留属名）［苋科 Amaranthaceae］■☆

15479　Desmocladus Nees（1846）【汉】链枝帚灯草属。【隶属】帚灯草科 Restionaceae。【包含】世界 16 种。【学名诠释与讨论】〈中〉（希）desmos，链，束，结，带，纽带 + klados，枝，芽，指小式 kladion，棍棒。kladodes 有许多枝子的。此属的学名是"Desmocladus C. G. D. Nees in J. G. C. Lehmann, Pl. Preiss. 2：56. 26-28 Nov 1846"。亦有文献把其处理为"Loxocarya R. Br.（1810）"的异名。【分布】参见 Loxocarya R. Br.。【模式】Desmocladus brunonianus C. G. D. Nees, Nom. illegit. ［Restio fasciculatus R. Brown；Desmocladus fasciculatus（R. Brown）B. G. Briggs et L. A. S. Johnson］。【参考异名】Loxocarya R. Br.（1810）■☆

15480　Desmodiastrum（Prain）A. Pramanik et Thoth.（1986）= Alysicarpus Desv.（1813）（保留属名）［豆科 Fabaceae（Leguminosae）//蝶形花科 Papilionaceae］■

15481　Desmodiocassia Britton et Rose（1930）= Cassia L.（1753）（保留属名）；~ = Senna Mill.（1754）［豆科 Fabaceae（Leguminosae）//云实科（苏木科）Caesalpiniaceae］●■

15482　Desmodium Desv.（1813）（保留属名）【汉】山蚂蝗属（山绿豆属，山马蝗属）。【日】デスモジューム属，ヌスビトハギ属。【俄】Десмодий，Десмодиум，Трилистник клещевой。【英】Mountain Leech，Tick Clover，Tick Trefoil，Tickclover，Tick-clover，Tick-trefoil。【隶属】豆科 Fabaceae（Leguminosae）//蝶形花科 Papilionaceae。【包含】世界 275-450 种，中国 30-39 种。【学名诠释与讨论】〈中〉（希）desmos，链，束，结，带，纽带 + eidos 构造。指雄蕊联合。一说来自希腊文 desmodes，像链条的。指荚果由数个荚节组成。此属的学名"Desmodium Desv. in J. Bot. Agric. 1：122. Feb 1813"是保留属名。相应的废弃属名是豆科 Fabaceae 的"Meibomia Heist. ex Fabr., Enum.：168. 1759 = Desmodium Desv.（1813）（保留属名）"，"Grona Lour., Fl. Cochinch.：424，459. Sep 1790 = Desmodium Desv.（1813）（保留属名）"和"Pleurolobus J. St. -Hil. in Nouv. Bull. Sci. Soc. Philom. Paris 3：192. Dec 1812 = Desmodium Desv.（1813）（保留属名）"。豆科 Fabaceae 的"Meibomia Fabr., Enumeratio Methodica Plantarum 1759 = Desmodium Desv.（1813）（保留属名）"、"Meibomia Adans.（1763）Nom. illegit. = Desmodium Desv.（1813）（保留属名）"、"Meibomia Heist. ex Adans.（1763）Nom. illegit. = Desmodium Desv.（1813）（保留属名）"、"Grona Benth. = Nogra Merr.（1935）"和"Grona Benth. et Hook. f. = Nogra Merr.（1935）"亦应废弃。【分布】巴基斯坦，巴拉圭，巴拿马，秘鲁，玻利维亚，厄瓜多尔，哥伦比亚（安蒂奥基亚），哥斯达黎加，马达加斯加，美国（密苏

里），尼加拉瓜，中国，热带和亚热带，中美洲。【模式】Desmodium scorpiurus（Swartz）Desvaux ［Hedysarum scorpiurus Swartz］。【参考异名】Akschindlium H. Ohashi（2003）；Catenaria Benth.（1852）Nom. illegit.；Chalarium DC.（1836）Nom. illegit.；Codariocalyx Hassk.（1842）；Codoriocalyx Hassk.（1841）；Cyclomorium Walp.（1843）；Desmofischera Holthuis（1942）；Dollinera Endl.（1840）；Edusaron Medik.（1787）Nom. illegit.；Grona Lour.（1790）（废弃属名）；Grone Spreng.（1826）；Hanslia Schindl.（1924）；Hegnera Schindl.（1924）；Holtzea Schindl.（1926）；Lagotia C. Muell.（1857）Nom. illegit.；Meibomia Adans.（1763）Nom. illegit.（废弃属名）；Meibomia Fabr.（1759）Nom. illegit.（废弃属名）；Meibomia Heist. ex Adans.（1763）Nom. illegit.（废弃属名）；Meibomia Heist. ex Fabr.（1759）（废弃属名）；Monarthrocarpus Merr.（1910）；Murtonia Craib（1912）；Nephromeria（Benth.）Schindl.（1924）；Nephromeria Schindl.（1924）Nom. illegit.；Nicholsonia Span.（1836）；Nicolsonia DC.（1825）；Ototropis Nees ex L., Nom. illegit.；Ototropis Nees（1838）；Ougeinia Benth.（1852）；Oxydium Benn.（1840）；Papilionopsis Steenis（1960）；Perottetia Post et Kuntze（1903）；Perrottetia DC.（1825）Nom. illegit.；Pleurolobus J. St. -Hil.（1812）（废弃属名）；Podocarpium（Benth.）Yen C. Yang et P. H. Huang（1979）Nom. illegit.；Pteroloma Desv. ex Benth.（1852）Nom. illegit.；Sagotia Duchass. et Walp.（1851）（废弃属名）；Tetranema Sweet（1830）；Tropitoma Raf.（1836）●■

15483　Desmofischera Holthuis（1942）= Desmodium Desv.（1813）（保留属名）；~ = Monarthrocarpus Merr.（1910）［豆科 Fabaceae（Leguminosae）//蝶形花科 Papilionaceae］●■

15484　Desmogymnosiphon Guinea.（1946）【汉】西非水玉簪属。【隶属】水玉簪科 Burmanniaceae。【包含】世界 1 种。【学名诠释与讨论】〈中〉（希）desmos，链，束，结，带，纽带 + gymnos，裸露的 + siphon，所有格 siphonos，管子。此属的学名是"Desmogymnosiphon Guinea, Ensayo Geobot. 264. 26 Sep 1946；Anales Jard. Bot. Madrid 6（2）：468. 1946"。亦有文献把其处理为"Gymnosiphon Blume（1827）"的异名。【分布】热带非洲西部。【模式】Desmogymnosiphon chimeicus Guinea。【参考异名】Gymnosiphon Blume（1827）■☆

15485　Desmogyne King et Prain（1898）= Agapetes D. Don ex G. Don（1834）［杜鹃花科（欧石南科）Ericaceae//越橘科（乌饭树科）Vacciniaceae］●

15486　Desmonchus Desf.（1829）Nom. illegit. = Desmoncus Mart.（1824）（保留属名）［棕榈科 Arecaceae（Palmae）］●☆

15487　Desmoncus Mart.（1824）（保留属名）【汉】美洲藤属（大司蒙古属，黑莓棕属，孔带椰子属，南美藤属，束藤属）。【日】コモチトゲココヤシ属。【英】American Rattan Palm。【隶属】棕榈科 Arecaceae（Palmae）。【包含】世界 7-20 种。【学名诠释与讨论】〈阳〉（希）desmos，链，束，结，带，纽带 + onkus，瘤。指种子的 3 个珠孔瘤状隆起，带状排列。此属的学名"Desmoncus Mart., Palm. Fam.：20. 13 Apr 1824"是保留属名。法规未列出相应的废弃属名。"Atitara O. Kuntze, Rev. Gen. 2：726. 5 Nov 1891"是"Desmoncus Mart.（1824）（保留属名）"的晚出的同模式异名（Homotypic synonym, Nomenclatural synonym）。【分布】巴拿马，秘鲁，玻利维亚，厄瓜多尔，哥伦比亚（安蒂奥基亚），哥斯达黎加，尼加拉瓜，热带美洲，中美洲。【模式】Desmoncus polyacanthos C. F. P. Martius。【参考异名】Atitara Kuntze（1891）Nom. inval., Nom. illegit.；Atitara O. F. Cook；Desmonchus Desf.（1829）Nom. illegit. ●☆

15488　Desmonema Miers（1867）Nom. illegit. ≡ Hyalosepalum Troupin（1949）；~ = Tinospora Miers（1851）（保留属名）［防己科

Menispermaceae]●■

15489 Desmonema Raf.（1833）Nom. illegit. = Euphorbia L.（1753）［大戟科 Euphorbiaceae]●■

15490 Desmophyla Raf.（1838）= Ehretia P. Browne（1756）［紫草科 Boraginaceae//破布木科（破布树科）Cordiaceae//厚壳树科 Ehretiaceae]●

15491 Desmophyllum Webb et Berthel.（1836）= Ruta L.（1753）［芸香科 Rutaceae]●■

15492 Desmopsis Saff.（1916）【汉】类鹰爪属。【隶属】番荔枝科 Annonaceae。【包含】世界 17 种。【学名诠释与讨论】〈阴〉（属）Desmos 假鹰爪属（酒饼叶属，山指甲属）+希腊文 opsis，外观，模样。【分布】古巴，墨西哥，中美洲。【模式】Desmopsis panamensis（Robinson）Safford［Unona panamensis Robinson]。●☆

15493 Desmos Lour.（1790）【汉】假鹰爪属（酒饼叶属，山指甲属）。【英】Desmos。【隶属】番荔枝科 Annonaceae。【包含】世界 25-46 种，中国 9 种。【学名诠释与讨论】〈阳〉（希）desmos，链，束，结，带，纽带。desma，所有格 desmatos，含义与 desmos 相似。指果实细长，常于种子间缢缩成念珠状。【分布】澳大利亚，玻利维亚，马达加斯加，印度至马来西亚，中国，太平洋地区。【后选模式】Desmos cochinchinensis Loureiro。【参考异名】Camphorina Noronha（1790）；Pelticalyx Griff.（1854）；Peltocalyx Post et Kuntze（1903）；Unona L. f.（1782）●

15494 Desmoscelis Naudin（1850）【汉】索脉野牡丹属。【隶属】野牡丹科 Melastomataceae。【包含】世界 1 种。【学名诠释与讨论】〈阴〉（希）desmos，链，束，结，带，纽带+skelis，肋骨。【分布】巴拉圭，秘鲁，玻利维亚，厄瓜多尔，哥伦比亚（安蒂奥基亚），热带南美洲。【模式】Desmoscelis villosa（Aublet）Naudin［Melastoma villosa Aublet]。【参考异名】Iaravaea Scop.（1777）●☆

15495 Desmoschoenus Hook. f.（1853）【汉】链莎属。【隶属】莎草科 Cyperaceae。【包含】世界 1 种。【学名诠释与讨论】〈阳〉（希）desmos，链，束，结，带，纽带+（属）Schoenus 赤箭莎属。此属的学名，ING、TROPICOS 和 IK 记载是"Desmoschoenus Hook. f., Bot. Antarct. Voy. II.（Fl. Nov. -Zel.）. 1；271. 1853"。"Anthophyllum Steudel, Syn. Pl. Glum. 2；160. 10-11 Apr 1855"是"Desmoschoenus Hook. f.（1853）"的晚出的同模式异名（Homotypic synonym，Nomenclatural synonym）。"Desmoschoenus Hook. f.（1853）"曾被处理为"Scirpus sect. Desmoschoenus（Hook. f.）C. B. Clarke，Bulletin of Miscellaneous Information；Additional Series 8；113. 1908"。亦有文献把"Desmoschoenus Hook. f.（1853）"处理为"Scirpus L.（1753）（保留属名）"的异名。【分布】新西兰。【模式】Desmoschoenus spiralis（A. Richard）J. D. Hooker［Isolepis spiralis A. Richard]。【参考异名】Anthophyllum Steud.（1855）Nom. illegit.；Scirpus L.（1753）（保留属名）；Scirpus sect. Desmoschoenus（Hook. f.）C. B. Clarke（1908）■☆

15496 Desmostachya（Hook. f.）Stapf（1898）Nom. illegit. = Desmostachya（Stapf）Stapf（1900）［禾本科 Poaceae（Gramineae）]■

15497 Desmostachya（Stapf）Stapf（1898）【汉】羽穗草属。【英】Desmostachys。【隶属】禾本科 Poaceae（Gramineae）。【包含】世界 1 种，中国 1 种。【学名诠释与讨论】〈阴〉（希）desmos，链，束，结，带，纽带+stachys，穗，谷，长钉。指穗状花序成条状。此属的学名，ING 和 TROPICOS 记载是"Desmostachya（Stapf）Stapf in Thiselton - Dyer, Fl. Cap. 7；316. Jul 1898；632. Mai 1900"，由"Eragrostis sect. Desmostachya Stapf, The Flora of British India 7；324. 1897"改级而来。IK 则误记为"Desmostachya Stapf, Fl. Cap.（Harvey）7（4）；632. 1900［May 1900]"。"Desmostachya（Hook. f.）Stapf（1898）= Desmostachya（Stapf）Stapf（1900）［禾本科 Poaceae（Gramineae）]"似引证有误。"Stapfiola O. Kuntze in Post

et O. Kuntze, Lex. 532. Dec 1903"是"Desmostachya（Stapf）Stapf（1898）"的晚出的同模式异名（Homotypic synonym，Nomenclatural synonym）。【分布】阿富汗，巴基斯坦（西部），伊拉克，伊朗，中国，中南半岛，阿拉伯半岛，非洲北部。【模式】Desmostachya bipinnata（Linnaeus）Stapf［Briza bipinnata Linnaeus]。【参考异名】Desmostachya（Hook. f.）Stapf（1898）Nom. illegit.；Desmostachya Stapf（1898）Nom. illegit.；Eragrostis sect. Desmostachya Stapf（1897）；Stapfiola Kuntze（1903）Nom. illegit. ■

15498 Desmostachya Stapf（1900）Nom. illegit. ≡ Desmostachya（Stapf）Stapf（1898）；~ = Stapfiola Kuntze（1903）Nom. illegit.［禾本科 Poaceae（Gramineae）]■

15499 Desmostachys Planch. ex Miers（1852）【汉】佛荠草属。【隶属】茶茱萸科 Icacinaceae。【包含】世界 7 种。【学名诠释与讨论】〈阴〉（希）desmos，链，束，结，带，纽带+stachys，穗，谷，长钉。此属的学名，ING、TROPICOS 和 IK 记载是"Desmostachys Planch. ex Miers, Ann. Mag. Nat. Hist. ser. 2, 9（53）；399. 1852［May 1852]"。【分布】马达加斯加，热带非洲。【模式】Desmostachys planchonianus Miers。●☆

15500 Desmostemon Thwaites（1861）= Fahrenheitia Rchb. f. et Zoll. ex Müll. Arg.（1866）［大戟科 Euphorbiaceae]●☆

15501 Desmotes Kallunki（1992）【汉】索芸香属。【隶属】芸香科 Rutaceae。【包含】世界 1 种。【学名诠释与讨论】〈阴〉（希）desmos，链，束，结，带，纽带+ous，所有格 otos，指小式 otion，耳。otikos，耳的。【分布】巴拿马，哥伦比亚。【模式】Desmotes incomparabilis（L. Riley）Kallunki。●☆

15502 Desmothamnus Small（1913）= Lyonia Nutt.（1818）（保留属名）［杜鹃花科（欧石南科）Ericaceae]●

15503 Desmotrichum Blume（1825）（废弃属名）≡ Flickingeria A. D. Hawkes（1961）；~ = Ephemerantha P. F. Hunt et Summerh.（1961）Nom. illegit.；~ = Desmotrichum Blume（1825）（废弃属名）；~ ≡ Flickingeria A. D. Hawkes（1961）［兰科 Orchidaceae]■

15504 Despeleza Nieuwl.（1914）= Lespedeza Michx.（1803）［豆科 Fabaceae（Leguminosae）//蝶形花科 Papilionaceae]●■

15505 Desplatsia Bocq.（1866）【汉】裂托叶椴属。【隶属】椴树科（椴科，田麻科）Tiliaceae//锦葵科 Malvaceae。【包含】世界 4-7 种。【学名诠释与讨论】〈阴〉（人）Desplats，法国教授。此属的学名，ING 和 IK 记载是"Desplatsia Bocq., Adansonia 7；51. 1866；［椴树科（椴科，田麻科）Tiliaceae]"。TROPICOS 记载如上，但是归入锦葵科（Malvaceae）。【分布】热带非洲西部。【模式】Desplatsia subericarpa Bocquillon。【参考异名】Grewiopsis De Wild. et T. Durand（1900）Nom. illegit.；Ledermannia Mildbr. et Burret（1912）●☆

15506 Despretzia Kunth（1830）= Zeugites P. Browne（1756）（保留属名）［禾本科 Poaceae（Gramineae）]■☆

15507 Desrousseauxia Tiegh.（1895）= Aetanthus（Eichler）Engl.（1889）；~ = Loranthus Jacq.（1762）（保留属名）［桑寄生科 Loranthaceae]●

15508 Dessenia Adans.（1763）Nom. illegit. ≡ Gnidia L.（1753）［瑞香科 Thymelaeaceae]●☆

15509 Dessenia Raf.（1838）Nom. illegit. = Lasiosiphon Fresen.（1838）；~ = Struthiola L.（1767）（保留属名）［瑞香科 Thymelaeaceae]●☆

15510 Destrugesia Gaudich.（1844-1846）= Capparis L.（1753）［山柑科（白花菜科，醉蝶花科）Capparaceae]●

15511 Destruguezia Benth. et Hook. f.（1862）= Destrugesia Gaudich.（1842）［山柑科（白花菜科，醉蝶花科）Capparaceae]●

15512 Desvauxia Beauv. ex Kunth（1833）Nom. illegit. ≡ Devauxia Beauv. ex Kunth（1833）；~ = Glyceria R. Br.（1810）（保留属名）

［禾本科 Poaceae（Gramineae）］■

15513　Desvauxia Benth. et Hook. f.（1810）Nom. illegit. = Centrolepis Labill.（1804）；~ = Devauxia R. Br.（1810）Nom. illegit.；~ = Centrolepis Labill.（1804）［刺鳞草科 Centrolepidaceae］■

15514　Desvauxia Post et Kuntze（1903）Nom. illegit. = Desvauxia Beauv. ex Kunth（1833）Nom. illegit.；~ = Glyceria R. Br.（1810）（保留属名）［禾本科 Poaceae（Gramineae）］■

15515　Desvauxia R. Br.（1810）Nom. illegit. ≡ Devauxia R. Br.（1810）Nom. illegit.；~ = Centrolepis Labill.（1804）［刺鳞草科 Centrolepidaceae］■

15516　Desvauxia Spreng.（1824）Nom. illegit. = Centrolepis Labill.（1804）；~ = Devauxia R. Br.（1810）Nom. illegit.；~ = Devauxia R. Br.（1810）Nom. illegit.［刺鳞草科 Centrolepidaceae］■

15517　Desvauxiaceae Lindl. = Centrolepidaceae Endl.（保留科名）■

15518　Detandra Miers（1864）= Sciadotenia Miers（1851）［防己科 Menispermaceae］●☆

15519　Detariaceae Burnett = Fabaceae Lindl.（保留科名）//Leguminosae Juss.（1789）（保留科名）●■

15520　Detariaceae Hess（1932）= Fabaceae Lindl.（保留科名）//Leguminosae Juss.（1789）（保留科名）■

15521　Detarium Juss.（1789）【汉】荚髓苏木属（德泰豆属）。【隶属】豆科 Fabaceae（Leguminosae）。【包含】世界 3-4 种。【学名诠释与讨论】〈阴〉ditah，塞内加尔称呼 Detarium senegalense J. Gmelin 的俗名。【分布】热带非洲。【模式】Detarium senegalense J. F. Gmelin。●☆

15522　Dethardingia Nees et Mart.（1823）= Breweria R. Br.（1810）［旋花科 Convolvulaceae］●☆

15523　Dethawia Endl.（1839）Nom. illegit. , Nom. superfl. ≡ Wallrothia Spreng.（1815）；~ = Bunium L.（1753）；~ = Seseli L.（1753）［伞形花科（伞形科）Apiaceae（Umbelliferae）］■

15524　Detridium Nees（1832）= Felicia Cass.（1818）（保留属名）［菊科 Asteraceae（Compositae）］●■

15525　Detris Adans.（1763）（废弃属名）= Felicia Cass.（1818）（保留属名）［菊科 Asteraceae（Compositae）］●■

15526　Detzneria Schltr. ex Diels（1929）【汉】新几内亚婆婆纳属。【隶属】玄参科 Scrophulariaceae//婆婆纳科 Veronicaceae【包含】世界 1 种。【学名诠释与讨论】〈阴〉（人）Detzneri。【分布】新几内亚岛。【模式】Detzneria tubata Diels。●☆

15527　Deuterocohnia Mez（1894）【汉】德氏凤梨属。【隶属】凤梨科 Bromeliaceae。【包含】世界 7-14 种。【学名诠释与讨论】〈阴〉（希）deuteros，第二的，副的+（属）Cohnia 空树属。【分布】巴拉圭，秘鲁，玻利维亚，南美洲。【模式】Deuterocohnia longipetala（Baker）Mez［Dyckia longipetala Baker］。【参考异名】Abromeitiella Mez（1927）■☆

15528　Deuteromallotus Pax et K. Hoffm.（1914）【汉】肖野桐属。【隶属】大戟科 Euphorbiaceae。【包含】世界 1 种。【学名诠释与讨论】〈阴〉（希）deuteros，第二的，副的+（属）Mallotus 野桐属（白背藤属）。【分布】马达加斯加。【模式】Deuteromallotus acuminatus（Baillon）Pax et K. Hoffmann［Boutonia acuminata Baillon］。●☆

15529　Deutzia Thunb.（1781）【汉】溲疏属。【日】ウツギ属。【俄】Дейция。【英】Deutzia。【隶属】虎耳草科 Saxifragaceae//山梅花科 Philadelphaceae//绣球花科（八仙花科，绣球科）Hydrangeaceae。【包含】世界 66 种，中国 66 种。【学名诠释与讨论】〈阴〉（人）John van der Deutz，1743-1788，荷兰首都阿姆斯特丹市长，瑞典植物学者 Thunberg 的赞助人。【分布】巴基斯坦，墨西哥，中国，菲律宾（菲律宾群岛），喜马拉雅山，东亚。【模式】Deutzia scabra Thunberg。【参考异名】Neodeutzia（Engl.）

Small（1905）；Neodeutzia Small（1905）Nom. illegit. ●

15530　Deutzianthus Gagnep.（1924）【汉】东京桐属。【英】Deutzianthus。【隶属】大戟科 Euphorbiaceae。【包含】世界 1 种，中国 1 种。【学名诠释与讨论】〈阳〉（属）Deutzia 溲疏属+希腊文 anthos，花。【分布】中国，中南半岛。【模式】Deutzianthus tonkinensis Gagnepain。●

15531　Devauxia Kunth（1833）Nom. illegit. ≡ Devauxia P. Beauv. ex Kunth（1833）［禾本科 Poaceae（Gramineae）］■

15532　Devauxia P. Beauv. ex Kunth（1833）= Glyceria R. Br.（1810）（保留属名）［禾本科 Poaceae（Gramineae）］■

15533　Devauxia R. Br.（1810）Nom. illegit. ≡ Centrolepis Labill.（1804）［刺鳞草科 Centrolepidaceae］■

15534　Devauxiaceae Dumort. = Centrolepidaceae Endl.（保留科名）■

15535　Devendraea Pusalkar（2011）【汉】德忍冬属。【隶属】忍冬科 Caprifoliaceae。【包含】世界 8 种。【学名诠释与讨论】〈阴〉（人）Devendra Kumar Singh. 。本属由“Lonicera L.（1753）”分出。【分布】不详。【模式】Devendraea myrtillus（Hook. f. et Thomson）Pusalkar［Lonicera myrtillus Hook. f. et Thomson；Lonicera angustifolia Wall. ex DC. var. myrtillus（Hook. f. et Thomson）Q. E. Yang, Landrein, Borosova et Osborne］。【参考异名】Lonicera L.（1753）●☆

15536　Deverra DC.（1829）【汉】德弗草属。【隶属】伞形花科（伞形科）Apiaceae（Umbelliferae）。【包含】世界 7 种。【学名诠释与讨论】〈阴〉（拉）Deverra，扫帚，家务的女神。此属的学名是“Deverra A. P. de Candolle, Collect. Mém. , Ombellif. 45. 12 Sep 1829”。亦有文献把其处理为“Pituranthos Viv.（1824）”的异名。【分布】非洲，亚洲西南部。【后选模式】Deverra aphylla（Chamisso et Schlechtendal）A. P. de Candolle［Bubon aphyllum Chamisso et Schlechtendal［as‘aphyllus’］。【参考异名】Pituranthos Viv.（1824）■

15537　Deveya Rchb. = Deweya Torr. et A. Gray（1840）Nom. illegit. ；~ = Tauschia Schltdl.（1835）（保留属名）［伞形花科（伞形科）Apiaceae（Umbelliferae）］■☆

15538　Devia Goldblatt et J. C. Manning（1990）【汉】戴维鸢尾属。【隶属】鸢尾科 Iridaceae。【包含】世界 1 种。【学名诠释与讨论】〈阴〉（人）Devi。【分布】非洲南部。【模式】Devia tenuifolia Endl. 。■☆

15539　Devillea Bert. ex Schult. f.（1830）Nom. inval. = Caraguata Lindl.（1827）Nom. illegit. ；~ = Guzmania Ruiz et Pav.（1802）［凤梨科 Bromeliaceae］■☆

15540　Devillea Bubani（1899）Nom. illegit. ≡ Ligusticum L.（1753）［伞形花科（伞形科）Apiaceae（Umbelliferae）］■

15541　Devillea Tul. et Wedd.（1849）【汉】德维尔川苔草属。【隶属】髯管花科 Geniostomaceae。【包含】世界 1 种。【学名诠释与讨论】〈阴〉（人）Deville. 此属的学名，ING、TROPICOS 和 IK 记载是“Devillea L. R. Tulasne et Weddell, Ann. Sci. Nat. Bot. ser. 3. 11：107. Feb 1849”。凤梨科 Bromeliaceae 的”Devillea Bert. ex Schult. f. ,Syst. Veg. ,ed. 15 bis［Roemer et Schultes］7（2）：lxvii, 1229. 1830［Oct-Dec 1830］= Caraguata Lindl.（1827）Nom. illegit. = Guzmania Ruiz et Pav.（1802）”是一个未合格发表的名称（Nom. inval. ）。“Devillea Bubani, Fl. Pyren.（Bubani）2：380. 1899［Dec 1899］≡ Ligusticum L.（1753）［伞形花科（伞形科）Apiaceae（Umbelliferae）］”是晚出的非法名称。【分布】巴西。【模式】Devillea flagelliformis L. R. Tulasne et Weddell。■☆

15542　Devogelia Schuit.（2004）【汉】马鲁古兰属。【隶属】兰科 Orchidaceae。【包含】世界 1 种。【学名诠释与讨论】〈阴〉（人）Eduard Ferdinand de Vogel，1942-，植物学者。【分布】马来西亚。

【模式】Devogelia intonsa A. Schuiteman。■☆

15543　Dewevrea Micheli（1898）【汉】德瓦豆属。【隶属】豆科 Fabaceae（Leguminosae）//蝶形花科 Papilionaceae。【包含】世界 1-2 种。【学名诠释与讨论】〈阴〉（人）Dewevre。【分布】热带非洲。【模式】Dewevrea bilabiata M. Micheli。■☆

15544　Dewevrella De Wild.（1907）【汉】德瓦夹竹桃属。【隶属】夹竹桃科 Apocynaceae。【包含】世界 1 种。【学名诠释与讨论】〈阴〉（人）Dewevre+-ellus, -ella, -ellum, 加在名词词干后面形成指小式的词尾。或加在人名、属名等后面以组成新属的名称。【分布】热带非洲。【模式】Dewevrella cochliostema E. De Wildeman。●☆

15545　Deweya Eaton ＝Nemopanthus Raf.（1819）（保留属名）［冬青科 Aquifoliaceae］●☆

15546　Deweya Raf.（1840）＝Carex L.（1753）［莎草科 Cyperaceae］■

15547　Deweya Torr. et A. Gray（1840）Nom. illegit. ＝Tauschia Schltdl.（1835）（保留属名）［伞形花科（伞形科）Apiaceae（Umbelliferae）]■☆

15548　Dewildemania O. Hoffm.（1903）【汉】螺叶瘦片菊属。【隶属】菊科 Asteraceae（Compositae）。【包含】世界 3-7 种。【学名诠释与讨论】〈阴〉（人）Emile Auguste Joseph De Wildeman, 1866-1947, 比利时植物学者。此属的学名, ING 记载是"Dewildemania O. Hoffmann in E. De Wildeman, Ann. Mus. Congo, Sér. 1, Bot. ser. 4. 1: X. Jan 1903"。IK 和 TROPICOS 则记载为"Dewildemania O. Hoffm. ex De Wild., Ann. Mus. Congo Belge, Bot. sér. 4, ［1（3）］: p. x. 1903［1902-1903 publ. Jan 1903]"。三者引用的文献相同。【分布】热带非洲。【模式】Dewildemania filifolia O. Hoffmann。【参考异名】Dewildemania O. Hoffm. ex De Wild.（1903）Nom. illegit. ■☆

15549　Dewildemania O. Hoffm. ex De Wild.（1903）Nom. illegit. ≡ Dewildemania O. Hoffm.（1903）［菊科 Asteraceae（Compositae）]■☆

15550　Dewindtia De Wild.（1902）＝Cryptosepalum Benth.（1865）［豆科 Fabaceae（Leguminosae）]●☆

15551　Dewinterella D. Müll. -Doblies et U. Müll. -Doblies（1994）【汉】拟澳非麻属。【隶属】胡麻科 Pedaliaceae。【包含】世界 1 种。【学名诠释与讨论】〈阴〉（属）Dewinteria 澳非麻属+-ellus, -ella, -ellum, 加在名词词干后面形成指小式的词尾。或加在人名、属名等后面以组成新属的名称。【分布】澳大利亚, 非洲。【模式】Dewinterella pulcherrima（D. Müll. -Doblies et U. Müll. -Doblies）D. Müll. -Doblies et U. Müll. -Doblies。■☆

15552　Dewinteria van Jaarsv. et A. E. van Wyk（2007）【汉】澳非麻属。【隶属】胡麻科 Pedaliaceae。【包含】世界 1 种。【学名诠释与讨论】〈阴〉（人）Bernard De Winter, 1924-, 植物学者。此属的学名是"Dewinteria van Jaarsv. et A. E. van Wyk, Bothalia 37（2）: 198. 2007.（Oct 2007）"。亦有文献把其处理为"Rogeria J. Gay ex Delile（1827）"的异名。【分布】澳大利亚, 非洲。【模式】Dewinteria petrophila（De Winter）van Jaarsv. et A. E. van Wyk。【参考异名】Rogeria J. Gay ex Delile（1827）■☆

15553　Deyeuxia Clarion ex P. Beauv.（1812）【汉】野青茅属。【英】Small Reed, Smallreed。【隶属】禾本科 Poaceae（Gramineae）。【包含】世界 200 种, 中国 43 种。【学名诠释与讨论】〈阴〉（人）Nicholas Deyeux, 1753-1837, 法国植物学者。此属的学名使用混乱。ING、TROPICOS 和 GCI 记载是"Deyeuxia Clarion ex Palisot de Beauvois, Essai Agrost. 43. Dec 1812"。APNI 和 IK 则记为"Deyeuxia P. Beauv., Essai d' une nouvelle Agrostographie 1812 Pl. IX, figs IX, X"。IK 还记载了"Deyeuxia Clar. in Beauv. Agrost. 43. t. 9. f. 9. 10（1812）"; 它应该是一个非法名称。"Deyeuxia Clarion ex P. Beauv.（1812）"曾被处理为"Calamagrostis sect. Deyeuxia

（Clarion ex P. Beauv.）Dumort., Observations sur les Graminées de la Flore Belgique 126. 1824"和"Calamagrostis subgen. Deyeuxia（Clarion ex P. Beauv.）Rchb., Conspectus Regni Vegetabilis 50. 1828"。亦有文献把"Deyeuxia Clarion ex P. Beauv.（1812）"处理为"Calamagrostis Adans.（1763）"的异名。【分布】巴基斯坦, 玻利维亚, 马达加斯加, 中国, 温带, 中美洲。【后选模式】Deyeuxia montana Palisot de Beauvois, Nom. illegit. ［Arundo montana Gaudin, Nom. illegit., Agrostis arundinacea Linnaeus; Deyeuxia arundinacea（Linnaeus）P. Jansen]。【参考异名】Ancistragrostis S. T. Blake（1946）; Bromidium Nees et Meyen（1843）; Calamagrostis Adans.（1763）; Calamagrostis sect. Deyeuxia（Clarion ex P. Beauv.）Dumort.（1824）; Calamagrostis subgen. Deyeuxia（Clarion ex P. Beauv.）Rchb.（Conspectus Regni Vegetabilis 50. 1828）; Chamaecalamus Meyen（1834）; Deyeuxia Clarion（1812）Nom. illegit.; Deyeuxia P. Beauv.（1812）Nom. illegit.; Didymochaeta Steud.（1854）; Pteropodium Willd. ex Steud.（1841）; Stilpnophleum Nevski（1937）; Stylagrostis Mez（1922）■

15554　Deyeuxia Clarion（1812）Nom. illegit. ≡ Deyeuxia Clarion ex P. Beauv.（1812）［禾本科 Poaceae（Gramineae）]■

15555　Deyeuxia P. Beauv.（1812）Nom. illegit. ≡ Deyeuxia Clarion ex P. Beauv.（1812）［禾本科 Poaceae（Gramineae）]■

15556　Dhofaria A. G. Mill.（1988）【汉】星被山柑属。【隶属】山柑科（白花菜科, 醉蝶花科）Capparaceae。【包含】世界 1 种。【学名诠释与讨论】〈阴〉（地）Dhofar＝Zufar, 佐法尔, 位于阿曼。【分布】阿曼。【模式】Dhofaria macleishii A. G. Miller。●☆

15557　Diabelia Landrein（2010）【汉】双六道木属。【隶属】忍冬科 Caprifoliaceae。【包含】世界 3 种。【学名诠释与讨论】〈阴〉（希）di-, 来自 dis ＝拉丁文 bi-, 两个, 双, 二倍的+（属）Abelia 六道木属（六条木属, 糯米条属）。此属的学名, TROPICOS 和 IPNI 记载是"Diabelia Landrein, Phytotaxa 3: 35. 2010［30 Apr 2010]"; 它是"Linnaea［infragen. unranked］Serratae Graebn. Bot. Jahrb. Syst. 29（1）: 127（126, 131-134）. 1900［22 May 1900]"的替代名称, 虽然作者是作为"新属"发表的。亦有文献把"Diabelia Landrein（2010）"处理为"Abelia R. Br.（1818）"或"Linnaea L.（1753）"的异名。【分布】参见 Abelia R. Br.（1818）。【模式】Diabelia serrata（Siebold et Zucc.）Landrein［Abelia serrata Siebold et Zucc.]。【参考异名】Abelia R. Br.（1818）; Linnaea L.（1753）; Linnaea［infragen. unranked］Serratae Graebn.（1900）●☆

15558　Diacaecarpium Endl.（1839）＝Alangium Lam.（1783）（保留属名）; ~ ＝Diacicarpium Blume（1826）［八角枫科 Alangiaceae]●

15559　Diacantha Lag.（1811）＝Chuquiraga Juss.（1789）［菊科 Asteraceae（Compositae）]●☆

15560　Diacantha Less.（1830）Nom. illegit. ＝Barnadesia Mutis ex L. f.（1782）［菊科 Asteraceae（Compositae）]●☆

15561　Diacarpa Sim（1909）＝Atalaya Blume（1849）［无患子科 Sapindaceae]●☆

15562　Diacecarpium Hassk.（1844）＝Alangium Lam.（1783）（保留属名）; ~ ＝Diacicarpium Blume（1826）［八角枫科 Alangiaceae]●

15563　Diachroa Nutt.（1835）＝Leptochloa P. Beauv.（1812）［禾本科 Poaceae（Gramineae）]■

15564　Diachroa Nutt. ex Steud.（1840）＝Glyceria R. Br.（1810）（保留属名）［禾本科 Poaceae（Gramineae）]■

15565　Diachyrium Griseb.（1874）＝Sporobolus R. Br.（1810）［禾本科 Poaceae（Gramineae）//鼠尾粟科 Sporobolaceae]■

15566　Diacicarpium Blume（1826）＝Alangium Lam.（1783）（保留属名）［八角枫科 Alangiaceae]●

15567　Diacidia Griseb.（1858）【汉】二裂金虎尾属。【隶属】金虎尾

科(黄褥花科)Malpighiaceae。【包含】世界 12 种。【学名诠释与讨论】〈阴〉(希)di-,两个,双,二倍的+akis,所有格 akidos,尖端。【分布】热带南美洲。【模式】Diacidia galphimioides Grisebach。【参考异名】Sipapoa Maguire(1953)●☆

15568 Diacisperma Kuntze(1903)Nom. illegit. = Disakisperma Steud.(1854);~ = Leptochloa P. Beauv.(1812)[禾本科 Poaceae(Gramineae)]■

15569 Diacisperma Post et Kuntze(1903)Nom. illegit. ≡ Diacisperma Kuntze(1903)Nom. illegit.;~ = Disakisperma Steud.(1854);~ = Leptochloa P. Beauv.(1812)[禾本科 Poaceae(Gramineae)]■

15570 Diacles Salisb.(1866)= Haemanthus L.(1753)[石蒜科 Amaryllidaceae//网球花科 Haemanthaceae)]■

15571 Diacranthera R. M. King et H. Rob.(1972)【汉】光果柄泽兰属。【隶属】菊科 Asteraceae(Compositae)。【包含】世界 2 种。【学名诠释与讨论】〈阴〉(希)di-,两个,双,二倍的+akros,在顶端的,锐尖的+anthera,花药。【分布】巴西。【模式】Diacranthera ulei R. M. King et H. E. Robinson。■●☆

15572 Diacrium(Lindl.)Benth.(1881)= Caularthron Raf.(1837)[兰科 Orchidaceae]■☆

15573 Diacrium Benth.(1881)Nom. illegit. ≡ Diacrium(Lindl.)Benth.(1881)[兰科 Orchidaceae]■☆

15574 Diacrodon Sprague(1928)【汉】双齿茜属。【隶属】茜草科 Rubiaceae。【包含】世界 1 种。【学名诠释与讨论】〈阳〉(希)di-,两个,双,二倍的+akros,在顶端的,锐尖的+odous,所有格 odontos,齿。【分布】巴西。【模式】Diacrodon compressus T. A. Sprague。☆

15575 Diadenaria Klotzsch et Garcke(1859)【汉】双腺戟属。【隶属】大戟科 Euphorbiaceae。【包含】世界 4 种。【学名诠释与讨论】〈阴〉(希)di-,两个,双,二倍的+aden,所有格 adenos,腺体+aris,箭。此属的学名,ING、TROPICOS 和 IK 记载是"Diadenaria Klotzsch et Garcke in Klotzsch, Monatsber. Königl. Preuss. Akad. Wiss. Berlin 1859:254. 1859(post 31 Mar)('1860')"。它曾被处理为"Tithymaloides sect. Diadenaria(Klotzsch et Garcke)Kuntze, Lexicon Generum Phanerogamarum 562. 1903"。【分布】不详。【后选模式】Diadenaria pavonis Klotzsch et Garcke。【参考异名】Tithymaloides sect. Diadenaria(Klotzsch et Garcke)Kuntze(1903)●■☆

15576 Diadeniopsis Szlach.(2006)【汉】拟双腺兰属。【隶属】兰科 Orchidaceae。【包含】世界 1 种。【学名诠释与讨论】〈阳〉(属)Diadenium 双腺兰属+希腊文 opsis,外观,模样,相似。此属的学名是"Diadeniopsis Szlach.,Polish Botanical Journal 51:39. 2006"。亦有文献把其处理为"Diadenium Poepp. et Endl.(1836)"的异名。【分布】秘鲁。【模式】Diadeniopsis bennettii(Garay)Szlach.。【参考异名】Diadenium Poepp. et Endl.(1836)■☆

15577 Diadenium Poepp. et Endl.(1836)【汉】双腺兰属。【隶属】兰科 Orchidaceae。【包含】世界 2 种。【学名诠释与讨论】〈中〉(希)di-,来自 dis =拉丁文 bi-,两个,双,二倍的+aden,所有格 adenos,腺体+-ius,-ia,-ium,在拉丁文和希腊文中,这些词尾表示性质或状态。【分布】秘鲁,玻利维亚,厄瓜多尔,热带南美洲西部。【模式】Diadenium micranthum Poeppig et Endlicher。【参考异名】Chaenanthe Lindl.(1838);Diadeniopsis Szlach.(2006)■☆

15578 Diadesma Raf.(1834)Nom. illegit. ≡ Modiola Moench(1794);~ = Sida L.(1753)[锦葵科 Malvaceae]●■

15579 Dialanthera Raf.(1838)= Cassia L.(1753)(保留属名)[豆科 Fabaceae(Leguminosae)//云实科(苏木科)Caesalpiniaceae]●■

15580 Dialesta Kunth(1818)= Pollalesta Kunth(1818)[菊科

Asteraceae(Compositae)]●☆

15581 Dialion Raf.(1838)= Heliotropium L.(1753)[紫草科 Boraginaceae//天芥菜科 Heliotropiaceae]●■

15582 Dialiopsis Radlk.(1907)= Zanha Hiern(1896)[无患子科 Sapindaceae]●☆

15583 Dialissa Lindl.(1845)= Stelis Sw.(1800)(保留属名)[兰科 Orchidaceae]■☆

15584 Dialium L.(1767)【汉】摘亚苏木属。【俄】Диалиум。【英】Dialium。【隶属】豆科 Fabaceae(Leguminosae)//云实科(苏木科)Caesalpiniaceae。【包含】世界 40 种。【学名诠释与讨论】〈中〉(希)dialyo,分开+-ius,-ia,-ium,在拉丁文和希腊文中,这些词尾表示性质或状态。【分布】巴基斯坦,巴拿马,秘鲁,玻利维亚,厄瓜多尔,哥伦比亚(安蒂奥基亚),哥斯达黎加,马达加斯加,马来西亚,尼加拉瓜,热带非洲,热带南美洲,中美洲。【模式】Dialium indum Linnaeus。【参考异名】Andradia Sim(1909);Arouna Aubl.(1775);Aruna Schreb.(1789);Cleyria Neck.(1790)Nom. inval.;Codarium Sol. ex Vahl(1806);Correa Becerra(1936)Nom. illegit.(废弃属名);Dansera Steenis(1948)Nom. illegit.;Dialium L.(1767);Rhynchocarpa Backer ex K. Heyne(1927)Nom. illegit.;Sciaplea Rauschert(1982);Sennia Chiov.(1932)Nom. illegit.;Uittienia Steenis(1948)●☆

15585 Dialla Lindl.(1847)= Dicella Griseb.(1839)[金虎尾科(黄褥花科)Malpighiaceae]●☆

15586 Diallobus Raf.(1838)= Cassia L.(1753)(保留属名)[豆科 Fabaceae(Leguminosae)//云实科(苏木科)Caesalpiniaceae]●■

15587 Diallosperma Raf.(1838)= Aspalathus L.(1753)[豆科 Fabaceae(Leguminosae)//芳香木科 Aspalathaceae]●☆

15588 Diallosteira Raf.(1825)= Collinsonia L.(1753)[唇形科 Lamiaceae(Labiatae)]■☆

15589 Dialyanthera Warb.(1896)Nom. illegit. ≡ Otoba(A. DC.)H. Karst.(1882)[肉豆蔻科 Myristicaceae]●☆

15590 Dialycarpa Mast.(1875)= Brownlowia Roxb.(1820)(保留属名)[椴树科(椴科,田麻科)Tiliaceae//锦葵科 Malvaceae]●☆

15591 Dialyceras Capuron(1962)【汉】双角木属。【隶属】球萼树科(刺果树科,球形萼科,圆萼树科)Sphaerosepalaceae。【包含】世界 3 种。【学名诠释与讨论】〈中〉(希)dialyo,分开+keras,所有格 keratos,角,距,弓。【分布】马达加斯加。【模式】Dialyceras parvifolium Capuron。●☆

15592 Dialypetalanthaceae Rizzini et Occhioni(1948)(保留科名)[亦见 Rubiaceae Juss.(保留科名)茜草科]【汉】毛枝树科(巴西离瓣花科,拟素馨科,素馨科,枝树科)。【包含】世界 1 属 1 种。【分布】热带南美洲。【科名模式】Dialypetalanthus Kuhlm.●☆

15593 Dialypetalanthus Kuhlm.(1925)【汉】毛枝树属。【隶属】毛枝树科(巴西离瓣花科,拟素馨科,素馨科,枝树科)Dialypetalanthaceae。【包含】世界 1 种。【学名诠释与讨论】〈阳〉(希)dialyo,分开+希腊文 petalos,扁平的,铺开的。petalon,花瓣,叶,花叶,金属叶子。拉丁文的花瓣为 petalum+anthos,花。【分布】巴西(东部),秘鲁,玻利维亚。【模式】Dialypetalanthus fuscescens Kuhlmann。●☆

15594 Dialypetalum Benth.(1873)【汉】分瓣桔梗属。【隶属】桔梗科 Campanulaceae。【包含】世界 5 种。【学名诠释与讨论】〈中〉(希)dialyo,分开+希腊文 petalos,扁平的,铺开的;petalon,花瓣,叶,花叶,金属叶子;拉丁文的花瓣为 petalum。【分布】马达加斯加。【模式】Dialypetalum floribunda Bentham。【参考异名】Symphoranthera T. Durand et Jacks.;Synphoranthera Bojer;Synphoranthera Bojer ex A. Zahlbr.(1891)●■☆

15595 Dialytheca Exell et Mendonça(1935)【汉】安哥拉藤属。【隶

属】防己科 Menispermaceae。【包含】世界 1 种。【学名诠释与讨论】〈阴〉（希）dialyo，分开+theke =拉丁文 theca，匣子，箱子，室，药室，囊。【分布】热带非洲。【模式】Dialytheca gossweileri Exell et Mendonça。●☆

15596　Diamantina Novelo, C. T. Philbrick et Irgang（2004）【汉】螳螂川苔草属。【隶属】髯管花科 Geniostomaceae。【包含】世界 1 种。【学名诠释与讨论】〈阴〉（希）dia-，用得很多的词头，常见于许多奇怪的复合词中，含义为经过，全，通，自始至终，在上，横越，正在……时 + mantis，螳螂。【分布】巴西。【模式】Diamantina lombardii Novelo, C. T. Philbrick et Irgang。■☆

15597　Diamarips Raf.（1838）Nom. illegit. = Salix L.（1753）（保留属名）［杨柳科 Salicaceae］●

15598　Diamena Ravenna（1987）【汉】肖花篱属。【隶属】百合科 Liliaceae//吊兰科（猴面包科，猴面包树科）Anthericaceae。【包含】世界 1 种。【学名诠释与讨论】〈阴〉（希）dia-，用得很多的词头，常见于许多奇怪的复合词中，含义为经过，全，自始至终，在上，横越，正在……时 + （希）mene = menos，所有格 menados，月亮；meniskos，小月亮或新月；noumenios，在新月时使用的。【分布】秘鲁。【模式】Diamena stenantha （P. Ravenna）P. Ravenna ［Anthericum stenanthum P. Ravenna］。【参考异名】Anthericum L.（1753）■☆

15599　Diamonon Raf.（1837）= Solanum L.（1753）［茄科 Solanaceae］●■

15600　Diamorpha Nutt.（1818）（保留属名）【汉】聚伞景天属。【日】ディアモルファ属。【隶属】景天科 Crassulaceae。【包含】世界 1 种。【学名诠释与讨论】〈阴〉（希）dia-，用得很多的词头，常见于许多奇怪的复合词中，含义为经过，全，通，自始至终，在上，横越，正在……时+morphe，形状。此属的学名"Diamorpha Nutt., Gen. N. Amer. Pl. 1:293. 14 Jul 1818"是保留属名。法规未列出相应的废弃属名。亦有文献把"Diamorpha Nutt.（1818）（保留属名）"处理为"Sedum L.（1753）"的异名。【分布】美国（东部）。【模式】Diamorpha pusilla （Michx.）Nutt.。【参考异名】Dimorpha D. Dietr.（1840）Nom. illegit. ;Sedum L.（1753）■☆

15601　Diana Comm. ex Lam. =Dianella Lam. ex Juss.（1789）［百合科 Liliaceae//山菅兰科（山菅兰科）Dianellaceae）］●■

15602　Diandranthus L. Liou（1997）【汉】双药芒属。【英】Bistamengrass。【隶属】禾本科 Poaceae（Gramineae）。【包含】世界 10 种，中国 10 种。【学名诠释与讨论】〈阳〉（希）di-，两个，双，二倍的 + aner，所有格 andros，雄性，雄蕊 + anthos，花，antheros，多花的。antheo，开花。此属的学名是"Diandranthus L. Liou, Fl. Reipubl. Popul. Sin. 10（2）: 10. 1997"。亦有文献把其处理为"Miscanthus Andersson（1855）"的异名。【分布】中国，喜马拉雅山。【模式】Diandranthus nudipes （Grisebach）L. Liou ［Erianthus nudipes Grisebach］。【参考异名】Miscanthus Andersson（1855）■

15603　Diandriella Engl.（1910）= Homalomena Schott（1832）［天南星科 Araceae］■

15604　Diandrochloa De Winter（1962）= Eragrostis Wolf（1776）［禾本科 Poaceae（Gramineae）］■

15605　Diandrolyra Stapf（1906）【汉】双药禾属。【隶属】禾本科 Poaceae（Gramineae）。【包含】世界 7 种。【学名诠释与讨论】〈阴〉（希）di-，两个，双，二倍的+lyra，古希腊的七弦琴。【分布】巴西。【模式】Diandrolyra bicolor Stapf。■☆

15606　Diandrostachya（C. E. Hubb.）Jacq. -Fél.（1960）= Loudetiopsis Conert（1957）［禾本科 Poaceae（Gramineae）］■☆

15607　Dianella Lam.（1838）Nom. illegit. ≡ Dianella Lam. ex Juss.（1789）［百合科 Liliaceae//山菅科（山菅兰科）Dianellaceae］●■

15608　Dianella Lam. ex Juss.（1789）【汉】山菅属（桔梗兰属，山菅兰属）。【日】キキャウラン属，キキョウラン属。【俄】Дианелла。【英】Dianella, Flax Lily, Flax-lily。【隶属】百合科 Liliaceae//山菅科（山菅兰科）Dianellaceae。【包含】世界 12-20 种，中国 1 种。【学名诠释与讨论】〈阴〉（人）Diana，狩猎女神+ell 小的。指本属植物与狩猎女神一样，生于深林内。此属的学名，ING 和 IK 记载是"Dianella Lam. ex Juss., Gen. Pl.［Jussieu］41. 1789［4 Aug 1789］"。APNI 则记载为"Dianella Lam., Genera Plantarum 1838"；这是晚出的非法名称。【分布】澳大利亚，玻利维亚，马达加斯加，新西兰，中国，波利尼西亚群岛，热带亚洲。【后选模式】Dianella ensata （Thunberg）R. J. F. Henderson ［Dracaena ensata Thunberg］。【参考异名】Cordyline Pers.（1805）（废弃属名）；Diana Comm. ex Lam. ;Dianella Lam.（1838）Nom. illegit. ;Rhuacophila Blume（1827）;Ryacophila Post et Kuntze（1903）●■

15609　Dianellaceae Salisb.（1866）［亦见 Hemerocallidaceae R. Br. 萱草科（黄花菜科）和 Phormiaceae J. Agardh 惠灵麻科（麻兰科，新西兰麻科）］【汉】山菅科（山菅兰科）。【包含】世界 1 属 12-20 种，中国 1 属 1 种。【分布】澳大利亚，新西兰，波利尼西亚群岛，热带亚洲。【科名模式】Dianella Lam. ex Juss. ■

15610　Diania Noronha ex Tul.（1857）= Dicoryphe Thouars（1804）［金缕梅科 Hamamelidaceae］●☆

15611　Dianisteris Raf. = Verbesina L.（1753）（保留属名）［菊科 Asteraceae（Compositae）］●■☆

15612　Dianthaceae Drude（1886）Nom. inval. = Caryophyllaceae Juss.（保留科名）■●

15613　Dianthaceae Vest =Caryophyllaceae Juss.（保留科名）■●

15614　Dianthella Clauson ex Pomel（1860）【汉】小石竹属。【隶属】石竹科 Caryophyllaceae。【包含】世界 1 种。【学名诠释与讨论】〈阴〉（属）Dianthus 石竹属+-ellus，-ella，-ellum，加在名词词干后面形成指小式的词尾。或加在人名、属名等后面以组成新属的名称。此属的学名是"Dianthella Clauson ex Pomel, Matér. Fl. Atlantique 9. 1860"。亦有文献把其处理为"Petrorhagia（Ser.）Link（1831）"或"Tunica （Hallier）Scop.（1772）"的异名。【分布】非洲北部。【模式】Dianthella compressa （Desfontaines）Pomel ［Gypsophila compressa Desfontaines］。【参考异名】Petrorhagia （Ser.）Link（1831）; Petrorhagia （Ser. ex DC.）Link（1831）Nom. illegit. ;Tunica （Hallier）Scop.（1772）Nom. illegit. ; Tunica Haller ex Pomel（1860）Nom. illegit. ; Tunica Haller（1742）Nom. inval. ; Tunica Ludw.（1757）Nom. illegit. ■☆

15615　Dianthera Klotzsch（1861）Nom. illegit. = Cleome L.（1753）［山柑科（白花菜科，醉蝶花科）Capparaceae//白花菜科（醉蝶花科）Cleomaceae］●■

15616　Dianthera L.（1753）【汉】双药爵床属。【隶属】爵床科 Acanthaceae//鸭嘴花科（鸭咀花科）Justiciaceae。【包含】世界 150 种。【学名诠释与讨论】〈阴〉（希）di-，来自 dis =拉丁文 bi-，两个，双，二倍的 + anthera，花药。此属的学名，ING、TROPICOS 和 IK 记载是"Dianthera L., Sp. Pl. 1:27. 1753［1 May 1753］"。"Diplanthera J. G. Gleditsch, Syst. Pl. 154. 1764"和"Jungia Boehmer in Ludwig, Def. Gen. ed. Boehmer 92（'Iungia'）. 1760［non Linnaeus f. 1782（nom. et orth. cons.），nec Heister ex Fabricius 1759（废弃属名）］"是"Dianthera L.（1753）"的晚出的同模式异名（Homotypic synonym, Nomenclatural synonym）。"Dianthera Klotzsch in W. C. H. Peters, Naturwiss. Reise Mossambique, Bot. 160. 1861（sero）（'1862'）= Cleome L.（1753）［山柑科（白花菜科，醉蝶花科）Capparaceae//白花菜科（醉蝶花科）Cleomaceae］"也是晚出的非法名称。亦有文献把"Dianthera L.（1753）"处理为"Justicia L.（1753）"的异名。【分布】巴基斯

坦,玻利维亚,中美洲。【模式】Dianthera americana Linnaeus。【参考异名】Chiloglossa Oerst. (1854); Dimanisa Raf. (1837); Diplanthera Gled. (1764) Nom. illegit.; Jungia Boehm. (1760) Nom. illegit. (废弃属名); Jungia Boehm. (1760) Nom. illegit. (废弃属名); Justicia L. (1753); Khytiglossa Nees (1847); Plagiacanthus Nees(1847); Rhytiglossa Nees (1836) (废弃属名); Rytiglossa Steud. (1841)■☆

15617　Dianthoseris Sch. Bip. (1842) Nom. inval. ≡ Dianthoseris Sch. Bip. ex A. Rich. (1848) [菊科 Asteraceae(Compositae)]■☆

15618　Dianthoseris Sch. Bip. ex A. Rich. (1848)【汉】高山莴属。【隶属】菊科 Asteraceae(Compositae)。【包含】世界 1 种。【学名诠释与讨论】〈阴〉(希)di-,两个,双,二倍的+anthos,花+seris,菊苣。此属的学名,ING 和 IK 记载是"Dianthoseris C. H. Schultz-Bip., Flora 25:439. 28 Jul 1842"但是一个未合格发表的名称(Nom. inval.)。IPNI 记载的"Dianthoseris Sch. Bip. ex A. Rich.--Tent. Fl. Abyss. 1:468. 1848 [26 Feb 1848]"是正确名称。【分布】埃塞俄比亚。【模式】未指定。【参考异名】Dianthoseris Sch. Bip. (1842) Nom. inval.; Nannoseris Hedberg(1957)■☆

15619　Dianthoveus Hammel et Wilder(1989)【汉】双花巴拿马草属。【隶属】巴拿马草科(环花科) Cyclanthaceae。【包含】世界 1 种。【学名诠释与讨论】〈阳〉(希)di-,两个,双,二倍的+anthos,花+ovum卵。【分布】安第斯山,厄瓜多尔。【模式】Dianthoveus cremnophilus Hammel et G. J. Wilder。■☆

15620　Dianthus L. (1753)【汉】石竹属。【日】カハラナデシコ属,ナデシコ属。【俄】Гвоздика。【英】Carnation, Dianthus, Gilliflower, Pink, Pinks, Thrift。【隶属】石竹科 Caryophyllaceae。【包含】世界 300-600 种,中国 21 种。【学名诠释与讨论】〈阳〉(希)Dios, Zeus,宙斯,演绎为神圣的,最好的+anthos,花。指花美丽、清雅。此属的学名,ING、APNI、TROPICOS 和 IK 记载是"Dianthus L., Sp. Pl. 1:409. 1753 [1 May 1753]"。"Caryophyllus P. Miller, Gard. Dict. Abr. ed. 4. 28 Jan 1754 (non Linnaeus 1753)"、"Cylichnanthus Dulac, Fl. Hautes-Pyrénées 260. 1867"和"Tunica Ludwig, Inst. ed. 2. 129. post 1 Mar 1757"是"Dianthus L. (1753)"的晚出的同模式异名(Homotypic synonym, Nomenclatural synonym)。【分布】巴基斯坦,巴勒斯坦,巴拿马,秘鲁,玻利维亚,厄瓜多尔,哥伦比亚(安蒂奥基亚),美国(密苏里),中国,地中海地区,非洲,欧洲,亚洲,中美洲。【后选模式】Dianthus caryophyllus Linnaeus。【参考异名】Borbasia Gand.; Caryophyllus Mill. (1754) Nom. illegit.; Caryophyllus Tourn. ex Moench(1794) Nom. illegit.; Cylichnanthus Dulac (1867) Nom. illegit.; Diosanthos St. -Lag. (1880); Dyanthus P. Browne(1756); Pleonanthus Ehrh.; Plumaria Opiz(1852) Nom. inval., Nom. nud. (废弃属名); Tunica Ludw. (1757) Nom. illegit. ■

15621　Diapasis Poir. (1812) = Diaspasis R. Br. (1810) [草海桐科 Goodeniaceae]■☆

15622　Diapedium K. D. König (1840) Nom. illegit. (废弃属名) ≡ Dicliptera Juss. (1807) (保留属名) [爵床科 Acanthaceae]■

15623　Diapensia Hill(1756) Nom. illegit. ≡ Sanicula L. (1753) [伞形花科(伞形科) Apiaceae(Umbelliferae)//变豆菜科 Saniculaceae]■

15624　Diapensia L. (1753)【汉】岩梅属。【日】イハウメ属,イワウメ属。【俄】Диапензия, Диапенсия。【英】Diapensia。【隶属】岩梅科 Diapensiaceae。【包含】世界 4-6 种,中国 4 种。【学名诠释与讨论】〈阴〉(希)dia-,用得甚多的词头,常见于许多奇怪的复合词中,含义为经过,全,通,自始至终,在上,横越,正在……时+penta- =拉丁文 quinque-,五个五个地。指花冠的排列。另说为 Sanicula 变豆菜的古名,林奈转用于本属。此属的学名,ING、GCI、TROPICOS 和 IK 记载是"Diapensia L., Sp. Pl. 1:141. 1753

[1 May 1753]"。"Rembertia Adanson, Fam. 2:226. Jul - Aug 1763"是"Diapensia L. (1753)"的晚出的同模式异名(Homotypic synonym, Nomenclatural synonym)。"Diapensia J. Hill, Brit. Herb. 418. Nov 1756"是晚出的非法名称;它是"Sanicula Linnaeus 1753 (by lectotypification)"的同模式异名。"Diapenzia Dumort., Anal. Fam. Pl. 28(1829)"似为变体。【分布】中国,喜马拉雅山。【后选模式】Diapensia lapponica Linnaeus。【参考异名】Rembertia Adans. (1763) Nom. illegit. ●

15625　Diapensiaceae Lindl. (1836) (保留科名)【汉】岩梅科。【日】イハウメ科,イワウメ科。【俄】Диапензиевые, Диапенсиевые。【英】Diapensia Family。【包含】世界 5-7 属 13-20 种,中国 3-4 属 6-9 种。【分布】温带欧亚大陆,美国东部。【科名模式】Diapensia L. ●■

15626　Diapenzia Dumort. (1829) Nom. inval. [岩梅科 Diapensiaceae]●☆

15627　Diaperia Nutt. (1840)【汉】兔烟花属。【英】Dwarf Cudweed, Rabbit-tobacco。【隶属】菊科 Asteraceae (Compositae)。【包含】世界 3 种。【学名诠释与讨论】〈阴〉(希)di-,来自 dis,两个,双,二倍的+aporio,掀开。此属的学名,ING、TROPICOS 和 IK 记载是"Diaperia Nutt., Trans. Amer. Philos. Soc. ser. 2,7:337. 1840 [Oct-Dec 1840]"。它曾被处理为"Evax sect. Diaperia (Nutt.)A. Gray, Syn. Fl. N. Amer. 1 (2):229. 1884 [Jul 1884]"。亦有文献把"Diaperia Nutt. (1840)"处理为"Evax Gaertn. (1791)"或"Filago L. (1753) (保留属名)"的异名。【分布】美国,北美洲。【后选模式】Diaperia prolifera (Nuttall ex A. P. de Candolle) Nuttall [Evax prolifera Nuttall ex A. P. de Candolle]。【参考异名】Diaperia prolifera (Nuttall ex A. P. de Candolle) Nutt. (1884); Evax Gaertn. (1791); Filaginopsis Torr. et A. Gray(1842); Filago L. (1753) (保留属名)●■☆

15628　Diaphananthe Schltr. (1914)【汉】薄花兰属。【日】ディアファナンテ属。【隶属】兰科 Orchidaceae。【包含】世界 20-42 种。【学名诠释与讨论】〈阴〉(希)diaphnes,透明的+anthos,花。【分布】热带非洲。【后选模式】Diaphananthe pellucida (Lindley) Schlechter [Angraecum pellucidum Lindley]。【参考异名】Crossangis Schltr. (1918); Rhipidoglossum Schltr. (1918); Sarcorhynchus Schltr. (1918)■☆

15629　Diaphane Salisb. (1812) = Iris L. (1753) [鸢尾科 Iridaceae]■

15630　Diaphanoptera Rech. f. (1940)【汉】膜翅花属。【隶属】石竹科 Caryophyllaceae。【包含】世界 6 种。【学名诠释与讨论】〈阴〉(希)diaphnes,透明的+pteron,指小式 pteridion,翅。pteridios,有羽毛的。【分布】伊朗。【模式】Diaphanoptera khorasanica Rechinger f. ■☆

15631　Diaphora Lour. (1790) = Scleria P. J. Bergius(1765) [莎草科 Cyperaceae]■

15632　Diaphoranthema Beer(1854) = Tillandsia L. (1753) [凤梨科 Bromeliaceae//花凤梨科 Tillandsiaceae]■☆

15633　Diaphoranthus Anderson ex Hook. f. (1845) Nom. illegit. = Pringlea T. Anderson ex Hook. f. (1845) [十字花科 Brassicaceae(Cruciferae)]■☆

15634　Diaphoranthus Meyen(1834) = Polyachyrus Lag. (1811) [菊科 Asteraceae(Compositae)]●■☆

15635　Diaphorea Pers. (1807) = Diaphora Lour. (1790); ~ =Scleria P. J. Bergius(1765) [莎草科 Cyperaceae]■

15636　Diaphractanthus Humb. (1923)【汉】腺果瘦片菊属。【隶属】菊科 Asteraceae(Compositae)。【包含】世界 1 种。【学名诠释与讨论】〈阳〉(希)dia-,经过,全,通,自始至终,在上,横越,正在……时+phraktos 围起来的,有保护的+anthos,花。antheros,多花的。antheo,开花。【分布】马达加斯加。【模式】

Diaphractanthus homolepis Humbert。■☆

15637 Diaphycarpus Calest. (1905) = Bunium L. (1753); ~ = Carum L. (1753) [伞形花科 (伞形科) Apiaceae (Umbelliferae)]■

15638 Diaphyllum Hoffm. (1814) = Bupleurum L. (1753) [伞形花科 (伞形科) Apiaceae (Umbelliferae)]●■

15639 Diarina Raf. (1819) Nom. illegit. ≡ Diarrhena P. Beauv. (1812) (保留属名) [禾本科 Poaceae (Gramineae)]■

15640 Diarrhena P. Beauv. (1812) (保留属名)【汉】龙常草属。【日】タツノヒゲ属。【俄】Диаррена。【英】Beak Grain, Beakgrain。【隶属】禾本科 Poaceae (Gramineae)。【包含】世界 5 种,中国 3 种。【学名诠释与讨论】〈阴〉(希) di-, dis-,两个,双,二倍的 + arrhena,所有格 ayrhenos,雄的。指雄蕊 2 个。此属的学名 "Diarrhena P. Beauv. , Ess. Agrostogr. ; 142, 160, 162. Dec 1812" 是保留属名。法规未列出相应的废弃属名。但是 "Diarrhena Raf. = Diarrhena P. Beauv. (1812) (保留属名)" 应该废弃。"Diarina Rafinesque, J. Phys. Chim. Hist. Nat. Arts 89: 104. Aug 1819" 和 "Korycarpus F. A. Zea ex M. Lagasca, Gen. Sp. Pl. Nov. 4, 34. Jun-Dec 1816" 是 "Diarrhena P. Beauv. (1812) (保留属名)" 的晚出的同模式异名 (Homotypic synonym, Nomenclatural synonym)。【分布】美国,中国,北美洲。【模式】Diarrhena americana Palisot de Beauvois [Festuca diandra A. Michaux 1803, non Moench 1794]。【参考异名】Corycarpus Spreng. (1824) Nom. illegit. ; Corycarpus Zea ex Spreng. (1824) ; Diarina Raf. (1808) Nom. illegit. ; Diarrhena Raf. (废弃属名) ; Korycarpus Lag. (1816) Nom. illegit. ; Korycarpus Zea ex Lag. (1816) Nom. illegit. ; Korycarpus Zea (1806) Nom. inval. ; Neomolinia Honda et Sakis. (1930) ; Neomolinia Honda (1930) Nom. illegit. ; Onea Post et Kuntze (1903) ; Onoea Franch. et Sav. (1879) ; Roemeria Roem. et Schult. (1817) Nom. illegit. ; Roemeria Zea ex Roem. et Schult. (1817) Nom. illegit. ■

15641 Diarrhena Raf. (废弃属名) = Diarrhena P. Beauv. (1812) (保留属名) [禾本科 Poaceae (Gramineae)]■

15642 Diarthron Turcz. (1832)【汉】草瑞香属(粟麻属)。【日】コゴメアマ属。【俄】Двучленник, Дендростеллера, Диартрон。【英】Diarthron。【隶属】瑞香科 Thymelaeaceae。【包含】世界 2-20 种,中国 2 种。【学名诠释与讨论】〈中〉(希) di-,两个,双,二倍的 + arthron,关节。【分布】巴基斯坦,中国,温带亚洲。【模式】Diarthron linifolium Turczaninow。【参考异名】Dendrostellera (C. A. Mey.) Tiegh. (1893) ; Dendrostellera Tiegh. (1893) ; Stelleropsis Pobed. (1950)●■

15643 Diascia Link et Otto (1820)【汉】双距花属(二距花属)。【日】ディアスキア属。【俄】Диасция。【英】Twinspur。【隶属】玄参科 Scrophulariaceae。【包含】世界 38-50 种。【学名诠释与讨论】〈阴〉(希) di-,两个,双,二倍的 + askas,管。或 diaskeo,装饰之。【分布】非洲南部。【模式】Diascia bergiana Link et Otto。【参考异名】Chamaecrypta Schltr. et Diels (1942) ; Ditulium Raf. (1840) ; Hemimeris L. (1760) (废弃属名)●■☆

15644 Diasia DC. (1803) = Melasphaerula Ker Gawl. (1803) [鸢尾科 Iridaceae]■☆

15645 Diaspananthus Miq. (1865) = Ainsliaea DC. (1838) [菊科 Asteraceae (Compositae)]■

15646 Diaspanthus Kitam. (1940) = Diaspananthus Miq. (1865) [菊科 Asteraceae (Compositae)]■

15647 Diaspasis R. Br. (1810)【汉】无耳草海桐属。【隶属】草海桐科 Goodeniaceae。【包含】世界 1 种。【学名诠释与讨论】〈阴〉(希) diaspasis,撕开的,分开的,痛苦的。指其花瓣撕裂。【分布】澳大利亚(西南部)。【模式】Diaspasis filifolia R. Brown。【参考异名】Diapasis Poir. (1812)■☆

15648 Diasperus Kuntze (1891) = Agyneia L. (1771) (废弃属名); ~ = Glochidion J. R. Forst. et G. Forst. (1776) (保留属名); ~ = Phyllanthus L. (1753) [大戟科 Euphorbiaceae//叶下珠科 (叶萝摩科) Phyllanthaceae]●■

15649 Diaspis Nied. (1891) = Caucanthus Forssk. (1775); ~ = Triaspis Burch. (1824) [金虎尾科 (黄褥花科) Malpighiaceae]●☆

15650 Diastatea Scheidw. (1841)【汉】小顶花桔梗属。【隶属】桔梗科 Campanulaceae。【包含】世界 5-7 种。【学名诠释与讨论】〈阴〉(希) dia-,经过,全,通,自始至终,在上,横越,正在……时 + (属) Tatea = Premna 豆腐柴属(臭黄荆属,臭娘子属,臭鱼木属,腐婢属)。另说 diastatos,分离。【分布】巴拿马,秘鲁,玻利维亚,厄瓜多尔,哥伦比亚(安蒂奥基亚),墨西哥,尼加拉瓜,中美洲。【模式】Diastatea virgata Scheidweiler。■☆

15651 Diastella Salisb. (1809)【汉】双星山龙眼属。【隶属】山龙眼科 Proteaceae。【包含】世界 7 种。【学名诠释与讨论】〈阴〉(希) diastello,分开的,单独的。此属的学名,ING 记载是 "Diastella R. A. Salisbury ex J. Knight, On Cultivation Proteeae 61. Dec 1809"。IK 则记载为 "Diastella Salisb. , in Knight, Prot. 61 (1809)"。【分布】非洲南部。【后选模式】Diastella bryiflora J. Knight, Nom. illegit. [Leucadendron thymelaeoides P. J. Bergius; Diastella thymelaeoides (P. J. Bergius) J. P. Rourke]。【参考异名】Diastella Salisb. ex Knight (1809) Nom. illegit. ●☆

15652 Diastella Salisb. ex Knight (1809) Nom. illegit. ≡ Diastella Salisb. (1809) [山龙眼科 Proteaceae]●☆

15653 Diastema Benth. (1845)【汉】二雄蕊苣苔属。【英】Diastema。【隶属】苦苣苔科 Gesneriaceae。【包含】世界 20-40 种。【学名诠释与讨论】〈中〉(希) diastema, diastematos,间隔,间距。指雄蕊。此属的学名,ING、GCI、TROPICOS 和 IK 记载是 "Diastema Benth. , Bot. Voy. Sulphur [Bentham] 132. 1845 [dt. 1842; publ. 14 Apr 1845]"。"Diastema L. f. ex B. D. Jacks. (1912) Nom. illegit. = Dalbergia L. f. (1782) (保留属名) [豆科 Fabaceae (Leguminosae)//蝶形花科 Papilionaceae] 是晚出的非法名称。【分布】巴拿马,秘鲁,玻利维亚,厄瓜多尔,哥伦比亚(安蒂奥基亚),哥斯达黎加,尼加拉瓜,中美洲。【模式】Diastema racemiferum Bentham [as ' racemifera']。【参考异名】Diastemation C. Muell. (1859); Diastemella Oerst. (1861)■☆

15654 Diastema L. f. ex B. D. Jacks. (1912) Nom. illegit. = Dalbergia L. f. (1782) (保留属名) [豆科 Fabaceae (Leguminosae)//蝶形花科 Papilionaceae]●

15655 Diastemanthe Desv. (1854) = Stenotaphrum Trin. (1820) [禾本科 Poaceae (Gramineae)]■

15656 Diastemanthe Steud. (1854) = Diastemanthe Desv. (1854); ~ = Stenotaphrum Trin. (1820) [禾本科 Poaceae (Gramineae)]■

15657 Diastemation C. Muell. (1859) = Diastema Benth. (1845) [苦苣苔科 Gesneriaceae]■☆

15658 Diastemella Oerst. (1861) = Diastema Benth. (1845) [苦苣苔科 Gesneriaceae]■☆

15659 Diastemenanthe Desv. (1854) = Stenotaphrum Trin. (1820) [禾本科 Poaceae (Gramineae)]■

15660 Diastemenanthe Steud. (1854) = Stenotaphrum Trin. (1820) [禾本科 Poaceae (Gramineae)]■

15661 Diastemma Lindl. (1847) = Diastemation C. Muell. (1859) [苦苣苔科 Gesneriaceae]■☆

15662 Diastrophis Fisch. et C. A. Mey. (1835) = Aethionema W. T. Aiton (1812) [十字花科 Brassicaceae (Cruciferae)]■☆

15663 Diateinacanthus Lindau (1905) = Odontonema Nees (1842) (保留属名) [爵床科 Acanthaceae]●■☆

15664　Diatelia Demoly(2011)【汉】地中海半日花属。【隶属】半日花科(岩蔷薇科)Cistaceae。【包含】世界2种。【学名诠释与讨论】〈阴〉词源不详。【分布】地中海地区。【模式】Diatelia tuberaria(L.)Demoly [Cistus tuberaria L.；Helianthemum tuberaria(L.)Mill.；Xolantha tuberaria(L.)Gallego, Muñoz Garm. et C. Navarro]。☆

15665　Diatenopteryx Radlk.(1878)【汉】南美无患子属。【隶属】无患子科Sapindaceae。【包含】世界1种。【学名诠释与讨论】〈阴〉(希)diatemno, diatemnein, 穿过, 分开+pteryx, 所有格pterygos, 指小式pterygion, 翼, 羽毛, 鳍。【分布】巴拉圭, 玻利维亚, 南美洲。【模式】Diatenopteryx sorbifolia Radlkofer。●☆

15666　Diatoma Lour.(1790)=Carallia Roxb.(1811)(保留属名) [红树科Rhizophoraceae]●

15667　Diatonta Walp.(1843)=Coreopsis L.(1753) [菊科Asteraceae(Compositae)//金鸡菊科Coreopsidaceae]●■

15668　Diatosperma C. Muell.(1859)=Ceratogyne Turcz.(1851)；~=Diotosperma A. Gray(1851) [菊科Asteraceae(Compositae)]■☆

15669　Diatrema Raf.(1833)(废弃属名)=Diatremis Raf.(1821)(废弃属名)；~=Pharbitis Choisy(1833)(保留属名) [旋花科Convolvulaceae]■

15670　Diatremis Raf.(1821)(废弃属名)=Ipomoea L.(1753)(保留属名)；~=Pharbitis Choisy(1833)(保留属名) [旋花科Convolvulaceae]■

15671　Diatropa Dumort.(1827)Nom. illegit. =Bupleurum L.(1753) [伞形花科(伞形科)Apiaceae(Umbelliferae)]●■

15672　Diaxulon Raf.(1838)=Cytisus Desf.(1798)(保留属名) [豆科Fabaceae(Leguminosae)//蝶形花科Papilionaceae]●

15673　Diaxylum Post et Kuntze(1903)=Diaxulon Raf.(1838) [豆科Fabaceae(Leguminosae)]●

15674　Diazeuxis D. Don(1830)=Lycoseris Cass.(1824) [菊科Asteraceae(Compositae)]●☆

15675　Diazia Phil.(1860)=Calandrinia Kunth(1823)(保留属名) [马齿苋科Portulacaceae]■☆

15676　Diberara Baill.(1881)Nom. illegit. ≡Nebelia Neck. ex Sweet(1830)Nom. illegit.；~≡Brunia Lam.(1785)(保留属名) [鳞叶树科(布鲁尼科, 小叶树科)Bruniaceae]●☆

15677　Dibothrospermum Knaf(1846)=Matricaria L.(1753)(保留属名) [菊科Asteraceae(Compositae)]■

15678　Dibrachia Steud.(1840)=Dibrachya(Sweet)Eckl. et Zeyh.(1834)；~=Pelargonium L'Hér. ex Aiton(1789) [牻牛儿苗科Geraniaceae]●■

15679　Dibrachion Regel(1865)Nom. illegit. =Homalanthus A. Juss.(1824) [as 'Omalanthus'](保留属名) [大戟科Euphorbiaceae]●

15680　Dibrachion Tul.(1843)=Diplotropis Benth.(1837) [豆科Fabaceae(Leguminosae)]●☆

15681　Dibrachionostylus Bremek.(1952)【汉】卡斯纳雪柱属。【隶属】茜草科Rubiaceae。【包含】世界1种。【学名诠释与讨论】〈阳〉(希)di-, 两个, 双, 二倍的+brachion, 所有格brachionos, 臂的上部, 变为拉丁文brachiatus 有臂的+stylos=拉丁文style, 花柱, 中柱, 有尖之物, 桩, 柱, 支持物, 支柱, 石头做的界标。【分布】热带非洲东部。【模式】Dibrachionostylus kaessneri(S. Moore)Bremekamp [Oldenlandia kaessneri S. Moore]。●☆

15682　Dibrachium Walp.(1845-1846)=Dibrachion Regel(1865)Nom. illegit.；~=Homalanthus A. Juss.(1824) [as 'Omalanthus'](保留属名) [大戟科Euphorbiaceae]●

15683　Dibrachya(Sweet)Eckl. et Zeyh.(1834)=Pelargonium L'Hér. ex Aiton(1789) [牻牛儿苗科Geraniaceae]●■

15684　Dibracteaceae Dulac =Callitrichaceae Link(保留科名)■

15685　Dicaelosperma E. G. O. Muell. et Pax(1889)Nom. illegit. =Dicoelospermum C. B. Clarke(1897) [葫芦科(瓜科, 南瓜科)Cucurbitaceae]■☆

15686　Dicaelosperma Pax(1889)=Dicoelospermum C. B. Clarke(1897) [葫芦科(瓜科, 南瓜科)Cucurbitaceae]■☆

15687　Dicaelospermum C. B. Clarke(1879)Nom. illegit. =Dicoelospermum C. B. Clarke(1897) [葫芦科(瓜科, 南瓜科)Cucurbitaceae]■☆

15688　Dicalix Lour.(1790)=Symplocos Jacq.(1760) [山矾科(灰木科)Symplocaceae]●

15689　Dicalymma Lem.(1855)=Podachaenium Benth.(1853) [菊科Asteraceae(Compositae)]●☆

15690　Dicalyx Poir.(1819)=Dicalix Lour.(1790)；~=Symplocos Jacq.(1760) [山矾科(灰木科)Symplocaceae]●

15691　Dicardlotis Raf.(1837)=Gentiana L.(1753) [龙胆科Gentianaceae]■

15692　Dicarpaea C. Presl(1830)=Limeum L.(1759) [粟米草科Molluginaceae//粟麦草科Limeaceae]■●☆

15693　Dicarpellum(Loes.)A. C. Sm.(1941)【汉】双片卫矛属。【隶属】卫矛科Celastraceae//翅子藤科Hippocrateaceae//五层龙科Salaciaceae。【包含】世界4种。【学名诠释与讨论】〈中〉(希)di-, 两个, 双, 二倍的+karpos, 果实+ellus, ella, ellum, 加在名词词干后面形成指小式的词尾。此属的学名, ING 和 IK 记载是"Dicarpellum(Loesener)A. C. Smith, Amer. J. Bot. 28：443. 4 Jun 1941", 由"Salacia subgen. Dicarpellum Loes. Bot. Jahrb. Syst. 39(2)：172. 1906 [8 Jun 1906]"改级而来。亦有文献把"Dicarpellum(Loes.)A. C. Sm.(1941)"处理为"Salacia L.(1771)(保留属名)"的异名。【分布】法属新喀里多尼亚。【模式】Dicarpellum pancheri(Baillon)A. C. Smith [Salacia pancheri Baillon]。【参考异名】Salacia L.(1771)(保留属名)；Salacia subgen. Dicarpellum Loes.(1906)●☆

15694　Dicarpidium F. Muell.(1857)【汉】双果梧桐属。【隶属】梧桐科Sterculiaceae//锦葵科Malvaceae。【包含】世界1-4种。【学名诠释与讨论】〈中〉(希)di-, 两个, 双, 二倍的+karpos, 果实+-idius, -idia, -idium, 指示小的词尾。【分布】澳大利亚。【模式】Dicarpidium monoicum F. v. Mueller。●☆

15695　Dicarpophora Speg.(1926)【汉】双果萝藦属。【隶属】萝藦科Asclepiadaceae。【包含】世界1种。【学名诠释与讨论】〈阴〉(希)di-, 两个, 双, 二倍的+karpos, 果实+phoros, 具有, 梗, 负载, 发现者。【分布】玻利维亚。【模式】Dicarpophora mazzuchii Spegazzini。☆

15696　Dicaryum Roem. et Schult.(1819)Nom. illegit. =Dicaryum Willd. ex Roem. et Schult.(1819) [马钱科(断肠草科, 马钱子科)Loganiaceae]●☆

15697　Dicaryum Willd., Nom. illegit. =Dicaryum Willd. ex Roem. et Schult.(1819) [马钱科(断肠草科, 马钱子科)Loganiaceae]●☆

15698　Dicaryum Willd. ex Roem. et Schult.(1819)【汉】双果马钱属。【隶属】马钱科(断肠草科, 马钱子科)Loganiaceae。【包含】世界1-2种。【学名诠释与讨论】〈中〉(希)di-, 两个, 双, 二倍的+karyon, 胡桃, 硬壳果, 核, 坚果。此属的学名, ING 记载是"Dicaryum J. J. Roemer et J. A. Schultes, Syst. Veg. 4：802. Mar-Jun 1819"。IK 和 TROPICOS 则记载为"Dicaryum Willd. ex Roem. et Schult., Syst. Veg., ed. 15 bis [Roemer et Schultes]4：802. 1819 [Mar-Jun 1819]"。三者引用的文献相同。【分布】厄瓜多尔。【模式】未指定。【参考异名】Dicaryum Roem. et Schult.(1819)Nom. illegit.；Dicaryum Willd., Nom. illegit.；Geissanthus Hook. f.

(1876)●☆

15699 Dicella Griseb. (1839)【汉】二室金虎尾属。【隶属】金虎尾科（黄褥花科）Malpighiaceae。【包含】世界6种。【学名诠释与讨论】〈阴〉（拉）di-，两个，双，二倍的+cella，寝室。【分布】巴拉圭，秘鲁，玻利维亚，厄瓜多尔，哥伦比亚（安蒂奥基亚）哥斯达黎加，中美洲。【模式】Dicella bracteosa（A. H. L. Jussieu）Grisebach［Bunchosia bracteosa A. H. L. Jussieu］。【参考异名】Dialla Lindl.（1847）●☆

15700 Dicellandra Hook. f.（1867）【汉】二室蕊属。【隶属】野牡丹科Melastomataceae。【包含】世界3种。【学名诠释与讨论】〈阴〉（拉）di-，两个，双，二倍的+cella，寝室+aner，所有格andros，雄性，雄蕊。【分布】热带非洲西部。【模式】Dicellandra barteri J. D. Hooker。●☆

15701 Dicellostyles Benth.（1862）【汉】二室柱属。【隶属】锦葵科Malvaceae。【包含】世界1-3种。【学名诠释与讨论】〈阳〉（拉）di-，两个，双，二倍的+cella，寝室+stylos=拉丁文style，花柱，中柱，有尖之物，桩，柱，支持物，支柱，石头做的界标。【分布】斯里兰卡。【模式】未指定。●☆

15702 Dicentra Bernh.（1833）（保留属名）【汉】荷丹属（荷包牡丹属，藤铃儿草属，藤铃儿属，璎珞牡丹属，指叶紫堇属，紫金龙属）。【日】コマクサ属。【俄】Бикукулла，Диелитра，Дицентра，Диэритра，Сердечки。【英】Bleeding Heart，Bleedingheart，Bleeding - heart，Colicweed，Dactylicapnos，Dicentra，Dicentre，Dutchman's Breeches。【隶属】罂粟科Papaveraceae//紫堇科（荷苞牡丹科）Fumariaceae。【包含】世界12-16种，中国2-10种。【学名诠释与讨论】〈阴〉（希）di-，两个，双，二倍的+kentron，点，刺，圆心，中央，距。指花具2距。此属的学名"Dicentra Bernh. in Linnaea 8：457，468. 1833（post Jul）"是保留属名。相应的废弃属名是罂粟科Papaveraceae的"Bikukulla Adans.，Fam. Pl. 2：（23）. Jul - Aug 1763 = Dicentra Bernh.（1833）（保留属名）"、"Capnorchis Mill.，Gard. Dict. Abr.，ed. 4：［250］. 28 Jan 1754 = Dicentra Bernh.（1833）（保留属名）"、"Dactylicapnos Wall.，Tent. Fl. Napal.：51. Sep - Dec 1826 = Dicentra Bernh.（1833）（保留属名）"和"Diclytra Borkh. in Arch. Bot.（Leipzig）1（2）：46. Mai-Dec 1797 ≡ Dicentra Bernh.（1833）（保留属名）"。罂粟科Papaveraceae的"Capnorchis Borkh.，Arch. Bot.［Leipzig］1（2）：46. 1797［May - Dec 1797］≡ Eucapnos Bernh.（1833）≡ Lamprocapnos Endl.（1850）"和"Dicentra Borkh. ex Bernh.（1833）Nom. illegit. ≡ Dicentra Bernh.（1833）（保留属名）"亦应废弃。"Diclytra Borkhausen，Arch. Bot.（Leipzig）1（2）：46. 1797（废弃属名）"是"Dicentra Bernh.（1833）（保留属名）"的同模式异名（Homotypic synonym，Nomenclatural synonym）。【分布】俄罗斯（库页岛），美国，日本，中国，西喜马拉雅山至东西伯利亚，北美洲。【模式】Dicentra cucullaria（Linnaeus）Bernhardi［Fumaria cucullaria Linnaeus］。【参考异名】Bicucula Adans.（1763）；Bicucullaria Juss.（1840）Nom. illegit.；Bicucullaria Juss. ex Steud.（1840）；Bikukulla Adans.（1763）（废弃属名）；Capnorchis Mill.（1754）（废弃属名）；Corniveum Nienwi.（1914）；Cucularia Raf.（1808）；Cucullaria Endl.；Dactylicapnos Wall.（1826）（废弃属名）；Dactyliocapnos Spreng.，Nom. illegit.；Dactyliscapnos B. D. Jacks.；Dicentra Borkh. ex Bernh.（1833）Nom. illegit.（废弃属名）；Diclythra Raf.（1824）；Diclytra Borkh.（1797）（废弃属名）；Dielytra Cham. et Schltdl.（1826）；Eucapnos Bernh.（1833）；Hedycapnos Planch.（1852-1853）；Lamprocapnos Endl.（1850）；Macrocapnos Royle ex Lindl.（1836）；Perizomanthus Pursh（1813）■

15703 Dicentra Borkh. ex Bernh.（1833）Nom. illegit.（废弃属名）≡ Dicentra Bernh.（1833）（保留属名）［罂粟科Papaveraceae//紫堇

科（荷苞牡丹科）Fumariaceae］■

15704 Dicentranthera T. Anderson（1863）【汉】双距爵床属。【隶属】爵床科 Acanthaceae。【包含】世界1种。【学名诠释与讨论】〈阴〉（希）di-，两个，双，二倍的+kentron，点，刺，圆心，中央，距+anthera，花药。此属的学名是"Dicentranthera T. Anderson，J. Proc. Linn. Soc.，Bot. 7：52. 1863"。亦有文献把其处理为"Asystasia Blume（1826）"的异名。【分布】热带非洲。【模式】Dicentranthera macrophylla T. Anderson。【参考异名】Asystasia Blume（1826）●☆

15705 Dicera Blume（1853）Nom. illegit. ≡ Dicera Zipp. ex Blume（1853）Nom. illegit.；~ = Gironniera Gaudich.（1844）［榆科Ulmaceae］●

15706 Dicera J. R. Forst. et G. Forst.（1776）= Elaeocarpus L.（1753）［杜英科 Elaeocarpaceae］●

15707 Dicera Zipp. ex Blume（1853）Nom. illegit. = Gironniera Gaudich.（1844）［榆科Ulmaceae］●

15708 Dicerandra Benth.（1830）【汉】双角雄属。【隶属】唇形科Lamiaceae（Labiatae）。【包含】世界8-9种。【学名诠释与讨论】〈阴〉（希）di-，两个，双，二倍的+keras，所有格keratos，指小式keration，角，弓。keraos，kerastes，keratophyes，有角的+aner，所有格andros，雄性，雄蕊。此属的学名"Dicerandra Bentham，Edwards's Bot. Reg. 15：t. 1300. 1 Feb 1830"是一个替代名称。"Ceranthera S. Elliott，Sketch Bot. S. -Carolina Georgia 2：93. 1821"是一个非法名称（Nom. illegit.），因为此前已经有了"Ceranthera Palisot de Beauvois，Fl. Oware 2：10. Mai 1808（'1807'）= Rinorea Aubl.（1775）（保留属名）［堇菜科Violaceae］"和"Ceranthera Rafinesque，Amer. Monthly Mag. et Crit. Rev. 4：188，191. Jan 1819 = Solanum L.（1753）≡ Androcera Nutt.（1818）［茄科Solanaceae］"。故用"Dicerandra Benth.（1830）"替代之。亦有文献把"Dicerandra Benth.（1830）"处理为"Ceranthera Elliott（1821）Nom. illegit."的异名。【分布】美国（东南部）。【模式】Dicerandra linearis Bentham，Nom. illegit.［Ceranthera linearifolia S. Elliott；Dicerandra linearifolia（S. Elliott）Bentham］。【参考异名】Ceranthera Elliott（1821）Nom. illegit.●■☆

15709 Diceras Post et Kuntze（1）Nom. illegit. = Diceros Blume（1826）Nom. illegit.（废弃属名）= Vandellia L.（1767）［玄参科Scrophulariaceae//母草科Linderniaceae//婆婆纳科Veronicaceae］●

15710 Diceras Post et Kuntze（2）Nom. illegit. = Dicera Zipp. ex Blume（1853）Nom. illegit.；~ = Gironniera Gaudich.（1844）［榆科Ulmaceae］●

15711 Diceras Post et Kuntze（3）Nom. illegit. = Dicera J. R. Forst. et G. Forst.（1776）；~ = Elaeocarpus L.（1753）［椴树科（椴科，田麻科）Tiliaceae//杜英科 Elaeocarpaceae］●

15712 Diceras Post et Kuntze（4）Nom. illegit. = Artanema D. Don（1834）（保留属名）；~ = Diceros Pars.（1806）Nom. illegit.（废弃属名）；~ = Artanema D. Don（1834）（保留属名）［玄参科Scrophulariaceae//婆婆纳科 Veronicaceae］■☆

15713 Diceras Post et Kuntze（5）Nom. illegit. = Diceros Lour.（1790）（废弃属名）；~ = Limnophila R. Br.（1810）（保留属名）［玄参科Scrophulariaceae//婆婆纳科 Veronicaceae］■

15714 Diceratella Boiss.（1844）【汉】双钝角芥属。【隶属】十字花科Brassicaceae（Cruciferae）。【包含】世界7-10种。【学名诠释与讨论】〈阴〉（希）di-，两个，双，二倍的+keras，所有格keratos，指小式keration，角，弓。keraos，kerastes，keratophyes，有角的+-ellus，-ella，-ellum，加在名词词干后面形成指小式的词尾。或加在人名、属名等后面以组成新属的名称。此属的学名"Diceratella Boissier，Diagn. Pl. Orient. ser. 1. 1（5）：80. Oct-Nov 1844"是一个

替代名称。"Diceratium Boissier, Ann. Sci. Nat. Bot. ser. 2. 17:61. Jan 1842"是一个非法名称(Nom. illegit.),因为此前已经有了"Diceratium Lagasca, Gen. Sp. Pl. Nov. 20. Jun – Jul(?) 1816 = Notoceras R. Br.[十字花科 Brassicaceae(Cruciferae)]";故用"Diceratella Boiss.(1844)"替代之。【分布】巴基斯坦,利比亚(昔日尼加拉),也门(索科特拉岛),伊朗,热带非洲。【模式】未指定。【参考异名】Diceratium Boiss.(1842)Nom. illegit. ■☆

15715 Diceratium Lag.(1816)= Notoceras R. Br.[十字花科 Brassicaceae(Cruciferae)]■☆

15716 Diceratostele Summerh.(1938)【汉】双角柱兰属。【隶属】兰科 Orchidaceae。【包含】世界 1 种。【学名诠释与讨论】〈阴〉(希)di–,两个,双,二倍的+keras,所有格 keratos,指小式 keration,角,弓+stele,支持物,支柱,石头做的界标,柱,中柱,花柱。【分布】热带非洲。【模式】Diceratostele gabonensis Summerhayes。■☆

15717 Diceratotheca J. R. I. Wood et Scotland(2012)【汉】双角爵床属。【隶属】爵床科 Acanthaceae。【包含】世界 1 种。【学名诠释与讨论】〈阴〉(希)di–,两个,双,二倍的+keras,所有格 keratos,指小式 keration,角,弓+theke = 拉丁文 theca,匣子,箱子,室,药室,囊。【分布】泰国。【模式】Diceratotheca bracteolata J. R. I. Wood et Scotland。☆

15718 Dicercoclados C. Jeffrey et Y. L. Chen(1984)【汉】歧笔菊属(歧柱蟹甲草属)。【英】Dicercoclados。【隶属】菊科 Asteraceae(Compositae)。【包含】世界 1 种,中国 1 种。【学名诠释与讨论】〈阳〉(希)di–,两个,双,二倍的+kerkis,梭+klados,枝,芽,指小式 kladion,棍棒。kladodes 有许多枝子的。【分布】中国。【模式】Dicercoclados triplinervis C. Jeffrey et Y. L. Chen。■★

15719 Dicerma DC.(1825)Nom. illegit., Nom. superfl. ≡ Aphyllodium(DC.)Gagnep.(1916)[豆科 Fabaceae(Leguminosae)//蝶形花科 Papilionaceae]●

15720 Dicerocaryum Bojer(1835)【汉】双角胡麻属。【隶属】胡麻科 Pedaliaceae。【包含】世界 3 种。【学名诠释与讨论】〈中〉(希)di–,两个,双,二倍的+keras,所有格 keratos,指小式 keration,角,弓+karyon,胡桃,硬壳果,核,坚果。此属的学名,ING、TROPICOS 和 IK 记载是"Dicerocaryum Bojer, Ann. Sci. Nat. Bot. ser. 2. 4:268. Oct 1835"。"Pretrea J. Gay ex C. F. Meisner, Pl. Vasc. Gen. 1:298; 2:206. 25-31 Oct 1840? = Pretrea J. Gay(1824)?"是"Dicerocaryum Bojer(1835)[胡麻科 Pedaliaceae]"的晚出的同模式异名(Homotypic synonym, Nomenclatural synonym)。"Pretrea J. Gay, Ann. Sci. Nat.(Paris)1:457. 1824 ≡ Pretrea J. Gay ex Meisn.(1840)Nom. illegit."是一个未合格发表的名称(Nom. inval.)。【分布】马达加斯加,热带非洲南部。【模式】Dicerocaryum sinuatum Bojer。【参考异名】Pretrea J. Gay ex Meisn.(1840)Nom. illegit.;Pretrea J. Gay(1824)Nom. illegit. ■☆

15721 Diceroclados C. Jeffrey et Y. L. Chen.(1984)【汉】歧柱蟹甲草属。【隶属】菊科 Asteraceae(Compositae)。【包含】世界 1 种,中国 1 种。【学名诠释与讨论】〈阴〉(希)di–,两个,双,二倍的+keras,所有格 keratos,指小式 keration,角,弓+klados,枝,芽,指小式 kladion,棍棒。kladodes 有许多枝子的。此属的学名,TROPICOS 记载是"Diceroclados C. Jeffrey et Y. L. Chen, Kew Bulletin 39:213. 1984"。【分布】中国。【模式】不详。■

15722 Dicerolepis Blume(1850)= Gymnanthera R. Br.(1810)[萝藦科 Asclepiadaceae]●

15723 Diceros Blume(1826)Nom. illegit.(废弃属名)= Lindernia All.(1766)[玄参科 Scrophulariaceae//母草科 Linderniaceae//婆婆纳科 Veronicaceae]■

15724 Diceros Lour.(1790)(废弃属名)= Limnophila R. Br.(1810)(保留属名)[玄参科 Scrophulariaceae//婆婆纳科 Veronicaceae]■

15725 Diceros Pers.(1806)Nom. illegit.(废弃属名)= Artanema D. Don(1834)(保留属名)[玄参科 Scrophulariaceae//婆婆纳科 Veronicaceae]■☆

15726 Dicerospermum Bakh. f.(1943)= Poikilogyne Baker f.(1917)[野牡丹科 Melastomataceae]●☆

15727 Dicerostylis Blume(1859)【汉】双臂兰属。【隶属】兰科 Orchidaceae。【包含】世界 3-5 种。【学名诠释与讨论】〈阴〉(希)di–,两个,双,二倍的+keras,所有格 keratos,角,弓+stylos = 拉丁文 style,花柱,中柱,有尖之物,桩,柱,支持物,支柱,石头做的界标。指花柱具二臂状附属物。此属的学名是"Dicerostylis Blume, Collect. Orchidées Archipel. Ind. 1:116. 1859"。亦有文献把其处理为"Hylophila Lindl.(1833)"的异名。【分布】菲律宾,印度尼西亚。【模式】Dicerostylis lanceolata Blume。【参考异名】Hylophila Lindl.(1833)■☆

15728 Dicersos Lour.(1790)Nom. illegit.(废弃属名)≡ Diceros Lour.(1790)(废弃属名);~ = Limnophila R. Br.(1810)(保留属名)[玄参科 Scrophulariaceae//婆婆纳科 Veronicaceae]■

15729 Dichaea Lindl.(1833)【汉】蓖叶兰属(迪西亚兰属)。【日】ディケア属。【英】Dichaea。【隶属】兰科 Orchidaceae。【包含】世界 40-55 种。【学名诠释与讨论】〈阴〉(希)dicha–,或 dicho– = 拉丁文 bi–,二分的。指叶形。【分布】巴拿马,秘鲁,玻利维亚,厄瓜多尔,哥伦比亚(安蒂奥基亚),哥斯达黎加,美国,尼加拉瓜,西印度群岛,中美洲。【后选模式】Dichaea echinocarpa Lindley, Nom. illegit. [Epidendrum echinocarpon Swartz, Nom. illegit.;Limodorum pendulum Aublet;Dichaea pendula(Aublet)Cogniaux]。【参考异名】Dichaeopsis Pfitzer(1887);Fernandezia Ruiz et Pav.(1794)■☆

15730 Dichaelia Harv.(1868)= Brachystelma R. Br.(1822)(保留属名)[萝藦科 Asclepiadaceae]■

15731 Dichaeopsis Pfitzer(1887)= Dichaea Lindl.(1833)[兰科 Orchidaceae]■☆

15732 Dichaespermum Hassk., Nom. illegit. = Aneilema R. Br.(1810)[鸭趾草科 Commelinaceae]■☆

15733 Dichaespermum Wight, Nom. illegit. = Murdannia Royle(1840)(保留属名)[鸭趾草科 Commelinaceae]■

15734 Dichaeta Nutt.(1841)= Baeria Fisch. et C. A. Mey.(1836)[菊科 Asteraceae(Compositae)]■☆

15735 Dichaeta Sch. Bip.(1850)Nom. illegit. = Schaetzellia Sch. Bip.(1850)Nom. illegit.;~ = Macvaughiella R. M. King et H. Rob.(1968);~ = Hinterhubera Sch. Bip. ex Wedd.(1857)[菊科 Asteraceae(Compositae)]●☆

15736 Dichaetandra Nand.(1850)= Ernestia DC.(1828)[野牡丹科 Melastomataceae]☆

15737 Dichaetanthera Endl.(1840)【汉】二毛药属。【隶属】野牡丹科 Melastomataceae。【包含】世界 34 种。【学名诠释与讨论】〈阴〉(拉)希腊文 dicha–,或 dicho– = 拉丁文 bi–,二分的+chaeta,刚毛+anthera,花药。【分布】马达加斯加,热带非洲西部。【模式】Dichaetanthera articulata(Desrousseaux)Walpers。【参考异名】Barbeyastrum Cogn.(1891);Sakersia Hook. f.(1867)●☆

15738 Dichaetaria Nees ex Steud.(1854)【汉】匍匐木根草属。【隶属】禾本科 Poaceae(Gramineae)。【包含】世界 1 种。【学名诠释与讨论】〈阴〉(拉)dicha–,二分的+chaeta,刚毛+–arius,–aria,–arium,指示"属于、相似、具有、联系"的词尾。【分布】斯里兰卡,印度。【模式】Dichaetaria wightii C. G. D. Nees ex Steudel。■☆

15739 Dichaetophora A. Gray(1849)【汉】田雏菊属。【隶属】菊科 Asteraceae(Compositae)。【包含】世界 1 种。【学名诠释与讨论】〈阴〉(希)dicha–,二分的+chaite = 拉丁文 chaeta,刚毛+phoros,

具有，梗，负载，发现者。【分布】美国（南部）。【模式】Dichaetophora campestris A. Gray, Nom. illegit. ［Brachycome xanthocomoides Lessing］。■☆

15740　Dichanthelium（Hitchc. et Chase）Gould（1974）【汉】二型花属。【英】Twoflower。【隶属】禾本科 Poaceae（Gramineae）。【包含】世界40种，中国1种。【学名诠释与讨论】〈中〉（希）dicha-，二分的+anthela，长侧枝聚伞花序，苇鹰的羽毛+-ius，-ia，-ium，在拉丁文和希腊文中，这些词尾表示性质或状态。此属的学名是"Dichanthelium（Hitchcock et Chase）F. W. Gould, Brittonia 26：59. 10 Mai 1974"，由"Panicum subg. Dichanthelium Hitchcock et Chase, Contr. U. S. Natl. Herb. 15：142. 1910"改级而来。亦有文献把其处理为"Panicum L.（1753）"的异名。【分布】巴拿马，秘鲁，玻利维亚，哥斯达黎加，尼加拉瓜，中国，中美洲。【模式】Dichanthelium dichotomum（Linnaeus）F. W. Gould ［Panicum dichotomum Linnaeus］。【参考异名】Panicum L.（1753）；Panicum subg. Dichanthelium Hitchc. et Chase ■

15741　Dichanthium Willemet（1796）【汉】双花草属。【英】Biflorgrass, Dichanthium。【隶属】禾本科 Poaceae（Gramineae）。【包含】世界15-20种，中国3种。【学名诠释与讨论】〈中〉（希）dicha-，二分的+anthos，花+-ius，-ia，-ium，在拉丁文和希腊文中，这些词尾表示性质或状态。指模式种的弯生小穗之无柄者含一两性花，有柄者含一雄花。【分布】巴基斯坦，巴拿马，玻利维亚，厄瓜多尔，哥伦比亚（安蒂奥基亚），哥斯达黎加，马达加斯加，尼加拉瓜，中国，中美洲。【模式】Dichanthium nodosum Willemet, Nom. illegit. ［Andropogon annulatus Forsskål ［as 'annulatum'］；Dichanthium annulatum（Forsskål）Stapf］。【参考异名】Diplasanthum Desv.（1831）；Dischanthium Kunth（1833）；Ercmopogon Stapf；Eremopogon Stapf（1917）；Gymnandropogon（Nees）Duthie（1878）Nom. illegit. ；Gymnandropogon（Nees）Munro ex Duthie（1878）Nom. illegit. ；Gymnandropogon Duthie（1878）；Lepeocercis Trin.（1820）■

15742　Dichapetalaceae Baill.（1886）（保留科名）【汉】毒鼠子科。【英】Dichapetalum Family, Poisonrat Family。【包含】世界3-4属160-200种，中国1属4种。【分布】热带。【科名模式】Dichapetalum Thouars（1806）●

15743　Dichapetalum Thouars（1806）【汉】毒鼠子属。【俄】Дихапеталиум，Дихапеталум。【英】Dichapetalium, Dichapetalum, Poisonrat。【隶属】毒鼠子科 Dichapetalaceae。【包含】世界124-200种，中国4种。【学名诠释与讨论】〈中〉（希）dicha-，二分的+希腊文 petalos，扁平的，铺开的；petalon，花瓣，叶，花叶，金属叶子；拉丁文的花瓣为 petalum。指花瓣常二裂。【分布】巴拿马，秘鲁，玻利维亚，厄瓜多尔，哥伦比亚（安蒂奥基亚），哥斯达黎加，马达加斯加，尼加拉瓜，中国，热带，中美洲。【模式】Dichapetalum madagascariense Poiret。【参考异名】Chailletia DC.（1811）；Dichopetalum Post et Kuntze（1903）Nom. illegit. ；Icacinopsis Roberty（1953）；Leucipus Raf.（1814）Nom. illegit. ；Leucosia Thouars（1806）；Mestotes Sol. ex DC.（1825）；Moacurra Roxb.（1814）；Patrisia Rohr ex Steud.（1840）Nom. illegit. ；Pentastira Ridl.（1916）；Plappertia Rchb.（1828）Nom. illegit. ；Quilesia Blanco（1837）；Stephanella（Engl.）Tiegh.（1903）；Stephanella Tiegh.（1903）Nom. illegit. ；Symphyllanthus Vahl（1810）；Wahlenbergia R. Br.（1831）Nom. illegit. （废弃属名）；Wahlenbergia R. Br. ex Wall. （废弃属名）●

15744　Dichasianthus Ovcz. et Yunusov（1978）【汉】歧序蚓果芥属。【隶属】十字花科 Brassicaceae（Cruciferae）。【包含】世界1种。【学名诠释与讨论】〈阳〉（希）dicha-，二分的+chasis，分离，裂缝+anthos，花。此属的学名是"Dichasianthus P. N. Ovczinnikov &

S. J. Junussov in P. N. Ovczinnikov, Fl. Tadzhiksk. SSR 5：30, 625. 1978（post 2 Mar）"。亦有文献把其处理为"Neotorularia Hedge et J. Léonard（1986）"或"Torularia（Coss.）O. E. Schulz（1924）Nom. illegit. "的异名。【分布】亚洲中部。【模式】Dichasianthus subtilissimus（M. G. Popov）P. N. Ovczinnikov et S. J. Junussov ［Sisymbrium subtilissimum M. G. Popov］。【参考异名】Neotorularia Hedge et J. Léonard（1986）；Torularia（Coss.）O. E. Schulz（1924）Nom. illegit. ■☆

15745　Dichazothece Lindau（1898）【汉】巴东爵床属。【隶属】爵床科 Acanthaceae。【包含】世界1种。【学名诠释与讨论】〈阴〉（希）dicha-，二分的+zotheke，寝室，私室。【分布】巴西（东部）。【模式】Dichazothece cylindracea Lindau。☆

15746　Dichelachne Endl.（1833）【汉】双毛草属。【英】Dichelachne, Plumegrass。【隶属】禾本科 Poaceae（Gramineae）。【包含】世界5-9种。【学名诠释与讨论】〈阴〉（希）dicha-，二分的+cheilos，唇。在希腊文组合词中，cheil-，cheilo-，-chilus，-chilia 等均为"唇"义+achne，谷壳，颖。【分布】澳大利亚，新西兰。【模式】Dichelachne montana Endlicher。■☆

15747　Dichelactina Hance（1852）= Emblica Gaertn.（1790）；~ = Phyllanthus L.（1753）［大戟科 Euphorbiaceae//叶下珠科（叶萝藦科）Phyllanthaceae］●■

15748　Dichelostemma Kunth（1843）【汉】丽韭属。【隶属】百合科 Liliaceae//葱科 Alliaceae。【包含】世界5-6种。【学名诠释与讨论】〈中〉（希）dicha-，二分的 + cheilos，唇 + stemma，所有格 stemmatos，花冠，花环，王冠。【分布】美国，北美洲。【模式】Dichelostemma congestum（J. E. Smith）Kunth ［Brodiaea congesta J. E. Smith］。【参考异名】Brevoortia A. Wood（1867）；Dipterostemon Rydb.（1912）；Macroscapa Kellogg ex Curran（1885）；Macroscapa Kellogg（1854）Nom. inval. ；Rupalleya Morière（1864）；Ruppalleya Krause；Stropholirion Torr.（1857）■☆

15749　Dichelostylis Endl.（1836）= Dichostylis P. Beauv.（1819）Nom. illegit. ；~ = Scirpus L.（1753）（保留属名）［莎草科 Cyperaceae//藨草科 Scirpaceae］■

15750　Dicheranthus Webb（1846）【汉】无瓣指甲木属。【隶属】石竹科 Caryophyllaceae。【包含】世界1种。【学名诠释与讨论】〈阳〉（希）dicha-，二分的+anthos，花。antheros，多花的。antheo，开花。希腊文 anthos 亦有"光明，光辉，优秀"之义。【分布】西班牙（加那利群岛）。【模式】Dicheranthus plocamoides Webb。●☆

15751　Dichilanthe Thwaites（1856）【汉】二唇茜属。【隶属】茜草科 Rubiaceae。【包含】世界2种。【学名诠释与讨论】〈阴〉（希）dicha-，二分的 + cheilos，唇。在希腊文组合词中，cheil-，cheilo-，-chilus，-chilia 等均为"唇"义+anthos，花。【分布】斯里兰卡，加里曼丹岛。【模式】Dichilanthe zeylanica Thwaites。☆

15752　Dichiloboea Stapf（1913）【汉】二唇苣苔属。【隶属】苦苣苔科 Gesneriaceae。【包含】世界2种。【学名诠释与讨论】〈阴〉（希）dicha-，二分的 + cheilos，唇。在希腊文组合词中，cheil-，cheilo-，-chilus，-chilia 等均为"唇"义+（属）Boea 旋蒴苣苔属。或说 dicha，diche 两个分开的+（属）Boea 旋蒴苣苔属。指花萼二唇形。此属的学名是"Dichiloboea Stapf, Bull. Misc. Inform. 1913：356. 1913"。亦有文献把其处理为"Trisepalum C. B. Clarke（1883）"的异名。【分布】缅甸。【后选模式】Dichiloboea birmanica（Craib）Stapf ［Boea birmanica Craib］。【参考异名】Trisepalum C. B. Clarke（1883）■☆

15753　Dichilos Spreng.（1827）= Dichilus DC.（1826）［豆科 Fabaceae（Leguminosae）//蝶形花科 Papilionaceae］■☆

15754　Dichilus DC.（1826）【汉】二分豆属。【隶属】豆科 Fabaceae（Leguminosae）//蝶形花科 Papilionaceae。【包含】世界5种。

【学名诠释与讨论】〈阳〉(希)dicha-,二分的+cheilos,唇。【分布】非洲南部。【模式】Dichilus lebeckioides A. P. de Candolle [as 'lebeckoides']。【参考异名】Calycotome E. Mey. (1836) Nom. illegit. ;Dichilos Spreng. (1827);Melinospermum Walp. (1840)■☆

15755　Dichismus Raf. (1819)= Scirpus L. (1753)(保留属名)[莎草科 Cyperaceae//薦草科 Scirpaceae]■

15756　Dichocarpum W. T. Wang et P. K. Hsiao(1964)【汉】人字果属(银白草属)。【英】Dichocarpum, Forkfruit。【隶属】毛茛科 Ranunculaceae。【包含】世界16-20种,中国11种。【学名诠释与讨论】〈中〉(希)dicha-,二分的+karpos,果实。二心皮呈人字状合生。【分布】中国,喜马拉雅山,东亚。【模式】Dichocarpum sutchuenense (Franchet) W. T. Wang et Hsiao [Isopyrum sutchuenense Franchet]。【参考异名】Dichospermum Müll. Berol. (1861)■

15757　Dichodon (Rchb.) Rchb. (1841) Nom. illegit. ≡ Dichodon (Bartl. ex Rchb.) Rchb. (1841);~ = Cerastium L. (1753) [石竹科 Caryophyllaceae]■

15758　Dichodon Bartl. ex Rchb. (1841) Nom. illegit. ≡ Dichodon (Bartl. ex Rchb.) Rchb. (1841);~ = Cerastium L. (1753) [石竹科 Caryophyllaceae]■

15759　Dichodon Rchb. (1841) Nom. nud. ≡ Dichodon (Bartl. ex Rchb.) Rchb. (1841);~ = Cerastium L. (1753) [石竹科 Caryophyllaceae]■

15760　Dichoespermum Wight(1853)= Aneilema R. Br. (1810)[鸭跖草科 Commelinaceae]■☆

15761　Dicholgottis Fisch. et C. A. Mey. (1836)= Gypsophila L. (1753)[石竹科 Caryophyllaceae]■●

15762　Dicholactina Hance = Phyllanthus L. (1753) [大戟科 Euphorbiaceae/叶下珠科(叶萝藦科)Phyllanthaceae]●■

15763　Dichondra J. R. Forst. et G. Forst. (1775)【汉】马蹄金属。【日】アオイゴケ属,アフヒゴケ属,ダイコンドラ属。【英】Dichondra, Kidneyweed, Lawnleaf。【隶属】旋花科 Convolvulaceae//马蹄金科 Dichondraceae。【包含】世界9-14种,中国2种。【学名诠释与讨论】〈阴〉(希)di-,二、双+chondros,指小式 chondrion,谷粒,粒状物,砂,也指脆骨,软骨。指子房二深裂。此属的学名,ING、GCI、TROPICOS 和 IK 记载是"Dichondra J. R. Forst. et G. Forst. , Char. Gen. Pl. , ed. 2. 39. 1776 [1 Mar 1776]"。"Steripha J. Banks ex J. Gaertner,Fruct. 2:81. Sep (sero)-Nov 1790;510. Jan-Jun 1792"是"Dichondra J. R. Forst. et G. Forst. (1775)"的晚出的同模式异名(Homotypic synonym, Nomenclatural synonym)。【分布】哥伦比亚(安蒂奥基亚),巴基斯坦,巴拉圭,巴拿马,玻利维亚,厄瓜多尔,哥斯达黎加,马达加斯加,美国(密苏里),尼加拉瓜,中国,中美洲。【模式】Dichondra repens J. R. Forster et J. G. A. Forster。【参考异名】Demidofia J. F. Gmel. (1791);Dichondropsis Brandegee (1909);Dicondra Raf. ;Steripha Banks ex Gaertn. (1791)Nom. illegit. ■

15764　Dichondraceae Dumort. (1829)(保留科名)[亦见 Convolvulaceae Juss. (保留科名)旋花科]【汉】马蹄金科。【包含】世界1属9-14种,中国1属2种。【分布】热带和亚热带。【科名模式】Dichondra J. R. Forst. et G. Forst. (1775)■

15765　Dichondropsis Brandegee(1909)= Dichondra J. R. Forst. et G. Forst. (1775) [旋花科 Convolvulaceae//马蹄金科 Dichondraceae)]■

15766　Dichone Lawson ex Salisb. (1812)= Ixia L. (1762)(保留属名);~ =Tritonia Ker Gawl. (1802)[鸢尾科 Iridaceae//鸟娇花科 Ixiaceae]■

15767　Dichone Salisb. (1812)Nom. illegit. =Dichone Lawson ex Salisb. (1812)[鸢尾科 Iridaceae]■

15768　Dichopetalum F. Muell. (1855) Nom. illegit. ≡ Dichosciadium Domin(1908)[伞形花科(伞形科)Apiaceae(Umbelliferae)]■☆

15769　Dichopetalum Post et Kuntze(1903)Nom. illegit. =Dichapetalum Thouars(1806)[毒鼠子科 Dichapetalaceae]●

15770　Dichopogon Kunth(1843)【汉】双须吊兰属。【英】Chocolate-lily。【隶属】吊兰科(猴面包科,猴面包树科)Anthericaceae。【包含】世界1种。【学名诠释与讨论】〈阳〉(希)dicha-,二分的+pogon,所有格 pogonos,指小式 pogonion,胡须,髯毛,芒。pogonias,有须的。【分布】澳大利亚。【后选模式】Dichopogon sieberianus Kunth, Nom. illegit. [Arthropodium minus Sieber ex J. A. et J. H. Schultes]。【参考异名】Siona Salisb. (1866)■☆

15771　Dichopsis Thwaites(1860)= Palaquium Blanco (1837) [山榄科 Sapotaceae]●■

15772　Dichopus Blume(1856)= Dendrobium Sw. (1799)(保留属名)[兰科 Orchidaceae]■

15773　Dichorisandra J. C. Mikan(1820)(保留属名)【汉】鸳鸯吊趾草属(敌克里桑草属,蓝姜属,鸳鸯草属)。【日】ディコリサンドラ属。【英】Dichorisandra。【隶属】鸭跖草科 Commelinaceae。【包含】世界25-35种。【学名诠释与讨论】〈阴〉(希)dicha-,二分的+chorizo,分开+aner,所有格 andros,雄性,雄蕊。指花药二室。此属的学名"Dichorisandra J. C. Mikan, Del. Fl. Faun. Bras. :ad t. 3. 1820 (sero)"是保留属名。法规未列出相应的废弃属名。【分布】巴拿马,秘鲁,玻利维亚,厄瓜多尔,哥伦比亚(安蒂奥基亚),哥斯达黎加,尼加拉瓜,中美洲。【模式】Dichorisandra thyrsiflora Mikan。【参考异名】Petaloxis Raf. (1837);Stickmannia Neck. (1790)Nom. inval. ;Stickmannia Neck. ex A. Juss. (1827)■☆

15774　Dichoropetalum Fenzl(1842)= Johrenia DC. (1829) [伞形花科(伞形科)Apiaceae(Umbelliferae)]■☆

15775　Dichosciadium Domin(1908)【汉】双伞芹属。【隶属】伞形花科(伞形科)Apiaceae(Umbelliferae)。【包含】世界1种。【学名诠释与讨论】〈阴〉(希)dicha-,二分的+(属)Sciadium 伞芹属。此属的学名"Dichosciadium Domin, Repert. Spec. Nov. Regni Veg. 5:104. 15 Mai 1908"是一个替代名称。"Dichopetalum F. v. Mueller, Hooker's J. Bot. Kew Gard. Misc. 7:378. Dec 1855"是一个非法名称(Nom. illegit.),因为此前已经有了"Dichapetalum Thouars, Gen. Nov. Madagasc. 23. 1806 [17 Nov 1806] [毒鼠子科 Dichapetalaceae]"。故用"Dichosciadium Domin(1908)"替代之。【分布】澳大利亚。【模式】Dichosciadium ranunculaceum (F. V. Mueller)Domin [Dichopetalum ranunculaceum F. v. Mueller]。【参考异名】Dichopetalum F. Muell. (1855)Nom. illegit. ■☆

15776　Dichosema Benth. (1837)= Mirbelia Sm. (1805) [豆科 Fabaceae(Leguminosae)]●☆

15777　Dichosma DC. ex Loud. (1830)= Agathosma Willd. (1809)(保留名)[芸香科 Rutaceae]●☆

15778　Dichospermum Müll. Berol. (1861)= Aneilema R. Br. (1810);~ =Dichoespermum Wight(1853)[鸭跖草科 Commelinaceae]■☆

15779　Dichostachys Kranss (1844) = Dichrostachys (DC.) Wight et Arn. (1834)(保留属名)[豆科 Fabaceae(Leguminosae)//含羞草科 Mimosaceae]●

15780　Dichostemma Pierre(1896)【汉】双冠大戟属。【隶属】大戟科 Euphorbiaceae。【包含】世界3种。【学名诠释与讨论】〈中〉(希)dicha-,二分的+stemma,所有格 stemmatos,花冠,花环,王冠。【分布】热带非洲。【模式】Dichostemma glaucescens Pierre。☆

15781　Dichostylis P. Beauv. (1819) Nom. illegit. = Fimbristylis Vahl (1805)(保留属名);~ = Scirpus L. (1753)(保留属名)[莎草科 Cyperaceae//薦草科 Scirpaceae]■

15782 Dichostylis P. Beauv. ex Lestib.（1819）Nom. illegit. ≡ Echinolytrum Desv.（1808）；~ = Cyperus L.（1753）［莎草科 Cyperaceae］■

15783 Dichostylis Rikli（1895）Nom. illegit. = Scirpus L.（1753）（保留属名）［莎草科 Cyperaceae//藨草科 Scirpaceae］■

15784 Dichotoma Sch. Bip.（1873）= Sclerocarpus Jacq.（1781）［菊科 Asteraceae（Compositae）］■

15785 Dichotomanthes Kurz（1873）【汉】牛筋条属。【俄】Дихотомант。【英】Dichotomanthus, Oxmuscle。【隶属】蔷薇科 Rosaceae。【包含】世界 1 种,中国 1 种。【学名诠释与讨论】〈阴〉（希）dichotomes 分离,二叉+anthos,花。指雌蕊与花托离生。第一构词成分亦可能来自希腊文 dichotomous 二叉的。【分布】中国。【模式】Dichotomanthes tristaniaecarpa S. Kurz。●★

15786 Dichotophyllum Moench（1794）Nom. illegit. ≡ Ceratophyllum L.（1753）［金鱼藻科 Ceratophyllaceae］■

15787 Dichotrichum S. Moore（1899）= Dichrotrichum Reinw.（1856）［苦苣苔科 Gesneriaceae］■☆

15788 Dichroa Lour.（1790）【汉】常山属（黄常山属）。【日】ジャウザン属,ディクロア属。【俄】Дихроа, Дихроя。【英】Dichroa。【隶属】虎耳草科 Saxifragaceae//绣球花科（八仙花科,绣球科）Hydrangeaceae。【包含】世界 10-12 种,中国 6 种。【学名诠释与讨论】〈阴〉（希）di-,两个,双,二倍的+chroa = chroia,所有格 chrotos =chros,颜色,外观,表面。指花二色。【分布】印度至马来西亚,中国,东南亚。【模式】Dichroa febrifuga Loureiro。【参考异名】Aama B. D. Jacks.（1844）Nom. illegit.；Aamia Hassk.（1844）Nom. illegit.；Adamia Wall.（1826）；Cianitis Reinw.（1828）；Cyanitis Reinw.（1823）●

15789 Dichroanthus Webb et Berthel.（1886）= Cheiranthus L.（1753）［十字花科 Brassicaceae（Cruciferae）］●■

15790 Dichrocephala DC.（1833）Nom. illegit. = Dichrocephala L'Hér. ex DC.（1833）［菊科 Asteraceae（Compositae）］■

15791 Dichrocephala L'Hér.（1833）Nom. illegit. = Dichrocephala L'Hér. ex DC.（1833）［菊科 Asteraceae（Compositae）］■

15792 Dichrocephala L'Hér. ex DC.（1833）【汉】鱼眼草属。【日】ブクリャウサイ属,ブクリュウサイ属,ブクリョウサイ属。【俄】Дихроцефала。【英】Dichrocephala, Fisheyeweed。【隶属】菊科 Asteraceae（Compositae）。【包含】世界 4-10 种,中国 3 种。【学名诠释与讨论】〈阴〉（希）di-,两个,双,二倍的+chroa = chroia,所有格 chrotos =chros,颜色,外观,表面+kephale,头。指头状花序二色。此属的学名, ING、APNI、TROPICOS 和 IK 记载是"Dichrocephala L'Héritier ex A. P. de Candolle, Arch. Bot.（Paris）2：517. 23 Dec 1833"。"Dichrocephala L'Hér.（1833）= Dichrocephala L'Hér. ex DC.（1833）［菊科 Asteraceae（Compositae）］"和"Dichrocephala DC.（1833）= Dichrocephala L'Hér. ex DC.（1833）［菊科 Asteraceae（Compositae）］"的命名人引证有误。【分布】马达加斯加,印度,印度尼西亚（爪哇岛）,中国,热带非洲,中美洲。【模式】Dichrocephala latifolia L'Héritier ex A. P. de Candolle, Nom. illegit. ［Cotula latifolia Persoon, Nom. illegit., Cotula bicolor Roth；Dichrocephala bicolor（Roth）D. F. L. Schlechtendal］。【参考异名】Dichrocephala DC.（1833）Nom. illegit.；Dichrocephala L'Hér.（1833）Nom. illegit.；Dicrocephala Royle（1835）■

15793 Dichrolepidaceae Welw. = Eriocaulaceae Martinov（保留科名）■

15794 Dichrolepis Welw.（1859）= Eriocaulon L.（1753）［谷精草科 Eriocaulaceae］■

15795 Dichroma Cav.（1801）= Ourisia Comm. ex Juss.（1789）［玄参科 Scrophulariaceae//婆婆纳科 Veronicaceae//车前科 Plantaginaceae］■☆

15796 Dichroma Desv. ex Ham.（1825）Nom. illegit. ［莎草科 Cyperaceae］■☆

15797 Dichroma Ham.（1825）Nom. illegit. ［莎草科 Cyperaceae］■☆

15798 Dichroma Pers.（1805）Nom. illegit. = Dichromena Michx.（1803）（废弃属名）；~ = Rhynchospora Vahl（1805）［as 'Rynchospora'］（保留属名）［莎草科 Cyperaceae］■☆

15799 Dichromanthus Garay（1982）【汉】双色花兰属。【隶属】兰科 Orchidaceae。【包含】世界 1 种。【学名诠释与讨论】〈阳〉（希）di-,两个,双,二倍的+chroma,所有格 chromatos,颜色,身体的表面或皮肤的颜色。chromatikos,关于颜色的,柔软的,和谐的。chromatiko,有色的 + anthos,花。此属的学名, ING、GCI、TROPICOS 和 IK 记载是"Dichromanthus Garay, Bot. Mus. Leafl. 28（4）：313. 1982 [dt. Dec 1980；issued 25 Jun 1982]"。"Cutsis P. Balogh, E. Greenwood et Gonzales in P. Balogh et E. Greenwood, Phytologia 51：297. 30 Jul 1982"是"Dichromanthus Garay（1982）"的晚出的同模式异名（Homotypic synonym, Nomenclatural synonym）。【分布】墨西哥,危地马拉,中美洲。【模式】Dichromanthus cinnabarinus（La Llave et Lexarza）L. A. Garay［Neottia cinnabarina La Llave et Lexarza］。【参考异名】Cutsis Burns-Bal., E. W. Greenw. et Gonzales（1982）Nom. illegit.■☆

15800 Dichromena Michx.（1803）（废弃属名）= Rhynchospora Vahl（1805）［as 'Rynchospora'］（保留属名）［莎草科 Cyperaceae］■☆

15801 Dichromna Schltdl. = Paspalum L.（1759）［禾本科 Poaceae（Gramineae）］■

15802 Dichromochlamys Dunlop（1980）【汉】异色层菀属。【隶属】菊科 Asteraceae（Compositae）。【包含】世界 1 种。【学名诠释与讨论】〈阴〉（希）di-,两个,双,二倍的+chroma,所有格 chromatos,颜色,身体的表面或皮肤的颜色。chromatikos,关于颜色的,柔软的,和谐的。chromatiko,有色的+chlamys,所有格 chlamydos,斗篷,外衣。【分布】澳大利亚（中部）。【模式】Dichromochlamys dentatifolia（F. von Mueller）C. R. Dunlop［Pterigeron dentatifolius F. von Mueller］。■☆

15803 Dichromus Schltdl.（1852）= Paspalum L.（1759）［禾本科 Poaceae（Gramineae）］■

15804 Dichronema Baker（1885）= Dichromena Michx.（1803）（废弃属名）；~ =Rhynchospora Vahl（1805）［as 'Rynchospora'］（保留属名）［莎草科 Cyperaceae］■☆

15805 Dichropappus Sch. Bip. ex Krasehen.（1923）= Stenachaenium Benth.（1873）［菊科 Asteraceae（Compositae）］■☆

15806 Dichrophyllum Klotzsch et Garcke（1859）Nom. illegit. ≡ Lepadena Raf.（1838）；~ = Euphorbia L.（1753）［大戟科 Euphorbiaceae］●■

15807 Dichrospermum Bremek.（1952）= Spermacoce L.（1753）［茜草科 Rubiaceae//繁缕科 Alsinaceae］●■

15808 Dichrostachys（DC.）Wight et Arn.（1834）（保留属名）【汉】色穗木属（柏籍树属,代儿茶属,二色穗属,双色花属）。【英】Dichrostachys。【隶属】豆科 Fabaceae（Leguminosae）//含羞草科 Mimosaceae。【包含】世界 6-12 种,中国 1 种。【学名诠释与讨论】〈阴〉（希）di-,两个,双,二倍的 + chroa = chroia,所有格 chrotos =chros 颜色,外观,表面+stachys,穗,谷,长钉。指穗状花序具二色,即上部花为黄色,下部花为白色或玫瑰红色。此属的学名"Dichrostachys（DC.）Wight et Arn., Prodr. Fl. Ind. Orient.：271. Oct（prim.）1834"是保留属名,由"Desmanthus sect. Dichrostachys DC., Prodr. 2：445. Nov（med.）1825"改级而来。相应的废弃属名是豆科 Fabaceae 的"Cailliea Guill. et Perr. in Guillemin et al., Fl. Seneg. Tent.：239. 2 Jul 1832 = Dichrostachys

（DC.）Wight et Arn.（1834）（保留属名）"。IK 记载的 "Dichrostachys Wight et Arn., Prodr. Fl. Ind. Orient. 1：271. 1834 [10 Oct 1834]" 命名人引证有误，亦应废弃。【分布】中国，热带非洲至澳大利亚。【模式】Dichrostachys cinerea（Linnaeus）R. Wight et Arnott［Mimosa cinerea Linnaeus］。【参考异名】Cailliea Guill. et Perr.（1832）（废弃属名）；Dichostachys Kranss（1844）；Dichrostachys Wight et Arn.（1834）Nom. illegit.（废弃属名）●

15809　Dichrostachys Wight et Arn.（1834）Nom. illegit.（废弃属名）＝ Dichrostachys（DC.）Wight et Arn.（1834）（保留属名）［豆科 Fabaceae（Leguminosae）//含羞草科 Mimosaceae］●

15810　Dichrostylis Nakai ＝ Dichostylis P. Beauv.（1819）Nom. illegit.；～＝Scirpus L.（1753）（保留属名）［莎草科 Cyperaceae//藨草科 Scirpaceae］■

15811　Dichrotrichium Benth.（1876）Nom. illegit. ≡ Dichrotrichium Benth. et Hook. f.（1876）Nom. illegit.［苦苣苔科 Gesneriaceae］●☆

15812　Dichrotrichium Benth. et Hook. f.（1876）Nom. illegit.［苦苣苔科 Gesneriaceae］☆

15813　Dichrotrichum Reinw.（1856）Nom. illegit. ≡ Dichrotrichum Reinw. ex de Vriese（1856）［苦苣苔科 Gesneriaceae］●☆

15814　Dichrotrichum Reinw. ex de Vriese（1856）【汉】二色种毛苣苔属。【英】Dichrotrichum。【隶属】苦苣苔科 Gesneriaceae。【包含】世界 35 种。【学名诠释与讨论】〈中〉（希）di-，两个，双，二倍的+chroa＝chroia，所有格 chrotos＝chros 颜色，外观，表面+thrix，所有格 trichos，毛，毛发。此属的学名，ING，TROPICOS 和 IK 记载是 "Dichrotrichum Reinwardt ex W. H. de Vriese, Pl. Ind. Bat. Or. 7. t. 1-2. 14 Nov 1856"。"Dichrotrichum Reinw.（1856）≡ Dichrotrichum Reinw. ex de Vriese（1856）" 的命名人引证有误。晚出名称 "Dichrotrichium Benth. et Hook. f.（1876）" 似为此属的学名的拼写变体。亦有文献把 "Dichrotrichum Reinw. ex de Vriese（1856）" 处理为 "Agalmyla Blume（1826）" 的异名。【分布】菲律宾至新几内亚岛，加里曼丹岛，马来西亚。【模式】Dichrotrichum ternateum Reinwardt ex W. H. de Vriese。【参考异名】Agalmyla Blume（1826）；Agalmyla sect. Dichrotrichum（de Vriese）Hilliard et B. L. Burtt（2002）；Chalmersia F. Muell. ex S. Moore（1899）；Dichotrichum S. Moore（1899）；Tromsdorffia R. Br.■☆

15815　Dichylium Britton（1924）＝ Euphorbia L.（1753）；～＝Poinsettia Graham（1836）［大戟科 Euphorbiaceae］●■

15816　Dichynchosia Mull. Berol.（1858）Nom. illegit. ＝ Caldcluvia D. Don（1830）；～＝Dirhynchosia Blume（1855）；～＝Spiraeopsis Miq.（1856）Nom. inval.；～＝Dirhynchosia Blume（1855）；～＝Caldcluvia D. Don（1830）［火把树科（常绿棱枝树科，角瓣木科，库诺尼科，南蔷薇科，轻木科）Cunoniaceae］●☆

15817　Dickasonia L. O. Williams（1941）【汉】迪卡兰属（狄克兰属）。【英】Dickasonia。【隶属】兰科 Orchidaceae。【包含】世界 1 种。【学名诠释与讨论】〈阴〉（人）Mr. F. G. Dickason，植物学者。【分布】缅甸。【模式】Dickasonia vernicosa L. O. Williams。【参考异名】Kalimpongia Pradhan（1977）■☆

15818　Dickia Scop.（1777）Nom. illegit. ≡ Matourea Aubl.（1775）；～＝Stemodia L.（1759）（保留属名）［玄参科 Scrophulariaceae//婆婆纳科 Veronicaceae］■☆

15819　Dickinsia Franch.（1885）【汉】马蹄芹属（大苞芹属）。【英】Dickinsia，Hoofcelery。【隶属】伞形花科（伞形科）Apiaceae（Umbelliferae）。【包含】世界 1 种，中国 1 种。【学名诠释与讨论】〈阴〉（人）J. James（Jacobus）Dickson，1738-1822，英国植物学者。【分布】中国。【模式】Dickinsia hydrocotyloides Franchet。【参考异名】Cotylonia C. Norman（1922）■★

15820　Dicladanthera F. Muell.（1882）【汉】双枝药属。【隶属】爵床

科 Acanthaceae。【包含】世界 2-8 种。【学名诠释与讨论】〈阴〉（希）di-，两个，双，二倍的+klados，枝，芽，指小式 kladion，棍棒。kladodes 有许多枝子的+anthera，花药。【分布】澳大利亚（西部）。【模式】Dicladanthera forrestii F. v. Mueller。●☆

15821　Diclemia Naudin（1852）＝ Ossaea DC.（1828）［野牡丹科 Melastomataceae］●☆

15822　Diclidanthera Mart.（1827）【汉】轮蕊花属。【隶属】远志科 Polygalaceae//轮蕊花科 Diclidantheraceae。【包含】世界 2-8 种。【学名诠释与讨论】〈阴〉（希）diklis，所有格 diklidos，一种双重的或可折叠的门，有两个活门的+anthera，花药。【分布】秘鲁，玻利维亚。【后选模式】Diclidanthera laurifolia C. F. P. Martius。【参考异名】Pluchia Vell.（1829）●■☆

15823　Diclidantheraceae J. Agardh（1858）（保留科名）［亦见 Polygalaceae Hoffmanns. et Link（1809）［as ‘Polygalinae’］（保留科名）远志科］【汉】轮蕊花科。【包含】世界 1 属 2-8 种。【分布】玻利维亚，秘鲁。【科名模式】Diclidanthera Mart.（1827）●■☆

15824　Diclidium Schrad. ex Nees（1842）Nom. illegit. ≡ Torulinium Desv. ex Ham.（1825）；～＝Mariscus Gaertn.（1788）Nom. illegit.（废弃属名）；～＝Schoenus L.（1753）；～＝Rhynchospora Vahl（1805）［as ‘Rynchospora’］（保留属名）［莎草科 Cyperaceae］■

15825　Diclidocarpus A. Gray（1854）＝ Trichospermum Blume（1825）［椴树科（椴科，田麻科）Tiliaceae//锦葵科 Malvaceae］●☆

15826　Diclidostigma Kunze（1844）＝ Melothria L.（1753）［葫芦科（瓜科，南瓜科）Cucurbitaceae］■

15827　Diclinanona Diels（1927）【汉】双腺花属（秘巴番荔枝属）。【隶属】番荔枝科 Annonaceae。【包含】世界 2-3 种。【学名诠释与讨论】〈阴〉（希）di-，两个，双，二倍的+kline 床，来自 klino，倾斜，斜倚+anona＝annona，粮食。【分布】巴西，秘鲁，东部。【模式】Diclinanona tessmannii Diels。●☆

15828　Diclinothrys Endl.（1840）＝ Diclinotrys Raf.（1825）［百合科 Liliaceae//黑药花科（藜芦科）Melanthiaceae］■☆

15829　Diclinotris Raf.（1825）Nom. illegit. ≡ Diclinotrys Raf.（1825）Nom. illegit.；～＝ Abalon Adans.（1763）；～≡ Abalum Adans.（1763）Nom. illegit.；～≡ Helonias L.（1753）；～＝Chamaelirium Willd.（1808）［百合科 Liliaceae//黑药花科（藜芦科）Melanthiaceae//蓝药花科（胡麻花科）Heloniadaceae］■☆

15830　Dicliptera Juss.（1807）（保留属名）【汉】狗肝菜属（华九头狮子草属）。【日】ハグロサウ属，ハグロソウ属。【英】Dicliptera，Dogliverweed。【隶属】爵床科 Acanthaceae。【包含】世界 150 种，中国 5-6 种。【学名诠释与讨论】〈阴〉（希）diklis，一种双重的或可折叠的门，有二活门的+pteron，指小式 pteridion，翅。pteridios，有羽毛的。指二室的蒴果具翼。此属的学名 "Dicliptera Juss. in Ann. Mus. Natl. Hist. Nat. 9：267. Jul 1807" 是保留属名。相应的废弃属名是爵床科 Acanthaceae 的 "Diapedium K. D. Koenig in Ann. Bot.（König et Sims）2：189. 1 Jun 1805 ≡ Dicliptera Juss.（1807）（保留属名）"。【分布】巴基斯坦，巴拉圭，巴拿马，秘鲁，玻利维亚，厄瓜多尔，哥伦比亚（安蒂奥基亚），马达加斯加，美国（密苏里），尼加拉瓜，中国，热带和亚热带，中美洲。【模式】Dicliptera chinensis（Linnaeus）A. L. Jussieu［Justicia chinensis Linnaeus］。【参考异名】Adeloda Raf.（1838）；Brochosiphon Nees（1847）；Dactylostegium Nees（1847）；Diapedium K. D. König（1840）Nom. illegit.（废弃属名）；Kuniria Raf.（1838）；Solenochasma Fenzl（1844）■

15831　Diclis Benth.（1836）【汉】双盖玄参属。【隶属】玄参科 Scrophulariaceae。【包含】世界 10 种。【学名诠释与讨论】〈阴〉（希）diklis，一种双重的或可折叠的门，有二活门的。【分布】马达加斯加，热带和非洲南部。【后选模式】Diclis reptans Bentham。

■☆

15832　Diclythra Raf.（1824）= Dicentra Bernh.（1833）（保留属名）［罂粟科 Papaveraceae//紫堇科（荷苞牡丹科）Fumariaceae］■

15833　Diclytra Borkh.（1797）（废弃属名）≡ Dicentra Bernh.（1833）（保留属名）［罂粟科 Papaveraceae//紫堇科（荷苞牡丹科）Fumariaceae］■

15834　Dicneckeria Vell.（1829）= Euplassa Salisb. ex Knight（1809）［山龙眼科 Proteaceae］●☆

15835　Dicocca Thouars（1806）= Dicoryphe Thouars（1804）［金缕梅科 Hamamelidaceae］●☆

15836　Dicodon Ehrh.（1789）= Linnaea L.（1753）［忍冬科 Caprifoliaceae//北极花科 Linnaeaceae］●

15837　Dicoelia Benth.（1879）【汉】双穴大戟属。【隶属】大戟科 Euphorbiaceae。【包含】世界 2-3 种。【学名诠释与讨论】〈阴〉（希）di-，两个，双，二倍的+koilos，空穴。koilia，腹。【分布】马来西亚，印度尼西亚（苏门答腊岛），加里曼丹岛。【模式】Dicoelia beccariana Bentham。

15838　Dicoelospermum C. B. Clarke（1897）【汉】双腔籽属。【隶属】葫芦科（瓜科，南瓜科）Cucurbitaceae。【包含】世界 1 种。【学名诠释与讨论】〈中〉（希）di-，两个，双，二倍的+koilos，空穴，koilia 腹+sperma，所有格 spermatos，种子，孢子。【分布】印度（南部）。【模式】Dicoelospermum ritchiei C. B. Clarke。【参考异名】Dicaelosperma E. G. O. Muell. et Pax，Nom. illegit.；Dicaelospermum C. B. Clarke（1879）Nom. illegit.■☆

15839　Dicolus Phil.（1873）= Zephyra D. Don（1832）［蒂可花科（百鸢科，基叶草科）Tecophilaeaceae］■☆

15840　Dicoma Cass.（1817）【汉】木菊属（鳞苞菊属）。【隶属】菊科 Asteraceae（Compositae）。【包含】世界 32-65 种。【学名诠释与讨论】〈阴〉（希）di-，两个，双，二倍的+kome，毛发，束毛，冠毛，来自拉丁文 coma。【分布】巴基斯坦，非洲，马达加斯加，印度，中美洲。【模式】Dicoma tomentosa Cassini。【参考异名】Brachyachaenium Baker（1896）；Brachyachenium Baker（1890）；Cloiselia S. Moore（1906）；Cryptostephane Sch. Bip.（1844）；Cullumiopsis Drake（1899）；Cypselodontia DC.（1838）；Hochstetteria DC.（1838）；Macledium Cass.（1825）；Nitelium Cass.（1825）；Rhigiothamnus（Less.）Spach（1841）；Rhigiothamnus Spach（1841）Nom. illegit.；Schaeffnera Benth. et Hook. f.（1873）；Schaffnera Sch. Bip.（1841）；Steirocoma（DC.）Rchb.（1841）；Steirocoma Rchb.（1841）Nom. illegit.；Tibestina Maire（1932）；Xeropappus Wall.（1831）●☆

15841　Dicomopsis S. Ortiz（2013）【汉】拟木菊属。【隶属】菊科 Asteraceae（Compositae）。【包含】世界 1 种。【学名诠释与讨论】〈阴〉（属）Dicoma 木菊属（鳞苞菊属）+希腊文 opsis，外观，模样，相似。【分布】安哥拉。【模式】Dicomopsis welwitschii（O. Hoffm.）S. Ortiz［Dicoma welwitschii O. Hoffm.］。☆

15842　Diconangia Adans.（1763）Nom. illegit. ≡ Itea L.（1753）［虎耳草科 Saxifragaceae//鼠刺科 Iteaceae//南美鼠刺科（吊片果科，鼠刺科，夷鼠刺科）Escalloniaceae］●

15843　Diconangia Mitch. ex Adans.（1763）Nom. illegit. ≡ Diconangia Adans.（1763）；~ ≡ Itea L.（1753）［虎耳草科 Saxifragaceae//鼠刺科 Iteaceae//南美鼠刺科（吊片果科，鼠刺科，夷鼠刺科）Escalloniaceae］●

15844　Dicondra Raf.= Dichondra J. R. Forst. et G. Forst.（1775）［旋花科 Convolvulaceae//马蹄金科 Dichondraceae）］■

15845　Dicophe Roem.（1809）= Dicoryphe Thouars（1804）［金缕梅科 Hamamelidaceae］●☆

15846　Dicoria Torr. et A. Gray（1859）【汉】双虫菊属。【英】Desert Twinbugs。【隶属】菊科 Asteraceae（Compositae）。【包含】世界 4-5 种。【学名诠释与讨论】〈阴〉（希）di-，两个，双，二倍的+koris，臭虫。【分布】美国（西南部），墨西哥。【模式】Dicoria canescens J. Torrey。●■☆

15847　Dicorynea Lindl.（1847）Nom. inval.［豆科 Fabaceae（Leguminosae）］☆

15848　Dicorynia Benth.（1840）【汉】双柱苏木属。【隶属】豆科 Fabaceae（Leguminosae）。【包含】世界 1-2 种。【学名诠释与讨论】〈阴〉（希）di-，两个，双，二倍的+coryne，棍棒。【分布】几内亚和亚马孙河流域。【模式】Dicorynia paraensis Bentham。●☆

15849　Dicorypha R. Hedw.（1806）= Dicoryphe Thouars（1804）［金缕梅科 Hamamelidaceae］●☆

15850　Dicoryphe Thouars（1804）【汉】双扇梅属。【隶属】金缕梅科 Hamamelidaceae。【包含】世界 10-22 种。【学名诠释与讨论】〈阴〉（希）di-，两个，双，二倍的+koryphe，顶，头，头盔。【分布】科摩罗，马达加斯加。【模式】Dicoryphe stipulacea Jaume Saint-Hilaire。【参考异名】Diania Noronha ex Tul.（1857）；Dicocca Thouars（1806）；Dicophe Roem.（1809）；Dicorypha R. Hedw.（1806）；Glycoxylum Capelier ex Tul.●☆

15851　Dicraea Tul.（1849）= Dicraeia Thouars（1806）Nom. illegit.；~ = Podostemum Michx.（1803）［髯管花科 Geniostomaceae］■☆

15852　Dicraeanthus Engl.（1905）【汉】叉花苔草属。【隶属】髯管花科 Geniostomaceae。【包含】世界 2-4 种。【学名诠释与讨论】〈阳〉（希）dikraios，开叉的+anthos，花。【分布】热带非洲。【模式】Dicraeanthus africanus Engler。☆

15853　Dicraeia Thouars（1806）Nom. illegit. ≡ Podostemum Michx.（1803）［髯管花科 Geniostomaceae］■☆

15854　Dicraeopetalum Harms（1902）【汉】二叉豆属。【隶属】豆科 Fabaceae（Leguminosae）//蝶形花科 Papilionaceae。【包含】世界 1-3 种。【学名诠释与讨论】〈中〉（希）dikraios，开叉的+希腊文 petalos，扁平的，铺开的；petalon，花瓣，叶，花叶，金属叶子；拉丁文的花瓣为 petalum。【分布】索马里兰地区。【模式】Dicraeopetalum stipulare Harms。【参考异名】Lovanafia M. Peltier（1972）●☆

15855　Dicrama Klatt（1864）Nom. illegit. = Dierama K. Koch et C. D. Bouché（1854）Nom. illegit.；~ = Dierama K. Koch（1855）［鸢尾科 Iridaceae］■☆

15856　Dicranacanthus Oerst.（1854）= Barleria L.（1753）［爵床科 Acanthaceae］●■

15857　Dicrananthera C. Presl（1832）【汉】叉药野牡丹属。【隶属】野牡丹科 Melastomataceae。【包含】世界 2 种。【学名诠释与讨论】〈阴〉（希）dikranon，二叉状的 + anthera，花药。【分布】参见 Anisanthera Raf。【模式】Dicrananthera hedyotidea K. B. Presl。【参考异名】Anisanthera Raf.（1837）■☆

15858　Dicranilla（Fenzl）Rchb.= Arenaria L.（1753）［石竹科 Caryophyllaceae］■

15859　Dicrannsiegia（A. Gray）Pennell = Cordylanthus Nutt. ex Benth.（1846）（保留属名）［玄参科 Scrophulariaceae//列当科 Orobanchaceae］■☆

15860　Dicranocarpus A. Gray（1854）【汉】草耙菊属（叉果菊属）。【英】Pitchfork。【隶属】菊科 Asteraceae（Compositae）。【包含】世界 1 种。【学名诠释与讨论】〈阳〉（希）dikranon，二叉状的+karpos，果实。【分布】美国（南部），墨西哥。【模式】Dicranocarpus parviflorus A. Gray［Heterospermum dicranocarpum A. Gray］。【参考异名】Wootonia Greene（1898）■☆

15861　Dicranolepis Planch.（1848）【汉】叉鳞瑞香属。【隶属】瑞香科 Thymelaeaceae。【包含】世界 6-20 种。【学名诠释与讨论】〈阴〉

（希）dikranon，二叉状的+lepis，所有格 lepidos，指小式 lepion 或 lepidion，鳞，鳞片。lepidotos，多鳞的。lepos，鳞，鳞片。【分布】热带非洲。【模式】Dicranolepis disticha J. E. Planchon ［as 'distichas'］。●☆

15862　Dicranopetalum C. Presl（1845）= Toulicia Aubl.（1775）［无患子科 Sapindaceae］●☆

15863　Dicranopygium Harling（1954）【汉】叉臀草属。【隶属】巴拿马草科（环花科）Cyclanthaceae。【包含】世界 49 种。【学名诠释与讨论】〈阴〉（希）dikranon，二叉状的+pyge，臀+-ius，-ia，-ium，在拉丁文和希腊文中，这些词尾表示性质或状态。【分布】巴拿马，秘鲁，厄瓜多尔，哥伦比亚（安蒂奥基亚），哥斯达黎加，尼加拉瓜，中美洲。【模式】Dicranopygium microcephalum（J. D. Hooker）Harling［Carludovica microcephala J. D. Hooker］。■☆

15864　Dicranostachys Trécul（1847）【汉】叉穗伞树属。【隶属】蚁栖树科（号角树科，南美伞科，南美伞树科，伞树科，锥头麻科）Cecropiaceae。【包含】世界 1 种。【学名诠释与讨论】〈阴〉（希）dikranon，二叉状的+stachys，穗。此属的学名是"Dicranostachys Trécul, Ann. Sci. Nat. Bot. ser. 3. 8: 85. Jul-Dec 1847"。亦有文献把其处理为"Myrianthus P. Beauv.（1805）"的异名。【分布】美国（加利福尼亚）。【模式】Dicranostachys serrata Trécul。【参考异名】Myrianthus P. Beauv.（1805）●☆

15865　Dicranostegia（A. Gray）Pennell（1947）= Cordylanthus Nutt. ex Benth.（1846）（保留属名）［玄参科 Scrophulariaceae//列当科 Orobanchaceae］■☆

15866　Dicranostigma Hook. f. et Thomson（1855）【汉】秃疮花属。【英】Dicranostigma, Favusheadflower。【隶属】罂粟科 Papaveraceae。【包含】世界 3-6 种，中国 3-6 种。【学名诠释与讨论】〈中〉（希）dikranon，二叉状的+stigma，所有格 stigmatos，柱头，眼点。指柱头二叉裂。【分布】中国，喜马拉雅山。【模式】Dicranostigma lactucoides J. D. Hooker et T. Thomson。■

15867　Dicranostyles Benth.（1846）【汉】叉柱旋花属。【隶属】旋花科 Convolvulaceae。【包含】世界 15 种。【学名诠释与讨论】〈阴〉（希）dikranon，二叉状的+stylos =拉丁文 style，花柱，中柱，有尖之物，桩，柱，支持物，支柱，石头做的界标。【分布】秘鲁，玻利维亚，厄瓜多尔，哥斯达黎加，热带南美洲，中美洲。【模式】Dicranostyles scandens Bentham。【参考异名】Kuhlmanniella Barroso（1945）■☆

15868　Dicranotaenia Finer（1907）= Microcoelia Lindl.（1830）［兰科 Orchidaceae］■☆

15869　Dicraspidia Standl.（1929）【汉】叉盾椴属。【隶属】椴树科（椴科，田麻科）Tiliaceae//文定果科 Muntingiaceae。【包含】世界 1 种。【学名诠释与讨论】〈阴〉（希）dikranon，二叉状的+aspis，所有格 aspidos，指小式 aspidion 盾。【分布】中美洲。【模式】Dicraspidia donnell-smithii Standley。●☆

15870　Dicrastyles Benth. et Hook. f.（1870）= Dicrastylis Drumm. ex Harv.（1855）（保留属名）［唇形科 Lamiaceae（Labiatae）//离柱花科 Dicrastylidaceae//马鞭草科 Verbenaceae］●☆

15871　Dicrastylidaceae J. Drumrn. ex Harv.（1855）［亦见 Chloanthaceae Hutch. 连药灌科、Labiatae Juss.（保留科名）// Lamiaceae Martinov（保留科名）唇形科和 Verbenaceae J. St. -Hil.（保留科名）马鞭草科］【汉】离柱花科。【包含】世界 14 属 90 种。【分布】马达加斯加，澳大利亚，太平洋地区，热带非洲。【科名模式】Dicrastylis Drumm. ex Harv.●☆

15872　Dicrastylis Drumm. ex Harv.（1855）（保留属名）【汉】离柱花属（毛梗马鞭草属）。【隶属】唇形科 Lamiaceae（Labiatae）//离柱花科 Dicrastylidaceae//马鞭草科 Verbenaceae。【包含】世界 28 种。【学名诠释与讨论】〈阴〉（希）dikranon，二叉状的+stylos =拉丁

文 style，花柱，中柱，有尖之物，桩，柱，支持物，支柱，石头做的界标。此属的学名"Dicrastylis Drumm. ex Harv., Hooker's J. Bot. Kew Gard. Misc. 7: 56. 1855"是保留属名。相应的废弃属名是唇形科 Lamiaceae（Labiatae）//马鞭草科 Verbenaceae］"Mallophora Endl., Ann. Wien Mus. 2: 206. 1839 = Dicrastylis Drumm. ex Harv.（1855）（保留属名）"和"Lachnocephalus Turcz., Bull. Soc. Nat. Mosc. 22（2）: 36. 1849 = Dicrastylis Drumm. ex Harv.（1855）（保留属名）"。【分布】澳大利亚。【后选模式】Dicrastylis fulva J. Drummond ex W. H. Harvey。【参考异名】Dicrastyles Benth. et Hook. f.（1870）；Dicrostylis Post et Kuntze（1903）●☆

15873　Dicraurus Hook. f.（1880）= Iresine P. Browne（1756）（保留属名）［苋科 Amaranthaceae］■●

15874　Dicrobotryon Endl.（1838）Nom. inval.［茜草科 Rubiaceae］☆

15875　Dicrobotryum Humb. et Bonpl. ex Willd.（1819）= Guettarda L.（1753）［茜草科 Rubiaceae//海岸桐科 Guettardaceae］●

15876　Dicrobotryum Schult.（1819）= Guettarda L.（1753）［茜草科 Rubiaceae//海岸桐科 Guettardaceae］●

15877　Dicrobotryum Willd. ex Roem. et Schult.（1819）Nom. illegit. = Guettarda L.（1753）［茜草科 Rubiaceae//海岸桐科 Guettardaceae］●

15878　Dicrobotryum Willd. ex Schult.（1819）Nom. illegit. ≡ Dicrobotryum Schult.（1819）；~ = Guettarda L.（1753）［茜草科 Rubiaceae//海岸桐科 Guettardaceae］●

15879　Dicrocaulon N. E. Br.（1928）【汉】银杯玉属。【隶属】番杏科 Aizoaceae。【包含】世界 12 种。【学名诠释与讨论】〈阴〉（希）dikranon，二叉状的+kaulon 茎。【分布】非洲南部。【模式】Dicrocaulon pearsonii N. E. Brown。■☆

15880　Dicrocephala Royle（1835）= Dichrocephala L' Hér. ex DC.（1833）［菊科 Asteraceae（Compositae）］■

15881　Dicrophyla Raf.（1838）Nom. illegit. = Ludisia A. Rich.（1825）［兰科 Orchidaceae］■

15882　Dicrosperma H. Wendl. et Drude ex W. Watson（1885）Nom. illegit. ≡ Dictyosperma H. Wendl. et Drude（1875）［棕榈科 Arecaceae（Palmae）］●☆

15883　Dicrosperma W. Watson（1885）Nom. illegit. ≡ Dicrosperma H. Wendl. et Drude ex W. Watson（1885）Nom. illegit.；~ ≡ Dictyosperma H. Wendl. et Drude（1875）［棕榈科 Arecaceae（Palmae）］●☆

15884　Dicrostylis Post et Kuntze（1903）= Dicrastylis Drumm. ex Harv.（1855）（保留属名）［唇形科 Lamiaceae（Labiatae）//离柱花科 Dicrastylidaceae//马鞭草科 Verbenaceae］●☆

15885　Dicrus Reinw.（1823）= Voacanga Thouars（1806）［夹竹桃科 Apocynaceae］●

15886　Dicrypta Lindl.（1830）= Maxillaria Ruiz et Pav.（1794）［兰科 Orchidaceae］■☆

15887　Dictamnaceae Trautv.［亦见 Rutaceae Juss.（保留科名）芸香科］【汉】白鲜科。【包含】世界 1 属 1-5 种，中国 1 属 1 种。【分布】欧洲中南部至东西伯利亚和中国北方。【科名模式】Dictamnus L.■

15888　Dictamnaceae Vest（1818）= Rutaceae Juss.（保留科名）●■

15889　Dictamnus Hill. = Origanum L.（1753）［唇形科 Lamiaceae（Labiatae）］●■

15890　Dictamnus L.（1753）【汉】白鲜属。【日】ハクセン属。【俄】Бадьян，Горюн-трава，Диктамнус，Купина неопалимая，Ясенец。【英】Burning Bush, Burningbush, Dittany, Fraxinella, Gas Plant。【隶属】芸香科 Rutaceae//白鲜科 Dictamnaceae。【包含】世界 1-5 种，中国 1 种。【学名诠释与讨论】〈阳〉（希）dictamnos，白鲜的

希腊古名。来自克里特岛上的 Dicte 山。此属的学名，ING、TROPICOS 和 IK 记载是"Dictamnus Linnaeus, Sp. Pl. 383. 1 Mai 1753"。"Dictamnus Mill., Gard. Dict. Abr., ed. 4. (1754) = Amaracus Gled. (1764)（保留属名）［唇形科 Lamiaceae(Labiatae)］"和"Dictamnus Zinn, Cat. Pl. Gott. 316. 20 Apr–21 Mai 1757 ≡ Amaracus Gled. (1764)（保留属名）［唇形科 Lamiaceae(Labiatae)］"是晚出的非法名称。【分布】巴基斯坦，中国，欧洲中南部至东西伯利亚。【模式】Dictamnus albus Linnaeus。【参考异名】Fraxinella Mill. (1754)■

15891 Dictamnus Mill. (1754) Nom. illegit. = Amaracus Gled. (1764)（保留属名）［唇形科 Lamiaceae(Labiatae)］●■☆

15892 Dictamnus Zinn (1757) Nom. illegit. ≡ Amaracus Gled. (1764)（保留属名）［唇形科 Lamiaceae(Labiatae)］●■☆

15893 Dictamus S. G. Gmel. (176) Nom. illegit. ［芸香科 Rutaceae］☆

15894 Dictilis Raf. (1837) = Clinopodium L. (1753)［唇形科 Lamiaceae(Labiatae)］■●

15895 Dictyaloma Walp. (1842) Nom. inval. = Dictyoloma A. Juss. (1825)（保留属名）［芸香科 Rutaceae］●☆

15896 Dictyandra Welw. ex Benth. et Hook. f. (1873)【汉】网蕊茜属。【隶属】茜草科 Rubiaceae。【包含】世界 2 种。【学名诠释与讨论】〈阴〉(希)diktyon, 指小式 diktydion, 网+aner, 所有格 andros, 雄性, 雄蕊。此属的学名, ING 和 IK 记载是"Dictyandra Welw. ex Benth. et Hook. f., Gen. Pl. [Bentham et Hooker f.]2(1):85. 1873 [7-9 Apr 1873]"。TROPICOS 则记载为"Dictyandra Welw. ex Hook. f., Gen. Pl. 2:85, 1873"。"Dictyaloma Walp. (1842)"是一个未合格发表的名称(Nom. inval.)。【分布】热带非洲西部。【模式】Dictyandra arborescens Welwitsch ex Bentham et J. D. Hooker。【参考异名】Dictyandra Welw. ex Hook. f. (1873) Nom. illegit. ●☆

15897 Dictyandra Welw. ex Hook. f. (1873) Nom. illegit. = Dictyandra Welw. ex Benth. et Hook. f. (1873)［茜草科 Rubiaceae］●☆

15898 Dictyanthes Raf. (1832) = Aristolochia L. (1753)［马兜铃科 Aristolochiaceae］■●

15899 Dictyanthex Raf. = Aristolochia L. (1753)［马兜铃科 Aristolochiaceae］■●

15900 Dictyanthus Decne. (1844) = Matelea Aubl. (1775)［萝藦科 Asclepiadaceae］●☆

15901 Dictyocalyx Hook. f. (1846) = Cacabus Bernh. (1839) Nom. illegit. ;~ = Exodeconus Raf. (1838)［茄科 Solanaceae］■☆

15902 Dictyocarpus Wight (1837)【汉】网果锦葵属。【隶属】锦葵科 Malvaceae。【包含】世界 1 种。【学名诠释与讨论】〈阳〉(希)diktyon, 指小式 diktydion, 网+karpos, 果实。此属的学名是"Dictyocarpus R. Wight, Madras J. Lit. Sci. 5: 310. Apr 1837"。亦有文献把其处理为"Sida L. (1753)"的异名。【分布】热带非洲, 印度。【模式】Dictyocarpus truncatus (Willdenow) R. Wight [Melochia truncata Willdenow]。【参考异名】Sida L. (1753)●☆

15903 Dictyocaryum H. Wendl. (1860)【汉】网果棕（金椰属，网实桐属，网实椰子属，网籽椰属）。【英】Princess Palm。【隶属】棕榈科 Arecaceae(Palmae)。【包含】世界 1-2 种。【学名诠释与讨论】〈中〉(希)diktyon, 指小式 diktydion, 网+karyon, 核, 坚果。【分布】热带南美洲。【后选模式】Dictyocaryum lamarckianum (C. F. P. Martius) H. Wendland。【参考异名】Dahlgrenia Steyerm. (1952)●☆

15904 Dictyochloa (Murb.) E. G. Camus (1900) = Ammochloa Boiss. (1854)［禾本科 Poaceae(Gramineae)］■☆

15905 Dictyochloa E. G. Camus (1900) Nom. illegit. ≡ Dictyochloa (Murb.) E. G. Camus (1900) ;~ = Ammochloa Boiss. (1854)［禾本科 Poaceae(Gramineae)］■☆

15906 Dictyodaphne Blume (1851) Nom. illegit. = Endiandra R. Br. (1810)［樟科 Lauraceae］●

15907 Dictyolimon Rech. f. (1974)【汉】网脉补血草属。【隶属】白花丹科（矶松科，蓝雪科）Plumbaginaceae。【包含】世界 4 种。【学名诠释与讨论】〈阳〉(希)diktyon, 指小式 diktydion, 网+leimonion, 植物古名。来自 leimon 沼泽, 湿润草地。【分布】阿富汗, 巴基斯坦, 印度。【模式】Dictyolimon macrorrhabdos (Boissier) K. H. Rechinger fil. [Statice macrorrhabdos Boissier]。■☆

15908 Dictyoloma A. Juss. (1825)（保留属名）【汉】网边芸香属。【隶属】芸香科 Rutaceae。【包含】世界 2 种。【学名诠释与讨论】〈中〉(希)diktyon, 指小式 diktydion, 网+loma, 所有格 lomatos, 袍的边缘。此属的学名"Dictyoloma A. Juss. in Mém. Mus. Hist. Nat. 12:499. 1825"是保留属名。法规未列出相应的废弃属名。【分布】巴西, 秘鲁。【模式】Dictyoloma vandellianum A. H. L. Jussieu。【参考异名】Benjamina Vell. (1829); Dictyoloma Walp. (1842); Dyctioloma DC. (1825); Webbia Ruiz et Pav. ex Engl. ●☆

15909 Dictyoneura Blume (1849)【汉】网脉无患子属。【隶属】无患子科 Sapindaceae。【包含】世界 2 种。【学名诠释与讨论】〈阴〉(希)diktyon, 指小式 diktydion, 网+neuron, 脉。【分布】马来西亚。【后选模式】Dictyoneura acuminata Blume。●☆

15910 Dictyopetalum (Fisch. et C. A. Mey.) Baill. (1884) = Oenothera L. (1753)［柳叶菜科 Onagraceae］●■

15911 Dictyopetalum Fisch. et C. A. Mey. (1835) Nom. illegit. ≡ Dictyopetalum (Fisch. et C. A. Mey.) Baill. (1884); ~ = Oenothera L. (1753)［柳叶菜科 Onagraceae］●■

15912 Dictyopetalum Fisch. et C. A. Mey. ex Baill. (1884) Nom. illegit. ≡ Dictyopetalum (Fisch. et C. A. Mey.) Baill. (1884) = ; ~ Oenothera L. (1753)［柳叶菜科 Onagraceae］●■

15913 Dictyophleba Pierre (1898)【汉】网脉夹竹桃属。【隶属】夹竹桃科 Apocynaceae。【包含】世界 5 种。【学名诠释与讨论】〈阴〉(希)diktyon, 指小式 diktydion, 网+phleps, 所有格 phlebos, 脉。【分布】热带非洲。【模式】Dictyophleba lucida (K. Schumann) Pierre [Landolphia lucida K. Schumann]。【参考异名】Sclerodictyon Pierre(1898)●☆

15914 Dictyophragmus O. E. Schulz (1933)【汉】网篱笆属。【隶属】十字花科 Brassicaceae(Cruciferae)。【包含】世界 2 种。【学名诠释与讨论】〈阴〉(希)diktyon, 指小式 diktydion, 网+phragma, 所有格 phragmatos, 篱笆。【分布】秘鲁。【模式】Dictyophragmus englerianus (Muschler) O. E. Schulz [Streptanthus englerianus Muschler]。■☆

15915 Dictyophyllaria Garay (1986)【汉】网叶兰属。【隶属】兰科 Orchidaceae。【包含】世界 1 种。【学名诠释与讨论】〈阴〉(希)diktyon, 指小式 diktydion, 网+phyllon, 叶子+-arius, -aria, -arium, 指示"属于、相似、具有、联系"的词尾。【分布】巴西。【模式】Dictyophyllaria dietschiana (G. Edwall) L. A. Garay [Vanilla dietschiana G. Edwall]。■☆

15916 Dictyopsis Harv. ex Hook. f. (1867) Nom. illegit. ≡ Behnia Didr. (1855)［菝葜科 Smilacaceae//两型花科 Behniaceae//智利花科（垂花科，金钟木科，喜爱花科）Philesiaceae］●☆

15917 Dictyosperma H. Wendl. et Drude (1875)【汉】网实棕属（环羽椰属，金棕属，飓风椰属，飓风棕属，双util椰属，网脉种子棕属，网实椰子属，网子椰子属，网籽桐属）。【日】アミダネヤシ属。【英】Princess Palm。【隶属】棕榈科 Arecaceae(Palmae)。【包含】世界 1-3 种。【学名诠释与讨论】〈中〉(希)diktyon, 指小式 diktydion, 网+sperma, 所有格 spermatos, 种子, 孢子。指种子具网纹。此属的学名, ING、TROPICOS 和 IK 记载是"Dictyosperma H.

Wendland et Drude, Linnaea 39：181. Jun 1875"。"Dictyosperma Regel, Descr. Pl. Nov. Rar. Fedtsch. 5. 1882［Jan–Mar 1882］≡ Pirea T. Durand（1888）Rorippa Scop.（1760）［十字花科 Brassicaceae（Cruciferae）］"和"Dictyosperma Post et Kuntze（1903）Nom. illegit. =Dyctisperma Raf.（1838）［蔷薇科 Rosaceae］"是晚出的非法名称。"Dicrosperma H. Wendland et Drude ex W. Watson, Gard. Chron. ser. 2. 24：362. 1885"和"Linoma O. F. Cook, J. Wash. Acad. Sci. 7：123. 4 Mar 1917"是"Dictyosperma H. Wendl. et Drude（1875）"的晚出的同模式异名（Homotypic synonym, Nomenclatural synonym）。【分布】巴基斯坦,马斯克林群岛。【模式】Dictyosperma album（Bory de St. – Vincent）H. Wendland et Drude ex Scheffer。【参考异名】Dicrosperma H. Wendl. et Drude ex W. Watson（1885）Nom. illegit. ; Dicrosperma W. Watson（1885）; Dyctosperma H. Wendl.（1878）; Linoma O. F. Cook（1917）Nom. illegit. ●☆

15918 Dictyosperma Post et Kuntze（1903）Nom. illegit. = Dyctisperma Raf.（1838）; ~ = Rubus L.（1753）［蔷薇科 Rosaceae］●■

15919 Dictyosperma Regel（1882）Nom. illegit. ≡ Pirea T. Durand（1888）; ~ = Rorippa Scop.（1760）［十字花科 Brassicaceae（Cruciferae）］■

15920 Dictyospermum Wight（1853）【汉】网籽草属。【英】Netseed, Netseedgrass。【隶属】鸭趾草科 Commelinaceae。【包含】世界4-10种,中国1-2种。【学名诠释与讨论】〈中〉（希）diktyon,指小式 diktydion,网+sperma,所有格 spermatos,种子,孢子。指种脊有网纹。此属的学名是"Dictyospermum R. Wight, Icon. Pl. Ind. Or. 6：29. Mar 1853"。亦有文献把其处理为"Aneilema R. Br.（1810）"的异名。【分布】马来西亚,斯里兰卡,印度,中国,中南半岛,喜马拉雅山。【后选模式】Dictyospermum montanum R. Wight。【参考异名】Aneilema R. Br.（1810）; Piletocarpus Hassk.（1866）; Rhopalephora Hassk.（1864）●■

15921 Dictyospora Hook. f. =Dyctiospora Reinw. ex Korth.（1851）; ~ = Hedyotis L.（1753）（保留属名）［茜草科 Rubiaceae］●■

15922 Dictyostega Miers（1840）【汉】网盖水玉簪属。【隶属】水玉簪科 Burmanniaceae。【包含】世界2种。【学名诠释与讨论】〈阴〉（希）diktyon,指小式 diktydion,网+stege, stegos,盖子。此属的学名,ING、GCI、TROPICOS 和 IK 记载是"Dictyostega Miers, Proc. Linn. Soc. London 1（7）：61. 1840［Apr 1840］"。【分布】巴拿马,秘鲁,玻利维亚,厄瓜多尔,哥伦比亚（安蒂奥基亚）,哥斯达黎加,墨西哥,尼加拉瓜,中美洲。【后选模式】Dictyostega orobanchioides（W. J. Hooker）Miers［Apteria orobanchioides W. J. Hooker］。【参考异名】Dictyostegia Walp. ■☆

15923 Dictyostegia Benth. et Hook. f.（1883）Nom. inval. , Nom. illegit. ≡Dictyostega Miers（1840）［水玉簪科 Burmanniaceae］■☆

15924 Dictyostegia Walp. = Dictyostega Miers（1840）［水玉簪科 Burmanniaceae］■☆

15925 Dictysperma Raf. = Dyctisperma Raf.（1838）; ~ = Rubus L.（1753）［蔷薇科 Rosaceae］●■

15926 Dicyclophora Boiss.（1844）【汉】双环芹属。【隶属】伞形花科（伞形科）Apiaceae（Umbelliferae）。【包含】世界1种。【学名诠释与讨论】〈阴〉（希）di–,两个,双,二倍的+kyklos,轮子,环+phoros,具有,梗,负载,发现者。【分布】伊朗。【模式】Dicyclophora persica Boissier。■☆

15927 Dicymanthes Danser（1929）= Amyema Tiegh.（1894）; ~ = Loranthus Jacq.（1762）（保留属名）［桑寄生科 Loranthaceae］●

15928 Dicymbe Spruce ex Benth.（1865）Nom. illegit. =Dicymbe Spruce ex Benth. et Hook. f.（1865）［豆科 Fabaceae（Leguminosae）//云实科（苏木科）Caesalpiniaceae］■☆

15929 Dicymbe Spruce ex Benth. et Hook. f.（1865）【汉】天篷豆属。【隶属】豆科 Fabaceae（Leguminosae）//云实科（苏木科）Caesalpiniaceae。【包含】世界16种。【学名诠释与讨论】〈阴〉（希）di–,两个,双,二倍的+kymbos =kymbe,指小式 kymbion,杯,小舟。此属的学名, ING 和 IK 记载是"Dicymbe Spruce ex Bentham et Hook. f. , Gen. 1：564. 19 Oct 1865"。TROPICOS 则记载为"Dicymbe Spruce ex Benth. , Gen. Pl. 1：564, 1865"。三者引用的文献相同。【分布】热带南美洲南部。【模式】Dicymbe corymbosa Spruce ex Bentham。【参考异名】Dicymbe Spruce ex Benth.（1865）Nom. illegit. ■☆

15930 Dicymbopsis Ducke（1949）= Dicymbe Spruce ex Benth. et Hook. f.（1865）［豆科 Fabaceae（Leguminosae）//云实科（苏木科）Caesalpiniaceae］■☆

15931 Dicypellium Nees et Mart.（1833）【汉】丁香桂属（丁香皮树属,香皮桂属）。【隶属】樟科 Lauraceae。【包含】世界2种。【学名诠释与讨论】〈中〉（希）di–,两个,双,二倍的+kepellon,杯。此属的学名, ING 和 TROPICOS 记载是"Dicypellium C. G. D. Nees et C. F. P. Martius in C. G. D. Nees, Pl. Laur. Expos. 14. 1833"。IK 则记载为"Dicypellium Nees, Progr. 14（1838）; Laurin. Expos. 14（1836）"; 这是晚出的非法名称。【分布】巴西。【模式】Dicypellium caryophyllatum C. G. D. Nees et C. F. P. Martius。【参考异名】Dicypellium Nees（1838）Nom. illegit. ●☆

15932 Dicypellium Nees（1838）Nom. illegit. ≡ Dicypellium Nees et Mart.（1833）［樟科 Lauraceae］●☆

15933 Dicyrta Regel（1849）【汉】二弯苣苔属。【英】Dicyrta。【隶属】苦苣苔科 Gesneriaceae。【包含】世界3种。【学名诠释与讨论】〈阴〉（希）di–,两个,双,二倍的+kyrtos,弯曲的,弓形的。此属的学名是"Dicyrta Regel, Flora 32：181. 28 Mar 1849"。亦有文献把其处理为"Achimenes Pers.（1806）（保留属名）"的异名。【分布】中美洲。【模式】Dicyrta warszewicziana Regel。【参考异名】Achimenes Pers.（1806）（保留属名）■☆

15934 Didactyle Lindl.（1852）= Bulbophyllum Thouars（1822）（保留属名）［兰科 Orchidaceae］■

15935 Didactylon Moritzi（1845–1846）Nom. illegit. ≡Didactylon Zoll. et Moritzi（1845–1846）; ~ = Dimeria R. Br.（1810）［禾本科 Poaceae（Gramineae）］■

15936 Didactylon Zoll. et Moritzi（1845–1846）= Dimeria R. Br.（1810）［禾本科 Poaceae（Gramineae）］■

15937 Didactylus（Luer）Luer（2004）Nom. inval. ≡ Didactylus Luer（2005）; ~ =Pleurothallis R. Br.（1813）［兰科 Orchidaceae］■☆

15938 Didactylus Luer（2005）= Pleurothallis R. Br.（1813）［兰科 Orchidaceae］■☆

15939 Didaste E. Mey. ex Harv. et Sond.（1862）= Acrosanthes Eckl. et Zeyh.（1837）［番杏科 Aizoaceae］■☆

15940 Didelotia Baill.（1865）【汉】代德苏木属。【隶属】豆科 Fabaceae（Leguminosae）//云实科（苏木科）Caesalpiniaceae。【包含】世界7-9种。【学名诠释与讨论】〈阴〉（人）Charles F. E. Didelot,海军将领。【分布】热带非洲。【模式】Didelotia africana Baillon。【参考异名】Toubaouate Airy Shaw, Nom. illegit. ; Toubaouate Aubrév. et Pellegr.（1958）; Zingania A. Chev.（1946）●☆

15941 Didelta L' Hér.（1786）（保留属名）【汉】离苞菊属。【隶属】菊科 Asteraceae（Compositae）。【包含】世界2种。【学名诠释与讨论】〈阴〉（希）di–,两个,双,二倍的+delta,希腊文的第四个字母 Δ,指三角形的东西。此属的学名"Didelta L' Hér. , Stirp. Nov. ：55. Mar 1786"是保留属名。相应的废弃属名是菊科 Asteraceae 的"Breteuillia Buc ' hoz, Grand Jard. ：t. 62. 1785 = Didelta L' Hér.（1786）（保留属名）"。【分布】非洲南部。【模

式】Didelta tetragoniifolia L'Héritier [as 'tetragoniaefolia']。【参考异名】Breteuillia Buc'hoz ex DC.(1838)(废弃属名);Breteuillia Buc'hoz(1785)(废弃属名);Choristea Thunb.(1800);Distegia Klatt(1896);Favonium Gaertn.(1791)■☆

15942 Didemia Naudin = Ossaea DC.(1828)[野牡丹科 Melastomataceae]●☆

15943 Diderota Comm. ex A. DC.(1844)= Ochrosia Juss.(1789)[夹竹桃科 Apocynaceae]●

15944 Diderotia Baill.(1861)Nom. illegit. ≡ Lautembergia Baill.(1858);~ = Alchornea Sw.(1788)[大戟科 Euphorbiaceae]●

15945 Didesmandra Stapf(1900)【汉】双链蕊属。【隶属】五桠果科(第伦桃科,五丫果科,锡叶藤科)Dilleniaceae。【包含】世界 1 种。【学名诠释与讨论】〈阴〉(希)di-,两个,双,二倍的+desmos,链,束,结,带,纽带。desma,所有格 desmatos,含义与 desmos 相似+aner,所有格 andros,雄性,雄蕊。【分布】加里曼丹岛。【模式】Didesmandra aspera Stapf。■☆

15946 Didesmus Desv.(1815)【汉】双索芥属(匕果芥属)。【隶属】十字花科 Brassicaceae(Cruciferae)。【包含】世界 2 种。【学名诠释与讨论】〈阴〉(希)di-,两个,双,二倍的+desmos,链,束,结,带,纽带。desma,所有格 desmatos,含义与 desmos 相似。【分布】地中海地区。【选模式】Didesmus aegyptius(Linnaeus)Desvaux[Myagrum aegyptium Linnaeus]。■☆

15947 Didiciea King et Prain(1896)【汉】迪tel) 迪tel)兰属。【日】ヒトツボクロモドキ属。【英】Didiciea。【隶属】兰科 Orchidaceae。【包含】世界 2 种,中国 1 种。【学名诠释与讨论】〈阴〉(人)David Douglas Cunningham,1843-1914,植物学者。此属的学名是"Didiciea G. King et D. Prain in G. King et R. Pantling, J. Asiat. Soc. Bengal, Pt. 2, Nat. Hist. 65:118. 21 Jul 1896('1897')"。亦有文献把其处理为"Tipularia Nutt.(1818)"的异名。【分布】中国,东喜马拉雅山。【模式】Didiciea cunninghamii G. King et D. Prain [as 'cunninghami']。【参考异名】Tipularia Nutt.(1818)■

15948 Didierea Baill.(1880)【汉】刺戟木属(刺戟草属,刺戟属,棘针树属,龙树属)。【日】ディディエーア属。【隶属】刺戟木科(刺戟草科,刺戟科,棘针树科,龙树科)Didiereaceae。【包含】世界 2 种。【学名诠释与讨论】〈阴〉(人)Alfred Grandidier,1836-1921,法国博物学者,探险家。【分布】马达加斯加。【模式】Didierea madagascariensis Baillon。●☆

15949 Didiereaceae Drake = Didiereaceae Radlk.(保留科名)●☆

15950 Didiereaceae Radlk.(1896)(保留科名)【汉】刺戟木科(刺戟草科,刺戟科,棘针树科,龙树科)。【日】ディディエーア科。【包含】世界 4 属 11 种。【分布】马达加斯加。【科名模式】Didierea Baill.●☆

15951 Didiereaceae Radlk. ex Drake = Didiereaceae Radlk.(保留科名)●☆

15952 Didimeria Lindl.(1838)= Corraea Sm.(1798)Nom. illegit. ;~ = Correa Andréws(1798)(保留属名)[芸香科 Rutaceae]●☆

15953 Didiplis Raf.(1833)= Lythrum L.(1753)[千屈菜科 Lythraceae]●■

15954 Didiscus DC.(1828)Nom. illegit. ≡ Didiscus DC. ex Hook.(1828);~ = Trachymene Rudge(1811)[伞形花科(伞形科)Apiaceae(Umbelliferae)//天胡荽科 Hydrocotylaceae]■☆

15955 Didissandra C. B. Clarke et C. DC.(1883)Nom. illegit.(废弃属名)≡ Didissandra C. B. Clarke(1883)(保留属名)[苦苣苔科 Gesneriaceae]●■

15956 Didissandra C. B. Clarke(1883)(保留属名)【汉】漏斗苣苔属(卷丝苣苔属,一面锣属)。【英】Didissandra。【隶属】苦苣苔科 Gesneriaceae。【包含】世界 31 种,中国 5-7 种。【学名诠释与讨

论】〈阴〉(希)di-,两个,双,二倍的+dissos,成双的+aner,所有格 andros,雄蕊。指四枚雄蕊两两相对。此属的学名"Didissandra C. B. Clarke in Candolle et Candolle, Monogr. Phan. 5:65. Jul 1883"是保留属名。相应的废弃属名是苦苣苔科 Gesneriaceae 的"Ellobum Blume, Bijdr.:746. 1826 = Didissandra C. B. Clarke(1883)(保留属名)"。GCI 记载的"Didissandra C. B. Clarke et C. DC., Monogr. Phan.[A. DC. et C. DC.]5:65. 1883[Jul 1883]≡ Didissandra C. B. Clarke(1883)(保留属名)"的命名人引证有误;应予废弃。【分布】印度,中国。【模式】Didissandra elongata(Jack)C. B. Clarke[Didymocarpus elongata Jack]。【参考异名】Didissandra C. B. Clarke et C. DC.(1883)Nom. illegit.(废弃属名);Ellobum Blume(1826)(废弃属名);Raphiocarpus Chun(1946)●■

15957 Didonica Luteyn et Wilbur(1977)【汉】羊乳莓属。【隶属】杜鹃花科(欧石南科)Ericaceae。【包含】世界 4 种。【学名诠释与讨论】〈阴〉(人)Didon+拉丁文词尾-icus,-ica,-icum =希腊文词尾-ikos,属于,关于:【分布】巴拿马,哥斯达黎加,中美洲。【模式】Didonica pendula J. L. Luteyn et R. L. Wilbur。●☆

15958 Didothion Raf.(1838)= Epidendrum L.(1763)(保留属名)[兰科 Orchidaceae]■☆

15959 Didymaea Hook. f.(1873)【汉】墨西哥茜属。【隶属】茜草科 Rubiaceae。【包含】世界 5 种。【学名诠释与讨论】〈阴〉(希)didymos,成双的。O. Kuntze(1891)曾用"Balfourina O. Kuntze, Rev. Gen. 2:954. 5 Nov 1891"替代"Didymaea Hook. f. in Bentham et Hook. f., Gen. 2:150. 7-9 Apr 1873",这是多余的。【分布】巴拿马,墨西哥,尼加拉瓜,中美洲。【模式】Didymaea mexicana J. D. Hooker。【参考异名】Balfourina Kuntze(1891)Nom. illegit. ■☆

15960 Didymandra Willd.(1806)Nom. illegit. ≡ Synzyganthera Ruiz et Pav.(1794);~ = Lacistema Sw.(1788)[裂蕊树科(裂药花科)Lacistemataceae]●☆

15961 Didymanthus Endl.(1839)【汉】双花澳藜属。【隶属】藜科 Chenopodiaceae。【包含】世界 1 种。【学名诠释与讨论】〈阳〉(希)didymos,成双的+anthos,花。此属的学名,ING 和 IK 记载是"Didymanthus Endl., Nov. Stirp. Dec. 7(1839)"。"Didymanthus Klotzsch ex Meisn., Prodr.[A. P. de Candolle]14(1):436. 1856[mid Oct 1856]= Euplassa Salisb. ex Knight(1809)[山龙眼科 Proteaceae]"是晚出的非法名称。【分布】澳大利亚(西部)。【模式】Didymanthus roei Endlicher。■☆

15962 Didymanthus Klotzsch ex Meisn.(1856)Nom. illegit. = Euplassa Salisb. ex Knight(1809)[山龙眼科 Proteaceae]●☆

15963 Didymaotus N. E. Br.(1925)【汉】灵石属。【隶属】番杏科 Aizoaceae。【包含】世界 1 种。【学名诠释与讨论】〈阳〉(希)didymos,成双的+otos 耳。【分布】非洲南部。【模式】Didymaotus lapidiformis(Marloth)N. E. Brown。■☆

15964 Didymelaceae Leandri(1937)【汉】双蕊花科(球花科,双颊果科)。【包含】世界 1 属 2 种。【分布】马达加斯加。【科名模式】Didymeles Thouars ●☆

15965 Didymeles Thouars(1804)【汉】双蕊花属(球花属,双颊果属)。【隶属】双蕊花科(球花科,双颊果科)Didymelaceae。【包含】世界 2 种。【学名诠释与讨论】〈阴〉(希)didymos,成双的+meles,苹果,树上生的水果。指雄蕊。此属的学名,ING 和 TROPICOS 记载是"Didymeles Du Petit-Thouars, Hist. Vég. Îles France 23. 1804(ante 22 Sep)"。"Didymomeles K. P. J. Sprengel, Syst. Veg. 3:899. Jan-Mar 1826"是"Didymeles Thouars(1804)"的晚出的同模式异名(Homotypic synonym, Nomenclatural synonym)。【分布】马达加斯加。【模式】Didymeles integrifolia Jaume St.-Hilaire。【参考异名】Anthaea Noronha ex Thouars; Didymomeles Spreng.

（1826）Nom. illegit. ●☆

15966　Didymeria Lindl.（1841）= Correa Andréws（1798）（保留属名）；~ = Didimeria Lindl.（1838）［芸香科 Rutaceae］●☆

15967　Didymia Phil.（1886）= Mariscus Vahl（1805）（保留属名）［莎草科 Cyperaceae］■

15968　Didymiandrum Gilly（1941）【汉】双蕊莎草属。【隶属】莎草科 Cyperaceae。【包含】世界 1-3 种。【学名诠释与讨论】〈中〉（希）didymos, 成双的 + aner, 所有格 andros, 雄性, 雄蕊。此属的学名, ING、TROPICOS、GCI 和 IK 记载是"Didymiandrum Gilly, Bull. Torrey Bot. Club 68：330. 1941"。它曾被处理为"Lagenocarpus Nees sect. Didymiandrum（Gilly）T. Koyama, Makinoa, new series 4：69. 2004"。【分布】热带南美洲。【模式】Didymiandrum stellatum（Boeckeler）Gilly［Cryptangium stellatum Boeckeler］。【参考异名】Lagenocarpus Klotzsch（1838）；Lagenocarpus sect. Didymiandrum（Gilly）T. Koyama（2004）■☆

15969　Didymocarpaceae D. Don（1822）= Gesneriaceae Rich. et Juss.（保留科名）■●

15970　Didymocarpus Raf.（1840）（废弃属名）= Didymocarpus Wall.（1819）（保留属名）［苦苣苔科 Gesneriaceae］●■

15971　Didymocarpus Wall.（1819）（保留属名）【汉】长蒴苣苔属。【英】Didymocarpus。【隶属】苦苣苔科 Gesneriaceae。【包含】世界 180 种, 中国 32 种。【学名诠释与讨论】〈阳〉（希）didymos, 成双的 + karpos, 果实。指蒴果孪生。此属的学名"Didymocarpus Wall. in Edinburgh Philos. J. 1：378. 1819"是保留属名。相应的废弃属名是苦苣苔科 Gesneriaceae 的"Henckelia Spreng., Anleit. Kenntn. Gew., ed. 2, 2：402. 20 Apr 1817 = Didymocarpus Wall.（1819）（保留属名）"；它是一个替代名称, 替代的是晚出的非法名称"Roettlera Vahl, Enum. 1：87（'Röttlera'）. Jul-Dec 1804 ≡ Henckelia Spreng.（1817）（废弃属名）= Didymocarpus Wall.（1819）（保留属名）［苦苣苔科 Gesneriaceae］"。苦苣苔科 Gesneriaceae 的"Didymocarpus Raf., Autikon Botanikon 1840 = Didymocarpus Wall.（1819）（保留属名）"和"Didymocarpus Wall. ex Buch. -Ham. = Didymocarpus Wall.（1819）（保留属名）"亦应废弃。【分布】澳大利亚, 马达加斯加, 印度至马来西亚, 中国, 东南亚, 热带非洲。【模式】Didymocarpus primulifolius D. Don［as 'primulifolia'］。【参考异名】Bilabium Miq.（1856）；Codonoboea Ridl.（1923）；Didymocarpus Raf.（1840）（废弃属名）；Didymocarpus Wall. ex Buch. - Ham.（废弃属名）；Henckelia Spreng.（1817）（废弃属名）；Henkelia Rchb.（1828）；Roettlera Vahl（1804）Nom. illegit.；Rottlera Roem. et Schult.（1817）Nom. illegit. ●■

15972　Didymocarpus Wall. ex Buch. - Ham.（废弃属名）= Didymocarpus Wall.（1819）（保留属名）［苦苣苔科 Gesneriaceae］●■

15973　Didymochaeta Steud.（1854）= Agrostis L.（1753）（保留属名）；~ = Deyeuxia Clarion ex P. Beauv.（1812）［禾本科 Poaceae（Gramineae）//剪股颖科 Agrostidaceae］■

15974　Didymocheton Blume（1825）= Dysoxylum Blume（1825）［楝科 Meliaceae］●

15975　Didymochiton Spreng.（1827）Nom. illegit. = Didymocheton Blume（1825）［楝科 Meliaceae］●

15976　Didymochlamys Hook. f.（1872）【汉】双被茜属。【隶属】茜草科 Rubiaceae。【包含】世界 2 种。【学名诠释与讨论】〈阴〉（希）didymos, 成双的 + chlamys, 所有格 chlamydos, 斗篷, 外衣。【分布】巴拿马, 厄瓜多尔, 尼加拉瓜, 热带南美洲, 中美洲。【模式】Didymochlamys whitei J. D. Hooker。■☆

15977　Didymocistus Kuhlm.（1938）【汉】双果大戟属。【隶属】大戟

科 Euphorbiaceae。【包含】世界 1 种。【学名诠释与讨论】〈阳〉（希）didymos, 成双的 + kistos, 岩蔷薇的古名, 来自希腊文 kiste 箱, 盒, 蒴果。【分布】秘鲁, 热带南美洲。【模式】Didymocistus chrysadenius J. G. Kuhlmann。●☆

15978　Didymococcus Blume（1849）= Sapindus L.（1753）（保留属名）［无患子科 Sapindaceae］●

15979　Didymocolpus S. C. Chen（1981）= Acanthochlamys P. C. Kao（1980）［石蒜科 Amaryllidaceae//芒苞草科 Acanthochlamydaceae//翡若翠科 Velloziaceae］■★

15980　Didymodoxa E. Mey. ex Wedd.（1854）Nom. inval. ≡ Didymodoxa E. Mey. ex Wedd.（1857）；~ = Australina Gaudich.（1830）［荨麻科 Urticaceae］■☆

15981　Didymodoxa E. Mey. ex Wedd.（1857）【汉】非洲荨麻属。【隶属】荨麻科 Urticaceae。【包含】世界 2 种。【学名诠释与讨论】〈阴〉（希）didymos, 成双的 + doxa, 光荣, 光彩, 华丽, 荣誉, 有名, 显著。此属的学名, ING 和 ITROPICOS 记载是"Didymodoxa E. H. F. Meyer ex Weddell, Ann. Sci. Nat. Bot. ser. 4. 7：397. Jan-Jun 1857"。"Didymodoxa E. Mey. ex Wedd., Ann. Sci. Nat., Bot. sér. 4, 1：212, in syn. 1854 ≡ Didymodoxa E. Mey. ex Wedd.（1857）"和"Didymodoxa E. Mey. ex Wedd.（1856）"是未合格发表的名称（Nom. inval.）。亦有文献把"Didymodoxa E. Mey. ex Wedd.（1857）"和"Didymodoxa E. Mey. ex Wedd.（1854）"处理为"Australina Gaudich.（1830）"的异名。【分布】埃塞俄比亚, 刚果（金）, 肯尼亚, 纳米比亚, 南非（纳塔尔至好望角）, 坦桑尼亚, 赞比亚。【模式】未指定。【参考异名】Australina Gaudich.（1830）；Didymodoxa E. Mey. ex Wedd.（1854）Nom. inval.；Didymodoxa E. Mey. ex Wedd.（1856）Nom. inval.；Didymodoxa Wedd.（1854）Nom. illegit. ■☆

15982　Didymodoxa Wedd.（1856）Nom. inval. ≡ Didymodoxa E. Mey. ex Wedd.（1854）［荨麻科 Urticaceae］■☆

15983　Didymoecium Bremek.（1935）【汉】双屋茜属。【隶属】茜草科 Rubiaceae。【包含】世界 1 种。【学名诠释与讨论】〈中〉（希）didymos, 成双的 + oikos, 房屋 + -ius, -ia, -ium, 在拉丁文和希腊文中, 这些词尾表示性质或状态。此属的学名是"Didymoecium Bremekamp, Bull. Jard. Bot. Buitenzorg ser. 3. 13：426. Dec 1934"。亦有文献把其处理为"Rennellia Korth.（1851）"的异名。【分布】印度尼西亚（苏门答腊岛）。【模式】Didymoecium amoenum Bremekamp。【参考异名】Rennellia Korth.（1851）●☆

15984　Didymogonyx（L. G. Clark et Londoño）C. D. Tyrrell, L. G. Clark et Londoño（2012）【汉】美洲扇枝竹属。【隶属】禾本科 Poaceae（Gramineae）。【包含】世界 2 种。【学名诠释与讨论】〈阴〉（希）didymos, 成双的 + gonyx, 繁殖器官。此属的学名是"Didymogonyx（L. G. Clark et Londoño）C. D. Tyrrell, L. G. Clark et Londoño, Molec. Phylogen. Evol. 65（1）：146. 2012［6 Jun 2012］", 由"Rhipidocladum sect. Didymogonyx L. G. Clark et Londoño Amer. J. Bot. 78：1271（-1272）. 1991"改级而来。【分布】哥伦比亚, 南美洲。【模式】Didymogonyx longispiculatum（Londoño et L. G. Clark）C. D. Tyrrell, L. G. Clark et Londoño［Rhipidocladum longispiculatum Londoño et L. G. Clark］。【参考异名】Rhipidocladum sect. Didymogonyx L. G. Clark et Londoño（1991）●☆

15985　Didymogyne Wedd.（1854）= Droguetia Gaudich.（1830）［荨麻科 Urticaceae］■☆

15986　Didymomeles Spreng.（1826）Nom. illegit. ≡ Didymeles Thouars（1804）［双蕊花科（球花科, 双颊果科）Didymelaceae］●☆

15987　Didymonema C. Presl（1829）= Gahnia J. R. Forst. et G. Forst.（1775）［莎草科 Cyperaceae］■

15988　Didymopanax Decne. et Planch.（1854）【汉】对参属（双参属）。

【隶属】五加科 Araliaceae。【包含】世界 40 种。【学名诠释与讨论】〈阳〉（希）didymos，成双的+（属）Panax 人参属。此属的学名是"Didymopanax Decaisne et J. E. Planchon, Rev. Hort. ser. 4. 3：109. 16 Mar 1854"。亦有文献把其处理为"Schefflera J. R. Forst. et G. Forst.（1775）（保留属名）"的异名。【分布】巴拿马，玻利维亚，中美洲。【后选模式】Didymopanax morototoni（Aublet）Decaisne et J. E. Planchon［Panax morototoni Aublet］。【参考异名】Schefflera J. R. Forst. et G. Forst.（1775）（保留属名）●☆

15989 Didymopelta Regel et Schmalh.（1877）= Astragalus L.（1753）［豆科 Fabaceae（Leguminosae）//蝶形花科 Papilionaceae］●■

15990 Didymophysa Boiss.（1841）【汉】双球芥属。【俄】Двойчатка。【隶属】十字花科 Brassicaceae（Cruciferae）。【包含】世界 2 种。【学名诠释与讨论】〈阴〉（希）didymos，成双的+physa，风箱，气泡。【分布】伊朗至亚洲中部和东喜马拉雅山。【模式】Didymophysa aucheri Boissier。■☆

15991 Didymoplexiella Garay（1954）［as 'Didimoplexiella'］【汉】锚柱兰属。【英】Anchorstyleorchis。【隶属】兰科 Orchidaceae。【包含】世界 1-8 种，中国 1 种。【学名诠释与讨论】〈阴〉（属）Didymoplexis 双唇兰属+-ellus，-ella，-ellum，加在名词词干后面形成指小式的词尾。或加在人名、属名等后面以组成新属的名称。此属的学名"Didymoplexiella L. A. Garay, Arch. Jard. Bot. Rio de Janeiro 13：33（'Didimoplexiella'）. Dec 1954"是一个替代名称。"Leucolena Ridley, J. Linn. Soc., Bot. 28：340. 31 Oct 1891"是一个非法名称（Nom. illegit.），因为此前已经有了"Leucolaena（A. P. de Candolle）Bentham in Endlicher et al., Enum. Pl. Hügel 55. Apr 1837 = Xanthosia Rudge（1811）［伞形花科（伞形科）Apiaceae（Umbelliferae）]"。故用"Didymoplexiella Garay（1954）"替代之。【分布】马来西亚，泰国，中国。【模式】Didymoplexiella ornata（Ridley）L. A. Garay［Leucolena ornata Ridley］。【参考异名】Leucochlaena Post et Kuntze（1903）；Leucolaena Ridl.（1891）Nom. illegit.；Leucolena Ridl.（1891）Nom. illegit.■

15992 Didymoplexiopsis Seidenf.（1997）【汉】拟锚柱兰属。【隶属】兰科 Orchidaceae。【包含】世界 1 种，中国 1 种。【学名诠释与讨论】〈阴〉（属）Didymoplexis 双唇兰属（鬼兰属）+希腊文 opsis，外观，模样，相似。【分布】泰国，越南，中国。【模式】Didymoplexiopsis khiriwongensis Seidenf.。■

15993 Didymoplexis Griff.（1843）【汉】双唇兰属（鬼兰属）。【日】ヒメヤッシロラン属，ヤッシロラン属。【英】Didymoplexis，Diliporchis。【隶属】兰科 Orchidaceae。【包含】世界 10-20 种，中国 2 种。【学名诠释与讨论】〈阴〉（希）didymos，成双的+plexis，重叠。指花被具二坡褶。【分布】马达加斯加，马来西亚，中国，热带非洲东部，太平洋地区。【模式】Didymoplexis pallens W. Griffith。【参考异名】Apetalon Wight（1852）；Leucolaena Ridl.（1891）Nom. illegit.；Leucolena Ridl.（1891）Nom. illegit.；Leucorchis Blume（1849）Nom. illegit.■

15994 Didymopogon Bremek.（1940）【汉】双毛茜属。【隶属】茜草科 Rubiaceae。【包含】世界 1 种。【学名诠释与讨论】〈阳〉（希）didymos，成双的+pogon，所有格 pogonos，指小式 pogonion，胡须，髯毛，芒。pogonias，有须的。【分布】印度尼西亚（苏门答腊岛）。【模式】Didymopogon sumatranus（Ridley）Bremekamp［as 'sumatranum'］［Urophyllum sumatranum Ridley］。●☆

15995 Didymosalpinx Keay（1958）【汉】双角茜属。【隶属】茜草科 Rubiaceae。【包含】世界 3 种。【学名诠释与讨论】〈阴〉（希）didymos，成双的+salpinx，所有格 salpingos，号角，喇叭。【分布】热带非洲。【模式】Didymosalpinx abbeokutae（Hiern）Keay［Gardenia abbeokutae Hiern］。●☆

15996 Didymosperma H. Wendl. et Drude ex Benth. et Hook. f.（1883）

【汉】双籽棕属（阿萨密椰子属，二种子椰子属，双籽藤属）。【日】フタツブダネヤシ属。【英】Assam Palm，Dryas Palm，Twoseed Palm。【隶属】棕榈科 Arecaceae（Palmae）。【包含】世界 8 种，中国 2 种。【学名诠释与讨论】〈中〉（希）didymos，成双的+sperma，所有格 spermatos，种子，孢子。指果实常有种子两颗。此属的学名，ING 记载是"Didymosperma H. Wendland et Drude ex Bentham et Hook. f., Gen. 3：917. 14 Apr 1883"。IK 和 TROPICOS 则记载为"Didymosperma H. Wendl. et Drude ex Hook. f., Gen. Pl. [Bentham et Hooker f.]3(2)：917. 1883［14 Apr 1883]"。三者引用的文献相同。"Didymosperma H. Wendl. et Drude, Palmiers [Kerchove] 243. 1878 ≡ Didymosperma H. Wendl. et Drude ex Benth. et Hook. f.（1883）"是一个未合格发表的名称（Nom. inval.）。亦有文献把"Didymosperma H. Wendl. et Drude ex Benth. et Hook. f.（1883）"处理为"Arenga Labill.（1800）（保留属名）"的异名。【分布】马来西亚（西部），中国，印度（阿萨姆）至琉球群岛。【后选模式】Didymosperma porphyrocarpum（Blume ex Martius）H. Wendland et Drude ex J. D. Hooker［Wallichia porphyrocarpa Blume ex Martius］。【参考异名】Arenga Labill.（1800）（保留属名）；Blancoa Blume（1843）Nom. illegit.；Blumea Zipp. ex Miq.（废弃属名）；Didymosperma H. Wendl. et Drude ex Hook. f.（1883）Nom. illegit.；Didymosperma H. Wendl. et Drude（1878）Nom. inval.●

15997 Didymosperma H. Wendl. et Drude ex Hook. f.（1883）Nom. illegit. ≡ Didymosperma H. Wendl. et Drude ex Benth. et Hook. f.（1883）= Arenga Labill.（1800）（保留属名）［棕榈科 Arecaceae（Palmae）]●

15998 Didymosperma H. Wendl. et Drude（1878）Nom. inval. ≡ Didymosperma H. Wendl. et Drude ex Benth. et Hook. f.（1883）；~ = Arenga Labill.（1800）（保留属名）［棕榈科 Arecaceae（Palmae）]●

15999 Didymostigma W. T. Wang（1984）【汉】双片苣苔属。【英】Didymostigma。【隶属】苦苣苔科 Gesneriaceae。【包含】世界 2 种，中国 2 种。【学名诠释与讨论】〈中〉（希）didymos，成双的+stigma，所有格 stigmatos，柱头，眼点。【分布】中国。【模式】Didymostigma obtusum（C. B. Clarke）W. T. Wang［Chirita obtusa C. B. Clarke］。■★

16000 Didymotheca Hook. f.（1847）= Gyrostemon Desf.（1820）［环蕊木科（环蕊科）Gyrostemonaceae］●☆

16001 Didymotoca E. Mey.（1843）= Australina Gaudich.（1830）［荨麻科 Urticaceae］■☆

16002 Didyplosandra Bremek.（1944）Nom. illegit. ≡ Didyplosandra Wight ex Bremek.（1944）；~ = Strobilanthes Blume（1826）［爵床科 Acanthaceae］●■

16003 Didyplosandra Wight ex Bremek.（1944）= Strobilanthes Blume（1826）［爵床科 Acanthaceae］●■

16004 Didyplosandra Wight（1850）Nom. inval. ≡ Didyplosandra Wight ex Bremek.（1944）；~ = Strobilanthes Blume（1826）［爵床科 Acanthaceae］●■

16005 Diectomis Kunth（1815）（保留属名）【汉】扫帚草属。【隶属】禾本科 Poaceae（Gramineae）。【包含】世界 3 种。【学名诠释与讨论】〈阴〉词源不详。此属的学名"Diectomis Kunth in Mém. Mus. Hist. Nat. 2：69. 1815 = Andropogon L.（1753）（保留属名）"是保留属名。相应的废弃属名是禾本科 Poaceae（Gramineae）的"Diectomis P. Beauv., Ess. Agrostogr.：132. Dec 1812 = Anadelphia Hack.（1885）"。亦有文献把"Diectomis Kunth（1815）（保留属名）"处理为"Andropogon L.（1753）（保留属名）"的异名。【分布】巴拿马，玻利维亚，马达加斯加，中美洲。【模式】Diectomis fastigiata（Sw.）P. Beauv.［Andropogon fastigiatus Sw.］。【参考异名】Andropogon L.（1753）（保留属名）■☆

16006　Diectomis P. Beauv.（1812）（废弃属名）= Anadelphia Hack.（1885）［禾本科 Poaceae（Gramineae）］■☆

16007　Diectonis Willis, Nom. inval. = Diectomis Kunth（1815）（保留属名）［禾本科 Poaceae（Gramineae）］■

16008　Diedropetala（Huth）Galushko（1976）= Delphinium L.（1753）［毛茛科 Ranunculaceae//翠雀花科 Delphiniaceae］■

16009　Diedropetala Galushko（1976）Nom. illegit. ≡ Diedropetala（Huth）Galushko（1976）；~ = Delphinium L.（1753）［毛茛科 Ranunculaceae//翠雀花科 Delphiniaceae］■

16010　Dieffenbachia Schott（1829）【汉】花叶万年青属（黛粉叶属）。【日】シログサリソウ属，ディーフンバッキア属。【俄】Диффнбахия。【英】Dieffenbachia, Dumb Cane, Leopard Lily, Tuftroot。【隶属】天南星科 Araceae。【包含】世界 20-30 种，中国 4 种。【学名诠释与讨论】〈阴〉（人）Schott, Heinrich Wilhelm, 1794-1865，植物学者。此属的学名，ING、APNI、GCI、TROPICOS 和 IK 记载是"Dieffenbachia Schott, Wiener Z. Kunst 1829（3）：803.［13 Aug 1829］"。"Seguinum Rafinesque, Fl. Tell. 3：66. Nov-Dec 1837（'1836'）"是"Dieffenbachia Schott（1829）"的晚出的同模式异名（Homotypic synonym, Nomenclatural synonym）。【分布】巴基斯坦，巴拿马，秘鲁，玻利维亚，厄瓜多尔，哥伦比亚（安蒂奥基亚），哥斯达黎加，尼加拉瓜，中国，热带美洲，西印度群岛，中美洲。【模式】Dieffenbachia seguine（N. J. Jacquin）H. W. Schott［as 'seguinum'］［Arum seguine N. J. Jacquin］。【参考异名】Maguirea A. D. Hawkes（1948）；Seguinum Raf.（1837）Nom. illegit. ●■

16011　Diegodendraceae Capuron（1964）［亦见 Bixaceae Kunth（保留科名）红木科（胭脂树科）、Diervillaceae Pyck 黄锦带科（夷忍冬科）、和 Ochnaceae DC.（保留科名）金莲木科］【汉】基柱木科（岛樟科，地果莲木科）。【包含】世界 1 属 1 种。【分布】马达加斯加。【科名模式】Diegodendron Capuron ●☆

16012　Diegodendron Capuron（1964）【汉】基柱木属（岛樟属）。【隶属】基柱木科 Diegodendraceae//岛樟科 Lauraceae//金莲木科 Ochnaceae。【包含】世界 1 种。【学名诠释与讨论】〈中〉（人）Diego+dendron 或 dendros，树木，棍，丛林。【分布】马达加斯加。【模式】Diegodendron humberti R. Capuron。●☆

16013　Dielitzia P. S. Short（1989）【汉】层苞鼠麴草属。【隶属】菊科 Asteraceae（Compositae）。【包含】世界 1 种。【学名诠释与讨论】〈阴〉词源不详。【分布】澳大利亚（西部）。【模式】Dielitzia tysonii P. S. Short。■☆

16014　Dielsantha E. Wimm.（1948）【汉】迪尔斯花属。【隶属】桔梗科 Campanulaceae。【包含】世界 1 种。【学名诠释与讨论】〈阴〉（人）Friedrich Ludwig Emil Diels, 1874-1945，德国植物学者 + anthos，花。【分布】热带非洲。【模式】Dielsantha galeopsoides（Engler et Diels）E. Wimmer［Lobelia galeopsoides Engler et Diels］。■☆

16015　Dielsia Gilg ex Diels et E. Pritz.（1904）Nom. illegit. = Dielsia Gilg（1904）［帚灯草科 Restionaceae］■☆

16016　Dielsia Gilg（1904）【汉】迪尔斯草属。【隶属】帚灯草科 Restionaceae。【包含】世界 1 种。【学名诠释与讨论】〈阴〉（人）Friedrich Ludwig Emil Diels, 1874-1945，德国植物学者。此属的学名，ING、TROPICOS 和 APNI 记载是"Dielsia Gilg in Diels et Pritzel, Bot. Jahrb. Syst. 35：88. 15 Apr 190"。IK 则记载为"Dielsia Gilg ex Diels et E. Pritz., Bot. Jahrb. Syst. 35（1）：88. 1904［15 Apr 1904］"。三者引用的文献相同。"Dielsia Kudô, Mem. Fac. Sci. Taihoku Imp. Univ. 2（2）：143, 1929 ≡ Skapanthus C. Y. Wu et H.

W. Li（1975）= Isodon（Schrad. ex Benth.）Spach（1840）= Plectranthus L' Hér.（1788）（保留属名）"是晚出的非法名称。【分布】澳大利亚。【模式】Dielsia cygnorum Gilg。【参考异名】Dielsia Gilg ex Diels et E. Pritz.（1904）Nom. illegit. ■☆

16017　Dielsia Kudô（1929）Nom. illegit. ≡ Skapanthus C. Y. Wu et H. W. Li（1975）；~ = Isodon（Schrad. ex Benth.）Spach（1840）；~ = Plectranthus L' Hér.（1788）（保留属名）［唇形科 Lamiaceae（Labiatae）］■★

16018　Dielsina Kuntze（1903）Nom. illegit. ≡ Polyceratocarpus Engl. et Diels（1900）［番荔枝科 Annonaceae］●☆

16019　Dielsiocharis O. E. Schulz（1924）【汉】中亚庭芥属。【隶属】十字花科 Brassicaceae（Cruciferae）。【包含】世界 1 种。【学名诠释与讨论】〈阴〉（人）Friedrich Ludwig Emil Diels, 1874-1945，德国植物学者 + charis，喜悦，雅致，美丽，流行。【分布】中亚。【模式】Dielsiocharis kotschyi（Boissier）O. E. Schulz［Alyssopsis kotschyi Boissier］。■☆

16020　Dielsiochloa Pilg.（1943）【汉】繁花迪氏草属（繁花代尔草属）。【隶属】禾本科 Poaceae（Gramineae）。【包含】世界 1 种。【学名诠释与讨论】〈阴〉（人）Friedrich Ludwig Emil Diels, 1874-1945，德国植物学者 + chloe，草的幼芽，嫩草，禾草。【分布】秘鲁。【模式】Dielsiochloa floribunda（Pilger）Pilger［Trisetum floribundum Pilger］。■☆

16021　Dielsiodoxa Albr.（2010）【汉】澳洲杜鹃花属。【隶属】杜鹃花科（欧石南科）Ericaceae。【包含】世界 5 种。【学名诠释与讨论】〈阴〉词源不详。【分布】澳洲。【模式】Dielsiodoxa tamariscina（F. Muell.）Albr.［Monotoca tamariscina F. Muell.］。☆

16022　Dielsiothamnus R. E. Fr.（1955）【汉】迪氏木属。【隶属】番荔枝科 Annonaceae。【包含】世界 1 种。【学名诠释与讨论】〈阳〉（人）Friedrich Ludwig Emil Diels, 1874-1945，德国植物学者 + thamnos，指小式 thamnion，灌木，灌丛，树丛，枝。【分布】热带非洲东部。【模式】Dielsiothamnus divaricatus（Diels）R. E. Fries［Uvaria divaricata Diels］。●☆

16023　Dielsiris M. B. Crespo, Mart. -Azorín et Mavrodiev（2015）【汉】迪氏鸢尾属。【隶属】鸢尾科 Iridaceae。【包含】世界 5 种。【学名诠释与讨论】〈阴〉（人）Diels+（属）Iris 鸢尾属。【分布】北美洲。【模式】Dielsiris longipetala（Herb.）M. B. Crespo, Mart. -Azorín et Mavrodiev［Iris longipetala Herb.］。☆

16024　Dielytra Cham. et Schltdl.（1826）= Dicentra Bernh.（1833）（保留属名）［罂粟科 Papaveraceae//紫堇科（荷苞牡丹科）Fumariaceae］■

16025　Diemenia Korth.（1855）= Licania Aubl.（1775）；~ = Parastemon A. DC.（1842）［金壳果科 Chrysobalanaceae//金棒科（金橡实科，可可李科）Prunaceae］●☆

16026　Diemisa Raf.（1840）= Carex L.（1753）［莎草科 Cyperaceae］■

16027　Diena Rchb.（1828）Nom. inval.［兰科 Orchidaceae］■☆

16028　Dieneckeria Vell. = Euplassa Salisb. ex Knight（1809）［山龙眼科 Proteaceae］●☆

16029　Dienia Lindl.（1824）【汉】无耳沼兰属。【隶属】兰科 Orchidaceae。【包含】世界 19 种，中国 2 种。【学名诠释与讨论】〈阴〉（希）dienos，二年。之其有二年的开花盛期。此属的学名是"Dienia J. Lindley, Bot. Reg. 10：sub t. 825. 1 Sep 1824"。亦有文献把其处理为"Malaxis Sol. ex Sw.（1788）"的异名。【分布】澳大利亚，巴基斯坦，中国热带和亚热带亚洲。【模式】Dienia congesta J. Lindley。【参考异名】Anaphora Gagnep.（1932）；Gastroglottis Blume（1825）；Malaxis Sol. ex Sw.（1788）；Pedilea Lindl.（1824）Nom. illegit. ■

16030　Dierama K. Koch et C. D. Bouché（1854）Nom. illegit. = Dierama

K. Koch(1855)［鸢尾科 Iridaceae］■☆

16031　Dierama K. Koch(1854)【汉】漏斗花属(天使钓竿属,纤枝花属)。【日】ディエラーマ属。【俄】Диерама。【英】Angel's Fishing Rod,Angel's Fishingrod,Angel's Fishing-rod,Elfin Wands,Funnel Flower,Wand Flower,Wandflower。【隶属】鸢尾科 Iridaceae。【包含】世界 25-44 种。【学名诠释与讨论】〈中〉(希)dieram,漏斗。指花漏斗状。此属的学名,ING、APNI、TROPICOS 和 IK 记载是"Dierama K. H. E. Koch,Index Sem. Horto Bot. Berol. 1854 App.: 10.1855"。"Dierama K. Koch et C. D. Bouché(1854) = Dierama K. Koch(1855)"的命名人引证有误。【分布】热带和非洲南部。【模式】Dierama ensifolium K. H. E. Koch et Bouché。【参考异名】Dierama K. Koch et C. D. Bouché(1854)Nom. illegit.■☆

16032　Dierbachia Spreng.(1824)Nom. illegit.≡Dunalia Kunth(1818)(保留属名)［茄科 Solanaceae］●☆

16033　Diervilla L.=Diervilla Mill.(1754)［忍冬科 Caprifoliaceae//黄锦带科 Diervillaceae］●☆

16034　Diervilla Mill.(1754)【汉】黄锦带属。【俄】Диервила,Диервилла。【英】Bronzeleaf Honeysuckle,Bush Honeysuckle,Bush-honeysuckle,Weigela。【隶属】忍冬科 Caprifoliaceae//黄锦带科 Diervillaceae。【包含】世界 2-3 种。【学名诠释与讨论】〈阴〉(人)M. Diereville,法国医生,北美洲植物采集家。此属的学名,ING、TROPICOS 和 IK 记载是"Diervilla Mill.,Gard. Dict. Abr.,ed. 4.［unpaged］.1754［28 Jan 1754］"。"Diervilla L.=Diervilla Mill.(1754)"和"Diervilla Tourn. ex L.=Diervilla Mill.(1754)"似为错误引用。【分布】北美洲。【模式】Diervilla lonicera P. Miller［Lonicera diervilla Linnaeus］。【参考异名】Diervilla L.;Diervilla Tourn. ex L.;Diervillea Bartl.(1830)Nom. inval.;Wagneria Lem.(1857)Nom. illegit.●☆

16035　Diervilla Tourn. ex L.=Diervilla Mill.(1754)［忍冬科 Caprifoliaceae//黄锦带科 Diervillaceae］●☆

16036　Diervillaceae(Raf.)N. Pyck(1998)=Caprifoliaceae Juss.(保留科名)●■

16037　Diervillaceae Pyck(1998)［亦见 Caprifoliaceae Juss.(保留科名)忍冬科］【汉】黄锦带科(夷忍冬科)。【包含】世界 2 属 15 种,中国 1 属 2 种。【分布】北美洲。【科名模式】Diervilla Mill.(1754)●

16038　Diervillea Bartl.(1830)Nom. inval.=Diervilla Mill.(1754)［忍冬科 Caprifoliaceae//黄锦带科 Diervillaceae］●☆

16039　Diesingia Endl.(1832)=Psophocarpus Neck. ex DC.(1825)(保留属名)［豆科 Fabaceae(Leguminosae)//蝶形花科 Papilionaceae］

16040　Dietegocarpus Willis,Nom. inval.=Carpinus L.(1753);~=Distegocarpus Siebold et Zucc.(1846)［榛科 Corylaceae//鹅耳枥科 Carpinaceae//桦木科 Betulaceae］●

16041　Dieteria Nutt.(1840)【汉】灰菀属。【隶属】菊科 Asteraceae(Compositae)。【包含】世界 3 种。【学名诠释与讨论】〈阴〉(希)di-,二+etos,年。此属的学名,ING、TROPICOS、GCI 和 IK 记载是"Dieteria Nutt.,Trans. Amer. Philos. Soc. ser. 2,7:300.1840［Oct-Dec 1840］"。它曾被处理为"Machaeranthera subgen. Dieteria(Nutt.)Greene,Pittonia 3:59.1896"。亦有文献把"Dieteria Nutt.(1840)"处理为"Aster L.(1753)"的异名。【分布】美国,墨西哥。【模式】未指定。【参考异名】Aster L.(1753);Machaeranthera subgen. Dieteria(Nutt.)Greene(1896)■☆

16042　Dieterica Ser.(1830)Nom. illegit.≡Dieterica Ser. ex DC.(1830);~≡Caldcluvia D. Don(1830)［火把树科(常绿棱枝树科,角瓣木科,库诺尼科,南蔷薇科,轻木科)Cunoniaceae］●☆

16043　Dieterica Ser. ex DC.(1830)Nom. illegit.≡Caldcluvia D. Don

(1830)［火把树科(常绿棱枝树科,角瓣木科,库诺尼科,南蔷薇科,轻木科)Cunoniaceae］●☆

16044　Dieterichia Giseke(1792)=Zingiber Mill.(1754)［as 'Zinziber'］(保留属名)［姜科(襄荷科)Zingiberaceae］■

16045　Dieterlea E. J. Lott(1986)【汉】拟笑布袋属。【隶属】葫芦科(瓜科,南瓜科)Cucurbitaceae。【包含】世界 2 种。【学名诠释与讨论】〈阴〉(人)Jennie van Ackeren Dieterle,1909-?,植物学者。【分布】墨西哥(西部),中美洲。【模式】Dieterlea fusiformis E. J. Lott。■☆

16046　Dietes Salisb.(1812)Nom. inval.(废弃属名)≡Dietes Salisb. ex Klatt(1866)(保留属名)［鸢尾科 Iridaceae］■☆

16047　Dietes Salisb. ex Klatt(1866)(保留属名)【汉】离被鸢尾属。【隶属】鸢尾科 Iridaceae。【包含】世界 6 种。【学名诠释与讨论】〈阴〉(希)dietes,二年。此属的学名"Dietes Salisb. ex Klatt in Linnaea 34:583. Feb 1866"是保留属名。相应的废弃属名是鸢尾科 Iridaceae 的"Naron Medik. in Hist. et Commentat. Acad. Elect. Sci. Theod.-Palat. 6:419. Apr-Jun 1790 = Dietes Salisb. ex Klatt(1866)(保留属名)"。鸢尾科 Iridaceae 的"Dietes Salisb.,Trans. Hort. Soc. London 1:307.1812 ≡Dietes Salisb. ex Klatt(1866)(保留属名)"亦应废弃。【分布】非洲南部。【模式】Dietes compressa(Linnaeus f.)Klatt［Iris compressa Linnaeus f.］。【参考异名】Dietes Salisb.(1812)Nom. inval.(废弃属名);Naron Medik.(1790)(废弃属名)■☆

16048　Dietilis Raf.=Otostegia Benth.(1834)［唇形科 Lamiaceae(Labiatae)］●☆

16049　Dietrichia Giseke(1792)Nom. illegit.≡Dieterichia Giseke(1792);~=Zingiber Mill.(1754)［as 'Zinziber'］(保留属名)［姜科(襄荷科)Zingiberaceae］■☆

16050　Dietrichia Tratt.(1812)Nom. illegit.=Rochea DC.(1802)(保留属名)［景天科 Crassulaceae］●■☆

16051　Dieudonnaea Cogn.(1875)=Gurania(Schltdl.)Cogn.(1875)［葫芦科(瓜科,南瓜科)Cucurbitaceae］■☆

16052　Diflugossa Bremek.(1944)【汉】叉花草属(疏花马蓝属)。【英】Diflugossa。【隶属】爵床科 Acanthaceae。【包含】世界 18 种,中国 5 种。【学名诠释与讨论】〈阴〉(属)由曲蕊马兰属 Goldfussia 字母颠倒而形成。此属的学名是"Diflugossa Bremekamp,Verh. Kon. Ned. Akad. Wetensch.,Afd. Natuurk.,Tweede Sect.41(1):235.11 Mai 1944"。亦有文献把其处理为"Strobilanthes Blume(1826)"的异名。【分布】印度至马来西亚,中国。【模式】Diflugossa colorata(Nees)Bremekamp［Goldfussia colorata Nees］。【参考异名】Strobilanthes Blume(1826)■☆

16053　Digaster Miq.(1861)=Lauro-Cerasus Duhamel(1755);~=Pygeum Gaertn.(1788)［蔷薇科 Rosaceae］●

16054　Digastrium(Hack.)A. Camus(1921)=Ischaemum L.(1753)［禾本科 Poaceae(Gramineae)］●

16055　Digastrium A. Camus(1921)Nom. illegit.≡Digastrium(Hack.)A. Camus(1921);~=Ischaemum L.(1753)［禾本科 Poaceae(Gramineae)］■

16056　Digera Forssk.(1775)【汉】细柱苋属。【隶属】苋科 Amaranthaceae。【包含】世界 1 种。【学名诠释与讨论】〈阴〉(希)di-,两个,双,二倍的+geron,老人。另说来自 Digera muricata(L.)Martius 的阿拉伯俗名。【分布】巴基斯坦,马达加斯加,古热带。【模式】Digera arvensis Forsskål。【参考异名】Eclotoripa Raf.(1837);Pseudodigera Chiov.(1936)■☆

16057　Digitacalia Pippen(1968)【汉】指蟹甲属。【隶属】菊科 Asteraceae(Compositae)。【包含】世界 5 种。【学名诠释与讨论】〈阴〉(希)digitus 手指,足趾+(属)Cacalia = Parasenecio 蟹甲草

属的缩写。【分布】墨西哥, 中美洲。【模式】Digitacalia jatrophoides (F. H. A. von Humboldt, A. J. G. Bonpland et C. S. Kunth) R. W. Pippen [Cacalia jatrophoides F. H. A. von Humboldt, A. J. G. Bonpland et C. S. Kunth]。■☆

16058 Digitalidaceae J. Agardh [亦见 Plantaginaceae Juss. (保留科名) 车前科 (车前草科) 和 Scrophulariaceae Juss. (保留科名) 玄参科]【汉】毛地黄科。【包含】世界 1 属 20-25 种, 中国 1 属 2 种。【分布】欧洲, 地中海, 西班牙加那利群岛。【科名模式】Digitalis L. ■

16059 Digitalidaceae Martinov (1820) = Plantaginaceae Juss. (保留科名); ~ = Scrophulariaceae Juss. (保留科名)●■

16060 Digitalis L. (1753)【汉】毛地黄属 (洋地黄属)。【日】キツネノテブクロ属, ジギタリス属, ヂギタリス属。【俄】Дигиталис, Наперстянка。【英】Digitalis, Fox Glove, Foxglove。【隶属】玄参科 Scrophulariaceae//毛地黄科 Digitalidaceae。【包含】世界 20-25 种, 中国 2 种。【学名诠释与讨论】〈阴〉(拉) digitalis 手指的, digitus 指袋。指花冠形状。【分布】巴拿马, 秘鲁, 玻利维亚, 厄瓜多尔, 哥伦比亚 (安蒂奥基亚), 中国, 西班牙 (加那利群岛), 地中海地区, 欧洲, 中美洲。【后选模式】Digitalis purpurea Linnaeus。【参考异名】Dactylethria Ehrh. (1789); Isoplexis (Lindl.) Loudon (1829)■

16061 Digitaria Adans. (1763) Nom. illegit. (废弃属名) ≡ Digitaria Heist. ex Adans. (1763) Nom. illegit. (废弃属名); ~ = Tripsacum L. (1759) [禾本科 Poaceae (Gramineae)]■

16062 Digitaria Fabr. (1759) Nom. illegit. (废弃属名) ≡ Digitaria Heist. ex Fabr. (1759) (废弃属名); ~ = Paspalum L. (1759) [禾本科 Poaceae (Gramineae)]■

16063 Digitaria Haller (1768) (保留属名)【汉】马唐属。【日】メヒシバ属。【俄】Росичка。【英】Crab Grass, Crabgrass, Crab-grass, Finger Grass, Fingergrass, Finger-grass。【隶属】禾本科 Poaceae (Gramineae)。【包含】世界 300-380 种, 中国 29 种。【学名诠释与讨论】〈阴〉(拉) digitus, 手指+-arius, -aria, -arium, 指示 "属于、相似、具有、联系" 的词尾。指模式种的总状花序指状排列于茎顶。此属的学名 "Digitaria Haller, Hist. Stirp. Helv. 2: 244. 25 Mar 1768" 是保留属名。相应的废弃属名是禾本科 Poaceae (Gramineae) 的 "Digitaria Heist. ex Fabr., Enum.: 207. 1759 = Paspalum L. (1759)"。"Digitaria Heist. ex Adans., Fam. Pl. (Adanson) 2: 38, 550 (1763) ≡ Digitaria Adans. (1763) Nom. illegit. = Tripsacum L. (1759) [禾本科 Poaceae (Gramineae)]" 和 "Digitaria Fabr. (1759) Nom. illegit. ≡ Digitaria Heister ex Fabricius, Enum. 207. 1759 [禾本科 Poaceae (Gramineae)]" 亦应废弃。"Digitaria Scop., Fl. Carniol. (ed. 2) 1: 52, 1772 [禾本科 Poaceae (Gramineae)]" 是晚出的非法名称, 也须废弃。【分布】巴基斯坦, 巴拿马, 秘鲁, 玻利维亚, 蒂奥基亚, 哥斯达黎加, 马达加斯加, 美国 (密苏里), 尼泊尔, 尼加拉瓜, 中国, 温暖地带, 中美洲。【模式】Digitaria sanguinalis (Linnaeus) Scopoli [Panicum sanguinale Linnaeus]。【参考异名】Acicarpa Raddi (1823) Nom. illegit.; Digitariella De Winter (1961); Digitariopsis C. E. Hubb. (1940); Elytroblepharum (Steud.) Schltdl. (1855); Eriachne Phil. (1870) Nom. illegit.; Gramerium Desv. (1831); Leptoloma Chase (1906); Sanguinaria Bubani (1901) Nom. illegit.; Sanguinella Gleichen ex Steud.; Sanguinella Gleichen (1764) Nom. inval.; Syntherisma Walter (1788); Trichachne Nees (1829); Valota Adans. (1763) (废弃属名)■

16064 Digitaria Heist. ex Adans. (1763) Nom. illegit. (废弃属名) = Tripsacum L. (1759) [禾本科 Poaceae (Gramineae)]■

16065 Digitaria Heist. ex Fabr. (1759) (废弃属名) = Paspalum L. (1759) [禾本科 Poaceae (Gramineae)]■

16066 Digitaria Scop. (1772) Nom. illegit. (废弃属名) [禾本科 Poaceae (Gramineae)]■☆

16067 Digitariella De Winter (1961)【汉】小马唐属。【隶属】禾本科 Poaceae (Gramineae)。【包含】世界 1 种。【学名诠释与讨论】〈阴〉(属) Digitaria 马唐属+-ellus, -ella, -ellum, 加在名词词干后面形成指小式的词尾。或加在人名、属名等后面以组成新属的名称。此属的学名是 "Digitariella De Winter, Bothalia 7: 467. 1961"。亦有文献把其处理为 "Digitaria Haller (1768) (保留属名)" 的异名。【分布】非洲西南部。【模式】Digitariella remotigluma De Winter。【参考异名】Digitaria Haller (1768) (保留属名)■☆

16068 Digitariopsis C. E. Hubb. (1940) = Digitaria Haller (1768) (保留属名) [禾本科 Poaceae (Gramineae)]■

16069 Digitorebutia Frič et Kreuz. (1940) Nom. illegit. ≡ Digitorebutia Frič et Kreuz. ex Buining (1940); ~ = Rebutia K. Schum. (1895) [仙人掌科 Cactaceae]●

16070 Digitorebutia Frič et Kreuz. ex Buining (1940) = Rebutia K. Schum. (1895) [仙人掌科 Cactaceae]●

16071 Digitostigma Velazco et Nevárez (2002) Nom. inval. = Astrophytum Lem. (1839) [仙人掌科 Cactaceae]●

16072 Diglosselis Raf. (1838) = Howardia Klotzsch (1859) Nom. illegit.; ~ = Aristolochia L. (1753) [马兜铃科 Aristolochiaceae]■●

16073 Diglossophyllum H. Wendl. ex Drude = Serenoa Hook. f. (1883) [棕榈科 Arecaceae (Palmae)]●☆

16074 Diglossophyllum H. Wendl. ex Salomon (1887) Nom. illegit. ≡ Serenoa Hook. f. (1883) [棕榈科 Arecaceae (Palmae)]●☆

16075 Diglossus Cass. (1817) = Tagetes L. (1753) [菊科 Asteraceae (Compositae)]■●

16076 Diglottis Nees et Mart. (1823) = Angostura Roem. et Schult. (1819) [芸香科 Rutaceae]●☆

16077 Diglyphis Blume (1828) Nom. illegit. = Diglyphosa Blume (1825) [兰科 Orchidaceae]■

16078 Diglyphosa Blume (1825)【汉】密花兰属。【英】Diglyphosa。【隶属】兰科 Orchidaceae。【包含】世界 2-12 种, 中国 1 种。【学名诠释与讨论】〈阴〉(希) di-, 两个, 双, 二倍的+glypho, 刻成齿状+-osus, -osa, -osum, 表示丰富, 充分, 或显著发展的词尾。指花形。【分布】印度至马来西亚, 中国。【模式】Diglyphosa latifolia Blume。【参考异名】Diglyphis Blume (1828) Nom. illegit.■

16079 Diglyphys Spach (1846) Nom. inval. [兰科 Orchidaceae]■☆

16080 Dignathe Lindl. (1849) = Leochilus Knowles et Westc. (1838) [兰科 Orchidaceae]■☆

16081 Dignathia Stapf (1911)【汉】合宜草属。【隶属】禾本科 Poaceae (Gramineae)。【包含】世界 5 种。【学名诠释与讨论】〈阴〉(希) di-, 两个, 双, 二倍的+gnathos, 颌, 颚。【分布】热带非洲东部, 西印度群岛。【模式】未指定。■☆

16082 Digomphia Benth. (1846)【汉】二叉蕊属。【隶属】紫葳科 Bignoniaceae。【包含】世界 3 种。【学名诠释与讨论】〈阴〉(希) di- = 拉丁文 bi-, 两个, 双, 二倍的+gomphos, 钉子, 指甲, 棍, 绳, 索。此属的学名, ING、TROPICOS 和 IK 记载是 "Digomphia Bentham, London J. Bot. 5: 364. Jul 1846"。"Nematopogon (A. P. de Candolle) Bureau et K. Schumann in C. F. P. Martius, Fl. Brasil. 8 (2): 395. 15 Feb 1897" 是 "Digomphia Benth. (1846)" 的晚出的同模式异名 (Homotypic synonym, Nomenclatural synonym)。【分布】热带南美洲北部。【模式】Digomphia laurifolia Bentham。【参考异名】Nematopogon (DC.) Bureau et K. Schum. (1897) Nom. illegit.; Nematopogon Bureau et K. Schum. (1897) Nom. illegit.●☆

16083 Digomphotis Raf. (1837) = Habenaria Willd. (1805); ~ =

Peristylus Blume(1825)(保留属名)［兰科 Orchidaceae］■

16084　Digoniopterys Arènes(1946)【汉】二节翅属。【隶属】金虎尾科（黄褥花科）Malpighiaceae。【包含】世界 1 种。【学名诠释与讨论】〈阴〉(希)di－＝拉丁文 bi－，两个,双,二倍的+gonia,角,角隅,关节,膝,来自拉丁文 giniatus,成角度的 + pteron,指小式 pteridion,翅。pteridios,有羽毛的。【分布】马达加斯加。【模式】Digoniopterys microphylla Arènes。●☆

16085　Digonocarpus Vell.（1829）= Cupania L.（1753）［无患子科 Sapindaceae//叠珠树科 Akaniaceae］●☆

16086　Digraphis Trin.（1820）Nom. illegit. ≡ Typhoides Moench(1794) Nom. illegit. = Phalaris L.（1753）［禾本科 Poaceae(Gramineae)//虉草科 Phalariaceae］■

16087　Digyroloma Turcz.（1862）Nom. illegit. ?［爵床科 Acanthaceae］☆

16088　Diheteropogon(Hack.)Stapf(1922)【汉】异芒草属。【隶属】禾本科 Poaceae(Gramineae)。【包含】世界 5 种。【学名诠释与讨论】〈阴〉(希)di－＝拉丁文 bi－,两个,双,二倍的+heteros,不同的+pogon,所有格 pogonos,指小式 pogonion,胡须,髯毛,芒。pogonias,有须的。此属的学名,ING 和 TROPICOS 记载是"Diheteropogon（Hackel）Stapf, Hooker's Icon. Pl. 31: ad t. 3093. Jun 1922",由"Andropogon sect. Diheteropogon Hackel in Alph. de Candolle et A. C. de Candolle, Monographiae Phanerogamarum 6：647. 1889"改级而来。IK 则记载为"Diheteropogon Stapf, Hooker's Icon. Pl. 31:t. 3093. 1922"。【分布】热带非洲。【模式】未指定。【参考异名】Andropogon sect. Diheteropogon Hack.（1889）; Dihetetopogon Stapf(1922)Nom. illegit. ■☆

16089　Diheteropogon Stapf（1922）Nom. illegit. ≡ Diheteropogon（Hack.）Stapf(1922)［禾本科 Poaceae(Gramineae)］■☆

16090　Diholcos Rydb.（1905）= Astragalus L.（1753）［豆科 Fabaceae(Leguminosae)//蝶形花科 Papilionaceae］●■

16091　Dihylikostigma Kraenzl.（1919）= Discyphus Schltr.（1919）［兰科 Orchidaceae］■☆

16092　Dilanthes Salisb.（1866）= Anthericum L.（1753）［百合科 Liliaceae//吊兰科（猴面包科,猴面包树科）Anthericaceae］■☆

16093　Dilasia Raf.（1838）(废弃属名)= Murdannia Royle(1840)(保留属名)［鸭趾草科 Commelinaceae］■

16094　Dilatridaceae M. Roem.（1840）= Haemodoraceae R. Br.（保留科名)■☆

16095　Dilatris P. J. Bergius(1767)【汉】单珠血草属。【隶属】血草科（半授花科,给血草科,血皮草科）Haemodoraceae。【包含】世界 4 种。【学名诠释与讨论】〈阴〉(希)di－＝拉丁文 bi－,两个,双,二倍的+latreus,latris,佣人。指有 2 个小花药。【分布】非洲南部。【模式】Dilatris corymbosa Bergius。■☆

16096　Dilax Raf.（1840）= Smilax L.（1753）［百合科 Liliaceae//菝葜科 Smilacaceae］●

16097　Dilema Griff.（1854）= Dillenia L.（1753）［五桠果科（第伦桃科,五丫果科,锡叶藤科）Dilleniaceae］●

16098　Dilepis Suess. et Merxm.（1950）= Flaveria Juss.（1789）［菊科 Asteraceae(Compositae)］■●

16099　Dileptium Raf.（1817）= Lepidium L.（1753）［十字花科 Brassicaceae(Cruciferae)］■

16100　Dilepyrum Michx.（1803）【汉】双壳禾属。【隶属】禾本科 Poaceae(Gramineae)。【包含】世界 4 种。【学名诠释与讨论】〈中〉(希)di－＝拉丁文 bi－,两个,双,二倍的+lepyron,皮,壳。此属的学名,ING、TROPICOS、GCI 和 IK 记载是"Dilepyrum Michx. ,Fl. Bor. –Amer.（Michaux）1:40. 1803［19 Mar 1803］"。"Dilepyrum Rafinesque, Med. Repos. ser. 2. 5:353. Feb–Apr 1808 ≡ Oryzopsis Michx.（1803）［禾本科 Poaceae(Gramineae)］"是晚

出的非法名称。亦有文献把"Dilepyrum Michx.（1803）"处理为"Muhlenbergia Schreb.（1789）"的异名。【分布】新世界。【后选模式】Dilepyrum minutiflorum A. Michaux。【参考异名】Muhlenbergia Schreb.（1789）■☆

16101　Dilepyrum Raf.（1808）Nom. illegit. ≡ Oryzopsis Michx.（1803）［禾本科 Poaceae(Gramineae)］■

16102　Dileucaden（Raf.）Steud.（1841）Nom. inval. = Panicum L.（1753）［禾本科 Poaceae(Gramineae)］■

16103　Dileucaden Raf., Nom. illegit. ≡ Dileucaden（Raf.）Steud.（1841）Nom. inval. ; ~ = Panicum L.（1753）［禾本科 Poaceae(Gramineae)］■

16104　Dilicaria T. Anderson（1863）Nom. inval., Nom. illegit.［爵床科 Acanthaceae］☆

16105　Dilivaria Comm. ex Juss.（1838）Nom. illegit. = Acanthus L.（1753）［爵床科 Acanthaceae］●■

16106　Dilivaria Juss.（1789）= Acanthus L.（1753）［爵床科 Acanthaceae］●■

16107　Dilkea Mast.（1871）【汉】迪尔克西番莲属。【隶属】西番莲科 Passifloraceae。【包含】世界 2-5 种。【学名诠释与讨论】〈阴〉(人)Dilke。【分布】巴拿马,巴西,秘鲁,玻利维亚,厄瓜多尔,哥伦比亚,中美洲。【后选模式】Dilkea retusa Masters。■☆

16108　Dillandia V. A. Funk et H. Rob.（2001）【汉】羽脉黄安菊属。【隶属】菊科 Asteraceae(Compositae)。【包含】世界 3 种。【学名诠释与讨论】〈阴〉词源不详。【分布】美洲。【模式】不详。■☆

16109　Dillenia Fabr.（1763）Nom. illegit. ≡ Dillenia Heist. ex Fabr.（1763）Nom. illegit. ; ~ ≡ Sherardia L.（1753）［茜草科 Rubiaceae］■☆

16110　Dillenia Heist. ex Fabr.（1763）Nom. illegit. ≡ Sherardia L.（1753）［茜草科 Rubiaceae］■☆

16111　Dillenia L.（1753）【汉】五桠果属（第伦桃属）。【日】ディレーニア属,ビハモドキ属,ビワモドキ属。【俄】Диления, Дилления。【英】Dillenia。【隶属】五桠果科（第伦桃科,五丫果科,锡叶藤科）Dilleniaceae。【包含】世界 60-65 种,中国 3-4 种。【学名诠释与讨论】〈阴〉(人)Johannes Jacobus（John James, Johann Jacob）Dillenius（Dillen）,1684-1747,出生于德国的英国植物学者,曾任牛津大学植物学教授。此属的学名,ING、APNI、TROPICOS 和 IK 记载是"Dillenia Linnaeus, Sp. Pl. 535. 1 Mai 1753"。"Dillenia Heister ex Fabricius, Enum. ed. 2. 57. Sep–Dec 1763(non Linnaeus 1753) ≡ Sherardia Linnaeus 1753 ［茜草科 Rubiaceae］"是晚出的非法名称。"Dillenia Fabr.（1763）Nom. illegit. ≡ Dillenia Heist. ex Fabr.（1763）Nom. illegit."的命名人引证有误。"Lenidia L. M. A. A. Du Petit–Thouars, Gen. Nova Madag. 17. 17 Nov 1806"和"Syalita Adanson, Fam. 2:364. Jul–Aug 1763"是"Dillenia L.（1753）"的晚出的同模式异名（Homotypic synonym, Nomenclatural synonym）。【分布】澳大利亚（昆士兰）,巴基斯坦,巴拿马,东南亚,厄瓜多尔,斐济,马达加斯加,尼加拉瓜,印度至马来西亚,中国,马斯克林群岛,中美洲。【模式】Dillenia indica Linnaeus。【参考异名】Capellenia Hassk.（1844）; Clugnia Comm. ex DC.（1817）; Colbertia Salisb.（1807）; Dilema Griff.（1854）; Lenidia Thouars（1806）Nom. illegit. ; Neowormia Hutch. et Summerh.（1928）; Reifferscheidia C. Presl（1836）; Sialita Raf.（1815）; Syalita Adans.（1763）Nom. illegit. ; Wormia Rottb.（1783）; Wormnia J. F. Gmel.（1792）●

16112　Dilleniaceae Salisb.（1807）（保留科名）【汉】五桠果科（第伦桃科,五丫果科,锡叶藤科）。【日】サルナシ科,ディレニア科,ビワモドキ科。【英】Dilienia Family, Tree–fern Family。【包含】世界 10-12 属 300-500 种,中国 2 属 5-6 种。【分布】热带和亚热

带。【科名模式】Dillenia L.(1753)●■

16113 Dillonia Sacleux(1932)= Catha Forssk. ex Scop.(1777)(废弃属名);~= Gymnosporia(Wight et Arn.)Benth. et Hook. f.(1862)(保留属名)[卫矛科 Celastraceae]●

16114 Dillwinia Poir.(1819)Nom. illegit. ≡Dillwynia Sm.(1805)[豆科 Fabaceae(Leguminosae)]●☆

16115 Dillwynia Roth(1806)Nom. illegit. ≡Rothia Pers.(1807)(保留属名)[豆科 Fabaceae(Leguminosae)]■

16116 Dillwynia Sm.(1805)【汉】鹦鹉豆属。【英】Parrot Pea,Parrot-pea。【隶属】豆科 Fabaceae(Leguminosae)。【包含】世界 22-24种。【学名诠释与讨论】〈阴〉(人)Lewis Weston Dillwyn,1778-1855,英国植物学者。此属的学名,ING、TROPICOS 和 APNI 记载是"Dillwynia J. E. Smith, Ann. Bot.(König et Sims)1:510. 1-15 Jan 1805"。"Dillwynia A. W. Roth, Catalecta 3:71. Jan-Jun 1806(non J. E. Smith 1805)≡Rothia Pers.(1807)(保留属名)[豆科 Fabaceae(Leguminosae)]"是晚出的非法名称。"Dillwinia Poir., Dictionnaire des Sciences Naturelles 13 1819"是"Dillwynia Sm.(1805)"的拼写变体。【分布】澳大利亚。【后选模式】Dillwynia ericifolia J. E. Smith。【参考异名】Dillwinia Poir.(1819)Nom. illegit. ;Dilwinia Jacques(1844);Dilwynia Pers.(1807);Dyllwinia Nees(1826);Xeropetalum Rchb.(1828)Nom. illegit.●☆

16117 Dilobeia Thouars(1806)【汉】马岛山龙眼属。【隶属】山龙眼科 Proteaceae。【包含】世界 1-2 种。【学名诠释与讨论】〈阴〉(希)di-=拉丁文 bi-,两个,双,二倍的+lobos,荚。【分布】马达加斯加。【模式】Dilobeia thouarsi J. J. Roemer et J. A. Schultes。●☆

16118 Dilochia Blume =Dilochia Lindl.(1830)[兰科 Orchidaceae]■☆

16119 Dilochia Lindl.(1830)【汉】蔗兰属(迪劳兰属)。【英】Dilochia。【隶属】兰科 Orchidaceae。【包含】世界 5-6 种。【学名诠释与讨论】〈阴〉(希)di-,两个,双,二倍的+locheia,分娩。此属的学名,ING、TROPICOS 和 IK 记载是"Dilochia Lindl., Gen. Sp. Orchid. Pl. 38. 1830[Apr 1830]"。【分布】马来西亚。【模式】Dilochia wallichii J. Lindley。【参考异名】Dilochia Blume ■☆

16120 Dilochiopsis(Hook. f.)Brieger(1981)= Eria Lindl.(1825)(保留属名)[兰科 Orchidaceae]■

16121 Dilodendron Radlk.(1878)【汉】热美无患子属。【隶属】无患子科 Sapindaceae。【包含】世界 3 种。【学名诠释与讨论】〈中〉(希)deilos,软弱的,柔弱的+dendron 或 dendros,树木,棍,丛林。【分布】巴拉圭,巴拿马,秘鲁,玻利维亚,哥伦比亚(安蒂奥基亚),尼加拉瓜,热带南美洲,中美洲。【模式】Dilodendron bipinnatum Radlkofer。【参考异名】Dipterodendron Radlk.(1914)●☆

16122 Dilomilis Raf.(1838)【汉】弱粟兰属。【隶属】兰科 Orchidaceae。【包含】世界 4 种。【学名诠释与讨论】〈阴〉(希)deilos+milis,稷,粟。另说 di-,两个,双,二倍的+loma,刘海,流苏。指唇具流苏。此属的学名,ING、TROPICOS 和 IK 记载是"Dilomilis Raf., Fl. Tellur. 4:43. 1838[1836 publ. mid-1838]"。"Octadesmia Bentham, J. Linn. Soc., Bot. 18:311. 21 Feb 1881"是"Dilomilis Raf.(1838)"的晚出的同模式异名(Homotypic synonym, Nomenclatural synonym)。【分布】巴西,西印度群岛。【模式】Dilomilis serrata Rafinesque, Nom. illegit. [Octomeria serratifolia W. J. Hooker]。【参考异名】Octadesmia Benth.(1881)Nom. illegit. ;Tomzanonia Nir(1997)■☆

16123 Dilophia Thomson(1853)【汉】双脊荠属(双脊草属)。【俄】Двукильник。【英】Dilophia。【隶属】十字花科 Brassicaceae(Cruciferae)。【包含】世界 5 种,中国 3 种。【学名诠释与讨论】〈阴〉(希)di-,两个,双,二倍的+lophos,鸡冠,脊,装饰。指果片有重复的脊。【分布】中国,亚洲中部。【模式】Dilophia salsa T. Thomson。■

16124 Dilophotriche(C. E. Hubb.)Jacq. -Fél.(1960)【汉】双毛冠草属(毛状枝草属)。【隶属】禾本科 Poaceae(Gramineae)。【包含】世界 3 种。【学名诠释与讨论】〈阴〉(希)di-,两个,双,二倍的+lophos,脊,鸡冠,装饰+thrix,所有格 trichos,毛,毛发。此属的学名,ING 和 IK 记载是"Dilophotriche(C. E. Hubbard)H. Jacques-Félix, J. Agric. Trop. Bot. Appl. 7: 407. Sep-Oct 1960",由"Tristachya sect. Dilophotriche C. E. Hubbard, Bull. Misc. Inform. 1936:322. 19 Aug 1936"改编而来。【分布】热带非洲。【模式】Dilophotriche tristachyoides(C. B. Trinius)H. Jacques-Félix[Panicum tristachyoides C. B. Trinius]。【参考异名】Tristachya sect. Dilophotriche C. E. Hubb.(1936)■☆

16125 Dilosma Post et Kuntze(1903)= Cheiranthus L.(1753);~= Deilosma Andrz. ex DC.(1821)Nom. inval. ;~= Hesperis L.(1753)[十字花科 Brassicaceae(Cruciferae)]■

16126 Dilwinia Jacques(1844)= Dillwynia Sm.(1805)[豆科 Fabaceae(Leguminosae)]●☆

16127 Dilwynia Pers.(1807)= Dillwynia Sm.(1805)[豆科 Fabaceae(Leguminosae)]●☆

16128 Dimacria Lindl.(1820)Nom. illegit. ≡ Dimacria Lindl. ex Sw.(1820);~= Pelargonium L' Hér. ex Aiton(1789)[牻牛儿苗科 Geraniaceae]●■

16129 Dimacria Lindl. ex Sw.(1820)= Pelargonium L' Hér. ex Aiton(1789)[牻牛儿苗科 Geraniaceae]●■

16130 Dimanisa Raf.(1837)= Dianthera L.(1753);~= Justicia L.(1753)[爵床科 Acanthaceae//鸭嘴花科(鸭咀花科)Justiciaceae]●■

16131 Dimeiandra Raf.(1825)= Amaranthus L.(1753)[苋科 Amaranthaceae]■

16132 Dimeianthus Raf.(1837)Nom. illegit. ≡ Bliton Adans. ;~= Blitum Fabr.(1759)Nom. illegit. ;~= Dimeiandra Raf.(1825)[苋科 Amaranthaceae]■

16133 Dimeiostemon Raf.(1825)= Andropogon L.(1753)(保留属名)[禾本科 Poaceae(Gramineae)//须芒草科 Andropogonaceae]■

16134 Dimeium Raf.(1830)= Zanthoxylum L.(1753)[芸香科 Rutaceae//花椒科 Zanthoxylaceae]●

16135 Dimejostemon Post et Kuntze(1903)= Andropogon L.(1753)(保留属名);~= Dimeiostemon Raf.(1825)[禾本科 Poaceae(Gramineae)//须芒草科 Andropogonaceae]■

16136 Dimenops Raf.(1832)= Krameria L. ex Loefl.(1758)[刺球果科(刚毛果科,克雷木科,拉坦尼科)Krameriaceae]●■☆

16137 Dimenostemma Steud.(1840)= Dimerostemma Cass.(1817)[菊科 Asteraceae(Compositae)]■☆

16138 Dimerandra Schltr.(1922)【汉】裂床兰属。【隶属】兰科 Orchidaceae。【包含】世界 8 种。【学名诠释与讨论】〈阴〉(希)di-,两个,双,二倍的+meros,一部分+andron,雄蕊。此属的学名是"Dimerandra Schlechter, Repert. Sp. Nov. Beih. 17: 43. 30 Dec 1922"。亦有文献把其处理为"Epidendrum L.(1763)(保留属名)"的异名。【分布】巴拿马,秘鲁,厄瓜多尔,哥伦比亚(安蒂奥基亚),哥斯达黎加,尼加拉瓜,中美洲。【后选模式】Dimerandra rimbachii(Schlechter)Schlechter[Epidendrum rimbachii Schlechter]。【参考异名】Epidendrum L.(1763)(保留属名)■☆

16139 Dimeresia A. Gray(1886)【汉】对双菊属。【隶属】菊科 Asteraceae(Compositae)。【包含】世界 1 种。【学名诠释与讨论】〈阴〉(希)di-,两个,双,二倍的+meros,一部分。指双花。此属的学名,ING、TROPICOS 和 IK 记载是"Dimeresia A. Gray, Syn. Fl.

N. Amer. ed. 2. 1（2）：448. Jan 1886"。E. L. Greene（1892）曾用"Ereminula E. L. Greene, Pittonia 2：247. Jul 1892"替代"Dimeresia A. Gray, Syn. Fl. N. Amer. ed. 2. 1（2）：448. Jan 1886"；这是多余的。未见记载"Dimeresia A. Gray（1886）"是非法名称。【分布】美国（西部）。【模式】Dimeresia howellii A. Gray。【参考异名】Ereminula Greene（1892）Nom. illegit. ■☆

16140 Dimereza Labill.（1825）= Guioa Cav.（1798）［无患子科 Sapindaceae］●☆

16141 Dimeria Endl.（1836）Nom. illegit. = Dimesia Raf.（1818）Nom. illegit. ; ~ = Hierochloe R. Br.（1810）（保留属名）［禾本科 Poaceae（Gramineae）］■

16142 Dimeria R. Br.（1810）【汉】觿耀茅属（觿茅属，雁股茅属，雁茅属）。【日】カリマタガヤ属。【俄】Димерия。【英】Awlquitch, Dimeria。【隶属】禾本科 Poaceae（Gramineae）。【包含】世界 40 种，中国 6-8 种。【学名诠释与讨论】〈阴〉（希）di-，两个，双，二倍的+meros，一部分。指模式种具二枚总状花序。此属的学名，ING 和 IK 记载是"Dimeria R. Br., Prodr. Fl. Nov. Holland. 204（1810），.［27 Mar 1810］"。"Dimeria Endl., Gen. Pl.［Endlicher］81, in syn. sphalm. 1836［Dec 1836］= Dimesia Raf.（1818）Nom. illegit. = Hierochloe R. Br.（1810）（保留属名）［禾本科 Poaceae（Gramineae）］"是晚出的非法名称。【分布】澳大利亚，东南亚，马达加斯加，印度至马来西亚，中国，波利尼西亚群岛，马斯克林群岛。【模式】Dimeria acinaciformis R. Brown。【参考异名】Didactylon Moritzi（1845-1846）; Didactylon Zoll. et Moritzi（1845-1846）; Dydactylon Zoll.（1854）; Haplachne C. Presl（1830）Nom. illegit. ; Haplachne J. Presl（1830）; Psilostachys Steud.（1854）Nom. illegit. ; Pterigostachyum Nees ex Steud.（1841）; Pterygostachyum Nees ex Steud.（1854）; Pterygostachyum Steud.（1854）Nom. illegit. ; Woodrowia Stapf（1896）■

16143 Dimerocarpus Gagnep.（1921）【汉】双果桑属。【隶属】桑科 Moraceae。【包含】世界 1 种。【学名诠释与讨论】〈阳〉（希）di-，两个，双，二倍的+meros，一部分+karpos，果实。此属的学名是"Dimerocarpus Gagnepain, Bull. Mus. Hist. Nat.（Paris）27：441. 1921"。亦有文献把其处理为"Streblus Lour.（1790）"的异名。【分布】中南半岛。【模式】Dimerocarpus brenieri Gagnep.。【参考异名】Streblus Lour.（1790）●☆

16144 Dimerocostus Kuntze（1891）【汉】二数闭鞘姜属。【隶属】闭鞘姜科 Costaceae。【包含】世界 2 种。【学名诠释与讨论】〈阳〉（希）di-，两个，双，二倍的+meros，一部分+Costus 闭鞘姜属。【分布】巴拿马，秘鲁，玻利维亚，厄瓜多尔，哥伦比亚（安蒂奥基亚），哥斯达黎加，尼加拉瓜，中美洲。【模式】Dimerocostus strobilaceus O. Kuntze。【参考异名】Mulfordia Rusby（1928）■☆

16145 Dimerodiscus Gagnep.（1950）= Ipomoea L.（1753）（保留属名）［旋花科 Convolvulaceae］●■

16146 Dimerostemma Cass.（1817）【汉】双冠菊属。【隶属】菊科 Asteraceae（Compositae）。【包含】世界 12-26 种。【学名诠释与讨论】〈中〉（希）di-，两个，双，二倍的+meros，一部分+stemma，所有格 stemmatos，花冠，花环，王冠。【分布】巴拉圭，玻利维亚，热带南美洲，中美洲。【模式】Dimerostemma brasilianum Cassini［as 'brasiliana'］。【参考异名】Dimenostemma Steud.（1840）■☆

16147 Dimesia Raf.（1818）Nom. illegit. ≡ Hierochloe R. Br.（1810）（保留属名）［禾本科 Poaceae（Gramineae）］■

16148 Dimetia（Wight et Arn.）Meisn.（1838）= Hedyotis L.（1753）（保留属名）［茜草科 Rubiaceae］●■

16149 Dimetia Meisn.（1838）Nom. illegit. ≡ Dimetia（Wight et Arn.）Meisn.（1838）; ~ = Hedyotis L.（1753）（保留属名）［茜草科 Rubiaceae］●■

16150 Dimetopia DC.（1830）= Trachymene Rudge（1811）［伞形花科（伞形科）Apiaceae（Umbelliferae）//天胡荽科 Hydrocotylaceae］■☆

16151 Dimetra Kerr（1938）【汉】双囊木犀属。【隶属】木犀榄科（木犀科）Oleaceae。【包含】世界 1 种。【学名诠释与讨论】〈阴〉（希）di-，两个，双，二倍的+metre，子宫，腹，果核，心材。【分布】泰国。【模式】Dimetra craibiana Kerr。●☆

16152 Dimia Raf. = Diospyros L.（1753）［柿树科 Ebenaceae］●

16153 Dimia Spreng.（1817）= Doemia R. Br.（1810）［萝藦科 Asclepiadaceae］■☆

16154 Dimitopia D. Dietr.（1840）= Dimetopia DC.（1830）; ~ = Trachymene Rudge（1811）［伞形花科（伞形科）Apiaceae（Umbelliferae）//天胡荽科 Hydrocotylaceae］■☆

16155 Dimitria Ravenna（1972）= Chilocardamum O. E. Schulz（1924）; ~ = Sisymbrium L.（1753）［十字花科 Brassicaceae（Cruciferae）］■

16156 Dimocarpus Lour.（1790）【汉】龙眼属。【英】Dimocarpus, Longan。【隶属】无患子科 Sapindaceae。【包含】世界 5-20 种，中国 4 种。【学名诠释与讨论】〈阳〉（希）deimos，畏惧，恐怖+karpos，果实。【分布】印度至马来西亚，中国。【后选模式】Dimocarpus lichi Loureiro。【参考异名】Euphoria Comm. ex Juss.（1838）; More Gaertn. ex Radlk.; Pseudonephelium Radlk.（1879）●

16157 Dimopogon Rydb. = Drimopogon Raf.（1838）［蔷薇科 Rosaceae］●

16158 Dimorpha D. Dietr.（1840）Nom. illegit. ≡ Diamorpha Nutt.（1818）（保留属名）［景天科 Crassulaceae］■☆

16159 Dimorpha Schreb.（1791）= Eperua Aubl.（1775）［豆科 Fabaceae（Leguminosae）］●☆

16160 Dimorphandra Schott（1827）【汉】异蕊苏木属（二形花属，二型苏木属，二型雄蕊苏木属，二型药属）。【隶属】豆科 Fabaceae（Leguminosae）。【包含】世界 25 种。【学名诠释与讨论】〈阴〉（希）di-，两个，双，二倍的+morphe，形状+aner，所有格 andros，雄性，雄蕊。【分布】巴拉圭，秘鲁，玻利维亚，哥伦比亚（安蒂奥基亚），热带美洲。【模式】Dimorphandra exaltata H. W. Schott。●☆

16161 Dimorphanthera（Drude）F. Muell. ex J. J. Sm.（1886）Nom. illegit. ≡ Dimorphanthera（F. Muell. ex Drude）F. Muell.（1890）［杜鹃花科（欧石南科）Ericaceae］●☆

16162 Dimorphanthera（Drude）J. J. Sm.（1886）Nom. inval. ≡ Dimorphanthera（F. Muell. ex Drude）F. Muell.（1890）［杜鹃花科（欧石南科）Ericaceae］●☆

16163 Dimorphanthera（Drude）J. J. Sm.（1914）Nom. illegit. ≡ Dimorphanthera（F. Muell. ex Drude）F. Muell.（1890）［杜鹃花科（欧石南科）Ericaceae］●☆

16164 Dimorphanthera（F. Muell. ex Drude）F. Muell.（1890）【汉】异药莓属（异蕊莓属）。【隶属】杜鹃花科（欧石南科）Ericaceae。【包含】世界 68-80 种。【学名诠释与讨论】〈阴〉（希）di-，两个，双，二倍的 + morphe，形状 + anthera，花药。此属的学名，ING、TROPICOS 和 IK 记载是"Dimorphanthera（F. von Mueller ex O. Drude）F. von Mueller, Descr. Notes Papuan Pl. 9：63. Mai 1890"，由"Agapetes subgen. Dimorphanthera F. von Mueller ex O. Drude in Engler et Prantl, Nat. Pflanzenfam 4（1）：55. Dec 1889"改级而来。"Dimorphanthera（Drude）J. J. Sm., Southern Science Record ser. 2 1886 ≡ Dimorphanthera（F. Muell. ex Drude）F. Muell.（1890）"是一个未合格发表的名称（Nom. inval.）。"Dimorphanthera（Drude）F. Muell. ex J. J. Sm.（1886）≡ Dimorphanthera（F. Muell. ex Drude）F. Muell.（1890）"、"Dimorphanthera（F. Muell. ex Drude）F. Muell. ex J. J. Sm.（1890）≡ Dimorphanthera（F. Muell. ex Drude）F. Muell.（1890）"、"Dimorphanthera（Drude）J. J. Sm.（1914）Nom. illegit. ≡ Dimorphanthera（F. Muell. ex Drude）F.

Muell.（1890）"、"Dimorphanthera F. Muell. ex J. J. Sm.（1914）Nom. illegit. ≡ Dimorphanthera（F. Muell. ex Drude）F. Muell.（1890）"和"Dimorphanthera F. Muell.（1890）≡ Dimorphanthera（F. Muell. ex Drude）F. Muell.（1890）"的命名人引证有误。【分布】菲律宾至马来西亚（东部）。【模式】未指定。【参考异名】Agapetes subgen. Dimorphanthera F. Muell. ex Drude（1889）；Dimorphanthera（Drude）F. Muell. ex J. J. Sm.（1886）Nom. illegit.；Dimorphanthera（Drude）J. J. Sm.（1886）Nom. illegit.；Dimorphanthera（F. Muell. ex Drude）F. Muell. ex J. J. Sm.（1890）Nom. illegit.；Dimorphanthera F. Muell.（1890）Nom. illegit.；Dimorphanthera F. Muell. ex J. J. Sm.（1914）Nom. illegit. ●☆

16165　Dimorphanthera（F. Muell. ex Drude）F. Muell. ex J. J. Sm.（1890）Nom. illegit. ≡ Dimorphanthera（F. Muell. ex Drude）F. Muell.（1890）［杜鹃花科（欧石南科）Ericaceae］●☆

16166　Dimorphanthera F. Muell.（1890）Nom. illegit. ≡ Dimorphanthera（F. Muell. ex Drude）F. Muell. ex J. J. Sm.（1890）；~ ≡ Dimorphanthera（F. Muell. ex Drude）F. Muell.（1890）［杜鹃花科（欧石南科）Ericaceae］●☆

16167　Dimorphanthera F. Muell. ex J. J. Sm.（1914）Nom. illegit. ≡ Dimorphanthera（F. Muell. ex Drude）F. Muell.（1890）［杜鹃花科（欧石南科）Ericaceae］●☆

16168　Dimorphanthes Cass.（1818）Nom. illegit.（废弃属名）≡ Eschenbachia Moench（1794）（废弃属名）；~ = Conyza Less.（1832）（保留属名）［菊科 Asteraceae（Compositae）］■

16169　Dimorphanthes Meisn.（1843）Nom. illegit.（废弃属名）= Dimorphanthus Miq.（1840）；~ = Aralia L.（1753）［五加科 Araliaceae］●■

16170　Dimorphanthus Miq.（1840）= Aralia L.（1753）［五加科 Araliaceae］●■

16171　Dimorphocalyx Hook. f. = Dimorphochlamys Hook. f.（1867）；~ = Momordica L.（1753）［葫芦科（瓜科，南瓜科）Cucurbitaceae］■

16172　Dimorphocalyx Thwaites（1861）【汉】异萼木属。【英】Dimorphocalyx。【隶属】大戟科 Euphorbiaceae。【包含】世界13种，中国1种。【学名诠释与讨论】〈阳〉（希）di-，两个，双，二倍的+morphe，形状+kalyx，所有格 kalykos = 拉丁文 calyx，花萼，杯子。指雌花的萼片二型，在结果时增大。此属的学名，ING、APNI、TROPICOS 和 IK 记载是"Dimorphocalyx Thwaites, Enum. Pl. Zeyl.［Thwaites］278. 1861"。"Dimorphocalyx Hook. f. = Dimorphochlamys Hook. f.（1867）= Momordica L.（1753）［葫芦科（瓜科，南瓜科）Cucurbitaceae］"似是晚出的非法名称。【分布】澳大利亚，印度至马来西亚，中国。【模式】Dimorphocalyx glabellus Thwaites。●

16173　Dimorphocarpa Rollins（1979）【汉】异果荠属。【隶属】十字花科 Brassicaceae（Cruciferae）。【包含】世界4种。【学名诠释与讨论】〈阴〉（希）di-，两个，双，二倍的+morphe，形状+karpos，果实。【分布】美国（西南部），墨西哥。【模式】Dimorphocarpa wislizenii（Engelmann）R. C. Rollins［Dithyrea wislizenii Engelmann］。■☆

16174　Dimorphochlamys Hook. f.（1867）= Momordica L.（1753）［葫芦科（瓜科，南瓜科）Cucurbitaceae］■

16175　Dimorphochloa S. T. Blake（1941）= Cleistochloa C. E. Hubb.（1933）［禾本科 Poaceae（Gramineae）］☆

16176　Dimorphocladium Britton（1920）= Phyllanthus L.（1753）［大戟科 Euphorbiaceae//叶下珠科（叶萝藦科）Phyllanthaceae］●■

16177　Dimorphoclamys Hook. f. = Momordica L.（1753）［葫芦科（瓜科，南瓜科）Cucurbitaceae］■

16178　Dimorphocoma F. Muell. et Tate（1883）【汉】异冠层菊属。【隶属】菊科 Asteraceae（Compositae）。【包含】世界1-2种。【学名诠释与讨论】〈阴〉（希）di-，两个，双，二倍的+morphe，形状+kome，毛发，束毛，冠毛，来自拉丁文 coma。【分布】澳大利亚。【模式】Dimorphocoma minutula F. v. Mueller et Tate。■☆

16179　Dimorpholepis（G. M. Barroso）R. M. King et H. Rob.（1971）Nom. illegit. ≡ Grazielia R. M. King et H. Rob.（1972）［菊科 Asteraceae（Compositae）］●☆

16180　Dimorpholepis A. Gray（1851）【汉】二形鳞菊属。【隶属】菊科 Asteraceae（Compositae）。【包含】世界1-10种。【学名诠释与讨论】〈阴〉（希）di-，两个，双，二倍的+morphe，形状+lepis，所有格 lepidos，指小式 lepion 或 lepidion，鳞，鳞片。lepidotos，多鳞的。lepos，鳞，鳞片。此属的学名，ING、APNI、TROPICOS 和 IK 记载是"Dimorpholepis A. Gray, Hooker's J. Bot. Kew Gard. Misc. 4；227. 1852"。菊科 Asteraceae（Compositae）的"Dimorpholepis（G. M. Barroso）R. M. King et H. E. Robinson, Phytologia 22：118. 27 Sep 1971"是晚出的非法名称，由"Eupatorium sect. Dimorpholepis G. M. Barroso, Arq. Jard. Bot. Rio de Janeiro 10；97. 1950"改级而来。它已经被"Grazielia R. M. King et H. E. Robinson, Phytologia 23：305. 20 Mai 1972"所替代。亦有文献把"Dimorpholepis A. Gray（1851）"处理为"Helipterum DC.（1838）Nom. illegit."或"Triptilodiscus Turcz.（1851）"的异名。【分布】澳大利亚，巴拉圭。【模式】Dimorpholepis australis A. Gray。【参考异名】Helipterum DC.（1838）Nom. illegit.；Helipterum DC. ex Lindl.（1836）Nom. confus.；Triptilodiscus Turcz.（1851）■☆

16181　Dimorphopetalum Bertero（1829）= Tetilla DC.（1830）［虎耳草科 Saxifragaceae//花茎草科 Francoaceae］■☆

16182　Dimorphorchis Rolfe（1919）【汉】鸳鸯兰属（异花兰属）。【日】ディモルフォルキス属。【隶属】兰科 Orchidaceae。【包含】世界2种。【学名诠释与讨论】〈阴〉（希）di-，两个，双，二倍的+morphe，形状+orchis，原义为睾丸，后变为植物兰的名称，因为根的形态而得名。变为拉丁文 orchis，所有格 orchidis。指花。此属的学名是"Dimorphorchis Rolfe, Orchid Rev. 27：149. Sep-Oct 1919"。亦有文献把其处理为"Arachnis Blume（1825）"的异名。【分布】加里曼丹岛。【模式】Dimorphorchis lowii（Lindley）Rolfe［Vanda lowii Lindley［as 'lowei'］。【参考异名】Arachnis Blume（1825）■☆

16183　Dimorphosciadium Pimenov（1975）【汉】异伞芹属。【隶属】伞形花科（伞形科）Apiaceae（Umbelliferae）。【包含】世界1-2种，中国1种。【学名诠释与讨论】〈中〉（希）di-，两个，双，二倍的+morphe，形状+（属）Sciadium 伞芹属。【分布】中国，亚洲中部。【模式】Dimorphosciadium gayoides（E. Regel et J. Schmalhausen）M. G. Pimenov［Meum gayoides E. Regel et J. Schmalhausen］。■

16184　Dimorphostachys E. Fourn.（1886）= Paspalum L.（1759）［禾本科 Poaceae（Gramineae）］■

16185　Dimorphostemon Kitag.（1939）【汉】异蕊芥属（二形芥属，异型芥属）。【英】Dimorphostemon。【隶属】十字花科 Brassicaceae（Cruciferae）。【包含】世界3种，中国3种。【学名诠释与讨论】〈阳〉（希）di-，两个，双，二倍的+morphe，形状+stemon，雄蕊。指长雄蕊和短雄蕊二型。此属的学名是"Dimorphostemon M. Kitagawa, Rep. Inst. Sci. Res. Manchoukuo 3（App. 1）：239. Oct 1939"。亦有文献把其处理为"Dontostemon Andrz. ex C. A. Mey.（1831）（保留属名）"或"Sisymbrium L.（1753）"的异名。【分布】巴基斯坦，俄罗斯（远东），蒙古，印度，中国，西伯利亚，亚洲中部。【模式】Dimorphostemon asper M. Kitagawa。【参考异名】Alaida Dvorák（1971）；Dontostemon Andrz. ex C. A. Mey.（1831）（保留属名）；Sisymbrium L.（1753）■

16186　Dimorphotheca Moench（1794）Nom. illegit.（废弃属名）= Dimorphotheca Vaill.（1754）（保留属名）［菊科 Asteraceae

（Compositae）]■●☆

16187 Dimorphotheca Vaill.（1754）（保留属名）【汉】异果菊属（非洲金盏花属，铜钱花属，雨菊属）。【日】アフリカキンセンカ属，ディモルフォセカ属。【俄】Диморфотека，Ноготки африканские。【英】African Daisy，Cape Marigold，Star-of-the-veldt。【隶属】菊科 Asteraceae（Compositae）。【包含】世界 7-20 种。【学名诠释与讨论】〈阴〉（希）di-，两个，双，二倍的+morphe，形状+theke =拉丁文 theca，匣子，箱子，室，药室，囊。指果实二形。此属的学名 "Dimorphotheca Vaill.，Königl. Akad. Wiss. Paris Phys. Abh. 5：547. Jan-Apr 1754"是保留属名。法规未列出相应的废弃属名。但是菊科 Asteraceae 的 "Dimorphotheca Moench，Methodus（Moench）585. 1794 [4 May 1794] =Dimorphotheca Vaill.（1754）（保留属名）"应该废弃。"Meteorina Cassini，Bull. Sci. Soc. Philom. Paris 1818：167. Nov 1818"是 "Dimorphotheca Vaill.（1754）（保留属名）"的晚出的同模式异名（Homotypic synonym，Nomenclatural synonym）。【分布】玻利维亚，非洲南部，中美洲。【模式】Dimorphotheca pluvialis（L.）Moench [Calendula pluvialis L.]。【参考异名】Acanthotheca DC.（1838）；Arnoldia Cass.（1824）；Blaxium Cass.（1824）；Castalis Cass.（1824）；Dimorphotheca Moench（1794）Nom. illegit.（废弃属名）；Gattenhoffia Neck.（1790）Nom. inval.；Lestibodea Neck.（1790）Nom. inval.；Lestibudaea Juss.（1823）；Meteorina Cass.（1818）Nom. illegit.；Xenismia DC.（1836）■●☆

16188 Dimorphylia Cortés（1917）【汉】哥伦比亚茄属。【隶属】茄科 Solanaceae。【包含】世界 1 种。【学名诠释与讨论】〈阴〉（希）di-，两个，双，二倍的+morphe，形状+phyle，phylon，phylia，氏族，种族。【分布】哥伦比亚。【模式】Dimorphylia icononciana S. Cortés。☆

16189 Dinacanthon Post et Kuntze（1903）= Deinacanthon Mez（1896）[凤梨科 Bromeliaceae]■☆

16190 Dinacria Harv.（1862）Nom. illegit. ≡ Dinacria Harv. et Sond.（1862）Nom. illegit.；~ = Crassula L.（1753）[景天科 Crassulaceae]●■☆

16191 Dinacria Harv. ex Sond.（1862）Nom. illegit. = Crassula L.（1753）[景天科 Crassulaceae]●■☆

16192 Dinacrusa G. Krebs（1994）【汉】欧锦葵属。【隶属】锦葵科 Malvaceae。【包含】世界 5 种。【学名诠释与讨论】〈阴〉（希）di-，两个，双，二倍的+? 是否"法"nacre 珍珠母？。此属的学名是 "Dinacrusa G. Krebs，Feddes Repert. 105：299. Sep 1994"。亦有文献把其处理为 "Althaea L.（1753）"的异名。【分布】地中海地区，非洲北部，欧洲。【模式】Dinacrusa hirsuta（Linnaeus）G. Krebs [Althaea hirsuta Linnaeus]。【参考异名】Althaea L.（1753）■☆

16193 Dinaeba Delile（1813）Nom. illegit. =Bouteloua Lag.（1805）[as 'Botelua']（保留属名）；~ = Dinebra DC.（1813）[禾本科 Poaceae（Gramineae）]■

16194 Dinanthe Post et Kuntze（1903）= Deinanthe Maxim.（1867）[虎耳草科 Saxifragaceae//绣球花科（八仙花科，绣球科）Hydrangeaceae]■☆

16195 Dineba Delile ex P. Beauv.（1812）Nom. illegit. ≡ Dinebra Jacq.（1809）[禾本科 Poaceae（Gramineae）]■

16196 Dineba P. Beauv.（1812）Nom. illegit. ≡ Dineba Delile ex P. Beauv.（1812）[禾本科 Poaceae（Gramineae）]■

16197 Dinebra DC.（1813）Nom. illegit. =Bouteloua Lag.（1805）[as 'Botelua'）（保留属名）[禾本科 Poaceae（Gramineae）]■

16198 Dinebra Jacq.（1809）【汉】弯穗草属。【英】Bentspikegrass。【隶属】禾本科 Poaceae（Gramineae）。【包含】世界 3-40 种，中国

1 种。【学名诠释与讨论】〈阴〉（希）di-，两个，双，二倍的+（属）Nebra =Neea 黑牙木属。另说来自阿拉伯语 dineiba，小尾巴。此属的学名，ING，APNI，GCI，TROPICOS 和 IK 记载是 "Dinebra Jacq.，Fragm. Bot. 77. t. 121. f. 1（1809）"。"Dinebra DC.，Cat. Pl. Horti Monsp. 104，partim. 1813 [Feb-Mar 1813] = Bouteloua Lag.（1805）[as 'Botelua']（保留属名）[禾本科 Poaceae（Gramineae）]"是晚出的非法名称。"Dineba Delile ex Palisot de Beauvois，Essai Agrost. 98. Dec 1812"是 "Dinebra Jacq.（1809）"的晚出的同模式异名（Homotypic synonym，Nomenclatural synonym）。"Dineba P. Beauv.（1812）Nom. illegit. ≡ Dineba Delile ex P. Beauv.（1812）"的命名人引证有误。【分布】巴基斯坦，玻利维亚，马达加斯加，中国，热带非洲，亚洲，中美洲。【模式】Dinebra arabica N. J. Jacquin，Nom. illegit. [Cynosurus retroflexus Vahl；Dinebra retroflexa（Vahl）Panzer]。【参考异名】Dineba Delile ex P. Beauv.（1812）Nom. illegit.；Dineba P. Beauv.（1812）Nom. illegit.；Dyneba Lag.（1816）■

16199 Dinema Lindl.（1826）= Epidendrum L.（1763）（保留属名）[兰科 Orchidaceae]■☆

16200 Dinemagonum A. Juss.（1843）【汉】双曲蕊属。【隶属】金虎尾科（黄褥花科）Malpighiaceae。【包含】世界 1 种。【学名诠释与讨论】〈中〉（希）di-，两个，双，二倍的+nema，所有格 nematos，丝，花丝+gonia，角，角隅，关节，膝，来自拉丁文 giniatus，成角度的。另说 di-，两个，双，二倍的+nema，所有格 nematos，丝，花丝+agonos，不育的，或 agoneo，不结果的，无子女的。指雄蕊退化。【分布】智利。【后选模式】Dinemagonum bridgesianum A. H. L. Jussieu。●☆

16201 Dinemandra A. Juss.（1840）Nom. illegit. ≡ Dinemandra A. Juss. ex Endl.（1840）[金虎尾科（黄褥花科）Malpighiaceae]●☆

16202 Dinemandra A. Juss. ex Endl.（1840）【汉】双雄金虎尾属。【隶属】金虎尾科（黄褥花科）Malpighiaceae。【包含】世界 6 种。【学名诠释与讨论】〈阴〉（希）di-，两个，双，二倍的+nema，所有格 nematos，丝，花丝+aner，所有格 andros，雄性，雄蕊。此属的学名，ING 和 IK 记载是 "Dinemandra A. Juss. ex Endl.，Gen. Pl. [Endlicher] 1059. 1840 [Apr 1840]"。TROPICOS 则记载为 "Dinemandra A. Juss.，in Ann. Sci. Nat. Ser. II，xiii. 255（1840）"。【分布】秘鲁，智利。【模式】Dinemandra ericoides A. H. L. Jussieu。【参考异名】Dinemandra A. Juss.（1840）Nom. illegit.●☆

16203 Dinetopsis Roberty（1953）【汉】藏飞蛾藤属。【隶属】旋花科 Convolvulaceae。【包含】世界 1 种，中国 1 种。【学名诠释与讨论】〈阴〉（属）Dinetus 飞蛾藤属+希腊文 opsis，外观，模样，相似。此属的学名是 "Dinetopsis Roberty，Candollea 14：27. post 30 Sep 1953（'Oct 1952'）"。亦有文献把其处理为 "Dinetus Buch. -Ham. ex Sweet（1825）"或 "Porana Burm. f.（1768）"的异名。【分布】中国，东喜马拉雅山。【模式】Dinetopsis grandiflora（N. Wallich）Roberty [Porana grandiflora N. Wallich]。【参考异名】Dinetus Buch. -Ham. ex Sweet（1825）；Porana Burm. f.（1768）■

16204 Dinetus Buch. -Ham. ex D. Don（1825）【汉】飞蛾藤属（羽萼藤属）。【英】Dinetus，Porana。【隶属】旋花科 Convolvulaceae。【包含】世界 8-20 种，中国 5-6 种。【学名诠释与讨论】〈阳〉（希）充满旋涡的，急转的。此属的学名，ING 和 TROPICOS 记载是 "Dinetus F. Hamilton ex Sweet，Brit. Fl. Gard. 2：ad t. 127. 1 Oct 1825"；《中国植物志》英文版亦用此名。IK 则记载为 "Dinetus Buch. -Ham. ex D. Don in Sweet，Brit. Flow. Gard. t. 127（1825）"；似此名称为对。三者引用的文献相同。亦有文献把 "Dinetus Buch. -Ham. ex D. Don（1825）"处理为 "Porana Burm. f.（1768）"的异名。【分布】马来西亚，缅甸（北部），印度（阿萨姆），中国，喜马拉雅山。【模式】Dinetus racemosus（Roxburgh）Sweet

［Porana racemosa Roxburgh］。【参考异名】Dinetopsis Roberty（1953）；Dinetus Buch. –Ham. ex Sweet（1825）Nom. illegit. ；Porana Burm. f. （1768）●■

16205　Dinetus Buch. –Ham. ex Sweet（1825）Nom. illegit. ≡ Dinetus Buch. –Ham. ex D. Don（1825）；~ =Porana Burm. f. （1768）［旋花科 Convolvulaceae//翼萼藤科 Poranaceae］●■

16206　Dinghoua R. H. Archer（2012）【汉】澳卫矛属。【隶属】卫矛科 Celastraceae。【包含】世界 1 种。【学名诠释与讨论】〈阴〉词源不详。【分布】澳大利亚。【模式】Dinghoua globularis （Ding Hou）R. H. Archer［Euonymus globularis Ding Hou］。☆

16207　Dinizia Ducke（1922）【汉】亚马孙豆属。【隶属】豆科 Fabaceae（Leguminosae）。【包含】世界 1 种。【学名诠释与讨论】〈阴〉（人）Diniz，植物学者。【分布】巴西，亚马孙河流域。【模式】Dinizia excelsa Ducke。●☆

16208　Dinklagea Gilg（1897）= Manotes Sol. ex Planch. （1850）［牛栓藤科 Connaraceae］●☆

16209　Dinklageanthus Melch. ex Mildbr. （1937）= Dinklageodoxa Heine et Sandwith（1962）［紫葳科 Bignoniaceae］●☆

16210　Dinklageella Mansf. （1934）【汉】丁克兰属。【隶属】兰科 Orchidaceae。【包含】世界 2 种。【学名诠释与讨论】〈阴〉（人）Max Julius Dinklage 1864 – 1935，德国植物学者 + –ellus，–ella，–ellum，加在名词词干后面形成指小式的词尾。或加在人名、属名等后面以组成新属的名称。【分布】热带非洲西部。【模式】Dinklageella liberica Mansfeld。【参考异名】Lacroixia Szlach. （2003）■☆

16211　Dinklageodoxa Heine et Sandwith（1962）【汉】丁克紫葳属。【隶属】紫葳科 Bignoniaceae。【包含】世界 1 种。【学名诠释与讨论】〈阴〉（人）Max Julius Dinklage，1864 – 1935，德国植物学者 + doxa，光荣，光彩，华丽，荣誉，有名，显著。【分布】热带非洲西部。【模式】Dinklageodoxa scandens H. Heine et N. Y. Sandwith。【参考异名】Dinklageanthus Melch. ex Mildbr. （1937）●☆

16212　Dinocanthium Bremek. （1933）= Pyrostria Comm. ex Juss. （1789）［茜草科 Rubiaceae］●☆

16213　Dinochloa Büse （1854）【汉】藤竹属。【英】Dinochloa，Vinebamboo。【隶属】禾本科 Poaceae（Gramineae）。【包含】世界 20 – 25 种，中国 3 种。【学名诠释与讨论】〈阴〉（希）dinos，旋转的，急转的，充满旋涡的 + chloe，草的幼芽，嫩草，禾草。指其为攀缘状竹类。【分布】东南亚，印度至马来西亚，中国。【模式】Dinochloa tjankorreh L. H. Buse, Nom. illegit. ［Bambusa scandens Blume；Dinochloa scandens （Blume）Kuntze］。【参考异名】Melocalamus Benth. （1883）●

16214　Dinophora Benth. （1849）【汉】旋梗野牡丹属。【隶属】野牡丹科 Melastomataceae。【包含】世界 2 种。【学名诠释与讨论】〈阴〉（希）dinos，旋转的，急转的，充满旋涡的 + phoros，具有，梗，负载，发现者。【分布】热带非洲西部。【模式】Dinophora spenneroides Bentham。●☆

16215　Dinoseris Griseb. （1879）【汉】旋苣属。【隶属】菊科 Asteraceae（Compositae）。【包含】世界 1 种。【学名诠释与讨论】〈阴〉（希）dinos，旋转的，急转的，充满旋涡的 + seris，菊苣。此属的学名是“Dinoseris Grisebach, Symb. Fl. Argent 213. Mar – Apr 1879；Abh. Königl. Ges. Wiss. Göttingen 24：213. post Jun 1879”。亦有文献把其处理为“Hyaloseris Griseb. （1879）”的异名。【分布】阿根廷，玻利维亚。【模式】Dinoseris salicifolia Grisebach。【参考异名】Hyaloseris Griseb. （1879）●☆

16216　Dinosma Post et Kuntze （1903）= Deinosmos Raf. （1837）；~ = Pulicaria Gaertn. （1791）［菊科 Asteraceae（Compositae）］■●

16217　Dinosperma T. G. Hartley（1997）【汉】螺籽芸香属。【隶属】芸

香科 Rutaceae。【包含】世界 4 钟。【学名诠释与讨论】〈中〉（希）dinos，旋转的，急转的，充满旋涡的 + sperma，所有格 spermatos，种子，孢子。此属的学名是“Dinosperma T. G. Hartley, Adansonia ser. 3. 19：190. 18 Dec 1997”。亦有文献把其处理为“Melicope J. R. Forst. et G. Forst. （1776）”的异名。【分布】澳大利亚。【模式】Dinosperma melanophloia （C. T. White）T. G. Hartley ［Melicope melanophloia C. T. White］。【参考异名】Melicope J. R. Forst. et G. Forst. （1776）●☆

16218　Dintera Stapf（1900）【汉】迪恩玄参属。【日】ディンテラ属。【隶属】玄参科 Scrophulariaceae//透骨草科 Phrymaceae。【包含】世界 1 种。【学名诠释与讨论】〈阳〉（人）Moritz Kurt Dinter，1868 – 1945，德国植物学者，探险家，曾在南非采集植物。【分布】热带非洲。【模式】Dintera pterocaulis Stapf。■☆

16219　Dinteracanthus C. B. Clarke ex Schinz （1915）= Ruellia L. （1753）［爵床科 Acanthaceae］■●

16220　Dinteranthus Schwantes（1926）【汉】春桃玉属。【日】ディンテランッス属。【英】Cluster Pea。【隶属】番杏科 Aizoaceae。【包含】世界 5 – 6 种。【学名诠释与讨论】〈阳〉（人）Moritz Kurt Dinter，1868 – 1945，德国植物学者，探险家，曾在南非采集植物 + anthos，花。【分布】非洲南部。【后选模式】Dinteranthus microspermus （Dinter et Derenberg）Schwantes ［Mesembryanthemum microspermum Dinter et Derenberg］。■☆

16221　Dioaceae（J. Schust. ）Doweld（2001）= Zamiaceae Rchb. ●☆

16222　Dioaceae Doweld（2001）= Zamiaceae Rchb. ●☆

16223　Diocirea Chinnock（2001）【汉】澳大利亚苦槛蓝属。【隶属】苦槛蓝科（苦槛盘科）Myoporaceae。【包含】世界 4 种。【学名诠释与讨论】〈阴〉词源不详。似来自（希）di –，两个，双，二倍的 + ciris，贪食的海禽。【分布】澳大利亚（西部）。【模式】Diocirea violacea Chinnock。●☆

16224　Dioclea Kunth（1824）【汉】双被豆属（迪奥豆属，迪奥克利属）。【英】Cluster Pea。【隶属】豆科 Fabaceae（Leguminosae）。【包含】世界 30 种。【学名诠释与讨论】〈阴〉（希）di –，两个，双，二倍的 + kleio，关闭，封闭，封套。另说来自人名 Diokles，古希腊植物学者。此属的学名，ING、APNI 和 IK 记载是“Dioclea Kunth in Humboldt, Bonpland et Kunth, Nova Gen. Sp. 6：ed. fol. 342. 12 Jul 1824”。“Dioclea Spreng. , Syst. Veg. （ed. 16）［Sprengel］1：502. 1824［dated 1825；publ. in late 1824］”是晚出的非法名称。【分布】巴拉圭，巴拿马，秘鲁，玻利维亚，厄瓜多尔，哥伦比亚（哥蒂奥基亚），哥斯达黎加，马达加斯加，尼加拉瓜，热带非洲和亚洲，中美洲。【后选模式】Dioclea sericea Kunth。【参考异名】Crepidopteris Benth. （1859）；Crepidotropis Walp. （1840）；Hymenospron Spreng. （1827）；Lepidamphora Zoll. ex Miq. （1855）；Pachylobium （Benth. ） Willis；Taurophthalmum Duchass. ex Griseb. ；Trichodoum P. Beauv. ex Taub. ■☆

16225　Dioclea Spreng. （1824）Nom. illegit. ≡ Strobila G. Don（1837）Nom. illegit. ；~ = Arnebia Forssk. （1775）［紫草科 Boraginaceae］●■

16226　Dioctis Raf. （1837）= Polygonum L. （1753）（保留属名）［蓼科 Polygonaceae］■●

16227　Diodeilis Raf. （1837）= Clinopodium L. （1753）［唇形科 Lamiaceae（Labiatae）］■●

16228　Diodella（Torr. et A. Gray）Small（1913）Nom. illegit. ≡ Diodella Small （1913）Nom. illegit. ；~ = Diodia L. （1753）［茜草科 Rubiaceae］■

16229　Diodella Small（1913）Nom. illegit. =Diodia L. （1753）［茜草科 Rubiaceae］■

16230　Diodia Gronov. （1737）Nom. inval. ≡ Diodia Gronov. ex L. （1753）；~ ≡ Diodia L. （1753）［茜草科 Rubiaceae］■

16231　Diodia Gronov. ex L.（1753）≡ Diodia L.（1753）［茜草科
Rubiaceae］■

16232　Diodia L.（1753）【汉】双角草属（大钮扣草属）。【隶属】茜草
科 Rubiaceae。【包含】世界 30-50 种，中国 1 种。【学名诠释与讨
论】〈阴〉（希）dia-，用得很多的词头常见于许多奇怪的复合字
中，义为经过，全，通，自始至终，正在……时，在上，横越+hodos，
路。diodos＝diodeia，通行的过道，道路。指这一属中有许多种
是常到路边去的。或说 di-，两个，双，二倍的+odous，所有格
odontos，齿。另说来自希腊文 diodos，通过，遍及，指其生境。另
说 di-，两个，双，二倍的+eidos，形状，种类，指花萼。此属的学
名，ING、APNI 和 GCI 记载为" Diodia Linnaeus, Sp. Pl. 104. 1 Mai
1753"。IK 则记载为" Diodia Gronov., in Linn. Cor. Gen. 11
（1737）"。也有文献用为" Diodia Gronov. ex L.（1753）"。
"Diodia Gronov.（1737）"是命名起点著作之前的名称，故"Diodia
L.（1753）"和"Diodia Gronov. ex L.（1753）"都是合法名称，可以
通用。【分布】巴拉圭，巴拿马，秘鲁，玻利维亚，厄瓜多尔，哥伦
比亚（安蒂奥基亚），马达加斯加，美国（密苏里），尼加拉瓜，利
比亚（宁巴），中国，热带和亚热带，中美洲。【模式】Diodia
virginiana Linnaeus。【参考异名】Dasycephala（DC.）Benth. et
Hook. f.（1873）；Dasycephala（DC.）Hook. f.（1873）Nom. illegit.；
Dasycephala Benth. et Hook. f.（1873）Nom. illegit.；Decapenta Raf.
（1834）；Diodella（Torr. et A. Gray）Small（1913）；Diodella Small
（1913）；Diodia Gronov.（1737）Nom. inval.；Diodia Gronov. ex L.
（1753）；Dioneiodon Raf.（1834）；Ebelia Rchb.（1841）；Endopogon
Raf.（1837）Nom. illegit.；Hemidiodia K. Schum.（1888）；
Hexasepalum Bartl. ex DC.（1830）；Triodon DC.（1830）Nom.
illegit.■

16233　Diodioides Loefl.（1758）= Spermacoce L.（1753）［茜草科
Rubiaceae//繁缕科 Alsinaceae］●■

16234　Diodois Pohl（1825）= Psyllocarpus Mart. et Zucc.（1824）［茜草
科 Rubiaceae］■☆

16235　Diodonta Nutt.（1841）= Coreopsis L.（1753）［菊科 Asteraceae
（Compositae）//金鸡菊科 Coreopsidaceae］●■

16236　Diodontium F. Muell.（1857）【汉】双齿菊属。【隶属】菊科
Asteraceae（Compositae）。【包含】世界 1 种。【学名诠释与讨论】
〈阴〉（希）di-，两个，双，二倍的+odous，所有格 odontos，齿+-
ius，-ia，-ium，在拉丁文和希腊文中，这些词尾表示性质或状态。
此属的学名是" Diodontium F. v. Mueller, Hooker's J. Bot. Kew
Gard. Misc. 9：19. Jan 1857"。亦有文献把其处理为"Glossogyne
Cass.（1827）"的异名。【分布】澳大利亚（北部）。【模式】
Diodontium filifolium F. v. Mueller。【参考异名】Glossogyne Cass.
（1827）■■☆

16237　Diodontocheilis Raf. = Clinopodium L.（1753）；~ = Diodeilis
Raf.（1837）［唇形科 Lamiaceae（Labiatae）］■●

16238　Diodosperma H. Wendl.（1878）= Trithrinax Mart.（1837）［棕榈
科 Arecaceae（Palmae）］●■☆

16239　Dioecrescis Tirveng.（1983）【汉】南亚茜属。【隶属】茜草科
Rubiaceae。【包含】世界 1 种。【学名诠释与讨论】〈阴〉词源不
详。【分布】亚洲南部和东南部。【模式】Dioecrescis erythroclada
（S. Kurz）D. D. Tirvengadum［Gardenia erythroclada S. Kurz］。●☆

16240　Diogenesia Sleumer（1934）【汉】桂叶莓属。【隶属】杜鹃花科
（欧石南科）Ericaceae。【包含】世界 13 种。【学名诠释与讨论】
〈阴〉（人）Diogenes，或探险家 Diogo Cao（Diogo Caao or Cam）。
【分布】秘鲁，玻利维亚，厄瓜多尔，哥伦比亚，安第斯山。【模
式】Diogenesia octandra Sleumer。【参考异名】Eleutherostemon
Herzog（1915）Nom. illegit.●☆

16241　Diogoa Exell et Mendonça（1951）【汉】迪奥戈木属。【隶属】铁

青树科 Olacaceae。【包含】世界 1-2 种。【学名诠释与讨论】
〈阴〉（人）Diogo。【分布】热带非洲。【模式】Diogoa zenkeri
（Engler）Exell et Mendonça［Strombosiopsis zenkeri Engler］。●☆

16242　Dioicodendron Steyerm.（1963）【汉】异株茜属。【隶属】茜草
科 Rubiaceae。【包含】世界 2 种。【学名诠释与讨论】〈中〉（希）
di-，两个，双，二倍的+oikos，家，房屋，两家的+dendron 或
dendros，树木，棍，丛林。指雌花与雄花分居 2 处。【分布】秘鲁，
玻利维亚，厄瓜多尔，哥伦比亚（安蒂奥基亚），热带南美洲西北
部。【模式】Dioicodendron dioicum（K. Schumann et K. Krause）
Steyermark［Chimarrhis dioica K. Schumann et K. Krause］。●☆

16243　Diolena Naudin（1851）= Triolena Naudin（1851）［野牡丹科
Melastomataceae］☆

16244　Diolotheca Raf.（1817）Nom. illegit. = Diototheca Raf.（1817）；
~ = Phyla Lour.（1790）［马鞭草科 Verbenaceae］■

16245　Diomedea Bertol. ex Colla（1835）Nom. illegit. = Helianthus L.
（1753）［菊科 Asteraceae（Compositae）//向日葵科
Helianthaceae）］■

16246　Diomedea Cass.（1817）Nom. illegit. ≡ Borrichia Adans.
（1763）；~ = Diomedella Cass.（1827）［菊科 Asteraceae
（Compositae）］●■■☆

16247　Diomedella Cass.（1827）= Borrichia Adans.（1763）［菊科
Asteraceae（Compositae）］●■☆

16248　Diomedes Haw.（1823）= Narcissus L.（1753）［石蒜科
Amaryllidaceae//水仙科 Narcissaceae］■

16249　Diomedia Willis, Nom. inval. = Borrichia Adans.（1763）；~ =
Diomedea Cass.（1817）Nom. illegit.；~ = Borrichia Adans.（1763）；
~ = Diomedella Cass.（1827）［菊科 Asteraceae（Compositae）］●■■☆

16250　Diomma Engl. ex Harms（1931）= Spathelia L.（1762）（保留属
名）［芸香科 Rutaceae］●☆

16251　Dion Lindl.（1843）Nom. illegit.（废弃属名）= Dioon Lindl.
（1843）（保留属名）［苏铁科 Cycadaceae//泽米苏铁科（泽米科）
Zamiaceae］●☆

16252　Dionaea Ellis（1773）Nom. illegit. ≡ Dionaea Sol. ex J. Ellis
（1768）［茅膏菜科 Droseraceae//捕蝇草科 Dionaeaceae］■☆

16253　Dionaea L. = Dionaea Sol. ex J. Ellis（1768）［茅膏菜科
Droseraceae//捕蝇草科 Dionaeaceae］■☆

16254　Dionaea Sol. ex J. Ellis（1768）【汉】捕蝇草属。【日】ハエジゴ
ク属，ハエトリグサ属，ハエトリソウ属。【俄】Дионея，
Диония。【英】Venus' Fly Trap, Venus' Flytrap, Venus' Fly-
trap, Venus'-flytrap。【隶属】茅膏菜科 Droseraceae//捕蝇草科
Dionaeaceae。【包含】世界 1 种。【学名诠释与讨论】〈阴〉（人）
Dione，爱和美的女神维纳斯之母亲的名字，指叶的裂片受到刺激
迅速闭合。此属的学名，ING、TROPICOS 和 GCI 记载是" Dionaea
Solander ex J. Ellis, St. James's Chron. Brit. Eve. -Post 1172：[4]。
1-3 Sep 1768"。" Dionaea J. Ellis, Nova Acta Regiae Soc. Sci.
Upsal. 1：98, t. 8. 1773 :errat. ≡ Dionaea Sol. ex J. Ellis（1768）［茅
膏菜科 Droseraceae//捕蝇草科 Dionaeaceae）]"是晚出的非法名
称。" Dionaea L." 似为误记。【分布】美国。【模式】Dionaea
muscipula J. Ellis。【参考异名】Dionaea Ellis（1773）Nom. illegit.；
Dionaea L. ■☆

16255　Dionaeaceae Dumort.［亦见 Droseraceae Salisb.（保留科名）茅
膏菜科］【汉】捕蝇草科。【包含】世界 1 属 1 种。【分布】北美
洲。【科名模式】Dionaea Sol. ex J. Ellis ■☆

16256　Dionaeaceae Raf.（1837）= Droseraceae Salisb.（保留科名）■

16257　Dioncophyllaceae Airy Shaw（1952）（保留科名）【汉】双钩叶科
（二瘤叶科，双钩叶木科）。【包含】世界 3 属 3 种。【分布】热带
非洲西部。【科名模式】Dioncophyllum Baill.●☆

16258　Dioncophyllum Baill.（1890）【汉】双钩叶属（双钩叶木属）。【隶属】双钩叶科（二瘤叶科，双钩叶木科）Dioncophyllaceae。【包含】世界1种。【学名诠释与讨论】〈中〉（希）di-，两个，双，二倍的+onkos，突出物，小瘤。onkeros，凸出的，肿胀的+希腊文phyllon，叶子。phyllodes，似叶的，多叶的。phylleion，绿色材料，绿草。【分布】西赤道非洲。【模式】Dioncophyllum thollonii Baillon［as 'tholloni'］。●☆

16259　Dionea Raf.（1830）= Dionaea Ellis（1773）Nom. illegit. ; ~ = Dionaea Sol. ex J. Ellis（1768）［茅膏菜科 Droseraceae//捕蝇草科 Dionaeaceae）］■☆

16260　Dioneiodon Raf.（1834）= Diodia L.（1753）［茜草科 Rubiaceae］■

16261　Dionicha Triana（1872）Nom. inval.［野牡丹科 Melastomataceae］☆

16262　Dionycha Naudin（1851）【汉】双距野牡丹属。【隶属】野牡丹科 Melastomataceae。【包含】世界2种。【学名诠释与讨论】〈阴〉（希）di-，两个，双，二倍的+onyx，所有格 onychos，指甲，爪。此属的学名，ING、TROPICOS 和 IK 记载是“Dionycha Naudin, Ann. Sci. Nat., Bot. sér. 3, 15：48. 1851”。“Dionicha Triana（1872）Nom. inval.［野牡丹科 Melastomataceae］”是一个未合格发表的名称（Nom. inval.）。【分布】马达加斯加。【模式】Dionycha bojerii Naudin。【参考异名】Dionychia Benth. et Hook. f.（1867）; Dionychia Hook. f.（1867）Nom. illegit. ●☆

16263　Dionychastrum A. Fern. et R. Fern.（1956）【汉】小双距野牡丹属。【隶属】野牡丹科 Melastomataceae。【包含】世界1种。【学名诠释与讨论】〈中〉（属）Dionycha 双距野牡丹属+-astrum，指示小的词尾，也有“不完全相似”的含义。【分布】热带非洲东部。【模式】Dionychastrum schliebenii A. et R. Fernandes。●☆

16264　Dionychia Benth. et Hook. f.（1867）= Dionycha Naudin（1851）［野牡丹科 Melastomataceae］●☆

16265　Dionychia Hook. f.（1867）Nom. illegit. ≡ Dionychia Benth. et Hook. f.（1867）; ~ = Dionycha Naudin（1851）［野牡丹科 Melastomataceae］●☆

16266　Dionysia Bronner（1857）Nom. illegit.［葡萄科 Vitaceae］●☆

16267　Dionysia Fenzl（1843）【汉】垫报春属。【俄】Дионизия, Дионисия。【隶属】报春花科 Primulaceae。【包含】世界40-42种。【学名诠释与讨论】〈阴〉（人）Dionysos，酒神。此属的学名，ING、TROPICOS 和 IK 记载是“Dionysia Fenzl, Flora 26（1）：389. 1843”。“Dionysia Bronner, Wilden Trauben Rheinthales 16. 1857［葡萄科 Vitaceae］”是晚出的非法名称。【分布】阿富汗, 巴基斯坦, 伊拉克, 伊朗, 亚洲中部山区。【模式】Dionysia odora Fenzl。【参考异名】Gregoria Duby（1828）Nom. illegit. ; Macrosiphonia Post et Kuntze（1903）Nom. illegit.（废弃属名）; Macrosyphonia Duby（1844）（废弃属名）■☆

16268　Dionysis Thouars = Diplectrum Pers.（1807）Nom. illegit. ; ~ = Satyrium Sw.（1800）（保留属名）［兰科 Orchidaceae］■

16269　Dioon Lindl.（1843）（保留属名）【汉】多脉苏铁属（双卵凤尾蕉属, 双子苏铁属, 双子铁属）。【日】ディオオン属。【英】Dion, Dioon。【隶属】苏铁科 Cycadaceae//泽米苏铁科（泽米）Zamiaceae。【包含】世界4-10种。【学名诠释与讨论】〈中〉（希）di-，两个，双，二倍的+oon，卵。指配对的种子。此属的学名，“Dioon Lindl. in Edwards's Bot. Reg. 29（Misc.）：59. Aug 1843（'Dion'）（orth. cons.）”是保留属名。法规未列出相应的废弃属名。但是其拼写变体“Dion Lindl.（1843）”应该废弃。【分布】墨西哥, 中美洲。【模式】Dioon edule J. Lindley。【参考异名】Dion Lindl.（1843）Nom. illegit.（废弃属名）; Platyzamia Zucc.（1846）●☆

16270　Diopogon Jord. et Fourr.（1868）Nom. illegit. ≡ Jovibarba（DC.）Opiz（1852）; ~ = Sempervivum L.（1753）［景天科 Crassulaceae//长生草科 Sempervivaceae］■☆

16271　Diora Ravenna（1987）【汉】毛果吊兰属。【隶属】吊兰科（猴面包科, 猴面包树科）Anthericaceae。【包含】世界1种。【学名诠释与讨论】〈阴〉词源不详。【分布】秘鲁。【模式】Diora cajamarcaensis（K. von Poellnitz）P. Ravenna［Anthericum cajamarcaense K. von Poellnitz］。■☆

16272　Diorimasperma Raf.（1838）= Cleome L.（1753）［山柑科（白花菜科, 醉蝶花科）Capparaceae//白花菜科（醉蝶花科）Cleomaceae］●■

16273　Dioryktandra Hassk. ex Bakh.（1855）Nom. illegit. ≡ Dioryktandra Hassk.（1855）; ~ = Rinorea Aubl.（1775）（保留属名）［堇菜科 Violaceae］●

16274　Diosanthos St.-Lag.（1880）= Dianthus L.（1753）［石竹科 Caryophyllaceae］■

16275　Dioscorea L.（1753）（保留属名）【汉】薯蓣属（龟甲龙属, 薯芋属）。【日】ヤマノイモ属。【俄】Диоскорея, Тестудинария, Ямс。【英】Elephant's-foot, Tortoise Plant, Yam, Yams。【隶属】薯蓣科 Dioscoreaceae。【包含】世界600-850种, 中国52种。【学名诠释与讨论】〈阴〉（人）Pedanios Dioscorides，古希腊医生, 博物学者。此属的学名“Dioscorea L., Sp. Pl.：1032. 1 Mai 1753”是保留属名。法规未列出相应的废弃属名。“Dioscorea Plum.”是命名起点著作之前的名称, 故“Dioscorea L.（1753）”和“Dioscorea Plum. ex L.（1753）”都是合法名称, 可以通用。但是, 既然确定了“Dioscorea L.（1753）”为保留属名, 则“Dioscorea Plum. ex L.（1753）”也就废弃了, 不能再作为正名使用。【分布】巴基斯坦, 巴拿马, 秘鲁, 玻利维亚, 厄瓜多尔, 哥伦比亚, 哥斯达黎加, 马达加斯加, 美国（密苏里）, 尼加拉瓜, 中国, 热带和亚热带, 中美洲。【模式】Dioscorea sativa Linnaeus。【参考异名】Borderea Miégev.（1868）; Botryosicyos Hochst.（1844）; Dioscorea Plum. ex L.（1753）（废弃属名）; Dioscorida St.-Lag.（1889）; Dioscoridia St.-Lag.（1881）; Discorea Miq.（1858）; E. F. Guim. et Sucre（1974）; Elephantodon Salisb.（1866）; Epipetrum Phil.（1864）; Hamatris Salisb.（1866）; Helmia Kunth（1850）; Higinbothamia Uline（1899）; Hyperocarpa（Uline）G. M. Barroso; Illigerastrum（Prain et Burkill）A. W. Hill; Illigerastrum Prain et Burkill（1933）; Merione Sahsb.（1866）; Oncorhiza Pers.（1805）; Oncus Lour.（1790）; Peripetasma Ridl.（1920）; Polynome Salisb.（1866）; Rhizemys Raf.（1838）Nom. illegit. ; Ricophora Mill.（1754）; Sismondaea Delponte（1854）; Strophis Salisb.（1866）; Testudinaria Salisb.（1824）; Ubium J. F. Gmel.（1791）■

16276　Dioscorea Plum. ex L.（1753）（废弃属名）≡ Dioscorea L.（1753）（保留属名）［薯蓣科 Dioscoreaceae］■

16277　Dioscoreaceae R. Br.（1810）（保留科名）【汉】薯蓣科。【日】ヤマノイモ科。【俄】Диоскорейные。【英】Black Bryony Family, Yam Family。【包含】世界3-10属 650-880种, 中国1属 63种。【分布】热带和温带。【科名模式】Dioscorea L. ■●

16278　Dioscoreophyllum Engl.（1895）【汉】薯蓣叶藤属（薯蓣叶属）。【隶属】薯蓣科 Dioscoreaceae。【包含】世界3-10种。【学名诠释与讨论】〈中〉（属）Dioscorea 薯蓣属+希腊文 phyllon，叶子。此属的学名, ING、TROPICOS 和 IK 记载是“Dioscoreophyllum Engler, Pflanzenwelt Ost-Afrikas C：181. 1895”。“Dioscoreopsis O. Kuntze in Post et O. Kuntze, Lex. 178. Dec 1903（'1904'）”是“Dioscoreophyllum Engl.（1895）”的晚出的同模式异名（Homotypic synonym, Nomenclatural synonym）。化石植物的“Dioscoreophyllum Kräusel et Weyland, Palaeontographica, Abt. B, Paläophytol. 96：119. t. 21, f. 5-7; t. 22, f. 1, 2; textfig. 6. Mai 1954 （non Engler 1895）≡ Varipilicutis W. Schneider 1969"是晚出的非法名称。【分布】热带非洲。【模式】Dioscoreophyllum volkensii Engler。【参考异名】Dioscoreopsis Kuntze（1903）Nom. illegit. ; Rhopalandria Stapf（1898）●☆

16279　Dioscoreopsis Kuntze（1903）Nom. illegit. ≡ Dioscoreophyllum Engl.（1895）［薯蓣科 Dioscoreaceae］●☆

16280　Dioscorida St.-Lag.（1889）= Dioscorea L.（1753）（保留属名）［薯蓣科 Dioscoreaceae］■

16281　Dioscoridea Bronner（1857）【汉】迪氏葡萄属。【隶属】葡萄科 Vitaceae。【包含】世界 1 种。【学名诠释与讨论】〈阴〉（人）Pedanios Dioscorides，古希腊医生，博物学者。此属的学名，TROPICOS 和 IPNI 记载是" Dioscoridea Bronner, Wilden Trauben Rheinthales 19. 1857"。【分布】德国。【模式】Dioscoridea grata Bronner。●☆

16282　Dioscoridia St.-Lag.（1881）= Dioscorea L.（1753）（保留属名）［薯蓣科 Dioscoreaceae］■

16283　Diosma L.（1753）【汉】逸香木属（布枯属，迪奥斯玛属，地奥属，香叶木属）。【俄】Диосма【英】Diosma。【隶属】芸香科 Rutaceae。【包含】世界 28 种。【学名诠释与讨论】〈阴〉（希）dios 神圣的 +osme = odme，香味，臭味，气味。在希腊文组合词中，词头 osm- 和词尾 -osma 通常指香味。【分布】非洲南部。【后选模式】Diosma oppositifolia Linnaeus。●☆

16284　Diosmaceae R. Br. = Rutaceae Juss.（保留科名）●■

16285　Diosmaceae R. Br. ex Bartl.（1830）= Rutaceae Juss.（保留科名）●■

16286　Diospermum Hook. f.（1881）= Oiospermum Less.（1829）［菊科 Asteraceae（Compositae）］■☆

16287　Diosphaera Buser = Campanula L.（1753）［桔梗科 Campanulaceae］■●

16288　Diospyraceae Tiegh. = Ebenaceae Gürke（保留科名）●

16289　Diospyraceae Vest（1818）= Ebenaceae Gürke（保留科名）●

16290　Diospyros L.（1753）【汉】柿树属（柿属，乌木属）。【日】カキノキ属，カキ属。【俄】Диоспирос，Персимон，Хурма。【英】African Ebony，Date Plum，Date-plum，Ebony，Persimmon，Velvet Apple，Zebrawood。【隶属】柿树科 Ebenaceae。【包含】世界 475-600 种，中国 60-73 种。【学名诠释与讨论】〈阴〉（希）dios，希腊神话中宙斯 Zeus 的所有格，转义为神的，神圣的 +pyros，小麦，谷物。词义为果味美，神的食物。此属的学名，ING、APNI、GCI、TROPICOS 和 IK 记载是" Diospyros L., Sp. Pl. 2 ; 1057. 1753 [1 May 1753]"。" Diospyros Roxb., Nom. illegit. = Diospyros L.（1753）［柿树科 Ebenaceae］"是晚出的非法名称。" Guaiacana Duhamel du Monceau, Traité Arbres. Arbust. 1 ; 283. 1755"是" Diospyros L.（1753）"的晚出的同模式异名（Homotypic synonym, Nomenclatural synonym）。【分布】巴基斯坦，巴拉圭，巴拿马，秘鲁，玻利维亚，厄瓜多尔，哥斯达黎加，马达加斯加，美国（密苏里），尼加拉瓜，中国，温带，中美洲。【后选模式】Diospyros lotus Linnaeus。【参考异名】Bisaschersonia Kuntze（1891）Nom. illegit. ; Brachycheila Harv. ex Eckl. et Zeyh.（1847）; Brachychilus Post et Kuntze（1903）; Brayodendron Small（1901）; Camax Schreb.（1789）Nom. illegit. ; Cargillia R. Br.（1810）; Cavanillea Desr.（1789）Nom. illegit. ; Chloroxylon Raf.（废弃属名）; Dactylus Forssk.（1775）Nom. illegit. ; Danzleria Bert. ex DC.（1844）; Dimia Raf.（1838）; Dioryktandra Hassk. ex Bakh.（1855）Nom. illegit. ; Diospyros Roxb., Nom. illegit. ; Dyospyros Dumort.（1822）; Ebenum Raf.（1838）; Embryopteria Gaertn.（1788）; Ferreola Koenig ex Roxb.（1795）; Ferreola Roxb.（1795）; Ferriola Roxb.（1832）Nom. illegit. ; Gonopyros Raf. ; Guaiacana Duhamel（1755）Nom. illegit. ;

Gunisanthus A. DC.（1844）; Gynisanthus Post et Kuntze（1903）; Holochilus Dalzell（1852）; Idesia Scop.（1777）Nom. illegit.（废弃属名）; Leucoxylon G. Don（1832）; Leucoxylum Blume（1826）; Maba J. R. Forst. et G. Forst.（1776）; Mabola Raf.（1838）; Macreightia A. DC.（1844）; Noltia Schumach.（1828）Nom. illegit. ; Noltia Schumach. et Thonn.（1827）; Noltia Thonn.（1828）Nom. illegit. ; Paralea Aubl.（1775）; Paralia Desv.（1825）Nom. illegit. ; Paralia Desv. ex Ham.（1825）Nom. illegit. ; Persimon Raf.（1838）; Pisonia Rottb., Nom. illegit. ; Rapourea Rchb.（1828）; Rhaphidanthe Hiern ex Gürke（1891）; Rhipidostigma Hassk.（1855）; Ripidostigma Post et Kuntze（1903）; Ropourea Aubl.（1775）; Rospidios A. DC.（1844）; Royena L.（1753）; Tetraclis Hiern（1873）; Thespesocarpus Pierre（1896）●

16291　Diospyros Roxb., Nom. illegit. = Diospyros L.（1753）［柿树科 Ebenaceae］●

16292　Diostea Miers（1870）【汉】双骨草属。【隶属】马鞭草科 Verbenaceae。【包含】世界 1-3 种。【学名诠释与讨论】〈阴〉（希）di-，两个，双，二倍的 +osteon，骨，核。【分布】南美洲，中美洲。【模式】Diostea juncea（J. Gillies et W. J. Hooker）Miers ［Verbena juncea J. Gillies et W. J. Hooker］。●☆

16293　Diotacanthus Benth.（1876）= Phlogacanthus Nees（1832）［爵床科 Acanthaceae］●■

16294　Diothilophis Schltdl. = Dothilophis Raf.（1838）; ~ = Epidendrum L.（1763）（保留属名）［兰科 Orchidaceae］■☆

16295　Diothonea Lindl.（1834）= Epidendrum L.（1763）（保留属名）［兰科 Orchidaceae］■☆

16296　Dioticarpus Dunn（1920）【汉】耳果香属。【隶属】龙脑香科 Dipterocarpaceae。【包含】世界 1 种。【学名诠释与讨论】〈阳〉（希）di-，两个，双，二倍的 +ous，所有格 otos，指小式 otion，耳。otikos，耳的 +karpos，果实。指翅果。此属的学名是" Dioticarpus Dunn, Bull. Misc. Inform. 1920 ; 337. 20 Dec 1920"。亦有文献把其处理为"Hopea Roxb.（1811）（保留属名）"的异名。【分布】印度。【模式】Dioticarpus barryi Dunn。【参考异名】Hopea Roxb.（1811）（保留属名）■☆

16297　Diotis Desf.（1799）Nom. illegit. ≡ Neesia Spreng.（1818）（废弃属名）; ~ ≡ Otanthus Hoffmanns. et Link（1809）［菊科 Asteraceae（Compositae）］■☆

16298　Diotis Schreb.（1791）Nom. illegit. ≡ Ceratoides（Tourn.）Gagnebin（1755）Nom. illegit. ; ~ = Eurotia Adans.（1763）Nom. illegit., Nom. superfl. ［藜科 Chenopodiaceae］●

16299　Diotocarpus Hochst.（1843）= Pentanisia Harv.（1842）［茜草科 Rubiaceae］■☆

16300　Diotocranus Bremek.（1952）= Mitrasacmopsis Jovet（1935）［茜草科 Rubiaceae］■☆

16301　Diotolotus Tausch（1842）= Argyrolobium Eckl. et Zeyh.（1836）（保留属名）［豆科 Fabaceae（Leguminosae）］●☆

16302　Diotosperma A. Gray（1851）= Ceratogyne Turcz.（1851）［菊科 Asteraceae（Compositae）］■☆

16303　Diotostemon Salm-Dyck（1854）= Pachyphytum Link, Klotzsch et Otto（1841）［景天科 Crassulaceae］●☆

16304　Diotostephus Cass.（1827）= Chrysogonum A. Juss. ; ~ = Leontice L.（1753）［小檗科 Berberidaceae//狮足草科 Leonticaceae］●■

16305　Diototheca Raf.（1817）= Phyla Lour.（1790）［马鞭草科 Verbenaceae］■

16306　Diouratea Tiegh.（1902）= Ouratea Aubl.（1775）（保留属名）［金莲木科 Ochnaceae］●

16307　Dioxippe M. Roem.（1846）= Glycosmis Corrêa（1805）（保留属

名）［芸香科 Rutaceae］●

16308 Dipanax Seem.（1868）= Tetraplasandra A. Gray（1854）［五加科 Araliaceae］●☆

16309 Dipcadi Medik.（1790）【汉】异被风信子属。【隶属】百合科 Liliaceae//风信子科 Hyacinthaceae。【包含】世界 30 种。【学名诠释与讨论】〈阴〉可能来自土耳其植物俗名。【分布】马达加斯加，地中海地区，非洲。【模式】Dipcadi serotinum（Linnaeus）Medikus［Hyacinthus serotinus Linnaeus］。【参考异名】Polemannia Bergius ex Schltdl.；Tricharis Salisb.（1866）；Uropetalon Burch.（1816）Nom. illegit.；Uropetalon Burch. ex Ker Gawl.（1816）Nom. illegit.；Uropetalon Ker Gawl.（1816）Nom. illegit.；Uropetalum Burch.（1822）Nom. illegit.；Zuccangnia Thunb.（1798）（废弃属名）■☆

16310 Dipcadioides Medik.（1790）【汉】拟异被风信子属。【隶属】风信子科 Hyacinthaceae//百合科 Liliaceae。【包含】世界 1 种。【学名诠释与讨论】〈阴〉（属）Dipcadi 异被风信子属+oides，来自 o+eides，像，似；或 o+eidos 形，含义为相像。此属的学名是"Dipcadioides Medikus, Hist. & Commentat. Acad. Elect. Sci. Theod. -Palat. 6：432. 1790"。亦有文献把其处理为"Lachenalia J. Jacq.（1784）"的异名。【分布】非洲。【模式】Dipcadioides maculata Medikus, Nom. illegit.［Hyacinthus orchioides Linnaeus］。【参考异名】Lachenalia J. Jacq.（1784）；Lachenalia J. Jacq. ex Murray（1784）Nom. illegit. ■☆

16311 Dipelta Maxim.（1877）【汉】双盾木属（双楯属）。【英】Dipelta。【隶属】忍冬科 Caprifoliaceae。【包含】世界 3-4 种，中国 3 种。【学名诠释与讨论】〈阴〉（希）di-，两个，双，二倍的+pente 盾。指果包于增大成盾状的二枚苞片内。【分布】中国。【模式】Dipelta floribunda。●★

16312 Dipelta Regel et Schmalh.（1878）Nom. illegit. = Astragalus L.（1753）［豆科 Fabaceae（Leguminosae）//蝶形花科 Papilionaceae］●■

16313 Dipentaplandra Kuntze（1903）= Pentadiplandra Baill.（1886）［瘤药花科（瘤药树科）Pentadiplandraceae］●☆

16314 Dipentodon Dunn（1911）【汉】十齿花属（十萼花属）。【英】Dipentodon。【隶属】卫矛科 Celastraceae//十齿花科（十萼花科）Dipentodontaceae。【包含】世界 2 种，中国 2 种。【学名诠释与讨论】〈阳〉（希）di-，两个，双，二倍的+penta-＝拉丁文 quinque-，五+odous，所有格 odontos，齿。指萼 5 裂片，加上与萼片相似的花瓣 5 枚。另说指花萼具 10 裂齿。【分布】缅甸，中国，东喜马拉雅山。【模式】Dipentodon sinicus Dunn。●

16315 Dipentodontaceae Merr.（1941）（保留科名）【汉】十齿花科（十萼花科）。【包含】世界 1 属 2 种，中国 1 属 2 种。【分布】印度，中国，缅甸，喜马拉雅山。【科名模式】Dipentodon Dunn ●

16316 Dipera Spreng.（1826）= Disperis Sw.（1800）［兰科 Orchidaceae］■

16317 Diperis Wight（1852）= Dipera Spreng.（1826）；~ = Disperis Sw.（1800）［兰科 Orchidaceae］■

16318 Diperium Desv.（1831）= Mnesithea Kunth（1829）［禾本科 Poaceae（Gramineae）］■

16319 Dipetalanthus A. Chev.（1946）= Hymenostegia（Benth.）Harms（1897）［豆科 Fabaceae（Leguminosae）//云实科（苏木科）Caesalpiniaceae］■☆

16320 Dipetalia Raf.（1837）（废弃属名）= Oligomeris Cambess.（1839）（保留属名）［木犀草科 Resedaceae］■●

16321 Dipetalon Raf.（1838）= Cuphea Adans. ex P. Browne（1756）［千屈菜科 Lythraceae］●■

16322 Dipetalum Dalzell（1850）= Toddalia Juss.（1789）（保留属名）；

~ = Vepris Comm. ex A. Juss.（1825）［芸香科 Rutaceae//飞龙掌血科 Toddaliaceae］●☆

16323 Diphaca Lour.（1790）（废弃属名）= Ormocarpum P. Beauv.（1810）（保留属名）［豆科 Fabaceae（Leguminosae）//蝶形花科 Papilionaceae］●

16324 Diphalangium Schauer（1847）【汉】异双列百合属。【隶属】葱科 Alliaceae//百合科 Liliaceae。【包含】世界 1 种。【学名诠释与讨论】〈中〉（希）di-，两个，双，二倍的+（属）Phalangium 双列百合属。【分布】墨西哥。【模式】Diphalangium graminifolium Schauer。■☆

16325 Diphasia Pierre（1898）【汉】迪法斯木属。【隶属】芸香科 Rutaceae。【包含】世界 6 种。【学名诠释与讨论】〈阴〉（希）diphasios，二重的。此属的学名是"Diphasia Pierre, Bull. Mens. Soc. Linn. Paris ser. 2.［1］：70. Aug 1898"。亦有文献把其处理为"Vepris Comm. ex A. Juss.（1825）"的异名。【分布】马达加斯加，热带非洲。【模式】Diphasia klaineana Pierre。【参考异名】Vepris Comm. ex A. Juss.（1825）●☆

16326 Diphasiopsis Mendonça（1961）【汉】拟迪法斯木属。【隶属】芸香科 Rutaceae。【包含】世界 2 种。【学名诠释与讨论】〈阴〉（属）Diphasia 迪法斯木属+希腊文 opsis，外观，模样，相似。【分布】热带非洲东部。【模式】Diphasiopsis whitei F. A. Mendonça。●☆

16327 Diphelypaea Nicolson（1975）Nom. illegit. ≡ Phelypaea L.（1758）［玄参科 Scrophulariaceae//列当科 Orobanchaceae］■☆

16328 Dipherocarpus Llanos（1859）= Nephelium L.（1767）［无患子科 Sapindaceae］●

16329 Dipholis A. DC.（1844）（保留属名）【汉】双鳞山榄属（代弗山榄属）。【隶属】山榄科 Sapotaceae。【包含】世界 20 种。【学名诠释与讨论】〈阴〉（希）di-，两个，双，二倍的+pholis，所有格 pholidos，角质的鳞甲，特别指爬虫身上的。此属的学名"Dipholis A. DC., Prodr. 8：188. Mar（med.）1844"是保留属名。相应的废弃属名是山榄科 Sapotaceae 的"Spondogona Raf., Sylva Tellur.：35. Oct-Dec 1838 = Dipholis A. DC.（1844）（保留属名）"。亦有文献把"Dipholis A. DC.（1844）（保留属名）"处理为"Sideroxylon L.（1753）"的异名。【分布】巴拿马，佛罗里达，西印度群岛，中美洲。【模式】Dipholis salicifolia（Linnaeus）Alph. de Candolle［Achras salicifolia Linnaeus］。【参考异名】Sideroxylon L.（1753）；Spondogona Raf.（1838）（废弃属名）●☆发双池

16330 Diphorea Raf.（1825）= Sagittaria L.（1753）［泽泻科 Alismataceae］■

16331 Diphragmus C. Presl（1845）= Spermacoce L.（1753）［茜草科 Rubiaceae//繁缕科 Alsinaceae］●■

16332 Diphryllum Raf.（1808）（废弃属名）= Listera R. Br.（1813）（保留属名）［兰科 Orchidaceae］■

16333 Diphyes Blume（1825）= Bulbophyllum Thouars（1822）（保留属名）［兰科 Orchidaceae］■

16334 Diphylax Hook. f.（1889）【汉】尖药兰属。【英】Diphylax。【隶属】兰科 Orchidaceae。【包含】世界 3-4 种，中国 3 种。【学名诠释与讨论】〈阳〉（希）di-，两个，双，二倍的+phylla，复数 phylax，附生植物，监护人。指花被合生成鞟状。【分布】印度，中国。【模式】Diphylax urceolata（C. B. Clarke）J. D. Hooker［Habenaria urceolata C. B. Clarke］。■

16335 Diphyleia Raf. = Diphylleia Michx.（1803）［小檗科 Berberidaceae//鬼臼科（桃儿七科）Podophyllaceae］■●

16336 Diphyllanthus Tiegh.（1902）= Ouratea Aubl.（1775）（保留属名）［金莲木科 Ochnaceae］●

16337 Diphyllarium Gagnep.（1915）【汉】双苞豆属。【隶属】豆科

Fabaceae(Leguminosae)。【包含】世界 1 种。【学名诠释与讨论】〈中〉(希)di-，两个，双，二倍的+phyllon，叶子+-arius，-aria，-arium，指示"属于，相似，具有，联系"的词尾。【分布】中南半岛。【模式】Diphyllarium mekongense Gagnepain。■☆

16338　Diphylleia Michx.(1803)【汉】山荷叶属(二叶草属)。【日】サンカエフ属，サンカヨウ属。【俄】Двулистник，Дифиллейя。【英】Umbrella Leaf，Umbrellaleaf，Umbrella-leaf。【隶属】小檗科 Berberidaceae//鬼臼科(桃儿七科)Podophyllaceae//山荷叶科 Diphylleiaceae。【包含】世界 3 种，中国 1-2 种。【学名诠释与讨论】〈阴〉(希)di-，两个，双，二倍的+phyllon，叶子。phyllodes，似叶的，多叶的。phylleion，绿色材料，绿草。指叶深二裂。【分布】日本，中国，北美洲。【模式】Diphylleia cymosa A. Michaux。【参考异名】Diphyleia Raf.■

16339　Diphylleiaceae Schultz Sch.(1832)[亦见 Berberidaceae Juss.(保留科名)小檗科和 Podophyllaceae+Sarraceniaceae Dumort.(保留科名)]【汉】山荷叶科。【包含】世界 1 属 3 种，中国 1 属 1-2 种。【分布】中国(西部)，日本，北美洲。【科名模式】Diphylleia Michx.●■

16340　Diphyllopodium Tiegh.(1902)= Ouratea Aubl.(1775)(保留属名)[金莲木科 Ochnaceae]●

16341　Diphyllum Raf.= Diphryllum Raf.(1808)(废弃属名);~ = Listera R. Br.(1813)(保留属名)[兰科 Orchidaceae]■

16342　Diphysa Jacq.(1760)【汉】双泡豆属。【隶属】豆科 Fabaceae(Leguminosae)。【包含】世界 15 种。【学名诠释与讨论】〈阴〉(希)di-，两个，双，二倍的+physa，风箱，气泡。【分布】墨西哥，中美洲。【模式】Diphysa carthagenensis N. J. Jacquin。【参考异名】Steinbachiella Harms(1928)■☆

16343　Diphystema Neck.(1790)Nom. inval.= Amasonia L. f.(1782)(保留属名)[马鞭草科 Verbenaceae//唇形科 Lamiaceae(Labiatae)]●■☆

16344　Dipidax Lawson ex Salisb.(1812)Nom. inval.= Onixotis Raf.(1837);~ = Onixotis Raf.(1837)[百合科 Liliaceae//秋水仙科 Colchicaceae]■☆

16345　Dipidax Lawson ex Salisb.(1866)Nom. illegit.= Onixotis Raf.(1837)[百合科 Liliaceae//秋水仙科 Colchicaceae]■☆

16346　Dipidax Salisb.(1812)Nom. inval.= Wurmbea Thunb.(1781)[百合科 Liliaceae//秋水仙科 Colchicaceae]■☆

16347　Dipidax Salisb.(1866)Nom. illegit.= Onixotis Raf.(1837)[百合科 Liliaceae//秋水仙科 Colchicaceae]■☆

16348　Dipidax Salisb. ex Benth.，Nom. illegit.= Onixotis Raf.(1837)[百合科 Liliaceae//秋水仙科 Colchicaceae]■☆

16349　Diplachna Kuntze et T. Post(1903)Nom. illegit.≡Diplachne R. Br. ex Desf.(1819)Nom. inval.;~ = Verticordia DC.(1828)(保留属名)[桃金娘科 Myrtaceae]●☆

16350　Diplachne Desf.(1819)Nom. inval.≡Diplachne R. Br. ex Desf.(1819)Nom. inval.;~ = Verticordia DC.(1828)(保留属名)[桃金娘科 Myrtaceae]●☆

16351　Diplachne P. Beauv.(1812)【汉】双稃草属(青茅属)。【日】テウセンガリヤズ属，ハマガヤ属。【俄】Змеевка。【英】Diplachne。【隶属】禾本科 Poaceae(Gramineae)。【包含】世界 15 种，中国 1 种。【学名诠释与讨论】〈阴〉(希)diploos，成双的+achne，鳞片，稃。指外稃的先端具二齿。此属的学名，ING、APNI、GCI、TROPICOS 和 IK 记载是"Diplachne P. Beauv.，Essai d'une nouvelle Agrostographie 80. Dec 1812"。晚出的非法名称"Diplachne Desf.，M? moires du Mus? um d'Histoire Naturelle，Paris 5 1819 in obs."、"Diplachne R. Br. ex Desf.，Mém. Mus. Hist. Nat. 5:272. 1819"和"Diplachne R. Br.，Nom. inval."都属于桃金

娘科 Myrtaceae//均为"Verticordia DC.(1828)(保留属名)"的异名。"Diplachna Kuntze et T. Post, Lexicon Generum Phanerogamarum 1903"则是"Diplachne R. Br. ex Desf.(1819)Nom. inval."的拼写变体。亦有文献把"Diplachne P. Beauv.(1812)"处理为"Leptochloa P. Beauv.(1812)"的异名。【分布】巴基斯坦，玻利维亚，马达加斯加，中国，热带和亚热带，中美洲。【模式】Diplachne fascicularis(Lamarck)Palisot de Beauvois[Festuca fascicularis Lamarck]。【参考异名】Deplachne Boiss.;Ipnum Phil.(1884);Leptochloa P. Beauv.(1812)■

16352　Diplachne R. Br.(1819)Nom. inval.≡Diplachne R. Br. ex Desf.(1819)Nom. inval.;~ = Verticordia DC.(1828)(保留属名)[桃金娘科 Myrtaceae]●☆

16353　Diplachne R. Br. ex Desf.(1819)Nom. inval.= Verticordia DC.(1828)(保留属名)[桃金娘科 Myrtaceae]●☆

16354　Diplachyrium Nees(1828)= Muhlenbergia Schreb.(1789);~ = Perotis Aiton(1789)[禾本科 Poaceae(Gramineae)]■

16355　Diplacorchis Schltr.(1921)= Brachycorythis Lindl.(1838)[兰科 Orchidaceae]

16356　Diplacrum R. Br.(1810)【汉】裂颖茅属(小珠茅属)。【日】カガシラ属。【英】Diplacrum。【隶属】莎草科 Cyperaceae。【包含】世界 6-7 种，中国 2 种。【学名诠释与讨论】〈中〉(希)diploos，成双的+akros 锐尖。指小坚果为 2 片对生的鳞片所包被。另说 di-，二+placus，板，指雌花具 2 枚鳞片。【分布】巴拿马，秘鲁，玻利维亚，厄瓜多尔，哥斯达黎加，马达加斯加，尼加拉瓜，中国，热带，中美洲。【模式】Diplacrum caricinum R. Brown。【参考异名】Diplachna Kuntze et T. Post.;Pteroscleria Nees(1842)■

16357　Diplactis Raf.(1837)= Aster L.(1753)[菊科 Asteraceae(Compositae)]●■

16358　Diplacus Nutt.(1838)= Mimulus L.(1753)[玄参科 Scrophulariaceae//透骨草科 Phrymaceae]●■

16359　Dipladenia A. DC.(1844)= Mandevilla Lindl.(1840)[夹竹桃科 Apocynaceae]●

16360　Diplandra Bertero(1829)(废弃属名)= Elodea Michx.(1803)[水鳖科 Hydrocharitaceae]■☆

16361　Diplandra Hook. et Arn.(1838)(保留属名)【汉】双蕊柳叶菜属。【隶属】柳叶菜科 Onagraceae。【包含】世界 2 种。【学名诠释与讨论】〈阴〉(希)diploos，成双的+aner，所有格 andros，雄性，雄蕊。此属的学名"Diplandra Hook. et Arn.，Bot. Beechey Voy.: 291. Dec 1838 = Lopezia Cav.(1791)"是保留属名。相应的废弃属名是水鳖科 Hydrocharitaceae 的"Diplandra Bertero in Mercurio Chileno 13:612. 15 Apr 1829 = Elodea Michx.(1803)"。柳叶菜科 Onagraceae 的"Diplandra Raf.，Autik. Bot. 35. 1840 = Ludwigia L.(1753)"亦应废弃。"Diplandra Hook. et Arn.(1838)(保留属名)"曾被处理为"Lopezia sect. Diplandra(Hook. & Arn.)Plitmann，P. H. Raven & Breedlove，Annals of the Missouri Botanical Garden 60(2):498. 1973"。亦有文献把"Diplandra Hook. et Arn.(1838)(保留属名)"处理为"Lopezia Cav.(1791)"的异名。【分布】墨西哥。【模式】Diplandra lopezioides W. J. Hooker et Arnott。【参考异名】Lopezia Cav.(1791);Lopezia sect. Diplandra(Hook. & Arn.)Plitmann，P. H. Raven & Breedlove(1973)■☆

16362　Diplandra Raf.(1840)(废弃属名)= Ludwigia L.(1753)[柳叶菜科 Onagraceae]●■

16363　Diplandrorchis S. C. Chen(1979)【汉】双蕊兰属。【英】Twostamen Orchid。【隶属】兰科 Orchidaceae。【包含】世界 1 种，中国 1 种。【学名诠释与讨论】〈阴〉(希)diploos，成双的+aner，所有格 andros，雄性，雄蕊+orchis，原义是睾丸，后变为植物兰的名称，因为根的形态而得名。变为拉丁文 orchis，所有格 orchidis

花。指花仅具 2 枚雄蕊。此属的学名是"Diplandrorchis S. C. Chen, Acta Phytotax. Sin. 17 (1)：2. Feb 1979"。亦有文献把其处理为"Neottia Guett. (1754)（保留属名）"的异名。【分布】中国。【模式】Diplandrorchis sinica S. C. Chen。【参考异名】Neottia Guett. (1754)（保留属名）■★

16364　Diplanoma Raf. (1833) = Abelmoschus Medik. (1787)［锦葵科 Malvaceae］●■

16365　Diplanthemum K. Schum. (1897) = Duboscia Bocquet (1866)［椴树科（椴科，田麻科）Tiliaceae//锦葵科 Malvaceae］●☆

16366　Diplanthera Banks et Sol. (1810) Nom. illegit. ≡ Diplanthera Banks et Sol. ex R. Br. (1810) Nom. illegit.；~ = Deplanchea Vieill. (1863)［紫葳科 Bignoniaceae］●☆

16367　Diplanthera Banks et Sol. ex R. Br. (1810) Nom. illegit. = Deplanchea Vieill. (1863)［紫葳科 Bignoniaceae］●☆

16368　Diplanthera Gled. (1764) Nom. illegit. ≡ Dianthera L. (1753)；~ = Justicia L. (1753)［爵床科 Acanthaceae//鸭嘴花科（鸭咀花科）Justiciaceae］●■

16369　Diplanthera Raf. (1833) Nom. illegit., Nom. inval. = Platanthera Rich. (1817)（保留属名）［兰科 Orchidaceae］■

16370　Diplanthera Schrank (1821) Nom. illegit. = Justicia L. (1753)［爵床科 Acanthaceae//鸭嘴花科（鸭咀花科）Justiciaceae］●■

16371　Diplanthera Thouars (1806) Nom. illegit. ≡ Halodule Endl. (1841)［眼子菜科 Potamogetonaceae//角果藻科 Zannichelliaceae//丝粉藻科 Cymodoceaceae］■

16372　Diplantheraceae Baum. - Bod. = Cymodoceaceae Vines（保留科名）■

16373　Diplarchaceae Klotzsch = Ericaceae Juss.（保留科名）●

16374　Diplarche Hook. f. et Thomson (1854)【汉】杉叶杜鹃属（杉叶杜属）。【英】Diplarche。【隶属】杜鹃花科（欧石南科）Ericaceae//岩梅科 Diapensiaceae。【包含】世界 2 种，中国 2 种。【学名诠释与讨论】〈阴〉（希）diploos，成双的 + arche，原始的。【分布】中国，东喜马拉雅山。【模式】未指定。●

16375　Diplaria Raf. ex DC. (1839) = Cassandra D. Don (1834) Nom. illegit.；~ = Chamaedaphne Moench (1794)（保留属名）［杜鹃花科（欧石南科）Ericaceae］●

16376　Diplarinum Steud. (1840) Nom. inval.［莎草科 Cyperaceae］■☆

16377　Diplarinus Raf. (1819) = Scirpus L. (1753)（保留属名）［莎草科 Cyperaceae//藨草科 Scirpaceae］■

16378　Diplarpea Triana ex Benth. (1867)【汉】双镰野牡丹属。【隶属】野牡丹科 Melastomataceae。【包含】世界 1 种。【学名诠释与讨论】〈阴〉（希）diploos，成双的 + harpe，镰刀。此属的学名，ING 记载是"Diplarpea Triana ex Bentham et Hook. f., Gen. 1：732, 756. Sep 1867"。IK 则记载为"Diplarpea Triana, Gen. Pl.［Bentham et Hooker f.］1 (3)：756. 1867［Sep 1867］"。二者引用的文献相同。【分布】厄瓜多尔，哥伦比亚。【模式】Diplarpea paleacea Triana。【参考异名】Diplarpea Triana (1867) Nom. illegit. ☆

16379　Diplarpea Triana (1867) Nom. illegit. = Diplarpea Triana ex Benth. (1867)［野牡丹科 Melastomataceae］☆

16380　Diplarrena Labill. (1800) Nom. illegit. ≡ Diplarrhena Labill. (1800)［鸢尾科 Iridaceae］■☆

16381　Diplarrhena Labill. (1800)【汉】澳菖蒲属。【隶属】鸢尾科 Iridaceae。【包含】世界 2 种。【学名诠释与讨论】〈阴〉（希）diploos，成双的 + arrhena，所有格 ayrhenos，雄的。此属的学名，ING 和 IK 记载是"Diplarrhena Labillardière, Voyage Pérouse 1：157. 22 Feb - 4 Mar 1800"。"Diplarrena Labill., Voy. Rech. Pérouse 1：157. 1800［22 Feb - 4 Mar 1800］"是其拼写变体。"Diplarrhena R. Br., Prodromus 1810 = Diplarrhena Labill. (1800)［鸢尾科

Iridaceae］"是晚出的非法名称。【分布】澳大利亚（南部，塔斯曼半岛）。【模式】Diplarrhena moraea Labillardière。【参考异名】Diplarrena Labill. (1800) Nom. illegit.；Diplarrhena R. Br. (1810) Nom. illegit. ■☆

16382　Diplarrhena R. Br. (1810) Nom. illegit. = Diplarrhena Labill. (1800)［鸢尾科 Iridaceae］■☆

16383　Diplarrhinus Endl. (1836) = Diplarinus Raf. (1819)；~ = Scirpus L. (1753)（保留属名）［莎草科 Cyperaceae//藨草科 Scirpaceae］■

16384　Diplasanthera Hook. f. (1896) = Diplasanthum Desv. (1831)［禾本科 Poaceae (Gramineae)］■

16385　Diplasanthum Desv. (1831) = Andropogon L. (1753)（保留属名）；~ = Dichanthium Willemet (1796)［禾本科 Poaceae (Gramineae)//须芒草科 Andropogonaceae］■

16386　Diplasia Pers. (1805) Nom. illegit. ≡ Diplasia Rich. (1805)［莎草科 Cyperaceae］■☆

16387　Diplasia Rich. (1805)【汉】疏黄鞘莎草属。【隶属】莎草科 Cyperaceae。【包含】世界 1-2 种。【学名诠释与讨论】〈阴〉（希）diplasios = 拉丁文 diplasius，成双的，二倍的，完全一样的。指花的苞片。此属的学名，ING 记载是"Diplasia Persoon, Syn. Pl. 1：70. 1 Apr - 15 Jun 1805"。IK 和 TROPICOS 则记载为"Diplasia Rich., Syn. Pl.［Persoon］i. 70 (1805)"。二者引用的文献相同。【分布】巴拿马，秘鲁，玻利维亚，厄瓜多尔，哥斯达黎加，西印度群岛，中南半岛，热带南美洲，中美洲。【模式】Diplasia karataefolia Rich.。【参考异名】Diplasia Pers. (1805) Nom. illegit. ■☆

16388　Diplaspis Hook. f. (1847)【汉】双盾芹属。【隶属】伞形花科（伞形科）Apiaceae (Umbelliferae)。【包含】世界 2 种。【学名诠释与讨论】〈阴〉（希）di-，两个，双，二倍的 + aspis，盾。此属的学名是"Diplaspis J. D. Hooker, London J. Bot. 6：468 bis. Jul - Aug 1847"。亦有文献把其处理为"Huanaca Cav. (1800)"的异名。【分布】亚洲东南部。【模式】Diplaspis hydrocotyle J. D. Hooker。【参考异名】Displaspis Klatt (1859)；Huanaca Cav. (1800) ■☆

16389　Diplatia Tiegh. (1894)【汉】双阔寄生属。【隶属】桑寄生科 Loranthaceae。【包含】世界 3 种。【学名诠释与讨论】〈阴〉（希）di-，两个，双，二倍的 + platys，platos，平，宽，广的，扁平的，宽阔的。指苞叶。【分布】澳大利亚（热带）。【模式】Diplatia grandibractea (F. v. Mueller) Van Tieghem［Loranthus grandibracteus F. v. Mueller］。●☆

16390　Diplax Benn. (1844) Nom. illegit. = Ehrharta Thunb. (1779)（保留属名）［禾本科 Poaceae (Gramineae)］■☆

16391　Diplax Sol. ex Benn. (1838) = Microlaena R. Br. (1810)［禾本科 Poaceae (Gramineae)］■☆

16392　Diplazoptilon Y. Ling (1965)【汉】重羽菊属。【英】Diplazoptilon。【隶属】菊科 Asteraceae (Compositae)。【包含】世界 2 种，中国 2 种。【学名诠释与讨论】〈中〉（希）diplasios = 拉丁文 diplasius，成双的，二倍的，完全一样的 + ptilon，羽毛，翼，柔毛。指冠毛二层。【分布】中国。【模式】picridifolium (Handel-Mazzetti) Y. Ling［Jurinea picridifolia Handel-Mazzetti］。■★

16393　Diplecoala G. Don (1834) = Diplycosia Blume (1826)［杜鹃花科（欧石南科）Ericaceae］●☆

16394　Diplecthrum Pers. (1807) Nom. illegit. ≡ Satyrium Sw. (1800)（保留属名）［兰科 Orchidaceae］■

16395　Diplectraden Raf. (1837) = Habenaria Willd. (1805)［兰科 Orchidaceae］■

16396　Diplectria (Blume) Rchb. (1841)【汉】藤牡丹属。【英】Diplectria, Vinepeony。【隶属】野牡丹科 Melastomataceae。【包含】世界 8-11 种，中国 1 种。【学名诠释与讨论】〈阴〉（希）di- =

拉丁文 bi-,两个,双,二倍的+plektron,距。此属的学名,ING 和 IK 记载是 "Diplectria H. G. L. Reichenbach, Deutsche Bot. Herbarienbuch (Nom.) 174. Jul 1841, Based on Dissochaeta sect. Diplectriae Blume, Flora 14:501. Aug 1831"。而《中国植物志》英文版则和 TROPICOS 记载为 "Diplectria (Blume) Reichenbach, Deut. Bot. Herb. –Buch. 174. 1841",由 "Dissochaeta sect. Diplectria Blume, Flora 14:501. 1831" 改级而来。二者引用的文献相同。"Diplectria Kuntze, Revis. Gen. Pl. 1:246. 1891 [5 Nov 1891] ≡ Diplectria (Blume) Rchb. (1841) [野牡丹科 Melastomataceae]" 是晚出的非法名称。【分布】马来西亚,缅甸,中国,中南半岛。【模式】未指定。【参考异名】Anplectrum A. Gray (1854); Aplectrum Blume (1831) Nom. illegit. ; Backeria Bakh. f. (1943); Diplectria Blume ex Rchb. (1841) Nom. illegit. ; Diplectria Rchb. (1841) Nom. illegit. ; Dissochaeta sect. Diplectriae Blume (1831) ●■

16397　Diplectria Blume ex Rchb. (1841) Nom. illegit. ≡ Diplectria (Blume) Rchb. (1841) [野牡丹科 Melastomataceae] ●■

16398　Diplectria Kuntze (1891) Nom. illegit. [野牡丹科 Melastomataceae] ☆

16399　Diplectria Rchb. (1841) Nom. illegit. ≡ Diplectria (Blume) Rchb. (1841) [野牡丹科 Melastomataceae] ●■

16400　Diplectrum Endl. (1837) Nom. inval. , Nom. illegit. [兰科 Orchidaceae] ■☆

16401　Diplectrum Pers. (1807) = Satyrium Sw. (1800) (保留属名) [兰科 Orchidaceae] ■

16402　Diplectrum Thouars = Diplecthrum Pers. (1807) Nom. illegit. ; ～ = Satyrium Sw. (1800) (保留属名) [兰科 Orchidaceae] ■

16403　Diplegnon Post et Kuntze (1903) = Diplolegnon Rusby (1900) [苦苣苔科 Gesneriaceae] ■☆

16404　Dipleina Raf. (1840) = Actaea L. (1753) [毛茛科 Ranunculaceae] ■

16405　Diplemium Raf. (1837) = Erigeron L. (1753) [菊科 Asteraceae (Compositae)] ■●

16406　Diplerisma Planch. (1848) = Melianthus L. (1753) [无患子科 Sapindaceae//蜜花科 (假栾树科,羽叶树科) Melianthaceae] ●☆

16407　Diplesthes Harv. (1842) = Salacia L. (1771) (保留属名) [卫矛科 Celastraceae//翅子藤科 Hippocrateaceae//五层龙科 Salaciaceae] ●

16408　Dipliathus Raf. (1838) = Licaria Aubl. (1775) [樟科 Lauraceae] ●☆

16409　Diplicosia Endl. (1839) = Diplycosia Blume (1826) [杜鹃花科 (欧石南科) Ericaceae] ●☆

16410　Diplima Raf. (1838) = Salix L. (1753) (保留属名); ～ = Colubrina Rich. ex Brongn. (1826) (保留属名) [鼠李科 Rhamnaceae] ●

16411　Diploatephion Raf. = Dyssodia Cav. (1801) [菊科 Asteraceae (Compositae)] ■☆

16412　Diplobryum C. Cusset (1972) 【汉】倍苔草属。【隶属】髯管花科 Geniostomaceae。【包含】世界 1-4 种。【学名诠释与讨论】〈中〉(希) diploos,双倍的+bryon,地衣,树苔,海草。【分布】越南 (南部)。【模式】Diplobryum minutale C. Cusset。■☆

16413　Diplocalymma Spreng. (1822) = Thunbergia Retz. (1780) (保留属名) [爵床科 Acanthaceae//老鸦嘴科 (山牵牛科,老鸦咀科) Thunbergiaceae] ●■

16414　Diplocalyx A. Rich. (1850) Nom. illegit. = Schoepfia Schreb. (1789) [铁青树科 Olacaceae//青皮木科 (香芙木科) Schoepfiaceae//山龙眼科 Proteaceae] ●

16415　Diplocalyx C. Presl (1845) = Mitraria Cav. (1801) (保留属名) [苦苣苔科 Gesneriaceae] ●☆

16416　Diplocardia Zipp. ex Blume (1849) = Pometia J. R. Forst. et G. Forst. (1776) [无患子科 Sapindaceae] ●

16417　Diplocarex Hayata (1921) 【汉】倍蕊苔科。【隶属】莎草科 Cyperaceae。【包含】世界 1 种。【学名诠释与讨论】〈阴〉(希) diploos,双倍的+(属) Carex 苔草属。指外形与苔草属相似,但雄蕊 4-6 枚。此属的学名是 "Diplocarex Hayata, Icon. Pl. Formosan. 10:70. 25 Mar 1921"。亦有文献把其处理为 "Carex L. (1753)" 的异名。【分布】中国。【模式】Diplocarex matsudai Hayata。【参考异名】Carex L. (1753) ■

16418　Diplocaulobium (Rchb. f.) Kraenzl. (1910) 【汉】褐茎兰属。【隶属】兰科 Orchidaceae。【包含】世界 94 种。【学名诠释与讨论】〈中〉(希) diploos,双倍的+kaulos,茎+lobos,片,裂片,叶,荚,蒴+-ius,-ia,-ium,在拉丁文和希腊文中,这些词尾表示性质或状态。此属的学名,ING 和 APNI 记载是 "Diplocaulobium (H. G. Reichenbach) F. Kraenzlin in Engler, Pflanzenr. IV. 50. II. B. 21 (Heft 45):331. 15 Nov 1910";但是未给出基源异名。IK 和 TROPICOS 则记载为 "Diplocaulobium Kraenzl. , Pflanzenr. (Engler) Orch. –Dendrob. pars. 1, 331 (1910)"。【分布】马来半岛至澳大利亚和太平洋地区。【模式】Diplocaulobium nitidissimum (H. G. Reichenbach) F. Kraenzlin [Dendrobium nitidissimum H. G. Reichenbach]。【参考异名】Diplocaulobium Kraenzl. (1910) Nom. illegit. ■☆

16419　Diplocaulobium Kraenzl. (1910) Nom. illegit. ≡ Diplocaulobium (Rchb. f.) Kraenzl. (1910) [兰科 Orchidaceae] ■☆

16420　Diplocea Raf. (1817) Nom. illegit. = Salsola L. (1753) [藜科 Chenopodiaceae//猪毛菜科 Salsolaceae] ●■

16421　Diplocea Raf. (1818) Nom. illegit. ≡ Uralepis Nutt. (1818) Nom. illegit. ; ～ = Triplasis P. Beauv. (1812) [禾本科 Poaceae (Gramineae)] ■☆

16422　Diploceleba Post et Kuntze (1903) = Diplokeleba N. E. Br. (1894) [无患子科 Sapindaceae] ●☆

16423　Diplocentrum Lindl. (1832) 【汉】印度双距兰属。【隶属】兰科 Orchidaceae。【包含】世界 2 种。【学名诠释与讨论】〈中〉(希) diploos,双倍的+kentron,点,刺,圆心,中央,距。【分布】斯里兰卡,印度。【模式】Diplocentrum recurvum J. Lindley。■☆

16424　Diploceras Meisn. (1843) Nom. illegit. ≡ Parolinia Webb (1840) [十字花科 Brassicaceae (Cruciferae)] ■☆

16425　Diplochaete Nees (1834) = Rhynchospora Vahl (1805) [as 'Rynchospora'] (保留属名) [莎草科 Cyperaceae] ■☆

16426　Diplochilos Lindl. (1832) = Diplomeris D. Don (1825) [兰科 Orchidaceae] ■

16427　Diplochita DC. (1828) = Miconia Ruiz et Pav. (1794) (保留属名) [野牡丹科 Melastomataceae//米氏野牡丹科 Miconiaceae] ●☆

16428　Diplochiton Spreng. (1830) = Diplochita DC. (1828) [野牡丹科 Melastomataceae] ●☆

16429　Diplochlaena Spreng. (1830) = Diplolaena R. Br. [芸香科 Rutaceae] ●☆

16430　Diplochlamys Müll. Arg. (1864) = Mallotus Lour. (1790) [大戟科 Euphorbiaceae] ●

16431　Diplochonium Fenzl (1839) = Trianthema L. (1753) [番杏科 Aizoaceae] ■

16432　Diploclinium Lindl. (1847) Nom. inval. ≡ Diploclinium Lindl. ex R. Wight (1852) ; ～ = Begonia L. (1753) [秋海棠科 Begoniaceae] ●■

16433　Diploclinium Lindl. ex R. Wight (1852) = Begonia L. (1753) [秋海棠科 Begoniaceae] ●■

16434　Diploclisia Miers (1851) 【汉】秤钩风属。【英】Diploclisia。【隶

属】防己科 Menispermaceae。【包含】世界 2 种,中国 2 种。【学名诠释与讨论】〈阴〉(希)diploos, 双倍的+klisia, 茅屋。指花被二层。【分布】印度至马来西亚,中国,东南亚。【模式】Diploclisia macrocarpa (R. Wight et Arnott) Miers [Cocculus macrocarpus R. Wight et Arnott]。●

16435　Diplocnema Post et Kuntze (1903) = Diploknema Pierre (1884) [山榄科 Sapotaceae]●

16436　Diplococea Rchb. (1828) = Diplocea Raf. (1818) Nom. illegit. ; ~ = Triplasis P. Beauv. (1812) [禾本科 Poaceae (Gramineae)]■☆

16437　Diplocoma D. Don ex Sw. (1828) Nom. illegit. ≡ Diplocoma D. Don (1828) ; ~ = Heterotheca Cass. (1817) [菊科 Asteraceae (Compositae)]■☆

16438　Diplocoma D. Don (1828) = Heterotheca Cass. (1817) [菊科 Asteraceae (Compositae)]■☆

16439　Diploconchium Schauer (1843) = Agrostophyllum Blume (1825) [兰科 Orchidaceae]■

16440　Diplocos Bureau (1873) = Streblus Lour. (1790) [桑科 Moraceae]●

16441　Diplocrater Benth. (1851) = Cathedra Miers (1852) [铁青树科 Olacaceae]●☆

16442　Diplocrater Hook. f. (1873) Nom. illegit. ≡ Tricalysia A. Rich. ex DC. (1830) [茜草科 Rubiaceae]●

16443　Diplocyatha N. E. Br. (1878)【汉】复杯角属。【日】ティプロシアサ属。【英】Diplocyatha。【隶属】萝藦科 Asclepiadaceae。【包含】世界 1 种。【学名诠释与讨论】〈阴〉(希)diploos, 双倍的+kyathos, 杯。此属的学名是" Diplocyatha N. E. Brown, J. Linn. Soc. , Bot. 17: 167. 5 Nov 1878"。亦有文献把其处理为" Orbea Haw. (1812)"的异名。【分布】非洲南部,中国。【模式】Diplocyatha ciliata (Thunberg) N. E. Brown [Stapelia ciliata Thunberg]。【参考异名】Diplocyathus K. Schum. (1895) ; Diplogatha K. Schum. (1895) Nom. illegit. ; Diplogatha N. E. Br. ex K. Schum. (1895) Nom. illegit. ; Orbea Haw. (1812)■

16444　Diplocyathium Heinr. Schmidt (1907) = Euphorbia L. (1753) [大戟科 Euphorbiaceae]●■

16445　Diplocyathus K. Schum. (1895) = Diplocyatha N. E. Br. (1878) [萝藦科 Asclepiadaceae]■☆

16446　Diplocyclos (Endl.) Post et Kuntze (1903)【汉】双轮瓜属(毒瓜属)。【英】Poisongourd。【隶属】葫芦科 (瓜科, 南瓜科) Cucurbitaceae。【包含】世界 3-4 种,中国 1 种。【学名诠释与讨论】〈阳〉(希)diploos, 双倍的+kyklos, 圆圈。kyklas, 所有格 kyklados, 圆形的。kyklotos, 圆的,关住,围住。此属的学名,ING、APNI 和 IK 记载是" Diplocyclos (Endlicher) Post et O. Kuntze, Lex. 178 (' Diplocyclus'). Dec 1903", 由" Bryonia [par.] Diplocyclos Endlicher, Prodr. Fl. Norfolk. 68. Mai−Jun 1833"改级而来。" Diplocyclus (Endl.) Post et Kuntze (1903)"是其拼写变体。" Diplocyclus Post et Kuntze (1903)"的命名人引证有误。【分布】巴基斯坦,马达加斯加,印度至马来西亚,中国,热带非洲。【模式】Bryonia affinis Endlicher。【参考异名】Bryonia [infragen. unranked] Diplocyclos Endl. (1833) ; Diplocyclus (Endl.) Post et Kuntze (1903) Nom. illegit. ; Diplocyclus Post et Kuntze (1903) Nom. illegit. ; Ilocania Merr. (1918)■

16447　Diplocyclus (Endl.) Post et Kuntze (1903) Nom. illegit. = Diplocyclos (Endl.) Post et Kuntze (1903) [葫芦科 (瓜科, 南瓜科) Cucurbitaceae]■

16448　Diplocyclus Post et Kuntze (1903) Nom. illegit. ≡ Diplocyclos (Endl.) Post et Kuntze (1903) [葫芦科 (瓜科, 南瓜科) Cucurbitaceae]■

16449　Diplodiscus Turcz. (1858)【汉】二重椴属(海南椴属)。【隶属】椴树科(椴科, 田麻科)Tiliaceae//锦葵科 Malvaceae。【包含】世界 7-10 种。【学名诠释与讨论】〈阳〉(希)diploos, 双倍的+diskos, 圆盘。【分布】马来西亚(西部),中国。【模式】Diplodiscus paniculatus Turczaninow。【参考异名】Hainania Merr. (1935) ; Pityranthe Thwaites (1858)●

16450　Diplodium Sw. (1810) (废弃属名) = Pterostylis R. Br. (1810) (保留属名) [兰科 Orchidaceae]■☆

16451　Diplodon DC. (1828) = Diplusodon Pohl (1827) [千屈菜科 Lythraceae]●☆

16452　Diplodon Spreng. (1830) Nom. illegit. = Diplusodon Pohl (1827) [千屈菜科 Lythraceae]●☆

16453　Diplodonta H. Karst. (1857) = Clidemia D. Don (1823) [野牡丹科 Melastomataceae]●☆

16454　Diplodontaceae Dulac = Lythraceae J. St. −Hil. (保留科名)■●

16455　Diplofatsia Nakai (1924)【汉】二重五加属。【隶属】五加科 Araliaceae。【包含】世界 1 种。【学名诠释与讨论】〈阴〉(希)diploos, 双倍的 + (属) Fatsia 八角金盘属。此属的学名是" Diplofatsia Nakai, J. Arnold Arbor. 5: 18. 18 Feb 1924"。亦有文献把其处理为" Fatsia Decne. et Planch. (1854)"的异名。【分布】中国。【模式】Diplofatsia polycarpa (Hayata) Nakai [Fatsia polycarpa Hayata]。【参考异名】Diplogenaea A. Juss. ; Fatsia Decne. et Planch. (1854)●

16456　Diplofractum Walp. = Colona Cav. (1798) ; ~ = Diplophractum Desf. (1819) [椴树科(椴科, 田麻科)Tiliaceae]●

16457　Diplogama Opiz (1852) = Otites Adans. (1763) ; ~ = Silene L. (1753) (保留属名) [石竹科 Caryophyllaceae]■

16458　Diplogastra Welw. ex Rchb. f. (1865) = Platylepis A. Rich. (1828) (保留属名) [兰科 Orchidaceae]■☆

16459　Diplogatha K. Schum. (1895) Nom. illegit. ≡ Diplogatha N. E. Br. ex K. Schum. (1895) Nom. illegit. ; ~ = Diplocyatha N. E. Br. (1878) [萝藦科 Asclepiadaceae]■☆

16460　Diplogatha N. E. Br. ex K. Schum. (1895) Nom. illegit. = Diplocyatha N. E. Br. (1878) [萝藦科 Asclepiadaceae]■☆

16461　Diplogenaea A. Juss. (1849) = Diplogenea Lindl. (1828) [五加科 Araliaceae]●

16462　Diplogenea Lindl. (1828) = Medinilla Gaudich. ex DC. (1828) [野牡丹科 Melastomataceae]●

16463　Diploglossis Benth. et Hook. f. (1876) = Diploglossum Meisn. (1840) [萝藦科 Asclepiadaceae]●■

16464　Diploglossum Meisn. (1840) = Cynanchum L. (1753) [萝藦科 Asclepiadaceae]●■

16465　Diploglottis Hook. f. (1862)【汉】假酸豆属(类酸豆属)。【隶属】无患子科 Sapindaceae。【包含】世界 8-10 种。【学名诠释与讨论】〈阴〉(希)diploos, 双倍的+glottis, 所有格 glottidos, 气管口。来自 glotta = glossa, 舌。【分布】澳大利亚。【模式】Diploglottis cunninghamii (W. J. Hooker) J. D. Hooker ex Bentham。●☆

16466　Diplogon Poir. (1819) Nom. illegit. (废弃属名) = Diplogon Raf. (1819) (废弃属名) ; ~ = Chrysopsis (Nutt.) Elliott (1823) (保留属名) [菊科 Asteraceae (Compositae)]■☆

16467　Diplogon Raf. (1819) (废弃属名) = Chrysopsis (Nutt.) Elliott (1823) (保留属名) [菊科 Asteraceae (Compositae)]■☆

16468　Diplokeleba N. E. Br. (1894)【汉】双杯无患子属。【隶属】无患子科 Sapindaceae。【包含】世界 2 种。【学名诠释与讨论】〈阴〉(希)di−, 两个, 双, 二倍的+kelebe, 瓶, 杯, 盘。【分布】巴拉圭, 玻利维亚, 热带南美洲南部。【模式】Diplokeleba floribunda N. E. Brown。【参考异名】Diploceleba Post et Kuntze (1903)●☆

16469　Diploknema Pierre（1884）【汉】藏榄属。【英】Diploknema, Zangolive。【隶属】山榄科 Sapotaceae。【包含】世界9-10种,中国2种。【学名诠释与讨论】〈中〉(希) diploos,二倍的,双的+knemis,胫衣。指花萼裂片似二轮排列。【分布】印度至马来西亚,中国。【模式】Diploknema sebifera Pierre。【参考异名】Aesandra Pierre ex L. Planch.（1888）;Aesandra Pierre（1890）Nom. illegit.; ~ ; Aisandra Airy Shaw（1963）Nom. illegit. ; ~ ; Aisandra PierreNom. illegit. ; Diplocnema Post et Kuntze（1903）;Mixandra Pierre ex L. Planch.（1888）;Mixandra Pierre（1888）Nom. inval. , Nom. nud. ; Mixandra Pierre（1900）Nom. inval. , Nom. illegit. ●

16470　Diplolabellum F. Maek.（1935）【汉】朝鲜双唇兰属。【隶属】兰科 Orchidaceae。【包含】世界1种。【学名诠释与讨论】〈中〉(希) diploos,双倍的+labellum 唇。【分布】朝鲜。【模式】Diplolabellum coreanum （Finet）F. Maekawa [Oreorchis coreana Finet]。■☆

16471　Diplolaena R. Br.（1814）【汉】迪普劳属。【隶属】芸香科 Rutaceae。【包含】世界6-8种。【学名诠释与讨论】〈阴〉(希) diploos,双倍的+laina = "拉"laena,外套,外衣。【分布】澳大利亚（西部）。【模式】Diplolaena dampieri Desfontaines。【参考异名】Diplochlaena Spreng.（1830）;Ventenatum Leschen. ex Rchb. ●☆

16472　Diplolaenaceae J. Agardh（1858）= Rutaceae Juss.（保留科名）●■

16473　Diplolegnon Rusby（1900）= Corytoplectus Oerst.（1858）[苦苣苔科 Gesneriaceae]■☆

16474　Diplolepis R. Br.（1810）【汉】双鳞萝藦属。【隶属】萝藦科 Asclepiadaceae。【包含】世界2种。【学名诠释与讨论】〈阴〉(希) diploos,双倍的+lepis,所有格 lepidos,指小式 lepion 或 lepidion,鳞,鳞片。lepidotos,多鳞的。lepos,鳞,鳞片。此属的学名,ING、TROPICOS 和 IK 记载是"Diplolepis R. Br., Asclepiadeae 30. 1810 [3 Apr 1810]; Mem. Werner. Soc. 1: 41. 1811"。"Sonninia H. G. L. Reichenbach, Consp. 131. Dec 1828-Mar 1829"是"Diplolepis R. Br.（1810）"的晚出的同模式异名（Homotypic synonym, Nomenclatural synonym）。【分布】中国。【模式】Diplolepis menziesii J. A. Schultes。【参考异名】Soninnia Kostel.（1834）;Sonninia Rchb.（1828）Nom. illegit. ●

16475　Diplolobium（Benth.）Rchb. f.（1841）【汉】双荚豆属。【隶属】豆科 Fabaceae（Leguminosae）。【包含】世界1种。【学名诠释与讨论】〈中〉(希) diploos,双倍的+lobos =拉丁文 lobulus,片,裂片,叶,荚,荫+-ius, -ia, -ium,在拉丁文和希腊文中,这些词尾表示性质或状态。此属的学名,ING 记载是"Diplolobium（Bentham）H. G. L. Reichenbach, Deutsche Bot. Herbarienbuch（Nom.）152. Jul 1841",由"Mirbelia sect. Diplolobium Bentham, Ann. Wiener Mus. Naturgesch. 2:84"改级而来。APNI 则记载为"Diplolobium F. Muell.（1863）"。【分布】热带。【模式】未指定。【参考异名】Mirbelia sect. Diplolobium Benth.（1840）☆

16476　Diplolobium F. Muell.（1863）Nom. illegit. = Swainsona Salisb.（1806）[豆科 Fabaceae（Leguminosae）]●■☆

16477　Diploloma Schrenk（1844）= Craniospermum Lehm.（1818）[紫草科 Boraginaceae]■

16478　Diplolophium Turcz.（1847）【汉】双冠芹属。【隶属】伞形花科（伞形科）Apiaceae（Umbelliferae）。【包含】世界5-7种。【学名诠释与讨论】〈中〉(希) diploos,双倍的+lophos,脊,鸡冠,装饰+-ius, -ia, -ium,在拉丁文和希腊文中,这些词尾表示性质或状态。【分布】热带非洲。【模式】Diplolophium africanum Turczaninow。■☆

16479　Diploma Raf.（1837）= Gentiana L.（1753）[龙胆科 Gentianaceae]■

16480　Diplomeris D. Don（1825）【汉】合柱兰属。【英】Diplomeris.

【隶属】兰科 Orchidaceae。【包含】世界4种,中国2种。【学名诠释与讨论】〈阴〉(希) diploos,双倍的+meros,一部分。指二枚柱头合生。此属的学名,ING、TROPICOS 和 IK 记载是"Diplomeris D. Don, Prodr. Fl. Nepal. 26（1825）[26 Jan–1 Feb 1825]"。"Paragnathis K. P. J. Sprengel, Syst. Veg. 3; 675, 695. Jan-Mar 1826"是"Diplomeris D. Don（1825）"的晚出的同模式异名（Homotypic synonym, Nomenclatural synonym）。【分布】中国,喜马拉雅山。【模式】Diplomeris pulchella D. Don。【参考异名】Diplochilus Lindl.（1832）;Paragnathis Spreng.（1826）Nom. illegit. ■

16481　Diplomorpha Griff.（1854）Nom. illegit. = Sauropus Blume（1826）; ~ = Synostemon F. Muell.（1858）[大戟科 Euphorbiaceae//叶下珠科（叶萝藦科）Phyllanthaceae]●■

16482　Diplomorpha Meisn.（1841）= Wikstroemia Endl.（1833）[as 'Wickstroemia']（保留属名）瑞香科 Thymelaeaceae]●

16483　Diplomorpha Meisn. ex C. A. Mey., Nom. illegit. ≡ Diplomorpha Meisn.（1841）; ~ = Wikstroemia Endl.（1833）[as 'Wickstroemia']（保留属名）[瑞香科 Thymelaeaceae]●

16484　Diplonema G. Don（1837）= Euclea L.（1774）[柿树科 Ebenaceae]●☆

16485　Diplonix Raf.（1817）Nom. illegit.（废弃属名）≡ Diplonyx Raf.（1817）（废弃属名）; ~ = Wisteria Nutt.（1818）（保留属名）[豆科 Fabaceae（Leguminosae）//蝶形花科 Papilionaceae]●

16486　Diplonyx Raf.（1817）（废弃属名）= Wisteria Nutt.（1818）（保留属名）[豆科 Fabaceae（Leguminosae）//蝶形花科 Papilionaceae]●

16487　Diploon Cronquist（1946）【汉】缺蕊山榄属。【隶属】山榄科 Sapotaceae。【包含】世界1种。【学名诠释与讨论】〈中〉(希) diploos,双倍的。【分布】热带南美洲。【模式】Diploon cuspidatum （Hoehne）Cronquist [Chrysophyllum cuspidatum Hoehne]。●☆

16488　Diplopanax Hand. –Mazz.（1933）【汉】马蹄参属（大果五加参属,大果五加属）。【英】Diplopanax, Hoofrenshen。【隶属】五加科 Araliaceae//马蹄参科,山茱萸科 Cornaceae。【包含】世界1-2种,中国1种。【学名诠释与讨论】〈阳〉(希) diploos,双倍的+(属) Panax 人参属。【分布】中国。【模式】Diplopanax stachyanthus Handel-Mazzetti。●★

16489　Diplopappus Cass.（1817）= Aster L.（1753）; ~ = Chrysopsis （Nutt.）Elliott （1823）（保留属名）[菊科 Asteraceae（Compositae）]■☆

16490　Diplopapus Raf.（1836）= Diplopappus Cass.（1817）[菊科 Asteraceae（Compositae）]●■

16491　Diplopeltis Endl.（1837）【汉】双盾无患子属。【英】Pepperflower。【隶属】无患子科 Sapindaceae。【包含】世界5种。【学名诠释与讨论】〈阴〉(希) diploos,双倍的+pelte,指小式 peltarion,盾。【分布】澳大利亚。【模式】Diplopeltis huegelii Endlicher。●☆

16492　Diplopenta Alef.（1863）= Pavonia Cav.（1786）（保留属名）[锦葵科 Malvaceae]●■☆

16493　Diploperianthium F. Ritter = Calymmanthium F. Ritter（1962）[仙人掌科 Cactaceae]●☆

16494　Diplopetalon Spreng.（1827）Nom. illegit. ≡ Dimereza Labill.（1825）; ~ = Cupania L.（1753）; ~ = Guioa Cav.（1798）[无患子科 Sapindaceae//叠珠树科 Akaniaceae]●☆

16495　Diplophractum Desf.（1819）= Colona Cav.（1798）[椴树科（椴科,田麻科）Tiliaceae]●

16496　Diplophragma （Wight et Arn.）Meisn.（1838）= Hedyotis L.（1753）（保留属名）[茜草科 Rubiaceae]●■

16497　Diplophragma Korth. (1851) Nom. illegit. = Diplophragma (Wight et Arn.) Meisn. (1838) = Hedyotis L. (1753) (保留属名) [茜草科 Rubiaceae] ●■

16498　Diplophragma Meisn. (1838) Nom. illegit. ≡ Diplophragma (Wight et Arn.) Meisn. (1838); ~ = Hedyotis L. (1753) (保留属名) [茜草科 Rubiaceae] ●■

16499　Diplophyllum Lehm. (1818) Nom. illegit. ≡ Oligospermum D. Y. Hong(1984); ~ = Veronica L. (1753) [玄参科 Scrophulariaceae//婆婆纳科 Veronicaceae] ■

16500　Diplopia Raf. (1817) = Salix L. (1753) (保留属名) [杨柳科 Salicaceae] ●

16501　Diplopilosa Dvorák (1967) = Hesperis L. (1753) [十字花科 Brassicaceae(Cruciferae)] ■

16502　Diplopogon R. Br. (1810) 【汉】澳双芒草属。【隶属】禾本科 Poaceae(Gramineae)。【包含】世界 1 种。【学名诠释与讨论】〈阳〉(希) diploos,双倍的 + pogon,所有格 pogonos,指小式 pogonion,胡须,髯毛,芒。pogonias,有须的。此属的学名,ING、TROPICOS、APNI 和 IK 记载是“Diplopogon R. Br. ,Prodr. Fl. Nov. Holland. 176. 1810 [27 Mar 1810]”。“ Dipogonia Palisot de Beauvois, Essai Agrost. 125, 160. Dec 1812” 是“Diplopogon R. Br. (1810)”的晚出的同模式异名(Homotypic synonym, Nomenclatural synonym)。【分布】澳大利亚(西部)。【模式】Diplopogon setaceus R. Brown。【参考异名】Dipogonia P. Beauv. (1812) Nom. illegit. ■☆

16503　Diploprion Viv. (1824) = Medicago L. (1753) (保留属名) [豆科 Fabaceae(Leguminosae)//蝶形花科 Papilionaceae] ●■

16504　Diploprora Hook. f. (1890) 【汉】蛇舌兰属(倒吊兰属)。【日】サガリラン属。【英】Diploprora。【隶属】兰科 Orchidaceae。【包含】世界 2 种,中国 1 种。【学名诠释与讨论】〈阴〉(希) diploos,双倍的 + prora 前端。【分布】中国,热带亚洲。【模式】Diploprora championii (Lindley) J. D. Hooker [Cottonia championii Lindley [as ‘championi’]。■

16505　Diploptera C. A. Gardner(1932) = Strangea Meisn. (1855) [山龙眼科 Proteaceae] ●☆

16506　Diplopterys A. Juss. (1838) 【汉】双翅金虎尾属。【隶属】金虎尾科(黄褥花科) Malpighiaceae。【包含】世界 4 种。【学名诠释与讨论】〈阳〉(希) diploos,双倍的 + pteron,指小式 pteridion,翅。pteridios,有羽毛的。【分布】秘鲁,玻利维亚,厄瓜多尔,哥伦比亚(安蒂奥基亚),哥斯达黎加,西印度群岛,南美洲,中美洲。【模式】Diplopterys paralias A. H. L. Jussieu。【参考异名】Diplopterys Nied. (1912) Nom. illegit. ; Diplopteryx Dalla Torre et Harms; Jubelina A. Juss. (1838); Sprucina Nied. (1908); Stenocalyx Turcz. (1858) Nom. illegit. ●☆

16507　Diplopterys Nied. (1912) Nom. illegit. = Diplopterys A. Juss. (1838) [金虎尾科(黄褥花科) Malpighiaceae] ●☆

16508　Diplopteryx Dalla Torre et Harms = Diplopterys A. Juss. (1838) [金虎尾科(黄褥花科) Malpighiaceae] ●☆

16509　Diplopyramis Welw. (1859) = Oxygonum Burch. ex Campd. (1819) [蓼科 Polygonaceae] ■☆

16510　Diplorhipia Drude = Mauritia L. f. (1782) [棕榈科 Arecaceae (Palmae)] ●☆

16511　Diplorhynchus Welw. ex Ficalho et Hiern(1881) 【汉】双喙夹竹桃属(双喙桃属)。【隶属】夹竹桃科 Apocynaceae。【包含】世界 1 种。【学名诠释与讨论】〈阳〉(希) diploos,双倍的 + rhynchos,喙。【分布】热带非洲。【模式】Diplorhynchus psilopus Welwitsch ex Ficalho et Hiern。【参考异名】Neurolobium Baill. (1888) ●☆

16512　Diplorrhiza Ehrh. (1789) = Coeloglossum Hartm. (1820) (废弃

属名); ~ = Satyrium Sw. (1800) (保留属名) [兰科 Orchidaceae] ■

16513　Diplosastera Tausch (1823) = Coreopsis L. (1753) [菊科 Asteraceae(Compositae)//金鸡菊科 Coreopsidaceae] ●■

16514　Diploscyphus Liebm. (1850) = Scleria P. J. Bergius (1765) [莎草科 Cyperaceae] ■

16515　Diplosiphon Decne. (1835 - 1844) = Blyxa Noronha ex Thouars (1806) [水鳖科 Hydrocharitaceae//水筛科 Blyxaceae] ■

16516　Diplosoma Schwantes(1926) 【汉】怪奇玉属。【日】ディプモソマ属。【隶属】番杏科 Aizoaceae。【包含】世界 2 种。【学名诠释与讨论】〈中〉(希) diploos,双倍的 + soma,体。词义为二重体。【分布】非洲南部。【模式】Diplosoma retroversum (Kensit) Schwantes [Mesembryanthemum retroversum Kensit]。【参考异名】Maughania N. E. Br. (1931) Nom. illegit. ; Maughaniella L. Bolus (1961) ■☆

16517　Diplospora DC. (1830) 【汉】狗骨柴属。【日】シロミミズ属。【英】Dogbonbavin。【隶属】茜草科 Rubiaceae。【包含】世界 10- 20 种,中国 3 种。【学名诠释与讨论】〈阴〉(希) diploos,双倍的 + spora,孢子,种子。【分布】澳大利亚,印度至马来西亚,中国。【模式】Diplospora viridiflora A. P. de Candolle, Nom. illegit. [Canthium dubium Lindley; Diplospora dubia (Lindley) Masamune]。【参考异名】Discospermum Dalzell (1850); Pseudodiplospora Deb (2001); Tricalysia A. Rich. , Nom. illegit. ; Tricalysia A. Rich. ex DC. (1830); Triflorensia S. T. Reynolds (2005) ●

16518　Diplosporopsis Wernham(1913) = Belonophora Hook. f. (1873) [茜草科 Rubiaceae] ■☆

16519　Diplostegium D. Don(1823) = Tibouchina Aubl. (1775) [野牡丹科 Melastomataceae] ●■☆

16520　Diplostelma A. Gray (1849) Nom. illegit. = Chaetopappa DC. (1836) [菊科 Asteraceae(Compositae)] ■☆

16521　Diplostelma Raf. (1836) Nom. illegit. ≡ Chaetanthera Nutt. (1834) Nom. illegit. ; ~ ≡ Chaetopappa DC. (1836) [菊科 Asteraceae(Compositae)] ■☆

16522　Diplostemma DC. (1838) Nom. illegit. = Amasonia L. f. (1782) (保留属名); ~ = Diphystema Neck. (1790) Nom. inval. = Diplostemma Neck. ex DC. (1838) Nom. illegit. ; ~ = Taligalea Aubl. (1775) (废弃属名) [马鞭草科 Verbenaceae//唇形科 Lamiaceae (Labiatae)] ●■☆

16523　Diplostemma Hochst. et Steud. (1837) Nom. inval. ≡ Diplostemma Hochst. et Steud. ex DC. (1838) = Geigeria Griess. (1830) [菊科 Asteraceae(Compositae)] ■●☆

16524　Diplostemma Hochst. et Steud. ex DC. (1838) = Geigeria Griess. (1830) [菊科 Asteraceae(Compositae)] ■●☆

16525　Diplostemma Neck. (1790) Nom. inval. = Diplostemma Neck. ex DC. (1838) Nom. illegit. ; ~ = Taligalea Aubl. (1775) (废弃属名) ■●

16526　Diplostemma Neck. ex DC. (1838) Nom. illegit. = Taligalea Aubl. (1775) (废弃属名); ~ = Amasonia L. f. (1782) (保留属名) [马鞭草科 Verbenaceae//唇形科 Lamiaceae(Labiatae)] ●■☆

16527　Diplostemma Steud. et Hochst. ex DC. (1838) Nom. illegit. = Diplostemma Hochst. et Steud. (1837) Nom. inval. = Geigeria Griess. (1830) [菊科 Asteraceae(Compositae)] ■●☆

16528　Diplostemon(DC. ex Wight et Arn.) Miq. (1856) Nom. illegit. = Ammannia L. (1753) [千屈菜科 Lythraceae//水苋菜科 Ammanniaceae] ■

16529　Diplostemon DC. ex Miq. (1856) Nom. illegit. ≡ Diplostemon (DC. ex Wight et Arn.) Miq. (1856) Nom. illegit. ; ~ = Ammannia L. (1753) [千屈菜科 Lythraceae//水苋菜科 Ammanniaceae] ■

16530　Diplostemon DC. ex Steud. (1840) = Ammannia L. (1753)［千屈菜科 Lythraceae//水苋菜科 Ammanniaceae］■

16531　Diplostemon Miq. (1856) Nom. illegit. ≡ Diplostemon (DC. ex Wight et Arn.) Miq. (1856) Nom. illegit.；~ = Ammannia L. (1753)［千屈菜科 Lythraceae//水苋菜科 Ammanniaceae］■

16532　Diplostephium Kunth(1818)【汉】双冠菀属(长冠菀属)。【隶属】菊科 Asteraceae(Compositae)。【包含】世界 1-70 种。【学名诠释与讨论】〈阴〉(希)diploos，双倍的+stephos，stephanos，花冠，王冠+-ius，-ia，-ium，在拉丁文和希腊文中，这些词尾表示性质或状态。【分布】巴拿马，秘鲁，玻利维亚，厄瓜多尔，哥伦比亚(安蒂奥基亚)，马达加斯加，安第斯山，热带，中美洲。【模式】Diplostephium lavandulifolium Kunth。【参考异名】Linochilus Benth. (1845)；Piofontia Cuatrec. (1943)；Simblocline DC. (1836)●☆

16533　Diplostigma K. Schum. (1895)【汉】双柱萝藦属。【隶属】萝藦科 Asclepiadaceae。【包含】世界 1 种。【学名诠释与讨论】〈中〉(希)diploos+stigma，所有格 stigmatos，柱头，眼点。【分布】非洲东部。【模式】Diplostigma canescens K. M. Schumann。☆

16534　Diplostylis H. Karst. et Triana (1857) Nom. illegit. [as 'Dyplostylis'，'Diplostylys'] = Rochefortia Sw. (1788)［紫草科 Boraginaceae］☆

16535　Diplostylis Sond. (1850) = Adenocline Turcz. (1843)［大戟科 Euphorbiaceae］■☆

16536　Diplostylis Triana (1857) Nom. illegit. = Diplostylis H. Karst. et Triana (1857) Nom. illegit. [as 'Dyplostylis'，'Diplostylys']；~ = Rochefortia Sw. (1788)［紫草科 Boraginaceae］☆

16537　Diplosyphon Matsum. = Blyxa Noronha ex Thouars (1806)；~ = Diplosiphon Decne. (1835-1844)［水鳖科 Hydrocharitaceae］■

16538　Diplotaenia Boiss. (1844)【汉】双带芹属。【隶属】伞形花科(伞形科)Apiaceae(Umbelliferae)。【包含】世界 2 种。【学名诠释与讨论】〈阴〉(希)diploos，双倍的+tainia，变为拉丁文 taenia，带。taeniatus 有条纹的。taenidium 螺旋丝。此属的学名是"Diplotaenia Boissier，Ann. Sci. Nat. Bot. ser. 3. 1：308. Mai 1844"。亦有文献把其处理为"Peucedanum L. (1753)"的异名。【分布】土耳其，伊朗。【模式】c Diplotaenia achrydifolia Boissier。【参考异名】Peucedanum L. (1753)■☆

16539　Diplotax Raf. (1838) = Cassia L. (1753)(保留属名)［豆科 Fabaceae(Leguminosae)//云实科(苏木科)Caesalpiniaceae］●■

16540　Diplotaxis DC. (1821)【汉】二行芥属(二列芥属)。【日】エダウチナヅナ属。【俄】Двурядка。【英】Wall Rocket，Wallrocket。【隶属】十字花科 Brassicaceae(Cruciferae)。【包含】世界 25-30 种，中国 1 种。【学名诠释与讨论】〈阴〉(希)diploos，双倍的+taxis，排列。指种子排成二行。【分布】巴基斯坦，秘鲁，玻利维亚，厄瓜多尔，美国(密苏里)，中国，地中海地区，欧洲。【后选模式】Diplotaxis tenuifolia (Linnaeus) A. P. de Candolle [Sisymbrium tenuifolium Linnaeus]。【参考异名】Dyplotaxis DC. (1821)；Pendulina Willk. (1852)■

16541　Diplotaxis Wall. ex Kurz = Chisocheton Blume (1825)［楝科 Meliaceae］●

16542　Diploter Raf. (1838) = Tetracera L. (1753)［锡叶藤科 Tetraceraceae//五桠果科(第伦桃科，五丫果科，锡叶藤科)Dilleniaceae］●

16543　Diplotheca Hochst. (1846) = Astragalus L. (1753)［豆科 Fabaceae(Leguminosae)//蝶形花科 Papilionaceae］●■

16544　Diplothemium Mart. (1824) = Allagoptera Nees(1821)［棕榈科 Arecaceae(Palmae)］●☆

16545　Diplothenium Voigt(1828) Nom. inval. =? Diplothemium Mart.

(1824)［棕榈科 Arecaceae(Palmae)］●☆

16546　Diplothorax Gagnep. (1928) = Streblus Lour. (1790)［桑科 Moraceae］●

16547　Diplothria Walp. (1843) = Diplothrix DC. (1836)［十字花科 Brassicaceae(Cruciferae)］■

16548　Diplothrix DC. (1836) = Zinnia L. (1759)(保留属名)［菊科 Asteraceae(Compositae)］●■

16549　Diplotropis Benth. (1837)【汉】双龙瓣豆属。【英】Sucupira。【隶属】豆科 Fabaceae(Leguminosae)。【包含】世界 7-12 种。【学名诠释与讨论】〈阴〉(希)diploos，双倍的+tropos，龙骨。【分布】秘鲁，玻利维亚，厄瓜多尔，哥伦比亚(安蒂奥基亚)，热带美洲。【模式】Diplotropis martiusi Bentham。【参考异名】Dibrachion Tul. (1843)●☆

16550　Diplousodon Meisn. (1838) Nom. illegit. = Diplusodon Pohl (1827)［千屈菜科 Lythraceae］●☆

16551　Diplukion Raf. (1838)(废弃属名) = Iochroma Benth. (1845)(保留属名)［茄科 Solanaceae］●☆

16552　Diplusodon Pohl(1827)【汉】双齿千屈菜属。【隶属】千屈菜科 Lythraceae。【包含】世界 70-74 种。【学名诠释与讨论】〈阳〉(希)diploos，双倍的+odous，所有格 odontos，齿。【分布】巴西，玻利维亚。【模式】未指定。【参考异名】Diplodon DC. (1828)；Diplodon Spreng. (1830) Nom. illegit.；Diplousodon Meisn. (1838) Nom. illegit.；Dubaea Steud. (1840)；Friedlandia Cham. et Schltdl. (1827)●☆

16553　Diplycosia Blume (1826)【汉】两型萼杜鹃属(簇白珠属)。【隶属】杜鹃花科(欧石南科)Ericaceae。【包含】世界 99-103 种。【学名诠释与讨论】〈阴〉(希)diploos，双倍的+kos，遮盖物。指具 2 个小苞片。此属的学名，ING、TROPICOS 和 IK 记载是"Diplycosia Blume, Bijdr. Fl. Ned. Ind. 15：857. 1826 [Jul-Dec 1826]"。"Amphicalyx Blume, Fl. Javae (Praefat.) vii(in adnot.). 5 Aug 1828"是"Diplycosia Blume(1826)"的晚出的同模式异名(Homotypic synonym，Nomenclatural synonym)。【分布】马来西亚。【模式】未指定。【参考异名】Amphicalyx Blume (1828) Nom. illegit.；Diplecoala G. Don (1834)；Diplicosia Endl. (1839)；Dyplecosia G. Don(1834)；Pernettyopsis King et Gamble(1906)●

16554　Dipodium R. Br. (1810)【汉】迪波兰属。【英】Dipodium。【隶属】兰科 Orchidaceae。【包含】世界 20-22 种。【学名诠释与讨论】〈中〉(希)di-，两个，双，二倍的+pous，所有格 podos，指小式 podion，脚，足，柄，梗。podotes，有脚的+-ius，-ia，-ium，在拉丁文和希腊文中，这些词尾表示性质或状态。【分布】马来西亚，瓦努阿图，法属新喀里多尼亚，帕劳群岛，所罗门群岛。【模式】Dipodium punctatum (J. E. Smith) R. Brown [Dendrobium punctatum J. E. Smith]。【参考异名】Hydranthus Kuhl et Hasselt ex Rchb. f. (1862)；Hydranthus Kuhl et Hasselt (1862) Nom. illegit.；Leopardanthus Blume(1849)；Trichochilus Ames(1932)；Tricochilus Ames；Wailesia Lindl. (1849)●■☆

16555　Dipodophyllum Tiegh. (1895)【汉】双足叶属。【隶属】桑寄生科 Loranthaceae。【包含】世界 1 种。【学名诠释与讨论】〈中〉(希)di-，两个，双，二倍的+pous，所有格 podos，指小式 podion，脚，足，柄，梗。podotes，有脚的+希腊文 phyllon，叶子。此属的学名是"Dipodophyllum Van Tieghem, Bull. Mus. Hist. Nat. (Paris) 1：33. 1895；Bull. Soc. Bot. France 42：176. 1895"。亦有文献把其处理为"Loranthus L. (1753)(废弃属名)"的异名。【分布】墨西哥。【模式】Dipodophyllum digueti Van Tieghem。【参考异名】Loranthus L. (1753)(废弃属名)●☆

16556　Dipogon Durand = Diopogon Jord. et Fourr. (1868) Nom. illegit.；~ = Sempervivum L. (1753)［景天科 Crassulaceae//长生草科

Sempervivaceae]■☆

16557　Dipogon Liebm.（1854）【汉】香豌豆藤属。【隶属】豆科 Fabaceae（Leguminosae）//蝶形花科 Papilionaceae。【包含】世界 1 种。【学名诠释与讨论】〈阳〉（希）di-，两个，双，二倍的+pogon，所有格 pogonos，指小式 pogonion，胡须，髯毛，芒。pogonias，有须的。可能指花柱。此属的学名，ING、TROPICOS 和 IK 记载是"Dipogon Liebmann, Ann. Sci. Nat. Bot. ser. 4. 2：374. 1854"。IK 记载的"Dipogon Willd. ex Steud., Nomencl. Bot.［Steudel］, ed. 2. I. 518（1840）= Sorghastrum Nash（1901）= Chrysopogon Trin.（1820）（保留属名）［禾本科 Poaceae（Gramineae）]"和 TROPICOS 记载的"Dipogon Steud., Nomencl. Bot.（ed. 2）1：518, 1840 ≡ Dipogon Willd. ex Steud.（1840）"均是未合格发表的名称（Nom. inval.）。景天科 Crassulaceae//长生草科 Sempervivaceae）的"Dipogon Durand"5 个网站均未记载；它是"Diopogon Jord. et Fourr.（1868）Nom. illegit."和"Sempervivum L.（1753）"的异名。【分布】非洲南部。【模式】Dipogon glycinoides Liebmann。【参考异名】Verdcourtia R. Wilczek（1966）■☆

16558　Dipogon Steud.（1840）Nom. inval. ≡ Dipogon Willd. ex Steud.（1840）［禾本科 Poaceae（Gramineae）]■☆

16559　Dipogon Willd. ex Steud.（1840）Nom. inval. = Chrysopogon Trin.（1820）（保留属名）；~ = Sorghastrum Nash（1901）［禾本科 Poaceae（Gramineae）]■☆

16560　Dipogonia P. Beauv.（1812）Nom. illegit. ≡ Diplopogon R. Br.（1810）［禾本科 Poaceae（Gramineae）]■☆

16561　Dipoma Franch.（1886）【汉】蛇头荠属（双果属）。【英】Dipoma, Snakeheadcress。【隶属】十字花科 Brassicaceae（Cruciferae）。【包含】世界 1-2 种，中国 1 种。【学名诠释与讨论】〈阴〉（希）di-，两个，双，二倍的+poma，盖子。【分布】中国。【模式】Dipoma iberideum A. R. Franchet。●★

16562　Diporidium H. L. Wendl.（1825）= Ochna L.（1753）［金莲木科 Ochnaceae］●

16563　Diporidium H. L. Wendl. ex Bartl. et Wendl. f.（1825）Nom. illegit. ≡ Diporidium H. L. Wendl.（1825）；~ = Ochna L.（1753）［金莲木科 Ochnaceae］●

16564　Diporochna Tiegh.（1902）Nom. illegit. ≡ Porochna Tiegh.（1902）；~ = Ochna L.（1753）［金莲木科 Ochnaceae］●

16565　Diposis DC.（1829）【汉】双夫草属。【隶属】伞形花科（伞形科）Apiaceae（Umbelliferae）。【包含】世界 3 种。【学名诠释与讨论】〈阴〉（希）di-，两个，双，二倍的+posis，丈夫。指花。【分布】温带南美洲。【模式】Diposis saniculaefolia（Lamarck）A. P. de Candolle［Hydrocotyle saniculaefolia Lamarck］。☆

16566　Dipsacaceae Juss.（1789）（保留科名）【汉】川续断科（刺参科，蓟叶参科，山萝卜科，续断科）。【日】マツムシサウ科，マツムシソウ科。【俄】Ворсянковые，Мориновые。【英】Teasel Family。【包含】世界 10-14 属 250-317 种，中国 4-6 属 17-47 种。【分布】北温带欧亚大陆和热带和非洲南部。【科名模式】Dipsacus L.（1753）■●

16567　Dipsacella Opiz（1838）Nom. illegit. ≡ Virga Hill（1763）；~ = Dipsacus L.（1753）［川续断科（刺参科，蓟叶参科，山萝卜科，续断科）Dipsacaceae]■

16568　Dipsacozamia Lehm. ex Lindl.（1847）= Ceratozamia Brongn.（1846）［苏铁科 Cycadaceae//泽米苏铁科（泽米科）Zamiaceae］●☆

16569　Dipsacus L.（1753）【汉】川续断属（山萝卜属，小川续断属）。【日】ナベナ属。【俄】Ворсянка。【英】Teasel, Teazel, Teazle。【隶属】川续断科（刺参科，蓟叶参科，山萝卜科，续断科）Dipsacaceae。【包含】世界 20-32 种，中国 7-21 种。【学名诠释与讨论】〈阳〉（希）dipsa，渴。dipsakos，伴有强烈渴感症状的糖尿

病。指叶片可以盛水。或指指愈合叶上有水渗出。也有文献承认"小川续断属 Dipsacella Opiz in Berchtold et Opiz, Oekon.-Techn. Fl. Böhmens 2（1）：198. Aug-Sep 1838"；但是它是"Virga J. Hill, Veg. Syst. 5：12. 1763"的晚出的同模式异名，应予废弃。【分布】巴基斯坦，玻利维亚，地中海地区，厄瓜多尔，美国，中国，欧亚大陆，热带非洲。【后选模式】Dipsacus fullonum Linnaeus。【参考异名】Acaenops Schrad. ex Steud.（1840）；Dipsacella Opiz（1838）Nom. illegit.；Galedragon Gray（1821）Nom. illegit.；Simenia Szabo（1940）；Virga Hill（1763）■

16570　Dipseudochorion Buchen.（1865）= Limnophyton Miq.（1856）［泽泻科 Alismataceae］■☆

16571　Diptanthera Schrank ex Steud.（1840）= Diplanthera Gled.（1764）Nom. illegit.；~ = Justicia L.（1753）［爵床科 Acanthaceae//鸭嘴花科（鸭咀花科）Justiciaceae]■●

16572　Diptera Borkh.（1794）Nom. illegit. ≡ Saxifraga L.（1753）［虎耳草科 Saxifragaceae］■

16573　Dipteracanthus Nees（1832）【汉】双翅爵床属（芦莉草属，楠草属）。【英】Dipteracanthus。【隶属】爵床科 Acanthaceae。【包含】世界 4-15 种，中国 1 种。【学名诠释与讨论】〈阳〉（希）di-，两个，双，二倍的+pteron，翅+（属）Acanthos 老鼠簕属（老鸦企属，叶蓟属）。此属的学名是"Dipteracanthus C. G. D. Nees in Wallich, Pl. Asiat. Rar. 3：75, 81. 15 Aug 1832"。亦有文献把其处理为"Ruellia L.（1753）"的异名。【分布】巴基斯坦，玻利维亚，马达加斯加，中国，热带非洲东部，亚洲，中美洲。【后选模式】Dipteracanthus prostratus（Poiret）C. G. D. Nees［Ruellia prostrata Poiret］。【参考异名】Ruellia L.（1753）■

16574　Dipteraceae Lindl. = Dipterocarpaceae Blume（保留科名）●

16575　Dipteranthemum F. Muell.（1884）= Ptilotus R. Br.（1810）［苋科 Amaranthaceae]■●☆

16576　Dipteranthus Barb. Rodr.（1882）【汉】双翅兰属。【隶属】兰科 Orchidaceae。【包含】世界 2 种。【学名诠释与讨论】〈阳〉（希）di-，两个，双，二倍的+pteron，指小式 pteridion，翅。pteridios，有羽毛的+anthos，花。指花柱具 2 个附属物。【分布】热带南美洲，奥利维亚，厄瓜多尔，玻利维亚，秘鲁【模式】Dipteranthus pseudobulbiferus（Barbosa Rodrigues）Barbosa Rodrigues［Ornithocephalus pseudobulbiferus Barbosa Rodrigues］。■☆

16577　Dipterix Willd.（1802）= Dipteryx Schreb.（1791）（保留属名）［豆科 Fabaceae（Leguminosae）]●☆

16578　Dipterocalyx Cham.（1832）= Lippia L.（1753）［马鞭草科 Verbenaceae]●■☆

16579　Dipterocarpaceae Blume（1825）（保留科名）【汉】龙脑香科。【日】フタバガキ科。【俄】Диптерокарповые。【英】Dipterocarpus Family, Gurjun Family, Gurjun Oil Tree Family, Gurjunoiltree Family, Gurjun-oiltree Family。【包含】世界 16-17 属 500-700 种，中国 5 属 12-21 种。【分布】热带，主要分布在印度-马来西亚。【科名模式】Dipterocarpus C. F. Gaertn.（1805）●

16580　Dipterocarpus C. F. Gaertn.（1805）【汉】龙脑香属。【日】フタバガキ属。【俄】Двукрылоплодник，Двухкрылоплодник，Диптерокарпус。【英】Gurjun, Gurjun Balsam, Gurjun Oil, Gurjun Oil Tree, Gurjunoiltree, Gurjun-oiltree, Keruing。【隶属】龙脑香科 Dipterocarpaceae。【包含】世界 70 种，中国 2-3 种。【学名诠释与讨论】〈阳〉（希）di-，两个，双，二倍的+pteron，指小式 pteridion，翅。pteridios，有羽毛的+karpos，果实。指果具二枚长翅。【分布】斯里兰卡和印度至马来西亚（西部），中国。【后选模式】Dipterocarpus costatus C. F. Gaertner。【参考异名】Duvaliella F. Heim（1892）；Oleoxylon Roxb.（1805）；Pterigium Corrêa（1806）；Pterygium Endl.（1840）●

16581 Dipterocome Fisch. et C. A. Mey. (1835)【汉】双角菊属。【隶属】菊科 Asteraceae(Compositae)。【包含】世界 1 种。【学名诠释与讨论】〈阴〉(希) di-，两个，双，二倍的 + pteron, 指小式 pteridion，翅。pteridios, 有羽毛的 + kome, 毛发，束毛，冠毛，来自拉丁文 coma。指果实。【分布】亚洲西部。【模式】Dipterocome pusilla F. E. L. Fischer et C. A. Meyer。【参考异名】Jaubertia Spach ex Jaub. et Spach(1850) Nom. illegit.■☆

16582 Dipterocypsela S. F. Blake(1945)【汉】双翅斑鸠菊属。【隶属】菊科 Asteraceae(Compositae)。【包含】世界 1 种。【学名诠释与讨论】〈阴〉(希) di-，两个，双，二倍的 + pteron, 指小式 pteridion，翅。pteridios, 有羽毛的 + kypsele, 蜂巢，筐，篮子，盒子。【分布】哥伦比亚。【模式】Dipterocypsela succulenta S. F. Blake。■☆

16583 Dipterodendron Radlk. (1914) = Dilodendron Radlk. (1878)［无患子科 Sapindaceae］●☆

16584 Dipteronia Oliv. (1889)【汉】金钱槭属。【英】Coin Maple, Coinmaple, Dipteronia, False Maple, Money Maple。【隶属】槭树科 Aceraceae。【包含】世界 2 种，中国 2 种。【学名诠释与讨论】〈阴〉(希) di-，两个，双，二倍的 + pteron, 指小式 pteridion，翅。pteridios, 有羽毛的。指每个果梗上生有两个翅果。【分布】中国。【模式】Dipteronia sinensis D. Oliver。●★

16585 Dipteropeltis Hallier f. (1899)【汉】双翅盾属。【隶属】旋花科 Convolvulaceae。【包含】世界 2 种。【学名诠释与讨论】〈阴〉(希) di-，两个，双，二倍的 + pteron, 指小式 pteridion，翅。pteridios, 有羽毛的 + pelte, 指小式 peltarion，盾。【分布】热带非洲西部。【模式】Dipteropeltis poranoides H. G. Hallier。☆

16586 Dipterosiphon Huber (1899) = Campylosiphon Benth. (1882)［水玉簪科 Burmanniaceae］■☆

16587 Dipterosperma Griff. (1854) Nom. illegit. ≡ Dipterospermum Griff. (1854); ~ = Gordonia J. Ellis(1771)(保留属名)［山茶科(茶科) Theaceae］●☆

16588 Dipterosperma Hassk. (1842) = Stereospermum Cham. (1833)［紫葳科 Bignoniaceae］●

16589 Dipterospermum Griff. (1854) = Gordonia J. Ellis(1771)(保留属名)［山茶科(茶科) Theaceae］●

16590 Dipterostele Schltr. (1921) = Stellilabium Schltr. (1914)［兰科 Orchidaceae］■☆

16591 Dipterostemon Rydb. (1912) = Brodiaea Sm. (1810)(保留属名); ~ = Dichelostemma Kunth (1843)［百合科 Liliaceae//葱科 Alliaceae］■☆

16592 Dipterotheca Sch. Bip. (1842) = Aspilia Thouars (1806)［菊科 Asteraceae(Compositae)］■☆

16593 Dipterotheca Sch. Bip. ex Hochst. (1841) Nom. inval. = Aspilia Thouars(1806)［菊科 Asteraceae(Compositae)］■☆

16594 Dipterygia C. Presl ex DC. (1830) = Asteriscium Cham. et Schltdl. (1826)［伞形花科(伞形科) Apiaceae(Umbelliferae)］■☆

16595 Dipterygia C. Presl(1830) Nom. illegit. = Dipterygia C. Presl ex DC. (1830) = Asteriscium Cham. et Schltdl. (1826)［伞形花科(伞形科) Apiaceae(Umbelliferae)］■☆

16596 Dipterygium Decne. (1835)【汉】二翅山柑属。【隶属】山柑科(白花菜科，醉蝶花科) Capparaceae。【包含】世界 1 种。【学名诠释与讨论】〈中〉(希) di-，两个，双，二倍的 + pteryx, 所有格 pterygos, 指小式 pterygion，翼，羽毛，鳍 + -ius, -ia, -ium，在拉丁文和希腊文中，这些词尾表示性质或状态。指种子或小苞片。【分布】埃及至巴基斯坦(西部)。【模式】Dipterygium glaucum Decaisne。【参考异名】Pteroloma Hochst. et Steud. (1837)●☆

16597 Dipteryx Schreb. (1791)(保留属名)【汉】二翅豆属(零陵香属，香豆属)。【俄】Диптерикс。【英】Tonka Bean, Tonka-bean。【隶属】豆科 Fabaceae(Leguminosae)。【包含】世界 10 种。【学名诠释与讨论】〈阴〉(希) di-，两个，双，二倍的 + pteryx, 所有格 pterygos, 指小式 pterygion，翼，羽毛，鳍。指花萼。此属的学名"Dipteryx Schreb., Gen. Pl.:485. Mai 1791"是保留属名。相应的废弃属名是豆科 Fabaceae 的"Coumarouna Aubl., Hist. Pl. Guiane:740. Jun-Dec 1775 = Dipteryx Schreb. (1791)(保留属名)"和"Taralea Aubl., Hist. Pl. Guiane:745. Jun-Dec 1775 = Dipteryx Schreb. (1791)(保留属名)"。"Coumarouna Aublet, Hist. Pl. Guiane 740. Jun-Dec 1775(废弃属名)"和"Heinzia Scopoli, Introd. 301. Jan-Apr 1777"是"Dipteryx Schreb. (1791)(保留属名)"的同模式异名(Homotypic synonym, Nomenclatural synonym)。《显花植物与蕨类植物词典》记载为"Dipteryx Schreb. (1791)(保留属名) = Coumarouna Aubl. (1775)(废弃属名) + Taralea Aubl. (1775)(废弃属名)"。【分布】巴拉圭，巴拿马，秘鲁，玻利维亚，厄瓜多尔，哥伦比亚(安蒂奥基亚)，哥斯达黎加，尼加拉瓜，热带南美洲，中美洲。【模式】Dipteryx odorata (Aublet) Willdenow［Coumarouna odorata Aublet］。【参考异名】Baryosma Gaertn. (1791); Comarouna Carrière(1873); Coumarouna Aubl. (1775)(废弃属名); Cumaruna J. F. Gmel. (1792); Cumaruna Kuntze(1891) Nom. illegit.; Dipterix Willd. (1802); Heintzia Steud. (1840); Heinzia Scop. (1777) Nom. illegit.; Oleicarpon Airy Shaw; Oleicarpus Dwyer(1965) Nom. illegit.; Oleiocarpon Dwyer(1965); Taralea Aubl. (1775)(废弃属名)●◆☆

16598 Diptychandra Tul. (1843)【汉】小黄花苏木属。【隶属】豆科 Fabaceae(Leguminosae)//云实科(苏木科) Caesalpiniaceae。【包含】世界 3 种。【学名诠释与讨论】〈阴〉(希) di-，两个，双，二倍的 + ptyche, 所有格 ptychos, 皱褶 + aner, 所有格 andros, 雄性，雄蕊。【分布】巴西，玻利维亚。【后选模式】Diptychandra aurantiaca Tulasne。●☆

16599 Diptychocarpus Regel et Schrank = Clausia Korn. - Trotzky ex Hayek(1911)［十字花科 Brassicaceae(Cruciferae)］■

16600 Diptychocarpus Trautv. (1860)【汉】异果芥属(二型果属，双翼果属)。【俄】Двоякоплодник。【英】Diptychocarpus。【隶属】十字花科 Brassicaceae(Cruciferae)。【包含】世界 1 种，中国 1 种。【学名诠释与讨论】〈阳〉(希) di-，两个，双，二倍的 + ptyche, 所有格 ptychos, 皱褶 + karpos, 果实。此属的学名，ING、TROPICOS 和 IK 记载是"Diptychocarpus Trautvetter, Bull. Soc. Imp. Naturalistes Moscou 33(1):108. 1860"。它曾被处理为"Chorispora sect. Diptychocarpus (Trautv.) Prantl in Engl. et Prantl, Pflanzenf. ed. 1. 3(2):203. 1891"。"Alloceratium Hook. f. et T. Thomson, J. Proc. Linn. Soc., Bot. 5:129, 135. 27 Mar 1861"是"Diptychocarpus Trautv. (1860)"的晚出的同模式异名(Homotypic synonym, Nomenclatural synonym)。"Diptychocarpus Regel et Schrank"是"Clausia Korn. -Trotzky ex Hayek(1911)［十字花科 Brassicaceae(Cruciferae)］"的异名。【分布】巴基斯坦，中国，亚洲中部。【模式】Diptychocarpus strictus (A. P. de Candolle) Trautvetter［Chorispora stricta A. P. de Candolle］。【参考异名】Alloceratium Hook. f. et Thomson(1861) Nom. illegit.; Chorispora sect. Diptychocarpus (Trautv.) Prantl(1891); Orthorrhiza Stapf. (1886)■

16601 Diptychum Dulac(1867) Nom. illegit. = Sesleria Scop. (1760)［禾本科 Poaceae(Gramineae)］■☆

16602 Dipyrena Hook. (1830)【汉】双核草属。【隶属】马鞭草科 Verbenaceae。【包含】世界 1 种。【学名诠释与讨论】〈阴〉(希) di-，两个，双，二倍的 + pyren, 核，颗粒。此属的学名"Dipyrena Hook., Bot. Misc. 1:355. Apr-Jul 1830"是一个替代名称。"Wilsonia Hook., Bot. Misc. 1:172. Sep 1829(non R. Brown 1810)"是一个非法名称(Nom. illegit.)，因为此前已经有了

"Wilsonia R. Brown, Prodr. 490. 27 Mar 1810 〔旋 花 科 Convolvulaceae〕"和"Wilsonia Rafinesque, Specchio 1:157. 1 Mai 1814, Nom. illegit.〔尖苞木科 Epacridaceae〕"。故用"Dipyrena Hook.(1830)"替代之。【分布】温带南美洲。【模式】Dipyrena glaberrima（Gillies et W. J. Hooker）W. J. Hooker〔Wilsonia glaberrima Gillies et W. J. Hooker〕。【参考异名】Wilsonia Hook. (1829)Nom. illegit.●☆

16603　Dirachma Schweinf. ex Balf. f.（1884）【汉】八瓣果属（刺木属）。【隶属】牻牛儿苗科 Geraniaceae//八瓣果科（刺木科）Dirachmaceae。【包含】世界 2 种。【学名诠释与讨论】〈阴〉（拉）dirus 可怕的，不吉利的+希腊文 aechme，凸头，尖端，矛。【分布】也门（索科特拉岛）。【模式】Dirachma socotrana Schweinfurth ex I. B. Balfour。●☆

16604　Dirachmaceae Hutch.（1959）〔亦见 Geraniaceae Juss.（保留科名）牻牛儿苗科〕【汉】八瓣果科（刺木科）。【包含】世界 1 属 2 种。【分布】索里里，也门（索科特拉岛）。【科名模式】Dirachma Schweinf. ex Balf. f.●☆

16605　Diracodes Blume（1827）（废弃属名）＝ Amomum Roxb.（1820）（保留属名）；~ ＝ Etlingera Roxb.（1792）；~ ＝ Nicolaia Horan.（1862）（保留属名）〔姜科（襄荷科）Zingiberaceae〕■☆

16606　Dirca L.（1753）【汉】革木属（糜木属）。【俄】Дирка。【英】Leatherwood。【隶属】瑞香科 Thymelaeaceae。【包含】世界 2-3 种。【学名诠释与讨论】〈阴〉（希）dirke，喷泉。指喜欢潮湿生境。此属的学名，ING、TROPICOS 和 IK 记载是"Dirca L., Sp. Pl. 1:358. 1753〔1 May 1753〕"。"Dofia Adanson, Fam. 2:285. Jul-Aug 1763"是"Dirca L.（1753）"的晚出的同模式异名（Homotypic synonym, Nomenclatural synonym）。【分布】美国，北美洲。【模式】Dirca palustris Linnaeus。【参考异名】Dofia Adans.（1763）Nom. illegit.●☆

16607　Dircaea Decne.（1848）Nom. illegit. ≡ Megapleilis Raf.（1837）（废弃属名）；~ ＝ Corytholoma（Benth.）Decne.（1848）；~ ＝ Rechsteineria Regel（1848）（保留属名）；~ ＝Sinningia Nees（1825）〔苦苣苔科 Gesneriaceae〕●■☆

16608　Dirhacodes Lem.（1849）＝ Amomum Roxb.（1820）（保留属名）；~ ＝Diracodes Blume（1827）（废弃属名）；~ ＝Amomum Roxb.（1820）（保留属名）；~ ＝ Etlingera Roxb.（1792）；~ ＝ Nicolaia Horan.（1862）（保留属名）〔姜科（襄荷科）Zingiberaceae〕■☆

16609　Dirhamphis Krapov.（1970）【汉】双钩锦葵属。【隶属】锦葵科 Malvaceae。【包含】世界 1-2 种。【学名诠释与讨论】〈阴〉（希）di-，两个，双，二倍的+rhamphis，所有格 rhamphidos，钩。【分布】巴拉圭，玻利维亚。【模式】Dirhamphis balansae Krapovickas。●☆

16610　Dirhynchosia Blume（1855）＝ Caldcluvia D. Don（1830）；~ ＝ Spiraeopsis Miq.（1856）Nom. inval. ;~ Dirhynchosia Blume（1855）；~ ＝Caldcluvia D. Don（1830）〔火把树科（常绿棱枝树科，角瓣木科，库诺尼科，南蔷薇科，轻木科）Cunoniaceae〕●☆

16611　Dirichletia Klotzsch（1853）＝ Carphalea Juss.（1789）〔茜草科 Rubiaceae〕■☆

16612　Dirtea Raf.（1837）＝ Commelina L.（1753）〔鸭趾草科 Commelinaceae〕■

16613　Dirynchosia Post et Kuntze（1903）＝ Dirhynchosia Blume（1855）；~ ＝ Spiraeopsis Miq.（1856）Nom. inval. ;~ Dirhynchosia Blume（1855）；~ ＝Caldcluvia D. Don（1830）〔火把树科（常绿棱枝树科，角瓣木科，库诺尼科，南蔷薇科，轻木科）Cunoniaceae〕●☆

16614　Disa P. J. Bergius（1767）【汉】双距兰属（迪萨兰属，笛撒兰属）。【日】ディーサ属。【英】Disa, Table Mountain Orchis。【隶属】兰科 Orchidaceae。【包含】世界 99-130 种。【学名诠释与讨论】〈阴〉（希）源于植物俗名，或是源自瑞典神话，皇后 Disa 当初

全身仅披一件渔网来见国王 Sveas，借指本属尊瓣的腹面常有网状脉。【分布】马达加斯加，马斯克林群岛，热带和非洲南部。【模式】Disa uniflora P. J. Bergius。【参考异名】Aborchis Steud.；Abrochis Neck.（1790）Nom. inval.；Abrochis Neck. ex Raf.（1838）；Amphigena Rolfe（1913）；Gamaria Raf.（1838）；Herschelia Lindl.（1838）Nom. illegit.；Monadenia Lindl.（1838）；Orthopenthea Rolfe（1912）；Penthea Lindl.（1835）；Phlebidia Lindl.；Repandra Lindl.（1826）■☆

16615　Disaccanthus Greene（1906）【汉】异花芥属。【隶属】十字花科 Brassicaceae（Cruciferae）。【包含】世界 6 种。【学名诠释与讨论】〈阴〉（希）di 二+sakkos＝拉丁文 saccus，指小式 sacculus，水囊。saccatus，囊形的+anthos，花。此属的学名是"Disaccanthus E. L. Greene, Leafl. Bot. Observ. Crit. 1:225. 8 Sep 1906"。亦有文献把其处理为"Streptanthus Nutt.（1825）"的异名。【分布】北美洲西部。【模式】Disaccanthus carinatus（C. Wright）E. L. Greene〔Streptanthus carinatus C. Wright〕。【参考异名】Streptanthus Nutt.（1825）■☆

16616　Disachoena Zoll. et Moritzi（1844）＝ Pimpinella L.（1753）〔伞形花科（伞形科）Apiaceae（Umbelliferae）〕■

16617　Disadena Miq.（1851）＝ Voyria Aubl.（1775）〔龙胆科 Gentianaceae〕■☆

16618　Disakisperma Steud.（1854）＝ Leptochloa P. Beauv.（1812）〔禾本科 Poaceae（Gramineae）〕■

16619　Disandra L.（1774）＝ Sibthorpia L.（1753）〔玄参科 Scrophulariaceae〕■☆

16620　Disandraceae Dulac ＝ Linaceae DC. ex Perleb（保留科名）●●

16621　Disanthaceae Nakai（1943）〔亦见 Hamamelidaceae R. Br.（保留科名）金缕梅科〕【汉】双花木科。【包含】世界 1 属 1 种，中国 1 属 1 种。【分布】中国中部，日本。【科名模式】Disanthus Maxim.●

16622　Disantheraceae Dulac ＝ Polygalaceae Hoffmanns. et Link（1809）〔as 'Polygalinae'〕（保留科名）●●

16623　Disanthus Maxim.（1866）【汉】双花木属（双花树属，圆叶木属）。【日】ディサンツス属，ベニマンサク属，マルバノキ属。【英】Disanthus。【隶属】金缕梅科 Hamamelidaceae//双花木科 Disanthaceae。【包含】世界 1 种，中国 1 种。【学名诠释与讨论】〈阳〉（希）di-，两个，双，二倍的+anthos，花。指花成对生于花序柄上。【分布】日本，中国。【模式】Disanthus cercidifolius Maximowicz〔as 'cercidifolia'〕。●

16624　Disarrenum Labill.（1806）（废弃属名）＝ Hierochloe R. Br.（1810）（保留属名）〔禾本科 Poaceae（Gramineae）〕■

16625　Disarrhenum P. Beauv.（1812）＝ Disarrenum Labill.（1806）（废弃属名）；~ ＝ Hierochloe R. Br.（1810）（保留属名）〔禾本科 Poaceae（Gramineae）〕■

16626　Disaster Gilli（1980）＝ Trymalium Fenzl（1837）〔鼠李科 Rhamnaceae〕●☆

16627　Discalyxia Markgr.（1925）＝ Alyxia Banks ex R. Br.（1810）（保留属名）〔夹竹桃科 Apocynaceae〕●

16628　Discanthera Torr. et A. Gray（1840）＝ Cyclanthera Schrad.（1831）〔葫芦科（瓜科，南瓜科）Cucurbitaceae〕■☆

16629　Discanthus Spruce（1859）＝ Cyclanthus Poit. ex A. Rich.（1824）〔巴拿马草科（环花科）Cyclanthaceae〕■☆

16630　Discaria Hook.（1829）【汉】刺鼠李属（棘鼠李属）。【隶属】鼠李科 Rhamnaceae。【包含】世界 8-15 种。【学名诠释与讨论】〈阴〉（希）diskos，圆盘+-arius，-aria，-arium，指示"属于、相似、具有、联系"的词尾。【分布】澳大利亚，巴西，新西兰，安第斯山。【后选模式】Discaria americana Gillies et W. J. Hooker。【参考异名】Chacaya Escal.（1945）Nom. illegit.；Notophaena Miers（1860）；

Ochetophila Poepp. ex Endl. (1840) Nom. illegit.; Ochetophila Poepp. ex Reissek(1840); Tetrapasma G. Don (1832); Tetrasperma Steud. (1841)●☆

16631　Dischanthium Kunth(1833)= Andropogon L. (1753)(保留属名); ~ = Dichanthium Willemet (1796)［禾本科 Poaceae(Gramineae)//须芒草科 Andropogonaceae］■

16632　Dischema Voigt(1845)Nom. illegit.≡Hitchenia Wall. (1835)［姜科(蘘荷科)Zingiberaceae］■☆

16633　Dischidanthus Tsiang(1936)【汉】马兰藤属(假瓜子金属)。【英】Dischidanthus, Malanvine。【隶属】萝藦科 Asclepiadaceae。【包含】世界 1 种,中国 1 种。【学名诠释与讨论】〈阳〉(希)dischidos,裂开的+anthos,花。指花冠裂片 2 裂。【分布】中国,中南半岛。【模式】Dischidanthus urceolatus(Decaisne)Y. Tsiang［Marsdenia urceolata Decaisne］。●■

16634　Dischidia R. Br. (1810)【汉】眼树莲属(豆蔓藤属,风不动属,瓜子金属,树眼莲属)。【日】ディスキーディア属,マメヅタカヅラ属。【俄】Дисхидия。【英】Dischidia。【隶属】萝藦科 Asclepiadaceae。【包含】世界 50-80 种,中国 5-80 种。【学名诠释与讨论】〈阳〉(希)dischizo 二裂+-idius, -idia, -idium,指示小的词尾。dischides,裂开的,分开的。指花瓣二裂。【分布】澳大利亚,印度至马来西亚,中国,波利尼西亚群岛,中美洲。【模式】Dischidia nummularia R. Brown。【参考异名】Collyris Vahl(1810); Collyris Wahl (1838); Colyris Endl. (1838); Conchophyllum Blume (1827); Leptostemma Blume (1826); Micholitzia N. E. Br. (1909)●■

16635　Dischidiopsis Schltr. (1904)【汉】类眼树莲属。【隶属】萝藦科 Asclepiadaceae。【包含】世界 9 种。【学名诠释与讨论】〈阴〉(属)Dischidia 眼树莲属(豆蔓藤属,风不动属,瓜子金属,树眼莲属)+希腊文 opsis,外观,模样。【分布】菲律宾(菲律宾群岛),新几内亚岛。【模式】未指定。■☆

16636　Dischidium(Ging.)Opiz, Nom. illegit.= Viola L. (1753)［堇菜科 Violaceae］■●

16637　Dischidium(Ging. ex DC.)Rchb. (1837)= Viola L. (1753)［堇菜科 Violaceae］■●

16638　Dischidium Rchb. (1837)Nom. illegit.≡Dischidium(Ging. ex DC.)Rchb. (1837); ~ =Viola L. (1753)［堇菜科 Violaceae］■●

16639　Dischimia Rchb. (1828)= Dischisma Choisy (1823)［玄参科 Scrophulariaceae］■●☆

16640　Dischisma Choisy(1823)【汉】二裂玄参属。【隶属】玄参科 Scrophulariaceae。【包含】世界 11 种。【学名诠释与讨论】〈阳〉(希)di-,两个,双,二倍的+schisma,所有格 schismastos,裂开。schismos,裂开。指花冠筒 2 裂。【分布】非洲南部。【后选模式】Dischisma capitatum(Thunberg)J. D. Choisy［Hebenstretia capitata Thunberg］。【参考异名】Dischimia Rchb. (1828)■●☆

16641　Dischistocalyx Lindau (1894) Nom. illegit.=Pseudostenosiphonium Lindau(1893)［爵床科 Acanthaceae］●■

16642　Dischistocalyx T. Anderson ex Benth. (1876)Nom. illegit.≡Dischistocalyx T. Anderson ex Benth. et Hook. f. (1876)［as 'Distichocalyx'］［爵床科 Acanthaceae］●☆

16643　Dischistocalyx T. Anderson ex Benth. et Hook. f. (1876)［as 'Distichocalyx'］【汉】二裂萼属。【隶属】爵床科 Acanthaceae。【包含】世界 20 种。【学名诠释与讨论】〈阳〉(希)di-,两个,双,二倍的+schitos,分开的,裂开的+kalyx,所有格 kalykos=拉丁文 calyx,花萼,杯子。此属的学名,ING 和 GCI 记载是"Dischistocalyx T. Anderson ex Bentham et Hook. f., Gen. 2:1080"。IK 和 TROPICOS 则记载为"Dischistocalyx T. Anderson ex Benth., Gen. Pl.［Bentham et Hooker f.］2(2):1080"。四者引用的文献

相同。"Dischistocalyx Lindau, Bot. Jahrb. Syst. 20(1-2):13. 1894［16 Nov 1894］= Pseudostenosiphonium Lindau(1893)［爵床科 Acanthaceae］"和"Dischistocalyx T. Anderson ex Lindau(1894)= Dischistocalyx Lindau(1894)Nom. illegit."都是晚出的非法名称。【分布】热带非洲。【后选模式】Dischistocalyx thunbergiiflorus(T. Anderson)C. B. Clarke［Ruellia thunbergiiflora T. Anderson］。【参考异名】Dischistocalyx T. Anderson ex Benth. (1876)Nom. illegit.; Distichocalyx Benth., Nom. illegit.; Distichocalyx T. Anderson ex Benth. et Hook. f. (1876)●☆

16644　Dischistocalyx T. Anderson ex Lindau (1894) Nom. illegit. = Dischistocalyx Lindau (1894) Nom. illegit.; ~ = Pseudostenosiphonium Lindau(1893)［爵床科 Acanthaceae］●■

16645　Dischizolaena(Baill.)Tiegh. (1903)= Tapura Aubl. (1775)［毒鼠子科 Dichapetalaceae］●☆

16646　Dischlis Phil. (1871)= Distichlis Raf. (1819)［禾本科 Poaceae(Gramineae)］■☆

16647　Dischoriste D. Dietr. (1843)= Dyschoriste Nees(1832)［爵床科 Acanthaceae］■●

16648　Disciphania Eichler(1864)【汉】盘金藤属。【隶属】防己科 Menispermaceae。【包含】世界 25 种。【学名诠释与讨论】〈阴〉(希)diskos,圆盘+phaino,显示。phanos,亮光,火柱。Phaneros,明显的。【分布】巴拉圭,巴拿马,秘鲁,玻利维亚,厄瓜多尔,哥伦比亚(安蒂奥基亚),哥斯达黎加,墨西哥,尼加拉瓜,西印度群岛,中美洲。【模式】Disciphania lobata Eichler。【参考异名】Taubertia K. Schum. (1893); Taubertia K. Schum. ex Taub. (1893)Nom. illegit.●☆

16649　Discipiper Trel. et Stehle(1946)= Piper L. (1753)［胡椒科 Piperaceae］●■

16650　Discladium Tiegh. (1902)= Ochna L. (1753)［金莲木科 Ochnaceae］●

16651　Discocactus Pfeiff. (1837)【汉】圆盘玉属(孔雀花属,圆盘球属)。【日】ディスコカクタス属。【隶属】仙人掌科 Cactaceae。【包含】世界 8 种。【学名诠释与讨论】〈阳〉(希)diskos,圆盘+cactos,有刺的植物,通常指仙人掌科 Cactaceae 植物。此属的学名,ING、GCI、TROPICOS 和 IK 记载是"Discocactus Pfeiff., Allg. Gartenzeitung(Otto et Dietrich)5:241. 1837［5 Aug 1837］"。IK 记载的"Discocactus Walp., Repert. Bot. Syst. (Walpers)v. 877(1858), sphalm."和 TROPICOS 记载的"Discocactus Walp., Rep. 5:817, 1845"是晚出的非法名称;它曾经被"Neodiscocactus Y. Itô Cactaceae［Itô］9,531, nom. nov., without full repl. syn. ref. 1981"所替代,但是"Neodiscocactus Y. Ito(1981)"未能合格发表。亦有学者把"Neodiscocactus Y. Ito(1981)"处理为本属的异名,或"Disocactus Lindl. (1845)［仙人掌科 Cactaceae］"的异名。【分布】巴拉圭,巴西,玻利维亚。【模式】Discocactus insignis Pfeiffer。●☆

16652　Discocactus Walp. (1845)Nom. illegit.≡Neodiscocactus Y. Ito (1981)Nom. inval.; ~ = Disocactus Lindl. (1845); ~ = Phyllocactus Link(1831)Nom. illegit.; ~ = Epiphyllum Haw. (1812)［仙人掌科 Cactaceae］●

16653　Discocactus Walp. (1858)Nom. illegit.≡Neodiscocactus Y. Ito (1981)Nom. inval.; ~ = Disocactus Lindl. (1845); ~ = Phyllocactus Link(1831)Nom. illegit.; ~ = Epiphyllum Haw. (1812)［仙人掌科 Cactaceae］●

16654　Discocalyx(A. DC.)Mez(1902)【汉】盘萼属。【隶属】紫金牛科 Myrsinaceae。【包含】世界 50 种。【学名诠释与讨论】〈阳〉(希)diskos,圆盘+kalyx,所有格 kalykos=拉丁文 calyx,花萼,杯子。此属的学名,ING 记载是"Discocalyx(Alph. de Candolle)C.

Mez in Engler，Pflanzenr. IV. 236（Heft 9）：18，211. 6 Mai 1902"；但是未给出基源异名。IK 和 TROPICOS 则记载为"Discocalyx Mez，Pflanzenr.（Engler）Myrsin. 211. 1902［6 May 1902］"。三者引用的文献相同。【分布】菲律宾（菲律宾群岛），波利尼西亚群岛，新几内亚岛。【模式】Discocalyx cybianthoides（Alph. de Candolle）C. Mez［Badula cybianthoides Alph. de Canodolle］。【参考异名】Discocalyx Mez（1902）Nom. illegit. ●☆

16655 Discocalyx Mez（1902）Nom. illegit. = Discocalyx（A. DC.）Mez（1902）［紫金牛科 Myrsinaceae］●☆

16656 Discocapnos Cham. et Schltdl.（1826）【汉】翅果烟堇属。【隶属】罂粟科 Papaveraceae//紫堇科（荷苞牡丹科）Fumariaceae。【包含】世界 1 种。【学名诠释与讨论】〈阳〉（希）diskos，圆盘+kapnos，烟，蒸汽，延胡索。【分布】非洲南部。【模式】Discocapnos mundtii Chamisso et D. F. L. Schlechtendal。■☆

16657 Discocarpus Klotzsch（1841）【汉】盘果大戟属。【隶属】大戟科 Euphorbiaceae。【包含】世界 5 种。【学名诠释与讨论】〈阳〉（希）diskos，圆盘+karpos，果实。【分布】巴西，玻利维亚，几内亚。【模式】Discocarpus essequiboensis Klotzsch。■☆

16658 Discocarpus Liebm.（1851）Nom. illegit. ≡ Discocnide Chew（1965）［荨麻科 Urticaceae］●☆

16659 Discoclaoxylon（Müll. Arg.）Pax et K. Hoffm.（1914）【汉】盘桐树属。【隶属】大戟科 Euphorbiaceae。【包含】世界 4 种。【学名诠释与讨论】〈中〉（希）diskos，圆盘+（属）Claoxylon 白桐树属。此属的学名，ING 记载是"Discoclaoxylon（J. Müller Arg.）F. Pax et K. Hoffmann in Engler，Pflanzenr. IV. 147. VII（Heft 63）：137. 10 Nov 1914"，由"Claoxylon sect. Discoclaoxylon J. Müller Arg.，Flora 47：433. 3 Sep. 1864"改级而来。IK 则记载为"Discoclaoxylon Pax et K. Hoffm.，Wiss. Ergebn. Deut. Zentr. – Afr. Exped.（1907－1908），Bot. 2：452. 1912，in comb.，sine descr.；et in Engl. Pflanzenr. Euphorb. –Mercurial. 137. 1914"。TROPICOS 则记载为"Discoclaoxylon Pax，K. Hoffm. et Engl.，Pflanzenr. IV. 147 VII（Heft 63）：137，1914"。【分布】热带非洲西部。【模式】未指定。【参考异名】Claoxylon sect. Discoclaoxylon Müll. Arg.（1864）；Discoclaoxylon Pax et K. Hoffm.（1912）Nom. inval.；Discoclaoxylon Pax，K. Hoffm. et Engl.（1914）Nom. illegit. ●☆

16660 Discoclaoxylon Pax et K. Hoffm.（1912）Nom. inval. = Discoclaoxylon（Müll. Arg.）Pax et K. Hoffm.（1914）［大戟科 Euphorbiaceae］●☆

16661 Discoclaoxylon Pax，K. Hoffm. et Engl.（1914）Nom. illegit. = Discoclaoxylon（Müll. Arg.）Pax et K. Hoffm.（1914）［大戟科 Euphorbiaceae］●☆

16662 Discocleidion（Müll. Arg.）Pax et K. Hoffm.（1914）【汉】假奓包叶属（丹麻杆属）。【英】Discocleidion。【隶属】大戟科 Euphorbiaceae。【包含】世界 3 种，中国 2 种。【学名诠释与讨论】〈中〉（希）diskos，圆盘+（属）Cleidion 棒柄花属。指雄花花盘发达，与棒柄花属相近。此属的学名，ING 和 TROPICOS 记载是"Discocleidion（J. Müller – Arg.）Pax et K. Hoffmann in Engler，Pflanzenr. IV 147. VII（Heft 63）：45. 10 Nov 1914"，由"Cleidion sect. Discocleidion J. Müller–Arg.，Flora 47：481. 5 Oct. 1864"改级而来；《中国植物志》英文版亦使用此名称。IK 则记载为"Discocleidion Pax et K. Hoffm.，Pflanzenr.（Engler）Euphorb. –Mercurial. 45（1914）"。四者引用的文献相同。【分布】中国。【模式】Discocleidion ulmifolium（J. Muller – Arg.）Pax et K. Hoffmann［Cleidion ulmifolium J. Müller–Arg.］。【参考异名】Cleidion sect. Discocleidion（1864）；Cleidion sect. Discocleidion Müll. Arg.（1864）；Discocleidion Pax et K. Hoffm.（1914）Nom. illegit. ●

16663 Discocleidion Pax et K. Hoffm.（1914）Nom. illegit. ≡ Discocleidion（Müll. Arg.）Pax et K. Hoffm.（1914）［大戟科 Euphorbiaceae］●

16664 Discocnide Chew（1965）【汉】盘果麻属。【隶属】荨麻科 Urticaceae。【包含】世界 1 种。【学名诠释与讨论】〈阴〉（希）diskos，圆盘+knide，荨麻。此属的学名"Discocnide Chew, Gard. Bull. Straits Settlem. 21：207. 31 Mai 1965"是一个替代名称。"Discocarpus Liebmann, Kongel. Danske Vidensk. Selsk. Naturvidensk. Math. Afh. ser. 2. 2：308. 1851"是一个非法名称（Nom. illegit.），因为此前已经有了"Discocarpus Klotzsch, Arch. Naturgesch. 7（1）：201. 1841［大戟科 Euphorbiaceae］"。故用"Discocnide Chew（1965）"替代之。【分布】墨西哥，中美洲。【模式】未指定。【参考异名】Discocarpus Liebm.（1851）Nom. illegit. ●☆

16665 Discocoffea A. Chev.（1931）= Coffea L.（1753）；~ = Tricalysia A. Rich. ex DC.（1830）［茜草科 Rubiaceae］●

16666 Discocrania（Harms）M. Kral（1966）= Cornus L.（1753）［山茱萸科 Cornaceae//四照花科 Cornaceae］●

16667 Discoglypremna Prain（1911）【汉】喀麦隆双蕊苏木属。【隶属】豆科 Fabaceae（Leguminosae）。【包含】世界 1 种。【学名诠释与讨论】〈阴〉（希）diskos，圆盘+gly+premnon，树干，残桩。【分布】热带非洲西部。【模式】Discoglypremna caloneura（Pax）Prain［Alchornea caloneura Pax］。●☆

16668 Discogyne Schltr.（1914）= Ixonanthes Jack（1822）［亚麻科 Linaceae//黏木科 Ixonanthaceae］●

16669 Discolenta Raf.（1836）Nom. illegit. ≡ Polygonum L.（1753）（保留属名）［蓼科 Polygonaceae］■●

16670 Discolobium Benth.（1837）【汉】盘豆属。【隶属】豆科 Fabaceae（Leguminosae）//蝶形花科 Papilionaceae。【包含】世界 8 种。【学名诠释与讨论】〈中〉（希）diskos，圆盘+lobos = 拉丁文 lobulus，片，裂片，叶，荚，蒴+-ius，-ia，-ium，在拉丁文和希腊文中，这些词尾表示性质或状态。【分布】巴拉圭，巴西。【模式】Discolobium pulchellum Bentham。■☆

16671 Discoluma Baill.（1891）= Pouteria Aubl.（1775）［山榄科 Sapotaceae］●

16672 Discoma O. F. Cook（1943）= Chamaedorea Willd.（1806）（保留属名）［棕榈科 Arecaceae（Palmae）］●☆

16673 Discomela Raf.（1825）= Helianthus L.（1753）［菊科 Asteraceae（Compositae）//向日葵科 Helianthaceae］■

16674 Discophis Raf. = Drypetes Vahl（1807）［大戟科 Euphorbiaceae］●

16675 Discophora Miers（1852）【汉】盘茱萸属。【隶属】茶茱萸科 Icacinaceae。【包含】世界 2 种。【学名诠释与讨论】〈阴〉（希）diskos，圆盘+phoros，具有，梗，负载，发现者。【分布】巴拿马，秘鲁，玻利维亚，厄瓜多尔，哥伦比亚（安蒂奥基亚），哥斯达黎加，中美洲。【模式】Discophora guianensis Miers。【参考异名】Kummeria Mart.（1840）；Kummeria Mart. ex Engl.（1872）Nom. illegit. ●☆

16676 Discophytum Miers（1847）= Calycera Cav.（1797）［as 'Calicera'］（保留属名）［萼角花科（萼角科，头花草科）Calyceraceae］■☆

16677 Discopleura DC.（1829）Nom. illegit. ≡ Ptilimnium Raf.（1825）［伞形花科（伞形科）Apiaceae（Umbelliferae）］■☆

16678 Discoplis Raf.（1836）= Mercurialis L.（1753）［大戟科 Euphorbiaceae//山靛科 Mercurialaceae］■

16679 Discopodium Hochst.（1844）【汉】盘足茄属（盘茄属）。【隶属】茄科 Solanaceae。【包含】世界 1-3 种。【学名诠释与讨论】〈中〉（希）diskos，圆盘+pous，所有格 podos，指小式 podion，脚，

足,柄,梗。podotes,有脚的+-ius,-ia,-ium,在拉丁文和希腊文中,这些词尾表示性质或状态。此属的学名,ING、TROPICOS 和 IK 记载是"Discopodium Hochst.,Flora 27(1):22. 1844"。"Discopodium Steud.,Syn. Pl. Glumac. 2(8-9):150. 1855[10-11 Apr 1855]= Tricostularia Nees ex Lehm.(1844)[莎草科 Cyperaceae]"是晚出的非法名称。【分布】热带非洲。【模式】Discopodium penninervium Hochstetter。■☆

16680　Discopodium Steud.(1855)Nom. illegit. = Tricostularia Nees ex Lehm.(1844)[莎草科 Cyperaceae]■

16681　Discorea Miq.(1858)= Dioscorea L.(1753)(保留属名)[薯蓣科 Dioscoreaceae]■

16682　Discoseris(Endl.)Kuntze(1903)Nom. illegit. ≡ Richterago Kuntze(1891)Nom. illegit.;~ = Gochnatia Kunth(1818)[菊科 Asteraceae(Compositae)]●

16683　Discoseris(Endl.)Post et Kuntze(1903)Nom. illegit. ≡ Discoseris(Endl.)Kuntze(1903)Nom. illegit.;~ = Richterago Kuntze(1891)Nom. illegit.;~ = Gochnatia Kunth(1818)[菊科 Asteraceae(Compositae)]●

16684　Discospermum Dalzell(1850)= Diplospora DC.(1830)[茜草科 Rubiaceae]●

16685　Discostigma Hassk.(1842)【汉】盘柱藤黄属。【俄】Диоскостигма。【英】Discostigma。【隶属】猪胶树科(克鲁西科,山竹子科,藤黄科)Clusiaceae(Guttiferae)。【包含】世界 9 种。【学名诠释与讨论】〈中〉(希)diskos,圆盘 + stigma,所有格 stigmatos,柱头,眼点。此属的学名是"Discostigma Hasskarl,Flora 25(2,Beibl.):33. 7 Aug 1842"。亦有文献把其处理为"Garcinia L.(1753)"的异名。【分布】参见 Garcinia L.(1753)。【模式】Discostigma rostratum Hasskarl。【参考异名】Garcinia L.(1753)●☆

16686　Discovium Raf.(1819)【汉】盘路芥属。【隶属】十字花科 Brassicaceae(Cruciferae)。【包含】世界 2 种。【学名诠释与讨论】〈中〉(希)diskos,圆盘 + via,路 + -ius,-ia,-ium,在拉丁文和希腊文中,这些词尾表示性质或状态。此属的学名是"Discovium Rafinesque,J. Phys. Chim. Hist. Nat. Arts 89:96. Aug 1819"。亦有文献把其处理为"Lesquerella S. Watson(1888)"的异名。【分布】北美洲。【模式】Discovium gracile Rafinesque。【参考异名】Lesquerella S. Watson(1888)■☆

16687　Discretitheca P. D. Cantino(1999)【汉】平行弓蕊灌属。【隶属】唇形科 Lamiaceae(Labiatae)。【包含】世界 1 种。【学名诠释与讨论】〈阳〉(拉)discretus,分开的 + theca,匣子,箱子,室,药室,囊。【分布】尼泊尔。【模式】Discretitheca nepalensis(Moldenke)P. D. Cantino。●☆

16688　Discurainia Walp.(1842)= Descurainia Webb et Berthel.(1836)(保留属名)[十字花科 Brassicaceae(Cruciferae)]■

16689　Discurea(C. A. Mey. ex Ledeb.)Schur(1866)Nom. illegit. ≡ Descurainia Webb et Berthel.(1836)(保留属名)[十字花科 Brassicaceae(Cruciferae)]■

16690　Discurea Schur(1866)Nom. illegit. ≡ Discurea(C. A. Mey. ex Ledeb.)Schur(1866)Nom. illegit.;~ ≡ Descurainia Webb et Berthel.(1836)(保留属名)[十字花科 Brassicaceae(Cruciferae)]■

16691　Discyphus Schltr.(1919)【汉】双杯兰属。【隶属】兰科 Orchidaceae。【包含】世界 1 种。【学名诠释与讨论】〈阳〉(希)di-,两个,双,二倍的 + skyphos = skythos,杯。指柱头杯状。【分布】巴拿马,特立尼达和多巴哥(特立尼达岛),委内瑞拉,中美洲。【模式】Discyphus scopulariae(H. G. Reichenbach)R. Schlechter[Spiranthes scopulariae H. G. Reichenbach]。【参考异名】Dihylikostigma Kraenzl.(1919)■☆

16692　Disecocarpus Hassk.(1866)= Commelina L.(1753)[鸭跖草科 Commelinaceae]■

16693　Disella Greene(1906)【汉】小迪萨兰属。【隶属】锦葵科 Malvaceae。【包含】世界 4 种。【学名诠释与讨论】〈阴〉(属)Disa 迪萨兰属 + -ellus,-ella,-ellum,加在名词词干后面形成指小式的词尾。或加在人名、属名等后面以组成新属的名称。此属的学名是"Disella E. L. Greene,Leafl. Bot. Observ. Crit. 1:209. 10 Apr 1906";它是"Sida sect. Pseudomalvastrum A. Gray(1849)"的替代名称。亦有文献把其处理为"Sida L.(1753)"的异名。【分布】参见 Sida L.(1753)。【后选模式】Disella hederacea(Douglas)E. L. Greene[Malva hederacea Douglas]。【参考异名】Sida L.(1753);Sida sect. Pseudomalvastrum A. Gray(1849)■☆

16694　Diselma Hook. f.(1857)【汉】对鳞柏属。【隶属】柏科 Cupressaceae//对鳞柏科 Diselmaceae。【包含】世界 1 种。【学名诠释与讨论】〈阴〉(希)di-,两个,双,二倍的 + selma,座位,宝座,木材。指鳞片多产。【分布】澳大利亚(塔斯马尼亚岛)。【模式】Diselma archeri J. D. Hooker。●☆

16695　Diselmaceae A. V. Bobrov et Melikyan(2006)【汉】对鳞柏科。【包含】世界 1 属 1 种。【分布】澳大利亚(塔斯马尼亚岛)。【科名模式】Diselma Hook. f.●☆

16696　Disemma Labill.(1825)= Passiflora L.(1753)(保留属名)[西番莲科 Passifloraceae]■●

16697　Diseomela Raf. = Helianthus L.(1753)[菊科 Asteraceae(Compositae)//向日葵科 Helianthaceae]■

16698　Disepalum Hook. f.(1860)【汉】九重皮属(双萼木属)。【隶属】番荔枝科 Annonaceae。【包含】世界 6-9 种,中国 1 种。【学名诠释与讨论】〈中〉(希)di-,两个,双,二倍的 + sepalon,花萼。【分布】马来西亚(西部),中国。【模式】Disepalum anomalum J. D. Hooker。【参考异名】Enicosanthellum Bân(1975)●

16699　Diseris Wight(1851)= Disperis Sw.(1800)[兰科 Orchidaceae]■

16700　Diserneston Jaub. et Spach(1842)= Dorema D. Don(1831)[伞形花科(伞形科)Apiaceae(Umbelliferae)]■☆

16701　Disgrega Hassk.(1866)= Tripogandra Raf.(1837)[鸭跖草科 Commelinaceae]■☆

16702　Disinstylis Raf.(1837)= Chlora Adans.(1763)Nom. illegit.;~ = Blackstonia Huds.(1762)[龙胆科 Gentianaceae]■☆

16703　Disiphon Schltr.(1918)= Vaccinium L.(1753)[杜鹃花科(欧石南科)Ericaceae//越橘科(乌饭树科)Vacciniaceae]●

16704　Disisocactus Kunze(1845)Nom. illegit. = Disocactus Lindl.(1845)[仙人掌科 Cactaceae]●☆

16705　Disisorhipsalis Doweld(2002)= Rhipsalis Gaertn.(1788)(保留属名)[仙人掌科 Cactaceae]●

16706　Diskion Raf.(1838)Nom. illegit. ≡ Saracha Ruiz et Pav.(1794)[茄科 Solanaceae]●☆

16707　Diskyphogyne Szlach. et R. González(1837)【汉】双凸蕊兰属。【隶属】兰科 Orchidaceae。【包含】世界 3 种。【学名诠释与讨论】〈阳〉(希)di-,两个,双,二倍的 + kyphos,驼背的,弯凸的 + gyne,所有格 gynaikos,雌性,雌蕊。【分布】巴西,乌拉圭。【模式】Diskyphogyne binata(Labillardière)Rafinesque[Drosera binata Labillardière]。■☆

16708　Dismophyla Raf.(1837)= Drosera L.(1753)[茅膏菜科 Droseraceae]■

16709　Disocactus Lindl.(1845)【汉】姬孔雀属(双重仙人掌属)。【隶属】仙人掌科 Cactaceae。【包含】世界 16 种。【学名诠释与讨论】〈阳〉(希)di-,两个,双,二倍的 + isos,相等的,同样的 + cactos,有刺的植物,通常指仙人掌科 Cactaceae 植物。指花萼和花瓣同数。此属的学名,ING、TROPICOS、APNI 和 IK 记载是 "Disocactus J. Lindley, Edwards's Bot. Reg. 31: t. 9. 1 Feb 1845"。"Disocereus A. V. Frič et K. Kreuzinger in K. Kreuzinger, Verzeichnis Amer. Sukk. Revision Syst. Kakteen 15. 30 Apr 1935" 是 "Disocactus Lindl. (1845)" 的晚出的同模式异名(Homotypic synonym, Nomenclatural synonym)。【分布】巴拿马,秘鲁,玻利维亚,厄瓜多尔,哥伦比亚(安蒂奥基亚),洪都拉斯,尼加拉瓜,危地马拉,中美洲。【模式】Disocactus biformis(J. Lindley)J. Lindley [Cereus biformis Lindley]。【参考异名】Aporocactus Lem. (1860);Aporocereus Frič et Kreuz. (1936)Nom. illegit.;Bonifazia Standl. et Steyerm. (1944);Chiapasia Britton et Rose(1923);Discocactus Walp. (1845)Nom. illegit.;Disisocactus Kunze(1845)Nom. illegit.;Disocereus Frič et Kreuz. (1935)Nom. illegit.;Heliocereus(A. Berger)Britton et Rose(1909);Lobeira Alexander (1944);Mediocactus Britton et Rose(1920);Mediocereus Frič et Kreuz. (1935)Nom. illegit.;Neodiscocactus Y. Ito (1981);Nopalxochia Britton et Rose(1923);Pseudonopalxochia Backeb. (1958);Pseudorhipsalis Britton et Rose(1923);Trochilocactus Linding. (1942);Wittia K. Schum. (1903)Nom. illegit.;Wittiocactus Rauschert(1982)●☆

16710 Disocereus Frič et Kreuz. (1935)Nom. illegit. ≡ Disocactus Lindl. (1845)[仙人掌科 Cactaceae]●☆

16711 Disodea Pers. (1805)Nom. illegit. = Paederia L. (1767)(保留属名)[茜草科 Rubiaceae]●■

16712 Disodia Dumort. (1829)Nom. inval. [茜草科 Rubiaceae]☆

16713 Disomene A. DC. (1868)Nom. inval. = Dysemone Sol. ex G. Forst. (1787)Nom. inval. ;~ = Gunnera L. (1767)[大叶草科(南洋小二仙科,洋二仙草科)Gunneraceae//小二仙草科 Haloragaceae]■☆

16714 Disoon A. DC. (1847) = Myoporum Banks et Sol. ex G. Forst. (1786)[苦槛蓝科(苦槛盘科)Myoporaceae//玄参科 Scrophulariaceae]■

16715 Disoxylon Rchb. (1837)Nom. illegit. = Dysoxylum Blume(1825)[棟科 Meliaceae]●

16716 Disoxylum A. Juss. (1830) = Dysoxylum Blume(1825)[棟科 Meliaceae]●

16717 Disoxylum Benth. et Hook. f. (1862)Nom. illegit. = Amoora Roxb. (1820);~ = Dysoxylum Blume(1825)[棟科 Meliaceae]●

16718 Dispara Raf. (1838)Nom. illegit. ≡ Cristatella Nutt. (1834)[山柑科(白花菜科,醉蝶花科)Capparaceae]■☆

16719 Disparago Gaertn. (1791)(保留属名)【汉】多头帚鼠麹属。【隶属】菊科 Asteraceae(Compositae)。【包含】世界 7-9 种。【学名诠释与讨论】〈阴〉(拉)dispar,不一样的,不同的,不等的+-ago,新拉丁文词尾,表示关系密切,相似,追随,携带,诱导。指小花。此属的学名 "Disparago Gaertn. , Fruct. Sem. Pl. 2: 463. Sep-Dec 1791" 是保留属名。法规未列出相应的废弃属名。【分布】非洲南部。【模式】Disparago ericoides(P. J. Bergius)J. Gaertner [Stoebe ericoides P. J. Bergius]。【参考异名】Wigandia Neck. (1790)Nom. inval. (废弃属名);Wigandia Neck. ex Less. (1832)Nom. illegit. (废弃属名)●☆

16720 Dispeltophorus Lehm. (1836) = Menonvillea R. Br. ex DC. (1821)[十字花科 Brassicaceae(Cruciferae)]■●☆

16721 Disperanthoceros Mytnik et Szlach. (2007)【汉】尼日利亚多穗兰属。【隶属】兰科 Orchidaceae。【包含】世界 1 种。【学名诠释与讨论】〈阳〉(拉)dispar+anthos,花+ceros 蜂蜡。此属的学名是 "Disperanthoceros Mytnik et Szlach. ,Richardiana 7: 65. 2007"。亦有文献把它处理为 "Polystachya Hook. (1824)(保留属名)" 的异

名。【分布】尼日利亚。【模式】Disperanthoceros anthoceros(la Croix et P. J. Cribb)Mytnik et Szlach. 。【参考异名】Polystachya Hook. (1824)(保留属名)■☆

16722 Disperis Sw. (1800)【汉】双袋兰属。【英】Disperis。【隶属】兰科 Orchidaceae。【包含】世界 75 种,中国 1-2 种。【学名诠释与讨论】〈阴〉(希)di-,两个,双,二倍的+pera,指小式 peridion,袋,囊。指侧萼片基部弯曲呈袋状。【分布】印度至马来西亚,中国,马斯克林群岛,热带和非洲南部。【后选模式】Disperis secunda(Thunberg)Swartz,Nom. illegit. [Arethusa secunda Thunberg,Nom. illegit. ,Ophrys circumflexa Linnaeus;Disperis circumflexa(Linnaeus)Durand et Schinz]。【参考异名】Antidris Thouars;Dipera Spreng. (1826);Diperis Wight(1852);Diseris Wight(1851);Dryopeia Thouars(1822);Dryopria Thouars(1822)Nom. illegit. ;Dryorchis Thouars;Dryorkis Thouars(1809);Triodris Thouars■

16723 Disperma C. B. Clarke(1899)Nom. illegit. ≡ Duosperma Dayton (1945)[爵床科 Acanthaceae]■☆

16724 Disperma J. F. Gmel. (1792)Nom. illegit. = Mitchella L. (1753)[茜草科 Rubiaceae]■

16725 Dispermotheca P. Beauv. (1911) = Parentucellia Viv. (1824)[玄参科 Scrophulariaceae//列当科 Orobanchaceae]■☆

16726 Disphyma N. E. Br. (1925)【汉】圆棒玉属。【日】ディスフィマ属。【英】Dew-plant,Pigface。【隶属】番杏科 Aizoaceae。【包含】世界 3-4 种。【学名诠释与讨论】〈中〉(希)di-,两个,双,二倍的+phyma,小瘤,结节。指胎座瘤状。【分布】非洲南部,澳大利亚(温带)。【模式】Disphyma crassifolium(Linnaeus)L. Bolus [Mesembryanthemum crassifolium Linnaeus]。■☆

16727 Displaspis Klatt(1859) = Diplaspis Hook. f. (1847);~ = Huanaca Cav. (1800)[伞形花科(伞形科)Apiaceae (Umbelliferae)]■☆

16728 Disporocarpa A. Rich. (1848) = Crassula L. (1753)[景天科 Crassulaceae]●■☆

16729 Disporopsis Hance(1883)【汉】竹根七属(假宝铎花属,假万寿竹属)。【日】ハウチャケモドキ属。【英】False Fairybells,Solomon's Seal。【隶属】百合科 Liliaceae//铃兰科 Convallariaceae。【包含】世界 6 种,中国 6 种。【学名诠释与讨论】〈阴〉(属)Disporum 万寿竹属+希腊文 opsis,外观,模样,相似。【分布】泰国,中国。【模式】Disporopsis fuscopicta H. F. Hance。【参考异名】Aulisconema Hua(1892)■

16730 Disporum Salisb. (1812)Nom. inval. ≡ Disporum Salisb. ex D. Don(1812)[百合科 Liliaceae//铃兰科 Convallariaceae//秋水仙科 Colchicaceae]■

16731 Disporum Salisb. ex D. Don(1825)【汉】万寿竹属(宝铎草属,宝铎花属)。【日】チゴユリ属。【俄】Диспорум。【英】Fairy Bells,Fairy Lantern,Fairybells。【隶属】百合科 Liliaceae//铃兰科 Convallariaceae//秋水仙科 Colchicaceae。【包含】世界 10-22 种,中国 14-15 种。【学名诠释与讨论】〈中〉(希)di-,两个,双,二倍的+spora,孢子,种子。指子房各室至 2 卵。此属的学名,ING、TROPICOS 和 IK 记载是 "Disporum R. A. Salisbury, Trans. Hort. Soc. London 1: 331. 1812";《台湾植物志》使用此名称。《中国植物志》英文版则用 "Disporum Salisbury ex D. Don,Prodr. Fl. Nepal. 50. 1825";TROPICOS 则记载此名称是一个未合格发表的名称(Nom. inval.)。【分布】中国,北温带亚洲和美洲。【模式】Disporum pullum Salisbury,Nom. illegit. [Uvularia chinensis Ker-Gawler;Disporum chinense(Ker-Gawler)O. Kuntze]。【参考异名】Disporum Salisb. (1812)Nom. inval. ;Drapiezia Blume(1827);Lethea Noronha(1790);Prosartes D. Don(1839)■

16732 Disquamia Lem. (1852–1853) = Aechmea Ruiz et Pav. (1794)（保留属名）［凤梨科 Bromeliaceae］■☆

16733 Dissanthelium Trin. (1836)【汉】燥原禾属。【隶属】禾本科 Poaceae（Gramineae）。【包含】世界 16 种。【学名诠释与讨论】〈中〉（希）dissos，双生的+anthele，指小式 anthelion，长侧枝聚伞花序，苇鹰的羽毛+-ius，-ia，-ium，在拉丁文和希腊文中，这些词尾表示性质或状态。指小花。【分布】秘鲁，玻利维亚，美国（加利福尼亚）至巴塔哥尼亚。【模式】Dissanthelium supinum Trinius。【参考异名】Graminastrum E. H. L. Krause (1914)；Phalaridium Nees et Meyen(1843)；Phalaridium Nees(1843) Nom. illegit.；Stenochloa Nutt. (1847)■☆

16734 Dissecocarpus Hassk. (1870) = Commelina L. (1753)；~ = Disecocarpus Hassk. (1870)［鸭跖草科 Commelinaceae］■

16735 Dissiliaria F. Muell. (1867) Nom. illegit. ≡ Dissiliaria F. Muell. ex Baill. (1867)［大戟科 Euphorbiaceae］☆

16736 Dissiliaria F. Muell. ex Baill. (1867)【汉】澳北大戟属。【隶属】大戟科 Euphorbiaceae。【包含】世界 1-2 种。【学名诠释与讨论】〈阴〉（拉）dissilio，飞开来，现在分词 dissiliens，所有格 dissilientis，飞开的，四散飞开的+-arius，-aria，-arium，指示"属于、相似、具有、联系"的词尾。指蒴果。此属的学名，ING、TROPICOS 和 IK 记载为"Dissiliaria F. v. Mueller ex Baillon，Adansonia 7：356. Aug 1867"。APNI 则记载为"Dissiliaria F. Muell.，Adansonia 7 1867"。四者引用的文献相同。【分布】澳大利亚（东北部）。【模式】未指定。【参考异名】Dissiliaria F. Muell. (1867) Nom. illegit. ☆

16737 Dissocarpus F. Muell. (1858)【汉】聚花澳藜属。【隶属】藜科 Chenopodiaceae。【包含】世界 3-4 种。【学名诠释与讨论】〈阳〉（希）dissos，双生的+karpos，果实。【分布】澳大利亚（东南部）。【模式】Dissocarpus biflorus F. v. Mueller。●☆

16738 Dissochaeta Blume(1831)【汉】双毛藤属。【隶属】野牡丹科 Melastomataceae。【包含】世界 20 种。【学名诠释与讨论】〈阴〉（希）dissos，双生的+chaite = 拉丁文 chaeta，刚毛。指花和叶片都具毛。【分布】印度至马来西亚。【模式】未指定。【参考异名】Neodissochaeta Bakh. f. (1943)●☆

16739 Dissochondrus(W. F. Hillebr.) Kuntze(1891)【汉】双花狗尾草属。【隶属】禾本科 Poaceae（Gramineae）。【包含】世界 1 种。【学名诠释与讨论】〈阳〉（希）dissos，双生的+chondros，指小式 chondrion，谷粒，粒状物，砂，也指脆骨，软骨。指丰富的小花。此属的学名，ING 记载是"Dissochondrus (Hillebrand) O. Kuntze，Rev. Gen. 2：770. 5 Nov 1891"；但是未给出基源异名。TROPICOS 给出的基源异名是"Setaria subgen. Dissochondrus Hillebr.，Flora of the Hawaiian Islands 503. 1888"。IK 则记载为"Dissochondrus Kuntze, Revis. Gen. Pl. 2：770. 1891［5 Nov 1891］"和"Dissochondrus Kuntze ex Hack.，Nat. Pflanzenfam. Nachtr. [Engler et Prantl] I. 41 (1897)"。亦有文献把"Dissochondrus (W. F. Hillebr.) Kuntze(1891)"处理为"Setaria P. Beauv. (1812)（保留属名）"的异名。【分布】美国（夏威夷）。【模式】Dissochondrus bifidus O. Kuntze, Nom. illegit. [Setaria biflora Hillebrand]。【参考异名】Dissochondrus Kuntze ex Hack. (1897) Nom. illegit.；Dissochondrus Kuntze (1891) Nom. illegit.；Setaria subgen. Dissochondrus Hillebr. (1888)；Setaria P. Beauv. (1812)（保留属名）■☆

16740 Dissochondrus Kuntze ex Hack. (1897) Nom. illegit. ≡ Dissochondrus (W. F. Hillebr.) Kuntze(1891)［禾本科 Poaceae（Gramineae）］■☆

16741 Dissochondrus Kuntze(1891) Nom. illegit. ≡ Dissochondrus (W. F. Hillebr.) Kuntze(1891)［禾本科 Poaceae（Gramineae）］■☆

16742 Dissochroma Post et Kuntze(1903) = Dyssochroma Miers(1849)［茄科 Solanaceae］●☆

16743 Dissolaena Lour. (1790) Nom. illegit. ≡ Dissolena Lour. (1790)［夹竹桃科 Apocynaceae］●

16744 Dissolena Lour. (1790) = Rauvolfia L. (1753)［夹竹桃科 Apocynaceae］●

16745 Dissomeria Hook. f. ex Benth. (1849)【汉】西非刺篱木属。【隶属】刺篱木科（大风子科）Flacourtiaceae。【包含】世界 1-2 种。【学名诠释与讨论】〈阴〉（希）dissos，双生的+meros，一部分。拉丁文 merus 含义为纯洁的，真正的。指花瓣和花萼。【分布】热带非洲西部。【模式】Dissomeria crenata J. D. Hooker。●☆

16746 Dissopetalum Miers(1866) = Cissampelos L. (1753)［防己科 Menispermaceae］●

16747 Dissorhynchium Schauer(1843) = Habenaria Willd. (1805)［兰科 Orchidaceae］■

16748 Dissosperma Soják(1986) = Corydalis DC. (1805)（保留属名）［罂粟科 Papaveraceae//紫堇科（荷苞牡丹科）Fumariaceae］■☆

16749 Dissothrix A. Gray(1851)【汉】长毛修泽兰属。【隶属】菊科 Asteraceae（Compositae）。【包含】世界 1 种。【学名诠释与讨论】〈阴〉（希）dissos，双生的+thrix，所有格 trichos，毛，毛发。【分布】巴拉圭，墨西哥。【模式】Dissothrix gardneri A. Gray, Nom. illegit. [Stevia imbricata Gardner；Dissothrix imbricata (Gardner) B. L. Robinson]。■☆

16750 Dissotis Benth. (1849)（保留属名）【汉】异荣耀木属。【隶属】野牡丹科 Melastomataceae。【包含】世界 100-140 种。【学名诠释与讨论】〈阴〉（希）dissos，双生的+ous，所有格 otos，指小式 otion，耳。otikos，耳的。指花药。此属的学名"Dissotis Benth. in Hooker, Niger Fl.：346. Nov-Dec 1849"是保留属名。相应的废弃属名是野牡丹科 Melastomataceae 的"Hedusa Raf.，Sylva Tellur.：101. Oct-Dec 1838 ≡ Dissotis Benth. (1849)（保留属名）"和"Kadalia Raf.，Sylva Tellur.：101. Oct-Dec 1838 = Dissotis Benth. (1849)（保留属名）"。【分布】马达加斯加，非洲，中美洲。【模式】Dissotis grandiflora (J. E. Smith) Bentham [Osbeckia grandiflora J. E. Smith]。【参考异名】Argyrella Naudin(1850)；Dupineta Raf. (1838)；Hedusa Raf. (1838)（废弃属名）；Hedysa Post et Kuntze (1903)；Heterotis Benth. (1849)；Kadalia Raf. (1838)（废弃属名）；Leiocalyx Planch. ex Hook. (1849)；Lepidanthemum Klotzsch (1861)；Lignieria A. Chev. (1920)；Osbeckiastrum Naudin(1850)；Rhodosepala Baker(1887)；Wedeliopsis Planch. ex Benth. (1849)●☆

16751 Distandra Link(1821) = Disandra L. (1774)；~ = Sibthorpia L. (1753)［玄参科 Scrophulariaceae］■☆

16752 Distasis DC. (1836) = Chaetopappa DC. (1836)［菊科 Asteraceae（Compositae）］■☆

16753 Disteganthus Lem. (1847)【汉】离花凤梨属（菊状花属，卧花凤梨属）。【隶属】凤梨科 Bromeliaceae。【包含】世界 3-14 种。【学名诠释与讨论】〈阳〉（希）di-，两个，双，二倍的+stege，盖子，覆盖物 + anthos，花。【分布】几内亚。【模式】Disteganthus basilateralis Lemaire。■☆

16754 Distegia Klatt(1896) = Didelta L' Hér. (1786)（保留属名）［菊科 Asteraceae（Compositae）］■☆

16755 Distegia Raf. (1838) = Lonicera L. (1753)［忍冬科 Caprifoliaceae］●■

16756 Distegocarpus Siebold et Zucc. (1846) = Carpinus L. (1753)［榛科 Corylaceae//鹅耳枥科 Carpinaceae//桦木科 Betulaceae］●

16757 Disteira Raf. (1838) = Martynia L. (1753)［角胡麻科 Martyniaceae//胡麻科 Pedaliaceae］■

16758 Distemma Lem. (1847) = Disemma Labill. (1825)；~ = Passiflora

L.（1753）（保留属名）［西番莲科 Passifloraceae］●■

16759 Distemon Bouché（1845）Nom. inval. = Canna L.（1753）［美人蕉科 Cannaceae］■

16760 Distemon Ehrenb. ex Asch.（1866）Nom. illegit. = Anticharis Endl.（1839）［玄参科 Scrophulariaceae］■●☆

16761 Distemon Wedd.（1856）Nom. illegit. ≡ Neodistemon Babu et A. N. Henry（1970）［荨麻科 Urticaceae］■☆

16762 Distemonanthus Benth.（1865）【汉】双蕊苏木属。【隶属】豆科 Fabaceae（Leguminosae）。【包含】世界 1 种。【学名诠释与讨论】〈阳〉（希）di-，两个，双，二倍的+stemon，雄蕊+anthos，花。【分布】热带非洲西部。【后选模式】Distemonanthus benthamianus Baillon。●☆

16763 Distephana（DC.）Juss.（1805）Nom. inval. , Nom. illegit. ≡ Distephana（Juss. ex DC.）Juss. ex M. Roem.（1846）；~ = Passiflora L.（1753）（保留属名）；~ = Tacsonia Juss.（1789）［西番莲科 Passifloraceae］●■

16764 Distephana（DC.）Juss. ex M. Roem.（1846）Nom. illegit. ≡ Distephana（Juss. ex DC.）Juss. ex M. Roem.（1846）；~ = Passiflora L.（1753）（保留属名）；~ = Tacsonia Juss.（1789）［西番莲科 Passifloraceae］●■

16765 Distephana（DC.）M. Roem.（1846）Nom. illegit. ≡ Distephana（Juss. ex DC.）Juss. ex M. Roem.（1846）；~ = Passiflora L.（1753）（保留属名）；~ = Tacsonia Juss.（1789）［西番莲科 Passifloraceae］●■

16766 Distephana（Juss. ex DC.）Juss. ex M. Roem.（1846）= Passiflora L.（1753）（保留属名）；~ = Tacsonia Juss.（1789）［西番莲科 Passifloraceae］●■

16767 Distephana Juss.（1805）Nom. inval. ≡ Distephana（Juss. ex DC.）Juss. ex M. Roem.（1846）；~ = Passiflora L.（1753）（保留属名）；~ = Tacsonia Juss.（1789）［西番莲科 Passifloraceae］●■

16768 Distephana Juss. ex M. Roem.（1846）Nom. inval. ≡ Distephana（Juss. ex DC.）Juss. ex M. Roem.（1846）；~ = Passiflora L.（1753）（保留属名）；~ = Tacsonia Juss.（1789）［西番莲科 Passifloraceae］●■

16769 Distephania Gagnep.（1948）Nom. illegit. ≡ Indosinia J. E. Vidal（1965）［金莲木科 Ochnaceae］●☆

16770 Distephania Steud.（1840）Nom. inval. = Distephana Juss. ex M. Roem.（1846）Nom. illegit. ; ~ = Distephana（Juss. ex DC.）Juss. ex M. Roem.（1846）；~ = Passiflora L.（1753）（保留属名）；~ = Tacsonia Juss.（1789）［西番莲科 Passifloraceae］●■

16771 Distephanus（Cass.）Cass.（1817）Nom. illegit. ≡ Distephanus Cass.（1817）［菊科 Asteraceae（Compositae）］●■

16772 Distephanus Cass.（1817）【汉】黄鸠菊属（黄花斑鸠菊属）。【隶属】菊科 Asteraceae（Compositae）。【包含】世界 40 种，中国 2 种。【学名诠释与讨论】〈阴〉（希）di-，两个，双，二倍的+stephos，stephanos，花冠，王冠。指果实具 2 列毛。此属的学名，ING、IK、TROPICOS 和《中国植物志》英文版记载是“Distephanus Cassini, Bull. Sci. Soc. Philom. Paris. 1817：151. 1817”。“Distephanus（Cass.）Cass.（1817）≡ Distephanus Cass.（1817）”的命名人引证有误。化石植物的“Distephanus Stöhr, Palaeontographica 26：121. Jan 1880（non Cassini 1817）是晚出的非法名称。“Distephanus Cass.（1817）”曾先后被处理为“Vernonia sect. Distephanus（Cass.）Benth. et Hook. f. , Genera Plantarum 2：228. 1873”和“Vernonia subsect. Distephanus（Cass.）S. B. Jones, Rhodora 83（833）：68. 1981.（9 Feb 1981）”。【分布】马达加斯加，毛里求斯，中国，热带非洲，亚洲东南部。【模式】Distephanus populifolius（Lamarck）Cassini。【参考异名】Antunesia O. Hoffm.

（1893）；Distephanus（Cass.）Cass.（1819）Nom. illegit. ; Gongrothamnus Steetz（1864）；Newtonia O. Hoffm.（1892）Nom. illegit. ; Vernonia Schreb.（1791）（保留属名）；Vernonia sect. Distephanus（Cass.）Benth. et Hook. f.（1873）；Vernonia subsect. Distephanus（Cass.）S. B. Jones（1981）●■

16773 Distephanus Cass.（1819）= Vernonia Schreb.（1791）（保留属名）［菊科 Asteraceae（Compositae）//斑鸠菊科（绿菊科）Vernoniaceae］●■

16774 Distephia Salisb. ex DC.（1828）= Distephana（DC.）M. Roem.（1846）Nom. illegit. ; ~ = Passiflora L.（1753）（保留属名）［西番莲科 Passifloraceae］●■

16775 Disterepta Raf.（1838）= Cassia L.（1753）（保留属名）［豆科 Fabaceae（Leguminosae）//云实科（苏木科）Caesalpiniaceae］●■

16776 Disterigma（Klotzsch）Nied.（1889）【汉】双柱杜鹃属（拟越橘属）。【隶属】杜鹃花科（欧石南科）Ericaceae。【包含】世界 25-35 种。【学名诠释与讨论】〈中〉（希）di-，两个，双，二倍的+sterigma，所有格 strigmatos，支柱，支持物。此属的学名，ING 和 GCI 记载是“Disterigma（Klotzsch）Niedenzu, Bot. Jahrb. Syst. 11：160, 209. 18 Jun 1889”，由“Vaccinium subgen. Disterigma Klotzsch Linnaea 24：54, 57. 1851”改级而来。IK 记载的“Disterigma Nied. , Bot. Jahrb. Syst. 11（3）：209. 1889［13 Sep 1889］”和“Disterigma Nied. ex Drude, Nat. Pflanzenfam.［Engler et Prantl］iv. 1.（1889）52；et in Bot. Jahrb. xi.（1896）209”似命名人引证有误。【分布】巴拿马，秘鲁，玻利维亚，厄瓜多尔，哥伦比亚（安蒂奥基亚），哥斯达黎加，尼加拉瓜，安第斯山，中美洲。【后选模式】Disterigma empetrifolium（Kunth）Niedenzu［Vaccinium empetrifolium Kunth］。【参考异名】Disterigma Nied.（1889）Nom. illegit. ; Disterigma Nied. ex Drude（1889）Nom. illegit. ; Killipiella A. C. Sm.（1943）；Vacciniopsis Rusby（1893）；Vaccinium subgen. Disterigma Klotzsch（1851）●☆

16777 Disterigma Nied.（1889）Nom. illegit. ≡ Disterigma（Klotzsch）Nied.（1889）［杜鹃花科（欧石南科）Ericaceae］●☆

16778 Disterigma Nied. ex Drude（1889）Nom. illegit. ≡ Disterigma（Klotzsch）Nied.（1889）［杜鹃花科（欧石南科）Ericaceae］●☆

16779 Distetraceae Dulac = Thymelaea Mill.（1754）（保留属名）●■

16780 Distiacanthus Baker（1889）Nom. illegit. = Karatas Mill.（1754）Nom. illegit. ; ~ = Bromelia L.（1753）［凤梨科 Bromeliaceae］■☆

16781 Distiacanthus Linden（1869）= Karatas Mill.（1754）Nom. illegit. ; ~ = Bromelia L.（1753）［凤梨科 Bromeliaceae］■☆

16782 Disticheia Ehrh.（1789）Nom. inval. = Brachypodium P. Beauv.（1812）；~ = Bromus L.（1753）（保留属名）［禾本科 Poaceae（Gramineae）］■

16783 Distichella Tiegh.（1896）= Dendrophthora Eichler（1868）［槲寄生科 Viscaceae］●☆

16784 Distichia Nees et Meyen（1843）【汉】双列灯心草属。【隶属】灯心草科 Juncaceae。【包含】世界 3 种。【学名诠释与讨论】〈阴〉（希）di-，两个，双，二倍的+stichos，指小式 stichidion，一列士兵，一行东西。【分布】秘鲁，玻利维亚，厄瓜多尔，安第斯山。【模式】Distichia muscoides C. G. Nees et F. J. F. Meyen。【参考异名】Agapatea Steud.（1856）Nom. inval. ; Agapatea Steud. ex Buchenau（1874）Nom. inval. ; Goudotia Decne（1845）■☆

16785 Distichirhops Haegens（2000）【汉】新婆大戟属。【隶属】大戟科 Euphorbiaceae。【包含】世界 3 种。【学名诠释与讨论】〈阴〉（希）di-，两个，双，二倍的+stichos，指小式 stichidion，一列士兵，一行东西+rhops，所有格 rhopos，矮树，灌木。【模式】不详。【分布】加里曼丹岛，新几内亚岛。●☆

16786 Distichis Lindl.（1847）Nom. illegit. , Nom. inval. , Nom. nud. ≡

Distichis Thouars ex Lindl. (1847);~ =Liparis Rich. (1817)(保留属名);~ =Malaxis Sol. ex Sw. (1788)[兰科 Orchidaceae]■

16787　Distichis Thouars ex Lindl. (1847) Nom. inval. , Nom. nud. = Liparis Rich. (1817)(保留属名);~ =Malaxis Sol. ex Sw. (1788)[兰科 Orchidaceae]■

16788　Distichis Thouars(1847)Nom. illegit. ,Nom. inval. ,Nom. nud. ≡ Distichis Thouars ex Lindl. (1847);~ =Liparis Rich. (1817)(保留属名);~ =Malaxis Sol. ex Sw. (1788)[兰科 Orchidaceae]■

16789　Distichlis Raf. (1819)【汉】盐草属。【英】Alkali Grass。【隶属】禾本科 Poaceae(Gramineae)。【包含】世界 5-12 种。【学名诠释与讨论】〈阴〉(希)di-,两个,双,二倍的+stichos,指小式 stichidion,一列士兵,一行东西。指叶片。此属的学名,ING、TROPICOS、APNI、GCI 和 IK 记载是"Distichlis Raf. , J. Phys. Chim. Hist. Nat. Arts 89:104. 1819[Aug 1819]"。"Trisiola Rafinesque, Neogenyton 4. 1825(non Rafinesque 1817)"是"Distichlis Raf. (1819)"的晚出的同模式异名(Homotypic synonym, Nomenclatural synonym)。【分布】澳大利亚,秘鲁,玻利维亚,厄瓜多尔,美国(密苏里),美洲。【模式】Distichlis maritima Rafinesque, Nom. illegit. [Uniola spicata Linnaeus;Distichlis spicata (Linnaeus)E. L. Greene]。【参考异名】Brizopyrum J. Presl(1830) Nom. illegit. ; Dischlis Phil. (1871); Monanthochloe Engelm. (1859);Trisiola Raf. (1817)Nom. illegit. ■☆

16790　Distichmus Endl. (1836)= Scirpus L. (1753)(保留属名)[莎草科 Cyperaceae//藨草科 Scirpaceae]■

16791　Distichocalyx Benth. (1876)Nom. illegit. ≡ Dischistocalyx T. Anderson ex Benth. et Hook. f. (1876)[as 'Distichocalyx'];~ ≡ Dischistocalyx T. Anderson ex Benth. et Hook. f. (1876)[爵床科 Acanthaceae]●☆

16792　Distichocalyx T. Anderson ex Benth. (1876)Nom. illegit. ≡ Distichocalyx T. Anderson ex Benth. et Hook. f. (1876);~ ≡ Dischistocalyx T. Anderson ex Benth. et Hook. f. (1876)[爵床科 Acanthaceae]●☆

16793　Distichocalyx T. Anderson ex Benth. et Hook. f. (1876)Nom. illegit. ≡Dischistocalyx T. Anderson ex Benth. et Hook. f. (1876) [as 'Distichocalyx'][爵床科 Acanthaceae]●☆

16794　Distichochlamys M. F. Newman(1995)【汉】二列姜属。【隶属】姜科(蘘荷科)Zingiberaceae。【包含】世界 3 种。【学名诠释与讨论】〈阴〉(希)di-,两个,双,二倍的+stichos,指小式 stichidion,一列士兵,一行东西+chlamys,所有格 chlamydos,斗篷,外衣。【分布】越南。【模式】Distichochlamys citrea M. F. Newman。●☆

16795　Disticholiparis Marg. et Szlach. (2004) Nom. superfl. = Liparis Rich. (1817)(保留属名)[兰科 Orchidaceae]■

16796　Distichorchis M. A. Clem. et D. L. Jones (2002)= Dendrobium Sw. (1799)(保留属名)[兰科 Orchidaceae]■

16797　Distichoselinum Garcia Mart. et Silvestre(1983)【汉】二列芹属。【隶属】伞形花科(伞形科)Apiaceae(Umbelliferae)。【包含】世界 1 种。【学名诠释与讨论】〈中〉(希)di-,两个,双,二倍的+stichos,指小式 stichidion,一列士兵,一行东西+selinon,西芹,欧芹,芹菜。【分布】葡萄牙,西班牙。【模式】Distichoselinum tenuifolium (Lagasca) F. García Martín et S. Silvestre [Thapsia tenuifolia Lagasca]。■☆

16798　Distichostemon F. Muell. (1857)【汉】二列蕊属。【隶属】无患子科 Sapindaceae。【包含】世界 6 种。【学名诠释与讨论】〈阳〉(希)di-,两个,双,二倍的+stichos,指小式 stichidion,一列士兵,一行东西+stemon,雄蕊。【分布】澳大利亚(北部)。【模式】Distichostemon phyllopterus F. v. Mueller。●☆

16799　Distictella Kuntze(1903)【汉】小红钟藤属。【隶属】紫葳科

Bignoniaceae。【包含】世界 10 种。【学名诠释与讨论】〈阴〉(属)Distictis 红钟藤属+-ellus, -ella, -ellum,加在名词词干后面形成指小式的词尾。或加在人名、属名等后面以组成新属的名称。【分布】巴拿马,秘鲁,比尼昂,玻利维亚,特立尼达和多巴哥(多巴哥岛),厄瓜多尔,哥伦比亚,尼加拉瓜,热带南美洲,中美洲。【后选模式】Distictella mansoana (DC.) Urb.。【参考异名】Distictis Bureau(1864)Nom. illegit. ●☆

16800　Distictis Bureau(1864)Nom. illegit. = Distictella Kuntze(1903)[紫葳科 Bignoniaceae]●☆

16801　Distictis Mart. ex DC. (1840)Nom. illegit. ≡ Distictis Mart. ex Meisn. (1840)[紫葳科 Bignoniaceae]●☆

16802　Distictis Mart. ex Meisn. (1840)【汉】红钟藤属(红钟花属)。【隶属】紫葳科 Bignoniaceae。【包含】世界 4-10 种。【学名诠释与讨论】〈阴〉(希)di-,两个,双,二倍的+stiktos 斑点。指种子。此属的学名,ING 和 IK 记载是"Distictis Mart. ex Meisn. , Pl. Vasc. Gen. [Meisner] i. 300(1840)"。"Distictis Mart. ex DC. Prod. ix. 191(1845)≡ Distictis Mart. ex Meisn. (1840)[紫葳科 Bignoniaceae]"和"Distictis Mart. ex DC. (1840)Nom. illegit. ≡ Distictis Mart. ex Meisn. (1840)[紫葳科 Bignoniaceae]"是晚出的非法名称。【分布】秘鲁,玻利维亚,厄瓜多尔,墨西哥,尼加拉瓜,西印度群岛,中美洲。【后选模式】Distictis lactiflora (Vahl) Alph. de Candolle [Bignonia lactiflora Vahl]。【参考异名】Distictis Mart. ex DC. (1840)Nom. illegit. ; Macrodiscus Bureau(1864); Phaedranthus Miers(1863)(保留属名);Sererea Raf. (1838)(废弃属名);Wunschmannia Urb. (1908)●☆

16803　Distigocarpus Sargent (1893) = Carpinus L. (1753); ~ = Distegocarpus Siebold et Zucc. (1846)[榛科 Corylaceae//鹅耳枥科 Carpinaceae//桦木科 Betulaceae]●

16804　Distimake Raf. (1838)= Ipomoea L. (1753)(保留属名)[旋花科 Convolvulaceae]●■

16805　Distimum Steud. (1840)= Distimus Raf. (1819)[莎草科 Cyperaceae]■

16806　Distimus Raf. (1819)= Cyperus L. (1753); ~ = Pycreus P. Beauv. (1816)[莎草科 Cyperaceae]■

16807　Distira Post et Kuntze (1903)= Disteira Raf. (1838); ~ = Martynia L. (1753) [角 胡 麻 科 Martyniaceae//胡 麻 科 Pedaliaceae]■

16808　Distixila Raf. = Myrtus L. (1753)[桃金娘科 Myrtaceae]●

16809　Distoecha Phil. (1891) = Hypochaeris L. (1753) [菊 科 Asteraceae(Compositae)]■

16810　Distomaea Spenn. (1825)Nom. illegit. ≡ Neottia Guett. (1754) (保留属名);~ = Listera R. Br. (1813)(保留属名)[兰科 Orchidaceae//鸟巢兰科 Neottiaceae]■

16811　Distomanthera Turcz. (1862)【汉】双口虎耳草属。【隶属】虎耳草科 Saxifragaceae。【包含】世界 1 种。【学名诠释与讨论】〈阴〉(希)di-,两个,双,二倍的+stoma,所有格 stomatos,孔口+anthera,花药。【分布】南美洲。【模式】Distomanthera dombeyana Turczaninow。☆

16812　Distomischus Dulac(1867)Nom. illegit. = Distomomischus Dulac (1867) Nom. illegit. ; ~ = Festuca L. (1753)[禾本科 Poaceae (Gramineae)//羊茅科 Festucaceae]■

16813　Distomocarpus O. E. Schulz (1916) = Rytidocarpus Coss. (1889) [十字花科 Brassicaceae(Cruciferae)]■☆

16814　Distomomischus Dulac(1867)Nom. illegit. ≡ Vulpia C. C. Gmel. (1805)[禾本科 Poaceae(Gramineae)]■

16815　Distrepta Miers (1826) = Tecophilaea Bertero ex Colla (1836) [百 合 科 Liliaceae//蒂 可 花 科 (百 鸢 科, 基 叶 草 科)

Tecophilaeaceae]■☆

16816　Distreptus Cass.（1817）Nom. illegit. ≡Pseudelephantopus Rohr（1792）［as 'Pseudo - Elephantopus'］（保留属名）；~ = Elephantopus L.（1753）［菊科 Asteraceae（Compositae）]■

16817　Distrianthes Danser（1929）【汉】二畦花属。【隶属】桑寄生科 Loranthaceae。【包含】世界3种。【学名诠释与讨论】〈阴〉（希）di-，两个，双，二倍的+strio，畦+anthos，花。【分布】新几内亚岛。【模式】Distrianthes molliflora（Krause）Danser［Loranthus molliflorus Krause］。●☆

16818　Distyliopsis P. K. Endress（1970）【汉】假蚊母树属（类蚊母属，类蚊母树属）。【隶属】金缕梅科 Hamamelidaceae。【包含】世界6种，中国5种。【学名诠释与讨论】〈中〉（属）Distylium 蚊母树属+希腊文 opsis，外观，模样，相似。此属的学名是"Distyliopsis P. K. Endress, Bot. Jahrb. Syst. 90：30. 8 Sep 1970"。亦有文献把其处理为"Sycopsis Oliv.（1860）"的异名。【分布】马来西亚，缅甸，中国，东亚。【模式】Distyliopsis dunnii（W. B. Hemsley）P. K. Endress［Sycopsis dunnii W. B. Hemsley］。【参考异名】Sycopsis Oliv.（1860）●

16819　Distylis Gaudich.（1829）= Calogyne R. Br.（1810）［草海桐科 Goodeniaceae]■

16820　Distylium Siebold et Zucc.（1841）【汉】蚊母树属。【日】イスノキ属，イス属。【俄】Двупестфчник，Дистилиум。【英】Distylium，Mosquitoman。【隶属】金缕梅科 Hamamelidaceae。【包含】世界18种，中国12-13种。【学名诠释与讨论】〈中〉（希）di-，两个，双，二倍的+stylos = 拉丁文 style，花柱，中柱，有尖之物，桩，柱，支持物，支柱，石头做的界标+-ius，-ia，-ium，在拉丁文和希腊文中，这些词尾表示性质或状态。指雌花及两性花具花柱2枚。【分布】东南亚，马来半岛，印度（阿萨姆）至日本，印度尼西亚（爪哇岛），中国。【模式】Distylium racemosum Siebold et Zuccarini。【参考异名】Saxifragites Gagnep.（1950）●

16821　Distylodon Summerh.（1966）【汉】双齿柱兰属。【隶属】兰科 Orchidaceae。【包含】世界1种。【学名诠释与讨论】〈阳〉（希）di-，两个，双，二倍的+stylos = 拉丁文 style，花柱，中柱，有尖之物，桩，柱，支持物，支柱，石头做的界标+odous，所有格 odontos，齿。指花柱。【分布】热带非洲东部。【模式】Distylodon comptus V. S. Summerhayes［as 'comptum'］。■☆

16822　Disynanthes Rchb.（1828）= Disynanthus Raf.（1818）［菊科 Asteraceae（Compositae）]■●

16823　Disynanthus Raf.（1818）= Antennaria Gaertn.（1791）（保留属名）［菊科 Asteraceae（Compositae）]■●

16824　Disynapheia Steud.（1840）= Disynaphia DC.（1838）Nom. illegit.；~ = Disynaphia Hook. et Arn. ex DC.（1838）［菊科 Asteraceae（Compositae）]●☆

16825　Disynaphia DC.（1838）Nom. illegit. ≡Disynaphia Hook. et Arn. ex DC.（1838）［菊科 Asteraceae（Compositae）]●☆

16826　Disynaphia Hook. et Arn. ex DC.（1838）【汉】旋泽兰属。【隶属】菊科 Asteraceae（Compositae）。【包含】世界16种。【学名诠释与讨论】〈阴〉（希）di-，两个，双，二倍的+synaph，连接。此属的学名，ING 和 TROPICOS 记载是"Disynaphia W. J. Hooker et Arnott ex A. P. de Candolle, Prodr. 7：267. Apr（sero）1838"。GCI 和 IK 则记载为"Disynaphia DC., Prodr.［A. P. de Candolle］7（1）：267. 1838［late Apr 1838］"。四者引用的文献相同。【分布】巴拉圭，巴西至阿根廷。【模式】Disynaphia montevidensis A. P. de Candolle。【参考异名】Disynaphia DC.（1838）Nom. illegit.●☆

16827　Disynia Raf.（1817）= Salix L.（1753）（保留属名）［杨柳科 Salicaceae]●

16828　Disynoma Raf.（1837）= Aethionema W. T. Aiton（1812）［十字

花科 Brassicaceae（Cruciferae）]■☆

16829　Disynstemon R. Vig.（1951）【汉】双合豆属。【隶属】豆科 Fabaceae（Leguminosae）//蝶形花科 Papilionaceae。【包含】世界1种。【学名诠释与讨论】〈阳〉（希）di-，两个，双，二倍的+syn，联合，一起（有时用 syr 或 sys）+stemon，雄蕊。【分布】马达加斯加。【模式】Disynstemon madagascariensis R. Viguier［as 'madagascariense'］。■☆

16830　Disyphonia Griff.（1854）= Dysoxylum Blume（1825）［楝科 Meliaceae]●

16831　Ditassa R. Br.（1810）【汉】双饰萝藦属。【隶属】萝藦科 Asclepiadaceae。【包含】世界1-75种。【学名诠释与讨论】〈阴〉（希）di-，两个，双，二倍的+tasso，布置。指花冠。【分布】巴拉圭，秘鲁，玻利维亚，厄瓜多尔，哥伦比亚（安蒂奥基亚），中美洲。【模式】Ditassa banksii J. A. Schultes。【参考异名】Husnotia E. Fourn.（1885）；Macroditassa Malme（1927）●☆

16832　Ditaxia Endl.（1839）Nom. illegit. = Celsia L.（1753）；~ = Ditoxia Raf.（1814）［玄参科 Scrophulariaceae//毛蕊花科 Verbascaceae]■☆

16833　Ditaxis Vahl ex A. Juss.（1824）= Argythamnia P. Browne（1756）［大戟科 Euphorbiaceae]●☆

16834　Diteilis Raf.（1833）= Liparis Rich.（1817）（保留属名）［兰科 Orchidaceae]■

16835　Ditelesia Raf.（1837）= Dilasia Raf.（1838）（废弃属名）；~ = Murdannia Royle（1840）（保留属名）［鸭趾草科 Commelinaceae]■

16836　Ditepalanthus Fagerl.（1938）【汉】马岛菰属。【隶属】蛇菰科（土鸟麟科）Balanophoraceae。【包含】世界1种。【学名诠释与讨论】〈阳〉（拉）di-，两个，双，二倍的+tepalum 被片+anthos，花。【分布】马达加斯加。【模式】Ditepalanthus afzelii Fagerlind。■☆

16837　Ditereia Raf.（1838）= Evolvulus L.（1762）［旋花科 Convolvulaceae]●■

16838　Ditheca（Wight et Arn.）Miq.（1856）= Ammannia L.（1753）［千屈菜科 Lythraceae//水苋菜科 Ammanniaceae]■

16839　Ditheca Miq.（1856）Nom. illegit. ≡Ditheca（Wight et Arn.）Miq.（1856）；~ = Ammannia L.（1753）［千屈菜科 Lythraceae]■

16840　Dithecina Tiegh.（1895）= Helixanthera Lour.（1790）［桑寄生科 Loranthaceae]●

16841　Dithecoluma Baill.（1891）Nom. inval. = Pouteria Aubl.（1775）［山榄科 Sapotaceae]●

16842　Dithrichum DC.（1836）= Ditrichum Cass.（1817）；~ = Verbesina L.（1753）（保留属名）［菊科 Asteraceae（Compositae）]●■☆

16843　Dithrix（Hook. f.）Schltr.（1926）Nom. inval. ≡Dithrix（Hook. f.）Schltr. ex Brummitt（1993）；~ = Habenaria Willd.（1805）［兰科 Orchidaceae]■

16844　Dithrix（Hook. f.）Schltr. ex Brummitt（1993）= Habenaria Willd.（1805）［兰科 Orchidaceae]■

16845　Dithrix Schltr.（1926）Nom. illegit. ≡Dithrix（Hook. f.）Schltr.（1926）Nom. inval.；~ = Dithrix（Hook. f.）Schltr. ex Brummitt（1993）；~ = Habenaria Willd.（1805）［兰科 Orchidaceae]■

16846　Dithyraea Endl.（1850）Nom. illegit. = Dithyrea Harv.（1845）［十字花科 Brassicaceae（Cruciferae）]■☆

16847　Dithyrea Harv.（1845）【汉】奇果荠属。【隶属】十字花科 Brassicaceae（Cruciferae）。【包含】世界2-3种。【学名诠释与讨论】〈阴〉（希）di-，两个，双，二倍的+thyra，门。thyris，所有格 thyridos，窗。thyreos，门限石，形状如门的长方形石盾。指果实。此属的学名，ING、GCI、TROPICOS 和 IK 记载是"Dithyrea Harv., London J. Bot. 4：77（-78）. 1845"。"Dithyraea Endl., Gen. Pl.［Endlicher］Suppl. 5：35. 1850；= Suppl. 4（3）= Dithyrea Harv.

(1845)"易于混淆。【分布】美国(西南部),墨西哥。【模式】Dithyrea californica W. H. Harvey。【参考异名】Dithyraea Endl. (1850) Nom. illegit. ■☆

16848 Dithyria Benth. (1840) = Swartzia Schreb. (1791) (保留属名) [豆科 Fabaceae(Leguminosae)//蝶形花科 Papilionaceae] ●☆

16849 Dithyridanthus Garay (1982) 【汉】双口兰属。【隶属】兰科 Orchidaceae。【包含】世界 1 种。【学名诠释与讨论】〈阳〉(希) di-,两个,双,二倍的 + thyra,门。thyris,所有格 thyridos,窗。thyreos,门限石,形状如门的长方形石盾+anthos,花。此属的学名,ING、TROPICOS、GCI 和 IK 记载是"Dithyridanthus Garay, Bot. Mus. Leafl. 28(4):315. 1982 [dt. Dec 1980; issued 25 Jun 1982]"。它曾被处理为"Stenorrhynchos subgen. Dithyridanthus (Garay) Szlach., Fragmenta Floristica et Geobotanica 39(2):419. 1994"。亦有文献把"Dithyridanthus Garay (1982)"处理为"Schiedeella Schltr. (1920)"的异名。【分布】墨西哥,中美洲。【模式】Dithyridanthus densiflorus (C. Schweinfurth) L. A. Garay [Spiranthes densiflora C. Schweinfurth]。【参考异名】Schiedeella Schltr. (1920); Stenorrhynchos subgen. Dithyridanthus (Garay) Szlach. (1994) ■☆

16850 Dithyrocarpus Kunth(1841) = Floscopa Lour. (1790) [鸭趾草科 Commelinaceae] ■

16851 Dithyrostegia A. Gray(1851)【汉】舟苞鼠麹草属。【隶属】菊科 Asteraceae(Compositae)。【包含】世界 2 种。【学名诠释与讨论】〈阴〉(希) di-,两个,双,二倍的 + thyra,门。thyris,所有格 thyridos,窗。thyreos,门限石,形状如门的长方形石盾+stege,盖子,覆盖物。此属的学名是"Dithyrostegia A. Gray, Hooker's J. Bot. Kew Gard. Misc. 3: 97, 100. Apr 1851"。亦有文献把其处理为"Angianthus J. C. Wendl. (1808)(保留属名)"的异名。【分布】澳大利亚(西部),纳米比亚。【模式】Dithyrostegia amplexicaulis A. Gray。【参考异名】Angianthus J. C. Wendl. (1808)(保留属名) ■☆

16852 Ditinnia A. Chev. (1920) = Remusatia Schott(1832) [天南星科 Araceae] ■

16853 Ditmaria Spreng. (1825) Nom. illegit. ≡ Erisma Rudge (1805) [独蕊科(蜡烛树科,囊萼花科)Vochysiaceae] ●☆

16854 Ditoca Banks et Sol. ex Gaertn. (1791) Nom. illegit. ≡ Ditoca Banks ex Gaertn. (1791); ~ ≡ Mniarum J. R. Forst. et G. Forst. (1776) [石竹科 Caryophyllaceae//醉人花科(裸果木科) Illecebraceae] ■☆

16855 Ditoca Banks ex Gaertn. (1791) Nom. illegit. ≡ Mniarum J. R. Forst. et G. Forst. (1776); ~ = Scleranthus L. (1753) [醉人花科 (裸果木科) Illecebraceae//石竹科 Caryophyllaceae] ■☆

16856 Ditomaga Raf. = Irlbachia Mart. (1827) [龙胆科 Gentianaceae] ■☆

16857 Ditomostrophe Turcz. (1846) = Guichenotia J. Gay(1821) [梧桐科 Sterculiaceae//锦葵科 Malvaceae] ●☆

16858 Ditoxia Raf. (1814) = Celsia L. (1753) [玄参科 Scrophulariaceae//毛蕊花科 Verbascaceae] ■☆

16859 Ditremexa Raf. (1838) = Cassia L. (1753)(保留属名) [豆科 Fabaceae(Leguminosae)//云实科(苏木科)Caesalpiniaceae] ●■

16860 Ditrichanthus Borhidi, E. Martínez et Ramos(2015)【汉】厄瓜多尔茜属。【隶属】茜草科 Rubiaceae。【包含】世界种。【学名诠释与讨论】〈阴〉(希) di-,两个,双,二倍的+thrix,所有格 trichos,毛,毛发+anthos,花。【分布】厄瓜多尔。【模式】Ditrichanthus seemannii (Standl.) Borhidi, E. Martínez et Ramos [Palicourea seemannii Standl.]。■★

16861 Ditrichospermum Bremek. (1944) = Strobilanthes Blume(1826) [爵床科 Acanthaceae] ●■

16862 Ditrichum Cass. (1817) = Verbesina L. (1753)(保留属名) [菊科 Asteraceae(Compositae)] ●■☆

16863 Ditriclita Raf. (1836) = Saxifraga L. (1753) [虎耳草科 Saxifragaceae] ■

16864 Ditrisynia Raf. (1838) = Ditrysinia Raf. (1825); ~ = Sebastiania Spreng. (1821) [大戟科 Euphorbiaceae] ●

16865 Ditritra Raf. (1838) = Euphorbia L. (1753) [大戟科 Euphorbiaceae] ●■

16866 Ditroche E. Mey. ex Moq. (1849) = Limeum L. (1759) [粟米草科 Molluginaceae//粟麦草科 Limeaceae] ■●☆

16867 Ditrysinia Raf. (1825) = Sebastiania Spreng. (1821) [大戟科 Euphorbiaceae] ●

16868 Ditta Griseb. (1860)【汉】西印度大戟属。【隶属】大戟科 Euphorbiaceae。【包含】世界 2 种。【学名诠释与讨论】〈阴〉(希)dissos = 阿提加语 dittos,双的。【分布】西印度群岛。【模式】Ditta myricoides Grisebach。☆

16869 Dittelasma Hook. f. (1862) = Sapindus L. (1753)(保留属名) [无患子科 Sapindaceae] ●

16870 Dittoceras Hook. f. (1883)【汉】双角萝藦属。【隶属】萝藦科 Asclepiadaceae。【包含】世界 3 种。【学名诠释与讨论】〈中〉(希)dissos = 阿提加语 dittos,双的+keras,所有格 keratos,角,距,弓。指花瓣。【分布】泰国,东喜马拉雅山。【模式】Dittoceras andersonii J. D. Hooker。●☆

16871 Dittostigma Phil. (1871) = Nicotiana L. (1753) [茄科 Solanaceae//烟草科 Nicotianaceae] ●■

16872 Dittrichia Greuter (1973)【汉】臭蓬属(迪里菊属)。【英】Fleabane。【隶属】菊科 Asteraceae(Compositae)。【包含】世界 2 种。【学名诠释与讨论】〈阴〉(人) Manfred Dittrich,1934-?,德国植物学者,菊科 Asteraceae(Compositae)专家。此属的学名"Dittrichia W. Greuter, Exsiccat. Genavi fasc. 4:71. Mar 1973"是一个替代名称。"Cupularia Godron et Grenier ex Godron in Grenier et Godron, Fl. France 2:180. Mai 1851"是一个非法名称(Nom. illegit.),因为此前已经有了"Cupularia Link, Handb. 3:421. 1833(黏菌)"。故用"Dittrichia Greuter(1973)"替代之。【分布】南美洲,欧洲。【模式】Dittrichia viscosa (Linnaeus) W. Greuter [Erigeron viscosum Linnaeus]。【参考异名】Cupularia Godr. et Gren. (1850); Cupularia Godr. et Gren. ex Godr. (1851) Nom. illegit. ■☆

16873 Dituilis Raf. (1838) = Liparis Rich. (1817)(保留属名) [兰科 Orchidaceae] ■☆

16874 Ditulima Raf. (1838) = Dendrobium Sw. (1799)(保留属名) [兰科 Orchidaceae] ■

16875 Ditulium Raf. (1840) = Diascia Link et Otto(1820) [玄参科 Scrophulariaceae] ■☆

16876 Diuranthera Hemsl. (1902)【汉】鹭鸶兰属(鹭鸶草属)。【英】Diuranthera, Egretgrass。【隶属】百合科 Liliaceae//吊兰科(猴面包科,猴面包树科)Anthericaceae。【包含】世界 4 种,中国 4 种。【学名诠释与讨论】〈阴〉(希) di-,两个,双,二倍的+-urus,-ura,-uro,用于希腊文组合词,含义为"尾巴"+anthera,花药。指花药基部膨大似二平行的尾。此属的学名是"Diuranthera W. B. Hemsley, Hooker's Icon. Pl. 28: ad t. 2734. Mai 1902"。亦有文献把其处理为"Chlorophytum Ker Gawl. (1807)"的异名。【分布】中国。【模式】未指定。【参考异名】Chlorophytum Ker Gawl. (1807) ■★

16877 Diuratea Post et Kuntze(1903) = Diouratea Tiegh. (1902); ~ = Ouratea Aubl. (1775)(保留属名) [金莲木科 Ochnaceae] ●

16878　Diuris Sm.（1798）【汉】簇叶兰属。【英】Diuris, Donkey Orchid。【隶属】兰科 Orchidaceae。【包含】世界 1-38 种。【学名诠释与讨论】〈阴〉（希）di-，两个，双，二倍的+-urus，-ura，-uro，用于希腊文组合词，含义为"尾巴"。指侧生的萼片。【分布】澳大利亚，印度尼西亚（爪哇岛）。【模式】Diuris aurea J. E. Smith。■☆

16879　Diuroglossum Turcz.（1852）= Guazuma Mill.（1754）[梧桐科 Sterculiaceae//锦葵科 Malvaceae]●☆

16880　Diurospermum Edgew.（1848）= Utricularia L.（1753）[狸藻科 Lentibulariaceae]■

16881　Diversiarum J. Murata et Ohi-Toma（2010）Nom. inval.[天南星科 Araceae]☆

16882　Diyaminauclea Ridsdale（1979）【汉】斯里兰卡茜属。【隶属】茜草科 Rubiaceae。【包含】世界 1 种。【学名诠释与讨论】〈阴〉词源不详。【分布】斯里兰卡。【模式】Diyaminauclea zeylanica（J. D. Hooker）C. E. Ridsdale[Nauclea zeylanica J. D. Hooker]。●☆

16883　Dizonium Willd. ex Schltdl.（1830）= Geigeria Griess.（1830）[菊科 Asteraceae（Compositae）]■●☆

16884　Dizygandra Meisn.（1840）= Ruellia L.（1753）[爵床科 Acanthaceae]■●

16885　Dizygostemon（Benth.）Radlk. ex Wettst.（1891）【汉】二对蕊属。【隶属】玄参科 Scrophulariaceae。【包含】世界 1-2 种。【学名诠释与讨论】〈阳〉（希）di-，两个，双，二倍的+zygos 对，连结，轭+ stemon，雄蕊。此属的学名，ING 记载是"Dizygostemon（Bentham）Radlkofer ex R. Wettstein in Engler et Prantl, Nat. Pflanzenfam. 4（3b）：74. Nov 1891"，由"Beyrichia sect. Dizygostemon Bentham in Alph. de Candolle, Prodr. 10：379. 1846"改级而来。IK 则记载为"Dizygostemon Radlk. ex Wettst., Nat. Pflanzenfam.[Engler et Prantl] iv. 3b.（1891）"。"Dizygostemon Radlk. ex Wettst.（1891）"和"Dizygostemon Radlk.（1891）"的命名人引证有误。【分布】巴西。【模式】Dizygostemon floribundus（Bentham）Radlkofer ex R. Wettstein[as 'floribundum'][Beyrichia floribunda Bentham]。【参考异名】Beyrichia sect. Dizygostemon Benth.（1846）；Dizygostemon Radlk.（1891）Nom. illegit.；Dizygostemon Radlk. ex Wettst.（1891）Nom. illegit.■☆

16886　Dizygostemon Radlk.（1891）Nom. illegit. ≡ Dizygostemon（Benth.）Radlk. ex Wettst.（1891）；~ ≡ Dizygostemon（Benth.）Radlk. ex Wettst.（1891）[玄参科 Scrophulariaceae]■☆

16887　Dizygostemon Radlk. ex Wettst.（1891）Nom. illegit. ≡ Dizygostemon（Benth.）Radlk. ex Wettst.（1891）[玄参科 Scrophulariaceae]■☆

16888　Dizygotheca N. E. Br.（1892）【汉】孔雀木属（假楤木属，假五加属）。【日】ディジゴテーカ属。【英】False Aralia, Threadleaf。【隶属】五加科 Araliaceae。【包含】世界 17 种。【学名诠释与讨论】〈阴〉（希）di-，两个，双，二倍的+zygon，成对+theke ＝拉丁文 theca，匣子，箱子，室，药室，囊。指花药的药室。此属的学名，ING、TROPICOS 和 IK 记载是"Dizygotheca N. E. Br., Bull. Misc. Inform. Kew 1892（69）：197.[Sep 1892]"。"Pentadiplandra（Baillon）Post et O. Kuntze, Lex. 422. Dec 1903（'1904'）（non Baillon 1886）"是"Dizygotheca N. E. Br.（1892）"的晚出的同模式异名（Homotypic synonym, Nomenclatural synonym）。"Dipentaplandra O. Kuntze in Post et O. Kuntze, Lex. 176. Dec 1903（'1904'）"是"Pentadiplandra Baillon 1886"的晚出的同模式异名。"Dizygotheca N. E. Br.（1892）"曾被处理为"Plerandra subgen. Dizygotheca（N. E. Br.）Lowry, G. M. Plunkett et Frodin, Brittonia 65：48. 2013.（1 March 2013）"。亦有文献把"Dizygotheca N. E. Br.（1892）"处理为"Schefflera J. R. Forst. et G. Forst.（1775）（保留属名）"的异名。【分布】法属新喀里多尼亚。【模式】Dizygotheca nilssoni N. E. Brown。【参考异名】Pentadiplandra（Baill.）Kuntze（1903）Nom. illegit.；Pentadiplandra（Baill.）Post et Kuntze（1903）Nom. illegit.；Plerandra subgen. Dizygotheca（N. E. Br.）Lowry, G. M. Plunkett et Frodin（2013）；Schefflera J. R. Forst. et G. Forst.（1775）（保留属名）●☆

16889　Djaloniella P. Taylor（1963）【汉】小九子母属。【隶属】龙胆科 Gentianaceae。【包含】世界 1 种。【学名诠释与讨论】〈阴〉（属）Dobinea 九子母属+-ellus，-ella，-ellum，加在名词词干后面形成指小式的词尾。或加在人名、属名等后面以组成新属的名称。【分布】热带非洲西部。【模式】Djaloniella ypsilostyla P. Taylor。■☆

16890　Djeratonia Pierre（1898）= Landolphia P. Beauv.（1806）（保留属名）[夹竹桃科 Apocynaceae]●☆

16891　Djinga C. Cusset（1987）【汉】喀麦隆苔草属。【隶属】髯管花科 Geniostomaceae。【包含】世界 1 种。【学名诠释与讨论】〈阴〉词源不详。【分布】喀麦隆。【模式】Djinga felicis C. Cusset。■☆

16892　Dobera Juss.（1789）【汉】苏丹香属。【隶属】牙刷树科（刺茉莉科）Salvadoraceae。【包含】世界 2 种。【学名诠释与讨论】〈阴〉来自阿拉伯植物俗名。此属的学名，ING、TROPICOS 和 IK 记载是"Dobera Juss., Gen. Pl.[Jussieu] 425. 1789[4 Aug 1789]"。商陆科 Phytolaccaceae 的"Dobera Raf., Fl. Tellur. 3：55. 1837[1836 publ. Nov-Dec 1837]"是晚出的非法名称。"Doberia Pfeiff.（1874）= Dobera Juss.（1789）[牙刷树科（刺茉莉科）Salvadoraceae]"易于本属名混淆。【分布】菲律宾，阿拉伯地区南部，热带非洲东部。【模式】Dobera arabica Jaume Saint-Hilaire。【参考异名】Doberia Pfeiff.（1874）；Nuxiopsis N. E. Br. ex Engl. Platymitium Warb.（1895）；Platymitrium Willis, Nom. inval.；Schizocalyx Hochst.（1844）Nom. illegit.（废弃属名）；Tomex Forssk.（1775）Nom. illegit. ●☆

16893　Dobera Raf.（1837）Nom. illegit.[商陆科 Phytolaccaceae]☆

16894　Doberia Pfeiff.（1874）= Dobera Juss.（1789）[牙刷树科（刺茉莉科）Salvadoraceae]●☆

16895　Dobinaea Spreng.（1826）Nom. inval.[无患子科 Sapindaceae]☆

16896　Dobinea Buch.-Ham. ex D. Don（1825）【汉】九子母（九子不离母属）。【英】Dobinea。【隶属】漆树科 Anacardiaceae//九子母科（九子不离母科）Podoaceae//。【包含】世界 2 种，中国 2 种。【学名诠释与讨论】〈阴〉（希）dobine，一种植物俗名。【分布】中国，东喜马拉雅山。【模式】Dobinea vulgaris F. Hamilton ex D. Don。【参考异名】Podoon Baill.（1887）●■

16897　Dobrowskia A. DC.（1839）Nom. illegit.[桔梗科 Campanulaceae]☆

16898　Dobrowskya C. Presl（1836）= Monopsis Salisb.（1817）[桔梗科 Campanulaceae]■☆

16899　Dobrowskya Endl. = Dobrowskya C. Presl（1836）；~ = Monopsis Salisb.（1817）[桔梗科 Campanulaceae]■☆

16900　Docanthe O. F. Cook（1943）= Chamaedorea Willd.（1806）（保留属名）[棕榈科 Arecaceae（Palmae）]●☆

16901　Dochafa Schott（1856）= Arisaema Mart.（1831）[天南星科 Araceae]●■

16902　Dockrillia Brieger（1981）= Dendrobium Sw.（1799）（保留属名）[兰科 Orchidaceae]■

16903　Docynia Decne.（1874）【汉】移[木衣]属（多胜属，多衣果属，多衣木属，移柿属，移衣海棠属，移衣属）。【俄】Дочиния。【英】Docynia。【隶属】蔷薇科 Rosaceae。【包含】世界 2-5 种，中国 2 种。【学名诠释与讨论】〈阴〉（属）由榅桲属 Cydonia 改级而来。【分布】缅甸，中国，喜马拉雅山。【后选模式】Docynia indica（Wallich）Decaisne[Pyrus indica Wallich]。●

16904　Docyniopsis(C. K. Schneid.) Koidz. (1934)【汉】拟移［木衣］属。【隶属】蔷薇科 Rosaceae。【包含】世界 4 种。【学名诠释与讨论】〈阴〉(属) Docynia 移［木衣］属+希腊文 opsis，外观，模样，相似。此属的学名，ING 和 IK 记载是"Docyniopsis (Schneider) Koidzumi, Acta Phytotax. Geobot. 3：162. Oct 1934"，由"Malus sect. Docyniopsis C. K. Schneid." 改级而来。TROPICOS 则记载为"Docyniopsis Koidz. , Acta Phytotax. Geobot. 3：162，1934"。三者引用的文献相同。亦有文献把"Docyniopsis (C. K. Schneid.) Koidz. (1934)"处理为"Malus Mill. (1754)"或"Micromeles Decne. (1874)"的异名。【分布】东亚。【模式】Docyniopsis tschonoskii (Maximowicz) Koidzumi ［Pyrus tschonoskii Maximowicz］。【参考异名】Docyniopsis Koidz. (1934) Nom. illegit. ; Malus Mill. (1754); Malus sect. Docyniopsis C. K. Schneid. ; Micromeles Decne. (1874)●☆

16905　Docyniopsis Koidz. (1934) Nom. illegit. ≡ Docyniopsis (C. K. Schneid.) Koidz. (1934); ~ = Micromeles Decne. (1874)［蔷薇科 Rosaceae］●☆

16906　Dodartia L. (1753)【汉】野胡麻属(斗达草属，多德草属，野胡椒属)。【俄】Додартия，Додарция。【英】Dodartia。【隶属】玄参科 Scrophulariaceae//透骨草科 Phrymaceae。【包含】世界 1 种，中国 1 种。【学名诠释与讨论】〈阴〉(人) Denis Dodar，1634-1707，法国医生、植物学者。【分布】俄罗斯(南部)，中国，亚洲西部。【后选模式】Dodartia orientalis Linnaeus。■

16907　Dodecadenia Nees (1831)【汉】单花木姜子属(大花檀属)。【英】Monoflower，Oneflower。【隶属】樟科 Lauraceae。【包含】世界 1-2 种，中国 1-2 种。【学名诠释与讨论】〈阴〉(希) dodeka- =拉丁文 doudecim-，十二+aden，所有格 adenos，腺体。此属的学名是"Dodecadenia C. G. D. Nees in Wallich, Pl. Asiat. Rar. 2：61. 6 Sep 1831"。亦有文献把其处理为"Litsea Lam. (1792) (保留属名)"的异名。【分布】缅甸，中国，东喜马拉雅山。【模式】Dodecadenia grandiflora C. G. D. Nees。【参考异名】Litsea Lam. (1792) (保留属名)●

16908　Dodecadia Lour. (1790) = Lauro−Cerasus Duhamel (1755); ~ = Pygeum Gaertn. (1788)［蔷薇科 Rosaceae］●

16909　Dodecahema Reveal et Hardham (1989)【汉】加州刺苞蓼属。【英】Spinyherb。【隶属】蓼科 Polygonaceae。【包含】世界 1 种。【学名诠释与讨论】〈阴〉(希) dodeka- =拉丁文 doudecim−，十二+hema 标枪。指总苞具芒。【分布】美国(加利福尼亚)。【模式】Dodecahema Leptoceras (A. Gray) J. L. Reveal et C. B. Hardham ［Centrostegia leptoceras A. Gray］。■☆

16910　Dodecas L. (1775) Nom. inval. , Nom. nud. ≡ Dodecas L. f. (1782); ~ = Crenea Aubl. (1775)［千屈菜科 Lythraceae］●☆

16911　Dodecas L. f. (1782) = Crenea Aubl. (1775)［千屈菜科 Lythraceae］●☆

16912　Dodecasperma Raf. (1838) = Bomarea Mirb. (1804)［百合科 Liliaceae//六出花科(彩花扭柄科，扭柄叶科) Alstroemeriaceae］■☆

16913　Dodecaspermum Forst. ex Scop. (1777) Nom. illegit. ≡ Dodecaspermum Scop. (1777) Nom. illegit. ［桃金娘科 Myrtaceae］●

16914　Dodecaspermum Scop. (1777) Nom. illegit. ［桃金娘科 Myrtaceae］●

16915　Dodecastemon Hassk. (1855) = Drypetes Vahl (1807)［大戟科 Euphorbiaceae］●

16916　Dodecastigma Ducke (1932)【汉】十二戟属。【隶属】大戟科 Euphorbiaceae。【包含】世界 3 种。【学名诠释与讨论】〈中〉(希) dodeka- =拉丁文 doudecim−，十二 + stigma，所有格 stigmatos，柱头，眼点。【分布】秘鲁，玻利维亚，热带南美洲。【模式】Dodecastigma amazonicum Ducke。☆

16917　Dodecatheon L. (1753)【汉】流星花属(十二花属，十二神属)。【日】ドデカテオン属。【俄】Додекатеон，Дряква европейская，Дряквенник，Дуб。【英】America Cow Slip，American Cowslip，Shooting Star，Shooting-star。【隶属】报春花科 Primulaceae。【包含】世界 13-16 种。【学名诠释与讨论】〈中〉(希) dodeka- =拉丁文 doudecim-+theos，神。指花茎上常常有 12 朵花着生。此属的学名，ING、TROPICOS 和 IK 记载是"Dodecatheon L. , Sp. Pl. 1：144. 1753 ［1 May 1753］"。"Meadia P. Miller, Gard. Dict. Abr. ed. 4. 28 Jan 1754"是"Dodecatheon L. (1753)"的晚出的同模式异名(Homotypic synonym, Nomenclatural synonym)。"Primula sect. Dodecatheon (L.) A. R. Mast et Reveal，"曾被处理为"Primula sect. Dodecatheon (L.) A. R. Mast et Reveal, Brittonia 59(1)：81. 2007"。【分布】北美洲太平洋沿岸，亚洲东北部。【模式】Dodecatheon meadia Linnaeus。【参考异名】Bartramia Ellis (1821) Nom. illegit. ; Exinia Raf. (1840); Meadia Catesby ex Mill. (1754) Nom. illegit. ; Meadia Mill. (1754) Nom. illegit. ; Primula sect. Dodecatheon (L.) A. R. Mast et Reveal ■☆

16918　Dodonaea Adans. (1763) Nom. illegit. = Comocladia P. Browne (1756)［漆树科 Anacardiaceae］●☆

16919　Dodonaea Böhm. (1760) Nom. illegit. ≡ Ptelea L. (1753)［芸香科 Rutaceae//榆橘科 Pteleaceae］●

16920　Dodonaea Jacq. (1760) Nom. illegit. ［无患子科 Sapindaceae］●☆

16921　Dodonaea Mill. (1754)【汉】车桑子属(坡柳属)。【日】ドドヌア属，ドドネア属，ハウチハノキ属。【俄】Додонея。【英】Aali，Dodonaea，Hop Seed Bush，Hopbush，Hop−bush，Hopseed Bush，Hop-seed Bush，Hopseedbush。【隶属】无患子科 Sapindaceae//车桑子科 Dodonaeaceae。【包含】世界 65-68 种，中国 1 种。【学名诠释与讨论】〈阴〉(人) Junius Rembert Dodonens，拉丁化为 Junius Rembertus Dodonaeus，1518-1585，荷兰医生、植物学者，原为比利时北部佛兰芒人。此属的学名，ING、APNI、GCI、TROPICOS 和 IK 记载是"Dodonaea Mill. , Gard. Dict. Abr. , ed. 4. ［unpaged］. 1754 ［28 Jan 1754］"。"Dodonaea Adans. , Fam. Pl. (Adanson) 2：342,550. 1763 ［Jul−Aug 1763］ = Comocladia P. Browne (1756) ［漆树科 Anacardiaceae］"、"Dodonaea Plum. ex Adans. , Fam. Pl. (Adanson) 2：342. 1763 ≡ Dodonaea Adans. (1763) Nom. illegit. = Comocladia P. Browne (1756) ［漆树科 Anacardiaceae］"、"Dodonaea Böhm. , Def. Gen. Pl. , ed. 3. 212. 1760 ≡ Ptelea L. (1753) ［芸香科 Rutaceae//榆橘科 Pteleaceae］"和"Dodonaea Jacq. , Enum. Syst. Pl. 19, 1760 ［无患子科 Sapindaceae］"都是晚出的非法名称。"Dodonaea L. "的命名人引证有误。【分布】巴基斯坦，巴拿马，玻利维亚，厄瓜多尔，哥伦比亚，马达加斯加，尼加拉瓜，中国，热带和亚热带，中美洲。【模式】Dodonaea viscosa (Linnaeus) Linnaeus ［Ptelea viscosa Linnaeus］。【参考异名】Empleurosma Bartl. (1848)●

16922　Dodonaea Plum. ex Adans. (1763) Nom. illegit. ≡ Dodonaea Adans. (1763) Nom. illegit. ; ~ = Comocladia P. Browne (1756)［漆树科 Anacardiaceae］●☆

16923　Dodonaeaceae Kunth ex Small (1903) (保留科名)［亦见 Sapindaceae Juss. (保留科名) 无患子科]【汉】车桑子科。【包含】世界 1 属 65-68 种，中国 1 属 1 种。【分布】热带和亚热带。【科名模式】Dodonaea Mill. ●

16924　Dodonaeaceae Link = Dodonaeaceae Kunth ex Small (保留科名); ~ = Sapindaceae Juss. (保留科名)●■

16925　Dodsonia Ackerman (1979)【汉】多德森兰属。【隶属】兰科 Orchidaceae。【包含】世界 2 种。【学名诠释与讨论】〈阴〉(人) Calaway H. Dodson，1928-，美国植物学者。【分布】厄瓜多尔，欧洲亚大陆。【模式】Dodsonia saccata (L. A. Garay) J. D. Ackerman

［Stenia saccata L. A. Garay］。■☆

16926 Doellia Sch. Bip.（1842）Nom. inval. ≡ Doellia Sch. Bip. ex Walp.（1843）［菊科 Asteraceae（Compositae）］■☆

16927 Doellia Sch. Bip. ex Walp.（1843）【汉】毛红脂菊属。【隶属】菊科 Asteraceae（Compositae）。【包含】世界2种。【学名诠释与讨论】〈阴〉（人）Doell，德国植物学者。此属的学名，ING 和 IPNI 记载是"Doellia Sch. Bip. ex Walp.，Repert. Bot. Syst.（Walpers）2（4）：953. 1843［28-30 Dec 1843］"。IK 和 TROPICOS 记载为"Doellia Sch. Bip.，Flora 25（1，Beibl.）：134. 1842；nom. inval. "。亦有学者把其处理为"Blumea DC.（1833）（保留属名）"的异名。亦有文献把"Doellia Sch. Bip. ex Walp.（1843）"处理为"Blumea DC.（1833）（保留属名）"的异名。【分布】阿拉伯半岛，非洲。【模式】未指定。【参考异名】Blumea DC.（1833）（保留属名）；Doellia Sch. Bip.（1842）Nom. inval. ■☆

16928 Doellingeria Nees（1832）【汉】东风菜属。【俄】Доллингерия。【英】Doellingeria，Tall Flat-topped Aster。【隶属】菊科 Asteraceae（Compositae）。【包含】世界7-11种，中国2种。【学名诠释与讨论】〈阴〉（人）Ignatz Doellinger，1770-1841，德国植物学者。此属的学名，ING、TROPICOS、GCI 和 IK 记载是"Doellingeria C. G. D. Nees，Gen. Sp. Aster. 177. Jul-Dec 1832"。它曾被处理为"Aster sect. Doellingeria（Nees）Kitam.，Journal of Japanese Botany 12（10）：721. 1936"和"Aster subgen. Doellingeria（Nees）A. Gray，Synoptical Flora of North America 1（2）：196. 1884"。亦有文献把"Doellingeria Nees（1832）"处理为"Aster L.（1753）"的异名。【分布】美国，中国，北美洲。【后选模式】Doellingeria umbellata（P. Miller）C. G. D. Nees［Aster umbellatus P. Miller］。【参考异名】Aster L.（1753）；Aster sect. Doellingeria（Nees）Kitam.（1936）；Aster subgen. Doellingeria（Nees）A. Gray（1884）■

16929 Doellochloa Kuntze（1891）Nom. illegit. ≡ Monochaete Döll（1878）；~ = Gymnopogon P. Beauv.（1812）［禾本科 Poaceae（Gramineae）］■☆

16930 Doemia R. Br.（1810）= Pergularia L.（1767）［萝藦科 Asclepiadaceae］■☆

16931 Doerpfeldia Urb.（1924）【汉】古巴鼠李属。【隶属】鼠李科 Rhamnaceae。【包含】世界1种。【学名诠释与讨论】〈阴〉词源不详。【分布】古巴。【模式】Doerpfeldia cubensis Urban。●☆

16932 Doerriena Borkh.（1793）Nom. illegit. ≡ Moenchia Ehrh.（1783）（保留属名）；~ = Cerastium L.（1753）［石竹科 Caryophyllaceae］■☆

16933 Doerrienia Dennst.（1818）= Acronychia J. R. Forst. et G. Forst.（1775）（保留属名）［芸香科 Rutaceae］●

16934 Doerrienia Rchb.（1841）Nom. illegit. = Genlisea A. St. – Hil.（1833）［狸藻科 Lentibulariaceae］■☆

16935 Doerriera Steud.（1840）= Cerastium L.（1753）；~ = Doerriena Borkh.（1793）Nom. illegit. ；~ = Moenchia Ehrh.（1783）（保留属名）；~ = Cerastium L.（1753）［石竹科 Caryophyllaceae］■

16936 Dofia Adans.（1763）Nom. illegit. ≡ Dirca L.（1753）［瑞香科 Thymelaeaceae］●☆

16937 Doga（Baill.）Baill. ex Nakai（1869）Nom. illegit. ≡ Doga（Baill.）Nakai（1943）；~ = Storckiella Seem.（1861）［豆科 Fabaceae（Leguminosae）//云实科（苏木科）Caesalpiniaceae］●☆

16938 Doga（Baill.）Nakai（1943）；~ ≡ Storckiella Seem.（1861）［豆科 Fabaceae（Leguminosae）//云实科（苏木科）Caesalpiniaceae］●☆

16939 Doga Baill.（1869）Nom. illegit. ≡ Doga（Baill.）Nakai（1943）；~ ≡ Storckiella Seem.（1861）［豆科 Fabaceae（Leguminosae）//云实科（苏木科）Caesalpiniaceae］●☆

16940 Dolabrifolia（Pfitzer）Szlach. et Romowicz（2007）= Mystacidium Lindl.（1837）［兰科 Orchidaceae］■☆

16941 Dolia Lindl.（1844）= Nolana L. ex L. f.（1762）［茄科 Solanaceae//铃花科 Nolanaceae］■☆

16942 Dolianthus C. H. Wright et Bremek.（1936）descr. emend. = Amaracarpus Blume（1827）［茜草科 Rubiaceae］●●☆

16943 Dolianthus C. H. Wright（1899）= Amaracarpus Blume（1827）［茜草科 Rubiaceae］●☆

16944 Dolichandra Cham.（1832）【汉】长蕊紫葳属。【隶属】紫葳科 Bignoniaceae。【包含】世界1种。【学名诠释与讨论】〈阴〉（希）dolichos，长的。dolicho- = 拉丁文 longi-，长的+aner，所有格 andros，雄性，雄蕊。【分布】阿根廷，巴拉圭，巴西（南部）。【模式】Dolichandra cynanchoides Chamisso。●☆

16945 Dolichandrone（Fenzl）Seem.（1862）（保留属名）【汉】栓翅树属（老猫尾木属，马尔汉木属，猫尾木属，猫尾树属）。【英】Cat-tail Tree，Dolichandrone。【隶属】紫葳科 Bignoniaceae。【包含】世界10-13种，中国2种。【学名诠释与讨论】〈阴〉（希）dolichos，长的+aner，所有格 andros，雄性，雄蕊。指二强雄蕊的二枚长雄蕊伸出花冠管。此属的学名"Dolichandrone（Fenzl）Seem. in Ann. Mag. Nat. Hist.，ser. 3，10：31. 1862"是保留属名，由"Dolichandra b. Dolichandrone Fenzl，Denkschr. Bayer. Bot. Ges. Regensburg 3：265. 1841"改级而来。相应的废弃属名是紫葳科 Bignoniaceae 的"Pongelia Raf.，Sylva Tellur.：78. Oct-Dec 1838 ≡ Dolichandrone（Fenzl）Seem.（1862）（保留属名）"。IK 记载的"Dolichandrone Fenzl ex Seem.，Ann. Mag. Nat. Hist. ser. 3，10：31. 1862"命名人引证有误，亦应废弃。亦有文献把"Dolichandrone（Fenzl）Seem.（1862）（保留属名）"处理为"Markhamia Seem. ex Baill.（1888）"的异名。【分布】澳大利亚，马达加斯加，中国，热带非洲东部，热带亚洲。【模式】Dolichandrone spathacea（Linnaeus f.）K. Schumann［Bignonia spathacea Linnaeus f.］。【参考异名】Dolichandra b. Dolichandrone Fenzl（1841）；Dolichandrone Fenzl ex Seem.（1862）Nom. illegit.（废弃属名）；Markhamia Seem. ex Baill.（1888）；Pongelia Raf.（1838）（废弃属名）●

16946 Dolichandrone Fenzl ex Seem.（1862）Nom. illegit.（废弃属名）≡ Dolichandrone（Fenzl）Seem.（1862）（保留属名）［紫葳科 Bignoniaceae］●

16947 Dolichangis Thouars = Angraecum Bory（1804）［兰科 Orchidaceae］■

16948 Dolichanthera Schltr. et K. Krause（1908）= Morierina Vieill.（1865）［茜草科 Rubiaceae］☆

16949 Dolichlasium Lag.（1811）【汉】阿根廷菊属。【隶属】菊科 Asteraceae（Compositae）。【包含】世界1种。【学名诠释与讨论】〈阴〉（希）dolichos，长的+lasios，长满粗毛的，多毛的。指花药。此属的学名是"Dolichlasium Lagasca，Amen. Nat. Españas 1（1）：33. 1811（post 19 Apr）"。亦有文献把其处理为"Trixis P. Browne（1756）"的异名。【分布】阿根廷。【模式】Dolichlasium lagascae D. Don。【参考异名】Dolicholasium Spreng.（1831）；Trixis P. Browne（1756）●☆

16950 Dolichocentrum（Schltr.）Brieger（1981）= Dendrobium Sw.（1799）（保留属名）［兰科 Orchidaceae］■

16951 Dolichochaete（C. E. Hubb.）J. B. Phipps（1964）= Tristachya Nees（1829）［禾本科 Poaceae（Gramineae）］■☆

16952 Dolichodeira Hanst.（1854）= Achimenes Pers.（1806）（保留属名）［苦苣苔科 Gesneriaceae］■☆

16953 Dolichodelphys K. Schum.（1908）【汉】长室茜属。【隶属】茜草科 Rubiaceae。【包含】世界1种。【学名诠释与讨论】〈阳〉（希）dolichos，长的+delphys，子宫。此属的学名，ING、TROPICOS 和 IK 记载是"Dolichodelphys K. Schumann et K. Krause，Verh. Bot.

Vereins Prov. Brandenburg 50：102. 30 Sep 1908”。GCI 则记载为 “Dolichodelphys K. Schum. , Bot. Jahrb. Syst. 40（3）：428. 1908［24 Jan 1908］”。“Dolichodelphys K. Schum.”出版于 1908 年 1 月 24 日；而“Dolichodelphys K. Schum. et K. Krause”则见于 1908 年 9 月 30 日，故为晚出的非法名称。【分布】秘鲁，哥伦比亚。【模式】Dolichodelphys chlorocrater K. Schumann et K. Krause。【参考异名】Dolichodelphys K. Schum. et K. Krause（1908）☆

16954　Dolichodelphys K. Schum. et K. Krause（1908）Nom. illegit. ≡ Dolichodelphys K. Schum.（1908）［茜草科 Rubiaceae］☆

16955　Dolichoderia Benth. et Hook. f.（1876）Nom. illegit.［苦苣苔科 Gesneriaceae］☆

16956　Dolichoglottis B. Nord.（1978）【汉】雪雏菊属。【隶属】菊科 Asteraceae（Compositae）。【包含】世界 2 种。【学名诠释与讨论】〈阴〉（希）dolichos，长的+glottis，所有格 glottidos，气管口，来自 glotta = glossa，舌。【分布】新西兰。【模式】Dolichoglottis lyallii（J. D. Hooker）B. Nordenstam［Senecio lyallii J. D. Hooker］。■☆

16957　Dolichogyne DC.（1838）= Nardophyllum（Hook. et Arn.）Hook. et Arn.（1836）［菊科 Asteraceae（Compositae）］●☆

16958　Dolichokentia Becc.（1921）= Cyphokentia Brongn.（1873）［棕榈科 Arecaceae（Palmae）］●☆

16959　Dolicholasium Spreng.（1831）= Dolichlasium Lag.（1811）；~ = Trixis P. Browne（1756）［菊科 Asteraceae（Compositae）］■●☆

16960　Dolicholobium A. Gray（1859）【汉】长裂茜属。【隶属】茜草科 Rubiaceae。【包含】世界 28 种。【学名诠释与讨论】〈中〉（希）dolichos+lobos = 拉丁文 lobulus，片，裂片，叶，荚，蒴果+-ius，-ia，-ium，在拉丁文和希腊文中，这些词尾表示性质或状态。【分布】菲律宾，新几内亚岛至斐济。【模式】未指定。☆

16961　Dolicholoma D. Fang et W. T. Wang（1983）【汉】长檐苣苔属。【英】Dolicholoma。【隶属】苦苣苔科 Gesneriaceae。【包含】世界 1 种，中国 1 种。【学名诠释与讨论】〈中〉（希）dolichos，长的+loma，所有格 lomatos，袍的边缘。【分布】中国。【模式】Dolicholoma jasminiiflorum D. Fang et W. T. Wang。■★

16962　Dolicholus Medik.（1787）（废弃属名）= Rhynchosia Lour.（1790）（保留属名）［豆科 Fabaceae（Leguminosae）//蝶形花科 Papilionaceae］●■

16963　Dolichometra K. Schum.（1904）【汉】长腹茜属。【隶属】茜草科 Rubiaceae。【包含】世界 1 种。【学名诠释与讨论】〈阴〉（希）dolichos，长的+metre，子宫，腹。【分布】热带非洲东部。【模式】Dolichometra leucantha K. Schumann。☆

16964　Dolichonema Nees（1821）= Moldenhawera Schrad.（1821）［豆科 Fabaceae（Leguminosae）］●☆

16965　Dolichopentas Kårehed et B. Bremer（2007）【汉】长叶五星花属。【隶属】茜草科 Rubiaceae。【包含】世界 4 种。【学名诠释与讨论】〈阴〉（希）dolichos，长的+（属）Pentas 五星花属。此属的学名“Dolichopentas Kårehed et B. Bremer, Taxon 56（4）：1075. 2007［30 Nov 2007］”是“Pentas subgen. Longiflorae Verdc., Bulletin du Jardin Botanique de l'État à Bruxelles 23：281. 1953”的替代名称。亦有文献把“Dolichopentas Kårehed et B. Bremer（2007）”处理为“Pentas Benth.（1844）”的异名。【分布】热带非洲。【模式】Dolichopentas longiflora Kårehed et B. Bremer［Pentas longiflora Oliv.］。【参考异名】Pentas Benth.（1844）；Pentas subgen. Longiflorae Verdc.。●■☆

16966　Dolichopetalum Tsiang（1973）【汉】金凤藤属（金凤藤属）。【英】Dolichopetalum, Dracaena。【隶属】萝藦科 Asclepiadaceae。【包含】世界 1 种，中国 1 种。【学名诠释与讨论】〈中〉（希）dolichos，长的+希腊文 petalos，扁平的，铺开的；petalon，花瓣，叶，花叶，金属叶子；拉丁文的花瓣为 petalum。指花瓣上部延伸成极

长的尾尖。【分布】中国。【模式】Dolichopetalum kwangsiense Y. Tsiang。●★

16967　Dolichopsis Hassl.（1907）【汉】类镰扁豆属（巴拉圭长豆属）。【隶属】豆科 Fabaceae（Leguminosae）。【包含】世界 2-3 种。【学名诠释与讨论】〈阴〉（属）Dolichos 镰扁豆属+希腊文 opsis，外观，模样，相似。【分布】巴拉圭。【模式】Dolichopsis paraguariensis Hassler。■☆

16968　Dolichopterys Kosterm.（1935）= Lophopterys A. Juss.（1838）［金虎尾科（黄褥花科）Malpighiaceae］●☆

16969　Dolichorhynchus Hedge et Kit Tan（1987）【汉】阿拉伯长嘴芥属。【隶属】十字花科 Brassicaceae（Cruciferae）。【包含】世界 1 种。【学名诠释与讨论】〈阴〉（希）dolichos，长的+rhynchos，喙，嘴，此属的学名是“Dolichorhynchus I. C. Hedge et Kit Tan, Pl. Syst. Evol. 156：197. 10 Jul 1987”。亦有文献把其处理为“Douepea Cambess.（1839）”的异名。【分布】阿拉伯半岛。【模式】Dolichorhynchus arabicus I. C. Hedge et Kit Tan。【参考异名】Douepea Cambess.（1839）■☆

16970　Dolichorrhiza（Pojark.）Galushko（1970）【汉】长根菊属。【隶属】菊科 Asteraceae（Compositae）。【包含】世界 4 种。【学名诠释与讨论】〈阴〉（希）dolichos，长的+rhiza，或 rhizoma，根，根茎。此属的学名，ING 和 IK 记载是“Dolichorrhiza（A. I. Pojarkova）A. I. Galucko, Novosti Sist. Vyss. Rast. 6：210. 1970（post 9 Apr）”，由“Ligularia subgen. Dolichorrhiza A. I. Pojarkova, Fl. SSSR 26：853, 895（'Dolichorriza'）1961（post 31 Oct）”改级而来。【分布】高加索。【模式】Dolichorrhiza renifolia（C. A. Meyer）A. I. Galucko［Cineraria renifolia C. A. Meyer］。【参考异名】Ligularia subgen. Dolichorrhiza Pojark.（1961）■☆

16971　Dolichos L.（1753）（保留属名）【汉】镰扁豆属（扁豆属，大麻药属，鹊豆属）。【日】ドーリコス属，フジマメ属，フヂマメ属。【俄】Долихос。【英】Dolichos, Sicklehairicot。【隶属】豆科 Fabaceae（Leguminosae）//蝶形花科 Papilionaceae。【包含】世界 60-70 种，中国 5 种。【学名诠释与讨论】〈阳〉（希）dolichos，长的。指茎长，或指荚果长。此属的学名“Dolichos L., Sp. Pl.：725. 1 Mai 1753”是保留属名。法规未列出相应的废弃属名。但是豆科 Fabaceae 的“Dolichos Theophr. ex Adans., Fam. Pl.（Adanson）2：325, 550. 1763［Jul - Aug 1763］≡ Dolichos L.（1753）（保留属名）”和“Dolichos Theophr.（1763）Nom. illegit.（废弃属名）≡ Dolichos Theophr. ex Adans.（1763）Nom. illegit.（废弃属名）［豆科 Fabaceae（Leguminosae）]”应该废弃。【分布】巴基斯坦，玻利维亚，哥伦比亚（安蒂奥基亚），马达加斯加，中国，中美洲。【模式】Dolichos trilobus Linnaeus。【参考异名】Chloryllis E. Mey.（1835）；Dolichos Theophr.（1763）Nom. illegit.（废弃属名）；Dolichos Theophr. ex Adans.（1763）Nom. illegit.（废弃属名）；Dolichus E. Mey.（1835）；Oryxis A. Delgado et G. P. Lewis（1997）■

16972　Dolichos Theophr.（1763）Nom. illegit.（废弃属名）≡ Dolichos Theophr. ex Adans.（1763）Nom. illegit.（废弃属名）；~ = Dolichos L.（1753）（保留属名）［豆科 Fabaceae（Leguminosae）］■☆

16973　Dolichos Theophr. ex Adans.（1763）Nom. illegit.（废弃属名）≡ Dolichos L.（1753）（保留属名）［豆科 Fabaceae（Leguminosae）］■☆

16974　Dolichosiphon Phil.（1873）= Jaborosa Juss.（1789）［茄科 Solanaceae］●☆

16975　Dolichostachys Benoist（1962）【汉】长穗爵床属。【隶属】爵床科 Acanthaceae。【包含】世界 1 种。【学名诠释与讨论】〈阴〉（希）dolichos，长的+stachys，穗，谷，长钉。【分布】马达加斯加。【模式】Dolichostachys elongata Benoist。■☆

16976　Dolichostegia Schltr.（1915）【汉】长盖萝藦属。【隶属】萝藦科

Asclepiadaceae。【包含】世界 1 种。【学名诠释与讨论】〈阴〉(希)dolichos,长的+stegion,屋顶,盖。【分布】菲律宾。【模式】Dolichostegia boholensis Schlechter。☆

16977　Dolichostemon Bonati.(1924)【汉】长蕊玄参属。【隶属】玄参科 Scrophulariaceae。【包含】世界 1 种。【学名诠释与讨论】〈阳〉(希)dolichos,长的+stemon,雄蕊。【分布】中南半岛。【模式】Dolichostemon verticillatus Bonati。☆

16978　Dolichostigma Miers = Jaborosa Juss.(1789)[茄科 Solanaceae]●☆

16979　Dolichostylis Cass.(1828)Nom. illegit. = Barnadesia Mutis ex L. f.(1782);~ = Turpinia Bonpl.(1807)(废弃属名);~ = Barnadesia Mutis ex L. f.(1782)[菊科 Asteraceae(Compositae)]●☆

16980　Dolichostylis Turcz.(1854)Nom. illegit. ≡ Stenonema Hook. ex Benth. et Hook. f.(1862)Nom. illegit. ;~ = Draba L.(1753)[十字花科 Brassicaceae(Cruciferae)//葶苈科 Drabaceae]■

16981　Dolichotheca Cass.(1827)= Campylotheca Cass.(1827)[菊科 Asteraceae(Compositae)]■●

16982　Dolichothele(K. Schum.)Britton et Rose(1923)【汉】长疣球属(金星属)。【英】Dolichothele。【隶属】仙人掌科 Cactaceae。【包含】世界 11 种。【学名诠释与讨论】〈阴〉(希)dolichos,长的+thele,疣。此属的学名,ING 和 TROPICOS 记载是“Dolichothele(K. Schumann)N. L. Britton and J. N. Rose, Cact. 4:61. 9 Oct 1923”,由“Mammillaria subgen. Dolichothele K. Schumann, Gesamtbeschr. Kakt. 476, 506. 20 Jun 1898”改级而来。GCI 和 IK 则记载为“Dolichothele Britton et Rose, Cactaceae//Britton et Rose)4:61. 1923 [9 Oct 1923]”。四者引用的文献相同。亦有文献把“Dolichothele(K. Schum.)Britton et Rose(1923)”处理为“Mammillaria Haw.(1812)(保留属名)”的异名。【分布】参见 Mammillaria Haw。【后选模式】Dolichothele longimamma(A. P. de Candolle)N. L. Britton et J. N. Rose [Mammillaria longimamma A. P. de Candolle]。【参考异名】Dolichothele Britton et Rose(1923)Nom. illegit. ;Mammillaria Haw.(1812)(保留属名);Mammillaria subgen. Dolichothele K. Schum.(1898)■☆

16983　Dolichothele Britton et Rose(1923)Nom. illegit. ≡ Dolichothele(K. Schum.)Britton et Rose(1923)[仙人掌科 Cactaceae]●

16984　Dolichothrix Hilliard et B. L. Burtt(1981)【汉】黄花帚鼠麹属。【隶属】菊科 Asteraceae(Compositae)。【包含】世界 1 种。【学名诠释与讨论】〈阴〉(希)dolichos,长的+thrix,所有格 trichos,毛,毛发。【分布】非洲南部。【模式】Dolichothrix ericoides(Lamarck)O. M. Hilliard et B. L. Burtt [Xeranthemum ericoides Lamarck]。●■☆

16985　Dolichoura Brade(1959)【汉】长尾野牡丹属。【隶属】野牡丹科 Melastomataceae。【包含】世界 2 种。【学名诠释与讨论】〈阴〉(希)dolichos,长的+-urus,-ura,-uro,用于希腊文组合词,含义为“尾巴”。【分布】巴西。【模式】Dolichoura spiritusanctensis Brade。☆

16986　Dolichovigna Hayata(1920)【汉】台豆属。【隶属】豆科 Fabaceae(Leguminosae)//蝶形花科 Papilionaceae。【包含】世界 11 种。【学名诠释与讨论】〈阴〉(希)dolichos,长的+(属)Vigna 豇豆属。此属的学名,ING、TROPICOS 和 IK 记载是“Dolichovigna Hayata, Icones Pl. Formosan 9:35. 25 Mar 192”。它曾被处理为“Vigna subgen. Dolichovigna(Hayata)Verdc., Kew Bulletin 24(3):561. 1970”。亦有文献把“Dolichovigna Hayata(1920)”处理为“Vigna Savi(1824)(保留属名)”的异名。【分布】中国。【模式】未指定。【参考异名】Vigna Savi(1824)(保留属名);Vigna subgen. Dolichovigna(Hayata)Verdc.(1970)■

16987　Dolichus E. Mey.(1835)= Dolichos L.(1753)(保留属名)[豆

科 Fabaceae(Leguminosae)//蝶形花科 Papilionaceae]■

16988　Dolicokentia Becc.(1920)= Cyphokentia Brongn.(1873);~ = Dolichokentia Becc.(1921)[棕榈科 Arecaceae(Palmae)]●☆

16989　Dolicotheca Benth. et Hook. f.(1873)= Campylotheca Cass.(1827);~ = Dolichotheca Cass.(1827)[菊科 Asteraceae(Compositae)]■●

16990　Doliocarpus Rol.(1756)【汉】蕴水藤属(伪果藤属)。【隶属】五桠果科(第伦桃科,五丫果科,锡叶藤科)Dilleniaceae。【包含】世界 40-45 种。【学名诠释与讨论】〈阳〉(希)dolios,欺诈的,不实的。或拉丁文 dolium,具宽口的+karpos,果实。【分布】巴拿马,秘鲁,玻利维亚,厄瓜多尔,哥伦比亚(安蒂奥基亚),哥斯达黎加,美国,尼加拉瓜,西印度群岛,中美洲。【后选模式】Doliocarpus rolandri J. F. Gmelin。【参考异名】Calinea Aubl.(1775);Mappia Schreb.(1791)Nom. illegit.(废弃属名);Othlis Schott(1827);Ricaurtea Triana(1858);Serveria Neck.(1790)Nom. inval. ;Soramia Aubl.(1775)●☆

16991　Dollinea Post et Kuntze(1903)= Dollinera Endl.(1840)[豆科 Fabaceae(Leguminosae)//蝶形花科 Papilionaceae]●

16992　Dollinera Endl.(1840)【汉】饿蚂蝗属。【隶属】豆科 Fabaceae(Leguminosae)//蝶形花科 Papilionaceae。【包含】世界 11 种,中国 7 种。【学名诠释与讨论】〈阴〉(人)George Dolliner, 1794-1872,植物学者。此属的学名是“Dollinera Endlicher, Gen. 1285. Oct 1840”。亦有文献把其处理为“Desmodium Desv.(1813)(保留属名)”的异名。【分布】印度至马来西亚,中国。【模式】未指定。【参考异名】Desmodium Desv.(1813)(保留属名);Dollinea Post et Kuntze(1903)●

16993　Dollineria Saut.(1852)= Draba L.(1753)[十字花科 Brassicaceae(Cruciferae)//葶苈科 Drabaceae]■

16994　Dolomiaea DC.(1833)【汉】川木香属(藏菊属)。【英】Dolomiaea, Vladimiria。【隶属】菊科 Asteraceae(Compositae)。【包含】世界 12-14 种,中国 13 种。【学名诠释与讨论】〈阴〉(人)Dieudonne(called Deodat)de Gratet de Dolomieu, 1750-1801,法国地质学者。【分布】中国,喜马拉雅山。【模式】Dolomiaea macrocephala Royle。【参考异名】Bolocephalus Hand.-Mazz.(1938);Mazzettia Iljin(1955);Valdimiria Iljin;Vladimirea Iljin(1939)Nom. illegit. ;Vladimiria Iljin(1939)■

16995　Dolophragma Fenzl(1836)= Arenaria L.(1753)[石竹科 Caryophyllaceae]■

16996　Dolophyllum Salisb.(1817)(废弃属名)= Thujopsis Siebold et Zucc. ex Endl.(1842)(保留属名)[柏科 Cupressaceae]●

16997　Dolosanthus Klatt(1896)= Vernonia Schreb.(1791)(保留属名)[菊科 Asteraceae(Compositae)//斑鸠菊科(绿菊科)Vernoniaceae]●■

16998　Dolpojestella Farille et Lachard(2002)= Chamaesium H. Wolff(1925)[伞形花科(伞形科)Apiaceae(Umbelliferae)]■★

16999　Doma Lam.(1799)Nom. inval. = Hyphaene Gaertn.(1788)[棕榈科 Arecaceae(Palmae)]●☆

17000　Doma Lam.(1823)Nom. inval., Nom. illegit. = Hyphaene Gaertn.(1788)[棕榈科 Arecaceae(Palmae)]●☆

17001　Doma Poir.(1819)= Hyphaene Gaertn.(1788)[棕榈科 Arecaceae(Palmae)]●☆

17002　Dombeia Raeusch.(1797)= Araucaria Juss.(1789)[南洋杉科 Araucariaceae]●

17003　Dombeya Cav.(1786)(保留属名)【汉】丹氏梧桐属(丹比亚木属,窦比属,多贝梧桐属,铃铃属)。【俄】Домбея。【英】Dombeya。【隶属】梧桐科 Sterculiaceae//锦葵科 Malvaceae。【包含】世界 200-225 种。【学名诠释与讨论】〈阴〉(人)Joseph

Dombey, 1742 – 1796, 法国植物学者。此属的学名"Dombeya Cav., Diss. 2, App. :［4］. Jan-Apr 1786"是保留属名。相应的废弃属名是紫葳科 Bignoniaceae 的"Dombeya L' Hér., Stirp. Nov. : 33. Dec (sero)1785–Jan 1786 ≡ Tourrettia Foug. (1787) (保留属名)"和梧桐科 Sterculiaceae 的"Assonia Cav., Diss. 2. App. :［5］. Jan-Apr 1786 = Dombeya Cav. (1786) (保留属名)"。南洋杉科 Araucariaceae 的"Dombeya Lam., Encycl.［J. Lamarck et al.］2(1) :301, t. 828. 1786［16 Oct 1786］≡ Araucaria Juss. (1789)"亦应废弃。"Cavanilla J. F. Gmelin, Syst. Nat. 2 : 999, 1037. Apr (sero)–Oct 1792 ('1791')"是"Dombeya Cav. (1786) (保留属名)"的晚出的同模式异名 (Homotypic synonym, Nomenclatural synonym)。"Medica Cothenius, Disp. 7. Jan–Mai 1790 (non P. Miller 1754)"是"Dombeya L' Hér. (1786) (废弃属名)"和"Tourrettia Foug. (1787) (保留属名)［紫葳科 Bignoniaceae］"的晚出的同模式异名。【分布】巴基斯坦,秘鲁,非洲,马达加斯加,马斯克林群岛,中美洲。【模式】Dombeya palmata Cavanilles。【参考异名】Acropetalum A. Juss. (1849) Nom. illegit.; Acropetalum Delile ex A. Juss. (1849) Nom. illegit.; Assonia Cav. (1786) (废弃属名); Astrapaea Lindl. (1822); Cavanilla J. F. Gmel. (1792) Nom. illegit.; Hilsenbergia Bojer (1842); Koenigia Comm. ex Juss.; Konigia Comm. ex Cav. (1787); Leeuwenhoeckia E. Mey. ex Endl. (1839); Medica Cothen. (1790) Nom. illegit.; Vahlia Dahl (1787) Nom. illegit. (废弃属名); Walcuffa J. F. Gmel. (1792); Walkuffa Bruce ex Steud. (1821); Xeropetalum Delile (1826) ●☆

17004　Dombeya L' Hér. (1786) (废弃属名) ≡ Tourrettia Foug. (1787) (保留属名)［紫葳科 Bignoniaceae］■☆

17005　Dombeya Lam. (1786) Nom. illegit. (废弃属名) ≡ Araucaria Juss. (1789)［南洋杉科 Araucariaceae］●

17006　Dombeyaceae (DC.) Bartl. = Sterculiaceae Vent. (保留科名)●■

17007　Dombeyaceae Desf. (1829) = Sterculiaceae Vent. (保留科名)●■

17008　Dombeyaceae Kunth = Sterculiaceae Vent. (保留科名)●■

17009　Dombeyaceae Schultz Sch. = Malvaceae Juss. (保留科名); ~ = Sterculiaceae Vent. (保留科名)●■

17010　Domeykoa Phil. (1860)【汉】多梅草属。【隶属】伞形花科(伞形科) Apiaceae (Umbelliferae)。【包含】世界 4 种。【学名诠释与讨论】〈阴〉(人) Ignacio Domeyko, 1802–1889, 博物学者。【分布】秘鲁,智利。【模式】Domeykoa oppositifolia R. A. Philippi。●☆

17011　Dominella E. Wimm. (1953)【汉】多明草属。【隶属】桔梗科 Campanulaceae。【包含】世界 1 种。【学名诠释与讨论】〈阴〉(人) Karel Domin, 1882–1953, 植物学者 +-ellus, -ella, -ellum, 加在名词词干后面形成指小式的词尾。或加在人名、属名等后面以组成新属的名称。【分布】热带南美洲西部。【模式】Dominella crassomarginata F. E. Wimmer。■☆

17012　Domingoa Schltr. (1913)【汉】多明戈兰属。【隶属】兰科 Orchidaceae。【包含】世界 3 种。【学名诠释与讨论】〈阴〉(地) Domingo, 多明戈(西印度群岛)。【分布】尼加拉瓜,西印度群岛,中美洲。【模式】未指定。■☆

17013　Dominia Fedde (1929) = Uldinia J. M. Black (1922)［伞形花科(伞形科) Apiaceae (Umbelliferae)］■☆

17014　Domkeocarpa Markgr. (1941) = Tabernaemontana L. (1753)［夹竹桃科 Apocynaceae//红月桂科 Tabernaemontanaceae］●

17015　Domohinea Léandri (1941)【汉】多莫大戟属。【隶属】大戟科 Euphorbiaceae。【包含】世界 1 种。【学名诠释与讨论】〈阴〉词源不详。【分布】马达加斯加。【模式】Domohinea perrieri J. Leandri。■☆

17016　Donacium Fr. (1843) Nom. illegit. ≡ Donax P. Beauv. (1812) Nom. illegit.; ~ = Arundo L. (1753)［禾本科 Poaceae

(Gramineae)］●

17017　Donacodes Blume (1827) = Amomum Roxb. (1820) (保留属名)［姜科(襄荷科) Zingiberaceae］■

17018　Donacopsis Gagnep. (1932) = Eulophia R. Br. (1821)［as 'Eulophus'］(保留属名); ~ = Eulophia R. Br. (1821)［as 'Eulophus'］(保留属名) + Arundina Blume (1825)■

17019　Donaldia Klotzsch (1854) = Begonia L. (1753)［秋海棠科 Begoniaceae］●■

17020　Donaldsonia Baker f. (1896) = Moringa Adans. (1763)［辣木科 Moringaceae］●

17021　Donatia Bert. ex J. Rémy (废弃属名) = Lastarriaea J. Rémy (1851–1852)［蓼科 Polygonaceae］■☆

17022　Donatia J. R. Forst. (1775) Nom. illegit. (废弃属名) ≡ Donatia J. R. Forst. et G. Forst. (1775) (保留属名)［陀螺果科 Donatiaceae//花柱草科(丝滴草科) Stylidiaceae//虎耳草科 Saxifragaceae］●■☆

17023　Donatia J. R. Forst. et G. Forst. (1775) (保留属名)【汉】陀螺果属(离瓣花柱草属)。【隶属】陀螺果科 Donatiaceae//花柱草科(丝滴草科) Stylidiaceae//虎耳草科 Saxifragaceae。【包含】世界 2 种。【学名诠释与讨论】〈阴〉(人) Vitaliano Donati, 1713–1763, 意大利植物学者, 医生, 探险家。此属的学名"Donatia J. R. Forst. et G. Forst., Char. Gen. Pl. : 5. 29 Nov 1775"是保留属名。法规未列出相应的废弃属名。但是蓼科 Polygonaceae 的"Donatia Bert. ex J. Rémy = Lastarriaea J. Rémy (1851–1852)"、陀螺果科 Donatiaceae 的"Donatia J. R. Forst. ≡ Donatia J. R. Forst. et G. Forst. (1775) (保留属名)"和爵床科 Acanthaceae 的"Donatia Loefl., Iter Hispan. 193. 1758 = Avicennia L. (1753)"都应该废弃。【分布】澳大利亚(塔斯马尼亚岛),新西兰,南美洲。【模式】Donatia fascicularis J. R. Forster et J. G. A. Forster。【参考异名】Donatia J. R. Forst. (1775) Nom. illegit. (废弃属名); Orites Banks et Sol. ex Hook. f. (1846) Nom. inval. ●■☆

17024　Donatia Loefl. (1758) (废弃属名) = Avicennia L. (1753)［马鞭草科 Verbenaceae//海榄雌科 Avicenniaceae］●

17025　Donatiaceae B. Chandler (1911) (保留科名)【汉】陀螺果科。【包含】世界 1 属 2 种。【分布】澳大利亚(塔斯马尼亚岛),新西兰,南美洲。【科名模式】Donatia J. R. Forst. et G. Forst. ●☆

17026　Donatiaceae Hutch. = Donatiaceae B. Chandler (保留科名)●☆

17027　Donatiaceae Skottsb. = Donatiaceae B. Chandler (保留科名); ~ = Stylidiaceae R. Br. (保留科名)●■

17028　Donatophorus Zipp. (1830) = Harpullia Roxb. (1824)［无患子科 Sapindaceae］●

17029　Donax K. Schum. = Clinogyne Salisb. ex Benth. (1883); ~ = Schumannianthus Gagnep. (1904)［竹芋科(苳叶科,柊叶科) Marantaceae］■☆

17030　Donax Lour. (1790)【汉】竹叶蕉属。【日】コウトウケマタケラン属。【英】Dona。【隶属】竹芋科(苳叶科,柊叶科) Marantaceae。【包含】世界 3-6 种,中国 1 种。【学名诠释与讨论】〈中〉(希) donax, 一种芦苇。此属的学名, ING、TROPICOS 和 IK 记载为"Donax Loureiro, Fl. Cochinch. 1, 11. Sep 1790";《中国植物志》英文版亦用此名。"Arundastrum O. Kuntze, Rev. Gen. 2 : 683. 5 Nov 1891"是"Donax Lour. (1790)"的晚出的同模式异名 (Homotypic synonym, Nomenclatural synonym)。"Donax P. Beauv., Ess. Agrostogr. 77, 161. 1812［Dec 1812］≡ Arundo L. (1753)［禾本科 Poaceae (Gramineae)］"是晚出的非法名称; 它是"Eudonax E. M. Fries, Bot. Not. 1843 : 132. Aug 1843"的替代名称, 但是这个替代是多余的, 因为它是"Arundo L. (1753)［禾本科 Poaceae (Gramineae)］"的晚出的同模式异名。"Donacium E.

M. Fries, Bot. Not. 1843：132. Aug 1843”是“Donax P. Beauv. (1812) Nom. illegit. ［禾本科 Poaceae(Gramineae)］”和“Arundo L. (1753) ［禾本科 Poaceae(Gramineae)］”的晚出的同模式异名。“Donax K. Schum.”则是竹芋科（芰叶科，柊叶科） Marantaceae 的“Clinogyne Salisb. ex Benth. (1883)”和“Schumannianthus Gagnep. (1904)”的异名。【分布】印度至马来西亚，中国，太平洋地区。【模式】Donax arundastrum Loureiro。【参考异名】Actoplanes K. Schum. (1902)；Arundastrum Kuntze (1891)；Ilythuria Raf. (1838)■

17031 Donax P. Beauv. (1812) Nom. illegit. ≡Arundo L. (1753) ［禾本科 Poaceae(Gramineae)］●

17032 Doncklaeria Hort. ex Loudon (1855) = Centradenia G. Don (1832)；~ = Donkelaaria Hort. ex Lem. (1855) Nom. inval.；~ = Donkelaaria Lem. (1855)；~ = Centradenia G. Don (1832)；~ = Guettarda L. (1753) ［野牡丹科 Melastomataceae］●■☆

17033 Dondia Adans. (1763) Nom. illegit. ≡Lerchia Zinn (1757) Nom. illegit. (废弃属名)；~ = Suaeda Forssk. ex J. F. Gmel. (1776) (保留属名) ［藜科 Chenopodiaceae］●■

17034 Dondia Spreng. (1813) Nom. illegit. ≡Hacquetia Neck. ex DC. (1830) ［伞形花科（伞形科）Apiaceae(Umbelliferae)］■☆

17035 Dondisia DC. (1830) Nom. illegit. = Canthium Lam. (1785)；~ = Plectronia L. (1767) (废弃属名)；~ = Olinia Thunb. (1800) (保留属名) ［方枝树科（阿林尼亚科）Oliniaceae//管萼木科（管萼科）Penaeaceae//茜草科 Rubiaceae］●☆

17036 Dondisia Rchb. (1828) Nom. illegit. = Dondia Spreng. (1813) Nom. illegit.；~ = Hacquetia Neck. ex DC. (1830) ［伞形花科（伞形科）Apiaceae(Umbelliferae)］■☆

17037 Dondisia Scop. (1777) = Raphanus L. (1753) ［十字花科 Brassicaceae(Cruciferae)］■

17038 Dondodia Luer (2006) 【汉】南美窗兰属。【隶属】兰科 Orchidaceae。【包含】世界 1 种。【学名诠释与讨论】〈阴〉词源不详。此属的学名是“Dondodia Luer, Monographs in Systematic Botany from the Missouri Botanical Garden 105：85-86, f. 42. 2006. (May 2006)”。亦有文献把其处理为“Cryptophoranthus Barb. Rodr. (1881)”的异名。【分布】南美洲。【模式】Dondodia erosa (Garay) Luer。【参考异名】Cryptophoranthus Barb. Rodr. (1881) ■☆

17039 Donella Pierre ex Baill. (1891) = Chrysophyllum L. (1753) ［山榄科 Sapotaceae］●

17040 Donella Pierre (1891) Nom. illegit. ≡Donella Pierre ex Baill. (1891)；~ = Chrysophyllum L. (1753) ［山榄科 Sapotaceae］●

17041 Donepea Airy Shaw (1966) = Douepea Cambess. (1839) ［十字花科 Brassicaceae(Cruciferae)］■☆

17042 Donia G. Don et D. Don ex G. Don (1832) Nom. illegit. ≡Donia G. Don et D. Don (1832) Nom. illegit. ≡Clianthus Sol. ex Lindl. (1835) (保留属名) ［豆科 Fabaceae(Leguminosae)//蝶形花科 Papilionaceae］●

17043 Donia G. Don et D. Don (1832) Nom. illegit. ≡Clianthus Sol. ex Lindl. (1835) (保留属名) ［豆科 Fabaceae(Leguminosae)//蝶形花科 Papilionaceae］●

17044 Donia Nutt. = Aster L. (1753) ［菊科 Asteraceae(Compositae)］●■

17045 Donia R. Br. (1813) Nom. illegit. = Grindelia Willd. (1807)；~ = Oxyria Hill(1765) ［菊科 Asteraceae(Compositae)］●■☆

17046 Donia R. Br. (1819) Nom. illegit. = Oxyria Hill (1765) ［蓼科 Polygonaceae］■

17047 Donia Raf. (1818) Nom. illegit. ≡Donia R. Br. (1819) Nom. illegit.；~ = Grindelia Willd. (1807)；~ = Oxyria Hill (1765) ［菊科 Asteraceae(Compositae)］●■☆

17048 Doniana Raf. (1818) Nom. illegit. ≡Donia R. Br. (1813) Nom. illegit.；~ = Grindelia Willd. (1807) ［菊科 Asteraceae (Compositae)］●■☆

17049 Donidsia G. Don (1834) Nom. illegit. = Dondisia DC. (1830) Nom. illegit.；~ = Plectronia L. (1767) (废弃属名)；~ = Olinia Thunb. (1800) (保留属名) ［方枝树科（阿林尼亚科）Oliniaceae//管萼木科（管萼科）Penaeaceae//茜草科 Rubiaceae］●☆

17050 Doniophyton Wedd. (1855) 【汉】羽刺菊属。【隶属】菊科 Asteraceae(Compositae)。【包含】世界 2 种。【学名诠释与讨论】〈中〉(希) odous, 所有格 odontos, 齿 + phyton, 植物, 树木, 枝条。【分布】阿根廷。【模式】Doniophyton andicolum H. A. Weddell, Nom. illegit. [Chuquiraga anomala D. Don]。■☆

17051 Donkelaaria Hort. ex Lem. (1855) Nom. inval. ≡Donkelaaria Lem. (1855)；~ = Centradenia G. Don (1832)；~ = Guettarda L. (1753) ［野牡丹科 Melastomataceae］●■☆

17052 Donkelaaria Lem. (1855) = Guettarda L. (1753) ［茜草科 Rubiaceae//海岸桐科 Guettardaceae］●

17053 Donnellia C. B. Clarke ex Donn. Sm. (1902) Nom. illegit. ≡Donnellia C. B. Clarke (1902) Nom. illegit.；~ = Neodonnellia Rose (1906)；~ = Tripogandra Raf. (1837) ［鸭趾草科 Commelinaceae］■☆

17054 Donnellia C. B. Clarke (1902) Nom. illegit. ≡Neodonnellia Rose (1906)；~ = Tripogandra Raf. (1837) ［鸭趾草科 Commelinaceae］■☆

17055 Donnellsmithia J. M. Coult. et Rose(1890)【汉】道斯芹属。【隶属】伞形花科（伞形科）Apiaceae(Umbelliferae)。【包含】世界 15-20 种。【学名诠释与讨论】〈阴〉(人) John Donnell Smith, 1829-1928, 美国植物学者。另说纪念英国植物学者 Donnell Smith。【分布】墨西哥, 中美洲。【模式】Donnellsmithia guatemalensis J. M. Coulter et J. N. Rose。【参考异名】Schiedeophytum H. Wolff (1911) ■☆

17056 Donnellyanthus Borhidi(2011)【汉】危地马拉茜属。【隶属】茜草科 Rubiaceae。【包含】世界 1 种。【学名诠释与讨论】〈阴〉(人) Donnelly + anthos, 花。【分布】危地马拉。【模式】Donnellyanthus deamii (Donn. Sm.) Borhidi ［Bouvardia deamii Donn. Sm.］。☆

17057 Donningia A. Gray (1873) = Downingia Torr. (1857) (保留属名) ［桔梗科 Campanulaceae］■☆

17058 Dontospermum Neck. ex Sch. Bip. (1843) Nom. illegit. ≡Asteriscus Mill. (1754) ［菊科 Asteraceae(Compositae)］●■☆

17059 Dontospermum Sch. Bip. (1843) Nom. illegit. ≡Dontospermum Neck. ex Sch. Bip. (1843)；~ ≡Asteriscus Mill. (1754) ［菊科 Asteraceae(Compositae)］●■☆

17060 Dontostemon Andrz. ex C. A. Mey. (1831) (保留属名)【汉】花旗杆属（花旗竿属）。【日】ハナハタザオ属, ハナハタザホ属。【俄】Донтостемон。【英】Dontostemon。【隶属】十字花科 Brassicaceae(Cruciferae)。【包含】世界 11 种, 中国 11 种。【学名诠释与讨论】〈阳〉(希) odous, 所有格 odontos, 齿 + stemon, 雄蕊, 指花丝常有齿。此属的学名“Dontostemon Andrz. ex C. A. Mey. in Ledeb., Fl. Altaic. 3：4, 118. Jul-Dec 1831”是保留属名。法规未列出相应的废弃属名。但是十字花科 Brassicaceae 的“Dontostemon Andrz. ex DC., Prodr. [A. P. de Candolle] 1：190. 1824 = Dontostemon Andrz. ex C. A. Mey. (1831) (保留属名)”、“Dontostemon Andrz. ex DC., Fl. Altaic. [Ledebour]. 3：4, 118. 1831 = Dontostemon Andrz. ex C. A. Mey. (1831) (保留属名)”和

"Dontostemon Andrz. ex Ledeb. , Fl. Altaic. 3：4, 118, 1831 = Dontostemon Andrz. ex C. A. Mey. (1831)（保留属名）"都应该废弃。"Andreoskia A. P. de Candolle , Prodr. 1：190. Jan（med. ）1824（non Andrzeiowskia H. G. L. Reichenbach 1824）"和"Hesperidopsis（A. P. de Candolle）O. Kuntze, Rev. Gen. 1：30. 5 Nov 1891"是"Dontostemon Andrz. ex C. A. Mey. (1831)（保留属名）"的晚出的同模式异名（Homotypic synonym, Nomenclatural synonym）。"Hesperidopsis Kuntze（1891）≡Hesperidopsis（DC. ）Kuntze（1891）Nom. illegit. "的命名人引证有误。【分布】巴基斯坦,中国,亚洲中部。【模式】Dontostemon integrifolius（Linnaeus）C. A. Meyer［Sisymbrium integrifolium Linnaeus］。【参考异名】Alaida Dvorák（1971）; Andreoskia DC. （1824）Nom. illegit. ; Dimorphostemon Kitag. （1939）; Dontostemon Andrz. ex DC. （1824）Nom. inval. （废弃属名）; Dontostemon Andrz. ex DC. （1831）Nom. inval. （废弃属名）; Dontostemon Andrz. ex Ledeb. （1831）（废弃属名）; Hesperidopsis（DC. ）Kuntze（1891）Nom. illegit. ; Hesperidopsis Kuntze（1891）Nom. illegit. ■

17061　Dontostemon Andrz. ex DC. （1824）Nom. inval. （废弃属名）= Dontostemon Andrz. ex C. A. Mey. （1831）（保留属名）［十字花科 Brassicaceae（Cruciferae）］■

17062　Dontostemon Andrz. ex DC. （1831）Nom. inval. （废弃属名）= Dontostemon Andrz. ex C. A. Mey. （1831）（保留属名）［十字花科 Brassicaceae（Cruciferae）］■

17063　Dontostemon Andrz. ex Ledeb. （1831）（废弃属名）= Dontostemon Andrz. ex C. A. Mey. （1831）（保留属名）［十字花科 Brassicaceae（Cruciferae）］■

17064　Donzella Lem. （1849）Nom. illegit. = Donzellia Ten. （1839）［大戟科 Euphorbiaceae//刺篱木科（大风子科）Flacourtiaceae］●

17065　Donzellia Ten. （1839）= Flacourtia Comm. ex L'Hér. （1786）［大戟科 Euphorbiaceae//刺篱木科（大风子科）Flacourtiaceae］●

17066　Doodia Roxb. （1832）Nom. illegit. = Uraria Desv. （1813）［豆科 Fabaceae（Leguminosae）//蝶形花科 Papilionaceae］●■

17067　Doona Thwaites（1851）（保留属名）【汉】杜纳香属。【隶属】龙脑香科 Dipterocarpaceae。【包含】世界 11 种。【学名诠释与讨论】〈阴〉（希）来自植物俗名。此属的学名"Doona Thwaites in Hooker's J. Bot. Kew Gard. Misc. 3：t. 12. 1851（sero）"是保留属名。相应的废弃属名是龙脑香科 Dipterocarpaceae 的"Caryolobis Gaertn. , Fruct. Sem. Pl. 1：215. Dec 1788 = Doona Thwaites（1851）（保留属名）"。亦有文献把"Doona Thwaites（1851）（保留属名）"处理为"Shorea Roxb. ex C. F. Gaertn. （1805）"的异名。【分布】斯里兰卡。【模式】Doona zeylanica Thwaites。【参考异名】Caryolobis Gaertn. （1788）（废弃属名）; Shorea Roxb. ex C. F. Gaertn. （1805）●☆

17068　Doornia de Vriese（1854）= Pandanus Parkinson（1773）［露兜树科 Pandanaceae］●■

17069　Doosera Roxb. ex Wight et Arn. （1834）Nom. inval. = Mollugo L. （1753）［粟米草科 Molluginaceae//番杏科 Aizoaceae］■

17070　Dopatrium Buch. - Ham. （1835）Nom. illegit. ≡ Dopatrium Buch. -Ham. ex Benth. （1835）［玄参科 Scrophulariaceae//婆婆纳科 Veronicaceae］■

17071　Dopatrium Buch. -Ham. ex Benth. （1835）【汉】虻眼草属（虻眼属）。【日】アブノメ属。【俄】Допатриум。【英】Dopatricum。【隶属】玄参科 Scrophulariaceae//婆婆纳科 Veronicaceae。【包含】世界 7-12 种,中国 1 种。【学名诠释与讨论】〈中〉（东印度）dopate,东印度一种植物俗名。此属的学名,ING、IPNI 和 IK 记载是"Dopatrium Buch. -Ham. ex Benth. , Edwards's Bot. Reg. 21：ad t. 1770, no. 46. 1835［1 Jun 1835］"。APNI 则记载为"Dopatrium Buch. -Ham. , Edwards's Botanical Register 21 1835"。《中国植物志》英文版使用"Dopatrium Buch. -Ham. ex Benth. （1835）"。【分布】澳大利亚,中国,热带非洲,亚洲。【模式】未指定。【参考异名】Dopatrium Buch. -Ham. （1835）Nom. illegit. ■

17072　Doraena Thunb. （1783）= Maesa Forssk. （1775）［紫金牛科 Myrsinaceae//杜茎山科 Maesaceae］●

17073　Doranthera Steud. （1840）= Anticharis Endl. （1839）; ~ = Doratanthera Benth. ex Endl. （1839）［玄参科 Scrophulariaceae］■●☆

17074　Doranxylum Neraud = Doratoxylon Thouars ex Benth. et Hook. f. （1862）［无患子科 Sapindaceae］●☆

17075　Doratanthera Benth. ex Endl. （1839）= Anticharis Endl. （1839）［玄参科 Scrophulariaceae］■●☆

17076　Doratanthes Lemaire（1849）Nom. inval. ［矛缨花科（矛花科）Doryanthaceae］■☆

17077　Doratium Sol. ex J. St. -Hil. （1805）= Zanthoxylum L. （1753）［芸香科 Rutaceae//花椒科 Zanthoxylaceae］●

17078　Doratolepis（Benth. ）Schltdl. （1847）= Leptorhynchos Less. （1832）［菊科 Asteraceae（Compositae）］■☆

17079　Doratolepis Schltdl. （1847）Nom. illegit. ≡ Doratolepis（Benth. ）Schltdl. （1847）; ~ = Leptorhynchos Less. （1832）［菊科 Asteraceae（Compositae）］■☆

17080　Doratometra Klotzsch（1854）= Begonia L. （1753）［秋海棠科 Begoniaceae］●■

17081　Doratophora Lem. （1849）= Doryphora Endl. （1837）［香材树科（杯轴花科,黑檫木科,芒籽科,蒙立米科,檬立木科,香材木科,香树木科）Monimiaceae//黑檫木科（芒子科,芒籽科,芒籽香科,香皮茶科,异杯木科）Atherospermataceae］●☆

17082　Doratoxylon Thouars ex Benth. et Hook. f. （1862）【汉】矛材属。【隶属】无患子科 Sapindaceae。【包含】世界 1 种。【学名诠释与讨论】〈中〉（希）daory, 所有格 doratos, 矛,枪+xyle = xylon, 木材。此属的学名, ING 和 IK 记载是"Doratoxylon Du Petit-Thouars ex Bentham et Hook. f. , Gen. 1：408. 7 Aug 1862"。TROPICOS 则记载为"Doratoxylon Thouars ex Hook. f. , Gen. Pl. 1：408, 1862"。三者引用的文献相同。【分布】马达加斯加,马斯克林群岛。【模式】Doratoxylon diversifolium（A. H. L. Jussieu）Jackson［Melicoccus diversifolia A. H. L. Jussieu］。【参考异名】Doratoxylon Thouars ex Hook. f. （1862）Nom. illegit. ●☆

17083　Doratoxylon Thouars ex Hook. f. （1862）Nom. illegit. = Doratoxylon Thouars ex Benth. et Hook. f. （1862）［无患子科 Sapindaceae］●☆

17084　Dorcoceras Bunge（1833）= Boea Comm. ex Lam. （1785）［苦苣苔科 Gesneriaceae］■

17085　Dorella Bubani（1901）Nom. illegit. ≡ Camelina Crantz（1762）［十字花科 Brassicaceae（Cruciferae）］■

17086　Dorema D. Don（1831）【汉】氨草属（屈谟属）。【俄】Дорема。【英】Gum Tree, Sumbul。【隶属】伞形花科（伞形科）Apiaceae（Umbelliferae）。【包含】世界 12 种。【学名诠释与讨论】〈中〉（希）dorema 礼物。该植物含氨草胶（ammonicum）。【分布】巴基斯坦,亚洲中部和西南部。【模式】Dorema ammoniacum D. Don。【参考异名】Diserneston Jaub. et Spach（1842）■☆

17087　Doria Adans. （1763）Nom. illegit. ［菊科 Asteraceae（Compositae）］☆

17088　Doria Fabr. （1759）Nom. illegit. ［菊科 Asteraceae（Compositae）］☆

17089　Doria Thunb. （1800）Nom. illegit. = Othonna L. （1753）; ~ = Senecio L. （1753）［菊科 Asteraceae（Compositae）//千里光科 Senecionidaceae］●■

17090　Doricera Verdc.（1983）【汉】矛角茜属。【隶属】茜草科
Rubiaceae。【包含】世界 1 种。【学名诠释与讨论】〈阴〉（希）
dory，所有格 doratos，矛，枪＋keras，所有格 keratos，角，弓。另说
Rodrigues，毛里求斯的罗德里格斯岛拉丁化为 Roderica。再字母
改缀为本属名 Doricera。【分布】马斯加林群岛。【模式】Doricera
trilocularis（I. B. Balfour）B. Verdcourt［Pyrostria trilocularis I. B.
Balfour］。☆

17091　Doriclea Raf.（1837）＝Leucas R. Br.（1810）［唇形科
Lamiaceae（Labiatae）］●■

17092　Doriena Endl.（1840）＝Acronychia J. R. Forst. et G. Forst.
（1775）（保留属名）［芸香科 Rutaceae］●

17093　Dorisia Gillespie et A. C. Sm.（1936）Nom. illegit. ＝
Mastixiodendron Melch.（1925）［茜草科 Rubiaceae］●☆

17094　Dorisia Gillespie（1933）＝Mastixiodendron Melch.（1925）［茜
草科 Rubiaceae］●☆

17095　Doritis Lindl.（1833）【汉】五唇兰属（朵丽兰属）。【日】ドリ
ティス属。【英】Doritis。【隶属】兰科 Orchidaceae。【包含】世界
2 种，中国 1 种。【学名诠释与讨论】〈阴〉（希）dory，所有格
doratos，矛，枪＋-itis，表示关系密切的词尾，像，具有。指舌瓣形
状。【分布】印度至马来西亚，中国。【模式】Doritis pulcherrima
J. Lindley。■

17096　Dornera Heuff. ex Schur（1866）＝Carex L.（1753）［莎草科
Cyperaceae］■

17097　Dorobaea Cass.（1827）【汉】羽莲菊属。【隶属】菊科
Asteraceae（Compositae）。【包含】世界 3 种。【学名诠释与讨论】
〈阴〉词源不详。此属的学名是"Dorobaea Cassini in F. Cuvier,
Dict. Sci. Nat. 48：447，453. Jun 1827"。亦有文献把其处理为
"Senecio L.（1753）"的异名。【分布】秘鲁，厄瓜多尔，安第斯
山。【模式】Dorobaea pimpinellifolia（Kunth）B. Nordenstam
［Senecio pimpinellifolius Kunth［as 'pimpinellaefolius'］。【参考
异名】Senecio L.（1753）■☆

17098　Doroceras Steud.（1840）＝Dorcoceras Bunge（1833）［苦苣苔科
Gesneriaceae］■

17099　Doronicum L.（1753）【汉】多榔菊属。【日】ドロニカム属，ド
ロニクム属。【俄】Ароникум，Дороникум。【英】Doronicum,
Leopard's Bane, Leopard's - bane。【隶属】菊科 Asteraceae
（Compositae）。【包含】世界 35-40 种，中国 7 种。【学名诠释与
讨论】〈中〉doronig，阿拉伯植物俗名。此属的学名，ING 和 GCI
记载是"Doronicum L. , Sp. Pl. 2：885. 1753［1 May 1753］"。IK
则记载为"Doronicum Tourn. ex L. , Sp. Pl. 2：885. 1753［1 May
1753］"。"Doronicum Tourn"是命名起点著作之前的名称，故
"Doronicum L.（1753）"和"Doronicum Tourn. ex L.（1753）"都是
合法名称，可以通用。"Arnica Boehmer in C. G. Ludwig, Def. Gen.
ed. 3. 186. 1760（non Linnaeus 1753）"是"Doronicum L.（1753）"
的晚出的同模式异名（Homotypic synonym, Nomenclatural
synonym）。【分布】巴基斯坦，玻利维亚，中国，非洲北部，温带欧
亚大陆。【后选模式】Doronicum pardalianches Linnaeus。【参考
异名】Arnica Boehm.（1760）Nom. illegit. ；Aronicum Neck.（1790）
Nom. inval. ；Aronicum Neck. ex Rchb.（1831）Nom. illegit. ；
Doronicum Tourn. ex L.（1753）；Fullartonia DC.（1836）；
Grammarthron Cass.（1817）■

17100　Doronicum Tourn. ex L.（1753）≡Doronicum L.（1753）［菊科
Asteraceae（Compositae）］■

17101　Dorothea Wernham（1913）＝Aulacocalyx Hook. f.（1873）［茜草
科 Rubiaceae］●☆

17102　Dorotheanthus Schwantes（1927）【汉】彩虹花属。【日】ドロテ
アトサス属，ドロテアンッス属。【隶属】番杏科 Aizoaceae。

【包含】世界 5 种。【学名诠释与讨论】〈阳〉（人）Dorothe，命名人
的母亲＋anthos，花。【分布】非洲南部。【模式】Dorotheanthus
gramineus（Haworth）Schwantes［Mesembryanthemum gramineum
Haworth］。【参考异名】Pherelobus Jacobsen, Nom. illegit. ；
Pherelobus Phillips, Nom. illegit. ；Pherolobus N. E. Br.（1928）；
Sineoperculum Van Jaarsv.（1982）；Stigmatocarpum L. Bolus
（1927）；Stigraatocarpum L. Bolus ■☆

17103　Dorrienia Engl.（1842）＝Doerrienia Rchb.（1841）Nom. illegit. ；
～＝Genlisea A. St. -Hil.（1833）［狸藻科 Lentibulariaceae］■☆

17104　Dorstenia L.（1753）【汉】多坦草属（多尔斯藤属，琉璃属，墨
西哥桑属）。【日】ドルステーニア属。【俄】Дорстения。【英】
Dorstenie, Toms Herb。【隶属】桑科 Moraceae。【包含】世界 105
种。【学名诠释与讨论】〈阴〉（人）Theodor Dorsten，? -1539，德
国医学教授。【分布】巴拉圭，巴拿马，秘鲁，玻利维亚，厄瓜多
尔，哥伦比亚（安蒂奥基亚），哥斯达黎加，马达加斯加，尼加拉
瓜，中美洲。【后选模式】Dorstenia contrajerva Linnaeus。【参考异
名】Cosaria J. F. Gmel.（1791）；Craterogyne Lanj.（1935）；
Ctenocladium Airy Shaw（1965）；Korsaria Steud.（1840）；Kosaria
Forssk.（1775）；Sychinium Desv.（1826）■●☆

17105　Dorsteniaceae Chev.（1827）＝Hemerocallidaceae R. Br.。■

17106　Dortania A. Chev.（1937）＝Acidanthera Hochst.（1844）；～＝
Gladiolus L.（1753）［鸢尾科 Iridaceae］■

17107　Dortiguea Bubani（1897）Nom. illegit. ≡Erinus L.（1753）［玄参
科 Scrophulariaceae//婆婆纳科 Veronicaceae］■☆

17108　Dortmania Neck.（1790）Nom. inval. ≡Dortmannia Neck.
（1790）Nom. inval. ；～＝Dortmanna Hill（1756）［桔梗科
Campanulaceae//山梗菜科（半边莲科）Nelumbonaceae］●■

17109　Dortmanna Hill（1756）＝Lobelia L.（1753）［桔梗科
Campanulaceae//山梗菜科（半边莲科）Nelumbonaceae］●■

17110　Dortmannaceae Rupr. ＝Campanulaceae Juss.（1789）（保留科
名）■●

17111　Dortmannia Hill（1756）Nom. illegit. ≡Dortmanna Hill（1756）；
～＝Lobelia L.（1753）［桔梗科 Campanulaceae//山梗菜科（半边
莲科）Nelumbonaceae］●■

17112　Dortmannia Kuntze（1891）Nom. illegit. ＝Dortmanna Hill（1756）
［桔梗科 Campanulaceae//山梗菜科（半边莲科）Nelumbonaceae］●■

17113　Dortmannia Neck.（1790）Nom. inval. ＝Lobelia L.（1753）［桔
梗科 Campanulaceae//山梗菜科（半边莲科）Nelumbonaceae］●■

17114　Dortmannia Steud.（1840）＝Dortmanna Hill（1756）；～＝Lobelia
L.（1753）［桔梗科 Campanulaceae//山梗菜科（半边莲科）
Nelumbonaceae］●■

17115　Dorvalia Comm. ex DC.（1828）Nom. inval. ＝Dorvalla Comm. ex
Lam.（1788）［柳叶菜科 Onagraceae］●■

17116　Dorvalia Hoffmanns.（1833）Nom. inval. ＝Fuchsia L.（1753）
［柳叶菜科 Onagraceae］●■

17117　Dorvalla Comm. ex Lam.（1788）＝Fuchsia L.（1753）［柳叶菜
科 Onagraceae］●■

17118　Dorvallia Comm. ex Juss.（1789）Nom. illegit. ［柳叶菜科
Onagraceae］☆

17119　Doryalis E. Mey. ex Arn. , Nom. inval. ；～＝Dovyalis E. Mey. ex
Arn.（1841）［刺篱木科（大风子科）Flacourtiaceae］●

17120　Doryanthaceae R. Dahlgren et Clifford（1985）【汉】矛缨花科（矛
花科）。【包含】世界 1 属 2 种。【分布】澳大利亚东部。【科名
模式】Doryanthes Corrêa ■☆

17121　Doryanthes Corrêa（1802）【汉】矛缨花属（矛花属）。【俄】
Дориантес。【英】Gymea Lily, Spear - lily。【隶属】百合科
Liliaceae//龙舌兰科 Agavaceae//矛缨花科（矛花科）

Doryanthaceae。【包含】世界 2 种。【学名诠释与讨论】〈阴〉（希）dory，所有格 doratos，矛，枪+anthos，花。【分布】澳大利亚。【模式】Doryanthes excelsa Corrêa。■☆

17122　Dorycheile Rchb.（1841）= Cephalanthera Rich.（1817）［兰科 Orchidaceae］■

17123　Dorychilus Post et Kuntze（1903）= Dorycheile Rchb.（1841）［兰科 Orchidaceae］■

17124　Dorychnium Brongn.（1843）Nom. illegit. = Dorycnium Mill.（1754）［豆科 Fabaceae（Leguminosae）］●■☆

17125　Dorychnium Moench（1794）Nom. illegit. ≡ Cullen Medik.（1787）；~ =Psoralea L.（1753）［豆科 Fabaceae（Leguminosae）//蝶形花科 Papilionaceae］●■

17126　Dorychnium Royen ex Moench（1794）Nom. illegit. ≡Dorychnium Moench（1794）Nom. illegit.；~ ≡ Cullen Medik.（1787）；~ = Psoralea L.（1753）［豆科 Fabaceae（Leguminosae）//蝶形花科 Papilionaceae］●■

17127　Dorycinopsis Lem.（1849）= Anthyllis L.（1753）；~ = Dorycnopsis Boiss.（1840）［豆科 Fabaceae（Leguminosae）//蝶形花科 Papilionaceae］■☆

17128　Dorycnium Mill.（1754）【汉】加那利豆属。【俄】Дорикниум。【英】Canary - clover，Dorycnium。【隶属】豆科 Fabaceae（Leguminosae）//蝶形花科 Papilionaceae。【包含】世界 15 种。【学名诠释与讨论】〈中〉（希）doryknion，希腊古名。曾被 Dioscorides 命名为 Convolvulus 的一个种。拉丁文 dorycnion 是一种有毒植物。此属的学名，ING、TROPICOS 和 IK 记载是"Dorycnium P. Miller, Gard. Dict. Abr. ed. 4. 28 Jan 1754"。"Miediega Bubani, Fl. Pyrenaea 2：504. 1899（sero）-1900"是"Dorycnium Mill.（1754）"的晚出的同模式异名（Homotypic synonym，Nomenclatural synonym）。亦有文献把"Dorycnium Mill.（1754）"处理为"Lotus L.（1753）"的异名。【分布】巴基斯坦，地中海地区。【后选模式】Dorycnium pentaphyllum Scopoli［Lotus dorycnium Linnaeus］。【参考异名】Barnebyella Podlech（1994）；Bonjeania Rchb.；Dorychnium Brongn.（1843）Nom. illegit.；Gussonea Parl.（1838）Nom. illegit.；Lotus L.（1753）；Miediega Bubani（1899）Nom. illegit.；Ortholotus Fourr.（1868）●■☆

17129　Dorycnopsis Boiss.（1840）= Anthyllis L.（1753）［豆科 Fabaceae（Leguminosae）//蝶形花科 Papilionaceae］■☆

17130　Doryctandea Hook. f. et Thomson（1872）= Dioryktandra Hassk.（1855）；~ = Rinorea Aubl.（1775）（保留属名）［堇菜科 Violaceae］●

17131　Dorydium Salisb.（1866）= Asphodeline Rchb.（1830）［百合科 Liliaceae//阿福花科 Asphodelaceae］●☆

17132　Doryphora Endl.（1837）【汉】檫木香属（多瑞弗拉属，矛桂属，矛雄香属）。【英】Sassafras。【隶属】香材树科（杯轴花科，黑檫木科，芒籽科，蒙立米科，檬立米科，香材木科，香树木科）Monimiaceae//黑檫木科（芒子科，芒籽科，芒籽香科，香皮茶科，异籽木科）Atherospermataceae。【包含】世界 2 种。【学名诠释与讨论】〈阴〉（希）dory，所有格 doratos，矛，枪+phoros，具有，梗，负载，发现者。指花药尖端形状。此属的学名，ING、TROPICOS、APNI 和 IK 记载是"Doryphora Endl.，Gen. Pl.［Endlicher］315. 1837［Oct 1837］"。"Learosa H. G. L. Reichenbach，Deutsche Bot. Herbarienbuch（Nom.）69. Jul 1841"是"Doryphora Endl.（1837）"的晚出的同模式异名（Homotypic synonym，Nomenclatural synonym）。硅藻的"Doryphora Kützing，Kies. Bacill. Diat. 74. 7-9 Nov 1844（non Endlicher 1837）"是晚出的非法名称。【分布】澳大利亚（新南威尔士）。【模式】Doryphora sassafras Endlicher。【参考异名】Doratophora Lem.（1849）；Learosa Rchb.（1841）Nom.

illegit. ●☆

17133　Dorystaechas Boiss. et Heldr. ex Benth.（1848）【汉】土耳其山灌属。【隶属】唇形科 Lamiaceae（Labiatae）//鼠尾草科 Salviaceae。【包含】世界 1 种。【学名诠释与讨论】〈阴〉（希）dory，所有格 doratos，矛，枪+拉丁文 stoechas，stoechadis，法国熏衣草。此属的学名，ING、TROPICOS 和 IK 记载是"Dorystaechas Boissier et Heldreich ex Bentham in Alph. de Candolle, Prodr. 12：261. 5 Nov 1848"。"Dorystaechas Boiss. et Heldr. ≡ Dorystaechas Boiss. Heldr. ex Benth.（1848）［唇形科 Lamiaceae（Labiatae）］"的命名人引证有误。"Dorystaechas Boiss. et Heldr.，Nom. illegit."和"Dorystoechas Boiss. et Heldr. ex Benth.（1848）Nom. illegit."是其拼写变体。"Dorystaechas Boiss. et Heldr. ex Benth.（1848）"曾被处理为"Salvia subgen. Dorystaechas（Boiss. et Heldr. ex Benth.）J. B. Walker，B. T. Drew et J. G. González，Taxon 66（1）：140. 2017.（23 Feb 2017）"。亦有文献把"Dorystaechas Boiss. et Heldr. ex Benth.（1848）"处理为"Salvia L.（1753）"的异名。【分布】中国，安纳托利亚。【模式】Dorystaechas hastata Boissier et Heldreich ex Bentham。【参考异名】Dorystoechas Boiss. et Heldr. ex Benth.（1848）Nom. illegit.；Salvia L.（1753）；Salvia subgen. Dorystaechas（Boiss. et Heldr. ex Benth.）J. B. Walker, B. T. Drew et J. G. González（2017）●

17134　Dorystephania Warb.（1904）= Sarcolobus R. Br.（1810）［萝藦科 Asclepiadaceae］●☆

17135　Dorystigma Gaudich.（1841）【汉】矛柱露兜树属。【隶属】露兜树科 Pandanaceae。【包含】世界 3 种。【学名诠释与讨论】〈中〉（拉）dory+stigma，所有格 stigmatos，柱头，眼点。此属的学名，ING、TROPICOS 和 IK 记载是"Dorystigma Gaudichaud-Beaupré，Voyage Bonite Bot. Atlas t. 13. 1841"。"Dorystigma Miers，London J. Bot. 4：347. 1845 =Jaborosa Juss.（1789）［茄科 Solanaceae］"是晚出的非法名称。"Lonchestigma Dunal in Alph. de Candolle, Prodr. 13（1）：476. 10 Mai 1852"是"Dorystigma Miers（1845）Nom. illegit."的晚出的同模式异名（Homotypic synonym，Nomenclatural synonym）。亦有文献把"Dorystigma Gaudich.（1841）"处理为"Pandanus Parkinson（1773）"的异名。【分布】玻利维亚，马达加斯加。【后选模式】Dorystigma caulescens（Gillies et W. J. Hooker）Miers［Jaborosa caulescens Gillies et W. J. Hooker）L. K. G. Pfeiffer］。【参考异名】Pandanus Parkinson（1773）●☆

17136　Dorystigma Miers（1845）Nom. illegit. = Jaborosa Juss.（1789）［茄科 Solanaceae］●☆

17137　Dorystoechas Boiss. et Heldr. ex Benth.（1848）Nom. illegit. ≡ Dorystaechas Boiss. et Heldr. ex Benth.（1848）［唇形科 Lamiaceae（Labiatae）］●☆

17138　Doryxylon Zoll.（1857）【汉】矛材木属。【隶属】大戟科 Euphorbiaceae。【包含】世界 1 种。【学名诠释与讨论】〈中〉（希）dory，所有格 doratos，矛，枪+xylon，木材。【分布】菲律宾，苏丹，印度尼西亚（爪哇岛）。【模式】Doryxylon spinosum Zollinger。【参考异名】Mercadoa Naves（1880）；Sumbavia Baill.（1858）●☆

17139　Doschafa Post et Kuntze（1903）= Arisaema Mart.（1831）；~ = Dochafa Schott（1856）［天南星科 Araceae］●■

17140　Dossifluga Bremek.（1944）= Strobilanthes Blume（1826）［爵床科 Acanthaceae］●■

17141　Dossinia C. Morren（1848）【汉】多新兰属（道西兰属）。【日】ドシニア属。【英】Dossinia。【隶属】兰科 Orchidaceae。【包含】世界 1 种。【学名诠释与讨论】〈阴〉（人）Pierre Etienne Dossin，1777-1853，比利时植物学者。【分布】加里曼丹岛。【模式】Dossinia marmorata C. Morren。■☆

17142　Dothieroa Raf. = Phlogacanthus Nees（1832）［爵床科

Acanthaceae]●■

17143　Dothilis Raf.（1837）Nom. illegit. ≡ Ulantha Hook.（1830）；~ = Chloraea Lindl.（1827）；~ = Spiranthes Rich.（1817）（保留属名）[兰科 Orchidaceae]■

17144　Dothilophis Raf.（1838）= Epidendrum L.（1763）（保留属名）[兰科 Orchidaceae]■☆

17145　Douarrea Montrouz.（1860）= Psychotria L.（1759）（保留属名）[茜草科 Rubiaceae//九节科 Psychotriaceae]●

17146　Douepea Cambess.（1839）【汉】阿拉伯芥属。【隶属】十字花科 Brassicaceae（Cruciferae）。【包含】世界 1-2 种。【学名诠释与讨论】〈阴〉词源不详。【分布】巴基斯坦（西部），印度（西北部）。【模式】Douepea tortuosa Cambessèdes。【参考异名】Dolichorhynchus Hedge et Kit Tan（1987）；Donepea Airy Shaw（1966）；Douepia Hook. f. et Thomson（1861）；Doupea D. Dietr.（1843）■☆

17147　Douepia Hook. f. et Thomson（1861）= Douepea Cambess.（1839）[十字花科 Brassicaceae（Cruciferae）]■☆

17148　Douglasdeweya C. Yen, J. L. Yang et B. R. Baum（2005）【汉】肖冰草属。【隶属】禾本科 Poaceae（Gramineae）。【包含】世界 2 种。【学名诠释与讨论】〈阴〉（人）Douglas Dewey。此属的学名是"Douglasdeweya C. Yen, J. L. Yang et B. R. Baum（2005），Canadian Journal of Botany 83（4）: 416. 2005.（Apr 2005）"。亦有文献把其处理为"Agropyron Gaertn.（1770）"的异名。【分布】伊朗，高加索。【模式】Douglasdeweya deweyi（K. B. Jensen, S. L. Hatch et Wipff）C. Yen, J. L. Yang et B. R. Baum。【参考异名】Agropyron Gaertn.（1770）■☆

17149　Douglasia Lindl.（1827）（保留属名）【汉】金地梅属。【英】Vitaliana。【隶属】报春花科 Primulaceae。【包含】世界 8 种。【学名诠释与讨论】〈阴〉（人）David Douglas, 1798/1799-1834, 英国植物采集家，探险家。此属的学名"Douglasia Lindl. in Quart. J. Sci. Lit. Arts 1827: 385. Oct-Dec 1827 = Androsace L.（1753）"是保留属名。相应的废弃属名是唇形科 Lamiaceae（Labiatae）的"Douglassia Mill., Gard. Dict. Abr., ed. 4: [452]. 28 Jan 1754 ≡ Volkameria L.（1753）= Clerodendrum L.（1753）"和报春花科 Primulaceae 的"Vitaliana Sesl. in Donati, Essai Hist. Nat. Mer Adriat.: 69. Jan-Mar 1758 = Androsace L.（1753）= Douglasia Lindl.（1827）（保留属名）"。唇形科 Lamiaceae（Labiatae）的"Douglassia Adans., Fam. Pl.（Adanson）2: 200. 1763"、"Douglassia Houst. ex Mill., Gard. Dict. Abr., ed. 4. [textus s. n.]. 1754 [28 Jan 1754]"和"Douglassia Houst., Reliq. Houstoun. 6, t. 13. 1781 = Nerine Herb.（1820）（保留属名）"，报春花科 Primulaceae 的"Douglassia Rchb., Consp. Regn. Veg. [H. G. L. Reichenbach] 128. 1828 = Douglasia Lindl.（1827）（保留属名）"以及樟科 Lauraceae 的"Douglassia Schreb., Gen. Pl., ed. 8 [a]. 809（1791）≡ Aiouea Aublet 1775"都应废弃。亦有文献把"Douglasia Lindl.（1827）（保留属名）"处理为"Androsace L.（1753）"的异名。【分布】北美洲极地。【模式】Douglasia nivalis J. Lindley。【参考异名】Androsace L.（1753）；Douglassia Rchb.（1828）Nom. illegit.（废弃属名）；Macrotybus Dulac（1867）Nom. illegit.；Vitaliana Sesl.（1758）（废弃属名）■☆

17150　Douglassia Adans.（1763）Nom. illegit.（废弃属名）[唇形科 Lamiaceae（Labiatae）]☆

17151　Douglassia Houst.（1781）Nom. illegit.（废弃属名）= Nerine Herb.（1820）（保留属名）[石蒜科 Amaryllidaceae]■☆

17152　Douglassia Mill.（1754）Nom. illegit.（废弃属名）≡ Volkameria L.（1753）；~ = Clerodendrum L.（1753）[马鞭草科 Verbenaceae//牡荆科 Viticaceae]●■

17153　Douglassia Rchb.（1828）Nom. illegit.（废弃属名）= Douglasia Lindl.（1827）（保留属名）[报春花科 Primulaceae]■☆

17154　Douglassia Schreb.（1791）Nom. illegit.（废弃属名）≡ Aiouea Aubl.（1775）[樟科 Lauraceae]●☆

17155　Douma Poir.（1809）= Hyphaene Gaertn.（1788）[棕榈科 Arecaceae（Palmae）]●☆

17156　Doupea D. Dietr.（1843）= Douepea Cambess.（1839）[十字花科 Brassicaceae（Cruciferae）]■☆

17157　Douradoa Sleumer（1984）【汉】杜拉木属。【隶属】铁青树科 Olacaceae。【包含】世界 1 种。【学名诠释与讨论】〈阴〉来自植物俗名。【分布】巴西。【模式】Douradoa consimilis H. O. Sleumer。●☆

17158　Dovea Kunth（1841）【汉】多夫草属。【隶属】帚灯草科 Restionaceae。【包含】世界 1-10 种。【学名诠释与讨论】〈阴〉（人）Heinnch Wilhelm Dove, 1803-1879, 德国气象学者。【分布】非洲南部。【后选模式】Dovea macrocarpa Kunth。【参考异名】Dowea Steud.（1855）■☆

17159　Dovyalis E. Mey. ex Arn.（1841）【汉】木莓属（斯里兰卡莓属，西苔栗属）。【日】ドビアーリス属。【英】Dovyalis。【隶属】刺篱木科（大风子科）Flacourtiaceae。【包含】世界 15-30 种，中国 1 种。【学名诠释与讨论】〈阴〉（希）dory, 矛，枪。可能指有些种类具有刺。此解释是基于 Doryalis = Dovyalis。此属的学名，ING、APNI、TROPICOS 和 IK 记载是"Dovyalis E. H. F. Meyer ex Arnott, J. Bot.（Hooker）3: 251. Feb 1841"。"Dovyalis E. Mey."是一个未合格发表的名称（Nom. inval.）。【分布】哥伦比亚，尼加拉瓜，中国，热带非洲。【模式】Dovyalis zizyphoides E. H. F. Meyer ex Arnott, Nom. illegit. [Flacourtia rhamnoides Burchell ex A. P. de Candolle]。【参考异名】Aberia Hochst.（1844）；Doryalis Warb.；Dovyalis E. Mey.；Dovyalis Warb.●

17160　Dovyalis Warb. = Dovyalis E. Mey. ex Arn.（1841）[刺篱木科（大风子科）Flacourtiaceae]●●

17161　Dowea Steud.（1855）= Dovea Kunth（1841）[帚灯草科 Restionaceae]■☆

17162　Downingia Torr.（1857）（保留属名）【汉】唐宁草属。【英】Californian Lobelia。【隶属】桔梗科 Campanulaceae。【包含】世界 11-13 种。【学名诠释与讨论】〈阴〉（人）Andrew Jackson Downing, 1815-1852, 美国园艺工作者。此属的学名"Downingia Torr. in Rep. Explor. Railroad Pacif. Ocean 4（1,4）: 116. Aug-Sep 1857"是保留属名，也是一个替代名称。"Clintonia Douglas ex J. Lindley, Edwards's Bot. Reg. t. 1241. 1 Jun 1829"是一个非法名称（Nom. illegit.），因为此前已经有了"Clintonia Rafinesque, Amer. Monthly Mag. et Crit. Rev. 2: 266. Feb 1818 [百合科 Liliaceae//铃兰科 Convallariaceae//美地草科（美地科，七筋菇科，七筋姑科）Medeolaceae]"。故用"Downingia Torr.（1857）"替代之。相应的废弃属名是桔梗科 Campanulaceae 的"Bolelia Raf. in Atlantic J. 1: 120. 1832 ≡ Downingia Torr.（1857）（保留属名）"。"Gynampsis Rafinesque, Herb. Raf. 48, 52. 1833"和"Wittea Kunth, Abh. Königl. Akad. Wiss. Berlin 1848: 32. 1850"也是"Downingia Torr.（1857）（保留属名）"的同模式异名（Homotypic synonym, Nomenclatural synonym）。【分布】太平洋地区，温带南美洲。【模式】Downingia elegans（Douglas ex Lindley）Torrey [Clintonia elegans Douglas ex Lindley]。【参考异名】Bolelia Raf.（1832）（废弃属名）；Clintonia Douglas ex Lindl.（1829）Nom. illegit.；Clintonia Douglas（1829）Nom. illegit.；Donningia A. Gray（1873）；Gynampsis Raf.（1837）Nom. illegit.；Wittea Kunth（1848）Nom. illegit.■☆

17163　Doxantha Miers（1863）【汉】猫爪草属（荣花属）。【日】ドクサンタ属。【隶属】紫葳科 Bignoniaceae。【包含】世界 29 种。【学

名诠释与讨论】〈阴〉（希）doxa，光荣，光彩，华丽，荣誉，有名，显著+anthos，花。此属的学名，ING、TROPICOS、GCI 和 IK 记载是"Doxantha Miers，Proc. Roy. Hort. Soc. London 3：189. 1863"。"Batocydia Martius ex N. L. Britton et P. Wilson，Sci. Surv. Porto Rico 6：194. 14 Jan 1925"是"Doxantha Miers（1863）"的晚出的同模式异名（Homotypic synonym，Nomenclatural synonym）。亦有文献把"Doxantha Miers（1863）"处理为"Bignonia L.（1753）（保留属名）"或"Macfadyena A. DC.（1845）"的异名。《显花植物与蕨类植物词典》记载为"Doxantha Miers（1863）＝Bignonia L.（1753）（保留属名）+Doxanthemum D. R. Hunt（1864）"。【分布】巴基斯坦，玻利维亚。【模式】Doxantha unguis‐cati（Linnaeus）Miers［Bignonia unguis‐cati Linnaeus］。【参考异名】Batocydia Mart. ex Britton et P. Wilson（1925）Nom. illegit.；Bignonia L.（1753）（保留属名）；Macfadyena A. DC.（1845）；Microbignonia Kraenzl.（1915）●☆

17164　Doxanthemum D. R. Hunt（1864）【汉】北美紫葳属。【隶属】紫葳科 Bignoniaceae。【包含】世界 1 种。【学名诠释与讨论】〈中〉（希）doxa+anthemon 花。【分布】北美洲。【模式】不详。●☆

17165　Doxanthes Raf.（1838）＝ Phaeomeria Lindl. ex K. Schum.（1904）Nom. illegit.；～＝ Etlingera Roxb.（1792）；～＝ Nicolaia Horan.（1862）（保留属名）［姜科（襄荷科）Zingiberaceae］■☆

17166　Doxema Raf.（1838）＝ Quamoclit Moench（1794）Nom. illegit.；～＝Quamoclit Tourn. ex Moench（1794）Nom. illegit.；～＝ Ipomoea L.（1753）（保留属名）［旋花科 Convolvulaceae］●■

17167　Doxomma Miers（1875）＝ Barringtonia J. R. Forst. et G. Forst.（1775）（保留属名）［玉蕊科（巴西果科）Lecythidaceae//翅玉蕊科（金刀木科）Barringtoniaceae］●

17168　Doxosma Raf.（1838）＝ Epidendrum L.（1763）（保留属名）［兰科 Orchidaceae］■☆

17169　Doyerea Grosourdy ex Bello（1881）【汉】道氏瓜属（道耶瓜属）。【隶属】葫芦科（瓜科，南瓜科）Cucurbitaceae。【包含】世界 2 种。【学名诠释与讨论】〈阴〉（人）Catharina M. Doyer，植物学者。此属的学名，IK 记载是"Doyerea Grosourdy，Medic. Bot. Criollo i. I.（1864）201；et ex Bello in Anal. Soc. Esp. Hisp. Nat. x.（1881）273"。"Doyerea Grosourdy，Méd. Bot. Criollo pt. I（vol. 2）：338. 1864"是一个未合格发表的名称（Nom. inval.）。【分布】哥伦比亚，墨西哥，委内瑞拉，西印度群岛，中美洲。【模式】Doyerea emetocathartica Grosourdy。【参考异名】Anguriopsis J. R. Johnst.（1905）；Doyerea Grosourdy（1864）Nom. inval. ■☆

17170　Doyerea Grosourdy（1864）Nom. inval. ≡ Doyerea Grosourdy ex Bello（1881）；～＝ Corallocarpus Welw. ex Benth. et Hook. f.（1867）［葫芦科（瓜科，南瓜科）Cucurbitaceae］■☆

17171　Doyleanthus Sauquet（2003）【汉】多伊尔豆蔻属。【隶属】肉豆蔻科 Myristicaceae。【包含】世界 1 种。【学名诠释与讨论】〈阴〉（人）Doyle+anthos，花。【分布】马达加斯加。【模式】Doyleanthus arillata Capuron ex Sauquet。●☆

17172　Draaksteinia Post et Kuntze（1903）＝ Dalbergia L. f.（1782）（保留属名）；～＝ Drakenstenia Neck.（1790）Nom. inval.；～＝ Dalbergia L. f.（1782）（保留属名）［豆科 Fabaceae（Leguminosae）//蝶形花科 Papilionaceae］●

17173　Draba Dill. ex L.（1753）≡ Draba L.（1753）［十字花科 Brassicaceae（Cruciferae）//葶苈科 Drabaceae］■

17174　Draba L.（1753）【汉】葶苈属（山荠属）。【日】イヌナズナ属，イヌナヅナ属。【俄】Крупка。【英】Draba，Whitlow Grass，Whitlowgrass，Whitlow‐grass，Whitlowwort，Whitlow‐wort。【隶属】十字花科 Brassicaceae（Cruciferae）//葶苈科 Drabaceae。【包含】世界 300-350 种，中国 48-63 种。【学名诠释与讨论】〈阴〉（希）

drabe，辛辣的。指叶、茎的味道辛辣。另说来自希腊古名 drabe。此属的学名，ING 和 APNI 记载是"Draba L.，Sp. Pl. 2：642. 1753［1 May 1753］"。IK 则记载为"Draba Dill. ex L.，Sp. Pl. 2：642. 1753［1 May 1753］"。"Draba Dill."是命名起点著作之前的名称，故"Draba L.（1753）"和"Draba Dill. ex L.（1753）"都是合法名称，可以通用。【分布】巴基斯坦，秘鲁，玻利维亚，厄瓜多尔，美国（密苏里），中国，北温带和极地，南美洲山区，中美洲。【后选模式】Draba incana Linnaeus。【参考异名】Abdra Greene（1900）；Aizodraba Fourr.（1868）；Coelonema Maxim.（1880）；Dolichostylis Turcz.（1854）Nom. illegit.；Dollineria Saut.（1852）；Draba Dill. ex L.（1753）；Drabella（DC.）Fourr.（1868）；Drabella Fourr.（1868）；Drabella Nábelek（1924）Nom. illegit.；Eriophila Rchb.（1828）；Gamblum Raf.；Holarges Ehrh.（1789）Nom. inval.；Holargidium Turcz.（1838）；Holargidium Turcz.（1841）Nom. illegit.；Leptonema Hook.（1844）Nom. illegit.；Nesodraba Greene（1897）；Odontocyclus Turcz.（1840）；Pseudobraya Korsh.（1896）；Stenonema Hook.（1862）；Stenonema Hook. ex Benth. et Hook. f.（1862）Nom. illegit.；Thylacodraba（Nábelek）O. E. Schulz（1933）；Thylocodraba O. E. Schulz（1933）；Tomostima Raf.（1825）；Tomostina Willis，Nom. inval.；Tomostoma Merr. ■

17175　Drabaceae Martinov（1820）［亦见 Brassicaceae Burnett（保留科名）//Cruciferae Juss.（保留科名）十字花科］【汉】葶苈科。【包含】世界 3 属 311-361 种，中国 2 属 49-64 种。【分布】北温带和极地，中美洲和南美洲山区。【科名模式】Draba L.（1753）■

17176　Drabastrum（F. Muell.）O. E. Schulz（1924）【汉】亚高山葶苈属。【隶属】十字花科 Brassicaceae（Cruciferae）。【包含】世界 1 种。【学名诠释与讨论】〈中〉（属）Draba 葶苈属+‐astrum，指示小的词尾，也有"不完全相似"的含义。此属的学名，ING 和 APNI 记载是"Drabastrum（F. v. Mueller）O. E. Schulz in Engler，Pflanzenr. IV. 105（Heft 86）：257. 22 Jul 1924"，由"Blennodia sect. Drabastrum F. v. Mueller，Trans. Philos. Soc. Victoria 1：100. 1855"改级而来。IK 和 TROPICOS 则记载为"Drabastrum O. E. Schulz，Pflanzenr.（Engler）Crucif.‐Sisymbr. 257（1924）"。【分布】澳大利亚（东南部）。【模式】Drabastrum alpestre（F. v. Mueller）O. E. Schulz［Blennodia alpestris F. v. Mueller］。【参考异名】Blennodia sect. Drabastrum F. Muell.（1855）；Drabastrum O. E. Schulz（1924）Nom. illegit. ■☆

17177　Drabastrum O. E. Schulz（1924）Nom. illegit. ≡ Drabastrum（F. Muell.）O. E. Schulz（1924）［十字花科 Brassicaceae（Cruciferae）］■☆

17178　Drabella（DC.）Fourr.（1868）【汉】小葶苈属。【隶属】十字花科 Brassicaceae（Cruciferae）//葶苈科 Drabaceae。【包含】世界 10 种。【学名诠释与讨论】〈阴〉（属）Draba 葶苈属+‐ellus，‐ella，‐ellum，加在名词词干后面形成指小式的词尾。或加在人名、属名等后面以组成新属的名称。此属的学名，ING 和 TROPICOS 记载是"Drabella（A. P. de Candolle）Fourreau，Ann. Soc. Linn. Lyon ser. 2. 16：335. 28 Dec 1868"，由"Draba sect. Drabella A. P. de Candolle，Syst. Nat. 2：351. Mai.（sero）1821"改级而来。IK 则记载为"Drabella Fourr.，Ann. Soc. Linn. Lyon sér. 2，16：335. 1868"；三者引用的文献相同。"Drabella Nábelek，Acta Bot. Bohem. 3：32. 1924 ≡ Thylacodraba（Nábelek）O. E. Schulz（1933）= Drabella（DC.）Fourr.（1868）［十字花科 Brassicaceae（Cruciferae）//葶苈科 Drabaceae］"是晚出的非法名称；有人把其处理为"Draba L.（1753）"的异名。亦有文献把"Drabella（DC.）Fourr.（1868）"处理为"Draba L.（1753）"的异名。【分布】参见 Draba L.（1753）。【模式】Drabella muralis（Linnaeus）Fourreau［Draba muralis Linnaeus］。【参考异名】Draba L.（1753）；Draba sect. Drabella

DC. (1821); Drabella Fourr. (1868) ■☆

17179　Drabella Fourr. (1868) Nom. illegit. = Drabella (DC.) Fourr. (1868) [十字花科 Brassicaceae(Cruciferae)]■☆

17180　Drabella Nábelek (1924) Nom. illegit. ≡ Thylacodraba (Nábelek) O. E. Schulz(1933); ~ = Draba L. (1753) [十字花科 Brassicaceae (Cruciferae)//葶苈科 Drabaceae]■

17181　Drabopsis C. Koch(1841) ≡ Drabopsis K. Koch(1841) [十字花科 Brassicaceae(Cruciferae)//葶苈科 Drabaceae]■

17182　Drabopsis K. Koch(1841)【汉】假葶苈属。【俄】Крупичка。【隶属】十字花科 Brassicaceae(Cruciferae)//葶苈科 Drabaceae。【包含】世界 1 种, 中国 1 种。【学名诠释与讨论】〈阴〉(属) Draba 葶苈属+希腊文 opsis, 外观, 模样, 相似。此属的学名, ING、TROPICOS 和 IK 记载是 "Drabopsis K. Koch, Linnaea 15: 253. 1841"。"Drabopsis C. Koch (1841) ≡ Drabopsis K. Koch (1841) [十字花科 Brassicaceae (Cruciferae)//葶苈科 Drabaceae]" 的命名人引证有误。【分布】中国, 亚洲中部和西南。【模式】Drabopsis verna K. H. E. Koch。【参考异名】Drabopsis C. Koch(1841)■

17183　Dracaena L. (1767) Nom. illegit. ≡ Dracaena Vand. (1767) [百合科 Liliaceae//龙舌兰科 Agavaceae//龙血树科 Dracaenaceae]●■

17184　Dracaena Vand. (1762)【汉】龙血树属(虎斑木属)。【日】ドラセナ属, ミュウケツジュ属, リュウケツジュ属。【俄】Драцена。【英】Dracaena, Dracena, Dragon Tree, Dragonbood。【隶属】百合科 Liliaceae//龙舌兰科 Agavaceae//龙血树科 Dracaenaceae。【包含】世界 40-150 种, 中国 6-12 种。【学名诠释与讨论】〈阳〉(希) drakon, 阴性 drakaina, 所有格 drakontos, 龙。指某些种类的木质部受伤后分泌出的树液, 似龙血。此属的学名, ING 记载是 "Dracaena Vandelli ex Linnaeus, Syst. Nat. ed. 12. 2:246;Mant. 9,63. 15-31 Oct 1767";《中国植物志》英文版亦用此名称。IK 记载为 "Dracaena Vand. apud Linn., Mant. i. 9 (1767)";TROPICOS 则记载为 "Dracaena L., Syst. Nat. (ed. 12) 2:229,246, 1767"。APNI 记载是 "Dracaena Vand., Mant. Pl. 9, 63. 1767 [15-31 Oct 1767]", GCI 记载为 "Dracaena Vand., Systema Naturae 2 1767"。"Stoerkia Crantz, Duab. Drac. Arb. 25. 1768" 是 "Dracaena Vand. (1762)" 的晚出的同模式异名(Homotypic synonym, Nomenclatural synonym)。【分布】巴基斯坦, 巴拿马, 厄瓜多尔, 哥斯达黎加, 马达加斯加, 尼加拉瓜, 中国, 中美洲。【后选模式】Dracaena draco (Linnaeus) Linnaeus [Asparagus draco Linnaeus]。【参考异名】Cordyline Fabr.; Dracaena L. (1767) Nom. illegit.; Dracaena Vand. ex L. (1767) Nom. illegit.; Dracena Raf.; Draco Fabr.; Drakaina Raf. (1838); Nemampsis Raf. (1838); Oedera Crantz (1768) (废弃属名); Osmanthes Raf.; Pleomele Salisb. (1796); Stoerkia Crantz(1768) Nom. illegit.; Terminalis Medik. (1786)●■

17185　Dracaena Vand. ex L. (1767) Nom. illegit. ≡ Dracaena Vand. (1767) [百合科 Liliaceae//龙舌兰科 Agavaceae//龙血树科 Dracaenaceae]●■

17186　Dracaenaceae Salisb. (1866) (保留科名) [亦见 Droseraceae Salisb. (保留科名)茅膏菜科和 Ruscaceae M. Roem. (保留科名)假叶树科]【汉】龙血树科。【包含】世界 1-5 属 150-210 种, 中国 1 属 12 种。【分布】热带旧世界。【科名模式】Dracaena Vand. (1767)●

17187　Dracaenopsis Planch. (1850)【汉】类龙血树属。【隶属】百合科 Liliaceae//龙舌兰科 Agavaceae//点柱花科 (朱蕉科) Lomandraceae。【包含】世界 3 种。【学名诠释与讨论】〈阴〉(属) Dracaena 龙血树属+希腊文 opsis, 外观, 模样, 相似。此属的学名是 "Dracaenopsis J. E. Planchon, Fl. Serres Jard. Eur. 6: 110. 1850-

51"。亦有文献把其处理为 "Cordyline Comm. ex R. Br. (1810) (保留属名)" 的异名。【分布】参见 Cordyline Comm. ex R. Br. (1810) (保留属名)。【模式】Dracaenopsis australis (J. G. A. Forster) J. E. Planchon [Dracaena australis J. G. A. Forster]。【参考异名】Cordyline Comm. ex R. Br. (1810) (保留属名)●☆

17188　Dracamine Nieuwl. (1915) Nom. illegit. ≡ Cardamine L. (1753) [十字花科 Brassicaceae(Cruciferae)]■

17189　Dracena Raf. = Dracaena Vand. ex L. (1767) Nom. illegit.; ~ = Dracaena Vand. (1767) [百合科 Liliaceae//龙舌兰科 Agavaceae//龙血树科 Dracaenaceae]●■

17190　Draco Crantz(1768) Nom. illegit. ≡ Calamus L. (1753) [棕榈科 Arecaceae(Palmae)]●

17191　Draco Fabr. = Dracaena Vand. ex L. (1767) Nom. illegit.; ~ ≡ Dracaena Vand. (1767) [百合科 Liliaceae//龙舌兰科 Agavaceae//龙血树科 Dracaenaceae]●■

17192　Dracocactus Y. Ito = Neoporteria Britton et Rose (1922); ~ = Pyrrhocactus (A. Berger) Backeb. et F. M. Knuth (1935) Nom. illegit.; ~ = Pyrrhocactus Backeb. (1936) Nom. illegit.; ~ = Neoporteria Britton et Rose(1922) [仙人掌科 Cactaceae]●■

17193　Dracocephalium Hassk. (1844) = Dracocephalum L. (1753) (保留属名) [唇形科 Lamiaceae(Labiatae)]■●

17194　Dracocephalon All. = Dracocephalum L. (1753) (保留属名) [唇形科 Lamiaceae(Labiatae)]■●

17195　Dracocephalon L. (1753) Nom. illegit. ≡ Dracocephalum L. (1753) (保留属名) [唇形科 Lamiaceae(Labiatae)]■●

17196　Dracocephalon Mill. (1754) Nom. illegit. = Dracocephalum L. (1753) (保留属名) [唇形科 Lamiaceae(Labiatae)]■●

17197　Dracocephalum L. (1753) (保留属名)【汉】青兰属(龙头花属, 枝子花属)。【日】ムシャリンダウ属, ムシャリンドウ属。【俄】Дракоцефалюм, Змеевик австрийский, Змееголовник。【英】Dragon Head, Dragon's Head, Dragon's-head, Dragonhead, Dragon-head, Greenorchid。【隶属】唇形科 Lamiaceae(Labiatae)。【包含】世界 45-70 种, 中国 35-37 种。【学名诠释与讨论】〈中〉(拉) draco, 所有格 draconis, 来自希腊文 drakon, 龙+kephale, 头。指模式种花冠的形状。此属的学名 "Dracocephalum L., Sp. Pl.: 594. 1 Mai 1753" 是保留属名。法规未列出相应的废弃属名。"Dracocephalon All."、"Dracocephalon L., Sp. Pl. 2:594. 1753 [1 May 1753]"、"Dracocephalus Asch., Fl. Brandenburg 521 (1864)"、"Dracocephalium Hassk., Cat. Hort. Bog. Alt. 132 (1844)" 和 "Dracocephalon Mill. (1754) Nom. illegit." 都是 "Dracocephalum L. (1753) (保留属名)" 的拼写变体。"Dracocephalus Ludw. (1757)" 也似 "Dracocephalum L. (1753) (保留属名)" 的拼写变体。"Moldavica Fabricius, Enum. 55. 1759" 是 "Dracocephalum L. (1753) (保留属名)" 的晚出的同模式异名(Homotypic synonym, Nomenclatural synonym)。【分布】巴基斯坦, 美国, 中国, 欧洲中部, 温带亚洲, 北美洲。【模式】Dracocephalum moldavica Linnaeus。【参考异名】Cephaloma Neck. (1790) Nom. inval.; Dracocephalium Hassk. (1844); Dracocephalon All.; Dracocephalon L. (1753) Nom. illegit.; Dracocephalon Mill. (1754) Nom. illegit.; Dracocephalus Asch. (1864) Nom. illegit.; Dracontocephalium Hassk. (1844); Fedtschenkiella Kudr. (1941); Moldavica Adans. (1763) Nom. illegit.; Moldavica Fabr. (1759) Nom. illegit.; Rhuyschiana Adans.; Ruyschia Fabr. (1759); Ruyschiana Boehr. ex Mill. (1754); Ruyschiana Mill. (1754) Nom. illegit. ■●

17198　Dracocephalus Asch. (1864) Nom. illegit. ≡ Dracocephalum L. (1753) (保留属名) [唇形科 Lamiaceae(Labiatae)]■●

17199　Dracocephalus Ludw.（1757）=？ Dracocephalum L.（1753）（保留属名）[唇形科 Lamiaceae（Labiatae）]■●

17200　Dracomonticola H. P. Linder et Kurzweil（1995）【汉】山龙兰属。【隶属】兰科 Orchidaceae。【包含】世界 1 种。【学名诠释与讨论】〈阴〉（拉）draco, 所有格 draconis, 来自希腊文 drakon, 龙+mons, 所有格 montis, 高山+cola, 居住者。此属的学名是 "Dracomonticola H. P. Linder et Kurzweil, Willdenowia 25（1）: 229. 1995"。亦有文献把其处理为 "Platanthera Rich.（1817）（保留属名）" 的异名。【分布】非洲。【模式】Dracomonticola virginea（Bolus）H. P. Linder et Kurzweil。【参考异名】Platanthera Rich.（1817）（保留属名）■☆

17201　Draconanthes（Luer）Luer（1996）= Pleurothallis R. Br.（1813）[兰科 Orchidaceae]■☆

17202　Draconia Fabr.（1759）Nom. illegit. ≡ Draconia Heist. ex Fabr.（1759）; ~ = Artemisia L.（1753）[菊科 Asteraceae（Compositae）//蒿科 Artemisiaceae]●■

17203　Draconia Heist. ex Fabr.（1759）= Artemisia L.（1753）[菊科 Asteraceae（Compositae）//蒿科 Artemisiaceae]●■

17204　Dracontia（Luer）Luer（2004）= Pleurothallis R. Br.（1813）[兰科 Orchidaceae]■☆

17205　Dracontiaceae Salisb.（1866）= Araceae Juss.（保留科名）■●

17206　Dracontioides Engl.（1911）【汉】拟小龙南星属。【隶属】天南星科 Araceae。【包含】世界 1 种。【学名诠释与讨论】〈阴〉（属）Dracontium 小龙南星属+oides, 来自 o+eides, 像, 似; 或 o+eidos 形, 含义为相像。【分布】巴西（南部）。【模式】Dracontioides desciscens（Schott）Engler [Urospatha desciscens Schott]。■☆

17207　Dracontium Hill（1756）Nom. illegit. ≡ Dracunculus Mill.（1754）[天南星科 Araceae]■☆

17208　Dracontium L.（1753）【汉】小龙南星属。【隶属】天南星科 Araceae。【包含】世界 23 种。【学名诠释与讨论】〈中〉（希）drakontia, 小龙+-ius, -ia, -ium, 在拉丁文和希腊文中, 这些词尾表示性质或状态。此属的学名, ING、APNI、GCI、TROPICOS 和 IK 记载是 "Dracontium L., Sp. Pl. 2: 967. 1753 [1 May 1753]"。"Eutereia Rafinesque, Fl. Tell. 4: 12. 1838（med.）（'1836'）" 是 "Dracontium L.（1753）" 的晚出的同模式异名（Homotypic synonym, Nomenclatural synonym）。"Dracontium J. Hill, Brit. Herb. 336. 4 Sep 1756" 是晚出的非法名称; 它是 "Dracunculus Mill.（1754）[天南星科 Araceae]" 的晚出的同模式异名。【分布】巴拿马, 秘鲁, 玻利维亚, 厄瓜多尔, 哥伦比亚（安蒂奥基亚）, 哥斯达黎加, 尼加拉瓜, 墨西哥至热带南美洲, 中美洲。【后选模式】Dracontium polyphyllum Linnaeus。【参考异名】Chersydrium Schott（1865）; Echidnium Schott（1857）; Eutereia Raf.（1838）Nom. illegit.; Godwinia Seem.（1869）; Monstera Adans.（1763）（保留属名）; Ophione Schott（1857）■☆

17209　Dracontocephalium Hassk.（1844）= Dracocephalum L.（1753）（保留属名）[唇形科 Lamiaceae（Labiatae）]■●

17210　Dracontocephalum St. -Lag.（1889）= Dracontocephalium Hassk.（1844）[唇形科 Lamiaceae（Labiatae）]■●

17211　Dracontomelon Blume（1850）【汉】人面子属。【英】Dragon Plum, Dragonplum, Dragon-plum, New Guinea Walnut, Pacific Walnut, Papuan Walnut。【隶属】漆树科 Anacardiaceae。【包含】世界 8 种, 中国 2 种。【学名诠释与讨论】〈中〉（希）drakontia, 小龙+melon, 苹果。指果核具 5 个卵形凹点的奇特形状。【分布】马来西亚至斐济, 中国。【模式】未指定。【参考异名】Comeurya Baill.（1872）●

17212　Dracontopsis Lem.（1849）= Dracopis（Cass.）Cass.（1825）[菊科 Asteraceae（Compositae）]■

17213　Dracophilus（Schwantes）Dinter et Schwantes（1927）【汉】龙幻属。【日】ドラコフィラス属。【隶属】番杏科 Aizoaceae。【包含】世界 3-4 种。【学名诠释与讨论】〈阳〉（地）Transvaal Drakensberg, 南非德兰士瓦省德拉肯斯堡山脉+philos, 喜欢的, 爱的。此属的学名, ING 记载是 "Dracophilus（Schwantes）Dinter et Schwantes, Möller's Deutsche Gärtn. – Zeitung 42: 187. 21 Mai 1927"。IK 则记载为 "Dracophilus Dinter et Schwantes, Möller's Deutsche Gärtn. –Zeitung 1927, xlii. 187"。二者引用的文献相同。【分布】非洲南部。【模式】Dracophilus delaetianus（Dinter）Dinter et Schwantes [Mesembryanthemum delaetianum Dinter]。【参考异名】Dracophilus Dinter et Schwantes（1927）Nom. illegit. ■☆

17214　Dracophilus Dinter et Schwantes（1927）Nom. illegit. ≡ Dracophilus（Schwantes）Dinter et Schwantes（1927）[番杏科 Aizoaceae]■☆

17215　Dracophyllum Labill.（1800）【汉】龙草树属（龙血石南属, 龙叶树属）。【隶属】尖苞木科 Epacridaceae//杜鹃花科（欧石南科）Ericaceae。【包含】世界 48-50 种。【学名诠释与讨论】〈中〉（拉）draco, 所有格 dracnis, 来自希腊文 drakon, 龙+phyllon, 叶子。phyllodes, 似叶的, 多叶的。phylleion, 绿色材料, 绿草。【分布】澳大利亚, 新西兰, 法属新喀里多尼亚。【模式】Dracophyllum verticillatum Labillardière。【参考异名】Dacryanthus（Endl.）Spach（1838）; Daenikeranthus Baum. – Bod.（1989）Nom. illegit.; Oreothamnus Baum. – Bod.（1989）Nom. illegit.; Rudbeckia L.（1753）; Spenotoma G. Don（1834）; Sphenotoma Sweet（1828）Nom. illegit. ●☆

17216　Dracopis（Cass.）Cass.（1825）= Rudbeckia L.（1753）[菊科 Asteraceae（Compositae）]■

17217　Dracopis Cass.（1825）Nom. illegit. ≡ Dracopis（Cass.）Cass.（1825）; ~ = Rudbeckia L.（1753）[菊科 Asteraceae（Compositae）]■

17218　Dracosciadium Hilliard et B. L. Burtt（1986）【汉】龙伞芹属。【隶属】伞形花科（伞形科）Apiaceae（Umbelliferae）。【包含】世界 2 种。【学名诠释与讨论】〈阴〉（拉）draco, 所有格 dracjnis, 来自希腊文 drakon, 龙+（属）Sciadium 伞芹属。【分布】非洲南部。【模式】Dracosciadium saniculifolium O. M. Hilliard et B. L. Burtt。■☆

17219　Dracoscirpoides Muasya（2012）【汉】龙藨草属。【隶属】莎草科 Cyperaceae。【包含】世界 3 种。【学名诠释与讨论】〈阴〉（拉）draco, 所有格 dracjnis, 来自希腊文 drakon, 龙+（属）Scirpoides 拟藨草属。【分布】南非。【模式】Dracoscirpoides falsa（C. B. Clarke）Muasya [Scirpus falsus C. B. Clarke]。☆

17220　Dracula Luer（1978）【汉】小龙兰属。【隶属】兰科 Orchidaceae。【包含】世界 100 种。【学名诠释与讨论】〈阴〉（拉）draco, 所有格 dracjnis, 来自希腊文 drakon, 龙+-ulus, -ula, -ulum, 指示小的词尾。【分布】热带美洲包括危地马拉、洪都拉斯、尼加拉瓜、哥斯达黎加、巴拿马、哥伦比亚、厄瓜多尔、秘鲁。【模式】Dracula chimaera（H. G. Reichenbach）C. A. Luer [Masdevallia chimaera H. G. Reichenbach]。■☆

17221　Dracunculus Adans.（1763）Nom. illegit. [天南星科 Araceae]■☆

17222　Dracunculus Ledeb.（1845）Nom. illegit. = Artemisia L.（1753）[菊科 Asteraceae（Compositae）//蒿科 Artemisiaceae]●■

17223　Dracunculus Mill.（1754）【汉】龙芋属（龙木芋属, 紫花海芋属）。【日】ドゥパクンクルス属, ドゥラクンクルス属。【俄】Арум, Дракункул。【英】Arum, Dragon Arum, Dragonwort, Stink Dragon。【隶属】天南星科 Araceae。【包含】世界 2 种。【学名诠释与讨论】〈阳〉（拉）draco, 所有格 draconis, 来自希腊文 drakon, 龙+-ulus, -ula, -ulum, 指示小的词尾。此属的学名, ING、TROPICOS 和 IK 记载是 "Dracunculus P. Miller, Gard. Dict. Abr.

ed. 4. 28 Jan 175"。"Dracontium J. Hill, Brit. Herb. 336. 4 Sep 1756(non Linnaeus 1753)"是"Dracunculus Mill. (1754)"的晚出的同模式异名(Homotypic synonym, Nomenclatural synonym)。"Dracunculus Adans. , Fam. Pl. (Adanson)2:469(1763)［天南星科 Araceae］"和"Dracunculus Ledeb. , Fl. Ross. (Ledeb.)2(2,6):566, in syn. 1845［Jun 1845］= Artemisia L. (1753)［菊科 Asteraceae(Compositae)//蒿科 Artemisiaceae］"也是晚出的非法名称。【分布】地中海地区,中国。【后选模式】Dracunculus vulgaris H. W. Schott。【参考异名】Anarmodium Schott(1861); Dracontium Hill(1756) Nom. illegit. ■

17224 Drakaea Lindl. (1840)【汉】西南澳兰属。【隶属】兰科 Orchidaceae。【包含】世界 4 种。【学名诠释与讨论】〈阴〉(人) S. A. Drake,英国植物艺术家。【分布】澳大利亚(西部)。【模式】Drakaea elastica J. Lindley。【参考异名】Drakea Endl. (1841)■☆

17225 Drakaina Raf. (1838)= Dracaena Vand. ex L. (1767) Nom. illegit. ;~ ≡ Dracaena Vand. (1767)［百合科 Liliaceae//龙舌兰科 Agavaceae//龙血树科 Dracaenaceae］●■

17226 Drakea Endl. (1841)= Drakaea Lindl. (1840)［兰科 Orchidaceae］■☆

17227 Drakebrockmania A. C. White et B. Sloane(1937) Nom. illegit. ≡ White-Sloanea Chiov. (1937); ~ = Caralluma R. Br. (1810)［萝藦科 Asclepiadaceae］■

17228 Drake-Brockmania Stapf(1912)【汉】德雷草属。【隶属】禾本科 Poaceae(Gramineae)。【包含】世界 2 种。【学名诠释与讨论】〈阴〉(人) Ralph Evelyn Drake-Brockman,1875 -,英国博物学者,植物采集家。此属的学名,ING 记载是"Drake-Brockmania Stapf, Bull. Misc. Inform. 1912:197. 21 Mai 1912";IK 则记载为"Drake-brockmania Stapf, Bull. Misc. Inform. Kew 1912(4):197. ［21 May 1912］"。"Drakebrockmania A. White et B. L. Sloane, Stapelieae ed. 2. 1:401. Feb 1937 ≡ White-Sloanea Chiov. (1937)= Caralluma R. Br. (1810)［萝藦科 Asclepiadaceae］"是晚出的非法名称。【分布】索马里兰地区。【模式】Drake-Brockmania somalensis Stapf。【参考异名】Drake-brockmania Stapf(1912); Heterocarpha Stapf et C. E. Hubb. (1929)■☆

17229 Drakensteinia DC. (1825)= Dalbergia L. f. (1782)(保留属名)［豆科 Fabaceae(Leguminosae)//蝶形花科 Papilionaceae］●

17230 Drakenstenia Neck. (1790) Nom. inval. = Dalbergia L. f. (1782)(保留属名)［豆科 Fabaceae(Leguminosae)//蝶形花科 Papilionaceae］●

17231 Drakonorchis(Hopper et A. P. Br.) D. L. Jones et M. A. Clem. (2001)【汉】澳龙兰属。【隶属】兰科 Orchidaceae。【包含】世界 4 种。【学名诠释与讨论】〈阴〉(拉) draco,所有格 draconis,来自希腊文 drakon,龙 + orchis,所有格 orchidis,兰。此属的学名是"Drakonorchis(Hopper et A. P. Br.) D. L. Jones et M. A. Clem. , Orchadian 13(9):403(Sept. 2001)",由"Caladenia subgen. Drakonorchis Hopper et A. P. Br. Lindleyana 15(2):124(2000)."改级而来。【分布】澳大利亚。【模式】不详。【参考异名】Caladenia subgen. Drakonorchis Hopper et A. P. Br. (2000)☆

17232 Dransfieldia W. J. Baker et Zona(2006)= Ptychosperma Labill. (1809)［棕榈科 Arecaceae(Palmae)］●☆

17233 Drap. ia Blume(1827)= Disporum Salisb. ex D. Don(1812)［百合科 Liliaceae//铃兰科 Convallariaceae//秋水仙科 Colchicaceae］■

17234 Draparnalda St. -Lag. (1881)= Draparnaudia Montrouz. (1860)［桃金娘科 Myrtaceae］●☆

17235 Draparnaudia Montrouz. (1860)= Xanthostemon F. Muell. (1857)(保留属名)［桃金娘科 Myrtaceae］●☆

17236 Draperia Torr. (1868)【汉】德雷珀麻属。【隶属】田梗草科(田基麻科,田亚麻科) Hydrophyllaceae。【包含】世界 1 种。【学名诠释与讨论】〈阴〉(人) John William Draper,1811 - 1882,英国出生的美国药剂师,历史学者。【分布】美国(加利福尼亚)。【模式】Draperia systyla (A. Gray) J. Torrey［Nama systyla A. Gray］。■☆

17237 Drapetes Banks ex Lam. (1792)【汉】细灌瑞香属。【隶属】瑞香科 Thymelaeaceae。【包含】世界 1 种。【学名诠释与讨论】〈阳〉(希) drapetes,逃亡者。指其花不易发现。此属的学名,ING 和 APNI 记载是"Drapetes Lam. , Journal d'Histoire Naturelle (Paris)1 1792"。IK 则记载为"Drapetes Banks ex Lam. , Journ. Hist. Nat. Paris i. (1792)188. t. 10"。三者引用的文献相同。【分布】澳大利亚,加里曼丹岛,新几内亚岛,南美洲极地。【模式】Drapetes muscosus Lamarck。【参考异名】Daphnobryon Meisn. (1856); Drapetes Banks (1792) Nom. illegit. ; Drapetes Lam. (1792) Nom. illegit. ;Kelleria Endl. (1848)●☆

17238 Drapetes Banks(1792) Nom. illegit. ≡ Drapetes Banks ex Lam. (1792)［瑞香科 Thymelaeaceae］●☆

17239 Drapetes Lam. (1792) Nom. illegit. ≡ Drapetes Banks ex Lam. (1792)［瑞香科 Thymelaeaceae］●☆

17240 Draytonia A. Gray(1854)= Saurauia Willd. (1801)(保留属名)［猕猴桃科 Actinidiaceae//水东哥科(伞罗夷科,水冬瓜科) Saurauiaceae］●

17241 Drebbelia Zoll. (1857) Nom. illegit. = Olax L. (1753)［铁青树科 Olacaceae］●

17242 Drebbelia Zoll. et Moritzi (1846) Nom. illegit. = Spatholobus Hassk. (1842)［豆科 Fabaceae (Leguminosae)//蝶形花科 Papilionaceae］●

17243 Dregea E. Mey. (1838)(保留属名)【汉】南山藤属(华他卡藤属,假夜来香属)。【日】タシロカヅラ属。【英】Dregea。【隶属】萝藦科 Asclepiadaceae。【包含】世界 3-12 种,中国 4 种。【学名诠释与讨论】〈阴〉(人) Jean François (Johann Franz) Drege, 1794 - 1881,德国植物学者。此属的学名"Dregea E. Mey. , Comment. Pl. Afr. Austr. : 199. 1-8 Jan 1838 = Peucedanum L. (1753)= Sciothamnus Endl. (1839)"是保留属名。相应的废弃属名是伞形花科 Apiaceae 的"Dregea Eckl. et Zeyh. , Enum. Pl. Afric. Austral. : 350. Apr 1837 = Peucedanum L. (1753)= Sciothamnus Endl. (1839)"。"Pterophora W. H. Harvey, Gen. S. African Pl. 223. 1838［non Linnaeus 1760(废弃属名)"是"Dregea E. Mey. (1838)(保留属名)"的同模式异名(Homotypic synonym, Nomenclatural synonym)。"Ifdregea Steudel, Nom. ed. 2. 1: 801. Dec 1840"和 "Sciothamnus Endlicher, Gen. 780. Mar 1839"则是废弃属名"Dregea Eckl. et Zeyh. (1837)［伞形花科(伞形科) Apiaceae (Umbelliferae)］"的晚出的同模式异名(Homotypic synonym, Nomenclatural synonym)。"阴灌瑞属 Sciothamnus Endl. (1839)"应予废弃。【分布】巴基斯坦,中国,热带和非洲南部。【模式】Dregea floribunda E. H. F. Meyer。【参考异名】Pterophora Harv. (1838) Nom. illegit. ; Pterygocarpus Hochst. (1843); Sicyocarpus Bojer (1837); Wattakaka (Decne.) Hassk. (1857); Wattakaka Hassk. (1857) Nom. illegit. ●

17244 Dregea Eckl. et Zeyh. (1837)(废弃属名)= Peucedanum L. (1753)［伞形花科(伞形科) Apiaceae(Umbelliferae)］■

17245 Dregeochloa Conert(1966)【汉】岩地扁芒草属。【隶属】禾本科 Poaceae(Gramineae)。【包含】世界 2 种。【学名诠释与讨论】〈阴〉(人) Johann Franz Drege,1794 - 1881,德国植物学者 + chloe,草的幼芽,嫩草,禾草。【分布】非洲西南部和南部。【模式】Dregeochloa pumila (C. G. D. Nees) Conert［Danthonia pumila C. G. D. Nees］。■☆

17246 Drejera Nees（1847）【汉】类虾衣花属。【隶属】类爵床科 Acanthaceae。【包含】世界 4 种。【学名诠释与讨论】〈阴〉（人）Solomon（Salomon）Thomas Nicolai Drejer，1813－1842，丹麦植物学者。【分布】玻利维亚，热带美洲。【模式】Drejera ramosa C. G. D. Nees。■☆

17247 Drejerella Lindau（1900）【汉】小虾衣花属（虾衣草属，虾衣花属）。【英】Drejerella。【隶属】爵床科 Acanthaceae//鸭嘴花科（鸭咀花科）Justiciaceae。【包含】世界 12 种。【学名诠释与讨论】〈阴〉（人）Solomon（Salomon）Thomas Nicolai Drejer，1813－1842，丹麦植物学者＋拉丁文-ella 小的。或（属）Drejera 类虾衣花属＋拉丁文-ella 小的。此属的学名，ING、TROPICOS、GCI 和 IK 记载是"Drejerella Lindau, Symb. Antill.（Urban）. 2（2）：222. 1900［20 Oct 1900］"。它曾被处理为"Justicia sect. Drejerella（Lindau）V. A. W. Graham, Kew Bulletin 43（4）：607-608. 1988"。亦有文献把"Drejerella Lindau（1900）"处理为"Justicia L.（1753）"的异名。【分布】墨西哥，中国，西印度群岛，中美洲。【模式】Drejerella mirabilioides（Lamarck）Lindau［Justicia mirabilioides Lamarck］。【参考异名】Calliaspidia Bremek.（1948）；Justicia L.（1753）；Justicia sect. Drejerella（Lindau）V. A. W. Graham（1988）■

17248 Drepachenia Raf.（1825）= Sagittaria L.（1753）［泽泻科 Alismataceae］

17249 Drepadenium Raf.（1825）= Croton L.（1753）［大戟科 Euphorbiaceae//巴豆科 Crotonaceae］●

17250 Drepanandrum Neck.（1790）Nom. inval. = Topobea Aubl.（1775）［野牡丹科 Melastomataceae］■☆

17251 Drepananthus Maingay ex Hook. f. et Thomson（1872）【汉】镰花番荔枝属。【隶属】番荔枝科 Annonaceae。【包含】世界 10 种。【学名诠释与讨论】〈阳〉（希）drepane，镰刀＋anthos，花。此属的学名是"Drepananthus Maingay ex J. D. Hooker et T. Thomson in J. D. Hooker, Fl. Brit. India 1：46，56. Mai 1872"。亦有文献把其处理为"Cyathocalyx Champ. ex Hook. f. et Thomson（1855）"的异名。【分布】参见 Cyathocalyx Champ. ex Hook. f. et Thomson（1855）。【后选模式】Drepananthus pruniferus Maingay ex J. D. Hooker et T. Thomson。【参考异名】Cyathocalyx Champ. ex Hook. f. et Thomson（1855）；Falcaria Fabr.（1759）（保留属名）●☆

17252 Drepania Juss.（1789）Nom. illegit. ≡ Tolpis Adans.（1763）［菊科 Asteraceae（Compositae）］●■☆

17253 Drepanocarpus G. Mey.（1818）= Machaerium Pers.（1807）（保留属名）［豆科 Fabaceae（Leguminosae）］●☆

17254 Drepanocaryum Pojark.（1954）【汉】镰果草属。【俄】Серпоплодник。【隶属】唇形科 Lamiaceae（Labiatae）。【包含】世界 1 种。【学名诠释与讨论】〈中〉（希）drepane，镰刀＋karyon，胡桃，硬壳果，核，坚果。【分布】亚洲中部。【模式】Drepanocaryum sewerzowii（E. Regel）A. I. Pojarkova［Nepeta sewerzowii E. Regel［as 'sewerzowi'］。■☆

17255 Drepanolobus Nutt. ex Torr. et A. Gray（1838）= Hosackia Douglas ex Benth.（1829）［豆科 Fabaceae（Leguminosae）//蝶形花科 Papilionaceae］■☆

17256 Drepanometra Hassk. = Begonia L.（1753）［秋海棠科 Begoniaceae］●■

17257 Drepanophyllum Wibel（1799）【汉】镰叶草属。【隶属】伞形花科（伞形科）Apiaceae（Umbelliferae）。【包含】世界 10 种。【学名诠释与讨论】〈中〉（希）drepane，镰刀＋希腊文 phyllon，叶子。phyllodes，似叶的，多叶的。phylleion，绿色材料，绿草。此属的学名，ING、TROPICOS 和 IK 记载是"Drepanophyllum Wibel, Prim. Fl. Werth. 196. 1799 ≡ Falcaria Fabr.（1759）（保留属名）"。苔藓的"Drepanophyllum W. J. Hooker, MUSCI Exot. 2：145. 1 Jan－1 Dec 1819"和"Drepanophyllum Schwägrichen, Sp. Musc. Suppl. 2（1）：84. Jan－Sep 1823（non Wibel 1799）"都是晚出的非法名称。亦有文献把"Drepanophyllum Wibel（1799）"处理为"Falcaria Fabr.（1759）（保留属名）"的异名。【分布】参见 Falcaria Fabr.。【模式】Drepanophyllum sioides Wibel, Nom. illegit.［Sium falcaria Linnaeus；Drepanophyllum falcaria（Linnaeus）Hoffmann ex Desvaux］。【参考异名】Falcaria Fabr.（1759）（保留属名）■☆

17258 Drepanospermum Benth.（1862）Nom. illegit. ≡ Cyrtospermum Benth.（1852）；~ = Campnosperma Thwaites（1854）（保留属名）［漆树科 Anacardiaceae］●☆

17259 Drepanostachyum P. C. Keng（1983）【汉】镰序竹属。【英】Drepanostachyum, Sicklebamboo。【隶属】禾本科 Poaceae（Gramineae）。【包含】世界 10-11 种，中国 4-11 种。【学名诠释与讨论】〈中〉（希）drepane，镰刀＋stachys，穗，谷，长钉。指花序分枝上小穗呈镰伞总状排列。此属的学名是"Drepanostachyum P. C. Keng, J. Bamboo Res. 2（1）：15. Jan 1983"。亦有文献把其处理为"Sinarundinaria Nakai（1935）"的异名。【分布】不丹，尼泊尔，印度，中国。【模式】Drepanostachyum falcatum（C. G. D. Nees）P. C. Keng［Arundinaria falcata C. G. D. Nees］。【参考异名】Sinarundinaria Nakai（1935）●

17260 Drepanostemma Jum. et H. Perrier（1911）【汉】镰冠萝藦属。【隶属】萝藦科 Asclepiadaceae。【包含】世界 1 种。【学名诠释与讨论】〈中〉（希）drepane，镰刀＋stemma，所有格 stemmatos，花冠，花环，王冠。【分布】马达加斯加。【模式】Drepanostemma luteum H. Jumelle et H. Perrier de la Bâthie。●☆

17261 Drepaphyla Raf.（1838）= Acacia Mill.（1754）（保留属名）［豆科 Fabaceae（Leguminosae）//含羞草科 Mimosaceae//金合欢科 Acaciaceae］●■

17262 Drepilia Raf.（1836）Nom. illegit. ≡ Thermia Nutt.（1818）Nom. illegit. ；~ = Thermopsis R. Br. ex W. T. Aiton（1811）［豆科 Fabaceae（Leguminosae）//蝶形花科 Papilionaceae］■

17263 Dresslerella Luer（1976）【汉】小玉兔兰属。【隶属】兰科 Orchidaceae。【包含】世界 8 种。【学名诠释与讨论】〈阴〉（人）Robert Louis Dressier，1927－，植物学者，兰科 Orchidaceae 专家＋-ellus, -ella, -ellum，加在名词词干后面形成指小式的词尾。或加在人名、属名等后面以组成新属的名称。【分布】巴拿马，秘鲁，厄瓜多尔，哥伦比亚，哥斯达黎加，尼加拉瓜。【模式】Dresslerella pertusa（Dressler）C. A. Luer［Pleurothallis pertusa Dressler］。■☆

17264 Dressleria Dodson（1975）【汉】玉兔兰属。【隶属】兰科 Orchidaceae。【包含】世界 5 种。【学名诠释与讨论】〈阴〉（人）Robert Louis Dressier，1927－，植物学者，兰科 Orchidaceae 专家。【分布】中美洲。【模式】Dressleria dilecta（H. G. Reichenbach）C. H. Dodson［Catasetum dilectum H. G. Reichenbach］。■☆

17265 Dressleriella Brieger（1977）= Jacquiniella Schltr.（1920）［兰科 Orchidaceae］■☆

17266 Dressleriopsis Dwyer（1980）= Lasianthus Jack（1823）（保留属名）［茜草科 Rubiaceae］●

17267 Dresslerothamnus H. Rob.（1978）【汉】红丝菊属。【隶属】菊科 Asteraceae（Compositae）。【包含】世界 4-5 种。【学名诠释与讨论】〈阴〉（人）Robert Louis Dressier，1927－，植物学者，兰科 Orchidaceae 专家＋thamnos，指小式 thamnion，灌木，灌丛，树丛，枝。【分布】巴拿马，哥伦比亚，哥斯达黎加。【模式】Dresslerothamnus angustiradiatus（T. M. Barkley）H. Robinson［Senecio angustiradiatus T. M. Barkley］。●☆

17268 Driessenia Korth.（1844）【汉】德里野牡丹属。【隶属】野牡丹科 Melastomataceae。【包含】世界 14 种。【学名诠释与讨论】

〈阴〉（人）Driessen。【分布】马来西亚。【模式】Driessenia exantha P. W. Korthals。【参考异名】Triuranthera Backer（1920）●■☆

17269 Drimeaceae Tiegh. = Winteraceae R. Br. ex Lindl.（保留科名）●

17270 Drimia Jacq.（1797）Nom. inval. ≡ Drimia Jacq. ex Willd.（1799）［百合科 Liliaceae//风信子科 Hyacinthaceae］■☆

17271 Drimia Jacq. ex Willd.（1799）【汉】长被片风信子属（锥米属）。【隶属】风信子科 Hyacinthaceae//百合科 Liliaceae。【包含】世界 10-120 种。【学名诠释与讨论】〈阳〉（希）drimys，刺鼻的，辛辣的。此属的学名，ING、GCI、TROPICOS 和 IK 记载是"Drimia Jacq. ex Willd. , Sp. Pl. , ed. 4［Willdenow］2（1）:165. 1799［Mar 1799］"。"Drimia Jacq. , Collectanea 5:38, 1797 ≡ Drimia Jacq. ex Willd.（1799）百合科 Liliaceae//风信子科 Hyacinthaceae"是一个未合格发表的名称（Nom. inval.）。"Drimya Lem. = Drimia Jacq. ex Willd.（1799）［百合科 Liliaceae//风信子科 Hyacinthaceae］"似为变体。【分布】巴基斯坦，马达加斯加，热带和非洲南部。【后选模式】Drimia elata N. J. Jacquin ex Willdenow。【参考异名】Drimia Jacq.（1797）Nom. inval. ; Drimya Lem. ; Idothea Kunth（1843）; Strepsiphigla Krause; Strepsiphyla Raf.（1837）; Tenicroa Raf.（1837）; Urginea Steinh.（1834）; Urgineopsis Compton（1930）■☆

17272 Drimiopsis Lindl. et Paxton（1851）【汉】拟辛酸木属。【日】ドリミオプシス属。【隶属】风信子科 Hyacinthaceae。【包含】世界 15-20 种。【学名诠释与讨论】〈阴〉（属）Drimia 长被片风信子属（锥米属）+希腊文 opsis，外观，模样。【分布】热带和非洲南部。【模式】Drimiopsis maculata Lindley·et Paxton。【参考异名】Resnova Van der Merwe（1946）■☆

17273 Drimophyllum Nutt.（1842）【汉】辛叶樟属。【隶属】樟科 Lauraceae。【包含】世界 1 种。【学名诠释与讨论】〈中〉（希）drimys，辛辣的，刺鼻的+希腊文 phyllon，叶子。phyllodes，似叶的，多叶的。phylleion，绿色材料，绿草。此属的学名是"Drimophyllum Nuttall, N. Amer. Sylva 1 : 85. 1842（sero）"。亦有文献把其处理为"Umbellularia（Nees）Nutt.（1842）（保留属名）"的异名。【分布】美国（加利福尼亚）。【模式】Drimophyllum pauciflorum Nuttall, Nom. illegit.［Ocotea salicifolia Kunth］。【参考异名】Umbellularia（Nees）Nutt.（1842）（保留属名）●☆

17274 Drimopogon Raf.（1838）= Spiraea L.（1753）［蔷薇科 Rosaceae//绣线菊科 Spiraeaceae］●

17275 Drimya Lem. = Drimia Jacq. ex Willd.（1799）［百合科 Liliaceae//风信子科 Hyacinthaceae］■☆

17276 Drimyaceae Tiegh. = Winteraceae R. Br. ex Lindl.（保留科名）●

17277 Drimycarpus Hook. f.（1862）【汉】辛果漆属。【英】Drimycarpus。【隶属】漆树科 Anacardiaceae。【包含】世界 2 种，中国 2 种。【学名诠释与讨论】〈阳〉（希）drimys，辛辣的，刺鼻的+karpos，果实。指果具辛辣味。【分布】中国，东喜马拉雅山。【模式】Drimycarpus racemosus（Roxburgh）N. L. Marchand。●

17278 Drimyidaceae Baill.（1867）= Hyacinthaceae Batsch ex Borkh.■

17279 Drimyphyllum Burch. ex DC.（1936）【汉】辛叶菊属。【隶属】菊科 Asteraceae（Compositae）。【包含】世界 1 种。【学名诠释与讨论】〈中〉（希）drimys，辛辣的，刺鼻的+希腊文 phyllon，叶子。phyllodes，似叶的，多叶的。phylleion，绿色材料，绿草。《显花植物与蕨类植物词典》记载："Drimyphyllum Burch. ex DC. = Petrobium R. Br.（Compos.）"。【分布】不详。【模式】Drimyphyllum helenianum Burch. ex DC.。【参考异名】Petrobium R. Br.（1817）（保留属名）●☆

17280 Drimys Forst.（1775）（废弃属名）≡ Drimys J. R. Forst. et G. Forst.（1775）（保留属名）［八角科 Illiciaceae//林仙科（冬木科，假八角科，辛辣木科）Winteraceae］●☆

17281 Drimys J. R. Forst. et G. Forst.（1775）（保留属名）【汉】辛酸木属（德米斯属，林仙属，南洋木莲属，辛辣木属，辛酸八角属）。【俄】Дримис。【英】Drimys, Mountain Pepper。【隶属】八角科 Illiciaceae//林仙科（冬木科，假八角科，辛辣木科）Winteraceae。【包含】世界 30 种。【学名诠释与讨论】〈阴〉（希）drimys，辛辣的，刺鼻的。此属的学名"Drimys J. R. Forst. et G. Forst. , Char. Gen. Pl. :42. 29 Nov 1775"是保留属名。法规未列出相应的废弃属名。"Drimys Forst.（1775）"的命名人引证是老文献中常见的错误；应该废弃。"Wintera J. A. Murray, Syst. Veg. ed. 14. 507. Mai-Jun 1784"是"Drimys J. R. Forst. et G. Forst.（1775）（保留属名）"的晚出的同模式异名（Homotypic synonym, Nomenclatural synonym）。【分布】澳大利亚，巴拿马，秘鲁，厄瓜多尔，哥伦比亚，尼加拉瓜，新西兰，法属新喀里多尼亚，加里曼丹岛，新几内亚岛，南美洲，中美洲。【模式】Drimys winteri J. R. Forster et J. G. A. Forster。【参考异名】Brimys Scop.（1777）; Canella Dombey ex Endl.（废弃属名）; Drimys Forst.（1775）（废弃属名）; Drymis Juss.（1789）; Drymys Vell.（1829）; Magalhaensia Post et Kuntze（1903）; Magallana Comm. ex DC.（1818）Nom. illegit. ; Magellania Comm. ex Lam.（1786）; Tasmannia DC.（1817）Nom. illegit. ; Tasmannia R. Br.（1817）Nom. illegit. ; Tasmannia R. Br. ex DC.（1817）; Vintera Bonpl.（1808）Nom. illegit. ; Vintera Humb. et Bonpl.（1808）Nom. illegit. ; Wintera Murray（1784）Nom. illegit. ; Winterana Sol. ex Meclik.（1841）Nom. inval. ; Winterania Post et Kuntze（1903）Nom. illegit. ●☆

17282 Drimyspermum Reinw.（1825）= Phaleria Jack（1822）［瑞香科 Thymelaeaceae］●☆

17283 Dripax Noronha ex Thouars（1807）= Rinorea Aubl.（1775）（保留属名）［堇菜科 Violaceae］●

17284 Drobowskia Brongn.（1843）Nom. illegit. = Dobrowskya C. Presl（1836）; ～ = Monopsis Salisb.（1817）［桔梗科 Campanulaceae］■☆

17285 Drobrowskia B. D. Jacks. = Drobowskia Brongn.（1843）Nom. illegit. ; ～ = Monopsis Salisb.（1817）［桔梗科 Campanulaceae］■☆

17286 Drobrowskia Brongn.（1843）Nom. illegit. = Monopsis Salisb.（1817）［桔梗科 Campanulaceae］■☆

17287 Droceloncia J. Léonard（1959）【汉】德罗大戟属。【隶属】大戟科 Euphorbiaceae。【包含】世界 1 种。【学名诠释与讨论】〈阴〉词源不详。【分布】马达加斯加，热带非洲。【模式】Droceloncia rigidifolia（H. Baillon）J. Léonard［Pycnocoma rigidifolia H. Baillon］。■☆

17288 Drogouetia Steud.（1840）= Droguetia Gaudich.（1830）［荨麻科 Urticaceae］■

17289 Droguetia Gaudich.（1830）【汉】单蕊麻属。【英】Droguetia。【隶属】荨麻科 Urticaceae。【包含】世界 7 种，中国 1 种。【学名诠释与讨论】〈阴〉（人）Droguet。【分布】马达加斯加，印度（南部），印度尼西亚（爪哇岛），中国，阿拉伯地区，热带和非洲南部。【后选模式】Droguetia ovata Gaudichaud-Beaupré。【参考异名】Didymogyne Wedd.（1854）; Drogouetia Steud.（1840）; Drouguetia Endl.（1848）■

17290 Dromophylla Lindl.（1847）= Cayaponia Silva Manso（1836）（保留属名）; ～ = Dermophylla Silva Manso（1836）［葫芦科（瓜科，南瓜科）Cucurbitaceae］■☆

17291 Droogmansia De Wild.（1902）【汉】德罗豆属。【隶属】豆科 Fabaceae（Leguminosae）。【包含】世界 5 种。【学名诠释与讨论】〈阴〉词源不详。【分布】热带非洲。【后选模式】Droogmansia pteropus（J. G. Baker）De Wildeman［Dolichos pteropus J. G. Baker］。■☆

17292 Drosace A. Nelson（1909）= Androsace L.（1753）［报春花科

Primulaceae//点地梅科 Androsacaceae]■

17293 Drosanthe Spach（1836）= Hypericum L.（1753）［金丝桃科 Hypericaceae//猪胶树科（克鲁西科，山竹子科，藤黄科）Clusiaceae（Guttiferae）]■●

17294 Drosanthemopsis Rauschert（1982）【汉】神刀玉属。【日】ドロサンテモプシス属。【隶属】番杏科 Aizoaceae。【包含】世界 2 种。【学名诠释与讨论】〈阴〉（属）Drosanthemum 泡叶菊属+希腊文 opsis，外观，模样，相似。此属的学名 "Drosanthemopsis S. Rauschert, Taxon 31：555. 9 Aug 1982" 是一个替代名称。"Anisocalyx H. M. L. Bolus, Notes Mesembr. 3；385. 30 Apr 1958" 是一个非法名称（Nom. illegit.），因为此前已经有了 "Anisocalyx V. Donati, Essai Hist. Nat. Adriat. 23. Jan−Mar 1758（藻类）"。故用 "Drosanthemopsis Rauschert（1982）" 替代之。亦有文献把 "Drosanthemopsis Rauschert（1982）" 处理为 "Drosanthemum Schwantes（1927）" 的异名。【分布】非洲。【模式】Drosanthemopsis salaria（H. M. L. Bolus）S. Rauschert［Anisocalyx salarius H. M. L. Bolus］。【参考异名】Anisocalyx L. Bolus（1958）Nom. illegit.；Drosanthemum Schwantes（1927）●☆

17295 Drosanthemum Schwantes（1927）【汉】泡叶番杏属（泡叶菊属）。【日】ドロサンテムム属。【英】Pale Dew-plant。【隶属】番杏科 Aizoaceae。【包含】世界 95-100 种。【学名诠释与讨论】〈阴〉（希）drosos，露珠+anthemon，花。【分布】厄瓜多尔，非洲南部。【模式】Drosanthemum hispidum（Linnaeus）Schwantes［Mesembryanthemum hispidum Linnaeus］。【参考异名】Anisocalyx L. Bolus（1958）Nom. illegit.；Drosanthemopsis Rauschert（1982）●☆

17296 Drosanthus R. Br. ex Planch.（1848）Nom. inval. = Byblis Salisb.（1808）［二型腺毛科（捕虫纸草科，腺毛草科）Byblidaceae]●☆

17297 Drosera L.（1753）【汉】茅膏菜属。【日】マウセンゴケ属，モウセンゴケ属。【俄】Росница，Росянка。【英】Daily-dew，Dew Plant，Dew-plant，Sun Dew，Sundew。【隶属】茅膏菜科 Droseraceae。【包含】世界 90-110 种，中国 6 种。【学名诠释与讨论】〈阴〉（希）drosos，露水。droseros，多露的，如露的。drosodes，潮湿的，多露的。指叶上茸毛的先端分泌黏液，或指叶上的腺毛顶端膨大状如露珠。此属的学名，ING、TROPICOS、APNI、GCI 和 IK 记载为 "Drosera L., Sp. Pl. 1：281. 1753［1 May 1753］"。"Rorella J. Hill, Brit. Herbal 187. 29 Mai 1756" 和 "Rossolis Adanson, Fam. 2：245. Jul-Aug 1763" 是 "Drosera L.（1753）" 的晚出的同模式异名（Homotypic synonym，Nomenclatural synonym）。"肖茅膏菜属 Rossolis Adans.（1763）Nom. illegit." 应予废弃。【分布】巴基斯坦，巴拉圭，巴拿马，秘鲁，玻利维亚，厄瓜多尔，哥斯达黎加，马达加斯加，尼加拉瓜，中国，热带和温带，中美洲。【后选模式】Drosera rotundifolia Linnaeus。【参考异名】Adenopa Raf.（1837）；Dismophyla Raf.（1837）；Drossera Gled.（1749）Nom. inval.；Esera Neck.（1790）Nom. inval.；Filicirna Raf.（1837）；Freatulina Chrtek et Slavíková（1996）；Rorella Haller ex All.（1785）Nom. illegit.；Rorella Hill（1756）Nom. illegit.；Rossolis Adans.（1763）Nom. illegit.；Sondera Lehm.（1844）■

17298 Droseraceae Salisb.（1808）（保留科名）【汉】茅膏菜科。【日】アシモチサウ科，マウセンゴケ科，モウセンゴケ科。【俄】Росянковые。【英】Sundew Family。【包含】世界 4 属 95-112 种，中国 2 属 7 种。【分布】广泛分布。【科名模式】Drosera L.（1753）■

17299 Drosocarpium（Spach）Fourr.（1868）= Hypericum L.（1753）［金丝桃科 Hypericaceae//猪胶树科（克鲁西科，山竹子科，藤黄科）Clusiaceae（Guttiferae）]■●

17300 Drosocarpium Fourr.（1868）Nom. illegit. ≡ Drosocarpium（Spach）Fourr.（1868）；~ = Hypericum L.（1753）［金丝桃科

Hypericaceae//猪胶树科（克鲁西科，山竹子科，藤黄科）Clusiaceae（Guttiferae）]■●

17301 Drosodendron Roem.（1846）Nom. illegit. ≡ Neuhofia Stokes（1812）；~ = Baeckea L.（1753）［桃金娘科 Myrtaceae]●

17302 Drosophorus R. Br. ex Planch.（1848）Nom. inval. = Byblis Salisb.（1808）［二型腺毛科（捕虫纸草科，腺毛草科）Byblidaceae]●☆

17303 Drosophyllaceae Chrtek, Slaviková et Studnicka（1989）［亦见 Droseraceae Salisb.（保留科名）茅膏菜科]【汉】露叶苔科（黏虫草科）。【日】ドロソフィラム科。【英】Drosophyllum Family。【包含】世界 1 属 1 种。【分布】葡萄牙，西班牙，摩洛哥。【科名模式】Drosophyllum Link ●☆

17304 Drosophyllum Link（1805）【汉】露叶苔属（露叶花属）。【日】ドロソフィラム属。【俄】Мухоловка。【英】Drosophyllum。【隶属】茅膏菜科 Droseraceae//露叶苔科 Drosophyllaceae。【包含】世界 1 种。【学名诠释与讨论】〈中〉（希）drosos，露水。droseros 多露的，如露的。drosodes，潮湿的，多露的。此属的学名，ING、TROPICOS 和 IK 记载是 "Drosophyllum Link, in Schrad. Neues Journ. i.（1806）II. 53"。"Ladrosia R. A. Salisbury, Parad. Lond. ad t. 95. 1 Feb 1808" 和 "Rorella Rafinesque, Fl. Tell. 3；36. Nov−Dec 1837（'1836'）（non J. Hill 1756）" 是 "Drosophyllum Link（1805）" 的晚出的同模式异名（Homotypic synonym，Nomenclatural synonym）。【分布】摩洛哥，葡萄牙，西班牙。【模式】Drosophyllum lusitanicum（Linnaeus）Link［Drosera lusitanica Linnaeus］。【参考异名】Ladrosia Salisb.（1808）Nom. illegit.；Ladrosia Salisb. ex Planch.，Nom. illegit.；Rorella Raf.（1837）Nom. illegit.；Spergulus Brot. ex Steud.（1841）●☆

17305 Drossera Gled.（1749）Nom. inval. = Drosera L.（1753）［茅膏菜科 Droseraceae]■

17306 Drouguetia Endl.（1848）= Droguetia Gaudich.（1830）［荨麻科 Urticaceae]■

17307 Drozia Cass.（1825）= Perezia Lag.（1811）［菊科 Asteraceae（Compositae）]■☆

17308 Drudea Griseb.（1879）= Pycnophyllum J. Rémy（1846）［石竹科 Caryophyllaceae]■☆

17309 Drudeophytum J. M. Coult. et Rose（1900）= Tauschia Schltdl.（1835）（保留属名）［伞形花科（伞形科）Apiaceae（Umbelliferae）]■☆

17310 Drummondia DC.（1830）Nom. illegit. ≡ Pectiantia Raf.（1837）；~ = Mitella Tourn. ex L.（1753）；~ = Mitellopsis Meisn.（1830）Nom. illegit.；~ = Ozomelis Raf.（1837）Nom. illegit.；~ ≡ Pectiantia Raf.（1837）；~ = Mitella L.（1753）［虎耳草科 Saxifragaceae]■

17311 Drummondita Harv.（1855）【汉】德拉蒙德芸香属。【隶属】芸香科 Rutaceae。【包含】世界 5 种。【学名诠释与讨论】〈阴〉（人）Drummondit。此属的学名是 "Drummondita W. H. Harvey, Hooker's J. Bot. Kew Gard. Misc. 7：53. Feb 1855"。亦有文献把其处理为 "Philotheca Rudge（1816）" 的异名。【分布】澳大利亚。【模式】Drummondita ericoides W. H. Harvey。【参考异名】Philotheca Rudge（1816）●☆

17312 Drumondia Raf. = Drummondia DC.（1830）Nom. illegit.；~ = Mitella L.（1753）［虎耳草科 Saxifragaceae]■

17313 Drupaceae Gray = Rosaceae Juss.（1789）（保留科名）●■

17314 Druparia Clairv.（1811）Nom. illegit.［蔷薇科 Rosaceae]■☆

17315 Druparia Silva Manso（1836）Nom. illegit. = Cayaponia Silva Manso（1836）（保留属名）［葫芦科（瓜科，南瓜科）Cucurbitaceae]■☆

17316 Drupatris Lour.（1790）= Symplocos Jacq.（1760）［山矾科（灰

木科）Symplocaceae]●

17317　Drupifera Raf.（1838）= Camellia L.（1753）［山茶科（茶科）Theaceae]●

17318　Drupina L.（1775）= Curanga Juss.（1807）［玄参科Scrophulariaceae]■☆

17319　Drusa DC.（1807）【汉】结晶草属。【隶属】伞形花科（伞形科）Apiaceae（Umbelliferae）。【包含】世界1种。【学名诠释与讨论】〈阴〉（德）druse，结晶体，布满了结晶体的岩石中的空穴。【分布】西班牙（加那利群岛）。【模式】Drusa oppositifolia A. P. de Candolle，Nom. illegit.［Sicyos glandulosa Poiret；Drusa glandulosa（Poiret）J. Bornmüller］。■☆

17320　Dryadaceae Gray（1822）= Rosaceae Juss.（1789）（保留科名）●■

17321　Dryadaea Kuntze（1891）= Dryadea Raf.（1814）；~ = Dryas L.（1753）［蔷薇科 Rosaceae]●■

17322　Dryadanthe Endl.（1840）【汉】四蕊山莓草属。【俄】Дриадоцвет。【隶属】蔷薇科 Rosaceae。【包含】世界1种，中国1种。【学名诠释与讨论】〈阴〉（人）Dryas，所有格 drysdos，德律阿斯，希腊神话中的森林女神 + anthos，花。此属的学名是"Dryadanthe Endlicher，Gen. 1242. Aug 1840"。亦有文献把其处理为"Sibbaldia L.（1753）"的异名。【分布】巴基斯坦，中国，喜马拉雅山，亚洲中部。【模式】Dryadanthe tetrandra（Bunge）Juzepczuk［Sibbaldia tetrandra Bunge］。【参考异名】Sibbaldia L.（1753）■

17323　Dryadea Raf.（1814）= Dryas L.（1753）［蔷薇科 Rosaceae]●■

17324　Dryadella Luer（1978）【汉】树蛹兰属。【隶属】兰科 Orchidaceae。【包含】世界25种。【学名诠释与讨论】〈阴〉（人）Dryas，所有格 drysdos，德律阿斯，希腊神话中的森林女神 + - ellus，-ella，-ellum，加在名词词干后面形成指小式的词尾。或加在人名、属名等后面以组成新属的名称。【分布】巴拉圭，巴拿马，秘鲁，玻利维亚，厄瓜多尔，哥伦比亚（安蒂奥基亚），哥斯达黎加，尼加拉瓜，中美洲。【模式】Dryadella elata（C. A. Luer）C. A. Luer［Masdevallia elata C. A. Luer］。【参考异名】Trigonanthe（Schltr.）Brieger（1975）Nom. inval.■☆

17325　Dryadodaphne S. Moore（1923）【汉】林桂属。【隶属】香材树科（杯轴花科，黑檫木科，芒籽科，蒙立米科，檬立木科，香材木科，香树木科）Monimiaceae。【包含】世界3种。【学名诠释与讨论】〈阴〉（人）Dryas，所有格 drysdos，德律阿斯，希腊神话中的森林女神 + daphne 月桂树。【分布】新几内亚岛。【模式】Dryadodaphne celastroides S. Moore。【参考异名】Isomerocarpa A. C. Sm.（1941）●☆

17326　Dryadorchis Schltr.（1913）【汉】德律阿斯兰属。【隶属】兰科 Orchidaceae。【包含】世界3种。【学名诠释与讨论】〈阴〉（人）Dryas，所有格 dryados，德律阿斯，希腊神话中的森林女神 + orchis，原义是睾丸，后变为植物兰的名称，因为根的形态而得名。变为拉丁文 orchis，所有格 orchidis。【分布】新几内亚岛。【后选模式】Dryadorchis barbellata Schlechter。■☆

17327　Dryandra R. Br.（1810）（保留属名）【汉】丝头花属（蓟序木属）。【英】Dryander。【隶属】山龙眼科 Proteaceae。【包含】世界50-93种。【学名诠释与讨论】〈阴〉（人）Jonas Carlsson（Carl）Dryander，1748-1810，瑞典植物学者，林奈的学生 + aner，所有格 andros，雄性，雄蕊。此属的学名"Dryandra R. Br. in Trans. Linn. Soc. London 10：211. Feb 1810"是保留属名。相应的废弃属名是大戟科 Euphorbiaceae 的"Dryandra Thunb.，Nov. Gen. Pl.：60. 18 Jun 1783 = Vernicia Lour.（1790）"和山龙眼科 Proteaceae 的"Josephia R. Br. ex Knight，Cult. Prot.：110. Dec 1809 = Dryandra R. Br.（1810）（保留属名）"。山龙眼科 Proteaceae 的"Josephia Steud.，Nomencl. Bot.［Steudel］，ed. 2. 1：814. 1840"是"Josepha

Vell."的拼写变体，也应予废弃。兰科 Orchidaceae 的"Josephia Wight，Icon. Pl. Ind. Orient.［Wight］5（1）：19，t. 1742，1743. 1851 ≡ Sirhookera Kuntze（1891）"亦应废弃。山龙眼科 Proteaceae 的"Josephia Salisb.，in Knight，Prot. 110（1809）= Dryandra R. Br.（1810）（保留属名）"也要废弃。【分布】澳大利亚。【模式】Dryandra formosa R. Brown。【参考异名】Hemiclidia R. Br.（1830）；Josephia R. Br. ex Knight（1809）（废弃属名）；Josephia Salisb.（1809）（废弃属名）●☆

17328　Dryandra Thunb.（1783）（废弃属名）= Vernicia Lour.（1790）［大戟科 Euphorbiaceae]●

17329　Dryas L.（1753）【汉】仙女木属（多瓣木属）。【日】チャウノスケサウ属，チョウノスケソウ属。【俄】Дриада，Дриада восьмилепесткова，Какавахом，Куропаточья трава，Трава куропаточья。【英】Avens，Dryad，Dryas，Mountain Avens。【隶属】蔷薇科 Rosaceae。【包含】世界2-14种，中国1种。【学名诠释与讨论】〈阴〉（人）Dryas，所有格 dryados，德律阿斯，希腊神话中的森林女神。指叶像栎树或指某些种类喜生于森林中。此属的学名，ING、TROPICOS 和 IK 记载是"Dryas Linnaeus，Sp. Pl. 501. 1 Mai 1753"。"Ptilotum Dulac，Fl. Hautes - Pyrénées 313. 1867"是"Dryas L.（1753）"的晚出的同模式异名（Homotypic synonym，Nomenclatural synonym）。【分布】中国，极北地至阿尔卑斯山。【后选模式】Dryas octopetala Linnaeus。【参考异名】Dryadaea Kuntze（1891）；Dryadea Raf.（1814）；Ptilotum Dulac（1867）Nom. illegit.●■

17330　Drymaria Schult.（1819）Nom. illegit. = Drymaria Willd. ex Schult.（1819）［石竹科 Caryophyllaceae]■

17331　Drymaria Willd.（1819）Nom. illegit. ≡ Drymaria Willd. ex Schult.（1819）［石竹科 Caryophyllaceae]■

17332　Drymaria Willd. ex Roem. et Schult.（1819）Nom. illegit. ≡ Drymaria Willd. ex Schult.（1819）［石竹科 Caryophyllaceae]■

17333　Drymaria Willd. ex Schult.（1819）【汉】荷莲豆草属（荷莲豆属）。【日】ヤンバルハコベ属。【俄】Дримария。【英】Drymaria，Drymary，Seccomaria。【隶属】石竹科 Caryophyllaceae。【包含】世界48种，中国2种。【学名诠释与讨论】〈阴〉（希）drymos = drymon，森林，槲树，丛林 + -arius，-aria，-arium，指示"属于、相似、具有、联系"的词尾。指本属植物常生于树林中。此属的学名，ING 记载是"Drymaria J. A. Schultes in J. J. Roemer et J. A. Schultes，Syst. Veg. 5：xxxi. Dec 1819"。IK 记载是"Drymaria Willd. ex Roem. et Schult.，Syst. Veg.，ed. 15 bis［Roemer et Schultes]5：xxxi. 1819［Dec 1819]"。APNI 和 TROPICOS 记载为"Drymaria Willd. ex Schult.，Systema Vegetabilium 5 1819"。《中国植物志》英文版和《北美植物志》采用"Drymaria Willdenow ex Schultes，Syst. Veg. 5：31. 1819"。《台湾植物志》和《智利植物志》用"Drymaria Willd."。【分布】埃塞俄比亚，澳大利亚，巴拿马，秘鲁，玻利维亚，厄瓜多尔，哥伦比亚，马达加斯加，尼加拉瓜，印度尼西亚（爪哇岛），中国，墨西哥至巴塔哥尼亚，温带喜马拉雅山，西印度群岛，非洲南部，中美洲。【后选模式】Drymaria arenarioides Humboldt et Bonpland ex J. A. Schultes。【参考异名】Drymaria Schult.（1819）Nom. illegit.；Drymaria Willd.（1819）Nom. illegit.；Drymaria Willd. ex Roem. et Schult.（1819）Nom. illegit.；Mollugophytum M. E. Jones（1933）■

17334　Drymeia Ehrh.（1789）Nom. inval. = Carex L.（1753）［莎草科 Cyperaceae]■

17335　Drymiphila Juss.（1817）= Drymophila R. Br.（1810）［铃兰科 Convallariaceae]■☆

17336　Drymis Juss.（1789）= Drimys J. R. Forst. et G. Forst.（1775）（保留属名）［八角科 Illiciaceae//林仙科（冬木科，假八角科，辛辣木

科)Winteraceae]●☆

17337　Drymispermum Rchb. (1841) = Drimyspermum Reinw. (1825);
~ = Phaleria Jack(1822) [瑞香科 Thymelaeaceae]●☆

17338　Drymoanthus Nicholls(1943)【汉】丛林兰属。【隶属】兰科
Orchidaceae。【包含】世界 3 种。【学名诠释与讨论】〈阳〉(希)
drymos = drymon,森林,槲树,丛林+anthos,花。【分布】澳大利亚
(昆士兰),新西兰。【模式】Drymoanthus minutus W. H. Nicholls。
■☆

17339　Drymocallis Fourr. (1868) Nom. inval. ≡ Drymocallis Fourr. ex
Rydb. (1898);~ = Potentilla L. (1753) [蔷薇科 Rosaceae//委陵
菜科 Potentillaceae]■●

17340　Drymocallis Fourr. ex Rydb. (1898) = Potentilla L. (1753) [蔷
薇科 Rosaceae//委陵菜科 Potentillaceae]■●

17341　Drymochloa Holub(1984) = Festuca L. (1753) [禾本科 Poaceae
(Gramineae)//羊茅科 Festucaceae]■

17342　Drymocodon Fourr. (1869) = Campanula L. (1753) [桔梗科
Campanulaceae]■●

17343　Drymoda Lindl. (1838)【汉】林地兰属(德里蒙达兰属)。
【英】Drymoda。【隶属】兰科 Orchidaceae。【包含】世界 2 种。
【学名诠释与讨论】〈阴〉(希)drymodes,林中的,木质的。指其生
于林中。【分布】泰国。【模式】Drymoda picta J. Lindley。■☆

17344　Drymonactes Ehrh. (1789) Nom. inval. = Bromus L. (1753) (保
留属名);~ = Festuca L. (1753) [禾本科 Poaceae(Gramineae)//
羊茅科 Festucaceae]■

17345　Drymonactes Fourr. = Festuca L. (1753) [禾本科 Poaceae
(Gramineae)//羊茅科 Festucaceae]■

17346　Drymonactes Steud. (1840) Nom. illegit. = Drymonactes Ehrh.
(1789) Nom. inval. ;~ = Bromus L. (1753) (保留属名);~ =
Festuca L. (1753) [禾本科 Poaceae(Gramineae)//羊茅科
Festucaceae]■

17347　Drymonia Mart. (1829)【汉】林苣苔属(锥莫尼亚属)。【英】
Drymonia。【隶属】苦苣苔科 Gesneriaceae。【包含】世界 35-140
种。【学名诠释与讨论】〈阴〉(希)drymos = drymon,森林,槲树,
丛林。【分布】巴拿马,秘鲁,玻利维亚,厄瓜多尔,哥伦比亚(安
蒂奥基亚),哥斯达黎加,美国,尼加拉瓜,西印度群岛,中美洲。
【后选模式】Drymonia calcarata C. F. P. Martius。【参考异名】
Anisoplectus Oerst. (1861);Calanthus Oerst. ex Hanst. (1854);
Caloplectus Oerst. (1861);Erythranthus Oerst. ex Hanst. (1853);
Macrochlamys Decne. (1849);Polythysania Hanst. (1854);
Saccoplectus Oerst. (1861)●☆

17348　Drymophila R. Br. (1810)【汉】林铃兰属。【隶属】铃兰科
Convallariaceae。【包含】世界 2 种。【学名诠释与讨论】〈阴〉
(希)drymos = drymon,森林,槲树,丛林+philos,喜欢的,爱的。
【分布】澳大利亚。【模式】Drymophila cyanocarpa R. Brown。【参
考异名】Drymiphila Juss. (1817)■☆

17349　Drymophloeus Zipp. (1829)【汉】林皮棕属(阔羽椰属,榄果椰
子属,木榈属,木果椰属,木皮棕属,木棕属)。【日】ノコギリバ
ケンチャヤシ属。【英】Drymophloeus。【隶属】棕榈科 Arecaceae
(Palmae)。【包含】世界 12-15 种。【学名诠释与讨论】〈阳〉
(希)drymos = drymon,森林,槲树,丛林+phloeus,有皮的,树皮。
此属的学名,ING、APNI、TROPICOS 和 IK 记载是"Drymophloeus
Zippelius, Alg. Konst – Lett. – Bode 1829(1):297. 8 Mai 1829"。
"Saguaster O. Kuntze, Rev. Gen. 2:734. 5 Nov 1891"是
"Drymophloeus Zipp. (1829)"的晚出的同模式异名(Homotypic
synonym, Nomenclatural synonym)。【分布】斐济,印度尼西亚(马
鲁古群岛),萨摩亚群岛,新几内亚岛。【后选模式】Drymophloeus
olivaeformis (Giseke) Miquel [Areca olivaeformis Giseke]。【参

异名]Coleospadix Becc. (1885);Rehderophoenix Burret(1936);
Saguaster Kuntze(1891)Nom. illegit. ;Solfia Rech. (1907)●☆

17350　Drymopogon Fabr. =Aruncus L. (1758) [蔷薇科 Rosaceae]●■

17351　Drymopogon Raf. =Spiraea L. (1753) [蔷薇科 Rosaceae//绣线
菊科 Spiraeaceae]●

17352　Drymopogon Ruppius(1745)Nom. inval. [蔷薇科 Rosaceae]☆

17353　Drymoscias Kaso–Pol. (1915) Nom. illegit. ≡ Notopterygium H.
Boissieu(1903) [伞形花科(伞形科)Apiaceae(Umbelliferae)]■★

17354　Drymospartum C. Presl (1845) = Genista L. (1753) [豆科
Fabaceae(Leguminosae)//蝶形花科 Papilionaceae]●

17355　Drymosphace(Benth.)Opiz(1852) = Salvia L. (1753) [唇形
Lamiaceae(Labiatae)//鼠尾草科 Salviaceae]●■

17356　Drymosphace Opiz(1852)Nom. illegit. ≡ Drymosphace (Benth.)
Opiz (1852);~ = Salvia L. (1753) [唇形科 Lamiaceae
(Labiatae)//鼠尾草科 Salviaceae]●■

17357　Drymyrrhizae Vent. =Zingiberaceae Martinov(保留科名)■

17358　Drymys Vell. (1829) = Drimys J. R. Forst. et G. Forst. (1775)
(保留属名) [八角科 Illiciaceae//林仙科(冬木科,假八角科,辛
辣木科)Winteraceae]●☆

17359　Dryobalanops C. F. Gaertn. (1805)【汉】婆罗香属(冰片香属,
羯布罗香属,龙脑香属)。【日】リュウノウジュ属。【俄】
Дриобаланопс。【英】Borneo Camphor, Brunei Teak, Kapur。【隶
属】龙脑香科 Dipterocarpaceae。【包含】世界 7-9 种。【学名诠释
与讨论】〈阴〉(希)drys,所有格 dryos,树,尤其指槲树+balanos 橡
实+ops 外观。【分布】印度尼西亚(苏门答腊岛),加里曼丹岛,
马来半岛。【模式】Dryobalanops aromatica C. F. Gaertner。【参考
异名]Baillonodendron Heim(1890)●☆

17360　Dryopacia Roeper = Dryopeia Thouars (1822) [兰科
Orchidaceae]■

17361　Dryopeia Thouars (1822) = Disperis Sw. (1800) [兰科
Orchidaceae]■

17362　Dryopetalon A. Gray(1853)【汉】北美岩芥属。【隶属】十字花
科 Brassicaceae(Cruciferae)。【包含】世界 5 种。【学名诠释与讨
论】〈中〉(希)drys,所有格 dryos,树,尤其指槲树+希腊文
petalos,扁平的,铺开的;petalon,花瓣,叶,花叶,金属叶子;拉丁
文的花瓣为 petalum。此属的学名,ING、GCI、TROPICOS 和 IK 记
载是"Dryopetalon A. Gray, Smithsonian Contr. Knowl. 5(6):11(t.
12). 1853 [Feb 1853]"。"Dryopetalum Benth. et Hook. f. (1862)
Nom. illegit. "是其拼写变体。【分布】美国(加利福尼亚),墨西
哥。【模式】Dryopetalon runcinatum A. Gray。【参考异名】
Dryopetalum Benth. et Hook. f. (1862)Nom. illegit. ■☆

17363　Dryopetalum Benth. et Hook. f. (1862) Nom. illegit. ≡
Dryopetalon A. Gray(1853) [十字花科 Brassicaceae(Cruciferae)]
■☆

17364　Dryopoa Vickery (1963)【汉】丰羊茅属。【隶属】禾本科
Poaceae(Gramineae)。【包含】世界 1 种。【学名诠释与讨论】
〈阴〉(希)drys,所有格 dryos,树,尤其指槲树+poa,禾草。【分
布】澳大利亚。【模式】Dryopoa dives (F. v. Mueller) Vickery
[Festuca dives F. v. Mueller]。■☆

17365　Dryopria Thouars (1822) Nom. illegit. ≡ Dryorkis Thouars
(1809);~ = Disperis Sw. (1800);~ = Dryopeia Thouars (1822)
[兰科 Orchidaceae]■

17366　Dryopsila Raf. (1838) = Erythrobalanus (Oerst.) O. Schwarz
(1936);~ =Quercus L. (1753) [壳斗科(山毛榉科)Fagaceae]●

17367　Dryorchis Thouars (1809) Nom. illegit. ≡ Dryorkis Thouars
(1809) [兰科 Orchidaceae]■

17368　Dryorkis Thouars (1809) = Disperis Sw. (1800) [兰科

Orchidaceae]■

17369 Dryparia Post et Kuntze（1903）Nom. illegit. = Cayaponia Silva Manso（1836）（保留属名）；~ = Druparia Silva Manso（1836）Nom. illegit. ; ~ =Cayaponia Silva Manso（1836）（保留属名）［葫芦科（瓜科，南瓜科）Cucurbitaceae]■☆

17370 Drypetes Vahl（1807）【汉】核果木属（核实木属，核实属，环蕊木属，铁色属）。【英】Buckler Ferns，Drypetes，Shield Fern，Wood Fern，Wood Ferns。【隶属】大戟科 Euphorbiaceae。【包含】世界200种，中国12-16种。【学名诠释与讨论】〈阴〉（希）drypto，撕碎。指植物多刺。另说希腊文 druppa 核果。指果实核果状。另说 drypetes，成熟的果实。【分布】巴基斯坦，巴拿马，秘鲁，玻利维亚，厄瓜多尔，哥斯达黎加，马达加斯加，尼加拉瓜，中国，热带，亚热带，东亚，非洲南部，中美洲。【模式】Drypetes glauca M. Vahl。【参考异名】Anaua Miq.（1861）；Astylis Wight（1853）；Brexiopsis H. Perrier（1942）；Calyptosepalum S. Moore（1925）；Clystomenon Müll. Arg.；Cometia Thouars ex Baill.（1858）；Cyclostemon Blume（1826）；Discophis Raf.；Dodecastemon Hassk.（1855）；Dryptes Kanjilal et al.；Freireodendron Müll. Arg.（1866）；Guya Frapp.（1895）Nom. illegit.；Guya Frapp. ex Cordem.（1895）；Hemeeyclia Wight et Arn.（1833）；Hemicyclia Wight et Arn.（1833）；Humblotia Baill.（1886）；Laneasagum Bedd.（1861）；Lingelsheimia Pax（1909）；Liodendron H. Keng（1951）；Liparena Poit. ex Leman（1823）；Liparene Baill.（1874）；Liparene Poit. ex Baill.（1874）；Nageia Roxb.（1814）Nom. illegit.；Palenga Thwaites（1856）；Paracasearia Boerl.；Penplexis Wall.；Peripleads Wall.（1847）；Putranjiva Wall.（1826）；Pycnosandra Blume（1856）；Riseleya Hemsl.（1917）；Sibangea Oliv.（1883）；Sphragidia Thwaites（1855）；Stelechanteria Thouars ex Baill.（1864）●

17371 Drypis L.（1753）【汉】刺叶蝇子草属。【隶属】石竹科 Caryophyllaceae。【包含】世界1种。【学名诠释与讨论】〈阴〉（希）drypis，Drypis spinosa L. 的希腊名称。此属的学名，ING 记载是"Drypis Linnaeus, Sp. Pl. 413. 1 Mai 1753"。IK 则记载为"Drypis Mich. ex L., Sp. Pl. 1；413. 1753［1 May 1753]"。"Drypis Mich."是命名起点著作之前的名称，故"Drypis L.（1753）"和"Drypis Mich. ex L.（1753）"都是合法名称，可以通用。【分布】地中海东部。【模式】Drypis spinosa Linnaeus。【参考异名】Drypis Mich. ex L.（1753）■☆

17372 Drypis Mich. ex L.（1753）≡ Drypis L.（1753）［石竹科 Caryophyllaceae]■☆

17373 Drypsis Duchartre（1849）= Dypsis Noronha ex Mart.（1837）［棕榈科 Arecaceae（Palmae）]●☆

17374 Dryptes Kanjilal et al. = Drypetes Vahl（1807）［大戟科 Euphorbiaceae]●

17375 Dryptopetalum Arn.（1838）= Gynotroches Blume（1825）［红树科 Rhizophoraceae]●☆

17376 Duabanga Buch. -Ham.（1837）【汉】八宝树属（杜滨木属）。【英】Duabanga。【隶属】海桑科 Sonneratiaceae//八宝树科 Duabangaceae。【包含】世界2-3种，中国2种。【学名诠释与讨论】〈阴〉Duabanga，"Duabanga grandiflora（DC.）Walp." 的孟加拉俗名。【分布】印度至马来西亚，中国。【模式】Duabanga sonneratioides Buch. - Ham.。【参考异名】Leptospartion Griff.（1854）●

17377 Duabangaceae Takht.（1986）［亦见 Lythraceae J. St. -Hil.（保留科名）千屈菜科]【汉】八宝树科。【包含】世界1属3种，中国1属2种。【分布】印度，中国，马来西亚，喜马拉雅山，中南半岛。【科名模式】Duabanga Buch. -Ham. ●

17378 Duania Noronha（1790）= Homalanthus A. Juss.（1824）［as

'Omalanthus'］（保留属名）［大戟科 Euphorbiaceae]●

17379 Dubaea Steud.（1840）= Diplusodon Pohl（1827）；~ = Dubyaea DC.（1828）Nom. inval.；~ = Diplusodon Pohl（1827）［千屈菜科 Lythraceae]●☆

17380 Dubardella H. J. Lam（1925）= Pyrenaria Blume（1827）［山茶科（茶科）Theaceae]●

17381 Dubautia Gaudich.（1830）【汉】轮菊属。【隶属】菊科 Asteraceae（Compositae）。【包含】世界24-30种。【学名诠释与讨论】〈阴〉（人）J. E. Dubaut，法国海军军官。【分布】美国。【模式】Dubautia plantaginea Gaudichaud - Beaupré。【参考异名】Raillardia Gaudich.；Railliardia Gaudich.（1830）●■☆

17382 Duboisia H. Karst.（1847）Nom. illegit. ≡Dubois-Reymondia H. Karst.（1848）；~ = Myoxanthus Poepp. et Endl.（1836）；~ = Pleurothallis R. Br.（1813）［兰科 Orchidaceae]■☆

17383 Duboisia R. Br.（1810）【汉】澳茄属（澳洲毒茄属）。【俄】Дубоизия。【英】Duboisia。【隶属】茄科 Solanaceae。【包含】世界3种。【学名诠释与讨论】〈阴〉（人）Charles Du Bois（du Bois，Dubois），c. 1656-1740，伦敦商人，植物学赞助人。此属的学名，ING、APNI、TROPICOS 和 IK 记载是"Duboisia R. Br., Prodr. Fl. Nov. Holland. 448. 1810［27 Mar 1810]"。"Duboisia H. Karst., Allg. Gartenzeitung（Otto et Dietrich）15：394. 1847［兰科 Orchidaceae]"是晚出的非法名称；它已经被"Dubois-Reymondia H. Karsten, Bot. Zeitung（Berlin）6：397. 26 Mai 1848"所替代，"Duboisia-Reymondia H. Karst., Botanische Zeitung（Berlin）6：397. 1848.（26 May 1848）"则是"Dubois - Reymondia H. Karst.（1848）"的拼写变体。【分布】澳大利亚，法属新喀里多尼亚。【模式】Duboisia myoporoides R. Brown。【参考异名】Entrecasteauxia Montrouz.（1860）●☆

17384 Duboisia-Reymondia H. Karst.（1848）Nom. illegit. ≡Dubois-Reymondia H. Karst.（1848）［兰科 Orchidaceae]■☆

17385 Dubois - Reymondia H. Karst.（1848）= Myoxanthus Poepp. et Endl.（1836）；~ = Pleurothallis R. Br.（1813）［兰科 Orchidaceae]■☆

17386 Dubois - reymondia H. Karst.（1848）Nom. illegit. ≡Dubois - Reymondia H. Karst.（1848）［兰科 Orchidaceae]■☆

17387 Duboscia Bocquet（1866）【汉】全缘椴属（热带椴属）。【隶属】椴树科（椴科，田麻科）Tiliaceae//锦葵科 Malvaceae。【包含】世界3种。【学名诠释与讨论】〈阴〉（人）M. Dubosc 或 du Bosc。【分布】热带非洲西部。【模式】Duboscia macrocarpa Bocquillon。【参考异名】Diplanthemum K. Schum.（1897）；Pleianthemum K. Schum. ex A. Chev.（1920）●☆

17388 Dubouzetia Pancher ex Brongn. et Gris（1861）【汉】迪布木属。【隶属】杜英科 Elaeocarpaceae。【包含】世界6-10种。【学名诠释与讨论】〈阴〉（人）Joseph-Fidele-Eugene du Bouzet，1805-1867，法国探险家。【分布】新几内亚岛。【模式】Dubouzetia campanulata Pancher ex A. T. Brongniart et Gris。【参考异名】Ducosia Vieill. ex Guillaumin（1911）●☆

17389 Dubreuilia Decne.（1834）Nom. illegit. = Dubrueilia Gaudich.（1830）［荨麻科 Urticaceae]■

17390 Dubrueilia Gaudich.（1830）= Pilea Lindl.（1821）（保留属名）［荨麻科 Urticaceae]■

17391 Dubyaea DC.（1828）Nom. inval. = Diplusodon Pohl（1827）［千屈菜科 Lythraceae]●☆

17392 Dubyaea DC.（1838）【汉】厚喙菊属。【英】Dubyaea。【隶属】菊科 Asteraceae（Compositae）。【包含】世界16种，中国16种。【学名诠释与讨论】〈阴〉（人）Jean Etienne Duby，1798-1885，瑞士植物学者。【分布】中国，喜马拉雅山。【模式】未指定。【参

考异名】Micrauchenia Froel.（1838）■

17393　Ducampopinus A. Chev.（1944）= Pinus L.（1753）［松科 Pinaceae］●

17394　Duchartrea Decne.（1846）= Pentarhaphia Lindl.（1827）［苦苣苔科 Gesneriaceae］■☆

17395　Duchartrella Kuntze（1891）Nom. illegit.【汉】全柱马兜铃属。【隶属】马兜铃科 Aristolochiaceae。【包含】世界1种。【学名诠释与讨论】〈阴〉（属）Duchartrea +-ellus，-ella，-ellum，加在名词词干后面形成指小式的词尾。或加在人名、属名等后面以组成新属的名称。此属的学名，ING 记载是"Duchartrella O. Kuntze，Rev. Gen. 2：563.5 Nov 1891 ≡ Holostylis Duchartre 1854"；IK 也记载了此名称；但是，ING 和 IK 都未标注它是替代名称；故"Duchartrella Kuntze（1891）"应该是"Holostylis Duch.（1854）"的晚出的同模式异名。而"Holostylis Duch.，Ann. Sci. Nat.，Bot. sér. 4,2：33. 1854［Jul 1854］"也是一个晚出的非法名称（Nom. illegit.），因为此前已经有了"Holostylis Rchb.，Deut. Bot. Herb.-Buch 77. 1841［Jul 1841］［茜草科 Rubiaceae］"。如果"Duchartrella Kuntze（1891）"是"Holostylis Duch.（1854）Nom. illegit."的替代名称，就合法了。【分布】巴西，玻利维亚。【模式】Duchartrella reniformis（Duch.）Kuntze［Holostylis reniformis Duch.］。【参考异名】Holostylis Duch.（1854）Nom. illegit. ■☆

17396　Duchassaingia Walp.（1851）= Erythrina L.（1753）［豆科 Fabaceae（Leguminosae）//蝶形花科 Papilionaceae］●■

17397　Duchekia Kostel.（1831）（废弃属名）= Palisota Rchb. ex Endl.（1836）（保留属名）［鸭跖草科 Commelinaceae］■☆

17398　Duchesnea Focke（1888）Nom. illegit. = Duchesnea Sm.（1811）［蔷薇科 Rosaceae］●■

17399　Duchesnea Post et Kuntze（1903）Nom. illegit. = Duchesnia Cass.（1817）Nom. illegit. ；~ = Pulicaria Gaertn.（1791）［菊科 Asteraceae（Compositae）］■●

17400　Duchesnea Sm.（1811）【汉】蛇莓属。【日】ヘビイチゴ属。【俄】Дюшенея。【英】Mock Strawberry，Mockstrawberry，Mock-strawberry，Yellow-flowered Strawberry。【隶属】蔷薇科 Rosaceae//委陵菜科 Potentillaceae。【包含】世界2-6种，中国2种。【学名诠释与讨论】〈阴〉（人）Antane Nicolas Duchesne，1747-1827，法国植物学者。此属的学名，ING、APNI、TROPICOS 和 IK 记载是"Duchesnea Sm.，Trans. Linn. Soc. London 10（2）：372. 1811"。亦有学者把其处理为"Potentilla sect. Duchesnea（Sm.）Dikshit et Panigrahi，Bulletin of the Botanical Survey of India 27：181. 1985［1987］"和"Potentilla subgen. Duchesnea（Sm.）M. Shah et Wilcock，Edinburgh Journal of Botany 50（2）：176. 1993"。"Duchesnea Focke，Nat. Pflanzenfam.［Engler et Prantl］iii. 3.（1888）33 = Duchesnea Sm.（1811）"和"Duchesnea Post et Kuntze（1903）Nom. illegit. = Duchesnia Cass.（1817）Nom. illegit. = Pulicaria Gaertn.（1791）［菊科 Asteraceae（Compositae）］"是晚出的非法名称。亦有文献把"Duchesnea Sm.（1811）"处理为"Potentilla L.（1753）"的异名。【分布】阿富汗，巴基斯坦，秘鲁，玻利维亚，厄瓜多尔，哥伦比亚，马来西亚，美国，日本，斯里兰卡，印度，中国，喜马拉雅山，中南半岛。【模式】Duchesnea fragiformis J. E. Smith，Nom. illegit.［Fragaria indica Andrews；Duchesnea indica（Andrews）Focke］。【参考异名】Duchesnea Focke（1888）Nom. illegit. ；Potentilla L.（1753）；Potentilla subgen. Duchesnea（Sm.）M. Shah et Wilcock（1993）；Potentilla sect. Duchesnea（Sm.）Dikshit et Panigrahi（1985）●■

17401　Duchesnia Cass.（1817）Nom. illegit. ≡ Francoeuria Cass.（1825）；~ = Pulicaria Gaertn.（1791）［菊科 Asteraceae（Compositae）］■●

17402　Duchola Adans.（1763）Nom. illegit. ≡ Omphalandria P. Browne（1756）（废弃属名）；~ = Omphalea L.（1759）（保留属名）［大戟科 Euphorbiaceae］■☆

17403　Duckea Maguire（1958）【汉】多谢草属。【隶属】偏穗草科（雷巴第科，瑞碑题雅科）Rapateaceae。【包含】世界4种。【学名诠释与讨论】〈阴〉（人）Adolpho Ducke，1876-1959，巴西植物学者。【分布】巴西，委内瑞拉。【模式】Duckea cyperaceoidea（Ducke）Maguire［Cephalostemon cyperaceoides Ducke］。■☆

17404　Duckeanthus R. E. Fr.（1934）【汉】多谢花属（达克花属）。【隶属】番荔枝科 Annonaceae。【包含】世界1种。【学名诠释与讨论】〈阴〉（人）Adolpho Ducke，1876-1959，植物学者。【分布】热带南美洲。【模式】Duckeanthus grandiflorus R. E. Fries。●☆

17405　Duckeella Porto et Brade（1940）【汉】多谢兰属。【隶属】兰科 Orchidaceae。【包含】世界3种。【学名诠释与讨论】〈阴〉（人）Adolpho Ducke，1876-1959，巴西植物学者 +-ellus，-ella，-ellum，加在名词词干后面形成指小式的词尾。或加在人名、属名等后面以组成新属的名称。此属的学名，ING、GCI、TROPICOS 和 IK 记载是"Duckeella Porto et Brade，Anais Reunião Sul-Amer. Bot. 3（1）：32. 1940"。"Duckeella Porto（1940）≡ Duckeella Porto et Brade（1940）［兰科 Orchidaceae］"的命名人引证有误。【分布】热带南美洲。【模式】Duckeella adolphii Porto et Brade。【参考异名】Duckeella Porto（1940）Nom. illegit. ■☆

17406　Duckeella Porto（1940）Nom. illegit. ≡ Duckeella Porto et Brade（1940）［兰科 Orchidaceae］■☆

17407　Duckeodendraceae Kuhlm.（1925）［亦见 Solanaceae Juss.（保留科名）茄科］【汉】核果茄科（核果木科）。【包含】世界1属1种。【分布】巴西。【科名模式】Duckeodendron Kuhlm. ●☆

17408　Duckeodendron Kuhlm.（1925）【汉】核果茄属（核果木属）。【隶属】核果茄科（核果木科）Duckeodendraceae。【包含】世界1种。【学名诠释与讨论】〈中〉（人）Adolpho Ducke，1876-1959，巴西植物学者 +dendron 或 dendros，树木，棍，丛林。【分布】热带南美洲。【模式】Duckeodendron cestroides Kuhlmann。●☆

17409　Duckera F. A. Barkley（1942）Nom. illegit. = Rhus L.（1753）［漆树科 Anacardiaceae］●

17410　Duckesia Cuatrec.（1961）【汉】达克木属。【隶属】核果树科（胡香脂科，树脂核科，无距花科，香膏科，香膏木科）Humiriaceae。【包含】世界1种。【学名诠释与讨论】〈阴〉（人）Adolpho Ducke，1876-1959，巴西植物学者。【分布】巴西，秘鲁，亚马孙河流域。【模式】Duckesia verrucosa（Ducke）Cuatrecasas［Saccoglottis verrucosa Ducke］。●☆

17411　Ducosia Vieill. ex Guillaumin（1911）= Dubouzetia Pancher ex Brongn. et Gris（1861）［杜英科 Elaeocarpaceae］●☆

17412　Ducoudraea Bureau（1864）Nom. illegit. ≡ Tecomaria（Endl.）Spach（1840）［紫葳科 Bignoniaceae］●

17413　Ducroisia Endl.（1850）Nom. illegit.［伞形花科（伞形科）Apiaceae（Umbelliferae）］☆

17414　Ducrosia Boiss.（1844）【汉】迪克罗草属。【隶属】伞形花科（伞形科）Apiaceae（Umbelliferae）。【包含】世界5种。【学名诠释与讨论】〈阴〉（人）de St. Germain Ducros，植物学者。【分布】埃及至印度，巴基斯坦。【模式】Ducrosia anethyfolia（A. P. de Candolle）Boissier［Zosima anethifolia A. P. de Candolle］。【参考异名】Tricholaser Gilli（1959）■☆

17415　Dudleya Britton et Rose（1903）【汉】仙女杯属（达德利属，粉叶草属）。【日】ダドレヤ属。【英】Live Forever。【隶属】景天科 Crassulaceae。【包含】世界45-47种。【学名诠释与讨论】〈阴〉（人）William Russel Dudley，1849-1911，斯坦福大学植物学教授。【分布】美国（西南部），墨西哥。【模式】Dudleya lanceolata

（Nuttall）N. L. Britton et J. N. Rose［Echeveria lanceolata Nuttall］。【参考异名】Hasseanthus Rose ex Britton et Rose（1903）Nom. illegit.；Hasseanthus Rose（1903）；Stylophyllum Britton et Rose（1903）■☆

17416　Dufourea Bory ex Willd.（1810）Nom. illegit.（废弃属名）= Tristicha Thouars（1806）［髯管花科 Geniostomaceae//三列苔草科 Tristichaceae］■☆

17417　Dufourea Bory（1810）Nom. illegit.（废弃属名）= Tristicha Thouars（1806）［髯管花科 Geniostomaceae//三列苔草科 Tristichaceae］■☆

17418　Dufourea Gren.（1827）Nom. illegit.（废弃属名）= Arenaria L.（1753）［石竹科 Caryophyllaceae］■

17419　Dufourea Kunth（1818）Nom. illegit.（废弃属名）≡ Prevostea Choisy（1825）；~ = Breweria R. Br.（1810）［旋花科 Convolvulaceae］●☆

17420　Dufrenoya Chatin（1860）= Dendrotrophe Miq.（1856）［檀香科 Santalaceae］●

17421　Dufresnea Meisn.（1838）Nom. illegit. ［缬草科（败酱科）Valerianaceae］■☆

17422　Dufresnia DC.（1829）= Valerianella Mill.（1754）［缬草科（败酱科）Valerianaceae］■

17423　Dugagelia Gaudich.（1830）=？Piper L.（1753）［胡椒科 Piperaceae］●■

17424　Dugagelia Juss. ex Gaudich.（1830）Nom. illegit. =？Piper L.（1753）［胡椒科 Piperaceae］●■

17425　Dugaldia（Cass.）Cass.（1828）Nom. illegit. ≡ Dugaldia Cass.（1828）Nom. illegit.；~ = Helenium L.（1753）；~ = Hymenoxys Cass.（1828）［菊科 Asteraceae（Compositae）//堆心菊科 Heleniaceae］■

17426　Dugaldia Cass.（1828）= Helenium L.（1753）；~ = Hymenoxys Cass.（1828）［菊科 Asteraceae（Compositae）//堆心菊科 Heleniaceae］■☆

17427　Dugandia Britton et Killip（1936）= Acacia Mill.（1754）（保留属名）［豆科 Fabaceae（Leguminosae）//含羞草科 Mimosaceae//金合欢科 Acaciaceae］●■

17428　Dugandiodendron Lozano（1975）【汉】南美盖裂木属。【隶属】木兰科 Magnoliaceae。【包含】世界 10 种。【学名诠释与讨论】〈中〉（人）Dugand+dendron 或 dendros，树木，棍，丛林。此属的学名是"Dugandiodendron G. Lozano-Contreras，Caldasia 11（53）：33. Feb 1975"。亦有文献把其处理为"Magnolia L.（1753）"的异名。【分布】厄瓜多尔，哥伦比亚，委内瑞拉。【模式】Dugandiodendron mahechae G. Lozano-Contreras。【参考异名】Magnolia L.（1753）●☆

17429　Dugesia A. Gray（1882）【汉】绿纹菊属。【隶属】菊科 Asteraceae（Compositae）。【包含】世界 1 种。【学名诠释与讨论】〈阴〉（人）Alfred Auguste Dalsescantz Duges，1826-1910，法国植物学者。【分布】墨西哥，中美洲。【模式】Dugesia mexicana（A. Gray）A. Gray［Lindheimera mexicana A. Gray］。■☆

17430　Dugezia Montrouz.（1860）Nom. inval. ≡ Dugezia Montrouz. ex Beauvis.（1901）；~ = Lysimachia L.（1753）［报春花科 Primulaceae//珍珠菜科 Lysimachiaceae//紫金牛科 Myrsinaceae］●■

17431　Dugezia Montrouz. ex Beauvis.（1901）= Lysimachia L.（1753）［报春花科 Primulaceae//珍珠菜科 Lysimachiaceae］●■

17432　Duggena Vahl ex Standl.（1916）Nom. illegit. ≡ Gonzalagunia Ruiz et Pav.（1794）［茜草科 Rubiaceae］●☆

17433　Duggena Vahl（1793）Nom. inval. ≡ Duggena Vahl ex Standl.（1916）Nom. illegit.；~ ≡ Gonzalagunia Ruiz et Pav.（1794）［茜草科 Rubiaceae］●☆

17434　Duglassia Houst.（1781）= Clerodendrum L.（1753）；~ = Douglassia Mill.（1754）Nom. illegit.（废弃属名）；~ = Volkameria L.（1753）；~ = Clerodendrum L.（1753）［唇形科 Lamiaceae（Labiatae）//马鞭草科 Verbenaceae//牡荆科 Viticaceae］●

17435　Dugortia Scop.（1777）Nom. illegit. ≡ Parinari Aubl.（1775）［蔷薇科 Rosaceae//金壳果科 Chrysobalanaceae］●☆

17436　Duguetia A. St.-Hil.（1824）（保留属名）【汉】半聚果属（杜盖木属，杜古番荔枝属）。【隶属】番荔枝科 Annonaceae。【包含】世界 70 种。【学名诠释与讨论】〈阴〉（人）Duguet。此属的学名"Duguetia A. St.-Hil.，Fl. Bras. Merid. 1，ed. 4：35；ed. f：28. 23 Feb 1824"是保留属名。法规未列出相应的废弃属名。【分布】巴拉圭，巴拿马，秘鲁，玻利维亚，厄瓜多尔，哥伦比亚（安蒂奥基亚），尼加拉瓜，西印度群岛，中美洲。【模式】Duguetia lanceolata A. F. C. P. Saint-Hilaire。【参考异名】Alcmene Urb.（1921）；Duquetia G. Don（1831）；Geanthemum（R. E. Fr.）Saff.（1914）；Geanthemum Saff.（1914）Nom. illegit.●☆

17437　Duguldea Meisn.（1839）= Dugaldia Cass.（1828）Nom. illegit.；~ = Helenium L.（1753）［菊科 Asteraceae（Compositae）//堆心菊科 Heleniaceae］■

17438　Duhaldea DC.（1836）【汉】羊耳菊属。【隶属】菊科 Asteraceae（Compositae）//旋覆花科 Inulaceae。【包含】世界 14 种，中国 8 种。【学名诠释与讨论】〈阴〉（人）Duhalde。此属的学名，ING、TROPICOS 和 IK 记载是"Duhaldea DC.，Prodr. ［A. P. de Candolle］5：366. 1836 ［1-10 Oct 1836］"。亦有文献把"Duhaldea DC.（1836）"处理为"Inula L.（1753）"的异名。【分布】中国，非洲东部，热带亚洲。【模式】Duhaldea chinensis A. P. de Candolle。【参考异名】Inula L.（1753）■●

17439　Duhaldia Sch. Bip.（1843）Nom. illegit. ［菊科 Asteraceae（Compositae）］☆

17440　Duhamela Raf.（1820）= Duhamelia Pers.（1805）Nom. illegit.；~ = Hamelia Jacq.（1760）［茜草科 Rubiaceae］●

17441　Duhamelia Dombey ex Lam.（1783）= Myrsine L.（1753）［紫金牛科 Myrsinaceae］●

17442　Duhamelia Pers.（1805）Nom. illegit. ≡ Hamelia Jacq.（1760）［茜草科 Rubiaceae］●

17443　Duidaea S. F. Blake（1931）【汉】单脉红菊木属。【隶属】菊科 Asteraceae（Compositae）。【包含】世界 3-4 种。【学名诠释与讨论】〈阴〉（地）Duida，杜伊达山，位于委内瑞拉。【分布】委内瑞拉。【模式】未指定。●☆

17444　Duidania Standl.（1931）【汉】委内瑞拉茜属。【隶属】茜草科 Rubiaceae。【包含】世界 1 种。【学名诠释与讨论】〈阴〉（地）Duida，杜伊达山，位于委内瑞拉。【分布】委内瑞拉。【模式】Duidania montana Standley。☆

17445　Dukea Dwyer（1966）= Raritebe Wernham（1917）［茜草科 Rubiaceae］●☆

17446　Dulacia Neck.（1790）Nom. inval. = Acioa Aubl.（1775）［金壳果科 Chrysobalanaceae］●☆

17447　Dulacia Vell.（1829）= Liriosma Poepp.（1843）［木犀榄科（木犀科）Oleaceae］■☆

17448　Dulcamara Hill.（1756）= Solanum L.（1753）［茄科 Solanaceae］●■

17449　Dulcamara Moench（1794）Nom. illegit. = Solanum L.（1753）［茄科 Solanaceae］●■

17450　Dulia Adans.（1763）Nom. illegit. ≡ Ledum L.（1753）［杜鹃花科（欧石南科）Ericaceae］●

17451　Dulichium Pers.（1805）【汉】杜里莎草属。【英】Duliche。【隶属】莎草科 Cyperaceae。【包含】世界 1 种。【学名诠释与讨论】

〈中〉（拉）dulichium，一种莎草。"希"dolichos＝doulichos 长的。作实名词时，作长的径路解。【分布】美国，北美洲。【模式】未指定。【参考异名】Pleuranthus Rich. ex Pers. (1805)■☆

17452　Dulongia Kunth（1825）Nom. illegit. ≡ Phyllonoma Willd. ex Schult.（1820）［叶茶藨科（假茶藨科）Phyllonomaceae//醋栗科（茶藨子科）Grossulariaceae］●☆

17453　Dulongiaceae J. Agardh ＝Phyllonomaceae Rusby ●☆

17454　Duma T. M. Schust.（2011）【汉】澳蓼属。【隶属】蓼科 Polygonaceae。【包含】世界 3 种。【学名诠释与讨论】〈阴〉词源不详。【分布】澳大利亚。【模式】Duma florulenta（Meisn.）T. M. Schust.［Muehlenbeckia florulenta Meisn.］。☆

17455　Dumaniana Yild. et B. Selvi（2006）【汉】杜曼草属。【隶属】伞形花科（伞形科）Apiaceae（Umbelliferae）。【包含】世界 4 种。【学名诠释与讨论】〈阴〉词源不详。【分布】温带亚洲，西亚。【模式】Dumaniana gelendostensis Yild. et B. Selvi。☆

17456　Dumartroya Gaudich.（1848）＝ Malaisia Blanco（1837）；～＝ Trophis P. Browne（1756）（保留属名）［桑科 Moraceae］●☆

17457　Dumasia DC.（1825）【汉】山黑豆属（黑山豆属，山黑扁豆属，小鸡藤属）。【日】ノササゲ属。【英】Dumasia，Live Forever。【隶属】豆科 Fabaceae（Leguminosae）//蝶形花科 Papilionaceae。【包含】世界 12 种，中国 12 种。【学名诠释与讨论】〈阴〉（人）Jean-Bap-tiste-Andre Dumas，1800–1884，法国化学教授。【分布】巴基斯坦，马达加斯加，印度至马来西亚，中国，东亚，非洲南部。【后选模式】Dumasia villosa A. P. de Candolle。■

17458　Dumerilia Lag. ex DC.（1812）＝ Jungia L. f.（1782）［as 'Iungia'］（保留属名）［菊科 Asteraceae（Compositae）］■●☆

17459　Dumerilia Less.（1830）Nom. illegit. ＝Perezia Lag.（1811）［菊科 Asteraceae（Compositae）］■☆

17460　Dumoria A. Chev.（1907）＝ Tieghemella Pierre（1890）［山榄科 Sapotaceae］●☆

17461　Dumreichera Hochst. et Steud.（1838）＝ Senra Cav.（1786）［锦葵科 Malvaceae］●☆

17462　Dumula Lour. ex Gomes（1868）＝ Severinia Ten.（1840）［芸香科 Rutaceae］●

17463　Dunalia Kunth（1818）（保留属名）【汉】杜纳尔茄属。【隶属】茄科 Solanaceae。【包含】世界 7 种。【学名诠释与讨论】〈阴〉（人）Michel Félix Dunal，1789–1856，法国植物学者。此属的学名"Dunalia Kunth in Humboldt et al.，Nov. Gen. Sp. 3，ed. 4；55；ed. f；43. Sep（sero）1818"是保留属名。相应的废弃属名是茜草科 Rubiaceae 的"Dunalia Spreng.，Pl. Min. Cogn. Pug. 2；25. 1815 ≡ Lucya DC.（1830）（保留属名）"。天南星科 Araceae 的"Dunalia Montrouz.，Actes Soc. Linn. Bordeaux xxvi.（1866）576 ＝ Amorphophallus Blume ex Decne.（1834）（保留属名）"和玄参科 Scrophulariaceae 的"Dunalia R. Br.，Voy. Abyss.［Salt］Append. p. lxiv. 1814［Sep 1814］＝Torenia L.（1753）"亦应废弃。【分布】秘鲁，玻利维亚，厄瓜多尔，哥伦比亚（安蒂奥基亚），安第斯山。【模式】Dunalia solanacea Kunth。【参考异名】Dierbachia Spreng.（1824）Nom. illegit.；Huanaca Raf.（1838）Nom. illegit.●☆

17464　Dunalia Montrouz.（1866）（废弃属名）＝ Amorphophallus Blume ex Decne.（1834）（保留属名）［天南星科 Araceae］■●

17465　Dunalia R. Br.（1814）Nom. nud.（废弃属名）＝ Torenia L.（1753）［玄参科 Scrophulariaceae//婆婆纳科 Veronicaceae］■

17466　Dunalia Spreng.（1815）（废弃属名）≡Lucya DC.（1830）（保留属名）［茜草科 Rubiaceae］■☆

17467　Dunantia DC.（1836）＝ Isocarpha R. Br.（1817）［菊科 Asteraceae（Compositae）］■☆

17468　Dunbaria Wight et Arn.（1834）【汉】野扁豆属。【日】ノアズキ属，ノアヅキ属。【英】Dunbaria，Fieldhairicot。【隶属】豆科 Fabaceae（Leguminosae）//蝶形花科 Papilionaceae。【包含】世界 25 种，中国 9 种。【学名诠释与讨论】〈阴〉（印度）dunbar，一种豆类植物俗名+-arius，-aria，-arium，指示"属于、相似、具有、联系"的词尾。另说纪念 George Dunbar，1774–1851，园艺学者。【分布】澳大利亚，中国，热带，亚洲。【后选模式】Dunbaria heynei R. Wight et Arnott。■●

17469　Duncania Rchb.（1828）Nom. illegit. ≡ Asaphes DC.（1825）；～＝Toddalia Juss.（1789）（保留属名）；～＝Vepris Comm. ex A. Juss.（1825）［芸香科 Rutaceae//飞龙掌血科 Toddaliaceae］●☆

17470　Dungsia Chiron et V. P. Castro（2002）【汉】邓格西兰属。【隶属】兰科 Orchidaceae。【包含】世界 4 种。【学名诠释与讨论】〈阴〉（人）Fritz Dungs，1915–1977，植物学者。【分布】巴西。【模式】不详。■☆

17471　Dunnia Tutcher（1905）【汉】绣球茜属（白萼树属，绣球茜草属）。【英】Dunnia。【隶属】茜草科 Rubiaceae。【包含】世界 2 种，中国 1 种。【学名诠释与讨论】〈阴〉（人）Stephen Troyte Dunn，1868–1938，英国植物学者。或许纪念 J. S. Dunn，英国植物学者。【分布】中国。【模式】Dunnia sinensis Tutcher。●★

17472　Dunniella Rauschert（1982）Nom. illegit. ≡ Aboriella Bennet（1981）；～≡Smithiella Dunn（1920）Nom. illegit.；～＝Pilea Lindl.（1821）（保留属名）［荨麻科 Urticaceae］■

17473　Dunstervillea Garay（1972）【汉】邓斯兰属。【隶属】兰科 Orchidaceae。【包含】世界 1 种。【学名诠释与讨论】〈阴〉（人）Galfrid Clement Keyworth Dunsterville，1905–1988，英国植物学者，兰科 Orchidaceae 专家。【分布】厄瓜多尔，委内瑞拉。【模式】Dunstervillea mirabilis Garay。■☆

17474　Duosperma Dayton（1945）【汉】苞爵床属。【隶属】爵床科 Acanthaceae。【包含】世界 12 种。【学名诠释与讨论】〈中〉（地）duo，二＋sperma，所有格 spermatos，种子，孢子。此属的学名"Duosperma Dayton，Rhodora 47；262. 1945"是一个替代名称。"Disperma C. B. Clarke in Thiselton-Dyer，Fl. Trop. Africa 5；79. Sep 1899"是一个非法名称（Nom. illegit.），因为此前已经有了"Disperma J. F. Gmelin，Syst. Nat. 2；885，892. Apr（sero）–Oct 1792（'1791'）＝ Mitchella L.（1753）［茜草科 Rubiaceae］"。故用"Duosperma Dayton（1945）"替代之。【分布】热带和非洲南部。【模式】Duosperma kilimandscharicum（C. B. Clarke）Dayton［Disperma kilimadscharicum C. B. Clarke］。【参考异名】Disperma C. B. Clarke（1899）Nom. illegit. ■☆

17475　Duotriaceae Dulac ＝Cistaceae Juss.（保留科名）●■

17476　Duparquetia Baill.（1865）【汉】西非蔓属。【隶属】豆科 Fabaceae（Leguminosae）//云实科（苏木科）Caesalpiniaceae。【包含】世界 1 种。【学名诠释与讨论】〈阴〉词源不详。【分布】热带非洲西部。【模式】Duparquetia orchidaceae Baillon。【参考异名】Oligostemon Benth.（1865）Nom. illegit. ■☆

17477　Dupathya Vell.（1829）Nom. illegit.（废弃属名）≡ Dupatya Vell.（1829）（废弃属名）；～＝Paepalanthus Mart.（1834）（保留属名）［谷精草科 Eriocaulaceae］■☆

17478　Dupatya Vell.（1829）（废弃属名）＝ Paepalanthus Mart.（1834）（保留属名）［谷精草科 Eriocaulaceae］■☆

17479　Duperrea Pierre ex Pit.（1924）【汉】长柱山丹属。【英】Duperrea。【隶属】茜草科 Rubiaceae。【包含】世界 2 种，中国 1 种。【学名诠释与讨论】〈阴〉（人）Louis-Isidore Duperrey，1786–1865，法国海军军官、自然科学者。【分布】印度，中国，中南半岛。【模式】Duperrea pavettifolia（Kurz）Pitard［Mussaenda pavettifolia Kurz（as 'pavettaefolia'）］。●

17480　Duperreya Gaudich.（1829）＝ Porana Burm. f.（1768）［旋花科

Convolvulaceae//翼萼藤科 Poranaceae]●■☆

17481 Dupineta Raf.（1838）= Dissotis Benth.（1849）（保留属名）；~ = Osbeckia L.（1753）［野牡丹科 Melastomataceae］●■

17482 Dupinia Scop.（1777）Nom. illegit. ≡Taonabo Aubl.（1775）（废弃属名）；~ ≡Ternstroemia Mutis ex L. f.（1782）（保留属名）［山茶科（茶科）Theaceae//厚皮香科 Ternstroemiaceae］●

17483 Duplipetala Thiv（2003）【汉】重瓣龙胆属。【隶属】龙胆科 Gentianaceae。【包含】世界 2 种。【学名诠释与讨论】〈阴〉（拉）duplex，所有格 duplicis，成双的，二倍的+希腊文 petalos，扁平的，铺开的；petalon，花瓣，叶，花叶，金属叶子；拉丁文的花瓣为 petalum。此属的学名是"Duplipetala M. Thiv, Blumea 48：25. 7 Apr 2003"。亦有文献把其处理为"Canscora Lam.（1785）"的异名。【分布】马来西亚，缅甸。【模式】Duplipetala pentanthera（C. B. Clarke）M. Thiv［Canscora pentanthera C. B. Clarke］。【参考异名】Canscora Lam.（1785）■☆

17484 Dupontia R. Br.（1823）【汉】杜邦草属。【俄】Дюпонция。【隶属】禾本科 Poaceae（Gramineae）。【包含】世界 2 种。【学名诠释与讨论】〈阴〉（人）Dupont。【分布】极地。【模式】Dupontia fisheri R. Brown。【参考异名】Dypontia Dietr. ex Steud.（1840）■☆

17485 Dupontiopsis Soreng, L. J. Gillespie et Koba（2015）【汉】拟杜邦草属。【隶属】禾本科 Poaceae（Gramineae）。【包含】世界 1 种。【学名诠释与讨论】〈阴〉（属）Dupontia 杜邦草属+希腊文 opsis，外观，模样，相似。【分布】日本。【模式】Dupontiopsis hayachinensis（Koidz.）Soreng, L. J. Gillespie et Koba［Poa hayachinensis Koidz.］。☆

17486 Dupratzia Raf.（1817）= Eustoma Salisb.（1806）［龙胆科 Gentianaceae］■☆

17487 Dupratzia Raf. et Wherry（1817）Nom. illegit. = Eustoma Salisb.（1806）［龙胆科 Gentianaceae］■☆

17488 Dupuisia A. Rich.（1832）= Sorindeia Thouars（1806）［漆树科 Anacardiaceae］●☆

17489 Dupuya J. H. Kirkbr.（2005）【汉】迪皮豆属。【隶属】豆科 Fabaceae（Leguminosae）。【包含】世界 2 种。【学名诠释与讨论】〈阴〉（人）Dupuy。【分布】马达加斯加。【模式】Dupuya madagascariensis（R. Viguier）J. H. Kirkbride［Cordyla madagascariensis R. Viguier］。【参考异名】Cordyla Lour.（1790）；Pourretia Ruiz et Pav.（1794）Nom. illegit. ●☆

17490 Duquetia G. Don（1831）= Duguetia A. St. –Hil.（1824）（保留属名）［番荔枝科 Annonaceae］●☆

17491 Durabaculum M. A. Clem. et D. L. Jones（2002）【汉】太平洋石斛。【隶属】兰科 Orchidaceae。【包含】世界 52 种。【学名诠释与讨论】〈阴〉词源不详。"Durabaculum M. A. Clem. et D. L. Jones, Orchadian 13（11）：487（2002）"是"Dendrobium sect. Strebloceras Schltr. Nachtr. Fl. Schutzgeb. Südsee［Schumann et Lauterbach］165. 1905"的替代名称。【分布】太平洋的一些岛屿。【模式】不详。【参考异名】Dendrobium sect. Strebloceras Schltr. ☆

17492 Durandea Delarbre（1800）（废弃属名）= Raphanus L.（1753）［十字花科 Brassicaceae（Cruciferae）］■

17493 Durandea Planch.（1847）（保留属名）【汉】杜兰德麻属。【隶属】亚麻科 Linaceae。【包含】世界 15 种。【学名诠释与讨论】〈阴〉（人）Jean Franqois Durande，1732–1794，法国植物学者。另说纪念 Philippe Durand，法国牧师，植物采集家。此属的学名"Durandea Planch. in London J. Bot. 6；594. 1847"是保留属名。相应的废弃属名是十字花科 Brassicaceae 的"Durandea Delarbre, Fl. Auvergne, ed. 2, 365. Aug 1800 = Raphanus L.（1753）"。【分布】斐济，法属新喀里多尼亚，加里曼丹岛，新几内亚岛。【模式】Durandea serrata J. E. Planchon。●☆

17494 Durandeeldea Kuntze（1891）Nom. illegit. ≡ Acidoton Sw.（1788）（保留属名）［大戟科 Euphorbiaceae］●☆

17495 Durandeeldia Kuntze（1891）Nom. illegit. ≡ Durandeeldea Kuntze（1891）Nom. illegit. ；~ = Acidoton Sw.（1788）（保留属名）［大戟科 Euphorbiaceae］●☆

17496 Durandia Boeck.（1896）= Scleria P. J. Bergius（1765）［莎草科 Cyperaceae］■

17497 Durandoa Pomel（1860）= Carthamus L.（1753）［菊科 Asteraceae（Compositae）］■

17498 Duranta K. Koch（1862）Nom. illegit.［马鞭草科 Verbenaceae］☆

17499 Duranta L.（1753）【汉】假连翘属（金露花属）。【日】ハリマツリ属。【俄】Дуранта。【英】Skyflower, Sky–flower。【隶属】马鞭草科 Verbenaceae//假连翘科 Durantaceae。【包含】世界 17-36 种，中国 1-2 种。【学名诠释与讨论】〈阴〉（人）Castore Durante Casto Durantes，1529–1590，意大利医生，植物学者。此属的学名，ING、TROPICOS、APNI、GCI 和 IK 记载是"Duranta L. , Sp. Pl. 2：637. 1753［1 May 1753］"。"Duranta K. Koch, Wochenschr. Vereines Beförd. Gartenbaues Konigl. Preuss. Staaten 5：47. 1862［马鞭草科 Verbenaceae］"是晚出的非法名称。"Castorea P. Miller, Gard. Dict. Abr. ed. 4. 28 Jan 1754"是"Duranta L.（1753）"的晚出的同模式异名（Homotypic synonym, Nomenclatural synonym）。【分布】巴基斯坦，巴拉圭，巴拿马，秘鲁，玻利维亚，厄瓜多尔，哥伦比亚（安蒂奥基亚），尼加拉瓜，中国，热带和南美洲，西印度群岛，中美洲。【后选模式】Duranta erecta Linnaeus。【参考异名】Castorea Mill.（1754）Nom. illegit. ；Durantia Scop. ；Ellisia P. Browne（1756）（废弃属名）；Hoffmannia Loefl.（1758）Nom. inval. ●

17500 Durantaceae J. Agardh（1858）［亦见 Verbenaceae J. St. –Hil.（保留科名）马鞭草科］【汉】假连翘科。【包含】世界 1 属 17-36 种，中国 1 属 1-2 种。【分布】热带和南美洲，西印度群岛。【科名模式】Duranta L.（1753）●

17501 Durantia Scop. = Duranta L.（1753）［马鞭草科 Verbenaceae//假连翘科 Durantaceae］●

17502 Duravia（S. Watson）Greene（1904）= Polygonum L.（1753）（保留属名）［蓼科 Polygonaceae］■●

17503 Duravia Greene（1904）Nom. illegit. ≡ Duravia（S. Watson）Greene（1904）；~ = Polygonum L.（1753）（保留属名）［蓼科 Polygonaceae］■●

17504 Duretia Gaudich.（1830）Nom. illegit. ≡ Boehmeria Jacq.（1760）［荨麻科 Urticaceae］●

17505 Duria Scop.（1777）Nom. illegit. ≡ Durio Adans.（1763）［木棉科 Bombacaceae//锦葵科 Malvaceae］●

17506 Duriala（R. H. Anderson）Ulbr.（1934）= Maireana Moq.（1840）［藜科 Chenopodiaceae］■●☆

17507 Durieua Boiss. et Reut.（1842）Nom. illegit. = Daucus L.（1753）［伞形花科（伞形科）Apiaceae（Umbelliferae）］■

17508 Durieua Mérat（1829）= Lafuentea Lag.（1816）［玄参科 Scrophulariaceae//婆婆纳科 Veronicaceae］●☆

17509 Durieura Mérat et Diss.（1829）= Lafuentea Lag.（1816）［玄参科 Scrophulariaceae//婆婆纳科 Veronicaceae］●☆

17510 Durio Adans.（1763）【汉】榴莲属（韶子属，榴莲属）。【日】ツリオ属。【俄】Дуриан, Дурьян。【英】Durian。【隶属】木棉科 Bombacaceae//锦葵科 Malvaceae。【包含】世界 20-28 种，中国 1 种。【学名诠释与讨论】〈阳〉马来语 duryon，或 durian，一种树木或它的果实名。此属的学名，ING、TROPICOS 和 IK 记载是"Durio Adans. , Fam. Pl.（Adanson）2：399（1763）"。"Duria Scopoli, Introd. 289. Jan-Apr 1777"是"Durio Adans.（1763）"的晚出的同模式异名（Homotypic synonym, Nomenclatural synonym）。

【分布】马来西亚（西部），缅甸，中国。【模式】Durio zibethinus Linnaeus。【参考异名】Boschia Korth.（1844）；Cullenia Wight（1851）；Duria Scop.（1777）Nom. illegit.；Heteropyxis Griff.（1854）（废弃属名）；Lahia Hassk.（1858）●

17511　Durionaceae Cheek（2006）= Malvaceae Juss.（保留科名）●■

17512　Duroia L. f.（1782）（保留属名）【汉】杜氏茜属（杜鲁茜属）。【隶属】茜草科 Rubiaceae。【包含】世界 20 种。【学名诠释与讨论】〈阴〉（人）Johann Philipp Du Roi，1741-1785，德国植物学者。此属的学名"Duroia L. f.，Suppl. Pl.：30，209. Apr 1782"是保留属名。相应的废弃属名是茜草科 Rubiaceae 的"Pubeta L.，Pl. Surin.：16. 23 Jun 1775 = Duroia L. f.（1782）（保留属名）"。【分布】秘鲁，玻利维亚，厄瓜多尔，哥伦比亚（安蒂奥基亚），中美洲。【模式】Duroia eriopila Linnaeus f.。【参考异名】Coupoui Aubl.（1775）；Coupuia Raf.，Nom. illegit.；Coupuya Raf.，Nom. illegit.；Cupirana Miers（1878）Nom. illegit.；Cupuia Raf.（1814）；Cupuya Raf.（1814）Nom. illegit.；Pubeta L.（1775）（废弃属名）；Schachtia H. Karst.（1859）●☆

17513　Durringtonia R. J. F. Hend. et Guymer（1985）【汉】杜灵茜属。【隶属】茜草科 Rubiaceae。【包含】世界 1 种。【学名诠释与讨论】〈阴〉词源不详。【分布】澳大利亚。【模式】Durringtonia paludosa R. J. F. Henderson et G. P. Guymer。☆

17514　Duschekia Opiz（1839）= Alnus Mill.（1754）［桦木科 Betulaceae］●

17515　Dusenia O. Hoffm.（1900）Nom. illegit. ≡ Duseniella K. Schum.（1902）［菊科 Asteraceae（Compositae）］■☆

17516　Dusenia O. Hoffm. ex Dusén（1900）Nom. illegit. ≡ Dusenia O. Hoffm.（1900）Nom. illegit.；~ ≡ Duseniella K. Schum.（1902）［菊科 Asteraceae（Compositae）］■☆

17517　Duseniella K. Schum.（1902）【汉】钝菊属。【隶属】菊科 Asteraceae（Compositae）。【包含】世界 1-2 种。【学名诠释与讨论】〈阴〉（人）Per Karl Hjalmar Dusen，1855-1926，瑞典植物学者，探险家+-ellus，-ella，-ellum，加在名词词干后面形成指小式的词尾。或加在人名、属名等后面以组成新属的名称。此属的学名"Duseniella K. M. Schumann，Just's Bot. Jahresber. 28（1）：475. 1902"是一个替代名称。"Dusenia O. Hoffmann in P. Dusén，Wiss. Ergebn. Schwed. Exped. Magellansländern 3：246. Aug-Dec 1900"和"Dusenia O. Hoffm. ex Dusén，Wiss. Ergebn. Schwed. Exped. Magellansl. 1895-1897 3（5）：246. 1900"都是非法名称（Nom. illegit.），因为此前已经有了苔藓的"Dusenia V. F. Brotherus，Bot. Jahrb. Syst. 20：195. 16 Nov 1894"。故用"Duseniella K. Schum.（1902）"替代之。苔藓的"Dusenia V. F. Brotherus in Engler et Prantl，Nat. Pflanzenfam. 1（3）：812. 19 Apr 1906"则是晚出的非法名称了。【分布】阿根廷，巴塔哥尼亚。【模式】Duseniella patagonica（O. Hoffmann）K. M. Schumann［Dusenia patagonica O. Hoffmann］。【参考异名】Dusenia O. Hoffm.（1900）；Dusenia O. Hoffm. ex Dusén（1900）Nom. illegit.■☆

17518　Dussia Krug et Urb.（1892）Nom. illegit. ≡ Dussia Krug et Urb. ex Taub.（1892）［豆科 Fabaceae（Leguminosae）//蝶形花科 Papilionaceae］■☆

17519　Dussia Krug et Urb. ex Taub.（1892）【汉】杜斯豆属（杜西豆属）。【隶属】豆科 Fabaceae（Leguminosae）//蝶形花科 Papilionaceae。【包含】世界 10 种。【学名诠释与讨论】〈阴〉（人）Antoine Duss，1840-1924，瑞士植物学者。此属的学名，ING 记载为"Dussia Krug et Urban ex Taubert in Engler et Prantl，Nat. Pflanzenfam. 3（3）：193. Nov 1892"。GCI 则记载为"Dussia Krug et Urb.，Nat. Pflanzenfam.［Engler et Prantl］3，Abt. 3：193. 1892"。

二者引用的文献相同。【分布】巴拿马，秘鲁，玻利维亚，厄瓜多尔，哥伦比亚，哥斯达黎加，几内亚，墨西哥，尼加拉瓜，西印度群岛，中美洲。【模式】Dussia martinicensis Krug et Urban ex Taubert。【参考异名】Cashalia Standl.（1923）；Dussia Krug et Urb.（1892）Nom. illegit.；Vexillifera Ducke（1922）■☆

17520　Dutailliopsis T. G. Hartley（1997）【汉】拟迪塔芸香属。【隶属】芸香科 Rutaceae。【包含】世界 1 种。【学名诠释与讨论】〈阴〉（属）Dutaillyea 迪塔芸香属+希腊文 opsis，外观，模样，相似。【分布】法属新喀里多尼亚。【模式】Dutailliopsis gordonii T. G. Hartley。●☆

17521　Dutaillyea Baill.（1872）【汉】迪塔芸香属。【隶属】芸香科 Rutaceae。【包含】世界 5 种。【学名诠释与讨论】〈阴〉（人）Augusta Vera Duthie，1881-1963，植物学者。【分布】法属新喀里多尼亚。【模式】Dutaillyea trifoliolata Baillon。●☆

17522　Duthiastrum M. P. de Vos（1975）【汉】假毛蕊草属。【隶属】鸢尾科 Iridaceae。【包含】世界 1 种。【学名诠释与讨论】〈中〉（属）Duthiea 毛蕊草属+-astrum，指示小的词尾，也有"不完全相似"的含义。此属的学名"Duthiastrum M. P. de Vos，J. S. African Bot. 41：91. 8 Jul 1975"是一个替代名称。"Duthiella M. P. de Vos，J. S. African Bot. 40：301. 1974"是一个非法名称（Nom. illegit.），因为此前已经有了苔藓的"Duthiella Müller Hal. ex V. F. Brotherus in Engler et Prantl，Nat. Pflanzenfam. 1（3）：1004. 1 Oct 1907"。故用"Duthiastrum M. P. de Vos（1975）"替代之。【分布】非洲南部。【模式】Duthiastrum linifolium（E. P. Phillips）M. P. de Vos［Syringodea linifolia E. P. Phillips］。【参考异名】Duthiella M. P. de Vos（1974）Nom. illegit.■☆

17523　Duthiea Hack.（1895）Nom. illegit. ≡ Duthiea Hack. ex Procop.-Procop.（1895）［禾本科 Poaceae（Gramineae）］■

17524　Duthiea Hack. ex Procop.-Procop.（1895）【汉】毛蕊草属。【英】Duthiea。【隶属】禾本科 Poaceae（Gramineae）。【包含】世界 3 种，中国 1 种。【学名诠释与讨论】〈阴〉（人）John Forminger Duthie，1845-1922，英国植物学者、模式种采集人。此属的学名，ING 和 TROPICOS 记载是"Duthiea Hackel，Verh. K. K. Zool.-Bot. Ges. Wien 45：200. 1896"。IK 则记载为"Duthiea Hack. ex Procop.-Procop.，Verh. K. K. Zool.-Bot. Ges. Wien 45：200. 1895"。三者引用的文献相同。风信子科 Hyacinthaceae 的"Duthiea Speta，Stapfia 75：170. 2001"以及红藻的"Duthiea Manza，Proc. Natl. Acad. U. S. A. 23：48. 1937"都是晚出的非法名称。【分布】阿富汗，巴基斯坦，尼泊尔，中国，克什米尔地区。【模式】Duthiea bromoides Hackel。【参考异名】Duthiea Hack.（1895）Nom. illegit.；Thrixgyne Keng（1941）；Triavenopsis P. Candargy（1901）■

17525　Duthiea Speta（2001）Nom. illegit.［风信子科 Hyacinthaceae//天门冬科 Asparagaceae］☆

17526　Duthiella M. P. de Vos（1974）Nom. illegit. ≡ Duthiastrum M. P. de Vos（1975）［鸢尾科 Iridaceae］■☆

17527　Dutra Bernh. ex Steud.（1840）= Datura L.（1753）［茄科 Solanaceae］●■

17528　Duttonia F. Muell.（1852）= Helipterum DC. ex Lindl.（1836）Nom. confus.［菊科 Asteraceae（Compositae）］■☆

17529　Duttonia F. Muell.（1856）Nom. illegit. = Pholidia R. Br.（1810）［苦槛蓝科 Myoporaceae］●☆

17530　Duvalia Bonpl.（1813）Nom. illegit. = Hypocalyptus Thunb.（1800）［豆科 Fabaceae（Leguminosae）//蝶形花科 Papilionaceae］■☆

17531　Duvalia Haw.（1812）【汉】玉牛角属（小花犀角属）。【日】ツバリア属。【英】Duvalia。【隶属】萝藦科 Asclepiadaceae。【包

含】世界 10 种。【学名诠释与讨论】〈阴〉（人）Henri Auguste Duval，1777-1814，法国植物学者，医生。【分布】热带和非洲南部。【后选模式】Duvalia elegans（Masson）A. H. Haworth［Stapelia elegans A. H. Haworth］。■☆

17532　Duvaliandra M. G. Gilbert（1980）【汉】迪瓦尔萝藦属。【隶属】萝藦科 Asclepiadaceae。【包含】世界 1 种。【学名诠释与讨论】〈阴〉（人）Henri Auguste Duval，1777-1814，法国植物学者，医生＋aner，所有格 andros，雄性，雄蕊。【分布】也门。【模式】Duvaliandra dioscoridis（J. J. Lavranos）M. G. Gilbert［Caralluma dioscoridis J. J. Lavranos］。■☆

17533　Duvaliella F. Heim（1892）【汉】假玉牛角属。【隶属】龙脑香科 Dipterocarpaceae。【包含】世界 1 种。【学名诠释与讨论】〈阴〉（属）Duvalia 玉牛角属＋-ellus，-ella，-ellum，加在名词词干后面形成指小式的词尾。或加在人名、属名等后面以组成新属的名称。或许纪念法国植物学者 Joseph Duval-Jouve，1810-1883，此属的学名是"Duvaliella F. Heim, Bull. Mens. Soc. Linn. Paris 2：1011. 6 Apr 1892"。亦有文献把其处理为"Dipterocarpus C. F. Gaertn.（1805）"的异名。苔藓植物"Duvaliella V. Borbás, Pallas Nagy Lexicona 5：632. 1893（non F. Heim 1892）≡ Neesiella Schiffner（1893）"是晚出的非法名称。【分布】马来西亚。【模式】Duvaliella problematica F. Heim。【参考异名】Dipterocarpus C. F. Gaertn.（1805）●☆

17534　Duvaljouvea Palla（1905）= Cyperus L.（1753）［莎草科 Cyperaceae］■

17535　Duval-jouvea Palla（1905）= Cyperus L.（1753）［莎草科 Cyperaceae］■

17536　Duvallia Haw.（1819）Nom. illegit.［萝藦科 Asclepiadaceae］☆

17537　Duvaua Kunth（1824）= Schinus L.（1753）［漆树科 Anacardiaceae］●

17538　Duvaucellia Bowdich（1825）（废弃属名）= Kohautia Cham. et Schltdl.（1829）（保留属名）［茜草科 Rubiaceae］■☆

17539　Duvernaya Desv. ex DC.（1828）= Cuphea Adans. ex P. Browne（1756）［千屈菜科 Lythraceae］●■

17540　Duvernoia E. Mey.（1847）Nom. illegit. ≡ Duvernoia E. Mey. ex Nees（1847）［爵床科 Acanthaceae］●■☆

17541　Duvernoia E. Mey. ex Nees（1847）【汉】枪木属。【隶属】爵床科 Acanthaceae。【包含】世界 3-4 种。【学名诠释与讨论】〈阴〉（人）Johann Georg Duvernoy，1692-1759，德国植物学者，Tournefort 的学生。此属的学名，ING 和 TROPICOS 记载是"Duvernoia E. H. F. Meyer ex C. G. D. Nees in A. P. de Candolle, Prodr. 11：322. 25 Nov 1847"。IK 则记载为"Duvernoia Nees, Prodr.［A. P. de Candolle］11：322. 1847［25 Nov 1847］"。三者引用的文献相同。"Duvernoya E. Mey., Zwei Pflanzengeogr. Docum.（Drège）150, nomen. 1843［7 Aug 1843］"和"Duvernoya E. Mey. et Nees, Prodr.［A. P. de Candolle］11：322, descr. 1847［25 Nov 1847］"是其拼写变体。亦有文献把"Duvernoia E. Mey. ex Nees（1847）"处理为"Justicia L.（1753）"的异名。【分布】马达加斯加，热带和非洲南部，热带美洲。【模式】Duvernoia adhatodoides E. Meyer ex C. G. D. Nees。【参考异名】Adhatoda Tourn. ex Medik.（1790）Nom. illegit. ; Duvernoia E. Mey.（1847）Nom. illegit. ; Duvernoia Nees（1847）Nom. illegit. ; Duvernoya E. Mey.（1843）Nom. inval. ; Duvernoya E. Mey. et Nees（1847）Nom. illegit. ; Justicia L.（1753）●■☆

17542　Duvernoia Nees（1847）Nom. illegit. ≡ Duvernoia E. Mey. ex Nees（1847）［爵床科 Acanthaceae］●■☆

17543　Duvernoya E. Mey.（1843）Nom. inval. ≡ Duvernoia E. Mey. ex Nees（1847）［爵床科 Acanthaceae］●■☆

17544　Duvernoya E. Mey. et Nees（1847）Nom. illegit. ≡ Duvernoia E. Mey. ex Nees（1847）［爵床科 Acanthaceae］●■☆

17545　Duvigneaudia J. Léonard（1959）【汉】迪维大戟属。【隶属】大戟科 Euphorbiaceae。【包含】世界 1 种。【学名诠释与讨论】〈阴〉（人）Jacques Duvigneaud，1920-，植物学者。【分布】热带非洲。【模式】Duvigneaudia inopinata（Prain）J. Léonard［Sebastiania inopinata Prain］。●☆

17546　Duvoa Hook. et Arn.（1832）= Duvaua Kunth（1824）; ~ = Schinus L.（1753）［漆树科 Anacardiaceae］●

17547　Dyakia Christenson（1986）【汉】戴克兰属。【日】ディアキア属。【隶属】兰科 Orchidaceae。【包含】世界 1 种。【学名诠释与讨论】〈阴〉（人）Dyaks 或 Dayaks，婆罗洲人。【分布】加里曼丹岛。【模式】Dyakia hendersoniana（H. G. Reichenbach）E. A. Christenson［Saccolabium hendersonianum H. G. Reichenbach］。■☆

17548　Dyanthus P. Browne（1756）= Dianthus L.（1753）［石竹科 Caryophyllaceae］■

17549　Dybowskia Stapf（1919）= Hyparrhenia Andersson ex E. Fourn.（1886）［禾本科 Poaceae（Gramineae）］■

17550　Dychotria Raf.（1820）= Psychotria L.（1759）（保留属名）［茜草科 Rubiaceae//九节科 Psychotriaceae］●

17551　Dyckia Schult. et Schult. f.（1830）Nom. illegit. ≡ Dyckia Schult. f.（1830）［凤梨科 Bromeliaceae］■☆

17552　Dyckia Schult. f.（1830）【汉】雀舌兰属（狄克凤梨属，狄克氏花属，狄克属，狄克亚属，剑山属，小雀舌兰属，硬叶凤梨属）。【日】ディッキア属。【俄】Дикия。【英】Dyckia。【隶属】凤梨科 Bromeliaceae。【包含】世界 80-124 种。【学名诠释与讨论】〈阴〉（人）Joseph Franz Mark Anton Hubert Ignatz Furst zu Salm-Reifferscheid-Dyck，1773-1861，德国植物学者。此属的学名，ING、GCI、TROPICOS 和 IK 记载是"Dyckia J. H. Schultes in J. A. Schultes et J. H. Schultes in J. J. Roemer et J. A. Schultes, Syst. Veg. 7（2）：lxv, 1194. 1830（sero）"。"Dyckia Schult. et Schult. f.（1830）≡ Dyckia Schult. f.（1830）"的命名人引证有误。【分布】巴拉圭，玻利维亚，南美洲。【后选模式】Dyckia densiflora J. H. Schultes。【参考异名】Dyckia Schult. et Schult. f.（1830）Nom. illegit. ; Prionophyllum C. Koch, Nom. illegit. ; Prionophyllum K. Koch（1873）Nom. illegit. ■☆

17553　Dyctioloma DC.（1825）= Dictyoloma A. Juss.（1825）（保留属名）［芸香科 Rutaceae］●☆

17554　Dyctiospora Reinw. ex Korth.（1851）= Hedyotis L.（1753）（保留属名）［茜草科 Rubiaceae］●■

17555　Dyctisperma Raf.（1838）= Rubus L.（1753）［蔷薇科 Rosaceae］●■

17556　Dyctosperma H. Wendl.（1878）= Dictyosperma H. Wendl. et Drude（1875）［棕榈科 Arecaceae（Palmae）］●☆

17557　Dydactylon Zoll.（1854）= Didactylon Zoll. et Moritzi（1845-1846）; ~ = Dimeria R. Br.（1810）［禾本科 Poaceae（Gramineae）］■

17558　Dyera Hook. f.（1882）【汉】竹桃木属（夹竹桃木属）。【隶属】夹竹桃科 Apocynaceae。【包含】世界 2-3 种。【学名诠释与讨论】〈阴〉（人）William Turner Thiselton-Dyer，1843-1928，英国植物学者。【分布】马来西亚（西部）。【后选模式】Dyera costulata（Miquel）J. D. Hooker［Alstonia costulata Miquel］。●☆

17559　Dyerella F. Heim（1892）【汉】小竹桃属。【隶属】龙脑香科 Dipterocarpaceae。【包含】世界 1 种。【学名诠释与讨论】〈阴〉（属）Dyera 竹桃属＋-ellus，-ella，-ellum，加在名词词干后面形成指小式的词尾。或加在人名、属名等后面以组成新属的名称。此属的学名是"Dyerella F. Heim, Rech. Dipterocarp. 123. 1892"。亦有文献把其处理为"Vateria L.（1753）"的异名。【分布】斯里兰卡。【模式】Dyerella scabriuscula（Thwaites）F. Heim。【参考异名】Vateria L.（1753）●☆

17560　Dyerocycas Nakai（1943）= Cycas L.（1753）［苏铁科 Cycadaceae］●

17561　Dyerophytum Kuntze（1891）【汉】膜萼蓝雪花属。【隶属】白花丹科（矶松科，蓝雪科）Plumbaginaceae。【包含】世界3种。【学名诠释与讨论】〈中〉（人）William Turner Thiselton－Dyer，1843－1928，英国植物学者＋phyton，植物，树木，枝条。此属的学名"Dyerophytum O. Kuntze, Rev. Gen. 2：394. 5 Nov 1891"是一个替代名称。"Vogelia Lamarck, Tabl. Encycl. 1：t. 149. 13 Feb 1792"是一个非法名称（Nom. illegit.），因为此前已经有了"Vogelia J. F. Gmelin, Syst. Nat. 2：107. Sep（sero）－Nov 1791 = Burmannia L.（1753）［水玉簪科 Burmanniaceae］"。故用"Dyerophytum Kuntze（1891）替代之。【分布】也门（索科特拉岛），印度，阿拉伯地区，非洲南部。【模式】Dyerophytum africanum（Lamarck）O. Kuntze［Vogelia africana Lamarck］。【参考异名】Vogelia Lam.（1792）Nom. illegit.●☆

17562　Dyllwinia Nees（1826）= Dillwynia Sm.（1805）［豆科 Fabaceae（Leguminosae）］●☆

17563　Dymezewiczia Horan.（1862）= Zingiber Mill.（1754）［as 'Zinziber'］（保留属名）［姜科（蘘荷科）Zingiberaceae］■

17564　Dymondia Compton（1953）【汉】垫状灰毛菊属。【隶属】菊科 Asteraceae（Compositae）。【包含】世界1种。【学名诠释与讨论】〈阴〉（人）Dymond。【分布】非洲南部。【模式】Dymondia margaretae R. H. Compton。■☆

17565　Dynamidium Fourr.（1868）= Potentilla L.（1753）［蔷薇科 Rosaceae//委陵菜科 Potentillaceae］■●

17566　Dyneba Lag.（1816）= Dinebra Jacq.（1809）［禾本科 Poaceae（Gramineae）］■

17567　Dyospyros Dumort.（1822）= Diospyros L.（1753）［柿树科 Ebenaceae］●

17568　Dyplecosia G. Don（1834）= Diplycosia Blume（1826）［杜鹃花科（欧石南科）Ericaceae］●☆

17569　Dyplostylis H. Karst. et Triana, Nom. illegit. ≡ Diplostylis H. Karst. et Triana（1857）Nom. illegit. ; ~ = Rochefortia Sw.（1788）［紫草科 Boraginaceae］☆

17570　Dyplostylis Triana（1854）Nom. illegit. ≡ Diplostylis H. Karst. et Triana（1857）Nom. illegit. ; ~ = Rochefortia Sw.（1788）［紫草科 Boraginaceae］☆

17571　Dyplotaxis DC.（1821）= Diplotaxis DC.（1821）［十字花科 Brassicaceae（Cruciferae）］■

17572　Dypontia Dietr. ex Steud.（1840）= Dupontia R. Br.（1823）［禾本科 Poaceae（Gramineae）］■☆

17573　Dypsidium Baill.（1894）【汉】假金果椰属（副戴普司桐属）。【隶属】棕榈科 Arecaceae（Palmae）。【包含】世界3种。【学名诠释与讨论】〈中〉（属）Dypsis 金果椰属（岱普椰子属，岱普椰子属，戴普司桐属，狄棕属，荻棕属，马岛椰属，拟散尾葵属，小竹椰子属）＋－idius，－idia，－idium，指示小的词尾。此属的学名是"Dypsidium Baillon, Bull. Mens. Soc. Linn. Paris 2：1172. 5 Dec 1894"。亦有文献把其处理为"Dypsis Noronha ex Mart.（1837）"或"Neophloga Baill.（1894）"的异名。【分布】巴拿马，马达加斯加。【后选模式】Dypsidium catatianum Baillon。【参考异名】Dypsis Noronha ex Mart.（1837）；Neophloga Baill.（1894）●☆

17574　Dypsis Noronha ex Mart.（1837）【汉】金果椰属（岱普椰子属，戴普司桐属，荻棕属，马岛椰属，拟散尾葵属，小竹椰子属）。【日】ヒメタケヤシ属。【英】Dypsis。【隶属】棕榈科 Arecaceae（Palmae）。【包含】世界20-140种。【学名诠释与讨论】〈阴〉

（希）dipsao，喉咙干燥。或 dypto，dyptein，浸，蘸，泅水，潜水。指某些种生活于河床上。此属的学名，文献多用"Dypsis Noronha ex C. F. P. Martius, Hist. Nat. Palm. 3：180. Jan 1837"为正名。"Dypsis Noronha ex Thou., Prod. Phytol. 2；in Melarg. Bot., nomen（1811）"发表在先，但是被处理为异名，可能为不合格发表。【分布】玻利维亚，哥伦比亚，马达加斯加。【后选模式】Dypsis forficifolia C. F. P. Martius。【参考异名】Adelodypsis Becc.（1906）；Antongilia Jum.（1928）；Chrysalidocarpus H. Wendl.（1878）；Drypsis Duchartre（1849）；Dypsidium Baill.（1894）；Dypsis Noronha ex Thouars（1811）；Haplodypsis Baill.（1894）；Haplophloga Baill.（1894）；Macrophloga Becc.（1914）；Neodypsis Baill.（1894）；Noronha Thouars ex Kunth；Phloga Noronha ex Benth. et Hook. f.（1883）；Phlogella Baill.（1894）；Trichodypsis Baill.（1894）；Vonitra Becc.（1906）●☆

17575　Dypsis Noronha ex Thouars（1811）= Dypsis Noronha ex Mart.（1837）［棕榈科 Arecaceae（Palmae）］●☆

17576　Dypterygia Gay（1848）= Asteriscium Cham. et Schltdl.（1826）；~ = Dipterygia C. Presl ex DC.（1830）［伞形花科（伞形科）Apiaceae（Umbelliferae）］■☆

17577　Dysaster H. Rob. et V. A. Funk（2014）【汉】劣菊属。【隶属】菊科 Asteraceae（Compositae）。【包含】世界1种。【学名诠释与讨论】〈阳〉（希）Dys－，困难，不幸，不好，有病，难过，劣质的，不好的＋aster，相似，星，紫菀属。【分布】秘鲁。【模式】Dysaster cajamarcensis H. Rob. et V. A. Funk。●☆

17578　Dyschoriste Nees（1832）【汉】安龙花属。【英】Dyschoriste。【隶属】爵床科 Acanthaceae。【包含】世界65种，中国1种。【学名诠释与讨论】〈阴〉（希）dys－，困难的，不可分离的，不好的＋choris 分开。choristos，分开的。【分布】巴拉圭，巴拿马，秘鲁，玻利维亚，厄瓜多尔，马达加斯加，尼加拉瓜，中国，热带和亚热带，中美洲。【后选模式】Dyschoriste depressa C. G. D. Nees。【参考异名】Calophanes D. Don（1833）；Dischoriste D. Dietr.（1843）；Linostylis Fenzl ex Sond.（1850）；Phillipsia Rolfe ex Baker（1895）Nom. illegit. ; Phillipsia Rolfe（1895）Nom. illegit. ■●

17579　Dyscritogyne R. M. King et H. Rob.（1971）【汉】腺籽修泽兰属（柄腺修泽兰属）。【隶属】菊科 Asteraceae（Compositae）。【包含】世界2种。【学名诠释与讨论】〈阴〉（希）dyskritos，难以分清的，难以解释的＋gyne，所有格 gynaikos，雌性，雌蕊。此属的学名是"Dyscritogyne R. M. King et H. E. Robinson, Phytologia 22：158. 2 Dec 1971"。亦有文献把其处理为"Steviopsis R. M. King et H. Rob.（1971）"的异名。【分布】墨西哥。【模式】Dyscritogyne adenosperma（C. H. Schultz－Bip.）R. M. King et H. E. Robinson［Eupatorium adenospermum C. H. Schultz－Bip.］。【参考异名】Steviopsis R. M. King et H. Rob.（1971）■☆

17580　Dyscritothamnus B. L. Rob.（1922）【汉】亮光菊属。【隶属】菊科 Asteraceae（Compositae）。【包含】世界2种。【学名诠释与讨论】〈阴〉（希）dyskritos，难以分清的，难以解释的＋thamnos，指小式 thamnion，灌木，灌丛，树丛，枝。【分布】墨西哥。【模式】Dyscritothamnus filifolius B. L. Robinson。●☆

17581　Dysemone Sol. ex G. Forst.（1787）Nom. inval. = Gunnera L.（1767）［大叶草科（南洋小二仙科，洋二仙草科）Gunneraceae//小二仙草科 Haloragaceae］■☆

17582　Dysinanthus DC.（1838）Nom. illegit. ≡ Dysinanthus Raf. ex DC.（1838）［菊科 Asteraceae（Compositae）］■●

17583　Dysinanthus Raf. ex DC.（1838）= Antennaria Gaertn.（1791）（保留属名）；~ = Disynanthus Raf.（1818）［菊科 Asteraceae（Compositae）］■●

17584　Dysmicodon（Endl.）Nutt.（1842）= Triodanis Raf.（1838）［桔

梗科 Campanulaceae]■

17585　Dysmicodon Endl., Nom. illegit. ≡ Dysmicodon（Endl.）Nutt.（1842）；~ = Triodanis Raf.（1838）［桔梗科 Campanulaceae]●■

17586　Dysmicodon Nutt.（1842）Nom. illegit. ≡ Dysmicodon（Endl.）Nutt.（1842）［桔梗科 Campanulaceae]●■

17587　Dysoda Lour.（1790）= Serissa Comm. ex Juss.（1789）［茜草科 Rubiaceae]●

17588　Dysodia DC.（1836）Nom. illegit. = Dysodia Cav.（1801）［菊科 Asteraceae（Compositae）]■☆

17589　Dysodia Spreng.（1818）= Adenophyllum Pers.（1807）；~ = Dyssodia Cav.（1801）［菊科 Asteraceae（Compositae）]■☆

17590　Dysodidendron Gardner（1847）= Saprosma Blume（1827）［茜草科 Rubiaceae]●

17591　Dysodiopsis（A. Gray）Rydb.（1915）【汉】犬茴香属。【隶属】菊科 Asteraceae（Compositae）。【包含】世界 1 种。【学名诠释与讨论】〈阴〉（属）Dyssodia 异味菊属 + 希腊文 opsis，外观，模样，相似。此属的学名，ING 和 TROPICOS 记载是"Dysodiopsis（A. Gray）Rydberg, N. Amer. Fl. 34：170. 28 Jul 1915"，由"Hymenatherum［par.］Dysodiopsis A. Gray, Pl. Wright. 1：115. 1 Mar 1852"改级而来。GCI 和 IK 则记载为"Dysodiopsis Rydb., N. Amer. Fl. 34（2）：170. 1915［28 Jul 1915］"。三者引用的文献相同。"Dysodiopsis A. Gray"的命名人引证亦有误。Strother 曾将其处理为"Dyssodia sect. Dysodiopsis（A. Gray）Strother, University of California Publications in Botany 48：63. 1969.（23 Apr 1969）"。【分布】美国（西南部）。【后选模式】Dysodiopsis tagetoides（Torrey et A. Gray）Rydberg［Dyssodia tagetoides Torrey et A. Gray］。【参考异名】Dysodiopsis A. Gray, Nom. illegit. ; Dysodiopsis Rydb.（1915）Nom. illegit. ; Dyssodia sect. Dysodiopsis（A. Gray）Strother（1969）; Hymenatherum Cass.（1817）; Hymenatherum［par.］Dysodiopsis A. Gray（1852）■☆

17592　Dysodiopsis A. Gray, Nom. illegit. ≡ Dysodiopsis（A. Gray）Rydb.（1915）［菊科 Asteraceae（Compositae）]■☆

17593　Dysodiopsis Rydb.（1915）Nom. illegit. ≡ Dysodiopsis（A. Gray）Rydb.（1915）［菊科 Asteraceae（Compositae）]■☆

17594　Dysodium Pers.（1807）= Melampodium L.（1753）［菊科 Asteraceae（Compositae）]■●

17595　Dysodium Rich.（1807）Nom. illegit. ≡ Dysodium Pers.（1807）；~ = Melampodium L.（1753）［菊科 Asteraceae（Compositae）]■●

17596　Dysodium Rich. ex Pers.（1807）= Melampodium L.（1753）［菊科 Asteraceae（Compositae）]■●

17597　Dysolacoedeae Engl. = Olacaceae R. Br.（保留科名）●

17598　Dysolobium（Benth.）Prain（1897）【汉】镰瓣豆属（毛豇豆属，台豆属）。【英】Sicklelobe。【隶属】豆科 Fabaceae（Leguminosae）//蝶形花科 Papilionaceae。【包含】世界 4 种，中国 2 种。【学名诠释与讨论】〈中〉（希）dysis，偏斜 + lobos = 拉丁文 lobulus，片，裂片，叶，荚，蒴 + -ius，-ia，-ium，在拉丁文和希腊文中，这些词尾表示性质或状态。此属的学名，ING 记载是"Dysolobium（Bentham）Prain, J. Asiat. Soc. Bengal, Pt. 2, Nat. Hist. 66：425. 13 Aug 1897（'1898'）"，由"Phaseolus sect. Dysolobium Bentham in Miquel, Pl. Jungh. 239. Aug. 1852"改级而来。IK 则记载为"Dysolobium Prain, J. Asiat. Soc. Bengal, Pt. 2, Nat. Hist. 66：425. 1897［1898 publ. 1897］"。二者引用的文献相同。【分布】印度至马来西亚，中国。【后选模式】Dysolobium dolichoides（Roxburgh）Prain［Phaseolus dolichoides Roxburgh］。【参考异名】Dysolobium Prain（1897）Nom. illegit. ; Phaseolus sect. Dysolobium Benth.（1852）●■

17599　Dysolobium Prain（1897）Nom. illegit. ≡ Dysolobium（Benth.）

Prain（1897）［豆科 Fabaceae（Leguminosae）//蝶形花科 Papilionaceae]●■

17600　Dysophylla Blume（1826）【汉】水蜡烛属（水珍珠草属，小珍珠菜属）。【日】ミズトラノオ属，ミヅトラノヲ属。【俄】Дизофилла。【英】Dysophylla, Watercandle。【隶属】唇形科 Lamiaceae（Labiatae）。【包含】世界 27 种，中国 7 种。【学名诠释与讨论】〈阴〉（希）dysodes，恶臭的 + phyllon，叶子。指�具恶臭味。此属的学名，ING、APNI、TROPICOS 和 IK 记载是"Dysophylla Blume, Bijdragen tot de Flora van Nederlandsch Indie No. 7 1827"。"Dysophylla El Gazzar et L. Watson ex Airy Shaw, Taxon xvi. 190（1967）= Eusteralis Raf.（1837）= Pogostemon Desf.（1815）［唇形科 Lamiaceae（Labiatae）]"是晚出的非法名称。《中国植物志》使用"Dysophylla Blume ex El Gazzar et Watson"；英文版则用"Dysophylla Blume（1826）"。亦有文献把"Dysophylla Blume（1826）"处理为"Pogostemon Desf.（1815）"的异名。【分布】澳大利亚，巴基斯坦，中国，温带亚洲。【模式】Dysophylla quadrifolia（Benth.）El Gazzar et L. Watson ex Airy Shaw。【参考异名】Dysophylla Blume ex El Gazzar et Watson, Nom. illegit. ; Dysophylla El Gazzar et L. Watson ex Airy Shaw（1967）Nom. illegit. ; Eusteralis Raf.（1837）●■

17601　Dysophylla El Gazzar et L. Watson ex Airy Shaw（1967）Nom. illegit. = Eusteralis Raf.（1837）；~ = Pogostemon Desf.（1815）［唇形科 Lamiaceae（Labiatae）]●■

17602　Dysopsis Baill.（1858）【汉】胡岛大戟属。【隶属】大戟科 Euphorbiaceae。【包含】世界 1 种。【学名诠释与讨论】〈阴〉（希）dys，劣质的，坏的；dysodes，恶臭的 + opsis，外观，模样，相似。此属的学名"Dysopsis Baillon, Études Gén. Euphorb. 435. 1858"是一个替代名称。"Molina C. Gay, Hist. Chile Bot. 5：345. 1851-1852"是一个非法名称（Nom. illegit.），因为此前已经有了"Molina Cavanilles, Diss. 9：435. Jan-Feb 1790 ≡ Hiptage Gaertn.（1790）（保留属名）［金虎尾科（黄褥花科）Malpighiaceae//防己科 Menispermaceae]"。故用"Dysopsis Baill.（1858）"替代之。"Molina Ruiz et Pavon, Prodr. 111. Oct（prim.）1794 = Baccharis L.（1753）（保留属名）［菊科 Asteraceae（Compositae）]"亦是一个非法名称。【分布】玻利维亚，厄瓜多尔，哥斯达黎加，智利（胡安-费尔南德斯群岛），安第斯山，中美洲。【模式】Dysopsis gayana Baillon, Nom. illegit. ［Molina chilensis C. Gay］。【参考异名】Mirabellia Bertero ex Baill.（1858）; Molina Gay（1851）Nom. illegit. ●☆

17603　Dysosma Woodson（1928）【汉】八角莲属（鬼臼属）。【日】ミヤオソウ属。【英】Dysosma, Manyflowered May-apple。【隶属】小檗科 Berberidaceae//鬼臼科（桃儿七科）Podophyllaceae。【包含】世界 7-11 种，中国 7-11 种。【学名诠释与讨论】〈阴〉（希）dys，劣质的，坏的；dysodes，恶臭的，有不良气味的 + osma，气味。指植物体具恶臭味。【分布】中国。【模式】Dysosma pleiantha（Hance）Woodson［Podophyllum pleianthum Hance］。■★

17604　Dysosmia（DC.）M. Roem.（1846）【汉】臭莲属。【隶属】西番莲科 Passifloraceae。【包含】世界 9 种。【学名诠释与讨论】〈阴〉（希）dys，劣质的，坏的；dysodes，恶臭的，有不良气味的 + osma，气味。此属的学名，ING 和 TROPICOS 记载是"Dysosmia（A. P. de Candolle）M. J. Roemer, Fam. Nat. Syn. Monogr. 2：131, 149. Dec 1846"，由"Passiflora sect. Dysosmia DC., Mémoires de la Société de Physique et d'Histoire Naturelle de Genève 1：436. 1822"改级而来。IK 则记载为"Dysosmia M. Roem., Fam. Nat. Syn. Monogr. 2：149. 1846［Dec 1846］"；三者引用的文献相同。"Dysosmia（Korthals）Miquel, Fl. Ind. Batav. 2：355. 20 Aug 1857（non A. P. de Candolle）M. J. Roemer 1846）= Mephitidia Reinw. ex Blume

（1823）= Saprosma Blume（1827）［茜草科 Rubiaceae］"和 "Dysosmia Miq.，Fl. Ned. Ind. ii. 325（1856）≡ Dysosmia（Korth.）Miq.（1856）Nom. illegit.［茜草科 Rubiaceae］"，是晚出的非法名称。它曾被处理为"Passiflora subgen. Dysosmia（DC.）Rchb.，Conspectus Regni Vegetabilis 132. 1828"。【分布】热带。【模式】未指定。【参考异名】Dysosmia M. Roem.（1846）Nom. illegit.；Passiflora sect. Dysosmia DC.（1822）；Passiflora subgen. Dysosmia（DC.）Rchb.（1828）●☆

17605 Dysosmia（Korth.）Miq.（1856）Nom. illegit. = Mephitidia Reinw. ex Blume（1823）；~ = Saprosma Blume（1827）［茜草科 Rubiaceae］●

17606 Dysosmia M. Roem.（1846）Nom. illegit. ≡ Dysosmia（DC.）M. Roem.（1846）［西番莲科 Passifloraceae］●☆

17607 Dysosmia Miq.（1856）Nom. illegit. ≡ Dysosmia（Korth.）Miq.（1856）Nom. illegit.；~ = Mephitidia Reinw. ex Blume（1823）；~ = Saprosma Blume（1827）［茜草科 Rubiaceae］●

17608 Dysosmon Raf.（1817）= Sesamum L.（1753）［胡麻科 Pedaliaceae］■●

17609 Dysoxylon Bartl.（1830）Nom. illegit. ≡ Dysoxylum Blume（1825）［楝科 Meliaceae］●

17610 Dysoxylum Blume（1825）【汉】樫木属（臭楝属，葱色木属，樫木属）。【日】シマセンダン属。【俄】Дизоксилон。【英】Dysoxylum，Pencilwood，Pencil－wood。【隶属】楝科 Meliaceae。【包含】世界 75-80 种，中国 20 种。【学名诠释与讨论】〈中〉（希）dysodes，恶臭的，有不良气味的+xylon，木材。指木材具恶臭味。此属的学名，ING、APNI、TROPICOS 和 IK 记载是"Dysoxylum Blume，Bijdr. Fl. Ned. Ind. 4：172. 1825［20 Sep 1825］"。"Prasoxylon M. J. Roemer，Fam. Nat. Syn. Monogr. 1：83，101. 14 Sep-15 Oct 1846"是"Dysoxylum Blume（1825）"的晚出的同模式异名（Homotypic synonym，Nomenclatural synonym）。"Dysoxylon Bartl.，Ordines Naturales Plantarum 1830"是"Dysoxylum Blume（1825）"的拼写变体。【分布】印度至马来西亚，中国。【后选模式】Dysoxylum alliaceum（Blume）Blume［Guarea alliacea Blume］。【参考异名】Alliaria Kuntze（1891）Nom. illegit.；Cambania Comm. ex M. Roem.（1846）；Didymocheton Blume（1825）；Didymochiton Spreng.（1827）Nom. illegit.；Disoxylon Rchb.（1837）Nom. illegit.；Disoxylum A. Juss.（1830）；Disoxylum Benth. et Hook. f.（1862）Nom. illegit.；Disyphonia Griff.（1854）；Dysoxylon Bartl.（1830）Nom. illegit.；Epicharis Blume（1825）；Eplcharis Blume；Gobara Wight et Arn. ex Voigt；Goniocheton Blume（1825）；Gonioscheton G. Don（1831）；Hartighaea A. Juss.（1830）；Hartigsea Steud.（1840）；Hartigshea A. Juss.；Macrochiton（Blume）M. Roem.（1846）；Macrochiton M. Roem.（1846）Nom. illegit.；Meliadelpha Radlk.（1890）；Piptosaccos Turcz.（1858）；Prasoxylon M. Roem.（1846）Nom. illegit.；Pseudocarapa Hemsl.（1884）；Ricinocarpodendron Arum. ex Boehm.（1760）Nom. illegit.；Ricinocarpodendron Boehm.（1760）；Siphonodiscus F. Muell.（1875）●

17611 Dyspemptemorion Bremek.（1948）= Justicia L.（1753）［爵床科 Acanthaceae//鸭嘴花科（鸭咀花科）Justiciaceae］●■

17612 Dysphania R. Br.（1810）【汉】刺藜属（澳藜属，土荆芥属，腺毛藜属）。【隶属】刺藜科（澳藜科）Dysphaniaceae。【包含】世界 17-32 种，中国 4 种。【学名诠释与讨论】〈阴〉（希）dysphanis，朦胧的，模糊的。指其花微小，不显眼。【分布】澳大利亚，中国。【模式】Dysphania littoralis R. Brown。【参考异名】Neobotrydium Moldenke（1946）；Roubieva Moq.（1834）；Teloxys Moq.（1834）■

17613 Dysphaniaceae Pax（1927）（保留科名）［亦见 Amaranthaceae Juss.（保留科名）苋科、Chenopodiaceae Vent.（保留科名）藜科和

Ebenaceae Gürke（保留科名）柿树科（柿科）］【汉】刺藜科（澳藜科）。【包含】世界 1 属 30 种，中国 4 种。【分布】澳大利亚。【科名模式】Dysphania R. Br.●■

17614 Dyssapindaceae Radlk. = Sapindaceae Juss.（保留科名）●■

17615 Dyssochroma Miers（1849）= Markea Rich.（1792）［茄科 Solanaceae］●☆

17616 Dyssodia Cav.（1801）【汉】异味菊属。【隶属】菊科 Asteraceae（Compositae）。【包含】世界 4-5 种。【学名诠释与讨论】〈阴〉（希）dysodia，dysodes，不良气味。此属的学名，ING、TROPICOS、GCI 和 IK 记载是"Dyssodia Cav.（1801）Dyssodia Cav.，Descr. Pl.（Cavanilles）202. 1801［dt. 1802；publ. 1801］"。"Boebera Willdenow，Sp. Pl. 3（3）：1484，2125. Apr-Dec 1803（'1800'）"是"Dyssodia Cav.（1801）"的晚出的同模式异名（Homotypic synonym，Nomenclatural synonym）。"Dyssodia Willdenow，Enum. Pl. Horti Berol. 900. Jun 1809 =Adenophyllum Pers.（1807）［菊科 Asteraceae（Compositae）］"是晚出的非法名称。【分布】巴拿马，秘鲁，玻利维亚，美国（密苏里），美国（西南部），墨西哥，尼加拉瓜，中美洲。【模式】Dyssodia glandulosa Cavanilles，Nom. illegit.［Tagetes papposa Ventenat；Dyssodia papposa（Ventenat）A. S. Hitchcock］。【参考异名】Boebera Willd.（1803）Nom. illegit.；Clomenocoma Cass.（1817）；Comaclinium Scheidw. et Planch.（1852）；Diploatephion Raf.；Dysodia DC.（1836）Nom. illegit.；Dysodia Spreng.（1818）；Gnaphalopsis DC.（1838）；Hymenantherum Cass.（1817）；Hymenatherum Cass.（1817）；Rosilla Less.（1832）；Syncephalantha Bartl.（1836）；Syncephalanthus Benth. et Hook. f.（1873）■☆

17617 Dyssodia Willd.（1809）Nom. illegit. = Adenophyllum Pers.（1807）［菊科 Asteraceae（Compositae）］■●☆

17618 Dystaenia Kitag.（1937）【汉】肖藁本属。【隶属】伞形花科（伞形科）Apiaceae（Umbelliferae）。【包含】世界 2 种。【学名诠释与讨论】〈阴〉（希）dys，劣质的，坏的+tainia，带子，条纹。此属的学名是"Dystaenia M. Kitagawa，Bot. Mag.（Tokyo）51：805. f. 1. 1937"。亦有文献把其处理为"Ligusticum L.（1753）"的异名。【分布】朝鲜，日本。【模式】Dystaenia ibukiensis（Yabe）M. Kitagawa［Ligusticum ibukiense Yabe］。【参考异名】Ligusticum L.（1753）■☆

17619 Dystovomita（Engl.）D'Arcy（1979）【汉】热美藤黄属。【隶属】猪胶树科（克鲁西科，山竹子科，藤黄科）Clusiaceae（Guttiferae）。【包含】世界 3-4 种。【学名诠释与讨论】〈阴〉（希）dys，劣质的，坏的+（属）Tovomita 托福木属。此属的学名，ING、TROPICOS 和 IK 记载是"Dystovomita（H. G. A. Engler）W. G. D'Arcy，Ann. Missouri Bot. Gard. 65：694. 1 Feb 1979"，由"Tovomita sect. Dystovomita H. G. A. Engler，Bot. Jahrb. Syst. 58，Beibl. 130：8. 1 Jul 1923"改级而来。"Dystovomita D'Arcy（1979）≡ Dystovomita（Engl.）D'Arcy（1979）"的命名人引证有误。【分布】巴拿马，秘鲁，厄瓜多尔，哥伦比亚，哥斯达黎加，尼加拉瓜，热带美洲，中美洲。【模式】Dystovomita pittieri（H. G. A. Engler）W. G. D'Arcy［Tovomita pittieri H. G. A. Engler］。【参考异名】Dystovomita D'Arcy（1979）Nom. illegit.；Tovomita sect. Dystovomita Engl.（1923）●☆

17620 Dystovomita D'Arcy（1979）Nom. illegit. ≡ Dystovomita（Engl.）D'Arcy（1979）［猪胶树科（克鲁西科，山竹子科，藤黄科）Clusiaceae（Guttiferae）］●☆

17621 Dzieduszyckia Rehm.（1868）= Ruppia L.（1753）［眼子菜科 Potamogetonaceae//川蔓藻科（流苏菜科，蔓藻科）Ruppiaceae］■

17622 Eadesia F. Muell.（1858）= Anthocercis Labill.（1806）［茄科 Solanaceae］●■☆

17623 Eaplosia Raf.（1836）= Baptisia Vent.（1808）［豆科 Fabaceae

（Leguminosae）//蝶形花科 Papilionaceae］■☆

17624　Earina Lindl.（1834）【汉】春兰属。【隶属】兰科 Orchidaceae。【包含】世界 7 种。【学名诠释与讨论】〈阴〉（希）ear，春天＋-inus，-ina，-inum 拉丁文加在名词词干之后，以形成形容词的词尾，含义为"属于、相似、关于、小的"。【分布】新西兰，波利尼西亚群岛。【模式】Earina mucronata J. Lindley，Nom. illegit.［Epidendrum autumnale J. G. A. Forster，Earina autumnalis（J. G. A. Forster）J. D. Hooker］。■☆

17625　Earleocassia Britton（1930）= Cassia L.（1753）（保留属名）；~ = Senna Mill.（1754）［豆科 Fabaceae（Leguminosae）//云实科（苏木科）Caesalpiniaceae］●■

17626　Earlia F. Muell.（1863）= Graptophyllum Nees（1832）［爵床科 Acanthaceae］●

17627　Eastwoodia Brandegee（1894）【汉】黄菀木属。【隶属】菊科 Asteraceae（Compositae）。【包含】世界 1 种。【学名诠释与讨论】〈阴〉（人）Alice Eastwood，1859-1953，美国植物学者。【分布】美国（加利福尼亚）。【模式】Eastwoodia elegans T. S. Brandegee。●☆

17628　Eatonella A. Gray（1883）【汉】银绒菊属。【隶属】菊科 Asteraceae（Compositae）。【包含】世界 1 种。【学名诠释与讨论】〈阴〉（人）Daniel Cady Eaton，1834-1885，美国植物学者＋-ellus，-ella，-ellum，加在名词词干后面形成指小式的词尾。或加在人名、属名等后面以组成新属的名称。【分布】美国（西南部）。【模式】Eatonella nivea（D. C. Eaton）A. Gray［Burrielia nivea D. C. Eaton］。【参考异名】Lembertia Greene（1897）■☆

17629　Eatonia Raf.（1819）= Panicum L.（1753）；~ = Panicum L.（1753）+ Sphenopholis Scribn.（1906）［禾本科 Poaceae（Gramineae）］■☆

17630　Eatonia Riddell ex Raf.（1819）= Eatonia Raf.（1819）［禾本科 Poaceae（Gramineae）］■

17631　Ebandoua Pellegr.（1956）= Jollydora Pierre ex Gilg（1896）［牛栓藤科 Connaraceae］●☆

17632　Ebelia Rchb.（1841）= Diodia L.（1753）；~ = Triodon DC.（1830）Nom. illegit.；~ = Ebelia Rchb.（1841）= Diodia L.（1753）［茜草科 Rubiaceae］■

17633　Ebelingia Rchb.（1828）Nom. illegit. ≡ Harrisonia R. Br. ex A. Juss.（1825）（保留属名）［苦木科 Simaroubaceae］●

17634　Ebenaceae Gürke（1891）（保留科名）【汉】柿树科（柿科）。【日】カキノキ科。【俄】Хурмовые，Эбеновые。【英】Ebony Family。【包含】世界 2-3 属 475-600 种，中国 1 属 73 种。【分布】热带。【科名模式】Ebenus Kuntze，non L.［Maba J. R. Forst. et G. Forst.（1776）］●

17635　Ebenaceae Juss. = Ebenaceae Gürke（保留科名）●

17636　Ebenaceae Vent = Ebenaceae Gürke（保留科名）●

17637　Ebenidium Jaub. et Spach（1843）= Ebenus L.（1753）［豆科 Fabaceae（Leguminosae）//蝶形花科 Papilionaceae］●☆

17638　Ebenopsis Britton et Rose（1928）= Havardia Small（1901）；~ = Pithecellobium Mart.（1837）［as 'Pithecollobium'］（保留属名）；~ = Siderocarpos Small（1901）Nom. illegit.；~ = Ebenopsis Britton et Rose（1928）；~ = Acacia Mill.（1754）（保留属名）［豆科 Fabaceae（Leguminosae）//含羞草科 Mimosaceae//金合欢科 Acaciaceae］●■

17639　Ebenoxylon Spreng.（1830）= Ebenoxylum Lour.（1790）［柿树科 Ebenaceae］●

17640　Ebenoxylum Lour.（1790）= Ebenum Raf.；~ = Maba J. R. Forst. et G. Forst.（1776）［柿树科（柿科）Ebenaceae］●

17641　Ebenum Raf. = Diospyros L.（1753）［柿树科 Ebenaceae］●

17642　Ebenus Kuntze（1891）Nom. illegit. ≡ Maba J. R. Forst. et G.

Forst.（1776）；~ = Ebenum Raf.［柿树科 Ebenaceae］●

17643　Ebenus L.（1753）【汉】黑檀属。【隶属】豆科 Fabaceae（Leguminosae）//蝶形花科 Papilionaceae。【包含】世界 58 种。【学名诠释与讨论】〈阴〉（希）ebenos，拉丁文 hebenus 或 ebenus，乌木树的古名。此属的学名，ING 和 TROPICOS 记载是"Ebenus Linnaeus，Sp. Pl. 764. 1 Mai 1753"。"Ebenus O. Kuntze，Rev. Gen. 2：408. 5 Nov 1891 ≡ Maba J. R. Forst. et G. Forst.（1776）"是晚出的非法名称。"Ebenus Rumph. ex Burm.，Thes. Zeyl.（1737）91. ex Kuntze，Rev. Gen.（1891）408 ≡ Ebenus Kuntze（1891）［柿树科 Ebenaceae］"是一个未合格发表的名称（Nom. inval.）。【分布】地中海东部至巴基斯坦（俾路支）。【模式】Ebenus cretica Linnaeus。【参考异名】Ebenidium Jaub. et Spach（1843）●☆

17644　Ebenus Rumph. ex Burm.（1737）Nom. inval. ≡ Ebenus Kuntze（1891）Nom. illegit.；~ = Maba J. R. Forst. et G. Forst.（1776）；~ = Ebenum Raf.［柿树科 Ebenaceae］●

17645　Eberhardtia Lecomte（1920）【汉】梭子果属（血胶树属）。【英】Eberhardtia，Shuttleleaffruit。【隶属】山榄科 Sapotaceae。【包含】世界 3 种，中国 2 种。【学名诠释与讨论】〈阴〉（人）Philippe Albert Ebrhardt，19 世纪法国植物学者。【分布】中国，中南半岛。【后选模式】Eberhardtia tonkinensis Lecomte。●

17646　Eberlanzia Schwantes（1926）【汉】白玉树属。【日】エベルランジア属，エーベルランジア属。【隶属】番杏科 Aizoaceae。【包含】世界 12 种。【学名诠释与讨论】〈阴〉（人）Friedrich Gustav Eberlanz，1879-1966，德国植物学者。【分布】非洲南部。【模式】Eberlanzia clausa（Dinter）Schwantes［Mesembryanthemum clausum Dinter］。【参考异名】Amphibolia L. Bolus（1965）Nom. inval.●☆

17647　Eberlea Riddell ex Nees（1847）= Hygrophila R. Br.（1810）+ Justicia L.（1753）［爵床科 Acanthaceae//鸭嘴花科（鸭咀花科）Justiciaceae］●■

17648　Ebermaiera Nees（1832）= Staurogyne Wall.（1831）［爵床科 Acanthaceae］■

17649　Ebermayera Meisn.（1840）Nom. illegit.［爵床科 Acanthaceae］☆

17650　Ebermeyera Endl.（1839）Nom. illegit.［爵床科 Acanthaceae］☆

17651　Ebermiera Wight（1849）Nom. illegit.［爵床科 Acanthaceae］☆

17652　Ebertia Speta（1998）【汉】尼日利亚海葱属。【隶属】百合科 Liliaceae//风信子科 Hyacinthaceae。【包含】世界 2 种。【学名诠释与讨论】〈阴〉（人）H. Ebert，植物学者。此属的学名是"Ebertia Speta，Phyton. Annales Rei Botanicae 38：65. 1998"。亦有文献把其处理为"Urginea Steinh.（1834）"的异名。【分布】尼日利亚。【模式】不详。【参考异名】Urginea Steinh.（1834）■☆

17653　Ebingeria Chrtek et Krisa（1974）【汉】肖地杨梅属。【隶属】灯心草科 Juncaceae。【包含】世界 75-115 种。【学名诠释与讨论】〈阴〉（人）John Edwin Ebinger，1933-，植物学者。此属的学名，ING、TROPICOS 和 IK 记载是"Ebingeria J. Chrtek et B. Krísa，Preslia 46：210. 31 Jul 1974"。它是"Luzula subgen. Marlenia Ebinger，Brittonia 15：173. 1963.（15 Apr 1963）"的替代名称。亦有文献把"Ebingeria Chrtek et Krisa（1974）"处理为"Luzula DC.（1805）（保留属名）"的异名。【分布】参见 Luzula DC。【模式】Ebingeria elegans（R. T. Lowe）J. Chrtek at B. Krísa［Luzula elegans R. T. Lowe］。【参考异名】Luzula DC.（1805）（保留属名）；Luzula subgen. Marlenia Ebinger（1963）■☆

17654　Ebnerella Buxb.（1951）Nom. illegit. = Mammillaria Haw.（1812）（保留属名）［仙人掌科 Cactaceae］●

17655　Ebracteola Dinter et Schwantes（1927）【汉】花球玉属。【日】エブラクテオーラ属。【隶属】番杏科 Aizoaceae。【包含】世界 5 种。【学名诠释与讨论】〈阴〉（希）e-，ex- = 拉丁文 a-，an-，无，

不, 缺+bracteola, 小苞片, 词义指缺苞片。【分布】非洲南部。
【后选模式】Ebracteola montis-moltkei (Dinter) Dinter et Schwantes [Mesembryanthemum montis-moltkei Dinter]。■☆

17656　Ebraxis Raf. (1840) = Silene L. (1753) (保留属名) [石竹科 Caryophyllaceae]●■

17657　Ebulum Garcke (1865) = Sambucus L. (1753) [忍冬科 Caprifoliaceae]●■

17658　Ebulus Fabr. = Sambucus L. (1753) [忍冬科 Caprifoliaceae]●■

17659　Eburnangis Thouars = Angraecum Bory (1804) [兰科 Orchidaceae]■

17660　Eburnax Raf. (1836) Nom. illegit. ≡ Mimosa L. (1753) [豆科 Fabaceae(Leguminosae)//含羞草科 Mimosaceae]●■

17661　Eburopetalum Becc. (1871) = Anaxagorea A. St. -Hil. (1825) [番荔枝科 Annonaceae]●

17662　Eburophyton A. Heller (1904) = Cephalanthera Rich. (1817) [兰科 Orchidaceae]■

17663　Ecastaphyllum Adans. (1763) Nom. illegit. (废弃属名) = Dalbergia L. f. (1782) (保留属名) [豆科 Fabaceae (Leguminosae)//蝶形花科 Papilionaceae]●

17664　Ecastaphyllum P. Browne (1756) (废弃属名) = Dalbergia L. f. (1782) (保留属名) [豆科 Fabaceae (Leguminosae)//蝶形花科 Papilionaceae]●

17665　Ecbalium DC. (1828) Nom. illegit. [葫芦科 (瓜科, 南瓜科) Cucurbitaceae]■☆

17666　Ecballion W. D. J. Koch (1835) Nom. illegit. = Ecballium A. Rich. (1824) (保留属名) [葫芦科 (瓜科, 南瓜科) Cucurbitaceae]■

17667　Ecballium A. Rich. (1824) (保留属名)【汉】喷瓜属 (铁炮瓜属)。【日】テッパウウリ属, テッポウウリ属。【俄】Бешеный огурец。【英】Squirtgourd, Squirting Cucumber。【隶属】葫芦科 (瓜科, 南瓜科) Cucurbitaceae。【包含】世界 1 种, 中国 1 种。【学名诠释与讨论】〈中〉(希)ek-, 之外+ballo, 投掷。Ekballo, 放出来+-ius, -ia, -ium, 在拉丁文和希腊文中, 这些词尾表示性质或状态。指果成熟时将种子喷出。此属的学名"Ecballium A. Rich. in Bory, Dict. Class. Hist. Nat. 6:19. 9 Oct 1824"是保留属名。相应的废弃属名是葫芦科 Cucurbitaceae 的"Elaterium Mill., Gard. Dict. Abr., ed. 4: [459]. 28 Jan 1754 ≡ Ecballium A. Rich. (1824) (保留属名)"。"Ecballion W. D. J. Koch (1835)"是其变体。"Elaterium P. Miller, Gard. Dict. Abr. ed. 4. 28 Jan 1754 (废弃属名)"是"Ecballium A. Rich. (1824) (保留属名)"的同模式异名 (Homotypic synonym, Nomenclatural synonym)。【分布】中国, 地中海地区。【模式】Ecballium elaterium (Linnaeus) A. Richard. [Momordica elaterium Linnaeus]。【参考异名】Ecballion W. D. J. Koch (1835) Nom. illegit. ; Elaterium Adans. (1763) Nom. illegit. (废弃属名); Elaterium Jacq. (1760) Nom. illegit. (废弃属名); Elaterium Mill. (1754) (废弃属名)■

17668　Ecbolium Kuntze (1891) Nom. illegit. ≡ Justicia L. (1753) [爵床科 Acanthaceae//鸭嘴花科 (鸭咀花科) Justiciaceae]●■

17669　Ecbolium Kurz (1871)【汉】掷爵床属。【隶属】爵床科 Acanthaceae。【包含】世界 8-19 种。【学名诠释与讨论】〈中〉(希)ek-, 之外+bole, 投, 扔, 击+-ius, -ia, -ium, 在拉丁文和希腊文中, 这些词尾表示性质或状态。【分布】马达加斯加, 也门 (索科特拉岛), 印度, 热带和非洲南部。【模式】Ecbolium linnaeanum S. Kurz [Justicia ecbolium Linnaeus]。●☆

17670　Ecclimusa Mart. ex A. DC. (1844) Nom. illegit. ≡ Ecclinusa Mart. (1839) [山榄科 Sapotaceae]●☆

17671　Ecclinusa Mart. (1839)【汉】外倾山榄属。【隶属】山榄科

Sapotaceae。【包含】世界 11 种。【学名诠释与讨论】〈阴〉(希)ek-, 之外+kline, 床, 来自 klino, 倾斜, 斜倚。此属的学名, ING、TROPICOS、GCI 和 IK 记载是"Ecclinusa Mart., Flora 22 (1, Beibl.): 2. 1839; Herb. Fl. Bras. 177"。"Passaveria Martius et Eichler in Miquel in C. F. P. Martius, Fl. Brasil. 7:85. 15 Jan 1863"是"Ecclinusa Mart. (1839)"的晚出的同模式异名 (Homotypic synonym, Nomenclatural synonym)。"Passaveria Mart. et Eichler ex Miq. (1863) ≡ Passaveria Mart. et Eichler (1863) Nom. illegit."的命名人引证有误。"Ecclimusa Mart. ex A. DC., Prodromus Systematis Naturalis Regni Vegetabilis 8:156. 1844"是"Ecclinusa Mart. (1839)"的拼写变体。【分布】巴拿马, 秘鲁, 玻利维亚, 厄瓜多尔, 哥伦比亚 (安蒂奥基亚), 特立尼达和多巴哥 (特立尼达岛), 热带南美洲, 中美洲。【模式】Ecclinusa ramiflora C. F. P. Martius。【参考异名】Ecclimusa Mart. ex A. DC. (1844) Nom. illegit. ; Passaveria Mart. et Eichler ex Miq. (1863) Nom. illegit. ; Passaveria Mart. et Eichler (1863) Nom. illegit. ●☆

17672　Eccoilopus Steud. (1854)【汉】油芒属。【日】アブラスズキ属。【英】Eccoilopus, Oilawn。【隶属】禾本科 Poaceae (Gramineae)。【包含】世界 4 种, 中国 3 种。【学名诠释与讨论】〈阳〉(希)eccoilizo, 腹部凹陷+pous, 所有格 podos, 指小式 podion, 脚, 足, 柄, 梗。podotes, 有脚的。此属的学名是"Eccoilopus Steudel, Syn. Pl. Glum. 1: 123. 2-3 Mar 1854 ('1855')"。亦有文献把其处理为"Spodiopogon Trin. (1820)"的异名。【分布】印度 (北部) 至日本, 中国。【模式】Eccoilopus andropogonoides Steudel, Nom. illegit. [Andropogon cotuliferus Thunberg [as 'cotuliferum']; Eccoilopus cotulifer (Thunberg) A. Camus。【参考异名】Spodiopogon Trin. (1820)■

17673　Eccoptocarpha Launert (1965)【汉】稃柄草属。【隶属】禾本科 Poaceae (Gramineae)。【包含】世界 1 种。【学名诠释与讨论】〈阴〉(希)ek-, 之外+opto, 打, 刺, 切割+karphos, 皮壳, 谷壳, 糠秕, 鳞片。【分布】热带非洲。【模式】Eccoptocarpha obconiciventris Launert。■☆

17674　Eccremanthus Thwaites (1855) = Pometia J. R. Forst. et G. Forst. (1776) [无患子科 Sapindaceae]●

17675　Eccremidaceae Doweld (2007) = Hemerocallidaceae R. Br. ■

17676　Eccremis Baker (1876) Nom. illegit. ≡ Eccremis Willd. ex Baker (1876) [惠灵麻科 (麻兰科, 新西兰麻科) Phormiaceae//萱草科 Hemerocallidaceae]■☆

17677　Eccremis Willd. ex Baker (1876)【汉】垂麻属。【隶属】惠灵麻科 (麻兰科, 新西兰麻科) Phormiaceae//萱草科 Hemerocallidaceae。【包含】世界 1 种。【学名诠释与讨论】〈阴〉(希)eccremes, 下垂的, 悬挂的, 绞死。此属的学名, ING 和 IK 记载是"Eccremis Willdenow ex J. G. Baker, J. Linn. Soc., Bot. 15: 319. 14 Sep 1876"。"Eccremis Baker (1876)"的命名人引证有误。"Excremis Willd. (1829)"和"Excremis Willd. ex Baker (1876)"是"Excremis Willd. ex Baker (1876)"的拼写变体。【分布】安第斯山包括哥伦比亚、委内瑞拉、秘鲁, 和玻利维亚。【模式】Eccremis coarctata (Ruiz et Pavón) J. G. Baker [Anthericum coarctatum Ruiz et Pavón]。【参考异名】Eccremis Baker (1876) Nom. illegit. ; Excremis Willd. (1829) Nom. illegit. ; Excremis Willd. ex Baker (1876) Nom. illegit. ; Excremis Willd. ex Schult. f. (1830) Nom. illegit. ■☆

17678　Eccremocactus Britton et Rose (1913)【汉】短花孔雀属。【日】エックレモカクタス属。【英】Chilean Glory Flower, Chilean Glory Vine。【隶属】仙人掌科 Cactaceae。【包含】世界 3 种。【学名诠释与讨论】〈阳〉(希)eccremes, 下垂的, 悬挂的, 绞死+cactos, 有刺的植物, 通常指仙人掌科 Cactaceae 植物。此属的学

名,ING、TROPICOS、GCI 和 IK 记载是"Eccremocactus Britton et Rose,Contr. U. S. Natl. Herb. xvi. 261（1913）"。"Eccremocereus A. V. Frič et K. Kreuzinger in K. Kreuzinger, Verzeichnis Amer. Sukk. Revision Syst. Kakteen 17. 30 Apr 1935"是"Eccremocactus Britton et Rose（1913）"的晚出的同模式异名（Homotypic synonym, Nomenclatural synonym）。亦有文献把"Eccremocactus Britton et Rose（1913）"处理为"Weberocereus Britton et Rose（1909）"的异名。【分布】厄瓜多尔,哥斯达黎加。【模式】Eccremocactus bradei N. L. Britton et J. N. Rose。【参考异名】Eccremocereus Frič et Kreuz.（1935）Nom. illegit. ; Weberocereus Britton et Rose（1909）■☆

17679 Eccremocarpus Ruiz et Pav.（1794）【汉】垂果藤属（灯笼紫葳属）。【日】エックレモカクタス属,チョウチンバナノノウゼンカズラ属。【英】Glory Flower。【隶属】紫葳科 Bignoniaceae。【包含】世界 3-5 种。【学名诠释与讨论】〈阳〉（希）ekkremes,下垂的,悬挂的,绞死+karpos,果实。【分布】秘鲁,厄瓜多尔,哥伦比亚（安蒂奥基亚）,南美洲南部。【后选模式】Eccremocarpus viridis Ruiz et Pavon。【参考异名】Calampelis D. Don（1829）●☆

17680 Eccremocereus Frič et Kreuz.（1935）Nom. illegit. ≡ Eccremocactus Britton et Rose（1913）; ~ = Weberocereus Britton et Rose（1909）［仙人掌科 Cactaceae］●△

17681 Ecdeiocolea F. Muell.（1874）【汉】沟秆草属（脱鞘草属）。【隶属】沟秆草科（二柱草科,脱鞘草科）Ecdeiocoleaceae。【包含】世界 1 种。【学名诠释与讨论】〈阴〉（希）ekdeia,缺乏+koleos,鞘。指每年脱落的鳞叶。【分布】澳大利亚（西南部）。【模式】Ecdeiocolea monostachya F. v. Mueller。●☆

17682 Ecdeiocoleaceae D. F. Cutler et Airy Shaw（1965）［亦见 Restionaceae R. Br.（保留科名）］【汉】沟秆草科（二柱草科,脱鞘草科）。【包含】世界 2 属 2 种。【分布】澳大利亚西部。【科名模式】Ecdeiocolea F. Muell.■☆

17683 Ecdysanthera Hook.（1837）Nom. illegit. = Ecdysanthera Hook. et Arn.（1837）［夹竹桃科 Apocynaceae］●

17684 Ecdysanthera Hook. et Arn.（1837）【汉】花皮胶藤属（乳藤属,酸藤属）。【日】ゴムカヅラモドキ属。【英】Ecdysanthera。【隶属】夹竹桃科 Apocynaceae。【包含】世界 15 种,中国 2 种。【学名诠释与讨论】〈阴〉（希）ekdysis,出来+anthera,花药。指花药伸出花冠。此属的学名,ING 和 IK 记载是"Ecdysanthera W. J. Hooker et Arnott, Bot. Beechey's Voyage 198. Jul – Aug 1837"。"Ecdysanthera Hook.（1837）= Ecdysanthera Hook. et Arn.（1837）"的命名人引证有误。亦有文献把"Ecdysanthera Hook. et Arn.（1837）"处理为"Urceola Roxb.（1799）（保留属名）"的异名。【分布】印度至马来西亚,中国。【模式】Ecdysanthera rosea W. J. Hooker et Arnott。【参考异名】Dendrocharis Miq.（1857）; Ecdysanthera Hook.（1837）Nom. illegit. ; Parabarium Pierre（1906）; Urceola Roxb.（1799）（保留属名）; Xylinabariopsis Pit.（1933）●

17685 Echaltium Wight（1841）= Melodinus J. R. Forst. et G. Forst.（1775）［夹竹桃科 Apocynaceae］●

17686 Echeandia Ortega（1800）【汉】埃氏吊兰属。【隶属】百合科 Liliaceae//吊兰科（猴面包科,猴面包树科）Anthericaceae。【包含】世界 60-80 种。【学名诠释与讨论】〈阴〉（人）Pedro Gregorio Echeandía,1746-1817,西班牙植物学者。【分布】巴拿马,玻利维亚,厄瓜多尔,哥斯达黎加,几内亚,墨西哥,尼加拉瓜,中美洲。【模式】Echeandia terniflora Ortega, Nom. illegit. ［Anthericum reflexum Cavanilles; Echeandia reflexa（Cavanilles）J. N. Rose］。【参考异名】Trihesperus Herb.（1844）■☆

17687 Echenais Cass.（1818）= Cirsium Mill.（1754）［菊科 Asteraceae（Compositae）］■

17688 Echetrosis Phil.（1873）= Parthenium L.（1753）［菊科 Asteraceae（Compositae）］■●

17689 Echeveria DC.（1828）【汉】石莲花属（莲座草属,拟石莲花属）。【日】エケベリア属。【俄】Эхеверия。【英】Echeveria。【隶属】景天科 Crassulaceae。【包含】世界 139-150 种。【学名诠释与讨论】〈阴〉（人）Atanasio Echeverria y Godoy（Echaverria）,18 世纪墨西哥植物画家。【分布】阿根廷,巴拿马,秘鲁,玻利维亚,厄瓜多尔,哥斯达黎加,美国（南部）,尼加拉瓜,中美洲。【后选模式】Echeveria coccinea（Cavanilles）A. P. de Candolle ［Cotyledon coccinea Cavanilles］。【参考异名】Courantia Lem.（1851）; Oliveranthus Rose（1905）; Oliverella Rose（1903）Nom. illegit. ; Urbinia Rose（1903）●■☆

17690 Echeverria Lindl. et Paxton（1852-1853）Nom. illegit. ［景天科 Crassulaceae］☆

17691 Echiaceae Raf.（1836）= Boraginaceae Juss.（保留科名）■●

17692 Echicocodon D. Y. Hong（1984）Nom. illegit. ≡ Echinocodon D. Y. Hong（1984）［桔梗科 Campanulaceae］■★

17693 Echidiocarya A. Gray ex Benth. et Hook. f.（1876）Nom. illegit. ≡ Echidiocarya A. Gray（1876）; ~ = Plagiobothrys Fisch. et C. A. Mey.（1836）［紫草科 Boraginaceae］■☆

17694 Echidiocarya A. Gray（1876）= Plagiobothrys Fisch. et C. A. Mey.（1836）［紫草科 Boraginaceae］■☆

17695 Echidnium Schott（1857）= Dracontium L.（1753）［天南星科 Araceae］■☆

17696 Echidnopsis Hook. f.（1871）【汉】苦瓜掌属。【日】エキドノプシス属。【英】Echidnopsis。【隶属】萝藦科 Asclepiadaceae。【包含】世界 19 种。【学名诠释与讨论】〈阴〉（希）echidna, 蝮蛇+希腊文 opsis,外观,模样,相似。指茎或枝的形态。【分布】非洲东部至阿拉伯地区。【模式】Echidnopsis cereiformis J. D. Hooker。【参考异名】Pseudopectinaria Lavranos（1971）■☆

17697 Echinacanthus Nees（1832）【汉】恋岩花属。【隶属】爵床科 Acanthaceae。【包含】世界 4-10 种,中国 3 种。【学名诠释与讨论】〈阳〉（希）echinos,刺猬,海胆。Echinodes = 拉丁文 echinatus,像刺猬的,多刺的+akantha,荆棘。akanthikos,荆棘的。akanthion,蓟的一种,豪猪,刺猬。akanthinos,多刺的,用荆棘做成的。在植物描述中 acantha 通常指刺。指植物体多刺。【分布】泰国,印度尼西亚（爪哇岛）,中国,喜马拉雅山。【模式】Echinacanthus attenuatus C. G. D. Nees。【参考异名】Clarkeasia J. R. I. Wood（1994）●■

17698 Echinacea Moench（1794）【汉】松果菊属（紫花马蔺菊属,紫松果菊属,紫锥花属,紫锥菊属）。【日】エキナセア属。【俄】Эхинацея,Эхинация。【英】Cone Flower, Coneflower, Echinacea, Purple Coneflower。【隶属】菊科 Asteraceae（Compositae）。【包含】世界 3-11 种。【学名诠释与讨论】〈阴〉（希）echinos,刺猬,海胆+ake,尖端,点。指花托的苞片先端锐尖。此属的学名,ING、TROPICOS、GCI 和 IK 记载是"Echinacea Moench, Methodus（Moench）591（1794）［4 May 1794］"。"Brauneria Necker ex T. C. Porter et N. L. Britton, Mem. Torrey Bot. Club 5:333. 17 Nov 1894"和"Helichroa Rafinesque, Neogenyton 3. 1825"是"Echinacea Moench（1794）"的晚出的同模式异名（Homotypic synonym, Nomenclatural synonym）。"Brauneria Neck., Elem. Bot.（Necker）1:17. 1790 ≡ Brauneria Neck. ex Porter et Britton（1894）Nom. illegit."是一个未合格发表的名称（Nom. inval.）。"Brauneria Neck. ex Britton（1894）Nom. illegit. ≡ Brauneria Neck. ex Porter et Britton（1894）Nom. illegit."的命名人引证有误。【分布】玻利维亚,美国（密苏里）,北美洲,中美洲。【模式】Echinacea purpurea

（Linnaeus）Moench［Rudbeckia purpurea Linnaeus］。【参考异名】Brauneria Neck.（1790）Nom. inval.；Brauneria Neck. ex Britton（1894）Nom. illegit.；Brauneria Neck. ex Porter et Britton（1894）Nom. illegit.；Helichroa Raf.（1825）Nom. illegit.；Helicroa Raf.；Heliochroa Raf.（1825）；Lepachis Raf.（1819）■☆

17699　Echinais C. Koch（1851）Nom. illegit. ≡ Echinais K. Koch（1851）；~ ＝ Cirsium Mill.（1754）；~ ＝ Echenais Cass.（1818）［菊科 Asteraceae（Compositae）］■

17700　Echinais K. Koch（1851）＝ Cirsium Mill.（1754）；~ ＝ Echenais Cass.（1818）［菊科 Asteraceae（Compositae）］■

17701　Echinalysium Trin.（1820）Nom. illegit. ≡ Elytrophorus P. Beauv.（1812）［禾本科 Poaceae（Gramineae）］■

17702　Echinanthus Cerv.（1870）＝ Tragus Haller（1768）（保留属名）［禾本科 Poaceae（Gramineae）］■

17703　Echinanthus Cerv. et Cord. ＝ Tragus Haller（1768）（保留属名）［禾本科 Poaceae（Gramineae）］■

17704　Echinanthus Neck.（1790）Nom. inval. ＝ Echinops L.（1753）［菊科 Asteraceae（Compositae）］■

17705　Echinaria Desf.（1799）（保留属名）【汉】刺草属。【俄】Иглица。【英】Echinaria。【隶属】禾本科 Poaceae（Gramineae）。【包含】世界 2 种。【学名诠释与讨论】〈阴〉（希）echinos，刺猬，海胆+-arius，-aria，-arium，指示"属于、相似、具有、联系"的词尾。此属的学名"Echinaria Desf., Fl. Atlant. 2：385. Feb – Jul 1799"是保留属名。相应的废弃属名是禾本科 Poaceae（Gramineae）的"Echinaria Fabr., Enum.：206. 1759 ≡ Cenchrus L.（1753）"和"Panicastrella Moench, Methodus：205. 4 Mai 1794 ≡ Echinaria Desf.（1799）（保留属名）"。禾本科 Poaceae（Gramineae）的"Echinaria Heist. ex Fabr., Enum.［Fabr.］. 206. 1759 ≡ Echinaria Fabr.（1759）（废弃属名）"的命名人引证有误，亦应废弃。亦有文献把"Echinaria Desf.（1799）（保留属名）"处理为"Cenchrus L.（1753）"的异名。【分布】地中海地区。【模式】Echinaria capitata（Linnaeus）Desfontaines［Cenchrus capitatus Linnaeus］。【参考异名】Panicastrella Moench（1794）（废弃属名）；Reimbolea Debeaux（1890）■☆

17706　Echinaria Fabr.（1759）Nom. illegit.（废弃属名）≡ Cenchrus L.（1753）［禾本科 Poaceae（Gramineae）］■

17707　Echinaria Heist. ex Fabr.（1759）Nom. illegit.（废弃属名）≡ Echinaria Fabr.（1759）Nom. illegit.（废弃属名）；~ ≡ Cenchrus L.（1753）［禾本科 Poaceae（Gramineae）］■

17708　Echinariaceae Link（1827）＝ Gramineae Juss.（保留科名）// Poaceae Barnhart（保留科名）■●

17709　Echinella Pridgeon et M. W. Chase（2001）Nom. illegit. ＝ Pleurothallis R. Br.（1813）［兰科 Orchidaceae］■☆

17710　Echinocactus Fabr., Nom. illegit. ＝ Melocactus Link et Otto（1827）（保留属名）［仙人掌科 Cactaceae］●

17711　Echinocactus Link et Otto（1827）【汉】金琥属（金鲵属，仙人球属）。【日】エキノカクタス属，タマサボテン属。【俄】Эхинокактус。【英】Barrel Cactus，Eagle – claw Cactus，Echinocactus，Visnaga。【隶属】仙人掌科 Cactaceae。【包含】世界 6-10 种，中国 5 种。【学名诠释与讨论】〈阳〉（希）echinos，刺猬，海胆+kaktos，有刺的植物，通常指仙人掌科 Cactaceae 植物。此属的学名，ING、GCI 和 IK 记载是"Echinocactus Link et Otto，Verh. Vereins Beförd. Gartenbaues Königl. Preuss. Staaten 3：420. 1827"。【分布】玻利维亚，美国（南部），墨西哥，中国。【后选模式】Echinocactus platyacanthus Link et Otto。【参考异名】Bolivicactus Doweld（2000）；Echinofossulocactus Lawr.（1841）；Emorycactus Doweld（1996）；Homalocephala Britton et Rose

（1922）；Lodia Mosco et Zanov.（2000）；Meyerocactus Doweld（1996）；Parrycactus Doweld（2000）；Ritterocactus Doweld（1999）；Torreycactus Doweld（1998）●

17712　Echinocalyx Benth.（1865）＝ Sindora Miq.（1861）［豆科 Fabaceae（Leguminosae）// 云实科（苏木科）Caesalpiniaceae］●

17713　Echinocarpus Blume（1825）＝ Sloanea L.（1753）［杜英科 Elaeocarpaceae］●

17714　Echinocassia Britton et Rose（1930）＝ Cassia L.（1753）（保留属名）；~ ＝ Senna Mill.（1754）［豆科 Fabaceae（Leguminosae）// 云实科（苏木科）Caesalpiniaceae］●■

17715　Echinocaulon（Meisn.）Spach（1841）【汉】杠板归属。【隶属】蓼科 Polygonaceae。【包含】世界 1 种。【学名诠释与讨论】〈中〉（希）echinos，刺猬，海胆+kaulon，茎。此属的学名，ING 记载是"Echinocaulon（Meisner）Spach, Hist. Nat. Vég. PHAN.（种子）10：521. 20 Mar 1841"，由"Polygonum sect. Echinocaulon Meisner in Wallich, Pl. Asiat. Rar. 3：58. 15 Aug 1832"改级而来。IK 和 TROPICOS 则记载为"Echinocaulon Spach, Hist. Nat. Vég.（Spach）10：521. 1841［20 Mar 1841］"。三者引用的文献相同。"Echinocaulon Meisn. ex Spach（1841）≡ Echinocaulon（Meisn.）Spach（1841）"的命名人引证有误。"Cephalophilum Meisner ex Börner, Bot. Syst. Not. 276. Apr 1912（non Cephalophilon（Meisner）Spach 1841）"是"Echinocaulon（Meisn.）Spach（1841）"的晚出的同模式异名（Homotypic synonym, Nomenclatural synonym）。红藻的"Echinocaulon Kuetzing, Phycol. Gen. 405. 14-16 Sep 1843"则是晚出的非法名称。亦有文献把"Echinocaulon（Meisn.）Spach（1841）"处理为"Persicaria（L.）Mill.（1754）"或"Polygonum L.（1753）（保留属名）"的异名。【分布】中国，中美洲。【后选模式】Polygonum sagittatum Linnaeus。【参考异名】Cephalophilum Meisner ex Börner（1913）Nom. illegit.；Echinocaulon Meisn. ex Spach（1841）Nom. illegit.；Echinocaulon Spach（1841）Nom. illegit.；Persicaria（L.）Mill.（1754）；Polygonum L.（1753）（保留属名）；Polygonum sect. Echinocaulon Meisn.（1832）■

17716　Echinocaulon Meisn. ex Spach（1841）Nom. illegit. ≡ Echinocaulon（Meisn.）Spach（1841）［蓼科 Polygonaceae］●■

17717　Echinocaulon Spach（1841）Nom. illegit. ≡ Echinocaulon（Meisn.）Spach（1841）［蓼科 Polygonaceae］■

17718　Echinocaulos（Meisn.）Hassk.（1842）Nom. illegit. ≡ Echinocaulos Hassk.（1842）；~ ＝ Polygonum L.（1753）（保留属名）［蓼科 Polygonaceae］■●

17719　Echinocaulos（Meisn. ex Endl.）Hassk.（1842）Nom. illegit. ≡ Echinocaulos Hassk.（1842）；~ ＝ Polygonum L.（1753）（保留属名）［蓼科 Polygonaceae］■●

17720　Echinocaulos Hassk.（1842）＝ Polygonum L.（1753）（保留属名）［蓼科 Polygonaceae］■●

17721　Echinocephalum Gardner（1848）【汉】猬头菊属。【隶属】菊科 Asteraceae（Compositae）。【包含】世界 3 种。【学名诠释与讨论】〈中〉（希）echinos，刺猬，海胆+kephale，头。此属的学名是"Echinocephalum G. Gardner, London J. Bot. 7：294. 1848"。亦有文献其处理为"Melanthera Rohr（1792）"的异名。【分布】巴拉圭，巴西，玻利维亚，中美洲。【模式】未指定。【参考异名】Melanthera Rohr（1792）■☆

17722　Echinocereus Engelm.（1848）【汉】鹿角柱属（老头掌属，鹿角掌属）。【日】エキノセレウス属。【俄】Эхиноцереус。【英】Echinocereus，Hedgehog Cactus，Pitaya，Pitaya Hedgehog Cereus，Strawberry Hedgehog Cactus。【隶属】仙人掌科 Cactaceae。【包含】世界 47-75 种，中国 10 种。【学名诠释与讨论】〈阳〉（希）echinos，刺猬，海胆+（属）Cereus 仙影掌属。【分布】玻利维亚，美

国(南部),墨西哥,中国。【后选模式】Echinocereus viridiflorus Engelmann。【参考异名】Morangaya G. D. Rowley(1974);Wilcoxia Britton et Rose(1909)●

17723　Echinochlaena Spreng.(1830)Nom. illegit. = Echinolaena Desv. (1813)[禾本科 Poaceae(Gramineae)]■☆

17724　Echinochlaenia Börner(1912)= Carex L.(1753)[莎草科 Cyperaceae]■

17725　Echinochloa P. Beauv.(1812)(保留属名)【汉】稗属。【日】ヒエ属。【俄】Ежовник, Куриное просо。【英】Barnyardgrass, Cockspur,Shanwamillet。【隶属】禾本科 Poaceae(Gramineae)。【包含】世界 31-35 种,中国 8-11 种。【学名诠释与讨论】〈阴〉(希)echinos,刺猬,海胆+chloe,草的幼芽,嫩草,禾草。指芒。此属的学名“Echinochloa P. Beauv. ,Ess. Agrostogr. ;53. Dec 1812”是保留属名。相应的废弃属名是禾本科 Poaceae(Gramineae)的“Tema Adans. ,Fam. Pl. 2;496,610. Jul–Aug 1763 ≡ Echinochloa P. Beauv.(1812)(保留属名)”“Echinochloa P. Beauv.(1812)(保留属名)”曾先后被处理为“Oplismenus sect. Echninochloa(P. Beauv.)Dumort. ,Observations sur les Graminées de la Flore Belgique 137. 1823[1824]”、“Oplismenus subgen. Echinochloa(P. Beauv.)Rchb. ,Der Deutsche Botaniker Herbarienbuch 2;37. 1841”、“Panicum sect. Echinochloa(P. Beauv.)Döll,Flora Brasiliensis 2(2);139. 1877”、“Panicum sect. Echinochloa(P. Beauv.)Nees,Flora Brasiliensis seu Enumeratio Plantarum 2(1); 255. 1829.(Mar–Jun 1829)”、“Panicum sect. Echinochloa(P. Beauv.)Trin. ,Mémoires de l'Académie Impériale des Sciences de Saint-Pétersbourg. Sixième Série. Sciences Mathématiques,Physiques et Naturelles. Seconde Partie;Sciences Naturelles 3,1(2-3);194, 213. 1834”、“Panicum ser. Echinochloa(P. Beauv.)Benth. ,Flora Australiensis;a description. . . 7;465. 1878.(20-30 Mar 1878)”和“Panicum subgen. Echinochloa(P. Beauv.)A. Gray, A Manual of the Botany of the Northern United States 614. 1848”。【分布】巴基斯坦,巴拿马,秘鲁,玻利维亚,厄瓜多尔,哥伦比亚(安蒂奥基亚),哥斯达黎加,马达加斯加,美国(密苏里),尼加拉瓜,中国,热带,中美洲。【模式】Echinochloa crusgalli(Linnaeus)Palisot de Beauvois[Panicum crusgalli Linnaeus]。【参考异名】Oplismenus sect. Echninochloa(P. Beauv.)Dumort.(1823);Oplismenus subgen. Echinochloa(P. Beauv.)Rchb.(1841);Ornithospermum Dumoulin(1782);Panicum sect. Echinochloa(P. Beauv.)Döll (1877);Panicum sect. Echinochloa(P. Beauv.)Nees(1829); Panicum sect. Echinochloa(P. Beauv.)Trin.(1834);Panicum ser. Echinochloa(P. Beauv.)Benth.(1878);Panicum subgen. Echinochloa(P. Beauv.)A. Gray(1848);Tema Adans.(1763)(废弃属名)■

17726　Echinocitrus Tanaka(1928)【汉】刺柑属。【隶属】芸香科 Rutaceae。【包含】世界 1 种。【学名诠释与讨论】〈阴〉(希)echinos,刺猬,海胆 +(属)Citrus 柑橘属。此属的学名是“Echinocitrus Tanaka,J. Arnold Arbor. 9;137. 13 Jul 1928”。亦有文献把其处理为“Triphasia Lour.(1790)”的异名。【分布】新几内亚岛。【模式】Echinocitrus brassii(C. T. White)Tanaka[Paramignya brassii C. T. White]。【参考异名】Triphasia Lour. (1790)●☆

17727　Echinocodon D. Y. Hong(1984)[as 'Echicocodon']【汉】刺萼参属。【英】Echinocodon。【隶属】桔梗科 Campanulaceae。【包含】世界 1 种,中国 1 种。【学名诠释与讨论】〈阳〉(希)echinos+ kodon,指小式 kodonion,钟,铃。此属的学名,ING、TROPICOS 和 IK 记载是“Echinocodon D. Y. Hong, Acta Phytotax. Sin. 22;183. Jun 1984('Echicocodon')”。“Echinocodon Kolak. ,Soobshch.

Akad. Nauk Gruzinsk. SSR 94;163,1979 = Echinocodon Kolak. (1986)Nom. illegit. [桔梗科 Campanulaceae]”是一个未合格发表的名称(Nom. inval.)。“Echinocodon A. A. Kolakovsky,Soobsc. Akad. Nauk Gruzinsk. SSR 121;387. 1986(post 31 Mar)”是晚出的非法名称;它已经被“Echinocodonia Kolak. , Bot. Zhurn.(Moscow et Leningrad)79(1);114,1994”所替代。【分布】中国。【模式】Echinocodon lobophyllus D. Y. Hong。【参考异名】Echicocodon D. Y. Hong(1984)Nom. illegit. ■★

17728　Echinocodon Kolak.(1979)Nom. inval. ≡ Echinocodon Kolak. (1986)Nom. illegit. ;~ ≡ Echinocodonia Kolak.(1994)[桔梗科 Campanulaceae]■●

17729　Echinocodon Kolak.(1986)Nom. illegit. ≡ Echinocodonia Kolak. (1994)[桔梗科 Campanulaceae]■●

17730　Echinocodonia Kolak.(1994)= Campanula L.(1753)[桔梗科 Campanulaceae]■●

17731　Echinocoryne H. Rob.(1987)【汉】刺毛斑鸠菊属。【隶属】菊科 Asteraceae(Compositae)。【包含】世界 6 种。【学名诠释与讨论】〈阴〉(希)echinos,刺猬,海胆+coryne,棍棒。此属的学名是“Echinocoryne H. E. Robinson, Proc. Biol. Soc. Wash. 100;586. 14 Oct 1987”。亦有文献把其处理为“Vernonia Schreb.(1791)(保留属名)”的异名。【分布】巴西。【模式】Echinocoryne holosericea(C. F. P. Martius ex A. P. de Candolle)H. E. Robinson [Vernonia holosericea C. F. P. Martius ex A. P. de Candolle]。【参考异名】Vernonia Schreb.(1791)(保留属名)■☆

17732　Echinocroton F. Muell.(1858)= Mallotus Lour.(1790)[大戟科 Euphorbiaceae]●

17733　Echinocystis Torr. et A. Gray(1840)(保留属名)【汉】刺瓜属。【日】エキノシスチス属。【俄】Эхиноцистис。【英】Mock Cucumber,Mock-cucumber,Prickly Cucumber,Wild Balsam-apple, Wild Cucumber。【隶属】葫芦科(瓜科,南瓜科)Cucurbitaceae。【包含】世界 1-15 种。【学名诠释与讨论】〈阴〉(希)echinos,刺猬,海胆+kystis,所有格 kysteos,膀胱,袋,囊。指果实多刺。此属的学名“Echinocystis Torr. et A. Gray, Fl. N. Amer. 1;542. Jun 1840”是保留属名。相应的废弃属名是葫芦科 Cucurbitaceae 的“Micrampelis Raf. in Med. Repos. , ser. 2,5;350. Feb–Apr 1808 = Echinocystis Torr. et A. Gray(1840)(保留属名)”。【分布】玻利维亚,美国,中美洲。【模式】Echinocystis lobata(A. Michaux)Torrey et A. Gray[Sicyos lobata A. Michaux]。【参考异名】Echinopepon Naudin(1866);Hexameria Torr. et A. Gray(1839)Nom. illegit. ;Megarrhiza Torr. et A. Gray(1860);Micrampelis Raf. (1808)(废弃属名)■☆

17734　Echinodendrum A. Rich.(1855)= Catesbaea L.(1753);~ = Scolosanthus Vahl(1796)[茜草科 Rubiaceae]■☆

17735　Echinodiscus(DC.)Benth.(1838)= Pterocarpus Jacq.(1763) (保留属名)[豆科 Fabaceae(Leguminosae)//蝶形花科 Papilionaceae]●

17736　Echinodiscus Benth.(1838)Nom. illegit. ≡ Echinodiscus(DC.) Benth.(1838);~ = Pterocarpus Jacq.(1763)(保留属名)[豆科 Fabaceae(Leguminosae)]●

17737　Echinodium Poit. ex Cass.(1829)= Acanthospermum Schrank (1820)(保留属名)[菊科 Asteraceae(Compositae)]■

17738　Echinodorus Rich.(1815)= Echinodorus Rich. ex Engelm. (1848)[泽泻科 Alismataceae]■☆

17739　Echinodorus Rich. et Engelm. ex A. Gray(1848)Nom. illegit. ≡ Echinodorus Rich. ex Engelm.(1848)[泽泻科 Alismataceae]■☆

17740　Echinodorus Rich. ex Engelm.(1848)【汉】刺果泽泻属。【日】エキノドルス属。【俄】Эхинодорус。【英】Bur Head, Burhead,

Echinodorus，Sword Plant。【隶属】泽泻科 Alismataceae。【包含】世界 27-30 种。【学名诠释与讨论】〈阳〉（希）echinos，刺猬，海胆+dory，所有格 doratos，矛，枪。指叶片。此属的学名，ING 记载是"Echinodorus L. C. Richard ex Engelmann in A. Gray, Manual Bot. 460. 10 Feb 1848"。APNI、GCI 和 IK 则记载为"Echinodorus Rich. et Engelm. ex A. Gray, Manual（Gray）460. 1848［10 Feb 1848］"，《北美植物志》亦用此名称。五者引用的文献相同。TROPICOS 则标注"Echinodorus Rich. ex Engelm.（1848）"是一个未合格发表的名称（Nom. inval.）；用"Echinodorus Rich.，Mém. Mus. Hist. Nat. 1：365，1815"为正名。【分布】巴拿马，玻利维亚，厄瓜多尔，非洲，哥伦比亚，哥斯达黎加，美国，尼加拉瓜，美洲。【后选模式】Echinodorus rostratus（Nuttall）Engelmann［Alisma rostratum Nuttall［as 'rostrata'］。【参考异名】Albidella Pichon（1946）；Echinodorus Rich.，Nom. illegit.；Echinodorus Rich. et Engelm. ex A. Gray（1848）Nom. illegit.；Helanthium（Benth.）Engelm. ex Britton（1905）Nom. illegit.；Helanthium（Benth. et Hook. f.）Engelm. ex Britton（1905）Nom. illegit.；Helanthium（Benth. et Hook. f.）Engelm. ex J. G. Sm.（1905）Nom. illegit.；Helanthium（Benth. et Hook. f.）J. G. Sm.（1905）Nom. illegit.；Helanthium Engelm. ex Benth. et Hook. f.（1883）Nom. inval.；Helianthium（Benth. et Hook. f.）Engelm. ex J. G. Sm.（1905）Nom. illegit.；Helianthium（Engelm. ex Hook. f.）J. G. Sm.（1905）Nom. illegit.；Helianthium Engelm. ex J. G. Sm.（1905）Nom. illegit.；Helianthium J. G. Sm.（1905）Nom. illegit.；Helianthum Engelm. ex Britton（1905）Nom. illegit.■☆

17741　Echinofossulocactus Britton et Rose（1922）Nom. illegit. ≡ Echinofossulocactus Lawr.（1841）［仙人掌科 Cactaceae］■

17742　Echinofossulocactus Lawr.（1841）【汉】多棱球属。【日】エキノフォッシュロカクタス属。【英】Brain Cactus。【隶属】仙人掌科 Cactaceae。【包含】世界 32 种，中国 5 种。【学名诠释与讨论】〈阳〉（希）echinos，刺猬，海胆+fosa，指小式 fossula，沟，槽+cactos，有刺的植物，通常指仙人掌科 Cactaceae 植物。此属的学名，ING 和 TROPICOS 记载是"Echinofossulocactus Lawrence, Gard. Mag. et Reg. Rural Domest. Improv. 17：317. Jun 1841"。"Echinofossulocactus Britton et Rose（1922）"的命名人引证有误。"Brittonrosea Spegazzini, Anales Soc. Ci. Argent. 96：69. 1923"和"Efossus Orcutt, Cactography 5. 1926"是"Echinofossulocactus Lawr.（1841）"的晚出的同模式异名（Homotypic synonym, Nomenclatural synonym）。亦有文献把"Echinofossulocactus Lawr.（1841）"处理为"Echinocactus Link et Otto（1827）"、"Melocactus Link et Otto（1827）（保留属名）"或"Stenocactus（K. Schum.）A. Berger（1929）"的异名。【分布】墨西哥，中国。【模式】Echinofossulocactus helophorus（Lemaire）Lawrence［as 'helophora'］［Echinocactus helophorus Lemaire］。【参考异名】Brittonrosea Speg.（1923）Nom. illegit.；Echinocactus Link et Otto（1827）；Echinofossulocactus Britton et Rose（1922）Nom. illegit.；Efossus Orcutt（1926）Nom. illegit.；Melocactus Link et Otto（1827）（保留属名）；Stenocactus A. Berger（1929）Nom. illegit.；Stenocactus（K. Schum.）A. Berger（1929）■

17743　Echinoglochin（A. Gray）Brand（1925）= Echinospermum Sw. ex Lehm.（1818）；~ = Plagiobothrys Fisch. et C. A. Mey.（1836）［紫草科 Boraginaceae］■☆

17744　Echinoglochin Brand（1925）Nom. illegit. ≡ Echinoglochin（A. Gray）Brand（1925）；~ = Echinospermum Sw. ex Lehm.（1818）；~ = Plagiobothrys Fisch. et C. A. Mey.（1836）［紫草科 Boraginaceae］■☆

17745　Echinoglossum Blume = Cleisostoma Blume（1825）［兰科 Orchidaceae］■

17746　Echinoglossum Rchb.（1841）= Acampe Lindl.（1853）（保留属名）；~ = Cleisostoma Blume（1825）；~ = Echinoglossum Blume；~ = Sarcanthus Lindl.（1824）（废弃属名）［兰科 Orchidaceae］■

17747　Echinolaena Desv.（1813）【汉】刺衣黍属。【隶属】禾本科 Poaceae（Gramineae）。【包含】世界 8 种。【学名诠释与讨论】〈阴〉（希）echinos，刺猬，海胆+laina = chlaine = 拉丁文 laena，外衣，衣服。此属的学名，ING 和 IK 记载是"Echinolaena Desvaux, J. Bot. Agric. 1：75. Feb 1813"。苔藓的"Echinolejeunea R. M. Schuster, Beih. Nova Hedwigia 9：187. 1963（post 15 Jun）"是晚出的非法名称。【分布】秘鲁，玻利维亚，厄瓜多尔，哥斯达黎加，马达加斯加，尼加拉瓜，中美洲。【模式】Echinolaena hirta Desvaux。【参考异名】Chasechloa A. Camus（1949）；Echinochlaena Spreng.（1830）Nom. illegit.■☆

17748　Echinolema J. Jacq. ex DC.（1836）= Acicarpha Juss.（1803）［萼角花科（萼角科，头花草科）Calyceraceae］■☆

17749　Echinolitrum Steud.（1840）= Echinolytrum Desv.（1808）；~ = Fimbristylis Vahl（1805）（保留属名）［莎草科 Cyperaceae］■

17750　Echinolobium Desv.（1813）= Hedysarum L.（1753）（保留属名）［豆科 Fabaceae（Leguminosae）//蝶形花科 Papilionaceae］●■

17751　Echinolobivia Y. Ito = Echinopsis Zucc.（1837）；~ = Lobivia Britton et Rose（1922）［仙人掌科 Cactaceae］■

17752　Echinoloma Steud.（1840）= Acicarpha Juss.（1803）；~ = Echinolema J. Jacq. ex DC.（1836）［萼角花科（萼角科，头花草科）Calyceraceae］■☆

17753　Echinolysium Benth.（1881）= Echinalysium Trin.（1820）Nom. illegit.；~ = Elytrophorus P. Beauv.（1812）［禾本科 Poaceae（Gramineae）］■

17754　Echinolytrum Desv.（1808）= Fimbristylis Vahl（1805）（保留属名）［莎草科 Cyperaceae］■

17755　Echinomastus Britton et Rose（1922）【汉】美刺球属（刺金刚篡属）。【日】エキノマスッス属。【隶属】仙人掌科 Cactaceae。【包含】世界 10 种。【学名诠释与讨论】〈阳〉（希）echinos，刺猬，海胆+masto，胸部，乳房。指块茎。此属的学名是"Echinomastus N. L. Britton et J. N. Rose, Cact. 3：147. 12 Oct 1922"。亦有文献把其处理为"Sclerocactus Britton et Rose（1922）"的异名。【分布】美国（南部），墨西哥。【模式】Echinomastus erectocentrus（Coulter）N. L. Britton et J. N. Rose［Echinocactus erectocentrus Coulter］。【参考异名】Sclerocactus Britton et Rose（1922）■☆

17756　Echinomeria Nutt.（1840）= Helianthus L.（1753）［菊科 Asteraceae（Compositae）//向日葵科 Helianthaceae］■

17757　Echinonyctanthus Lem.（1839）Nom. illegit. ≡ Echinopsis Zucc.（1837）［仙人掌科 Cactaceae］●

17758　Echinopaceae Bercht. et J. Presl（1820）= Asteraceae Bercht. et J. Presl（保留科名）//Compositae Giseke（保留科名）●■

17759　Echinopaceae Dumort. = Asteraceae Bercht. et J. Presl（保留科名）//Compositae Giseke（保留科名）●■

17760　Echinopaceae Link = Asteraceae Bercht. et J. Presl（保留科名）//Compositae Giseke（保留科名）●■

17761　Echinopaepale Bremek.（1944）= Strobilanthes Blume（1826）［爵床科 Acanthaceae］●■

17762　Echinopanax Decne. et Planch.（1854）Nom. inval. ≡ Echinopanax Decne. et Planch. ex Harms（1894）Nom. illegit.；~ = Oplopanax（Torr. et A. Gray）Miq.（1863）［五加科 Araliaceae］●

17763　Echinopanax Decne. et Planch. ex Harms（1894）Nom. illegit. ≡ Oplopanax（Torr. et A. Gray）Miq.（1863）［五加科 Araliaceae］●

17764　Echinopepon Naudin（1866）= Echinocystis Torr. et A. Gray（1840）（保留属名）［葫芦科（瓜科，南瓜科）Cucurbitaceae］■☆

17765　Echinophora L.（1753）【汉】刺梗芹属。【俄】колюченосник。【英】Echinophora,Prickly Parsnip。【隶属】伞形花科（伞形科）Apiaceae（Umbelliferae）。【包含】世界9种。【学名诠释与讨论】〈阴〉（希）echinos,刺猬,海胆+masto,胸部,乳房+phoros,具有,梗,负载,发现者。指多刺的梗。此属的学名,ING 和 IK 记载是"Echinophora L.,Sp. Pl. 1：239. 1753［1 May 1753］"。也有文献用为"Echinophora Tourn. ex L.（1753）"。"Echinophora Tourn."是命名起点著作之前的名称,故"Echinophora L.（1753）"和"Echinophora Tourn. ex L.（1753）"都是合法名称,可以通用。【分布】巴基斯坦,地中海至伊朗。【后选模式】Echinophora spinosa Linnaeus。【参考异名】Anisosciadium DC.（1829）；Carpotheca Tamamshyan（1975）；Chrysosciadium Tamamsch.（1967）；Echinophora Tourn. ex L.（1753）■☆

17766　Echinophora Tourn. ex L.（1753）≡Echinophora L.（1753）［伞形花科（伞形科）Apiaceae（Umbelliferae）］■☆

17767　Echinopogon P. Beauv.（1812）【汉】刺猬草属。【隶属】禾本科 Poaceae（Gramineae）。【包含】世界7种。【学名诠释与讨论】〈阳〉（希）echinos,刺猬,海胆+masto,胸部,乳房+pogon,所有格 pogonos,指小式 pogonion,胡须,髯毛,芒。pogonias,有须的。指芒。此属的学名,ING、TROPICOS、APNI 和 IK 记载是"Echinopogon Palisot de Beauvois,Essai Agrost. 42,148,161. Dec 1812"。它曾被处理为"Cinna subgen. Echinopogon（P. Beauv.）Rchb.,Der Deutsche Botaniker Herbarienbuch 2：35. 1841"。【分布】澳大利亚,新西兰。【模式】Echinopogon ovatus（J. G. A. Forster）Palisot de Beauvois［Agrostis ovata J. G. A. Forster］。【参考异名】Cinna subgen. Echinopogon（P. Beauv.）Rchb.（1841）；Hystericina Steud.（1853）■☆

17768　Echinops L.（1753）【汉】蓝刺头属（刺球花蓟属,漏芦属,仙人球属）。【日】エキノプス属,ヒゴタイ属,ルリヒゴタイ属。【俄】Мордовник,Эхинопс。【英】Ball Thistle,Globe Thistle,Globethistle,Globe-thistle。【隶属】菊科 Asteraceae（Compositae）。【包含】世界120种,中国17-19种。【学名诠释与讨论】〈阳〉（希）echinos,刺猬,海胆+ops 外观,脸。指头状花序具刺,或指总苞片具刺。"Echinopus P. Miller,Gard. Dict. Abr. ed. 4. 28 Jan 1754"和"Sphaerocephalus O. Kuntze,Rev. Gen. 1：366. 5 Nov 1891（non Lagasca ex A. P. de Candolle 1812）"是"Echinops L.（1753）"的晚出的同模式异名（Homotypic synonym,Nomenclatural synonym）。【分布】玻利维亚,中国,非洲,欧洲东部,亚洲。【后选模式】Echinops sphaerocephalus Linnaeus。【参考异名】Echinanthus Neck.（1790）Nom. inval.；Echinopsus St. – Lag.（1880）；Echinopus Adans.（1763）Nom. illegit.；Echinopus Mill.（1754）Nom. illegit.；Echinopus Tourn. ex Adans.（1763）Nom. illegit.；Psectra（Endl.）P. Tomšovic（1997）；Ruthrum Hill（1763）Nom. illegit.；Sphaerocephalus Kuntze（1891）Nom. illegit.■

17769　Echinopsilon Moq.（1834）【汉】刺果藜属。【俄】Эхинопсилон。【英】Hairy Seablite。【隶属】藜科 Chenopodiaceae。【包含】世界20种。【学名诠释与讨论】〈阳〉（希）echinos,刺猬,海胆+masto,胸部,乳房+opsilon 裸露的。指花被的附属物刺状。此属的学名"Echinopsilon Moquin-Tandon,Ann. Sci. Nat. Bot. ser. 2. 2：127. Aug 1834"是一个替代名称。"Willemetia Maerklin,J. Bot.（Schrader）1800（1）：329. 1801"是一个非法名称（Nom. illegit.）,因为此前已经有了"Willemetia Necker,Willemetia Nouv. Genre Pl. 1. 1777-1778［菊科 Asteraceae（Compositae）］"。故用"Echinopsilon Moq.（1834）"替代之。亦有文献把"Echinopsilon Moq.（1834）"处理为"Bassia All.（1766）"或"Kochia Roth（1801）"的异名。【分布】中国。【模式】50003。【参考异名】Bassia All.（1766）；Kochia Roth（1801）；Willemetia Maerkl.（1800）Nom. illegit.■

17770　Echinopsis Zucc.（1837）【汉】仙人球属（刺猬掌属,荷包掌属,猬状仙人球属）。【日】ウニサボテン属,エキノプシア属,ヘリアントセレアス属。【俄】Эхинопсис。【英】Hedgehog Cactus,Hedgehogcactus,Sea Urchin Cactus,Sea-urchin Cactus。【隶属】仙人掌科 Cactaceae。【包含】世界40-100种,中国8种。【学名诠释与讨论】〈阴〉（属）Echinus 猬籽玉属+希腊文 opsis,外观,模样,相似。或希腊文 echinos,刺猬,海胆+opsis,外观,模样,相似。此属的学名,ING、GCI、TROPICOS 和 IK 记载是"Echinopsis Zucc.,Abh. Math. – Phys. Cl. Königl. Bayer. Akad. Wiss. 2：675. 1838［1831 – 1836 publ. 1838］"。"Echinonyctanthus Lemaire,Cact. Gen. Nova 10. Feb 1839"是"Echinopsis Zucc.（1837）"的晚出的同模式异名（Homotypic synonym,Nomenclatural synonym）。【分布】阿根廷,巴拉圭,巴西,玻利维亚,乌拉圭,中国。【后选模式】Echinopsis eyriesii（Turpin）Zuccarini。【参考异名】Acanthanthus Y. Ito（1981）Nom. illegit.；Acanthocalycium Backeb.（1936）；Acantholobivia Backeb.（1942）；Acanthopetalus Y. Ito（1957）Nom. illegit.；Andenea Frič；Aureilobivia Frič ex Kreuz.（1935）Nom. illegit.；Aureilobivia Frič（1935）Nom. illegit.；Chamaecereus Britton et Rose（1922）；Chamaelobivia Y. Ito（1957）；Cinnabarinea F. Ritter（1980）Nom. illegit.；Cinnabarinea Frič ex F. Ritter（1980）；Cinnabarinea Frič（1980）Nom. illegit.；Echinolobivia Y. Ito；Echinonyctanthus Lem.（1839）Nom. illegit.；Furiolobivia Y. Ito（1957）；Helianthocereus Backeb.（1949）；Heterolobivia Y. Ito；Hymenorebulobivia Frič（1935）Nom. inval.；Hymenorebutia Frič ex Buining（1939）；Leucostele Backeb.（1953）；Lobirebutia Frič；Lobivia Britton et Rose（1922）；Lobiviopsis Frič；Lobiviopsis Frič ex Kreuz.（1935）Nom. inval.；Megalobivia Y. Ito；Mesechinopsis Y. Ito（1957）；Neolobivia Y. Ito（1957）；Pilopsis Y. Ito,Nom. inval.；Pseudolobivia（Backeb.）Backeb.（1942）；Pseudolobivia Backeb.（1942）Nom. illegit.；Pygmaeocereus J. H. Johnson et Backeb.（1957）；Rebulobivia Frič（1935）Nom. inval.；Retrulobivia Frič；Salpingolobivia Y. Ito（1957）；Scoparebutia Frič et Kreuz. ex Buining,Nom. illegit.；Setiechinopsis（Backeb.）de Haas（1940）；Setiechinopsis Backeb.（1950）Nom. illegit.；Setiechinopsis Backeb. ex de Hass（1940）Nom. illegit.；Soehrensia Backeb.（1938）；Trichocereus（A. Berger）Riccob.（1909）；Trichocereus Riccob.（1909）Nom. illegit.●

17771　Echinopsus St. – Lag.（1880）＝Echinops L.（1753）［菊科 Asteraceae（Compositae）］■

17772　Echinopteris Lindl.（1847）Nom. illegit.［金虎尾科（黄褥花科）Malpighiaceae］☆

17773　Echinopterys A. Juss.（1843）【汉】刺翼果属。【隶属】金虎尾科（黄褥花科）Malpighiaceae。【包含】世界3种。【学名诠释与讨论】〈阳〉（希）echinos,刺猬,海胆。echinodes,像刺猬的 ＝拉丁文 echinatus,多刺的 + masto,胸部,乳房 + pteron,指小式 pteridion,翅。pteridios,有羽毛的。指分果片具刺。此属的学名,ING、TROPICOS 和 IK 记载是"Echinopterys A. Juss,Arch. Mus. Par. iii.（1843）342（Monog. 88. t. 9）"。"Echinopteris Lindl.（1847）Nom. illegit.［金虎尾科（黄褥花科）Malpighiaceae］"和"Echinopteryx Dalla Torre et Harms ＝Echinopterys A. Juss.（1843）［金虎尾科（黄褥花科）Malpighiaceae］"似为其变体。【分布】墨西哥。【模式】Echinopterys lappula A. H. L. Jussieu,Nom. illegit.［Bunchosia eglandulosa A. H. L. Jussieu；Echinopterys eglandulosa（A. H. L. Jussieu）J. K. Small］。【参考异名】Coelostylis（A. Juss.）Kuntze（1891）Nom. illegit.；Echinopteryx Dalla Torre et Harms ●☆

17774 Echinopteryx Dalla Torre et Harms = Echinopterys A. Juss. (1843)［金虎尾科(黄褥花科)Malpighiaceae］●☆

17775 Echinopus Adans. (1763) Nom. illegit. ≡ Echinopus Tourn. ex Adans. (1763) Nom. illegit. ; ~ = Echinops L. (1753)［菊科 Asteraceae(Compositae)］■

17776 Echinopus Mill. (1754) Nom. illegit. ≡Echinops L. (1753)［菊科 Asteraceae(Compositae)］■

17777 Echinopus Tourn. ex Adans. (1763) Nom. illegit. = Echinops L. (1753)［菊科 Asteraceae(Compositae)］■

17778 Echinorebutia Frič ex K. Kreuz. (1935) Nom. inval. =Rebutia K. Schum. (1895)［仙人掌科 Cactaceae］●

17779 Echinorhyncha Dressler(2005)【汉】刺喙兰属。【隶属】兰科 Orchidaceae。【包含】世界 4 种。【学名诠释与讨论】〈阳〉(希) echinos, 刺猬, 海胆 + rhynchos, 喙。【分布】南美洲。【模式】 Echinorhyncha litensis (Dodson) Dressler［Chondrorhyncha litensis Dodson］。■☆

17780 Echinoschoenus Nees et Meyen(1834)【汉】刺莎属。【隶属】莎草科 Cyperaceae。【包含】世界 3 种。【学名诠释与讨论】〈阳〉(希)echinos, 刺猬, 海胆+(属)Schoenus 小赤箭莎属。此属的学名, ING、TROPICOS 和 IK 记载是"Echinoschoenus C. G. D. Nees et F. J. F. Meyen in C. G. D. Nees, Linnaea 9：297. 1834 (med.)-1835 (prim.)"。它曾被处理为"Rhynchospora sect. Echinoschoenus (Nees & Meyen) Benth. & Hook. f., Genera Plantarum 3：1060. 1883"。亦有文献把"Echinoschoenus Nees et Meyen(1834)"处理为"Rhynchospora Vahl(1805)[as 'Rynchospora'](保留属名)"的异名。【分布】玻利维亚, 南美洲。【模式】Echinoschoenus triceps (Vahl) C. G. D. Nees et F. J. F. Meyen［Schoenus triceps Vahl］。【参考异名】Rhynchospora Vahl (1805)(保留属名); Rhynchospora sect. Echinoschoenus (Nees & Meyen) Benth. & Hook. f. (1883); Rynchospora Vahl (1805) Nom. illegit. (废弃属名)■☆

17781 Echinosciadium Zohary(1948) = Anisosciadium DC. (1829)［伞形花科(伞形科)Apiaceae(Umbelliferae)］■☆

17782 Echinosepala Pridgeon et M. W. Chase (2002)【汉】刺萼兰属。【隶属】兰科 Orchidaceae。【包含】世界 10 种。【学名诠释与讨论】〈阴〉(希)echinos, 刺猬, 海胆+sepalum, 花萼。【分布】玻利维亚, 中美洲。【模式】Pleurothallis aspasicensis Rchb. f.。【参考异名】Aechmea Ruiz et Pav. (1794)(保留属名)■☆

17783 Echinosophora Nakai (1923) = Sophora L. (1753)［豆科 Fabaceae(Leguminosae)//蝶形花科 Papilionaceae］●■

17784 Echinosparton (Spach) Fourr. (1868) Nom. illegit. = Echinospartum (Spach) Fourr. (1868)［as 'Echinosparton'］［豆科 Fabaceae(Leguminosae)//蝶形花科 Papilionaceae］●☆

17785 Echinospartum (Spach) Fourr. (1868)［as 'Echinosparton'］【汉】海胆染料木属。【隶属】豆科 Fabaceae (Leguminosae)//蝶形花科 Papilionaceae。【包含】世界 3 种。【学名诠释与讨论】〈中〉(希)echinos, 刺猬, 海胆+sparton, 指小式 spartion, 一种用金雀儿或茅草做的绳索。此属的学名, ING 和 IK 记载是"Echinospartum (Spach) Fourreau, Ann. Soc. Linn. Lyon ser. 2. 16：358('Echinosparton'). 28 Dec 1868"; 但是未给基源异名。"Echinosparton (Spach) Fourr. (1868)"是其拼写变体。TROPICOS 则记载为"Echinospartum Fourr. , Ann. Soc. Linn. Lyon, sér. 2 16：358 ("Echinosparton"), 1868"。"Echinospartum (Spach)Rothm. , Bot. Jahrb. Syst. lxxii. 79(1941)≡Echinospartum (Spach) Fourr. (1868)"是晚出的非法名称。亦有文献把"Echinospartum (Spach) Fourr. (1868)"处理为"Genista L. (1753)"的异名。【分布】欧洲西南部。【模式】Echinospartum

lugdunense Fourreau, Nom. illegit.［Spartium horridum Vahl; Echinospartum horridum (Vahl) Rothmaler］。【参考异名】Echinosparton Fourr. (1868) Nom. illegit. ; Echinospartum Fourr. (1868) Nom. illegit. ; Genista L. (1753)●☆

17786 Echinospartum (Spach) Rothm. (1941) Nom. illegit. ≡ Echinospartum (Spach) Fourr. (1868)［as 'Echinosparton'］［豆科 Fabaceae(Leguminosae)//蝶形花科 Papilionaceae］●☆

17787 Echinospartum Fourr. (1868) Nom. illegit. ≡ Echinospartum (Spach) Fourr. (1868)［豆科 Fabaceae(Leguminosae)//蝶形花科 Papilionaceae］●☆

17788 Echinospermum Sw. (1818) Nom. illegit. ≡ Echinospermum Sw. ex Lehm. (1818); ~ = Lappula Moench (1794)［紫草科 Boraginaceae］■

17789 Echinospermum Sw. ex Lehm. (1818) = Lappula Moench(1794)［紫草科 Boraginaceae］■

17790 Echinosphaera Sieber ex Steud. (1840) = Ricinocarpos Desf. (1817)［大戟科 Euphorbiaceae//蓖麻果木科 Ricinocarpaceae］●☆

17791 Echinosphaera Steud. (1840) Nom. illegit. ≡ Echinosphaera Sieber ex Steud. (1840); ~ = Ricinocarpos Desf. (1817)［大戟科 Euphorbiaceae//蓖麻果木科 Ricinocarpaceae］●☆

17792 Echinostachys Brongn. ex Planch. (1854) Nom. illegit. =Aechmea Ruiz et Pav. (1794)(保留属名)［凤梨科 Bromeliaceae］■☆

17793 Echinostachys E. Mey. (1838) Nom. illegit. = Pycnostachys Hook. (1826)［唇形科 Lamiaceae(Labiatae)］●■☆

17794 Echinostephia(Diels)Domin(1926)【汉】刺冠藤属。【隶属】防己科 Menispermaceae。【包含】世界 1 种。【学名诠释与讨论】〈阴〉(希)echinos, 刺猬, 海胆+stephos, stephanos, 花冠, 王冠。此属的学名, ING、APNI 和 IK 记载是"Echinostephia (Diels) K. Domin, Biblioth. Bot. 22 (89, 2)：669. Jan 1926", 由"Stephania sect. Echinostephia Diels in Engler, Pflanzenreich 4. 94. (Heft 46)：264. 6 Dec 1910"改级而来。【分布】澳大利亚。【模式】Echinostephia aculeata (F. M. Bailey) K. Domin［Stephania aculeata F. M. Bailey］。【参考异名】Stephania sect. Echinostephia Diels (1910)●☆

17795 Echinothamnus Engl. (1891)【汉】刺灌莲属。【隶属】西番莲科 Passifloraceae。【包含】世界 1 种。【学名诠释与讨论】〈阴〉(希)echinos, 刺猬, 海胆+thamnos, 指小式 thamnion, 灌木, 灌丛, 树丛, 枝。此属的学名是"Echinothamnus Engler, Bot. Jahrb. Syst. 14：383. 4 Dec 1891"。亦有文献把其处理为"Adenia Forssk. (1775)"的异名。【分布】非洲。【模式】Echinothamnus pechuëlii Engler。【参考异名】Adenia Forssk. (1775)●☆

17796 Echinus L. Bolus (1927) Nom. illegit. = Braunsia Schwantes (1928); ~ =Mesembryanthemum L. (1753)(保留属名)［番杏科 Aizoaceae//龙须海棠科(日中花科)Mesembryanthemaceae］■●

17797 Echinus L. Lour. (1790) Nom. illegit. = Mallotus Lour. (1790)［大戟科 Euphorbiaceae］●

17798 Echiochilon Desf. (1798)【汉】刺唇紫草属。【隶属】紫草科 Boraginaceae。【包含】世界 6-17 种。【学名诠释与讨论】〈中〉(希)echinos, 刺猬, 海胆+cheilos, 唇。在希腊文组合词中, cheil-, cheilo-, -chilus, -chilia 等均为"唇, 边缘"之义。此属的学名, ING、TROPICOS 和 IK 记载是"Echiochilon Desfontaines, Fl. Atl. 1：166. Jun-Sep 1798"。"Chilochium Rafinesque, Anal. Nat. Tab. Univ. 186. Apr-Jul 1815"是"Echiochilon Desfontaines 1798"的晚出的同模式异名(Homotypic synonym, Nomenclatural synonym)。【分布】巴基斯坦, 阿拉伯地区, 非洲北部。【模式】Echiochilon fruticosum Desfontaines。【参考异名】Chilochium Pfeiff. (1873); Chilochium Raf. (1815) Nom. illegit. ; Echiochilopsis

Caball.（1935）；Echiochilus Post et Kuntze（1903）；Leurocline S. Moore（1901）；Tetraedrocarpus O. Schwarz（1939）■☆

17799 Echiochilopsis Caball.（1935）【汉】拟刺唇紫草属。【隶属】紫草科 Boraginaceae。【包含】世界1种。【学名诠释与讨论】〈阴〉（属）Echiochilon 刺唇紫草属＋希腊文 opsis，外观，模样，相似。此属的学名是"Echiochilopsis Caballero, Trab. Mus. Nac. Ci. Nat., Ser. Bot. 30: 10. 1935"。亦有文献把其处理为"Echiochilon Desf.（1798）"的异名。【分布】非洲西北部。【模式】Echiochilopsis caerulea Caball.。【参考异名】Echiochilon Desf.（1798）■☆

17800 Echiochilus Post et Kuntze（1903）＝Echiochilon Desf.（1798）［紫草科 Boraginaceae］■☆

17801 Echiodes Post et Kuntze（1903）＝Echioides Desf.（1798）Nom. illegit.；~ ＝ Echioides Fabr.（1759）Nom. illegit.；~ ＝ Echioides Moench（1794）Nom. illegit.；~ ＝ Echioides Ortega（1773）Nom. illegit.；~ ≡ Aipyanthus Steven（1851）；~ ＝ Arnebia Forssk.（1775）［紫草科 Boraginaceae］●■

17802 Echioglossum Blume（1825）＝Acampe Lindl.（1853）（保留属名）；~ ＝ Sarcanthus Lindl.（1824）（废弃属名）；~ ＝ Cleisostoma Blume（1825）［兰科 Orchidaceae］■

17803 Echioides Desf.（1798）Nom. illegit. ＝Nonea Medik.（1789）［紫草科 Boraginaceae］■

17804 Echioides Fabr.（1759）Nom. illegit. ≡ Lycopsis L.（1753）［紫草科 Boraginaceae］■

17805 Echioides Moench（1794）Nom. illegit. ≡ Myosotis L.（1753）［紫草科 Boraginaceae］■

17806 Echioides Ortega（1773）Nom. illegit. ≡ Aipyanthus Steven（1851）；~ ＝ Arnebia Forssk.（1775）［紫草科 Boraginaceae］●■

17807 Echion St. - Lag.（1880）＝Echium L.（1753）［紫草科 Boraginaceae］●■

17808 Echiopsis Rchb.（1837）＝Echium L.（1753）；~ ＝ Lobostemon Lehm.（1830）［紫草科 Boraginaceae］■☆

17809 Echiostachys Levyns（1934）【汉】肖裂蕊紫草属。【隶属】紫草科 Boraginaceae。【包含】世界3种。【学名诠释与讨论】〈阴〉（希）echinos，刺猬，海胆＋stachys，穗，谷，长钉。此属的学名是"Echiostachys Levyns, J. Linn. Soc., Bot. 49: 445. Jan 1934"。亦有文献把其处理为"Lobostemon Lehm.（1830）"的异名。【分布】非洲南部。【后选模式】Echiostachys incanus（Thunberg）Levyns［Echium incanum Thunberg］。【参考异名】Lobostemon Lehm.（1830）■☆

17810 Echirospermum Saldanha（1865）Nom. illegit.［豆科 Fabaceae（Leguminosae）］☆

17811 Echisachys Neck.（1790）Nom. inval. ＝Tragus Haller（1768）（保留属名）［禾本科 Poaceae（Gramineae）］■

17812 Echitella Pichon（1950）【汉】小蛇木属（小伊奇得木属）。【隶属】夹竹桃科 Apocynaceae。【包含】世界2种。【学名诠释与讨论】〈阴〉（属）Echites 蛇木属＋-ellus，-ella，-ellum，加在名词词干后面形成指小式的词尾。或加在人名、属名等后面以组成新属的名称。此属的学名是"Echitella Pichon, Mém. Inst. Sci. Madagascar, Sér. B, Biol. Vég. 2: 88. Jul-Sep 1950（'1949'）"。亦有文献把其处理为"Mascarenhasia A. DC.（1844）"的异名。【分布】马达加斯加。【模式】Echitella lisianthiflora Pichon。【参考异名】Mascarenhasia A. DC.（1844）●☆

17813 Echites P. Browne（1756）【汉】蛇木属（美蛇藤属，萨花属，伊奇得木属）。【俄】Эхитес。【英】Savanna Flower。【隶属】夹竹桃科 Apocynaceae。【包含】世界6种。【学名诠释与讨论】〈阳〉（拉）echis，所有格 echeos，蝮蛇，毒蛇，蛇。【分布】巴基斯坦，巴拿马，玻利维亚，马达加斯加，美国（佛罗里达），墨西哥至哥伦比

亚，尼加拉瓜，西印度群岛，中美洲。【后选模式】Tabernaemontana echites Linnaeus。【参考异名】Allotoonia J. F. Morales et J. K. Williams（2004）；Bahiella J. F. Morales（2006）；Chariomma Miers（1878）；Dendrocharis Miq.（1857）；Echithes Thunb.（1818）Nom. illegit.；Heterothrix Müll. Arg.（1860）；Mitozus Miers（1878）；Pinochia M. E. Endress et B. F. Hansen（2007）；Rhaptocarpus Miers（1878）；Telosiphonia（Woodson）Henrickson（1996）●☆

17814 Echithes Thunb.（1818）Nom. illegit. ＝Echites P. Browne（1756）［夹竹桃科 Apocynaceae］●☆

17815 Echium L.（1753）【汉】蓝蓟属。【日】エキウム属，エキュ―ム属，シャゼンムラサキ属。【俄】Румянка，Синяк，Эхиум。【英】Blue Devil, Blue Weed, Bluethistle, Blueweed, Bugloss, Echium, Viper's Bugloss。【隶属】紫草科 Boraginaceae。【包含】世界40-60种，中国1种。【学名诠释与讨论】〈中〉（希）echis，毒蛇＋-ius，-ia，-ium，在拉丁文和希腊文中，这些词尾表示性质或状态。指花冠两侧对称，后面的裂片较长，状如蛇头。此属的学名，ING，APNI 和 GCI 记载是"Echium L., Sp. Pl. 1: 139. 1753［1 May 1753］"。IK 则记载为"Echium Tourn. ex L., Sp. Pl. 1: 139. 1753［1 May 1753］"。"Echium Tourn."是命名起点著作之前的名称，故"Echium L.（1753）"和"Echium Tourn. ex L.（1753）"都是合法名称，可以通用。"Isoplesion Rafinesque, Fl. Tell. 4: 86. med. 1838（'1836'）"是"Echium L.（1753）"的晚出的同模式异名（Homotypic synonym, Nomenclatural synonym）。【分布】巴基斯坦，西班牙（加那利群岛），美国，尼加拉瓜，欧洲，葡萄牙（亚述尔群岛），中国，非洲，亚洲西部。【后选模式】Echium vulgare Linnaeus。【参考异名】Argyrexias Raf.（1838）；Echion St. -Lag.（1880）；Echiopsis Rchb.（1837）；Echium Tourn. ex L.（1753）；Isoplesion Raf.（1838）Nom. illegit.；Larephes Raf.（1838）；Megacatyon Boiss.●■

17816 Echium Tourn. ex L.（1753）≡ Echium L.（1753）［紫草科 Boraginaceae］●■

17817 Echthronema Herb.（1843）＝Sisyrinchium L.（1753）［鸢尾科 Iridaceae］■

17818 Echtrosis T. Durand ＝Echetrosis Phil.（1873）［菊科 Asteraceae（Compositae）］■●

17819 Echtrus Lour.（1790）＝ Argemone L.（1753）［罂粟科 Papaveraceae］■

17820 Echyrospermum Schott（1823）（废弃属名）＝Plathymenia Benth.（1840）（保留属名）［豆科 Fabaceae（Leguminosae）//云实科（苏木科）Caesalpiniaceae］●☆

17821 Eckardia Endl.（1842）＝Eckartia Rchb.（1841）Nom. illegit.；~ ＝Peristeria Hook.（1831）［兰科 Orchidaceae］■☆

17822 Eckartia Rchb.（1841）Nom. illegit. ≡ Peristeria Hook.（1831）［兰科 Orchidaceae］■☆

17823 Eckebergia Batsch（1802）＝Ekebergia Sparrm.（1779）［楝科 Meliaceae］●☆

17824 Ecklonea Steud.（1829）Nom. illegit. ＝ Trianoptiles Fenzl ex Endl.（1836）［莎草科 Cyperaceae］■☆

17825 Ecklonia Schrad.（1832）＝Ecklonea Steud.（1829）Nom. illegit.；~ ＝ Trianoptiles Fenzl ex Endl.（1836）［莎草科 Cyperaceae］■☆

17826 Eclecticus P. O'Byrne（2009）【汉】泰兰属。【隶属】兰科 Orchidaceae。【包含】世界1种。【学名诠释与讨论】〈阳〉（希）eklektikos，挑选的。【分布】泰国。【模式】Eclecticus chungii P. O'Byrne。■☆

17827 Eclipta L.（1771）（保留属名）【汉】鳢肠属（醴肠属）。【日】

タカサブラウ属,タカサブロウ属。【俄】Эклипта,Румянка обкновенная,Синяк обкновенная。【英】Eclipta。【隶属】菊科 Asteraceae(Compositae)。【包含】世界 4-5 种,中国 2 种。【学名诠释与讨论】〈阴〉(希)ekleipo,不完善的,欠缺。指无冠毛。此属的学名"Eclipta L.,Mant. Pl.:157,286. Oct 1771"是保留属名。相应的废弃属名是菊科 Asteraceae 的"Eupatoriophalacron Mill.,Gard. Dict. Abr., ed. 4:[479]. 28 Jan 1754 ≡ Eclipta L. (1771)(保留属名)"。"Ecliptica O. Kuntze, Rev. Gen. 1:334. 5 Nov 1891"也是"Eclipta L. (1771)(保留属名)"的同模式异名(Homotypic synonym, Nomenclatural synonym)。【分布】澳大利亚,巴拉圭,巴拿马,秘鲁,玻利维亚,厄瓜多尔,非洲,哥伦比亚(安蒂奥基亚),马达加斯加,美国(密苏里),尼加拉瓜,中国,亚洲,中美洲。【模式】Eclipta erecta Linnaeus, Nom. illegit.[Verbesina alba Linnaeus;Eclipta alba (Linnaeus) Hasskarl]。【参考异名】Abasoloa La Llave ex Lex. (1824);Abasoloa La Llave (1824);Brachypoda Raf.;Clipteria Raf. (1836);Ecliptica Kuntze (1891) Nom. illegit.;Ecliptica Rumph. (1750) Nom. inval.;Ecliptica Rumph. ex Kuntze (1891) Nom. illegit.;Eclypta E. Mey. (1837);Eupatoriophalacron Adans. (1763) Nom. illegit. (废弃属名);Eupatoriophalacron Mill. (1754)(废弃属名);Micrelium Forssk. (1775);Mnesiteon Raf. (1817)(废弃属名);Mnesitheon Spreng. (1831);Paleista Raf. (1836);Polygyne Phil. (1864)■

17828　Ecliptica Kuntze (1891) Nom. illegit. ≡ Ecliptica Rumph. ex Kuntze(1891) Nom. illegit.;~ Eclipta L. (1771)(保留属名)[菊科 Asteraceae(Compositae)]■

17829　Ecliptica Rumph. (1750) Nom. inval. ≡ Ecliptica Rumph. ex Kuntze(1891) Nom. illegit.;~ ≡ Eclipta L. (1771)(保留属名)[菊科 Asteraceae(Compositae)]■

17830　Ecliptica Rumph. ex Kuntze (1891) Nom. illegit. ≡ Eclipta L. (1771)(保留属名)[菊科 Asteraceae(Compositae)]■

17831　Ecliptostelma Brandegee(1917)【汉】弱冠萝藦属。【隶属】萝藦科 Asclepiadaceae。【包含】世界 1 种。【学名诠释与讨论】〈中〉(希)ekleipo,不完善的,欠缺+stelma,王冠,花冠。【分布】墨西哥。【模式】Ecliptostelma molle T. S. Brandegee。●☆

17832　Eclopes Banks ex Gaertn. (1791)= Relhania L'Hér. (1789)(保留属名)[菊科 Asteraceae(Compositae)]●☆

17833　Eclopes Gaertn. (1791) Nom. illegit. ≡ Eclopes Banks ex Gaertn. (1791)[菊科 Asteraceae(Compositae)]●☆

17834　Eclotoripa Raf. (1837)= Digera Forssk. (1775)[苋科 Amaranthaceae]■☆

17835　Eclypta E. Mey. (1837)= Eclipta L. (1771)(保留属名)[菊科 Asteraceae(Compositae)]■

17836　Ecpoma K. Schum. (1896)【汉】外盖茜属。【隶属】茜草科 Rubiaceae。【包含】世界 1 种。【学名诠释与讨论】〈中〉(希)ek-,在外,之外+poma 盖子。【分布】热带非洲。【模式】Ecpoma apocynaceum K. M. Schumann。■☆

17837　Ectadiopsis Benth. (1876)【汉】拟凸萝藦属。【隶属】萝藦科 Asclepiadaceae。【包含】世界 2 种。【学名诠释与讨论】〈阴〉(属)Ectadium 凸萝藦属+希腊文 opsis,外观,模样,相似。此属的学名是"Ectadiopsis Bentham in Bentham et J. D. Hooker,Gen. 2:741. Mai 1876"。亦有文献把其处理为"Cryptolepis R. Br. (1810)"的异名。【分布】热带和非洲南部。【后选模式】Ectadiopsis oblongifolia (Meisner) B. D. Jackson。【参考异名】Cryptolepis R. Br. (1810)●☆

17838　Ectadium E. Mey. (1838)【汉】凸萝藦属。【隶属】萝藦科 Asclepiadaceae//杠柳科 Periplocaceae。【包含】世界 3 种。【学名诠释与讨论】〈中〉(希)ectadios,伸出的+-ius,-ia,-ium,在拉丁

文和希腊文中,这些词尾表示性质或状态。【分布】非洲南部。【模式】Ectadium virgatum E. Meyer。●☆

17839　Ectasis D. Don (1834)= Erica L. (1753)[杜鹃花科(欧石南科)Ericaceae]●☆

17840　Ecteinanthus T. Anderson (1863) Nom. illegit. ≡ Rhytiglossa Nees (1836)(废弃属名);~ = Isoglossa Oerst. (1854)(保留属名)[爵床科 Acanthaceae]■★

17841　Ectemis Raf. (1838)= Cordia L. (1753)(保留属名)[紫草科 Boraginaceae//破布木科(破布树科)Cordiaceae]●

17842　Ectinanthus Post et Kuntze (1903)= Ecteinanthus T. Anderson (1863) Nom. illegit.;~ = Isoglossa Oerst. (1854)(保留属名)[爵床科 Acanthaceae]■★

17843　Ectinocladus Benth. (1876)= Alafia Thouars (1806)[夹竹桃科 Apocynaceae]●☆

17844　Ectopopterys W. R. Anderson(1980)【汉】异翅金虎尾属。【隶属】金虎尾科(黄褥花科)Malpighiaceae。【包含】世界 1 种。【学名诠释与讨论】〈阳〉(希)ectopos = ectopios,移置的,外来的+pteron,指小式 pteridion,翅。【分布】秘鲁,哥伦比亚。【模式】Ectopopterys soejartoi W. R. Anderson。●☆

17845　Ectosperma Swallen (1950) Nom. illegit. = Swallenia Soderstr. et H. F. Decker (1963)[禾本科 Poaceae(Gramineae)]■☆

17846　Ectotropis N. E. Br. (1927)【汉】外玉属。【日】エクトトロピス属。【隶属】番杏科 Aizoaceae。【包含】世界 1 种。【学名诠释与讨论】〈阴〉(希)ektos,在外边,在外+tropis,后来的,所有格 tropidos,龙骨。此属的学名是"Ectotropis N. E. Brown, Gard. Chron. ser. 3. 81:12. 1 Jan 1927"。亦有文献把其处理为"Delosperma N. E. Br. (1925)"的异名。【分布】非洲南部。【模式】Ectotropis alpina N. E. Brown。【参考异名】Delosperma N. E. Br. (1925)■☆

17847　Ectozoma Miers (1849)= Juanulloa Ruiz et Pav. (1794);~ = Markea Rich. (1792)[茄科 Solanaceae]●☆

17848　Ectrosia R. Br. (1810)【汉】兔迹草属(刺毛叶草属)。【隶属】禾本科 Poaceae(Gramineae)。【包含】世界 11 种。【学名诠释与讨论】〈阴〉(希)ektrosis,流产。可能暗喻雌花。【分布】澳大利亚(热带)。【模式】未指定。【参考异名】Planichloa B. K. Simon (1984)■☆

17849　Ectrosiopsis(Ohwi)Jansen(1952)【汉】拟兔迹草属。【隶属】禾本科 Poaceae(Gramineae)。【包含】世界 1 种。【学名诠释与讨论】〈阴〉(属)Ectrosia 兔迹草属(刺毛叶草属)+希腊文 opsis,外观,模样。此属的学名,ING 和 IK 记载是"Ectrosiopsis (J. Ohwi) P. Jansen, Acta Bot. Neerl. 1:474. 1 Dec 1952",由"Eragrostis sect. Ectrosiopsis J. Ohwi, Bull. Tokyo Sci. Mus. 18:1. Apr. 1947"改级而来。化石植物的"Ectypolopus A. R. Loeblich Jr. et E. R. Wicander, Palaeontographica, Abt. B, Paläophytol. 159:12. Nov 1976"是晚出的非法名称。【分布】菲律宾,马来西亚。【后选模式】Ectrosiopsis subtriflora (J. Ohwi) P. Jansen [Ectrosia subtriflora J. Ohwi]。【参考异名】Eragrostis sect. Ectrosiopsis Ohwi(1947)■☆

17850　Ecua D. J. Middleton(1996)【汉】摩鹿加夹竹桃属。【隶属】夹竹桃科 Apocynaceae。【包含】世界 1 种。【学名诠释与讨论】〈阴〉词源不详。【分布】印度尼西亚(马鲁古群岛)。【模式】Ecua moluccensis D. J. Middleton。●☆

17851　Ecuadendron D. A. Neill(1998)【汉】厄瓜多尔豆属。【隶属】豆科 Fabaceae(Leguminosae)。【包含】世界 1 种。【学名诠释与讨论】〈阴〉(地)Ecuador,厄瓜多尔+dendron 或 dendros,树木,棍,丛林。【分布】厄瓜多尔。【模式】Ecuadendron acosta-solisianum D. A. Neill。●☆

17852　Ecuadorella Dodson et G. A. Romero(2010)【汉】小厄瓜多尔兰

属。【隶属】兰科 Orchidaceae。【包含】世界 1 种。【学名诠释与讨论】〈阴〉（地）Ecuador, 厄瓜多尔 +-ellus, -ella, -ellum, 加在名词词干后面形成指小式的词尾。或加在人名、属名等后面以组成新属的名称。或 Ecuadoria 厄瓜多尔肋枝兰属 +-ella。【分布】厄瓜多尔。【模式】Ecuadorella harlingii（Stacy）Dodson et G. A. Romero［Oncidium harlingii Stacy］。☆

17853　Ecuadoria Dodson et Dressler（1994）【汉】厄瓜多尔肋枝兰属。【隶属】兰科 Orchidaceae。【包含】世界 1 种。【学名诠释与讨论】〈阴〉（地）Ecuador, 厄瓜多尔。此属的学名是 "Ecuadoria Dodson et Dressler, Orquideología；Revista de la Sociedad Colombiana de Orquideología 19（2）：133. 1994"。亦有文献把其处理为 "Microthelys Garay（1982）" 的异名。【分布】厄瓜多尔。【模式】Ecuadoria intagana Dodson et Dressler。【参考异名】Microthelys Garay（1982）■☆

17854　Edanthe O. F. Cook et Doyle（1939）= Chamaedorea Willd.（1806）（保留属名）［棕榈科 Arecaceae（Palmae）］●☆

17855　Edbakeria R. Vig.（1949）= Pearsonia Dümmer（1912）［豆科 Fabaceae（Leguminosae）］●☆

17856　Eddya Torr. et A. Gray（1855）= Coldenia L.（1753）；~ = Tiquilia Pers.（1805）［紫草科 Boraginaceae］■☆

17857　Edechi Loefl.（1758）= Guettarda L.（1753）［茜草科 Rubiaceae//海岸桐科 Guettardaceae］●

17858　Edemias Raf.（1837）Nom. illegit. ≡ Eschenbachia Moench（1794）（废弃属名）；~ = Conyza Less.（1832）（保留属名）［菊科 Asteraceae（Compositae）］●

17859　Edgaria C. B. Clarke（1876）【汉】三棱瓜属。【英】Edgaria, Triribmelon。【隶属】葫芦科（瓜科，南瓜科）Cucurbitaceae。【包含】世界 1 种，中国 1 种。【学名诠释与讨论】〈阴〉（人）Edgar。【分布】中国，东喜马拉雅山。【模式】Edgaria darjeelingensis C. B. Clarke。■

17860　Edgeworthia Falc.（1842）Nom. illegit. ≡ Reptonia A. DC.（1844）；~ = Monotheca A. DC.（1844）；~ = Sideroxylon L.（1753）［山榄科 Sapotaceae］●☆

17861　Edgeworthia Meisn.（1841）【汉】结香属（黄瑞香属）。【日】ミツマタ属。【俄】Эдгеворция, Эджевортия, Эджеворция。【英】Paper Bush, Paperbush, Paper - bush。【隶属】瑞香科 Thymelaeaceae。【包含】世界 3-5 种，中国 4 种。【学名诠释与讨论】〈阴〉（人）Michael Pakenham Edgeworth, 1812-1881, 英国植物学者和采集者。另说为希腊植物学者 M. P. Edgeworth（1812-1881）夫妻。此属的学名，ING、TROPICOS 和 IK 记载是 "Edgeworthia Meisn., in Denkschr. Bot. Ges. Regensb. iii.（1841）280. t. 6"；"Edgworthia Lindl., J. Hort. Soc. London i.（1846）148" 是其变体。"Edgeworthia Falc., Proc. Linn. Soc. London 1（15）：129. 1842［Nov 1842］≡ Reptonia A. DC.（1844）= Monotheca A. DC.（1844）= Sideroxylon L.（1753）［山榄科 Sapotaceae］" 是晚出的非法名称。【分布】巴基斯坦，喜马拉雅山至日本，中国。【模式】Edgeworthia gardneri（Wallich）C. F. Meisner［Daphne gardneri Wallich］。【参考异名】Edgworthia Lindl.（1846）Nom. illegit. ●

17862　Edgworthia Lindl.（1846）Nom. illegit. = Edgeworthia Meisn.（1841）［瑞香科 Thymelaeaceae］●

17863　Edisonia Small（1933）= Matelea Aubl.（1775）［萝藦科 Asclepiadaceae］●☆

17864　Editeles Raf.（1838）Nom. illegit. ≡ Lythastrum Hill（1767）；~ = Lythrum L.（1753）［千屈菜科 Lythraceae］●■

17865　Edithcolea N. E. Br.（1895）【汉】爱迪草属。【日】エヂィトコレァ属。【隶属】萝藦科 Asclepiadaceae。【包含】世界 1 种。【学名诠释与讨论】〈阴〉（人）Edith Cole, 英国女植物探险家。【分布】也门（索科特拉岛），索马里。【模式】Edithcolea grandis N. E. Brown。■☆

17866　Edithea Standl.（1933）= Omiltemia Standl.（1918）［茜草科 Rubiaceae］●☆

17867　Edmondia Cass.（1818）【汉】白苞紫绒草属。【隶属】菊科 Asteraceae（Compositae）。【包含】世界 3 种。【学名诠释与讨论】〈阴〉（人）Edmond。此属的学名，ING、TROPICOS 和 IK 记载是 "Edmondia Cass., Bull. Sci. Soc. Philom. Paris（1818）75；et in Dict. Sc. Nat. xiv. 252（1819）"。"Edmondia Cogniaux in Alph. de Candolle et A. C. de Candolle, Monogr. PHAN.（种子）3：420. Jun 1881（non Cassini 1818）≡ Bisedmondia Hutch.（1967）= Calycophysum H. Karst. et Triana（1855）［葫芦科（瓜科，南瓜科）Cucurbitaceae］" 是晚出的非法名称。"Aphelexis D. Don, Mem. Wern. Nat. Hist. Soc. 5：546. 1826" 是 "Edmondia Cass.（1818）" 的晚出的同模式异名（Homotypic synonym, Nomenclatural synonym）。亦有文献把 "Edmondia Cass.（1818）" 处理为 "Helichrysum Mill.（1754）［as 'Elichrysum'］（保留属名）" 的异名。【分布】非洲南部。【模式】Xeranthemum sesamoides Linnaeus。【参考异名】Aphelexis D. Don（1826）Nom. illegit.；Elichrysum Cass.（1818）；Helichrysum Mill.（1754）（保留属名）●■☆

17868　Edmondia Cogn.（1881）Nom. illegit. ≡ Bisedmondia Hutch.（1967）；~ = Calycophysum H. Karst. et Triana（1855）［葫芦科（瓜科，南瓜科）Cucurbitaceae］■☆

17869　Edmonstonia Seem.（1853）= Tetrathylacium Poepp.（1841）［刺篱木科（大风子科）Flacourtiaceae］●☆

17870　Edmundoa Leme（1997）【汉】巴西巢凤梨属。【隶属】凤梨科 Bromeliaceae。【包含】世界 3 种。【学名诠释与讨论】〈阴〉（人）Edmundo。此属的学名是 "Edmundoa E. M. C. Leme, Canistrum Bromel. Atl. Forests 42. Aug - Dec 1997"。亦有文献把其处理为 "Nidularium Lem.（1854）" 的异名。【分布】巴西。【模式】Edmundoa ambigua（Wanderley et E. M. C. Leme）E. M. C. Leme［Nidularium ambiguum Wanderley et E. M. C. Leme］。【参考异名】Nidularium Lem.（1854）■☆

17871　Edosmia Nutt.（1840）Nom. illegit. ≡ Atenia Hook. et Arn.（1839）；~ = Carum L.（1753）［伞形花科（伞形科）Apiaceae（Umbelliferae）］■

17872　Edosmia Nutt. ex Torr. et A. Gray（1840）Nom. illegit. ≡ Edosmia Nutt.（1840）；~ = Carum L.（1753）［伞形花科（伞形科）Apiaceae（Umbelliferae）］■

17873　Edouardia Corrêa（1952）= Melloa Bureau（1868）［紫葳科 Bignoniaceae］●☆

17874　Edraianthus（A. DC.）A. DC.（1839）（废弃属名）≡ Edraianthus A. DC.（1839）（保留属名）［桔梗科 Campanulaceae］■☆

17875　Edraianthus A. DC.（1839）（保留属名）【汉】草钟属。【俄】Эдрайлнт。【隶属】桔梗科 Campanulaceae。【包含】世界 13-24 种。【学名诠释与讨论】〈阳〉（希）edraios, 坐得很多的, 惯于久坐的 +anthos, 花。指花无梗。此属的学名 "Edraianthus A. DC. in Meisner, Pl. Vasc. Gen. 2：149. 18-24 Aug 1839" 是保留属名。相应的废弃属名是桔梗科 Campanulaceae 的 "Pilorea Raf., Fl. Tellur. 2：80. Jan-Mar 1837 ≡ Edraianthus A. DC.（1839）（保留属名）"。"Edraianthus（A. DC.）A. DC.（1839）≡ Edraianthus A. DC.（1839）（保留属名）" 的命名人引证有误, 亦应废弃。"Edrajanthus A. DC.（1839）" 是 "Edraianthus A. DC.（1839）（保留属名）" 的拼写变体, 亦应废弃。【分布】欧洲东南部至高加索。【模式】Edraianthus graminifolius（Linnaeus）Alph. de Candolle［Campanula graminifolia Linnaeus］。【参考异名】Edraianthus（A. DC.）A. DC.（1839）（废弃属名）；Edrajanthus A. DC.（1839）

Nom. illegit.（废弃属名）；Halacsyella Janch.（1910）；Hedraeanthus Griseb.（1846）Nom. illegit.（废弃属名）；Hedranthus Rupr.（1867）；Muehlbergella Feer（1890）；Pilorea Raf.（1837）（废弃属名）■☆

17876 Edrastenia B. D. Jacks. = Edrastima Raf.（1834）［茜草科 Rubiaceae］●■

17877 Edrastenia Raf.（1838）Nom. illegit.［茜草科 Rubiaceae］☆

17878 Edrastima Raf.（1834）= Hedyotis L.（1753）（保留属名）；~ = Oldenlandia L.（1753）［茜草科 Rubiaceae］●■

17879 Edrissa Endl.（1842）= Hedyotis L.（1753）（保留属名）［茜草科 Rubiaceae］●■

17880 Edritria Raf.（1840）= Carex L.（1753）［莎草科 Cyperaceae］■

17881 Eduandrea Leme, W. Till, G. K. Br., J. R. Grant et Govaerts（2008）【汉】硬蕊凤梨属。【隶属】凤梨科 Bromeliaceae。【包含】世界1种。【学名诠释与讨论】〈阴〉（拉）edurus, 极硬的+aner, 所有格 andros, 雄性, 雄蕊。【分布】巴西。【模式】Eduandrea selloana（Baker）Leme, W. Till, G. K. Br., J. R. Grant et Govaerts。【参考异名】Andrea Mez（1896）Nom. illegit.■☆

17882 Eduardoregelia Popov（1936）= Orithyia D. Don（1836）；~ = Tulipa L.（1753）［百合科 Liliaceae］■

17883 Edusaron Medik.（1787）Nom. illegit. ≡ Meibomia Heist. ex Fabr.（1759）（废弃属名）；~ = Desmodium Desv.（1813）（保留属名）［豆科 Fabaceae（Leguminosae）//蝶形花科 Papilionaceae］●■

17884 Edusarum Steud.（1840）= Edusaron Medik.（1787）Nom. illegit.；~ = Meibomia Heist. ex Fabr.（1759）（废弃属名）；~ = Desmodium Desv.（1813）（保留属名）［豆科 Fabaceae（Leguminosae）//蝶形花科 Papilionaceae］●■

17885 Edwardia Raf.（1814）Nom. inval., Nom. illegit. ≡ Edwardia Raf. ex DC.（1825）≡ Bichea Stokes（1812）（废弃属名）；~ = Cola Schott et Endl.（1832）（保留属名）［梧桐科 Sterculiaceae//锦葵科 Malvaceae］●☆

17886 Edwardia Raf. ex DC.（1825）Nom. illegit. ≡ Bichea Stokes（1812）（废弃属名）；~ = Cola Schott et Endl.（1832）（保留属名）［梧桐科 Sterculiaceae//锦葵科 Malvaceae］●☆

17887 Edwardsia Endl.（1838）Nom. illegit. = Bidens L.（1753）；~ = Edwarsia Neck.（1790）Nom. inval.［菊科 Asteraceae（Compositae）］■●

17888 Edwardsia Neck.（1790）Nom. illegit. = Bidens L.（1753）［菊科 Asteraceae（Compositae）］■●

17889 Edwardsia Salisb.（1808）【汉】爱槐属。【隶属】［豆科 Fabaceae（Leguminosae）//蝶形花科 Papilionaceae。【包含】世界6种。【学名诠释与讨论】〈阴〉（人）Sydenham Teast Edwards, 1768-1819, 英国植物画家。此属的学名, ING 和 TROPICOS 记载是"Edwardsia Salisbury, Trans. Linn. Soc. London 9：298. 1808"。"Edwarsia Neck., Elem. Bot.（Necker）1：87. 1790 = Bidens L.（1753）［菊科 Asteraceae（Compositae）]"是一个未合格发表的名称（Nom. inval.）。"Edwardsia Endl., Gen. Pl.［Endlicher］413. 1838［Jun 1838］= Bidens L.（1753）= Edwarsia Neck.（1790）Nom. inval.［菊科 Asteraceae（Compositae）]"是晚出的非法名称。"Edwarsia Neck., Elem. Bot.（Necker）1：87. 1790"是"Edwardsia Neck.（1790）Nom. illegit."的变体。亦有文献把"Edwardsia Salisb.（1808）"处理为"Sophora L.（1753）"的异名。【分布】巴基斯坦, 智利（胡安-费尔南德斯群岛）, 美国（夏威夷）, 新西兰, 印度, 智利。【后选模式】Edwardsia chrysophylla Salisbury。【参考异名】Edwarsia Dumort.（1830）；Sophora L.（1753）■☆

17890 Edwarsia Dumort.（1830）= Edwardsia Salisb.（1808）［豆科 Fabaceae（Leguminosae）//蝶形花科 Papilionaceae］■☆

17891 Edwarsia Neck.（1790）Nom. illegit. ≡ Edwardsia Neck.（1790）Nom. illegit.；~ = Bidens L.（1753）［菊科 Asteraceae（Compositae）］■●

17892 Edwinia A. Heller（1897）Nom. illegit. ≡ Jamesia Torr. et A. Gray（1840）（保留属名）［虎耳草科 Saxifragaceae//绣球花科 Hydrangeaceae］●☆

17893 Eedianthe（Rchb.）Rchb. = Silene L.（1753）（保留属名）［石竹科 Caryophyllaceae］■

17894 Eeldea T. Durand（1888）= Candollea Labill.（1806）Nom. illegit.；~ = Hibbertia Andréws（1800）［五桠果科（第伦桃科, 五丫果科, 锡叶藤科）Dilleniaceae//纽扣花科 Hibbertiaceae］●☆

17895 Eenia Hiern et S. Moore（1899）= Anisopappus Hook. et Arn.（1837）［菊科 Asteraceae（Compositae）］☆

17896 Effusiella Luer（2007）【汉】哥兰属。【隶属】兰科 Orchidaceae。【包含】世界41种。【学名诠释与讨论】〈阴〉（拉）effundo, 散布开来, 所有格 effusus, 散布开了的, 泻去了的+-ellus, -ella, -ellum, 加在名词词干后面形成指小式的词尾。或加在人名、属名等后面以组成新属的名称。此属的学名是"Effusiella Luer, Monographs in Systematic Botany from the Missouri Botanical Garden 112：106. 2007.（Aug 2007）"。亦有文献把其处理为"Pleurothallis R. Br.（1813）"的异名。【分布】玻利维亚, 哥斯达黎加, 中美洲。【模式】Effusiella amparoana（Schltr.）Luer［Pleurothallis amparoana Schltr.］。【参考异名】Pleurothallis R. Br.（1813）■☆

17897 Efossus Orcutt（1926）Nom. illegit. ≡ Echinofossulocactus Lawr.（1841）；~ = Stenocactus（K. Schum.）A. Berger（1929）［仙人掌科 Cactaceae］●☆

17898 Efulensia C. H. Wright（1897）【汉】爱夫莲属。【隶属】西番莲科 Passifloraceae。【包含】世界2种。【学名诠释与讨论】〈阴〉词源不详。此属的学名是"Efulensia C. H. Wright, Hooker's Icon. Pl. 26：ad t. 2518. Feb 1897"。亦有文献把其处理为"Deidamia E. A. Noronha ex Thouars（1805）"的异名。【分布】非洲。【模式】Efulensia clematoides C. H. Wright。【参考异名】Deidamia E. A. Noronha ex Thouars（1805）；Giorgiella De Wild.（1914）；Sematanthera Pierre ex Harms ■☆

17899 Egania J. Rémy（1848）= Chaetanthera Ruiz et Pav.（1794）［菊科 Asteraceae（Compositae）］■☆

17900 Eganthus Tiegh.（1899）= Minquartia Aubl.（1775）［铁青树科 Olacaceae］●☆

17901 Egassea Pierre ex De Wild.（1903）= Oubanguia Baill.（1890）［革瓣花科（木果树科）Scytopetalaceae］●☆

17902 Egena Raf.（1837）= Clerodendrum L.（1753）［马鞭草科 Verbenaceae//牡荆科 Viticaceae］●■

17903 Egeria Planch.（1849）【汉】水蕴草属（埃格草属, 艾格藻属）。【日】オオカナグモ属。【英】Large-flowered Waterweed, South American Elodea。【隶属】水鳖科 Hydrocharitaceae。【包含】世界3种, 中国1种。【学名诠释与讨论】〈阴〉（人）Egeria, 居于山林水泽的仙女, 喻其生境。【分布】玻利维亚, 哥伦比亚（安蒂奥基亚）, 哥斯达黎加, 美国（密苏里）, 尼加拉瓜, 中国, 亚热带南美洲, 中美洲。【后选模式】Egeria densa J. E. Planchon。■

17904 Eggelingia Summerh.（1951）【汉】埃格兰属。【隶属】兰科 Orchidaceae。【包含】世界3种。【学名诠释与讨论】〈阴〉（人）William Julius Eggeling, 植物学者, 乌干达林业工作者。【分布】热带非洲。【模式】Eggelingia ligulifolia Summerhayes。■☆

17905 Eggersia Hook. f.（1883）= Neea Ruiz et Pav.（1794）［紫茉莉科 Nyctaginaceae］●☆

17906 Egleria L. T. Eiten（1964）【汉】埃格莎草属。【隶属】莎草科

Cyperaceae。【包含】世界 1 种。【学名诠释与讨论】〈阴〉（人）Frank Edwin Egler，1911-，植物学者。【分布】巴西，亚马孙河流域。【模式】Egleria fluctuans Eiten。■☆

17907　Eglerodendron Aubrév. et Pellegr.（1962）= Pouteria Aubl.（1775）［山榄科 Sapotaceae］●

17908　Egletes Cass.（1817）【汉】热雏菊属（埃勒菊属）。【英】Tropic Daisy。【隶属】菊科 Asteraceae（Compositae）。【包含】世界 8-10 种。【学名诠释与讨论】〈阴〉（希）aiglitis，光彩，闪光。【分布】巴拉圭，秘鲁，玻利维亚，厄瓜多尔，墨西哥，尼加拉瓜，西印度群岛，中美洲。【模式】Egletes domingensis Cassini。【参考异名】Eyselia Rchb.（1830）；Platystephium Gardner（1848）；Xerobius Cass.（1817）■☆

17909　Ehrardia Benth. et Hook. f.（1880）= Aiouea Aubl.（1775）；~ = Ehrhardia Scop.（1777）Nom. illegit.；~ = Aiouea Aubl.（1775）［樟科 Lauraceae］●☆

17910　Ehrartha P. Beauv.（1812）= Ehrharta Thunb.（1779）（保留属名）［禾本科 Poaceae（Gramineae）］■☆

17911　Ehrartia Benth.（1881）= Ehrhartia Weber（1780）Nom. illegit.；~ = Homalocenchrus Mieg ex Haller（1768）（废弃属名）；~ = Leersia Sw.（1788）（保留属名）［禾本科 Poaceae（Gramineae）］■

17912　Ehrenbergia Mart.（1827）Nom. illegit. = Kallstroemia Scop.（1777）［蒺藜科 Zygophyllaceae］■☆

17913　Ehrenbergia Spreng.（1820）= Amaioua Aubl.（1775）［茜草科 Rubiaceae］●☆

17914　Ehrendorferia Fukuhara et Lidén（1997）【汉】埃氏罂粟属。【隶属】罂粟科 Papaveraceae。【包含】世界 2 种。【学名诠释与讨论】〈阴〉（人）Friedrich Ehrendorfer，1927-，奥地利植物学者。此属的学名“Ehrendorferia T. Fukuhara et M. Lidén in M. Lidén et al.，Pl. Syst. Evol. 206：415. 18 Jun 1997”是“Dicentra subgen. Chrysocapnos”替代名称。【分布】美国（加利福尼亚）。【模式】Ehrendorferia chrysantha（W. J. Hooker et Arnott）J. Rylander［Dielytra chrysantha W. J. Hooker et Arnott］。【参考异名】Dicentra subgen. Chrysocapnos ■☆

17915　Ehretia L.（1759）Nom. illegit. = Ehretia P. Browne（1756）［紫草科 Boraginaceae//破布木科（破布树科）Cordiaceae//厚壳树科 Ehretiaceae］●

17916　Ehretia P. Browne（1756）【汉】厚壳树属（粗糠树属，厚壳属）。【日】チシャノキ属。【俄】Эреция。【英】Ehretia。【隶属】紫草科 Boraginaceae//破布木科（破布树科）Cordiaceae//厚壳树科 Ehretiaceae。【包含】世界 50-75 种，中国 14-20 种。【学名诠释与讨论】〈阴〉（人）Georg Dionysius Ehret，1708-1770，德国植物画家，林奈的朋友和通讯员。此属的学名，ING、APNI、GCI、TROPICOS 和 IK 记载是“Ehretia P. Browne，Civ. Nat. Hist. Jamaica 168. 1756［10 Mar 1756］”。“Ehretia L.，Syst. Nat.，ed. 10. 2：936. 1759［7 Jun 1759］Ehretia P. Browne（1756）［紫草科 Boraginaceae//破布木科（破布树科）Cordiaceae//厚壳树科 Ehretiaceae］”是晚出的非法名称。【分布】巴基斯坦，巴拿马，马达加斯加，尼加拉瓜，中国，中美洲。【模式】Ehretia tinifolia Linnaeus。【参考异名】Carmona Cav.（1799）；Desmophyla Raf.（1838）；Ehretia L.（1759）Nom. illegit.；Eretia Stokas（1812）；Erhetia Hill（1768）；Gaza Teran et Berland（1832）；Hilsenbergia Tausch ex Meisn.（1840）；Hilsenbergia Tausch ex Rchb.（1840）；Lithothamnus Zipp. ex Span.（1841）；Lutrostylis G. Don（1837）；Lytrostylis Wittst.；Schmidelia Boehm.（1760）Nom. illegit.；Subrisia Raf.（1838）；Traxilum Raf.（1838）●

17917　Ehretiaceae Lindl. = Boraginaceae Juss.（保留科名）；~ = Ehretiaceae Mart.（保留科名）；~ = Elaeagnaceae Juss.（保留科名）●

17918　Ehretiaceae Mart.（1827）（保留科名）［亦见 Boraginaceae Juss.（保留科名）紫草科和 Elaeagnaceae Juss.（保留科名）胡颓子科］【汉】厚壳树科。【包含】世界 13 属 400 种。【分布】热带和亚热带。【科名模式】Ehretia P. Browne（1756）●

17919　Ehretiaceae Mart. ex Lindl. = Boraginaceae Juss.（保留科名）；~ = Ehretiaceae Mart.（保留科名）；~ = Elaeagnaceae Juss.（保留科名）●■

17920　Ehretiana Collinson（1821）= Periploca L.（1753）［萝藦科 Asclepiadaceae//杠柳科 Periplocaceae］●

17921　Ehrhardia Scop.（1777）Nom. illegit. ≡ Aiouea Aubl.（1775）［樟科 Lauraceae］●☆

17922　Ehrhardta R. Hedw.（1806）Nom. illegit. = Ehrharta Thunb.（1779）（保留属名）［禾本科 Poaceae（Gramineae）］■☆

17923　Ehrharta Thunb.（1779）（保留属名）【汉】皱稃草属（沙地牧草属）。【英】Weeping-grass。【隶属】禾本科 Poaceae（Gramineae）。【包含】世界 25-35 种，中国 1 种。【学名诠释与讨论】〈阴〉（人）Jacob Friedrich Ehrhart，1742-1795，德国植物学者，林奈的学生。此属的学名“Ehrharta Thunb. in Kongl. Vetensk. Acad. Handl. 40：217. Jul-Dec 1779”是保留属名。相应的废弃属名是禾本科 Poaceae（Gramineae）的“Trochera Rich. in Observ. Mém. Phys. 13：225. Mar 1779 = Ehrharta Thunb.（1779）（保留属名）”。【分布】非洲南部，马达加斯加，马斯克林群岛，新西兰。【模式】Ehrharta capensis Thunberg。【参考异名】Diplax Benn.（1844）Nom. illegit.；Ehrartha P. Beauv.（1812）；Ehrhardta R. Hedw.（1806）Nom. illegit.；Ehrhartia Post et Kuntze（1903）Nom. illegit.；Erharta Juss.（1789）；Microchlaena Kuntze（1903）Nom. illegit.；Microlaena R. Br.（1810）；Petriella Zotov（1943）Nom. illegit.；Tetrarrhena R. Br.（1810）；Trochera Rich.（1779）（废弃属名）；Zotovia Edgar et Connor（1998）■☆

17924　Ehrhartaceae Link = Gramineae Juss.（保留科名）//Poaceae Barnhart（保留科名）●●

17925　Ehrhartia Post et Kuntze（1903）（1）Nom. illegit. = Aiouea Aubl.（1775）；~ = Ehrhardia Scop.（1777）Nom. illegit.；~ = Aiouea Aubl.（1775）［樟科 Lauraceae］●☆

17926　Ehrhartia Post et Kuntze（1903）（2）Nom. illegit. = Ehrharta Thunb.（1779）（保留属名）［禾本科 Poaceae（Gramineae）］■☆

17927　Ehrhartia Weber（1780）Nom. illegit. = Homalocenchrus Mieg ex Haller（1768）（废弃属名）；~ = Leersia Sw.（1788）（保留属名）［禾本科 Poaceae（Gramineae）］■

17928　Ehrhartia Wiggers（1777）Nom. illegit. ≡ Homalocenchrus Mieg ex Haller（1768）（废弃属名）；~ = Leersia Sw.（1788）（保留属名）［禾本科 Poaceae（Gramineae）］■

17929　Eichhornia Kunth（1843）（保留属名）【汉】凤眼蓝属（布袋莲属，凤眼莲属，水葫芦属）。【日】ホテイアオイ属，ホテイアフヒ属。【俄】Эйггорная，Эйхорния，Эйххорния。【英】Water Hyacinth，Waterhyacinth，Water-hyacinth。【隶属】雨久花科 Pontederiaceae。【包含】世界 7-8 种，中国 1 种。【学名诠释与讨论】〈阴〉（人）Johann Albrecht Friedrich Eichhorn，1779-1856，普鲁士政治家，教育部长。此属的学名“Eichhornia Kunth，Eichhornia：3. 1842”是保留属名。相应的废弃属名是雨久花科 Pontederiaceae 的“Piaropus Raf.，Fl. Tellur. 2：81. Jan-Mar 1837 ≡ Eichhornia Kunth（1843）（保留属名）”。“Eichornia Kunth（1843）Nom. illegit. = Eichhornia Kunth（1843）（保留属名）［雨久花科 Pontederiaceae］”和“Eichornia A. Rich.，Hist. Fis. Cuba 11：273. 1850 = Eichhornia Kunth（1843）（保留属名）［雨久花科 Pontederiaceae］”应为“Eichhornia Kunth（1843）（保留属名）”的错误拼写。【分布】阿根廷，巴基斯坦，巴拿马，秘鲁，玻利维亚，

厄瓜多尔,哥伦比亚(安蒂奥基亚),哥斯达黎加,马达加斯加,美国(东南部),尼加拉瓜,中国,西印度群岛,中美洲。【模式】Eichhornia azurea（Swartz）Kunth［Pontederia azurea Swartz］。【参考异名】Cabanisia Klotzsch ex Schltdl.（1862）；Eichornia A. Rich.（1853）Nom. illegit.（废弃属名）；Eichornia Kunth（1843）Nom. illegit.（废弃属名）；Leptosomus Schltdl.（1862）；Piaropus Raf.（1837）（废弃属名）■

17930　Eichlerago Carrick（1977）＝Prostanthera Labill.（1806）［唇形科 Lamiaceae（Labiatae）］●☆

17931　Eichlerangraecum Szlach., Mytnik et Grochocka（2013）【汉】热非兰属。【隶属】兰科 Orchidaceae。【包含】世界 4 种。【学名诠释与讨论】〈中〉词源不详。【分布】热带非洲。【模式】Eichlerangraecum eichlerianum （Kraenzl.） Szlach., Mytnik et Grochocka［Angraecum eichlerianum Kraenzl.］。■☆

17932　Eichleria M. M. Hartog（1878）Nom. illegit. ≡ Manilkara Adans.（1763）（保留属名）；～＝Labourdonnaisia Bojer（1841）［山榄科 Sapotaceae］●☆

17933　Eichleria Progel（1877）＝Rourea Aubl.（1775）（保留属名）［牛栓藤科 Connaraceae］●

17934　Eichlerina Tiegh.（1895）＝Loranthus Jacq.（1762）（保留属名）；～＝Struthanthus Mart.（1830）（保留属名）［桑寄生科 Loranthaceae］●☆

17935　Eichlerodendron Briq.（1898）＝Xylosma G. Forst.（1786）（保留属名）［刺篱木科（大风子科）Flacourtiaceae］●

17936　Eichornia A. Rich.（1853）Nom. illegit.（废弃属名）＝Eichhornia Kunth（1843）（保留属名）［雨久花科 Pontederiaceae］■

17937　Eichornia Kunth（1843）Nom. illegit.（废弃属名）＝Eichhornia Kunth（1843）（保留属名）［雨久花科 Pontederiaceae］■

17938　Eichwaldia Ledeb.（1833）＝Reaumuria L.（1759）［柽柳科 Tamaricaceae//红砂柳科 Reaumuriaceae］●

17939　Eicosia Blume（1828）＝Eucosia Blume（1825）［兰科 Orchidaceae］■☆

17940　Eidothea A. W. Douglas et B. Hyland（1995）【汉】艾道木属。【隶属】山龙眼科 Proteaceae。【包含】世界 2 种。【学名诠释与讨论】〈阴〉词源不详。【分布】澳大利亚。【模式】Eidothea zoexylocarya A. W. Douglas et B. Hyland。●☆

17941　Eigia Soják（1980）【汉】长花柱芥属。【隶属】十字花科 Brassicaceae（Cruciferae）。【包含】世界 1 种。【学名诠释与讨论】〈阴〉词源不详。此属的学名“Eigia J. Soják, Cas. Nár. Muz., Rada Prír. 148：193. Oct 1980（‘1979’）”是一个替代名称。“Stigmatella A. Eig, Palestine J. Bot., Jerusalem Ser. 1：80. Jun 1938”是一个非法名称（Nom. illegit.），因为此前已经有了真菌的“Stigmatella M. J. Berkeley et M. A. Curtis in M. J. Berkeley, Introd. Crypt. Bot. 313. 1857”和地衣的“Stigmatella W. Mudd, Manual Brit. Lich. 252. 1861”。故用“Eigia Soják（1980）”替代之。【分布】黎巴嫩,叙利亚,以色列。【模式】Eigia longistyla （A. Eig）J. Soják［Stigmatella longistyla A. Eig］。【参考异名】Macrostigmatella Rauschert（1982）Nom. illegit.；Stigmatella Eig（1938）Nom. illegit.■☆

17942　Eilemanthus Hochst.（1846）＝Indigofera L.（1753）［豆科 Fabaceae（Leguminosae）//蝶形花科 Papilionaceae］●■

17943　Eimomenia Meisn.（1841）Nom. inval.［马兜铃科 Aristolochiaceae］☆

17944　Einadia Raf.（1838）【汉】埃纳藜属。【隶属】藜科 Chenopodiaceae。【包含】世界 4 种。【学名诠释与讨论】〈阴〉（希）einai,生物,生存＋aner,所有格 andros,雄性,雄蕊。指雄蕊单枚。此属的学名是“Einadia Rafinesque, Fl. Tell. 4：121. 1838（med.）（‘1836’）”。亦有文献把其处理为“Rhagodia R. Br.（1810）”的异名。【分布】澳大利亚。【模式】Einadia linifolia （R. Brown）Rafinesque［Rhagodia linifolia R. Brown］。【参考异名】Rhagodia R. Br.（1810）●☆

17945　Einomeia Raf.（1828）【汉】五裂兜铃属。【隶属】马兜铃科 Aristolochiaceae。【包含】世界 36 种。【学名诠释与讨论】〈阴〉词源不详。此属的学名是“Einomeia Rafinesque, Med. Fl. 1：62. 1828”。亦有文献把其处理为“Aristolochia L.（1753）”的异名。【分布】参见 Aristolochia L.。【模式】Einomeia bracteata Rafinesque, Nom. illegit.［Aristolochia pentandra N. J. Jacquin；Einomeia pentandra （N. J. Jacquin）Rafinesque ex Jackson］。【参考异名】Aristolochia L.（1753）；Einomeria Rchb.（1841）；Enomeia Spach（1841）■☆

17946　Einomeria Rchb.（1841）＝Einomeia Raf.（1828）［马兜铃科 Aristolochiaceae］■☆

17947　Einsteinia Ducke（1934）＝Kutchubaea Fisch. ex DC.（1830）［茜草科 Rubiaceae］●☆

17948　Eionitis Bremek.（1952）＝Oldenlandia L.（1753）［茜草科 Rubiaceae］●■

17949　Eirmocephala H. Rob.（1987）【汉】翼柄斑鸠菊属。【隶属】菊科 Asteraceae（Compositae）。【包含】世界 3 种。【学名诠释与讨论】〈阴〉词源不详。此属的学名是“Eirmocephala H. E. Robinson, Proc. Biol. Soc. Wash. 100：853. 31 Dec 1987”。亦有文献把其处理为“Vernonia Schreb.（1791）（保留属名）”的异名。【分布】秘鲁,哥斯达黎加。【模式】Eirmocephala brachiata （Bentham）H. E. Robinson［Vernonia brachiata Bentham］。【参考异名】Vernonia Schreb.（1791）（保留属名）■☆

17950　Eisenmannia Sch. Bip.（1841）Nom. illegit. ≡ Eisenmannia Sch. Bip. ex Hochst.（1841）；～＝Blainvillea Cass.（1823）［菊科 Asteraceae（Compositae）］■●

17951　Eisenmannia Sch. Bip. ex Hochst.（1841）＝Blainvillea Cass.（1823）［菊科 Asteraceae（Compositae）］■●

17952　Eisocreochiton Quisumb. et Merr.（1928）＝Creochiton Blume（1831）［野牡丹科 Melastomataceae］●☆

17953　Eitenia R. M. King et H. Rob.（1974）【汉】肋毛泽兰属。【隶属】菊科 Asteraceae（Compositae）。【包含】世界 2 种。【学名诠释与讨论】〈阴〉词源不详。【分布】巴西。【模式】Eitenia praxeloides R. M. King et H. E. Robinson。■☆

17954　Eithea Ravenna（2002）【汉】爱特石蒜属。【隶属】石蒜科 Amaryllidaceae。【包含】世界 1 种。【学名诠释与讨论】〈阴〉（人）Eith。此属的学名是“Eithea Ravenna, Bot. Australis 1：2. 2002”。亦有文献把其处理为“Griffinia Ker Gawl.（1820）”的异名。【分布】巴西。【模式】Eithea blumenavia （K. Koch et C. D. Bouché ex Carrière）Ravenna。【参考异名】Griffinia Ker Gawl.（1820）■☆

17955　Eizaguirrea J. Rémy（1848）＝Leucheria Lag.（1811）［菊科 Asteraceae（Compositae）］■☆

17956　Eizia Standl.（1940）【汉】埃兹茜属。【隶属】茜草科 Rubiaceae。【包含】世界 1 种。【学名诠释与讨论】〈阴〉词源不详。【分布】墨西哥,中美洲。【模式】Eizia mexicana Standley。☆

17957　Ekebergia Sparrm.（1779）【汉】埃克楝属（类岑楝属）。【隶属】楝科 Meliaceae。【包含】世界 4-15 种。【学名诠释与讨论】〈阴〉（人）Carl Gustav Ekeberg, 1716-1784,曾来中国。【分布】马达加斯加,热带非洲。【模式】Ekebergia capensis Sparrman。【参考异名】Charia C. DC.（1907）；Charia C. E. C. Fisch.；Eckebergia Batsch（1802）●☆

17958　Ekimia H. Duman et M. F. Watson（1999）【汉】土耳其栓翅芹属。【隶属】伞形花科（伞形科）Apiaceae（Umbelliferae）。【包含】

世界1种。【学名诠释与讨论】〈阴〉（人）Ekim。此属的学名是"Ekimia H. Duman et M. F. Watson, Edinburgh Journal of Botany 56：200. 1999"。亦有文献把其处理为"Prangos Lindl. (1825)"的异名。【分布】土耳其。【模式】Ekimia bornmuelleri（Hub.-Mor. et Reese）H. Duman et M. F. Watson。【参考异名】Prangos Lindl. (1825)■☆

17959　Ekmania Gleason（1919）【汉】多鳞落苞菊属。【隶属】菊科 Asteraceae(Compositae)。【包含】世界1种。【学名诠释与讨论】〈阴〉（人）Erik Leonard Ekman, 1883-1931, 瑞典植物学者。【分布】古巴。【模式】Ekmania lepidota（Grisebach）Gleason[Vernonia lepidota Grisebach]。●☆

17960　Ekmanianthe Urb.（1924）【汉】埃克曼紫葳属。【隶属】紫葳科 Bignoniaceae。【包含】世界2种。【学名诠释与讨论】〈阴〉（人）Ekman+anthos, 花。【分布】古巴, 海地岛。【模式】Ekmanianthe longiflora（Grisebach）Urban[Tecoma longiflora Grisebach]。●☆

17961　Ekmaniocharis Urb.（1921）【汉】埃克曼野牡丹属。【隶属】野牡丹科 Melastomataceae。【包含】世界1种。【学名诠释与讨论】〈阴〉（人）Erik Leonard Ekman, 1883-1931, 瑞典植物学者+charis, 喜悦, 雅致, 美丽, 流行。此属的学名是"Ekmaniocharis Urban, Ark. Bot. 17(7)：48. 29 Nov 1921"。亦有文献把其处理为"Mecranium Hook. f.（1867）"的异名。【分布】海地。【模式】Ekmaniocharis crassinervis Urban。【参考异名】Mecranium Hook. f.（1867）●☆

17962　Ekmaniopappus Borhidi(1992)【汉】对叶藤菊属。【隶属】菊科 Asteraceae(Compositae)。【包含】世界2种。【学名诠释与讨论】〈阳〉（人）Erik Leonard Ekman, 1883-1931, 瑞典植物学者+希腊文 pappos 指柔毛, 软毛。pappus 则与拉丁文同义, 指冠毛。【分布】南美洲。【模式】不详。●☆

17963　Ekmanochloa Hitchc.（1936）【汉】古巴禾属。【隶属】禾本科 Poaceae(Gramineae)。【包含】世界2种。【学名诠释与讨论】〈阴〉（人）Erik Leonard Ekman, 1883-1931, 瑞典植物学者+chloe, 草的幼芽, 嫩草, 禾草。【分布】古巴。【模式】Ekmanochloa subaphylla Hitchcock。■☆

17964　Elachanthemum Y. Ling et Y. R. Ling（1978）【汉】紊蒿属。【英】Elachanthemum。【隶属】菊科 Asteraceae(Compositae)。【包含】世界2种, 中国2种。【学名诠释与讨论】〈中〉（希）elachys, 小的, 短的+anthemon, 花。指花细小。此属的学名是"Elachanthemum Y. Ling et Y. R. Ling, Acta Phytotax. Sin. 16(1)：62. Nov 1978"。亦有文献把其处理为"Stilpnolepis Krasch.（1946）"的异名。【分布】中国。【模式】Elachanthemum intricatum（M. A. Franchet）Y. Ling et Y. R. Ling[Artemisia intricata M. A. Franchet]。【参考异名】Stilpnolepis Krasch.（1946）■

17965　Elachanthera F. Muell.（1886）【汉】微药花属。【隶属】百合科 Liliaceae//天门冬科 Asparagaceae。【包含】世界1种。【学名诠释与讨论】〈阴〉（希）elachys, 小的, 短的+anthera, 花药。此属的学名是"Elachanthera F. von Mueller, Victorian Naturalist 3：108. Dec 1886"。亦有文献把其处理为"Asparagus L.（1753）"或"Myrsiphyllum Willd.（1808）Nom. illegit."的异名。【分布】澳大利亚。【模式】Elachanthera sewelliae F. v. Mueller。【参考异名】Asparagus L.（1753）；Hecatris Salisb.（1866）Nom. illegit.；Myrsiphyllum Willd.（1808）Nom. illegit.■☆

17966　Elachanthus F. Muell.（1853）【汉】小花层菀属。【英】Elachanth。【隶属】菊科 Asteraceae(Compositae)。【包含】世界2种。【学名诠释与讨论】〈阳〉（希）elachys, 小的, 短的+anthos, 花。【分布】澳大利亚。【模式】Elachanthus pusillus F. v. Mueller。■☆

17967　Elachia DC.（1838）= Chaetanthera Ruiz et Pav.（1794）[菊科

Asteraceae(Compositae)]■☆

17968　Elachocroton F. Muell.（1857）= Sebastiania Spreng.（1821）[大戟科 Euphorbiaceae]●

17969　Elacholoma F. Muell. et Tate ex Tate（1895）Nom. illegit. ≡ Elacholoma F. Muell. et Tate（1895）[玄参科 Scrophulariaceae//透骨草科 Phrymaceae]■☆

17970　Elacholoma F. Muell. et Tate（1895）【汉】小边玄参属。【隶属】玄参科 Scrophulariaceae//透骨草科 Phrymaceae。【包含】世界1种。【学名诠释与讨论】〈中〉（希）elachys, 小的, 短的+loma, 所有格 lomatos, 袍的边缘。此属的学名, ING、APNI 和 IK 记载是"Elacholoma F. von Mueller et Tate, Victorian Naturalist 12：14. Jun 1895"。"Elacholoma F. Muell. et Tate ex Tate(1895) ≡ Elacholoma F. Muell. et Tate（1895）[玄参科 Scrophulariaceae//透骨草科 Phrymaceae]"的命名人引证有误。【分布】澳大利亚。【模式】Elacholoma hornii F. von Mueller et Tate。【参考异名】Elacholoma F. Muell. et Tate ex Tate(1895)Nom. illegit.☆

17971　Elachopappus F. Muell.（1863）= Myriocephalus Benth.（1837）[菊科 Asteraceae(Compositae)]■☆

17972　Elachothamnus DC.（1836）= Minuria DC.（1836）[菊科 Asteraceae(Compositae)]■●☆

17973　Elachyptera A. C. Sm.（1940）【汉】小翅卫矛属。【隶属】卫矛科 Celastraceae。【包含】世界7种。【学名诠释与讨论】〈阴〉（希）elachys, 小的, 短的+pteron, 指小式 pteridion, 翅。pteridios, 有羽毛的。【分布】巴拉圭, 巴拿马, 玻利维亚, 哥伦比亚（安蒂奥基亚）, 马达加斯加, 美国, 尼加拉瓜, 中美洲。【模式】Elachyptera floribunda（Bentham）A. C. Smith[Hippocratea floribunda Bentham]。【参考异名】Elachyptera A. C. Sm.（1940）；Salacia L.（1771）（保留属名）Tontelea Aubl.（1775）（废弃属名）●☆

17974　Elaeagia Wedd.（1849）【汉】美古茜属。【隶属】茜草科 Rubiaceae。【包含】世界10-20种。【学名诠释与讨论】〈阴〉（希）hagios, 神圣的, 信奉诸神的。【分布】巴拿马, 秘鲁, 玻利维亚, 厄瓜多尔, 哥伦比亚（安蒂奥基亚）, 古巴, 中美洲。【后选模式】Elaeagia utilis Weddell。【参考异名】Holtonia Standl.（1932）●☆

17975　Elaeagnaceae Adans. = Elaeagnaceae Juss.（保留科名）●

17976　Elaeagnaceae Juss.（1789）（保留科名）【汉】胡颓子科。【日】グミ科。【俄】Лоховые。【英】Oleaster Family, Sea-buckthorn Family。【包含】世界3属80-90种, 中国2属30-84种。【分布】北半球。【科名模式】Elaeagnus L.（1753）●

17977　Elaeagnus L.（1753）【汉】胡颓子属。【日】グミ属。【俄】Джидда, Лох。【英】Elaeagnus, Oleaster, Olive, Russian Olive。【隶属】胡颓子科 Elaeagnaceae。【包含】世界20-90种, 中国67-78种。【学名诠释与讨论】〈阴〉（希）elaiagnos, 胡颓子类俗名, 来自 elaia, 油橄榄+agnos 穗花牡荆的古名。指果似油橄榄, 叶背面灰白色似穗花牡荆。此属的学名, ING、TROPICOS、APNI、GCI 和 IK 记载是"Elaeagnus L., Sp. Pl. 1：121. 1753[1 May 1753]"。"Oleaster Heister ex Fabricius, Enum. 214. 1759"是"Elaeagnus L.（1753）"的晚出的同模式异名（Homotypic synonym, Nomenclatural synonym）。【分布】巴基斯坦, 玻利维亚, 哥斯达黎加, 美国, 中国, 欧洲, 亚洲, 中美洲。【后选模式】Elaeagnus angustifolius Linnaeus。【参考异名】Bombynia Noronha(1827)；Elaeagrus Pall.（1789）；Eleagnus Hill（1768）；Octarillum Lour.（1790）；Oleaster Fabr.（1759）Nom. illegit.；Oleaster Heist.（1748）Nom. inval.；Oleaster Heist. ex Fabr.（1759）Nom. illegit.●

17978　Elaeagrus Pall.（1789）= Elaeagnus L.（1753）[胡颓子科 Elaeagnaceae]●

17979　Elaeis Jacq.（1763）【汉】油棕属（油椰属, 油椰子属）。【日】

アブラヤシ属,アフリカアブラヤシ属。【俄】Пальма масличная,Пальма масляная。【英】Oil Palm,Oilpalm。【隶属】棕榈科 Arecaceae(Palmae)。【包含】世界 2 种,中国 1 种。【学名诠释与讨论】〈阴〉(希)elaion,橄榄油,或 elaia,油橄榄。指果实含油,与油橄榄油相似。【分布】巴拿马,秘鲁,玻利维亚,厄瓜多尔,哥伦比亚(安蒂奥基亚),哥斯达黎加,马达加斯加,尼加拉瓜,中国,热带非洲,中美洲。【模式】Elaeis guineensis N. J. Jacquin。【参考异名】Alfonsia Kunth(1815)Nom. illegit. ; Corozo Jacq. ex Giseke(1792);Elais L. (1767)●

17980　Elaeocarpaceae DC. =Elaeocarpaceae Juss. (保留科名)●

17981　Elaeocarpaceae Juss. (1816)(保留科名)【汉】杜英科。【日】ホルトノキ科。【英】Elaeocarpus Family。【包含】世界 9-12 属 400-550 种,中国 2-3 属 53-67 种。【分布】热带和亚热带。【科名模式】Elaeocarpus L. (1753)●

17982　Elaeocarpaceae Juss. ex DC. =Elaeocarpaceae Juss. (保留科名)●

17983　Elaeocarpus L. (1753)【汉】杜英属(胆八树属)。【日】エレオカルプス属,ホルトノキ属。【俄】Элеокарпус。【英】Elaeocarpus。【隶属】杜英科 Elaeocarpaceae。【包含】世界 60-400 种,中国 39-51 种。【学名诠释与讨论】〈阳〉(希)elaia,油橄榄+karpos,果实。指果实形状与油橄榄相似。此属的学名,ING、TROPICOS、GCI、APNI 和 IK 记载是"Elaeocarpus L., Sp. Pl. 1: 515. 1753 [1 May 1753]"。"Perinkara Adanson,Fam. 2:447. Jul-Aug 1763"是"Elaeocarpus L. (1753)"的晚出的同模式异名(Homotypic synonym, Nomenclatural synonym)。【分布】澳大利亚,马达加斯加,印度至马来西亚,中国,太平洋地区,东亚。【模式】Elaeocarpus serratus Linnaeus[as 'serrata']。【参考异名】Acronodia Blume(1825);Acrozus Spreng. (1827);Adenodus Lour. (1790);Ayparia Raf. (1838);Beythea Endl. (1840);Cerea Thouars(1805);Coelina Noronha(1790);Craspedum Lour. (1790);Dicera J. R. Forst. et G. Forst. (1776);Diceras Post et Kuntze(1903);Eriostemum Colla ex Steud. (1840)Nom. illegit. ; Ganitrus Gaertn. (1791);Misipus Raf. (1838);Monocera Jack (1820)Nom. illegit. ; Perinkara Adans. (1763)Nom. illegit. ; Skidanthera Raf. (1838)Nom. illegit. ●

17984　Elaeocharis Brongn. (1843)=Eleocharis R. Br. (1810)[莎草科 Cyperaceae]■

17985　Elaeochytris Fenzl(1843)=Peucedanum L. (1753)[伞形花科(伞形科)Apiaceae(Umbelliferae)]■

17986　Elaeococca Comm. ex A. Juss. (1824)Nom. illegit. = Vernicia Lour. (1790)[大戟科 Euphorbiaceae]●

17987　Elaeococcus Spreng. (1826)= Elaeococca Comm. ex A. Juss. (1824)Nom. illegit. ; ~ = Vernicia Lour. (1790)[大戟科 Euphorbiaceae]●

17988　Elaeodendron J. Jacq. (1884)Nom. illegit. =Elaeodendron Jacq. (1782)[卫矛科 Celastraceae]●☆

17989　Elaeodendron Jacq. (1782)【汉】福木属(洋橄榄属)。【俄】Элеодендрон。【英】False Olive,Falseolive,Oil-wood。【隶属】卫矛科 Celastraceae。【包含】世界 15-40 种。【学名诠释与讨论】〈中〉(希)elaia,油橄榄+dendron 或 dendros,树木,棍,丛林。此属的合法学名是"Elaeodendron N. J. Jacquin,Icon. Pl. Rar. 1:5 ('3'). t. 48. 1782"。"Elaeodendron J. F. Jacq. , Icon. Pl. Rar. [Jacquin] 1:5, Nova Acta Helvetica Physico Mathematico-Anatomico-Botanico-Medica 1 1884 =Elaeodendron Jacq. (1782)[卫矛科 Celastraceae]"是晚出的非法名称;TROPICOS 把发表时间记为"1787"。注意,2 个名称的命名人不是同一个人。"Elaeodendron L. = Cassine L. (1753)(保留属名)[卫矛科 Celastraceae]"似为误记。此属的学名是"Elaeodendron N. J.

Jacquin,Icon. Pl. Rar. 1:5 ('3'). t. 48. 1782"。亦有文献把其处理为"Cassine L. (1753)(保留属名)"的异名。【分布】玻利维亚,巴基斯坦,马达加斯加,尼加拉瓜,中美洲。【模式】Elaeodendron orientale N. J. Jacquin。【参考异名】Cassine L. (1753)(保留属名);Cassine Loes. (废弃属名);Crocoxylon Eckl. et Zeyh. (1835);Elaeodendron J. Jacq. (1884)Nom. illegit. ; Elaeodendrum Murr. (1784);Lamarckia Hort. ex Endl. (废弃属名);Lauridia Eckl. et Zeyh. (1835);Loureira Raeusch. (1797);Neerija Roxb. (1824);Nerija Endl. (1840);Nerija Roxb. ex Endl. (1840);Parilia Dennst. (1818);Portenschlagia Tratt. (1812);Rubentia Comm. ex Juss. (1789);Schrebera Retz. (1791)(废弃属名);Scytophyllum Eckl. et Zeyh. (1834)(废弃属名);Telemachia Urb. (1916)●☆

17990　Elaeodendron Jacq. ex J. Jacq. (1884)Nom. illegit. = Elaeodendron Jacq. (1782);~ = Cassine L. (1753)(保留属名)[卫矛科 Celastraceae]●☆

17991　Elaeodendron L. = Cassine L. (1753)(保留属名)[卫矛科 Celastraceae]●☆

17992　Elaeodendrum Murr. (1784)= Elaeodendron Jacq. (1782)[卫矛科 Celastraceae]●☆

17993　Elaeogene Miq. (1861)= Vatica L. (1771)[龙脑香科 Dipterocarpaceae]●

17994　Elaeoluma Baill. (1891)【汉】榄袍木属。【隶属】山榄科 Sapotaceae。【包含】世界 4 种。【学名诠释与讨论】〈阴〉(希)elaion,橄榄油,或 elaia,油橄榄+(属)Luma 鲁玛木属(龙袍木属)。【分布】巴拿马,巴西,秘鲁,玻利维亚,尼加拉瓜,中美洲。【模式】Elaeoluma schomburgkiana(Miquel)Baillon[Myrsine schomburgkiana Miquel]。【参考异名】Gymnoluma Baill. (1891)●☆

17995　Elaeophora Ducke(1925)【汉】橄榄大戟属。【隶属】大戟科 Euphorbiaceae。【包含】世界 2 种。【学名诠释与讨论】〈阴〉(希)elaion,油橄榄+phoros,具有,梗,负载,发现者。此属的学名是"Elaeophora Ducke, Arch. Jard. Bot. Rio de Janeiro 4:112. 1925"。亦有文献把其处理为"Plukenetia L. (1753)"的异名。【分布】巴西,秘鲁。【模式】Elaeophora abutaefolia Ducke。【参考异名】Plukenetia L. (1753)●☆

17996　Elaeophorbia Stapf(1906)【汉】油戟属(多肉大戟属)。【隶属】大戟科 Euphorbiaceae。【包含】世界 4-15 种。【学名诠释与讨论】〈阴〉(希)elaion,油橄榄+phorbe,所有格 phorbados,食物,牧草。【分布】热带和非洲南部。【模式】Elaeophorbia drupifera(Thonning)Stapf[Euphorbia drupifera Thonning]。●☆

17997　Elaeopleurum Korovin(1962)= Seseli L. (1753)[伞形花科(伞形科)Apiaceae(Umbelliferae)]■

17998　Elaeoselinum W. D. J. Koch ex DC. (1830)【汉】橄榄芹属。【隶属】伞形花科(伞形科)Apiaceae(Umbelliferae)。【包含】世界 4-10 种。【学名诠释与讨论】〈中〉(希)elaion,油橄榄+(属)Selinum 亮蛇床属(滇前胡属)。【分布】地中海西部,中美洲。【后选模式】Elaeoselinum meoides(Desfontaines)W. D. J. Koch ex A. P. de Candolle[Laserpitium meoides Desfontaines]。【参考异名】Margotia Boiss. (1838)■☆

17999　Elaeosticta Fenzl(1843)【汉】斑驳芹属。【隶属】伞形花科(伞形科)Apiaceae(Umbelliferae)。【包含】世界 24 种。【学名诠释与讨论】〈阴〉(希)elaion,油橄榄+stiktos 斑驳的。【分布】亚洲中部和西南部。【模式】Elaeosticta meifolia Fenzl。【参考异名】Muretia Boiss. (1844)■☆

18000　Elais L. (1767)= Elaeis Jacq. (1763)[棕榈科 Arecaceae(Palmae)]●

18001　Elangis Thouars = Angraecum Bory(1804);~ = Cryptopus Lindl.

（1824）［兰科 Orchidaceae］■☆

18002　Elaphandra Strother（1991）【汉】鹿蕊菊属（鹿菊属）。【隶属】菊科 Asteraceae（Compositae）。【包含】世界 10-14 种。【学名诠释与讨论】〈阴〉（希）elaphos，鹿＋aner，所有格 andros，雄性，雄蕊。【分布】巴拿马，玻利维亚，厄瓜多尔，哥伦比亚（安蒂奥基亚），中美洲。【模式】Elaphandra bicornis J. L. Strother。■●☆

18003　Elaphanthera N. Hallé（1988）【汉】鹿药檀香属。【隶属】檀香科 Santalaceae。【包含】世界 1 种。【学名诠释与讨论】〈阴〉（希）elaphos，鹿＋anthera，花药。【分布】热带和亚热带，热带美洲。【模式】Elaphanthera baumannii（Stauffer）N. Hallé。●☆

18004　Elaphoboscum Rupr.（1860）Nom. illegit., Nom. superfl. ≡ Pastinaca L.（1753）［伞形花科（伞形科）Apiaceae（Umbelliferae）］■

18005　Elaphoboscum Tabern. ex Rupr.（1860）Nom. illegit., Nom. superfl. ≡ Elaphoboscum Rupr.（1860）Nom. illegit., Nom. superfl.；~ ≡ Pastinaca L.（1753）［伞形花科（伞形科）Apiaceae（Umbelliferae）］■

18006　Elaphrium Jacq.（1760）（废弃属名）= Bursera Jacq. ex L.（1762）（保留属名）［橄榄科 Burseraceae］●☆

18007　Elasis D. R. Hunt（1978）【汉】须花草属。【隶属】鸭跖草科 Commelinaceae。【包含】世界 1 种。【学名诠释与讨论】〈阴〉（希）elasis，驱逐。【分布】厄瓜多尔。【模式】Elasis hirsuta（C. S. Kunth）D. R. Hunt［Tradescantia hirsuta C. S. Kunth］。■☆

18008　Elasmatium Dulac（1867）Nom. illegit. ≡ Epipactis Ség.（1754）（废弃属名）；~ = Goodyera R. Br.（1813）［兰科 Orchidaceae］■

18009　Elasmocarpus Hochst. ex Chiov.（1903）= Indigofera L.（1753）［豆科 Fabaceae（Leguminosae）//蝶形花科 Papilionaceae］●■

18010　Elate L.（1753）= Phoenix L.（1753）［棕榈科 Arecaceae（Palmae）］●

18011　Elateriodes Kuntze（1903）= Elateriospermum Blume（1826）［大戟科 Euphorbiaceae］■☆

18012　Elateriopsis Ernst（1873）【汉】弹丝瓜属。【隶属】葫芦科（瓜科，南瓜科）Cucurbitaceae。【包含】世界 5 种。【学名诠释与讨论】〈阴〉（属）Elaterium ＝Rytidostylis 纹柱瓜属＋希腊文 opsis，外观，模样。【分布】巴拿马，秘鲁，厄瓜多尔，哥伦比亚（安蒂奥基亚），哥斯达黎加，尼加拉瓜，中美洲。【模式】Elateriopsis caracasana A. Ernst。■☆

18013　Elateriospermum Blume（1826）【汉】褶籽大戟属。【隶属】大戟科 Euphorbiaceae。【包含】世界 1 种。【学名诠释与讨论】〈中〉（希）elater，弹丝＋sperma，所有格 spermatos，种子，孢子。另说，放逐，驱逐＋sperma，所有格 spermatos，种子。指种子具通便作用。【分布】马来西亚（西部），泰国南部。【后选模式】Elateriospermum tapos Blume。【参考异名】Elateriodes Kuntze（1903）；Elaterispermum Rchb.（1841）■☆

18014　Elaterispermum Rchb.（1841）= Elateriospermum Blume（1826）［大戟科 Euphorbiaceae］■☆

18015　Elaterium Adans.（1763）Nom. illegit.（废弃属名）= Ecballium A. Rich.（1824）（保留属名）［葫芦科（瓜科，南瓜科）Cucurbitaceae］■

18016　Elaterium Jacq.（1760）Nom. illegit.（废弃属名）= Ecballium A. Rich.（1824）（保留属名）；~ = Rytidostylis Hook. et Arn.（1840）［葫芦科（瓜科，南瓜科）Cucurbitaceae］■☆

18017　Elaterium Mill.（1754）（废弃属名）= Ecballium A. Rich.（1824）（保留属名）［葫芦科（瓜科，南瓜科）Cucurbitaceae］■

18018　Elateum Raf. = Phoenix L.（1753）［棕榈科 Arecaceae（Palmae）］●

18019　Elatinaceae Dumort.（1829）（保留科名）［亦见 Scrophulariaceae Juss.（1789）［as ' Scrophulariae']（保留科名）玄参科和 Alsinaceae 繁缕科］【汉】沟繁缕科。【日】ミゾハコベ科。【俄】Повойничковые。【英】Waterwort Family。【包含】世界 2 属 40-50 种，中国 2 属 6 种。【分布】热带和温带。【科名模式】Elatine L.（1753）■

18020　Elatine Hill（1756）Nom. illegit. ≡ Kickxia Dumort.（1827）［玄参科 Scrophulariaceae//婆婆纳科 Veronicaceae］●☆

18021　Elatine L.（1753）【汉】沟繁缕属。【日】ミゾハコベ属。【俄】Повойник，Повойничек。【英】Pipewort，Water Pepper，Water Wort，Waterwort。【隶属】繁缕科 Alsinaceae//沟繁缕科 Elatinaceae。【包含】世界 10-25 种，中国 3 种。【学名诠释与讨论】〈阴〉（希）elatine，一种柳穿鱼属植物古名。指本属植物生于湿地。此属的学名，ING，APNI，TROPICOS 和 IK 记载是"Elatine L.，Sp. Pl. 1：367. 1753［1 May 1753］"。Lunell（1916）曾用"Ilyphilos Lunell，Amer. Midl. Naturalist 4：477. Sep 1916"替代"Elatine L.（1753）"；这是多余的；"Elatine L.（1753）"是合法名称。"Elatine J. Hill，Brit. Herb. 113. 12 Apr 1756 ≡ Kickxia Dumort.（1827）［玄参科 Scrophulariaceae//婆婆纳科 Veronicaceae］"是晚出的非法名称。"Alsinastrum Quer y Martínez，Fl. Españ. 2：265. 1762"、"Hydropiper（Endlicher）Fourreau，Ann. Soc. Linn. Lyon ser. 2. 16：349. 28 Dec 1868"、"Potamopitys Adanson，Fam. 2：256. Jul - Aug 1763"、"Rhizium Dulac，Fl. Hautes-Pyrénées 243. 1867"和"Willisellus S. F. Gray，Nat. Arr. Brit. Pl. 2：736. 1 Nov 1821"也是"Elatine L.（1753）"的晚出的同模式异名（Homotypic synonym，Nomenclatural synonym）。【分布】巴基斯坦，秘鲁，玻利维亚，厄瓜多尔，哥伦比亚，马达加斯加，美国，中国，热带、亚热带和温带，中美洲。【后选模式】Elatine hydropiper Linnaeus。【参考异名】Alsinastrum Quer（1762）；Alsinastrum Schur（1853）Nom. illegit.；Birolia Bellardi（1808）；Criptina Raf.（1820）；Crypta Nutt.（1817）；Cryptaria Raf.；Cryptella Raf.；Cryptina Raf.（1819）；Elatinella（Seub.）Opiz（1852）Nom. illegit.；Elatinella Opiz（1852）；Elatinopsis Clavaud（1884）；Hydropiper（Endl.）Fourr.（1868）Nom. illegit.；Hydropiper Buxb. ex Fourr.（1868）Nom. illegit.；Hydropiper Fourr.（1868）Nom. illegit.；Ilyphilos Lunell（1916）Nom. illegit.；Potamopitys Adans.（1763）Nom. illegit.；Potamopitys Buxb. ex Adans.（1763）；Rhizium Dulac（1867）Nom. illegit.；Willisellus Gray（1821）Nom. illegit. ■

18022　Elatinella（Seub.）Opiz（1852）Nom. illegit. ≡ Elatinella Opiz（1852）［繁缕科 Alsinaceae］■

18023　Elatinella Opiz（1852）【汉】小沟繁缕属。【隶属】繁缕科 Alsinaceae//沟繁缕科 Elatinaceae。【包含】世界 2 种。【学名诠释与讨论】〈阴〉（属）Elatine 沟繁缕属＋-ellus，-ella，-ellum，加在名词词干后面形成指小式的词尾。或加在人名、属名等后面以组成新属的名称。此属的学名，IK 和 TROPICOS 记载是"Elatinella Opiz，Seznam 39（1852）"。"Elatinella（Seub.）Opiz（1852）"命名人引证有误。亦有文献把"Elatinella Opiz（1852）"处理为"Elatine L.（1753）"的异名。【分布】参见 Elatine L.（1753）。【模式】不详。【参考异名】Elatine L.（1753）；Elatinella（Seub.）Opiz（1852）Nom. illegit. ■☆

18024　Elatinoides（Chav.）Wettst.（1891）= Kickxia Dumort.（1827）［玄参科 Scrophulariaceae//婆婆纳科 Veronicaceae］●☆

18025　Elatinoides Wettst.（1891）Nom. illegit. ≡ Elatinoides（Chav.）Wettst.（1891）；~ = Kickxia Dumort.（1827）［玄参科 Scrophulariaceae//婆婆纳科 Veronicaceae］●☆

18026　Elatinopsis Clavaud（1884）【汉】类沟繁缕属。【隶属】繁缕科 Alsinaceae//沟繁缕科 Elatinaceae。【包含】世界 1 种。【学名诠

释与讨论】〈阴〉（属）Elatine 沟繁缕属+希腊文 opsis，外观，模样，相似。此属的学名是"Elatinopsis Clavaud, Actes de la Société Linnéenne de Bordeaux 38：lxx. 1884"。亦有文献把其处理为"Elatine L.（1753）"的异名。【分布】欧洲西部。【模式】Elatinopsis brochoni Clav.。。【参考异名】Elatine L.（1753）■☆

18027　Elatosema Franch. et Sav.（1875）= Elatostema J. R. Forst. et G. Forst.（1775）（保留属名）［荨麻科 Urticaceae］●■

18028　Elatostema J. R. Forst. et G. Forst.（1775）（保留属名）【汉】楼梯草属。【日】ウハバミサウ属，ウワバミサウ属，ウワバミソウ属。【英】Elatostema, Stairweed。【隶属】荨麻科 Urticaceae。【包含】世界 200-360 种，中国 146-173 种。【学名诠释与讨论】〈中〉（希）elatos，具弹性的+stemon，雄蕊。指雄蕊起初弯曲，成熟时弹出。此属的学名"Elatostema J. R. Forst. et G. Forst., Char. Gen. Pl. :53. 29 Nov 1775"是保留属名。法规未列出相应的废弃属名。亦有文献把"Elatostema J. R. Forst. et G. Forst.（1775）（保留属名）"处理为"Procris Comm. ex Juss.（1789）"的异名。【分布】马达加斯加，中国，热带旧世界。【模式】Elatostema sessile J. R. Forster et J. G. A. Forster。【参考异名】Androsyce Wed ex Hook. f. ; Elatosema Franch. et Sav.（1875）; Elatostematoides C. B. B. Rob.（1911）; Elatostemon Post et Kuntze（1903）; Elatostoma Wight（1853）; Langefeldia Steud.（1841）; Langeveldia Gaudich.（1830）; Pellionia Gaudich.（1830）; Procris Comm. ex Juss.（1789）●■

18029　Elatostematoides C. B. B. Rob.（1911）= Elatostema J. R. Forst. et G. Forst.（1775）（保留属名）［荨麻科 Urticaceae］●■

18030　Elatostemma Endl.（1833）= Elatostema Gaudich. + Procris Comm. ex Juss.（1789）［荨麻科 Urticaceae］●

18031　Elatostemon Post et Kuntze（1903）= Elatostema J. R. Forst. et G. Forst.（1775）（保留属名）［荨麻科 Urticaceae］●■

18032　Elatostoma Wight（1853）= Elatostema J. R. Forst. et G. Forst.（1775）（保留属名）［荨麻科 Urticaceae］●■

18033　Elattosis Gagnep.（1939）= Tenagocharis Hochst.（1841）［黄花蔺科 Limnocharitaceae］■☆

18034　Elattospermum Soler.（1893）= Breonia A. Rich. ex DC.（1830）［茜草科 Rubiaceae］●☆

18035　Elattostachys（Blume）Radlk.（1879）【汉】小穗无患子属。【隶属】无患子科 Sapindaceae。【包含】世界 20 种。【学名诠释与讨论】〈阴〉（阿提加）elatton，小的+stachys，穗，谷，长钉。此属的学名，ING、APNI 和 IK 记载是"Elattostachys（Blume）Radlkofer, Actes Congr. Bot. Amsterdam 1877：107. Jan－Feb 1879"，由"Cupania sect. Elattostachys Blume, Rumphia 3：160. Jan 1849（'1847'）"改级而来。"Elattostachys Radlk.（1879）"的命名人引证有误。【分布】澳大利亚，马来西亚，波利尼西亚群岛。【后选模式】Elattostachys zippeliana（Blume）Radlkofer。【参考异名】Cupania sect. Elattostachys Blume（1849）; Elattostachys Radlk.（1879）Nom. illegit.●☆

18036　Elattostachys Radlk.（1879）Nom. illegit. ≡ Elattostachys（Blume）Radlk.（1879）［无患子科 Sapindaceae］●☆

18037　Elayuna Raf.（1838）（废弃属名）= Piliostigma Hochst.（1846）（保留属名）［豆科 Fabaceae（Leguminosae）//云实科（苏木科）Caesalpiniaceae］■☆

18038　Elbunis Raf.（1837）= Ballota L.（1753）; ~ = Phlomis L.（1753）［唇形科 Lamiaceae（Labiatae）］●■

18039　Elburzia Hedge（1969）【汉】穿孔芥属。【隶属】十字花科 Brassicaceae（Cruciferae）。【包含】世界 1 种。【学名诠释与讨论】〈阴〉（地）Elburz，厄尔布尔士山，位于伊朗北部。【分布】伊朗。【模式】Elburzia fenestrata（Boissier et Hohenacker）Hedge［Petrocallis fenestrata Boissier et Hohenacker］。■☆

18040　Elcaja Forssk.（1775）= Trichilia P. Browne（1756）（保留属名）［楝科 Meliaceae］●

18041　Elcana Blanco（1845）= Cerbera L.（1753）［夹竹桃科 Apocynaceae］●

18042　Elcismia B. L. Rob.（1913）Nom. illegit. ≡ Celmisia Cass.（1825）（保留属名）［菊科 Asteraceae（Compositae）］■☆

18043　Elcomarhiza Barb. Rodr.（1891）Nom. inval. ≡ Elcomarhiza Barb. Rodr. ex K. Schum.（1895）; ~ = Marsdenia R. Br.（1810）（保留属名）［萝藦科 Asclepiadaceae］●■

18044　Elcomarhiza Barb. Rodr. ex K. Schum.（1895）= Marsdenia R. Br.（1810）（保留属名）［萝藦科 Asclepiadaceae］●

18045　Eleagnus Hill（1768）= Elaeagnus L.（1753）［胡颓子科 Elaeagnaceae］●

18046　Electra DC.（1836）Nom. illegit. = Coreopsis L.（1753）［菊科 Asteraceae（Compositae）//金鸡菊科 Coreopsidaceae］●■

18047　Electra Noronha（1790）= Sapindus L.（1753）（保留属名）［无患子科 Sapindaceae］●

18048　Electra Panz.（1813）Nom. illegit. ≡ Schismus P. Beauv.（1812）［禾本科 Poaceae（Gramineae）］■

18049　Electrosperma P. Muell.（1855）= Eriocaulon L.（1753）［谷精草科 Eriocaulaceae］■

18050　Elegia L.（1771）【汉】短片帚灯草属。【隶属】帚灯草科 Restionaceae。【包含】世界 35 种。【学名诠释与讨论】〈阴〉（希）elegos，低垂的，悲伤的。【分布】非洲南部。【模式】Elegia juncea Linnaeus。【参考异名】Eligia Dumort.（1829）; Lamprocaulos Mast.（1878）■☆

18051　Elegiaceae Raf.（1838）= Restionaceae R. Br.（保留属名）■

18052　Eleiastis Raf.（1838）= Tetracera L.（1753）［锡叶藤科 Tetraceraceae//五桠果科（第伦桃科，五丫果科，锡叶藤科）Dilleniaceae］●

18053　Eleiodoxa（Becc.）Burret（1942）【汉】双雄椰属（克鲁比刺椰属）。【隶属】棕榈科 Arecaceae（Palmae）。【包含】世界 1 种。【学名诠释与讨论】〈阴〉（希）heleios，沼泽的，湿地的+doxa，光荣，光彩，华丽，荣誉，有名，显著。指植物生境。【分布】印度至马来西亚。【后选模式】Eleiodoxa conferta（W. Griffith）Burret［Salacca conferta W. Griffith］。【参考异名】Salacca subgen. Eleiodoxa Becc.●☆

18054　Eleiosina Raf.（1838）= Spiraea L.（1753）［蔷薇科 Rosaceae//绣线菊科 Spiraeaceae］●

18055　Eleiotis DC.（1825）【汉】鼠耳豆属（姊妹豆属）。【隶属】豆科 Fabaceae（Leguminosae）//蝶形花科 Papilionaceae。【包含】世界 2 种。【学名诠释与讨论】〈阴〉（希）heleios，沼泽的，湿地的，或睡鼠+ous，所有格 otos，指小式 otion，耳。otikos，耳的。指耳形。【分布】斯里兰卡，印度。【后选模式】Eleiotis monophylla A. P. de Candolle［Glycine monophyllos N. L. Burman 1768, non Glycine monophylla Linnaeus, 1767］。【参考异名】Eliotls Post et Kuntze（1903）■☆

18056　Elekmania B. Nord.（2006）【汉】钝柱千里光属。【隶属】菊科 Asteraceae（Compositae）。【包含】世界 10 种。【学名诠释与讨论】〈阴〉词源不详。【分布】美洲。【模式】Elekmania barahonensis（Urban）B. Nordenstam［Senecio barahonensis Urban］。●☆

18057　Elelis Raf.（1837）= Salvia L.（1753）［唇形科 Lamiaceae（Labiatae）//鼠尾草科 Salviaceae］●■

18058　Elemanthus Schltdl.（1847）= Eilemanthus Hochst.（1846）; ~ = Indigofera L.（1753）［豆科 Fabaceae（Leguminosae）//蝶形花科 Papilionaceae］●■

18059　Elemi Adans.（1763）Nom. illegit. ≡ Amyris P. Browne（1756）［芸香科 Rutaceae//胶香木科 Amyridaceae］●☆

18060　Elemifera Burm. f.（1756）= Elemi Adans.（1763）［芸香科 Rutaceae］●☆

18061　Elengi Adans.（1763）Nom. illegit. ≡ Mimusops L.（1753）［山榄科 Sapotaceae］●☆

18062　Eleocaris Sanguin.（1852）= Eleocharis R. Br.（1810）［莎草科 Cyperaceae］■

18063　Eleocharis Lestib.（1810）Nom. illegit. = Eleocharis R. Br.（1810）［莎草科 Cyperaceae］■

18064　Eleocharis R. Br.（1810）【汉】荸荠属（针蔺属）。【日】エレオカリス属，ハリイ属，ハリヰ属。【俄】Болотница，Ситняг。【英】Spike Rush, Spike Sedge, Spike－rush, Spikesedge, Spike－sedge。【隶属】莎草科 Cyperaceae。【包含】世界 120-200 种，中国 44 种。【学名诠释与讨论】〈阴〉（希）helos，所有格 heleos，沼泽+charis，喜悦，雅致，美丽，流行。指某些种生于沼泽地。此属的学名，ING、APNI、GCI、TROPICOS 和 IK 记载为"Eleocharis R. Br., Prodr. Fl. Nov. Holland. 224. 1810［27 Mar 1810］"。"Heleocharis R. Br.（1810），Prodr. 1：80，1810"是其变体。"Heleocharis T. Lestib., Essai Cypér. 41. 1819"、"Heleocharis P. Beauv. ex T. Lestib., Essai Cyperaceae 1819"和"Heliocharis Lindl.（1829）"是晚出的非法名称。"Trichophyllum J. F. Ehrhart ex H. D. House, Amer. Midl. Naturalist 6：204. Mai 1920（non Nuttall 1818）"是"Eleocharis R. Br.（1810）"的晚出的同模式异名（Homotypic synonym, Nomenclatural synonym）。亦有文献把"Eleocharis R. Br.（1810）"处理为"Heleocharis R. Br.（1810）"的异名。【分布】巴基斯坦，巴拉圭，巴拿马，秘鲁，玻利维亚，厄瓜多尔，哥伦比亚，哥斯达黎加，马达加斯加，美国，尼加拉瓜，中国，中美洲。【后选模式】Eleocharis palustris（Linnaeus）J. J. Roemer et J. A. Schultes［Scirpus palustris Linnaeus］。【参考异名】Baeothrion Pfeiff.；Baeothryon A. Dietr.（1833）Nom. illegit.；Baeothryon Ehrh. ex A. Dietr.（1833）Nom. illegit.；Baeothryon Ehth.（1789）Nom. inval., Nom. nud.；Bulbostylis Steven（1817）（废弃属名）；Chaetocyperus Nees（1834）；Chamaegyne Suess.（1943）；Chillania Roiv.（1933）；Chlorocharis Rildi（1895）；Clavula Dumort.（1827）；Elaeocharis Brongn.（1843）；Eleocaris Sanguin.（1852）；Eleocharis Lestib.（1810）Nom. illegit.；Eleogenus Nees（1834）；Heleocharis P. Beauv. ex T. Lestib.（1819）Nom. illegit.；Heleocharis R. Br.（1810）；Heleocharis T. Lestib.（1819）Nom. illegit.；Heliocharis Lindl.（1829）；Helonema Suess.（1943）；Limnocharis Kunth（1837）Nom. illegit.；Limnochloa P. Beauv. ex T. Lestib.（1819）；Megadenus Raf.（1825）；Mitrocarpa Torr. ex Steud.；Mitrocarpus Post et Kuntze（1903）；Scirpidium Nees（1834）；Trichophyllum Ehrh.（1789）Nom. inval.；Trichophyllum Ehrh. ex House（1920）Nom. illegit.；Trichophyllum House（1920）Nom. illegit.■

18065　Eleogenus Nees（1834）= Eleocharis R. Br.（1810）［莎草科 Cyperaceae］■

18066　Eleogiton Link（1827）Nom. illegit. ≡ Scirpidiella Rauschert（1983）；~ =Isolepis R. Br.（1810）；~ =Scirpus L.（1753）（保留属名）［莎草科 Cyperaceae//藨草科 Scirpaceae］■

18067　Eleorchis F. Maek.（1935）【汉】沼地兰属（旭兰属）。【日】サワレン属。【隶属】兰科 Orchidaceae。【包含】世界 1-2 种。【学名诠释与讨论】〈阴〉（希）helos，所有格 heleos，沼泽+orchis，原义是睾丸，后变为植物兰的名称，因为根的形态而得名。变为拉丁文 orchis，所有格 orchidis。指生境。【分布】日本。【模式】Eleorchis japonica（A. Gray）Maekawa［Arethusa japonica A.

Gray］。■☆

18068　Elephantella Rydb.（1900）= Pedicularis L.（1753）［玄参科 Scrophulariaceae//马先蒿科 Pediculariaceae］■

18069　Elephantina Bertol.（1844）Nom. illegit. ≡ Rhynchocorys Griseb.（1844）（保留属名）；~ = Rhinanthus L.（1753）［玄参科 Scrophulariaceae//鼻花科 Rhinanthaceae］■

18070　Elephantodon Salisb.（1866）= Dioscorea L.（1753）（保留属名）［薯蓣科 Dioscoreaceae］■

18071　Elephantomene Barneby et Krukoff（1974）【汉】象牙藤属。【隶属】防己科 Menispermaceae。【包含】世界 1 种。【学名诠释与讨论】〈阴〉（希）elephas，所有格 elephantos，大象+mene =menos，所有格 menados，月亮。【分布】厄瓜多尔，南美洲。【模式】Elephantomene eburnea R. C. Barneby et B. A. Krukoff。【参考异名】Cionomene Krukoff（1979）●☆

18072　Elephantopsis（Sch. Bip.）C. F. Baker（1902）Nom. illegit. = Elephantopus L.（1753）；~ = Elephantosis Less.（1829）［菊科 Asteraceae（Compositae）］■

18073　Elephantopsis D. Dietr.（1847）= Elephantopus L.（1753）；~ = Elephantosis Less.（1829）［菊科 Asteraceae（Compositae）］■

18074　Elephantopus L.（1753）【汉】地胆草属（苦胆属，苦地胆属）。【日】ミスミギク属。【俄】Элефантопус。【英】Earthgallgrass, Elephant's－foot, Elephantfoot。【隶属】菊科 Asteraceae（Compositae）。【包含】世界 12-30 种，中国 3 种。【学名诠释与讨论】〈阳〉（希）elephas，所有格 elephantos，大象+pous，所有格 podos，指小式 podion，脚，足，柄，梗。podotes，有脚的。指头状花序的形状似象足。【分布】巴拉圭，巴拿马，秘鲁，玻利维亚，厄瓜多尔，哥伦比亚（安蒂奥基亚），马达加斯加，美国（密苏里），中国，尼加拉瓜，热带，中美洲。【后选模式】Elephantopus scaber Linnaeus。【参考异名】Anaschovadi Adans.（1763）Nom. illegit.；Distreptus Cass.（1817）Nom. illegit.；Elephantopsis（Sch. Bip.）C. F. Baker（1902）Nom. illegit.；Elephantopsis D. Dietr.（1847）；Elephantosis Less.（1829）；Matamoria La Llave（1824）；Micropappus（Sch. Bip.）C. F. Baker（1902）；Orthopappus Gleason（1906）；Pseudelephantopus Rohr（1792）［as 'Pseudo-Elephantopus'］（保留属名）；Spirochaeta Turcz.（1851）■

18075　Elephantorrhiza Benth.（1841）【汉】象根豆属。【隶属】豆科 Fabaceae（Leguminosae）//含羞草科 Mimosaceae。【包含】世界 9 种。【学名诠释与讨论】〈阴〉（希）elephas，所有格 elephantos，大象+rhiza，或 rhizoma，根，根茎。【分布】热带和非洲南部。【模式】Elephantorrhiza burchellii Bentham, Nom. illegit.［Acacia elephanthorhiza Burchell ex A. P. de Candolle, Nom. illegit.，Acacia elephantina Burchell；Elephantorrhiza elephantina（Burchell）H. C. Skeels］。●☆

18076　Elephantosis Less.（1829）= Elephantopus L.（1753）［菊科 Asteraceae（Compositae）］■

18077　Elephantusia Willd.（1806）Nom. illegit. ≡ Phytelephas Ruiz et Pav.（1798）［棕榈科 Arecaceae（Palmae）］●☆

18078　Elephas Mill.（1754）（废弃属名）≡ Rhynchocorys Griseb.（1844）（保留属名）［玄参科 Scrophulariaceae//列当科 Orobanchaceae］■☆

18079　Elephas Tourn. ex Adans.（1763）Nom. illegit.（废弃属名）［玄参科 Scrophulariaceae］☆

18080　Elettaria Maton（1811）【汉】小豆蔻属。【日】エレッターリア属。【英】Cardamom, Cardamon。【隶属】姜科（襄荷科）Zingiberaceae。【包含】世界 7-9 种。【学名诠释与讨论】〈中〉elettari，印度南方植物俗名。此属的学名，ING、TROPICOS、APNI、GCI 和 IK 记载是"Elettaria Maton, Trans. Linn. Soc. London

10：250. 1811［7 Sep 1811］"。"Matonia J. Stephenson et J. M. Churchill, Med. Bot. 3：t. 106. 1831（non R. Brown 1829）"是"Elettaria Maton（1811）"的晚出的同模式异名（Homotypic synonym, Nomenclatural synonym）。【分布】哥伦比亚(安蒂奥基亚),哥斯达黎加,印度至马来西亚,中国,中美洲。【模式】Elettaria cardamomum W. G. Maton, Nom. illegit.［Amomum repens Sonnerat］。【参考异名】Cardamomum Salisb.（1812）；Matonia Rosc. ex Sm.（1832）Nom. illegit.；Matonia Sm.（1819）Nom. inval.；Matonia Stephenson et J. M. Churchill（1831）Nom. illegit.；Mattonia Endl.（1837）■

18081　Elettariopsis Baker（1892）【汉】拟豆蔻属。【隶属】姜科(襄荷科)Zingiberaceae。【包含】世界8-12种,中国1种。【学名诠释与讨论】〈中〉(属)Elettaria 小豆蔻属+希腊文 opsis,外观,模样,相似。【分布】印度至马来西亚,中国。【后选模式】Elettariopsis curtisii J. G. Baker.■

18082　Eleusine Gaertn.（1788）【汉】穇属(龙爪稷属,穇属,蟋蟀草属,鸭脚稗属)。【日】オヒシバ属,ヲヒシバ属。【俄】Елевзина, Елевзине, Элевзина。【英】Crab Grass, Crabgrass, Eleusine, Goosegrass, Ragimillet, Yardgrass, Yard-grass。【隶属】禾本科 Poaceae（Gramineae）。【包含】世界9种,中国2-3种。【学名诠释与讨论】〈阴〉(地)Eleusine =Eleusis,所有格 Eleusinos,希腊阿提加(Attica)的一个市镇,古希腊掌管土壤、农业丰收的女神 Ceres 居住在此。【分布】巴基斯坦,巴拿马,秘鲁,玻利维亚,厄瓜多尔,哥伦比亚(安蒂奥基亚),哥斯达黎加,马达加斯加,美国(密苏里),尼加拉瓜,利比里亚(宁巴),中国,热带和亚热带,中美洲。【后选模式】Eleusine coracana（Linnaeus）J. Gaertner［Cynosurus coracanus Linnaeus］。【参考异名】Aerachne Hook. f.（1896）；Ochthochloa Edgew.（1842）■■

18083　Eleutharrhena Forman（1975）【汉】藤枣属。【英】Eleutharrhena, Jujubevine。【隶属】防己科 Menispermaceae。【包含】世界1种,中国1种。【学名诠释与讨论】〈阴〉(希)eleutheros,自由的+arrhena 所有格 ayrhenos,雄。指本属植物花丝分离。【分布】印度,中国。【模式】Eleutharrhena macrocarpa（Diels）L. L. Forman［Pycnarrhena macrocarpa Diels］。●

18084　Eleutherandra Slooten（1925）【汉】离蕊木属。【隶属】刺篱木科(大风子科)Flacourtiaceae。【包含】世界1种。【学名诠释与讨论】〈阴〉(希)eleutheros,自由的+aner,所有格 andros,雄性,雄蕊。【分布】印度尼西亚(苏门答腊岛),加里曼丹岛。【模式】Eleutherandra pes-cervi D. F. van Slooten。●☆

18085　Eleutheranthera Poit.（1802）Nom. inval. ≡Eleutheranthera Poit. ex Bosc（1803）［菊科 Asteraceae（Compositae）］■☆

18086　Eleutheranthera Poit. ex Bosc（1803）【汉】分药菊属(离花菊属)。【隶属】菊科 Asteraceae（Compositae）。【包含】世界1-2种。【学名诠释与讨论】〈阴〉(希)eleutheros,自由的+anthera,花药。此属的学名,ING 和 IK 记载是"Eleutheranthera Poit. ex Bosc, Nouv. Dict. Hist. Nat. ed. I. vii. 498. 1803"。"Eleutheranthera Poiteau, Bull. Sci. Soc. Philom. Paris 3：137. 19 Aug-20 Sep 1802 ≡ Eleutheranthera Poit. ex Bosc（1803）［菊科 Asteraceae（Compositae）］"是一个为合格发表的名称（Nom. inval.）。【分布】巴拿马,秘鲁,玻利维亚,厄瓜多尔,哥伦比亚,马达加斯加,尼加拉瓜,热带美洲,中美洲。【模式】Marica plicata Ker-Gawler, Nom. illegit.［Moraea plicata O. Swartz, Nom. illegit., Sisyrinchium latifolium O. Swartz］。【参考异名】Chalarium Poit. ex DC.（1836）；Eleutheranthera Poit.（1802）Nom. inval.；Eleutherantheron Steud.（1840）；Fingalia Schrank（1823-1824）；Kegelia Sch. Bip.（1848）；Ogiera Cass.（1818）■☆

18087　Eleutheranthus K. Schum., Nom. illegit. = Eleuthranthes F.

Muell. ex Benth.（1867）［茜草科 Rubiaceae］■☆

18088　Eleutheria Triana et Planch. = Elutheria M. Roem.（1846）Nom. illegit.（废弃属名）；~ = Schmardaea H. Karst.（1861）［棟科 Meliaceae］●☆

18089　Eleutherine Herb.（1843）(保留属名)【汉】红葱属(红根水仙属,红葱兰属,红蒜属,易流兹属)。【日】アカネズイセン属,アカネズヰセン属,エレウテリーネ属。【英】Eleutherine, Red-onion。【隶属】鸢尾科 Iridaceae。【包含】世界2-4种,中国1种。【学名诠释与讨论】〈阴〉(希)eleutheros,自由的,无拘无束的+-inus,-ina,-inum 拉丁文加在名词词干之后,以形成形容词的词尾,含义为"属于、相似、关于、小的"。指花丝分离。此属的学名"Eleutherine Herb. in Edwards's Bot. Reg. 29：ad t. 57. 1 Nov 1843"是保留属名。法规未列出相应的废弃属名。【分布】秘鲁,玻利维亚,厄瓜多尔,中国,中南半岛,西印度群岛,热带南美洲,中美洲。【模式】Marica plicata Ker-Gawler, Nom. illegit.［Moraea plicata O. Swartz, Nom. illegit.；Sisyrinchium latifolium O. Swartz］。【参考异名】Galatea Salisb.（1812）Nom. inval.；Galatea Salisb. ex Kuntze（1891）；Galathea Stead.（1840）；Keitia Regel（1877）■

18090　Eleutherocarpum Schltdl.（1857）= Osteomeles Lindl.（1821）［蔷薇科 Rosaceae］●

18091　Eleutherococcus Maxim.（1859）【汉】五加属(刺五加属)。【日】ウコギ属。【俄】Акантопапакс, Свободноягодник, Элеутерокк。【英】Acanthopanax。【隶属】五加科 Araliaceae。【包含】世界30-44种,中国18-32种。【学名诠释与讨论】〈阳〉(希)eleutheros,自由的+kokkos,变为拉丁文 coccus,仁,谷粒,浆果。此属的学名是"Eleutherococcus Maximowicz, Mém. Acad. Imp. Sci. St. -Pétersbourg Divers Savans 9：132. 1859"。亦有文献把其处理为"Acanthopanax Miq.（1863）Nom. illegit."的异名。【分布】中国,喜马拉雅山至日本。【模式】Eleutherococcus senticosus（Ruprecht ex Maximowicz）Maximowicz［Hedera senticosa Ruprecht ex Maximowicz］。【参考异名】Acanthopanax（Decne. et Planch.）Miq.（1863）Nom. illegit.；Acanthopanax（Decne. et Planch.）Withe（1861）；Acanthopanax Miq.（1863）Nom. illegit.；Plectronia Lour.（1790）Nom. illegit.（废弃属名）●

18092　Eleutheroglossum（Schltr.）M. A. Clem. et D. L. Jones（2002）【汉】由舌石斛属。【隶属】兰科 Orchidaceae。【包含】世界5种。【学名诠释与讨论】〈中〉(希)eleutheros,独立的,自由的+glossa,舌头。此属的学名,IK 记载是"Eleutheroglossum（Schltr.）M. A. Clem. et D. L. Jones, Orchadian 13（11）：489（2002）",由"Dendrobium sect. Eleutheroglossum Schltr."改级而来。亦有文献把"Eleutheroglossum（Schltr.）M. A. Clem. et D. L. Jones（2002）"处理为"Dendrobium Sw.（1799）(保留属名)"的异名。【分布】澳大利亚,法属新喀里多尼亚。【模式】不详。【参考异名】Dendrobium Sw.（1799）(保留属名)；Dendrobium sect. Eleutheroglossum Schltr.■☆

18093　Eleutheropetalum（H. Wendl.）H. Wendl. ex Oerst.（1859）Nom. illegit. ≡Eleutheropetalum H. Wendl. ex Oerst.（1859）［棕榈科 Arecaceae（Palmae）］●☆

18094　Eleutheropetalum H. Wendl.（1859）Nom. illegit. ≡Eleutheropetalum H. Wendl. ex Oerst.（1859）［棕榈科 Arecaceae（Palmae）］●☆

18095　Eleutheropetalum H. Wendl. ex Oerst.（1859）【汉】离瓣花椰子属。【日】チャボテーブルヤシ属。【隶属】棕榈科 Arecaceae（Palmae）。【包含】世界2种。【学名诠释与讨论】〈阳〉(希)eleutheros,自由的+希腊文 petalos,扁平的,铺开的；petalon,花瓣,叶,花叶,金属叶子;拉丁文的花瓣为 petalum。此属的学名,ING 和 IK 记载是"Eleutheropetalum H. Wendland ex Oersted, Vidensk.

Meddel Dansk Naturhist. Foren. Kjøbenhavn 1858：6. 1859”。TROPICOS 则记载为“Eleutheropetalum（H. Wendl.）H. Wendl. ex Oerst.，Videnskabelige Meddelelser fra Dansk Naturhistorisk Forening i Kjøbenhavn 1858：6. 1859”，由“Chamaedorea subgen. Eleutheropetalum H. Wendl.，Index Palmarum 58. 1854”改级而来。“Eleutheropetalum H. Wendl.（1859）Nom. illegit. ≡ Eleutheropetalum H. Wendl. ex Oerst.（1859）”和“Eleutheropetalum Oerst.（1859）Nom. illegit. ≡ Eleutheropetalum H. Wendl. ex Oerst.（1859）”的命名人引证有误。亦有文献把“Eleutheropetalum H. Wendl. ex Oerst.（1859）”处理为“Chamaedorea Willd.（1806）（保留属名）”的异名。【分布】参见 Chamaedorea Willd.（1806）（保留属名）。【模式】Eleutheropetalum ernesti‐augusti（H. Wendland）H. Wendland ex Oersted［Chamaedorea ernesti‐augusti H. Wendland［as‘Ernesti Augusti’］。【参考异名】Chamaedorea Willd.（1806）（保留属名）；Chamaedorea subgen. Eleutheropetalum H. Wendl.（1854）；Eleutheropetalum（H. Wendl.）H. Wendl. ex Oerst.（1859）Nom. illegit.；Eleutheropetalum H. Wendl.（1859）Nom. illegit.；Eleutheropetalum Oerst.（1859）Nom. illegit. ●☆

18096 Eleutheropetalum Oerst.（1859）Nom. illegit. ≡ Eleutheropetalum H. Wendl. ex Oerst.（1859）［棕榈科 Arecaceae（Palmae）］●☆

18097 Eleutherospermum C. Koch（1842）Nom. illegit. ≡ Eleutherospermum K. Koch（1842）［伞形花科（伞形科）Apiaceae（Umbelliferae）］■☆

18098 Eleutherospermum K. Koch（1842）【汉】离籽芹属。【俄】Свободносемянник。【隶属】伞形花科（伞形科）Apiaceae（Umbelliferae）。【包含】世界 1 种。【学名诠释与讨论】〈中〉（希）eleutheros，自由的+sperma，所有格 spermatos，种子，孢子。此属的学名，ING 和 IK 记载是“Eleutherospermum K. Koch，Linnaea 16：365. 1842”。“Eleutherospermum C. Koch（1842）≡ Eleutherospermum K. Koch（1842）［伞形花科（伞形科）Apiaceae（Umbelliferae）］”的命名人表述是一个常见的错误。【分布】亚洲西部。【模式】Eleutherospermum grandifolium K. H. E. Koch。【参考异名】Eleutherospermum C. Koch（1842）■☆

18099 Eleutherostemon Herzog（1915）Nom. illegit. = Diogenesia Sleumer（1934）［杜鹃花科（欧石南科）Ericaceae］●☆

18100 Eleutherostemon Klotzsch（1838）= Philippia Klotzsch（1834）［杜鹃花科（欧石南科）Ericaceae］●☆

18101 Eleutherostigma Pax et K. Hoffm.（1919）【汉】游柱大戟属。【隶属】大戟科 Euphorbiaceae。【包含】世界 1 种。【学名诠释与讨论】〈中〉（希）eleutheros，自由的+stigma，所有格 stigmatos，柱头，眼点。此属的学名是“Eleutherostigma Pax et K. Hoffmann in Engler，Pflanzenr. IV. 147. IX‐XI（Heft 68）：11. 6 Jun 1919”。亦有文献把其处理为“Plukenetia L.（1753）”的异名。【分布】哥伦比亚。【模式】Eleutherostigma lehmannianum Pax et K. Hoffmann。【参考异名】Plukenetia L.（1753）●☆

18102 Eleutherostylis Burret（1926）【汉】游柱椴属。【隶属】椴树科（椴科，田麻科）Tiliaceae//锦葵科 Malvaceae。【包含】世界 1 种。【学名诠释与讨论】〈阴〉（希）eleutheros，自由的+stylos＝拉丁文 style，花柱，中柱，有尖之物，桩，柱，支持物，支柱，石头做的界标。【分布】新几内亚岛。【模式】Eleutherostylis renistipulata Burret。●☆

18103 Eleutherantheron Steud.（1840）= Eleutheranthera Poit. ex Bosc（1803）［菊科 Asteraceae（Compositae）］■☆

18104 Eleuthranthes F. Muell.（1864）Nom. inval. ≡ Eleuthranthes F. Muell. ex Benth.（1867）［茜草科 Rubiaceae］■☆

18105 Eleuthranthes F. Muell. ex Benth.（1867）【汉】澳盖茜属。【隶属】茜草科 Rubiaceae。【包含】世界 1 种。【学名诠释与讨论】

〈阴〉（希）eleutheros，自由的+anthesis 花。指花萼筒。此属的学名，ING 和 TROPICOS 记载是“Eleuthranthes F. von Mueller in Bentham，Fl. Austral. 3：437. 5 Jan 1867”；APNI 则记载为“Eleuthranthes F. Muell. ex Benth.，Flora Australiensis 3 1867”；三者引用的文献相同。IK 则记载为“Eleuthranthes F. Muell.，Fragm.（Mueller）4（27）：92. 1864［May 1864］”；ING 记载的“Eleuthranthes F. von Mueller in Bentham，Fl. Austral. 3：437. 5 Jan 1867”似有误。亦有文献把“Eleuthranthes F. Muell. ex Benth.（1867）”处理为“Opercularia Gaertn.（1788）”的异名。【分布】澳大利亚。【模式】Eleuthranthes opercularina F. von Mueller，Nom. illegit.［Opercularia liberiflora F. von Mueller］。【参考异名】Eleutheranthus K. Schum.，Nom. illegit.；Eleuthranthes F. Muell.（1864）Nom. inval.；Eleuthranthes F. Muell.（1867）Nom. illegit.；Opercularia Gaertn.（1788）■☆

18106 Eliaea Cambess.（1830）Nom. illegit. = Eliea Cambess.（1830）［猪胶树科（克鲁西科，山竹子科，藤黄科）Clusiaceae（Guttiferae）］●☆

18107 Eliastis Post et Kuntze（1903）= Eleiastis Raf.（1838）；~ = Tetracera L.（1753）［锡叶藤科 Tetraceraceae//五桠果科（第伦桃科，五丫果科，锡叶藤科）Dilleniaceae］●

18108 Elichrysaceae Link = Asteraceae Bercht. et J. Presl（保留科名）//Compositae Giseke（保留科名）●■

18109 Elichrysum Mill.（1754）= Helichrysum Mill.（1754）［as‘Elichrysum’］（保留属名）［菊科 Asteraceae（Compositae）//蜡菊科 Helichrysaceae］●■

18110 Elictotrichon Besser ex Andrz.（1823）= Helictotrichon Besser（1827）［禾本科 Poaceae（Gramineae）］■

18111 Elide Medik.（1791）= Asparagus L.（1753）；~ = Myrsiphyllum Willd.（1808）Nom. illegit.；~ = Elide Medik.（1791）；~ = Asparagus L.（1753）［百合科 Liliaceae//天门冬科 Asparagaceae］■

18112 Elidurandia Buckley（1861）= Fugosia Juss.（1789）Nom. illegit.；~ = Cienfuegosia Cav.（1786）［锦葵科 Malvaceae］■●☆

18113 Eliea Cambess.（1830）【汉】埃利木属。【隶属】金丝桃科 Hypericaceae//猪胶树科（克鲁西科，山竹子科，藤黄科）Clusiaceae（Guttiferae）。【包含】世界 1 种。【学名诠释与讨论】〈阴〉（人）Elie。此属的学名，ING 和 IK 记载是“Eliea Cambess.，Ann. Sci. Nat.（Paris）20：400，t. 13. 1830”。TROPICOS 则记载了 2 个名称：“Eliaea Cambess.，Annales des Sciences Naturelles（Paris）20：400，1830”和“Eliaea Cambess.，Annales des Sciences Naturelles（Paris）20：400，t. 13. 1830”；后者拼写有误。“Eliea G. Don”是“Eliea Cambess.（1830）”的异名。【分布】马达加斯加。【模式】Eliea articulata（Lamarck）Cambessèdes［Hypericum articulatum Lamarck］。【参考异名】Eliaea Cambess.（1830）Nom. illegit.●☆

18114 Eliea G. Don = Eliea Cambess.（1830）［金丝桃科 Hypericaceae//猪胶树科（克鲁西科，山竹子科，藤黄科）Clusiaceae（Guttiferae）］●☆

18115 Eligia Dumort.（1829）= Elegia L.（1771）［帚灯草科 Restionaceae］■☆

18116 Eligmocarpus Capuron（1968）【汉】折扇豆属。【隶属】豆科 Fabaceae（Leguminosae）//云实科（苏木科）Caesalpiniaceae。【包含】世界 1 种。【学名诠释与讨论】〈阳〉（希）eligma，折痕，螺旋形物。Heligmos，弯曲，盘旋+karpos，果实。【分布】马达加斯加。【模式】Eligmocarpus cynometroides R. Capuron。●☆

18117 Elimus Nocca（1793）= Elymus L.（1753）［禾本科 Poaceae（Gramineae）］■

18118 Elingamita G. T. S. Baylis（1951）【汉】新西兰紫金牛属。【隶

属】紫金牛科 Myrsinaceae。【包含】世界 1 种。【学名诠释与讨论】〈阴〉词源不详。【分布】新西兰。【模式】Elingamita johnsoni G. T. S. Baylis。●☆

18119 Eliokarmos Raf. (1837)【汉】小籽风信子属。【隶属】风信子科 Hyacinthaceae//百合科 Liliaceae。【包含】世界 65 种。【学名诠释与讨论】〈中〉词源不详。Raf. (1837) 把属名用作中性。后来作者多改用为阳性,是不对的。亦有文献把"Eliokarmos Raf. (1837)"处理为"Ornithogalum L. (1753)"的异名。【分布】参见 Ornithogalum L. (1753)。【模式】未指定。【参考异名】Ornithogalum L. (1753)■☆

18120 Elionurus Humb. et Bonpl. ex Willd. (1806) (保留属名)【汉】胶鳞茅属(睡鼠尾草属,伊利草属)。【隶属】禾本科 Poaceae (Gramineae)。【包含】世界 15 种。【学名诠释与讨论】〈阳〉(希) elyo, 旋卷+-urus, -ura, -uro, 用于希腊文组合词, 含义为"尾巴"。此属的学名"Elionurus Humb. et Bonpl. ex Willd. , Sp. Pl. 4:941 Apr. 1806 ('Elyonurus')"是保留属名。法规未列出相应的废弃属名。但是禾本科 Poaceae (Gramineae) 的"Elionurus Kunth, Mém. Mus. Hist. Nat. 2:69, 1815 ≡ Elionurus Humb. et Bonpl. ex Willd. (1806) (保留属名)"以及"Elyonorus Bartl. , Ord. 31 (1830)"、"Elyonurus Willd. (1806) ≡ Elionurus Humb. et Bonpl. ex Willd. (1806)"和"Elyonurus Humb. et Bonpl. ex Willd. , Sp. Pl. , ed. 4 [Willdenow] 4 (2):941. 1806 [Apr 1806]"亦应废弃。"Calochloa Kunze (1903) Nom. illegit. "是"Elionurus Humb. et Bonpl. ex Willd. (1806)"的错误引用;"Calochloa Post et Kuntze (1903) Nom. illegit. "则是"Calochloa Kunze (1903) Nom. illegit. "的错误引用。【分布】巴基斯坦, 巴拿马, 秘鲁, 玻利维亚, 马达加斯加, 热带和亚热带, 中美洲。【模式】Elionurus tripsacoides Humb. et Bonpl. ex Willd. 。【参考异名】Callichloe Willd. ex Steud. (1840);Callichloea Steud. (1840) Nom. illegit. ;Calochloa Kunze (1903) Nom. illegit. ;Calochloa Post et Kuntze (1903) Nom. illegit. ;Elionurus Kunth (1815);Elyonorus Bartl. (1830) Nom. illegit. (废弃属名);Elyonurus Humb. et Bonpl. ex Willd. (1806);Elyonurus Willd. (1806) Nom. illegit. ;Habrurus Hochst. (1856) Nom. inval. , Nom. nud. ;Habrurus Hochst. ex Hack. ■☆

18121 Elionurus Kunth (1815) (废弃属名) ≡ Elionurus Humb. et Bonpl. ex Willd. (1806) (保留属名) [禾本科 Poaceae (Gramineae)]■☆

18122 Eliopia Raf. (1838) Nom. illegit. ≡ Tiaridium Lehm. (1818);~=Heliotropium L. (1753) [紫草科 Boraginaceae//天芥菜科 Heliotropiaceae]●■

18123 Eliosina Post et Kuntze (1903) = Eleiosina Raf. (1838) [蔷薇科 Rosaceae]●

18124 Eliotis Post et Kuntze (1903) = Eleiotis DC. (1825) [豆科 Fabaceae (Leguminosae)//蝶形花科 Papilionaceae]■☆

18125 Eliottia Steud. (1821) = Elliottia Muhl. ex Elliott (1817) [杜鹃花科 (欧石南科) Ericaceae]●☆

18126 Elisabetha Bronner (1857)【汉】伊丽莎白葡萄属。【隶属】葡萄科 Vitaceae。【包含】世界 1 种。【学名诠释与讨论】〈阴〉(人) Elisabeth。【分布】德国。【模式】Elisabetha rubicunda Bronner。☆

18127 Elisabetha Post et Kuntze (1903) Nom. illegit. = Elizabetha Schomb. ex Benth. (1840) [豆科 Fabaceae (Leguminosae)//云实科 (苏木科) Caesalpiniaceae]■☆

18128 Elisanthe (Endl.) Rchb. (1841) Nom. illegit. ≡ Elisanthe (Fenzl ex Endl.) Rchb. (1841) [石竹科 Caryophyllaceae]■

18129 Elisanthe (Fenzl ex Endl.) Rchb. (1841)【汉】伊丽花属。【俄】Элизанта。【隶属】石竹科 Caryophyllaceae。【包含】世界 1 种。【学名诠释与讨论】〈阴〉(人) Elis+anthos, 花。此属的学名, ING

记载是"Elisanthe (Endlicher) H. G. L. Reichenbach, Deutsche Bot. Herbarienbuch (Nom.) 206. Jul 1841", 由"Saponaria [unranked] Elisanthe Endlicher, Gen. 972. 1-14 Feb 1840"改级而来。TROPICOS 记载为"Elisanthe (Fenzl ex Endl.) Rchb. , Deut. Bot. Herb. – Buch 206, 1841", 由"Silene sect. Elisanthe (Fenzl ex Endl.) Ledeb. , Flora Rossica 1:314. 1842"改级而来。IK 则记载为"Elisanthe Rchb. , Deut. Bot. Herb. – Buch 206. 1841 [Jul 1841]"。三者引用的文献相同。"Elisanthe (Fenzl ex Endl.) Rchb. (1841)"曾先后被处理为"Melandrium sect. Elisanthe (Fenzl ex Endl.) A. Braun, Flora 26:371. 1843"、"Silene sect. Elisanthe (Fenzl ex Endl.) Ledeb. , Flora Rossica 1:314. 1842"和"Silene subgen. Elisanthe (Fenzl ex Endl.) Fenzl, Genera Plantarum (Endlicher) 2:78. 1842"。亦有文献把"Elisanthe (Fenzl ex Endl.) Rchb. (1841)"处理为"Silene L. (1753) (保留属名)"的异名。【分布】中国。【后选模式】Elisanthe noctiflora (Linnaeus) Ruprecht [Silene noctiflora Linnaeus]。【参考异名】Elisanthe (Endl.) Rchb. (1841) Nom. illegit. ;Elisanthe (Fenzl) Rchb. (1841) Nom. illegit. ;Elisanthe Rchb. (1841) Nom. illegit. ;Melandrium sect. Elisanthe (Fenzl ex Endl.) A. Braun (1843);Saponaria [unranked] Elisanthe Endl. (1840);Silene L. (1753) (保留属名);Silene sect. Elisanthe (Fenzl ex Endl.) Ledeb. (1842);Silene subgen. Elisanthe (Fenzl ex Endl.) Fenzl (1842)■

18130 Elisanthe (Fenzl) Rchb. (1841) Nom. illegit. ≡ Elisanthe (Fenzl ex Endl.) Rchb. (1841) [石竹科 Caryophyllaceae]■

18131 Elisanthe Rchb. (1841) Nom. illegit. ≡ Elisanthe (Fenzl ex Endl.) Rchb. (1841) [石竹科 Caryophyllaceae]■

18132 Elisarrhena Benth. et Hook. f. (1867) = Elissarrhena Miers (1864) [防己科 Menispermaceae]●☆

18133 Elisena Herb. (1837) Nom. illegit. ≡ Liriopsis Rchb. (1828);~=Urceolina Rchb. (1829) (保留属名) [石蒜科 Amaryllidaceae]■☆

18134 Elisena M. Roem. (1847) Nom. illegit. ≡ Imhofia Heist. (1753) (废弃属名);~=Boophone Herb. (1821) (保留属名);~=Nerine Herb. (1820) (保留属名) [石蒜科 Amaryllidaceae]■☆

18135 Elisia Milano (1847) = Brugmansia Pers. (1805) [茄科 Solanaceae]●

18136 Elisma Buchenau (1869) Nom. illegit. ≡ Luronium Raf. (1840) [泽泻科 Alismataceae]■☆

18137 Elismataceae Nakai = Alismataceae Vent. (保留科名)■☆

18138 Elissarrhena Miers (1864) = Anomospermum Miers (1851) [防己科 Menispermaceae]●☆

18139 Elizabetha Schomb. ex Benth. (1840)【汉】伊丽莎白豆属。【隶属】豆科 Fabaceae (Leguminosae)//云实科 (苏木科) Caesalpiniaceae。【包含】世界 11 种。【学名诠释与讨论】〈阴〉(人) Elizabeth。【分布】热带南美洲。【后选模式】Elizabetha princeps Schomburgk ex Bentham。【参考异名】Elisabetha Post et Kuntze (1903) Nom. illegit. ■☆

18140 Elizaldia Willk. (1852)【汉】埃利紫草属。【隶属】紫草科 Boraginaceae。【包含】世界 5 种。【学名诠释与讨论】〈阴〉(人) Elizald。【分布】地中海西部。【模式】Elizaldia nonneoides Willkomm, Nom. illegit. [Nonea multicolor G. Kunze [as 'Nonnea']。【参考异名】Massartina Maire (1925)●☆

18141 Elkaja M. Poem. (1846) = Elcaja Forssk. (1775);~= Trichilia P. Browne (1756) (保留属名) [楝科 Meliaceae]●

18142 Elkania Schltdl. ex Wedd. (1869) = Pouzolzia Gaudich. (1830) [荨麻科 Urticaceae]●■

18143 Elleanthus C. Presl (1827)【汉】海勒兰属 (埃伦兰属)。【日

エルレアントゥス属。【隶属】兰科 Orchidaceae。【包含】世界 115 种。【学名诠释与讨论】〈阳〉（人）Helle, 海勒, 传说中的人物, Athamas 和 Nephele 的女儿+anthos, 花。【分布】玻利维亚, 热带美洲, 西印度群岛。【后选模式】Elleanthus lancifolius K. B. Presl。【参考异名】Adeneleuterophora Barb. Rodr.（1881）; Adeneleuthera Kuntze（1903）Nom. illegit.; Adeneleutherophora Dalla Torre et Harms（1881）; Epilyna Schltr.（1918）; Eveleyna Steud.（1840）; Evelyna Poepp. et Endl.（1835）; Pseudelleanthus Brieger（1983）■☆

18144 Elleborus Vill.（1789）= Helleborus L.（1753）［毛茛科 Ranunculaceae//铁筷子科 Helleboraceae］■

18145 Elleimataenia Koso-Pol.（1916）= Osmorhiza Raf.（1819）（保留属名）［伞形花科（伞形科）Apiaceae（Umbelliferae）］■

18146 Ellenbergia Cuatrec.（1964）【汉】外腺菊属。【隶属】菊科 Asteraceae（Compositae）。【包含】世界 1 种。【学名诠释与讨论】〈阴〉（人）Ellenberg。【分布】秘鲁。【模式】Ellenbergia glandulata Cuatrecasas。【参考异名】Kamettia Kostel.（1834）■☆

18147 Ellertonia Wight（1848）Nom. illegit. ≡ Kamettia Kostel.（1834）［夹竹桃科 Apocynaceae］●☆

18148 Ellimia Nutt.（1838）（废弃属名）= Oligomeris Cambess.（1839）（保留属名）［木犀草科 Resedaceae］■●

18149 Ellimia Nutt. ex Torr. et A. Gray（1838）Nom. illegit.（废弃属名）≡ Ellimia Nutt.（1838）（废弃属名）; ~ = Oligomeris Cambess.（1839）（保留属名）［木犀草科 Resedaceae］■●

18150 Elliotia Spach（1840）Nom. inval.［杜鹃花科（欧石南科）Ericaceae］☆

18151 Elliottia Muhl.（1817）Nom. illegit. ≡ Elliottia Muhl. ex Elliott（1817）［杜鹃花科（欧石南科）Ericaceae］●☆

18152 Elliottia Muhl. ex Elliott（1817）【汉】翘柱杜鹃属（埃氏杜鹃属, 翘柱李属）。【隶属】杜鹃花科（欧石南科）Ericaceae。【包含】世界 2-4 种。【学名诠释与讨论】〈阴〉（人）Stephen Elliott, 1771-1830, 美国植物学者。此属的学名, ING, TROPICOS 和 GCI 记载是"Elliottia Muhlenberg ex S. Elliott, Sketch Bot. S. - Carolina Georgia 1:448. Dec（?）1817"。IK 则记载为"Elliottia Muhl. ex Nutt., Gen. N. Amer. Pl.［Nuttall］. 2:Addit.［3］. 1818"; 这是晚出的非法名称。"Elliottia Muhl.（1817）Nom. illegit. ≡ Elliottia Muhl. ex Elliott（1817）［杜鹃花科（欧石南科）Ericaceae］"的命名人引证有误。"Elliotia Spach, Hist. Nat. Vég.（Spach）9:443. 1840［15 Aug 1840］"未附任何种名, 似为"Elliottia Muhl. ex Elliott（1817）"的拼写变体。【分布】美国。【模式】Elliottia racemosa Muhlenberg ex S. Elliott。【参考异名】Cladothamnus Bong.（1832）; Eliottia Steud.（1821）; Elliottia Muhl.（1817）Nom. illegit.; Elliottia Muhl. ex Nutt.（1818）Nom. illegit.; Leptaxis Raf.（1837）（废弃属名）; Tolmiea Hook.（1834）（废弃属名）; Tripetaleia Siebold et Zucc.（1843）●☆

18153 Elliottia Muhl. ex Nutt.（1818）Nom. illegit. ≡ Elliottia Muhl. ex Elliott（1817）［杜鹃花科（欧石南科）Ericaceae］●☆

18154 Ellipanthus Hook. f.（1862）【汉】单叶豆属。【英】Ellipanthus。【隶属】牛栓藤科 Connaraceae。【包含】世界 7-13 种, 中国 1-2 种。【学名诠释与讨论】〈阳〉（希）ellipes, 有缺点的, 欠缺的+anthos, 花。【分布】东亚, 非洲东部, 马达加斯加, 印度至马来西亚, 中国。【后选模式】Ellipanthus unifoliolatus（Thwaites）Thwaites［Connarus unifoliolatus Thwaites］。【参考异名】Pseudellipanthus G. Schellenb.（1922）; Trichostephania Tardieu（1949）●

18155 Ellipeia Hook. f. et Thomson（1855）【汉】短瓣玉盘属。【隶属】番荔枝科 Annonaceae。【包含】世界 5 种。【学名诠释与讨论】

〈阴〉（希）ellipes, 有缺点的, 欠缺的。【分布】马来西亚（西部）。【模式】Ellipeia cuneifolia J. D. Hooker et T. Thomson。●☆

18156 Ellipeiopsis R. E. Fr.（1955）【汉】类短瓣玉盘属。【隶属】番荔枝科 Annonaceae。【包含】世界 2 种。【学名诠释与讨论】〈阴〉（属）Ellipeia 短瓣玉盘属+希腊文 opsis, 外观, 模样, 相似。【分布】孟加拉国至中南半岛。【后选模式】Ellipeiopsis ferruginea（Hamilton ex J. D. Hooker et T. Thomson）R. E. Fries［Uvaria ferruginea Hamilton ex J. D. Hooker et T. Thomson］。●☆

18157 Ellisia Garden（1）Nom. illegit.（废弃属名）= Frasera Walter（1788）［龙胆科 Gentianaceae］■☆

18158 Ellisia Garden（2）Nom. illegit.（废弃属名）= Gelsemium Juss.（1789）［马钱科（断肠草科, 马钱子科）Loganiaceae//胡蔓藤科（钩吻科）Gelsemiaceae］●

18159 Ellisia L.（1763）（保留属名）【汉】埃氏麻属。【隶属】田梗草科（田基麻科, 田亚麻科）Hydrophyllaceae。【包含】世界 1 种。【学名诠释与讨论】〈阴〉（人）John Ellis, 1710-1776, 英国植物学者。此属的学名"Ellisia L., Sp. Pl., ed. 2:1662. Jul-Aug 1763"是保留属名。相应的废弃属名是马鞭草科 Verbenaceae 的"Ellisia P. Browne, Civ. Nat. Hist. Jamaica: 262. 10 Mar 1756 = Duranta L.（1753）"。龙胆科 Gentianaceae 的"Ellisia Garden, Corr. Linnaeus［J. E. Smith］i. 295（1821）= Frasera Walter（1788）= Gelsemium Juss.（1789）"亦应废弃。"Nyctelea Scopoli, Introd. 183. Jan-Apr 1777"是"Ellisia L.（1763）（保留属名）"的晚出的同模式异名（Homotypic synonym, Nomenclatural synonym）。真菌的"Ellisia A. C. Batista et G. E. P. Peres, Mycopathologia 25:166. 25 Mar 1965"也须废弃。【分布】美国, 北美洲。【模式】Ellisia nyctelea（Linnaeus）Linnaeus［Ipomoea nyctelea Linnaeus］。【参考异名】Colpophyllos Trew（1761）; Macrocalyx Trew（1761）; Nyctelea Scop.（1777）Nom. illegit. ■☆

18160 Ellisia P. Browne（1756）（废弃属名）= Duranta L.（1753）［马鞭草科 Verbenaceae//假连翘科 Durantaceae］●

18161 Ellisiaceae Bercht. et J. Presl（1820）= Boraginaceae Juss.（保留科名）; ~ = Hydrophyllaceae R. Br.（保留科名）●■

18162 Ellisiana Garden（1821）= Gelsemium Juss.（1789）［马钱科（断肠草科, 马钱子科）Loganiaceae//胡蔓藤科（钩吻科）Gelsemiaceae］●

18163 Ellisiophyllaceae Honda（1930）【汉】幌菊科。【包含】世界 1 属 1 种, 中国 1 属 1 种。【分布】印度至中国（台湾）, 菲律宾。【科名模式】Ellisiophyllum Maxim. ■

18164 Ellisiophyllum Maxim.（1871）【汉】幌菊属（海螺菊属）。【日】キクガラクサ属。【英】Ellisiophyllum, Signdaisy。【隶属】玄参科 Scrophulariaceae//幌菊科 Ellisiophyllaceae//婆婆纳科 Veronicaceae。【包含】世界 1 种, 中国 1 种。【学名诠释与讨论】〈中〉（属）Ellisia 埃氏麻属+希腊文 phyllon, 叶子。指叶的形状与 Ellisia 埃氏麻属相似。另说 John Ellis, c. 1714?（或 1710/1711）-1776, 英国植物学者+希腊文 phyllon, 叶子。此属的同物异名"Moseleya Hemsley, Hooker's Icon. Pl. 26: ad t. 2592. Feb 1899"是一个替代名称;"Hornemannia Bentham in Alph. de Candolle, Prodr. 10:428. 8 Apr 1846"是一个非法名称（Nom. illegit.）, 因为此前已经有了"Hornemannia M. Vahl, Skr. Naturhist. -Selsk. 6:120. 1810 = Symphysia C. Presl（1827）［杜鹃花科（欧石南科）Ericaceae］"。故用"Moseleya Hemsl.（1899）"替代之。【分布】菲律宾, 印度至日本, 中国, 新几内亚岛东部。【模式】Ellisiophyllum reptans Maximowicz。【参考异名】Hornemannia Benth.（1846）Nom. illegit.; Moseleya Hemsl.（1899）Nom. illegit. ■

18165 Ellisochloa P. M. Peterson et N. P. Barker（2011）【汉】爱丽丝禾

属。【隶属】禾本科 Poaceae（Gramineae）。【包含】世界 2 种。
【学名诠释与讨论】〈阴〉（人）Ellis+希腊文 chloe 多利斯文 chloa，
草的幼芽，嫩草，禾草。【分布】南非。【模式】Ellisochloa rangei
（Pilg.）P. M. Peterson et N. P. Barker［Danthonia rangei Pilg.］。☆

18166 Ellobium Lilja（1841）= Fuchsia L.（1753）［柳叶菜科
Onagraceae］●■

18167 Ellobum Blume（1826）（废弃属名）= Didissandra C. B. Clarke
（1883）（保留属名）［苦苣苔科 Gesneriaceae］●■

18168 Elmera Rydb.（1905）【汉】埃尔莫草属。【隶属】虎耳草科
Saxifragaceae。【包含】世界 1 种。【学名诠释与讨论】〈阴〉（人）
Adolph Daniel Edward Elmer，1870-1942，美国植物学者。此属的
学名，ING、TROPICOS 和 IK 记载是“Elmera Rydberg，N. Amer. Fl.
22：97. 18 Dec 1905”。【分布】北美洲。【模式】Elmera racemosa
（S. Watson）Rydberg［Heuchera racemosa S. Watson］。■☆

18169 Elmeria Ridl.（1909）Nom. illegit. ≡ Adelmeria Ridl.（1909）；
~ = Alpinia Roxb.（1810）（保留属名）［姜科（蘘荷科）
Zingiberaceae//山姜科 Alpiniaceae］■

18170 Elmerrillia Dandy（1927）【汉】埃梅木属。【隶属】木兰科
Magnoliaceae。【包含】世界 4-7 种。【学名诠释与讨论】〈阴〉
（人）Elmer D. Merrill，Dandy 将名字的两部分合起来创造了这个
属名。亦有文献把“Elmerrillia Dandy（1927）”处理为“Michelia
L.（1753）”的异名。【分布】菲律宾，新几内亚岛。【模式】
Elmerrillia papuana（Schlechter）Dandy［Talauma papuana
Schlechter］。【参考异名】Michelia L.（1753）●☆

18171 Elmigera Rchb.（1828）Nom. inval. ≡ Elmigera Rchb. ex Spach
（1840）；~ = Penstemon Schmidel（1763）［玄参科
Scrophulariaceae//婆婆纳科 Veronicaceae］●■

18172 Elodea Adans.（1763）Nom. illegit. ≡ Elodes Adans.（1763）
Nom. illegit. ；~ = Hypericum L.（1753）［金丝桃科 Hypericaceae//
猪胶树科（克鲁西科，山竹子科，藤黄科）Clusiaceae（Guttiferae）］

18173 Elodea J. St. –Hil.（1805）Nom. illegit. = Elodes Adans.（1763）
Nom. illegit. ；~ = Hypericum L.（1753）［金丝桃科 Hypericaceae//
猪胶树科（克鲁西科，山竹子科，藤黄科）Clusiaceae（Guttiferae）］

18174 Elodea Jack，Nom. illegit. = Cratoxylum Blume（1823）［金丝桃
科 Hypericaceae//猪胶树科（克鲁西科，山竹子科，藤黄科）
Clusiaceae（Guttiferae）］●

18175 Elodea Juss. ，Nom. illegit. = Triadenum Raf.（1837）［金丝桃科
Hypericaceae//猪胶树科（克鲁西科，山竹子科，藤黄科）
Clusiaceae（Guttiferae）］●

18176 Elodea Michx.（1803）【汉】美洲水鳖属（黑藻属，伊乐藻属，蕴
草属）。【日】エロデア属，カナダモ属。【俄】бодяная Зараза，
Зараза бодяная，Чима водяная，Элодея。【英】Ditch – moss，
Elodea，Pondweed，Waterweed，Water – weed。【隶属】水鳖科
Hydrocharitaceae。【包含】世界 5-12 种。【学名诠释与讨论】
〈阴〉（希）helos，所有格 heleos，沼泽。helodes，生于沼泽的，湿软
的，多沼的，常去沼泽的。此属的学名，ING、APNI、GCI、
TROPICOS 和 IK 记载是“Elodea A. Michaux，Fl. Bor. –Amer. 1：
20. 19 Mar 1803”。“Elodea Adans.（1763）”是“Elodes Adans.
（1763）［金丝桃科 Hypericaceae；猪胶树科（克鲁西科，山竹子
科，藤黄科）Clusiaceae（Guttiferae）］”的拼写变体。“Elodea J.
Saint–Hilaire，Expos. Fam. 2：24. Feb–Apr 1805 = Elodes Adans.
（1763）［金丝桃科 Hypericaceae；猪胶树科（克鲁西科，山竹子
科，藤黄科）Clusiaceae（Guttiferae）］”和“Elodea L. C. Richard，
Mém. Cl. Sci. Math. Inst. Natl. France 12（2）：4，60. 1814 = Elodea
Michx.（1803）［水鳖科 Hydrocharitaceae］”是晚出的非法名称。
“Philotria Rafinesque，Amer. Monthly Mag. & Crit. Rev. 2：175. Jan

1818” 和 “Udora Nuttall，Gen. 2：242. 14 Jul 1818” 是 “Elodea
Michx.（1803）” 的 同模式异名（Nomenclatural synonym）。
“Elodea Juss.” 是［金丝桃科 Hypericaceae；猪胶树科（克鲁西科，
山竹子科，藤黄科）Clusiaceae（Guttiferae）］“Cratoxylum Blume
（1823）”或“Triadenum Raf.（1837）”的异名。【分布】秘鲁，玻利
维亚，厄瓜多尔，美国，中国，温带美洲。【模式】Elodea
canadensis A. Michaux。【参考异名】Anacharis Rich.（1814）；
Apalanthe Planch.（1848）；Diplandra Bertero（1829）（废弃属名）；
Elodea Rich.（1814）Nom. illegit. ；Hapalanthe Post et Kuntze
（1903）；Helodea Rchb.（1841）；Hydora Besser（1832）；Luchia
Steud.（1841）；Philotria Raf.（1818）Nom. illegit. ；Serpicula Pursh
（1813）Nom. illegit. ；Udora Nutt.（1818）Nom. illegit. ■☆

18177 Elodea Rich.（1814）Nom. illegit. = Elodea Michx.（1803）［水
鳖科 Hydrocharitaceae］■☆

18178 Elodeaceae Dumort.（1829）= Hydrocharitaceae Juss.（保留科
名）■

18179 Elodes Adans.（1763）Nom. illegit. = Hypericum L.（1753）［金
丝桃科 Hypericaceae//猪胶树科（克鲁西科，山竹子科，藤黄科）
Clusiaceae（Guttiferae）］■●

18180 Elodes Clus. ex Adans.（1763）Nom. illegit. = Hypericum L.
（1753）［金丝桃科 Hypericaceae//猪胶树科（克鲁西科，山竹子
科，藤黄科）Clusiaceae（Guttiferae）］■●

18181 Elodes Spach（1836）Nom. illegit. ≡ Spachelodes Y. Kimura
（1935）；~ = Hypericum L.（1753）［金丝桃科 Hypericaceae//猪胶
树科（克鲁西科，山竹子科，藤黄科）Clusiaceae（Guttiferae）］■●

18182 Elongatia（Luer）Luer（2004）= Pleurothallis R. Br.（1813）［兰
科 Orchidaceae］■☆

18183 Elopium Schott（1865）= Philodendron Schott（1829）［as
‘Philodendrum’（保留属名）［天南星科 Araceae］■●

18184 Eloyella P. Ortiz（1979）= Phymatidium Lindl.（1833）［兰科
Orchidaceae］■☆

18185 Elphegea Cass.（1818）= Psiadia Jacq.（1803）［菊科 Asteraceae
（Compositae）］●☆

18186 Elphegea Less.（1832）Nom. illegit. = Felicia Cass.（1818）（保
留属名）［菊科 Asteraceae（Compositae）］●■

18187 Elsbolzia Rchb.（1828）Nom. illegit. = Elsholtzia Willd.（1790）
［唇形科 Lamiaceae（Labiatae）］●■

18188 Elschotzia Brongn.（1843）Nom. illegit. ≡ Elshotzia Brongn.
（1843）Nom. illegit. ；~ = Elsholtzia Willd.（1790）［唇形科
Lamiaceae（Labiatae）］☆

18189 Elschozia Raf. = Elsholtia W. D. J. Koch（1844）；~ = Elsholtzia
Willd.（1790）［唇形科 Lamiaceae（Labiatae）］●■

18190 Elsholtia W. D. J. Koch（1844）= Elsholtzia Willd.（1790）［唇形
科 Lamiaceae（Labiatae）］●■

18191 Elsholtzia Neck.（1790）Nom. inval. = Couroupita Aubl.（1775）
［玉蕊科（巴西果科）Lecythidaceae］●☆

18192 Elsholtzia Willd.（1790）【汉】香薷属。【日】ナギナタカウジ
ュ属，ナギナタコウジュ属。【俄】Элисольция，Эльсгольция，
Эльшольция。【英】Elsholtzia，Mint Shrub。【隶属】唇形科
Lamiaceae（Labiatae）。【包含】世界 35-40 种，中国 33-34 种。【学
名诠释与讨论】〈阴〉（人）Johann Siegesmund Elsholtz，1623 –
1688，德国植物学者、医生。此属的学名，ING、TROPICOS 和 IK
记载是“Elsholtzia Willdenow，Bot. Mag.（Römer et Usteri）11：3.
Oct–Dec 1790”；《中国植物志》和《巴基斯坦植物志》亦用此名
称。“Elsholtia W. D. J. Koch，Syn. Fl. Germ. Helv. ，ed. 2. 631. 1844
［Nov 1844］”是本属的晚出异名。“Elsholtzia Neck. ，Elem. Bot.
（Necker）2：256. 1790；nom. invalid. Published in opera utiq. oppr.

=Couroupita Aubl.（1775）［玉蕊科（巴西果科）Lecythidaceae］"是一个未合格发表的名称（Nom. inval.）。【分布】埃塞俄比亚，巴基斯坦，中国，欧亚大陆。【模式】Elsholtzia cristata Willdenow。【参考异名】Aphanochilus Benth.（1829）；Cyclostegia Benth.（1829）；Elsbolzia Rchb.（1828）Nom. illegit.；Elschotzia Brongn.（1843）Nom. illegit.；Elschozia Raf.；Elsholtia W. D. J. Koch（1844）；Elsholzia Moench（1794）；Elsholzia Willd.（1790）Nom. illegit.；Elshotzia Brongn.；Elssholzia Garcke（1863）；Paulseniella Briq.（1907）；Platyelasma（Briq.）Kitag.；Platyelasma Kitag.（1933）Nom. illegit.；Rostrinucula Kudô（1929）●■

18193　Elsholzia Moench（1794）= Elsholtzia Willd.（1790）［唇形科 Lamiaceae（Labiatae）］●■

18194　Elsholzia Willd.（1790）Nom. illegit. = Elsholtzia Willd.（1790）［唇形科 Lamiaceae（Labiatae）］●■

18195　Elshotzia Brongn.（1843）Nom. illegit. = Elsholtzia Willd.（1790）［唇形科 Lamiaceae（Labiatae）］●■

18196　Elshotzia Raf. = Eschscholzia Cham.（1820）［罂粟科 Papaveraceae//花菱草科 Eschscholtziaceae］■

18197　Elshotzia Roxb.（1832）= Pleurothallis R. Br.（1813）［兰科 Orchidaceae］■☆

18198　Elsiea F. M. Leight.（1944）= Ornithogalum L.（1753）［百合科 Liliaceae//风信子科 Hyacinthaceae］■

18199　Elsneria Walp.（1843）= Bowlesia Ruiz et Pav.（1794）［伞形花科（伞形科）Apiaceae（Umbelliferae）］■☆

18200　Elsota Adans.（1763）Nom. illegit. ≡ Securidaca L.（1759）（保留属名）［远志科 Polygalaceae］●

18201　Elssholzia Garcke（1863）= Elsholtzia Willd.（1790）［唇形科 Lamiaceae（Labiatae）］●■

18202　Elssholzia Post et Kuntze（1903）Nom. illegit. = Couroupita Aubl.（1775）；~ = Elsholtzia Neck.（1790）Nom. inval.；~ = Couroupita Aubl.（1775）［玉蕊科（巴西果科）Lecythidaceae］●☆

18203　Eltroplectris Raf.（1837）【汉】尊距兰属。【隶属】兰科 Orchidaceae。【包含】世界12种。【学名诠释与讨论】〈阴〉（希）eleutheros，自由的+plectron，距。指花尊外面具距。此属的学名，ING、TROPICOS和IK记载是"Eltroplectris Raf., Fl. Tellur. 2：51. 1837［1836 publ. Jan－Mar 1837］"。Burns－Bal. 把其降级为"Stenorrhynchos sect. Eltroplectris（Raf.）Burns－Bal., American Journal of Botany 69（7）：1131. 1982.（30 Aug 1982）"。"Centrogenium Schlechter, Beih. Bot. Centralbl. 37（2）：451. 31 Mar 1920"是"Eltroplectris Raf.（1837）"的晚出的同模式异名（Homotypic synonym, Nomenclatural synonym）。亦有文献把"Eltroplectris Raf.（1837）"处理为"Stenorrhynchos Rich. ex Spreng.（1826）"的异名。【分布】巴拉圭，秘鲁，玻利维亚，厄瓜多尔，哥斯达黎加，尼加拉瓜，西印度群岛，热带美洲，中美洲。【模式】Eltroplectris acuminata Rafinesque, Nom. illegit. ［Neottia calcarata Swartz］。【参考异名】Centrogenium Schltr.（1919）Nom. illegit.；Stenorrhynchos Rich. ex Spreng.（1826）；Stenorrhynchos sect. Eltroplectris（Raf.）Burns－Bal.（1982）■☆

18204　Eluteria Steud.（1821）= Croton L.（1753）［大戟科 Euphorbiaceae//巴豆科 Crotonaceae］●

18205　Elutheria M. Roem.（1846）Nom. illegit.（废弃属名）= Schmardaea H. Karst.（1861）；~ = Swietenia Jacq.（1760）［棟科 Meliaceae］●

18206　Elutheria P. Browne（1756）（废弃属名）= Guarea F. Allam.（1771）［as 'Guara'］（保留属名）［棟科 Meliaceae］●☆

18207　Elvasia DC.（1811）【汉】南美金莲木属。【隶属】金莲木科 Ochnaceae。【包含】世界10-11种。【学名诠释与讨论】〈阴〉（人）Elvas。【分布】巴拿马，秘鲁，玻利维亚，哥斯达黎加，尼加拉瓜，中美洲。【模式】Elvasia calophyllea A. P. de Candolle。【参考异名】Hostmannia Planch.（1845）；Perissocarpa Steyerm. et Maguire（1984）；Trichovaselia Tiegh.（1902）；Vaselia Tiegh.（1902）●☆

18208　Elvina Steud.（1840）= Elvira Cass.（1824）［菊科 Asteraceae（Compositae）］■☆

18209　Elvira Cass.（1824）【汉】墨西哥圆苞菊属。【隶属】菊科 Asteraceae（Compositae）。【包含】世界4种。【学名诠释与讨论】〈阴〉（人）Elvir。此属的学名是"Elvira Cassini in F. Cuvier, Dict. Sci. Nat. 30：67. Mai 1824"。亦有文献把其处理为"Delilia Spreng.（1823）"的异名。【分布】玻利维亚，厄瓜多尔（科隆群岛），墨西哥，中美洲。【模式】Elvira martyni Cassini, Nom. illegit. ［Milleria biflora Linnaeus；Elvira biflora（Linnaeus）A. P. de Candole］。【参考异名】Delilia Spreng.（1823）；Delilia Spreng.（1826）Nom. illegit.；Desmocephalum Hook. f.（1846）；Elvina Steud.（1840）；Eugamelia DC. ex Pfeiff.；Meratia Cass.（1824）Nom. illegit.（废弃属名）；Microcoecia Hook. f.（1846）■☆

18210　Elwendia Boiss.（1844）= Carum L.（1753）［伞形花科（伞形科）Apiaceae（Umbelliferae）］■

18211　Elwertia Raf.（1838）= Clusia L.（1753）［猪胶树科（克鲁西科，山竹子科，藤黄科）Clusiaceae（Guttiferae）］●☆

18212　Elymandra Stapf（1919）【汉】箭袋草属。【隶属】禾本科 Poaceae（Gramineae）。【包含】世界6种。【学名诠释与讨论】〈阴〉（希）elymos，稷的古希腊名，含义为 elyo，卷曲+aner，所有格 andros，雄性，雄蕊。【分布】热带非洲。【模式】Elymandra androphila（Stapf）Stapf［Andropogon androphilus Stapf］。【参考异名】Pleiadelphia Stapf（1927）■☆

18213　Elymus L.（1753）【汉】披碱草属（滨麦属，砂麦属，野麦属）。【日】エゾムギ属，エリムス属，ハマムギ属。【俄】Волоснец, Вострец, Клинэлимус, Колосняк, Элимус。【英】Blue Lyme Grass, Couch, Lyme Grass, Lymegrass, Lyme－grass, Wild Rye, Wildrye, Wild－rye, Wildryegrass。【隶属】禾本科 Poaceae（Gramineae）。【包含】世界100-170种，中国51-88种。【学名诠释与讨论】〈阳〉（希）elymos，稷的古希腊名。elymos，箭袋，矢筒。此属的学名，ING、APNI、GCI、TROPICOS和IK记载是"Elymus L., Sp. Pl. 1：83. 1753［1 May 1753］"。"Elymus J. Mitchell, Diss. Brev. Bot. Zool. 32. 1769 = Zizania L.（1753）［禾本科 Poaceae（Gramineae）］"是晚出的非法名称。"Clinelymus（Grisebach）Nevski, Izv. Bot. Sada Akad. Nauk SSSR 30：637, 640. 1932"、"Sitospelos Adanson, Fam. 2：36, 606. Jul－Aug 1763"和"Terrellia Lunell, Amer. Midl. Naturalist 4：227. 20 Sep 1915"是"Elymus L.（1753）"的晚出的同模式异名（Homotypic synonym, Nomenclatural synonym）。【分布】巴基斯坦，秘鲁，玻利维亚，厄瓜多尔，哥伦比亚，哥斯达黎加，美国，中国，热带山区，温带和亚热带，中美洲。【后选模式】Elymus sibiricus Linnaeus。【参考异名】Agropyron Gaertn.（1770）；Anthosachne Steud.（1854）；Braconotia Godr.（1844）Nom. illegit.；Campeiostachys Drobow（1941）；Clinelymus（Griseb.）Nevski（1932）Nom. illegit.；Clinelymus Nevski（1932）Nom. illegit.；Crithopyrum Steud.（1854）Nom. illegit.；Cryptopyrum Heynh.（1846）；Cynopoa Ehrh.（1780）；Elimus Nocca（1793）；Elytrigia Desv.（1810）；Eremium Seberg et Linde－Laursen（1996）；Festucopsis（C. E. Hubb.）Melderis（1978）；Fred. et Baden（1991）；Goulardia Husnot（1899）；Kengyilia C. Yen et J. L. Yang（1990）；Leptothrix（Dumort.）Dumort.（1868）Nom. illegit.；Leymus Hochst.（1848）；Lophopyrum Á. Löve（1980）；Orostachys Steud.（1841）Nom. inval., Nom. illegit.；Orthostachys Ehrh.（1789）Nom. nud.；

Pascopyrum Á. Löve（1980）；Peridictyon Seberg；Polyantherix Nees（1838）；Psammopyrum Á. Löve（1986）；Pseudoroegneria（Nevski）Á. Löve（1980）；Roegneria K. Koch（1848）；Semeiostachys Drobow（1941）；Sitospelos Adans.（1763）Nom. illegit.；Terrella Nevski（1931）；Terrellia Lunell（1915）Nom. illegit.；Thinopyrum Á. Löve（1980）；Trichopyrum Á. Löve（1986）■

18214　Elymus Mitch.（1769）Nom. illegit. = Zizania L.（1753）［禾本科 Poaceae（Gramineae）］■

18215　Elyna Schrad.（1806）= Kobresia Willd.（1805）［莎草科 Cyperaceae//嵩草科 Kobresiaceae］■

18216　Elynaceae Rchb. ex Barnhart = Cyperaceae Juss.（保留科名）●

18217　Elynanthus Nees（1832）Nom. illegit. = Tetraria P. Beauv.（1816）［莎草科 Cyperaceae］■☆

18218　Elynanthus P. Beauv. ex T. Lestib.（1819）= Tetraria P. Beauv.（1816）［莎草科 Cyperaceae］■☆

18219　Elyonorus Bartl.（1830）Nom. illegit.（废弃属名）= Elyonurus Humb. et Bonpl. ex Willd.（1806）［禾本科 Poaceae（Gramineae）］■☆

18220　Elyonurus Humb. et Bonpl. ex Willd.（1806）Nom. illegit.（废弃属名）= Elionurus Humb. et Bonpl. ex Willd.（1806）（保留属名）［禾本科 Poaceae（Gramineae）］■☆

18221　Elyonurus Willd.（1806）Nom. illegit.（废弃属名）≡ Elyonurus Humb. et Bonpl. ex Willd.（1806）Nom. illegit.（废弃属名）；~ = Elionurus Humb. et Bonpl. ex Willd.（1806）（保留属名）［禾本科 Poaceae（Gramineae）］■☆

18222　Elythranthe Rchb.（1841）= Elytranthe（Blume）Blume（1830）［桑寄生科 Loranthaceae］●

18223　Elythranthera（Endl.）A. S. George（1963）【汉】鞘药兰属。【隶属】兰科 Orchidaceae。【包含】世界 2 种。【学名诠释与讨论】〈阴〉（希）elytron，鞘，覆盖物+anthera，花药。此属的学名，ING、APNI 和 IK 记载是"Elythranthera（Endlicher）A. S. George, W. Austral. Naturalist 9：6. 13 Sep 1963"，由"Glossodia sect. Elythranthera Endlicher, Nov. Stirp. Decades 16. 15 Mai 1839"改级而来。"Elythranthera A. S. George（1963）≡ Elythranthera（Endl.）A. S. George（1963）"的命名人引证有误。后人改动的"Elythranthera（Endl.）A. S. George（1963）"是其拼写变体。【分布】澳大利亚（西部）。【模式】Elythranthera brunonis（Endlicher）A. S. George［Glossodia brunonis Endliche］。【参考异名】Elythranthera A. S. George（1963）Nom. illegit.；Elytranthera（Endl.）A. S. George（1963）Nom. illegit.；Glossodia sect. Elythranthera Endl.（1839）■☆

18224　Elythranthera A. S. George（1963）Nom. illegit. ≡ Elythranthera（Endl.）A. S. George（1963）［兰科 Orchidaceae］■☆

18225　Elythraria D. Dietr.（1839）= Elytraria Michx.（1803）（保留属名）［爵床科 Acanthaceae］●☆

18226　Elythrophorus Dumort.（1829）= Elytrophorus P. Beauv.（1812）［禾本科 Poaceae（Gramineae）］■

18227　Elythrospermum Steud.（1840）= Scirpus L.（1753）（保留属名）［莎草科 Cyperaceae//藨草科 Scirpaceae］■

18228　Elythrostamna Bojer（1836）= Ipomoea L.（1753）（保留属名）［旋花科 Convolvulaceae］●■

18229　Elytranthaceae Tiegh.（1896）= Loranthaceae Juss.（保留科名）●

18230　Elytranthaceae Tiegh. ex Nakai = Loranthaceae Juss.（保留科名）●

18231　Elytranthe（Blume）Blume（1830）【汉】大苞鞘花属（苞花寄生属，鞘花属）。【英】Elytranthe。【隶属】桑寄生科 Loranthaceae。【包含】世界 10 种，中国 5 种。【学名诠释与讨论】〈阴〉（希）elytron，鞘，覆盖物+anthos，花。指花序轴在花着生处具凹穴，其

状如鞘。此属的学名，ING、TROPICOS 和 APNI 记载是"Elytranthe（Blume）Blume in J. A. Schultes et J. H. Schultes in J. J. Roemer et J. A. Schultes, Syst. Veg. 7：1611, 1730. 1830（sero）"，由"Loranthus sect. Elytranthe Blume, Flora Javae 16. 1830.（16 Aug. 1830）"改级而来。IK 则记载为"Elytranthe Blume, Syst. Veg., ed. 15 bis［Roemer et Schultes］7（2）：1730. 1830［Oct−Dec 1830］"。【分布】中国，东南亚西部。【模式】未指定。【参考异名】Blumella Tiegh.（1895）Nom. illegit.；Elythranthe Rchb.（1841）；Elytranthe Blume（1830）Nom. illegit.；Iticania Raf.（1838）；Loranthus sect. Elytranthe Blume（1830）●

18232　Elytranthe Blume（1830）Nom. illegit. ≡ Elytranthe（Blume）Blume（1830）［桑寄生科 Loranthaceae］●

18233　Elytranthera（Endl.）A. S. George（1963）Nom. illegit. ≡ Elythranthera（Endl.）A. S. George（1963）［兰科 Orchidaceae］■☆

18234　Elytraria Michx.（1803）（保留属名）【汉】艾里爵床属。【隶属】爵床科 Acanthaceae。【包含】世界 7 种。【学名诠释与讨论】〈阴〉（希）elytron，鞘，覆盖物+-arius，-aria，-arium，指示"属于、相似、具有、联系"的词尾。此属的学名"Elytraria Michx., Fl. Bor.−Amer. 1：8. 19 Mar 1803"是保留属名。相应的废弃属名是爵床科 Acanthaceae 的"Tubiflora J. F. Gmel., Syst. Nat. 2：27. Sep（sero）−Nov 1791 ≡ Elytraria Michx.（1803）（保留属名）"。【分布】巴拿马，秘鲁，玻利维亚，厄瓜多尔，马达加斯加，尼加拉瓜，热带，亚热带，中美洲。【模式】Elytraria virgata A. Michaux，Nom. illegit.［Tubiflora caroliniensis J. F. Gmelin；Elytraria caroliniensis（J. F. Gmelin）Persoon］。【参考异名】Cymburus Raf.（1836）Nom. illegit.；Elythraria D. Dietr.（1839）；Tubiflora J. F. Gmel.（1791）（废弃属名）●☆

18235　Elytrigia Desv.（1810）【汉】偃麦草属。【俄】Пырей，Элитригия。【英】Conch, Elytrigia。【隶属】禾本科 Poaceae（Gramineae）。【包含】世界 40-50 种，中国 2-9 种。【学名诠释与讨论】〈阴〉（希）elytron，鞘，覆盖物。或（属）Elymus+Triticum。此属的学名是"Elytrigia Desvaux, Nouv. Bull. Sci. Soc. Philom. Paris 2：190. Dec 1810"。亦有文献把其处理为"Elymus L.（1753）"或"Triticum L.（1753）"的异名。【分布】巴基斯坦，中国，温带。【模式】Elytrigia repens（Linnaeus）Nevski。【参考异名】Braconotia Godr.（1844）Nom. illegit.；Elymus L.（1753）；Elytrigium Benth.（1881）；Lophopyrum Á. Löve（1980）；Pseudoroegneria（Nevski）Á. Löve（1980）；Thinopyrum Á. Löve（1980）；Triticum L.（1753）■

18236　Elytrigium Benth.（1881）= Elytrigia Desv.（1810）［禾本科 Poaceae（Gramineae）］■

18237　Elytroblepharum（Steud.）Schltdl.（1855）= Digitaria Haller（1768）（保留属名）［禾本科 Poaceae（Gramineae）］■●

18238　Elytropappus Cass.（1816）【汉】鞘冠帚鼠麹属。【隶属】菊科 Asteraceae（Compositae）。【包含】世界 8 种。【学名诠释与讨论】〈阳〉（希）elytron，鞘，覆盖物+希腊文 pappos 指柔毛，软毛。pappus 则与拉丁文同义，指冠毛。【分布】非洲南部。【模式】Elytropappus hispidus（Linnaeus f.）Druce。【参考异名】Achyrocome Schrank（1821−1822）；Cyathopappus Sch. Bip.（1861）Nom. illegit.●☆

18239　Elytrophorum Poir.（1819）= Elytrophorus P. Beauv.（1812）［禾本科 Poaceae（Gramineae）］■

18240　Elytrophorus P. Beauv.（1812）【汉】总苞草属。【英】Elytrophorus。【隶属】禾本科 Poaceae（Gramineae）。【包含】世界 2-4 种，中国 1 种。【学名诠释与讨论】〈阳〉（希）elytron，鞘，覆盖物+phoros，具有，梗，负载，发现者。指小穗之下具总苞。此属的学名，ING、TROPICOS、APNI 和 IK 记载是"Elytrophorus P.

Beauv. ，Ess. Agrostogr. 67. t. 14. f. 2（1812）"。"Echinalysium Trinius，Fund. Agrost. 142. 1820（prim.）"是"Elytrophorus P. Beauv.（1812）"的晚出的同模式异名（Homotypic synonym, Nomenclatural synonym）。【分布】澳大利亚，中国，热带非洲，热带亚洲。【模式】Elytrophorus articulatus Palisot de Beauvois。【参考异名】Echinalysium Trin.（1820）Nom. illegit.；Echinolysium Benth.（1881）；Elythrophorus Dumort.（1829）；Elytrophorum Poir.（1819）■

18241 Elytropus Müll. Arg.（1860）【汉】鞘足夹竹桃属。【隶属】夹竹桃科 Apocynaceae。【包含】世界1种。【学名诠释与讨论】〈阳〉（希）elytron，鞘，覆盖物+pous，所有格 podos，指小型 podion，脚，足，柄，梗。podotes，有脚的。【分布】智利。【模式】Elytropus chilensis J. Mueller Arg.。●☆

18242 Elytrospermum C. A. Mey.（1830）（废弃属名）= Schoenoplectus（Rchb.）Palla（1888）（保留属名）；~ =Scirpus L.（1753）（保留属名）［莎草科 Cyperaceae//藨草科 Scirpaceae］■

18243 Elytrostachys McClure（1942）【汉】甲稃竹属。【隶属】禾本科 Poaceae（Gramineae）。【包含】世界2种。【学名诠释与讨论】〈阴〉（希）elytron，鞘，覆盖物+stachys，穗，谷，长钉。【分布】巴拿马，哥斯达黎加，尼加拉瓜，中美洲。【模式】Elytrostachys typica McClure。●☆

18244 Elytrostamna Choisy（1845）= Ipomoea L.（1753）（保留属名）［旋花科 Convolvulaceae］●■

18245 Emarhendia Kiew, A. Weber et B. L. Burtt（1998）【汉】爱玛苣苔属。【隶属】苦苣苔科 Gesneriaceae。【包含】世界1种。【学名诠释与讨论】〈阴〉词源不详。【分布】马来半岛。【模式】Emarhendia bettiana（M. R. Hend.）Kiew, A. Weber et B. L. Burtt。■☆

18246 Embadium J. M. Black（1931）【汉】澳南紫草属。【隶属】紫草科 Boraginaceae。【包含】世界3种。【学名诠释与讨论】〈阴〉（希）embas，指小型 Embadion，小拖鞋。指分果片的形状。【分布】澳大利亚（南部）。【模式】Embadium stagnense J. M. Black。●☆

18247 Embamma Griff.（1854）= Pterisanthes Blume（1825）［葡萄科 Vitaceae］●☆

18248 Embelia Burm. f.（1768）（保留属名）【汉】酸藤子属（赛山椒属，酸藤果属，藤木槲属，信筒子属）。【日】サンショオモドキ属，サンセウモドキ属。【俄】Эмбелия。【英】Embelia。【隶属】紫金牛科 Myrsinaceae//酸藤子科 Embeliaceae。【包含】世界100-140种，中国14-21种。【学名诠释与讨论】〈阴〉（斯里兰卡）Embel，embelia，斯里兰卡植物俗名。此属的学名"Embelia Burm. f. ，Fl. Indica：62. 1 Mar-6 Apr 1768"是保留属名。相应的废弃属名是紫金牛科 Myrsinaceae 的"Ghesaembilla Adans. ，Fam. Pl. 2：449，561. Jul-Aug 1763 ≡ Embelia Burm. f.（1768）（保留属名）"和"Pattara Adans. ，Fam. Pl. 2：447，588. Jul-Aug 1763 = Embelia Burm. f.（1768）（保留属名）"。"Ribesiodes O. Kuntze，Rev. Gen. 2：403. 5 Nov 1891"也是"Embelia Burm. f.（1768）（保留属名）"的晚出的同模式异名（Homotypic synonym, Nomenclatural synonym）。【分布】巴基斯坦，东亚，马达加斯加，印度至马来西亚，中国，太平洋地区，热带和亚热带非洲。【模式】Embelia ribes N. L. Burman。【参考异名】Calispermum Lour.（1790）；Choripetalum A. DC.（1834）；Dameria Endl.（1841）；Dauceria Dennst.（1818）；Ghesaembilla Adans.（1763）（废弃属名）；Pattara Adans.（1763）；Plotia Neck.（1790）Nom. inval.；Ribesiodes Kuntze（1891）Nom. illegit.；Ribesiodes L.；Samara L.（1771）●■

18249 Embeliaceae J. Agardh（1858）［亦见 Myrsinaceae R. Br.（保留科名）紫金牛科］【汉】酸藤子科。【包含】世界1属100-140种，

中国1属14-21种。【分布】热带和亚热带非洲，马达加斯加，东亚，印度-马来西亚，太平洋地区。【科名模式】Embelia Burm. f. ●

18250 Embelica Bojer（1837）= Embergeria Boulos（1965）［菊科 Asteraceae（Compositae）］■

18251 Embergeria Boulos（1965）= Sonchus L.（1753）［菊科 Asteraceae（Compositae）］■

18252 Emblemantha B. C. Stone（1988）【汉】凸花紫金牛属。【隶属】紫金牛科 Myrsinaceae。【包含】世界1种。【学名诠释与讨论】〈阴〉（希）emblema，凸起的装饰物，标志+anthos，花。【分布】印度尼西亚（苏门答腊岛）。【模式】Emblemantha urnulata B. C. Stone。●☆

18253 Emblica Gaertn.（1790）【汉】庵罗果属。【隶属】大戟科 Euphorbiaceae//叶下珠科（叶萝藦科）Phyllanthaceae。【包含】世界4种。【学名诠释与讨论】〈阴〉Amlika 或 amlaki，是 Emblica officinalis Gaertn. 的梵语名称。此属的学名是"Emblica J. Gaertner，Fruct. 2：122. Sep（sero）-Nov 1790"。亦有文献把其处理为"Phyllanthus L.（1753）"的异名。【分布】巴基斯坦，马达加斯加，印度至马来西亚，中国，东亚。【后选模式】Emblica officinalis J. Gaertner。【参考异名】Dichelactina Hance（1852）；Phyllanthus L.（1753）●

18254 Emblingia F. Muell.（1860）【汉】澳远志属。【隶属】澳远志科 Emblingiaceae。【包含】世界1种。【学名诠释与讨论】〈阴〉（人）Thomas Embling，1814-1893，墨尔本医生，博物学者。【分布】澳大利亚（西部）。【模式】Emblingia calceoliflora F. v. Mueller。●☆

18255 Emblingiaceae（Pax）Airy Shaw（1965）= Polygalaceae Hoffmanns. et Link（1809）［as 'Polygalinae'］（保留科名）●■

18256 Emblingiaceae Airy Shaw（1965）= Emblingiaceae（Pax）Airy Shaw；~ = Polygalaceae Hoffmanns. et Link（1809）［as 'Polygalinae'］（保留科名）●■

18257 Emblingiaceae J. Agardh（1958）【汉】澳远志科。【包含】世界1属1种。【分布】澳大利亚西部。【科名模式】Emblingia F. Muell.。■●☆

18258 Embolanthera Merr.（1909）【汉】活塞花属。【隶属】金缕梅科 Hamamelidaceae。【包含】世界2种。【学名诠释与讨论】〈中〉（希）embolos，能够很容易退出的东西，如木钉，塞子+anthera，花药。【分布】菲律宾（菲律宾群岛），中南半岛。【模式】Embolanthera spicata Merrill。●☆

18259 Embothrium J. R. Forst. et G. Forst.（1775）【汉】红柱花属（筒瓣花属，洋翅籽属）。【俄】Эмботриум。【英】Chilean Firebush, Embothrium, Firebush, Redstyle Flower。【隶属】山龙眼科 Proteaceae。【包含】世界1-8种。【学名诠释与讨论】〈中〉（希）em-（在唇音字母（b，m，p），en-在其他字母前面的词头，含义为在内，入内+bothrion 小孔+-ius，-ia，-ium，在拉丁文和希腊文中，这些词尾表示性质或状态。指花药凹下。【分布】澳大利亚（东部），玻利维亚，智利，安第斯山。【后选模式】Embothrium coccineum J. R. Forster et J. G. A. Forster。【参考异名】Catas Domb. ex Lam.（1786）●☆

18260 Embotrium Ruiz et Pav.（1794）Nom. illegit.［山龙眼科 Proteaceae］●☆

18261 Embreea Dodson（1980）【汉】埃姆兰属。【隶属】兰科 Orchidaceae。【包含】世界1种。【学名诠释与讨论】〈阴〉（人）Robert W. Embree，1932-，植物学者。另说纪念 Alvin Embree，美国兰花爱好者，Calaway H. Dodson 的朋友与赞助人。【分布】厄瓜多尔，哥伦比亚。【模式】Embreea rodigasiana（Claes ex C. A. Cogniaux）C. H. Dodson［Stanhopea rodigasiana Claes ex C. A. Cogniaux］。■☆

18262 Embryogonia Blume(1856)= Combretum Loefl.(1758)（保留属名）［使君子科 Combretaceae］●

18263 Embryopteria Gaertn.（1788）= Diospyros L.（1753）［柿树科 Ebenaceae］●

18264 Emelia Wight（1846）= Emilia（Cass.）Cass.（1817）［菊科 Asteraceae（Compositae）］■

18265 Emelianthe Danser(1933)【汉】埃默寄生属。【隶属】桑寄生科 Loranthaceae。【包含】世界 2 种。【学名诠释与讨论】〈阴〉（人）Emele+anthos,花。【分布】热带非洲东部。【模式】Emelianthe panganensis（Engler）Danser［Loranthus panganensis Engler］。●☆

18266 Emelista Raf.（1838）= Cassia L.（1753）（保留属名）［豆科 Fabaceae(Leguminosae)//云实科（苏木科）Caesalpiniaceae］●■

18267 Emeorhiza Pohl ex Meisn.（1838）Nom. illegit. = Emmeorhiza Pohl ex Endl.（1838）［茜草科 Rubiaceae］●☆

18268 Emeorhiza Pohl（1825）Nom. inval. ≡ Emeorhiza Pohl ex Meisn.（1838）Nom. illegit. ; ~ = Emmeorhiza Pohl ex Endl.（1838）［茜草科 Rubiaceae］●☆

18269 Emericia Roem. et Schult.（1819）Nom. illegit. = Vallaris Burm. f.（1768）［夹竹桃科 Apocynaceae］●

18270 Emerus Kuntze（1891）Nom. illegit. ≡ Sesbania Scop.（1777）（保留属名）［豆科 Fabaceae（Leguminosae）//蝶形花科 Papilionaceae］●■

18271 Emerus Mill.（1754）= Coronilla L.（1753）（保留属名）［豆科 Fabaceae(Leguminosae)//蝶形花科 Papilionaceae］●■

18272 Emerus Tourn. ex Mill.（1754）≡ Emerus Mill.（1754）; ~ = Coronilla L.（1753）（保留属名）［豆科 Fabaceae（Leguminosae）］●■

18273 Emerus Tourn. ex Scheele（1843）Nom. illegit. ≡ Emerus Mill.（1754）［豆科 Fabaceae（Leguminosae）］●■

18274 Emeticaceae Dulac = Apocynaceae Juss.（保留科名）●■

18275 Emetila（Raf.）Raf. ex S. Watson = Ilex L.（1753）［冬青科 Aquifoliaceae］●

18276 Emex Campd.（1819）（保留属名）【汉】尖刺酸模属（亦模属）。【隶属】蓼科 Polygonaceae。【包含】世界 2 种。【学名诠释与讨论】〈阴〉（拉）ex,出,从,在外,排除+（属）Rumex 酸模属。指与酸模属的种隔离。此属的学名"Emex Campd., Monogr. Rumex: 56.1819"是保留属名。相应的废弃属名是蓼科 Polygonaceae 的"Vibo Medik., Philos. Bot. 1：178. Apr 1789 = Emex Campd.（1819）（保留属名）"。蓼科 Polygonaceae 的"Emex Neck., Elem. Bot., ed. 2（Necker）2：214. 1790［Apr? 1790］≡ Emex Neck. ex Campd.（1819）"和"Emex Neck. ex Campd., Monogr. Rumex 55（-56）.1819 ≡ Emex Campd.（1819）（保留属名）"亦应废弃。【分布】澳大利亚,巴基斯坦,秘鲁,地中海地区,厄瓜多尔,非洲南部。【模式】Emex spinosa（Linnaeus）Campderá［Rumex spinosus Linnaeus］。【参考异名】Centopodium Burch.（1822）; Centropodium Lindl.（1836）; Emex Neck.（1790）Nom. inval. ; Emex Neck. ex Campd.（1819）（废弃属名）; Nibo Steud.（1821）; Podocentrum Borch. ex Meisn.（1841）; Vibo Medik.（1789）（废弃属名）■☆

18277 Emex Neck.（1790）Nom. inval. ≡ Emex Neck. ex Campd.（1819）; ~ ≡ Emex Campd.（1819）（保留属名）［蓼科 Polygonaceae］■☆

18278 Emex Neck. ex Campd.（1819）（废弃属名）= Emex Campd.（1819）（保留属名）［蓼科 Polygonaceae］■☆

18279 Emicocarpus K. Schum. et Schltr.（1900）【汉】东南非萝藦属。【隶属】萝藦科 Asclepiadaceae。【包含】世界 1 种。【学名诠释与讨论】〈阳〉（拉）emico,闪耀,发光,突然冒出+karpos,果实。【分布】非洲。【模式】Emicocarpus fissifolius K. M. Schumann et Schlechter。【参考异名】Lobostephanus N. E. Br.（1901）■☆

18280 Emilia（Cass.）Cass.（1817）Nom. illegit. ≡ Emilia Cass.（1817）［菊科 Asteraceae（Compositae）］■

18281 Emilia Cass.（1817）【汉】一点红属（红苦菜属,绒线花属,紫背草属）。【日】ウスベニニガナ属,ベニニガナ属。【俄】Эмилия。【英】Tassel Flower, Tasselflower。【隶属】菊科 Asteraceae（Compositae）。【包含】世界 90-100 种,中国 4 种。【学名诠释与讨论】〈阴〉（人）Jules Emile Planeon,法国植物学者。此属的学名,APNI 记载是"Emilia（Cass.）Cass., Bulletin des Sciences par la Soc. Philomatique de Paris Anne? 1817";但是未给出基源异名。ING、GCI、TROPICOS 和 IK 则记载为"Emilia Cassini, Bull. Sci. Soc. Philom. Paris 1817:68. Apr 1817";《中国植物志》英文版亦使用此名称。六者引用的文献相同。"Emilia Cass.（1817）"先后被处理为"Senecio sect. Emilia（Cass.）Baill., Histoire des Plantes 8：260. 1886［1882］"和"Senecio subgen. Emilia（Cass.）O. Hoffm., Die Natürlichen Pflanzenfamilien 4（5）:297. 1894"。【分布】巴拉圭,巴拿马,玻利维亚,厄瓜多尔,马达加斯加,尼加拉瓜,中国,中美洲。【模式】Emilia flammea Cassini。【参考异名】Emelia Wight（1846）; Emilia Cass.（1817）; Pithosillum Cass.（1826）; Psednotrichia Hiern（1898）; Pseudactis S. Moore（1919）; Senecio sect. Emilia（Cass.）Baill.（1886）; Senecio subgen. Emilia（Cass.）O. Hoffm.（1894）; Xyridopsis B. Nord.（1978）Nom. illegit. ; Xyridopsis Welw. ex B. Nord.（1978）■

18282 Emiliella S. Moore(1918)【汉】一点紫属（小一点红属）。【隶属】菊科 Asteraceae（Compositae）。【包含】世界 5 种。【学名诠释与讨论】〈阴〉（属）Emilia 一点红属+-ellus,-ella,-ellum,加在名词词干后面形成指小式的词尾。或加在人名、属名等后面以组成新属的名称。【分布】安哥拉。【模式】Emiliella exigua S. M. Moore。■☆

18283 Emiliomarcelia T. Durand et H. Durand（1909）Nom. illegit. ≡ Trichoscypha Hook. f.（1862）［漆树科 Anacardiaceae］●☆

18284 Eminia Taub.（1891）【汉】热非鹿藿属。【隶属】豆科 Fabaceae（Leguminosae）//蝶形花科 Papilionaceae。【包含】世界 4 种。【学名诠释与讨论】〈阴〉（拉）emineo,所有格 eminentis,凸出来,站出来。【分布】热带非洲。【模式】Eminia eminens Taubert.■☆

18285 Eminium(Blume)Schott（1855）【汉】中亚南星属（曲叶南星属）。【俄】ЭМИНИУМ。【隶属】天南星科 Araceae。【包含】世界 8 种。【学名诠释与讨论】〈阴〉（拉）emineo,所有格 eminentis,凸出来,站出来+-ius,-ia,-ium,在拉丁文和希腊文中,这些词尾表示性质或状态。此属的学名,ING 和 IK 记载是"Eminium（Blume）H. W. Schott, Aroideae 16. 1855（'1853'）",由"Arum sect. Eminium Blume"改级而来。TROPICOS 记载的"Eminium Schott, Syn. Aroid. 16 1856"是晚出的非法名称。其异名"曲叶南星属 Helicophyllum H. W. Schott, Aroideae 20. 1855（'1853'）"亦是晚出的非法名称,因为此前已经有了苔藓的"Helicophyllum Brid., Bryol. Univ. 2:771, 1827"。【分布】地中海东部至亚洲中部。【后选模式】Eminium spiculatum（Blume）H. W. Schott［Arum spiculatum Blume］。【参考异名】Arum sect. Eminium Blume; Eminium Schott（1855）Nom. illegit. ; Helicophyllum Schott（1856）Nom. illegit.■☆

18286 Eminium Schott(1856)Nom. illegit. ≡ Eminium（Blume）Schott（1855）［天南星科 Araceae］■☆

18287 Emlenia Raf. = Cynanchum L.（1753）; ~ = Enslenia Nutt.（1818）Nom. illegit. ; ~ = Ampelamus Raf.（1819）; ~ = Cynanchum L.（1753）［萝藦科 Asclepiadaceae］●■

18288 Emmenanthe Benth.（1835）【汉】黄幡铃属。【英】Californian Whispering Bells。【隶属】田梗草科（田基麻科,田亚麻科）

Hydrophyllaceae。【包含】世界 1 种。【学名诠释与讨论】〈阴〉（希）emmeno，持久的，忠实，不二+anthos，花。【分布】美国（西南部）。【模式】Emmenanthe penduliflora Bentham。■☆

18289　Emmenanthus Hook. et Arn.（1837）= Ixonanthes Jack（1822）[亚麻科 Linaceae//黏木科 Ixonanthaceae]●

18290　Emmenopterys Oliv.（1889）【汉】香果树属。【英】Emmenopterys。【隶属】茜草科 Rubiaceae。【包含】世界 2 种，中国 2 种。【学名诠释与讨论】〈阴〉（希）emmeno，持久的，忠实，不二+pterys 翼，翅。指花序中有一些花萼，其中一萼片扩大成翅状而宿存。【分布】中国。【模式】Emmenopterys henryi D. Oliver。【参考异名】Emmenopteryx Dalla Torre et Harms，Nom. illegit. ●★

18291　Emmenopteryx Dalla Torre et Harms，Nom. illegit. = Emmenopterys Oliv.（1889）[茜草科 Rubiaceae]●★

18292　Emmenosperma F. Muell.（1862）【汉】细革果属。【隶属】鼠李科 Rhamnaceae。【包含】世界 3-5 种。【学名诠释与讨论】〈中〉（希）emmeno，持久的，忠实，不二+sperma，所有格 spermatos，种子，孢子。此属的学名，ING、TROPICOS、APNI 和 IK 记载是"Emmenosperma F. Muell.，Fragm.（Mueller）3（20）：62. 1862 [Sep 1862]"。"Emmenospermum Benth.，Flora Australiensis 1 1863"和"Emmenospermum F. Muell.，Census. 60（1882）"是"Emmenosperma F. Muell.（1862）"的拼写变体。【分布】澳大利亚，法属新喀里多尼亚。【模式】Emmenosperma alphitonoides F. v. Mueller。【参考异名】Emmenospermum Benth.（1863）；Emmenospermum F. Muell.（1882）Nom. illegit. ●☆

18293　Emmenospermum Benth.（1863）Nom. illegit. ≡ Emmenosperma F. Muell.（1862）[鼠李科 Rhamnaceae]●☆

18294　Emmenospermum C. B. Clarke ex Hook. f.（1883）Nom. illegit. ≡ Phtheirospermum Bunge ex Fisch. et C. A. Mey.（1835）[玄参科 Scrophulariaceae//列当科 Orobanchaceae]■

18295　Emmenospermum F. Muell.（1882）Nom. illegit. ≡ Emmenosperma F. Muell.（1862）[鼠李科 Rhamnaceae]●☆

18296　Emmeorhiza Endl.（1838）Nom. illegit. ≡ Emmeorhiza Pohl ex Endl.（1838）[茜草科 Rubiaceae]●☆

18297　Emmeorhiza Pohl ex Endl.（1838）【汉】南美根茜属。【隶属】茜草科 Rubiaceae。【包含】世界 1 种。【学名诠释与讨论】〈阴〉（希）emmeno，持久的，忠实，不二+rhiza，或 rhizoma，根，根茎。此属的学名，ING、TROPICOS 和 IK 记载是"Emmeorhiza Pohl ex Endlicher，Gen. Pl. 565. Aug 1838"。IK 还记载了"Emmeorhiza Endl.，Gen. Pl. [Endlicher]565. 1838 [Aug 1838]"。四者引用的文献相同。"Emeorhiza Pohl ex Meisn.（1838）"是其拼写变体。"Emeorhiza Pohl（1825）≡ Emeorhiza Pohl ex Meisn.（1838）Nom. illegit. [茜草科 Rubiaceae]"是一个未合格发表的名称（Nom. inval.）。【分布】秘鲁，玻利维亚，哥伦比亚，热带南美洲。【模式】Emmeorhiza brasiliensis（K. B. Presl）Walpers [Endlichera brasiliensis K. B. Presl]。【参考异名】Emeorhiza Pohl ex Meisn.（1838）Nom. illegit. ；Emeorhiza Pohl（1825）Nom. inval. ；Emmeorhiza Endl.（1838）Nom. illegit. ；Endlichera C. Presl（1832）（废弃属名）●☆

18298　Emmotaceae Tiegh.（1899）= Icacinaceae Miers（保留科名）●■

18299　Emmotium Meisn.（1838）= Emmotum Desv. ex Ham.（1825）[茶茱萸科 Icacinaceae//铁青树科 Olacaceae]●☆

18300　Emmotum Desv.（1825）Nom. illegit. ≡ Emmotum Desv. ex Ham.（1825）[茶茱萸科 Icacinaceae//管花木科 Metteniusaceae//铁青树科 Olacaceae]●☆

18301　Emmotum Desv. ex Ham.（1825）【汉】埃莫藤属。【隶属】茶茱萸科 Icacinaceae//管花木科 Metteniusaceae//铁青树科 Olacaceae。【包含】世界 12 种。【学名诠释与讨论】〈中〉（希）

em-（在唇音字母（b，m，p），en-在其他字母前面的词头，含义为在内，入内+motor，移动者。此属的学名，ING 和 TROPICOS 记载是"Emmotum Desvaux ex W. Hamilton，Prodr. Pl. Indiae Occid. 29. 1825"。GCI 和 IK 则记载为"Emmotum Ham.，Prodr. Pl. Ind. Occid. [Hamilton] 29. 1825"。"Emmotum Desv.（1825）≡ Emmotum Desv. ex Ham.（1825）[茶茱萸科 Icacinaceae//铁青树科 Olacaceae]"和"Emmotum Ham.，Prodr. Pl. Ind. Occid. [Hamilton]29. 1825 ≡ Emmotum Desv. ex Ham.（1825）"的命名人引证有误。【分布】秘鲁，玻利维亚，热带南美洲。【模式】Emmotum fagifolium W. Hamilton。【参考异名】Emmotium Meisn.（1838）；Emmotum Desv.（1825）Nom. illegit. ；Emmotum Ham.（1825）；Pogopetalum Benth.（1841）；Schnizleinia Mart. ex Engl.（1872）Nom. illegit. ；Siagonanthus Pohl ex Engler ●☆

18302　Emmotum Ham.（1825）Nom. illegit. ≡ Emmotum Desv. ex Ham.（1825）[茶茱萸科 Icacinaceae//管花木科 Metteniusaceae//铁青树科 Olacaceae]●☆

18303　Emorya Torr.（1859）【汉】管花醉鱼草属。【隶属】醉鱼草科 Buddlejaceae。【包含】世界 2 种。【学名诠释与讨论】〈阴〉（人）William Hemsley Emory，1811-1887，植物学者。【分布】美国（南部）。【模式】Emorya suaveolens Torrey。●☆

18304　Emorycactus Doweld（1996）= Echinocactus Link et Otto（1827）[仙人掌科 Cactaceae]●

18305　Empedoclea A. St. -Hil.（1825）= Tetracera L.（1753）[锡叶藤科 Tetraceraceae//五桠果科（第伦桃科，五丫果科，锡叶藤科）Dilleniaceae]●

18306　Empedoclesia Sleumer（1934）= Orthaea Klotzsch（1851）[as 'Orthaca']●☆

18307　Empedoclia Raf.（1810）= Sideritis L.（1753）[唇形科 Lamiaceae（Labiatae）]■●

18308　Empetraceae Bercht. et J. Presl = Empetraceae Hook. et Lindl.（保留科名）●

18309　Empetraceae Gray = Empetraceae Hook. et Lindl.（保留科名）；~ = Ericaceae Juss.（保留科名）●

18310　Empetraceae Hook. et Lindl.（1821）（保留科名）【汉】岩高兰科。【日】ガンカウラン科，ガンコウラン科。【俄】Водяниковые，Ворониковые，Ёрникове，Шикшевые。【英】Crowberry Family。【包含】世界 3 属 5-10 种，中国 1 属 1 种。【分布】北温带，安第斯山。【科名模式】Empetrum L.（1753）●

18311　Empetron Adans.（1763）= Empetrum L.（1753）[岩高兰科 Empetraceae]●

18312　Empetrum L.（1753）【汉】岩高兰属（岩石南属）。【日】エンペトルム属，ガンカウラン属，ガンコウラン属。【俄】Багновка，Водяника，Водянка，Вороника，Шикша。【英】Cranberry，Crowberry。【隶属】岩高兰科 Empetraceae。【包含】世界 2-7 种，中国 1 种。【学名诠释与讨论】〈中〉（希）empetron，植物古名，来自希腊文 em-（在唇音字母（b，m，p），en-在其他字母前面的词头，含义为在内，入内+petros 岩石。指其常生于岩石上。此属的学名，ING、TROPICOS、GCI 和 IK 记载是"Empetrum L.，Sp. Pl. 2：1022. 1753 [1 May 1753]"。"Chamaetaxus Ruprecht，Fl. Ingr. 211. Mai 1860"是"Empetrum L.（1753）"的晚出的同模式异名（Homotypic synonym，Nomenclatural synonym）。【分布】玻利维亚，中国，安第斯山，北温带和极地。【后选模式】Empetrum nigrum Linnaeus。【参考异名】Camarinnea Bubani et Penz. ；Chamaetaxus Bubani（1897）Nom. illegit. ；Chamaetaxus Rupr.（1860）Nom. illegit. ；Empetron Adans. ；Fallopia Bubani et Penz.（1897）Nom. illegit. ；Fallopia Bubani（1897）Nom. illegit. ●

18313　Emphysopus Hook. f.（1847）= Lagenophora Cass.（1816）（保留

属名）［菊科 Asteraceae（Compositae）］■●

18314　Emplectanthus N. E. Br.（1908）【汉】凹脉萝藦属。【隶属】萝藦科 Asclepiadaceae。【包含】世界 2 种。【学名诠释与讨论】〈阳〉（希）em-（在唇音字母（b，m，p），en-在其他字母前面的词头，含义为在内，入内＋pleura＝pleuron，肋骨，脉，棱，侧生＋anthos，花。【分布】非洲南部。【后选模式】Emplectanthus cordatus N. E. Brown。●☆

18315　Emplectocladus Torr.（1851）＝ Prunus L.（1753）［蔷薇科 Rosaceae//李科 Prunaceae］●

18316　Empleuridium Sond. et Harv.（1859）【汉】小凹脉芸香属。【隶属】芸香科 Rutaceae。【包含】世界 1 种。【学名诠释与讨论】〈中〉（希）em-，在内，入内＋pleura＝pleuron，肋骨，脉，棱，侧生+-idius，-idia，-idium，指示小的词尾。此属的学名，ING 和 TROPICOS 记载是"Empleuridium Sonder et W. H. Harvey in W. H. Harvey，Thes. Cap. 1：49. 1859"。IK 则记载为"Empleuridium Sond. et Harv. ex Harv.，Thes. Cap. i. 49（1859）"。【分布】非洲南部。【模式】Empleuridium juniperinum Sonder et W. H. Harvey。【参考异名】Empleuridium Sond. et Harv. ex Harv.（1859）Nom. illegit.●☆

18317　Empleuridium Sond. et Harv. ex Harv.（1859）Nom. illegit. ≡ Empleuridium Sond. et Harv.（1859）［芸香科 Rutaceae］●☆

18318　Empleurosma Bartl.（1848）＝ Dodonaea Mill.（1754）［无患子科 Sapindaceae//车桑子科 Dodonaeaceae］●

18319　Empleurum Aiton（1789）Nom. illegit. ≡ Empleurum Sol.（1789）［芸香科 Rutaceae］■☆

18320　Empleurum Sol.（1789）【汉】凹脉芸香属（侧生菊属）。【隶属】芸香科 Rutaceae。【包含】世界 2 种。【学名诠释与讨论】〈中〉（希）em-，在内，入内＋pleura＝pleuron，肋骨，脉，棱，侧生。此属的学名，ING 记载是"Empleurum W. Aiton，Hortus Kew. 3：340. 7 Aug-1 Oct 1789"。IK 记载为"Empleurum Sol.，Hort. Kew.［W. Aiton］3：340. 1789"。二者引用的文献相同。TROPICOS 则记载为"Empleurum Aiton，Hort. Kew. 3：840，1789；or，a catalogue..3：840. 1789"。【分布】非洲南部。【模式】Empleurum serrulatum W. Aiton，Nom. illegit.［Diosma unicapsularis Linnaeus f.］。【参考异名】Empleurum Aiton（1789）Nom. illegit.；Empleurum Sol. ex Aiton（1789）Nom. illegit. ■☆

18321　Empleurum Sol. ex Aiton（1789）Nom. illegit. ≡ Empleurum Sol.（1789）［芸香科 Rutaceae］■☆

18322　Empodisma L. A. S. Johnson et D. F. Cutler（1974）【汉】内足草属。【隶属】帚灯草科 Restionaceae。【包含】世界 2 种。【学名诠释与讨论】〈中〉（希）em-，在内，入内＋podismos，用脚来量的。【分布】澳大利亚（包括塔斯马尼亚岛），新西兰。【模式】Empodisma minus（J. D. Hooker）L. A. S. Johnson et D. F. Cutler［Calorophus minor J. D. Hooker］。■☆

18323　Empodium Salisb.（1866）【汉】棘茅属。【隶属】石蒜科 Amaryllidaceae//长喙科（仙茅科）Hypoxidaceae。【包含】世界 10 种。【学名诠释与讨论】〈中〉（希）em-，在内，入内＋podion，pous，podos，足。指球茎在地下。此属的学名，ING、TROPICOS 和 IK 记载是"Empodium Salisb.，Gen. Pl.［Salisbury］43. 1866［Apr-May 1866］"。"Fabricia Thunberg in Fabricius，Reise Norwegen 23. 1779（non Adanson 1763）"和"Forbesia Ecklon ex G. Nel，Bot. Jahrb. Syst. 51：243. 16 Jun 1914（non T. Johnson 1912）"是"Empodium Salisb.（1866）"的晚出的同模式异名（Homotypic synonym，Nomenclatural synonym）。亦有文献把"Empodium Salisb.（1866）"处理为"Curculigo Gaertn.（1788）"的异名。【分布】非洲南部。【后选模式】Empodium plicatum（Linnaeus f.）B. D. Jackson［Hypoxis plicata Linnaeus f.］。【参考异名】Curculigo

Gaertn.（1788）；Fabricia Thunb.（1779）Nom. illegit.；Forbesia Eckl. ex Nel（1827）Nom. inval.；Forbesia Eckl. ex Nel（1914）Nom. illegit. ■☆

18324　Empogona Hook. f.（1871）＝ Tricalysia A. Rich. ex DC.（1830）［茜草科 Rubiaceae］●

18325　Empusa Lindl.（1824）＝ Liparis Rich.（1817）（保留属名）［兰科 Orchidaceae］■

18326　Empusaria Rchb.（1828）Nom. illegit. ≡ Empusa Lindl.（1824）；~ ＝ Liparis Rich.（1817）（保留属名）［兰科 Orchidaceae］■

18327　Empusella（Luer）Luer（2004）＝ Pleurothallis R. Br.（1813）［兰科 Orchidaceae］■☆

18328　Emularia Raf.（1838）＝ Justicia L.（1753）［爵床科 Acanthaceae//鸭嘴花科（鸭咀花科）Justiciaceae］●■

18329　Emulina Raf.（1838）＝ Jacquemontia Choisy（1834）［旋花科 Convolvulaceae］■☆

18330　Emurtia Raf.（1838）＝ Eugeissona Griff.（1844）［棕榈科 Arecaceae（Palmae）］●

18331　Enaemon Post et Kuntze（1903）＝ Enaimon Raf.（1838）［木犀榄科（木犀科）Oleaceae］●

18332　Enaimon Raf.（1838）＝ Olea L.（1753）［木犀榄科（木犀科）Oleaceae］●

18333　Enalcida Cass.（1819）＝ Tagetes L.（1753）［菊科 Asteraceae（Compositae）］■●

18334　Enallagma（Miers）Baill.（1888）（保留属名）【汉】黑炮弹果属。【英】Black Calabash。【隶属】紫葳科 Bignoniaceae。【包含】世界 3 种。【学名诠释与讨论】〈阴〉（希）enallagma，改变，变化。此属的学名"Enallagma（Miers）Baill.，Hist. Pl. 10：54. Nov-Dec 1888"是保留属名，由"Crescentia sect. Enallagma Miers in Trans. Linn. Soc. London 26：174. 1868"改级而来。相应的废弃属名是紫葳科 Bignoniaceae 的"Dendrosicus Raf.，Sylva Tellur.；80. Oct-Dec 1838 ≡ Enallagma（Miers）Baill.（1888）（保留属名）"。"Enallagma Baill.（1888）≡ Enallagma（Miers）Baill.（1888）（保留属名）［紫葳科 Bignoniaceae］"的命名人引证有误，亦应废弃。亦有文献把"Enallagma（Miers）Baill.（1888）（保留属名）"处理为"Amphitecna Miers（1868）"的异名。【分布】西印度群岛，中美洲和热带南美洲北部。【模式】Enallagma cucurbitina（Linnaeus）K. Schumann［Crescentia cucurbitina Linnaeus］。【参考异名】Amphitecna Miers（1868）；Crescentia sect. Enallagma Miers（1868）；Dendrosicus Raf.（1838）（废弃属名）；Enallagma Baill.（1888）Nom. illegit.（废弃属名）●☆

18335　Enallagma Baill.（1888）Nom. illegit.（废弃属名）＝ Enallagma（Miers）Baill.（1888）（保留属名）［紫葳科 Bignoniaceae］●☆

18336　Enalus Asch. et Guerke（1889）＝ Enhalus Rich.（1814）［水鳖科 Hydrocharitaceae//海菖蒲科 Enhalaceae］■

18337　Enantia Faic.（1841）【汉】恩南藤属（依南木属）。【隶属】清风藤科 Sabiaceae。【包含】世界 9-12 种。【学名诠释与讨论】〈阴〉（希）enantios，相反的，对面的。此属的学名，ING、TROPICOS 和 IK 记载是"Enantia Falconer，J. Bot.（Hooker）4：75. Jul 1841"。"Enantia Oliv.，J. Linn. Soc.，Bot. 9：174. 1865［1867 publ. 1865］［番荔枝科 Annonaceae］"是晚出的非法名称。它已经被"Annickia Setten et Maas，Taxon 39（4）：678，681（1990）"所替代。亦有文献把"Enantia Faic.（1841）"处理为"Sabia Colebr.（1819）"的异名。【分布】非洲西部，热带非洲东部。【模式】Enantia chlorantha Oliv.。【参考异名】Sabia Colebr.（1819）●☆

18338　Enantia Oliv.（1865）Nom. illegit. ≡ Annickia Setten et Maas（1990）［番荔枝科 Annonaceae］●☆

18339　Enantiophylla J. M. Coult. et Rose（1893）【汉】反叶草属。【隶

属】伞形花科(伞形科)Apiaceae(Umbelliferae)。【包含】世界 1 种。【学名诠释与讨论】〈阴〉(希)enantios,相反的,对面的+希腊文 phyllon,叶子。phyllodes,似叶的,多叶的。phylleion,绿色材料,绿草。【分布】中美洲。【模式】Enantiophylla heydeana J. M. Coulter et J. N. Rose。■☆

18340　Enantiosparton C. Koch(1869) Nom. illegit. ≡ Enantiosparton K. Koch (1869) ; ~ = Genista L. (1753) [豆科 Fabaceae (Leguminosae)//蝶形花科 Papilionaceae]●

18341　Enantiosparton K. Koch(1869) Nom. illegit. = Genista L. (1753) [豆科 Fabaceae(Leguminosae)//蝶形花科 Papilionaceae]●

18342　Enantiotrichum E. Mey. ex DC. (1838) = Euryops (Cass.) Cass. (1820) [菊科 Asteraceae(Compositae)]●■☆

18343　Enarganthe N. E. Br. (1930)【汉】紫玉树属。【日】エナルガンテ属。【隶属】番杏科 Aizoaceae。【包含】世界 1 种。【学名诠释与讨论】〈阴〉(希)enarges,可见的+anthos,花。【分布】非洲南部。【模式】Enarganthe octonaria (L. Bolus) N. E. Brown [Mesembryanthemum octonarium L. Bolus]。●☆

18344　Enargea Banks et Sol. ex Gaertn. (1788)(废弃属名)= Luzuriaga Ruiz et Pav. (1802)(保留属名)[菱瓣花科(菝葜木科) Luzuriagaceae//智利花科(垂花科,金钟木科,喜爱花科) Philesiaceae//六出花科 Alstroemeriaceae//百合科 Liliaceae]■☆

18345　Enargea Banks ex Gaertn. (1788)(废弃属名)= Luzuriaga Ruiz et Pav. (1802)(保留属名)[菱瓣花科(菝葜木科) Luzuriagaceae//智利花科(垂花科,金钟木科,喜爱花科) Philesiaceae//六出花科 Alstroemeriaceae//百合科 Liliaceae]■☆

18346　Enargea Banks(废弃属名)≡ Enargea Banks ex Gaertn. (1788)(废弃属名);~ = Luzuriaga Ruiz et Pav. (1802)(保留属名)[菱瓣花科(菝葜木科)Luzuriagaceae//智利花科(垂花科,金钟木科,喜爱花科) Philesiaceae//六出花科 Alstroemeriaceae//百合科 Liliaceae]■☆

18347　Enargea Gaertn. (1788) Nom. illegit. (废弃属名) ≡ Enargea Banks ex Gaertn. (1788)(废弃属名);~ = Luzuriaga Ruiz et Pav. (1802)(保留属名)[菱瓣花科(菝葜木科)Luzuriagaceae//智利花科(垂花科,金钟木科,喜爱花科) Philesiaceae//六出花科 Alstroemeriaceae//百合科 Liliaceae]■☆

18348　Enargea Steud. (1840) Nom. illegit. (废弃属名)= Luzuriaga Ruiz et Pav. (1802)(保留属名);~ = Enargea Banks ex Gaertn. (1788)(废弃属名);~ = Luzuriaga Ruiz et Pav. (1802)(保留属名)[菱瓣花科(菝葜木科)Luzuriagaceae//智利花科(垂花科,金钟木科,喜爱花科) Philesiaceae//六出花科 Alstroemeriaceae//百合科 Liliaceae]■☆

18349　Enarthrocarpus Labill. (1812)【汉】羚角芥属。【隶属】十字花科 Brassicaceae(Cruciferae)。【包含】世界 5 种。【学名诠释与讨论】〈阳〉(希)em-(在唇音字母(b,m,p),en-在其他字母前面的词头,含义为在内,入内+arthron,关节+karpos,果实。【分布】巴基斯坦,地中海东部,非洲北部。【模式】Enarthrocarpus arcuatus Labillardière。【参考异名】Enartocarpus Poir. (1819);Euarthrocarpus Endl. (1841)■☆

18350　Enartocarpus Poir. (1819) = Enarthrocarpus Labill. (1812) [十字花科 Brassicaceae(Cruciferae)]■☆

18351　Enaulophyton Steenis(1932)【汉】缅甸野牡丹属。【隶属】野牡丹科 Melastomataceae。【包含】世界 2 种。【学名诠释与讨论】〈中〉(希)enaulos,水道,山涧+phyton,植物,树木,枝条。流水植物。【分布】缅甸,加里曼丹岛。【模式】Enaulophyton lanceolatum C. G. G. J. van Steenis。●☆

18352　Encelia Adans. (1763)【汉】恩氏菊属(扁果菊属,脆菊木属)。【英】Brittlebush。【隶属】菊科 Asteraceae(Compositae)。【包含】

世界 14-15 种。【学名诠释与讨论】〈阴〉(人) Christopher Encel (Christophorus Encelius or Christoph Entzelt) ,1517-1583,德国博物学者,早期路德教会的牧师。他将自己的名字拉丁化为 Encelius。【分布】秘鲁,玻利维亚,厄瓜多尔,美国(西部)至智利,中美洲。【模式】Encelia canescens Lamarck。【参考异名】Armania Bert. ex DC. (1836);Barattia A. Gray et Engelrn. (1848);Barrattia A. Gray (1848) Nom. illegit. ; Enchelya Lem. (1849);Eucalia Raeusch. (1797);Pallasia L' Hér. (1784) Nom. illegit. ■●☆

18353　Enceliopsis(A. Gray) A. Nelson(1909)【汉】拟恩氏菊属(光线菊属)。【英】Sunray。【隶属】菊科 Asteraceae(Compositae)。【包含】世界 4 种。【学名诠释与讨论】〈阴〉(属)Encelia 恩氏菊属+希腊文 opsis,外观,模样,相似。此属的学名,ING 记载是"Enceliopsis (A. Gray) A. Nelson, Bot. Gaz. 47:432. 19 Jun 1909",由"Helianthella subgen. Enceliopsis A. Gray, Proc. Amer. Acad. Arts 19:9. 30 Oct 1883"改级而来。GCI、TROPICOS 和 IK 则记载为"Enceliopsis A. Nelson, Bot. Gaz. 47:432. 1909"。【分布】美国(西南部)。【后选模式】Enceliopsis nudicaulis (A. Gray) A. Nelson [Encelia nudicaulis A. Gray]。【参考异名】Enceliopsis A. Nelson (1909) Nom. illegit. ; Helianthella subgen. Enceliopsis A. Gray (1883)■●☆

18354　Enceliopsis A. Nelson (1909) Nom. illegit. ≡ Enceliopsis (A. Gray) A. Nelson(1909) [菊科 Asteraceae(Compositae)]■●☆

18355　Encentrus C. Presl(1845)(废弃属名)= Gymnosporia (Wight et Arn.) Benth. et Hook. f. (1862) (保留属名) [卫矛科 Celastraceae]●

18356　Encephalartaceae A. Schenck ex Doweld (2001) = Zamiaceae Rchb. ●☆

18357　Encephalartaceae Schimp. et Schenk(1880)= Zamiaceae Rchb. ●☆

18358　Encephalartos Lehm. (1834)【汉】大头苏铁属(大苏铁属,非洲苏铁属,非洲铁属,鹰苏铁属)。【日】オニソテツ属。【英】Encephalartos, Kaffir Bread, Sago Palm。【隶属】苏铁科 Cycadaceae//泽米苏铁科(泽米科)Zamiaceae。【包含】世界 30-46 种。【学名诠释与讨论】〈阳〉(希)em-(在唇音字母(b,m,p),en-在其他字母前面的词头,含义为在内,入内+kephale,头+artos,面包,盘。此属的学名,ING、APNI、TROPICOS 和 IK 记载是"Encephalartos J. G. C. Lehmann, Nov. Stirp Pugillus 6: 3. Apr-Mai (prim.) 1834"。" Encephallartes Endl. , Genera Plantarum (Endlicher) Suppl. 2: 103. 1842"是其变体。"Encephalartos Lindl. , Nom. illegit. = Encephalartos Lehm. (1834)"应为晚出的非法名称。【分布】热带和非洲南部。【后选模式】Encephalartos caffer (Thunberg) J. G. C. Lehmann [Cycas caffra Thunberg]。【参考异名】Arthrozamia Rchb. (1828);Encephalartos Lindl. ●☆

18359　Encephalartos Lindl. , Nom. illegit. = Encephalartos Lehm. (1834) [苏铁科 Cycadaceae//泽米苏铁科(泽米科)Zamiaceae]●☆

18360　Encephallartes Endl. (1842) Nom. illegit. ≡ Encephalartos Lehm. (1834) [苏铁科 Cycadaceae//泽米苏铁科(泽米科)Zamiaceae]●☆

18361　Encephalocarpus A. Berger(1929)【汉】银牡丹属(松球属,松球玉属)。【日】エンセファロカルプス属。【隶属】仙人掌科 Cactaceae。【包含】世界 1 种。【学名诠释与讨论】〈阳〉(希) em-,在内,入内 + kephale,头 + karpos,果实。此属的学名是"Encephalocarpus A. Berger, Kakteen 331. 1929"。亦有文献把其处理为"Pelecyphora C. Ehrenb. (1843)"的异名。【分布】墨西哥。【模式】Encephalocarpus strobiliformis (Werdermann) A. Berger [Ariocarpus strobiliformis Werdermann]。【参考异名】Pelecyphora C. Ehrenb. (1843)■☆

18362　Encephalosphaera Lindau(1904)【汉】内球爵床属。【隶属】爵床科 Acanthaceae。【包含】世界 2 种。【学名诠释与讨论】〈阴〉

（希）em-（在唇音字母（b,m,p），en-在其他字母前面的词头，含义为在内，入内＋kephale，头＋sphaira，指小式 sphairion，球。sphairikos，球形的。sphairotos，圆的。【分布】秘鲁，厄瓜多尔，热带南美洲。【模式】Encephalosphaera vitellina Lindau。●☆

18363 Encheila O. F. Cook（1947）Nom. inval.，Nom. nud. ＝ Chamaedorea Willd.（1806）（保留属名）［棕榈科 Arecaceae（Palmae）］●☆

18364 Encheiridion Summerh.（1943）＝Microcoelia Lindl.（1830）［兰科 Orchidaceae］■☆

18365 Enchelya Lem.（1849）＝ Encelia Adans.（1763）［菊科 Asteraceae(Compositae)］●■☆

18366 Enchidion Müll. Arg.（1866）＝Trigonostemon Blume（1826）［as 'Trigostemon'］（保留属名）［大戟科 Euphorbiaceae］●

18367 Enchidium Jack（1822）（废弃属名）＝ Trigonostemon Blume（1826）［as 'Trigostemon'］（保留属名）［大戟科 Euphorbiaceae］●

18368 Encholirion Benth. et Hook. f.（1883）Nom. illegit. ≡Encholirium Mart. ex Schult. f.（1830）［凤梨科 Bromeliaceae］■☆

18369 Encholirium Mart.（1830）Nom. illegit. ≡ Encholirium Mart. ex Schult. f.（1830）；~ ≡ Encholirium Mart. ex Schult. f.（1830）［凤梨科 Bromeliaceae］■☆

18370 Encholirium Mart. ex Schult. et Schult. f.（1830）Nom. illegit. ≡ Encholirium Mart. ex Schult. f.（1830）［凤梨科 Bromeliaceae］■☆

18371 Encholirium Mart. ex Schult. f.（1830）【汉】思口莲属。【隶属】凤梨科 Bromeliaceae。【包含】世界 14-29 种。【学名诠释与讨论】〈中〉（希）enchos，矛＋lirion，白百合＋-ius，-ia，-ium，在拉丁文和希腊文中，这些词尾表示性质或状态。此属的学名，ING、GCI、TROPICOS 和 IK 记载是 "Encholirium Martius ex J. H. Schultes in J. A. Schultes et J. H. Schultes in J. J. Roemer et J. A. Schultes，Syst. Veg. 7（2）：lxviii，1233. 1830（sero）"。"Encholirium Mart. ex Schult. et Schult. f.（1830）≡ Encholirium Mart. ex Schult. f.（1830）" 和 "Encholirium Mart.（1830）≡ Encholirium Mart. ex Schult. f.（1830）" 的命名人引证有误。"Encholirion Benth. et Hook. f.，Gen. Pl.［Bentham et Hooker f.］3（2）：667. 1883［14 Apr 1883］"是"Encholirium Mart. ex Schult. f.（1830）"的拼写变体。【分布】巴西。【模式】spectabile Martius ex J. H. Schultes。【参考异名】Encholirion Benth. et Hook. f.（1883）Nom. illegit.；Encholirium Mart.（1830）Nom. illegit.；Encholirium Mart. ex Schult. et Schult. f.（1830）Nom. illegit. ■☆

18372 Enchosanthera King et Stapf ex Guillaumin（1913）＝ Creochiton Blume（1831）［野牡丹科 Melastomataceae］●☆

18373 Enchosanthera King et Stapf（1913）Nom. illegit. ≡Enchosanthera King et Stapf ex Guillaumin（1913）；~ ＝ Creochiton Blume（1831）［野牡丹科 Melastomataceae］●☆

18374 Enchydra F. Muell.（1863）＝ Enydra Lour.（1790）［菊科 Asteraceae(Compositae)］■

18375 Enchylaena R. Br.（1810）【汉】肉被蓝澳藜属。【隶属】藜科 Chenopodiaceae。【包含】世界 2 种。【学名诠释与讨论】〈阴〉（希）enchos，矛＋laina ＝chlaine ＝拉丁文 laena，外衣，衣服。【分布】澳大利亚。【后选模式】Enchylaena tomentosa R. Brown。【参考异名】Euchylaena Spreng.（1830）●☆

18376 Enchylus Ehrh. ＝Sedum L.（1753）［景天科 Crassulaceae］●■

18377 Enchysia C. Presl（1836）＝ Laurentia Adans.（1763）Nom. illegit.，Nom. superfl.［桔梗科 Campanulaceae］■☆

18378 Encilia Rchb.（1841）＝ Ercilla A. Juss.（1832）［商陆科 Phytolaccaceae］●☆

18379 Enckea Kunth（1840）Nom. illegit. ≡Gonistum Raf.（1838）；~ ＝ Piper L.（1753）［胡椒科 Piperaceae］●■

18380 Enckianthus Desf.（1829）＝ Enkianthus Lour.（1790）［杜鹃花科（欧石南科）Ericaceae］●

18381 Enckleia Pfeiff.（1874）＝ Enkleia Griff.（1843）［瑞香科 Thymelaeaceae］■☆

18382 Encliandra Zucc.（1837）＝ Fuchsia L.（1753）［柳叶菜科 Onagraceae］●■

18383 Encopa Griseb.（1866）Nom. illegit. ≡ Encopella Pennell（1920）［玄参科 Scrophulariaceae//透骨草科 Phrymaceae］■☆

18384 Encopea C. Presl（1845）＝ Faramea Aubl.（1775）［茜草科 Rubiaceae］●☆

18385 Encopella Pennell（1920）【汉】凹玄参属。【隶属】玄参科 Scrophulariaceae//透骨草科 Phrymaceae。【包含】世界 1 种。【学名诠释与讨论】〈阴〉（希）enkope，缺口，阻碍＋-ellus，-ella，-ellum，加在名词词干后面形成指小式的词尾。或加在人名、属名等后面以组成新属的名称。此属的学名 "Encopella Pennell, Mem. Torrey Bot. Club 16：106. 13 Sep 1920" 是一个替代名称。"Encopa Grisebach, Cat. Pl. Cub. 184. Mai-Aug 1866" 是一个非法名称（Nom. illegit.），因为此前已经有了 "Encopea K. B. Presl, Abh. Königl. Böhm. Ges. Wiss. ser. 5. 3；513. Jul-Dec 1845 ＝ Faramea Aubl.（1775）［茜草科 Rubiaceae］"。故用 "Encopella Pennell（1920）" 替代之。【分布】古巴。【模式】Encopella tenuifolia（Grisebach）Pennell［Encopa tenuifolia Grisebach］。【参考异名】Encopa Griseb.（1866）Nom. illegit. ■☆

18386 Encopia Benth. et Hook. f.（1873）Nom. illegit.［茜草科 Rubiaceae］☆

18387 Encurea Walp.（1842）＝ Enourea Aubl.（1775）；~ ＝Paullinia L.（1753）［无患子科 Sapindaceae］●☆

18388 Encyanthus Spreng.（1825）＝ Enkianthus Lour.（1790）［杜鹃花科（欧石南科）Ericaceae］●

18389 Encycla Benth.（1856）＝ Eriogonum Michx.（1803）；~ ＝Eucycla Nutt.（1848）［蓼科 Polygonaceae］●■☆

18390 Encyclia Hook.（1828）【汉】围柱兰属。【隶属】兰科 Orchidaceae。【包含】世界 150-235 种。【学名诠释与讨论】〈阴〉（希）enkyklo，包围，围绕。指唇瓣侧边圆形突出将花柱围起。【分布】巴拉圭，巴拿马，秘鲁，玻利维亚，厄瓜多尔，哥伦比亚（安蒂奥基亚），哥斯达黎加，尼加拉瓜，中美洲。【模式】Encyclia viridiflora W. J. Hooker。【参考异名】Amblostoma Scheidw.（1838）；Encyclium Neum.（1845）；Euchile（Dressler et G. E. Pollard）Withner（1998）；Exophya Raf.（1837）；Hormidium（Lindl.）Heynh.（1841）；Sulpitia Raf.（1838）Nom. illegit. ■☆

18391 Encyclia Poepp. et Endl. ＝ Polystachya Hook.（1824）（保留属名）［兰科 Orchidaceae］■

18392 Encyclium Neum.（1845）＝ Encyclia Hook.（1828）［兰科 Orchidaceae］■☆

18393 Endacanthus Baill.（1892）＝ Pyrenacantha Wight（1830）（保留属名）［茶茱萸科 Icacinaceae］●

18394 Endadenium L. C. Leach（1973）【汉】隐腺大戟属。【隶属】大戟科 Euphorbiaceae。【包含】世界 1 种。【学名诠释与讨论】〈中〉endon，在内＋aden，所有格 adenos，腺体＋-ius，-ia，-ium，在拉丁文和希腊文中，这些词尾表示性质或状态。【分布】安哥拉。【模式】Endadenium gossweileri（N. E. Brown）L. C. Leach［Monadenium gossweileri N. E. Brown］。☆

18395 Endallex Raf.（1830）Nom. illegit. ≡Typhoides Moench（1794）Nom. illegit.；~ ＝ Phalaris L.（1753）［禾本科 Poaceae（Gramineae）//虉草科 Phalariaceae］■

18396 Endammia Raf.（1838）＝ Corema D. Don（1826）［岩高兰科 Empetraceae］●☆

18397 Endecaria Raf. (1838) = Cuphea Adans. ex P. Browne (1756) [千屈菜科 Lythraceae]●■

18398 Endeisa Raf. (1837) = Dendrobium Sw. (1799)(保留属名) [兰科 Orchidaceae]■

18399 Endema Pritz. (1855) Nom. illegit. = Eudema Humb. et Bonpl. (1813) Nom. illegit. ; ~ = Eudema Bonpl. (1813) [十字花科 Brassicaceae(Cruciferae)]■☆

18400 Endera Regel (1872) = Taccarum Brongn. (1857) [天南星科 Araceae]■☆

18401 Endertia Steenis et de Wit(1947)【汉】加岛豆属。【隶属】豆科 Fabaceae(Leguminosae)//云实科(苏木科)Caesalpiniaceae。【包含】世界 1 种。【学名诠释与讨论】〈阴〉(人)Frederik Hendrik, 1891-1953, 植物学者。【分布】加里曼丹岛。【模式】Endertia spectabilis Steenis et de Wit。●☆

18402 Endesmia R. Br. = Eucalyptus L'Hér. (1789) [桃金娘科 Myrtaceae]●

18403 Endespermum Blume (1823)(废弃属名)= Dalbergia L. f. (1782)(保留属名) [豆科 Fabaceae(Leguminosae)//蝶形花科 Papilionaceae]●

18404 Endiandra R. Br. (1810)【汉】土楠属(内药樟属,三蕊楠属)。【英】Endiandra。【隶属】樟科 Lauraceae。【包含】世界 30-100 种,中国 3 种。【学名诠释与讨论】〈阳〉(希)endo-,ento-,在内,在里面,向内+aner,所有格 andros,雄性,雄蕊。指雄蕊包于花被内。【分布】澳大利亚,马来西亚,印度(阿萨姆),中国,波利尼西亚群岛。【模式】Endiandra glauca R. Brown。【参考异名】Brassiodendron C. K. Allen (1942) ; Dictyodaphne Blume (1851) Nom. illegit. ;Triadodaphne Kosterm. (1974)●

18405 Endiplus Raf. (1818)= Phacelia Juss. (1789) [田梗草科(田基麻科,田亚麻科)Hydrophyllaceae]■☆

18406 Endisa Post et Kuntze (1903)= Dendrobium Sw. (1799)(保留属名); ~ = Endeisa Raf. (1837) [兰科 Orchidaceae]■

18407 Endiusa Alef. (1859)= Vicia L. (1753) [豆科 Fabaceae(Leguminosae)//蝶形花科 Papilionaceae//野豌豆科 Viciaceae]■

18408 Endivia Hill(1756)= Cichorium L. (1753) [菊科 Asteraceae(Compositae)//菊苣科 Cichoriaceae]■

18409 Endlichera C. Presl (1832)(废弃属名)= Emmeorhiza Pohl ex Endl. (1838) [茜草科 Rubiaceae]●☆

18410 Endlicheria Nees(1833)(保留属名)【汉】恩德桂属。【隶属】樟科 Lauraceae。【包含】世界 40 种。【学名诠释与讨论】〈阴〉(人)Stephan Friedrich Ladislaus Endlicher,1804-1849,奥地利植物学者。此属的学名"Endlicheria Nees in Linnaea 8;37. 1833"是保留属名。相应的废弃属名是茜草科 Rubiaceae 的"Endlichera C. Presl, Symb. Bot. 1:73. Jan-Feb 1832 = Emmeorhiza Pohl ex Endl. (1838)"。"Goeppertia C. G. D. Nees, Syst. Laurin. 365. 30 Oct-5 Nov 1836(non C. G. D. Nees 1831)"和"Schauera C. G. D. Nees in Lindley, Nat. Syst. ed. 2. 202. 1836(废弃属名)"是"Endlicheria Nees(1833)(保留属名)"的晚出的同模式异名(Homotypic synonym, Nomenclatural synonym)。【分布】巴拉圭,巴拿马,秘鲁,玻利维亚,厄瓜多尔,哥伦比亚(安蒂奥基亚),哥斯达黎加,中美洲。【模式】Endlicheria hirsuta (Schott) C. G. D. Nees [Cryptocarya hirsuta Schott]。【参考异名】Ampelodaphne Meisn. (1864) ;Goeppertia Nees(1836)Nom. illegit. ;Huberodaphne Ducke(1925) ;Schauera Nees (1836) Nom. illegit. (废弃属名) ; Schaueria Meisn. (废弃属名)●☆

18411 Endocarpa Raf. (1838)= Aiouea Aubl. (1775) [樟科 Lauraceae]●☆

18412 Endocaulos C. Cusset(1973)【汉】内茎苔草属。【隶属】髯管花科 Geniostomaceae。【包含】世界 1 种。【学名诠释与讨论】〈中〉(希)endo- =拉丁文 intro-,intra-,在内,在里面,向内+kaulon,茎。【分布】马达加斯加。【模式】Endocaulos mangorense (H. Perrier de la Bathie) C. Cusset [Sphaerothylax mangorensis H. Perrier de la Bathie]。■☆

18413 Endocellion Turcz. ex Herder(1865)【汉】北蜂斗菜属(北蜂斗叶属)。【隶属】菊科 Asteraceae(Compositae)。【包含】世界 2 种。【学名诠释与讨论】〈中〉(希)endo- =拉丁文 intro-,intra-,在内,在里面,向内+cella 寝室+-ion,表示出现。此属的学名是"Endocellion N. Turczaninow ex F. von Herder, Bull. Soc. Imp. Naturalistes Moscou 38(1): 375. 1865"。亦有文献把其处理为"Petasites Mill. (1754)"的异名。【分布】俄罗斯(远东),蒙古(北部),北极和东西伯利亚。【模式】Endocellion boreale N. Turczaninow ex F. von Herder。【参考异名】Petasites Mill. (1754)■☆

18414 Endochromaceae Dulac =Phytolaccaceae R. Br. (保留科名)●■

18415 Endocles Salisb. (1866)= Zigadenus Michx. (1803) [百合科 Liliaceae//黑药花科(藜芦科)Melanthiaceae]■

18416 Endocodon Raf. (1838) Nom. illegit. ≡Goeppertia Nees(1831); ~ =Calathea G. Mey. (1818) [竹芋科(苳叶科,柊叶科)Marantaceae]■

18417 Endocoma Raf. (1837)= Bottionea Colla (1834) [百合科 Liliaceae//吊兰科(猴面包科,猴面包树科)Anthericaceae]■☆

18418 Endocomia W. J. de Wilde(1984)【汉】内毛楠属。【隶属】肉豆蔻科 Myristicaceae。【包含】世界 4 种。【学名诠释与讨论】〈阴〉(希)endo- =拉丁文 intro-,intra-,在内,在里面,向内+kome,毛发,束毛,冠毛,来自拉丁文 coma。此属的学名是"Endocomia W. J. J. O. de Wilde,Blumea 30: 179. 12 Nov 1984"。亦有文献把其处理为"Horsfieldia Willd. (1806)"的异名。【分布】印度(安达曼群岛),菲律宾,老挝,缅甸,泰国,印度尼西亚(苏门答腊岛,爪哇岛),中国(云南),马来半岛,加里曼丹岛,新几内亚岛。【模式】Endocomia macrocoma (Miquel)W. J. J. O. de Wilde [Myristica macrocoma Miquel]。【参考异名】Horsfieldia Willd. (1806)●☆

18419 Endodaca Schlecht. (1834)Nom. illegit. = Endodeca Raf. (1828) [马兜铃科 Aristolochiaceae]☆

18420 Endodeca Raf. (1828)【汉】蛇根兜铃属。【隶属】马兜铃科 Aristolochiaceae。【包含】世界 2 种。【学名诠释与讨论】〈阴〉(希)endo- =拉丁文 intro-,intra-,在内,在里面,向内+deka,十。此属的学名,ING、TROPICOS 和 IK 记载是"Endodeca Raf. ,Med. Fl. 1:62. 1828"。IK 和 Linnaea 9 Lit. 98. 1834 记载的马兜铃科 Aristolochiaceae 的"Endodaca [Schlecht.],Linnaea 9(Lit.):98. 1834"似为变体。亦有文献把"Endodeca Raf. (1828)"处理为"Aristolochia L. (1753)"的异名。【分布】参见 Aristolochia L.。【后选模式】Endodeca hastata Rafinesque [Aristolochia hastata Nuttall 1818, non Kunth 1817]。【参考异名】Aristolochia L. (1753) ;Endodaca Schlecht. (1834) Nom. illegit. ; Endotheca Raf. (1838) ;Eudodeca Steud. (1840)■☆

18421 Endodesmia Benth. (1862)【汉】内索藤黄属。【隶属】猪胶树科(克鲁西科,山竹子科,藤黄科)Clusiaceae(Guttiferae)。【包含】世界 1 种。【学名诠释与讨论】〈阴〉(希)endo- =拉丁文 intro-,intra-,在内,在里面,向内+desmos,链,束,结,带,纽带。desma,所有格 desmatos,含义与 desmos 相似。【分布】热带非洲西部。【模式】Endodesmia calophylloides Bentham。●☆

18422 Endodia Raf. (1825)= Leersia Sw. (1788)(保留属名) [禾本科 Poaceae(Gramineae)]■

18423 Endogona Raf. (1837) Nom. illegit. ≡ Anthericum L. (1753) [百合科 Liliaceae//吊兰科(猴面包科,猴面包树科)

Anthericaceae]■☆

18424　Endogonia（Turcz.）Lindl.（1847）Nom. illegit. = Trigonotis Steven（1851）［紫草科 Boraginaceae］■

18425　Endogonia Lindl.（1847）Nom. illegit. ≡ Endogonia（Turcz.）Lindl.（1847）Nom. illegit. ; ～ = Trigonotis Steven（1851）［紫草科 Boraginaceae］■

18426　Endogonia Turcz., Nom. illegit. ≡ Endogonia（Turcz.）Lindl.（1847）; ～ = Trigonotis Steven（1851）［紫草科 Boraginaceae］■

18427　Endoisila Raf.（1838）= Euphorbia L.（1753）［大戟科 Euphorbiaceae］●■

18428　Endolasia Turcz.（1848）= Manettia Mutis ex L.（1771）（保留属名）［茜草科 Rubiaceae］●■☆

18429　Endolepis Torr.（1860）Nom. illegit. = Atriplex L.（1753）（保留属名）; ～ = Stutzia E. H. Zacharias（2010）［藜科 Chenopodiaceae//滨藜科 Atriplicaceae］■●

18430　Endolepis Torr. ex A. Gray（1860）Nom. illegit. = Endolepis Torr.（1860）Nom. illegit. ; ～ = Atriplex L.（1753）（保留属名）; ～ = Stutzia E. H. Zacharias（2010）［藜科 Chenopodiaceae//滨藜科 Atriplicaceae］■☆

18431　Endoleuca Cass.（1819）= Metalasia R. Br.（1817）［菊科 Asteraceae（Compositae）］●☆

18432　Endolimna Raf. = Heteranthera Ruiz et Pav.（1794）（保留属名）［雨久花科 Pontederiaceae//水星草科 Heterantheraceae］■☆

18433　Endolithodes Bartl. = Retiniphyllum Bonpl.（1806）; ～ = Synisoon Baill.（1879）;［茜草科 Rubiaceae］●☆

18434　Endoloma Raf.（1838）Nom. illegit. ≡ Amphilophium Kunth（1818）［紫葳科 Bignoniaceae］●☆

18435　Endomallus Gagnep.（1915）【汉】越豆属。【隶属】豆科 Fabaceae（Leguminosae）//蝶形花科 Papilionaceae。【包含】世界2种，中国1种。【学名诠释与讨论】〈阳〉（希）endo- = 拉丁文 intro-，intra-，在内，在里面，向内 + mallos = malos，一缕羊毛。mallotos，似羊毛的。此属的学名是"Endomallus Gagnepain, Notul. Syst.（Paris）3: 184. 25 Dec 1915"。亦有文献把其处理为"Cajanus Adans.（1763）［as 'Cajan'］（保留属名）"的异名。【分布】中国，中南半岛。【后选模式】Endomallus pellitus Gagnepain。【参考异名】Cajanus Adans.（1763）（保留属名）■

18436　Endomelas Raf.（1838）= Thunbergia Retz.（1780）（保留属名）［爵床科 Acanthaceae//老鸦嘴科（山牵牛科，老鸦咀科）Thunbergiaceae］●■

18437　Endonema A. Juss.（1846）【汉】内丝木属。【隶属】管萼木科（管萼科）Penaeaceae。【包含】世界2种。【学名诠释与讨论】〈中〉（希）endo- = 拉丁文 intro-，intra-，在内，在里面，向内 + nema，所有格 nematos，丝，花丝。【分布】非洲南部。【模式】Endonema thunbergii A. H. L. Jussieu, Nom. illegit.［Penaea lateriflora Thunberg ex Linnaeus f. ; Endonema lateriflora（Thunberg ex Linnaeus f.）Gilg］。●☆

18438　Endopappus Sch. Bip.（1860）【汉】内毛菊属（内冠菊属）。【隶属】菊科 Asteraceae（Compositae）。【包含】世界1种。【学名诠释与讨论】〈阳〉（希）endo- = 拉丁文 intro-，intra-，在内，在里面，向内 + 希腊文 pappos 指柔毛，软毛。pappus 则与拉丁文同义，指冠毛。此属的学名是"Endopappus Sch. Bip., Boletin de la Sociedad Cubana de Orquideas 8: 369. 1860"。亦有文献把其处理为"Chrysanthemum L.（1753）（保留属名）"的异名。【分布】非洲北部。【模式】Endopappus macrocarpus Sch. Bip.。【参考异名】Chrysanthemum L.（1753）（保留属名）■☆

18439　Endoplectris Raf.（1837）= Epimedium L.（1753）［小檗科 Berberidaceae//淫羊藿科 Epimediaceae］■

18440　Endopleura Cuatrec.（1961）【汉】凹脉核果树属。【隶属】核果树科（胡香脂科，树脂核科，无距花科，香膏科，香膏木科）Humiriaceae。【包含】世界1种。【学名诠释与讨论】〈阴〉（希）endo- = 拉丁文 intro-，intra-，在内，在里面，向内 + pleura = pleuron，肋骨，脉，棱，侧生。【分布】巴西，玻利维亚，亚马孙河流域。【模式】Endopleura uchi（Huber）Cuatrecasas［Sacoglottis uchi Huber］。●☆

18441　Endopogon Nees（1832）Nom. illegit. = Mecardonia Ruiz et Pav.（1794）; ～ = Strobilanthes Blume（1826）［爵床科 Acanthaceae］●■

18442　Endopogon Raf.（1818）= Gratiola L.（1753）; ～ = Pagesia Raf.（1817）［玄参科 Scrophulariaceae//婆婆纳科 Veronicaceae］■☆

18443　Endopogon Raf.（1837）Nom. illegit. = Diodia L.（1753）［茜草科 Rubiaceae］■

18444　Endoptera DC.（1838）= Crepis L.（1753）［菊科 Asteraceae（Compositae）］■

18445　Endorima Raf.（1836）Nom. illegit. = Helipterum DC. ex Lindl.（1836）Nom. confus.［菊科 Asteraceae（Compositae）］■☆

18446　Endosamara R. Geesink（1984）【汉】总状崖豆花属。【隶属】豆科 Fabaceae（Leguminosae）//蝶形花科 Papilionaceae。【包含】世界1-2种。【学名诠释与讨论】〈阴〉（希）endo- = 拉丁文 intro-，intra-，在内，在里面，向内 + samara = samera，榆树的种子，翅果。此属的学名是"Endosamara R. Geesink, Leiden Bot. Ser. 8: 93. 1984"。亦有文献把其处理为"Robinia L.（1753）"的异名。【分布】印度。【模式】Endosamara racemosa（Roxburgh）R. Geesink［Robinia racemosa Roxburgh］。【参考异名】Robinia L.（1753）●☆

18447　Endosiphon T. Anderson ex Benth.（1876）Nom. illegit. ≡ Endosiphon T. Anderson ex Benth. et Hook. f.（1876）; ～ = Ruellia L.（1753）［爵床科 Acanthaceae］■●

18448　Endosiphon T. Anderson ex Benth. et Hook. f.（1876）= Ruellia L.（1753）［爵床科 Acanthaceae］■●

18449　Endospermum Benth.（1861）（保留属名）【汉】黄桐属。【英】Endospermum, Yellowtung。【隶属】大戟科 Euphorbiaceae。【包含】世界12-13种，中国1种。【学名诠释与讨论】〈中〉（希）endo- = 拉丁文 intro-，intra-，在内，在里面，向内 + sperma，所有格 spermatos，种子，孢子。指种子在不开裂的分果片内。此属的学名"Endospermum Benth., Fl. Hongk.: 304. Feb 1861"是保留属名。相应的废弃属名是豆科 Fabaceae 的"Endespermum Blume, Catalogus: 24. Feb-Sep 1823"。豆科 Fabaceae 的"Endospermum Endl.（1840）= Dalbergia L. f.（1782）（保留属名）"似为变体，亦应废弃。【分布】斐济，中国，东南亚。【模式】Endospermum chinense Bentham。【参考异名】Capellenia Teijsm. et Binn.（1866）Nom. illegit. ●

18450　Endospermum Blume（1861）（废弃属名）= Endespermum Blume（1823）（废弃属名）; ～ = Dalbergia L. f.（1782）（保留属名）［豆科 Fabaceae（Leguminosae）//蝶形花科 Papilionaceae］●

18451　Endospermum Endl.（1840）（废弃属名）= Dalbergia L. f.（1782）（保留属名）［豆科 Fabaceae（Leguminosae）//蝶形花科 Papilionaceae］●

18452　Endosteira Turcz.（1863）= Cassipourea Aubl.（1775）［红树科 Rhizophoraceae］●☆

18453　Endostemon N. E. Br.（1910）【汉】内蕊草属。【隶属】唇形科 Lamiaceae（Labiatae）。【包含】世界17-19种。【学名诠释与讨论】〈阳〉（希）endo- = 拉丁文 intro-，intra-，在内，在里面，向内 + stemon，雄蕊。【分布】马达加斯加，印度，阿拉伯地区，热带和非洲南部。【模式】Endostemon obtusifolius（E. H. F. Meyer）N. E. Brown［Ocimum obtusifolium E. H. F. Meyer］。【参考异名】Pseudocimum Bremek.（1933）; Puntia Hedge（1983）●■☆

18454　Endostephium Turcz.（1863）= Galipea Aubl.（1775）［芸香科 Rutaceae］●☆

18455　Endotheca Raf.（1838）= Aristolochia L.（1753）；~ ≡ Endodeca Raf.（1828）［马兜铃科 Aristolochiaceae］■☆

18456　Endotis Raf.（1837）= Allium L.（1753）［百合科 Liliaceae//葱科 Alliaceae］■

18457　Endotricha Aubrév. et Pellegr.（1935）Nom. illegit. ≡ Aubregrinia Heine（1960）［山榄科 Sapotaceae］●☆

18458　Endotriche（Bunge）Steud.（1821）= Gentianella Moench（1794）（保留属名）［龙胆科 Gentianaceae］■

18459　Endotriche Steud.（1821）Nom. illegit. ≡ Endotriche（Bunge）Steud.（1821）；~ =Gentianella Moench（1794）（保留属名）［龙胆科 Gentianaceae］■

18460　Endotropis Endl.（1838）Nom. illegit. ≡ Gymnema Endl.；~ = Cynanchum L.（1753）［萝藦科 Asclepiadaceae］●■

18461　Endotropis Raf.（1825）= Cardiolepis Raf.（1825）Nom. illegit.；~ =Rhamnus L.（1753）［鼠李科 Rhamnaceae］●

18462　Endotropis Raf.（1838）Nom. illegit. = Rhamnus L.（1753）［鼠李科 Rhamnaceae］●

18463　Endrachium Juss.（1789）Nom. illegit. ≡ Humbertia Comm. ex Lam.（1786）［旋花科 Convolvulaceae//马岛旋花科 Humbertiaceae］●☆

18464　Endrachne Augier = Endrachium Juss.（1789）Nom. illegit.；~ = Humbertia Comm. ex Lam.（1786）［旋花科 Convolvulaceae//马岛旋花科 Humbertiaceae］●☆

18465　Endresiella Schltr.（1921）= Trevoria F. Lehm.（1897）［兰科 Orchidaceae］■☆

18466　Endressia J. Gay（1832）Nom. illegit. ≡ Arpitium Neck. ex Sweet（1830）［伞形花科（伞形科）Apiaceae（Umbelliferae）］■

18467　Endressia Whiffin（2007）Nom. illegit. = Endressia J. Gay（1832）［伞形花科（伞形科）Apiaceae（Umbelliferae）］■☆

18468　Endusa Miers ex Benth.（1862）= Minquartia Aubl.（1775）［铁青树科 Olacaceae］●☆

18469　Endusa Miers（1851）Nom. inval. ≡ Endusa Miers ex Benth.（1862）；~ =Minquartia Aubl.（1775）［铁青树科 Olacaceae］●☆

18470　Endusia Benth. et Hook. f.（1865）= Endiusa Alef.（1859）；~ = Vicia L.（1753）［豆科 Fabaceae（Leguminosae）//蝶形花科 Papilionaceae//野豌豆科 Viciaceae］■

18471　Endymion Dumort.（1827）【汉】西班牙风信子属（恩底弥翁属）。【英】Bluebell, Spanish Bluebell。【隶属】风信子科 Hyacinthaceae。【包含】世界 10 种。【学名诠释与讨论】〈阴〉（人）Endymion, 恩底弥翁, 在希腊神话中是小亚细亚的一个英俊的牧羊人, 月亮女神 Selene 爱上了他, 便请求宙斯赐予他永恒的生命, 这样, 他就永远也不会离开她了。于是宙斯让他沉入永恒的睡眠之中。每晚, Selene 会来到小亚细亚, 靠近 Milete 的 Latmus 山看望沉睡中的 Endymion, 他们一起孕育了 50 个女儿。此属的学名是"Endymion Dumortier, Fl. Belg. 140. 1827"。亦有文献把其处理为"Hyacinthoides Heist. ex Fabr.（1759）"的异名。【分布】地中海西部, 欧洲西部。【模式】未指定。【参考异名】Agraphis Link（1829）；Hyacinthoides Fabr.（1759）Nom. illegit.；Hyacinthoides Heist. ex Fabr.（1759）；Hylomenes Salisb.（1866）；Usteria Medik.（1790）Nom. inval. ■☆

18472　Endysa Post et Kuntze（1903）= Minquartia Aubl.（1775）［铁青树科 Olacaceae］●☆

18473　Enekbatus Trudgen et Rye（2010）【汉】澳洲岗松属。【隶属】桃金娘科 Myrtaceae。【包含】世界 10 种。【学名诠释与讨论】〈阴〉（阳）词源不详。【分布】澳洲。【模式】Enekbatus cryptandroides（F. Muell.）Trudgen et Rye［Baeckea cryptandroides F. Muell.］。☆

18474　Enemion Raf.（1820）【汉】拟扁果草属（假扁果草属）。【俄】Энемион。【英】Enemion, False Rue-anemone。【隶属】毛茛科 Ranunculaceae。【包含】世界 5-6 种, 中国 1-2 种。【学名诠释与讨论】〈中〉（希）enemion, 一种植物俗名。此属的学名是"Enemion Rafinesque, J. Phys. Chim. Hist. Nat. Arts 91：70. Jul 1820"。亦有文献把其处理为"Isopyrum L.（1753）（保留属名）"的异名。【分布】朝鲜, 俄罗斯（远东）, 日本, 中国, 北美洲西部。【模式】Enemion biternatum Rafinesque。【参考异名】Enymion Raf.（1820）Nom. illegit.；Isopyrum L.（1753）（保留属名）■

18475　Enemium Steud.（1840）Nom. illegit. ［毛茛科 Ranunculaceae］■☆

18476　Enemosyne Lehm.（1848）= Eremosyne Endl.（1837）［虎耳草科 Saxifragaceae//寄奴花科（旱生草科, 柔毛小花草科, 小花草科）Eremosynaceae］■☆

18477　Eneodon Raf.（1Endocoma 837）= Leucas R. Br.（1810）［唇形科 Lamiaceae（Labiatae）］●■

18478　Enetophyton Nieuwl.（1914）= Utricularia L.（1753）［狸藻科 Lentibulariaceae］■

18479　Engelhardia Lesch. ex Blume（1825-1826）【汉】黄杞属（烟包树属）。【日】フヂバシデ属。【英】Basket Willow, Engelhardia。【隶属】胡桃科 Juglandaceae//黄杞科 Engelhardtiaceae。【包含】世界 5-17 种, 中国 8 种。【学名诠释与讨论】〈阴〉（人）C. M. V. Engelhardt, 爱沙尼亚人。亦说其国籍是德国或奥地利。此属的学名, ING、TROPICOS 和 IK 记载是"Engelhardia Lesch. ex Blume, Bijdr. Fl. Ned. Ind. 10：528. 1826［7 Dec 1825-24 Jan 1826）"。"Engelhardtia Blume, Verh. Batav. Genootsch. Kunst. 7（Meded. 10）：5, 1814 ≡ Engelhardia Lesch. ex Blume（1825-1826）"是一个未合格发表的名称（Nom. inval.）。"Engelhardia Lesch. ex Blume, Bijdr. Fl. Ned. Ind. 528, 1826"是其变体。"Engelhardtia Blume, Fl. Jav. Jugland. 5, 1829 ≡ Engelhardia Lesch. ex Blume（1825-1826）"是晚出的非法名称。【分布】巴基斯坦, 墨西哥, 中国, 喜马拉雅山, 东南亚, 中美洲。【后选模式】Engelhardia spicata Leschenault ex Blume。【参考异名】Engelhardtia Blume（1814）Nom. inval.；Engelhardtia Blume（1829）Nom. illegit.；Engelhardtia Lesch. ex Blume（1826）；Pterilema Reinw.（1828）●

18480　Engelhardtia Blume（1814）Nom. inval. ≡ Engelhardia Lesch. ex Blume（1825-1826）［胡桃科 Juglandaceae//黄杞科 Engelhardtiaceae］●

18481　Engelhardtia Blume（1829）Nom. illegit. ≡ Engelhardia Lesch. ex Blume（1825-1826）［胡桃科 Juglandaceae//黄杞科 Engelhardtiaceae］●

18482　Engelhardtia Lesch. ex Blume（1826）Nom. illegit. = Engelhardia Lesch. ex Blume（1825-1826）［胡桃科 Juglandaceae//黄杞科 Engelhardtiaceae］●

18483　Engelhardtiaceae Reveal et Doweld（1999）［亦见 Juglandaceae DC. ex Perleb（保留科名）胡桃科］【汉】黄杞科。【包含】世界 1 属 8-17 种, 中国 1 属 8 种。【分布】喜马拉雅山至中国（台湾）, 东南亚, 墨西哥, 中美洲。【科名模式】Engelhardia Lesch. ex Blume ●

18484　Engelia H. Karst. ex Nees（1847）= Mendoncia Vell. ex Vand.（1788）［对叶藤科 Mendonciaceae］●☆

18485　Engelmannia A. Gray ex Nutt.（1840）【汉】梳脉菊属。【英】Cutleaf Daisy, Engelmann Daisy, Engelmann's Daisy。【隶属】菊科 Asteraceae（Compositae）。【包含】世界 1 种。【学名诠释与讨论】〈阴〉（人）George Engelmann, 1809-1884, 德裔美国人, 医生, 植物学者。此属的学名,《北美植物志》、ING、TROPICOS 和 IK 记载是"Engelmannia A. Gray ex Nutt., Descr. Sp. et Gen. Pl. Compos.

Coll. 1834 et 1835（Trans－Amer. Phil. Soc.，n. s.，vii. 1841）. 343（1840）（Englemannia）". "Engelmannia Torr. et A. Gray, Fl. N. Amer.（Torr. et A. Gray）2（2）：283. 1842［Apr 1842］≡ Engelmannia Torr. et A. Gray ex Nutt.（1840）≡ Engelmannia A. Gray ex Nutt.（1840）［菊科 Asteraceae（Compositae）］"的命名人引证有误。"Engelmannia Klotzsch, Arch. Naturgesch. 7（1）：253. 1841 = Croton L.（1753）= Gynamblosis Torr.（1853）［大戟科 Euphorbiaceae］"和"Engelmannia Pfeiff.，Bot. Zeit. iii.（1845）673 ≡ Buchingera F. Schultz（1848）= Cuscuta L.（1753）［旋花科 Convolvulaceae//菟丝子科 Cuscutaceae］"是晚出的非法名称。"Angelandra Endlicher, Gen. Suppl. 3：69. Oct 1843"是"Engelmannia A. Gray ex Nutt.（1840）"的晚出的同模式异名（Homotypic synonym, Nomenclatural synonym）。而"Angelandra Endlicher, Gen. Suppl. 5：91. 1850（non Endlicher 1843）"则是"Gynamblosis Torr.，in Rep. Marcy Exped. 295（1853）［大戟科 Euphorbiaceae］"的同模式异名。【分布】美国（西南部），墨西哥。【模式】Engelmannia pinnatifida Nuttall。【参考异名】Angelandra Endl.（1843）Nom. illegit.；Engelmannia Torr. et A. Gray ex Nutt.（1840）Nom. illegit.；Engelmannia Torr. et A. Gray（1842）Nom. illegit.■●☆

18486 Engelmannia Klotzsch（1841）Nom. illegit. ≡ Gynamblosis Torr.（1853）；~ = Croton L.（1753）［大戟科 Euphorbiaceae//巴豆科 Crotonaceae］●

18487 Engelmannia Pfeiff.（1845）Nom. illegit. ≡ Buchingera F. Schultz（1848）；~ = Cuscuta L.（1753）［旋花科 Convolvulaceae//菟丝子科 Cuscutaceae］■

18488 Engelmannia Torr. et A. Gray ex Nutt.（1840）Nom. illegit. ≡ Engelmannia A. Gray ex Nutt.（1840）［菊科 Asteraceae（Compositae）］■☆

18489 Engelmannia Torr. et A. Gray（1842）Nom. illegit. ≡ Engelmannia Torr. et A. Gray ex Nutt.（1840）；~ ≡ Engelmannia A. Gray ex Nutt.（1840）［菊科 Asteraceae（Compositae）］■☆

18490 Englera Post et Kuntze（1903）= Engleria O. Hoffm.（1888）［菊科 Asteraceae（Compositae）］■●☆

18491 Englerarum Nauheimer et P. C. Boyce（2013）【汉】云南芋属。【隶属】天南星科 Araceae。【包含】世界 1 种。【学名诠释与讨论】〈阴〉（人）Heinrich Gustav Adolf Engler, 1844－1930，德国植物学家+（属）Arum 疆南星属。【分布】中国。【模式】Englerarum hypnosum（J. T. Yin, Y. H. Wang et Z. F. Xu）Nauheimer et P. C. Boyce［Alocasia hypnosa J. T. Yin, Y. H. Wang et Z. F. Xu］。☆

18492 Englerastrum Briq.（1894）【汉】恩氏草属。【隶属】唇形科 Lamiaceae（Labiatae）。【包含】世界 20 种。【学名诠释与讨论】〈中〉（人）Heinrich Gustav Adolf Engler, 1844－1930，德国植物学家+-astrum，指示小的词尾，也有"不完全相似"的含义。此属的学名是"Englerastrum Briquet, Bot. Jahrb. Syst. 19：178. 21 Aug 1894"。亦有文献把其处理为"Plectranthus L' Hér.（1788）（保留属名）"的异名。【分布】热带非洲。【模式】Englerastrum schweinfurtii Briquet。【参考异名】Plectranthus L' Hér.（1788）（保留属名）●■☆

18493 Englerella Pierre（1891）= Pouteria Aubl.（1775）［山榄科 Sapotaceae］●

18494 Engleria O. Hoffm.（1888）【汉】窄翅菀属。【隶属】菊科 Asteraceae（Compositae）。【包含】世界 2 种。【学名诠释与讨论】〈阴〉（人）Heinrich Gustav Adolf Engler, 1844－1930，德国植物学家。【分布】热带和非洲南部。【模式】Engleria africana O. Hoffmann。【参考异名】Adenogonum Welw. ex Hiern（1898）；Englera Post et Kuntze（1903）■●☆

18495 Englerina Tiegh.（1895）【汉】恩氏寄生属。【隶属】桑寄生科 Loranthaceae。【包含】世界 27 种。【学名诠释与讨论】〈阴〉（人）Heinrich Gustav Adolf Engler, 1844－1930，德国植物学家+-inus, -ina, -inum 拉丁文加在名词词干之后，以形成形容词的词尾，含义为"属于、相似、关于、小的"。此属的学名是"Englerina Van Tieghem, Bull. Soc. Bot. France 42：257. post 22 Mar 1895"。亦有文献把其处理为"Loranthus Jacq.（1762）（保留属名）"或"Tapinanthus（Blume）Rchb.（1841）（保留属名）"的异名。【分布】参见 Loranthus Jacq.（1762）（保留属名）和 Tapinanthus（Blume）Rchb.。【模式】Englerina holstii（Engler）Van Tieghem［Loranthus holstii Engler］。【参考异名】Ischnanthus（Engl.）Tiegh.（1895）Nom. illegit.；Ischnanthus Tiegh.（1895）Nom. illegit.；Loranthus Jacq.（1762）（保留属名）；Stephaniscus Tiegh.（1895）；Tapinanthus（Blume）Blume（废弃属名）；Tapinanthus（Blume）Rchb.（1841）（保留属名）●☆

18496 Englerocharis Muschl.（1908）【汉】恩格勒芥属。【隶属】十字花科 Brassicaceae（Cruciferae）。【包含】世界 2 种。【学名诠释与讨论】〈阴〉（人）Heinrich Gustav Adolf Engler, 1844－1930，德国植物学家+charis，喜悦，雅致，美丽，流行。【分布】秘鲁，玻利维亚，安第斯山。【模式】Englerocharis peruviana Muschler。【参考异名】Brayopsis Gilg et Muschl.（1909）■☆

18497 Englerodaphne Gilg（1894）= Gnidia L.（1753）［瑞香科 Thymelaeaceae］●☆

18498 Englerodendron Harms（1907）【汉】恩格勒豆属。【隶属】豆科 Fabaceae（Leguminosae）。【包含】世界 1 种。【学名诠释与讨论】〈中〉（人）Heinrich Gustav Adolf Engler, 1844－1930，德国植物学家+dendron 或 dendros，树木，棍，丛林。【分布】热带非洲。【模式】Englerodendron usambarense Harms。●☆

18499 Englerodoxa Hoerold（1909）= Ceratostema Juss.（1789）［杜鹃花科（欧石南科）Ericaceae］●☆

18500 Englerophoenix Kuntze（1891）Nom. illegit. ≡ Maximiliana Mart.（1824）（保留属名）［棕榈科 Arecaceae（Palmae）］●

18501 Englerophytum K. Krause（1914）【汉】恩格勒山榄属。【隶属】山榄科 Sapotaceae。【包含】世界 5-10 种。【学名诠释与讨论】〈中〉（人）Heinrich Gustav Adolf Engler, 1844－1930，德国植物学家+phyton，植物，树木，枝条。【分布】西赤道非洲。【模式】Englerophytum stelechantha K. Krause。【参考异名】Bequaertiodendron De Wild.（1919）；Boivinella Pierre ex Aubrév. et Pellegr.（1958）Nom. illegit.；Neoboivinella Aubrév. et Pellegr.（1959）；Pseudoboivinella Aubrév. et Pellegr.（1961）；Tisserantiodoxa Aubrév. et Pellegr.（1957）；Wildemaniodoxa Aubrév. et Pellegr.（1961）；Zeyherella（Pierre ex Engl.）Aubrév.（1958）●☆

18502 Engomegoma Breteler（1996）【汉】加蓬铁青树属。【隶属】铁青树科 Olacaceae。【包含】世界 1 种。【学名诠释与讨论】〈阴〉词源不详。【分布】加蓬。【模式】Engomegoma gordonii Breteler。●☆

18503 Engysiphon G. J. Lewis（1941）= Geissorhiza Ker Gawl.（1803）［鸢尾科 Iridaceae］■☆

18504 Enhalaceae Nakai（1943）［亦见 Hydrocharitaceae Juss.（保留科名）水鳖科］【汉】海菖蒲科。【包含】世界 1 属 1 种，中国 1 属 1 种。【分布】印度－马来西亚，澳大利亚。【科名模式】Enhalus Rich.■

18505 Enhalus Rich.（1814）【汉】海菖蒲属（恩海藻属）。【日】ウミシャウブ属。【英】Enhalus, Seaflag。【隶属】水鳖科 Hydrocharitaceae//海菖蒲科 Enhalaceae。【包含】世界 1 种，中国 1 种。【学名诠释与讨论】〈阳〉（希）en-，在内+hals，所有格

halos,盐。指本属植物生于盐碱地上。【分布】澳大利亚,印度至马来西亚,中国。【模式】Enhalus koenigii L. C. Richard, Nom. illegit. [Stratiotes acoroides Linnaeus f.; Enhalus acoroides (Linnaeus f.) Steudel]。【参考异名】Enalus Asch. et Guerke (1889)■

18506 Enhydra DC. (1836) = Enydra Lour. (1790) [菊科 Asteraceae (Compositae)]■

18507 Enhydria Kanitz (1882) = Enydria Vell. (1829); ~ = Myriophyllum L. (1753) [小二仙草科 Haloragaceae//狐尾藻科 Myriophyllaceae]■

18508 Enhydrias Ridl. (1900) = Blyxa Noronha ex Thouars(1806) [水鳖科 Hydrocharitaceae//水筛科 Blyxaceae]■

18509 Enicosanthellum Bân(1975) = Disepalum Hook. f. (1860); ~ = Polyalthia Blume(1830) [番荔枝科 Annonaceae]●

18510 Enicosanthum Becc. (1871)【汉】丝柱玉盘属。【隶属】番荔枝科 Annonaceae。【包含】世界 16 种。【学名诠释与讨论】〈中〉(希)henikos,单个的,单数的+anthos,花。此属的学名,ING、TROPICOS 和 IK 记载是"Enicosanthum Beccari, Nuovo Giorn. Bot. Ital. 3:183. 1871"。它的同物异名"Griffithianthus Merrill, Philipp. J. Sci., C 10:231. 9 Aug 1915"是一个替代名称。"Griffithia Maingay ex G. King, Ann. Roy. Bot. Gard. (Calcutta) 4: 1,8. 1893"是一个非法名称(Nom. illegit.),因为此前已经有了"Griffithia R. Wight et Arnott, Prodr. 399. Oct (prim.) 1834 = Benkara Adans. (1763) = Randia L. (1753) [茜草科 Rubiaceae//山黄皮科 Randiaceae]"。故用"Griffithianthus Merr. (1915)"替代之。"Griffithia King (1893) Nom. illegit. ≡ Griffithia Maingay ex King(1893) Nom. illegit."的命名人引证有误。【分布】马来西亚(西部),缅甸,斯里兰卡,泰国。【模式】Enicosanthum paradoxum Beccari。【参考异名】Griffithia King(1893) Nom. illegit.; Griffithia Maingay ex King(1893) Nom. illegit.; Griffithianthus Merr. (1915); Henicosanthum Dalla Torre et Harms(1901) Nom. illegit.; Marcuccia Becc. (1871)●☆

18511 Enicostema Blume. (1826)(保留属名)【汉】单蕊龙胆属(热带龙胆属)。【隶属】龙胆科 Gentianaceae。【包含】世界 3-4 种。【学名诠释与讨论】〈中〉(希)henikos,单个的,单数的+stema,所有格 stematos,雄蕊。此属的学名"Enicostema Blume, Bijdr.:848. Jul-Dec 1826"是保留属名。法规未列出相应的废弃属名。"Enicostemma Steud., Nomencl. Bot. [Steudel], ed. 2. 1:555. 1840"是其变体,应予废弃。【分布】巴拿马,哥斯达黎加,马达加斯加,尼加拉瓜,苏丹,印度,印度尼西亚(爪哇岛),西印度群岛,热带和非洲南部,中美洲。【模式】Enicostema littorale Blume。【参考异名】Adenema G. Don (1837); Enicostemma Steud. (1840) Nom. illegit. (废弃属名); Henicostemma Endl. (1838); Hippion F. W. Schmidt (1794) Nom. illegit.; Hippion Spreng. (1824) Nom. illegit.; Lepinema Raf. (1837); Slevogtia Rchb. (1828)■☆

18512 Enicostemma Steud. (1840) Nom. illegit. (废弃属名) ≡ Enicostema Blume. (1826)(保留属名) [龙胆科 Gentianaceae]■☆

18513 Enipea Raf. (1837) = Salvia L. (1753) [唇形科 Lamiaceae (Labiatae)//鼠尾草科 Salviaceae]●■

18514 Enkea Walp. (1849) = Enckea Kunth(1840) Nom. illegit.; ~ = Piper L. (1753) [胡椒科 Piperaceae]●■

18515 Enkianthus Lour. (1790)【汉】吊钟花属(满天星属)。【日】ドウダンツツジ属。【俄】Энкиант。【英】Enkianthus, Pendent-bell, Red Bells。【隶属】杜鹃花科(欧石南科)Ericaceae。【包含】世界 12-16 种,中国 7-12 种。【学名诠释与讨论】〈阳〉(希)enkyos 或 enkous,孕育的+anthos,花。指吊钟花的每朵花出现在有色花苞内,或指花基部膨大。【分布】中国,喜马拉雅山至日

本。【后选模式】Enkianthus quinqueflorus Loureiro [as 'quinqueflora']。【参考异名】Bodinteriella H. Lév. (1913); Enckianthus Desf. (1829); Encyanthus Spreng. (1825); Enkyanthus DC. (1839); Meisteria Siebold et Zucc. (1846) Nom. illegit.; Melidora Noronha ex Salisb. (1817); Tritomodon Turcz. (1848)●

18516 Enkleia Griff. (1843)【汉】宽柱瑞香属。【隶属】瑞香科 Thymelaeaceae。【包含】世界 3 种。【学名诠释与讨论】〈阴〉(希)enkleio,关闭。指苞片和花。【分布】印度(安达曼群岛),东南亚。【模式】Enkleia malacensis W. Griffith。【参考异名】Enckleia Pfeiff. (1874); Kerrdora Gagnep. (1950) Nom. illegit.; Macgregorianthus Merr. (1912)■☆

18517 Enkyanthus DC. (1839) = Enkianthus Lour. (1790) [杜鹃花科(欧石南科)Ericaceae]●

18518 Enkylia Griff. (1845) = Gynostemma Blume(1825) [葫芦科(瓜科,南瓜科)Cucurbitaceae]■

18519 Enkylista Benth. et Hook. f. (1873) Nom. illegit. = Calycophyllum DC. (1830); ~ = Eukylista Benth. (1853) [茜草科 Rubiaceae]●☆

18520 Enkylista Hook. f. (1873) Nom. illegit. ≡ Enkylista Benth. et Hook. f. (1873) Nom. illegit.; ~ = Calycophyllum DC. (1830); ~ = Eukylista Benth. (1853) [茜草科 Rubiaceae]●☆

18521 Enneadynamis Bubani (1901) Nom. illegit. ≡ Parnassia L. (1753) [虎耳草科 Saxifragaceae//梅花草科 Parnassiaceae]■

18522 Ennealophus N. E. Br. (1909)【汉】九冠鸢尾属。【隶属】鸢尾科 Iridaceae。【包含】世界 5 种。【学名诠释与讨论】〈阳〉(希)ennea- = 拉丁文 novem-,或 noven-,九个+lophos,脊,鸡冠,装饰,羽毛。【分布】巴西,秘鲁,玻利维亚,厄瓜多尔,亚马孙河流域。【模式】Ennealophus amazonicus N. E. Brown。【参考异名】Eurynotia R. C. Foster(1945); Tucma Ravenna(1973)■☆

18523 Enneapogon Desv. et N. T. Burb. (1941), descr. ampl. = Enneapogon Desv. ex P. Beauv. (1812) [禾本科 Poaceae (Gramineae)]■

18524 Enneapogon Desv. ex P. Beauv. (1812)【汉】九顶草属(冠芒属)。【俄】Девятиостник。【英】Enneapogon。【隶属】禾本科 Poaceae(Gramineae)。【包含】世界 28-40 种,中国 2 种。【学名诠释与讨论】〈阳〉(希)ennea-,九个+pogon,所有格 pogonos,指小式 pogonion,胡须,髯毛,芒。pogonias,有须的。指外稃具九条羽状冠毛。此属的学名,ING、GCI、TROPICOS 和 IK 记载是"Enneapogon Desvaux ex Palisot de Beauvois, Essai Agrost. 81,161. Dec 1812"。APNI 记载为"Enneapogon P. Beauv., Essai d'une nouvelle Agrostographie 1812"。"Enneapogon Desv. et N. T. Burb., Proc. Linn. Soc. London 153;60 1941"修订了属的描述。【分布】巴基斯坦,秘鲁,玻利维亚,马达加斯加,中国,温带与热带。【后选模式】Enneapogon desvauxii Palisot de Beauvois。【参考异名】Calotheria Steud. (1854) Nom. illegit.; Calotheria Wight et Arn. (1854) Nom. illegit.; Calotheria Wight et Arn. ex Steud. (1854); Enneapogon Desv. et N. T. Burb. (1941), descr. ampl.; Enneapogon P. Beauv. (1812) Nom. illegit.■

18525 Enneapogon P. Beauv. (1812) Nom. illegit. = Enneapogon Desv. ex P. Beauv. (1812) [禾本科 Poaceae(Gramineae)]■

18526 Ennearina Raf. (1840) Nom. illegit. ≡ Pleea Michx. (1803) [百合科 Liliaceae//黑药花科(藜芦科)Melanthiaceae]■☆

18527 Enneastemon Exell (1932)(保留属名)【汉】九冠番荔枝属。【隶属】番荔枝科 Annonaceae。【包含】世界 15 种。【学名诠释与讨论】〈阳〉(希)ennea-,九个+stemma,所有格 stemmatos,花冠,花环,王冠。此属的学名"Enneastemon Exell in J. Bot. 70, Suppl. 1:209. Feb 1932"是保留属名。相应的废弃属名是番荔枝科 Annonaceae 的"Clathrospermum Planch. ex Hook. f. in Bentham et

Hooker, Gen. Pl. 1:29. 7 Aug 1862 = Enneastemon Exell(1932)(保留名)"。番荔枝科 Annonaceae 的"Clathrospermum Planch.(1848)Nom. illegit. ≡ Clathrospermum Planch. ex Hook. f.(1862)Nom. illegit.(废弃属名)"、"Clathrospermum Planch. ex Benth.(1862)Nom. illegit. ≡ Clathrospermum Planch. ex Hook. f.(1862)Nom. illegit.(废弃属名)"、"Clethrospermum Planch.(1848)Nom. illegit. ≡ Clathrospermum Planch. ex Hook. f.(1862)Nom. illegit.(废弃属名)"和"Clathrospermum Planch. ex Benth. et Hook. f.(1862)Nom. illegit. ≡ Clathrospermum Planch. ex Hook. f.(1862)Nom. illegit.(废弃属名)"亦应废弃。【分布】热带非洲。【模式】Enneastemon angolensis Exell。【参考异名】Clathrospermum Planch.(1848)Nom. illegit.(废弃属名);Clathrospermum Planch. ex Benth.(1862)Nom. illegit.(废弃属名);Clathrospermum Planch. ex Benth. et Hook. f.(1862)Nom. illegit.(废弃属名);Clathrospermum Planch. ex Hook. f.(1862)Nom. illegit.(废弃属名);Clethrospermum Planch.(1848)Nom. illegit.(废弃属名);Monanthotaxis Baill.(1890)●☆

18528 Enneatypus Herzog(1922)【汉】九数蓼属。【隶属】蓼科 Polygonaceae。【包含】世界 1 种。【学名诠释与讨论】〈阳〉(希)ennea-,九个+typos 类型,模样。【分布】巴拉圭,玻利维亚,中美洲。【模式】Enneatypus nordenskjoeldii Herzog。●☆

18529 Ennepta Raf.(1838)= Ilex L.(1753)[冬青科 Aquifoliaceae]●

18530 Enochoria Baker f.(1921)【汉】新喀五加属。【隶属】五加科 Araliaceae。【包含】世界 2 种。【学名诠释与讨论】〈阴〉词源不详。【分布】法属新喀里多尼亚。【模式】Enochoria sylvicola E. G. Baker。●☆

18531 Enodium Gaudin(1811)Nom. illegit., Nom. superfl. ≡ Enodium Pers. ex Gaudin(1811)Nom. illegit., Nom. superfl.;~ = Molinia Schrank(1789)[禾本科 Poaceae(Gramineae)]■

18532 Enodium Pers. ex Gaudin(1811)Nom. illegit., Nom. superfl. ≡ Molinia Schrank(1789)[禾本科 Poaceae(Gramineae)]■

18533 Enomegra A. Nelson(1902)= Argemone L.(1753)[罂粟科 Papaveraceae]■

18534 Enomeia Spach(1841)= Aristolochia L.(1753);~ = Einomeia Raf.(1828)[马兜铃科 Aristolochiaceae]■☆

18535 Enosanthes A. Cunn. ex Schauer(1841)Nom. inval. = Homoranthus A. Cunn. ex Schauer(1836)[桃金娘科 Myrtaceae]●☆

18536 Enothrea Raf.(1838)Nom. illegit. ≡ Octomeria R. Br.(1813)[兰科 Orchidaceae]■☆

18537 Enourea Aubl.(1775)= Paullinia L.(1753)[无患子科 Sapindaceae]●☆

18538 Enrila Blanco(1837)= Ventilago Gaertn.(1788)[鼠李科 Rhamnaceae]●

18539 Enriquebeltrania Rzed.(1980)【汉】墨西哥大戟属。【隶属】大戟科 Euphorbiaceae。【包含】世界 1 种。【学名诠释与讨论】〈阴〉(人)Enrique Beltran,1903-,墨西哥植物学者。此属的学名"Enriquebeltrania J. Rzedowski, Bol. Soc. Bot. Mexico 38:75. 1980"是一个替代名称。"Beltrania F. Miranda, Bol. Soc. Bot. México 21:11. Aug 1957"是一个非法名称(Nom. illegit.),因为此前已经有了真菌的"Beltrania Penzig, Nuovo Giorn. Bot. Ital. 14:72. 24 Apr 1882"。故用"Enriquebeltrania Rzed.(1980)"替之。【分布】墨西哥,中美洲。【模式】Enriquebeltrania crenatifolia(F. Miranda)J. Rzedowski[Beltrania crenatifolia F. Miranda]。【参考异名】Beltrania Miranda(1957)Nom. illegit. ☆

18540 Ensatae Ker Gawl. =Iridaceae Juss.(保留科名)■●

18541 Ensete Bruce ex Horan.(1862)【汉】象腿蕉属(矮蕉属)。【英】Ensete。【隶属】芭蕉科 Musaceae。【包含】世界 6-20 种,中

国 2 种。【学名诠释与讨论】〈阴〉(埃塞俄比亚)ensete,一种植物俗名。此属的学名,ING 记载是"Ensete Horaninow, Prodr. Monogr. Scitam. 8, 40. t. 4(p. p.). 1862"。IK 则记载为"Ensete Bruce ex Horan., Prodr. Monogr. Scitam. 40. 1862"。二者引用的文献相同。"Ensete Bruce(1862)"的命名人引证有误。【分布】马达加斯加,印度至马来西亚,中国,东南亚,热带非洲,中美洲。【模式】Ensete edule Bruce ex Horan.。【参考异名】Ensete Bruce(1862)Nom. illegit.;Ensete Horan.(1862);Mnasium Stackh.(1815)Nom. illegit. ■

18542 Ensete Bruce(1862)Nom. illegit. = Ensete Bruce ex Horan.(1862)[芭蕉科 Musaceae]■

18543 Ensete Horan.(1862)= Ensete Bruce ex Horan.(1862)[芭蕉科 Musaceae]■

18544 Enskide Raf.(1838)= Utricularia L.(1753)[狸藻科 Lentibulariaceae]■

18545 Enslemia T. Durand = Enslenia Nutt.(1818)Nom. illegit.;~ = Ampelamus Raf.(1819);~ = Cynanchum L.(1753)[萝藦科 Asclepiadaceae]●■

18546 Enslenia Nutt.(1818)Nom. illegit. ≡ Ampelamus Raf.(1819);~ = Cynanchum L.(1753)[萝藦科 Asclepiadaceae]●■

18547 Enslenia Raf.(1817)= Ruellia L.(1753)[爵床科 Acanthaceae]■●

18548 Ensolenanthe Schott(1861)= Alocasia(Schott)G. Don(1839)(保留属名)[天南星科 Araceae]■

18549 Enstoma A. Juss.(1849)Nom. illegit. ≡ Eustoma Salisb.(1806)[龙胆科 Gentianaceae]■☆

18550 Entada Adans.(1763)(保留属名)【汉】榼藤子属(榼藤属,鸭腱藤属)。【日】モダマ属。【俄】Энтада。【英】Entada。【隶属】豆科 Fabaceae(Leguminosae)//含羞草科 Mimosaceae。【包含】世界 30 种,中国 3-5 种。【学名诠释与讨论】〈阴〉(马拉巴尔)印度马拉巴尔语 entada,一种植物俗名。此属的学名"Entada Adans., Fam. Pl. 2:318,554. Jul-Aug 1763"是保留属名。相应的废弃属名是豆科 Fabaceae 的"Gigalobium P. Browne, Civ. Nat. Hist. Jamaica:362. 10 Mar 1756 = Entada Adans.(1763)(保留属名)"。"Pusaetha O. Kuntze, Rev. Gen. 1:204. 5 Nov 1891"是"Entada Adans.(1763)(保留属名)"的晚出的同模式异名(Homotypic synonym, Nomenclatural synonym)。【分布】巴拿马,秘鲁,玻利维亚,厄瓜多尔,哥伦比亚,哥斯达黎加,马达加斯加,尼加拉瓜,中国,温热地带,中美洲。【模式】Entada rheedei K. P. J. Sprengel[as 'rheedii']。【参考异名】Adenopodia C. Presl(1851);Entadopsis Britton(1928);Gigalobium P. Browne(1756)(废弃属名);Lens Stickm.(1754)(废弃属名);Perima Raf.(1838);Permia Raf.;Pseudoentada Britton et Rose(1928);Pusaetha Kuntze(1891)Nom. illegit.;Strepsilobus Raf.(1838)●

18551 Entadopsis Britton(1928)【汉】类榼藤子属。【隶属】豆科 Fabaceae(Leguminosae)//含羞草科 Mimosaceae。【包含】世界 16 种。【学名诠释与讨论】〈阴〉(属)Entada 榼藤子属+希腊文 opsis,外观,模样,相似。此属的学名,ING、TROPICOS 和 IK 记载是"Entadopsis Britton, N. Amer. Fl. 23(3):191. 1928[20 Dec 1928]"。它曾被降级为"Entada sect. Entadopsis(Britton)Brenan, Kew Bulletin 20(3):365. 1966[1967]"。亦有文献把"Entadopsis Britton(1928)"处理为"Entada Adans.(1763)(保留属名)"的异名。【分布】巴拿马,玻利维亚,马达加斯加,尼加拉瓜,中美洲。【模式】Entadopsis polystachya(Linnaeus)N. L. Britton[Mimosa polystachya Linnaeus]。【参考异名】Entada Adans.(1763)(保留属名);Entada sect. Entadopsis(Britton)Brenan(1966)●☆

18552　Entagonum Poir. (1823) = Entoganum Banks ex Gaertn. (1788)；
~ = Melicope J. R. Forst. et G. Forst. (1776) [芸香科 Rutaceae]●

18553　Entandrophragma C. DC. (1894)【汉】内雄楝属。【俄】
Энтандрофрагма。【英】Sapele。【隶属】楝科 Meliaceae。【包
含】世界 11 种。【学名诠释与讨论】〈中〉（希）entos，在内+aner，
所有格 andros，雄性，雄蕊+phragma，所有格 phragmatos，篱笆。
phragmos。篱笆，障碍物。phragmites，长在篱笆中的。此属的学
名，ING、TROPICOS 和 IK 记载是“Entandrophragma C. DC., Bull.
Herb. Boissier ii. (1894) 582 et 583”。【分布】安哥拉，热带和非
洲南部。【模式】Entandrophragma angolense (Welwitsch) C. de
Candolle [Swietenia angolense Welwitsch]。【参考异名】
Entandrophragma C. E. C. Fisch. (1894)；Heimodendron Sillans
(1953)；Leioptyx Pierre ex De Wild. (1908)；Wulfhorstia C. E. C.
Fisch.●☆

18554　Entandrophragma C. E. C. Fisch. (1894) = Entandrophragma C.
DC. (1894) [楝科 Meliaceae]●☆

18555　Entasicum Post et Kuntze (1903) = Trepocarpus Nutt. ex DC.
(1829) [伞形花科（伞形科）Apiaceae(Umbelliferae)]■☆

18556　Entasikom Raf. = Trepocarpus Nutt. ex DC. (1829) [伞形花科
（伞形科）Apiaceae(Umbelliferae)]■☆

18557　Entasikon Raf. (1838) = Trepocarpus Nutt. ex DC. (1829) [伞
形花科（伞形科）Apiaceae(Umbelliferae)]■☆

18558　Entaticus Gray (1821) Nom. illegit. ≡ Coeloglossum Hartm.
(1820)（废弃属名）；~ = Habenaria Willd. (1805)；~ =
Coeloglossum Hartm. (1820) + Leucorchis E. Mey. (1839) [兰科
Orchidaceae]■

18559　Entelea R. Br. (1824)【汉】乌哈木属。【英】Corkwood, Cork-
wood, Whau。【隶属】椴树科（椴科，田麻科）Tiliaceae//锦葵科
Malvaceae。【包含】世界 1 种。【学名诠释与讨论】〈阴〉（希）
enteles，完全的，十足的。指雄蕊多产。【分布】新西兰。【模式】
Entelea arborescens R. Brown。【参考异名】Apeiba A. Rich.●☆

18560　Enterolobium Mart. (1837)【汉】象耳豆属（番龟树属）。【日】
サマン属。【俄】Энтеролобиум。【英】Earpod, Earpod Tree, Ear-
pod Tree, Earpodtree。【隶属】豆科 Fabaceae(Leguminosae)//含
羞草科 Mimosaceae。【包含】世界 5-11 种，中国 1-2 种。【学名诠
释与讨论】〈中〉（希）enteron，肠子+lobos = 拉丁文 lobulus，片，裂
片，叶，荚，蒴+-ius，-ia，-ium，在拉丁文和希腊文中，这些词尾表
示性质或状态。指有些种类荚果弯曲呈蜡形状。【分布】巴拉
圭，巴拿马，秘鲁，玻利维亚，厄瓜多尔，哥伦比亚（安蒂奥基亚），
哥斯达黎加，尼加拉瓜，西印度群岛，中国，中美洲。【后选模式】
Enterolobium contortisiliqua (Vellozo) Morong [Mimosa contorti-
siliqua Vellozo]。【参考异名】Blanchetiodendron Barneby et J. W.
Grimes(1996)●

18561　Enteropogon Nees(1836)【汉】肠须草属。【日】ヒトモトメヒ
シバ属。【英】Enteropogon。【隶属】禾本科 Poaceae
(Gramineae)。【包含】世界 7-19 种，中国 2-3 种。【学名诠释与
讨论】〈阳〉（希）enteron，肠子+pogon，所有格 pogonos，指小式
pogonion，胡须，髯毛，芒。pogonias，有须的。【分布】澳大利亚，
秘鲁，厄瓜多尔，哥斯达黎加，马达加斯加，尼加拉瓜，塞舌尔（塞
舌尔群岛），印度，中国，太平洋地区，非洲，中美洲。【模式】
Enteropogon melicoides (Koenig ex Willdenow) C. G. D. Nees
[Ischaemum melicoides Koenig ex Willdenow]。【参考异名】
Macrostachya A. Rich. (1850) Nom. inval., Nom. nud.；
Macrostachya Hochst. ex A. Rich. (1850) Nom. inval., Nom. nud.；
Saugetia Hitchc. et Chase(1917)■

18562　Enterospermum Hiern (1877) = Tarenna Gaertn. (1788) [茜草
科 Rubiaceae]●

18563　Enthomanthus Moc. et Sessé ex Ramirez (1904) = Lopezia Cav.
(1791) [柳叶菜科 Onagraceae]■☆

18564　Entoganum Banks ex Gaertn. (1788) = Melicope J. R. Forst. et G.
Forst. (1776) [芸香科 Rutaceae]●

18565　Entolasia Stapf(1920)【汉】潘神草属（灌丛草属）。【隶属】禾
本科 Poaceae(Gramineae)。【包含】世界 5 种。【学名诠释与讨
论】〈阴〉（希）endo-，ento-，在内，在里面，向内+lasios，多毛的。
lasio- = 拉丁文 lani-，多毛的。指外稃。【分布】澳大利亚（东
部），热带非洲。【模式】未指定。■☆

18566　Entomophobia de Vogel (1984)【汉】虫兰属。【隶属】兰科
Orchidaceae。【包含】世界 1 种。【学名诠释与讨论】〈阴〉（希）
Entomoa，一种昆虫+phobos 恐怖，恐惧，惊慌。指几乎完全关闭
的花。【分布】加里曼丹岛。【模式】Entomophobia kinabaluensis
(O. Ames) E. F. de Vogel [Pholidota kinabaluensis O. Ames]。■☆

18567　Entoplocamia Stapf(1900)【汉】假穗草属。【隶属】禾本科
Poaceae(Gramineae)。【包含】世界 1-2 种。【学名诠释与讨论】
〈阴〉（希）ento- = 拉丁文 intro-，intra-，在内，在里面，向内+
plokamos，所有格 plokamidos，毛发，卷发，一卷毛发。【分布】热
带和非洲南部。【模式】Entoplocamia aristulata (Hackel et
Rendle) Stapf [Tetrachne aristulata Hackel et Rendle]。■☆

18568　Entosiphon Bedd. (1864) = Atuna Raf. (1838)；~ =
Cyclandrophora Hassk. (1842) [金壳果科 Chrysobalanaceae]●☆

18569　Entrecasteauxia Montrouz. (1860) = Duboisia R. Br. (1810) [茄
科 Solanaceae]●☆

18570　Entrochium Raf. = Eupatorium L. (1753) [菊科 Asteraceae
(Compositae)//泽兰科 Eupatoriaceae]■●

18571　Enula Boehm. (1760) Nom. illegit. ≡ Inula L. (1753) [菊科
Asteraceae(Compositae)//旋覆花科 Inulaceae]●■

18572　Enula Neck. (1790) Nom. inval. = Inula L. (1753) [菊科
Asteraceae(Compositae)//旋覆花科 Inulaceae]●■

18573　Enurea J. F. Gmel. (1791) = Enourea Aubl. (1775)；~ =
Paullinia L. (1753) [无患子科 Sapindaceae]●☆

18574　Enydra Lour. (1790)【汉】沼菊属。【英】Bogdaisy。【隶属】菊
科 Asteraceae(Compositae)。【包含】世界 10 种，中国 1 种。【学
名诠释与讨论】〈阴〉（希）enydris，水獭。指模式种生于沼泽地。
【分布】巴拉圭，秘鲁，玻利维亚，厄瓜多尔，哥伦比亚（安蒂奥基
亚），马达加斯加，中国，温带，中美洲。【模式】Enydra fluctuans
Loureiro。【参考异名】Cryphiospermum P. Beauv. (1810)；
Enchydra F. Muell. (1863)；Enhydra DC. (1836)；Hingcha Roxb.
(1814)；Hingtsha Roxb. (1832)；Meyera Schreb. (1791) Nom.
illegit.；Phyllimena Blume ex DC. (1836)；Phyllymena Blume ex
Miq. (1856)；Sobreyra Ruiz et Pav. (1794)；Tetraotis Reinw.
(1826)；Wahlenbergia Schumach. (1827)Nom. illegit.（废弃属名）■

18575　Enydria Vell. (1829) = Myriophyllum L. (1753) [小二仙草科
Haloragaceae//狐尾藻科 Myriophyllaceae]■

18576　Enymion Raf. (1820) Nom. illegit. = Enemion Raf. (1820)；~ =
Isopyrum L. (1753)（保留属名）[毛茛科 Ranunculaceae]■

18577　Enymonospermum Spreng. ex DC. (1830) = Pleurospermum
Hoffm. (1814) [伞形花科（伞形科）Apiaceae(Umbelliferae)]■

18578　Eokochia Freitag et G. Kadereit (2011)【汉】意大利地肤属。
【隶属】藜科 Chenopodiaceae。【包含】世界 1 种。【学名诠释与
讨论】〈阴〉（希）Eo+（属）Kochia 地肤属。【分布】意大利。【模
式】Eokochia saxicola (Guss.) Freitag et G. Kadereit [Kochia
saxicola Guss.]。☆

18579　Eomatucana F. Ritter(1965) = Matucana Britton et Rose (1922)；
~ = Oreocereus (A. Berger) Riccob. (1909) [仙人掌科 Cactaceae]●☆

18580　Eomecon Hance(1884)【汉】血水草属（止血草属）。【英】

Poppy-of-the-dawn, Snow Poppy, Snowpoppy。【隶属】罂粟科 Papaveraceae。【包含】世界 1 种,中国 1 种。【学名诠释与讨论】〈阴〉(希)eos,黎明时,日出,东方。或 Eos,与罗马的司晓女神 Ayrora 相等之女神+mekon 罂粟。指其生长习性。【分布】中国。【模式】Eomecon chionantha Hance。■★

18581 Eopepon Naudin(1866)= Trichosanthes L.(1753)［葫芦科(瓜科,南瓜科)Cucurbitaceae］■●

18582 Eophylon A. Gray(1869)= Cotylanthera Blume(1826)［龙胆科 Gentianaceae］■

18583 Eophyton Benth. et Hook. f.(1876)= Eophylon A. Gray(1869)［龙胆科 Gentianaceae］■

18584 Eora O. F. Cook(1927)Nom. illegit. ≡ Rhopalostylis H. Wendl. et Drude(1875)Nom. illegit.［棕榈科 Arecaceae(Palmae)］●☆

18585 Eosanthe Urb.(1923)【汉】晓花茜属。【隶属】茜草科 Rubiaceae。【包含】世界 1 种。【学名诠释与讨论】〈阴〉(希)eos,黎明时,日出,东方+anthos,花。【分布】古巴。【模式】Eosanthe cubensis Urban。■☆

18586 Eosterelia Airy Shaw = Fosterella L. B. Sm.(1960)［凤梨科 Bromeliaceae］■☆

18587 Eotaiwania Yendo(1942)= Taiwania Hayata(1906)［杉科(落羽杉科)Taxodiaceae//台湾杉科 Taiwaniaceae］●★

18588 Eothinanthes Raf. = Etheosanthes Raf.(1825);~ = Tradescantia L.(1753)［鸭跖草科 Commelinaceae］■

18589 Epacridaceae R. Br.(1810)［as 'Epacrideae'］(保留科名)［亦见 Ericaceae Juss.(保留科名)杜鹃花科(欧石南科)］【汉】尖苞木科。【日】エパクリス科。【包含】世界 30-31 属 381-400 种。【分布】中南半岛至新西兰,美国(夏威夷),南美洲,主要澳大利亚。【科名模式】Epacris Cav.(1797)(保留属名)●☆

18590 Epacris Cav.(1797)(保留属名)【汉】尖苞木属(顶花属,尖苞树属,伊帕克木属)。【日】エパクリス属。【俄】Эпакрис。【英】Australian Fuchsia, Australian Heath, Epacris。【隶属】尖苞木科 Epacridaceae//杜鹃花科(欧石南科)Ericaceae。【包含】世界 40-50 种。【学名诠释与讨论】〈阴〉(希)ep-(在元音字母和 h 前面),epi-(在其他字母前面),在上面+akron,顶点,最高点。指模式种产地在小山上。此属的学名"Epacris Cav., Icon. 4:25. Sep-Dec 1797"是保留属名。相应的废弃属名是尖苞木科 Epacridaceae 的"Epacris J. R. Forst. et G. Forst., Char. Gen. Pl.:10. 29 Nov 1775"。【分布】澳大利亚(东南部,塔斯曼半岛),新西兰。【模式】Epacris longiflora Cavanilles。●☆

18591 Epacris J. R. Forst. et G. Forst.(1776)(废弃属名)= Leucopogon R. Br.(1810)(保留属名)+Dracocephalum L.(1753)(保留属名)+ Cyathodes Labill.(1805)+ Pentachondra R. Br.(1810)［尖苞木科 Epacridaceae//杜鹃花科(欧石南科)Ericaceae］●☆

18592 Epactium Willd.(1827)≡? Epactium Willd.(1827)=? Ludwigia L.(1753)［柳叶菜科 Onagraceae］●■

18593 Epactium Willd. ex J. A. Schultes et J. H. Schultes(1827)Nom. illegit. ≡Epactium Willd.(1827);~ =? Ludwigia L.(1753)［柳叶菜科 Onagraceae］●■

18594 Epactium Willd. ex Schult.(1827)Nom. illegit. ≡ Epactium Willd.(1827);~ =? Ludwigia L.(1753)［柳叶菜科 Onagraceae］●■

18595 Epallage DC.(1838)= Anisopappus Hook. et Arn.(1837)［菊科 Asteraceae(Compositae)］■

18596 Epallageiton Koso-Pol.(1916)Nom. illegit. ≡ Aulospermum J. M. Coult. et Rose(1900)［伞形花科(伞形科)Apiaceae(Umbelliferae)］■☆

18597 Epaltes Cass.(1818)【汉】鹅不食草属(球菊属)。【日】オホトキンサウ属,オホトキンソウ属。【英】Epaltes。【隶属】菊科 Asteraceae(Compositae)。【包含】世界 14-145 种,中国 2 种。【学名诠释与讨论】〈阴〉(希)e-,缺,无+paltos,短矛。指瘦果无冠毛。另说来自希腊文 epalthes,康复,复原。指印度种的根可以做补品。此属的学名,ING、APNI、GCI、TROPICOS 和 IK 记载是"Epaltes Cassini, Bull. Sci. Soc. Philom. Paris 1818:139. Sep 1818"。"Epalthes Walp., Repert. Bot. Syst.(Walpers)ii. 600(1843)［菊科 Asteraceae(Compositae)］"是晚出的非法名称。"Erigerodes O. Kuntze, Rev. Gen. 1:335. 5 Nov 1891"是"Epaltes Cass.(1818)"的晚出的同模式异名(Homotypic synonym, Nomenclatural synonym)。【分布】马达加斯加,中国,热带,中美洲。【模式】Epaltes divaricata(Linnaeus)Cassini。【参考异名】Erigerodes Kuntze(1891)Nom. illegit.; Ethuliopsis F. Muell.(1861); Gynaphanes Steetz(1864); Litogyne Harv.(1863); Pachythelia Steetz(1864); Poilania Gagnep.(1924); Sphaeromorphaea DC.(1838)■

18598 Epalthes Walp.(1843)Nom. illegit.［菊科 Asteraceae(Compositae)］■☆

18599 Eparmatostigma Garay(1972)【汉】膨柱兰属。【隶属】兰科 Orchidaceae。【包含】世界 1 种。【学名诠释与讨论】〈中〉(希)eparma,所有格 eparmrtos,肿起+stigma,所有格 stigmatos,柱头,眼点。【分布】印度,越南。【模式】Eparmatostigma dives(H. G. Reichenbach)Garay［Saccolabium dives H. G. Reichenbach］。■☆

18600 Epatitis Raf.(1836)= Adenostyles Cass.(1816)［菊科 Asteraceae(Compositae)//欧蟹甲科 Adenostylidaceae］■☆

18601 Eperua Aubl.(1775)【汉】木荚苏木属(木荚属)。【俄】Эперуа。【英】Wallaba, Wallaba Tree, Wallaba-tree。【隶属】豆科 Fabaceae(Leguminosae)。【包含】世界 12-15 种。【学名诠释与讨论】〈阴〉(加勒比)eperua,加勒比人对 Eperua falcata Aubl. 的果实的叫法。【分布】热带南美洲。【模式】Eperua falcata Aublet。【参考异名】Adleria Neck.(1790)Nom. inval.; Dimorpha Schreb.(1791); Panzera Willd.(1799); Parivoa Aubl.(1775); Rotmannia Neck.(1790)Nom. inval. ●☆

18602 Epetetiorhiza Steud.(1841)= Epetorhiza Steud.(1840)［茄科 Solanaceae］■☆

18603 Epetorhiza Steud.(1840)= Physalis L.(1753)［茄科 Solanaceae］■

18604 Ephaeola Post et Kuntze(1903)= Ephaiola Raf.(1838)［茄科 Solanaceae］●☆

18605 Ephaiola Raf.(1838)= Acnistus Schott ex Endl.(1831)［茄科 Solanaceae］●☆

18606 Ephebopogon Nees et Meyen(1840)Nom. illegit. ≡ Ephebopogon Nees et Meyen ex Steud.(1840);~ = Microstegium Nees(1836);~ = Pollinia Trin.(1833)Nom. illegit.(废弃属名)［禾本科 Poaceae(Gramineae)］■

18607 Ephebopogon Nees et Meyen ex Steud.(1840)= Microstegium Nees(1836);~ = Pollinia Trin.(1833)Nom. illegit.(废弃属名)［禾本科 Poaceae(Gramineae)］■☆

18608 Ephebopogon Steud.(1840)Nom. illegit. ≡Ephebopogon Nees et Meyen ex Steud.(1840);~ = Microstegium Nees(1836);~ = Pollinia Trin.(1833)Nom. illegit.(废弃属名)［禾本科 Poaceae(Gramineae)］■

18609 Ephedra L.(1753)【汉】麻黄属。【日】マオウ属,マワウ属。【俄】Колча, Хвойник, Эфедра。【英】Ephedra, Joint Fir, Jointfir, Joint-fir, Mexican Tea, Mormon Tea, Mormon-tea。【隶属】麻黄科 Ephedraceae。【包含】世界 35-65 种,中国 14-16 种。【学名诠释

与讨论】〈阴〉（希）ephedra，木贼类植物。指外形与木贼类植物相似，来自希腊文 epi- =拉丁文 super-，supra-，在上面+hedra 坐在一个地方，座位，场所，常春藤。指其生于荒漠地上。此属的学名，ING、APNI、IK、TROPICOS 和 GCI 记载是"Ephedra L. ，Sp. Pl. 2：1040. 1753［1 May 1753］"。也有文献用为"Ephedra Tourn. ex L. (1753)"。"Ephedra Tourn."是命名起点著作之前的名称，故"Ephedra L. (1753)"和"Ephedra Tourn. ex L. (1753)"都是合法名称，可以通用。"Chaetocladus J. Nelson, Pinaceae 161. 1866"是"Ephedra L. (1753)"的晚出的同模式异名（Homotypic synonym, Nomenclatural synonym）。【分布】巴基斯坦，秘鲁，玻利维亚，厄瓜多尔，中国，欧亚大陆，温带美洲。【后选模式】Ephedra distachya Linnaeus。【参考异名】Chaetocladus J. Nelson (1866) Nom. illegit. ;Ephedra Tourn. ex L. (1753)●■

18610 Ephedra Tourn. ex L. (1753) ≡ Ephedra L. (1753)［麻黄科 Ephedraceae］●■

18611 Ephedraceae Dumort. (1829) (保留科名)【汉】麻黄科。【日】マオウ科。【俄】Гнетовые, Хвойниковые, Эфедровые。【英】Ephedra Family, Joint-fir Family, Mormon-tea Family。【包含】世界 1 属 35-65 种，中国 1 属 14-16 种。【分布】温带。【科名模式】Ephedra L. ●

18612 Ephedranthus S. Moore(1895)【汉】麻黄花属。【隶属】番荔枝科 Annonaceae。【包含】世界 4 种。【学名诠释与讨论】〈阳〉（属）Ephedra 麻黄属+anthos，花。【分布】热带南美洲。【模式】Ephedranthus parviflorus S. Moore。●☆

18613 Ephemeraceae Batsch ＝Commelinaceae Mirb. (保留科名)●■

18614 Ephemerantha P. F. Hunt et Summerh. (1961) Nom. illegit. ≡ Desmotrichum Blume(1825)（废弃属名）；~ ≡ Flickingeria A. D. Hawkes(1961)［兰科 Orchidaceae］■

18615 Ephemerantha Summerh. (1961) Nom. illegit. ≡ Ephemerantha P. F. Hunt et Summerh. (1961) Nom. illegit. ; ~ ≡ Desmotrichum Blume(1825)（废弃属名）；~ ≡ Flickingeria A. D. Hawkes(1961)［兰科 Orchidaceae］■

18616 Ephemeranthaceae Batsch ＝Commelinaceae Mirb. (保留科名)●■

18617 Ephemeron Mill. (1754) Nom. illegit. (废弃属名) ≡ Ephemerum Mill. (1754) Nom. illegit. (废弃属名)；~ ≡ Tradescantia L. (1753)［鸭跖草科 Commelinaceae］■

18618 Ephemerum Mill. (1754) Nom. illegit. (废弃属名) ≡ Tradescantia L. (1753)［鸭跖草科 Commelinaceae］■

18619 Ephemerum Rchb. (1831) Nom. illegit. (废弃属名) ≡ Lerouxia Merat(1812)；~ ≡Lysimachia L. (1753)［报春花科 Primulaceae//珍珠菜科 Lysimachiaceae］●■

18620 Ephemerum Tourn. ex Moench(1794) Nom. illegit. (废弃属名) ＝ Tradescantia L. (1753)［鸭跖草科 Commelinaceae］■

18621 Ephialis Banks et Sol. ex A. Cunn. (1838) ＝ Vitex L. (1753)［马鞭草科 Verbenaceae//唇形科 Lamiaceae(Labiatae)//牡荆科 Viticaceae］●

18622 Ephialis Seem. (1865) Nom. illegit. ＝ Vitex L. (1753)［马鞭草科 Verbenaceae//唇形科 Lamiaceae(Labiatae)//牡荆科 Viticaceae］●

18623 Ephialis Sol. ex Seem. (1865) Nom. illegit. ＝ Vitex L. (1753)［马鞭草科 Verbenaceae//唇形科 Lamiaceae(Labiatae)//牡荆科 Viticaceae］●

18624 Ephialum Wittst. ＝ Ephialis Banks et Sol. ex A. Cunn. (1838)［唇形科 Lamiaceae(Labiatae)］●

18625 Ephielis Banks et Sol. ex Seem. (1866) Nom. illegit. ＝ Vitex L. (1753)［马鞭草科 Verbenaceae//唇形科 Lamiaceae(Labiatae)//牡荆科 Viticaceae］●■

18626 Ephielis Schreb. (1789) Nom. illegit. ≡ Matayba Aubl. (1775)；~ =Ratonia DC. (1824)［无患子科 Sapindaceae］●☆

18627 Ephippiandra Decne. (1858)【汉】鞍蕊花属。【隶属】香材树科(杯轴花科，黑檫木科，芒籽科，蒙立米科，檬立木科，香材木科，香树木科)Monimiaceae。【包含】世界 6 种。【学名诠释与讨论】〈阴〉（希）ephippion，马鞍+aner，所有格 andros，雄性，雄蕊。【分布】马达加斯加。【模式】Ephippiandra myrtoidea Decaisne。【参考异名】Hedycaryopsis Danguy(1928)●☆

18628 Ephippianthus Rchb. f. (1868)【汉】鞍花兰属（马鞍兰属）。【日】コイテョウラン属。【俄】Седлоцвет。【隶属】兰科 Orchidaceae。【包含】世界 1-2 种。【学名诠释与讨论】〈阳〉（希）ephippion，马鞍+anthos，花。指花形。【分布】朝鲜，俄罗斯（远东地区），日本。【模式】Ephippianthus schmidtii H. G. Reichenbach。【参考异名】Hakoneaste F. Maek. (1935)■☆

18629 Ephippiocarpa Markgr. (1923)【汉】鞍果木属。【隶属】夹竹桃科 Apocynaceae。【包含】世界 2 种。【学名诠释与讨论】〈阴〉（希）ephippion，马鞍 + karpos，果实。此属的学名是"Ephippiocarpa Markgraf, Notizbl. Bot. Gart. Berlin-Dahlem 8：303，309. 1 Feb 1923"。亦有文献把其处理为"Callichilia Stapf (1902)"的异名。【分布】加沙。【模式】Ephippiocarpa orientalis (S. M. Moore) Markgraf［Callichilia orientalis S. M. Moore］。【参考异名】Callichilia Stapf(1902)●☆

18630 Ephippiorhynchium Nees (1842) ＝ Rhynchospora Vahl (1805)［as 'Rynchospora'］(保留属名)［莎草科 Cyperaceae］■☆

18631 Ephippium Blume (1825)（废弃属名）= Bulbophyllum Thouars (1822)（保留属名）［兰科 Orchidaceae］■

18632 Ephynes Raf. (1838)（废弃属名）= Monochaetum (DC.) Naudin(1845)（保留属名）［野牡丹科 Melastomataceae］●☆

18633 Epiadena Raf. (1837) = Salvia L. (1753)［唇形科 Lamiaceae (Labiatae)//鼠尾草科 Salviaceae］●■

18634 Epiandra Benth. et Hook. f. (1883) Nom. illegit. = Epiandria C. Presl(1828)；~ = Gahnia J. R. Forst. et G. Forst. (1775)［莎草科 Cyperaceae］■

18635 Epiandria C. Presl (1828) = Gahnia J. R. Forst. et G. Forst. (1775)［莎草科 Cyperaceae］■

18636 Epibaterium J. R. Forst. et G. Forst. (1776)（废弃属名）= Cocculus DC. (1817)（保留属名）［防己科 Menispermaceae］●

18637 Epibatherium Raeusch. (1797) = Epibaterium J. R. Forst. et G. Forst. (1776)（废弃属名）；~ = Cocculus DC. (1817)（保留属名）［防己科 Menispermaceae］●

18638 Epibiastrum Scop. (1777) = Epibaterium J. R. Forst. et G. Forst. (1776)（废弃属名）；~ = Cocculus DC. (1817)（保留属名）［防己科 Menispermaceae］●

18639 Epiblastus Schltr. (1905)【汉】上枝兰属。【隶属】兰科 Orchidaceae。【包含】世界 20 种。【学名诠释与讨论】〈阳〉（希）epi- =拉丁文 super-，supra-，在上面+blastos，芽，胚，嫩枝，枝，花。指其附生的习性。【分布】马来西亚(东部)，波利尼西亚群岛。【后选模式】Epiblastus ornithidioides Schlechter。■☆

18640 Epiblema R. Br. (1810)【汉】上被兰属。【英】Babe-in-a-cradle。【隶属】兰科 Orchidaceae。【包含】世界 1 种。【学名诠释与讨论】〈中〉（希）epi-，在上面+blema，被单。【分布】澳大利亚西南部。【模式】Epiblema grandiflorum R. Brown。■☆

18641 Epiblepharis Tiegh. (1901) = Luxemburgia A. St. -Hil. (1822)［金莲木科 Ochnaceae］●☆

18642 Epicampes J. Presl et C. Presl (1830) Nom. illegit. ≡ Epicampes J. Presl(1830)；~ =Muhlenbergia Schreb. (1789)［禾本科 Poaceae (Gramineae)］■

18643　Epicampes J. Presl（1830）= Muhlenbergia Schreb.（1789）［禾本科 Poaceae（Gramineae）］■

18644　Epicarpura Hassk.（1844）= Epicarpurus Blume（1825）；~ = Streblus Lour.（1790）［桑科 Moraceae］●

18645　Epicarpurus Blume（1825）= Streblus Lour.（1790）［桑科 Moraceae］●

18646　Epicharis Blume（1825）= Dysoxylum Blume（1825）［楝科 Meliaceae］●

18647　Epichrocantha Eckl. et Zeyh. ex Meisn.（1857）= Gnidia L.（1753）［瑞香科 Thymelaeaceae］●☆

18648　Epichroxantha Eckl. et Zeyh. ex Tiegh.（1893）= Epichrocantha Eckl. et Zeyh. ex Meisn.（1857）；~ = Gnidia L.（1753）［瑞香科 Thymelaeaceae］●☆

18649　Epichysianthus Voigt（1845）Nom. illegit. ≡ Chonemorpha G. Don（1837）（保留属名）［夹竹桃科 Apocynaceae］●

18650　Epicion（Griseb.）Small（1913）Nom. illegit. ≡ Epicion Small（1913）；~ = Metastelma R. Br.（1810）［萝藦科 Asclepiadaceae］●☆

18651　Epicion Small（1913）= Metastelma R. Br.（1810）［萝藦科 Asclepiadaceae］●☆

18652　Epicladium（Lindl.）Small（1913）= Epidendrum L.（1763）（保留属名）；~ = Prosthechea Knowles et Westc.（1838）［兰科 Orchidaceae］■☆

18653　Epicladium Small（1913）Nom. illegit. ≡ Epicladium（Lindl.）Small（1913）；~ = Epidendrum L.（1763）（保留属名）；~ = Prosthechea Knowles et Westc.（1838）［兰科 Orchidaceae］■☆

18654　Epiclastopelma Lindau（1895）【汉】片梗爵床属。【隶属】爵床科 Acanthaceae。【包含】世界 2 种。【学名诠释与讨论】〈中〉（希）epi-，在上面+klastos，碎片+pelma，所有格 pelmatos，脚后跟，柄，茎。【分布】热带非洲东部。【模式】Epiclastopelma glandulosa Lindau。【参考异名】Sooia Pócs（1973）Nom. illegit. ；Sooja Pócs（1973）Nom. illegit. ■☆

18655　Epiclinastrum Bojer ex DC.（1838）= Gerbera L.（1758）（保留属名）［菊科 Asteraceae（Compositae）］■

18656　Epicoila Raf.（1838）= Loranthus L.（1753）（废弃属名）；~ = Psittacanthus Mart.（1830）；~ = Tristerix Mart.（1830）［桑寄生科 Loranthaceae］●

18657　Epicostorus Raf.（1832）（废弃属名）= Physocarpus（Cambess.）Raf.（1838）［as ‘Physocarpa’］（保留属名）［蔷薇科 Rosaceae］●

18658　Epicranthes Blume（1825）= Bulbophyllum Thouars（1822）（保留属名）［兰科 Orchidaceae］■

18659　Epicrianthes Blume（1828）= Epicranthes Blume（1825）；~ = Bulbophyllum Thouars（1822）（保留属名）［兰科 Orchidaceae］■

18660　Epicryanthes Blume ex Penzig = Epirixanthes Blume（1823）；~ = Salomonia Lour.（1790）（保留属名）［远志科 Polygalaceae］■

18661　Epicycas de Laub.（1998）Nom. illegit. ≡ Dyerocycas Nakai（1943）；~ = Cycas L.（1753）［苏铁科 Cycadaceae］●

18662　Epidanthus L. O. Williams（1940）= Epidendrum L.（1763）（保留属名）［兰科 Orchidaceae］■☆

18663　Epidendraceae A. Kern. = Orchidaceae Juss.（保留科名）■

18664　Epidendroides Britten（1897）Nom. inval. = Epidendroides Sol.（1897）［茜草科 Rubiaceae］●

18665　Epidendroides Sol.（1897）= Myrmecodia Jack（1823）［茜草科 Rubiaceae］☆

18666　Epidendropsis Garay et Dunst.（1976）【汉】类柱瓣兰属。【隶属】兰科 Orchidaceae。【包含】世界 2 种。【学名诠释与讨论】〈阴〉（属）Epidendrum 柱瓣兰属+希腊文 opsis，外观，模样，相似。此属的学名是“Epidendropsis Garay et Dunsterville in Dunsterville

et Garay，Venez. Orchids Ill. 6：39. Jun 1976”。亦有文献把其处理为“Epidendrum L.（1763）（保留属名）”的异名。【分布】委内瑞拉。【模式】Epidendropsis violascens（Ridley）Garay et Dunsterville［Epidendrum violascens Ridley］。【参考异名】Epidendrum L.（1763）（保留属名）■☆

18667　Epidendrum L.（1753）（废弃属名）= Brassavola R. Br.（1813）（保留属名）［兰科 Orchidaceae］■☆

18668　Epidendrum L.（1763）（保留属名）【汉】柱瓣兰属（南美树兰属，树兰属）。【日】エピデンドルム属。【英】Dragon’s-mouth Orchid，Epidendrum，Epidendrum Orchid。【隶属】兰科 Orchidaceae。【包含】世界 400-800 种。【学名诠释与讨论】〈中〉（希）epi- = 拉丁文 super-，supra-，在上面+dendron 或 dendros，树木，棍，丛林。指其着生于树上。此属的学名“Epidendrum L.，Sp. Pl.，ed. 2：1347. Jul-Aug 1763”是保留属名。相应的废弃属名是兰科 Orchidaceae 的“Epidendrum L.，Sp. Pl.：952. 1 Mai 1753”。二者极易混淆。“Amphiglottis R. A. Salisbury ex N. L. Britton et P. Wilson，Sci. Surv. Porto Rico 5：199. 10 Jan 1924”、“Auliza J. K. Small，Fl. Miami 55. Apr 26 1913”和“Nyctosma Rafinesque，Fl. Tell. 2：9. Jan-Mar 1837（‘1836’）”是“Epidendrum L.（1763）（保留属名）”的晚出的同模式异名（Homotypic synonym，Nomenclatural synonym）。“Amphiglottis Salisb.，Trans. Hort. Soc. London i.（1812）294 ≡ Amphiglottis Salisb. ex Britton et P. Wilson”是一个未合格发表的名称（Nom. inval.）。【分布】巴拉圭，巴拿马，秘鲁，玻利维亚，厄瓜多尔，哥伦比亚（安蒂奥基亚），马达加斯加，尼加拉瓜，中美洲。【后选模式】Epidendrum nodosum Linnaeus。【参考异名】Amphiglottis Salisb.（1812）Nom. inval. ；Amphiglottis Salisb. ex Britton et P. Wilson（1924）Nom. illegit. ；Anacheilium Hoffmanns.（1842）Nom. illegit. ；Anacheilium Rchb. ex Hoffmanns.（1842）；Anocheile Hoffmanns. ex Rchb.（1841）；Auliza Salisb.（1812）；Auliza Small（1913）Nom. illegit. ；Brachistepis Thouars；Brassavola R. Br.（1813）（保留属名）；Briegeria Senghas（1980）；Coelostylis Post et Kuntze（1903）Nom. illegit. ；Coilostylis Raf.（1838）；Didothion Raf.（1838）；Dimerandra Schltr.（1922）；Dinema Lindl.（1826）；Diothilophis Schltdl. ；Diothonea Lindl.（1834）；Dothilophis Raf.（1838）；Doxosma Raf.（1838）；Epicladium（Lindl.）Small（1913）；Epicladium Small（1913）Nom. illegit. ；Epidanthus L. O. Williams（1940）；Epidendropsis Garay et Dunst.（1976）；Epidendrum L.（1763）（保留属名）；Epithecia Knowles et Westc.（1838）Nom. illegit. ；Exophya Raf.（1837）；Gastropodium Lindl.（1845）；Hagsatera González（1974）；Kalopternix Garay et Dunst.（1976）；Lanium（Lindl.）Benth.（1881）；Lanium Lindl. ex Benth.（1881）；Larnandra Raf.（1825）；Macrostepis Thouars（1822）Nom. inval. ；Microepidendrum Brieger ex W. E. Higgins（2002）；Microepidendrum Brieger（1977）Nom. inval. ；Minicolumna Brieger（1976）；Nanodes Lindl.（1832）；Neolehmannia Kraenzl.（1899）；Neowilliamsia Garay（1977）；Nidema Britton et Millsp.（1920）；Nychosma Schltdl. ；Nyctosma Raf.（1837）Nom. illegit. ；Oerstedella Rchb. f.（1852）；Oestlundia W. E. Higgins（2001）；Panarica Withner et P. A. Harding（2004）；Panmorphia Luer（1828）；Phadrosanthus Neck.（1790）Nom. inval. ；Phadrosanthus Neck. ex Raf.（1838）；Phaedrosanthus Post et Kuntze（1903）；Physinga Lindl.（1838）；Pleuranthium（Rchb. f.）Benth.（1881）；Pleuranthium Benth.（1881）Nom. illegit. ；Pollardia Withner et P. A. Harding（2004）Nom. illegit. ；Polystepis Thouars；Prosthechea Knowles et Wastc.（1838）；Pseudencyclia Chiron et V. P. Castro（2003）；Pseudepidendrum Rchb. f.（1852）；Psychilis Raf.（1838）；Psychilus Raf. ；Seraphyta

Fisch. et C. A. Mey. (1840); Spathiger Small (1913); Stenoglossum Kunth (1816); Stenogtossum Kunth; Takulumena Szlach. (2006); Tetragocyanis Thouars; Tribulago Luer (2004); Tritelandra Raf. (1837); Volucrepis Thouars ■☆

18669　Epidorchis Kuntze (1891) Nom. illegit. = Epidorkis Thouars (1809) Nom. illegit.; ~ = Oeonia Lindl. (1824) [as 'Aeonia'] (保留属名) [兰科 Orchidaceae] ■☆

18670　Epidorchis Thouars (1809) = Epidorkis Thouars (1809) Nom. illegit.; ~ = Oeonia Lindl. (1824) [as 'Aeonia'] (保留属名) [兰科 Orchidaceae] ■☆

18671　Epidorkis Thouars (1809) Nom. illegit. = Epidorchis Thouars (1809); ~ = Oeonia Lindl. (1824) [as 'Aeonia'] (保留属名) [兰科 Orchidaceae] ■☆

18672　Epidryos Maguire (1962) 【汉】单室光药花属。【隶属】偏穗草科 (雷巴第科, 瑞碑题雅科) Rapateaceae。【包含】世界 2-3 种。【学名诠释与讨论】〈阳〉(希) epi- = 拉丁文 super-, supra-, 在上面 +drys, 所有格 dryos, 树, 尤其指槲树。此属的学名 "Epidryos Maguire, Taxon 11:57. 28 Feb 1962" 是一个替代名称。"Epiphyton Maguire, Mem. New York Bot. Gard. 10(1):31. 1 Jul 1958" 是一个非法名称 (Nom. illegit.), 因为此前已经有了化石植物的 "Epiphyton J. G. Bornemann, Nova Acta Acad. Caes. Leop. –Carol. German. Nat. Cur. 51:16. 1886"。故用 "Epidryos Maguire (1962)" 替代之。【分布】巴拿马, 厄瓜多尔, 哥伦比亚, 中美洲。【模式】Epidryos allenii (Steyermark) Maguire [Stegolepis allenii Steyermark]。【参考异名】Epiphyton Maguire (1958) Nom. illegit. ■☆

18673　Epifagus Nutt. (1818) (保留属名) 【汉】山毛榉寄生属。【隶属】列当科 Orobanchaceae//玄参科 Scrophulariaceae。【包含】世界 1 种。【学名诠释与讨论】〈阴〉(希) epi-, 在上面 +(属) Fagus 山毛榉属。此属的学名 "Epifagus Nutt., Gen. N. Amer. Pl. 2:60. 14 Jul 1818" 是保留属名。法规未列出相应的废弃属名。"Leptamnium Rafinesque, Amer. Monthly Mag. et Crit. Rev. 4:194. Jan 1819" 是 "Epifagus Nutt. (1818) (保留属名)" 的晚出的同模式异名 (Homotypic synonym, Nomenclatural synonym)。【分布】美国, 北美洲。【模式】Epifagus americanus Nuttall, Nom. illegit. [Orobanche virginiana Linnaeus; Epifagus virginianus (Linnaeus) Barton]。【参考异名】Epiphegus Spreng. (1820); Leptamnium Raf. (1819) Nom. inval.; Mylanche Wallr. (1825) ■☆

18674　Epigaea L. (1753) 【汉】藤地莓属 (地桂属, 蔓地莓属, 岩梨属)。【日】イワナシ属。【俄】Эпигея。【英】Trailing Arbutas, Trailing Arbutus。【隶属】杜鹃花科 (欧石南科) Ericaceae。【包含】世界 3 种。【学名诠释与讨论】〈阴〉(希) epi-, 在上面 +gaia 地。指其匍匐于地上。【分布】美国, 日本, 高加索和东亚。【模式】Epigaea repens Linnaeus。【参考异名】Memaecylum Mitch. (1748) Nom. inval.; Orphanidesia Boiss. et Balansa ex Boiss. (1875) Nom. illegit.; Orphanidesia Boiss. et Balansa (1875); Parapyrola Miq. (1867) ●☆

18675　Epigeneium Gagnep. (1932) 【汉】厚唇兰属 (著颏兰属, 肉足兰属)。【日】エピゲネイウム属。【英】Epigeneium。【隶属】兰科 Orchidaceae。【包含】世界 12-35 种, 中国 11 种。【学名诠释与讨论】〈中〉(希) epi-, 在上面 +genys, 颊, 下颌。geneion = 拉丁文 gena, 颊, geneias, 所有格 geneiados, 须, 髯毛。geneiates, 有须的+-ius, -ia, -ium, 在拉丁文和希腊文中, 这些词尾表示性质或状态。指花瓣和萼片从花柱基部的颚状部生出。另说希腊文 epi-, 在上面 +genos 生育。指茎匍匐在地上。此属的学名, ING 和 IK 记载是 "Epigeneium Gagnepain, Bull. Mus. Hist. Nat. (Paris) ser. 2. 4:593. Jun 1932"。也有文献承认 "肉足兰属", ING 用 "Sarcopodium Lindley et Paxton, Paxton's Fl. Gard. 1:155. Dec

1850"。IK 则用为 "Sarcopodium Lindl., Lindl. et Paxt. Flow. Gard. i. (1850) 155"。二者引用的文献相同。这两个名称都是晚出的非法名称 (Nom. illegit.), 因为此前已经有了真菌的 "Sarcopodium Ehrenberg ex A. T. Brongniart in F. Cuvier, Dict. Sci. Nat. 33:546. Dec 1824"。【分布】印度至马来西亚, 中国, 东亚。【模式】Epigeneium fargesii (Finet) Gagnepain [Dendrobium fargesii Finet]。【参考异名】Katherinea A. D. Hawkes (1956) Nom. illegit.; Sanopodium Hort. ex Rchb.; Sarcopodium Lindl. (1850) Nom. illegit.; Sarcopodium Lindl. ex Paxton (1850) Nom. illegit. ■

18676　Epigenia Vell. (1829) = Styrax L. (1753) [安息香科 (齐墩果科, 野茉莉科) Styracaceae] ●

18677　Epigogium W. D. J. Koch (1837) = Epipogium J. G. Gmel. ex Borkh. (1792) [兰科 Orchidaceae] ■

18678　Epigynanthus Blume (1825) Nom. illegit. = Hydrilla Rich. (1814) [水鳖科 Hydrocharitaceae] ■

18679　Epigynium Klotzsch (1851) = Vaccinium L. (1753) [杜鹃花科 (欧石南科) Ericaceae//越橘科 (乌饭树科) Vacciniaceae] ●

18680　Epigynum Wight (1848) 【汉】思茅藤属。【英】Epigynum, Simaovine。【隶属】夹竹桃科 Apocynaceae。【包含】世界 14 种, 中国 1 种。【学名诠释与讨论】〈中〉(希) epi-, 在上面 +gyne, 所有格 gynaikos, 雌性, 雌蕊。指子房半下位而花药粘在柱头上。此属的学名, ING 和 IK 记载是 "Epigynum Wight, Icon. Pl. Ind. Orient. [Wight] t. 1308 (1848)"。与它易于混淆的是 "Epignium Klotzsch, Linnaea 24:49. 1851 = Vaccinium L. (1753) [杜鹃花科 (欧石南科) Ericaceae//越橘科 (乌饭树科) Vacciniaceae]"。【分布】印度至马来西亚, 中国, 东南亚。【模式】Epigynum griffithianum R. Wight。【参考异名】Argyronerium Pit. (1933); Legouixia Van Heurck et Muell. Arg (1871) Nom. illegit.; Legouixia Van Heurck et Müll. Arg. ex Van Heurck (1870) Nom. illegit. ●

18681　Epikeros Raf. (1840) = Selinum L. (1762) (保留属名) [伞形花科 (伞形科) Apiaceae (Umbelliferae)] ■

18682　Epilasia (Bunge) Benth. (1873) Nom. illegit. ≡ Epilasia (Bunge) Benth. et Hook. f. (1873) [菊科 Asteraceae (Compositae)] ■

18683　Epilasia (Bunge) Benth. et Hook. f. (1873) 【汉】鼠毛菊属。【俄】Эпилазия。【英】Epilasia, Rathairdaisy。【隶属】菊科 Asteraceae (Compositae)。【包含】世界 3-4 种, 中国 2 种。【学名诠释与讨论】〈阴〉(希) epi-, 在上面 +lasios, 多毛的。lasio- = 拉丁文 lani-, 多毛的。指果实具冠毛多层。此属的学名, ING 和 TROPICOS 记载是 "Epilasia (Bunge) Bentham et Hook. f., Gen. 2:532. 7-9 Apr 1873", 由 "Scorzonera sect. Epilasia Bunge, Beitr. Kenntn. Fl. Russlands 200. 7 Nov. 1852" 改级而来。IK 则记载为 "Epilasia Benth. et Hook. f., Gen. Pl. [Bentham et Hooker f.] 2 (1):532. 1873 [7-9 Apr 1873]"。"Epilasia (Bunge) Benth. (1873) ≡ Epilasia (Bunge) Benth. et Hook. f. (1873)" 的命名人引证亦有误。【分布】中国, 亚洲中部和西部。【模式】未指定。【参考异名】Epilasia (Bunge) Benth. (1873) Nom. illegit.; Epilasia Benth. et Hook. f. (1873) Nom. illegit.; Scorzonera sect. Epilasia Bunge (1852) ■

18684　Epilasia Benth. et Hook. f. (1873) Nom. illegit. ≡ Epilasia (Bunge) Benth. et Hook. f. (1873) [菊科 Asteraceae (Compositae)] ■

18685　Epilatoria Comm. ex Steud. (1840) = Elphegea Cass. (1818); ~ = Psiadia Jacq. (1803) [菊科 Asteraceae (Compositae)] ●☆

18686　Epilepis Benth. (1839) = Coreopsis L. (1753) [菊科 Asteraceae (Compositae)//金鸡菊科 Coreopsidaceae] ●■

18687　Epilepsis Lindl. (1847) = Epilepis Benth. (1839); ~ = Coreopsis L. (1753) [菊科 Asteraceae (Compositae)] ●■

18688 Epilinella Pfeiff. （1845） = Cuscuta L. （1753）［旋花科 Convolvulaceae//菟丝子科 Cuscutaceae］■

18689 Epilithes Blume（1826） = Serpicula L. （1767）［小二仙草科 Haloragaceae］■☆

18690 Epilobiaceae Vent. （1799） = Onagraceae Juss. （保留科名）■●

18691 Epilobium Dill. ex L. （1753）≡ Epilobium L. （1753）［柳叶菜科 Onagraceae］■

18692 Epilobium L. （1753）【汉】柳叶菜属（柳兰属）。【日】アカバナ属，エピロービウム属。【俄】Кипрей，Кипрейник。【英】Californian Fuchsia, Fireweed, Rosebay Willowherb, Willow Herb, Willow Weed, Willowherb, Willow-herb, Willowweed。【隶属】柳叶菜科 Onagraceae。【包含】世界 165-185 种，中国 33-42 种。【学名诠释与讨论】〈中〉（希）epi-，在上面+lobos = 拉丁文 lobulus，片，裂片，叶，荚，蒴+-ius，-ia，-ium，在拉丁文和希腊文中，这些词尾表示性质或状态。指花萼、花冠、雄蕊等着生在荚果状的子房上。此属的学名，ING，APNI 和 GCI 记载是“Epilobium L. , Sp. Pl. 1：347. 1753 [1 May 1753]”。IK 则记载为“Epilobium Dill. ex L. , Sp. Pl. 1：347. 1753 [1 May 1753]”。“Epilobium Dill.”是命名起点著作之前的名称，故“Epilobium L. （1753）”和“Epilobium Dill. ex L. （1753）”都是合法名称，可以通用。“Chamaenerion Adanson, Fam. 2：85, 536. Jul – Aug 1763”是“Epilobium L. （1753）”的晚出的同模式异名（Homotypic synonym, Nomenclatural synonym）。“Pyrogennema J. Lunell, Amer. Midl. Naturalist 4：482. Sep 1916”是“Epilobium L. （1753）［柳叶菜科 Onagraceae］”和“Chamaenerion Séguier 1754”的晚出的同模式异名（Homotypic synonym, Nomenclatural synonym）。【分布】巴基斯坦，秘鲁，玻利维亚，厄瓜多尔，哥伦比亚（安蒂奥基亚），马达加斯加，美国（密苏里），中国，温带和极地，中美洲。【后选模式】Epilobium hirsutum Linnaeus。【参考异名】Boisduvalia Spach （1835）；Chamaenerion Adans. （1763）Nom. illegit. ；Chamaenerion Hill；Chamaenerion Ség. （1754）；Chamaenerion Ség. emend. Gray；Chamaenerion Spach （1763）Nom. illegit. ；Chamerion （Raf.）Raf. （1833）Nom. illegit. ；Chamerion （Raf.）Raf. ex Holub （1972）；Chamerion Raf. （1833）Nom. inval. ；Chamerion Raf. ex Holub （1972）；Cordylophorum （Nutt. ex Torr. et A. Gray）Rydb. （1917）；Cordylophorum Rydb. （1917）Nom. illegit. ；Crossostigma Spach （1835）；Epilobium Dill. ex L. （1753）；Grecescua Gand. ；Pyrogennema J. Lunell （1916）Nom. illegit. ；Zauschneria C. Presl （1831）■

18693 Epiluma Baill. （1891）Nom. inval. , Nom. illegit. ≡ Pichonia Pierre（1890）；~ = Lucuma Molina（1782）［山榄科 Sapotaceae］●

18694 Epilyna Schltr. （1918） = Elleanthus C. Presl （1827）［兰科 Orchidaceae］■☆

18695 Epimediaceae F. Lestib. ［亦见 Berberidaceae Juss. （保留科名）小檗科］【汉】淫羊藿科。【包含】世界 1 属 25-50 种，中国 1 属 41-45 种。【分布】非洲北部，意大利北部至里海，西喜马拉雅山，亚洲东北部，日本。【科名模式】Epimedium L. （1753）●

18696 Epimediaceae Menge（1839） = Berberidaceae Juss. （保留科名）●■

18697 Epimedion Adans. （1763） = Epimedium L. （1753）［小檗科 Berberidaceae//淫羊藿科 Epimediaceae］■

18698 Epimedium L. （1753）【汉】淫羊藿属。【日】イカリサウ属，イカリソウ属。【俄】Бесцветник，Горянка，Эпимедиум。【英】Barrenwort, Bishop's Hat, Epimedium。【隶属】小檗科 Berberidaceae//淫羊藿科 Epimediaceae。【包含】世界 25-50 种，中国 41-45 种。【学名诠释与讨论】〈中〉（希）epimedion，一种植物名+-ius，-ia，-ium，在拉丁文和希腊文中，这些词尾表示性质或状态。另说希腊文 epi- = 拉丁文 super-，supra-，在上面+

（地）Media。指其与生于同一地方的 Medium 相似。此属的学名，ING 和 IK 记载是“Epimedium Linnaeus, Sp. Pl. 117. 1 Mai 1753”。“Aceranthes Rchb.”是其异名“Aceranthus C. Morren et Decaisne, Ann. Sci. Nat. Bot. ser. 2. 2：349. Dec 1834”的拼写变体。【分布】巴基斯坦，日本，中国，意大利（北部）至里海，非洲北部，西喜马拉雅山，亚洲东北部。【模式】Epimedium alpinum Linnaeus。【参考异名】Aceranthes Rchb. Nom. illegit. ；Aceranthus C. Morren et Decne. （1837）；Endoplectris Raf. （1837）；Epimedion Adans. ；Vindicta Raf. （1837）Nom. illegit. ■

18699 Epimenidion Raf. （1837） = Scilla L. （1753）［百合科 Liliaceae//风信子科 Hyacinthaceae//绵枣儿科 Scillaceae］■

18700 Epimeredi Adans. （1763）【汉】广防风属。【英】Enisomeles, Epimeredi。【隶属】唇形科 Lamiaceae（Labiatae）。【包含】世界 7 种，中国 1 种。【学名诠释与讨论】〈阴〉（希）可能是 Adanson 随意组合的无含义的名称。或 epi-，在上面+meris，一部分。此属的学名是“Epimeredi Adanson, Fam. 2：192. Jul-Aug 1763”。亦有文献把其处理为“Anisomeles R. Br. （1810）”的异名。【分布】澳大利亚，巴基斯坦，马达加斯加，印度至马来西亚，中国，马斯克林群岛。【模式】未指定。【参考异名】Anisomeles R. Br. （1810）■

18701 Epinetrum Hiern （1896） = Albertisia Becc. （1877）［防己科 Menispermaceae］●

18702 Epionix Raf. （1837）Nom. illegit. ≡ Kolbea Schltdl. （1826）Nom. illegit. ；~ = Baeometra Salisb. ex Endl. （1836）［百合科 Liliaceae//秋水仙科 Colchicaceae］■☆

18703 Epipactis Boehm. （1760）Nom. illegit. （废弃属名）≠ Epipactis Zinn（1757）（保留属名）［兰科 Orchidaceae］■☆

18704 Epipactis Haller（1742）Nom. inval. = Epipactis Zinn（1757）（保留属名）［兰科 Orchidaceae］■

18705 Epipactis Pers. （1807）Nom. illegit. （废弃属名）≡ Neottia Guett. （1754）（保留属名）［兰科 Orchidaceae//鸟巢兰科 Neottiaceae］■

18706 Epipactis Raf. （废弃属名） = Limodorum Boehm. （1760）（保留属名）［兰科 Orchidaceae］■☆

18707 Epipactis Ség. （1754）（废弃属名）≡ Gonogona Link （1822）Nom. illegit. ；~ ≡ Goodyera R. Br. （1813）［兰科 Orchidaceae］■

18708 Epipactis Sw. （1800）Nom. illegit. （废弃属名） = Epipactis Zinn （1757）（保留属名）［兰科 Orchidaceae］■

18709 Epipactis Zinn（1757）（保留属名）【汉】火烧兰属（铃兰属，柿兰属）。【日】カキラン属，スズラン属。【俄】Дремлик。【英】Epipactis, Helleborine。【隶属】兰科 Orchidaceae。【包含】世界 20-22 种，中国 11 种。【学名诠释与讨论】〈阴〉（希）epipaktis，嚏根草的古名。另说为希腊传统医药的名称。另说 epi- = 拉丁文 super-，supra-，在上面+pactos，坚硬的。此属的学名“Epipactis Zinn, Cat. Pl. Hort. Gott. :85. 20 Apr – 21 Mai 1757”是保留属名。相应的废弃属名是兰科 Orchidaceae 的“Epipactis Ség. , Pl. Veron. 3：253. Jul – Aug 1754 ≡ Gonogona Link （1822）Nom. illegit. ≡ Goodyera R. Br. （1813）”和“Helleborine Mill. , Gard. Dict. Abr. , ed. 4：[622]. 28 Jan 1754 ≡ Epipactis Zinn（1757）（保留属名）= Cypripedium L. （1753） = Cephalanthera Rich. （1817）”。“Elasmatium Dulac, Fl. Hautes - Pyrénées 121. 1867”、“Gonogona Link, Enum. Pl. Horti Berol. 2：369. Jan-Jun 1822”、“Goodyera R. Brown in W. T. Aiton, Hortus Kew. ed. 2. 5：197. Nov 1813”和“Orchiodes O. Kuntze, Rev. Gen. 2：674. 5 Nov 1891”都是“Epipactis Ség. （1754）（废弃属名）”的晚出的同模式异名（Homotypic synonym, Nomenclatural synonym）。兰科 Orchidaceae 的“Epipactis Boehm. , Def. Gen. Pl. , ed. 3. 357. 1760 ≠ Epipactis Zinn（1757）（保留属名）”、“Epipactis Pers. , Syn. Pl. [Persoon] 2：

513. 1807［Sep 1807］≡ Neottia Guett.（1754）（保留属名）"、"Epipactis Raf. = Limodorum Boehm.（1760）（保留属名）"和 "Epipactis Sw. , Kongl. Vetensk. Acad. Nya Handl. xxi. 232（1800）= Epipactis Zinn（1757）（保留属名）"都应该废弃。应该废弃的兰科 Orchidaceae 的属名还有："Helleborine Hill, British Herbal 477（1756）= Epipactis Zinn（1757）（保留属名）"、"Helleborine Martyn, Hist. Pl.（1736）t. 50；ex Kuntze, Rev. Gen,（1891）665 ≡ Calopogon R. Br.（1813）（保留属名）"、"Helleborine Moench, Meth. 715. 4 Mai 1794 ≡ Serapias L.（1753）（保留属名）"、"Helleborine Pers.（1807）= Serapias L.（1753）（保留属名）"和 "Helleborine Ehrh. = Epipactis Zinn（1757）（保留属名）= Serapias L.（1753）（保留属名）"。"Calliphyllon Bubani, Fl. Pyrenaea 4：56. 1901（sero?）"、"Helleborine P. Miller, Gard. Dict. Abr. ed. 4. 28 Jan 1754（废弃属名）"和 "Serapias Persoon, Syn. Pl. 2：512. Sep 1807［non Linnaeus 1753（nom. cons.）]"是 "Epipactis Zinn（1757）（保留属名）"的同模式异名（Homotypic synonym, Nomenclatural synonym）。【分布】巴基斯坦，巴拿马，马达加斯加，美国，墨西哥，泰国，中国，北温带，热带非洲。【模式】Epipactis helleborine（Linnaeus）Crantz［Serapias helleborine Linnaeus]。【参考异名】Amesia A. Nelson et J. F. Macbr.（1913）；Arthrochilium（Irmisch）Beck（1890）；Arthrochilium Beck（1890）Nom. illegit.；Arthrochilium Irmisch；Calliphyllon Bubani et Penz., Nom. illegit.；Calliphyllon Bubani（1901）Nom. illegit.；Calophyllum Post et Kuntze（1903）Nom. illegit.；Epipactis Sw.（1800）（废弃属名）；Epipactis［unranked］Arthrochilium Irmisch；Epipactum Ritgen（1831）；Helleborine Ehrh.（废弃属名）；Helleborine Hill（1756）Nom. illegit.（废弃属名）；Helleborine Mill.（1754）（废弃属名）；Limonias Ehrh.（1789）Nom. inval.；Orchiodes Kuntze（1891）Nom. illegit.；Orchiodes Trew.（1736）；Orchiodes Trew. ex Kuntze（1891）；Parapactis W. Zimm.（1922）；Serapias Pers.（1807）Nom. illegit.（废弃属名）■

18710　Epipactum Ritgen（1831）= Epipactis Zinn（1757）（保留属名）［兰科 Orchidaceae]■

18711　Epipetrum Phil.（1864）【汉】隐果薯蓣属。【隶属】薯蓣科 Dioscoreaceae。【包含】世界 2-3 种。【学名诠释与讨论】〈中〉（希）epi-＝拉丁文 super-, supra-, 在上面+petra, 岩石。指其生境。此属的学名是 "Epipetrum R. A. Philippi, Linnaea 33：253. Aug 1864"。亦有文献把其处理为 "Dioscorea L.（1753）（保留属名）"的异名。【分布】智利。【模式】Epipetrum humile（Bertero ex Colla）R. A. Philippi［Dioscorea humilis Bertero ex Colla]。【参考异名】Dioscorea L.（1753）（保留属名）■☆

18712　Epiphanes Blume（1825）= Gastrodia R. Br.（1810）［兰科 Orchidaceae]■

18713　Epiphanes Rchb. f.（1868）Nom. illegit.［兰科 Orchidaceae]■☆

18714　Epiphegus Spreng.（1820）= Epifagus Nutt.（1818）（保留属名）［列当科 Orobanchaceae//玄参科 Scrophulariaceae]■☆

18715　Epiphejus Walp.（1845）Nom. inval.［玄参科 Scrophulariaceae]☆

18716　Epiphora Lindl.（1837）= Polystachya Hook.（1824）（保留属名）［兰科 Orchidaceae]■

18717　Epiphorella Mytnik et Szlach.（2008）【汉】拟多穗兰属。【隶属】兰科 Orchidaceae。【包含】世界 11 种。【学名诠释与讨论】〈阴〉（属）Epiphora ＝Polystachya 多穗兰属+-ellus, -ella, -ellum, 加在名词词干后面形成指小式的词尾。或加在人名、属名等后面以组成新属的名称。【分布】参见 Schlumbergera Lem.【模式】Epiphorella elastica（Lindl.）Mytnik et Szlach.［Polystachya elastica Lindl.]。■☆

18718　Epiphyllanthus A. Berger（1905）= Schlumbergera Lem.（1858）

［仙人掌科 Cactaceae]●

18719　Epiphyllopsis（A. Berger）Backeb. et F. M. Knuth（1935）Nom. illegit. ≡ Epiphyllopsis A. Berger（1929）；~ = Hatiora Britton et Rose（1915）；~ = Rhipsalidopsis Britton et Rose（1923）［仙人掌科 Cactaceae]●

18720　Epiphyllopsis A. Berger（1929）【汉】类昙花属（叶昙花属）。【日】エビフィロブシス属。【隶属】仙人掌科 Cactaceae。【包含】世界 1 种。【学名诠释与讨论】〈阴〉（属）Epiphyllum 昙花属+希腊文 opsis, 外观, 模样, 相似。此属的学名, ING、GCI 和 IK 记载是 "Epiphyllopsis A. Berger, Kakteen 341. Jul-Aug 1929"。"Epiphyllopsis（A. Berger）Backeb. et F. M. Knuth ≡ Epiphyllopsis Backeb. et F. M. Knuth（1935）Nom. illegit."和 "Epiphyllopsis Backeb. et F. M. Knuth, Kaktus-ABC 158, 1935 ≡ Epiphyllopsis A. Berger（1929）［仙人掌科 Cactaceae]"是晚出的非法名称。亦有文献把 "Epiphyllopsis A. Berger（1929）"处理为 "Hatiora Britton et Rose（1915）"的异名。【分布】巴西, 中国, 广泛栽培。【模式】Epiphyllopsis gaertneri（K. M. Schumann）A. Berger［Epiphyllum gaertneri K. M. Schumann]。【参考异名】Epiphyllopsis（A. Berger）Backeb. et F. M. Knuth（1935）Nom. illegit.；Epiphyllopsis Backeb. et F. M. Knuth（1935）Nom. illegit.；Hatiora Britton et Rose（1915）■

18721　Epiphyllopsis Backeb. et F. M. Knuth（1935）Nom. illegit. ≡ Epiphyllopsis（A. Berger）Backeb. et F. M. Knuth（1935）Nom. illegit.；~ = Epiphyllopsis A. Berger（1929）；~ = Hatiora Britton et Rose（1915）；~ = Rhipsalidopsis Britton et Rose（1923）［仙人掌科 Cactaceae]●

18722　Epiphyllum Haw.（1812）【汉】昙花属（令箭荷花属）。【日】エピフィルム属, カニサボテン属。【俄】Филлокактус, Эпифиллум, Эпифиллюм。【英】Climbing Cactus, Epiphyllum, Leaf Cactus, Leaf - flowering Cactus, Orchid Cactus, Pond - lily Cactus, Strape Cactus。【隶属】仙人掌科 Cactaceae。【包含】世界 15-19 种, 中国 4 种。【学名诠释与讨论】〈中〉（希）epi-, 在上面+phyllon, 叶子。指花生在扁平的叶状枝上。此属的学名, TROPICOS、GCI、APNI 和 IK 记载是 "Epiphyllum Haw. , Syn. Pl. Succ. 197（1812 partim；Pfeifl. Enum. Diagn. Cact. 127（1837）"。"Epiphyllum Pfeiff. , Enum. Diagn. Cact. 123, 1837 = Schlumbergera Lem.（1858）［仙人掌科 Cactaceae]"是晚出的非法名称。"Phyllocactus Link, Handb. 2：10. 1831（ante Sep）"和 "Phyllocereus Miquel, Bull. Sci. Phys. Nat. Néerl. 1839：101, 112. 1839"是 "Epiphyllum Haw.（1812）"的晚出的同模式异名（Homotypic synonym, Nomenclatural synonym）。【分布】巴拿马, 秘鲁, 玻利维亚, 厄瓜多尔, 哥伦比亚, 尼加拉瓜, 中国, 墨西哥至热带南美洲, 西印度群岛, 中美洲。【模式】Epiphyllum phyllanthus（Linnaeus）A. H. Haworth［Cactus phyllanthus Linnaeus]。【参考异名】Chiapasophyllum Doweld（2002）；Marniera Backeb.（1950）；Phyllocactus Link（1831）Nom. illegit.；Phyllocereus Miq.（1839）Nom. illegit.●

18723　Epiphyllum Pfeiff.（1837）Nom. illegit. = Schlumbergera Lem.（1858）［仙人掌科 Cactaceae]●

18724　Epiphystis Trin.（1820）= Torulinium Desv. ex Ham.（1825）［莎草科 Cyperaceae]■

18725　Epiphyton Maguire（1958）Nom. illegit. ≡ Epidryos Maguire（1962）［偏穗草科（雷巴第科, 瑞碑题雅科）Rapateaceae]■☆

18726　Epipogion St. -Lag.（1880）= Epipogium J. G. Gmel. ex Borkh.（1792）［兰科 Orchidaceae]■

18727　Epipogium Borkh.（1792）Nom. illegit. ≡ Epipogium J. G. Gmel. ex Borkh.（1792）［兰科 Orchidaceae]■

18728 Epipogium Ehrh. (1789) Nom. inval. = Epipogium J. G. Gmel. ex Borkh. (1792); ~ = Satyrium Sw. (1800)（保留属名）［兰科 Orchidaceae］■

18729 Epipogium J. G. Gmel. ex Borkh. (1792)【汉】虎舌兰属（上须兰属）。【日】トラキチラン属。【俄】Надбородник，Эпиподиум。【英】Epipogium，Ghost Orchid。【隶属】兰科 Orchidaceae。【包含】世界 3-5 种，中国 3 种。【学名诠释与讨论】〈中〉（希）epi－，在上面 + pogon，所有格 pogonos，指小式 pogonion，胡须，髯毛，芒。pogonias，有须的 +－ius，－ia，－ium，在拉丁文和希腊文中，这些词尾表示性质或状态。在来源于人名的植物属名中，它们常常出现。在医学中，则用它们来作疾病或病状的名称。指本属条形花瓣状似胡须。此属的学名，ING、TROPICOS 和 IK 记载是“Epipogium Gmelin ex Borkhausen, Tent. Disp. Pl. German. 139. Apr 1792”。APNI 则记载为“Epipogium Borkh., Tentamen dispositionis Plantarum Germaniae seminiferarum 1792”。“Epipogium Ehrh., Beitr. Naturk. [Ehrhart] 4：149. 1789 = Epipogium J. G. Gmel. ex Borkh. (1792) = Satyrium Sw. (1800)（保留名）［兰科 Orchidaceae］”是一个未合格发表的名称（Nom. inval.）。“Epipogium R. Br., Prodr. Fl. Nov. Holland. 330，331. 1810［27 Mar 1810］= Epipogium J. G. Gmel. ex Borkh. (1792)”是晚出的非法名称。【分布】巴基斯坦，澳大利亚（热带），瓦努阿图，温带，印度至马来西亚，中国，热带非洲。【模式】Epipogium aphyllum Swartz［Satyrium epipogium Linnaeus］。【参考异名】Ceratopsis Lindl. (1840)；Epigogium W. D. J. Koch (1837)；Epipogion St.-Lag. (1880)；Epipogon Borkh. (1792)；Epipogium Ehrh. (1789) Nom. inval.；Epipogium R. Br. (1810)；Epipogon S. G. Gmel.；Epipogum Rich. (1817)；Galera Blume (1825)；Podanthera Wight (1851)■

18730 Epipogium R. Br. (1810) Nom. inval. = Epipogium J. G. Gmel. ex Borkh. (1792)［兰科 Orchidaceae］■

18731 Epipogon Ledeb. (1852) = Epipogum Rich. (1817)［兰科 Orchidaceae］■

18732 Epipogon S. G. Gmel. = Epipogium J. G. Gmel. ex Borkh. (1792)［兰科 Orchidaceae］■

18733 Epipogum Patze (1850) = ? Epipogium J. G. Gmel. ex Borkh. (1792)［兰科 Orchidaceae］■☆

18734 Epipogum Rich. = Epipogium J. G. Gmel. ex Borkh. (1792)［兰科 Orchidaceae］■

18735 Epipremnopsis Engl. (1908) = Amydrium Schott (1863)［天南星科 Araceae］●■

18736 Epipremnum Schott (1857)【汉】麒麟叶属（拎树藤属，麒麟尾属，树干芋属）。【日】エピプレムヌム属，ハブカツラ属。【英】Epipremnum，Kylinleaf，Tongavine。【隶属】天南星科 Araceae。【包含】世界 15-26 种，中国 4 种。【学名诠释与讨论】〈中〉（希）epi－，在上面 + premnon，树干，树桩。指其常攀缘于其他树上。此属的学名，TROPICOS 和 IK 记载是“Epipremnum Schott, Bonplandia 5：45. 1857”。【分布】巴基斯坦，厄瓜多尔，印度至马来西亚，中国。【模式】Epipremnum mirabile H. W. Schott (1858)。【参考异名】Anthelia Schott (1863)；Epipremum T. Durand (1888) Nom. illegit.；Pothos L. (1753)●■

18737 Epipremum T. Durand (1888) Nom. illegit. = Epipremnum Schott (1857)［天南星科 Araceae］●■

18738 Epiprinus Griff. (1854)【汉】风轮桐属（肋巴树属，鳞萼木属，长绿栎树属）。【英】Epiprinus，Windmilltung。【隶属】大戟科 Euphorbiaceae。【包含】世界 5-6 种，中国 1 种。【学名诠释与讨论】〈阳〉（希）epi－，在上面 + prinos 长青栎树，圣栎。【分布】印度（阿萨姆），中国，东南亚，马来半岛。【模式】Epiprinus malayanus

W. Griffith。【参考异名】Symphyllia Baill. (1858)●

18739 Epirhixanthes Steud.，Nom. illegit. = Epirixanthes Blume (1823)［远志科 Polygalaceae］■

18740 Epirhizanthaceae Barkley = Polygalaceae Hoffmanns. et Link (1809)［as ‘Polygalinae’］（保留科名）；~ = Polygalaceae Juss.■●

18741 Epirhizanthes Benth. et Hook. f. (1862) Nom. illegit. = Salomonia Lour. (1790)（保留属名）［远志科 Polygalaceae］

18742 Epirhizanthes Blume，Nom. illegit. = Epirixanthes Blume (1823)［远志科 Polygalaceae］■

18743 Epirhizanthus Endl. (1839) Nom. illegit.；~ = Salomonia Lour. (1790)（保留属名）［远志科 Polygalaceae］■

18744 Epirixanthes Blume (1823)【汉】寄生鳞叶草属（寄生莎萝属）。【隶属】远志科 Polygalaceae。【包含】世界 3-5 种，中国 1 种。【学名诠释与讨论】〈阴〉（希）epi－，在上面 + rhiza，或 rhizoma，根，根茎 + anthos，花。指根上生花。此属的学名，ING、TROPICOS 和 IK 记载是“Epirixanthes Blume, Cat. Gew. Buitenzorg（Blume）25. 1823［Feb-Sep 1823］”。“Epirhizanthes Blume (1823)”是其拼写变体。亦有文献把“Epirixanthes Blume (1823)”处理为“Salomonia Lour. (1790)（保留属名）”的异名。【分布】马来西亚，缅甸，所罗门群岛，印度东部，越南北部，中国。【模式】未指定。【参考异名】Epicryanthes Blume ex Penzig；Epirhixanthes Steud.；Epirhizanthes Blume，Nom. illegit.；Hyperixanthes Blume ex Penzig；Salomonia Lour. (1790)（保留属名）■

18745 Epirizanthes Baill. = Salomonia Lour. (1790)（保留属名）［远志科 Polygalaceae］■

18746 Epirrhizanthes Chod. = Salomonia Lour. (1790)（保留属名）［远志科 Polygalaceae］■

18747 Epirrhizanthes Penzig (1901) Nom. illegit.［远志科 Polygalaceae］■☆

18748 Epirrhizanthus Wittst. = Salomonia Lour. (1790)（保留属名）［远志科 Polygalaceae］■

18749 Episanthera Hochst. ex Nees (1847) = Paulo-wilhelmia Hochst. (1844)［爵床科 Acanthaceae］■☆

18750 Epischoenus C. B. Clarke (1898)【汉】异赤箭莎属。【隶属】莎草科 Cyperaceae。【包含】世界 8 种。【学名诠释与讨论】〈阳〉（希）epi－，在上面 +（属）Schoenus 赤箭莎属。【分布】非洲南部。【模式】Epischoenus quadrangularis（Boeckeler）C. B. Clarke［Schoenus quadrangularis Boeckeler］。■☆

18751 Episcia Mart. (1829)【汉】毛毡苣苔属（喜荫花属）。【日】エニスシア属，エピスキア属，エピスシア属。【英】Carpet Plant，Episcia，Episia，Flame Violet，Lovejoy。【隶属】苦苣苔科 Gesneriaceae。【包含】世界 9-40 种。【学名诠释与讨论】〈阴〉（希）epi－，在上面 + skia，影子，鬼。episkios，阴凉处，暗处。指植物喜荫。【分布】巴拿马，秘鲁，玻利维亚，厄瓜多尔，哥伦比亚（安蒂奥基亚），哥斯达黎加，尼加拉瓜，西印度群岛，中美洲。【后选模式】Episcia reptans C. F. P. Martius。【参考异名】Alsobia Hanst. (1853)；Cyrtodeira Hanst. (1854)；Paradrymonia Hanst. (1854)；Physodeira Hanst. (1854)；Skiophila Hanst. (1854)；Trichodrymonia Oerst. (1861) Nom. illegit.■☆

18752 Episcopia Moritz ex Klotzsch (1851) = Themistoclesia Klotzsch (1851)［杜鹃花科（欧石南科）Ericaceae］●☆

18753 Episcothamnus H. Rob. (1981) = Lychnophoriopsis Sch. Bip. (1863)［菊科 Asteraceae（Compositae）］●☆

18754 Episiphis Raf. (1838) Nom. illegit. ≡ Elodes Adans. (1763) Nom. illegit.；~ = Hypericum L. (1753)［金丝桃科 Hypericaceae//猪胶树科（克鲁西科，山竹子科，藤黄科）Clusiaceae（Guttiferae）］■●

18755　Epistemma D. V. Field et J. B. Hall（1982）【汉】显冠萝藦属。【隶属】萝藦科 Asclepiadaceae//夹竹桃科 Apocynaceae。【包含】世界 3 种。【学名诠释与讨论】〈中〉（希）epi-，在上面+stemma，所有格 stemmatos，花冠，花环，王冠。此属的学名，ING、IK 和 TROPICOS 记载是"Epistemma D. V. Field et J. B. Hall，Kew Bull. 37：117. 25 Jun 1982"。ING 和 IK 把其置于萝藦科 Asclepiadaceae//TROPICOS 则放入夹竹桃科 Apocynaceae。【分布】利比里亚（宁巴），热带非洲西部。【模式】Epistemma assianum D. V. Field et J. B. Hall。☆

18756　Epistemum Walp.（1840）= Amphithalea Eckl. et Zeyh.（1836）［豆科 Fabaceae（Leguminosae）//蝶形花科 Papilionaceae］■☆

18757　Epistephium Kunth（1822）【汉】爱波属（爱波斯提夫兰属）。【隶属】兰科 Orchidaceae。【包含】世界 14 种。【学名诠释与讨论】〈阴〉（希）epi-，在上面+stephos，stephanos，花冠，王冠+-ius，-ia，-ium，在拉丁文和希腊文中，这些词尾表示性质或状态。【分布】巴拉圭，秘鲁，玻利维亚，厄瓜多尔，西印度群岛，中美洲。【模式】Epistephium elatum Kunth。■☆

18758　Epistira Post et Kuntze（1903）= Episteira Raf.（1838）；~ = Glochidion J. R. Forst. et G. Forst.（1776）（保留属名）［大戟科 Euphorbiaceae］●

18759　Epistylium Sw.（1800）= Phyllanthus L.（1753）［大戟科 Euphorbiaceae//叶下珠科（叶萝藦科）Phyllanthaceae］●■

18760　Episyzygium Suess. et A. Ludw.（1950）= Eugeissona Griff.（1844）［棕榈科 Arecaceae（Palmae）］●

18761　Epitaberna K. Schum.（1903）Nom. illegit. = Heinsia DC.（1830）［茜草科 Rubiaceae］●☆

18762　Epithecia Knowles et Westc.（1838）Nom. illegit. ≡ Prosthechea Knowles et Westc.（1838）；~ = Epidendrum L.（1763）（保留属名）［兰科 Orchidaceae］■☆

18763　Epithecium Benth. et Hook. f.（1883）= Epithecia Knowles et Westc.（1838）Nom. illegit. ；~ = Prosthechea Knowles et Westc.（1838）；~ = Epidendrum L.（1763）（保留属名）［兰科 Orchidaceae］■☆

18764　Epithelantha Britton et Rose（1922）Nom. illegit. = Epithelantha F. A. C. Weber ex Britton et Rose（1922）［仙人掌科 Cactaceae］●

18765　Epithelantha F. A. C. Weber ex Britton et Rose（1922）【汉】月世界属（疣花球属）。【日】エピテランサ属，エピテランタ属。【英】Button Cactus，Ping-pong Ball Cactus。【隶属】仙人掌科 Cactaceae。【包含】世界 1-3 种，中国 1 种。【学名诠释与讨论】〈阴〉（希）epi-，在上面+thele，乳头+anthos，花。指花生在顶部的瘤上。此属的学名，ING、TROPICOS 和 IK 记载是"Epithelantha Weber ex N. L. Britton et J. N. Rose，Cact. 3：92. 12 Oct 1922"。"Epithelantha Britton et Rose（1922）= Epithelantha F. A. C. Weber ex Britton et Rose（1922）［仙人掌科 Cactaceae］"的命名人引证有误。【分布】美国（南部），墨西哥，中国。【模式】Epithelantha micromeris（Engelmann）N. L. Britton et J. N. Rose［Mammillaria micromeris Engelmann］。【参考异名】Cephalomamillaria Frič.（1924）；Cephalomammillaria Frič（1924）Nom. illegit. ；Epithelantha Britton et Rose（1922）Nom. illegit. ；Epithelantha F. A. C. Weber，Nom. illegit. ●

18766　Epithelantha F. A. C. Weber，Nom. illegit. = Epithelantha F. A. C. Weber ex Britton et Rose（1922）［仙人掌科 Cactaceae］●

18767　Epithema Blume（1826）【汉】盾座苣苔属。【英】Epithema。【隶属】苦苣苔科 Gesneriaceae。【包含】世界 10-22 种，中国 2 种。【学名诠释与讨论】〈中〉（希）epithema，罩子。指蝎尾状聚伞花序被一个叶状苞片所包被。【分布】印度至马来西亚，中国，热带非洲。【模式】Epithema saxatile Blume。【参考异名】Aikinia

R. Br.（1832）Nom. illegit. ；Carpocalymna Zipp.（1829）■

18768　Epithinia Jack（1820）= Scyphiphora C. F. Gaertn.（1806）［茜草科 Rubiaceae］●

18769　Epithymum Opiz（1852）= Cuscuta L.（1753）［旋花科 Convolvulaceae//菟丝子科 Cuscutaceae］■

18770　Epitrachys C. Koch（1851）Nom. illegit. ≡ Epitrachys K. Koch（1851）；~ = Cirsium Mill.（1754）［菊科 Asteraceae（Compositae）］■

18771　Epitrachys K. Koch（1851）= Cirsium Mill.（1754）［菊科 Asteraceae（Compositae）］■

18772　Epitriche Turcz.（1851）【汉】无冠鼠麴草属。【隶属】菊科 Asteraceae（Compositae）。【包含】世界 1 种。【学名诠释与讨论】〈阴〉（希）epi-，在上面+thrix，所有格 trichos，毛，毛发。此属的学名是"Epitriche Turczaninow，Bull. Soc. Imp. Naturalistes Moscou 24（2）：74. 1851"。亦有文献把其处理为"Angianthus J. C. Wendl.（1808）（保留属名）"的异名。【分布】澳大利亚（西南部）。【模式】Epitriche cuspidata Turczaninow。【参考异名】Angianthus J. C. Wendl.（1808）（保留属名）■☆

18773　Epixiphium（A. Gray）Munz.（1926）Nom. illegit. ≡ Epixiphium（Engelm. ex A. Gray）Munz.（1926）［玄参科 Scrophulariaceae//婆婆纳科 Veronicaceae］■☆

18774　Epixiphium（Engelm. ex A. Gray）Munz.（1926）【汉】剑婆婆纳属。【隶属】玄参科 Scrophulariaceae//婆婆纳科 Veronicaceae。【包含】世界 1 种。【学名诠释与讨论】〈中〉（希）epi-，在上面+xiphos，剑，刀+-ius，-ia，-ium，在拉丁文和希腊文中，这些词尾表示性质或状态。此属的学名，ING 记载是"Epixiphium（A. Gray）Munz，Proc. Calif. Acad. Sci. ser. 4. 15：380. 3 Jun 1926"；由"Maurandia subgen. Epixiphium A. Gray in J. Torrey in Emory，Rep. U. S. Mex. Bound. 2（1）：111. 1-20 Apr 1859"改级而来。而 IK、TROPICOS 和 GCI 则记载为"Epixiphium（Engelm. ex A. Gray）Munz，Proc. Calif. Acad. Sci. ser. 4，15：380. 1926［3 Jun 1926］"，由"Maurandya［infragen. unranked］Epixiphium Engelm. ex A. Gray Proc. Amer. Acad. Arts 7：377. 1868［Jul 1868］"改级而来。"Epixiphium Munz（1926）≡ Epixiphium（Engelm. ex A. Gray）Munz.（1926）"的命名人引证有误。"Maurandia subgen. Epixiphium A. Gray in J. Torrey in Emory，Rep. U. S. Mex. Bound. 2（1）：111. 1-20 Apr 1859"曾被处理为"Maurandya sect. Epixiphium（Engelm. ex A. Gray）A. Gray，Proceedings of the American Academy of Arts and Sciences 7：377. 1868"。【分布】墨西哥。【模式】Epixiphium wislizeni（A. Gray）Munz［Maurandia wislizeni A. Gray］。【参考异名】Epixiphium（Engelm. ex A. Gray）Munz.（1926）Nom. illegit. ；Epixiphium Munz（1926）Nom. illegit. ；Maurandella（A. Gray）Rothm.（1943）Nom. illegit. ；Maurandya［infragen. unranked］Epixiphium Engelm. ex A. Gray（1926）；Maurandya sect. Epixiphium（Engelm. ex A. Gray）A. Gray（1868）■☆

18775　Epixiphium Munz（1926）Nom. illegit. ≡ Epixiphium（Engelm. ex A. Gray）Munz.（1926）［玄参科 Scrophulariaceae//婆婆纳科 Veronicaceae］■☆

18776　Eplateia Raf.（1838）= Acnistus Schott ex Endl.（1831）；~ = Withania Pauquy（1825）（保留属名）［茄科 Solanaceae］●■

18777　Eplcharis Blume = Dysoxylum Blume（1825）［楝科 Meliaceae］●

18778　Epleienda Raf.（1838）= Eugeissona Griff.（1844）［棕榈科 Arecaceae（Palmae）］●

18779　Eplejenda Post et Kuntze（1903）= Eugeissona Griff.（1844）［棕榈科 Arecaceae（Palmae）］●

18780　Eplidium Raf.（1840）= Peplidium Delile（1813）［玄参科 Scrophulariaceae//透骨草科 Phrymaceae］■

18781　Eplingia L. O. Williams（1973）= Trichostema L.（1753）［唇形

科 Lamiaceae(Labiatae)]●■☆

18782 Eplingiella Harley et J. F. B. Pastore(2012)【汉】小蓝卷木属。
【隶属】唇形科 Lamiaceae(Labiatae)。【包含】世界 3 种。【学名
诠释与讨论】〈阴〉(属)Eplingia = Trichostema 蓝卷木属 + -
ellus, -ella, -ellum,加在名词词干后面形成指小式的词尾。或加
在人名、属名等后面以组成新属的名称。【分布】热带。【模式】
Eplingiella fruticosa (Salzm. ex Benth.) Harley et J. F. B. Pastore
[Hyptis fruticosa Salzm. ex Benth.]。●☆

18783 Epurga Fourr.(1869)= Euphorbia L.(1753)[大戟科
Euphorbiaceae]●■

18784 Equitiris Thouars =Cymbidium Sw.(1799)[兰科 Orchidaceae]■

18785 Eraclissa Forssk.(1775)= Andrachne L.(1753)[大戟科
Euphorbiaceae]●☆

18786 Eraclyssa Scop.(1777)= Eraclissa Forssk.(1775)[大戟科
Euphorbiaceae]●☆

18787 Eraeliss Forssk. = Andrachne L.(1753)[大戟科
Euphorbiaceae]●☆

18788 Eragrostidaceae(Stapf)Herter=Gramineae Juss.(保留科名)//
Poaceae Barnhart(保留科名)■●

18789 Eragrostidaceae Herter(1940)= Gramineae Juss.(保留科名)//
Poaceae Barnhart(保留科名)■●

18790 Eragrostiella Bor(1940)【汉】细画眉草属。【英】Eragrostiella。
【隶属】禾本科 Poaceae(Gramineae)。【包含】世界 5-9 种,中国 3
种。【学名诠释与讨论】〈阴〉(属)Eragrostis 画眉草属 + -ellus, -
ella, -ellum,小型词尾。指外观似画眉草,而体形较小。【分布】
缅甸,斯里兰卡,印度,中国。【模式】Eragrostiella leioptera
(Stapf)Bor[Eragrostis leioptera Stapf]。■

18791 Eragrostis Host(1809)Nom. illegit. =Eragrostis Wolf(1776)[禾
本科 Poaceae(Gramineae)]■

18792 Eragrostis P. Beauv.(1812)Nom. illegit. ≡ Eragrostis Host
(1809)Nom. illegit. ; ~ = Eragrostis Wolf(1776)[禾本科 Poaceae
(Gramineae)]■

18793 Eragrostis Wolf(1776)【汉】画眉草属(知风草属)。【日】エラ
グロスティス属,カゼクサ属,スズメガヤ属。【俄】Полевица,
Полевичка, Тефф, Эрагростис。【英】Love Grass, Lovegrass,
Love- grass, Sand Love Grass, Teff。【隶属】禾本科 Poaceae
(Gramineae)。【包含】世界 300-350 种,中国 32-43 种。【学名诠
释与讨论】〈阴〉(希)era,田 + agrostis,草。意指田中的草。另说
希腊文 er,春 + agrostis,草。另说 Eros,爱神 + agrostis,草。此属的
学名,ING、APNI、GCI、TROPICOS 和 IK 记载是"Eragrostis Wolf,
Gen. Pl. [Wolf] 23. 1776; Gen. Sp. 63, 65. 1781"。"Eragrostis
Host, Icon. Descr. Gram. Austriac. 4: 14. 1809 = Eragrostis Wolf
(1776)[禾本科 Poaceae(Gramineae)]"是晚出的非法名称。
"Eragrostis P. Beauv., Agrost. 70, t. 14. f. 11(1812)Nom. illegit. ≡
Eragrostis Host(1809)Nom. illegit."的命名人引证有误。"Erosion
Lunell, Amer. Midl. Naturalist 4: 221. 20 Sep 1915"是"Eragrostis
Wolf(1776)"的晚出的同模式异名(Homotypic synonym,
Nomenclatural synonym)。【分布】巴基斯坦,巴拿马,秘鲁,玻利
维亚,厄瓜多尔,哥斯达黎加,马达加斯加,美国(密苏里),尼加
拉瓜,中国,中美洲。【后选模式】Eragrostis minor Host。【参考异
名】Acamptoclados Nash(1903); Boriskellera Terechov(1938);
Cladoraphis Franch.(1887); Coelachyrum Nees(1842);
Diandrochloa De Winter(1962); Eragrostis Host(1809)Nom.
illegit. ; Eragrostis P. Beauv.(1812)Nom. illegit. ; Erochloe Raf.
(1825); Erosion Lunell(1915)Nom. illegit. ; Exagrostis Steud.
(1840); Macroblepharus Phil.(1858); Magastachya P. Beauv.
(1812)Nom. illegit. ; Megastachya P. Beauv.(1812)Nom. illegit. ;

Neeragrostis Bush(1903); Psilantha (C. Koch)Tzvelev(1968)Nom.
illegit. ; Psilantha (K. Koch)Tzvelev (1968) Nom. illegit. ;
Roshevitzia Tzvelev(1968); Stiburus Stapf(1900); Thellungia Probst
(1932)Nom. illegit. ; Thellungia Prost(1932); Thellungia Stapf ex
Probst(1932); Thellungia Stapf(1920)Nom. inval., Nom. nud. ;
Triphlebia Stapf(1898)Nom. illegit. ; Vilfagrostis A. Br. et Asch. ex
Döll(1878)Nom. inval. ; Vilfagrostis Döll(1878)Nom. inval. ■

18794 Erangelia Reneaulme ex L.(1753)Nom. illegit.[石蒜科
Amaryllidaceae]■☆

18795 Erangelia Reneaulme(1753)Nom. illegit. ≡ Erangelia Reneaulme
ex L.(1753)Nom. illegit.[石蒜科 Amaryllidaceae]■☆

18796 Eranthemum L.(1753)【汉】可爱花属(爱春花属,喜花草属)。
【日】エランテムム属,ルリハナガヤ属。【俄】Эрантемум。
【英】Eranthemum, Lovableflower。【隶属】爵床科 Acanthaceae。
【包含】世界 30 种,中国 3-5 种。【学名诠释与讨论】〈中〉(希)
erao 可爱的 + anthemon,花。指花美丽可爱。Eranthemon 亦是希
腊古名。er,是 ear,的缩写,所有格 earos = "拉"ver 春天 +
anthemon,花。此属的学名,ING、TROPICOS、APNI、GCI 和 IK 记
载是"Eranthemum L., Sp. Pl. 1: 9. 1753 [1 May 1753]"。
"Pigafetta Adanson, Fam. 2: 223, 590. Aug 1763(废弃属名)"是
"Eranthemum L.(1753)"的晚出的同模式异名(Homotypic
synonym, Nomenclatural synonym)。亦有文献把"Eranthemum L.
(1753)"处理为"Pigafetta (Blume) Becc.(1877)[as
'Pigafettia'](保留属名)"的异名。【分布】巴基斯坦,玻利维
亚,马达加斯加,中国,热带亚洲,中美洲。【模式】Eranthemum
capense Linnaeus。【参考异名】Citharella Noronha(1790);
Daedalacanthus T. Anderson(1860); Euranthemum Nees ex Steud.
(1840); Pigafetta(Blume)Becc.(1877)[as 'Pigafettia'](保留
属名); Pigafetta Adans.(1763)Nom. illegit.(废弃属名);
Pigafettaea Post et Kuntze(1903); Upudalia Raf.(1838)●■

18797 Eranthis Salisb.(1807)(保留属名)【汉】菟葵属。【日】エラ
ンティス属,セッブンサウ属,セッブンソウ属。【俄】Весенник,
Любник, Эрантис。【英】Winter Aconite, Winteraconite, Winter-
aconite。【隶属】毛茛科 Ranunculaceae。【包含】世界 8 种,中国
3 种。【学名诠释与讨论】〈阴〉(希)er,是 ear,的缩写,所有格
earos = "拉"ver,春 + anthos,花。指早春开花。此属的学名
"Eranthis Salisb. in Trans. Linn. Soc. London 8: 303. 9 Mar 1807"是
保留属名。相应的废弃属名是毛茛科 Ranunculaceae 的
"Cammarum Hill, Brit. Herb. : 47. 23 Feb 1756 ≡ Eranthis Salisb.
(1807)(保留属名)"。毛茛科 Ranunculaceae 的"Cammarum (A.
P. de Candolle) Fourreau, Ann. Soc. Linn. Lyon ser. 2. 16: 327. 28
Dec 1868 = Aconitum L.(1753)"和"Cammarum Fourr., Ann. Soc.
Linn. Lyon sér. 2, 16: 327. 1868 ≡ Cammarum (DC.) Fourr.(1868)
Nom. illegit."亦应废弃。"Helleboroides Adanson, Fam. 2: 458.
Jul-Aug 1763(废弃属名)"、"Koellea Biria, Hist. Nat. Renoncules
21. 1811"和"Robertia Mérat, Nouv. Fl. Env. Paris 211. Jun 1812
(non Scopoli 1777)"是"Eranthis Salisb.(1807)(保留属名)"的
晚出的同模式异名(Homotypic synonym, Nomenclatural synonym)。
【分布】中国,北热带。【模式】Eranthis hyemalis (Linnaeus)R. A.
Salisbury [Helleborus hyemalis Linnaeus]。【参考异名】Cammarum
Hill(1756)(废弃属名); Helleborodea Kuntze(1891)Nom. illegit. ;
Helleboroides Adans.(1763)Nom. illegit. ; Koellea Biria(1811)
Nom. illegit. ; Megaleranthis Ohwi(1935); Robertia Mérat(1812)
Nom. illegit.(废弃属名); Roehlingia Roepert; Shibateranthis Nakai
(1937)■

18798 Eranthus Dumort.(1829)Nom. illegit.[毛茛科 Ranunculaceae]
■☆

18799 Eranthus G. Don（1831）Nom. illegit.，Nom. inval.［毛茛科 Ranunculaceae］■☆

18800 Erasanthe P. J. Cribb，Hermans et D. L. Roberts（2007）【汉】隐花兰属。【隶属】兰科 Orchidaceae。【包含】世界 1 种。【学名诠释与讨论】〈阴〉（拉）erasus，撤消，擦掉，来自 erodo 咬掉+anthos，花。【分布】马达加斯加。【模式】Erasanthe henrici（Schltr.）P. J. Cribb，Hermans et D. L. Roberts。■☆

18801 Erasma R. Br.（1818）Nom. inval. =Lonchostoma Wikstr.（1818）（保留属名）［鳞叶树科（布鲁尼科，小叶树科）Bruniaceae］●☆

18802 Erasmia Miq.（1842）= Peperomia Ruiz et Pav.（1794）［胡椒科 Piperaceae//草胡椒科（三瓣绿科）Peperomiaceae］■

18803 Eratica Hort. ex Dipp. = Eurybia（Cass.）Cass.（1820）；~ = Olearia Moench（1802）（保留属名）［菊科 Asteraceae（Compositae）］●☆

18804 Erato DC.（1836）【汉】绿背黑药菊属。【隶属】菊科 Asteraceae（Compositae）。【包含】世界 4-5 种。【学名诠释与讨论】〈阴〉（人）Erato，专司模拟取笑和唱情歌的希腊文艺美术女神。eratos，可爱的，美丽的，动人的。此属的学名是"Erato A. P. de Candolle，Prodr. 5：317. Oct（prim.）1836"。亦有文献把其处理为"Liabum Adans.（1763）Nom. illegit. ≡Amellus L.（1759）（保留属名）"的异名。【分布】巴拿马，秘鲁，玻利维亚，厄瓜多尔，哥伦比亚（安蒂奥基亚），哥斯达黎加，中美洲。【模式】Erato polymnioides A. P. de Candolle。【参考异名】Liabum Adans.（1763）Nom. illegit.；Amellus L.（1759）（保留属名）■☆

18805 Eratobotrys Fenzl ex Endl.（1842）= Scilla L.（1753）［百合科 Liliaceae//风信子科 Hyacinthaceae//绵枣儿科 Scillaceae］■

18806 Erblichia Seem.（1854）【汉】埃尔时钟花属。【隶属】时钟花科（穗柱榆科，窝籽科，有叶花科）Turneraceae。【包含】世界 1-5 种。【学名诠释与讨论】〈阴〉（人）Erblich。【分布】马达加斯加，非洲南部，中美洲。【模式】Erblichia odorata B. C. Seemann。【参考异名】Esblichia Rose（1899）；Piriqueta Aubl.（1775）●☆

18807 Ercilia Endl.（1840）= Ercilla A. Juss.（1832）［商陆科 Phytolaccaceae］●☆

18808 Ercilla A. Juss.（1832）【汉】攀缘商陆属。【日】エルシア属。【隶属】商陆科 Phytolaccaceae。【包含】世界 1-2 种。【学名诠释与讨论】〈阴〉（人）Alonso de Ercilla y Ziiniga，1533-1594，西班牙作家，诗人。此属的学名，ING、TROPICOS 和 IK 记载是"Ercilla A. H. L. Jussieu，Ann. Sci. Nat.（Paris）25：11. t. 3. f. 1. 1832"。"Bridgesia W. J. Hooker et Arnott，Bot. Misc. 3：168. 1 Mar 1833 ［non W. J. Hooker 1831（废弃属名），nec Bertero ex Cambessèdes 1834（nom. cons.）］"是"Ercilla A. Juss.（1832）"的晚出的同模式异名（Homotypic synonym，Nomenclatural synonym）。【分布】秘鲁，智利。【模式】Ercilla volubilis A. H. L. Jussieu。【参考异名】Apodostachys Turcz.（1848）；Bridgesia Hook. et Arn.（1833）Nom. illegit.（废弃属名）；Encilia Rchb.（1841）；Ercilia Endl.（1840）；Ericilla Steud.（1840）；Suriana Domb. et Cav. ex D. Don（1832）Nom. illegit. ●☆

18809 Ercmopogon Stapf = Dichanthium Willemet（1796）［禾本科 Poaceae（Gramineae）］■

18810 Erdisia Britton et Rose（1920）【汉】潜龙掌属。【隶属】仙人掌科 Cactaceae。【包含】世界 14 种。【学名诠释与讨论】〈阳〉（人）Erdis。此属的学名是"Erdisia N. L. Britton et J. N. Rose，Cact. 2：104. 9 Sep 1920"。亦有文献把其处理为"Corryocactus Britton et Rose（1920）"的异名。【分布】参见 Corryocactus Britton et Rose。【模式】Erdisia squarrosa（Vaupel）N. L. Britton et J. N. Rose ［Cereus squarrosus Vaupel］。【参考异名】Corryocactus Britton et Rose（1920）●☆

18811 Erebennus Alef.（1863）= Hibiscus L.（1753）（保留属名）［锦葵科 Malvaceae//木槿科 Hibiscaceae］●■

18812 Erebinthus Mitch.（1748）Nom. inval.（废弃属名）= Tephrosia Pers.（1807）（保留属名）［豆科 Fabaceae（Leguminosae）//蝶形花科 Papilionaceae］●■

18813 Erechthites Less.（1832）Nom. illegit. ≡ Erechtites Raf.（1817）［菊科 Asteraceae（Compositae）］■

18814 Erechtites Raf.（1817）【汉】菊芹属（饥荒草属，梁子菜属）。【俄】Эрехтитес。【英】Burnweed，Fireweed。【隶属】菊科 Asteraceae（Compositae）。【包含】世界 15 种，中国 2 种。【学名诠释与讨论】〈阳〉（希）erechthites，囊吾属的一种杂草，来自 crechtho，劈裂。此属的学名，ING、APNI、GCI、TROPICOS 和 IK 记载是"Erechtites Raf.，Fl. Ludov. 65. 1817 ［Oct-Dec 1817］"。"Erechthites Less.，Syn. Gen. Compos. 395. 1832 ［Jul-Aug 1832］"是其变体。【分布】澳大利亚，巴拉圭，巴拿马，秘鲁，玻利维亚，厄瓜多尔，哥伦比亚，美国，尼加拉瓜，新西兰，中国，美洲。【模式】Erechtites prealta Rafinesque。【参考异名】Erechthites Less.（1832）Nom. illegit.；Neoceis Cass.（1820）；Ptileris Raf.（1818）■

18815 Ereicoctis（DC.）Kuntze（1891）Nom. illegit. ≡ Ereicoctis Kuntze（1891）；~ = Arcytophyllum Willd. ex Schult. et Schult. f.（1827）［茜草科 Rubiaceae］●☆

18816 Ereicoctis Kuntze（1891）= Arcytophyllum Willd. ex Schult. et Schult. f.（1827）［茜草科 Rubiaceae］●☆

18817 Eremaea Lindl.（1839）【汉】澳西桃金娘属。【隶属】桃金娘科 Myrtaceae。【包含】世界 16 种。【学名诠释与讨论】〈阳〉（希）eremos，孤独的，荒凉的。指其顶生花。此属的学名，ING、TROPICOS 和 IK 记载是"Eremaea Lindley，Sketch Veg. Swan River Colony xi. 1 Nov 1839"。"Eremaeopsis O. Kuntze ex Post et O. Kuntze，Lex. 201. Dec 1903（'1904'）"是"Eremaea Lindl.（1839）"的晚出的同模式异名（Homotypic synonym，Nomenclatural synonym）。【分布】澳大利亚（西部）。【模式】未指定。【参考异名】Eremaeopsis Kuntze ex Post et Kuntze（1903）Nom. illegit.；Eremaeopsis Kuntze（1903）Nom. illegit. ●☆

18818 Eremaeopsis Kuntze ex Post et Kuntze（1903）Nom. illegit. ≡ Eremaea Lindl.（1839）［桃金娘科 Myrtaceae］●☆

18819 Eremaeopsis Kuntze（1903）Nom. illegit. ≡ Eremaeopsis Kuntze ex Post et Kuntze（1903）Nom. illegit.；~ ≡ Eremaea Lindl.（1839）［桃金娘科 Myrtaceae］●☆

18820 Eremalche Greene（1906）【汉】美洲多片锦葵属。【隶属】锦葵科 Malvaceae。【包含】世界 3-4 种。【学名诠释与讨论】〈阳〉（希）eremos，孤独的，荒凉的+alkea，锦葵属植物。指其生于沙漠等荒凉之地。【分布】美国（西部）。【后选模式】Eremalche rotundifolia（A. Gray）E. L. Greene ［Malvastrum rotundifolium A. Gray］。■☆

18821 Eremanthe Spach（1836）= Hypericum L.（1753）［金丝桃科 Hypericaceae//猪胶树科（克鲁西科，山竹子科，藤黄科）Clusiaceae（Guttiferae）］■●

18822 Eremanthus Less.（1829）【汉】巴西菊属（单蕊菊属，荒漠菊属）。【隶属】菊科 Asteraceae（Compositae）。【包含】世界 18-25 种。【学名诠释与讨论】〈阳〉（希）eremos，孤独的，荒凉的+anthos，花。此属的学名，ING、TROPICOS 和 IK 记载是"Eremanthus Lessing，Linnaea 4：317. Jul 1829"。"Eremanthus Royle = Erismanthus Wall. ex Müll. Arg.（1866）［大戟科 Euphorbiaceae］"似为晚出名称。【分布】巴西，玻利维亚。【模式】Eremanthus glomerulatus Lessing。【参考异名】Chresta Vell.（1831）Nom. inval.；Laxopetalum Pohl ex Baker（1873）；Paralychnophora MacLeish（1984）；Prestelia Sch. Bip. ex Benth. et

Hook. f. (1865) Nom. illegit.；Prestelia Sch. Bip. ex Benth. et Hook. f. (1873)；Pycnocephalum DC. (1836) Nom. illegit.；Sphaerophora Sch. Bip. (1863) Nom. illegit.；Stachyanthus DC. (1836) Nom. illegit. (废弃属名)；Vanillosmopsis Sch. Bip. (1861)●☆

18823 Eremanthus Royle ＝ Erismanthus Wall. ex Müll. Arg. (1866)［大戟科 Euphorbiaceae］●

18824 Eremia D. Don et E. Phillips(1944) descr. emend. ＝ Eremia D. Don(1834)［杜鹃花科(欧石南科)Ericaceae］●☆

18825 Eremia D. Don(1834)【汉】单籽杜鹃属。【隶属】杜鹃花科(欧石南科)Ericaceae。【包含】世界7种。【学名诠释与讨论】〈阴〉(希)eremos,荒凉的,孤独的；eremia,偏僻的地方。指果实只有一粒种子。此属的学名,ING、TROPICOS和IK记载是"Eremia D. Don, Edinburgh New Philos. J. 17:156. Jul 1834"。"Eremia D. Don et E. Phillips, J. S. African Bot. x. 72(1944)"修订了属的描述。亦有文献把"Eremia D. Don (1834)"处理为"Erica L. (1753)"的异名。【分布】非洲南部。【模式】Eremia totta (Thunberg) D. Don［Erica totta Thunberg］。【参考异名】Aniserica N. E. Br. (1906)；Codonanthemum Klotzsch (1838)；Comacephalus Klotzsch (1838)；Eremia D. Don et E. Phillips (1944) descr. emend.；Eremiopsis N. E. Br. (1906)；Erica L. (1753)；Hexastemon Klotzsch(1838)；Thoracosperma Klotzsch(1834)●☆

18826 Eremiastrum A. Gray (1855) ＝ Monoptilon Torr. et A. Gray (1847)［菊科 Asteraceae(Compositae)］■☆

18827 Eremiella Compton(1953)【汉】小单籽杜鹃属。【隶属】杜鹃花科(欧石南科)Ericaceae。【包含】世界1种。【学名诠释与讨论】〈阴〉(属)Eremia单籽杜鹃属+-ellus,-ella,-ellum,加在名词词干后面形成指小式的词尾。或加在人名、属名等后面以组成新属的名称。此属的学名是"Eremiella R. H. Compton, J. S. African Bot. 19: 119. Oct 1953"。亦有文献把其处理为"Erica L. (1753)"的异名。【分布】非洲南部。【模式】Eremiella outeniquae R. H. Compton。【参考异名】Erica L. (1753)●☆

18828 Ereminula Greene (1892) Nom. illegit. ＝ Dimeresia A. Gray (1886)［菊科 Asteraceae(Compositae)］■☆

18829 Eremiolirion J. C. Manning et F. Forest (2005) ＝ Cyanella L. (1754)［蒂可花科(百鸢科,基叶草科)Tecophilaeaceae］■☆

18830 Eremiopsis N. E. Br. (1906) ＝ Eremia D. Don (1834)；~ ＝ Scyphogyne Brongn. (1828) Nom. illegit.；~ ＝ Scyphogyne Decne. (1828)；~ ＝ Erica L. (1753)［杜鹃花科(欧石南科)Ericaceae］●☆

18831 Eremiris (Spach) Rodion. (2006) ＝ Iris L. (1753)［鸢尾科 Iridaceae］■

18832 Eremites Benth. (1881) ＝ Eremitis Döll(1877)［禾本科 Poaceae (Gramineae)］■☆

18833 Eremitilla Yatsk. et J. L. Contr. (2009)【汉】墨西哥列当属。【隶属】列当科 Orobanchaceae。【包含】世界1种。【学名诠释与讨论】〈阴〉(希)eremitis,所有格 eremitidis,孤单,孤独+-illus,-illa,-illum,指示小的词尾。【分布】墨西哥。【模式】Eremitilla mexicana Yatsk. et J. L. Contr. 。■☆

18834 Eremitis Döll(1877)【汉】独焰禾属。【隶属】禾本科 Poaceae (Gramineae)//百瑞草竹科(巴厘禾科)Parianaceae。【包含】世界1种。【学名诠释与讨论】〈阴〉(希)eremitis,所有格 eremitidis,孤单,孤独。此属的学名是"Eremitis Doell in C. F. P. Martius, Fl. Brasil. 2(2): 338. 1 Mar 1877"。亦有文献把其处理为"Pariana Aubl. (1775)"的异名。【分布】巴西(东部)。【模式】Eremitis monothalamia Doell, Nom. illegit.［Pariana parviflora Trinius］。【参考异名】Eremites Benth. (1881)；Pariana Aubl. (1775)■☆

18835 Eremium Seberg et Linde-Laursen (1996) ＝ Elymus L. (1753)

［禾本科 Poaceae(Gramineae)］■

18836 Eremobium Boiss. (1867)【汉】沙生芥属。【隶属】十字花科 Brassicaceae(Cruciferae)。【包含】世界1-3种。【学名诠释与讨论】〈中〉(希)eremos,孤独的,荒凉的+bios,生命,生活+-ius,-ia,-ium,在拉丁文和希腊文中,这些词尾表示性质或状态。【分布】阿拉伯地区,非洲北部。【模式】Eremobium lineare (Delile) Boissier［Matthiola linearis Delile］。【参考异名】Eremolobium Asch. ex Boiss. ■☆

18837 Eremoblastus Botsch. (1980)【汉】旱花芥属。【隶属】十字花科 Brassicaceae(Cruciferae)。【包含】世界1种。【学名诠释与讨论】〈阳〉(希)eremos,孤独的,荒凉的+blastos,芽,胚,嫩枝,枝,花。【分布】哈萨克斯坦(西部),欧洲东南部。【模式】Eremoblastus caspicus V. P. Botschantzev。■☆

18838 Eremocallis Salisb. ex S. F. Gray (1821) Nom. illegit. ≡ Ericoides Heist. ex Fabr. (1759) Nom. illegit.；~ ＝ Erica L. (1753)［杜鹃花科(欧石南科)Ericaceae］●☆

18839 Eremocarpus Benth. (1844)【汉】旱果属。【隶属】大戟科 Euphorbiaceae。【包含】世界1种。【学名诠释与讨论】〈阳〉(希)eremos,孤独的,荒凉的+karpos,果实。此属的学名,ING、APNI、GCI、TROPICOS和IK记载是"Eremocarpus Benth., Bot. Voy. Sulphur［Bentham］53. 1844［16 Aug 1844］"。"Eremocarpus Lindl., The Vegetable Kingdom 778. 1847"是"Eremodaucus Bunge (1843)［伞形花科(伞形科)Apiaceae(Umbelliferae)］"误写。"Eremocarpus Spach ex Rchb."则是"Eremosporus Spach(1836) ＝ Hypericum L. (1753)［金丝桃科 Hypericaceae//猪胶树科(克鲁西科,山竹子科,藤黄科) Clusiaceae (Guttiferae)］"的异名。"Piscaria Piper, Contr. U. S. Natl. Herb. 11:382. 8 Oct 1906"是"Eremocarpus Benth. (1844)"的晚出的同模式异名(Homotypic synonym, Nomenclatural synonym)。"Eremocarpus Benth. (1844)"曾先后被处理为"Croton sect. Eremocarpus (Benth.) G. L. Webster, Novon 2(3):270. 1992"和"Croton subgen. Eremocarpus (Benth.) Radcl. -Sm. et Govaerts, Kew Bulletin 52:184. 1997"。亦有文献把"Eremocarpus Benth. (1844)"处理为"Croton L. (1753)"的异名。"Piscaria Piper (1906) Nom. illegit., Nom. superfl."是"Eremocarpus Benth. (1844)"的多余的替代名称。【分布】北美洲西部。【模式】Eremocarpus setigerus (W. J. Hooker) Bentham［Croton setigerum W. J. Hooker］。【参考异名】Croton L. (1753)；Croton L. sect. Eremocarpus (Benth.) G. L. Webster(1992)；Croton subgen. Eremocarpus (Benth.) Radcl. -Sm. et Govaerts (1997)；Piscaria Piper (1906) Nom. illegit., Nom. superfl. ■☆

18840 Eremocarpus Lindl. (1847) Nom. illegit. ＝ Eremodaucus Bunge (1843)；~ ＝ Trachydium Lindl. (1835)［伞形花科(伞形科) Apiaceae(Umbelliferae)］■

18841 Eremocarpus Spach ex Rchb. ＝ Eremosporus Spach(1836)；~ ＝ Hypericum L. (1753)［金丝桃科 Hypericaceae//猪胶树科(克鲁西科,山竹子科,藤黄科)Clusiaceae(Guttiferae)］■●

18842 Eremocarya Greene(1887) ＝ Cryptantha Lehm. ex G. Don(1837)［紫草科 Boraginaceae］■☆

18843 Eremocaulon Soderstr. et Londoño(1987)【汉】巴西箭竹属(巴西箭竹属)。【隶属】禾本科 Poaceae(Gramineae)。【包含】世界1种。【学名诠释与讨论】〈中〉(希)eremos,孤独的,荒凉的+kaulon,茎。【分布】巴西。【模式】Eremocaulon aureofimbriatum T. R. Soderstrom et X. Londoño。●☆

18844 Eremocharis Phil. (1860)【汉】荒野草属。【隶属】伞形花科(伞形科)Apiaceae(Umbelliferae)。【包含】世界9种。【学名诠释与讨论】〈阴〉(希)eremos,孤独的,荒凉的+charis,喜悦,雅致,

美丽，流行。此属的学名，ING、TROPICOS 和 IK 记载是
"Eremocharis Phil., Fl. Atacam. 25, t. 2 B. 1860"。"Eremocharis
R. Br. (1848) Nom. inval. = Clianthus Sol. ex Lindl. (1835)（保留
属名）[豆科 Fabaceae(Leguminosae)//蝶形花科 Papilionaceae]"
是一个未合格发表的名称（Nom. inval.）。【分布】秘鲁，智利。
【模式】Eremocharis fruticosa R. A. Philippi。■☆

18845　Eremocharis R. Br. (1848) Nom. inval. = Clianthus Sol. ex Lindl.
(1835)（保留属名）[豆科 Fabaceae(Leguminosae)//蝶形花科
Papilionaceae]●

18846　Eremochion Gilli (1959) = Horaninovia Fisch. et C. A. Mey.
(1841)；~ = Salsola L. (1753) [藜科 Chenopodiaceae//猪毛菜科
Salsolaceae]●■

18847　Eremochlamys Peter(1930) = Tricholaena Schrad. (1824) [禾本
科 Poaceae(Gramineae)]■☆

18848　Eremochloa Büse(1854)【汉】蜈蚣草属（假俭草属）。【日】ヂ
ャボウシノシッペイ属。【英】Centipede Grass, Centipedegrass,
Doplopod。【隶属】禾本科 Poaceae(Gramineae)。【包含】世界 7-
10 种，中国 5 种。【学名诠释与讨论】〈阴〉（希）eremos, 孤独的,
荒凉的+chloe, 草的幼芽, 嫩草, 禾草。指本属植物生在荒地上。
【分布】澳大利亚，斯里兰卡，印度，中国，东南亚西部。【模式】
Eremochloa horneri L. H. Buse。【参考异名】Pectinaria (Bernh.)
Hack(1887) Nom. illegit. (废弃属名)；Pectinaria Hack. (1887)
Nom. illegit. (废弃属名)■

18849　Eremochloe S. Watson (1871) Nom. illegit. = Blepharidachne
Hack. (1888) [禾本科 Poaceae(Gramineae)]■☆

18850　Eremocitrus Swingle(1914)【汉】沙橘属（澳沙檬属）。【日】エ
レモシトラス属。【隶属】芸香科 Rutaceae。【包含】世界 1 种。
【学名诠释与讨论】〈阳〉（希）eremos, 孤独的, 荒凉的+（属）
Citrus 柑橘属。【分布】澳大利亚（北部）。【模式】Eremocitrus
glauca (Lindley)Swingle [Triphasia glauca Lindley]。●☆

18851　Eremocosmus Muell. (1853) = Eremophila R. Br. (1810) [苦槛
蓝科（苦槛盘科）Myoporaceae]●☆

18852　Eremocrinum M. E. Jones(1893)【汉】沙漠吊兰属。【英】Sand
Lily。【隶属】吊兰科（猴面包科，猴面包树科）Anthericaceae。
【包含】世界 1 种。【学名诠释与讨论】〈中〉（希）eremos, 孤独
的, 荒凉的+（属）Crinum 文殊兰属。【分布】美国（西部）。【模
式】Eremocrinum albomarginatum (M. E. Jones) M. E. Jones
[Hesperanthes albomarginata M. E. Jones]。■☆

18853　Eremodaucus Bunge (1843)【汉】沙萝卜属。【俄】
Пустынноморковник。【隶属】伞形花科（伞形科）Apiaceae
(Umbelliferae)。【包含】世界 1 种。【学名诠释与讨论】〈阳〉
（希）eremos, 孤独的, 荒凉的+（属）Daucus 胡萝卜属。此属的学
名，ING、TROPICOS 和 IK 记载是"Eremodaucus Bunge, Del. Sem.
Hort. Dorp. (1843). Cf. Linnaea, xviii. (1844)151"。"Eremocarpus
Lindl., The Vegetable Kingdom 778. 1847"是其误写。【分布】高
加索至亚洲中部和阿富汗。【模式】Eremodaucus lehmannii Bunge
[as 'lehmanni']。【参考异名】Eremocarpus Lindl. (1847) Nom.
illegit. ■☆

18854　Eremodendron DC. ex Meisn. (1840) Nom. illegit. = Eremophila
R. Br. (1810) [苦槛蓝科（苦槛盘科）Myoporaceae]●☆

18855　Eremodendron Meisn. (1837) Nom. illegit. ≡ Eremodendron DC.
ex Meisn. (1840) Nom. illegit.；~ = Eremophila R. Br. (1810) [苦
槛蓝科（苦槛盘科）Myoporaceae]●☆

18856　Eremodraba O. E. Schulz(1924)【汉】旱葶苈属。【隶属】十字
花科 Brassicaceae(Cruciferae)。【包含】世界 2 种。【学名诠释与
讨论】〈阴〉（希）eremos, 孤独的, 荒凉的+（属）Draba 葶苈属（山
芥属）。【分布】秘鲁，智利。【模式】Eremodraba intricatissima

(Philippi) O. E. Schulz [Draba intricatissima Philippi]。■☆

18857　Eremogeton Standl. et L. O. Williams(1953)【汉】荒野玄参属。
【隶属】玄参科 Scrophulariaceae。【包含】世界 1 种。【学名诠释
与讨论】〈中〉（希）eremos, 孤独的, 荒凉的+geiton, 所有格
geitonos, 邻居。此属的学名"Eremogeton Standley et L. O.
Williams, Ceiba 3：172. 30 Jan 1953"是一个替代名称。
"Ghiesbreghtia A. Gray, Proc. Amer. Acad. Arts 8：629. 18 Nov
1873"是一个非法名称（Nom. illegit.），因为此前已经有了
"Ghiesbreghtia A. Richard et H. G. Galeotti, Ann. Sci. Nat. Bot. ser.
3. 3：28. Jan 1845 = Calanthe R. Br. (1821)（保留属名）[兰科
Orchidaceae]"。故用"Eremogeton Standl. et L. O. Williams
(1953)"替代之。【分布】墨西哥，危地马拉，中美洲。【模式】
Eremogeton grandiflorus (A. Gray) Standley et L. O. Williams
[Ghiesbreghtia grandiflora A. Gray]。【参考异名】Ghiesbreghtia A.
Gray(1873) Nom. illegit. ●☆

18858　Eremogone Fenzl (1833) = Arenaria L. (1753) [石竹科
Caryophyllaceae]■

18859　Eremohylema A. Nelson(1924) Nom. illegit. ≡ Berthelotia DC.
(1836)；~ = Berthelotia DC. (1836)；~ = Pluchea Cass. (1817)
[菊科 Asteraceae(Compositae)]●■

18860　Eremolaena Baill. (1884)【汉】单被花属。【隶属】苞杯花科
（旋花树科）Sarcolaenaceae。【包含】世界 2 种。【学名诠释与讨
论】〈阴〉（希）eremos, 孤独的, 荒凉的+laina = chlaine = 拉丁文
laena, 外衣, 衣服。【分布】马达加斯加。【模式】Eremolaena
humblotiana Baillon。●☆

18861　Eremolepidaceae Tiegh. (1952) [亦见 Santalaceae R. Br. (保留
科名)檀香科]【汉】绿乳科（菜萸寄生科，房底珠科）。【包含】世
界 3 属 11-12 种。【分布】热带南美洲，西印度群岛。【科名模
式】Eremolepis Griseb. (1856)●☆

18862　Eremolepidaceae Tiegh. ex Kuijt(1982) = Santalaceae R. Br. (保
留科名)●■

18863　Eremolepidaceae Tiegh. ex Nakai = Eremolepidaceae Tiegh.；~ =
Santalaceae R. Br. (保留科名)●■

18864　Eremolepis Griseb. (1856)【汉】绿乳属（菜萸寄生属）。【隶
属】绿乳科（菜萸寄生科，房底珠科）Eremolepidaceae。【包含】世
界 7 种。【学名诠释与讨论】〈阴〉（希）eremos, 孤独的, 荒凉的+
lepis, 所有格 lepidos, 指小式 lepion 或 lepidion, 鳞, 鳞片。
lepidotos, 多鳞的。lepos, 鳞, 鳞片。此属的学名是"Eremolepis
Grisebach, Syst. Bemerk. 36. 1854"。亦有文献把其处理为
"Antidaphne Poepp. et Endl. (1838)"的异名。【分布】西印度群
岛，热带美洲，中美洲。【模式】Eremolepis sogdianus (N. P.
Ikonnikov-Galitzky) I. A. Linczevski [as 'sogdianum'] [Limonium
sogdianum N. P. Ikonnikov - Galitzky]。【参考异名】Antidaphne
Poepp. et Endl. (1838)；Ixidium Eichler(1868)●☆

18865　Eremolimon Lincz. (1985)【汉】管萼补血草属。【隶属】白花
丹科（矶松科，蓝雪科）Plumbaginaceae。【包含】世界 7 种。【学
名诠释与讨论】〈中〉（希）eremos, 孤独的, 荒凉的+leimon, 草地,
牧场, 潮湿的地方。此属的学名是"Eremolimon I. A. Linczevski,
Novosti Sist. Vyssh. Rast. 22：200. 1985 (post 25 Oct)"。亦有文献
把其处理为"Limonium Mill. (1754)（保留属名）"的异名。【分
布】亚洲中部。【模式】Eremolimon sogdianus (N. P. Ikonnikov -
Galitzky) I. A. Linczevski [as 'sogdianum'] [Limonium sogdianum
N. P. Ikonnikov - Galitzky]。【参考异名】Limonium Mill. (1754)
（保留属名）■☆

18866　Eremolithia Jepson (1915) = Scopulophila M. E. Jones (1908)
[石竹科 Caryophyllaceae]■☆

18867　Eremolobium Asch. ex Boiss. = Eremobium Boiss. (1867) [十字

花科 Brassicaceae(Cruciferae)]■☆

18868　Eremoluma Baill.(1891)= Lucuma Molina(1782);~ = Pouteria Aubl.(1775)[山榄科 Sapotaceae]●

18869　Eremomastax Lindau(1894)【汉】单口爵床属。【隶属】爵床科 Acanthaceae。【包含】世界1种。【学名诠释与讨论】〈阴〉(希) eremos,孤独的,荒凉的+mastax,所有格 mastakos,口、颚。【分布】热带非洲。【模式】Eremomastax crossandriflora Lindau。【参考异名】Paulo - Wilhelmia Hochst.(1844);Paulowilhelmia Hochst.(1844)Nom. illegit. ■☆

18870　Eremonanus I. M. Johnst.(1923)= Eriophyllum Lag.(1816)[菊科 Asteraceae(Compositae)]●■☆

18871　Eremopanax Baill.(1878)= Arthrophyllum Blume(1826)[五加科 Araliaceae]●☆

18872　Eremopappus Takht.(1945)Nom. illegit. ≡ Hyalea Jaub. et Spach(1847);~ = Centaurea L.(1753)(保留属名)[菊科 Asteraceae(Compositae)//矢车菊科 Centaureaceae]●■

18873　Eremophea Paul G. Wilson(1984)【汉】木果澳藜属。【隶属】藜科 Chenopodiaceae。【包含】世界2种。【学名诠释与讨论】〈阴〉(希)eremos,孤独的,荒凉的+ophis,所有格 opheos,指小式 ophidion,蛇。【分布】澳大利亚(西部和中部)。【模式】Eremophea aggregata Paul G. Wilson。●☆

18874　Eremophila R. Br.(1810)【汉】沙漠木属(荒漠木属,沙木属,喜沙木属)。【英】Emu Bush,Emu-bush。【隶属】苦槛蓝科(苦槛盘科)Myoporaceae。【包含】世界200-210种。【学名诠释与讨论】〈阴〉(希)eremos,孤独的,荒凉的+philos,喜欢的,爱的。【分布】澳大利亚。【模式】未指定。【参考异名】Calamphoreus Chinnock(2007);Duttonia F. Muell.(1856)Nom. illegit.;Eremocosmus Muell.(1853);Eremodendron DC. ex Meisn.(1840)Nom. illegit.;Eremodendron Meisn.(1837);Glycocystis Chinnock(2007);Pholidia R. Br.(1810);Stenochilus R. Br.(1810)●☆

18875　Eremophyton Bég.(1913)【汉】北非旱芥属。【隶属】十字花科 Brassicaceae(Cruciferae)。【包含】世界1种。【学名诠释与讨论】〈中〉(希)eremos,孤独的,荒凉的+phyton,植物,树木,枝条。【分布】非洲北部。【模式】Eremophyton chevallieri(Barrate)Béguinot[Enarthrocarpus chevallieri Barrate]。■☆

18876　Eremopoa Roshev.(1934)【汉】旱禾属(旱熟禾属,旱早熟禾属)。【俄】Пустынномятлик。【隶属】禾本科 Poaceae(Gramineae)。【包含】世界4-8种,中国4种。【学名诠释与讨论】〈阴〉(希)eremos,孤独的,荒凉的+poa,草,牧草。或+(属)Poa 早熟禾属。【分布】巴基斯坦,中国,亚洲西南和中部至喜马拉雅山。【模式】Eremopoa persica(Trinius)R. Yu. Roshevitz[Poa persica Trinius]。■

18877　Eremopogon Stapf(1917)【汉】旱茅属。【英】Dryquitch,Eremopogon。【隶属】禾本科 Poaceae(Gramineae)。【包含】世界4种,中国1种。【学名诠释与讨论】〈阳〉(希)eremos,孤独的,荒凉的+pogon,所有格 pogonos,指小式 pogonion,胡须,髯毛,芒。pogonias,有须的。指本属植物生在荒地上。或指小穗具毛。此属的学名是"Eremopogon Stapf in D. Prain,Fl. Trop. Africa 9:182. 1 Jul 1917"。亦有文献把其处理为"Dichanthium Willemet(1796)"的异名。【分布】巴基斯坦,中国,旧世界。【后选模式】Eremopogon foveolatus(Delile)Stapf[Andropogon foveolatus Delile as 'foveolatum'][Andropogon foveolatus Delile]。【参考异名】Dichanthium Willemet(1796)■

18878　Eremopyrum(Ledeb.)Jaub. et Spach(1851)【汉】旱麦草属(旱麦属)。【俄】Мортук。【英】Drywheatgrass,Eremopyrum。【隶属】禾本科 Poaceae(Gramineae)。【包含】世界4-8种,中国4种。【学名诠释与讨论】〈中〉(希)eremos,孤独的,荒凉的+pyros,小

麦。指某些种生于荒漠中,或暗喻种子。此属的学名,ING 和 TROPICOS 记载是"Eremopyrum(Ledebour)Jaubert et Spach,Ann. Sci. Nat. Bot. ser. 3. 14:360. post 18 Jan 1851;Ill. Pl. Orient. 4:26. Apr 1851"是由"Triticum sect. Eremopyrum Ledebour,Fl. Altaica 1:112. Nov. - Dec. 1829"改级而来。IK 则记载为"Eremopyrum Jaub. et Spach,Ill. Pl. Orient. 4(32):26. 1851[Apr 1851]"。【分布】巴基斯坦,中国,地中海至印度(西北)。【后选模式】Eremopyrum orientale(Linnaeus)Jaubert et Spach[Secale orientale Linnaeus]。【参考异名】Cremopyrum Schur(1866)Nom. illegit.;Eremopyrum Jaub. et Spach(1851)Nom. illegit.;Triticum sect. Eremopyrum Ledebour(1829)■

18879　Eremopyrum Jaub. et Spach(1851)Nom. illegit. ≡ Eremopyrum(Ledeb.)Jaub. et Spach(1851)[禾本科 Poaceae(Gramineae)]■

18880　Eremopyxis Baill.(1862)Nom. illegit. ≡ Triplarina Raf.(1838);~ = Baeckea L.(1753);~ = Thryptomene Endl.(1839)(保留属名)[桃金娘科 Myrtaceae]●☆

18881　Eremorchis D. L. Jones et M. A. Clem.(2002)= Pterostylis R. Br.(1810)(保留属名)[兰科 Orchidaceae]■☆

18882　Eremosemium Greene(1900)Nom. illegit. ≡ Grayia Hook. et Arn.(1840)[藜科 Chenopodiaceae]●☆

18883　Eremosis(DC.)Gleason(1906)【汉】孤独菊属。【隶属】菊科 Asteraceae(Compositae)//斑鸠菊科(绿菊科)Vernoniaceae。【包含】世界20种。【学名诠释与讨论】〈阴〉(希)eremos,孤独的,荒凉的。Eremosis,使荒凉。此属的学名,ING 和 GCI 记载是"Eremosis(A. P. de Candolle)Gleason,Bull. New York Bot. Gard. 4:227. 25 Jun 1906",由"Monosis sect. Eremosis A. P. de Candolle,Prodr. 5:77. Oct 1836"改级而来。IK 则记载为"Eremosis Gleason,Bull. New York Bot. Gard. iv. 227(1906)"。亦有文献把"Eremosis(DC.)Gleason(1906)"处理为"Critoniopsis Sch. Bip.(1863)"的异名。【分布】墨西哥,尼加拉瓜,中美洲。【模式】Eremosis salicifolia(A. P. de Candolle)Gleason[Monosis salicifolia A. P. de Candolle]。【参考异名】Critoniopsis Sch. Bip.(1863);Eremosis Gleason(1906)Nom. illegit.;Monosis sect. Eremosis DC.(1836)●■☆

18884　Eremosis Gleason(1906)Nom. illegit. ≡ Eremosis(DC.)Gleason(1906)[菊科 Asteraceae(Compositae)]●☆

18885　Eremosparton Fisch. et C. A. Mey.(1841)Nom. illegit.【汉】无叶豆属。【俄】Эремоспартон。【英】Eremosparton,Leaflessbean。【隶属】豆科 Fabaceae(Leguminosae)//蝶形花科 Papilionaceae。【包含】世界3-4种,中国1种。【学名诠释与讨论】〈中〉(希)eremos,孤独的,荒凉的+sparton,一种用金雀儿或茅草做的绳索,或+(属)Spartium 鹰爪豆属。此属的学名,ING,IK 和 TROPICOS 记载是"Eremosparton F. E. L. Fischer et C. A. Meyer,Enum. Pl. Nov. 1:75. 15 Jun 1841";《中国植物志》英文版亦使用此名称。但是它是"南非针叶豆属(针叶豆属)Lebeckia Thunberg,Nova Gen. 139. 3 Jun 1800"的晚出的同模式异名(Homotypic synonym,Nomenclatural synonym),应予废弃。Eremosparton Fisch. et C. A. Mey.(1841)Nom. illegit. ≡ Lebeckia Thunb.(1800)【分布】中国,亚洲西部和中部。【模式】Eremosparton aphyllum(Pallas)F. E. L. Fischer et C. A. Meyer[Spartium aphyllum Pallas]。【参考异名】Lebeckia Thunb.(1800)●

18886　Eremospatha(Mann et H. Wendl.)H. Wendl.(1878)【汉】单苞藤属(独苞藤属)。【隶属】棕榈科 Arecaceae(Palmae)。【包含】世界12种。【学名诠释与讨论】〈阴〉(希)eremos,孤独的,荒凉的+spathe =拉丁文 spatha,佛焰苞,鞘,叶片,匙状苞,窄而平之薄片,竿杖。指佛焰苞不明显。此属的学名,ING 和 TROPICOS 记载是"Eremospatha(G. Mann et H. Wendland)H. Wendland in

Kerchove, Palmiers 244. 1878", 由 "Calamus subgen. Eremospatha G. Mann et H. Wendland, Trans. Linn. Soc. London 24:433. 1864" 改级而来; IK 则记载为 "Eremospatha Mann et H. Wendl., Palmiers [Kerchove] 244. 1878"; 三者引用的文献相同。"Eremospatha Mann et H. Wendl., Hamburger Garten - Blumenzeitung 31:163, 1875" 和 "Eremospatha Mann et H. Wendl. ex Hook. f., Gen. Pl. 3:881,936, 1883, Nom. inval., Nom. illegit." 是未合格发表的名称 (Nom. inval.)。【分布】中国,热带非洲。【后选模式】Eremospatha hookeri (G. Mann et H. Wendland) J. D. Hooker [Calamus hookeri G. Mann et H. Wendland]。【参考异名】Calamus subgen. Eremospatha Mann et H. Wendl. (1864); Eremospatha Mann et H. Wendl. (1875) Nom. inval.; Eremospatha Mann et H. Wendl. (1878) Nom. illegit.; Eremospatha Mann et H. Wendl. ex Hook. f. (1883) Nom. inval., Nom. illegit. ●

18887 Eremospatha Mann et H. Wendl. (1875) Nom. inval. ≡ Eremospatha (Mann et H. Wendl.) H. Wendl. (1878) [棕榈科 Arecaceae(Palmae)] ●

18888 Eremospatha Mann et H. Wendl. (1878) Nom. illegit. ≡ Eremospatha (Mann et H. Wendl.) H. Wendl. (1878) [棕榈科 Arecaceae(Palmae)] ●

18889 Eremospatha Mann et H. Wendl. ex Hook. f. (1883) Nom. inval., Nom. illegit. ≡ Eremospatha (Mann et H. Wendl.) H. Wendl. (1878) [棕榈科 Arecaceae(Palmae)] ●

18890 Eremosperma Chiov. (1936) = Hewittia Wight et Arn. (1837) Nom. illegit.; ~ = Shutereia Choisy (1834)(废弃属名) [旋花科 Convolvulaceae] ■

18891 Eremosporus Spach(1836) = Hypericum L. (1753) [金丝桃科 Hypericaceae//猪胶树科(克鲁西科,山竹子科,藤黄科) Clusiaceae(Guttiferae)] ■●

18892 Eremostachys Bunge(1830)【汉】沙穗属(雅穗草属)。【俄】Еремостахис, Пустынноколосник, Эремостахис。【英】Desert Rod, Eremostachys, Sandspike。【隶属】唇形科 Lamiaceae(Labiatae)。【包含】世界 5-60 种,中国 5 种。【学名诠释与讨论】〈阴〉(希)eremos,孤独的,荒凉的+stachys,穗,谷,长钉。指穗状花序单生。【分布】巴基斯坦,中国,亚洲中部和西部。【模式】未指定。【参考异名】Clueria Raf. (1837); Paraeremostachys Adylov, Kamelin et Makhm. (1986) ■

18893 Eremosyce Steud. (1840) = Eremosyne Endl. (1837) [虎耳草科 Saxifragaceae//寄奴花科(旱生草科,柔毛小花草科,小花草科) Eremosynaceae] ■☆

18894 Eremosynaceae Dandy(1959) [亦见 Saxifragaceae Juss. (保留科名)虎耳草科]【汉】寄奴花科(旱生草科,柔毛小花草科,小花草科)。【包含】世界 1 属 1 种。【分布】澳大利亚。【科名模式】Eremosyne Endl. ■☆

18895 Eremosynaceae Takht. = Escalloniaceae R. Br. ex Dumort. (保留科名); ~ = Saxifragaceae Juss. (保留科名) ●■

18896 Eremosyne Endl. (1837)【汉】寄奴花属(旱生草属,柔毛小花草属,小花草属)。【隶属】虎耳草科 Saxifragaceae//寄奴花科(旱生草科,柔毛小花草科,小花草科) Eremosynaceae。【包含】世界 1 种。【学名诠释与讨论】〈阴〉(希)eremos,孤独的,荒凉的+-osyne,形容词词基,构成抽象名词,表示一种特殊的性状。指种子单粒。此属的学名,ING、TROPICOS 和 IK 记载是 "Eremosyne Endlicher in Endlicher et al., Enum. Pl. Hügel 53. Apr 1837"。"Eremosyce Steud. (1840) = Eremosyne Endl. (1837)" 是晚出的非法名称。【分布】澳大利亚(西南部)。【模式】Eremosyne pectinata Endlicher。【参考异名】Enemosyne Lehm. (1848); Eremosyce Steud. (1840) ■☆

18897 Eremothamnus O. Hoffm. (1888)【汉】沙刺菊属。【隶属】菊科 Asteraceae(Compositae)。【包含】世界 1 种。【学名诠释与讨论】〈阳〉(希)eremos,孤独的,荒凉的+thamnos,指小式 thamnion,灌木,灌丛,树丛,枝。【分布】非洲西南部。【模式】Eremothamnus marlothianus O. Hoffmann。●☆

18898 Eremothera(P. H. Raven)W. L. Wagner et Hoch(2007)【汉】美国柳叶菜属。【隶属】柳叶菜科 Onagraceae。【包含】世界 7 种。【学名诠释与讨论】〈阴〉(希)eremos,孤独的,荒凉的+anthera,花药。此属的学名,IPNI 和 TROPICOS 记载是 "Eremothera (P. H. Raven) W. L. Wagner & Hoch, Syst. Bot. Monogr. 83:125. 2007 [17 Sep 2007]"。它曾被处理为 "Oenothera sect. Eremothera (P. H. Raven) Munz, North American Flora, series 2 5:148. 1965"。【分布】美国。【模式】Camissonia refracta (S. Watson) P. H. Raven [Oenothera refracta S. Watson]。【参考异名】Camissonia sect. Eremothera P. H. Raven(1965) ■☆

18899 Eremotropa Andrés (1953) = Cheilotheca Hook. f. (1876); ~ = Monotropastrum Andrés(1936) [鹿蹄草科 Pyrolaceae//水晶兰科 Monotropaceae] ■★

18900 Eremurus M. Bieb. (1810)【汉】独尾草属(独尾属,沙漠烛属)。【日】エレムールス属。【俄】Череш, Шарыш, Ширяш, Эремурус。【英】Desert Candle, Desertcandle, Desert - candle, Fox Tail Lily, Foxtail Lily, Giant Asphodel, King's-spear。【隶属】百合科 Liliaceae//阿福花科 Asphodelaceae//芦荟科 Aloaceae。【包含】世界 40-45 种,中国 4 种。【学名诠释与讨论】〈阳〉(希)eremos,孤独的,荒凉的+-urus,-ura,-uro,用于希腊文组合词,含义为 "尾巴"。指生于沙漠,花穗尾状。【分布】巴基斯坦,中国,亚洲西部和中部。【模式】Eremurus spectabilis Marschall von Bieberstein, Nom. illegit. [Asphodelus altaicus Pallas]。【参考异名】Ammolirion Kar. et Kix. (1842); Henningia Kar. et Kir. (1842); Selonia Regel(1868) ■

18901 Erepsia N. E. Br. (1925)【汉】蝴蝶玉属。【日】エレプシア属。【英】Lesser Sea-fig。【隶属】番杏科 Aizoaceae。【包含】世界 27 种。【学名诠释与讨论】〈阳〉(希)有人推测,erepho,遮盖,顶部盖住; erepsis,屋顶。指雄蕊和退化的雄蕊。【分布】非洲南部。【后选模式】Erepsia inclaudens (Haworth) Schwantes。【参考异名】Kensitia Fedde(1940); Piquetia N. E. Br. (1926) Nom. illegit.; Semnanthe N. E. Br. (1927) ●☆

18902 Eresda Spach (1838) = Reseda L. (1753) [木犀草科 Resedaceae] ■☆

18903 Eresimus Raf. (1838) = Cephalanthus L. (1753) [茜草科 Rubiaceae] ●

18904 Eretia Stokas (1812) = Ehretia P. Browne (1756) [紫草科 Boraginaceae//破布木科(破布树科) Cordiaceae//厚壳树科 Ehretiaceae] ●

18905 Ergocarpon C. C. Towns. (1964)【汉】隐花芹属。【隶属】伞形花科(伞形科) Apiaceae(Umbelliferae)。【包含】世界 1 种。【学名诠释与讨论】〈中〉(希)ergon,封在里边,关严+karpos,果实。【分布】亚洲西南部。【模式】Ergocarpon cryptanthum (K. H. Rechinger) C. C. Townsend [Exoacantha cryptantha K. H. Rechinger]。■☆

18906 Erharta Juss. (1789) = Ehrharta Thunb. (1779)(保留属名) [禾本科 Poaceae(Gramineae)] ■☆

18907 Erhetia Hill (1768) = Ehretia P. Browne (1756) [紫草科 Boraginaceae//破布木科(破布树科) Cordiaceae//厚壳树科 Ehretiaceae] ●

18908 Eria Lindl. (1825)(保留属名)【汉】毛兰属(欧石南属,绒兰属)。【日】エリア属,オサラン属。【英】Eria, Hairorchis, Heath。

【隶属】兰科 Orchidaceae。【包含】世界 15-500 种,中国 7-47 种。
【学名诠释与讨论】〈阴〉(希)erion,软毛,绒毛。指叶上生有软毛,或指花被及花柄等通常被绵毛。此属的学名"Eria Lindl. in Bot. Reg. :ad t. 904. 1 Aug 1825"是保留属名。法规未列出相应的废弃属名。"Erioxantha Rafinesque, Gard. Mag. et Reg. Rural Domest. Improv. 8:247. Apr 1832"和"Exeria Rafinesque, Fl. Tell. 4:49. 1838(med.)('1836')"是"Eria Lindl.(1825)(保留属名)"的晚出的同模式异名(Homotypic synonym, Nomenclatural synonym)。【分布】澳大利亚,中国,波利尼西亚群岛,热带亚洲。【模式】Eria stellata J. Lindley。【参考异名】Aeridostachya (Hook. f.) Brieger(1981); Alvisia Lindl.(1859); Aporodes (Schltr.) W. Suarez et Cootes(2007) Nom. inval., Nom. illegit.; Artomeria Breda; Bryobium Lindl.(1836); Callostylis Blume(1825); Calostylis Kuntze(1891); Campanulorchis Brieger(1981); Ceratium Blume (1825) Nom. illegit.; Conchidium Griff.(1851); Conostalix (Kraenzl.) Brieger(1981); Cylindrolobus (Blume) Brieger(1981) Nom. illegit.; Cylindrolobus Blume(1828); Cymboglossum (J. J. Sm.) Brieger(1981); Dendrolirium Blume(1825); Dilochiopsis (Hook. f.) Brieger(1858); Dilochiopsis (Hook. f.) Brieger(1981); Erioxantha Raf.(1832) Nom. illegit.; Exeria Raf.(1836) Nom. illegit.; Forbesina Ridl.(1925); Mycaranthes Blume(1825); Mycaridanthes Blume; Octomeria D. Don(1825) Nom. illegit.; Pinalia Lindl.(1826); Tetrodon (Kraenzl.) M. A. Clem. et D. L. Jones (1998); Trichosia Blume(1825); Trichosma Lindl.(1842); Tylostylis Blume(1828) Nom. illegit.; Urostachya (Lindl.) Brieger (1981); Xiphosium Griff.(1845)■

18909　Eriachaenium Sch. Bip.(1855)【汉】败育菊属。【隶属】菊科 Asteraceae(Compositae)。【包含】世界 1 种。【学名诠释与讨论】〈中〉(希)erion,羊毛+a,无,缺+chaino 张口。拉丁文 achaenium 或 achenium 指瘦果。词义为收缩的瘦果。【分布】火地岛,中美洲。【模式】Eriachaenium magellanicum C. H. Schultz-Bip.。【参考异名】Eriochaenium C. Muell.(1859)■☆

18910　Eriachna Post et Kuntze(1903) = Achneria Munro ex Benth. et Hook. f.(1883) Nom. illegit.; ~ = Eriachne Phil.(1870) Nom. illegit.; ~ = Panicum L.(1753)［禾本科 Poaceae(Gramineae)］■

18911　Eriachne Phil.(1870) Nom. illegit. = Digitaria Haller(1768)(保留属名); ~ = Panicum L.(1753)［禾本科 Poaceae(Gramineae)］■

18912　Eriachne R. Br.(1810)【汉】鹧鸪草属(毛稃草属)。【英】Eriachne, Partridgegrass。【隶属】禾本科 Poaceae(Gramineae)。【包含】世界 20-40 种,中国 1 种。【学名诠释与讨论】〈阴〉(希)erion,羊毛+achne,鳞片,泡沫,泡囊,谷壳,稃。指内稃和外稃均被短硬毛。此属的学名,ING、APNI、GCI 和 IK 记载是"Eriachne R. Br.,Prodromus Florae Novae Hollandiae 183. 1810"。"Eriachne Phil.,Anales Univ. Chile 36:207. 1870［Jul 1870］= Digitaria Haller(1768)(保留属名)= Panicum L.(1753)［禾本科 Poaceae (Gramineae)］"是晚出的非法名称。【分布】澳大利亚,玻利维亚,印度至马来西亚,中国。【模式】未指定。【参考异名】Achneria P. Beauv.(1812); Massia Balansa(1890); Megalachne Thwaites(1864) Nom. illegit.■

18913　Eriadenia Miers(1878) = Mandevilla Lindl.(1840)［夹竹桃科 Apocynaceae］●

18914　Eriander H. Winkler(1908) = Oxystigma Harms(1897)［豆科 Fabaceae(Leguminosae)］●☆

18915　Eriandra P. Royen et Steenis(1952)【汉】强蕊远志属。【隶属】远志科 Polygalaceae。【包含】世界 1 种。【学名诠释与讨论】〈阴〉(希)erion,羊毛+aner,所有格 andros,雄性,雄蕊。【分布】所罗门群岛,新几内亚岛。【模式】Eriandra fragrans P. van Royen et C. G. G. J. van Steenis。●☆

18916　Eriandrostachys Baill.(1874) = Macphersonia Blume(1849)［无患子科 Sapindaceae］●☆

18917　Erianthecium Parodi(1943)【汉】结节根草属。【隶属】禾本科 Poaceae(Gramineae)。【包含】世界 1 种。【学名诠释与讨论】〈阴〉(希)erion,羊毛+theke = 拉丁文 theca,匣子,箱子,室,药室,囊+-ius,-ia,-ium,在拉丁文和希腊文中,这些词尾表示性质或状态。【分布】乌拉圭。【模式】Erianthecium bulbosum Parodi。■☆

18918　Erianthemum Tiegh.(1895)【汉】壮花寄生属。【隶属】桑寄生科 Loranthaceae。【包含】世界 12 种。【学名诠释与讨论】〈中〉(希)erion,羊毛+anthemon,花。指花冠筒多毛。【分布】热带和非洲南部。【模式】Erianthemum dregei (Ecklon et Zeyher) Van Tieghem［Loranthus dregei Ecklon et Zeyher］。●☆

18919　Erianthera Benth.(1833) Nom. illegit. ≡ Alajja Ikonn.(1971)［唇形科 Lamiaceae(Labiatae)］■

18920　Erianthera Nees(1832) = Andrographis Wall. ex Nees(1832)［爵床科 Acanthaceae］■

18921　Erianthus Michx.(1803)【汉】蔗茅属(芒属)。【日】エリアンツス属,タカオススキ属,タカヲススキ属。【俄】Шерстицвет,Шерстняк,Эриантус。【英】Plume Grass, Plumegrass, Plume-grass。【隶属】禾本科 Poaceae(Gramineae)。【包含】世界 50 种,中国 12 种。【学名诠释与讨论】〈阳〉(希)erion,羊毛。erineos,羊毛的。植物学和真菌学中,erion 指绵毛、软毛。erio- = 拉丁文 lani-,羊毛状的,绵毛+anthos,花。指花序被银白色绵毛。此属的学名是"Erianthus A. Michaux, Fl. Bor. -Amer. 1: 54. 19 Mar 1803"。亦有文献把其处理为"Saccharum L.(1753)"的异名。【分布】巴基斯坦,玻利维亚,马达加斯加,美国(密苏里),印度至马来西亚,中国,波利尼西亚群岛,撒哈拉沙漠,欧洲东南部至东亚,热带美洲,中美洲。【后选模式】Erianthus saccharoides A. Michaux, Nom. illegit.［Anthoxanthum giganteum Walter; Erianthus giganteus (Walter) Palisot de Beauvois］。【参考异名】Ripidium Trin.(1820) Nom. illegit.; Saccharum L.(1753); Spodiopogon Fourn.■

18922　Eriastrum Wooton et Standl.(1913)【汉】上蕊花荵属。【隶属】花荵科 Polemoniaceae。【包含】世界 14 种。【学名诠释与讨论】〈中〉(希)erion,羊毛+-astrum,指示小的词尾,也有"不完全相似"的含义。此属的学名"Eriastrum Wooton et Standley, Contr. U. S. Natl. Herb. 16:160. 12 Feb 1913"是一个替代名称。"Hugelia Bentham in Lindley, Edwards's Bot. Reg. 19: sub t. 1622. 1 Oct 1833"是一个非法名称(Nom. illegit.),因为此前已经有了"Huegelia Rchb., Consp. Regn. Veg.［H. G. L. Reichenbach］144. 1828 = Trachymene Rudge(1811)［伞形花科(伞形科) Apiaceae (Umbelliferae)//天胡荽科 Hydrocotylaceae］"。故用"Eriastrum Wooton et Standl.(1913)"替代之。"Welwitschia H. G. L. Reichenbach, Handb. 194. 1-7 Oct 1837(废弃属名)"是"Eriastrum Wooton et Standl.(1913)"的晚出的同模式异名。【分布】美国(西南部)。【模式】Eriastrum densifolium (Bentham) H. L. Mason。【参考异名】Huegelia Post et Kuntze(1903) Nom. illegit.; Hugelia Benth.(1833) Nom. illegit.; Welwitschia Rchb.(1837)(废弃属名)■●☆

18923　Eriathera B. D. Jacks., Nom. illegit. = Andrographis Wall. ex Nees (1832); ~ = Erianthera Nees(1832)［爵床科 Acanthaceae］■

18924　Eriathera Nees(1832)【汉】毛爵床属。【隶属】爵床科 Acanthaceae。【包含】世界 3 种。【学名诠释与讨论】〈阴〉(希)erion,羊毛 + athere,去壳的小麦; ather,麦芒。此属的学名,TROPICOS 和 IK 记载是"Eriathera Nees, Pl. Asiat. Rar.

（Wallich）. iii. 77（1832）"。【分布】热带。【模式】Eriathera lobelioides Nees.【参考异名】Eriathera B. D. Jacks. , Nom. illegit.■☆

18925　Eriaxis Rchb. f.（1876）【汉】新喀兰属。【隶属】兰科 Orchidaceae。【包含】世界 3 种。【学名诠释与讨论】〈阴〉（希）erion，羊毛＋axon，轴。【分布】法属新喀里多尼亚。【模式】Eriaxis rigida H. G. Reichenbach。■☆

18926　Eribroma Pierre（1897）＝Sterculia L.（1753）［梧桐科 Sterculiaceae//锦葵科 Malvaceae］●

18927　Erica Boehm.（1760）Nom. illegit. ≡ Andromeda L.（1753）［杜鹃花科（欧石南科）Ericaceae//沼迷迭香科 Andromedaceae］●☆

18928　Erica Kuntze（1891）Nom. illegit. ≡ Calluna Salisb.（1802）［杜鹃花科（欧石南科）Ericaceae］●☆

18929　Erica L.（1753）【汉】欧石南属（欧石楠属，荣树属，石南属）。【日】エリカ属。【俄】Ерика, Эрика。【英】Heath, Heather, Pentapera, True Heath。【隶属】杜鹃花科（欧石南科）Ericaceae。【包含】世界 500-860 种。【学名诠释与讨论】〈阴〉（希）ereike ＝ erike，一种石楠俗名。此属的学名，ING、APNI、GCI、TROPICOS 和 IK 记载是 "Erica L. , Sp. Pl. 1：352. 1753 ［1 May 1753］"。"Erica Boehmer in C. G. Ludwig, Def. Gen. ed. 3. 67. 1760 ≡ Andromeda L.（1753）［杜鹃花科（欧石南科）Ericaceae//沼迷迭香科 Andromedaceae］"、"Erica O. Kuntze, Rev. Gen. 2：389. 5 Nov 1891 ≡ Calluna Salisb.（1802）［杜鹃花科（欧石南科）Ericaceae］" 和 "Erica Salisb. , Trans. Linn. Soc. London 6：348, 1802" 都是晚出的非法名称。"Ericoides Boehmer in C. G. Ludwig, Def. Gen. ed. 3. 61. 1760（non Heister ex Fabricius 1759）" 是 "Erica L.（1753）" 的晚出的同模式异名（Homotypic synonym, Nomenclatural synonym）。【分布】马达加斯加，叙利亚，安纳托利亚，非洲北部，热带和非洲南部，欧洲。【模式】Erica cinerea Linnaeus。【参考异名】Acrostemon Klotzsch（1838）；Aniserica N. E. Br.（1906）；Anomalanthus Klotzsch（1838）；Apogandrum Neck.（1790）Nom. inval. ；Apogandrum Necker ex Juss.（1823）；Arachnocalyx Compton（1935）；Arsace（Salisb. ex DC.）Fourr.（1869）；Arsace Fourr.（1869）Nom. illegit. ；Blaeria L.（1753）；Blaeria L. et E. Phillips（1944）, descr. emend. ；Blairia Gled.（1751）；Blairia Spreng.（1825）Nom. illegit. ；Bruckenthalia Rchb.（1831）；Callista D. Don（1834）Nom. illegit.（废弃属名）；Ceramia D. Don（1834）；Chlorocodon（DC.）Fourr.（1869）；Chlorocodon Fourr.（1869）Nom. illegit. ；Chona D. Don（1834）；Coccosperma Klotzsch（1838）；Coilostigma Klotzsch（1838）；Dasyanthes D. Don（1834）；Desmia D. Don（1834）；Ectasis D. Don（1834）；Eremia D. Don（1834）；Eremiella Compton（1953）；Eremocallis Salisb. ex S. F. Gray（1821）；Ericinella Klotzsch（1838）；Ericodes Kuntze（1891）Nom. illegit. ；Ericoides Boehm.（1760）Nom. illegit. ；Ericoides Fabr.（1759）Nom. illegit. ；Ericoides Hiest. ex Fabr.（1759）Nom. illegit. ；Eriodesmia D. Don（1834）；Eurylepis D. Don（1834）；Euryloma D. Don（1834）；Eurystegia D. Don（1834）；Grisebachia Klotzsch（1838）；Gypsocallis Salisb.（1821）Nom. illegit. ；Gypsocallis Salisb. ex Gray（1821）；Lamprotis D. Don（1834）；Lophandra D. Don（1834）；Lopharina Neck.（1790）Nom. inval. ；Lopherina Juas.（1823）Nom. illegit. ；Lopherina Neck. ex Juas.（1823）；Microtrema Klotzsch（1838）；Mitrastylus Alm et T. C. E. Fr.（1927）；Nabea Lehm.（1831）Nom. inval. ；Nabea Lehm. ex Klotzsch（1833）；Nagelocarpus Bullock（1954）；Octopera D. Don（1834）；Pachysa D. Don（1834）；Pentapera Klotzsch（1838）；Philippia Klotzsch（1834）；Platycalyx N. E. Br.（1905）；Salaxis Salisb.（1802）；Scyphogyne Brongn.（1828）Nom. illegit. ；Simocheilus Klotzsch（1838）；Sophandra Meisn.（1839）；Stokoeanthus E. G. H.

Oliv.（1976）；Sympieza Licht. ex Roem. et Schult.（1818）；Synactinia Rchb.（1837）；Syndesmanthus Klotzsch（1838）；Syringodea D. Don（1834）（废弃属名）；Tetralix Zinn（1757）（废弃属名）；Thamnus Klotzsch（1838）Nom. illegit. ；Thoracosperma Klotzsch（1834）●☆

18930　Erica Salisb.（1802）Nom. illegit. ［杜鹃花科（欧石南科）Ericaceae］●☆

18931　Ericaceae Durande（1782）＝Ericaceae Juss.（保留科名）●

18932　Ericaceae Juss.（1789）（保留科名）【汉】杜鹃花科（欧石南科）。【日】シャクナゲ科，ツツジ科。【俄】Вересковые。【英】Bilberry Family, Heath Family, Heather Family。【包含】世界 107-147 属 2634-4100 种，中国 15-22 属 757-826 种。【分布】广泛分布。【科名模式】Erica L.（1753）●

18933　Ericaceae Nutt. ex Sweet（1826）＝Ericaceae Juss.（保留科名）●

18934　Ericaceae Sweet（1828）＝Ericaceae Juss.（保留科名）●

18935　Ericala Gray（1821）Nom. illegit. ≡ Ericoila Borkh.（1796）Nom. illegit. ；～＝Tretorhiza Adans.（1763）；～＝Gentiana L.（1753）［龙胆科 Gentianaceae］■

18936　Ericala Renealm. ex Gray（1821）Nom. illegit. ≡ Ericala Gray（1821）Nom. illegit. ；～≡Ericoila Borkh.（1796）Nom. illegit. ；～≡Tretorhiza Adans.（1763）；～＝Gentiana L.（1753）［龙胆科 Gentianaceae］■

18937　Ericameria Nutt.（1840）【汉】金菊木属。【英】Goldenbush。【隶属】菊科 Asteraceae（Compositae）。【包含】世界 20-31 种。【学名诠释与讨论】〈阴〉（属）Erica 欧石南属＋meros 部分。指其与欧石南有相似之处。此属的学名，ING、TROPICOS、GCI 和 IK 记载是 "Ericameria Nutt. , Trans. Amer. Philos. Soc. ser. 2, 7：318. 1840 ［Oct－Dec 1840］"。它曾被处理为 "Haplopappus sect. Ericameria（Nutt.）A. Gray"。【分布】美国（西部）。【后选模式】Ericameria microphylla Nuttall, Nom. illegit. ［Diplopappus ericoides Lessing；Ericameria ericoides（Lessing）Jepson］。【参考异名】Haplopappus sect. Ericameria（Nutt.）A. Gray；Macronema Nutt.（1840）；Stenotopsis Rydb.（1900）Nom. illegit. ●☆

18938　Ericaulon Lour.（1790）＝Eriocaulon L.（1753）［谷精草科 Eriocaulaceae］■

18939　Ericentrodea S. F. Blake et Sherff（1923）【汉】坛果菊属。【隶属】菊科 Asteraceae（Compositae）。【包含】世界 6 种。【学名诠释与讨论】〈阴〉（希）erion，羊毛＋kentron，点，刺，圆心，中央，距＋oides，相像。此属的学名，ING、GCI、TROPICOS 和 IK 记载是 "Ericentrodea S. F. Blake et E. E. Sherff, J. Wash. Acad. Sci. 13：104. 19 Mar 1923"。"Ericentrodea Blake, Sherff et Sherff, Bot. Gaz. 81：26, latine. 1926 ＝Ericentrodea S. F. Blake et Sherff（1923）［菊科 Asteraceae（Compositae）］" 是晚出的非法名称；命名人表述也有误。"Ericentrodea S. F. Blake（1923）＝Ericentrodea S. F. Blake et Sherff（1923）［菊科 Asteraceae（Compositae）］" 的命名人引证有误。【分布】秘鲁，玻利维亚，厄瓜多尔，安第斯山。【模式】Ericentrodea corazonensis（Hieronymus）S. F. Blake et Sherff ［Narvalina corazonensis Hieronymus］。【参考异名】Ericentrodea S. F. Blake, Sherff et Sherff（1926）Nom. illegit. ；Ericentrodea S. F. Blake（1923）Nom. illegit. ■☆

18940　Ericentrodea S. F. Blake（1923）Nom. illegit. ＝Ericentrodea S. F. Blake et Sherff（1923）［菊科 Asteraceae（Compositae）］■☆

18941　Ericentrodea S. F. Blake, Sherff et Sherff（1926）Nom. illegit. ＝Ericentrodea S. F. Blake et Sherff（1923）［菊科 Asteraceae（Compositae）］■☆

18942　Erichsenia Hemsl.（1905）【汉】澳钩豆属。【隶属】豆科 Fabaceae（Leguminosae）//蝶形花科 Papilionaceae。【包含】世界 1

种。【学名诠释与讨论】〈阴〉（人）Frederick Ole Erichsen，澳大利亚机械工程师。【分布】澳大利亚（西部）。【模式】Erichsenia uncinata W. B. Hemsley。■☆

18943 Ericilla Steud.（1840）= Ercilla A. Juss.（1832）［商陆科 Phytolaccaceae］●☆

18944 Ericinella Klotzsch（1838）= Erica L.（1753）［杜鹃花科（欧石南科）Ericaceae］●☆

18945 Ericksonella Hopper et A. P. Br.（2004）【汉】澳洲埃氏兰属。【隶属】兰科 Orchidaceae。【包含】世界 1 种。【学名诠释与讨论】〈阴〉（人）Erickson，植物学者+-ellus，-ella，-ellum，加在名词词干后面形成指小式的词尾。或加在人名、属名等后面以组成新属的名称。此属的学名是"Ericksonella Hopper et A. P. Br.，Australian Systematic Botany 17：208. 2004"。亦有文献把其处理为"Caladenia R. Br.（1810）"的异名。【分布】澳大利亚。【模式】Ericksonella saccharata（Rchb. f.）Hopper et A. P. Br.。【参考异名】Caladenia R. Br.（1810）■☆

18946 Ericodes Kuntze（1891）Nom. illegit. ≡ Ericoides Boehm.（1760）Nom. illegit. ; ~ ≡ Erica L.（1753）［杜鹃花科（欧石南科）Ericaceae］●☆

18947 Ericoides Boehm.（1760）Nom. illegit. ≡ Erica L.（1753）［杜鹃花科（欧石南科）Ericaceae］●☆

18948 Ericoides Fabr.（1759）Nom. illegit. ≡ Ericoides Hiest. ex Fabr.（1759）Nom. illegit. ; ~ = Erica L.（1753）［杜鹃花科（欧石南科）Ericaceae］●☆

18949 Ericoides Hiest. ex Fabr.（1759）Nom. illegit. = Erica L.（1753）［杜鹃花科（欧石南科）Ericaceae］●☆

18950 Ericoides Ludw.（1747）Nom. inval.［杜鹃花科（欧石南科）Ericaceae］☆

18951 Ericoila Borkh.（1796）Nom. illegit. ≡ Tretorhiza Adans.（1763）; ~ = Gentiana L.（1753）［龙胆科 Gentianaceae］■

18952 Ericoila Renealm. ex Borkh.（1796）Nom. illegit. ≡ Ericoila Borkh.（1796）Nom. illegit. ; ~ ≡ Tretorhiza Adans.（1763）; ~ = Gentiana L.（1753）［龙胆科 Gentianaceae］■

18953 Ericoma Vascy（1881 – 1882）= Eriocoma Nutt.（1818）; ~ = Oryzopsis Michx.（1803）［禾本科 Poaceae（Gramineae）］■

18954 Ericomyrtus Turcz.（1847）= Baeckea L.（1753）［桃金娘科 Myrtaceae］●

18955 Ericopsis C. A. Gardner（1923）= Lechenaultia R. Br.（1810）［草海桐科 Goodeniaceae］●■

18956 Erigenia Nutt.（1818）【汉】迎春草属。【隶属】伞形花科（伞形科）Apiaceae（Umbelliferae）。【包含】世界 1 种。【学名诠释与讨论】〈阴〉（拉）er，是 ear 的缩写，所有格 earos = "拉"ver，春天+genia，出生。指其早春开花，是早春的第一种花。【分布】美国（东部）。【模式】Erigenia bulbosa（A. Michaux）Nuttall［Sison bulbosum A. Michaux］。【参考异名】Erigonia A. Juss.（1849）■☆

18957 Erigerodes Kuntze（1891）Nom. illegit. ≡ Epaltes Cass.（1818）［菊科 Asteraceae（Compositae）］■

18958 Erigeron L.（1753）【汉】飞蓬属（小紫苑属）。【日】エリゲロン属，ヒメジョオン属，ヒメジヨヲン属，ムカシヨモギ属。【俄】Блошник，Мелколепестник，Стенактис，Тонколистниковые，Эригерон。【英】Erigeron，Fleabane，Fleabane Daisy，Gentian。【隶属】菊科 Asteraceae（Compositae）。【包含】世界 150-400 种，中国 35-37 种。【学名诠释与讨论】〈阳〉（希）erigeron 是希腊文和拉丁文中古老的名称。erion，羊毛+geron，老人。或 eri，早的+geron，老人，指有些种幼时被灰白色绒毛。原来指 Senecio vulgaris。此属的学名，ING、TROPICOS、APNI、GCI 和 IK 记载是"Erigeron L.，Sp. Pl. 2：863. 1753［1 May 1753］"。"Conyzoides Fabricius，

Enum. 85. 1759"、"Panios Adanson，Fam. 2：124, 587. Jul – Aug 1763"和"Tessenia P. Bubani，Fl. Pyrenaea 2：264. 1899（sero）"是"Erigeron L.（1753）"的晚出的同模式异名（Homotypic synonym，Nomenclatural synonym）。【分布】巴基斯坦，巴拉圭，巴拿马，秘鲁，玻利维亚，厄瓜多尔，哥伦比亚（安蒂奥基亚），马达加斯加，美国（密苏里），尼加拉瓜，利比里亚（宁巴），中国，中美洲。【后选模式】Erigeron uniflorus Linnaeus［as 'uniflorum'］。【参考异名】Achaetogeron A. Gray（1849）；Astradelphus J. Rémy（1849）；Caenotis（Nutt.）Raf.（1837）；Caenotus Raf.（1837）Nom. illegit. ；Cenotis Raf.（1808）Nom. illegit. ；Cenotus Raf.（1808）Nom. illegit. ；Coenotus Benth. et Hook. f.（1873）；Conyzella Rupr.（1869）；Conyzoides Fabr.（1759）Nom. illegit. ；Deinosmos Raf.（1837）；Diplemium Raf.（1837）；Fragmosa Raf.（1837）；Gusmania J. Rémy（1849）Nom. illegit. ；Guzmannia F. Phil.（1881）；Leptilon Raf.（1818）Nom. inval. ；Leptilon Raf. ex Britton et Brown（1898）Nom. illegit. ；Leptostelma D. Don（1830）；Musteron Raf.（1837）；Panios Adans.（1763）Nom. illegit. ；Pappochroma Raf.（1837）；Phalachroloma Cass. ；Phalacroloma Cass.（1826）；Polyactidium DC.（1836）Nom. illegit. ；Polyactis Less.（1832）Nom. illegit. ；Stenactis Cass.（1825）Nom. illegit. ；Terranea Colla（1835）；Tessenia Bubani（1873）Nom. illegit.，Nom. superfl. ；Trimorpha Cass.（1817）；Trimorphoea Benth. et Hook. f.（1873）；Woodvillea DC.（1836）；Wyomingia A. Nelson（1899）■●

18959 Erigone Salisb.（1866）= Crinum L.（1753）［石蒜科 Amaryllidaceae］■

18960 Erigonia A. Juss.（1849）= Erigenia Nutt.（1818）［伞形花科（伞形科）Apiaceae（Umbelliferae）］■☆

18961 Erimatalia Roem. et Schult.（1819）Nom. illegit. ≡ Erimatalia Schult.（1819）；~ = Erycibe Roxb.（1802）［旋花科 Convolvulaceae//丁公藤科 Erycibaceae］●

18962 Erimatalia Schult.（1819）= Erycibe Roxb.（1802）［旋花科 Convolvulaceae//丁公藤科 Erycibaceae］●

18963 Erinacea Adans.（1763）【汉】猬豆属（刺金雀属）。【英】Hedgehog Broom。【隶属】豆科 Fabaceae（Leguminosae）//蝶形花科 Papilionaceae。【包含】世界 1-2 种。【学名诠释与讨论】〈阴〉（拉）erinaceus，刺猬。【分布】欧洲西部。【模式】Erinacea anthyllis Link。●☆

18964 Erinaceae Duvau（1874）= Scrophulariaceae Juss.（保留科名）●■

18965 Erinaceae Pfeiff. = Orobanchaceae Vent.（保留科名）；~ = Scrophulariaceae Juss.（保留科名）●■

18966 Erinacella（Rech. f.）Dostál（1973）【汉】小刺金雀属。【隶属】菊科 Asteraceae（Compositae）//矢车菊科 Centaureaceae。【包含】世界 1 种。【学名诠释与讨论】〈阴〉（属）Erinacea 猬豆属（刺金雀属）+-ellus，-ella，-ellum，加在名词词干后面形成指小式的词尾。或加在人名、属名等后面以组成新属的名称。亦有文献把"Erinacella（Rech. f.）Dostál（1973）"处理为"Centaurea L.（1753）（保留属名）"的异名。【分布】亚洲中部。【模式】Erinacella rechingeri Dostál。【参考异名】Centaurea L.（1753）（保留属名）●☆

18967 Eringiaceae Raf. = Apiaceae Lindl.（保留科名）//Umbelliferae Juss.（保留科名）●■

18968 Eringium Neck.（1768）= Eryngium L.（1753）［伞形花科（伞形科）Apiaceae（Umbelliferae）］■

18969 Erinia Noulet（1837）Nom. illegit. ≡ Roucela Dumort.（1822）；~ = Campanula L.（1753）［桔梗科 Campanulaceae］■●

18970 Erinna Phil.（1864）【汉】爱利葱属。【隶属】百合科 Liliaceae//葱科 Alliaceae。【包含】世界 2 种。【学名诠释与讨

论〉〈阴〉（人）Erinna，希腊女诗人。【分布】智利。【模式】Erinna gilliesioides R. A. Philippi。■☆

18971　Erinocarpus Nimmo ex J. Graham（1839）【汉】剌花椴属。【隶属】椴树科（椴科，田麻科）Tiliaceae//锦葵科 Malvaceae。【包含】世界1种。【学名诠释与讨论】〈阳〉（希）erion，羊毛。erineos，羊毛的+karpos，果实。【分布】印度。【模式】Erinocarpus nimmonii J. Graham。●☆

18972　Erinosma Herb.（1837）Nom. illegit. ≡Leucojum L.（1753）［石蒜科 Amaryllidaceae//雪片莲科 Leucojaceae］■●

18973　Erinus L.（1753）【汉】狐地黄属。【日】エリヌス属。【英】Erinus，Fairy Foxglove，Liver - balsam。【隶属】玄参科Scrophulariaceae//婆婆纳科 Veronicaceae。【包含】世界2种。【学名诠释与讨论】〈阳〉（希）Erinos，erinus，古植物名，与现在的Erinus 完全不同。此属的学名，ING、TROPICOS 和 IK 记载是"Erinus L. ，Sp. Pl. 2：630. 1753［1 May 1753］"。"Ageratum P. Miller，Gard. Dict. Abr. ed. 4. 28 Jan 1754（non Linnaeus 1753）"和"Dortiguea Bubani，Fl. Pyrenaea 1：305. 1897"是"Erinus L.（1753）"的晚出的同模式异名（Homotypic synonym，Nomenclatural synonym）。【分布】玻利维亚，阿尔卑斯山，比利牛斯山。【后选模式】Erinus alpinus Linnaeus。【参考异名】Ageraton Adans.（1763）Nom. illegit. ；Ageratum Mill.（1754）Nom. illegit. ；Ageratum Tourn. ex Adans.（1763）Nom. illegit. ；Dortiguea Bubani（1897）Nom. illegit. ■☆

18974　Erioblastus Honda ex Nakai（1930）Nom. illegit. ≡Vahlodea Fr.（1842）［禾本科 Poaceae（Gramineae）］■☆

18975　Erioblastus Honda（1930）Nom. illegit. ＝Deschampsia P. Beauv.（1812）［禾本科 Poaceae（Gramineae）］■

18976　Erioblastus Honda，S. Honda et Sakisaka（1930）Nom. illegit. ＝Deschampsia P. Beauv.（1812）［禾本科 Poaceae（Gramineae）］■

18977　Erioblastus Nakai ex Honda（1930）Nom. illegit. ＝Deschampsia P. Beauv.（1812）［禾本科 Poaceae（Gramineae）］■

18978　Eriobotrya Lindl.（1821）【汉】枇杷属（琵琶属）。【日】エリオボトリア属，ビハ属，ビワ属。【俄】Ериоботрия，Эриоботрия，Японская мушмула。【英】Loquat。【隶属】蔷薇科 Rosaceae。【包含】世界15-30种，中国14种。【学名诠释与讨论】〈阳〉（希）erion，羊毛+botrys，葡萄串，总状花序，簇生。指花序及花密被绒毛。【分布】巴拿马，秘鲁，玻利维亚，厄瓜多尔，哥伦比亚（安蒂奥基亚），尼加拉瓜，中国，喜马拉雅山至日本，东南亚西部，中美洲。【后选模式】Eriobotrya japonica（Thunberg）Lindley［Mespilus japonica Thunberg］。【参考异名】Shicola M. Roem.●

18979　Eriocachrys DC.（1830）＝Magydaris W. D. J. Koch ex DC.（1829）［伞形花科（伞形科）Apiaceae（Umbelliferae）］■☆

18980　Eriocactus Backeb.（1942）Nom. illegit. ，Nom. superfl. ≡Eriocephala Backeb.（1938）；~＝Notocactus（K. Schum.）A. Berger et Backeb.（1938）Nom. illegit. ；~＝Parodia Speg.（1923）（保留属名）［仙人掌科 Cactaceae］■

18981　Eriocalia Sm.（1806）＝Actinotus Labill.（1805）［伞形花科（伞形科）Apiaceae（Umbelliferae）］●■☆

18982　Eriocalyx Endl.（1840）＝Aspalathus L.（1753）［豆科 Fabaceae（Leguminosae）//芳香木科 Aspalathaceae］●☆

18983　Eriocapitella Nakai（1941）＝Anemone L.（1753）（保留属名）［毛茛科 Ranunculaceae//银莲花科（罂粟莲花科）Anemonaceae］■

18984　Eriocarpaea Bertol.（1843）＝Onobrychis Mill.（1754）［豆科 Fabaceae（Leguminosae）//蝶形花科 Papilionaceae］■

18985　Eriocarpha Cass.（1829）＝Montanoa Cerv.（1825）［as 'Montagnaea'］［菊科 Asteraceae（Compositae）］■●☆

18986　Eriocarpha Lag. ex DC.（1838）＝Lasiospermum Lag.（1816）［菊科 Asteraceae（Compositae）］■☆

18987　Eriocarpum Nutt.（1840）＝Haplopappus Cass.（1828）［as 'Aplopappus'］（保留属名）［菊科 Asteraceae（Compositae）］■●☆

18988　Eriocarpus Post et Kuntze（1）＝Eriocarpaea Bertol.（1843）；~＝Onobrychis Mill.（1754）［豆科 Fabaceae（Leguminosae）//蝶形花科 Papilionaceae］■

18989　Eriocarpus Post et Kuntze（2）＝Eriocarpha Lag. ex DC.（1838）；~＝Lasiospermum Lag.（1816）［菊科 Asteraceae（Compositae）］■☆

18990　Eriocarpus Post et Kuntze（3）＝Eriocarpum Nutt.（1840）；~＝Haplopappus Cass.（1828）［as 'Aplopappus'］（保留属名）［菊科 Asteraceae（Compositae）］■●☆

18991　Eriocaucanthus（Nied.）Chiov.（1912）＝Caucanthus Forssk.（1775）［金虎尾科（黄褥花科）Malpighiaceae］●☆

18992　Eriocaucanthus Chiov.（1912）Nom. illegit. ≡Eriocaucanthus（Nied.）Chiov.（1912）；~＝Caucanthus Forssk.（1775）［金虎尾科（黄褥花科）Malpighiaceae］●☆

18993　Eriocaulaceae Desv. ＝Eriocaulaceae Martinov（保留科名）■

18994　Eriocaulaceae Martinov（1820）（保留科名）【汉】谷精草科。【日】ホシクサ科。【俄】Эриокаулиевые，Эриокаулоновые。【英】Pipewort Family。【包含】世界9-13属700-1400种，中国1属36种。【分布】热带和亚热带。【科名模式】Eriocaulon L.（1753）■

18995　Eriocaulaceae P. Beauv. ex Desv. ＝Eriocaulaceae Martinov（保留科名）■

18996　Eriocaulon L.（1753）【汉】谷精草属。【日】ホシクサ属。【俄】Шерстестебельник，Эриокаулон。【英】Button - rods，Eriocaulon，Hat-pins，Pipewort。【隶属】谷精草科 Eriocaulaceae。【包含】世界400种，中国36种。【学名诠释与讨论】〈中〉（希）erion，羊毛+kaulon，茎。指某些种的茎被毛。此属的学名，ING、TROPICOS、APNI、GCI 和 IK 记载是"Eriocaulon L. ，Sp. Pl. 1：87. 1753［1 May 1753］"。"Randalia Palisot de Beauvois ex Desvaux，Ann. Sci. Nat.（Paris）13：47. Jan 1828"是"Eriocaulon L.（1753）"的晚出的同模式异名（Homotypic synonym，Nomenclatural synonym）。【分布】巴基斯坦，巴拿马，秘鲁，玻利维亚，厄瓜多尔，哥斯达黎加，马达加斯加，尼加拉瓜，中国，中美洲。【后选模式】Eriocaulon decangulare Linnaeus。【参考异名】Busseuillia Lesson（1837）；Cespa Hill（1769）；Chaetodiscus Steud.（1855）；Dichrolepis Welw.（1859）；Electrosperma P. Muell.（1855）；Ericaulon Lour.（1790）；Lasiolepis Boeck.（1873）；Leucocephala Roxb.（1814）；Nasmythia Huds.（1778）；Randalia Desv.（1828）；Randalia P. Beauv. ex Desv.（1828）Nom. illegit. ；Sphaerochloa P. Beauv. ex Desv.（1828）；Sympachne Steud.（1841）；Symphachne P. Beauv.（1828）Nom. illegit. ；Symphachne P. Beauv. ex Desv.（1828）；Symphyachna Post et Kuntze（1903）■

18997　Eriocephala（Backeb.）Backeb.（1938）Nom. illegit. ≡Eriocephala Backeb.（1938）［仙人掌科 Cactaceae］●

18998　Eriocephala Backeb.（1938）【汉】金晃属。【日】エリオカクタス属。【隶属】仙人掌科 Cactaceae。【包含】世界8种。【学名诠释与讨论】〈阳〉（希）erion，羊毛+kephale，头。此属的学名，ING、TROPICOS 和 IK 记载是"Eriocephala Backeb. ，Blätt. Kakteenf. 1938（6）：［17；7，12，24］"。"Eriocactus Backeberg，Cactaceae//Berlin）1941（2）：37. Jun 1942"是"Eriocephala Backeb. Blätt. Kakteenf. 1938（6）：［17；7，12，24］"的替代名称；但是"Eriocephala Backeb.（1938）"并不是非法名称；所以，这个替代是多余了。亦有学者把"Eriocephala Backeb.（1938）"降级为"Notocactus subgen. Eriocephala（Backeb.）Havlicek，Repertorium Plantarum Succulentarum 41：10. 1990［1991］"。亦有文献把

"Eriocephala Backeb.（1938）"处理为"Notocactus（K. Schum.）A. Berger et Backeb.（1938）Nom. illegit."或"Parodia Speg.（1923）（保留属名）"的异名。【分布】参见 Notocactus（K. Schum.）A. Berger et Backeb. 和 Parodia Speg。【模式】Eriocactus schumannianus（Nicolai）Backeberg［Echinocactus schumannianus Nicolai］。【参考异名】Eriocactus Backeb.（1943）Nom. illegit. , Nom. superfl. ; Eriocephala（Backeb.）Backeb.（1938）Nom. illegit. ;Notocactus（K. Schum.）A. Berger et Backeb.（1938）Nom. illegit. ; Notocactus subgen. Eriocephala（Backeb.）Havlicek（1990）;Parodia Speg.（1923）（保留属名）■●☆

18999　Eriocephalus L.（1753）【汉】毛头菊属（卡波克木属）。【隶属】菊科 Asteraceae（Compositae）。【包含】世界 26-32 种。【学名诠释与讨论】〈阳〉（希）erion，羊毛+kephale，头。此属的学名，ING、TROPICOS、APNI 和 IK 记载是"Eriocephalus L., Sp. Pl. 2: 926. 1753 ［1 May 1753］"。【分布】非洲南部。【模式】Eriocephalus africanus Linnaeus。【参考异名】Brachygyne Cass.（1827）;Cryptogyne Cass.（1827）（废弃属名）;Microgyne Cass.（1827）Nom. inval. ;Monochlaena Cass.（1827）;Siphonogyne Cass.（1827）;Solenogyne Cass.（1897）Nom. illegit. ;Stenogyne Cass.（1827）Nom. inval.（废弃属名）●☆

19000　Eriocereus（A. Berger）Riccob.（1909）【汉】毛龙柱属（绵毛天轮柱属）。【日】エリオセレウス属。【隶属】仙人掌科 Cactaceae。【包含】世界 7-10 种。【学名诠释与讨论】〈阳〉（希）erion，羊毛+（属）Cereus 仙影掌属。此属的学名，ING 和 APNI 记载是"Eriocereus（A. Berger）Riccobono, Bull. Orto Bot. Palermo 8: 238. 1909"，由"Cereus subgen. Eriocereus A. Berger, Rep.（Annual）Missouri Bot. Gard. 16:74. 31 Mai 1905"改级而来。GCI 和 IK 则记载为"Eriocereus Riccob., Boll. Reale Orto Bot. Palermo 8:238. 1909"。A. R. Franck（2013）把其降级为"Harrisia subgen. Eriocereus（A. Berger）A. R. Franck, Systematic Botany 38（1）:218. 2013.（20 Feb 2013）"。亦有文献把"Eriocereus（A. Berger）Riccob.（1909）"处理为"Harrisia Britton（1909）"的异名。【分布】阿根廷，巴拉圭，巴西，玻利维亚，乌拉圭。【模式】Eriocereus tortuosus（Forbes ex Otto et Dietrich）Riccobono［Cereus tortuosus Forbes ex Otto et Dietrich］。【参考异名】Cereus subgen. Eriocereus A. Berger（1905）;Eriocereus Riccob.（1909）Nom. illegit. ;Harrisia Britton et Rose（1909）Nom. illegit. ;Harrisia Britton（1909）;Harrisia subgen. Eriocereus（A. Berger）A. R. Franck（2013）■☆

19001　Eriocereus Riccob.（1909）Nom. illegit. ≡ Eriocereus（A. Berger）Riccob.（1909）［仙人掌科 Cactaceae］■☆

19002　Eriochaenium C. Muell.（1859）= Eriachaenium Sch. Bip.（1855）［菊科 Asteraceae（Compositae）］■☆

19003　Eriochaeta Fig. et De Not.（1854）Nom. illegit. = Pennisetum Rich.（1805）［禾本科 Poaceae（Gramineae）］■

19004　Eriochaeta Torr. ex Steud.（1840）= Rhynchospora Vahl（1805）［as 'Rynchospora'］（保留属名）［莎草科 Cyperaceae］■☆

19005　Eriochilos Spreng.（1826）= Eriochilus R. Br.（1810）［兰科 Orchidaceae］■☆

19006　Eriochilum Ritgen（1831）= Eriochilus R. Br.（1810）［兰科 Orchidaceae］■☆

19007　Eriochilus R. Br.（1810）【汉】毛唇兰属。【隶属】兰科 Orchidaceae。【包含】世界 6 种。【学名诠释与讨论】〈阳〉（希）erion，羊毛+cheilos，唇。在希腊文组合词中，cheil-，cheilo-，-chilus，-chilia 等均为"唇，边缘"之义。【分布】澳大利亚。【模式】Eriochilus autumnalis R. Brown, Nom. illegit. ［Epipactis cucullata Labillardière;Eriochilus cucullatus（Labillardière）H. G. Reichenbach］。【参考异名】Eriochilos Spreng.（1826）;Eriochilum

Ritgen（1831）;Eriochylus Steud.（1840）■☆

19008　Eriochiton（R. H. Anderson）A. J. Scott（1978）= Maireana Moq.（1840）［藜科 Chenopodiaceae］■●☆

19009　Eriochiton F. Muell. = Bassia All.（1766）［藜科 Chenopodiaceae］■●

19010　Eriochlaena Spreng.（1826）= Eriolaena DC.（1823）［梧桐科 Sterculiaceae//锦葵科 Malvaceae］●

19011　Eriochlamys Sond. et F. Muell.（1853）【汉】腺鼠麴属。【隶属】菊科 Asteraceae（Compositae）。【包含】世界 1 种。【学名诠释与讨论】〈阴〉（希）erion，羊毛+chlamys，所有格 chlamydos，斗篷，外衣。【分布】澳大利亚。【模式】Eriochlamys behrii Sonder et F. v. Mueller。■☆

19012　Eriochloa Kunth（1816）【汉】野黍属。【日】ナルコビエ属。【俄】Шерстняк，Шерстяк。【英】Cup Grass，Cupgrass，Cup-grass。【隶属】禾本科 Poaceae（Gramineae）。【包含】世界 30 种，中国 2-3 种。【学名诠释与讨论】〈阴〉（希）erion，羊毛+chloe，草的幼芽，嫩草，禾草。指小穗及小穗柄被茸毛。【分布】巴基斯坦，巴拿马，秘鲁，玻利维亚，厄瓜多尔，哥伦比亚（安蒂奥基亚），哥斯达黎加，马达加斯加，美国（密苏里），尼加拉瓜，中国，热带，亚热带，中美洲。【后选模式】Eriochloa distachya Kunth。【参考异名】Aglycia Steud.（1840）Nom. inval. , Nom. illegit. ; Aglycia Willd. ex Steud.（1840）Nom. inval. ; Alycia Steud.（1840）Nom. illegit. ; Alycia Willd. ex Steud.（1840）; Glandiloba（Raf.）Steud.（1840）Nom. inval. ; Glandiloba Raf.（1840）Nom. inval. ; Helopus Trin.（1820）;Oedipachne Link（1827）■

19013　Eriochrysis P. Beauv.（1812）【汉】金毛蔗属。【隶属】禾本科 Poaceae（Gramineae）。【包含】世界 7 种。【学名诠释与讨论】〈阴〉（希）erion，羊毛+chrysos，黄金。chryseos，金的，富的，华丽的。chrysites，金色的。在植物形态描述中，chrys-和 chryso-通常指金黄色。【分布】巴基斯坦，巴拿马，秘鲁，玻利维亚，哥伦比亚（安蒂奥基亚），哥斯达黎加，尼加拉瓜，非洲，中美洲。【模式】Eriochrysis cayanensis Palisot de Beauvois。【参考异名】Leptosaccharum（Hack.）A. Camus（1923）; Leptosaccharum A. Camus（1923）Nom. illegit. ; Plazerium Kunth（1833）Nom. illegit. ; Plazerium Willd. ex Kunth（1833）;Saccharum L.（1753）■☆

19014　Eriochylus Steud.（1840）= Eriochilus R. Br.（1810）［兰科 Orchidaceae］■☆

19015　Eriocladium Lindl.（1839）= Angianthus J. C. Wendl.（1808）（保留属名）［菊科 Asteraceae（Compositae）］■●☆

19016　Erioclepis Fourr.（1869）= Cirsium Mill.（1754）; ~ = Eriolepis Cass.（1826）［菊科 Asteraceae（Compositae）］■

19017　Eriocline（Cass.）Cass.（1819）= Osteospermum L.（1753）［菊科 Asteraceae（Compositae）］●■☆

19018　Eriocline Cass.（1819）Nom. illegit. ≡ Eriocline（Cass.）Cass.（1819）; ~ = Osteospermum L.（1753）［菊科 Asteraceae（Compositae）］●■☆

19019　Eriocnema Naudin（1844）【汉】毛节野牡丹属。【隶属】野牡丹科 Melastomataceae。【包含】世界 1 种。【学名诠释与讨论】〈中〉（希）erion，羊毛+kneme，节间。knemis，所有格 knemidos，胫甲，脚绊。knema，所有格 knematos，碎片，碎屑，刨花。山的肩状突出部分。【分布】巴西。【模式】未指定。☆

19020　Eriococcus Hassk.（1843）= Phyllanthus L.（1753）［大戟科 Euphorbiaceae//叶下珠科（叶萝藦科）Phyllanthaceae］●■

19021　Eriocoelum Hook. f.（1862）【汉】毛腹无患子属。【隶属】无患子科 Sapindaceae。【包含】世界 10 种。【学名诠释与讨论】〈中〉（希）erion，羊毛+koilos，空穴。koilia，腹。【分布】热带非洲西部。【模式】未指定。●☆

19022 Eriocoma Kunth（1818）Nom. illegit. ≡Eriocarpha Cass.（1829）；
~ =Montanoa Cerv.（1825）［as 'Montagnaea'］［菊科 Asteraceae
（Compositae）］■●☆

19023 Eriocoma Nutt.（1818）= Oryzopsis Michx.（1803）；~ =
Piptatherum P. Beauv.（1812）［禾本科 Poaceae（Gramineae）］■

19024 Eriocoryna Steud.（1840）Nom. illegit.［菊科 Asteraceae
（Compositae）］☆

19025 Eriocoryne Wall.（1831）Nom. inval. ≡Eriocoryne Wall. ex DC.
（1838）；~ =Saussurea DC.（1810）（保留属名）［菊科 Asteraceae
（Compositae）］●■

19026 Eriocoryne Wall. ex DC.（1838）= Saussurea DC.（1810）（保留
属名）［菊科 Asteraceae（Compositae）］●■

19027 Eriocycla Lindl.（1835）【汉】绒果芹属（滇羌活属）。【英】
Eriocycla。【隶属】伞形花科（伞形科）Apiaceae（Umbelliferae）。
【包含】世界 6-8 种，中国 3 种。【学名诠释与讨论】〈阴〉（希）
erion，羊毛 + kyklos，圆圈。kyklas，所有格 kyklados，圆形的。
kyklotos，圆的，关住，围住。指果实圆形且密被茸毛。【分布】巴
基斯坦，伊朗，中国，阿尔卑斯山。【模式】Eriocycla nuda Lindley。
【参考异名】Cremastosciadium Rech. f.（1963）；Eryocycla Pritz.
（1855）；Petrosciadium Edgew.（1846）；Pituranthos Viv.（1824）；
Scaphespermum Edgew.（1846）；Scaphospermum Post et Kuntze
（1903）Nom. illegit.；Schaphespermum Edgew.（1845）Nom. illegit. ■

19028 Eriocyclax B. D. Jacks. = Eriocyclax Neck.（1790）Nom. inval.；
~ =Aspalathus L.（1753）［豆科 Fabaceae（Leguminosae）//芳香木
科 Aspalathaceae］●☆

19029 Eriocyclax Neck.（1790）Nom. inval. = Aspalathus L.（1753）
［豆科 Fabaceae（Leguminosae）//芳香木科 Aspalathaceae］●☆

19030 Eriodaphus Spach（1838）= Eriudaphus Nees（1836）；~ =
Scolopia Schreb.（1789）（保留属名）［刺篱木科（大风子科）
Flacourtiaceae］●

19031 Eriodendron DC.（1824）Nom. illegit. ≡Ceiba Mill.（1754）；~ =
Bombax L.（1753）（保留属名）［木棉科 Bombacaceae//锦葵科
Malvaceae］●

19032 Eriodes Rolfe（1915）【汉】毛梗兰属（赛毛兰属）。【英】
Eriodes。【隶属】兰科 Orchidaceae。【包含】世界 1 种，中国 1 种。
【学名诠释与讨论】〈阴〉（属）Eria 毛兰属+希腊文 eidos，相似的。
指其形态与毛兰相似。此属的学名"Eriodes Rolfe, Orchid Rev.
23：327. Nov 1915"是一个替代名称。"Tainiopsis Schlechter,
Orchis 9：10. 15 Feb 1915"是一个非法名称（Nom. illegit.），因为
此前已经有了"Tainiopsis B. Hayata, Icon. Pl. Formosan. 4：63. 25
Nov 1914 = Tainia Blume（1825）［兰科 Orchidaceae］"。故用
"Eriodes Rolfe（1915）"替代之。【分布】中国。【模式】Eriodes
barbata（Lindley）Rolfe［Tainia barbata Lindley］。【参考异名】
Neotainiopsis Bennet et Raizada（1981）Nom. illegit.；Tainiopsis
Schltr.（1915）Nom. illegit. ■

19033 Eriodesmia D. Don（1834）= Erica L.（1753）［杜鹃花科（欧石
南科）Ericaceae］●☆

19034 Eriodictyon Benth.（1844）【汉】圣草属（毛网草属）。【隶属】
田梗草科（田基麻科，田亚麻科）Hydrophyllaceae。【包含】世界 9
种。【学名诠释与讨论】〈中〉（希）erion，羊毛。erineos，羊毛的+
diktyon，指小式 diktydion，网。指叶片背面。此属的学名是
"Eriodictyon Bentham, Bot. Voyage Sulphur 35. 2 Apr, 1844"；
"Eriodiction Benth.（1846）"是其拼写变体。【分布】美国（西南
部），墨西哥。【模式】Eriodictyon crassifolium Bentham。【参考异
名】Eriodiction Benth.（1846）■☆

19035 Eriodrys Raf.（1838）= Quercus L.（1753）［壳斗科（山毛榉
科）Fagaceae］●

19036 Eriodiction Benth.（1846）Nom. illegit. = Eriodictyon Benth.
（1844）［田梗草科（田基麻科，田亚麻科）Hydrophyllaceae］●☆

19037 Eriogenia Steud.（1840）= Eriogynia Hook.（1832）；~ =Luetkea
Bong.（1832）［蔷薇科 Rosaceae］●☆

19038 Erioglossum Blume（1825）【汉】赤才属。【英】Erioglossum。
【隶属】无患子科 Sapindaceae。【包含】世界 1 种，中国 1 种。
【学名诠释与讨论】〈中〉（希）erion，羊毛+glossa，舌头。此属的
学名是"Erioglossum Blume, Bijdr. 229. 20 Sep-7 Dec 1825"。亦
有文献把其处理为"Lepisanthes Blume（1825）"的异名。【分布】
澳大利亚，印度至马来西亚，中国。【模式】Erioglossum edule
（Blume）Blume［Sapindus edulis Blume］。【参考异名】
Lepisanthes Blume（1825）；Moulinsia Blume（1849）Nom. illegit.；
Moulinsia Cambess.（1829）；Uitenia Noronha（1790）Nom. inval.；
Vitenia Noronha ex Cambess.（1829）Nom. inval.；Vitenia Noronha,
Nom. inval. ●

19039 Eriogonaceae（Dumort.）Meisn. = Polygonaceae Juss.（保留科
名）●■

19040 Eriogonaceae Benth.（1839）= Polygonaceae Juss.（保留科名）●■

19041 Eriogonaceae G. Don =Polygonaceae Juss.（保留科名）●■

19042 Eriogonaceae Meisn.［亦见 Polygonaceae Juss.（保留科名）蓼
科］【汉】野荞麦木科。【包含】世界 3 属 155-245 种。【分布】北
美洲。【科名模式】Eriogonum Michx.（1803）●■

19043 Eriogonella Goodman（1934）= Chorizanthe R. Br. ex Benth.
（1836）［蓼科 Polygonaceae］■●☆

19044 Eriogonum Michx.（1803）【汉】野荞麦木属（绒毛蓼属）。
【俄】Эриогонум。【英】Buckwheat, Eriogonum, Wild Buckwheat。
【隶属】蓼科 Polygonaceae//野荞麦木科 Eriogonaceae。【包含】世
界 150-240 种。【学名诠释与讨论】〈中〉（希）erion，羊毛+gony，
所有格 gonatos，膝，关节。指茎和关节具毛。【分布】美国，北美
洲。【模式】Eriogonum tomentosum A. Michaux。【参考异名】
Encycla Benth.（1856）；Espinosa Lag.（1816）；Eucycla Nutt.
（1848）；Johanneshowellia Reveal（2004）；Nemacaulis Nutt.（1848）
●；Oxytheca Nutt.（1847）；Pterogonum H. Gross（1913）；Sanmartinia
M. Buchinger（1950）；Stenogonum Nutt.（1848）；Trachytheca Nutt.
ex Benth.（1856）■☆

19045 Eriogynia Hook.（1832）【汉】串绒花属。【隶属】蔷薇科
Rosaceae//绣线菊科 Spiraeaceae。【包含】世界 1 种。【学名诠释
与讨论】〈阴〉（希）erion，羊毛+gyne，所有格 gynaikos，雌性，雌
蕊。本属的异名为 Luetkea，来源于 Count Fedor Petrovitch
Luetke, 1797-1882，俄国海军军官。此属的学名是"Eriogynia W.
J. Hooker, Fl. Boreal. Amer. 1：255. 1832（'1834'）"。亦有文献
把其处理为"Luetkea Bong.（1832）"或"Spiraea L.（1753）"的异
名。【分布】北美洲。【模式】Eriogynia pectinata（Pursh）W. J.
Hooker［Saxifraga pectinata Pursh］。【参考异名】Eriogenia Steud.
（1840）；Luetkea Bong.（1832）；Spiraea L.（1753）●☆

19046 Eriolaena DC.（1823）【汉】火绳树属（大绳树属，芒木属）。
【英】Eriolaena, Firerope。【隶属】梧桐科 Sterculiaceae//锦葵科
Malvaceae。【包含】世界 8-17 种，中国 6 种。【学名诠释与讨论】
〈阴〉（希）erion，羊毛+laina, chlaina，外套，外衣，斗篷。指叶和花
萼。【分布】印度至马来西亚，中国，东南亚。【模式】Eriolaena
wallichii A. P. de Candolle。【参考异名】Eriochlaena Spreng.
（1826）；Gumsia Buch. - Ham. ex Wall.（1829）；Jackia Spreng.
（1826）Nom. illegit.；Microchlaena Wall. ex Wight et Arn.（1833）
Nom. illegit.；Microchlaena Wight et Arn.（1833）Nom. illegit.；
Microlaena Wall.（1810）；Schillera Rchb.（1828）；Wallichia DC.
（1823）Nom. illegit. ●

19047 Eriolarynx（Hunz.）Hunz.（2000）= Vassobia Rusby（1907）［茄

科 Solanaceae]●☆

19048 Eriolepis Cass. (1826) = Cirsium Mill. (1754)［菊科 Asteraceae（Compositae）]■

19049 Eriolobus（DC.）M. Roem.（1847）= Malus Mill.（1754）［蔷薇科 Rosaceae//苹果科 Malaceae]●

19050 Eriolobus M. Roem.（1847）Nom. illegit. ≡ Eriolobus（DC.）M. Roem.（1847）; ~ = Malus Mill.（1754）［蔷薇科 Rosaceae]●

19051 Eriolopha Ridl.（1916）= Alpinia Roxb.（1810）（保留属名）［姜科（襄荷科）Zingiberaceae//山姜科 Alpiniaceae]■

19052 Eriolytrum Desv. ex Kunth（1829）Nom. inval. = Panicum L.（1753）［禾本科 Poaceae（Gramineae）]■

19053 Eriolytrum Kunth（1829）Nom. inval. ≡ Eriolytrum Desv. ex Kunth（1829）Nom. inval.; ~ = Panicum L.（1753）［禾本科 Poaceae（Gramineae）]■

19054 Erione Schott et Endl.（1832）= Ceiba Mill.（1754）; ~ = Eriodendron DC.（1824）Nom. illegit.; ~ = Ceiba Mill.（1754）; ~ = Bombax L.（1753）（保留属名）［木棉科 Bombacaceae//锦葵科 Malvaceae]●

19055 Erioneuron Nash（1903）【汉】密丛草属。【隶属】禾本科 Poaceae（Gramineae）。【包含】世界 5 种。【学名诠释与讨论】〈阳〉（希）erion，羊毛+neuron = 拉丁文 nervus，脉，筋，腱，神经。指内稃。【分布】玻利维亚，北美洲。【模式】Erioneuron pilosum（Buckley）Nash ［Uralepis pilosa Buckley]。【参考异名】Dasyochloa Rydb.（1906）Nom. illegit.; Dasyochloa Willd. ex Rydb.（1906）■☆

19056 Erionia Noronha（1790）= Ocimum L.（1753）［唇形科 Lamiaceae（Labiatae）]●■

19057 Eriopappus Arn.（1836）= Layia Hook. et Arn. ex DC.（1838）（保留属名）［菊科 Asteraceae（Compositae）]■☆

19058 Eriopappus Hort. ex Loudon（1839）Nom. illegit. = Eupatorium L.（1753）［菊科 Asteraceae（Compositae）//泽兰科 Eupatoriaceae]■●

19059 Eriope Bonpl. ex Benth.（1833）Nom. illegit. = Eriope Humb. et Bonpl. ex Benth.（1833）［唇形科 Lamiaceae（Labiatae）]●■☆

19060 Eriope Humb. et Bonpl. ex Benth.（1833）【汉】毛口草属。【隶属】唇形科 Lamiaceae（Labiatae）。【包含】世界 30 种。【学名诠释与讨论】〈阴〉（希）erion，羊毛+ope，穴，隙，口子。此属的学名，ING 和 IK 记载是"Eriope Humboldt et Bonpland ex Bentham, Labiat. Gen. Sp. 142. Jun 1833"。"Eriope Bonpl. ex Benth.（1833）= Eriope Humb. et Bonpl. ex Benth.（1833）"和"Eriope Kunth ex Benth.（1833）= Eriope Humb. et Bonpl. ex Benth.（1833）"的命名人引证有误。【分布】玻利维亚，热带和亚热带南美洲。【后选模式】Eriope nudiflora Humboldt et Bonpland ex Bentham。【参考异名】Eriope Bonpl. ex Benth.（1833）Nom. illegit.; Eriope Kunth ex Benth.（1833）Nom. illegit.; Eriopidion Harley（1976）●■☆

19061 Eriope Kunth ex Benth.（1833）Nom. illegit. = Eriope Humb. et Bonpl. ex Benth.（1833）［唇形科 Lamiaceae（Labiatae）]●■☆

19062 Eriopetalum Wight（1834）= Brachystelma R. Br.（1822）（保留属名）［萝藦科 Asclepiadaceae]■

19063 Eriopexis（Schltr.）Brieger（1981）= Dendrobium Sw.（1799）（保留属名）［兰科 Orchidaceae]■

19064 Eriopha Hill（1762）= Centaurea L.（1753）（保留属名）［菊科 Asteraceae（Compositae）//矢车菊科 Centaureaceae]●■

19065 Eriophila Rchb.（1828）= Draba L.（1753）; ~ = Erophila DC.（1821）（保留属名）［十字花科 Brassicaceae（Cruciferae）//葶苈科 Drabaceae]■☆

19066 Eriophorella Holub（1984）Nom. illegit. ≡ Trichophorum Pers.（1805）（保留属名）［莎草科 Cyperaceae]■

19067 Eriophoropsis Palla（1896）= Eriophorum L.（1753）［莎草科 Cyperaceae]■

19068 Eriophorum L.（1753）【汉】羊胡子草属（绵菅草属，绵菅属）。【日】サギスゲ属，ワタスゲ属。【俄】Пушица。【英】Bog-cotton, Cotton Grass, Cotton Sedge, Cotton-grass, Cottonsedge, Cotton-sedge, Linaigrette。【隶属】莎草科 Cyperaceae。【包含】世界 12-30 种，中国 7-9 种。【学名诠释与讨论】〈中〉（希）erion，羊毛+phoros，具有，梗，负载，发现者。指种子具棉絮状的下位毛状体。此属的学名，ING、TROPICOS 和 IK 记载是"Eriophorum L., Sp. Pl. 1: 52. 1753 ［1 May 1753]"。"Linagrostis Guettard, Hist. Acad. Roy. Sci. Mém. Math. Phys.（Paris 4to）1750: 187. 1754"和"Plumaria Heister ex Fabricius, Enum. 207. 1759"是"Eriophorum L.（1753）"的晚出的同模式异名（Homotypic synonym, Nomenclatural synonym）。【分布】巴基斯坦，中国，北温带和北极，非洲南部有 1 种。【后选模式】Eriophorum vaginatum Linnaeus。【参考异名】Eriophoropsis Palla（1896）; Erioscirpus Palla（1896）; Leucocoma Ehrh.（1789）Nom. inval.; Leucocoma Ehrh. ex Rydb.（1917）Nom. illegit.; Leucocoma Rydb.（1917）Nom. illegit.; Linagrostis Guett.（1754）Nom. illegit.; Linagrostis Hill（1756）Nom. illegit.; Oriophorum Gunn.（1772）; Plumaria Fabr.（1759）Nom. illegit.（废弃属名）; Plumaria Heist. ex Fabr.（1759）Nom. illegit.（废弃属名）■

19069 Eriophorus Vaill. ex DC.（1805）Nom. illegit.［菊科 Asteraceae（Compositae）]☆

19070 Eriophyllum Lag.（1816）【汉】绵叶菊属（绵毛叶菊属）。【俄】Эриофиллум。【英】Eriophyllum, Oregon Sunshine, Woolly Sunflower。【隶属】菊科 Asteraceae（Compositae）。【包含】世界 11-15 种。【学名诠释与讨论】〈中〉（希）erion，羊毛+phyllon，叶子。phyllodes，似叶的，多叶的。phylleion，绿色材料，绿草。【分布】北美洲西部。【后选模式】Eriophyllum staechadifolium Lagasca。【参考异名】Actinolepis DC.（1836）; Antheropeas Rydb.（1915）; Eremonanus I. M. Johnst.（1923）; Phialis Spreng.（1831）Nom. illegit.●■☆

19071 Eriophyton Benth.（1829）【汉】绵参属。【英】Eriophyton, Oregon Sunshine。【隶属】唇形科 Lamiaceae（Labiatae）。【包含】世界 1 种，中国 1 种。【学名诠释与讨论】〈中〉（希）erion，羊毛+phyton，植物，树木，枝条。指植物体被绵毛。【分布】巴基斯坦，中国，喜马拉雅山。【模式】Eriophyton wallichii Bentham。■

19072 Eriopidion Harley（1976）【汉】肖毛口草属。【隶属】唇形科 Lamiaceae（Labiatae）。【包含】世界 1 种。【学名诠释与讨论】〈中〉词源不详。此属的学名是"Eriopidion R. M. Harley, Hooker's Icon. Pl. 38（3）: 103. 10 Feb 1976"。亦有文献把其处理为"Eriope Humb. et Bonpl. ex Benth.（1833）"的异名。【分布】巴西。【模式】Eriopidion strictum（Bentham）R. M. Harley ［Eriope stricta Bentham ［as 'striata']]。【参考异名】Eriope Humb. et Bonpl. ex Benth.（1833）■☆

19073 Eriopodium Hochst.（1846）= Andropogon L.（1753）（保留属名）［禾本科 Poaceae（Gramineae）//须芒草科 Andropogonaceae]■

19074 Eriopsis Lindl.（1847）【汉】肖毛兰属。【日】エリオプシス属。【隶属】兰科 Orchidaceae。【包含】世界 4-6 种。【学名诠释与讨论】〈阴〉（属）Eria 毛兰属+希腊文 opsis，外观，模样，相似。【分布】巴拿马，秘鲁，玻利维亚，厄瓜多尔，哥伦比亚（安蒂奥基亚），哥斯达黎加，热带南美洲，中美洲。【模式】Eriopsis biloba J. Lindley。【参考异名】Pseuderiopsis Rchb. f.（1850）■☆

19075 Eriopus D. Don（1837）Nom. illegit. = Taraxacum F. H. Wigg.（1780）（保留属名）［菊科 Asteraceae（Compositae）]■

19076 Eriopus Sch. Bip. ex Baker（1884）Nom. illegit. = Trichocline

Cass. (1817) [菊科 Asteraceae(Compositae)]■☆

19077　Eriorhaphe Miq. (1854) = Pentapetes L. (1753) [梧桐科 Sterculiaceae//锦葵科 Malvaceae]■●

19078　Eriosciadium F. Muell. (1853)【汉】毛伞芹属。【隶属】伞形花科(伞形科)Apiaceae(Umbelliferae)。【包含】世界1种。【学名诠释与讨论】〈中〉(希)erion, 羊毛+(属)Sciadium 伞芹属。【分布】澳大利亚。【模式】Eriosciadium argocarpum F. Muell.。☆

19079　Erioscirpus Palla (1896)【汉】铁脚锁属。【隶属】莎草科 Cyperaceae。【包含】世界2种,中国1种。【学名诠释与讨论】〈阳〉(希)erion, 羊毛+(属)Scirpus 藨草属。此属的学名是"Erioscirpus Palla, Bot. Zeitung, 2. Abt. 54：151. 1896"。亦有文献把其处理为"Eriophorum L. (1753)"的异名。【分布】巴基斯坦,印度(北部),越南,中国。【模式】未指定。【参考异名】Eriophorum L. (1753)■

19080　Eriosema(DC.) Desv. (1826) [as ' Euriosma'](保留属名)【汉】鸡头薯属(毛瓣花属,毛豆属,雀胭珠属,猪仔笠属)。【英】Cockehead – yam, Eriosema。【隶属】豆科 Fabaceae (Leguminosae)//蝶形花科 Papilionaceae。【包含】世界130种,中国2种。【学名诠释与讨论】〈中〉(希)erion, 羊毛+sema, 所有格 sematos, 旗帜, 标记。指花和荚果被绵毛。此属的学名"Eriosema (DC.) Desv. in Ann. Sci. Nat. (Paris) 9：421. Dec 1826"是保留属名,由"Rhynchosia sect. Eriosema DC., Prodr. 2：388. Nov (med.) 1825"改级而来。法规未列出相应的废弃属名。但是豆科 Fabaceae 的"Eriosema (A. P. de Candolle) G. Don 1832 = Eriosema (DC.) Desv. (1826)(保留属名)"、"Eriosema (DC.) Rchb. (1828) = Eriosema (DC.) Desv. (1826)(保留属名)"、"Eriosema E. Mey. (1832) = Eriosema (DC.) Desv. (1826)(保留属名)"和"Eriosema Vogel (1843) Eriosema Vogel (1843) Nom. illegit. = Eriosema (DC.) Desv. (1826)(保留属名)"都应该废弃。"Eriosema (DC.) Desv. (1826)(保留属名)"的拼写变体"Euriosma Desv. (1826)"亦应废弃。【分布】巴拉圭,巴拿马,秘鲁,玻利维亚,哥伦比亚(安蒂奥基亚),哥斯达黎加,马达加斯加,尼加拉瓜,中国,中美洲。【模式】Eriosema rufum (Kunth) G. Don [Glycine rufa Kunth; Eriosema rufum (Kunth) G. Don]。【参考异名】Eriosema (DC.) G. Don (1832) Nom. illegit.; Eriosema (DC.) Rchb.; Eriosema E. Mey.; Eriosema Vogel (1843) Nom. illegit. (废弃属名); Euriosma Desv. (1826); Euryosma Walp. (1842); Muxiria Welw. (1859); Pyrrhotrichia Wight et Arn. (1834); Rhynchosia sect. Eriosema DC. (1825)●■

19081　Eriosema(DC.) G. Don (1832) Nom. illegit. (废弃属名) = Eriosema (DC.) Desv. (1826) [as ' Euriosma'](保留属名) [豆科 Fabaceae(Leguminosae)//蝶形花科 Papilionaceae]●■

19082　Eriosema(DC.) Rchb. (1828)(废弃属名) = Eriosema (DC.) Desv. (1826) [as ' Euriosma'](保留属名) [豆科 Fabaceae(Leguminosae)//蝶形花科 Papilionaceae]●■

19083　Eriosema E. Mey. (1832)(废弃属名) = Eriosema (DC.) Desv. (1826) [as ' Euriosma'](保留属名) [豆科 Fabaceae(Leguminosae)//蝶形花科 Papilionaceae]●■

19084　Eriosema Vogel (1843) Nom. illegit. (废弃属名) = Eriosema (DC.) Desv. (1826) [as ' Euriosma'](保留属名) [豆科 Fabaceae(Leguminosae)//蝶形花科 Papilionaceae]●■

19085　Eriosemopsis Robyns(1928)【汉】拟鸡头薯属。【隶属】茜草科 Rubiaceae。【包含】世界1种。【学名诠释与讨论】〈阴〉(属)Eriosema 鸡头薯属+希腊文 opsis, 外观, 模样, 相似。【分布】非洲南部。【模式】Eriosemopsis subanisophylla W. Robyns。☆

19086　Eriosermum Thunb. (1818) = Eriospermum Jacq. ex Willd. (1799) [毛子草科(洋莎草科)Eriospermaceae]■☆

19087　Eriosolena Blume(1826)【汉】毛花瑞香属(毛管花属)。【英】Eriosolena。【隶属】瑞香科 Thymelaeaceae。【包含】世界2-5种,中国1种。【学名诠释与讨论】〈阴〉(希)erion, 羊毛+solen, 所有格 solenos, 管子, 沟, 阴茎。指花萼管状, 外被丝状柔毛。此属的学名是"Eriosolena Blume, Bijdr. 651. 24 Jan 1826"。亦有文献把其处理为"Daphne L. (1753)"的异名。【分布】中国(西南部)至印度尼西亚(爪哇岛), 东喜马拉雅山。【模式】Eriosolena montana Blume。【参考异名】Daphne L. (1753); Scopolia L. f. (1782) Nom. illegit. (废弃属名)●

19088　Eriosolenia Benth. et Hook. f. (1880) Nom. illegit. [瑞香科 Thymelaeaceae]☆

19089　Eriospermaceae Endl. (1841) [亦见 Ruscaceae M. Roem. (保留科名)假叶树科]【汉】毛子草科(洋莎草科)。【包含】世界1属90-100种。【分布】非洲。【科名模式】Eriospermum Jacq. ex Willd. (1799)■☆

19090　Eriospermum Jacq. (1796) Nom. inval. ≡ Eriospermum Jacq. ex Willd. (1799) [毛子草科(洋莎草科)Eriospermaceae]■☆

19091　Eriospermum Jacq. ex Willd. (1799)【汉】毛子草属。【隶属】毛子草科(洋莎草科)Eriospermaceae。【包含】世界90-100种。【学名诠释与讨论】〈中〉(希)erion, 羊毛+sperma, 所有格 spermatos, 种子, 孢子。此属的学名, ING 和 TROPICOS 记载是"Eriospermum N. J. Jacquin ex Willdenow, Sp. Pl. 2(1)：110. Jun 1799"。IK 则记载为"Eriospermum Jacq., Coll. v. Suppl. 72 (1796)"; TROPICOS 标注此名称是"Nom. illegit."。【分布】非洲。【后选模式】Eriospermum lanceaefolium N. J. Jacquin ex Willdenow。【参考异名】Eriosermum Thunb. (1818); Eriospermum Jacq. (1796) Nom. inval.; Loncodilis Raf. (1837); Phylloglottis Salisb. (1866); Thaumaza Salisb. (1866)■☆

19092　Eriosphaera F. Dietr. (1817) = Lasiospermum Lag. (1816) [菊科 Asteraceae(Compositae)]■☆

19093　Eriosphaera Less. (1832) Nom. illegit. ≡ Galeomma Rauschert (1982) [菊科 Asteraceae(Compositae)]■☆

19094　Eriospora Hochst. (1850) Nom. inval. ≡ Eriospora Hochst. ex A. Rich. (1851) Nom. illegit. ≡ Coleochloa Gilly (1943) [莎草科 Cyperaceae]■☆

19095　Eriospora Hochst. ex A. Rich. (1851) Nom. illegit. ≡ Coleochloa Gilly(1943) [莎草科 Cyperaceae]■☆

19096　Eriostax Raf. (1838) = Aechmea Ruiz et Pav. (1794)(保留属名) [凤梨科 Bromeliaceae]■☆

19097　Eriostemma(Schltr.) Kloppenb. et Gilding(2001) Nom. inval. = Hoya R. Br. (1810) [萝藦科 Asclepiadaceae]●

19098　Eriostemon Less. (1832) Nom. illegit. ≡ Aplotaxis DC. (1833); ~ = Saussurea DC. (1810)(保留属名) [菊科 Asteraceae(Compositae)]●■

19099　Eriostemon Panch. et Sebert = Myrtopsis Engl. (1896)(保留属名) [芸香科 Rutaceae]●☆

19100　Eriostemon Sm. (1798)【汉】蜡花木属(毛蕊芸香属)。【日】エリオステモン属。【英】Wax Flower, Wax Plant, Wax Plants, Waxflower。【隶属】芸香科 Rutaceae。【包含】世界33-35种。【学名诠释与讨论】〈阳〉(希)erion, 羊毛+stemon, 雄蕊。指雄蕊具软毛。此属的学名, ING、APNI、TROPICOS 和 IK 记载是"Eriostemon J. E. Smith, Trans. Linn. Soc. London 4：221. 24 Mai 1798"。"Eriostemon Less., Syn. Gen. Compos. 12. 1832 [Jul–Aug 1832] ≡ Aplotaxis DC. (1833) = Saussurea DC. (1810)(保留属名) [菊科 Asteraceae(Compositae)]"和"Eriostemon Sweet, Hort. Brit. [Sweet] 320, in syn., lapsu. 1826 = Eriostomum Hoffmanns. et Link(1809) = Stachys L. (1753) [唇形科 Lamiaceae(Labiatae)]"

是晚出的非法名称。"Eriostemon Panch. et Sebert = Myrtopsis Engl. (1896)(保留属名)[芸香科 Rutaceae]"也应该是晚出的非法名称。【分布】澳大利亚,法属新喀里多尼亚。【模式】Eriostemon lanceolatus K. F. Gaertner [as 'lanceolatum']。【参考异名】Eriostemum Poir. (1819);Leionema (F. Muell.) Paul G. Wilson(1998);Neoschmidia T. G. Hartley(2003)●☆

19101 Eriostemon Sweet (1826) Nom. illegit. = Eriostomum Hoffmanns. et Link (1809); ~ = Stachys L. (1753) [唇形科 Lamiaceae (Labiatae)]●■

19102 Eriostemum Colla ex Steud. (1840) Nom. illegit. = Elaeocarpus L. (1753) [杜英科 Elaeocarpaceae]●

19103 Eriostemon Poir. (1819) = Eriostemon Sm. (1798) [芸香科 Rutaceae]●☆

19104 Eriostemum Steud. (1840) Nom. illegit. ≡ Eriostemum Colla ex Steud. (1840) Nom. illegit.; ~ = Elaeocarpus L. (1753) [杜英科 Elaeocarpaceae]●■

19105 Eriostoma Boivin ex Baill. (1878) = Hypobathrum Blume (1827); ~ = Tricalysia A. Rich. ex DC. (1830) [茜草科 Rubiaceae]●

19106 Eriostomum Hoffmanns. et Link(1809)= Stachys L. (1753) [唇形科 Lamiaceae(Labiatae)]●■

19107 Eriostrobilus Bremek. (1961) = Strobilanthes Blume(1826) [爵床科 Acanthaceae]●■

19108 Eriostylis(R. Br.) Spach (1841) Nom. illegit. ≡ Stylurus Salisb. ex Knight (1809)(废弃属名); ~ = Grevillea R. Br. ex Knight (1809) [as 'Grevillia'](保留属名)[山龙眼科 Proteaceae]●

19109 Eriostylos C. C. Towns. (1979)【汉】毛柱苋属。【隶属】苋科 Amaranthaceae。【包含】世界 1 种。【学名诠释与讨论】〈阳〉(希)erion,羊毛+stylos =拉丁文 style,花柱,中柱,有尖之物,桩,柱,支持物,支柱,石头做的界标。此属的学名是"Eriostylos C. C. Townsend, Kew Bull. 34:237. 9 Nov 1979"。亦有文献把其处理为"Centema Hook. f. (1880)"的异名。【分布】索马里。【模式】Eriostylos stefaninii (E. Chiovenda) C. C. Townsend [Centema stefaninii E. Chiovenda]。【参考异名】Centema Hook. f. (1880)■☆

19110 Eriosyce Phil. (1872)【汉】极光球属。【日】エリオシケ属。【隶属】仙人掌科 Cactaceae。【包含】世界 2-10 种。【学名诠释与讨论】〈阴〉(希)erion,羊毛 + sykon,指小式 sykidion,无花果。sykinos,无花果树的。sykites,像无花果的。【分布】阿根廷,智利。【模式】Eriosyce sandillon (C. Gay) R. A. Philippi [Echinocactus sandillon C. Gay]。【参考异名】Ceratites Hort.;Ceratites Labour.;Rimacactus Mottram (2001);Rodentiophila Backeb. (1959) Nom. inval.;Rodentiophila F. Ritter et Y. Itô (1981);Rodentiophila F. Ritter ex Backeb. (1959) Nom. inval. ●☆

19111 Eriosynaphe DC. (1830)【汉】连毛草属。【俄】пушистоспайник。【隶属】伞形花科(伞形科)Apiaceae (Umbelliferae)。【包含】世界 1 种。【学名诠释与讨论】〈阴〉(希)erion,羊毛+synaphe,连接,联接,团结。synaphes,合起来的,连起来的。【分布】俄罗斯(东南)至亚洲中部。【模式】Eriosynaphe longifolia (Fischer ex K. P. J. Sprengel) A. P. de Candolle [Ferula longifolia Fischer ex K. P. J. Sprengel]。☆

19112 Eriotheca Schott et Endl. (1832)【汉】毛鞘木棉属。【隶属】木棉科 Bombacaceae//锦葵科 Malvaceae。【包含】世界 19-21 种。【学名诠释与讨论】〈阴〉(希)erion,羊毛+theke =拉丁文 theca,匣子,箱子,室,药室,囊。【分布】巴拉圭,秘鲁,玻利维亚,厄瓜多尔,哥伦比亚(安蒂奥基亚)。【后选模式】Eriotheca pubescens (C. F. P. Martius et Zuccarini) H. W. Schott et Endlicher [Bombax pubescens C. F. P. Martius et Zuccarini]。【参考异名】Millea

Standl. (1937) Nom. illegit.;Tartagalia (A. Robyns) T. Mey. (1968) Nom. illegit.;Tartagalia Capurro (1961) Nom. inval. ●☆

19113 Eriothrix Cass. (1817) = Eriotrix Cass. (1817) [菊科 Asteraceae (Compositae)]●☆

19114 Eriothymus (Benth.) J. A. Schmidt (1837)【汉】毛百里香属。【隶属】唇形科 Lamiaceae(Labiatae)。【包含】世界 1 种。【学名诠释与讨论】〈阳〉(希)erion,羊毛+thymos,百里香。此属的学名,ING 记载是"Eriothymus (Bentham) H. G. L. Reichenbach, Handb. 189. 1-7 Oct 1837";IK 记载是"Eriothymus J. A. Schmidt, Fl. Bras. (Martius) 8 (1):171, t. 32. 1858 [24 Jul 1858]";TROPICOS 则记载为"Eriothymus Rchb., Handb. Nat. Pfl. -Syst. 189,1837;or(Benth.) Schmidt in Mart.,Fl. Bras. 8:171. 1858 as in FGVP?"。《显花植物与蕨类植物词典》记载为"Eriothymus J. A. Schmidt =Keithia Benth. =Hedeoma Pers. (Labiat.)"。【分布】巴西。【模式】Eriothymus rubiaceus (Bentham) J. A. Schmidt [Keithia rubiacea Bentham]。【参考异名】Eriothymus (Benth.) Rchb. (1837);Eriothymus J. A. Schmidt(1858) Nom. illegit. ●☆

19115 Eriothymus J. A. Schmidt (1858) Nom. illegit. = Eriothymus (Benth.) J. A. Schmidt (1837); ~ = Hedeoma Pers. (1806); ~ = Keithia Benth. (1834) [唇形科 Lamiaceae(Labiatae)]■☆

19116 Eriotrichium Lem. (1849) = Eritrichium Schrad. ex Gaudin (1828) [紫草科 Boraginaceae]■

19117 Eriotrichum St. -Lag. (1889) = Eriotrichium Lam. (1849); ~ = Eritrichium Schrad. ex Gaudin(1828) [紫草科 Boraginaceae]■

19118 Eriotrix Cass. (1817)【汉】密叶留菊属。【隶属】菊科 Asteraceae(Compositae)。【包含】世界 2 种。【学名诠释与讨论】〈阴〉(希)erion,羊毛+-trix,阴性词尾,指示做某种行为的人或物。【分布】法国(留尼汪岛)。【模式】Eriotrix juniperifolia Cassini。【参考异名】Eriothrix Cass. (1817)●■☆

19119 Erioxantha Raf. (1832) Nom. illegit. ≡ Eria Lindl. (1825)(保留属名) [兰科 Orchidaceae]■

19120 Erioxylum Rose et Standl. (1911)【汉】肖棉属。【隶属】锦葵科 Malvaceae//木棉科 Bombacaceae。【包含】世界 2 种。【学名诠释与讨论】〈中〉(希)erion,羊毛+xyle =xylon,木材,树木。此属的学名,ING、TROPICOS、GCI 和 IK 记载是"Erioxylum J. N. Rose et Standley, Contr. U. S. Natl. Herb. 13:307. 11 Apr 1911"。它曾被处理为"Gossypium sect. Erioxylum (Rose & Standl.) Prokh., Botanicheskii Zhurnal (Moscow & Leningrad) 32:71. 1947"和"Gossypium subsect. Erioxylum (Rose & Standl.) Fryxell, The Natural History of the Cotton Tribe 58. 1979"。亦有文献把"Erioxylum Rose et Standl. (1911)"处理为"Gossypium L. (1753)"的异名。【分布】墨西哥西部。【模式】Erioxylum aridum J. N. Rose et Standley。【参考异名】Gossypium L. (1753);Gossypium sect. Erioxylum (Rose & Standl.) Prokh. (1947);Gossypium subsect. Erioxylum (Rose & Standl.) Fryxell(1979)●☆

19121 Eriozamia Hort. ex Schuster(1932)= Ceratozamia Brongn. (1846) [苏铁科 Cycadaceae//泽米苏铁科(泽米科)Zamiaceae]●☆

19122 Eriphia P. Browne (1756) = Besleria L. (1753) [苦苣苔科 Gesneriaceae//贝思乐苣苔科 Besoniaceae]●■☆

19123 Eriphilema Herb. (1843) Nom. illegit. ≡ Olsynium Raf. (1836); ~ = Sisyrinchium L. (1753) [鸢尾科 Iridaceae]■

19124 Eriphlema Baker(1877) = Eriphilema Herb. (1843) [鸢尾科 Iridaceae]■

19125 Erisimum Neck. (1768) = Erysimum L. (1753) [十字花科 Brassicaceae(Cruciferae)]■●

19126 Erisma Rudge (1805)【汉】轴状独蕊属。【隶属】独蕊科(蜡烛树科,囊萼花科)Vochysiaceae。【包含】世界 16-20 种。【学名诠

释与讨论】〈中〉（希）ereisma，支架，支持物。此属的学名，ING、TROPICOS 和 IK 记载是"Erisma Rudge, Pl. Guian. i. 7. t. 1（1805）"。"Debraea J. J. Roemer et J. A. Schultes, Syst. Veg. 1：4. Jan–Jun 1817"和"Ditmaria K. P. J. Sprengel, Anleit. ed. 2. 2（2）：704. 31 Mar 1818（non Lühnemann 1809）"是"Erisma Rudge（1805）"的晚出的同模式异名（Homotypic synonym，Nomenclatural synonym）。【分布】巴拿马，巴西（北部），秘鲁，玻利维亚，厄瓜多尔，几内亚，中美洲。【模式】Erisma floribunda Rudge。【参考异名】Debraea Roem. et Schult.（1817）Nom. illegit. ; Ditmaria Spreng.（1825）Nom. illegit. ●☆

19127 Erismadelphus Mildbr.（1913）【汉】西非囊萼花属。【隶属】独蕊科（蜡烛树科，囊萼花科）Vochysiaceae。【包含】世界 2 种。【学名诠释与讨论】〈阳〉（希）ereisma，支架，支持物+adelphos，兄弟。【分布】热带非洲西部。【模式】Erismadelphus exsul Mildbraed。●☆

19128 Erismanthus Wall.（1847）Nom. inval. ≡ Erismanthus Wall. ex Müll. Arg.（1866）［大戟科 Euphorbiaceae］●

19129 Erismanthus Wall. ex Müll. Arg.（1866）【汉】轴花木属（轴花属）。【英】Axileflower, Erismanthus。【隶属】大戟科 Euphorbiaceae。【包含】世界 2 种，中国 1 种。【学名诠释与讨论】〈阳〉（希）ereisma，支架，支持物+anthos，花。指花托延伸成细长的轴。此属的学名，ING、TROPICOS 和 IK 记载是"Erismanthus Wall. ex Müll. Arg., Prodr.［A. P. de Candolle］15（2.2）：1138. 1866［late Aug 1866］"。"Erismanthus Wall., Numer. List［Wallich］n. 8011. 1847 ≡ Erismanthus Wall. ex Müll. Arg.（1866）［大戟科 Euphorbiaceae］"是一个未合格发表的名称（Nom. inval.）。【分布】印度尼西亚（苏门答腊岛），中国，东南亚，加里曼丹岛，马来半岛。【模式】Erismanthus obliquus J. Müller Arg.。【参考异名】Eremanthus Royle ; Erismanthus Wall.（1847）Nom. inval. ●

19130 Eristomen Less. = Saussurea DC.（1810）（保留属名）［菊科 Asteraceae（Compositae）］●■

19131 Erithalia Bunge ex Steud.（1840）= Gentiana L.（1753）［龙胆科 Gentianaceae］■

19132 Erithalis G. Forst.（1786）Nom. illegit. ≡ Burneya Cham. et Schltdl.（1829）（废弃属名）; ~ = Timonius DC.（1830）（保留属名）［茜草科 Rubiaceae］●

19133 Erithalis P. Browne（1756）【汉】埃利茜属。【隶属】茜草科 Rubiaceae。【包含】世界 10 种。【学名诠释与讨论】〈阴〉（希）eri-，加强的词头，含义为十分，很+thalia，丰富，豪华。此属的学名，ING、GCI、TROPICOS 和 IK 记载是"Erithalis P. Browne, Civ. Nat. Hist. Jamaica 165. 1756［10 Mar 1756］"。"Erithalis G. Forst., Fl. Ins. Austr. 17. 1786［Oct–Nov 1786］≡ Burneya Cham. et Schltdl.（1829）（废弃属名）= Timonius DC.（1830）（保留属名）［茜草科 Rubiaceae］"是晚出的非法名称。"Herrera Adanson, Fam. 2：158. Jul–Aug 1763"是"Erithalis P. Browne（1756）"的晚出的同模式异名（Homotypic synonym，Nomenclatural synonym）。【分布】美国（佛罗里达），西印度群岛，中美洲。【后选模式】Erithalis fruticosa Linnaeus。【参考异名】Herrera Adans.（1763）Nom. illegit. ●☆

19134 Eritheis Gray（1821）Nom. illegit. ≡ Inula L.（1753）; ~ = Limbarda Adans.（1763）［菊科 Asteraceae（Compositae）//旋覆花科 Inulaceae］●■

19135 Erithraea Neck.（1853）= Centaurium Hill（1756）; ~ = Erythraea Borkh.（1796）Nom. illegit. ; ~ = Centaurium Hill（1756）［龙胆科 Gentianaceae］■

19136 Erithrorhiza Raf. = Erythrorhiza Michx.（1803）Nom. illegit. ; ~ =

Galax L.（1753）（废弃属名）; ~ = Nemophila Nutt.（1822）（保留属名）［田梗草科（田基麻科，田亚麻科）Hydrophyllaceae］■☆

19137 Eritrichium Lem. = Eritrichium Schrad. ex Gaudin（1828）［紫草科 Boraginaceae］■

19138 Eritrichium Schrad.（1819）Nom. inval. = Eritrichium Schrad. ex Gaudin（1828）［紫草科 Boraginaceae］■

19139 Eritrichium Schrad. ex Gaudin（1828）【汉】齿缘草属（高山勿忘草属，立萼草属，山琉璃草属）。【日】ミヤマムラサキ属。【俄】Незабудочник, Эритрихиум。【英】American Forget–me–not, Eritrichium。【隶属】紫草科 Boraginaceae。【包含】世界 30-90 种，中国 39-46 种。【学名诠释与讨论】〈中〉（希）erion，羊毛，erineos，羊毛的。植物学和真菌学中，erion 指绵毛，软毛。erio-=拉丁文 lani-，羊毛状的，绵毛+thrix，所有格 trichos，毛+-ius，-ia，-ium，在拉丁文和希腊文中，这些词尾表示性质或状态。指小坚果被绵毛。此属的学名，ING、APNI、GCI、TROPICOS 和 IK 记载是"Eritrichium Schrad. ex Gaudin, Fl. Helv. 2：4, 57. 1828［Jun 1828］"。"Eritrichum Schrad., Commentat. Soc. Regiae Sci. Gott. Recent. 4：186. 1819［Dec 1819］"是一个未合格发表的名称（Nom. inval.）。【分布】巴基斯坦，玻利维亚，中国，温带与热带。【模式】Eritrichium nanum（Linnaeus）Schrader ex Gaudin［Myosotis nana Linnaeus］。【参考异名】Cryptantha Lehm. ex Fisch. et C. A. Mey.（1836）Nom. inval. ; Cynoglossospermum Kuntze（1898）Nom. illegit. ; Eriotrichium Lem.（1849）; Eritrichium Lem. ; Eritrichium Schrad.（1819）Nom. inval. ; Hackelia Opiz（1838）; Megastoma Coss. et Durieu ex Benth. et Hook. f.（1876）Nom. inval. ; Megastoma Coss. et Durieu, Nom. illegit. ■

19140 Eritronium Scop.（1760）= Erythronium L.（1753）［百合科 Liliaceae//猪牙花科 Erythroniaceae］■

19141 Eriudaphus Nees（1836）= Scolopia Schreb.（1789）（保留属名）［刺篱木科（大风子科）Flacourtiaceae］●

19142 Erlangea Sch. Bip.（1853）【汉】瘦片菊属。【隶属】菊科 Asteraceae（Compositae）。【包含】世界 5-9 种。【学名诠释与讨论】〈阴〉（地）Erlangen，位于德国。【分布】马达加斯加，热带非洲。【模式】Erlangea plumosa C. H. Schultz–Bip.。【参考异名】Haarera Hutch. et E. A. Bruce（1932）; Jardinia Sch. Bip.（1853）; Stephanolepis S. Moore（1900）■☆

19143 Ermania Cham.（1831）= Christolea Cambess.（1839）; ~ = Parrya R. Br.（1823）［十字花科 Brassicaceae（Cruciferae）］●■

19144 Ermania Cham. ex Botsch.（1978）Nom. illegit.［十字花科 Brassicaceae（Cruciferae）］●■

19145 Ermania Cham. ex O. E. Schulz（1978）Nom. illegit. = Christolea Cambess.（1839）; ~ = Parrya R. Br.（1823）［十字花科 Brassicaceae（Cruciferae）］■

19146 Ermania Ghana. = Christolea Cambess. ex Jacquem.（1839）Nom. illegit. = Christolea Cambess.（1839）［十字花科 Brassicaceae（Cruciferae）］■

19147 Ermaniopsis H. Hara（1974）【汉】矮寒芥属。【隶属】十字花科 Brassicaceae（Cruciferae）。【包含】世界 1 种。【学名诠释与讨论】〈阴〉（属）Ermania 寒芥属+希腊文 opsis，外观，模样，相似。此属的学名是"Ermaniopsis H. Hara, J. Jap. Bot. 49：198. Jul 1974"。亦有文献把其处理为"Desideria Pamp.（1926）"的异名。【分布】尼泊尔。【模式】Ermaniopsis pumila H. Hara。【参考异名】Desideria Pamp.（1926）■☆

19148 Erndelia Neck.（1790）Nom. inval. = Passiflora L.（1753）（保留属名）［西番莲科 Passifloraceae］●■

19149 Erndelia Raf.（1838）Nom. illegit. = Passiflora L.（1753）（保留属名）［西番莲科 Passifloraceae］●■

19150　Erndlia Giseke(1792) = Curcuma L. (1753)（保留属名）［姜科（蘘荷科）Zingiberaceae］■

19151　Ernestella Germ. (1878) = Rosa L. (1753)［蔷薇科 Rosaceae］●

19152　Ernestia DC. (1828)【汉】欧内野牡丹属。【隶属】野牡丹科 Melastomataceae。【包含】世界 16 种。【学名诠释与讨论】〈阴〉（人）Ernst Heinrich Friedrich Meyer, 1791-1858, 德国植物学者。【分布】秘鲁, 热带南美洲。【模式】Ernestia tenella (Bonpland) A. P. de Candolle ［ Rhexia tenella Bonpland］。【参考异名】Brachypremna Gleason(1935) ; Dichaetandra Nand. (1850)☆

19153　Ernestimeyera Kuntze (1903) Nom. illegit. ≡ Alberta E. Mey. (1838)［茜草科 Rubiaceae］●☆

19154　Ernodea Sw. (1788)【汉】芽茜属。【隶属】茜草科 Rubiaceae。【包含】世界 9 种。【学名诠释与讨论】〈阴〉（希）ernos, 蕾, 芽。ernodes, 似幼芽的, 有枝的。【分布】美国（东南部）, 西印度群岛, 中美洲。【模式】Ernodea littoralis O. Swartz。【参考异名】Knoxia P. Browne(1756) Nom. illegit. ■☆

19155　Ernstamra Kuntze (1891) Nom. illegit. ≡ Wigandia Kunth (1819)（保留属名）［田梗草科（田基草科, 田亚麻科）Hydrophyllaceae］●■☆

19156　Ernstia V. M. Badillo(1947) = Conyza Less. (1832)（保留属名）［菊科 Asteraceae(Compositae)］■

19157　Ernstingia Scop. (1777) Nom. illegit. ≡ Matayba Aubl. (1775) ; ~ = Ratonia DC. (1824)［无患子科 Sapindaceae］●☆

19158　Erobathos Spach(1838) = Erobatos (DC.) Rchb. (1837)［毛茛科 Ranunculaceae］■

19159　Erobatos (DC.) Rchb. (1837) = Nigella L. (1753)［毛茛科 Ranunculaceae//黑种草科 Nigellaceae］■

19160　Erobatos Rchb. (1837) Nom. illegit. ≡ Erobatos (DC.) Rchb. (1837) ; ~ = Nigella L. (1753)［毛茛科 Ranunculaceae//黑种草科 Nigellaceae］■

19161　Erocallis Rydb. (1906)【汉】春美苣属。【隶属】马齿苋科 Amaranthaceae。【包含】世界 1 种。【学名诠释与讨论】〈阴〉（希）er 是 ear 的缩写, 所有格 earos = 拉丁文 ver, 春天+kalos, 美丽的。kallos, 美人, 美丽。kallistos, 最美的。此属的学名是 “Erocallis Rydberg, Bull. Torrey Bot. Club 33: 139. 7 Apr 1906”。亦有文献把其处理为 “Lewisia Pursh(1814)” 的异名。【分布】美洲。【模式】Erocallis triphylla (S. Watson) Rydberg ［ Claytonia triphylla S. Watson］。【参考异名】Lewisia Pursh(1814) ■☆

19162　Erochloa Steud. (1854) = Erochloe Raf. (1825) ; ~ = Eragrostis Wolf(1776)［禾本科 Poaceae(Gramineae)］■

19163　Erochloe Raf. (1825) = Eragrostis Wolf(1776)［禾本科 Poaceae(Gramineae)］■

19164　Erodendron Meisn. (1856) = Erodendrum Salisb. (1807) ; ~ = Protea L. (1771)（保留属名）［山龙眼科 Proteaceae］●☆

19165　Erodendrum Salisb. (1807) = Protea L. (1771)（保留属名）［山龙眼科 Proteaceae］●☆

19166　Erodiaceae Horan. (1847) = Geraniaceae Juss. (保留科名)■●

19167　Erodion St. – Lag. (1880) = Erodium L' Hér. ex Aiton (1789)［牻牛儿苗科 Geraniaceae］■●

19168　Erodiophyllum F. Muell. (1875)【汉】琴菀属。【隶属】菊科 Asteraceae(Compositae)。【包含】世界 2 种。【学名诠释与讨论】〈中〉（希）herodios, 苍鹭+希腊文 phyllon, 叶子。phyllodes, 似叶的, 多叶的。phylleion, 绿色材料, 绿草。【分布】澳大利亚（南部和西部）。【模式】Erodiophyllum elderi F. v. Mueller。■☆

19169　Erodium L' Hér. (1789) Nom. illegit. ≡ Erodium L' Hér. ex Aiton (1789)［牻牛儿苗科 Geraniaceae］■●

19170　Erodium L' Hér. (1792) Nom. illegit. = Erodium L' Hér. ex Aiton (1789)［牻牛儿苗科 Geraniaceae］■●

19171　Erodium L' Hér. ex Aiton(1789)【汉】牻牛儿苗属。【日】エロジューム属, オランダフウロ属。【俄】Аистник, Грабельники, Журавельник。【英】Erodium, Heron's Bill, Heron's – bill, Heronbill, Shepherd's needle, Stork's – bill, Storksbill。【隶属】牻牛儿苗科 Geraniaceae。【包含】世界 60-90 种, 中国 4 种。【学名诠释与讨论】〈中〉（希）herodios, 苍鹭+-ius, -ia, -ium, 在拉丁文和希腊文中, 这些词尾表示性质或状态。指果先端细长, 状如苍鹭的喙。此属的学名, ING、IK、APNI、GCI、“Flora of Chile” 和 TROPICOS 记载为 “Erodium L' Héritier in W. Aiton, Hortus Kew. 2: 414. 7 Aug-1 Oct 1789” ;《中国植物志》英文版和《巴基斯坦植物志》则记载为 “Erodium L' Héritier ex Aiton, Hort. Kew. 2: 414. 1789”。【分布】澳大利亚（温带）, 巴基斯坦, 秘鲁, 玻利维亚, 厄瓜多尔, 美国, 中国, 地中海至亚洲中部, 欧洲, 热带南美洲, 中美洲。【后选模式】Erodium crassifolium W. Aiton。【参考异名】California Aldasoro, C. Navarro, P. Vargas, L. Sáez et Aedo(2002) ; Erodion St. –Lag. (1880) ; Erodium L' Hér. (1789) Nom. illegit. ; Erodium L' Hér. (1792) Nom. illegit. ; Herodium Rchb. (1841) ; Myrrhina (Js. Murray) Rupr. (1860) ; Myrrhina Rupr. (1869) Nom. illegit. ; Paillotia Gand. ; Scandix Molina; Scolopacium Eckl. et Zeyh. (1834) ■●

19172　Eroeda Levyns(1948) Nom. illegit. ≡ Oedera L. (1771)（保留属名）［菊科 Asteraceae(Compositae)］●☆

19173　Eronema Raf. (1838) = Cuscuta L. (1753)［旋花科 Convolvulaceae//菟丝子科 Cuscutaceae］■

19174　Erophaca Boiss. (1840)【汉】肖黄耆属。【隶属】豆科 Fabaceae (Leguminosae)。【包含】世界 1 种。【学名诠释与讨论】〈阴〉词源不详。此属的学名是 “Erophaca Boissier, Voyage Bot. Espagne 2: 176. 20 Mar 1840”。亦有文献把其处理为 “Astragalus L. (1753)” 的异名。【分布】地中海地区, 安纳托利亚。【模式】Erophaca baetica Boiss.。【参考异名】Astragalus L. (1753)●☆

19175　Erophila DC. (1821)（保留属名）【汉】绮春属。【俄】Веснянка。【英】Faverel, Whitlow – grass。【隶属】十字花科 Brassicaceae(Cruciferae)。【包含】世界 10 种。【学名诠释与讨论】〈阴〉（希）er 是 ear 的缩写, 所有格 earos = 拉丁文 ver, 春天+philos, 喜欢的, 爱的。此属的学名 “Erophila DC. in Mém. Mus. Hist. Nat. 7: 234. 20 Apr 1821” 是保留属名。相应的废弃属名是十字花科 Brassicaceae 的 “Gansblum Adans. , Fam. Pl. 2: 420, 561. Jul-Aug 1763 ≡ Erophila DC. (1821)（保留属名）”。“Gansblum Adanson, Fam. 2: 420, 561. Jul – Aug 1763 （废弃属名）” 和 “Paronychia J. Hill, Brit. Herbal 259. Jul 1756 (non P. Miller 1754)” 是 “Erophila DC. (1821)（保留属名）” 的同模式异名 (Homotypic synonym, Nomenclatural synonym)。【分布】巴基斯坦, 地中海地区, 欧洲。【模式】Erophila verna (Linnaeus) A. P. de Candolle。【参考异名】Eriophila Rchb. (1828) ; Gansblum Adans. (1763)（废弃属名）; Paronychia Hill(1756) Nom. illegit. ■☆

19176　Erosion Lunell(1915) Nom. illegit. ≡ Eragrostis Wolf(1776)［禾本科 Poaceae(Gramineae)］■

19177　Erosma Booth(1847) = Ficus L. (1753)［桑科 Moraceae］●

19178　Erosmia A. Juss. (1849) = Euosmia Kunth (1824) Nom. illegit. ; ~ = Hoffmannia Sw. (1788)［茜草科 Rubiaceae］●■☆

19179　Eroteum Blanco (1837) Nom. illegit. （废弃属名）≡ Trichospermum Blume(1825)［椴树科（椴科, 田麻科）Tiliaceae//锦葵科 Malvaceae］●☆

19180　Eroteum Sw. (1788)（废弃属名）≡ Freziera Willd. (1799)（保留属名）［山茶科（茶科）Theaceae//厚皮香科 Ternstroemiaceae］●☆

19181　Erotium Blanco =Trichospermum Blume（1825）［椴树科（椴科，田麻科）Tiliaceae//锦葵科 Malvaceae］●☆

19182　Erpetina Naudin（1851）= Medinilla Gaudich. ex DC.（1828）［野牡丹科 Melastomataceae］●

19183　Erpetion DC. ex Sweet（1826）= Viola L.（1753）［堇菜科 Violaceae］■●

19184　Erpetion Sweet（1826）Nom. illegit. ≡ Erpetion DC. ex Sweet（1826）；~ =Viola L.（1753）［堇菜科 Violaceae］■●

19185　Erporchis Thouars（1809）Nom. illegit.（废弃属名）≡ Erporkis Thouars（1809）（废弃属名）；~ =Platylepis A. Rich.（1828）（保留属名）［兰科 Orchidaceae］■☆

19186　Erporkis Thouars（1809）（废弃属名）= Platylepis A. Rich.（1828）（保留属名）［兰科 Orchidaceae］■☆

19187　Errazurizia Phil.（1872）【汉】异烟树属。【隶属】豆科 Fabaceae（Leguminosae）//蝶形花科 Papilionaceae。【包含】世界 1 种。【学名诠释与讨论】〈阴〉（人）Errazuriz。【分布】美国（加利福尼亚），智利。【模式】Errazurizia glandulifera R. A. Philippi。【参考异名】Psorobatus Rydb.（1919）●☆

19188　Errerana Kuntze（1891）Nom. illegit. ≡ Pleiococca F. Muell.（1875）［芸香科 Rutaceae］●

19189　Ertela Adans.（1763）Nom. illegit. ［芸香科 Rutaceae］●☆

19190　Ertelia Steud.（1840）Nom. illegit. ［芸香科 Rutaceae］●☆

19191　Eruca Mill.（1754）【汉】芝麻菜属。【日】エルーカ属，キバナスズシロ属。【俄】Индау，Эрука。【英】Cappadocican Rocket，Garden Rocket，Rocketsalad，Roquette。【隶属】十字花科 Brassicaceae（Cruciferae）。【包含】世界 3 种，中国 1 种。【学名诠释与讨论】〈阴〉（拉）eruca，烛，青虫，幼虫，也是"Brassica eruca L."的古名。此属的学名，ING、TROPICOS、APNI 和 IK 记载是"Eruca Mill., Gard. Dict. Abr., ed. 4.（1754）；Druce in Rep. Bot. Exch. Cl. Brit. Isles, 3：431（1913）"。"Euzomum Link, Enum. Pl. Horti Berol. 2：175. Jan–Jun 1822"是"Eruca Mill.（1754）"的晚出的同模式异名（Homotypic synonym, Nomenclatural synonym）。【分布】巴基斯坦，玻利维亚，地中海地区，厄瓜多尔，非洲东北部，哥伦比亚（安蒂奥基亚），美国（密苏里），中国，中美洲。【后选模式】Eruca sativa P. Miller ［Brassica eruca Linnaeus］。【参考异名】Euzomum Link（1822）Nom. illegit. ；Velleruca Pomel（1860）■

19192　Eruca Tourn. ex Adans.（1763）Nom. illegit. ［十字花科 Brassicaceae（Cruciferae）］■☆

19193　Erucago Mill.（1754）Nom. illegit. ≡ Bunias L.（1753）［十字花科 Brassicaceae（Cruciferae）］■

19194　Erucago Tourn. ex Adans.（1763）Nom. illegit. ［十字花科 Brassicaceae（Cruciferae）］■☆

19195　Erucaria Cerv.（1870）Nom. illegit.=Bouteloua Lag.（1805）［as 'Botelua'］（保留属名）；~ =Chondrosum Desv.（1810）［禾本科 Poaceae（Gramineae）］■☆

19196　Erucaria Gaertn.（1791）【汉】芝麻芥属。【隶属】十字花科 Brassicaceae（Cruciferae）。【包含】世界 6 种。【学名诠释与讨论】〈阴〉（属）Eruca 芝麻菜属+-arius，-aria，-arium，指示"属于、相似、具有、联系"的词尾。此属的学名，ING、GCI、TROPICOS 和 IK 记载是"Erucaria J. Gaertner, Fruct. 2：298. Apr–Mai 1791"。"Erucaria V. Cervantes, Naturaleza（Mexico City）1：347. 1870 = Bouteloua Lag.（1805）［as 'Botelua'］（保留属名）= Chondrosum Desv.（1810）"是晚出的非法名称。【分布】阿拉伯地区，巴基斯坦，伊朗，地中海东部。【模式】Erucaria aleppica J. Gaertner。【参考异名】Hussonia Boiss.（1849）；Pachila Raf.（1832）；Reboudia Coss. et Durieu（1857）■☆

19197　Erucastrum（DC.）C. Presl（1826）Nom. illegit. ≡ Erucastrum C. Presl（1826）［十字花科 Brassicaceae（Cruciferae）］■☆

19198　Erucastrum C. Presl（1826）【汉】小芝麻菜属（异芝麻芥属）。【英】Bastard Rocket，Hairy Rocket，Rocket Weed。【隶属】十字花科 Brassicaceae（Cruciferae）。【包含】世界 20-22 种。【学名诠释与讨论】〈中〉（属）Eruca 芝麻菜属+-astrum，指示小的词尾，也有"不完全相似"的含义。此属的学名，ING、TROPICOS 和 IK 记载是"Erucastrum K. B. Presl, Fl. Sicula 92. 1826"。"Erucastrum H. G. L. Reichenbach, Fl. German. Excurs. 693. 1832（non K. B. Presl 1826）"是晚出的非法名称。"Erucastrum（DC.）C. Presl（1826）≡Erucastrum C. Presl（1826）"的命名人引证有误。【分布】巴基斯坦，西班牙（加那利群岛），美国，地中海地区，欧洲中部和南部。【后选模式】Erucastrum virgatum K. B. Presl。【参考异名】Erucastrum（DC.）C. Presl（1826）Nom. illegit. ；Hirschfeldia Moench（1794）；Plastobrassica（O. E. Schulz）Tzvelev（1995）■☆

19199　Erucastrum Rchb. f.（1832）Nom. illegit. ［十字花科 Brassicaceae（Cruciferae）］■☆

19200　Erussica G. H. Loos（2004）= Brassica L.（1753）［十字花科 Brassicaceae（Cruciferae）］■●

19201　Ervatamia（A. DC.）Stapf（1902）【汉】狗牙花属。【英】Cogflower，Ervatamia。【隶属】夹竹桃科 Apocynaceae//红月桂科 Tabernaemontanaceae。【包含】世界 120 种，中国 15 种。【学名诠释与讨论】〈阴〉Nandi-ervatarn 是印度马拉巴人称呼 Ervatamia coronaria Stapf 的俗名。此属的学名，ING 和 APNI 记载是"Ervatamia（Alph. de Candolle）Stapf in Thiselton-Dyer, Fl. Trop. Africa 4（1）：126. Jul 1902"。IK 则记载为"Ervatamia Stapf, Fl. Trop. Afr. ［Oliver et al.]4（1. 1）：126. 1902 ［Jul 1902]"。二者引用的文献相同。亦有文献把"Ervatamia（A. DC.）Stapf（1902）"处理为"Tabernaemontana L.（1753）"的异名。【分布】巴基斯坦，玻利维亚，马达加斯加，中国，中美洲。【模式】Ervatamia coronaria（N. J. Jacquin）Stapf ［Nerium coronarium N. J. Jacquin］。【参考异名】Ervatamia Stapf（1902）Nom. illegit. ；Tabernaemontana L.（1753）●

19202　Ervatamia Stapf（1902）Nom. illegit. ≡ Ervatamia（A. DC.）Stapf（1902）［夹竹桃科 Apocynaceae］●

19203　Ervilia（Koch）Opiz = Vicia L.（1753）［豆科 Fabaceae（Leguminosae）//蝶形花科 Papilionaceae//野豌豆科 Viciaceae］■

19204　Ervilia Link（1822）【汉】艾尔豆属。【隶属】豆科 Fabaceae（Leguminosae）。【包含】世界 10 种。【学名诠释与讨论】〈阴〉词源不详。似来自人名。此属的学名，ING 和 TROPICOS 记载是"Ervilia Link, Enum. Pl. Horti Berol. 2：240. Jan–Jun 1822"。"Ervilia（Koch）Opiz = Vicia L.（1753）［豆科 Fabaceae（Leguminosae）//蝶形花科 Papilionaceae//野豌豆科 Viciaceae］"应该是晚出的非法名称。【分布】热带。【模式】Ervilia sativa Link。☆

19205　Ervum L.（1753）= Vicia L.（1753）；~ =Vicia L.（1753）+Lens Mill.（1754）（保留属名）［豆科 Fabaceae（Leguminosae）//蝶形花科 Papilionaceae//野豌豆科 Viciaceae］■

19206　Erxlebenia Opiz ex Rydb.（1914）Nom. illegit. ≡ Braxilia Raf.（1840）；~ =Pyrola L.（1753）［鹿蹄草科 Pyrolaceae//杜鹃花科（欧石南科）Ericaceae］●■

19207　Erxlebenia Opiz（1852）Nom. inval. , Nom. illegit. ≡ Erxlebenia Opiz ex Rydb.（1914）Nom. illegit. ；~ ≡ Braxilia Raf.（1840）；~ =Pyrola L.（1753）［鹿蹄草科 Pyrolaceae//杜鹃花科（欧石南科）Ericaceae］●■

19208　Erxlebia Medik.（1790）= Commelina L.（1753）［鸭趾草科 Commelinaceae］■

19209　Erybathos Fourr.（1868）= Erobatos（DC.）Rchb.（1837）；~ =

Nigella L. （1753）［毛茛科 Ranunculaceae//黑种草科 Nigellaceae］■

19210　Erycibaceae Endl. = Convolvulaceae Juss.（保留科名）；~ = Erycibaceae Endl. ex Bullock ●■

19211　Erycibaceae Endl. ex Bullock［亦见 Convolvulaceae Juss.（保留科名）旋花科】【汉】丁公藤科。【包含】世界 1 属 67 种，中国 1 属 10-13 种。【分布】中国(南部，台湾)，日本，印度-马来西亚，澳大利亚(昆士兰)。【科名模式】Erycibe Roxb.（1802）●

19212　Erycibaceae Endl. ex Meisn.（1840）= Convolvulaceae Juss.（保留科名）●■

19213　Erycibe Roxb.（1802）【汉】丁公藤属(麻辣仔藤属，麻辣子属，麻辣子藤属，伊立基藤属)。【日】ホルトカズラ属，ホルトカヅラ属。【英】Dinggongvine，Erycibe。【隶属】旋花科 Convolvulaceae//丁公藤科 Erycibaceae。【包含】世界 67 种，中国 10-13 种。【学名诠释与讨论】〈阴〉(印度)erycibe，一种植物俗名。【分布】澳大利亚，日本，印度至马来西亚，中国。【模式】Erycibe paniculata Roxburgh。【参考异名】Catonia Vahl（1810）Nom. illegit. ; Erimatalia Roem. et Schult.（1819）Nom. illegit. ; Erimatalia Schult.（1819）; Erysibe G. Don（1837）; Fissipetalum Merr.（1922）●

19214　Erycina Lindl.（1853）【汉】爱里西娜兰属(埃利兰属，爱里兰属)。【日】エリキ-ナ属。【隶属】兰科 Orchidaceae。【包含】世界 2 种。【学名诠释与讨论】〈阴〉(人)Erycina，西西里岛一山上的女神。【分布】玻利维亚，墨西哥。【模式】Erycina echinata（Kunth）Lindley［Oncidium echinatum Kunth］。■☆

19215　Erymophyllum Paul G. Wilson（1989）【汉】丝叶彩鼠麹属。【隶属】菊科 Asteraceae（Compositae）。【包含】世界 5 种。【学名诠释与讨论】〈阴〉(希)eryma，erymatos，栅栏，篱笆，围墙+phyllon，叶子。【分布】澳大利亚(西北部)。【模式】Erymophyllum ramosum（A. Gray）Paul G. Wilson。■☆

19216　Eryngiaceae Bercht. et J. Presl（1820）= Apiaceae Lindl.（保留科名）；~ = Umbelliferae Juss.（保留科名）■●

19217　Eryngiophyllum Greenm.（1903）【汉】刺芹菊属。【隶属】菊科 Asteraceae（Compositae）。【包含】世界 1-2 种。【学名诠释与讨论】〈中〉(属)Eryngium 刺芹属(刺芫荽属)+希腊文 phyllon，叶子。phyllodes，似叶的，多叶的。phylleion，绿色材料，绿草。此属的学名是“Eryngiophyllum Greenman, Proc. Amer. Acad. Arts 39：113. 25 Sep 1903”。亦有文献把其处理为“Chrysanthellum Rich.（1807）”的异名。【分布】墨西哥。【模式】Eryngiophyllum rosei Greenman。【参考异名】Chrysanthellum Pers.（1807）Nom. illegit. ; Chrysanthellum Rich.（1807）■☆

19218　Eryngium L.（1753）【汉】刺芹属(刺芫荽属)。【日】エリンジュ-ム属，ヒゴタイサイコ属。【俄】Синеголовник，Эрингиум。【英】Eringo，Eryngo，Rattlesnake Master，Sea Holly，Sea-holly。【隶属】伞形花科(伞形科)Apiaceae（Umbelliferae）。【包含】世界 200-250 种，中国 2 种。【学名诠释与讨论】〈中〉(希)eryngos，指小式 eryngion，是 Eryngium campestre L. 的古名+-ius，-ia，-ium，在拉丁文和希腊文中，这些词尾表示性质或状态。指叶缘具刺。拉丁文 erynge 指蓟。【分布】巴基斯坦，巴拉圭，巴拿马，秘鲁，玻利维亚，厄瓜多尔，哥伦比亚(安蒂奥基亚)，美国(密苏里)，尼加拉瓜，中国，热带和温带，中美洲。【后选模式】Eryngium maritimum Linnaeus。【参考异名】Clonium Post et Kuntze（1903）; Eringium Neck.（1768）; Klonion（Raf.）Raf.（1840）Nom. illegit. ; Klonion Raf.（1836）; Lessonia Bert. ex Hook. et Arn.（1833）; Strebanthus Raf.（1830）; Streblanthus Raf.（1832）■

19219　Eryocycla Pritz.（1855）= Eriocycla Lindl.（1835）; ~ = Pituranthos Viv.（1824）［伞形花科(伞形科)Apiaceae

（Umbelliferae）］■☆

19220　Erysibe G. Don（1837）= Erycibe Roxb.（1802）［旋花科 Convolvulaceae//丁公藤科 Erycibaceae］●

19221　Erysimaceae Martinov（1820）= Brassicaceae Burnett（保留科名）；~ = Cruciferae Juss.（保留科名）■●

19222　Erysimastrum（DC.）Rupr.（1869）= Erysimum L.（1753）［十字花科 Brassicaceae（Cruciferae）］■●

19223　Erysimastrum Rupr.（1869）Nom. illegit. ≡ Erysimastrum（DC.）Rupr.（1869）; ~ = Erysimum L.（1753）［十字花科 Brassicaceae（Cruciferae）］■●

19224　Erysimum L.（1753）【汉】糖芥属。【日】エゾスズシロ属，エリシマム属。【俄】Желтушник，Хейриния，Эризимум。【英】Alpine Wallflower，Blistercress，Blister - cress，Erysimum，Fairy Wallflower，Gilliflower，Mustard Treacle，Sugarmustard，Wallflower。【隶属】十字花科 Brassicaceae（Cruciferae）。【包含】世界 100-200 种，中国 17-21 种。【学名诠释与讨论】〈中〉(希)erysimon，芥。可能来源于 ery 发泡，或 eryomai 救援，帮助，eryo，拉之，医治之。指其药用。此属的学名，ING、APNI、GCI 和 IK 记载是“Erysimum Linnaeus, Sp. Pl. 660. 1 Mai 1753”。“Erysimum L. ex Kuntze, Revis. Gen. Pl. 1：2；2：931 [Gen. collect.]. 1891 = Erysimum L.（1753）［十字花科 Brassicaceae（Cruciferae）］”是晚出的非法名称，或命名人引证有误。“Cheirinia Link, Enum. Pl. Horti Berol. 2：170. Jan-Jun 1822”是“Erysimum L.（1753）”的晚出的同模式异名(Homotypic synonym，Nomenclatural synonym)。【分布】巴基斯坦，玻利维亚，厄瓜多尔，美国(密苏里)，中国，地中海地区，欧洲，亚洲，中美洲。【后选模式】Erysimum cheiranthoides Linnaeus。【参考异名】Acachmena H. P. Fuchs（1960）(废弃属名); Botschantzevia Nabiev（1972）; Cheiranthus L.（1753）; Cheirinia Link（1822）Nom. illegit. ; Cuspidaria（DC.）Besser（1822）(废弃属名); Cuspidaria Link（1831）(废弃属名); Erisimum Neck.（1768）; Erysimastrum（DC.）Rupr.（1869）; Erysimastrum Rupr.（1869）; Erysimum L.（1753）; Erysimum L. ex Kuntze（1891）Nom. illegit. ; Gynophorea Gilli（1955）; Palaeoconringia E. H. L. Krause（1927）; Paraconringia Lemee; Rhammatophyllum O. E. Schulz（1933）; Strophades Boiss.（1842）; Syrenia Andrz. ex Besser（1822）; Syrenia Andrz. ex DC.（1821）Nom. inval. ; Syreniopsis H. P. Fuchs（1959）Nom. illegit. ; Zederbauera H. P. Fuchs（1959）■●

19225　Erysimum L. ex Kuntze（1891）Nom. illegit. = Erysimum L.（1753）［十字花科 Brassicaceae（Cruciferae）］■●

19226　Eryssimum Opiz（1826）Nom. inval.［十字花科 Brassicaceae（Cruciferae）］☆

19227　Erythaea Pfeiff.（1874）= Erythraea Borkh.（1796）Nom. illegit. ; ~ = Centaurium Hill（1756）［龙胆科 Gentianaceae］■

19228　Erythalia Delarbre（1800）Nom. illegit. ≡ Gentiana L.（1753）; ~ = Eyrythalia Borkh.（1796）Nom. illegit. ; ~ = Gentianella Moench（1794）(保留属名); ~ = Gentiana L.（1753）［龙胆科 Gentianaceae］■

19229　Erythea S. Watson（1880）【汉】白扇椰子属。【日】ハクセンヤシ属。【英】Erythea，Hesper Palm。【隶属】棕榈科 Arecaceae（Palmae）。【包含】世界 10 种。【学名诠释与讨论】〈阴〉(人)Erytheia，希腊神话中守护金苹果树的仙女。此属的学名是“Erythea S. Watson, Bot. Calif. 2：211. Jul-Dec 1880”。亦有文献把其处理为“Brahea Mart. ex Endl.（1837）”的异名。【分布】美国(西南部)至中美洲。【后选模式】Erythea edulis（H. Wendland）S. Watson［Brahea edulis H. Wendland］。【参考异名】Brahea Mart.（1830）Nom. inval. ; Brahea Mart. ex Endl.（1837）; Glaucothea O. F. Cook（1915）●☆

19230 Erytheremia Endl. (1842) = Erythremia Nutt. (1841); ~ = Lygodesmia D. Don(1829) [菊科 Asteraceae(Compositae)]■☆

19231 Erythorchis Blume = Galeola Lour. (1790) [兰科 Orchidaceae]■

19232 Erythracanthus Nees (1832) = Ebermaiera Nees (1832); ~ = Staurogyne Wall. (1831) [爵床科 Acanthaceae]■

19233 Erythradenia(B. L. Rob.)R. M. King et H. Rob. (1969)【汉】红腺菊属。【隶属】菊科 Asteraceae(Compositae)。【包含】世界 1种。【学名诠释与讨论】〈阴〉(希)erythros, 红色+aden, 所有格 adenos, 腺体。【分布】墨西哥, 中美洲。【模式】Erythradenia pyramidalis (B. L. Robinson) R. M. King et H. E. Robinson [Piqueria pyramidalis B. L. Robinson]。●☆

19234 Erythraea Borkh. (1796) Nom. illegit. ≡ Centaurium Hill(1756) [龙胆科 Gentianaceae]■

19235 Erythraea L. (1796) = Centaurium Hill (1756) [龙胆科 Gentianaceae]■

19236 Erythraea Renealm. ex Borkh. (1796) Nom. illegit. = Erythraea Borkh. (1796) Nom. illegit. ; ~ = Centaurium Hill(1756) [龙胆科 Gentianaceae]■

19237 Erythranthe Spach (1840) = Mimulus L. (1753) [玄参科 Scrophulariaceae//透骨草科 Phrymaceae]●■

19238 Erythranthera Zotov(1963)【汉】红药禾属。【隶属】禾本科 Poaceae(Gramineae)。【包含】世界 3 种。【学名诠释与讨论】〈阴〉(希) erythros, 红色 + anthera, 花药。此属的学名是 "Erythranthera Zotov, New Zealand J. Bot. 1：124. Mar 1963"。亦有文献把其处理为"Rytidosperma Steud. (1854)"的异名。【分布】澳大利亚, 新西兰。【模式】Erythranthera australis (Petrie) Zotov [Triodia australis Petrie]。【参考异名】Rytidosperma Steud. (1854)■☆

19239 Erythranthus Oerst. ex Hanst. (1853)= Drymonia Mart. (1829); ~ = Alloplectus Mart. (1829) (保留属名) [苦苣苔科 Gesneriaceae]●■☆

19240 Erythremia Nutt. (1841) = Lygodesmia D. Don(1829) [菊科 Asteraceae(Compositae)]■☆

19241 Erythrina L. (1753)【汉】刺桐属(海红豆属)。【日】エリスリナ属, デイコ属。【俄】Эритрина。【英】Coral Bean, Coral Bower, Coral Tree, Coralbean, Coral−bean, Coral−tree, Jumble Beans, Lucky Bean。【隶属】豆科 Fabaceae (Leguminosae)//蝶形花科 Papilionaceae。【包含】世界 100-200 种, 中国 13 种。【学名诠释与讨论】〈阴〉(希) erythros, 红色+−inus, −ina, −inum 拉丁文加在名词词干之后, 以形成形容词的词尾, 含义为"属于、相似、关于、小的"。指花冠和种子红色。此属的学名, ING、TROPICOS、APNI、GCI 和 IK 记载是"Erythrina L. , Sp. Pl. 2：706. 1753 [1 May 1753]"。"Corallodendron P. Miller, Gard. Dict. Abr. ed. 4. 28 Jan 1754"和"Mouricou Adanson, Fam. 2：326, 579. Jul−Aug 1763"是"Erythrina L. (1753)"的晚出的同模式异名(Homotypic synonym, Nomenclatural synonym)。【分布】巴基斯坦, 巴拉圭, 巴拿马, 秘鲁, 玻利维亚, 厄瓜多尔, 哥斯达黎加, 马达加斯加, 尼加拉瓜, 利比亚(宁巴), 中国, 中美洲。【后选模式】Erythrina corallodendron Linnaeus。【参考异名】Chirocalyx Meisn. (1843); Corallodendron Kuntze, Nom. illegit. ; Corallodendron Mill. (1754) Nom. illegit. ; Corallodendron Tourn. ex Ruppius(1745) Nom. inval. ; Duchassaingia Walp. (1851); Hypaphorus Hassk. (1858); Macrocymbium Walp. (1853); Micropteryx Walp. (1851); Mouricou Adans. (1763) Nom. illegit. ; Stenotropis Hassk. (1855) Nom. illegit. ; Tetradapa Osbeck(1757); Xyphanthus Raf. (1817)●■

19242 Erythrinaceae Schimp. = Fabaceae Lindl. (保留科名)//Leguminosae Juss. (1789) (保留科名)●■

19243 Erythrobalanus(Oerst.)O. Schwarz(1936)= Quercus L. (1753) [壳斗科(山毛榉科)Fagaceae]●

19244 Erythroblepharum Schltdl. (1855) = Panicum L. (1753) [禾本科 Poaceae(Gramineae)]■

19245 Erythrocarpus Blume(1826) = Gelonium Roxb. ex Willd. (1806) Nom. illegit. ; ~ = Suregada Roxb. ex Rottler (1803) [大戟科 Euphorbiaceae]●

19246 Erythrocarpus M. Roem. (1846) Nom. illegit. = Adenia Forssk. (1775); ~ = Modecca Lam. (1797) [西番莲科 Passifloraceae]●

19247 Erythrocephalum Benth. (1873)【汉】红头菊属。【隶属】菊科 Asteraceae(Compositae)。【包含】世界 12-13 种。【学名诠释与讨论】〈中〉(希) erythros, 红色+kephale, 头。此属的学名, ING、TROPICOS 和 IK 记载是"Erythrocephalum Bentham in Bentham et Hook. f. , Gen. 2：488. 7-9 Apr 1873"。"Erythrocephalum Benth. et Hook. f. (1873) ≡ Erythrocephalum Benth. (1873) [菊科 Asteraceae(Compositae)]"的命名人引证有误。【分布】热带非洲。【模式】未指定。【参考异名】Achyrothalamus O. Hoffm. (1893); Erythrocephalum Benth. et Hook. f. (1873) Nom. illegit. ; Haemastegia Klatt(1892); Megalotheca Welw. ex O. Hoffm. (1893) ■●☆

19248 Erythrocephalum Benth. et Hook. f. (1873) Nom. illegit. ≡ Erythrocephalum Benth. (1873) [菊科 Asteraceae(Compositae)]■ ●☆

19249 Erythrocereus Houghton【汉】红毛掌属。【隶属】仙人掌科 Cactaceae。【包含】世界 1 种。【学名诠释与讨论】〈阳〉(希) erythros, 红色+(属)Cereus 仙影掌属。此属植物是常见的栽培花卉。学名还要再考证。【分布】不详。【模式】不详。■☆

19250 Erythrochaete Siebold et Zucc. (1846)= Senecio L. (1753) [菊科 Asteraceae(Compositae)//千里光科 Senecionidaceae]■●

19251 Erythrochilus Reinw. (1825) = Claoxylon A. Juss. (1824); ~ = Erythrochylus Reinw. ex Blume(1823) Nom. illegit. ; ~ = Claoxylon A. Juss. (1824) [大戟科 Euphorbiaceae]●

19252 Erythrochiton Griff. (1846) Nom. illegit. = Ternstroemia Mutis ex L. f. (1782) (保留属名) [山茶科(茶科)Theaceae//厚皮香科 Ternstroemiaceae]●

19253 Erythrochiton Nees et Mart. (1823)【汉】红被芸香属。【隶属】芸香科 Rutaceae。【包含】世界 7 种。【学名诠释与讨论】〈阳〉(希) erythros, 红色+chiton =拉丁文 chitin, 罩衣, 覆盖物, 铠甲。指红色的花萼。此属的学名, ING 和 IK 记载是"Erythrochiton C. G. D. Nees et C. F. P. Martius, Nova Acta Phys. −Med. Acad. Caes. Leop. −Carol. Nat. Cur. 11：151, 165. 1823"。"Erythrochiton W. Griffith, Proc. Linn. Soc. London 1：282. Mai 1846 = Ternstroemia Mutis ex L. f. (1782) (保留属名) [山茶科(茶科)Theaceae//厚皮香科 Ternstroemiaceae]"是晚出的非法名称。【分布】巴拿马, 秘鲁, 玻利维亚, 厄瓜多尔, 尼加拉瓜, 中美洲。【模式】Erythrochiton brasiliensis C. G. D. Nees et C. F. P. Martius。【参考异名】Pentamorpha Scheidw. (1842); Toxosiphon Baill. (1872)●☆

19254 Erythrochlaena Post et Kuntze (1903) = Cirsium Mill. (1754); ~ = Erythrolaena Sweet(1825) [菊科 Asteraceae(Compositae)]■

19255 Erythrochlamys Gürke(1894)【汉】红被草属。【隶属】唇形科 Lamiaceae(Labiatae)。【包含】世界 5 种。【学名诠释与讨论】〈阴〉(希) erythros, 红色+chlamys, 所有格 chlamydos, 斗篷, 外衣。此属的学名是"Erythrochlamys Guerke, Bot. Jahrb. Syst. 19：222. 21 Aug 1894"。亦有文献把其处理为"Ocimum L. (1753)"的异名。【分布】热带非洲东部。【模式】Erythrochlamys spectabilis Guerke。【参考异名】Ocimum L. (1753)●■☆

19256 Erythrochylus Reinw. (1825) Nom. illegit. = Claoxylon A. Juss.

（1824）；~ = Erythrochylus Reinw. ex Blume（1823）Nom. illegit.；~ =Claoxylon A. Juss.（1824）［大戟科 Euphorbiaceae］●

19257　Erythrochylus Reinw. ex Blume（1823）Nom. illegit. = Claoxylon A. Juss.（1824）［大戟科 Euphorbiaceae］●

19258　Erythrococca Benth.（1849）【汉】红果大戟属。【隶属】大戟科 Euphorbiaceae。【包含】世界 50 种。【学名诠释与讨论】〈阴〉（希）erythros，红色+kokkos，变为拉丁文 coccus，仁，谷粒，浆果。【分布】热带和非洲南部。【模式】Erythrococca aculeata Bentham，Nom. illegit. ［Adelia anomala A. L. Jussieu ex Poiret；Erythrococca anomala（Jussieu ex Poiret）Prain］。【参考异名】Athroandra（Hook. f.）Pax et K. Hoffm.（1914）；Athroandra Pax et K. Hoffm.（1914）Nom. illegit.；Autrandra Pierre ex Prain（1912）；Chloropatane Engl.（1899）；Deflersia Schweinf. ex Penz.（1893）；Poggeophyton Pax（1894）；Rivinoides Afzel. ex Prain（1911）Nom. illegit.●☆

19259　Erythrocoma Greene（1906）= Acomastylis Greene（1906）；~ = Geum L.（1753）［蔷薇科 Rosaceae］■

19260　Erythrocynis Thouars = Cynorkis Thouars（1809）；~ = Orchis L.（1753）［兰科 Orchidaceae］■

19261　Erythrodanum Thouars（1811）Nom. illegit. ≡ Gomozia Mutis ex L. f.（1782）（废弃属名）；~ = Nertera Banks ex Gaertn.（1788）（保留属名）［茜草科 Rubiaceae］■

19262　Erythrodes Blume（1825）【汉】钳唇兰属（钳喙兰属，细笔兰属，小唇兰属）。【日】ホソフデラン属。【英】Nipliporchis。【隶属】兰科 Orchidaceae。【包含】世界 20-100 种，中国 2 种。【学名诠释与讨论】〈阴〉（希）erythros，红色+eidos 相似的。指花红色。此属的学名，ING、TROPICOS、GCI 和 IK 记载是"Erythrodes Blume, Bijdr. Fl. Ned. Ind. 8：410, t. 72. 1825 ［20 Sep – 7 Dec 1825］"。【分布】阿根廷，巴拉圭，巴拿马，玻利维亚，厄瓜多尔，哥伦比亚，哥斯达黎加，美国，尼加拉瓜，印度至马来西亚，中国，波利尼西亚群岛，中美洲。【模式】Erythrodes latifolia Blume。【参考异名】Microchilus C. Presl（1827）；Physurus L.；Physurus Rich.（1818）Nom. inval.；Physurus Rich. ex Lindl.（1840）Nom. illegit. ■

19263　Erythrodris Thouars = Dryopeia Thouars（1822）［兰科 Orchidaceae］■

19264　Erythrogyne Gasp.（1845）Nom. illegit. ≡ Erythrogyne Vis.（1845）［桑科 Moraceae］●

19265　Erythrogyne Vis.（1845）= Ficus L.（1753）［桑科 Moraceae］●

19266　Erythrogyne Vis. ex Gasp.（1845）Nom. illegit. ≡ Erythrogyne Vis.（1845）；~ = Ficus L.（1753）［桑科 Moraceae］●

19267　Erythrolaena Sweet（1825）= Cirsium Mill.（1754）［菊科 Asteraceae（Compositae）］■

19268　Erythroleptis Thouars = Liparis Rich.（1817）（保留属名）；~ = Malaxis Sol. ex Sw.（1788）［兰科 Orchidaceae］■

19269　Erythroniaceae Martinov（1820）［亦见 Liliaceae Juss.（保留科名）百合科］【汉】猪牙花科。【包含】世界 1 属 15-27 种，中国 1 属 2 种。【分布】欧洲南部，温带亚洲，太平洋地区，北美洲。【科名模式】Erythronium L.（1753）

19270　Erythronium L.（1753）【汉】猪牙花属（赤莲属）。【日】エリスロニューム属，カタクリ属。【俄】Зуб собачий, Кандык, Эритрониум。【英】Adder's–tongue, Adderslily, Dog's Tooth, Dog's Tooth Violet, Dog's–tooth Violet, Dog's–tooth Violet, Dog's–tooth–violet, Fawn Lily, Fawnlily, Fawn–lily, Gentian, Trout Lily, Trout–lily。【隶属】百合科 Liliaceae//猪牙花科 Erythroniaceae。【包含】世界 15-27 种，中国 2 种。【学名诠释与讨论】〈中〉（希）erythronion，希腊古名。来自 erythros，红色。指某些种的叶子和

花红色。此属的学名，ING、TROPICOS、GCI 和 IK 记载是"Erythronium L., Sp. Pl. 1：305. 1753 ［1 May 1753］"。"Mithridatium Adanson, Fam. 2：48, 578. Jul – Aug 1763"是"Erythronium L.（1753）"的晚出的同模式异名（Homotypic synonym, Nomenclatural synonym）。【分布】美国，中国，太平洋地区，欧洲南部，温带亚洲，北美洲。【模式】Erythronium dens–canis Linnaeus。【参考异名】Eritronium Scop.（1760）；Erytronium Scop.（1760）；Mithridatium Adans.（1763）Nom. illegit. ■

19271　Erythropalaceae Pilg. et K. Krause = Erythropalaceae Planch. ex Miq.（保留科名）；~ =Olacaceae R. Br.（保留科名）●

19272　Erythropalaceae Planch. ex Miq.（1856）（保留科名）【汉】赤苍藤科。【日】コカノキ科。【英】Erythropalum Family。【包含】世界 1 属 3 种，中国 1 属 1 种。【分布】印度–马来西亚。【科名模式】Erythropalum Blume（1826）●

19273　Erythropalaceae Sleumer =Olacaceae R. Br.（保留科名）●

19274　Erythropalaceae Tiegh. = Erythropalaceae Planch. ex Miq.（保留科名）●

19275　Erythropalla Hassk.（1844）= Erythropalum Blume（1826）［铁青树科 Olacaceae//赤苍藤科 Erythropalaceae］●

19276　Erythropalum Blume（1826）【汉】赤苍藤属（红苍藤属）。【英】Erythropalum。【隶属】铁青树科 Olacaceae//赤苍藤科 Erythropalaceae。【包含】世界 1-3 种，中国 1 种。【学名诠释与讨论】〈中〉（希）erythros，红色+palos，桩，柱，摇，抽签。可能指藤本有腋生卷须。【分布】中国，东喜马拉雅山至印度尼西亚（苏拉威西岛和爪哇岛）。【模式】Erythropalum scandens Blume。【参考异名】Dactylium Griff.（1853）；Decastrophia Griff.（1854）；Erythropalla Hassk.（1844）；Erythroropalum Blume（1828）Nom. illegit.；Mackaya Don；Modeccopsis Griff.（1843）；Modecopsis Griff.（1854）Nom. illegit.；Monaria Korth. ex Valeton ●

19277　Erythrophila Arn.（1841）Nom. illegit. ≡ Erythrophysa E. Mey. ex Arn.（1841）［as 'Erythrophila'］［无患子科 Sapindaceae］●☆

19278　Erythrophila E. Mey. ex Arn.（1841）Nom. illegit. ≡ Erythrophysa E. Mey. ex Arn.（1841）［as 'Erythrophila'］［无患子科 Sapindaceae］●☆

19279　Erythrophlaeum Rchb.（1828）Nom. inval., Nom. illegit. ≡ Erythrophleum Afzel. ex R. Br.（1826）［豆科 Fabaceae（Leguminosae）］☆

19280　Erythrophleum Afzel., Nom. inval., Nom. nud. ≡ Erythrophleum Afzel. ex G. Don（1826）；~ ≡ Erythrophleum Afzel. ex R. Br.（1826）［豆科 Fabaceae（Leguminosae）//云实科（苏木科）Caesalpiniaceae］●

19281　Erythrophleum Afzel. ex G. Don（1826）Nom. illegit. ≡ Erythrophleum Afzel. ex R. Br.（1818）Nom. nud.；~ ≡ Erythrophleum Afzel. ex R. Br.（1826）［豆科 Fabaceae（Leguminosae）//云实科（苏木科）Caesalpiniaceae］●

19282　Erythrophleum Afzel. ex R. Br.（1818）Nom. inval., Nom. nud. ≡ Erythrophleum Afzel. ex R. Br.（1826）［豆科 Fabaceae（Leguminosae）//云实科（苏木科）Caesalpiniaceae］●

19283　Erythrophleum Afzel. ex R. Br.（1826）【汉】格木属。【日】アカバノキ属。【英】Checkwood, Erythrophleum。【隶属】豆科 Fabaceae（Leguminosae）//云实科（苏木科）Caesalpiniaceae。【包含】世界 15 种，中国 1 种。【学名诠释与讨论】〈中〉（希）erythros，红色+phleos，流出。或+phloios，树皮。指树皮切割后有红色汁液流出。此属的学名，ING、TROPICOS 和 IK 记载是"Erythrophleum Afzelius ex R. Brown in Denham et Clapperton, Narr. Travels Africa 235. 1826"；《中国植物志》英文版亦用此名称。Erythrophlaeum Rchb.（1828）Nom. inval., Nom. illegit. =

Erythrophleum Afzel. ex R. Br. （1826）是一个未合格发表的名称（Nom. inval. , Nom. nud. ）。" Erythrophleum Afzel. ≡ Erythrophleum Afzel. ex G. Don（1826）≡ Erythrophleum Afzel. ex R. Br. （1826）" 和 " Erythrophleum Afzel. ex R. Br. , Observ. Congo 11. 1818［3 Mar 1818］≡ Erythrophleum Afzel. ex R. Br. （1826）" 是裸名（Nom. nud. ）。" Erythrophloem Benth. , Flora Australiensis 4 1868" 是 "Erythrophleum Afzel. ex R. Br. （1826）" 的拼写变体。" Erythrophleum Afzel. ex G. Don, Narrative of Travels and Discoveries in Northern and Central Africa 1826 ≡ Erythrophleum Afzel. ex R. Br. （1826）" 是晚出的非法名称。" Erythrophlaeum Rchb. （1828）Nom. inval. , Nom. illegit. = Erythrophleum Afzel. ex R. Br. （1826）" 是晚出的非法名称，亦未合格发表。【分布】澳大利亚，巴拿马，马达加斯加，塞舌尔（塞舌尔群岛），中国，非洲，热带和东亚，中美洲。【模式】未指定。【参考异名】Erythrophlaeum Rchb. （1828）Nom. inval. , Nom. illegit. ；Erythrophleum Afzel. , Nom. inval. , Nom. illegit. ；Erythrophleum Afzel. ex G. Don（1826）Nom. illegit. ；Erythrophleum Afzel. ex R. Br. （1818）Nom. inval. , Nom. nud. ；Erythrophloem Benth. （1868）Nom. illegit. ；Fillaea Guill. et Perr. （1832）；Laboucheria F. Muell. （1859）；Mavia G. Bertol. （1850）●

19284 Erythrophloem Benth. （1868）Nom. illegit. ≡ Erythrophleum Afzel. ex R. Br. （1818）Nom. nud. ；~ ≡ Erythrophleum Afzel. ex R. Br. （1826）［豆科 Fabaceae（Leguminosae）//云实科（苏木科）Caesalpiniaceae］●

19285 Erythrophysa E. Mey. （1843）Nom. illegit. = Erythrophysa E. Mey. ex Arn. （1841）［as 'Erythrophila'］［无患子科 Sapindaceae］●☆

19286 Erythrophysa E. Mey. ex Arn. （1841）［as 'Erythrophila'］【汉】红囊无患属。【隶属】无患子科 Sapindaceae。【包含】世界 7-9 种。【学名诠释与讨论】〈阴〉（希）erythros，红色+physa，风箱，气泡，囊。指果实。此属的学名，ING 和 TROPICOS 记载是 "Erythrophysa E. H. F. Meyer ex Arnott, J. Bot. （Hooker）3：258. 1841（'Erythrophila'）；corr. Sonder in W. H. Harvey et Sonder, Fl. Cap. 1：237. 11-31 Mai 1860"。IK 记载为 "Erythrophysa E. Mey. , Zwei Pflanzengeogr. Docum. （Drège）183. 1843；et ex Harv. et Sond. Fl. Cap. i. 237（1860）"；这是晚出的非法名称。"Erythrophysa E. Mey. ex Harv. et Sond. （1860）Nom. illegit. ≡ Erythrophysa E. Mey. ex Arn. （1841）［as 'Erythrophila'］" 的命名人引证有误。"Erythrophila E. Meyer ex Arnott, J. Bot. （Hooker）3：258. Feb 1841" 是 "Erythrophysa E. Mey. ex Arn. （1841）" 的拼写变体。【分布】马达加斯加，索马里，非洲南部。【模式】Erythrophysa undulata E. H. F. Meyer ex Sonder。【参考异名】Erythrophila Arn. （1841）Nom. illegit. ；Erythrophila E. Mey. ex Arn. （1841）Nom. illegit. ；Erythrophysa E. Mey. （1843）Nom. illegit. ；Erythrophysa E. Mey. ex Harv. et Sond. （1860）Nom. illegit. ；Erythrophysopsis Verdc. （1962）●☆

19287 Erythrophysa E. Mey. ex Harv. et Sond. （1860）Nom. illegit. ≡ Erythrophysa E. Mey. ex Arn. （1841）［as 'Erythrophila'］［无患子科 Sapindaceae］●☆

19288 Erythrophysopsis Verdc. （1962）= Erythrophysa E. Mey. ex Arn. （1841）［as 'Erythrophila'］［无患子科 Sapindaceae］●☆

19289 Erythropogon DC. （1838）= Metalasia R. Br. （1817）［菊科 Asteraceae（Compositae）］●☆

19290 Erythropsis Lindl. （1827）Nom. inval. ≡ Erythropsis Lindl. ex Schott et Endl. （1832）；~ = Firmiana Marsili（1786）［梧桐科 Sterculiaceae//锦葵科 Malvaceae］●

19291 Erythropsis Lindl. ex Schott et Endl. （1832）【汉】火桐属（火桐属）。【英】Erythropsis。【隶属】梧桐科 Sterculiaceae//锦葵科 Malvaceae。【包含】世界 12-20 种，中国 3 种。【学名诠释与讨论】〈阴〉（希）erythros，红色+希腊文 opsis，外观，模样，相似。指花萼橙红色。此属的学名，ING、TROPICOS 和 IK 记载是 "Erythropsis Lindley ex Schott et Endlicher, Melet. Bot. 33. 1832"。"Erythropsis Lindl. , in Brande, Journ. Sc. （Sep 1827）112, in obs. ≡ Erythropsis Lindl. ex Schott et Endl. （1832）［梧桐科 Sterculiaceae//锦葵科 Malvaceae］" 是裸名。"Karaka Rafinesque, Sylva Tell. 72. Oct – Dec 1838" 是 "Erythropsis Lindl. ex Schott et Endl. （1832）" 的晚出的同模式异名（Homotypic synonym, Nomenclatural synonym）。甲藻的 "Erythropsis R. Hertwig, Morphol. Jahrb. 10：204. 1884 ≡ Erythropsidinium P. C. Silva 1960" 是晚出的非法名称。亦有文献把 "Erythropsis Lindl. ex Schott et Endl. （1832）" 处理为 "Firmiana Marsili（1786）" 的异名。【分布】巴基斯坦，玻利维亚，马达加斯加，印度，中国，东南亚西部，热带非洲。【模式】Erythropsis roxburghiana Schott et Endlicher, Nom. illegit. ［Sterculia colorata Roxburgh；Erythropsis colorata （Roxburgh）Burkill］。【参考异名】Erythropsis Lindl. （1827）Nom. inval. ；Firmiana Marsili（1786）；Karaka Raf. （1838）Nom. illegit. ●

19292 Erythropyxis Engl. （1902）= Brazzeia Baill. （1886）；~ = Erytropyxis Pierre（1896）［革瓣花科（木果树科）Scytopetalaceae］●☆

19293 Erythrorchis Blume（1837）【汉】蔓茎山珊瑚属（倒吊兰属）。【英】Erythrorchis。【隶属】兰科 Orchidaceae。【包含】世界 3 种，中国 1 种。【学名诠释与讨论】〈阴〉（希）erythros，红色+orchis，原义是睾丸，后变为植物兰的名称，因为根的形态而得名。变为拉丁文 orchis，所有格 orchidis。指花红色。《中国植物志》英文版汉名使用 "倒吊兰属"；《Digital Flora of Taiwan》则用为 "蔓茎山珊瑚属"。【分布】日本，中国，东南亚，琉球群岛，新几内亚岛。【模式】Erythrorchis altissima （Blume）Blume ［Cyrtosia altissima Blume］。■

19294 Erythrorhipsalis A. Berger（1920）【汉】红仙人棒属（红丝苇属）。【日】エリスロリブサリス属。【隶属】仙人掌科 Cactaceae。【包含】世界 1 种。【学名诠释与讨论】〈阴〉（希）erythros，红色+（属）Rhipsalis 仙人棒属（丝苇属）。此属的学名是 "Erythrorhipsalis A. Berger, Monatsschr. Kakteenk. 30：4. Jan 1920"。亦有文献把其处理为 "Rhipsalis Gaertn. （1788）（保留属名）" 的异名。【分布】巴西（南部），玻利维亚。【模式】Erythrorhipsalis pilocarpa （Löfgren）A. Berger ［Rhipsalis pilocarpa Löfgren］。【参考异名】Rhipsalis Gaertn. （1788）（保留属名）●☆

19295 Erythrorhiza Michx. （1803）Nom. illegit. = Galax Sims（1804）（保留属名）［岩梅科 Diapensiaceae］■☆

19296 Erythroropalum Blume（1828）Nom. illegit. = Erythropalum Blume（1826）［铁青树科 Olacaceae//赤苍藤科 Erythropalaceae］●

19297 Erythroselinum Chiov. （1911）【汉】红亮蛇床属。【隶属】伞形花科（伞形科）Apiaceae（Umbelliferae）。【包含】世界 1 种。【学名诠释与讨论】〈中〉（希）erythros，红色+selinon，芹菜。或+（属）Selinum 亮蛇床属（滇前胡属）。【分布】热带非洲。【模式】Erythroselinum atropurpureum （W. P. Schimper ex A. Richard）Chiovenda ［Pastinaca atropurpurea W. P. Schimper ex A. Richard］。■☆

19298 Erythroseris N. Kilian et Gemeinholzer（2007）【汉】红苣属。【隶属】菊科 Asteraceae（Compositae）。【包含】世界 2 种。【学名诠释与讨论】〈阴〉（希）erythros，红色+seris，菊苣。此属的学名是 "Erythroseris N. Kilian et Gemeinholzer, Willdenowia 37（1）：292-294, f. 3, 4A-E, 5 ［map］. 2007"。亦有文献把其处理为 "Tolpis Adans. （1763）" 的异名。【分布】非洲。【模式】Prenanthes amabilis Balf. f. 。【参考异名】Tolpis Adans. (1763)■☆

19299 Erythrospermaceae(DC.) Doweld(2001) = Flacourtiaceae Rich. ex DC. (保留科名)●

19300 Erythrospermaceae Doweld(2001) = Flacourtiaceae Rich. ex DC. (保留科名)●

19301 Erythrospermaceae Tiegh. = Achariaceae Harms(保留科名); ~ = Flacourtiaceae Rich. ex DC. (保留科名)●

19302 Erythrospermaceae Tiegh. ex Bullock = Flacourtiaceae Rich. ex DC. (保留科名)●

19303 Erythrospermum Lam. (1791)(废弃属名) = Erythrospermum Thouars(1808)（保留属名）［刺篱木科（大风子科）Flacourtiaceae］●

19304 Erythrospermum Thouars(1808)(保留属名)【汉】红子木属。【英】Erythrospermum,Redseedtree。【隶属】刺篱木科(大风子科)Flacourtiaceae。【包含】世界 6 种,中国 2 种。【学名诠释与讨论】〈中〉(希)erythros,红色+sperma,所有格 spermatos,种子,孢子。指种子有红色假种皮。此属的学名"Erythrospermum Thouars,Hist. Vég. Isles Austral. Afriq. :65. Jan 1808"是保留属名。相应的废弃属名是刺篱木科（大风子科）Flacourtiaceae 的"Pectinea Gaertn. ,Fruct. Sem. Pl. 2 ;136. Sep（sero）-Nov 1790 = Erythrospermum Thouars（1808）（保留属名）"。刺篱木科的"Erythrospermum Lam. ,Tabl. Encycl. t. 274(1792); Tabl. Encycl. ii. 407(1819)= Erythrospermum Thouars(1808)(保留属名)"亦应废弃。【分布】马达加斯加,马来西亚,缅甸,斯里兰卡,中国,波利尼西亚群岛。【模式】Erythrospermum pyrifolium Poir. 。【参考异名】Erythrospermum Lam. (1791)(废弃属名); Gestroa Becc. (1877); Pectinea Gaertn. (1791)(废弃属名)●

19305 Erythrostaphyle Hance (1873) = Iodes Blume (1825)［as ' Iòdes'］［茶茱萸科 Icacinaceae］●

19306 Erythrostemon Klotzsch(1844)【汉】红蕊豆属。【隶属】豆科 Fabaceae(Leguminosae)//云实科(苏木科)Caesalpiniaceae。【包含】世界 2 种。【学名诠释与讨论】〈阳〉(希)erythros,红色+stemon,雄蕊。此属的学名是"Erythrostemon Klotzsch in Link,Klotzsch et Otto,Icon. Pl. Rar. Horti. Berol. 2 : 97. t. 39. Apr 1844"。亦有文献把其处理为"Caesalpinia L. (1753)"的异名。【分布】玻利维亚,热带美洲。【模式】Erythrostemon gilliesii (Wallich ex W. J. Hooker) Klotzsch ［Caesalpinia gilliesii Wallich ex W. J. Hooker］。【参考异名】Caesalpinia L. (1753)■☆

19307 Erythrostictus Schltdl. (1826) = Androcymbium Willd. (1808)［秋水仙科 Colchicaceae］■☆

19308 Erythrostigma Hassk. (1842) = Connarus L. (1753)［牛栓藤科 Connaraceae］●

19309 Erythrotis Hook. f. (1875) = Cyanotis D. Don(1825)（保留属名）［鸭跖草科 Commelinaceae］■

19310 Erythroxylaceae Kunth(1822)（保留科名）【汉】古柯科(高卡科)。【日】コカノキ科,コカ科。【俄】Кокайновые。【英】Coca Family,Cocaine Family。【包含】世界 4 属 240-260 种,中国 1 属 2 种。【分布】热带。【科名模式】Erythroxylum P. Browne(1756)●

19311 Erythroxylon L. (1759) Nom. illegit. = Erythroxylum P. Browne (1756)［古柯科 Erythroxylaceae］●

19312 Erythroxylum P. Browne(1756)【汉】古柯属(高根属)。【日】コカ属。【俄】Куст кокайновый,Эритроксилон。【英】Catuaba Herbal,Coca,Cocaine Tree,Cocainetree。【隶属】古柯科 Erythroxylaceae。【包含】世界 230-250 种,中国 2 种。【学名诠释与讨论】〈中〉(希)erythros,粗的,微红的,红色+xylon,木材。指木材红色。此属的学名,ING、APNI、GCI 和 IK 记载是"Erythroxylum P. Browne,The Civil and Natural History of Jamaica

1756"。"Erythroxylon L. , Syst. Nat. , ed. 10. 2 : 1035. 1759 = Erythroxylum P. Browne(1756)［古柯科 Erythroxylaceae］"是晚出的非法名称,也是其拼写变体。【分布】巴拉圭,巴拿马,玻利维亚,厄瓜多尔,哥伦比亚,哥斯达黎加,马达加斯加,尼加拉瓜,中国,热带和亚热带,中美洲。【模式】Erythroxylum areolatum Linnaeus。【参考异名】Erythroxylon L. (1759); Lethia Forbes et Hemsl. ; Roelana Comm. ex DC. (1824); Roellana Comm. ex Lam. ; Sethia Kunth(1822); Steudelia Spreng. (1822); Venelia Comm. ex Bndi. ●

19313 Erytrochilus Blume (1826) = Claoxylon A. Juss. (1824); ~ = Erythrochylus Reinw. ex Blume (1823) Nom. illegit. ; ~ = Claoxylon A. Juss. (1824)［大戟科 Euphorbiaceae］●

19314 Erytrochilus Reinw. ex Blume (1826) Nom. illegit. ≡ Erytrochilus Blume (1826); ~ = Claoxylon A. Juss. (1824)［大戟科 Euphorbiaceae］●

19315 Erytrochiton Schltdl. (1846) = Erythrochiton Griff. (1846) Nom. illegit. ; ~ = Ternstroemia Mutis ex L. f. (1782)（保留属名）［山茶科(茶科)Theaceae//厚皮香科 Ternstroemiaceae］●

19316 Erytronium Scop. (1760) = Erythronium L. (1753)［百合科 Liliaceae//猪牙花科 Erythroniaceae］■

19317 Erytropyxis Pierre (1896) = Brazzeia Baill. (1886)［革瓣花科（木果树科）Scytopetalaceae］●☆

19318 Esblichia Rose(1899) = Erblichia Seem. (1854)［时钟花科（穗柱榆科,窝籽科,有叶花科）Turneraceae］●☆

19319 Escallonia L. f. (1782) Nom. illegit. ≡ Escallonia Mutis ex L. f. (1782)［虎耳草科 Saxifragaceae//醋栗科（茶藨子科）Grossulariaceae//鼠刺科 Iteaceae//南美鼠刺科（吊片果科,鼠刺科,夷鼠刺科）Escalloniaceae］●☆

19320 Escallonia Mutis ex L. f. (1782)【汉】南美鼠刺属(艾斯卡罗属,鼠刺属)。【日】エスカロニア属。【俄】Эскаллония,Эскалония。【英】Escallonia。【隶属】虎耳草科 Saxifragaceae//醋栗科（茶藨子科）Grossulariaceae//鼠刺科 Iteaceae//南美鼠刺科（吊片果科,鼠刺科,夷鼠刺科）Escalloniaceae。【包含】世界 39-60 种。【学名诠释与讨论】〈阴〉(人)Escallon,西班牙旅行家,曾到南美旅行和采集植物标本。此属的学名,ING、APNI 和 IK 记载是"Escallonia Mutis ex Linnaeus f. ,Suppl. 21,156. Apr 1782"。"Escallonia Mutis, Corr. Linnaeus ［J. E. Smith］ii. 532 (1821) = Dichondra J. R. Forst. et G. Forst. (1775)"是晚出的非法名称。"Escallonia L. f. (1782) Nom. illegit. ≡ Escallonia Mutis ex L. f. (1782)"的命名人引证有误。【分布】安第斯山,巴拿马,秘鲁,玻利维亚,厄瓜多尔,哥伦比亚(安蒂奥基亚),哥斯达黎加,中美洲。【模式】Escallonia myrtilloides Linnaeus f. 。【参考异名】Dichondra J. R. Forst. et G. Forst. (1775); Escallonia L. f. (1782) Nom. illegit. ; Escallonia Mutis(1821) Nom. illegit. ; Stereoxylon Ruiz et Pav. (1794); Vigieria Vell. (1829)●☆

19321 Escallonia Mutis (1821) Nom. illegit. = Escallonia Mutis ex L. f. (1782)［虎耳草科 Saxifragaceae//醋栗科（茶藨子科）Grossulariaceae//鼠刺科 Iteaceae//南美鼠刺科（吊片果科,鼠刺科,夷鼠刺科）Escalloniaceae］●☆

19322 Escalloniaceae Dumort. = Escalloniaceae R. Br. ex Dumort. (保留科名)●

19323 Escalloniaceae R. Br. ex Dumort. (1829)（保留科名）［亦见 Grossulariaceae DC. (保留科名)醋栗科(茶藨子科)]【汉】南美鼠刺科（吊片果科,鼠刺科,夷鼠刺科）。【英】Escallonia Family,Sweetspire Family。【包含】世界 1-10 属 39-150 种,中国 3 属 23 种。【分布】热带和南温带,多数在南美洲和澳大利亚。【科名模式】Escallonia Mutis ex L. f. ●

19324 Eschenbachia Moench（1794）（废弃属名）= Conyza Less.（1832）（保留属名）［菊科 Asteraceae（Compositae）］■

19325 Escheria Regel（1849）= Gloxinia L'Hér.（1789）［苦苣苔科 Gesneriaceae］■☆

19326 Eschholzia Rchb.（1828）Nom. illegit. ≡ Eschscholtzia Bernh.（1833）Nom. illegit.；~ ≡ Eschscholzia Cham.（1820）；~ = Escholtzia Dumort.（1829）Nom. illegit.；~ = Eschscholzia Cham.（1820）［罂粟科 Papaveraceae//花菱草科 Eschscholtziaceae］■

19327 Eschholzia Cham.（1820）Nom. illegit. ≡ Eschscholzia Cham.（1820）［罂粟科 Papaveraceae//花菱草科 Eschscholtziaceae］■

19328 Escholtzia Dumort.（1829）Nom. illegit. ≡ Eschscholzia Cham.（1820）［罂粟科 Papaveraceae//花菱草科 Eschscholtziaceae］■

19329 Eschscholtzia Bernh.（1833）Nom. illegit. ≡ Eschscholzia Cham.（1820）［罂粟科 Papaveraceae//花菱草科 Eschscholtziaceae］■

19330 Eschscholtzia Cham.（1820）Nom. illegit. ≡ Eschscholzia Cham.（1820）［罂粟科 Papaveraceae//花菱草科 Eschscholtziaceae］■

19331 Eschscholtzia Rchb.（1828）Nom. illegit. ≡ Eschscholzia Cham.（1820）［罂粟科 Papaveraceae//花菱草科 Eschscholtziaceae］■

19332 Eschscholtziaceae A. C. Sm.（1971）【汉】花菱草科。【包含】世界 1 属 12 种，中国 1 属 1 种。【分布】北美洲。【科名模式】Eschscholzia Cham.（1820）■

19333 Eschscholtziaceae Seringe（1847）= Papaveraceae Juss.（保留科名）●■

19334 Eschscholzia Cham.（1820）【汉】花菱草属。【日】キンエイカ属，キンエイクワ属，ハナシソウ属。【俄】Полынёк，Полынок，Эсшольция，Эшолтциа，Эшольция，Эшшольция。【英】California Poppy，Californian Poppy，Gold Poppy，Goldpoppy。【隶属】罂粟科 Papaveraceae//花菱草科 Eschscholtziaceae。【包含】世界 12 种，中国 1 种。【学名诠释与讨论】〈阴〉（人）Johann Friedrich Gustav von Eschscholtz，1793-1831，奥地利医生、植物学者，另说他是爱沙尼亚植物学者。此属的学名，ING、APNI、GCI 和 IK 记载是"Eschscholzia Chamisso in C. G. D. Nees，Horae Phys. Berol. 73. 1-8 Feb 1820"。"Chryseis J. Lindley，Edwards's Bot. Reg. t. 1948. 1 Apr 1837（non Cassini 1817）"和"Omonoia Rafinesque，Fl. Tell. 2：92. Jan-Mar 1837"是"Eschscholzia Cham.（1820）"的晚出的同模式异名（Homotypic synonym，Nomenclatural synonym）。"Eschholtzia Rchb.，Consp. Regn. Veg.［H. G. L. Reichenbach］187. 1828"、"Eschholzia Cham.（1820）Nom. illegit."、"Escholtzia Dumort.，Analyse des Familles des Plantes 52. 1829"、"Eschscholtzia Bernh.，Linnaea 8：464. 1833"、"Eschsholzia DC.，Prodr.［A. P. de Candolle］3：344. 1828［mid Mar 1828］"、"Eschscholtzia Cham.（1820）"和"Eschscholtzia Rchb.（1828）"都是"Eschscholzia Cham.（1820）"的拼写变体。【分布】巴基斯坦，秘鲁，玻利维亚，厄瓜多尔，美国，中国，北美洲，中美洲。【模式】Eschscholzia californica Chamisso。【参考异名】Chryseis Lindl.（1837）Nom. illegit.；Elshotzia Raf.；Eschholtzia Rchb.（1828）Nom. illegit.；Eschholzia Cham.（1820）Nom. illegit.；Escholtzia Dumort.（1829）Nom. illegit.；Eschscholtzia Bernh.（1833）Nom. illegit.；Eschscholtzia Cham.（1820）Nom. illegit.；Eschscholtzia Rchb.（1828）Nom. illegit.；Eschsholzia DC.（1828）Nom. illegit.；Omonoia Raf.（1837）Nom. illegit.；Petromecon Greene（1905）■

19335 Eschsholzia DC.（1828）Nom. illegit. ≡ Eschscholzia Cham.（1820）［罂粟科 Papaveraceae//花菱草科 Eschscholtziaceae］■

19336 Eschweilera Mart.（1828）Nom. illegit. ≡ Eschweilera Mart. ex DC.（1828）［玉蕊科（巴西果科）Lecythidaceae］●☆

19337 Eschweilera Mart. ex DC.（1828）【汉】拉美玉蕊属。【隶属】玉蕊科（巴西果科）Lecythidaceae。【包含】世界 85-120 种。【学名诠释与讨论】〈阴〉（人）Franz Gerhard（Franciscus Gerardus）Eschweiler，1796-1831，德国植物学者。此属的学名，ING、GCI 和 IK 记载是"Eschweilera C. F. P. Martius ex A. P. de Candolle，Prodr. 3：293. Mar（med.）1828"。"Eschweilera Mart.（1828）Nom. illegit. = Eschweilera Mart. ex DC.（1828）［玉蕊科（巴西果科）Lecythidaceae］"的命名人引证有误。【分布】巴拿马，秘鲁，玻利维亚，厄瓜多尔，哥伦比亚（安蒂奥基亚），哥斯达黎加，尼加拉瓜，中美洲。【后选模式】Eschweilera parvifolia C. F. P. Martius。【参考异名】Eschweilera Mart.（1828）Nom. illegit.；Jugastrum Miers（1874）；Neohuberia Ledoux（1963）；Noallia Buc'hoz（1783）●☆

19338 Eschweileria Zipp. ex Boerl.（1887）Nom. illegit. ≡ Boerlagiodendron Harms（1894）；~ = Osmoxylon Miq.（1863）［五加科 Araliaceae］●

19339 Esclerona Raf.（1838）【汉】木荚豆属。【隶属】豆科 Fabaceae（Leguminosae）//含羞草科 Mimosaceae。【包含】世界 12-13 种，中国 1 种。【学名诠释与讨论】〈阴〉（希）xyle = xylon，木材。指荚果木质。此属的学名，ING、TROPICOS 和《台湾植物志》记载是"Xylia Bentham，J. Bot.（Hooker）4：417. Jan 1842"。ING 记载它是"Esclerona Rafinesque，Sylva Tell. 120. Oct-Dec 1838"的晚出的同模式异名（Homotypic synonym，Nomenclatural synonym）。"Xylia Benth.（1842）Nom. illegit."应予废弃。"Xylolobus O. Kuntze in Post et O. Kuntze，Lex. 598. Dec 1903 ≡ Xylia Bentham 1842 ≡ Esclerona Rafinesque 1838"也是晚出的同模式异名。【分布】马达加斯加，中国，热带非洲，热带亚洲。【模式】Esclerona montana Rafinesque，nom. illeg.［Mimosa xylocarpa Roxburgh；Xylia xylocarpa（Roxburgh）Taubert］。【参考异名】Esclerona Raf.（1838）；Xylolobus Kuntze（1903）Nom. illegit. ●

19340 Escobaria Britton et Rose（1923）【汉】松笠属（松球属）。【日】エスコバリア属。【英】Cob Cactus。【隶属】仙人掌科 Cactaceae。【包含】世界 15-16 种。【学名诠释与讨论】〈阴〉（人）Numa Pompilio Escobar Zerman（1874-1949）和 Romulo Escobar Zerman（1882-1946），墨西哥植物采集家。此属的学名，ING、GCI、TROPICOS 和 IK 记载是"Escobaria N. L. Britton et J. N. Rose，Cact. 4：53. 9 Oct 1923"。"Escobaria Britton，Rose et P. Buxb.，Oesterr. Bot. Z. 98：78，descr. emend. 1951"修订了属的描述。"Escobaria N. P. Taylor，Kakteen And. Sukk. 34：185. 1983 = Acharagma（N. P. Taylor）A. D. Zimmerman ex Glass（1997）= Escobaria Britton et Rose（1923）［仙人掌科 Cactaceae］"是晚出的非法名称。Moran（1953）把其降级为"Coryphantha sect. Escobaria（Britton et Rose）Moran，Gentes Herbarum；Occasional Papers on the Kinds of Plants 8（4）：318. 1953"。亦有文献把"Escobaria Britton et Rose（1923）"处理为"Coryphantha（Engelm.）Lem.（1868）（保留属名）"的异名。【分布】美国（西南部），墨西哥。【模式】Escobaria tuberculosa（Engelmann）N. L. Britton et J. N. Rose［Mammillaria tuberculosa Engelmann］。【参考异名】Acharagma（N. P. Taylor）A. D. Zimmerman ex Glass（1997）；Acharagma（N. P. Taylor）Glass（1998）Nom. illegit.；Cochiseia W. H. Earle（1976）；Coryphantha（Engelm.）Lem.（1868）（保留属名）；Coryphantha sect. Escobaria（Britton et Rose）Moran（1953）；Escobaria Britton，Rose et P. Buxb.（1951），descr. emend.；Escobaria N. P. Taylor（1983）Nom. illegit.；Escobesseya Hester（1941）；Escocoryphantha Doweld（1999）；Fobea Frič ex Boed.（1933）；Fobea Frič（1933）Nom. illegit.；Neobesseya Britton et Rose（1923）●☆

19341 Escobaria Britton，Rose et P. Buxb.（1951），descr. emend. = Escobaria Britton et Rose（1923）［仙人掌科 Cactaceae］●☆

19342 Escobaria N. P. Taylor（1983）Nom. illegit. = Acharagma（N. P. Taylor）A. D. Zimmerman ex Glass（1997）；~ = Escobaria Britton et

Rose（1923）［仙人掌科 Cactaceae］●☆

19343　Escobariopsis Doweld（2000）【汉】类松笠属。【隶属】仙人掌科 Cactaceae。【包含】世界 35 种。【学名诠释与讨论】〈阴〉（属）Escobaria 松笠属+希腊文 opsis，外观，模样，相似。【分布】美洲。【模式】Escobariopsis prolifera（P. Miller）A. B. Doweld［Cactus proliferus P. Miller］。●☆

19344　Escobedia Ruiz et Pav.（1794）【汉】埃斯列当属。【隶属】玄参科 Scrophulariaceae//列当科 Orobanchaceae。【包含】世界 15 种。【学名诠释与讨论】〈阴〉词源不详。似来自人名或地名。【分布】巴拉圭，巴拿马，秘鲁，玻利维亚，厄瓜多尔，哥伦比亚（安蒂奥基亚），尼加拉瓜，中美洲。【模式】Escobedia scabrifolia Ruiz et Pavon。【参考异名】Micalia Raf.（1837）；Silvia Vell.（1829）■☆

19345　Escobesseya Hester（1941）= Coryphantha（Engelm.）Lem.（1868）（保留属名）；~ = Escobaria Britton et Rose（1923）［仙人掌科 Cactaceae］●☆

19346　Escobrittonia Doweld（2000）= Coryphantha（Engelm.）Lem.（1868）（保留属名）［仙人掌科 Cactaceae］●■

19347　Escocoryphantha Doweld（1999）= Escobaria Britton et Rose（1923）［仙人掌科 Cactaceae］●☆

19348　Escontria（Schum.）Rose（1906）Nom. illegit. ≡ Escontria Rose（1906）［仙人掌科 Cactaceae］●☆

19349　Escontria Britton et Rose, Nom. illegit. ≡ Escontria Rose（1906）［仙人掌科 Cactaceae］●☆

19350　Escontria Rose（1906）【汉】角鳞柱属。【日】エスコントリア属。【隶属】仙人掌科 Cactaceae。【包含】世界 1 种。【学名诠释与讨论】〈阴〉词源不详。此属的学名，ING、TROPICOS、GCI 和 IK 记载是"Escontria J. N. Rose, Contr. U. S. Natl. Herb. 10：125. 5 Dec 1906"。"Escontria（Schum.）Rose（1906）≡ Escontria Rose（1906）"和"Escontria Britton et Rose ≡ Escontria Rose（1906）"的命名人引证有误。【分布】墨西哥。【模式】Escontria chiotilla（Weber ex K. Schumann）J. N. Rose［Cereus chiotilla Weber ex K. Schumann］。【参考异名】Escontria（Schum.）Rose（1906）Nom. illegit. ；Escontria Britton et Rose, Nom. illegit. ●☆

19351　Esculus L.（1754）Nom. illegit. ≡ Aesculus L.（1753）［七叶树科 Hippocastanaceae//无患子科 Sapindaceae］●

19352　Esculus Raf., Nom. illegit. = Aesculus L.（1753）［七叶树科 Hippocastanaceae//无患子科 Sapindaceae］●

19353　Esdra Salisb.（1866）= Trillium L.（1753）［百合科 Liliaceae//延龄草科（重楼科）Trilliaceae］■

19354　Esembeckia Barb. Rodr.（1883）= Esenbeckia Kunth（1825）；~ ≡ Cotylephora Meisn.（1837）Nom. illegit. ；~ ≡ Neesia Blume（1835）（保留属名）［芸香科 Rutaceae］●☆

19355　Esenbeckia Blume（1825）Nom. illegit. ≡ Cotylephora Meisn.（1837）Nom. illegit. ；~ ≡ Neesia Blume（1835）（保留属名）［木棉科 Bombacaceae//锦葵科 Malvaceae］●☆

19356　Esenbeckia Kunth（1825）【汉】类药芸香属。【英】Gasparillo。【隶属】芸香科 Rutaceae。【包含】世界 20-38 种。【学名诠释与讨论】〈阴〉（人）Christian Gottfried Daniel Nees von Esenbeck, 1776-1858，德国植物学家。此属的学名，ING、TROPICOS 和 IK 记载是"Esenbeckia Kunth in Humboldt, Bonpland et Kunth, Nova Gen. Sp. 7；ed. fol. 191；ed. qu. 246. 25 Apr 1825"。"Esenbeckia Blume, Bijdr. Fl. Ned. Ind. 3：118. 1825［20 Aug 1825］"是晚出的非法名称。它曾经被"Cotylephora C. F. Meisner, Pl. Vasc. Gen. 2：28. 21-27 Mai 1837（'1836'）"所替代。它还是"Neesia Blume（1835）（保留属名）［木棉科 Bombacaceae//锦葵科 Malvaceae］"同模式异名（Homotypic synonym, Nomenclatural synonym）。苔藓的"Esenbeckia S. E. Bridel, Bryol. Univ. 2：753. 1827 ≡ Garovaglia

Endlicher 1836"亦是晚出的非法名称。【分布】巴拉圭，巴拿马，秘鲁，玻利维亚，厄瓜多尔，哥伦比亚，尼加拉瓜，西印度群岛，热带美洲，中美洲。【模式】Esenbeckia altissima Blume。【参考异名】Colythrum Schott（1834）；Esembeckia Barb. Rodr.（1883）；Kuala H. Karst. et Triana（1855）Nom. illegit. ；Kuala Triana（1855）；Polembryum A. Juss.（1825）；Polyembrium Schott ex Steud.（1841）Nom. illegit. ；Polyembryum Schotr ex Stand.（1841）；Polyembryum Schott ex Steud.（1841）●☆

19357　Esera Neck.（1790）Nom. inval. = Drosera L.（1753）［茅膏菜科 Droseraceae］■

19358　Esfandiari Charif et Aellen（1952）= Anabasis L.（1753）［藜科 Chenopodiaceae］●■

19359　Esfandiaria Charif et Aellen（1952）= Anabasis L.（1753）［藜科 Chenopodiaceae］●■

19360　Eskemukerjea Malick et Sengupta（1972）= Fagopyrum Mill.（1754）（保留属名）［蓼科 Polygonaceae］●■

19361　Esmarchia Rchb.（1832）= Cerastium L.（1753）［石竹科 Caryophyllaceae］■

19362　Esmeralda Rchb. f.（1862）【汉】花蜘蛛兰属。【英】Garishspiderorchis。【隶属】兰科 Orchidaceae。【包含】世界 3 种，中国 2 种。【学名诠释与讨论】〈阴〉（希）= 拉丁文，绿宝石，碧玉等。【分布】印度，中国。【模式】Esmeralda cathcarti（Lindley）H. G. Reichenbach［Vanda cathcarti Lindley］。■

19363　Esmeraldia E. Fourn.（1882）Nom. illegit. ≡ Meresaldia Bullock（1965）；~ = Asclepias L.（1753）［萝藦科 Asclepiadaceae］■

19364　Esopon Raf.（1817）= Prenanthes L.（1753）［菊科 Asteraceae（Compositae）］■

19365　Espadaea A. Rich.（1850）【汉】古巴印茄树属。【隶属】印茄树科 Goetzeaceae。【包含】世界 1 种。【学名诠释与讨论】〈阴〉（人）Espada。此属的学名，ING、TROPICOS 和 IK 记载是"Espadaea A. Richard in R. de la Sagra, Hist. Fis. Cuba 11：147. 1850"。"Espadea Miers = Espadaea A. Rich.（1850）"是其异名。【分布】古巴。【模式】Espadaea amoena A. Richard。【参考异名】Armeniastrum Lem.（1854）；Espadea Miers ●☆

19366　Espadea Miers = Espadaea A. Rich.（1850）［印茄树科 Goetzeaceae］●☆

19367　Espejoa DC.（1836）【汉】肋芒菊属。【隶属】菊科 Asteraceae（Compositae）。【包含】世界 1 种。【学名诠释与讨论】〈阴〉（人）Espejo。此属的学名是"Espejoa A. P. de Candolle, Prodr. 5：660. Oct（prim.）1836"。亦有文献把其处理为"Jaumea Pers.（1807）"的异名。【分布】墨西哥，尼加拉瓜，中美洲。【模式】Espejoa mexicana A. P. de Candolle。【参考异名】Jaumea Pers.（1807）■☆

19368　Espeletia Bonpl.（1808）Nom. illegit. ≡ Espeletia Mutis ex Bonpl.（1808）［菊科 Asteraceae（Compositae）］●☆

19369　Espeletia Mutis ex Bonpl.（1808）【汉】永叶菊属。【日】エスベレチア属。【隶属】菊科 Asteraceae（Compositae）。【包含】世界 54-88 种。【学名诠释与讨论】〈阴〉（人）Espelet。此属的学名，ING 和 TROPICOS 记载是"Espeletia Mutis ex Bonpland in Humboldt et Bonpland, Pl. Aequin. 2：10. Nov 1808（'1809'）"。IK 记载为"Espeletia Mutis ex Humb. et Bonpl., Pl. Aequinoct.［Humboldt et Bonpland］2（9）：10, t. 70-72. 1808［1809 publ. Nov 1808］"；GCI 则记载为"Espeletia Bonpl., Pl. Aequinoct.［Humboldt et Bonpland］2（9）：10. 1808［dt. 1809；issued Nov 1808］"；四者引用的文献相同。"Espeletia Nutt., J. Acad. Nat. Sci. Philadelphia vii.（1834）37. t. 4 = Balsamorhiza Hook. ex Nutt.（1840）［菊科 Asteraceae（Compositae）］"是晚出的非法名称。

"Espeletia Mutis. (1808) Nom. illegit. ≡ Espeletia Mutis ex Bonpl. (1808) [菊科 Asteraceae(Compositae)]"的命名人引证有误。【分布】厄瓜多尔, 哥伦比亚, 安第斯山。【模式】Espeletia grandiflora Bonpland。【参考异名】Carramboa Cuatrec. (1976); Coespeletia Cuatrec. (1976); Espeletia Bonpl. (1808) Nom. illegit.; Espeletia Mutis ex Humb. et Bonpl. (1808) Nom. illegit.; Espeletia Mutis. (1808) Nom. illegit.; Espeletiopsis Cuatrec. (1976) Nom. illegit.; Libanothamnus Ernst(1870); Paramiflos Cuatrec. (1995); Ruilopezia Cuatrec. (1976); Tamania Cuatrec. (1976) ●☆

19370 Espeletia Mutis ex Humb. et Bonpl. (1808) Nom. illegit. ≡ Espeletia Mutis ex Bonpl. (1808) [菊科 Asteraceae(Compositae)] ●☆

19371 Espeletia Mutis. (1808) Nom. illegit. ≡ Espeletia Mutis ex Bonpl. (1808) [菊科 Asteraceae(Compositae)] ●☆

19372 Espeletia Nutt. (1834) Nom. illegit. = Balsamorhiza Hook. ex Nutt. (1840) [菊科 Asteraceae(Compositae)] ■☆

19373 Espeletiopsis Cuatrec. (1976) Nom. illegit. = Espeletiopsis Sch. Bip. ex Benth. et Hook. f. (1873) [菊科 Asteraceae(Compositae)] ■☆

19374 Espeletiopsis Sch. Bip. ex Benth. et Hook. f. (1873)【汉】拟永叶菊属。【隶属】菊科 Asteraceae (Compositae)//堆心菊科 Heleniaceae。【包含】世界 25 种。【学名诠释与讨论】〈阴〉(属) Espeletia 永叶菊属+希腊文 opsis, 外观, 模样, 相似。此属的学名, IK 记载是"Espeletiopsis Sch. Bip. ex Benth. et Hook. f., Gen. Pl. [Bentham et Hooker f.] 2(1):414. 1873 [7-9 Apr 1873]"。"Espeletiopsis J. Cuatrecasas, Phytologia 35:54. 23 Nov('Oct') 1976"是杂交属, 也是晚出的非法名称。亦有文献把"Espeletiopsis Sch. Bip. ex Benth. et Hook. f. (1873)"处理为"Espeletia Mutis ex Bonpl. (1808)"或"Helenium L. (1753)"的异名。【分布】哥伦比亚, 委内瑞拉。【模式】Espeletiopsis jimenez-quesadae (J. Cuatrecasas) J. Cuatrecasas [Espeletia jimenez-quesadae J. Cuatrecasas]。【参考异名】Espeletia Bonpl. (1808) Nom. illegit.; Espeletia Mutis ex Bonpl. (1808); Espeletia Mutis ex Humb. et Bonpl. (1808) Nom. illegit.; Espeletia Mutis., Nom. illegit.; Espeletiopsis Cuatrec. (1976) Nom. illegit.; Helenium L. (1753) ■☆

19375 Espera Willd. (1801)(废弃属名)= Berrya Roxb. (1820)(保留属名) [椴树科(椴科, 田麻科)Tiliaceae//锦葵科 Malvaceae] ●

19376 Espicostorus Raf. (1834) = Neillia D. Don (1825); ~ = Physocarpus (Cambess.) Raf. (1838) [as 'Physocarpa'](保留属名) [蔷薇科 Rosaceae] ●

19377 Espinar Kurtziana = Hyaloseris Griseb. (1879) [菊科 Asteraceae(Compositae)] ●☆

19378 Espinosa Lag. (1816) = Eriogonum Michx. (1803) [蓼科 Polygonaceae//野荞麦木科 Eriogonaceae] ●■☆

19379 Espostoa Britton et Rose(1920)【汉】老乐柱属(白棠属, 老乐属)。【日】エスポストア属。【英】Catton Ball, Catton-ball。【隶属】仙人掌科 Cactaceae。【包含】世界 10-11 种, 中国 1 种。【学名诠释与讨论】〈阴〉(人)Nicolas Esposto, 1877-1942, 秘鲁, 植物学者。【分布】秘鲁, 玻利维亚, 厄瓜多尔, 中国。【模式】Espostoa lanata (Kunth) N. L. Britton et J. N. Rose [Cactus lanatus Kunth]。【参考异名】Binghamia Britton et Rose (1920) Nom. illegit.; Facheiroa Britton et Rose(1920); Pseudoespostoa Backeb. (1933); Thrixanthocereus Backeb. (1937); Vatricania Backeb. (1950) ●

19380 Espostoopsis Buxb. (1968)【汉】拟老乐柱属。【隶属】仙人掌科 Cactaceae。【包含】世界 1 种。【学名诠释与讨论】〈阴〉(属) Espostoa 老乐柱属+希腊文 opsis, 外观, 模样, 相似。此属的学名, ING、TROPICOS、GCI 和 IK 记载是"Espostoopsis Buxb., in

Krainz, Kakteen, Lief. 38-9, Gen. CVa. (Jul. 1968)"。"Gerocephalus F. Ritter, Kakteen Sukk. 19:156. Aug 1968"是"Espostoopsis Buxb. (1968)"的晚出的同模式异名(Homotypic synonym, Nomenclatural synonym)。【分布】巴西。【模式】Espostoopsis dybowskii (R. Roland-Gosselin) F. Buxbaum [Cereus dybowskii R. Roland-Gosselin]。【参考异名】Austrocephalocereus (Backeb.) Backeb. (1938) Nom. illegit.; Gerocephalus F. Ritter (1968) Nom. illegit. ●☆

19381 Esquirolia H. Lév. (1912) = Ligustrum L. (1753) [木犀榄科 (木犀科)Oleaceae] ●

19382 Esquiroliella H. Lév. (1916) Nom. illegit. ≡ Neomartinella Pilg. (1906); ~ = Martinella H. Lév. (1904) Nom. illegit.; ~ = Neomartinella Pilg. (1906) [十字花科 Brassicaceae(Cruciferae)] ■★

19383 Essenhardtia Sweet(1839) = Eysenhardtia Kunth(1824)(保留属名) [豆科 Fabaceae(Leguminosae)] ●☆

19384 Esterhazia Bartl. (1830) Nom. illegit. [玄参科 Scrophulariaceae] ☆

19385 Esterhazya J. C. Mikan(1821)【汉】艾什列当属(艾什玄参属)。【隶属】玄参科 Scrophulariaceae//列当科 Orobanchaceae。【包含】世界 4-5 种。【学名诠释与讨论】〈阴〉(人)Esterhazy。此属的学名是"Esterhazya Mikan, Delect. Fl. Faun. Brasil. t. 8. 1821"。"Esterhazia Bartl. (1830)"似为其拼写变体。【分布】巴西, 玻利维亚。【模式】Esterhazya splendida Mikan。【参考异名】Lasiostemon Schott ex Endl. (1839) ■☆

19386 Esterhuysenia L. Bolus(1967)【汉】粉刀玉属。【隶属】番杏科 Aizoaceae。【包含】世界 1 种。【学名诠释与讨论】〈阴〉(人) Elsie Elizabeth Esterhuysen, 1912-, 植物学者, 著有"Regeneration after clearing at Kirstenbosch"。【分布】非洲南部。【模式】Esterhuysenia alpina L. Bolus。●☆

19387 Estevesia P. J. Braun(2009)【汉】戈拉斯掌属。【隶属】仙人掌科 Cactaceae。【包含】世界 1 种。【学名诠释与讨论】〈阴〉(人) Eddie Esteves Pereira, 植物学者。【分布】巴西。【模式】Estevesia alex-bragae P. J. Braun et Esteves。☆

19388 Esula (Pers.) Haw. (1812) Nom. illegit. ≡ Keraselma Neck. ex Juss. (1822); ~ = Euphorbia L. (1753) [大戟科 Euphorbiaceae] ●■

19389 Esula Haw. (1812) Nom. illegit. ≡ Esula (Pers.) Haw. (1812) Nom. illegit.; ~ ≡ Keraselma Neck. ex Juss. (1822); ~ = Euphorbia L. (1753) [大戟科 Euphorbiaceae] ●■

19390 Esula Morandi(1761) Nom. illegit. [大戟科 Euphorbiaceae] ●■

19391 Esula Ruppius(1745) Nom. inval. ≡ Esula (Pers.) Haw. (1812) Nom. illegit.; ~ = Keraselma Neck. ex Juss. (1822); ~ = Euphorbia L. (1753) [大戟科 Euphorbiaceae] ●■

19392 Etaballia Benth. (1840)【汉】艾塔树属(胡枝子树属)。【隶属】豆科 Fabaceae(Leguminosae)//蝶形花科 Papilionaceae。【包含】世界 2 种。【学名诠释与讨论】〈阴〉词源不详。【分布】玻利维亚, 几内亚, 委内瑞拉。【后选模式】Etaballia guianensis Bentham。●☆

19393 Etaeria Blume (1825) Nom. illegit. (废弃属名) ≡ Hetaeria Blume(1825) [as 'Etaeria'](保留属名) [兰科 Orchidaceae] ■

19394 Etericius Desv., Nom. illegit. ≡ Etericius Desv. ex Ham. (1825) [茜草科 Rubiaceae] ☆

19395 Etericius Desv. ex Ham. (1825)【汉】圭亚那茜属。【隶属】茜草科 Rubiaceae。【包含】世界 1 种。【学名诠释与讨论】〈阳〉词源不详。此属的学名, ING 和 TROPICOS 记载是"Etericius Desvaux ex W. Hamilton, Prodr. Pl. Ind. Occid. 28. 1825"。IK 则记载为"Eteriscius Ham., Prodr. Pl. Ind. Occid. [Hamilton] 28 (1825)"。三者引用的文献相同。"Eteriscus Steud., Nomencl.

Bot.［Steudel］, ed. 2. i. 599（1840）"是其变体。【分布】几内亚。【模式】Etericius parasiticus W. Hamilton.【参考异名】Etericius Desv. , Nom. illegit. ; Eteriscius B. D. Jacks. ; Eteriscius Ham. （1825）Nom. illegit. ; Eteriscus Steud.（1840）Nom. illegit. ☆

19396　Eteriscius B. D. Jacks. = Etericius Desv. ex Ham.（1825）［茜草科 Rubiaceae］☆

19397　Eteriscius Ham.（1825）Nom. illegit. ≡ Etericius Desv. ex Ham.（1825）［茜草科 Rubiaceae］☆

19398　Eteriscus Steud.（1840）Nom. illegit. = Etericius Desv. ex Ham.（1825）［茜草科 Rubiaceae］☆

19399　Ethanium Salisb.（1812）= Renealmia L. f.（1782）（保留属名）［姜科（蘘荷科）Zingiberaceae］■☆

19400　Etheiranthus Kostel.（1844）= Muscari Mill.（1754）［百合科 Liliaceae//风信子科 Hyacinthaceae］■☆

19401　Etheosanthes Raf.（1825）= Tradescantia L.（1753）［鸭跖草科 Commelinaceae］■

19402　Ethesia Raf.（1837）（1）= Jacobinia Nees ex Moric.（1847）（保留属名）［爵床科 Acanthaceae］●■☆

19403　Ethesia Raf.（1837）（2）= Ornithogalum L.（1753）［百合科 Liliaceae//风信子科 Hyacinthaceae］■

19404　Ethesia Raf.（1838）Nom. illegit. = Justicia L.（1753）= Jacobinia Nees ex Moric.（1847）（保留属名）［爵床科 Acanthaceae//鸭嘴花科（鸭咀花科）Justiciaceae］●■

19405　Ethionema Brongn.（1843）= Aethionema W. T. Aiton（1812）［十字花科 Brassicaceae（Cruciferae）］■☆

19406　Ethnora O. F. Cook（1940）= Maximiliana Mart.（1824）（保留属名）［棕榈科 Arecaceae（Palmae）］●

19407　Ethulia L.（1763）Nom. illegit. = Ethulia L. f.（1762）［菊科 Asteraceae（Compositae）］■

19408　Ethulia L. f.（1762）【汉】都丽菊属。【日】ナガサハサウ属，ナガサハソウ属。【英】Ethulia。【隶属】菊科 Asteraceae（Compositae）。【包含】世界 10-19 种，中国 1 种。【学名诠释与讨论】〈阴〉（希）词性不明。有人推测来自希腊文 aitho，点着，放光，火焰。或来自 ethos，习性，习惯，方法，种类+oulios，有害的，破坏性的。此属的学名，ING、APNI、TROPICOS 和 IK 记载是"Ethulia Linnaeus f. , Dec. Prima Pl. Rar. Horti Upsal. 1. Apr–Jul 1762"。"Ethulia L. , Sp. Pl. , ed. 2. 2 ; 1171. 1763［Aug 1763］= Ethulia L. f.（1762）［菊科 Asteraceae（Compositae）］"是晚出的非法名称。【分布】玻利维亚，马达加斯加，苏丹，印度（阿萨姆），中国，马斯克林群岛，热带和非洲南部，热带美洲。【模式】Ethulia conyzoides Linnaeus f.。【参考异名】Aethulia A. Gray（1884）; Ethulia L.（1763）Nom. illegit. ; Hoehnelia Schweinf.（1892）; Hoehnelia Schweinf. ex Engl.（1892）Nom. illegit. ; Kahiria Forssk.（1775）; Leighia Scop.（1777）Nom. illegit. ; Pierardia Post et Kuntze（1903）Nom. illegit. ; Pirarda Adans.（1763）; Pseudalomia Zoll. et Moritzi（1844）■

19409　Ethuliopsis F. Muell.（1861）【汉】类都丽菊属。【隶属】菊科 Asteraceae（Compositae）。【包含】世界 2 种。【学名诠释与讨论】〈阴〉（属）Ethulia 都丽菊属+希腊文 opsis，外观，模样，相似。此属的学名是"Ethuliopsis F. v. Mueller, Fragm. 2：154. Mai 1861"。亦有文献把其处理为"Epaltes Cass.（1818）"的异名。【分布】澳大利亚。【模式】Ethuliopsis dioica F. v. Mueller, Nom. illegit.［Ethulia cunninghami W. J. Hooker］。【参考异名】Epaltes Cass.（1818）■☆

19410　Ethusa Ludw. = Aethusa L.（1753）［伞形花科（伞形科）Apiaceae（Umbelliferae）］■☆

19411　Etiosedum Á. Löve et D. Löve（1985）= Sedum L.（1753）［景天科 Crassulaceae］●■

19412　Etlingera Giseke（1792）（废弃属名）【汉】茴香砂仁属。【英】Achasma。【隶属】姜科（蘘荷科）Zingiberaceae。【包含】世界 60-70 种，中国 3 种。【学名诠释与讨论】〈阴〉（人）Andréas Ernst Etlinger，德国植物学者。《中国植物志》英文版收入此属，用"Etlingera Giseke, Prael. Ord. Nat. Pl. 209. 1792"为正名。但它是一个废弃属名；与其相应的保留属名是"Amomum Roxb. , Pl. Coromandel 3；75. 18 Feb 1820"。"Etlingera Roxb.（1792）= Amomum Roxb.（1820）（保留属名）［姜科（蘘荷科）Zingiberaceae］"亦应废弃。由于中外多有文献也都用"Etlingera Giseke（1792）"为正名，故暂放于此。【分布】巴拿马，厄瓜多尔，哥伦比亚，哥斯达黎加，马来西亚，尼加拉瓜，中国，中美洲。【模式】Etlingera littoralis（J. G. König）Raeuschel［Amomum littorale J. G. König］。【参考异名】Achasma Griff.（1851）; Amomum Roxb.（1820）（保留属名）; Diracodes Blume（1827）（废弃属名）; Ettlingera Giscke（1797）; Geanthus（Benth.）Loes. ; Geanthus Reinw.（1823）Nom. inval. , Nom. illegit. ; Geanthus Reinw.（1825）Nom. illegit. ; Nicolaia Horan.（1862）（保留属名）; Phaeomeria（Ridl.）K. Schum.（1904）; Phaeomeria Lindl.（1836）Nom. inval. ; Phaeomeria Lindl. ex K. Schum.（1904）Nom. illegit. ■

19413　Etlingera Roxb.（1792）（废弃属名）= Amomum Roxb.（1820）（保留属名）［姜科（蘘荷科）Zingiberaceae］■

19414　Etorloba Raf.（1838）Nom. illegit. ≡ Jacaranda Juss.（1789）［紫葳科 Bignoniaceae］●

19415　Etornotus Raf.（1840）= Schweinfurthia A. Braun（1996）［玄参科 Scrophulariaceae//婆婆纳科 Veronicaceae］■☆

19416　Etoxoe Raf.（1840）= Astrantia L.（1753）［伞形花科（伞形科）Apiaceae（Umbelliferae）］■☆

19417　Ettlingera Giscke（1797）= Etlingera Roxb.（1792）［姜科（蘘荷科）Zingiberaceae］■

19418　Etubila Raf.（1838）= Dendrophthoe Mart.（1830）; ~ = Dendrophthoe Mart.（1830）+ Scurrula L.（1753）（废弃属名）= Loranthus Jacq.（1762）［桑寄生科 Loranthaceae//五蕊寄生科 Dendrophthoaceae］●

19419　Etusa Roy. ex Steud.（1840）= Aethusa L.（1753）［伞形花科（伞形科）Apiaceae（Umbelliferae）］■☆

19420　Etusa Steud.（1840）Nom. illegit. ≡ Etusa Roy. ex Steud.（1840）; ~ = Aethusa L.（1753）［伞形花科（伞形科）Apiaceae（Umbelliferae）］■☆

19421　Euacer Opiz（1839）= Acer L.（1753）［槭树科 Aceraceae］●

19422　Euadenia Oliv.（1867）Nom. illegit. = Euadenia Oliv. ex Benth. et Hook. f.（1867）［山柑科（白花菜科，醉蝶花科）Capparaceae］●☆

19423　Euadenia Oliv. ex Benth. et Hook. f.（1867）【汉】良腺山柑属。【隶属】山柑科（白花菜科，醉蝶花科）Capparaceae。【包含】世界 3-4 种。【学名诠释与讨论】〈阴〉（希）eu-，真正的，优良的，美好的，真实的+aden，所有格 adenos，腺体。指雌蕊柄基部的腺体。此属的学名，ING、TROPICOS 和 IK 记载是"Euadenia Oliv. ex Benth. et Hook. f. , Gen. Pl.［Bentham et Hooker f.］1（3）：969. 1867［Sep 1867］"。"Euadenia Oliv.（1867）= Euadenia Oliv. ex Benth. et Hook. f.（1867）"的命名人引证有误。【分布】热带非洲。【模式】Euadenia trifoliata（Schumacher et Thonning）D. Oliver［as 'trifoliolata'］。【参考异名】Euadenia Oliv.（1867）Nom. illegit. ; Pteropetalum Pax（1891）●☆

19424　Eualcida Hemsl.（1881）= Enalcida Cass.（1819）; ~ = Tagetes L.（1753）［菊科 Asteraceae（Compositae）］■●

19425　Euandra Post et Kuntze（1903）= Evandra R. Br.（1810）［莎草科 Cyperaceae］■☆

19426　Euanthe Schltr. (1914)【汉】大王兰属。【日】ユーアンテ属。【隶属】兰科 Orchidaceae。【包含】世界 1 种。【学名诠释与讨论】〈阴〉(希)eu-，真正的，优良的，美好的，真实的+anthos，花。此属的学名是"Euanthe Schlechter, Orchideen 567. 28 Nov 1914"。亦有文献把其处理为"Vanda Jones ex R. Br. (1820)"的异名。【分布】菲律宾(菲律宾群岛)。【模式】Euanthe sanderiana (H. G. Reichenbach) Schlechter [Vanda sanderiana H. G. Reichenbach]。【参考异名】Araliopsis Kurz(1868)Nom. inval. (废弃名名);Vanda Jones ex R. Br. (1820)■☆

19427　Euaraliopsis Hutch. (1967)Nom. inval. ≡Euaraliopsis Hutch. ex Y. R. Ling(1977); ~ = Brassaiopsis Decne. et Planch. (1854) [五加科 Araliaceae]●

19428　Euaraliopsis Hutch. ex Y. R. Ling(1977) = Brassaiopsis Decne. et Planch. (1854) [五加科 Araliaceae]●

19429　Euarthrocarpus Endl. (1841) = Enarthrocarpus Labill. (1812) [十字花科 Brassicaceae(Cruciferae)]■☆

19430　Euarthronia Nutt. ex A. Gray(1860) = Coprosma J. R. Forst. et G. Forst. (1775) [茜草科 Rubiaceae]●☆

19431　Eubasis Salisb. (1796) Nom. illegit. ≡ Aucuba Thunb. (1783) [山茱萸科 Cornaceae//桃叶珊瑚科 Aucubaceae]●

19432　Eublatii Nied. =Sonneratia L. f. (1782)(保留属名) [海桑科 Sonneratiaceae//千屈菜科 Lythraceae]●

19433　Eubotryoides(Nakai)H. Hara(1935)【汉】拟木藜芦属(假木藜芦属)。【俄】Евботриоидес。【隶属】杜鹃花科(欧石南科) Ericaceae。【包含】世界 2 种。【学名诠释与讨论】〈阴〉(属) Eubotrys 木藜芦属+oides，来自 o+eides，像，似。此属的学名是"Eubotryoides (Nakai) H. Hara, Journal of Japanese Botany 11(9):626-627. 1935. (J. Jap. Bot.)",由"Leucothoe sect. Eubotryoides Nakai, Trees & Shrubs Jap. 1:127. 1922. (Trees & Shrubs Jap.)"改级而来。亦有文献把"Eubotryoides (Nakai) H. Hara(1935)"处理为"Leucothoë D. Don(1834)"的异名。【分布】俄罗斯(库页岛),日本。【模式】Eubotryoides grayana (Maximowicz) H. Hara [Leucothoë grayana Maximowicz; Leucothoë chlorantha A. Gray 1859,non A. P. de Candolle 1843]。【参考异名】Leucothoë D. Don (1834);Leucothoe sect. Eubotryoides Nakai ●☆

19434　Eubotrys Nutt. (1842)【汉】串白珠属。【隶属】杜鹃花科(欧石南科)Ericaceae。【包含】世界 2 种。【学名诠释与讨论】〈阴〉(希)eu-,真正的,优良的,美好的,真实的+botrys,葡萄串,总状花序,簇生。此属的学名"Eubotrys Nuttall, Trans. Amer. Philos. Soc. ser. 2. 8:269. 15 Dec 1842('1843')"是一个替代名称。"Cassandra Spach, Hist. Nat. Vég. Phan. 9:477. 15 Aug 1840"是一个非法名称(Nom. illegit.),因为此前已经有了"Cassandra D. Don,Edinburgh New Philos. J. 17:158. Jul 1834 ≡ Chamaedaphne Moench(1794)(保留属名) [杜鹃花科(欧石南科)Ericaceae]"。故用"Eubotrys Nutt. (1842)"替代之。亦有文献把"Eubotrys Nutt. (1842)"处理为"Leucothoë D. Don(1834)"的异名。【分布】北美洲。【后选模式】Eubotrys racemosa (Linnaeus) Nuttall [Andromeda racemosa Linnaeus]。【参考异名】Cassandra Spach (1840) Nom. illegit. ; Leucothoë D. Don ex G. Don (1834) Nom. illegit. ;Leucothoë D. Don(1834)●☆

19435　Eubotrys Raf. (1837) = Muscari Mill. (1754) [百合科 Liliaceae//风信子科 Hyacinthaceae]■☆

19436　Eubrachion Hook. f. (1846)【汉】臂绿乳属。【隶属】绿乳科(菜萸寄生科,房底珠科)Eremolepidaceae。【包含】世界 2 种。【学名诠释与讨论】〈中〉(希)eu-,真正的,优良的,美好的,真实的 + brachion, 所有格 brachionos, 臂之上部, 变为拉丁文 brachiatus, brachiolatus, 有臂的。【分布】南美洲。【模式】

Eubrachion arnottii J. D. Hooker, Nom. illegit. [Viscum ambiguum W. J. Hooker et Arnott; Eubrachion ambiguum (W. J. Hooker et Arnott)Engler]。●☆

19437　Eucalia Raeusch. (1797) = Encelia Adans. (1763) [菊科 Asteraceae(Compositae)]■●☆

19438　Eucallias Raf. (1838) = Billbergia Thunb. (1821) [凤梨科 Bromeliaceae]■

19439　Eucalypton St. -Lag. (1880) = Eucalyptus L' Hér. (1789) [桃金娘科 Myrtaceae]●

19440　Eucalyptopsis C. T. White(1951)【汉】类桉属。【隶属】桃金娘科 Myrtaceae。【包含】世界 3 种。【学名诠释与讨论】〈阴〉(属) Eucalyptus 桉属+希腊文 opsis,外观,模样,相似。【分布】印度尼西亚(马鲁古群岛),新几内亚岛。【模式】Eucalyptopsis papuana C. T. White。●☆

19441　Eucalyptus L' Hér. (1789)【汉】桉属(桉树属)。【日】ユウカリノキ属,ユーカリノキ属。【俄】Эвкалипт。【英】Australian Kino, Box, Boxwood, Cider Gum, Eucalypt, Eucalyptus, Gum, Gum Tree, Gum-tree, Ironbark, Mallee, Marlock, Stringbark, Stringybark。【隶属】桃金娘科 Myrtaceae。【包含】世界 600-700 种,中国 110-117 种。【学名诠释与讨论】〈阳〉(希)eu-(以辅音开始的词根之前用之) = ev-(以元音开始的词根之前用之),真正的,优良的,美好的,真实的+kalyptos,遮盖的,隐藏的。kalypter,遮盖物,鞘,小箱。指花萼与花瓣愈合呈帽状。或指其在干燥环境中发育良好,给大地披上绿被。【分布】澳大利亚(包括塔斯曼半岛),巴基斯坦,巴拿马,秘鲁,玻利维亚,厄瓜多尔,哥伦比亚(安蒂奥基亚),哥斯达黎加,尼加拉瓜,印度至马来西亚,中国,中美洲。【模式】Eucalyptus obliqua L' Héritier de Brutelle。【参考异名】Aromadendron Andréws ex Steud. (1840) Nom. inval. ; Aromadendrum W. Anderson ex R. Br. (1810) Nom. illegit. ; Corymbia K. D. Hill et L. A. S. Johnson (1995); Endesmia R. Br. ; Eucalypton St. - Lag. (1880); Eudesmia R. Br. (1814); Symphyomyrtus Schauer(1844)●

19442　Eucapnia Raf. (1837) = Nicotiana L. (1753) [茄科 Solanaceae//烟草科 Nicotianaceae]●■

19443　Eucapnos Bernh. (1833) = Dicentra Bernh. (1833)(保留属名) [罂粟科 Papaveraceae//紫堇科(荷苞牡丹科)Fumariaceae]■

19444　Eucapnos Siebold et Zucc. (1843) Nom. illegit. ≡ Lamprocapnos Endl. (1850) [罂粟科 Papaveraceae]■

19445　Eucarpha(R. Br.)Spach(1841)【汉】良壳山龙眼属。【隶属】山龙眼科 Proteaceae。【包含】世界 2 种。【学名诠释与讨论】〈阴〉(希)eu-,真正的,优良的,美好的,真实的+karphos,皮壳,谷壳,糠秕。此属的学名,ING 和 IK 记载是"Eucarpha (R. Br.) Spach,Hist. Nat. Vég. (Spach)10:402. 1841 [20 Mar 1841]",由"Knightia sect. Eucarpha R. Br. Suppl. Prodr. Fl. Nov. Holl. 32. 1830"改级而来。TROPICOS 则记载为"Eucarpha Spach, Histoire Naturelle des Végétaux. Phanérogames 10:402. 1841"。三者引用的文献相同。三者都未给出种名;故此名称似为非法名称。亦有文献把"Eucarpha (R. Br.)Spach(1841)"处理为"Knightia R. Br. (1810)(保留属名)"的异名。【分布】参见 Knightia R. Br.。【模式】Embothrium strobilinum Labillardière。【参考异名】Eucarpha Spach(1841)Nom. illegit. ; Knightia R. Br. (1810)(保留属名); Knightia sect. Eucarpha R. Br. (1830)●☆

19446　Eucarpha Spach(1841)Nom. illegit. ≡Eucarpha (R. Br.)Spach (1841) [山龙眼科 Proteaceae]●☆

19447　Eucarya T. L. Mitch. (1839)【汉】澳大利亚檀香属。【英】Australian Sandalwood。【隶属】檀香科 Santalaceae。【包含】世界 4 种。【学名诠释与讨论】〈阴〉(希)eu-,真正的,优良的,美好

的,真实的+karyon,胡桃,硬壳果,核,坚果。此属的学名,ING 记载和 TROPICOS 是"Eucarya T. L. Mitchell ex Sprague et Summerhayes,Bull. Misc. Inform. 1927:195. 29 Jun 1927"。APNI 和 IK 则记载为"Eucarya T. Mitch., Three Expeditions into the interior of Eastern Australia 2 1838";APNI 附注,该名称发表时有描述和插图,不是裸名;那么,"Eucarya T. L. Mitch. ex Sprague et Summerh.(1927)Nom. illegit."就是晚出的非法名称了。亦有文献把"Eucarya T. L. Mitch.(1839)"处理为"Fusanus R. Br.(1810)Nom. illegit."或"Santalum L.(1753)"的异名。【分布】澳大利亚。【后选模式】Eucarya murrayana T. L. Mitchell ex Sprague et Summerhayes。【参考异名】Eucarya T. L. Mitch. ex Sprague et Summerh.(1927)Nom. illegit.;Fusanus R. Br.(1810)Nom. illegit.;Santalum L.(1753)●☆

19448 **Eucarya** T. L. Mitch. ex Sprague et Summerh.(1927)Nom. illegit. ≡ Eucarya T. L. Mitch.(1839)[檀香科 Santalaceae]●☆

19449 **Eucentrus** Endl.(1850)= Celastrus L.(1753)(保留属名);~ = Encentrus C. Presl(1845)(废弃属名);~ Gymnosporia(Wight et Arn.)Benth. et Hook. f.(1862)(保留属名)[卫矛科 Celastraceae]●

19450 **Eucephalus** Nutt.(1840)【汉】丽菀属。【英】Aster。【隶属】菊科 Asteraceae(Compositae)。【包含】世界 11-20 种。【学名诠释与讨论】〈阴〉(希)eu-,真正的,优良的,美好的,真实的+kephale,头。指花漂亮。此属的学名,ING、TROPICOS、GCI 和 IK 记载为"Eucephalus Nutt., Trans. Amer. Philos. Soc. ser. 2,7:298. 1840[Oct-Dec 1840]"。它曾被处理为"Aster sect. Eucephalus(Nutt.)Munz & D. D. Keck ex A. G. Jones, Brittonia 32(2):236. 1980"和"Aster subsect. Eucephalus(Nutt.)Benth., Genera Plantarum 2(1):273. 1873"。亦有文献把"Eucephalus Nutt.(1840)"处理为"Aster L.(1753)"的异名。【分布】北美洲。【后选模式】Eucephalus elegans Nuttall。【参考异名】Aster L.(1753);Aster sect. Eucephalus(Nutt.)Munz & D. D. Keck ex A. G. Jones(1980);Aster subsect. Eucephalus(Nutt.)Benth.(1873)■☆

19451 **Euceraea** Mart.(1831)【汉】良角木属。【隶属】刺篱木科(大风子科)Flacourtiaceae。【包含】世界 1 种。【学名诠释与讨论】〈阴〉(希)eu-,真正的,优良的,美好的,真实的+keras,所有格 keratos,角,弓。【分布】巴西,亚马孙河流域。【模式】Euceraea nitida C. F. P. Martius。【参考异名】Euceras Post et Kuntze(1903)●☆

19452 **Euceras** Post et Kuntze(1903)= Euceraea Mart.(1831)[刺篱木科(大风子科)Flacourtiaceae]●☆

19453 **Euchaetis** Bartl. et H. L. Wendl.(1824)【汉】良毛芸香属。【隶属】芸香科 Rutaceae。【包含】世界 23 种。【学名诠释与讨论】〈阴〉(希)eu-,真正的,优良的,美好的,真实的+chaite=拉丁文 chaeta,刚毛。【分布】非洲南部。【模式】Euchaetis glomerata Bartling et H. L. Wendland。●☆

19454 **Eucharidium** Fisch. et C. A. Mey.(1835)= Clarkia Pursh(1814)[柳叶菜科 Onagraceae]■

19455 **Eucharis** Planch.(1853)Nom. illegit.(废弃属名)= Eucharis Planch. et Linden(1853)(保留属名)[石蒜科 Amaryllidaceae]■☆

19456 **Eucharis** Planch. et Linden(1853)(保留属名)【汉】亚马孙石蒜属(白鹤花属,亚马孙百合属,油加律属)。【日】ユーチャリス属。【俄】Эвхарис。【英】Amazon Lily, Eucharis, Eucharis Lily。【隶属】石蒜科 Amaryllidaceae。【包含】世界 10-17 种。【学名诠释与讨论】〈阴〉(希)eu-,真正的,优良的,美好的,真实的+chairo,喜欢,美的。此属的学名"Eucharis Planch. et Linden in Linden, Cat. Pl. Exot. 8:3. 1853"是保留属名。相应的废弃属名是石蒜科 Amaryllidaceae 的"Caliphruria Herb. in Edwards's Bot. Reg.

30(Misc.):87. Dec 1844 = Eucharis Planch. et Linden(1853)(保留属名)"。"Eucharis Planch., Cat. Pl. Exot. 8:3, 1853 = Eucharis Planch. et Linden(1853)(保留属名)[石蒜科 Amaryllidaceae]"的命名人引证有误,亦应废弃。【分布】巴拿马,秘鲁,玻利维亚,厄瓜多尔,哥斯达黎加,中美洲。【模式】Eucharis candida J. E. Planchon et J. J. Linden。【参考异名】Caliphruria Herb.(1844)(废弃属名);Calliphruria Lindl.;Calophruria Post et Kuntze(1903);Eucharis Planch. Nom. illegit.(废弃属名);Mathieua Klotzsch(1853);Microdontocharis Baill.(1894)■☆

19457 **Eucheila** O. F. Cook(1947)Nom. inval., Nom. nud. = Encheila O. F. Cook(1947)Nom. inval., Nom. nud. = Chamaedorea Willd.(1806)(保留属名)[棕榈科 Arecaceae(Palmae)]●☆

19458 **Euchidium** Endl.(1850)= Enchidium Jack(1822)(废弃属名);~ = Trigonostemon Blume(1826)[as 'Trigostemon'](保留属名)[大戟科 Euphorbiaceae]●

19459 **Euchile**(Dressler et G. E. Pollard)Withner(1998)= Encyclia Hook.(1828)[兰科 Orchidaceae]■☆

19460 **Euchilodes**(Benth.)Kuntze(1903)= Euchilopsis F. Muell.(1882)[豆科 Fabaceae(Leguminosae)//蝶形花科 Papilionaceae]■☆

19461 **Euchilopsis** F. Muell.(1882)【汉】唇豆属。【隶属】豆科 Fabaceae(Leguminosae)//蝶形花科 Papilionaceae。【包含】世界 1 种。【学名诠释与讨论】〈阴〉(希)eu-,真正的,优良的,美好的,真实的+cheilos,唇。在希腊文组合词中,cheil-, cheilo-, -chilus, -chilia 等均为"唇,边缘"之义+希腊文 opsis,外观,模样,相似。【分布】澳大利亚(西部)。【模式】Euchilopsis linearis(Bentham)F. v. Mueller[Euchilus linearis Bentham]。【参考异名】Euchilodes(Benth.)Kuntze(1903)■☆

19462 **Euchilos** Spreng.(1830)= Euchilus R. Br.(1811);~ = Pultenaea Sm.(1794)[豆科 Fabaceae(Leguminosae)]●☆

19463 **Euchilus** R. Br.(1811)= Pultenaea Sm.(1794)[豆科 Fabaceae(Leguminosae)]●☆

19464 **Euchilus** R. Br. ex W. T. Aiton(1811)Nom. illegit. ≡ Euchilus R. Br.(1811);~ = Pultenaea Sm.(1794)[豆科 Fabaceae(Leguminosae)]●☆

19465 **Euchiton** Cass.(1828)【汉】匍茎鼠麴草属。【隶属】菊科 Asteraceae(Compositae)。【包含】世界 20 种。【学名诠释与讨论】〈阳〉(希)eu-,真正的,优良的,美好的,真实的+chiton=拉丁文 chitin,罩衣,覆盖物,铠甲。此属的学名是"Euchiton Cassini in F. Cuvier, Dict. Sci. Nat. 56:214. Sep 1828"。亦有文献把其处理为"Gnaphalium L.(1753)"的异名。【分布】马来西亚至澳大利亚,新西兰,亚洲东部和南部。【模式】Euchiton pulchellus Cassini。【参考异名】Gnaphalium L.(1753)■☆

19466 **Euchlaena** Schrad.(1832)【汉】类蜀黍属(假蜀黍属)。【日】ブタモロコシ属。【俄】Теозинт, Теозинта, Теозинте, Теосинт。【英】Teosinte。【隶属】禾本科 Poaceae(Gramineae)。【包含】世界 2 种,中国 2 种。【学名诠释与讨论】〈阴〉(希)eu-(以辅音开始的词根之前用之)= ev-(以元音开始的词根之前用之),真正的,优良的,美好的,真实的+chlaina,上衣,斗篷,遮盖物。指雌小穗组成有鞘苞的穗状花序。此属的学名是"Euchlaena H. A. Schrader, Index Sem. Hortus Gött. 1832:3. 1832"。亦有文献把其处理为"Zea L.(1753)"的异名。【分布】墨西哥,中国,中美洲。【模式】Euchlaena mexicana H. A. Schrader。【参考异名】Reana Brign.(1849);Zea L.(1753)■

19467 **Euchlora** Eckl. et Zeyh.(1836)= Lotononis(DC.)Eckl. et Zeyh.(1836)(保留属名)[豆科 Fabaceae(Leguminosae)//蝶形花科 Papilionaceae]■

19468　Euchloris D. Don（1826）＝ Helichrysum Mill.（1754）［as 'Elichrysum'］（保留属名）［菊科 Asteraceae（Compositae）//蜡菊科 Helichrysaceae］●■

19469　Euchorium Ekman et Radlk.（1925）【汉】良膜无患子属。【隶属】无患子科 Sapindaceae。【包含】世界 1 种。【学名诠释与讨论】〈中〉（希）eu-，真正的，优良的，美好的，真实的+chorion，皮，膜+-ius，-ia，-ium，在拉丁文和希腊文中，这些词尾表示性质或状态。【分布】古巴。【模式】Euchorium cubense Ekman et Radlkofer。●☆

19470　Euchresta A. W. Benn.（1840）【汉】山豆根属。【日】ミヤマトベラ属。【英】Euchresta。【隶属】豆科 Fabaceae（Leguminosae）//蝶形花科 Papilionaceae。【包含】世界 4-6 种，中国 4 种。【学名诠释与讨论】〈阴〉（希）euchrestos，有用的。指种子可药用。【分布】印度尼西亚（爪哇岛），中国，东亚。【模式】Euchresta horsfieldii（Leschenault）J. J. Bennett［Andira horsfieldii Leschenault］。●

19471　Euchroma Nutt.（1818）＝ Castilleja Mutis ex L. f.（1782）［玄参科 Scrophulariaceae//列当科 Orobanchaceae］■

19472　Euchylaena Spreng.（1830）＝ Enchylaena R. Br.（1810）［藜科 Chenopodiaceae］●☆

19473　Euchylia Dulac（1867）Nom. illegit. ≡Lonicera L.（1753）［忍冬科 Caprifoliaceae］●■

19474　Euchylus Poir.（1819）＝ Euchilus R. Br.（1811）；~ ＝ Pultenaea Sm.（1794）［豆科 Fabaceae（Leguminosae）］●☆

19475　Eucladus Nutt. ex Hook.（1844）＝ Schiedea Cham. et Schltdl.（1826）［石竹科 Caryophyllaceae］■●☆

19476　Euclasta Franch.（1895）【汉】枝香草属。【隶属】禾本科 Poaceae（Gramineae）。【包含】世界 2 种。【学名诠释与讨论】〈阴〉（希）eu-，真正的，优良的，美好的，真实的+klastos，碎片。【分布】巴拿马，秘鲁，哥斯达黎加，马达加斯加，尼加拉瓜，非洲，热带美洲，中美洲。【模式】Euclasta glumaceus A. R. Franchet.【参考异名】Euclaste Dttr. et Jacks.；Euclaste Franch.（1895）；Euklasta Post et Kuntze（1903）；Indochloa Bor（1954）■☆

19477　Euclastaxon Post et Kuntze（1903）＝ Andropogon L.（1753）（保留属名）；~ ＝ Euklastaxon Steud.（1850）［禾本科 Poaceae（Gramineae）//须芒草科 Andropogonaceae］■

19478　Euclaste Dttr. et Jacks. ＝ Euclasta Franch.（1895）［禾本科 Poaceae（Gramineae）］■☆

19479　Euclaste Franch.（1895）＝ Euclasta Franch.（1895）［禾本科 Poaceae（Gramineae）］■☆

19480　Euclea L.（1774）【汉】卡柿属（假乌木属，尤克勒木属）。【英】Guarri。【隶属】柿树科 Ebenaceae。【包含】世界 12-20 种。【学名诠释与讨论】〈阴〉（希）eukleia，光荣。可能指木材优秀。此属的学名，ING、APNI、TROPICOS 和 IK 记载是"Euclea Linnaeus in J. A. Murray, Syst. Veg. ed. 13. 747. Apr-Jun 1774"。"Euclea Murray（1774）Nom. illegit. ＝ Euclea L.（1774）［柿树科 Ebenaceae］"的命名人引证有误。【分布】科摩罗，马达加斯加，阿拉伯地区，非洲。【模式】Euclea racemosa Linnaeus。【参考异名】Brachycheila Harv. ex Eckl. et Zeyh.（1847）；Diplonema G. Don（1837）；Euclea Murray（1774）Nom. illegit.；Kellaua A. DC.（1842）；Rymia Endl.（1839）●☆

19481　Euclea Murray（1774）Nom. illegit. ＝Euclea L.（1774）［柿树科 Ebenaceae］●☆

19482　Eucliandra Steud.（1840）＝ Encliandra Zucc.（1837）；~ ＝ Fuchsia L.（1753）［柳叶菜科 Onagraceae］●■

19483　Euclidium R. Br.（废弃属名）＝ Euclidium W. T. Aiton（1812）（保留属名）［十字花科 Brassicaceae（Cruciferae）］■

19484　Euclidium W. T. Aiton（1812）（保留属名）【汉】乌头荠属。【俄】Крепкоплодник, Эвклидиум。【英】Euclidium, Syrian Mustard。【隶属】十字花科 Brassicaceae（Cruciferae）。【包含】世界 1 种，中国 1 种。【学名诠释与讨论】〈中〉（希）eu-，真正的，良好的+kleis，所有格 kleidos，钥匙，锁骨。指郁闭好。或说 eukleia，光荣+-idius，-idia，-idium，指示小的词尾。此属的学名"Euclidium W. T. Aiton, Hort. Kew., ed. 2,4：74. Dec 1812"是保留属名。相应的废弃属名是十字花科 Brassicaceae 的"Hierochontis Medik., Pfl. – Gatt.：51. 22 Apr 1792 ≡ Euclidium W. T. Aiton（1812）（保留属名）"和"Soria Adans., Fam. Pl. 2：421,606. Jul-Aug 1763 ＝ Euclidium W. T. Aiton（1812）（保留属名）"。"Euclidium R. Br. ＝ Euclidium W. T. Aiton（1812）（保留属名）［十字花科 Brassicaceae（Cruciferae）］"亦应废弃。"Hierochontis Medikus, Pflanzen – Gatt. 51. 22 Apr 1792（废弃属名）和"Ornithorhynchium Röhling, Deutschl. Fl. ed. 2. 2：356. 1813"是"Euclidium W. T. Aiton（1812）（保留属名）"的同模式异名（Homotypic synonym, Nomenclatural synonym）。【分布】巴基斯坦，中国，欧洲东部至亚洲中部。【模式】Euclidium syriacum（Linnaeus）W. T. Aiton［Anastatica syriaca Linnaeus］。【参考异名】Euclidium R. Br.（废弃属名）；Hierochontis Medik.（1792）（废弃属名）；Litwinowia Woronow（1931）；Ornithorhynchium Röhl.（1812）Nom. illegit.；Soria Adans.（1763）（废弃属名）■

19485　Euclinia Salisb.（1808）【汉】良托茜属。【隶属】茜草科 Rubiaceae//山黄皮科 Randiaceae。【包含】世界 3 种。【学名诠释与讨论】〈阴〉（希）eu-，真正的，优良的，美好的，真实的+kline，床，来自 klino，倾斜，斜倚。此属的学名是"Euclinia R. A. Salisbury, Parad. Lond. 2（1）：ind. sex. 1 Mai 1808"。亦有文献把其处理为"Randia L.（1753）"的异名。【分布】马达加斯加，热带非洲西部和中部。【模式】Randia longiflora R. A. Salisbury。【参考异名】Randia L.（1753）●☆

19486　Euclisia（Nutt. ex Torr. et A. Gray）Greene（1904）Nom. illegit. ≡ Euklisia（Nutt. ex Torr. et A. Gray）Greene（1904）Nom. illegit.；~ ＝ Euklisia Rydb. ex Small（1903）［十字花科 Brassicaceae（Cruciferae）］■☆

19487　Euclisia Greene（1838）Nom. illegit. ≡Euclisia（Nutt. ex Torr. et A. Gray）Greene（1904）Nom. illegit.；~ ≡Euklisia（Nutt. ex Torr. et A. Gray）Greene（1904）Nom. illegit.；~ ＝ Euklisia Rydb. ex Small（1903）［十字花科 Brassicaceae（Cruciferae）］■☆

19488　Eucnemia Rchb.（1841）Nom. illegit. ≡ Eucnemis Lindl.（1833）；~ ＝Govenia Lindl.（1832）［兰科 Orchidaceae］■☆

19489　Eucnemis Lindl.（1833）＝ Govenia Lindl.（1832）［兰科 Orchidaceae］■☆

19490　Eucnide Zucc.（1844）（保留属名）【汉】荨麻莲花属。【隶属】刺莲花科（硬毛草科）Loasaceae。【包含】世界 13-14 种。【学名诠释与讨论】〈阴〉（希）eu-，真正的，优良的，美好的，真实的+knide，荨麻。此属的学名"Eucnide Zucc., Delect. Sem. Hort. Monac. 1844：［4］. 28 Dec 1844"是保留属名。相应的废弃属名是刺莲花科（硬毛草科）Loasaceae 的"Microsperma Hook. in Icon. Pl.：ad t. 234. Jan-Feb 1839 ＝ Eucnide Zucc.（1844）（保留属名）"。【分布】美国（西南部），墨西哥，中美洲。【模式】Eucnide bartonioides Zuccarini。【参考异名】Loasella Baill.（1887）；Sympetaleia A. Gray（1877）■☆

19491　Eucodonia Hanst.（1854）【汉】良钟苣苔属。【隶属】苦苣苔科 Gesneriaceae。【包含】世界 2 种。【学名诠释与讨论】〈阴〉（希）eu-，真正的，优良的，美好的，真实的+kodon，指小式 kodonion，钟，铃。此属的学名是"Eucodonia Hanstein, Linnaea 26：201. Apr 1854（'1853'）"。亦有文献把其处理为"Achimenes Pers.

（1806）（保留属名）”的异名。【分布】中美洲。【模式】Eucodonia ehrenbergii Hanstein。【参考异名】Achimenes Pers. （1806）（保留属名）■☆

19492　Eucolum Salisb. （1796）Nom. illegit. ≡ Gloxinia L' Hér. （1789）［苦苣苔科 Gesneriaceae］■☆

19493　Eucomea Sol. ex Salisb. （1796）= Eucomis L' Hér. （1789）（保留属名）［风信子科 Hyacinthaceae//百合科 Liliaceae//美顶花科 Eucomidaceae］■☆

19494　Eucomidaceae Salisb. （1866）［亦见 Hyacinthaceae Batsch ex Borkh. 风信子科］【汉】美顶花科。【包含】世界 1 属 10 种。【分布】热带和非洲南部。【科名模式】Eucomis L' Hér.■

19495　Eucomis L' Hér. （1789）（保留属名）【汉】美顶花属（凤梨百合属，凤头百合属）。【日】ユーコミス属。【英】Pineapple Flower, Pineapple Lily, Pineapple Plant。【隶属】风信子科 Hyacinthaceae//百合科 Liliaceae//美顶花科 Eucomidaceae。【包含】世界 10 种。【学名诠释与讨论】〈阴〉（希）eu-，真正的，优良的，美好的，真实的+kome，毛发，束毛，冠毛，来自拉丁文 coma。指花茎顶端群生叶状苞片，很美丽。此属的学名“Eucomis L' Hér. , Sert. Angl. :17. Jan（prim. ）1789”是保留属名。相应的废弃属名是风信子科 Hyacinthaceae 的“Basilaea Juss. ex Lam. , Encycl. 1: 382. 1 Aug 1785 ≡ Eucomis L' Hér. （1789）（保留属名）”。“Basilaea A. L. Jussieu ex Lamarck, Encycl. Meth. , Bot. 1: 382. 1 Aug 1785（废弃属名）”是“Eucomis L' Hér. （1789）（保留属名）”的同模式异名（Homotypic synonym, Nomenclatural synonym）。【分布】热带和非洲南部。【模式】Eucomis regia（Linnaeus）L' Héritier de Brutelle［Fritillaria regia Linnaeus］。【参考异名】Basilaea Juss. ex Lam. （1785）Nom. illegit. （废弃属名）；Basillaea R. Hedw. （1806）；Eucomea Sol. ex Salisb. （1796）■☆

19496　Eucommia Oliv. （1890）【汉】杜仲属。【日】トチュウ属。【俄】Эвкоммия。【英】Eucommia, Hardy Rubber Tree。【隶属】杜仲科 Eucommiaceae。【包含】世界 1 种，中国 1 种。【学名诠释与讨论】〈阴〉（希）eu-，真正的，优良的，美好的，真实的+kommi，树胶。指植物体富含优质树胶。【分布】中国。【模式】Eucommia ulmoides D. Oliver。●★

19497　Eucommiaceae Engl. （1909）（保留科名）【汉】杜仲科。【日】トチユウ科。【俄】Эвкоммиевые。【英】Eucommia Family。【包含】世界 1 属 1 种，中国 1 属 1 种。【分布】中国，东亚。【科名模式】Eucommia Oliv. ●

19498　Eucommiaceae Tiegh. =Eucommiaceae Engl. （保留科名）●

19499　Eucorymbia Stapf（1903）【汉】良序夹竹桃属。【隶属】夹竹桃科 Apocynaceae。【包含】世界 1 种。【学名诠释与讨论】〈阴〉（希）eu-，真正的，优良的，美好的，真实的+corymbus，丛花，伞房花序。【分布】加里曼丹岛。【模式】Eucorymbia alba Stapf。●☆

19500　Eucosia Blume（1825）【汉】爪哇兰属。【隶属】兰科 Orchidaceae。【包含】世界 3 种。【学名诠释与讨论】〈阴〉（希）eu-，真正的，优良的，美好的，真实的+kosmos，装饰品，点缀，美化。指花美丽。【分布】印度尼西亚（爪哇岛），新几内亚岛。【模式】Eucosia carnea Blume。【参考异名】Eicosia Blume（1828）■☆

19501　Eucrania Post et Kuntze（1903）= Eukrania Raf. （1838）［山茱萸科 Cornaceae］■

19502　Eucrinum（Nutt. ）Lindl. （1846）= Fritillaria L. （1753）［百合科 Liliaceae//贝母科 Fritillariaceae］■

19503　Eucrinum Nutt. ex Lindl. （1846）Nom. illegit. ≡ Eucrinum（Nutt. ）Lindl. （1846）；～ = Fritillaria L. （1753）［百合科 Liliaceae//贝母科 Fritillariaceae］■

19504　Eucriphia Pers. （1806）= Eucryphia Cav. （1798）［蔷薇科 Rosaceae//独子果科 Physenaceae//火把树科 Cunoniaceae//密藏

花科 Eucryphiaceae］●☆

19505　Eucrosia Ker Gawl. （1817）【汉】内卷叶石蒜属。【隶属】石蒜科 Amaryllidaceae。【包含】世界 7 种。【学名诠释与讨论】〈阴〉（希）eu-，真正的，优良的，美好的，真实的+krossos，流苏，刘海。指雄蕊。【分布】秘鲁，厄瓜多尔。【模式】Eucrosia bicolor Ker-Gawler。【参考异名】Callipsyche Herb. （1842）；Calopsyche Post et Kuntze（1903）■☆

19506　Eucryphia Cav. （1798）【汉】密藏花属（船形果属，独子果属，尤克里费属）。【日】エウクリフィア属。【英】Eucryphia。【隶属】蔷薇科 Rosaceae//独子果科 Physenaceae//火把树科（常绿棱枝树科，角瓣木科，库诺尼科，南蔷薇科，轻木科）Cunoniaceae//密藏花科 Eucryphiaceae。【包含】世界 5-7 种。【学名诠释与讨论】〈阴〉（希）eu-，真正的，优良的，美好的，真实的+kryphios，包被。指花萼，或指花密集。此属的学名，ING、TROPICOS、APNI 和 IK 记载是“Eucryphia Cav. , Icon. ［Cavanilles］4（2）: 48（t. 372）. 1798［14 May 1798］”。“Pellinia Molina, Saggio Chili ed. 2. 290. 1810”是“Eucryphia Cav. （1798）”的同模式异名（Homotypic synonym, Nomenclatural synonym）。【分布】澳大利亚（东南部，塔斯曼半岛），智利。【模式】Eucryphia cordifolia Cavanilles。【参考异名】Carpodontos Labill. （1800）；Eucriphia Pers. （1806）；Pellinia Molina（1810）Nom. illegit. ●☆

19507　Eucryphiaceae Endl. = Cunoniaceae R. Br. （保留科名）；～ = Eucryphiaceae Gay（保留科名）；～ = Eupatoriaceae Link■

19508　Eucryphiaceae Gay（1848）（保留科名）【汉】密藏花科（船形果科，独子果科，落帽花科）。【日】エウクリフィア科。【包含】世界 1 属 5-6 种。【分布】南温带。【科名模式】Eucryphia Cav. ●☆

19509　Eucrypta Nutt. （1848）【汉】隐籽田基麻属。【英】Eucrypta。【隶属】田梗草科（田基麻科，田亚麻科）Hydrophyllaceae。【包含】世界 2 种。【学名诠释与讨论】〈阴〉（希）eu-，真正的，优良的，美好的，真实的+cryptos，隐藏。指种子。此属的学名，ING、TROPICOS 和 IK 记载是“Eucrypta Nuttall, Proc. Acad. Nat. Sci. Philadelphia 4: 12. 21 Mar-4 Apr 1848”。它曾被处理为“Ellisia sect. Eucrypta（Nutt. ）A. Gray, Proceedings of the American Academy of Arts and Sciences 10: 316. 1875”。【分布】美国（西南部），墨西哥（西北部）。【后选模式】Eucrypta paniculata Nuttal。【参考异名】Ellisia sect. Eucrypta（Nutt. ）A. Gray（1875）；Eucrypta Post et Kuntze（1903）（1848）■☆

19510　Eucrypta Post et Kuntze（1903）（1848）= Eucrypta Nutt. （1848）［田梗草科（田基麻科，田亚麻科）Hydrophyllaceae］■☆

19511　Eucycla Nutt. （1848）= Eriogonum Michx. （1803）［蓼科 Polygonaceae//野荞麦木科 Eriogonaceae］●■☆

19512　Eucyperus Rikli（1895）= Cyperus L. （1753）［莎草科 Cyperaceae］■

19513　Eudema Bonpl. （1813）【汉】南纬岩芥属。【隶属】十字花科 Brassicaceae（Cruciferae）。【包含】世界 6-8 种。【学名诠释与讨论】〈阴〉（希）eu-，真正的，优良的，美好的，真实的+deme，建造。此属的学名，ING、GCI 和 IK 记载是“Eudema Bonpland in Humboldt et Bonpland, Pl. Aequin. 2: 133. Sep 1813”。“Eudema Humb. et Bonpl. （1813）”的命名人引证有误。【分布】安第斯山，秘鲁，玻利维亚，厄瓜多尔。【模式】未指定。【参考异名】Eudema Humb. et Bonpl. （1813）Nom. illegit. ；Pycnobolus Willd. ex O. E. Schulz（1924）■☆

19514　Eudema Humb. et Bonpl. （1813）Nom. illegit. ≡ Eudema Bonpl. （1813）［十字花科 Brassicaceae（Cruciferae）］■☆

19515　Eudesmia R. Br. （1814）= Eucalyptus L' Hér. （1789）［桃金娘科 Myrtaceae］●

19516　Eudesmis Raf. （1837）= Colchicum L. （1753）［百合科

Liliaceae//秋水仙科 Colchicaceae]■

19517　Eudianthe(Rchb.)Rchb. (1841)= Lychnis L. (1753)（废弃属名）；~ =Silene L. (1753)（保留属名）［石竹科 Caryophyllaceae]■

19518　Eudianthe Rchb. (1841)Nom. illegit. ≡ Eudianthe (Rchb.)Rchb. (1841)；~ =Lychnis L. (1753)（废弃属名）；~ =Silene L. (1753)（保留属名）［石竹科 Caryophyllaceae]■

19519　Eudipetala Raf. (1837)= Commelina L. (1753)［鸭跖草科 Commelinaceae]■

19520　Eudiplex Raf. (1837)= Tamarix L. (1753)［柽柳科 Tamaricaceae]●

19521　Eudisanthema Neck. ex Post et Kuntze(1903)Nom. illegit. ≡ Brassavola R. Br. (1813)（保留属名）［兰科 Orchidaceae]■☆

19522　Eudisanthema Post et Kuntze (1903) Nom. illegit. ≡ Eudisanthema Neck. ex Post et Kuntze (1903) Nom. illegit. ; ~ = Brassavola R. Br. (1813)（保留属名）［兰科 Orchidaceae]■☆

19523　Eudistemon Raf. (1830)Nom. inval. = Coronopus Zinn (1757)（保留属名）［十字花科 Brassicaceae(Cruciferae)]■

19524　Eudodeca Steud. (1840)= Aristolochia L. (1753)；~ =Endodeca Raf. (1828)［马兜铃科 Aristolochiaceae]■☆

19525　Eudolon Salisb. (1866)= Strumaria Jacq. (1790)［石蒜科 Amaryllidaceae]■☆

19526　Eudonax Fr. (1843)Nom. illegit. ≡ Donax P. Beauv. (1812)Nom. illegit. ; ~ = Arundo L. (1753)［禾本科 Poaceae(Gramineae)]●

19527　Eudorus Cass. (1818)= Senecio L. (1753)［菊科 Asteraceae(Compositae)//千里光科 Senecionidaceae]■●

19528　Eudoxia D. Don ex G. Don(1837)= Gentiana L. (1753)［龙胆科 Gentianaceae]■

19529　Eudoxia D. Don(1837)Nom. inval. ≡Eudoxia D. Don ex G. Don (1837)；~ =Gentiana L. (1753)［龙胆科 Gentianaceae]■

19530　Eudoxia Klotzsch = Acalypha L. (1753)［大戟科 Euphorbiaceae//铁苋菜科 Acalyphaceae]●■

19531　Euforbia Ten. (1811-1815)Nom. illegit. =Euphorbia L. (1753)［大戟科 Euphorbiaceae]●■

19532　Eufournia Reeder (1967)Nom. illegit. ≡ Sohnsia Airy Shaw (1965)［禾本科 Poaceae(Gramineae)]■☆

19533　Eufragia Griseb. (1844)= Parentucellia Viv. (1824)［玄参科 Scrophulariaceae//列当科 Orobanchaceae]■☆

19534　Eugamelia DC. ex Pfeiff. =Elvira Cass. (1824)［菊科 Asteraceae(Compositae)]■☆

19535　Eugeissona Griff. (1844)【汉】刺果椰属（厚壁椰属，美鳞椰树属，凸果榈属，由基松棕属，由甲森藤属，针果棕属）。【日】チリメンウロコヤシ属。【英】Eugeissoma。【隶属】棕榈科 Arecaceae(Palmae)。【包含】世界 6-8 种。【学名诠释与讨论】〈阴〉（希）eu-，真正的，优良的，美好的，真实的+geisson，边缘，屋檐，瓦片。指用途。【分布】加里曼丹岛，马来半岛。【模式】Eugeissona triste W. Griffith。【参考异名】Eugissona Post et Kuntze (1903)；Rugenia Neck. (1790)Nom. inval. ●☆

19536　Eugenia L. (1753)【汉】番樱桃属（巴西蒲桃属）。【日】フトモモ属。【俄】Евгения。【英】Brazil Cherry, Eugenia, Fruiting Myrtle, Jambu, Pitanga, Stopper, Surinamcherry。【隶属】桃金娘科 Myrtaceae。【包含】世界 550-1100 种，中国 6 种。【学名诠释与讨论】〈阴〉（人）Prinee Eugene, 1663-1736，奥地利王子，植物学赞助人。此属的学名，ING、APNI 和 GCI 记载是"Eugenia L. , Sp. Pl. 1 :470. 1753 [1 May 1753]"。IK 则记载为"Eugenia Mich. ex L. , Sp. Pl. 1 :470. 1753 [1 May 1753]"。"Eugenia Mich. "是命名起点著作之前的名称，故"Eugenia L. (1753)"和"Eugenia Mich.

ex L. (1753)"都是合法名称，可以通用。"Stenocalyx O. C. Berg, Linnaea 27 :136(in clave), 309. Jan 1856('1854')"是"Eugenia L. (1753)"的晚出的同模式异名（Homotypic synonym, Nomenclatural synonym）。【分布】巴基斯坦，巴拉圭，巴拿马，秘鲁，玻利维亚，厄瓜多尔，哥伦比亚，哥斯达黎加，马达加斯加，尼加拉瓜，中国，热带和亚热带，中美洲。【后选模式】Eugenia uniflora Linnaeus。【参考异名】Amyrsia Raf. (1838)（废弃属名）；Calophylloides Smeathman ex DC. (1828)；Calophylloides Smeathman (1828) Nom. illegit. ; Catinga Aubl. (1775)；Chloromyrtus Pierre(1898)；Curitiba Salywon et Landrum(2007)；Emurtia Raf. (1838)；Episyzygium Suess. et A. Ludw. (1950)；Epleienda Raf. (1838)；Eplejenda Post et Kuntze (1903)；Eugenia Mich. ex L. (1753)；Eugenia subgen. Phyllocalyx (O. Berg ex Mattos) Mattos (1989)；Eugenia subgen. Phyllocalyx (O. Berg) Mattos(1989)；Greggia Gaertn. (1788)Nom. illegit. ; Greggia Sol. ex Gaertn. (1788)；Guapurium Juss. (1789)；Guapurum J. F. Gmel. (1791)；Jossinia Comm. ex DC. (1828)；Kanakomyrtus N. Snow (2009)；Marlieria Benth. et Hook. f. (1865)；Mosiera Small (1933)；Myrcialeucus Rojas (1914)；Myrtus L. (1753)；Olynthia Lindl. (1825)；Olythia Steud. (1841)；Oxydiastrum Dur. , Nom. illegit. ; Phyllocalyx O. Berg (1856)Nom. illegit. ; Pimentus Raf. (1838) Nom. illegit. ; Psidiastrum Bello (1881)；Rugenia Neck. (1790) Nom. inval. ; Stenocalyx O. Berg(1856)Nom. illegit. ; Suarda Nocca ex Steud. (1841)Nom. illegit. ●

19537　Eugenia Mich. ex L. (1753)≡Eugenia L. (1753)［桃金娘科 Myrtaceae]●

19538　Eugeniaceae Bercht. et J. Presl =Myrtaceae Juss. (保留科名)●

19539　Eugeniodes Kuntze (1891) Nom. illegit. ≡ Symplocos Jacq. (1760)［山矾科（灰木科）Symplocaceae]●

19540　Eugeniopsis O. Berg(1855)= Marlierea Cambess. (1829)Nom. inval. ; ~ = Marlierea Cambess. ex A. St. -Hil. (1833)［桃金娘科 Myrtaceae]●

19541　Eugissona Post et Kuntze(1903)= Eugeissona Griff. (1844)［棕榈科 Arecaceae(Palmae)]●☆

19542　Euglypha Chodat et Hassl. (1906)【汉】南美马兜铃属。【隶属】马兜铃科 Aristolochiaceae。【包含】世界 1 种。【学名诠释与讨论】〈阴〉（希）eu-，真正的，优良的，美好的，真实的+glyphe，雕刻成的东西。【分布】巴拉圭，玻利维亚。【模式】Euglypha rojasiana R. Chodat et E. Hassler。●☆

19543　Eugone Salisb. (1796)Nom. illegit. ≡Gloriosa L. (1753)［百合科 Liliaceae//秋水仙科 Colchicaceae]■

19544　Euhaynaldia Borbás (1880)【汉】海因桔梗属。【俄】Гайнальдия。【隶属】桔梗科 Campanulaceae。【包含】世界 2 种。【学名诠释与讨论】〈阴〉（希）eu-，真正的，优良的，美好的，真实的+（属）Haynaldia 海因禾属。Haynaldia 来源于（人）Cardinal Stephan Franz Ludwig (Lajos)Haynald, 1816-1891，匈牙利植物学者。此属的学名"Euhaynaldia V. Borbás, Földmiv. Érdek. 8 :331. 1880"是一个替代名称。"Haynaldia A. Kanitz, Magyar Növenyt. Lapok 1 :3. Jan 1877"是一个非法名称（Nom. illegit. ），因为此前已经有了"Haynaldia Schur, Enum. Pl. Transsilv. 807. Apr-Jun 1866 ≡ Dasypyrum (Coss. et Durieu) T. Durand (1888)［禾本科 Poaceae(Gramineae)]"。故用"Euhaynaldia Borbás(1880)"替代之。【分布】地中海地区。【模式】Haynaldia villosa (Linnaeus) Schur [Secale villosum Linnaeus]。【参考异名】Dasypyrum (Coss. et Durieu) P. Candargy (1901)；Dasypyrum (Coss. et Durieu) T. Durand(1888)；Haynaldia Kanitz(1877)Nom. illegit. ; Pseudosecale (Godr.)Degen(1936)Nom. illegit. ■☆

19545 Euhemus Raf. (1840) = Lycopus L. (1753) [唇形科 Lamiaceae (Labiatae)] ■

19546 Euhesperida Brullo et Furnari (1979) = Satureja L. (1753) [唇形科 Lamiaceae (Labiatae)] ●■

19547 Euhydrobryum(Tul.) Koidz. (1931) Nom. illegit. ≡ Hydrobryum Endl. (1841) [髯管花科 Geniostomaceae] ■

19548 Euhydrobryum Koidz. (1931) Nom. illegit. ≡ Euhydrobryum (Tul.) Koidz. (1931) Nom. illegit. ; ~ ≡ Hydrobryum Endl. (1841) [髯管花科 Geniostomaceae] ■

19549 Euilus Steven (1856) = Astragalus L. (1753) [豆科 Fabaceae (Leguminosae)//蝶形花科 Papilionaceae] ●■

19550 Euklasta Post et Kuntze (1903) = Euclasta Franch. (1895) [禾本科 Poaceae(Gramineae)] ■☆

19551 Euklastaxon Steud. (1850) = Andropogon L. (1753) (保留属名) [禾本科 Poaceae(Gramineae)//须芒草科 Andropogonaceae] ■

19552 Euklisia(Nutt.) Greene (1904) Nom. illegit. = Euklisia Rydb. ex Small(1903) [十字花科 Brassicaceae(Cruciferae)] ■☆

19553 Euklisia(Nutt.) Rydb. (1903) = Cartiera Greene(1906) [十字花科 Brassicaceae(Cruciferae)] ■☆

19554 Euklisia(Nutt. ex Torr. et A. Gray) Greene (1904) Nom. illegit. = Euklisia Rydb. ex Small (1903) [十字花科 Brassicaceae (Cruciferae)] ■☆

19555 Euklisia(Nutt. ex Torr. et A. Gray) Rydb. (1903) = Streptanthus Nutt. (1825) [十字花科 Brassicaceae(Cruciferae)] ■☆

19556 Euklisia Rydb. ex Small(1903)【汉】弯花芥属。【隶属】十字花科 Brassicaceae(Cruciferae)。【包含】世界 10 种。【学名诠释与讨论】〈阴〉词源不详。似来自人名或地名。此属的学名,GCI、TROPICOS 和 IK 记载为"Euklisia(Nutt. ex Torr. et A. Gray) Rydb. , Fl. S. E. U. S. [Small].486,1331. 1903 [22 Jul 1903]",由"Streptanthus [infragen. unranked] Euklisia Nutt. ex Torr. et A. Gray Fl. N. Amer. (Torr. et A. Gray)1(1):77. 1838 [Jul 1838]"改级而来。ING 的记载是"Euklisia Rydberg ex J. K. Small, Fl. Southeast. U. S. 486. Jul 1903",并标注"Small refers to Rydberg, not to Nuttall's Streptanthus [subgen.] Euklisia Nuttall in Torrey et A. Gray,Fl. N. Amer. 1:77. Jul 1838;the latter does include Small's only species;see also Rydberg, Bull. Torrey Bot. Club 33:142. 1906"。GCI,TROPICOS 和 IK 还记载了"Euklisia(Nutt. ex Torr. et A. Gray) Greene, Leafl. Bot. Observ. Crit. 1:82. 1904 [21 Dec 1904]";它是晚出的非法名称。"Euklisia(Nutt.) Greene(1904) Nom. illegit. = Euklisia Rydb. ex Small(1903)[十字花科 Brassicaceae(Cruciferae)]"和"Euklisia(Nutt.) Rydb. (1903) = Cartiera Greene(1906)[十字花科 Brassicaceae(Cruciferae)]"的命名人引证有误。"Euclisia Greene(1838) = Euklisia(Nutt. ex Torr. et A. Gray) Greene(1904) Nom. illegit. [十字花科 Brassicaceae(Cruciferae)]"仅有属名。"Euclisia(Nutt. ex Torr. et A. Gray) Greene(1904) Nom. illegit. "是"Euklisia(Nutt. ex Torr. et A. Gray) Greene(1904) Nom. illegit. "的拼写变体。"Icianthus E. L. Greene, Leafl. Bot. Observ. Crit. 1:197. 24 Feb 1906"是"Euklisia Rydb. ex Small(1903)"的晚出的同模式异名(Homotypic synonym, Nomenclatural synonym)。亦有文献把"Euklisia Rydb. ex Small(1903)"处理为"Icianthus Greene(1906)"的异名。【分布】美国,太平洋地区。【模式】Euklisia hyacinthoides(W. J. Hooker) J. K. Small [Streptanthus hyacinthoides W. J. Hooker]。【参考异名】Euclisia(Nutt. ex Torr. et A. Gray) Greene(1904) Nom. illegit. ; Euclisia Greene(1838) Nom. illegit. ; Euklisia(Nutt.) Greene (1904) Nom. illegit. ; Euklisia(Nutt.) Rydb. (1903); Euklisia (Nutt. ex Torr. et A. Gray) Greene(1904) Nom. illegit. ; Euklisia (Nutt. ex Torr. et A. Gray) Rydb. (1903); Icianthus Greene(1906) Nom. illegit. ; Streptanthus [infragen. unranked] Euklisia Nutt. ex Torr. et A. Gray(1838)■☆

19557 Eukrania Raf. (1838) = Chamaepericlymenum Asch. et Graebn. (1898) [山茱萸科 Cornaceae] ■

19558 Eukylista Benth. (1853) = Calycophyllum DC. (1830) [茜草科 Rubiaceae] ●☆

19559 Eulalia Kunth(1829)【汉】黄金茅属(金茅属)。【日】ウンヌケ属。【俄】Эвлалия。【英】Eulalia, Goldquitch。【隶属】禾本科 Poaceae(Gramineae)。【包含】世界 30 种,中国 14-16 种。【学名诠释与讨论】〈阴〉(人)Eulalie Delile,为 Kunth 所著"Revision des Graminees"一书的绘图者。【分布】巴基斯坦,马达加斯加,中国,热带和亚热带非洲,亚洲。【模式】Eulalia aurea (Bory de St. Vincent) Kunth [Andropogon aureus Bory de St. Vincent [as 'aureum']。【参考异名】Pseudopogonatherum A. Camus(1921); Puliculum Haines (1924) Nom. illegit. ; Puliculum Stapf ex Haines (1924)■

19560 Eulalia Trin. (1833) Nom. illegit. = Miscanthus Andersson (1855) [禾本科 Poaceae(Gramineae)] ■

19561 Eulaliopsis Honda(1924)【汉】拟金茅属(龙须草属)。【英】Draftgoldquitch, Eulaliopsis。【隶属】禾本科 Poaceae(Gramineae)。【包含】世界 2-3 种,中国 1 种。【学名诠释与讨论】〈阴〉(属)Eulalia 金茅属+希腊文 opsis,外观,模样,相似。指小穗与金茅相似。此属的学名,ING、TROPICOS 和 IK 记载是"Eulaliopsis Honda, Bot. Mag. (Tokyo) 1923, xxxvii. p. (124); et in Bot. Mag. , Tokyo,1924,xxxviii. 56"。"Pollinidium Stapf ex Haines, Bot. Bihar Orissa 5:1020. 1924"是"Eulaliopsis Honda(1924)"的同模式异名(Homotypic synonym, Nomenclatural synonym)。【分布】巴基斯坦,菲律宾(菲律宾群岛),印度,中国。【模式】Eulaliopsis angustifolia Honda, Nom. illegit. [Spodiopogon angustifolius Trinius, Nom. illegit. , Andropogon binatum Retzius; Eulaliopsis binata(Retzius) Hubbard]。【参考异名】Pollinidium Haines(1924) Nom. illegit. ; Pollinidium Stapf ex Haines(1924) Nom. illegit. ■

19562 Eulenburgia Pax (1907) = Momordica L. (1753) [葫芦科(瓜科,南瓜科) Cucurbitaceae] ■

19563 Eulepis(Bong.) Post et Kuntze (1903) = Mesanthemum Körn. (1856) [谷精草科 Eriocaulaceae] ■☆

19564 Euleria Urb. (1925)【汉】奥氏漆树属。【隶属】漆树科 Anacardiaceae。【包含】世界 1 种。【学名诠释与讨论】〈阴〉(人)Euler。【分布】古巴。【模式】Euleria tetramera Urban。●☆

19565 Euleucum Raf. (1837) Nom. illegit. ≡ Corema D. Don (1826) [岩高兰科 Empetraceae] ●☆

19566 Eulobus Nutt. (1840) Nom. illegit. ≡ Eulobus Nutt. ex Torr. et A. Gray(1840); ~ = Camissonia Link(1818) [柳叶菜科 Onagraceae] ■☆

19567 Eulobus Nutt. ex Torr. et A. Gray (1840) = Camissonia Link (1818) [柳叶菜科 Onagraceae] ■☆

19568 Eulophia R. Br. (1821) [as 'Eulophus'] (保留属名)【汉】美冠兰属(鸡冠兰属,芋兰属)。【日】イモラン属,ユーロフィア属,リッソキールス属。【俄】Эулофия。【英】Eulophia, Gentian, Salab-misri, Salep。【隶属】兰科 Orchidaceae。【包含】世界 200-240 种,中国 13-16 种。【学名诠释与讨论】〈阴〉(希)eu-,真正的,优良的,美好的,真实的+lophos,脊,鸡冠,装饰。指花冠的唇瓣有龙骨状突起。此属的学名"Eulophia R. Br. in Bot. Reg. : ad t. 573('578'). 1 Oct 1821('Eulophus')(orth. cons.)"是保留名。相应的废弃属名是兰科 Orchidaceae 的"Lissochilus R. Br. in Bot. Reg. :ad t. 573('578'). 1 Oct 1821 = Eulophia R. Br. (1821)

[as 'Eulophus']（保留属名）"。其变体"Eulophus R. Br. (1821)"亦应废弃。兰科 Orchidaceae 的"Eulophia R. Br. ex Lindl., Edwards's Botanical Register 8 1822 = Eulophia R. Br. (1821)［as 'Eulophus'］（保留属名）"，伞形花科 Apiaceae 的 "Eulophus Nutt., J. Acad. Nat. Sci. Philadelphia vii. (1834) 27 = Perideridia Rchb. (1837)"和"Eulophus Nutt. ex DC., Coll. Mém. v. 69 (1829) ≡ Perideridia Rchb. (1837)"也须废弃。苔藓的 "Eulophia C. A. Agardh, Aphor. Bot. 109. 19 Jun 1822 ≡ Calyptrochaeta Desvaux 1825"亦要废弃。【分布】巴基斯坦,巴拉圭,巴拿马,秘鲁,玻利维亚,厄瓜多尔,哥斯达黎加,马达加斯加,尼加拉瓜,中国,热带与温带,中美洲。【模式】Eulophia guineensis Ker – Gawler。【参考异名】Aerobion Kaempfer ex Spreng. (1826) Nom. illegit.; Aerobion Spreng. (1826); Alismographis Thouars; Cyrtopera Lindl. (1833); Cyrtosia Lindl.; Donacopsis Gagnep. (1932); Eulophia R. Br. ex Lindl. (1822)（废弃属名）; Eulophus R. Br. (1821) Nom. illegit. (废弃属名); Hypodematium A. Rich. (1850) Nom. illegit.; Lissochilos Bartl. (1830); Lissochilus R. Br. (1821)（废弃属名）; Orthochilus Hochst. ex A. Rich. (1850); Platypus Small et Nash (1903); Semiphaius Gagnep. (1932); Serniphajus Gagnep.; Thysanochilus Falc. (1839)■

19569 Eulophia R. Br. ex Lindl. (1822)（废弃属名）= Eulophia R. Br. (1821)［as 'Eulophus'］（保留属名）［兰科 Orchidaceae］■

19570 Eulophidium Pfitzer (1888) Nom. illegit. ≡ Oeceoclades Lindl. (1832)［兰科 Orchidaceae］■☆

19571 Eulophiella Rolfe(1892)【汉】姬冠兰属(小鸡冠兰属,小美冠兰属)。【日】ユーロフィエラ属。【隶属】兰科 Orchidaceae。【包含】世界 2-4 种。【学名诠释与讨论】〈阴〉(属)Eulophia 美冠兰属+-ellus,-ella,-ellum,加在名词词干后面形成指小式的词尾。或加在人名、属名等后面以组成新属的名称。【分布】马达加斯加。【模式】Eulophiella elisabethae Rolfe。■☆

19572 Eulophiopsis Pfitzer (1887) Nom. illegit. ≡ Graphorkis Thouars (1809)（保留属名）［兰科 Orchidaceae］■☆

19573 Eulophus Nutt. (1834) Nom. illegit. (废弃属名) = Perideridia Rchb. (1837)［伞形花科 (伞形科) Apiaceae (Umbelliferae)］■☆

19574 Eulophus Nutt. ex DC. (1829) Nom. illegit. (废弃属名) ≡ Perideridia Rchb. (1837)［伞形花科 (伞形科) Apiaceae (Umbelliferae)］■☆

19575 Eulophus R. Br. (1821) Nom. illegit. (废弃属名) = Eulophia R. Br. (1821)［as 'Eulophus'］（保留属名）［兰科 Orchidaceae］■

19576 Eulychnia Phil. (1860)【汉】壶花柱属。【日】エウリクニア属,ユーリクニア属。【隶属】仙人掌科 Cactaceae。【包含】世界 6-8 种。【学名诠释与讨论】〈阴〉(希)eu-,真正的,优良的,美好的,真实的+lychnos,灯。lychnis,所有格 lychnidos,开着明亮猩红色花的植物。真蜡台。【分布】秘鲁,智利。【模式】Eulychnia breviflora R. A. Philippi。【参考异名】Philippicereus Backeb.。●☆

19577 Eulychnocactus Backeb. (1931) = Corryocactus Britton et Rose (1920)［仙人掌科 Cactaceae］●☆

19578 Eumachia DC. (1830) = Ixora L. (1753); ~ = Psychotria L. (1759)（保留属名）［茜草科 Rubiaceae//九节科 Psychotriaceae］●

19579 Eumecanthus Klotzsch et Garcke (1859) = Euphorbia L. (1753)［大戟科 Euphorbiaceae］●■

19580 Eumolpe Decne. ex Jacq. et Hérincq (1849) = Achimenes Pers. (1806)（保留属名）; ~ = Gloxinia L' Hér. (1789)［苦苣苔科 Gesneriaceae］■☆

19581 Eumorpha Eckl. et Zeyb. (1834) = Pelargonium L' Hér. ex Aiton (1789)［牻牛儿苗科 Geraniaceae］●■

19582 Eumorphanthus A. C. Sm. (1936) = Psychotria L. (1759)（保留属名）［茜草科 Rubiaceae//九节科 Psychotriaceae］●

19583 Eumorphia DC. (1838)【汉】秀菊木属。【隶属】菊科 Asteraceae(Compositae)。【包含】世界 6 种。【学名诠释与讨论】〈阴〉(希)eu-,真正的,优良的,美好的,真实的+morphe,形状。指叶子漂亮。【分布】非洲南部。【模式】Eumorphia dregeana A. P. de Candolle。●☆

19584 Eunannos Porta et Brade (1935) Nom. illegit.［兰科 Orchidaceae］■☆

19585 Eunantia Falc. = Sabia Colebr. (1819)［清风藤科 Sabiaceae］●

19586 Eunanus Benth. (1846) = Mimulus L. (1753)［玄参科 Scrophulariaceae//透骨草科 Phrymaceae］●■

19587 Eunomia DC. (1821)【汉】肖岩芥菜属(小蜂室花属)。【隶属】十字花科 Brassicaceae(Cruciferae)。【包含】世界 17 种。【学名诠释与讨论】〈阴〉(希)eu-,真正的,优良的,美好的,真实的+nomos,次序,法规。指叶片和种子排列有序。此属的学名是 "Eunomia A. P. de Candolle, Mém. Mus. Hist. Nat. 7: 241. 20 Apr 1821"。亦有文献把其处理为"Aethionema W. T. Aiton (1812)"的异名。【分布】巴基斯坦,地中海东部山区。【模式】未指定。【参考异名】Aethionema R. Br. (1812) Nom. illegit.; Aethionema W. T. Aiton(1812)■☆

19588 Eunoxis Raf. (1836) Nom. illegit. ≡ Agathyrsus D. Don (1829) Nom. illegit.; ~ = Lactuca L. (1753)［菊科 Asteraceae (Compositae)//莴苣科 Lactucaceae］■

19589 Euodia Gaertn. (1791) Nom. illegit. ≡ Evodia Gaertn. (1791) Nom. illegit.; ~ ≡ Ravensara Sonn. (1782)（废弃属名）; ~ ≡ Agathophyllum Juss. (1789) Nom. illegit.; ~ = Cryptocarya R. Br. (1810)（保留属名）［樟科 Lauraceae］●

19590 Euodia J. R. Forst. et G. Forst. (1776)【汉】吴茱萸属。【日】ゴシュユ属。【俄】Эводия。【英】Bee – bee Tree, Euodia, Evodia。【隶属】芸香科 Rutaceae。【包含】世界 150 种,中国 33 种。【学名诠释与讨论】〈阴〉(希)euodia,芳香气味,来自 eu-(以辅音开始的词根之前用之) = ev-(以元音开始的词根之前用之),美丽的,真正的,优良的+odia 香气。evodia,好闻的气味,甜香的气味。指枝叶花果均芳香。此属的学名,ING、GCI 和 IK 记载是 "Euodia J. R. Forst. et G. Forst., Char. Gen. Pl., ed. 2. 13. 1776 [1 Mar 1776]"。"Euodia Gaertn., Fruct. Sem. Pl. ii. t. 103(1791)"是晚出的非法名称;"Evodea Kunth, Syn. Pl. iii. 327(1824)"则是 "Euodia J. R. Forst. et G. Forst. (1776)"的拼写变体。"Ampacus O. Kuntze, Rev. Gen. 1: 98. 5 Nov 1891"是"Euodia J. R. Forst. et G. Forst. (1776)"的晚出的同模式异名(Homotypic synonym, Nomenclatural synonym)。硅藻的"Euodia J. W. Bailey ex Ralfs in Pritchard, Hist. Infus. ed. 4. 852. 1861"亦是晚出的非法名称。亦有文献把"Euodia J. R. Forst. et G. Forst. (1776)"处理为 "Melicope J. R. Forst. et G. Forst. (1776)"的异名。【分布】澳大利亚,马达加斯加,中国,新几内亚岛,美洲。【模式】Ravensara aromatica Sonnerat。【参考异名】Aititara Endl. (1837); Ampacus Kuntze(1891) Nom. illegit.; Ampacus Rumph. (1747) Nom. inval.; Ampacus Rumph. ex Kuntze (1891) Nom. illegit.; Atitara Juss. (1805); Atitara Marcgr. ex Juss.; Boymia A. Juss. (1825); Cyclocarpus Jungh. (1840); Evodea Kunth (1824) Nom. illegit.; Evodia Lam. (1786) Nom. illegit.; Evodia Scop.; Herzogia K. Schum. (1889); Lepta Lour. (1790); Megabotrya Hance (1852); Melicope J. R. Forst. et G. Forst. (1776); Philagonia Blume(1823); Pitaviaster T. G. Hartley (1997); Tetradium Dulac (1867) Nom. illegit.; Tetradium Lour. (1790); Zieridium Baill. (1872)●

19591 Euoesta Post et Kuntze (1903) = Evoista Raf. (1838) Nom.

illegit. ; ~ = Lycium L. (1753) [茄科 Solanaceae] ●

19592　Euonymaceae Juss. ex Bercht. et J. Presl = Celastraceae R. Br. (1814) (保留科名) ●

19593　Euonymodaphne Post et Kuntze (1903) = Evonymodaphne Nees (1836) ; ~ = Licaria Aubl. (1775) [樟科 Lauraceae] ● ☆

19594　Euonymoides Medik. (1789) Nom. illegit. ≡ Celastrus L. (1753) (保留属名) [卫矛科 Celastraceae] ●

19595　Euonymoides Sol. ex A. Cunn. (1839) Nom. illegit. = Alectryon Gaertn. (1788) [无患子科 Sapindaceae] ● ☆

19596　Euonymopsis H. Perrier (1942) Nom. illegit. = Evonymopsis H. Perrier (1942) [卫矛科 Celastraceae] ● ☆

19597　Euonymus L. (1753) [as ' Evonymus '] (保留属名)【汉】卫矛属。【日】ニシキギ属，マユミ属。【俄】Бересклет，Клещина。【英】Burning Bush，Burning-bush，Euonymus，Evonymus，Spindle，Spindle Tree，Spindle-tree，Strawberry Bush，Wahoo，Wintercreeper。【隶属】卫矛科 Celastraceae。【包含】世界 130-222 种，中国 90-175 种。【学名诠释与讨论】〈阳〉（希）euonymos，一种植物古名，来自希腊文 eu 良好的+onyma =onoma，名称，名声。指获得好评的树木。一说来自希腊神名。此属的学名 " Euonymus L. , Sp. Pl. :197. 1 Mai 1753 " 是保留属名。法规未列出相应的废弃属名。但是其变体 " Evonimus Neck. , Delic. Gallo - Belg. 1 : 124. 1768 " 和 " Evonymus L. " 应该废弃。【分布】巴基斯坦，玻利维亚，美国（密苏里），尼加拉瓜，日本，中国，喜马拉雅山，中美洲。【模式】Euonymus nelsonii Greenman。【参考异名】Evonimus Neck. (1768) (废弃属名) ；Evonymus L. (1753) (废弃属名) ；Genitia Nakai (1943) ；Kalonymus (Beck.) Prokh. (1949) ；Masakia (Nakai) Nakai (1949) ；Masakia Nakai (1949) ；Melanocarya Turcz. (1858) ；Pragmatropa Pierre (1894) Nom. illegit. ；Pragmotessara Pierre (1894) ；Pragmotropa Pierre ；Quadripterygium Tardieu (1948) Nom. illegit. ；Sphaerodiscus Nakai (1941) ；Turibana (Nakai) Nakai (1949) ；Turibana Nakai (1949) Nom. illegit. ；Vyenomus C. Presl (1845) ●

19598　Euonyxis Post et Kuntze (1903) = Evonyxis Raf. (1837) ; ~ = Melanthium L. (1753) + Zigadenus Michx. (1803) [百合科 Liliaceae//黑药花科（藜芦科）Melanthiaceae] ■

19599　Euopis Bartl. (1830) = Berkheya Ehrh. (1784) (保留属名) ; ~ = Evopis Cass. (1818) [菊科 Asteraceae (Compositae)] ● ■ ☆

19600　Euosanthes Endl. = Enosanthes A. Cunn. ex Schauer (1841) Nom. inval. ; ~ = Homoranthus A. Cunn. ex Schauer (1836) [桃金娘科 Myrtaceae] ● ☆

19601　Euosma Andréws (1811) (废弃属名) ≡ Logania R. Br. (1810) (保留属名) [马钱科（断肠草科，马钱子科）Loganiaceae] ■ ☆

19602　Euosma Willd. ex Schnites (1827) Nom. illegit. (废弃属名) = Euosmia Kunth (1824) Nom. illegit. ; ~ = Hoffmannia Sw. (1788) [茜草科 Rubiaceae] ● ■ ☆

19603　Euosmia Bonpl. (1817) = Hoffmannia Sw. (1788) [茜草科 Rubiaceae] ● ■ ☆

19604　Euosmia Humb. et Bonpl. (1817) Nom. illegit. ≡ Euosmia Bonpl. (1817) ; ~ = Hoffmannia Sw. (1788) [茜草科 Rubiaceae] ● ■ ☆

19605　Euosmia Kunth (1824) Nom. illegit. = Hoffmannia Sw. (1788) [茜草科 Rubiaceae] ● ■ ☆

19606　Euosmus (Nutt.) Bartl. = Lindera Thunb. (1783) (保留属名) + Sassafras J. Presl (1825) [樟科 Lauraceae] ●

19607　Euosmus (Nutt.) Rchb. (1828) Nom. illegit. [as ' Evosmus '] = Lindera Thunb. (1783) (保留属名) +Sassafras J. Presl (1825) [樟科 Lauraceae] ●

19608　Euosmus Nutt. (1818) Nom. illegit. ≡ Sassafras J. Presl (1825)

[樟科 Lauraceae] ●

19609　Euothonaea Rchb. f. (1852) = Hexisea Lindl. (1834) (废弃属名) ; ~ =Scaphyglottis Poepp. et Endl. (1836) (保留属名) [兰科 Orchidaceae] ■ ☆

19610　Euparaea Steud. (1840) = Euparea Banks ex Gaertn. (1788) [报春花科 Primulaceae] ■

19611　Euparea Banks et Sol. ex Gaertn. (1788) Nom. illegit. ≡ Euparea Banks ex Gaertn. (1788) ; ~ = Anagallis L. (1753) [报春花科 Primulaceae] ■

19612　Euparea Banks ex Gaertn. (1788) = Anagallis L. (1753) [报春花科 Primulaceae] ■

19613　Euparea Gaertn. (1788) Nom. illegit. ≡ Euparea Banks ex Gaertn. (1788) ; ~ = Anagallis L. (1753) [报春花科 Primulaceae] ■

19614　Eupatoriaceae Bercht. et J. Presl (1820) = Asteraceae Bercht. et J. Presl (保留科名) ; ~ = Compositae Giseke (保留科名) ● ■

19615　Eupatoriaceae Link [亦见 Asteraceae Bercht. et J. Presl (保留科名) //Compositae Giseke (保留科名) 菊科]【汉】泽兰科。【包含】世界 50-600 种，中国 18 种。【分布】广泛分布。【科名模式】Eupatorium L. (1753) ■

19616　Eupatoriaceae Martinov = Asteraceae Bercht. et J. Presl (保留科名) ; ~ = Compositae Giseke (保留科名) ● ■

19617　Eupatoriadelphus R. M. King et H. Rob. (1970) = Eupatorium L. (1753) ; ~ = Eutrochium Raf. (1838) [菊科 Asteraceae (Compositae) //泽兰科 Eupatoriaceae] ■ ☆

19618　Eupatoriastrum Greenm. (1904)【汉】肖泽兰属。【隶属】菊科 Asteraceae (Compositae)。【包含】世界 4 种。【学名诠释与讨论】〈中〉（属）Eupatorium 泽兰属（佩兰属，山兰属）+ -astrum，指示小的词尾，也有 "不完全相似" 的含义。【分布】墨西哥，尼加拉瓜，委内瑞拉，中美洲。【模式】Eupatoriastrum nelsonii Greenman。● ■ ☆

19619　Eupatorina R. M. King et H. Rob. (1971)【汉】钙泽兰属。【隶属】菊科 Asteraceae (Compositae)。【包含】世界 1 种。【学名诠释与讨论】〈阴〉（属）Eupatorium 泽兰属（佩兰属，山兰属）+ -inus，-ina，-inum 拉丁文加在名词词干之后，以形成形容词的词尾，含义为 "属于、相似、关于、小的"。【分布】海地。【模式】Eupatorina sophiaefolia (Linnaeus) R. M. King et H. E. Robinson [Eupatorium sophiaefolium Linnaeus]。■ ☆

19620　Eupatoriophalacron Adans. (1763) Nom. illegit. (废弃属名) = Eclipta L. (1771) (保留属名) ; ~ = Verbesina L. (1753) (保留属名) [菊科 Asteraceae (Compositae)] ■

19621　Eupatoriophalacron Mill. (1754) (废弃属名) ≡ Eclipta L. (1771) (保留属名) ; ~ = Verbesina L. (1753) (保留属名) [菊科 Asteraceae (Compositae)] ● ■ ☆

19622　Eupatoriopsis Hieron. (1893)【汉】辐泽兰属。【隶属】菊科 Asteraceae (Compositae)。【包含】世界 1 种。【学名诠释与讨论】〈阴〉（属）Eupatorium 泽兰属+oides 相似的。【分布】巴西。【模式】Eupatoriopsis hoffmanniana Hieronymus。■ ☆

19623　Eupatorium Bubani (1899) Nom. illegit. ≡ Agrimonia L. (1753) [蔷薇科 Rosaceae//龙牙草科 Agrimoniaceae] ■

19624　Eupatorium L. (1753)【汉】泽兰属（佩兰属，山兰属）。【日】ヒヨドリバナ属，フジバカマ属。【俄】Посконник。【英】Bogorchid，Boneset，Eupatorium，Hemp Agrimony，Hemp-agrimony，Joe - pye Weed，Thoroughwort。【隶属】菊科 Asteraceae (Compositae) //泽兰科 Eupatoriaceae。【包含】世界 45-600 种，中国 12-18 种。【学名诠释与讨论】〈中〉（拉）eupatorion 龙芽草，来自 Mithridates Eupator，公元前 132-163 年间小亚细亚 Pontus 的国王，模式种抗毒性的发现者+-ius，-ia，-ium，在拉丁文和希腊文中，这些词尾表示性质或状态。此属的学名，ING、APNI、GCI、

TROPICOS 和 IK 记载是 "Eupatorium L. , Sp. Pl. 2：836. 1753 [1 May 1753]"。"Eupatorium Bubani, Fl. Pyren. (Bubani) 2：628. 1899 [Dec 1899] ≡ Agrimonia L. , Species Plantarum 1：448. 1753. (1 May 1753) (Sp. Pl.) [蔷薇科 Rosaceae//龙牙草科 Agrimoniaceae]" 是晚出的非法名称。Chone Dulac, Fl. Hautes-Pyrénées 512. Jul–Dec 1867" 和 "Cunigunda Bubani, Fl. Pyrenaea 2：273. 1899 (sero?) ('1900')" 是 "Eupatorium L. (1753)" 的晚出的同模式异名 (Homotypic synonym, Nomenclatural synonym)。【分布】巴拉圭, 玻利维亚, 厄瓜多尔, 马达加斯加, 美国, 尼加拉瓜, 中国, 非洲, 亚洲, 美洲。【后选模式】Eupatorium cannabinum Linnaeus。【参考异名】Adenocritonia R. M. King et H. Rob. (1976)；Ageratina Spach (1841)；Ageratiopsis Sch. Bip. ex Benth. et Hook. f. (1873) Nom. nud. ；Batschia Moench (1794) Nom. illegit. ；Bembicium Mart. (1876) Nom. illegit. ；Bembicium Mart. ex Baker (1876)；Biasolettia Pohl ex Baker (1876) Nom. illegit. ；Bulbostylis Gardner (废弃属名)；Bustamenta Alaman ex DC. (1836)；Campuloclinium DC. (1836)；Campylochinium B. D. Jacks. ；Campylochinium Endl. (1837)；Caradesia Raf. (1836)；Castenedia R. M. King et H. Rob. (1978)；Cavalcantia R. M. King et H. Rob. (1980)；Chone Dulac (1867) Nom. illegit. ；Chrone Dulac, Conoclinium DC. (1836)；Cunigunda Bubani (1899) Nom. illegit. ；Dalea P. Browne (1756) (废弃属名)；Entrochium Raf. ；Eriopappus Hort. ex Loudon (1839) Nom. illegit. ；Eupatoriadelphus R. M. King et H. Rob. (1970)；Eutrochium Raf. (1838)；Gyptidium R. M. King et H. Rob. (1972)；Gyptis (Cass.) Cass. (1820)；Halea L. (1821)；Halea L. ex Sm. (1821) Nom. illegit. ；Hebeclinium DC. (1836)；Heboclinium Post et Kuntze (1903)；Heterochlaena Post et Kuntze (1903)；Heterolaena (Endl.) C. A. Mey. (1845)；Heterolaena C. A. Mey. (1845) Nom. illegit. ；Heterolaena Sch. Bip. ex Benth. et Hook. f. (1873) Nom. illegit. ；Hughesia R. M. King et H. Rob. (1980)；Kaunia R. M. King et H. Rob. (1980)；Kyrstenia Neck. (1790) Nom. inval. ；Lupatorium (DC.) Raf. (1837)；Lupatorium Raf. (1837)；Macvaughiella R. M. King et H. Rob. (1968)；Pachythamnus (R. M. King et H. Rob.) R. M. King et H. Rob. (1972)；Tragantha Endl. (1837)；Tragantha Wallr. ex Endl. (1837)；Traganthes Wallr. (1822) Nom. inval. ；Uncasia Greene (1903)；Wikstroemia Spreng. (1821) (废弃属名)■●

19625 Eupetalum Lindl. (1836) Nom. inval. ≡ Eupetalum Lindl. ex Klotzsch (1854) Nom. illegit. ；~ = Begonia L. (1753) [秋海棠科 Begoniaceae]●■

19626 Eupetalum Lindl. ex Klotzsch (1854) Nom. illegit. = Begonia L. (1753) [秋海棠科 Begoniaceae]●■

19627 Euphlebium (Kraenzl.) Brieger (1981) = Dendrobium Sw. (1799) (保留属名) [兰科 Orchidaceae]■

19628 Euphlebium Brieger (1981) Nom. illegit. ≡ Euphlebium (Kraenzl.) Brieger (1981)；~ = Dendrobium Sw. (1799) (保留属名) [兰科 Orchidaceae]■

19629 Euphocarpus Anderson ex R. Br. (1810) Nom. inval. = Correa Andréws (1798) (保留属名) [芸香科 Rutaceae]●☆

19630 Euphocarpus Anderson ex Steud. (1840) Nom. inval. = Correa Andréws (1798) (保留属名) [芸香科 Rutaceae]●☆

19631 Euphocarpus Steud. (1840) Nom. illegit. ≡ Euphocarpus Anderson ex Steud. (1840) Nom. inval. ；~ = Correa Andréws (1798) (保留属名) [芸香科 Rutaceae]●☆

19632 Euphoebe Blume ex Meisn. (1864) = Alseodaphne Nees (1831) [樟科 Lauraceae]●

19633 Euphora Griff. (1854) = Aglaia Lour. (1790) (保留属名) [楝科 Meliaceae]●

19634 Euphorbia L. (1753)【汉】大戟属。【日】タカトウダイ属, トウダイグサ属, ユーホルビア属。【俄】Молоко волчье, Молочай, Эйфорбия, Эуфорбия。【英】Euphorbia, Milkweed, Spotted Spurge, Spurge。【隶属】大戟科 Euphorbiaceae。【包含】世界 2000 种, 中国 77-149 种。【学名诠释与讨论】〈阴〉euphorbion, 一种非洲植物甘遂, 来源于 Euphorbus (Euphorbos), 古罗马时代毛里塔尼亚国王 Jubas 的御医, 著名的古希腊医生, 他最早采取 Euphorbia resinifera 的乳液药用。此属的学名, ING, TROPICOS、APNI、GCI 和 IK 记载是 "Euphorbia L. , Sp. Pl. 1：450. 1753 [1 May 1753]"。"Euphorbium J. Hill, Brit. Herb. 157. 15 Mai 1756" 是 "Euphorbia L. (1753)" 的晚出的同模式异名 (Homotypic synonym, Nomenclatural synonym)。【分布】巴基斯坦, 巴拉圭, 巴拿马, 秘鲁, 玻利维亚, 厄瓜多尔, 哥斯达黎加, 马达加斯加, 美国, 尼加拉瓜, 中国, 中美洲, 广泛分布 (主要在亚热带和温带)。【后选模式】Euphorbia antiquorum Linnaeus。【参考异名】Aclema Post et Kuntze (1903)；Adenopetalum Klotzsch et Garcke (1859) Nom. illegit. ；Adenorima Raf. (1838)；Agaloma Raf. (1838)；Aklema Raf. (1838)；Alectoroctonum Schltdl. (1846)；Allobia Raf. (1838)；Anisophyllum Haw. (1812) Nom. illegit. ；Anthacantha Lem. (1858)；Aplarina Raf. (1838)；Arthrothamnus Klotzsch et Garcke (1859)；Athymalus Neck. (1790) Nom. inval. ；Athymalus Neck. ex Raf. (1790) Nom. inval. ；Ceraselma Wittst. ；Chamaesyce Gray (1821)；Characias Gray (1821)；Chylogala Fourr. (1869)；Ctenadena Prokh. (1933)；Cyathophora Raf. (1838)；Cystidospermum Prokh. (1933)；Dactylanthes Haw. (1812)；Dematra Raf. (1840)；Desmonema Raf. (1833) Nom. illegit. ；Dichrophyllum Klotzsch et Garcke (1859) Nom. illegit. ；Dichylium Britton (1924)；Diplocyathium Heinr. Schmidt (1907)；Ditritra Raf. (1838)；Endoisila Raf. (1838)；Epurga Fourr. (1869)；Esula (Pers.) Haw. (1812) Nom. illegit. ；Esula Haw. (1812) Nom. illegit. ；Esula Ruppius (1745) Nom. inval. ；Euforbia Ten. (1811–1815) Nom. illegit. ；Eumecanthus Klotzsch et Garcke (1859)；Euphorbiastrum Klotzsch et Garcke (1859)；Euphorbiodendron Millsp. (1909)；Euphorbiopsis H. Lév. (1911)；Euphorbium Hill (1756) Nom. illegit. ；Forfasadis Raf. ；Galarhaeus Baill. (1858) Nom. illegit. ；Galarhoeus Haw. (1812)；Galorhoeus Endl. (1840)；Kanopikon Raf. (1838)；Keraselma Neck. (1790) Nom. inval. ；Keraselma Neck. ex Juss. (1822)；Kobiosis Raf. (1840)；Lacanthis Raf. (1837)；Lathyris Trew (1754)；Lepadena Raf. (1838)；Leptopus Klotzsch et Garcke (1859) Nom. illegit. ；Licanthis Raf. ；Lophobios Raf. (1838)；Lyciopsis (Boiss.) Schweinf. (1867) Nom. illegit. ；Lyciopsis Schweinf. (1867) Nom. illegit. ；Medusaea Rchb. (1841)；Medusea Haw. (1812)；Murtekias Raf. (1838)；Nisomenes Raf. (1838)；Ossifraga Rumph. ；Peccana Raf. (1838)；Petalandra F. Muell. (1856)；Petalandra F. Muell. ex Boiss. (1856) Nom. illegit. ；Petaloma Raf. ex Boiss. (1862) Nom. illegit. ；Pleuradena Raf. (1833) Nom. illegit. ；Poincettia Klotzsch et Garcke (1859)；Poinsettia Graham (1836)；Pythius B. D. Jacks. , Nom. illegit. ；Sclerocyathium Prokh. (1933)；Sterigmanthe Klotzsch et Garcke (1859) Nom. illegit. ；Sterigrnanthe Klotzsch et Garcke；Thymalis Post et Kuntze (1903)；Tirucalia Raf. (1838) Nom. illegit. ；Tirucalla Raf. ；Tithymalis Raf. ；Tithymalopsis Klotzsch et Garcke (1859) Nom. illegit. ；Tithymalus Hill (废弃属名)；Tithymalus Scop. (废弃属名)；Tithymalus Ség. (1754) (废弃属名)；Torfasadis Raf. (1838)；Treisia Haw. (1812)；Tricherostigma Boiss. (1862)；Trichosterigma Klotzsch et Garcke (1859)；Tumalis Raf. (1838)；

Vallaris Raf. (1838) Nom. illegit. ; Xamesike Raf. (1838) ; Zalitea Raf. (1836) ; Zygophyllidium (Boiss.) Small (1903) ; Zygophyllidium Small(1903) Nom. illegit. ●■

19635　Euphorbiaceae Juss. (1789)(保留科名)【汉】大戟科。【日】卜ウダイグザ科。【俄】Молочайные。【英】Spurge Family。【包含】世界 313-331 属 8000-8248 种,中国 71 属 555 种。【分布】广泛分布,主要在亚热带和温带。【科名模式】Euphorbia L. (1753) ●■

19636　Euphorbiastrum Klotzsch et Garcke (1859) = Euphorbia L. (1753) [大戟科 Euphorbiaceae] ●■

19637　Euphorbiodendron Millsp. (1909) = Euphorbia L. (1753) ; ~ = Euphorbiastrum Klotzsch et Garcke(1859) [大戟科 Euphorbiaceae] ■

19638　Euphorbiopsis H. Lév. (1911) = Euphorbia L. (1753) ; ~ = Euphorbiastrum Klotzsch et Garcke(1859) [大戟科 Euphorbiaceae] ■

19639　Euphorbiopsis H. Lév. et Vaniot. , Nom. illegit. = Canscora Lam. (1785) [龙胆科 Gentianaceae] ■

19640　Euphorbium Hill(1756) Nom. illegit. ≡ Euphorbia L. (1753) ; ~ = Euphorbiastrum Klotzsch et Garcke (1859) [大戟科 Euphorbiaceae] ■

19641　Euphoria Comm. ex Juss. (1838) = Dimocarpus Lour. (1790) ; ~ =Litchi Sonn. (1782) [无患子科 Sapindaceae] ●

19642　Euphorianthus Radlk. (1879)【汉】良梗花属。【隶属】无患子科 Sapindaceae。【包含】世界 1 种。【学名诠释与讨论】〈阳〉(属)Eupatorium 泽兰属(佩兰属,山兰属)+anthos, 花。此属的学名, ING、TROPICOS 和 IK 记载是 “ Euphorianthus Radlkofer, Sitzungsber. Math. – Phys. Cl. Königl. Bayer. Akad. Wiss. München 9:673. 1879 (post 25 Jul)”。“Euphoriopsis Radlkofer, Actes Congr. Bot. Amsterdam 1877:128. Jan – Feb 1879 (non Massalongo 1852)” 是 “ Euphorianthus Radlk. (1879)” 的同模式异名(Homotypic synonym, Nomenclatural synonym)。【分布】菲律宾(菲律宾群岛), 马来西亚(东部), 瓦努阿图。【模式】Euphorianthus longifolius (Radlkofer) Radlkofer。【参考异名】Euphoriopsis Radlk. (1878)●☆

19643　Euphoriopsis Radlk. (1878) = Euphorianthus Radlk. (1879) [无患子科 Sapindaceae]●☆

19644　Euphrasia L. (1753)【汉】小米草属(碎雪草属)。【日】コゴメグサ属。【俄】Очанка。【英】Euphrasy, Eyebright。【隶属】玄参科 Scrophulariaceae//列当科 Orobanchaceae。【包含】世界 170-450 种,中国 11 种。【学名诠释与讨论】〈阴〉(希)euphrasia, 使欢喜,爽快+-ius,-ia,-ium, 在拉丁文和希腊文中,这些词尾表示性质或状态。指某些种可医治眼疾,令眼睛明亮。【分布】秘鲁,玻利维亚,马来西亚,新西兰,中国,北温带,温带南美洲。【后选模式】Euphrasia officinalis Linnaeus。【参考异名】Anagosperma Wettst. (1895) ; Siphonidium J. B. Armstr. (1881) ■

19645　Euphrasiaceae Martinov(1820) = Orobanchaceae Vent. (保留科名) ; ~ =Scrophulariaceae Juss. (保留科名)●■

19646　Euphroboscis Wight (1852) = Euproboscis Griff. (1845) ; ~ = Thelasis Blume(1825) [兰科 Orchidaceae] ■

19647　Euphronia Mart. (1826) Nom. illegit. ≡ Euphronia Mart. et Zucc. (1825) [合丝花科 Euphroniaceae//大戟科 Euphorbiaceae] ■■☆

19648　Euphronia Mart. et Zucc. (1825)【汉】南美合丝花属。【隶属】合丝花科 Euphroniaceae//大戟科 Euphorbiaceae。【包含】世界 3 种。【学名诠释与讨论】〈阴〉(希)euphrone, 愉快的时刻,夜间。此属的学名, ING 和 GCI 记载是 “ Euphronia C. F. P. Martius et Zuccarini, Flora 8:32. 14 Jan 1825”。TROPICOS 和 IK 则记载为 “ Euphronia Mart. , Nov. Gen. Sp. Pl. (Martius) 1 (4):121, t. 73. 1826 [1824 publ. Jan – Mar 1826]”。【分布】南美洲北部。【模式】Euphronia hirtelloides C. F. P. Martius et Zuccarini。【参考异名】Euphronia Mart. (1825) Nom. illegit. ; Lightia R. H. Schomb. (1844) Nom. illegit. ; Lightiodendron Rauschert(1982) ■☆

19649　Euphroniaceae Marc. –Berti(1989) [亦见 Vochysiaceae A. St. – Hil. (保留科名)独蕊科(蜡烛树科,囊萼花科)]【汉】合丝花科。【包含】世界 1 属 3 种。【分布】南美洲北部。【科名模式】Euphronia Mart. et Zucc. ■☆

19650　Euphrosine Endl. (1841) Nom. illegit. = Euphrosyne DC. (1836) [菊科 Asteraceae(Compositae)]■☆

19651　Euphrosinia Rchb. f. (1841) Nom. illegit. ≡ Euphrosyne DC. (1836) [菊科 Asteraceae(Compositae)]■☆

19652　Euphrosyne DC. (1836)【汉】欢乐菊属。【隶属】菊科 Asteraceae(Compositae)。【包含】世界 1-5 种。【学名诠释与讨论】〈阴〉(人)Euphrosyne. 或欢乐,嬉戏,愉快。此属的学名, ING、TROPICOS、GCI 和 IK 记载是 “ Euphrosyne DC. , Prodr. [A. P. de Candolle] 5:530. 1836 [1-10 Oct 1836]”。“ Euphrosinia H. G. L. Reichenbach, Deutsche Bot. Herbarienbuch (Nom.) 100. Jul 1841” 是 “ Euphrosyne DC. (1836)” 的晚出的同模式异名(Homotypic synonym, Nomenclatural synonym)。【分布】墨西哥。【模式】Euphrosyne parthenifolia A. P. de Candolle。【参考异名】Chorisiva Rydb. (1922) Nom. illegit. ; Cyclachaena Fresen. (1836) ; Euphrosine Endl. (1841) Nom. illegit. ; Euphrosinia Rchb. f. (1841) Nom. illegit. ; Leuciva Rydb. (1922) ; Oxytenia Nutt. (1848) ■☆

19653　Euphyleia Raf. (1838) = Cordyline Comm. ex R. Br. (1810) (保留属名) [百合科 Liliaceae//点柱花科(朱蕉科)Lomandraceae//龙舌兰科 Agavaceae] ●

19654　Euplassa Salisb. (1809)【汉】热美龙眼木属。【隶属】山龙眼科 Proteaceae。【包含】世界 20-25 种。【学名诠释与讨论】〈阴〉(希)eu–, 真正的,优良的,美好的,真实的+plasso, 形状,模型。指树形美丽。此属的学名, ING 和 APNI 记载是 “ Euplassa Salisb. ex Knight, On the Cultivation of the Plants Belonging to the Natural Order of Proteeae 1809”。IK 则记载为 “ Euplassa Salisb. , in Knight, Prot. 101(1809)”。【分布】秘鲁,玻利维亚,厄瓜多尔,热带美洲。【模式】Euplassa meridionalis J. Knight, Nom. illegit. [Roupala pinnata Lamarck ; Euplassa pinnata (Lamarck) I. M. Johnston]。【参考异名】Adenostephanus Klotzsch (1841) ; Dicneckeria Vell. (1829) ; Didymanthus Klotzsch ex Meisn. (1856) Nom. illegit. ; Dieneckeria Vell. ; Euplassa Salisb. ex Knight(1809) Nom. illegit. ●☆

19655　Euplassa Salisb. ex Knight(1809) Nom. illegit. = Euplassa Salisb. (1809) [山龙眼科 Proteaceae]●☆

19656　Euploca Nutt. (1836) = Heliotropium L. (1753) [紫草科 Boraginaceae//天芥菜科 Heliotropiaceae]●■

19657　Eupodia Raf. (1837) = Chironia L. (1753) [龙胆科 Gentianaceae//圣诞果科 Chironiaceae]●■☆

19658　Eupogon Desv. (1831) = Andropogon L. (1753) (保留属名) [禾本科 Poaceae(Gramineae)//须芒草科 Andropogonaceae]■

19659　Eupomatia R. Br. (1814)【汉】澳楠属(澳大利亚番荔枝属,帽花木属)。【英】Bolwarra。【隶属】澳大利亚番荔枝科(澳楠科)Eupomatiaceae。【包含】世界 2 种。【学名诠释与讨论】〈阴〉(希)eu–, 真正的,优良的,美好的,真实的 + poma, 所有格 pomatos, 盖子,罩子。指萼片和花瓣结合。【分布】澳大利亚(东部), 新几内亚岛东部。【模式】Eupomatia laurina R. Brown。●☆

19660　Eupomatiaceae Endl. = Eupomatiaceae Orb. (保留科名)●☆

19661　Eupomatiaceae Orb. (1845)(保留科名)【汉】澳楠科(澳大利亚番荔枝科,澳番荔枝科,帽花木科)。【包含】世界 1 属 2 种。【分布】澳大利亚(东部和东南部), 新几内亚岛。【科名模式】

Eupomatia R. Br. ●☆

19662 Euporteria Kreuz. et Buining (1941) Nom. illegit. ≡ Neoporteria Britton et Rose (1922) [仙人掌科 Cactaceae] ●■

19663 Euprepia Steven (1832) = Astragalus L. (1753) [豆科 Fabaceae (Leguminosae)//蝶形花科 Papilionaceae] ●■

19664 Eupritchardia Kuntze (1898) Nom. illegit. ≡ Pritchardia Seem. et H. Wendl. (1862) (保留属名) [棕榈科 Arecaceae(Palmae)] ●☆

19665 Euproboscis Griff. (1845) = Thelasis Blume (1825) [兰科 Orchidaceae] ■

19666 Euptelea Siebold et Zucc. (1840) 【汉】领春木属(云叶属)。【日】フサザクラ属。【俄】Эвптелея。【英】Euptelea。【隶属】领春木科(云叶科)Eupteleaceae//昆栏树科 Trochodendraceae。【包含】世界 1-2 种,中国 1 种。【学名诠释与讨论】〈阴〉(希)eu-,真正的,优良的,美好的,真实的+ptelea,榆树。指小翅果与榆树的果实相似,可食。【分布】日本,印度(阿萨姆),中国。【模式】Euptelea polyandra Siebold et Zuccarini。

19667 Eupteleaceae K. Wilh. (1910) (保留科名) 【汉】领春木科(云叶科)。【日】フサザクラ科。【英】Euptelea Family。【包含】世界 1 属 1-2 种,中国 1 属 1 种。【分布】印度,中国,日本,东亚。【科名模式】Euptelea Siebold et Zucc.●

19668 Eupteleaceae Tiegh. = Eupteleaceae K. Wilh. (保留科名) ●

19669 Eupteron Miq. (1856) = Polyscias J. R. Forst. et G. Forst. (1776) [五加科 Araliaceae] ●

19670 Euptilia Raf. (1838) = Pterocephalus Vaill. ex Adans. (1763) [川续断科(刺参科,蓟叶参科,山萝卜科,续断科)Dipsacaceae] ●■

19671 Eupyrena Wight et Arn. (1834) = Timonius DC. (1830) (保留属名) [茜草科 Rubiaceae] ●

19672 Euranthemum Nees ex Steud. (1840) = Eranthemum L. (1753) [爵床科 Acanthaceae] ●■

19673 Euraphis (Trin.) Kuntze (1891) Nom. illegit. = Pappophorum Schreb. [禾本科 Poaceae(Gramineae)] ■☆

19674 Euraphis(Trin.) Lindl. (1847) Nom. illegit. ≡ Boissiera Hochst. ex Steud. (1840); ~ = Pappophorum Schreb. (1791) [禾本科 Poaceae(Gramineae)] ■☆

19675 Euraphis Trin. ex Lindl. (1847) Nom. illegit. ≡ Euraphis (Trin.) Lindl. (1847) Nom. illegit.; ~ ≡ Boissiera Hochst. ex Steud. (1840); ~ = Pappophorum Schreb. (1791) [禾本科 Poaceae(Gramineae)] ■☆

19676 Eurebutia (Backeb.) G. Vande Weghe (1938) = Rebutia K. Schum. (1895) [仙人掌科 Cactaceae] ●

19677 Eurebutia Frič = Rebutia K. Schum. (1895) [仙人掌科 Cactaceae] ●

19678 Euregelia Kuntze (1898) Nom. illegit. ≡ Cylindrocarpa Regel (1877) [桔梗科 Campanulaceae] ■☆

19679 Eureiandra Hook. f. (1867) 【汉】热非瓜属。【隶属】葫芦科(瓜科,南瓜科)Cucurbitaceae。【包含】世界 9-10 种。【学名诠释与讨论】〈阴〉(希)大的,宽的+,所有格,雄蕊,雄性。指雄蕊丝状。【分布】也门(索科特拉岛),热带非洲。【模式】Eureiandra formosa J. D. Hooker。【参考异名】Euryandra Hook. f. (1871) Nom. illegit. ■☆

19680 Eurhaphis Trin. ex Steud. (1840) = Euraphis (Trin.) Kuntze (1891) Nom. illegit.; ~ = Pappophorum Schreb. [禾本科 Poaceae(Gramineae)] ■☆

19681 Eurhotia Neck. (1790) Nom. inval. = Cephaëlis Sw. (1788) (保留属名); ~ = Psychotria L. (1759) (保留属名) [茜草科 Rubiaceae//九节科 Psychotriaceae] ●

19682 Euriosma Desv. (1826) Nom. illegit. (废弃属名) = Eriosma

(DC.) Desv. (1826) [as ' Euriosma'] (保留属名) [豆科 Fabaceae(Leguminosae)//蝶形花科 Papilionaceae] ●■

19683 Euriples Raf. (1837) = Salvia L. (1753) [唇形科 Lamiaceae (Labiatae)//鼠尾草科 Salviaceae] ●■

19684 Europritchardia Kuntze = Pritchardia Seem. et H. Wendl. (1862) (保留属名) [棕榈科 Arecaceae(Palmae)] ●☆

19685 Euroschinus Hook. f. (1862) 【汉】新几内亚漆属。【隶属】漆树科 Anacardiaceae。【包含】世界 6-10 种。【学名诠释与讨论】〈阳〉(拉)euros,东方的+(属)Schinus 肖乳香属(胡椒木属)。【分布】澳大利亚(东北部),法属新喀里多尼亚,新几内亚岛。【模式】Euroschinus falcatus J. D. Hooker。●☆

19686 Eurostorhiza G. Don ex Steud. (1840) Nom. inval. = Physalis L. (1753) [茄科 Solanaceae] ■

19687 Eurostorhiza Steud. (1855) = Caustis R. Br. (1810) [莎草科 Cyperaceae] ■☆

19688 Eurostorrhiza Benth. et Hook. f. (1883) Nom. illegit. [莎草科 Cyperaceae] ■☆

19689 Eurotia Adans. (1763) Nom. illegit., Nom. superfl. ≡ Axyris L. (1753); ~ = Ceratoides (Tourn.) Gagnebin (1755) Nom. illegit.; ~ = Krascheninnikovia Gueldenst. (1772) [藜科 Chenopodiaceae] ●

19690 Eurotium B. D. Jacks. (1902) = Eurotium Kuntze(1891) [山茶科(茶科)Theaceae//厚皮香科 Ternstroemiaceae] ●☆

19691 Eurotium Kuntze (1891) = Freziera Willd. (1799) (保留属名) [山茶科(茶科)Theaceae//厚皮香科 Ternstroemiaceae] ●☆

19692 Eurya Thunb. (1783) 【汉】柃属(柃木属)。【日】サカキ属,ヒサカキ属。【俄】Эврия。【英】Eurya。【隶属】山茶科(茶科)Theaceae//厚皮香科 Ternstroemiaceae。【包含】世界 50-130 种,中国 83-88 种。【学名诠释与讨论】〈阴〉(希)eurys,eury,宽的,广阔的。指花瓣较宽阔。【分布】玻利维亚,印度至马来西亚,中国,东亚,太平洋地区。【模式】Eurya japonica Thunberg。【参考异名】Geeria Blume(1823);Pseudoeurya Yamam. (1933);Sakakia Nakai(1928) Nom. illegit.;Ternstroemiopsis Urb. (1896) ●

19693 Euryalaceae J. Agardh (1858) [亦见 Nymphaeaceae Salisb. (保留科名)睡莲科] 【汉】芡实科(芡科)。【包含】世界 2 属 4 种,中国 2 属 2 种。【分布】热带东亚,热带南美洲。【科名模式】Euryale Salisb. ex DC.●

19694 Euryale Salisb. (1805) 【汉】芡实属(芡属)。【日】オニバス属,ユーリアレ属。【俄】Эвриала,Эвриале。【英】Euryale。【隶属】睡莲科 Nymphaeaceae//芡实科(芡科)Euryalaceae。【包含】世界 1 种,中国 1 种。【学名诠释与讨论】〈阴〉(希)euryale,希腊神话中的三个魔女之一。指其种和花具刺。或来自 euryalos 广阔的,大的,指其叶片基部。此属的学名,ING,TROPICOS 和 IK 记载是“Euryale Salisbury, Ann. Bot. (König et Sims) 2:73. 1 Jun (?) 1805”。“Euryale Salisb. ex DC. (1805) = Euryale Salisb. (1805) [睡莲科 Nymphaeaceae//芡实科(芡科)Euryalaceae]”的命名人引证有误。【分布】巴基斯坦,玻利维亚,中国,东南亚。【模式】Euryale ferax Salisbury。【参考异名】Euryale Salisb. ex DC. (1805) Nom. illegit. ■

19695 Euryale Salisb. ex DC. (1805) Nom. illegit. = Euryale Salisb. (1805) [睡莲科 Nymphaeaceae//芡实科(芡科)Euryalaceae] ■

19696 Euryales Steud. (1840) = Eurycles Salisb. (1830) Nom. illegit.; ~ = Eurycles Salisb. ex Lindl. (1829) Nom. illegit.; ~ = Eurycles Salisb. ex Schult. et Schult. f. (1830) [石蒜科 Amaryllidaceae] ■☆

19697 Euryandra Hook. f. (1871) Nom. illegit. = Eureiandra Hook. f. (1867) [葫芦科(瓜科,南瓜科)Cucurbitaceae] ■☆

19698 Euryandra J. R. Forst. et G. Forst. (1776) = Tetracera L. (1753) [锡叶藤科 Tetraceraceae//五桠果科(第伦桃科,五丫果科,锡叶

藤科）Dilleniaceae]●

19699　Euryangium Kauffm.（1871）= Ferula L.（1753）［伞形花科（伞形科）Apiaceae（Umbelliferae）]■

19700　Euryanthe Cham. et Schltdl.（1830）= Amoreuxia DC.（1825）［弯籽木科（卷胚科，弯胚树科，弯子木科）Cochlospermaceae] Cochlospermaceae//红木科（胭脂树科）Bixaceae]●☆

19701　Eurybia（Cass.）Cass.（1820）【汉】绿顶菊属。【英】Aster。【隶属】菊科 Asteraceae（Compositae）。【包含】世界 28 种。【学名诠释与讨论】〈阴〉（希）eurybies，eurybia，eurybias，到处传播的。此属的学名，ING、APNI、TROPICOS 和 GCI 记载为"Eurybia（Cassini）Cassini in F. Cuvier, Dict. Sci. Nat. 16：46. 8 Apr 1820"，由"Aster subgen. Eurybia Cassini, Bull. Sci. Soc. Philom. Paris 1818：166. Nov. 1818"改级而来。IK 则记载为"Eurybia Cass., Dict. Sci. Nat.，ed. 2.［F. Cuvier]16：46. 1820［8 Apr 1820]"；四者引用的文献相同。"Eurybia Gray, Nat. Arr. Brit. Pl. ii. 464（1821）= Aster L.（1753）［菊科 Asteraceae（Compositae）]"则是晚出的非法名称。"Eurybia（Cass.）Gray（1821）≡ Eurybia Gray（1821）Nom. illegit.［菊科 Asteraceae（Compositae）]"的命名人引证有误。亦有文献把"Eurybia（Cass.）Cass.（1820）"处理为"Olearia Moench（1802）（保留属名）"的异名。【分布】美国，欧亚大陆，北美洲。【模式】未指定。【参考异名】Aster L.（1753）；Aster subgen. Eurybia Cass.（1818）；Eratica Hort. ex Dipp.；Eurybia Cass.（1820）Nom. illegit.；Olearia Moench（1802）（保留属名）■☆

19702　Eurybia（Cass.）Gray（1821）Nom. illegit. ≡ Eurybia Gray（1821）Nom. illegit.；~ = Aster L.（1753）［菊科 Asteraceae（Compositae）]●■

19703　Eurybia Cass.（1820）Nom. illegit. ≡ Eurybia（Cass.）Cass.（1820）［菊科 Asteraceae（Compositae）]■☆

19704　Eurybia Gray（1821）Nom. illegit. = Aster L.（1753）［菊科 Asteraceae（Compositae）]●■

19705　Eurybiopsis DC.（1836）= Minuria DC.（1836）；~ = Vittadinia A. Rich.（1832）［菊科 Asteraceae（Compositae）]■☆

19706　Euryblema Dressler（2005）【汉】宽被兰属。【隶属】兰科 Orchidaceae。【包含】世界 2 种。【学名诠释与讨论】〈中〉（希）eurys，宽的，广阔的+blema，被单。【分布】巴拿马，哥伦比亚，中美洲。【模式】Euryblema anatonum（Dressler）Dressler［Cochleanthes anatona Dressler]。■☆

19707　Eurybropsis Willis, Nom. inval. = Eurybiopsis DC.（1836）［菊科 Asteraceae（Compositae）]●☆

19708　Eurycarpus Botsch.（1955）【汉】宽果芥属（阔果芥属，蔺果荠属）。【隶属】十字花科 Brassicaceae（Cruciferae）。【包含】世界 2 种，中国 2 种。【学名诠释与讨论】〈阳〉（希）eurys，宽的，广阔的+karpos，果实。此属的学名是"Eurycarpus V. P. Botschantzev, Bot. Mater. Gerb. Bot. Inst. Komarova Akad. Nauk SSSR 17：172. 1955（post 9 Nov）"。亦有文献把其处理为"Christolea Cambess.（1839）"的异名。【分布】中国。【模式】Eurycarpus lanuginosus（J. D. Hooker et T. Thomson）V. P. Botschantzev［Parrya lanuginosa J. D. Hooker et T. Thomson]。【参考异名】Christolea Cambess.（1839）■

19709　Eurycaulis M. A. Clem. et D. L. Jones（2002）【汉】宽茎兰属。【隶属】兰科 Orchidaceae。【包含】世界 87 种。【学名诠释与讨论】〈中〉（希）eurys，宽的，广阔的+caulon 茎。此属的学名是"Eurycaulis M. A. Clem. et D. L. Jones, Orchadian［Australasian native orchid society]13：490. 2002"。亦有文献把其处理为"Dendrobium Sw.（1799）（保留属名）"的异名。【分布】中国。【模式】不详。【参考异名】Dendrobium Sw.（1799）（保留属名）■

19710　Eurycentrum Schltr.（1905）【汉】阔距兰属。【隶属】兰科

Orchidaceae。【包含】世界 7 种。【学名诠释与讨论】〈中〉（希）eurys，宽的，广阔的+kentron，点，刺，圆心，中央，距。【分布】所罗门群岛，新几内亚岛。【模式】未指定。■☆

19711　Eurychaenia Griseb.（1860）= Miconia Ruiz et Pav.（1794）（保留属名）［野牡丹科 Melastomataceae//米氏野牡丹科 Miconiaceae]●☆

19712　Eurychanes Nees（1847）= Ruellia L.（1753）［爵床科 Acanthaceae]■●

19713　Eurychiton Nimmo（1839）= Limonium Mill.（1754）（保留属名）［白花丹科（矶松科，蓝雪科）Plumbaginaceae//补血草科 Limoniaceae]●■

19714　Eurychona Willis, Nom. inval. = Eurychone Schltr.（1918）［兰科 Orchidaceae]■☆

19715　Eurychone Schltr.（1918）【汉】漏斗兰属。【日】エウリコーネ属。【隶属】兰科 Orchidaceae。【包含】世界 2 种。【学名诠释与讨论】〈阴〉（希）eurys，宽的，广阔的+chone，漏斗。指唇瓣。【分布】热带非洲。【模式】未指定。【参考异名】Eurychona Willis, Nom. inval. ■☆

19716　Eurychorda B. G. Briggs et L. A. S. Johnson（1998）【汉】二蕊帚灯草属。【隶属】帚灯草科 Restionaceae。【包含】世界 1 种。【学名诠释与讨论】〈阴〉（希）eurys，宽的，广阔的+chorde，索，粗线，细绳。【分布】澳大利亚。【模式】Eurychorda complanata（R. Brown）B. G. Briggs et L. A. S. Johnson［Restio complanatus R. Brown]。■☆

19717　Eurycles Drap.（1828）Nom. illegit. = Proiphys Herb.（1821）［石蒜科 Amaryllidaceae]■☆

19718　Eurycles Salisb.（1812）Nom. inval. = Proiphys Herb.（1821）［石蒜科 Amaryllidaceae]■☆

19719　Eurycles Salisb.（1830）Nom. illegit. ≡ Eurycles Salisb. ex Lindl.（1829）Nom. illegit.；~ = Eurycles Salisb. ex Schult. et Schult. f.（1830）［石蒜科 Amaryllidaceae]■☆

19720　Eurycles Salisb. ex Lindl.（1829）Nom. illegit. = Proiphys Herb.（1821）［石蒜科 Amaryllidaceae]■☆

19721　Eurycles Salisb. ex Schult. et Schult. f.（1830）Nom. illegit. ≡ Proiphys Herb.（1821）［石蒜科 Amaryllidaceae]■☆

19722　Eurycles Schult. et Schult. f.（1830）Nom. illegit. ≡ Proiphys Herb.（1821）［石蒜科 Amaryllidaceae]■☆

19723　Eurycoma Jack（1822）【汉】宽木属。【俄】Эврикома。【英】Eurycoma。【隶属】苦木科 Simaroubaceae。【包含】世界 3 种。【学名诠释与讨论】〈阴〉（希）eurys，宽的，广阔的+kome，毛发，束毛，冠毛，来自拉丁文 coma。指花上的毛发。【分布】印度至马来西亚。【模式】Eurycoma longifolia W. Jack。【参考异名】Picroxylon Warb.（1919）●☆

19724　Eurycorymbus Hand. -Mazz.（1922）【汉】伞花木属（赛栾华属，赛栾树属）。【英】Corymbtree, Euryocrymbus。【隶属】无患子科 Sapindaceae。【包含】世界 1 种，中国 1 种。【学名诠释与讨论】〈阳〉（希）eurys，宽的，广阔的+korymbos，一簇花果。指圆锥花序宽大。【分布】中国。【模式】Eurycorymbus austrosinensis Handel-Mazzetti。●★

19725　Eurydochus Maguire et Wurdack（1958）【汉】单头毛菊木属。【隶属】菊科 Asteraceae（Compositae）。【包含】世界 1 种。【学名诠释与讨论】〈阳〉（希）eurys，宽的，广阔的+doche 容器。此属的学名是"Eurydochus Maguire et Wurdack, Bol. Soc. Venez. Ci. Nat. 20：57. Oct 1958"。亦有文献把其处理为"Gongylolepis R. H. Schomb.（1847）"的异名。【分布】委内瑞拉。【模式】Eurydochus bracteatus Maguire et Wurdack。【参考异名】Gongylolepis R. H. Schomb.（1847）●☆

19726 Eurygania Klotzsch(1851)= Thibaudia Ruiz et Pav.(1805)［杜鹃花科（欧石南科）Ericaceae］●☆

19727 Eurylepis D. Don(1834)= Erica L.(1753)［杜鹃花科（欧石南科）Ericaceae］●☆

19728 Eurylobium Hochst.(1842)【汉】宽裂密穗草属。【隶属】密穗木科（密穗草科）Stilbaceae。【包含】世界2种。【学名诠释与讨论】〈中〉（希）eurys, 宽的, 广阔的+lobos = 拉丁文 lobulus, 片, 裂片, 叶, 荚, 蒴+-ius, -ia, -ium, 在拉丁文和希腊文中, 这些词尾表示性质或状态。指花瓣。【分布】非洲南部。【模式】Eurylobium serrulatum Hochstetter。●☆

19729 Euryloma D. Don(1834)= Erica L.(1753)［杜鹃花科（欧石南科）Ericaceae］●☆

19730 Euryloma Raf.(1838)Nom. illegit. = Calonyction Choisy(1834)［旋花科 Convolvulaceae］■

19731 Eurymyrtus Post et Kuntze(1903)= Baeckea L.(1753)；~ = Euryomyrtus Schauer(1843)［桃金娘科 Myrtaceae］●

19732 Eurynema Endl.(1842)Nom. illegit. = Hermannia L.(1753)［梧桐科 Sterculiaceae//锦葵科 Malvaceae//密钟木科 Hermanniaceae］●☆

19733 Eurynoma Steud.(1840)Nom. illegit. = Eurynome DC.(1830)［茜草科 Rubiaceae］●☆

19734 Eurynome DC.(1830)= Coprosma J. R. Forst. et G. Forst.(1775)［茜草科 Rubiaceae］●☆

19735 Eurynotia R. C. Foster(1945)【汉】阔背鸢尾属。【隶属】鸢尾科 Iridaceae。【包含】世界1种。【学名诠释与讨论】〈阴〉（希）eurys, 宽的, 广阔的+notos, 背部。此属的学名是“Eurynotia R. C. Foster, Contr. Gray Herb. 155: 6. 13 Aug 1945”。亦有文献把其处理为“Ennealophus N. E. Br.(1909)”的异名。【分布】厄瓜多尔。【模式】Eurynotia penlandii R. C. Foster。【参考异名】Ennealophus N. E. Br.(1909)■☆

19736 Euryodendron Hung T. Chang(1963)【汉】猪血木属（鸡血木属）。【英】Euryodendron, Porkbloodtree。【隶属】山茶科（茶科）Theaceae//厚皮香科 Ternstroemiaceae。【包含】世界1种, 中国1种。【学名诠释与讨论】〈中〉（希）eurys, 宽的, 广阔的+dendron 或 dendros, 树木, 棍, 丛林。【分布】中国。【模式】Euryodendron excelsum Hung T. Chang。●★

19737 Euryomyrtus Schauer(1843)= Baeckea L.(1753)［桃金娘科 Myrtaceae］●

19738 Euryops(Cass.)Cass.(1820)【汉】尤利菊属（常绿千里光属）。【隶属】菊科 Asteraceae（Compositae）。【包含】世界97-100种。【学名诠释与讨论】〈阳〉（希）eurys, 宽的, 广阔的+ops 外观。指花或叶子。此属的学名, ING、APNI、TROPICOS 和 IK 记载是“Euryops(Cassini)Cassini in F. Cuvier, Dict. Sci. Nat. 16: 49. 10 Apr 1820”, 由“Othonna subgen. Euryops Cassini, Bull. Sci. Soc. Philom. Paris 1818: 140. Sep 1818”改级而来。“Euryops Cass.(1820)≡ Euryops(Cass.)Cass.(1820)［菊科 Asteraceae（Compositae）］”的命名人引证有误。【分布】阿拉伯地区, 非洲南部至也门（索科特拉岛）, 中美洲。【后选模式】Euryops pectinatus(Linnaeus)Cassini［Othonna pectinata Linnaeus］。【参考异名】Caraea Hochst.(1840)；Enantiotrichum E. Mey. ex DC.(1838)；Euryops Cass.(1820)Nom. illegit.；Jacobaeastrum Kuntze(1891)；Lasiocoma Bolus(1906)；Lysichlamys Compton(1943)；Othonna subgen. Euryops Cass.(1818)；Ruckeria DC.(1838)；Thodaya Compton(1931)●■☆

19739 Euryops Cass.(1820)Nom. illegit. ≡ Euryops(Cass.)Cass.(1820)［菊科 Asteraceae（Compositae）］●■☆

19740 Euryosma Walp.(1842)= Eriosema(DC.)Desv.(1826)［as

‘Euriosma’］（保留属名）［豆科 Fabaceae（Leguminosae）//蝶形花科 Papilionaceae］●■

19741 Eurypetalum Harms(1910)【汉】非洲阔瓣豆属。【隶属】豆科 Fabaceae（Leguminosae）//云实科（苏木科）Caesalpiniaceae。【包含】世界3种。【学名诠释与讨论】〈中〉（希）eurys, 宽的, 广阔的+希腊文 petalos, 扁平的, 铺开的；petalon, 花瓣, 叶, 花叶, 金属叶子；拉丁文的花瓣为 petalum。指有一个花瓣宽大于长。【分布】热带非洲。【模式】Eurypetalum tessmannii Harms。■☆

19742 Euryptera Nutt.(1840)= Lomatium Raf.(1819)［伞形花科（伞形科）Apiaceae（Umbelliferae）］■☆

19743 Euryptera Nutt. ex Torr. et A. Gray(1840)Nom. illegit. = Euryptera Nutt.(1840)；~ = Lomatium Raf.(1819)［伞形花科（伞形科）Apiaceae（Umbelliferae）］■☆

19744 Eurysolen Prain(1898)【汉】宽管花属（宽管木属）。【英】Eurysolen。【隶属】唇形科 Lamiaceae（Labiatae）。【包含】世界1种, 中国1种。【学名诠释与讨论】〈阴〉（希）eurys, 宽的, 广阔的+solen, 所有格 solenos, 管子, 沟, 阴茎。指花冠筒前面中部囊状膨大。【分布】印度至马来西亚, 中国。【模式】Eurysolen gracilis D. Prain。●■

19745 Euryspermum Salisb.(1807)= Leucadendron R. Br.(1810)（保留属名）［山龙眼科 Proteaceae］●

19746 Eurystegia D. Don(1834)= Erica L.(1753)［杜鹃花科（欧石南科）Ericaceae］●☆

19747 Eurystemon Alexander(1937)【汉】宽蕊雨久花属。【隶属】雨久花科 Pontederiaceae。【包含】世界1种。【学名诠释与讨论】〈阳〉（希）eurys, 宽的, 广阔的+stemon, 雄蕊。此属的学名是“Eurystemon E. J. Alexander, N. Amer. Fl. 19: 55. 27 Nov 1937”。亦有文献把其处理为“Heteranthera Ruiz et Pav.(1794)（保留属名）”的异名。【分布】墨西哥。【模式】Eurystemon mexicanus（S. Watson）E. J. Alexander［Heteranthera mexicana S. Watson］。【参考异名】Heteranthera Ruiz et Pav.(1794)（保留属名）■☆

19748 Eurystigma L. Bolus(1930)【汉】宽柱番杏属。【日】ユリスチグマ属, ユーリスティグマ属。【隶属】番杏科 Aizoaceae//龙须海棠科（日中花科）Mesembryanthemaceae。【包含】世界1种。【学名诠释与讨论】〈中〉（希）eurys, 宽的, 广阔的+stigma, 所有格 stigmatos, 柱头, 眼点。此属的学名是“Eurystigma L. Bolus, Notes Mesembrianthemum 179. 1930”。亦有文献把其处理为“Mesembryanthemum L.(1753)（保留属名）”的异名。【分布】非洲南部。【模式】Eurystigma clavatum L. Bolus。【参考异名】Mesembryanthemum L.(1753)（保留属名）■☆

19749 Eurystyles Wawra(1863)【汉】热美宽柱兰属。【隶属】兰科 Orchidaceae。【包含】世界10种。【学名诠释与讨论】〈阳〉（希）eurys, 宽的, 广阔的+stylos = 拉丁文 style, 花柱, 中柱, 有尖之物, 桩, 柱, 支持物, 支柱, 石头做的界标。【分布】巴拉圭, 巴拿马, 秘鲁, 玻利维亚, 厄瓜多尔, 哥伦比亚（安蒂奥基亚）, 哥斯达黎加, 尼加拉瓜, 西印度群岛, 中美洲。【模式】Eurystyles cotyledon Wawra。【参考异名】Eurystylus Post et Kuntze(1903)Nom. illegit.；Pseudoeurystyles Hoehne(1944)；Trachelosiphon Schltr.(1920)■☆

19750 Eurystylus Bouché(1845)= Canna L.(1753)［美人蕉科 Cannaceae］■

19751 Eurystylus Post et Kuntze(1903)Nom. illegit. = Eurystyles Wawra(1863)［兰科 Orchidaceae］■☆

19752 Eurytaenia Torr. et A. Gray(1840)【汉】阔带芹属。【隶属】伞形花科（伞形科）Apiaceae（Umbelliferae）。【包含】世界2种。【学名诠释与讨论】〈阴〉（希）eurys, 宽的, 广阔的+tainia, 变为拉丁文 taenia, 带。taeniatus, 有条纹的。taenidium, 螺旋丝。【分

布】美国（得克萨斯）。【模式】Eurytaenia texana Torrey et A. Gray。【参考异名】Eurytenia Buckley（1861）☆

19753 Eurytalia Fourr.（1869）= Eyrythalia Borkh.（1796）Nom. illegit.；~ = Gentiana L.（1753）［龙胆科 Gentianaceae］■

19754 Eurytenia Buckley（1861）= Eurytaenia Torr. et A. Gray（1840）［伞形花科（伞形科）Apiaceae（Umbelliferae）］☆

19755 Eurythalia D. Don（1837）= Eyrythalia Borkh.（1796）Nom. illegit.；~ = Gentiana L.（1753）［龙胆科 Gentianaceae］■

19756 Eusancops Raf.（1838）= Hippeastrum Herb.（1821）（保留属名）［石蒜科 Amaryllidaceae］■

19757 Euscapha Tiegh. = Euscaphis Siebold et Zucc.（1840）（保留属名）［省沽油科 Staphyleaceae］●

19758 Euscaphia Stapf（1925）= Euscaphis Siebold et Zucc.（1840）（保留属名）［省沽油科 Staphyleaceae］●

19759 Euscaphis Siebold et Zucc.（1840）（保留属名）【汉】野鸦椿属。【日】ゴンズイ属。【俄】Эвскафис。【英】Euscaphis。【隶属】省沽油科 Staphyleaceae。【包含】世界 1-3 种，中国 3 种。【学名诠释与讨论】〈阴〉（希）eu-，美丽的，真正的，优良的+skaphis，小舟。指开裂蓇葖果为小舟状。此属的学名"Euscaphis Siebold et Zucc., Fl. Jap. 1：122. 1840"是保留属名。相应的废弃属名是省沽油科 Staphyleaceae 的"Hebokia Raf., Alsogr. Amer.：47. 1838 ≡ Euscaphis Siebold et Zucc.（1840）（保留属名）"。"Euscaphia Stapf（1925）= Euscaphis Siebold et Zucc.（1840）（保留属名）［省沽油科 Staphyleaceae］"似为变体。亦有文献把"Euscaphis Siebold et Zucc.（1840）（保留属名）"处理为"Staphylea L.（1753）"的异名。【分布】日本，中国，中美洲，中南半岛。【模式】Euscaphis staphyleoides Siebold et Zuccarini, Nom. illegit.［Sambucus japonica Thunberg；Euscaphis japonica（Thunberg）Kanitz］。【参考异名】Euscapha Tiegh.；Euscaphia Stapf（1925）；Eutraphis Walp.；Hebokia Raf.（1838）（废弃属名）；Staphylea L.（1753）●

19760 Eusideroxylon Teijsm. et Binn.（1863）（保留属名）【汉】秀榄属（优西樟属）。【英】Belian Ironwood, Binian Ironwood, Borneo Ironwood, Ironwood。【隶属】樟科 Lauraceae。【包含】世界 1-2 种。【学名诠释与讨论】〈中〉（希）eu-，真正的，优良的，美好的，真实的+sideros，铁+xylon，木材。词义为真铁树。此属的学名"Eusideroxylon Teijsm. et Binn. in Natuurk. Tijdschr. Ned. Indië 25：292. 1863"是保留属名。法规未列出相应的废弃属名。【分布】加里曼丹岛。【模式】Eusideroxylon zwageri Teysmann et Binnendijk。【参考异名】Bihania Meisn.（1864）●■☆

19761 Eusipho Salisb.（1866）= Cyrtanthus Aiton（1789）（保留属名）［石蒜科 Amaryllidaceae］■☆

19762 Eusiphon Benoist（1939）【汉】秀管爵床属。【隶属】爵床科 Acanthaceae。【包含】世界 3 种。【学名诠释与讨论】〈中〉（希）eu-，真正的，优良的，美好的，真实的+siphon，所有格 siphonos，管子。【分布】马达加斯加。【模式】Eusiphon grayi Benoist。●☆

19763 Eusmia Bonpl.（1817）= Hoffmannia Sw.（1788）［茜草科 Rubiaceae］●■☆

19764 Eusmia Humb. et Bonpl.（1817）Nom. illegit. ≡ Eusmia Bonpl.（1817）；~ = Hoffmannia Sw.（1788）［茜草科 Rubiaceae］●■☆

19765 Eusolenanthe Benth. et Hook. f.（1883）= Alocasia（Schott）G. Don（1839）（保留属名）；~ = Ensolenanthe Schott（1861）［天南星科 Araceae］■

19766 Eustachia Raf.（1824）Nom. illegit. ≡ Eustachya Raf.（1819）Nom. illegit.；~ = Veronicastrum Heist. ex Fabr.（1759）［玄参科 Scrophulariaceae//婆婆纳科 Veronicaceae］■

19767 Eustachya Raf.（1819）Nom. illegit. = Veronicastrum Heist. ex Fabr.（1759）［玄参科 Scrophulariaceae//婆婆纳科 Veronicaceae］■

19768 Eustachys Desv.（1810）【汉】真穗草属。【英】Eustachys。【隶属】禾本科 Poaceae（Gramineae）。【包含】世界 11-12 种，中国 1 种。【学名诠释与讨论】〈阴〉（希）eu-，真正的，优美的，美好的，真实的+stachys，穗，谷，长钉。指花穗美丽。此属的学名，ING、APNI、GCI、TROPICOS 和 IK 记载是"Eustachys Desv., Nouv. Bull. Sci. Soc. Philom. Paris 2：188. 1810［Dec 1810］"。"Eustachys Salisb., Gen. Pl.［Salisbury］33. 1866［Apr - May 1866］= Ornithogalum L.（1753）［百合科 Liliaceae//风信子科 Hyacinthaceae］"是晚出的非法名称。"Schultesia K. P. J. Sprengel, Pl. Pugil. 2：17. 1815（废弃属名）"是"Eustachys Desv.（1810）"的晚出的同模式异名（Homotypic synonym, Nomenclatural synonym）。亦有文献把"Eustachys Desv.（1810）"处理为"Chloris Sw.（1788）"的异名。【分布】巴基斯坦，巴拿马，秘鲁，玻利维亚，哥斯达黎加，尼加拉瓜，中国，西印度群岛，热带和非洲南部，热带美洲，中美洲。【模式】Eustachys petraea（Swartz）Desvaux［as 'petraeus'］［Chloris petraea Swartz］。【参考异名】Chloris Sw.（1788）；Chloroides Fisch.（1863）Nom. illegit.；Chloroides Fisch. ex Regel（1863）；Chloroides Regel（1863）Nom. illegit.；Langsdorffia Regel（1820）Nom. illegit.；Schultesia Spreng.（1815）Nom. illegit.（废弃属名）■

19769 Eustachys Salisb.（1866）Nom. illegit. = Ornithogalum L.（1753）［百合科 Liliaceae//风信子科 Hyacinthaceae］■

19770 Eustathes Spreng.（1825）= Eystathes Lour.（1790）（废弃属名）；~ = Xanthophyllum Roxb.（1820）（保留属名）［远志科 Polygalaceae//黄叶树科 Xanthophyllaceae］●

19771 Eustaxia Raf.（1838）= Eustachya Raf.（1819）Nom. illegit.；~ = Veronicastrum Heist. ex Fabr.（1759）［玄参科 Scrophulariaceae//婆婆纳科 Veronicaceae］■

19772 Eustegia R. Br.（1809）【汉】良盖萝藦属。【隶属】萝藦科 Asclepiadaceae。【包含】世界 5 种。【学名诠释与讨论】〈阴〉（希）eu-，真正的，优良的，美好的，真实的+stege，盖子，覆盖物。指花冠或种子。此属的学名，ING 和 TROPICOS 记载是"Eustegia R. Brown, On Asclepiad. 40. 3 Apr 1810"；IK 则记载为"Eustegia R. Br., Mem. Wern. Soc. i.（1809）51"。"Eustegia Rafinesque, Sylva Tell. 95. Oct-Dec 1838 = Conostegia D. Don（1823）［野牡丹科 Melastomataceae］"是晚出的非法名称。真菌的"Eustegia E. M. Fries, Syst. Mycol. 2：318, 532. 1823 ≡ Stegilla H. G. L. Reichenbach 1828"亦是晚出的非法名称。【分布】非洲南部。【后选模式】Eustegia minuta（Linnaeus f.）N. E. Brown［Apocynum minutum Linnaeus f.］。■☆

19773 Eustegia Raf.（1838）Nom. illegit. = Conostegia D. Don（1823）［野牡丹科 Melastomataceae］■☆

19774 Eustephia Cav.（1795）【汉】良冠石蒜属。【隶属】石蒜科 Amaryllidaceae。【包含】世界 6 种。【学名诠释与讨论】〈阴〉（希）eu-，真正的，优良的，美好的，真实的+stephos, stephanos，花冠，王冠。【分布】阿根廷，秘鲁。【模式】Eustephia coccinea Cavanilles。【参考异名】Eustrephia D. Dietr.（1840）■☆

19775 Eustephiopsis R. E. Fr.（1905）= Hieronymiella Pax（1889）［石蒜科 Amaryllidaceae］■☆

19776 Eusteralis Raf.（1837）= Pogostemon Desf.（1815）［唇形科 Lamiaceae（Labiatae）］●■

19777 Eustigma Gardner et Champ.（1849）【汉】秀柱花属。【日】ナガバマンサク属。【英】Eustigma。【隶属】金缕梅科 Hamamelidaceae。【包含】世界 2-5 种，中国 4 种。【学名诠释与讨论】〈中〉（希）eu-，真正的，优良的，美好的，真实的+stigma，所有格 stigmatos，柱头，眼点。指柱头棒状而秀丽。【分布】中国，

中南半岛。【模式】Eustigma oblongifolium G. Gardner et Champion。●

19778 Eustoma Salisb.（1806）【汉】草原龙胆属（土耳其桔梗属，洋桔梗属）。【日】トルコギキョウ属。【英】Prairie Gentian。【隶属】龙胆科 Gentianaceae。【包含】世界 3 种。【学名诠释与讨论】〈中〉（希）eu-，真正的，优良的，美好的，真实的+stoma，所有格 stomatos，孔口。指花冠筒的形状。此属的学名，ING、TROPICOS、GCI 和 IK 记载是"Eustoma Salisb.，Parad. Lond. ad t. 34. 1806［1 May 1806］"。"Urananthus（Grisebach）Bentham, Pl. Hartw. 46. Mar 1840"是"Eustoma Salisb.（1806）"的晚出的同模式异名（Homotypic synonym, Nomenclatural synonym）。【分布】美国（南部），墨西哥，尼加拉瓜，中美洲。【后选模式】Eustoma exaltatum（Linnaeus）G. Don。【参考异名】Arenbergia Mart. et Galeotti（1844）；Dupratzia Raf.（1817）；Dupratzia Raf. et Wherry（1817）；Enstoma A. Juss.（1849）Nom. illegit.；Urananthus（Griseb.）Benth.（1840）Nom. illegit.；Urananthus Benth.（1840）Nom. illegit. ■☆

19779 Eustrephaceae Chupov（1994）= Laxmanniaceae Bubani ■

19780 Eustrephia D. Dietr.（1840）= Eustephia Cav.（1795）［石蒜科 Amaryllidaceae］■☆

19781 Eustrephus R. Br.（1809）【汉】袋熊果属。【英】Wombat Berry, Wombatberry, Wombat-berry。【隶属】菝葜科 Smilacaceae//点柱花科 Lomandraceae//智利花科（垂花科，金钟木科，喜爱花科）Philesiaceae。【包含】世界 1 种。【学名诠释与讨论】〈阳〉（希）eu-，真正的，优良的，美好的，真实的+strepho 绞，转。指某些种具攀缘的习性。此属的学名，ING、TROPICOS、APNI 和 IK 记载是"Eustrephus R. Br., Prodr. Fl. Nov. Holland. 281. 1810［27 Mar 1810］"。"Spiranthera Rafinesque, Fl. Tell. 4：31. 1838（med.）（'1836'）（non A. F. C. P. Saint-Hilaire 1823）"是"Eustrephus R. Br.（1809）"的晚出的同模式异名（Homotypic synonym, Nomenclatural synonym）。【分布】澳大利亚（东部），法国（新喀里多尼亚和洛亚蒂群岛），新几内亚岛。【模式】Eustrephus latifolius R. Brown。【参考异名】Spiranthera Raf.（1838）Nom. illegit. ●☆

19782 Eustylis Engelm. et A. Gray（1847）= Alophia Herb.（1840）；~ = Nemastylis Nutt.（1835）［鸢尾科 Iridaceae］■☆

19783 Eustylis Hook. f.（1852）Nom. illegit. = Anisotome Hook. f.（1844）［伞形花科（伞形科）Apiaceae（Umbelliferae）］■☆

19784 Eustylus Baker（1877）= Eustylis Engelm. et A. Gray（1847）；~ = Nemastylis Nutt.（1835）［鸢尾科 Iridaceae］■☆

19785 Eusynaxis Griff.（1854）= Pyrenaria Blume（1827）［山茶科（茶科）Theaceae］●

19786 Eusynetra Raf.（1837）= Columnea L.（1753）［苦苣苔科 Gesneriaceae］●■☆

19787 Eutacta Link（1842）Nom. illegit. ≡ Eutassa Salisb.（1807）［南洋杉科 Araucariaceae］●

19788 Eutassa Salisb.（1807）= Araucaria Juss.（1789）［南洋杉科 Araucariaceae］●

19789 Eutaxia R. Br.（1811）Nom. illegit. ≡ Eutaxia R. Br. ex W. T. Aiton（1811）［豆科 Fabaceae（Leguminosae）//蝶形花科 Papilionaceae］●☆

19790 Eutaxia R. Br. ex W. T. Aiton（1811）【汉】澳大利亚铁扫帚属。【隶属】豆科 Fabaceae（Leguminosae）//蝶形花科 Papilionaceae。【包含】世界 8-9 种。【学名诠释与讨论】〈阴〉（希）eu-，真正的，优良的，美好的，真实的+taxis，排列。指叶片和花排列有序。此属的学名，ING 记载是"Eutaxia R. Brown ex W. T. Aiton, Hortus Kew. ed. 2. 3：16. Oct-Nov 1811"；APNI 和 TROPICOS 记载是

"Eutaxia R. Br., Hortus Kewensis 3 1811"；三者引证的文献相同。【分布】澳大利亚。【模式】Eutaxia myrtifolia（J. E. Smith）W. T. Aiton, Nom. illegit.［Dillwynia myrtifolia J. E. Smith；Eutaxia obovata（Labillardière）C. A. Gardner, Dillwynia obovata Labillardière］。【参考异名】Eutaxia R. Br.（1811）Nom. illegit.；Sclerothamnus R. Br.（1811）Nom. illegit.；Sclerothamnus R. Br. ex W. T. Aiton（1811）●☆

19791 Eutelia R. Br. ex DC.（1828）= Ammannia L.（1753）［千屈菜科 Lythraceae//水苋菜科 Ammanniaceae］■

19792 Euteline Raf.（1838）= Genista L.（1753）［豆科 Fabaceae（Leguminosae）//蝶形花科 Papilionaceae］●

19793 Eutereia Raf.（1838）Nom. illegit. ≡ Dracontium L.（1753）［天南星科 Araceae］■☆

19794 Euterpe Gaertn.（1788）（废弃属名）≠ Euterpe Mart.（1823）（保留属名）［棕榈科 Arecaceae（Palmae）］●☆

19795 Euterpe Mart.（1823）（保留属名）【汉】埃塔棕属（菜椰属，菜椰子属，笋椰属，油特桐属，菜棕属，甘蓝椰子属，纤叶桐属，纤叶椰属）。【日】キャベツヤシ属。【俄】Пальма капустная。【英】Euterpe Palm, Palm Hearts。【隶属】棕榈科 Arecaceae（Palmae）。【包含】世界 7-50 种。【学名诠释与讨论】〈阴〉（希）euterpein 令人喜悦的。Euterpe，希腊司文艺美术的女神 Muses 之一，来自 eu，好+terpo，使喜悦。此属的学名"Euterpe Mart., Hist. Nat. Palm. 2：28. Nov 1823"是保留属名。相应的废弃属名是棕榈科 Arecaceae 的"Euterpe Gaertn., Fruct. Sem. Pl. 1：24. Dec 1788 ≠ Euterpe Mart.（1823）（保留属名）"、"Martinezia Ruiz et Pav., Fl. Peruv. Prodr.：148. Oct（prim.）1794 = Euterpe Mart.（1823）（保留名）= Prestoea Hook. f.（1883）（保留属名）"和"Oreodoxa Willd. in Deutsch. Abh. Königl. Akad. Wiss. Berlin 1801：251. 1803 = Euterpe Mart.（1823）（保留属名）= Prestoea Hook. f.（1883）（保留属名）"。"Catis O. F. Cook, Bull. Torrey Bot. Club 28：557. 26 Oct 1901"是"Euterpe Mart.（1823）（保留属名）"的晚出的同模式异名（Homotypic synonym, Nomenclatural synonym）。【分布】巴拉圭，巴拿马，秘鲁，玻利维亚，厄瓜多尔，哥伦比亚，哥斯达黎加，尼加拉瓜，西印度群岛，中美洲。【模式】Euterpe oleracea C. F. P. Martius。【参考异名】Acrista O. F. Cook（1901）Nom. illegit.；Catis O. F. Cook（1901）Nom. illegit.；Martinezia Ruiz et Pav.（1794）（废弃属名）；Oreodoxa Willd.（1806）（废弃属名）；Plectis O. F. Cook（1904）；Rooseveltia O. F. Cook（1939）●☆

19796 Eutetras A. Gray（1879）【汉】四鳞菊属。【隶属】菊科 Asteraceae（Compositae）。【包含】世界 2 种。【学名诠释与讨论】〈阴〉词源不详。【分布】墨西哥。【模式】Eutetras palmeri A. Gray。●☆

19797 Euthale de Vriese（1845）= Euthales R. Br.（1810）［草海桐科 Goodeniaceae］■☆

19798 Euthales F. Dietr.（1817）Nom. illegit. ≡ Beauharnoisia Ruiz et Pav.（1808）；~ = Tovomita Aubl.（1775）［猪胶树科（克鲁西科，山竹子科，藤黄科）Clusiaceae（Guttiferae）］●☆

19799 Euthales R. Br.（1810）= Velleia Sm.（1798）［草海桐科 Goodeniaceae］■☆

19800 Euthalia（Fenzl）Rupr.（1869）= Arenaria L.（1753）［石竹科 Caryophyllaceae］■

19801 Euthalia Rupr.（1869）Nom. illegit. ≡ Euthalia（Fenzl）Rupr.（1869）；~ = Arenaria L.（1753）［石竹科 Caryophyllaceae］■

19802 Euthalis Banks et Sol. ex Hook. f.（1845）= Maytenus Molina（1782）［卫矛科 Celastraceae］●

19803 Euthamia（Nutt.）Cass.（1825）【汉】金顶菊属。【英】Goldentop。【隶属】菊科 Asteraceae（Compositae）。【包含】世界 8

种。【学名诠释与讨论】〈阴〉（拉）euthamia，整洁的，秩序井然的，美的，来自希腊文 euthamon，整洁的，秩序井然的，美的。另说 eu 真正的，优良的，秀丽的+thama 拥挤的。指分枝很多。此属的学名，ING、GCI、TROPICOS 和 IK 记载是"Euthamia（T. Nuttall）Cassini in F. Cuvier，Dict. Sci. Nat. 37：471. Dec 1825"，由"Solidago subgen. Euthamia Nutt.，The Genera of North American Plants 2：162. 1818.（14 Jul 1818）"改编而来。"Euthamia Elliott，Sketch Bot. S. Carolina［Elliott］2：391. 1823 ≡ Euthamia（Nutt.）Cass.（1825）［菊科 Asteraceae（Compositae）］"是一个未合格发表的名称（Nom. inval.）。"Euthamia（Nutt.）Elliott（1825）= Euthamia（Nutt.）Cass.（1825）［菊科 Asteraceae（Compositae）］"的命名人引证有误。【分布】美国，北美洲。【模式】Euthamia graminifolia（Linnaeus）T. Nuttall［Chrysocoma graminifolia Linnaeus］。【参考异名】Euthamia（Nutt.）Elliott（1825）Nom. illegit.；Euthamia Elliott（1823）Nom. inval.；Solidago subgen. Euthamia Nutt.（1818）■☆

19804 Euthamia（Nutt.）Elliott（1825）Nom. illegit. = Euthamia（Nutt.）Cass.（1825）［菊科 Asteraceae（Compositae）］■☆

19805 Euthamia Elliott（1823）Nom. inval. ≡ Euthamia（Nutt.）Cass.（1825）；~ = Solidago L.（1753）［菊科 Asteraceae（Compositae）］■

19806 Euthamnus Schltr.（1923）= Aeschynanthus Jack（1823）（保留属名）［苦苣苔科 Gesneriaceae］●■

19807 Euthemidaceae Tiegh.（1906）= Ochnaceae DC.（保留科名）●■

19808 Euthemis Jack（1820）【汉】正义木属。【隶属】金莲木科 Ochnaceae。【包含】世界 2 种。【学名诠释与讨论】〈阴〉（希）eu-，美丽的，真正的，优良的+Themis，正义之女神，也被认为是预言之女神。"希"euthemon，整饬的，美丽的。【分布】加里曼丹岛，印度尼西亚（苏门答腊岛），马来半岛。【模式】Euthemis leucocarpa W. Jack。●☆

19809 Eutheta Standl.（1931）= Melasma P. J. Bergius（1767）［玄参科 Scrophulariaceae//列当科 Orobanchaceae］■

19810 Euthodon Griff.（1854）= Pottsia Hook. et Arn.（1837）［夹竹桃科 Apocynaceae］●

19811 Euthrixia D. Don（1830）= Chaetanthera Ruiz et Pav.（1794）［菊科 Asteraceae（Compositae）］■☆

19812 Euthryptochloa Cope（1987）【汉】穗秤草属。【隶属】禾本科 Poaceae（Gramineae）。【包含】世界 1 种，中国 1 种。【学名诠释与讨论】〈阴〉（希）eu-，真正的，优良的，美好的，真实的+thrypto 打破，使变衰弱+chloe，草的幼芽，嫩草，禾草。此属的学名是"Euthryptochloa T. A. Cope，Kew Bull. 42：707. 26 Aug 1987"。亦有文献把其处理为"Phaenosperma Munro ex Benth.（1881）"的异名。【分布】中国。【模式】Euthryptochloa longiligula T. A. Cope。【参考异名】Phaenosperma Munro ex Benth.（1881）■

19813 Euthyra Salisb.（1866）= Paris L.（1753）［百合科 Liliaceae//延龄草科（重楼科）Trilliaceae］■

19814 Euthystachys A. DC.（1848）【汉】直穗草属。【隶属】密穗木科（密穗草科）Stilbaceae。【包含】世界 1 种。【学名诠释与讨论】〈阴〉（希）euthys，直的，直接的+stachys，穗，谷，长钉。【分布】非洲南部。【模式】Euthystachys abbreviata（E. H. F. Meyer）Alph. de Candolle［Campylostachys abbreviata E. H. F. Meyer］。●☆

19815 Eutmon Raf.（1833）= Talinum Adans.（1763）（保留属名）［马齿苋科 Portulacaceae//土人参科 Talinaceae］■●

19816 Eutoca R. Br.（1823）= Phacelia Juss.（1789）［田梗草科（田基麻科，田亚麻科）Hydrophyllaceae］■☆

19817 Eutocaceae Horan.（1847）= Boraginaceae Juss.（保留科名）●■

19818 Eutralia（Raf.）B. D. Jacks.，Nom. illegit.；≡ Eutralia Raf.（1837）Nom. illegit.；~ = Rumex L.（1753）［蓼科 Polygonaceae］■●

19819 Eutralia Raf.（1837）Nom. illegit. = Rumex L.（1753）［蓼科 Polygonaceae］■●

19820 Eutraphis Walp. = Euscaphis Siebold et Zucc.（1840）（保留属名）［省沽油科 Staphyleaceae］●

19821 Eutrema R. Br.（1823）【汉】山萮菜属（山葵属）。【日】ワサビ属。【俄】Эвтрема，Эутрема。【英】Eutrema。【隶属】十字花科 Brassicaceae（Cruciferae）。【包含】世界 6-16 种，中国 4-11 种。【学名诠释与讨论】〈中〉（希）eu-，真正的，优良的，美好的，真实的+trema 洞穴。指模式种生于洞穴中。【分布】巴基斯坦，美国（西南部），中国，中亚和东亚，中美洲，极地。【模式】Eutrema edwardsii R. Brown。【参考异名】Wasabia Matsum.（1899）●■

19822 Eutriana Trin.（1820）= Bouteloua Lag.（1805）［as 'Botelua'］（保留属名）［禾本科 Poaceae（Gramineae）］■

19823 Eutrochium Raf.（1838）【汉】轮叶菊属。【英】Joepyeweed。【隶属】菊科 Asteraceae（Compositae）//泽兰科 Eupatoriaceae。【包含】世界 5 种。【学名诠释与讨论】〈阴〉（希）eu-，真正的，优良的，美好的，真实的+trochos = 拉丁文 trochus 轮，箍+-ius，-ia，-ium，在拉丁文和希腊文中，这些词尾表示性质或状态。在来源于人名的植物属名中，它们常常出现。在医学中，则用它们来作疾病或病状的名称。指叶子轮生。此属的学名是"Eutrochium Rafinesque，New Fl. 4：78. 1838（sero）"。亦有文献把其处理为"Eupatorium L.（1753）"的异名。【分布】北美洲。【模式】未指定。【参考异名】Eupatoriadelphus R. M. King et H. Rob.（1970）；Eupatorium L.（1753）■☆

19824 Eutropia Klotzsch（1841）= Croton L.（1753）［大戟科 Euphorbiaceae//巴豆科 Crotonaceae］●

19825 Eutropis Falc.（1839）Nom. inval. = Pentatropis R. Br. ex Wight et Arn.（1834）［萝藦科 Asclepiadaceae］■☆

19826 Eutropus Falc.（1839）= Pentatropis R. Br. ex Wight et Arn.（1834）［萝藦科 Asclepiadaceae］■☆

19827 Euxena Calest.（1908）= Arabis L.（1753）［十字花科 Brassicaceae（Cruciferae）］●■

19828 Euxenia Cham.（1820）Nom. illegit. ≡ Ogiera Cass.（1818）；~ = Podanthus Lag.（1816）（保留属名）［菊科 Asteraceae（Compositae）］●☆

19829 Euxolus Raf.（1837）= Amaranthus L.（1753）［苋科 Amaranthaceae］■

19830 Euxylophora Huber（1910）【汉】巴西芸香木属。【英】Brazil Satin-wood，Brazilian Satinwood。【隶属】芸香科 Rutaceae。【包含】世界 1 种。【学名诠释与讨论】〈阴〉（希）eu-，真正的，优良的，美好的，真实的+xyle = xylon，木材+phoros，具有，梗，负载，发现者。【分布】巴西，亚马孙河流域。【模式】Euxylophora paraensis J Huber。●☆

19831 Euzomodendron Coss.（1852）【汉】厄芥属。【隶属】十字花科 Brassicaceae（Cruciferae）。【包含】世界 1 种。【学名诠释与讨论】〈中〉（希）eu-，真正的，优良的，美好的，真实的+zomos 汤，酱汁，或指胖人+dendron 或 dendros，树木，棍，丛林。此属的学名是"Euzomodendron Cosson，Notes Pl. Crit. 144. Jul 1852"。亦有文献把其处理为"Vella L.（1753）"的异名。【分布】西班牙。【模式】Euzomodendron bourgeanum Coss.。【参考异名】Vella L.（1753）●☆

19832 Euzomum Link（1822）Nom. illegit. ≡ Eruca Mill.（1754）［十字花科 Brassicaceae（Cruciferae）］■

19833 Euzomum Spach（1838）Nom. illegit. = Sinapis L.（1753）［十字花科 Brassicaceae（Cruciferae）］■

19834 Evacidium Pomel（1875）【汉】海瓦菊属。【隶属】菊科 Asteraceae（Compositae）。【包含】世界 1 种。【学名诠释与讨论】〈中〉（属）Evax 伊瓦菊属+-idius，-idia，-idium，指示小的词尾。

【分布】非洲西北部。【模式】Evacidium atlanticum Pomel。【参考异名】Evax Gaertn. (1791); Filago L. (1753)(保留属名)■☆

19835　Evacopsis Pomel(1874) = Evax Gaertn. (1791); ~ = Filago L. (1753)(保留属名)[菊科 Asteraceae(Compositae)]■

19836　Evactoma Nieuwl. (1913) Nom. illegit. = Evactoma Raf. (1840); ~ = Silene L. (1753)(保留属名)[石竹科 Caryophyllaceae]■

19837　Evactoma Raf. (1840) = Silene L. (1753)(保留属名)[石竹科 Caryophyllaceae]■

19838　Evaiezoa Raf. (1837) = Chondrosea Haw. (1821); ~ = Saxifraga L. (1753)[虎耳草科 Saxifragaceae]■

19839　Evallaria Neck. (1790) Nom. inval. = Polygonatum Mill. (1754)[百合科 Liliaceae//黄精科 Polygonataceae//铃兰科 Convallariaceae]■

19840　Evalthe Raf. (1837) = Chironia L. (1753)[龙胆科 Gentianaceae//圣诞果科 Chironiaceae]●■☆

19841　Evandra R. Br. (1810)【汉】秀蕊莎草属。【隶属】莎草科 Cyperaceae。【包含】世界 2 种。【学名诠释与讨论】〈阴〉(希) ev- =eu-,真正的,优良的,秀丽的,用在元音之前+aner,所有格 andros,雄性,雄蕊。【分布】澳大利亚(西南部)。【后选模式】Evandra aristata R. Brown。【参考异名】Euandra Post et Kuntze (1903)■☆

19842　Evanesca Raf. (1838) Nom. illegit. ≡ Pimenta Lindl. (1821)[桃金娘科 Myrtaceae]●☆

19843　Evansia Salisb. (1812) = Iris L. (1753)[鸢尾科 Iridaceae]■

19844　Evax Gaertn. (1791)【汉】伞花菊属(伊瓦菊属)。【俄】Эвакс。【英】Evax。【隶属】菊科 Asteraceae(Compositae)。【包含】世界 25 种。【学名诠释与讨论】〈阴〉(人)Evax,一位古人名。此属的学名是"Evax J. Gaertner, Fruct. 2: 393. Sep – Dec 1791"。亦有文献把其处理为"Filago L. (1753)(保留属名)"的异名。【分布】巴基斯坦,地中海至亚洲中部,北美洲。【模式】Evax umbellata J. Gaertner Nom. illegit. [Filago acaulis Linnaeus, Nom. illegit. , Filago pygmaea Linnaeus [as 'pygmea']; Evax pygmaea (Linnaeus) Brotero]。【参考异名】Calymmandra Torr. et A. Gray(1842); Diaperia Nutt. (1840); Evacopsis Pomel(1874); Filago L. (1753)(保留属名); Filago Loefl. (1753); Filagopsis (Batt.) Rouy (1903); Hesperevax A. Gray (1868) Nom. illegit. ; Pseudevax DC. ex Pomel (1888) Nom. illegit. ; Pseudevax DC. ex Steud. (1840); Pseudevax Pomel(1888) Nom. illegit. ■☆

19845　Evea Aubl. (1775)(废弃属名) = Cephaëlis Sw. (1788)(保留属名); ~ = Psychotria L. (1759)(保留属名)[茜草科 Rubiaceae//九节科 Psychotriaceae]●

19846　Eveleyna Steud. (1840) = Elleanthus C. Presl (1827); ~ = Evelyna Poepp. et Endl. (1835)[兰科 Orchidaceae]■☆

19847　Eveltria Raf. (1838) Nom. illegit. ≡ Orthrosanthus Sweet(1829)[鸢尾科 Iridaceae]■☆

19848　Evelyna Poepp. et Endl. (1835) = Elleanthus C. Presl (1827)[兰科 Orchidaceae]■

19849　Evelyna Raf. (1838) Nom. illegit. ≡ Euosmus Nutt. (1818); ~ ≡ Sassafras Trew(1757) Nom. illegit. ; ~ = Litsea Lam. (1792)(保留属名); ~ = Sassafras Nees, Nom. illegit. ; ~ = Sassafras J. Presl (1825)[樟科 Lauraceae]●

19850　Everardia Ridl. (1886) Nom. inval. ≡ Everardia Ridl. ex Oliv. (1886)[莎草科 Cyperaceae]■☆

19851　Everardia Ridl. et Gilly, descr. emend. (1940) = Everardia Ridl. ex Oliv. (1886)[莎草科 Cyperaceae]■☆

19852　Everardia Ridl. ex Oliv. (1886)【汉】埃弗莎属。【隶属】莎草科 Cyperaceae。【包含】世界 12 种。【学名诠释与讨论】〈阴〉

(人)Everard Ferdinand Im Thurn. circa 1852–1932,英国植物采集家。此属的学名,ING、GCI 和 TROPICOS 记载是"Everardia Ridley,Trans. Linn. Soc. London, Bot. ser. 2. 2:287. 1886";IK 则记载为"Everardia Ridl. ex Oliv. , Trans. Linn. Soc. London, Bot. 2 (13):287. 1887 [1881–87 publ. Jul 1887]; [Oliver ex Im Thurn in Timehri ,5:210(1886)]"。"Everardia Ridl. et Gilly, Bull. Torrey Bot. Club lxviii. 23(1940)"修订了属的描述。【分布】秘鲁,几内亚,委内瑞拉。【模式】Everardia montana Ridley。【参考异名】Everardia Ridl. (1886) Nom. inval. ; Everardia Ridl. et Gilly, descr. emend. (1940); Pseudoeverardia Gilly(1951)■☆

19853　Everettia Merr. (1913) = Astronidium A. Gray(1853)(保留属名); ~ = Beccarianthus Cogn. (1890)[野牡丹科 Melastomataceae]●☆

19854　Everettiodendron Merr. (1909) = Baccaurea Lour. (1790)[大戟科 Euphorbiaceae]●

19855　Everion Raf. (1838) Nom. illegit. ≡ Froelichia Moench(1794)[苋科 Amaranthaceae]■☆

19856　Everistia S. T. Reynolds et R. J. F. Hend. (1999)【汉】澳大利亚鱼骨木属。【隶属】茜草科 Rubiaceae。【包含】世界 1 种。【学名诠释与讨论】〈阴〉(人)Selwyn Lawrence Everist,1913–1981,植物学者。此属的学名是"Everistia S. T. Reynolds et R. J. F. Hend. , Austrobaileya 5: 354. 1999"。亦有文献把其处理为"Canthium Lam. (1785)"的异名。【分布】澳大利亚。【模式】Everistia vacciniifolia (F. Muell.)S. T. Reynolds et R. J. F. Hend. 。【参考异名】Canthium Lam. (1785)●☆

19857　Eversmannia Bunge(1838)【汉】刺枝豆属(艾氏豆属)。【俄】Эверсманния。【英】Eversmannia。【隶属】豆科 Fabaceae (Leguminosae)//蝶形花科 Papilionaceae。【包含】世界 1 种,中国 1 种。【学名诠释与讨论】〈阴〉(人)Eduard Friedrich von Eversmann,1794–1860,德国植物学者。【分布】俄罗斯,伊朗,中国,亚洲中部。【模式】Eversmannia hedysaroides Bunge, Nom. illegit. [Hedysarum subspinosum F. E. L. Fischer ex A. P. de Candolle]。【参考异名】Ewersmannia Gorshkova ●

19858　Eves Aubl. = Psychotria L. (1759)(保留属名)[茜草科 Rubiaceae//九节科 Psychotriaceae]●

19859　Evia Comm. ex Blume(1850) Nom. illegit. = Spondias L. (1753)[漆树科 Anacardiaceae]●

19860　Evia Comm. ex Juss. (1789) = Spondias L. (1753)[漆树科 Anacardiaceae]●

19861　Evodea Kunth (1824) Nom. illegit. ≡ Evodia J. R. Forst. et G. Forst. (1776)[芸香科 Rutaceae]●

19862　Evodia Gaertn. (1791) Nom. illegit. ≡ Ravensara Sonn. (1782)(废弃属名); ~ = Agathophyllum Juss. (1789) Nom. illegit. ; ~ = Cryptocarya R. Br. (1810)(保留属名)[樟科 Lauraceae]●

19863　Evodia J. R. Forst. et G. Forst. (1776) = Melicope J. R. Forst. et G. Forst. (1776)[芸香科 Rutaceae]●

19864　Evodia Lam. (1786) Nom. illegit. = Evodia J. R. Forst. et G. Forst. (1776); ~ = Tetradium Lour. (1790)[芸香科 Rutaceae]●

19865　Evodia Scop. = Evodia J. R. Forst. et G. Forst. (1776)[芸香科 Rutaceae]●

19866　Evodianthus Oerst. (1857)【汉】芳香巴拿马草属。【隶属】巴拿马草科(环花科) Cyclanthaceae。【包含】世界 1 种。【学名诠释与讨论】〈阳〉(希)euodia,芳香气味+anthos,花。【分布】巴拿马,秘鲁,玻利维亚,厄瓜多尔,哥伦比亚(安蒂奥基亚),哥斯达黎加,尼加拉瓜,中美洲。【模式】Evodianthus angustifolius Oersted. ■☆

19867　Evodiella B. L. Linden(1959)【汉】小吴茱萸属。【隶属】芸香

科 Rutaceae。【包含】世界 2 种。【学名诠释与讨论】〈阴〉（属）Evodia 吴茱萸属+-ellus,-ella,-ellum,加在名词词干后面形成指小式的词尾。或加在人名、属名等后面以组成新属的名称。【分布】澳大利亚（昆士兰），新几内亚岛。【模式】Evodiella hooglandii B. L. van der Linden。●☆

19868　Evodiopanax（Harms）Nakai（1924）= Acanthopanax Miq.（1863）Nom. illegit.；～ = Gamblea C. B. Clarke（1879）［五加科 Araliaceae］●

19869　Evodiopanax Nakai（1924）Nom. illegit. ≡ Evodiopanax（Harms）Nakai（1924）；～ = Acanthopanax Miq.（1863）Nom. illegit.；～ = Gamblea C. B. Clarke（1879）［五加科 Araliaceae］●

19870　Evoista Raf.（1838）Nom. illegit. ≡ Panzeria J. F. Gmel.（1791）Nom. illegit.；～ = Lycium L.（1753）［茄科 Solanaceae］●

19871　Evolvulus Sw.（1788）Nom. illegit. ≡ Evolvulus L.（1762）［旋花科 Convolvulaceae］●■

19872　Evolvulaceae Bercht. et J. Presl = Convolvulaceae Juss.（保留科名）●■

19873　Evolvulus L.（1762）【汉】土丁桂属（银丝草属）。【日】アサガホカラクサ属。【英】Evolvulus。【隶属】旋花科 Convolvulaceae。【包含】世界 100 种，中国 2-3 种。【学名诠释与讨论】〈阳〉（拉）e-,不+volvo,缠绕+-ulus,-ula,-ulum,指示小的词尾。指茎不缠绕。此属的学名,ING、APNI、GCI 和 IK 记载是 "Evolvulus Linnaeus,Sp. Pl. ed. 2. 391. Sep 1762"。晚出的 "Evolvolus Sw., Prodr.［O. P. Swartz］55（1788）［20 Jun-29 Jul 1788］" 是其拼写变体。"Volvulopsis Roberty,Candollea 14：28. post 30 Sep 1953（'Oct 1952'）" 是 "Evolvulus L.（1762）" 的晚出的同模式异名（Homotypic synonym, Nomenclatural synonym）。【分布】巴基斯坦,巴拉圭,巴拿马,秘鲁,玻利维亚,哥伦比亚,哥斯达黎加,马达加斯加,美国,尼加拉瓜,中国,热带和亚热带,中美洲。【后选模式】Evolvulus nummularius（Linnaeus）Linnaeus［Convolvulus nummularius Linnaeus］。【参考异名】Camdenia Scop.（1777）Nom. illegit.；Cladostyles Bonpl.（1808）；Cladostyles Humb. et Bonpl.（1808）Nom. illegit.；Darluca Raf.（1838）Nom. illegit.；Ditereia Raf.（1838）；Evolvolus Sw.（1788）Nom. illegit.；Leucomalla Phil.（1870）；Majera Karat. ex Peter（1891）Nom. illegit.；Meriana Vell.（1829）Nom. illegit.（废弃属名）；Vistnu Adans.（1763）；Volvulopsis Roberty（1952）Nom. illegit.●■

19874　Evonimoides Duhamel（1755）Nom. illegit. ≡ Celastrus L.（1753）（保留属名）［卫矛科 Celastraceae］●

19875　Evonimus Neck.（1768）（废弃属名）= Euonymus L.（1753）［as 'Evonymus'］（保留属名）［卫矛科 Celastraceae］●

19876　Evonymodaphne Nees（1836）= Licaria Aubl.（1775）［樟科 Lauraceae］●☆

19877　Evonymoides Isnard ex Medik.（1789）Nom. illegit. = Celastrus L.（1753）（保留属名）；～ = Evonimoides Duhamel（1755）Nom. illegit.；～ = Celastrus L.（1753）（保留属名）［卫矛科 Celastraceae］●

19878　Evonymoides Medik.（1789）Nom. illegit. ≡ Evonymoides Isnard ex Medik.（1789）；～ = Celastrus L.（1753）（保留属名）；～ = Evonimoides Duhamel（1755）Nom. illegit.；～ = Celastrus L.（1753）（保留属名）［卫矛科 Celastraceae］●

19879　Evonymopsis H. Perrier（1942）【汉】肖卫矛属。【隶属】卫矛科 Celastraceae。【包含】世界 4 种。【学名诠释与讨论】〈阴〉（属）Evonymus = Euonymus 卫矛属+希腊文 opsis,外观,模样,相似。此属的学名是 "Evonymopsis H. Perrier de la Bâthie, Notul. Syst.（Paris）10：202. Oct 1942"。亦有文献把其处理为 "Euonymopsis H. Perrier（1942）" 的异名。【分布】马达加斯加。【模式】

Evonymopsis longipes（H. Perrier）H. Perrier de la Bâthie［Brexiella longipes H. Perrier de la Bâthie］。【参考异名】Euonymopsis H. Perrier（1942）Nom. illegit.●☆

19880　Evonymus L.（1753）（废弃属名）≡ Euonymus L.（1753）［as 'Evonymus'］（保留属名）［卫矛科 Celastraceae］●

19881　Evonyxis Raf.（1837）= Melanthium L.（1753）+ Zigadenus Michx.（1803）；～ = Veratrum L.（1753）［百合科 Liliaceae//黑药花科（藜芦科）Melanthiaceae］■●

19882　Evopis Cass.（1818）= Berkheya Ehrh.（1784）（保留属名）［菊科 Asteraceae（Compositae）］●■☆

19883　Evosma Steud.（1821）= Euosma Andréws（1811）（废弃属名）；～ = Logania R. Br.（1810）（保留属名）［马钱科（断肠草科,马钱子科）Loganiaceae］■☆

19884　Evosmia Bonpl.（1817）= Hoffmannia Sw.（1788）［茜草科 Rubiaceae］●■☆

19885　Evosmia Humb. et Bonpl.（1817）Nom. illegit. ≡ Evosmia Bonpl.（1817）= Hoffmannia Sw.（1788）［茜草科 Rubiaceae］●■☆

19886　Evosmia Kunth（1824）Nom. illegit. = Hoffmannia Sw.（1788）［茜草科 Rubiaceae］●■☆

19887　Evosmus（Nutt.）Rchb.（1828）Nom. illegit. ≡ Euosmus（Nutt.）Bartl.；～ = Lindera Thunb.（1783）（保留属名）+ Sassafras J. Presl（1825）［樟科 Lauraceae］●

19888　Evosmus Raf.（1838）Nom. illegit.［樟科 Lauraceae］●☆

19889　Evota（Lindl.）Rolfe（1913）= Ceratandra Eckl. ex F. A. Bauer（1837）［兰科 Orchidaceae］■☆

19890　Evota Rolfe（1913）Nom. illegit. ≡ Evota（Lindl.）Rolfe（1913）；～ = Ceratandra Eckl. ex F. A. Bauer（1837）［兰科 Orchidaceae］■☆

19891　Evotella Kurzweil et Linder.（1837）【汉】小角雄兰属。【隶属】兰科 Orchidaceae。【包含】世界 1 种。【学名诠释与讨论】〈阴〉（属）Evota = Ceratandra 角雄兰属+-ellus,-ella,-ellum,加在名词词干后面形成指小式的词尾。或加在人名、属名等后面以组成新属的名称。【分布】南美洲。【模式】未指定。■☆

19892　Evotrochis Raf.（1837）= Primula L.（1753）［报春花科 Primulaceae］■

19893　Evrardia Adans.（1763）Nom. illegit. = Bursera Jacq. ex L.（1762）（保留属名）［橄榄科 Burseraceae］●☆

19894　Evrardia Gagnep.（1932）Nom. illegit. ≡ Evrardianthe Rauschert（1983）；～ = Hetaeria Blume（1825）［as 'Etaeria'］（保留属名）；～ = Odontochilus Blume（1858）［兰科 Orchidaceae］■

19895　Evrardiana Aver.（1988）Nom. illegit. ≡ Evrardia Gagnep.（1932）Nom. illegit.；～ ≡ Evrardianthe Rauschert（1983）；～ = Chamaegastrodia Makino et F. Maek.（1935）；～ = Odontochilus Blume（1858）［兰科 Orchidaceae］■■

19896　Evrardianthe Rauschert（1983）【汉】埃夫花属。【隶属】兰科 Orchidaceae。【包含】世界 1 种。【学名诠释与讨论】〈阴〉（人），1885-1957,植物学者,曾在东南亚采集标本+anthos,花。此属的学名 "Evrardianthe S. Rauschert, Feddes Repert. 94：433. Sep 1983" 是一个替代名称。"Evrardia Gagnepain, Bull. Mus. Hist. Nat.（Paris）ser. 2. 4：596. Jun 1932" 是一个非法名称（Nom. illegit.），因为此前已经有了橄榄科 Burseraceae 的 "Evrardia Adanson, Fam. 2：342. Jul-Aug 1763 ≡ Pistacia L.（1753）= Bursera Jacq. ex L.（1762）（保留属名）"。故用 "Evrardianthe Rauschert（1983）" 替代之。亦有文献把 "Evrardianthe Rauschert（1983）" 处理为 "Chamaegastrodia Makino et F. Maek.（1935）" 或 "Odontochilus Blume（1858）" 的异名。【分布】东南亚。【模式】Evrardianthe poilanei（Gagnepain）S. Rauschert［Evrardia poilanei Gagnepain］。【参考异名】Chamaegastrodia Makino et F. Maek.（1935）；Evrardia

Gagnep.（1932）Nom. illegit.；Evrardiana Aver.（1988）Nom. illegit.；Odontochilus Blume（1858）■☆

19897 **Evrardiella** Gagnep.（1934）【汉】埃夫兰属。【隶属】铃兰科 Convallariaceae。【包含】世界 1 种。【学名诠释与讨论】〈阴〉（人）François Evrard，1885-1957，植物学者，曾在东南亚采集标本+-ellus，-ella，-ellum，加在名词词干后面形成指小式的词尾。或加在人名、属名等后面以组成新属的名称。【分布】中南半岛。【模式】Evrardiella dodecandra Gagnep.。■☆

19898 **Ewaldia** Klotzsch（1854）= Begonia L.（1753）［秋海棠科 Begoniaceae］●■

19899 **Ewartia** Beauverd（1910）【汉】垫状紫绒草属。【隶属】菊科 Asteraceae（Compositae）。【包含】世界 4 种。【学名诠释与讨论】〈阴〉（人）Alfred James Ewart，1872-1937，植物学者，出生于英国。【分布】澳大利亚（东南部，塔斯马尼亚岛），新西兰。【模式】未指定。■☆

19900 **Ewartiothamnus** Anderb.（1991）【汉】银苞紫绒草属。【隶属】菊科 Asteraceae（Compositae）。【包含】世界 1 种。【学名诠释与讨论】〈阴〉（人）Alfred James Ewart，1872-1937，植物学者，出生于英国+thamnos，指小式 thamnion，灌木，灌丛，树丛，枝。【分布】新西兰。【模式】Ewartiothamnus sinclairii（J. D. Hooker）A. A. Anderberg［Gnaphalium sinclairii J. D. Hooker］。☆

19901 **Ewersmannia** Gorshkova = Eversmannia Bunge（1838）［豆科 Fabaceae（Leguminosae）//蝶形花科 Papilionaceae］●

19902 **Ewyckia** Blume（1831）= Pternandra Jack（1822）；~ = Pternandra Jack（1822）+Kibessia DC.（1828）［野牡丹科 Melastomataceae］●

19903 **Exacantha** Post et Kuntze（1903）= Exoacantha Labill.（1791）［伞形花科（伞形科）Apiaceae（Umbelliferae）］☆

19904 **Exaceae** Colla（1834）= Gentianaceae Juss.（1789）（保留科名）■

19905 **Exacon** Adans.（1763）Nom. illegit.［龙胆科 Gentianaceae］☆

19906 **Exaculum** Caruel（1886）【汉】小藻百年属。【英】Centaury，Guernsey Centaury。【隶属】龙胆科 Gentianaceae。【包含】世界 1 种。【学名诠释与讨论】〈中〉（属）Exacum 藻百年属+-ulus，-ula，-ulum，指示小的词尾。此属的学名是"Exaculum Caruel in Parlatore，Fl. Ital. 6：743. Jun 1886"。亦有文献把其处理为"Cicendia Adans.（1763）"的异名。【分布】阿尔及利亚，法国（包括科西嘉岛），意大利（包括撒丁岛），摩洛哥，突尼斯，伊比利亚半岛。【模式】未指定。【参考异名】Cicendia Adans.（1763）；Cicendia Griseb.；Cicendiopsis Kuntze（1898）■☆

19907 **Exacum** L.（1753）【汉】藻百年属（红小龙胆属，藻百年草属）。【日】エキサカム属。【俄】Экзакум。【英】Exacum。【隶属】龙胆科 Gentianaceae。【包含】世界 40-65 种，中国 2 种。【学名诠释与讨论】〈中〉（拉）exacum，植物古名，源于 ex 外+ago 相似，联系，追随，携带，诱导。【分布】玻利维亚，马达加斯加，中国，中美洲。【后选模式】Exacum sessile Linnaeus。【参考异名】Chondropis Raf.（1837）；Floyera Neck.（1790）Nom. inval.；Paracelsea Zoll. et Moritzi（1845）；Paracelsia Hassk.（1847）●■

19908 **Exadenus** Griseb.（1836）= Halenia Borkh.（1796）（保留属名）［龙胆科 Gentianaceae］■

19909 **Exagrostis** Steud.（1840）= Eragrostis Wolf（1776）［禾本科 Poaceae（Gramineae）］■

19910 **Exalaria** Garay et G. A. Romero（1999）【汉】南美眉兰属。【隶属】兰科 Orchidaceae。【包含】世界 1 种。【学名诠释与讨论】〈阴〉词源不详。此属的学名是"Exalaria Garay et G. A. Romero，Harvard Papers in Botany 4（2）：479. 1999"。亦有文献把其处理为"Ophrys L.（1753）"的异名。【分布】南美洲。【模式】Exalaria parviflora（C. Presl）Garay et G. A. Romero。【参考异名】Ophrys L.（1753）■☆

19911 **Exallage** Bremek.（1952）= Hedyotis L.（1753）（保留属名）；~ = Oldenlandia L.（1753）［茜草科 Rubiaceae］●■

19912 **Exallosis** Raf.（1838）= Ipomoea L.（1753）（保留属名）［旋花科 Convolvulaceae］●■

19913 **Exandra** Standl.（1923）= Simira Aubl.（1775）［茜草科 Rubiaceae］■☆

19914 **Exarata** A. H. Gentry.（1992）【汉】乔科木属。【隶属】玄参科 Scrophulariaceae//夷地黄科 Schlegeliaceae//紫葳科 Bignoniaceae。【包含】世界 1 种。【学名诠释与讨论】〈阴〉（拉）exaratus，有沟的，犁沟，雕刻的。【分布】厄瓜多尔，哥伦比亚。【模式】Exarata chocoensis A. H. Gentry。●☆

19915 **Exarrhena**（A. DC.）O. D. Nikif.（1810）Nom. illegit. = Myosotis L.（1753）［紫草科 Boraginaceae］■

19916 **Exarrhena** R. Br.（1810）= Myosotis L.（1753）［紫草科 Boraginaceae］■

19917 **Exbucklandia** R. W. Br.（1946）【汉】马蹄荷属（拟马蹄荷属，白克木属，异马蹄荷属）。【英】Exbucklandia。【隶属】金缕梅科 Hamamelidaceae。【包含】世界 4 种，中国 3-4 种。【学名诠释与讨论】〈阴〉（拉）ex-，在外+属名 Buckleandia，系纪念英国地质学家 William Buckland，1784-1856，后发现它已被 Presl 先用于亚苏铁类化石名，故改用今名。此属的学名"Exbucklandia R. W. Brown, J. Wash. Acad. Sci. 36：348. 15 Oct 1946"是一个替代名称。"Bucklandia R. Brown ex W. Griffith, Asiat. Res. 19：94. 1836"是一个非法名称（Nom. illegit.），因为此前已经有了化石植物的"Bucklandia Sternberg, Versuch Fl. Vorwelt 1（Tentamen）：xxxiii. Sep（?）1825"和"Bucklandia A. T. Brongniart, Prodr. Hist. Vég. Fossil. 128. Dec 1828"。故用"Exbucklandia R. W. Br.（1946）"替代之。多有文献承认"拟马蹄荷属（白克木属，异马蹄荷属）Symingtonia Steenis, Acta Bot. Neerl. 1：444. 1 Dec 1952"；它也是"Bucklandia R. Brown ex W. Griffith, Asiat. Res. 19：94. 1836"的替代名称，但是却是"Exbucklandia R. W. Br.（1946）"的晚出异名，故须废弃。同理，"Bucklandia H. Roivainen, Arch. Soc. Zool. Bot. Fenn. 'Vanamo' 9（2）：98. 10 Mai 1955（苔藓）"也是晚出的非法名称。【分布】印度尼西亚（苏门答腊岛），中国，东喜马拉雅山，马来半岛。【模式】Exbucklandia populnea（R. Brown ex W. Griffith）R. W. Brown［Bucklandia populnea R. Brown ex W. Griffith］。【参考异名】Bucklandia R. Br.（1832）Nom. inval., Nom. illegit.；Bucklandia R. Br. ex Griff.（1836）Nom. illegit.；Symingtonia Steenis（1952）Nom. illegit.●

19918 **Exbucklandiaceae** Reveal et Doweld（1999）= Hamamelidaceae R. Br.（保留科名）●

19919 **Excaecaria** Baill.（1866）= Excoecaria L.（1759）［大戟科 Euphorbiaceae］●

19920 **Excavatia** Markgr.（1927）= Ochrosia Juss.（1789）［夹竹桃科 Apocynaceae］●■

19921 **Excentrodendron** Hung T. Chang et R. H. Miao（1978）【汉】蚬木属。【英】Hsienmu，Xianmu。【隶属】椴树科（椴科，田麻科）Tiliaceae。【包含】世界 2-5 种，中国 2-4 种。【学名诠释与讨论】〈中〉（希）ex-，外+kentron，点，刺，圆心，中央，距+dendron 或 dendros，树木，棍，丛林。指树木年轮偏心。此属的学名是"Excentrodendron H. T. Chang & R. H. Miau, Acta Sci. Nat. Univ. Sunyatseni 1978（3）：21. Aug 1978"。亦有文献把其处理为"Burretiodendron Rehder（1936）"的异名。【分布】越南，中国。【模式】Excentrodendron hsienmu（W. Y. Chun et K. C. How）H. T. Chang et R. H. Miau［Burretiodendron hsienmu W. Y. Chun et K. C. How］。【参考异名】Burretiodendron Rehder（1936）；Parapentace Gagnep.（1943）●

19922 Excoecaria L. (1759)【汉】海漆属(土沉香属)。【日】サイシ
ボク属,セイシボク属。【英】Excoecaria, Geor, Gewa。【隶属】大
戟科 Euphorbiaceae。【包含】世界 40 种,中国 6 种。【学名诠释
与讨论】〈阴〉(拉) excaecare, 使眼盲。指有的种类分泌有毒乳
汁,可使眼失明。【分布】巴基斯坦,秘鲁,玻利维亚,马达加斯
加,尼泊尔,中国,热带非洲和亚洲。【模式】Excoecaria agallocha
Linnaeus。【参考异名】Anomostachys (Baill.) Hurus. (1954);
Commia Lour. (1790); Excaecaria Baill. (1866); Sclerocroton
Hochst. (1845); Taeniosapium Müll. Arg. (1866); Taenosapium
Benth. et Hock. f. (1880) ●

19923 Excoecariopsis Pax (1910)【汉】类海漆属。【隶属】大戟科
Euphorbiaceae。【包含】世界 1 种。【学名诠释与讨论】〈阴〉
(属) Excoecaria 海 漆 属 + oides 相似。此属的学名是
"Excoecariopsis Pax, Bot. Jahrb. Syst. 45:239. 13 Dec 1910"。亦
有文献把其处理为"Spirostachys Sond. (1850)"的异名。【分布】
非洲。【模式】Excoecariopsis dinteri Pax。【参考异名】
Spirostachys Sond. (1850)■☆

19924 Excremis Willd. (1829) Nom. illegit. ≡ Eccremis Willd. ex Baker
(1876)[惠灵麻科(麻兰科,新西兰麻科)Phormiaceae//萱草科
Hemerocallidaceae]■☆

19925 Excremis Willd. ex Baker(1876) Nom. illegit. ≡ Eccremis Willd.
ex Baker (1876)[惠灵麻科(麻兰科,新西兰麻科) Phormiaceae//
萱草科 Hemerocallidaceae]■☆

19926 Excremis Willd. ex Schult. f. (1830) Nom. illegit. ≡ Eccremis
Willd. ex Baker (1876)[惠灵麻科(麻兰科,新西兰麻科)
Phormiaceae//萱草科 Hemerocallidaceae]☆

19927 Exechostilus Willis, Nom. inval. = Exechostylus K. Schum.
(1899); ~ = Pavetta L. (1753)[茜草科 Rubiaceae]●

19928 Exechostylus K. Schum. (1899) = Pavetta L. (1753)[茜草科
Rubiaceae]●

19929 Exellia Boutique (1951)【汉】埃克木属。【隶属】番荔枝科
Annonaceae。【包含】世界 1 种。【学名诠释与讨论】〈阴〉(人)
Arthur Wallis Exell, 1901–,英国植物学者。【分布】热带非洲。
【模式】Exellia scamnopetala (Exell) Boutique[Popowia
scamnopetala Exell]。●☆

19930 Exellodendron Prance(1972)【汉】埃克金壳果属。【隶属】金
壳果科 Chrysobalanaceae。【包含】世界 5 种。【学名诠释与讨
论】〈中〉(人)Arthur Wallis Exell, 1901–,英国植物学者+dendron
或 dendros, 树木,棍,丛林。【分布】巴西,几内亚。【模式】
Exellodendron coriaceum (Bentham) G. T. Prance[Parinari
coriaceum Bentham as 'Parinarium']。●☆

19931 Exemix Raf. (1840) = Lychnis L. (1753)(废弃属名);~ =
Silene L. (1753)(保留属名)[石竹科 Caryophyllaceae]■

19932 Exeria Raf. (1836) Nom. illegit. ≡ Eria Lindl. (1825)(保留属
名)[兰科 Orchidaceae]■

19933 Exhalimolobos Al-Shehbaz et C. D. Bailey (2007) = Sisymbrium
L. (1753)[十字花科 Brassicaceae(Cruciferae)]■

19934 Exinia Raf. (1840) = Dodecatheon L. (1753)[报春花科
Primulaceae]■☆

19935 Exiteles Miers(1879) Nom. illegit. ≡ Exitelia Blume(1828) Nom.
illegit. ; ~ ≡ Maranthes Blume (1825)[金 壳 果 科
Chrysobalanaceae]●☆

19936 Exitelia Blume (1828) Nom. illegit. ≡ Maranthes Blume (1825)
[金壳果科 Chrysobalanaceae]●☆

19937 Exoacantha Labill. (1791)【汉】外刺芹属。【隶属】伞形花科
(伞形科) Apiaceae(Umbelliferae)。【包含】世界 1 种。【学名诠
释与讨论】〈阴〉(希) exo- = extra-,在外面,以外,上边+akantha,

荆棘。akanthikos, 荆棘的。akanthion, 蓟的一种,豪猪,刺猬。
akanthinos, 多刺的,用荆棘做成的。在植物学中, acantha 通常指
刺。【分布】叙利亚,伊朗。【模式】Exoacantha heterophylla
Labillardière。【参考异名】Exacantha Post et Kuntze(1903) ☆

19938 Exocarpaceae Gagnep. = Santalaceae R. Br. (保留科名)●■

19939 Exocarpaceae J. Agardh(1858)[亦见 Opiliaceae Valeton(保留
科名)山柚子科(山柑科,山柚仔科)和 Santalaceae R. Br. (保留
科名)檀香科]【汉】外果木科。【包含】世界 1 属 26 种。【分布】
中南半岛,马来西亚,澳大利亚,美国(夏威夷)。【科名模式】
Exocarpos Labill. ●

19940 Exocarpos Labill. (1800)(保留属名)【汉】外果木属。【英】
Ballart。【隶属】檀香科 Santalaceae//外果木科 Exocarpaceae。
【包含】世界 26 种。【学名诠释与讨论】〈阳〉(希) exo-,在外面,
以外,上边+karpos, 果实。此属的学名"Exocarpos Labill. , Voy.
Rech. Pérouse 1:155. 22 Feb–4 Mar 1800"是保留属名。相应的废
弃属名是 " Xylophylla L. , Mant. Pl. : 147, 221. Oct 1771 =
Exocarpos Labill. (1800)(保留属名)= Phyllanthus L. (1753)"。
"Exocarpus Labill. (1800)"是"Exocarpos Labill. (1800)(保留属
名)"的拼写变体,亦应废弃。亦有文献把"Exocarpus Labill.
(1800) Nom. illegit. (废弃属名)"处理为"Exocarpos Labill.
(1800)(保留属名)"的异名。【分布】澳大利亚,马达加斯加,马
来西亚,美国(夏威夷),中南半岛。【模式】Exocarpos
cupressiformis Labillardière。【参考异名】Canopus C. Presl(1851) ;
Exocarpus Labill. (1800) Nom. illegit. (废弃属名); Sarcocalyx
Zipp. (1829); Sarcopus Gagnep. (1947); Xylophyllos Kuntze
(1891) Nom. illegit. ; Xylophyllos Rumph. (1755) Nom. inval. ;
Xylophyllos Rumph. ex Kuntze (1891); Xynophylla Montrouz.
(1860)●☆

19941 Exocarya Benth. (1877)【汉】外果莎属。【隶属】莎草科
Cyperaceae。【包含】世界 1 种。【学名诠释与讨论】〈阴〉(希)
exo-,在外面,以外,上边+karyon, 胡桃,硬壳果,核,坚果。指果
实突出来。【分布】澳大利亚。【模式】Exocarya scleroides (F. v.
Mueller) Bentham[as 'sclerioides'][Cladium scleroides F. v.
Mueller]。■☆

19942 Exochaenium Griseb. (1845)= Sebaea Sol. ex R. Br. (1810)[龙
胆科 Gentianaceae]■

19943 Exochanthus M. A. Clem. et D. L. Jones (2002) = Dendrobium
Sw. (1799)(保留属名)[兰科 Orchidaceae]■

19944 Exochogyne C. B. Clarke(1905)【汉】外蕊莎草属。【隶属】莎
草科 Cyperaceae。【包含】世界 1-4 种。【学名诠释与讨论】〈阴〉
(希) exochos, 突出的+gyne, 所有格 gynaikos, 雌性,雌蕊。此属的
学名, ING、TROPICOS、GCI 和 IK 记载是" Exochogyne C. B.
Clarke, Verh. Bot. Vereins Prov. Brandenburg 47:101. 1905[1 Oct
1905]"。它曾被处理为" Lagenocarpus sect. Exochogyne (C. B.
Clarke) T. Koyama, Makinoa, new series 4:47. 2004"。【分布】热带
南美洲。【模式】Exochogyne amazonica C. B. Clarke。【参考异名】
Lagenocarpus sect. Exochogyne (C. B. Clarke) T. Koyama (2004);
Ulea C. B. Clarke ex H. Pfeiff. (1925) Nom. illegit. ; Ulea–flos A.
W. Hill ; Ulea–flos C. B. Clarke ex H. Pfeiff. (1925)■☆

19945 Exochorda Lindl. (1858)【汉】白鹃梅属(茧子花属)。【日】エ
キソコルダ属,ヤナギザクラ属。【俄】Экзохорда。【英】Pearl
Bush, Pearlbush, Pearl-bush。【隶属】蔷薇科 Rosaceae。【包含】
世界 4-5 种,中国 3-4 种。【学名诠释与讨论】〈阴〉(希) exo--,在
外面,以外,上边+chorde, 索,粗线,细绳。指子房胎座的外面生
有纤维,或指心皮的排列。【分布】中国,亚洲中部。【模式】
Exochorda grandiflora (W. J. Hooker) J. Lindley[Spiraea grandiflora
W. J. Hooker]。【参考异名】Albertia Regel ex B. Fedch. et O.

Fedch. , Nom. illegit. ●

19946 Exocroa Raf. (1838) = Ipomoea L. (1753)(保留属名)[旋花科 Convolvulaceae]●■

19947 Exodeconus Raf. (1838)【汉】肖酸浆属。【隶属】茄科 Solanaceae。【包含】世界 6-10 种。【学名诠释与讨论】〈阳〉(希) exodos, 走出去+konos, 球果。此属的学名, ING、TROPICOS 和 IK 记载是"Exodeconus Rafinesque, Sylva Tell. 57. Oct-Dec 1838"。 "Cacabus Bernhardi, Linnaea 13：360. Oct - Dec 1839" 是 "Exodeconus Raf. (1838)" 的晚出的同模式异名 (Homotypic synonym, Nomenclatural synonym)。亦有文献把"Exodeconus Raf. (1838)" 处理为 "Physalis L. (1753)" 的异名。【分布】秘鲁, 厄瓜多尔(包括科隆群岛)。【模式】Exodeconus prostratus (L' Héritier) Rafinesque [Physalis prostrata L' Héritier]。【参考异名】 Cacabus Bernh. (1839) Nom. illegit. ; Dictyocalyx Hook. f. (1846); Physalis L. (1753); Streptostigma Regel (1853); Thinogeton Benth. (1845)■☆

19948 Exodiclis Raf. (1838) = Acisanthera P. Browne(1756)[野牡丹 科 Melastomataceae]●■☆

19949 Exogonium Choisy(1833)【汉】球根牵牛属(药喇叭属)。【隶 属】旋花科 Convolvulaceae。【包含】世界 25 种。【学名诠释与讨 论】〈中〉(希) exo-, 在外面, 以外, 上边+gonia, 角, 角隅, 关节, 膝, 来自拉丁文 giniatus, 成角度的+-ius, -ia, -ium, 在拉丁文和 希腊文中, 这些词尾表示性质或状态。此属的学名, ING、 TROPICOS 和 IK 记载是 "Exogonium Choisy, Mém. Soc. Phys. Genève vi. (1833)443 (Conv. Or. 61)"。它曾被处理为"Ipomoea sect. Exogonium (Choisy) Griseb. , Flora of the British West Indian Islands 472. 1864 [1862]. (prob. May 1862)" 和 "Ipomoea subgen. Exogonium (Choisy) Meisn. , Flora Brasiliensis 7：221. 1869"。亦有 文献把"Exogonium Choisy (1833)" 处理为 "Ipomoea L. (1753) (保留属名)"的异名。【分布】巴基斯坦, 热带美洲, 中美洲。 【后选模式】Exogonium bracteatum (Cavanilles) G. Don [Ipomoea bracteata Cavanilles]。【参考异名】Ipomoea L. (1753)(保留属 名); Ipomoea sect. Exogonium (Choisy) Griseb. (1864); Ipomoea subgen. Exogonium (Choisy) Meisn. (1869); Marcellia Mart. ex Choisy(1844); Purga Schiede ex Zucc. ■☆

19950 Exohebea R. C. Foster(1939) = Tritoniopsis L. Bolus(1929)[鸢 尾科 Iridaceae]■☆

19951 Exolepta Raf. (1819) = Cassandra D. Don(1834) Nom. illegit. ; ~ = Chamaedaphne Moench(1794)(保留属名)[杜鹃花科(欧石 南科)Ericaceae]●

19952 Exolobus E. Fourn. (1885)【汉】外裂藤属。【隶属】萝摩科 Asclepiadaceae。【包含】世界 5 种。【学名诠释与讨论】〈阳〉 (希) exo-, 在外面, 以外, 上边+lobos = 拉丁文 lobulus, 片, 裂片, 叶, 荚, 蒴。此属的学名是"Exolobus E. P. N. Fournier in C. F. P. Martius, Fl. Brasil. 6(4)：318. Jun 1885"。亦有文献把其处理为 "Gonolobus Michx. (1803)" 的异名。【分布】巴拉圭, 玻利维亚, 热带南美洲, 中美洲。【后选模式】Exolobus patens (Decaisne) E. P. N. Fournier [Gonolobus patens Decaisne]。【参考异名】 Gonolobus Michx. (1803)●☆

19953 Exomicrum Tiegh. (1902) = Ouratea Aubl. (1775)(保留属名) [金莲木科 Ochnaceae]●

19954 Exomiocarpon Lawalrée(1943)【汉】斑果菊属。【隶属】菊科 Asteraceae(Compositae)。【包含】世界 1 种。【学名诠释与讨论】 〈中〉(希) exomis, exomidos, 马甲+karpos, 果实。【分布】马达加 斯加。【模式】Exomiocarpon madagascariense Lawalrée, Nom. illegit. [Eleutheranthera madagascariensis Humbert]。■☆

19955 Exomis Fenzl ex Moq. (1840)【汉】叉枝滨藜属。【隶属】藜科

Chenopodiaceae。【包含】世界 2 种。【学名诠释与讨论】〈阴〉 (希)exomis, exomidos, 马甲。此属的学名, ING、TROPICOS 和 IK 记载是"Exomis Fenzl ex Moq. , Chenop. Monogr. Enum. 49. 1840 [May 1840]"。"Exomis Fenzl(1840) Nom. illegit. ≡ Exomis Fenzl ex Moq. (1840) [藜科 Chenopodiaceae]"的命名人引证有误。 【分布】英(圣赫勒拿岛), 非洲西南部和南部。【模式】Exomis axyrioides Fenzl ex Moquin-Tandon。【参考异名】Exomis Fenzl (1840) Nom. illegit. ; Manochlamys Aellen(1939)●☆

19956 Exomis Fenzl (1840) Nom. illegit. ≡ Exomis Fenzl ex Moq. (1840) [藜科 Chenopodiaceae]●☆

19957 Exophya Raf. (1837) = Encyclia Hook. (1828); ~ = Epidendrum L. (1763)(保留属名)[兰科 Orchidaceae]■☆

19958 Exorhopala Steenis(1931)【汉】马来菰属。【隶属】蛇菰科(土 鸟蘑科) Balanophoraceae。【包含】世界 1 种。【学名诠释与讨 论】〈阴〉(希) exo-, 在外面, 以外, 上边+rhopalon, 阴茎, 棍棒, 杖。【分布】马来半岛。【模式】Exorhopala ruficeps (Ridley) Steenis [Rhopalocnemis ruficeps Ridley]。■☆

19959 Exorrhiza Becc. (1885) = Clinostigma H. Wendl. (1862) [棕榈 科 Arecaceae(Palmae)]●☆

19960 Exosolenia Baill. ex Drake(1898) = Genipa L. (1754) [茜草科 Rubiaceae]●☆

19961 Exospermum Tiegh. (1900)【汉】散子林仙属。【隶属】林仙科 (冬木科, 假八角科, 辛辣木科) Winteraceae。【包含】世界 2 种。 【学名诠释与讨论】〈中〉(希) exo-, 在外面, 以外, 上边+sperma, 所有格 spermatos, 种子, 孢子。此属的学名是"Exospermum Van Tieghem, J. Bot. (Morot) 14：279. Oct 1900"。亦有文献把其处理 为"Zygogynum Baill. (1867)" 的异名。【分布】法属新喀里多尼 亚。【模式】Exospermum stipitatum (Baillon) Van Tieghem [Zygogynum stipitatum Baillon]。【参考异名】Zygogynum Baill. (1867)●☆

19962 Exostegia Bojer ex Decne. (1844) = Cynanchum L. (1753) [萝 摩科 Asclepiadaceae]●■

19963 Exostema(Pers.)Bonpl. (1807)【汉】外蕊木属。【英】Jamaica Bark。【隶属】茜草科 Rubiaceae。【包含】世界 45-50 种。【学名 诠释与讨论】〈中〉(希) exo-, 在外面, 以外, 上边+stema, 所有格 stematos, 雄蕊。此属的学名, ING、GCI、TROPICOS 和 IK 记载是 "Exostema (Persoon) Bonpland in Humboldt et Bonpland, Pl. Aequin. 1：131. Apr 1807('1808')"。"Exostema (Pers.) Humb. et Bonpl. (1807) ≡ Exostema (Pers.) Bonpl. (1807) [茜草科 Rubiaceae]"的命名人引证有误。【分布】巴拿马, 巴西, 秘鲁, 玻 利维亚, 厄瓜多尔, 墨西哥, 尼加拉瓜, 西印度群岛, 中美洲。【后 选模式】Exostema caribaeum (N. J. Jacquin) J. J. Roemer et J. A. Schultes [Cinchona caribaea N. J. Jacquin]。【参考异名】Exostema (Pers.) Humb. et Bonpl. (1807) Nom. illegit. ; Exostema (Pers.) Rich. ; Exostema Rich. ex Humb. et Bonpl; Exostemma DC. , Nom. illegit. ; Exostemon Post et Kuntze(1903) Nom. illegit. ; Solenandra Hook. f. (1873); Steudelago Kuntze(1891) Nom. illegit. ●☆

19964 Exostema (Pers.) Humb. et Bonpl. (1807) Nom. illegit. ≡ Exostema (Pers.) Bonpl. (1807) [茜草科 Rubiaceae]●☆

19965 Exostema(Pers.) Rich. = Exostema (Pers.) Bonpl. (1807) [茜 草科 Rubiaceae]●☆

19966 Exostema Rich. ex Humb. et Bonpl = Exostema (Pers.) Bonpl. (1807) [茜草科 Rubiaceae]●☆

19967 Exostemma DC. , Nom. illegit. = Exostema (Pers.) Bonpl. (1807) [茜草科 Rubiaceae]●☆

19968 Exostemon Post et Kuntze (1903) Nom. illegit. = Exostema (Pers.) Bonpl. (1807) [茜草科 Rubiaceae]●☆

19969 Exostyles Schott ex Spreng. (1827) Nom. illegit. ≡ Exostyles Schott(1827) ［豆科 Fabaceae（Leguminosae）//蝶形花科 Papilionaceae］■☆

19970 Exostyles Schott(1827)【汉】外柱豆属。【隶属】豆科 Fabaceae（Leguminosae）//蝶形花科 Papilionaceae。【包含】世界 2 种。【学名诠释与讨论】〈阳〉(希)exo-，在外面，以外，上边+stylos＝拉丁文 style，花柱，中柱，有尖之物，桩，柱，支持物，支柱，石头做的界标。此属的学名，ING 和 IK 记载是"Exostyles H. W. Schott in K. P. J. Sprengel, Syst. Veg. 4（2）：406. Jan-Jun 1827"。"Exostyles Schott ex Spreng.（1827）≡ Exostyles Schott（1827）"的命名人引证有误。【分布】巴西。【模式】Exostyles venusta H. W. Schott。【参考异名】Exostyles Schott ex Spreng.（1827）Nom. illegit.；Exostylis G. Don(1832)Nom. illegit. ■☆

19971 Exostylis G. Don（1832）Nom. illegit. ＝ Exostyles Schott（1827）［豆科 Fabaceae(Leguminosae)//蝶形花科 Papilionaceae］■☆

19972 Exotanthera Turcz.（1854）＝ Rinorea Aubl.（1775）（保留属名）［堇菜科 Violaceae］●

19973 Exothamnus D. Don ex Hook.（1836）＝ Aster L.（1753）［菊科 Asteraceae(Compositae)］●■

19974 Exothea Macfad.（1837）【汉】逐木属（埃索木属）。【隶属】无患子科 Sapindaceae。【包含】世界 3 种。【学名诠释与讨论】〈阴〉(希)exotheo，逐出。【分布】美国(佛罗里达)，墨西哥，西印度群岛，中美洲。【模式】Exothea oblongifolia Macfadyen。●☆

19975 Exotheca Andersson（1856）【汉】外囊草属（埃塞逐草属）。【隶属】禾本科 Poaceae(Gramineae)。【包含】世界 1 种。【学名诠释与讨论】〈阴〉(希)exo-，在外面，以外，上边+theke＝拉丁文 theca，匣子，箱子，室，药室，囊。【分布】埃塞俄比亚，非洲东部。【模式】Exotheca abyssinica（Hochstetter ex A. Richard）Andersson［Anthistiria abyssinica Hochstetter ex A. Richard］。■☆

19976 Exothostemon G. Don(1837)＝ Prestonia R. Br.（1810）（保留属名）［夹竹桃科 Apocynaceae］●☆

19977 Expangis Thouars ＝ Angraecum Bory（1804）［兰科 Orchidaceae］■

19978 Expedicula Luer（2005）【汉】虱兰属。【隶属】兰科 Orchidaceae。【包含】世界 2 种。【学名诠释与讨论】〈阴〉(希)exo-，在外面，以外，上边+pediculus，指小式 pedicelus，虱子，小脚，梗。【分布】玻利维亚，委内瑞拉。【模式】Expedicula apoda（Garay et Dunst.）Luer［Pleurothallis apoda Garay et Dunsterv.］。☆

19979 Exphaloschoenus Nees(1840)＝ Cephaloschoenus Nees(1834)；~＝Rhynchospora Vahl(1805)［as 'Rynchospora'］（保留属名）［莎草科 Cyperaceae］■☆

19980 Exsertanthera Pichon(1946)＝ Bignonia L.（1753）（保留属名）；~＝Lundia DC.（1838）（保留属名）［紫葳科 Bignoniaceae］●☆

19981 Exydra Endl.（1830）＝ Glyceria R. Br.（1810）（保留属名）；~＝Poa L.（1753）［禾本科 Poaceae(Gramineae)］■

19982 Eydisanthema Neck.（1790）Nom. inval. ≡ Eydisanthema Neck. ex Raf.（1838）；~＝Brassavola R. Br.（1813）（保留属名）［兰科 Orchidaceae］■☆

19983 Eydisanthema Neck. ex Raf.（1838）＝ Brassavola R. Br.（1813）（保留属名）［兰科 Orchidaceae］■☆

19984 Eydouxia Gaudich.（1841）＝ Pandanus Parkinson（1773）［露兜树科 Pandanaceae］●■

19985 Eylesia S. Moore（1908）＝ Buchnera L.（1753）［玄参科 Scrophulariaceae//列当科 Orobanchaceae］■

19986 Eyrea Champ.（1851）Nom. illegit. ＝ Eyrea Champ. ex Benth.（1851）；~＝ Turpinia Vent.（1807）（保留属名）［省沽油科 Staphyleaceae］●

19987 Eyrea Champ. ex Benth.（1851）＝ Turpinia Vent.（1807）（保留属名）［省沽油科 Staphyleaceae］●

19988 Eyrea F. Muell.（1853）Nom. illegit. ＝ Pluchea Cass.（1817）［菊科 Asteraceae(Compositae)］●■

19989 Eyrythalia Borkh.（1796）Nom. illegit. ≡ Gentianella Moench（1794）（保留属名）；~＝ Gentiana L.（1753）［龙胆科 Gentianaceae］■

19990 Eyrythalia Renealm. ex Borkh.（1796）Nom. illegit. ≡ Eyrythalia Borkh.（1796）；~ ≡ Gentianella Moench（1794）（保留属名）；~＝ Gentiana L.（1753）［龙胆科 Gentianaceae］■

19991 Eyselia Neck.（1790）Nom. inval. ＝ Galium L.（1753）［茜草科 Rubiaceae］■●

19992 Eyselia Rchb.（1830）＝ Egletes Cass.（1817）［菊科 Asteraceae(Compositae)］■☆

19993 Eysenhardtia Kunth(1824)（保留属名）【汉】肾豆木属（艾森豆属，肾豆属）。【隶属】豆科 Fabaceae（Leguminosae）。【包含】世界 10 种。【学名诠释与讨论】〈阴〉(人)Carl Wilhelm Eysenhardt，1794-1825，德国植物学者。此属的学名"Eysenhardtia Kunth in Humboldt et al., Nov. Gen. Sp. 6, ed. 4；489；ed. f：382. Sep 1824"是保留属名。相应的废弃属名是豆科 Fabaceae 的"Viborquia Ortega, Nov. Pl. Descr. Dec.：66. 1798 ＝ Eysenhardtia Kunth(1824)（保留属名）"。【分布】美国(南部)，尼加拉瓜，危地马拉，中美洲。【模式】Eysenhardtia amorphoides Kunth。【参考异名】Essenhardtia Sweet（1839）；Varennea DC.（1825）Nom. illegit.；Viborquia Ortega（1798）（废弃属名）；Wiborgia Kuntze（1891）Nom. illegit.（废弃属名）●☆

19994 Eystathes Lour.（1790）（废弃属名）＝ Xanthophyllum Roxb.（1820）（保留属名）［远志科 Polygalaceae//黄叶树科 Xanthophyllaceae］●

19995 Ezeria Raf.（1838）＝ Libertia Spreng.（1824）（保留属名）；~＝ Renealmia R. Br.（1810）Nom. illegit.（废弃属名）；~＝ Libertia Spreng.（1824）（保留属名）［鸢尾科 Iridaceae］■☆

19996 Ezosciadium B. L. Burtt（1991）【汉】埃佐芹属。【隶属】伞形花科（伞形科）Apiaceae(Umbelliferae)。【包含】世界 1 种。【学名诠释与讨论】〈阴〉(地)Ezo，埃佐+(属)Sciadium 伞芹属。【分布】非洲南部。【模式】Ezosciadium capense（Eckl. et Zeyh.）B. L. Burtt。■☆

19997 Faba Mill.（1754）【汉】蚕豆属。【隶属】豆科 Fabaceae（Leguminosae）//蝶形花科 Papilionaceae//野豌豆科 Viciaceae。【包含】世界 1 种，中国 1 种。【学名诠释与讨论】〈阴〉(拉)faba，豆。来自希腊文 phago，吃。此属的学名，ING、TROPICOS、GCI 和 IK 记载是"Faba Mill., Gard. Dict. Abr., ed. 4. 1：［textus s. n.］. 1754［28 Jan 1754］"。它曾被处理为"Vicia sect. Faba（Mill.）Ledeb., Flora Rossica 1：664. 1842"。"Faba Zinn, Cat. Pl. Hort. Gott. 357. 1757［20 Apr-21 May 1757］是晚出的非法名称。亦有文献把"Faba Mill.（1754）"处理为"Vicia L.（1753）"的异名。【分布】玻利维亚，中国，地中海地区。【后选模式】Vicia faba Linnaeus。【参考异名】Faba Zinn（1757）Nom. illegit., Nom. inval.；Vicia L.（1753）；Vicia sect. Faba（Mill.）Ledeb.（1842）■

19998 Faba Zinn(1757)Nom. illegit., Nom. inval. ＝ Faba Mill.（1754）［豆科 Fabaceae(Leguminosae)//蝶形花科 Papilionaceae//野豌豆科 Viciaceae］■

19999 Fabaceae Adans. ＝ Fabaceae Lindl.（保留科名）//Leguminosae Juss.（1789）（保留科名）●■

20000 Fabaceae Lindl.（1836）（保留科名）【汉】豆科。【包含】世界 650 属 18000 种，中国 167 属 1673 种。Fabaceae Lindl. 和 Leguminosae Juss. 均为保留科名，是《国际植物命名法规》确定的

九对互用科名之一。详见 Leguminosae Juss.。【分布】广泛分布。【科名模式】Faba Mill.［Vicia L.］●■

20001 Fabago Mill.（1754）Nom. illegit. ≡Zygophyllum L.（1753）［蒺藜科 Zygophyllaceae］●■

20002 Fabera Sch. Bip.（1845）Nom. illegit. =Hypochaeris L.（1753）［菊科 Asteraceae（Compositae）］■

20003 Faberia Hemsl.（1888）【汉】花佩菊属（花佩属）。【英】Faberdaisy，Faberia。【隶属】菊科 Asteraceae（Compositae）。【包含】世界 6-7 种，中国 6-7 种。【学名诠释与讨论】〈阴〉（人）Erst Faber，1839-1899，英国牧师，植物学者，曾在中国采集植物标本。此属的学名，ING 记载是"Faberia Hemsley in F. B. Forbes et Hemsley，J. Linn. Soc.，Bot. 23：479. 29 Dec 1888"。IK 则记载为"Faberia Hemsl. ex F. B. Forbes et Hemsl.，J. Linn. Soc.，Bot. 23：479. 1888［1886-88 publ. 1888］"。ING 和 IK 记载的"Fabera C. H. Schultz-Bip.，Nov. Actorum Acad. Caes. Leop. -Carol. Nat. Cur. 21：129. 1845"，TROPICOS 记载为"Fabera Sch. Bip.，Nov. Actorum Acad. Caes. Leop. -Carol. Nat. Cur. 21：129，1845"，是晚出的非法名称。亦有文献把"Faberia Hemsl.（1888）"处理为"Prenanthes L.（1753）"的异名。【分布】中国。【模式】Faberia sinensis Hemsley。【参考异名】Faberia Hemsl. ex Forbes et Hemsl.（1888）Nom. illegit.；Prenanthes L.（1753）■

20004 Faberia Hemsl. ex Forbes et Hemsl.（1888）Nom. illegit. ≡Faberia Hemsl.（1888）［菊科 Asteraceae（Compositae）］■

20005 Faberia Sch. Bip.（1845）Nom. illegit. =Hypochaeris L.（1753）［菊科 Asteraceae（Compositae）］■

20006 Faberiopsis C. Shih et Y. L. Chen（1996）【汉】假花佩菊属（假花佩属）。【英】Faberiopsis。【隶属】菊科 Asteraceae（Compositae）。【包含】世界 1 种，中国 1 种。【学名诠释与讨论】〈阴〉（属）Faberia 花佩菊属+希腊文 opsis，外观，模样，相似。此属的学名，ING、TROPICOS 和 IK 记载是"Faberiopsis C. Shih et Y. L. Chen，Acta Phytotax. Sin. 34：438. Aug 1996"。"Faberiopsis C. Shih（1995）"是一个未合格发表的名称（Nom. inval.）。【分布】中国。【模式】Faberiopsis nanchuanensis（C. Shih）C. Shih et Y. L. Chen［Faberia nanchuanensis C. Shih］。【参考异名】Faberia Hemsl. ex Forbes et Hemsl.（1888）■

20007 Faberiopsis C. Shih（1995）Nom. inval. =Lactuca L.（1753）［菊科 Asteraceae（Compositae）//莴苣科 Lactucaceae］■

20008 Fabiana Ruiz et Pav.（1794）【汉】柏枝花属（假欧石南属，石南茄属）。【日】ファビアナ属。【俄】Фабиана。【英】Fabiana。【隶属】茄科 Solanaceae。【包含】世界 25 种。【学名诠释与讨论】〈阴〉（人）Archbishop Francisco Fabian y Fuero，1719-1801，西班牙植物学赞助人。【分布】秘鲁，玻利维亚，南美洲。【模式】Fabiana imbricata Ruiz et Pavon。●☆

20009 Fabrenia Noronha（1790）Nom. inval. =Toona（Endl.）M. Roem.（1846）［楝科 Meliaceae］●

20010 Fabria E. Mey.（1843）Nom. inval. =Ruellia L.（1753）；~ =Ruellia L.（1753）［爵床科 Acanthaceae］■●

20011 Fabricia Adans.（1763）=Lavandula L.（1753）［唇形科 Lamiaceae（Labiatae）］●■

20012 Fabricia Gaertn.（1788）Nom. illegit. ≡Neofabricia J. Thomps.（1983）；~ =Leptospermum J. R. Forst. et G. Forst.（1775）（保留属名）［桃金娘科 Myrtaceae//薄子木科 Leptospermaceae］●☆

20013 Fabricia Scop.（1777）Nom. illegit. ≡Alhagi Gagnebin（1755）；~ =Alysicarpus Desv.（1813）（保留属名）［豆科 Fabaceae（Leguminosae）//蝶形花科 Papilionaceae］■

20014 Fabricia Thunb.（1779）Nom. illegit. ≡Empodium Salisb.

（1866）；~ =Curculigo Gaertn.（1788）［石蒜科 Amaryllidaceae//长喙科（仙茅科）Hypoxidaceae］■

20015 Fabrisinapis C. C. Towns.（1971）=Hemicrambe Webb（1851）［十字花科 Brassicaceae（Cruciferae）］■☆

20016 Fabritia Medik.（1791）=Fabricia Adans.（1763）；~ =Lavandula L.（1753）［唇形科 Lamiaceae（Labiatae）］●■

20017 Facchinia Rchb.（1841）=Arenaria L.（1753）［石竹科 Caryophyllaceae］■

20018 Facelis Cass.（1819）【汉】疏头紫绒草属。【隶属】菊科 Asteraceae（Compositae）。【包含】世界 3-4 种。【学名诠释与讨论】〈阴〉（希）phakelos，一捆。【分布】巴拉圭，秘鲁，玻利维亚，厄瓜多尔，南美洲。【模式】Facelis apiculata Cassini，Nom. illegit.［Gnaphalium retusum Lamarck；Facelis retusa（Lamarck）C. H. Schultz-Bip.］。【参考异名】Leptalea D. Don ex Hook. et Arn.（1835）；Pteropogon Fenzl（1839）Nom. illegit. ■☆

20019 Facheiroa Britton et Rose（1920）【汉】绯花柱属（法凯洛亚属，花杖属，花柱属）。【日】ファケイロア属。【隶属】仙人掌科 Cactaceae。【包含】世界 3 种。【学名诠释与讨论】〈阴〉（地）源于地名。此属的学名是"Facheiroa N. L. Britton et J. N. Rose，Cact. 2：173. 9 Sep 1920"。亦有文献把其处理为"Espostoa Britton et Rose（1920）"的异名。【分布】巴西东北部。【模式】Facheiroa publifora N. L. Britton et J. N. Rose。【参考异名】Espostoa Britton et Rose（1920）；Zehntnerella Britton et Rose（1920）●☆

20020 Facolos Raf.（1840）=Carex L.（1753）［莎草科 Cyperaceae］■

20021 Factorovskya Eig（1927）=Medicago L.（1753）（保留属名）［豆科 Fabaceae（Leguminosae）//蝶形花科 Papilionaceae］●■

20022 Fadenia Aellen et C. C. Towns.（1972）【汉】纵翅蓬属。【隶属】藜科 Chenopodiaceae。【包含】世界 1 种。【学名诠释与讨论】〈阴〉（人）Robert B. Faden，1942-，植物采集家，曾在肯尼亚采集标本。【分布】埃塞俄比亚，肯尼亚。【模式】Fadenia zygophylloides P. Aellen et C. C. Townsend。●☆

20023 Fadgenia Lindl.（1847）Nom. illegit. =Fadyenia Endl.（1842）Nom. illegit.；~ =Garrya Douglas ex Lindl.（1834）［丝穗木科（常绿四照花科，绞木科，卡尔亚木科，丝缨花科）Garryaceae］●☆

20024 Fadogia Schweinf.（1868）【汉】法道格茜属。【隶属】茜草科 Rubiaceae。【包含】世界 45-60 种。【学名诠释与讨论】〈阴〉（地）Fadog，法道格，位于苏丹。模式种产地。【分布】热带非洲。【模式】Fadogia cienkowskii Schweinfurth。●☆

20025 Fadogiella Robyns（1928）【汉】小法道格茜属。【隶属】茜草科 Rubiaceae。【包含】世界 2 种。【学名诠释与讨论】〈阴〉（属）Fadogia 法道格茜属+-ellus，-ella，-ellum，加在名词词干后面形成指小式的词尾。或加在人名、属名等后面以组成新属的名称。【分布】热带非洲。【模式】未指定。●☆

20026 Fadyenia Endl.（1842）Nom. illegit. =Garrya Douglas ex Lindl.（1834）［丝穗木科（常绿四照花科，绞木科，卡尔亚木科，丝缨花科）Garryaceae］●☆

20027 Faetidia Comm. ex Juss.（1789）Nom. illegit. ≡Foetidia Comm. ex Lam.（1788）［玉蕊科（巴西果科）Lecythidaceae//藏蕊花科 Foetidiaceae］●☆

20028 Faetidia Juss.（1789）Nom. illegit. ≡Faetidia Comm. ex Juss.（1789）Nom. illegit.；~ =Foetidia Comm. ex Lam.（1788）［玉蕊科（巴西果科）Lecythidaceae//藏蕊花科 Foetidiaceae］●☆

20029 Fagaceae Dumort.（1829）（保留科名）【汉】壳斗科（山毛榉科）。【日】ブナ科。【俄】Буковые。【英】Beech Family。【包含】世界 7-12 属 600-1055 种，中国 7 属 294-396 种。【分布】广泛分布。【科名模式】Fagus L. ●

20030　Fagara Duhamel（1755）（废弃属名）= Zanthoxylum L.（1753）〔芸香科 Rutaceae//花椒科 Zanthoxylaceae〕●

20031　Fagara L.（1759）（保留属名）【汉】崖椒属（花椒属）。【隶属】芸香科 Rutaceae//花椒科 Zanthoxylaceae。【包含】世界 250 种。【学名诠释与讨论】〈阴〉（阿拉伯）fagara，植物俗名，林奈转用此属。此属的学名"Fagara L.，Syst. Nat.，ed. 10；885, 897, 1362. 7 Jun 1759"是保留属名。相应的废弃属名是芸香科 Rutaceae 的"Fagara Duhamel，Traité Arbr. Arbust. 1：229. 1755 = Zanthoxylum L.（1753）"和"Pterota P. Browne，Civ. Nat. Hist. Jamaica：146. 10 Mar 1756 ≡ Fagara L.（1759）（保留属名）"。"Fagaras O. Kuntze，Rev. Gen. 3（2）：34. 1898"和"Pterota P. Browne，Civ. Nat. Hist. Jamaica 146. 1756（废弃属名）"是"Fagara L.（1759）（保留属名）"的同模式异名（Homotypic synonym，Nomenclatural synonym）。亦有文献把"Fagara L.（1759）（保留属名）"处理为"Zanthoxylum L.（1753）"的异名。【分布】巴拉圭，玻利维亚，中国，热带，中美洲。【模式】Fagara pterota Linnaeus。【参考异名】Fagaras Burm. ex Kuntze（1898）Nom. illegit.；Fagaras Kuntze（1898）Nom. illegit.；Macqueria Comm. ex Kunth；Perijea（Tul.）Tul.（1847）Nom. illegit.；Perijea Tul.（1847）Nom. illegit.；Pterota P. Browne（1756）（废弃属名）；Tobinia Desv.（1825）Nom. illegit.；Tobinia Desv. ex Ham.（1825）；Tobinia Ham.（1825）Nom. illegit.；Zanthoxylum L.（1753）●

20032　Fagaras Burm. ex Kuntze（1898）Nom. illegit. ≡ Fagara Duhamel（1755）（废弃属名）；~ = Zanthoxylum L.（1753）〔芸香科 Rutaceae//花椒科 Zanthoxylaceae〕●

20033　Fagaras Kuntze（1898）Nom. illegit. ≡ Fagaras Burm. ex Kuntze（1898）Nom. illegit.；~ ≡ Fagara Duhamel（1755）（废弃属名）；~ = Zanthoxylum L.（1753）〔芸香科 Rutaceae//花椒科 Zanthoxylaceae〕●

20034　Fagarastrum G. Don（1832）= Clausena Burm. f.（1768）〔芸香科 Rutaceae〕●

20035　Fagaropsis Mildbr.（1914）Nom. illegit. ≡ Fagaropsis Mildbr. ex Siebenl.（1914）〔芸香科 Rutaceae〕●☆

20036　Fagaropsis Mildbr. ex Siebenl.（1914）【汉】拟崖椒属（类崖椒属）。【英】Fagaropsis。【隶属】芸香科 Rutaceae。【包含】世界 1-4 种。【学名诠释与讨论】〈阴〉（属）Fagara 崖椒属（花椒属）+ 希腊文 opsis，外观，模样，相似。此属的学名，ING 和 TROPICOS 记载是"Fagaropsis Mildbraed ex Siebenlist，Forstwirtsch. Deutsch. Ost-Afr. 90. 1914"。IK 则记载为"Fagaropsis Mildbr.，in Siebenl. Forstw. Deutsch-Ostafr. 90（1914）"。【分布】马达加斯加，索马里，热带非洲。【模式】Fagaropsis oppositifolia Mildbraed ex Siebenlist。【参考异名】Clausenopsis（Engl.）Engl.（1931）；Clausenopsis Engl.（1931）Nom. illegit.；Fagaropsis Mildbr.（1914）Nom. illegit.●☆

20037　Fagaster Spach（1841）（废弃属名）= Nothofagus Blume（1851）（保留属名）〔壳斗科（山毛榉科）Fagaceae//假山毛榉科（南青冈科，南山毛榉科，拟山毛榉科）Nothofagaceae〕●☆

20038　Fagelia DC.（1825）Nom. illegit. ≡ Bolusafra Kuntze（1891）〔豆科 Fabaceae（Leguminosae）//蝶形花科 Papilionaceae〕■☆

20039　Fagelia Neck.（1790）Nom. inval. ≡ Fagelia Neck. ex DC.（1825）Nom. illegit.；~ ≡ Bolusafra Kuntze（1891）〔豆科 Fabaceae（Leguminosae）//蝶形花科 Papilionaceae〕■☆

20040　Fagelia Neck. ex DC.（1825）Nom. illegit. ≡ Bolusafra Kuntze（1891）〔豆科 Fabaceae（Leguminosae）//蝶形花科 Papilionaceae〕■☆

20041　Fagelia Schwencke（1774）= Calceolaria L.（1770）（保留属名）〔玄参科 Scrophulariaceae//蒲包花科（荷包花科）Calceolariaceae〕■●☆

20042　Fagerlindia Tirveng.（1983）【汉】浓子茉莉属。【英】Fagerlindia。【隶属】茜草科 Rubiaceae。【包含】世界 6-8 种，中国 1-2 种。【学名诠释与讨论】〈阴〉（人）Folke Fagerlind，1907-，植物学者。【分布】中国，亚洲南部和东南部。【模式】Fagerlindia fasciculata（Roxburgh）D. D. Tirvengadum［Posoqueria fasciculata Roxburgh］。●

20043　Fagoides Banks et Sol. ex A. Cunn.（1838）= Alseuosmia A. Cunn.（1838）〔岛海桐科 Alseuosmiaceae〕●☆

20044　Fagonia L.（1753）【汉】法蒺藜属（伐高尼属）。【隶属】蒺藜科 Zygophyllaceae。【包含】世界 30-45 种。【学名诠释与讨论】〈阴〉（人）Guy-Crescent Fagon，1638-1718，法国药剂师、植物学者。【分布】巴基斯坦，秘鲁，美国（西南部），智利，地中海地区，非洲西南部，亚洲西南部至印度（西北部）。【后选模式】Fagonia cretica Linnaeus。●■☆

20045　Fagopyrum Gaertn.（废弃属名）= Fagopyrum Mill.（1754）（保留属名）〔蓼科 Polygonaceae〕●■

20046　Fagopyrum Mill.（1754）（保留属名）【汉】荞麦属。【日】ソバムギ属，ソバ属，ソマムギ属，ファゴピラム属。【俄】Греча，Гречиха。【英】Buckwheat，True Buckwheat，Variegated Buckwheat。【隶属】蓼科 Polygonaceae。【包含】世界 8-16 种，中国 10 种。【学名诠释与讨论】〈中〉（拉）fagos，山毛榉树，水青冈树 + 希腊文 pyros，谷物。指三棱的小坚果的形状似山毛榉的果实。此属的学名"Fagopyrum Mill.，Gard. Dict. Abr.，ed. 4：［495］. 28 Jan 1754"是保留属名。法规未列出相应的废弃属名。但是蓼科 Polygonaceae 的"Fagopyrum Gaertn. = Fagopyrum Mill.（1754）（保留属名）"和"Fagopyrum Moench = Fagopyrum Mill.（1754）（保留属名）"应该废弃。"Fagopyrum Tourn. ex Haller，Enum. Stirp. Helv. i. 172（1742）= Fagopyrum Mill.（1754）（保留属名）"是命名起点著作之前的名称。"Helxine Linnaeus，Opera Varia 223. 1758"和"Phegopyrum Petermann，Fl. Bienitz 92. 1841"是"Fagopyrum Mill.（1754）（保留属名）"的晚出的同模式异名（Homotypic synonym，Nomenclatural synonym）。【分布】巴基斯坦，玻利维亚，美国，中国，温带欧亚大陆，中美洲。【模式】Fagopyrum esculentum Moench［Polygonum fagopyrum Linnaeus］。【参考异名】Eskemukerjea Malick et Sengupta（1972）；Fagopyrum Gaertn.（废弃属名）；Fagopyrum Moench（废弃属名）；Fagopyrum Tourn. ex Haller（1742）Nom. inval.；Fagotriticum L.（1744）Nom. inval.；Harpagocarpus Hutch. et Dandy（1926）；Helxine L.（1758）Nom. illegit.；Kunokale Raf.（1837）；Phegopyrum Peterm.（1841）Nom. illegit.；Pteroxygonum Dammer et Diels（1905）；Trachopyron J. Gerard ex Raf.（1837）；Trachopyron Raf.（1837）Nom. illegit.；Trachypyrum Post et Kuntze（1903）●■

20047　Fagopyrum Moench（废弃属名）= Fagopyrum Mill.（1754）（保留属名）〔蓼科 Polygonaceae〕●■

20048　Fagopyrum Tourn. ex Haller（1742）Nom. inval. = Fagopyrum Mill.（1754）（保留属名）〔蓼科 Polygonaceae〕●■

20049　Fagotriticum L.（1744）Nom. inval. = Fagopyrum Gaertn.（废弃属名）；~ = Fagopyrum Mill.（1754）（保留属名）〔蓼科 Polygonaceae〕■

20050　Fagraea Thunb.（1782）【汉】灰莉属。【日】ゴミミカズラ属，ゴミミカヅラ属。【英】Fagraea。【隶属】马钱科（断肠草科，马钱子科）Loganiaceae//龙爪七叶科 Potaliaceae。【包含】世界 35-40 种，中国 1-2 种。【学名诠释与讨论】〈阴〉（人）Jonas Theodore Fagraeus，1729-1797，瑞典医生、植物学者。他是 Thunberg 的朋友。此属的学名，ING、TROPICOS、APNI 和 IK 记载是"Fagraea Thunberg，Kongl. Vetensk. Acad. Nya Handl. 3：132. Apr-Jun 1782；

Nova Gen. 34. 10 Jul 1782"。其异名中，"Utania G. Don, Gen. Hist. 4；645，663. 1837"是"Kuhlia Blume 1825, non Kunth 25 Apr 1825"的多余的替代名称。【分布】澳大利亚（北部），印度至马来西亚，中国，东南亚，太平洋地区。【模式】Fagraea ceilanica Thunberg。【参考异名】Bertuchia Dennst.（1818）Nom. inval.；Cyrtophyllum Reinw.；Cyrtophyllum Reinw. ex Blume（1823）；Flemingia Hunter（1909）Nom. illegit.（废弃属名）；Kenia Steud.；Kentia Steud.（1840）Nom. illegit.；Kuhlia Blume（1825）Nom. illegit.；Kuhlia Reinw.（1823）Nom. inval.；Kuhlia Reinw. ex Blume（1825）Nom. illegit.；Morphaea Noronha（1790）；Picrophloeus Blume（1826）；Utania G. Don（1837）Nom. illegit.●

20051　Fagraeopsis Gilg et Schltr.＝Mastixiodendron Melch.（1925）［茜草科 Rubiaceae］●☆

20052　Faguetia Marchand（1869）【汉】法盖漆属。【隶属】漆树科 Anacardiaceae。【包含】世界 1 种。【学名诠释与讨论】〈阴〉（人）A. Faguet，？－1900，法国艺术家。【分布】马达加斯加。【模式】Faguetia falcata N. L. Marchand。●☆

20053　Fagus L.（1753）【汉】水青冈属（山毛榉属）。【日】ブナノキ属，ブナ属。【俄】Бук。【英】Beech, Beech Tree。【隶属】壳斗科（山毛榉科）Fagaceae。【包含】世界 8-10 种，中国 4-9 种。【学名诠释与讨论】〈阴〉（拉）fagos，山毛榉树，水青冈树；源于希腊文 phago，吃，食。指其坚果可食用。【分布】巴基斯坦，美国，中国，北温带。【后选模式】Fagus sylvatica Linnaeus。【参考异名】Phegos St. -Lag.（1880）●

20054　Fahrenheitia Rchb. f. et Zoll.（1857）Nom. inval.＝Fahrenheitia Rchb. f. et Zoll. ex Müll. Arg.（1866）［大戟科 Euphorbiaceae］●☆

20055　Fahrenheitia Rchb. f. et Zoll. ex Müll. Arg.（1866）【汉】法伦大戟属。【隶属】大戟科 Euphorbiaceae。【包含】世界 4 种。【学名诠释与讨论】〈阴〉（人）Daniel Gabriel Fahrenheit，1686-1736，科学家。此属的学名，ING，TROPICOS 和 IK 记载是"Fahrenheitia H. G. L. Reichenbach et H. Zollinger ex J. Müller Arg. in Alph. de Candolle, Prodr. 15（2）：1256. Aug（sero）1866"。"Fahrenheitia Rchb. f. et Zoll., Linnaea 28：600. 1857＝Fahrenheitia Rchb. f. et Zoll. ex Müll. Arg.（1866）［大戟科 Euphorbiaceae］"是一个未合格发表的名称（Nom. inval.）。亦有文献把"Fahrenheitia Rchb. f. et Zoll. ex Müll. Arg.（1866）"处理为"Ostodes Blume（1826）"的异名。【分布】马来西亚（西部），斯里兰卡，印度（南部）。【模式】collina H. G. L. Reichenbach et H. Zollinger ex J. Müller Arg. 。【参考异名】Desmostemon Thwaites（1861）；Fahrenheitia Rchb. f. et Zoll.（1857）Nom. inval.；Fareinhetia Baill.（1858）Nom. illegit.；Ostodes Blume（1826）；Paracroton Miq.（1859）●☆

20056　Faidherbia A. Chev.（1934）【汉】大白刺豆属。【隶属】豆科 Fabaceae（Leguminosae）//含羞草科 Mimosaceae//金合欢科 Acaciaceae。【包含】世界 1 种。【学名诠释与讨论】〈阴〉（人）Faidherb. 此属的学名是"Faidherbia A. Chevalier, Rev. Bot. Appliq. 14：876. 1934"。亦有文献把其处理为"Acacia Mill.（1754）（保留属名）"的异名。【分布】黎巴嫩，叙利亚，伊朗，以色列，约旦，阿拉伯半岛，热带和亚热带非洲。【模式】Faidherbia albida（Delile）A. Chevalier［Acacia albida Delile］。【参考异名】Acacia Mill.（1754）（保留属名）■☆

20057　Faika Philipson（1985）【汉】毛闭药桂属。【隶属】香材树科（杯轴花科，黑檫木科，芒籽科，蒙立米科，檬立木科，香材木科，香树木科）Monimiaceae。【包含】世界 1 种。【学名诠释与讨论】〈阴〉词源不详。【分布】新几内亚岛。【模式】Faika villosa（R. Kanehira et S. Hatusima）W. R. Philipson［Steganthera villosa R. Kanehira et S. Hatusima］。●☆

20058　Fairchildia Britton et Rose（1930）＝Swartzia Schreb.（1791）（保

留属名）［豆科 Fabaceae（Leguminosae）//蝶形花科 Papilionaceae］●☆

20059　Fakeloba Raf.（1838）＝Anthyllis L.（1753）［豆科 Fabaceae（Leguminosae）//蝶形花科 Papilionaceae］■☆

20060　Falcaria Fabr.（1759）（保留属名）【汉】镰叶芹属。【俄】Резак。【英】Falcaria, Longleaf。【隶属】伞形花科（伞形科）Apiaceae（Umbelliferae）。【包含】世界 4-5 种，中国 1 种。【学名诠释与讨论】〈阴〉（拉）falcis，镰刀。falcatus，镰刀状的＋-arius，-aria，-arium，指示"属于、相似、具有、联系"的词尾。指荚稍弯曲。此属的学名"Falcaria Fabr., Enum.：34. 1759"是保留属名。法规未列出相应的废弃属名。"Falcaria Riv. ex Ruppius, Fl. Jen. ed. Hall. 279（1745）；Host, Fl. Austr. i. 381（1827）＝Falcaria Fabr.（1759）（保留属名）"应该废弃。"Drepanophyllum Wibel, Prim. Fl. Werth. 196. 1799"和"Prionitis Adanson, Fam. 2：499，594. Jul-Aug 1763（废弃属名）"是"Falcaria Fabr.（1759）（保留属名）"的晚出的同模式异名（Homotypic synonym, Nomenclatural synonym）。【分布】地中海地区，美国，中国，欧洲中部，亚洲。【模式】Falcaria vulgaris Bernhardi［Sium falcaria L.］。【参考异名】Critamus Besser（1822）Nom. illegit.；Drepanophyllum Wibel（1799）Nom. illegit.；Falcaria Riv. ex Ruppius（1745）Nom. inval.；Falcaria Riv. ex Ruppius（1827）Nom. illegit.（废弃属名）；Prionitis Adans.（1763）Nom. illegit.■

20061　Falcaria Riv. ex Ruppius（1745）Nom. inval.≡Falcaria Riv. ex Ruppius（1827）Nom. illegit.（废弃属名）；～＝Falcaria Fabr.（1759）（保留属名）［伞形花科（伞形科）Apiaceae（Umbelliferae）］■

20062　Falcaria Riv. ex Ruppius（1827）Nom. illegit.（废弃属名）＝Falcaria Fabr.（1759）（保留属名）［伞形花科（伞形科）Apiaceae（Umbelliferae）］■

20063　Falcata J. F. Gmel.（1792）（废弃属名）＝Amphicarpaea Elliott ex Nutt.（1818）［as 'Amphicarpa'］（保留属名）［豆科 Fabaceae（Leguminosae）//蝶形花科 Papilionaceae］■

20064　Falcataria（I. C. Nielsen）Barneby et J. W. Grimes（1996）【汉】南洋楹属。【隶属】豆科 Fabaceae（Leguminosae）//含羞草科 Mimosaceae。【包含】世界 3 种，中国 1 种。【学名诠释与讨论】〈阴〉（拉）falcatus，镰刀状的＋-arius，-aria，-arium，指示"属于、相似、具有、联系"的词尾。此属的学名是"Falcataria（I. C. Nielsen）Barneby & J. W. Grimes, Memoirs of The New York Botanical Garden 74（1）：254. 1996.（Mem. New York Bot. Gard.）"，由"Paraserianthes sect. Falcataria I. C. Nielsen, Bulletin du Muséum National d'Histoire Naturelle, Section B, Adansonia. sér. 4, Botanique Phytochimie 5（3）：327. 1983［1984］.（Bull. Mus. Natl. Hist. Nat. , B, Adansonia, sér. 4）"改级而来。亦有文献把"Falcataria（I. C. Nielsen）Barneby et J. W. Grimes（1996）"处理为"Paraserianthes I. C. Nielsen（1984）"的异名。【分布】澳大利亚，马达加斯加印度尼西亚，中国，新几内亚岛。【模式】Adenanthera falcataria Linnaeus。【参考异名】Paraserianthes I. C. Nielsen（1984）；Paraserianthes sect. Falcataria I. C. Nielsen ●

20065　Falcatifoliaceae A. V. Bobrov et Melikyan（2000）＝Podocarpaceae Endl.（保留科名）●

20066　Falcatifoliaceae Melikyan et A. V. Bobrov（2000）＝Podocarpaceae Endl.（保留科名）●

20067　Falcatifolium de Laub.（1969）【汉】镰叶罗汉松属。【隶属】罗汉松科 Podocarpaceae。【包含】世界 5 种。【学名诠释与讨论】〈中〉（拉）falcatus，镰刀状的＋folium，叶片。【分布】菲律宾，法属新喀里多尼亚，加里曼丹岛，马来半岛，新几内亚岛。【模式】Falcatifolium falciforme（F. Parlatore）D. J. de Laubenfels

［Podocarpus falciformis F. Parlatore］。●☆

20068　Falcatula Brot.（1801）＝ Trigonella L.（1753）［豆科 Fabaceae（Leguminosae）//蝶形花科 Papilionaceae］■

20069　Falckia Thunb.（1781）Nom. illegit.（废弃属名）≡ Falkia L. f.（1782）Nom. illegit.；~ ＝ Falkia Thunb.（1781）［as 'Falckia'］［旋花科 Convolvulaceae］■☆

20070　Falconera Salisb.（1866）Nom. illegit. ＝ Albuca L.（1762）［风信子科 Hyacinthaceae//百合科 Liliaceae］■☆

20071　Falconera Wight（1852）Nom. illegit. ＝ Falconeria Royle（1839）Nom. illegit.；~ ＝ Sapium Jacq.（1760）（保留属名）［大戟科 Euphorbiaceae］●

20072　Falconeria Hook. f.（1883）Nom. illegit. ≡ Kashmiria D. Y. Hong（1980）；~ ＝ Wulfenia Jacq.（1781）［玄参科 Scrophulariaceae//婆婆纳科 Veronicaceae］■☆

20073　Falconeria Royle（1839）Nom. illegit. ＝ Sapium Jacq.（1760）（保留属名）［大戟科 Euphorbiaceae］●

20074　Faldermannia Trautv.（1839）＝ Ziziphora L.（1753）［唇形科 Lamiaceae（Labiatae）］●■

20075　Falimiria Besser ex Rchb.（1828）＝ Arthrostachya Link（1827）；~ ＝ Gaudinia P. Beauv.（1812）［禾本科 Poaceae（Gramineae）］■☆

20076　Falimiria Rchb.（1828）Nom. illegit. ≡ Falimiria Besser ex Rchb.（1828）［禾本科 Poaceae（Gramineae）］■☆

20077　Falkia L. f.（1782）Nom. illegit. ＝ Falkia Thunb.（1781）［as 'Falckia'］［旋花科 Convolvulaceae］■☆

20078　Falkia Thunb.（1781）［as 'Falckia'］【汉】福尔克旋花属。【隶属】旋花科 Convolvulaceae。【包含】世界 3 种。【学名诠释与讨论】〈阴〉（人）Johan Peter（Pehr）Falk，1733-1774，植物学者，林奈的先生。此属的学名"Falkia Thunb. , Nov. Gen. Pl. :17. 24 Nov 1781（'Falckia'）（orth. cons.）"是保留属名。法规未列出相应的废弃属名。但是旋花科 Convolvulaceae 的"Falkia L. f. , Suppl. Pl. 30. 1782［1781 publ. Apr 1782］＝Falkia Thunb.（1781）［as 'Falckia'］"应该废弃。其变体"Falckia Thunb.（1781）≡ Falkia L. f.（1782）Nom. illegit.［旋花科 Convolvulaceae］"亦应废弃。【分布】埃塞俄比亚和厄立特里亚至非洲南部。【模式】Falkia repens Thunberg。【参考异名】Falckia Thunb.（1781）Nom. illegit.（废弃属名）；Falkia L. f.（1782）Nom. illegit.■☆

20079　Fallopia Adans.（1763）【汉】首乌属（何首乌属）。【日】ツバカズラ属。【英】Bindweed，False - buckwheat，Fleece Flower，Heshouwu，Knotgrass，Knotweed。【隶属】蓼科 Polygonaceae。【包含】世界 9-20 种，中国 8-9 种。【学名诠释与讨论】〈阴〉（人）Gabriello Fallopio（Falloppio），1523-1562，意大利解剖学者。此属的学名，ING、APNI、TROPICOS 和 IK 记载是"Fallopia Adanson, Fam. 2 :277,557. Jul-Aug 1763"。"Fallopia Bubani, Fl. Pyrenaea 1 : 118. 1897 ＝ Empetrum L.（1753）［岩高兰科 Empetraceae］"、"Fallopia Lour. , Fl. Cochinch. 1 : 335. 1790［Sep 1790］＝Microcos L.（1753）［椴树科（椴科，田麻科）Tiliaceae//锦葵科 Malvaceae］"和"Fallopia Bubani et Penz.（1897）Nom. illegit. , Nom. inval. ＝ Empetrum L.（1753）［岩高兰科 Empetraceae］"都是晚出的非法名称。"Helxine Rafinesque, Fl. Tell. 3 : 10. Nov - Dec 1837（'1836'）（non Linnaeus 1758）"是"Fallopia Adans.（1763）"的晚出的同模式异名（Homotypic synonym，Nomenclatural synonym）。【分布】巴基斯坦，巴勒斯坦，秘鲁，美国，中国，北温带，热带，中美洲。【模式】Polygonum scandens Linnaeus。【参考异名】Bilderdykia Dumort.（1827）Nom. illegit.；Falopia Steud.（1821）Nom. illegit.；Helxine（L.）Raf.（1837）Nom. illegit.；Helxine Raf.（1837）Nom. illegit.；Pleuropterus Turcz.（1848）；Reynoutria Houtt.（1777）；Tiniaria（Meisn.）Rchb.（1837）；Tiniaria Rchb.（1837）Nom. illegit. ●■

20080　Fallopia Bubani et Penz.（1897）Nom. illegit. , Nom. inval. ＝ Empetrum L.（1753）［岩高兰科 Empetraceae］●

20081　Fallopia Bubani（1897）Nom. illegit. , Nom. inval. ＝ Empetrum L.（1753）［岩高兰科 Empetraceae］●

20082　Fallopia Lour.（1790）Nom. illegit. ＝ Microcos L.（1753）［椴树科（椴科，田麻科）Tiliaceae//锦葵科 Malvaceae］●

20083　Fallugia Endl.（1840）【汉】飞羽木属（法鲁格木属）。【英】Apache Plume，Apache-plume。【隶属】蔷薇科 Rosaceae。【包含】世界 1 种。【学名诠释与讨论】〈阴〉（人）Abbot Virgilio Fallugi，1627-1707，意大利植物学者。【分布】美国（西南部），墨西哥。【模式】Fallugia paradoxa（D. Don）Torrey。●☆

20084　Falona Adans.（1763）＝ Cynosurus L.（1753）［禾本科 Poaceae（Gramineae）］■

20085　Falopia Steud.（1821）Nom. illegit. ＝ Fallopia Adans.（1763）［蓼科 Polygonaceae］●■

20086　Falya Desc.（1957）＝ Carpolobia G. Don（1831）［远志科 Polygalaceae］●☆

20087　Famarea Vitman（1790）Nom. illegit. ＝ Faramea Aubl.（1775）［茜草科 Rubiaceae］●☆

20088　Famatina Ravenna（1972）【汉】法马特石蒜属。【隶属】石蒜科 Amaryllidaceae。【包含】世界 3 种。【学名诠释与讨论】〈阴〉（地）Famatina，法马蒂纳，位于智利和阿根廷。此属的学名是"Famatina Ravenna, Pl. Life 28 : 56. 1972"。亦有文献把其处理为"Phycella Lindl.（1825）"的异名。【分布】智利，阿根廷，安第斯山。【模式】Famatina saxatilis Ravenna。【参考异名】Phycella Lindl.（1825）■☆

20089　Fanninia Harv.（1868）【汉】范宁萝藦属。【隶属】萝藦科 Asclepiadaceae。【包含】世界 1 种。【学名诠释与讨论】〈阴〉（人）George Fox Fannin，1832-1865，英国植物学者。【分布】非洲南部。【模式】Fanninia caloglossa W. H. Harvey。【参考异名】Panninia T. Durand☆

20090　Faradaya F. Muell.（1865）【汉】法拉第草属。【隶属】马鞭草科 Verbenaceae//唇形科 Lamiaceae（Labiatae）。【包含】世界 3 种。【学名诠释与讨论】〈阴〉（人）Michael Faraday，1791-1867，英国学者。【分布】澳大利亚，波利尼西亚群岛，加里曼丹岛，新几内亚岛。【模式】Faradaya splendida F. v. Mueller。【参考异名】Schizopremna Baill.（1891）●☆

20091　Faramea Aubl.（1775）【汉】法拉茜属。【隶属】茜草科 Rubiaceae。【包含】世界 125 种。【学名诠释与讨论】〈阴〉来自植物俗名。【分布】巴拉圭，巴拿马，秘鲁，玻利维亚，厄瓜多尔，哥伦比亚（安蒂奥基亚），美国，尼加拉瓜，西印度群岛，热带南美洲，中美洲。【后选模式】Faramea corymbosa Aublet。【参考异名】Antoniana Tussac ex Griseb. , Nom. illegit.；Antoniana Tussac（1818）；Encopea C. Presl（1845）；Famarea Vitman（1790）Nom. illegit.；Homaloclados Hook. f.（1873）；Neleixa Raf.（1838）Nom. illegit.；Omalocaldos Hook. f. , Nom. illegit.；Omaloclados Hook. f.（1873）；Potima R. Hedw.（1806）；Sulzeria Roem. et Schult.（1819）Nom. inval.；Taramea Raf. , Nom. illegit.；Tetramerium C. F. Gaertn.（1806）（废弃属名）；Thiersia Baill.（1879）●☆

20092　Fareinhetia Baill.（1858）Nom. illegit. ＝ Fahrenheitia Rchb. f. et Zoll. ex Müll. Arg.（1866）［大戟科 Euphorbiaceae］●☆

20093　Farfara Gllib.（1782）＝ Tussilago L.（1753）［菊科 Asteraceae（Compositae）］■

20094　Farfugium Lindl.（1857）【汉】大吴风草属（山菊属）。【日】ツハブキ属，ツワブキ属。【英】Farfugium。【隶属】菊科 Asteraceae（Compositae）。【包含】世界 2-3 种，中国 1 种。【学名诠释与讨

论】〈中〉（拉）far,小麦+fugio,逃避。另说源于 Tussilago farfara 的古名,含义为 farius,列+fugus,驱除。此属的学名是"Farfugium Lindley,Gard. Chron. 4. 1857"。亦有文献把其处理为"Ligularia Cass.（1816）（保留属名）"的异名。【分布】中国,亚洲东部。【模式】Farfugium grande Lindley。【参考异名】Ligularia Cass.（1816）（保留属名）■

20095　Fargesia Franch.（1893）【汉】箭竹属（法氏竹属,拐棍竹属,华橘竹属,筱竹属）。【俄】Синарундинария。【英】Arrowbamboo, Bamboo, China Cane, Chinacane, Clumping Bamboo, Fargesia, Fountain Bamboo, Umbrella Bamboo。【隶属】禾本科 Poaceae（Gramineae）。【包含】世界 90-101 种,中国 78-101 种。【学名诠释与讨论】〈阴〉（人）Pere Paul Farges,1844-1912,法国传教士。1892-1896,曾在中国川陕边境采集大量植物标本,包括 2000 种植物,其中新属 2 个,新种 116 个。本属模式种是他首次发现于四川城口县。他的标本主要送 A. R. Franchet 研究。标本存放在法国巴黎国家自然历史博物馆。【分布】中国。【模式】Fargesia spathacea A. R. Franchet。【参考异名】Borinda Stapleton（1994）；Sinarundinaria Nakai（1935）；Thamnocalamus Munro（1868）●

20096　Farinaceae Dulac = Chenopodiaceae Vent.（保留科名）●■

20097　Farinopsis Chrtek et Soják（1984）= Comarum L.（1753）；~ = Potentilla L.（1753）［蔷薇科 Rosaceae//委陵菜科 Potentillaceae］■●

20098　Farmeria Willis ex Hook. f.（1900）【汉】印度川苔草属（法默川苔草属）。【隶属】髯管花科 Geniostomaceae。【包含】世界 2 种。【学名诠释与讨论】〈阴〉（人）W. G. Farmer,植物学者。此属的学名,ING 记载是"Farmeria Willis ex Trimen,Handb. Fl. Ceylon 5：386";IK 记载为"Farmeria Willis ex Hook. f. , in Trim. Fl. Ceyl. v. 386（1900）";TROPICOS 则记载为"Farmeria Willis in Trimen, Handb. Fl. Ceylon 5；386,1900"。三者引用的文献相同。【分布】斯里兰卡,印度（南部）。【模式】Farmeria metzgerioides（Trimen）Willis［Podostemum metzgerioides Trimen］。【参考异名】Farmeria Willis ex Trimen（1900）Nom. illegit. ; Farmeria Willis（1900）Nom. illegit. ; Maferria C. Cusset（1992）■☆

20099　Farmeria Willis ex Trimen（1900）Nom. illegit. ≡ Farmeria Willis ex Hook. f.（1900）［髯管花科 Geniostomaceae］■☆

20100　Farmeria Willis（1900）Nom. illegit. ≡ Farmeria Willis ex Hook. f.（1900）［髯管花科 Geniostomaceae］■☆

20101　Farnesia Fabr.（1763）= Persea Mill.（1754）（保留属名）［樟科 Lauraceae］●

20102　Farnesia Gasp.（1838）Nom. illegit. = Acacia Mill.（1754）（保留属名）［豆科 Fabaceae（Leguminosae）//含羞草科 Mimosaceae//金合欢科 Acaciaceae］●■

20103　Faroa Welw.（1869）【汉】法鲁龙胆属。【隶属】龙胆科 Gentianaceae。【包含】世界 17 种。【学名诠释与讨论】〈阴〉（人）Faro。【分布】热带和非洲南部。【模式】Faroa salutaris Welwitsch。■☆

20104　Farobaea Schrank ex Colla（1828）= Senecio L.（1753）［菊科 Asteraceae（Compositae）//千里光科 Senecionidaceae］■●

20105　Farquharia Hilsenb. et Bojer ex Bojer = Crateva L.（1753）［山柑科（白花菜科,醉蝶花科）Capparaceae］●

20106　Farquharia Stapf（1912）【汉】法夸尔木属。【隶属】夹竹桃科 Apocynaceae。【包含】世界 1 种。【学名诠释与讨论】〈阴〉（人）John Keith Marshall Lang Farquhar,1858-1921,植物采集者。此属的学名,ING、TROPICOS 和 IK 记载是"Farquharia Stapf,Bull. Misc. Inform. 1912：278. 21 Aug 1912"。"Farquharia Hilsenb. et Bojer ex Bojer = Crateva L.（1753）［山柑科（白花菜科,醉蝶花科）Capparaceae］"不是本属的异名。【分布】马达加斯加,尼日

利亚。【模式】Farquharia elliptica Stapf。【参考异名】Aladenia Pichon（1949）●☆

20107　Farrago Clayton（1967）【汉】假穗序草属。【隶属】禾本科 Poaceae（Gramineae）。【包含】世界 1 种。【学名诠释与讨论】〈阴〉（拉）farrago,拌饲料。【分布】热带非洲东部。【模式】Farrago racemosa W. D. Clayton。■☆

20108　Farreria Balf. f. et W. W. Sm.（1917）Nom. illegit. ≡ Farreria Balf. f. et W. W. Sm. ex Farrer（1917）; ~ = Daphne L.（1753）; ~ = Wikstroemia Endl.（1833）［as 'Wickstroemia'］（保留属名）［瑞香科 Thymelaeaceae］●

20109　Farreria Balf. f. et W. W. Sm. ex Farrer（1917）= Daphne L.（1753）; ~ = Wikstroemia Endl.（1833）［as 'Wickstroemia'］（保留属名）［瑞香科 Thymelaeaceae］●

20110　Farringtonia Gleason（1952）= Siphanthera Pohl（1828）［野牡丹科 Melastomataceae］■☆

20111　Farsetia Turra（1765）【汉】巨茴香芥属。【俄】Фарзетия, Фарсетия。【英】Farsetia。【隶属】十字花科 Brassicaceae（Cruciferae）。【包含】世界 25-26 种。【学名诠释与讨论】〈阴〉（人）Filippo（Philip）Farseti,威尼斯植物学者。【分布】巴基斯坦,摩洛哥至印度（西北部）,非洲中部。【模式】Farsetia aegyptia Turra。【参考异名】Cleomodendron Pax（1891）■☆

20112　Fartis Adans.（1763）Nom. illegit. ≡ Zizania L.（1753）［禾本科 Poaceae（Gramineae）］■

20113　Fascicularia Mez（1894）【汉】束花凤梨属（簇生凤梨属,岩簇属）。【英】Rhodostachys。【隶属】凤梨科 Bromeliaceae。【包含】世界 5 种。【学名诠释与讨论】〈阴〉（拉）fascicule,束+希腊文 aria,属于,相似,具有。【分布】智利。【后选模式】Fascicularia bicolor（Ruiz et Pavon）Mez［Bromelia bicolor Ruiz et Pavon］。■☆

20114　Fasciculochloa B. K. Simon et C. M. Weiller（1995）【汉】澳束草属。【隶属】禾本科 Poaceae（Gramineae）。【包含】世界 1 种。【学名诠释与讨论】〈阴〉（拉）fascicule+chloe,草的幼芽,嫩草,禾草。【分布】澳大利亚（昆士兰）。【模式】Fasciculochloa sparshottiorum B. K. Simon et C. M. Weiller。■☆

20115　Fasciculus Dulac（1867）Nom. illegit. ≡ Spergularia（Pers.）J. Presl et C. Presl（1819）（保留属名）［石竹科 Caryophyllaceae］■

20116　Faskia Lour. ex Gomes（1868）= Strophanthus DC.（1802）［夹竹桃科 Apocynaceae］●

20117　Faterna Noronha. ex A. DC.（1844）= Landolphia P. Beauv.（1806）（保留属名）［夹竹桃科 Apocynaceae］●☆

20118　Fatioa DC.（1828）= Lagerstroemia L.（1759）［千屈菜科 Lythraceae//紫薇科 Lagerstroemiaceae］●

20119　Fatoua Gaudich.（1830）【汉】水蛇麻属（桑草属,水蛇藤属）。【日】クハクサ属,クワクサ属。【英】Crabweed, Fascicularia, Fatoua, Watersnake Hemp。【隶属】桑科 Moraceae。【包含】世界 2 种,中国 2 种。【学名诠释与讨论】〈阳〉（日）fatou,东南亚一种植物俗名。【分布】澳大利亚,马达加斯加,印度尼西亚（爪哇岛）至日本,中国。【后选模式】Fatoua pilosa Gaudichaud-Beaupré。【参考异名】Boehmeriopsis Kom.（1901）●■

20120　Fatraea Juss.（1804）Nom. inval. ≡ Fatraea Juss. ex Thouars（1811）; ~ = Terminalia L.（1767）（保留属名）［使君子科 Combretaceae//榄仁树科 Terminaliaceae］●

20121　Fatraea Juss. ex Thouars（1811）= Terminalia L.（1767）（保留属名）［使君子科 Combretaceae//榄仁树科 Terminaliaceae］●

20122　Fatraea Thouars ex Juss.（1820）Nom. illegit. ≡ Fatraea Juss. ex Thouars（1811）; ~ = Terminalia L.（1767）（保留属名）［使君子科 Combretaceae//榄仁树科 Terminaliaceae］●

20123　Fatraea Thouars（1811）Nom. illegit. ≡ Fatraea Juss. ex Thouars

（1811）；～＝ Terminalia L.（1767）（保留属名）［使君子科 Combretaceae//榄仁树科 Terminaliaceae］●

20124　Fatraea Thouars（1820）Nom. illegit. ≡ Fatraea Juss. ex Thouars（1811）；～＝ Terminalia L.（1767）（保留属名）［使君子科 Combretaceae//榄仁树科 Terminaliaceae］●

20125　Fatrea Juss.（1804）Nom. illegit. ≡ Fatraea Juss.（1804）Nom. inval. ；～ ≡ Fatraea Juss. ex Thouars（1811）；～＝ Terminalia L.（1767）（保留属名）［使君子科 Combretaceae//榄仁树科 Terminaliaceae］●

20126　Fatsia Decne. et Planch.（1854）【汉】八角金盘属（手树属）。【日】ヤツデ属。【俄】Фатсия，Фация。【英】Fatsia, Rice Tree。【隶属】五加科 Araliaceae。【包含】世界 2-3 种,中国 2 种。【学名诠释与讨论】〈阴〉（日）ヤツデ（八手）或ハッシュ（八）的不正确音译。【分布】日本,中国。【模式】Fatsia japonica（Thunberg）Decaisne et Planchon［Aralia japonica Thunberg］。【参考异名】Boninofatsia Nakai（1924）；Diplofatsia Nakai（1924）；Ricinophyllum Pall. ex Ledeb.（1844）●

20127　Fauatula Cass. ＝ Helichrysum Mill.（1754）［as 'Elichrysum'］（保留属名）［菊科 Asteraceae（Compositae）//蜡菊科 Helichrysaceae］●■

20128　Faucaria Schwantes（1926）【汉】虎颚草属（肉黄菊属）。【日】ファウカリア属,フォーカリア属。【英】Tiger jaws, Tiger's-jaws。【隶属】番杏科 Aizoaceae。【包含】世界 33-36 种。【学名诠释与讨论】〈阴〉（希）faux, 颚＋-arius, -aria, -arium, 指示"属于、相似、具有、联系"的词尾。指叶形。【分布】非洲南部。【后选模式】Faucaria tigrina（Haworth）Schwantes［Mesembryanthemum tigrinum Haworth］。■☆

20129　Faucherea Lecomte（1920）【汉】福谢山榄属（马达加斯加山榄属）。【隶属】山榄科 Sapotaceae。【包含】世界 4-11 种。【学名诠释与讨论】〈阴〉（人）Fauchere。【分布】马达加斯加。【后选模式】Faucherea hexandra（Lecomte）Lecomte［Labourdonnaisia hexandra Lecomte］。●☆

20130　Faucibarba Dulac（1867）＝ Calamintha Mill.（1754）；～＝ Satureja L.（1753）［唇形科 Lamiaceae（Labiatae）］●■

20131　Faujasia Cass.（1819）【汉】留菊属。【隶属】菊科 Asteraceae（Compositae）。【包含】世界 4 种。【学名诠释与讨论】〈阴〉（人）Barthelemy（Barthelemi）Faujas de Saint-Fond, 1741-1819, 法国地质学者,探险家。【分布】马达加斯加,马斯克林群岛。【模式】Faujasia pinifolia Cassini。●☆

20132　Faujasiopsis C. Jeffrey（1992）【汉】藤留菊属。【隶属】菊科 Asteraceae（Compositae）。【包含】世界 3 种。【学名诠释与讨论】〈阴〉（属）Faujasia 留菊属＋希腊文 opsis, 外观,模样,相似。【分布】毛里求斯。【模式】Faujasiopsis flexuosa（Lam.）C. Jeffrey。●☆

20133　Faulia Raf.（1837）＝ Ligustrum L.（1753）［木犀榄科（木犀科）Oleaceae］●

20134　Faurea Harv.（1847）【汉】福来木属。【隶属】山龙眼科 Proteaceae。【包含】世界 15-18 种。【学名诠释与讨论】〈阴〉（人）William Caldwell Faure, 1822-1844, 南非植物学者。此属的学名, ING、TROPICOS 和 IK 记载是"Faurea W. H. Harvey, London J. Bot. 6: 373. t. 15. 1847"。"Faurea Post et Kuntze（1903）＝ Fauria Franch.（1886）［睡菜科 Menyanthaceae］"是晚出的非法名称。【分布】马达加斯加,热带和非洲南部。【模式】Faurea saligna W. H. Harvey。【参考异名】Trichostachys Welw.（1862）（废弃属名）●☆

20135　Faurea Post et Kuntze（1903）＝ Fauria Franch.（1886）［睡菜科 Menyanthaceae］■☆

20136　Fauria Franch.（1886）＝ Nephrophyllidium Gilg（1895）［睡菜科（荇菜科）Menyanthaceae］■☆

20137　Faustia Font Quer et Rothm.（1940）Nom. illegit. ≡ Saccocalyx Coss. et Durieu（1853）（保留属名）［唇形科 Lamiaceae（Labiatae）］●☆

20138　Faustula Cass.（1818）＝ Ozothamnus R. Br.（1817）［菊科 Asteraceae（Compositae）］●■☆

20139　Favargera Á. Löve et D. Löve（1972）＝ Gentiana L.（1753）［龙胆科 Gentianaceae］■

20140　Favonium Gaertn.（1791）＝ Didelta L'Hér.（1786）（保留属名）［菊科 Asteraceae（Compositae）］■☆

20141　Favratia Feer（1890）【汉】基叶桔梗属（茎基叶桔梗属）。【隶属】桔梗科 Campanulaceae。【包含】世界 1 种。【学名诠释与讨论】〈阴〉（人）Favrat。此属的学名是"Favratia Feer, Bot. Jahrb. Syst. 12: 610. 23 Dec 1890"。亦有文献把其处理为"Campanula L.（1753）"的异名。【分布】澳大利亚,欧洲。【模式】Favratia zoysii Feer。【参考异名】Campanula L.（1753）■☆

20142　Fawcettia F. Muell.（1877）＝ Tinospora Miers（1851）（保留属名）［防己科 Menispermaceae］●■

20143　Faxonanthus Greenm.（1902）【汉】法克森玄参属。【隶属】玄参科 Scrophulariaceae。【包含】世界 1 种。【学名诠释与讨论】〈阳〉（人）Charles Edward Faxon, 1846-1918, 植物学者＋anthos, 花。此属的学名, ING、TROPICOS 和 IK 记载是"Faxonanthus Greenman in Sargent, Trees & Shrubs 1: 23. 26 Nov 1902"。它曾被处理为"Leucophyllum subgen. Faxonanthus（Greenm.）Henrickson & Flyr, Sida 11（2）: 133. 1985"。亦有文献把"Faxonanthus Greenm.（1902）"处理为"Leucophyllum Bonpl.（1812）"的异名。【分布】墨西哥。【模式】Faxonanthus pringlei Greenman。【参考异名】Leucophyllum subgen. Faxonanthus（Greenm.）Henrickson & Flyr（1985）■☆

20144　Faxonia Brandegee（1894）【汉】微舌菊属。【隶属】菊科 Asteraceae（Compositae）。【包含】世界 1 种。【学名诠释与讨论】〈阳〉（人）Charles Edward Faxon, 1846-1918, 植物学者。【分布】美国（加利福尼亚）。【模式】Faxonia pusilla T. S. Brandegee。■☆

20145　Faya Neck.（1790）Nom. inval. ＝ Crenea Aubl.（1775）［千屈菜科 Lythraceae］●☆

20146　Faya Webb et Berthel.（1847）Nom. illegit. ＝ Morella Lour.（1790）；～＝ Myrica L.（1753）［杨梅科 Myricaceae］●

20147　Faya Webb（1847）Nom. illegit. ≡ Faya Webb et Berthel.（1847）Nom. illegit. ；～＝ Morella Lour.（1790）；～＝ Myrica L.（1753）［杨梅科 Myricaceae］●

20148　Fayana Raf.（1838）＝ Faya Webb et Berthel.（1847）Nom. illegit. ；～＝ Morella Lour.（1790）；～＝ Myrica L.（1753）［杨梅科 Myricaceae］●

20149　Feaea Spreng.（1826）Nom. illegit. ≡ Selloa Kunth（1818）（保留属名）［菊科 Asteraceae（Compositae）］■☆

20150　Feaella Blake（1930）Nom. illegit. ≡ Selloa Kunth（1818）（保留属名）；～＝ Feaea Spreng.（1826）Nom. illegit. ；～＝ Selloa Kunth（1818）（保留属名）［菊科 Asteraceae（Compositae）］■☆

20151　Feddea Urb.（1925）【汉】古藤菊属。【隶属】菊科 Asteraceae（Compositae）。【包含】世界 1 种。【学名诠释与讨论】〈阴〉（人）Friedrich Karl Georg Fedde, 1873-1942, 德国植物学者。【分布】古巴。【模式】Feddea cubensis Urban。●☆

20152　Fedia Adans.（1763）（废弃属名）＝ Patrinia Juss.（1807）（保留属名）［缬草科（败酱科）Valerianaceae］■

20153　Fedia Gaertn.（1790）（保留属名）【汉】肖缬草属。【英】Fedia。【隶属】缬草科（败酱科）Valerianaceae。【包含】世界 3 种。【学名诠释与讨论】〈阴〉（拉）fedus ＝ haedus, 小山羊。此属的学名"Fedia Gaertn., Fruct. Sem. Pl. 2: 36. Sep（sero）- Nov

1790"是保留属名。相应的废弃属名是缬草科(败酱科)Valerianaceae 的"Fedia Adans. ,Fam. Pl. 2：152,557. Jul-Aug 1763 =Patrinia Juss. (1807)(保留属名)"。缬草科的"Fedia Kunth, Nov. Gen. Sp. [H. B. K.]iii. 334(1818)= Astrephia Dufr. (1811)"亦应废弃。"Mitrophora Necker ex Rafinesque, Chloris Aetn. 5. Dec 1813"是"Fedia Gaertn. (1790)(保留属名)"的晚出的同模式异名(Homotypic synonym, Nomenclatural synonym)。亦有文献把"Fedia Gaertn. (1790)(保留属名)"处理为"Valerianella Mill. (1754)"的异名。【分布】巴基斯坦,玻利维亚,中国,地中海地区。【模式】Fedia cornucopiae (Linnaeus) J. Gaertner [Valeriana cornucopiae Linnaeus]。【参考异名】Feedia Homem. (1813)；Mitrophora Neck. (1790) Nom. inval. ；Mitrophora Neck. ex Raf. (1813) Nom. illegit. ；Siphonella (Torr. et A. Gray) Small (1903) Nom. illegit. ；Siphonella Small (1903) Nom. illegit. ；Valerianella Mill. (1754)■

20154　Fedia Kunth(1818) Nom. illegit. (废弃属名)= Astrephia Dufr. (1811) [缬草科(败酱科)Valerianaceae]●■

20155　Fedorouia Yakovlev (1971) Nom. illegit. ≡ Fedorovia Yakovlev (1971) [豆科 Fabaceae(Leguminosae)]●

20156　Fedorovia Kolak. (1980) Nom. illegit. ≡ Theodorovia Kolak. (1991)；~ = Campanula L. (1753) [桔梗科 Campanulaceae]■●

20157　Fedorovia Yakovlev(1971)【汉】异红豆树属。【隶属】豆科 Fabaceae(Leguminosae)//蝶形花科 Papilionaceae。【包含】世界 40-50 种。【学名诠释与讨论】〈阴〉(人)Fedorov,俄罗斯植物学者。此属的学名"Fedorovia Yakovlev, Bot. Zurn. (Moscow et Leningrad)56：656. Mai 1971"是一个替代名称,它替代的是废弃属名"Layia Hook. et Arnott, Bot. Beechey's Voyage 182. Oct 1833 ('1841')= Fedorovia Yakovlev (1971)= Ormosia Jacks. (1811)(保留属名)[豆科 Fabaceae (Leguminosae)//蝶形花科 Papilionaceae]"。而"Layia Hook. et Arnott ex A. P. de Candolle, Prodr. 7 (1)：294. Apr (sero) 1838 [菊科 Asteraceae (Compositae)]"则是保留属名。"Fedorouia Yakovlev (1971) Nom. illegit. ≡ Fedorovia Yakovlev(1971)"是"Fedorovia Yakovlev (1971)"的拼写变体。"Fedorovia A. A. Kolakovsky, Soobsc. Akad. Nauk Gruzinsk. SSR 97：687. Mar 1980 ≡ Theodorovia Kolak. ex Ogan. (1991)= Campanula L. (1753) [桔梗科 Campanulaceae]"和"Fedorovia Yakovlev (1980) Nom. illegit. = Fedorovia Yakovlev(1971) [豆科 Fabaceae(Leguminosae)]"是晚出的非法名称。亦有文献把"Fedorovia Yakovlev(1971)"处理为"Ormosia Jacks. (1811)(保留属名)"的异名。【分布】东喜马拉雅山,东亚和东南亚,热带美洲。【模式】Fedorovia karakuschensis (A. A. Grossheim) A. A. Kolakovsky [Campanula karakuschensis A. A. Grossheim]。【参考异名】Fedorouia Yakovlev (1971) Nom. illegit. ；Fedorovia Yakovlev (1980) Nom. illegit. ；Layia Hook. et Arn. (1833)(废弃属名)；Ormosia Jacks. (1811)(保留属名)●☆

20158　Fedorovia Yakovlev (1980) Nom. illegit. = Fedorovia Yakovlev (1971) [豆科 Fabaceae(Leguminosae)//蝶形花科 Papilionaceae] ●☆

20159　Fedtschenkiella Kudr. (1941)【汉】长蕊青兰属。【英】Fedtschenkiella。【隶属】唇形科 Lamiaceae(Labiatae)。【包含】世界 2 种,中国 2 种。【学名诠释与讨论】〈阴〉(人)Aleksei Pavlovich (Alexei Pawlowitsch) Fedtschenko,1844-1873,俄罗斯植物学者+-ellus, -ella, -ellum,加在名词词干后面形成指小式的词尾。或加在人名、属名等后面以组成新属的名称。此属的学名是"Fedtschenkiella Kudr., Botaniceskie materialy Gerbarija Botaniceskogo instituta Uzbekistanskogo filiala Akademii nauk SSSR 4：3. 1941 [1941]"。也有文献用为"Fedtschenkiella (C. B.

Clarke ex Hook. f.) Kudr. , Botaniceskie materialy Gerbarija Botaniceskogo instituta Uzbekistanskogo filiala Akademii nauk SSSR 4：13. 1941"。亦有文献把其处理为"Dracocephalum L. (1753)(保留属名)"的异名。【分布】阿富汗,巴基斯坦,中国,西伯利亚,喜马拉雅山。【模式】不详。【参考异名】Dracocephalum L. (1753)(保留属名)■

20160　Fedtschenkoa Regel et Schmalh. (1882) Nom. illegit. = Fedtschenkoa Regel (1882)；~ = Leptaleum DC. (1821)；~ = Malcolmia W. T. Aiton(1812) [as 'Malcomia'](保留属名) [十字花科 Brassicaceae(Cruciferae)]■

20161　Fedtschenkoa Regel et Schmalh. ex Regel(1882) Nom. illegit. ≡ Fedtschenkoa Regel et Schmalh. (1882) Nom. illegit. ；~ Fedtschenkoa Regel (1882)；~ = Leptaleum DC. (1821)；~ = Malcolmia W. T. Aiton(1812) [as 'Malcomia'](保留属名) [十字花科 Brassicaceae(Cruciferae)]■

20162　Fedtschenkoa Regel(1882)【汉】费德芥属。【隶属】十字花科 Brassicaceae(Cruciferae)。【包含】世界 14 种。【学名诠释与讨论】〈阴〉(人)Aleksei Pavlovich (Alexei Pawlowitsch) Fedtschenko,1844-1873,俄罗斯植物学者。此属的学名,ING 和 IK 记载是"Fedtschenkoa E. Regel, Izv. Imp. Obsc. Ljubit. Estestv. Moskovsk. Univ. 34(2)(Descr. Pl. Nov.)：8. 1882"。TROPICOS 则记载为"Fedtschenkoa Regel et Schmalh. , Descriptiones plantarum novarum 8. 1882 [1882]"。三者引用的文献相同。"Fedtschenkoa Regel et Schmalh. ex Regel (1882)≡ Fedtschenkoa Regel et Schmalh. (1882) Nom. illegit. [十字花科 Brassicaceae(Cruciferae)]"的命名人引证有误。多数学者采用"涩芥属 Malcolmia W. T. Aiton (1812) [as 'Malcomia'](保留属名)"为正名。【分布】巴基斯坦,中国,地中海地区,亚洲。【模式】Fedtschenkoa turkestanica E. Regel et Schmalhausen ex E. Regel。【参考异名】Fedtschenkoa Regel et Schmalh. (1882) Nom. illegit. ；Fedtschenkoa Regel et Schmalh. ex Regel (1882) Nom. illegit. ；Malcolmia W. T. Aiton (1812) [as 'Malcomia'](保留属名)■

20163　Feea Post et Kuntze (1903)= Feaea Spreng. (1826) Nom. illegit. ；~ =Selloa Kunth (1818)(保留属名) [菊科 Asteraceae (Compositae)]■☆

20164　Feedia Homem. (1813)= Fedia Gaertn. (1790)(保留属名) [缬草科(败酱科)Valerianaceae]■

20165　Feeria Buser (1894)【汉】菲尔桔梗属。【隶属】桔梗科 Campanulaceae。【包含】世界 1 种。【学名诠释与讨论】〈阴〉(人)Heinrich Feer,1857-1892,瑞士植物学者。【分布】摩洛哥。【模式】Feeria angustifolia (Schousboe) Buser [Trachelium angustifolium Schousboe]。●☆

20166　Fegimanra Pierre ex Engl. (1896)【汉】费吉漆属。【隶属】漆树科 Anacardiaceae。【包含】世界 2 种。【学名诠释与讨论】〈阴〉词源不详。此属的学名,ING、TROPICOS 和 IK 记载是"Fegimanra Pierre, Fl. Forest. Cochinchine ad t. 263. 1 Jun 1892"。IK 还记载了"Fegimanra Pierre ex Engl. , Nat. Pflanzenfam. [Engler et Prantl] iii. v. 458 (1896)"。【分布】热带非洲。【模式】Fegimanra africana (Oliver) Pierre [Mangifera africana Oliver]。【参考异名】Fegimanra Pierre (1892) Nom. inval. ●☆

20167　Fegimanra Pierre(1892) Nom. inval. = Fegimanra Pierre ex Engl. (1896) [漆树科 Anacardiaceae]●☆

20168　Feidanthus Steven (1856)= Astragalus L. (1753) [豆科 Fabaceae(Leguminosae)//蝶形花科 Papilionaceae]●■

20169　Feijoa O. Berg(1858)【汉】南美稔属(肥合果属,费约果属)。【日】フェイジョア属。【俄】Фейхоа。【英】Feijoa。【隶属】桃金娘科 Myrtaceae。【包含】世界 5 种,中国 1 种。【学名诠释与讨

论】〈阴〉（人）Don de Siiva Feijo，19 世纪巴西植物学者。另说 Feijo 为南美洲一种植物俗名。此属的学名"Feijoa O. C. Berg, Linnaea 29：258. Sep 1858"是一个替代名称。"Orthostemon O. C. Berg, Linnaea 27：440. Feb 1856"是一个非法名称（Nom. illegit.），因为此前已经有了"Orthostemon R. Brown, Prodr. 451. 27 Mar 1810 = Canscora Lam. (1785)［龙胆科 Gentianaceae］"。故用"Feijoa O. Berg(1858)"替代之。"Feijoa O. Berg(1858)"曾被处理为"Acca subgen. Feijoa (O. Berg) Mattos, Loefgrenia；communicaçoes avulsas de botânica 99：3. 1990"。亦有文献把"Feijoa O. Berg(1858)"处理为"Acca O. Berg(1856)"的异名。【分布】巴西，中国，中美洲。【后选模式】Feijoa sellowiana (O. C. Berg) O. C. Berg［Orthostemon sellowianus O. C. Berg］。【参考异名】Acca O. Berg(1856)；Acca subgen. Feijoa (O. Berg) Mattos (1990)；Orthostemon O. Berg(1856) Nom. illegit. ●

20170　Feldstonia P. S. Short (1989)【汉】亮鼠麹属。【隶属】菊科 Asteraceae(Compositae)。【包含】世界 1 种。【学名诠释与讨论】〈阴〉（人）Feldston。【分布】澳大利亚。【模式】Feldstonia nitens P. S. Short。■☆

20171　Felicia Cass. (1818)（保留属名）【汉】费利菊属（费里菊属，蓝滨菊属，蓝菊属）。【日】フエリシア属，ルリヒナギク属。【俄】Фелиция。【英】Cape Aster, Felicia。【隶属】菊科 Asteraceae (Compositae)。【包含】世界 60-85 种。【学名诠释与讨论】〈阴〉（人）Herr Felix。此属的学名"Felicia Cass. in Bull. Sci. Soc. Philom. Paris 1818：165. Nov 1818"是保留属名。相应的废弃属名是菊科 Asteraceae 的"Detris Adans. , Fam. Pl. 2：131, 549. Jul-Aug 1763 = Felicia Cass. (1818)（保留属名）"。【分布】中国，非洲。【模式】Felicia tenella (Linnaeus) C. G. D. Nees［Aster tenellus Linnaeus］。【参考异名】Agathaea Cass. (1815)；Agathea Endl. (1837)；Asterosperma Less. (1832)；Collomia Sieber ex Steud. ；Detridium Nees (1832)；Detris Adans. (1763)（废弃属名）；Elphegea Less. (1832) Nom. illegit. ；Fresenia DC. (1836)；Kaulfussia Nees (1820) Nom. illegit. ；Munychia Cass. (1825)；Polyarrhena Cass. (1828)●■

20172　Feliciadamia Bullock(1962)【汉】多果野牡丹属（窄果野牡丹属）。【隶属】野牡丹科 Melastomataceae。【包含】世界 1 种。【学名诠释与讨论】〈阴〉（人）Jacques-Georges Adam(1909-1980) 和 Henri Jacques-Felix (1907-)，法国植物学者。此属的学名"Feliciadamia A. A. Bullock, Kew Bull. 15：393. 19 Mar 1962"是一个替代名称。"Adamea Jacques-Félix, Bull. Mus. Hist. Nat. (Paris) ser. 2. 23：661. Dec 1951"是一个非法名称（Nom. illegit.），因为此前已经有了"Adamia Wallich, Tent. Fl. Napal. 1：46. Sep-Dec 1826 = Dichroa Lour. (1790)［虎耳草科 Saxifragaceae//绣球花科（八仙花科，绣球科）Hydrangeaceae］"。故用"Feliciadamia Bullock(1962)"替代之。【分布】非洲。【模式】Feliciadamia stenocarpa (Jacques-Félix) A. A. Bullock［Adamia stenocarpa Jacques-Félix］。【参考异名】Adamea Jacq. -Fél. (1951) Nom. illegit. ；Adamia Jacq. -Fél. (1951) Nom. illegit. ●☆

20173　Feliciana Benth. (1865) Nom. illegit. ≡ Feliciana Benth. et Hook. f. (1865)；~ = Felicianea Cambass. (1833)；~ = Myrrhinium Schott(1827)［桃金娘科 Myrtaceae］●☆

20174　Feliciana Benth. et Hook. f. (1865) = Felicianea Cambass. (1833)；~ = Myrrhinium Schott(1827)［桃金娘科 Myrtaceae］●☆

20175　Felicianea Cambess. (1833) = Myrrhinium Schott(1827)［桃金娘科 Myrtaceae］●☆

20176　Felipponia Hicken(1917) Nom. illegit. ≡ Felipponiella Hicken (1928)；~ = Mangonia Schott(1857)［天南星科 Araceae］■☆

20177　Felipponiella Hicken(1928) = Mangonia Schott(1857)［天南星科 Araceae］■☆

科 Araceae］■☆

20178　Fellpponia Hicken (1917) = Felipponiella Hicken (1928)［天南星科 Araceae］■☆

20179　Femandia Baill. = Fernandoa Welw. ex Seem. (1865)［紫葳科 Bignoniaceae］●

20180　Femeniasia Susanna (1988)【汉】叉刺菊属。【隶属】菊科 Asteraceae(Compositae)。【包含】世界 1 种。【学名诠释与讨论】〈阴〉（人）Femenias。此属的学名是"Femeniasia A. Susanna de la Serna, Collect. Bot. (Barcelona) 17：83. Jan 1988 ('1987')"。亦有文献把其处理为"Centaurea L. (1753)（保留属名）"的异名。【分布】地中海西部。【模式】Femeniasia balearica (J. J. Rodríguez Femenías) A. Susanna de la Serna［Centaurea balearica J. J. Rodríguez Femenías］。【参考异名】Centaurea L. (1753)（保留属名）●☆

20181　Fendlera Engelm. et A. Gray (1852)【汉】美洲绣球属。【俄】Фендлера。【英】Fendler Bush。【隶属】绣球花科（八仙花科，绣球科）Hydrangeaceae。【包含】世界 2-4 种。【学名诠释与讨论】〈阴〉（人）August Fendler, 1813-1883，美国植物学者。【分布】美国西南部，墨西哥。【模式】Fendlera rupicola A. Gray。●☆

20182　Fendlera Post et Kuntze (1903) Nom. illegit. = Fendleria Steud. (1854)；~ = Oryzopsis Michx. (1803)［禾本科 Poaceae (Gramineae)］■

20183　Fendlerella(Greene) A. Heller(1898)【汉】小美洲绣球属。【隶属】绣球花科（八仙花科，绣球科）Hydrangeaceae。【包含】世界 3-4 种。【学名诠释与讨论】〈阴〉（属）Fendlera 美洲绣球属+-ellus, -ella, -ellum, 加在名词词干后面形成指小式的词尾。或加在人名、属名等后面以组成新属的名称。此属的学名，ING、GCI、TROPICOS 和 IK 记载是"Fendlerella (E. L. Greene) A. A. Heller, Bull. Torrey Bot. Club 25：626. 16 Dec 1898"，由"Fendlera sect. Fendlerella E. L. Greene, Bull. Torrey Bot. Club 8：26. Mar 1881"改级而来。"Fendlerella A. Heller(1898) ≡ Fendlerella (Greene) A. Heller(1898)［绣球花科（八仙花科，绣球科）Hydrangeaceae］"的命名人引证有误。【分布】美国（西南部）。【模式】Fendlerella utahensis (S. Watson) A. A. Heller［Whipplea utahensis S. Watson］。【参考异名】Fendlera sect. Fendlerella Greene (1881)；Fendlerella A. Heller(1898) Nom. illegit. ●☆

20184　Fendlerella A. Heller (1898) Nom. illegit. ≡ Fendlerella (Greene) A. Heller (1898)［绣球花科（八仙花科，绣球科）Hydrangeaceae］●☆

20185　Fendleria Steud. (1854) = Oryzopsis Michx. (1803)；~ = Piptatherum P. Beauv. (1812)［禾本科 Poaceae(Gramineae)］■

20186　Fenelonia Raf. (1832) = Lloydia Salisb. ex Rchb. (1830)（保留属名）［百合科 Liliaceae］■

20187　Feneriva Airy Shaw = Polyalthia Blume (1830)［番荔枝科 Annonaceae］●

20188　Fenerivia Diels (1925)【汉】肖暗罗属。【隶属】番荔枝科 Annonaceae。【包含】世界 1 种。【学名诠释与讨论】〈阴〉（地）Fenerive, 费内里沃, 位于马达加斯加。此属的学名，ING、TROPICOS 和 IK 记载是"Fenerivia Diels, Notizbl. Bot. Gart. Berlin-Dahlem 9：355. 15 Jun 1925"。"Feneriva Airy Shaw = Polyalthia Blume(1830)［番荔枝科 Annonaceae］"似为变体。亦有文献把"Fenerivia Diels (1925)"处理为"Polyalthia Blume (1830)"的异名。【分布】马达加斯加。【模式】Fenerivia heteropetala Diels。【参考异名】Polyalthia Blume(1830)●☆

20189　Fenestraria N. E. Br. (1925)【汉】窗玉属（棒叶花属）。【日】フェネストラリア属。【英】Fenestraria。【隶属】番杏科 Aizoaceae。【包含】世界 1-2 种。【学名诠释与讨论】〈阴〉（希）

fenestra,窗户+-arius,-aria,-arium,指示"属于、相似、具有、联系"的词尾。指叶的顶部有口。【分布】非洲南部。【模式】Fenestraria aurantiaca N. E. Brown。■☆

20190　Feniculum Gilib. (1792) Nom. illegit. ≡ Foeniculum Mill. (1754)［伞形花科(伞形科)Apiaceae(Umbelliferae)］■

20191　Fenixanthes Raf. (1840) = Salvia L. (1753)［唇形科 Lamiaceae(Labiatae)//鼠尾草科 Salviaceae］●■

20192　Fenixia Merr. (1917)【汉】双舌菊属。【隶属】菊科 Asteraceae(Compositae)。【包含】世界 1 种。【学名诠释与讨论】〈阴〉(人)Fenix。【分布】菲律宾(菲律宾群岛)。【模式】Fenixia pauciflora E. D. Merrill。■☆

20193　Fentzlia Rchb. (1837) Nom. illegit. = Fenzlia Benth. (1833);~ =Gilia Ruiz et Pav. (1794)［花荵科 Polemoniaceae］■●☆

20194　Fenugraecum Adans. (1763) Nom. illegit. ≡ Trigonella L. (1753);~ = Foenugraecum Ludw. (1757) Nom. illegit.;~ = Trigonella L. (1753)［豆科 Fabaceae(Leguminosae)//蝶形花科 Papilionaceae］■

20195　Fenzlia Benth. (1833) = Gilia Ruiz et Pav. (1794);~ = Linanthus Benth. (1833)［花荵科 Polemoniaceae］■☆

20196　Fenzlia Endl. (1834) Nom. illegit. = Myrtella F. Muell. (1877)［桃金娘科 Myrtaceae］●☆

20197　Feracacia Britton et Rose(1928) = Acacia Mill. (1754)(保留属名)［豆科 Fabaceae(Leguminosae)//含羞草科 Mimosaceae//金合欢科 Acaciaceae］●■

20198　Ferberia Scop. (1777) = Althaea L. (1753)［锦葵科 Malvaceae］■

20199　Ferdinanda Benth. (1876) Nom. illegit. ≡ Ferdinanda Benth. et Hook. f. (1876) Nom. illegit.;~ = Fernandoa Welw. ex Seem. (1865)［紫葳科 Bignoniaceae］●

20200　Ferdinanda Benth. et Hook. f. (1876) Nom. illegit. = Fernandoa Welw. ex Seem. (1865)［紫葳科 Bignoniaceae］●

20201　Ferdinanda Lag. (1816) = Zaluzania Pers. (1807)［菊科 Asteraceae(Compositae)］■☆

20202　Ferdinandea Pohl (1827) Nom. illegit. ≡ Ferdinandusa Pohl (1829)［茜草科 Rubiaceae］●☆

20203　Ferdinandia Seem. (1865) Nom. illegit. ≡ Ferdinandia Welw. ex Seem. (1865);~ = Fernandoa Welw. ex Seem. (1865)［紫葳科 Bignoniaceae］●

20204　Ferdinandia Welw. ex Seem. (1865) = Fernandoa Welw. ex Seem. (1865)［紫葳科 Bignoniaceae］●

20205　Ferdinandoa Seem. (1870) = Ferdinandia Welw. ex Seem. (1865);~ = Fernandoa Welw. ex Seem. (1865)［紫葳科 Bignoniaceae］●

20206　Ferdinandusa Pohl(1829)【汉】费迪茜属。【隶属】茜草科 Rubiaceae。【包含】世界 20 种。【学名诠释与讨论】〈阴〉词源不详。此属的学名"Ferdinandusa Pohl, Pl. Brasil. 2:8. 1828 (sero) vel Jan-Feb 1829('1831')"是一个替代名称。"Ferdinandea Pohl,Flora 10:153. 14 Mar 1827"是一个非法名称(Nom. illegit.),因为此前已经有了"Ferdinanda Lagasca, Gen. Sp. Pl. Nov. 31. Jun-Jul(?)1816 = Zaluzania Pers. (1807)［菊科 Asteraceae(Compositae)］"。故用"Ferdinandusa Pohl(1829)"替代之。【分布】巴拿马,秘鲁,玻利维亚,厄瓜多尔,尼加拉瓜,西印度群岛,热带南美洲,中美洲。【模式】未指定。【参考异名】Aspidanthera Benth. (1841);Ferdinandea Pohl (1827) Nom. illegit.;Gomphosia Wedd. (1848)●☆

20207　Ferecuppa Dulac(1867) Nom. illegit. ≡ Tozzia L. (1753)［玄参科 Scrophulariaceae//列当科 Orobanchaceae］■☆

20208　Fereira Rchb. = Fereiria Vell. ex Vand. (1788)［茜草科 Rubiaceae］●☆

20209　Fereiria Vand. (1788) Nom. illegit. ≡ Fereiria Vell. ex Vand. (1788);~ = Hillia Jacq. (1760)［茜草科 Rubiaceae］●☆

20210　Fereiria Vell. ex Vand. (1788) = Hillia Jacq. (1760)［茜草科 Rubiaceae］●☆

20211　Feretia Delile (1843)【汉】费雷茜属。【隶属】茜草科 Rubiaceae。【包含】世界 2 种。【学名诠释与讨论】〈阴〉(人)Feret。【分布】埃塞俄比亚,热带非洲。【模式】Feretia apodanthera Delile。【参考异名】Ferretia Pritz. (1855) Nom. illegit. ☆

20212　Fergania Pimenov(1982)【汉】费尔干阿魏属。【隶属】伞形花科(伞形科)Apiaceae(Umbelliferae)。【包含】世界 1 种。【学名诠释与讨论】〈阴〉(地)Fergan,费尔干。【分布】亚洲中部。【模式】Fergania polyantha (E. P. Korovin) M. G. Pimenov［Ferula polyantha E. P. Korovin］。■☆

20213　Fergusonia Hook. f. (1872)【汉】费格森茜属。【隶属】茜草科 Rubiaceae。【包含】世界 1 种。【学名诠释与讨论】〈阴〉(人)William Ferguson,1820-1887,英国植物学者。【分布】斯里兰卡,印度(南部)。【模式】Fergusonia zeylanica J. D. Hooker, Nom. illegit.［Borreria tetracocca Thwaites; Fergusonia tetracocca (Thwaites) Baillon］。☆

20214　Fernaldia Woodson(1932)【汉】费纳尔德木属。【隶属】夹竹桃科 Apocynaceae。【包含】世界 4 种。【学名诠释与讨论】〈阴〉(人)Merritt Lyndon Fernald,1873-1950,美国植物学者。【分布】墨西哥,中美洲。【模式】Fernaldia pandurata (Alph. de Candolle) R. E. Woodson［Echites pandurata Alph. de Candolle］。●☆

20215　Fernandezia Lindl. (1833) Nom. illegit.［兰科 Orchidaceae］■☆

20216　Fernandezia Ruiz et Pav. (1794)【汉】费尔南兰属。【隶属】兰科 Orchidaceae。【包含】世界 9 种。【学名诠释与讨论】〈阴〉(人)Gregorio Garcia Fernandez,西班牙植物学者,医生。此属的学名,ING、GCI、TROPICOS 和 IK 记载是"Fernandezia Ruiz et Pav., Fl. Peruv. Prodr. 123, t. 27. 1794［Oct 1794］"。"Fernandezia Lindl.,Gen. Sp. Orchid. Pl. 207. 1833［Apr 1833］= Lockhartia Hook. (1827)［兰科 Orchidaceae］"是晚出的非法名称。亦有文献把"Fernandezia Ruiz et Pav. (1794)"处理为"Centropetalum Lindl. (1839)"或"Dichaea Lindl. (1833)"的异名。【分布】秘鲁。【后选模式】Fernandezia subbiflora Ruiz et Pavon。【参考异名】Centropetalum Lindl. (1839);Dichaea Lindl. (1833);Nasonia Lindl. (1844)■☆

20217　Fernandia Baill. (1888) = Fernandoa Welw. ex Seem. (1865)［紫葳科 Bignoniaceae］●

20218　Fernandoa Welw. ex Seem. (1865)【汉】厚膜树属。【英】Fernandoa,Thickfilmtree。【隶属】紫葳科 Bignoniaceae。【包含】世界 14 种,中国 1 种。【学名诠释与讨论】〈阴〉(人)Edwino Fernando,1953-,植物学者。另说 Don Fernando,葡萄牙国王,Welwitsch 去非洲探险的赞助者。【分布】巴基斯坦,马达加斯加,中国,热带非洲。【模式】Fernandoa superba Welwitsch ex B. C. Seemann, Nom. illegit.［Bignonia ferdinandii Welwitsch［as 'ferdinandi'］;Fernandoa ferdinandii (Welwitsch) Milne-Redhead［as 'ferdinandi'］。【参考异名】Femandia Baill.;Ferdinanda Benth. (1876) Nom. illegit.;Ferdinanda Benth. et Hook. f. (1876);Ferdinandia Seem. (1865) Nom. illegit.;Ferdinandia Welw. ex Seem. (1865);Ferdinandoa Seem. (1870);Fernandia Baill. (1888);Haplophragma Dop(1926);Hexaneurocarpon Dop(1929);Kigelianthe Baill. (1888);Spathodeopsis Dop (1930);Tisserantodendron Sillans(1952)●

20219　Fernelia Comm. ex Lam. (1788)【汉】费内尔茜属。【隶属】茜

草科 Rubiaceae。【包含】世界 4 种。【学名诠释与讨论】〈阴〉（人）Jean François Fernel（Joannes Fernelius or Fernellius），1497-1558，法国医生。【分布】马达加斯加，马斯克林群岛。【模式】Fernelia buxifolia Lamarck。☆

20220　Fernseea Baker（1889）【汉】费氏凤梨属（佛尔西属）。【隶属】凤梨科 Bromeliaceae。【包含】世界 2 种。【学名诠释与讨论】〈阴〉（人）Fernsee。【分布】巴西。【模式】Fernseea itatiaiae（Wawra）J. G. Baker［Bromelia itatiaiae Wawra］。■☆

20221　Ferocactus Britton et Rose（1922）【汉】强刺球属。【日】フエロカクタス属。【英】Barrel Cactus, Barrel－cactus, Fishook Cactus。【隶属】仙人掌科 Cactaceae。【包含】世界 23-35 种，中国 12 种。【学名诠释与讨论】〈阳〉（拉）fera = ferus, 野兽。Feral, 野蛮的, 凶猛的+cactos, 有刺的植物，通常指仙人掌科植物。指本属多数种类具有强壮的刺。【分布】美国（西南部），墨西哥，中国。【模式】Ferocactus wislizeni（Engelmann）N. L. Britton et J. N. Rose［Echinocactus wislizeni Engelmann］。【参考异名】Bisnaga Orcutt（1926）；Brittonia C. A. Armstr.（1934）Nom. illegit.；Thelocactus（K. Schum.）Britton et Rose（1922）●

20222　Ferolia（Aubl.）Kuntze（1891）Nom. illeg.（废弃属名）= Ferolia Aubl.（1775）（废弃属名）；~ = Brosimum Sw.（1788）（保留属名）；~ = Parinari Aubl.（1775）［桑科 Moraceae// ［蔷薇科 Rosaceae//金壳果科 Chrysobalanaceae］●☆

20223　Ferolia Aubl.（1775）（废弃属名）≡ Parinari Aubl.（1775）；~ = Brosimum Sw.（1788）（保留属名）［桑科 Moraceae// ［蔷薇科 Rosaceae//金壳果科 Chrysobalanaceae］●☆

20224　Ferolia Kuntze（1891）Nom. illeg.（废弃属名）≡ Ferolia（Aubl.）Kuntze（1891）Nom. illeg.（废弃属名）= Ferolia Aubl.（1775）（废弃属名）；~ = Brosimum Sw.（1788）（保留属名）；~ = Parinari Aubl.（1775）［桑科 Moraceae// ［蔷薇科 Rosaceae//金壳果科 Chrysobalanaceae］●☆

20225　Feronia Corrêa（1800）【汉】木苹果属（象橘属）。【日】フェローニア属。【俄】Лимон персидский。【英】Elephantorange, Wood Apple, Woodapple, Wood－apple。【隶属】芸香科 Rutaceae。【包含】世界 1 种，中国 1 种。【学名诠释与讨论】〈阴〉（希）Feronia, 古罗马神话中司春和花的女神名，或森林女神。此属的学名是"Feronia Correa, Trans. Linn. Soc. London 5：224. 20-22 Feb 1800"。亦有文献把其处理为"Limonia L.（1762）"的异名。"Feronia A. Carpentier, Mém. Soc. Géol. Nord 10（1）：27. 1927"是化石植物。【分布】印度，中国。【模式】Feronia elephantum Correa。【参考异名】Jeronia Pritz.（1855）；Limonia L.（1762）●

20226　Feroniella Swingle（1913）【汉】神果属（克拉商属）。【英】Feroniella。【隶属】芸香科 Rutaceae。【包含】世界 3 种。【学名诠释与讨论】〈阴〉（属）Feronia 木苹果属+-ellus, -ella, -ellum, 加在名词词干后面形成指小式的词尾。或加在人名、属名等后面以组成新属的名称。【分布】东南亚，印度尼西亚（爪哇岛）。【模式】Feroniella oblata Swingle。●☆

20227　Ferrandia Gaudich.（1830）= Cocculus DC.（1817）（保留属名）［防己科 Menispermaceae］●

20228　Ferraria Burm. ex Mill.（1759）【汉】魔星兰属。【日】フェラーリア属。【隶属】鸢尾科 Iridaceae。【包含】世界 2-10 种。【学名诠释与讨论】〈阴〉（人）Giovanni Battista Ferrari, 1584-1653, 意大利植物学者。【分布】热带和非洲南部。【模式】Ferraria crispa J. Burman。■☆

20229　Ferreirea F. Allam.（1851）【汉】美丽铁豆木属。【隶属】豆科 Fabaceae（Leguminosae）。【包含】世界 2 种。【学名诠释与讨论】〈阴〉（人）Ferreire。此属的学名是"Ferreirea Fr. Allemão, Trab. Soc. Vellos.（Bibl. Guanab.）26. post 9 Apr 1851"。亦有文献把其

处理为"Sweetia Spreng.（1825）（保留属名）"的异名。【分布】巴拉圭，巴西，玻利维亚。【模式】Ferreirea spectabilis Fr. Allemão。【参考异名】Sweetia Spreng.（1825）（保留属名）●☆

20230　Ferreola Koenig ex Roxb.（1795）Nom. illegit. ≡ Ferreola Roxb.（1795）s［柿树科 Ebenaceae］●

20231　Ferreola Roxb.（1795）= Diospyros L.（1753）［柿树科 Ebenaceae］●

20232　Ferretia Pritz.（1855）Nom. illegit. = Feretia Delile（1843）［茜草科 Rubiaceae］☆

20233　Ferreyanthus H. Rob. et Brettell（1974）Nom. illegit. ≡ Ferreyranthus H. Rob. et Brettell（1974）［菊科 Asteraceae（Compositae）］●☆

20234　Ferreyranthus H. Rob. et Brettell（1974）【汉】鞘柄黄安菊属。【隶属】菊科 Asteraceae（Compositae）。【包含】世界 7-8 种。【学名诠释与讨论】〈阳〉（人）Ramon Alejandro Fereyra, 1912-, 秘鲁植物学者 + anthos, 花。【分布】秘鲁，厄瓜多尔。【模式】Ferreyranthus verbascifolius（Kunth）H. E. Robinson et R. D. Brettell［Andromachia verbascifolia Kunth］。【参考异名】Ferreyanthus H. Rob. et Brettell（1974）Nom. illegit.●☆

20235　Ferreyrella S. F. Blake（1958）【汉】柄腺菊属。【隶属】菊科 Asteraceae（Compositae）。【包含】世界 1-2 种。【学名诠释与讨论】〈阴〉（人）Ramon Alejandro Fereyra, 1912-, 秘鲁植物学者+-ellus, -ella, -ellum, 加在名词词干后面形成指小式的词尾。或加在人名、属名等后面以组成新属的名称。【分布】秘鲁，厄瓜多尔。【模式】Ferreyrella peruviana S. F. Blake。●☆

20236　Ferriera Bubani（1901）Nom. illegit. ≡ Paronychia Mill.（1754）［石竹科 Caryophyllaceae//醉人花科（裸果木科）Illecebraceae//指甲草科 Paronichiaceae］■

20237　Ferriola Roxb.（1832）Nom. illegit. = Diospyros L.（1753）［柿树科 Ebenaceae］●

20238　Ferrocalamus J. R. Xue et P. C. Keng（1982）【汉】铁竹属。【英】Ferrocalamus, Iron Bamboo。【隶属】禾本科 Poaceae（Gramineae）。【包含】世界 2 种，中国 2 种。【学名诠释与讨论】〈阳〉（拉）ferreus, 铁制的+希腊文 kalamos, 芦苇，来自模式产地云南省金平县俗称"铁竹"。指其竹秆外壁极坚硬。此属的学名是"Ferrocalamus J. R. Xue et P. C. Keng in P. C. Keng et J. R. Xue, J. Bamboo Res. 1（2）：3. Jul 1982"。亦有文献把其处理为"Indocalamus Nakai（1925）"的异名。【分布】中国。【模式】Ferrocalamus strictus J. R. Xue et P. C. Keng。【参考异名】Indocalamus Nakai（1925）●★

20239　Ferrum-equinum Medik.（1787）Nom. illegit. ≡ Hippocrepis L.（1753）［豆科 Fabaceae（Leguminosae）//蝶形花科 Papilionaceae］■☆

20240　Ferrum－equinum Tourn. ex Medik.（1787）Nom. illegit. ≡ Ferrum-equinum Medik.（1787）；~ ≡ Hippocrepis L.（1753）［豆科 Fabaceae（Leguminosae）//蝶形花科 Papilionaceae］■☆

20241　Ferruminaria Garay, Hamer et Siegerist = Bulbophyllum Thouars（1822）（保留属名）［兰科 Orchidaceae］■

20242　Ferula L.（1753）【汉】阿魏属。【日】オオウイキョウ属, オホウイキャウ属, オホウヰキャウ属。【俄】Смолоносница, Ферула。【英】Asafoetida, Ferula, Giant Fennel, Giantfennel, Sagapenum。【隶属】伞形花科（伞形科）Apiaceae（Umbelliferae）。【包含】世界 150-175 种，中国 26 种。【学名诠释与讨论】〈阴〉（拉）ferula, 茴香。来自 ferula, 手杖。另说古拉丁文 ferio 打+-ulus, -ula, -ulum, 指示小的词尾, 指茎可用作鞭子。【分布】巴基斯坦，地中海至亚洲中部，中国。【后选模式】Ferula communis Linnaeus。【参考异名】Agasulis Raf.（1840）；Buniotrinia Stapf et

Wettst. (1886); Buniotrinia Stapf et Wettst. ex Stapf (1886) Nom. illegit.; Cenopleurum Post et Kuntze (1903); Chlevax Cesati ex Boiss.; Dardanis Raf. (1840); Euryangium Kauffm. (1871); Hammatocaulis Tausch (1834); Merwia B. Fedtsch. (1924); Nanobubon Magee (2008); Narthex Falc. (1846); Polycyrtus Schltdl. (1843); Schumannia Kuntze (1887); Scorodosma Bunge (1846); Soranthus Ledeb. (1829); Sumbulus H. Reinsch (1846); Talassia Korovin (1962); Uloptera Fenzl (1843) ■

20243 Ferulaceae Sacc. (1872) = Apiaceae Lindl. (保留科名); ~ = Umbelliferae Juss. (保留科名) ■●

20244 Ferulago W. D. J. Koch (1824) 【汉】肖阿魏属。【俄】Ферульник。【英】Ferula。【隶属】伞形花科（伞形科）Apiaceae (Umbelliferae)。【包含】世界 43 种。【学名诠释与讨论】〈阴〉（属）Ferula 阿魏属+-ago, 新拉丁文词尾，表示关系密切，相似，追随，携带，诱导。【分布】地中海地区，欧洲东南部，至伊朗和亚洲中部。【后选模式】Ferulago thyrsiflora (J. E. Smith) W. D. J. Koch ［Ferula thyrsiflora J. E. Smith]。【参考异名】Lophosciadium DC. (1829) ■☆

20245 Ferulopsis Kitag. (1971) 【汉】假阿魏属。【隶属】伞形花科（伞形科）Apiaceae (Umbelliferae)。【包含】世界 2 种。【学名诠释与讨论】〈阴〉（属）Ferula 阿魏属+希腊文 opsis, 外观，模样，相似。此属的学名，ING 和 IK, TROPICOS 记载是"Ferulopsis M. Kitagawa, J. Jap. Bot. 46：283. Sep 1971"。《中国植物志》英文版把其处理为"Phloiodicarpus Turcz. ex Bess. ex Ledeb. (1844) 胀果芹属"的异名。亦有文献把"Ferulopsis Kitag. (1971)"处理为"Phlojodicarpus Turcz. ex Ledeb. (1844)"的异名。【分布】蒙古，中国。【模式】Ferulopsis mongolica M. Kitagawa。【参考异名】Phloiodicarpus Turcz. ex Bess. (1834); Phlojodicarpus Turcz.; Phlojodicarpus Turcz. ex Ledeb. (1844) ■

20246 Fessia Speta (1998) 【汉】光籽绵枣儿属。【隶属】百合科 Liliaceae//风信子科 Hyacinthaceae//绵枣儿科 Scillaceae。【包含】世界 10 种。【学名诠释与讨论】〈阴〉（拉）fessus, 弱的，朽的。此属的学名是"Fessia Speta, Phyton. Annales Rei Botanicae 38：100. 1998"。亦有文献把其处理为"Scilla L. (1753)"的异名。【分布】参见 Scilla L. (1753)。【模式】不详。【参考异名】Scilla L. (1753) ■☆

20247 Fessonia DC. ex Pfeiff. = Picramnia Sw. (1788)（保留属名）［美洲苦木科（夷苦木科）Picramniaceae//苦木科 Simaroubaceae] ●☆

20248 Festania Raf. (1840) = Rhus L. (1753)［漆树科 Anacardiaceae] ●

20249 Festuca L. (1753) 【汉】羊茅属（狐茅属）。【日】ウシノケグサ属，フェスツーカ属。【俄】Вульпия，Овсюг，Овсяница，Типчак，Фестука。【英】Blue Gress, Fescue, Fescuegrass, Fescue-grass。【隶属】禾本科 Poaceae (Gramineae)//羊茅科 Festucaceae。【包含】世界 300-500 种，中国 55-70 种。【学名诠释与讨论】〈阴〉（拉）festuca, 指小式 festucula, 茎，秆，又一种田间杂草。或希腊文 fest, 饲草。此属的学名，ING、TROPICOS、APNI、GCI 和 IK 记载是"Festuca L., Sp. Pl. 1：73. 1753 ［1 May 1753]"。"Festucaria Heister ex Fabricius, Enum. 207. 1759"和"Gnomonia Lunell, Amer. Midl. Naturalist 4：224. 20 Sep 1915(non Cesati et De Notaris 1863)"是"Festuca L. (1753)"的晚出的同模式异名（Homotypic synonym, Nomenclatural synonym）。【分布】巴基斯坦，巴拿马，秘鲁，玻利维亚，厄瓜多尔，哥伦比亚（安蒂奥基亚），哥斯达黎加，马达加斯加，美国（密苏里），中国，中美洲。【后选模式】Festuca ovina Linnaeus。【参考异名】Amphigenes Janka (1859 - 1861); Anatherum Nábělek (1929) Nom. illegit.;

Argillochloa W. A. Weber (1984); Bucetum Parn. (1842) Nom. illegit.; Chloamnia Raf. (1825); Chloamnia Schltdl. (1833) Nom. illegit.; Dasiola Raf. (1825); Distomischus Dulac (1867) Nom. illegit.; Drymochloa Holub(1984); Drymonactes Ehrh. (1789) Nom. inval.; Drymonactes Fourr.; Drymonactes Steud. (1840) Nom. illegit.; Festucaria Fabr. (1759) Nom. illegit.; Festucaria Heist. (1748) Nom. inval.; Festucaria Heist. ex Fabr. (1759) Nom. illegit.; Gnomonia Lunell (1915) Nom. illegit.; Gramen E. H. L. Krause (1914) Nom. illegit.; Helleria E. Fourn. (1886) Nom. illegit.; Hellerochloa Rauschert (1982); Hesperochloa (Piper) Rydb. (1912); Hesperochloa Rydb. (1912) Nom. illegit.; Laston C. Pau (1895); Leiopoa Ohwi(1932); Leucopoa Griseb. (1852); Lojaconoa Gand. (1891); Loretia Duval-Jouve(1880); Mygalurus Link(1821) Nom. illegit.; Nabelekia Roshev. (1937); Prosphyais Dulac (1867) Nom. illegit.; Pseudobromus K. Schum. (1895); Schedonorus P. Beauv. (1812); Schenodorus P. Beauv. (1812); Schoenodorus Roem. et Schult. (1817) Nom. illegit.; Sclerochloa Rchb. (1834); Scleropoa Griseb. (1846); Tragus Panz. (1813)（废弃属名）; Tzvelevia E. B. Alexeev(1985); Wasatchia M. E. Jones(1912) Nom. illegit. ■

20250 Festucaceae (Dumort.) Herter ［亦见 Gramineae Juss.（保留科名）//Poaceae Barnhart（保留科名）禾本科]【汉】羊茅科。【包含】世界 5 属 331-531 种，中国 265-80 属种。【分布】广泛分布。【科名模式】Festuca L. (1753) ■

20251 Festucaceae Herter = Festucaceae (Dumort.) Herter; ~ = Gramineae Juss.（保留科名）//Poaceae Barnhart（保留科名）■●

20252 Festucaceae Spreng. (1825) = Gramineae Juss.（保留科名）//Poaceae Barnhart（保留科名）■●

20253 Festucaria Fabr. (1759) Nom. illegit. ≡ Festucaria Heist. ex Fabr. (1759) Nom. illegit.; ~ ≡ Festuca L. (1753)［禾本科 Poaceae (Gramineae)//羊茅科 Festucaceae] ■

20254 Festucaria Heist. (1748) Nom. inval. ≡ Festucaria Heist. ex Fabr. (1759) Nom. illegit.; ~ ≡ Festuca L. (1753)［禾本科 Poaceae (Gramineae)//羊茅科 Festucaceae] ■

20255 Festucaria Heist. ex Fabr. (1759) Nom. illegit. ≡ Festuca L. (1753)［禾本科 Poaceae (Gramineae)//羊茅科 Festucaceae] ■

20256 Festucaria Link (1844) Nom. illegit. ≡ Micropyrum (Gaudin) Link(1844); ~ = Vulpia C. C. Gmel. (1805)［禾本科 Poaceae (Gramineae)] ■

20257 Festucella E. B. Alexeev(1985) 【汉】小羊茅属。【隶属】禾本科 Poaceae (Gramineae)//羊茅科 Festucaceae。【包含】世界 9 种。【学名诠释与讨论】〈阴〉（属）Festuca 羊茅属+-ellus, -ella, -ellum, 加在名词词干后面形成指小式的词尾。或加在人名，属名等后面以组成新属的名称。此属的学名是"Festucella E. B. Alekseev, Bjull. Moskovsk. Obsc. Isp. Prir. , Otd. Biol. 90(5)：104. 11 Sep - 31 Oct 1985"。亦有文献把其处理为"Austrofestuca (Tzvelev) E. B. Alexeev(1976)"的异名。【分布】澳大利亚。【模式】Festucella eriopoda (J. W. Vickery) E. B. Alekseev ［Festuca eriopoda J. W. Vickery]。【参考异名】Austrofestuca (Tzvelev) E. B. Alexeev(1976) ■☆

20258 Festucopsis(C. E. Hubb.) Melderis(1978) = Elymus L. (1753)［禾本科 Poaceae (Gramineae)] ■

20259 Feuillaea Gled. (1764) Nom. illegit. = Fevillea L. (1753)［葫芦科(瓜科, 南瓜科) Cucurbitaceae] ■☆

20260 Feuillea Gled. (1749) Nom. inval. = Fevillea L. (1753)［葫芦科(瓜科, 南瓜科) Cucurbitaceae] ■☆

20261 Feuillea Kuntze (1891) Nom. illegit. = Feuillaea Gled. (1764)

Nom. illegit. ; ~ = Fevillea L.（1753）［葫芦科（瓜科，南瓜科）Cucurbitaceae］■☆

20262　Feuilleea Kuntze（1891）Nom. illegit. = Fevillaea Neck.［豆科 Fabaceae（Leguminosae）//含羞草科 Mimosaceae］●■☆

20263　Fevillaea Neck. = Albizia Durazz.（1772）+ Calliandra Benth.（1840）（保留属名）+ Inga Mill.（1754）+ Pithecellobium Mart.（1837）［as 'Pithecollobium'］（保留属名）［豆科 Fabaceae（Leguminosae）//含羞草科 Mimosaceae］●

20264　Fevillaea Vell.（1881）= Fevillea L.（1753）［葫芦科（瓜科，南瓜科）Cucurbitaceae］■☆

20265　Fevillea L.（1753）【汉】费维瓜属。【隶属】葫芦科（瓜科，南瓜科）Cucurbitaceae。【包含】世界 7 种。【学名诠释与讨论】〈阴〉（人）Louis Econches Feuillee, 1660-1732, 法国植物学者。此属的学名, ING、TROPICOS 和 IK 记载是"Fevillea L., Sp. Pl. 2: 1013. 1753［1 May 1753］"。"Nhandiroba Adanson, Fam. 2: 139, 581（'Nandiroba'）. Jul-Aug 1763"是"Fevillea L.（1753）"的晚出的同模式异名（Homotypic synonym, Nomenclatural synonym）。"Nhandiroba Plum. ex Adans., Fam. Pl.（Adanson）2: 139. 1763 ≡ Nhandiroba Adans.（1763）Nom. illegit."。"Nandiroba Adans.（1763）Nom. illegit."是"Nhandiroba Adans.（1763）Nom. illegit."的拼写变体。【分布】巴拿马, 秘鲁, 玻利维亚, 厄瓜多尔, 哥伦比亚（安蒂奥基亚）, 哥斯达黎加, 尼加拉瓜, 中美洲。【后选模式】Fevillea trilobata Linnaeus。【参考异名】Anisosperma Silva Manso（1836）; Feuillaea Gled.（1764）Nom. illegit. ; Feuillea Gled.（1749）Nom. inval. ; Fevillaea Vell.（1881）; Hypanthera Silva Manso（1836）; Nandiroba Adans.（1763）Nom. illegit. ; Nhandiroba Adans.（1763）Nom. illegit. ; Nhandiroba Plum. ex Adans.（1763）Nom. illegit. ■☆

20266　Fevilleaceae Augier. = Cucurbitaceae Juss.（保留科名）●■

20267　Fevilleaceae Pfeiff. = Cucurbitaceae Juss.（保留科名）●■

20268　Fezia Pit.（1918）Nom. illegit. ≡ Fezia Pit. ex Batt.（1918）［十字花科 Brassicaceae（Cruciferae）］■☆

20269　Fezia Pit.（1931）Nom. illegit. ≡ Fezia Pit. ex Batt.（1918）［十字花科 Brassicaceae（Cruciferae）］■☆

20270　Fezia Pit. ex Batt.（1918）【汉】摩洛哥翅果芥属。【隶属】十字花科 Brassicaceae（Cruciferae）。【包含】世界 1 种。【学名诠释与讨论】〈阴〉（地）Fez, 菲斯, 位于摩洛哥。此属的学名, ING 记载是"Fezia Pitard, Contr. Étude Fl. Maroc 2. 1918（post 3 Jul）"。IK 则记载为"Fezia Pit. ex Batt., Bull. Soc. Hist. Nat. Afrique N. 1917, viii. 216"。TROPICOS 则记载为"Fezia Pit., Contr. Étude Fl. Maroc 5. 1931, 1931"。【分布】摩洛哥。【模式】Fezia pterocarpa Pitard。【参考异名】Fezia Pit.（1918）Nom. illegit. ; Fezia Pit.（1931）Nom. illegit. ■☆

20271　Fialaris Raf.（1838）= Rapanea Aubl.（1775）［紫金牛科 Myrsinaceae］●

20272　Fibichia Koeler（1802）= Cynodon Rich.（1805）（保留属名）［禾本科 Poaceae（Gramineae）］■

20273　Fibigia Medik.（1792）【汉】盾荠属。【俄】Фибигия。【英】Fibigia。【隶属】十字花科 Brassicaceae（Cruciferae）。【包含】世界 10-14 种。【学名诠释与讨论】〈阴〉（人）Johann Fibig, 德国博物学者。【分布】地中海东部至阿富汗。【模式】Fibigia clypeata（Linnaeus）Medikus［Alyssum clypeatum Linnaeus］。【参考异名】Acuston Raf.（1838）; Asterotricha V. V. Botschantz.（1976）Nom. illegit. ; Brachypus Ledeb.（1841）; Irania Hadac et Chrtek（1971）; Pterygostemon V. V. Botsch.（1977）■☆

20274　Fibocentrum Pierre ex Glaz.（1910）Nom. nud. = Chrysophyllum L.（1753）［山榄科 Sapotaceae］●

20275　Fibra Colden ex Schöpf（1787）Nom. illegit. ≡ Fibra Colden（1787）; ~ = Coptis Salisb.（1807）［毛茛科 Ranunculaceae］■

20276　Fibra Colden（1787）= Coptis Salisb.（1807）［毛茛科 Ranunculaceae］■

20277　Fibraurea Colden ex Sm.（1821）Nom. illegit. ≡ Fibraurea Colden（1821）Nom. illegit. ; ~ = Fibra Colden ex Schöpf（1787）［毛茛科 Ranunculaceae］■

20278　Fibraurea Colden（1821）Nom. illegit. = Fibra Colden ex Schöpf（1787）［毛茛科 Ranunculaceae］■

20279　Fibraurea Lour.（1790）【汉】天仙藤属（黄藤属, 黄药属）。【英】Fairyvine, Fibraurea。【隶属】防己科 Menispermaceae。【包含】世界 2-5 种, 中国 1 种。【学名诠释与讨论】〈阴〉（拉）fibra, 纤维 + aureus, 金黄色的, 可能指根鲜黄色。此属的学名, ING 和 IK 记载是"Fibraurea Loureiro, Fl. Cochinch. 600, 626. Sep 1790"。"Fibraurea Colden（1821）≡ Fibraurea Colden ex Sm.（1821）［毛茛科 Ranunculaceae］"和"Fibraurea Colden ex Sm.（1821）Nom. illegit. ≡ Fibraurea Colden（1821）Nom. illegit.［毛茛科 Ranunculaceae］"是晚出的非法名称。【分布】菲律宾（菲律宾群岛）, 加里曼丹岛, 印度（阿萨姆）, 中国, 中南半岛。【模式】Fibraurea tinctoria Loureiro。●

20280　Fibraureopsis Yamam.（1944）【汉】类天仙藤属。【隶属】防己科 Menispermaceae。【包含】世界 1 种。【学名诠释与讨论】〈阴〉（属）Fibraurea 天仙藤属 + 希腊文 opsis, 外观, 模样, 相似。【分布】加里曼丹岛。【模式】Fibraureopsis smilacifolia Yamamoto。●☆

20281　Fibrocentrum Pierre ex Glaz.（1910）Nom. nud.［山榄科 Sapotaceae］●☆

20282　Fibrocentrum Pierre.（1910）Nom. nud. = Fibrocentrum Pierre ex Glaz.（1910）Nom. nud.［山榄科 Sapotaceae］●☆

20283　Ficaceae（Dumort.）Dumort. = Moraceae Gaudich.（保留科名）●■

20284　Ficaceae Bercht. et J. Presl（1820）= Moraceae Gaudich.（保留科名）●■

20285　Ficaceae Dumort. = Moraceae Gaudich.（保留科名）●■

20286　Ficalhoa Hiern（1898）【汉】菲卡木属。【隶属】肋果茶科（毒药树科, 独药树科）Sladeniaceae//山茶科（茶科）Theaceae。【包含】世界 1 种。【学名诠释与讨论】〈阴〉（人）Ficalho。【分布】热带非洲。【模式】Ficalhoa laurifolia Hiern。●☆

20287　Ficaria Guett.（1754）【汉】榕莨属。【俄】Чистяк。【英】Pilewort。【隶属】毛茛科 Ranunculaceae。【包含】世界 8 种。【学名诠释与讨论】〈阴〉（拉）ficus, 无花果树, 无花果。此属的学名是"Ficaria J. C. Schaeffer, Bot. Exped. 156. Oct-Dec 1760"。亦有文献把其处理为"Ranunculus L.（1753）"的异名。【分布】温带欧亚大陆。【模式】Ficaria verna Hudson［Ranunculus ficaria Linnaeus］。【参考异名】Ranunculus L.（1753）; Scotanum Adans.（1763）■☆

20288　Ficaria Haller（1742）Nom. inval. = Ranunculus L.（1753）［毛茛科 Ranunculaceae］■

20289　Ficaria Schaeff.（1760）Nom. illegit. = Ranunculus L.（1753）［毛茛科 Ranunculaceae］■

20290　Fichtea Sch. Bip.（1836）= Microseris D. Don（1832）［菊科 Asteraceae（Compositae）］■☆

20291　Ficindica St. -Lag.（1880）= Opuntia Mill.（1754）［仙人掌科 Cactaceae］●

20292　Ficinia Schrad.（1832）（保留属名）【汉】菲奇莎属。【隶属】莎草科 Cyperaceae。【包含】世界 60 种。【学名诠释与讨论】〈阴〉（人）Heinrich David August Ficinus, 1782-1857, 德国植物学者。此属的学名"Ficinia Schrad. in Commentat. Soc. Regiae Sci. Gott. Recent. 7: 143. 1832"是保留属名。相应的废弃属名是莎草科

Cyperaceae 的"Hemichlaena Schrad. in Gött. Gel. Anz. 1821：2066. 29 Dec 1821 = Ficinia Schrad.（1832）（保留属名）"和 "Melancranis Vahl, Enum. Pl. 2：239. Oct－Dec 1805 = Ficinia Schrad.（1832）（保留属名）"。【分布】马达加斯加,热带和非洲南部。【模式】Ficinia filiformis（Lamarck）H. A. Schrader ［Schoenus filiformis Lamarck］。【参考异名】Acrolepis Schrad.（1832）；Chamaexiphion Hochst. ex Steud.（1854）Nom. illegit.；Chamaexiphium Hochst.（1844）Nom. illegit.；Hemichlaena Schrad.（1821）（废弃属名）；Hypolepis P. Beauv. ex T. Lestib.（1819）Nom. illegit.；Hypophialium Nees（1832）；Melaenacranis Roem. et Schult.（1817）；Melanacranis Rchb.（1828）；Melancranis Vahl（1805）（废弃属名）；Pleurachne Schrad.（1832）；Schoenidium Nees（1834）；Sickmannia Nees（1834）■☆

20293　Ficoidaceae Juss. = Aizoaceae Martinov（保留科名）●■

20294　Ficoidaceae Kuntze = Aizoaceae Martinov（保留科名）●■

20295　Ficoides Mill.（1754）Nom. illegit. ≡ Mesembryanthemum L.（1753）（保留属名）［番杏科 Aizoaceae//龙须海棠科（日中花科）Mesembryanthemaceae］■●

20296　Ficula Fabr. = Ficoides Mill.（1754）Nom. illegit.；~ = Mesembryanthemum L.（1753）（保留属名）［番杏科 Aizoaceae//龙须海棠科（日中花科）Mesembryanthemaceae］■●

20297　Ficus L.（1753）【汉】榕属（榕树属,无花果属）。【日】イチジク属,イチヂク属,イヌビワ属,フィカス属。【俄】Инжир, Инжир смоковница, Смоква, Смоковница, Фикус。【英】Adam's Hood, Ficus, Fig, Fig-tree。【隶属】桑科 Moraceae。【包含】世界 750-1000 种,中国 138 种。【学名诠释与讨论】〈阴〉（拉）ficus, 为无花果 Ficus carica 的古名,来自希伯来语 fag,无花果。此属的学名,ING、TROPICOS、GCI、APNI 和 IK 记载为"Ficus L., Sp. Pl. 2：1059. 1753 ［1 May 1753］"。"Ficus Merr., Philippine Journal of Science 17：60. 1921 ［桑科 Moraceae］"是晚出的非法名称。【分布】巴基斯坦,巴拉圭,巴勒斯坦,巴拿马,秘鲁,玻利维亚,厄瓜多尔,哥伦比亚,哥斯达黎加,马达加斯加,尼加拉瓜,中国,温带,中美洲。【后选模式】Ficus carica Linnaeus。【参考异名】Boscheria Carrière（1872）；Bosscheria de Vriese et Teijsm.（1861）；Cap<i>ificus Gasp.（1844）；Covellia Gasp.（1844）；Cystogyne Gasp.（1845）；Dammaropsis Warb.（1891）；Erosma Booth（1847）；Erythrogyne Gasp.（1845）Nom. illegit.；Erythrogyne Vis.（1845）；Erythrogyne Vis. ex Gasp.（1845）Nom. illegit.；Galactoglychia Miq.（1847）；Galoglychia Gasp.（1844）；Gonosuke Raf.（1838）；Macrophthalma Gasp.（1845）Nom. illegit.；Macrophthalmia Gasp.（1845）；Mastosuke Raf.（1838）；Mastosyce Post et Kuntze（1903）；Necalistis Raf.（1838）；Oluntos Raf.（1838）；Pella Gaertn.（1788）；Perula Raf.（1838）Nom. illegit.；Pharmacosycea Miq.（1848）；Plagiostigma Zucc.（1846）Nom. illegit.；Pogonotrophe Miq.（1847）；Rephesis Raf.（1838）；Stilpnophyllum（Endl.）Drury（1869）Nom. illegit.；Sycamorus Oliv.（1875）；Sycodendron Rojas Acosta（1918）；Sycomorphe Miq.（1844）；Sycomorus Gasp.（1845）；Synaecia Pritz.（1855）；Synoecia Miq.（1848）；Tenorea Gasp.（1844）Nom. illegit.；Tremotis Raf.（1838）；Urostigma Gasp.（1844）Nom. illegit.；Varinga Raf.（1838）；Visiania Gasp.（1844）Nom. illegit. ●

20298　Ficus Merr.（1921）Nom. illegit. ［桑科 Moraceae］●☆

20299　Fidelia Sch. Bip.（1834）= Leontodon L.（1753）（保留属名）［菊科 Asteraceae（Compositae）］■☆

20300　Fiebera Opiz（1839）Nom. illegit. ≡ Myrrhoides Fabr.（1759）Nom. illegit.；~ = Chaerophyllum L.（1753）；~ = Physocaulis（DC.）Tausch（1834）Nom. illegit.；~ = Myrrhoides Heist. ex Fabr.（1759）

［伞形花科（伞形科）Apiaceae（Umbelliferae）］■☆

20301　Fiebrigia Fritsch（1913）= Gloxinia L' Hér.（1789）［苦苣苔科 Gesneriaceae］■☆

20302　Fiebrigiella Harms（1908）【汉】细豆属。【隶属】豆科 Fabaceae（Leguminosae）//蝶形花科 Papilionaceae。【包含】世界 1 种。【学名诠释与讨论】〈阴〉（人）Fiebrig+-ellus, -ella, -ellum,加在名词词干后面形成指小式的词尾。或加在人名、属名等后面以组成新属的名称。【分布】秘鲁,玻利维亚,厄瓜多尔。【模式】Fiebrigiella gracilis Harms。■☆

20303　Fiedleria Rchb.（1844）= Petrorhagia（Ser.）Link（1831）［石竹科 Caryophyllaceae］■

20304　Fieldia A. Cunn.（1825）【汉】菲尔德苣苔属（裴得苣苔属）。【英】Fieldia。【隶属】苦苣苔科 Gesneriaceae。【包含】世界 1 种。【学名诠释与讨论】〈阴〉（人）Barron Field, 1786-1846, 英国律师,植物学者,诗人。另说纪念 Henry Claylands Field, 1825-1912,植物学者。【分布】澳大利亚（东部）。【模式】Fieldia australis A. Cunningham。【参考异名】Basileophyta F. Muell.（1853）；Lenbrassia G. W. Gillett（1974）●☆

20305　Fieldia Gaudich.（1829）Nom. illegit. ≡ Vandopsis Pfitzer（1889）［兰科 Orchidaceae］■

20306　Fierauera Rchb.（1828）Nom. illegit. = Fibraurea Colden（1821）Nom. illegit.；~ = Fibra Colden ex Schöpf（1787）［毛茛科 Ranunculaceae］■

20307　Figaraea Viv.（1830）= Neurada L.（1753）［两极孔草科（脉叶莓科,脉叶苏科）Neuradaceae］■☆

20308　Figonia Raf. = Michelia L.（1753）［木兰科 Magnoliaceae］●

20309　Figuierea Montrouz.（1860）= Coelospermum Blume（1827）［茜草科 Rubiaceae］●

20310　Filaginella Opiz（1854）Nom. illegit. ≡ Gnaphalium L.（1753）［菊科 Asteraceae（Compositae）］■

20311　Filaginopsis Torr. et A. Gray（1842）= Diaperia Nutt.（1840）；~ = Filago L.（1753）（保留属名）［菊科 Asteraceae（Compositae）］■

20312　Filago L.（1753）（保留属名）【汉】絮菊属。【俄】Жабник。【英】Cottonweed, Cudweed, Fluffweed, Herba Impia。【隶属】菊科 Asteraceae（Compositae）。【包含】世界 40-46 种,中国 2 种。【学名诠释与讨论】〈阴〉（拉）filum,线+-ago,新拉丁文词尾,表示关系密切,相似,追随,携带,诱导。指两性花及内层雌花有 1-2 层毛状冠毛。此属的学名"Filago L., Sp. Pl.：927,1199,［add. post indicem］. 1 Mai 1753"是保留属名。法规未列出相应的废弃属名。但是菊科 Asteraceae 的"Filago Loefl., Sp. Pl. 2：927,1199,［add. post indicem］. 1753 ［1 May 1753］ ≡ Filago L.（1753）（保留属名）"应该废弃。【分布】巴基斯坦,巴拉圭,玻利维亚,中国,非洲北部,亚洲,欧洲,美洲。【模式】Filago pyramidata Linnaeus。【参考异名】Achariterium Bluff et Fingerh.（1825）Nom. illegit.；Diaperia Nutt.（1840）；Evacopsis Pomel（1874）；Evax Gaertn.（1791）；Filaginopsis Torr. et A. Gray（1842）；Filago Loefl.（1753）（废弃属名）；Gifola Cass.（1819）；Herotium Steud.（1840）；Impia Bluff et Fingerh.（1825）Nom. illegit.；Logfia Cass.（1819）；Oglifa（Cass.）Cass.（1822）；Oglifa Cass.（1822）Nom. illegit.；Philaginopsis Walp.（1843）■

20313　Filago Loefl.（1753）（废弃属名）≡ Filago L.（1753）（保留属名）［菊科 Asteraceae（Compositae）］■☆

20314　Filagopsis（Batt.）Rouy（1903）= Evax Gaertn.（1791）［菊科 Asteraceae（Compositae）］■☆

20315　Filangis Thouars = Angraecum Bory（1804）［兰科 Orchidaceae］■

20316　Filarum Nicolson（1967）【汉】秘鲁南星属。【隶属】天南星科 Araceae。【包含】世界 1 种。【学名诠释与讨论】〈中〉（拉）

filaris,似线的+（属）Arum 疆南星属。【分布】秘鲁。【模式】
Filarum manserichense Nicolson［as 'manserichensis'］。■☆

20317　Filetia Miq.（1858）【汉】法尔特爵床属。【隶属】爵床科
Acanthaceae。【包含】世界 8 种。【学名诠释与讨论】〈阴〉（人）
G. J. Filet,1825–1891,荷兰军医,植物学者。【分布】印度尼西亚
（苏门答腊岛）,马来半岛。【模式】Filetia costulata Miquel。●☆

20318　Filgueirasia Guala（2003）【汉】巴西竹属（巴西草属）。【英】
Slender-thoroughwort。【隶属】禾本科 Poaceae（Gramineae）。【包
含】世界 2 种。【学名诠释与讨论】词源不详。【分布】热带。
【模式】不详。■☆

20319　Filicaceae Juss. = Sapindaceae Juss.（保留科名）●■

20320　Filicirna Raf.（1837）= Drosera L.（1753）［茅膏菜科
Droseraceae］■

20321　Filicium Thwaites ex Benth.（1862）Nom. illegit. ≡ Filicium
Thwaites ex Benth. et Hook. f.（1862）［无患子科 Sapindaceae］●☆

20322　Filicium Thwaites ex Benth. et Hook. f.（1862）【汉】蕨叶无患子
属（蕨木患属）。【日】シダノキ属。【英】Fern-leaf Tree。【隶
属】无患子科 Sapindaceae。【包含】世界 3 种。【学名诠释与讨
论】〈中〉（拉）filix,蕨+-ius,-ia,-ium,在拉丁文和希腊文中,这
些词尾表示性质或状态。此属的学名“Filicium Thwaites ex
Bentham et Hook. f.,Gen. 1:325. 7 Aug 1862”是一个替代名称。
“Pteridophyllum Thwaites, Hooker's J. Bot. Kew Gard. Misc. 6:65.
1854”是一个非法名称（Nom. illegit.）,因为此前已经有了
“Pteridophyllum Siebold et Zuccarini, Abh. Math. –Phys. Cl. Königl.
Bayer. Akad. Wiss. 3:719. 1843 ［蕨叶草科（蕨罂粟科）
Pteridophyllaceae//罂 粟 科 Papaveraceae］”,故用“Filicium
Thwaites ex Benth. et Hook. f.（1862）”替代之。“Filicium Thwaites
ex Benth.（1862）≡ Filicium Thwaites ex Benth. et Hook. f.
（1862）”和“Filicium Thwaites ex Hook. f.（1862）≡ Filicium
Thwaites ex Benth. et Hook. f.（1862）”的命名人引证有误。
“Filicium Thwaites, Enum. Pl. Zeyl.［Thwaites］408. 1864 ［Dec
1864］≡Filicium Thwaites ex Benth. et Hook. f.（1862）”是晚出的
非法名称。“Jurighas O. Kuntze, Rev. Gen. 1:144. 5 Nov 1891”是
“Filicium Thwaites ex Benth. et Hook. f.（1862）”的晚出的同模式
异名（Homotypic synonym,Nomenclatural synonym）。【分布】巴拿
马,马达加斯加,热带非洲和亚洲。【模式】Filicium decipiens
（R. Wight et Arnott）Thwaites［Rhus decipiens R. Wight et Arnott］。
【参考异名】Filicium Thwaites ex Benth.（1862）Nom. illegit.；
Filicium Thwaites ex Hook. f.（1862）Nom. illegit.；Filicium Thwaites
（1864）Nom. illegit.；Jurighas Kuntze（1891）Nom. illegit.；
Pseudoprotorhus H. Perrier（1944）；Pteridophyllum Thwaites（1854）
Nom. illegit. ●☆

20323　Filicium Thwaites ex Hook. f.（1862）Nom. illegit. ≡ Filicium
Thwaites ex Benth. et Hook. f.（1862）［无患子科 Sapindaceae］●☆

20324　Filicium Thwaites（1864）Nom. illegit. ≡ Filicium Thwaites ex
Benth. et Hook. f.（1862）［无患子科 Sapindaceae］●☆

20325　Filifolium Kitam.（1940）【汉】线叶菊属。【俄】Нителистник。
【英】Filifolium,Linedaisy。【隶属】菊科 Asteraceae（Compositae）。
【包含】世界 1 种,中国 1 种。【学名诠释与讨论】〈中〉（拉）
filum,线+folium,叶。指叶线形。【分布】亚洲东北部,中国。
【模式】Filifolium sibiricum（Linnaeus）Kitamura［Tanacetum
sibiricum Linnaeus］。■

20326　Filipedium Raizada et S. K. Jain（1951）= Capillipedium Stapf
（1917）［禾本科 Poaceae（Gramineae）］■

20327　Filipendicula Guett. = Filipendula Mill.（1754）［蔷薇科
Rosaceae］■

20328　Filipendula L. = Filipendula Mill.（1754）［蔷薇科 Rosaceae］■

20329　Filipendula Mill.（1754）【汉】蚊子草属（合叶子属）。【日】シ
モツケサウ属,シモツケソウ属。【俄】Лабазник。【英】Drop
Wort,Dropwort,Meadowsweet。【隶属】蔷薇科 Rosaceae。【包含】
世界 10-15 种,中国 7-8 种。【学名诠释与讨论】〈阴〉（拉）filum,
线+pendulus,下垂的,可疑的,不定的,来自 pendeo 垂下去。指
多数块根由线状根相连而下垂。此属的学名,ING、TROPICOS、
GCI 和 IK 记载是“Filipendula Mill., Gard. Dict. Abr., ed. 4.
［textus s. n.］. 1754 ［28 Jan 1754］”。【分布】美国,中国,北温
带。【模式】Filipendula vulgaris Moench ［Spiraea filipendula
Linnaeus］。【参考异名】Alipendula Neck.（1790）Nom. inval.；
Filipendicula Guett.；Filipendula L.；Thecanisia Raf.（1834）；
Ulmaria（Tourn.）Hill.（1768）Nom. illegit.；Ulmaria Hill.（1768）
Nom. illegit.；Ulmaria Mill.（1754）■

20330　Fillaea Guill. et Perr.（1832）= Erythrophleum Afzel. ex G. Don
（1826）［豆科 Fabaceae（Leguminosae）//云 实 科（苏木科）
Caesalpiniaceae］●

20331　Fillaeopsis Harms（1899）【汉】拟格木属（菲尔豆属）。【隶属】
豆科 Fabaceae（Leguminosae）。【包含】世界 1 种。【学名诠释与
讨论】〈阴〉（属）Fillaea = Erythrophleum 格木属+希腊文 opsis,外
观,模样,相似。【分布】热带非洲。【模式】Fillaeopsis discophora
Harms。●☆

20332　Fimbriaria A. Juss.（1833）Nom. illegit. ≡ Schwannia Endl.
（1840）［金虎尾科（黄褥花科）Malpighiaceae］●☆

20333　Fimbribambusa Widjaja（1997）【汉】繸竹属。【隶属】禾本科
Poaceae（Gramineae）。【包含】世界 2 种。【学名诠释与讨论】
〈阴〉（希）fimbria,繸,缨络,流苏+Bambusa 簕竹属。【分布】印度
尼西亚（爪哇岛）,新几内亚岛。【模式】Fimbribambusa horsfieldii
（Munro）Widjaja。。●☆

20334　Fimbriella Farw. ex Butzin（1981）= Platanthera Rich.（1817）
（保留属名）［兰科 Orchidaceae］■

20335　Fimbrillaria Cass.（1818）Nom. illegit. ≡Marsea Adans.（1763）；
~ = Conyza Less.（1832）（保留属名）［菊科 Asteraceae
（Compositae）］■

20336　Fimbripetalum（Turcz.）Ikonn.（1977）Nom. illegit. ≡
Cheiropetalum E. Fries ex Schltdl.（1859）；~ = Stellaria L.（1753）
［石竹科 Caryophyllaceae］■

20337　Fimbristemma Turcz.（1852）【汉】缨冠萝藦属。【隶属】萝藦
科 Asclepiadaceae。【包含】世界 5 种。【学名诠释与讨论】〈中〉
（希）fimbria,繸,缨络,流苏+stemma,所有格 stemmatos,花冠,花
环,王冠。【分布】热带南美洲,中美洲。【模式】Fimbristemma
gonoloboides Turczaninow。【参考异名】Callaeolepium H. Karst.
（1869）☆

20338　Fimbristilis Ritgen（1831）= Fimbristylis Vahl（1805）（保留属
名）［莎草科 Cyperaceae］■

20339　Fimbristima Raf.（1837）= Aster L.（1753）［菊科 Asteraceae
（Compositae）］●■

20340　Fimbristylis Vahl（1805）（保留属名）【汉】飘拂草属。【日】テ
ンツキ属。【俄】Фимбристилис。【英】Fimbristylis,Fluttergrass。
【隶属】莎草科 Cyperaceae。【包含】世界 200-300 种,中国 56 种。
【学名诠释与讨论】〈阴〉（希）fimbria,繸,缨络,流苏+stylos = 拉
丁文 style,花柱,中柱,有尖之物,桩,柱,支持物,支柱,石头做的
界标。指花柱被长睫毛。此属的学名“Fimbristylis Vahl, Enum.
Pl. 2:285. Oct-Dec 1805”是保留属名。相应的废弃属名是莎草
科 Cyperaceae 的“Iria（Rich.）R. Hedw., Gen. Pl.:360. Jul 1806
=Fimbristylis Vahl（1805）（保留属名）”。莎草科 Cyperaceae 的
“Iria（Pers.）R. Hedw., Gen. Pl.［R. Hedwig］360. 1806 ［Jul
1806］≡Abildgaardia Vahl（1805）= Fimbristylis Vahl（1805）（保留

属名）"、"Iria（Rich. ex Pers.）Kuntze（1891）Nom. illegit. = Fimbristylis Vahl（1805）（保留属名）"、"Iria Kuntze, Revis. Gen. Pl. 2：751. 1891［5 Nov 1891］= Fimbristylis Vahl（1805）（保留属名）"和"Iria R. Hedw.（1806）Nom. illegit. = Fimbristylis Vahl（1805）（保留属名）"都应废弃。【分布】澳大利亚，巴拿马，秘鲁，玻利维亚，厄瓜多尔，哥伦比亚（安蒂奥基亚），哥斯达黎加，马达加斯加，美国（密苏里），尼泊尔，巴基斯坦，尼加拉瓜，印度至马来西亚，中国，热带和亚热带，中美洲。【模式】Fimbristylis dichotoma（Linnaeus）M. Vahl［as ' dichotomum'］［Scirpus dichotomus Linnaeus］。【参考异名】Abildgaardia Vahl（1805）；Abildgardia Rchb.（1828）；Aplostemon Raf.（1819）；Campylostachys E. Mey.（1843）Nom. inval., Nom. illegit.；Dichostylis P. Beauv.（1819）Nom. illegit.；Echinolitrum Steud.（1840）；Echinolytrum Desv.（1808）；Fimbristilis Ritgen（1831）；Fimbrystylis D. Dietr.（1839）Nom. illegit.；Gussonea J. Presl et C. Presl（1828）；Iria（Pers.）R. Hedw.（1806）Nom. illegit.（废弃属名）；Iria（Rich.）R. Hedw.（1806）（废弃属名）；Iria（Rich. ex Pers.）Kuntze（1891）Nom. illegit.（废弃属名）；Iria Kuntze（1891）Nom. illegit.（废弃属名）；Iria R. Hedw.（1806）Nom. illegit.（废弃属名）；Iriha Kuntze（1891）；Irina Kuntze；Mischospora Boeck.（1860）；Oncostylis Mart.（1842）Nom. illegit.；Oncostylis Mart. ex Nees（1842）Nom. illegit.；Oncostylis Nees（1842）Nom. illegit.；Pogonostylis Bertol.（1833）；Pseudocyperus Steud.（1850）；Trichelostylis P. Beauv. ex T. Lestib.（1819）Nom. illegit.；Trichelostylis T. Lestib.（1819）；Tylocarya Nelmes（1949）■

20341　Fimbrolina Raf.（1838）= Besleria L.（1753）；~ = Sinningia Nees（1825）［苦苣苔科 Gesneriaceae//贝思乐苣苔科 Besoniaceae］●■☆

20342　Fimbrorchis Szlach.（2004）= Habenaria Willd.（1805）［兰科 Orchidaceae］■

20343　Fimbrystylis D. Dietr.（1839）Nom. illegit. = Fimbristylis Vahl（1805）（保留属名）［莎草科 Cyperaceae］■

20344　Finckea Klotzsch（1838）= Grisebachia Klotzsch（1838）［杜鹃花科（欧石南科）Ericaceae］●☆

20345　Findlaya Bowdich（1825）= Plumbago L.（1753）［白花丹科（矶松科，蓝雪科）Plumbaginaceae］●■

20346　Findlaya Hook. f.（1876）Nom. illegit. = Orthaea Klotzsch（1851）［as 'Orthaca'］●☆

20347　Finetia Gagnep.（1917）【汉】菲内木属。【隶属】使君子科 Combretaceae。【包含】世界 1 种。【学名诠释与讨论】〈阴〉（人）Eugène Achille Finet，1863–1913，法国植物学者，兰科 Orchidaceae 专家。此属的学名，ING、TROPICOS 和 IK 记载是"Finetia Gagnepain, Notul. Syst.（Paris）3：278. 7 Mai 1917"。"Finetia Schlechter, Beih. Bot. Centralbl. 36（2）：140. 30 Apr 1918 ≡ Neofinetia Hu（1925）［兰科 Orchidaceae］"是晚出的非法名称；它已经被"Neofinetia Hu, Rhodora 27：107. 1925"所替代。亦有文献把"Finetia Gagnep.（1917）"处理为"Anogeissus（DC.）Wall.（1831）Nom. inval."的异名。【分布】中南半岛。【模式】Finetia rivularis Gagnepain。【参考异名】Anogeissus（DC.）Wall.（1831）Nom. inval. ●☆

20348　Finetia Schltr.（1918）Nom. illegit. ≡ Neofinetia Hu（1925）［兰科 Orchidaceae］■

20349　Fingalia Schrank（1823–1824）= Eleutheranthera Poit. ex Bosc（1803）［菊科 Asteraceae（Compositae）］■☆

20350　Fingardia Szlach.（1995）= Crepidium Blume（1825）［兰科 Orchidaceae］■

20351　Fingerhuthia Nees ex Lehm.（1836）【汉】芬氏草属。【隶属】禾本科 Poaceae（Gramineae）。【包含】世界 1-2 种。【学名诠释与讨

论〈阴〉（人）Carl（Karl）Anton Fingerhuth，1802–1876，德国植物学者。【分布】非洲南部。【模式】Fingerhuthia africana C. G. D. Nees。【参考异名】Fingerhuthia Nees（1834）Nom. inval.；Lasiotrichos Lehm.（1834）Nom. illegit. ■☆

20352　Fingerhuthia Nees（1834）Nom. inval. = Fingerhuthia Nees ex Lehm.（1836）［禾本科 Poaceae（Gramineae）］■☆

20353　Finlaysonia Wall.（1831）【汉】芬利森萝藦属。【隶属】萝藦科 Asclepiadaceae。【包含】世界 1 种。【学名诠释与讨论】〈阴〉（人）George Finlayson，英国植物学者。【分布】巴基斯坦，印度至马来西亚。【模式】Finlaysonia obovata Wallich。【参考异名】Gurua Buch. –Ham. ex Wight（1834）Nom. inval. ●☆

20354　Finschia Warb.（1891）【汉】芬史山龙眼属。【隶属】山龙眼科 Proteaceae。【包含】世界 4 种。【学名诠释与讨论】〈阴〉词源不详。【分布】帕劳群岛，所罗门群岛至瓦努阿图，新几内亚岛。【模式】Finschia rufa Warburg。●☆

20355　Fintelmannia Kunth（1837）= Trilepis Nees（1834）［莎草科 Cyperaceae］■☆

20356　Fioria Mattei（1917）【汉】巴基斯坦木槿属（菲奥里木槿属）。【隶属】锦葵科 Malvaceae//木槿科 Hibiscaceae。【包含】世界 1-4 种。【学名诠释与讨论】〈阴〉（人）Adriano Fiori，1865–1950，德国植物学者。此属的学名是"Fioria G. E. Mattei, Boll. Reale Orto Bot. Giardino Colon. Palermo ser. 2. 2：71. 1917"。亦有文献把其处理为"Hibiscus L.（1753）（保留属名）"的异名。【分布】巴基斯坦。【后选模式】Fioria vitifolia（Linnaeus）G. E. Mattei［Hibiscus vitifolius Linnaeus］。【参考异名】Hibiscus L.（1753）（保留属名）■●☆

20357　Fiorinia Parl.（1850）= Aira L.（1753）（保留属名）［禾本科 Poaceae（Gramineae）］■

20358　Firensia Scop.（1777）= Cordia L.（1753）（保留属名）［紫草科 Boraginaceae//破布木科（破布树科）Cordiaceae］●

20359　Firenzia DC.（1845）= Firensia Scop.（1777）［紫草科 Boraginaceae］●

20360　Firkea Raf.（1838）= Clusia L.（1753）［猪胶树科（克鲁西科，山竹子科，藤黄科）Clusiaceae（Guttiferae）］●☆

20361　Firmiana Marsili（1786）【汉】梧桐属。【日】アオギリ属，アヲギリ属。【俄】Фирмиана。【英】Chinese Parasol Tree, Phoenix Tree, Phoenix–tree。【隶属】梧桐科 Sterculiaceae//锦葵科 Malvaceae。【包含】世界 12-16 种，中国 4-7 种。【学名诠释与讨论】〈阴〉（人）Karl Joseph von Firmian，1718–1782，德国人，曾任意大利伦巴第地方官史，为派杜沃植物园的资助者。另说是奥地利人。【分布】巴基斯坦，非洲东部，亚洲东部和东南，印度至马来西亚，中国。【模式】Firmiana platanifolia（Linnaeus）H. W. Schott et Endlicher［Sterculia platanifolia Linnaeus］。【参考异名】Erythropsis Lindl. ex Schott et Endl.（1832）Nom. illegit.；Karaka Raf.（1838）Nom. illegit. ●

20362　Fischera Spreng.（1813）= Platysace Bunge（1845）；~ = Trachymene Rudge（1811）［伞形花科（伞形科）Apiaceae（Umbelliferae）//天胡荽科 Hydrocotylaceae］■☆

20363　Fischera Sw.（1817）Nom. illegit. ≡ Leiophyllum（Pers.）R. Hedw.（1806）［杜鹃花科（欧石南科）Ericaceae］●☆

20364　Fischeria DC.（1813）【汉】菲舍尔萝藦属（费氏萝藦属）。【隶属】萝藦科 Asclepiadaceae。【包含】世界 16 种。【学名诠释与讨论】〈阴〉（人）Friedrich Ernst Ludwig von Fischer（Fedor Bogdanovic Fischer），1782–1854，俄罗斯植物学者。此属的学名，TROPICOS、GCI 和 IK 记载是"Fischeria DC., Cat. Pl. Horti Monsp. 112. 1813［Feb–Mar 1813］"。【分布】巴拉圭，巴拿马，秘鲁，玻利维亚，厄瓜多尔，哥伦比亚（安蒂奥基亚），美国，尼加拉

瓜,西印度群岛,中美洲。【模式】Fischeria scandens A. P. de Candolle。●☆

20365 Fishlockia Britton et Rose(1928)= Acacia Mill.(1754)(保留属名)[豆科 Fabaceae(Leguminosae)//含羞草科 Mimosaceae//金合欢科 Acaciaceae]●■

20366 Fisquetia Gaudich.(1841)= Pandanus Parkinson(1773)[露兜树科 Pandanaceae]●■

20367 Fissendocarpa(Haines)Bennet(1970)= Ludwigia L.(1753)[柳叶菜科 Onagraceae]●■

20368 Fissenia Endl.(1842)Nom. illegit. ≡ Fissenia R. Br. ex Endl.(1842)Nom. illegit.;~ ≡ Kissenia R. Br. ex Endl.(1842)[as 'Fissenia'][刺莲花科(硬毛草科)Loasaceae]●☆

20369 Fissenia R. Br. ex Endl.(1842)Nom. illegit. ≡ Kissenia R. Br. ex Endl.(1842)[as 'Fissenia'][刺莲花科(硬毛草科)Loasaceae]●☆

20370 Fissia(Luer)Luer(2006)【汉】菲西兰属。【隶属】兰科 Orchidaceae。【包含】世界 2 种。【学名诠释与讨论】〈阴〉词源不详。似来自人名。此属的学名,ING 和 IK 记载是"Fissia(Luer)Luer, Monogr. Syst. Bot. Missouri Bot. Gard. 105:9. 2006",由"Masdevallia subgen. Fissia Luer Monogr. Syst. Bot. Missouri Bot. Gard. 77:10. 2000[Jan 2000]Icon. Pleurothallid. XIX - Syst. Masdevallia pt. 2"改级而来。亦有文献把"Fissia(Luer)Luer(2006)"处理为"Masdevallia Ruiz et Pav.(1794)"的异名。【分布】巴拿马,玻利维亚,委内瑞拉,中美洲。【模式】Fissia picturata(Rchb. f.)Luer[Masdevallia picturata Rchb. f.]。【参考异名】Masdevallia Ruiz et Pav.(1794);Masdevallia subgen. Fissia Luer Monogr.(2000)■☆

20371 Fissicalyx Benth.(1860)【汉】裂萼豆属。【隶属】豆科 Fabaceae(Leguminosae)//蝶形花科 Papilionaceae。【包含】世界 1 种。【学名诠释与讨论】〈阳〉(希)fissus, 开裂的, 分离的+kalyx, 所有格 kalykos =拉丁文 calyx, 花萼, 杯子。【分布】巴拿马,玻利维亚,委内瑞拉。【模式】Fissicalyx fendleri Bentham。■☆

20372 Fissilia Comm. ex Juss.(1789)= Olax L.(1753)[铁青树科 Olacaceae]●

20373 Fissipes Small(1903)= Cypripedium L.(1753)[兰科 Orchidaceae]■

20374 Fissipetalum Merr.(1922)= Erycibe Roxb.(1802)[旋花科 Convolvulaceae//丁公藤科 Erycibaceae]●

20375 Fissistigma Griff.(1854)【汉】瓜馥木属。【英】Fissistigma。【隶属】番荔枝科 Annonaceae。【包含】世界 60-75 种,中国 23-28 种。【学名诠释与讨论】〈中〉(拉)fissus, 开裂的, 分离的+stigma, 所有格 stigmatos, 柱头, 眼点。指柱头 2 裂。【分布】澳大利亚(东北部),热带非洲,印度至马来西亚,中国。【模式】Fissistigma scandens W. Griffith。【参考异名】Ancana F. Muell.(1865);Melodorum(Dunal)Hook. f. et Thomson, Nom. illegit.;Melodorum Hook. f. et Thomson(1855)Nom. illegit. ●

20376 Fistularia Kuntze(1891)Nom. illegit. ≡ Rhinanthus L.(1753)[玄参科 Scrophulariaceae//鼻花科 Rhinanthaceae]■☆

20377 Fitchia Hook. f.(1845)【汉】舌头菊属。【隶属】菊科 Asteraceae(Compositae)。【包含】世界 7 种。【学名诠释与讨论】〈阴〉(人)Walter Hood Fitch,1817-1892,英国植物插图学者。此属的学名,ING、TROPICOS 和 IK 记载是"Fitchia Hook. f. , London J. Bot. 4:640, t. 23. 1845"。"Fitchia C. F. Meisner, Hooker's J. Bot. Kew Gard. Misc. 7:75. 1855Molloya Meisn.(1855)= Grevillea R. Br. ex Knight(1809)[as 'Grevillia'](保留属名)[山龙眼科 Proteaceae]"是晚出的非法名称。【分布】波利尼西亚群岛。【模式】Fitchia nutans Hook. f.。●☆

20378 Fitchia Meisn.(1855)Nom. illegit. ≡ Molloya Meisn.(1855);~ = Grevillea R. Br. ex Knight(1809)[as 'Grevillia'](保留属名)[山龙眼科 Proteaceae]●

20379 Fittingia Mez(1922)【汉】菲廷紫金牛属。【隶属】紫金牛科 Myrsinaceae。【包含】世界 5-6 种。【学名诠释与讨论】〈阴〉(人)Fitting。【分布】新几内亚岛。【模式】未指定。【参考异名】Abromeitia Mez(1922)●☆

20380 Fittonia Coem.(1865)(保留属名)【汉】银网叶属(花脉爵床属,网纹草属)。【日】アミメグサ属,フィット-ニア属,フィトーニア属。【英】Silvernet Plant。【隶属】爵床科 Acanthaceae。【包含】世界 2-4 种。【学名诠释与讨论】〈阴〉(人)源于两个英国姊妹名:Elizabeth Fitton 和 Sarah Mary Fitton, 她们是 Robert Brown 的朋友, Conversations on Botany 的作者。此属的学名"Fittonia Coem. in Fl. Serres Jard. Eur. 15:185. 1865"是保留属名。相应的废弃属名是爵床科 Acanthaceae 的"Adelaster Lindl. ex Veitch in Gard. Chron. 1861:499. 1 Jun 1861 = Fittonia Coem.(1865)(保留属名)"。【分布】秘鲁,玻利维亚,厄瓜多尔,中美洲。【模式】Fittonia verschaffeltii(Lemaire)L. B. Van Houtte[Gymnostachyum verschaffeltii Lemaire]。【参考异名】Adelaster Lindl.(1861)(废弃属名);Adelaster Lindl. ex Veitch(1861)(废弃属名);Adelaster Veitch(1861)(废弃属名)■☆

20381 Fitzalania F. Muell.(1863)【汉】菲查伦木属(菲特木属)。【隶属】番荔枝科 Annonaceae。【包含】世界 1 种。【学名诠释与讨论】〈阴〉(人)Eugene F. Albini Fitzalan,1830-1911,澳大利亚园艺学者。【分布】澳大利亚(东部),热带。【模式】Fitzalania heteropetala(F. v. Mueller)F. v. Mueller[Uvaria heteropetala F. v. Mueller]。●☆

20382 Fitzgeraldia F. Muell.(1867)= Cananga(DC.)Hook. f. et Thomson(1855)(保留属名)[番荔枝科 Annonaceae]●

20383 Fitzgeraldia F. Muell.(1882)Nom. illegit. ≡ Rimacola Rupp(1942);~ = Lyperanthus R. Br.(1810)[兰科 Orchidaceae]■☆

20384 Fitzgeraldia Schltr. = Peristeranthus T. E. Hunt(1954)[兰科 Orchidaceae]■☆

20385 Fitz-Roy Hook. ex Lindl.(1851)Nom. illegit.(废弃属名)= Fitzroya Hook. ex Lindl.(1851)[as 'Fitz-Roy'](保留属名)[柏科 Cupressaceae//南美柏科 Fitzroyaceae]●☆

20386 Fitzroya Benth. et Hook. f.(1851)Nom. illegit.(废弃属名)= Fitzroya Hook. ex Lindl.(1851)[as 'Fitz-Roy'](保留属名)[柏科 Cupressaceae]●☆

20387 Fitzroya Hook. ex Lindl.(1851)[as 'Fitz-Roy'](保留属名)【汉】南美柏属(南国柏属,智利柏属)。【俄】Фитцройя。【英】Alerce, Alerch, Fitzroya, Patagonian Cypress。【隶属】柏科 Cupressaceae//南美柏科 Fitzroyaceae。【包含】世界 1 种。【学名诠释与讨论】〈阴〉词源不详。此属的学名"Fitzroya Hook. ex Lindl. , J. Hort. Soc. London 6:264. 1 Oct 1851('Fitz-Roy')(orth. cons.)"是保留属名。法规未列出相应的废弃属名。"Fitz-Roy Hook. ex Lindl.(1851)Nom. illegit."和"Fitz-Roya Hook. f. ex Lindley 1851"是"Fitzroya Hook. ex Lindl.(1851)(保留属名)"的拼写变体,应予废弃。"Fitzroya Hook. f. , J. Hort. Soc. London vi.(1851)264 ≡ Fitzroya Hook. ex Lindl.(1851)[as 'Fitz-Roy'](保留属名)"的命名人引证有误;亦须废弃。"Fitz-Roya Hook. f. ex Hook.(1851)Nom. illegit."、"Fitzroya Benth. et Hook. f.(1851)Nom. illegit."、"Fitzroya Hook. f. , J. Hort. Soc. London vi.(1851)264"、"Fitzroya Hook. f. ex Lindl. , J. Hort. Soc. London 6:264. 1851[1 Oct 1851]"和"Fitzroya Hook. f. ex Lindley, J. Hort. Soc. London 6:264. 1 Oct 1851"都应该废弃。【分布】智利。【模式】Fitzmya patagonica J. D. Hooker ex Lindley。【参考异名】

Cupresstellata J. Nelson（1866）；Fitz-Roy Hook. ex Lindl.（1851）Nom. illegit.（废弃属名）；Fitzroya Benth. et Hook. f.（1851）Nom. illegit.（废弃属名）；Fitzroya Hook. f.（1851）（废弃属名）；Fitz-Roya Hook. f. ex Hook.（1851）Nom. illegit.（废弃属名）；Fitzroya Hook. f. ex Lindl.（1851）Nom. illegit.（废弃属名）；Fitz-Roya Hook. f. ex Lindl.（1851）Nom. illegit.（废弃属名）●☆

20388 Fitzroya Hook. f.（1851）（废弃属名）= Fitzroya Hook. ex Lindl.（1851）［as 'Fitz-Roy'］（保留属名）［柏科 Cupressaceae//南美柏科 Fitzroyaceae］●☆

20389 Fitz-Roya Hook. f. ex Hook.（1851）Nom. illegit.（废弃属名）= Fitzroya Hook. ex Lindl.（1851）［as 'Fitz-Roy'］（保留属名）［柏科 Cupressaceae//南美柏科 Fitzroyaceae］●☆

20390 Fitzroya Hook. f. ex Lindl.（1851）Nom. illegit.（废弃属名）= Fitzroya Hook. ex Lindl.（1851）［as 'Fitz-Roy'］（保留属名）［柏科 Cupressaceae//南美柏科 Fitzroyaceae］●☆

20391 Fitz-Roya Hook. f. ex Lindl.（1851）Nom. illegit.（废弃属名）= Fitzroya Hook. ex Lindl.（1851）［as 'Fitz-Roy'］（保留属名）［柏科 Cupressaceae//南美柏科 Fitzroyaceae］●☆

20392 Fitzroyaceae A. V. Bobrov et Melikyan（2000）【汉】南美柏科。【包含】世界1属1种。【分布】南美洲。【科名模式】Fitzmya Hook. f. ex Lindl.●☆

20393 Fitzroyaceae A. V. Bobrov et Melikyan（2006）= Cupressaceae Gray（保留科名）●

20394 Fitzwillia P. S. Short（1989）【汉】肉叶鼠麴草属。【隶属】菊科 Asteraceae（Compositae）。【包含】世界1种。【学名诠释与讨论】〈阴〉词源不详。似来自人名。【分布】澳大利亚（西部）。【模式】Fitzwillia axilliflora P. S. Short。■☆

20395 Fiva Steud.（1840）Nom. illegit. = Fiwa J. F. Gmel.（1791）Nom. illegit.；~ = Litsea Lam.（1792）（保留属名）［樟科 Lauraceae］●

20396 Fivaldia Walp.（1843）Nom. illegit. = Friwaldia Endl.（1837）Nom. illegit., Nom. superfl.［菊科 Asteraceae（Compositae）］●

20397 Fiwa J. F. Gmel.（1791）Nom. illegit. ≡ Tomex Thunb.（1783）Nom. illegit.；~ = Litsea Lam.（1792）（保留属名）［樟科 Lauraceae］●

20398 Flabeilaria Cav.（1790）【汉】扇形金虎尾属。【隶属】金虎尾科（黄褥花科）Malpighiaceae。【包含】世界1种。【学名诠释与讨论】〈阴〉（拉）flabe，扇子+-arius，-aria，-arium，指示"属于、相似、具有、联系"的词尾。【分布】热带非洲。【模式】Flabeilaria paniculata Cavanilles。●☆

20399 Flabellariopsis R. Wilczek（1955）【汉】拟扇形金虎尾属。【隶属】金虎尾科（黄褥花科）Malpighiaceae。【包含】世界1种。【学名诠释与讨论】〈阴〉（属）Flabeilaria 扇形金虎尾属+希腊文 opsis，外观，模样，相似。【分布】热带非洲。【模式】acuminata（Engler）R. Wilczek［Triaspis acuminata Engler］。☆

20400 Flabellographis Thouars = Cymbidiella Rolfe（1918）；~ = Limodorum Boehm.（1760）（保留属名）［兰科 Orchidaceae］■☆

20401 Flacourtia Comm. ex L'Hér.（1786）【汉】刺篱木属（罗丹梅属，罗庚果属）。【日】フラクールティア属。【俄】Гребенщик пятитычинковый，Тамарикс патитычночный，Флакоуртия，Флакуртия。【英】Flacourtia, Madagascar Plum, Ramontchi。【隶属】刺篱木科（大风子科）Flacourtiaceae//大戟科 Euphorbiaceae//红木科（胭脂树科）Bixaceae。【包含】世界15-17种，中国5-6种。【学名诠释与讨论】〈阴〉（人）Etienne de Flacourt，1607-1660，法国驻马达加斯加岛的殖民地总督，曾著《马达加斯加岛史》。也是植物学者。1648年任法国东印度公司董事。此属的学名，ING，APNI和GCI记载是"Flacourtia Commerson ex L'Héritier de Brutelle, Stirp. Nov. 59. Mar 1786"。"Flacourtia L'Hér., Stirp.

Nov. 59（1785）≡ Flacourtia Comm. ex L'Hér.（1786）［刺篱木科（大风子科）Flacourtiaceae］"的命名人引证有误。"Flacurtia Juss., Gen. Pl.［Jussieu］291. 1789［4 Aug 1789］"是"Flacourtia Comm. ex L'Hér.（1786）"的拼写变体。【分布】巴基斯坦，巴拿马，玻利维亚，斐济，马达加斯加，马斯克林群岛，尼加拉瓜，中国，东南亚，热带和非洲南部。【模式】Flacourtia ramontchi L'Héritier de Brutelle。【参考异名】Donzella Lem.（1849）Nom. illegit.；Donzellia Ten.（1839）；Flacourtia L'Hér.（1785）Nom. illegit.；Rhamnopsis Rchb.（1828）；Satania Noronha（1790）；Stigmarota Lour.（1790）；Thacombauia Seem.（1871）●

20402 Flacourtia L'Hér.（1785）Nom. illegit. ≡ Flacourtia Comm. ex L'Hér.（1786）［刺篱木科（大风子科）Flacourtiaceae//大戟科 Euphorbiaceae//红木科（胭脂树科）Bixaceae］●

20403 Flacourtiaceae DC. = Flacourtiaceae Rich. ex DC.（保留科名）●

20404 Flacourtiaceae Rich. = Flacourtiaceae Rich. ex DC.（保留科名）●

20405 Flacourtiaceae Rich. ex DC.（1824）［as 'Flacurtianeae'］（保留科名）［亦见 Salicaceae Mirb.（保留科名）杨柳科］【汉】刺篱木科（大风子科）。【日】アイギリ科，イイギリ科，イヒギリ科。【俄】Флакуртиевые，Флакуртовые。【英】Flacourtia Family，Indian-plum Family。【包含】世界86-93属875-1300种，中国12-13属39-41种。亦有文献把""处理为""的异名。【分布】热带和亚热带。【科名模式】Flacourtia Comm. ex L'Hér.●

20406 Flacurtia Juss.（1789）Nom. illegit. ≡ Flacourtia Comm. ex L'Hér.（1786）［刺篱木科（大风子科）Flacourtiaceae//大戟科 Euphorbiaceae//红木科（胭脂树科）Bixaceae］●

20407 Fladermannia Endl.（1841）Nom. illegit.［茜草科 Rubiaceae］☆

20408 Flagellaria L.（1753）【汉】须叶藤属（鞭藤属）。【日】タウツルモドキ属，トウツルモドキ属，フラゲラリア属。【英】Flagellaria。【隶属】须叶藤科（鞭藤科）Flagellariaceae。【包含】世界4种，中国1种。【学名诠释与讨论】〈阴〉（拉）flagerum，指小式 flagellum，鞭子，嫩枝+-arius，-aria，-arium，指示"属于、相似、具有、联系"的词尾。指长长的嫩枝似鞭状。【分布】澳大利亚，马达加斯加，印度至马来西亚，中国，太平洋地区，热带非洲。【模式】Flagellaria indica Linnaeus。●■

20409 Flagellariaceae Dumort.（1829）（保留科名）【汉】须叶藤科（鞭藤科）。【日】タウツルモドキ科，トウツルモドキ科。【英】Flagellaria Family。【包含】世界1-2属4-6种，中国1属1种。【分布】中国（台湾），印度-马来西亚，澳大利亚，太平洋地区，热带非洲。【科名模式】Flagellaria L.●■

20410 Flagellarisaema Nakai（1950）= Arisaema Mart.（1831）［天南星科 Araceae］●■

20411 Flagenium Baill.（1880）【汉】肋果茜属。【隶属】茜草科 Rubiaceae。【包含】世界6种。【学名诠释与讨论】〈中〉词源不详。【分布】马达加斯加。【模式】Flagenium triflorum（M. Vahl）H. Baillon［Triosteum triflorum M. Vahl］。■☆

20412 Flamaria Raf.（1836）= Macranthera Nutt. ex Benth.（1835）［玄参科 Scrophulariaceae//列当科 Orobanchaceae］■☆

20413 Flammara Hill（1770）= Anemone L.（1753）（保留属名）［毛茛科 Ranunculaceae//银莲花科（罂粟莲花科）Anemonaceae］■

20414 Flammula（Webb ex Spach）Fourr.（1868）= Ranunculus L.（1753）［毛茛科 Ranunculaceae］■

20415 Flammula Fourr.（1868）Nom. illegit. ≡ Flammula（Webb ex Spach）Fourr.（1868）；~ = Ranunculus L.（1753）［毛茛科 Ranunculaceae］■

20416 Flanagania Schltr.（1894）= Cynanchum L.（1753）［萝藦科 Asclepiadaceae］●■

20417 Flaveria Juss.（1789）【汉】黄顶菊属（黄菊属）。【俄】

Флаверия。【英】Flaveria。【隶属】菊科 Asteraceae（Compositae）。【包含】世界 21-22 种，中国 1 种。【学名诠释与讨论】〈阴〉（拉）flavus，黄色的。【分布】澳大利亚，巴拉圭，秘鲁，玻利维亚，厄瓜多尔，美国（南部），墨西哥，中国，美洲。【后选模式】Flaveria chilensis J. F. Gmelin。【参考异名】Brotera Spreng.（1800）Nom. illegit.；Broteroa DC.（1836）；Dilepis Suess. et Merxm.（1950）；Havanella Kuntze（1903）；Nauenburgia Willd.（1803）；Vermifuga Ruiz et Pav.（1794）■●

20418　Flavia Fabr.（1759）Nom. illegit. ≡Flavia Heist. ex Fabr.（1759）Nom. illegit.；~ ≡ Anthoxanthum L.（1753）［禾本科 Poaceae（Gramineae）］■

20419　Flavia Heist.（1748）Nom. inval. ≡Flavia Heist. ex Fabr.（1759）Nom. illegit.；~ ≡ Anthoxanthum L.（1753）［禾本科 Poaceae（Gramineae）］■

20420　Flavia Heist. ex Fabr.（1759）Nom. illegit. ≡Anthoxanthum L.（1753）［禾本科 Poaceae（Gramineae）］■

20421　Flavicoma Raf.（1838）= Schaueria Nees（1838）（保留属名）［爵床科 Acanthaceae］■☆

20422　Flavileptis Thouars = Liparis Rich.（1817）（保留属名）；~ = Malaxis Sol. ex Sw.（1788）［兰科 Orchidaceae］■

20423　Fleischeria Steud.（1845）Nom. illegit. = Sida L.（1753）［锦葵科 Malvaceae］■●

20424　Fleischeria Steud. et Hochst. ex Endl.（1838）= Scorzonera L.（1753）［菊科 Asteraceae（Compositae）］■

20425　Fleischmannia Sch. Bip.（1850）【汉】光泽兰属。【隶属】菊科 Asteraceae（Compositae）。【包含】世界 80-95 种。【学名诠释与讨论】〈阴〉（人）Gottfried Fleischmann，1777-1850，属名作者的老师。【分布】巴拉圭，巴拿马，秘鲁，玻利维亚，厄瓜多尔，哥伦比亚（安蒂奥基亚），美国（密苏里），墨西哥，尼加拉瓜，利比里亚（宁巴），中美洲。【模式】Fleischmannia rhodostyla C. H. Schultz Bip.。■●☆

20426　Fleischmanniopsis R. M. King et H. Rob.（1971）【汉】细毛亮泽兰属。【隶属】菊科 Asteraceae（Compositae）。【包含】世界 5 种。【学名诠释与讨论】〈阴〉（属）Fleischmannia 光泽兰属 +希腊文 opsis，外观，模样，相似。【分布】墨西哥，尼加拉瓜，中美洲。【模式】Fleischmanniopsis leucocephala（Bentham）R. M. King et H. E. Robinson［Eupatorium leucocephalum Bentham］。■☆

20427　Flemingia Aiton（1803）Nom. illegit.（废弃属名）≡ Flemingia Roxb. ex W. T. Aiton（1812）（保留属名）［豆科 Fabaceae（Leguminosae）//蝶形花科 Papilionaceae］■●

20428　Flemingia Hunter ex Ridl.（1909）Nom. illegit.（废弃属名）≡ Flemingia Hunter（1909）Nom. illegit.（废弃属名）；~ = Tarenna Gaertn.（1788）［茜草科 Rubiaceae］●

20429　Flemingia Hunter（1909）Nom. illegit.（废弃属名）≡ Flemingia Hunter ex Ridl.，Nom. illegit.（废弃属名）；~ = Tarenna Gaertn.（1788）［茜草科 Rubiaceae］●

20430　Flemingia Roxb.（1803）Nom. illegit.（废弃属名）（1）≡ Flemingia Roxb. ex Rottler（1803）Nom. illegit.（废弃属名）；~ = Thunbergia Retz.（1780）（保留属名）［爵床科 Acanthaceae//老鸦嘴科（山牵牛科，老鸦咀科）Thunbergiaceae］●■

20431　Flemingia Roxb.（1803）Nom. illegit.（废弃属名）（2）≡ Flemingia Roxb. ex W. T. Aiton（1812）（保留属名）［豆科 Fabaceae（Leguminosae）//蝶形花科 Papilionaceae］●■

20432　Flemingia Roxb. ex Rottler（1803）Nom. illegit.（废弃属名）= Thunbergia Retz.（1780）（保留属名）［爵床科 Acanthaceae//老鸦嘴科（山牵牛科，老鸦咀科）Thunbergiaceae］●■

20433　Flemingia Roxb. ex W. T. Aiton（1812）（保留属名）【汉】千斤拔属（佛来明豆属）。【日】ソロハギ属。【英】Flemingia。【隶属】豆科 Fabaceae（Leguminosae）//蝶形花科 Papilionaceae。【包含】世界 30-40 种，中国 21 种。【学名诠释与讨论】〈阴〉（人）John Fleming，英国药用植物学者，曾任设立在孟加拉的东印度医药公司董事长。此属的学名“Flemingia Roxb. ex W. T. Aiton, Hort. Kew.，ed. 2，4：349. Dec 1812”是保留属名。相应的废弃属名是爵床科 Acanthaceae 的“Flemingia Roxb. ex Rottler in Ges. Naturf. Freunde Berlin Neue Schriften 4：202. 1803 = Thunbergia Retz.（1780）（保留属名［爵床科 Acanthaceae//老鸦嘴科（山牵牛科，老鸦咀科）Thunbergiaceae］”和“Luorea Neck. ex J. St.- Hil. in Nouv. Bull. Sci. Soc. Philom. Paris 3：193. Dec 1812 ≡ Flemingia Roxb. ex W. T. Aiton（1812）（保留属名）= Maughania J. St.-Hil.（1813）Nom. illegit.［豆科 Fabaceae（Leguminosae）//蝶形花科 Papilionaceae］”。“Flemingia Roxb.（1803）Nom. illegit. ≡ Flemingia Roxb. ex Rottler（1803）Nom. illegit.（废弃属名）”的命名人引证有误，也须废弃。“Flemingia Roxb. ex Wall.（废弃属名）= Canscora Lam.（1785）［龙胆科 Gentianaceae］”、“Flemingia Roxb.（废弃属名）= Flemingia Roxb. ex W. T. Aiton（1812）（保留属名）［豆科 Fabaceae（Leguminosae）//蝶形花科 Papilionaceae］”、“Flemingia Aiton（1803）Nom. illegit.（废弃属名）≡ Flemingia Roxb. ex W. T. Aiton（1812）（保留属名）”、“Flemingia Hunter ex Ridley, J. Straits Branch Roy. Asiat. Soc. 53：83. 1909 = Tarenna Gaertn.（1788）［茜草科 Rubiaceae］”、“Flemingia W. Hunter, J. Straits Branch Roy. Asiat. Soc. 53：83. 1909［Sep 1909］≡ Flemingia Hunter ex Ridl.，Nom. illegit.（废弃属名）［茜草科 Rubiaceae］”都应废弃。“Luorea Necker ex Jaume St.-Hilaire, Nouv. Bull. Sci. Soc. Philom. Paris 3：193. Dec 1812”、“Maughania Jaume St.-Hilaire, Nouv. Bull. Sci. Soc. Philom. Paris 3：216. Jan 1813”和“Ostryodium Desvaux, J. Bot. Agric. 1：119. Mar 1813”是“Flemingia Roxb. ex W. T. Aiton（1812）（保留属名）”的晚出的同模式异名（Homotypic synonym, Nomenclatural synonym）。“Flemmingia Walp.，Repert. Bot. Syst.（Walpers）i. 790（1842）= Flemingia Roxb. ex W. T. Aiton（1812）（保留属名）= Maughania J. St.-Hil.（1813）Nom. illegit.”仅有属名，似为变体。【分布】巴基斯坦，巴拿马，哥伦比亚（安蒂奥基亚），马达加斯加，尼加拉瓜，中国，中美洲。【模式】Flemingia strobilifera（Linnaeus）W. T. Aiton［Hedysarum strobiliferum Linnaeus］。【参考异名】Flemingia Aiton（1803）Nom. illegit.（废弃属名）；Flemingia Roxb.（废弃属名）；Flemingia Walp.（1842）；Lepidocoma Jungh.（1845）；Luorea Neck. ex J. St.-Hil.（1812）（废弃属名）；Maughania J. St.-Hil.（1813）Nom. illegit.；Moghania J. St.-Hil.（1813）；Ostryodium Desv.（1814）Nom. illegit.■

20434　Flemingia Roxb. ex Wall.（废弃属名）= Canscora Lam.（1785）［龙胆科 Gentianaceae］■

20435　Flemmingia Walp.（1842）= Flemingia Roxb. ex W. T. Aiton（1812）（保留属名）；~ = Maughania J. St.-Hil.（1813）Nom. illegit.；~ = Flemingia Roxb. ex W. T. Aiton（1812）（保留属名）［豆科 Fabaceae（Leguminosae）//蝶形花科 Papilionaceae］●■

20436　Fleroya Y. F. Deng（2007）【汉】哈勒茜属。【隶属】茜草科 Rubiaceae。【包含】世界 3 种。【学名诠释与讨论】〈阴〉（人）F. Leroy，植物学者。“Hallea J.-F. Leroy（1975）”是一个非法名称（Nom. illegit.），因为此前已经有了化石植物的“Hallea G. B. Mathews，Peking Nat. Hist. Bull. 16（3-4）：241. 1947-1948”。故用“Fleroya Y. F. Deng（2007）”替代之。【分布】热带非洲。【模式】Hallea stipulosa（A. P. de Candolle）J.-F. Leroy［Nauclea stipulosa A. P. de Candolle］。【参考异名】Fleroya Y. F. Deng（2007）●☆

20437　Flessera Adans.（1763）= Agastache J. Clayton ex Gronov.

（1762）［唇形科 Lamiaceae（Labiatae）］■

20438　Fleura Steud.（1840）= Fleurya Gaudich.（1830）［荨麻科 Urticaceae］●■☆

20439　Fleurotia Rchb.（1841）Nom. illegit. ≡ Siebera J. Gay（1827）（保留属名）［菊科 Asteraceae（Compositae）］■☆

20440　Fleurya Gaudich.（1830）【汉】红小麻属。【隶属】荨麻科 Urticaceae。【包含】世界 43 种。【学名诠释与讨论】〈阴〉（人）J. F. Fleury，植物学者。此属的学名，ING、TROPICOS、GCI、APNI 和 IK 记载是“Fleurya Gaudich. , Voy. Uranie, Bot. 497. 1830［dt. 1826;issued Mar 1830]”。它曾被处理为“Laportea sect. Fleurya（Gaudich.）Chew, Gardens' Bulletin, Singapore 21（2）:199-200. 1965.（31 May 1965）”。亦有文献把“Fleurya Gaudich.（1830）”处理为“Laportea Gaudich.（1830）（保留属名）”的异名。【分布】玻利维亚，中国。【后选模式】Fleurya paniculata Gaudichaud-Beaupré。【参考异名】Fleura Steud.（1840）；Fleuryopsis Opiz（1853）；Haynea Schumach. et Thonn.；Laportea Gaudich.（1830）（保留属名）；Laportea sect. Fleurya（Gaudich.）Chew（1965）●■

20441　Fleurydora A. Chev.（1933）【汉】弗勒木属。【隶属】金莲木科 Ochnaceae。【包含】世界 1 种。【学名诠释与讨论】〈阴〉（人）J. F. Fleury，植物学者+dora 一张皮，doros，革制的袋、囊。【分布】热带非洲西部。【模式】Fleurydora felicis A. Chevalier。●☆

20442　Fleuryopsis Opiz（1853）= Fleurya Gaudich.（1830）；~ =Laportea Gaudich.（1830）（保留属名）［荨麻科 Urticaceae］●■

20443　Flexanthera Rusby（1927）【汉】弯药茜属。【隶属】茜草科 Rubiaceae。【包含】世界 2 种。【学名诠释与讨论】〈阴〉（拉）flexus，弯曲的、弓状的，flexuos，flexuosus 多弯的，多盘旋的、扭转的，弯曲的+anthera，花药。【分布】玻利维亚，哥伦比亚。【模式】Flexanthera subcordata Rusby。☆

20444　Flexularia Raf.（1819）【汉】曲禾属。【隶属】禾本科 Poaceae（Gramineae）。【包含】世界 1 种。【学名诠释与讨论】〈阴〉（拉）flexus，弯曲的、弓状的+-arius，-aria，-arium，指示“属于、相似、具有、联系”的词尾。此属的学名，ING、TROPICOS 和 IK 记载是“Flexularia Rafinesque, J. Phys. Chim. Hist. Nat. Arts 89:105. Aug 1819”。“Flexularia Raf. et Schult. , Mant. 2（Schultes）208, in obs. 1824［Jan-Apr 1824］= Flexularia Raf.（1819）［禾本科 Poaceae（Gramineae）]”是晚出的非法名称。亦有文献把“Flexularia Raf.（1819）”处理为“Muhlenbergia Schreb.（1789）”的异名。【分布】美国（东部）。【模式】Flexularia compressa Rafinesque。【参考异名】Flexularia Raf. et Schult.（1824）Nom. illegit. ; Muhlenbergia Schreb.（1789）■☆

20445　Flexularia Raf. et Schult.（1824）Nom. illegit. , Nom. inval. = Flexularia Raf.（1819）［禾本科 Poaceae（Gramineae）]■☆

20446　Flexuosatis Thouars = Satyrium Sw.（1800）（保留属名）；~ = Schizodium Lindl.（1838）［兰科 Orchidaceae］■☆

20447　Flickingeria A. D. Hawkes（1961）【汉】金石斛属（暂花兰属）。【英】Flickingeria。【隶属】兰科 Orchidaceae。【包含】世界 65-70 种，中国 10 种。【学名诠释与讨论】〈阴〉（人）Edward A. Flickinger, Alex Drum Hawkes（1927-1977）的朋友。“Flickingeria A. D. Hawkes, Orchid Weekly 2:451. 6 Jan 1961”是一个替代名称；替代的是废弃属名“Desmotrichum Blume, Bijdr. 329. 20 Sep-7 Dec 1825 ≡ Flickingeria A. D. Hawkes（1961）= Ephemerantha P. F. Hunt et Summerh.（1961）Nom. illegit. ［兰科 Orchidaceae]”。“Ephemerantha P. F. Hunt et V. S. Summerhayes, Taxon 10:101. 2 Jun 1961”也是“Flickingeria A. D. Hawkes（1961）”的晚出的同模式异名（Homotypic synonym, Nomenclatural synonym）。褐藻的“Desmotrichum Kuetzing, Phycol. German. 244. Jul-Aug 1845（nom. cons.）”则是保留属名。【分布】澳大利亚，斐济，所罗门群岛，中

国，法属新喀里多尼亚，萨摩亚群岛，热带亚洲。【模式】未指定。【参考异名】Desmotrichum Blume（1825）（废弃属名）；Ephemerantha P. F. Hunt et Summerh.（1961）Nom. illegit. ; Ephemerantha Summerh.（1961）Nom. illegit. ■

20448　Flindersia R. Br.（1814）【汉】巨盘木属。【俄】Флиндерсия。【英】Flindersia, Giantdishtree, Red Beech, Yellow Wood。【隶属】芸香科 Rutaceae//巨盘木科 Flindersiaceae。【包含】世界 16 种，中国 1 种。【学名诠释与讨论】〈阴〉（人）Matthew Flinders, 1774-1814，英国航海家、水文地理学家，从 18 世纪末开始跟随著名植物学者 Robert Brown 在新荷兰海岸探险。【分布】澳大利亚（东部），摩洛哥，中国，法属新喀里多尼亚，新几内亚岛。【模式】Flindersia australis R. Brown。【参考异名】Oxleya A. Cunn.（1830）Nom. illegit. ; Oxleya Hook.（1830）; Strzeleckya F. Muell.（1857）●

20449　Flindersiaceae（Engl.）C. T. White ex Airy Shaw = Rutaceae Juss.（保留科名）●■

20450　Flindersiaceae C. T. White ex Airy Shaw（1964）［亦见 Rutaceae Juss.（保留科名）芸香科］【汉】巨盘木科。【包含】世界 2 属 17 种。【分布】印度（南部），斯里兰卡，马来西亚（东部），澳大利亚（东部），法属新喀里多尼亚。【科名模式】Flindersia R. Br. ●

20451　Flipania Raf.（1837）= Salvia L.（1753）［唇形科 Lamiaceae（Labiatae）//鼠尾草科 Salviaceae］●■

20452　Floerkea Raf.（1808）Nom. illegit. ［沼花科（假人鱼草科，沼泽草）Limnanthaceae］■☆

20453　Floerkea Spreng.（1818）= Adenophora Fisch.（1823）［桔梗科 Campanulaceae］●■

20454　Floerkea Willd.（1801）【汉】三数沼花属（弗勒沼花属）。【隶属】沼花科（假人鱼草科，沼泽草科）Limnanthaceae。【包含】世界 1 种。【学名诠释与讨论】〈阴〉（人）Heinrich Gustav Floerke, 1764-1835，德国植物学者。此属的学名，ING、TROPICOS 和 IK 记载是“Floerkea Willdenow, Ges. Naturf. Freunde Berlin Neue Schriften 3:448. post 21 Apr 1801”。“Floerkea K. P. J. Sprengel, Anleit. ed. 2. 2（2）:523. 31 Mar 1818 = Adenophora Fisch.（1823）［桔梗科 Campanulaceae]”和“Floerkea Raf. , Med. Repos. ser. 2. 5:351, 1808”是晚出的非法名称。【分布】美国，北美洲。【模式】Floerkea proserpinacoides Willdenow。【参考异名】Florkea Raf.（1808）■☆

20455　Flomosia Raf.（1838）= Veratrum L.（1753）［百合科 Liliaceae//黑药花科（藜芦科）Melanthiaceae］■●

20456　Floresia Krainz et Ritter ex Backeb. = Floresia Krainz et Ritter；~ = Haageocereus Backeb.（1933）；~ = Weberbauerocereus Backeb.（1942）［仙人掌科 Cactaceae］●☆

20457　Floresia Krainz et Ritter = Haageocereus Backeb.（1933）；~ = Weberbauerocereus Backeb.（1942）［仙人掌科 Cactaceae］●☆

20458　Florestina Cass.（1817）【汉】双修菊属。【隶属】菊科 Asteraceae（Compositae）。【包含】世界 8 种。【学名诠释与讨论】〈阴〉词源不详。【分布】墨西哥，尼加拉瓜，中美洲。【模式】Florestina pedata（Cavanilles）Cassini［Stevia pedata Cavanilles］。【参考异名】Lepidopappus Moc. et Sessé ex DC.（1836）；Tomista Raf. ■☆

20459　Floribunda F. Ritter（1979）= Cipocereus F. Ritter（1979）［仙人掌科 Cactaceae］●☆

20460　Florincla Noronha ex Endl.（1840）= Polycardia Juss.（1789）［卫矛科 Celastraceae］●☆

20461　Floriscopa F. Muell.（1882）= Floscopa Lour.（1790）［鸭跖草科 Commelinaceae］■

20462　Florkea Raf.（1808）= Floerkea Willd.（1801）［沼花科（假人鱼草，沼泽草科）Limnanthaceae］■☆

20463 Floscaldasia Cuatrec. (1968)【汉】匍枝菀属。【隶属】菊科 Asteraceae(Compositae)。【包含】世界 1-2 种。【学名诠释与讨论】〈阴〉(拉) flos, 所有格 floris, 指小式 flosculus, 花 + (人) Francisco Jose de Caldas, 1771–1816, 植物学者。【分布】厄瓜多尔, 哥伦比亚。【模式】Floscaldasia hypsophila Cuatrecasas。■●☆

20464 Floscopa Lour. (1790)【汉】聚花草属(蔓襄荷属, 竹叶藤属)。【日】ツルヤブメウガ属。【英】Floscopa。【隶属】鸭趾草科 Commelinaceae。【包含】世界 20 种, 中国 2 种。【学名诠释与讨论】〈阴〉(拉) flos, 所有格 floris, 指小式 flosculus, 花 + scopa 节。指节上生花。【分布】巴拿马, 秘鲁, 玻利维亚, 厄瓜多尔, 哥伦比亚, 哥斯达黎加, 马达加斯加, 尼加拉瓜, 中国, 热带和亚热带, 中美洲。【模式】Floscopa scandens Loureiro。【参考异名】Dithyrocarpus Kunth(1841); Floriscopa F. Muell. (1882)■

20465 Floscuculi Opiz(1852) = Lychnis L. (1753)(废弃属名);~ = Silene L. (1753)(保留属名) [石竹科 Caryophyllaceae]■

20466 Flosmutisia Cuatrec. (1986)【汉】寒莲菀属。【隶属】菊科 Asteraceae(Compositae)。【包含】世界 1 种。【学名诠释与讨论】〈阴〉(拉) flos + (人) Jose Celesffno Bruno Mutis, 1732–1808, 植物学者。【分布】哥伦比亚。【模式】Flosmutisia paramicola J. Cuatrecasas。■☆

20467 Flotovia Spreng. (1826) = Dasyphyllum Kunth (1818) [菊科 Asteraceae(Compositae)]●☆

20468 Flotowia Endl. (1841) = Dasyphyllum Kunth(1818);~ = Flotovia Spreng. (1826) [菊科 Asteraceae(Compositae)]●☆

20469 Flourensia Cambess. (1835 – 1836) = Thylacospermum Fenzl (1840) [石竹科 Caryophyllaceae]■

20470 Flourensia DC. (1836)【汉】焦油菊属(弗劳菊属)。【俄】Флоуленсия。【英】Tarbush, Tarwort。【隶属】菊科 Asteraceae(Compositae)。【包含】世界 30-33 种。【学名诠释与讨论】〈阴〉(人) Marie–Jean–Pierre Flourens, 1794–1867, 法国生理学者。【分布】秘鲁, 玻利维亚, 美国(西南部)至阿根廷, 中美洲。【后选模式】Flourensia laurifolia A. P. de Candolle。●☆

20471 Flox Adans. (1763) Nom. illegit. ≡ Coronaria Guett. (1754);~ = Lychnis L. (1753)(废弃属名);~ = Silene L. (1753)(保留属名) [石竹科 Caryophyllaceae]■

20472 Floydia L. Johnson et B. G. Briggs(1975)【汉】弗洛山龙眼属。【隶属】山龙眼科 Proteaceae。【包含】世界 1 种。【学名诠释与讨论】〈阴〉(人) A. G. Floyd, 澳大利亚植物学者, Rainforest Trees of Mainland South–Eastern Australia 的作者。【分布】澳大利亚(东北部)。【模式】Floydia praealta (F. von Mueller) L. A. S. Johnson et B. G. Briggs [Helicia praealta F. von Mueller]。●☆

20473 Floyera Neck. (1790) Nom. inval. = Exacum L. (1753) [龙胆科 Gentianaceae]●■

20474 Fluckigeria Rusby(1894) Nom. illegit. ≡ Kohlerianthus Fritsch (1897);~ = Columnea L. (1753) [苦苣苔科 Gesneriaceae]●■☆

20475 Flueckigera Kuntze(1891) Nom. illegit. ≡ Ledenbergia Klotzsch ex Moq. (1849) [商陆科 Phytolaccaceae]●☆

20476 Flueggea Rich. (1807) Nom. illegit. ≡ Ophiopogon Ker Gawl. (1807)(保留属名) [百合科 Liliaceae//铃兰科 Convallariaceae//沿阶草科 Ophiopogonaceae]■

20477 Flueggea Willd. (1806)【汉】白饭树属(金柑藤属, 叶底珠属, 一叶萩属)。【日】シマヒトツバハギ属。【俄】Секуринега, Флюгея。【英】Flueggea, Willdenow Flueggea。【隶属】大戟科 Euphorbiaceae。【包含】世界 14 种, 中国 4 种。【学名诠释与讨论】〈阴〉(人) Johann Fluegge, 1775–1816, 德国植物学者。此属的学名, ING、GCI、TROPICOS 和 IK 记载是"Flueggea Willd. , Sp. Pl. , ed. 4 [Willdenow] 4: 637, 757 ('Fluggea'). 1806 [Apr

1806]"。"Flueggea Rich. , Neues J. Bot. 2:8, t. 1. 1807 [Jan–Jun 1807] ≡ Ophiopogon Ker Gawl. (1807)(保留属名) [百合科 Liliaceae//铃兰科 Convallariaceae//沿阶草科 Ophiopogonaceae]" 是晚出的非法名称。【分布】巴基斯坦, 厄瓜多尔, 马达加斯加, 中国, 古热带。【模式】Flueggea leucopyrus Willdenow。【参考异名】Acidocroton P. Browne, Nom. illegit. ; Acidoton P. Browne (1756)(废弃属名); Acidoton Sw. (1788)(保留属名); Bessera Spreng. (1815)(废弃属名); Colmeiroa Reut. (1843); Flueggia Benth. et Hook. f. (1883); Fluggea Willd. (1806) Nom. illegit. ; Geblera Fisch. et C. A. Mey. (1835) Nom. illegit. ; Neowawraea Rock (1913); Pleiostemon Sond. (1850); Securinega Comm. ex Juss. (1789); Villanova Pourr. ex Cutanda (1861) Nom. illegit. (废弃属名)●

20478 Flueggeopsis K. Schum. (1905) = Kirganelia Juss. (1789); ~ = Phyllanthus L. (1753) [大戟科 Euphorbiaceae//叶下珠科(叶萝藦科) Phyllanthaceae]●■

20479 Flueggia Benth. et Hook. f. (1883) = Flueggea Willd. (1806) [大戟科 Euphorbiaceae]●

20480 Flugea Raf. (1838) = Ophiopogon Ker Gawl. (1807)(保留属名) [百合科 Liliaceae//铃兰科 Convallariaceae//沿阶草科 Ophiopogonaceae]■

20481 Fluggea Willd. (1806) Nom. illegit. = Flueggea Willd. (1806) [大戟科 Euphorbiaceae]●

20482 Fluggeopsis K. Schum. = Phyllanthus L. (1753) [大戟科 Euphorbiaceae//叶下珠科(叶萝藦科) Phyllanthaceae]●■

20483 Fluminea Fr. (1846) Nom. illegit. = Fluminia Fr. (1846) [禾本科 Poaceae(Gramineae)]■

20484 Fluminia Fr. (1846) = Scolochloa Link(1827)(保留属名) [禾本科 Poaceae(Gramineae)]■

20485 Flundula Raf. (1837) Nom. illegit. = Hosackia Douglas ex Benth. (1829) [豆科 Fabaceae(Leguminosae)//蝶形花科 Papilionaceae]■☆

20486 Flustula Raf. (1838) = Vernonia Schreb. (1791)(保留属名) [菊科 Asteraceae (Compositae)//斑鸠菊科(绿菊科) Vernoniaceae]●■

20487 Fluvialis Micheli ex Adans. (1763) Nom. illegit. = Caulinia Willd. (1801); ~ = Najas L. (1753) [茨藻科 Najadaceae]■

20488 Fluvialis Pers. (1807) Nom. illegit. = Caulinia Willd. (1801); ~ = Najas L. (1753) [茨藻科 Najadaceae]■

20489 Fluvialis Ség. (1754) Nom. illegit. ≡ Najas L. (1753); ~ = Najas L. (1753) [茨藻科 Najadaceae]■

20490 Flyriella R. M. King et H. Rob. (1972)【汉】疏序肋泽兰属。【隶属】菊科 Asteraceae(Compositae)。【包含】世界 4-6 种。【学名诠释与讨论】〈阴〉(人) Lowell David Flyr, 1937–1971, 得克萨斯人。【分布】墨西哥。【模式】Flyriella parryi (A. Gray) R. M. King et H. E. Robinson [Eupatorium parryi A. Gray]。■●☆

20491 Fobea Frič ex Boed. (1933) = Escobaria Britton et Rose (1923) [仙人掌科 Cactaceae]●☆

20492 Fobea Frič (1933) Nom. illegit. ≡ Fobea Frič ex Boed. (1933) [仙人掌科 Cactaceae]●☆

20493 Fockea Endl. (1839)【汉】福克萝藦属(福克属)。【日】フォッケア属。【隶属】萝藦科 Asclepiadaceae。【包含】世界 4-6 种。【学名诠释与讨论】〈阴〉(人) Gustav Woldemar Focke, 德国医生, 植物学者。【分布】热带和非洲南部。【模式】Fockea capensis Endlicher, Nom. illegit. [Cynanchum crispum Thunberg; Fockea crispa (Thunberg) K. Schumann]。【参考异名】Chymocormus Harv. (1842); Hockea Lindl. (1847)●☆

20494 Foeniculum Mill. (1754)【汉】茴香属。【日】ウイキャウ属,ウイキョウ属,ウヰキャウ属。【俄】Укроп душистый, Укроп конский, Фенхель。【英】Fennel。【隶属】伞形花科(伞形科) Apiaceae(Umbelliferae)。【包含】世界4-5种,中国1种。【学名诠释与讨论】〈中〉(拉)foenum = fenum,指小式 foeniculum = feniculum,干草。指其具干草气味,或指其叶片丝状或蒿状细裂。此属的学名,ING、TROPICOS、APNI 和 IK 记载是"Foeniculum Mill., Gard. Dict. Abr., ed. 4.[513].1754[28 Jan 1754]"。"Feniculum Gilibert, Exercit. Phytol. 1:220. 1792"是"Foeniculum Mill. (1754)"的晚出的同模式异名(Homotypic synonym, Nomenclatural synonym)。【分布】巴基斯坦,巴拉圭,秘鲁,玻利维亚,厄瓜多尔,哥伦比亚(安蒂奥基亚),美国(密苏里),中国,地中海地区,欧洲,中美洲。【后选模式】Foeniculum vulgare P. Miller。【参考异名】Feniculum Gilib. (1792) Nom. illegit.; Ozodia Wight et Arn. (1834)■

20495 Foenodorum E. H. L. Krause, Nom. illegit. = Anthoxanthum L. (1753)[禾本科 Poaceae(Gramineae)]■

20496 Foenugraecum Ludw. (1757) Nom. illegit. ≡Trigonella L. (1753)[豆科 Fabaceae(Leguminosae)//蝶形花科 Papilionaceae]■

20497 Foenum Fabr. = Trigonella L. (1753)[豆科 Fabaceae(Leguminosae)//蝶形花科 Papilionaceae]■

20498 Foenum-graecum Hill(1756) Nom. illegit. = Trigonella L. (1753)[豆科 Fabaceae(Leguminosae)//蝶形花科 Papilionaceae]■

20499 Foenum-graecum Ruppius(1745) Nom. inval.[豆科 Fabaceae(Leguminosae)]☆

20500 Foenum-graecum Ség. (1754) Nom. illegit. = Foenugraecum Ludw. (1757) Nom. illegit.; ~ = Trigonella L. (1753)[豆科 Fabaceae(Leguminosae)//蝶形花科 Papilionaceae]■

20501 Foersteria Scop. (1777) Nom. illegit. ≡Breynia J. R. Forst. et G. Forst. (1775)(保留属名)[大戟科 Euphorbiaceae]●

20502 Foetataxus J. Nelson(1866) Nom. illegit. ≡Torreya Arn. (1838)(保留属名)[红豆杉科(紫杉科)Taxaceae//榧树科 Torreyaceae]●

20503 Foetidia Comm. ex Juss. (1789) Nom. illegit. ≡Foetidia Comm. ex Lam. (1788)[玉蕊科(巴西果科)Lecythidaceae//藏蕊花科 Foetidiaceae]●☆

20504 Foetidia Comm. ex Lam. (1788)【汉】藏蕊花属(恶臭树属)。【隶属】玉蕊科(巴西果科)Lecythidaceae//藏蕊花科 Foetidiaceae。【包含】世界5-17种。【学名诠释与讨论】〈阴〉(希)foetidus,不好闻的,恶臭的+-ius,-ia,-ium,在拉丁文和希腊文中,这些词尾表示性质或状态。此属的学名,ING、TROPICOS 和 IK 记载是"Foetidia Comm. ex Lam., Encycl.[J. Lamarck et al.] 2(2):457. 1788[14 Apr 1788]"。"Faetidia Commerson ex A. L. Jussieu, Gen. 325. 4 Aug 1789"是"Foetidia Comm. ex Lam. (1788)"的晚出的同模式异名(Homotypic synonym, Nomenclatural synonym)。【分布】马达加斯加,马斯加林群岛,非洲东部。【模式】Foetidia mauritiana Lamarck。【参考异名】Faetidia Comm. ex Juss. (1789) Nom. illegit.; Faetidia Juss. (1789) Nom. illegit. ●☆

20505 Foetidiaceae (Nied.) Airy Shaw[亦见 Lecythidaceae A. Rich. (保留科名)玉蕊科(巴西果科)]【汉】藏蕊花科。【包含】世界1属5-17种。【分布】非洲东部,马达加斯加,马斯克林群岛。【科名模式】Foetidia Comm. ex Lam. ●☆

20506 Foetidiaceae Airy Shaw(1964) = Lecythidaceae A. Rich. (保留科名)●

20507 Fokienia A. Henry et H. H. Thomas(1911)【汉】福建柏属(建柏属)。【英】Fokien Cypress, Fujiancypress, Fukien Cypress, Fukiencypress。【隶属】柏科 Cupressaceae。【包含】世界1-2种,中国1种。【学名诠释与讨论】〈阴〉(地)Fokien,中国福建省。指模式种发现于福建。【分布】中国,中南半岛。【模式】Fokienia hodginsii(Dunn) A. Henry et H. H. Thomas[Cupressus hodginsii Dunn]。●

20508 Foleyola Maire(1925)【汉】贫雨芥属。【隶属】十字花科 Brassicaceae(Cruciferae)。【包含】世界1种。【学名诠释与讨论】〈阴〉(人)H. Foley,植物学者+-olus,-ola,-olum,拉丁文指示小的词尾。【分布】撒哈拉沙漠。【模式】Foleyola billotii Maire。■☆

20509 Folianthera Raf. (1838) = Stryphnodendron Mart. (1837)[豆科 Fabaceae(Leguminosae)]●☆

20510 Folis Dulac(1867) Nom. illegit. ≡Guepinia Bastard(1812); ~ = Teesdalia R. Br. (1812)[十字花科 Brassicaceae(Cruciferae)]■☆

20511 Folliculigera Pasq. (1867) = Trigonella L. (1753)[豆科 Fabaceae(Leguminosae)//蝶形花科 Papilionaceae]■

20512 Folomfis Raf. (1838) = Miconia Ruiz et Pav. (1794)(保留属名)[野牡丹科 Melastomataceae//米氏野牡丹科 Miconiaceae]●☆

20513 Folotsia Costantin et Bois(1908)【汉】肖鹅绒藤属。【隶属】萝藦科 Asclepiadaceae。【包含】世界5种。【学名诠释与讨论】〈阴〉词源不详。此属的学名,ING、TROPICOS 和 IK 记载是"Folotsia Costantin et Bois in Compt. Rend. Acad. Sci. Paris cxlvii. 258(1908)"。亦有学者把其归入"Cynanchum L. (1753)"。亦有文献把"Folotsia Costantin et Bois(1908)"处理为"Cynanchum L. (1753)"的异名。【分布】马达加斯加。【模式】Folotsia sarcostemmoides Costantin et Bois。【参考异名】Cynanchum L. (1753)●☆

20514 Fometica Raf. (1838) = Heritiera Aiton(1789)[梧桐科 Sterculiaceae//锦葵科 Malvaceae]●

20515 Fonkia Phil. (1859-1861) = Gratiola L. (1753)[玄参科 Scrophulariaceae//婆婆纳科 Veronicaceae]■

20516 Fonna Adans. (1763) Nom. illegit. ≡Phlox L. (1753)[花荵科 Polemoniaceae]■

20517 Fontainea Heckel(1870)【汉】方坦大戟属。【隶属】大戟科 Euphorbiaceae。【包含】世界6种。【学名诠释与讨论】〈阴〉(人)William Morris Fontaine,1835-1913,美国植物学者。另说纪念法国植物学者 Rene(Renatus) Louiche Desfontaines, 1750-1833。【分布】澳大利亚(东北部),法属新喀里多尼亚,新几内亚岛。【模式】Fontainea pancheri(Baillon) Heckel[Baloghia pancheri Baillon]。☆

20518 Fontainesia Post et Kuntze(1903) Nom. illegit. = Fontanesia Labill. (1791)[木犀榄科(木犀科)Oleaceae]●

20519 Fontanella Kluk ex Besser(1809) Nom. illegit. ≡Fontanella Kluk(1809) Nom. illegit.; ~ = Isopyrum L. (1753)(保留属名)[毛茛科 Ranunculaceae]■

20520 Fontanella Kluk(1809) Nom. illegit. = Isopyrum L. (1753)(保留属名)[毛茛科 Ranunculaceae]■

20521 Fontanesia Labill. (1791)【汉】雪柳属。【日】コバタゴ属,フォンタネーシア属。【俄】Фонтанезия。【英】Fontanesia, Snowwillow。【隶属】木犀榄科(木犀科)Oleaceae。【包含】世界1-2种,中国1-2种。【学名诠释与讨论】〈阴〉(人)R. L. des Fontaines,1750-1833,法国植物学者。【分布】意大利(西西里岛),中国,亚洲西部。【模式】Fontanesia philliraeoides Labillardière。【参考异名】Desfontainesia Hoffmanns. (1824) Nom. illegit.; Fontainesia Post et Kuntze(1903) Nom. illegit. ●

20522 Fontbrunea Pierre(1890) = Pouteria Aubl. (1775); ~ = Sideroxylon L. (1753)[山榄科 Sapotaceae]●☆

20523 Fontellaea Morillo(1994)【汉】玻利维亚萝藦属。【隶属】萝藦

科 Asclepiadaceae。【包含】世界 1 种。【学名诠释与讨论】〈阴〉（人）Fontella。【分布】玻利维亚。【模式】Fontellaea boliviana G. Morillo。☆

20524　Fontenella Walp.（1842）= Fontenellea A. St – Hil. et Tul.（1842）; ~ = Quillaja Molina（1782）［蔷薇科 Rosaceae//皂树科 Quillajaceae］●☆

20525　Fontenellea A. St–Hil. et Tul.（1842）= Quillaja Molina（1782）［蔷薇科 Rosaceae//皂树科 Quillajaceae］●☆

20526　Fontquera Maire（1931）= Perralderia Coss.（1859）［菊科 Asteraceae（Compositae）］●☆

20527　Fontqueriella Rothm.（1940）Nom. illegit. ≡ Triguera Cav.（1786）（保留属名）［茄科 Solanaceae］■☆

20528　Foquiera Hemsl.（1879）= Fouquieria Kunth（1823）［柽柳科 Tamaricaceae//刺树科（澳可第罗科, 否筷科, 福桂花科）Fouquieriaceae］●☆

20529　Forasaccus Bubani（1901）Nom. illegit. ≡ Bromus L.（1753）（保留名）［禾本科 Poaceae（Gramineae）］■

20530　Forbesia Eckl.（1827）Nom. inval. ≡ Forbesia Eckl. ex Nel（1914）Nom. illegit. ≡ Empodium Salisb.（1866）［长喙科（仙茅科）Hypoxidaceae］■

20531　Forbesia Eckl. ex Nel（1914）Nom. illegit. ≡ Empodium Salisb.（1866）［长喙科（仙茅科）Hypoxidaceae］■☆

20532　Forbesina Raf. = Verbesina L.（1753）（保留属名）［菊科 Asteraceae（Compositae）］●■☆

20533　Forbesina Ridl.（1925）= Eria Lindl.（1825）（保留属名）［兰科 Orchidaceae］■

20534　Forbicina Ség.（1754）Nom. illegit. ≡ Bidens L.（1753）［菊科 Asteraceae（Compositae）］■●

20535　Forchhammeria Liebm.（1854）【汉】海福木属（福希木属）。【英】Forchhammeria。【隶属】白花菜科（醉蝶花科）Cleomaceae。【包含】世界 10 种。【学名诠释与讨论】〈阴〉（人）Johan Georg Forchhammer, 1794–1865, 丹麦植物学家。【分布】巴拿马, 尼加拉瓜, 美国（加利福尼亚）至中美洲, 西印度群岛。【模式】Forchhammeria pallida Liebmann。【参考异名】Murbeckia Urb. et Ekmau（1930）●☆

20536　Forcipella Baill.（1891）【汉】钳爵床属。【隶属】爵床科 Acanthaceae。【包含】世界 5 种。【学名诠释与讨论】〈阴〉（拉）forceps, 所有格 forcipis, 镊子, 钳子 + – ellus, – ella, – ellum, 加在名词词干后面形成指小式的词尾。或加在人名、属名等后面以组成新属的名称。此属的学名, ING、TROPICOS 和 IK 记载是"Forcipella Baill., Nat. Pflanzenfam.［Engler et Prantl］teil, 4 abt. 3b: 343. 1895"。"Forcipella J. K. Small, Bull. Torrey Bot. Club 25: 150. 15 Feb 1898［石竹科 Caryophyllaceae//醉人花科（裸果木科）Illecebraceae//指甲草科 Paronichiaceae］"是一个晚出的非法名称（Nom. illegit.）; J. K. Small（1898）曾用"Gibbesia J. K. Small, Bull. Torrey Bot. Club 25: 621. 16 Dec 1898"替代它, 亦有学者把其处理为"Paronychia Mill.（1754）"的异名。【分布】马达加斯加。【模式】Forcipella madagascariensis Baillon。■☆

20537　Forcipella Small（1898）Nom. illegit. ≡ Gibbesia Small（1898）; ~ = Paronychia Mill.（1754）［石竹科 Caryophyllaceae//醉人花科（裸果木科）Illecebraceae//指甲草科 Paronichiaceae］■

20538　Fordia Hemsl.（1886）【汉】干花豆属（福地属, 福特豆属, 福特木属）。【英】Fordia。【隶属】豆科 Fabaceae（Leguminosae）//蝶形花科 Papilionaceae。【包含】世界 8–18 种, 中国 2 种。【学名诠释与讨论】〈阴〉（人）Charles Ford, 1844–1927, 英国植物学者, 曾任香港植物园主任。【分布】泰国, 中国, 菲律宾（菲律宾群岛）, 加里曼丹岛, 马来半岛。【模式】Fordia cauliflora W. B. Hemsley。

【参考异名】Imbralyx Geesink（1984）●

20539　Fordiophyton Stapf（1892）【汉】异药花属（肥肉草属）。【英】Fatweed, Fordiophyton。【隶属】野牡丹科 Melastomataceae。【包含】世界 9 种, 中国 9 种。【学名诠释与讨论】〈中〉（人）Charles Ford + phyton, 植物, 树木, 枝条。【分布】中国, 中南半岛。【后选模式】Fordiophyton faberi Stapf。【参考异名】Gymnagathis Stapf（1892）Nom. illegit. ; Stapfiophyton H. L. Li（1944）●■★

20540　Forestiera Poir.（1810）（保留属名）【汉】福木犀属。【隶属】木犀榄科（木犀科）Oleaceae。【包含】世界 15–19 种。【学名诠释与讨论】〈阴〉（人）Charles Le Forestier, ? – 1820, 法国医生, 植物学者。此属的学名"Forestiera Poir. in Lamarck, Encycl., Suppl. 1: 132. 3 Sep 1810"是保留属名。法规未列出相应的废弃属名。"Adelia P. Browne, Civ. Nat. Hist. Jamaica 361. 10 Mar 1756（废弃属名）"和"Bigelovia J. E. Smith in Rees, Cycl. 39: Addenda. 1819［non Bigelowia Rafinesque 1817（废弃属名）, nec Bigelowia A. P. de Candolle 1836（nom. cons.）］"是"Forestiera Poir.（1810）（保留属名）"的晚出的同模式异名（Homotypic synonym, Nomenclatural synonym）。【分布】巴拿马, 美国（密苏里）, 尼加拉瓜, 西印度群岛, 美洲。【模式】Forestiera cassinoides（Willdenow）Poiret［Borya cassinoides Willdenow］。【参考异名】Adelia P. Browne（1756）（废弃属名）; Bigelovia Sm.（1819）Nom. illegit. ; Borya Willd.（1806）Nom. illegit. ; Carpoxis Raf.（1836）; Geisarina Raf.（1838）; Linosyris Torr. et A. Gray; Nudilus Raf.（1833）; Piptolepis Benth.（1840）（废弃属名）●☆

20541　Forestieraceae Endl. = Oleaceae Hoffmanns. et Link（保留科名）●

20542　Forestieraceae Meisn.（1842）= Oleaceae Hoffmanns. et Link（保留科名）●

20543　Forexeta Raf.（1840）= Carex L.（1753）［莎草科 Cyperaceae］■

20544　Forfasadis Raf. = Euphorbia L.（1753）; ~ = Torfasadis Raf.（1838）［大戟科 Euphorbiaceae］●■

20545　Forficaria Lindl.（1838）【汉】叉兰属。【隶属】兰科 Orchidaceae。【包含】世界 16 种。【学名诠释与讨论】〈阴〉（拉）forfex, 所有格 forficis, 指小式 forficula, 剪子, 绞刀。forficalus, 叉形的 + – arius, – aria, – arium, 指示"属于、相似、具有、联系"的词尾。【分布】非洲南部。【模式】Forficaria graminifolia J. Lindley。【参考异名】Herschelia Lindl.（1838）Nom. illegit. ; Herschelianthe Rauschert（1983）■☆

20546　Forgerouxa Neck.（1790）Nom. inval. = Rhamnus L.（1753）［鼠李科 Rhamnaceae］●

20547　Forgerouxia Steud.（1840）Nom. illegit. = Rhamnus L.（1753）［鼠李科 Rhamnaceae］☆

20548　Forgeruxia Raf.（1838）Nom. illegit. = Forgerouxa Neck.（1790）Nom. inval. ; ~ = Rhamnus L.（1753）［鼠李科 Rhamnaceae］●

20549　Forgesia Comm. ex Juss.（1789）【汉】留尼旺鼠刺属。【隶属】鼠刺科 Iteaceae//南美鼠刺科（吊片果科, 鼠刺科, 夷鼠刺科）Escalloniaceae//虎耳草科 Saxifragaceae。【包含】世界 1 种。【学名诠释与讨论】〈阴〉（人）Forges。此属的学名, ING、TROPICOS 和 IK 记载是"Forgesia Comm. ex Juss., Gen. Pl.［Jussieu］164. 1789［4 Aug 1789］"。"Defforgia Lamarck, Tabl. Encycl. Meth., Bot. 1: t. 125. 13 Feb 1792"和"Desforgia Steudel, Nom. Bot. ed. 2. 1: 493. Sep（sero）1840"是"Forgesia Comm. ex Juss.（1789）"的晚出的同模式异名（Homotypic synonym, Nomenclatural synonym）。【分布】俄罗斯。【模式】Forgesia racemosa J. F. Gmelin。【参考异名】Defforgia Lam.（1793）Nom. illegit. ; Desforgia Steud.（1840）Nom. illegit. ●☆

20550　Forgetina Boquill. ex Baill.（1866）= Sloanea L.（1753）［杜英科 Elaeocarpaceae］●

20551　Formania W. W. Sm. et J. Small（1922）【汉】复芒菊属。【英】Desert Olive，Formania。【隶属】菊科 Asteraceae（Compositae）。【包含】世界 1 种，中国 1 种。【学名诠释与讨论】〈阴〉（人）Forman。【分布】中国。【模式】Formania mekongensis W. W. Smith et J. K. Small。●■★

20552　Formanodendron Nixon et Crepet（1989）【汉】三棱栎属。【英】Threeangle Oak，Triangle Oak，Triangleoak。【隶属】壳斗科（山毛榉科）Fagaceae。【包含】世界 3 种，中国 1 种。【学名诠释与讨论】〈阴〉（人）Forman+dendron 或 dendros，树木，棍，丛林。此属的学名是"Formanodendron K. C. Nixon et W. L. Crepet，Amer. J. Bot. 76：840. 23 Jun 1989"。亦有文献把其处理为"Quercus L.（1753）"或"Trigonobalanus Forman（1962）"的异名。【分布】泰国，中国。【模式】Formanodendron daichangense（A. Camus）K. C. Nixon et W. L. Crepet ［as 'doichangensis'］［Quercus daichangensis A. Camus］。【参考异名】Quercus L.（1753）；Trigonobalanus Forman（1962）●

20553　Formosia Pichon（1948）= Anodendron A. DC.（1844）［夹竹桃科 Apocynaceae］●

20554　Fornasinia Bertol.（1849）= Millettia Wight et Arn.（1834）（保留属名）［豆科 Fabaceae（Leguminosae）//蝶形花科 Papilionaceae］●■

20555　Fornea Steud.（1840）= Andryala L.（1753）；~ = Forneum Adans.（1763）Nom. illegit.；~ = Andryala L.（1753）［菊科 Asteraceae（Compositae）］■☆

20556　Fornelia Schott（1858）= Monstera Adans.（1763）（保留属名）；~ =Tornelia Gutierrez ex Schltdl.（1854）［天南星科 Araceae］●■

20557　Forneum Adans.（1763）Nom. illegit. ≡ Andryala L.（1753）［菊科 Asteraceae（Compositae）］■☆

20558　Fornicaria Raf.（1838）Nom. illegit. ≡ Salmea DC.（1813）（保留属名）［菊科 Asteraceae（Compositae）］■☆

20559　Fornicium Cass.（1819）Nom. illegit. = Centaurea L.（1753）（保留属名）［菊科 Asteraceae（Compositae）//矢车菊科 Centaureaceae］●■

20560　Forotubaceae Dulac = Ericaceae Juss.（保留科名）●

20561　Forrestia A. Rich.（1834）Nom. illegit. = Amischotolype Hassk.（1863）［鸭趾草科 Commelinaceae］■

20562　Forrestia Less. et A. Rich. = Amischotolype Hassk.（1863）［鸭趾草科 Commelinaceae］■

20563　Forrestia Raf.（1806）= Ceanothus L.（1753）［鼠李科 Rhamnaceae］●☆

20564　Forsakhlia Ball（1877）= Forsskaolea L.（1764）［荨麻科 Urticaceae］■☆

20565　Forsgardia Vell.（1829）= Combretum Loefl.（1758）（保留属名）［使君子科 Combretaceae］●

20566　Forshohlea Batsch（1802）Nom. illegit. = Forskaelea Scop.（1777）Nom. illegit.；~ = Forskahlea Agardh（1825）Nom. illegit.；~ = Forskahlea Webb et Berthel.（1844）Nom. illegit.；~ = Forskalea Juss.（1789）Nom. illegit.；~ = Forskålea L.（1764）Nom. illegit.；~ =Forskoehlea Rchb.（1778）Nom. illegit.；~ =Forskoelea Brongn.（1843）Nom. illegit.；~ = Forskohlea L.（1767）Nom. illegit.；~ = Forskolia Wight（1853）Nom. illegit.；~ = Forsskaolea L.（1764）［荨麻科 Urticaceae］■☆

20567　Forskaela Cothen.（1790）Nom. illegit.［荨麻科 Urticaceae］■☆

20568　Forskaelea Scop.（1777）Nom. illegit. = Forsskaolea L.（1764）［荨麻科 Urticaceae］■☆

20569　Forskahlea Agardh（1825）Nom. illegit. = Forsskaolea L.（1764）［荨麻科 Urticaceae］■☆

20570　Forskalea Juss.（1789）Nom. illegit. = Forsskaolea L.（1764）［荨麻科 Urticaceae］■☆

20571　Forskâlea L.（1764）Nom. illegit. = Forsskaolea L.（1764）［荨麻科 Urticaceae］■☆

20572　Forskaohlia Webb et Berthel.（1844）Nom. illegit. = Forsskaolea L.（1764）［荨麻科 Urticaceae］■☆

20573　Forskoehlea Rchb.（1778）Nom. illegit. = Forsskaolea L.（1764）［荨麻科 Urticaceae］■☆

20574　Forskoelea Brongn.（1843）Nom. illegit. = Forsskaolea L.（1764）［荨麻科 Urticaceae］■☆

20575　Forskohlea L.（1767）Nom. illegit. = Forsskaolea L.（1764）［荨麻科 Urticaceae］■☆

20576　Forskolia Wight（1853）Nom. illegit. = Forsskaolea L.（1764）［荨麻科 Urticaceae］■☆

20577　Forsskaolea L.（1764）［as 'Forsskâlea'］【汉】福斯麻属（硬毛单蕊麻属）。【隶属】荨麻科 Urticaceae。【包含】世界 6 种。【学名诠释与讨论】〈阴〉（人）Pehr（Peter，Petrus，Petter）Forsskal（also Forsskahl or Forskal or Forsskal），1732-1763，芬兰出生的瑞典植物学者。此属的学名，ING、TROPICOS 和 IK 记载是"Forsskaolea Linnaeus，Opobals. Decl. 17（'Forsskâlea'）. 22 Dec 1764"。"Caidbeja Forsskål，Fl. Aegypt. – Arab. 82. 1775"和"Chamaedryfolia O. Kuntze，Rev. Gen. 2：625. 5 Nov 1891"是"Forsskaolea L.（1764）［as 'Forsskâlea'］"的晚出的同模式异名（Homotypic synonym，Nomenclatural synonym）。此属的学名的拼写变体甚多，见参考异名。【分布】阿拉伯地区，巴基斯坦，非洲，西班牙（加那利群岛），马达加斯加，西班牙，西印度群岛。【模式】Forsskaolea tenacissima Linnaeus。【参考异名】Caidbeja Forssk.（1775）Nom. illegit.；Chamaedryfolia Kuntze（1891）Nom. illegit.；Forsakhlia Ball（1877）；Forshohlea Batsch（1802）Nom. illegit.；Forskaelea Scop.（1777）Nom. illegit.；Forskahlea Agardh（1825）Nom. illegit.；Forskalea Juss.（1789）Nom. illegit.；Forskålea L.（1764）Nom. illegit.；Forskaohlia Webb et Berthel.（1844）Nom. illegit.；Forskoehlea Rchb.（1778）Nom. illegit.；Forskoelea Brongn.（1843）Nom. illegit.；Forskohlea L.（1767）Nom. illegit.；Forskolia Wight（1853）Nom. illegit. ■☆

20578　Forstera L. ex G. Forst.（1780）Nom. illegit. = Forstera L. f.（1780）［花柱草科（丝滴草科）Stylidiaceae］■☆

20579　Forstera L. f.（1780）【汉】长梗花柱草属（福斯特拉属）。【隶属】花柱草科（丝滴草科）Stylidiaceae。【包含】世界 5 种。【学名诠释与讨论】〈阴〉（人）Johann Georg Adam Forster，1754-1794，德国植物学者，探险家。此属的学名，APNI、TROPICOS 和 IK 记载是"Forstera L. f.，Nova Acta Regiae Societatis Scientiarum Upsaliensis ser. 2，3 1780"。ING 记载是"Forstera Linnaeus ex J. G. A. Forster，Nova Acta Regiae Soc. Sci. Upsal. ser. 2. 3：184. 1780"。【分布】澳大利亚（塔斯曼半岛），新西兰。【模式】Forstera sedifolia J. G. A. Forster。【参考异名】Athecia Gaertn.（1788）；Forstera L. ex G. Forst.（1780）Nom. illegit.；Forsteria Neck.（1790）Nom. inval. ■☆

20580　Forstera Post et Kuntze（1903）Nom. illegit. = Breynia J. R. Forst. et G. Forst.（1775）（保留属名）［大戟科 Euphorbiaceae］●

20581　Forsteria Neck.（1790）Nom. inval. = Forstera L. f.（1780）［花柱草科（丝滴草科）Stylidiaceae］■☆

20582　Forsteria Steud.（1821）Nom. illegit. = Breynia J. R. Forst. et G. Forst.（1775）（保留属名）［大戟科 Euphorbiaceae］●

20583　Forsteronia G. Mey.（1818）【汉】弗尔夹竹桃属。【英】Forsteronia。【隶属】夹竹桃科 Apocynaceae。【包含】世界 50 种。【学名诠释与讨论】〈阴〉（人）Thomas Furly（Furley）Forster，1761-1825，英国植物学者。Thomas Ignatius Maria Forster（1789-

1860)的父亲。【分布】巴拉圭,巴拿马,秘鲁,玻利维亚,厄瓜多尔,哥伦比亚(安蒂奥基亚),尼加拉瓜,西印度群岛,中美洲。【后选模式】Forsteronia corymbosa (N. J. Jacquin) G. F. W. Meyer [Echites corymbosa N. J. Jacquin]。【参考异名】Aptotheca Miers (1878);Syringosma Mart. ex Lindl. (1847);Syringosma Mart. ex Rchb. (1828);Thyrsanthus Benth. (1841) Nom. illegit. ●☆

20584 Forsteropsis Sond. (1845) = Stylidium Sw. ex Willd. (1805) (保留属名) [花柱草科(丝滴草科)Stylidiaceae] ■

20585 Forsythia Vahl(1804)(保留属名)【汉】连翘属(金钟花属)。【日】レンギョウ属,レンゲウ属。【俄】Форзиция,Форсайтия,Форсития,Форсиция。【英】Forsythia, Golden Bell, Golden-bells。【隶属】木犀榄科(木犀科)Oleaceae。【包含】世界7-11种,中国6-7种。【学名诠释与讨论】〈阴〉(人)William Forsyth, 1737-1804,英国著名园艺家。此属的学名"Forsythia Vahl, Enum. Pl. 1:39. Jul-Dec 1804"是保留属名。相应的废弃属名是虎耳草科Saxifragaceae的"Forsythia Walter, Fl. Carol.:153. Apr-Jun 1788 = Decumaria L. (1763)"。"Rangium Jussieu in F. Cuvier, Dict. Sci. Nat. 24:200. Aug 1822"是"Forsythia Vahl(1804)(保留属名)"的晚出的同模式异名(Homotypic synonym, Nomenclatural synonym)。【分布】巴基斯坦,美国,中国,东亚,欧洲东部。【模式】Forsythia suspensa (Thunberg) Vahl [Ligustrum suspensum Thunberg]。【参考异名】Forsythia Franch. et Sav. (1875);Rangium Juss. (1822) Nom. illegit. ●

20586 Forsythia Walter (1788) (废弃属名) = Decumaria L. (1763) [虎耳草科 Saxifragaceae//绣球花科(八仙花科,绣球科) Hydrangeaceae] ●

20587 Forsythiopsis Baker (1883) = Oplonia Raf. (1838) [爵床科 Acanthaceae] ●☆

20588 Forsythmajoria Kraenzl. ex Schltr. (1914) = Cynorkis Thouars (1809) [兰科 Orchidaceae] ■☆

20589 Fortunaea Lindl. (1846) = Platycarya Siebold et Zucc. (1843) [胡桃科 Juglandaceae//化香树科 Platycaryaceae] ●

20590 Fortunatia J. F. Macbr. (1931) = Oziroe Raf. (1837) [天门冬科 Asparagaceae] ■☆

20591 Fortunea Poit. (1846) = Fortunaea Lindl. (1846); ~ = Platycarya Siebold et Zucc. (1843) [胡桃科 Juglandaceae//化香树科 Platycaryaceae] ●

20592 Fortunearia Rehder et E. H. Wilson (1913)【汉】牛鼻栓属。【俄】Фортьюнария。【英】Fortunearia。【隶属】金缕梅科 Hamamelidaceae。【包含】世界1种,中国1种。【学名诠释与讨论】〈阴〉(人)Robert Fortune, 1812-1880,英国植物学者、植物标本采集家。于1843-1862年间四次来华采集植物标本,并将茶树从中国引种到印度。【分布】中国。【模式】Fortunearia sinensis Rehder et E. H. Wilson。●★

20593 Fortunella Swingle(1915)【汉】金柑属(金橘属)。【日】キンカン属。【俄】Кинкан, Кумкват。【英】Kumquat。【隶属】芸香科 Rutaceae。【包含】世界9种,中国9种。【学名诠释与讨论】〈阴〉(人)Robert Fortune, 1812-1880,英国植物学者+-ellus, -ella, -ellum,加在名词词干后面形成指小式的词尾。或加在人名、属名等后面以组成新属的名称。本属模式种标本是他1849年在中国浙江镇海穿山采得的。【分布】中国,马来半岛,东亚,中美洲。【模式】Fortunella margarita (Loureiro) Swingle [Citrus margarita Loureiro]。●

20594 Fortuynia Shuttlew. ex Boiss. (1841)【汉】曲序芥属。【隶属】十字花科 Brassicaceae(Cruciferae)。【包含】世界2种。【学名诠释与讨论】〈阴〉词源不详。【分布】阿富汗,巴基斯坦(俾路支),伊朗。【模式】Fortuynia aucheri Shuttleworth ex Boissier。■☆

20595 Forsythia Franch. et Sav. (1875) = Forsythia Vahl(1804)(保留属名)[木犀榄科(木犀科)Oleaceae] ●

20596 Fosbergia Tirveng. et Sastre (1997)【汉】大果茜属。【隶属】茜草科 Rubiaceae。【包含】世界5种,中国3种。【学名诠释与讨论】〈阴〉(人)Francis Raymond Fosberg, 1908-1993,植物学者。【分布】缅甸,泰国,越南,中国。【模式】不详。●

20597 Foscarenia Vand. (1788) Nom. illegit. ≡ Foscarenia Vell. ex Vand. (1788) Nom. illegit. ; ~ = Randia L. (1753) [茜草科 Rubiaceae//山黄皮科 Randiaceae] ●

20598 Foscarenia Vell. ex Vand. (1788) Nom. illegit. = Randia L. (1753) [茜草科 Rubiaceae//山黄皮科 Randiaceae] ●

20599 Fosselinia Scop. (1777) Nom. illegit. ≡ Clypeola L. (1753) [十字花科 Brassicaceae(Cruciferae)] ■☆

20600 Fosterella Airy Shaw = Fosterella L. B. Sm. (1960) [凤梨科 Bromeliaceae] ■☆

20601 Fosterella L. B. Sm. (1960)【汉】福氏凤梨(伏氏凤梨属)。【日】フォステレラ属。【隶属】凤梨科 Bromeliaceae。【包含】世界13-16种。【学名诠释与讨论】〈阴〉(人)Robert Crichton Foster, 1904-1986,美国植物学者+-ellus, -ella, -ellum,加在名词词干后面形成指小式的词尾。或加在人名、属名等后面以组成新属的名称。【分布】巴拉圭,秘鲁,玻利维亚,热带美洲,中美洲。【模式】Fosterella micrantha (Lindley) L. B. Smith [Pitcairnia micrantha Lindley]。【参考异名】Eosterelia Airy Shaw;Fosterella Airy Shaw;Schidospermum Griseb. (1857);Schidospermum Griseb. ex Lechl. , Nom. illegit. ■☆

20602 Fosteria Molseed(1968)【汉】福斯特鸢尾属。【隶属】鸢尾科 Iridaceae。【包含】世界1种。【学名诠释与讨论】〈阴〉(人)Robert Crichton Foster, 1904-1986,美国植物学者。【分布】墨西哥。【模式】Fosteria oaxacana E. Molseed。■☆

20603 Foterghillia Dumort. (1829) = Fothergilla Murray (1774) Nom. illegit. ; ~ = Fothergilla L. (1774) [金缕梅科 Hamamelidaceae] ●☆

20604 Fothergilla Aubl. (1775) Nom. illegit. = Leonicenia Scop. (1777) (废弃属名); ~ = Miconia Ruiz et Pav. (1794) (保留属名) [野牡丹科 Melastomataceae//米氏野牡丹科 Miconiaceae] ●☆

20605 Fothergilla L. (1774)【汉】北美瓶刷树属(弗吉特属,福瑟吉拉木属)。【日】シロバナマンサク属,フォサーギラ属。【英】Dwarf Alder, Fothergilla, Witch - alder。【隶属】金缕梅科 Hamamelidaceae。【包含】世界2-4种。【学名诠释与讨论】〈阴〉(人)John Fothergill, 1712-1780,英国伦敦医生,曾对美洲植物学给予赞助。此属的学名,ING、GCI、TROPICOS 和 IK 记载是"Fothergilla Linnaeus in J. A. Murray, Syst. Veg. ed. 13. 418. Apr-Jun 1774"。"Fothergilla Murray (1774) ≡ Fothergilla L. (1774) [金缕梅科 Hamamelidaceae]"的命名人引证有误。"Fothergilla Aublet, Hist. Pl. Guiane 1:440. Jun-Dec 1775 = Leonicenia Scop. (1777) (废弃属名) [野牡丹科 Melastomataceae] = Miconia Ruiz et Pav. (1794) (保留属名) [野牡丹科 Melastomataceae//米氏野牡丹科 Miconiaceae]"是晚出的非法名称。"Fothergillia Spreng. , Gen. Pl. , ed. 9. 1:445. 1830 [Sep 1830]; [金缕梅科 Hamamelidaceae]"似为变体。【分布】北美洲,中美洲。【模式】Fothergilla gardenii Linnaeus。【参考异名】Anamelis Garden (1821);Fothergilla Murray(1774) Nom. illegit. ;Yongsonia Young ●☆

20606 Fothergilla Murray (1774) Nom. illegit. ≡ Fothergilla L. (1774) [金缕梅科 Hamamelidaceae] ●☆

20607 Fothergillaceae Link = Hamamelidaceae R. Br. (保留科名) ●

20608 Fothergillaceae Nutt. (1818) = Hamamelidaceae R. Br. (保留科名) ●

20609 Fothergillia Spreng. (1830) Nom. illegit. [金缕梅科

Hamamelidaceae]☆

20610　Fougeria Moench(1802)= Baltimora L.(1771)(保留属名)[菊科 Asteraceae(Compositae)]■☆

20611　Fougerouxia Cass.(1829)Nom. illegit. ≡ Fougeria Moench(1802);~ = Baltimora L.(1771)(保留属名)[菊科 Asteraceae(Compositae)]■☆

20612　Fouha Pomel(1860)= Colchicum L.(1753)[百合科 Liliaceae//秋水仙科 Colchicaceae]■

20613　Fouilloya Benth. et Hook. f.(1883)= Foullioya Gaudich.(1844)Nom. illegit.;~ = Pandanus Parkinson(1773)[露兜树科 Pandanaceae]●■

20614　Foullioya Gaudich.(1844)Nom. illegit.= Pandanus Parkinson(1773)[露兜树科 Pandanaceae]●■

20615　Fouquiera Spreng.(1825)= Fouquieria Kunth(1823)[柽柳科 Tamaricaceae//刺树科(澳可第罗科,否筴科,福桂花科)Fouquieriaceae]●☆

20616　Fouquieria Kunth(1823)【汉】刺树属(奥寇梯罗属,澳可第罗属,福桂花属,福凯瑞属)。【日】フキエーラ属。【英】Condlewood,Ocotillo。【隶属】柽柳科 Tamaricaceae//刺树科(澳可第罗科,否筴科,福桂花科)Fouquieriaceae。【包含】世界11种。【学名诠释与讨论】〈阴〉(人)Pierre Eloi Fouquier,1776-1850,巴黎的医学教授。【分布】美国(西南部),墨西哥。【模式】Fouquieria formosa Kunth。【参考异名】Bronnia Kunth(1823);Foquiera Hemsl.(1879);Fouquiera Spreng.(1825);Idria Kellogg(1863);Philetaeria Liebm.(1851)●☆

20617　Fouquieriaceae DC.(1828)(保留科名)【汉】刺树科(澳可第罗科,否筴科,福桂花科)。【包含】世界1-2属11-12种。【分布】美国(西南部),墨西哥。【科名模式】Fouquieria Kunth ●☆

20618　Fourcroea Haw.(1819)Nom. illegit.= Fourcroya Spreng.(1817)Nom. illegit.;~ = Furcraea Vent.(1793)[龙舌兰科 Agavaceae]■☆

20619　Fourcroya Spreng.(1817)Nom. illegit.= Furcraea Vent.(1793)[龙舌兰科 Agavaceae]■☆

20620　Fourneaua Pierre ex Pax et K. Hoffm.= Grossera Pax(1903)[大戟科 Euphorbiaceae]☆

20621　Fourneaua Pierre ex Prain(1912)= Grossera Pax(1903)[大戟科 Euphorbiaceae]☆

20622　Fourniera Scribn.(1897)Nom. illegit. ≡ Soderstromia C. V. Morton(1966)[禾本科 Poaceae(Gramineae)]■☆

20623　Fournieria Tiegh.(1904)Nom. illegit.= Cespedesia Goudot(1844)[金莲木科 Ochnaceae]●☆

20624　Fourraea Gand.(1886)Nom. illegit.= Potentilla L.(1753)[蔷薇科 Rosaceae//委陵菜科 Potentillaceae]■●

20625　Fourraea Greuter et Burdet(1984)Nom. illegit.= Arabis L.(1753)[十字花科 Brassicaceae(Cruciferae)]●■

20626　Foveolaria(DC.)Meisn.(1836)Nom. illegit.= Sloanea L.(1753)[杜英科 Elaeocarpaceae//椴树科(椴科,田麻科)Tiliaceae]●

20627　Foveolaria Meisn.(1836)Nom. illegit. ≡ Foveolaria(DC.)Meisn.(1836)Nom. illegit.= Sloanea L.(1753)[杜英科 Elaeocarpaceae//椴树科(椴科,田麻科)Tiliaceae]●

20628　Foveolaria Ruiz et Pav.(1794)= Styrax L.(1753)[安息香科(齐墩果科,野茉莉科)Styracaceae]●

20629　Foveolina Källersjö(1988)【汉】微肋菊属。【隶属】菊科 Asteraceae(Compositae)。【包含】世界5种。【学名诠释与讨论】〈阴〉(希)fovea,小式 foveola,坑+-inus,-ina,-inum 拉丁文加在名词词干之后,以形成形容词的词尾,含义为"属于、相似、关于、小的"。【分布】非洲南部。【模式】Foveolina dichotoma(A. P. de Candolle)M. Källersjö[Pentzia dichotoma A. P. de Candolle]。■☆

20630　Foxia Parl.(1854)Nom. illegit. ≡ Borboya Raf.(1837);~ = Hyacinthus L.(1753)[百合科 Liliaceae//风信子科 Hyacinthaceae]■☆

20631　Fracastora Adans.(1763)= ? Teucrium L.(1753)[唇形科 Lamiaceae(Labiatae)]●■

20632　Fractiunguis Schltr.(1922)= Reichenbachanthus Barb. Rodr.(1882)[as 'Reichembachanthus']■☆

20633　Fradinia Pomel(1874)= Mecomischus Coss. ex Benth. et Hook. f.(1873)Nom. illegit.;~ = Mecomischus Coss. et Durieu ex Benth. et Hook. f.(1873)[菊科 Asteraceae(Compositae)]■☆

20634　Fraga Lapeyr.(1813)= Potentilla L.(1753)[蔷薇科 Rosaceae//委陵菜科 Potentillaceae]■●

20635　Fragaria L.(1753)【汉】草莓属。【日】イチゴ属,オランダイチゴ属。【俄】Земляника,Клубника。【英】Strawberry。【隶属】蔷薇科 Rosaceae//草莓科 Fragariaceae。【包含】世界10-20种,中国9-11种。【学名诠释与讨论】〈阴〉(拉)fragum,莓实的俗名。fragre 具香味的。指其花和果实具香味。【分布】巴基斯坦,秘鲁,玻利维亚,厄瓜多尔,马达加斯加,美国(密苏里),尼加拉瓜,智利,中国,欧亚大陆,北美洲,中美洲。【后选模式】Fragaria vesca Linnaeus。■

20636　Fragariaceae Nestl.(1816)= Fragariaceae Rich. ex Nestl.■

20637　Fragariaceae Rich. ex Nestl.[亦见 Rosaceae Juss.(1789)(保留科名)蔷薇科]【汉】草莓科。【包含】世界1属10-20种,中国1属9-11种。【分布】智利,欧亚大陆,北美洲。【科名模式】Fragaria L.■

20638　Fragariastrum(Ser.)Schur(1853)Nom. illegit. ≡ Fragariastrum(Ser. ex DC.)Schur(1853)Nom. illegit.;~ = Potentilla L.(1753)[蔷薇科 Rosaceae//委陵菜科 Potentillaceae]■●

20639　Fragariastrum(Ser. ex DC.)Schur(1853)Nom. illegit.= Potentilla L.(1753)[蔷薇科 Rosaceae//委陵菜科 Potentillaceae]■●

20640　Fragariastrum Fabr.(1759)Nom. illegit. ≡ Fragariastrum Heist. ex Fabr.(1759);~ = Potentilla L.(1753)[蔷薇科 Rosaceae//委陵菜科 Potentillaceae]■●

20641　Fragariastrum Heist.(1748)Nom. inval. ≡ Fragariastrum Heist. ex Fabr.(1759);~ = Potentilla L.(1753)[蔷薇科 Rosaceae//委陵菜科 Potentillaceae]■●

20642　Fragariastrum Heist. ex Fabr.(1759)= Potentilla L.(1753)[蔷薇科 Rosaceae//委陵菜科 Potentillaceae]■●

20643　Fragariopsis A. St. -Hil.(1840)= Plukenetia L.(1753)[大戟科 Euphorbiaceae]●☆

20644　Frageria Delile ex Steud.(1840)= Leucheria Lag.(1811)[菊科 Asteraceae(Compositae)]■☆

20645　Fragmosa Raf.(1837)= Erigeron L.(1753)[菊科 Asteraceae(Compositae)]■●

20646　Fragosa Ruiz et Pav.(1794)= Azorella Lam.(1783)[伞形花科(伞形科)Apiaceae(Umbelliferae)]■☆

20647　Fragrangis Thouars = Angraecum Bory(1804);~ = Jumellea Schltr.(1914)[兰科 Orchidaceae]■☆

20648　Fragrosa R. Hedw.(1806)Nom. illegit.[伞形花科(伞形科)Apiaceae(Umbelliferae)]☆

20649　Frailea Britton et Rose(1922)【汉】初姬球属(士童属)。【日】フレーレア属。【英】Frailea。【隶属】仙人掌科 Cactaceae。【包含】世界12-15种,中国2种。【学名诠释与讨论】〈阴〉(人)Manuel Fraile,西班牙园艺爱好者。此属的学名,ING、GCI、TROPICOS 和 IK 记载是"Frailea N. L. Britton et J. N. Rose,Cact.

3；208. 12 Oct 1922"。"Frailia Britton et Rose（1922）= Parodia Speg.（1923）（保留属名）［仙人掌科 Cactaceae］"是废弃属名。【分布】玻利维亚，中国，安第斯山，亚热带南美洲。【模式】Frailea cataphracta（Dams）N. L. Britton et J. N. Rose［Echinocactus cataphractus Dams］。【参考异名】Blossfeldiana Megata；Parodia Speg.（1923）（保留属名）■

20650　Frailia Britton et Rose（1922）（废弃属名）= Parodia Speg.（1923）（保留属名）［仙人掌科 Cactaceae］■

20651　Franca Boehm.（1760）Nom. illegit. ≡ Frankenia L.（1753）［瓣鳞花科 Frankeniaceae］●■

20652　Franca Gerard（1761）Nom. illegit. = Frankenia L.（1753）［瓣鳞花科 Frankeniaceae］●■

20653　Franca Micheli ex Adans.（1763）Nom. illegit. = Frankenia L.（1753）［瓣鳞花科 Frankeniaceae］●■

20654　Francastora Steud.（1841）= ? Teucrium L.（1753）；~ = Fracastora Adans.（1763）［唇形科 Lamiaceae（Labiatae）］●■

20655　Francfleurya A. Chev. et Gagnep.（1927）= Pentaphragma Wall. ex G. Don（1834）［桔梗科 Campanulaceae//五膜草科（五隔草科）Pentaphragmataceae］■

20656　Franchetella Kuntze（1891）Nom. illegit. ≡ Heteromorpha Cham. et Schltdl.（1826）（保留属名）［伞形花科（伞形科）Apiaceae（Umbelliferae）］●☆

20657　Franchetella Pierre（1890）= Lucuma Molina（1782）；~ = Pouteria Aubl.（1775）［山榄科 Sapotaceae］●

20658　Franchetia Baill.（1885）= Breonia A. Rich. ex DC.（1830）；~ = Cephalanthus L.（1753）［茜草科 Rubiaceae］●

20659　Franciella Guillaumin（1922）Nom. illegit. = Neofranciella Guillaumin（1925）［茜草科 Rubiaceae］■☆

20660　Franciscea Pohl（1827）= Brunfelsia L.（1753）（保留属名）［茄科 Solanaceae］●

20661　Franciscodendron B. Hyland et Steenis（1987）【汉】福桐属。【隶属】梧桐科 Sterculiaceae//锦葵科 Malvaceae。【包含】世界 1 种。【学名诠释与讨论】〈中〉（人）Francisco，西班牙 16 世纪医生，植物学者+dendron 或 dendros，树木，棍，丛林。【分布】澳大利亚。【模式】Franciscodendron laurifolium（F. von Mueller）B. P. M. Hyland et C. G. G. J. van Steenis［Sterculia laurifolia F. von Mueller］。●☆

20662　Francisia Endl.（1840）Nom. illegit. ≡ Darwinia Rudge（1816）［桃金娘科 Myrtaceae］●☆

20663　Francoa Cav.（1801）【汉】花茎草属（福南草属）。【日】フランコーア属。【英】Bridal Wreath，Francoa。【隶属】虎耳草科 Saxifragaceae//花茎草科 Francoaceae。【包含】世界 1 种。【学名诠释与讨论】〈阴〉（人）Francisco Franco，16 世纪西班牙的植物学赞助者。此属的学名，ING、TROPICOS 和 IK 记载是"Francoa Cavanilles，Anales Ci. Nat. 4；236. 1801"。"Frankoa H. G. L. Reichenbach，Consp. 158. Dec 1828 – Mar 1829"是"Francoa Cav.（1801）"的晚出的同模式异名（Homotypic synonym，Nomenclatural synonym）。【分布】智利。【模式】Francoa appendiculata Cavanilles。【参考异名】Frankoa Rchb.（1829）Nom. illegit.；Panke Willd. ■☆

20664　Francoaceae A. Juss.（1832）（保留科名）【汉】花茎草科。【包含】世界 2 属 2 种。【分布】温带南美洲。【科名模式】Francoa Cav.（1801）■☆

20665　Francoaceae A. Juss.（保留科名）= Saxifragaceae Juss.（保留科名）●■

20666　Francoeuria Cass.（1825）= Pulicaria Gaertn.（1791）［菊科 Asteraceae（Compositae）］■●

20667　Frangula（Tourn.）Mill.（1754）Nom. illegit. ≡ Frangula Mill.（1754）；~ = Rhamnus L.（1753）［鼠李科 Rhamnaceae］●

20668　Frangula Mill.（1754）= Rhamnus L.（1753）［鼠李科 Rhamnaceae］●

20669　Frangula Tourn. ex Haller（1742）Nom. inval. = Rhamnus L.（1753）［鼠李科 Rhamnaceae］●

20670　Frangulaceae DC.（1805）= Rhamnaceae Juss.（保留科名）●

20671　Frangulaceae Lam. et DC. = Rhamnaceae Juss.（保留科名）●

20672　Franka Steud.（1840）Nom. illegit. = Frankenia L.（1753）［瓣鳞花科 Frankeniaceae］●■

20673　Frankena Cothen.（1790）Nom. illegit.［瓣鳞花科 Frankeniaceae］☆

20674　Frankenia L.（1753）【汉】瓣鳞花属。【日】フランケーニア属。【俄】Сайгачья трава，Трава сайгачья，Франкения。【英】Frankenia，Sea Heath，Sea – heath。【隶属】瓣鳞花科 Frankeniaceae。【包含】世界 80 种，中国 1 种。【学名诠释与讨论】〈阴〉（人）John Frankenius，1590－1661，瑞典植物学者，有时写作 Franke 或 Franckenius 或 Franck。此属的学名，ING、APNI、TROPICOS 和 IK 记载是"Frankenia L.，Sp. Pl. 1；331. 1753［1 May 1753］"。"Franca Boehmer in C. G. Ludwig，Def. Gen. ed. Boehmer 3. 290. 1760"是"Frankenia L.（1753）"的晚出的同模式异名（Homotypic synonym，Nomenclatural synonym）。【分布】巴基斯坦，秘鲁，玻利维亚，中国，温带和亚热带。【后选模式】Frankenia laevis Linnaeus。【参考异名】Anthobryum Phil.（1891）；Anthobryum Phil. et Reiche（1896）Nom. illegit.；Beatsonia Roxb.（1816）；Franca Boehm.（1760）Nom. illegit.；Franca Gerard（1761）Nom. illegit.；Franca Micheli ex Adans.（1763）Nom. illegit.；Franka Steud.（1840）Nom. illegit.；Frankeria Raf. Menetho Raf.（1837）；Niederleinia Hieron.（1881）；Nothria P. J. Bergius（1767）；Streptima Raf.（1837）；Tetreilema Turcz.（1863）；Trankenia Thunb.（1818）●■

20675　Frankeniaceae A. St. –Hil. ex Gray = Frankeniaceae Desv.（保留科名）■●

20676　Frankeniaceae Desv.（1817）（保留科名）【汉】瓣鳞花科。【俄】Франкениевые。【英】Frankenia Family，Sea–heath Family。【包含】世界 1-5 属 70-90 种，中国 1 属 1 种。【分布】热带和温带。【科名模式】Frankenia L.（1753）●■

20677　Frankeniaceae Gray = Frankeniaceae Desv.（保留科名）■●

20678　Frankeria Raf. = Frankenia L.（1753）［瓣鳞花科 Frankeniaceae］●■

20679　Frankia Bert. ex Steud.（1840）Nom. inval. = Cicca L.（1767）［大戟科 Euphorbiaceae］●

20680　Frankia Steud.（1836）Nom. inval.［菊科 Asteraceae（Compositae）］☆

20681　Frankia Steud.（1840）Nom. inval. = Cicca L.（1767）［大戟科 Euphorbiaceae］☆

20682　Frankia Steud. ex Schimp. = Gymnarrhena Desf.（1818）［菊科 Asteraceae（Compositae）］■☆

20683　Frankia Steud. ex Steud.（1840）Nom. inval.［菊科 Asteraceae（Compositae）］☆

20684　Franklandia R. Br.（1810）【汉】弗兰木属。【隶属】山龙眼科 Proteaceae。【包含】世界 2 种。【学名诠释与讨论】〈阴〉（人）Thomas Frankland，1750－1831，英国植物学者。【分布】澳大利亚（西部）。【模式】Franklandia fucifolia R. Brown。●☆

20685　Franklina J. F. Gmel.（1791）Nom. illegit. = ? Franklinia W. Bartram ex Marshall（1785）［山茶科（茶科）Theaceae］●☆

20686　Franklinia W. Bartram ex Marshall（1785）【汉】富兰克林木属（洋大头茶属）。【英】Franklinia。【隶属】山茶科（茶科）

Theaceae。【包含】世界 1-2 种。【学名诠释与讨论】〈阴〉（人）Benjamin Franklin，1706-1790，美国学者，政治家。此属的学名，ING、GCI、TROPICOS 和 IK 记载是"Franklinia W. Bartram ex Marshall，Arbust. Amer. 48（- 50）. 1785"。"Lacathea R. A. Salisbury，Parad. Lond. ad t. 56. 1 Dec 1806"和"Michauxia R. A. Salisbury，Prodr. Stirp. 386. Nov-Dec 1796"是其晚出的同模式异名。"Franklina J. F. Gmel.（1791）Nom. illegit."似为"Franklinia W. Bartram ex Marshall（1785）"的拼写变体。【分布】美国。【模式】Franklinia alatamaha H. Marshall。【参考异名】? Franklina J. F. Gmel.（1791）Nom. illegit.；Lacathea Salisb.（1806）Nom. illegit.；Michauxia Salisb.（1796）Nom. illegit.（废弃属名）●☆

20687　Frankoa Rchb.（1829）Nom. illegit. ≡ Francoa Cav.（1801）［虎耳草科 Saxifragaceae//花茎草科 Francoaceae］■☆

20688　Frankoeria Steud.（1840）= Francoeuria Cass.（1825）；~ = Pulicaria Gaertn.（1791）［菊科 Asteraceae（Compositae）］■●

20689　Franquevillea Zoll.（1854）Nom. inval. = Hypoxis L.（1759）［石蒜科 Amaryllidaceae//长喙科（仙茅科）Hypoxidaceae］■

20690　Franquevillea Zoll. ex Miq.（1859）= Hypoxis L.（1759）［石蒜科 Amaryllidaceae//长喙科（仙茅科）Hypoxidaceae］■

20691　Franquevillia Salisb. ex Gray（1821）Nom. illegit. ≡ Cicendia Adans.（1763）；~ = Microcala Hoffmanns. et Link（1813）Nom. illegit.；~ = Cicendia Adans.（1763）［龙胆科 Gentianaceae］■☆

20692　Franseria Cav.（1794）（保留属名）【汉】弗朗菊属。【隶属】菊科 Asteraceae（Compositae）//豚草科 Ambrosiaceae。【包含】世界 40 种。【学名诠释与讨论】〈阴〉词源不详。此属的学名"Franseria Cav.，Icon. 2：78. Dec 1793-Jan 1794"是保留属名。法规未列出相应的废弃属名。"Gaertneria Medikus，Philos. Bot. 1：45. Apr 1789（废弃属名）［non Gaertnera Schreber 1789（废弃属名），nec Gaertnera Lamarck 1792（nom. cons.）］"是"Franseria Cav.（1794）（保留属名）"的同模式异名（Homotypic synonym，Nomenclatural synonym）。亦有文献把"Franseria Cav.（1794）（保留属名）"处理为"Ambrosia L.（1753）"的异名。【分布】澳大利亚，玻利维亚，中美洲。【模式】Franseria ambrosioides Cavanilles，Nom. illegit.［Ambrosia arborescens P. Miller；Franseria ambrosioides Rydberg］。【参考异名】Ambrosia L.（1753）；Gaertneria Medik.（1789）（废弃属名）；Hemiambrosia Delpino（1871）；Hemixanthidium Delpino（1871）；Xanthidium Delpino（1871）●■☆

20693　Fransiella Willis，Nom. inval. = Franciella Guillaumin（1922）Nom. illegit.；~ = Neofranciella Guillaumin（1925）［茜草科 Rubiaceae］■☆

20694　Frantzia Pittier（1910）= Sechium P. Browne（1756）（保留属名）［葫芦科（瓜科，南瓜科）Cucurbitaceae］■

20695　Frappieria Cordem.（1871）= Psiadia Jacq.（1803）［菊科 Asteraceae（Compositae）］●☆

20696　Frasera Walter（1788）【汉】轮叶龙胆属。【隶属】龙胆科 Gentianaceae。【包含】世界 2-15 种。【学名诠释与讨论】〈阴〉（人）John Fraser，1750-1811，英国旅行家，植物学者。【分布】巴基斯坦，北美洲。【模式】Frasera caroliniensis T. Walter。【参考异名】Ellisia Garden（1821）Nom. illegit.（废弃属名）；Leucocraspedum Rydb.（1917）；Mesadenia Raf.（1828）；Tessaranthium Kellogg（1862）；Tesserantherum Curran（1885）；Tesseranthium Kellogg（1862）；Tesseranthium Pritz.（1865）Nom. illegit.；Trasera Raf.■☆

20697　Fraunhofera Mart.（1831）【汉】弗劳恩卫矛属。【隶属】卫矛科 Celastraceae。【包含】世界 1 种。【学名诠释与讨论】〈阴〉（人）Fraunhofer。【分布】巴西。【模式】Fraunhofera multiflora C. F. P. Martius。●☆

20698　Fraxima Raf.（1838）= Ipomoea L.（1753）（保留属名）［旋花科 Convolvulaceae］●■

20699　Fraxinaceae Gray［亦见 Oleaceae Hoffmanns. et Link（保留科名）］【汉】白蜡树科。【包含】世界 1 属 45-65 种，中国 1 属 22-39 种。【分布】地中海，东亚，北美洲，北半球。【科名模式】Fraxinus L.（1753）●

20700　Fraxinaceae Vest（1818）= Oleaceae Hoffmanns. et Link（保留科名）●

20701　Fraxinella Mill.（1754）= Dictamnus L.（1753）［芸香科 Rutaceae//白鲜科 Dictamnaceae］■

20702　Fraxinella Ruppius（1745）Nom. inval.［芸香科 Rutaceae］☆

20703　Fraxinellaceae Nees et Mart.（1823）= Rutaceae Juss.（保留科名）●■

20704　Fraxinoides Medik.（1791）= Fraxinus L.（1753）［木犀榄科（木犀科）Oleaceae//白蜡树科 Fraxinaceae］●

20705　Fraxinus L.（1753）【汉】白蜡树科（白蜡属，梣属）。【日】トネリコ属。【俄】Ясень。【英】Ash。【隶属】木犀榄科（木犀科）Oleaceae//白蜡树科 Fraxinaceae。【包含】世界 45-65 种，中国 22-39 种。【学名诠释与讨论】〈阴〉（拉）fraxinus，白蜡树的古名，来自 phrasso，围篱。指在古代白蜡树用作篱笆。或来自拉丁文 phraxis 分隔物，其含义同上。此属的学名，ING、APNI 和 GCI 记载是"Fraxinus L.，Sp. Pl. 2：1057. 1753［1 May 1753］"。IK 则记载为"Fraxinus Tourn. ex L.，Sp. Pl. 2：1057. 1753［1 May 1753］"。"Fraxinus Tourn."是命名起点著作之前的名称，故"Fraxinus L.（1753）"和"Fraxinus Tourn. ex L.（1753）"都是合法名称，可以通用。【分布】巴基斯坦，秘鲁，玻利维亚，哥伦比亚（安蒂奥基亚），美国（密苏里），中国，地中海地区，东亚，北美洲，中美洲。【后选模式】Fraxinus excelsior Linnaeus。【参考异名】Aplilia Raf.（1838）；Calycomelia Kostel.（1834）；Fraxinoides Medik.（1791）；Fraxinus Tourn. ex L.（1753）；Leptalix Raf.（1836）；Mannaphorus Raf.（1818）Nom. illegit.；Meliopsis Rchb.（1841）；Ornanthes Raf.（1836）Nom. illegit.；Ornus Boehm.（1760）；Petlomelia Nieuwl.（1914）；Samarpsea Raf.（1836）●

20706　Fraxinus Tourn. ex L.（1753）≡ Fraxinus L.（1753）［木犀榄科（木犀科）Oleaceae//白蜡树科 Fraxinaceae］●

20707　Freatulina Chrtek et Slavíková（1996）= Drosera L.（1753）［茅膏菜科 Droseraceae］■

20708　Fredericia G. Don（1837）= Fridericia Mart.（1827）［紫葳科 Bignoniaceae］●☆

20709　Fredolia（Bunge）Ulbr.（1934）Nom. illegit. ≡ Fredolia（Coss. et Durieu ex Bunge）Ulbr.（1934）；~ = Anabasis L.（1753）［藜科 Chenopodiaceae//苋科 Amaranthaceae］●■

20710　Fredolia（Coss. et Durieu ex Bunge）Ulbr.（1934）Nom. illegit. = Anabasis L.（1753）［藜科 Chenopodiaceae//苋科 Amaranthaceae］●■

20711　Fredolia（Coss. et Durieu）Ulbr.（1934）Nom. illegit. ≡ Fredolia（Coss. et Durieu ex Bunge）Ulbr.（1934）；~ = Anabasis L.（1753）［藜科 Chenopodiaceae//苋科 Amaranthaceae］●■

20712　Fredolia Coss. et Durieu ex Moq. et Coss.（1862）Nom. inval. = Anabasis L.（1753）［藜科 Chenopodiaceae//苋科 Amaranthaceae］●■

20713　Freemania Bojer ex DC.（1838）= Helichrysum Mill.（1754）［as 'Elichrysum'］（保留属名）［菊科 Asteraceae（Compositae）//蜡菊科 Helichrysaceae］●■

20714　Freemannia Steud.（1840）Nom. illegit.［菊科 Asteraceae（Compositae）］☆

20715　Freerea Willis，Nom. inval. = Freeria Merr.（1912）［茶茱萸科 Icacinaceae］●

20716　Freeria Merr.（1912）＝ Pyrenacantha Wight（1830）（保留属名）［茶茱萸科 Icacinaceae］●

20717　Freesea Exklon（1827）Nom. illegit. ＝ Ixia L.（1762）（保留属名）；～＝ Tritonia Ker Gawl.（1802）［鸢尾科 Iridaceae//鸟娇花科 Ixiaceae］■

20718　Freesia Exklon ex Klatt（1866）（保留属名）【汉】香雪兰属（小苍兰属,小菖兰属,红射干属）。【日】アサギズイセン属,フリージア属。【俄】Фреезия。【英】Freesia。【隶属】鸢尾科 Iridaceae。【包含】世界 20 种,中国 1 种。【学名诠释与讨论】〈阴〉（人）Friederich Heinrich Theodor Frees,1795－1876,德国医生、植物学者,他研究南美植物。一说 Dr. F. H. T. Freese,英国人。此属的学名"Freesia Exklon ex Klatt in Linnaea 34：672. Dec 1866"是保留属名。相应的废弃属名是鸢尾科 Iridaceae 的"Anomatheca Ker Gawl. in Ann. Bot.（Koig et Sims）1：227. 1 Sep 1804 ＝ Freesia Exklon ex Klatt（1866）（保留属名）"。"Freesia Klatt, Linnaea 34：672. 1866［Dec 1866］"的命名人引证有误,亦应废弃。"Anomatheca Klatt（1805）Nom. illegit."亦应废弃。【分布】巴基斯坦,中国,非洲南部。【模式】Freesia refracta（N. J. Jacquin）Klatt［Gladiolus refractus N. J. Jacquin］。【参考异名】Anomatheca Ker Gawl.（1804）（废弃属名）；Freesia Klatt（1866）（废弃属名）；Nymania Kuntze（1891）；Nymanima Kuntze（1891）Nom. illegit. ；Nymanima T. Durand et Jacks. ；Nymanina Kuntze（1891）■

20719　Freesia Klatt（1866）Nom. illegit.（废弃属名）≡ Freesia Exklon ex Klatt（1866）（保留属名）；～＝ Gladiolus L.（1753）［鸢尾科 Iridaceae］■

20720　Fregea Rchb. f.（1852）＝ Sobralia Ruiz et Pav.（1794）［兰科 Orchidaceae］■☆

20721　Fregirardia Dunal ex Delile（1849）＝ Cestrum L.（1753）［茄科 Solanaceae］●

20722　Fregirardia Dunal ex Raf., Nom. illegit. ＝ Cestrum L.（1753）［茄科 Solanaceae］●

20723　Fregirardia Dunal（1849）Nom. illegit. ≡ Fregirardia Dunal ex Delile（1849）；～＝ Cestrum L.（1753）［茄科 Solanaceae］●

20724　Freira Gay（1851）＝ Freirea Gaudich.（1830）［荨麻科 Urticaceae］■

20725　Freirea Gaudich.（1830）＝ Parietaria L.（1753）［荨麻科 Urticaceae］■

20726　Freireodendron Müll. Arg.（1866）＝ Drypetes Vahl（1807）［大戟科 Euphorbiaceae］●

20727　Fremontea Lindl.（1847）＝ Sarcobatus Nees（1839）［藜科 Chenopodiaceae//肉叶刺藜科（夷藜科）Sarcobataceae］●☆

20728　Fremontia Torr.（1843）Nom. illegit. ＝ Sarcobatus Nees（1839）［藜科 Chenopodiaceae//肉叶刺藜科（夷藜科）Sarcobataceae］●☆

20729　Fremontia Torr.（1851）Nom. illegit. ≡ Fremontodendron Coville（1893）［梧桐科 Sterculiaceae//锦葵科 Malvaceae］●☆

20730　Fremontiaceae J. Agardh ＝ Cheiranthodendraceae A. Gray；～＝ Sterculiaceae Vent.（保留科名）●■

20731　Fremontodendron Coville（1893）【汉】法兰绒花属（佛里蒙德属,佛里蒙特属,弗里芒木属）。【日】フレモンティアデンドロン属,フレモンティア属。【英】Flannel Bush, Flannel Flower。【隶属】梧桐科 Sterculiaceae//锦葵科 Malvaceae。【包含】世界 3-6 种。【学名诠释与讨论】〈中〉（人）John Charles Fremont,1813－1890,美国植物学者＋dendron 或 dendros,树木,棍,丛林。此属的学名"Fremontodendron Coville, Contr. U. S. Natl. Herb. 4：74. 29 Nov 1893"是一个替代名称。"Fremontia J. Torrey, Proc. Amer. Assoc. Advancem. Sci. 4：191. 1851"是一个非法名称（Nom. illegit.）,因为此前已经有了"Fremontia J. Torrey in Frémont, Rep.

Explor. Exped. Rocky Mount. 95. Mar 1843 ＝ Sarcobatus Nees（1839）［藜科 Chenopodiaceae//肉叶刺藜科（夷藜科）Sarcobataceae］"。故用"Fremontodendron Coville（1893）"替代之。【分布】美国（加利福尼亚）,墨西哥。【模式】Fremontodendron californicum（Torrey）Coville［Fremontia californica Torrey］。【参考异名】Fremontia Torr.（1851）Nom. illegit. ●☆

20732　Fremya Brongn. et Gris（1863）＝ Xanthostemon F. Muell.（1857）（保留属名）［桃金娘科 Myrtaceae］●☆

20733　Frenela Mirb.（1825）Nom. illegit. ≡ Callitris Vent.（1808）［柏科 Cupressaceae］●

20734　Frerea Dalzell（1864）【汉】弗氏萝藦属（弗里尔属）。【日】フレーレア属。【隶属】萝藦科 Asclepiadaceae。【包含】世界 1 种。【学名诠释与讨论】〈阴〉（人）B. Frere。【分布】印度南部。【模式】Frerea indica Dalzell。■☆

20735　Fresenia DC.（1836）＝ Felicia Cass.（1818）（保留属名）［菊科 Asteraceae（Compositae）］●■

20736　Fresiera Mirb.（1813）＝ Freziera Willd.（1799）（保留属名）［山茶科（茶科）Theaceae//厚皮香科 Ternstroemiaceae］●☆

20737　Fresnelia Steud.（1840）＝ Callitris Vent.（1808）；～＝ Frenela Mirb.（1825）Nom. illegit. ；～＝ Callitris Vent.（1808）［柏科 Cupressaceae］●

20738　Freuchenia Eckl.（1827）＝ Moraea Mill.（1758）［as 'Morea'］（保留属名）［鸢尾科 Iridaceae］■

20739　Freya V. M. Badillo（1985）【汉】弗雷菊属。【隶属】菊科 Asteraceae（Compositae）。【包含】世界 1 种。【学名诠释与讨论】〈阴〉（人）Eduard（－Stauffer）Frey,1888－1974,植物学者。【分布】委内瑞拉。【模式】Freya alba V. M. Badillo。■☆

20740　Freycinetia Gaudich.（1824）【汉】藤露兜属（蔓露兜属,山林投属,山露兜属,藤露兜树属）。【日】ツルアダン属,フレイシネチヤ属。【英】Climbing Screw － pine, Freycinetia, Screw Pine, Vinescrewpine。【隶属】露兜树科 Pandanaceae。【包含】世界 95-180 种,中国 1-3 种。【学名诠释与讨论】〈阴〉（人）Louis－Claude de Saulces（or Desaulses）de Freycinet,1779－1842,法国海军大将,航海家,植物采集家。【分布】中国,斯里兰卡至新西兰和波利尼西亚群岛。【后选模式】Freycinetia arborea Gaudichaud － Beaupré。【参考异名】Jezabel Banks ex Salisb.（1866）；Victoriperrea Hombr.（1843）；Victoriperrea Hombr. et Jacquinot ex Decne.（1853）Nom. illegit. ●

20741　Freycinetiaceae Brongn. ex Le Maout et Decne.（1868）＝ Pandanaceae R. Br.（保留科名）●■

20742　Freyera Rchb.（1837）＝ Geocaryum Coss.（1851）［伞形花科（伞形科）Apiaceae（Umbelliferae）］■

20743　Freyeria Scop.（1777）Nom. illegit. ≡ Mayepea Aubl.（1775）（废弃属名）；～＝ Chionanthus L.（1753）；～＝ Linociera Sw. ex Schreb.（1791）（保留属名）［木犀榄科（木犀科）Oleaceae］●

20744　Freylenia Brongn.（1843）Nom. illegit.［玄参科 Scrophulariaceae］☆

20745　Freylinia Colla（1824）【汉】福雷铃木属。【隶属】玄参科 Scrophulariaceae。【包含】世界 1-4 种。【学名诠释与讨论】〈阴〉（人）Count L. de Freylin,意大利植物学者。【分布】热带和非洲南部。【模式】Freylinia cestroides Colla, Nom. illegit.［Capraria lanceolata Linnaeus f. ；Freylinia lanceolata（Linnaeus f.）G. Don］。●☆

20746　Freyliniopsis Engl.（1922）＝ Manuleopsis Thell. ex Schinz（1915）［玄参科 Scrophulariaceae］●☆

20747　Freziera Sw.（1799）（废弃属名）≡ Freziera Willd.（1799）（保留属名）［山茶科（茶科）Theaceae//厚皮香科 Ternstroemiaceae

●☆

20748 Freziera Sw. ex Willd.（1799）（废弃属名）≡ Freziera Willd.（1799）（保留属名）［山茶科（茶科）Theaceae//厚皮香科 Ternstroemiaceae］●☆

20749 Freziera Willd.（1799）（保留属名）【汉】富雷茶属。【隶属】山茶科（茶科）Theaceae//厚皮香科 Ternstroemiaceae。【包含】世界42-57种。【学名诠释与讨论】〈阴〉（人）Amédée Francois Frezier，1682-1773，植物学者。此属的学名"Freziera Willd.，Sp. Pl. 2（2）：1122，1179. Dec 1799"是保留属名。相应的废弃属名是山茶科（茶科）Theaceae 的"Eroteum Sw.，Prodr.：5，85. 20 Jun-29 Jul 1788 ≡ Freziera Willd.（1799）（保留属名）"和"Lettsomia Ruiz et Pav.，Fl. Peruv. Prodr.：77. Oct（prim.）1794 = Freziera Willd.（1799）（保留属名）"。山茶科（茶科）Theaceae 的"Freziera Sw. ex Willd.，Sp. Pl.，ed. 4［Willdenow］2（2）：1179（1799）≡ Freziera Willd.（1799）（保留属名）"和"Eroteum Blanco（1837）Nom. illegit.≡Trichospermum Blume（1825）［椴树科（椴科，田麻科）Tiliaceae//锦葵科 Malvaceae］"亦应废弃。"Freziera Willd.（1799）（保留属名）"曾被处理为"Eurya sect. Frezeria（Willd.）Szyszył.，Die Natürlichen Pflanzenfamilien 3（6）：190. 1893"和"Eurya subgen. Freziera（Willd.）Melch.，Die natürlichen Pflanzenfamilien，Zweite Auflage 21：148. 1925"。【分布】巴拿马，秘鲁，玻利维亚，厄瓜多尔，哥伦比亚（安蒂奥基亚），尼加拉瓜，西印度群岛，中美洲。【模式】Freziera undulata（Swartz）Willdenow［Eroteum undulatum Swartz］。【参考异名】Eroteum Sw.（1788）（废弃属名）；Eurotium Kuntze（1891）；Eurya sect. Frezeria（Willd.）Szyszył.（1893）；Eurya subgen. Freziera（Willd.）Melch.（1925）；Fresiera Mirb.（1813）；Freziera Sw.（1799）（废弃属名）；Freziera Sw. ex Willd.（1799）（废弃属名）；Letsomia Rchb.（1837）；Lettsomia Ruiz et Pav.（1794）（废弃属名）；Patascoya Urb.（1896）●☆

20750 Fridericia Mart.（1827）【汉】弗里紫葳属。【隶属】紫葳科 Bignoniaceae。【包含】世界1种。【学名诠释与讨论】〈阴〉（人）Fridericy，巴伐利亚四世国王。此属的学名，ING、TROPICOS 和 IK 记载是"Fridericia C. F. P. Martius, Nova Acta Phys. - Med. Acad. Caes. Leop. -Carol. Nat. Cur. 13（2）（Praef.）：7. 1827"。也有学者把"Neomacfadya Baill.（1888）"处理为本属的异名。【分布】巴拉圭，巴西（南部），玻利维亚。【后选模式】Fridericia speciosa C. F. P. Martius。【参考异名】Fredericia G. Don（1837）；Friedertcia Rchb.（1828）；Neomacfadya Baill.（1888）●☆

20751 Friederichsthalia A. DC.（1846）= Friedrichsthalia Fenzl（1839）；~ = Trichodesma R. Br.（1810）（保留属名）［紫草科 Boraginaceae］●■

20752 Friedericia Rchb.（1828）= Fridericia Mart.（1827）［紫葳科 Bignoniaceae］●☆

20753 Friedlandia Cham. et Schltdl.（1827）= Diplusodon Pohl（1827）［千屈菜科 Lythraceae］●☆

20754 Friedrichsthalia Fenzl（1839）= Trichodesma R. Br.（1810）（保留属名）［紫草科 Boraginaceae］●■

20755 Friesea Rchb.（1841）= Aristotelia L'Hér.（1786）（保留属名）；~ = Friesia DC.（1824）Nom. illegit.；~ = Aristotelia L'Hér.（1786）（保留属名）［椴树科（椴科，田麻科）Tiliaceae//杜英科 Elaeocarpaceae//酒果科 Aristoteliaceae］●☆

20756 Friesia DC.（1824）Nom. illegit.= Aristotelia L'Hér.（1786）（保留属名）［椴树科（椴科，田麻科）Tiliaceae//杜英科 Elaeocarpaceae//酒果科 Aristoteliaceae］●☆

20757 Friesia Frič ex Kreuz.（1930）Nom. illegit. = Parodia Speg.（1923）（保留属名）；~ = Pyrrhocactus A. Berger（1929）［仙人掌

科 Cactaceae］■☆

20758 Friesia Frič（1930）Nom. illegit. = Parodia Speg.（1923）（保留属名）；~ = Pyrrhocactus A. Berger（1929）［仙人掌科 Cactaceae］■☆

20759 Friesia Spreng.（1818）Nom. illegit. ≡ Crotonopsis Michx.（1803）［大戟科 Euphorbiaceae］●☆

20760 Friesodielsia Steenis（1948）【汉】箭花藤属（弗迪木属）。【隶属】番荔枝科 Annonaceae。【包含】世界50-60种。【学名诠释与讨论】〈阴〉（人）Elias Magnus Fries，1794-1878，瑞典植物学家，著名的真菌学家+Friedrich Ludwig Emil Diels，1874-1945，德国植物学者。此属的学名"Friesodielsia C. G. G. J. van Steenis, Bull. Jard. Bot. Buitenzorg ser. 3. 17：458. Mai 1948"是一个替代名称。"Oxymitra（Blume）Hook. f. et T. Thomson, Fl. Indica 145. Jul 1855"是一个非法名称（Nom. illegit.），因为此前已经有了"Oxymitra Bischoff ex Lindenberg, Nova Acta Phys. - Med. Acad. Caes. Leop. -Carol. Nat. Cur. 14 Suppl. 1：124. 1829（苔藓）"。故用"Friesodielsia Steenis（1948）"替代之。亦有文献把"Friesodielsia Steenis（1948）"处理为"Richella A. Gray（1852）"的异名。【分布】印度（东北部，安达曼群岛），热带非洲西部。【模式】Guatteria cuneiformis Blume。【参考异名】Oxymitra（Blume）Hook. f. et Thomson（1855）Nom. illegit.；Oxymitra Hook. f. et Thomson（1855）Nom. illegit.；Richella A. Gray（1852）●☆

20761 Frigidorchis Z. J. Liu et S. C. Chen（2007）【汉】冷兰属。【隶属】兰科 Orchidaceae。【包含】世界1种，中国1种。【学名诠释与讨论】〈阴〉（拉）frigidus 冷的+orchis，原义是睾丸，后变为植物兰的名称，因为根的形态而得名。变为拉丁文 orchis，所有格 orchidis。【分布】中国。【模式】Frigidorchis humidicola（K. Y. Lang et D. S. Deng）Z. J. Liu et S. C. Chen［Peristylus humidicola K. Y. Lang et D. S. Deng，Bhutanthera humidicola（K. Y. Lang et D. S. Deng）Ormerod.］。■

20762 Frisca Spach（1841）= Thesium L.（1753）［檀香科 Santalaceae］■☆

20763 Frithia N. E. Br.（1925）【汉】晃玉属。【日】フリシア属。【隶属】番杏科 Aizoaceae。【包含】世界1-2种。【学名诠释与讨论】〈阴〉（人），1872-1954，英国园艺学家。【分布】南非。【模式】Frithia pulchra N. E. Brown。■☆

20764 Fritillaria L.（1753）【汉】贝母属。【日】バイモ属。【俄】Корольковия，Ринопеталум，Рябчик，Фритиллярия。【英】Fritillaria，Fritillary，Persian Lily，Snake's Head。【隶属】百合科 Liliaceae//贝母科 Fritillariaceae。【包含】世界100-130种，中国64种。【学名诠释与讨论】〈阴〉（拉）fritillus，多变的，骰子筒+-arius，-aria，-arium，指示"属于、相似、具有、联系"的词尾。指某些种的花具斑纹。【分布】巴基斯坦，中国，北温带。【后选模式】Fritillaria meleagris Linnaeus。【参考异名】Amblirion Raf.（1818）；Baimo Raf.（1838）；Corona Fisch. ex Graham（1836）；Eucrinum（Nutt.）Lindl.（1846）；Eucrinum Nutt. ex Lindl.（1847）Nom. illegit.；Imperialis Adans.（1763）Nom. illegit.；Korolkowia Regel（1873）；Liliorhiza Kellogg（1863）；Lyperia Salisb.（1866）Nom. illegit.；Melorima Raf.（1838）；Monocodon Salisb.（1866）；Morucodon Salisb.；Ochrocodon Rydb.（1917）Nom. illegit.；Petilium Ludw.（1757）；Ptilium Pers.（1805）；Rhinopetalum Fisch. ex Alex.（1829）；Rhinopetalum Fisch. ex D. Don（1835）Nom. illegit.；Sarana Fisch. ex Baker（1874）；Theresia C. Koch；Theresia K. Koch（1849）；Tozzettia Parl.（1854）Nom. illegit.；Tritillaria Raf.（1819）■

20765 Fritillariaceae Salisb.（1866）［亦见 Liliaceae Juss.（保留科名）百合科］【汉】贝母科。【包含】世界1属100-130种，中国1属64种。【分布】北温带。【科名模式】Fritillaria L.（1753）■

20766 Fritschia Walp.（1843）= Fritzschia Chem.（1834）［野牡丹科 Melastomataceae］●☆

20767　Fritschiantha Kuntze（1898）Nom. illegit. ≡ Seemannia Regel（1855）（保留属名）；~ = Gloxinia L'Hér.（1789）［苦苣苔科 Gesneriaceae］■☆

20768　Frittillaria Scop.（1777）Nom. illegit.［百合科 Liliaceae］■☆

20769　Fritzschia Cham.（1834）【汉】弗里野牡丹属。【隶属】野牡丹科 Melastomataceae。【包含】世界1种。【学名诠释与讨论】〈阴〉（人）Fritzsche。【分布】巴西。【模式】未指定。【参考异名】Fritschia Walp.（1843）●☆

20770　Frivaldia Endl.（1837）Nom. illegit. ≡ Microglossa DC.（1836）［菊科 Asteraceae（Compositae）］●

20771　Frivaldzkia Rchb.（1841）= Frivaldia Endl.（1837）Nom. illegit. , Nom. superfl. ; ~ = Microglossa DC.（1836）［菊科 Asteraceae（Compositae）］●

20772　Friwaldia Endl.（1837）Nom. illegit. , Nom. superfl. ≡ Microglossa DC.（1836）［菊科 Asteraceae（Compositae）］●

20773　Froebelia Regel（1852）= Acrotriche R. Br.（1810）［尖苞木科 Epacridaceae//杜鹃花科（欧石南科）Ericaceae］●☆

20774　Froehlichia D. Dietr.（1839）Nom. illegit. = Coussarea Aubl.（1775）［茜草科 Rubiaceae］●☆

20775　Froehlichia Endl.（1841）Nom. illegit. = Froelichia Moench（1794）［苋科 Amaranthaceae］■☆

20776　Froehlichia Pfeiff.（1874）Nom. illegit. = Kobresia Willd.（1805）［莎草科 Cyperaceae//嵩草科 Kobresiaceae］■

20777　Froelichia Moench（1794）【汉】棉毛苋属。【英】Cottonweed, Snake-cotton。【隶属】苋科 Amaranthaceae。【包含】世界18种。【学名诠释与讨论】〈阴〉（人）Joseph Aloys von Froelich, 1766-1841，德国医生，植物学者。此属的学名，ING、APNI、GCI、TROPICOS 和 IK 记载是"Froelichia Moench, Methodus Plantas Horti Botanici et Agri Marburgensis 1794"。"Froelichia Wulfen, Fl. Norica Phan. 729. 1858 ≡ Elyna Schrad.（1806）= Kobresia Willd.（1805）［莎草科 Cyperaceae（嵩草科 Kobresiaceae）］"、"Froelichia Wulfen ex Roem. & Schult. , Syst. Veg. , ed. 15 bis［Roemer & Schultes］2:156, in syn. 1817［Nov 1817］; Fl. Nor. 729（1858）= Kobresia Willd.（1805）［莎草科 Cyperaceae（嵩草科 Kobresiaceae）］"、"Froelichia Vahl, Eclog. Amer. 1:［vii］, 13. 1797［Mar 1797］= Coussarea Aubl.（1775）［茜草科 Rubiaceae］"、"Froelichia Spreng. , Syst. Veg.［Sprengel］1:406, 1825［1824］［茜草科 Rubiaceae］"都是晚出的非法名称。【分布】巴拉圭，秘鲁，玻利维亚，厄瓜多尔，美国（密苏里），尼加拉瓜，中美洲。【模式】Froelichia lanata Moench, Nom. illegit.［Gomphrena interrupta Linnaeus; Froelichia interrupta（Linnaeus）Moquin-Tandon］。【参考异名】Aplotheca Mart. ex Cham.（1830）；Everion Raf.（1838）；Froeblichia D. Dietr.（1839）Nom. illegit. ; Froehlichia Endl.（1841）Nom. illegit. ; Froehlichia Pfeiff.（1874）Nom. illegit. ; Hoplotheca Spreng.（1827）；Lophocarpus Link（1795）；Oplotheca Nutt.（1818）■☆

20778　Froelichia Spreng.（1825）Nom. illegit.［茜草科 Rubiaceae］●☆

20779　Froelichia Vahl（1797）Nom. illegit. = Coussarea Aubl.（1775）［茜草科 Rubiaceae］●☆

20780　Froelichia Wulfen ex Roem. et Schult.（1817）Nom. illegit. = Kobresia Willd.（1805）［莎草科 Cyperaceae//嵩草科 Kobresiaceae］■

20781　Froelichia Wulfen（1858）Nom. illegit. ≡ Elyna Schrad.（1806）; ~ = Kobresia Willd.（1805）［莎草科 Cyperaceae//嵩草科 Kobresiaceae］■

20782　Froelichiella R. E. Fr.（1920）【汉】小棉毛苋属。【隶属】苋科 Amaranthaceae。【包含】世界1种。【学名诠释与讨论】〈阴〉（属）Froelichia 棉毛苋属+-ellus, -ella, -ellum, 加在名词词干后面形成指小式的词尾。或加在人名、属名等后面以组成新属的名称。【分布】巴西。【模式】Froelichiella grisea（Lopriore）R. E. Fries［Gomphrena grisea Lopriore］。■☆

20783　Froesia Pires（1948）【汉】弗罗木属。【隶属】绒子树科（羽叶树科）Quiinaceae。【包含】世界4种。【学名诠释与讨论】〈阴〉（人）Froes。【分布】巴西，厄瓜多尔，亚马孙河流域。【模式】Froesia tricarpa Pires。●☆

20784　Froesiochloa G. A. Black（1950）【汉】格兰马禾属。【隶属】禾本科 Poaceae（Gramineae）。【包含】世界3种。【学名诠释与讨论】〈阴〉（人）Froes+chloe, 草的幼芽, 嫩草, 禾草。【分布】巴西。【模式】Froesiochloa boutelouoides G. A. Black。■☆

20785　Froesiodendron R. E. Fr.（1956）【汉】弗罗番荔枝属。【隶属】番荔枝科 Annonaceae。【包含】世界2种。【学名诠释与讨论】〈中〉（人）Froes+dendron 或 dendros, 树木, 棍, 丛林。亦有文献把"Froesiodendron R. E. Fr.（1956）"处理为"Cardiopetalum Schltdl.（1834）"的异名。【分布】秘鲁，厄瓜多尔，热带南美洲。【模式】Froesiodendron amazonicum R. E. Fries。【参考异名】Cardiopetalum Schltdl.（1834）●☆

20786　Frolovia（DC.）Lipsch.（1954）= Saussurea DC.（1810）（保留属名）［菊科 Asteraceae（Compositae）］●■

20787　Frolovia（Ledeb. ex DC.）Lipsch.（1954）Nom. illegit. ≡ Frolovia（DC.）Lipsch.（1954）; ~ = Saussurea DC.（1810）（保留属名）［菊科 Asteraceae（Compositae）］●■

20788　Frolovia Ledeb. ex DC.（1838）Nom. illegit. = Saussurea DC.（1810）（保留属名）［菊科 Asteraceae（Compositae）］●■

20789　Frolovia Lipsch.（1954）Nom. illegit. ≡ Frolovia（DC.）Lipsch.（1954）; ~ = Saussurea DC.（1810）（保留属名）［菊科 Asteraceae（Compositae）］●■

20790　Frommia H. Wolff（1912）【汉】弗罗姆草属。【隶属】伞形花科（伞形科）Apiaceae（Umbelliferae）。【包含】世界1种。【学名诠释与讨论】〈阳〉（人）Fromm。【分布】热带非洲东部。【模式】Frommia ceratophylloides H. Wolff。☆

20791　Frondaria Luer（1986）【汉】弗龙兰属。【隶属】兰科 Orchidaceae。【包含】世界1种。【学名诠释与讨论】〈阴〉（拉）frons, 所有格 frondis, 叶, 复叶; frondeus, 多叶的, 被叶覆盖的; frondosus, 多叶的; frondiculus, 小叶, 小复叶; frondarius, 叶, 叶的。【分布】秘鲁, 玻利维亚, 厄瓜多尔, 哥伦比亚（安蒂奥基亚）。【模式】Frondaria caulescens（Lindley）C. A. Luer［Pleurothallis caulescens Lindley］。■☆

20792　Fropiera Bouton ex Hook. f.（1860）Nom. illegit. ≡ Psiloxylon Thouars ex Tul.（1856）［亮皮树科（裸木科）Psiloxylaceae//桃金娘科 Myrtaceae］●☆

20793　Froriepia C. Koch（1842）Nom. illegit. ≡ Froriepia K. Koch（1842）［伞形花科（伞形科）Apiaceae（Umbelliferae）］■☆

20794　Froriepia K. Koch（1842）【汉】弗洛草属。【俄】Фролипия。【隶属】伞形花科（伞形科）Apiaceae（Umbelliferae）。【包含】世界2种。【学名诠释与讨论】〈阴〉（人）Ludwig Friedrich von Froriep。此属的学名, ING 和 IK 记载是"Froriepia K. H. E. Koch, Linnaea 16:362. Aug-Nov 1842"。命名人的标准缩写是"K. Koch"; "C. Koch"是文献中常见的误写。【分布】伊朗, 高加索。【模式】Froriepia nuda K. H. E. Koch。【参考异名】Froriesia C. Koch（1842）Nom. illegit. ■☆

20795　Froscula Raf.（1838）= Dendrobium Sw.（1799）（保留属名）［兰科 Orchidaceae］■

20796　Frostia Bertero ex Guill.（1834）Nom. illegit. ≡ Pilostyles Guill.（1834）［大花草科 Rafflesiaceae］■☆

20797 Fructesca DC.（1840）= Gaertnera Lam.（1792）（保留属名）
［茜草科 Rubiaceae］●

20798 Fructesca DC. ex Meisn.（1840）Nom. illegit. ≡ Fructesca DC.
（1840）；~ = Gaertnera Lam.（1792）（保留属名）［茜草科
Rubiaceae//马钱科（断肠草科，马钱子科）Loganiaceae］●

20799 Frumentum Krause（1898）Nom. illegit. = Agropyron Gaertn.
（1770）；~ = Hordeum L.（1753）；~ = Secale L.（1753）；~ =
Triticum L.（1753）［禾本科 Poaceae（Gramineae）］■

20800 Frutesca DC. ex A. DC.（1845）= Fructesca DC.（1840）；~ =
Gaertnera Lam.（1792）（保留属名）［茜草科 Rubiaceae//马钱科
（断肠草科，马钱子科）Loganiaceae］●

20801 Fruticicola（Schltr.）M. A. Clem. et D. L. Jones（2002）=
Bulbophyllum Thouars（1822）（保留属名）［兰科 Orchidaceae］■

20802 Fryxellia D. M. Bates（1974）【汉】弗氏锦葵属。【隶属】锦葵科
Malvaceae。【包含】世界 1 种。【学名诠释与讨论】〈阴〉（人）
Paul Arnold Fryxell，1927-，植物学者。【分布】法属波利尼西亚
（塔希提岛），新西兰，中美洲和南美洲。【模式】Fryxellia
pygmaea（D. S. Correll）D. M. Bates［Anoda pygmaea D. S.
Correll］。■☆

20803 Fuchsia L.（1753）【汉】倒挂金钟属。【日】フクシア属，ホク
シャ属。【俄】Фуксия。【英】Dancing Lady，Fuchsia，Kotukutuku，
Ladie's Eardrops，Lady's Eardrops，Lady's-eardrops。【隶属】柳
叶菜科 Onagraceae。【包含】世界 100 种，中国 3 种。【学名诠释
与讨论】〈阴〉（人）Leonhart（Leonard，Leon-hard，Leonhardt，
Leonharto）Fuchs（Fuchsio），1501-1566，德国植物学者、医生，植
物拉丁名的最早创立者。此属的学名，ING、APNI、GCI、
TROPICOS 和 IK 记载是"Fuchsia L.，Sp. Pl. 2：1191. 1753［1 May
1753］"。"Fuchsia Sw.，Prodr. 62，1788 = Schradera Vahl（1796）
（保留属名）［茜草科 Rubiaceae］"是晚出的非法名称。【分布】
巴拿马，秘鲁，玻利维亚，厄瓜多尔，哥伦比亚，墨西哥，南美洲，
尼加拉瓜，新西兰，中国，法属波利尼西亚（塔希提岛），中美洲。
【模式】Fuchsia triphylla Linnaeus。【参考异名】Brebissonia Spach
（1835）；Dorvalia Hoffmanns.（1833）Nom. inval. ；Dorvalla Comm.
ex Lam.（1788）；Ellobium Lilja（1841）；Encliandra Zucc.（1837）；
Eucliandra Steud.（1840）；Kierschlegeria Spach（1835）；
Kirschlegera Rchb.（1841）Nom. illegit. ；Kirschlegeria Rchb.
（1837）Nom. inval. ；Lyciopsis Spach（1835）；Macrostemma Sweet ex
Steud. ；Myrinia Lilja（1840）；Nahusia Schneev.（1792）；Quelusia
Vand.（1788）；Quiliusa Hook. f.（1869）Nom. illegit. ；Schufia Spach
（1835）；Skinnera J. R. Forst. et G. Forst.（1776）；Spachia Lilja
（1840）；Thilcum Molina（1810）；Tilco Adans.（1763）；Tuchsia
Raf. ●■

20804 Fuchsia Sw.（1788）Nom. illegit. =Schradera Vahl（1796）（保留
属名）［茜草科 Rubiaceae］■☆

20805 Fuchsiaceae Lilja（1870）= Onagraceae Juss.（保留科名）■●

20806 Fuernrohria C. Koch（1842）Nom. illegit. ≡ Fuernrohria K. Koch
（1842）［伞形花科（伞形科）Apiaceae（Umbelliferae）］■☆

20807 Fuernrohria K. Koch（1842）【汉】富尔草属。【俄】
Фюрнрония。【隶属】伞形花科（伞形科）Apiaceae
（Umbelliferae）。【包含】世界 1 种。【学名诠释与讨论】〈阴〉
（人）August Emanuel Furnrohr，1804-1861，德国植物学者。【分
布】亚美尼亚，高加索。【模式】Fuernrohria setifolia K. H. E. Koch。
【参考异名】Fuernrohria C. Koch；Furnrohria Lindl.（1847）■☆

20808 Fuerstia T. C. E. Fr.（1929）【汉】富斯草属。【隶属】唇形科
Lamiaceae（Labiatae）。【包含】世界 6-8 种。【学名诠释与讨论】
〈阴〉（人）Fuerst.。【分布】热带非洲。【模式】Fuerstia africana T.
C. E. Fries。●■☆

20809 Fuertesia Urb.（1911）【汉】富氏莲属。【隶属】刺莲花科（硬
毛草科）Loasaceae。【包含】世界 1 种。【学名诠释与讨论】〈阴〉
（人）Padre Manuel Domingo Fuertes de Barahona，1871-，西班牙牧
师，植物采集家。【分布】西印度群岛。【模式】Fuertesia
domingensis Urban。■☆

20810 Fuertesiella Schltr.（1913）【汉】富氏兰属。【隶属】兰科
Orchidaceae。【包含】世界 1 种。【学名诠释与讨论】〈阴〉（人）
Padre Manuel Domingo Fuertes de Barahona，1871-，西班牙牧师，
植物采集家+-ellus，-ella，-ellum，加在名词词干后面形成指小式
的词尾。或加在人名、属名等后面以组成新属的名称。【分布】
西印度群岛。【模式】Fuertesiella pterichoides Schlechter。■☆

20811 Fuertesimalva Fryxell（1996）【汉】富氏锦葵属。【隶属】锦葵科
Malvaceae。【包含】世界 14 种。【学名诠释与讨论】〈阴〉（人）
Fuertes+（属）Malva 锦葵属。【分布】玻利维亚，厄瓜多尔，哥伦
比亚（安蒂奥基亚），中美洲。【模式】Fuertesimalva limensis（L.）
Fryxell［Malva limensis L.］。■☆

20812 Fugosia Juss.（1789）Nom. illegit. ≡ Cienfuegosia Cav.（1786）
［锦葵科 Malvaceae］■●☆

20813 Fugosiaceae Martinov = Malvaceae Juss.（保留科名）●■

20814 Fuirena Rottb.（1773）【汉】芙兰草属（黑珠蒿属，毛瓣莎属，异
花草属）。【日】クロタマガヤツリ属。【英】Fuirena，Umbrella-
grass。【隶属】莎草科 Cyperaceae。【包含】世界 30-40 种，中国 3
种。【学名诠释与讨论】〈阴〉（人）George Fuirin（Georgius
Fuirenius），1581-1628，丹麦医生，植物学者。【分布】巴基斯坦，
巴拿马，秘鲁，玻利维亚，厄瓜多尔，哥伦比亚（安蒂奥基亚），哥
斯达黎加，马达加斯加，美国（密苏里），尼加拉瓜，利比里亚（宁
巴），中国，热带和亚热带，中美洲。【模式】Fuirena umbellata
Rottbøll。【参考异名】Pentasticha Turcz.（1862）；Vaginaria Pers.
（1805）■

20815 Fuisa Raf.（1840）Nom. illegit. ≡ Patrinia Juss.（1807）（保留属
名）［缬草科（败酱科）Valerianaceae］■

20816 Fulcaldea Poir.（1817）【汉】独花刺菊木属。【隶属】菊科
Asteraceae（Compositae）。【包含】世界 1 种。【学名诠释与讨论】
〈阴〉词源不详。此属的学名，ING 和 IK 记载是"Fulcaldea
Poiret，Encycl. Meth.，Bot. Suppl. 5：375. 1 Nov 1817"。"Fulcaldea
Poir. ex Lam.（1817）"的命名人引证有误。"Fulcaldea Poir.
（1817）"是"Turpinia Bonpl.（1807）（废弃属名）"的晚出的同模
式异名（Homotypic synonym，Nomenclatural synonym）；故 ING 建议
作为"Turpinia Bonpl.（1807）（废弃属名）"的替代名称。若替代
之说成立，则本属可以存在；否则，"Fulcaldea Poir.（1817）"就是
非法名称了。【分布】秘鲁，厄瓜多尔，热带南美洲西部。【模
式】Fulcaldea laurifolia（Bonpland）Poiret［Turpinia laurifolia
Bonpland］。【参考异名】Fulcaldea Poir. ex Lam.（1817）Nom.
illegit.（1817）；Turpinia Bonpl.（1807）（废弃属名）●☆

20817 Fulcaldea Poir. ex Lam.（1817）Nom. illegit. ≡ Fulcaldea Poir.
（1817）［菊科 Asteraceae（Compositae）］●☆

20818 Fulchironia Lesch.（1829）= Phoenix L.（1753）［棕榈科
Arecaceae（Palmae）］●

20819 Fullartonia DC.（1836）= Doronicum L.（1753）［菊科
Asteraceae（Compositae）］■

20820 Fumana（Dunal）Spach（1836）【汉】互叶半日花属。【俄】
Фумана。【英】Fumana。【隶属】半日花科（岩蔷薇科）Cistaceae。
【包含】世界 9-10 种。【学名诠释与讨论】〈阴〉词源不详。可能
来自模式种 Cistus fumana L. = Helianthemum fumana（L.）Miller
的种加词 fumana。此属的学名，ING 和 TROPICOS 记载是
"Fumana（Dunal）Spach，Ann Sci. Nat. Bot. ser 2. 6：359. Dec
1836"，由"Helianthemum sect. Fumana Dunal in A. P. de Candolle，

Prodr. 1：274. Jan（med.）"改级而来。IK 则记载为" Fumana Spach, Ann. Sci. Nat. , Bot. sér. 2, 6：359. 1836"。【分布】地中海地区, 高加索, 欧洲南部, 亚洲西南部。【模式】Cistus fumana Linnaeus。【参考异名】Anthelis Raf.（1815）Nom. inval. ; Anthelis Raf.（1838）Nom. illegit. ; Fumana Spach（1836）Nom. illegit. ; Fumanopsis Pomel（1860）; Helianthemum sect. Fumana Dunal（1824）; Pomelina（Maire）Güemes et Raynaud（1992）●☆

20821 **Fumana** Spach（1836）Nom. illegit. ≡ Fumana（Dunal）Spach（1836）[半日花科（岩蔷薇科）Cistaceae]●☆

20822 **Fumanopsis** Pomel（1860）= Fumana（Dunal）Spach（1836）; ~ = Helianthemum Mill.（1754）[半日花科（岩蔷薇科）Cistaceae]●■

20823 **Fumaria** L.（1753）【汉】烟堇属（蓝堇属, 球果紫堇属）。【日】カラクサケマン属。【俄】Дымянка。【英】Fumeterre, Fumitory, Tumitory。【隶属】紫堇科（荷苞牡丹科）Fumariaceae//罂粟科 Papaveraceae。【包含】世界 50-55 种, 中国 2-3 种。【学名诠释与讨论】〈阴〉（拉）fumus, 烟。fumidus, 有烟的 + – arius, – aria, – arium, 指示"属于、相似、具有、联系"的词尾。指植物的根臭烟味。【分布】巴基斯坦, 秘鲁, 玻利维亚, 厄瓜多尔, 哥斯达黎加, 美国（密苏里）, 中国, 地中海至亚洲中部和喜马拉雅山, 非洲东部, 欧洲。【后选模式】Fumaria officinalis Linnaeus。■

20824 **Fumariaceae** Bercht. et Presl = Fumariaceae Marquis（保留科名）; ~ = Papaveraceae Juss.（保留科名）●■

20825 **Fumariaceae** DC. = Fumariaceae Marquis（保留科名）; ~ = Papaveraceae Juss.（保留科名）●■

20826 **Fumariaceae** Marquis（1820）（保留科名）[亦见 Papaveraceae Juss.（保留科名）罂粟科]【汉】紫堇科（荷苞牡丹科）。【日】ケマンソウ科。【俄】Дымянковые。【英】Fumitory Family。【包含】世界 16-18 属 450-530 种, 中国 7 属 218 种。【分布】温带, 非洲东部和南部。【科名模式】Fumaria L. ■☆

20827 **Fumariola** Korsh.（1898）【汉】黄花烟堇属。【俄】Дымянока。【隶属】紫堇科（荷苞牡丹科）Fumariaceae。【包含】世界 1 种。【学名诠释与讨论】〈阴〉（属）Fumaria 烟堇属（蓝堇属, 球果紫堇属）+ -olus, -ola, -olum, 拉丁文指示小的词尾。【分布】亚洲中部。【模式】Fumariola turkestanica Korshinsky。■☆

20828 **Funastrum** E. Fourn.（1882）= Sarcostemma R. Br.（1810）[萝藦科 Asclepiadaceae]■

20829 **Funckia** Dumort.（1829）Nom. illegit.（废弃属名）≡ Funkia Spreng.（1817）Nom. illegit. ; ~ = Hosta Tratt.（1812）（保留属名）[百合科 Liliaceae//玉簪科 Hostaceae]■

20830 **Funckia** Muhl. ex Willd.（1808）Nom. illegit.（废弃属名）= Astelia Banks et Sol. ex R. Br.（1810）（保留属名）[百合科 Liliaceae//聚星草科（芳香草科, 无柱花科）Asteliaceae]■☆

20831 **Funckia** Willd.（1808）（废弃属名）= Astelia Banks et Sol. ex R. Br.（1810）（保留属名）[百合科 Liliaceae//聚星草科（芳香草科, 无柱花科）Asteliaceae]■☆

20832 **Funifera** Andrews ex C. A. Mey.（1843）【汉】索瑞香属。【隶属】瑞香科 Thymelaeaceae。【包含】世界 3-4 种。【学名诠释与讨论】〈阴〉（希）funis, 似绳的 + fera, 具有。此属的学名, ING、GCI 和 IK 记载是" Funifera Leandro ex C. A. Meyer, Bull. Cl. Phys. -Math. Acad. Imp. Sci. Saint-Pétersbourg 1：355. 24 Apr 1843", 此名称出版于 4 月。IPNI 记载的" Funifera Andrews ex C. A. Mey. , Ann. Sci. Nat. , Bot. sér. 2, 20：46. 1843 [17 Feb 1843]" 出版于 2 月。故前一名称是晚出的非法名称。【分布】巴西。【模式】Funifera utilis Leandro ex C. A. Meyer [Lagetta funifera C. F. P. Martius et Zuccarini]。【参考异名】Funifera Leandro ex C. A. Mey.（1843）Nom. illegit. ; Neesia Mart. ex Meisn.（废弃属名）●■☆

20833 **Funifera** Leandro ex C. A. Mey.（1843）Nom. illegit. ≡ Funifera

Andrews ex C. A. Mey.（1843）[瑞香科 Thymelaeaceae]■☆

20834 **Funisaria** Raf. = Uvaria L.（1753）[番荔枝科 Annonaceae]●

20835 **Funium** Willem.（1798）= Furcraea Vent.（1793）[龙舌兰科 Agavaceae]■☆

20836 **Funkia** Benth. et Hook. f.（1883）Nom. illegit. = Astelia Banks et Sol. ex R. Br.（1810）（保留属名）[百合科 Liliaceae//聚星草科（芳香草科, 无柱花科）Asteliaceae]■☆

20837 **Funkia** Endl.（1840）Nom. illegit. = Funckia Dumort.（1829）（废弃属名）; ~ = Lumnitzera Willd.（1803）[使君子科 Combretaceae]●

20838 **Funkia** Spreng.（1817）Nom. illegit. ≡ Hosta Tratt.（1812）（保留属名）[百合科 Liliaceae//玉簪科 Hostaceae]■

20839 **Funkiaceae** Horan. = Agavaceae Dumort.（保留科名）; ~ = Hostaceae B. Mathew ●■

20840 **Funkiella** Schltr.（1920）【汉】冯克兰属。【隶属】兰科 Orchidaceae。【包含】世界 4 种。【学名诠释与讨论】〈阴〉（人）Nicolas Funk, 1816-1896, 兰科 Orchidaceae 植物采集家 + -ellus, -ella, -ellum, 加在名词词干后面形成指小式的词尾。或加在人名、属名等后面以组成新属的名称。此属的学名是" Funkiella Schlechter, Beih. Bot. Centralbl. 37（2）：430. 31 Mar 1920"。亦有文献把其处理为" Schiedeella Schltr.（1920）"的异名。【分布】哥斯达黎加, 墨西哥, 中美洲。【模式】Funkiella hyemalis（A. Richard et Galeotti）Schlechter [Spiranthes hyemalis A. Richard et Galeotti]。【参考异名】Schiedeella Schltr.（1920）; Svenkoeltzia Burns-Bal.（1989）■☆

20841 **Funtumia** Stapf（1901）【汉】丝胶树属。【俄】Фунтумия。【英】Silk-rubber。【隶属】夹竹桃科 Apocynaceae。【包含】世界 2-3 种, 中国 1 种。【学名诠释与讨论】〈阴〉ofuntun, 非洲中部植物俗名。【分布】中国, 热带非洲。【模式】Funtumia elastica（Preuss）Stapf [Kickxia elastica Preuss]。●

20842 **Furarium** Rizzini（1953）= Oryctanthus（Griseb.）Eichler（1868）[桑寄生科 Loranthaceae]●☆

20843 **Furcaria**（DC.）Kostel.（1836）Nom. illegit. = Hibiscus L.（1753）（保留属名）[锦葵科 Malvaceae//木槿科 Hibiscaceae]●■

20844 **Furcaria** Boivin ex Baill.（1858）Nom. illegit. = Croton L.（1753）[大戟科 Euphorbiaceae//巴豆科 Crotonaceae]●

20845 **Furcaria** Kostel.（1836）Nom. illegit. ≡ Furcaria（DC.）Kostel.（1836）Nom. illegit. ; ~ = Hibiscus L.（1753）（保留属名）[锦葵科 Malvaceae//木槿科 Hibiscaceae]●■

20846 **Furcatella** Baum. - Bod.（1989）Nom. illegit. = Psychotria L.（1759）（保留属名）[茜草科 Rubiaceae//九节科 Psychotriaceae]●

20847 **Furcilla** Tiegh.（1895）Nom. illegit. = Muellerina Tiegh.（1895）; ~ = Phrygilanthus Eichler（1868）[桑寄生科 Loranthaceae]●☆

20848 **Furcraea** Vent.（1793）【汉】墨西哥龙舌兰属（缝线麻属, 福克兰属, 巨麻属, 万年兰属）。【日】マンネンラン属。【英】Cabuya, Cahum, Fique, Giant Mexican Lily, Mauritius Hemp, Pita。【隶属】龙舌兰科 Agavaceae。【包含】世界 20-21 种。【学名诠释与讨论】〈阴〉（人）Antoine François de Fourcroy, 1755-1809 法国博物学者, 化学家。【分布】巴基斯坦, 巴拿马, 秘鲁, 玻利维亚, 厄瓜多尔, 哥斯达黎加, 尼加拉瓜, 中美洲。【后选模式】Furcraea cubensis（N. J. Jacquin）Ventenat [Agave cubensis N. J. Jacquin]。【参考异名】Fourcroea Haw.（1819）Nom. illegit. ; Fourcroya Spreng.（1817）Nom. illegit. ; Funium Willem.（1798）; Furcroya Raf.（1814）; Roezlia Hort. ■☆

20849 **Furcroya** Raf.（1814）= Furcraea Vent.（1793）[龙舌兰科 Agavaceae]■☆

20850 **Furera** Adans.（1763）（废弃属名）= Pycnanthemum Michx.（1803）（保留属名）[唇形科 Lamiaceae（Labiatae）]■☆

20851　Furera Bubani(1901) Nom. illegit. (废弃属名) = Corrigiola L.
(1753) [石竹科 Caryophyllaceae]■☆

20852　Furiolobivia Y. Ito(1957) = Echinopsis Zucc. (1837) [仙人掌
科 Cactaceae]●

20853　Furnrohria Lindl. (1847) = Fuernrohria K. Koch(1842) [伞形花
科(伞形科)Apiaceae(Umbelliferae)]☆

20854　Furtadoa M. Hotta(1981)【汉】富尔南星属。【隶属】天南星科
Araceae。【包含】世界 2 种。【学名诠释与讨论】〈阴〉(人)
Caetano Xavier dos Remedios Furtado, 1897–1980, 葡萄牙植物学
者。【分布】印度尼西亚(苏门答腊岛)。【模式】Furtadoa
sumatrensis M. Hotta。■☆

20855　Fusaea(Baill.)Saff. (1914)【汉】瓣蕊果属。【隶属】番荔枝科
Annonaceae。【包含】世界 2-3 种。【学名诠释与讨论】〈阴〉(人)
Fusa。此属的学名, ING 记载是 “ Fusaea (Baillon)Safford, Contr.
U. S. Natl. Herb. 18:64. 17 Jun 1914 ”, 由 “ Duguetia sect. Fusaea
Baillon, Adansonia 8:326. Jul 1868 ”改级而来。GCI 和 IK 则记载
为“ Fusaea Saff. ,Contr. U. S. Natl. Herb. 18:64. 1914 ”。【分布】巴
西, 秘鲁, 玻利维亚, 厄瓜多尔, 哥伦比亚(安蒂奥基亚), 几内亚,
亚马孙河流域。【模式】Fusaea longifolia (Aublet)Safford
[Annona longifolia Aublet]。【参考异名】Duguetia sect. Fusaea
Baill. (1868);Fusaea Saff. (1914)Nom. illegit. ●☆

20856　Fusaea Saff. (1914)Nom. illegit. ≡Fusaea (Baill.)Saff. (1914)
[番荔枝科 Annonaceae]■☆

20857　Fusanus L. (1774)Nom. illegit. = Colpoon P. J. Bergius (1767)
[檀香科 Santalaceae]●☆

20858　Fusanus Murray = Colpoon P. J. Bergius (1767) [檀香科
Santalaceae]●☆

20859　Fusanus R. Br. (1810)Nom. illegit. = Eucarya T. L. Mitch.
(1839);~ =Santalum L. (1753) [檀香科 Santalaceae]●

20860　Fuscospora(R. S. Hill et J. Read)Heenan et Smissen (2013)
【汉】暗籽假山毛榉属。【隶属】假山毛榉科, 南青冈科, 南山毛
榉科, 拟山毛榉科)Nothofagaceae。【包含】世界 10 种。【学名诠
释与讨论】〈阴〉(希)suscus, 棕色的, 暗的+spora, 孢子, 种子。
【分布】不详。【模式】Fuscospora fusca (Hook. f.)Heenan et
Smissen [Fagus fusca Hook. f.]。【参考异名】Nothofagus subgen.
Fuscospora R. S. Hill et J. Read ●☆

20861　Fusidendris Thouars = Dendrobium Sw. (1799) (保留属名);
~ =Polystachya Hook. (1824) (保留属名) [兰科 Orchidaceae]■

20862　Fusifilum Raf. (1837) = Urginea Steinh. (1834) [百合科
Liliaceae//风信子科 Hyacinthaceae]■☆

20863　Fusispermum Cuatrec. (1950)【汉】梭籽堇属(异子堇属)。
【隶属】堇菜科 Violaceae。【包含】世界 3 种。【学名诠释与讨
论】〈中〉(希)fusus, 指小式 fusulus, 纺锤+sperma, 所有格
spermatos, 种子, 孢子。【分布】巴拿马, 秘鲁, 厄瓜多尔, 哥伦比
亚, 中美洲。【模式】Fusispermum minutiflorum Cuatrecasas。■☆

20864　Fussia Schur(1866)Nom. illegit. ≡ Aspris Adans. (1763)Nom.
illegit. ;~ = Aira L. (1753) (保留属名) [禾本科 Poaceae
(Gramineae)]■

20865　Fusticus Raf. (1836) Nom. illegit. ≡ Chlorophora Gaudich.
(1830);~ =Maclura Nutt. (1818) (保留属名) [桑科 Moraceae]●

20866　Gabertia Gaudich. (1829) = Grammatophyllum Blume (1825)
[兰科 Orchidaceae]■☆

20867　Gabila Baill. (1871) = Pycnarrhena Miers ex Hook. f. et Thomson
(1855) [防己科 Menispermaceae]●

20868　Gabonius Mackinder et Wieringa(2013)【汉】加蓬豆属。【隶
属】豆科 Fabaceae(Leguminosae)。【包含】世界 1 种。【学名诠
释与讨论】〈阴〉(地)Gabon 加蓬。【分布】加蓬。【模式】

Gabonius ngouniensis (Pellegr.) Mackinder et Wieringa
[Hymenostegia ngouniensis Pellegr.]。■☆

20869　Gabunia K. Schum. (1896)Nom. inval. ≡ Gabunia K. Schum. ex
Stapf (1902) [夹竹桃科 Apocynaceae//红月桂科
Tabernaemontanaceae]●☆

20870　Gabunia K. Schum. ex Stapf(1902)【汉】加本木属(加布尼木
属)。【隶属】夹竹桃科 Apocynaceae//红月桂科
Tabernaemontanaceae。【包含】世界 10 种。【学名诠释与讨论】
〈阴〉(地)Gaboon, Gabun, Gabon, 加蓬。此属的学名, ING 和
TROPICOS 记载是“ Gabunia K. Schumann ex Stapf in Thiselton-
Dyer, Fl. Trop. Africa 4 (1): 136. Jul 1902 ”。IK 则记载为
“ Gabunia K. Schum. ,Bot. Jahrb. Syst. 23(1-2):224. 1896 [15 Sep
1896]”这是一个未合格发表的名称(Nom. inval.)。“ Gabunia
Pierre ex Stapf (1902)”的命名人引证有误。亦有文献把
“ Gabunia K. Schum. ex Stapf(1902)”处理为“ Tabernaemontana L.
(1753)”的异名。【分布】马达加斯加, 热带非洲和非洲西部。
【后选模式】Gabunia crispiflora (K. M. Schumann) Stapf
[Tabernaemontana crispiflora K. M. Schumann]。【参考异名】
Gabunia K. Schum. (1896)Nom. inval. ; Tabernaemontana L.
(1753)●☆

20871　Gabunia Pierre ex Stapf(1902) = Tabernaemontana L. (1753)
[夹竹桃科 Apocynaceae//红月桂科 Tabernaemontanaceae]●

20872　Gadellia Schulkina (1979) = Campanula L. (1753) [桔梗科
Campanulaceae]■●

20873　Gaeclawakka Kuntze (1891) Nom. illegit. ≡ Chaetocarpus
Thwaites(1854) (保留属名) [大戟科 Euphorbiaceae]●

20874　Gaeodendrum Post et Kuntze (1903) = Gaiadendron G. Don
(1834) [桑寄生科 Loranthaceae]●☆

20875　Gaerdtia Klotzsch (1854) = Begonia L. (1753) [秋海棠科
Begoniaceae]●■

20876　Gaertnera Lam. (1792) (保留属名)【汉】拟九节属(异茜树
属)。【俄】Гертнериа。【英】Bur Sage, Gaerthera。【隶属】茜草科
Rubiaceae。【包含】世界 30 种, 中国 1 种。【学名诠释与讨论】
〈阴〉(人)Joseph Gaerter, 1732–1791, 德国植物学者、医生。此属
的学名“ Gaertnera Lam. ,Tabl. Encycl. 1:379. 30 Jul 1792 ”是保留
属名。相应的废弃属名是金虎尾科 Malpighiaceae 的“ Gaertnera
Schreb. ,Gen. Pl. :290. Apr 1789 ≡ Hiptage Gaertn. (1790) (保留
属名)”和菊科 Asteraceae 的“ Gaertneria Medik. , Philos. Bot. 1:
45. Apr 1789 ≡ Franseria Cav. (1794) (保留属名)”。桔梗科
Campanulaceae 的“ Gaertnera A. J. Retzius, Observ. Bot. 6:24. Jul-
Nov 1791 = Sphenoclea Gaertn. (1788) (保留属名)”和龙胆科
Gentianaceae 的“ Gaertneria Neck. ,Elem. Bot. (Necker)2:15. 1790
= Gaertneria Neck. (1790)Nom. inval. (废弃属名) = Gentiana L.
(1753)”亦应废弃。【分布】澳大利亚, 巴基斯坦, 马达加斯加,
斯里兰卡, 中国, 印度(阿萨姆)至马来半岛, 加里曼丹岛, 马斯克
林群岛, 热带非洲。【模式】Gaertnera vaginata Lamarck。【参考异
名】Aetheonema Rchb. (1841)Nom. illegit. ; Andersonia Willd. ;
Andersonia Willd. ex Roem. et Schult. (1819) Nom. illegit. ;
Fructesca DC. (1840);Fructesca DC. ex Meisn. (1840) Nom.
illegit. ;Frutesca DC. ex A. DC. (1845);Hymenocnemis Hook. f.
(1873);Pristidia Thwaites(1859);Sphenoclea Gaertn. (1788) (保
留属名);Sykesia Arn. (1836)●

20877　Gaertnera Retz. (1791)Nom. illegit. (废弃属名) = Sphenoclea
Gaertn. (1788) (保留属名) [桔梗科 Campanulaceae//密穗桔梗
科 Campanulaceae//楔瓣花科 (尖瓣花科, 蜜穗桔梗科)
Sphenocleaceae]■

20878　Gaertnera Schreb. (1789) (废弃属名) ≡ Hiptage Gaertn.

（1790）（保留属名）［金虎尾科（黄褥花科）Malpighiaceae//防己科 Menispermaceae］●

20879　Gaertneria Medik.（1789）（废弃属名）≡ Franseria Cav.（1794）（保留属名）［菊科 Asteraceae（Compositae）］●■☆

20880　Gaertneria Neck.（1790）Nom. inval.（废弃属名）= Gentiana L.（1753）［龙胆科 Gentianaceae］■

20881　Gagea Salisb.（1806）【汉】顶冰花属。【日】キバナノアマナ属。【俄】Гусиный лук, Лук гусиный。【英】Gagea, Star - of - bethlehem。【隶属】百合科 Liliaceae。【包含】世界 70-90 种, 中国 21 种。【学名诠释与讨论】〈阴〉（人）Thomas Gages, 1781-1820, 英国植物学者, 地衣学者。【分布】巴基斯坦, 中国, 温带欧亚大陆。【模式】未指定。【参考异名】Boissiera Haenseler ex Willd.（1846）Nom. illegit.；Bulbillaria Zucc.（1843）；Gagia St. - Lag.（1881）；Hornungia Bernh.（1840）Nom. illegit.；Ornithoxanthum Link（1829）；Plecostigma Turcz.（1844）；Reggeria Raf.（1840）；Solenarium Dulac（1867）Nom. illegit.；Szechenyia Kanitz（1891）；Upoxis Adans.（1763）■

20882　Gagernia Klotzsch（1849）【汉】几内亚金莲木属。【隶属】金莲木科 Ochnaceae。【包含】世界 1 种。【学名诠释与讨论】〈阴〉（人）Gagern。【分布】几内亚。【模式】Gagernia essiquiboensis Klotzsch。●☆

20883　Gagia St. - Lag.（1881）= Gagea Salisb.（1806）［百合科 Liliaceae］■

20884　Gagnebina Neck.（1790）Nom. inval. ≡ Gagnebina Neck. ex DC.（1825）［豆科 Fabaceae（Leguminosae）//含羞草科 Mimosaceae］●☆

20885　Gagnebina Neck. ex DC.（1825）【汉】加涅豆属。【隶属】豆科 Fabaceae（Leguminosae）//含羞草科 Mimosaceae。【包含】世界 1 种。【学名诠释与讨论】〈阴〉（人）Abraham Gagnebin de la Ferriere, 1707-1800, 瑞士医生, 植物学者。此属的学名, ING 和 IK 记载是“Gagnebina Neck. ex DC., Prodr.［A. P. de Candolle］2：431. 1825［mid-Nov 1825］”。“Gagnebina Neck.（1790）”是一个未合格发表的名称（Nom. inval.）。【分布】马达加斯加, 毛里求斯。【后选模式】Gagnebina tamariscina（Lamarck）A. P. de Candolle［Mimosa tamariscina Lamarck］。【参考异名】Gagnebina Neck.（1790）Nom. inval.●☆

20886　Gagnebinia Post et Kuntze（1903）Nom. illegit. = Guagnebina Vell.（1829）；~ ≡ Manettia Mutis ex L.（1771）（保留属名）［茜草科 Rubiaceae］●■☆

20887　Gagnebinia Spreng.（1830）Nom. illegit.［豆科 Fabaceae（Leguminosae）］☆

20888　Gagnepainia K. Schum.（1904）【汉】加涅姜属。【隶属】姜科（蘘荷科）Zingiberaceae。【包含】世界 3 种。【学名诠释与讨论】〈阴〉（人）François Gagnepain, 1866-1952, 法国植物学者。【分布】中南半岛。【模式】未指定。■☆

20889　Gagria M. Král（1981）= Pachyphragma（DC.）Rchb.（1841）［十字花科 Brassicaceae（Cruciferae）］■☆

20890　Gaguedi Bruce = Protea L.（1771）（保留属名）［山龙眼科 Proteaceae］●☆

20891　Gahnia J. R. Forst. et G. Forst.（1775）【汉】黑莎草属。【日】クロガヤ属。【英】Black - galingale, Gahnia。【隶属】莎草科 Cyperaceae。【包含】世界 30-50 种, 中国 3 种。【学名诠释与讨论】〈阴〉（人）Henric（Henricus）Gahn, 1747-1816, 瑞典医生, 植物学者, 林奈的学生。此属的学名, ING、GCI、TROPICOS 和 IK 记载是“Gahnia J. R. Forster et J. G. A. Forster, Charact. Gen. 26. 29 Nov 1775”。“Gahnia Scop.（1777）= Gahnia J. R. Forst. et G. Forst.（1775）［莎草科 Cyperaceae］”是晚出的非法名称。【分布】澳大利亚, 波利尼西亚群岛至美国（夏威夷）和法国（马克萨

斯群岛）, 马来西亚, 新西兰, 中国, 中南半岛。【模式】Gahnia procera J. R. et J. G. A. Forster。【参考异名】Didymonema C. Presl（1829）；Epiandra Benth. et Hook. f.（1883）Nom. illegit.；Epiandria C. Presl（1828）；Gahnia Scop.（1777）Nom. illegit.；Gaunia Scop.（1777）；Gavnia Pfeiff.；Hexalepis Boeck.（1875）（废弃属名）；Hexalepis R. Br. ex Boeck.（1875）（废弃属名）；Lampocarya R. Br.（1810）；Lamprocarya Nees（1834）；Melachne Schrad.（1970）；Melachne Schrad. ex Schult. f.（1830）Nom. illegit.；Melachne Schrad. ex Schult. et Schult. f.（1830）Nom. illegit.；Phacellanthus Siebold et Zucc.（1846）；Phacellanthus Steud. ex Zoll. et Moritzi（1846）；Psittacoschoenus Nees（1846）；Syziganthus Steud.（1855）■

20892　Gahnia Scop.（1777）Nom. illegit. = Gahnia J. R. Forst. et G. Forst.（1775）［莎草科 Cyperaceae］■

20893　Gaiadendraceae Tiegh. , Nom. inval. = Loranthaceae Juss.（保留科名）●

20894　Gaiadendraceae Tiegh. ex Nakai（1952）= Loranthaceae Juss.（保留科名）●

20895　Gaiadendron G. Don（1834）【汉】地寄生属。【隶属】桑寄生科 Loranthaceae。【包含】世界 1 种。【学名诠释与讨论】〈中〉（希）ge = ga = gaia, 土地 + dendron 或 dendros, 树木, 棍, 丛林。此属的学名, ING、TROPICOS 和 IK 记载是“Gaiadendron G. Don, Gen. Hist. 3：431. 1834［8-15 Nov 1834］”。“Gaidendron Endl.（1841）Nom. illegit.［桑寄生科 Loranthaceae］= Gaiadendron G. Don（1834）［桑寄生科 Loranthaceae］”是晚出的非法名称, 似为误记。【分布】安第斯山, 巴拿马, 秘鲁, 玻利维亚, 厄瓜多尔, 哥伦比亚, 哥斯达黎加, 尼加拉瓜, 中美洲。【后选模式】Gaiadendron punctatum（Ruiz et Pavon）G. Don［Loranthus punctatus Ruiz et Pavon］。【参考异名】Gaeodendrum Post et Kuntze（1903）；Gaidendron Endl.（1841）Nom. illegit.；Taguaria Raf.（1838）●☆

20896　Gaidendron Endl.（1841）= Gaiadendron G. Don（1834）［桑寄生科 Loranthaceae］●☆

20897　Gaiffonia Hook. f.（1865）Nom. illegit. = Acioa Aubl.（1775）［金壳果科 Chrysobalanaceae］●☆

20898　Gaillarda Foug.（1786）Nom. illegit. ≡ Gaillardia Foug.（1786）［菊科 Asteraceae（Compositae）］■

20899　Gaillarda St. - Lag.（1880）Nom. illegit. ≡ Gaillardia Foug.（1786）［菊科 Asteraceae（Compositae）］■☆

20900　Gaillardia Foug.（1786）【汉】天人菊属。【日】テンニンギク属。【俄】Гайллардия。【英】Blanket Flower, Blanket - flower, Gaillardia, Indian Blanket。【隶属】菊科 Asteraceae（Compositae）。【包含】世界 20-28 种, 中国 2-3 种。【学名诠释与讨论】〈阴〉（人）Gaillard de Marentonneau, 18 世纪法国法官, 植物学爱好者、赞助人。此属的学名, ING、TROPICOS 和 IK 记载是“Gaillardia Fougeroux, Observ. Phys. 29：55. Jul 1786（‘Gaillarda’）；corr. Fougeroux, Mem. Acad. Sci. Paris 1786：5. 1788”。“Gaillarda Foug.（1786）”是其拼写变体。“Gaillardia Fouger. ：Biddulph, Research Stud. State Coll. Wash. xii. 207（1944）, descr. ampl.”修订了属的描述。“Gaillarda St. - Lag., Ann. Soc. Bot. Lyon vii.（1880）176［菊科 Asteraceae（Compositae）］”是晚出的非法名称。【分布】玻利维亚, 哥伦比亚, 美国, 中国, 温带南美洲, 北美洲, 中美洲。【模式】Gaillardia pulchella Fougeroux。【参考异名】Actinella Juss. ex Nutt.（1818）Nom. illegit.（废弃属名）；Agassizia A. Gray et Engelm.（1846）Nom. illegit.；Calonnea Buc'hoz（1786）；Cercostylos Less.（1832）；Colonnea Endl.（1838）；Gaillarda Foug.（1786）Nom. illegit.；Galardia Lam.（1788）；Galordia Raeusch.（1797）；Guentheria Spreng.（1826）Nom. illegit.；Guntheria Benth. et Hook. f.（1873）；Polatherus Raf.（1818）；Virgilia L'Hér.

（1788）（废弃属名）■

20901　Gaillionia Endl.（1838）Nom. illegit. ＝Gaillonia A. Rich. ex DC.
（1830）；～＝Neogaillonia Lincz.（1973）Nom. illegit. ；～＝Gaillonia
A. Rich. ex DC.（1830）［茜草科 Rubiaceae］■☆

20902　Gaillonia A. Rich.（1834）Nom. illegit. ＝Gaillonia A. Rich. ex
DC.（1830）；～＝Jaubertia Guill.（1841）［茜草科 Rubiaceae］■☆

20903　Gaillonia A. Rich. ex DC.（1830）【汉】加永茜属。【隶属】茜草
科 Rubiaceae。【包含】世界 41 种。【学名诠释与讨论】〈阴〉
（人）François Benjamin Gaillon，1782-1839，法国植物学者，藻类
专家。此属的学名，ING、TROPICOS、《巴基斯坦植物志》和 IK 记
载是"Gaillonia A. Rich. ex DC. ，Prodr.［A. P. de Candolle］4：574.
1830［late Sep 1830］"。"Gaillonia A. Rich. ，Mém. Soc. Hist. Nat.
Paris v.（1834）153. t. 15. f. 3 ＝Jaubertia Guill.（1841）＝Gaillonia
A. Rich. ex DC.（1830）［茜草科 Rubiaceae］"、"Gaillionia Endl.，
Gen. Pl.［Endlicher］529. 1838［Jun 1838］＝Gaillonia A. Rich. ex
DC.（1830）［茜草科 Rubiaceae］"和红藻的"Gaillonia F.
Rudolphi，Linnaea 6：178. 1831（non A. Richard ex A. P. de Candolle
1830）"都是晚出的非法名称。I. A. Linczevski（1973）用
"Neogaillonia I. A. Linczevski，Novosti Sist. Vyss. Rast. 10：226. 1973
（post 30 Mar）"替代"Gaillonia A. Rich. ex DC.（1830）"，多余了。
【分布】巴基斯坦，非洲东北部，亚洲西部和中部。【后选模式】
Gaillonia oliveri A. Richard ex A. P. de Candolle。【参考异名】
Choulettia Pomel（1874）；Gaillionia Endl.（1838）Nom. illegit. ；
Gaillonia A. Rich.（1834）Nom. illegit. ；Neogaillonia Lincz.（1973）
Nom. illegit. ；Pseudogaillonia Lincz.（1973）■☆

20904　Gaimarda Gaudich.（1829）Nom. illegit. ≡Gaimardia Gaudich.
（1825）［刺鳞草科 Centrolepidaceae］帚灯草科 Restionaceae ■☆

20905　Gaimarda Juss.（1827）Nom. illegit. ＝Gaimardia Gaudich.
（1825）［刺鳞草科 Centrolepidaceae//帚灯草科 Restionaceae］■☆

20906　Gaimardia Gaudich.（1825）【汉】盖氏刺鳞草属。【隶属】刺鳞
草科 Centrolepidaceae//帚灯草科 Restionaceae。【包含】世界 3-4
种。【学名诠释与讨论】〈阴〉（人）Joseph Paul Gaimard，1790-
1858，法国医生，动物学者。此属的学名，ING、TROPICOS 和
APNI 记载是"Gaimardia Gaudichaud-Beaupré，Ann. Sci. Nat.
（Paris）5：100. Mai 1825"；IK 则记载为"Gaimardia Gaudich.，
Voy. Uranie，Bot. 418，t. 30. 1829［12 Sep 1829］"。"Gaimarda
Juss. ，Dict. Sci. Nat. ，ed. 2.［F. Cuvier］45：272. 1827［Feb 1827］
＝Gaimardia Gaudich.（1825）［刺鳞草科 Centrolepidaceae//帚灯
草科 Restionaceae］"是晚出的非法名称。【分布】玻利维亚，新西
兰，南美洲。【模式】Gaimardia australis Gaudichaud-Beaupré。
【参考异名】Gaimarda Gaudich.（1829）Nom. illegit. ；Gaimarda
Juss.（1827）Nom. illegit. ■☆

20907　Gaissenia Raf.（1808）＝Trollius L.（1753）［毛茛科
Ranunculaceae］■

20908　Gajanus Kuntze（1891）Nom. illegit. ≡Bocoa Aubl.（1775）；～≡
Gajanus Rumph. ex Kuntze（1891）Nom. illegit. ；～＝Inocarpus J. R.
Forst. et G. Forst.（1775）（保留属名）［豆科 Fabaceae
（Leguminosae）］●☆

20909　Gajanus Rumph. ex Kuntze（1891）Nom. illegit. ≡Gajanus Kuntze
（1891）Nom. illegit. ；～≡Bocoa Aubl.（1775）；～≡Gajanus
Rumph. ex Kuntze（1891）Nom. illegit. ；～＝Inocarpus J. R. Forst. et
G. Forst.（1775）（保留属名）［豆科 Fabaceae（Leguminosae）］●☆

20910　Gajati Adans.（1763）＝Aeschynomene L.（1753）［豆科
Fabaceae（Leguminosae）//蝶形花科 Papilionaceae］●■

20911　Gakenia Fabr.（1759）Nom. illegit. ≡Gakenia Heist. ex Fabr.
（1759）；～＝Matthiola W. T. Aiton（1812）［as 'Mathiola'］（保留
属名）［十字花科 Brassicaceae（Cruciferae）］■●

20912　Gakenia Heist.（1748）Nom. inval. ≡Gakenia Heist. ex Fabr.
（1759）；～＝Matthiola W. T. Aiton（1812）［as 'Mathiola'］（保留
属名）［十字花科 Brassicaceae（Cruciferae）］■●

20913　Gakenia Heist. ex Fabr.（1759）＝Matthiola W. T. Aiton（1812）
［as 'Mathiola'］（保留属名）［十字花科 Brassicaceae
（Cruciferae）］■●

20914　Galacaceae D. Don（1828）＝Diapensiaceae Lindl.（保留科名）●■

20915　Galacanthus Lem.（1849）Nom. illegit. ≡Galanthus L.（1753）
［石蒜科 Amaryllidaceae//雪花莲科 Galanthaceae］■☆

20916　Galactea Wight（1841）＝Galactia P. Browne（1756）［豆科
Fabaceae（Leguminosae）//蝶形花科 Papilionaceae］■

20917　Galactella B. D. Jacks.（1837）＝Galatella Cass.（1825）［菊科
Asteraceae（Compositae）］■

20918　Galactia P. Browne（1756）【汉】乳豆属。【日】ハギカズラ属，
ハギカヅラ属。【英】Milkbean，Milkpea。【隶属】豆科 Fabaceae
（Leguminosae）//蝶形花科 Papilionaceae。【包含】世界 50-140
种，中国 4 种。【学名诠释与讨论】〈阴〉（希）gala，所有格
galaktos，乳。galaxoias，似乳的。【分布】巴基斯坦，巴拉圭，巴拿
马，秘鲁，玻利维亚，厄瓜多尔，哥伦比亚（安蒂奥基亚），哥斯达
黎加，马达加斯加，美国（密苏里），尼加拉瓜，中国，中美洲。【模
式】Galactia pendula Persoon。【参考异名】Betenoourtia A. St. -
Hil.（1833）；Campesia Wight et Arn. ex Steud. ；Collaea DC.
（1825）；Galactea Wight（1841）；Galaction St. -Lag.（1880）；
Heterocarpaea Scheele（1848）；Heterocarpus Post et Kuntze（1903）
Nom. illegit. ；Leucodictyon Dalzell（1850）；Leucodyction Dalzell
（1850）；Leucodyctyon Dalzell（1850）；Odonia Bertol.（1822）；
Sweetia DC.（1825）Nom. illegit.（废弃属名）■

20919　Galaction St. -Lag.（1880）＝Galactia P. Browne（1756）［豆科
Fabaceae（Leguminosae）//蝶形花科 Papilionaceae］■

20920　Galactites Moench（1794）（保留属名）【汉】乳刺菊属。【隶属】
菊科 Asteraceae（Compositae）。【包含】世界 2-3 种。【学名诠释
与讨论】〈阳〉（希）gala，所有格 galaktos，乳。galaxoias，似乳的+-
ites，表示关系密切的词尾。此属的学名"Galactites Moench，
Methodus：558. 4 Mai 1794"是保留属名。法规未列出相应的废弃
属名。"Lupsia Necker ex O. Kuntze，Rev. Gen. 1：352. 5 Nov 1891"
是"Galactites Moench（1794）（保留属名）"的晚出的同模式异名
（Homotypic synonym，Nomenclatural synonym）。【分布】地中海地
区，西班牙（加那利群岛）。【模式】Galactites tomentosa Moench
［Centaurea galactites Linnaeus］。【参考异名】Lupsia Neck.
（1790）Nom. inval. ；Lupsia Neck. ex Kuntze（1791）Nom. illegit. ■☆

20921　Galactodendron Kunth（1819）Nom. illegit. ≡Galactodendrum
Kunth ex Humb. et Bonpl.（1819）；～＝Brosimum Sw.（1788）（保留
属名）［桑科 Moraceae］●☆

20922　Galactodendron Rchb.（1828）Nom. illegit. ＝Galactodendrum
Kunth ex Humb. et Bonpl.（1819）；～＝Brosimum Sw.（1788）（保留
属名）［桑科 Moraceae］●☆

20923　Galactodendrum Humb. et Bonpl.（1819）Nom. illegit. ≡
Galactodendrum Kunth ex Humb. et Bonpl.（1819）；～＝Brosimum
Sw.（1788）（保留属名）［桑科 Moraceae］●☆

20924　Galactodendrum Kunth ex Humb.（1819）Nom. illegit. ≡
Galactodendrum Kunth ex Humb. et Bonpl.（1819）；～＝Brosimum
Sw.（1788）（保留属名）［桑科 Moraceae］●☆

20925　Galactodendrum Kunth ex Humb. et Bonpl.（1819）【汉】乳木属
（乳桑属）。【隶属】桑科 Moraceae。【包含】世界 3 种。【学名诠
释与讨论】〈中〉（希）gala，所有格 galaktos，乳＋dendron 或
dendros，树木，棍，丛林。此属的学名，ING 和 TROPICOS 记载是
"Galactodendrum Humboldt et Bonpland，Relat. Hist. 2：108. 1819"。

IK 则记载为"Galactodendrum Kunth ex Humb. et Bonpl. , Relat. Hist. 2：108. 1819"。三者引用的文献相同。"Galactodendron Rchb. , Consp. Regn. Veg.［H. G. L. Reichenbach］83. 1828"和 "Galactodendron Kunth（1819）"则是其拼写变体。亦有文献把 "Galactodendrum Kunth ex Humb. et Bonpl.（1819）"处理为 "Brosimum Sw.（1788）（保留属名）"的异名。【分布】玻利维亚。 【模式】Galactodendrum utile Kunth。【参考异名】Brosimum Sw. （1788）（保留属名）；Galactodendron Kunth（1819）Nom. illegit. ； Galactodendron Rchb.（1828）Nom. illegit. ；Galactodendrum Humb. et Bonpl.（1819）Nom. illegit. ；Galactodendrum Kunth ex Humb. （1819）Nom. illegit. ●☆

20926　Galactoglychia Miq.（1847）= Ficus L.（1753）；~ = Galoglychia Gasp.（1844）［桑科 Moraceae］●

20927　Galactophora Woodson（1932）【汉】乳梗木属。【隶属】夹竹桃科 Apocynaceae。【包含】世界 7 种。【学名诠释与讨论】〈阴〉 （希）gala，所有格 galaktos，乳＋phoros，具有，梗，负载，发现者。 【分布】秘鲁，玻利维亚。【后选模式】Galactophora crassifolia （Müller Arg.）R. E. Woodson［Amblyanthera crassifolia Müller Arg.］。●☆

20928　Galactoxylon Pierre（1890）Nom. illegit. = Palaquium Blanco （1837）［山榄科 Sapotaceae］●

20929　Galactoxylum Pierre ex L. Planch.（1888）= Palaquium Blanco （1837）［山榄科 Sapotaceae］●

20930　Galagania Lipsky（1901）【汉】天山芹属。【隶属】伞形花科（伞形科）Apiaceae（Umbelliferae）。【包含】世界 5-7 种，中国 1 种。 【学名诠释与讨论】〈阴〉（希）gala，所有格 galaktos，乳＋aganos 温柔的、可爱的。此属的学名是"Galagania Lipsky, Trudy Imp. S. - Peterburgsk. Bot. Sada 18：62. 1901"。亦有文献把其处理为 "Muretia Boiss.（1844）"的异名。【分布】阿富汗，伊朗，中国，亚洲中部。【模式】Galagania fragrantissima Lipsky。【参考异名】 Korovinia Nevski et Vved.（1937）；Muretia Boiss.（1844）■

20931　Galanga Noronha（1790）= Alpinia Roxb.（1810）（保留属名） ［姜科（蘘荷科）Zingiberaceae//山姜科 Alpiniaceae］■

20932　Galanthaceae G. Mey.（1836）［亦见 Amaryllidaceae J. St. -Hil. （保留科名）石蒜科］【汉】雪花莲科。【包含】1 属世界 12-20 种。 【分布】欧洲，地中海至高加索。【科名模式】Galanthus L.（1753）■

20933　Galanthaceae Salisb. = Amaryllidaceae J. St. -Hil.（保留科名）； ~ = Galanthaceae G. Mey.■

20934　Galantharum P. C. Boyce et S. Y. Wong（2015）【汉】小乳花属。 【隶属】天南星科 Araceae。【包含】世界 1 种。【学名诠释与讨论】〈阴〉词源不详。【分布】马来西亚，婆罗洲，热带亚洲。【模式】Galantharum kishii P. C. Boyce et S. Y. Wong。☆

20935　Galanthus L.（1753）【汉】雪花莲属（乳花属，雪滴花属，雪莲花属）。【日】ガランサス属，マツユキソウ属。【俄】Галантус， Подснежник。【英】Galanthus, Snowdrop, Snowdrops。【隶属】石蒜科 Amaryllidaceae//雪花莲科 Galanthaceae。【包含】世界 12-20 种。【学名诠释与讨论】〈阳〉（希）gala，所有格 galaktos，乳＋ anthes 花。指花乳白色。此属的学名，ING、TROPICOS 和 IK 记载是"Galanthus L. , Sp. Pl. 1：288. 1753［1 May 1753］"。 "Acrocorion Adanson, Fam. 2：57, 512, 560, 580（'Akrokorion'）. Jul-Aug 1763"、"Chianthemum O. Kuntze, Rev. Gen. 2：703. 5 Nov 1891"和"Galactanthus Lemaire in A. C. V. D. d'Orbigny, Dict. Universel Hist. Nat. 5：763. post 29 Mar 1845"是"Galantharum P. C. Boyce et S. Y. Wong（2015）"的同模式异名（Homotypic synonym, Nomenclatural synonym）。"Chianthemum Sieg. ex Kuntze （1891）Nom. illegit. ≡ Chianthemum Kuntze（1891）Nom. illegit. "的命名人引证有误。【分布】地中海至高加索，欧洲。【模式】

Galanthus nivalis Linnaeus。【参考异名】Acrocorion Adans.（1763） Nom. illegit. ；Aerokorion Scop.（1770）；Chianthemum Kuntze （1891）Nom. illegit. ；Chianthemum Sieg.（1736）Nom. inval. ； Chianthemum Sieg. ex Kuntze（1891）；Galactanthus Lem.（1849） Nom. illegit. ■☆

20936　Galapagoa Hook. f.（1846）= Coldenia L.（1753）；~ = Tiquilia Pers.（1805）［紫草科 Boraginaceae］■☆

20937　Galapagosus Kovachev（1975）Nom. illegit. ［苋科 Amaranthaceae］■☆

20938　Galardia Lam.（1788）= Gaillardia Foug.（1786）［菊科 Asteraceae（Compositae）］■

20939　Galarhaeus Baill.（1858）Nom. illegit. = Euphorbia L.（1753） ［大戟科 Euphorbiaceae］■●

20940　Galarhoeus Haw.（1812）= Euphorbia L.（1753）［大戟科 Euphorbiaceae］■●

20941　Galarips Allemão ex L. = Allamanda L.（1771）［夹竹桃科 Apocynaceae］●

20942　Galarrhaeus Fourr.（1869）= Galarhoeus Haw.（1812）［大戟科 Euphorbiaceae］■●

20943　Galarrhoeus Rchb.（1832）Nom. illegit.［大戟科 Euphorbiaceae］☆

20944　Galasia Sch. Bip.（1866）Nom. illegit. = Microseris D. Don （1832）［菊科 Asteraceae（Compositae）］■☆

20945　Galasia W. D. J. Koch（1837）= Gelasia Cass.（1818）；~ = Scorzonera L.（1753）［菊科 Asteraceae（Compositae）］■

20946　Galatea（Cass.）Less.（1832）= Aster L.（1753）［菊科 Asteraceae（Compositae）］●■

20947　Galatea Cass.（1818）Nom. inval. ≡ Galatea（Cass.）Less. （1832）；~ = Aster L.（1753）［菊科 Asteraceae（Compositae）］●■

20948　Galatea Cass. ex Less.（1832）Nom. illegit. ≡ Galatea（Cass.） Less.（1832）；~ = Aster L.（1753）［菊科 Asteraceae （Compositae）］●■

20949　Galatea Herb.（1819）Nom. inval. = Nerine Herb.（1820）（保留属名）［石蒜科 Amaryllidaceae］■☆

20950　Galatea Salisb.（1812）Nom. inval. = Eleutherine Herb.（1843） （保留属名）［鸢尾科 Iridaceae］■

20951　Galatea Salisb. ex Kuntze（1891）= Eleutherine Herb.（1843）（保留属名）［鸢尾科 Iridaceae］■

20952　Galatella（Cass.）Cass.（1825）Nom. illegit. ≡ Galatella Cass. （1825）［菊科 Asteraceae（Compositae）］■

20953　Galatella Cass.（1825）【汉】乳菀属（乳菊属）。【俄】 Солонечник。【英】Galatella, Milkaster。【隶属】菊科 Asteraceae （Compositae）。【包含】世界 25-50 种，中国 12-13 种。【学名诠释与讨论】〈阴〉（希）Galatea，海中女神+-ellus，-ella，-ellum，加在名词词干后面形成指小式的词尾。或加在人名、属名等后面以组成新属的名称。此属的学名，ING、APNI、GCI、TROPICOS 和 IK 记载是"Galatella Cassini in F. Cuvier, Dict. Sci. Nat. 37：463, 488. Dec 1825"。"Galatella（Cass.）Cass.（1825）≡ Galatella Cass.（1825）"的命名人引证有误。此属的学名是"Galatella Cassini in F. Cuvier, Dict. Sci. Nat. 37：463, 488. Dec 1825"。亦有文献把其处理为"Aster L.（1753）"的异名。【分布】中国，温带欧亚大陆。【模式】未指定。【参考异名】Galatella Cass.（1825）； Aster L.（1753）；Galactella B. D. Jacks.（1837）■

20954　Galathea Liebm.（1855）Nom. illegit. = Marica Ker Gawl.（1803） Nom. illegit. ；~ = Neomarica Sprague（1928）［鸢尾科 Iridaceae］■☆

20955　Galathea Stead.（1）= Galatea Herb.（1819）Nom. inval. ；~ = Nerine Herb.（1820）（保留属名）［石蒜科 Amaryllidaceae］■☆

20956　Galathea Stead.（2）= Galatea Salisb.（1812）Nom. inval. ；~ =

Eleutherine Herb. (1843)（保留属名）［鸢尾科 Iridaceae］■

20957 Galathenium Nutt. (1841) = Lactuca L. (1753)［菊科 Asteraceae(Compositae)//莴苣科 Lactucaceae］■

20958 Galax L. (1753)（废弃属名）= Nemophila Nutt. (1822)（保留属名）［田梗草科（田基麻科，田亚麻科）Hydrophyllaceae］■☆

20959 Galax Raf. (1808) Nom. illegit. = Galax Sims (1804)（保留属名）［岩梅科 Diapensiaceae］■☆

20960 Galax Sims(1804)（保留属名）【汉】银河草属（加腊克斯属，岩穗属）。【俄】Галакс。【英】Galax。【隶属】岩梅科 Diapensiaceae。【包含】世界 1 种。【学名诠释与讨论】〈阴〉（希）gala，所有格 galaktos，乳。galaxoias，似乳的。此属的学名"Galax Sims in Bot. Mag. : ad t. 754. Jun 1804"是保留属名。相应的废弃属名是岩梅科 Diapensiaceae 的"Galax L. , Sp. Pl. : 200. 1 Mai 1753 = Nemophila Nutt. (1822)（保留属名）"。岩梅科的"Galax Raf. , Med. Repos. New York v. 353(1808) = Galax Sims(1804)（保留属名）"亦应废弃。"Erythrorhiza A. Michaux, Fl. Bor. -Amer. 2 : 34. 19 Mar 1803"是"Galax Sims(1804)（保留属名）"的同模式异名(Homotypic synonym, Nomenclatural synonym)。【分布】美国（东南部）。【模式】Galax urceolata (Poiret) Brummitt［Pryola urceolata Poiret］。【参考异名】Anonymos Gronov. ex Kuntze (1891)；Anonymos Kuntze (1891) Nom. illegit.；Blandfordia Andréws(1804)（废弃属名）；Blandfortia Poir. (1816)；Galax Raf. (1808) Nom. illegit.；Solanandra Pers. (1806)；Solenandra Benth. et Hook. f. (1876) Nom. illegit.；Solenandria P. Beauv. ex Vent. (1803)■☆

20961 Galaxa Parkinson = Cerbera L. (1753)［夹竹桃科 Apocynaceae］●

20962 Galaxia Thunb. (1782)【汉】乳鸢尾属。【隶属】鸢尾科 Iridaceae。【包含】世界 15 种。【学名诠释与讨论】〈阴〉（希）gala，所有格 galaktos，乳。galaxoias，似乳的。此属的学名，ING、TROPICOS、APNI 和 IK 记载是"Galaxia Thunb. , Nov. Gen. Pl. [Thunberg] 2 : 50. 1782［10 Jul 1782］"。它曾被处理为"Moraea subgen. Galaxia (Thunb.) Goldblatt & J. C. Manning, Bothalia 43 : 37. 2013"。【分布】非洲南部。【后选模式】Galaxia graminea Thunberg, Nom. illegit.［Ixia fugacissima Linnaeus f.；Galaxia fugacissima (Linnaeus f.) Druce］。【参考异名】Moraea subgen. Galaxia (Thunb.) Goldblatt & J. C. Manning(2013)■☆

20963 Galaxiaceae Raf. (1836) = Iridaceae Juss.（保留科名）■●

20964 Galbanon Adans. (1763) Nom. illegit. = Athamanta L. (1753)；~ = Bubon L. (1753)［伞形花科（伞形科）Apiaceae(Umbelliferae)］■☆

20965 Galbanophora Neck. (1790) Nom. inval. = Seseli L. (1753)［伞形花科(伞形科)Apiaceae(Umbelliferae)］■

20966 Galbanum D. Don (1831) = Athamanta L. (1753)；~ = Galbanon Adans. (1763) Nom. illegit.；~ = Athamanta L. (1753)；~ = Bubon L. (1753)［伞形花科(伞形科)Apiaceae(Umbelliferae)］■☆

20967 Galbulimima F. M. Bailey(1894)【汉】舌蕊花属（瓣蕊花属）。【隶属】瓣蕊花科（单珠木兰科，芳香木科，舌蕊花科，锥形药科）Himantandraceae。【包含】世界 2 种。【学名诠释与讨论】〈阴〉（拉）galbulus，柏或丝杉树的硬壳果 + mimus，善于模拟者，来自希腊文 mimo，所有格 mimous 类人猿，mimos = mimetes 模仿者。【分布】马来西亚（东部）至澳大利亚（东北部）。【模式】Galbulimima baccata F. M. Bailey。【参考异名】Himantandra F. Muell. (1887) Nom. inval.；Himantandra F. Muell. ex Diels(1912)●☆

20968 Gale Duhamel (1755) Nom. inval. , Nom. illegit. ≡ Myrica L. (1753)［杨梅科 Myricaceae］●

20969 Gale Tourn. ex Adans. (1763) Nom. illegit. = ? Myrica L. (1753)［杨梅科 Myricaceae］●

20970 Galeaceae Bubani = Myricaceae Rich. ex Kunth(保留科名)●

20971 Galeana La Llave et Lex. (1824) Nom. illegit. ≡ Galeana La Llave (1824)［菊科 Asteraceae(Compositae)］■☆

20972 Galeana La Llave ex Lex. (1824) Nom. illegit. ≡ Galeana La Llave(1824)［菊科 Asteraceae(Compositae)］■☆

20973 Galeana La Llave (1824)【汉】软翅菊属。【隶属】菊科 Asteraceae(Compositae)。【包含】世界 1-3 种。【学名诠释与讨论】〈阴〉（人）Gale + -anus, -ana, -anum，加在名词词干后面使形成形容词的词尾，含义为"属于"。此属的学名，INGTROPICOS 和 IK 记载是"Galeana La Llave in La Llave et Lexarza, Nov. Veg. Descr. 1 : 12. 1824"。"Galeana La Llave et Lex. (1824) ≡ Galeana La Llave(1824)"和"Galeana La Llave ex Lex. (1824) ≡ Galeana La Llave(1824)"的命名人引证有误。【分布】墨西哥，尼加拉瓜，中美洲。【模式】Galeana hastata La Llave。【参考异名】Galeana La Llave et Lex. (1824) Nom. illegit.；Galeana La Llave ex Lex. (1824) Nom. illegit. ■☆

20974 Galeandra Lindl. (1832)【汉】鼬蕊兰属。【日】ガレアンドラ属。【英】Galeandra。【隶属】兰科 Orchidaceae。【包含】世界 20-25 种。【学名诠释与讨论】〈阴〉（拉）galea，头盔 + aner，所有格 andros，雄性，雄蕊。指花药帽状。此属的学名，ING、GCI、TROPICOS 和 IK 记载是"Galeandra Lindley in F. A. Bauer et Lindley, Ill. Orchid. Pl. , Gen. ad t. 8. 1832"。"Galeandra Lindl. et Bauer(1832) ≡ Galeandra Lindl. (1832)［兰科 Orchidaceae］"的命名人引证有误。"Corydandra H. G. L. Reichenbach, Deutsche Bot. Herbarienbuch (Nom.) 53. Jul 1841"是"Galeandra Lindl. (1832)"的晚出的同模式异名(Homotypic synonym, Nomenclatural synonym)。【分布】巴拉圭，巴拿马，秘鲁，玻利维亚，厄瓜多尔，哥斯达黎加，尼加拉瓜，西印度群岛，热带和温带南美洲，中美洲。【模式】Galeandra baueri Lindley。【参考异名】Corydandra Rchb. (1841) Nom. illegit.；Galeandra Lindl. et Bauer(1832) Nom. illegit. ■☆

20975 Galeandra Lindl. et Bauer (1832) Nom. illegit. ≡ Galeandra Lindl. (1832)［兰科 Orchidaceae］■☆

20976 Galearia C. Presl(1831)（废弃属名）= Trifolium L. (1753)［豆科 Fabaceae(Leguminosae)//蝶形花科 Papilionaceae］■

20977 Galearia Zoll. et Moritzi(1846)（保留属名）【汉】盖尔草属。【隶属】攀打科 Pandaceae。【包含】世界 6 种。【学名诠释与讨论】〈阴〉（拉）galea，头盔 + -arius, -aria, -arium，指示"属于、相似、具有、联系"的词尾。此属的学名"Galearia Zoll. et Moritzi in Moritzi, Syst. Verz. : 19. Mai-Jun 1846"是保留属名。相应的废弃属名是豆科 Fabaceae 的"Galearia C. Presl, Symb. Bot. 1 : 49. Sep-Dec 1831 = Trifolium L. (1753)"。"Xerosphaera J. Soják, Cas. Nár. Muz. , Rada Prír. 154 : 35. Aug 1986('1985')"是"Galearia C. Presl(1831)（废弃属名）"的晚出的同模式异名(Homotypic synonym, Nomenclatural synonym)。【分布】东南亚至所罗门群岛。【模式】Galearia pedicellata Zollinger et Moritzi。【参考异名】Bennettia R. Br. (1838) Nom. illegit.；Cremostachys Tul. (1851)●☆

20978 Galeariaceae Pierre = Pandaceae Engl. et Gilg(保留科名)●

20979 Galearis Raf. (1833)【汉】艳盔兰属（盔兰属，盔花兰属）。【英】Showy Orchis。【隶属】兰科 Orchidaceae。【包含】世界 10-12 种，中国 5 种。【学名诠释与讨论】〈阴〉（拉）galea，头盔。ING 记载，"Galeorchis P. A. Rydberg in N. L. Britton, Manual 292. Oct 1901"是一个替代名称；替代的是"Galearis Raf. (1833)"；但是，这是一个多余的替代名称。《中国植物志》英文版把"Galeorchis Rydb. (1901) Nom. illegit. "处理为"Galearis Raf. (1833)"的异名。【分布】美国，印度，中国，东亚，温带北美洲。【模式】未指

定。【参考异名】Galeorchis Rydb. (1901) Nom. illegit. ；Orchis L. (1753)■

20980　Galearis Raf. (1837) = Orchis L. (1753) [兰科 Orchidaceae]■

20981　Galeatella (E. Wimm.) O. Deg. et I. Deg. (1962) = Lobelia L. (1753) [桔梗科 Campanulaceae//山梗菜科（半边莲科）Nelumbonaceae]●■

20982　Galedragon Gray (1821) Nom. illegit. ≡ Virga Hill (1763) [川续断科（刺参科，蓟叶参科，山萝卜科，续断科）Dipsacaceae]■

20983　Galedupa Lam. (1788) = Pongamia Adans. (1763) (保留属名) [as 'Pongam'] [豆科 Fabaceae (Leguminosae)//蝶形花科 Papilionaceae]●

20984　Galedupa Prain = Sindora Miq. (1861) [豆科 Fabaceae (Leguminosae)//云实科（苏木科）Caesalpiniaceae]●

20985　Galedupaceae Martinov (1820) = Fabaceae Lindl. (保留科名)//Leguminosae Juss. (1789) (保留科名)●■

20986　Galega L. (1753) 【汉】山羊豆属。【日】ガレーガ属。【俄】Галега，Козлятник。【英】Goat's Rue, Goat's - rue, Goatbean, Goatsrue。【隶属】豆科 Fabaceae (Leguminosae)//蝶形花科 Papilionaceae。【包含】世界 6-8 种，中国 1 种。【学名诠释与讨论】〈阴〉（希）gala, 所有格 galaktos, 乳。galaxoias, 似乳的+ago 相似，联系，追随，携带，诱导。指食用本植物的动物乳汁丰富。此属的学名, ING、APNI 和 GCI 记载为 “Galega L., Sp. Pl. 2 : 714. 1753 [1 May 1753]”。IK 则记载为 “Galega Tourn. ex L. (1753)”。“Galega Tourn.” 是命名起点著作之前的名称，故 “Galega L. (1753)” 和 “Galega Tourn. ex L. (1753)” 都是合法名称，可以通用。【分布】巴基斯坦，秘鲁，玻利维亚，厄瓜多尔，马达加斯加，中国，地中海至伊朗，热带非洲东部。【模式】Galega officinalis Linnaeus。【参考异名】Accorombona Endl. (1841) Nom. illegit. ；Callotropis G. Don (1832)；Calotropis Post et Kuntze (1903) Nom. illegit. ；Galega Tourn. ex L. (1753)■

20987　Galega Tourn. ex L. (1753) ≡ Galega L. (1753) [豆科 Fabaceae (Leguminosae)//蝶形花科 Papilionaceae]■

20988　Galena St. -Lag. (1881) Nom. illegit. [番杏科 Aizoaceae]☆

20989　Galenia L. (1753) 【汉】小叶番杏属。【日】ガレニア属。【英】Galenia。【隶属】番杏科 Aizoaceae。【包含】世界 15 种。【学名诠释与讨论】〈阴〉（人）Claudius Galenius, 130-200, 罗马医生。【分布】巴勒斯坦，南非。【模式】Galenia africana Linnaeus。【参考异名】Kolleria C. Presl (1830)；Sialodes Eckl. et Zeyh. (1837)；Tephras E. Mey. ex Harv. et Sond. (1862) Nom. inval. ●☆

20990　Galeniaceae Martinov = Aizoaceae Martinov (保留科名)●■

20991　Galeniaceae Raf. (1819) = Aizoaceae Martinov (保留科名)●■

20992　Galeobdolon Adans. (1763) Nom. illegit. , Nom. superfl. 【汉】小野芝麻属（野芝麻属）。【俄】Зеленчук。【英】Galeobdolon, Weasel-snout。【隶属】唇形科 Lamiaceae (Labiatae)。【包含】世界 1-6 种，中国 5 种。【学名诠释与讨论】〈中〉（希）gale, 鼬+bdolos, 恶臭味。指植物体具鼬臭气味。此属的学名 “Galeobdolon Adanson, Fam. Pl. 2 : 190, 560. Jul - Aug 1763” 是 “Lamiastrum Heist. ex Fabr. (1759)” 的替代名称。但是 “Lamiastrum Heist. ex Fabr. (1759)” 是一个合法名称，无需替代。故 “Galeobdolon Adans. (1763)” 是多余的。《中国植物志》中文版和英文版都用 “Galeobdolon Adans. (1763)” 为正名是不妥的。也有文献把 “Galeobdolon Adans. (1763)” 处理为 “Lamium L. (1753) 野芝麻属” 或 “Lamiastrum Heist. ex Fabr. (1759)” 的异名。【分布】中国，欧洲西部至伊朗。【模式】Lamiastrum galeobdolon (Linnaeus) F. Ehrendorfer et A. Polatschek [Galeopsis galeobdolon Linnaeus]。【参考异名】Lamiastrum Fabr. ex Ehrend. et Polatsch. , Nom. illegit. ；Lamiastrum Heist. ex Fabr. (1759)；

Lamium L. (1753)；Matsumurella Makino (1915)；Pollichia Schrank (1782) (废弃属名)■

20993　Galeobdolon Huds. = Lamium L. (1753) [唇形科 Lamiaceae (Labiatae)]■

20994　Galeoglossum A. Rich. et Galeotti (1845) = Prescottia Lindl. (1824) [as 'Prescotia']■☆

20995　Galeola Lour. (1790) 【汉】山珊瑚兰属（山珊瑚属）。【日】ツチアケビ属。【英】Wildcoral。【隶属】兰科 Orchidaceae。【包含】世界 10 种，中国 5 种。【学名诠释与讨论】〈阴〉（拉）galea 盔+-olus, -ola, -olum, 拉丁文指示小的词尾。指花冠兜状。【分布】澳大利亚，马达加斯加，印度至马来西亚，中国。【模式】Galeola nudifolia Loureiro。【参考异名】Cyrtosia Blume (1825)；Erythorchis Blume；Haematorchis Blume (1849)；Ledgeria F. Muell. (1859)；Pogochilus Falc. (1841)■

20996　Galeomma Rauschert (1982) 【汉】独毛金绒草属。【隶属】菊科 Asteraceae (Compositae)。【包含】世界 2 种。【学名诠释与讨论】〈中〉（希）gale, 鼬+omma, 所有格 ommatos, 眼，外表，模样。此属的学名 “Galeomma S. Rauschert, Taxon 31 : 557. 9 Aug 1982” 是一个替代名称。“Eriosphaera Lessing, Syn. Comp. 270. 1832” 是一个非法名称 (Nom. illegit.)，因为在此之前已经有了 “Eriosphaera F. G. Dietrich, Vollst. Lex. Gartn. Nachtr. 3 : 220. 1817 = Lasiospermum Lag. (1816) [菊科 Asteraceae (Compositae)]”。故用 “Galeomma Rauschert (1982)” 替代之。【分布】非洲南部。【模式】Galeomma oculus-cati (Linnaeus f.) S. Rauschert [Gnaphalium oculus-cati Linnaeus f.]。【参考异名】Eriosphaera Less. (1832) Nom. illegit. ■☆

20997　Galeopsis Adans. (1763) Nom. illegit. [唇形科 Lamiaceae (Labiatae)]☆

20998　Galeopsis Hill (1756) Nom. illegit. ≡ Stachys L. (1753) [唇形科 Lamiaceae (Labiatae)]●■

20999　Galeopsis L. (1753) 【汉】鼬瓣花属（黄鼠狼花属）。【日】チシマオドリコソウ属，チシマオドリコ属，チシマヲドリコ属。【俄】Петушник, Пикульник。【英】Galéope, Galéopse, Hemp Nettle, Hempnettle, Hemp - nettle。【隶属】唇形科 Lamiaceae (Labiatae)。【包含】世界 10 种，中国 1-2 种。【学名诠释与讨论】〈阴〉（希）gale, 鼬+希腊文 opsis, 外观，模样，相似。指药室在花时横裂为 2 瓣，内瓣具一丛纤毛，外瓣无毛。此属的学名, ING、GCI、TROPICOS 和 IK 记载是 “Galeopsis Linnaeus, Sp. Pl. 579. 1 Mai 1753”。“Galeopsis Adans. , Fam. Pl. (Adanson) 2 : 187 (504). 1763 [Jul-Aug 1763] [唇形科 Lamiaceae (Labiatae)]”、“Galeopsis Hill, Brit. Herb. (Hill) 359. 1756 [30 Sep 1756] ≡ Stachys L. (1753)” 和 “Galeopsis Moench, Methodus (Moench) 397. 1794 [4 May 1794] = Stachys L. (1753) [唇形科 Lamiaceae (Labiatae)]” 都是晚出的非法名称。“Dalanum J. Dostál, Folia Mus. Rerum Naturalium Bohemiae Occid. , Bot. 21 : 10. 1984 (post 30 Jan)”、“Ladanum O. Kuntze, Rev. Gen. 2 : 521. 5 Nov 1891 (non Rafinesque 1838)”、“Tetrahit Moench, Meth. 394. 4 Mai 1794 (non Gérard 1761)” 和 “Tetraith Bubani, Fl. Pyrenaea 1 : 436. 1897” 是 “Galeopsis L. (1753)” 的晚出的同模式异名 (Homotypic synonym, Nomenclatural synonym)。【分布】巴基斯坦，美国，中国，温带欧亚大陆。【后选模式】Galeopsis tetrahit Linnaeus。【参考异名】Cannabinastrum Fabr. ；Cannabinastrum Heist. ex Fabr. ；Dalanum Dostál (1984) Nom. illegit. ；Galiopsis St. - Lag. (1880) Nom. illegit. ；Ladanella Pouzar et Slavíková (2000)；Ladanum Gilib. (1781)；Ladanum Kuntze (1891) Nom. illegit. ；Tetrahit Moench (1794) Nom. illegit. ；Tetraith Bubani (1897) Nom. illegit. ■

21000　Galeopsis Moench (1794) Nom. illegit. = Stachys L. (1753) [唇形科 Lamiaceae (Labiatae)]●■

21001　Galeorchis Rydb. (1901) Nom. illegit. ≡ Galearis Raf. (1837)；
~ ＝Orchis L. (1753) ［兰科 Orchidaceae］■

21002　Galeottia A. Rich. (1845) Nom. illegit. ≡ Galeottia A. Rich. et
Galeotti(1845) ［兰科 Orchidaceae］●☆

21003　Galeottia A. Rich. et Galeotti(1845)【汉】加氏兰属。【隶属】兰
科 Orchidaceae。【包含】世界 3 种。【学名诠释与讨论】〈阴〉
(人)Galeotti, Henri Guillaume(1814-1858)植物学者。此属的学
名, ING、GCI、TROPICOS 和 IK 记载是 "Galeottia A. Rich. et
Galeotti, Ann. Sci. Nat., Bot. sér. 3, 3：25. 1845 ［Jan 1845］"。A.
D. Hawkes(1964)曾用 "Mendoncella A. D. Hawkes, Orquídea (Rio
de Janeiro) 25：7. 1963 ［Mar 1964］" 替代 "Galeottia A. Rich. et
Galeotti(1845)", 多余了。"Galeottia Nees, Prodr. ［A. P. de
Candolle］11：311. 1847 ［25 Nov 1847］＝Glockeria Nees(1847)
Nom. illegit. ［爵床科 Acanthaceae］" 是晚出的非法名称。
"Galeottia Ruprecht ex H. G. Galeotti, Bull. Acad. Roy. Sci. Bruxelles
9(2)：247. 1842 ＝Zeugites P. Browne(1756)(保留属名)［禾本
科 Poaceae(Gramineae)］" 是一个未合格发表的名称(Nom.
inval.)。"Galeottia A. Rich., Ann. Sci. Nat., Bot. sér. 3, 3：25.
1845 ≡Galeottia A. Rich. et Galeotti(1845)" 的命名人引证有误。
【分布】巴拿马, 秘鲁, 玻利维亚, 厄瓜多尔, 哥斯达黎加, 尼加拉
瓜, 热带南美洲, 中美洲。【模式】Galeottia grandiflora A. Richard
et H. G. Galeotti。【参考异名】Galeottia A. Rich. (1845) Nom.
illegit. ；Galeottia A. Rich. et Galeotti(1845) ●☆

21004　Galeottia M. Martens et Galeotti(1842) Nom. inval. ＝Zeugites P.
Browne(1756)(保留属名)［禾本科 Poaceae(Gramineae)］■☆

21005　Galeottia Nees(1847) Nom. illegit. ＝Glockeria Nees(1847) Nom.
illegit. ；~ ＝Habracanthus Nees(1847) ［爵床科 Acanthaceae］●☆

21006　Galeottia Rupr. ex Galeotti (1842) Nom. inval. ＝ Zeugites P.
Browne(1756)(保留属名)［禾本科 Poaceae(Gramineae)］■☆

21007　Galeottiella Schltr. (1920) ＝ Brachystele Schltr. (1920) ［兰科
Orchidaceae］■☆

21008　Galera Blume(1825) ＝Epipogium J. G. Gmel. ex Borkh. (1792)
［兰科 Orchidaceae］■

21009　Galiaceae Lindl. (1836) ＝Rubiaceae Juss. (保留科名)●■

21010　Galianthe Griseb. ex Loreatz, Nom. illegit. ≡ Galianthe Griseb.
(1879)；~ ＝Spermacoce L. (1753) ［茜草科 Rubiaceae//繁缕科
Alsinaceae］●■

21011　Galiastrum Fabr. (1759) Nom. illegit. ＝Mollugo L. (1753) ［粟
米草科 Molluginaceae//番杏科 Aizoaceae］■

21012　Galiastrum Heist. ex Fabr. (1759) Nom. illegit. ≡ Galiastrum
Fabr. (1759) Nom. illegit. ；~ ≡ Mollugo L. (1753) ［粟米草科
Molluginaceae//番杏科 Aizoaceae］■

21013　Galiba Post et Kuntze (1903) ＝ Gabila Baill. (1871)；~ ＝
Pycnarrhena Miers ex Hook. f. et Thomson (1855) ［防己科
Menispermaceae］●

21014　Galilea Parl. (1845) ＝Cyperus L. (1753) ［莎草科 Cyperaceae］■

21015　Galimbia Endl. (1841) ＝ Palimbia Besser ex DC. (1830)；~ ＝
Peucedanum L. (1753) ［伞形花科 (伞形科) Apiaceae
(Umbelliferae)］■

21016　Galiniera Delile (1843)【汉】加利茜属。【隶属】茜草科
Rubiaceae。【包含】世界 2 种。【学名诠释与讨论】〈阴〉(人)
Joseph Germain Galinier, 植物学者。此属的学名, ING、TROPICOS
和 IK 记载是 "Galiniera Delile, Ann. Sci. Nat., Bot. sér. 2, 20：92, t.
1. 1843"。"Ptychostigma Hochstetter, Flora 27：23. 14 Jan 1844" 是
"Galiniera Delile (1843)" 的晚出的同模式异名(Homotypic
synonym, Nomenclatural synonym)。【分布】埃塞俄比亚, 马达加
斯加。【模式】Galiniera coffeoides Delile。【参考异名】

Ptychostigma Hochst. (1844) Nom. inval. , Nom. illegit. ●☆

21017　Galinsoga Ruiz et Pav. (1794)【汉】牛膝菊属(辣子草属, 小米
菊属)。【日】ハキダメギク属。【俄】Галинзога, Галинсога。
【英】Galinsoga, Gallant－soldier, Oxhneedaisy, Quickweed, Quick－
weed。【隶属】菊科 Asteraceae(Compositae)。【包含】世界 13-33
种, 中国 2 种。【学名诠释与讨论】〈阴〉(人) Mariano Martinez de
Galinsoga, 1766－1797, 西班牙植物学者, 医生。此属的学名,
ING、APNI、TROPICOS 和 IK 记载是 "Galinsoga Ruiz et Pav.,
Prod. Fl. Per. 110. t. 24(1794)"。"Galinsogea Willd., Sp. Pl., ed.
4 ［Willdenow］3(3)：2228. 1803 ［Apr-Dec 1803］" 和 "Galinsogaea
Zucc., Flora 4(2)：612. 1821" 是其变体。"Galinsogaea Himpel
(1891) Nom. illegit. ［菊科 Asteraceae (Compositae)］" 和
"Galinsogea Kunth in Humboldt, Bonpland et Kunth, Nova Gen. Sp.
4：ed. fol. 198. t. 386('Galinsogia'). 26 Oct 1818；ed. qu. 252. t.
386('Galinsogia'). 18 Sep 1820 ≡Sogalgina Cass. (1818) ［石竹
科 Caryophyllaceae］" 是晚出的非法名称。【分布】阿根廷, 巴拉
圭, 巴拿马, 秘鲁, 玻利维亚, 厄瓜多尔, 哥伦比亚, 马达加斯加,
美国, 墨西哥, 尼加拉瓜, 中国, 中美洲。【后选模式】Galinsoga
parviflora Cavanilles。【参考异名】Adventina Raf. (1836)；
Galinsogaea Zucc. (1821)；Galinsogea Willd. (1803)；Galinsoja
Roth (1806)；Galinzoga Dumort. (1827)；Galisongen Willd.
(1803)；Gallinsoga J. St. － Hil. (1805)；Stemmatella Wedd. ex
Benth. (1873) Nom. illegit. ；Stemmatella Wedd. ex Benth. et Hook.
f. (1873) Nom. illegit. ；Stemmatella Wedd. ex Sch. Bip. (1865)；
Vargasia DC. (1836) Nom. illegit. ；Vasargia Steud. (1841)；Viborgia
Spreng. (1801) Nom. illegit. (废弃属名)；Vigolina Poir. (1808)；
Wiborgia Roth(1800)(废弃属名)●●

21018　Galinsogaea Himpel (1891) Nom. illegit. ［菊科 Asteraceae
(Compositae)］☆

21019　Galinsogaea Zucc. (1821) Nom. illegit. ＝Galinsoga Ruiz et Pav.
(1794) ［菊科 Asteraceae(Compositae)］■●

21020　Galinsogea Kunth(1818) Nom. illegit. ≡Sogalgina Cass. (1818)；
~ ＝Tridax L. (1753) ［菊科 Asteraceae(Compositae)］■●

21021　Galinsogea Willd. (1803) Nom. illegit. ＝Galinsoga Ruiz et Pav.
(1794) ［菊科 Asteraceae(Compositae)］■●

21022　Galinsogeopsis Sch. Bip. (1856) ＝Pericome A. Gray(1853) ［菊
科 Asteraceae(Compositae)］■●☆

21023　Galinsoja Roth(1806) ＝Galinsoga Ruiz et Pav. (1794) ［菊科
Asteraceae(Compositae)］■●

21024　Galinzoga Dumort. (1827) ＝Galinsoga Ruiz et Pav. (1794) ［菊
科 Asteraceae(Compositae)］■●

21025　Galion St. － Lag. (1880) ＝ Galium L. (1753) ［茜草科
Rubiaceae］■●

21026　Galiopsis Fourr. (1868) ＝Galion St. －Lag. (1880)；~ ＝Galium
L. (1753) ［茜草科 Rubiaceae］■●

21027　Galiopsis St. －Lag. (1880) Nom. illegit. ＝Galeopsis L. (1753)
［唇形科 Lamiaceae(Labiatae)］■

21028　Galipea Aubl. (1775)【汉】加利芸香属(尬梨属)。【俄】
Галипея。【英】Gallpea。【隶属】芸香科 Rutaceae。【包含】世界
14 种。【学名诠释与讨论】〈阴〉来自圭亚那地区加勒比人的植
物俗名。【分布】巴拿马, 秘鲁, 玻利维亚, 厄瓜多尔, 哥伦比亚
(安蒂奥基亚), 尼加拉瓜, 中美洲。【模式】Galipea trifoliata
Aublet。【参考异名】Costa Vell. (1829)；Costaea Post et Kuntze
(1903) Nom. illegit. ；Endostephium Turcz. (1863)；Sciuris Nees et
Mart. (1823) Nom. illegit. ；Systemon Regel (1856)；Ticorea A. St. －
Hil. (1823) Nom. illegit. ●☆

21029　Galisongen Willd. (1803) ＝Galinsoga Ruiz et Pav. (1794) ［菊

科 Asteraceae(Compositae)]■●

21030　Galitzkya V. V. Botschantz. (1979)【汉】翅籽荠属(厚茎荠属)。【隶属】十字花科 Brassicaceae(Cruciferae)。【包含】世界 3 种,中国 2 种。【学名诠释与讨论】〈阴〉(人)Nikolai Petrovic Ikonn. – Galitzky,1892–1942,植物学者。此属的学名是"Galitzkya V. V. Botschantzeva, Bot. Zhurn. (Moscow & Leningrad) 64：1440. Oct 1979"。亦有文献把其处理为"Alyssum L. (1753)"的异名。【分布】哈萨克斯坦,蒙古,中国。【模式】Galitzkya spathulata (Stephan ex Willdenow) V. V. Botschantzeva［Alyssum spathulatum Stephan ex Willdenow]。【参考异名】Alyssum L. (1753)■

21031　Galium L. (1753)【汉】拉拉藤属(猪殃殃属)。【日】ヤエムグラ属,ヤヘムグラ属。【俄】Подмаренник。【英】Bedstraw, Ladies' Bedstraw, Sweet Woodruff。【隶属】茜草科 Rubiaceae。【包含】世界 300-400 种,中国 58-65 种。【学名诠释与讨论】〈中〉(希)galion,猪殃殃的古名,来自 gala,所有格 galaktos,牛乳,乳。galaxaios,似牛乳的+-ius,-ia,-ium,在拉丁文和希腊文中,这些词尾表示性质或状态。本属中的一种植物能使牛乳凝固。【分布】巴基斯坦,巴拉圭,巴拿马,秘鲁,玻利维亚,厄瓜多尔,哥伦比亚(安蒂奥基亚),马达加斯加,美国(密苏里),尼加拉瓜,中国,中美洲。【后选模式】Galium mollugo Linnaeus。【参考异名】Aparinanthus Fourr. (1868);Aparine Guett. (1750) Nom. inval.;Aparine Hill (1756) Nom. illegit.;Aparine Tourn. ex Mill. (1754);Aparinella Fourr. (1868);Aspera Columna ex Moench (1794) Nom. illegit.;Aspera Moench (1794);Asperula L. (1753)(保留属名);Asterophyllum Schimp. et Spenn. (1829);Bataprine Nieuwl. (1910);Chlorostemma Fourr. (1868) Nom. illegit.;Chrozorrhiza Ehrh. (1789);Cruciata Mill. (1754);Cruciata Tourn. ex Adans. (1763) Nom. illegit.;Eyselia Neck. (1790) Nom. inval.;Galion St. – Lag. (1880);Galiopsis Fourr. (1868);Gallion Pohl (1810) Nom. illegit.;Gallium Mill. (1754) Nom. illegit.;Mollugo Fabr.;Relbunium (Endl.) Benth. et Hook. f. (1873);Trichogalium (DC.) Fourr. (1868);Trichogalium Fourr. (1868) Nom. illegit. ■●

21032　Galiziola Raf. (1838)= Ardisia Sw. (1788)(保留属名)［紫金牛科 Myrsinaceae]●■

21033　Gallapagoa Pritz. (1866)= Coldenia L. (1753);~ = Galapagoa Hook. f. (1846)［紫草科 Boraginaceae]■

21034　Gallardoa Hicken(1916)【汉】阿根廷金虎尾属。【隶属】金虎尾科(黄褥花科)Malpighiaceae。【包含】世界 1 种。【学名诠释与讨论】〈阴〉(人)Gallardo。【分布】阿根廷。【模式】Gallardoa fischeri Hicken。☆

21035　Gallaria Schrank ex Endl. (1840)= Medinilla Gaudich. ex DC. (1828)［野牡丹科 Melastomataceae]●

21036　Gallasia Mart. ex DC. (1828)= Miconia Ruiz et Pav. (1794)(保留属名)［野牡丹科 Melastomataceae//米氏野牡丹科 Miconiaceae]●☆

21037　Gallesia Casar. (1843)【汉】蒜味珊瑚树属(蒜味珊瑚属)。【隶属】商陆科 Phytolaccaceae。【包含】世界 1-2 种。【学名诠释与讨论】〈阴〉(人)Giorgio Gallesio,1772–1839,意大利植物学者。【分布】巴西,秘鲁。【模式】Gallesia scorodendrum Casaretto, Nom. illegit.［Crateva gorarema Vellozo;Gallesia gorarema (Vellozo) Moquin–Tandon]。【参考异名】Gallesioa Kuntze (1903) Nom. illegit.;Gallesioa Post et Kuntze(1903)●☆

21038　Gallesioa Kuntze (1903) Nom. illegit. ≡ Gallesioa Post et Kuntze (1903)［商陆科 Phytolaccaceae]●☆

21039　Gallesioa M. Roem. (1846)= Clausena Burm. f. (1768)［芸香科 Rutaceae]●

21040　Gallesioa Post et Kuntze(1903)= Gallesia Casar. (1843)［商陆

科 Phytolaccaceae]●☆

21041　Galliaria Bubani (1897) Nom. illegit. ≡ Albersia Kunth (1838);~ = Amaranthus L. (1753)［苋科 Amaranthaceae]■

21042　Galliastrum Fabr. = Mollugo L. (1753)［粟米草科 Molluginaceae//番杏科 Aizoaceae]■

21043　Gallienia Dubard et Dop(1925)【汉】马岛加利茜属。【隶属】茜草科 Rubiaceae。【包含】世界 1 种。【学名诠释与讨论】〈阴〉(人)Gallien。【分布】马达加斯加。【模式】Gallienia sclerophylla Dubard et Dop。☆

21044　Gallinsoga J. St. –Hil. (1805)= Galinsoga Ruiz et Pav. (1794)［菊科 Asteraceae(Compositae)]■●

21045　Gallion Pohl(1810)Nom. illegit. =Galium L. (1753)［茜草科 Rubiaceae]■●

21046　Gallitrichum A. J. Jord. et Fourr. (1870)Nom. illegit. =Salvia L. (1753)［唇形科 Lamiaceae(Labiatae)//鼠尾草科 Salviaceae]●■

21047　Gallitrichum Fourr. (1869)Nom. inval. = Salvia L. (1753)［唇形科 Lamiaceae(Labiatae)//鼠尾草科 Salviaceae]●■

21048　Gallium Mill. (1754)Nom. illegit. =Galium L. (1753)［茜草科 Rubiaceae]■●

21049　Galloa Hassk. (1844)= Cocculus DC. (1817)(保留属名)［防己科 Menispermaceae]●

21050　Galoglychia Gasp. (1844)= Ficus L. (1753)［桑科 Moraceae]●

21051　Galophthalmum Nees et Mart. (1824)= Blainvillea Cass. (1823)［菊科 Asteraceae(Compositae)]■●

21052　Galopina Thunb. (1781)【汉】加洛茜属。【隶属】茜草科 Rubiaceae。【包含】世界 4 种。【学名诠释与讨论】〈阴〉(人)Galopin。【分布】非洲南部。【模式】Galopina circaeoides Thunberg。【参考异名】Oxyspermum Eckl. et Zeyh. (1837)●☆

21053　Galordia Raeusch. (1797)= Gaillardia Foug. (1786)［菊科 Asteraceae(Compositae)]■

21054　Galorhoeus Endl. (1840)= Euphorbia L. (1753);~ =Galarhoeus Haw. (1812)［大戟科 Euphorbiaceae]●■

21055　Galphimia Cav. (1799)= Thryallis Mart. (1829)(保留属名)［金虎尾科(黄褥花科)Malpighiaceae]●

21056　Galphinia Poir. (1821)= Galphimia Cav. (1799);~ =Thryallis Mart. (1829)(保留属名)［金虎尾科(黄褥花科)Malpighiaceae]●

21057　Galpinia N. E. Br. (1894)【汉】盖尔平木属(卡尔平木属)。【隶属】桃金娘科 Myrtaceae。【包含】世界 1-3 种。【学名诠释与讨论】〈阴〉(人)Ernest Edward Galpin, 1858–1941,植物学者,A contribution to the knowledge of the flora of Drakensberg 的作者。【分布】非洲南部。【模式】Galpinia transvaalica N. E. Brown。●☆

21058　Galpinsia Britton (1894)= Calylophus Spach (1835);~ = Oenothera L. (1753)［柳叶菜科 Onagraceae]●■

21059　Galstronema Steud. (1840)= Cyrtanthus Aiton(1789)(保留属名);~ =Gastronema Herb. (1821)［石蒜科 Amaryllidaceae]■☆

21060　Galtonia Decne. (1880)【汉】夏风信子属(夏水仙属)。【日】ガルトニア属,ツソガネオモト属。【俄】Гальтония。【英】Galtonia, Summer Hyacinth, Summer–hyacinth。【隶属】风信子科 Hyacinthaceae//百合科 Liliaceae。【包含】世界 4 种。【学名诠释与讨论】〈阴〉(人)Francis Gallon,1822–1911,研究南非植物的英国学者。【分布】非洲南部。【后选模式】Galtonia candicans (J. G. Baker) Decaisne［Hyacinthus candicans J. G. Baker]。■☆

21061　Galumpita Blume(1856)= Gironniera Gaudich. (1844)［榆科 Ulmaceae]●

21062　Galurus Spreng. (1817)= Acalypha L. (1753)［大戟科 Euphorbiaceae//铁苋菜科 Acalyphaceae]●■

21063　Galvania Vand. (1788)= Psychotria L. (1759)(保留属名)［茜

草科 Rubiaceae//九节科 Psychotriaceae] ●

21064　Galvania Vell. ex Vand. (1788) Nom. illegit. ≡ Galvania Vand. (1788);~ = Psychotria L. (1759)(保留属名)[茜草科 Rubiaceae//九节科 Psychotriaceae] ●

21065　Galvesia J. F. Gmel. (1792) Nom. illegit. ≡ Galvezia Dombey ex Juss. (1789)[玄参科 Scrophulariaceae//婆婆纳科 Veronicaceae] ●☆

21066　Galvesia Pers. (1805) Nom. illegit. ≡ Galvezia Ruiz et Pav. (1794) Nom. illegit.;~ ≡ Pitavia Molina (1810)[芸香科 Rutaceae] ■☆

21067　Galvezia Dombey ex Juss. (1789)【汉】卡尔维西木属。【隶属】玄参科 Scrophulariaceae//婆婆纳科 Veronicaceae。【包含】世界 4-6 种。【学名诠释与讨论】〈阴〉(人) Jose Galvez, 1720-1787, 西班牙官员。此属的学名, ING、TROPICOS 和 IK 记载是"Galvezia Domb. ex Juss., Gen. Pl. [Jussieu] 119. 1789 [4 Aug 1789]"。"Galvezia Ruiz et Pav., Syst. Veg. Fl. Peruv. Chil. 97 (1794) ≡ Pitavia Molina (1810)"是晚出的非法名称。"Galvesia J. F. Gmel., Syst. Nat., ed. 13 [bis]. 2(2):937. 1792 [1791 publ. late Apr-Oct 1792]"是"Galvezia Dombey ex Juss. (1789)"的拼写变体。"Galvesia Pers., Syn. Pl. [Persoon] 1:445. 1805 [1 Apr-15 Jun 1805]"则是"Galvezia Ruiz et Pav. (1794) Nom. illegit."的拼写变体。"Agassizia Chavannes, Monogr. Antirrhinées 180. Jan 1833 ('1830')"是"Galvezia Dombey ex Juss. (1789)"的晚出的同模式异名(Homotypic synonym, Nomenclatural synonym)。【分布】秘鲁, 厄瓜多尔, 美国(加利福尼亚), 墨西哥。【模式】Galvezia fruticosa J. F. Gmelin。【参考异名】Agassizia Chav. (1833) Nom. illegit.;Galvesia J. F. Gmel. (1792) ●☆

21068　Galvezia Ruiz et Pav. (1794) Nom. illegit. ≡ Pitavia Molina (1810)[芸香科 Rutaceae] ■☆

21069　Galypola Nieuwl. (1914) = Polygala L. (1753)[远志科 Polygalaceae] ●■

21070　Gama La Llave (1885)【汉】墨西哥狭菊属。【隶属】菊科 Asteraceae(Compositae)。【包含】世界 1 种。【学名诠释与讨论】〈阴〉词源不详。【分布】墨西哥。【模式】Gama angulata La Llave。☆

21071　Gamanthera van der Werff (1991)【汉】联药樟属。【隶属】樟科 Lauraceae。【包含】世界 1 种。【学名诠释与讨论】〈阴〉(希) gamos, 婚姻, 联合+anthera, 花药。【分布】哥斯达黎加, 中美洲。【模式】Gamanthera herrerae van der Werff。●☆

21072　Gamanthus Bunge (1862)【汉】合苞藜属(合苞蓬属, 合花草属, 合花藜属)。【俄】Спайноцветник。【隶属】藜科 Chenopodiaceae。【包含】世界 5-7 种。【学名诠释与讨论】〈阳〉(希) gamos, 婚姻, 联合+anthos, 花。指花被的基部合生。此属的学名是"Gamanthus Bunge, Mém. Acad. Imp. Sci. Saint. - Pétersbourg ser. 7. 4(11):19, 76. 1862"。亦有文献把其处理为"Halanthium K. Koch(1844)"的异名。【分布】阿富汗, 巴基斯坦, 亚洲中部。【后选模式】Gamanthus pilosus (Pallas) Bunge [Salsola pilosa Pallas]。【参考异名】Halanthium K. Koch(1844) ■☆

21073　Gamaria Raf. (1838) = Disa P. J. Bergius (1767)[兰科 Orchidaceae] ■☆

21074　Gamatopea Bremek. = Psychotria L. (1759)(保留属名)[茜草科 Rubiaceae//九节科 Psychotriaceae] ●

21075　Gamazygis Pritz. (1855) = Angianthus J. C. Wendl. (1808)(保留属名);~ = Gamozygis Turcz. (1851)[菊科 Asteraceae(Compositae)] ■●☆

21076　Gambelia Nutt. (1848)【汉】甘比婆婆纳属。【隶属】玄参科 Scrophulariaceae//婆婆纳科 Veronicaceae//金鱼草科

Antirrhinaceae。【包含】世界 4 种。【学名诠释与讨论】〈阴〉(人) William Gambel, 1821-1849, 美国植物学者, 鸟类学者。此属的学名是"Gambelia Nuttall, Proc. Acad. Nat. Sci. Philadelphia 4:7. 21 Mar-4 4 Apr 1848"。亦有文献把其处理为"Antirrhinum L. (1753)"的异名。【分布】参见 Antirrhinum L.。【模式】Gambelia speciosa Nuttall。【参考异名】Antirrhinum L. (1753);Saccularia Kellogg (1863) ●☆

21077　Gambeya Pierre (1891)【汉】肖金叶树属(甘比山榄属)。【隶属】山榄科 Sapotaceae。【包含】世界 14 种。【学名诠释与讨论】〈阴〉(人) Gambey。此属的学名, ING、TROPICOS 和 IK 记载是"Gambeya Pierre, Notes Bot. Sapot. (1891) 61;Baill. Hist. des pl. xi. (1892) 296"。它曾被处理为"Chrysophyllum sect. Gambeya (Pierre) Engl., Monographien afrikanischer Pflanzen-Familien und- Gattungen 8:43. 1904"。亦有文献把"Gambeya Pierre (1891)"处理为"Chrysophyllum L. (1753)"的异名。【分布】马达加斯加, 利比里亚(宁巴), 非洲, 中美洲。【后选模式】Gambeya subnuda (J. G. Baker) Pierre [Chrysophyllum subnudum J. G. Baker]。【参考异名】Chrysophyllum L. (1753);Chrysophyllum sect. Gambeya (Pierre) Engl. (1904) ●☆

21078　Gambeyobotrys Aubrév. (1972) = Chrysophyllum L. (1753)[山榄科 Sapotaceae] ●

21079　Gamblea C. B. Clarke (1879)【汉】萸叶五加属(吴萸叶五加属)。【隶属】五加科 Araliaceae。【包含】世界 3 种, 中国 3 种。【学名诠释与讨论】〈阴〉(人) James Sykes Gamble, 1847-1925, 英国植物学者, 林务官。【分布】缅甸, 中国, 东喜马拉雅山。【模式】Gamblea ciliata C. B. Clarke。【参考异名】Evodiopanax (Harms) Nakai (1924) ●

21080　Gamblum Raf. = Draba L. (1753);~ = Gansblum Adans. (1763)(废弃属名);~ = Erophila DC. (1821)(保留属名)[十字花科 Brassicaceae(Cruciferae)//葶苈科 Drabaceae] ■

21081　Gamelythrum Nees(1843) = Amphipogon R. Br. (1810)[禾本科 Poaceae(Gramineae)] ■☆

21082　Gamelytrum Steud. (1854) = Amphipogon R. Br. (1810);~ = Gamelythrum Nees(1843)[禾本科 Poaceae(Gramineae)] ■☆

21083　Gamocarpha DC. (1836)【汉】合壳花属。【隶属】萼角花科 Calyceraceae。【包含】世界 6-7 种。【学名诠释与讨论】〈阴〉(希) gamos, 婚姻, 联合+karphos, 皮壳, 谷壳, 糠秕。【分布】温带南美洲。【模式】Gamocarpha poeppigii A. P. de Candolle, Nom. illegit. [Boopis alpina Poeppig ex Lessing]。■☆

21084　Gamochaeta Wedd. (1856)【汉】合毛菊属(棕苞紫绒草属)。【隶属】菊科 Asteraceae(Compositae)。【包含】世界 50-80 种。【学名诠释与讨论】〈阴〉(希) gamos, 婚姻, 联合+chaite = 拉丁文 chaeta, 刚毛。此属的学名, ING、TROPICOS、GCI 和 IK 记载是"Gamochaeta Wedd., Chlor. Andina 1:151. 1856 [1855 publ. 15 Dec 1856]"。它曾先后被处理为"Gnaphalium L. sect. Gamochaeta (Wedd.) Benth. & Hook. f., Genera Plantarum 2(1):306. 1873. (7-9 Apr 1873)"、"Gnaphalium L. sect. Gamochaeta (Wedd.) O. Hoffm., Die Natürlichen Pflanzenfamilien 4(5):188. 1894 [1890]. (May 1890)"和"Gnaphalium L. subgen. Gamochaeta (Wedd.) Gren., Flore de la Chaine Jurassique 2:427. 1869. (Jun 1869)"。【分布】巴基斯坦, 巴拉圭, 秘鲁, 玻利维亚, 厄瓜多尔, 哥伦比亚(安蒂奥基亚), 马达加斯加, 美国(密苏里), 尼加拉瓜, 西印度群岛, 中美洲。【后选模式】Gamochaeta americana (P. Miller) Weddell [Gnaphalium americanum P. Miller]。【参考异名】Gnaphalium L. (1753);Gnaphalium L. sect. Gamochaeta (Wedd.) Benth. & Hook. f. (1873);Gnaphalium L. sect. Gamochaeta (Wedd.) O. Hoffm. (1894);Gnaphalium L. subgen. Gamochaeta

（Wedd.）Gren.（1869）■☆

21085　Gamochaetopsis Anderb. et S. E. Freire（1991）【汉】棕绒草属。【隶属】菊科 Asteraceae（Compositae）。【包含】世界 1-2 种。【学名诠释与讨论】〈阴〉（属）Gamochaeta 合毛菊属（棕苞紫绒草属）+希腊文 opsis，外观，模样。【分布】智利、阿根廷的安第斯山区。【模式】Gamochaetopsis alpina（Poeppig et Endlicher）A. A. Anderberg et S. E. Freire ［Laennecia alpina Poeppig et Endlicher］。■☆

21086　Gamochilum Walp.（1840）= Argyrolobium Eckl. et Zeyh.（1836）（保留属名）［豆科 Fabaceae（Leguminosae）］●☆

21087　Gamochilus T. Lestib.（1841）= Hedychium J. König（1783）［姜科（蘘荷科）Zingiberaceae］■

21088　Gamochlamys Baker（1876）= Spathantheum Schott（1859）［天南星科 Araceae］■☆

21089　Gamogyne N. E. Br.（1882）= Piptospatha N. E. Br.（1879）［天南星科 Araceae］■☆

21090　Gamolepis Less.（1832）= Steirodiscus Less.（1832）［菊科 Asteraceae（Compositae）］■☆

21091　Gamoplexis Falc.（1847）= Gastrodia R. Br.（1810）［兰科 Orchidaceae］■

21092　Gamoplexis Falc. ex Lindl.（1847）Nom. illegit. ≡ Gamoplexis Falc.（1847）；~ = Gastrodia R. Br.（1810）［兰科 Orchidaceae］■

21093　Gamopoda Baker（1887）= Rhaptonema Miers（1867）［防己科 Menispermaceae］●☆

21094　Gamosepalum Hausskn.（1897）= Alyssum L.（1753）［十字花科 Brassicaceae（Cruciferae）］■●

21095　Gamosepalum Schltr.（1920）Nom. illegit. ≡ Aulosepalum Garay（1982）［兰科 Orchidaceae］■☆

21096　Gamotopea Bremek.（1934）【汉】合头茜属。【隶属】茜草科 Rubiaceae。【包含】世界 5 种。【学名诠释与讨论】〈中〉（拉）gamos，婚姻，联合+top 头。【分布】玻利维亚，热带南美洲。【模式】Gamotopea purpurea（Aublet）Bremekamp ［Tapogomea purpurea Aublet］。●☆

21097　Gamozygis Turcz.（1851）= Angianthus J. C. Wendl.（1808）（保留属名）［菊科 Asteraceae（Compositae）］■●☆

21098　Gampsoceras Steven（1852）= Ranunculus L.（1753）［毛茛科 Ranunculaceae］■

21099　Gamwellia Baker f.（1935）= Gleditsia L.（1753）［豆科 Fabaceae（Leguminosae）//云实科（苏木科）Caesalpiniaceae］●

21100　Gandasulium Kuntze（1891）Nom. illegit. ≡ Gandasulium Rumph. ex Kuntze（1891）Nom. illegit.；~ = Hedychium J. König（1783）［姜科（蘘荷科）Zingiberaceae］■

21101　Gandasulium Rumph.（1845–1847）Nom. inval. ≡ Gandasulium Rumph. ex Kuntze（1891）Nom. illegit.；~ = Hedychium J. König（1783）［姜科（蘘荷科）Zingiberaceae］■

21102　Gandasulium Rumph. ex Kuntze（1891）Nom. illegit. = Hedychium J. König（1783）［姜科（蘘荷科）Zingiberaceae］■

21103　Gandola L.（1762）= Basella L.（1753）［落葵科 Basellaceae］■

21104　Gandola Moq.（1849）Nom. illegit. = Ullucus Caldas（1809）［落葵科 Basellaceae//块根落葵科 Basellaceae］■☆

21105　Gandola Raf.（1838）Nom. illegit. ［藜科 Chenopodiaceae］■☆

21106　Gandola Rumph. ex L.（1762）= Basella L.（1753）［落葵科 Basellaceae］■

21107　Gandriloa Steud.（1840）Nom. illegit. ≡ Lipandra Moq.（1840）；~ = Chenopodium L.（1753）［藜科 Chenopodiaceae］■●

21108　Gangila Bernh.（1842）= Sesamum L.（1753）［胡麻科 Pedaliaceae］■●

21109　Ganguebina Vell., Nom. illegit. = Manettia Mutis ex L.（1771）（保留属名）［茜草科 Rubiaceae］●■☆

21110　Ganguelia Robbr.（1996）【汉】戈斯茜草属。【隶属】茜草科 Rubiaceae。【包含】世界 1 种。【学名诠释与讨论】〈阴〉词源不详。【分布】安哥拉。【模式】Ganguelia gossweileri（S. Moore）E. Robbrecht ［Oxyanthus gossweileri S. Moore］。■☆

21111　Ganitrum Raf.（1838）= Ganitrus Gaertn.（1791）［椴树科（椴科，田麻科）Tiliaceae//杜英科 Elaeocarpaceae］●

21112　Ganitrus Gaertn.（1791）= Elaeocarpus L.（1753）［椴树科（椴科，田麻科）Tiliaceae//锦葵科 Malvaceae//杜英科 Elaeocarpaceae］●

21113　Ganja（DC.）Rchb.（1837）= Corchorus L.（1753）［椴树科（椴科，田麻科）Tiliaceae//锦葵科 Malvaceae//杜英科 Elaeocarpaceae］■●

21114　Ganja Rchb.（1837）Nom. illegit. ≡ Ganja（DC.）Rchb.（1837）；~ = Corchorus L.（1753）［椴树科（椴科，田麻科）Tiliaceae］■●

21115　Ganophyllum Blume（1850）【汉】甘欧属。【隶属】无患子科 Sapindaceae。【包含】世界 1-2 种。【学名诠释与讨论】〈中〉（希）ganos，有光泽的，美丽的+希腊文 phyllon，叶子。phyllodes，似叶的，多叶的。phylleion，绿色材料，绿草。【分布】澳大利亚，菲律宾，印度尼西亚（苏门答腊岛，爪哇岛），新几内亚岛，安达姆地区，热带非洲西部。【模式】Ganophyllum falcatum Blume。●☆

21116　Ganosma Decne.（1844）= Aganosma（Blume）G. Don（1837）［夹竹桃科 Apocynaceae］●

21117　Gansblum Adans.（1763）（废弃属名）≡ Erophila DC.（1821）（保留属名）［十字花科 Brassicaceae（Cruciferae）］■☆

21118　Gantelbua Bremek.（1944）= Hemigraphis Nees（1847）［爵床科 Acanthaceae］■

21119　Ganua Pierre ex Dubard（1908）= Madhuca Buch.-Ham. ex J. F. Gmel.（1791）［山榄科 Sapotaceae］●

21120　Ganymedes Salisb.（1812）Nom. inval. ≡ Ganymedes Salisb. ex Haw.（1819）；~ = Narcissus L.（1753）［石蒜科 Amaryllidaceae//水仙科 Narcissaceae］■

21121　Ganymedes Salisb. ex Haw.（1819）= Narcissus L.（1753）［石蒜科 Amaryllidaceae//水仙科 Narcissaceae］■

21122　Gaoligongshania D. Z. Li, J. R. Xue et N. H. Xia（1995）【汉】贡山竹属。【英】Gaoligongshania。【隶属】禾本科 Poaceae（Gramineae）。【包含】世界 11 种，中国 1 种。【学名诠释与讨论】〈阴〉（地）Gaoligongshan，高黎贡山，中国。【分布】中国。【模式】Gaoligongshania megathyrsa（H. Handel-Mazzetti）D. Z. Li, C. J. Hsueh et N. H. Xia ［Arundinaria megathyrsa H. Handel-Mazzetti］。●★

21123　Garacium Gren. et Godr.（1850）= Lactuca L.（1753）［菊科 Asteraceae（Compositae）//莴苣科 Lactucaceae］■

21124　Garadiolus Post et Kuntze（1903）= Garhadiolus Jaub. et Spach（1850）［菊科 Asteraceae（Compositae）］■

21125　Garaleum Sch. Bip.（1843）= Garuleum Cass.（1820［菊科 Asteraceae（Compositae）］■●☆

21126　Garapatica H. Karst.（1858）= Alibertia A. Rich. ex DC.（1830）［茜草科 Rubiaceae］●☆

21127　Garaventia Looser（1945）【汉】禾叶葱属。【隶属】百合科 Liliaceae//葱科 Alliaceae。【包含】世界 1 种。【学名诠释与讨论】〈阴〉（人）Garavent。此属的学名是“Garaventia G. Looser, Revista Chilena Hist. Nat. 48：79. Dec（sero）1945”。亦有文献把其处理为“Tristagma Poepp.（1833）”的异名。“Garaventia Looser（1945）”与“Steinmannia R. A. Philippi, Anales Univ. Chile 65：64. Feb 1884”是同模式异名；ING 用后者为正名。【分布】智利。

【模式】Garaventia graminifolia（F. Phil. ex Phil.）Looser。【参考异名】Steinmannia F. Phil.（1884）Nom. illegit.；Tristagma Poepp.（1833）■☆

21128　Garaya Szlach.（1993）【汉】加拉伊兰属。【隶属】兰科Orchidaceae。【包含】世界1种。【学名诠释与讨论】〈阴〉（人）Leslie Andréw Garay，1924-，植物学者。【分布】巴西。【模式】Garaya atroviridis（Barbosa Rodrigues）D. L. Szlachetko［Cyclopogon atroviridis Barbosa Rodrigues］。■☆

21129　Garayanthus Szlach.（1995）【汉】加拉伊花属。【隶属】兰科Orchidaceae。【包含】世界8种。【学名诠释与讨论】〈阴〉（人）Leslie Andréw Garay，1924-，植物学者+anthos，花。【分布】印度尼西亚（爪哇岛）。【模式】Garayanthus duplicilobus（J. J. Smith）D. L. Szlachetko［Sarcanthus duplicilobus J. J. Smith］。■☆

21130　Garayella Brieger（1975）= Chamelophyton Garay（1974）；~ = Pleurothallis R. Br.（1813）［兰科 Orchidaceae］■☆

21131　Garberia A. Gray（1880）【汉】粉香菊属。【隶属】菊科Asteraceae（Compositae）。【包含】世界1种。【学名诠释与讨论】〈阴〉（人）Abram P. Garber，1838-1881，佛罗里达植物志的作者。此属的学名"Garberia A. Gray，Proc. Acad. Nat. Sci. Philadelphia 1879：379. 1880"是一个替代名称。"Leptoclinium（Nuttall）A. Gray，Proc. Amer. Acad. Arts 15：48. 1 Oct 1879"是一个非法名称（Nom. illegit.），因为此前已经有了"Leptoclinium G. Gardner ex Bentham et Hook. f.，Gen. 2：173，244. 7-9 Apr 1873［菊科Asteraceae（Compositae）］"。故用"Garberia A. Gray（1880）"替代之。【分布】美国（佛罗里达）。【模式】Garberia fruticosa（Nuttall）A. Gray［Liatris fruticosa Nuttall］。【参考异名】Leptoclinium（Nutt.）A. Gray（1879）Nom. illegit. ●☆

21132　Garcia Rohr（1792）【汉】加西亚木属（加西戟属，夏西木属）。【隶属】大戟科 Euphorbiaceae。【包含】世界2种。【学名诠释与讨论】〈阴〉（人）Garcia de Orta（Garcia ab Horto，Garcia Dorta，Garcia da Orta，Garcia d'Orta，Garcia ab Horta，Garcia del Huerto），circa 1490/1501/1502-circa 1568/1570，葡萄牙医生。【分布】巴拿马，哥斯达黎加，墨西哥，尼加拉瓜，中美洲。【模式】Garcia nutans Rohr。【参考异名】Carcia Raeusch.（1797）●☆

21133　Garciadelia Jestrow et Jiménez Rodr.（2010）【汉】多米尼加木属。【隶属】大戟科 Euphorbiaceae。【包含】世界4种。【学名诠释与讨论】〈阴〉词源不详。【分布】多米尼加。【模式】Garciadelia leprosa（Willd.）Jestrow et Jiménez Rodr.［Croton leprosus Willd.］。●☆

21134　Garciamedinea Cortés（1917）【汉】哥伦比亚玄参属。【隶属】玄参科 Scrophulariaceae。【包含】世界1种。【学名诠释与讨论】〈阴〉词源不详。【分布】哥伦比亚。【模式】Garciamedinea tricolor Cortés。☆

21135　Garciana Lour.（1790）= Philydrum Banks ex Gaertn.（1788）［田葱科 Philydraceae］■

21136　Garcibarrigoa Cuatrec.（1986）【汉】显脉千里光属。【隶属】菊科 Asteraceae（Compositae）。【包含】世界1-2种。【学名诠释与讨论】〈阴〉词源不详。【分布】厄瓜多尔，哥伦比亚。【模式】Garcibarrigoa telembina（J. Cuatrecasas）J. Cuatrecasas［Senecio telembinus J. Cuatrecasas］。■☆

21137　Garcilassa Poepp.（1843）【汉】秘鲁菊属。【隶属】菊科 Asteraceae（Compositae）。【包含】世界1种。【学名诠释与讨论】〈阴〉（人）Garcilaso de la Vega（Garcia Lasso de la Vega），1539-1616，因人。此属的学名，ING 记载是"Garcilassa Poeppig in Poeppig et Endlicher，Nova Gen. Sp. 3；45. t. 251. 8-11 Mar 1843"。IK 则记载为"Garcilassa Poepp. et Endl.，Nov. Gen. Sp. Pl.（Poeppig et Endlicher）iii. 45. t. 251（1842）"。"Gareilassa Walp.

（1843）"属于拼写错误。【分布】巴拿马，秘鲁，玻利维亚，厄瓜多尔，尼加拉瓜，中美洲。【模式】Garcilassa rivularis Poeppig。【参考异名】Garcilassa Poepp. et Endl.（1842）Nom. illegit.；Gareilassa Walp.（1843）Nom. illegit.■☆

21138　Garcilassa Poepp. et Endl.（1842）Nom. illegit. ≡ Garcilassa Poepp.（1843）［菊科 Asteraceae（Compositae）］■☆

21139　Garcinia L.（1753）【汉】山竹子属（福木属，藤黄属）。【日】フクギ属，マンゴスチン属。【俄】Гарциния。【英】Gambirplant，Gamboge，Garcinia。【隶属】猪胶树科（克鲁西科，山竹子科，藤黄科）Clusiaceae（Guttiferae）［金丝桃科 Hypericaceae］。【包含】世界200-450种，中国20-25种。【学名诠释与讨论】〈阴〉（人）Garcia de Orta（1490/1501/1502-1570），葡萄牙医生，植物学者。另说纪念 Laurent Garcin，1683-1751，法国植物学者，旅行家。此属的学名，ING、TROPICOS、APNI、GCI 和 IK 记载是"Garcinia L.，Sp. Pl. 1：443. 1753［1 May 1753］"。"Biwaldia Scopoli，Introd. 232. Jan-Apr 1777"和"Magostan Adanson，Fam. 2：445，573. Jul-Aug 1763"是"Garcinia L.（1753）"的晚出的同模式异名（Homotypic synonym，Nomenclatural synonym）。【分布】巴拿马，秘鲁，玻利维亚，厄瓜多尔，哥伦比亚，哥斯达黎加，马达加斯加，尼加拉瓜，中国，非洲南部，中美洲。【模式】Garcinia mangostana Linnaeus。【参考异名】Biwaldia Scop.（1777）Nom. illegit.；Brindonia Thouars（1806）Nom. illegit.；Cambogia L.（1754）；Clusianthemum Vieill.（1865）；Coddampulli Adans.（1763）Nom. illegit.；Discostigma Hassk.（1842）；Hebradendron Graham（1837）Nom. illegit.；Hypericoides Cambess. ex Vesque；Koddampuli Adans.（1763）；Magostan Adans.（1763）Nom. illegit.；Mangostana Gaertn.（1791）；Mangostana Rumph. ex Gaertn.（1791）Nom. illegit.；Ochrocarpos Noronha ex Thouars（1806）；Ochrocarpos Thouars（1806）；Ochrocarpus A. Juss.（1821）；Oxycarpus Lour.（1790）；Pentaphalangium Warb.（1891）；Rheedia L.（1753）；Rhinostigma Miq.（1861）；Septogarcinia Kosterm.（1962）；Stalagmites Murray；Stalagmitis Murray（1789）；Terpnophyllum Thwaites（1854）；Tripetalum K. Schum.（1889）；Tsimatimia Jum. et H. Perrier（1910）；Xanthochymus Roxb.（1798）；Xartthochymus Roxb.（1798）Nom. illegit. ●

21140　Garciniaceae Bartl.（1830）= Clusiaceae Lindl.（保留科名）// Guttiferae Juss.（保留科名）●■

21141　Garciniaceae Burnett = Clusiaceae Lindl.（保留科名）// Guttiferae Juss.（保留科名）●■

21142　Gardena Adans.（1763）Nom. illegit.（废弃属名）= Gardenia Colden ex Garden（1756）Nom. illegit.（废弃属名）；~ = Gardenia Colden（1756）（废弃属名）；~ = Triadenum Raf.（1837）［金丝桃科 Hypericaceae// 猪胶树科（克鲁西科，山竹子科，藤黄科）Clusiaceae（Guttiferae）］●

21143　Gardenia Colden ex Garden（1756）Nom. illegit.（废弃属名）≡ Gardenia Colden（1756）（废弃属名）；~ = Triadenum Raf.（1837）［金丝桃科 Hypericaceae// 猪胶树科（克鲁西科，山竹子科，藤黄科）Clusiaceae（Guttiferae）］●

21144　Gardenia Colden（1756）（废弃属名）= Triadenum Raf.（1837）［金丝桃科 Hypericaceae// 猪胶树科（克鲁西科，山竹子科，藤黄科）Clusiaceae（Guttiferae）］●

21145　Gardenia J. Ellis（1757）（废弃属名）（1）= Calycanthus L.（1759）（保留属名）［蜡梅科 Calycanthaceae］●

21146　Gardenia J. Ellis（1757）（废弃属名）（2）= Gardenia J. Ellis（1761）（保留属名）［茜草科 Rubiaceae// 栀子科 Gardeniaceae］●

21147　Gardenia J. Ellis（1760）（废弃属名）（1）= Calycanthus L.（1759）（保留属名）［蜡梅科 Calycanthaceae］●

21148　Gardenia J. Ellis（1760）（废弃属名）（2）= Gelsemium Juss.（1789）［马钱科（断肠草科，马钱子科）Loganiaceae//胡蔓藤科（钩吻科）Gelsemiaceae］●

21149　Gardenia J. Ellis（1760）（废弃属名）（3）= Kleinhovia L.（1763）［梧桐科 Sterculiaceae//锦葵科 Malvaceae］●

21150　Gardenia J. Ellis（1761）（保留属名）【汉】栀子属（黄栀属）。【日】クチナシ属。【俄】Гардения。【英】Gardenia。【隶属】茜草科 Rubiaceae//栀子科 Gardeniaceae。【包含】世界 60-250 种，中国 5-9 种。【学名诠释与讨论】〈阴〉（人）Alexander Garden，1730-1791，侨居在美国查尔斯顿的英国医生、植物学者，也是英国植物学者 John Ellis 和瑞典植物学者林奈的通讯员。此属的学名"Gardenia J. Ellis in Philos. Trans. 51：935. 1761"是保留属名。相应的废弃属名是"Gardenia Colden in Essays Observ. Phys. Lit. Soc. Edinburgh 2：2. 1756［金丝桃科 Hypericaceae//猪胶树科（克鲁西科，山竹子科，藤黄科）Clusiaceae（Guttiferae）］"。"Gardenia J. Colden ex Garden, in Essays et Obs. Soc. Edinb. ii. 2（1756）≡ Gardenia Colden（1756）（废弃属名）"亦应废弃。"J. C. Willis. A Dictionary of the Flowering Plants and Ferns（Student Edition）. 1985. Cambridge. Cambridge University Press. 1-1245"记载的"Gardenia"甚多："Gardenia Colden ex Garden（1756）= Triadenum Raf.（1837）［金丝桃科 Hypericaceae//猪胶树科（克鲁西科，山竹子科，藤黄科）Clusiaceae（Guttiferae）"；"Gardenia J. Ellis（1757）（1821）= Calycanthus L.（1759）（保留属名）［蜡梅科 Calycanthaceae］"；"Gardenia J. Ellis（1760a）（1821）= Gelsemium Juss.（1789）［马钱科（断肠草科，马钱子科）Loganiaceae//胡蔓藤科（钩吻科）Gelsemiaceae］"；"Gardenia J. Ellis（1760b）（1821）= Kleinhovia L.（1763）［梧桐科 Sterculiaceae//锦葵科 Malvaceae］"。【分布】巴基斯坦，巴拉圭，秘鲁，玻利维亚，哥伦比亚（安蒂奥基亚），马达加斯加，尼加拉瓜，中国，中美洲。【模式】Gardenia jasminoides J. Ellis。【参考异名】Adenorandia Vermoesen（1922）；Augusta Ellis（1821）（废弃属名）；Berghias Juss.（1820）；Bergkias Sonn.（1776）Nom. illegit.；Bertuchia Dennst.（1818）Nom. inval.；Caquepiria J. F. Gmel.（1791）；Catsjopiri Rumph.；Chaquepiria Endl.（1838）；Decameria Welw.（1859）；Decarneria Welw.；Gardenia J. Ellis（1757）（废弃属名）；Hyperacanthus E. Mey.（1843）Nom. inval.；Hyperanthus Harv. et Sond.（1865）；Kailarsenia Tirveng.（1983）；Kumbaya Endl. ex Steud.（1840）；Larsenaikia Tirveng.（1993）；Piringa Juss.（1820）；Pleimeris Raf.（1838）Nom. illegit.；Portlandia Ellis；Sahlbergia Neck.（1828）Nom. inval.；Sahlbergia Rchb.（1828）；Salhbergia Neck.（1790）Nom. inval.；Sulipa Blanco（1837）；Thunbergia Montin（1773）（废弃属名）；Varnera L.（1759）Nom. inval.；Warneria Ellis ex L.（1759）Nom. inval.；Warneria Ellis（1821）Nom. illegit.；Warneria L.（1759）Nom. inval.；Yangapa Raf.（1838）●

21151　Gardenia J. Ellis（1821）（废弃属名）= Calycanthus L.（1759）（保留属名）［蜡梅科 Calycanthaceae］●

21152　Gardenia L.（1821）Nom. illegit.（废弃属名）≠ Gardenia J. Ellis（1761）（保留属名）●

21153　Gardeniaceae Dumort.（1829）［亦见 Rubiaceae Juss.（保留科名）］【汉】栀子科。【包含】世界 3 属 65-259 种，中国 1 属 5-9 种。【分布】古热带。【科名模式】Gardenia Ellis（1761）（保留属名）●■

21154　Gardeniola Cham.（1834）= Alibertia A. Rich. ex DC.（1830）［茜草科 Rubiaceae］●☆

21155　Gardeniopsis Miq.（1868）【汉】拟栀子属。【隶属】茜草科 Rubiaceae。【包含】世界 1 种。【学名诠释与讨论】〈阴〉（属）Gardenia 栀子属+希腊文 opsis，外观，模样，相似。【分布】印度尼西亚（苏门答腊岛），加里曼丹岛。【模式】Gardeniopsis longifolia Miquel。●☆

21156　Gardinia Bertoro（1829）= Brodiaea Sm.（1810）（保留属名）［百合科 Liliaceae//葱科 Alliaceae］■☆

21157　Gardnera Wall.（1824）Nom. illegit. ≡ Gardneria Wall.（1820）［马钱科（断肠草科，马钱子科）Loganiaceae］●

21158　Gardnera Wall. ex Roxb.（1824）Nom. illegit. ≡ Gardneria Wall.（1820）［马钱科（断肠草科，马钱子科）Loganiaceae］●

21159　Gardneria Wall.（1820）【汉】蓬莱葛属（蓬莱藤属）。【日】ホウライカズラ属，ホウライカヅラ属。【英】Gardneria。【隶属】马钱科（断肠草科，马钱子科）Loganiaceae。【包含】世界 7 种，中国 7 种。【学名诠释与讨论】〈阴〉（人）George Gardner，1812-1849，英国植物学者。另说纪念 Edward Gardner，英国植物采集家。此属的学名，ING，APNI 和 IK 记载是"Gardneria Wallich in Roxburgh, Fl. Indica 1：400. Jan-Jun（?）1820"。"Gardneria Wall. ex Roxb.（1820）"的命名人引证有误。"Gardnera Wall.（1824）"和"Gardnera Wall. ex Roxb.（1824）"属于拼写变体。【分布】印度至日本，中国。【模式】Gardneria ovata Wallich。【参考异名】Cyathospermum Wall. ex D. Don；Gardnera Wall.（1824）Nom. illegit.；Gardneria Wall. ex Roxb.（1820）Nom. illegit.；Pseudogardneria Racib.（1896）●

21160　Gardneria Wall. ex Roxb.（1820）Nom. illegit. ≡ Gardneria Wall.（1820）［马钱科（断肠草科，马钱子科）Loganiaceae］●

21161　Gardneriaceae J. Agardh = Loganiaceae R. Br. ex Mart.（保留科名）●■

21162　Gardneriaceae Wall. ex Perleb（1838）= Loganiaceae R. Br. ex Mart.（保留科名）●■

21163　Gardnerina R. M. King et H. Rob.（1981）【汉】斗冠菊属。【隶属】菊科 Asteraceae（Compositae）。【包含】世界 1 种。【学名诠释与讨论】〈阴〉（人）George Gardner，1812-1849，英国植物学者+-inus，-ina，-inum 拉丁文加在名词词干之后，以形成形容词的词尾，含义为"属于、相似、关于、小的"。【分布】巴西。【模式】Gardnerina angustata（Gardner）R. M. King et H. Rob.。■☆

21164　Gardnerodoxa Sandwith（1955）【汉】加德紫葳属。【隶属】紫葳科 Bignoniaceae。【包含】世界 1-3 种。【学名诠释与讨论】〈阴〉（人）George Gardner，1812-1849，英国植物学者+doxa，光荣，光彩，华丽，荣誉，有名，显著。【分布】巴西。【模式】Gardnerodoxa mirabilis Sandwith。●☆

21165　Gardoquia Ruiz et Pav.（1794）= Clinopodium L.（1753）；~ = Satureja L.（1753）［唇形科 Lamiaceae（Labiatae）］●■

21166　Gareilassa Walp.（1843）Nom. illegit. ≡ Garcilassa Poepp.（1843）［菊科 Asteraceae（Compositae）］■☆

21167　Garhadiolus Jaub. et Spach（1850）【汉】小疮菊属。【俄】Гарадиолюс，Рарадиолюс。【英】Garhadiolus。【隶属】菊科 Asteraceae（Compositae）。【包含】世界 5 种，中国 1 种。【学名诠释与讨论】〈阳〉（属）由双苞苣属（线苞屬属）Rhagadiolus 改缀而来。此属的学名是"Garhadiolus Jaubert et Spach, Ill. Pl. Orient 3：119. Apr 1850"。亦有文献把其处理为"Rhagadiolus Vaill.（1789）（保留属名）"的异名。【分布】土耳其至亚洲中部和阿富汗，中国。【模式】未指定。【参考异名】Garadiolus Post et Kuntze（1903）；Rhagadiolus Juss.（1789）Nom. illegit.（废弃属名）；Rhagadiolus Scop.（1754）（废弃属名）；Rhagadiolus Vaill.（1789）（保留属名）■

21168　Garidelia Spreng.（1818）= Garidella L.（1753）［毛茛科 Ranunculaceae］■☆

21169　Garidella L.（1753）【汉】长瓣黑种草属。【隶属】毛茛科 Ranunculaceae。【包含】世界 4 种。【学名诠释与讨论】〈阴〉词

源不详。此属的学名,ING 记载是"Garidella Linnaeus, Sp. Pl. 425. 1 Mai 1753"。IK 则记载为"Garidella Tourn. ex L. , Sp. Pl. 1: 425. 1753 [1 May 1753]"。"Garidella Tourn."是命名起点著作之前的名称,故"Garidella L. (1753)"和"Garidella Tourn. ex L. (1753)"都是合法名称,可以通用。亦有文献把"Garidella L. (1753)"处理为"Nigella L. (1753)"的异名。【分布】欧洲。【模式】Garidella nigellastrum Linnaeus。【参考异名】Garidella Spreng. (1818);Garidella Tourn. ex L. (1753);Nigella L. (1753)■☆

21170 Garidella Tourn. ex L. (1753) ≡ Garidella L. (1753) [毛茛科 Ranunculaceae]■☆

21171 Garnieria Brongn. et Gris(1871)【汉】匙叶山龙眼属。【隶属】山龙眼科 Proteaceae。【包含】世界 1 种。【学名诠释与讨论】〈阴〉(人)Garnier,植物学者。【分布】法属新喀里多尼亚。【模式】Garnieria spathulaefolia (A. T. Brongniart et Gris) A. T. Brongniart et Gris [Cenarrhenes spathulaefolia A. T. Brongniart et Gris]。●☆

21172 Garnotia Brongn. (1832)【汉】耳稃草属(对穗草属,葛氏草属)。【英】Garnotia。【隶属】禾本科 Poaceae(Gramineae)。【包含】世界 30 种,中国 5-9 种。【学名诠释与讨论】〈阴〉(人)Prosper Garnot, 1794-1838,法国博物学者。【分布】澳大利亚(东北部),太平洋地区,中国,东亚。【模式】Garnotia stricta A. T. Brongniart。【参考异名】Berghausia Endl. (1843);Miquelia Arn. et Nees(1843)Nom. illegit. (废弃属名)■

21173 Garnotiella Stapf(1896) = Asthenochloa Büse(1854) [禾本科 Poaceae(Gramineae)]■☆

21174 Garosmos Mitch. (1769)Nom. illegit. [柳叶菜科 Onagraceae]☆

21175 Garrelia Gaudich. (1852) = Dyckia Schult. et Schult. f. (1830) Nom. illegit. ;~ =Dyckia Schult. f. (1830) [凤梨科 Bromeliaceae]■☆

21176 Garretia Welw. (1859) = Khaya A. Juss. (1830) [楝科 Meliaceae]●

21177 Garrettia H. R. Fletcher(1937)【汉】辣荬属(加辣荬属,异叶荬属)。【英】Garrettia。【隶属】马鞭草科 Verbenaceae//牡荆科 Viticaceae。【包含】世界 1-2 种,中国 1 种。【学名诠释与讨论】〈阴〉(人)Henry Burton Guest Garrett, c. 1871-1959,植物采集家。【分布】泰国,印度尼西亚(爪哇岛),中国。【模式】Garrettia siamensis Fletcher。●

21178 Garrielia Gaudich. (1852) Nom. illegit. ≡ Garrelia Gaudich. (1852) [禾本科 Poaceae(Gramineae)]■

21179 Garrielia Post et Kuntze(1903) Nom. illegit. = Dyckia Schult. et Schult. f. (1830) Nom. illegit. ;~ =Dyckia Schult. f. (1830) [凤梨科 Bromeliaceae]■☆

21180 Garrya Douglas ex Lindl. (1834)【汉】丝穗木属(常绿四照花属,嘎瑞木属,加里亚木属,卡尔亚木属,绒穗木属,丝缨花属,丝缨属)。【俄】Гаррия。【英】Silk Tassel,Silk-tassel Tree。【隶属】丝穗木科(常绿四照花科,绞木科,卡尔亚木科,丝缨花科)Garryaceae。【包含】世界 13-18 种。【学名诠释与讨论】〈阴〉(人)Nicholas Garry,1782-1856,美国人。此属的学名,ING、GCI 和 IK 记载是"Garrya Douglas ex Lindl. , Edwards's Bot. Reg. 20:t. 1686. 1834 [1 Jul 1834]"。"Garrya Douglas (1834) = Garrya Douglas ex Lindl. (1834) [丝穗木科(常绿四照花科,绞木科,卡尔亚木科,丝缨花科)Garryaceae]"的命名人引证有误。【分布】巴拿马,哥斯达黎加,美国(西部),墨西哥,西印度群岛,中美洲。【模式】Garrya elliptica Douglas ex J. Lindley。【参考异名】Fadgenia Lindl. (1847) Nom. illegit. ;Fadyenia Endl. (1842) Nom. illegit. ;Garrya Douglas(1834)Nom. illegit. ●☆

21181 Garrya Douglas(1834) Nom. illegit. = Garrya Douglas ex Lindl.

(1834) [丝穗木科(常绿四照花科,绞木科,卡尔亚木科,丝缨科)Garryaceae]●☆

21182 Garryaceae Lindl. (1834)(保留科名)【汉】丝穗木科(常绿四照花科,绞木科,卡尔亚木科,丝缨花科)。【包含】世界 1 属 13-18 种。【分布】北美洲温暖地区。【科名模式】Garrya Douglas ex Lindl. ●☆

21183 Garuga Roxb. (1811)【汉】嘉榄属(白头树属)。【英】Garuga, Whiteheadtree。【隶属】橄榄科 Burseraceae。【包含】世界 5 种,中国 4 种。【学名诠释与讨论】〈阴〉印度泰卢固语 garuga,Garugu 或 caroogoo,一种植物俗名。一说来自印尼语 garuga,含义同上。【分布】澳大利亚(东北部),巴基斯坦,菲律宾,马达加斯加,马来西亚(东部),印度尼西亚(爪哇岛),中国,喜马拉雅山,加里曼丹岛,太平洋地区。【模式】Garuga pinnata Roxburgh。【参考异名】Kunthia Dennst. (1818)Nom. illegit. ●

21184 Garugandra Griseb. (1879) = Gleditsia L. (1753) [豆科 Fabaceae(Leguminosae)//云实科(苏木科)Caesalpiniaceae]●

21185 Garuleum Cass. (1820)【汉】紫盏花属。【隶属】菊科 Asteraceae(Compositae)。【包含】世界 8 种。【学名诠释与讨论】〈中〉词源不详。【分布】非洲南部。【模式】Garuleum viscosum Cassini, Nom. illegit. [Osteospermum pinnatifidum L' Heritier;Garuleum pinnatifidum (L'Heritier) A. P. de Candolle]。【参考异名】Garaleum Sch. Bip. (1843)■●☆

21186 Garulium Bartl. (1830) Nom. illegit. [菊科 Asteraceae(Compositae)]☆

21187 Garumbium Blume (1825) = Carumbium Kurz (1877) Nom. illegit. ; ~ =Homalanthus A. Juss. (1824) [as 'Omalanthus'](保留属名); ~ = Sapium Jacq. (1760)(保留属名) [大戟科 Euphorbiaceae]●

21188 Gaseranthus Poit. ex Meisn. (1869) Nom. inval. [旋花科 Convolvulaceae]☆

21189 Gaslondia Vieill. (1866) = Cupheanthus Seem. (1865) [桃金娘科 Myrtaceae]●☆

21190 Gasoul Adans. (1763) Nom. illegit. ≡ Mesembryanthemum L. (1753)(保留属名) [番杏科 Aizoaceae//龙须海棠科(日中花科)Mesembryanthemaceae]■●

21191 Gasparinia Endl. (1841) Nom. illegit. ≡ Centronia Blume (1826) Nom. illegit. ; ~ ≡ Centronota A. DC. (1840) Nom. illegit. ; ~ = Aeginetia L. (1753) [列当科 Orobanchaceae//野菰科 Aeginetiaceae//玄参科 Scrophulariaceae]■

21192 Gasparrinia Bertol. (1839) = Silaum Mill. (1754) [伞形花科(伞形科)Apiaceae(Umbelliferae)]■

21193 Gassoloma D. Dietr. (1840) = Geissoloma Lindl. ex Kunth(1830) [四棱果科 Geissolomataceae]●☆

21194 Gasteranthopsis Oerst. (1861) = Besleria L. (1753); ~ = Gasteranthus Benth. (1846) [苦苣苔科 Gesneriaceae//贝思乐苣苔科 Besoniaceae]●■☆

21195 Gasteranthus Benth. (1846)【汉】腹花苣苔属。【隶属】苦苣苔科 Gesneriaceae。【包含】世界 25-40 种。【学名诠释与讨论】〈阳〉(希)gaster,所有格 gasteros,简写 gastros,腹,胃+anthos,花。此属的学名是"Gasteranthus Bentham, Pl. Hartweg. 233. Apr 1846"。亦有文献把其处理为"Besleria L. (1753)"的异名。【分布】巴拿马,秘鲁,玻利维亚,厄瓜多尔,哥伦比亚(安蒂奥基亚),哥斯达黎加,尼加拉瓜,危地马拉,中美洲。【模式】Gasteranthus quitensis Bentham。【参考异名】Besleria L. (1753);Gasteranthopsis Oerst. (1861);Halphophyllum Mansf. (1936)●■☆

21196 Gasteria Duval(1809)【汉】脂麻掌属(白星龙属,鲨鱼掌属)。【日】ガステリア属。【俄】Гастерия。【英】Gasteria。【隶属】百

合科 Liliaceae//阿福花科 Asphodelaceae//芦荟科 Aloaceae。【包含】世界 14-70 种。【学名诠释与讨论】〈阴〉（希）gaster，腹，胃，所有格 gasteros，简写为 gastros。"新拉"指小式 gastrula，肚子，胃。指花的形态似胃。【分布】马达加斯加，非洲南部。【后选模式】Gasteria angustifolia Duval［Aloe lingua var. angustifolia W. Aiton］。■☆

21197　Gasterolychnis Rupr. = Gastrolychnis（Fenzl）Rchb.（1841）；~ = Melandrium Röhl.（1812）［石竹科 Caryophyllaceae］■

21198　Gasteronema Lodd. ex Steud.（1840）= Cyrtanthus Aiton（1789）（保留属名）；~ = Gastronema Herb.（1821）［石蒜科 Amaryllidaceae］■☆

21199　Gastonia Comm. ex Lam.（1788）【汉】加斯顿木属。【隶属】五加科 Araliaceae。【包含】世界 10 种。【学名诠释与讨论】〈阴〉（人）Gaston d' Orleans，'608-1660，植物学赞助人。此属的学名是"Gastonia Commerson ex Lamarck, Encycl. Meth. , Bot. 2：610. 14 Apr 1788"。亦有文献把其处理为"Polyscias J. R. Forst. et G. Forst.（1776）"的异名。【分布】马达加斯加，加里曼丹岛，马斯克林群岛，新几内亚岛，热带非洲东部。【模式】Gastonia cutispongia Commerson et Lamarck。【参考异名】Indokingia Hemsl.（1906）；Peekeliopanax Harms（1926）；Polyscias J. R. Forst. et G. Forst.（1776）●☆

21200　Gastorchis Thouars（1809）Nom. illegit. ≡ Gastorkis Thouars（1809）［兰科 Orchidaceae］■☆

21201　Gastorchis Thouars（1822）Nom. illegit. ≡ Gastorkis Thouars（1809）［兰科 Orchidaceae］■☆

21202　Gastorkis Thouars（1809）【汉】膨舌兰属。【日】ガストルキス属。【隶属】兰科 Orchidaceae。【包含】世界 6 种。【学名诠释与讨论】〈阴〉（希）gaster，所有格 gasteros，简写 gastros，腹，胃 + orchis，原义是睾丸，后变为植物兰的名称，因为根的形态而得名。变为拉丁文 orchis，所有格 orchidis。指舌瓣异常膨大。此属的学名，ING 和 IK、TROPICOS 记载为"Gastorkis L. M. A. A. Du Petit-Thouars, Nouv. Bull. Sci. Soc. Philom. Paris 1：317. Apr 1809"。"Gastorchis Thouars（1809）"和"Gastorchis Thouars（1822）"是其拼写变体。亦有文献把"Gastorkis Thouars（1809）"处理为"Phaius Lour.（1790）"的异名。【分布】马达加斯加。【模式】未指定。【参考异名】Gastorchis Thouars（1809）Nom. illegit.；Gastorchis Thouars（1822）Nom. illegit.；Gastrorchis Schltr.（1924）Nom. illegit.；Phaius Lour.（1790）■☆

21203　Gastranthopsis Post et Kuntze（1903）= Besleria L.（1753）；~ = Gasteranthopsis Oerst.（1861）［苦苣苔科 Gesneriaceae//贝思乐苣苔科 Besoniaceae］●■☆

21204　Gastranthus F. Muell.（1868）Nom. inval. = Parsonsia R. Br.（1810）（保留属名）［夹竹桃科 Apocynaceae］●

21205　Gastranthus Moritz ex Benth. et Hook. f.（1876）Nom. illegit. = Stenostephanus Nees（1847）［爵床科 Acanthaceae］■☆

21206　Gastridium Blume（1828）Nom. illegit. = Dendrobium Sw.（1799）（保留属名）［兰科 Orchidaceae］■

21207　Gastridium P. Beauv.（1812）【汉】腹禾属（葛氏垂禾属，葛斯垂禾属）。【俄】Пузадник，Пузатик。【英】Nit Grass, Nit-grass。【隶属】禾本科 Poaceae（Gramineae）。【包含】世界 3 种。【学名诠释与讨论】〈中〉（希）gaster，所有格 gasteros，简写为 gastros，腹，胃 +-idius，-idia，-idium，指示小的词尾。指小穗基部膨大。此属的学名，ING、APNI、TROPICOS 和 IK 记载是"Gastridium Palisot de Beauvois, Essai Agrost. 21, 164. Dec 1812"。"Gastridium Blume, Fl. Javae Praef. p. vii.（1828）= Dendrobium Sw.（1799）（保留属名）［兰科 Orchidaceae］"是晚出的非法名称。红藻的"Gastridium Lyngbye, Tent. Hydr. Dan. 68. 1819 ≡ Chylocladia

Greville 1833"亦是晚出的非法名称。【分布】秘鲁，西班牙（加那利群岛），地中海地区，欧洲西部。【模式】Gastridium australe Palisot de Beauvois, Nom. illegit. ［Milium lendigerum Linnaeus；Gastridium lendigerum（Linnaeus）Desvaux］。■☆

21208　Gastrilia Raf.（1838）= Daphnopsis Mart.（1824）；~ = Thymelaea Mill.（1754）（保留属名）［瑞香科 Thymelaeaceae］●■

21209　Gastrocalyx Gardner（1838）Nom. illegit. = Prepusa Mart.（1827）［龙胆科 Gentianaceae］■☆

21210　Gastrocalyx Schischk.（1919）Nom. illegit. ≡ Schischkiniella Steenis（1967）；~ = Silene L.（1753）（保留属名）［石竹科 Caryophyllaceae］■

21211　Gastrocarpha D. Don（1830）= Moscharia Ruiz et Pav.（1794）（保留属名）［菊科 Asteraceae（Compositae）］■☆

21212　Gastrochilus D. Don（1825）（废弃属名）【汉】盆距兰属（松兰属）。【日】カシノキラン属，ガストロキールア属。【英】Dishspurorchis, Gastrochilus。【隶属】兰科 Orchidaceae。【包含】世界 47-50 种，中国 29-31 种。【学名诠释与讨论】〈阳〉（希）gaster，腹，胃 + cheilos，唇。在希腊文组合词中，cheil-，cheilo-，-chilus，-chilia 等均为"唇，边缘"之义。指唇瓣膨胀成囊状。《中国植物志》中文版和英文版都承认此属，用"Gastrochilus D. Don, Prodr. Fl. Nepal. :32. 26. Jan-1 Feb 1825"为正名；但是它是一个废弃属名；其相应的保留属名是"Saccolabium Blume, Bijdr. :292. 20 Sep-7 Dec 1825"；故本属所有种和种下单元均需要转组出去。"Gastrochilus Wall., Pl. Asiat. Rar.（Wallich）. 1：22, t. 24, 25. 1829 ≡ Boesenbergia Kuntze（1891）［姜科（襄荷科）Zingiberaceae］"是晚出的非法名称，亦应废弃。【分布】东亚，马来西亚西部，印度，中国。【模式】Gastrochilus calceolaris D. Don。【参考异名】Saccolabium Blume（1825）（保留属名）■

21213　Gastrochilus Wall.（1829）Nom. illegit.（废弃属名）≡ Boesenbergia Kuntze（1891）［姜科（襄荷科）Zingiberaceae］■

21214　Gastrococos Morales（1865）【汉】刺瓶椰属（膨茎刺椰子属）。【隶属】棕榈科 Arecaceae（Palmae）。【包含】世界 1 种。【学名诠释与讨论】〈阴〉（希）gaster，腹，胃 + Cocos 椰子属（可可椰子属）。【分布】古巴。【模式】Gastrococos armentalis Morales。●☆

21215　Gastrocotyle Bunge（1850）【汉】腹脐草属。【俄】Гастрокотиле。【英】Navelgrass。【隶属】紫草科 Boraginaceae。【包含】世界 2 种，中国 1 种。【学名诠释与讨论】〈阴〉（希）gaster，腹，胃 + kotyle，杯形的。指小坚果的着生面位于果的腹面。【分布】巴基斯坦，印度，中国，地中海东部至亚洲中部。【模式】Gastrocotyle hispida（Forsskål）Bunge［Anchusa hispida Forsskål］。■

21216　Gastrodia R. Br.（1810）【汉】天麻属（赤箭属）。【日】オニノヤガラ属。【俄】Гастродия。【英】Gastrodia。【隶属】兰科 Orchidaceae。【包含】世界 20-35 种，中国 15 种。【学名诠释与讨论】〈阴〉（希）gaster，腹，胃。指花被膨大。【分布】巴基斯坦，马达加斯加，印度至马来西亚至新西兰，中国，东亚。【模式】Gastrodia sesamoides R. Brown。【参考异名】Demorchis D. L. Jones et M. A. Clem.（2004）；Epiphanes Blume（1825）；Gamoplexis Falc.（1847）；Gamoplexis Falc. ex Lindl.（1847）Nom. illegit.■

21217　Gastroglottis Blume（1825）= Dienia Lindl.（1824）；~ = Liparis Rich.（1817）（保留属名）；~ = Malaxis Sol. ex Sw.（1788）［兰科 Orchidaceae］■

21218　Gastrolepis Tiegh.（1897）【汉】胀鳞茱萸属。【隶属】茶茱萸科 Icacinaceae。【包含】世界 1 种。【学名诠释与讨论】〈阴〉（希）gaster，腹，胃 + lepis，所有格 lepidos，指小式 lepion 或 lepidion，鳞，鳞片。lepidotos，多鳞的。lepos，鳞，鳞片。【分布】法属新喀里多尼亚。【模式】Gastrolepis austrocaledonica（Baillon）Howard。●☆

21219　Gastrolobium R. Br.（1811）【汉】毒豆木属（胀荚豆属）。【俄】

Гастролобиум。【英】Heart‐leaf, Poisonbush。【隶属】豆科Fabaceae(Leguminosae)。【包含】世界40-50种。【学名诠释与讨论】〈中〉(希)gaster, 腹, 胃+lobos =拉丁文lobulus, 片, 裂片, 叶, 荚, 蒴+-ius, -ia, -ium, 在拉丁文和希腊文中, 这些词尾表示性质或状态。指豆荚肥大。【分布】澳大利亚(西部)。【模式】Gastrolobium bilobum R. Brown。●☆

21220 Gastrolychnis (Fenzl) Rchb. (1841) = Melandrium Röhl. (1812) ; ~ = Silene L. (1753) (保 留 属 名) ［ 石 竹 科 Caryophyllaceae］■

21221 Gastrolychnis Fenzl ex Rchb. (1841) Nom. illegit. ≡ Gastrolychnis (Fenzl) Rchb. (1841) ; ~ = Melandrium Röhl. (1812) ; ~ = Silene L. (1753) (保 留 属 名) ［ 石 竹 科 Caryophyllaceae］■

21222 Gastromeria D. Don(1830)= Melasma P. J. Bergius(1767)［玄参科 Scrophulariaceae//列当科 Orobanchaceae］■

21223 Gastronema Herb. (1821) = Cyrtanthus Aiton (1789) (保留属名) ［石蒜科 Amaryllidaceae］■☆

21224 Gastronychia Small(1933)Nom. illegit. ≡ Plagidia Raf. (1836) ; ~ = Paronychia Mill. (1754) ［石竹科 Caryophyllaceae//醉人花科 (裸果木科)Illecebraceae//指甲草科 Paronichiaceae］■

21225 Gastropodium Lindl. (1845) = Epidendrum L. (1763) (保留属名) ［兰科 Orchidaceae］■☆

21226 Gastropyrum (Jaub. et Spach) Á. Löve (1982) = Aegilops L. (1753)(保留属名)［禾本科 Poaceae(Gramineae)］■☆

21227 Gastrorchis Schltr. (1924) Nom. illegit. = Gastorchis Thouars (1809)Nom. illegit. ; ~ = Phaius Lour. (1790)［兰科 Orchidaceae］■☆

21228 Gastrosiphon (Schltr.) M. A. Clem. et D. L. Jones (2002) = Corybas Salisb. (1807) ; ~ = Corysanthes R. Br. (1810) ［ 兰 科 Orchidaceae］■

21229 Gastrostylum Sch. Bip. (1845) Nom. illegit. = Gastrosulum Sch. Bip. (1844) ; ~ = Matricaria L. (1753) (保留属名) ［菊科 Asteraceae(Compositae)］■

21230 Gastrostylus (Torr.) Kuntze (1903) Nom. illegit. ≡ Cneoridium Hook. f. (1862) ［芸香科 Rutaceae］●☆

21231 Gastrosulum Sch. Bip. (1844) = Matricaria L. (1753) (保留属名) ; ~ = Tripleurospermum Sch. Bip. (1844) ［菊科 Asteraceae (Compositae)］■

21232 Gatesia A. Gray (1878) Nom. illegit. ≡ Yeatesia Small (1896) ［爵床科 Acanthaceae］■☆

21233 Gatesia Bertol. (1848) = Petalostemon Michx. (1803) ［ as 'Petalostemum'］(保留属名) ［豆科 Fabaceae(Leguminosae)］■☆

21234 Gatnaia Gagnep. (1925) Nom. illegit. ≡ Baccaurea Lour. (1790) ［大戟科 Euphorbiaceae］●

21235 Gattenhoffia Neck. (1790) Nom. inval. = Dimorphotheca Vaill. (1754)(保留属名)［菊科 Asteraceae(Compositae)］■●☆

21236 Gattenhofia Medik. (1790) = Iris L. (1753) ［鸢尾科 Iridaceae］■☆

21237 Gatyona Cass. (1818) = Crepis L. (1753) ［菊科 Asteraceae (Compositae)］■

21238 Gaudichaudia Kunth(1821)【汉】高丁木属。【隶属】金虎尾科(黄褥花科)Malpighiaceae。【包含】世界10种。【学名诠释与讨论】〈阴〉(人)Charles Gaudichaud-Beaupré, 1789-1854, 法国植物学者。【分布】玻利维亚, 哥斯达黎加, 墨西哥, 尼加拉瓜, 中美洲。【模式】Gaudichaudia cynanchoides Kunth。【参考异名】Rosanthus Small (1910) ; Tritomopterys (A. Juss. ex Endl.) Nied. (1912) ; Tritomopterys Nied. (1912) Nom. illegit. ●☆

21239 Gaudina St. -Lag. (1881) = Gaudinia P. Beauv. (1812) ［禾本

科 Poaceae(Gramineae)］■☆

21240 Gaudinia J. Gay (1829) Nom. illegit. = Limeum L. (1759) ［粟米草科 Molluginaceae//粟麦草科 Limeaceae］■●☆

21241 Gaudinia P. Beauv. (1812)【汉】戈丹草属(高迪草属)。【俄】Гаудиния。【英】French Oat‐grass, Gaudinia。【隶属】禾本科 Poaceae(Gramineae)。【包含】世界4种。【学名诠释与讨论】〈阴〉(人)Jean François Aimée Gottlieb Philippe Gaudin, 1766-1833, 瑞士植物学者。此属的学名, ING、APNI 和 IK 记载是"Gaudinia Palisot de Beauvois, Essai Agrost. 95, 164. Dec 1812"。"Gaudinia J. Gay, Bull. Sci. Nat. Géol. 18:412. 1829 = Limeum L. (1759) ［粟米草科 Molluginaceae//粟麦草科 Limeaceae］"是晚出的非法名称。"Cylichnium J. Dulac, Fl. Hautes-Pyrénées 68. Jul-Dec 1867 (non Wallroth 1832 - 1833)"是"Gaudinia P. Beauv. (1812)"的晚出的同模式异名(Homotypic synonym, Nomenclatural synonym)。【分布】葡萄牙(亚述尔群岛), 地中海地区。【后选模式】Gaudinia fragilis (Linnaeus) Palisot de Beauvois ［ Avena fragilis Linnaeus ］。【参考异名】Arthrostachya Link (1827) ; Cylichnium Dulac (1867) Nom. illegit. ; Cylichnium Mizush. ; Falimiria Besser ex Rchb. (1828) ; Falimiria Rchb. (1828) Nom. illegit. ; Gaudina St. -Lag. (1881) ; Meringurus Murb. (1900)■☆

21242 Gaudinopsis(Boiss.) Eig (1929) = Ventenata Koeler (1802) (保留属名) ［禾本科 Poaceae(Gramineae)］■☆

21243 Gaudinopsis Eig(1929)Nom. illegit. ≡ Gaudinopsis (Boiss.) Eig (1929) ; ~ = Ventenata Koeler (1802) (保留属名) ［禾本科 Poaceae(Gramineae)］■☆

21244 Gaulettia Sothers et Prance(2014)【汉】高壳果属。【隶属】金壳果科(金棒科, 金橡实科, 可可李科)Chrysobalanaceae。【包含】世界9种。【学名诠释与讨论】〈阴〉词源不详。【分布】圭亚那。【模式】Gaulettia parillo (DC.) Sothers et Prance ［ Couepia parillo DC. ］。●☆

21245 Gaulteria Adans. (1763) Nom. illegit. ≡ Gaultheria L. (1753) ［杜鹃花科(欧石南科)Ericaceae］●

21246 Gaultheria Kalm ex L. (1753) ≡ Gaultheria L. (1753) ［杜鹃花科(欧石南科)Ericaceae］●

21247 Gaultheria L. (1753)【汉】白珠树属。【日】シラタマノキ属。【俄】Гаультерия。【英】Aromatic Wintergreen, Canada Tree, Creeping Winter‐green, Gaultheria, Partridge Berry, Snowberry, Whitepearl, Winter Green, Wintergreen。【隶属】杜鹃花科(欧石南科)Ericaceae。【包含】世界130-200种, 中国28-32种。【学名诠释与讨论】〈阴〉(人)Jean Francois H. Gaulthier, 1708-1758, 加拿大医生、植物学者。此属的学名, ING 和 GCI 记载是"Gaultheria L. , Sp. Pl. 1:395. 1753 ［1 May 1753］"。APNI 和 IK 则记载为"Gaultheria Kalm ex L. , Sp. Pl. 1:395. 1753 ［1 May 1753］"。"Gaultheria Kalm"是命名起点著作之前的名称, 故"Gaultheria L. (1753)"和"Gaultheria Kalm ex L. (1753)"都是合法名称, 可以通用。"Gaulthieria Klotzsch, Linnaea 24:17. 1851"、"Gaulthiera Rchb. , Handb. Nat. Pfl. ‐ Syst. 206. 1837 ［1-7 Oct 1837］"、"Gaulthiera Rchb. , Handb. Nat. Pfl. ‐ Syst. 206. 1837 ［1-7 Oct 1837］"、"Gaulthiera Rchb. , Handb. Nat. Pfl. ‐Syst. 206. 1837 ［1-7 Oct 1837］"和"Gaulthiera Cothen. , Dispositio Vegetabilium Methodica 21. 1790"都是其变体。"Gautiera Rafinesque, Med. Fl. 1:202. 1828(废弃属名)"也是"Gaultheria L. (1753)"的晚出的同模式异名(Homotypic synonym, Nomenclatural synonym)。多有文献包括《中国植物志》中文版都承认"伏地杜鹃属(伏地杜属)Chiogenes Salisb. ex Torr. (1843) Nom. illegit. "; 但是它是"Gaultheria L. (1753)"的晚出的同模式异名(Homotypic synonym, Nomenclatural synonym); 详见"伏地杜鹃属(伏地杜属)

Chiogenes Salisb. ex Torr. (1843) Nom. illegit. ”的讨论。【分布】巴基斯坦,巴拿马,秘鲁,玻利维亚,厄瓜多尔,哥伦比亚,哥斯达黎加,尼加拉瓜,中国,太平洋沿岸,中美洲。【模式】Gaultheria procumbens Linnaeus。【参考异名】Brossaea L. (1753) Nom. illegit.; Brossea Kuntze (1891) Nom. illegit.; Chiogenes Salisb. (1817) Nom. inval.;Chiogenes Salisb. et Torr. (1843) Nom. illegit.; Chiogenes Salisb. ex Torr. (1843); Gaulteria Adans. (1763) Nom. illegit.;Gaultheria Kalm ex L. (1753);Gaulthieria Klotzsch (1851) Nom. illegit.; Gautiera Raf. (1828) Nom. illegit.; Glyciphylla Raf. (1819);Glycyphylla Spach (1840) Nom. illegit.; Gualteria Duhamel (1755) Nom. illegit.; Lasierpa Torr. (1839); Pernettya Gaudich. (1825)(保留属名); Phalerocarpus G. Don (1834) Nom. illegit.; Phallerocarpus G. Don (1834);Shallonium Raf. (1818)●

21248　Gaulthiera Cothen. (1790) Nom. illegit. ≡ Gaultheria L. (1753) [杜鹃花科(欧石南科)Ericaceae]●

21249　Gaulthiera Rchb. (1837) Nom. illegit. ≡ Gaultheria L. (1753) [杜鹃花科(欧石南科)Ericaceae]●

21250　Gaulthieria Klotzsch (1851) Nom. illegit. ≡ Gaultheria L. (1753) [杜鹃花科(欧石南科)Ericaceae]●

21251　Gaumerocassia Britton (1930) = Cassia L. (1753)(保留属名); ~ =Senna Mill. (1754) [豆科 Fabaceae (Leguminosae)//云实科(苏木科)Caesalpiniaceae]●■

21252　Gaunia Scop. (1777) = Gahnia J. R. Forst. et G. Forst. (1775) [莎草科 Cyperaceae]■

21253　Gaura F. Allam. (1771) Nom. illegit. ≡Guarea F. Allam. (1771) [as 'Guara'](保留属名) [棟科 Meliaceae]●☆

21254　Gaura L. (1753)【汉】山桃草属。【日】ガウ－ラ属,ヤマモモサウ属,ヤマモモソウ属。【俄】Гаура。【英】Gaura, Peachgrass, Windflower。【隶属】柳叶菜科 Onagraceae。【包含】世界 21 种,中国 1-3 种。【学名诠释与讨论】〈阴〉(希)gauros,崇高的,华美的。指花色美丽。此属的学名,ING、TROPICOS、APNI、GCI 和 IK 记载是“Gaura L., Sp. Pl. 1: 347. 1753 [1 May 1753]”。“Gaura Lam., Tabl. Encycl. t. 281. f. 3 (1793) = Commelina L. (1753) [鸭趾草科 Commelinaceae//半日花科 Cistaceae]”是晚出的非法名称。“Gaura F. Allam. (1771) Nom. illegit. ”是“Guarea F. Allam. (1771) [as 'Guara'](保留属名) [棟科 Meliaceae]”的拼写变体。“Gaura L. (1753)”曾先后被处理为“Oenothera sect. Gaura (L.) W. L. Wagner & Hoch, Systematic Botany Monographs 83: 165. 2007”和“Oenothera subsect. Gaura (L.) W. L. Wagner & Hoch, Systematic Botany Monographs 83: 171. 2007. (17 Sep 2007)”。【分布】阿根廷,秘鲁,玻利维亚,墨西哥,中国,北美洲,中美洲。【模式】Gaura biennis Linnaeus。【参考异名】Gauridium Spach (1835); Oenothera sect. Gaura (L.) W. L. Wagner & Hoch (2007); Oenothera subsect. Gaura (L.) W. L. Wagner & Hoch (2007); Pleurandra Raf. (1817) Nom. illegit.; Pleurostemon Raf. (1819);Schizocarya Spach (1835)■

21255　Gaura Lam. (1793) Nom. illegit. = Commelina L. (1753) [鸭趾草科 Commelinaceae]■

21256　Gaurea Rchb. (1778) = Guarea F. Allam. (1771) [as 'Guara'](保留属名) [棟科 Meliaceae]●☆

21257　Gaurella Small (1896) = Oenothera L. (1753) [柳叶菜科 Onagraceae]●■

21258　Gauridium Spach (1835) = Gaura L. (1753) [柳叶菜科 Onagraceae]■

21259　Gauropsis (Torr. et Frém.) Cockerell (1900) Nom. illegit. ≡ Gaurella Small (1896); ~ = Oenothera L. (1753) [柳叶菜科 Onagraceae]●■

21260　Gauropsis C. Presl (1851) = Clarkia Pursh (1814) [柳叶菜科 Onagraceae]■

21261　Gauropsis Cockerell (1900) Nom. illegit. ≡ Gauropsis (Torr. et Frém.) Cockerell (1900) Nom. illegit.; ~ = Gaurella Small (1896); ~ =Oenothera L. (1753) [柳叶菜科 Onagraceae]●■

21262　Gaussenia A. V. Bobrov et Melikyan (2000) = Dacrydium Sol. ex J. Forst. (1786) [罗汉松科 Podocarpaceae//陆均松科 Dacrydiaceae]●

21263　Gaussia H. Wendl. (1865)【汉】高斯棕属(高斯桐属,根锥椰属,骨氏椰子属,加西亚椰属,露美棕属,马椰桐属)。【日】オヤマヤシ属。【英】Sierra Palm。【隶属】棕榈科 Arecaceae (Palmae)。【包含】世界 4 种。【学名诠释与讨论】〈阴〉(人) Karl (Carl) Friedrich Gauss, 1777－1855, 德国天文家, 数学家。【分布】波多黎各,古巴,中美洲。【模式】Gaussia princeps H. Wendland。【参考异名】Aeria O. F. Cook (1901); Opsiandra O. F. Cook (1923)●☆

21264　Gautiera Raf. (1828)(废弃属名)≡ Gaulteria L. (1753) [杜鹃花科(欧石南科)Ericaceae]●

21265　Gavarretia Baill. (1861)【汉】加瓦大戟属。【隶属】大戟科 Euphorbiaceae。【包含】世界 1 种。【学名诠释与讨论】〈阴〉词源不详。【分布】巴西,秘鲁,亚马孙河流域。【模式】Gavarretia terminalis Baillon。☆

21266　Gavesia Walp. (1852) = Gatesia Bertol. (1848); ~ = Petalostemon Michx. (1803) [as 'Petalostemum'](保留属名) [豆科 Fabaceae (Leguminosae)]■☆

21267　Gavilea Poepp. (1833)【汉】加维兰属。【隶属】兰科 Orchidaceae。【包含】世界 11 种。【学名诠释与讨论】〈阴〉来自智利植物俗名。【分布】温带南美洲。【后选模式】Gavilea leucantha Poeppig。【参考异名】Asarca Lindl. (1827); Asarca Poepp. ex Lindl. (1827) Nom. illegit.; Gavillea Poepp. et Endl. ex Steud. (1840)■☆

21268　Gavillea Poepp. et Endl. ex Steud. (1840) = Gavilea Poepp. (1833) [兰科 Orchidaceae]■☆

21269　Gavnia Pfeiff. = Gahnia J. R. Forst. et G. Forst. (1775); ~ = Gahnia Scop. (1777) Nom. illegit.; ~ = Gahnia J. R. Forst. et G. Forst. (1775) [莎草科 Cyperaceae]■

21270　Gavnia Scop. (1777) Nom. illegit. [莎草科 Cyperaceae]■☆

21271　Gaya Gaudin (1828) Nom. illegit. ≡ Arpitium Neck. ex Sweet (1830); ~ ≡ Neogaya Meisn. (1838) Nom. illegit.; ~ = Pachypleurum Ledeb. (1829) [伞形花科(伞形科)Apiaceae (Umbelliferae)]■

21272　Gaya Kunth (1822)【汉】盖伊锦葵属。【隶属】锦葵科 Malvaceae。【包含】世界 20-33 种。【学名诠释与讨论】〈阴〉(人) Jacques Etienne Gay, 1786－1864, 瑞士出生的法国植物学者。此属的学名,ING、GCI、TROPICOS 和 IK 记载是“Gaya Kunth in Humboldt, Bonpland et Kunth, Nova Gen. Sp. 5; ed. fol. 207. Jun 1822”。“Gaya Gaudin, Feuille Canton Vaud 13: 29. 1826 ≡ Neogaya Meisn. (1838) ≡ Arpitium Neck. ex Sweet (1830) = Pachypleurum Ledeb. (1829) [伞形花科(伞形科)Apiaceae (Umbelliferae)]”和“Gaya Spreng., Syst. Veg. (ed. 16) [Sprengel] 1: 535, 971. 1824 Nom. illegit., Nom. superfl. ≡ Seringia J. Gay (1821)(保留属名) [梧桐科 Sterculiaceae//锦葵科 Malvaceae]”是晚出的非法名称。“Gaya Spreng. (1824)”是“Seringia J. Gay (1821)(保留属名)”的替代名称,多余了。【分布】巴拉圭,秘鲁,玻利维亚,厄瓜多尔,尼加拉瓜,新西兰,西印度群岛,热带美洲,中美洲。【后选模式】Gaya hermannioides Kunth。【参考异名】Philippimalva Kuntze (1891) Nom. illegit.;

Tetraptera Phil.（1870）Nom. illegit. ■●☆

21273　Gaya Spreng.（1824）Nom. illegit.，Nom. superfl. ≡ Seringia J.
Gay（1821）（保留属名）［梧桐科 Sterculiaceae//锦葵科
Malvaceae］●☆

21274　Gayacum Brongn. =Guaiacum L.（1753）［as‘Guajacum’］（保
留属名）［蒺藜科 Zygophyllaceae］●

21275　Gayella Pierre（1890）= Pouteria Aubl.（1775）［山榄科
Sapotaceae］●

21276　Gaylussacia Kunth（1819）（保留属名）【汉】无芒药属（佳露果
属）。【日】ゲイル-サキア属。【俄】Гайлоссакия，Гейлюссакия，
Гейлюссация。【英】Blueberry，Huckleberry。【隶属】杜鹃花科
（欧石南科）Ericaceae。【包含】世界 48-49 种。【学名诠释与讨
论】〈阴〉（人）Joseph Louis Gay-Lussac，1778-1850，法国化学家。
此属的学名“Gaylussacia Kunth in Humboldt et al.，Nov. Gen. Sp.
3，ed. 4：275；ed. f：215. 9 Jul 1819”是保留属名。法规未列出相
应的废弃属名。“Lussacia K. P. J. Sprengel，Syst. Veg. 2：275，294.
Jan-Mai 1825”是“Gaylussacia Kunth（1819）（保留属名）”的晚出
的同模式异名（Homotypic synonym，Nomenclatural synonym）。【分
布】秘鲁，玻利维亚，厄瓜多尔，哥伦比亚（安蒂奥基亚），美国
（密苏里），中国，中美洲。【模式】Gaylussacia buxifolia Kunth。
【参考异名】Adenaria Pfeiff.（1823）Nom. illegit.；Buxella Small
（1933）Nom. illegit.；Decachaena（Hook.）Lindl.（1846）；
Decachaena（Hook.）Torrey et A. Gray ex Lindl.（1846）；
Decachaena（Torr. et A. Gray）Lindl.（1846）；Decachaena Torr. et
A. Gray ex A. Gray（1846）Nom. illegit.；Decamerium Nutt.（1842）；
Lasiococcus Small（1933）；Lussacia Spreng.（1825）Nom. illegit. ●

21277　Gayoides（Endl.）Small（1903）Nom. illegit. ≡ Herissantia
Medik.（1788）［锦葵科 Malvaceae］■●

21278　Gayoides Endl.（1903）Nom. illegit. ≡ Gayoides（Endl.）Small
（1903）Nom. illegit.；~ ≡ Herissantia Medik.（1788）［锦葵科
Malvaceae］■●

21279　Gayoides Small（1903）Nom. illegit. ≡ Gayoides（Endl.）Small
（1903）Nom. illegit.；~ ≡ Herissantia Medik.（1788）［锦葵科
Malvaceae］■●

21280　Gayophytum A. Juss.（1832）【汉】盖伊柳叶菜属。【隶属】柳叶
菜科 Onagraceae。【包含】世界 9 种。【学名诠释与讨论】〈阴〉
（人）Claude Gay，1800-1873，法国植物学者，《智利植物志》的作
者之一+phyton，植物，树木，枝条。【分布】温带北美洲西部，温
带南美洲南部。【模式】Gayophytum humile A. H. L. Jussieu。■☆

21281　Gaytania Münter（1843）= Pimpinella L.（1753）［伞形花科（伞
形科）Apiaceae（Umbelliferae）］■

21282　Gaza Teran et Berland（1832）=Ehretia P. Browne（1756）［紫草
科 Boraginaceae//破布木科（破布树科）Cordiaceae//厚壳树科
Ehretiaceae］●

21283　Gazachloa J. B. Phipps（1964）=Danthoniopsis Stapf（1916）［禾
本科 Poaceae（Gramineae）］■☆

21284　Gazania Gaertn.（1791）（保留属名）【汉】勋章花属（勋章菊
属）。【日】ガザニア属，クンショウギク属。【俄】Гацания。
【英】Gazania，Treasureflower，Treasure-flower。【隶属】菊科
Asteraceae（Compositae）。【包含】世界 17-40 种。【学名诠释与
讨论】〈阴〉（人）Theodor Gaza，1398-1478。或希腊文 gaza，丰富
的，指花色。此属的学名“Gazania Gaertn.，Fruct. Sem. Pl. 2：451.
Sep-Dec 1791”是保留属名。相应的废弃属名是菊科 Asteraceae
的“Meridiana Hill，Veg. Syst. 2：121. Oct 1761 = Gazania Gaertn.
（1791）（保留属名）”。【分布】玻利维亚，热带和非洲南部，中美
洲。【模式】Gazania rigens（Linnaeus）J. Gaertner［Othonna rigens
Linnaeus］。【参考异名】Melanchrysum Cass.（1817）；Meridiana

Hill（1761）（废弃属名）；Moehnia Neck.（1790）Nom. inval.；
Mussinia Willd.（1803）●■☆

21285　Gazaniopsis C. Huber（1880）【汉】类勋章花属。【隶属】菊科
Asteraceae（Compositae）。【包含】世界 1 种。【学名诠释与讨论】
〈阴〉（属）Gazania 勋章花属+希腊文 opsis，外观，模样，相似。
【分布】美国（西南部）。【模式】Gazaniopsis stenophylla C. Huber。
■☆

21286　Geanthemum（R. E. Fr.）Saff.（1914）= Duguetia A. St.-Hil.
（1824）（保留属名）［番荔枝科 Annonaceae］●☆

21287　Geanthemum Saff.（1914）Nom. illegit. ≡ Geanthemum（R. E.
Fr.）Saff.（1914）；~ = Duguetia A. St.-Hil.（1824）（保留属名）
［番荔枝科 Annonaceae］●☆

21288　Geanthia Raf.（1808）= Crocus L.（1753）［鸢尾科 Iridaceae］■

21289　Geanthus（Benth.）Loes. =Etlingera Roxb.（1792）［姜科（蘘荷
科）Zingiberaceae］■

21290　Geanthus（Blume）Loes. = Etlingera Roxb.（1792）［姜科（蘘荷
科）Zingiberaceae］■

21291　Geanthus Phil.（1884）Nom. illegit. =Speea Loes.（1927）［百合
科 Liliaceae//葱科 Alliaceae］■☆

21292　Geanthus Raf.（1814）= Crocus L.（1753）［鸢尾科 Iridaceae］■

21293　Geanthus Reinw.（1823）Nom. inval.，Nom. illegit. = Etlingera
Roxb.（1792）；~ = Hornstedtia Retz.（1791）［姜科（蘘荷科）
Zingiberaceae］■

21294　Geanthus Reinw.（1825）Nom. illegit. =Etlingera Roxb.（1792）；
~ =Hornstedtia Retz.（1791）［姜科（蘘荷科）Zingiberaceae］■

21295　Geanthus Valeton（1914）Nom. illegit. =Amomum Roxb.（1820）
（保留属名）［姜科（蘘荷科）Zingiberaceae］■

21296　Gearum N. E. Br.（1882）【汉】巴中南星属。【隶属】天南星科
Araceae。【包含】世界 1 种。【学名诠释与讨论】〈中〉（希）geo，
土地+（属）Arum 疆南星属。【分布】巴西（中部）。【模式】
Gearum brasiliense N. E. Brown。■☆

21297　Geaya Costantin et Poisson（1908）= Kitchingia Baker（1881）
［景天科 Crassulaceae］●■

21298　Geblera Andrz. ex Besser（1834）Nom. inval. =Crepis L.（1753）
［菊科 Asteraceae（Compositae）］■

21299　Geblera Fisch. et C. A. Mey.（1835）Nom. illegit. = Flueggea
Willd.（1806）［大戟科 Euphorbiaceae］●

21300　Geblera Kitag.（1937）Nom. illegit. = Geblera Fisch. et C. A.
Mey.（1835）Nom. illegit.；~ = Flueggea Willd.（1806）［大戟科
Euphorbiaceae］●

21301　Geboscon Raf.（1824）Nom. inval. =Nothoscordum Kunth（1843）
（保留属名）［百合科 Liliaceae//葱科 Alliaceae］■☆

21302　Geeria Blume（1823）= Eurya Thunb.（1783）［山茶科（茶科）
Theaceae//厚皮香科 Ternstroemiaceae］●

21303　Geeria Neck.（1790）Nom. inval. =Paullinia L.（1753）［无患子
科 Sapindaceae］●☆

21304　Geerinckia Mytnik et Szlach.（2007）=Polystachya Hook.（1824）
（保留属名）［兰科 Orchidaceae］■

21305　Geesinkorchis de Vogel（1984）【汉】吉星兰属。【隶属】兰科
Orchidaceae。【包含】世界 2 种。【学名诠释与讨论】〈阴〉（人）
Geesink，植物学者+orchis，原义是睾丸，后变为植物兰的名称，因
为根的形态而得名。变为拉丁文 orchis，所有格 orchidis。【分
布】加里曼丹岛。【模式】Geesinkorchis alaticallosa E. F. de Vogel。
■☆

21306　Geigera Less.（1832）= Geigeria Griess.（1830）［菊科
Asteraceae（Compositae）］■●☆

21307　Geigera Lindl.（1847）Nom. illegit. =Geijera Schott（1834）［芸

香科 Rutaceae]●☆

21308 Geigeria Griess.（1830）【汉】翼茎菊属。【隶属】菊科 Asteraceae（Compositae）。【包含】世界 28 种。【学名诠释与讨论】〈阴〉（人）Geiger，德国一教授。【分布】热带和非洲南部。【模式】Geigeria africana Griesselich。【参考异名】Araschcoolia Sch. Bip.（1873）Nom. inval.；Araschcoolia Sch. Bip. ex Benth. et Hook. f.（1873）；Arraschkoolia Hochst.（1842）；Arraschkoolia Sch. Bip. ex Hochst.（1842）；Diplostemma Hochst. et Steud. ex DC.（1838）Nom. illegit.；Diplostemma Steud. et Hochst. ex DC.（1838）Nom. illegit.；Dizonium Willd. ex Schltdl.（1830）；Geigera Less.（1832）；Thysanurus O. Hoffm.（1889）；Zeyhera Less.（1832）Nom. illegit.；Zeyheria A. Spreng.（1828）Nom. illegit. ■●☆

21309 Geijera Schott（1834）【汉】盖耶芸香属。【隶属】芸香科 Rutaceae。【包含】世界 7-8 种。【学名诠释与讨论】〈阴〉（人）J. D. Geijer，瑞典植物学者，Diktam-nographia 的作者。【分布】澳大利亚（东部），法国（洛亚蒂群岛，法属新喀里多尼亚），新几内亚岛东部。【模式】Geijera salicifolia H. W. Schott。【参考异名】Coatesia F. Muell.（1862）；Dendrosma Pancher et Sebert（1873）；Geigera Lindl.（1847）Nom. illegit. ●☆

21310 Geisarina Raf.（1838）= Forestiera Poir.（1810）（保留属名）［木犀榄科（木犀科）Oleaceae]●☆

21311 Geiseleria Klotzsch（1841）Nom. illegit. = Croton L.（1753）；~ = Decarinium Raf.（1825）［大戟科 Euphorbiaceae//巴豆科 Crotonaceae]●

21312 Geiseleria Kunth（1842）Nom. illegit. = Anticlea Kunth（1843）；~ = Zigadenus Michx.（1803）［百合科 Liliaceae//黑药花科（藜芦科）Melanthiaceae]■

21313 Geisenia Endl.（1839）= Gaissenia Raf.（1808）；~ = Trollius L.（1753）［毛茛科 Ranunculaceae]■

21314 Geisoloma Lindl.（1847）= Geissoloma Lindl. ex Kunth（1830）［四棱果科 Geissolomataceae]●☆

21315 Geisorrhiza Rchb.（1841）= Geissorhiza Ker Gawl.（1803）［鸢尾科 Iridaceae]■☆

21316 Geissanthera Schltr.（1905）= Microtatorchis Schltr.（1905）［兰科 Orchidaceae]■

21317 Geissanthus Hook. f.（1876）【汉】边花紫金牛属。【隶属】紫金牛科 Myrsinaceae。【包含】世界 30-35 种。【学名诠释与讨论】〈阳〉（希）geison = geisson，边缘，屋檐，边陲+anthos，花。【分布】巴拿马，秘鲁，玻利维亚，厄瓜多尔，哥伦比亚（安蒂奥基亚），中美洲。【模式】Geissanthus bolivianus Rusby［as 'boliviana'］。【参考异名】Gissanthus Post et Kuntze（1903）●☆

21318 Geissapsis Baker（1876）= Geissaspis Wight et Arn.（1834）［豆科 Fabaceae（Leguminosae）//蝶形花科 Papilionaceae]■

21319 Geissaspis Wight et Arn.（1834）【汉】睫苞豆属。【英】Ciliabractbean，Geissaspis。【隶属】豆科 Fabaceae（Leguminosae）//蝶形花科 Papilionaceae。【包含】世界 3 种，中国 1 种。【学名诠释与讨论】〈阴〉（希）geison = geisson，边缘，屋檐，边陲+aspis，盾。指大而宿存的苞片其状如盾。【分布】非洲，印度至缅甸，中国。【模式】Geissaspis cristata R. Wight et Arnott。【参考异名】Geissapsis Baker（1876）；Gissaspis Post et Kuntze（1903）■

21320 Geissois Labill.（1825）【汉】棱叶火把树属。【隶属】火把树科（常绿棱枝树科，角瓣木科，库诺尼科，南蔷薇科，轻木科）Cunoniaceae。【包含】世界 18-25 种。【学名诠释与讨论】〈阴〉（希）geison = geisson，边缘，屋檐，边陲。【分布】澳大利亚，斐济，瓦努阿图，法属新喀里多尼亚。【模式】Geissois racemosa Labillardière。【参考异名】Gissois Post et Kuntze（1903）；

Lamanonia Vell.（1829）●☆

21321 Geissolepis B. L. Rob.（1892）【汉】肉菀属。【隶属】菊科 Asteraceae（Compositae）。【包含】世界 1 种。【学名诠释与讨论】〈阴〉（希）geison = geisson，边缘，屋檐，边陲+lepis，所有格 lepidos，指小式 lepion 或 lepidion，鳞，鳞片。lepidotos，多鳞的。lepos，鳞，鳞片。【分布】墨西哥。【模式】Geissolepis suaedaefolia B. L. Robinson。【参考异名】Gissolepis Post et Kuntze（1903）■☆

21322 Geissoloma Lindl.（1830）Nom. illegit. ≡ Geissoloma Lindl. ex Kunth（1830）［四棱果科 Geissolomataceae]●☆

21323 Geissoloma Lindl. ex Kunth（1830）【汉】四棱果属。【隶属】四棱果科 Geissolomataceae。【包含】世界 1 种。【学名诠释与讨论】〈中〉（希）geison = geisson，边缘，屋檐，边陲+loma，所有格 lomatos，边缘，流苏。可能指嫩叶或花瓣。此属的学名，ING 和 IK 记载是 "Geissoloma Lindley ex Kunth, Linnaea 5: 678. Oct 1830"。"Geissoloma Lindl.（1830）"的命名人引证有误。【分布】非洲南部。【模式】Geissoloma marginatum（Linnaeus）Kunth［Penaea marginata Linnaeus］。【参考异名】Crasanloma D. Dietr.；Gassoloma D. Dietr.（1840）；Geisoloma Lindl.（1847）；Geissoloma Lindl.（1830）Nom. illegit.；Gissoloma Post et Kuntze（1903）●☆

21324 Geissolomaceae Endl. = Geissolomataceae A. DC.（保留科名）●☆

21325 Geissolomataceae A. DC.（1856）（保留科名）【汉】四棱果科。【包含】世界 1 属 1 种。【分布】非洲南部。【科名模式】Geissoloma Lindl. ex Kunth（1830）●☆

21326 Geissolomataceae Endl. = Geissolomataceae A. DC.（保留科名）●☆

21327 Geissomeria Lindl.（1827）【汉】热美爵床属。【隶属】爵床科 Acanthaceae。【包含】世界 15 种。【学名诠释与讨论】〈阴〉（希）geison = geisson，边缘，屋檐，边陲+meros，一部分。拉丁文 merus 含义为纯洁的，真正的。指苞片。【分布】玻利维亚，墨西哥至热带南美洲。【模式】Geissomeria longiflora J. Lindley。【参考异名】Gissomeria Post et Kuntze（1903）；Poecilocnemis Mart. ex Nees（1847）☆

21328 Geissopappus Benth.（1840）= Calea L.（1763）［菊科 Asteraceae（Compositae）]●■☆

21329 Geissorhiza Ker Gawl.（1803）【汉】硬皮鸢尾属。【隶属】鸢尾科 Iridaceae。【包含】世界 84 种。【学名诠释与讨论】〈阴〉（希）geison = geisson，边缘，屋檐，边陲+rhiza，或 rhizoma，根，根茎。指球茎的皮坚固。此属的学名是 "Geissorhiza Ker-Gawler, Bot. Mag. ad t. 672. 1 Aug 1803"。亦有文献把其处理为 "Crocosmia Planch.（1851-1852）"的异名。【分布】非洲南部，马达加斯加。【模式】Geissorhiza obtusata Ker-Gawler。【参考异名】Crocosmia Planch.（1851-1852）；Engysiphon G. J. Lewis（1941）；Geisorrhiza Rchb.（1841）；Gissorhiza Post et Kuntze（1903）；Rochea Salisb.（1812）Nom. illegit.（废弃属名）；Weihea Eckl.（1827）Nom. illegit. ■☆

21330 Geissospermum Allemão（1845）【汉】缝籽木属（缘籽树属）。【隶属】夹竹桃科 Apocynaceae。【包含】世界 5 种。【学名诠释与讨论】〈中〉（希）geison = geisson，边缘，屋檐，边陲+sperma，所有格 spermatos，种子，孢子。【分布】巴西，秘鲁，玻利维亚，热带，中美洲。【模式】Geissospermum vellosii Allem.。【参考异名】Gissospermum Post et Kuntze（1903）●☆

21331 Geitonoplesiaceae Conran. = Geitonoplesiaceae R. Dahlgren ex Conran.；~ = Hemerocallidaceae R. Br.●■

21332 Geitonoplesiaceae R. Dahlgren ex Conran（1994）【汉】蕊瓣花科（马拔契科）。【包含】世界 1 属 1 种。【分布】马来西亚（东部），澳大利亚东部至斐济，菲律宾群岛。【科名模式】Geitonoplesium A. Cunn. ex R. Br.（1832）●☆

21333 Geitonoplesium A. Cunn. ex R. Br.（1832）【汉】蕊瓣花属。【隶

属】菝葜科 Smilacaceae//蕊瓣花科（马拔契科）Geitonoplesiaceae//萱草科 Hemerocallidaceae//智利花科（垂花科, 金钟木科, 喜爱花科）Philesiaceae//百合科 Liliaceae。【包含】世界 1 种。【学名诠释与讨论】〈中〉〈希〉geiton, 所有格 geitonos, 邻居+plesios, 近边, 近来。此属的学名, ING 和 IK 记载是"Geitonoplesium A. Cunningham ex R. Brown in W. J. Hooker, Bot. Mag. t. 3131. 1 Feb 1832";ING 把其置于百合科 Liliaceae, IK 则放入智利花科（垂花科, 金钟木科, 喜爱花科）Philesiaceae。APNI 则记载为"Geitonoplesium R. Br., Curtis's Botanical Magazine 59 1832"。三者引用的文献相同。TROPICOS 则记载为"Geitonoplesium R. Br. ex Hook., Bot. Mag. 59：t. 3131, 1832 [阿福花科 Asphodelaceae]";后选模式记为"Geitonoplesium cymosum（R. Br.）A. Cunn. ex Hook.";它曾先后被处理为"Luzuriaga sect. Eustrephus（R. Br. ex Hook.）Hallier f., Nova Guinea 8：991. 1914"、"Luzuriaga sect. Geitonoplesium（R. Br. ex Hook.）Hallier f., Nova Guinea 8：991. 1914"和"Luzuriaga sect. Geitonoplesium（R. Br. ex Hook.）Hallier f. ex K. Krause, Die natürlichen Pflanzenfamilien, Zweite Auflage 15a：379. 1930"。"Geitonoplesium Post et Kuntze（1903）Nom. illegit. ≡ Geitonoplesium A. Cunn. ex R. Br.（1832）[菝葜科 Smilacaceae//蕊瓣花科（马拔契科）Geitonoplesiaceae//萱草科 Hemerocallidaceae//智利花科（垂花科, 金钟木科, 喜爱花科）Philesiaceae]"是晚出的非法名称。【分布】澳大利亚（东部）至斐济, 菲律宾（菲律宾群岛）和马来西亚（东部）。【后选模式】Geitonoplesium cymosum（R. Brown）A. Cunningham ex R. Brown [Luzuriaga cymosa R. Brown]。【参考异名】Geitonoplesium Post et Kuntze（1903）Nom. illegit.;Geitonoplesium R. Br.（1832）Nom. illegit.;Geitonoplesium R. Br. ex Hook.（1832）Nom. illegit.;Luzuriaga R. Br.（1810）;Luzuriaga sect. Eustrephus（R. Br. ex Hook.）Hallier f.（1914）;Luzuriaga sect. Geitonoplesium（R. Br. ex Hook.）Hallier f.（1914）;Luzuriaga sect. Geitonoplesium（R. Br. ex Hook.）Hallier f. ex K. Krause（1930）●☆

21334 Geitonoplesium Post et Kuntze（1903）Nom. illegit. = Geitonoplesium A. Cunn. ex R. Br.（1832）[菝葜科 Smilacaceae//蕊瓣花科（马拔契科）Geitonoplesiaceae//萱草科 Hemerocallidaceae//智利花科（垂花科, 金钟木科, 喜爱花科）Philesiaceae//百合科 Liliaceae]●☆

21335 Geitonoplesium R. Br.（1832）Nom. illegit. ≡ Geitonoplesium A. Cunn. ex R. Br.（1832）[菝葜科 Smilacaceae//蕊瓣花科（马拔契科）Geitonoplesiaceae//萱草科 Hemerocallidaceae//智利花科（垂花科, 金钟木科, 喜爱花科）Philesiaceae//百合科 Liliaceae]●☆

21336 Geitonoplesium R. Br. ex Hook.（1832）Nom. illegit. ≡ Geitonoplesium A. Cunn. ex R. Br.（1832）[菝葜科 Smilacaceae//蕊瓣花科（马拔契科）Geitonoplesiaceae//萱草科 Hemerocallidaceae//智利花科（垂花科, 金钟木科, 喜爱花科）Philesiaceae//百合科 Liliaceae]●☆

21337 Gela Lour.（1790）= Acronychia J. R. Forst. et G. Forst.（1775）（保留属名）[芸香科 Rutaceae]●

21338 Gelasia Cass.（1818）= Scorzonera L.（1753）[菊科 Asteraceae（Compositae）]■

21339 Gelasine Herb.（1840）【汉】笑鸢尾属。【隶属】鸢尾科 Iridaceae。【包含】世界 4 种。【学名诠释与讨论】〈阴〉〈希〉gelastes = gelasinos, 发笑者+-inus, -ina, -inum 拉丁文加在名词词干之后, 以形成形容词的词尾, 含义为"属于、相似、关于、小的"。【分布】玻利维亚, 亚热带南美洲, 中美洲。【模式】Gelasine azurea Herbert。【参考异名】Celasine Pritz.（1855）Nom. illegit.;Sphenostigma Baker（1877）■☆

21340 Geleznovia Benth. et Hook. f.（1862）Nom. illegit. = Geleznowia Turcz.（1849）[芸香科 Rutaceae]●☆

21341 Geleznovia Turcz.（1849）Nom. illegit. ≡ Geleznowia Turcz.（1849）[芸香科 Rutaceae]●☆

21342 Geleznowia Turcz.（1849）【汉】吉来芸香属。【隶属】芸香科 Rutaceae。【包含】世界 3 种。【学名诠释与讨论】〈阴〉词源不详。似来自人名。此属的学名, ING、TROPICOS、APNI 和 IK 记载是"Geleznowia Turcz., Bulletin de la Societe Imperiale des Naturalistes de Moscou 22（2）1849"。"Geleznovia Benth. et Hook. f., Gen. Pl. [Bentham et Hooker f.] 1（1）：293, sphalm. 1862 [7 Aug 1862]"和"Geleznovia Turcz.（1849）"是其变体。【分布】澳大利亚（西部）。【模式】Geleznowia verrucosa Turczaninow。【参考异名】Geleznovia Benth. et Hook. f.（1862）Nom. illegit.;Geleznovia Turcz.（1849）Nom. illegit.;Sanfordia J. Drumm. ex Harv.（1855）●☆

21343 Gelibia Hutch.（1967）= Polyscias J. R. Forst. et G. Forst.（1776）[五加科 Araliaceae]●

21344 Gelidocalamus T. H. Wen（1982）【汉】井冈寒竹属（短枝竹属）。【英】Coldbamboo, Gelidocalamus。【隶属】禾本科 Poaceae（Gramineae）。【包含】世界 9-12 种, 中国 9-12 种。【学名诠释与讨论】〈阳〉〈拉〉gelidus 冰的, 霜的, 硬的, 寒冷的+希腊文 kalamos, 芦苇, 来自模式产地江西井冈山, 俗称"寒竹"。指秋冬出笋的竹类。【分布】中国。【模式】Gelidocalamus stellatus T. H. Wen。【参考异名】Indocalamus Nakai（1925）●★

21345 Gelonium Gaertn.（1791）= Ratonia DC.（1824）[无患子科 Sapindaceae]●☆

21346 Gelonium Roxb（1806）Nom. illegit. ≡ Gelonium Roxb. ex Willd.（1806）Nom. illegit.; ~ = Suregada Roxb. ex Rottler（1803）[大戟科 Euphorbiaceae]●

21347 Gelonium Roxb. ex Willd.（1806）Nom. illegit. = Suregada Roxb. ex Rottler（1803）[大戟科 Euphorbiaceae]●

21348 Gelpkea Blume（1850）= Syzygium P. Browne ex Gaertn.（1788）（保留属名）[桃金娘科 Myrtaceae]●

21349 Gelsemiaceae（G. Don f.）Struwe et V. A. Albert = Gelsemiaceae Struwe et V. A. Albert（1994）●■

21350 Gelsemiaceae Struwe et V. A. Albert（1994）[亦见 Loganiaceae R. Br. ex Mart.（保留科名）马钱科（断肠草科, 马钱子科）]【汉】胡蔓藤科（钩吻科）。【包含】世界 2 属 8-10 种, 中国 1 属 1 种。【分布】中国（南部）, 美国（东南部）, 墨西哥（北部）, 印度尼西亚（苏门答腊岛）, 中南半岛, 加里曼丹岛。【科名模式】Gelsemium Juss.（1789）●■

21351 Gelseminum Juss.（1791）Nom. illegit. = Gelsemium Juss.（1789）[马钱科（断肠草科, 马钱子科）Loganiaceae//胡蔓藤科（钩吻科）Gelsemiaceae]●

21352 Gelseminum Kuntze（1891）Nom. illegit. [紫葳科 Bignoniaceae]☆

21353 Gelseminum Pursh（1813）Nom. illegit. ≡ Gelsemium Juss.（1789）[马钱科（断肠草科, 马钱子科）Loganiaceae//胡蔓藤科（钩吻科）Gelsemiaceae]●

21354 Gelseminum Weinm. = Tecoma Juss.（1789）[紫葳科 Bignoniaceae]●

21355 Gelsemium Juss.（1789）【汉】胡蔓藤属（断肠草属, 钩吻属）。【日】ゲルセミウム属。【俄】Гельземий, Гельземиум。【英】Allspice Jasmine, Gelsemium, Jessamine。【隶属】马钱科（断肠草科, 马钱子科）Loganiaceae//胡蔓藤科（钩吻科）Gelsemiaceae。【包含】世界 2-3 种, 中国 1 种。【学名诠释与讨论】〈中〉〈意〉gelsemino, 茉莉的俗名+-ius, -ia, -ium, 在拉丁文和希腊文中, 这些词尾表示性质或状态。此属的学名, ING、APNI、GCI、

TROPICOS 和 IK 记载是 " Gelsemium Juss. , Gen. Pl. [Jussieu] 150. 1789 [4 Aug 1789]"。" Gelseminum Juss. , Gen. Pl. [Jussieu] Zürich ed. : 168. 1791" 和 " Gelseminum Pursh, Fl. Amer. Sept. (Pursh) 1 : 184. 1813 [dt. 1814 ; publ. Dec 1813]" 是其拼写变体。" Gelseminum Kuntze (1891) [紫葳科 Bignoniaceae]" 是晚出的非法名称。【分布】美国 (东南部) , 墨西哥 (北部) , 印度尼西亚 (苏门答腊岛) , 中国, 加里曼丹岛, 中南半岛, 中美洲。【模式】Gelsemium sempervirens (Linnaeus) J. H. Jaume Saint-Hilaire。【参考异名】Ellisia Garden (1821) Nom. illegit. (废弃属名) ; Ellisiana Garden (1821) ; Gardenia J. Ellis (1761) (保留属名) ; Gelseminum Juss. (1791) Nom. illegit. ; Gelseminum Pursh (1813) Nom. illegit. ; Guinnalda Sessé ex Meisn. ; Jeffersonia Brickell (1800) Nom. illegit. ; Lepidopteris L. S. Gibbs (1914) ; Leptopteris Blume (1850) ; Medicia Gardner ex Champ. (1849) ●

21356　Gembanga Blume (1825) = Corypha L. (1753) [棕榈科 Arecaceae (Palmae)] ●

21357　Gemella Hill (1761) = Bidens L. (1753) [菊科 Asteraceae (Compositae)] ■●

21358　Gemella Lour. (1790) Nom. illegit. = Allophylus L. (1753) [无患子科 Sapindaceae] ●

21359　Gemellaria Pinel ex Antoine (1884) Nom. illegit. = Nidularium Lem. (1854) [凤梨科 Bromeliaceae] ■☆

21360　Gemellaria Pinel ex Lem. (1855) = Nidularium Lem. (1854) [凤梨科 Bromeliaceae] ■☆

21361　Geminaceae Dulac = Circaeaceae Lindl. ■●

21362　Geminaria Raf. (1824) Nom. illegit. = Savia Willd. (1806) ; ~ = Synexemia Raf. (1825) ; ~ Phyllanthus L. (1753) + Savia Willd. (1806) [大戟科 Euphorbiaceae] ●☆

21363　Gemmaria Noronha (1790) = Tetracera L. (1753) [锡叶藤科 Tetraceraceae//五桠果科 (第伦桃科, 五丫果科, 锡叶藤科) Dilleniaceae] ●

21364　Gemmaria Salisb. (1866) Nom. illegit. = Hessea Herb. (1837) (保留属名) ; ~ = Strumaria Jacq. (1790) [石蒜科 Amaryllidaceae] ■☆

21365　Gemmingia Fabr. (1759) Nom. illegit. ≡ Gemmingia Heist. ex Fabr. (1759) ; ~ = Belamcanda Adans. + Aristea Sol. ex Aiton (1789) [鸢尾科 Iridaceae//鸟娇花科 Ixiaceae] ■☆

21366　Gemmingia Heist. ex Fabr (1763) Nom. illegit. ≡ Ixia L. (1762) (保留属名) [鸢尾科 Iridaceae//鸟娇花科 Ixiaceae] ■☆

21367　Gemmingia Heist. ex Fabr. (1759) Nom. illegit. = Belamcanda Adans. + Aristea Sol. ex Aiton (1789) [鸢尾科 Iridaceae//鸟娇花科 Ixiaceae] ■☆

21368　Gemmingia Heist. ex Kuntze (1891) Nom. illegit. ≡ Ixia L. (1762) (保留属名) ; ~ = Belamcanda Adans. (1763) (保留属名) [鸢尾科 Iridaceae//鸟娇花科 Ixiaceae] ●■

21369　Gemmingia Kuntze (1891) Nom. illegit. ≡ Gemmingia Heist. ex Kuntze (1891) Nom. illegit. ; ~ ≡ Ixia L. (1762) (保留属名) ; ~ = Belamcanda Adans. (1763) (保留属名) [鸢尾科 Iridaceae//鸟娇花科 Ixiaceae] ●■

21370　Gencallis Horan. = Amomum Roxb. (1820) (保留属名) [姜科 (蘘荷科) Zingiberaceae] ■

21371　Gendarussa Nees (1832) 【汉】驳骨草属 (驳骨丹属, 尖尾凤属, 接骨草属)。【英】Gendarussa。【隶属】爵床科 Acanthaceae//鸭嘴花科 (鸭咀花科) Justiciaceae。【包含】世界 3 种, 中国 2-3 种。【学名诠释与讨论】〈阴〉(马来) Gendarussa, 一种植物俗名, 来自印度尼西亚。此属的学名是 " Gendarussa C. G. D. Nees in Wallich, Pl. Asiat. Rar. 3 : 76, 103. 15 Aug 1832"。亦有文献把其

处理为 " Justicia L. (1753)" 的异名。【分布】巴基斯坦, 马达加斯加, 印度至马来西亚, 中国。【后选模式】Gendarussa vulgaris C. G. D. Nees [Justicia gendarussa N. L. Burman]。【参考异名】Justicia L. (1753) ●■

21372　Genea (Dumort.) Dumort. (1868) Nom. illegit. = Anisantha K. Koch (1848) ; ~ = Bromus L. (1753) (保留属名) [禾本科 Poaceae (Gramineae)] ■

21373　Genersichia Heuff. (1844) = Carex L. (1753) [莎草科 Cyperaceae] ■

21374　Genesiphyla Raf. (1838) Nom. illegit. = Genesiphylla L' Hér. (1788) [大戟科 Euphorbiaceae] ●■

21375　Genesiphylla L' Hér. (1788) = Phyllanthus L. (1753) ; ~ = Xylophylla L. (1771) (废弃属名) ; ~ = Phyllanthus L. (1753) + Exocarpos Labill. (1800) (保留属名) [大戟科 Euphorbiaceae//檀香科 Santalaceae//叶下珠科 (叶萝藦科) Phyllanthaceae] ●■

21376　Genetyllis DC. (1828) = Darwinia Rudge (1816) [桃金娘科 Myrtaceae] ●☆

21377　Genevieria Gandng. (1886) = Rubus L. (1753) [蔷薇科 Rosaceae] ●■

21378　Genianthus Hook. f. (1883) 【汉】须花藤属 (髯瓣花属)。【英】Genianthus。【隶属】萝藦科 Asclepiadaceae。【包含】世界 10-15 种, 中国 1 种。【学名诠释与讨论】〈阳〉(希) genys, 颊, 下颌。geneion = 拉丁文 gena, 颊。geneias, 所有格 geneiados, 须, 髯毛。geneiates, 有须的 + anthos, 花。指花冠裂片上部被疏长毛。【分布】印度至马来西亚, 中国。【模式】未指定。●

21379　Geniosporum Wall. (1830) Nom. illegit. ≡ Geniosporum Wall. ex Benth. (1830) [唇形科 Lamiaceae (Labiatae)]

21380　Geniosporum Wall. ex Benth. (1830) 【汉】网萼木属。【英】Geniosporum。【隶属】唇形科 Lamiaceae (Labiatae)。【包含】世界 25 种, 中国 1 种。【学名诠释与讨论】〈中〉(希) genys, 颊, 下颌, 胡须 + spora, 孢子, 种子。指种子具髯毛。此属的学名, ING 和 IK 记载是 " Geniosporum Wall. ex Benth. , Edwards's Bot. Reg. 15 : sub t. 1300. 1830 [1829 publ. 1830]"。" Geniosporum Wall. (1830) ≡ Geniosporum Wall. ex Benth. (1830) [唇形科 Lamiaceae (Labiatae)]" 的命名人引证有误。亦有文献把 " Geniosporum Wall. ex Benth. (1830)" 处理为 " Platostoma P. Beauv. (1818)" 的异名。【分布】巴基斯坦, 马达加斯加, 中国, 中南半岛, 热带非洲。【后选模式】Geniosporum strobiliferum Wallich ex Bentham, Nom. illegit. [Plectranthus colorata D. Don ; Geniosporum colorata (D. Don) O. Kuntze]。【参考异名】Geniosporum Wall. (1830) Nom. illegit. ; Limniboza R. E. Fr. (1916) ; Platostoma P. Beauv. (1818) ●

21381　Geniostemon Engelm. et A. Gray (1881) 【汉】毛蕊龙胆属。【隶属】龙胆科 Gentianaceae。【包含】世界 2 种。【学名诠释与讨论】〈阳〉(希) genys, 颊, 下颌, 胡须 + stemon, 雄蕊。【分布】墨西哥。【模式】未指定。■☆

21382　Geniostephanus Fenzl (1844) = Trichilia P. Browne (1756) (保留属名) [楝科 Meliaceae] ●

21383　Geniostoma J. R. Forst. et G. Forst. (1776) 【汉】髯管花属 (伪木荔枝属)。【日】オガサハラモクレイシ属, オガサワラモクレイシ属, ヲガサハラモクレイシ属。【英】Geniostoma。【隶属】马钱科 (断肠草科, 马钱子科) Loganiaceae//髯管花科 Geniostomaceae。【包含】世界 20-52 种, 中国 1 种。【学名诠释与讨论】〈中〉(希) genys, 颊, 下颌, 胡须 + stoma, 所有格 stomatos, 孔口。指花冠管喉部里面有毛。【分布】玻利维亚, 马达加斯加至新西兰, 中国。【模式】Geniostoma rupestris J. R. Forster et J. G. A. Forster。【参考异名】Anasser Juss. (1789) ; Aspilobium Sol.

(1838) Nom. illegit.; Aspilobium Sol. ex A. Cunn. (1838); Goniostoma Elmer(1913); Haemospermum Reinw. (1825–1827); Labordea Benth. (1856); Labordia Gaudich. (1829); Lasiostomum Zipp. ex Blume(1850); Tayotum Blanco(1845)●

21384　Geniostomaceae Struwe et V. A. Albert (1994) ［亦见 Loganiaceae R. Br. ex Mart. (保留科名)马钱科(断肠草科,马钱子科)］【汉】髯管花科。【包含】世界 2 属 67-75 种,中国 1 属 1 种。【分布】马达加斯加至新西兰。【科名模式】Geniostoma J. R. Forst. et G. Forst. (1776)●■

21385　Genipa L. (1754)【汉】格尼茜属(格尼木属,格尼帕属,格尼茜草属)。【日】ゲンパ属。【俄】Генипа。【英】Genip, Genip Tree, Genipa, Genipap, Genip–tree。【隶属】茜草科 Rubiaceae。【包含】世界 6-7 种。【学名诠释与讨论】〈阴〉来自巴西或圭亚那植物俗名。此属的学名是"Genipa Linnaeus, Gen. ed. 5. 87. Aug 1754"。亦有文献把它处理为"Hyperacanthus E. Mey. ex Bridson (1985)"的异名。【分布】巴拉圭,巴拿马,秘鲁,玻利维亚,厄瓜多尔,哥伦比亚(安蒂奥基亚),马达加斯加,尼加拉瓜,西印度群岛,美洲。【模式】Genipa americana Linnaeus。【参考异名】Agouticarpa C. H. Perss. (2003); Exosolenia Baill. ex Drake (1898); Hyperacanthus E. Mey. (1843) Nom. inval.; Hyperacanthus E. Mey. ex Bridson(1985)●☆

21386　Genipella A. Rich. ex DC. (1830) = Alibertia A. Rich. ex DC. (1830) ［茜草科 Rubiaceae］●☆

21387　Genista Duhamel (1755) Nom. illegit. ≡ Spartium L. (1753); ~ ≡ Ulex L. (1753) ［豆科 Fabaceae(Leguminosae)//蝶形花科 Papilionaceae］●

21388　Genista L. (1753)【汉】染料木属(小金雀属)。【日】ゲニスタ属,ヒトツバエニシダ属。【俄】Дрок。【英】Broom, Dyewood, Green Weed, Greenweed, Woadwaxen, Woad–waxen。【隶属】豆科 Fabaceae(Leguminosae)//蝶形花科 Papilionaceae。【包含】世界 80-90 种,中国 1 种。【学名诠释与讨论】〈阴〉(拉) genista = genesta,几种植物的名称,尤适用于金雀花。来自英国古凯尔特语 gen,灌木。此属的学名, ING、APNI、GCI、TROPICOS 和 IK 记载是"Genista L. , Sp. Pl. 2:709. 1753 ［1 May 1753］"。"Genista Duhamel du Monceau, Traité Arbres Arbust. 1:257. 1755 ≡Spartium L. (1753) ≡Ulex L. (1753) ［豆科 Fabaceae(Leguminosae)//蝶形花科 Papilionaceae］"是晚出的非法名称。"Corniola Adanson, Fam. 2：321, 544. Jul – Aug 1763"和"Spartium Duhamel du Monceau, Traité Arbres Arbust. 2:275. 1755(non Linnaeus 1753)"是"Genista L. (1753)"的晚出的同模式异名(Homotypic synonym, Nomenclatural synonym)。【分布】巴基斯坦,玻利维亚,厄瓜多尔,哥伦比亚,中国,非洲北部,欧洲,亚洲西部。【后选模式】Genista tinctoria Linnaeus。【参考异名】Argelasia Fourr. (1868); Asterocytisus (W. D. J. Koch) Schur ex Fuss (1866); Asterocytisus Schur ex Fuss (1866); B. Mey. et Scherb. (1800); Boelia Webb(1853); Chamaespartium Adans. (1763); Chronanthos (DC.) K. Koch (1854); Chronanthos K. Koch (1854); Corniola Adans. (1763) Nom. illegit.; Cornthamnus (Koch) C. Presl; Corothamnus C. Presl (1845) Nom. illegit.; Cytisanthus O. Lang (1843); Dendrospartum Spach (1845); Drymospartum C. Presl (1845); Echinospartum (Spach) Fourr. (1868); Enantiosparton C. Koch(1869) Nom. illegit.; Enantiosparton K. Koch (1869) Nom. illegit.; Euteline Raf. (1838); Genistella Ortega (1773) Nom. illegit.; Genistoides Moench (1794); Gonocytisus Spach (1845); Lissera Adans. ex Fourr. (1868) Nom. illegit.; Lissera Fourr. (1868) Nom. illegit.; Listera Adans. (1763) (废弃属名); Lugaion Raf. (1838); Lygalon Raf.; Lygeum Post et Kuntze (1903) Nom. illegit.;

Lygos Adans. (1763) (废弃属名); Phyllobotrys (Spach) Fourr. (1869); Phyllobotrys Fourr. (1869) Nom. illegit.; Pterospartum (Spach.) K. Koch (1853); Pterospartum K. Koch (1853) Nom. illegit.; Pterospartum Willk. (1880) Nom. illegit.; Retama Boiss.; Rivasgodaya Esteve(1973); Salzwedelia O. F. Lang (1843); Scorpius Moench (1794) Nom. illegit.; Spartidium Pomel (1874); Spartium Duhamel (1755) Nom. illegit.; Teline Medik. (1787); Voglera P. Gaertn. , B. Mey. et Scherb. (1800)●

21389　Genista–spartium Duhamel(1755) Nom. illegit. ≡Ulex L. (1753) ［豆科 Fabaceae(Leguminosae)//蝶形花科 Papilionaceae］●

21390　Genistella Moench (1794) Nom. illegit. = Genistella Ortega (1773) Nom. illegit.; ~ = Chamaespartium Adans. (1763); ~ = Genista L. (1753) ［豆科 Fabaceae (Leguminosae)//蝶形花科 Papilionaceae］●

21391　Genistella Ortega (1773) Nom. illegit. ≡Chamaespartium Adans. (1763); ~ = Genista L. (1753) ［豆科 Fabaceae (Leguminosae)//蝶形花科 Papilionaceae］●

21392　Genistella Tourn. ex Ruppius (1745) Nom. inval. ［豆科 Fabaceae (Leguminosae)］☆

21393　Genistidium I. M. Johnst. (1941)【汉】灌丛金雀豆属。【隶属】豆科 Fabaceae(Leguminosae)//蝶形花科 Papilionaceae。【包含】世界 1 种。【学名诠释与讨论】〈中〉(属)Genista 染料木属(小金雀属)+ –idius, –idia, –idium,指示小的词尾。【分布】墨西哥。【模式】Genistidium dumosum I. M. Johnston。●☆

21394　Genistoides Moench(1794) = Genista L. (1753) ［豆科 Fabaceae (Leguminosae)//蝶形花科 Papilionaceae］●

21395　Genitia Nakai (1943)【汉】拟卫矛属。【隶属】卫矛科 Celastraceae。【包含】世界 2 种。【学名诠释与讨论】〈阴〉(拉) genitus, 出生。此属的学名是"Genitia Nakai, Acta Phytotax. Geobot. 13：21. Nov 1943"。亦有文献把其处理为"Euonymus L. (1753) ［as 'Evonymus'］(保留属名)"的异名。【分布】日本,中国。【模式】Genitia tanakae (Maximowicz) Nakai ［Euonymus tanakae Maximowicz］。【参考异名】Euonymus L. (1753) ［as 'Evonymus'］(保留属名)●

21396　Genlisa Raf. (1840) Nom. illegit. ≡Scilla L. (1753) ［百合科 Liliaceae//风信子科 Hyacinthaceae//绵枣儿科 Scillaceae］■

21397　Genlisea A. St. –Hil. (1833)【汉】旋刺草属。【隶属】狸藻科 Lentibulariaceae。【包含】世界 19-21 种。【学名诠释与讨论】〈阴〉(人)Genlis,一位伯爵夫人。此属的学名, ING 和 IK 记载是"Genlisea A. Saint–Hilaire, Voyage Distr. Diamans 2：428. 1833"。"Genlisea Benth. et Hook. f. , Gen. Pl. ［Bentham et Hooker f. ］3 (2):701. 1883"是晚出的非法名称。【分布】玻利维亚,马达加斯加,尼加拉瓜,西印度群岛,热带和非洲南部,中美洲。【后选模式】Genlisea aurea A. Saint–Hilaire。【参考异名】Doerrienia Rchb. (1841) Nom. illegit.; Dorrienia Engl. (1842)■☆

21398　Genlisea Benth. et Hook. f. (1883) Nom. illegit. = Aristea Aiton (1789); ~ = Genlisia Rchb. (1828) Nom. illegit.; ~ = Nivenia Vent. (1808); ~ = Aristea Aiton(1789) ［鸢尾科 Iridaceae］■☆

21399　Genlisia Rchb. (1828) Nom. illegit. ≡Nivenia Vent. (1808); ~ = Aristea Aiton(1789) ［鸢尾科 Iridaceae］■☆

21400　Gennaria Parl. (1860)【汉】根纳尔兰属。【英】Gennaria, Scrub Orchid。【隶属】兰科 Orchidaceae。【包含】世界 1 种。【学名诠释与讨论】〈阴〉(人)Patrizio Gennari, 1820–1897,意大利植物学者。【分布】地中海西部,马达加斯加。【后选模式】Gennaria diphylla (Link) Parlatore ［Satyrium diphyllum Link］。■☆

21401　Genoplesium R. Br. (1810)【汉】澳大利亚兰属。【英】Midge Orchid。【隶属】兰科 Orchidaceae。【包含】世界 40 种。【学名诠

释与讨论】〈中〉(希)genos,种族,种类,世系+plession 相邻,接近+-ius,-ia,-ium,在拉丁文和希腊文中,这些词尾表示性质或状态。指其与 Prasophyllum 关系相近。此属的学名是"Genoplesium R. Brown,Prodr. 319. 27 Mar 1810"。亦有文献把其处理为"Prasophyllum R. Br.(1810)"的异名。【分布】澳大利亚。【模式】Genoplesium baueri R. Brown。【参考异名】Anticheirostylis Fitzg.(1888);Corunastylis Fitzg.(1888);Corynostylus Post et Kuntze(1903)Nom. illegit.;Prasophyllum R. Br.(1810)■☆

21402　Genoria Pers.(1806)= Ginora L.(1762)［千屈菜科 Lythraceae］●☆

21403　Genorisis Geerinck(1974)Nom. illegit.(废弃属名)［鸢尾科 Iridaceae］■☆

21404　Genosiris Labill.(1805)(废弃属名)= Patersonia R. Br.(1807)(保留属名)［鸢尾科 Iridaceae］■☆

21405　Gentiana(Tourn.)ex L.(1753)Nom. illegit. ≡ Gentiana L.(1753)［龙胆科 Gentianaceae］■

21406　Gentiana(Tourn.)L.(1753)Nom. illegit. ≡ Gentiana L.(1753)［龙胆科 Gentianaceae］■

21407　Gentiana L.(1753)【汉】龙胆属。【日】リンダウ属,リンドウ属。【俄】Генциана,Горечавка。【英】Fringed Gentian, Gentian。【隶属】龙胆科 Gentianaceae。【包含】世界 361-500 种,中国 259 种。【学名诠释与讨论】〈阴〉(拉)gentiane,龙胆古名,来自 Gentius,古伊利里亚国王(约公元前 500 年),他最先发现本属植物作为强壮剂的价值+-anus,-ana,-anum,加在名词词干后面使形成形容词的词尾,含义为"属于"。此属的学名有 3 种表述方式:"Gentiana(Tourn.)ex L.(1753)"、"Gentiana Tourn. ex L.(1753)"和"Gentiana L.(1753)";"Gentiana(Tourn.)ex L.(1753)"是旧法规的规定;"Gentiana Tourn."是命名起点著作之前的名称;"Gentiana(Tourn.)L.(1753)"则是命名人引证有误。"Asterias Borkhausen, Arch. Bot.(Leipzig)1(1):25. 1796"和"Lexipyretum Dulac, Fl. Hautes-Pyrénées 449. 1867"是"Gentiana L.(1753)"的晚出的同模式异名(Homotypic synonym, Nomenclatural synonym)。【分布】澳大利亚(东部),巴基斯坦,巴拿马,秘鲁,玻利维亚,厄瓜多尔,非洲西北部,哥伦比亚(安蒂奥基亚),哥斯达黎加,马达加斯加,美国(密苏里),中国,欧洲,亚洲,美洲。【后选模式】Gentiana lutea Linnaeus。【参考异名】Anthopogon Neck.(1790)Nom. inval.;Anthopogon Neck. ex Raf.(1837)Nom. illegit.;Asterias Borkh.(1796)Nom. illegit.;Bilamista Raf.(1836);Calathiana Delarbre(1800);Calixnos Raf.(1838);Chaelothilus Beck.;Chiophila Raf.(1837);Chironia F. W. Schmidt;Chondraphylla A. Nelson;Chondrophylla(Bunge)A. Nelson(1904);Chondrophylla A. Nelson(1904)Nom. illegit.;Ciminalis Adans.(1763);Coelanthe Griseb.(1838);Coilantha Borkh.(1796);Comastoma(Wettst.)Toyok.(1961);Crawfurdia Wall.(1826);Crnciata Gilib.;Crossopetalum Roth(1827)Nom. illegit.;Cruciata Gilib.(1782)Nom. illegit.;Cutlera Raf.(1818);Dasistepha Raf.(1837);Dasycephala Borkh. ex Pfeiff.;Dasystepha Post et Kuntze(1903);Dasystephana Adans.(1763);Denckea Raf.(1808);Dicardlotis Raf.(1837);Diploma Raf.(1837);Ericala Gray(1821)Nom. illegit.;Ericala Renealm. ex Gray(1821)Nom. illegit.;Ericoila Borkh.(1796)Nom. illegit.;Ericoila Renealm. ex Borkh.(1796)Nom. illegit.;Erithalia Bunge ex Steud.(1840)Nom. illegit.;Erythalia Delarbre(1800)Nom. illegit.;Eudoxia D. Don ex G. Don(1836);Eudoxia D. Don(1837);Eurytalia Fourr.(1869);Eurythalia D. Don(1837);Eyrythalia Borkh.(1796)Nom. illegit.;Eyrythalia Renealm. ex Borkh.(1796)Nom. illegit.;Favargera Á. Löve et D. Löve(1972);Gaertneria Neck.(1790)Nom. inval.;Gentiana(Tourn.)L.(1753)

Nom. illegit.;Gentiana Tourn. ex L.(1753);Gentianella Moench(1794)(保留属名);Gentianodes Á. Löve et D. Löve(1972);Gentianusa Pohl(1810);Glyphospermum G. Don(1836);Golowninia Maxim.(1862);Hippion F. W. Schmidt(1794)Nom. illegit.;Holubia A. Löve et D. Löve(1975)Nom. illegit.;Holubogentia Á. Löve et D. Löve(1978);Ischaleon Ehrh.(1789)Nom. inval.;Kudôa Masam.(1930);Kuepferella M. Lainz(1976);Kurramiana Omer et Qaiser(1992);Lehmanna Casseb. et Theob.(1847)Nom. illegit.;Lexipyretum Dulac(1867)Nom. illegit.;Mehraea Á. Löve et D. Löve;Opsantha Delarbre(1800)Nom. illegit.;Opsanthe Fourr.(1869)Nom. illegit.;Opsanthe Renealm. ex Fourr.(1869);Oreophylax(Endl.)Kusn., Nom. inval.;Oreophylax Kusn. ex Connor et Edgar(1987)Nom. inval.;Oreophylax Willis(1919)Nom. inval.;Picriza Raf.;Pneumonanthe Gilib.(1764);Pneumonanthe Gled.(1749)Nom. inval.;Pneumonanthe Gled.(1782)Nom. illegit.;Psalina Raf.(1837);Pterygocalyx Maxim.(1859);Qaisera Omer(1989);Rassia Neck.(1790)Nom. inval.;Ricoila Renealm. ex Raf.(1837);Sebeekia Stead.(1841)Nom. illegit.;Sebeokia Neck.(1790)Nom. inval.;Spiragyne Neck.(1790)Nom. inval.;Spirogyna Post et Kuntze(1903);Tetrorhiza Raf.(1837);Tetrorhiza Raf. ex Jacks., Nom. illegit.;Thylacitis Adans.(1763)Nom. illegit.;Thylacitis Raf.(1837)Nom. illegit.;Thylactitis Steud.(1840);Thyrophora Neck.(1790)Nom. inval.;Tretorhiza Adans.(1763);Tretorrhiza Renealm. ex Delarbre(1800);Tripterospermum Blume(1826);Ulostoma D. Don ex G. Don(1837)Nom. illegit.;Ulostoma D. Don(1837);Ulostoma G. Don(1837)Nom. illegit.;Varasia Phil.(1860);Xolemia Raf.(1837)■

21408　Gentiana Tourn. ex L.(1753)≡ Gentiana L.(1753)［龙胆科 Gentianaceae］■

21409　Gentianaceae Juss.(1789)(保留科名)【汉】龙胆科。【日】リンダウ科,リンドウ科。【俄】Горечавковые。【英】Gentian Family。【包含】世界 77-82 属 700-1250 种,中国 20-21 属 419-453 种。【分布】广泛分布。【科名模式】Gentiana L.(1753)●■

21410　Gentianella Moench(1794)(保留属名)【汉】假龙胆属。【日】オノエリンドウ属,チシマリンドウ属。【英】Gentianella, Geutian。【隶属】龙胆科 Gentianaceae。【包含】世界 125 种,中国 9-10 种。【学名诠释与讨论】〈阴〉(属)Gentiana 龙胆属+拉丁文-ella 小。指与龙胆相似,而体形小。此属的学名"Gentianella Moench, Methodus:482. 4 Mai 1794"是保留属名。相应的废弃属名是龙胆科 Gentianaceae 的"Amarella Gilib., Fl. Lit. Inch. 1:36. 1782 = Gentianella Moench(1794)(保留属名)"。"Eyrythalia Borkhausen, Arch. Bot.(Leipzig)1(1):28. 1796"是"Gentianella Moench(1794)(保留属名)"的晚出的同模式异名(Homotypic synonym, Nomenclatural synonym)。亦有文献把"Gentianella Moench(1794)(保留属名)"处理为"Gentiana L.(1753)"的异名。【分布】巴基斯坦,秘鲁,玻利维亚,厄瓜多尔,哥伦比亚(安蒂奥基亚),美国(密苏里),中国,温带。【模式】Gentianella tetrandra Moench, Nom. illegit.［Gentiana campestris Linnaeus, Gentianella campestris(Linnaeus)Börner］。【参考异名】Aliopsis Omer et Qaiser;Aloitis Raf.;Amarella Gilib.;Arctogentia Á. Löve(1982);Endotriche(Bunge)Steud.;Endotriche Steud.(1821)Nom. illegit.;Eyrythalia Borkh.(1796)Nom. illegit.;Gentiana L.(1753);Leimanisa Raf.(1836);Limanisa Post et Kuntze(1903);Oreophylax Endl., Nom. illegit.;Parajaeschkea Burkill;Pitygentias Gilg(1916)Nom. illegit.;Pogoblephis Raf.;Selatium D. Don ex G. Don(1837);Selatium G. Don(1837)Nom. illegit.■

21411　Gentianodes Á. Löve et D. Löve(1972)= Gentiana L.(1753)

［龙胆科 Gentianaceae］■

21412 Gentianopsis Ma（1951）【汉】蔄蕾属。【日】シロウマリンドウ属，タカネリンドウ属。【英】Gentianopsis。【隶属】龙胆科 Gentianaceae。【包含】世界 16-24 种，中国 5-7 种。【学名诠释与讨论】〈阴〉（属）Gentiana 龙胆属＋希腊文 opsis，外观，模样，相似。此属的学名，ING、TROPICOS、GCI 和 IK 记载是 "Gentianopsis Y. C. Ma, Acta Phytotax. Sin. 1；7. Mar 1951"。它曾被处理为 "Gentiana subgen. Gentianopsis（Ma）Toyok., Hokuriku Journal of Botany 6：33. 1957"。【分布】巴基斯坦，中国，北温带亚洲，美洲。【模式】Gentianopsis barbata（J. A. Froelich）Y. C. Ma［Gentiana barbata J. A. Froelich］。【参考异名】Crossopetalum Roth（1827）Nom. illegit.；Gentiana subgen. Gentianopsis（Ma）Toyok.（1957）■

21413 Gentianothamnus Humbert（1937）【汉】马岛龙胆木属。【隶属】龙胆科 Gentianaceae。【包含】世界 1 种。【学名诠释与讨论】〈阴〉（属）Gentiana 龙胆属＋thamnos，指小式 thamnion，灌木，灌丛，树丛，枝。【分布】马达加斯加。【模式】Gentianothamnus madagascariensis Humbert。●☆

21414 Gentianusa Pohl（1810）= Gentiana L.（1753）［龙胆科 Gentianaceae］■

21415 Gentilia A. Chev. et Beille（1907）Nom. illegit. ≡ Gentilia Beille（1907）；~ = Bridelia Willd.（1806）［as 'Briedelia'］（保留属名）；~ = Neogoetzea Pax（1900）［大戟科 Euphorbiaceae］●☆

21416 Gentilia Beille（1907）= Bridelia Willd.（1806）［as 'Briedelia'］（保留属名）；~ = Neogoetzea Pax（1900）［大戟科 Euphorbiaceae］●☆

21417 Gentingia J. T. Johanss. et K. M. Wong（1988）【汉】根廷茜属。【隶属】茜草科 Rubiaceae。【包含】世界 1 种。【学名诠释与讨论】〈阴〉词源不详。【分布】马来半岛。【模式】Gentingia subsessilis（G. King et J. S. Gamble）J. T. Johansson et K. M. Wong［Prismatomeris subsessilis G. King et J. S. Gamble］。●☆

21418 Gentlea Lundell（1964）【汉】根特紫金牛属。【隶属】紫金牛科 Myrsinaceae。【包含】世界 9 种。【学名诠释与讨论】〈阴〉（人）Percy H. Gentle，1890 - 1958，植物探险家。此属的学名是 "Gentlea Lundell, Wrightia 3：100. 31 Dec 1964"。亦有文献把其处理为 "Ardisia Sw.（1788）（保留属名）" 的异名。【分布】巴拿马，秘鲁，哥斯达黎加，墨西哥，尼加拉瓜，中美洲。【模式】Gentlea venosissima（Ruiz et Pavon）Lundell［Caballeria venosissima Ruiz et Pavon］。【参考异名】Ardisia Sw.（1788）（保留属名）●☆

21419 Gentrya Breedlove et Heckard（1970）【汉】墨西哥毛列当属。【隶属】玄参科 Scrophulariaceae//列当科 Orobanchaceae。【包含】世界 1 种。【学名诠释与讨论】〈阴〉（人）Gentry，此属的学名是 "Gentrya D. E. Breedlove et L. R. Heckard, Brittonia 22：20. 7 Mai 1970"。亦有文献把其处理为 "Castilleja Mutis ex L. f.（1782）" 的异名。【分布】墨西哥。【模式】Gentrya racemosa D. E. Breedlove et L. R. Heckard。【参考异名】Castilleja Mutis ex L. f.（1782）■☆

21420 Genyorchis Schltr.（1900）（保留属名）【汉】颔兰属。【隶属】兰科 Orchidaceae。【包含】世界 6 种。【学名诠释与讨论】〈阴〉（希）genys，颊，下颌。geneion＝拉丁文 gena，颊。geneias，所有格 geneiados，须，髯毛。geneiates，有须的＋orchis，兰。指花冠。此属的学名 "Genyorchis Schltr., Westafr. Kautschuk－Exped.；280. Dec 1900 法规未列出相应的废弃属名。【分布】热带非洲。【模式】Genyorchis apetala（Lindl.）J. J. Verm.［Bulbophyllum apetalum Lindl.］。■☆

21421 Geobalanus Small（1913）= Licania Aubl.（1775）［金壳果科 Chrysobalanaceae//金棒科（金橡实科，可可李科）Prunaceae］●☆

21422 Geobina Raf.（1838）Nom. illegit. ≡ Goodyera R. Br.（1813）［兰科 Orchidaceae］■

21423 Geoblasta Barb. Rodr.（1891）【汉】地兰属。【隶属】兰科 Orchidaceae。【包含】世界 1-3 种。【学名诠释与讨论】〈阴〉（希）ge ＝ ga ＝ gaia，土地＋blastos，芽，胚，嫩枝，枝，花。此属的学名是 "Geoblasta Barbosa Rodrigues, Vellosia ed. 2. 1；132. 1891"。亦有文献把其处理为 "Chloraea Lindl.（1827）" 的异名。【分布】参见 Chloraea Lindl.。【模式】Geoblasta teixeirana Barbosa Rodrigues。【参考异名】Chloraea Lindl.（1827）■☆

21424 Geocallis Horan.（1862）= Renealmia L. f.（1782）（保留属名）［姜科（蘘荷科）Zingiberaceae］■☆

21425 Geocalpa Brieger（1975）= Pleurothallis R. Br.（1813）［兰科 Orchidaceae］■☆

21426 Geocardia Standl.（1914）Nom. illegit. ≡ Geophila D. Don（1825）（保留属名）；~ = Carinta W. Wight（1905）［茜草科 Rubiaceae］■

21427 Geocarpon Mack.（1914）【汉】地果草属。【英】Geocarpon。【隶属】石竹科 Caryophyllaceae。【包含】世界 1 种。【学名诠释与讨论】〈中〉（希）ge ＝ ga ＝ gaia，土地＋karpos，果实。【分布】美国。【模式】Geocarpon minimum Mackenzie。■☆

21428 Geocaryum Coss.（1851）= Carum L.（1753）［伞形花科（伞形科）Apiaceae（Umbelliferae）］■

21429 Geocaulon Fernald（1928）【汉】匍匐檀香属。【隶属】檀香科 Santalaceae。【包含】世界 1 种。【学名诠释与讨论】〈中〉（希）ge ＝ ga ＝ gaia，土地＋kaulon，茎。【分布】加拿大，美国（东北部）。【模式】Geocaulon lividum（Richardson）Fernald［Comandra livida Richardson］。☆

21430 Geocharis（K. Schum.）Ridl.（1908）【汉】地姜属。【隶属】姜科（蘘荷科）Zingiberaceae。【包含】世界 4-7 种。【学名诠释与讨论】〈阴〉（希）ge ＝ ga ＝ gaia，土地＋charis，喜悦，雅致，美丽，流行。此属的学名，ING 和 GCI 记载是 "Geocharis（K. M. Schumann）Ridley, J. Straits Branch Roy. Asiat. Soc. 50；143. Sep 1908"，由 "Alpinia sect. Geocharis K. M. Schumann in Engler, Pflanzenr. IV 46（Heft. 20）：363，365. 4 Oct. 1904" 改级而来。IK 则记载为 "Geocharis Ridl., J. Straits Branch Roy. Asiat. Soc. 50；143. 1908［Sep 1908］"。【分布】马来西亚（西部）。【模式】未指定。【参考异名】Alpinia sect. Geocharis K. Schum.（1904）；Geocharis Ridl.（1908）Nom. illegit.■☆

21431 Geocharis Ridl.（1908）Nom. illegit. = Geocharis（K. Schum.）Ridl.（1908）［姜科（蘘荷科）Zingiberaceae］■☆

21432 Geochloa H. P. Linder et N. P. Barker（2010）【汉】地禾属。【隶属】禾本科 Poaceae（Gramineae）。【包含】世界 3 种。【学名诠释与讨论】〈阴〉（希）ge ＝ ga ＝ gaia，土地＋希腊文 chloe 多利斯文 chloa，草的幼芽，嫩草，禾草。【分布】不详。【模式】Geochloa lupulina（L. f.）N. P. Barker et H. P. Linder［Avena lupulina L. f.］。☆

21433 Geochorda Cham. et Schltdl.（1828）= Bacopa Aubl.（1775）（保留属名）［玄参科 Scrophulariaceae//婆婆纳科 Veronicaceae］■

21434 Geococcus J. L. Drumm. ex Harv.（1855）【汉】地果芥属。【隶属】十字花科 Brassicaceae（Cruciferae）。【包含】世界 1 种。【学名诠释与讨论】〈阳〉（希）ge ＝ ga ＝ gaia，土地＋kokkos，变为拉丁文 coccus，仁，谷粒，浆果。【分布】澳大利亚（西北部）。【模式】Geococcus pusillus J. Drummond ex W. H. Harvey。■☆

21435 Geodorum Jacks.（1811）【汉】地宝兰属。【日】ゲオドルム属。【隶属】兰科 Orchidaceae。【包含】世界 10 种，中国 6 种。【学名诠释与讨论】〈中〉（希）ge ＝ ga ＝ gaia，土地＋doron，赠品。【分布】中国，澳大利亚，马达加斯加，印度至波利尼西亚群岛。【模式】Geodorum citrinum G. Jackson。【参考异名】Ascochilus Blume

（1828）Nom. illegit. ; Cistela Blume（1828）; Cistella Blume（1825）; Ortmannia Opiz（1834）Nom. illegit. ; Otandra Salisb.（1812）■

21436 Geoffraea Jacq.（1760）Nom. illegit. ≡ Geoffroea Jacq.（1760）［as 'Geoffraea'］［豆科 Fabaceae（Leguminosae）//蝶形花科 Papilionaceae］●☆

21437 Geoffraea L.（1774）Nom. illegit. = Geoffroea Jacq.（1760）［as 'Geoffraea'］［豆科 Fabaceae（Leguminosae）//蝶形花科 Papilionaceae］●☆

21438 Geoffraya Bonati（1911）= Lindernia All.（1766）［玄参科 Scrophulariaceae//母草科 Linderniaceae//婆婆纳科 Veronicaceae］■

21439 Geoffroea Jacq.（1760）［as 'Geoffraea'］【汉】乔弗豆属。【隶属】豆科 Fabaceae（Leguminosae）//蝶形花科 Papilionaceae。【包含】世界3种。【学名诠释与讨论】〈阴〉（人）Etienne Francois Geoffrey, 1672-1731, 法国医生。此属的学名，ING、GCI 和 IK 记载是"Geoffroea Jacq. , Enum. Syst. Pl. 7, 28（"Geoffraea"）. 1760［Aug-Sep 1760］"。"Geoffraea Jacq.（1760）Nom. illegit. "是其变体。"Geoffraea L.（1774）Nom. illegit. = Geoffroea Jacq.（1760）［as 'Geoffraea'］［豆科 Fabaceae（Leguminosae）//蝶形花科 Papilionaceae］"是晚出的非法名称。"Geoffroya L. , Syst. Veg. , ed. 13. 556. 1774"和"Geoffroya Murr. , Systema Vegetabilium. Editio decima tertia 556. 1774"都是"Geoffroea Jacq.（1760）"的拼写变体。"Umari Adanson, Fam. 2：342. Jul-Aug 1763"是"Geoffroea Jacq.（1760）［as 'Geoffraea'］"的晚出的同模式异名（Homotypic synonym, Nomenclatural synonym）。【分布】巴拉圭，秘鲁，玻利维亚，厄瓜多尔，西印度群岛，热带美洲。【模式】Geoffroea spinosa N. J. Jacquin。【参考异名】Geoffraea Jacq.（1760）Nom. illegit. ; Geoffraea L.（1774）Nom. illegit. ; Geoffroya L.（1774）Nom. illegit. ; Geoffroya Murr.（1774）Nom. illegit. ; Gourliea Gillies ex Hook. et Arn.（1833）; Umari Adans.（1763）Nom. illegit. ●☆

21440 Geoffroeaceae Mart. = Fabaceae Lindl.（保留科名）//Leguminosae Juss.（1789）（保留科名）●■

21441 Geoffroya L.（1774）Nom. illegit. = Geoffroea Jacq.（1760）［as 'Geoffraea'］［豆科 Fabaceae（Leguminosae）//蝶形花科 Papilionaceae］●☆

21442 Geoffroya Murr.（1774）Nom. illegit. = Geoffroea Jacq.（1760）［as 'Geoffraea'］［豆科 Fabaceae（Leguminosae）//蝶形花科 Papilionaceae］●☆

21443 Geogenanthus Ule（1913）Nom. illegit. , Nom. superfl. ≡ Chamaeanthus Ule（1908）Nom. illegit. ; ~ ≡ Uleopsis Fedde（1911）［鸭趾草科 Commelinaceae］■

21444 Geoherpum Willd.（1827）= Mitchella L.（1753）［茜草科 Rubiaceae］■

21445 Geoherpum Willd. ex Schult.（1827）Nom. illegit. ≡ Geoherpum Willd.（1827）; ~ = Mitchella L.（1753）［茜草科 Rubiaceae］■

21446 Geoherpum Willd. ex Schult. et Schult. f.（1827）Nom. illegit. ≡ Geoherpum Willd.（1827）; ~ = Mitchella L.（1753）［茜草科 Rubiaceae］■

21447 Geohintonia Glass et W. A. Fitz Maur.（1992）【汉】金仙球属（娇黑托尼亚属）。【隶属】仙人掌科 Cactaceae。【包含】世界1种。【学名诠释与讨论】〈阴〉（希）ge = ga = gaia, 土地 +（人）George Boole Hinton, 1882-1943, 英国植物学者，曾在墨西哥采集标本。【分布】墨西哥（东北部）。【模式】Geohintonia mexicana Glass et W. A. Fitz Maur. 。●☆

21448 Geolobus Raf.（1836）Nom. illegit. ≡ Voandzeia Thouars（1806）（废弃属名）; ~ = Vigna Savi（1824）（保留属名）［豆科 Fabaceae（Leguminosae）//蝶形花科 Papilionaceae］■

21449 Geomitra Becc.（1878）= Thismia Griff.（1845）［水玉簪科

Burmanniaceae//水玉杯科（腐杯草科，肉质腐生草科）Thismiaceae］■

21450 Geonoma Willd.（1805）【汉】苇椰属（唇苞椰属，刺苇椰子属，低地棕属，吉米椰子属，羌诺棕属，苇椰属，影椰属）。【日】ウスバヒメヤツ属。【英】Shadow Palm。【隶属】棕榈科 Arecaceae（Palmae）。【包含】世界75-150 种。【学名诠释与讨论】〈阴〉（希）ge = ga = gaia, 土地 +nomos, 所有格 nomatos, 草地，牧场，住所。另说 geonomos, 殖民者。【分布】巴拉圭，巴拿马，秘鲁，玻利维亚，厄瓜多尔，哥伦比亚（安蒂奥基亚），哥斯达黎加，尼加拉瓜，西印度群岛，中美洲。【后选模式】Geonoma simplicifrons Willdenow。【参考异名】Gynestum Poit.（1822）; Kalbreyera Burret（1930）; Roebelia Engel（1865）; Taenianthera Burret（1930）; Vouay Aubl.（1775）●☆

21451 Geonomaceae O. F. Cook = Arecaceae Bercht. et J. Presl（保留科名）//Palmae Juss.（保留科名）●

21452 Geonomataceae O. F. Cook（1913）= Arecaceae Bercht. et J. Presl（保留科名）//Palmae Juss.（保留科名）●

21453 Geopanax Hemsl.（1906）= Schefflera J. R. Forst. et G. Forst.（1775）（保留属名）［五加科 Araliaceae］●

21454 Geopatera Pau（1895）Nom. illegit. ≡ Orthurus Juz.（1941）; ~ = Geum L.（1753）［蔷薇科 Rosaceae］■

21455 Geophila Bergeret（1803）（废弃属名）= Merendera Ramond（1801）［百合科 Liliaceae//秋水仙科 Colchicaceae］■☆

21456 Geophila D. Don（1825）（保留属名）【汉】爱地草属（苞花蔓属）。【日】アフヒモドキ属。【英】Geophila。【隶属】茜草科 Rubiaceae。【包含】世界20-30 种，中国1种。【学名诠释与讨论】〈阴〉（希）ge = ga = gaia, 土地 +philos, 喜欢的，爱的。指植株矮小且匍匐在地上。此属的学名"Geophila D. Don, Prodr. Fl. Nepal. : 136. 26 Jan-1 Feb 1825"是保留属名。相应的废弃属名是"Geophila Bergeret, Fl. Basses - Pyrénées 2：184. 1803 = Merendera Ramond（1801）［百合科 Liliaceae//秋水仙科 Colchicaceae］"。Standley（1914）曾用"Geocardia Standley, Contr. U. S. Natl. Herb. 17：444. 30 Jan 1914"替代"Geophila D. Don（1825）"; 多余了。真菌的"Geophila Quélet, Ench. Fungorum 111. 1886（"non Bergeret 1803"也须废弃。【分布】巴拉圭，巴拿马，巴拿马植物，秘鲁，玻利维亚，厄瓜多尔，哥伦比亚，马达加斯加，尼加拉瓜，中国，中美洲。【模式】Geophila reniformis D. Don, Nom. illegit. ［Psychotria herbacea N. J. Jacquin; Geophila herbacea（N. J. Jacquin）K. Schumann］。【参考异名】Carinta W. Wight（1905）; Geocardia Standl.（1914）Nom. illegit. ; Sulcanux Raf.（1838）■

21457 Geopogon Steud. = Chloris Sw.（1788）［禾本科 Poaceae（Gramineae）］●■

21458 Geoprumnon Rydb.（1903）= Astragalus L.（1753）［豆科 Fabaceae（Leguminosae）//蝶形花科 Papilionaceae］●■

21459 Georchis Lindl.（1832）= Goodyera R. Br.（1813）［兰科 Orchidaceae］■

21460 Georgeantha B. G. Briggs et L. A. S. Johnson（1998）【汉】分枝沟秆草属。【隶属】沟秆草科（二柱草科，脱鞘草科）Ecdeiocoleaceae。【包含】世界1种。【学名诠释与讨论】〈阴〉（地）George, 乔治，位于澳大利亚 +anthos, 花。【分布】澳大利亚。【模式】Georgeantha hexandra B. G. Briggs et L. A. S. Johnson。■☆

21461 Georgia H. Karst.（1858）Nom. illegit. ［棕榈科 Arecaceae（Palmae）］☆

21462 Georgia Spreng.（1818）= Cosmos Cav.（1791）+ Dahlia Cav.（1791）［菊科 Asteraceae（Compositae）］■

21463 Georgina Willd.（1803）Nom. illegit. ≡ Dahlia Cav.（1791）［菊科 Asteraceae（Compositae）］■●

21464 Geosiridaceae Jonker（1939）（保留科名）［亦见 Iridaceae Juss.（保留科名）鸢尾科］【汉】地蜂草科。【包含】世界 1 属 1 种。【分布】马达加斯加。【科名模式】Geosiris Baill.（1894）■☆

21465 Geosiris Baill.（1894）【汉】地蜂草属。【隶属】地蜂草科 Geosiridaceae。【包含】世界 1 种。【学名诠释与讨论】〈阴〉（希）ge ＝ ga ＝ gaia，土地；geios，土地的 +（属）Iris 鸢尾属。【分布】马达加斯加。【模式】Geosiris aphylla Baillon。■☆

21466 Geostachys（Baker）Ridl.（1899）【汉】地穗姜属。【隶属】姜科（蘘荷科）Zingiberaceae。【包含】世界 18-19 种。【学名诠释与讨论】〈阴〉（希）ge ＝ ga ＝ gaia，土地；geios，土地的 +stachys，穗，谷，长钉。此属的学名，ING 记载是"Geostachys（J. G. Baker）Ridley, J. Straits Branch Roy. Asiat. Soc. 32：157. Jun 1899"，由"Alpinia subgen. Geostachys J. G. Baker in J. D. Hooker, Fl. Brit. India 6：257. Jul. 1892"改级而来。IK 则记载为"Geostachys Ridl., J. Straits Branch Roy. Asiat. Soc. xxxii.（1898）"。【分布】马来半岛，印度尼西亚（苏门答腊岛）。【模式】未指定。【参考异名】Alpinia subgen. Geostachys Baker（1892）；Carenophila Ridl.（1909）；Geostachys Ridl.（1898）Nom. illegit.■☆

21467 Geostachys Ridl.（1898）Nom. illegit. ≡ Geostachys（Baker）Ridl.（1899）［姜科（蘘荷科）Zingiberaceae］■☆

21468 Geotaenium F. Maek. ＝ Asarum L.（1753）［马兜铃科 Aristolochiaceae//细辛科（杜蘅科）Asaraceae］■

21469 Geracium Rchb.（1829）＝ Crepis L.（1753）［菊科 Asteraceae（Compositae）］■

21470 Geraea Torr. et A. Gray（1847）【汉】沙向日葵属。【英】Desert-sunflower。【隶属】菊科 Asteraceae（Compositae）。【包含】世界 2 种。【学名诠释与讨论】〈阴〉（希）geraios，老的。指总苞具白毛。此属的学名，ING、TROPICOS、GCI 和 IK 记载是"Geraea Torr. & A. Gray, Proc. Amer. Acad. Arts 1：48. 1846［Dec 1846 - Jan 1847］"。它曾被处理为"Encelia sect. Geraea（Torr. & A. Gray）A. Gray, Proceedings of the American Academy of Arts and Sciences 8：656. 1873"。【分布】美国（西南部），墨西哥。【模式】Geraea canescens A. Gray。【参考异名】Encelia sect. Geraea（Torr. & A. Gray）A. Gray（1873）■☆

21471 Geraniaceae Adans. ＝ Geraniaceae Juss.（保留科名）■●

21472 Geraniaceae Juss.（1789）（保留科名）【汉】牻牛儿苗科。【日】フウロサウ科，フウロソウ科。【俄】Гераневые，Гераниевые，Журавельниковые。【英】Crane's-bill Family，Geranium Family，Granebill Family。【包含】世界 11-22 属 700-800 种，中国 4-5 属 95-680 种。【分布】广泛分布。【科名模式】Geranium L.（1753）■●

21473 Geranion St. -Lag.（1880）＝ Geranium L.（1753）［牻牛儿苗科 Geraniaceae］■●

21474 Geraniopsis Chrtek（1967）【汉】类老鹳草属。【隶属】牻牛儿苗科 Geraniaceae。【包含】世界 2 种。【学名诠释与讨论】〈阴〉（属）Geranium 老鹳草属（牻牛儿苗属）+希腊文 opsis，外观，模样。此属的学名是"Geraniopsis J. Chrtek, Novit. Bot. Delect. Seminum Horti Bot. Univ. Carol. Prag. 1967：9. 1968（post 31 Mar）"。亦有文献把其处理为"Geranium L.（1753）"的异名。【分布】伊朗，阿拉伯地区，红海沿岸。【模式】Geraniopsis trilopha（E. Boissier）J. Chrtek［Geranium trilophum E. Boissier］。【参考异名】Geranium L.（1753）■☆

21475 Geraniospermum Kuntze（1891）Nom. illegit. ＝ Pelargonium L'Hér. ex Aiton（1789）［牻牛儿苗科 Geraniaceae］●■

21476 Geranium L.（1753）【汉】老鹳草属（牻牛儿苗属）。【日】フウロサウ属，フウロソウ属。【俄】Герань，Ерань，Журавельник。【英】Crane's Bill，Crane's-bill，Cranesbill，Crowfoot，Geranium。【隶属】牻牛儿苗科 Geraniaceae。【包含】世界 300-430 种，中国

50-79 种。【学名诠释与讨论】〈中〉（希）geranos，鹳 +-ius，-ia，-ium，在拉丁文和希腊文中，这些词尾表示性质或状态。指心皮长，或指果的顶端细长其状如鹳的长喙。【分布】巴基斯坦，巴拿马，秘鲁，玻利维亚，厄瓜多尔，哥伦比亚（安蒂奥基亚），哥斯达黎加，马达加斯加，美国（密苏里），尼加拉瓜，中国，中美洲。【后选模式】Geranium sylvaticum Linnaeus。【参考异名】Geranion St. -Lag.（1880）；Geraniopsis Chrtek（1967）；Neobaileya Gandog. ；Neurophyllodes（A. Gray）O. Deg.（1938）；Ragenium Gand. ；Ramphocarpus Neck.（1790）Nom. inval. ；Robertiella Hanks（1907）Nom. inval. ；Robertium Picard（1837）■●

21477 Gerardia Benth.（1846）Nom. illegit.（废弃属名）＝ Agalinis Raf.（1837）（保留属名）［玄参科 Scrophulariaceae//列当科 Orobanchaceae］■☆

21478 Gerardia L.（1753）（废弃属名）＝ Stenandrium Nees（1836）（保留属名）［爵床科 Acanthaceae］■☆

21479 Gerardianella Klotzsch（1861）＝ Micrargeria Benth.（1846）［玄参科 Scrophulariaceae//列当科 Orobanchaceae］■☆

21480 Gerardiina Engl.（1897）【汉】杰寄生属。【隶属】玄参科 Scrophulariaceae//列当科 Orobanchaceae。【包含】世界 2 种。【学名诠释与讨论】〈阴〉（人）John Gerard（Gerarde），1545 - 1612，英国医生，园艺爱好者 +-inus，-ina，-inum 拉丁文加在名词词干之后，以形成形容词的词尾，含义为"属于、相似、关于、小的"。【分布】热带和非洲南部。【模式】Gerardiina angolensis Engler。■☆

21481 Gerardiopsis Engl.（1895）＝ Anticharis Endl.（1839）［玄参科 Scrophulariaceae］■●☆

21482 Gerardoa Luer（2006）＝ Pleurothallis R. Br.（1813）［兰科 Orchidaceae］■☆

21483 Gerascanthos Steud.（1840）Nom. illegit. ＝？ Gerascanthus P. Browne（1756）［紫草科 Boraginaceae］●☆

21484 Gerascanthus P. Browne（1756）＝ Cordia L.（1753）（保留属名）［紫草科 Boraginaceae//破布木科（破布树科）Cordiaceae］●

21485 Geraschanthus Lindl.（1847）Nom. illegit. ＝？ Gerascanthus P. Browne（1756）［紫草科 Boraginaceae］●☆

21486 Gerbera Boehm.（1760）Nom. illegit.（废弃属名）≡ Arnica L.（1753）［菊科 Asteraceae（Compositae）］●■☆

21487 Gerbera Cass.（1817）Nom. illegit.（废弃属名）＝ Gerbera L.（1758）（保留属名）［菊科 Asteraceae（Compositae）］■

21488 Gerbera Gronov.（1737）Nom. inval.［菊科 Asteraceae（Compositae）］☆

21489 Gerbera J. F. Gmel.（1791）Nom. illegit.（废弃属名）＝ Gerberia Scop.（1777）Nom. illegit. ；~ ＝ Quararibea Aubl.（1775）［木棉科 Bombacaceae//锦葵科 Malvaceae］●☆

21490 Gerbera L.（1758）（保留属名）【汉】火石花属（大丁草属，非洲菊属，扶郎花属，扶郎藤属，嘉宝菊属，太阳菊属）。【日】ガーベラ属，センボンヤリ属。【俄】Гербера，Лейбниция。【英】Barberton Daisy，Gerbera，Transvaal Daisy。【隶属】菊科 Asteraceae（Compositae）。【包含】世界 27-80 种，中国 6-20 种。【学名诠释与讨论】〈阴〉（人）Traugott Gerber，？ -1743，德国医生，博物学者，植物采集家。此属的学名"Gerbera L., Opera Var.：247. 1758"是保留属名。法规未列出相应的废弃属名。但是菊科 Asteraceae 的"Gerbera Boehmer, Def. Gen. 186. 1760 ≡ Arnica L.（1753）"、"Gerbera Cass., Bull. Soc. Philom. Paris 1817, 34 ＝ Gerbera L.（1758）（保留属名）"、"Gerbera Gronov., in Linn. Cor. Gen. 16. 1737"和"Gerbera L. ex Cass.（1817）Nom. illegit. ＝ Gerbera L.（1758）（保留属名）"，以及锦葵科 Malvaceae 的"Gerbera J. F. Gmel., Syst. Nat., ed. 13［bis］. 2（1）：652. 1791

［late Sep – Nov 1791］= Gerberia Scop.（1777）Nom. illegit. = Quararibea Aubl.（1775）"都应该废弃。"Gerberia L. ex Cass.（1817）"是"Gerbera Cass.（1817）"的误记。【分布】巴基斯坦，巴拿马，秘鲁，玻利维亚，厄瓜多尔，哥伦比亚，马达加斯加，尼加拉瓜，亚洲，印度尼西亚，中国非洲，中美洲。【模式】Gerbera linnaei Cassini［Arnica gerbera L.］。【参考异名】Aphyllocaulon Lag.（1811）；Atasites Neck.（1790）Nom. inval.；Berniera DC.（1838）（废弃属名）；Chaptalia Royle（1839）（废弃属名）；Cleistanthium Kuntze（1851）；Clistanthium Post et Kuntze（1903）；Epiclinastrum Bojer ex DC.（1838）；Gerbera Cass.（1817）Nom. illegit.（废弃属名）；Gerbera L. ex Cass.（1817）Nom. illegit.（废弃属名）；Gerberia L. ex Cass.（1817）Nom. illegit.（废弃属名）；Idicium Neck.（1790）Nom. inval.；Lasiopus Cass.（1817）；Leibnitzia Cass.（1822）；Leptica E. Mey. ex DC.（1838）；Oreoseris DC.（1838）；Pardisium Burm. f.（1768）；Piloselloides（Less.）C. Jeffrey ex Cufod.（1967）；Piloselloides（Less.）C. Jeffrey（1967）Nom. illegit.；Pseudoseris Baill.（1881）■

21491　Gerbera L. ex Cass.（1817）Nom. illegit.（废弃属名）= Gerbera L.（1758）（保留属名）［菊科 Asteraceae（Compositae）］■

21492　Gerberia L. ex Cass.（1817）Nom. illegit. ≡ Gerbera L.（1758）（保留属名）［菊科 Asteraceae（Compositae）］■

21493　Gerberia Scop.（1777）Nom. illegit. ≡ Quararibea Aubl.（1775）［木棉科 Bombacaceae//锦葵科 Malvaceae］●☆

21494　Gerberia Stell. ex Choisy（1848）Nom. illegit. = Lagotis J. Gaertn.（1770）［玄参科 Scrophulariaceae//婆婆纳科 Veronicaceae］■

21495　Gerdaria C. Presl（1845）Nom. illegit. = Sopubia Buch. –Ham. ex D. Don（1825）［玄参科 Scrophulariaceae］■

21496　Gereaua Buerki et Callm.（2010）【汉】马岛单腔无患子属。【隶属】无患子科 Sapindaceae。【包含】世界 1 种。【学名诠释与讨论】〈阴〉词源不详。【分布】马达加斯加。【模式】Gereaua perrieri（Capuron）Buerki et Callm.［Haplocoelum perrieri Capuron］。☆

21497　Gerlachia Szlach.（2007）= Stanhopea J. Frost ex Hook.（1829）［兰科 Orchidaceae］■☆

21498　Germainea Benth. et Hook. f.（1883）Nom. illegit.［禾本科 Poaceae（Gramineae）］☆

21499　Germainia Balansa et Poitr.（1873）【汉】吉曼草属（筒穗草属）。【英】Germainia。【隶属】禾本科 Poaceae（Gramineae）。【包含】世界 9 种，中国 1 种。【学名诠释与讨论】〈阴〉（人）Jacques Nicolas Ernest Germain de Saint-Pierre，1815–1882，法国医生，植物学者。另说纪念植物采集家 Rodolphe Germain。此属的学名，ING、TROPICOS、APNI 和 IK 记载是"Germainia Balansa et Poitrass.，Bull. Soc. Hist. Nat. Toulouse vii.（1873）344"。"Balansochloa O. Kuntze in Post et O. Kuntze, Lex. 58. Dec 1903（'1904'）"是"Germainia Balansa et Poitr.（1873）"的晚出的同模式异名（Homotypic synonym, Nomenclatural synonym）。"Germainea Benth. et Hook. f., Gen. Pl.［Bentham et Hooker f.］3（2）：1136. 1883［14 Apr 1883］"仅有属名；似为"Germainia Balansa et Poitr.（1873）"的拼写变体。【分布】澳大利亚（东北部），印度（阿萨姆），中国，亚洲。【模式】Germainia capitata Balansa et Poitrasson。【参考异名】Balansochloa Kuntze（1903）Nom. illegit.；Chumsriella Bor（1968）；Sclerandrium Stapf et C. E. Hubb.（1935）■

21500　Germanea Lam.（1788）= Plectranthus L' Hér.（1788）（保留属名）［唇形科 Lamiaceae（Labiatae）］●■

21501　Germania Hook. f.（1885）= Germanea Lam.（1788）［唇形科 Lamiaceae（Labiatae）］●■

21502　Germaria C. Presl（1851）【汉】杰默蔷薇属。【隶属】蔷薇科 Rosaceae。【包含】世界 1 种。【学名诠释与讨论】〈阴〉（人）Ernst Freidrich Germar, 1786–1853, 植物学者。此属的学名是"Germaria K. B. Presl, Epim. Bot. 221. Oct 1851（'1849'）；Abh. Königl. Böhm. Ges. Wiss. ser. 5. 6：581. Oct 1851（non K. B. Presl 1838）"。亦有文献把其处理为"Lauro-Cerasus Duhamel（1755）"或"Pygeum Gaertn.（1788）"的异名。【分布】印度尼西亚（苏门答腊岛）。【模式】Germaria latifolia K. B. Presl。【参考异名】Lauro-Cerasus Duhamel（1755）；Pygeum Gaertn.（1788）■☆

21503　Gerocephalus F. Ritter（1968）Nom. illegit. ≡ Espostoopsis Buxb.（1968）［仙人掌科 Cactaceae］●☆

21504　Gerontogea Cham. et Schltdl.（1829）= Oldenlandia L.（1753）［茜草科 Rubiaceae］●■

21505　Geropogon L.（1763）【汉】疏毛参属。【英】Goat' s beard。【隶属】菊科 Asteraceae（Compositae）。【包含】世界 1 种。【学名诠释与讨论】〈阳〉（希）geron, 所有格 gerontos, 老人；gerontikos, 关于老人的+pogon, 所有格 pogonos, 指小式 pogonion, 胡须, 髯毛, 芒。pogonias, 有须的。此属的学名是"Geropogon Linnaeus, Sp. Pl. ed. 2. 1109. Jul–Aug 1763"。亦有文献把其处理为"Tragopogon L.（1753）"的异名。【分布】西班牙（加那利群岛），地中海地区，高加索，安纳托利亚，欧洲。【后选模式】Geropogon glabrus Linnaeus［as 'glabrum'］。【参考异名】Tragopogon L.（1753）■☆

21506　Gerostemum Steud.（1840）= Gonostemon Haw.（1812）Nom. illegit.；~ = Stapelia L.（1753）（保留属名）［萝藦科 Asclepiadaceae//豹皮花科 Stapeliaceae］■

21507　Gerrardanthus Harv. ex Benth. et Hook. f.（1867）【汉】睡布袋属。【隶属】葫芦科（瓜科, 南瓜科）Cucurbitaceae。【包含】世界 5 种。【学名诠释与讨论】〈阳〉（人）William Tyrer Gerrard, ? – 1866, 英国植物采集家+anthos, 花。此属的学名, ING 和 IK 记载是"Gerrardanthus Harv. ex Benth. et Hook. f., Gen. Pl.［Bentham et Hooker f.］1（3）：840. 1867［Sep 1867］"。"Gerrardanthus Harv. ex Hook. f.（1867）≡ Gerrardanthus Harv. ex Benth. et Hook. f.（1867）［葫芦科（瓜科, 南瓜科）Cucurbitaceae］"的命名人引证有误。【分布】热带和非洲南部。【模式】Gerrardanthus macrorhizus Harvey ex Bentham et J. D. Hooker［as 'macrorhiza'］。【参考异名】Atheranthera Mast.（1871）；Gerrardanthus Harv. ex Hook. f.（1867）Nom. illegit. ■☆

21508　Gerrardanthus Harv. ex Hook. f.（1867）Nom. illegit. ≡ Gerrardanthus Harv. ex Benth. et Hook. f.（1867）［葫芦科（瓜科, 南瓜科）Cucurbitaceae］■☆

21509　Gerrardiana T. R. Sim（1907）Nom. illegit. ≡ Gerrardina Oliv.（1870）［非杨料科 Gerrardinaceae//刺篱木科（大风子科）Flacourtiaceae］●☆

21510　Gerrardiana Willis, Nom. inval. = Gerrardina Oliv.（1870）［非杨料科 Gerrardinaceae//刺篱木科（大风子科）Flacourtiaceae］●☆

21511　Gerrardina Oliv.（1870）【汉】非杨料属。【隶属】非杨料科 Gerrardinaceae//刺篱木科（大风子科）Flacourtiaceae。【包含】世界 1-2 种。【学名诠释与讨论】〈阴〉（人）William Tyrer Gerrard, ? –1866, 英国植物采集家+-inus, -ina, -inum 拉丁文加在名词词干之后, 以形成形容词的词尾, 含义为"属于、相似、关于、小的"。此属的学名, ING、TROPICOS 和 IK 记载是"Gerrardina Oliv., Hooker's Icon. Pl. 11：t. 1075. 1870［Feb 1870］"。"Gerrardiana T. R. Sim, The Forests and Forest Flora of the Colony of the Cape of Good Hope 220, 221. 1907"是其变体。"Gerrardiana Willis"似也是变体。【分布】热带和非洲南部。【模式】Gerrardina foliosa D. Oliver。【参考异名】Gerrardiana Willis, Nom. inval.；Gerrardiana T. R. Sim（1907）Nom. illegit. ●☆

21512 Gerrardinaceae M. H. Alford(2006)【汉】非杨料科。【包含】世界1属1-2种。【分布】热带和非洲南部。【科名模式】Gerrardina Oliv.●☆

21513 Gerritea Zuloaga, Morrone et Killeen(1993)【汉】玻利维亚禾属。【隶属】禾本科 Poaceae(Gramineae)。【包含】世界1种。【学名诠释与讨论】〈阴〉(人)Gerrit。【分布】玻利维亚。【模式】Gerritea pseudopetiolata F. O. Zuloaga, O. Morrone et T. Killeen。●☆

21514 Gersinia Néraud(1826)= Bulbophyllum Thouars(1822)(保留属名)[兰科 Orchidaceae]■

21515 Gertrudia K. Schum.(1900)= Ryparosa Blume(1826)[刺篱木科(大风子科)Flacourtiaceae]●☆

21516 Gervasia Raf.=Poterium L.(1753)[蔷薇科 Rosaceae]■☆

21517 Geryonia Schrank ex Hoppe(1818)= Saxifraga L.(1753)[虎耳草科 Saxifragaceae]■

21518 Geschollia Speta(2001)= Ornithogalum L.(1753)[百合科 Liliaceae//风信子科 Hyacinthaceae]■

21519 Gesnera Adans.(1763)Nom. illegit. ≡ Gesnera Plum. ex Adans.(1763)Nom. illegit. ; ~ ≡ Gesneria L.(1753)[苦苣苔科 Gesneriaceae]●☆

21520 Gesnera Mart.(1829)Nom. illegit. = Rechsteineria Regel(1848)(保留属名); ~ = Sinningia Nees(1825)[苦苣苔科 Gesneriaceae]●■☆

21521 Gesnera Plum. ex Adans.(1763)Nom. illegit. ≡ Gesneria L.(1753)[苦苣苔科 Gesneriaceae]●☆

21522 Gesneria L.(1753)【汉】南美苦苣苔属。【日】ゲスネリア属。【俄】Геснерия, Горошек заболевый。【英】Gesneria。【隶属】苦苣苔科 Gesneriaceae。【包含】世界50-70种。【学名诠释与讨论】〈阴〉(人)Konrad(Conrad)Gesner, 1516-1565, 瑞士医生, 植物学家。此属的学名, ING、GCI、TROPICOS 和 IK 记载是"Gesneria L., Sp. Pl. 2:612. 1753"。"Gesnera Plum. ex Adans., Fam. Pl.(Adanson)2:157. 1763 ≡ Gesnera Adans.(1763)Nom. illegit."是其拼写变体。"Gesnera Mart., Nov. Gen. Sp. Pl.(Martius)3(1):27. 1829[Jan-Jun 1829]= Rechsteineria Regel(1848)(保留属名)= Sinningia Nees(1825)[苦苣苔科 Gesneriaceae]", 但是没有明确地排除 Gesneria L.。亦有文献把"Gesneria L.(1753)"处理为"Rechsteineria Regel(1848)(保留属名)"的异名。【分布】玻利维亚, 西印度群岛, 热带美洲, 中美洲。【后选模式】Gesneria humilis Linnaeus。【参考异名】Alagophyla Raf.(1837)(废弃属名); Alagophylla Raf.(1837)Nom. illegit.(废弃属名); Conradia Mart.(1829)Nom. illegit.; Coptocheile Hoffmanns.(1842); Coptocheile Hoffmanns. ex L., Nom. illegit.; Gesnera Adans.(1763); Gesnera Plum. ex Adans.(1763); Gessneria Dumort.(1822); Orobanche Vell.(1829)Nom. illegit.; Pentarhaphia Lindl.(1827); Pheidonocarpa L. E. Skog(1976); Rechsteineria Regel(1848)(保留属名)●☆

21523 Gesneriaceae Dumort.(1829)[as 'Gesnereae']= Gesneriaceae Rich. et Juss.(保留科名)●■

21524 Gesneriaceae Rich. et Juss.(1816)(保留科名)【汉】苦苣苔科。【日】アワタバコ科, イハタバコ科。【俄】Геснериевые。【英】Gesneria Family, Pyrenean-violet Family。【包含】世界120-181属2400-3500种, 中国56属442-484种。【分布】热带和亚热带。【科名模式】Gesneria L.(1753)■●

21525 Gesneriaceae Rich. et Juss. ex DC. = Gesneriaceae Rich. et Juss.(保留科名)●■

21526 Gesnouinia Gaudich.(1830)【汉】粉麻树属。【隶属】荨麻科 Urticaceae。【包含】世界2种。【学名诠释与讨论】〈阴〉(人)Gesnouin。【分布】西班牙(加那利群岛)。【模式】Gesnouinia arborea(Linnaeus f.)Gaudichaud - Beaupré[Urtica arborea Linnaeus f.]。【参考异名】Gesnouisia Steud.(1840)●☆

21527 Gesnouisia Steud.(1840)= Gesnouinia Gaudich.(1830)[荨麻科 Urticaceae]●☆

21528 Gessneria Dumort.(1822)= Gesneria L.(1753)[苦苣苔科 Gesneriaceae]●☆

21529 Gestroa Becc.(1877)= Erythrospermum Thouars(1808)(保留属名)[刺篱木科(大风子科)Flacourtiaceae]●

21530 Gethosyne Salisb.(1866)= Asphodelus L.(1753)[百合科 Liliaceae//阿福花科 Asphodelaceae]■☆

21531 Gethyllidaceae J. Agardh = Amaryllidaceae J. St. -Hil.(保留科名)●■

21532 Gethyllidaceae Raf.(1838)= Amaryllidaceae J. St. -Hil.(保留科名)●■

21533 Gethyllis L.(1753)【汉】多蕊石蒜属。【隶属】石蒜科 Amaryllidaceae。【包含】世界32种。【学名诠释与讨论】〈阴〉词源不详。此属的学名, ING 和 IK 记载是"Gethyllis L., Sp. Pl. 1:442. 1753[1 May 1753]"。也有文献用为"Gethyllis Plum. ex L.(1753)"。"Gethyllis Plum."是命名起点著作之前的名称, 故"Gethyllis L.(1753)"和"Gethyllis Plum. ex L.(1753)"都是合法名称, 可以通用。"Abapus Adanson, Fam. 2:57, 511. Jul-Aug 1763"是"Gethyllis L.(1753)"的晚出的同模式异名(Homotypic synonym, Nomenclatural synonym)。【分布】非洲南部。【模式】Gethyllis afra Linnaeus。【参考异名】Abapus Adans.(1763)Nom. illegit.; Gethyllis Plum. ex L.(1753); Klingia Schönland(1919); Papiria Thunb.(1776)■☆

21534 Gethyllis Plum. ex L.(1753)≡ Gethyllis L.(1753)[石蒜科 Amaryllidaceae]■☆

21535 Gethyonis Post et Kuntze(1903)= Allium L.(1753); ~ = Getuonis Raf.(1837)[百合科 Liliaceae//葱科 Alliaceae]■

21536 Gethyra Salisb.(1812)= Renealmia L. f.(1782)(保留属名)[姜科(蘘荷科)Zingiberaceae]■☆

21537 Gethyum Phil.(1873)【汉】智利葱属。【隶属】葱科 Alliaceae。【包含】世界2种。【学名诠释与讨论】〈中〉(拉)gethyon = gethyum = getium = 希腊文 getium, 葱。【分布】智利。【模式】Gethyum atropurpureum R. A. Philippi。●☆

21538 Getillidaceae J. Agardh = Gramineae Juss.(保留科名)// Poaceae Barnhart(保留科名)●■

21539 Getonia Banks et Sol.(1838)Nom. illegit. ≡ Getonia Banks et Sol. ex Benn.(1838)Nom. illegit. ; ~ = Cyrtandra J. R. Forst. et G. Forst.(1775)[苦苣苔科 Gesneriaceae]■

21540 Getonia Banks et Sol. ex Benn.(1838)Nom. illegit. = Cyrtandra J. R. Forst. et G. Forst.(1775)[苦苣苔科 Gesneriaceae]●■

21541 Getonia Roxb.(1798)【汉】萼翅藤属(翅萼使君子属)。【隶属】使君子科 Combretaceae。【包含】世界1种, 中国1种。【学名诠释与讨论】〈阴〉(希)kalyx, 所有格 kalykos, 花萼, 杯子+pteron 翅。"Getonia"词源不详, 可能来自人名。此属的学名, ING、TROPICOS 和 IK 记载是"Getonia Roxburgh, Pl. Coromandel 1:61. t. 87. Jan-Mar 1798"。"Getonia Banks et Sol. ex Benn.(1838)Nom. illegit. = Cyrtandra J. R. Forst. et G. Forst.(1775)[苦苣苔科 Gesneriaceae]"是晚出的非法名称。"Getonia Banks et Sol.(1838)Nom. illegit. ≡ Getonia Banks et Sol. ex Benn.(1838)Nom. illegit.[苦苣苔科 Gesneriaceae]"的命名人引证有误。《中国植物志》英文版用"Getonia Roxburgh, Pl. Coromandel. 1:61. 1798"为正名, 把"Calycopteris Poir.(1811)Nom. illegit."处理为异名。《中国植物志》中文版则用"Calycopteris Lam.(1793)"为正名。ING 记载是"Calycopteris Poiret in Lamarck, Encycl. Suppl. 2:41.

23 Oct 1811 ≡ Getonia Roxburgh 1798 "。IK 则记载为 "Calycopteris Lam. ,Tabl. Encycl. tome I（vol. 2）：t. 357. 1793 ［11 Feb 1793］alt. publ. ；Illustr. Gen. tome I（vol. 2）：t. 357. 1793；nom. inval. nom. nud. "。而 IPNI 记载为 "Calycopteris Lam. ex Poir. , Encycl. ［J. Lamarck et al. ］Suppl. 2. 41. 1811 ［23 Oct 1811］；nom. illeg. nom. superfl. "。其模式名称有："Getonia floribunda Roxb. Pl. Coromandel 1：61，t. 87. 1798"、"Calycopteris floribunda （Roxb. ）Lam. ex Poir. , Encycl. ［J. Lamarck et al. ］Suppl. 2. 41. 1811 ［23 Oct 1811］"和"Calycopteris floribunda （Roxb. ）Lam. , Tabl. Encycl. tome II（vol. 5）：485. 1819 alt. publ. ；Illustr. Gen. tome II（vol. 5）：485. 1819。几种表述。还有 2 个"Calycopteris"，但不是本属的异名："Calycopteris Rich. ex DC. = Calycogonium DC. （1828）［茜草科 Rubiaceae］"、"Calycopteris Siebold = Buckleya Torr. （1843）（保留属名）［檀香科 Santalaceae］"。【分布】印度至马来西亚，中国。【模式】Calycopteris floribunda （Roxb. ）Lam. ex Poir。【模式】Getonia floribunda Roxburgh ［Calycopteris floribunda （Roxb. ）Lam. ex Poir. ；Calycopteris floribunda （Roxb. ）Lam. ］。【参考异名】Calycopteris Lam. （1793）Nom. inval. ，Nom. nud. ；Calycopteris Lam. ex Poir. （1811）Nom. inval. ，Nom. nud. ；Calycopteris Poir. （1811）Nom. illegit. ，Nom. superfl. ●

21542　Getuonis Raf. （1837）= Allium L. （1753）［百合科 Liliaceae//葱科 Alliaceae］■

21543　Geum Hill（1756）Nom. illegit. =Saxifraga L. （1753）［虎耳草科 Saxifragaceae］■

21544　Geum L. （1753）【汉】路边青属（蓝布正属，水杨梅属）。【日】ダイコンサウ属，ダイコンソウ属。【俄】Геум，Гравилат。【英】Avens，Geum。【隶属】蔷薇科 Rosaceae。【包含】世界 30-70 种，中国 4 种。【学名诠释与讨论】〈中〉（希）geuo，有风味，美味。指其根和花美味。此属的学名，ING、GCI、APNI、TROPICOS 和 IK 记载是"Geum L. ,Sp. Pl. 1：500. 1753 ［1 May 1753］"。"Geum Hill. ,Brit. Herb. 191（1756）= Saxifraga L. （1753）［虎耳草科 Saxifragaceae］"和"Geum P. Miller，Gard. Dict. Abr. ed. 4. 28 Jan 1754 =Saxifraga L. （1753）［虎耳草科 Saxifragaceae］"是晚出的非法名称。"Geum Tourn. ex Ruppius，Fl. Jen. ed. Hall. 122 （1745）"是命名起点著作之前的名称"Geunsia Rafinesque, Aut. Bot. 200. 1840（non Blume 1823）"和"Streptilon Rafinesque, Aut. Bot. 173. 184"是"Geum L. （1753）"的晚出的同模式异名（Homotypic synonym, Nomenclatural synonym）。【分布】巴拉圭，秘鲁，玻利维亚，厄瓜多尔，美国，中国，极地，温带，中美洲。【后选模式】Geum urbanum Linnaeus。【参考异名】Acomastylis Greene；Adamsia Fisch. ex Steud. （1821）Nom. illegit. ；Bernoullia Neck. （1790）Nom. inval. （废弃属名）；Bernullia Raf. （1840）Nom. illegit. （废弃属名）；Caryophyllata Mill. （1754）；Caryophyllata Tourn. ex Scop. （1772）Nom. illegit. ；Erythrocoma Greene（1906）；Geopatera Pau（1895）Nom. illegit. ；Geum Tourn. ex Ruppius（1745）Nom. inval. ；Geunsia Raf. （1840）Nom. illegit. ；Oncostylus （Schltdl. ）F. Bolle（1933）；Oreogeum （Ser. ）Golubk. （1987）；Orthurus Juz. （1941）Nom. illegit. ；Parageum Nakai et H. Hara ex H. Hara（1935）；Parageum Nakai et H. Hara（1935）；Sieveniia Willd. ；Stilopus Hook. ；Streptilon Raf. （1840）；Stylipus Raf. （1833）Nom. illegit. ；Stylopus Hook. （1840）；Stylypus Raf. （1825）；Stypostylis Raf. ；Taihangia Te. T. Yu et C. L. Li（1980）；Woronowia Juz. （1941）●■

21545　Geum Mill. （1754）Nom. illegit. =Saxifraga L. （1753）［虎耳草科 Saxifragaceae］■

21546　Geum Tourn. ex Ruppius（1745）Nom. inval. =Geum L. （1753）［蔷薇科 Rosaceae］■

21547　Geuncus Raf. （1840）Nom. inval. =Geum Mill. （1754）Nom. illegit. ；=Saxifraga L. （1753）［虎耳草科 Saxifragaceae］■

21548　Geunsia Blume（1823）Nom. illegit. =Callicarpa L. （1753）［马鞭草科 Verbenaceae//牡荆科 Viticaceae//唇形科 Lamiaceae （Labiatae）］●

21549　Geunsia Moc. et Sessé =Calandrinia Kunth（1823）（保留属名）［马齿苋科 Portulacaceae］■☆

21550　Geunsia Neck. （1790）Nom. inval. =Hypoestes Sol. ex R. Br. （1810）［爵床科 Acanthaceae//鸭嘴花科（鸭咀花科）Justiciaceae］●■

21551　Geunsia Neck. ex Raf. （1838）Nom. illegit. =Justicia L. （1753）［爵床科 Acanthaceae//鸭嘴花科（鸭咀花科）Justiciaceae］●■●☆

21552　Geunsia Raf. （1840）Nom. illegit. ≡Geum L. （1753）［蔷薇科 Rosaceae］■

21553　Geunzia Neck. （1790）Nom. inval. =Samyda Jacq. （1760）（保留属名）［刺篱木科（大风子科）Flacourtiaceae//天料木科 Samydaceae］●☆

21554　Gevuina Molina（1782）【汉】热夫山龙眼属（格伏纳属，格优纳属，智利榛属）。【英】Gevuina。【隶属】山龙眼科 Proteaceae。【包含】世界 1 种。【学名诠释与讨论】〈阴〉来自智利植物俗名。【分布】澳大利亚（昆士兰），新几内亚岛。【模式】Gevuina avellana Molina。【参考异名】Guevina Juss. （1789）；Guevuina Post et Kuntze（1903）；Quadria Rniz et Pav. （1794）●☆

21555　Ghaznianthus Lincz. （1979）【汉】宽叶彩花属。【隶属】白花丹科（矶松科，蓝雪科）Plumbaginaceae。【包含】世界 1 种。【学名诠释与讨论】〈阴〉（地）Ghazni，加兹尼，位于阿富汗+anthos，花。【分布】阿富汗。【模式】Ghaznianthus rechingeri （H. Freitag）I. A. Linczevski ［Acantholimon rechingeri H. Freitag］。●☆

21556　Ghesaembilla Adans. （1763）（废弃属名）≡ Embelia Burm. f. （1768）（保留属名）［紫金牛科 Myrsinaceae//酸藤子科 Embeliaceae］●■

21557　Ghiesbrechtia Lindl. （1847）Nom. illegit. = Ghiesbreghtia A. Rich. et Galeotti（1845）Nom. illegit. = Calanthe R. Br. （1821）（保留属名）；~ ［兰科 Orchidaceae］■

21558　Ghiesbreghtia A. Gray（1873）Nom. illegit. ≡Eremogeton Standl. et L. O. Williams（1953）［玄参科 Scrophulariaceae］●☆

21559　Ghiesbreghtia A. Rich. et Galeotti（1845）Nom. illegit. =Calanthe R. Br. （1821）（保留属名）；~ =Paracalanthe Kudô（1930）［兰科 Orchidaceae］■

21560　Ghiesbreghtia Roezl（1861）Nom. inval. ，Nom. illegit. ［龙舌兰科 Agavaceae//天门冬科 Asparagaceae］☆

21561　Ghiesebreghtia Lindl. （1855）Nom. illegit. =Ghiesbrechtia Lindl. （1847）Nom. illegit. ；~ =Calanthe R. Br. （1821）（保留属名）；~ = Ghiesbreghtia A. Rich. et Galeotti（1845）Nom. illegit. ［兰科 Orchidaceae］■

21562　Ghikaea Volkens et Schweinf. （1898）【汉】吉卡列当属。【隶属】玄参科 Scrophulariaceae//列当科 Orobanchaceae。【包含】世界 1 种。【学名诠释与讨论】〈阴〉（人）Ghika。【分布】热带非洲。【模式】Ghikaea spectabilis Volkens et Schweinf. 。●☆

21563　Ghinia Bubani（1901）Nom. illegit. ≡ Cardamine L. （1753）［十字花科 Brassicaceae（Cruciferae）］■

21564　Ghinia Schreb. （1789）Nom. illegit. ；~ =Tamonea Aubl. （1775）［马鞭草科 Verbenaceae］●■☆

21565　Giadendraceae Tiegh. exNakai =Loranthaceae Juss. （保留科名）●

21566　Giadotrum Pichon（1948）=Cleghornia Wight（1848）［夹竹桃科 Apocynaceae］●

21567　Giardia C. Gerber（1899）Nom. illegit. =Thymelaea Mill. （1754）

（保留属名）［瑞香科 Thymelaeaceae］●■

21568　Gibasis Raf.（1837）【汉】膨基鸭趾草属。【隶属】鸭趾草科 Commelinaceae。【包含】世界 11 种。【学名诠释与讨论】〈阴〉（拉）gibbus, 肿胀的 + basis, 基部, 底部, 基础。此属的学名是 "Gibasis Rafinesque, Fl. Tell. 2: 16. Jan-Mar 1837（'1836'）"。亦有文献把其处理为 "Tradescantia L.（1753）" 的异名。【分布】西印度群岛, 热带美洲。【模式】Gibasis pulchella（Kunth）Rafinesque［Tradescantia pulchella Kunth］。【参考异名】Tradescantia L.（1753）■☆

21569　Gibasoides D. R. Hunt（1978）【汉】伞花草属。【隶属】菊科 Asteraceae（Compositae）。【包含】世界 1 种。【学名诠释与讨论】〈阴〉（属）Gibasis 膨基鸭趾草属 + oides, 来自 o + eides, 像, 似; 或 o + eidos 形, 含义为相像。【分布】墨西哥。【模式】Gibasoides laxiflora（C. B. Clarke）D. R. Hunt［Tradescantia laxiflora C. B. Clarke］。■☆

21570　Gibbaeum Haw.（1821）Nom. inval., Nom. nud. = Gibbaeum Haw. ex N. E. Br.（1922）［番杏科 Aizoaceae］●☆

21571　Gibbaeum Haw. ex N. E. Br.（1922）【汉】宝锭草属（宝锭属, 驼峰花属, 藻丽玉属）。【日】ギッバエウム属, ギッベウム属。【隶属】番杏科 Aizoaceae。【包含】世界 15-20 种。【学名诠释与讨论】〈中〉（拉）gibbus, 多肉的, 肥厚的, 背部的隆肉。此属的学名, ING 和 IK 记载是 "Gibbaeum A. H. Haworth ex N. E. Brown, Gard. Chron. ser. 3. 71: 129. 18 Mar 1922"。"Gibbaeum Haw., Revis. Pl. Succ. 104 1821 = Gibbaeum Haw. ex N. E. Br.（1922）［番杏科 Aizoaceae］" 是一个未合格发表的名称（Nom. inval.）。"Gibbaeum N. E. Br.（1922）Nom. illegit. ≡ Gibbaeum Haw. ex N. E. Br.（1922）［番杏科 Aizoaceae］" 的命名人引证有误。【分布】非洲南部。【后选模式】Gibbaeum pubescens（A. H. Haworth）N. E. Brown［Mesembryanthemum pubescens A. H. Haworth］。【参考异名】Argeta N. E. Br.（1927）; Gibbaeum Haw.（1821）Nom. inval., Nom. nud.; Gibbaeum N. E. Br.（1922）Nom. illegit.; Mentocalyx N. E. Br.（1927）; Rimaria N. E. Br.（1925）Nom. inval. ●☆

21572　Gibbaeum N. E. Br.（1922）Nom. illegit. ≡ Gibbaeum Haw. ex N. E. Br.（1922）［番杏科 Aizoaceae］●☆

21573　Gibbaria Cass.（1817）【汉】银盏花属。【隶属】菊科 Asteraceae（Compositae）。【包含】世界 1-2 种。【学名诠释与讨论】〈阴〉（拉）gibbus, 多肉的, 肥厚的, 背部的隆肉 + -arius, -aria, -arium, 指示 "属于、相似、具有、联系" 的词尾。【分布】非洲南部。【模式】Gibbaria bicolor Cassini。【参考异名】Anaglypha DC.（1836）; Oxychlaena Post et Kuntze（1903）; Oxylaena Benth.（1872）Nom. inval.; Oxylaena Benth. ex Anderb.（1991）■☆

21574　Gibbesia Small（1898）= Paronychia Mill.（1754）［石竹科 Caryophyllaceae//醉人花科（裸果木科）Illecebraceae//指甲草科 Paronichiaceae］●

21575　Gibbsia Rendle（1917）【汉】盘柱麻属。【隶属】荨麻科 Urticaceae。【包含】世界 2 种。【学名诠释与讨论】〈阴〉（人）Lilian Suzette Gibbs, 1870-1925, 英国植物学者。【分布】新几内亚岛。【模式】Gibbsia insignis Rendle。●☆

21576　Gibsonia Stocks（1848）= Calligonum L.（1753）［蓼科 Polygonaceae//沙拐枣科 Calligonaceae］●

21577　Gibsoniothamnus L. O. Williams（1970）【汉】吉灌玄参属。【隶属】玄参科 Scrophulariaceae//夷地黄科 Schlegeliaceae。【包含】世界 8-14 种。【学名诠释与讨论】〈阴〉（人）Dorothy L. Nash Gibson, 1921-, 美国植物学者 + thamnos, 指小式 thamnion, 灌木, 灌丛, 树丛, 枝。【分布】墨西哥, 中美洲。【模式】Gibsoniothamnus pithecobius（Standley et Steyermark）L. Williams

［Clerodendrum pithecobium Standley et Steyermark］。●☆

21578　Gieseckia Rchb.（1841）= Gisekia Agardh（1825）［苦苣苔科 Gesneriaceae］■

21579　Giesekia Agardh（1825）= Gisekia L.（1771）［番杏科 Aizoaceae//吉粟草科（针晶粟草科）Gisekiaceae//商陆科 Phytolaccaceae//粟米草科 Molluginaceae］■

21580　Giesleria Regel（1849）Nom. illegit. ≡ Tydaea Decne.（1848）; ~ = Isoloma Decne.（1848）Nom. illegit.; ~ = Kohleria Regel（1847）［苦苣苔科 Gesneriaceae］●■☆

21581　Gifola Cass.（1819）= Filago L.（1753）（保留属名）［菊科 Asteraceae（Compositae）］■

21582　Gifolaria Pomel（1888）= Gifola Cass.（1819）［菊科 Asteraceae（Compositae）］■

21583　Gigachilon Seidl（1836）= Triticum L.（1753）［禾本科 Poaceae（Gramineae）］■

21584　Gigalobium P. Browne（1756）（废弃属名）= Entada Adans.（1763）（保留属名）［豆科 Fabaceae（Leguminosae）//含羞草科 Mimosaceae］●

21585　Giganthemum Welw.（1859）（废弃属名）= Camoensia Welw. ex Benth. et Hook. f.（1865）（保留属名）［豆科 Fabaceae（Leguminosae）］●☆

21586　Gigantochloa Kurz ex Munro（1868）【汉】巨竹属（滇竹属, 巨草竹属, 硕竹属）。【英】Giant Bamboo, Giantgrass, Giant-grass。【隶属】禾本科 Poaceae（Gramineae）。【包含】世界 20-30 种, 中国 6-10 种。【学名诠释与讨论】〈阴〉（希）gigas, 所有格 gigantos, 巨人, 巨型 + chloe, 草的幼芽, 嫩草, 禾草。指竹秆大型的竹类。此属的学名, ING 和 GCI 记载是 "Gigantochloa Kurz ex Munro, Trans. Linn. Soc. London 26: 123. 1868［5 Mar - 11 Apr 1868］"。"Gigantochloa Kurz, in Tijdschr. Nederl. Ind. xxvii.（1864）226" 是一个未合格发表的名称（Nom. inval.）。【分布】厄瓜多尔, 印度至马来西亚, 中国。【后选模式】Gigantochloa atter Kurz ex Munro［Bambusa thouarsii Kunth var. atter Hasskarl］。【参考异名】Gigantochloa Kurz（1864）Nom. inval.●

21587　Gigantochloa Kurz（1864）Nom. inval. ≡ Gigantochloa Kurz ex Munro（1868）［禾本科 Poaceae（Gramineae）］●

21588　Gigasiphon Drake（1903）= Bauhinia L.（1753）［豆科 Fabaceae（Leguminosae）//云实科（苏木科）Caesalpiniaceae//羊蹄甲科 Bauhiniaceae］●

21589　Giglioli Barb. Rodr.（1877）Nom. illegit. = Octomeria R. Br.（1813）［兰科 Orchidaceae］■☆

21590　Gigliolia Becc.（1877）Nom. illegit. ≡ Pichisermollia H. C. Monteiro（1976）; ~ = Areca L.（1753）［棕榈科 Arecaceae（Palmae）］●

21591　Gijefa（M. Roem.）Kuntze（1903）Nom. illegit. ≡ Corallocarpus Welw. ex Benth. et Hook. f.（1867）; ~ = Kedrostis Medik.（1791）［葫芦科（瓜科, 南瓜科）Cucurbitaceae］■☆

21592　Gijefa（M. Roem.）Post et Kuntze（1903）Nom. illegit. ≡ Gijefa（M. Roem.）Kuntze（1903）Nom. illegit.; ~ ≡ Corallocarpus Welw. ex Benth. et Hook. f.（1867）; ~ = Kedrostis Medik.（1791）［葫芦科（瓜科, 南瓜科）Cucurbitaceae］■☆

21593　Gilberta Turcz.（1851）【汉】平托鼠麴草属。【隶属】菊科 Asteraceae（Compositae）。【包含】世界 1 种。【学名诠释与讨论】〈阴〉（人）John Gilbert, 1812-1845, 英国博物学者。此属的学名是 "Gilberta Turczaninow, Bull. Soc. Imp. Naturalistes Moscou 24（1）: 192. 1851"。亦有文献把其处理为 "Myriocephalus Benth.（1837）" 的异名。【分布】澳大利亚。【模式】Gilberta tenuifolia Turczaninow。【参考异名】Myriocephalus Benth.（1837）■☆

21594　Gilbertiella Boutique(1951)【汉】吉尔树属(吉伯木属)。【隶属】番荔枝科 Annonaceae。【包含】世界 1 种。【学名诠释与讨论】〈中〉(人)G. Gilbert,比利时植物学者+-ellus,-ella,-ellum,加在名词词干后面形成指小式的词尾。或加在人名、属名等后面以组成新属的名称。此属的学名是"Gilbertiella Boutique, Bull. Jard. Bot. État 21：124. Jun 1951"。亦有文献把其处理为"Monanthotaxis Baill.(1890)"的异名。【分布】热带非洲。【模式】Gilbertiella congolana Boutique。【参考异名】Monanthotaxis Baill.(1890)●☆

21595　Gilbertiodendron J. Léonard(1952)【汉】吉尔苏木属(大瓣苏木属)。【隶属】豆科 Fabaceae(Leguminosae)。【包含】世界 27 种。【学名诠释与讨论】〈中〉(人)Gilbert+dendron 或 dendros,树木,棍,丛林。【分布】热带非洲西部。【模式】Gilbertiodendron demonstrans(Baillon)J. Léonard [Vouapa demonstrans Baillon]。●☆

21596　Gilesia F. Muell.(1875)【汉】贾尔斯梧桐属。【隶属】梧桐科 Sterculiaceae//锦葵科 Malvaceae。【包含】世界 1 种。【学名诠释与讨论】〈阴〉(人)William Ernest Powell Giles,1835-1897,英国植物学者。此属的学名是"Gilesia F. v. Mueller, Fragm. 9：41. Mai 1875"。亦有文献把其处理为"Hermannia L.(1753)"的异名。【分布】澳大利亚(中部)。【模式】Gilesia biniflora F. v. Mueller。【参考异名】Hermannia L.(1753);Hymenocapsa J. M. Black(1925)●☆

21597　Gilgia Pax(1894)＝Glossonema Decne.(1838)[萝藦科 Asclepiadaceae]■☆

21598　Gilgiochloa Pilg.(1914)【汉】吉尔格草属。【隶属】禾本科 Poaceae(Gramineae)。【包含】世界 1 种。【学名诠释与讨论】〈阴〉(人)Ernest Friedrich Gilg,1867-1933,德国植物学者+chloe,草的幼芽,嫩草,禾草。【分布】热带非洲东部。【模式】Gilgiochloa indurata Pilger。■☆

21599　Gilgiodaphne Domke(1934)Nom. illegit. ≡Synandrodaphne Gilg(1915)(保留属名)[瑞香科 Thymelaeaceae]●☆

21600　Gilia Ruiz et Pav.(1794)【汉】吉莉花属(吉利花属,吉莉草属)。【日】ギリア属。【俄】Гилия。【英】Gilia。【隶属】花荵科 Polemoniaceae。【包含】世界 25-120 种。【学名诠释与讨论】〈阴〉(人)Filippo Luigi Gilii(Gilij),1756-1821,意大利博物学者,天文学者,牧师。另说纪念植物学者 Filipp Salvador Gil。【分布】秘鲁,玻利维亚,厄瓜多尔,中美洲。【模式】Gilia laciniata Ruiz et Pavon。【参考异名】Aliciella Brand(1905);Batanthes Raf.(1832);Brickellia Raf.(1808)(废弃属名);Bryantiella J. M. Porter(2000);Callisteris Greene(1905)Nom. illegit.;Collomiastrum(Brand)S. L. Welsh(2003);Dactylophyllum(Benth.)Spach(1840)Nom. illegit.;Dactylophyllum Spach(1840)Nom. illegit.;Dayia J. M. Porter(2000);Fentzlia Rchb.(1837)Nom. illegit.;Fenzlia Benth.(1833);Giliastrum(Brand)Rydb.(1917);Giliastrum Rydb.(1917)Nom. illegit.;Gillia Endl.(1841);Ipomeria Nutt.(1818)Nom. illegit.;Lathrocasis L. A. Johnson(2000);Leptosiphon Benth.(1833);Maculigilia V. E. Grant(1999);Microgilia J. M. Porter et L. A. Johnson(2000);Myotoca Griseb. ex Brand, Nom. illegit.;Rossmaesslera Rchb.(1841)Nom. illegit.;Saltugilia(V. E. Grant)L. A. Johnson(2000);Spogopsis Raf.;Tintinabulum Rydb.(1917);Welwitschia Rchb.(1837)(废弃属名)■●☆

21601　Giliastrum(Brand)Rydb.(1917)【汉】肖吉莉花属。【隶属】花荵科 Polemoniaceae。【包含】世界 8 种。【学名诠释与讨论】〈阴〉(属)Gilia 吉莉花属(吉莉草属,吉利花属)+-astrum,指示小的词尾,也有"不完全相似"的含义。此属的学名,ING 和 GCI 记载是"Giliastrum(A. Brand)Rydberg, Fl. Rocky Mount. 699. 31 Dec 1917",由"Gilia sect. Giliastrum A. Brand in Engler, Pflanzenreich IV. 250(Heft 27)：88,147. 19 Feb 1907"改级而来。IK 则记载为"Giliastrum Rydb., Fl. Rocky Mts. 699. 1917"。亦有文献把"Giliastrum(Brand)Rydb.(1917)"处理为"Gilia Ruiz et Pav.(1794)"的异名。【分布】美国(西南部),墨西哥。【后选模式】Giliastrum rigidulum(Bentham)Rydberg [Gilia rigidula Bentham]。【参考异名】Gilia Ruiz et Pav.(1794);Gilia sect. Giliastrum A. Brand in Engl.(1907);Giliastrum Rydb.(1917)Nom. illegit. ■☆

21602　Giliastrum Rydb.(1917)Nom. illegit. ≡Giliastrum(Brand)Rydb.(1917)[花荵科 Polemoniaceae]■☆

21603　Giliberta Cothen.(1790)Nom. illegit. ≡Tonina Aubl.(1775)[谷精草科 Eriocaulaceae]■☆

21604　Giliberta St. -Lag.(1881)Nom. illegit. ＝Gilibertia J. F. Gmel.(1791)Nom. illegit.;~≡Quivisia Comm. ex Juss.(1789);~＝Turraea L.(1771)[棟科 Meliaceae//桤叶树科(山柳科)Clethraceae]●

21605　Gilibertia J. F. Gmel.(1791)Nom. illegit. ≡Quivisia Comm. ex Juss.(1789);~＝Turraea L.(1771)[棟科 Meliaceae//桤叶树科(山柳科)Clethraceae]●

21606　Gilibertia Ruiz et Pav.(1794)Nom. illegit. ＝Dendropanax Decne. et Planch.(1854)[五加科 Araliaceae]●

21607　Gilipus Raf.(1838)【汉】风箱茜属。【隶属】茜草科 Rubiaceae。【包含】世界 1 种。【学名诠释与讨论】〈阳〉词源不详。此属的学名是"Gilipus Rafinesque, Sylva Tell. 61. Oct-Dec 1838"。亦有文献把其处理为"Cephalanthus L.(1753)"的异名。【分布】中国。【模式】Gilipus montanus(Loureiro)Rafinesque [Cephalanthus montanus Loureiro]。【参考异名】Cephalanthus L.(1753)●

21608　Gillbeea F. Muell.(1865)【汉】吉尔木属。【隶属】火把树科(常绿棱枝树科,角瓣木科,库诺尼科,南蔷薇科,轻木科)Cunoniaceae。【包含】世界 2-3 种。【学名诠释与讨论】〈阴〉(人)William Gillbee,或英国医生 William Hall Gilby,?-1821。【分布】澳大利亚(昆士兰),新几内亚岛。【模式】Gillbeea adenopetala F. v. Mueller。●☆

21609　Gillena Adans.(1763)Nom. illegit. ＝Gilibertia J. F. Gmel.(1791)Nom. illegit.;~＝Quivisia Comm. ex Juss.(1789);~＝Turraea L.(1771)[棟科 Meliaceae//桤叶树科(山柳科)Clethraceae]●

21610　Gillenia Moench(1802)【汉】美吐根属(三叶绣线菊属)。【日】ミツバシモッケソウ属。【俄】Гиления,Гилления。【英】American Ipecac, Bowman's Root, False Ipecac, Indian Physic-plant。【隶属】蔷薇科 Rosaceae。【包含】世界 2 种。【学名诠释与讨论】〈阴〉(人)A. Gillenius(Gille),德国医生、植物学者。此属的学名,ING 和 IK 记载是"Gillenia Moench, Suppl. Meth.(Moench)286. 1802 [Jan-Jun 1802]"。Cambess.(1824)把其降级为"Spiraea sect. Gillenia(Moench)Cambess., Annales des Sciences Naturelles(Paris)1：387. 1824"。Britton(1894)又用"Porteranthus Britton, Memoirs of the Torrey Botanical Club 4(2B)：115. 1894"替代"Gillenia Moench(1802)";多数学者不赞成这种处理。"Gillenia Steud., Nomencl. Bot. [Steudel], ed. 2. 1：684, sphalm. 1840 ＝Gilibertia J. F. Gmel.(1791)Nom. illegit. ＝Gillena Adans.(1763)[棟科 Meliaceae//桤叶树科(山柳科)Clethraceae]"是晚出的非法名称。【分布】美国,北美洲。【模式】Gillenia trifoliata(Linnaeus)Moench [Spiraea trifoliata Linnaeus]。【参考异名】Gillonia A. Juss.(1849);Ipecacuanha Gars.(1764)Nom. inval.;Porteranthus Britton(1894)Nom. illegit.;

Porteranthus Small（1894）Nom. illegit.；Spiraea sect. Gillenia（Moench）Cambess.（1824）■☆

21611　Gillenia Steud.（1840）Nom. illegit. =Gilibertia J. F. Gmel. Nom. illegit.（1791）；~ =Gillena Adans.（1763）［楝科 Meliaceae//桤叶树科（山柳科）Clethraceae］●

21612　Gillespiea A. C. Sm.（1936）【汉】吉来茜属。【隶属】茜草科 Rubiaceae。【包含】世界 1 种。【学名诠释与讨论】〈阴〉（人）Gillespie,植物学者。【分布】斐济。【模式】Gillespiea speciosa A. C. Smith。☆

21613　Gilletiella De Wild. et T. Durand（1900）Nom. illegit. = Anomacanthus R. D. Good（1923）［爵床科 Acanthaceae］●☆

21614　Gilletiodendron Vermoesen（1923）【汉】吉树豆属。【隶属】豆科 Fabaceae（Leguminosae）//云实科（苏木科）Caesalpiniaceae。【包含】世界 5 种。【学名诠释与讨论】〈中〉（人）Justin Gillet,1866-1943,他曾在刚果采集标本+dendron 或 dendros,树木,棍,丛林。【分布】热带非洲。【后选模式】Gilletiodendron mildbraedii（Harms）Vermoesen［Cynometra mildbraedii Harms］。【参考异名】Cymonetra Roberty（1954）；Microstegia Pierre ex Harms ●☆

21615　Gillettia Rendle（1896）= Anthericopsis Engl.（1895）［鸭趾草科 Commelinaceae］■☆

21616　Gillia Endl.（1841）= Gilia Ruiz et Pav.（1794）［花荵科 Polemoniaceae］●☆

21617　Gilliesia Lindl.（1826）【汉】吉利葱属。【隶属】葱科 Alliaceae。【包含】世界 3-5 种。【学名诠释与讨论】〈阴〉（人）John Gillies,1792-1834,英国植物学者,医生,植物采集家。【分布】智利。【模式】Gilliesia graminea J. Lindley。■☆

21618　Gilliesiaceae Lindl.（1826）= Alliaceae Borkh.（保留科名）■

21619　Gillonia A. Juss.（1849）= Gillenia Moench（1802）［蔷薇科 Rosaceae］■☆

21620　Gilmania Coville（1936）【汉】金垫蓼属。【英】Golden Carpet。【隶属】蓼科 Polygonaceae。【包含】世界 1-2 种。【学名诠释与讨论】〈阴〉（人）Marshall French Gilman,1871-1944,美国植物学者。此属的学名“Gilmania Coville, J. Wash. Acad. Sci. 26：210. 15 Mai 1936”是一个替代名称。“Phyllogonum Coville, Contr. U. S. Natl. Herb. 4：190. 29 Nov 1893”是一个非法名称（Nom. illegit.）,因为此前已经有了苔藓的“Phyllogonium S. E. Bridel, Bryol. Univ. 2：671. 1827”。故用“Gilmania Coville（1936）”替代之。【分布】美国（西南部）。【模式】Gilmania luteola（Coville）Coville［Phyllogonum luteolum Coville］。【参考异名】Phyllogonum Coville（1893）Nom. illegit. ■☆

21621　Gilruthia Ewart（1909）【汉】寡头鼠麴草属。【隶属】菊科 Asteraceae（Compositae）。【包含】世界 1 种。【学名诠释与讨论】〈阴〉（人）John Anderson Gilruth,1871-1937,英国兽医,植物采集家。【分布】澳大利亚（西部）。【模式】Gilruthia osborni Ewart et White。■☆

21622　Gimbernatea Ruiz et Pav.（1794）= Chuncoa Pav. ex Juss.（1789）；~ = Terminalia L.（1767）（保留属名）［使君子科 Combretaceae//榄仁树科 Terminaliaceae］●

21623　Gimbernatea Ruiz et Pav. ex Benth. et Hook. f.（1865）Nom. inval., Nom. illegit. = Gimbernatia Ruiz et Pav.（1794）Nom. illegit.；~ ≡ Chuncoa Pav. ex Juss.（1789）；~ = Terminalia L.（1767）（保留属名）［使君子科 Combretaceae//榄仁树科 Terminaliaceae］●

21624　Gimbernatia Ruiz et Pav.（1794）Nom. illegit. ≡Chuncoa Pav. ex Juss.（1789）；~ =Terminalia L.（1767）（保留属名）［使君子科 Combretaceae//榄仁树科 Terminaliaceae］●

21625　Ginalloa Korth.（1839）【汉】南亚槲寄生属。【隶属】槲寄生科 Viscaceae。【包含】世界 8 种。【学名诠释与讨论】〈阴〉词源不详。【分布】印度至马来西亚。【模式】Ginalloa arnottiana P. W. Korthals。●☆

21626　Ginalloaceae Tiegh.（1899）= Santalaceae R. Br.（保留科名）●■

21627　Ginaloaceae Tiegh.（1899）= Viscaceae Miq. ●

21628　Ginaloaceae Tiegh. ex Nakai =Viscaceae Miq. ●

21629　Ginannia Bubani（1901）Nom. illegit. ≡ Holcus L.（1753）（保留属名）［禾本科 Poaceae（Gramineae）］■

21630　Ginannia F. Dietr.（1804）Nom. illegit. =Gilibertia Ruiz et Pav.（1794）Nom. illegit.；~ = Dendropanax Decne. et Planch.（1854）［五加科 Araliaceae］●

21631　Ginannia Scop.（1777）Nom. illegit. ≡ Palovea Aubl.（1775）［豆科 Fabaceae（Leguminosae）//云实科（苏木科）Caesalpiniaceae］■☆

21632　Gingidia J. W. Dawson（1974）【汉】新西兰草属。【隶属】伞形花科（伞形科）Apiaceae（Umbelliferae）。【包含】世界 10 种。【学名诠释与讨论】〈阴〉（希）Gingidion,希腊古名。此属的学名“Gingidia J. W. Dawson, Kew Bull. 29：476. 3 Dec 1974”是一个替代名称。“Gingidium J. R. Forster et J. G. A. Forster, Charact. Gen. 21. 29 Nov 1775”是一个非法名称（Nom. illegit.）,因为此前已经有了“Gingidium J. Hill, Brit. Herb. 425. Nov 1756 = Ammi L.（1753）［伞形花科（伞形科）Apiaceae（Umbelliferae）//阿米芹科 Ammiaceae］”。故用“Gingidia J. W. Dawson（1974）”替代之。【分布】澳大利亚,新西兰。【模式】Gingidia montana（J. R. Forster et J. G. A. Forster）J. W. Dawson［Gingidium montanum J. R. Forster et J. G. A. Forster］。【参考异名】Gingidium J. R. Forst. et G. Forst.（1776）Nom. illegit. ■☆

21633　Gingidium F. Muell.（1855）Nom. illegit. =Aciphylla J. R. Forst. et G. Forst.（1775）［伞形花科（伞形科）Apiaceae（Umbelliferae）］■☆

21634　Gingidium Hill（1756）= Ammi L.（1753）［伞形花科（伞形科）Apiaceae（Umbelliferae）//阿米芹科 Ammiaceae］■

21635　Gingidium J. R. Forst. et G. Forst.（1776）Nom. illegit. ≡Gingidia J. W. Dawson（1974）［伞形花科（伞形科）Apiaceae（Umbelliferae）］☆

21636　Ginginsia DC.（1828）Nom. illegit. ≡ Pharnaceum L.（1753）［粟米草科 Molluginaceae］■●☆

21637　Ginkgo Agardh = Ginkgo L.（1771）［银杏科 Ginkgoaceae］●★

21638　Ginkgo L.（1771）【汉】银杏属。【日】イチャウ属,イチョウ属,イテフ属。【俄】Гинкго。【英】Ginkgo, Maidenhair Tree, Maidenhairtree, Maidenhair-tree。【隶属】银杏科 Ginkgoaceae。【包含】世界 1 种,中国 1 种。【学名诠释与讨论】〈阴〉源于日语ギンキョウ银杏的读音。日语ギンキョウ来自中国广东方言“金果”。此属的学名,ING、TROPICOS 和 IK 记载是“Ginkgo L., Mant. Pl. Altera 313. 1771［Oct 1771］”。“Pterophyllus J. Nelson（'Senilis'）, Pinaceae 163. 1866（non Léveillé 1844）.（non Léveillé 1844）”、“Salisburiana Alph. Wood, Class-book Bot.（ed. 1861）. 664, sphalm. 1861”和“Salisburia J. E. Smith, Trans. Linn. Soc. London 3：330. 25 Mai 1797”是“Ginkgo L.（1771）”的晚出的同模式异名（Homotypic synonym, Nomenclatural synonym）。本属仅一种,本是我国特有；但是现在玻利维亚、巴基斯坦、秘鲁等国家也有引种。【分布】巴基斯坦,秘鲁,玻利维亚,中国。【模式】Ginkgo biloba Linnaeus。【参考异名】Ginkgo Agardh；Pterophyllus J. Nelson（1866）；Salisburia Sm.（1797）；Salisburiana Wood（1861）●★

21639　Ginkgoaceae Engl.（1897）（保留科名）【汉】银杏科。【日】アチョウ科,イチャウ科。【俄】Гинкговые。【英】Ginkgo Family,

Maidenhair Tree Family, Maidenhairtree Family, Maidenhair – tree Family.【包含】世界 1 属 1 种,中国 1 属 1 种。【分布】中国。【科名模式】Ginkgo L. ●

21640　Ginnania M. Roem.（1846）Nom. illegit. = Quivisia Comm. ex Juss.（1789）; ~ =Turraea L.（1771）［楝科 Meliaceae］●

21641　Ginora L.（1762）Nom. illegit. ≡Ginoria Jacq.（1760）［千屈菜科 Lythraceae］●☆

21642　Ginoria DC.（1828）= Heimia Link（1822）［千屈菜科 Lythraceae］●

21643　Ginoria Jacq.（1760）【汉】吉诺菜属。【隶属】千屈菜科 Lythraceae。【包含】世界 13-14 种。【学名诠释与讨论】〈阴〉词源不详。似来自人名。此属的学名,ING、TROPICOS 和 IK 记载是“Ginora N. J. Jacquin, Enum. Pl. Carib. 5. Aug – Sep 1760”。“Ginora L.,Sp. Pl.,ed. 2. 1: 642. 1762［Sep 1762］”是其变体。“Ginoria DC.,Prodr.［A. P. de Candolle］3: 89. 1828［mid Mar 1828］=Heimia Link（1822）［千屈菜科 Lythraceae］”是晚出的非法名称。【分布】墨西哥,西印度群岛,中美洲。【模式】Ginoria americana N. J. Jacquin。【参考异名】Antherylium Rohr et Vahl（1792）Nom. illegit. ; Antherylium Rohr（1792）; Ginora L.（1762）Nom. illegit. ●☆

21644　Ginsa Steud.（1841）= Ginsen Adans.（1763）Nom. illegit. ; ~ = Panax L.（1753）［五加科 Araliaceae］■

21645　Ginsen Adans.（1763）Nom. illegit. ≡Panax L.（1753）［五加科 Araliaceae］■

21646　Ginseng Wood（1871）= Aralia L.（1753）［五加科 Araliaceae］●■

21647　Ginura S. Vidal（1886）= Gynura Cass.（1825）（保留属名）［菊科 Asteraceae（Compositae）］●■

21648　Giorgiella De Wild.（1914）= Deidamia E. A. Noronha ex Thouars（1805）; ~ = Efulensia C. H. Wright（1897）［西番莲科 Passifloraceae］■☆

21649　Giraldia Baroni（1897）= Atractylodes DC.（1838）［菊科 Asteraceae（Compositae）］■

21650　Giraldiella Dammer（1905）= Lloydia Salisb. ex Rchb.（1830）（保留属名）［百合科 Liliaceae］■

21651　Girardinia Gaudich.（1830）【汉】蝎子草属。【日】オニイラクサ属,セイバンイラクサ属。【俄】Жирардиния, Крапива。【英】Girardinia, Scorpiongrass。【隶属】荨麻科 Urticaceae。【包含】世界 2-11 种,中国 1-5 种。【学名诠释与讨论】〈阴〉（人）Jean Pierre Girardin,1803-1884,法国植物学者。【分布】巴基斯坦,马达加斯加,印度至马来西亚,中国,东亚,热带非洲。【后选模式】Girardinia leschenaultiana Jacquemont。●■

21652　Gireoudia Klotzsch（1854）= Begonia L.（1753）［秋海棠科 Begoniaceae］●■

21653　Girgensohnia Bunge ex Fenzl（1851）【汉】对叶盐蓬属（对叶蓬属）。【俄】Гиргенсония。【英】Girgensohnia, Oppositebane。【隶属】藜科 Chenopodiaceae。【包含】世界 3-6 种,中国 1 种。【学名诠释与讨论】〈阴〉（人）Gustav Karl Girgensohn,1786-1872,爱沙尼亚苔藓学者。此属的学名,ING 和 IK 记载是“Girgensohnia Bunge ex E. Fenzl in Ledebour, Fl. Ross. 3: 835. Dec 1851”。《中国植物志》英文版则用为“Girgensohnia Bunge in Ledebour, Fl. Ross. 3: 835. 1851”。三者引用的文献相同。《苏联植物志》用“Girgensohnia Bunge（1847）”。苔藓的“Girgensohnia（Lindb.）Kindb., Eur. N. Amer. Bryin. 1: 43, 1897 =Pleuroziopsis Kindberg ex E. G. Britton 1906”是晚出的非法名称。【分布】巴基斯坦,中国,亚洲中部。【模式】Girgensohnia oppositiflora（Pallas）E. Fenzl［Salsola oppositiflora Pallas］。【参考异名】Girgensohnia Bunge（1847）Nom. inval. ●■

21654　Girgensohnia Bunge（1847）Nom. inval. = Girgensohnia Bunge ex Fenzl（1851）［藜科 Chenopodiaceae］●■

21655　Giroa Steud.（1821）= Guioa Cav.（1798）［无患子科 Sapindaceae］●☆

21656　Gironniera Gaudich.（1844）【汉】白颜树属。【英】Gironniera, Villaintree。【隶属】榆科 Ulmaceae。【包含】世界 6-30 种,中国 1-2 种。【学名诠释与讨论】〈阴〉（人）Paul Proust de la Gironiere,法国海军医生。【分布】印度至马来西亚,中国,波利尼西亚群岛。【模式】Gironniera celtidifolia Gaudichaud-Beaupré。【参考异名】Dicera Blume（1853）Nom. illegit. ; Dicera Zipp. ex Blume（1853）Nom. illegit. ; Diceras Post et Kuntze（1903）; Galumpita Blume（1856）; Helminthospermum Thwaites（1854）; Mirandaceltis Sharp（1958）; Nematostigma Benth. et Hook. f. ; Nematostigma Planch.（1848）; Nemostigma Planch.（1848）●

21657　Girostachys Raf. = Spiranthes Rich.（1817）（保留属名）［兰科 Orchidaceae］■

21658　Girtaneria Raf.（1838）Nom. illegit. ≡Girtanneria Neck. ex Raf.（1838）［鼠李科 Rhamnaceae］●■

21659　Girtanneria Neck.（1790）Nom. inval. ≡Girtanneria Neck. ex Raf.（1838）; ~ =Rhamnus L.（1753）［鼠李科 Rhamnaceae］●

21660　Girtanneria Neck. ex Raf.（1838）= Rhamnus L.（1753）［鼠李科 Rhamnaceae］●

21661　Gisania Ehrenb. ex Moldenke（1938）= Chascanum E. Mey.（1838）（保留属名）［马鞭草科 Verbenaceae］●☆

21662　Gisechia L.（1771）Nom. illegit. ≡Gisekia L.（1771）［番杏科 Aizoaceae//吉粟草科（针晶粟草科）Gisekiaceae//粟米草科 Molluginaceae］■

21663　Giseckia Schult.（1820）Nom. illegit. =? Gisekia L.（1771）［番杏科 Aizoaceae//吉粟草科（针晶粟草科）Gisekiaceae//粟米草科 Molluginaceae］■

21664　Giseckia Willd.（1798）= Gisekia L.（1771）［番杏科 Aizoaceae//吉粟草科（针晶粟草科）Gisekiaceae//粟米草科 Molluginaceae］■

21665　Gisekia L.（1771）【汉】吉粟草属（针晶粟草属）。【英】Gisekia。【隶属】番杏科 Aizoaceae//吉粟草科（针晶粟草科）Gisekiaceae//粟米草科 Molluginaceae。【包含】世界 5-10 种,中国 1 种。【学名诠释与讨论】〈阴〉（人）Paul Dietrich Giseke,1741-1796,德国植物学者,林奈的学生。此属的学名,ING、GCI 和 IK 记载是“Gisekia L., Mant. Pl. Altera 554, 562. 1771［Oct 1771］”。“Gisechia L., Mant. ii. 562（1771）”是其拼写变体。“Giseckia Schult.（1820）Nom. illegit.”和“Giseckia Willd.（1798）”也似其变体。【分布】巴基斯坦,巴勒斯坦,马达加斯加,斯里兰卡,中国,中南半岛,热带和非洲南部至印度。【模式】Gisekia pharnacioides Linnaeus。【参考异名】Giesekia Agardh（1825）; Gisechia L.（1771）; Giseckia Willd.（1798）; Koelreutera Murr.（1773）; Miltus Lour.（1790）■

21666　Gisekiaceae（Endl.）Nakai（1942）= Gisekiaceae Nakai ■

21667　Gisekiaceae Nakai（1942）［亦见 Phytolaccaceae R. Br.（保留科名）商陆科］【汉】吉粟草科（针晶粟草科）。【包含】世界 1 属 2 种,中国 1 属 1 种。【分布】非洲,亚洲西南、南方和东南部。【科名模式】Gisekia L. ■

21668　Gissanthe Salisb.（1812）= Costus L.（1753）［姜科（蘘荷科）Zingiberaceae//闭鞘姜科 Costaceae］■

21669　Gissanthus Post et Kuntze（1903）= Geissanthus Hook. f.（1876）［紫金牛科 Myrsinaceae］●☆

21670　Gissaspis Post et Kuntze（1903）= Geissaspis Wight et Arn.（1834）［豆科 Fabaceae（Leguminosae）//蝶形花科 Papilionaceae］■

21671　Gissipium Medik.（1783）= Gossypium L.（1753）［锦葵科 Malvaceae］●■

21672　Gissois Post et Kuntze（1903）= Geissois Labill.（1825）［火把树科（常绿棱枝树科，角瓣木科，库诺尼科，南蔷薇科，轻木科）Cunoniaceae］●☆

21673　Gissolepis Post et Kuntze（1903）= Geissolepis B. L. Rob.（1892）［菊科 Asteraceae（Compositae）］■☆

21674　Gissoloma Post et Kuntze（1903）= Geissoloma Lindl. ex Kunth（1830）［四棱果科 Geissolomataceae］●☆

21675　Gissomeria Post et Kuntze（1903）= Geissomeria Lindl.（1827）［爵床科 Acanthaceae］☆

21676　Gissonia Salisb.（1809）Nom. illegit. ≡ Gissopappus Post et Kuntze（1903）; ~ = Geissopappus Benth.（1840）［山龙眼科 Proteaceae］●

21677　Gissonia Salisb. ex Knight（1809）= Leucadendron R. Br.（1810）（保留属名）［山龙眼科 Proteaceae］●

21678　Gissopappus Post et Kuntze（1903）= Geissopappus Benth.（1840）［菊科 Asteraceae（Compositae）］●■☆

21679　Gissorhiza Post et Kuntze（1903）= Geissorhiza Ker Gawl.（1803）［鸢尾科 Iridaceae］■☆

21680　Gissospermum Post et Kuntze（1903）= Geissospermum Allemão（1845）［夹竹桃科 Apocynaceae］●☆

21681　Gitara Pax et K. Hoffm.（1924）【汉】吉塔尔大戟属。【隶属】大戟科 Euphorbiaceae。【包含】世界 2 种。【学名诠释与讨论】〈阴〉词源不详。【分布】巴拿马，玻利维亚，委内瑞拉。【模式】Gitara venezolana Pax et K. Hoffmann。☆

21682　Githago Adans.（1763）Nom. illegit. ≡ Agrostemma L.（1753）; ~ = Silene L.（1753）（保留属名）［石竹科 Caryophyllaceae］■

21683　Githopsis Nutt.（1842）【汉】无梗桔梗属。【隶属】桔梗科 Campanulaceae。【包含】世界 4 种。【学名诠释与讨论】〈阴〉（拉）gith，植物俗名，它具有黑色而芳香的种子+opsis，外观，模样，相似。【分布】北美洲西部。【模式】Githopsis specularioides Nuttall。■☆

21684　Giulianettia Rolfe（1899）= Glossorhyncha Ridl.（1891）［兰科 Orchidaceae］■☆

21685　Givotia Griff.（1843）【汉】吉沃特大戟属。【隶属】大戟科 Euphorbiaceae。【包含】世界 4 种。【学名诠释与讨论】〈阴〉（人）Joachim Otto Voigt，1798-1843，丹麦医生，植物学者。【分布】马达加斯加，斯里兰卡，印度（南部），热带非洲。【模式】Givotia rottleriformis W. Griffith ex R. Wight。【参考异名】Govania Wall.（1847）Nom. illegit. ; Ritchieophyton Pax（1910）●☆

21686　Gjellerupia Lauterb.（1912）【汉】新几内亚山柚子属。【隶属】山柚子科（山柑科，山柚仔科）Opiliaceae//山柑科（白花菜科，醉蝶花科）Capparaceae。【包含】世界 1 种。【学名诠释与讨论】〈阴〉（人）Gjellerup。【分布】新几内亚岛。【模式】Gjellerupia papuana Lauterbach。●☆

21687　Glabraria L.（1771）（废弃属名）= Brownlowia Roxb.（1820）（保留属名）［椴树科（椴科，田麻科）Tiliaceae//锦葵科 Malvaceae］●☆

21688　Glabrella Mich. Möller et W. H. Chen（2014）【汉】光叶苣苔属。【隶属】苦苣苔科 Gesneriaceae。【包含】世界 3 种。【学名诠释与讨论】〈阴〉（希）glaber，glabrous，平滑的，光滑的，无毛的。【分布】不详。【模式】Glabrella mihieri（Franch.）Mich. Möller et W. H. Chen［Didissandra mihieri Franch.］。☆

21689　Gladiangis Thouars = Angraecum Bory（1804）［兰科 Orchidaceae］■

21690　Gladiolaceae Raf.（1838）= Iridaceae Juss.（保留科名）■●

21691　Gladiolaceae Salisb. = Iridaceae Juss.（保留科名）■●

21692　Gladiolimon Mobayen（1964）【汉】剑叶补血草属。【隶属】白花丹科（矾松科，蓝雪科）Plumbaginaceae。【包含】世界 1 种。【学名诠释与讨论】〈中〉（希）gladius，指小式 gladiator，剑，刀 + Limonium 补血草属。【分布】阿富汗。【模式】Gladiolimon speciosissimum（Aitch. et Hemsl.）Mobayen。●☆

21693　Gladiolus Gaertn.（1788）Nom. illegit. ［鸢尾科 Iridaceae］■☆

21694　Gladiolus L.（1753）【汉】唐菖蒲属。【日】アシダンテラ属，グラジオラス属，タウシャウブ属，トウショウブ属。【俄】Гладиолус，Шпажник。【英】Blue Bell，Corn Flag，Cornflag，Corn-flag，Gladiola，Gladioli，Gladiolus，Gladiolus，Glads，Sword Lily，Swordlily，Whistling Jacks。【隶属】鸢尾科 Iridaceae。【包含】世界 195-300 种，中国 2 种。【学名诠释与讨论】〈阳〉（希）gladius，指小式 gladiolus，刀。gladiator，持刀者。指叶剑形。此属的学名，ING 和 IK 记载是 " Gladiolus L. , Sp. Pl. 1: 36. 1753 ［1 May 1753］"。" Gladiolus Gaertn. , Fruct. Sem. Pl. i. 31. t. 11. f. 4 （1788）［鸢尾科 Iridaceae］"是晚出的非法名称。【分布】巴基斯坦，西班牙（加那利群岛），马达加斯加，葡萄牙（马德拉群岛），玻利维亚，美国，中国，地中海至亚洲中部和西南，欧洲中部和南部，热带和非洲南部，中美洲。【后选模式】Gladiolus communis Linnaeus。【参考异名】Acidanthera Hochst.（1844）; Anomalesia N. E. Br.（1932）Nom. illegit. ; Ballosporum Salisb.（1866）; Bertera Steud.（1840）; Cunonia Büttner ex Mill.（1756）（废弃属名）; Cunonia Mill.（1756）（废弃属名）; Dortania A. Chev.（1937）; Freesia Klatt（1866）（废弃属名）; Hebea（Pers.）R. Hedw.（1806）; Hebea R. Hedw.（1806）Nom. illegit. ; Homoglossum Salisb.（1866）Nom. inval. ; Hyptissa Salisb.（1866）; Kentrosiphon N. E. Br.（1932）; Liliogladiolus Trew（1754）; Lilio-gladiolus Trew（1754）; Oenostachys Bullock（1930）; Ophiolyza Salisb.（1866）; Petamenes Salisb.（1812）Nom. inval. ; Petamenes Salisb. ex J. W. Loudon（1841）; Petamenes Salisb. ex N. E. Br.（1932）Nom. illegit. ; Ranisia Salisb.（1866）Nom. illegit. ; Schweiggera E. Mey. ex Baker（1877）; Solenanthus Klatt ex Baker（1877）Nom. illegit. ; Sphaerospora Klatt（1864）; Sphaerospora Sweet（1826）Nom. inval. ; Sphaerospora Sweet ex J. W. Loudon（1826）Nom. inval. ; Symphydolon Salisb.（1866）; Symphyodolon Baker（1877）; Tilesia Thunb. ex Steud.（1841）■

21695　Gladiopappus Humbert（1948）【汉】剑毛菊属（剑冠菊属）。【隶属】菊科 Asteraceae（Compositae）。【包含】世界 1 种。【学名诠释与讨论】〈阳〉（希）gladius，指小式 gladiator，剑，刀 + 希腊文 pappos 指柔毛，软毛。pappus 则与拉丁文同义，指冠毛。【分布】马达加斯加。【模式】Gladiopappus vernonioides Humbert。●☆

21696　Glandiloba（Raf.）Steud.（1840）Nom. inval. = Eriochloa Kunth（1816）［禾本科 Poaceae（Gramineae）］■

21697　Glandiloba Raf.（1840）Nom. illegit. ≡ Glandiloba（Raf.）Steud.（1840）Nom. inval. ; ~ = Eriochloa Kunth（1816）［禾本科 Poaceae（Gramineae）］■

21698　Glandonia Griseb.（1858）【汉】格朗东草属。【隶属】金虎尾科（黄褥花科）Malpighiaceae。【包含】世界 3 种。【学名诠释与讨论】〈阴〉（人）Glandon。【分布】热带南美洲。【模式】Glandonia macrocarpa Griseb.。●☆

21699　Glandora D. C. Thomas, Weigend et Hilger（2008）= Lithospermum L.（1753）［紫草科 Boraginaceae］■

21700　Glandula Medik.（1787）= Astragalus L.（1753）［豆科 Fabaceae（Leguminosae）//蝶形花科 Papilionaceae］●■

21701　Glandularia J. F. Gmel.（1792）【汉】腺花马鞭草属。【英】Verbena。【隶属】马鞭草科 Verbenaceae。【包含】世界 100 种。

【学名诠释与讨论】〈阴〉（拉）glans，所有格 glandis，橡实。指小式 glandula，腺体。glandulosus，腺的，腺质的，有腺的。此属的学名，ING、GCI、TROPICOS 和 IK 记载是"Glandularia J. F. Gmel.，Syst. Nat.，ed. 13〔bis〕. 2（2）：886，920. 1792〔1791 publ. late Apr-Oct 1792〕"。它已经先后被降级为"Verbena sect. Glandularia（J. F. Gmel.）Schauer，Prodromus Systematis Naturalis Regni Vegetabilis 11：550. 1847"、"Verbena subgen. Glandularia（J. F. Gmel.）Nutt.，Journal of the Academy of Natural Sciences of Philadelphia 2（1）：123. 1821"和"Verbena subgen. Glandularia（J. F. Gmel.）W. H. Lewis et R. L. Oliv.，American Journal of Botany 48（7）：643. 1961，Nom. illegit."。亦有文献把"Glandularia J. F. Gmel.（1792）"处理为"Verbena L.（1753）"的异名。【分布】巴拉圭，秘鲁，玻利维亚，厄瓜多尔，美国，美洲。【模式】Glandularia caroliniensis J. F. Gmelin。【参考异名】Verbena L.（1753）；Verbena sect. Glandularia（J. F. Gmel.）Schauer（1847）；Verbena subgen. Glandularia（J. F. Gmel.）Nutt.（1821）；Verbena subgen. Glandularia（J. F. Gmel.）W. H. Lewis et R. L. Oliv.（1961）Nom. illegit. ■●☆

21702　Glandulicactus Backeb.（1938）【汉】庆松玉属。【日】グランジュリカクタス属。【隶属】仙人掌科 Cactaceae。【包含】世界 4 种。【学名诠释与讨论】〈阴〉（拉）glans，所有格 glandis，橡实。指小式 glandula，腺体。glandulosus，腺的，腺质的，有腺的 + cactos，有刺的植物，通常指仙人掌科 Cactaceae 植物。此属的学名是"Glandulicactus Backeberg，Blätt. Kakteenf. 1938（6）：〔22〕. 1938"。亦有文献把其处理为"Hamatocactus Britton et Rose（1922）"或"Sclerocactus Britton et Rose（1922）"的异名。【分布】美国，墨西哥。【模式】Glandulicactus uncinatus（Galeotti）Backeberg〔Echinocactus uncinatus Galeotti〕。【参考异名】Hamatocactus Britton et Rose；Sclerocactus Britton et Rose（1922）■☆

21703　Glandulicereus Guiggi（2012）【汉】腺掌属。【隶属】仙人掌科 Cactaceae。【包含】世界 7 种。【学名诠释与讨论】〈阴〉（拉）glans，所有格 glandis，橡实。指小式 glandula，腺体。glandulosus，腺的，腺质的，有腺的 +（属）Cereus 仙影掌属，或蜡烛，蜡的，蜡制的。【分布】墨西哥。【模式】Glandulicereus thurberi（Engelm.）Guiggi〔Cereus thurberi Engelm.〕。☆

21704　Glandulifera（Salm-Dyck）Frič（1924）Nom. illegit. = Coryphantha（Engelm.）Lem.（1868）（保留属名）〔仙人掌科 Cactaceae〕●■

21705　Glandulifera Dalla Torre et Harms（1901）= Adenandra Willd.（1809）（保留属名）〔芸香科 Rutaceae〕■☆

21706　Glandulifera Frič（1924）Nom. illegit. ≡ Glandulifera（Salm-Dyck）Frič（1924）Nom. illegit. ；~ = Coryphantha（Engelm.）Lem.（1868）（保留属名）〔仙人掌科 Cactaceae〕●■

21707　Glandulifolia J. C. Wendl.（1805）（废弃属名）= Adenandra Willd.（1809）（保留属名）〔芸香科 Rutaceae〕■☆

21708　Glans Gronov. = Balanites Delile（1813）（保留属名）〔蒺藜科 Zygophyllaceae//榍果科（翠蛋胚科，龟头树科，卤水草科）Balanitaceae〕●☆

21709　Glaphiria Spach（1835）= Glaphyria Jack（1823）〔桃金娘科 Myrtaceae〕●☆

21710　Glaphyria Jack（1823）= Leptospermum J. R. Forst. et G. Forst.（1775）（保留属名）；~ = Vaccinium L.（1753）+ Decaspermum J. R. Forst. et G. Forst.（1776）〔桃金娘科 Myrtaceae//薄子木科 Leptospermaceae〕●

21711　Glaribraya H. Hara（1978）【汉】碎石芥属。【隶属】十字花科 Brassicaceae（Cruciferae）。【包含】世界 1 种，中国 1 种。【学名诠释与讨论】〈阴〉（拉）glarea = glareola，小石 +（属）Braya 肉叶芥属（柏蕾芥属，肉叶芥属）。此属的学名是"Glaribraya H. Hara，J.

Jap. Bot. 53：134. Mai 1978"。亦有文献把其处理为"Taphrospermum C. A. Mey.（1831）"的异名。【分布】尼泊尔，中国。【模式】Glaribraya lowndesii H. Hara。【参考异名】Taphrospermum C. A. Mey.（1831）■

21712　Glastaria Boiss.（1841）【汉】菘蓝芥属。【隶属】十字花科 Brassicaceae（Cruciferae）。【包含】世界 1 种。【学名诠释与讨论】〈阴〉（拉），菘蓝 +-arius，-aria，-arium，指示"属于、相似、具有、联系"的词尾。此属的学名，ING、TROPICOS 和 IK 记载是"Glastaria Boissier，Ann. Sci. Nat. Bot. ser. 2. 16：382. Dec 1841"。"Texiera Jaubert et Spach，Ill. Pl. Orient. 1：1. Mar 1842"是"Glastaria Boiss.（1841）"的晚出的同模式异名（Homotypic synonym，Nomenclatural synonym）。【分布】叙利亚，伊拉克。【模式】Glastaria deflexa Boissier，Nom. illegit. 〔Peltaria glastifolia A. P. de Candolle〕。【参考异名】Texiera Jaub. et Spach（1842）Nom. illegit. ■☆

21713　Glastum Ruppius（1745）Nom. inval.〔十字花科 Brassicaceae（Cruciferae）〕☆

21714　Glaucena Vitman（1789）= Clausena Burm. f.（1768）〔芸香科 Rutaceae〕●

21715　Glaucidiaceae Tamura（1972）= Paeoniaceae Raf.（保留科名）；~ = Ranunculaceae Juss.（保留科名）●■

21716　Glaucidium Siebold et Zucc.（1845）【汉】白根葵属。【日】シラネアオイ属。【隶属】毛茛科 Ranunculaceae//白根葵科 Glaucidiaceae//黄根葵科 Hydrastidaceae//芍药科 Paeoniaceae。【包含】世界 1 种。【学名诠释与讨论】〈中〉（属）Glaucium 海罂粟属 +-idius，-idia，-idium，指示小的词尾。指花形似海罂粟。【分布】日本。【模式】Glaucidium palmatum Siebold et Zuccarini。■☆

21717　Glaucium Mill.（1754）【汉】海罂粟属。【日】ツノゲシ属。【俄】Глауциум，Гляуциум，Мачёк，Мачок，Рогомак。【英】Horn Poppy，Horned Poppy，Horned-poppy，Hornpoppy，Horn-poppy，Sea Poppy，Sea-poppy。【隶属】罂粟科 Papaveraceae。【包含】世界 23-25 种，中国 3 种。【学名诠释与讨论】〈中〉（希）glaukos，苍白色的，灰绿色的，海绿色的，如银的，放光的 +-ius，-ia，-ium，在拉丁文和希腊文中，这些词尾表示性质或状态。指叶背面苍白色。此属的学名，ING、TROPICOS 和 IK 记载是"Glaucium P. Miller，Gard. Dict. Abr. ed. 4. 28 Jan 1754"。"Mosenthinia O. Kuntze，Rev. Gen. 1：16. 5 Nov 1891"是"Glaucium Mill.（1754）"的晚出的同模式异名（Homotypic synonym，Nomenclatural synonym）。【分布】巴基斯坦，中国，欧洲，亚洲中部和西南。【后选模式】Glaucium flavum Crantz〔Chelidonium glaucium Linnaeus〕。【参考异名】Mosenthinia Kuntze（1891）Nom. illegit. ■

21718　Glaucium Tourn ex Haller（1742）Nom. inval. = Glaucium Mill.（1754）〔罂粟科 Papaveraceae〕■

21719　Glaucocarpum Rollins（1938）【汉】海绿果芥属（海罂粟果芥属）。【隶属】十字花科 Brassicaceae（Cruciferae）。【包含】世界 1 种。【学名诠释与讨论】〈中〉（希）glaukos，苍白色的，灰绿色的，海绿色的，如银的，放光的 + karpos，果实。【分布】美国（西南部）。【模式】Glaucocarpum suffrutescens（Rollins）Rollins〔Thelypodium suffrutescens Rollins〕。■☆

21720　Glaucocochlearia（O. E. Schulz）Pobed.（1968）= Cochlearia L.（1753）〔十字花科 Brassicaceae（Cruciferae）〕■

21721　Glaucoides Ruppius（1745）Nom. inval.〔报春花科 Primulaceae〕■

21722　Glaucosciadium B. L. Burtt et P. H. Davis（1949）【汉】灰伞芹属。【隶属】伞形花科（伞形科）Apiaceae（Umbelliferae）。【包含】世界 2 种。【学名诠释与讨论】〈阴〉（希）glaukos，苍白色的，灰绿色的，海绿色的，如银的，放光的 +（属）Sciadium 伞芹属。【分

布］塞浦路斯, 安纳托利亚。【模式】Glaucosciadium cordifolium (Boissier) Burtt et P. H. Davis [Siler cordifolium Boissier]。■☆

21723　Glaucothea O. F. Cook (1915) = Brahea Mart. ex Endl. (1837); ~ = Erythea S. Watson (1880) [棕榈科 Arecaceae (Palmae)] ●☆

21724　Glaux Ehrh. , Nom. illegit. = Glaux L. (1753) [报春花科 Primulaceae // 紫金牛科 Myrsinaceae] ■

21725　Glaux Hill (1756) = Astragalus L. (1753) [豆科 Fabaceae (Leguminosae) // 蝶形花科 Papilionaceae] ●■

21726　Glaux L. (1753)【汉】海乳草属 (乳草属)。【日】ウミミドリ属, シホマツバ属。【俄】Глаукс, Млечник。【英】Milkwort, Saltwort, Sea Milkwort, Seamilkwort。【隶属】报春花科 Primulaceae // 紫金牛科 Myrsinaceae。【包含】世界 1 种, 中国 1 种。【学名诠释与讨论】〈阴〉(希) glaux = glax, 海乳草。此属的学名, ING、TROPICOS 和 IK 记载是 "Glaux Linnaeus, Sp. Pl. 207. 1 Mai 1753"。 "Vroedea Bubani, Fl. Pyrenaea 1 : 230. 1897" 是 "Glaux L. (1753)" 的晚出的同模式异名 (Homotypic synonym, Nomenclatural synonym)。豆科 Fabaceae (Leguminosae) // 蝶形花科 Papilionaceae 的 "Glaux J. Hill, Brit. Herbal 292. 9 Aug 1756 = Astragalus L. (1753)" 和 "Glaux Medikus, Vorles. Churpfälz. Phys. – Öcon. Ges. 2 : 376. 1787 ≡ Cystium Steven 1856 ≡ Cystium (Steven) Steven (1856) = Astragalus L. (1753)" 是晚出的非法名称。"Glaux Ehrh." 则是 "Glaux L. (1753)" 的异名。【分布】巴基斯坦, 中国, 北温带。【模式】Glaux maritima Linnaeus。【参考异名】Glaux Ehrh. , Nom. illegit. ; Vroedea Bubani (1897) Nom. illegit. ■

21727　Glaux Medik. (1787) Nom. illegit. ≡ Cystium (Steven) Steven (1856); ~ = Astragalus L. (1753) [豆科 Fabaceae (Leguminosae) // 蝶形花科 Papilionaceae] ●■

21728　Glaxia Thunb. = Moraea Mill. (1758) [as ' Morea'] (保留属名) [鸢尾科 Iridaceae] ■

21729　Glayphyria G. Don (1832) = Glaphyria Jack (1823) [桃金娘科 Myrtaceae] ●☆

21730　Glaziocharis Taub. (1894) Nom. inval. ≡ Glaziocharis Taub. ex Warm. (1901); ~ = Thismia Griff. (1845) [水玉簪科 Burmanniaceae // 水玉杯科 (腐杯草科, 肉质腐生草科) Thismiaceae] ●

21731　Glaziocharis Taub. ex Warm. (1901) = Thismia Griff. (1845) [水玉簪 Burmanniaceae // 水玉杯科 (腐杯草科, 肉质腐生草科) Thismiaceae] ●

21732　Glaziophyton Franch. (1889)【汉】灯心草禾属 (灯草禾属)。【隶属】禾本科 Poaceae (Gramineae)。【包含】世界 1 种。【学名诠释与讨论】〈中〉(人) Auguste Francois Marie Glaziou, 1828 – 1906, 法国植物学者 + phyton, 植物, 树木, 枝条。【分布】巴西。【模式】Glaziophyton mirabile A. R. Franchet。●☆

21733　Glaziostelma E. Fourn. (1885) = Tassadia Decne. (1844) [萝藦科 Asclepiadaceae] ●☆

21734　Glaziova Bureau (1868)【汉】格拉紫葳属。【隶属】紫葳科 Bignoniaceae。【包含】世界 1 种。【学名诠释与讨论】〈阴〉(人) Auguste Francois Marie Glaziou, 1828 – 1906, 法国植物学者。此属的学名, ING、TROPICOS 和 IK 记载是 "Glaziova Bureau, Adansonia 8 : 380. Aug 1868"。 "Glaziovia Benth. et Hook. f. , Gen. Pl. [Bentham et Hooker f.] 2 (2) : 1038. 1876 [May 1876]" 是其变体。 "Glaziova C. F. P. Martius ex Drude in C. F. P. Martius, Fl. Brasil. 3 (2) : 395. 1 Nov 1881 ≡ Microcoelum Burret et Potztal (1956) = Lytocaryum Toledo (1944) [棕榈科 Arecaceae (Palmae)]" 是晚出的非法名称。【分布】巴西。【模式】Glaziova bauhinioides Bureau ex Baillon。【参考异名】Glaziovia Benth. et Hook. f. (1876) Nom. illegit. ●☆

21735　Glaziova Mart. ex Drude (1881) Nom. illegit. ≡ Microcoelum Burret et Potztal (1956); ~ = Lytocaryum Toledo (1944) [棕榈科 Arecaceae (Palmae)] ●☆

21736　Glaziovia Benth. et Hook. f. (1876) Nom. illegit. ≡ Glaziova Bureau (1868) [紫葳科 Bignoniaceae] ●☆

21737　Glaziovianthus G. M. Barroso (1947) = Chresta Vell. ex DC. (1836) [菊科 Asteraceae (Compositae)] ■●☆

21738　Gleadovia Gamble et Prain (1901)【汉】藨寄生属。【英】Gleadovia。【隶属】列当科 Orobanchaceae // 玄参科 Scrophulariaceae。【包含】世界 2-6 种, 中国 2-5 种。【学名诠释与讨论】〈阴〉(人) Gleadov, 俄国人。另说 F. Gleadow, 英国植物采集家。【分布】中国, 西喜马拉雅山。【模式】Gleadovia ruborum J. S. Gamble et D. Prain。■

21739　Gleasonia Standl. (1931)【汉】格利森茜属。【隶属】茜草科 Rubiaceae。【包含】世界 5 种。【学名诠释与讨论】〈阴〉(人) Henry Allan Gleason, 1882 – 1975, 美国植物学者。【分布】热带南美洲。【模式】Gleasonia duidana Standley。☆

21740　Glebionis Cass. (1826)【汉】花环菊属。【隶属】菊科 Asteraceae (Compositae)。【包含】世界 2-4 种。【学名诠释与讨论】〈阴〉(拉) gleba, 土地 + ionis 特征。暗示用途不清楚, 可能与农业有关。此属的学名是 "Glebionis Cassini in F. Cuvier, Dict. Sci. Nat. 41 : 41. Jun 1826"。亦有文献把其处理为 "Chrysanthemum L. (1753) (保留属名)" 的异名。【分布】玻利维亚, 哥伦比亚 (安蒂奥基亚), 中国, 非洲北部, 欧亚大陆, 北美洲, 中美洲。【模式】未指定。【参考异名】Chrysanthemum L. (1753) (保留属名); Xantophtalmum Sch. Bip. (1844) ■

21741　Glechoma L. (1753) (保留属名)【汉】活血丹属 (金钱薄荷属, 连钱草属)。【日】カキドオシ属。【俄】Будра, Глехома。【英】Alehoof, Gill-ale, Ground Ivy, Ground-ivy, Hay Hove。【隶属】唇形科 Lamiaceae (Labiatae)。【包含】世界 4-8 种, 中国 5 种。【学名诠释与讨论】〈阴〉(希) glechon, glachon, blechon, 一种薄荷 + - oma, 医学中用来指示病态的词尾, 常常指肿瘤。此属的学名 "Glechoma L. , Sp. Pl. : 578. 1 Mai 1753 (' Glecoma') (orth. cons.)" 是保留属名。法规未列出相应的废弃属名。但是其变体 "Glecoma L. (1753)" 应该废弃。"Glechoma Mill. , The Gardeners Dictionary. . Abridged. . fourth edition 1754 = Marmoritis Benth. (1833) [唇形科 Lamiaceae (Labiatae) // 荆芥科 Nepetaceae]" 亦应废弃。【分布】巴基斯坦, 厄瓜多尔, 美国 (密苏里), 中国, 温带欧亚大陆。【模式】Glechoma hederacea Linnaeus。【参考异名】Chamaecissos Lunell (1916) Nom. illegit. ; Chamaeclema Boehm. (1760); Glecoma L. (1753) Nom. illegit. ; Hederula Fabr. ; Meehaniopsis Kudô (1929) ■

21742　Glechoma Mill. (1754) Nom. illegit. (废弃属名) = Marmoritis Benth. (1833) [唇形科 Lamiaceae (Labiatae) // 荆芥科 Nepetaceae] ■

21743　Glechomaceae Martinov (1820) = Labiatae Juss. (保留科名) // Lamiaceae Martinov (保留科名) ●■

21744　Glechon Spreng. (1827)【汉】格莱薄荷属。【隶属】唇形科 Lamiaceae (Labiatae)。【包含】世界 6-14 种。【学名诠释与讨论】〈阴〉(希) glechon, glachon, blechon, 一种薄荷。【分布】巴拉圭, 巴西。【模式】Glechon thymoides K. P. J. Sprengel。●☆

21745　Glechonion St. -Lag. (1880) = Glecoma L. (1753) Nom. illegit. ; ~ = Glechoma L. (1753) (保留属名) [唇形科 Lamiaceae (Labiatae)] ■

21746　Glecoma L. (1753) Nom. illegit. ≡ Glechoma L. (1753) (保留属名) [唇形科 Lamiaceae (Labiatae)] ■

21747　Gleditschia Scop. (1777) Nom. illegit. = Gleditsia J. Clayton ex

L.（1753）［豆科 Fabaceae（Leguminosae）//云实科（苏木科）Caesalpiniaceae］●

21748　Gleditsia J. Clayton ex L.（1753）【汉】皂荚属（皂角属）。【日】サイカチ属。【俄】Гледичия。【英】Bean Tree，Honey Locust，Honeylocust，Honey-locust，Locust，Locust Bean，Water-locust。【隶属】豆科 Fabaceae（Leguminosae）//云实科（苏木科）Caesalpiniaceae。【包含】世界 16 种，中国 6-11 种。【学名诠释与讨论】〈阴〉（人）Johann Gottlieb Gleditsch，1714-1786，德国植物学者，曾任柏林植物园主任。属名拼写是因林奈将其姓氏拉丁化时有意识地更改为 Gleditsius 之故。此属的学名，ING 记载是“Gleditsia Linnaeus，Sp. Pl. 1056. 1 Mai 1753”。APNI、GCI、TROPICOS 和 IK 则记载为“Gleditsia J. Clayton，Sp. Pl. 2：1056. 1753［1 May 1753］”。后者的命名人的表述有误：“J. Clayton”的名称显然是命名起点著作之前的名称；虽然林奈将命名人归于“J. Clayton”，但是应该表述为“Gleditsia L.（1753）”或“Gleditsia J. Clayton ex L.（1753）”；“Gleditsia L.（1753）”和“Gleditsia J. Clayton ex L.（1753）”都是合法名称，可以通用。“Gleditschia Scop.（1777）Nom. illegit. = Gleditsia L.（1753）［豆科 Fabaceae（Leguminosae）//云实科（苏木科）Caesalpiniaceae］”和“Gleditzia J. St.–Hil.（1805）Nom. illegit. ≡ Gleditsia L.（1753）［豆科 Fabaceae（Leguminosae）//云实科（苏木科）Caesalpiniaceae］”可能是变体。“Caesalpiniodes O. Kuntze，Rev. Gen. 1：166. 5 Nov 1891”是“Gleditsia J. Clayton ex L.（1753）”的晚出的同模式异名（Homotypic synonym，Nomenclatural synonym）。【分布】巴基斯坦，巴拉圭，玻利维亚，美国，中国，热带和亚热带。【模式】Gleditsia triacanthos Linnaeus。【参考异名】Asacara Raf.（1825）；Caesalpiniodes Kuntze（1891）Nom. illegit.；Gamwellia Baker f.（1935）；Garugandra Griseb.（1879）；Gleditschia Scop.（1777）；Gleditsia J. Clayton（1753）Nom. illegit.；Gleditsia L.（1753）；Gleditzia J. St. –Hil.（1805）Nom. illegit.；Melilobus Mitch.（1748）Nom. inval.；Podocybe K. Schum.（1901）Nom. illegit.；Pogocybe Pierre（1899）●

21749　Gleditsia J. Clayton（1753）Nom. illegit. ≡ Gleditsia J. Clayton ex L.（1753）［豆科 Fabaceae（Leguminosae）//云实科（苏木科）Caesalpiniaceae］●

21750　Gleditsia L.（1753）≡ Gleditsia J. Clayton ex L.（1753）［豆科 Fabaceae（Leguminosae）//云实科（苏木科）Caesalpiniaceae］●

21751　Gleditzia J. St. –Hil.（1805）Nom. illegit. ≡ Gleditsia J. Clayton ex L.（1753）≡ Gleditsia L.（1753）；~ ≡［豆科 Fabaceae（Leguminosae）//云实科（苏木科）Caesalpiniaceae］●

21752　Glehnia F. Schmidt ex Miq.（1867）【汉】珊瑚菜属（北沙参属，滨防风属）。【日】ハマボウフウ属。【俄】Гения，Глениа。【英】Coralgreens，Glehnia。【隶属】伞形花科（伞形科）Apiaceae（Umbelliferae）。【包含】世界 2 种，中国 1 种。【学名诠释与讨论】〈阴〉（人）Peter von Glehn，1835-1876，俄罗斯植物学者，曾在东亚采集植物标本，“Flora der Umgebung Dorpats”的作者。此属的学名，ING 和 TROPICOS 记载是“Glehnia F. Schmidt ex Miquel，Ann. Mus. Bot. Lugduno-Batavi 3：61. Jan–Jun 1867”；《中国植物志》中文版和英文版以及《台湾植物志》亦使用此名称。IK 则记载为“Glehnia F. Schmidt，Ann. Mus. Bot. Lugduno-Batavi iii. 61（1867）”。他们引用的文献是相同的。【分布】中国，太平洋地区，亚洲东北部，北美洲。【模式】Glehnia littoralis F. Schmidt ex Miquel。【参考异名】Glehnia F. Schmidt（1867）Nom. illegit.；Phellopterus Benth.（1867）■

21753　Glehnia F. Schmidt（1867）Nom. illegit. ≡ Glehnia F. Schmidt ex Miq.（1867）［伞形花科（伞形科）Apiaceae（Umbelliferae）］■

21754　Glekia Hilliard（1989）【汉】非洲山玄参属。【隶属】玄参科 Scrophulariaceae。【包含】世界 1 种。【学名诠释与讨论】〈阴〉（人）Georg Ludwig Engelhard Krebs，1792-1844，德国博物学者。【分布】非洲南部。【模式】Glekia krebsiana（Bentham）O. M. Hilliard［Phyllopodium krebsianum Bentham］。●☆

21755　Gleniea Trimen（1893）Nom. inval. = Glenniea Hook. f.（1862）［无患子科 Sapindaceae］●☆

21756　Gleniea Willis，Nom. inval. = Glenniea Hook. f.（1862）［无患子科 Sapindaceae］●☆

21757　Glenniea Hook. f.（1862）【汉】格伦无患子属。【隶属】无患子科 Sapindaceae。【包含】世界 8 种。【学名诠释与讨论】〈阴〉（人）Glennie。此属的学名，ING、TROPICOS 和 IK 记载是“Glenniea Hook. f. in Bentham et Hook. f.，Gen. 1：404. 7 Aug 1862”。“Gleniea Trimen（1893）”和“Gleniea Willis”可能是其变体。【分布】马达加斯加，斯里兰卡。【模式】Glenniea unijuga（Thwaites）Radlkofer［Sapindus unijugus Thwaites］。【参考异名】Cnemidiscus Pierre（1895）；Crossonephelis Baill.（1874）；Gleniea Willis，Nom. inval.；Hedyachras Radlk.（1920）；Melanodiscus Radlk.（1888）●☆

21758　Glia Sond.（1862）【汉】胶芹属。【隶属】伞形花科（伞形科）Apiaceae（Umbelliferae）。【包含】世界 2 种。【学名诠释与讨论】〈阴〉（希）glia，胶。另说来自非洲西南部霍屯督人的植物俗名。此属的学名是“Glia O. W. Sonder in W. H. Harvey et O. W. Sonder，Fl. Cap. 2：547. 1862（post 15 Oct）”。亦有文献把其处理为“Annesorhiza Cham. et Schltdl.（1826）”的异名。【分布】西班牙（加那利群岛），非洲南部。【后选模式】Oenanthe inebrians Thunberg。【参考异名】Annesorhiza Cham. et Schltdl.（1826）■☆

21759　Glicirrhiza Nocca（1793）= Glycyrrhiza L.（1753）［豆科 Fabaceae（Leguminosae）//蝶形花科 Papilionaceae］■

21760　Glinaceae Link［亦见 Molluginaceae Bartl.（保留科名）粟米草科］【汉】星粟草科。【包含】世界 1 属 6-12 种，中国 1 属 2-3 种。【分布】热带和亚热带。【科名模式】Glinus L.（1753）■

21761　Glinaceae Mart.（1835）= Glinaceae Link；~ = Molluginaceae Bartl.（保留科名）■

21762　Glinus L.（1753）【汉】星粟草属（假繁缕属，星毛粟尖草属）。【俄】Глинус。【英】Damascisa，Glinus。【隶属】番杏科 Aizoaceae//粟米草科 Molluginaceae//星粟草科 Glinaceae。【包含】世界 6-12 种，中国 2-3 种。【学名诠释与讨论】〈阳〉（希）glinos，甜汁。此属的学名，ING、APNI 和 GCI 记载是“Glinus L.，Sp. Pl. 1：463. 1753［1 May 1753］”。IK 则记载为“Glinus Loefl. ex L.，Sp. Pl. 1：463. 1753［1 May 1753］”。“Glinus Loefl.”是命名起点著作之前的名称，故“Glinus L.（1753）”和“Glinus Loefl. ex L.（1753）”都是合法名称，可以通用。“Rolofa Adanson，Fam. 2：256. Jul–Aug 1763”是“Glinus L.（1753）”的晚出的同模式异名（Homotypic synonym，Nomenclatural synonym）。【分布】巴基斯坦，玻利维亚，厄瓜多尔，哥斯达黎加，马达加斯加，美国（密苏里），尼加拉瓜，中国，中美洲。【模式】Glinus lotoides Linnaeus。【参考异名】Glinus Loefl. ex L.（1753）；Nemallosis Raf.（1837）；Physa Noronha ex Thouars（1806）；Physa Thouars（1806）Nom. illegit.；Plenckia Raf.（1814）（废弃属名）；Rolofa Adans.（1763）Nom. illegit.；Sherardia Boehm.（1760）Nom. illegit.；Wycliffea Ewart et A. H. K. Petrie（1926）■

21763　Glinus Loefl. ex L.（1753）≡ Glinus L.（1753）［番杏科 Aizoaceae//粟米草科 Molluginaceae//星粟草科 Glinaceae］■

21764　Glionettia Tirveng.（1984）Nom. illegit. ≡ Glionnetia Tirveng.（1984）［茜草科 Rubiaceae］■☆

21765　Glionnetia Tirveng.（1984）【汉】胶鸭茜属。【隶属】茜草科 Rubiaceae。【包含】世界 1 种。【学名诠释与讨论】〈阴〉（希）

glia,胶+nettion,小鸭。此属的学名,ING、TROPICOS 和 IK 记载是"Glionnetia Tirveng., Bull. Mus. Natl. Hist. Nat., B, Adansonia Sér. 4,6(2):198. 1984"。"Glionettia Tirveng.(1984)"似为误记。【分布】塞舌尔(塞舌尔群岛)。【模式】Glionettia sericea (J. G. Baker) D. D. Tirvengadum [Ixora sericea J. G. Baker]。【参考异名】Glionettia Tirveng.(1984) Nom. illegit. ■☆

21766　Gliopsis Rauschert(1982) Nom. illegit. ≡ Ruthea Bolle(1862) Nom. illegit.;~ ≡ Rutheopsis A. Hansen et G. Kunkel(1976) [伞形花科(伞形科)Apiaceae(Umbelliferae)]■☆

21767　Gliricidia Kunth(1824)【汉】毒鼠豆属(格利塞迪木属,墨西哥丁香属)。【隶属】豆科 Fabaceae(Leguminosae)。【包含】世界 4-6 种。【学名诠释与讨论】〈阴〉(拉)glis,所有格 gliris,榛睡鼠,睡鼠+cid,caedo,割、杀的词根。指其种子有毒。【分布】巴拿马,玻利维亚,厄瓜多尔,哥伦比亚(安蒂奥基亚),哥斯达黎加,尼加拉瓜,西印度群岛,中美洲。【模式】Gliricidia sepium (N. J. Jacquin) Steudel。【参考异名】Cajalbania Urb. (1928) Nom. illegit.;Hybosema Harms(1923);Yucaratonia Burkart(1969)●☆

21768　Glischrocaryon Endl.(1838)【汉】黏果仙草属。【隶属】小二仙草科 Haloragaceae。【包含】世界 4 种。【学名诠释与讨论】〈中〉(拉)glyschrus,黏的+karyon,胡桃,硬壳果,核,坚果。此属的学名是" Glischrocaryon Endlicher, Ann. Wiener Mus. Naturgesch. 2:209. 1838"。亦有文献把其处理为"Loudonia Lindl.(1839)"的异名。【分布】澳大利亚(南部和西南)。【模式】Glischrocaryon roëi Endlicher。【参考异名】Laudonia Nees(1845);Loudonia Lindl.(1839)■☆

21769　Glischrocolla(Endl.)A. DC.(1856)【汉】黏颈木属。【隶属】管萼木科(管萼科)Penaeaceae。【包含】世界 1 种。【学名诠释与讨论】〈中〉(拉)glyschrus,黏的+collum,颈。此属的学名,ING 记载是" Glischrocolla (Endlicher) Alph. de Candolle, Prodr. 14:490. Oct (med.) 1856",由" Sarcocolla b. Glischrocolla Endlicher, Gen. Suppl. 4(2):74. Aug–Oct 1848"改级而来。IK 则记载为" Glischrocolla A. DC., Prodr. [A. P. de Candolle]14(1):490. 1856 [mid Oct 1856]"。【分布】南非。【模式】Glischrocolla lessertiana (A. H. L. Jussieu) Alph. de Candolle [Sarcocolla lessertiana A. H. L. Jussieu]。【参考异名】Glischrocolla A. DC. (1856) Nom. illegit.;Sarcocolla b. Glischrocolla Endl.(1848)●☆

21770　Glischrocolla A. DC. (1856) Nom. illegit. ≡ Glischrocolla (Endl.)A. DC.(1856) [管萼木科(管萼科)Penaeaceae]●☆

21771　Glischrothamnus Pilg. (1908)【汉】单性粟草属。【隶属】粟米草科 Molluginaceae。【包含】世界 1 种。【学名诠释与讨论】〈阴〉(拉)glyschrus,黏的+thamnos,指小式 thamnion,灌木,灌丛,树丛,枝。【分布】巴西。【模式】Glischrothamnus ulei Pilger。■☆

21772　Globba L. (1771)【汉】舞花姜属(舞女花属)。【日】グロッバ属。【英】Globba。【隶属】姜科(襄荷科)Zingiberaceae。【包含】世界 35-100 种,中国 5 种。【学名诠释与讨论】〈阴〉(马来)globba,一种植物俗名。【分布】玻利维亚,中国。【后选模式】Globba marantina Linnaeus。【参考异名】Achilus Hemsl.(1895);Ceranthera Endl. (1842) Nom. illegit.;Ceratanthera Hornem.(1813);Chamaecostus C. D. Specht et D. W. Stev. (2006);Colebrockia Steud. (1840) Nom. illegit.;Colebrookia Donn ex T. Lestib.(1841) Nom. illegit.;Colebrookia Donn(1796) Nom. inval.;Globbaria Raf.;Haplanthera Post et Kuntze(1903) Nom. illegit.;Hura J. König ex Retz.(1783) Nom. illegit.;Hura J. König(1783) Nom. illegit.;Manitia Giseke(1792);Sphaerocarpos J. F. Gmel.(1791) Nom. illegit. ■

21773　Globbaria Raf. = Globba L. (1771) [姜科(襄荷科)Zingiberaceae]■

21774　Globeria Raf. (1830)= Liriope Lour. (1790);~ = Globeria Raf.(1830) [百合科 Liliaceae//血草科(半授血草科,给血草科,血皮草科)Haemodoraceae]■

21775　Globifera J. F. Gmel. (1791) (废弃属名) ≡ Micranthemum Michx. (1803) (保留属名) [玄参科 Scrophulariaceae]■☆

21776　Globimetula Tiegh. (1895)【汉】球锥柱寄生属。【隶属】桑寄生科 Loranthaceae。【包含】世界 14 种。【学名诠释与讨论】〈阴〉(拉)globus,指小式 globulus,球+meta,指小式 metula 锥形的柱子。【分布】利比里亚(宁巴),热带非洲。【模式】Globimetula cupulata (A. P. de Candolle) Danser [Loranthus cupulatus A. P. de Candolle]。●☆

21777　Globocarpus Caruel (1889) = Oenanthe L. (1753) [伞形花科(伞形科)Apiaceae(Umbelliferae)]■

21778　Globularia (Tourn.) ex L. (1753) Nom. illegit. ≡ Globularia L.(1753) [球花木科(球花科,肾药花科)Globulariaceae]●☆

21779　Globularia L. (1753)【汉】球花木属(球花属)。【日】グロブラーリア属。【俄】шаровница。【英】Globe Daisy, Globedaisy, Globe-daisy。【隶属】球花木科(球花科,肾药花科)Globulariaceae。【包含】世界 22-23 种。【学名诠释与讨论】〈阴〉(拉)globus,指小式 globulus,球+-arius,-aria,-arium,指示"属于,相似,具有,联系"的词尾。指头状花序球形。此属的学名,GCI 和 IK 记载是" Globularia Linnaeus, Sp. Pl. 95. 1 Mai 1753"。也有文献用为" Globularia Tourn. ex L. (1753)"。" Globularia Tourn."是命名起点著作之前的名称,故"Globularia L. (1753)"和"Globularia Tourn. ex L. (1753)"都是合法名称,可以通用。"Globularia (Tourn.) ex L. (1753)"是旧法规规定的表述方式,应予废弃。【分布】佛得角,西班牙(加那利群岛),欧洲南部,亚洲。【后选模式】Globularia vulgaris Linnaeus。【参考异名】Abolaria Neck. (1790);Alypum Fisch. (1812);Carradoria A. DC. (1848);Globularia (Tourn.) ex L. (1753);Lytanthus Wettst.(1895)●☆

21780　Globularia Tourn. ex L. (1753) ≡ Globularia L. (1753) [球花木科(球花科,肾药花科)Globulariaceae]●☆

21781　Globulariaceae DC. (1805) (保留科名) [亦见 Plantaginaceae Juss. (保留科名)车前科(车前草科)]【汉】球花木科(球花科,肾药花科)。【日】グロブラリア科。【俄】Шаровницевые。【英】Globe Daisies Family, Globe-daisy Family。【包含】世界 2-9 属 31-230 种。【分布】欧洲,地中海,非洲东北部。【科名模式】Globularia L. (1753)●■☆

21782　Globulariaceae Lam. et DC. = Globulariaceae DC. (保留科名);~ = Plantaginaceae Juss. (保留科名)■

21783　Globulariopsis Compton(1931)【汉】拟球花木属。【隶属】玄参科 Scrophulariaceae。【包含】世界 1-7 种。【学名诠释与讨论】〈阴〉(属)Globularia 球花木属+希腊文 opsis,外观,模样,相似。【分布】非洲南部。【模式】Globulariopsis wittebergensis R. H. Compton。●☆

21784　Globulea Haw. (1812) = Crassula L. (1753) [景天科 Crassulaceae]●■☆

21785　Globulostylis Wernham(1913)【汉】球柱茜属。【隶属】茜草科 Rubiaceae。【包含】世界 3 种。【学名诠释与讨论】〈阴〉(拉)globus,指小式 globulus,球+style,花柱,中柱,有尖之物,桩,柱,支持物,支柱,石头做的界标。此属的学名是" Globulostylis Wernham in Rendle et al., Cat. Talbot's Nigerian Pl. 49. 1913"。亦有文献把其处理为"Cuviera DC. (1807) (保留属名)"的异名。【分布】热带非洲西部。【后选模式】Globulostylis talbotii Wernham。【参考异名】Cuviera DC. (1807) (保留属名)■☆

21786　Glocheria Pritz. (1855) = Glockeria Nees (1847) Nom. illegit.;

~ =Habracanthus Nees(1847)［爵床科 Acanthaceae］●☆

21787　Glochidinopsis Steud.（1840）= Glochidion J. R. Forst. et G. Forst.（1776）（保留属名）；~ = Glochidionopsis Blume（1826）［大戟科 Euphorbiaceae］●

21788　Glochidion J. R. Forst. et G. Forst.（1776）（保留属名）【汉】算盘子属（艾堇属，瓜算盘子属，合蕊木属，馒头果属，神子木属）。【日】カンコノキ属。【俄】Глохидион。【英】Glochidion。【隶属】大戟科 Euphorbiaceae。【包含】世界 300 种，中国 31 种。【学名诠释与讨论】〈中〉（希）glochin，所有格 glochinos = glochis，突出点。指花药的药隔突出呈圆锥状，或指果顶端常有宿存花柱。此属的学名"Glochidion J. R. Forst. et G. Forst.，Char. Gen. Pl.：57. 29 Nov 1775"是保留属名。相应的废弃属名是大戟科 Euphorbiaceae 的"Agyneia L.，Mant. Pl.：161, 296, 576. Oct 1771 = Glochidion J. R. Forst. et G. Forst.（1776）（保留属名）"。"Hemiglochidion（Müller Arg.）K. Schumann in K. Schumann et Lauterbach, Nachtr. Fl. Deutsch. Südsee 289. Nov（prim.）1905"是"Glochidion J. R. Forst. et G. Forst.（1776）（保留属名）"的晚出的同模式异名（Homotypic synonym, Nomenclatural synonym）。【分布】巴基斯坦，玻利维亚，马达加斯加，中国，热带亚洲至澳大利亚（昆士兰）和波利尼西亚群岛，热带美洲。【模式】Glochidion ramiflorum J. R. et J. G. A. Forster。【参考异名】Agynaia Hassk.（1842）；Agyneia L.（1771）（废弃属名）；Bradleia Banks ex Gaertn.（1791）；Bradleia Cav.，Nom. illegit.；Bradleja Banks ex Gaertn.（1791）；Bradleya Kuntze（2）Nom. illegit.；Coccoglochidion K. Schum.（1905）；Diasperus Kuntze（1891）；Episteira Raf.（1838）；Epistira Post et Kuntze（1903）；Glochidinopsis Steud.（1840）；Glochidion sect. Hemiglochidion Müll. Arg.（1863）；Glochidionopsis Blume（1826）；Glochidium Wittst.；Glochisandra Wight（1852）；Gynoon Juss.（1823）；Hemiglochidion（Müll. Arg.）K. Schum.（1905）Nom. illegit.；Lobocarpus Wight et Arn.（1834）；Pseudoglochidion Gamble（1925）；Tetraglochidion K. Schum.（1905）；Zarcoa Llanos（1857）●

21789　Glochidionopsis Blume（1826）= Glochidion J. R. Forst. et G. Forst.（1776）（保留属名）［大戟科 Euphorbiaceae］●

21790　Glochidium Wittst.= Glochidion J. R. Forst. et G. Forst.（1776）（保留属名）［大戟科 Euphorbiaceae］●

21791　Glochidocaryum W. T. Wang（1957）= Actinocarya Benth.（1876）［紫草科 Boraginaceae］■

21792　Glochidopleurum Koso-Pol.（1913）= Bupleurum L.（1753）［伞形花科（伞形科）Apiaceae（Umbelliferae）］●■

21793　Glochidotheca Fenzl（1843）【汉】突囊芹属。【隶属】伞形花科（伞形科）Apiaceae（Umbelliferae）。【包含】世界 1 种。【学名诠释与讨论】〈阴〉（希）glochin，所有格 glochinos = glochis，突出点+theke =拉丁文 theca，匣子，箱子，室，药室，囊。此属的学名是"Glochidotheca Fenzl, Reisen in Europa, Asien und Afrika 1（2）：970. 1843"。亦有文献把其处理为"Caucalis L.（1753）"的异名。【分布】参见"Caucalis L.（1753）"。【模式】Glochidotheca foeniculacea Fenzl。【参考异名】Caucalis L.（1753）；Turgeniopsis Boiss.（1844）■☆

21794　Glochisandra Wight（1852）= Glochidion J. R. Forst. et G. Forst.（1776）（保留属名）［大戟科 Euphorbiaceae］●

21795　Glockeria Nees（1847）Nom. illegit.= Habracanthus Nees（1847）［爵床科 Acanthaceae］●☆

21796　Gloeocarpus Radlk.（1914）【汉】胶果无患子属。【隶属】无患子科 Sapindaceae。【包含】世界 1 种。【学名诠释与讨论】〈阳〉（希）gloios，胶质的，黏稠的+karpos，果实。【分布】菲律宾（菲律宾群岛）。【模式】Gloeocarpus crenatus Radlkofer。●☆

21797　Gloeospermum Triana et Planch.（1862）【汉】胶子堇属。【隶属】堇菜科 Violaceae。【包含】世界 12 种。【学名诠释与讨论】〈中〉（希）gloios，胶质的，黏稠的+sperma，所有格 spermatos，种子，孢子。此属的学名，ING、GCI 和 IK 记载是"Gloeospermum Triana et Planch.，Ann. Sci. Nat.，Bot. sér. 4, 17：128. 1862［Jan-Jun 1862］"。"Gloiospermum Triana et Planch. ex Benth. et Hook. f.（1862）"是其拼写变体。"Gloiospermum Triana et Planch. ex Benth. et Hook. f.（1862）Nom. illegit. ≡ Gloeospermum Triana et Planch. ex Benth. et Hook. f.（1862）［堇菜科 Violaceae］"的拼写和命名人引证有误。【分布】巴拿马，秘鲁，玻利维亚，厄瓜多尔，哥伦比亚（安蒂奥基亚），尼加拉瓜，中美洲。【模式】Gloeospermum sphaerocarpum Triana et J. E. Planchon。【参考异名】Gloiospermum Triana et Planch. ex Benth. et Hook. f.（1862）Nom. illegit.；Gloiospermum Benth. et Hook. f.（1862）；Gloiospermum Triana et Planch. ex Benth. et Hook. f.（1862）■☆

21798　Gloiospermum Benth. et Hook. f.（1862）Nom. illegit. ≡ Gloeospermum Triana et Planch.（1862）［堇菜科 Violaceae］■☆

21799　Gloiospermum Triana et Planch. ex Benth. et Hook. f.（1862）Nom. illegit. ≡ Gloeospermum Triana et Planch.（1862）［堇菜科 Violaceae］■☆

21800　Glomera Blume（1825）【汉】拟球兰属。【隶属】兰科 Orchidaceae。【包含】世界 50 种。【学名诠释与讨论】〈阴〉（拉）glomus，所有格 glomeris，球形物。指花序球形。【分布】马来西亚，波利尼西亚群岛。【模式】Glomera erythrosma Blume。■☆

21801　Glomeraria Cav.（1802）= Amaranthus L.（1753）［苋科 Amaranthaceae］■

21802　Glomeropitcairnia（Mez）Mez（1905）【汉】伞凤梨属（簇卡铁斯属）。【隶属】凤梨科 Bromeliaceae。【包含】世界 2 种。【学名诠释与讨论】〈阴〉（拉）glomus，所有格 glomeris 球形物+（人）W. Pitcairn，1711-1791，伦敦的教授，或+（属）Pitcairnia 翠凤草属（比氏凤梨属，短茎凤梨属，皮开儿属，皮开尼属，匹氏凤梨属，穗花凤梨属，穗花凤梨，艳红凤梨属）。此属的学名，ING 和 TROPICOS 记载是"Glomeropitcairnia（Mez）Mez, Bull. Herb. Boissier ser. 2. 5：232. 28 Feb 1905"，由"Pitcairnia subgen. Glomeropitcairnia Mez in A. C. de Candolle, Monogr. PHAN.（种子）9：463. Jan 1896"改级而来。GCI 和 GCI 则记载为"Glomeropitcairnia Mez, Bull. Herb. Boissier 5：232. 1905"。【分布】委内瑞拉，西印度群岛。【模式】Glomeropitcairnia penduliflora（Grisebach）Mez［Tillandsia penduliflora Grisebach］。【参考异名】Glomeropitcairnia Mez（1905）Nom. illegit.；Pitcairnia subgen. Glomeropitcairnia Mez（1896）■☆

21803　Glomeropitcairnia Mez（1905）Nom. illegit. = Glomeropitcairnia（Mez）Mez（1905）［凤梨科 Bromeliaceae］■☆

21804　Gloneria André（1871）= Psychotria L.（1759）（保留属名）［茜草科 Rubiaceae//九节科 Psychotriaceae］●

21805　Gloriosa L.（1753）【汉】嘉兰属。【日】キツネユリ属，グロリオーサ属，ユリグルマ属。【俄】Глориоза。【英】Climbing Lily，Gloriosa，Gloriosa Lily，Glory Lily，Glorylily，Glory-lily。【隶属】百合科 Liliaceae//秋水仙科 Colchicaceae。【包含】世界 1-6 种，中国 1 种。【学名诠释与讨论】〈阴〉（希）gloriosus，光荣的。指 Gloriosa superba 的花形和花色。"Eugone R. A. Salisbury, Prodr. Stirp. 238. Nov-Dec 1796"、"Mendoni Adanson, Fam. 2；48, 576. Jul-Aug 1763"和"Methonica Gagnebin, Acta Helv. Phys. -Math. 2：61. Feb 1755"是"Gloriosa L.（1753）"的晚出的同模式异名（Homotypic synonym, Nomenclatural synonym）。【分布】马达加斯加，中国，热带非洲，亚洲，中美洲。【模式】Gloriosa superba Linnaeus。【参考异名】Clinostylis Hochst.（1844）；Eugone Salisb.

（1796）Nom. illegit.；Mendoni Adans.（1763）Nom. illegit.；Methonica Gagnebin（1755）Nom. inval.，Nom. illegit.；Methonica Tourn. ex Crantz（1766）■

21806 Glosarithys Rizzini（1950）Nom. illegit. ＝Justicia L.（1753）；~ ＝Saglorithys Rizzini（1949）［爵床科 Acanthaceae//鸭嘴花科（鸭咀花科）Justiciaceae］●

21807 Glosocomia D. Don（1825）Nom. illegit. ＝Codonopsis Wall.（1824）［桔梗科 Campanulaceae］■

21808 Glossanthis P. P. Poljakov（1959）＝Pseudoglossanthis P. P. Poljakov（1967）；~ ＝Trichanthemis Regel et Schmalh.（1877）［菊科 Asteraceae（Compositae）］■●☆

21809 Glossanthus Klein ex Benth.（1835）＝Rhynchoglossum Blume（1826）［as 'Rhinchoglossum'］（保留属名）［苦苣苔科 Gesneriaceae］■

21810 Glossapis Spreng. ＝Habenaria Willd.（1805）［兰科 Orchidaceae］■

21811 Glossarion Maguire et Wurdack（1957）【汉】红菊木属。【隶属】菊科 Asteraceae（Compositae）。【包含】世界 2 种。【学名诠释与讨论】〈中〉（希）glossa，指小型 glossarion，舌。【分布】几内亚。【模式】Glossarion rhodanthum Maguire et Wurdack。【参考异名】Guaicaia Maguire（1967）●☆

21812 Glossarrhen Mart.（1823）＝Schweiggeria Spreng.（1820）［堇菜科 Violaceae］■☆

21813 Glossarrhen Mart. ex Ging.（1823）Nom. illegit. ≡Glossarrhen Mart.（1823）；~ ＝Schweiggeria Spreng.（1820）［堇菜科 Violaceae］■☆

21814 Glossaspis Spreng.（1826）Nom. illegit. ≡Glossula Lindl.（1825）（废弃属名）；~ ＝Habenaria Willd.（1805）；~ ＝Peristylus Blume（1825）（保留属名）［兰科 Orchidaceae］■

21815 Glossidea Tiegh.（1895）＝Loranthus Jacq.（1762）（保留属名）；~ ＝Psittacanthus Mart.（1830）［桑寄生科 Loranthaceae］●

21816 Glossocalyx Benth.（1880）【汉】非洲坛罐花属。【隶属】香材树科（杯轴花科，黑樱木科，芒籽科，蒙立米科，檬立木科，香材木科，香树木科）Monimiaceae。【包含】世界 3-4 种。【学名诠释与讨论】〈阳〉（希）glossa，指小型 glossarion，舌 + kalyx，所有格 kalykos ＝拉丁文 calyx，花萼，杯子。【分布】热带非洲西部。【后选模式】Glossocalyx longicuspis Bentham。●☆

21817 Glossocardia Cass.（1817）【汉】香茄属（鹿角草属，洋香茄属）。【隶属】菊科 Asteraceae（Compositae）。【包含】世界 7-12 种，中国 1 种。【学名诠释与讨论】〈阴〉（希）glossa，指小型 glossarion，舌 + kardia，心脏。指花形。【分布】印度，中国。【模式】Glossocardia linearifolia Cassini。【参考异名】Glossogyne Cass.（1827）；Guerreroia Merr.（1917）；Neuractis Cass.（1825）■

21818 Glossocarya Wall. ex Griff.（1842）【汉】舌果马鞭草属。【隶属】马鞭草科 Verbenaceae//唇形科 Lamiaceae（Labiatae）。【包含】世界 9-13 种。【学名诠释与讨论】〈阴〉（希）glossa，指小型 glossarion，舌+karyon，胡桃，硬壳果，核，坚果。指果实。【分布】澳大利亚，印度至马来西亚。【模式】Glossocarya mollis N. Wallich ex W. Griffith。●☆

21819 Glossocentrum Crueg.（1847）＝Miconia Ruiz et Pav.（1794）（保留属名）［野牡丹科 Melastomataceae//米氏野牡丹科 Miconiaceae］●☆

21820 Glossochilopsis Szlach.（1995）＝Crepidium Blume（1825）［兰科 Orchidaceae］■

21821 Glossochilus Nees（1847）【汉】舌唇爵床属。【隶属】爵床科 Acanthaceae。【包含】世界 2 种。【学名诠释与讨论】〈阳〉（希）glossa，指小型 glossarion，舌 + cheilos，唇。在希腊文组合词中，

cheil-，cheilo-，-chilus，-chilia 等均为"唇，边缘"之义。【分布】非洲南部。【模式】Glossochilus burchellii C. G. D. Nees。☆

21822 Glossocoma Endl.（1839）Nom. illegit. ＝Glossoma Schreb.（1791）Nom. illegit.；~ ＝Votomita Aubl.（1775）［野牡丹科 Melastomataceae］●☆

21823 Glossocomia D. Don, Nom. illegit. ＝Codonopsis Wall.（1824）［桔梗科 Campanulaceae］■

21824 Glossocomia Rchb.（1828）Nom. illegit. ＝Codonopsis Wall.（1824）；~ ＝Glosocomia D. Don（1825）Nom. illegit.；~ ＝Codonopsis Wall.（1824）［桔梗科 Campanulaceae］■

21825 Glossodia R. Br.（1810）【汉】格罗兰属。【英】Glossodia, Wax-lip, Wax-lip Orchid。【隶属】兰科 Orchidaceae。【包含】世界 2-5 种。【学名诠释与讨论】〈阴〉（希）glossa，指小型 glossarion，舌。glossodes，舌状的。此属的学名，ING、TROPICOS、APNI 和 IK 记载是"Glossodia R. Br., Prodr. Fl. Nov. Holland. 325. 1810 [27 Mar 1810]"。它曾被处理为"Elythranthera（R. Br.）A. S. George, Western Australian Naturalist 9：6. 1963"。【分布】澳大利亚。【模式】未指定。【参考异名】Elythranthera（R. Br.）A. S. George（1963）Nom. illegit. ■☆

21826 Glossodiscus Warb. ex Sleumer（1934）＝Casearia Jacq.（1760）［刺篱木科（大风子科）Flacourtiaceae//天料木科 Samydaceae］●

21827 Glossogyne Cass.（1827）【汉】鹿角草属（香茹属）。【隶属】菊科 Asteraceae（Compositae）。【包含】世界 6-12 种，中国 1 种。【学名诠释与讨论】〈阴〉（希）glossa，指小型 glossarion，舌+gyne，所有格 gynaikos，雌性，雌蕊。此属的学名是"Glossogyne Cassini in F. Cuvier, Dict. Sci. Nat. 51：475. Dec 1827"。亦有文献把其处理为"Glossocardia Cass.（1817）"的异名。【分布】澳大利亚，印度至马来西亚，中国，东南亚。【模式】Glossogyne tenuifolia（Labillardière）Lessing［Bidens tenuifolia Labillardière］。【参考异名】Diodontium F. Muell.（1857）；Glossocardia Cass.（1817）；Gynactis Cass.（1827）■

21828 Glossolepis Gilg（1897）＝Chytranthus Hook. f.（1862）［无患子科 Sapindaceae］●☆

21829 Glossoloma Hanst.（1854）＝Alloplectus Mart.（1829）（保留属名）［苦苣苔科 Gesneriaceae］●■☆

21830 Glossoma Schreb.（1791）Nom. illegit. ≡Votomita Aubl.（1775）［野牡丹科 Melastomataceae］●☆

21831 Glossonema Decne.（1838）【汉】舌蕊萝藦属。【隶属】萝藦科 Asclepiadaceae。【包含】世界 4 种。【学名诠释与讨论】〈中〉（希）glossa，指小型 glossarion，舌+nema，所有格 nematos，丝，花丝。【分布】巴基斯坦，热带非洲，亚洲。【模式】Glossonema boveanum（Decaisne）Decaisne［Cynanchum boveanum Decaisne］。【参考异名】Conomitra Fenzl（1839）；Gilgia Pax（1894）；Mastostigma Stocks（1851）；Petalostelma E. Fourn.（1885）■☆

21832 Glossopappus Kunze（1846）【汉】舌毛菊属（舌冠菊属）。【隶属】菊科 Asteraceae（Compositae）。【包含】世界 1 种。【学名诠释与讨论】〈阳〉（希）glossa，指小型 glossarion，舌+希腊文 pappos 指柔毛，软毛。pappus 则与拉丁文同义，指冠毛。此属的学名是"Glossopappus G. Kunze, Flora 29：748. 21 Dec 1846"。亦有文献把其处理为"Chrysanthemum L.（1753）（保留属名）"的异名。【分布】非洲北部，欧洲西南部。【模式】Glossopappus chrysanthemoides G. Kunze。【参考异名】Chrysanthemum L.（1753）（保留属名）■☆

21833 Glossopetalon A. Gray（1853）【汉】舌瓣属。【英】Grease-bush。【隶属】卫矛科 Celastraceae//流苏亮籽科 Crossosomataceae。【包含】世界 4-8 种。【学名诠释与讨论】〈中〉（希）glossa，指小型 glossarion，舌+希腊文 petalos，扁平的，铺开的；petalon，花瓣，叶，

花叶,金属叶子;拉丁文的花瓣为 petalum。此属的学名,ING、TROPICOS、GCI 和 IK 记载是"Glossopetalon A. Gray,Smithsonian Contr. Knowl. 5(6):29. 1853 [1 Feb 1853]"。Greene(1893)曾用"Forsellesia Greene Erythea 1:206. 1893 [2 Oct 1893]"替代"Glossopetalon A. Gray(1853)",多余了。【分布】美国(西南部),墨西哥。【模式】Glossopetalon spinescens A. Gray。【参考异名】Forsellesia Greene(1893)Nom. illegit., Nom. superfl.;Glossopetalum Benth. et Hook. f. (1862)Nom. illegit.;Glossopetalum Schreb. (1789)Nom. illegit. ●☆

21834　Glossopetalum Benth. et Hook. f. (1862)Nom. illegit. = Glossopetalon A. Gray(1853)[卫矛科 Celastraceae]●☆

21835　Glossopetalum Schreb. (1789)Nom. illegit. ≡ Goupia Aubl. (1775);~ = Glossopetalon A. Gray(1853)[卫矛科 Celastraceae//毛药树科 Goupiaceae]●☆

21836　Glossopholis Pierre(1898)= Tiliacora Colebr. (1821)(保留属名)[防己科 Menispermaceae]●☆

21837　Glossorhyncha Ridl. (1891)【汉】拟舌喙兰属(舌喙兰属)。【隶属】兰科 Orchidaceae。【包含】世界 80 种。【学名诠释与讨论】〈阴〉(希)glossa,指小型 glossarion,舌+rhynchos,喙。【分布】马来西亚,波利尼西亚群岛。【模式】Glossorhyncha amboinensis Ridley。【参考异名】Giulianettia Rolfe(1899);Ischnocentrum Schltr. (1912);Sepalosiphon Schltr. (1912)■☆

21838　Glossoschima Walp. (1842)Nom. inval. = Closaschima Korth. (1842);~ = Laplacea Kunth(1822)(保留属名)[山茶科(茶科)Theaceae]●☆

21839　Glossospermum Wall. (1829)= Melochia L. (1753)(保留属名)[梧桐科 Sterculiaceae//锦葵科 Malvaceae//马松子科 Melochiaceae]●■

21840　Glossostelma Schltr. (1895)【汉】舌冠萝藦属。【隶属】萝藦科 Asclepiadaceae。【包含】世界 2 种。【学名诠释与讨论】〈中〉(希)glossa,指小型 glossarion,舌+stelma,王冠,花冠。【分布】热带和非洲南部。【模式】Glossostelma angolense Schlechter。☆

21841　Glossostemon Desf. (1817)【汉】舌蕊木属。【隶属】梧桐科 Sterculiaceae//锦葵科 Malvaceae。【包含】世界 1 种。【学名诠释与讨论】〈阳〉(希)glossa,指小型 glossarion,舌+stemon,雄蕊。【分布】伊朗。【模式】Glossostemon bruguierii Desfontaines。【参考异名】Glossostemum Steud. (1821)●☆

21842　Glossostemum Steud. (1821)= Glossostemon Desf. (1817)[梧桐科 Sterculiaceae//锦葵科 Malvaceae]●☆

21843　Glossostephanus E. Mey. (1837)= Oncinema Arn. (1834)[萝藦科 Asclepiadaceae]●☆

21844　Glossostigma Arn. (1836)Nom. illegit. (废弃属名)≡ Glossostigma Wight et Arn. (1836)(保留属名)[玄参科 Scrophulariaceae//透骨草科 Phrymaceae]■☆

21845　Glossostigma Wight et Arn. (1836)(保留属名)【汉】舌柱草属。【英】Glossostigma。【隶属】玄参科 Scrophulariaceae//透骨草科 Phrymaceae。【包含】世界 3-5 种。【学名诠释与讨论】〈中〉(希)glossa,指小型 glossarion,舌+stigma,所有格 stigmatos,柱头,眼点。此属的学名"Glossostigma Wight et Arn. in Nova Acta Phys. -Med. Acad. Caes. Leop. -Carol. Nat. Cur. 18:355. 1836"是保留属名。相应的废弃属名是玄参科 Scrophulariaceae 的"Peltimela Raf. in Atlantic J. 1:199. 1833 ≡ Glossostigma Wight et Arn. (1836)(保留属名)"。"Glossostigma Arn. ≡ Glossostigma Wight et Arn. (1836)(保留属名)"的命名人引证有误,亦应废弃。【分布】澳大利亚,新西兰,印度。【模式】Glossostigma spathulatum Arnott,Nom. illegit. [Limosella diandra Linnaeus;Glossostigma diandrum(Linnaeus)O. Kuntze]。【参考异名】Glossostigma Arn. (废弃属

名);Peltimela Raf. (1833)(废弃属名);Tricholoma Benth. (1846)■☆

21846　Glossostipula Lorence(1986)【汉】舌叶茜属。【英】Mud-nut。【隶属】茜草科 Rubiaceae//山黄皮科 Randiaceae。【包含】世界 3 种。【学名诠释与讨论】〈阴〉(希)glossa,指小型 glossarion,舌+stipes,所有格 stipitis,树干,树枝。指小式 stipula,柄,小梗,叶片,托叶。此属的学名是"Glossostipula D. H. Lorence,Candollea 41:454. 31 Dec 1986"。亦有文献把其处理为"Randia L. (1753)"的异名。【分布】墨西哥,尼加拉瓜,危地马拉,中美洲。【模式】Glossostipula concinna(P. C. Standley)D. H. Lorence [Randia concinna P. C. Standley]。【参考异名】Randia L. (1753)●☆

21847　Glossostylis Cham. et Schltdl. (1828)= Melasma P. J. Bergius(1767)[玄参科 Scrophulariaceae//列当科 Orobanchaceae]■

21848　Glossula(Raf.)Rchb. (1837)Nom. illegit. (废弃属名)= Aristolochia L. (1753)[马兜铃科 Aristolochiaceae]■●

21849　Glossula Lindl. (1825)(废弃属名)= Habenaria Willd. (1805);~ = Peristylus Blume(1825)(保留属名)[兰科 Orchidaceae]■

21850　Glossula Rchb. (1837)(废弃属名)≡ Glossula(Raf.)Rchb. (1837)Nom. illegit. (废弃属名);~ = Aristolochia L. (1753)[马兜铃科 Aristolochiaceae]■●

21851　Glottes Medik. (1789)= Astragalus L. (1753);~ = Glottis Medik. (1787)[豆科 Fabaceae(Leguminosae)//蝶形花科 Papilionaceae]●■

21852　Glottidium Desv. (1813)【汉】膀胱田菁属。【隶属】豆科 Fabaceae(Leguminosae)//蝶形花科 Papilionaceae。【包含】世界 1 种。【学名诠释与讨论】〈中〉(希)glotta = glossa,舌+-idius,-idia,-idium,指示小的词尾。此属的学名,ING、TROPICOS 和 GCI 记载是"Glottidium Desvaux,J. Bot. Agric. 1:119. t. 4. f. 1. Mar 1813"。它曾被处理为"Sesbania Scop. sect. Glottidium(Desv.)Lavin,Systematic Botany Monographs 45:44. 1995"。【分布】美国(东南部)。【后选模式】Aeschynomene platycarpa Michaux。【参考异名】Sesbania Scop. (1777)(保留属名);Sesbania sect. Glottidium(Desv.)Lavin(1995)■☆

21853　Glottiphyllum Haw. (1821)Nom. inval. ≡ Glottiphyllum Haw. ex N. E. Br. (1925)[番杏科 Aizoaceae]■☆

21854　Glottiphyllum Haw. ex N. E. Br. (1925)【汉】舌叶花属(舌叶草属)。【日】グロッチフィルム属,グロッティフィルム属。【英】Tongueleaf。【隶属】番杏科 Aizoaceae。【包含】世界 16-55 种。【学名诠释与讨论】〈中〉(希)glotta = glossa,舌+phyllon,叶子。指叶舌状。此属的学名,ING 和 IK 记载是"Glottiphyllum A. H. Haworth ex N. E. Brown,Gard. Chron. ser. 3. 70:311. 17 Dec 1921"。"Glottiphyllum Haw.,Revis. Pl. Succ. 103,in obs. 1821 ≡ Glottiphyllum Haw. ex N. E. Br. (1925)[番杏科 Aizoaceae]"是一个未合格发表的名称(Nom. inval.)。【分布】非洲南部。【后选模式】Glottiphyllum linguiforme(Linnaeus)N. E. Brown [Mesembryanthemum linguiforme Linnaeus]。【参考异名】Glottiphyllum Haw. (1821)Nom. inval. ;Vossia Adans. (1763)(废弃属名)■☆

21855　Glottis Medik. (1787)= Astragalus L. (1753)[豆科 Fabaceae(Leguminosae)//蝶形花科 Papilionaceae]●■

21856　Gloveria Jordaan(1998)【汉】格罗卫矛属。【隶属】卫矛科 Celastraceae。【包含】世界 1 种。【学名诠释与讨论】〈阴〉(人)Glover。此属的学名是"Gloveria M. Jordaan in M. Jordaan et A. E. van Wyk,S. African J. Bot. 64:299. Oct 1998"。亦有文献把其处理为"Celastrus L. (1753)(保留属名)"的异名。【分布】澳大利亚,非洲。【模式】Gloveria integrifolia(Linnaeus f.)M. Jordaan [Celastrus integrifolius Linnaeus f.]。【参考异名】Celastrus L.

（1753）（保留属名）●☆

21857　Gloxinella（H. E. Moore）Roalson et Boggan（2005）【汉】小苣苔花属。【隶属】苦苣苔科 Gesneriaceae。【包含】世界1种。【学名诠释与讨论】〈阴〉（属）Gloxinia 苣苔花属+-ellus, -ella, -ellum, 加在名词词干后面形成指小式的词尾。或加在人名、属名等后面以组成新属的名称。此属的学名是“Gloxinella（H. E. Moore）Roalson & Boggan, Selbyana 25（2）: 227. 2005.（19 Dec 2005）”，由“Kohleria sect. Gloxinella H. E. Moore, Gentes Herbarum; Occasional Papers on the Kinds of Plants 8: 382. 1954.（Gentes Herbarum）”改级而来。此属的学名是“Gloxinella（H. E. Moore）Roalson et Boggan, Selbyana 25（2）: 227. 2005.（19 Dec 2005）”。亦有文献把其处理为“Kohleria Regel（1847）”或“Tydaea Decne.（1848）”的异名。【分布】哥伦比亚，热带美洲。【模式】Gloxinella lindeniana（Regel）Roalson et Boggan。【参考异名】Kohleria Regel（1847）; Tydaea Decne.（1848）■☆

21858　Gloxinia L' Hér.（1789）【汉】苣苔花属（苦乐花属）。【日】グロキシニア属。【俄】Глоксиния。【英】Gloxinia。【隶属】苦苣苔科 Gesneriaceae。【包含】世界6-15种。【学名诠释与讨论】〈阴〉（人）Benjamin Peter Gloxin, 1765-1794, 法国植物学者，医生，博物学者。此属的学名, ING、TROPICOS 和 IK 记载是“Gloxinia L' Hér., Hort. Kew.［W. Aiton］2: 331. 1789［7 Aug-1 Oct 1789］”。“Gloxinia Regel, Bot. Zeitung 9: 894. 19 Dec 1851 ≡ Ligeria Decaisne 1848 = Sinningia Nees（1825）［苦苣苔科 Gesneriaceae］”是晚出的非法名称。“Eucolum R. A. Salisbury, Prodr. Stirp. 98. Nov-Dec 1796”和“Salisia Regel, Flora 32: 179. 28 Mar 1849（non Lindley 1839）”是“Gloxinia L' Hér.（1789）”的晚出的同模式异名（Homotypic synonym, Nomenclatural synonym）。【分布】巴拿马，秘鲁，玻利维亚，厄瓜多尔，哥斯达黎加，尼加拉瓜，热带美洲，中美洲。【模式】Gloxinia maculata L' Héritier, Nom. illegit.［Martynia perennis Linnaeus; Gloxinia perennis（Linnaeus）Fritsch］。【参考异名】Escheria Regel（1849）; Eucolum Salisb.（1796）Nom. illegit.; Eumolpe Decne. ex Jacq. et Herincq（1849）; Fiebrigia Fritsch（1913）; Fritschiantha Kuntze（1898）Nom. illegit.; Mandirola Decne.（1848）; Nomopyle Roalson et Boggan（2005）; Orthanthe Lem.（1856）; Plectopoma Hanst.（1854）; Salisia Regel（1849）Nom. illegit.; Seemannia Regel（1855）（保留属名）■☆

21859　Gloxinia Regel（1851）Nom. illegit. ≡ Ligeria Decne.（1848）; ～= Sinningia Nees（1825）［苦苣苔科 Gesneriaceae］●■☆

21860　Gloxiniopsis Roalson et Boggan（2005）【汉】类苣苔花属。【隶属】苦苣苔科 Gesneriaceae。【包含】世界1种。【学名诠释与讨论】〈阴〉（属）Gloxinia 苣苔花属+希腊文 opsis, 外观，模样，相似。此属的学名是“Selbyana 25（2）: 228-229. 2005.（19 Dec 2005）, Selbyana 25（2）: 228-229. 2005.（19 Dec 2005）”。亦有文献把其处理为“Monopyle Moritz ex Benth. et Hook. f.（1876）”的异名。【分布】哥伦比亚，新格兰特。【模式】Gloxiniopsis racemosa（Benth.）Roalson et Boggan。【参考异名】Monopyle Moritz ex Benth. et Hook. f.（1876）■☆

21861　Gluema Aubrév. et Pellegr.（1935）【汉】对蕊山榄属。【隶属】山榄科 Sapotaceae。【包含】世界1-2种。【学名诠释与讨论】〈阴〉词源不详。【分布】热带非洲西部。【模式】Gluema ivorensis Aubréville et Pellegrin。●☆

21862　Glumicalyx Hiern（1903）【汉】壳萼玄参属。【隶属】玄参科 Scrophulariaceae。【包含】世界6种。【学名诠释与讨论】〈阳〉（希）gluma, 壳，皮+kalyx, 所有格 kalykos =拉丁文 calyx, 花萼，杯子。【分布】非洲南部。【模式】Glumicalyx montanus Hiern。■●☆

21863　Glumosia Herb.（1843）= Sisyrinchium L.（1753）［鸢尾科 Iridaceae］■

21864　Gluta L.（1771）【汉】胶漆树属（台线漆属）。【隶属】漆树科 Anacardiaceae。【包含】世界30种，中国2种。【学名诠释与讨论】〈阴〉（拉）gluta, 胶。【分布】马达加斯加，印度至马来西亚，中国。【模式】Gluta renghas Linnaeus［as ‘benghas’］。【参考异名】Melanorrhoea Wall.（1829）; Stagmaria Jack（1823）; Syndesmis Wall.（1824）●

21865　Glutago Comm. ex Poir.（1821）Nom. illegit. = Oryctanthus（Griseb.）Eichler（1868）［桑寄生科 Loranthaceae］●☆

21866　Glutago Comm. ex Raf.（1820）= Oryctanthus（Griseb.）Eichler（1868）［桑寄生科 Loranthaceae］●☆

21867　Glutago Comm. ex Raf.（1838）Nom. illegit. = Oryctanthus（Griseb.）Eichler（1868）［桑寄生科 Loranthaceae］●☆

21868　Glutinaria Fabr. = Salvia L.（1753）［唇形科 Lamiaceae（Labiatae）//鼠尾草科 Salviaceae］●■

21869　Glutinaria Raf.（1837）= Salvia L.（1753）［唇形科 Lamiaceae（Labiatae）//鼠尾草科 Salviaceae］●■

21870　Glyaspermum Zoll. et Moritzi（1845）= Pittosporum Banks ex Gaertn.（1788）（保留属名）［海桐花科（海桐科）Pittosporaceae］●

21871　Glycanthes Raf.（1838）Nom. illegit. ≡ Columnea L.（1753）［苦苣苔科 Gesneriaceae］●■☆

21872　Glyce Lindl.（1829）Nom. illegit. ≡ Konig Adans.（1763）; ～= Alyssum L.（1753）; ～= Lobularia Desv.（1815）（保留属名）［十字花科 Brassicaceae（Cruciferae）］■

21873　Glyceria Nutt.（1818）Nom. illegit.（废弃属名）= Hydrocotyle L.（1753）［伞形花科（伞形科）Apiaceae（Umbelliferae）//天胡荽科 Hydrocotylaceae］■

21874　Glyceria R. Br.（1810）（保留属名）【汉】甜茅属。【日】ドジョウツナギ属，ドゼウツナギ属。【俄】Манник。【英】Glyceria, Manna Grass, Mannagrass, Manna-grass, Sweet Grass, Sweet Manna Grass, Sweetgrass, Sweet-grass。【隶属】禾本科 Poaceae（Gramineae）。【包含】世界40-50种，中国10种。【学名诠释与讨论】〈阴〉（希）glykys, glykeros, 甜的，芳香的。指模式种的颖果具甜味。此属的学名“Glyceria R. Br., Prodr.: 179. 27 Mar 1810”是保留属名。法规未列出相应的废弃属名。但是伞形花科 Apiaceae 的“Glyceria Nutt., Gen. N. Amer. Pl.［Nuttall］. 1: 177. 1818［14 Jul 1818］= Hydrocotyle L.（1753）”应该废弃。【分布】巴基斯坦，秘鲁，玻利维亚，厄瓜多尔，哥伦比亚，哥斯达黎加，美国，中国，北美洲，中美洲。【模式】Glyceria fluitans（Linnaeus）R. Brown［Festuca fluitans Linnaeus］。【参考异名】Desvauxia Post et Kuntze（1903）Nom. illegit.; Devauxia Kunth（1833）Nom. illegit.; Devauxia P. Beauv. ex Kunth（1833）Nom. illegit.; Diachroa Nutt. ex Steud.（1840）; Exydra Endl.（1830）; Heleochloa（Fries）Dreier（1838）Nom. illegit.; Heleochloa Fr.（1835）Nom. illegit., Nom. nud.; Hemibromus Steud.（1854）; Hydrochloa Hartin.（1819）Nom. illegit.; Hydropoa（Dumort.）Dumort.（1868）Nom. illegit.; Nevroloma Raf.（1819）; Panicularia Fabr.（1759）Nom. illegit.; Panicularia Heist. ex Fabr.（1759）Nom. illegit.; Plotia Steud.（1841）Nom. illegit.; Porroteranthe Steud.（1854）; Torreyochloa G. L. Church（1949）■

21875　Glyceriaceae Link = Gramineae Juss.（保留科名）//Poaceae Barnhart（保留科名）●■

21876　Glycicarpus Benth. et Hook. f.（1862）= Nothopegia Blume（1850）（保留属名）［漆树科 Anacardiaceae］●☆

21877　Glycideras DC.（1838）= Glycyderas Cass.（1829）Nom. illegit.; ～= Psiadia Jacq.（1803）［菊科 Asteraceae（Compositae）］●☆

21878　Glycine L.（1753）（废弃属名）= Apios Fabr.（1759）（保留属名）+Wisteria Nutt.（1818）（保留属名）+Abrus Adans.（1763）+

Rhynchosia Lour.（1790）（保留属名）+ Amphicarpaea Elliott ex Nutt.（1818）［as 'Amphicarpa'］（保留属名）+ Pueraria DC.（1825）+Fagelia Neck. ex DC.（1825）Nom. illegit. ■☆

21879　Glycine Willd.（1802）（保留属名）【汉】大豆属（黄豆属，秣石豆属，秣食豆属）。【日】ダイズ属，ダイヅ属。【俄】Глицина，Соя。【英】Ground Nut, Soja, Sojabean, Soy, Soya, Soya-bean, Soybean。【隶属】豆科 Fabaceae（Leguminosae）//蝶形花科 Papilionaceae。【包含】世界 17 种，中国 8 种。【学名诠释与讨论】〈阴〉（希）glykys, glykeros, 甜的, 芳香的+-inus, -ina, -inum 拉丁文加在名词词干之后, 以形成形容词的词尾, 含义为"属于、相似、关于、小的"。指某些种的茎叶具甜味。此属的学名"Glycine Willd. ,Sp. Pl. 3:854,1053. 1-10 Nov 1802"是保留属名。相应的废弃属名是豆科 Fabaceae 的"Glycine L. ,Sp. Pl. :753. 1 Mai 1753"和"Soja Moench, Methodus:153, index. 4 Mai 1794 = Glycine Willd.（1802）（保留属名）"。"Triendilix Rafinesque, New Fl. 1:85. Dec 1836"是"Glycine Willd.（1802）（保留属名）"的晚出的同模式异名（Homotypic synonym, Nomenclatural synonym）。【分布】巴基斯坦, 玻利维亚, 厄瓜多尔, 哥斯达黎加, 马达加斯加, 美国, 中国, 热带和温带, 非洲和亚洲, 中美洲。【模式】Glycine clandestina Wendland。【参考异名】Apios Boehm.（废弃属名）；Bujacia E. Mey.（1836）；Christolia Post et Kuntze（1903）Nom. illegit. ; Chrystolia Montrouz.（1901）Nom. illegit. ; Chrystolia Montrouz. ex Beauvis.（1901）；Johnia Wight et Arn.（1834）Nom. illegit. ; Leptocyamus Benth.（1839）；Leptolobium Benth.（1837）Nom. illegit. ; Neonotonia J. A. Lackey（1977）；Notonia Wight et Arn.（1834）Nom. illegit. ; Soja Moench（1794）Nom. illegit.（废弃属名）；Soya Benth.（1838）；Strophostyles Elliott（1823）（保留属名）；Triendilix Raf.（1836）Nom. illegit. ■

21880　Glycinopsis（DC.）Kuntze（1891）= Periandra Mart. ex Benth.（1837）［豆科 Fabaceae（Leguminosae）]■☆

21881　Glycinopsis Kuntze（1891）Nom. illegit. ≡ Glycinopsis（DC.）Kuntze（1891）; ~ = Periandra Mart. ex Benth.（1837）［豆科 Fabaceae（Leguminosae）]■☆

21882　Glyciphylla Raf.（1819）= Chiogenes Salisb.（1817）Nom. inval. ; ~ =Gaultheria L.（1753）［杜鹃花科（欧石南科）Ericaceae]●

21883　Glycocystis Chinnock（2007）= Eremophila R. Br.（1810）［苦槛蓝科（苦槛盘科）Myoporaceae]●☆

21884　Glycorchis D. L. Jones et M. A. Clem.（2001）Nom. inval. = Caladenia R. Br.（1810）［兰科 Orchidaceae]■☆

21885　Glycosma Nutt.（1840）= Myrrhis Mill.（1754）［伞形花科（伞形科）Apiaceae（Umbelliferae）]■☆

21886　Glycosma Nutt. ex Torr. et A. Gray（1840）Nom. illegit. ≡ Glycosma Nutt.（1840）; ~ = Myrrhis Mill.（1754）［伞形花科（伞形科）Apiaceae（Umbelliferae）]■☆

21887　Glycosmis Corrêa（1805）（保留属名）【汉】山小橘属（酒饼叶属，山柑子叶属，山橘属）。【日】ハナシンボウギ属。【英】Glycosmis。【隶属】芸香科 Rutaceae。【包含】世界 60 种，中国 15 种。【学名诠释与讨论】〈阴〉（希）glykys, glykeros, 甜的, 芳香的+osme 气味。指叶和花有香气。或指果具香味。此属的学名"Glycosmis Corrêa in Ann. Mus. Natl. Hist. Nat. 6:384. 1805"是保留属名。相应的废弃属名是芸香科 Rutaceae 的"Panel Adans. ,Fam. Pl. 2:447,587. Jul-Aug 1763 = Glycosmis Corrêa（1805）（保留属名）"。"J. C. Willis. A Dictionary of the Flowering Plants and Ferns（Student Edition）. 1985. Cambridge. Cambridge University Press. 1-1245"则把"Panel Adans.（1763）（废弃属名）"处理为"Terminalia L.（1767）（保留属名）［使君子科 Combretaceae//榄仁树科 Terminaliaceae]"的异名。【分布】巴基斯坦, 印度至马来

西亚, 中国, 中美洲。【模式】Glycosmis arborea（Roxburgh）A. P. de Candolle。【参考异名】Chionotria Jack（1822）；Dioxippe M. Roem.（1846）；Glyscosmis D. Dietr.（1840）；Loureira Meisn.（1837）Nom. illegit. ; Myxospermum M. Roem.（1846）；Panel Adans.（1763）（废弃属名）；Phoenicimon Ridl.（1925）；Tetracronia Pierre（1893）；Thoreldora Pierre（1895）；Toluifera Lour.（1790）（废弃属名）●

21888　Glycoxylon Ducke（1922）= Pradosia Liais（1872）［山榄科 Sapotaceae]●☆

21889　Glycoxylum Capelier ex Tul. = Dicoryphe Thouars（1804）［金缕梅科 Hamamelidaceae]●☆

21890　Glycycarpus Dalzell（1849）（废弃属名）= Nothopegia Blume（1850）（保留属名）［漆树科 Anacardiaceae]●☆

21891　Glycydendron Ducke（1922）【汉】甜大戟属。【隶属】大戟科 Euphorbiaceae。【包含】世界 1-2 种。【学名诠释与讨论】〈中〉（希）glykys, glykeros, 甜的, 芳香的+dendron 或 dendros, 树木, 棍, 丛林。【分布】巴西, 秘鲁, 玻利维亚, 厄瓜多尔, 亚马孙河流域。【模式】Glycydendron amazonicum Ducke。【参考异名】Glycynodendron Pax et K. Hoffm. ●☆

21892　Glycyderas Cass.（1829）Nom. illegit. ≡ Glyphia Cass.（1818）; ~ =Psiadia Jacq.（1803）［菊科 Asteraceae（Compositae）]●☆

21893　Glycynodendron Pax et K. Hoffm. = Glycydendron Ducke（1922）［大戟科 Euphorbiaceae]●☆

21894　Glycyphylla Spach（1840）Nom. illegit. = Chiogenes Salisb.（1817）Nom. inval. ; ~ =Gaultheria L.（1753）; ~ =Glyciphylla Raf.（1819）［杜鹃花科（欧石南科）Ericaceae]●

21895　Glycyphylla Steven（1832）= Astragalus L.（1753）［豆科 Fabaceae（Leguminosae）//蝶形花科 Papilionaceae]●■

21896　Glycyrrhiza L.（1753）【汉】甘草属。【日】カンザウ属, カンゾウ属。【俄】Лакрица, Лакричник, Раздельнолодочник, Солодка。【英】Lickorice, Licorice, Liquorice。【隶属】豆科 Fabaceae（Leguminosae）//蝶形花科 Papilionaceae。【包含】世界 18-30 种, 中国 8-17 种。【学名诠释与讨论】〈阴〉（希）glykys, glykeros, 甜的, 芳香的+rhiza, 或 rhizoma, 根, 根茎。指根具甜味。此属的学名, ING、TROPICOS、APNI、GCI 和 IK 记载是"Glycyrrhiza L. ,Sp. Pl. 2:741. 1753 [1 May 1753]"。"Liquiritia Medikus, Vorles. Churpfälz. Phys.-Öcon. Ges. 2:367. 1787"是"Glycyrrhiza L.（1753）"的晚出的同模式异名（Homotypic synonym, Nomenclatural synonym）。【分布】澳大利亚, 巴基斯坦, 玻利维亚, 厄瓜多尔, 美国（密苏里）, 中国, 非洲北部, 温带欧亚大陆, 温带和亚热带美洲。【后选模式】Glycyrrhiza glabra Linnaeus。【参考异名】Clidanthera R. Br.（1848）；Glicirrhiza Nocca（1793）；Glycyrrhizopsis Boiss.（1856）；Glycyrrhizopsis Boiss. et Balansa（1856）；Liquiritia Medik.（1787）Nom. illegit. ; Meristotropis Fisch. et C. A. Mey.（1843）■

21897　Glycyrrhizopsis Boiss.（1856）Nom. illegit. ≡ Glycyrrhizopsis Boiss. et Balansa（1856）［豆科 Fabaceae（Leguminosae）//蝶形花科 Papilionaceae]■☆

21898　Glycyrrhizopsis Boiss. et Balansa（1856）【汉】类甘草属。【隶属】豆科 Fabaceae（Leguminosae）//蝶形花科 Papilionaceae。【包含】世界 2 种。【学名诠释与讨论】〈阴〉（属）Glycyrrhiza 甘草属+希腊文 opsis, 外观, 模样, 相似。此属的学名, ING 和 TROPICOS 记载是"Glycyrrhizopsis Boissier et Balansa in Boissier, Diagn. Pl. Orient. ser. 2. 3（5）:81. Sep-Oct 1856"。IK 则记载为"Glycyrrhizopsis Boiss. ,Diagn. Pl. Orient. ser. 2,5:82. 1856 [Sep-Oct 1856]"。三者引用的文献相同。亦有文献把"Glycyrrhizopsis Boiss. et Balansa（1856）"处理为"Glycyrrhiza L.（1753）"的异名。

【分布】叙利亚,安纳托利亚。【模式】Glycyrrhizopsis flavescens (Boissier) Boissier et Balansa［Glycyrrhiza flavescens Boissier］。【参考异名】Glycyrrhiza L.（1753）;Glycyrrhizopsis Boiss.（1856）Nom. illegit. ■☆

21899　Glypha Lour. ex Endl.（1838）= Scaevola L.（1771）（保留属名）［草海桐科 Goodeniaceae］●■

21900　Glyphaea Hook. f.（1848）【汉】箭羽椴属。【隶属】椴树科（椴科,田麻科）Tiliaceae。【包含】世界 2-3 种。【学名诠释与讨论】〈阴〉（希）glyphe,雕刻成的东西,glyphis, glyphidos 箭的有齿的一头。此属的学名,ING、TROPICOS 和 IK 记载是“Glyphaea Hook. f., Icon. Pl. 4:t. 760. 1848［May 1848］”。“Glyphaea Hook. f. ex Planch.（1848）= Glyphaea Hook. f.（1848）［椴树科（椴科,田麻科）Tiliaceae］”的命名人引证有误。“Schweinfurthafra O. Kuntze, Rev. Gen. 1:85. 5 Nov 1891”是“Glyphaea Hook. f.（1848）”的晚出的同模式异名（Homotypic synonym, Nomenclatural synonym）。【分布】热带非洲。【模式】Glyphaea grewioides J. D. Hooker。【参考异名】Glyphaea Hook. f. ex Planch.（1848）Nom. illegit.; Schweinfurthafra Kuntze(1891) Nom. illegit. ●☆

21901　Glyphaea Hook. f. ex Planch.（1848）Nom. illegit. = Glyphaea Hook. f.（1848）［椴树科（椴科,田麻科）Tiliaceae］●☆

21902　Glyphia Cass.（1818）= Glycyderas Cass.（1829）Nom. illegit.; ~ = Psiadia Jacq.（1803）［菊科 Asteraceae（Compositae）］●☆

21903　Glyphochloa Clayton（1981）【汉】塑草属。【隶属】禾本科 Poaceae（Gramineae）。【包含】世界 8 种。【学名诠释与讨论】〈阴〉（希）glyphe,雕刻成的东西+chloe,草的幼芽,嫩草,禾草。【分布】印度。【模式】Glyphochloa forficulata（C. E. C. Fischer）W. D. Clayton［Manisuris forficulata C. E. C. Fischer］。■☆

21904　Glyphosperma S. Watson(1883) = Asphodelus L.（1753）［百合科 Liliaceae//阿福花科 Asphodelaceae］■☆

21905　Glyphospermum G. Don(1836) = Gentiana L.（1753）［龙胆科 Gentianaceae］■

21906　Glyphostylus Gagnep.（1925）【汉】箭柱大戟属。【隶属】大戟科 Euphorbiaceae。【包含】世界 1 种。【学名诠释与讨论】〈阳〉（希）glyphe,雕刻成的东西,glyphis, glyphidos 箭的有齿的一头+stylos =拉丁文 style,花柱,中柱,有尖之物,桩,柱,支持物,支柱,石头做的界标。【分布】泰国,中南半岛。【模式】Glyphostylus laoticus Gagnepain。☆

21907　Glyptocarpa Hu（1965）= Camellia L.（1753）; ~ = Pyrenaria Blume(1827)［山茶科（茶科）Theaceae］●

21908　Glyptocaryopsis Brand(1931)【汉】美国紫草属。【隶属】紫草科 Boraginaceae。【包含】世界 5 种。【学名诠释与讨论】〈阴〉（希）glyptos,雕刻成的,刻痕+karyon,硬壳果,胡桃+opsis,外观,模样,相似。【分布】美国。【模式】不详。☆

21909　Glyptomenes Collins ex Raf. = Asimina Adans.（1763）［番荔枝科 Annonaceae］●☆

21910　Glyptopetalum Thwaites(1856)【汉】沟瓣木属（沟瓣花属,沟瓣属）。【英】Calvepetal, Glyptic-petal Bush, Glyptopetalum。【隶属】卫矛科 Celastraceae。【包含】世界 20-41 种,中国 16 种。【学名诠释与讨论】〈中〉（希）glyptos,雕刻成的,刻痕+希腊文 petalos,扁平的,铺开的;petalon,花瓣,叶,花叶,金属叶子;拉丁文的花瓣为 petalum。指花瓣具沟槽。【分布】印度,中国,东南亚至菲律宾。【模式】zeylanicum Thwaites。●

21911　Glyptopleura D. C. Eaton(1871)【汉】割脉苣属。【隶属】菊科 Asteraceae（Compositae）。【包含】世界 1-2 种。【学名诠释与讨论】〈阴〉（希）glyptos,雕刻成的,刻痕+pleura =pleuron,肋骨,脉,棱,侧生。指瘦果形态。【分布】美国（西部）。【模式】Glyptopleura marginata D. C. Eaton。■☆

21912　Glyptospermae Vent. = Annonaceae Juss.（保留科名）●

21913　Glyptostrobus Endl.（1847）【汉】水松属。【日】イヌスギ属,スイショウ属。【俄】Глиптостробус, Кипарис азиатский болотный。【英】China Cypress, Chinese Deciduous Cypress, Waterpine。【隶属】杉科（落羽杉科）Taxodiaceae。【包含】世界 1 种,中国 1 种。【学名诠释与讨论】〈阳〉（希）glyptos,雕刻成的,刻痕+strobos 球果。指球果种鳞有洼点、花纹及苞鳞的尖头。【分布】中国。【后选模式】Taxodium japonicum A. T. Brongniart 1839。●★

21914　Glyscosmis D. Dietr.（1840）= Glycosmis Corrêa（1805）（保留属名）［芸香科 Rutaceae］●

21915　Gmelina L.（1753）【汉】石梓属（苦梓属）。【日】キバナエウラク属,キバナヨウラク属,グメリーナ属。【英】Bushbeech, Bush - beech, Gmelina, Grey Teak。【隶属】马鞭草科 Verbenaceae//牡荆科 Viticaceae。【包含】世界 33-46 种,中国 7-8 种。【学名诠释与讨论】〈阴〉（人）Johann George Gmelin, 1709-1755,德国植物学者,地理学者。此属的学名,APNI 和 IK 记载是“Gmelina L., Sp. Pl. 2:626. 1753［1 May 1753］”。“Gmelinia Spreng., Gen. Pl., ed. 9. 2:481. 1831［Jan-May 1831］”是其拼写变体。【分布】澳大利亚,巴基斯坦,秘鲁,玻利维亚,厄瓜多尔,哥伦比亚,尼加拉瓜,印度至马来西亚,中国,马斯克林群岛,热带非洲,东亚,中美洲。【模式】Gmelina asiatica Linnaeus。【参考异名】Cumbalu B. D. Jacks.; Cumbulu Adans.（1763）; Cumbulu Rheede ex Adans.（1763）Nom. illegit.; Gmelinia Spreng.（1831）Nom. illegit.; Kumbulu Adans.（1763）Nom. illegit. ●

21916　Gmelinia Spreng.（1831）Nom. illegit. = Gmelina L.（1753）［马鞭草科 Verbenaceae//牡荆科 Viticaceae］●

21917　Gnafalium Raf., Nom. illegit. = Gnaphalium L.（1753）［菊科 Asteraceae（Compositae）］■

21918　Gnaphaliaceae F. Rudolphi = Asteraceae Bercht. et J. Presl（保留科名）//Compositae Giseke（保留科名）●■

21919　Gnaphaliaceae Link ex F. Rudolphi（1830）= Asteraceae Bercht. et J. Presl（保留科名）//Compositae Giseke（保留科名）●■

21920　Gnaphalion Adans.（1763）Nom. illegit. ≡ Gnaphalium Adans.（1763）［菊科 Asteraceae（Compositae）］■☆

21921　Gnaphalion St. -Lag.（1880）Nom. illegit. = Gnafalium Raf.［菊科 Asteraceae（Compositae）］■

21922　Gnaphaliothamnus Kirp.（1950）【汉】鼠麴木属。【隶属】菊科 Asteraceae（Compositae）。【包含】世界 1 种。【学名诠释与讨论】〈阴〉（希）gnaphalion,鼠麴草+thamnos,指小式 thamnion,灌木,灌丛,树丛,枝。【分布】墨西哥,中美洲。【模式】Gnaphaliothamnus rhodanthum（C. H. Schultz-Bip.）M. E. Kirpicznikov［Gnaphalium rhodanthum C. H. Schultz-Bip.］。●☆

21923　Gnaphalium Adans.（1763）［as‘Gnaphalion’］Nom. illegit. = Otanthus Hoffmanns. et Link（1809）［菊科 Asteraceae（Compositae）］■☆

21924　Gnaphalium L.（1753）【汉】鼠麴草属（毛花鼠麴草属）。【日】ハハコグサ属,ホオコグサ属。【俄】Гнафалиум, Сушеница。【英】Cudweed, Everlasting。【隶属】菊科 Asteraceae（Compositae）。【包含】世界 50-200 种,中国 20-24 种。【学名诠释与讨论】〈中〉（希）gnaphalion,鼠麴草古名+-ius,-ia,-ium,在拉丁文和希腊文中,这些词尾表示性质或状态。此属的学名,ING、APNI、GCI、TROPICOS 和 IK 记载是“Gnaphalium L., Sp. Pl. 2:850. 1753［1 May 1753］”。“Gnaphalium Adanson, Fam. 2:118, 562. Jul-Aug 1763（‘Gnaphalion’）= Otanthus Hoffmanns. et Link（1809）［菊科 Asteraceae（Compositae）］”是晚出的非法名称。“Dasyanthus Bubani, Fl. Pyrenaea 2:198. 1899（sero?）（‘1900’）（non

Dasyanthes D. Don 1834)"和"Filaginella P. M. Opiz, Abh. Königl. Böhm. Ges. Wiss. ser. 5. 8（Gesch.）：52. 1854（post 31 Jul）"是"Gnaphalium L.（1753）"的晚出的同模式异名（Homotypic synonym, Nomenclatural synonym）。亦有文献把"Gnaphalium L.（1753）"处理为"Leontopodium（Pers.）R. Br. ex Cass.（1819）"的异名。【分布】巴基斯坦，巴拉圭，巴拿马，玻利维亚，厄瓜多尔，哥伦比亚，马达加斯加，尼加拉瓜，中国，中美洲。【后选模式】Gnaphalium uliginosum Linnaeus。【参考异名】Amphidoxa DC.（1838）；Conyza L.（1753）（废弃属名）；Dasyanthus Bubani（1899）Nom. illeg., Nom. superfl.；Dasyranthus Raf. ex Steud.（1840）；Demidium DC.（1838）；Euchiton Cass.（1828）；Filaginella Opiz（1854）Nom. illegit.；Gamochaeta Wedd.（1856）；Gnafalium Raf., Nom. illegit.；Gnaphalion St.－Lag.（1880）Nom. illegit.；Homalotheca Rchb.（1841）；Homognaphalium Kirp.（1950）；Laphangium（Hilliard et B. L. Burtt）Tzvelev（1994）；Leontopodium（Pers.）R. Br. ex Cass.（1819）；Merope Wedd.（1856）Nom. illegit.；Omalotheca Cass.（1828）；Pseudognaphalium Kirp.（1950）；Synchaeta Kirp.（1950）；Virginea（DC.）Nicoli（1980）●■

21925   Gnaphalodes A. Gray（1852）Nom. illegit. ≡ Actinobole Endl.（1843）［菊科 Asteraceae（Compositae）］■☆

21926   Gnaphalodes Mill.（1754）Nom. illegit. ≡ Micropus L.（1753）；~ = Actinobole Fenzl ex Endl.（1843）［菊科 Asteraceae（Compositae）］■☆

21927   Gnaphalodes Tourn. ex Adans.（1763）Nom. illegit.［菊科 Asteraceae（Compositae）］☆

21928   Gnaphalon Lowe（1858）Nom. illegit. ≡ Phagnalon Cass.（1819）［菊科 Asteraceae（Compositae）］●■

21929   Gnaphalopsis DC.（1838）= Dyssodia Cav.（1801）；~ = Hymenantherum Cass.（1817）Nom. illegit.；~ = Dyssodia Cav.（1801）［菊科 Asteraceae（Compositae）］■☆

21930   Gnemon Kuntze（1891）Nom. illegit. ≡ Gnemon Rumph. ex Kuntze（1891）［买麻藤科 Gnetaceae］●

21931   Gnemon Rumph.（1741）Nom. inval. ≡ Gnemon Rumph. ex Kuntze（1891）；~ ≡ Gnetum L.（1767）［买麻藤科 Gnetaceae］●

21932   Gnemon Rumph. ex Kuntze（1891）Nom. illegit. ≡ Gnetum L.（1767）［买麻藤科（倪藤科）Gnetaceae］●

21933   Gneorum G. Don（1832）= Cneorum L.（1753）［叶柄花科 Cneoraceae//拟荨麻科 Urticaceae］●☆

21934   Gnephosis Cass.（1820）【汉】长序鼠麴草属。【隶属】菊科 Asteraceae（Compositae）。【包含】世界 8 种。【学名诠释与讨论】〈阴〉词源不详。【分布】澳大利亚（温带）。【模式】Gnephosis tenuissima Cassini。【参考异名】Chrysocoryne Endl.（1843）Nom. illegit.；Crossolepis Benth.（1837）Nom. illegit.；Crossolepis Less.（1832）；Cyathopappus F. Muell.（1861）；Leptotriche Turcz.（1851）；Nematopus A. Gray（1851）；Trichanthodium Sond. et F. Muell.（1853）■☆

21935   Gnetaceae Blume（1833）（保留科名）【汉】买麻藤科（倪藤科）。【日】グネツム科。【俄】Гнетовые, Хвойниковые, Эфедровые。【英】Jointfir Family, Joint－fir Family。【包含】世界 1-2 属 30-40 种，中国 1 属 9-11 种。【分布】热带。【科名模式】Gnetum L.●

21936   Gnetaceae Lindl. = Gnetaceae Blume（保留科名）●

21937   Gnetum L.（1767）【汉】买麻藤属（倪藤属）。【日】グネツム属。【俄】Гнетум。【英】Joint Fir, Jointfir, Joint－fir, Tulip。【隶属】买麻藤科（倪藤科）Gnetaceae。【包含】世界 30-40 种，中国 9-11 种。【学名诠释与讨论】〈中〉（马来）gnemon，马来半岛特纳底岛（Ternate）上一种裸子植物俗名。此属的学名，ING、TROPICOS

和 IK 记载是"Gnetum Linnaeus, Syst. Nat. ed. 12. 2：637. 15-31 Oct 1767"。"Gnemon O. Kuntze, Rev. Gen. 2：796. 5 Nov 1891"是"Gnetum L.（1767）"的晚出的同模式异名（Homotypic synonym, Nomenclatural synonym）。【分布】巴拿马，秘鲁，玻利维亚，厄瓜多尔，斐济，哥伦比亚（安蒂奥基亚），尼加拉瓜，印度至马来西亚，中国，热带非洲西部，热带南美洲北部，中美洲。【模式】Gnetum gnemon Linnaeus。【参考异名】Abutua Batsch（1802）Nom. illegit.；Abutua Lour.（1790）；Arthostema Neck.（1790）Nom. inval.；Balania Noronha（1790）；Gnemon Kuntze（1891）Nom. illegit.；Gnemon Rumph.（1741）Nom. inval.；Gnemon Rumph. ex Kuntze（1891）Nom. illegit.；Thoa Aubl.（1775）●

21938   Gnidia L.（1753）【汉】格尼瑞香属（格尼迪木属）。【隶属】瑞香科 Thymelaeaceae。【包含】世界 140-160 种。【学名诠释与讨论】〈阴〉词源不详。似来自人名。此属的学名，ING、TROPICOS 和 IK 记载是"Gnidia L., Sp. Pl. 1：358. 1753 [1 May 1753]"。"Dessenia Adanson, Fam. 2：285. Jul－Aug 1763"和"Struthia Royen ex L.（1758）Nom. illegit. ≡ Struthia Linnaeus, Opera Varia 222. 1758"是"Gnidia L.（1753）"的晚出的同模式异名（Homotypic synonym, Nomenclatural synonym）。【分布】马达加斯加，斯里兰卡，印度，阿拉伯地区西南部，热带和非洲南部，中美洲。【后选模式】Gnidia pinifolia Linnaeus。【参考异名】Arthrosolen C. A. Mey.（1843）；Atemnosiphon Léandri（1947）；Basutica E. Phillips（1944）；Canalia F. W. Schmidt（1793）；Craspedostoma Domke（1934）；Dessenia Adans.（1763）Nom. illegit.；Englerodaphne Gilg（1894）；Epichrocantha Eckl. et Zeyh. ex Meisn.（1857）；Gnidiopsis Tiegh.（1893）；Lasiosiphon Fresen.（1838）；Nectandra P. J. Bergius（1767）（废弃属名）；Octoplis Raf.（1838）；Pseudognidia E. Phillips（1944）；Struthia Boehm.；Struthia L.（1758）Nom. illegit.；Struthia Royen ex L.（1758）Nom. illegit.；Struthiolopsis E. Phillips（1944）；Thymelina Hoffmanns.（1824）●☆

21939   Gnidiaceae Bercht. et J. Presl = Thymelaea Mill.（1754）（保留属名）●■

21940   Gnidiopsis Tiegh.（1893）= Gnidia L.（1753）［瑞香科 Thymelaeaceae］●☆

21941   Gnidium G. Don（1830）= Cnidium Cusson ex Juss.（1787）Nom. illegit.；~ = Selinum L.（1762）（保留属名）［伞形花科（伞形科）Apiaceae（Umbelliferae）］■

21942   Gnomonia Lunell（1915）Nom. illegit. ≡ Festuca L.（1753）［禾本科 Poaceae（Gramineae）//羊茅科 Festucaceae］■

21943   Gnomophalium Greuter（2003）【汉】密头金绒草属。【隶属】菊科 Asteraceae（Compositae）。【包含】世界 1 种。【学名诠释与讨论】〈中〉（希）gnomon，曲尺，日规上的指针+phalos，黑暗+-ius，-ia，-ium，在拉丁文和希腊文中，这些词尾表示性质或状态。【分布】埃及，阿拉伯半岛。【模式】Gnomophalium pulvinatum（Delile）Greuter。■☆

21944   Gnoteris Raf.（1838）Nom. illegit. = Hyptis Jacq.（1787）（保留属名）；~ = Mesosphaerum P. Browne（1756）（废弃属名）；~ = Hyptis Jacq.（1787）（保留属名）［唇形科 Lamiaceae（Labiatae）］●■

21945   Goadbyella R. S. Rogers（1927）= Microtis R. Br.（1810）［兰科 Orchidaceae］■

21946   Gobara Wight et Arn. ex Voigt = Dysoxylum Blume（1825）［楝科 Meliaceae］●

21947   Gochnatea Steud.（1840）Nom. illegit.［菊科 Asteraceae（Compositae）］☆

21948   Gochnatia（Kurz）Cabrera, Nom. illegit. = Leucomeris Franch.（1825）［菊科 Asteraceae（Compositae）］●

21949   Gochnatia Kunth（1818）【汉】白菊木属（绒菊木属）。【英】

Gochnatia, Leucomeris。【隶属】菊科 Asteraceae（Compositae）。【包含】世界 60-68 种,中国 1 种。【学名诠释与讨论】〈阴〉（人）F. K. Gochnat,? - 1816,法国植物学者。此属的学名,ING、TROPICOS 和 IK 记载是"Gochnatia Kunth in Humboldt, Bonpland et Kunth, Nova Gen. Sp. 4; ed. fol. 15. 26 Oct 1818; ed. qu. 19. 17 Apr 1820"。亦有文献把"Gochnatia Kunth（1818）"处理为"Leucomeris D. Don（1825）"的异名。【分布】巴拉圭,秘鲁,玻利维亚,美国,墨西哥,中国,西印度群岛,喜马拉雅山至东南亚,南美洲,中美洲。【模式】Gochnatia vernonioides Kunth。【参考异名】Discoseris （ Endl. ） Kuntze （ 1903 ） Nom. illegit. ; Discoseris （ Endl. ） Post et Kuntze （ 1903 ） Nom. illegit. ; Hedraiophyllum （ Less. ）Spach;Hedraiophyllum Less. ex Steud.（1840）;Leucomeris D. Don（1825）;Pentaphorus D. Don（1830）;Richterago Kuntze（1891）;Seris Less.（1830）Nom. illegit.●

21950　Gocimeda Gand. = Medicago L.（1753）（保留属名）［豆科 Fabaceae（Leguminosae）//蝶形花科 Papilionaceae］●■

21951　Gockia Bronner（1857）【汉】高可葡萄属。【隶属】葡萄科 Vitaceae。【包含】世界 1 种。【学名诠释与讨论】〈阴〉词源不详。似来自人名。【分布】德国。【模式】Gockia crescentifolia Bronner。☆

21952　Godefroya Gagnep.（1923）= Cleistanthus Hook. f. ex Planch.（1848）［大戟科 Euphorbiaceae］●

21953　Godetia Spach（1835）= Clarkia Pursh（1814）; ~ = Oenothera L.（1753）［柳叶菜科 Onagraceae］●■

21954　Godia Steud.（1841）= Golia Adans.（1763）Nom. illegit. ; ~ = Soldanella L.（1753）［报春花科 Primulaceae］■☆

21955　Godiaeum Bojer（1837）= Codiaeum A. Juss.（1824）（保留属名）［大戟科 Euphorbiaceae］●

21956　Godinella（T. Lestib.）Spach（1840）Nom. illegit. = Lysimachia L.（1753）［报春花科 Primulaceae//珍珠菜科 Lysimachiaceae］●■

21957　Godinella T. Lestib.（1827）= Lysimachia L.（1753）［报春花科 Primulaceae//珍珠菜科 Lysimachiaceae］●■

21958　Godmania Hemsl.（1879）【汉】戈德曼紫葳属。【隶属】紫葳科 Bignoniaceae。【包含】世界 2 种。【学名诠释与讨论】〈阴〉（人）Frederick Du Cane （ Ducane ） Godman, 1834-1919, 英国博物学者。【分布】巴拿马,秘鲁,玻利维亚,厄瓜多尔,哥伦比亚（安蒂奥基亚）,墨西哥,尼加拉瓜,中美洲。【模式】Godmania macrocarpa（Bentham）W. B. Hemsley［Cybistax macrocarpa Bentham］。【参考异名】Xerotecoma J. C. Gomes（1964）●☆

21959　Godovia Pers.（1805）Nom. illegit.［金莲木科 Ochnaceae］●☆

21960　Godoya Ruiz et Pav.（1794）【汉】戈多伊木属。【隶属】金莲木科 Ochnaceae。【包含】世界 2 种。【学名诠释与讨论】〈阴〉（人）Manuel de Godoy Alvarez de Faria Rios Sanchez y Zarzosa, 1761/1767-1851。【分布】秘鲁,玻利维亚,厄瓜多尔,哥伦比亚（安蒂奥基亚）,热带南美洲西部。【模式】未指定。【参考异名】Planchonella Tiegh.（1904）Nom. illegit.（废弃属名）●☆

21961　Godwinia Seem.（1869）= Dracontium L.（1753）［天南星科 Araceae］■☆

21962　Goebelia Bunge ex Boiss.（1872）Nom. illegit. ≡ Radiusia Rchb.（1828）; ~ = Sophora L.（1753）［豆科 Fabaceae（Leguminosae）//蝶形花科 Papilionaceae］●■

21963　Goeldinia Huber（1902）= Allantoma Miers（1874）［玉蕊科（巴西果科）Lecythidaceae］●☆

21964　Goeppertia Griseb.（1862）Nom. illegit. ≡ Bisgoeppertia Kuntze（1891）［龙胆科 Gentianaceae］■☆

21965　Goeppertia Nees（1831）= Calathea G. Mey.（1818）+Maranta L.（1753）+Monotagma K. Schum.（1902）［樟科 Lauraceae］■

21966　Goeppertia Nees（1836）Nom. illegit. ≡ Endlicheria Nees（1833）（保留属名）; ~ =Aniba Aubl.（1775）［樟科 Lauraceae］●☆

21967　Goerkemia Yild.（2000）= Isatis L.（1753）［十字花科 Brassicaceae（Cruciferae）］■

21968　Goerziella Urb.（1924）= Amaranthus L.（1753）［苋科 Amaranthaceae］■

21969　Goethalsia Pittier（1914）【汉】三裂萼椴属。【隶属】椴树科（椴科,田麻科）Tiliaceae//锦葵科 Malvaceae。【包含】世界 1 种。【学名诠释与讨论】〈阴〉（人）Goethals。【分布】哥伦比亚,中美洲。【模式】Goethalsia isthmica Pittier。●☆

21970　Goethartia Herzog（1915）= Pouzolzia Gaudich.（1830）［荨麻科 Urticaceae］●■

21971　Goethea Nees et Mart.（1823）Nom. illegit. = Goethea Nees（1821）［锦葵科 Malvaceae］●☆

21972　Goethea Nees（1821）【汉】歌德木属。【隶属】锦葵科 Malvaceae。【包含】世界 2 种。【学名诠释与讨论】〈阴〉（人）Johann Wolfgang von Goethe, 1749-1832,德国学者。此属的学名,ING、TROPICOS 和 IK 记载是"Goethea Nees, Flora 4（1）: 304（1821）;Nees et Mart. in Nov. Act. Nat. Cur. xi.（1823）91. t. 8."。"Goethea Nees et Mart.（1823）Nom. illegit. = Goethea Nees（1821）［锦葵科 Malvaceae］"是晚出的非法名称。【分布】巴西,玻利维亚。【模式】未指定。【参考异名】Goethea Nees et Mart.（1823）Nom. illegit. ;Schouwia Schrad.（1821）（废弃属名）;Schowia Sweet（1839）●☆

21973　Goetzea Rchb.（1829）Nom. illegit.（废弃属名）≡ Rothia Pers.（1807）（保留属名）［豆科 Fabaceae（Leguminosae）］■

21974　Goetzea Wydler（1830）（保留属名）【汉】印茄树属（锈毛茄属）。【隶属】印茄树科 Goetzeaceae//茄科 Solanaceae。【包含】世界 2 种。【学名诠释与讨论】〈阴〉（人）Goetze。此属的学名"Goetzea Wydler in Linnaea 5; 423. Jul 1830"是保留属名。相应的废弃属名是豆科 Fabaceae 的"Goetzea Rchb. , Consp. Regni Veg. : 150. Dec 1828 - Mar 1829 ≡ Rothia Pers.（1807）（保留属名）"。【分布】波多黎各,海地,西印度群岛（多明我）。【模式】Goetzea elegans Wydler。【参考异名】Goetzia Miers（1870）●☆

21975　Goetzeaceae Miers ex Airy Shaw（1965）［亦见 Solanaceae Juss.（保留科名）茄科］【汉】印茄树科。【包含】世界 5 属 7 种。【分布】墨西哥,西印度群岛。【科名模式】Goetzea Wydler ●☆

21976　Goetzeaceae Miers（1870）= Goetzeaceae Miers ex Airy Shaw; ~ = Solanaceae Juss.（保留科名）●■

21977　Goetzia Miers（1870）= Goetzea Wydler（1830）（保留属名）［印茄树科 Goetzeaceae//茄科 Solanaceae］●☆

21978　Goetziaceae Miers（1870）= Goetzeaceae Miers ex Airy Shaw ●☆

21979　Gohoria Neck.（1790）Nom. inval. = Ammi L.（1753）［伞形花科（伞形科）Apiaceae（Umbelliferae）//阿米芹科 Ammiaceae］■

21980　Golaea Chiov.（1929）【汉】戈拉爵床属。【隶属】爵床科 Acanthaceae。【包含】世界 1 种。【学名诠释与讨论】〈阴〉（人）Gola。【分布】索马里。【模式】Golaea migiurtina Chiovenda。■☆

21981　Golatta Raf.（1840）Nom. illegit. ≡ Grafia Rchb.（1837）［伞形花科（伞形科）Apiaceae（Umbelliferae）］■

21982　Goldbachia DC.（1821）（保留属名）【汉】四棱荠属（果革属）。【俄】Гольдбахия。【英】Goldbachia。【隶属】十字花科 Brassicaceae（Cruciferae）。【包含】世界 6-8 种,中国 3 种。【学名诠释与讨论】〈阴〉（人）Karl（Carl）Ludwig Goldbach, 1793-1824,德国人。此属的学名"Goldbachia DC. in Mém. Mus. Hist. Nat. 7: 242. 20 Apr 1821"是保留属名。相应的废弃属名是禾本科 Poaceae（Gramineae）的"Goldbachia Trin. in Sprengel, Neue Entd. 2: 42. Jan 1821 ≡ Arundinella Raddi（1823）= Calamochloe Rchb.

（1828）"。【分布】巴基斯坦，中国，温带亚洲。【模式】Goldbachia laevigata［Marschall von Bieberstein）A. P. de Candolle（Raphanus laevigatus Marschall von Bieberstein］。■

21983　Goldbachia Trin.（1821）（废弃属名）= Arundinella Raddi（1823）［禾本科 Poaceae（Gramineae）//野古草科 Arundinellaceae］■

21984　Goldenia Rausch.（1797）= Coldenia L.（1753）［紫草科 Boraginaceae］

21985　Goldfussia Nees（1832）【汉】金足草属（曲蕊马蓝属，头花马蓝属）。【隶属】爵床科 Acanthaceae。【包含】世界 30 种，中国 14 种。【学名诠释与讨论】〈阴〉（人）Georg August Goldfuss，1782－1848，德国动物学者。此属的学名是"Goldfussia C. G. D. Nees in Wallich, Pl. Asiat. Rar. 3：75, 87. 15 Aug 1832"。亦有文献把其处理为"Strobilanthes Blume（1826）"的异名。【分布】中国，喜马拉雅山至菲律宾（菲律宾群岛）和印度尼西亚（爪哇岛）。【模式】未指定。【参考异名】Strobilanthes Blume（1826）●■

21986　Goldmanella Greenm.（1908）【汉】斜叶菊属。【隶属】菊科 Asteraceae（Compositae）。【包含】世界 1 种。【学名诠释与讨论】〈阴〉（人）Goldman+-ellus, -ella, -ellum，加在名词词干后面形成指小式的词尾。或加在人名、属名等后面以组成新属的名称。此属的学名"Goldmanella Greenman, Bot. Gaz. 45：198. 12 Mar 1908"是一个替代名称。"Goldmania Greenman, Pub. Field Columbian Mus. , Bot. Ser. 2：270. 31 Dec 1907"是一个非法名称（Nom. illegit.），因为此前已经有了"Goldmania J. N. Rose in M. Micheli, Mém. Soc. Phys. Genève 34：274. 1903［豆科 Fabaceae（Leguminosae）//云实科（苏木科）Caesalpiniaceae］"。故用"Goldmanella Greenm.（1908）"替代之。之后，Fedde 又用"Caleopsis Fedde, Repertorium Specierum Novarum Regni Vegetabilis 8：326. 1910"替代"Goldmania Greenm.（1907）"，那就是晚出的非法名称了。同理，化石植物的"Goldsonia Shrock et Twenhofel, J. Paleontol. 13：247. 6 Mai 1939"亦是一个晚出的非法名称。【分布】墨西哥，中美洲。【模式】Goldmanella sarmentosa（Greenman）Greenman［Goldmania sarmentosa Greenman］。【参考异名】Caleopsis Fedde（1910）Nom. illegit. ; Goldmania Greenm.（1907）Nom. illegit. ●☆

21987　Goldmania Greenm.（1907）Nom. illegit. ≡ Goldmanella Greenm.（1908）［菊科 Asteraceae（Compositae）］■☆

21988　Goldmania Rose ex Micheli（1903）Nom. illegit. ≡ Goldmania Rose（1903）［豆科 Fabaceae（Leguminosae）//云实科（苏木科）Caesalpiniaceae］■☆

21989　Goldmania Rose（1903）【汉】戈尔豆属。【隶属】豆科 Fabaceae（Leguminosae）//云实科（苏木科）Caesalpiniaceae。【包含】世界 1 种。【学名诠释与讨论】〈阴〉（人）Goldman。此属的学名，ING 记载是"Goldmania J. N. Rose in M. Micheli, Mém. Soc. Phys. Genève 34：274. 1903"；TROPICOS 则记载为"Goldmania Rose ex Micheli, Mémoires de la Société de Physique et d'Histoire Naturelle de Genève 34：274. 1903"。"Goldmania Greenman, Pub. Field Columbian Mus. , Bot. Ser. 2：270. 31 Dec 1907 ≡ Goldmanella Greenm.（1908）［菊科 Asteraceae（Compositae）］"是晚出的非法名称。【分布】巴拉圭，玻利维亚，墨西哥，热带南美洲，中美洲。【模式】Goldmania platycarpa J. N. Rose。【参考异名】Goldmania Rose ex Micheli（1903）Nom. illegit. ■☆

21990　Goldschmidtia Dammer（1910）= Dendrobium Sw.（1799）（保留属名）［兰科 Orchidaceae］■

21991　Golenkinianthe Koso-Pol.（1914）= Chaerophyllum L.（1753）［伞形花科（伞形科）Apiaceae（Umbelliferae）］■

21992　Golia Adans.（1763）Nom. illegit. ≡ Soldanella L.（1753）［报春花科 Primulaceae］■☆

21993　Golionema S. Watson（1891）= Olivaea Sch. Bip. ex Benth.（1872）［菊科 Asteraceae（Compositae）］■☆

21994　Golowninia Maxim.（1862）= Crawfurdia Wall.（1826）; ~ = Gentiana L.（1753）［龙胆科 Gentianaceae］■

21995　Golubiopsis Becc. ex Martelli（1934）= Gulubiopsis Becc.（1924）［棕榈科 Arecaceae（Palmae）］●☆

21996　Gomara Adans.（1763）= Crassula L.（1753）［景天科 Crassulaceae］●■☆

21997　Gomara Ruiz et Pav.（1794）Nom. illegit. ≡ Gomaranthus Rauschert（1982）; ~ = Sanango G. S. Bunting et J. A. Duke（1961）［岩高兰科 Empetraceae］●☆

21998　Gomaranthus Rauschert（1982）= Sanango G. S. Bunting et J. A. Duke（1961）［岩高兰科 Empetraceae］●☆

21999　Gomaria Spreng.（1831）Nom. illegit. = Gomara Ruiz et Pav.（1794）Nom. illegit. ; ~ = Sanango G. S. Bunting et J. A. Duke（1961）［岩高兰科 Empetraceae］●☆

22000　Gomarum Raf. = Comarum L.（1753）; ~ = Potentilla L.（1753）［蔷薇科 Rosaceae//委陵菜科 Potentillaceae］■

22001　Gomesa R. Br.（1815）【汉】小人兰属（宫美兰属）。【日】ゴメサ属。【英】Little Man Orchid。【隶属】兰科 Orchidaceae。【包含】世界 12-13 种。【学名诠释与讨论】〈阴〉（人）Bernardino Antonio Gomes, 1769-1823，葡萄牙海军军医，植物学者。此属的学名，ING 和 IK 记载是"Gomesa R. Brown in J. Sims, Bot. Mag. 42：. t. 1748. 1 Jul 1815"。"Gomesia Spreng. , Syst. Veg.（ed. 16）［Sprengel］3：729. 1826"是其拼写变体；也是晚出的非法名称。【分布】巴拉圭，巴西，玻利维亚。【模式】Gomesa recurva R. Brown。【参考异名】Gomesia Spreng.（1826）; Maturna Raf.（1837）■☆

22002　Gomesia Spreng.（1826）= Gomesa R. Br.（1815）［兰科 Orchidaceae］■☆

22003　Gomeza Lindl.（1826）= Gomesia Spreng.（1826）［兰科 Orchidaceae］■☆

22004　Gomezia Bartl.（1830）Nom. illegit. = Gomesia Spreng.（1826）［兰科 Orchidaceae］■☆

22005　Gomezia La Llave（1832）Nom. illegit. ［菊科 Asteraceae（Compositae）］☆

22006　Gomezia Mutis（1821）Nom. illegit. = Gomozia Mutis ex L. f.（1782）（废弃属名）; ~ = Nertera Banks ex Gaertn.（1788）（保留属名）［茜草科 Rubiaceae］■

22007　Gomidesia O. Berg（1855）= Myrcia DC. ex Guill.（1827）［桃金娘科 Myrtaceae］●☆

22008　Gomidezia Benth. et Hook. f.（1865）= Gomidesia O. Berg（1855）［桃金娘科 Myrtaceae］●☆

22009　Gomortega Ruiz et Pav.（1794）【汉】油籽树属（葵乐果属，腺蕊花属）。【隶属】油籽树科 Gomortegaceae。【包含】世界 1 种。【学名诠释与讨论】〈阴〉词源不详。此属的学名，ING、TROPICOS、GCI 和 IK 记载是"Gomortega Ruiz et Pav. , Fl. Peruv. Prodr. 62. 1794［Oct 1794］"。"Adenostemum Persoon, Syn. Pl. 1：467. 1 Apr-15 Jun 1805"和"Keulia Molina, Saggio Chili ed. 2. 159. 1810"是"Gomortega Ruiz et Pav.（1794）"的晚出的同模式异名（Homotypic synonym, Nomenclatural synonym）。【分布】智利。【模式】Gomortega nitida Ruiz et Pavon, Nom. illegit. ［Lucuma keule Molina, Gomortega keule I. M. Johnston］。【参考异名】Adenostemum Pers.（1805）Nom. illegit. ; Keulia Molina（1810）Nom. illegit. ●☆

22010　Gomortegaceae Reiche（1896）（保留科名）【汉】油籽树科（葵乐

果科,腺蕊花科)。【包含】世界1属1种。【分布】智利。【科名模式】Gomortega Ruiz et Pav. ●☆

22011　Gomoscypha Post et Kuntze(1903)= Gonioscypha Baker(1875);~=Tupistra Ker Gawl. (1814)[百合科 Liliaceae//铃兰科 Convallariaceae]■

22012　Gomosia Lam. (1788) Nom. illegit. = Gomozia Mutis ex L. f. (1782)(废弃属名);~ =Nertera Banks ex Gaertn. (1788)(保留属名)[茜草科 Rubiaceae]■

22013　Gomotriche Turcz. (1849) Nom. illegit. = Trichinium R. Br. (1810)[苋科 Amaranthaceae]■●☆

22014　Gomoza Cothen. , Nom. illegit. = Nertera Banks ex Gaertn. (1788)(保留属名)[茜草科 Rubiaceae]■

22015　Gomozia Mutis ex L. f. (1782)(废弃属名)= Nertera Banks ex Gaertn. (1788)(保留属名)[茜草科 Rubiaceae]■

22016　Gomphandra Wall. ex Lindl. (1836)【汉】粗丝木属(毛蕊木属,须蕊木属)。【英】Gomphandra。【隶属】茶茱萸科 Icacinaceae。【包含】世界33种,中国3种。【学名诠释与讨论】〈阴〉(希)gomphos,棍棒,绳索+aner,所有格 andros,雄性,雄蕊。指雄花花丝肉质如棒状。【分布】中国,东南亚至所罗门群岛。【后选模式】Gomphandra tetrandra (Wallich ex Roxburgh) Sleumer [Lasianthera tetanda Wallich ex Roxburgh]。【参考异名】Gomphocarpa van Royen ●

22017　Gomphia Schreb. (1789)【汉】拟乌拉木属。【隶属】金莲木科 Ochnaceae。【包含】世界30-35种。【学名诠释与讨论】〈阴〉(希)gomphos,棍棒,绳索,钉子。此属的学名是"Gomphia Schreber, Gen. 291. Apr 1789"。亦有文献把其处理为"Ouratea Aubl. (1775)(保留属名)"的异名。【分布】玻利维亚,马达加斯加,马来西亚(西部),斯里兰卡,印度尼西亚(苏拉威西岛),印度(南部),中国,热带非洲南部,东南亚,中美洲。【后选模式】Gomphia zeylanica (Lamarck) A. P. de Candolle [Ochna zeylanica Lamarck]。【参考异名】Campylospermum Tiegh. (1902);Idertia Farron(1963);Ouratea Aubl. (1775)(保留属名);Rhabdophyllum Tiegh. (1902)●

22018　Gomphiaceae DC. ex Schnizl. (1843)= Ochnaceae DC. (保留科名)●■

22019　Gomphichis Lindl. (1840)【汉】棒兰属。【隶属】兰科 Orchidaceae。【包含】世界23种。【学名诠释与讨论】〈阴〉(希)gomphos,棍棒,绳索+orchis,原义为睾丸,后变为植物兰的名称,因为根的形态而得名。变为拉丁文 orchis,所有格 orchidis。【分布】巴拿马,秘鲁,玻利维亚,厄瓜多尔,哥伦比亚(安蒂奥基亚),哥斯达黎加,南美洲山区,中美洲。【模式】Gomphichis goodyeroides Lindley。■☆

22020　Gomphiluma Baill. (1891)= Pouteria Aubl. (1775)[山榄科 Sapotaceae]●

22021　Gomphima Raf. (1837)= Monochoria C. Presl(1827)[雨久花科 Pontederiaceae]■

22022　Gomphipus(Raf.)B. D. Jacks. = Calonyction Choisy(1834)[旋花科 Convolvulaceae]■

22023　Gomphipus B. D. Jacks. = Calonyction Choisy(1834)[旋花科 Convolvulaceae]■

22024　Gomphipus Raf. (1838)Nom. illegit. [玄参科 Scrophulariaceae]☆

22025　Gomphocalyx Baker(1887)【汉】棒萼茜属。【隶属】茜草科 Rubiaceae。【包含】世界1种。【学名诠释与讨论】〈阳〉(希)gomphos,棍棒,绳索+kalyx,所有格 kalykos =拉丁文 calyx,花萼,杯子。【分布】马达加斯加。【模式】Gomphocalyx herniarioides J. G. Baker。☆

22026　Gomphocarpa van Royen = Gomphandra Wall. ex Lindl. (1836)

[茶茱萸科 Icacinaceae]●

22027　Gomphocarpus R. Br. (1810)【汉】钉头果属。【日】フウセントウワタ属。【俄】Гомфокарпус。【英】Gomphocarpus,Naiheadfruit。【隶属】萝藦科 Asclepiadaceae。【包含】世界50种,中国2种。【学名诠释与讨论】〈阳〉(希)gomphos,棍,闪缚系之物如绳,索等+karpos,果实。指果棍棒状。此属的学名是"Gomphocarpus R. Brown, On Asclepiad. 26. 3 Apr 1810"。亦有文献把其处理为"Asclepias L. (1753)"的异名。【分布】巴拿马,玻利维亚,哥伦比亚,马达加斯加,尼加拉瓜,中国,热带和非洲南部,中美洲。【后选模式】Gomphocarpus fruticosus (Linnaeus) W. T. Aiton [Asclepias fruticosa Linnaeus]。【参考异名】Asclepias L. (1753)●

22028　Gomphocentrum(Benth.)Szlach. , Mytnik et Grochocka(2013)【汉】棒距兰属。【隶属】兰科 Orchidaceae。【包含】世界18种。【学名诠释与讨论】〈阴〉(希)gomphos,棍棒,绳索+kentron,点,刺,圆心,中央,距。此属的学名是"Gomphocentrum (Benth.)Szlach. , Mytnik et Grochocka, Biodivers. Res. Conservation 29: 13. 2013 [31 Mar 2013]",由"Mystacidium sect. Gomphocentrum Benth. J. Linn. Soc. , Bot. 18: 337. 1881"改级而来。【分布】马达加斯加。【模式】不详。【参考异名】Mystacidium sect. Gomphocentrum Benth. (1881)■☆

22029　Gomphogyna Post et Kuntze(1903)= Gomphogyne Griff. (1845)[葫芦科(瓜科,南瓜科)Cucurbitaceae]■

22030　Gomphogyne Griff. (1845)【汉】锥形果属(棒瓜属)。【英】Awlfruit, Gomphogyne。【隶属】葫芦科(瓜科,南瓜科)Cucurbitaceae。【包含】世界12-6种,中国1种。【学名诠释与讨论】〈阴〉(希)gomphos,棍棒,绳索+gyne,所有格 gynaikos,雌性,雌蕊。指雌蕊棍棒状。【分布】中国,东喜马拉雅山至中南半岛。【模式】Gomphogyne cissiformis W. Griffith。【参考异名】Gomphogyna Post et Kuntze(1903);Triceras Post et Kuntze(1903)Nom. illegit. ;Triceros Griff. (1854)Nom. illegit. (废弃属名)■

22031　Gompholobium Sm. (1798)【汉】假水龙骨豆属(假水龙骨属)。【英】Wedge Pea。【隶属】豆科 Fabaceae(Leguminosae)。【包含】世界30种。【学名诠释与讨论】〈中〉(希)gomphos,棍棒,绳索+lobos =拉丁文 lobulus,片,裂片,叶,荚,蒴+-ius,-ia,-ium,在拉丁文和希腊文中,这些词尾表示性质或状态。【分布】澳大利亚,新几内亚岛。【模式】未指定。【参考异名】Burtonia R. Br. (1811)(保留属名)●☆

22032　Gomphopetalum Turcz. (1841)= Angelica L. (1753);~ = Ostericum Hoffm. (1816)[伞形花科(伞形科)Apiaceae(Umbelliferae)]■

22033　Gomphopus Post et Kuntze(1903)(1)= Calonyction Choisy(1834);~ = Gomphipus (Raf.)B. D. Jacks. [旋花科 Convolvulaceae]■

22034　Gomphopus Post et Kuntze(1903)(2)= Ferdinandusa Pohl (1829)[茜草科 Rubiaceae]●☆

22035　Gomphosia Wedd. (1848)= Ferdinandusa Pohl(1829)[茜草科 Rubiaceae]●☆

22036　Gomphostema Hassk. (1844)Nom. illegit. [唇形科 Lamiaceae(Labiatae)]☆

22037　Gomphostemma Wall. (1829)Nom. inval. ≡ Gomphostemma Wall. ex Benth. (1831)[唇形科 Lamiaceae(Labiatae)]●■

22038　Gomphostemma Wall. ex Benth. (1831)【汉】锥花属。【英】Clubfilment, Gomphostemma。【隶属】唇形科 Lamiaceae(Labiatae)。【包含】世界36-40种,中国15种。【学名诠释与讨论】〈中〉(希)gomphos,棍棒,绳索+stemma,所有格 stemmatos,花冠,花环,王冠。指花丝棒状。此属的学名,ING、TROPICOS和

IK 记载是"Gomphostemma Wallich ex Bentham, Edwards's Bot. Reg. 15：t. 1292. 1 Jan 1830"。"Gomphostemma Wall.，Numer. List［Wallich］n. 2151. 1829 ≡ Gomphostemma Wall. ex Benth.（1831）［唇形科 Lamiaceae（Labiatae）]"是一个未合格发表的名称（Nom. inval.）。"Gomphostema Hassk.，Cat. Hort. Bogor. Alt. 133（1844）［唇形科 Lamiaceae（Labiatae）]"是晚出的非法名称。【分布】马来西亚（西部），印度，中国，东亚。【模式】未指定。【参考异名】Gomphostemma Wall.（1829）Nom. inval.；Taitonia Yamam.（1938）●■

22039　Gomphostigma Turcz.（1843）【汉】棒柱醉鱼草属。【隶属】醉鱼草科 Buddlejaceae。【包含】世界 2 种。【学名诠释与讨论】〈中〉（拉）gomphos，棍棒，绳索+stigma，所有格 stigmatos，柱头，眼点。【分布】非洲南部。【模式】Gomphostigma scoparioides Turczaninow。●☆

22040　Gomphostylis Raf.（1837）Nom. illegit. = Zygadenus Michx.（1803）［黑药花科（藜芦科）Melanthiaceae］■

22041　Gomphostylis Wall. ex Lindl.（1830）= Coelogyne Lindl.（1821）［兰科 Orchidaceae］■

22042　Gomphotis Raf.（1838）（废弃属名）= Thryptomene Endl.（1839）（保留属名）［桃金娘科 Myrtaceae］●☆

22043　Gomphraena Jacq.（1763）Nom. illegit.［苋科 Amaranthaceae］■☆

22044　Gomphrena L.（1753）【汉】千日红属。【日】センニチコウ属，センニチサウ属，センニチソウ属。【俄】Гомфрена。【英】Globe Amaranth, Globeamaranth, Globe‐amaranth。【隶属】苋科 Amaranthaceae。【包含】世界 90-120 种，中国 2 种。【学名诠释与讨论】〈阳〉（拉）gomphrena，苋。此属的学名，ING、TROPICOS、APNI、GCI 和 IK 记载是"Gomphrena L.，Sp. Pl. 1：224. 1753［1 May 1753]"。"Amaranthoides P. Miller, Gard. Dict. Abr. ed. 4. 28 Jan 1754"、"Coluppa Adanson, Fam. 2：268. Jul‐Aug 1763"和"Xeraea O. Kuntze, Rev. Gen. 2：545. 5 Nov 1891"是"Gomphrena L.（1753）"的晚出的同模式异名（Homotypic synonym, Nomenclatural synonym）。【分布】巴基斯坦，巴拉圭，巴拿马，秘鲁，玻利维亚，厄瓜多尔，哥伦比亚（安蒂奥基亚），马达加斯加，墨西哥，尼加拉瓜，中国，中美洲。【后选模式】Gomphrena globosa Linnaeus。【参考异名】Amaranthoides Mill.（1754）Nom. illegit.；Bragantia Vand.（1771）；Chlamyphorus Klatt（1889）；Chnoanthus Phil.（1862）；Coluppa Adans.（1763）Nom. illegit.；Comphrena Aubl.（1775）；Gomphraena L.；Gromphaena St.‐Lag.（1880）；Philoxerus R. Br.（1810）；Schultesia Schrad.（1821）（废弃属名）；Wadapus Raf.（1837）；Xeraea Kuntze（1891）Nom. illegit.；Xerosiphon Turcz.（1843）●■

22045　Gomphrenaceae Raf.（1837）= Amaranthaceae Juss.（保留科名）●■

22046　Gomutus Corrêa（1807）= Arenga Labill.（1800）（保留属名）［棕榈科 Arecaceae（Palmae）]●

22047　Gonancylis Raf.（1824）= Apios Fabr.（1759）（保留属名）［豆科 Fabaceae（Leguminosae）//蝶形花科 Papilionaceae］●

22048　Gonantherus Raf. = Osmorhiza Raf.（1819）（保留属名）［伞形花科（伞形科）Apiaceae（Umbelliferae）]■

22049　Gonatandra Schltdl.（1852）= Campelia Rich.（1808）［鸭跖草科 Commelinaceae］■

22050　Gonatanthus Klotzsch（1841）【汉】曲苞芋属。【英】Gonatanthus。【隶属】天南星科 Araceae。【包含】世界 3 种，中国 3 种。【学名诠释与讨论】〈阳〉（希）gony，所有格 gonatos，关节，膝+anthos，花。指佛焰苞弯曲。此属的学名是"Gonatanthus Klotzsch in Link, Klotzsch et Otto, Icon. Pl. Rar. Horti. Berol. 1：33. 7-14 Feb 1841"。亦有文献把其处理为"Remusatia Schott

（1832）"的异名。【分布】中国，西喜马拉雅山至泰国。【模式】Gonatanthus sarmentosus Klotzsch。【参考异名】Remusatia Schott（1832）■

22051　Gonatherus Post et Kuntze（1903）= Gonantherus Raf.；~ = Osmorhiza Raf.（1819）（保留属名）［伞形花科（伞形科）Apiaceae（Umbelliferae）]■

22052　Gonatia Nutt. ex DC.（1846）= Gratiola L.（1753）［玄参科 Scrophulariaceae//婆婆纳科 Veronicaceae］■

22053　Gonatocarpus Schreb.（1789）Nom. inval. = Gonocarpus Thunb.（1783）；~ = Haloragis J. R. Forst. et G. Forst.（1776）［小二仙草科 Haloragaceae］■●

22054　Gonatocarpus Schreb.（1798）【汉】膝果小二仙草属。【隶属】小二仙草科 Haloragaceae。【包含】世界 1 种。【学名诠释与讨论】〈阳〉（希）gony，所有格 gonatos，关节，膝+karpos，果实。【分布】澳大利亚，新西兰，亚洲。【模式】Gonatocarpus micranthus Willd.。【参考异名】Goniocarpus K. D. König（1805）；Gonocarpus Thunb.（1783）；Haloragis J. R. Forst. et G. Forst.（1776）■☆

22055　Gonatogyne Klotzsch ex Müll. Arg.（1873）= Savia Willd.（1806）［大戟科 Euphorbiaceae］●☆

22056　Gonatogyne Müll. Arg.（1873）Nom. illegit. ≡ Gonatogyne Klotzsch ex Müll. Arg.（1873）；~ = Savia Willd.（1806）［大戟科 Euphorbiaceae］●☆

22057　Gonatopus（Hook. f.）Engl.（1879）Nom. illegit. ≡ Gonatopus Hook. f. ex Engl.（1879）［天南星科 Araceae］■☆

22058　Gonatopus Engl.（1879）Nom. illegit. ≡ Gonatopus Hook. f. ex Engl.（1879）［天南星科 Araceae］■☆

22059　Gonatopus Hook. f. ex Engl.（1879）【汉】曲足南星属。【隶属】天南星科 Araceae。【包含】世界 5 种。【学名诠释与讨论】〈阳〉（希）gony，所有格 gonatos，关节，膝+pous，所有格 podos，指小式 podion，脚，足，柄，梗。podotes，有脚的。指叶柄。此属的学名，ING 和 TROPICOS 记载是"Gonatopus Hook. f. ex Engler in Alph. de Candolle et A. C. de Candolle, Monogr. PHAN. 2：208. Sep 1879"。IK 则记载为"Gonatopus Engl.，Monogr. Phan.［A. DC. et C. DC.］2：208. 1879［Sep 1879]"。三者引用的文献相同。"Gonatopus（Hook. f.）Engl.（1879）≡ Gonatopus Hook. f. ex Engl.（1879）"的命名人引证有误。【分布】热带非洲东部。【模式】Gonatopus boivini（Decaisne）Engler［Zamioculcas boivini Decaisne]。【参考异名】Gonatopus（Hook. f.）Engl.（1879）Nom. illegit.；Gonatopus Engl.（1879）Nom. illegit.；Heterolobium Peter（1929）；Microculcas Peter（1929）■☆

22060　Gonatostemon Regel（1866）= Chirita Buch.‐Ham. ex D. Don（1822）［苦苣苔科 Gesneriaceae］●■

22061　Gonatostylis Schltr.（1906）【汉】膝柱兰属。【隶属】兰科 Orchidaceae。【包含】世界 1 种。【学名诠释与讨论】〈阴〉（希）gony，所有格 gonatos，关节，膝+stylos = 拉丁文 style，花柱，中柱，有尖之物，桩，柱，支持物，支柱，石头做的界标。【分布】法属新喀里多尼亚。【模式】Gonatostylis vieillardii（H. G. Reichenbach）Schlechter［Rhamphidia vieillardii H. G. Reichenbach]。■☆

22062　Gonema Raf.（1838）= Ossaea DC.（1828）［野牡丹科 Melastomataceae］●☆

22063　Gongora Ruiz et Pav.（1794）【汉】爪唇兰属。【日】ゴンゴーラ属。【英】Gongora。【隶属】兰科 Orchidaceae。【包含】世界 20-50 种。【学名诠释与讨论】〈阴〉（人）Antonio Caballero y Gongora，1740-1818，Cordoba 地区的主教。【分布】巴拿马，秘鲁，玻利维亚，厄瓜多尔，哥伦比亚（安蒂奥基亚），哥斯达黎加，尼加拉瓜，中美洲。【模式】Gongora quinquenervis Ruiz et Pavon。【参考异名】Acropera Lindl.（1833）■☆

22064　Gongrodiscus Radlk.（1879）【汉】鳗鱼木属。【隶属】无患子科 Sapindaceae。【包含】世界 2 种。【学名诠释与讨论】〈阳〉（希）gongros，鳗鱼，瘤+diskos，圆盘。【分布】法属新喀里多尼亚。【后选模式】Gongrodiscus sufferugineus Radlkofer。●☆

22065　Gongronema（Endl.）Decne.（1844）【汉】纤冠藤属。【英】Gongronema。【隶属】萝藦科 Asclepiadaceae。【包含】世界 16 种，中国 2 种。【学名诠释与讨论】〈中〉（希）gongros+nema，所有格 nematos，丝，花丝。此属的学名，ING、TROPICOS 和 APNI 记载是"Gongronema（Endlicher）Decaisne in Alph. de Candolle, Prodr. 8：624. Mar（med.）1844"，由"Gymnema c. Gongronema Endlicher, Gen. 595. Aug. 1838"改级而来；《中国植物志》英文版亦使用此名称。IK 则记载为"Gongronema Decne., Prodr.［A. P. de Candolle］8：624. 1844［mid Mar 1844］"。五者引用的文献相同。【分布】中国，热带。【模式】Gongronema nepalense（Wallich）Decaisne［Gymnema nepalense Wallich］。【参考异名】Gongronema Decne.（1844）Nom. illegit.；Gymnema c. Gongronema Endl.（1838）●

22066　Gongronema Decne.（1844）Nom. illegit. = Gongronema（Endl.）Decne.（1844）［萝藦科 Asclepiadaceae］●

22067　Gongrospermum Radlk.（1914）【汉】鳗籽木属。【隶属】无患子科 Sapindaceae。【包含】世界 1 种。【学名诠释与讨论】〈中〉（希）gongros，鳗鱼，瘤+sperma，所有格 spermatos，种子，孢子。【分布】菲律宾。【模式】Gongrospermum philippinense Radlkofer。●☆

22068　Gongrostylus R. M. King et H. Rob.（1972）【汉】宽柱尖泽兰属。【隶属】菊科 Asteraceae（Compositae）。【包含】世界 1 种。【学名诠释与讨论】〈阳〉（希）gongros，鳗鱼，瘤+stylos = 拉丁文 style，花柱，中柱，有尖之物，桩，柱，支持物，支柱，石头做的界标。【分布】巴拿马，厄瓜多尔，哥伦比亚，哥伦比亚（安蒂奥基亚），哥斯达黎加，欧亚大陆，中美洲。【模式】Gongrostylus costaricensis（O. Kuntze）R. M. King et H. E. Robinson［Eupatorium costaricense O. Kuntze］。■☆

22069　Gongrothamnus Steetz（1864）【汉】鳗鱼菊属。【隶属】菊科 Asteraceae（Compositae）。【包含】世界 9 种。【学名诠释与讨论】〈阳〉（希）gongros，鳗鱼，瘤+thamnos，指小式 thamnion，灌木，灌丛，树丛，枝。此属的学名，ING、TROPICOS 和 IK 记载是"Gongrothamnus Steetz, Naturw. Reise Mossambique［Peters］6（Bot., 2）：336. 1864"。它曾被处理为"Vernonia subsect. Gongrothamnus（Steetz）S. B. Jones, Rhodora 83（833）：65. 1981.（9 Feb 1981）"。亦有文献把"Gongrothamnus Steetz（1864）"处理为"Distephanus Cass.（1817）"的异名。【分布】马达加斯加，马斯克林群岛，热带非洲。【模式】Gongrothamnus divaricatus Steetz。【参考异名】Distephanus（Cass.）Cass.（1817）；Distephanus Cass.（1817）；Vernonia subsect. Gongrothamnus（Steetz）S. B. Jones（1981）■☆

22070　Gongylis Theophr. ex Molinari et Sánchez Och.（2016）【汉】秘鲁圆芥属。【隶属】十字花科 Brassicaceae（Cruciferae）。【包含】世界 1 种。【学名诠释与讨论】〈阴〉（希）gongylos，圆形的。【分布】秘鲁。【模式】Gongylis peruviana（Al-Shehbaz, Ed. Navarro et A. Cano）Sánchez Och. et Molinari［Aschersoniodoxa peruviana Al-Shehbaz, Ed. Navarro et A. Cano］。■☆

22071　Gongylocarpus Cham. et Schltdl.（1830）Nom. illegit. ≡ Gongylocarpus Schltdl. et Cham.（1830）［柳叶菜科 Onagraceae］■☆

22072　Gongylocarpus Schltdl. et Cham.（1830）【汉】圆果柳叶菜属。【隶属】柳叶菜科 Onagraceae。【包含】世界 2 种。【学名诠释与讨论】〈阳〉（希）gongylos，圆形的+karpos，果实。此属的学名，ING 记载是"Gongylocarpus D. F. L. Schlechtendal et Chamisso, Linnaea 5：557. Oct 1830"。IK 则记载为"Gongylocarpus Cham. et Schltdl., Linnaea 5：557. 1830"。二者引用的文献相同。【分布】墨西哥，中美洲。【模式】Gongylocarpus rubricaulis D. F. L. Schlechtendal et Chamisso。【参考异名】Burragea Donn. Sm. et Rose（1913）；Gongylocarpus Cham. et Schltdl.（1830）Nom. illegit.。■☆

22073　Gongylolepis R. H. Schomb.（1847）【汉】密叶毛菊木属。【隶属】菊科 Asteraceae（Compositae）。【包含】世界 14-15 种。【学名诠释与讨论】〈阴〉（希）gongylos，圆形的+lepis，所有格 lepidos，指小式 lepion 或 lepidion，鳞，鳞片。lepidotos，多鳞的。lepos，鳞，鳞片。【分布】热带南美洲北部，中美洲。【模式】Gongylolepis benthamiana R. Schomburgk。【参考异名】Cardonaea Aristeg., Maguire et Steyerm.（1972）；Eurydochus Maguire et Wurdack（1958）●☆

22074　Gongylosciadium Rech. f.（1987）【汉】圆伞芹属。【隶属】伞形花科（伞形科）Apiaceae（Umbelliferae）。【包含】世界 1 种。【学名诠释与讨论】〈阴〉（希）gongylos，圆形的+（属）Sciadium 伞芹属。【分布】土耳其，伊朗，高加索。【模式】Gongylosciadium falcarioides（J. F. N. Bornmüller et K. F. A. H. Wolff）K. H. Rechinger［Pimpinella falcarioides J. F. N. Bornmüller et K. F. A. H. Wolff］。■☆

22075　Gongylosperma King et Gamble（1908）【汉】圆籽萝藦属。【隶属】萝藦科 Asclepiadaceae。【包含】世界 2 种。【学名诠释与讨论】〈中〉（希）gongylos，圆形的+sperma，所有格 spermatos，种子，孢子。【分布】马来半岛。【模式】Gongylosperma curtisii G. King et J. S. Gamble。●☆

22076　Gongylotaxis Pimenov et Kljuykov（1996）【汉】阿富汗丝叶芹属。【隶属】伞形花科（伞形科）Apiaceae（Umbelliferae）。【包含】世界 1 种。【学名诠释与讨论】〈阴〉（希）gongylos，圆形的+taxis，排列。此属的学名是"Gongylotaxis Pimenov et Kljuykov, Edinburgh Journal of Botany 53（2）：187, f. 1A-C. 1996"。亦有文献把其处理为"Scaligeria DC.（1829）（保留属名）"的异名。【分布】阿富汗。【模式】Gongylotaxis rechingeri Pimenov et Kljuykov。【参考异名】Scaligeria DC.（1829）（保留属名）■☆

22077　Gonialoe（Baker）Boatwr. et J. C. Manning（2014）【汉】非洲芦荟属。【隶属】芦荟科 Aloaceae。【包含】世界 3 种。【学名诠释与讨论】〈阴〉（希）gonia，棱角，关节，膝+aloe，芦荟。此属的学名是"Gonialoe（Baker）Boatwr. et J. C. Manning, Syst. Bot. 39（1）：69. 2014［5 Feb 2014］"，由"Aloe subgen. Gonialoe Baker J. Linn. Soc., Bot. 18：155. 1880"改级而来。【分布】非洲。【模式】不详。【参考异名】Aloe subgen. Gonialoe Baker（1880）☆

22078　Gonianthes A. Rich.（1850）Nom. illegit. = Portlandia P. Browne（1756）［茜草科 Rubiaceae］●☆

22079　Gonianthes Blume（1823）= Burmannia L.（1753）［水玉簪科 Burmanniaceae］■

22080　Goniaticum Stokes（1812）= Polygonum L.（1753）（保留属名）［蓼科 Polygonaceae］■●

22081　Gonioanthela Malme（1927）【汉】膝花萝藦属。【隶属】萝藦科 Asclepiadaceae。【包含】世界 6 种。【学名诠释与讨论】〈阴〉（希）gonia，棱角，关节，膝+anthela，长侧枝聚伞花序，苇鹰的羽毛。【分布】巴西（南部）。【模式】Gonioanthela odorata（Decaisne）Malme［Metastelma odoratum Decaisne］。●☆

22082　Goniocarpus K. D. König（1805）【汉】棱果草属。【隶属】小二仙草科 Haloragaceae。【包含】世界 1 种。【学名诠释与讨论】〈阳〉（希）gonia，棱角，关节，膝+karpos，果实。此属的学名是"Goniocarpus K. D. König, Annals of Botany 1：546. 1805"。亦有文献把其处理为"Gonatocarpus Schreb.（1798）"或"Haloragis J. R. Forst. et G. Forst.（1776）"的异名。【分布】澳大利亚。【模式】Goniocarpus micranthus K. D. König。【参考异名】Gonatocarpus

Schreb. (1798); Haloragis J. R. Forst. et G. Forst. (1776) ■☆

22083　Goniocaulon Cass. (1817)【汉】棱枝菊属。【隶属】菊科 Asteraceae(Compositae)。【包含】世界 1 种。【学名诠释与讨论】〈阳〉〈中〉(希)gonia, 棱角, 关节, 膝+kaulon, 茎。【分布】印度至马来西亚。【模式】未指定。■☆

22084　Goniocheton Blume(1825) = Dysoxylum Blume(1825)［楝科 Meliaceae］●

22085　Goniochilus M. W. Chase(1987)【汉】哥斯达黎加兰属。【隶属】兰科 Orchidaceae。【包含】世界 1 种。【学名诠释与讨论】〈阳〉(希)gonia, 棱角, 关节, 膝+cheilos, 唇。在希腊文组合词中, cheil-, cheilo-, -chilus, -chilia 等均为"唇, 边缘"之义。【分布】巴拿马, 哥斯达黎加, 尼加拉瓜, 中美洲。【模式】Goniochilus leochilinus (H. G. Reichenbach) M. W. Chase ［Rodriguezia leochilina H. G. Reichenbach］。■☆

22086　Goniochiton Rchb. (1837) = Goniocheton Blume(1825)［楝科 Meliaceae］●

22087　Goniocladus Burret(1940)【汉】棱枝椰属。【隶属】棕榈科 Arecaceae(Palmae)。【包含】世界 1 种。【学名诠释与讨论】〈中〉(希)gonia, 棱角, 关节, 膝+klados, 枝, 芽, 指小式 kladion, 棍棒。Kladodes, 有许多枝子的。【分布】斐济。【模式】Goniocladus petiolatus Burret。●☆

22088　Goniodiscus Kuhlm. (1933)【汉】棱盘卫矛属。【隶属】卫矛科 Celastraceae。【包含】世界 1 种。【学名诠释与讨论】〈阳〉(希)gonia, 棱角, 关节, 膝 + diskos, 圆盘。【分布】巴西。【模式】Goniodiscus elaeospermus Kuhlmann。●☆

22089　Goniodium Kunze ex Rchb. (1828) Nom. illegit. ［瑞香科 Thymelaeaceae］☆

22090　Goniogyna DC. (1825)【汉】肖猪屎豆属。【隶属】豆科 Fabaceae(Leguminosae)//蝶形花科 Papilionaceae。【包含】世界 4 种。【学名诠释与讨论】〈阴〉(希)gonia, 棱角, 关节, 膝+gyne, 所有格 gynaikos, 雌性, 雌蕊。此属的学名, ING 和 TROPICOS 记载是"Goniogyna A. P. de Candolle, Ann. Sci. Nat. (Paris) 4:91. Jan 1825"。"Heylandia A. P. de Candolle, Prodr. 2:123. Nov (med.) 1825"是"Goniogyna DC. (1825)"的晚出的同模式异名 (Homotypic synonym, Nomenclatural synonym)。亦有文献把"Goniogyna DC. (1825)"处理为"Crotalaria L. (1753) (保留属名)"的异名。【分布】巴基斯坦。【后选模式】Goniogyna leiocarpa A. P. de Candolle, Nom. illegit. ［Hallia hirta Willdenow; Goniogyna hirta (Willdenow) S. I. Ali］。【参考异名】Crotalaria L. (1753) (保留属名); Goniogyne Benth. et Hook. f. (1865); Heylandia DC. (1825) Nom. illegit. ●☆

22091　Goniogyne Benth. et Hook. f. (1865) = Crotalaria L. (1753) (保留属名); ~ = Goniogyna DC. (1825) ［豆科 Fabaceae (Leguminosae)//蝶形花科 Papilionaceae］●☆

22092　Goniolimon Boiss. (1848)【汉】驼舌草属(棱枝草属, 匙叶草属)。【俄】Гониолимон。【英】Goniolimon, Tartarian Statice。【隶属】白花丹科(矾松科, 蓝雪科)Plumbaginaceae。【包含】世界 10-20 种, 中国 4 种。【学名诠释与讨论】〈中〉(希)gonia, 棱角, 关节, 膝+leimon, 草地。指本属植物生于草地。【分布】中国, 非洲西北部。【模式】未指定。■●

22093　Goniolobium Beck (1890) = Conringia Heist. ex Fabr. (1759) ［十字花科 Brassicaceae(Cruciferae)］■

22094　Gonioma E. Mey. (1838)【汉】南非夹竹桃属。【隶属】夹竹桃科 Apocynaceae。【包含】世界 1-2 种。【学名诠释与讨论】〈阴〉(希)gonia, 棱角, 关节, 膝+-oma, 医学中用来指示病态的词尾, 常常指肿瘤。【分布】非洲南部。【模式】Gonioma kamassi E. H. F. Meyer。【参考异名】Camassia Eckl. ex Pfeiff. (废弃属名)●☆

22095　Goniopogon Turcz. (1851) = Calotis R. Br. (1820) ［菊科 Asteraceae(Compositae)］■

22096　Goniorrhachis Taub. (1892)【汉】角刺豆属。【隶属】豆科 Fabaceae(Leguminosae)。【包含】世界 1 种。【学名诠释与讨论】〈中〉(希)gonia, 棱角, 关节, 膝+rhachis, 针, 刺。【分布】巴西(东南部)。【模式】Goniorrhachis marginata Taubert。【参考异名】Schellolepis J. Sm. (1866)●☆

22097　Gonioscheton G. Don (1831) = Dysoxylum Blume (1825); ~ = Goniocheton Blume(1825)［楝科 Meliaceae］●

22098　Gonioscypha Baker(1875)【汉】角杯铃兰属。【隶属】铃兰科 Convallariaceae。【包含】世界 2 种。【学名诠释与讨论】〈阴〉(希)gonia, 棱角, 关节, 膝+skyphos = skythos, 杯。【分布】喜马拉雅山, 中南半岛。【模式】Gonioscypha eucomoides J. G. Baker。【参考异名】Gomoscypha Post et Kuntze(1903)■☆

22099　Goniosperma Burret (1935) = Physokentia Becc. (1934)［棕榈科 Arecaceae(Palmae)］●☆

22100　Goniostachyum(Schau.) Small(1903) = Lippia L. (1753)［马鞭草科 Verbenaceae］●■☆

22101　Goniostachyum Small (1903) Nom. illegit. ≡ Goniostachyum (Schau.) Small (1903); ~ = Lippia L. (1753) ［马鞭草科 Verbenaceae］●■☆

22102　Goniostemma Wight (1834)【汉】勐腊藤属。【英】Goniostemma。【隶属】萝藦科 Asclepiadaceae。【包含】世界 2 种, 中国 1 种。【学名诠释与讨论】〈中〉(希)gonia, 棱角, 关节, 膝+stemma, 所有格 stemmatos, 花冠, 花环, 王冠。指副花冠裂片外弯成角状。此属的学名是"Goniostemma R. Wight, Contr. Bot. India 62. Dec 1834"。亦有文献把其处理为"Toxocarpus Wight et Arn. (1834)"的异名。【分布】中国。【模式】Goniostemma acuminatum R. Wight。【参考异名】Toxocarpus Wight et Arn. (1834)●

22103　Goniostoma Elmer (1913) = Geniostoma J. R. Forst. et G. Forst. (1776) ［马钱科(断肠草科, 马钱子科) Loganiaceae//髯管花科 Geniostomaceae］●

22104　Goniothalamus(Blume)Hook. f. et Thomson(1855)【汉】哥纳香属。【英】Goniothalamus。【隶属】番荔枝科 Annonaceae。【包含】世界 50-115 种, 中国 10 种。【学名诠释与讨论】〈阳〉(希)gonia, 棱角, 关节, 膝+thalamus, 花托, 内室。指药隔常为三角形等。此属的学名, ING、APNI 和 IK 记载是"Goniothalamus (Blume) J. D. Hooker et T. Thomson, Fl. Ind. 105. Jul 1855"是由"Polyalthia sect. Goniothalamus Blume, Fl. Javae 28-29;71. 30 Apr 1830"改级而来。"Goniothalamus Hook. f. et Thomson(1855)"的命名人引证有误。【分布】印度至马来西亚, 中国。【模式】Goniothalamus macrophyllus (Blume) J. D. Hooker et T. Thomson ［Unona macrophylla Blume］。【参考异名】Atrategia Bedd. ex Hook. f. (1872); Atrategia Hook. f. (1872) Nom. illegit. ; Atrutegia Bedd. (1864); Beccariodendron Warb. (1891); Goniothalamus Hook. f. et Thomson(1855) Nom. illegit. ; Polyalthia sect. Goniothalamus Blume (1830)●

22105　Goniothalamus Hook. f. et Thomson (1855) Nom. illegit. ≡ Goniothalamus (Blume) Hook. f. et Thomson (1855) ［番荔枝科 Annonaceae］●

22106　Goniotriche Turcz. (1852) = Trichinium R. Br. (1810) ［苋科 Amaranthaceae］■●☆

22107　Gonipia Raf. (1837) Nom. illegit. = Centaurium Hill(1756) ［龙胆科 Gentianaceae］■

22108　Gonistum Raf. (1838) = Piper L. (1753) ［胡椒科 Piperaceae］●■

22109　Gonistylus Baill. (1875) = Gonystylus Teijsm. et Binn. (1862) ［瑞香科 Thymelaeaceae//膝柱花科(弯柱科) Gonystylaceae］●

22110　Goniurus C. Presl（1851）= Pothos L.（1753）［天南星科 Araceae］●■

22111　Gonocalyx Planch. et Linden ex A. C. Sm., Nom. illegit. = Gonocalyx Planch. et Linden（1856）［杜鹃花科（欧石南科）Ericaceae］●☆

22112　Gonocalyx Planch. et Linden ex Lindl.（1856）Nom. illegit. = Gonocalyx Planch. et Linden（1856）［杜鹃花科（欧石南科）Ericaceae］●☆

22113　Gonocalyx Planch. et Linden（1856）【汉】棱萼杜鹃属。【隶属】杜鹃花科（欧石南科）Ericaceae。【包含】世界9种。【学名诠释与讨论】〈阳〉（希）gonia，棱角，关节，膝+kalyx，所有格 kalykos =拉丁文 calyx，花萼，杯子。此属的学名，ING、GCI 和 IK 记载是"Gonocalyx Planchon et Linden, Gard. Chron. 1856：152. 8 Mar 1856"。"Gonocalyx Planch. et Linden ex A. C. Sm."和"Gonocalyx Planch. et Linden ex Lindl.（1856）"的命名人引证有误。【分布】巴拿马，哥伦比亚，哥斯达黎加，西印度群岛，中美洲。【模式】Gonocalyx pulcher Planchon et Linden。【参考异名】Gonocalyx Planch. et Linden ex A. C. Sm., Nom. illegit.；Gonocalyx Planch. et Linden ex Lindl.（1856）Nom. illegit.●☆

22114　Gonocarpus Ham.（1825）Nom. illegit. = Combretum Loefl.（1758）（保留属名）［使君子科 Combretaceae］●

22115　Gonocarpus Thunb.（1783）【汉】小二仙草属。【隶属】小二仙草科 Haloragaceae。【包含】世界35-41种，中国2种。【学名诠释与讨论】〈阳〉（希）gonia，棱角，关节，膝+karpos，果实。此属的学名，ING、APNI、TROPICOS 和 IK 记载是"Gonocarpus Thunb., Nov. Gen. Pl.［Thunberg］3：55. 1783［18 Jun 1783］"；《中国植物志》英文版亦使用此名称。"Gonocarpus Ham., Prodr. Pl. Ind. Occid.［Hamilton］39（1825）= Combretum Loefl.（1758）（保留属名）［使君子科 Combretaceae］"是晚出的非法名称。此属的学名是"Gonocarpus W. Hamilton, Prodr. Pl. Indiae Occid. 39. 1825（non Thunberg 1783）"。亦有文献把其处理为"Haloragis J. R. Forst. et G. Forst.（1776）"的异名。【分布】澳大利亚，马来西亚，日本，新西兰，中国，加罗林群岛，喜马拉雅山。【模式】Gonocarpus micranthus Thunberg。【参考异名】Gonatocarpus Schreb.；Haloragis J. R. Forst. et G. Forst.（1776）■●

22116　Gonocaryum Miq.（1861）【汉】琼榄属（茶茱萸属）。【日】クラルガキ属。【英】Gonocaryum, Jadeolive。【隶属】茶茱萸科 Icacinaceae。【包含】世界9-10种，中国3种。【学名诠释与讨论】〈中〉（希）gonia，棱角，关节，膝+karyon，胡桃，硬壳果，核，坚果。指有的种类的核果在干时有纵肋，或指果核具棱。【分布】印度至马来西亚，中国，东南亚。【模式】Gonocaryum gracile Miquel。【参考异名】Phlebocalymna Griff. ex Miers ●

22117　Gonoceras Post et Kuntze（1903）= Cephalaria Schrad.（1818）（保留属名）；~=Gonokeros Raf.（1838）［川续断科（刺参科，蓟叶参科，山萝卜科，续断科）Dipsacaceae］■

22118　Gonocitrus Kurz（1874）= Atalantia Corrêa（1805）（保留属名）；~=Merope M. Roem.（1846）［芸香科 Rutaceae］●☆

22119　Gonocrypta（Baill.）Costantin et Gallaud（1908）Nom. illegit. = Pentopetia Decne.（1844）［萝藦科 Asclepiadaceae//杠柳科 Periplocaceae//夹竹桃科 Apocynaceae］■☆

22120　Gonocrypta Baill.（1889）【汉】隐节萝藦属。【隶属】萝藦科 Asclepiadaceae。【包含】世界2种。【学名诠释与讨论】〈阴〉（希）gonia，棱角，关节，膝+kryptos，隐藏的。此属的学名，ING 和 IK 记载是"Gonocrypta Baill., Bull. Mens. Soc. Linn. Paris ii.（1889）804（err. cal. 84）"。"Gonocrypta（Baill.）Costantin et Gallaud, Annales des Sciences Naturelles；Botanique, série 9 6：359. 1908 = Pentopetia Decne.（1844）［萝藦科 Asclepiadaceae//杠柳

科 Periplocaceae//夹竹桃科 Apocynaceae］"的命名人引证有误。【分布】马达加斯加。【模式】Gonocrypta grevei Baillon。【参考异名】Kompitsia Costantin et Gallaud（1906）■☆

22121　Gonocytisus Spach（1845）【汉】翅金雀花属。【隶属】豆科 Fabaceae（Leguminosae）//蝶形花科 Papilionaceae。【包含】世界3种。【学名诠释与讨论】〈阳〉（希）gonia，棱角，关节，膝+（属）Cytisus 金雀儿属。此属的学名是"Gonocytisus Spach, Ann. Sci. Nat. Bot. ser. 3. 3：153. Mar 1845"。亦有文献把其处理为"Genista L.（1753）"的异名。【分布】黎巴嫩，土耳其，叙利亚，以色列，约旦。【模式】未指定。【参考异名】Genista L.（1753）■☆

22122　Gonogona Link（1822）Nom. illegit. ≡ Epipactis Ség.（1754）（废弃属名）；~ = Goodyera R. Br.（1813）；~ = Goodyera R. Br.（1813）+Ludisia A. Rich.（1825）［兰科 Orchidaceae］■

22123　Gonohoria G. Don（1831）= Rinorea Aubl.（1775）（保留属名）［堇菜科 Violaceae］●

22124　Gonokeros Raf.（1838）= Cephalaria Schrad.（1818）（保留属名）［川续断科（刺参科，蓟叶参科，山萝卜科，续断科）Dipsacaceae］■

22125　Gonolobium R. Hedw.（1806）Nom. inval. = Gonolobus Michx.（1803）［萝藦科 Asclepiadaceae］●☆

22126　Gonolobus Michx.（1803）【汉】美洲萝藦属。【隶属】萝藦科 Asclepiadaceae。【包含】世界100种。【学名诠释与讨论】〈阳〉（希）gonia，棱角，关节，膝+lobos=拉丁文 lobulus，片，裂片，叶，荚，蒴。此属的学名"Gonolobus A. Michaux, Fl. Bor. - Amer. 1：119. 19 Mar 1803"是一个替代名称。"Vincetoxicum T. Walter, Fl. Carol. 13, 104. Apr-Jun 1788"是一个非法名称（Nom. illegit.），因为此前已经有了"Vincetoxicum N. M. Wolf, Gen. 130. 1776; Gen. Sp. 269. 1781［萝藦科 Asclepiadaceae］"。故用"Gonolobus Michx.（1803）"替代之。【分布】巴拉圭，巴拿马，玻利维亚，厄瓜多尔，哥伦比亚，美国，尼泊尔，尼加拉瓜，美洲。【后选模式】Gonolobus macrophyllus A. Michaux, Nom. illegit.［Vincetoxicum gonocarpos T. Walter；Gonolobus gonocarpos（T. Walter）Perry］。【参考异名】Ampelamus Raf.（1819）；Exolobus E. Fourn.（1885）.；Gonolobium R. Hedw.（1806）；Odonostephana Alexander；Odontostephana Alexander（1933）；Vincetoxicum Walter（1788）Nom. illegit.；Vincetoxicum Wolf（1776）●☆

22127　Gonoloma Raf.（1838）= Cissus L.（1753）［葡萄科 Vitaceae］●

22128　Gononcus Raf.（1837）= Polygonum L.（1753）（保留属名）［蓼科 Polygonaceae］■●

22129　Gonondra Raf. = Sophora L.（1753）［豆科 Fabaceae（Leguminosae）//蝶形花科 Papilionaceae］●■

22130　Gonophylla Ecl et et Zeyh. ex Meisn. = Lachnaea L.（1753）［瑞香科 Thymelaeaceae］●☆

22131　Gonoptera Turcz.（1847）= Bulnesia Gay（1846）［蒺藜科 Zygophyllaceae］●☆

22132　Gonopyros Raf. = Diospyros L.（1753）［柿树科 Ebenaceae］●

22133　Gonopyrum Fisch. et C. A. Mey.（1840）= Polygonella Michx.（1803）［蓼科 Polygonaceae］■☆

22134　Gonopyrum Fisch. et C. A. Mey. ex C. A. Mey.（1840）Nom. illegit. ≡ Gonopyrum Fisch. et C. A. Mey.（1840）；~ = Polygonella Michx.（1803）［蓼科 Polygonaceae］■☆

22135　Gonospermum Less.（1832）【汉】棱子菊属。【隶属】菊科 Asteraceae（Compositae）。【包含】世界4-5种。【学名诠释与讨论】〈中〉（希）gonia，棱角，关节，膝+sperma，所有格 spermatos，种子，孢子。【分布】西班牙（加那利群岛）。【模式】未指定。【参考异名】Lugoa DC.（1838）■●☆

22136　Gonostegia Turcz.（1846）【汉】糯米团属（石薯属）。【日】ツル

マオ属，ツルマヲ属。【英】Glutinousmass，Gonostegia。【隶属】荨麻科 Urticaceae。【包含】世界 3-12 种，中国 3-4 种。【学名诠释与讨论】〈阴〉(希)gonia，棱角，关节，膝+stege，盖，包皮。此属的学名是"Gonostegia Turczaninow，Bull. Soc. Imp. Naturalistes Moscou 16(2)：509. 1846"。亦有文献把它处理为"Hyrtanandra Miq.(1851)"或"Pouzolzia Gaudich.(1830)"的异名。【分布】阿富汗，澳大利亚，巴基斯坦，马来西亚，缅甸，日本(南部)，斯里兰卡，印度，中国，喜马拉雅山，中南半岛。【模式】未指定。【参考异名】Hyrtanandra Miq.(1851)；Memorialis(Benn.)Buch. -Ham. ex Wedd.(1856)；Memorialis(Benn.)Wedd.(1856)Nom. illegit.；Memorialis Buch. -Ham.(1831)Nom. inval.；Memorialis Buch. -Ham. ex Wedd.(1856)Nom. illegit.；Pouzolsia Benth.(1873)；Pouzolzia Gaudich.(1830)●■

22137　Gonostemma Haw.，Nom. illegit. = Gonostemon Haw.(1812)Nom. illegit.；~ = Stapelia L.(1753)(保留属名)[萝藦科 Asclepiadaceae//豹皮花科 Stapeliaceae]■

22138　Gonostemma Spreng.(1830)Nom. illegit. = Stapelia L.(1753)(保留属名)[萝藦科 Asclepiadaceae//豹皮花科 Stapeliaceae]■

22139　Gonostemon Haw.(1812)Nom. illegit. = Stapelia L.(1753)(保留属名)[萝藦科 Asclepiadaceae//豹皮花科 Stapeliaceae]■

22140　Gonosuke Raf.(1838)= Covellia Gasp.(1844)；~ = Ficus L.(1753)[桑科 Moraceae]●

22141　Gonotheca Blume ex DC.(1830)Nom. illegit. ≡ Thecagonum Babu(1971)；~ = Oldenlandia L.(1753)[茜草科 Rubiaceae]●■

22142　Gonotheca Raf.(1808)Nom. illegit. ≡ Tetragonotheca L.(1753)[菊科 Asteraceae(Compositae)]■☆

22143　Gonsii Adans.(1763)Nom. illegit. ≡ Adenanthera L.(1753)[豆科 Fabaceae(Leguminosae)//含羞草科 Mimosaceae]●

22144　Gontarella Gilib. ex Steud.(1821)= Fontanella Kluk(1809)Nom. illegit.；~ = Isopyrum L.(1753)(保留属名)[毛茛科 Ranunculaceae]■

22145　Gontscharovia Boriss.(1953)【汉】新姜草属。【俄】Гончаровия。【隶属】唇形科 Lamiaceae(Labiatae)。【包含】世界 1 种。【学名诠释与讨论】〈阴〉(人)Nikolai Fedorovich Gontscharow，1900-1942，俄罗斯植物学者。【分布】亚洲中部。【模式】Gontscharovia popowii[as 'popovii'][B. A. Fedtschenko ex Gontscharova)Borissova，Satureja popowii B. A. Fedtschenko ex Gontscharova]。●☆

22146　Gonufas Raf.(1838)Nom. illegit. ≡ Iresine P. Browne(1756)(保留属名)；~ = Celosia L.(1753)[苋科 Amaranthaceae]■

22147　Gonus Lour.(1790)= Brucea J. F. Mill.(1780)(保留属名)[苦木科 Simaroubaceae]●

22148　Gonyanera Korth.(1851)= Acranthera Arn. ex Meisn.(1838)(保留属名)[茜草科 Rubiaceae]●

22149　Gonyanthes Nees(1824)= Burmannia L.(1753)；~ = Gonianthes Blume(1823)[水玉簪科 Burmanniaceae]■

22150　Gonyclisia Dulac(1867)Nom. illegit. ≡ Jungia L. f.(1782)[as 'Iungia'](保留属名)[菊科 Asteraceae(Compositae)]■●☆

22151　Gonypetalum Ule(1907)= Tapura Aubl.(1775)[毒鼠子科 Dichapetalaceae]●☆

22152　Gonyphas Post et Kuntze(1903)= Celosia L.(1753)；~ = Gonufas Raf.(1838)Nom. illegit.；~ ≡ Iresine P. Browne(1756)(保留属名)[苋科 Amaranthaceae]■

22153　Gonystylaceae Gilg = Gonystylaceae Tiegh.(保留科名)；~ = Thymelaea Mill.(1754)(保留属名)●■

22154　Gonystylaceae Tiegh.(1896)(保留科名)【汉】膝柱花科(弯柱科)。【包含】世界 3 属 22 种。【分布】马来西亚，所罗门群岛，

斐济。【科名模式】Gonystylus Teijsm. et Binn.●☆

22155　Gonystylus Teijsm. et Binn.(1862)【汉】膝柱花属(番木属，棱柱木属)。【英】Ramin。【隶属】瑞香科 Thymelaeaceae//膝柱花科(弯柱科)Gonystylaceae。【包含】世界 20-30 种，中国 1 种。【学名诠释与讨论】〈阳〉(希)gony，所有格 gonatos，棱角，关节，膝+stylos =拉丁文 style，花柱，中柱，有尖之物，桩，柱，支持物，支柱，石头做的界标。【分布】斐济，马来西亚，所罗门群岛，中国。【模式】Gonystylus miquelianus Teysmann et Binnendijk。【参考异名】Asclerum Tiegh.(1893)；Gonistylus Baill.(1875)●

22156　Gonzalagunea Kuntze(1891)Nom. illegit. = Gonzalagunia Ruiz et Pav.(1794)[茜草科 Rubiaceae]●☆

22157　Gonzalagunea Rchb.(1841)Nom. illegit.[茜草科 Rubiaceae]☆

22158　Gonzalagunia Ruiz et Pav.(1794)【汉】西印度茜属。【隶属】茜草科 Rubiaceae。【包含】世界 15 种。【学名诠释与讨论】〈阴〉(人)Francisco Gonzales Laguna，植物学者。此属的学名，ING 和 TROPICOS 记载是"Gonzalagunia Ruiz et Pavon，Prodr. 12. Oct(prim.)1794"。"Gonzalagunea Kuntze，Revis. Gen. Pl. 1：284. 1891[5 Nov 1891]"是其变体。"Gonzalea sect. Gonzalagunia(Ruiz et Pav.)DC.(1830)"是一个非法名称。"Duggena Vahl ex P. C. Standley，Contr. U. S. Natl. Herb. 18：125. 11 Feb 1916"和"Gonzalea Persoon，Syn. Pl. 1：132. 1 Apr – 15 Jun 1805"是"Gonzalagunia Ruiz et Pav.(1794)"的晚出的同模式异名(Homotypic synonym，Nomenclatural synonym)。【分布】巴拿马，秘鲁，玻利维亚，厄瓜多尔，哥伦比亚，尼加拉瓜，西印度群岛，热带美洲，中美洲。【模式】Gonzalagunia dependens Ruiz et Pavon。【参考异名】Bellermannia Klotzsch(1846)；Buena Cav.(1800)；Caryococca Willd. ex Roem. et Schult.(1827)；Duggena Vahl ex Standl.(1916)Nom. illegit.；Duggena Vahl(1793)Nom. inval.；Gonzalagunea Kuntze(1891)Nom. illegit.；Gonzalea Pers.(1805)Nom. illegit.；Gonzalea sect. Gonzalagunia(Ruiz et Pav.)DC.(1830)Nom. illegit.●☆

22159　Gonzalea Pers.(1805)Nom. illegit. ≡ Gonzalagunia Ruiz et Pav.(1794)[茜草科 Rubiaceae]●☆

22160　Gonzalezia E. E. Schill. et Panero(2011)【汉】墨西哥菊属。【隶属】菊科 Asteraceae(Compositae)。【包含】世界 3 种。【学名诠释与讨论】〈阴〉(人)Francisco Gonzales Laguna，植物学者。【分布】墨西哥，北美洲。【模式】Gonzalezia hypargyrea(Greenm.)E. E. Schill. et Panero[Viguiera hypargyrea Greenm.]。【参考异名】Viguiera sect. Hypargyrea S. F. Blake☆

22161　Goodallia Benth.(1845)Nom. illegit. = Goodallia T. E. Bowdich ex Rchb.(1825)Nom. illegit.；~ = Goodallia T. E. Bowdich(1825)[瑞香科 Thymelaeaceae]●☆

22162　Goodallia T. E. Bowdich ex Rchb.(1825)Nom. illegit. ≡ Goodallia T. E. Bowdich(1825)[瑞香科 Thymelaeaceae]●☆

22163　Goodallia T. E. Bowdich(1825)【汉】古多尔瑞香属。【隶属】瑞香科 Thymelaeaceae。【包含】世界 1 种。【学名诠释与讨论】〈阴〉(人)Goodall。此属的学名，ING 和 IK 记载是"Goodallia T. E. Bowdich，Exc. Madeira 61. 1825"。"Goodallia Bentham，London J. Bot. 4：633. Dec 1845"是晚出的非法名称。"Goodallia T. E. Bowdich ex Rchb.(1825)"的命名人引证有误。【分布】几内亚。【模式】未指定。【参考异名】Goodallia Benth.(1845)Nom. illegit.；Goodallia T. E. Bowdich ex Rchb.(1825)Nom. illegit.●☆

22164　Goodenia Sm.(1794)【汉】古登花属(草海桐属，古登木属)。【英】Goodenia。【隶属】草海桐科 Goodeniaceae。【包含】世界 170-180 种。【学名诠释与讨论】〈阴〉(人)Samuel Goodenough，1743-1827，传教士。【分布】澳大利亚(塔斯曼半岛)，泰国，印度尼西亚(爪哇岛)，小巽他群岛，中南半岛。【模式】Goodenia ramosissima J. E. Smith。【参考异名】Aillya de Vriese (1854) ; Boutonia Erfurt. ex Steud. (1840) Nom. inval. , Nom. illegit. ; Boutonia hort. ex Steud. (1840) Nom. inval. , Nom. illegit. ; Boutonia Steud. (1840) Nom. inval. , Nom. illegit. ; Calogyne R. Br. (1810) ; Catosperma Benth. (1868) Nom. illegit. ; Catospermum Benth. (1868) ; Collema Anderson ex DC. (1839) ; Collema Anderson ex R. Br. (1810) ; Goodenoughia A. Voss (1896) Nom. illegit. ; Goodenoughia Siebert et A. Voss (1896) ; Goudenia Vent. (1799) ; Monochila (G. Don) Spach (1840) ; Monochila Spach (1840) Nom. illegit. ; Neogoodenia C. A. Gardner et A. S. George (1963) ; Picrophyta F. Muell. (1853) ; Stekhovia de Vriese (1854) ; Symphyobasis K. Krause (1912) ; Tetraphylax (G. Don) de Vriese (1854) ; Tetraphylax de Vriese (1854) Nom. illegit. ●■☆

22165 Goodeniaceae R. Br. (1810) (保留科名) 【汉】草海桐科。【日】クサトベラ科。【英】Goodenia Family。【包含】世界 12-14 属 300-420 种,中国 2 属 3-4 种。【分布】主要澳大利亚,少数在新西兰,波利尼西亚群岛,热带海岸。【科名模式】Goodenia Sm. (1794) ●■

22166 Goodenoughia A. Voss (1896) Nom. illegit. ≡ Goodenoughia Siebert et A. Voss (1896) ; ~ = Goodenia Sm. (1794) [草海桐科 Goodeniaceae] ●■☆

22167 Goodenoughia Siebert et A. Voss (1896) = Goodenia Sm. (1794) [草海桐科 Goodeniaceae] ●■☆

22168 Goodenoviaceae R. Br. = Goodeniaceae R. Br. (保留科名) ●■

22169 Goodia Salisb. (1806) 【汉】古德豆属(谷豆属)。【隶属】豆科 Fabaceae (Leguminosae) // 蝶形花科 Papilionaceae。【包含】世界 1-3 种。【学名诠释与讨论】〈阴〉(人)Peter Good,? -1803,英国邱园园艺学者,植物采集家。【分布】澳大利亚(南部)。【模式】Goodia lotifolia R. A. Salisbury。■☆

22170 Goodiera W. D. J. Koch (1844) = Goodyera R. Br. (1813) [兰科 Orchidaceae] ■

22171 Goodmania Reveal et Ertter (1977) 【汉】黄刺蓼属。【英】Yellow Spinecape。【隶属】蓼科 Polygonaceae。【包含】世界 1 种。【学名诠释与讨论】〈阴〉(人)George Jones Goodman,1904-1999,美国植物学者。【分布】美国(西部)。【模式】Goodmania luteola (C. C. Parry) J. L. Reveal et B. J. Ertter [Oxytheca luteola C. C. Parry]。【参考异名】Gymnogonum Parry (1883) ■☆

22172 Goodyera R. Br. (1813) 【汉】斑叶兰属(黑玛兰属,石上藕属)。【日】シュスラン属。【俄】Гудайера。【英】Adder's Violet, Goodyera, Jewel Orchids, Lattice - leaf, Rattlesnake Orchis, Rattlesnake Plantain, Rattlesnake - plantain, Spotleaf - orchis。【隶属】兰科 Orchidaceae。【包含】世界 40-100 种,中国 29-33 种。【学名诠释与讨论】〈阴〉(人)John Goodyer,1592-1664,英国植物学者。此属的学名 " Goodyera R. Brown in W. T. Aiton, Hortus Kew. ed. 2. 5 : 197. Nov 1813 " 是一个替代名称;替代的是 " Epipactis Séguier 1754 (废弃属名) = Goodyera R. Br. (1813) [兰科 Orchidaceae] "。也有学者承认 " 黑玛兰属 (石上藕属) Haemaria Lindley, Edwards's Bot. Reg. 19 : sub 1618. Oct 1833 ";它是 " Gonogona Link 1822 " 和 " Epipactis Séguier, Pl. Veron. 3 : 253. Jul - Aug 1754 (废弃属名) " 的晚出的同模式异名 (Homotypic synonym, Nomenclatural synonym)。有些学者则把其处理为 " Ludisia A. Rich. (1825) [兰科 Orchidaceae] " 的异名。【分布】澳大利亚,巴基斯坦,巴拿马,玻利维亚,哥斯达黎加,马达加斯加,美国(密苏里),尼加拉瓜,中国,马斯克林群岛,波利尼西亚群岛,热带亚洲,温带欧亚大陆,温带北美洲,中美洲。【后选模式】Goodyera repens (Linneaus) R. Brown [Satyrium repens Linnaeus]。【参考异名】Allochilus Gagnep. (1932) ; Bathiorchis

Bosser et P. J. Cribb (2003) ; Cionisaccus Breda (1827) ; Cordylestylis Falc. (1841) ; Cordylostylis Post et Kuntze (1903) ; Crypterpis Thouars ; Elasmatium Dulac (1867) Nom. illegit. ; Epipactis Ség. (1754) (废弃属名) ; Geobina Raf. (1838) Nom. illegit. ; Georchis Lindl. (1832) ; Gonogona Link (1822) Nom. illegit. ; Goodiera W. D. J. Koch (1844) ; Gymnerpis Thouars ; Haemaria Lindl. (1833) Nom. illegit. ; Leucostachys Hoffmanns. (1842) ; Ludisia A. Rich. (1825) ; Nelis Raf. ; Oncidiochilus Falc. ; Orchiodes Kuntze (1891) Nom. illegit. ; Orchiodes Trew. (1736) ; Orchiodes Trew. ex Kuntze (1891) ; Peramium Salisb. (1812) Nom. inval. ; Peramium Salisb. ex Britton et Brown ; Peramium Salisb. ex Coult. (1894) Nom. illegit. ; Peramium Salisb. ex MacMill. (1892) Nom. illegit. ; Salacistis Rchb. f. (1857) ; Tussaca Raf. (1814) ; Vieillardorchis Kraenzl. (1928) ■

22173 Gooringia F. N. Williams (1897) 【汉】古临无心菜属。【隶属】石竹科 Caryophyllaceae。【包含】世界 1 种。【学名诠释与讨论】〈阴〉(地)Gooring,古临,位于中国(西藏)。此属的学名是 " Gooringia F. N. Williams, Bull. Herb. Boissier 5 : 530. Jun 1897 "。亦有文献把其处理为 " Arenaria L. (1753) " 的异名。【分布】中国。【模式】Gooringia littledalei (Hemsley) F. N. Williams [Arenaria littledalei Hemsley]。【参考异名】Arenaria L. (1753) ■

22174 Gopanax Hemsl. = Schefflera J. R. Forst. et G. Forst. (1775) (保留属名) [五加科 Araliaceae] ●

22175 Gorceixia Baker (1882) 【汉】翅莛菊属。【隶属】菊科 Asteraceae (Compositae)。【包含】世界 1 种。【学名诠释与讨论】〈阴〉(人)Gorceix。【分布】巴西东南。【模式】Gorceixia decurrens J. G. Baker。■☆

22176 Gordonia J. Ellis (1771) (保留属名) 【汉】大头茶属。【日】ゴルドニア属,タイワンツバキ属。【俄】Гордония。【英】Axillary Polyspora, Gordonia, Gordontea, Loblolly Bay。【隶属】山茶科(茶科)Theaceae。【包含】世界 70 种,中国 7 种。【学名诠释与讨论】〈阴〉(人)James Gordon,1708-1780,英国园艺学者。此属的学名 " Gordonia J. Ellis in Philos. Trans. 60 : 520. 1771 " 是保留属名。法规未列出相应的废弃属名。但是 " Gordonia L. , Mant. Pl. Altera 570. 1771 [Oct 1771] = Gordonia J. Ellis (1771) (保留属名) " 应该废弃。" Lasianthus Adanson, Fam. 2 : 398, 568. Jul - Aug 1763 (废弃属名) " 是 " Gordonia J. Ellis (1771) (保留属名) " 的同模式异名 (Homotypic synonym, Nomenclatural synonym)。【分布】中国(台湾),巴拿马,秘鲁,玻利维亚,厄瓜多尔,哥伦比亚,美国(东南部),尼加拉瓜,印度至马来西亚,中美洲。【模式】Gordonia lasianthus (Linnaeus) J. Ellis [Hypericum lasianthus Linnaeus]。【参考异名】Antheischima Korth. (1840) ; Carria Gardner (1847) ; Dipterosperma Griff. (1854) Nom. illegit. ; Dipterospermum Griff. (1854) ; Gordonia L. (1771) Nom. inval. (废弃属名) ; Huxhamia Garden ex Sm. , Nom. illegit. ; Laplacea Kunth (1822) ; Lasianthus Adans. (1763) (废弃属名) ; Michauxia Salisb. (1796) Nom. illegit. (废弃属名) ; Nabiasodendron Pit. (1902) ; Nebasiodendon Pit. (1902) Nom. illegit. ; Polyspora Sweet (1825) ●

22177 Gordonia L. (1771) Nom. inval. (废弃属名) = Gordonia J. Ellis (1771) (保留属名) [山茶科(茶科)Theaceae] ●

22178 Gordoniaceae DC. (1826) = Theaceae Mirb. (1816) (保留科名) ●

22179 Gordoniaceae Rainey et al. = Theaceae Mirb. (1816) (保留科名) ●

22180 Gordoniaceae Spreng. = Theaceae Mirb. (1816) (保留科名) ●

22181 Gorenia Meisn. (1842) = Govenia Lindl. (1832) [兰科 Orchidaceae] ■☆

22182 Gorgasia O. F. Cook (1939) = Roystonea O. F. Cook (1900) [棕

桐科 Arecaceae(Palmae)]●

22183　Gorgoglosum F. Lehm. = Sievekingia Rchb. f. （1871）［兰科 Orchidaceae］■☆

22184　Gorgonidium Schott(1864)【汉】魔南星属。【隶属】天南星科 Araceae。【包含】世界 3 种。【学名诠释与讨论】〈中〉（希）gorgo，所有格 gorgonis，希腊神话中模样可怕的女怪物+－idius，－idia，－idium，指示小的词尾。【分布】玻利维亚。【模式】Gorgonidium mirabile Schott。■☆

22185　Gorinkia J. Presl et C. Presl（1819）Nom. illegit. ≡ Conringia Heist. ex Fabr.（1759）；~ ＝Brassica L.（1753）+Conringia Heist. ex Fabr.（1759）［十字花科 Brassicaceae(Cruciferae)］■

22186　Gormania Britton ex Britton et Rose（1903）Nom. illegit. ≡ Gormania Britton（1903）；~ ＝ Sedum L.（1753）［景天科 Crassulaceae]●■

22187　Gormania Britton（1903）= Sedum L.（1753）［景天科 Crassulaceae]●■

22188　Gorodkovia Botsch. et Karav.（1959）【汉】西伯利亚芥属。【隶属】十字花科 Brassicaceae(Cruciferae)。【包含】世界 1 种。【学名诠释与讨论】〈阴〉（人）Boris Nikolaevich Gorodkov, 1890 - 1953，俄罗斯植物学者。【分布】西伯利亚。【模式】Gorodkovia jacutica V. P. Botschantzev et Karavaev。■☆

22189　Gorostemum Steud.（1840）= Gonostemon Haw.（1812）Nom. illegit. ；~ ＝ Stapelia L.（1753）（保留属名）［萝藦科 Asclepiadaceae//豹皮花科 Stapeliaceae]■

22190　Gorskia Bolle（1861）= Guibourtia Benn.（1857）［豆科 Fabaceae（Leguminosae）//云实科（苏木科）Caesalpiniaceae]●☆

22191　Gortera Hill（1761）= Gorteria L.（1759）［菊科 Asteraceae（Compositae）]■☆

22192　Gorteria L.（1759）【汉】黑斑菊属。【隶属】菊科 Asteraceae（Compositae）。【包含】世界 3-4 种。【学名诠释与讨论】〈阴〉（人）David de Gorter, 1717-1783，荷兰医生，植物采集家。【分布】非洲南部。【模式】Gorteria personata Linnaeus。【参考异名】Chrysostemma E. Mey. ex Spach；Gortera Hill（1761）；Ictinus Cass.（1818）；Personaria Lam.（1798）■☆

22193　Gosela Choisy（1848）【汉】好望角玄参属。【隶属】玄参科 Scrophulariaceae。【包含】世界 1 种。【学名诠释与讨论】〈阴〉（属）可能由 Selago 改缀而来。【分布】非洲南部。【模式】Gosela eckloniana J. D. Choisy。●☆

22194　Gossampinus Buch. –Ham.（1827）= Bombax L.（1753）（保留属名）；~ ＝Bombax L.（1753）（保留属名）+Ceiba Mill.（1754）［木棉科 Bombacaceae//锦葵科 Malvaceae]●

22195　Gossampinus Buch. – Ham. emend. Schott et Endl.（1832）= Ceiba Mill.（1754）［木棉科 Bombacaceae//锦葵科 Malvaceae]●

22196　Gossampinus Schott et Endl.（1832）Nom. illegit. = Ceiba Mill.（1754）［木棉科 Bombacaceae//锦葵科 Malvaceae]●

22197　Gossania Walp.（1843）= Gouania Jacq.（1763）［鼠李科 Rhamnaceae//咀签科 Gouaniaceae]●☆

22198　Gossia N. Snow et Guymer(1931)【汉】戈斯桃金娘属。【隶属】桃金娘科 Myrtaceae。【包含】世界 27 种。【学名诠释与讨论】〈阴〉（人）John Gossweiler, 1873 - 1952, 植物学者, Carta fitogeografica de Angola 的作者。【分布】澳大利亚，中国。【模式】Gossia gordius R. Potonié。●

22199　Gossweilera S. Moore（1908）【汉】戈斯菊属。【隶属】菊科 Asteraceae（Compositae）。【包含】世界 2 种。【学名诠释与讨论】〈阴〉（人）John Gossweiler, 1873-1952, 植物学者。【分布】安哥拉。【模式】Gossweilera lanceolata S. M. Moore。■☆

22200　Gossweilerochloa Renvoize（1979）= Tridens Roem. et Schult.（1817）［禾本科 Poaceae(Gramineae)］■☆

22201　Gossweilerodendron Harms（1925）【汉】香脂苏木属（刚果苏木属）。【隶属】豆科 Fabaceae（Leguminosae）。【包含】世界 1-2 种。【学名诠释与讨论】〈中〉（人）John Gossweiler, 1873 – 1952, 植物学者+dendron 或 dendros, 树木, 棍, 丛林。【分布】热带非洲。【模式】Gossweilerodendron balsamiferum（Vermoesen）Harms ［Pterygopodium balsamiferum Vermoesen］。●☆

22202　Gossypianthus Hook.（1840）【汉】毛花苋属。【英】Cottonflower。【隶属】苋科 Amaranthaceae。【包含】世界 2 种。【学名诠释与讨论】〈阴〉（拉）gossypion, 棉花+anthos, 花。指花被覆盖一层绒毛。此属的学名是"Gossypianthus W. J. Hooker, Icon. Pl. ad t. 251. 6 Jan – 6 Feb 1840"。亦有文献把其处理为"Guilleminea Kunth(1823)"的异名。【分布】玻利维亚，墨西哥，西印度群岛，北美洲。【选模式】Gossypianthus rigidiflorus W. J. Hooker。【参考异名】Guilleminea Kunth(1823)■☆

22203　Gossypioides Skovst.（1935）Nom. inval. = Gossypioides Skovst. ex J. B. Hutch.（1947）［锦葵科 Malvaceae]●☆

22204　Gossypioides Skovst. ex J. B. Hutch.（1947）【汉】拟棉属。【隶属】锦葵科 Malvaceae。【包含】世界 1-2 种。【学名诠释与讨论】〈阴〉（属）Gossypium 棉属+oides, 来自 o+eides, 像, 似; 或 o+eidos 形, 含义为相像。此属的学名, ING 和 TROPICOS 记载是"Gossypioides Skovsted ex J. B. Hutchinson, New Phytol. 46：131. Jun 1947"。"Gossypioides Skovst.（1935）= Gossypioides Skovst. ex J. B. Hutch.（1947）［锦葵科 Malvaceae］"是一个裸名。【分布】马达加斯加，热带非洲。【模式】Gossypioides kirkii（M. Masters）J. B. Hutchinson［Gossypium kirkii M. Masters］。【参考异名】Gossypioides Skovst.（1935）Nom. inval. ●☆

22205　Gossypiospermum（Griseb.）Urb.（1923）【汉】棉籽木属。【隶属】刺篱木科（大风子科）Flacourtiaceae//天料木科 Samydaceae。【包含】世界 2 种。【学名诠释与讨论】〈中〉（拉）gossypium, 棉花的俗名, 来自阿拉伯语 goz 或 gothn, 软物 + sperma, 所有格 spermatos, 种子, 孢子。此属的学名, ING 记载是"Gossypiospermum（Grisebach）Urban, Repert. Spec. Nov. Regni Veg. 19：6. 1 Mar 1923", 但是未给基源异名。而 IK 和 TROPICOS 则记载为"Gossypiospermum Urb., Repert. Spec. Nov. Regni Veg. 19：6. 1923"。三者引用的文献相同。亦有文献把"Gossypiospermum（Griseb.）Urb.（1923）"处理为"Casearia Jacq.（1760）"的异名。【分布】玻利维亚, 古巴, 热带南美洲。【模式】Gossypiospermum eriophorum（Wright）Urban［Casearia eriophora Wright］。【参考异名】Casearia Griseb.；Casearia Jacq.（1760）；Gossypiospermum Urb.（1923）Nom. illegit. ●☆

22206　Gossypiospermum Urb.（1923）Nom. illegit. ≡ Gossypiospermum（Griseb.）Urb.（1923）；~ ＝Casearia Jacq.（1760）［刺篱木科（大风子科）Flacourtiaceae//天料木科 Samydaceae]●

22207　Gossypium L.（1753）【汉】棉属（草棉属）。【日】ワタ属。【俄】Хлопчатник。【英】Cotton, Cotton Plant, Cotton Tree, Incaparina。【隶属】锦葵科 Malvaceae。【包含】世界 20-49 种, 中国 4 种。【学名诠释与讨论】〈中〉（拉）gossipion = gossypion = gossypinus, 棉花树的名称, 来自阿拉伯语 gothn, qothn, 软物。指种子具长绵毛。此属的学名, ING、TROPICOS、APNI、GCI 和 IK 记载是"Gossypium L. , Sp. Pl. 2：693. 1753 ［1 May 1753］"。"Xylon P. Miller, Gard. Dict. Abr. ed. 4. 28 Jan 1754"是"Gossypium L.（1753）"的晚出的同模式异名（Homotypic synonym, Nomenclatural synonym）。【分布】巴基斯坦, 巴拉圭, 巴拿马, 玻利维亚, 厄瓜多尔, 哥伦比亚, 哥斯达黎加, 马达加斯加, 美国, 尼加拉瓜, 中国, 热带和亚热带, 中美洲。【后选模式】Gossypium arboreum Linnaeus。【参考异名】Erioxylum Rose et Standl.

（1911）；Gissipium Medik.（1783）；Neogossypium Roberty（1949）；Selera Ulbr.（1913）；Sturtia R. Br.（1848）；Thurberia A. Gray（1854）；Ultragossypium Roberty（1949）；Xylon Mill.（1754）Nom. illegit. ●■

22208　Gothofreda Vent.（1808）（废弃属名）= Oxypetalum R. Br.（1810）（保留属名）［萝藦科 Asclepiadaceae］●■☆

22209　Gouana L.（1763）Nom. illegit. =？ Gouania Jacq.（1763）［鼠李科 Rhamnaceae］●☆

22210　Gouania Jacq.（1763）【汉】咀签属（咀签草属，下果藤属）。【英】Gouania, Chewstick, Jaboncillo。【隶属】鼠李科 Rhamnaceae//咀签科 Gouaniaceae。【包含】世界 20-70 种，中国 2-3 种。【学名诠释与讨论】〈阴〉（人）Antoine Anthony Gouan, 1733-1821，法国植物学者和鱼类学者。此属的学名，ING、APNI、GCI、TROPICOS 和 IK 记载是"Gouania Jacq., Select. Stirp. Amer. Hist. 263. 1763［Jan 1763］"。"Govania Raddi, Mem. Mod. xviii. Fis.（1820）394, 395"是其变体。"Lupulus O. Kuntze, Rev. Gen. 1：117. 5 Nov 1891（non P. Miller 1754）"是"Gouania Jacq.（1763）"的晚出的同模式异名（Homotypic synonym, Nomenclatural synonym）。【分布】巴基斯坦，巴拿马，玻利维亚，厄瓜多尔，马达加斯加，尼加拉瓜，中国，热带和亚热带，中美洲。【后选模式】Gouania tomentosa N. J. Jacquin。【参考异名】Gossania Walp.（1843）；Govana All.（1773）；Govania Raddi（1820）Nom. illegit.；Guania Tul.（1857）；Lupulus Kuntze（1891）Nom. illegit.；Naegelia Zoll. et Moritzi（1846）Nom. illegit.；Retinaria Gaertn.（1791）●

22211　Gouaniaceae Raf.（1836）= Rhamnaceae Juss.（保留科名）●

22212　Gouaniaceae Rainey et al.［亦见 Rhamnaceae Juss.（保留科名）鼠李科］【汉】咀签科。【包含】世界 1 属 20-70 种，中国 1 属 2-3 种。【分布】热带和亚热带。【科名模式】Gouania Jacq.（1763）●

22213　Gouarea R. Hedw.（1806）= Guarea F. Allam.（1771）［as 'Guara'］（保留属名）［楝科 Meliaceae］●☆

22214　Goudenia Vent.（1799）= Goodenia Sm.（1794）［草海桐科 Goodeniaceae］●■☆

22215　Goudotia Decne.（1845）= Distichia Nees et Meyen（1843）［灯心草科 Juncaceae］■☆

22216　Gouffeia Robill. et Cast. ex DC.（1815）Nom. illegit. ≡ Gouffeia Robill. et Cast. ex Lam. et DC.（1815）；~ = Arenaria L.（1753）［石竹科 Caryophyllaceae］■

22217　Gouffeia Robill. et Cast. ex Lam. et DC.（1815）= Arenaria L.（1753）［石竹科 Caryophyllaceae］■

22218　Goughia Wight（1852）= Daphniphyllum Blume（1827）［虎皮楠科（交让木科）Daphniphyllaceae］●

22219　Goughia Wight（1879）Nom. illegit. = Daphniphyllum Blume（1827）［虎皮楠科（交让木科）Daphniphyllaceae］●

22220　Gouinia E. Fourn.（1883）【汉】格维纳草属。【隶属】禾本科 Poaceae（Gramineae）。【包含】世界 12 种。【学名诠释与讨论】〈阴〉（人）Gouin。此属的学名，ING 和 GCI 记载是"Gouinia E. P. N. Fournier in Bentham et Hook. f., Gen. 3：1178. 14 Apr 1883"。IK 和 TROPICOS 则记载为"Gouinia E. Fourn. ex Benth. et Hook. f., Gen. Pl.［Bentham et Hooker f.］3（2）：1178. 1883［14 Apr 1883］"。四者引用的文献相同。IK 记载的"Gouinia E. Fourn. et E. Fourn., Mexic. Pl. 103. 1886"应该是误记。【分布】秘鲁，玻利维亚，厄瓜多尔，哥斯达黎加，墨西哥至阿根廷，尼加拉瓜，西印度群岛，中美洲。【模式】Gouinia polygama E. P. N. Fournier。【参考异名】Gouinia E. Fourn. ex Benth.（1883）Nom. illegit.；Gouinia E. Fourn. ex Benth. et Hook. f.（1883）Nom. illegit. ■☆

22221　Gouinia E. Fourn. ex Benth.（1883）Nom. illegit. ≡ Gouinia E. Fourn.（1883）［禾本科 Poaceae（Gramineae）］■☆

22222　Gouinia E. Fourn. ex Benth. et Hook. f.（1883）Nom. illegit. ≡ Gouinia E. Fourn.（1883）［禾本科 Poaceae（Gramineae）］■☆

22223　Goulardia Husnot（1899）= Agropyron Gaertn.（1770）；~ = Elymus L.（1753）［禾本科 Poaceae（Gramineae）］■

22224　Gouldia A. Gray（1860）= Hedyotis L.（1753）（保留属名）［茜草科 Rubiaceae］●■

22225　Gouldochloa J. Valdés, Morden et S. L. Hatch（1986）= Chasmanthium Link（1827）［禾本科 Poaceae（Gramineae）］■☆

22226　Goupia Aubl.（1775）【汉】毛药树属（贵巴木属，贵巴卫矛属）。【隶属】毛药树科 Goupiaceae//卫矛科 Celastraceae。【包含】世界 3 种。【学名诠释与讨论】〈阴〉goupi，法属圭亚那加勒比人称呼 Goupia glabra Aublet 的俗名。此属的学名，ING、TROPICOS 和 IK 记载是"Goupia Aubl., Hist. Pl. Guiane 1：295, t. 116. 1775"。"Glossopetalum Schreber, Gen. 205. Apr 1789"是"Goupia Aubl.（1775）"的晚出的同模式异名（Homotypic synonym, Nomenclatural synonym）。【分布】巴拿马，巴西，秘鲁，玻利维亚，哥伦比亚（安蒂奥基亚），几内亚。【后选模式】Goupia glabra Aublet。【参考异名】Coupia G. Don（1832）Nom. illegit.；Glossopetalum Schreb.（1789）Nom. illegit.；Gupa J. St. - Hil.（1805）；Gupia Post et Kuntze（1903）；Schranckia J. F. Gmel.（1791）（废弃属名）；Schranckia Scop. ex J. F. Gmel.（1791）Nom. illegit.（废弃属名）●☆

22227　Goupiaceae Miers（1862）［亦见 Celastraceae R. Br.（1814）（保留科名）卫矛科］【汉】毛药树科。【包含】世界 1 属 3 种。【分布】几内亚，巴西。【科名模式】Goupia Aubl.（1775）●☆

22228　Gourliea Gillies ex Hook.（1833）Nom. illegit. ≡ Gourliea Gillies ex Hook. et Arn.（1833）［豆科 Fabaceae（Leguminosae）］●☆

22229　Gourliea Gillies ex Hook. et Arn.（1833）【汉】刺木属。【隶属】豆科 Fabaceae（Leguminosae）//蝶形花科 Papilionaceae。【包含】世界 1 种。【学名诠释与讨论】〈阴〉（人）Robert Gourlie,? - 1832，英国植物学者。此属的学名，ING、TROPICOS 和 GCI 记载是"Gourliea Gillies ex W. J. Hooker et Arnott, Bot. Misc. 3：207. 1 Mar 1833"。"Gourliea Gillies ex Hook.（1833）≡ Gourliea Gillies ex Hook. et Arn.（1833）［豆科 Fabaceae（Leguminosae）］"的命名人引证有误。亦有文献把"Gourliea Gillies ex Hook. et Arn.（1833）"处理为"Geoffroea Jacq.（1760）［as 'Geoffraea'］"的异名。【分布】玻利维亚，温带南美洲。【模式】Gourliea decorticans Gillies ex W. J. Hooker et Arnott。【参考异名】Geoffroea Jacq.（1760）［as 'Geoffraea'］；Gourliea Gillies ex Hook.（1833）Nom. illegit. ●☆

22230　Gourmania A. Chev.（1920）Nom. illegit. = Hibiscus L.（1753）（保留属名）［锦葵科 Malvaceae//木槿科 Hibiscaceae］●■

22231　Gourmannia A. Chev.（1917）= Hibiscus L.（1753）（保留属名）［锦葵科 Malvaceae//木槿科 Hibiscaceae］●■

22232　Govana All.（1773）= Gouania Jacq.（1763）［鼠李科 Rhamnaceae//咀签科 Gouaniaceae］●

22233　Govania Raddi（1820）Nom. illegit. ≡ Gouania Jacq.（1763）［鼠李科 Rhamnaceae］☆

22234　Govania Wall.（1847）Nom. illegit. = Givotia Griff.（1843）［大戟科 Euphorbiaceae］●☆

22235　Govantesia Llanos（1865）= Champereia Griff.（1843）［山柚子科（山柑科，山柚仔科）Opiliaceae］●

22236　Govenia Lindl.（1832）【汉】高恩兰属（哥温兰属）。【隶属】兰科 Orchidaceae。【包含】世界 20 种。【学名诠释与讨论】〈阴〉（人）J. R. Gowen，英国收藏家，园艺爱好者。【分布】巴拿马，秘鲁，玻利维亚，厄瓜多尔，哥斯达黎加，尼加拉瓜，西印度群岛，中美洲。【模式】Govenia superba（La Llave et Lexarza）J. Lindley

［Maxillaria superba La Llave et Lexarza］。【参考异名】Eucnemia Rchb.（1841）Nom. illegit.；Eucnemis Lindl.（1833）；Gorenia Meisn.（1842）；Gowenia Lindl.（1832）Nom. illegit.■☆

22237　Govindooia Wight（1853）＝ Tropidia Lindl.（1833）［兰科 Orchidaceae］■

22238　Govindovia Müll. Berol.（1861）Nom. illegit.［兰科 Orchidaceae］■☆

22239　Gowenia Lindl.（1832）Nom. illegit.≡ Govenia Lindl.（1832）［兰科 Orchidaceae］■☆

22240　Goyazia Taub.（1896）【汉】戈亚斯苣苔属。【隶属】苦苣苔科 Gesneriaceae。【包含】世界2种。【学名诠释与讨论】〈阴〉（地）Goyaz，戈亚斯，位于巴西。【分布】巴西。【模式】Goyazia rupicola Taubert。■☆

22241　Goyazianthus R. M. King et H. Rob.（1977）【汉】异毛修泽兰属。【隶属】菊科 Asteraceae（Compositae）。【包含】世界1种。【学名诠释与讨论】〈阳〉（地）Goyaz，戈亚斯，位于巴西+anthos，花。【分布】巴西。【模式】Goyazianthus tetrastichus（B. L. Robinson）R. M. King et H. E. Robinson［Symphyopappus tetrastichus B. L. Robinson］。●☆

22242　Goydera Liede（1993）【汉】戈伊萝藦属。【隶属】萝藦科 Asclepiadaceae。【包含】世界1种。【学名诠释与讨论】〈阴〉（人）David John Goyder，植物学者。【分布】索马里。【模式】Goydera somaliensis S. Liede［as 'somaliense'］。☆

22243　Grabowskia Schltdl.（1832）【汉】刺茄属。【隶属】茄科 Solanaceae。【包含】世界6种。【学名诠释与讨论】〈阴〉（人）Heinrich Emanuel Grabowski，1792-1842，德国植物学家。此属的学名，ING、TROPICOS 和 IK 记载是"Grabowskia D. F. L. Schlechtendal，Linnaea 7：71. 1832"。"Grabowskya Endl.，Gen. Pl.［Endlicher］645. 1839［Jan 1839］"和"Grabuskia Raf.，Grabuskia Raf.，Sylva Telluriana 158. 1838"均为其晚出异名，或为变体。"Pukanthus Rafinesque，Sylva Tell. 53. Oct-Dec 1838"是"Grabowskia Schltdl.（1832）"的晚出的同模式异名（Homotypic synonym，Nomenclatural synonym）。【分布】巴拉圭，秘鲁，玻利维亚，厄瓜多尔，南美洲。【模式】Grabowskia boerhaviaefolia（Linnaeus f.）Schlechtendal，［as 'boerhaaviaefolia'］［Lycium boerhaviaefolium Linnaeus f.］。【参考异名】Crabowskia G. Don（1836）；Grabuskia Raf.（1838）；Pukanthus Raf.（1838）Nom. illegit.；Pycanthus Post et Kuntze（1903）●☆

22244　Grabowskya Endl.（1839）Nom. illegit.＝ Grabowskia Schltdl.（1832）［茄科 Solanaceae］●☆

22245　Grabuskia Raf.（1838）Nom. illegit.＝ Grabowskia Schltdl.（1832）［茄科 Solanaceae］●☆

22246　Graciela Rzed.（1975）＝ Strotheria B. L. Turner（1972）［菊科 Asteraceae（Compositae）］■☆

22247　Gracielanthus R. González et Szlach.（1995）【汉】格拉兰属。【隶属】兰科 Orchidaceae。【包含】世界2种。【学名诠释与讨论】〈阴〉（人）Graciela+anthos，花。【分布】尼加拉瓜，中美洲。【模式】Gracielanthus pyramidalis（Lindl.）R. González et Szlach.［Spiranthes pyramidalis Lindl.］。☆

22248　Gracilangis Thouars ＝ Angraecum Bory（1804）；~＝Chamaeangis Schltr.（1918）［兰科 Orchidaceae］■☆

22249　Gracilea Hook. f.（1896）Nom. illegit.≡ Gracilea J. Koenig ex Hook. f.（1896）；~＝Melanocenchris Nees（1841）［禾本科 Poaceae（Gramineae）］■☆

22250　Gracilea J. Koenig ex Hook. f.（1896）Nom. illegit.＝ Melanocenchris Nees（1841）［禾本科 Poaceae（Gramineae）］■☆

22251　Gracilea J. Koenig ex Rottl.（1803）＝ Melanocenchris Nees

（1841）［禾本科 Poaceae（Gramineae）］■☆

22252　Gracilicaulaceae Dulac ＝Illecebraceae R. Br.（保留科名）●■

22253　Gracilophylis Thouars ＝ Bulbophyllum Thouars（1822）（保留属名）［兰科 Orchidaceae］■

22254　Graderia Benth.（1846）【汉】格雷玄参属。【隶属】玄参科 Scrophulariaceae。【包含】世界5种。【学名诠释与讨论】〈阴〉（属）由 Gerardia 字母改缀而来。【分布】也门（索科特拉岛），热带和非洲南部。【模式】Graderia scabra（Linnaeus f.）Bentham［Gerardia scabra Linnaeus f.］。【参考异名】Bopusia C. Presl（1845）●■☆

22255　Gradyana Athiê-Souza, A. L. Melo et M. F. Sales（2015）【汉】格雷迪大戟属。【隶属】大戟科 Euphorbiaceae。【包含】世界1种。【学名诠释与讨论】〈阴〉（人）Grady+词尾 ana。【分布】巴西。【模式】［Gradyana franciscana Athiê-Souza, A. L. Melo et M. F. Sales］。☆

22256　Graeffea Seem.（1865）＝ Trichospermum Blume（1825）［椴树科（椴科，田麻科）Tiliaceae//锦葵科 Malvaceae］●☆

22257　Graeffenrieda D. Dietr.（1840）Nom. illegit.＝ Graffenrieda DC.（1828）［野牡丹科 Melastomataceae］●☆

22258　Graellsia Boiss.（1841）【汉】格雷芥属（小泡芥属）。【俄】Грелльсия, Кривоплодник。【隶属】十字花科 Brassicaceae（Cruciferae）。【包含】世界3种。【学名诠释与讨论】〈阴〉（人）Mariano de la Paz Graells y de la Agiiera，1809-1898，西班牙植物学者。《显花植物与蕨类植物词典》承认"Physalidium Fenzl in Tchihatcheff, Asie Mineure Bot. 1：327. 1866"；但是它是一个晚出的非法名称，因为此前已经有了真菌的"Physalidium Mosca, Allionia 11：78. 1965（non Fenzl 1866）［Hyphomycetes］"【分布】伊朗，西喜马拉雅山，亚洲中部。【模式】Graellsia saxifragaefolia（A. P. de Candolle）Boissier［Cochlearia saxifragaefolia A. P. de Candolle］。【参考异名】Physalidium Fenzl（1860）■☆

22259　Graemia Hook.（1825）＝ Cephalophora Cav.（1801）［菊科 Asteraceae（Compositae）］■

22260　Graevia Neck.（1790）Nom. inval.＝ Grewia L.（1753）［椴树科（椴科，田麻科）Tiliaceae//锦葵科 Malvaceae//扁担杆科 Grewiaceae］●

22261　Graffenrieda DC.（1828）【汉】美洲野牡丹属。【隶属】野牡丹科 Melastomataceae。【包含】世界44种。【学名诠释与讨论】〈阴〉词源不详。此属的学名，ING 和 IK 记载是"Graffenrieda DC., Prodr.［A. P. de Candolle］3：105. 1828［mid Mar 1828］"。"Graffenrieda C. F. P. Martius, Nova Gen. Sp. 3：144. Sep 1832（'1829'）≡ Jucunda Cham.（1835）"是晚出的非法名称。【分布】巴拿马，秘鲁，玻利维亚，厄瓜多尔，哥斯达黎加，尼加拉瓜，西印度群岛，热带南美洲，中美洲。【后选模式】Graffenrieda rotundifolia（Bonpland）A. P. de Candolle［Rhexia rotundifolia Bonpland］。【参考异名】Calyptrella Naudin（1852）；Cycnopodium Naudin（1845）；Graeffenrieda D. Dietr.（1840）Nom. illegit.；Ptilanthus Gleason（1945）●☆

22262　Graffenrieda Mart.（1832）Nom. illegit.≡ Jucunda Cham.（1835）；~＝Miconia Ruiz et Pav.（1794）（保留属名）［野牡丹科 Melastomataceae//米氏野牡丹科 Miconiaceae］●☆

22263　Graffenriedera Rchb.（1828）Nom. illegit.［野牡丹科 Melastomataceae］☆

22264　Graffenriedia Spreng.（1830）Nom. illegit.［野牡丹科 Melastomataceae］☆

22265　Grafia A. D. Hawkes（1966）Nom. illegit.＝ Phalaenopsis Blume（1825）［兰科 Orchidaceae］■

22266　Grafia Rchb.（1837）＝ Pleurospermum Hoffm.（1814）［伞形花

科(伞形科)Apiaceae(Umbelliferae)]■

22267 Grahamia Gillies ex Hook. et Arn. (1833) Nom. illegit. ≡ Grahamia Gillies (1833) [马齿苋科 Portulacaceae//回欢草科 Anacampserotaceae]●☆

22268 Grahamia Gillies(1833) Nom. illegit. [马齿苋科 Portulacaceae//回欢草科 Anacampserotaceae]●☆

22269 Grahamia Spreng. (1827) = Cephalophora Cav. (1801) [菊科 Asteraceae(Compositae)]■

22270 Grajalesia Miranda(1951)【汉】束花茉莉属。【隶属】紫茉莉科 Nyctaginaceae。【包含】世界 1 种。【学名诠释与讨论】〈阴〉(人) Grajales。【分布】墨西哥,尼加拉瓜,中美洲。【模式】Grajalesia ferruginea F. Miranda。●☆

22271 Gramen E. H. L. Krause(1914) Nom. illegit. = Festuca L. (1753) [禾本科 Poaceae(Gramineae)//羊茅科 Festucaceae]■

22272 Gramen Ség. (1754) Nom. illegit. ≡ Secale L. (1753) [禾本科 Poaceae(Gramineae)]■

22273 Gramen W. Young (1783) Nom. illegit. [禾本科 Poaceae(Gramineae)]■☆

22274 Gramerium Desv. (1831) = Digitaria Haller(1768)(保留属名) [禾本科 Poaceae(Gramineae)]■

22275 Graminaceae Lindl. = Gramineae Juss. (保留科名)//Poaceae Barnhart(保留科名)●■

22276 Graminastrum E. H. L. Krause (1914) = Dissanthelium Trin. (1836) [禾本科 Poaceae(Gramineae)]■☆

22277 Gramineae Adans. =Poaceae Barnhart(保留科名)●■

22278 Gramineae Juss. (1789)(保留科名)【汉】禾本科。【日】イネ科。【俄】Злаки, Злаковые。【英】Gramineous Plants, Grass Family, Grasses。【包含】世界 740-857 属 10000-11000 种,中国 261-284 属 1999-2597 种。Gramineae Juss. 和 Poaceae Barnhart 均为保留科名,是《国际植物命名法规》确定的九对互用科名之一。【分布】广泛分布。【科名模式】Poa L. (1753)●■

22279 Graminisatis Thouars = Cynorkis Thouars (1809); ~ = Satyrium Sw. (1800)(保留属名) [兰科 Orchidaceae]■

22280 Grammadenia Benth. (1846)【汉】显腺紫金牛属。【隶属】紫金牛科 Myrsinaceae。【包含】世界 7 种。【学名诠释与讨论】〈阴〉(希)gramme, 文字,线条,标记+aden, 所有格 adenos, 腺体。此属的学名是 "Grammadenia Bentham, Pl. Hartweg. 218. 6 Apr 1846"。亦有文献把其处理为 "Cybianthus Mart. (1831)(保留属名)" 的异名。【分布】巴拿马,西印度群岛,热带美洲,中美洲。【模式】Grammadenia marginata Bentham。【参考异名】Cybianthus Mart. (1831)(保留属名)●☆

22281 Grammangis Rchb. f. (1860)【汉】斑唇兰属。【日】クラマンギス属。【隶属】兰科 Orchidaceae。【包含】世界 2 种。【学名诠释与讨论】〈阴〉(希)gramme, 文字,线条,标记+angos, 瓮,管子,指小式 angeion, 容器,花托。指舌瓣上有文字样的斑纹。【分布】马达加斯加。【模式】Grammangis ellisii (Lindley) H. G. Reichenbach [Grammatophyllum ellisii Lindley]。■☆

22282 Grammanthes DC. (1828) Nom. illegit. ≡ Vauanthes Haw. (1821); ~ =Crassula L. (1753) [景天科 Crassulaceae]●■☆

22283 Grammartheon Rchb. (1828) = Grammarthron Cass. (1817) [菊科 Asteraceae(Compositae)]■

22284 Grammarthron Cass. (1817) = Doronicum L. (1753) [菊科 Asteraceae(Compositae)]■

22285 Grammatocarpus C. Presl(1831) = Scyphanthus Sweet (1828) [刺莲花科(硬毛草科)Loasaceae]■☆

22286 Grammatophyllum Blume(1825)【汉】巨兰属。【日】グラマトフィルム属。【英】Giant Orchid, Grammatophyllum, Queen Orchid。

【隶属】兰科 Orchidaceae。【包含】世界 10-12 种。【学名诠释与讨论】〈中〉(希)gramme, 所有格 grammatos, 文字,线条,标记+phyllon, 叶子。指叶上有线纹。【分布】马达加斯加,马来西亚,波利尼西亚群岛。【模式】Grammatophyllum speciosum Blume。【参考异名】Gabertia Gaudich. (1829); Pattonia Wight(1852)■☆

22287 Grammatotheca C. Presl(1836)【汉】纹桔梗属。【隶属】桔梗科 Campanulaceae。【包含】世界 1 种。【学名诠释与讨论】〈阴〉(希)gramme, 文字,线条,标记+theke =拉丁文 theca, 匣子,箱子,室,药室,囊。【分布】澳大利亚,非洲南部。【后选模式】Grammatotheca bergiana (Chamisso) K. B. Presl [Lobelia bergiana Chamisso]。■☆

22288 Grammeionium Rchb. (1828) = Viola L. (1753) [堇菜科 Violaceae]■●

22289 Grammica Lour. (1790) = Cuscuta L. (1753) [旋花科 Convolvulaceae//菟丝子科 Cuscutaceae]■

22290 Grammocarpus(Ser.) Gasp. (1853) = Trigonella L. (1753) [豆科 Fabaceae(Leguminosae)//蝶形花科 Papilionaceae]■

22291 Grammocarpus Schur (1853) Nom. illegit. ≡ Grammocarpus (Ser.) Gasp. (1853); ~ = Trigonella L. (1753) [豆科 Fabaceae(Leguminosae)//蝶形花科 Papilionaceae]■

22292 Grammopetalum C. A. May. ex Meinsn. (1859-1861) = Trinia Hoffm. (1814)(保留属名) [伞形花科(伞形科)Apiaceae(Umbelliferae)]■☆

22293 Grammosciadium DC. (1829)【汉】文字芹属。【俄】Граммосциадиум。【隶属】伞形花科(伞形科)Apiaceae(Umbelliferae)。【包含】世界 7 种。【学名诠释与讨论】〈阴〉(希)gramma+(属)Sciadium 伞芹属。【分布】地中海东部。【后选模式】Grammosciadium daucoides A. P. de Candolle。【参考异名】Caropodium Stapf et Wettst. (1886); Caropodium Stapf et Wettst. ex Stapf(1886) Nom. illegit. ■☆

22294 Grammosolen Haegi (1981)【汉】纹茄属。【隶属】茄科 Solanaceae。【包含】世界 2 种。【学名诠释与讨论】〈阳〉(希)gramme, 文字,线条,标记+solen, 所有格 solenos, 管子,沟,阴茎。【分布】澳大利亚。【模式】Grammosolen dixonii (F. von Mueller et R. Tate) L. Haegi [Newcastelia dixonii F. von Mueller et R. Tate]。●☆

22295 Grammosperma O. E. Schulz(1929)【汉】纹籽芥属。【隶属】十字花科 Brassicaceae(Cruciferae)。【包含】世界 1 种。【学名诠释与讨论】〈中〉(希)gramme, 文字,线条,标记+sperma, 所有格 spermatos, 种子,孢子。【分布】阿根廷(巴塔哥尼亚地区)。【模式】Grammosperma dusenii O. E. Schulz。■☆

22296 Granadilla Mill. (1754) Nom. illegit. ≡ Passiflora L. (1753)(保留属名) [西番莲科 Passifloraceae]●■

22297 Granadilla Ruppius (1745) Nom. inval. [西番莲科 Passifloraceae]☆

22298 Granataceae D. Don =Punicaceae Bercht. et J. Presl(保留科名)●

22299 Granatum Kuntze (1891) Nom. illegit. ≡ Xylocarpus J. König (1784); ~ =Carapa Aubl. (1775) [楝科 Meliaceae]●☆

22300 Granatum St. –Lag. (1880) Nom. illegit. ≡ Punica L. (1753) [石榴科(安石榴科)Punicaceae//千屈菜科 Lythraceae]●

22301 Grandidiera Jaub. (1866)【汉】格兰大风子属。【隶属】刺篱木科(大风子科)Flacourtiaceae。【包含】世界 1 种。【学名诠释与讨论】〈阴〉(人)Alfred Grandidier, 1836-1921, 法国探险家,植物学者。【分布】热带非洲东部。【模式】Grandidiera boivini Jaubert。●☆

22302 Grandiera Lefeb. ex Baill. (1872) = Sindora Miq. (1861) [豆科 Fabaceae(Leguminosae)//云实科(苏木科)Caesalpiniaceae]●

22303　Grandiphyllum Docha Neto（2006）【汉】巨叶兰属。【隶属】兰科 Orchidaceae。【包含】世界 10 种。【学名诠释与讨论】〈中〉（拉）grandis，大的，丰满的，伟大的 + 希腊文 phyllon，叶子。phyllodes，似叶的，多叶的。phylleion，绿色材料，绿草。此属的学名是"Coletânea de Orquídeas Brasileiras 3：75. 2006"。亦有文献把其处理为"Oncidium Sw.（1800）（保留属名）"的异名。【分布】参见"Oncidium Sw.（1800）（保留属名）"。【模式】Grandiphyllum divaricatum （Lindl.） Docha Neto［Oncidium divaricatum Lindl.］。【参考异名】Oncidium Sw.（1800）（保留属名）■☆

22304　Grangea Adans.（1763）【汉】田基黄属（线球菊属）。【日】タカサゴハナヒリグサ属。【英】Grangea。【隶属】菊科 Asteraceae（Compositae）。【包含】世界 10 种，中国 1 种。【学名诠释与讨论】〈阴〉（人）N. Granger，法国植物学者。【分布】马达加斯加，中国，热带非洲，热带亚洲。【模式】Grangea maderaspatana（Linnaeus）Poiret［Artemisia maderaspatana Linnaeus］。【参考异名】Microtrichia DC.（1836）；Pyrarda Cass.（1826）■

22305　Grangeopsis Humbert（1923）【汉】翅果田基黄属。【隶属】菊科 Asteraceae（Compositae）。【包含】世界 1 种。【学名诠释与讨论】〈阴〉（属）Grangea 田基黄属 + 希腊文 opsis，外观，模样，相似。【分布】马达加斯加。【模式】Grangeopsis perrieri Humbert。■☆

22306　Grangeria Comm. ex Juss.（1789）【汉】格兰杰壳果属。【隶属】金壳果科 Chrysobalanaceae。【包含】世界 2 种。【学名诠释与讨论】〈阴〉（人）Granger，？-1737，植物学者。【分布】马达加斯加，毛里求斯。【模式】Grangeria borbonica Lamarck。●☆

22307　Graniera Mandon et Wedd. ex Benth. et Hook. f.（1867）= Abatia Ruiz et Pav.（1794）［刺篱木科（大风子科）Flacourtiaceae］●☆

22308　Granitites Rye（1996）【汉】拟麦珠子属。【隶属】鼠李科 Rhamnaceae。【包含】世界 1 种。【学名诠释与讨论】〈阴〉（意）granito，花岗岩，来自拉丁文 granum 谷粒 + -ites，表示关系密切的词尾。【分布】澳大利亚。【模式】Granitites intangendus （F. Muell.）Rye。●☆

22309　Grantia Boiss.（1846）Nom. illegit. ≡ Perralderiopsis Rauschert（1982）；~ = Iphiona Cass.（1817）（保留属名）［菊科 Asteraceae（Compositae）]■☆

22310　Grantia Griff.（1845）= Wolffia Horkel ex Schleid.（1844）（保留属名）［浮萍科 Lemnaceae//芜萍科（微萍科）Wolffiaceae］■

22311　Grantia Griff. ex Voigt（1845）Nom. illegit. ≡ Grantia Griff.（1845）；~ = Wolffia Horkel ex Schleid.（1844）（保留属名）［浮萍科 Lemnaceae//芜萍科（微萍科）Wolffiaceae］■

22312　Graphandra J. B. Imlay（1939）【汉】泰国爵床属。【隶属】爵床科 Acanthaceae。【包含】世界 1 种。【学名诠释与讨论】〈阴〉（希）graphis，雕刻，文字，图画 + aner，所有格 andros，雄性，雄蕊。【分布】泰国。【模式】Graphandra procumbens Imlay。■☆

22313　Graphardisia（Mez）Lundell（1981）= Ardisia Sw.（1788）（保留属名）［紫金牛科 Myrsinaceae］●■

22314　Graphephorum Desv.（1810）【汉】画柄草属。【隶属】禾本科 Poaceae（Gramineae）。【包含】世界 3 种。【学名诠释与讨论】〈中〉（希）graphis，雕刻，文字，图画 + phoros，具有，梗，负载，发现者。此属的学名，ING、TROPICOS 和 IK 记载是"Graphephorum Desvaux, Nouv. Bull. Sci. Soc. Philom. Paris 2：189. Dec 1810"。"Graphephorum Honda（1934）［禾本科 Poaceae（Gramineae）]"是晚出的非法名称。"Graphephorum Desv.（1810）"曾被降级为"Trisetum subsect. Graphephorum （Desv.）Louis - Marie Rhodora 30：211. 1928［17 Dec 1928]"。亦有文献把"Graphephorum Desv.（1810）"处理为"Trisetum Pers.（1805）"的异名。【分布】美国（北部和中部），中美洲。【模式】Graphephorum melicoideum

（A. Michaux）Desvaux［Aira melicoides A. Michaux］。【参考异名】Graphophorum Post et Kuntze（1903）；Trisetum Pers.（1805）；Trisetum subsect. Graphephorum（Desv.）Louis−Marie（1928）■☆

22315　Graphephorum Honda（1934）Nom. illegit.［禾本科 Poaceae（Gramineae）]■☆

22316　Graphiosa Alef.（1861）= Lathyrus L.（1753）［豆科 Fabaceae（Leguminosae）//蝶形花科 Papilionaceae］■

22317　Graphistemma（Benth.）Benth.（1876）Nom. illegit. ≡ Graphistemma（Champ. ex Benth.）Champ. ex Benth.（1876）［萝藦科 Asclepiadaceae］●

22318　Graphistemma（Champ. ex Benth.）Benth. et Hook. f.（1876）【汉】天星藤属。【英】Graphistemma。【隶属】萝藦科 Asclepiadaceae。【包含】世界 1 种，中国 1 种。【学名诠释与讨论】〈中〉（希）graphis，雕刻，文字，图画 + stemma，所有格 stemmatos，花冠，花环，王冠。此属的学名，ING 记载是"Graphistemma（Champion ex Bentham）Bentham et J. D. Hooker, Gen. 2：760. Mai 1876"，由"Holostemma sect. Graphistemma Champion ex Bentham, Hooker's J. Bot. Kew Gard. Misc. 5：53. 1853"改级而来。IK 和 TROPICOS 则记载为"Graphistemma （Champ. ex Benth.）Champ. ex Benth., Gen. Pl.［Bentham et Hooker f.］2（2）：760. 1876［May 1876]"。"Graphistemma Champ. ex Benth.（1876）≡ Graphistemma （Champ. ex Benth.）Champ. ex Benth.（1876）［萝藦科 Asclepiadaceae]"和"Graphistemma Champ. ex Benth. et Hook. f.（1876）≡ Graphistemma（Champ. ex Benth.）Champ. ex Benth.（1876）［萝藦科 Asclepiadaceae]"的命名人引证均有误。TROPICOS 把本属置于夹竹桃科 Apocynaceae 内。【分布】中国。【模式】Graphistemma pictum（Champion ex Bentham）Baillon［Holostemma pictum Champion ex Bentham］。【参考异名】Graphistemma （Benth.）Benth.（1876）Nom. illegit.；Graphistemma Champ. ex Benth.（1876）Nom. illegit.；Graphistemma Champ. ex Benth. et Hook. f.（1876）Nom. illegit.；Holostemma sect. Graphistemma Champion ex Benth.（1853）；Holostemma sect. Graphistemma Champ. ex Benth.（1853）●

22319　Graphistemma（Champ. ex Benth.）Champ. ex Benth.（1876）Nom. illegit. ≡ Graphistemma（Champ. ex Benth.）Benth. et Hook. f.（1876）［萝藦科 Asclepiadaceae］●

22320　Graphistemma Champ. ex Benth.（1876）Nom. illegit. ≡ Graphistemma（Champ. ex Benth.）Champ. ex Benth.（1876）［萝藦科 Asclepiadaceae］●

22321　Graphistemma Champ. ex Benth. et Hook. f.（1876）Nom. illegit. ≡ Graphistemma（Champ. ex Benth.）Champ. ex Benth.（1876）［萝藦科 Asclepiadaceae］●

22322　Graphistylis B. Nord.（1978）【汉】笔柱菊属。【隶属】菊科 Asteraceae（Compositae）。【包含】世界 8 种。【学名诠释与讨论】〈阴〉（希）graphis，雕刻，文字，图画 + stylos = 拉丁文 style，花柱，中柱，有尖之物，桩，柱，支持物，支柱，石头做的界标。【分布】巴西。【模式】Graphistylis organensis（Casaretto）B. Nordenstam［Senecio organensis Casaretto］。■●☆

22323　Graphophorum Post et Kuntze（1903）= Graphephorum Desv.（1810）；~ = Trisetum Pers.（1805）［禾本科 Poaceae（Gramineae）]■

22324　Graphorchis Thouars（1822）Nom. illegit.（废弃属名）≡ Graphorkis Thouars（1809）（保留属名）［兰科 Orchidaceae］■☆

22325　Graphorkis Thouars（1809）（保留属名）【汉】画兰属。【隶属】兰科 Orchidaceae。【包含】世界 2-3 种。【学名诠释与讨论】〈阴〉（希）graphis，雕刻，文字，图画 + orkis = orchis 兰。此属的学

名"Graphorkis Thouars in Nouv. Bull. Sci. Soc. Philom. Paris 1：318. Apr 1809"是保留属名。法规未列出相应的废弃属名。"Graphorchis L. M. A. A. Du Petit-Thouars, Hist. Pl. Orch. Tableaux 1822"是其拼写变体,亦应废弃。"Eulophiopsis Pfitzer, Entw. Nat. Anordn. Orch. 4. 1887"是"Graphorkis Thouars(1809)(保留属名)"的晚出的同模式异名(Homotypic synonym, Nomenclatural synonym)。【分布】马达加斯加,马斯克林群岛,热带非洲。【模式】Graphorkis concolor (Thouars) Kuntze [Limodorum concolor Thouars]。【参考异名】Eulophiopsis Pfitzer(1887) Nom. illegit. ; Graphorchis Thouars(1822)(废弃属名);Monographis Thouars ■☆

22326　Graptopetalum Rose(1911)【汉】风车草属(缟瓣属,刻瓣草属)。【日】グラプトペタルム属。【英】Graptopetalum。【隶属】景天科 Crassulaceae。【包含】世界10-18种。【学名诠释与讨论】〈中〉(希)graptos,画的,刻画成的,刻成的+希腊文 petalos,扁平的,铺开的;petalon,花瓣,叶,花叶,金属叶子;拉丁文的花瓣为 petalum。【分布】美国(西南部)至墨西哥。【模式】Graptopetalum pusillum J. N. Rose。【参考异名】Byrnesia Rose (1922);Tacitus Moran(1974)■●☆

22327　Graptophyllum Nees(1832)【汉】紫叶属(彩叶木属,金碧木属,紫叶木属)。【日】グラプトフィルム属。【英】Graptophyllum, Purpleleaf。【隶属】爵床科 Acanthaceae。【包含】世界10种,中国1种。【学名诠释与讨论】〈中〉(希)graptos,画的,刻画成的,刻成的+phyllon,叶子。指叶具白斑。此属的学名,ING、TROPICOS、APNI 和 IK 记载是"Graptophyllum C. G. D. Nees in Wallich, Pl. Asiat. Rar. 3：76, 102. 15 Aug 1832"。"Marama Rafinesque, Fl. Tell. 4：62. 1838 (med.) ('1836')"是"Graptophyllum Nees(1832)"的晚出的同模式异名(Homotypic synonym, Nomenclatural synonym)。【分布】澳大利亚,巴基斯坦,巴拿马,玻利维亚,厄瓜多尔,尼加拉瓜,中国,波利尼西亚群岛,新几内亚岛,热带非洲西部,中美洲。【模式】Graptophyllum hortense C. G. D. Nees, Nom. illegit. [Graptophyllum pictum (Linnaeus)Griffith;Justicia picta Linnaeus]。【参考异名】Earlia F. Muell. (1863);Marama Raf. (1838) Nom. illegit. ●

22328　Grastidium Blume(1825) = Dendrobium Sw. (1799)(保留属名); ~ = Gastridium Blume (1828) Nom. illegit. ; ~ = Dendrobium Sw. (1799)(保留属名)[兰科 Orchidaceae]■

22329　Gratiola L. (1753)【汉】水八角属。【日】オオアブノメ属,オホアブノメ属。【俄】Авран。【英】Gratiole, Hedge Hyssop, Hedgehyssop, Hedge-hyssop。【隶属】玄参科 Scrophulariaceae//婆婆纳科 Veronicaceae。【包含】世界20-25种,中国3种。【学名诠释与讨论】〈阴〉(拉)gratia,娇美,恩惠,利益+-olus, -ola, -olum,拉丁文指示小的词尾。指其具有药用价值。【分布】玻利维亚,厄瓜多尔,哥伦比亚(安蒂奥基亚),马达加斯加,美国(密苏里),中国,热带,中美洲。【后选模式】Gratiola officinalis Linnaeus。【参考异名】Derlinia Neraud(1826);Endopogon Raf. (1818);Fonkia Phil. (1859-1861);Gonatia Nutt. ex DC. (1846);Nibora Raf. (1817);Sophronanthe Benth. (1836);Tragiola Small et Pennell(1933)■

22330　Gratiolaceae Martinov(1820)[亦见 Plantaginaceae Juss. (保留科名)车前科(车前草科)和 Scrophulariaceae Juss. (保留科名)玄参科]【汉】水八角科。【包含】世界1属20-25种。【分布】热带。【科名模式】Gratiola L. ■☆

22331　Gratwickia F. Muell. (1895)【汉】单毛金绒草属。【隶属】菊科 Asteraceae(Compositae)。【包含】世界1种。【学名诠释与讨论】〈阴〉(人)W. H. Gratwick,澳大利亚植物采集家。【分布】澳大利亚。【模式】Gratwickia monochaeta F. Muell. 。■☆

22332　Grauanthus Fayed(1979)【汉】平托田基黄属。【隶属】菊科 Asteraceae(Compositae)。【包含】世界2种。【学名诠释与讨论】〈阴〉(希)graos,老人+anthos,花。【分布】热带非洲。【模式】Grauanthus linearifolius (O. Hoffmann) A. Fayed [Dichrocephala linearifolia O. Hoffmann]。■☆

22333　Graumuellera Rchb. (1828) = Amphibolis C. Agardh(1823)[丝粉藻科 Cymodoceaceae]■☆

22334　Gravenhorstia Nees(1836) = Lonchostoma Wikstr. (1818)(保留属名)[鳞叶树科(布鲁尼科,小叶树科)Bruniaceae]●☆

22335　Gravesia Naudin(1851)【汉】格雷野牡丹属。【隶属】野牡丹科 Melastomataceae。【包含】世界110种。【学名诠释与讨论】〈阴〉(人)Louis Graves, 1791-1857,法国植物学者,林业主管,著有 Catalogue des plantes observees dans l'etendue du departement de l'Oise。【分布】马达加斯加。【模式】Gravesia bertolonioides Naudin。【参考异名】Neopetalonema Brenan(1945);Orthogoneuron Gilg(1897);Petalonema Gilg(1897) Nom. illegit. ; Phornothamnus Baker(1884);Urotheca Gilg(1897);Veprecella Naudin(1851)●☆

22336　Gravesiella A. Fern. et R. Fern. (1960) = Cincinnobotrys Gilg (1897)[野牡丹科 Melastomataceae]■☆

22337　Gravia Steud. (1840) = Grafia Rchb. (1837); ~ = Pleurospermum Hoffm. (1814)[伞形花科(伞形科)Apiaceae(Umbelliferae)]■

22338　Gravisia Mez(1891) = Aechmea Ruiz et Pav. (1794)(保留属名)[凤梨科 Bromeliaceae]■☆

22339　Graya Arn. ex Steud. (1854) Nom. illegit. ≡ Sphaerocaryum Nees ex Hook. f. (1896); ~ = Andropogon L. (1753)(保留属名)[禾本科 Poaceae(Gramineae)//须芒草科 Andropogonaceae]■

22340　Graya Endl. (1841) Nom. illegit. = Eremosemium Greene(1900); ~ = Grayia Hook. et Arn. (1840)[藜科 Chenopodiaceae]●☆

22341　Graya Nees ex Steud. (1854) Nom. illegit. = Isachne R. Br. (1810)[禾本科 Poaceae(Gramineae)]■

22342　Graya Steud. (1854) Nom. illegit. ≡ Graya Nees ex Steud. (1854) Nom. illegit. ; ~ = Isachne R. Br. (1810)[禾本科 Poaceae (Gramineae)]■

22343　Grayia Hook. et Arn. (1840)【汉】宽翅滨藜属。【英】Hopsage。【隶属】藜科 Chenopodiaceae。【包含】世界2种。【学名诠释与讨论】〈阴〉(人)Asa Gray, 1810-1888,哈佛大学植物学教授,留下不少植物学著作。此属的学名,ING、TROPICOS 和 IK 记载是"Grayia W. J. Hooker et Arnott, Bot. Beechey's Voyage 387. Feb-Mar 1840('1841')"。"Graya Endl. , Gen. Pl. [Endlicher] Suppl. 1：1376. 1841 [Feb-Mar 1841]"是其拼写变体。TROPICOS 把其置于苋科 Amaranthaceae。"Graya Arn. ex Steud. , Syn. Pl. Glumac. 1 (2)：119. 1854 [1855 publ. 2-3 Mar 1854] ≡ Sphaerocaryum Nees ex Hook. f. (1896) = Andropogon L. (1753)(保留属名)[禾本科 Poaceae(Gramineae)//须芒草科 Andropogonaceae]"、"Graya Nees ex Steud. (1854) Nom. illegit. = Isachne R. Br. (1810)[禾本科 Poaceae(Gramineae)]"是晚出的非法名称。"Graya Steud. (1854) ≡ Graya Nees ex Steud. (1854) Nom. illegit. [禾本科 Poaceae(Gramineae)]"的命名人引证有误。"Eremosemium E. L. Greene, Pittonia 4：225. 8 Dec 1900"是"Grayia Hook. et Arn. (1840)"的晚出的同模式异名(Homotypic synonym, Nomenclatural synonym)。硅藻的"Grayia E. Grove et J. Brun in A. Schmidt, Atlas Diat. t. 172, fig. 11. Mai 1892(non W. J. Hooker et Arnott 1840)"是晚出的非法名称;它已经被"Neograya O. Kuntze 1898"所替代。【分布】美洲。【模式】Grayia polygaloides W. J. Hooker et Arnott, Nom. illegit. [Chenopodium spinosum W. J. Hooker;Grayia spinosa (W. J. Hooker) Moquin-Tandon]。【参考异名】Eremosemium Greene(1900) Nom. illegit. ;Graya Endl. (1841)●☆

22344　Grazielanthus Peixoto et Per. -Moura(2008)【汉】格氏香材树

属。【隶属】香材树科(杯轴花科,黑檫木科,芒籽科,蒙立米科,檬立木科,香材木科,香树木科)Monimiaceae。【包含】世界1种。【学名诠释与讨论】〈阳〉(人)Graziel+anthos,花。【分布】巴西。【模式】Grazielanthus arkeocarpus Peixoto et Per. -Moura。●☆

22345　Grazielia R. M. King et H. Rob. (1972)【汉】等苞泽兰属。【隶属】菊科 Asteraceae(Compositae)。【包含】世界10-11种。【学名诠释与讨论】〈阴〉(人)Graziel。此属的学名"Grazielia R. M. King et H. E. Robinson,Phytologia 23:305. 20 Mai 1972"是一个替代名称。"Dimorpholepis (G. M. Barroso) R. M. King et H. E. Robinson,Phytologia 22:118. 27 Sep 1971"是一个非法名称(Nom. illegit.),因为此前已经有了"Dimorpholepis A. Gray, Icon. Pl. ad t. 856. Apr – Dec 1851 ('1852') [菊科 Asteraceae (Compositae)]"。故用"Grazielia R. M. King et H. Rob. (1972)"替代之。【分布】巴拉圭,巴西,乌拉圭。【模式】Grazielia dimorpholepis (J. G. Baker) R. M. King et H. E. Robinson [Eupatorium dimorpholepis J. G. Baker]。【参考异名】Dimorpholepis (G. M. Barroso) R. M. King et H. Rob. (1971) Nom. illegit.■●☆

22346　Grazielodendron H. C. Lima(1983)【汉】巴西紫檀属。【隶属】豆科 Fabaceae(Leguminosae)//蝶形花科 Papilionaceae。【包含】世界1种。【学名诠释与讨论】〈中〉(人)Graziel+dendron 或 dendros,树木,棍,丛林。【分布】巴西。【模式】Grazielodendron rio-docense H. C. de Lima [as 'rio-docensis']。●☆

22347　Grecescua Gand. = Epilobium L. (1753) [柳叶菜科 Onagraceae]■

22348　Greenea Post et Kuntze (1903) Nom. illegit. = Greenia Nutt. (1835) Nom. illegit.;~ = Thurberia Benth. (1881) Nom. illegit.;~ =Limnodea L. H. Dewey(1894) [禾本科 Poaceae(Gramineae)]■☆

22349　Greenea Wight et Arn. (1834)【汉】格林茜属。【隶属】茜草科 Rubiaceae。【包含】世界7-8种。【学名诠释与讨论】〈阴〉(人)Benjamin Daniel Greene,1793-1862,植物学者,植物采集家。【分布】印度至马来西亚。【模式】Greenea wightiana R. Wight et Arnott。【参考异名】Rhombospora Korth. (1850)●☆

22350　Greeneina Kuntze (1891) Nom. illegit. ≡ Helicostylis Trécul (1847) [桑科 Moraceae]●☆

22351　Greenella A. Gray (1881) = Gutierrezia Lag. (1816) [菊科 Asteraceae(Compositae)]■●☆

22352　Greeneocharis Gürke et Harms(1899) = Cryptantha Lehm. ex G. Don(1837) [紫草科 Boraginaceae]■☆

22353　Greenia Nutt. (1835) Nom. illegit. = Thurberia Benth. (1881) Nom. illegit.;~ =Limnodea L. H. Dewey(1894) [禾本科 Poaceae (Gramineae)]■☆

22354　Greenia S. Wallman(1791)【汉】格氏百合属。【隶属】百合科 Liliaceae。【包含】世界1种。【学名诠释与讨论】〈阴〉词源不详。应该来自人名。【分布】美国,北美洲。【模式】Greenia brownensis S. Wallman。■☆

22355　Greeniopsis Merr. (1909)【汉】拟格林茜属。【隶属】茜草科 Rubiaceae。【包含】世界6种。【学名诠释与讨论】〈阴〉(属)Greenea 格林茜属+希腊文 opsis,外观,模样,相似。【分布】菲律宾。【模式】Greeniopsis philippinensis E. D. Merrill [as 'philippininensis']。●☆

22356　Greenmania Hieron. (1901) = Unxia L. f. (1782)(废弃属名);~ = Villanova Lag. (1816)(保留属名) [菊科 Asteraceae (Compositae)]■☆

22357　Greenmaniella W. M. Sharp(1935)【汉】微芒菊属。【隶属】菊科 Asteraceae(Compositae)。【包含】世界1种。【学名诠释与讨

论】〈阴〉(人)Jesse More Greenman,1867-1951,美国植物学者+-ellus,-ella,-ellum,加在名词词干后面形成指小式的词尾。或加在人名、属名等后面以组成新属的名称。或(属)Greenmania+-ellus,-ella,-ellum,加在名词词干后面形成指小式的词尾。或加在人名、属名等后面以组成新属的名称。【分布】墨西哥。【模式】Greenmaniella resinosa (S. Watson) W. M. Sharp [Zaluzania resinosa S. Watson]。■●☆

22358　Greenovia Webb et Berthel. (1841)【汉】格利景天属。【日】グリーノビア属。【隶属】景天科 Crassulaceae。【包含】世界4种。【学名诠释与讨论】〈阴〉(人)George Bell Greenough,英国人。此属的学名是"Greenovia Webb et Berthelot,Hist. Nat. Iles Canaries 3 (2.1): 198. Jan 1841"。亦有文献把其处理为"Aeonium Webb et Berthel. (1840)"的异名。【分布】西班牙(加那利群岛)。【后选模式】Greenovia aurea (C. Smith ex J. W. Hornemann) Webb et Berthelot [Sempervivum aureum C. Smith]。【参考异名】Aeonium Webb et Berthel. (1840)●■■☆

22359　Greenwaya Giseke (1792) Nom. illegit. ≡ Hornstedtia Retz. (1791);~ =Amomum Roxb. (1820)(保留属名) [姜科(蘘荷科) Zingiberaceae]■

22360　Greenwayodendron Verdc. (1969)【汉】绿廊木属。【隶属】番荔枝科 Annonaceae。【包含】世界2种。【学名诠释与讨论】〈中〉(人)Percy (Petor) James Greenway,1897-1980,南非植物学者+dendron 或 dendros,树木,棍,丛林。此属的学名是"Greenwayodendron B. Verdcourt, Adansonia ser. 2. 9:89. 3 Jul 1969"。亦有文献把其处理为"Polyalthia Blume(1830)"的异名。【分布】热带非洲东部。【模式】Greenwayodendron suaveolens (A. Engler et L. Diels) B. Verdcourt [Polyalthia suaveolens A. Engler et L. Diels]。【参考异名】Polyalthia Blume(1830)●☆

22361　Greenwoodia Burns-Bal. (1986)【汉】格林伍得兰属。【隶属】兰科 Orchidaceae。【包含】世界1种。【学名诠释与讨论】〈阴〉(人)Greenwood,植物学者。此属的学名是"Greenwoodia P. Burns-Balogh,Orquidea (Mexico) 10:1. Apr 1986"。亦有文献把其处理为"Stenorrhynchos Rich. ex Spreng. (1826)"的异名。【分布】墨西哥。【模式】Greenwoodia sawyeri (P. C. Standley et L. O. Williams)P. Burns-Balogh [Spiranthes sawyeri P. C. Standley et L. O. Williams]。【参考异名】Stenorrhynchos Rich. ex Spreng. (1826)■☆

22362　Greevesia F. Muell. (1855) = Pavonia Cav. (1786)(保留属名) [锦葵科 Malvaceae]●■☆

22363　Greggia A. Gray (1852) Nom. illegit. ≡ Nerisyrenia Greene (1900);~ ≡Parrasia Greene(1895) Nom. illegit. (废弃属名);~ ≡ Belmontia E. Mey. (1837)(保留属名);~ = Sebaea Sol. ex R. Br. (1810) [龙胆科 Gentianaceae]■

22364　Greggia Engelm. (1848) Nom. illegit. = Fallugia Endl. (1840) + Cowania D. Don(1824) [蔷薇科 Rosaceae]●☆

22365　Greggia Gaertn. (1788) Nom. illegit. = Greggia Sol. ex Gaertn. (1788);~ =Eugenia L. (1753) [桃金娘科 Myrtaceae]●

22366　Greggia Sol. ex Gaertn. (1788) = Eugenia L. (1753) [桃金娘科 Myrtaceae]●

22367　Gregia Carrière (1880) = Greigia Regel (1865) [凤梨科 Bromeliaceae]■☆

22368　Gregoria Duby(1828) Nom. illegit. ≡ Vitaliana Sesl. (1758)(废弃属名);~ =Androsace L. (1753);~ = Dionysia Fenzl (1843);~ Gregoria Duby (1828) Nom. illegit.;~ = Dionysia Fenzl (1843) + Douglasia Lindl. (1827)(保留属名) [报春花科 Primulaceae//点地梅科 Androsacaceae]■☆

22369　Greigia Regel(1865)【汉】头花凤梨属(葛雷凤梨属,葛瑞金

属,头花属）。【日】グレイギア属。【英】Greigia。【隶属】凤梨科 Bromeliaceae。【包含】世界 26-28 种。【学名诠释与讨论】〈阴〉（人）Samuel Aleksejevic（Alexjewitsch）Greig,1827–1887,俄罗斯园艺学会会长。另说,Greig,俄罗斯陆军少将。此属的学名,ING 和 IK 记载是"Greigia Reg., Index Seminum［St. Petersburg（Petropolitanus）］（1864）13;et Gartenfl. xiv.（1865）137. t. 474"。【分布】巴拿马,秘鲁,玻利维亚,厄瓜多尔,哥伦比亚（安蒂奥基亚）,哥斯达黎加,智利（胡安-费尔南德斯群岛）,智利,中美洲。【模式】Greigia sphacelata（Ruiz et Pavon）E. Regel［Bromelia sphacelata Ruiz et Pavon］。【参考异名】Gregia Carrière（1880）;Hesperogreigia Skottsb.（1936）■☆

22370 Grenacheria Mez（1902）【汉】格雷草属。【隶属】紫金牛科 Myrsinaceae。【包含】世界 6-10 种。【学名诠释与讨论】〈阴〉词源不详。似来自人名。【分布】马来西亚。【模式】未指定。●☆

22371 Greniera J. Gay（1845）= Arenaria L.（1753）［石竹科 Caryophyllaceae］■

22372 Grenvillea Sweet（1825）= Pelargonium L' Hér. ex Aiton（1789）［牻牛儿苗科 Geraniaceae］●■

22373 Greslania Balansa（1873）【汉】格里斯兰竹属。【隶属】禾本科 Poaceae（Gramineae）。【包含】世界 4 种。【学名诠释与讨论】〈阴〉词源不详。【分布】法属新喀里多尼亚。【后选模式】Greslania montana Balansa。●☆

22374 Greuia Stokes（1812）= Grewia L.（1753）［椴树科（椴科,田麻科）Tiliaceae//锦葵科 Malvaceae//扁担杆科 Grewiaceae］●

22375 Greuteria Amirahm. et Kaz. Osaloo（2013）【汉】格氏豆属。【隶属】豆科 Fabaceae（Leguminosae）。【包含】世界 2 种。【学名诠释与讨论】〈阴〉词源不详。似来自人名或地名。【分布】非洲北部。【模式】Greuteria membranacea（Coss. et Balansa）Amirahm. et Kaz. Osaloo［Hedysarum membranaceum Coss. et Balansa］。☆

22376 Grevea Baill.（1884）【汉】格雷山醋李属。【隶属】山醋李科 Montiniaceae。【包含】世界 2 种。【学名诠释与讨论】〈阴〉（人）Greve。【分布】马达加斯加,热带非洲东部。【模式】Grevea madagascariensis Baillon。●☆

22377 Grevellina Baill.（1894）= Turraea L.（1771）［楝科 Meliaceae］●

22378 Greviaceae Doweld et Reveal（2005）= Greyiaceae Hutch.（保留科名）●☆

22379 Grevillea Knight（1809）Nom. illegit.（废弃属名）= Grevillea R. Br. ex Knight（1809）［as 'Grevillia'］（保留属名）［山龙眼科 Proteaceae］●

22380 Grevillea R. Br.（1810）Nom. illegit.（废弃属名）= Grevillea R. Br. ex Knight（1809）［as 'Grevillia'］（保留属名）［山龙眼科 Proteaceae］●

22381 Grevillea R. Br. ex Knight（1809）［as 'Grevillia'］（保留属名）【汉】银桦属。【日】グレビレア属,シノブノキ属。【俄】Гревиллея。【英】Grevill,Grevillea,Silk Oak,Silk Tree,Silver-oak,Spider Flower。【隶属】山龙眼科 Proteaceae。【包含】世界 250-362 种,中国 1 种。【学名诠释与讨论】〈阴〉（人）Charles Francis Greville,1749–1809,英国植物学倡导者,曾任皇家园艺协会副会长。此属的学名"Grevillea R. Br. ex Knight,Cult. Prot.：xvii,120. Dec 1809（'Grevillia'）（orth. cons.）"是保留属名。相应的废弃属名是山龙眼科 Proteaceae 的"Lysanthe Salisb. ex Knight,Cult. Prot.：116. Dec 1809 = Grevillea R. Br. ex Knight（1809）［as 'Grevillia'］（保留属名）"和"Stylurus Salisb. ex Knight,Cult. Prot.：115. Dec 1809 = Grevillea R. Br. ex Knight（1809）［as 'Grevillia'］（保留属名）"。"Lysanthe Salisb., in Knight,Prot. 116（1809）≡ Lysanthe Salisb. ex Knight（1809）（废弃属名）= Grevillea R. Br. ex Knight（1809）［as 'Grevillia'］（保留属名）"需

要废弃;"Lysanthe Salisb. ex Knight（1809）（废弃属名）= Grevillea R. Br. ex Knight（1809）［as 'Grevillia'］（保留属名）［山龙眼科 Proteaceae］"的命名人引证有误。"Stylurus R. A. Salisbury ex J. Knight,On Cultivation Proteeae 115. Dec 1809 = Grevillea R. Br. ex Knight（1809）［as 'Grevillia'］（保留属名）［山龙眼科 Proteaceae］"和"Stylurus Salisb.（1809）Nom. illegit. ≡ Stylurus Salisb. ex Knight（1809）","Grevillea R. Br., Trans. Linn. Soc. London 10(1)：167. 1810 = Grevillea R. Br. ex Knight（1809）［as 'Grevillia'］（保留属名）"是晚出的非法名称,"Grevillea Knight,On the Cultivation of the Plants Belonging to the Natural Order of Proteeae 1809 = Grevillea R. Br. ex Knight（1809）［山龙眼科 Proteaceae］"的命名人引证有误,"Stylurus Raf., Fl. Ludov. 27. 1817 = Ranunculus L.（1753）［毛茛科 Ranunculaceae］","Grevillia Knight（1809）"是"Grevillea R. Br. ex Knight（1809）"的拼写变体。这些名称都须废弃。【分布】澳大利亚,巴基斯坦,玻利维亚,厄瓜多尔,马达加斯加,马来西亚（东部）,尼加拉瓜,瓦努阿图,中国,法属新喀里多尼亚,中美洲。【模式】Grevillea aspleniifolia J. Knight。【参考异名】Anademia C. Agardh（1826）;Anadenia R. Br.（1810）;Bleasdalea F. Muell.（1865）Nom. inval. ;Bleasdalea F. Muell. ex Domin（1921）;Conogyne（R. Br.）Spach（1841）;Cycloptera（R. Br.）Spach（1841）;Eriostylis（R. Br.）Spach（1841）Nom. illegit. ;Fitchia Meisn.（1855）Nom. illegit. ;Grevillea Knight（1809）（废弃属名）;Grevillea R. Br.（1810）Nom. illegit.（废弃属名）;Grevillia Knight（1809）（废弃属名）;Lysanthe Salisb.（1809）Nom. illegit. ;Lysanthe Salisb. ex Knight（1809）（废弃属名）;Lyssanthe Endl.（1837）;Manglesia Endl.（1839）;Manglesia Endl. et Fenzl（1839）;Molloya Meisn.（1855）;Plagiopoda（R. Br.）Spach（1841）;Plagiopoda Spach（1841）Nom. illegit. ;Ptychocarpa（R. Br.）Spach（1841）;Ptychocarpa Spach（1841）Nom. illegit. ;Stylurus Salisb.（1809）Nom. illegit.（废弃属名）;Stylurus Salisb. ex Knight（1809）（废弃属名）●

22382 Grevillia Knight（1809）Nom. illegit.（废弃属名）= Grevillea R. Br. ex Knight（1809）［as 'Grevillia'］（保留属名）［山龙眼科 Proteaceae］●

22383 Grewia L.（1753）【汉】扁担杆属（扁担杆子属,田麻属）。【日】ウオトリギ属,ウヲトリギ属。【俄】Гревия。【英】Grewia。【隶属】椴树科（椴科,田麻科）Tiliaceae//锦葵科 Malvaceae//扁担杆科 Grewiaceae。【包含】世界 90-300 种,中国 27-29 种。【学名诠释与讨论】〈阴〉（人）Nehemiah Grew,1641–1712,英国植物形态解剖学者。【分布】澳大利亚,巴基斯坦,非洲,马达加斯加,中国,热带,亚洲。【后选模式】Grewia occidentalis Linnaeus。【参考异名】Balmeda Nocca（1804）;Chadara Forssk.（1775）;Charadra Scop.（1777）;Graevia Neck.（1790）Nom. inval. ;Greuia Stokes（1812）;Mallococca J. R. Forst. et G. Forst.（1776）;Microcos L.（1753）;Neltoa Baill. ;Nettoa Baill.（1866）;Syphomeris Steud.（1841）;Tridermia Raf.（1838）;Vinticena Steud.（1841）●

22384 Grewiaceae Doweld et Reveal（2005）［亦见 Malvaceae Juss.（保留科名）锦葵科］【汉】扁担杆科。【包含】世界 2 属 90-300 种,中国 1 属 27-29 种。【分布】中国,马达加斯加,巴基斯坦,澳大利亚,非洲,亚洲,热带。【科名模式】Grewia L.●

22385 Grewiella Kuntze（1903）【汉】小扁担杆属。【隶属】椴树科（椴科,田麻科）Tiliaceae//扁担杆科 Grewiaceae。【包含】世界 2 种。【学名诠释与讨论】〈阴〉（属）Grewia 扁担杆+-ellus,-ella,-ellum,加在名词词干后面形成指小式的词尾。或加在人名,属名等后面以组成新属的名称。此属的学名"Grewiella O. Kuntze in Post et O. Kuntze, Lex. 257. Dec 1903（'1904'）"是一个替代名称。"Grewiopsis E. De Wildeman et T. Durand,Bull. Soc. Roy. Bot.

Belgique 38:176. 1899"是一个非法名称(Nom. illegit.),因为此前已经有了化石植物的"Grewiopsis G. Saporta, Ann. Sci. Nat. Bot. ser. 5. 3:49. 1865"。故用"Grewiella Kuntze(1903)"替代之。【分布】热带非洲。【模式】未指定。【参考异名】Grewiopsis De Wild. et T. Durand(1900) Nom. illegit. ●☆

22386　Grewiopsis De Wild. et T. Durand (1900) Nom. illegit. ≡ Grewiella Kuntze(1903); ~ =Desplatsia Bocq. (1866) [椴树科(椴科,田麻科)Tiliaceae//锦葵科Malvaceae]●☆

22387　Greyia Hook. et Harv. (1859)【汉】鞘叶树属(格雷木属,葵叶树属)。【英】Natal Bottlebrush。【隶属】鞘叶树科(葵叶树科)Greyiaceae//蜜花科(假栾树科,羽叶树科)Melianthaceae。【包含】世界3种。【学名诠释与讨论】〈阴〉(人)纪念英国植物学赞助人George Grey, 1812-1898。【分布】非洲。【模式】Greyia sutherlandii W. J. Hooker et W. H. Harvey。●☆

22388　Greyiaceae Hutch. (1926)(保留科名) [亦见 Melianthaceae Horan. (保留科名)蜜花科(假栾树科,羽叶树科)]【汉】鞘叶树科(葵叶树科)。【包含】世界1属3种。【分布】非洲南部。【科名模式】Greyia Hook. et Harv.●☆

22389　Grias L. (1759)【汉】四瓣玉蕊属。【隶属】玉蕊科(巴西果科)Lecythidaceae。【包含】世界6种。【学名诠释与讨论】〈阴〉(拉)grias,被Pseudo Apuleius Barbarus用于一种意大利植物。希腊文grao,吃,啃。指果实可食。【分布】巴拿马,秘鲁,厄瓜多尔,哥伦比亚(安蒂奥基亚),哥斯达黎加,玻利维亚,尼加拉瓜,西印度群岛,中美洲。【模式】Grias auliflora Linnaeus。●☆

22390　Grielaceae Martinov(1820) = Neuradaceae Kostel. (保留科名)■☆

22391　Grielum L. (1764)【汉】等瓣两极孔草属。【隶属】两极孔草科(脉叶莓科,脉叶苏科)Neuradaceae。【包含】世界5种。【学名诠释与讨论】〈中〉词源不详。【分布】非洲南部。【模式】Grielum tenuifolium Linnaeus, Nom. illegit. [Geranium grandifolium Linnaeus, Grielum grandifolium (Linnaeus) Druce]。■☆

22392　Griesebachia Endl. (1839) = Grisebachia Klotzsch(1838) [杜鹃花科(欧石南科)Ericaceae]●☆

22393　Grieselinia Endl. (1840) = Griselinia J. R. Forst. et G. Forst. (1775) [山茱萸科 Cornaceae//夷茱萸科 Griseliniaceae]●☆

22394　Griffinia Ker Gawl. (1820)【汉】格里芬石蒜属。【隶属】石蒜科 Amaryllidaceae。【包含】世界7-20种。【学名诠释与讨论】〈阴〉(人)William Griffin, ? -1837,英国植物学者。【分布】巴西。【模式】Griffinia hyacinthina (Ker-Gawler) Ker-Gawler [Amaryllis hyacinthina Ker-Gawler]。【参考异名】Eithea Ravenna(2002); Hyline Herb. (1840); Libonia Lem. (1852)■☆

22395　Griffithella(Tul.) Warm. (1901)【汉】格里苔草属。【隶属】髯管花科 Geniostomaceae。【包含】世界1种。【学名诠释与讨论】〈阴〉(人)William Griffith, 1810-1845,英国植物学者+-ellus, -ella, -ellum,加在名词词干后面形成指小式的词尾。或加在人名、属名等后面以组成新属的名称。此属的学名,ING和IK记载是"Griffithella (Tulasne) Warming, Kongel. Danske Vidensk. -Selsk. Skr. ser. 6. 11:13, 65. 1901",由"Mniopsis sect. Griffithella Tul. Ann. Sci. Nat. , Bot. sér. 3, 11:105. 1849"改级而来。亦有文献把"Griffithella (Tul.) Warm. (1901)"处理为"Cladopus H. Möller(1899)"的异名。【分布】印度。【模式】Griffithella hookeriana (Tulasne) Warming [Mniopsis hookeriana Tulasne]。【参考异名】Cladopus H. Möller(1899); Mniopsis sect. Griffithella Tul. (1849)■☆

22396　Griffithia J. M. Black (1913) Nom. illegit. = Helipterum DC. ex Lindl. (1836) Nom. confus. [菊科 Asteraceae(Compositae)]■☆

22397　Griffithia King (1893) Nom. illegit. ≡ Griffithianthus Merr. (1915); ~ =Enicosanthum Becc. (1871) [番荔枝科 Annonaceae]

22398　Griffithia Maingay ex King(1893) Nom. illegit. ≡ Griffithianthus Merr. (1915); ~ = Enicosanthum Becc. (1871) [番荔枝科 Annonaceae]●☆

22399　Griffithia Wight et Arn. (1834) = Benkara Adans. (1763); ~ = Randia L. (1753) [茜草科 Rubiaceae//山黄皮科 Randiaceae]●

22400　Griffithianthus Merr. (1915) = Enicosanthum Becc. (1871) [番荔枝科 Annonaceae]●☆

22401　Griffithiella Warm. (1901) Nom. illegit. [髯管花科 Geniostomaceae]■■☆

22402　Griffithochloa G. J. Pierce(1978)【汉】多裂稃草属。【隶属】禾本科 Poaceae(Gramineae)。【包含】世界1种。【学名诠释与讨论】〈阴〉(人)William Griffith, 1810-1845,英国植物学者+chloe, 草的幼芽,嫩草,禾草。【分布】墨西哥。【模式】Griffithochloa multifida (D. Griffiths) G. J. Pierce [Cathestecum multifidum D. Griffiths]。■☆

22403　Griffonia Baill. (1865)【汉】加纳籽属。【隶属】豆科 Fabaceae(Leguminosae)//云实科(苏木科)Caesalpiniaceae。【包含】世界4种。【学名诠释与讨论】〈阴〉(人)William Griffon, ? -1837,英国植物学者。此属的学名, ING、TROPICOS和IK记载是"Griffonia Baillon, Adansonia 6:188. 7 Oct 1865"。"Griffonia Hook. f. in Bentham et Hook. f. , Gen. 1:602, 608. 19 Oct 1865 = Acioa Aubl. (1775) [金壳果科 Chrysobalanaceae]"是晚出的非法名称。亦有文献把"Griffonia Baill. (1865)"处理为"Bandeiraea Welw. , Nom. illegit. "的异名。【分布】热带非洲西部从利比里亚至安哥拉、刚果(金)。【模式】Griffonia physocarpa Baillon。【参考异名】Bandeiraea Benth. (1865) Nom. illegit. ; Bandeiraea Welw. , Nom. illegit. ; Bandeiraea Welw. ex Benth. (1865) Nom. illegit. ; Bandeiraea Welw. ex Benth. et Hook. f. (1865); Schotiaria (DC.) Kuntze■☆

22404　Griffonia Hook. f. (1865) Nom. illegit. =Acioa Aubl. (1775) [金壳果科 Chrysobalanaceae]●☆

22405　Grimaldia Schrank(1805) = Chamaecrista Moench(1794) Nom. illegit. ; ~ = Chamaecrista (L.) Moench (1794) [豆科 Fabaceae(Leguminosae)//云实科(苏木科)Caesalpiniaceae]■●

22406　Grimmeodendron Urb. (1908)【汉】格林木属。【隶属】大戟科 Euphorbiaceae。【包含】世界2种。【学名诠释与讨论】〈中〉(人)Grimme+dendron 或 dendros,树木,棍,丛林。【分布】西印度群岛。【后选模式】Grimmeodendron jamaicense Urban。●☆

22407　Grindelia Willd. (1807)【汉】胶菀属(格林菊属,胶草属)。【日】グリンデ-リア属。【俄】Гринделия。【英】Gum Plant, Gumplant, Gum-plant, Gumweed, Resin-weed。【隶属】菊科 Asteraceae(Compositae)。【包含】世界55-70种。【学名诠释与讨论】〈阴〉(人)David Hieronymus Grindel, 1766-1836,德国药理学者和植物学者, Fasslich dargestellte Anleitung zur Pflanzenkenntniss 的作者。另说为拉脱维亚植物学者。【分布】巴拉圭,秘鲁,玻利维亚,美国(密苏里),中美洲。【模式】Grindelia inuloides Willdenow。【参考异名】Aurelia Cass. (1815) Nom. illegit. ; Chrysophthalmum Phil. (1858) Nom. illegit. ; Demetria Lag. (1816); Donia R. Br. (1813); Donia R. Br. (1813) Nom. illegit. ; Doniana Raf. (1818) Nom. illegit. ; Hoorebekia Cornel. (1817); Hoorebekia Cornel. ex DC. , Nom. illegit. ; Thuraria Nutt. (1813) Nom. illegit. ●■☆

22408　Grindeliaceae Rchb. ex A. Heller = Asteraceae Bercht. et J. Presl(保留科名)//Compositae Giseke(保留科名)●■

22409　Grindeliopsis Sch. Bip. (1858)【汉】类胶菀属(类胶草属)。【隶属】菊科 Asteraceae(Compositae)。【包含】世界1种。【学名

诠释与讨论】〈阴〉（属）Grindelia 胶草属＋希腊文 opsis，外观，模样，相似。此属的学名是"Grindeliopsis Sch. Bip.，Bonplandia 6：356. 1858"。亦有文献把其处理为"Xanthocephalum Willd.（1807）"的异名。【分布】墨西哥。【模式】Grindeliopsis gymnospermoides（A. Gray）Sch. Bip.。【参考异名】Xanthocephalum Willd.（1807）■☆

22410　Gripidea Miers（1865）= Caiophora C. Presl（1831）［刺莲花科（硬毛草科）Loasaceae］■☆

22411　Grischowia H. Karst.（1848）= Monochaetum（DC.）Naudin（1845）（保留属名）［野牡丹科 Melastomataceae］●☆

22412　Grisebachia Drude et H. Wendl.（1875）Nom. illegit. ≡ Howeia Becc.（1877）［棕榈科 Arecaceae（Palmae）］●

22413　Grisebachia H. Wendl. et Drude（1875）Nom. illegit. ≡ Grisebachia Drude et H. Wendl.（1875）Nom. illegit. ; ~ ≡ Howeia Becc.（1877）［棕榈科 Arecaceae（Palmae）］●

22414　Grisebachia Klotzsch（1838）【汉】格里杜鹃属。【隶属】杜鹃花科（欧石南科）Ericaceae。【包含】世界 8 种。【学名诠释与讨论】〈阴〉（人）August Heinrich Rudolf Grisebach，1814－1879，德国植物学者。此属的学名，ING 和 IK 记载是"Grisebachia Klotzsch，Linnaea 12：225. Mar－Jul 1838"。"Grisebachia Drude et H. Wendl. , Nachr. Königl. Ges. Wiss. Georg－Augusts－Univ. 1875：5460（3 Feb. 1875）≡ Howeia Becc.（1877）［棕榈科 Arecaceae（Palmae）］"是晚出的非法名称。"Grisebachia H. Wendl. et Drude，Linnaea 39：177. 1875 ≡ Grisebachia Drude et H. Wendl.（1875）Nom. illegit.［棕榈科 Arecaceae（Palmae）］"的命名人引证有误。亦有文献把"Grisebachia Klotzsch（1838）"处理为"Erica L.（1753）"的异名。【分布】非洲南部。【模式】未指定。【参考异名】Erica L.（1753）；Finckea Klotzsch（1838）；Griesebachia Endl.（1839）；Grisebachia Drude et H. Wendl.（1875）Nom. illegit. ;Grisebachia H. Wendl. et Drude（1875）Nom. illegit. ;Howeia Becc.（1877）●☆

22415　Grisebachianthus R. M. King et H. Rob.（1975）【汉】密毛亮泽兰属。【隶属】菊科 Asteraceae（Compositae）。【包含】世界 8-9 种。【学名诠释与讨论】〈阴〉（人）August Heinrich Rudolf Grisebach，1814－1879，德国植物学者＋anthos，花。【分布】古巴。【模式】Grisebachianthus plucheoides（Grisebach）R. M. King et H. E. Robinson［Eupatorium plucheoides Grisebach］。■☆

22416　Grisebachiella Lorentz（1880）= Astephanus R. Br.（1810）［萝藦科 Asclepiadaceae］■☆

22417　Grislea D. Dietr.（1840）= Combretum Loefl.（1758）（保留属名）；~ = Grislea L.（废弃属名）；~ = Combretum Loefl.（1758）（保留属名）［使君子科 Combretaceae］●

22418　Griselinia G. Forst.（1786）Nom. illegit. ≡ Griselinia J. R. Forst. et G. Forst.（1775）［山茱萸科 Cornaceae//夷茱萸科 Griseliniaceae］●☆

22419　Griselinia J. R. Forst. et G. Forst.（1775）【汉】夷茱萸属（覆瓣楝木属，格里塞林木属，格里斯木属）。【日】グリセリ－ニア属。【英】New Zealand Broadleaf。【隶属】山茱萸科 Cornaceae//夷茱萸科 Griseliniaceae。【包含】世界 7 种。【学名诠释与讨论】〈阴〉（人）Francesco Griselini，1717－1783，意大利植物学者。【分布】巴西（东南部），新西兰，智利。【模式】Griselinia lucida（J. R. Forster et J. G. A. Forster）J. G. A. Forster［Scopolia lucida J. R. Forster et J. G. A. Forster］。【参考异名】Decostea Ruiz et Pav.（1794）；Grieselinia Endl.（1840）；Griselinia G. Forst.（1786）Nom. illegit. ;Pukateria Raoul（1844）；Scopolia J. R. Forst. et G. Forst.（1775）Nom. illegit.（废弃属名）●☆

22420　Griselinia Scop.（1777）Nom. illegit. ≡ Moutouchi Aubl.

（1775）；~ = Pterocarpus Jacq.（1763）（保留属名）［豆科 Fabaceae（Leguminosae）//蝶形花科 Papilionaceae］●

22421　Griseliniaceae（Wang.）Takht.（1987）= Griseliniaceae Takht. ●☆

22422　Griseliniaceae J. R. Forst. et G. Forst. ex A. Cunn. = Griseliniaceae Takht. ●☆

22423　Griseliniaceae Takht.（1987）【汉】夷茱萸科。【包含】世界 1 属 6 种。【分布】新西兰，南美洲。【科名模式】Griselinia J. R. Forst. et G. Forst. ●☆

22424　Griseocactus Guiggi（2012）Nom. inval.［仙人掌科 Cactaceae］☆

22425　Griseocereus P. V. Heath（1998）Nom. inval.［仙人掌科 Cactaceae］☆

22426　Grisia Brongn.（1866）= Bikkia Reinw.（1825）（保留属名）［茜草科 Rubiaceae］●☆

22427　Grislea L.（1753）（废弃属名）= Combretum Loefl.（1758）（保留属名）［使君子科 Combretaceae］●

22428　Grislea Loefl.（1758）Nom. illegit.（废弃属名）= Pehria Sprague（1923）［千屈菜科 Lythraceae］●☆

22429　Grisleya Post et Kuntze（1903）= Grislea Loefl.（1758）（废弃属名）；~ = Pehria Sprague（1923）［千屈菜科 Lythraceae］●☆

22430　Grisollea Baill.（1864）【汉】马岛茶茱萸属。【隶属】茶茱萸科 Icacinaceae。【包含】世界 2 种。【学名诠释与讨论】〈阴〉（人）Grisolle。【分布】马达加斯加，塞舌尔（塞舌尔群岛）。【模式】Grisollea myrianthea Baillon。●☆

22431　Grisseea Bakh. f.（1950）【汉】爪哇夹竹桃属。【隶属】夹竹桃科 Apocynaceae。【包含】世界 1 种。【学名诠释与讨论】〈阴〉词源不详。【分布】印度尼西亚（爪哇岛）。【模式】Grisseea apiculata Bakhuizen f.。●☆

22432　Grobya Lindl.（1835）【汉】格罗比兰属。【日】グロビア属。【隶属】兰科 Orchidaceae。【包含】世界 3 种。【学名诠释与讨论】〈阴〉（人）Lord Grey of Groby，? －1836，英国人，对兰类的栽培与园艺化有贡献。【分布】巴西，厄瓜多尔。【模式】Grobya amherstiae J. Lindley。■☆

22433　Groelandia Fourr.（1869）= Groenlandia J. Gay（1854）［眼子菜科 Potamogetonaceae］■☆

22434　Groenlandia J. Gay（1854）【汉】对叶眼子菜属。【俄】Гренландия。【英】Opposite－leaved Pond Weed，Pond Weed，Pondweed。【隶属】眼子菜科 Potamogetonaceae。【包含】世界 1 种。【学名诠释与讨论】〈阴〉（人）Johannes Groenland，1824－1891，荷兰植物学者。另说是德国园艺学者。此属的学名，IK 记载是"Potamogetonaceae Groenlandia J. Gay in Compt.－Rend. Par. xxxviii.（1854）703"。"Groelandia Fourr. , Ann. Soc. Linn. Lyon sér. 2，17：169. 1869 = Groenlandia J. Gay（1854）［眼子菜科 Potamogetonaceae］"似为"Groenlandia J. Gay（1854）"的拼写变体或拼写有误。【分布】欧洲西部和非洲北部至亚洲西南部。【模式】Groenlandia densa（Linnaeus）Fourreau［Potamogeton densum Linnaeus］。【参考异名】Groelandia Fourr.（1869）■☆

22435　Gromovia Regel（1865）= Beloperone Nees（1832）［爵床科 Acanthaceae］■☆

22436　Gromphaena St.－Lag.（1880）= Gomphrena L.（1753）［苋科 Amaranthaceae］●■

22437　Grona Benth.（废弃属名）= Nogra Merr.（1935）［豆科 Fabaceae（Leguminosae）//蝶形花科 Papilionaceae］■

22438　Grona Benth. et Hook. f. , Nom. illegit.（废弃属名）= Nogra Merr.（1935）［豆科 Fabaceae（Leguminosae）//蝶形花科 Papilionaceae］■

22439　Grona Lour.（1790）（废弃属名）= Desmodium Desv.（1813）（保留属名）［豆科 Fabaceae（Leguminosae）//蝶形花科

Papilionaceae】●■

22440　Grone Spreng.（1826）= Desmodium Desv.（1813）（保留属名）；
~ = Grona Lour.（1790）（废弃属名）；~ = Desmodium Desv.（1813）
（保留属名）［豆科 Fabaceae（Leguminosae）//蝶形花科
Papilionaceae】●■

22441　Gronophyllum Scheff.（1876）【汉】沟叶棕属（沟叶椰子属，尖
瓣椰属，长瓣槟榔属）。【日】キリハヤシ属。【隶属】棕榈科
Arecaceae（Palmae）。【包含】世界 33 种。【学名诠释与讨论】
〈中〉（希）gronos，沟 + phyllon，叶子。指叶上具沟。【分布】澳大
利亚（北部），马来西亚（东部）。【模式】Gronophyllum
microcarpum R. H. C. C. Scheffer。【参考异名】Kentia Blume
（1838）Nom. illegit. ; Leptophoenix Becc.（1885）；Nengella Becc.
（1877）●☆

22442　Gronovia Blanco（1837）Nom. illegit. = Illigera Blume（1827）［莲
叶桐科 Hernandiaceae//青藤科 Illigeraceae】●■

22443　Gronovia L.（1753）【汉】金刚大属。【隶属】刺莲花科（硬毛草
科）Loasaceae//金刚大科 Gronoviaceae。【包含】世界 2 种。【学
名诠释与讨论】〈阴〉（人）Johan Frederik（Jan Fredrik）Gronovius，
1686–1762，荷兰植物学者。此属的学名，ING、TROPICOS 和 IK
记载是“Gronovia L., Sp. Pl. 1: 202. 1753 ［1 May 1753］”。
“Gronovia Blanco, Fl. Filip.［F. M. Blanco］186（1837）= Illigera
Blume（1827）［莲叶桐科 Hernandiaceae//青藤科 Illigeraceae】”是
晚出的非法名称。【分布】巴拿马，秘鲁，玻利维亚，厄瓜多尔，哥
伦比亚，哥斯达黎加，墨西哥，尼加拉瓜，委内瑞拉，中美洲。【模
式】Gronovia scandens Linnaeus。■☆

22444　Gronoviaceae（Rchb.）Endl.（1841）= Gronoviaceae Endl.●■

22445　Gronoviaceae A. Juss. = Gronoviaceae Endl.●■

22446　Gronoviaceae Endl.（1841）［亦见 Loasaceae Juss.（保留科名）
刺莲花科（硬毛草科）]【汉】金刚大科。【包含】世界 2 属 5 种。
【分布】日本，墨西哥至委内瑞拉和厄瓜多尔。【科名模式】
Gronovia L.●■

22447　Grosourdya Rchb. f.（1864）【汉】火炬兰属。【英】Torchorchis。
【隶属】兰科 Orchidaceae。【包含】世界 10 种，中国 1 种。【学名
诠释与讨论】〈阴〉（人）Rene de Grosourdy，植物学者。【分布】马
来西亚，中国。【模式】Grosourdya elegans H. G. Reichenbach。
【参考异名】Grosowidya B. D. Jacks.■

22448　Grosowidya B. D. Jacks. = Grosourdya Rchb. f.（1864）［兰科
Orchidaceae】■

22449　Grossera Pax（1903）【汉】格罗大戟属。【隶属】大戟科
Euphorbiaceae。【包含】世界 11 种。【学名诠释与讨论】〈阴〉
（人）Wilhelm Carl Heinrich Grosser，1869–?，植物学者。【分布】
马达加斯加，热带非洲。【模式】未指定。【参考异名】Fourneaua
Pierre ex Pax et K. Hoffm. ; Fourneaua Pierre ex Pax et K. Hoffm.,
Nom. illegit. ; Fourneaua Pierre ex Prain（1912）☆

22450　Grossheimia Sosn. et Takht.（1945）【汉】格罗菊属（大海米菊
属，格罗海米亚菊属）。【俄】Гроссгей。【隶属】菊科 Asteraceae
（Compositae）。【包含】世界 2 种。【学名诠释与讨论】〈阴〉
（人）Alexander Alfonsovich Grossheim，1888–1948，俄罗斯植物学
者。此属的学名是“Grossheimia D. I. Sosnovsky et A. L.
Takhtajan, Dokl. Akad. Nauk Armyanskoi SSR 3（1）: 22. 1945（post
5 Nov）”。亦有文献把其处理为“Centaurea L.（1753）（保留属
名）”的异名。【分布】亚美尼亚，高加索。【模式】Grossheimia
macrocephala（A. A. Mussin – Puschkin ex Willdenow）D. I.
Sosnovsky et A. L. Takhtajan［Centaurea macrocephala A. A.
Mussin – Puschkin ex Willdenow]。【参考异名】Centaurea L.
（1753）（保留属名）；Oxyacanthus Chevall.（1836）■☆

22451　Grossostylis Pers.（1806）= Crossostylis J. R. Forst. et G. Forst.

（1775）［红树科 Rhizophoraceae】●☆

22452　Grossularia Adans.（1763）Nom. illegit. ≡ Grossularia Tourn. ex
Adans.（1763）Nom. illegit. ; ~ ≡ Ribes L.（1753）［虎耳草科
Saxifragaceae//醋栗科（茶藨子科）Grossulariaceae】●

22453　Grossularia Mill.（1754）= Ribes L.（1753）［虎耳草科
Saxifragaceae//醋栗科（茶藨子科）Grossulariaceae】●

22454　Grossularia Rupr., Nom. inval. = Ribes L.（1753）［虎耳草科
Saxifragaceae//醋栗科（茶藨子科）Grossulariaceae】●

22455　Grossularia Tourn. ex Adans.（1763）Nom. illegit. ≡ Ribes L.
（1753）［虎耳草科 Saxifragaceae//醋栗科（茶藨子科）
Grossulariaceae】●

22456　Grossulariaceae DC.（1805）［as ‘Grossulariae’]（保留科名）
［亦见 Pterostemonaceae Small（保留科名）翼蕊木科（齿蕊科）]
【汉】醋栗科（茶藨子科）。【日】スグリ科。【俄】
Крыжовниковые，Смородинные。【英】Gooseberry Family。【包
含】世界 1-24 属 50-330 种，中国 1 属 50 种。【分布】温带欧亚大
陆，非洲西北部，北美洲和中美洲，太平洋地区南美洲。【科名模
式】Grossularia Mill. ●

22457　Grosvenoria R. M. King et H. Rob.（1975）【汉】肋苞亮泽兰属。
【隶属】菊科 Asteraceae（Compositae）。【包含】世界 4 种。【学名
诠释与讨论】〈阴〉（人）Grosvenor。【分布】厄瓜多尔和秘鲁的安
第斯山区。【模式】Grosvenoria rimbachii（B. L. Robinson）R. M.
King et H. Robinson［Eupatorium rimbachii B. L. Robinson]。【参
考异名】Ophyra Steud. ; Strobilocarpus Klotzsch（1839）●☆

22458　Grotefendia Seem.（1864）Nom. illegit. ≡ Botryopanax Miq.
（1863）；~ = Polyscias J. R. Forst. et G. Forst.（1776）［五加科
Araliaceae】●

22459　Groutia Guill. et Perr.（1832）= Opilia Roxb.（1802）［山柚子科
（山柑科，山柚仔科）Opiliaceae】●

22460　Grramen Ség.（1754）Nom. illegit. ≡ Secale L.（1753）［禾本科
Poaceae（Gramineae）]■

22461　Grubbia P. J. Bergius（1767）【汉】毛盘花属（假石南属）。【隶
属】毛盘花科（假石南科）Grubbiaceae。【包含】世界 3-4 种。【学
名诠释与讨论】〈阴〉（人）Grubb。【分布】非洲南部。【模式】
Grubbia rosmarinifolia P. J. Bergius。【参考异名】Ophira Burm. ex
L.（1771）; Ophira Lam. ; Ophyra Steud.（1841）; Strobilocarpus
Klotzsch（1839）●☆

22462　Grubbiaceae Endl., Nom. inval. = Grubbiaceae Endl. ex Meisn.
（保留科名）●☆

22463　Grubbiaceae Endl. ex Meisn.（1841）（保留科名）【汉】毛盘花
科（假石南科）。【包含】世界 1-2 属 3-5 种。【分布】非洲。【科
名模式】Grubbia P. J. Bergius（1767）●☆

22464　Grubovia Freitag et G. Kadereit（2011）【汉】格氏藜属。【隶属】
藜科 Chenopodiaceae。【包含】世界种。【学名诠释与讨论】〈阴〉
（人）Grubov, Grubov, Valery Ivanovich（1917–），植物学者。【分
布】土耳其斯坦。【模式】Grubovia dasyphylla（Fisch. et C. A.
Mey.）Freitag et G. Kadereit［Kochia dasyphylla Fisch. et C. A.
Mey.]。☆

22465　Gruenera Opiz（1852）= Salix L.（1753）（保留属名）［杨柳科
Salicaceae】●

22466　Gruhlmania Neck.（1790）Nom. inval. ≡ Gruhlmania Neck. ex
Raf.（1820）；~ = Spermacoce L.（1753）［茜草科 Rubiaceae//繁缕
科 Alsinaceae】●■

22467　Gruhlmania Neck. ex Raf.（1820）Nom. illegit. = Spermacoce L.
（1753）［茜草科 Rubiaceae//繁缕科 Alsinaceae】●■

22468　Grumelia Wight（1845）Nom. illegit.［茜草科 Rubiaceae】☆

22469　Grumilea Gaertn.（1788）【汉】类九节属。【隶属】茜草科

Rubiaceae//九节科 Psychotriaceae。【包含】世界 170 种。【学名诠释与讨论】〈阴〉(希)grumus, 指小式 grumula, 小丘, 堆。此属的学名是"Grumilea J. Gaertner, Fruct. 1: 138. Dec 1788"。亦有文献把其处理为"Psychotria L. (1759)(保留属名)"的异名。【分布】马达加斯加。【模式】Grumilea nigra J. Gaertner。【参考异名】Aucubaephyllum Ahlburg(1878); Grundlea Poir. ex Steud. (1840) Nom. illegit.; Grundlea Steud. (1840) Nom. illegit.; Gundlea Willis (1840) Nom. illegit.; Psychotria L. (1759)(保留属名)●☆

22470　Grundlea Poir. ex Steud. (1840) Nom. illegit. = Grumilea Gaertn. (1788)[茜草科 Rubiaceae]●☆

22471　Grundlea Steud. (1840) Nom. illegit. = Grumilea Gaertn. (1788); ~ = Psychotria L. (1759)(保留属名)[茜草科 Rubiaceae//九节科 Psychotriaceae]●

22472　Grundlia Engl. et O. Hoffm. = Gundelia L. (1753)[菊科 Asteraceae(Compositae)]■☆

22473　Grunilea Poir., Nom. illegit. = Psychotria L. (1759)(保留属名)[茜草科 Rubiaceae//九节科 Psychotriaceae]●

22474　Grushvitzkya Skvortsova et Aver. (1994)【汉】越南罗伞属。【隶属】五加科 Araliaceae。【包含】世界 1 种。【学名诠释与讨论】〈阴〉(人)Grushvitzky。此属的学名是"Grushvitzkya N. T. Skvortsova et L. V. Averyanov, Bot. Zhurn. (Moscow & Leningrad) 79(7): 108. 1994(post 8 Nov)('Jul')"。亦有文献把其处理为"Brassaiopsis Decne. et Planch. (1854)"的异名。【分布】越南。【模式】Grushvitzkya stellata N. T. Skovortsova et L. V. Averyanov。【参考异名】Brassaiopsis Decne. et Planch. (1854)●☆

22475　Grusonia Britton et Rose(1919) Nom. illegit. ≡ Grusonia Rchb. f. ex Britton et Rose(1919); ~ = Opuntia Mill. (1754)[仙人掌科 Cactaceae]●

22476　Grusonia Hort. Nicolai. ex K. Schum. (1894)【汉】白峰掌属。【日】グルソニア属。【英】Club-cholla。【隶属】仙人掌科 Cactaceae。【包含】世界 65 种。【学名诠释与讨论】〈阴〉(人)Hermann Jacques Gruson, 1821-1895, 德国工程师, 他曾收藏马格德堡植物标本。此属的学名, ING 和 TROPICOS 记载是"Grusonia F. Reichenbach ex N. L. Britton et J. N. Rose, Cactaceae 1: 215. 21 Jun 1919"; 这是晚出的非法名称。IPNI 记载为"Grusonia Hort. Nicolai. ex K. Schum., Monatsschr. Kakteenk. iv. (1894) 110"; TROPICOS 则记载为"Grusonia K. Schum., Monatsschr. Kakteenk. 4: 110 1894", 二者应为同物。仙人掌科 Cactaceae 的"Grusonia F. Rchb. et K. Schum., Monatsschr. Kakteenk. 6: 177, 1896"和"Grusonia Rchb. f. ex K. Schum. (1919) = Grusonia Hort. Nicolai. ex K. Schum. (1894)"亦是晚出的非法名称。"Grusonia Britton et Rose(1919)"的命名人引证有误。【分布】参见 Opuntia Mill.。【模式】Grusonia bradtiana (J. M. Coulter) N. L. Britton et J. N. Rose[Cereus bradtianus J. M. Coulter]。【参考异名】Corynopuntia F. M. Knuth(1936); Marenopuntia Backeb. (1950); Micropuntia Daston(1947); Opuntia subgen. Grusonia (F. Rchb. et K. Schum.)Bravo(1972)■☆

22477　Grusonia Rchb. f. ex Britton et Rose (1919) Nom. illegit. = Opuntia Mill. (1754)[仙人掌科 Cactaceae]●

22478　Grussia M. Wolff(2007) = Phalaenopsis Blume(1825)[兰科 Orchidaceae]■

22479　Gruvelia A. DC. (1846) = Pectocarya DC. ex Meisn. (1840)[紫草科 Boraginaceae]●☆

22480　Grymania C. Presl(1851) = Couepia Aubl. (1775) + Maranthes Blume(1825); ~ = Parinari Aubl. (1775)[蔷薇科 Rosaceae//金壳果科 Chrysobalanaceae]●☆

22481　Grypocarpha Greenm. (1903) = Philactis Schrad. (1833)[菊科 Asteraceae(Compositae)]●☆

22482　Guacamaya Maguire(1958)【汉】双裂偏穗草属。【隶属】偏穗草科(雷巴第科, 瑞碑题雅科)Rapateaceae。【包含】世界 1 种。【学名诠释与讨论】〈阴〉词源不详。【分布】哥伦比亚, 委内瑞拉。【模式】Guacamaya superba Maguire。■☆

22483　Guachamaca De Gross (1870) Nom. illegit. = Prestonia R. Br. (1810)(保留属名)[夹竹桃科 Apocynaceae]●☆

22484　Guachamaca Grosourdy(1864) = Prestonia R. Br. (1810)(保留属名)[夹竹桃科 Apocynaceae]●☆

22485　Guaco Liebm. (1844) = Aristolochia L. (1753)[马兜铃科 Aristolochiaceae]■●

22486　Guadella Franch. (1887) Nom. illegit. ≡ Guaduella Franch. (1887)[as 'Guadella'][禾本科 Poaceae(Gramineae)]■☆

22487　Guadua Kunth(1822)【汉】瓜多竹属。【隶属】禾本科 Poaceae(Gramineae)。【包含】世界 30 种。【学名诠释与讨论】〈阴〉词源不详。此属的学名是"Guadua Kunth, J. Phys. Chim. Hist. Nat. Arts 95: 150. Aug 1822"。亦有文献把其处理为"Bambusa Schreb. (1789)(保留属名)"的异名。【分布】巴拿马, 秘鲁, 玻利维亚, 厄瓜多尔, 哥伦比亚(安蒂奥基亚), 哥斯达黎加, 尼加拉瓜, 中美洲。【后选模式】Guadua angustifolia Kunth[Bambusa guadua Humboldt et Bonpland]。【参考异名】Bambusa Mutis ex Caldas(1809) Nom. inval. (废弃属名); Bambusa Schreb. (1789)(保留属名)●☆

22488　Guaduella Franch. (1887)[as 'Guadella']【汉】小瓜多禾属(小瓜多竹属)。【隶属】禾本科 Poaceae(Gramineae)。【包含】世界 6-8 种。【学名诠释与讨论】〈阴〉(属)Guadua 瓜多竹属 + -ellus, -ella, -ellum, 加在名词词干后面形成指小式的词尾。或加在人名、属名等后面以组成新属的名称。此属的学名, ING、TROPICOS 和 IK 记载是"Guaduella A. R. Franchet, Bull. Mens. Soc. Linn. Paris 1: 676('Guadella'). 6 Apr 1887"。它曾被处理为"Bambusa sect. Guaduella (Franch.)Hack., Die Natürlichen Pflanzenfamilien 2(2): 95. 1887"。【分布】热带非洲。【模式】Guaduella marantifolia A. R. Franchet。【参考异名】Bambusa sect. Guaduella (Franch.)Hack. (1887); Guadella Franch. (1887) Nom. illegit.; Microbambus K. Schum. (1897)■☆

22489　Guagnebina Vell. (1829) = Manettia Mutis ex L. (1771)(保留属名)[茜草科 Rubiaceae]●■☆

22490　Guaiabara Mill. (1754)(废弃属名) = Coccoloba P. Browne (1756)[as 'Coccolobis'](保留属名)[蓼科 Polygonaceae]●

22491　Guaiabara Plum. ex Boehm. (1760) Nom. illegit. [蓼科 Polygonaceae]●☆

22492　Guaiacana Duhamel(1755) Nom. illegit. ≡ Diospyros L. (1753)[柿树科 Ebenaceae]●

22493　Guaiacanaceae Juss. (1789) = Ebenaceae Gürke(保留科名)●

22494　Guaiacon Adans. (1763) Nom. illegit. ≡ Guaiacum L. (1753)[as 'Guajacum'](保留属名)[蒺藜科 Zygophyllaceae]●

22495　Guaiacum L. (1753)[as 'Guajacum'](保留属名)【汉】愈疮木属。【日】グアイクウット属, ユソウボク属。【俄】Бакаут, Гваякум, Гуаяк, Дерево бакаутовое, Дерево гваяковое。【英】Guajacumwood, Guayacan, Lignum Vitae, Lignumvitae, Lignum-vitae, Rockwood。【隶属】蒺藜科 Zygophyllaceae。【包含】世界 6 种, 中国 2 种。【学名诠释与讨论】〈中〉guaiac, 西印度植物俗名。此属的学名"Guaiacum L., Sp. Pl.: 381. 1 Mai 1753('Guajacum')(orth. cons.)"是保留属名。法规未列出相应的废弃属名。但是其变体"Guajacum L. (1753)"应该废弃。【分布】玻利维亚, 尼加拉瓜, 中国, 西印度群岛, 中美洲。【模式】Guaiacum officinale Linnaeus。【参考异名】Gayacum Brongn.;

Guaiacon Adans. (1763); Guajacum L. (1753) Nom. illegit. (废弃属名); Quaiacum Scop. (1777) ●

22496 Guaiava Adans. (1763) Nom. illegit. ≡ Psidium L. (1753) [桃金娘科 Myrtaceae] ●

22497 Guaiava Tourn. ex Adans. (1763) Nom. illegit. ≡ Guaiava Adans. (1763) Nom. illegit.; ~ ≡ Psidium L. (1753) [桃金娘科 Myrtaceae] ●☆

22498 Guaicaia Maguire (1967) = Glossarion Maguire et Wurdack (1957) [菊科 Asteraceae(Compositae)] ●☆

22499 Guajacum L. (1753) Nom. illegit. (废弃属名) ≡ Guaiacum L. (1753) [as 'Guajacum'] (保留属名) [蒺藜科 Zygophyllaceae] ●

22500 Guajava Mill. (1754) Nom. illegit. ≡ Psidium L. (1753) [桃金娘科 Myrtaceae] ●

22501 Gualteria Duhamel (1755) Nom. illegit. ≡ Gaultheria L. (1753) [杜鹃花科(欧石南科) Ericaceae] ●

22502 Gualteria Scop. (1777) Nom. illegit. =? Gualteria Duhamel (1755) Nom. illegit.; ~ = Gaultheria L. (1753) [杜鹃花科(欧石南科) Ericaceae] ●

22503 Gualtheria J. F. Gmel. (1791) Nom. illegit. = Gualteria Duhamel (1755) Nom. illegit.; ~ = Gaultheria L. (1753) [杜鹃花科(欧石南科) Ericaceae] ●

22504 Guamatela Donn. Sm. (1914) 【汉】南线梅属。【隶属】蔷薇科 Rosaceae//南线梅科 Guamatelaceae。【包含】世界1种。【学名诠释与讨论】〈阴〉词源不详。【分布】中美洲。【模式】Guamatela tuerckheimii J. D. Smith。【参考异名】Guatemala A. W. Hill; Guatemala Donn. Sm. (1914) Nom. illegit. ●☆

22505 Guamatelaceae S. Oh et D. Potter (2006) 【汉】南线梅科。【包含】世界1属1种。【学名诠释】〈阴〉(属)可能是 Guatemala 的字母改缀。【分布】中美洲。【科名模式】Guamatela Dorm. Sm. ●☆

22506 Guamia Merr. (1915) 【汉】关岛番荔枝属。【隶属】番荔枝科 Annonaceae。【包含】世界1种。【学名诠释与讨论】〈阴〉(地) Guam, 关岛, 太平洋一岛屿。【分布】美国(马里亚纳群岛)。【模式】Guamia mariannae (Safford) Merrill [Papualthia mariannae Safford]。●☆

22507 Guanabanus Mill. (1754) Nom. illegit. ≡ Annona L. (1753) [番荔枝科 Annonaceae] ●

22508 Guanchezia G. A. Romero et Carnevali (2000) 【汉】委内瑞拉双柄兰属。【隶属】兰科 Orchidaceae。【包含】世界1种。【学名诠释与讨论】〈阴〉词源不详。此属的学名是"Guanchezia G. A. Romero et Carnevali, Venez. Orchids. Illustr. Field Guide (ed. 2) 1135. 2000"。亦有文献把其处理为"Bifrenaria Lindl. (1832)"的异名。【分布】委内瑞拉。【模式】Guanchezia maguirei (C. Schweinf.) G. A. Romero et Carnevali。【参考异名】Bifrenaria Lindl. (1832) ■☆

22509 Guandiola Steud. (1821) = Guardiola Cerv. ex Bonpl. (1807) [菊科 Asteraceae(Compositae)] ■☆

22510 Guania Tul. (1857) = Gouania Jacq. (1763) [鼠李科 Rhamnaceae//咀签科 Gouaniaceae] ●

22511 Guapea Endl. (1841) = Guapira Aubl. (1775); ~ = Pisonia L. (1753) [紫茉莉科 Nyctaginaceae//腺果藤科(避霜花科) Pisoniaceae] ●

22512 Guapeba Gomez (1812) = Pouteria Aubl. (1775) [山榄科 Sapotaceae] ●

22513 Guapebeira Gomez (1812) = Guapeba Gomez (1812) [山榄科 Sapotaceae] ●

22514 Guapeiba Gomez = Guapeba Gomez (1812) [山榄科 Sapotaceae] ●

22515 Guapina Steud. (1840) = Guapira Aubl. (1775) [紫茉莉科 Nyctaginaceae] ●☆

22516 Guapira Aubl. (1775) 【汉】无腺木属。【隶属】紫茉莉科 Nyctaginaceae。【包含】世界70种。【学名诠释与讨论】〈阴〉(巴西) Portugese guapirá, 为 Avicennia sp. 的巴西俗名。此属的学名是"Guapira Aublet, Hist. Pl. Guiane 308. t. 119 ('Quapira'). Jun-Dec 1775"。亦有文献把其处理为"Pisonia L. (1753)"的异名。【分布】巴拉圭, 巴拿马, 秘鲁, 玻利维亚, 厄瓜多尔, 哥伦比亚(安蒂奥基亚), 哥斯达黎加, 美国, 尼加拉瓜, 西印度群岛, 中美洲。【模式】Guapira guianensis Aublet。【参考异名】Guapea Endl. (1841); Guapina Steud.; Gynastrum Neck. (1790) Nom. inval.; Pisonia L. (1753); Torrubia Vell. (1829) ●☆

22517 Guapurium Juss. (1789) = Eugenia L. (1753) [桃金娘科 Myrtaceae] ●

22518 Guapurum J. F. Gmel. (1791) = Guapurium Juss. (1789) [桃金娘科 Myrtaceae] ●

22519 Guara F. Allam. (1771) (废弃属名) ≡ Guarea F. Allam. (1771) [as 'Guara'] (保留属名) [棟科 Meliaceae] ●☆

22520 Guarania Wedd. ex Baill. (1858) = Richeria Vahl (1797) [大戟科 Euphorbiaceae] ●☆

22521 Guararibea Cav. (1786) = Quararibea Aubl. (1775) [木棉科 Bombacaceae//锦葵科 Malvaceae] ●☆

22522 Guardiola Cerv. ex Bonpl. (1807) 【汉】毛丝菊属。【隶属】菊科 Asteraceae(Compositae)。【包含】世界10种。【学名诠释与讨论】〈阴〉(人) de Guardiola。【分布】美国(西南部), 墨西哥, 中美洲。【模式】Guardiola mexicana Bonpland。【参考异名】Guandiola Steud. (1821); Guardiola Cerv. ex Humb. et Bonpl. (1807) Nom. illegit.; Guardiola Humb. et Bonpl. (1807) Nom. illegit.; Tulocarpus Hook. et Arn. (1838); Tylocarpus Post et Kuntze (1903) ■☆

22523 Guardiola Cerv. ex Humb. et Bonpl. (1807) Nom. illegit. ≡ Guardiola Cerv. ex Bonpl. (1807) [菊科 Asteraceae(Compositae)] ■☆

22524 Guardiola Humb. et Bonpl. (1807) Nom. illegit. ≡ Guardiola Cerv. ex Bonpl. (1807) [菊科 Asteraceae(Compositae)] ■☆

22525 Guarea F. Allam. (1771) (保留属名) [as 'Guara'] 【汉】驼峰棟属。【俄】Гварея。【英】Guarea, Muskwood。【隶属】棟科 Meliaceae。【包含】世界40-150种。【学名诠释与讨论】〈阴〉guare, 西印度群岛上一种植物的俗名。此属的学名"Guarea F. Allam. in L., Mant. Pl.: 150, 228. Oct 1771"是保留属名。相应的废弃属名是棟科 Meliaceae 的"Elutheria P. Browne, Civ. Nat. Hist. Jamaica: 369. 10 Mar 1756 = Guarea F. Allam. (1771) (保留属名)"。棟科 Meliaceae 的"Guarea F. Allamand ex Linnaeus, Mant. 2: 150. Oct 1771"和"Guarea F. Allam. ex L. (1771)"的命名人引证有误, 亦应废弃。棟科 Meliaceae 的"Elutheria M. Roem., Syn. Hesper. 122 (1846) = Schmardaea H. Karst. (1861) = Swietenia Jacq. (1760)"是晚出的非法名称; 须废弃。"Guarea L. (1771)"是其变体, 也要废弃。【分布】巴拉圭, 巴拿马, 秘鲁, 玻利维亚, 厄瓜多尔, 非洲, 哥伦比亚(安蒂奥基亚), 哥斯达黎加, 美国, 尼加拉瓜, 热带美洲, 中美洲。【模式】Guarea trichilioides Linnaeus, Nom. illegit. [Melia guara N. J. Jacquin, Guarea guara (N. J. Jacquin) P. Wilson]。【参考异名】Elutheria P. Browne (1756) (废弃属名); Gaurea Rchb. (1778) (废弃属名); Gouarea R. Hedw. (1806) (废弃属名); Guarea F. Allam. ex L. (1771) Nom. illegit. (废弃属名); Guarea L. (1771) Nom. illegit. (废弃属名); Guaria Dumort. (1829); Guidonia Mill. (1754) Nom. illegit.; Leplaea Vermoesen (1921); Plumea Lunan (1814); Samyda L. (1753) (废弃属名); Sycocarpus Britton (1887); Urbanoguarea Harms (1937) ●☆

22526 Guarea F. Allam. ex L.（1771）Nom. illegit.（废弃属名）=
Guarea F. Allam.（1771）［as 'Guara'］（保留属名）［楝科
Meliaceae］●☆

22527 Guarea L.（1771）Nom. illegit.（废弃属名）≡ Guarea F. Allam.
（1771）［as 'Guara'］（保留属名）［楝科 Meliaceae］●☆

22528 Guaria Dumort.（1829）= Guarea F. Allam.（1771）［as
'Guara'］（保留属名）［楝科 Meliaceae］●☆

22529 Guariruma Cass.（1824）= Mutisia L. f.（1782）［菊科
Asteraceae（Compositae）//帚菊木科（须叶菊科）Mutisiaceae］●☆

22530 Guaropsis C. Presl（1851）= Clarkia Pursh（1814）［柳叶菜科
Onagraceae］■

22531 Guatemala A. W. Hill = Guamatela Donn. Sm.（1914）［蔷薇科
Rosaceae//南线梅科 Guamatelaceae］●☆

22532 Guatemala Donn. Sm.（1914）Nom. illegit. = Guamatela Donn.
Sm.（1914）［蔷薇科 Rosaceae//南线梅科 Guamatelaceae］●☆

22533 Guatteria Ruiz et Pav.（1794）（保留属名）【汉】硬蕊花属（瓜
泰木属）。【隶属】番荔枝科 Annonaceae。【包含】世界 250-279
种。【学名诠释与讨论】〈阴〉（人）Giovanni Battista Guatteri,
1739/1743-1793,意大利植物学者。此属的学名"Guatteria Ruiz
et Pav., Fl. Peruv. Prodr.：85. Oct（prim.）1794"是保留属名。相
应的废弃属名是番荔枝科 Annonaceae 的"Aberemoa Aubl., Hist.
Pl. Guiane 1：610. Jun-Dec 1775 = Guatteria Ruiz et Pav.（1794）
（保留属名）"。【分布】巴基斯坦,巴拿马,巴西,秘鲁,玻利维
亚,厄瓜多尔,哥伦比亚（安蒂奥基亚）,墨西哥,尼加拉瓜,中美
洲。【模式】Guatteria glauca Ruiz et Pavon。【参考异名】Aberemoa
Aubl.（1775）（废弃属名）；Cananga Aubl.（1775）（废弃属名）；
Catanga Steud.（1840）；Guatteriella R. E. Fr.（1939）；Guatteriopsis
R. E. Fr.（1934）●☆

22534 Guatteriella R. E. Fr.（1939）【汉】小硬蕊花属。【隶属】番荔
枝科 Annonaceae。【包含】世界 2 种。【学名诠释与讨论】〈阴〉
（属）Guatteria 硬蕊花属（瓜泰木属）+-ellus,-ella,-ellum,加在
名词词干后面形成指小式的词尾。或加在人名、属名等后面以
组成新属的名称。此属的学名是"Guatteriella R. E. Fries, Acta
Horti Berg. 12：540. 1939（post 9 Dec）"。亦有文献把其处理为
"Guatteria Ruiz et Pav.（1794）（保留属名）"的异名。【分布】巴
西（西部）。【模式】Guatteriella tomentosa R. E. Fries。【参考异
名】Guatteria Ruiz et Pav.（1794）（保留属名）●☆

22535 Guatteriopsis R. E. Fr.（1934）【汉】拟硬蕊花属。【隶属】番荔
枝科 Annonaceae。【包含】世界 2 种。【学名诠释与讨论】〈阴〉
（属）Guatteria 硬蕊花属（瓜泰木属）+希腊文 opsis,外观,模样。
此属的学名是"Guatteriopsis R. E. Fries, Acta Horti Berg. 12：108.
1934（post 12 Jul）"。亦有文献把其处理为"Guatteria Ruiz et
Pav.（1794）（保留属名）"的异名。【分布】秘鲁,厄瓜多尔。【后
选模式】Guatteriopsis sessiliflora（Bentham）R. E. Fries［Annona
sessiliflora Bentham］。【参考异名】Guatteria Ruiz et Pav.（1794）
（保留属名）●☆

22536 Guayaba Noronha（1790）= Psidium L.（1753）［桃金娘科
Myrtaceae］●

22537 Guayabilla Sessé et Moc.（1910）= Samyda Jacq.（1760）（保留
属名）［刺篱木科（大风子科）Flacourtiaceae//天料木科
Samydaceae］●☆

22538 Guayania R. M. King et H. Rob.（1971）【汉】光托泽兰属。【隶
属】菊科 Asteraceae（Compositae）。【包含】世界 5-6 种。【学名诠
释与讨论】〈阴〉（地）Guayan,瓜扬,位于厄瓜多尔。【分布】南美
洲北部。【模式】Guayania roupalifolia（B. L. Robinson）R. M. King
et H. E. Robinson［Eupatorium roupalifolium B. L. Robinson］。【参
考异名】Guyania Airy Shaw；Guyania R. M. King et H. Rob. ■☆

22539 Guaymasia Britton et Rose（1930）= Caesalpinia L.（1753）［豆
科 Fabaceae（Leguminosae）//云实科（苏木科）Caesalpiniaceae］●

22540 Guayunia Gay ex Moldenke（1937）= Rhaphithamnus Miers
（1870）［马鞭草科 Verbenaceae］●☆

22541 Guazamaea Cassel（1810）Nom. illegit.［梧桐科 Sterculiaceae］●☆

22542 Guazuma Adans.（1763）Nom. illegit. ≡ Guazuma Plum. ex
Adans.（1763）Nom. illegit.；~ = Diuroglossum Turcz.（1852）；~ =
Guazuma Mill.（1754）［梧桐科 Sterculiaceae］●☆

22543 Guazuma Kunth, Nom. illegit. = Guazuma Mill.（1754）［梧桐科
Sterculiaceae//锦葵科 Malvaceae］●☆

22544 Guazuma Mill.（1754）【汉】榆叶梧桐属（瓜祖马属）。【英】
Guazuma。【隶属】梧桐科 Sterculiaceae//锦葵科 Malvaceae。【包
含】世界 4 种。【学名诠释与讨论】〈阴〉来自墨西哥植物俗名。
此属的学名, ING、APNI、TROPICOS 和 IK 记载是"Guazuma
Mill., Gard. Dict. Abr., ed. 4. 1754［28 Jan 1754］"。梧桐科
Sterculiaceae 的"Guazuma Plum. ex Adans., Fam. Pl.（Adanson）2：
382. 1763 = Guazuma Mill.（1754）"、"Guazuma Adans.（1763）
Nom. illegit. ≡ Guazuma Plum. ex Adans.（1763）Nom. illegit."和
"Guazuma Kunth, Nom. illegit. = Guazuma Mill.（1754）是晚出的非
法名称。"Bubroma Schreber, Gen. 513. Mai 1791"是"Guazuma
Mill.（1754）"的晚出的同模式异名（Homotypic synonym,
Nomenclatural synonym）。【分布】巴基斯坦,巴拉圭,巴拿马,秘
鲁,玻利维亚,厄瓜多尔,哥伦比亚,尼加拉瓜,热带美洲,中美
洲。【后选模式】Guazuma ulmifolia Lamarck［Theobroma guazuma
Linnaeus］。【参考异名】Bubroma Schreb. Bubroma Schreb.
（1791）；Diuroglossum Turcz.（1852）；Guazuma Kunth ●☆

22545 Guazuma Plum. ex Adans.（1763）Nom. illegit. = Diuroglossum
Turcz.（1852）；~ = Guazuma Mill.（1754）［梧桐科 Sterculiaceae//
锦葵科 Malvaceae］●☆

22546 Gubleria Gaudich.（1851）= Nolana L. ex L. f.（1762）；~ =
Periloba Raf.（1838）［茄科 Solanaceae//铃花科 Nolanaceae］■☆

22547 Gudrunia Braem（1993）= Oncidium Sw.（1800）（保留属名）
［兰科 Orchidaceae］■☆

22548 Gueinzia Sond.（1853）Nom. inval. ≡ Gueinzia Sond. ex Schott
（1853）Nom. inval.；~ = Stylochaeton Lepr.（1834）［天南星科
Araceae］■☆

22549 Gueinzia Sond. ex Schott（1853）Nom. inval. = Stylochaeton Lepr.
（1834）［天南星科 Araceae］■☆

22550 Gueldenstaedtia Fisch.（1823）【汉】米口袋属。【俄】
Гюльденштедтия。【英】Gueldenstaedtia, Ricebag。【隶属】豆科
Fabaceae（Leguminosae）。【包含】世界 12 种,中国 3 种。【学名
诠释与讨论】〈阴〉（人）A. J. von Gueldenstaedt, 1841-1885（或
1745-1781）,拉脱维亚植物学者。此属的学名, ING、TROPICOS
和 IK 记载是"Gueldenstaedtia F. E. L. Fischer, Mém. Soc. Imp.
Naturalistes Moscou 6：171. 1823"。"Gueldenstaedtia Fisch. et C.
A. Mey.（1823）Nom. illegit. ≡ Gueldenstaedtia Fisch.（1823）［豆
科 Fabaceae（Leguminosae）］"的命名人引证有误。
"Gueldenstaedtia Neck., Elem. Bot.（Necker）2：204. 1790"是一个
未合格发表的名称（Nom. inval.）。Kitagawa（1936）用
"Amblytropis Kitagawa, Rep. First Sci. Exped. Manchoukuo 4（4）
（Index Fl. Jehol.）：87. Aug 1936"替代"Gueldenstaedtia Fisch.
（1823）"；这是多余的；而且,"Amblytropis Kitagawa, Rep. First
Sci. Exped. Manchoukuo 4（4）（Index Fl. Jehol.）：87. Aug 1936"是
一个非法名称（Nom. illegit.）,因为此前已经有了苔藓的
"Amblytropis（Mitten）Brotherus in Engler et Prantl, Nat.
Pflanzenfam. 1（3）：953. 5 Mar 1907"。【分布】巴基斯坦,喜马拉
雅山,亚洲中部,中国。【后选模式】Gueldenstaedtia pauciflora

(Pallas) F. E. L. Fischer［Astragalus pauciflorus Pallas；Astragalus biflorus Pallas 1776, non Linnaeus 1771］。【参考异名】Amblyotropis Kitag.（1936）；Amblyotropis Kitag.（1936）Nom. illegit. ；Gueldenstaedtia Fisch. et C. A. Mey.（1823）Nom. illegit. ；Guldaenstedtia A. Juss.（1849）；Tibetia（Ali）H. P. Tsui（1979）■

22551 Gueldenstaedtia Fisch. et C. A. Mey.（1823）Nom. illegit. ≡ Gueldenstaedtia Fisch.（1823）［豆科 Fabaceae（Leguminosae）］■☆

22552 Gueldenstaedtia Neck.（1790）Nom. inval. = Eurotia Adans.（1763）Nom. illegit. , Nom. superfl. ；～ = Axyris L.（1753）；～ = Ceratoides（Tourn.）Gagnebin（1755）Nom. illegit. ；～ = Krascheninnikovia Gueldenst.（1772）［藜科 Chenopodiaceae］●

22553 Guenetia Sagot ex Benoist（1919）= Catostemma Benth.（1843）［木棉科 Bombacaceae//锦葵科 Malvaceae］■●☆

22554 Guenetia Sagot（1919）Nom. illegit. ≡ Guenetia Sagot ex Benoist（1919）；～ = Catostemma Benth.（1843）［木棉科 Bombacaceae//锦葵科 Malvaceae］■●☆

22555 Guenthera Andrz.（1822）Nom. illegit. ≡ Guenthera Andrz. ex Besser（1822）［十字花科 Brassicaceae（Cruciferae）］■☆

22556 Guenthera Andrz. ex Besser（1822）【汉】非芥属。【隶属】十字花科 Brassicaceae（Cruciferae）。【包含】世界 9 种。【学名诠释与讨论】〈阴〉（人）Guenther。此属的学名，ING、TROPICOS 和 IK 记载是“Guenthera Andrzeiowski ex Besser, Enum. Pl. 2：83. 1822（post 25 Mai）”。“Guenthera E. Regel, Index Sem. Hortus Bot. Petropol. 1857：42. Dec 1857 = Xanthocephalum Willd.（1807）［菊科 Asteraceae（Compositae）］”是晚出的非法名称。“Brassicastrum Link, Handb. 2：318.（ante Sep）1831”是“Guenthera Andrz. ex Besser（1822）”的晚出的同模式异名（Homotypic synonym, Nomenclatural synonym）。亦有文献把“Guenthera Andrz. ex Besser（1822）”处理为“Brassica L.（1753）”的异名。【分布】参见 Brassica L.（1753）。【模式】Guenthera elongata（Ehrhart）Andrzeiowski ex Besser［Brassica elongata Ehrhart］。【参考异名】Brassica L.（1753）；Brassicastrum Link（1831）Nom. illegit. ；Guenthera Andrz.（1822）Nom. illegit. ；Gunthera Steud.（1840）■☆

22557 Guenthera Regel（1857）Nom. illegit. = Xanthocephalum Willd.（1807）［菊科 Asteraceae（Compositae）］■☆

22558 Guentheria Spreng.（1826）Nom. illegit. = Gaillardia Foug.（1786）［菊科 Asteraceae（Compositae）］■

22559 Guepinia Bastard（1812）= Teesdalia R. Br.（1812）［十字花科 Brassicaceae（Cruciferae）］■☆

22560 Guerezia L.（1753）≡ Queria L.（1753）［石竹科 Caryophyllaceae］■

22561 Guerkea K. Schum.（1895）= Baissea A. DC.（1844）［夹竹桃科 Apocynaceae］●☆

22562 Guerreroia Merr.（1917）= Glossocardia Cass.（1817）［菊科 Asteraceae（Compositae）］■

22563 Guersentia Raf.（1838）= Chrysophyllum L.（1753）［山榄科 Sapotaceae］●

22564 Guesmelia Walp.（1849）= Quesnelia Gaudich.（1842）［凤梨科 Bromeliaceae］■☆

22565 Guettarda L.（1753）【汉】海岸桐属（葛塔德木属，奎塔茜属）。【日】ハテルマギリ属。【俄】Геттарда。【英】Velvetseed，Velvet-seed。【隶属】茜草科 Rubiaceae//海岸桐科 Guettardaceae。【包含】世界 60-100 种，中国 1 种。【学名诠释与讨论】〈阴〉（人）Jean John Etienne Guettard，1715-1786，法国地质学者，植物学者。【分布】巴拉圭，巴拿马，秘鲁，玻利维亚，厄瓜多尔，哥伦比亚（安蒂奥基亚），马达加斯加，尼加拉瓜，中国，法属新喀里多尼亚，中美洲。【模式】Guettarda speciosa Linnaeus。【参考异名】

Cadamba Sonn.（1782）；Dicrobotryum Humb. et Bonpl. ex Willd.（1819）Nom. illegit. ；Dicrobotryum Schult.（1819）；Dicrobotryum Willd. ex Roem. et Schult.（1819）Nom. illegit. ；Dicrobotryum Willd. ex Schult.（1819）Nom. illegit. ；Donkelaaria Lem.（1855）；Edechi Loefl.（1758）；Guettardia Post et Kuntze（1903）；Habsia Steud.（1840）；Halesia P. Browne（1756）（废弃属名）；Hallesia Scop.（1777）；Laugeria L.（1767）Nom. illegit. ；Laugieria Jacq.（1760）；Mathiola DC. ；Matthiola DC. ；Matthiola L.（1753）（废弃属名）；Sardinia Vell.（1829）；Tinadendron Achille（2006）；Tournefortiopsis Rusby（1907）；Viviana Merr. ；Viviana Raf.（1814）Nom. illegit. ；Viviania Raf.（1814）Nom. inval. ；Viviania Raf. ex DC. , Nom. illegit. ●

22566 Guettardaceae Batsch（1802）［亦见 Rubiaceae Juss.（保留科名）］【汉】海岸桐科。【包含】世界 2 属 62-102 种，中国 1 属 1 种。【分布】法属新喀里多尼亚，热带美洲。【科名模式】Guettarda L.（1753）●

22567 Guettardella Benth.（1852）Nom. illegit. ≡ Guettardella Champ. ex Benth.（1852）；～ = Antirhea Comm. ex Juss.（1789）［茜草科 Rubiaceae］●

22568 Guettardella Champ. ex Benth.（1852）= Antirhea Comm. ex Juss.（1789）［茜草科 Rubiaceae］●

22569 Guettardia Post et Kuntze（1903）= Guettarda L.（1753）［茜草科 Rubiaceae//海岸桐科 Guettardaceae］●

22570 Guetzlaffia Walp.（1852）= Gutzlaffia Hance（1849）；～ = Strobilanthes Blume（1826）［爵床科 Acanthaceae］●■

22571 Guevaria R. M. King et H. Rob.（1974）【汉】微片菊属。【隶属】菊科 Asteraceae（Compositae）。【包含】世界 4-5 种。【学名诠释与讨论】〈阴〉词源不详。【分布】秘鲁，厄瓜多尔。【模式】Guevaria sodiroi（G. Hieronymus ex A. Sodiro）R. M. King et H. Robinson［Piqueria sodiroi G. Hieronymus ex A. Sodiro］。■☆

22572 Guevina Juss.（1789）= Gevuina Molina（1782）［山龙眼科 Proteaceae］●☆

22573 Guevinia Hort. Par. ex Decne.（1845－1846）= Celastrus L.（1753）（保留属名）［卫矛科 Celastraceae］●

22574 Guevuina Post et Kuntze（1903）= Gevuina Molina（1782）［山龙眼科 Proteaceae］●☆

22575 Guiabara Adans.（1763）Nom. illegit. ≡ Coccoloba P. Browne（1756）［as‘Coccolobis’］（保留属名）［蓼科 Polygonaceae］●

22576 Guianodendron Sch. Rodr. et A. M. G. Azevedo（2006）【汉】圭亚那木属。【隶属】豆科 Fabaceae（Leguminosae）。【包含】世界 1 种。【学名诠释与讨论】〈阴〉（地）Guyana，圭亚那 + dendron 或 dendros，树木，棍，丛林。【分布】圭亚那。【模式】Guianodendron praeclarum（Sandwith）Sch. Rodr. et A. M. G. Azevedo［Sweetia praeclara Sandwith］。☆

22577 Guiaria Garay = Schiedeella Schltr.（1920）［兰科 Orchidaceae］■☆

22578 Guibourtia Benn.（1857）【汉】吉布苏木属（古夷苏木属）。【隶属】豆科 Fabaceae（Leguminosae）//云实科（苏木科）Caesalpiniaceae。【包含】世界 16-17 种。【学名诠释与讨论】〈阴〉（人）Guibourt。【分布】巴拉圭，玻利维亚，热带非洲。【模式】Guibourtia copallifera J. J. Bennett。【参考异名】Gorskia Bolle（1861）；Pseudocopaiva Britton et P. Wilson（1929）●☆

22579 Guichenotia J. Gay（1821）【汉】三肋果梧桐属。【隶属】梧桐科 Sterculiaceae//锦葵科 Malvaceae。【包含】世界 7-14 种。【学名诠释与讨论】〈阴〉（人）Guichenot。【分布】澳大利亚（西部）。【模式】Guichenotia ledifolia J. Gay。【参考异名】Ditomostrophe Turcz.（1846）；Sarotes Lindl.（1839）●☆

22580 Guidonia（DC.）Griseb.（1859）Nom. illegit. = Samyda Jacq.（1760）（保留属名）［刺篱木科（大风子科）Flacourtiaceae//天料木科 Samydaceae］●☆

22581 Guidonia Adans.（1763）Nom. illegit. ≡ Guidonia Plum. ex Adans.（1763）Nom. illegit. ; ~ = Guidonia P. Browne（1756）Nom. illegit. ; ~ = Laetia Loefl. ex L.（1759）［刺篱木科（大风子科）Flacourtiaceae］●☆

22582 Guidonia Griseb.（1864）Nom. illegit.［刺篱木科（大风子科）Flacourtiaceae］●☆

22583 Guidonia Mill.（1754）Nom. illegit. ≡ Samyda Jacq.（1760）（保留属名）; ~ = Guarea F. Allam.（1771）［as 'Guara'］（保留属名）［楝科 Meliaceae//刺篱木科（大风子科）Flacourtiaceae//天料木科 Samydaceae//杨柳科 Salicaceae］●☆

22584 Guidonia P. Browne（1756）Nom. illegit. ≡ Laetia Loefl. ex L.（1759）（保留属名）［刺篱木科（大风子科）Flacourtiaceae］●☆

22585 Guidonia Plum. ex Adans.（1763）Nom. illegit. = Guidonia P. Browne（1756）Nom. illegit. ; ~ = Laetia Loefl. ex L.（1759）（保留属名）［刺篱木科（大风子科）Flacourtiaceae］●☆

22586 Guienzia Benth. et Hook. f.（1883）Nom. illegit. ≡ Guienzia Sond. ex Benth. et Hook. f.（1883）; ~ = Stylochaeton Lepr.（1834）［天南星科 Araceae］■☆

22587 Guienzia Sond. ex Benth. et Hook. f.（1883）= Stylochaeton Lepr.（1834）［天南星科 Araceae］■☆

22588 Guiera Adans. ex Juss.（1789）【汉】吉耶尔木属（吉拉木属）。【隶属】使君子科 Combretaceae。【包含】世界1种。【学名诠释与讨论】〈阴〉（地）Guier, 吉耶尔, 位于非洲。此属的学名是"Guiera Adanson ex A. L. Jussieu, Gen. 320. 4 Aug 1789"。亦有文献把其处理为"Guirea Steud.（1840）"的异名。【分布】热带非洲。【模式】Guiera senegalensis J. F. Gmelin。【参考异名】Guirea Steud.（1840）●☆

22589 Guihaia J. Dransf., S. K. Lee et F. N. Wei（1985）【汉】石山棕属（岩棕属）。【英】Guihaia, Torpalm。【隶属】棕榈科 Arecaceae（Palmae）。【包含】世界2种, 中国2种。【学名诠释与讨论】〈阴〉（地）Guihai, 桂海, 位于中国。【分布】越南（北部）, 中国。【模式】Guihaia argyrata（S. K. Lee et F. N. Wei）［Trachycarpus argyratus S. K. Lee et F. N. Wei］。●

22590 Guihaiothamnus H. C. Lo（1998）【汉】桂海木属。【英】Guihaiothamnus, Guihaitree。【隶属】茜草科 Rubiaceae。【包含】世界1种, 中国1种。【学名诠释与讨论】〈阴〉（地）Guihai, 桂海, 位于中国 + thamnos, 指小式 thamnion, 灌木, 灌丛, 树丛, 枝。【分布】中国。【模式】Guihaiothamnus acaulis H. S. Lo。●★

22591 Guiina Crueg.（1847）= Quiina Aubl.（1775）［绒子树科（羽叶树科）Quiinaceae］●☆

22592 Guilandia P. Browne（1756）= Guilandina L.（1753）［豆科 Fabaceae（Leguminosae）//云实科（苏木科）Caesalpiniaceae］●

22593 Guilandina L.（1753）= Caesalpinia L.（1753）［豆科 Fabaceae（Leguminosae）//云实科（苏木科）Caesalpiniaceae］●

22594 Guildingia Hook.（1829）= Mouriri Aubl.（1775）［野牡丹科 Melastomataceae］●☆

22595 Guilelma Link（1829）= Bactris Jacq. ex Scop.（1777）; ~ = Guilielma Mart.（1824）［棕榈科 Arecaceae（Palmae）］●☆

22596 Guilfoylia F. Muell.（1873）【汉】吉福树属。【隶属】海人树科 Surianaceae。【包含】世界1种。【学名诠释与讨论】〈阴〉（人）William Robert Guilfoyle, 1840-1912, 澳大利亚植物学者。【分布】澳大利亚（东北部）。【模式】Guilfoylia monostylis（Bentham）F. v. Mueller［Cadellia monostylis Bentham］。●☆

22597 Guilielma Mart.（1824）【汉】肖刺棒棕属（手杖椰子属）。【日】モモミヤシ属。【隶属】棕榈科 Arecaceae（Palmae）。【包含】世界7种。【学名诠释与讨论】〈阴〉（人）Queen Frederica Guilielma Carolina, 巴伐利亚人。此属的学名是"Guilielma C. F. P. Martius, Palm. Fam. 21. 13 Apr 1824"。亦有文献把其处理为"Bactris Jacq. ex Scop.（1777）"的异名。【分布】玻利维亚, 热带南美洲。【模式】Guilielma speciosa C. F. P. Martius, Nom. illegit.［Bactris gasipaes Kunth; Guilielma gasipaes（Kunth）L. H. Bailey］。【参考异名】Bactris Jacq. ex Scop.（1777）; Guilelma Link（1829）; Gulielma Spreng.（1825）●☆

22598 Guillainia Ridl., Nom. illegit. = Alpinia Roxb.（1810）（保留属名）［姜科（蘘荷科）Zingiberaceae//山姜科 Alpiniaceae］■

22599 Guillainia Vieill.（1866）= Alpinia Roxb.（1810）（保留属名）［姜科（蘘荷科）Zingiberaceae//山姜科 Alpiniaceae］■

22600 Guillandinodes Kuntze（1891）Nom. illegit. ≡ Schotia Jacq.（1787）（保留属名）［豆科 Fabaceae（Leguminosae）］●☆

22601 Guillauminia A. Bertrand（1956）= Aloe L.（1753）［百合科 Liliaceae//阿福花科 Asphodelaceae//芦荟科 Aloaceae］●■

22602 Guilleminea Kunth（1823）【汉】棉花苋属（厄瓜多尔苋属）。【隶属】苋科 Amaranthaceae。【包含】世界2-5种。【学名诠释与讨论】〈阴〉（人）Jean Baptiste Antoine Guillemin, 1796-1842, 法国植物学者, 作家, 探险家。此属的学名, ING、APNI、GCI、TROPICOS 和 IK 记载是"Guilleminea Kunth, Nov. Gen. Sp.［H. B. K.］6: 33（ed. fol.）; 40（ed. qu.）. 1823［14 Apr 1823］"。"Guilleminia Rchb., Consp. Regn. Veg.［H. G. L. Reichenbach］161. 1828 = Brayulinea Small（1903）= Guilleminea Kunth（1823）［苋科 Amaranthaceae］"似为变体。"Brayulinea J. K. Small, Fl. Southeast. U. S. 394. Jul 1903"是"Guilleminea Kunth（1823）"的晚出的同模式异名（Homotypic synonym, Nomenclatural synonym）。【分布】巴拉圭, 秘鲁, 玻利维亚, 厄瓜多尔, 美洲从美国（南部）至阿根廷。【模式】Guilleminea illecebroides Kunth, Nom. illegit.［Illecebrum densum Willdenow ex J. J. Roemer et J. J. Schultes; Guilleminea densa（Willdenow ex J. J. Roemer et J. J. Schultes）Moquin-Tandon］。【参考异名】Brayulinea Small（1903）Nom. illegit. ; Gossypianthus Hook.（1840）; Guilleminia Rchb.（1828）Nom. illegit. ■☆

22603 Guilleminia Neck.（1790）Nom. inval. = Votomita Aubl.（1775）［野牡丹科 Melastomataceae］●☆

22604 Guilleminia Rchb.（1828）Nom. illegit. = Guilleminea Kunth（1823）［苋科 Amaranthaceae］■☆

22605 Guillenia Greene（1906）【汉】野卷心菜属（小蒜芥属）。【英】Smallgarliccress。【隶属】十字花科 Brassicaceae（Cruciferae）。【包含】世界4种。【学名诠释与讨论】〈阴〉（人）Father Clemente Guillen de Castro, 1677-1748, 墨西哥人。此属的学名, ING、TROPICOS、GCI 和 IK 记载是"Guillenia Greene, Leafl. Bot. Observ. Crit. 1(4):227. 1906［8 Sep 1906］"。多有文献承认"小蒜芥属 Microsisymbrium O. E. Schulz in Engler, Pflanzenr. IV. 105（Heft 86）:159. 22 Jul 1924"; 但是它是"Guillenia Greene（1906）"的晚出的同模式异名（Homotypic synonym, Nomenclatural synonym）, 应予废弃。亦有文献把"Guillenia Greene（1906）"处理为"Caulanthus S. Watson（1871）"的异名。【分布】阿富汗, 巴基斯坦, 美国（西南部）, 西喜马拉雅, 亚洲中部, 美洲。【模式】Guillenia lasiophylla（W. J. Hooker et Arnott）E. L. Greene［Turritis lasiophylla W. J. Hooker et Arnott］。【参考异名】Caulanthus S. Watson（1871）; Microsisymbrium O. E. Schulz（1924）Nom. illegit. ■☆

22606 Guillimia Rchb.（1828）= Gwillimia Rottl.（1817）Nom. inval. ; ~ = Magnolia L.（1753）［木兰科 Magnoliaceae］●

22607 Guillonea Coss.（1851）【汉】吉罗草属。【隶属】伞形花科（伞

形科）Apiaceae（Umbelliferae）。【包含】世界 1 种。【学名诠释与
讨论】〈阴〉（人）Guillon。此属的学名是"Guillonea Cosson，Notes
Crit. 109. Jun 1851"。亦有文献把其处理为"Laserpitium L.
（1753）"的异名。【分布】西班牙。【模式】Guillonea scabra
（Cavanilles）Cosson［Laserpitium scabrum Cavanilles］。【参考异
名】Laserpitium L.（1753）●☆

22608　Guindilia Gillies ex Hook. et Arn.（1833）【汉】吉恩无患子属。
【隶属】无患子科 Sapindaceae。【包含】世界 3 种。【学名诠释与
讨论】〈阴〉词源不详。此属的学名，ING、TROPICOS 和 IK 记载
是"Guindilia Gillies ex W. J. Hooker et Arnott，Bot. Misc. 3：170. 1
Mar 1833"。IK 还记载了"Guindilia Gillies，Bot. Misc. 3：170.
1833"；四者引用的文献相同。【分布】阿根廷，智利。【模式】
Guindilia trinervis Gillies ex W. J. Hooker et Arnott。【参考异名】
Guindilia Gillies（1833）Nom. illegit. ；Valenzuelia Bertero ex
Cambess.（1834）Nom. illegit. ；Valenzuelia Bertero（1834）Nom.
illegit. ●☆

22609　Guindilia Gillies（1833）Nom. illegit. ≡ Guindilia Gillies ex
Hook. et Arn.（1833）［无患子科 Sapindaceae］●☆

22610　Guinetia L. Rico et M. Sousa（2000）【汉】吉内豆属（圭奈豆
属）。【隶属】豆科 Fabaceae（Leguminosae）。【包含】世界 1 种。
【学名诠释与讨论】〈阴〉（人）Guinet，植物学者。【分布】墨西
哥。【模式】Guinetia tehuantepecensis L. Rico et M. Sousa。☆

22611　Guinnalda Sessé ex Meisn. = Gelsemium Juss.（1789）［马钱科
（断肠草科，马钱子科）Loganiaceae//胡蔓藤科（钩吻科）
Gelsemiaceae］●

22612　Guioa Cav.（1798）【汉】圭奥无患子属。【隶属】无患子科
Sapindaceae//叠珠树科 Akaniaceae。【包含】世界 64 种。【学名
诠释与讨论】〈阴〉（人）Jose Guio，西班牙植物画家。【分布】澳
大利亚，太平洋地区，印度至马来西亚。【模式】Guioa lentiscifolia
Cavanilles。【参考异名】Dimereza Labill.（1825）；Diplopetalon
Spreng.（1827）Nom. illegit. ；Giroa Steud.（1821）；Hemigyrosa
Blume（1849）●☆

22613　Guiraoa Coss.（1851）【汉】贵萝芥属。【隶属】十字花科
Brassicaceae（Cruciferae）。【包含】世界 1 种。【学名诠释与讨
论】〈阴〉（人）Guirao。【分布】西班牙。【模式】Guiraoa arvensis
Cosson。■☆

22614　Guirea Steud.（1840）= Guiera Adans. ex Juss.（1789）［使君子
科 Combretaceae］●☆

22615　Guizotia Cass.（1829）（保留属名）【汉】小葵子属。【俄】
Гизоция，Hyr。【英】Niger Seed，Niger Thistle，Niger - seed。【隶
属】菊科 Asteraceae（Compositae）。【包含】世界 6 种，中国 1 种。
【学名诠释与讨论】〈阴〉（人）Francois Pierre Guillaume Guizot，
1787-1874，法国历史学家，政治家，他主张君主立宪。此属的学
名"Guizotia Cass. in Cuvier，Dict. Sci. Nat. 59：237，247，248. Jun
1829"是保留属名。法规未列出相应的废弃属名。【分布】美国，
中国，热带非洲，中美洲。【模式】Guizotia abyssinica（Linnaeus
f.）Cassini［Polymnia abyssinica Linnaeus f.］。【参考异名】
Ramtilla DC.（1834）；Veslingia Heist. ex Fabr.（1759）Nom.
illegit. ；Veslingia Vis.（1840）Nom. illegit. ；Werrinuwa Heyne
（1814）■●

22616　Gularia Garay（1982）= Schiedeella Schltr.（1920）［兰科
Orchidaceae］■☆

22617　Guldaenstedtia A. Juss.（1849）= Gueldenstaedtia Fisch.（1823）
［豆科 Fabaceae（Leguminosae）］■☆

22618　Guldenstaedtia Dumort.（1829）= Guldaenstedtia A. Juss.（1849）
［豆科 Fabaceae（Leguminosae）］■

22619　Gulielma Spreng.（1825）= Guilielma Mart.（1824）［棕榈科

Arecaceae（Palmae）］●☆

22620　Gulubia Becc.（1885）【汉】单茎椰属（八重山椰子属，单茎棕
属，单生槟榔属，古鲁比棕属，古鲁别桐属，古路棕属）。【日】マ
ルミケンチャ属。【隶属】棕榈科 Arecaceae（Palmae）。【包含】
世界 9 种。【学名诠释与讨论】〈阴〉gulubi，印度尼西亚植物俗
名。【分布】澳大利亚，印度尼西亚（马鲁古群岛），所罗门群岛，
瓦努阿图，新几内亚岛。【后选模式】Gulubia moluccana
（Beccari）Beccari［Kentia moluccana Beccari］。【参考异名】
Gulubiopsis Becc.（1924）；Paragulubia Burret（1936）●☆

22621　Gulubiopsis Becc.（1924）= Gulubia Becc.（1885）［棕榈科
Arecaceae（Palmae）］●☆

22622　Gumifera Raf.（1838）= Acacia Mill.（1754）（保留属名）［豆科
Fabaceae（Leguminosae）//含羞草科 Mimosaceae//金合欢科
Acaciaceae］●■

22623　Gumillaea Roem. et Schult.（1820）= Gumillea Ruiz et Pav.
（1794）；~ = Picramnia Sw.（1788）（保留属名）［美洲苦木科（夷
苦木科）Picramniaceae//苦木科 Simaroubaceae］●☆

22624　Gumillea Ruiz et Pav.（1794）= Picramnia Sw.（1788）（保留属
名）［美洲苦木科（夷苦木科）Picramniaceae//苦木科
Simaroubaceae］●☆

22625　Gumira Hassk.（1842）Nom. inval. = Premna L.（1771）（保留属
名）［马鞭草科 Verbenaceae//唇形科 Lamiaceae（Labiatae）//牡
荆科 Viticaceae］●■

22626　Gumira Rumph. ex Hassk.（1842）Nom. inval. = Premna L.
（1771）（保留属名）［马鞭草科 Verbenaceae//唇形科 Lamiaceae
（Labiatae）//牡荆科 Viticaceae］●■

22627　Gumnocline Cass. = Pyrethrum Zinn（1757）［as 'Pyrethum'］
［菊科 Asteraceae（Compositae）］■

22628　Gumsia Buch. - Ham. ex Wall.（1829）= Eriolaena DC.（1823）
［梧桐科 Sterculiaceae//锦葵科 Malvaceae］●

22629　Gumteolis Buch. - Ham. ex D. Don（1825）= Centranthera R. Br.
（1810）［玄参科 Scrophulariaceae］■

22630　Gumutus Spreng. = Arenga Labill.（1800）（保留属名）［棕榈科
Arecaceae（Palmae）］●

22631　Gundelea Willis，Nom. inval. = Grumilea Gaertn.（1788）［茜草
科 Rubiaceae］●☆

22632　Gundelia Engl. et O. Hoffm. = Gundelia L.（1753）［菊科
Asteraceae（Compositae）］■☆

22633　Gundelia L.（1753）【汉】金代菊属（风滚菊属）。【俄】
Гунделия。【隶属】菊科 Asteraceae（Compositae）。【包含】世界 1
种。【学名诠释与讨论】〈阴〉（人）Andreas Gundelsheimer，1668-
1715，德国植物学者。此属的学名，ING、TROPICOS 和 IK 记载
是"Gundelia L. ，Sp. Pl. 2：814. 1753［1 May 1753］"。"Gundelia
Engl. et O. Hoffm. = Gundelia L.（1753）"似为晚出的非法名称。
"Gundelsheimera Cassini in F. Cuvier，Dict. Sci. Nat. 57：344. Dec
1828"和"Hacub Boehmer in C. G. Ludwig，Def. Gen. ed. Boehmer
153. 1760"是"Gundelia L.（1753）"的晚出的同模式异名
（Homotypic synonym，Nomenclatural synonym）。【分布】叙利亚，
伊朗，安纳托利亚，中美洲。【模式】Gundelia tournefortii
Linnaeus。【参考异名】Gundelia Engl. et O. Hoffm. ；
Gundelsheimera Cass.（1828）Nom. illegit. ；Hacub Boehm.（1760）
Nom. illegit. ■☆

22634　Gundelsheimera Cass.（1828）Nom. illegit. ≡ Gundelia L.
（1753）［菊科 Asteraceae（Compositae）］■☆

22635　Gundlachia A. Gray（1880）【汉】金黄花属。【英】Goldenshrub。
【隶属】菊科 Asteraceae（Compositae）。【包含】世界 6-10 种。【学
名诠释与讨论】〈阴〉（人）John Gundlach，1810-1896，博物学者，

旅游者。【分布】古巴,中美洲。【模式】Gundlachia domingensis (K. P. J. Sprengel) A. Gray [Solidago domingensis K. P. J. Sprengel]。【参考异名】Xylothamia G. L. Nesom, Y. B. Suh, D. R. Morgan et B. B. Simpson (1990) ●☆

22636　Gundlea Willis, Nom. inval. = Grundlea Poir. ex Steud. (1840) Nom. illegit. ; ~ = Grumilea Gaertn. (1788) [茜草科 Rubiaceae]●☆

22637　Gunillaea Thulin (1974)【汉】古尼桔梗属。【隶属】桔梗科 Campanulaceae。【包含】世界 2 种。【学名诠释与讨论】〈阴〉(人) Gunilla。【分布】马达加斯加,热带非洲南部从安哥拉至莫桑比克。【模式】Gunillaea emirnensis (Alph. de Candolle) M. Thulin [Wahlenbergia emirnensis Alph. de Candolle]。■☆

22638　Gunisanthus A. DC. (1844) = Diospyros L. (1753) [柿树科 Ebenaceae]●

22639　Gunnarella Senghas. (1988)【汉】古纳兰属。【隶属】兰科 Orchidaceae。【包含】世界 20 种。【学名诠释与讨论】〈阴〉(人) Gunnar Seidenfaden, 兰花专家+-ellus, -ella, -ellum, 加在名词词干后面形成指小式的词尾。或加在人名、属名等后面以组成新属的名称。【分布】所罗门群岛,瓦努阿图,法属新喀里多尼亚,新几内亚岛。【模式】Gunnarella carinata (J. J. Smith) K. Senghas [as 'carinatus'] [Chamaeanthus carinatus J. J. Smith]。■☆

22640　Gunnaria S. C. Chen ex Z. J. Liu et L. J. Chen (2009)【汉】越南鸟舌兰属。【隶属】兰科 Orchidaceae。【包含】世界 1 种。【学名诠释与讨论】〈阴〉(人) Gunnar。亦有文献把其处理为"Ascocentrum Schltr. ex J. J. Sm. (1914)"的异名。【分布】越南。【模式】Gunnaria pussila (Aver.) Z. J. Liu et L. J. Chen。【参考异名】Ascocentrum Schltr. ex J. J. Sm. (1914) ■☆

22641　Gunnarorchis Brieger (1981) = Dendrobium Sw. (1799) (保留属名) [兰科 Orchidaceae]■

22642　Gunnera L. (1767)【汉】大叶草属 (根乃拉草属,南洋小二仙属)。【日】グンネーラ属,コウモリガサソウ属。【俄】Гунера。【英】Gunnera。【隶属】大叶草科 (南洋小二仙科,洋二仙草科) Gunneraceae//小二仙草科 Haloragaceae。【包含】世界 40-50 种。【学名诠释与讨论】〈阴〉(人) Johan Ernst Gunnerus, 1718-1773, 瑞典植物学教授,"Flora Norvegica"的作者。另说是挪威植物学者、牧师。【分布】澳大利亚 (塔斯曼半岛),巴拿马,秘鲁,玻利维亚,厄瓜多尔,哥伦比亚 (安蒂奥基亚),哥斯达黎加,智利 (胡安-费尔南德斯群岛),马达加斯加,马来西亚,美国 (夏威夷),墨西哥,尼加拉瓜,所罗门群岛,新西兰,智利,热带和非洲南部,中美洲。【模式】Gunnera perpensa Linnaeus。【参考异名】Disomene A. DC. (1868) Nom. inval. ; Dysemone Sol. ex G. Forst. (1787) Nom. inval. ; Gunneropsis Oerst. (1857) ; Milligania Hook. f. (1840) (废弃属名) ; Misandra Comm. ex Juss. (1789) ; Misanora d'Urv. (1826) ; Panke Molina (1782) ; Pankea Oerst. (1857) ; Perpensum Burm. f. (1768) ; Pseudo - gunnera Oerst. (1857) ; Sarcospermum Reinw. ex de Vriese ■☆

22643　Gunneraceae Endl. = Gunneraceae Meisn. (保留科名)■☆

22644　Gunneraceae Meisn. (1842) (保留科名)【汉】大叶草科 (南洋小二仙科,洋二仙草科)。【日】グンネラ科。【英】Giant-rhubarb Family。【包含】世界 1 属 40-50 种。【分布】热带和南温带。【科名模式】Gunnera L. (1767) ■☆

22645　Gunneropsis Oerst. (1857)【汉】类大叶草属。【隶属】大叶草科 (南洋小二仙科,洋二仙草科) Gunneraceae//小二仙草科 Haloragaceae。【包含】世界 1 种。【学名诠释与讨论】〈阴〉(属) Gunnera 大叶草属+希腊文 opsis, 外观,模样,相似。此属的学名是"Gunneropsis Oersted, Vidensk. Meddel. Dansk Naturhist. Foren. Kjøbenhavn 1857: 193. 1857"。亦有文献把其处理为"Gunnera L. (1767)"的异名。【分布】参见 Gunnera L. (1767)。【模式】

Gunneropsis petaloidea Oerst.。【参考异名】Gunnera L. (1767) ■☆

22646　Gunnessia P. I. Forst. (1990)【汉】昆士兰萝藦属。【隶属】萝藦科 Asclepiadaceae。【包含】世界 1 种。【学名诠释与讨论】〈阴〉(人) Gunness。【分布】澳大利亚 (昆士兰)。【模式】Gunnessia pepo P. I. Forst.。■☆

22647　Gunnia F. Muell. (1859) Nom. illegit. ≡ Neogunnia Pax et K. Hoffm. (1934) [番杏科 Aizoaceae]■☆

22648　Gunnia Lindl. (1834) Nom. illegit. = Sarcochilus R. Br. (1810) [兰科 Orchidaceae]■☆

22649　Gunniopsis Pax (1889)【汉】细叶番杏属。【隶属】番杏科 Aizoaceae。【包含】世界 14 种。【学名诠释与讨论】〈阴〉(属) Gunnia+希腊文 opsis, 外观,模样,相似。Gunnia 来自 Ronald Campbell Gunn, 1808-1881, 南非植物学者,旅行家,博物学者,植物采集家。此属的学名是"Gunniopsis Pax in Engler et Prantl, Nat. Pflanzenfam. 3(1b): 43, 44. Apr 1889"。亦有文献把其处理为"Aizoon L. (1753)"的异名。【分布】澳大利亚。【模式】Gunniopsis quadrifida (F. v. Mueller) J. M. Black [Sesuvium quadrifidum F. v. Mueller; Gunniopsis quadrifaria Pax, Nom. illegit.]。【参考异名】Aizoon L. (1753) ; Gunnia F. Muell. (1859) Nom. illegit. ; Neogunnia Pax et K. Hoffm. (1934) ■☆

22650　Gunthera Steud. (1840) = Brassica L. (1753) ; ~ = Guenthera Andrz. ex Besser (1822) [十字花科 Brassicaceae (Cruciferae)]■☆

22651　Guntheria Benth. et Hook. f. (1873) = Gaillardia Foug. (1786) ; ~ = Guentheria Spreng. (1826) Nom. illegit. ; ~ = Gaillardia Foug. (1786) [菊科 Asteraceae (Compositae)]■

22652　Gupa J. St. -Hil. (1805) = Goupia Aubl. (1775) [毛药树科 Goupiaceae//卫矛科 Celastraceae]●☆

22653　Gupia Post et Kuntze (1903) = Goupia Aubl. (1775) ; ~ = Gupa J. St. -Hil. (1805) [毛药树科 Goupiaceae//卫矛科 Celastraceae] ●☆

22654　Gurania (Schltdl.) Cogn. (1875)【汉】古兰瓜属。【隶属】葫芦科 (瓜科,南瓜科) Cucurbitaceae。【包含】世界 75 种。【学名诠释与讨论】〈阴〉由 (属) Anguria 字母改缀而来。此属的学名,ING 记载是"Gurania (Schlechtendal) Cogniaux, Bull. Soc. Roy. Bot. Belgique 14: 239. 1875", 由"Anguria sect. Gurania Schlechtendal, Linnaea 24: 789. Jun 1852"改级而来。IK 则记载为"Gurania Cogn., Bull. Soc. Roy. Bot. Belgique xiv. (1875) 239"。二者引用的文献相同。【分布】巴拿马,秘鲁,玻利维亚,厄瓜多尔,哥伦比亚 (安蒂奥基亚),哥斯达黎加,尼加拉瓜,中美洲。【后选模式】Gurania spinulosa (Poeppig et Endlicher) Cogniaux [Anguria spinulosa Poeppig et Endlicher]。【参考异名】Anguria sect. Gurania Schltdl. (1852) ; Dieudonnaea Cogn. (1875) ; Gurania Cogn. (1875) Nom. illegit. ; Ranugia (Schltdl.) Post et Kuntze (1903) Nom. illegit. ; Vicq-aziria Buc'hoz (1783) ; Victoria Buc'hoz (1783) ■☆

22655　Gurania Cogn. (1875) Nom. illegit. ≡ Gurania (Schltdl.) Cogn. (1875) [葫芦科 (瓜科,南瓜科) Cucurbitaceae]■☆

22656　Guraniopsis Cogn. (1908)【汉】拟古朗瓜属。【隶属】葫芦科 (瓜科,南瓜科) Cucurbitaceae。【包含】世界 1 种。【学名诠释与讨论】〈阴〉(属) Gurania 古拉瓜属+希腊文 opsis, 外观,模样,相似。【分布】秘鲁。【模式】Guraniopsis longipedicellata Cogniaux。■☆

22657　Guringalia B. G. Briggs et L. A. S. Johnson (1998)【汉】疏鞘帚灯草属。【隶属】帚灯草科 Restionaceae。【包含】世界 1 种。【学名诠释与讨论】〈阴〉词源不详。【分布】澳大利亚。【模式】Guringalia dimorpha (R. Brown) B. G. Briggs et L. A. S. Johnson [Restio dimorphus R. Brown]。■☆

22658 Gurkea K. Schum. = Baissea A. DC.（1844）［夹竹桃科 Apocynaceae］●☆

22659 Gurltia Klotzsch（1854）= Begonia L.（1753）［秋海棠科 Begoniaceae］●■

22660 Guroa Steud.（1840）= Gurua Buch. – Ham. ex Wight（1834）Nom. inval.；~ = Finlaysonia Wall.（1831）［萝藦科 Asclepiadaceae］●☆

22661 Gurua Buch. – Ham. ex Wight（1834）Nom. inval. = Finlaysonia Wall.（1831）［萝藦科 Asclepiadaceae］●☆

22662 Gusmania J. Rémy（1849）Nom. illegit. ≡ Astradelphus J. Rémy（1849）；~ = Erigeron L.（1753）［菊科 Asteraceae（Compositae）］■●

22663 Gusmannia Juss.（1821）= Guzmania Ruiz et Pav.（1802）［凤梨科 Bromeliaceae］■☆

22664 Gussonea A. Rich.（1828）= Microcoelia Lindl.（1830）；~ = Solenangis Schltr.（1918）［兰科 Orchidaceae］■☆

22665 Gussonea J. Presl et C. Presl（1828）Nom. illegit. = Fimbristylis Vahl（1805）（保留属名）［莎草科 Cyperaceae］■

22666 Gussonea Parl.（1838）Nom. illegit. ≡ Ortholotus Fourr.（1868）；~ = Dorycnium Mill.（1754）［豆科 Fabaceae（Leguminosae）］●■☆

22667 Gussonia D. Dietr.（1840）Nom. illegit. = Cussonia Thunb.（1780）［五加科 Araliaceae］●☆

22668 Gussonia Spreng.（1831）Nom. illegit.（1）= Gussonea A. Rich.（1828）；~ = Solenangis Schltr.（1918）［兰科 Orchidaceae］■☆

22669 Gussonia Spreng.（1831）Nom. illegit.（2）= Sebastiania Spreng.（1821）［大戟科 Euphorbiaceae］●

22670 Gustavia L.（1775）（保留属名）【汉】烈臭玉蕊属。【隶属】玉蕊科（巴西果科）Lecythidaceae//烈臭玉蕊科 Gustaviaceae。【包含】世界 40-45 种。【学名诠释与讨论】〈阴〉（人）瑞典国王 Gustav 三世，1746–1792。此属的学名“Gustavia L.，Pl. Surin. : 12,17,18. 23 Jun 1775”是保留属名。相应的废弃属名是玉蕊科（巴西果科）Lecythidaceae 的“Japarandiba Adans.，Fam. Pl. 2：448,564. Jul–Aug 1763 = Gustavia L.（1775）（保留属名）”。【分布】巴拿马，秘鲁，玻利维亚，厄瓜多尔，哥伦比亚（安蒂奥基亚），哥斯达黎加，中美洲。【模式】Gustavia augusta Linnaeus。【参考异名】Japarandiba Adans.（1763）（废弃属名）；Perigaria Span.（1841）；Pirigara Aubl.（1775）；Spallanzania Neck.（1790）Nom. inval.；Teichmeyeria Scop.（1777）Nom. illegit. ●☆

22671 Gustaviaceae Bureett（1835）［亦见 Lecythidaceae A. Rich.（保留科名）玉蕊科（巴西果科）］【汉】烈臭玉蕊科。【包含】世界 1 属 40-45 种。【分布】中美洲和热带南美洲。【科名模式】Gustavia L. ●

22672 Gutenbergia Sch. Bip.（1840）【汉】毛瓣瘦片菊属。【隶属】菊科 Asteraceae（Compositae）。【包含】世界 13-25 种。【学名诠释与讨论】〈阴〉（人）Gutenberg。此属的学名，ING 和 IK 记载是“Gutenbergia C. H. Schultz–Bip.，Gedenk–Buch Vierten Jubelfeier Buchdruckerkunst（Mainz）119. 1840”。“Gutenbergia Walp.，Ann. Bot. Syst.（Walpers）1（2）：374. 1848 [25-27 Dec 1848]”是晚出的非法名称；它不是本属的异名。【分布】热带非洲。【模式】Gutenbergia rueppellii C. H. Schultz – Bip.。【参考异名】Gutenbergia Sch. Bip. ex Walp.（1848）；Paurolepis S. Moore（1917）■☆

22673 Gutenbergia Walp.（1848）Nom. illegit. = Guttenbergia Zoll. et Moritzi（1845）；~ = Morinda L.（1753）［茜草科 Rubiaceae］●■

22674 Guthnickia Regel（1849）= Achimenes Pers.（1806）（保留属名）［苦苣苔科 Gesneriaceae］■☆

22675 Guthriea Bolus（1873）【汉】宿冠草属。【隶属】脊脐子科（柄果木科，宿冠花科，钟花科）Achariaceae。【包含】世界 1 种。【学名诠释与讨论】〈阴〉（人）Francis Guthrie，1831–1899，英国植物学者，数学家，植物采集家。【分布】非洲南部。【模式】Guthriea capensis H. Bolus。■☆

22676 Gutierrezia Lag.（1816）【汉】古堆菊属（古蒂菊属，蛇黄花属）。【英】Snakeweed。【隶属】菊科 Asteraceae（Compositae）。【包含】世界 16-30 种。【学名诠释与讨论】〈阴〉（人）Pedro Gutierrez（Rodriguez），西班牙贵族。【分布】玻利维亚，美国，北美洲西北部至亚热带南美洲，中美洲。【模式】Gutierrezia linearifolia Lagasca。【参考异名】Amoleiachyris Sch. Bip.（1843）；Brachyachris Spreng.（1826）；Brachyris Nutt.（1818）；Greenella A. Gray（1881）；Hemiachyris DC.（1836）；Odontocarpha DC.（1836）Nom. illegit.；Odontocarpha Poepp. ex DC.（1836）Nom. illegit.；Thurovia Rose（1895）；Xanthocephalum Willd.（1807）■●☆

22677 Guttenbergia Zoll. et Moritzi（1845）= Morinda L.（1753）［茜草科 Rubiaceae］●■

22678 Guttiferaceae Juss. = Guttiferae Juss.（保留科名）●■

22679 Guttiferae Juss.（1789）（保留科名）【汉】猪胶树科（金丝桃科，克鲁西科，山竹子科，藤黄科）。【英】St – john' s – wort Family。【包含】世界 35-47 属 940-1396 种，中国 8 属 95 种。Guttiferae Juss. 和 Clusiaceae Lindl. 均为保留科名，是《国际植物命名法规》确定的九对互用科名之一。【分布】主要热带。【科名模式】Clusia L.（1753）●■

22680 Gutzlaffia Hance（1849）【汉】山一笼鸡属。【英】Acoop of Cock，Gutzlaffia。【隶属】爵床科 Acanthaceae。【包含】世界 1-10 种，中国 4 种。【学名诠释与讨论】〈阴〉（人）A. G. Gutzlaff。此属的学名是“Gutzlaffia Hance，Hooker's J. Bot. Kew Gard. Misc. 1：142. 1849”。亦有文献把其处理为“Strobilanthes Blume（1826）”的异名。【分布】中国，东南亚。【模式】Gutzlaffia aprica Hance。【参考异名】Guetzlaffia Walp.（1852）；Pseudostenosiphonium Lindau（1893）；Pseudostonium Kuntze（1903）Nom. illegit.；Strobilanthes Blume（1893）●■

22681 Guya Frapp.（1895）Nom. illegit. ≡ Guya Frapp. ex Cordem.（1895）；~ = Drypetes Vahl（1807）［大戟科 Euphorbiaceae］●

22682 Guya Frapp. ex Cordem.（1895）= Drypetes Vahl（1807）［大戟科 Euphorbiaceae］●

22683 Guyania Airy Shaw = Guayania R. M. King et H. Rob.（1971）［菊科 Asteraceae（Compositae）］■☆

22684 Guyania R. M. King et H. Rob. = Guayania R. M. King et H. Rob.（1971）［菊科 Asteraceae（Compositae）］■☆

22685 Guynesomia Bonif. et G. Sancho（2004）【汉】多枝菀属。【隶属】菊科 Asteraceae（Compositae）。【包含】世界 1 种。【学名诠释与讨论】〈阴〉词源不详。【分布】智利。【模式】Guynesomia scoparia（Phil.）Bonif. et G. Sancho。■●☆

22686 Guyonia Naudin（1850）【汉】居永野牡丹属。【隶属】野牡丹科 Melastomataceae。【包含】世界 2 种。【学名诠释与讨论】〈阴〉（人）Guyon。【分布】热带非洲西部。【模式】Guyonia tenella Naudin。【参考异名】Afzeliella Gilg（1898）☆

22687 Guzmania Ruiz et Pav.（1802）【汉】果子蔓属（彩纹凤梨属，姑氏凤梨属，古斯曼氏凤梨属，古兹曼属，擎天凤梨属，擎天属，西洋凤梨属，星花凤梨属）。【日】グズマニア属。【俄】Гуцмания。【英】Guzmania，Guzmannia。【隶属】凤梨科 Bromeliaceae。【包含】世界 110-167 种。【学名诠释与讨论】〈阴〉（人）Anastasio Guzman，18 世纪西班牙博物学者，植物学者，植物采集家。此属的学名，ING、GCI、TROPICOS 和 IK 记载是“Guzmania Ruiz et Pav.，Fl. Peruv. [Ruiz et Pavon] 3：37（t. 261）. 1802 [Aug 1802]”。【分布】巴拿马，秘鲁，玻利维亚，厄瓜多尔，哥伦比亚，哥斯达黎加，尼加拉瓜，西印度群岛，热带美洲，中美洲。【模式】

Guzmania tricolor Ruiz et Pavon。【参考异名】Caraguata Lindl. (1827) Nom. illegit.；Chirripoa Suess.(1942)；Devillea Bert. ex Schult. f.；Gusmannia Juss.(1821)；Massangea E. Morren(1877)；Schlumbergera E. Morren(1883) Nom. illegit.；Schlumbergeria E. Morren(1878) Nom. illegit.；Sodiroa André(1878)；Thecophyllum André(1889)■☆

22688　Guzmannia F. Phil.(1881)= Erigeron L.(1753)；~ = Gusmania J. Rémy(1849)［菊科 Asteraceae(Compositae)］■●

22689　Gwillimia Rottl.(1817) Nom. illegit. ≡ Gwillimia Rottl. ex DC. (1817)；~ ≡ Magnolia L.(1753)［木兰科 Magnoliaceae］●

22690　Gwillimia Rottl. ex DC.(1817)≡ Magnolia L.(1753)［木兰科 Magnoliaceae］●

22691　Gyaladenia Schltr.(1921)= Brachycorythis Lindl.(1838)［兰科 Orchidaceae］■

22692　Gyalanthos Szlach. et Marg.(2002)【汉】空花兰属。【隶属】兰科 Orchidaceae。【包含】世界 2 种。【学名诠释与讨论】〈阳〉(希)gyalon，空穴+anthos，花。此属的学名是"Gyalanthos Szlach. et Marg.，Polish Botanical Journal 46：116.2001"。亦有文献把其处理为"Pleurothallis R. Br.(1813)"的异名。【分布】巴西，哥伦比亚。【模式】不详。【参考异名】Pleurothallis R. Br.(1813)■☆

22693　Gyas Salisb.(1812)= Bletia Ruiz et Pav.(1794)［兰科 Orchidaceae］■☆

22694　Gyaxis Salisb.(1866)= Haemanthus L.(1753)［石蒜科 Amaryllidaceae//网球花科 Haemanthaceae］■

22695　Gybianthus Pritz.(1855)= Cybianthus Mart.(1831)(保留属名)［紫金牛科 Myrsinaceae］●☆

22696　Gymapsis Bremek.(1957)= Strobilanthes Blume(1826)［爵床科 Acanthaceae］●■

22697　Gyminda(Griseb.)Sarg.(1891) Nom. illegit. = Gyminda Sarg. (1891)［卫矛科 Celastraceae］●☆

22698　Gyminda Sarg.(1891)【汉】假黄杨木属。【英】False Boxwood。【隶属】卫矛科 Celastraceae。【包含】世界 3-4 种。【学名诠释与讨论】〈阴〉(属)由 Myginda 属改缀而来。此属的学名，ING、GCI、TROPICOS 和 IK 记载是"Gyminda Sarg.，Gard. et Forest 4 (150)：4.1891［7 Jan 1891］"。"Gyminda(Griseb.)Sarg. (1891) Nom. illegit. = Gyminda Sarg.(1891)［卫矛科 Celastraceae］"的命名人引证有误。【分布】巴拿马，美国(佛罗里达)，墨西哥，尼加拉瓜，西印度群岛，美洲中部，中美洲。【模式】Gyminda grisebachii Sargent。【参考异名】Gyminda(Griseb.) Sarg.(1891) Nom. illegit.●☆

22699　Gymnacalypha Post et Kuntze(1903)= Acalypha L.(1753)；~ = Gymnalypha Griseb.(1858)［大戟科 Euphorbiaceae//铁苋菜科 Acalyphaceae］●■

22700　Gymnacanthus Nees(1836)【汉】裸刺爵床属。【隶属】爵床科 Acanthaceae。【包含】世界 1 种。【学名诠释与讨论】〈阳〉(希)gymnos，裸露。gymno- =拉丁文 nudi-，裸露+(属)Acanthus 老鼠簕属。"Sclerocalyx C. G. D. Nees in Bentham，Bot. Voyage Sulphur 145.8 Mai 1846"是"Gymnacanthus Nees(1836)"的晚出的同模式异名(Homotypic synonym，Nomenclatural synonym)。【分布】墨西哥，中美洲。【模式】Gymnacanthus petiolaris C. G. D. Nees。【参考异名】Sclerocalyx Nees(1844) Nom. illegit.■☆

22701　Gymnacanthus Oerst.(1854)= Ruellia L.(1753)［爵床科 Acanthaceae］■●

22702　Gymnachaena Rchb. ex DC.(1838)【汉】裸果菊属。【隶属】菊科 Asteraceae(Compositae)。【包含】世界 1 种。【学名诠释与讨论】〈阴〉(希)gymnos，裸露。gymno- =拉丁文 nudi-，裸露+achaen = achen，瘦果。【分布】不详。【模式】Gymnachaena

bruniades Rchb. ex DC. 。☆

22703　Gymnachne L. Parodi(1938)= Rhombolytrum Link(1833)［禾本科 Poaceae(Gramineae)］■☆

22704　Gymnacranthaera Warb.(1896) Nom. illegit. ≡ Gymnacranthera (DC.)Warb.(1896)［肉豆蔻科 Myristicaceae］●☆

22705　Gymnacranthera(DC.)Warb.(1896)【汉】裸药花属。【隶属】肉豆蔻科 Myristicaceae。【包含】世界 7 种。【学名诠释与讨论】〈阴〉(希)gymnos，裸露的+anthera，花药。此属的学名，ING、IK 和 TROPICOS 记载是"Gymnacranthera(Alph. de Candolle) Warburg，Ber. Deutsch. Bot. Ges. 13：(90)，(91)，(94).18 Feb 1896"，由"Myristica sect. Gymnacranthera Alph. de Candolle，Ann. Sci. Nat.，Bot. ser. 4.4：31.1855"改级而来。则记载为"Gymnacranthaera Warb.，Ber. Deutsch. Bot. Ges. xiii.(1895) ［94］"。"Gymnacranthera Warb.(1896) Nom. illegit. = Gymnacranthera(DC.)Warb.(1896)"的命名人引证亦有误。【分布】印度至马来西亚。【模式】Gymnacranthera paniculata (Alph. de Candolle)Warburg［Myristica paniculata Alph. de Candole］。【参考异名】Gymnacranthaera Warb.(1896) Nom. illegit.；Gymnacranthera Warb.(1896) Nom. illegit.；Myristica sect. Gymnacranthera A. DC.(1855)●☆

22706　Gymnacranthera Warb.(1896) Nom. illegit. = Gymnacranthera (DC.)Warb.(1896)［肉豆蔻科 Myristicaceae］●☆

22707　Gymnactis Pfeiff.(1874) Nom. illegit.［菊科 Asteraceae (Compositae)］☆

22708　Gymnadenia R. Br.(1813)【汉】手参属。【日】チドリサウ属，チドリソウ属，テガタチドリ属。【俄】Кокушник。【英】Fragrant Orchid，Gymnadenia，Rein Orchis，Reinorchis。【隶属】兰科 Orchidaceae。【包含】世界 10-16 种，中国 5 种。【学名诠释与讨论】〈阴〉(希)gymnos，裸露的+aden，所有格 adenos，腺体。指花粉块柄上的腺体裸露。此属的学名，ING、GCI、TROPICOS 和 IK 记载是"Gymnadenia R. Br.，Hort. Kew.，ed. 2［W. T. Aiton］5：191.1813［Nov 1813］"。"Gymnadenia Schltr."是"Brachycorythis Lindl.(1838)［兰科 Orchidaceae］"的异名。【分布】巴基斯坦，马达加斯加，中国，欧亚大陆。【模式】Gymnadenia conopsea (Linnaeus)R. Brown［Orchis conopsea Linnaeus］。【参考异名】Nigritella Rich.(1817)；Phaniasia Blume ex Miq.(1865) Nom. inval.；Ponerorchis Rchb. f.(1852)■

22709　Gymnadenia Schltr. = Brachycorythis Lindl.(1838)［兰科 Orchidaceae］■

22710　Gymnadeniopsis Rydb.(1901)【汉】类手参属。【隶属】兰科 Orchidaceae。【包含】世界 3 种。【学名诠释与讨论】〈阴〉(属)Gymnadenia 手参属+希腊文 opsis，外观，模样，相似。此属的学名是"Gymnadeniopsis P. A. Rydberg in N. L. Britton，Manual 293. Oct 1901"。亦有文献把其处理为"Platanthera Rich.(1817)(保留属名)"的异名。【分布】北美洲。【后选模式】Gymnadeniopsis nivea (Nuttall)P. A. Rydberg［Orchis nivea Nuttall］。【参考异名】Denslovia Rydb.(1931)；Platanthera Rich.(1817)(保留属名)■☆

22711　Gymnagathis Schauer(1843)= Melaleuca L.(1767)(保留属名) ［桃金娘科 Myrtaceae//白千层科 Melaleuceae］●

22712　Gymnagathis Stapf(1892) Nom. illegit. ≡ Stapfiophyton H. L. Li (1944)；~ = Fordiophyton Stapf(1892)［野牡丹科 Melastomataceae］●■★

22713　Gymnalypha Griseb.(1858)= Acalypha L.(1753)［大戟科 Euphorbiaceae//铁苋菜科 Acalyphaceae］●■

22714　Gymnamblosis Pfeiff.(1874)= Croton L.(1753)；~ = Gynamblosis Torr.(1853)［大戟科 Euphorbiaceae//巴豆科 Crotonaceae］●

22715　Gymnandra Pall.（1776）= Lagotis J. Gaertn.（1770）［玄参科 Scrophulariaceae//婆婆纳科 Veronicaceae］■

22716　Gymnandropogon（Nees）Duthie（1878）Nom. illegit. ≡ Gymnandropogon Duthie（1878）；~ = Bothriochloa Kuntze（1891）；~ =Dichanthium Willemet（1796）［禾本科 Poaceae（Gramineae）］■

22717　Gymnandropogon（Nees）Munro ex Duthie（1878）Nom. illegit. ≡ Gymnandropogon Duthie（1878）；~ = Bothriochloa Kuntze（1891）；~ =Dichanthium Willemet（1796）［禾本科 Poaceae（Gramineae）］■

22718　Gymnandropogon Duthie（1878）= Bothriochloa Kuntze（1891）；~ =Dichanthium Willemet（1796）［禾本科 Poaceae（Gramineae）］■

22719　Gymnantha Y. Ito（1957）= Gymnocalycium Sweet ex Mittler（1844）；~ =Rebutia K. Schum.（1895）［仙人掌科 Cactaceae］●

22720　Gymnanthelia Andersson（1867）= Andropogon L.（1753）（保留属名）；~ = Cymbopogon Spreng.（1815）［禾本科 Poaceae（Gramineae）//须芒草科 Andropogonaceae］■

22721　Gymnanthelia Schweinf.（1867）Nom. illegit. ≡ Gymnanthelia Andersson（1867）［禾本科 Poaceae（Gramineae）］■

22722　Gymnanthemum Cass.（1817）【汉】鸡菊花属。【隶属】菊科 Asteraceae（Compositae）//斑鸠菊科（绿菊科）Vernoniaceae。【包含】世界 43 种。【学名诠释与讨论】〈中〉（希）gymnos，裸露。gymno- =拉丁文 nudi-，裸露+anthemon，花。此属的学名，ING、TROPICOS 和 IK 记载是“Gymnanthemum Cass.，Bull. Sci. Soc. Philom. Paris 1817：10.［Jan 1817］”。“Decaneurum A. P. de Candolle，Arch. Bot.（Paris）2：516. 23 Dec 1833”是“Gymnanthemum Cass.（1817）”的晚出的同模式异名（Homotypic synonym，Nomenclatural synonym）。亦有文献把“Gymnanthemum Cass.（1817）”处理为“Vernonia Schreb.（1791）（保留属名）”的异名。【分布】玻利维亚，印度尼西亚，非洲，亚洲南部，中美洲。【后选模式】Gymnanthemum senegalense（Persoon）Walpers［Baccharis senegalensis Persoon］。【参考异名】Decaneurum DC.（1833）Nom. illegit.；Vernonia Schreb.（1791）（保留属名）；Vernonia sect. Gymnanthemum（Cass.）Benth. et Hook.（1873）●■☆

22723　Gymnanthera R. Br.（1810）【汉】海岛藤属（海南藤属，假络石属）。【英】Gymnanthera，Islandvine。【隶属】萝藦科 Asclepiadaceae。【包含】世界 2-4 种，中国 1 种。【学名诠释与讨论】〈阴〉（希）gymnos，裸露的+anthera，花药。指花药裸露。【分布】马来西亚，中国。【模式】Gymnanthera nitida R. Brown。【参考异名】Cylixylon Llanos（1851）；Dicerolepis Blume（1850）●

22724　Gymnanthes Sw.（1788）【汉】裸花树属（非洲裸花大戟属，裸花大戟属，裸花属）。【隶属】大戟科 Euphorbiaceae。【包含】世界 25 种。【学名诠释与讨论】〈阴〉（希）gymnos，裸露的+anthes 花。此属的学名，ING 和 IK 记载是“Gymnanthes Sw.，Prodr.［O. P. Swartz］6，95. 1788［20 Jun－29 Jul 1788］”。“Gymnanthus Endl.，Gen. Pl.［Endlicher］Suppl. 5：87. 1850”是一个晚出名称。另一个晚出名称是“Gymnanthus Jungh.，Tijdschr. Natuurl. Gesch. Physiol. 7：308. 1840 = Trochodendron Siebold et Zucc.（1839）”。【分布】巴拿马，玻利维亚，哥斯达黎加，美国（南部），墨西哥，尼加拉瓜，中国，西印度群岛，中美洲。【后选模式】Gymnanthes elliptica O. Swartz。【参考异名】Ateramnus P. Browne（1756）Nom. illegit.；Gymnanthus Endl.（1850）Nom. illegit.；Sapium P. Browne（1756）（废弃属名）●

22725　Gymnanthocereus Backeb.（1937）= Browningia Britton et Rose（1920）；~ =Cleistocactus Lem.（1861）［仙人掌科 Cactaceae］●☆

22726　Gymnanthus Endl.（1850）Nom. illegit. = Gymnanthes Sw.（1788）［大戟科 Euphorbiaceae］●☆

22727　Gymnanthus Jungh.（1840）= Trochodendron Siebold et Zucc.（1839）［领春木科（云叶科）Eupteleaceae//昆栏树科 Trochodendraceae］●

22728　Gymnarren Leandro ex Klotzsch = Actinostemon Mart. ex Klotzsch（1841）［大戟科 Euphorbiaceae］■☆

22729　Gymnarrhea Steud.（1821）Nom. illegit. = Gymnarrhena Desf.（1818）［菊科 Asteraceae（Compositae）］☆

22730　Gymnarrhena Desf.（1818）【汉】裸蕊菊属（异头菊属）。【隶属】菊科 Asteraceae（Compositae）。【包含】世界 1 种。【学名诠释与讨论】〈阴〉（希）gymnos，裸露的+arrhena，所有格 ayrhenos，雄的，雄蕊。此属的学名，ING 和 IK 记载是“Gymnarrhena Desfontaines，Mém. Mus. Hist. Nat. 4：1. 1818”。TROPICOS 则用“Gymnarrhea Steud.，Nomencl. Bot.［Steudel］385，sphalm. 1821”为正名；它是晚出名称，应该是“Gymnarrhena Desf.（1818）”的拼写变体。【分布】地中海地区，亚洲西部。【模式】Gymnarrhena micrantha Desfontaines。【参考异名】Cryptadia Lindl. ex Endl.（1841）；Cryptodia Sch. Bip.（1843）；Frankia Steud. ex Schimp.；Gymnarrhea Steud.（1821）Nom. illegit. ■☆

22731　Gymnarrhoea（Baill.）Post et Kuntze（1903）= Actinostemon Mart. ex Klotzsch（1841）；~ =Gymnarren Leandro ex Klotzsch［大戟科 Euphorbiaceae］■☆

22732　Gymnartocarpus Boerl.（1897）= Parartocarpus Baill.（1875）［桑科 Moraceae］●☆

22733　Gymnaster Kitam.（1937）Nom. illegit. ≡ Miyamayomena Kitam.（1982）；~ = Aster L.（1753）［菊科 Asteraceae（Compositae）］●■

22734　Gymncampus Pfeiff. = Gynocampus Lesch.；~ = Levenhookia R. Br.（1810）［花柱草科（丝滴草科）Stylidiaceae］■☆

22735　Gymneia（Benth.）Harley et J. F. B. Pastore（2012）【汉】巴西山香属。【隶属】唇形科 Lamiaceae（Labiatae）。【包含】世界 7 种。【学名诠释与讨论】〈阴〉词源不详。此属的学名是“Gymneia（Benth.）Harley et J. F. B. Pastore，Phytotaxa 58：23. 2012［27 Jun 2012］”，由“Hyptis sect. Gymneia Benth. Labiat. Gen. Spec. 77-78. 1833”改级而来。【分布】巴西，玻利维亚。【模式】Gymneia platanifolia（Mart. ex Benth.）Harley et J. F. B. Pastore。【参考异名】Hyptis sect. Gymneia Benth.（1833）●☆

22736　Gymnelaea（Endl.）Spach（1838）Nom. illegit. ≡ Nestegis Raf.（1838）［木犀榄科（木犀科）Oleaceae］●☆

22737　Gymnelaea Spach（1838）Nom. illegit. ≡ Gymnelaea（Endl.）Spach（1838）Nom. illegit.；~ ≡ Nestegis Raf.（1838）［木犀榄科（木犀科）Oleaceae］●☆

22738　Gymnema Endl. = Gynema Raf.（1817）；~ Pluchea Cass.（1817）［菊科 Asteraceae（Compositae）］●■

22739　Gymnema R. Br.（1810）【汉】匙羹藤属（武靴藤属）。【日】ホウライアオカヅラ属，ホウライアヲカヅラ属。【英】Gymnema。【隶属】萝藦科 Asclepiadaceae。【包含】世界 20-25 种，中国 7-8 种。【学名诠释与讨论】〈中〉（希）gymnos，裸露的+nema，所有格 nematos，丝，花丝。指雄蕊。此属的学名，ING、APNI、TROPICOS 和 IK 记载是“Gymnema R. Brown，Prodr. 461. 27 Mar 1810”。IK 则记载为“Gymnema R. Br.，Mem. Wern. Soc. i.（1809）33”。“Endotropis Endlicher，Gen. 591. Aug 1838（non Rafinesque 1825）”是“Gymnema R. Br.（1810）”的晚出的同模式异名（Homotypic synonym，Nomenclatural synonym）。【分布】澳大利亚，非洲南部，马达加斯加，中国，古热带。【后选模式】Gymnema sylvestre（Retzius）J. A. Schultes［Periploca sylvestris Retzius］。【参考异名】Bidaria（Endl.）Decne.（1844）；Bidaria Decne.（1844）Nom. illegit.；Bidaria Endl.，Nom. illegit.；Conocalpis Bojer ex Decne.（1844）；Endotropis Endl.（1838）Nom. illegit.；Gymnima Raf. ex Britten；Pseudosarcolobus Constantin（1912）●

22740　Gymnemopsis Constantin（1912）【汉】类匙羹藤属。【隶属】萝藦

科 Asclepiadaceae。【包含】世界 2 种。【学名诠释与讨论】〈阴〉（属）Gymnema 匙羹藤属＋希腊文 opsis，外观，模样，相似。【分布】泰国，中南半岛。【模式】Gymnemopsis pierrei Constantin。●☆

22741 Gymnerpis Thouars = Goodyera R. Br.（1813）［兰科 Orchidaceae］■

22742 Gymnima Raf. ex Britten = Gymnema R. Br.（1810）［萝藦科 Asclepiadaceae］●

22743 Gymnioides（Baill.）Tiegh.（1897）= Iodes Blume（1825）［as 'Iödes'］［茶茱萸科 Icacinaceae］●

22744 Gymnobalanus Nees et Mart.（1833）Nom. illegit. ≡ Gymnobalanus Nees et Mart. ex Nees（1833）［樟科 Lauraceae］●☆

22745 Gymnobalanus Nees et Mart. ex Nees（1833）【汉】裸果樟属。【隶属】樟科 Lauraceae。【包含】世界 10 种。【学名诠释与讨论】〈中〉（希）gymnos，裸露。gymno- = 拉丁文 nudi-，裸露＋balanos，橡实。此属的学名，ING 记载是"Gymnobalanus C. G. D. Nees et C. F. P. Martius ex C. G. D. Nees, Linnaea 8：38. 1833"。IK 和 TROPICOS 则记载为"Gymnobalanus Nees et Mart., Linnaea 8：38. 1833"。三者引用的文献相同。亦有文献把"Gymnobalanus Nees et Mart. ex Nees（1833）"处理为"Ocotea Aubl.（1775）"的异名。【分布】巴拉圭，玻利维亚。【模式】Gymnobalanus minarum C. G. D. Nees et C. F. P. Martius ex C. G. D. Nees。【参考异名】Gymnobalanus Nees et Mart.（1833）Nom. illegit. ; Ocotea Aubl.（1775）●☆

22746 Gymnobothrys Wall. ex Baill.（1858）= Sapium Jacq.（1760）（保留属名）［大戟科 Euphorbiaceae］●

22747 Gymnocactus Backeb.（1938）【汉】裸玉属。【日】ギムノカクタス属。【隶属】仙人掌科 Cactaceae。【包含】世界 12 种。【学名诠释与讨论】〈阳〉（希）gymnos，裸露的＋cactos，有刺的植物，通常指仙人掌科 Cactaceae 植物。此属的学名，ING 记载是"Gymnocactus Backeberg, Blätt. Kakteenf. 1938（6）：［22］. 1938"。IK 记载是"Gymnocactus Backeb., Blätt. Kakteenf. 1938, No. 6, p.［10］, in clavi, p.［22］, diagn. lat."。GCI 则记载为"Gymnocactus Backeb., Blätt. Kakteenf. 1938（6）：［18；10, 13, 25］"。"Gymnocactus V. John et Říha, cf. Repert. Pl. Succ.（I. O. S.）34：7（1985）. 1981"是晚出的非法名称。亦有文献把"Gymnocactus Backeb.（1938）"处理为"Neolloydia Britton et Rose（1922）"或"Turbinicarpus（Backeb.）Buxb. et Backeb.（1937）"的异名。【分布】墨西哥。【模式】Gymnocactus saueri（Bödeker）Backeberg［Echinocactus saueri Bödeker］。【参考异名】Neolloydia Britton et Rose（1922）；Turbinicarpus（Backeb.）Buxb. et Backeb.（1937）■☆

22748 Gymnocactus V. John et Říha（1981）Nom. illegit. = Turbinicarpus（Backeb.）Buxb. et Backeb.（1937）［仙人掌科 Cactaceae］■☆

22749 Gymnocalicium Pfeiff. ex Mittler（1844）Nom. illegit. ≡ Gymnocalycium Pfeiff. ex Mittler（1844）；~ ≡ Gymnocalycium Pfeiff. ex Mittler（1844）；~ ≡ Gymnocalycium Pfeiff. ex Mittler（1844）［仙人掌科 Cactaceae］●

22750 Gymnocalycium Pfeiff.（1844）Nom. illegit. ≡ Gymnocalycium Pfeiff. ex Mittler（1844）；~ ≡ Gymnocalycium Pfeiff. ex Mittler（1844）［仙人掌科 Cactaceae］●

22751 Gymnocalycium Pfeiff.（1845）Nom. illegit. ≡ Gymnocalycium Pfeiff. ex Mittler（1844）；~ ≡ Gymnocalycium Pfeiff. ex Mittler（1844）［仙人掌科 Cactaceae］●

22752 Gymnocalycium Pfeiff. ex Mittler（1844）【汉】裸萼球属（裸萼属）。【日】ギムノカリキウム属。【英】Chin Cactus, Gymnocalycium。【隶属】仙人掌科 Cactaceae。【包含】世界 50-60 种，中国 11 种。【学名诠释与讨论】〈中〉（希）gymnos，裸露的＋kalyx，所有格 kalykos = 拉丁文 calyx，花萼，杯子＋-ius, -ia, -ium，

在拉丁文和希腊文中，这些词尾表示性质或状态。此属的学名，ING、GCI、GCI、TROPICOS 和 IK 记载是"Gymnocalycium L. K. G. Pfeiffer ex L. Mittler, Taschenb. Cactusliebhaber 2：124. 1844.（'Gymnocalicium'）"。"Gymnocalycium Pfeiff. in Pfeiff. et Otto, Abbild. et Beschr. Bluh. Cact. ii. sub t. 1（1845）, in adnot. ≡ Gymnocalycium Pfeiff. ex Mittler（1844）"是一个未合格发表的名称（Nom. inval.）。"Gymnocalycium Pfeiff., Cat. Hort. Schel. ex Pfeiff. et Otto, Abbild. Cacteen ii. t. 12, 1845（1844）≡ Gymnocalycium Pfeiff. ex Mittler（1844）"是晚出的非法名称。"Gymnocalycium Sweet ex Mittler（1844）= Gymnocalycium Pfeiff. ex Mittler（1844）［仙人掌科 Cactaceae］"似为误记。【分布】阿根廷，巴西，玻利维亚，乌拉圭，中国。【后选模式】Gymnocalycium gibbosum（Haworth）L. Mittler［Cactus gibbosus Haworth］。【参考异名】Brachycalycium Backeb.（1942）；Gymnocalicium Pfeiff. ex Mittler（1844）Nom. illegit. ; Gymnocalycium Pfeiff.（1844）Nom. illegit. ; Gymnocalycium Sweet ex Mittler（1844）；Weingartia Werderm.（1937）●

22753 Gymnocalycium Sweet ex Mittler（1844）= Gymnocalycium Pfeiff. ex Mittler（1844）［仙人掌科 Cactaceae］●

22754 Gymnocampus Lesch. ex Pfeiff.（1874）Nom. inval.［花柱草科（丝滴草科）Stylidiaceae］■☆

22755 Gymnocarpon Pers.（1805）Nom. illegit. ≡ Gymnocarpos Forssk.（1775）［石竹科 Caryophyllaceae//醉人花科（裸果木科）Illecebraceae］●

22756 Gymnocarpos Forssk.（1775）【汉】裸果木属。【英】Gymnocarpos, Nakedfruit, Oak Fern。【隶属】石竹科 Caryophyllaceae//醉人花科（裸果木科）Illecebraceae。【包含】世界 2-10 种，中国 1 种。【学名诠释与讨论】〈阳〉（希）gymnos，裸露的＋karpos，果实。指果为瘦果状。此属的学名，ING 和 IK 记载是"Gymnocarpos Forssk., Fl. Aegypt. - Arab. 65. 1775"。"Gymnocarpon Pers., Syn. Pl.［Persoon］1：262. 1805［1 Apr-15 Jun 1805］"是其变体。亦有文献把"Gymnocarpos Forssk.（1775）"处理为"Paronychia Mill.（1754）"的异名。【分布】西班牙（加那利群岛），中国，地中海东部至巴基斯坦（俾路支），非洲北部。【模式】Gymnocarpos decandrus Forsskål［as 'decandrum'］。【参考异名】Gymnocarpon Pers.（1805）Nom. illegit. ; Gymnocarpum DC.（1828）；Gymnocarpus Viv. ; Paronychia Mill.（1754）●

22757 Gymnocarpum DC.（1828）= Gymnocarpos Forssk.（1775）［石竹科 Caryophyllaceae//醉人花科（裸果木科）Illecebraceae］●

22758 Gymnocarpus Juss.（1789）= ？ Gymnocarpos Forssk.（1775）［石竹科 Caryophyllaceae//醉人花科（裸果木科）Illecebraceae］●

22759 Gymnocarpus Thouars ex Baill.（1858）Nom. illegit. = Uapaca Baill.（1858）［大戟科 Euphorbiaceae］■☆

22760 Gymnocarpus Viv. = Gymnocarpos Forssk.（1775）［石竹科 Caryophyllaceae//醉人花科（裸果木科）Illecebraceae］●

22761 Gymnocaulis（Nutt.）Nutt.（1848）Nom. illegit. ≡ Polyclonos Raf.（1819）；~ = Aphyllon Mitch.（1769）［玄参科 Scrophulariaceae//列当科 Orobanchaceae］■

22762 Gymnocaulis Nutt.（1848）Nom. illegit. ≡ Gymnocaulis（Nutt.）Nutt.（1848）Nom. illegit. ; ~ ≡ Polyclonos Raf.（1819）；~ = Aphyllon Mitch.（1769）［玄参科 Scrophulariaceae//列当科 Orobanchaceae］■

22763 Gymnocaulus Phil.（1858）= Calycera Cav.（1797）［as 'Calicera'］（保留属名）［萼角花科（萼角科，头花草科）Calyceraceae］■☆

22764 Gymnocereus Backeb.（1956）【汉】美翠柱属。【日】キムノセ

レウス属。【隶属】仙人掌科 Cactaceae。【包含】世界 2 种。【学名诠释与讨论】〈阳〉(希)gymnos,裸露的+(属)Cereus 仙影掌属。此属的学名,IK 和 TROPICOS 记载是"Gymnocereus Rauh et Backeb.,in Backeb. Descr. Cact. Nov. 14(1957)";GCI 则记载为"Gymnocereus Backeb.,Descr. Cact. Nov. 14. 1956";二者引用的文献相同。亦有文献把"Gymnocereus Backeb.(1956)"处理为"Browningia Britton et Rose(1920)"的异名。【分布】美洲。【模式】Gymnocereus microspermus (Werdermann et Backeberg) Backeberg [Cereus microspermus Werdermann et Backeberg]。【参考异名】Browningia Britton et Rose(1920);Gymnocereus Rauh ex Backeb.(1957)Nom. illegit. ●☆

22765 Gymnocereus Rauh et Backeb.(1957)Nom. illegit. ≡ Gymnocereus Backeb.(1956);~ = Browningia Britton et Rose(1920)[仙人掌科 Cactaceae]●☆

22766 Gymnochaeta Steud.(1855)= Schoenus L.(1753)[莎草科 Cyperaceae]■

22767 Gymnochaete Benth. et Hook. f.(1883)Nom. illegit. = Gymnochaeta Steud.(1855);~ = Schoenus L.(1753)[莎草科 Cyperaceae]■

22768 Gymnochilus Blume(1859)【汉】裸唇兰属。【隶属】兰科 Orchidaceae。【包含】世界 3 种。【学名诠释与讨论】〈阳〉(希)gymnos,裸露的 + cheilos,唇。在希腊文组合词中,cheil-,cheilo-,-chilus,-chilia 等均为"唇、边缘"之义。此属的学名是"Gymnochilus Clements, Bot. Surv. Nebraska 4:23. 1896(non Blume 1859)"。亦有文献把其处理为"Cheirostylis Blume (1825)"的异名。【分布】马达加斯加,马斯克林群岛。【模式】未指定。【参考异名】Cheirostylis Blume(1825)■☆

22769 Gymnocladus L.(废弃属名)= Gymnocladus Lam.(1785)(保留属名)[豆科 Fabaceae(Leguminosae)//云实科(苏木科)Caesalpiniaceae]●

22770 Gymnocladus Lam.(1785)(保留属名)【汉】肥皂荚属。【俄】Бундук,Гимнокладус,Гимноклядус。【英】Coffee Tree,Coffeetree,Coffee-tree,Kentucky Coffee Tree,Soappod。【隶属】豆科 Fabaceae(Leguminosae)//云实科(苏木科)Caesalpiniaceae。【包含】世界 3-5 种,中国 1-2 种。【学名诠释与讨论】〈阳〉(希)gymnos,裸露的+klados,枝,芽,指小式 kladion,棍棒。kladodes 有许多枝子的。指冬季落叶后枝条显露。此属的学名"Gymnocladus Lam.,Encycl.;733. 1 Aug 1785"是保留属名。法规未列出相应的废弃属名。"Gymnocladus L. = Gymnocladus Lam.(1785)(保留属名)"似引证有误。【分布】美国,缅甸,印度(阿萨姆),中国,北美洲。【后选模式】Gymnocladus canadensis Lamarck, Nom. illegit.[Guilandina dioica Linnaeus, Gymnocladus dioica(Linnaeus)Koch]。【参考异名】Gymnocladus L.(废弃属名)●

22771 Gymnocline Cass.(1816)= Chrysanthemum L.(1753)(保留属名);~ = Tanacetum L.(1753)[菊科 Asteraceae(Compositae)//菊蒿科 Tanacetaceae]■●

22772 Gymnococca C. A. Mey.(1845)= Pimelea Banks ex Gaertn.(1788)(保留属名)[瑞香科 Thymelaeaceae]●☆

22773 Gymnocondylus R. M. King et H. Rob.(1972)【汉】梭果尖泽兰属。【隶属】菊科 Asteraceae(Compositae)。【包含】世界 1 种。【学名诠释与讨论】〈阳〉(希)gymnos,裸露的+condylos 关节,瘤。【分布】巴西。【模式】Gymnocondylus galiopsifolius(G. Gardner)R. M. King et H. E. Robinson [as 'galeopsifolius'] [Eupatorium galiopsifolium G. Gardner]。■☆

22774 Gymnocoronis DC.(1836)【汉】裸冠菊属(史必草属)。【隶属】菊科 Asteraceae(Compositae)。【包含】世界 5 种,中国 1 种。

【学名诠释与讨论】〈中〉(希)gymnos,裸露的+coronis,副花冠。【分布】巴拉圭,秘鲁,玻利维亚,墨西哥,中国,中美洲。【后选模式】Gymnocoronis attenuata A. P. de Candolle。■

22775 Gymnodes(Griseb.)Fourr.(1869)= Luzula DC.(1805)(保留属名)[灯心草科 Juncaceae]■

22776 Gymnodes Fourr.(1869)Nom. illegit. ≡ Gymnodes(Griseb.)Fourr.(1869);~ = Luzula DC.(1805)(保留属名)[灯心草科 Juncaceae]■

22777 Gymnodiscus Less.(1831)【汉】裸盘菊属。【隶属】菊科 Asteraceae(Compositae)。【包含】世界 2 种。【学名诠释与讨论】〈阳〉(希)gymnos,裸露的+diskos,圆盘。指花托。【分布】非洲南部。【模式】Gymnodiscus capillaris(Linnaeus f.)A. P. de Candolle [Othonna capillaris Linnaeus f.]。■☆

22778 Gymnogonum Parry(1883)= Goodmania Reveal et Ertter(1977)[蓼科 Polygonaceae]■☆

22779 Gymnogyne(F. Didr.)F. Didr.(1859)Nom. illegit. = Boehmeria Jacq.(1760)[荨麻科 Urticaceae]●

22780 Gymnogyne F. Didr.(1859)Nom. illegit. ≡ Gymnogyne(F. Didr.)F. Didr.(1859)Nom. illegit.;~ = Boehmeria Jacq.(1760)[荨麻科 Urticaceae]●

22781 Gymnogyne Steetz(1845)= Cotula L.(1753)[菊科 Asteraceae(Compositae)]■

22782 Gymnolaema Benth.(1876)Nom. illegit. = Sacleuxia Baill.(1890)[萝藦科 Asclepiadaceae]■☆

22783 Gymnolaena(DC.)Rydb.(1915)【汉】裸被菊属。【隶属】菊科 Asteraceae(Compositae)。【包含】世界 3 种。【学名诠释与讨论】〈阴〉(希)gymnos,裸露的+laina = chlaine = 拉丁文 laena,外衣,衣服。此属的学名,ING 和 TROPICOS 记载是"Gymnolaena(A. P. de Candolle)Rydberg, N. Amer. Fl. 34:160. 28 Jul 1915",由"Dyssodia sect. Gymnolaena DC., Prodromus Systematis Naturalis Regni Vegetabilis 5;641. 1836.(1-10 Oct 1836)"改级而来。GCI 和 IK 则记载为"Gymnolaena Rydb., N. Amer. Fl. 34(2);160. 1915 [28 Jul 1915]"。四者引用的文献相同。【分布】墨西哥,中美洲。【模式】Gymnolaena serratifolia(A. P. de Candolle)Rydberg [Dyssodia serratifolia A. P. de Candolle]。【参考异名】Dyssodia sect. Gymnolaena DC.(1836);Gymnolaena Rydb.(1915)Nom. illegit. ●☆

22784 Gymnolaena Rydb.(1915)Nom. illegit. ≡ Gymnolaena(DC.)Rydb.(1915)[菊科 Asteraceae(Compositae)]●☆

22785 Gymnoleima Decne.(1835)= Lithodora Griseb.(1844)+Moltkia Lehm.(1817);~ = Moltkia Lehm.(1817)[紫草科 Boraginaceae]●■☆

22786 Gymnoloma Ker Gawl.(1823)Nom. illegit. = Gymnolomia Kunth(1818)[菊科 Asteraceae(Compositae)]■☆

22787 Gymnolomia Kunth(1818)= Aspilia Thouars(1806);~ = Wedelia Jacq.(1760)(保留属名)[菊科 Asteraceae(Compositae)]■●

22788 Gymnoluma Baill.(1891)= Elaeoluma Baill.(1891);~ = Lucuma Molina(1782)[山榄科 Sapotaceae]●

22789 Gymnomesium Schott(1855)= Arum L.(1753)[天南星科 Araceae]■☆

22790 Gymnomyosotis(A. DC.)O. D. Nikif.(2000)= Myosotis L.(1753)[紫草科 Boraginaceae]■

22791 Gymnonychium Bartl.(1844)= Agathosma Willd.(1809)(保留属名)[芸香科 Rutaceae]●☆

22792 Gymnopentzia Benth.(1873)【汉】对叶杯子菊属。【隶属】菊科 Asteraceae(Compositae)。【包含】世界 1 种。【学名诠释与讨论】〈阴〉(希)gymnos,裸露的+(属)Pentzia 杯子菊属。【分布】

非洲南部。【模式】Gymnopentzia bifurcata Benth.。●☆

22793　Gymnopetalum Arn.（1840）【汉】金瓜属（裸瓣瓜属，裸瓣花属）。【日】アンナンカラスウリ属。【英】Goldenmelon, Gymnopetalum。【隶属】葫芦科（瓜科，南瓜科）Cucurbitaceae。【包含】世界3-6种，中国2种。【学名诠释与讨论】〈中〉（希）gymnos，裸露的+希腊文petalos，扁平的，铺开的；petalon，花瓣，叶，花叶，金属叶子；拉丁文的花瓣为petalum。【分布】印度至马来西亚，中国。【后选模式】Gymnopetalum tubiflorum（Wight et Arnott）Cogniaux［Bryonia tubiflora Wight et Arnott］。【参考异名】Scotanthus Naudin（1862）Nom. illegit.；Tripodanthera M. Roem.（1846）■

22794　Gymnophragma Lindau.（1917）【汉】裸篱爵床属。【隶属】爵床科 Acanthaceae。【包含】世界1种。【学名诠释与讨论】〈中〉（希）gymnos，裸露的+phragma，所有格 phragmatos，篱笆。phragmos，篱笆，障碍物。phragmites，长在篱笆中的。【分布】阿根廷，新几内亚岛东部。【模式】Gymnophragma simplex Lindau。☆

22795　Gymnophyton Clos（1848）【汉】裸芹属。【隶属】伞形花科（伞形科）Apiaceae（Umbelliferae）。【包含】世界6种。【学名诠释与讨论】〈中〉（希）gymnos，裸露的+phyton，植物，树木，枝条。【分布】玻利维亚，安第斯山。【后选模式】Gymnophyton polycephalum（Gillies et W. J. Hooker）D. Clos［Asteriscium polycephalum Gillies et W. J. Hooker］。■☆

22796　Gymnopodium Rolfe（1901）【汉】两性蓼树属。【隶属】蓼科 Polygonaceae。【包含】世界3种。【学名诠释与讨论】〈中〉（希）gymnos，裸露的+pous，所有格 podos，指小式 podion，脚，足，柄，梗+-ius，-ia，-ium，在拉丁文和希腊文中，这些词尾表示性质或状态。podotes，有脚的。【分布】中美洲。【模式】Gymnopodium floribundum Rolfe。【参考异名】Millspaughia B. L. Rob.（1905）●☆

22797　Gymnopogon P. Beauv.（1812）【汉】裸芒属（裸须草属）。【隶属】禾本科 Poaceae（Gramineae）。【包含】世界15种。【学名诠释与讨论】〈阳〉（希）gymnos，裸露的+pogon，所有格 pogonos，指小式 pogonion，胡须，髯毛，芒。pogonias，有须的。此属的学名，ING、TROPICOS、APNI、GCI 和 IK 记载是"Gymnopogon P. Beauv., Ess. Agrostogr. 41（164）. 1812［Dec 1812］"。"Anthopogon Nuttall, Gen. 1：81. 14 Jul 1818"是"Gymnopogon P. Beauv.（1812）"的晚出的同模式异名（Homotypic synonym, Nomenclatural synonym）。【分布】巴拿马，秘鲁，玻利维亚，哥斯达黎加，美国（密苏里），中美洲。【模式】racemosus Palisot de Beauvois, Nom. illegit.［as 'racemosa'］［Andropogon ambiguus Michaux；Gymnopogon ambiguus（Michaux）Britton, Sterns et Poggenburg］。【参考异名】Alloiatheros Elliott（1816）；Alloiatheros Raf.（1830）Nom. illegit.；Aloeatheros Endl.（1836）；Anthopogon Nutt.（1818）Nom. illegit., Nom. superfl.；Biatherium Desv.（1831）；Doellochloa Kuntze（1891）Nom. illegit.；Monochaete Döll（1878）；Sciadonardus Steud.（1850）Nom. inval.■☆

22798　Gymnopoma N. E. Br.（1928）Nom. illegit. ≡ Skiatophytum L. Bolus（1927）Nom. inval., Nom. nud.；~ = Skiatophytum L. Bolus et L. Bolus（1928）［番杏科 Aizoaceae］■☆

22799　Gymnopsis DC.（1836）Nom. illegit. ≡ Gymnolomia Kunth（1818）［菊科 Asteraceae（Compositae）］■☆

22800　Gymnopyrenium Dulac（1867）Nom. illegit. ≡ Cotoneaster Medik.（1789）［蔷薇科 Rosaceae］●

22801　Gymnorebutia Doweld（2001）【汉】玻轮冠属。【隶属】仙人掌科 Cactaceae。【包含】世界5种。【学名诠释与讨论】〈阴〉（希）gymnos，裸露的+（属）Rebutia 子孙球属（宝山属，翁宝属）。此属的学名是"Gymnorebutia A. B. Doweld, Sukkulenty 4：24. 15 Sep 2001"。亦有文献把其处理为"Weingartia Werderm.（1937）"的

异名。【分布】玻利维亚。【模式】Gymnorebutia pulquinensis（H. M. Cárdenas）A. B. Doweld［Weingartia pulquinensis H. M. Cárdenas］。【参考异名】Weingartia Werderm.（1937）■☆

22802　Gymnoreima Endl.（1843）= Gymnoleima Decne.（1835）；~ = Lithodora Griseb.（1844）+ Moltkia Lehm.（1817）［紫草科 Boraginaceae］●■☆

22803　Gymnorinorea Keay（1953）= Decorsella A. Chev.（1917）［堇菜科 Violaceae］■☆

22804　Gymnoschoenus Nees（1841）【汉】裸莎属。【隶属】莎草科 Cyperaceae。【包含】世界2种。【学名诠释与讨论】〈阳〉（希）gymnos，裸露的+（属）Schoenus 小赤箭莎属。【分布】澳大利亚。【模式】Gymnoschoenus adustus C. G. D. Nees。【参考异名】Mesomelaena Nees（1846）■☆

22805　Gymnosciadium Hochst.（1844）= Pimpinella L.（1753）［伞形花科（伞形科）Apiaceae（Umbelliferae）］■

22806　Gymnosiphon Blume（1827）【汉】腐草属。【英】Stalegrass。【隶属】水玉簪科 Burmanniaceae。【包含】世界24-50种，中国1种。【学名诠释与讨论】〈中〉（希）gymnos，裸露的+siphon，所有格 siphonos，管子。【分布】巴拿马，秘鲁，玻利维亚，厄瓜多尔，哥伦比亚，哥斯达黎加，马达加斯加，尼加拉瓜，中国，中美洲。【模式】Gymnosiphon aphyllus Blume［as 'aphyllum'］。【参考异名】Benitzia H. Karst.（1857）；Desmogymnosiphon Guinea.（1946）；Ptychomeria Benth.（1855）■

22807　Gymnosperma Less.（1832）【汉】胶头菊属（裸子菊属，裸籽菊属）。【俄】Голосеменные, Голосемянные。【英】Gumhead, Gymnosperms。【隶属】菊科 Asteraceae（Compositae）。【包含】世界1种。【学名诠释与讨论】〈中〉（希）gymnos，裸露的+sperma，所有格 spermatos，种子，孢子。此属的学名"Gymnosperma Lessing, Syn. Comp. 194. 1832"是一个替代名称。"Selloa K. P. J. Sprengel, Novi Provent. 36. Dec 1818"是一个非法名称（Nom. illegit.），因为此前已经有了"Selloa Kunth in Humboldt, Bonpland et Kunth, Nova Gen. Sp. 4：ed. fol. 208. 26 Oct 1818［菊科 Asteraceae（Compositae）］"。故用"Gymnosperma Less.（1832）"替代之。【分布】美国（南部）至中美洲。【模式】Gymnosperma glutinosum（K. P. J. Sprengel）Lessing［Selloa glutinosa K. P. J. Sprengel］。【参考异名】Selloa Spreng.（1818）（废弃属名）■☆

22808　Gymnospermium Spach（1839）【汉】牡丹草属（新牡丹草属，新牡丹属）。【隶属】小檗科 Berberidaceae//狮足草科 Leonticaceae。【包含】世界6-11种，中国3种。【学名诠释与讨论】〈中〉（希）gymnos，裸露的+sperma，所有格 spermatos，种子，孢子+-ius，-ia，-ium，在拉丁文和希腊文中，这些词尾表示性质或状态。【分布】中国，亚洲中部。【模式】Gymnospermium altaicum（Pallas）Spach［Leontice altaica Pallas］。■

22809　Gymnospora（Chodat）J. F. B. Pastore（2013）【汉】裸籽远志属。【隶属】远志科 Polygalaceae。【包含】世界2种。【学名诠释与讨论】〈阴〉（希）gymnos，裸露的+spora，孢子，种子。此属的学名是"Gymnospora（Chodat）J. F. B. Pastore, Novon 22（3）：305. 2013［24 May 2013］"，由"Polygala sect. Gymnospora Chodat Arch. Sci. Phys. Nat. 25：698. 1891［post Jun 1891］"改级而来。它还曾被处理为"Polygala subgen. Gymnospora（Chodat）Paiva, Fontqueria 50（4）：147. 1998"。【分布】巴西。【模式】Polygala violoides A. St. -Hil. et Moq.。【参考异名】Polygala sect. Gymnospora Chodat；Polygala subgen. Gymnospora（Chodat）Paiva；Polygala subgen. Gymnospora（Chodat）Paiva（1998）；Polygala subgen. Gymnospora（Chodat）Paiva（1998）■☆

22810　Gymnosporia（Wight et Arn.）Benth. et Hook. f.（1862）（保留名）【汉】裸实属。【隶属】卫矛科 Celastraceae。【包含】世界80-

100 种,中国 11 种。【学名诠释与讨论】〈阴〉(希)gymnos,裸露的+spora,孢子,种子。指种子有时无假种皮。此属的学名 "Gymnosporia (Wight et Arn.) Benth. et Hook. f., Gen. Pl. 1:359, 365. 7 Aug 1862" 是保留属名,由 "Celastrus sect. Gymnosporia Wight et Arn., Prodr. Fl. Ind. Orient.:159. 10 Oct 1834" 改级而来。相应的废弃属名是卫矛科 Celastraceae 的 "Catha Forssk. ex Scop., Intr. Hist. Nat.:228. Jan–Apr 1777 = Gymnosporia (Wight et Arn.) Benth. et Hook. f. (1862)(保留属名)"、"Encentrus C. Presl in Abh. Königl. Böhm. Ges. Wiss., ser 5,3:463. Jul–Dec 1845 = Gymnosporia (Wight et Arn.) Benth. et Hook. f. (1862)(保留属名)"、"Polyacanthus C. Presl in Abh. Königl. Böhm. Ges. Wiss., ser. 5,3:463. Jul–Dec 1845 = Gymnosporia (Wight et Arn.) Benth. et Hook. f. (1862)(保留属名)" 和 "Scytophyllum Eckl. et Zeyh., Enum. Pl. Afric. Austral.:124. Dec 1834–Mar 1835 = Gymnosporia (Wight et Arn.) Benth. et Hook. f. (1862)(保留属名)"。多有文献包括一些国家(含中国)的植物志都采用 "Catha Forssk. ex Scop., Intr. Hist. Nat.:228. Jan–Apr 1777" 为正名;但它是一个被法规所废弃的名称。卫矛科 Celastraceae 的 "Catha Forssk., Fl. Aegypt. – Arab. 63. 1775, Nom. inval. = Catha Forssk. ex Schreb. (1777)(废弃属名)= Catha Forssk. ex Scop. (1777)(废弃属名)= Gymnosporia (Wight et Arn.) Benth. et Hook. f. (1862)(保留属名)= Maytenus Molina (1782)"、"Catha Forssk. ex Schreb., Gen. Pl., ed. 8 [a]. 1:147. 1789 =Gymnosporia (Wight et Arn.) Benth. et Hook. f. (1862)(保留属名)"、"Catha Forssk. ex Scop., Intr. Hist. Nat. 228. 1777 [Jan–Apr 1777] = Gymnosporia (Wight et Arn.) Benth. et Hook. f. (1862)(保留属名)" 和 "Catha G. Don, Gen. Hist. 2:9. 1832 [Oct 1832] = Celastrus L. (1753)(保留属名)" 都须废弃。IK 和 APNI 记载的 "Gymnosporia (Wight et Arn.) Hook. f., Gen. Pl. [Bentham et Hooker f.] 1(1):365. 1862 [7 Aug 1862]" 以及 "Gymnosporia Benth. et Hook. f. (1862)" 的命名人引证有误;应予废弃。化石植物的 "Scytophyllum J. G. Bornemann, Org. Lettenk. Thüringens 75. t. 7. f. 1-8. 1856 ≡ Dellephyllum A. B. Doweld 2001" 也要废弃。亦有文献把 "Gymnosporia (Wight et Arn.) Benth. et Hook. f. (1862)(保留属名)" 处理为 "Maytenus Molina (1782)" 的异名。【分布】巴基斯坦,秘鲁,玻利维亚,厄瓜多尔,哥伦比亚,马达加斯加,中国,热带和亚热带尤其非洲,中美洲。【模式】Gymnosporia montana (A. W. Roth) Bentham [Celastrus montanus A. W. Roth [as 'montana']。【参考异名】Catha Forssk. (1775) Nom. inval. (废弃属名);Catha Forssk. ex Schreb. (1777)(废弃属名);Catha Forssk. ex Scop. (1777(废弃属名);Celastrus sect. Gymnosporia Wight et Arn. (1834);Dillonia Sacleux(1932);Encentrus C. Presl (1845)(废弃属名);Gymnosporia (Wight et Arn.) Hook. f. (1862) Nom. illegit. (废弃属名);Gymnosporia Benth. et Hook. f. (1862) Nom. illegit. (废弃属名);Lydenburgia N. Robson(1965); Maytenus Molina(1782);Polyacanthus C. Presl (1845)(废弃属名);Scytophyllum Eckl. et Zeyh. (1834)(废弃属名);Semarilla Raf. (1838)●

22811　Gymnosporia(Wight et Arn.) Hook. f. (1862) Nom. illegit. (废弃属名)≡ Gymnosporia (Wight et Arn.) Benth. et Hook. f. (1862)(保留属名)[卫矛科 Celastraceae]●

22812　Gymnosporia Benth. et Hook. f. (1862) Nom. illegit. (废弃属名)≡Gymnosporia (Wight et Arn.) Benth. et Hook. f. (1862)(保留属名)[卫矛科 Celastraceae]●

22813　Gymnostachium Rchb. (1837) = Gymnostachyum Nees (1832) [爵床科 Acanthaceae]■●

22814　Gymnostachya Sm. (1811) Nom. illegit. ≡ Gymnostachys R. Br. (1810) [天南星科 Araceae]■☆

22815　Gymnostachys R. Br. (1810)【汉】裸穗南星属。【隶属】天南星科 Araceae。【包含】世界 1 种。【学名诠释与讨论】〈阴〉(希)gymnos+stachys,穗,谷,长钉。此属的学名,ING、APNI 和 IK 记载是 "Gymnostachys R. Br., Prodromus Florae Novae Hollandiae 1810"。"Gymnostachya Sm., Rees' Cyclopedia 17 1811" 是其拼写变体。【分布】澳大利亚。【模式】Gymnostachys anceps R. Brown。【参考异名】Gymnostachya Sm. (1811) Nom. illegit. ■☆

22816　Gymnostachyum Nees(1832)【汉】裸柱草属(裸柱花属)。【隶属】爵床科 Acanthaceae。【包含】世界 30-70 种,中国 4 种。【学名诠释与讨论】〈中〉(希)gymnos,裸露的+stachys,穗,谷,长钉。指花序顶生。此属的学名,ING 和 IK 记载是 "Gymnostachyum C. G. D. Nees in Wallich, Pl. Asiat. Rar. 3:76, 106. 15 Aug 1832"。"Gymnostechyum Spach, Hist. Nat. Vég. (Spach) 9:146. 1840 [15 Aug 1840]" 是晚出的非法名称。【分布】印度和斯里兰卡至菲律宾和印度尼西亚(爪哇岛),中国。【模式】Gymnostachyum leptostachyum C. G. D. Nees。【参考异名】Cryptophragmium Nees (1832);Gymnostachium Rchb. (1837);Gymnostechyum Spach (1840) Nom. illegit.;Odontostigma Zoll. et Moritzi(1845);Panemata Raf. (1838);Petracanthus Nees (1847);Sarcanthera Raf. (1838) Nom. illegit. ■

22817　Gymnostechyum Spach (1840) Nom. illegit. = Gymnostachyum Nees(1832) [爵床科 Acanthaceae]■

22818　Gymnostemon Aubrév. et Pellegr. (1937)【汉】裸蕊苦木属。【隶属】苦木科 Simaroubaceae。【包含】世界 1 种。【学名诠释与讨论】〈阳〉(希)gymnos,裸露的+stemon,雄蕊。【分布】热带非洲西部。【模式】Gymnostemon zaizou Aubréville et Pellegrin。●☆

22819　Gymnostephium Less. (1832)【汉】突果菀属。【隶属】菊科 Asteraceae(Compositae)。【包含】世界 7-8 种。【学名诠释与讨论】〈中〉(希)gymnos,裸露的+stephos,stephanos,花冠,王冠+-ius,-ia,-ium,在拉丁文和希腊文中,这些词尾表示性质或状态。指无冠毛。【分布】非洲南部。【后选模式】Gymnostephium gracile Lessing。【参考异名】Heteractis DC. (1838)●☆

22820　Gymnosteris Greene(1898)【汉】裸星花葱属。【隶属】花葱科 Polemoniaceae。【包含】世界 2 种。【学名诠释与讨论】〈阴〉(希)gymnos,裸露的+aster,相似,星,紫菀属。【分布】美国(西部)。【后选模式】Gymnosteris nudicaulis (Hooker et Arnott) E. L. Greene [Collomia nudicaulis Hooker et Arnott]。■☆

22821　Gymnostichum Schreb. (1810) Nom. illegit. ≡ Asperella Humb. (1790) Nom. illegit.; ~ = Hystrix Moench(1794) [禾本科 Poaceae (Gramineae)]■

22822　Gymnostillingia Müll. Arg. (1863) = Stillingia Garden ex L. (1767) [大戟科 Euphorbiaceae]●■☆

22823　Gymnostoma L. A. S. Johnson(1980)【汉】裸孔木属(吉努斯图属)。【隶属】木麻黄科 Casuarinaceae。【包含】世界 18 种。【学名诠释与讨论】〈中〉(希)gymnos,裸露的+stoma,所有格 stomatos,孔口。【分布】斐济,马来西亚(西部)至澳大利亚(东北部),法属新喀里多尼亚。【模式】Gymnostoma nodiflorum (Thunberg) L. A. S. Johnson [Casuarina nodiflora Thunberg]。【参考异名】Quadrangula Baum. –Bod. (1989) Nom. inval. ●☆

22824　Gymnostyles Juss. (1804) = Soliva Ruiz et Pav. (1794) [菊科 Asteraceae(Compositae)]■

22825　Gymnostyles Raf. (1817) Nom. illegit. = Pluchea Cass. (1817) [菊科 Asteraceae(Compositae)]●■

22826　Gymnostylis B. D. Jacks. = Gymnostyles Raf. (1817) Nom. illegit.; ~ = Pluchea Cass. (1817) [菊科 Asteraceae(Compositae)]●■

22827　Gymnostylis Raf.（1818）Nom. illegit. ≡ Gymnostyles Raf.（1817）Nom. illegit. ；～ = Pluchea Cass.（1817）［菊科 Asteraceae（Compositae）］●■

22828　Gymnoterpe Salisb.（1866）Nom. illegit. ≡ Braxireon Raf.（1838）Nom. illegit. ；～ = Tapeinanthus Herb.（1837）（废弃属名）；～ = Narcissus L.（1753）［石蒜科 Amaryllidaceae］●☆

22829　Gymnotheca Decne.（1845）【汉】裸蒴属。【英】Gymnotheca。【隶属】三白草科 Saururaceae。【包含】世界2种,中国2种。【学名诠释与讨论】〈阴〉（希）gymnos,裸露的+theke ＝拉丁文 theca,匣子,箱子,室,药室,囊。指蒴果裸露。【分布】中国。【模式】Gymnotheca chinensis Decaisne。■★

22830　Gymnothrix Spreng.（1817）= Pennisetum Pers.（1805）［禾本科 Poaceae（Gramineae）］■

22831　Gymnotrix P. Beauv.（1812）= Pennisetum Rich.（1805）［禾本科 Poaceae（Gramineae）］■

22832　Gymnouratella Tiegh.（1902）= Ouratea Aubl.（1775）（保留属名）［金莲木科 Ochnaceae］●

22833　Gymnoxis Steud.（1840）= Gymnolomia Kunth（1818）；～ = Gymnopsis DC.（1836）Nom. illegit. ；～ = Gymnolomia Kunth（1818）［菊科 Asteraceae（Compositae）］■☆

22834　Gymostyles Willd.（1807）= Gymnostyles Juss.（1804）；～ = Soliva Ruiz et Pav.（1794）［菊科 Asteraceae（Compositae）］■

22835　Gynactis Cass.（1827）= Glossogyne Cass.（1827）［菊科 Asteraceae（Compositae）］■

22836　Gynaecocephalium Hassk.（1844）= Gynocephalum Blume（1825）（废弃属名）；～ = Phytocrene Wall.（1831）（保留属名）［铁青树科 Olacaceae//茶茱萸科 Icacinaceae］●☆

22837　Gynaecopachys Hassk.（1844）Nom. illegit. = Gynopachis Blume（1823）；～ = Randia L.（1753）［茜草科 Rubiaceae//山黄皮科 Randiaceae］●

22838　Gynaecotrochus Hassk.（1844）= Gynotroches Blume（1825）［红树科 Rhizophoraceae］●☆

22839　Gynaecura Hassk.（1844）= Gynura Cass.（1825）（保留属名）［菊科 Asteraceae（Compositae）］■●

22840　Gynaeum Post et Kuntze（1903）= Gynaion A. DC.（1845）［紫草科 Boraginaceae］●

22841　Gynaion A. DC.（1845）= Cordia L.（1753）（保留属名）［紫草科 Boraginaceae//破布木科（破布树科）Cordiaceae］●

22842　Gynamblosis Torr.（1853）= Croton L.（1753）［大戟科 Euphorbiaceae//巴豆科 Crotonaceae］●

22843　Gynampsis Raf.（1837）Nom. illegit. ≡ Downingia Torr.（1857）（保留属名）［桔梗科 Campanulaceae］■☆

22844　Gynandriris Parl.（1854）【汉】阴阳兰属。【隶属】鸢尾科 Iridaceae。【包含】世界9种。【学名诠释与讨论】〈阴〉（希）gyne,所有格 gynaikeion,雌性,雌蕊+andros,雄性,雄蕊+iris 鸢尾。此属的学名"Gynandriris Parlatore, Nuovi Gen. Sp. 49. 1854"是一个替代名称。"Sisyrinchium P. Miller, Gard. Dict. Abr. ed. 4. 28 Jan 1754"是一个非法名称（Nom. illegit.）,因为此前已经有了"Sisyrinchium Linnaeus, Sp. Pl. 954. 1 Mai 1753［鸢尾科 Iridaceae］"。故用"Gynandriris Parl.（1854）"替代之。"Helixyra R. A. Salisbury ex N. E. Brown, Trans. Roy. Soc. South Africa 17:348. 1929"是"Gynandriris Parl.（1854）"的晚出的同模式异名（Homotypic synonym, Nomenclatural synonym）。亦有文献把"Gynandriris Parl.（1854）"处理为"Moraea Mill.（1758）［as 'Morea'］（保留属名）"的异名。【分布】地中海地区,非洲南部。【模式】Gynandriris sisyrinchium（Linnaeus）Parlatore［Iris sisyrinchium Linnaeus］。【参考异名】Helixira Steud.（1840）；

Helixyra Salisb.（1812）Nom. inval. ; Helixyra Salisb. ex N. E. Br.（1929）Nom. illegit. ; Moraea Mill.（1758）［as 'Morea'］（保留属名）; Sisyrinchium Mill.（1754）Nom. illegit. ■☆

22845　Gynandropsis DC.（1824）（保留属名）【汉】羊角菜属。【隶属】山柑科（白花菜科,醉蝶花科）Capparaceae//白花菜科（醉蝶花科）Cleomaceae。【包含】世界5种,中国1种。【学名诠释与讨论】〈阴〉（希）gyne,所有格 gynaikeion,雌性,雌蕊+aner,所有格 andros,雄性,雄蕊+希腊文 opsis,外观,模样,相似。指雌蕊上方着生雄蕊。此属的学名"Gynandropsis DC. , Prodr. 1：237. Jan（med.）1824"是保留属名。相应的废弃属名是白花菜科（醉蝶花科）Cleomaceae 的"Pedicellaria Schrank in Bot. Mag.（Römer et Usteri）3（8）：10. Apr 1790 ≡ Gynandropsis DC.（1824）（保留属名）"。亦有文献把"Gynandropsis DC.（1824）（保留属名）"处理为" = Cleome L.（1753）"的异名。【分布】巴基斯坦,玻利维亚,马达加斯加,中国,热带和亚热带,中美洲。【模式】Gynandropsis pentaphylla A. P. de Candolle, Nom. illegit.［Cleome pentaphylla Linnaeus, nom illeg., Cleome gynandra Linnaeus; Gynandropsis gynandra（Linnaeus）Briquet］。【参考异名】Cleome L.（1753）; Pedicellaria Schrank（1790）（废弃属名）; Podogyne Hoffmanns.（1824）; Sinapistrum Medik.（1789）Nom. illegit. ■

22846　Gynanthistrophe Poit. ex DC.（1825）= Swartzia Schreb.（1791）（保留属名）［豆科 Fabaceae（Leguminosae）//蝶形花科 Papilionaceae］●☆

22847　Gynaphanes Steetz（1864）= Epaltes Cass.（1818）［菊科 Asteraceae（Compositae）］■

22848　Gynapteina（Blume）Spach（1839）= Schefflera J. R. Forst. et G. Forst.（1775）（保留属名）［五加科 Araliaceae］●

22849　Gynapteina Spach（1839）Nom. illegit. ≡ Gynapteina（Blume）Spach（1839）；～ = Schefflera J. R. Forst. et G. Forst.（1775）（保留属名）［五加科 Araliaceae］●

22850　Gynastrum Neck.（1790）Nom. inval. = Guapira Aubl.（1775）；～ = Pisonia L.（1753）［紫茉莉科 Nyctaginaceae//腺果藤科（避霜花科）Pisoniaceae］●

22851　Gynatrix Alef.（1862）【汉】坤锦葵属。【隶属】锦葵科 Malvaceae。【包含】世界1-2种。【学名诠释与讨论】〈阴〉（希）gyne,所有格 gynaikeion,雌性,雌蕊+trix 阴性词尾,指示做某种行为的人或物。此属的学名是"Gynatrix Alefeld, Oesterr. Bot. Z. 12：34. Feb 1862"。亦有文献把其处理为"Plagianthus J. R. Forst. et G. Forst.（1776）"的异名。【分布】澳大利亚（东部）。【模式】Gynatrix pulchella（Willdenow）Alefeld［Sida pulchella Willdenow］。【参考异名】Gynothrix Post et Kuntze（1903）; Plagianthus J. R. Forst. et G. Forst.（1776）●☆

22852　Gynema Raf.（1817）= Pluchea Cass.（1817）［菊科 Asteraceae（Compositae）］●■

22853　Gynerium Bonpl.（1813）Nom. illegit. ≡ Gynerium Willd. ex P. Beauv.（1812）［禾本科 Poaceae（Gramineae）］■☆

22854　Gynerium Humb.（1813）Nom. illegit. ≡ Gynerium Bonpl.（1813）Nom. illegit. ；～ ≡ Gynerium Willd. ex P. Beauv.（1812）［禾本科 Poaceae（Gramineae）］■☆

22855　Gynerium Humb. et Bonpl.（1813）Nom. illegit. ≡ Gynerium Bonpl.（1813）Nom. illegit. ；～ ≡ Gynerium Willd. ex P. Beauv.（1812）［禾本科 Poaceae（Gramineae）］■☆

22856　Gynerium Kunth（1813）Nom. illegit. ≡ Gynerium Willd. ex P. Beauv.（1812）［禾本科 Poaceae（Gramineae）］■☆

22857　Gynerium P. Beauv.（1812）Nom. illegit. ≡ Gynerium Willd. ex P. Beauv.（1812）［禾本科 Poaceae（Gramineae）］■☆

22858　Gynerium Willd. ex P. Beauv.（1812）【汉】坤草属。【俄】

Гинериум,Трава памнаская,Трава памнасовая。【英】Pampas Grass,Pampas-grass。【隶属】禾本科 Poaceae(Gramineae)。【包含】世界1-2 种。【学名诠释与讨论】〈中〉(希)gyne,所有格 gynaikeion gynaikos,妇人、妻、雌性、雌蕊,变为 gynaikeion,房屋中妇女所住的部分+erion,羊毛。指柱头具毛。此属的学名,ING 和 TROPICOS 记载是"Gynerium Willdenow ex Palisot de Beauvois,Essai Agrost. 138,153. Dec 1812"。"Gynerium P. Beauv. (1812) Nom. illegit. ≡ Gynerium Willd. ex P. Beauv. (1812)"的命名人引证有误。"Gynerium Bonpl.,Pl. Aequinoct.[Humboldt et Bonpland]2(15):112,t. 115. 1813[1809 publ. Feb 1813]"是晚出的非法名称。"Gynerium Humb. et Bonpl. (1813) Nom. illegit. ≡ Gynerium Willd. ex P. Beauv. (1812)"和"Gynerium Kunth (1813) Nom. illegit. ≡ Gynerium Willd. ex P. Beauv. (1812)"的命名人引证有误。【分布】巴拿马,巴西,秘鲁,玻利维亚,厄瓜多尔,哥伦比亚,哥斯达黎加,墨西哥,尼加拉瓜,西印度群岛,热带美洲,中美洲。【模式】Gynerium sagittatum(Aublet)Palisot de Beauvois[Saccharum sagittatum Aublet]。【参考异名】Gynerium Bonpl. (1813) Nom. illegit.;Gynerium Humb. (1813) Nom. illegit.;Gynerium Humb. et Bonpl. (1813) Nom. illegit.;Gynerium Kunth (1813) Nom. illegit.;Gynerium P. Beauv. (1812) Nom. illegit.;Phragmites Trin. (1820) Nom. illegit. ■☆

22859 Gynetera Raf. (1838) Nom. illegit. ≡ Tetracera L. (1753)[锡叶藤科 Tetraceraceae//五桠果科(第伦桃科,五丫果科,锡叶藤科)Dilleniaceae]●

22860 Gyneteria Spreng. (1818) = Gynheteria Willd. (1807);~ = Tessaria Ruiz et Pav. (1794)[菊科 Asteraceae(Compositae)]●☆

22861 Gynetra B. D. Jacks. (1838) = Gynetera Raf. (1838) Nom. illegit.;~ = Tetracera L. (1753)[锡叶藤科 Tetraceraceae//五桠果科(第伦桃科,五丫果科,锡叶藤科)Dilleniaceae]●

22862 Gynheteria Willd. (1807) = Tessaria Ruiz et Pav. (1794)[菊科 Asteraceae(Compositae)]●☆

22863 Gynicidia Neck. (1790) Nom. inval. = Mesembryanthemum L. (1753)(保留属名)[番杏科 Aizoaceae//龙须海棠科(日中花科)Mesembryanthemaceae]●●

22864 Gynisanthus Post et Kuntze (1903) = Diospyros L. (1753);~ = Gunisanthus A. DC. (1844)[柿树科 Ebenaceae]●

22865 Gynizodon Raf. (1838) = Miltonia Lindl. (1837)(保留属名);~ = Oncidium Sw. (1800)(保留属名)[兰科 Orchidaceae]■☆

22866 Gynocampus Lesch.,Nom. inval. = Levenhookia R. Br. (1810)[花柱草科(丝滴草科)Stylidiaceae]■☆

22867 Gynocampus Lesch. ex DC. (1839) Nom. inval. = Levenhookia R. Br. (1810)[花柱草科(丝滴草科)Stylidiaceae]■☆

22868 Gynocardia R. Br. (1820) Nom. illegit. = Gynocardia Roxb. (1820)[刺篱木科(大风子科)Flacourtiaceae]●

22869 Gynocardia Roxb. (1820)【汉】马蛋果属(马旦果属)。【日】タイフウシ属。【英】Gynocardia,Horseegg。【隶属】刺篱木科(大风子科)Flacourtiaceae。【包含】世界1 种,中国1 种。【学名诠释与讨论】〈阴〉(希)gyne,所有格 gynaikeion,雌性、雌蕊+kardia,心脏。指柱头心形。此属的学名,ING、TROPICOS 和 IK 记载是"Gynocardia Roxb.,Pl. Coromandel 3(4):95. 1820[18 Feb 1820]"。《中国植物志》英文版亦使用此名称。"Chilmoria F.[Buchanan]Hamilton,Trans. Linn. Soc. London 13:500. 1822"是"Gynocardia Roxb. (1820)"的晚出的同模式异名(Homotypic synonym,Nomenclatural synonym)。"Gynocardia R. Br. (1820)"的命名人引证有误。亦有文献把"Gynocardia Roxb. (1820)"处理为"Gynocardia R. Br. (1820)"的异名。【分布】印度(阿萨姆),缅甸,中国。【模式】Gynocardia odorata Roxburgh。【参考异名】

Chaulmoogra Roxb. (1814) Nom. inval.;Chilmoria Buch. – Ham. (1822) Nom. illegit.;Gynocardia R. Br. (1820) Nom. illegit. ●

22870 Gynocephala Benth. et Hook. f. (1862) = Gynocephalum Blume (1825)(废弃属名);~ = Phytocrene Wall. (1831)(保留属名)[铁青树科 Olacaceae//茶茱萸科 Icacinaceae]●☆

22871 Gynocephalium Endl. (1837) Nom. illegit. = Gynocephalum Blume (1825)(废弃属名);~ = Phytocrene Wall. (1831)(保留属名)[铁青树科 Olacaceae//茶茱萸科 Icacinaceae]●☆

22872 Gynocephalum Blume (1825)(废弃属名)= Phytocrene Wall. (1831)(保留属名)[铁青树科 Olacaceae//茶茱萸科 Icacinaceae]●☆

22873 Gynochthodes Blume (1827)【汉】丘蕊茜属。【隶属】茜草科 Rubiaceae。【包含】世界20 种。【学名诠释与讨论】〈阴〉(希)gyne,所有格 gynaikeion,雌性、雌蕊+ochtos = ochthe,台地、丘陵、隆肉、泥岸、海滨沙岗;ochthodes,有隆肉的、像小丘的。指子房。【分布】印度(安达曼群岛),马达加斯加,加罗林群岛,萨摩亚群岛,东南亚西部。【模式】Gynochthodes coriacea Blume。【参考异名】Tetralopha Hook. f. (1870)●☆

22874 Gynocraterium Bremek. (1939)【汉】杯蕊爵床属。【隶属】爵床科 Acanthaceae。【包含】世界1 种。【学名诠释与讨论】〈中〉(希)gyne,所有格 gynaikeion,雌性、雌蕊+crater,杯、火山口+-ius,-ia,-ium,在拉丁文和希腊文中,这些词尾表示性质或状态。【分布】热带南美洲。【模式】Gynocraterium guianense Bremekamp。☆

22875 Gynodon Raf. (1837) = Allium L. (1753)[百合科 Liliaceae//葱科 Alliaceae]■

22876 Gynoglossum Zipp. ex Scheff. = Rapanea Aubl. (1775)[紫金牛科 Myrsinaceae]●

22877 Gynoglottis J. J. Sm. (1904)【汉】舌蕊兰属。【隶属】兰科 Orchidaceae。【包含】世界1 种。【学名诠释与讨论】〈阴〉(希)gyne,所有格 gynaikeion,雌性、雌蕊+glottis,所有格 glottidos,气管口,来自 glotta = glossa,舌。指花柱与唇瓣结合。【分布】印度尼西亚(苏门答腊岛)。【模式】Gynoglottis cymbidioides(H. G. Reichenbach)J. J. Smith[Coelogyne cymbidioides H. G. Reichenbach]。■☆

22878 Gynoisa B. D. Jacks. = Gynoisia Raf. (1833)[旋花科 Convolvulaceae]●■

22879 Gynoisia Raf. (1833) Nom. illegit. ≡ Diatremis Raf. (1821)(废弃属名);~ = Ipomoea L. (1753)(保留属名)[旋花科 Convolvulaceae]●■

22880 Gynomphis Raf. (1838) = Tibouchina Aubl. (1775)[野牡丹科 Melastomataceae]●■☆

22881 Gynoon Juss. (1823) = Glochidion J. R. Forst. et G. Forst. (1776)(保留属名)[大戟科 Euphorbiaceae]●

22882 Gynopachis Blume (1823)【汉】粗蕊茜属。【隶属】茜草科 Rubiaceae//山黄皮科 Randiaceae。【包含】世界9 种。【学名诠释与讨论】〈阴〉(希)gyne,所有格 gynaikeion,雌性、雌蕊+pachys,厚的、粗的。pachy- = 拉丁文 crassi-,厚的、粗的。此属的学名,ING 和 IK 记载是"Gynopachis Blume,Cat. Gew. Buitenzorg(Blume)48. 1823[Feb-Sep 1823]"。"Gynopachys Blume,Bijdr. Fl. Ned. Ind. 16:983. 1825[Oct 1826-Nov 1827]"是"Gynopachis Blume(1823)"的拼写变体。亦有文献把"Gynopachis Blume(1823)"处理为"Randia L. (1753)"的异名。【分布】马来西亚,中南半岛。【模式】未指定。【参考异名】Gynaecopachys Hassk. (1844) Nom. illegit.;Gynopachys Blume(1826) Nom. illegit.;Randia L. (1753)●☆

22883 Gynopachys Blume (1826) Nom. illegit. ≡ Gynopachis Blume

（1823）［茜草科 Rubiaceae］●☆

22884　Gynophoraria Rydb.（1929）= Astragalus L.（1753）［豆科 Fabaceae（Leguminosae）//蝶形花科 Papilionaceae］●■

22885　Gynophorea Gilli（1955）【汉】柄柱芥属。【隶属】十字花科 Brassicaceae（Cruciferae）。【包含】世界 1 种。【学名诠释与讨论】〈阴〉（希）gyne，所有格 gynaikeion，雌性，雌蕊+phoros，具有，梗，负载，发现者。此属的学名是"Gynophorea Gilli, Feddes Repert. Spec. Nov. Regni Veg. 57：226. 1 Nov 1955"。亦有文献把其处理为"Erysimum L.（1753）"的异名。【分布】阿富汗。【模式】Gynophorea weileri Gilli。【参考异名】Erysimum L.（1753）■☆

22886　Gynophyge Gilli（1973）= Agrocharis Hochst.（1844）■［伞形花科（伞形科）Apiaceae（Umbelliferae）］☆

22887　Gynopleura Cav.（1798）= Malesherbia Ruiz et Pav.（1794）［离柱科（玉冠草科）Malesherbiaceae］●■☆

22888　Gynopogon J. R. Forst. et G. Forst.（1776）（废弃属名）≡ Alyxia Banks ex R. Br.（1810）（保留属名）［夹竹桃科 Apocynaceae］●

22889　Gynostegia T. S. Lui et W. D. Huang（1976）Nom. illegit.［荨麻科 Urticaceae］☆

22890　Gynostemma Blume（1825）【汉】绞股蓝属。【日】アマチャヅル属。【俄】Гиностема。【英】Gynostemma。【隶属】葫芦科（瓜科，南瓜科）Cucurbitaceae。【包含】世界 2-17 种，中国 15-17 种。【学名诠释与讨论】〈中〉（希）gyne，所有格 gynaikeion，雌性，雌蕊+stemma，所有格 stemmatos，花冠，花环，王冠。【分布】印度至马来西亚，中国，东亚。【后选模式】Gynostemma pedata Blume。【参考异名】Enkylia Griff.（1845）；Pestalozzia Willis, Nom. inval.；Pestalozzia Moritzi；Pestalozzia Zoll. et Moritzi（1846）；Trirostellum Z. P. Wang et Q. Z. Xie（1981）■

22891　Gynothrix Post et Kuntze（1903）= Gynatrix Alef.（1862）；~ = Plagianthus J. R. Forst. et G. Forst.（1776）［锦葵科 Malvaceae］●☆

22892　Gynotroches Blume（1825）【汉】轮蕊木属。【隶属】红树科 Rhizophoraceae。【包含】世界 1 种。【学名诠释与讨论】〈阴〉（希）gyne，所有格 gynaikeion，雌性，雌蕊+trochos = 拉丁文 trochus，指小式 trochatella = trochillus，轮，篗。指柱头形状。【分布】卡罗里纳和所罗门群岛，马来西亚，缅甸，泰国。【模式】Gynotroches axillaris Blume。【参考异名】Dryptopetalum Arn.（1838）；Gynaecotrochus Hassk.（1844）●☆

22893　Gynoxis Rchb.（1828）Nom. illegit.［菊科 Asteraceae（Compositae）］☆

22894　Gynoxys Cass.（1827）【汉】绒安菊属。【隶属】菊科 Asteraceae（Compositae）。【包含】世界 60-120 种。【学名诠释与讨论】〈阴〉（希）gyne，所有格 gynaikeion，雌性，雌蕊+oxys，锐尖，敏锐，迅速，或酸的。oxytenes，锐利的，有尖的。oxyntos，使锐利的，使发酸的。此属的学名，ING、TROPICOS 和 IK 记载是"Gynoxys Cass., Dict. Sci. Nat., ed. 2.［F. Cuvier］48：455. 1827［Jun 1827］"。"Gynoxis Rchb., Consp. Regn. Veg.［H. G. L. Reichenbach］106. 1828, Nom. illegit.［菊科 Asteraceae（Compositae）］"似为其变体。【分布】秘鲁，玻利维亚，厄瓜多尔，哥伦比亚，中美洲。【模式】未指定。【参考异名】Nordenstamia Lundin（2006）；Scrobicaria Cass.（1827）●☆

22895　Gynura Cass.（1825）（保留属名）【汉】菊三七属（白凤菜属，绒安菊属，三七草属，三七属，土三七属）。【日】サンシチサウ属，サンシチソウ属，スイゼンジナ属。【俄】Гинура。【英】Velvet Plant, Velvetplant。【隶属】菊科 Asteraceae（Compositae）。【包含】世界 40-60 种，中国 11 种。【学名诠释与讨论】〈阴〉（希）gyne，所有格 gynaikeion，雌性，雌蕊+-urus，-ura，-uro，用于希腊文组合词，含义为"尾巴"。指花柱长而粗糙呈尾状。此属的学名"Gynura Cass. in Cuvier, Dict. Sci. Nat. 34：391. Apr 1825"

是保留属名。相应的废弃属名是菊科 Asteraceae 的"Crassocephalum Moench, Methodus：516. 4 Mai 1794 = Gynura Cass.（1825）（保留属名）"。【分布】热带非洲和马达加斯加至东亚和马来西亚，中国。【模式】Gynura auriculata Cassini。【参考异名】Crassocephalum Moench（1794）（废弃属名）；Cremocephalum Cass.（1825）Nom. illegit.；Cynura d'Orb.；Ginura S. Vidal（1886）；Gynaecura Hassk.（1844）■●

22896　Gypothamnium Phil.（1860）【汉】线菊木属。【隶属】菊科 Asteraceae（Compositae）。【包含】世界 1 种。【学名诠释与讨论】〈阴〉（希）gyps，所有格 gypos，鹰，兀鹰+thamnos，指小式 thamnion，灌木，灌丛，树丛，枝+-ius，-ia，-ium，在拉丁文和希腊文中，这些词尾表示性质或状态。【分布】智利。【模式】Gypothamnium pinifolium Philippi。●☆

22897　Gypsacanthus Lott, V. Jaram. et Rzed.（1986）【汉】刺石爵床属。【隶属】爵床科 Acanthaceae。【包含】世界 1 种。【学名诠释与讨论】〈阳〉（希）gypsos，石膏，白垩+akantha，荆棘，刺。或 gypsos，石膏，白垩+（属）Acanthus 老鼠簕属。【分布】墨西哥南部。【模式】Gypsacanthus nelsonii E. J. Lott, V. Jaramillo L. et J. Rzedowski。☆

22898　Gypsocallis Salisb.（1821）Nom. illegit. ≡ Gypsocallis Salisb. ex Gray（1821）；~ = Erica L.（1753）［杜鹃花科（欧石南科）Ericaceae］●☆

22899　Gypsocallis Salisb. ex Gray（1821）= Erica L.（1753）［杜鹃花科（欧石南科）Ericaceae］●☆

22900　Gypsophila L.（1753）【汉】石头花属（丝石竹属，霞草属）。【日】イトナデシコ属，カスミソウ属，ジプソフィラ属。【俄】Гипсолюбка，Гипсофила，Качим，Перекати-поле。【英】Baby's Breath, Baby's-breath, Chalk Plant, Chalkplant, Cloud Plant, Gypsophila。【隶属】石竹科 Caryophyllaceae。【包含】世界 120-150 种，中国 21 种。【学名诠释与讨论】〈阴〉（希）gypsos，石膏，白垩+philos，喜好。指喜好石灰质土壤。此属的学名，ING、APNI、TROPICOS 和 IK 记载是"Gypsophila L., Sp. Pl. 1：406. 1753［1 May 1753］"。"Lanaria Adanson, Fam. 2：255. Jul-Aug 1763（废弃属名）"是"Gypsophila L.（1753）"的晚出的同模式异名（Homotypic synonym, Nomenclatural synonym）。"Gypsophyla B. Juss. ex Juss., Gen. Pl.［Jussieu］68. 1789［4 Aug 1789］［石竹科 Caryophyllaceae］"仅有属名；似为"Gypsophila L.（1753）"的拼写变体。【分布】埃及，澳大利亚，巴基斯坦，玻利维亚，哥伦比亚，新西兰，中国，温带欧亚大陆尤其地中海东部，中美洲。【后选模式】Gypsophila repens Linnaeus。【参考异名】Acosmia Benth.（1829）Nom. inval.；Acosmia Benth. ex G. Don（1831）；Arrostia Raf.（1810）；Asophila Neck.（1790）Nom. inval.；B. Mey. et Scherb.（1800）；Banffya Baumg.（1816）；Bolbosaponaria Bondarenko（1971）；Catarsis Post et Kuntze（1903）；Cypsophila P. Gaertn.；Czeikia Ikonn.（2004）；Dichoglottis Fisch. et C. A. Mey.（1836）；Heterochloa Endl.（1843）Nom. illegit.；Heterochroa Bunge（1830）；Jordania Boiss.（1849）；Kabulianthe（Rech. f.）Ikonn.（2004）；Katarsis Medik.（1787）；Lanaria Adans.（1763）Nom. illegit.（废弃属名）；Psammophila Fourr.（1868）Nom. inval.；Psammophila Ikonn.（1971）Nom. illegit.；Psammophiliella Ikonn.（1976）；Pseudosaponaria（F. N. Williams）Ikonn.（1979）；Rokejeka Forssk.（1775）；Timaeosia Klotzsch（1862）■●

22901　Gypsophyla B. Juss. ex Juss.（1789）Nom. illegit. =? Gypsophila L.（1753）［石竹科 Caryophyllaceae］■●☆

22902　Gypsophytum Adans.（1763）Nom. illegit. ≡ Arenaria L.（1753）；~ = Cerastium L.（1753）；~ = Minuartia L.（1753）；~ = Moehringia L.（1753）［石竹科 Caryophyllaceae］■

22903　Gypsophytum Ehrh.（1789）Nom. illegit. = Crypsophila Benth. et

Hook. f. ［棕榈科 Arecaceae（Palmae）］●☆

22904　Gyptidium R. M. King et H. Rob.（1972）【汉】展瓣菊属。【隶属】菊科 Asteraceae（Compositae）//泽兰科 Eupatoriaceae。【包含】世界 2 种。【学名诠释与讨论】〈中〉（属）Gyptis 柄泽兰属+-idius，-idia，-idium，指示小的词尾。此属的学名是"Gyptidium R. M. King et H. E. Robinson, Phytologia 23：310. 20 Mai 1972"。亦有文献把其处理为"Eupatorium L.（1753）"的异名。【分布】巴西至阿根廷。【模式】Gyptidium militare（B. L. Robinson）R. M. King et H. E. Robinson［Eupatorium militare B. L. Robinson］。【参考异名】Eupatorium L.（1753）■☆

22905　Gyptis（Cass.）Cass.（1820）【汉】柄泽兰属。【隶属】菊科 Asteraceae（Compositae）//泽兰科 Eupatoriaceae。【包含】世界 7 种。【学名诠释与讨论】〈阴〉词源不详。此属的学名，ING 记载是"Gyptis（Cassini）Cassini in F. Cuvier, Dict. Sci. Nat. 16：10. 8 Apr 1820"，由"Eupatorium subgen. Gyptis Cassini, Bull. Sci. Soc. Philom. Paris 1818：139. Sep 1818"改级而来；GCI 记载为"Gyptis Cass., Dict. Sci. Nat., ed. 2.［F. Cuvier］16：10. 1820［8 Apr 1820］"；二者引用的文献相同。IK 则记载为"Gyptis Cass., Bull. Sci. Soc. Philom. Paris（1818）139；et in Dict. Sc. Nat. xx. 177（1821）"。亦有文献把"Gyptis（Cass.）Cass.（1820）"处理为"Eupatorium L.（1753）"的异名。【分布】巴拉圭，巴西至阿根廷，玻利维亚。【后选模式】Gyptis pinnatifida Cassini。【参考异名】Eupatorium L.（1753）；Eupatorium subgen. Gyptis Cass.（1818）；Gyptis Cass.（1820）Nom. illegit. ■☆

22906　Gyptis Cass.（1820）Nom. illegit. = Gyptis（Cass.）Cass.（1820）［菊科 Asteraceae（Compositae）］■☆

22907　Gyrandra Griseb.（1845）= Centaurium Hill（1756）［龙胆科 Gentianaceae］■

22908　Gyrandra Moq.（1845）= Tersonia Moq.（1849）［环蕊木科（环蕊科）Gyrostemonaceae］●☆

22909　Gyrandra Wall.（1847）Nom. illegit. = Daphniphyllum Blume（1827）［虎皮楠科（交让木科）Daphniphyllaceae］●

22910　Gyranthera Pittier（1914）【汉】圆药木棉属。【隶属】木棉科 Bombacaceae//锦葵科 Malvaceae。【包含】世界 2 种。【学名诠释与讨论】〈阴〉（希）gyros，圆圈，圆+anthera，花药。【分布】巴拿马，厄瓜多尔，委内瑞拉。【模式】Gyranthera darienensis Pittier。●☆

22911　Gyrenia Knowles et Westc. ex Loudon（1839）= Milla Cav.（1794）［百合科 Liliaceae//葱科 Alliaceae］■☆

22912　Gyrinops Gaertn.（1791）【汉】蝌蚪瑞香属。【隶属】瑞香科 Thymelaeaceae。【包含】世界 9 种。【学名诠释与讨论】〈阳〉（希）gyrinos，蝌蚪+ops=opsis，外观，模样。【分布】马来西亚（东部），斯里兰卡。【模式】Gyrinops walla J. Gaertner。【参考异名】Brachythalamus Gilg（1900）；Decaisnella Kuntze（1891）Nom. illegit.；Gyrinopsis Decne.（1843）；Lachnolepis Miq.（1863）●☆

22913　Gyrinopsis Decne.（1843）= Aquilaria Lam.（1783）（保留属名）；~ = Gyrinops Gaertn.（1791）［瑞香科 Thymelaeaceae］●☆

22914　Gyrocarpaceae Dumort.（1829）［亦见 Hernandiaceae Blume（保留科名）莲叶桐科］【汉】旋翼果科（圆果树科）。【包含】世界 2 属 22 种。【分布】热带和亚热带。【科名模式】Gyrocarpus Jacq. ●☆

22915　Gyrocarpus Jacq.（1763）【汉】旋翼果属（圆果树属）。【隶属】旋翼果科（圆果树科）Gyrocarpaceae//莲叶桐科 Hernandiaceae。【包含】世界 3-7 种。【学名诠释与讨论】〈阳〉（希）gyros，圆圈，圆+karpos，果实。【分布】巴拿马，哥伦比亚（安蒂奥基亚），哥斯达黎加，马达加斯加，尼加拉瓜，热带和亚热带，中美洲。【模式】Gyrocarpus americanus N. J. Jacquin。●☆

22916　Gyrocaryum Valdés（1983）【汉】西班牙紫草属。【隶属】紫草科 Boraginaceae。【包含】世界 1 种。【学名诠释与讨论】〈中〉（希）gyros，圆圈，圆+karyon，胡桃，硬壳果，核，坚果。【分布】西班牙。【模式】Gyrocaryum oppositifolium B. Valdés。■☆

22917　Gyrocephalium Rchb.（1841）= Gynocephalum Blume（1825）（废弃属名）；~ = Phytocrene Wall.（1831）（保留属名）［铁青树科 Olacaceae//茶茱萸科 Icacinaceae］●☆

22918　Gyrocheilos W. T. Wang（1981）【汉】圆唇苣苔属。【英】Gyrocheilos。【隶属】苦苣苔科 Gesneriaceae。【包含】世界 4 种，中国 4 种。【学名诠释与讨论】〈阳〉（希）gyros，圆圈，圆+cheilos，唇。在希腊文组合词中，cheil-，cheilo-，-chilus，-chilia 等均为"唇"义。指花的上唇圆形。【分布】中国。【模式】Gyrocheilos chorisepalum W. T. Wang。■★

22919　Gyrodoma Wild（1974）【汉】硬毛田基黄属。【隶属】菊科 Asteraceae（Compositae）。【包含】世界 1 种。【学名诠释与讨论】〈阴〉（希）gyros，圆圈，圆+doma，所有格 domatos，礼物。【分布】莫桑比克。【模式】Gyrodoma hispida（Vatke）H. Wild［Matricaria hispida Vatke］。■☆

22920　Gyrogyne W. T. Wang（1981）【汉】圆果苣苔属。【英】Gyrogyne。【隶属】苦苣苔科 Gesneriaceae。【包含】世界 1 种，中国 1 种。【学名诠释与讨论】〈阴〉（希）gyros，圆圈，圆+gyne，所有格 gynaikos，雌性，雌蕊。指果圆形。【分布】中国。【模式】Gyrogyne subaequifolia W. T. Wang。■★

22921　Gyromia Nutt.（1818）Nom. illegit. ≡ Medeola L.（1753）［铃兰科 Convallariaceae//百合科 Liliaceae//美地草科（美地草科，七筋菇科，七筋姑科）Medeolaceae］■☆

22922　Gyroptera Botsch.（1967）= Choriptera Botsch.（1967）［藜科 Chenopodiaceae］●☆

22923　Gyrostachis Blume（1859）Nom. illegit. ≡ Gyrostachys Blume（1859）Nom. illegit.；~ = Spiranthes Rich.（1817）（保留属名）［兰科 Orchidaceae］■

22924　Gyrostachis Pers.（1807）Nom. inval. = Spiranthes Rich.（1817）（保留属名）［兰科 Orchidaceae］■

22925　Gyrostachys Blume（1859）Nom. illegit. = Spiranthes Rich.（1817）（保留属名）［兰科 Orchidaceae］■

22926　Gyrostachys Pers.（1858）Nom. inval. = Spiranthes Rich.（1817）（保留属名）［兰科 Orchidaceae］■

22927　Gyrostachys Pers. ex Blume（1859）Nom. illegit. ≡ Gyrostachys Blume（1859）Nom. illegit.；~ = Spiranthes Rich.（1817）（保留属名）［兰科 Orchidaceae］■

22928　Gyrostelma E. Fourn.（1885）Nom. illegit. = Matelea Aubl.（1775）［萝藦科 Asclepiadaceae］●☆

22929　Gyrostemon Desf.（1820）【汉】环蕊木属（环蕊属）。【隶属】环蕊木科（环蕊科）Gyrostemonaceae。【包含】世界 6-12 种。【学名诠释与讨论】〈阳〉（希）gyros，圆圈，圆+stemon，雄蕊。【分布】澳大利亚。【模式】Gyrostemon ramulosus Desfontaines［as 'ramulosum'］。【参考异名】Cyclotheca Moq.（1849）；Didymotheca Hook. f.（1847）●☆

22930　Gyrostemonaceae A. Juss.（1845）（保留科名）【汉】环蕊木科（环蕊科）。【包含】世界 5 属 16-18 种。【分布】澳大利亚（塔斯马尼亚岛）。【科名模式】Gyrostemon Desf. ●■☆

22931　Gyrostemonaceae Endl. = Gyrostemonaceae A. Juss.（保留科名）●☆

22932　Gyrostephium Turcz.（1851）= Chthonocephalus Steetz（1845）［菊科 Asteraceae（Compositae）］■☆

22933　Gyrostipula J. -F. Leroy（1975）【汉】圆托茜属。【隶属】茜草科 Rubiaceae。【包含】世界 2 种。【学名诠释与讨论】〈阴〉（希）gyros，圆圈，圆+stipes，所有格 stipitis 树干，树枝，指小式 stipula

柄,小梗,叶片,托叶。【分布】科摩罗,马达加斯加。【模式】Gyrostipula foveolata（R. Capuron）J. – F. Leroy［Neonauclea foveolata R. Capuron］。●☆

22934 Gyrotaenia Griseb.（1860）【汉】旋带麻属。【隶属】荨麻科 Urticaceae。【包含】世界4-6种。【学名诠释与讨论】〈阴〉（希）gyros,圆圈,圆+tainia,变为拉丁文 taenia,带。taeniatus,有条纹的。taenidium,螺旋丝。【分布】西印度群岛,中美洲。【模式】Gyrotaenia myriocarpa Grisebach。【参考异名】Pyrotheca Steud.（1841）●☆

22935 Gyrotheca Salisb.（1812）= Lachnanthes Elliott（1816）（保留属名）［血草科(半授花科,给血草科,血皮草科)Haemodoraceae］■☆

22936 Gytonanthus Raf.（1820）= Patrinia Juss.（1807）（保留属名）［缬草科（败酱科）Valerianaceae］■

22937 Haagea Frič（1925）Nom. illegit. = Mammillaria Haw.（1812）（保留属名）［仙人掌科 Cactaceae］●

22938 Haagea Klotzsch（1854）= Begonia L.（1753）［秋海棠科 Begoniaceae］●■

22939 Haageocactus Backeb.（1932）Nom. inval. ≡ Haageocereus Backeb.（1933）［仙人掌科 Cactaceae］●☆

22940 Haageocereus Backeb.（1933）【汉】金煌柱属。【日】ハーゲオセレウス属。【隶属】仙人掌科 Cactaceae。【包含】世界5-70种。【学名诠释与讨论】〈阳〉（人）Friedrich Adolf Haage,1796–1866,植物学者+（属）Cereus 仙影掌属。此属的学名,ING、GCI 和 IK 记载是"Haageocereus Backeberg, Cact. J.（Croydon）1：52. Jun 1933"。Haageocactus Backeb.（1932）是一个未合格发表的名称（Nom. inval.）。【分布】秘鲁,智利。【模式】Haageocereus pseudomelanostele（Werdermann et Backeberg）Backeberg［Cereus pseudomelanostele Werdermann et Backeberg］。【参考异名】Floresia Krainz et Ritter；Floresia Krainz et Ritter ex Backeb.；Haageocactus Backeb.（1932）Nom. inval.；Lasiocereus F. Ritter（1966）；Neobinghamia Backeb.（1950）；Peruvocereus Akers（1947）；Weberbauerocereus Backeb.（1942）；Yungasocereus F. Ritter（1980）●☆

22941 Haarera Hutch. et E. A. Bruce（1932）= Erlangea Sch. Bip.（1853）［菊科 Asteraceae（Compositae）］■☆

22942 Haasia Blume（1836）Nom. inval. = Dehaasia Blume（1837）［樟科 Lauraceae］●

22943 Haasia Nees（1836）Nom. illegit. ≡ Haasia Blume（1836）；~ = Dehaasia Blume（1837）［樟科 Lauraceae］●

22944 Haaslundia Schumach.（1827）Nom. illegit. ≡ Hoslundia Vahl（1804）［唇形科 Lamiaceae（Labiatae）］●☆

22945 Haaslundia Schumach. et Thonn.（1827）Nom. illegit. ≡ Haaslundia Schumach.（1827）Nom. illegit.；~ ≡ Hoslundia Vahl（1804）［唇形科 Lamiaceae（Labiatae）］●☆

22946 Haastia Hook. f.（1864）【汉】密垫菊属。【隶属】菊科 Asteraceae（Compositae）。【包含】世界3种。【学名诠释与讨论】〈阴〉（人）Johann Franz（John Francis）Julius von Haast,1824–1887,德国出生的植物学者,地质学者。【分布】新西兰。【模式】未指定。●☆

22947 Habenaria Nimmo, Nom. illegit. = Habenaria Willd.（1805）［兰科 Orchidaceae］■

22948 Habenaria Willd.（1805）【汉】玉凤花属（鬼箭玉凤花属,玉凤兰属）。【日】サギサウ属,サギソウ属,ミズトンボ属。【俄】Поводник,Пололепестник。【英】Habenaria, Rein Orchid, Rein Orchis。【隶属】兰科 Orchidaceae。【包含】世界600种,中国54-59种。【学名诠释与讨论】〈阴〉（拉）habena,带,小舌片 + -arius,-aria,-arium,指示"属于,相似,具有,联系"的词尾。指距

带形。此属的学名,ING、APNI、GCI、TROPICOS 和 IK 记载是"Habenaria Willd., Sp. Pl., ed. 4［Willdenow］4（1）：5（44）. 1805"。"Habenorkis Du Petit – Thouars, Nouv. Bull. Sci. Soc. Philom. Paris 1：317. Apr 1809"是"Habenaria Willd.（1805）"的晚出的同模式异名（Homotypic synonym, Nomenclatural synonym）。【分布】巴基斯坦,巴拉圭,巴拿马,秘鲁,玻利维亚,厄瓜多尔,哥斯达黎加,马达加斯加,尼加拉瓜,中国,中美洲。【后选模式】Habenaria macroceratitis Willdenow［Orchis habenaria Linnaeus］。【参考异名】Altisatis Thouars；Arachnabenis Thouars；Arachnaria Szlach.（2003）；Aspla Rchb.（1841）；Ate Lindl.（1835）；Bertauxia Szlach.（2004）；Bicchia Parl.（1860）Nom. illegit.；Bilabrella Lindl.（1834）；Centrochilus Schauer（1843）；Ceratopetalorchis Szlach.；Chaeradoplectron Benth. et Hook. f.（1883）；Choeradoplectron Schauer（1843）；Citrabenis Thouars；Denslovia Rydb.（1931）；Digomphotis Raf.（1837）；Diplectraden Raf.（1837）；Dissorhynchium Schauer（1843）；Dithrix（Hook. f.）Schltr.（1926）Nom. inval.；Dithrix（Hook. f.）Schltr. ex Brummitt（1993）；Dithrix Schltr.（1926）Nom. inval.；Entaticus Gray（1821）Nom. illegit.；Fimbrorchis Szlach.（2004）；Glossapis Spreng.；Glossaspis Spreng.（1826）Nom. illegit.；Glossula Lindl.（1825）（废弃属名）；Górniak et Tukallo（2003）；Habenaria Nimmo, Nom. illegit.；Habenella Small（1903）；Habenorkis Thouars（1809）Nom. illegit.；Hemiperis Frapp. ex Cordem.（1895）；Itaculumia Hoehne（1936）；Kraenzlinorchis Szlach.（2004）；Kryptostoma（Summerh.）Geerinck（1982）；Kusibabella Szlach.（2004）；Macrocentrum Phil.（1871）Nom. illegit.；Macrura（Kraenzl.）Szlach. et Sawicka（2003）；Medusorchis Szlach.（2004）；Mesicera Raf.（1825）；Mesoceras Post et Kuntze（1903）；Mirandorchis Szlach. et Kras – Lap.（2003）；Montolivaea Rchb. f.（1881）；Nemuranthes Raf.（1837）；Ochyrorchis Szlach.（2004）；Phaniasia Blume ex Miq.（1865）Nom. inval.；Plantaginorchis Szlach.（2004）；Platantheroides Szlach.（2004）；Podandria Rolfe（1898）；Ponerorchis Rchb. f.（1852）；Pseudoperistylus（P. F. Hunt）Szlach. et Olszewski（1998）；Purpurabenis Thouars；Rossatis Thouars；Senghasiella Szlach.（2001）；Sigillabenis Thouars；Sirindhornia H. A. Pedersen et Suksathan（2003）；Smithanthe Szlach. et Marg.（2004）；Spirosatis Thouars；Symmeria Hook. f.；Synmeria Nimmo（1839）；Trachypetalum Szlach. et Sawicka（2003）；Veyretella Szlach. et Olszewski（1998）■

22949 Habenella Small（1903）= Habenaria Willd.（1805）；~ = Platanthera Rich.（1817）（保留属名）［兰科 Orchidaceae］■

22950 Habenorkis Thouars（1809）Nom. illegit. ≡ Habenaria Willd.（1805）［兰科 Orchidaceae］■

22951 Haberlea Friv.（1835）【汉】巴尔干苣苔属（喉凸苣苔属）。【日】ハベルレア属。【英】Haberlea。【隶属】苦苣苔科 Gesneriaceae。【包含】世界1-2种。【学名诠释与讨论】〈阴〉（人）Karl Konstantin（Carl Constantin）Christian Haberle,1764–1832,德国植物学者。此属的学名,ING 和 IK 记载是"Haberlea Frivaldszky, Flora 18：331. 7 Jun 1835；Magyar Tud. Társ. Évk. 2：249. 1835"。"Haberlea Pohl ex Baker, Fl. Bras.（Martius）6（2）：341. 1876［1 Feb 1876］= Praxelis Cass.（1826）［菊科 Asteraceae（Compositae）］"是晚出的非法名称,而且未合格发表。【分布】巴尔干半岛。【模式】Haberlea rhodopensis Frivaldszky。■☆

22952 Haberlea Pohl ex Baker（1876）Nom. illegit. , Nom. inval. = Praxelis Cass.（1826）［菊科 Asteraceae（Compositae）］■●

22953 Haberlia Dennst.（1818）= Lannea A. Rich.（1831）（保留属名）；~ = Odina Roxb.（1814）［漆树科 Anacardiaceae］●

22954　Habershamia Raf.（1825）＝ Bacopa Aubl.（1775）（保留属名）；
～＝Brami Adans.（1763）（废弃属名）［玄参科 Scrophulariaceae//
婆婆纳科 Veronicaceae］■

22955　Hablanthera Hochst.（1844）＝ Haplanthera Hochst.（1843）；～＝
Ruttya Harv.（1842）［爵床科 Acanthaceae］●☆

22956　Hablitzia M. Bieb.（1817）【汉】藤本无针苋属。【俄】
Габлиция。【隶属】藜科 Chenopodiaceae。【包含】世界 1 种。
【学名诠释与讨论】〈阴〉（人）Carl Ludwig von Hablizl（von
Hablitz），1752－1821，植物学者，Bemerkungen in der Persischen
Landschaft Gilan undaufden Gilanischen Gebirgen 的作者。此属的
学名,ING 和 IK 记载是"Hablitzia Marschall von Bieberstein, Mém.
Soc. Imp. Naturalistes Moscou 5：24. 1817"。"Hablitzlia Rchb.，
Deut. Bot. Herb. −Buch 164. 1841 [Jul 1841]"是晚出的非法名
称。晚出的名称"Hablizia Spreng.，Syst. Veg.（ed. 16）[Sprengel]
1；824. 1824 [dated 1825；publ. in late 1824]"和"Hablizlia Pritz.，
Icon. Bot. Index [Pritzel]ii. 139. 1855"是其拼写变体。【分布】高
加索。【模式】Hablitzia tamnoides Marschall von Bieberstein。【参
考异名】Hablitzlia Rchb.（1841）Nom. illegit.；Hablizia Spreng.
（1824）；Hablizlia Pritz.（1855）■☆

22957　Hablitzlia Rchb.（1841）Nom. illegit. ＝ Hablitzia M. Bieb.
（1817）［藜科 Chenopodiaceae］■☆

22958　Hablizia Spreng.（1824）＝ Hablitzia M. Bieb.（1817）［藜科
Chenopodiaceae］■☆

22959　Hablizlia Pritz.（1855）＝ Hablitzia M. Bieb.（1817）［藜科
Chenopodiaceae］■☆

22960　Habracanthus Nees(1847)【汉】小刺爵床属。【隶属】爵床科
Acanthaceae。【包含】世界 60 种。【学名诠释与讨论】〈阳〉（希）
habros, 柔软, 优美, 华美, 精巧+（属）Acanthus 老鼠簕属。【分
布】巴拿马, 秘鲁, 玻利维亚, 哥伦比亚（安蒂奥基亚）,墨西哥, 中
美洲。【模式】Habracanthus silvaticus C. G. D. Nees。【参考异名】
Glockeria Nees（1847）Nom. illegit. ；Hansteinia Oerst.（1854）；
Kalbreyeracanthus Wassh.（1981）；Syringidium Lindau（1922）Nom.
illegit.●☆

22961　Habranthus Herb.(1824)【汉】美花莲属。【日】ハブランサス
属。【英】Habranthus, Rain Lily, Rain－lily。【隶属】石蒜科
Amaryllidaceae。【包含】世界 10-34 种。【学名诠释与讨论】〈阳〉
（希）habros, 柔软, 优美, 华美, 精巧+anthos, 花。此属的学名,
ING、GCI 和 IK 记载是"Habranthus Herb.，Bot. Mag. 51；t. 2464.
1824 [1 Feb 1824]"。"Habrantus Dumort.，Anal. Fam. Pl. 58
（1829）"是晚出的非法名称。【分布】玻利维亚, 哥伦比亚, 热带
和南美洲。【模式】Habranthus gracilifolius Herbert。【参考异名】
Zephyranthella（Pax）Pax(1930)；Zephyranthella Pax.（1930）Nom.
illegit.■☆

22962　Habrantus Dumort.（1829）Nom. illegit.［石蒜科
Amaryllidaceae］■☆

22963　Habrochloa C. E. Hubb.（1967）【汉】美草属。【隶属】禾本科
Poaceae(Gramineae)。【包含】世界 1 种。【学名诠释与讨论】
〈阴〉（希）habros, 柔软, 优美, 华美, 精巧+chloe, 草的幼芽, 嫩草,
禾草。【分布】热带非洲东部。【模式】Habrochloa bullockii C. E.
Hubbard。☆

22964　Habroneuron Standl.（1927）【汉】雅脉茜属。【隶属】茜草科
Rubiaceae。【包含】世界 1 种。【学名诠释与讨论】〈阴〉（希）
habros, 柔软, 优美, 华美, 精巧+neuron ＝拉丁文 nervus, 脉, 筋,
腱, 神经。【分布】墨西哥。【模式】Habroneuron mexicanum
Standley。☆

22965　Habropetalum Airy Shaw（1952）【汉】二柱钩叶属（西非钩叶
属, 西非叶属）。【隶属】双钩叶科（二瘤叶科, 双钩叶木科）

Dioncophyllaceae。【包含】世界 1 种。【学名诠释与讨论】〈中〉
（希）habros, 柔软, 优美, 华美, 精巧+petalos, 扁平的, 铺开的。
petalon,花瓣, 叶, 花叶, 金属叶子。拉丁文的花瓣为 petalum。
【分布】热带非洲西部。【模式】Habropetalum dawei（Hutchinson
et Dalziel）Airy Shaw [Dioncophyllum dawei Hutchinson et Dalziel]。
●☆

22966　Habrosia Fenzl（1843）【汉】刺花草属。【隶属】石竹科
Caryophyllaceae。【包含】世界 1 种。【学名诠释与讨论】〈阴〉
（希）habros, 柔软, 优美, 华美, 精巧。habrosyne, habrosia,
habrotes,绚丽。【分布】亚洲西部。【模式】Habrosia spinuliflora
（Seringe）Fenzl [Arenaria spinuliflora Seringe]。【参考异名】
Habrozia Lindl.（1847）■☆

22967　Habrothamnus Endl.（1839）＝ Cestrum L.（1753）［茄科
Solanaceae］●

22968　Habrozia Lindl.（1847）＝ Habrosia Fenzl（1843）［石竹科
Caryophyllaceae］■☆

22969　Habrurus Hochst.（1856）Nom. inval. , Nom. nud. ＝ Elionurus
Humb. et Bonpl. ex Willd.（1806）（保留属名）［禾本科 Poaceae
（Gramineae）］■☆

22970　Habrurus Hochst. ex Hack. ＝ Elionurus Humb. et Bonpl. ex
Willd.（1806）（保留属名）［禾本科 Poaceae(Gramineae)］■☆

22971　Habsburgia Mart.（1843）＝ Skytanthus Meyen（1834）［夹竹桃
科 Apocynaceae］●☆

22972　Habsia Steud.（1840）＝ Guettarda L.（1753）［茜草科
Rubiaceae//海岸桐科 Guettardaceae］●

22973　Habzelia A. DC.（1832）Nom. illegit. ≡Unona L. f.（1782）；～＝
Xylopia L.（1759）（保留属名）［番荔枝科 Annonaceae］●

22974　Hachelia Vasey ＝ Gouinia E. Fourn.（1883）［禾本科 Poaceae
（Gramineae）］■☆

22975　Hachenbachia D. Dietr.（1839）＝ Hagenbachia Nees et Mart.
（1823）［吊兰科（猴面包科, 猴面包树科）Anthericaceae］■☆

22976　Hachettea Baill.（1880）【汉】卡利登菰属。【隶属】蛇菰科（土
鸟黐科）Balanophoraceae。【包含】世界 1 种。【学名诠释与讨
论】〈阴〉（人）Hachette。【分布】法属新喀里多尼亚。【模式】
Hachettea austrocaledonica Baillon。■☆

22977　Hachetteaceae Doweld(2001)＝ Balanophoraceae Rich.（保留科
名）●■

22978　Hachetteaceae Tiagh. ＝Balanophoraceae Rich.（保留科名）●■

22979　Hackela Pohl ex Welden ＝Curtia Cham. et Schltdl.（1826）；～＝
Hackelia Pohl ex Griseb.［龙胆科 Gentianaceae］■☆

22980　Hackela Pohl（1825）Nom. inval. ＝ Hackela Pohl ex Welden
（1825）；～＝ Curtia Cham. et Schltdl.（1826）［龙胆科
Gentianaceae］■☆

22981　Hackelia Opiz ex Bercht.（1838）Nom. illegit. ≡ Hackelia Opiz
（1838）［紫草科 Boraginaceae］■

22982　Hackelia Opiz(1838)【汉】假鹤虱属（郝吉利草属）。【俄】
Гакелия。【隶属】紫草科 Boraginaceae。【包含】世界 40-45 种,中
国 3 种。【学名诠释与讨论】〈阴〉（人）Josef Hackel, 1783−1869,
捷克植物学者。此属的学名,ING、GCI、GCI、TROPICOS 和 IK 记
载是"Hackelia Opiz in Berchtold et Opiz, Oekon. − Tech. Fl.
Boehmens 2（2）：146. 1839"。"Hackelia Opiz ex Bercht.（1838）≡
Hackelia Opiz（1838）［紫草科 Boraginaceae］"的命名人引证有
误。"Hackelia Vasey ex Beal, Grasses N. Amer. [Beal] ii. 438
（1896）, in syn. , sine descr. ,1896"是晚出的非法名称, 而且是一
个裸名。亦有文献把"Hackelia Opiz（1838）"处理为"Eritrichium
Schrad. ex Gaudin（1828）"或"Lappula Moench（1794）"的异名。
【分布】巴基斯坦, 巴拿马, 秘鲁, 玻利维亚, 厄瓜多尔, 哥伦比亚

（安蒂奥基亚），美国（密苏里），中国，亚洲，欧洲，中美洲。【后选模式】Hackelia deflexa（Wahlenberg）Opiz［Myosotis deflexa Wahlenberg］。"Hackelia Vasey ex Beal, Grasses N. Amer.［Beal］ii. 438（1896）"是晚出的非法名称，而且是裸名。【参考异名】Echinospermum Sw.（1818）Nom. illegit.；Echinospermum Sw. ex Lehm.（1818）；Eritrichium Lem.（1818）；Eritrichium Schrad.（1819）Nom. inval；Eritrichium Schrad. ex Gaudin（1828）；Hackelia Opizex Bercht.（1838）Nom. illegit.；Lappula Moench（1794）■

22983 Hackelia Pohl ex Griseb. = Curtia Cham. et Schltdl.（1826）［龙胆科 Gentianaceae］■☆

22984 Hackelia Vasey ex Beal（1896）Nom. illegit. Nom. nud. = Leptochloa P. Beauv.（1812）［禾本科 Poaceae（Gramineae）］■

22985 Hackelochloa Kuntze（1891）【汉】球穗草属（亥氏草属，珠穗草属）。【隶属】禾本科 Poaceae（Gramineae）。【包含】世界2种，中国2种。【学名诠释与讨论】〈阴〉（人）Edward Hackcl, 1850-1926，澳大利亚禾本科 Poaceae（Gramineae）专家+希腊文 chloe 草。"Rytilix Rafinesque ex Hitchcock, U. S. Dept. Agric. Bull. 772：278. 20 Mar 1920"是"Hackelochloa Kuntze（1891）"的晚出的同模式异名（Homotypic synonym, Nomenclatural synonym）。亦有文献把"Hackelochloa Kuntze（1891）"处理为"Rytilix Raf. ex Hitchc.（1920）Nom. illegit. ≡ Hackelochloa Kuntze（1891）"的异名。【分布】巴基斯坦，巴拿马，秘鲁，玻利维亚，厄瓜多尔，哥斯达黎加，马达加斯加，尼加拉瓜，中国，热带，中美洲。【模式】Hackelochloa granularis（Linnaeus）O. Kuntze［Cenchrus granularis Linnaeus］。【参考异名】Manisuris L. f.（1779）Nom. illegit.（废弃属名）；Rytilix Hitchc.（1920）Nom. illegit.；Rytilix Raf.（1830）Nom. illegit.；Rytilix Raf. ex Hitchc.（1920）Nom. illegit.■

22986 Hacquetia Neck.（1790）Nom. inval. ≡ Hacquetia Neck. ex DC.（1830）［伞形花科（伞形科）Apiaceae（Umbelliferae）］■☆

22987 Hacquetia Neck. ex DC.（1830）【汉】瓣苞芹属。【俄】Хакетия。【英】Hacquetia。【隶属】伞形花科（伞形科）Apiaceae（Umbelliferae）。【包含】世界1种。【学名诠释与讨论】〈阴〉（人）Balsazar（Balthasar）A. Hacquet, 1739-1815，奥地利植物学者，医生，博物学者。此属的学名"Hacquetia Necker ex A. P. de Candolle, Prodr. 4：85. Sep（sero）1830"是一个替代名称。"Dondia K. P. J. Sprengel, Neue Schriften Naturf. Ges. Halle 2（1）：22. 1813"是一个非法名称（Nom. illegit.），因为此前已经有了"Dondia Adanson, Fam. 2：261, 550. Jul-Aug 1763 ≡ Lerchia Zinn（1757）Nom. illegit.（废弃属名）= Suaeda Forssk. ex J. F. Gmel.（1776）（保留属名）［藜科 Chenopodiaceae］"。故用"Hacquetia Neck. ex DC.（1830）"替代之。"Hacquetia Neck., Elem. Bot.（Necker）1：182. 1790［Apr? 1790］ ≡ Hacquetia Neck. ex DC.（1830）［伞形花科（伞形科）Apiaceae（Umbelliferae）］"是一个未合格发表的名称（Nom. inval.）。【分布】欧洲中部。【模式】Hacquetia epipactis（Scopoli）A. P. de Candolle［Astrantia epipactis Scopoli］。【参考异名】Dondia Spreng.（1813）Nom. illegit.；Dondisia Rchb.（1828）Nom. illegit.；Hacquetia Neck.（1790）Nom. inval.；Haquetia D. Dietr.（1839）■☆

22988 Hacub Boehm.（1760）Nom. illegit. ≡ Gundelia L.（1753）［菊科 Asteraceae（Compositae）］■☆

22989 Hadestaphylum Dennst.（1818）= Holigarna Buch. - Ham. ex Roxb.（1820）（保留属名）［漆树科 Anacardiaceae］●☆

22990 Hadongia Gagnep.（1950）= Citharexylum Mill.（1754）Nom. illegit.；~ = Citharexylum L.（1753）［马鞭草科 Verbenaceae］●☆

22991 Hadrangis（Schltr.）Szlach., Mytnik et Grochocka（2013）【汉】厚距兰属。【隶属】兰科 Orchidaceae。【包含】世界3种。【学名诠释与讨论】〈阴〉（希）hadros = hathros，厚的，壮实的+angos，瓮，管

子，指小式 aegeion，容器。此属的学名是"Hadrangis（Schltr.）Szlach., Mytnik et Grochocka, Biodivers. Res. Conservation 29：14. 2013［31 Mar 2013］"，由"Angraecum sect. Hadrangis Schltr. Beih. Bot. Centralbl. 36（2）：158. 1918"改级而来。【分布】法国（留尼汪岛），毛里求斯。【模式】Hadrangis striata（Thouars）Szlach., Mytnik et Grochocka。【参考异名】Angraecum sect. Hadrangis Schltr.（1918）■☆

22992 Hadrodemas H. E. Moore（1963）= Callisia Loefl.（1758）［鸭趾草科 Commelinaceae］■☆

22993 Haeckeria F. Muell.（1853）【汉】无冠鼠麴木属。【隶属】菊科 Asteraceae（Compositae）。【包含】世界4种。【学名诠释与讨论】〈阴〉（人）Gottfried Renatus Haecker, 1789-1864，德国植物学者。此属的学名是"Haeckeria F. v. Mueller, Linnaea 25：406. Apr 1853（'1852'）"。亦有文献把其处理为"Humea Sm.（1804）"的异名。【分布】澳大利亚。【模式】Haeckeria cassiniaeformis F. v. Mueller。【参考异名】Humea Sm.（1804）●☆

22994 Haegiela P. S. Short et Paul G. Wilson（1990）【汉】对叶金绒草属。【隶属】菊科 Asteraceae（Compositae）。【包含】世界1种。【学名诠释与讨论】〈阴〉词源不详。【分布】澳大利亚（西南部），维多利亚。【模式】Haegiela tatei（F. Muell.）P. S. Short et Paul G. Wilson。■☆

22995 Haemacanthus S. Moore（1899）= Satanocrater Schweinf.（1868）［爵床科 Acanthaceae］■☆

22996 Haemadiction Steud.（1840）Nom. illegit. = Haemadictyon Lindl.（1825）Nom. illegit.；~ = Prestonia R. Br.（1810）（保留属名）［夹竹桃科 Apocynaceae］●☆

22997 Haemadictyon Lindl.（1825）Nom. illegit. = Prestonia R. Br.（1810）（保留属名）［夹竹桃科 Apocynaceae］●☆

22998 Haemanthaceae Salisb.（1866）［亦见 Amaryllidaceae J. St. - Hil.（保留科名）石蒜科］【汉】网球花科。【包含】世界1属21-50种，中国1属1种。【分布】热带和非洲东南部，也门（索科特拉岛）。【科名模式】Haemanthus L.（1753）■☆

22999 Haemanthus L.（1753）【汉】网球花属（雪球花属）。【日】ハエマンサス属，ホテイラン属，マユハケオモト属。【俄】Гемантус, Хемантус。【英】Blood Lily, Blood - flower, Bloodlily, Blood-lily, Bloodred Flower, Cape Tulip, Catherine Wheel, Red Cape Lily。【隶属】石蒜科 Amaryllidaceae//网球花科 Haemanthaceae。【包含】世界21-50种，中国1种。【学名诠释与讨论】〈阳〉（希）haima, 所有格 haimatos, 血。haimonios, 血红的。Haimateros, 血的，红的。Haimeros, 血的+anthos, 花。指花色通常深红色，或指叶具红色斑点。此属的学名是"Haemanthus Linnaeus, Sp. Pl. 325. 1 Mai 1753"。亦有文献把其处理为"Scadoxus Raf.（1838）"的异名。【分布】也门（索科特拉岛），中国，热带和非洲南部。【后选模式】Haemanthus coccineus Linnaeus。【参考异名】Demeusea De Wild. et Durand（1900）；Diacles Salisb.（1866）；Gyaxis Salisb.（1866）；Hemanthus Raf.；Leucodesmis Raf.（1838）；Melicho Salisb.（1866）；Nerissa Salisb.（1866）Nom. illegit.；Perihemia Raf.（1838）；Scadoxus Raf.（1838）；Scatoxis Post et Kuntze（1903）；Serena Raf.（1838）■

23000 Haemaria L. = Ludisia A. Rich.（1825）［兰科 Orchidaceae］■

23001 Haemaria Lindl.（1833）Nom. illegit. ≡ Epipactis Ség.（1754）（废弃属名）；~ ≡ Gonogona Link（1822）Nom. illegit.；~ = Goodyera R. Br.（1813）；~ = Ludisia A. Rich.（1825）［兰科 Orchidaceae］■

23002 Haemarthria Munro（1862）= Hemarthria R. Br.（1810）；~ = Rottboellia L. f.（1782）（保留属名）［禾本科 Poaceae（Gramineae）］■

23003　Haemastegia Klatt(1892)＝Erythrocephalum Benth.(1873)［菊科 Asteraceae(Compositae)］●●☆

23004　Haematobanche C. Presl(1851)＝Hyobanche L.(1771)［玄参科 Scrophulariaceae//列当科 Orobanchaceae］■☆

23005　Haematocarpus Miers(1867)【汉】血果藤属。【隶属】防己科 Menispermaceae。【包含】世界 2 种。【学名诠释与讨论】〈阳〉(希)haima,血的,血红的+karpos,果实。【分布】菲律宾,印度(阿萨姆),印度尼西亚(爪哇岛),东喜马拉雅山,加里曼丹岛。【模式】Haematocarpus thompsonii Miers［Fibraurea haematocarpa J. D. Hooker et Thomson］。【参考异名】Baterium Miers(1864)●☆

23006　Haematodendron Capuron(1973)【汉】血蔻木属。【隶属】肉豆蔻科 Myristicaceae。【包含】世界 1 种。【学名诠释与讨论】〈中〉(希)haima,血的,血红的+dendron 或 dendros,树木,棍,丛林。【分布】马达加斯加。【模式】Haematodendron glabrum R. Capuron。●☆

23007　Haematodes Post et Kuntze(1903)＝Hematodes Raf.(1837);～＝Salvia L.(1753)［唇形科 Lamiaceae(Labiatae)//鼠尾草科 Salviaceae］●■

23008　Haematolepis C. Presl(1851)＝Cytinus L.(1764)(保留属名)［大花草科 Rafflesiaceae］■☆

23009　Haematophyla Post et Kuntze(1903)＝Columnea L.(1753);～＝Hematophyla Raf.(1838)［苦苣苔科 Gesneriaceae］●■☆

23010　Haematorchis Blume(1849)【汉】血兰属。【隶属】兰科 Orchidaceae。【包含】世界 1 种,中国 1 种。【学名诠释与讨论】〈阴〉(希)haima,血的,血红的+orchis,原义是睾丸,后变为植物兰的名称,因为根的形态而得名。变为拉丁文 orchis,所有格 orchidis。此属的学名是"Haematorchis, Rumphia 4:, t. 200 B. 1849.(late Oct 1849)"。亦有文献把其处理为"Galeola Lour.(1790)"的异名。【分布】中国,马来半岛。【模式】Haematorchis altissima Blume。【参考异名】Galeola Lour.(1790)■

23011　Haematospermum Wall.(1832)【汉】血籽大戟属。【隶属】大戟科 Euphorbiaceae。【包含】世界 4 种。【学名诠释与讨论】〈中〉(希)haima,血的,血红的+sperma,所有格 spermatos,种子,孢子。此属的学名是"Haematospermum, A Numerical List of Dried Specimens 7953. 1847"。亦有文献把其处理为"Homonoia Lour.(1790)"的异名。【分布】参见 Homonoia Lour.(1790)。【模式】不详。【参考异名】Homonoia Lour.(1790)●☆

23012　Haematostaphis Hook. f.(1860)【汉】西非漆属。【隶属】漆树科 Anacardiaceae。【包含】世界 2 种。【学名诠释与讨论】〈阴〉(希)haima,血的,血红的+staphyle,一串,一串葡萄。【分布】热带非洲西部。【模式】Haematostaphis barteri J. D. Hooker。●☆

23013　Haematostemon(Müll. Arg.)Pax et K. Hoffm.(1919)【汉】血蕊大戟属。【隶属】大戟科 Euphorbiaceae。【包含】世界 2 种。【学名诠释与讨论】〈阳〉(希)haima,血的,血红的+stemon,雄蕊。此属的学名,ING 记载是"Haematostemon(J. Müller Arg.)Pax et K. Hoffmann in Engler, Pflanzenr. IV. 147. IX−XI(Heft 68):31. 6 Jun 1919",由"Astrococcus sect. Haematostemon J. Müller Arg., Linnaea 34:157. Jul 1865"改级而来。IK 和 TROPICOS 则记载为"Haematostemon Pax et K. Hoffm., Pflanzenr.(Engler) Euphorb. −Plukenetiin. −Epiprinin. −Ricinin. 31(1919)"。【分布】热带南美洲。【模式】Haematostemon coriaceus(Bentham ex Baillon)Pax et K. Hoffmann［Astrococcus coriaceus Bentham ex Baillon］。【参考异名】Astrococcus sect. Haematostemon Müll. Arg.(1865);Haematostemon Pax et K. Hoffm.(1919)Nom. illegit.●☆

23014　Haematostemon Pax et K. Hoffm.(1919)Nom. illegit.＝Haematostemon(Müll. Arg.)Pax et K. Hoffm.(1919)［大戟科 Euphorbiaceae］●☆

23015　Haematostrobus Endl.(1836)＝Thonningia Vahl(1810)［蛇菰科(土鸟巤科)Balanophoraceae］■☆

23016　Haematoxyllum Scop.(1777)Nom. illegit.≡Haematoxylum L.(1753)［豆科 Fabaceae(Leguminosae)//云实科(苏木科)Caesalpiniaceae］●

23017　Haematoxylon L.(1735)Nom. inval.≡Haematoxylum L.(1753)［豆科 Fabaceae(Leguminosae)//云实科(苏木科)Caesalpiniaceae］●

23018　Haematoxylum Gronov.(1753)Nom. illegit.≡Haematoxylum L.(1753)［豆科 Fabaceae(Leguminosae)//云实科(苏木科)Caesalpiniaceae］●

23019　Haematoxylum Gronov. ex L.(1753)≡Haematoxylum L.(1753)［豆科 Fabaceae(Leguminosae)//云实科(苏木科)Caesalpiniaceae］●

23020　Haematoxylum L.(1753)【汉】采木属(彩木属,墨水树属,苏木属,血木豆属,血苏木属,洋苏木属)。【日】ヘマトキシルム属。【英】Bloodwood Tree, Logwood, Nicaragua Wood。【隶属】豆科 Fabaceae(Leguminosae)//云实科(苏木科)Caesalpiniaceae。【包含】世界 3 种,中国 1 种。【学名诠释与讨论】〈中〉(希)haima,血的,血红的+xylon,木材。指木材红色。此属的学名,ING 和 TROPICOS 记载是"Haematoxylum Linnaeus, Sp. Pl. 384. 1 Mai 1753"。"Haematoxylon L., Syst. Nat., 1735"和"Haematoxylum Gronov."是命名起点著作之前的名称;"Haematoxylum Gronov.(1753)"的命名人引证有误;表述为"Haematoxylum Gronov. ex L.(1753)"就合法了。"Haematoxyllum Scopoli, Introd. 225. Jan−Apr 1777≡Haematoxylum Linnaeus 1753"是"Haematoxylum L.(1753)"的晚出的同模式异名(Homotypic synonym, Nomenclatural synonym),似为其变体。【分布】巴基斯坦,哥斯达黎加,马达加斯加,墨西哥,尼加拉瓜,中国,西印度群岛,非洲西南部,中美洲。【模式】Haematoxylum campechianum Linnaeus。【参考异名】Cymbosepalum Baker(1895);Haematoxyllum Scop.(1777)Nom. illegit.;Haematoxylon L.(1753)Nom. illegit.;Haematoxylum Gronov. ex L.(1753)●

23021　Haemax E. Mey.(1837)＝Microloma R. Br.(1810)［萝藦科 Asclepiadaceae］■☆

23022　Haemocarpus Noronha ex Thouars(1806)＝Haronga Thouars(1806)［菊科 Asteraceae(Compositae)］■☆

23023　Haemocharis Salisb. ex Marc et Zucc.(1825)(保留属名)＝Laplacea Kunth(1822)(保留属名)［山茶科(茶科)Theaceae］●☆

23024　Haemocharis Salisb. ex Mart.(1826)Nom. illegit.≡Haemocharis Salisb. ex Marc et Zucc.(1825);～＝Laplacea Kunth(1822)(保留属名)［山茶科(茶科)Theaceae］●☆

23025　Haemodoraceae R. Br.(1810)(保留科名)【汉】血草科(半授花科,给血草科,血皮草科)。【日】ハエモドルム科。【英】Bloodwort Family。【包含】世界 9-14 属 40-100 种。【分布】非洲南部,澳大利亚,热带美洲。【科名模式】Haemodorum Sm.■☆

23026　Haemodoron Rchb.(1828)＝Cistanche Hoffmanns. et Link(1813−1820)［列当科 Orobanchaceae//玄参科 Scrophulariaceae］■

23027　Haemodorum Sm.(1798)【汉】血草属(血根草属)。【英】Blood Wort, Bloodwort。【隶属】血草科(半授花科,给血草科,血皮草科)Haemodoraceae。【包含】世界 20 种。【学名诠释与讨论】〈中〉(希)haima,所有格 haimatos,血。haimonios,血红的。haimateros,血的,所以红的。haimeros,血的+doros,革制的袋,囊。【分布】澳大利亚。【模式】Haemodorum corymbosum Vahl。■☆

23028　Haemospermum Reinw.(1828)【汉】血籽马钱属。【隶属】马钱科(断肠草科,马钱子科)Loganiaceae//髯管花科 Geniostomaceae。【包含】世界 2 种。【学名诠释与讨论】〈中〉

（希）haima，血的，血红的+sperma，所有格 spermatos，种子，孢子。此属的学名是"Haemospermum Reinwardt in Blume, Bijdr. 1018. Oct 1826－Nov 1827"。亦有文献把其处理为"Geniostoma J. R. Forst. et G. Forst.（1776）"的异名。【分布】澳大利亚，菲律宾。【模式】Haemospermum arboreum Reinwardt。【参考异名】Geniostoma J. R. Forst. et G. Forst.（1776）●☆

23029　Haenckea Juss.（1821）= Haenkea Ruiz et Pav.（1802）（废弃属名）；~ = Schoepfia Schreb.（1789）［铁青树科 Olacaceae//青皮木科（香芙木科）Schoepfiaceae//山龙眼科 Proteaceae］●

23030　Haenelia Walp.（1843）= Amellus L.（1759）（保留属名）［菊科 Asteraceae（Compositae）］■●☆

23031　Haenianthus Griseb.（1861）【汉】盾鳞木犀属。【隶属】木犀榄科（木犀科）Oleaceae。【包含】世界 2 种。【学名诠释与讨论】〈中〉词源不详。【分布】西印度群岛。【模式】Haenianthus incrassatus（O. Swartz）Grisebach［Chionanthus incrassatus O. Swartz［as 'incrassata'］。●☆

23032　Haenkaea Usteri（1793）= Adenandra Willd.（1809）（保留属名）；~ = Haenkea F. W. Schmidt（1793）（废弃属名）；~ = Adenandra Willd.（1809）（保留属名）［芸香科 Rutaceae］■☆

23033　Haenkea F. W. Schmidt（1793）（废弃属名）= Adenandra Willd.（1809）（保留属名）［芸香科 Rutaceae］■☆

23034　Haenkea Rniz et Pav.（1794）Nom. illegit.（废弃属名）= Maytenus Molina（1782）；~ = Schoepfia Schreb.（1789）［铁青树科 Olacaceae//青皮木科（香芙木科）Schoepfiaceae//山龙眼科 Proteaceae］●

23035　Haenkea Salisb.（1796）Nom. illegit.（废弃属名）≡ Portulacaria Jacq.（1787）［马齿苋科 Portulacaceae//马齿苋树科 Portulacariaceae］●☆

23036　Haenselera Boiss.（1838）Nom. illegit. ≡ Haenselera Boiss. ex DC.（1838）Nom. illegit.；~ ≡ Rothmaleria Font Quer（1940）［菊科 Asteraceae（Compositae）］■☆

23037　Haenselera Boiss. ex DC.（1838）Nom. illegit. ≡ Rothmaleria Font Quer（1940）［菊科 Asteraceae（Compositae）］■☆

23038　Haenselera Lag.（1816）= Physospermum Cusson（1782）［伞形花科（伞形科）Apiaceae（Umbelliferae）］■☆

23039　Haenseleria Rchb.（1841）Nom. illegit. =? Haenselera Boiss. ex DC.（1838）Nom. illegit.［伞形花科（伞形科）Apiaceae（Umbelliferae）］■☆

23040　Haeupleria G. H. Loos（2010）【汉】霍雀麦属。【隶属】禾本科 Poaceae（Gramineae）。【包含】世界 3 种。【学名诠释与讨论】〈阴〉词源不详。此属的学名是"Haeupleria G. H. Loos, Jahrbuch des Bochumer Botanischen Vereins 1：122. 2010"。亦有文献把其处理为"Bromus L.（1753）（保留属名）"的异名。【分布】欧洲。【模式】Haeupleria ovata Cav.［Bromus ovatus Cav.］。【参考异名】Bromus L.（1753）（保留属名）■☆

23041　Hafunia Chiov.（1929）= Sphaerocoma T. Anderson（1861）［石竹科 Caryophyllaceae］●☆

23042　Hagaea Vent.（1799）Nom. illegit. ≡ Polycarpaea Lam.（1792）（保留属名）［as 'Polycarpea'］［石竹科 Caryophyllaceae］■●

23043　Hagea Pers.（1805）= Hagaea Vent.（1799）Nom. illegit.；~ = Polycarpaea Lam.（1792）（保留属名）［as 'Polycarpea'］［石竹科 Caryophyllaceae］■●

23044　Hagea Poir.（1819）Nom. illegit. = Hagenia J. F. Gmel.（1791）［蔷薇科 Rosaceae］●☆

23045　Hagenbachia Nees et Mart.（1823）【汉】哈根吊兰属。【隶属】吊兰科（猴面包科，猴面包树科）Anthericaceae。【包含】世界 5-6 种。【学名诠释与讨论】〈阴〉（人）Carl（Karl）Friedrich

Hagenbach，1771－1849，瑞士植物学者。【分布】巴拿马，巴西，玻利维亚，厄瓜多尔，哥伦比亚（安蒂奥基亚），哥斯达黎加，中美洲。【模式】Hagenbachia brasiliensis C. G. D. Nees et C. F. P. Martius。【参考异名】Hachenbachia D. Dietr.（1839）■☆

23046　Hagenia J. F. Gmel.（1791）【汉】哈根蔷薇属（哈根花属，柯苏属）。【俄】Гагения。【隶属】蔷薇科 Rosaceae。【包含】世界 1 种。【学名诠释与讨论】〈阴〉（人）Carl（Karl）Gottfried Hagen，1749－1829，德国植物学者，药剂师，博物学者。此属的学名"Hagenia J. F. Gmelin, Syst. Nat. 2：600, 613. Sep（sero）－Nov 1791"是一个替代名称。"Banksia Bruce, Travels 5：73. Feb－Apr 1790（'Bankesia'）"是一个非法名称（Nom. illegit.），因为此前已经有了"Banksia J. R. Forster et J. G. A. Forster, Charact. Gen. 4. 29 Nov 1775 = Pimelea Banks ex Gaertn.（1788）（保留属名）［瑞香科 Thymelaeaceae］"。故用"Hagenia J. F. Gmel.（1791）"替代之。"Hagenia Moench, Methodus（Moench）61（1794）［4 May 1794］= Saponaria L.（1753）［石竹科 Caryophyllaceae］"是晚出的非法名称。地衣的"Hagenia Eschweiler, Syst. Lich. 20. 1824（non J. F. Gmelin 1791）≡ Anaptychia Körber 1848"亦是晚出的非法名称。【分布】埃塞俄比亚至马拉维。【模式】Hagenia abyssinica（Bruce）J. F. Gmelin［Banksia abyssinica Bruce］。【参考异名】Banksia Bruce（1790）（废弃属名）；Brayera Kunth ex A. Rich.（1822）；Brayera Kunth（1824）Nom. illegit.；Hagea Poir.（1819）Nom. illegit.●☆

23047　Hagenia Moench（1794）= Saponaria L.（1753）［石竹科 Caryophyllaceae］■

23048　Hagidryas Griseb.（1841）= Prunus L.（1753）［蔷薇科 Rosaceae//李科 Prunaceae］●

23049　Hagioseris Boiss.（1849）= Picris L.（1753）［菊科 Asteraceae（Compositae）］■

23050　Hagnothesium（A. DC.）Kuntze（1903）Nom. illegit. ≡ Thesidium Sond.（1857）［檀香科 Santalaceae］■☆

23051　Hagsatera González（1974）【汉】黑沙兰属。【隶属】兰科 Orchidaceae。【包含】世界 2 种。【学名诠释与讨论】〈阴〉（人）Eric Hagsater，1945－，植物学者。亦有文献把"Hagsatera González（1974）"处理为"Epidendrum L.（1763）（保留属名）"的异名。【分布】墨西哥，中美洲。【模式】Hagsatera brachycolumna（L. O. Williams）R. González T.［Epidendrum brachycolumna L. O. Williams］。■☆

23052　Hahnia Medik.（1793）Nom. illegit. = Sorbus L.（1753）；~ = Torminalis Medik.（1789）［蔷薇科 Rosaceae］●

23053　Hainanecio Ying Liu et Q. E. Yang（2011）【汉】海南菊属。【隶属】菊科 Asteraceae（Compositae）。【包含】世界 1 种，中国 1 种。【学名诠释与讨论】〈阴〉（地）Hainan 海南+（属）Senecio 千里光属（黄菀属）。【分布】中国。【模式】Hainanecio hainanensis（C. C. Chang et Y. C. Tseng）Y. Liu et Q. E. Yang。■★

23054　Hainania Merr.（1935）【汉】海南椴属。【英】Hainania，Hainanlinden，One-glumed Hard-grass。【隶属】椴树科（椴科，田麻科）Tiliaceae//锦葵科 Malvaceae。【包含】世界 1 种，中国 1 种。【学名诠释与讨论】〈阴〉（地）Hainan，中国海南岛。指模式种产地。此属的学名是"Hainania Merrill, Lingnan Sci. J. 14：35. 1 Jan 1935"。亦有文献把其处理为"Diplodiscus Turcz.（1858）"或"Pityranthe Thwaites（1858）"的异名。【分布】中国。【模式】Hainania trichosperma Merrill。【参考异名】Diplodiscus Turcz.（1858）；Pityranthe Thwaites（1858）●★

23055　Hainardia Greuter（1967）【汉】圆筒禾属。【英】Hard-grass。【隶属】禾本科 Poaceae（Gramineae）。【包含】世界 1 种。【学名诠释与讨论】〈阴〉（人）Pierre Hainardi，1936－，瑞士植物地理学

者。此属的学名是"Hainardia W. Greuter in W. Greuter et K. H. Rechinger，Boissiera 13：178. 15 Jun 1967"。亦有文献把其处理为"Monerma P. Beauv.（1812）Nom. illegit."的异名。【分布】澳大利亚。【模式】Hainardia cylindrica（C. L. Willdenow）W. Greuter ［Rottboellia cylindrica C. L. Willdenow］。【参考异名】Monerma P. Beauv.（1812）Nom. illegit. ■☆

23056　Haitia Urb.（1919）【汉】海特千屈菜属。【隶属】千屈菜科 Lythraceae。【包含】世界 1 种。【学名诠释与讨论】〈阴〉（地）Haiti，海地。【分布】海地。【模式】Haitia buchii Urban。■☆

23057　Haitiella L. H. Bailey（1947）= Coccothrinax Sarg.（1899）［棕榈科 Arecaceae（Palmae）］●☆

23058　Haitimimosa Britton（1928）= Mimosa L.（1753）［豆科 Fabaceae（Leguminosae）//含羞草科 Mimosaceae］●■

23059　Hakea Schrad.（1798）【汉】哈克木属（哈克属）。【日】ハケア属。【英】Cork Wood，Hakea，Needle Bush，Needle Needlebush，Needle－wood，Pincushion Tree，Wood。【隶属】山龙眼科 Proteaceae。【包含】世界 100-149 种。【学名诠释与讨论】〈阴〉（人）Christian Ludwig von Hake，1745-1818，德国植物学赞助人。此属的学名，ING 记载是"Hakea H. A. Schrader，Sert. Hannov. 27. 11 Jan 1798"；而 APNI 和 IK 则记载为"Hakea Schrad. et J. C. Wendl.，Sert. Hannov. 27. t. 17（1797）"；三者引用的文献相同。【分布】澳大利亚（荒漠地区）。【模式】Hakea glabra H. A. Schrader。【参考异名】Conchium Sm.（1798）；Hakea Schrad. et J. C. Wendl.（1798）Nom. illegit.；Icmaae Raf.（1840）；Mercklinia Regel（1856）●☆

23060　Hakea Schrad. et J. C. Wendl.（1798）Nom. illegit. ≡ Hakea Schrad.（1798）［山龙眼科 Proteaceae］●☆

23061　Hakoneaste F. Maek.（1935）= Ephippianthus Rchb. f.（1868）［兰科 Orchidaceae］■☆

23062　Hakonechloa Makino et Honda（1930）Nom. illegit. ≡ Hakonechloa Makino ex Honda（1930）［禾本科 Poaceae（Gramineae）］■☆

23063　Hakonechloa Makino ex Honda（1930）【汉】箱根草属。【日】ウラハグサ属。【隶属】禾本科 Poaceae（Gramineae）。【包含】世界 1 种。【学名诠释与讨论】〈阴〉（日）hakone，はこね，箱根+chloe，草的幼芽，嫩草，禾草。指其生境。此属的学名，ING 和 TROPICOS 记载是"Hakonechloa Makino ex Honda，J. Fac. Sci. Univ. Tokyo，Sect. 3，Bot. 3：113. 4 Dec 1930"；IK 则记载为"Hakonechloa Makino et Honda，Journ. Fac. Sc. Tokyo，Sect. III. Bot. iii. 113（1930），descr."；三者引用的文献相同。似 IK 的记载有误。《日本植物志》用为正名的"Hakonechloa Makino，Bot. Mag.（Tokyo）1912，xxvi. p.（237）≡ Hakonechloa Makino ex Honda（1930）［禾本科 Poaceae（Gramineae）］"是一个未合格发表的名称（Nom. inval.）。【分布】日本。【模式】Hakonechloa macra（Munro）Makino ex Honda ［Phragmites macer Munro］。【参考异名】Hakonechloa Makino et Honda（1930）Nom. illegit.；Hakonechloa Makino（1912）Nom. inval. ■☆

23064　Hakonechloa Makino（1912）Nom. inval. ≡ Hakonechloa Makino ex Honda（1930）［禾本科 Poaceae（Gramineae）］■☆

23065　Halacsya Dörfl.（1902）【汉】哈拉草属。【隶属】紫草科 Boraginaceae。【包含】世界 1 种。【学名诠释与讨论】〈阴〉（人）Eugen von（Eugene de）Halacsy，1842-1913，奥地利植物学者。此属的学名"Halacsya Doerfler，Herb. Norm. Sched. Cent. 44：103. Oct-Dec 1902"是一个替代名称。"Zwackhia Sendtner ex H. G. L. Reichenbach，Icon. Fl. German. 18：65. 1858"是一个非法名称（Nom. illegit.），因为此前已经有了地衣的"Zwackhia Körber，Syst. Lich. Germ. 285. Oct－Dec 1855"。故用"Halacsya Dörfl.

（1902）"替代之。【分布】巴尔干半岛。【模式】Halacsya sendtneri（Boissier）Doerfler ［Moltkia sendtneri Boissier］。【参考异名】Zwackhia Sendtn.（1858）Nom. illegit.；Zwackhia Sendtn. ex Rchb.（1858）Nom. illegit. ☆

23066　Halacsyella Janch.（1910）= Edraianthus A. DC.（1839）（保留属名）［桔梗科 Campanulaceae］■☆

23067　Halaea Garden = Berchemia Neck. ex DC.（1825）（保留属名）［鼠李科 Rhamnaceae］●

23068　Halanthium C. Koch（1844）Nom. illegit. ≡ Halanthium K. Koch（1844）［藜科 Chenopodiaceae］■☆

23069　Halanthium K. Koch（1844）【汉】盐花蓬属。【俄】Соляноцветник。【隶属】藜科 Chenopodiaceae。【包含】世界 3 种。【学名诠释与讨论】〈阴〉（希）hals，所有格 halos，海，盐。变为 halimos，属于海的。halimon，海滨植物，滨藜属植物+anthos，花。【分布】亚洲中部和西部。【模式】Halanthium rarifolium K. H. E. Koch。【参考异名】Gamanthus Bunge（1862）；Halanthium C. Koch（1844）Nom. illegit.；Halanthus Czerep.；Physogeton Jaub. et Spach（1845）■☆

23070　Halanthus Czerep. = Halanthium K. Koch（1844）［藜科 Chenopodiaceae］■☆

23071　Halarchon Bunge（1862）【汉】短柱盐蓬属。【隶属】藜科 Chenopodiaceae。【包含】世界 1 种。【学名诠释与讨论】〈阳〉（希）hals，所有格 halos，海，盐+archon，所有格 archontos，首领，统治者。【分布】阿富汗。【模式】Halarchon vesiculosus（Moquin-Tandon）Bunge ［Halocharis vesiculosa Moquin-Tandon］。■☆

23072　Halconia Merr.（1907）= Trichospermum Blume（1825）［椴树科（椴科，田麻科）Tiliaceae//锦葵科 Malvaceae］●☆

23073　Haldina Ridsdale（1979）【汉】心叶木属（心叶树属）。【英】Golden Grass，Haldina。【隶属】茜草科 Rubiaceae。【包含】世界 1 种，中国 1 种。【学名诠释与讨论】〈阴〉（地）Haldi，哈尔迪，位于印度+-inus，-ina，-inum，拉丁文加在名词词干之后，以形成形容词的词尾，含义为"属于、相似、关于、小的"。另说来自植物俗名。【分布】斯里兰卡，印度，中国，中南半岛。【模式】Haldina cordifolia（W. Roxburgh）C. E. Ridsdale ［Nauclea cordifolia W. Roxburgh］。●

23074　Halea L.（1821）= Eupatorium L.（1753）［菊科 Asteraceae（Compositae）//泽兰科 Eupatoriaceae］■●

23075　Halea L. ex Sm.（1821）Nom. illegit. ≡ Halea L.（1821）［菊科 Asteraceae（Compositae）//泽兰科 Eupatoriaceae］■●

23076　Halea Torr. et A. Gray（1842）Nom. illegit. = Tetragonotheca L.（1753）［菊科 Asteraceae（Compositae）］■☆

23077　Halecus Raf.（1838）Nom. illegit. ≡ Halecus Rumph. ex Raf.（1838）；~ = Croton L.（1753）［大戟科 Euphorbiaceae//巴豆科 Crotonaceae］●

23078　Halecus Rumph. ex Raf.（1838）= Croton L.（1753）［大戟科 Euphorbiaceae//巴豆科 Crotonaceae］●

23079　Halenbergia Dinter（1937）= Mesembryanthemum L.（1753）（保留属名）［番杏科 Aizoaceae//龙须海棠（日中花科）Mesembryanthemaceae］■●

23080　Halenea Wight（1848）Nom. illegit. = Halenia Borkh.（1796）（保留属名）［龙胆科 Gentianaceae］■

23081　Halenia Borkh.（1796）（保留属名）【汉】花锚属。【日】ハナイカリ属。【俄】Галения。【英】Snowdroptree，Spur Gentian，Spurgentian。【隶属】龙胆科 Gentianaceae。【包含】世界 70-100 种，中国 2 种。【学名诠释与讨论】〈阴〉（人）Jonas Halenius（J. Petrus Halenius），林奈的学生。此属的学名"Halenia Borkh. in Arch. Bot.（Leipzig）1（1）：25. 1796"是保留属名。法规未列出相

应的废弃属名。S. G. Gmel. ex Kuntze(1891)曾用"Tetragonanthus S. G. Gmel. ex Kuntze(1891)"替代"Halenia Borkh.(1796)(保留属名)",多余了。"Halenea Wight, Icon. Pl. Ind. Orient.[Wight] iv. II. 8(1848)"仅有属名;似为"Halenia Borkh.(1796)(保留属名)"的拼写变体。【分布】巴基斯坦,巴拿马,秘鲁,玻利维亚,厄瓜多尔,哥伦比亚(安蒂奥基亚),哥斯达黎加,尼加拉瓜,印度(南部),中国,中亚和东亚,中美洲。【模式】Halenia sibirica Borckhausen, Nom. illegit.[Swertia corniculata Linnaeus; Halenia corniculata(Linnaeus)Cornaz]。【参考异名】Exadenus Griseb.(1836);Halenea Wight(1848);Tetragonanthus S. G. Gmel.(1769)Nom. inval.;Tetragonanthus S. G. Gmel. ex Kuntze(1891)Nom. illegit.■

23082 **Halerpestes** Greene(1900)【汉】碱毛茛属(水葫芦苗属)。【俄】Ползунок。【英】Halerpestes, Soda Buttercup。【隶属】毛茛科 Ranunculaceae。【包含】世界10种,中国5-6种。【学名诠释与讨论】〈阴〉(希)hals,所有格halos,海、盐+erpo,herpo,爬;变为herpes,蔓草,缠绕植物;herpestes,缠绕之物,缠绕植物,攀缘植物。另说来自拉丁文halo,呼吸+pestes飞行者。【分布】巴基斯坦,玻利维亚,中国,欧亚大陆,温带北美洲,中美洲。【模式】Halerpestes cymbalaria(Pursh)E. L. Greene[Ranunculus cymbalaria Pursh]。■

23083 **Halesia** J. Ellis ex L.(1759)(保留属名)【汉】银钟花属。【日】アメリカアサガラ属,ハレーシア属。【俄】Галезия, Халезия。【英】Bell Tree, Silver Bell, Silverbell, Silver-bell, Silverbell Tree, Silver-bell Tree, Snowdrop Tree, Snowdrop-tree。【隶属】安息香科(齐墩果科,野茉莉科)Styracaceae//银钟花科 Halesiaceae。【包含】世界3-5种,中国1种。【学名诠释与讨论】〈阴〉(人)Stephen Hales, 1677-1761,英国牧师,植物学者。此属的学名"Halesia J. Ellis ex L., Syst. Nat., ed. 10:1041, 1044, 1369. 7 Jun 1759"是保留属名。相应的废弃属名是茜草科 Rubiaceae 的"Halesia P. Browne, Civ. Nat. Hist. Jamaica:205. 10 Mar 1756 = Guettarda L.(1753)"。"Halesia L., Syst. Nat., ed. 10. 2:1044. 1759[7 Jun 1759]≡Halesia J. Ellis ex L.(1759)(保留属名)[安息香科(齐墩果科,野茉莉科)Styracaceae//银钟花科 Halesiaceae]"和"Halesia Loefl.(废弃属名)=Trichilia P. Browne(1756)(保留属名)[楝科 Meliaceae]"亦应废弃。"Carlomohria E. L. Greene, Erythea 1:236. 3 Nov 1893","Hillia Boehmer in C. G. Ludwig, Def. Gen. ed. 3. 71. 1760","Mohria N. L. Britton, Gard. et Forest 6:434. 18 Oct 1893(non Swartz 1806)"和"Mohrodendron N. L. Britton, Gard. et Forest 6:463. 8 Nov 1893"是"Halesia J. Ellis ex L.(1759)(保留属名)"的晚出的同模式异名(Homotypic synonym, Nomenclatural synonym)。【分布】美国(东南部),中国,东亚。【模式】Halesia carolina Linnaeus。【参考异名】Carlomohria Greene(1893)Nom. illegit.;Halesia L.(1759)(废弃属名);Halia St.-Lag.(1881);Hillia Boehm.(1760)Nom. illegit.;Mohria Britton(1893)Nom. illegit.;Mohrodendron Britton(1893)Nom. illegit.;Tetrapteris Garden(1821)●

23084 **Halesia** L.(1759)(废弃属名)≡Halesia J. Ellis ex L.(1759)(保留属名)[安息香科(齐墩果科,野茉莉科)Styracaceae//银钟花科 Halesiaceae]●

23085 **Halesia** Loefl.(废弃属名)=Trichilia P. Browne(1756)(保留属名)[楝科 Meliaceae]●

23086 **Halesia** P. Browne(1756)(废弃属名)=Guettarda L.(1753)[茜草科 Rubiaceae//海岸桐科 Guettardaceae]●

23087 **Halesiaceae** D. Don(1828)=Styracaceae DC. et Spreng.(保留科名)●

23088 **Halesiaceae** Link[亦见 Styracaceae DC. et Spreng.(保留科名)

安息香科(齐墩果科,野茉莉科)]【汉】银钟花科。【包含】世界1属3-5种,中国1属1种。【分布】美国(东南部),东亚。【科名模式】Halesia J. Ellis ex L.●

23089 **Halfordia** F. Muell.(1865)【汉】哈氏芸香属(哈弗地亚属,哈福芸香属)。【隶属】芸香科 Rutaceae。【包含】世界3-4种。【学名诠释与讨论】〈阴〉(人)George Britton Halford, 1824-1910,澳大利亚医生。【分布】澳大利亚(东部),法属新喀里多尼亚,新几内亚岛。【模式】Halfordia drupifera F. v. Mueller, Nom. illegit.[Eriostemon leichhardtii F. v. Mueller; Halfordia leichhardtii(F. v. Mueller)Baillon ex Guillaumin]。●☆

23090 **Halgania** Gaudich.(1829)【汉】哈根木属。【英】Halgania。【隶属】紫草科 Boraginaceae。【包含】世界15-18种。【学名诠释与讨论】〈阴〉(人)Emmanuel Halgan, 1771-1852,法国海军军官。【分布】澳大利亚,中美洲。【模式】Halgania littoralis Gaudichaud-Beaupré。●☆

23091 **Halia** St.-Lag.(1881)=Halesia J. Ellis ex L.(1759)(保留属名)[安息香科(齐墩果科,野茉莉科)Styracaceae//银钟花科 Halesiaceae]●

23092 **Halianthus** Fr.(1817)Nom. illegit. ≡Honckenya Ehrh.(1783)[石竹科 Caryophyllaceae]■☆

23093 **Halibrexia** Phil.(1864)=Alibrexia Miers(1845);~=Nolana L. ex L. f.(1762)[茄科 Solanaceae//铃花科 Nolanaceae]■☆

23094 **Halicacabus**(Bunge)Nevski(1937)=Astragalus L.(1753)[豆科 Fabaceae(Leguminosae)//蝶形花科 Papilionaceae]●■

23095 **Halimione** Aellen(1938)【汉】盐滨藜属。【英】Purslane。【隶属】藜科 Chenopodiaceae//滨藜科 Atriplicaceae。【包含】世界3种。【学名诠释与讨论】〈阴〉(希)hals,所有格halos,海、盐。变为halimos,属于海的。halimon,海滨植物,滨藜属植物。此属的学名,ING、TROPICOS 和 IK 记载是"Halimione Aellen, Verh. Nat. Ges. Basel 1937-8, xlix. 121(1938)";它是一个替代名称。"Halimus Wallroth, Sched. Crit. 117. 1822"是一个非法名称(Nom. illegit.),因为此前已经有了"Halimus P. Browne, Civ. Nat. Hist. Jamaica 206. 10 Mar 1756[马齿苋科 Portulacaceae]"。故用"Halimione Aellen(1938)"替代之。"Halimus Kuntze, Revisio Generum Plantarum 1 1891≡Halimus Rumph. ex Kuntze, Rev. Gen.(1891)263[番杏科 Aizoaceae]"亦是晚出的非法名称。亦有文献把"Halimione Aellen(1938)"处理为"Atriplex L.(1753)(保留属名)"的异名。【分布】巴勒斯坦,欧洲西部和地中海至亚洲西南与中部。【模式】Halimione pedunculata(Linnaeus)P. Aellen[Atriplex pedunculata Linnaeus]。【参考异名】Atriplex L.(1753)(保留属名);Halimus Wallr.(1822)Nom. illegit.■☆

23096 **Halimiphyllum**(Engl.)Boriss.(1957)【汉】海滨蒺藜属。【隶属】蒺藜科 Zygophyllaceae。【包含】世界5种。【学名诠释与讨论】〈中〉(希)halimos,海的;halimon, halimos,海滨+phyllon,叶子。phyllodes,似叶的,多叶的。phylleion,绿色材料,绿草。【分布】亚洲中部。【模式】Halimiphyllum atriplicoides(F. E. L. Fischer et C. A. Meyer)A. G. Borissova[Zygophyllum atriplicoides F. E. L. Fischer et C. A. Meyer]。●☆

23097 **Halimium**(Dunal)Spach(1836)【汉】哈利木属(海蔷薇属)。【日】ハリミウム属。【英】Halimium。【隶属】半日花科(岩蔷薇科)Cistaceae。【包含】世界9-12种。【学名诠释与讨论】〈中〉(希)halimon, halimos,海滨。另说指叶与 Atriplex halimus 的形状和颜色相似。此属的学名,ING、TROPICOS 和 GCI 记载是"Halimium(Dunal)Spach, Ann. Sci. Nat. Bot. ser. 2. 6:365. Dec 1836",由"Helianthemum sect. Halimium Dunal in A. P. de Candolle, Prodr. 1:267. Jan(med.)1824"改级而来。IK 则记载为"Halimium Spach, Ann. Sci. Nat., Bot. sér. 2, 6:365. 1836"。【分

布】地中海地区。【后选模式】Halimium umbellatum（Linnaeus）Spach［Cistus umbellatus Linnaeus］。【参考异名】Crocanthemum Spach（1836）；Halimium Spach（1836）Nom. illegit.；Helianthemum sect. Halimium Dunal（1824）；Stegitrio Post et Kuntze（1903）；Stegitris Raf.（1838）●☆

23098　Halimium Spach（1836）Nom. illegit. ≡ Halimium（Dunal）Spach（1836）［半日花科（岩蔷薇科）Cistaceae］●☆

23099　Halimocnemis C. A. Mey.（1829）【汉】盐蓬属（节节盐木属）。【俄】Галимокнемис。【英】Halimocnemis，Saltbane。【隶属】藜科 Chenopodiaceae。【包含】世界 12-19 种，中国 3 种。【学名诠释与讨论】〈阴〉（希）halimon，halimos，海滨+kneme，节间。knemis，所有格 knemidos，胫衣，脚绊。knema，所有格 knematos，碎片，碎屑，刨花。山的肩状突出部分。指本属植物生于盐碱地。【分布】巴基斯坦，巴勒斯坦，中国，亚洲中部。【模式】未指定。【参考异名】Halotis Bunge（1862）■

23100　Halimocnemum Lindem.（1880）= Halocnemum M. Bieb.（1819）［藜科 Chenopodiaceae］●

23101　Halimodendron Fisch.（1825）Nom. illegit.，Nom. inval. ≡ Halimodendron Fisch. ex DC.（1825）［豆科 Fabaceae（Leguminosae）//蝶形花科 Papilionaceae］●

23102　Halimodendron Fisch. ex DC.（1825）【汉】铃铛刺属（盐豆木属）。【日】ハリモデンドロン属。【俄】Галимодендрон，Чемыш，Чингиль。【英】Salt Tree，Saltbeantree，Salttree，Salt-tree。【隶属】豆科 Fabaceae（Leguminosae）//蝶形花科 Papilionaceae。【包含】世界 1 种，中国 1 种。【学名诠释与讨论】〈中〉（希）hals，所有格 halos 海，变为 halimos，属于海的，变为"希"halimon，海滨植物，滨藜属植物+dendron 或 dendros，树木，棍，丛林。指其生于盐渍地上。此属的学名，ING 和 IPNI 记载是"Halimodendron F. E. L. Fischer ex A. P. de Candolle, Prodr. 2：269. Nov（med.）1825"。"Halimodendron Fisch. ≡ Halimodendron Fisch. ex DC.（1825）"是一个未合格发表的名称（Nom. inval.）。【分布】中国，西亚和北亚。【模式】Halimodendron argenteum A. P. de Candolle, Nom. illegit.［Robinia halodendron Pallas；Halimodendron halodendron（Pallas）C. K. Schneider］。【参考异名】Halimodendron Fisch.（1825）Nom. illegit.，Nom. inval.；Halodendron DC.（1825）Nom. illegit. ●

23103　Halimolobos Tausch（1836）【汉】瘦鼠耳芥属。【隶属】十字花科 Brassicaceae（Cruciferae）。【包含】世界 15-19 种。【学名诠释与讨论】〈阳〉（希）halimon，halimos，海滨+lobos = 拉丁文 lobulus，片，裂片，叶，荚，蒴。此属的学名，ING、GCI、TROPICOS 和 IK 记载是"Halimolobos Tausch, Flora 19（25）：410. 1836［14 Jul 1836］"。【分布】玻利维亚，厄瓜多尔，太平洋地区美洲。【后选模式】Halimolobos strictus Tausch, Nom. illegit.［as 'stricta'］［Arabis lasioloba Link；Halimolobos lasiolobus（Link）O. E. Schulz］。【参考异名】Sandbergia Greene（1911）■☆

23104　Halimum Loefl.（1898）Nom. illegit. ≡ Halimum Loefl. ex Hiern（1898）Nom. illegit.；~ = Sesuvium L.（1759）［番杏科 Aizoaceae//海马齿科 Sesuveriaceae］■

23105　Halimum Loefl. ex Hiern（1898）Nom. illegit. ≡ Sesuvium L.（1759）［番杏科 Aizoaceae//海马齿科 Sesuveriaceae］■

23106　Halimus Kuntze（1891）Nom. illegit. ≡ Halimus Rumph. ex Kuntze（1891）Nom. illegit.；~ = Sesuvium L.（1759）［番杏科 Aizoaceae//海马齿科 Sesuveriaceae］■

23107　Halimus L. = Atriplex L.（1753）（保留属名）［藜科 Chenopodiaceae//滨藜科 Atriplicaceae］■●

23108　Halimus P. Browne（1756）Nom. illegit. = Portulaca L.（1753）［马齿苋科 Portulacaceae］■

23109　Halimus Rumph.（1748-1750）Nom. inval. ≡ Halimus Rumph. ex Kuntze（1891）Nom. illegit.；~ = Sesuvium L.（1759）［番杏科 Aizoaceae//海马齿科 Sesuveriaceae］■

23110　Halimus Rumph. ex Kuntze（1891）Nom. illegit. = Sesuvium L.（1759）［番杏科 Aizoaceae//海马齿科 Sesuveriaceae］■

23111　Halimus Wallr.（1822）Nom. illegit. ≡ Halimione Aellen（1938）；~ = Atriplex L.（1753）（保留属名）［藜科 Chenopodiaceae//滨藜科 Atriplicaceae］■●

23112　Hallackia Harv.（1863）= Huttonaea Harv.（1863）［兰科 Orchidaceae］■☆

23113　Hallea J. -F. Leroy（1975）Nom. illegit. ≡ Fleroya Y. F. Deng（2007）［茜草科 Rubiaceae］●☆

23114　Halleorchis Szlach. et Olszewski（1998）【汉】哈勒兰属。【隶属】兰科 Orchidaceae。【包含】世界 1 种。【学名诠释与讨论】〈阴〉（人）Halle，植物学者+orchis 兰。【分布】加蓬，喀麦隆。【模式】Halleorchis aspidogynoides Szlach. et Olszewski。■☆

23115　Hallera Cothen.（1790）Nom. illegit. ≡ Halleria L.（1753）［玄参科 Scrophulariaceae//密穗草科 Stilbaceae］●☆

23116　Hallera St. -Lag.（1881）Nom. illegit. ≡ Halleria L.（1753）［玄参科 Scrophulariaceae//密穗草科 Stilbaceae］●☆

23117　Halleria L.（1753）【汉】哈勒木属。【隶属】玄参科 Scrophulariaceae//密穗草科 Stilbaceae。【包含】世界 4 种。【学名诠释与讨论】〈阴〉（人）纪念 Albrecht von Haller, 1708-1777，瑞士医生，诗人，博物学者。此属的学名，ING、TROPICOS 和 IK 记载是"Halleria L., Sp. Pl. 2：625. 1753［1 May 1753］"。TROPICOS 把其置于密穗草科 Stilbaceae。"Hallera St. -Lag., Ann. Soc. Bot. Lyon viii.（1881）171"和"Hallera Cothen., Disp. Veg. Meth. 7, 1790"都是其变体。【分布】马达加斯加，热带和非洲南部。【模式】Halleria lucida Linnaeus。【参考异名】Hallera Cothen.（1790）Nom. illegit.；Hallera St. -Lag.（1881）Nom. illegit. ●☆

23118　Halleriaceae Link（1829）= Scrophulariaceae Juss.（保留科名）●■

23119　Hallesia Scop.（1777）= Guettarda L.（1753）；~ = Halesia P. Browne（1756）（废弃属名）；~ = Guettarda L.（1753）［茜草科 Rubiaceae//海岸桐科 Guettardaceae］●

23120　Hallia Dumort. ex Pfeiff. = Honkenya Ehrh.（1783）［石竹科 Caryophyllaceae］■☆

23121　Hallia J. St. - Hil.（1813）Nom. illegit. = Alysicarpus Desv.（1813）（保留属名）［豆科 Fabaceae（Leguminosae）//蝶形花科 Papilionaceae］■

23122　Hallia Thunb.（1799）【汉】霍尔豆属（哈尔豆属，南非哈豆属）。【隶属】豆科 Fabaceae（Leguminosae）//蝶形花科 Papilionaceae。【包含】世界 9 种。【学名诠释与讨论】〈阴〉（人）Birger Marten（Birgerus Martinus）Hall, 1741-1841，瑞典植物学者，医生。此属的学名，ING、TROPICOS 和 IK 记载是"Hallia Thunberg, J. Bot.（Schrader）1799（1）：318. Aug 179"。"Hallia Jaume Saint-Hilaire, Nouv. Bull. Sci. Soc. Philom. Paris 3：192. Dec 1812 = Alysicarpus Desv.（1813）（保留属名）［豆科 Fabaceae（Leguminosae）//蝶形花科 Papilionaceae］"是晚出的非法名称。亦有文献把"Hallia Thunb.（1799）"处理为"Psoralea L.（1753）"的异名。【分布】巴基斯坦，马达加斯加，非洲南部。【后选模式】Hallia cordata Thunberg, Nom. illegit.［Glycine monophylla Linnaeus；Hallia monophylla（Linnaeus）Schindler］。【参考异名】Psoralea L.（1753）■☆

23123　Hallianthus H. E. K. Hartmann（1983）【汉】扁棱玉属。【隶属】番杏科 Aizoaceae。【包含】世界 1-2 种。【学名诠释与讨论】〈阳〉（人）Harry Hall, 1906-1986，英国园艺学者，肉质植物采集

家+anthos,花。【分布】马来西亚(西部),加里曼丹岛。【模式】
Hallianthus planus (H. M. L. Bolus) H. E. K. Hartmann
［Mesembryanthemum planum H. M. L. Bolus］。●☆

23124 Hallieracantha Stapf(1907) = Ptyssiglottis T. Anderson (1860)
［爵床科 Acanthaceae］■☆

23125 Hallieraceae Trin. = Stilbaceae Kunth(保留科名)●☆

23126 Halliophytum I. M. Johnst. (1923) = Tetracoccus Engelm. ex
Parry(1885);~ = Securinega Comm. ex Juss. (1789)(保留属名)+
Tetracoccus Engelm. ex Parry(1885)［大戟科 Euphorbiaceae］●☆

23127 Hallomuellera Kuntze (1891) Nom. illegit. ≡ Lilaeopsis Greene
(1891);~ ≡ Stenomeris Planch. (1852);~ = Crantzia Nutt. (1818)
Nom. illegit. (废弃属名);~ = Crantziola F. Muell. (1882) Nom.
illegit. ［伞形花科(伞形科)Apiaceae(Umbelliferae)］■☆

23128 Halloschulzia Kuntze (1891) Nom. illegit. ≡ Stenomeris Planch.
(1852)［薯蓣科 Dioscoreaceae］■☆

23129 Halmia M. Roem. (1847) = Crataegus L. (1753)［蔷薇科
Rosaceae］●

23130 Halmoorea J. Dransf. et N. W. Uhl(1984)【汉】哈勒摩里椰属。
【隶属】棕榈科 Arecaceae(Palmae)。【包含】世界 1 种。【学名诠
释与讨论】〈阴〉(人)Harold Emery Moore,1917-1980,美国植物
学者。此属的学名是"Halmoorea J. Dransfield et N. W. Uhl,
Principes 28:164. 26 Oct 1984"。亦有文献把其处理为"Orania
Zipp. (1829)"的异名。【分布】马达加斯加。【模式】Halmoorea
trispatha J. Dransfield et N. W. Uhl。【参考异名】Orania Zipp.
(1829)●☆

23131 Halmyra Herb. (1837) = Pancratium L. (1753)［石蒜科
Amaryllidaceae//百合科 Liliaceae//全能花科 Pancratiaceae］■

23132 Halmyra Salisb. ex Parl. (1854) Nom. illegit. ≡ Zouchia Raf.
(1838)［石蒜科 Amaryllidaceae//百合科 Liliaceae//全能花科
Pancratiaceae］■

23133 Halocarpaceae A. V. Bobrov et Melikyan(2000) = Podocarpaceae
Endl. (保留科名)●

23134 Halocarpaceae Melikyan et A. V. Bobrov(2000) = Podocarpaceae
Endl. (保留科名)●

23135 Halocarpus Quinn(1982)【汉】哈罗果松属。【隶属】罗汉松科
Podocarpaceae。【包含】世界 3 种。【学名诠释与讨论】〈阳〉
(希)hals,所有格 halos,海,盐。变为 halimos,属于海的。
halimon,海滨植物,滨藜属植物+karpos,果实。【分布】新西兰,
中国。【模式】Halocarpus bidwillii (J. D. Hooker ex T. Kirk) C. J.
Quinn［Dacrydium bidwillii J. D. Hooker ex T. Kirk］。●

23136 Halocharis M. Bieb. ex DC. = Centaurea L. (1753)(保留属名)
［菊科 Asteraceae(Compositae)//矢车菊科 Centaureaceae］●■

23137 Halocharis Moq. (1849)【汉】嗜盐草属(盐美草属,盐美人
属)。【俄】Галохалис。【隶属】藜科 Chenopodiaceae。【包含】世
界 12-13 种。【学名诠释与讨论】〈阴〉(希)hals,所有格 halos,
海,盐。变为 halimos,属于海的+charis,喜悦,雅致,美丽,流行。
指某些种生于盐碱地上。【分布】巴基斯坦,亚洲中部和西南部。
【后选模式】Halocharis sulphurea Moquin-Tandon。【参考异名】
Androphysa Moq. (1849)■☆

23138 Halochlamys A. Gray (1851)。可疑名称［菊科 Asteraceae
(Compositae)］☆

23139 Halochloa Griseb. (1879) Nom. illegit. = Monanthochloe Engelm.
(1859)［禾本科 Poaceae(Gramineae)］■☆

23140 Halocnemon Spreng. (1824) = Halocnemum M. Bieb. (1819)
［藜科 Chenopodiaceae］●

23141 Halocnemum M. Bieb. (1819)【汉】盐节木属(盐节草属)。
【俄】Сарсазан。【英】Halocnemum,Saltnodetree。【隶属】藜科

Chenopodiaceae。【包含】世界 1 种,中国 1 种。【学名诠释与讨
论】〈中〉(希)hals,所有格 halos,属于海的+kneme,节间。
knemis,所有格 knemidos,胫衣,脚绊。knema,所有格 knematos,
碎片,碎屑,刨花。山的肩状突出部分。指其适生于盐碱地上,
小枝具关节。此属的学名,ING、TROPICOS、APNI 和 IK 记载是
"Halocnemum M. Bieb. ,Fl. Taur. -Caucas. 3:3.［Dec 1819 or early
1820］"。"Sarcathria Rafinesque, Fl. Tell. 3:47. Nov-Dec 1837
('1836')"是"Halocnemum M. Bieb. (1819)"的晚出的同模式异
名(Homotypic synonym, Nomenclatural synonym)。"Halocnemum
M. Bieb. ,Fl. Taur. -Caucas. 3:3.［Dec 1819 or early 1820］"是
"Halocnemum M. Bieb. (1819)"的拼写变体。【分布】巴基斯坦,
中国,地中海中部至亚洲中部。【后选模式】Halocnemum
strobilaceum (Pallas) Marschall von Bieberstein［Salicornia
strobilacea Pallas］。【参考异名】Halimocnemum Lindem. (1880);
Halocnemon Spreng. (1824);Sarcathria Raf. (1837) Nom. illegit. ●

23142 Halodendron DC. (1825) Nom. illegit. = Halimodendron Fisch. ex
DC. (1825)［豆科 Fabaceae (Leguminosae)//蝶形花科
Papilionaceae］●

23143 Halodendron Roem. et Schult. (1818) Nom. illegit. ≡
Halodendrum Thouars(1806);~ = Avicennia L. (1753)［马鞭草科
Verbenaceae//海榄雌科 Avicenniaceae］●

23144 Halodendrum Thouars(1806) = Avicennia L. (1753)［马鞭草科
Verbenaceae//海榄雌科 Avicenniaceae］●

23145 Halodula Benth. et Hook. f. (1883) Nom. illegit. ≡ Halodule
Endl. (1841)［眼子菜科 Potamogetonaceae//角果藻科
Zannichelliaceae//丝粉藻科 Cymodoceaceae］■

23146 Halodule Endl. (1841)【汉】二药藻属。【俄】Галодуле。【英】
Biantheralga,Shoalweed。【隶属】眼子菜科 Potamogetonaceae//角
果藻科 Zannichelliaceae//丝粉藻科 Cymodoceaceae。【包含】世界
6-7 种,中国 2 种。【学名诠释与讨论】〈阴〉(希)hals,所有格
halos,海,盐。变为 halimos,属于海的+doulos,奴隶。指某些种生
于盐水中。此属的学名"Halodule Endlicher, Gen. 1368. Feb-Mar
1841"是一个替代名称。"Diplanthera L. M. A. A. Du Petit-
Thouars, Gen. Nova Madag. 3. 17 Nov 1806"是一个非法名称
(Nom. illegit.),因为此前已经有了"Diplanthera J. G. Gleditsch,
Syst. Pl. 154. 1764 ≡ Dianthera L. (1753) = Justicia L. (1753)［爵
床科 Acanthaceae//鸭嘴花科(鸭咀花科)Justiciaceae］"。故用
"Halodule Endl. (1841)"替代之。同理,"Diplanthera Banks et
Solander ex R. Brown, Prodr. 448. 27 Mar 1810"和"Diplanthera
Schrank, Pl. Rar. Horti Acad. Monac. t. 62. Jan-Jun 1821
('1819')"亦是非法名称。"Halodula Benth. et Hook. f. , Gen.
Pl.［Bentham et Hooker f.］3(2):1018, sphalm. 1883［14 Apr
1883］"是其拼写变体。【分布】巴拿马,哥斯达黎加,马达加斯
加,尼加拉瓜,中国,中美洲。【模式】Halodule tridentata
(Steinheil) Endlicher ex Unger［Diplanthera tridentata Steinheil］。
【参考异名】Diplanthera Thouars (1806) Nom. illegit. ; Halodula
Benth. et Hook. f. (1883) Nom. illegit. ■

23147 Halogeton C. A. Mey. (1829) Nom. inval. ≡ Halogeton C. A.
Mey. ex Ledeb. (1829)［藜科 Chenopodiaceae］■●

23148 Halogeton C. A. Mey. ex Ledeb. (1829)【汉】盐生草属。【俄】
Галогетон。【俄】Галогетон。【英】Barilla, Halogeton,
Saltlivedgrass。【隶属】藜科 Chenopodiaceae。【包含】世界 3-9
种,中国 2-3 种。【学名诠释与讨论】〈中〉(希)hals,所有格
halos,属于海的+geiton,所有格 geitonos,邻居。指一些种生于盐
碱地上。此属的学名,ING 和 IPNI 记载是"Halogeton C. A. Meyer
ex Ledebour, Icon. Pl. Nov. 1:10. Mai-Dec 1829"。IK 和
TROPICOS 则记载为"Halogeton C. A. Mey. , Fl. Altaic.

[Ledebour]. 1：378. 1829［Nov-Dec 1829］”；这是一个未合格发表的名称(Nom. inval. ,Nom. nud.)。【分布】巴基斯坦，西班牙，中国，俄罗斯(东南)至亚洲中部，非洲西北部。【模式】Halogeton glomeratus Ledebour。【参考异名】Agathophora Bunge(1862)Nom. illegit. ；Agathophora (Fenzl) Bunge (1862)；Halogeton C. A. Mey. (1829)Nom. inval. ；Micropeplis Bunge(1847)■●

23149　Halolachna Endl. (1840) Nom. illegit. ≡ Hololachna Ehrenb. (1827)［柽柳科 Tamaricaceae］●

23150　Halongia Jeanpl. (1971) = Thysanotus R. Br. (1810)（保留属名）［百合科 Liliaceae//点柱花科(朱蕉科)Lomandraceae//吊兰科(猴面包科，猴面包树科)Anthericaceae//天门冬科 Asparagaceae］■

23151　Halopegia K. Schum. (1902)【汉】沼竹芋属。【隶属】竹芋科(苳叶科，柊叶科)Marantaceae。【包含】世界 4-6 种。【学名诠释与讨论】〈阴〉(希)hals,所有格 halos,海,盐。变为 halimos,属于海的+pegos,坚固的。【分布】马达加斯加，印度至泰国和印度尼西亚(爪哇岛)，热带非洲。【模式】未指定。【参考异名】Monodyas (K. Schum.) Kuntze ■☆

23152　Halopeplis Bunge ex Ung. -Sternb. (1866)【汉】盐千屈菜属(盐千屈叶属)。【俄】Соровник。【英】Halopeplis。【隶属】藜科 Chenopodiaceae。【包含】世界 3 种，中国 1 种。【学名诠释与讨论】〈阴〉(希)hals,所有格 halos,海,盐。变为 halimos,属于海的+(属)Peplis 苳艾属。指本属植物喜生于盐碱地上。此属的学名, ING、TROPICOS 和 IPNI 记载是 “Halopeplis Bunge ex Ungern-Sternberg, Vers. Syst. Salicorn. 102. 1866”。IK 则记载为 “Halopeplis Bunge, Linnaea 28：573. 1857; nom. inval. ”。【分布】巴基斯坦，中国，地中海亚洲中部，非洲南部。【后选模式】Halopeplis nodulosa (Delile) Bunge ex Ungern-Sternberg ［Salicornia nodulosa Delile］。【参考异名】Halopeplis Bunge (1857) Nom. inval. ■

23153　Halopeplis Bunge (1857) Nom. inval. ≡ Halopelis Bunge ex Ung. -Sternb. (1866)［藜科 Chenopodiaceae］■

23154　Halopetalum Steud. (1840) = Heteropterys Kunth (1822)［as 'Heteropteris'］（保留属名）［金虎尾科(黄褥花科)Malpighiaceae］●☆

23155　Halophila Thouars(1806)【汉】喜盐草属(盐藻属)。【日】ウミヒルモ属。【英】Halophila, Saltgrass。【隶属】水鳖科 Hydrocharitaceae//喜盐草科 Halophilaceae。【包含】世界 9-10 种，中国 4 种。【学名诠释与讨论】〈阴〉(希)hals,所有格 halos,海,盐。变为 halimos,属于海的+philos,喜欢的，爱的。指本属植物喜生于盐水上。【分布】中国，热带印度洋沿岸太平洋沿岸。【后选模式】Halophila madagascariensis Doty et Stone。【参考异名】Aschersonia F. Muell. (1878) Nom. illegit. ；Aschersonia F. Muell. ex Benth. (1878) Nom. illegit. ；Barkania Ehrenb. (1834)；Herpophyllum Zanardini(1858)；Lemnopsis Zipp. ex Zoll. (1854)；Lemnopsis Zoll. (1854) Nom. illegit. ■

23156　Halophilaceae J. Agardh (1858)［亦见 Hydrocharitaceae Juss. (保留科名)水鳖科］【汉】喜盐草科。【包含】世界 1 属 9 种。【分布】印度洋和太平洋热带海岸。【科名模式】Halophila Thouars(1806)■

23157　Halophytaceae A. Soriano(1984)［亦见 Haloragaceae R. Br. (保留科名)小二仙草科］【汉】浜藜叶科(盐藜科)。【包含】世界 1 属 1 种。【分布】温带南美洲。【科名模式】Halophytum Speg. ■☆

23158　Halophytum Speg. (1902)【汉】浜藜叶属(滨藜叶属,盐藜属)。【隶属】浜藜叶科(盐藜科)Halophytaceae。【包含】世界 1 种。【学名诠释与讨论】〈中〉(希)hals,所有格 halos,属于海的+phyton,植物。【分布】巴塔哥尼亚。【模式】Halophytum

ameghinoi (Spegazzini) Spegazzini ［ Tetragonia ameghinoi Spegazzini］。■☆

23159　Halopyrum Stapf (1896)【汉】盐麦草属。【隶属】禾本科 Poaceae(Gramineae)。【包含】世界 1 种。【学名诠释与讨论】〈中〉(希)hals,所有格 halos,属于海的+pyros,谷物。【分布】穿过阿拉伯半岛至巴基斯坦、印度和斯里兰卡，印度洋沿岸从埃及、索马里、肯尼亚、坦桑尼亚、莫桑比克和马达加斯加。【模式】Halopyrum mucronatum (Linnaeus) Stapf ［Uniola mucronata Linnaeus］。■☆

23160　Haloragaceae R. Br. (1814)（保留科名）【汉】小二仙草科。【日】アリノタフグサ科，アリノトウグサ科。【俄】Галлорагидовые, Галлораговые。【英】Seaberry Family, Water Milfoil Family, Watermilfoil Family, Water-milfoil Family。【包含】世界 8-9 属 100-145 种，中国 2-3 属 7-13 种。【分布】广泛分布，澳大利亚。【科名模式】Haloragis J. R. Forst. et G. Forst. (1776)●■

23161　Haloragidaceae R. Br. = Haloragaceae R. Br. (1814)（保留科名）●■

23162　Haloragis J. R. Forst. et G. Forst. (1776)【汉】黄花小二仙草属(小二仙草属)。【日】アリノタフグサ属，アリノトウグサ属。【俄】Сланоягодник, Халорагис。【英】Creeping Raspwort, Seaberry。【隶属】小二仙草科 Haloragaceae。【包含】世界 28 种，中国 1 种。【学名诠释与讨论】〈阴〉(希)hals,所有格 halos,海,盐。变为 halimos,属于海的+rhax,所有格 rhagos,浆果,仁,核,葡萄。rhagodes,像葡萄的。指某些种喜生于盐碱地上。【分布】澳大利亚(包括塔斯曼半岛)，玻利维亚，智利(胡安-费尔南德斯群岛)，马达加斯加，新西兰，印度至马来西亚,智利,中国,东亚。【模式】Haloragis prostrata J. R. Forster et J. G. A. Forster。【参考异名】Cercocodia Post et Kuntze (1903)；Cercodia Banks ex Murr. (1781)；Cercodia Murr. (1781) Nom. illegit. ；Gonatocarpus Schreb. (1789) Nom. inval. ；Goniocarpus K. D. König (1805)；Gonocarpus Thunb. (1783)；Linociera Steud. （废弃属名）；Linociria Neck. (1790) Nom. inval. ；Meinoctes F. Muell. (1888)；Meionectes R. Br. (1814)；Meziella Schindl. (1905)；Mionectes Post et Kuntze (1903)；Trihaloragis M. L. Moody et Les (2007)■●

23163　Haloragodendron Orchard(1975)【汉】盐葡萄木属。【隶属】小二仙草科 Haloragaceae。【包含】世界 5 种。【学名诠释与讨论】〈中〉(希)hals,所有格 halos,属于海的+rhax,所有格 rhagos,浆果,仁,核,葡萄。rhagodes,像葡萄的+dendron 或 dendros,树木，棍,丛林。指某些种的果实葡萄状,生长在海岸。【分布】澳大利亚(西南和南部)。【模式】Haloragodendron racemosum (Labillardière) A. E. Orchard ［Haloragis racemosa Labillardière］。●☆

23164　Halorrhagaceae Lindl. = Haloragaceae R. Br. (保留科名)●■

23165　Halorrhena Elmer (1912) = Holarrhena R. Br. (1810)［夹竹桃科 Apocynaceae］●

23166　Halosarcia Paul G. Wilson(1980)【汉】聚花盐角木属(滨节藜属)。【隶属】藜科 Chenopodiaceae。【包含】世界 1-23 种。【学名诠释与讨论】〈阴〉(希)hals,所有格 halos,海,盐。变为 halimos,属于海的+sarx,所有格 sarkos,肉。sarkodes,多肉的。【分布】热带印度洋沿岸从非洲东部至印度、斯里兰卡、马来西亚、澳大利亚。【模式】Halosarcia halocnemoides (C. G. D. Nees) Paul G. Wilson ［Arthrocnemum halocnemoides C. G. D. Nees］。●☆

23167　Haloschoenus Nees (1834)【汉】盐莎属。【隶属】莎草科 Cyperaceae。【包含】世界 15 种。【学名诠释与讨论】〈阳〉(希)hals,所有格 halos,属于海的+(属)Schoenus 小赤箭莎属。此属的学名是“Haloschoenus C. G. D. Nees, Linnaea 9：296. 1834”。亦有文献把其处理为 “ Rhynchospora Vahl (1805)［as 'Rynchospora'］(保留属名)”的异名。【分布】玻利维亚，中美

洲。【模式】未指定。【参考异名】Rhynchospora Vahl（1805）（保留属名）；Rynchospora Vahl（1805）（废弃属名）■☆

23168　Haloscias Fr.（1846）= Ligusticum L.（1753）［伞形花科（伞形科）Apiaceae（Umbelliferae）］■

23169　Halosciastrum Koidz.（1941）【汉】盐小伞属。【隶属】伞形花科（伞形科）Apiaceae（Umbelliferae）。【包含】世界1种，中国1种。【学名诠释与讨论】〈中〉（希）hals，所有格halos，属于海的+scias伞+-astrum，指示小的词尾，也有"不完全相似"的含义。此属的学名是"Halosciastrum Koidzumi, Acta Phytotax. Geobot. 10：54. 30 Mar 1941"。亦有文献把其处理为"Cymopterus Raf.（1819）"的异名。【分布】朝鲜，中国。【模式】Halosciastrum crassum Koidzumi。【参考异名】Cymopterus Raf.（1819）■

23170　Haloselinum Pimenov（2012）【汉】中亚前胡属。【隶属】伞形花科（伞形科）Apiaceae（Umbelliferae）。【包含】世界1种。【学名诠释与讨论】〈中〉（希）hals，所有格halos，属于海的+（属）Selinum亮蛇床属。selinon，芹，西芹。【分布】中亚。【模式】Haloselinum falcaria（Turcz.）Pimenov Umbelliferae Russia 300. 2012 ［Peucedanum falcaria Turcz.］。☆

23171　Halosicyos Mart. Crov.（1947）【汉】盐葫芦属。【隶属】葫芦科（瓜科，南瓜科）Cucurbitaceae。【包含】世界1种。【学名诠释与讨论】〈阳〉（希）hals，所有格halos+sikyos，葫芦，野胡瓜。【分布】阿根廷（北部）。【模式】Halosicyos ragonesei Crovetto。■☆

23172　Halostachys C. A. Mey.（1838）Nom. inval. ≡ Halostachys C. A. Mey. ex Schrenk（1843）［藜科 Chenopodiaceae］●

23173　Halostachys C. A. Mey. ex Schrenk（1843）【汉】盐穗木属（盐穗属）。【俄】Карабаркар，Соляноколосник。【英】Halostachys, Saltspike。【隶属】藜科 Chenopodiaceae。【包含】世界1种，中国1种。【学名诠释与讨论】〈阴〉（希）hals，所有格halos，海，盐。变为halimos，属于海的+stachys，穗，谷，长钉。指其喜生于盐碱地上，花序穗状。此属的学名，ING和TROPICOS记载是"Halostachys C. A. Meyer ex Schrenk, Bull. Cl. Phys. –Math. Acad. Imp. Sci. Saint–Pétersbourg Ser. 2. 1：361. 24 Apr 1843"。IK则记载为"Halostachys C. A. Mey., Bull. Soc. Imp. Naturalistes Moscou（1838）361"；这是一个未合格发表的名称（Nom. inval., Nom. nud.）。【分布】巴基斯坦，中国，俄罗斯（东南部）至亚美尼亚至亚洲中部。【后选模式】Halostachys songarica Schrenk。【参考异名】Halostachys C. A. Mey.（1838）Nom. inval.；Holostachys Greene（1891）Nom. illegit.●

23174　Halostemma Benth. et Hook. f.（1883）Nom. illegit. ≡ Halostemma Wall. ex Benth. et Hook. f.（1883）；~ = Mapania Aubl.（1775）；~ =Pandanophyllum Hassk.（1843）［莎草科 Cyperaceae］■

23175　Halostemma Wall. ex Benth. et Hook. f.（1883）= Mapania Aubl.（1775）；~ =Pandanophyllum Hassk.（1843）［莎草科 Cyperaceae］■

23176　Halothamnus F. Muell.（1862）Nom. illegit. ≡ Selenothamnus Melville（1967）；~ =Lawrencia Hook.（1840）［锦葵科 Malvaceae］●☆

23177　Halothamnus Jaub. et Spach（1845）【汉】盐灌藜属（新疆藜属）。【隶属】藜科 Chenopodiaceae//猪毛菜科 Salsolaceae。【包含】世界6-23种，中国1种。【学名诠释与讨论】〈阳〉（希）hals，所有格halos，属于海的+thamnos，指小式thamnion，灌木，灌丛，树丛，枝。此属的学名，ING、TROPICOS和IK记载是"Halothamnus Jaub. et Spach, Ill. Pl. Orient. 2（14-16）：50, t. 136. 1845 ［Dec 1845］"；《中国植物志》英文版和《巴基斯坦植物志》亦用此名称。"Halothamnus F. Muell., Plants Indigenous to the Colony of Victoria 1 1862 ≡ Selenothamnus Melville（1967）［锦葵科 Malvaceae］"是晚出的非法名称；它已经被"Selenothamnus Melville, Published In：Kew Bulletin 20：514. 1967"所替代；亦有学

者把其处理为"Lawrencia Hook.（1840）［锦葵科 Malvaceae］"的异名。也有文献把"Halothamnus Jaub. et Spach（1845）"处理为"Salsola L.（1753）"的异名。【分布】阿富汗，阿拉伯半岛，巴基斯坦，伊朗，中国，安纳托利亚，非洲东北部。【后选模式】Halothamnus bottae Jaubert et Spach。【参考异名】Aellenia Ulbr.（1934）；Salsola L.（1753）●■

23178　Halotis Bunge（1862）【汉】盐藜属（翅盐蓬属）。【俄】Галотис。【隶属】藜科 Chenopodiaceae。【包含】世界2种。【学名诠释与讨论】〈阴〉（希）hals，所有格halos，海，盐。变为halimos，属于海的+otis，鸨。此属的学名是"Halotis Bunge, Mém. Acad. Imp. Sci. Saint–Pétersbourg ser. 7. 4（11）：19,73. 1862"。亦有文献把其处理为"Halimocnemis C. A. Mey.（1829）"的异名。【分布】亚洲中部至伊朗和阿富汗。【模式】Halotis occulta Bunge。【参考异名】Halimocnemis C. A. Mey.（1829）■☆

23179　Haloxanthium Ulbr.（1934）= Atriplex L.（1753）（保留属名）［藜科 Chenopodiaceae//滨藜科 Atriplicaceae］■●

23180　Haloxylon Bunge ex E. Fenzl（1851）【汉】梭梭属（琐琐属，盐木属）。【俄】Саксаул。【英】Saxaul。【隶属】藜科 Chenopodiaceae。【包含】世界6-30种，中国2种。【学名诠释与讨论】〈中〉（希）hals，所有格halos，属于海的+xylon，木材。指本属树木适生于盐碱地上。此属的学名，ING和IK记载是"Haloxylon Bunge ex E. Fenzl in Ledebour, Fl. Ross. 3：819. Dec 1851"。IK和TROPICOS还记载了"Haloxylon Bunge, Mém. Acad. Imp. Sci. St. –Pétersbourg Divers Savans vii.（1851）468"，它 ≡ Haloxylon Bunge ex E. Fenzl。《中国植物志》英文版使用"Haloxylon Bunge, Mém. Acad. Imp. Sci. St. –Pétersbourg Divers Savans. 7：468. 1854."。《巴基斯坦植物志》记载是"Haloxylon Bunge, Reliq. Lehm. 292. 1851；（Mem. Sav. Etr. Petersb. 7：468. 1851）Kom."。【分布】阿富汗，巴基斯坦，地中海西部至蒙古，缅甸，南至伊朗，中国。【后选模式】Haloxylon ammodendron（C. A. Meyer）E. Fenzl ［Anabasis ammodendron C. A. Meyer］。【参考异名】Haloxylon Bunge（1851）Nom. illegit.；Haloxylon Bunge（1854）Nom. illegit.；Hammada Iljin（1948）；Iljinia Korovin et M. M. Iljin（1936）Nom. illegit.；Iljinia Korovin ex Kom.（1935）Nom. inval.●

23181　Haloxylon Bunge（1851）Nom. illegit. ≡ Haloxylon Bunge ex E. Fenzl（1851）［藜科 Chenopodiaceae］●

23182　Haloxylon Bunge（1854）Nom. illegit. ≡ Haloxylon Bunge ex E. Fenzl（1851）［藜科 Chenopodiaceae］●

23183　Halphophyllum Mansf.（1936）= Gasteranthus Benth.（1846）［苦苣苔科 Gesneriaceae］●■☆

23184　Halymus Waldenb.（1826）= Atriplex L.（1753）（保留属名）［藜科 Chenopodiaceae//滨藜科 Atriplicaceae］■●

23185　Hamadryas Comm. ex Juss.（1789）【汉】单性毛茛属。【隶属】毛茛科 Ranunculaceae。【包含】世界6种。【学名诠释与讨论】〈阴〉（希）Hamadryas, Hamadryades, Dryas，木的女神，森林女神。【分布】玻利维亚，美洲。【模式】Hamadryas magellanica J. F. Gmelin。■☆

23186　Hamalium Hamsl.（1881）= Hamulium Cass.（1820）Nom. illegit.；~ =Verbesina L.（1753）（保留属名）［菊科 Asteraceae（Compositae）］●■☆

23187　Hamamelidaceae R. Br.（1818）（保留科名）【汉】金缕梅科。【日】マンサク科。【俄】Гамамеливые, Гамамелидовые, Гамамелиевые。【英】Witch Hazel Family, Witchhazel Family, Witeh-hazel Family。【包含】世界22-31属80-144种，中国18-19属74-91种。【分布】主要亚热带。【科名模式】Hamamelis L.（1753）●

23188　Hamamelis（Gronov.）ex L.（1753）Nom. illegit. ≡ Hamamelis L.

（1753）［金缕梅科 Hamamelidaceae］●

23189 Hamamelis Gronov. ex L. (1753) ≡ Hamamelis L. (1753)［金缕梅科 Hamamelidaceae］●

23190 Hamamelis L. (1753)【汉】金缕梅属。【日】マンサク属。【俄】Гамамелис, Орех волшеб, Хамамелис。【英】Hamamelis, Witch Hazel, Witchhazel, Witch‐hazel。【隶属】金缕梅科 Hamamelidaceae。【包含】世界 4-6 种，中国 1-2 种。【学名诠释与讨论】〈阴〉（希）hamamelis, hamamelidos, 金缕梅古名，来自希腊文 hama，都，在一起，同时+melon，苹果。按照 Don 的意见，它的来源是"希"omos，相似+melea 苹果，变为雅典语中的 homo-melis。指果与花并存。此属的学名，ING 和 GCI 记载是"Hamamelis L., Sp. Pl. 1：124. 1753［1 May 1753］"。IK 则记载为"Hamamelis Gronov. ex L., Sp. Pl. 1：124. 1753［1 May 1753］"。"Hamamelis Gronov."是命名起点著作之前的名称，故"Hamamelis L. (1753)"和"Hamamelis Gronov. ex L. (1753)"都是合法名称，可以通用。"Hamamelis (Gronov.) ex L. (1753)"是旧法规规定的表述方式，应予废弃。"Trilopus Adanson, Fam. 2：381, 613. Jul–Aug 1763"是"Hamamelis L. (1753)"的晚出的同模式异名（Homotypic synonym, Nomenclatural synonym）。【分布】美国，中国，东亚，北美洲东部。【模式】Hamamelis virginiana Linnaeus。【参考异名】Amamelis Lem. (1849)；Hamamelis (Gronov.) ex L. (1753) Nom. illegit.；Hamamelis Gronov. ex L. (1753)；Hamemelis Wemischek；Lomilis Raf. (1838)；Trilopus Adans. (1763) Nom. illegit.；Trilopus Mitch. (1769) Nom. illegit. ●

23191 Hamaria Fourr. (1868) Nom. illegit. ≡ Hamosa Medik. (1787)；~ = Astragalus L. (1753)［豆科 Fabaceae(Leguminosae)//蝶形花科 Papilionaceae］●■

23192 Hamaria Kunze ex Baill. (1892) Nom. illegit. ≡ Lastarriaea J. Rémy(1851–1852)［蓼科 Polygonaceae］■☆

23193 Hamaria Kunze ex Rchb. (1828) = Acaena L. (1771)［蔷薇科 Rosaceae］■●☆

23194 Hamastris Mart. ex Pfeiff. = Myriaspora DC. (1828)［野牡丹科 Melastomataceae］●☆

23195 Hamatocactus Britton et Rose(1922)【汉】长钩球属（钩刺球属，卧龙柱属）。【日】ハマトカクタス属。【英】Hamatocactus, Twisted-rib Cactus。【隶属】仙人掌科 Cactaceae。【包含】世界 3 种，中国 2 种。【学名诠释与讨论】〈阳〉（拉）hamatus，顶端具钩的+cactos，有刺的植物，通常指仙人掌科 Cactaceae 植物。此属的学名是"Hamatocactus N. L. Britton et J. N. Rose, Cact. 3：104. 12 Oct 1922"。亦有文献把其处理为"Thelocactus (K. Schum.) Britton et Rose(1922)"的异名。【分布】巴拿马，美国（南部），墨西哥，中国。【模式】Hamatocactus setispinus (Engelmann) Britton et J. N. Rose［Echinocactus setispinus Englemann］。【参考异名】Glandulicactus Backeb. (1938)；Thelocactus (K. Schum.) Britton et Rose(1922)■

23196 Hamatolobium Fenal(1842) = Hammatolobium Fenzl(1842)［豆科 Fabaceae(Leguminosae)//蝶形花科 Papilionaceae］■☆

23197 Hamatris Salisb. (1866) = Dioscorea L. (1753)（保留属名）［薯蓣科 Dioscoreaceae］■

23198 Hambergera Scop. (1777) Nom. illegit. ≡ Cacoucia Aubl. (1775)；~ = Combretum Loefl. (1758)（保留属名）［使君子科 Combretaceae］●

23199 Hamelia Jacq. (1760)【汉】长隔木属（哈梅木属）。【俄】Гамелия。【英】Hamelia。【隶属】茜草科 Rubiaceae。【包含】世界 16-40 种，中国 1 种。【学名诠释与讨论】〈阴〉（人）Henri‐Louis Duhamel du Monnceau, 1700–1782, 法国植物学者，农学家。此属的学名，ING、TROPICOS 和 IK 记载是"Hamelia N. J.

Jacquin, Enum. Pl. Carib. 2, 16. Aug – Sep 1760"。"Duhamelia Persoon, Syn. Pl. 1：203. 1 Apr – 15 Jun 1805"和"Tangaraca Adanson, Fam. 2：147, 609. Jul – Aug 1763"是"Hamelia Jacq. (1760)"的晚出的同模式异名（Homotypic synonym, Nomenclatural synonym）。【分布】巴基斯坦，巴拿马，秘鲁，玻利维亚，厄瓜多尔，哥伦比亚（安蒂奥基亚），墨西哥至巴拉圭，尼加拉瓜，中国，西印度群岛，中美洲。【后选模式】Hamelia erecta N. J. Jacquin。【参考异名】Duhamela Raf. (1820)；Duhamelia Pers. (1805) Nom. illegit.；Hamellia L. (1762)；Jangaraca Raf. (1820)；Tangaraca Adans. (1763) Nom. illegit.；Tapesia C. F. Gaertn.；Tepesia C. F. Gaertn. (1806)●

23200 Hameliaceae Mart. = Rubiaceae Juss. (保留科名)●■

23201 Hamelinia A. Rich. (1832) = Astelia Banks et Sol. ex R. Br. (1810)（保留属名）［百合科 Liliaceae//聚星草科（芳香草科，无柱花科）Asteliaceae］■☆

23202 Hamellia L. (1762) = Hamelia Jacq. (1760)［茜草科 Rubiaceae］●

23203 Hamemelis Wemischek = Hamamelis L. (1753)［金缕梅科 Hamamelidaceae］●

23204 Hamilcoa Prain (1912)【汉】西非大戟属。【隶属】大戟科 Euphorbiaceae。【包含】世界 1 种。【学名诠释与讨论】〈阴〉词源不详。【分布】热带非洲西部。【模式】Hamilcoa zenkeri (Pax) Prain［Plukenetia zenkeri Pax］。●☆

23205 Hamiltonia Harv. (1838) = Colpoon P. J. Bergius (1767)［檀香科 Santalaceae］●☆

23206 Hamiltonia Muhlenb. ex Willd. (1806) Nom. illegit. ≡ Pyrularia Michx. (1803)［檀香科 Santalaceae］●

23207 Hamiltonia Roxb. (1814) Nom. inval., Nom. illegit. ≡ Spermadictyon Roxb. (1815)［茜草科 Rubiaceae］●

23208 Hamiltonia Roxb. (1824) Nom. illegit. ≡ Spermadictyon Roxb. (1815)［茜草科 Rubiaceae］●

23209 Hamiltonia Spreng. = Comandra Nutt. (1818)［檀香科 Santalaceae//毛蕊木科 Comandraceae］●☆

23210 Hammada Iljin (1948)【汉】肖梭梭属。【隶属】藜科 Chenopodiaceae。【包含】世界 12 种。【学名诠释与讨论】〈阴〉（地）Hammada，哈马达，位于非洲。此属的学名是"Hammada Iljin, Bot. Zurn. (Moscow & Leningrad) 33：582. Nov–Dec 1948"。亦有文献把其处理为"Haloxylon Bunge(1851)"的异名。【分布】巴基斯坦，西班牙，地中海东部至亚洲中部和印度（西北），非洲北部。【模式】Hammada leptoclada (Popov) Iljin［Arthrophytum leptocladum Popov］。【参考异名】Haloxylon Bunge(1851)●☆

23211 Hammarbya Kuntze(1891)【汉】瑞典兰属。【英】Bog Orchid。【隶属】兰科 Orchidaceae。【包含】世界 1 种。【学名诠释与讨论】〈阴〉（地）Hammarby，哈马尔比，位于瑞典。此属的学名，ING、TROPICOS 和 IK 记载是"Hammarbya Kuntze, Revis. Gen. Pl. 2：665. 1891［5 Nov 1891］"。"Limnas J. F. Ehrhart ex H. D. House, Amer. Midl. Naturalist 6：203. Mai 1920(non Trinius 1820)"是"Hammarbya Kuntze(1891)"的晚出的同模式异名（Homotypic synonym, Nomenclatural synonym）。"Hammarbya Kuntze (1891)"曾被处理为"Limnas (Kuntze) Ehrh. ex House, American Midland Naturalist 6：203. 1920"；但是这个处理是有违法规的。亦有文献把"Hammarbya Kuntze (1891)"处理为"Malaxis Sol. ex Sw. (1788)"的异名。【分布】温带北半球。【模式】Hammarbya paludosa (Linnaeus) O. Kuntze［Ophrys paludosa Linnaeus］。【参考异名】Limnas (Kuntze) Ehrh. ex House (1920) Nom. illegit.；Limnas Ehrh. ex House (1920) Nom. illegit.；Malaxis Sol. ex Sw. (1788)■☆

23212 Hammatocaulis Tausch（1834）= Ferula L.（1753）［伞形花科（伞形科）Apiaceae（Umbelliferae）］■

23213 Hammatolobium Fenzl（1842）【汉】哈马豆属。【隶属】豆科 Fabaceae（Leguminosae）//蝶形花科 Papilionaceae。【包含】世界 2 种。【学名诠释与讨论】〈中〉（希）hamma，所有格 hammatos，结，活结+lobos＝拉丁文 lobulus，片，裂片，叶，荚，蒴+-ius，-ia，-ium，在拉丁文和希腊文中，这些词尾表示性质或状态。【分布】希腊，叙利亚，非洲西北部。【模式】Hammatolobium lotoides Fenzl。【参考异名】Hamatolobium Fenal（1842）；Ludovicia Coss.（1857）■☆

23214 Hammeria Burgoyne（1998）【汉】哈默番杏属。【隶属】番杏科 Aizoaceae。【包含】世界 4 种。【学名诠释与讨论】〈阴〉（人）Hammer。【分布】非洲。【模式】Hammeria salteri（L. Bolus）Burgoyne。●☆

23215 Hamolocenchrus Scop.（1777）= Homalocenchrus Mieg ex Haller（1768）（废弃属名）；~ = Leersia Sw.（1788）（保留属名）［禾本科 Poaceae（Gramineae）］■

23216 Hamosa Medik.（1787）= Astragalus L.（1753）［豆科 Fabaceae（Leguminosae）//蝶形花科 Papilionaceae］●■

23217 Hampea Schltdl.（1837）【汉】汉珀锦葵属（哈皮锦属）。【隶属】锦葵科 Malvaceae。【包含】世界 20-21 种。【学名诠释与讨论】〈阴〉（人）Georg Ernst Ludwig Hampe，1795-1880，德国植物学者。【分布】巴拿马，哥伦比亚，哥斯达黎加，墨西哥，尼加拉瓜，中美洲。【模式】Hampea integerrima D. F. L. Schlechtendal。●☆

23218 Hamularia Aver. et Averyanova（1959）【汉】沟兰属。【隶属】兰科 Orchidaceae。【包含】世界 4 种。【学名诠释与讨论】〈阴〉词源不详。【分布】东南亚。【模式】Hamularia hamulatis W. Krutzsch。■☆

23219 Hamulia Raf.（1838）= Utricularia L.（1753）［狸藻科 Lentibulariaceae］■

23220 Hamulium Cass.（1820）Nom. illegit. ≡ Verbesina L.（1753）（保留属名）［菊科 Asteraceae（Compositae）］●■☆

23221 Hanabusaya Nakai（1911）【汉】朝鲜桔梗属。【隶属】桔梗科 Campanulaceae。【包含】世界 1-2 种。【学名诠释与讨论】〈阴〉（日）Hanabusaya，日文ハナブサヤの音译。【分布】朝鲜。【模式】Hanabusaya asiatica（Nakai）Nakai［Symphyandra asiatica Nakai］。■☆

23222 Hanburia Seem.（1858）【汉】汉布瓜属。【隶属】葫芦科（瓜科，南瓜科）Cucurbitaceae。【包含】世界 2 种。【学名诠释与讨论】〈阴〉（人）Daniel Hanbury，1825-1875，英国植物学者，药学家。此属的学名，ING、TROPICOS 和 IK 记载是"Hanburia B. C. Seemann, Bonplandia 6：293. 15 Aug 1858"。"Nietoa B. C. Seemann ex Schaffner, Naturaleza（Mexico City）3：343. 1876"是"Hanburia Seem.（1858）"的晚出的同模式异名（Homotypic synonym, Nomenclatural synonym）。【分布】墨西哥，危地马拉，中美洲。【模式】Hanburia mexicana B. Seemann。【参考异名】Nietoa Schaffn.（1876）Nom. illegit. ；Nietoa Seem. ex W. Schaffn.（1876）Nom. illegit.。■☆

23223 Hanburyophyton Bureau ex Warm.（1893）= Mansoa DC.（1838）［紫葳科 Bignoniaceae］●☆

23224 Hanburyophyton Bureau（1894）Nom. illegit. ≡ Hanburyophyton Bureau ex Warm.（1893）；~ = Mansoa DC.（1838）［紫葳科 Bignoniaceae］●☆

23225 Hanburyophyton Corr. Mello（1952）Nom. illegit. = Mansoa DC.（1838）［紫葳科 Bignoniaceae］●☆

23226 Hancea Hemsl.（1890）Nom. illegit. ≡ Hanceola Kudô（1929）［唇形科 Lamiaceae（Labiatae）］■★

23227 Hancea Pierre（1891）Nom. illegit. = Hopea Roxb.（1811）（保留属名）［龙脑香科 Dipterocarpaceae］●

23228 Hancea Seem.（1857）Nom. illegit. = Mallotus Lour.（1790）［大戟科 Euphorbiaceae］●

23229 Hanceola Kudô（1929）【汉】四轮香属。【英】Hanceola。【隶属】唇形科 Lamiaceae（Labiatae）。【包含】世界 6-8 种，中国 6-8 种。【学名诠释与讨论】〈阴〉（人）H. Fletcher Hance，1827-1886，英国植物学者，曾任英国驻香港领事+-olus，-ola，-olum，拉丁文指示小的词尾。此属的学名"Hanceola Kudo, Mem. Fac. Sci. Taihoku Imp. Univ. 2（2）：54. Dec 1929"是一个替代名称。"Hancea W. B. Hemsley, J. Linn. Soc. , Bot. 26：309. 16 Aug 1890"是一个非法名称（Nom. illegit. ），因为此前已经有了"Hancea B. C. Seemann, Bot. Voyage Herald 409. ante Jul 1857 = Mallotus Lour.（1790）［大戟科 Euphorbiaceae］"。故用"Hanceola Kudô（1929）"替代之。同理，"Hancea Pierre, Fl. Forest. Cochinchine ad t. 244. 1 Oct 1891 = Hopea Roxb.（1811）（保留属名）［龙脑香科 Dipterocarpaceae］"亦是一个非法名称。Kudô（1929）描述的新属"Siphocranion Kudo, Mem. Fac. Sci. Taihoku Imp. Univ. 2（2）：53. Dec 1929 = Hanceola Kudô（1929）"亦是一个非法名称；因为此前已经有了化石植物的"Siphodendron G. Saporta, Organismes Problémat. Anciennes Mers 38. 1884"。Siphocranion Kudô（1929）筒冠花属（管萼草属）分布于印度（北部），缅甸（北部），中国（南部和西南部），越南（北部）。【分布】中国。【模式】Hanceola sinensis（Hemsley）Kudo［Hancea sinensis Hemsley］。【参考异名】Hancea Hemsl.（1890）Nom. illegit. ；Siphocranion Kudô（1929）Nom. illegit.。■★

23230 Hancockia Rolfe（1903）【汉】滇兰属。【英】Hancockia。【隶属】兰科 Orchidaceae。【包含】世界 1-2 种，中国 1 种。【学名诠释与讨论】〈阴〉（人）William Hancock，1847-1914，英国植物学者。曾在中国和日本采集植物标本。【分布】中国。【模式】Hancockia uniflora Rolfe。【参考异名】Chrysoglossella Hatus.（1967）■

23231 Hancornia Gomes（1812）【汉】汉考木属。【隶属】夹竹桃科 Apocynaceae。【包含】世界 1 种。【学名诠释与讨论】〈阴〉（人）Philip Hancorn。【分布】巴拉圭，巴西，秘鲁，玻利维亚。【模式】Hancornia speciosa B. A. Gomes。【参考异名】Ribeirea Arruda ex H. Kost.（1816）●☆

23232 Handelia Heimerl（1922）【汉】天山蓍属。【俄】Ханделия。【英】Tianshanyarrow。【隶属】菊科 Asteraceae（Compositae）。【包含】世界 1 种，中国 1 种。【学名诠释与讨论】〈阴〉（人）Heinrich von Hendel-Mazzetti，1862-1940，奥地利植物学者。【分布】中国，亚洲中部。【模式】Handelia trichophylla（Schrenk）Heimerl［Achillea trichophylla Schrenk］。■

23233 Handeliodendron Rehder（1935）【汉】掌叶木属（对掌树属）。【英】Handeliodendron, Palmleaftree。【隶属】无患子科 Sapindaceae。【包含】世界 1 种，中国 1 种。【学名诠释与讨论】〈中〉（人）Heinrich von Hendel-Mazzetti，1862-1940，奥地利植物学者+希腊文 dendron 或 dendros，树木，棍，丛林。此属的学名是"Handeliodendron Rehder, J. Arnold Arbor. 16：65. 25 Jan 1935"。亦有文献把其处理为"Sideroxylon L.（1753）"的异名。【分布】中国。【模式】Handeliodendron bodinierii（Léveillé）Rehder［Sideroxylon bodinierii Léveillé］。【参考异名】Sideroxylon L.（1753）●★

23234 Handroanthus Mattos（1970）= Tabebuia Gomes ex DC.（1838）［紫葳科 Bignoniaceae］●☆

23235 Hanghomia Gagnep. et Thénint（1936）【汉】汉高木属。【隶属】夹竹桃科 Apocynaceae。【包含】世界 1 种。【学名诠释与讨论】

〈阴〉词源不详。【分布】中南半岛。【模式】Hanghomia marseillei Gagnepain et Thénint。●☆

23236 Hanguana Blume(1827)【汉】钵子草属。【隶属】钵子草科 Hanguanaceae。【包含】世界 1-5 种。【学名诠释与讨论】〈阴〉(地)Hangu+-anus,-ana,-anum,加在名词词干后面使形成形容词的词尾,含义为"属于"。另说是 Hanguana kassintu Blume 的印度尼西亚的俗名。【分布】马来西亚,斯里兰卡,中南半岛。【模式】Hanguana kassintu Blume。【参考异名】Hunguana Maury; Susum Blume ex Schult. et Schult. f. (1830); Susum Blume(1830) Nom. inval.; Veratronia Miq. (1859)■☆

23237 Hanguanaceae Airy Shaw(1965)[亦见 Flagellariaceae Dumort.(保留科名)须叶藤科(鞭藤科)]【汉】钵子草科(匍茎草科)。【包含】世界 1 属 2-5 种。【分布】斯里兰卡,马来西亚。【科名模式】Hanguana Blume(1827)■☆

23238 Haniffia Holttum(1950)【汉】哈尼姜属。【隶属】姜科(蘘荷科)Zingiberaceae。【包含】世界 3 种。【学名诠释与讨论】〈阴〉(人)Mohammed Haniff,? -1930,植物采集家。【分布】马来半岛,泰国。【模式】Haniffia cyanescens (Ridley) Holttum [Elettariopsis cyanescens Ridley]。■☆

23239 Hannafordia F. Muell. (1860)【汉】哈那梧桐属。【隶属】梧桐科 Sterculiaceae//锦葵科 Malvaceae。【包含】世界 3-4 种。【学名诠释与讨论】〈阴〉(人)Samuel Hannaford,1828-1874,澳大利亚植物学者。【分布】澳大利亚。【模式】Hannafordia quadrivalvis F. v. Mueller。●☆

23240 Hannoa Planch. (1846)【汉】汉诺苦木属(哈诺苦木属,苦木属)。【隶属】苦木科 Simaroubaceae。【包含】世界 8 种。【学名诠释与讨论】〈阴〉(人)Hanno,迦太基人。此属的学名是"Hannoa J. E. Planchon, London J. Bot. 5: 566. 1846"。亦有文献把其处理为"Quassia L. (1762)"的异名。【分布】参见 Quassia L. (1762)。【模式】Hannoa undulata (Guillemin et Perrottet) J. E. Planchon [Simaba undulata Guillemin et Perrottet]。【参考异名】Quassia L. (1762)●☆

23241 Hannonia Braun-Blanq. et Maire(1931)【汉】汉农石蒜属。【隶属】石蒜科 Amaryllidaceae。【包含】世界 1-2 种。【学名诠释与讨论】〈阴〉(人)Hannon。【分布】非洲西北部。【模式】Hannonia hesperidum Braun-Blanquet et R. Maire。■☆

23242 Hansalia Schott (1858) = Amorphophallus Blume ex Decne. (1834)(保留属名)[天南星科 Araceae]■●

23243 Hansemannia K. Schum. (1887) = Archidendron F. Muell. (1865)[豆科 Fabaceae(Leguminosae)//含羞草科 Mimosaceae]●

23244 Hansenia Turcz. (1844) = Ligusticum L. (1753)[伞形花科(伞形科)Apiaceae(Umbelliferae)]■

23245 Hanseniella C. Cusset(1992)【汉】泰国川苔草属。【隶属】髯管花科 Geniostomaceae。【包含】世界 2 种。【学名诠释与讨论】〈阴〉(人)Hansen,植物学者+-ellus,-ella,-ellum,加在名词词干后面形成指小式的词尾。或加在人名、属名等后面以组成新属的名称。【分布】泰国。【模式】Hanseniella heterophylla C. Cusset。■☆

23246 Hanslia Schindl. (1924) = Desmodium Desv. (1813)(保留属名)[豆科 Fabaceae(Leguminosae)//蝶形花科 Papilionaceae]●■

23247 Hansteinia Oerst. (1854) = Habracanthus Nees(1847)[爵床科 Acanthaceae]●☆

23248 Hapalanthe Post et Kuntze(1903) = Apalanthe Planch. (1848); ~ = Elodea Michx. (1803)[水鳖科 Hydrocharitaceae]■☆

23249 Hapalanthus Jacq. (1760) Nom. illegit. = Callisia Loefl. (1758)[鸭趾草科 Commelinaceae]■☆

23250 Hapale Schott(1857)(废弃属名)≡ Hapaline Schott(1858)(保

留属名)[天南星科 Araceae]■

23251 Hapaline Schott(1858)(保留属名)【汉】细柄芋属。【英】Hapaline。【隶属】天南星科 Araceae。【包含】世界 5-6 种,中国 1 种。【学名诠释与讨论】〈阴〉(拉)hapalos,软嫩的+-inus,-ina,-inum 拉丁文加在名词词干之后,以形成形容词的词尾,含义为"属于、相似、关于、小的"。指该属的叶柄纤细。此属的学名"Hapaline Schott, Gen. Aroid.:44. 1858"是保留属名。相应的废弃属名是天南星科 Araceae 的"Hapale Schott in Oesterr. Bot. Wochenbl. 7;85. 12 Mar 1857 ≡ Hapaline Schott(1858)(保留属名)"。【分布】印度至马来西亚,中国,中南半岛。【模式】Hapaline benthamiana (H. W. Schott) H. W. Schott [Hapale benthamiana H. W. Schott]。【参考异名】Hapale Schott(1857)(废弃属名)■

23252 Hapalocarpum (Wight et Arn.) Miq. (1856) = Ammannia L. (1753)[千屈菜科 Lythraceae//水苋菜科 Ammanniaceae]■

23253 Hapalocarpum Miq. (1856) Nom. illegit. ≡ Hapalocarpum (Wight et Arn.) Miq. (1856); ~ = Ammannia L. (1753)[千屈菜科 Lythraceae//水苋菜科 Ammanniaceae]■

23254 Hapaloceras Hassk. (1859) Nom. illegit. ≡ Keratephorus Hassk. (1855); ~ = Payena A. DC. (1844); ~ = Payena A. DC. (1844) + Ganua Pierre ex Dubard [山榄科 Sapotaceae]●

23255 Hapalochilus (Schltr.) Senghas(1978) = Bulbophyllum Thouars (1822)(保留属名)[兰科 Orchidaceae]■

23256 Hapalochlamys Kuntze(1903) Nom. illegit. ≡ Apalochlamys Cass. (1828) Nom. illegit.; ~ = Cassinia R. Br. (1817)(保留属名)[菊科 Asteraceae(Compositae)//滨篱菊科 Cassiniaceae]●☆

23257 Hapalochlamys Rchb. (1841) = Cassinia R. Br. (1817)(保留属名); ~ = Apalochlamys Cass. (1828) Nom. illegit.; ~ = Apalochlamys (Cass.) Cass. (1828); ~ = Cassinia R. Br. (1817)(保留属名)[菊科 Asteraceae(Compositae)//滨篱菊科 Cassiniaceae]●☆

23258 Hapaloptera Post et Kuntze(1903) = Abronia Juss. (1789); ~ = Apaloptera Nutt. ex A. Gray(1853)[紫茉莉科 Nyctaginaceae]■☆

23259 Hapalorchis Schltr. (1919)【汉】软兰属。【隶属】兰科 Orchidaceae。【包含】世界 9 种。【学名诠释与讨论】〈阴〉(德)hapalos,软的,嫩的+orchis,原义是睾丸,后变为植物兰的名称,因为根的形态而得名。变为拉丁文 orchis,所有格 orchidis。【分布】热带南美洲,西印度群岛。【模式】Hapalorchis cheirostyloides Schlechter。■☆

23260 Hapalosa Edgew. (1874) Nom. illegit. = Hapalosia Wall. ex Wight et Arn. (1834); ~ = Polycarpon Loefl. ex L. (1759 [石竹科 Caryophyllaceae]■

23261 Hapalosa Edgew. et Hook. f. (1874) Nom. inval. = Hapalosia Wall. ex Wight et Arn. (1834); ~ = Polycarpon Loefl. ex L. (1759 [石竹科 Caryophyllaceae]■

23262 Hapalosia Wall. (1832) Nom. inval. ≡ Hapalosia Wall. ex Wight et Arn. (1834); ~ = Polycarpon Loefl. ex L. (1759 [石竹科 Caryophyllaceae]■

23263 Hapalosia Wall. ex Wight et Arn. (1834) = Polycarpon Loefl. ex L. (1759 [石竹科 Caryophyllaceae]■

23264 Hapalostephium D. Don ex Sweet(1829) = Crepis L. (1753)[菊科 Asteraceae(Compositae)]■

23265 Hapalus Endl. (1837) = Apalus DC. (1836); ~ = Blennosperma Less. (1832)[菊科 Asteraceae(Compositae)]■☆

23266 Haplachne C. Presl (1830) Nom. illegit. ≡ Haplachne J. Presl (1830); ~ = Dimeria R. Br. (1810)[禾本科 Poaceae (Gramineae)]■

23267 Haplachne J. Presl (1830) = Dimeria R. Br. (1810)[禾本科

Poaceae(Gramineae)]■

23268　Haplanthera Hochst.(1843)= Ruttya Harv.(1842)［爵床科 Acanthaceae］●☆

23269　Haplanthera Post et Kuntze(1903)Nom. illegit.= Globba L.(1771)［姜科(蘘荷科)Zingiberaceae］■

23270　Haplanthodes Kuntze(1903)【汉】宽丝爵床属。【英】Haplanthoides。【隶属】爵床科 Acanthaceae。【包含】世界1-4种,中国1种。【学名诠释与讨论】〈阴〉(属)Haplanthus+oides,来自 o+eides,像,似;或 o+eidos 形,含义为相像。"Haplanthodes Kuntze,Lex. Gen. Phan.［Post et Kuntze］265. 1903［dt. 1904;publ. Dec 1903］"是一个替代名称。"Haplanthus T. Anderson,J. Linn. Soc.,Bot. 9:445. 6 Apr 1866;ibid.,9,503. 23 Aug 1867"是一个非法名称(Nom. illegit.),因为此前已经有了"Haplanthus Nees,Pl. Asiat. Rar.(Wallich). 3:77. 1832［15 Aug 1832］= Andrographis Wall. ex Nees(1832)≡Haplanthodes Kuntze(1903)［爵床科 Acanthaceae］";故用"Haplanthodes Kuntze(1903)"替代之。"Haplanthoides H. W. Li,Acta Phytotax. Sin. 21:470. Nov 1983 =Andrographis Wall. ex Nees(1832)= Haplanthodes Kuntze(1903)［爵床科 Acanthaceae］"是晚出的非法名称。亦有文献把"Haplanthodes Kuntze(1903)"处理为"Andrographis Wall. ex Nees(1832)"的异名。【分布】中国。【模式】Haplanthoides yunnanensis H. W. Li。【参考异名】Andrographis Wall. ex Nees(1832)■★

23271　Haplanthoides H. W. Li(1983)Nom. illegit.= Andrographis Wall. ex Nees(1832);~ = Haplanthodes Kuntze(1903)［爵床科 Acanthaceae］■★

23272　Haplanthus Anderson(1867)Nom. illegit.≡Haplanthodes Kuntze(1903)［爵床科 Acanthaceae］■

23273　Haplanthus Nees ex Anderson(1867)Nom. illegit.≡Haplanthodes Kuntze(1903)［爵床科 Acanthaceae］■

23274　Haplanthus Nees(1832)= Andrographis Wall. ex Nees(1832)［爵床科 Acanthaceae］■

23275　Haplatalix Lindl.= Saussurea DC.(1810)(保留属名)［菊科 Asteraceae(Compositae)］●■

23276　Haplesthes Post et Kuntze(1903)= Haploesthes A. Gray(1849)［菊科 Asteraceae(Compositae)］■●☆

23277　Haplocalymma S. F. Blake(1916)【汉】软被菊属。【隶属】菊科 Asteraceae(Compositae)。【包含】世界2种。【学名诠释与讨论】〈中〉(德)hapalos,软的,嫩的+calymma,覆盖,面纱。此属的学名是"Haplocalymma S. F. Blake,Proc. Amer. Acad. Arts 51:517. Jan 1916"。亦有文献把其处理为"Viguiera Kunth(1818)"的异名。【分布】墨西哥。【模式】Haplocalymma microcephalum(Greenman)S. F. Blake［Viguiera microcephala Greenman］。【参考异名】Viguiera Kunth(1818)■☆

23278　Haplocarpha Less.(1831)【汉】齿叶灰毛菊属。【隶属】菊科 Asteraceae(Compositae)。【包含】世界8-10种。【学名诠释与讨论】〈阴〉(希)haploos,简单的,单生的+karphos,皮壳,谷壳,糠秕。此属的学名,ING、TROPICOS 和 IK 记载是"Haplocarpha Less.,Linnaea 6:90. 1831"。"Damatris Cassini,Bull. Sci. Soc. Philom. Paris 1817:139. Sep 1817"是其异名;"Damatrias Rchb.,Consp. Regn. Veg.［H. G. L. Reichenbach］111. 1828"则是"Damatris Cass.(1817)"的拼写变体。【分布】非洲。【模式】Haplocarpha lanata(Thunberg)Lessing［Arctotis lanata Thunberg］。【参考异名】Damatrias Rchb.(1828)Nom. illegit.;Damatris Cass.(1817);Landtia Less.(1832)■☆

23279　Haplocarya Phil.(1864)= Aplocarya Lindl.(1844);~ = Nolana L. ex L. f.(1762)［茄科 Solanaceae//铃花科 Nolanaceae］■☆

23280　Haplochilus Endl.(1841)= Bulbophyllum Thouars(1822)(保留属名);~ = Zeuxine Lindl.(1826)［as 'Zeuxina'］(保留属名)［兰科 Orchidaceae］■

23281　Haplochorema K. Schum.(1899)【汉】圆唇姜属。【隶属】姜科(蘘荷科)Zingiberaceae。【包含】世界1种。【学名诠释与讨论】〈中〉词源不详。【分布】印度尼西亚(苏门答腊岛),加里曼丹岛。【模式】未指定。●☆

23282　Haploclathra Benth.(1860)【汉】单格藤黄属。【隶属】猪胶树科(克鲁西科,山竹子科,藤黄科)Clusiaceae(Guttiferae)。【包含】世界3-4种。【学名诠释与讨论】〈阴〉(希)haploos,简单的,单生的+clathri 格子。【分布】巴西(北部),秘鲁。【模式】未指定。●☆

23283　Haplocoelopsis F. G. Davies(1997)【汉】非洲无患子属。【隶属】无患子科 Sapindaceae。【包含】世界1种。【学名诠释与讨论】〈阴〉(属)Haplocoelum 单腔无患子属+希腊文 opsis,外观,模样,相似。【分布】非洲。【模式】Haplocoelopsis africana F. G. Davies。●☆

23284　Haplocoelum Radlk.(1878)【汉】单腔无患子属。【隶属】无患子科 Sapindaceae。【包含】世界7种。【学名诠释与讨论】〈中〉(希)haploos,简单的,单生的+koilos,空穴。koilia,腹。【分布】非洲,马达加斯加。【模式】Haplocoelum inopleum Radlkofer。【参考异名】Pistaciopsis Engl.(1902)●☆

23285　Haplodesmium Naudin(1850)= Chaetolepis(DC.)Miq.(1840)［野牡丹科 Melastomataceae］●☆

23286　Haplodiscus(Benth.)Phil.(1894)= Haplopappus Cass.(1828)［as 'Aplopappus'］(保留属名)［菊科 Asteraceae(Compositae)］■●☆

23287　Haplodypsis Baill.(1894)= Dypsis Noronha ex Mart.(1837);~ = Neophloga Baill.(1894)［棕榈科 Arecaceae(Palmae)］●☆

23288　Haploesthes A. Gray(1849)【汉】黄帚菊属。【隶属】菊科 Asteraceae(Compositae)。【包含】世界3种。【学名诠释与讨论】〈阴〉(希)haploos,简单的,单生的+esthes,衣服。【分布】墨西哥。【模式】Haploesthes greggii A. Gray。【参考异名】Haplesthes Post et Kuntze(1903)■●☆

23289　Haploleja Post et Kuntze(1903)= Aploleia Raf.(1837);~ = Tradescantia L.(1753)［鸭趾草科 Commelinaceae］■

23290　Haplolobus H. J. Lam.(1931)【汉】单裂橄榄属。【隶属】橄榄科 Burseraceae。【包含】世界22种。【学名诠释与讨论】〈阳〉(希)haploos,简单的,单生的+lobos = 拉丁文 lobulus,片,裂片,叶,荚,蒴。【分布】马来西亚,所罗门群岛。【模式】Haplolobus moluccanus H. J. Lam。●☆

23291　Haplolophium Cham.(1832)(保留属名)【汉】巴西紫葳属。【隶属】紫葳科 Bignoniaceae。【包含】世界4种。【学名诠释与讨论】〈中〉(希)haploos,简单的,单生的+lophos,脊,鸡冠,装饰+-ius,-ia,-ium,在拉丁文和希腊文中,这些词尾表示性质或状态。此属的学名"Haplolophium Cham. in Linnaea 7:556. 1832('Aplolophium')(orth. cons.)"是保留属名。法规未列出相应的废弃属名。但是紫葳科 Bignoniaceae 的晚出的非法名称"Haplolophium Endl.,Gen. Pl.［Endlicher］712. 1839［Jan 1839］= Haplolophium Cham.(1832)(保留属名)"应该废弃。其变体"Aplolophium Cham.(1832)"亦应废弃。【分布】巴西,秘鲁,玻利维亚。【模式】Haplolophium bracteatum Chamisso。【参考异名】Aplolophium Cham.(1832)(废弃属名);Haplolophium Endl.(1839)Nom. illegit.;Urbaniella Dusén ex Melch.(1927);Urbaniella Melch.(1927);Urbanolophium Melch.(1927)●☆

23292　Haplolophium Endl.(1839)Nom. illegit.(废弃属名)= Haplolophium Cham.(1832)(保留属名)［紫葳科 Bignoniaceae］●☆

23293 Haplopappus Cass.（1828）［as 'Aplopappus'］（保留属名）【汉】单冠毛菊属（单冠菊属）。【隶属】菊科 Asteraceae（Compositae）。【包含】世界 70-75 种。【学名诠释与讨论】〈阳〉（希）haploos, 简单的, 单生的 + 希腊文 pappos 指柔毛, 软毛。pappus 则与拉丁文同义, 指冠毛。该属已由 Jepson 分为 Ericameria, Hazardia, Isocoma, Machaeranthera, Prionopsis, Pyrrocoma, Stenotus 和 Tonestus 等几个属。此属的学名"Haplopappus Cass. in Cuvier, Dict. Sci. Nat. 56：168. Sep 1828（'Aplopappus'）（orth. cons.）"是保留属名。法规未列出相应的废弃属名。但是菊科 Asteraceae 的晚出的非法名称"Haplopappus Endl., Gen. Pl.［Endlicher］385. 1837［Dec 1837］= Haplopappus Cass.（1828）［as 'Aplopappus'］（保留属名）"应该废弃。其变体"Aplopappus Cass.（1828）"亦应废弃。【分布】秘鲁, 玻利维亚, 厄瓜多尔, 南美洲。【模式】Haplopappus glutinosus Cassini。【参考异名】Aplopappus Cass.（1828）（废弃属名）; Chroilema Bernh.（1841）; Croptilon Raf.（1837）; Eriocarpum Nutt.（1840）; Eriocarpus Post et Kuntze（1903）; Haplodiscus（Benth.）Phil.（1894）; Haplopappus Endl.（1837）Nom. illegit.; Hazardia Greene（1887）; Hesperodoria Greene（1906）; Homopappus Nutt.（1840）; Inulopsis（DC.）O. Hoffm.（1890）; Isopappus Torr. et A. Gray（1842）Nom. illegit.; Notopappus Klingenb.（2007）; Oreochrysum Rydb.（1906）; Prionopsis Nutt.（1840）; Pyrrhocoma Walp.（1843）; Pyrrocoma Hook.（1833）; Sideranthus Nees（1840）Nom. illegit.; Sideranthus Nutt. ex Nees（1840）Nom. illegit.; Stanfieldia Small（1903）; Stenotopsis Rydb.（1900）Nom. illegit.; Stenotus Nutt.（1840）; Steriphe Phil.（1863）; Tonestus A. Nelson（1904）; Tumionella Greene（1906）; Xylovirgata Urbatsch et R. P. Roberts（2004）■●☆

23294 Haplopappus Endl.（1837）Nom. illegit.（废弃属名）= Haplopappus Cass.（1828）［as 'Aplopappus'］（保留属名）［菊科 Asteraceae（Compositae）］■●☆

23295 Haplopetalon A. Gray（1854）= Crossostylis J. R. Forst. et G. Forst.（1775）［红树科 Rhizophoraceae］●☆

23296 Haplopetalum Miq.（1856）Nom. illegit. = Crossostylis J. R. Forst. et G. Forst.（1775）; ~ = Haplopetalon A. Gray（1854）; ~ = Crossostylis J. R. Forst. et G. Forst.（1775）［红树科 Rhizophoraceae］●☆

23297 Haplophandra Pichon（1948）= Odontadenia Benth.（1841）［夹竹桃科 Apocynaceae］●☆

23298 Haplophloga Baill.（1894）= Dypsis Noronha ex Mart.（1837）; ~ = Neophloga Baill.（1894）［棕榈科 Arecaceae（Palmae）］●☆

23299 Haplophragma Dop（1926）= Fernandoa Welw. ex Seem.（1865）［紫葳科 Bignoniaceae］●

23300 Haplophyllophora（Brenan）A. Fern. et R. Fern.（1972）= Cincinnobotrys Gilg（1897）［野牡丹科 Melastomataceae］■☆

23301 Haplophyllophorus（Brenan）A. Fern. et R. Fern.（1972）Nom. illegit. ≡ Haplophyllophora（Brenan）A. Fern. et R. Fern.（1972）; ~ = Cincinnobotrys Gilg（1897）［野牡丹科 Melastomataceae］■☆

23302 Haplophyllum A. Juss.（1825）［as 'Aplophyllum'］（保留属名）【汉】拟芸香属（单叶芸香属, 假芸香属, 芸香草属）。【俄】Простолистник, Цельнолистник。【英】Haplophyllum, Shamrue。【隶属】芸香科 Rutaceae。【包含】世界 66-70 种, 中国 3 种。【学名诠释与讨论】〈中〉（希）haploos, 单独的, 简单的 + phyllon, 叶子。指叶为单叶。此属的学名"Haplophyllum A. Juss. in Mém. Mus. Hist. Nat. 12：464. 1825（'Aplophyllum'）（orth. cons.）"是保留属名。相应的废弃属名是菊科 Asteraceae 的"Aplophyllum Cass. in Cuvier, Dict. Sci. Nat. 33：463. Dec. 1824 = Mutisia L. f.

（1782）"。菊科 Asteraceae 的"Haplophyllum Post et Kuntze（1903）Nom. illegit. = Mutisia L. f.（1782）"、芸香科 Rutaceae 的"Haplophyllum Rchb., Fl. Germ. Excurs. 766（1832）= Haplophyllum A. Juss.（1825）［as 'Aplophyllum'］（保留属名）"和"Aplophyllum A. Juss.（1825）≡ Haplophyllum A. Juss.（1825）"亦应废弃。【分布】巴基斯坦, 中国, 地中海至东西伯利亚。【模式】Haplophyllum tuberculatum（Forsskål）A. H. L. Jussieu［Ruta tuberculata Forsskål］。【参考异名】Aplophyllum A. Juss.（1825）Nom. illegit.（废弃属名）; Bothriopodium Rizzini（1950）Nom. illegit. ●; Haplophyllum Rchb.（1832）Nom. illegit.（废弃属名）; Haptophyllum Vis. et Pančić（1870）■

23303 Haplophyllum Post et Kuntze（1903）Nom. illegit. = Aplophyllum Cass.（1824）（废弃属名）; ~ = Mutisia L. f.（1782）［菊科 Asteraceae（Compositae）// 帚菊木科（须叶菊科）Mutisiaceae］●☆

23304 Haplophyllum Rchb.（1832）Nom. illegit.（废弃属名）= Haplophyllum A. Juss.（1825）［as 'Aplophyllum'］（保留属名）［芸香科 Rutaceae］●■

23305 Haplophyton A. DC.（1844）【汉】单干夹竹桃属。【隶属】夹竹桃科 Apocynaceae。【包含】世界 3 种。【学名诠释与讨论】〈中〉（希）haploos, 简单的, 单生的 + phyton, 植物, 树木, 枝条。【分布】古巴, 美国（西南部）, 墨西哥, 中美洲。【模式】Haplophyton cimicidum Alph. de Candolle。●☆

23306 Haplorhus Engl.（1881）【汉】单漆属。【隶属】漆树科 Anacardiaceae。【包含】世界 1 种。【学名诠释与讨论】〈阴〉（希）haploos, 简单的, 单生的 +（属）盐肤木属。【分布】秘鲁。【模式】Haplorhus peruviana Engler。●☆

23307 Haplormosia Harms（1915）【汉】独叶红豆属（单链豆属, 单叶红豆属）。【隶属】豆科 Fabaceae（Leguminosae）。【包含】世界 1-2 种。【学名诠释与讨论】〈阴〉（希）haploos, 简单的, 单生的 +（属）Ormosia 红豆树属（红豆属）。【分布】热带非洲西部。【模式】Haplormosia monophylla（Harms）Harms［Crudia monophylla Harms］。●☆

23308 Haplosciadium Hochst.（1844）【汉】单伞芹属。【隶属】伞形花科（伞形科）Apiaceae（Umbelliferae）。【包含】世界 1 种。【学名诠释与讨论】〈阴〉（希）haploos, 简单的, 单生的 +（属）Sciadium 伞芹属。【分布】热带非洲东北。【模式】Haplosciadium abyssinicum Hochstetter。■☆

23309 Haploseseli H. Wolff et Hand.-Mazz.（1933）= Physospermopsis H. Wolff（1925）［伞形花科（伞形科）Apiaceae（Umbelliferae）］■★

23310 Haplosphaera Hand.-Mazz.（1920）【汉】单球芹属。【英】Haplosphaera。【隶属】伞形花科（伞形科）Apiaceae（Umbelliferae）。【包含】世界 2 种, 中国 2 种。【学名诠释与讨论】〈阴〉（希）haploos, 简单的, 单生的 + sphaira, 指小式 sphairion, 球。sphairikos, 球形的。sphairotos, 圆的。指单伞形花序球形。【分布】中国。【模式】Haplosphaera phaea Handel-Mazzetti。■★

23311 Haplospondias Kosterm.（1972）Nom. inval. =? Haplospondias Kosterm.（1991）［漆树科 Anacardiaceae］●

23312 Haplospondias Kosterm.（1991）【汉】单槟榔青属。【隶属】漆树科 Anacardiaceae。【包含】世界 2 种, 中国 1 种。【学名诠释与讨论】〈阴〉（希）haploos, 简单的, 单生的 +（属）Spondias 槟榔青属。此属的学名,《中国植物志》英文版和 TROPICOS 记载是"Haplospondias Kostermans, Kedondong Ambarella Asia & Pacific. 9. 1991"。"Haplospondias Kosterm.（1972）"似为未合格发表的名称。【分布】中国, 亚洲。【模式】Haplospondias globosa F. R. Kjellman。【参考异名】? Haplospondias Kosterm.（1972）Nom. illegit. ●

23313 Haplostachys（A. Gray）W. F. Hillebr.（1888）Nom. illegit. ≡

Haplostachys W. F. Hillebr. （1888）［唇形科 Lamiaceae（Labiatae）］■☆

23314　Haplostachys W. F. Hillebr. （1888）【汉】单穗芹属。【隶属】唇形科 Lamiaceae（Labiatae）。【包含】世界 5 种。【学名诠释与讨论】〈阴〉（希）haploos，简单的，单生的+stachys，穗，谷，长钉。此属的学名，ING 和 IK 记载是 " Haplostachys Hillebrand, Fl. Hawaiian Isl. 346. Jan–Apr 1888"。" Haplostachys （A. Gray）W. F. Hillebr. （1888）" 的命名人引证有误。【分布】美国（夏威夷）。【模式】Haplostachys grayana Hillebrand，Nom. illegit.［Phyllostegia haplostachya A. Gray；Haplostachys haplostachya （A. Gray）H. St. John］。【参考异名】Haplostachys （A. Gray）W. F. Hillebr. （1888）Nom. illegit. ■☆

23315　Haplostelis Rchb. （1841）= Aplostellis A. Rich. （1828）Nom. illegit. ；~ =Nervilia Comm. ex Gaudich. （1829）（保留属名）［兰科 Orchidaceae］■

23316　Haplostellis Endl. （1837）= Nervilia Comm. ex Gaudich. （1829）（保留属名）［兰科 Orchidaceae］■

23317　Haplostemma Endl. （1843）Nom. illegit. ≡ Blyttia Arn. （1838）；~ =Cynanchum L. （1753）；~ =Vincetoxicum Wolf（1776）［萝藦科 Asclepiadaceae］●■

23318　Haplostemum Endl. （1836）= Aplostemon Raf. （1819）；~ =Scirpus L. （1753）（保留属名）［莎草科 Cyperaceae//蔍草科 Scirpaceae］■

23319　Haplostephium Mart. ex DC. （1836）= Lychnophora Mart. （1822）［菊科 Asteraceae（Compositae）］●☆

23320　Haplosticha Phil. （1859）= Senecio L. （1753）［菊科 Asteraceae（Compositae）//千里光科 Senecionidaceae］■●

23321　Haplostichanthus F. Muell. （1891）【汉】简序花属。【隶属】番荔枝科 Annonaceae。【包含】世界 1-6 种。【学名诠释与讨论】〈阳〉（希）haploos，简单的，单生的+stichos，指小式 stichidion，一列士兵，一行东西+anthos，花。【分布】澳大利亚（昆士兰）。【模式】Haplostichanthus johnsonii F. v. Mueller。【参考异名】Monostichanthus F. Muell. （1890）；Papualthia Diels（1912）●☆

23322　Haplostichia Phil. （1859–1861）= Senecio L. （1753）［菊科 Asteraceae（Compositae）//千里光科 Senecionidaceae］■●

23323　Haplostigma F. Muell. （1873）= Loxocarya R. Br. （1810）［帚灯草科 Restionaceae］■☆

23324　Haplostylis Nees et Meyen（1834）Nom. illegit. ≡ Haplostylis Nees （1834）；~ =Rhynchospora Vahl （1805）［as 'Rynchospora'］（保留属名）［莎草科 Cyperaceae］■

23325　Haplostylis Nees （1834）= Rhynchospora Vahl （1805）［as 'Rynchospora'］（保留属名）［莎草科 Cyperaceae］■☆

23326　Haplostylis Post et Kuntze（1903）Nom. illegit. = Aplostylis Raf. （1838）；~ =Cuscuta L. （1753）［旋花科 Convolvulaceae//菟丝子科 Cuscutaceae］■

23327　Haplotaxis Endl. （1838）= Aplotaxis DC. （1833）；~ =Saussurea DC. （1810）（保留属名）［菊科 Asteraceae（Compositae）］●■

23328　Haplothismia Airy Shaw（1952）【汉】单杯腐草属。【隶属】水玉簪科 Burmanniaceae。【包含】世界 1 种。【学名诠释与讨论】〈阴〉（希）haploos，简单的，单生的+（属）Thismia 肉质腐生草属（腐杯草属）。【分布】印度（南部）。【模式】Haplothismia exannulata Airy Shaw。●☆

23329　Haploxylon（Koehne）Börner （1912）= Pinus L. （1753）［松科 Pinaceae］●

23330　Haploxylon （Koehne） Kom. （1927）Nom. illegit. = Pinus L. （1753）［松科 Pinaceae］●

23331　Haploxylon Kom. （1927）Nom. illegit. ≡ Haploxylon （Koehne）

Kom. （1927）Nom. illegit. ；~ =Pinus L. （1753）［松科 Pinaceae］●

23332　Happia Neck. （1790）Nom. inval. ≡ Happia Neck. ex DC. ；~ =Tococa Aubl. （1775）［野牡丹科 Melastomataceae］●☆

23333　Happia Neck. ex DC. = Tococa Aubl. （1775）［野牡丹科 Melastomataceae］●☆

23334　Haptanthaceae C. Nelson（2002）【汉】系花科（未知果科，无知果科）。【包含】世界 1 属 1 种。【分布】洪都拉斯。【科名模式】Haptanthus Goldberg et C. Nelson ■☆

23335　Haptanthaceae Shipunov （2003） = Haptanthaceae C. Nelson （2002）■☆

23336　Haptanthus Goldberg et C. Nelson（1989）【汉】系花属（未知果属，无知果属）。【隶属】系花科（未知果科，无知果科）Haptanthaceae。【包含】世界 1 种。【学名诠释与讨论】〈阳〉（希）hapto，系之，缚之+anthos，花。【分布】洪都拉斯，中美洲。【模式】Haptanthus hazlettii A. Goldberg et C. Nelson。■☆

23337　Haptocarpum Ule（1908）【汉】系果属。【隶属】山柑科（白花菜科，醉蝶花科）Capparaceae。【包含】世界 1 种。【学名诠释与讨论】〈中〉（希）hapto，系之，缚之+karpos，果实。【分布】巴西（东部）。【模式】Haptocarpum bahiense Ule。●☆

23338　Haptophyllum Vis. et Pančić （1870） = Haplophyllum A. Juss. （1825）［as 'Aplophyllum'］（保留属名）［芸香科 Rutaceae］●■

23339　Haptotrichion Paul G. Wilson（1992）【汉】截柱鼠麹草属。【隶属】菊科 Asteraceae（Compositae）。【包含】世界 2 种。【学名诠释与讨论】〈中〉（希）hapto，系之，缚之+thrix，所有格 trichos，毛，毛发+- ion，表示出现。【分布】澳大利亚（西部）。【模式】Haptotrichion conicum （B. Turner）Paul G. Wilson。■☆

23340　Haquetia D. Dietr. （1839） = Hacquetia Neck. ex DC. （1830）［伞形花科（伞形科）Apiaceae（Umbelliferae）］■☆

23341　Haradjania Rech. f. （1950） = Myopordon Boiss. （1846）［菊科 Asteraceae（Compositae）］■●☆

23342　Haraella Kudô（1930）【汉】香兰属（台原兰属）。【日】ニオイラン属，ニボヒラン属。【英】Aromaticorchis，Haraella。【隶属】兰科 Orchidaceae。【包含】世界 1 种，中国 1 种。【学名诠释与讨论】〈阴〉（人）Kanesuke Hara，1885–1962，原攝佑，日本植物学者+-ellus，-ella，-ellum，加在名词词干后面形成指小式的词尾。或加在人名、属名等后面以组成新属的名称。【分布】中国。【后选模式】Haraella odorata Y. Kudo。■★

23343　Harbouria J. M. Coult. et Rose（1888）【汉】哈伯草属。【隶属】伞形花科（伞形科）Apiaceae（Umbelliferae）。【包含】世界 1 种。【学名诠释与讨论】〈阴〉（人）J. P. Harbour，他曾与 Elihu Hall （1822–1882）一起进行植物探险与采集。【分布】美国（西南部）。【模式】Harbouria trachypleura （A. Gray）J. M. Coulter et J. N. Rose［Thaspium trachypleurum A. Gray］。■☆

23344　Hardenbergia Benth. （1837）【汉】哈登藤属（哈登柏豆属，哈登豆属，一叶豆属）。【日】ハーデンベルギア属，ヒトツバマメ属。【隶属】豆科 Fabaceae（Leguminosae）//蝶形花科 Papilionaceae。【包含】世界 2-3 种。【学名诠释与讨论】〈阴〉（人）Franzisco von Hardenberg，伯爵夫人，她是有名的旅行家 Hügel 男爵的妹妹。【分布】澳大利亚。【后选模式】Hardenbergia comptoniana （H. C. Andrews）Bentham［Glycine comptoniana H. C. Andrews］。●■☆

23345　Hardingia Docha Neto et Baptista（2011）【汉】巴拉圭瘤瓣兰属（巴西瘤瓣兰属）。【隶属】兰科 Orchidaceae。【包含】世界 1 种。【学名诠释与讨论】〈阴〉词源不详。似来自人名。亦有文献把 "Hardingia Docha Neto et Baptista（2011）" 处理为 "Oncidium Sw. （1800）（保留属名）" 的异名。【分布】巴西，巴拉圭。【模式】Hardingia paranaensis （Kraenzl.）Docha Neto et Baptista［Oncidium paranaense Kraenzl.］。☆

23346　Hardwickia Roxb.（1814）（废弃属名）= Colophospermum J. Kirk ex J. Léonard（1949）（保留属名）［豆科 Fabaceae（Leguminosae）//云实科（苏木科）Caesalpiniaceae］●☆

23347　Harfordia Greene et Parry（1886）【汉】木本翅苞蓼属。【隶属】蓼科 Polygonaceae。【包含】世界 1 种。【学名诠释与讨论】〈阴〉（人）Harford。【分布】美国（加利福尼亚）。【后选模式】Harfordia macroptera（Bentham）E. L. Greene et C. C. Parry［Pterostegia macroptera Bentham］。●☆

23348　Hargasseria A. Rich. = Linodendron Griseb.（1860）［瑞香科 Thymelaeaceae］●☆

23349　Hargasseria C. A. Mey.（1843）Nom. illegit. ≡ Hargasseria Schiede et Deppe ex C. A. Mey.（1843）［瑞香科 Thymelaeaceae］●☆

23350　Hargasseria Schiede et Deppe ex C. A. Mey.（1843）= Daphnopsis Mart.（1824）［瑞香科 Thymelaeaceae］●☆

23351　Hariandia Hance =Solena Lour.（1790）［葫芦科（瓜科, 南瓜科）Cucurbitaceae］■

23352　Harina Buch. –Ham.（1826）= Wallichia Roxb.（1820）［棕榈科 Arecaceae（Palmae）］●

23353　Hariota Adans.（1763）（废弃属名）= Rhipsalis Gaertn.（1788）（保留属名）［仙人掌科 Cactaceae］●

23354　Hariota DC.（1834）Nom. illegit.（废弃属名）≡ Hatiora Britton et Rose（1915）［仙人掌科 Cactaceae］●

23355　Harissona Adans. ex Léman（1821）（废弃属名）= Harrisonia R. Br. ex A. Juss.（1825）（保留属名）［苦木科 Simaroubaceae］●

23356　Harlandia Hance（1852）= Solena Lour.（1790）［葫芦科（瓜科, 南瓜科）Cucurbitaceae］■

23357　Harlanlewisia Epling（1955）= Scutellaria L.（1753）［唇形科 Lamiaceae（Labiatae）//黄芩科 Scutellariaceae］●■

23358　Harleya S. F. Blake（1932）【汉】无冠斑鸠菊属。【隶属】菊科 Asteraceae（Compositae）。【包含】世界 1 种。【学名诠释与讨论】〈阴〉（人）Harley, 植物学者。【分布】墨西哥, 中美洲。【模式】Harleya oxylepis（Bentham）S. F. Blake［Oliganthes oxylepis Bentham］。●☆

23359　Harleyodendron R. S. Cowan（1979）【汉】巴西单叶豆属。【隶属】豆科 Fabaceae（Leguminosae）。【包含】世界 1 种。【学名诠释与讨论】〈中〉（人）Harley, 植物学者+dendron 或 dendros, 树木, 棍, 丛林。【分布】巴西（东部）, 玻利维亚。【模式】Harleyodendron unifoliolatum R. S. Cowan。●☆

23360　Harmala Mill.（1754）Nom. illegit. ≡ Peganum L.（1753）［蒺藜科 Zygophyllaceae//骆驼蓬科 Peganaceae］●■

23361　Harmala Tourn. ex Adans.（1763）Nom. illegit. ［芸香科 Rutaceae］☆

23362　Harmandia Baill.（1889）Nom. illegit. ≡ Harmandia Pierre ex Baill.（1891）［铁青树科 Olacaceae］●☆

23363　Harmandia Pierre ex Baill.（1889）【汉】阿尔芒铁青树属。【隶属】铁青树科 Olacaceae。【包含】世界 1-2 种。【学名诠释与讨论】〈阴〉（人）Abbe Julien Herbert Auguste Jules Harmand, 1844-1915, 法国植物学者。此属的学名, ING 记载是 "Harmandia Pierre, Bull. Mens. Soc. Linn. Paris 1：770. 6 Feb 1889"。IK 记为 "Harmandia Pierre ex Baill. , Bull. Mens. Soc. Linn. Paris ii.（1889）770；Baill. Hist. des pl. xi.（1892）452"。TROPICOS 则记载为 "Harmandia Baill. , Bull. Mens. Soc. Linn. Paris 1；770, 1889"。三者引用的文献相同。【分布】马来半岛, 中南半岛。【模式】Harmandia mekongensis Pierre。【参考异名】Harmandia Baill.（1889）Nom. illegit. ; Harmandia Pierre（1889）Nom. illegit. ; Lecomtea Pierre ex Tiegh.（1897）●☆

23364　Harmandia Pierre（1889）Nom. illegit. ≡ Harmandia Pierre ex Baill.（1891）［铁青树科 Olacaceae］●☆

23365　Harmandiaceae Tiegh.（1898）= Olacaceae R. Br.（保留科名）●

23366　Harmandiaceae Tiegh. ex Bullock = Olacaceae R. Br.（保留科名）●

23367　Harmandiella Costantin（1912）【汉】阿尔芒萝藦属。【隶属】萝藦科 Asclepiadaceae。【包含】世界 1 种。【学名诠释与讨论】〈阴〉（人）A Abbe Julien Herbert Auguste Jules Harmand, 1844-1915, 法国植物学者+-ellus, -ella, -ellum, 加在名词词干后面形成指小式的词尾。或加在人名、属名等后面以组成新属的名称。【分布】中南半岛。【模式】Harmandiella cordifolia Costantin。■☆

23368　Harmogia Schauer（1843）= Baeckea L.（1753）［桃金娘科 Myrtaceae］●

23369　Harmonia B. G. Baldwin（1999）【汉】星黄菊属。【隶属】菊科 Asteraceae（Compositae）。【包含】世界 5 种。【学名诠释与讨论】〈阴〉（人）Harvey Monroe Hall, 1874-1932, 美国植物学者。【分布】美国（加利福尼亚）。【模式】Harmonia hallii（D. D. Keck）B. G. Baldwin［Madia hallii D. D. Keck］。■☆

23370　Harmsia K. Schum.（1897）【汉】哈姆斯梧桐属。【隶属】梧桐科 Sterculiaceae//锦葵科 Malvaceae。【包含】世界 2-3 种。【学名诠释与讨论】〈阴〉（人）Hermann August Theodor Harms, 1870-1942, 德国植物学者。【分布】热带非洲。【模式】Harmsia sidoides K. M. Schumann。●☆

23371　Harmsiella Briq.（1897）= Otostegia Benth.（1834）［唇形科 Lamiaceae（Labiatae）］●☆

23372　Harmsiodoxa O. E. Schulz（1924）【汉】澳旱芥属。【隶属】十字花科 Brassicaceae（Cruciferae）。【包含】世界 3 种。【学名诠释与讨论】〈阴〉（人）Hermann August Theodor Harms, 1870-1942, 植物学者+doxa, 光荣, 光彩, 华丽, 荣誉, 有名, 显著。【分布】澳大利亚。【模式】Harmsiodoxa blennodioides（F. v. Mueller）O. E. Schulz［Erysimum blennodioides F. v. Mueller］。■☆

23373　Harmsiopanax Warb.（1897）【汉】哈姆参属。【隶属】五加科 Araliaceae。【包含】世界 3 种。【学名诠释与讨论】〈阳〉（人）Hermann August Theodor Harms, 1870-1942, 植物学者+（属）Panax 人参属。此属的学名 "Harmsiopanax Warburg in Engler et Prantl, Nat. Pflanzenfam. Nachtr. II-IV 1：166. Aug 1897" 是一个替代名称。"Schubertia Blume, Bijdr. 884. Jul–Dec 1826" 是一个非法名称（Nom. illegit.）, 因为此前已经有了 "Schubertia Mirbel, Nouv. Bull. Sci. Soc. Philom. Paris 3：123. Aug 1812（废弃属名）≡ Taxodium Rich.（1810）［杉科（落羽杉科）Taxodiaceae］"。故用 "Harmsiopanax Warb.（1897）" 替代之。"Horsfieldia Blume, Fl. Javae Praef. viii. 5 Aug 1828（non Willdenow 1806）" 是 "Harmsiopanax Warb.（1897）" 的同模式异名（Homotypic synonym, Nomenclatural synonym）。【分布】马来西亚（东部）, 印度尼西亚（爪哇岛）。【模式】Harmsiopanax aculeatus（Blume）K. Schumann［as 'aculeata'］［Schubertia aculeata Blume］。【参考异名】Horsfieldia Blume ex DC.（1830）Nom. illegit. ; Horsfieldia Blume（1828）Nom. inval. , Nom. illegit. ; Schubertia Blume ex DC.（1826）（废弃属名）; Schubertia Blume（1826）Nom. illegit.（废弃属名）●☆

23374　Harnackia Urb.（1925）【汉】三裂藤菊属。【隶属】菊科 Asteraceae（Compositae）。【包含】世界 1 种。【学名诠释与讨论】〈阴〉（人）Harnack。【分布】古巴。【模式】Harnackia bisecta Urban。●☆

23375　Harnieria Solms（1864）= Justicia L.（1753）［爵床科 Acanthaceae//鸭嘴花科（鸭咀花科）Justiciaceae］●■

23376　Haroldia Bonif.（2009）【汉】哈罗菊属。【隶属】菊科 Asteraceae（Compositae）。【包含】世界 1 种。【学名诠释与讨论】

〈阴〉（人）Harold。此属的学名是"Haroldia Bonif., Smithsonian Contributions to Botany 92：50. 2009"。亦有文献把其处理为"Chiliotrichiopsis Cabrera(1937)"的异名。【分布】阿根廷。【模式】Haroldia mendocina（Cabrera）Bonif.。【参考异名】Chiliotrichiopsis Cabrera(1937)●☆

23377　Haroldiella J. Florence(1997)【汉】土布艾荨麻属。【隶属】荨麻科 Urticaceae。【包含】世界 2 种。【学名诠释与讨论】〈阴〉（人）Harold+-ellus, -ella, -ellum，加在名词词干后面形成指小式的词尾。或加在人名、属名等后面以组成新属的名称。【分布】玻利维亚，法属波利尼西亚(土布艾岛)。【模式】不详。☆

23378　Haronga Thouars(1806) = Harungana Lam. (1796)［猪胶树科（克鲁西科，山竹子科，藤黄科）Clusiaceae（Guttiferae）］●☆

23379　Harongana Choisy(1821) Nom. illegit.［猪胶树科（克鲁西科，山竹子科，藤黄科）Clusiaceae（Guttiferae）］☆

23380　Harpachaena Bunge（1845） = Acanthocephalus Kar. et Kir. (1842)［菊科 Asteraceae（Compositae）］■

23381　Harpachne A. Rich. (1847) Nom. illegit. ≡ Harpachne Hochst. ex A. Rich. (1847)［禾本科 Poaceae（Gramineae）］■

23382　Harpachne Hochst. (1841) Nom. inval. ≡ Harpachne Hochst. ex A. Rich. (1847)［禾本科 Poaceae（Gramineae）］■

23383　Harpachne Hochst. ex A. Rich. (1847)【汉】镰稃草属。【英】Harpachne。【隶属】禾本科 Poaceae（Gramineae）。【包含】世界 2-3 种，中国 1 种。【学名诠释与讨论】〈阴〉（希）harpe，镰，钩+achne，鳞片，泡沫，泡囊，谷壳，稃。指内稃背部外弯成镰刀形。此属的学名，ING 记载是"Harpachne Hochstetter ex A. Richard, Tent. Fl. Abyss. 2：431. 1847（sero）-1848（prim）（'1850'）"。IK 记载为"Harpachne Hochst., Cf. Flora xxiv. (1841) I. Intell. 20, nomen; et ex A. Rich. Tent. Fl. Abyss. ii. 431(1850)"。TROPICOS 则记载为"Harpachne A. Rich., Tent. Fl. Abyss. 2：431, 1847"。三者引用的文献相同。【分布】中国，热带非洲。【模式】Harpachne schimperi Hochstetter ex A. Richard。【参考异名】Harpachne A. Rich. (1847) Nom. illegit.; Harpachne Hochst. (1841) Nom. inval. ■

23384　Harpaecarpus Nutt. (1841)【汉】镰果菊属。【隶属】菊科 Asteraceae（Compositae）。【包含】世界 7 种。【学名诠释与讨论】〈阳〉（希）harpe，镰，钩 + karpos，果实。此属的学名是"Harpaecarpus Nuttall, Trans. Amer. Philos. Soc. ser. 2. 7：389. 2 Apr 1841"。亦有文献把其处理为"Madia Molina(1782)"的异名。【分布】参见 Madia Molina (1782)。【模式】Harpaecarpus madarioides Nuttall。【参考异名】Harpocarpus Post et Kuntze (1903) Nom. illegit.; Madia Molina(1782)■☆

23385　Harpagocarpus Hutch. et Dandy（1926） = Fagopyrum Mill. (1754)（保留属名）［蓼科 Polygonaceae］●■

23386　Harpagonella A. Gray(1876)【汉】镰紫草属。【隶属】紫草科 Boraginaceae。【包含】世界 1 种。【学名诠释与讨论】〈阴〉（希）harpage，捕捉用的钩。指花萼上的小刺。【分布】美国(加利福尼亚)，墨西哥。【模式】Harpagonella palmeri A. Gray。■☆

23387　Harpagonia Noronha(1790) = Psychotria L. (1759)（保留属名）［茜草科 Rubiaceae//九节科 Psychotriaceae］●

23388　Harpagophytum DC. (1840) Nom. illegit. ≡ Harpagophytum DC. ex Meisn. (1840)［胡麻科 Pedaliaceae］■☆

23389　Harpagophytum DC. ex Meisn. (1840)【汉】南非钩麻属（钩果草属，钩麻属，钩藤属，爪钩草属）。【隶属】胡麻科 Pedaliaceae。【包含】世界 2-8 种。【学名诠释与讨论】〈中〉（希）harpage，捕捉用的钩+phyton，植物，树木，枝条。此属的学名，ING 和 IK 记载是"Harpagophytum A. P. de Candolle ex Meisner, Pl. Vasc. Gen. 298, 206. 25-31 Oct 1840"。"Harpagophytum DC. (1840) ≡ Harpagophytum DC. ex Meisn. (1840)［胡麻科 Pedaliaceae］"的命

名人引证有误。【分布】马达加斯加，非洲南部。【模式】Harpagophytum procumbens A. P. de Candolle ex Meisner。【参考异名】Harpagophytum DC. (1840) Nom. illegit.; Uncaria Burch. (1822) Nom. illegit. (废弃属名)■☆

23390　Harpalium（Cass.）Cass. (1825) Nom. illegit. = Helianthus L. (1753)［菊科 Asteraceae（Compositae）//向日葵科 Helianthaceae］■

23391　Harpalium Cass. (1818) Nom. illegit. ≡ Harpalium（Cass.）Cass. (1825) Nom. illegit.; ~ = Helianthus L. (1753)［菊科 Asteraceae（Compositae）//向日葵科 Helianthaceae］■

23392　Harpalyce D. Don(1829) Nom. illegit., Nom. inval. = Prenanthes L. (1753)［菊科 Asteraceae（Compositae）］■

23393　Harpalyce DC. (1825) Nom. illegit. ≡ Harpalyce Sessé et Moc. ex DC. (1825)［豆科 Fabaceae（Leguminosae）］■☆

23394　Harpalyce Moqino et Sessé ex DC. (1825) Nom. illegit. ≡ Harpalyce Sessé et Moc. ex DC. (1825)［豆科 Fabaceae（Leguminosae）］■☆

23395　Harpalyce Sessé et Moc. ex DC. (1825)【汉】猎豆属。【隶属】豆科 Fabaceae（Leguminosae）。【包含】世界 24 种。【学名诠释与讨论】〈阴〉（希）harpe，镰，钩+lykos，狼。此属的学名，ING 和 GCI 记载是"Harpalyce DC., Prodr.［A. P. de Candolle］2：523. 1825［Nov 1825］"。TROPICOS 则记载为"Harpalyce Sessé et Moc. ex DC., Prodr. 2：523, 1825"。三者引用的文献相同。"Harpalyce Moqino et Sessé ex DC. (1825) Nom. illegit. ≡ Harpalyce DC. (1825)［豆科 Fabaceae（Leguminosae）］"的命名人引证有误。"Harpalyce D. Don, Edinburgh New Philos. J. 6：308. 1829［Jan-Mar 1829］ = Prenanthes L. (1753)［菊科 Asteraceae（Compositae）］"是晚出的非法名称。【分布】玻利维亚，尼加拉瓜，西印度群岛，热带美洲，中美洲。【模式】Harpalyce formosa A. P. de Candolle。【参考异名】Harpalyce DC. (1825) Nom. illegit.; Harpalyce Moqino et Sessé ex DC. (1825) Nom. illegit. ■☆

23396　Harpanema Decne. (1844)【汉】镰丝萝藦属。【隶属】萝藦科 Asclepiadaceae。【包含】世界 1 种。【学名诠释与讨论】〈中〉（希）harpe，镰，钩+nema，所有格 nematos，丝，花丝。此属的学名是"Harpanema Decaisne in Alph. de Candolle, Prodr. 8：496. Mar (med.) 1844"。亦有文献把其处理为"Camptocarpus Decne. (1844)（保留属名）"的异名。【分布】马达加斯加。【模式】Harpanema acuminatum Decaisne。【参考异名】Camptocarpus Decne. (1844)（保留属名）●☆

23397　Harpechloa Kunth（1830） = Harpochloa Kunth（1829）［禾本科 Poaceae（Gramineae）］■☆

23398　Harpelema J. Jacq. (1841) = Rothia Pers. (1807)（保留属名）［豆科 Fabaceae（Leguminosae）］■

23399　Harpephora Endl. (1841) = Aspilia Thouars (1806)［菊科 Asteraceae（Compositae）］■☆

23400　Harpephyllum Bernh. ex Krauss(1844)【汉】镰叶漆属（卡尔菲李属）。【隶属】漆树科 Anacardiaceae。【包含】世界 1 种。【学名诠释与讨论】〈中〉（希）harpe，镰，钩+希腊文 phyllon，叶子。phyllodes，似叶的，多叶的。phylleion，绿色材料，绿草。【分布】非洲南部。【模式】Harpephyllum caffrum Bernhardi ex C. F. F. Krauss。●☆

23401　Harperella Rose（1906） = Ptilimnium Raf. (1825)［伞形花科（伞形科）Apiaceae（Umbelliferae）］■☆

23402　Harperia Rose（1905）Nom. illegit. ≡ Harperella Rose（1906）; ~ = Ptilimnium Raf. (1825)［伞形花科（伞形科）Apiaceae（Umbelliferae）］■

23403　Harperia W. Fitzg. (1904)【汉】哈珀草属。【隶属】帚灯草科 Restionaceae。【包含】世界 1-2 种。【学名诠释与讨论】〈阴〉

（人）Roland MacMillan Harper，1878-1966，美国植物学者。另说纪念澳大利亚政治家 Charles Harper，1842-1912，植物采集家与赞助人。此属的学名，ING、GCI、TROPICOS 和 IK 记载是"Harperia W. Fitzg.，Journal of the West Australian Natural History Society 1 1904"。"Harperia Rose，Proc. U. S. Natl. Mus. 29：441. 1905［伞形花科（伞形科）Apiaceae（Umbelliferae）］"是晚出的非法名称；它已经被"Harperella Rose，Proceedings of the Biological Society of Washington 19（22）：96. 1906，1906 = Ptilimnium Raf.（1825）［伞形花科（伞形科）Apiaceae（Umbelliferae）］"所替代。【分布】澳大利亚。【模式】Harperia lateriflora W. V. Fitzgerald。■☆

23404　Harperocallis McDaniel（1968）【汉】哈珀花属。【英】Harper's Beauty。【隶属】百合科 Liliaceae//纳茜菜科（肺筋草科）Nartheciaceae。【包含】世界 1 种。【学名诠释与讨论】〈阴〉（人）Roland MacMillan Harper，1878-1966，美国植物学者+kalos，美丽的。kallos，美人，美丽。kallistos，最美的。【分布】美国（佛罗里达）。【模式】Harperocallis flava McDaniel。■☆

23405　Harpocarpus Endl.（1843）= Acanthocephalus Kar. et Kir.（1842）［菊科 Asteraceae（Compositae）］■

23406　Harpocarpus Post et Kuntze（1903）Nom. illegit. = Harpaecarpus Nutt.（1841）；~ = Madia Molina（1782）［菊科 Asteraceae（Compositae）］■☆

23407　Harpochilus Nees（1847）【汉】镰唇爵床属。【隶属】爵床科 Acanthaceae。【包含】世界 3 种。【学名诠释与讨论】〈阳〉（希）harpe，镰，钩+cheilos，唇。在希腊文组合词中，cheil-，cheilo-，-chilus，-chilia 等均为"唇，边缘"之义。【分布】巴西。【模式】Harpochilus neesianus C. F. P. Martius ex C. G. D. Nees。☆

23408　Harpochloa Kunth（1829）【汉】南非镰草属。【隶属】禾本科 Poaceae（Gramineae）。【包含】世界 2 种。【学名诠释与讨论】〈阴〉（希）harpe，镰，钩+chloe，草的幼芽，嫩草，禾草。【分布】非洲南部。【模式】Harpochloa capensis Kunth，Nom. illegit.［Melica falx Linnaeus f.；Harpochloa falx（Linnaeus f.）O. Kuntze］。【参考异名】Harpechloa Kunth（1830）■☆

23409　Harpolema Post et Kuntze（1903）= Harpelema J. Jacq.（1841）；~ = Rothia Pers.（1807）（保留属名）［豆科 Fabaceae（Leguminosae）］■

23410　Harpolyce Post et Kuntze（1903）= Harpalyce D. Don（1829）Nom. illegit.；~ = Prenanthes L.（1753）［菊科 Asteraceae（Compositae）］■

23411　Harpophora Post et Kuntze（1903）= Aspilia Thouars（1806）；~ = Harpephora Endl.（1841）［菊科 Asteraceae（Compositae）］■☆

23412　Harpostachys Trin. = Panicum L.（1753）［禾本科 Poaceae（Gramineae）］■

23413　Harpulia G. Don（1831）Nom. illegit.［无患子科 Sapindaceae］☆

23414　Harpullia Roxb.（1814）Nom. inval. = Harpullia Roxb.（1824）［无患子科 Sapindaceae］●

23415　Harpullia Roxb.（1824）【汉】假山萝属（哈莆木属，山木患属）。【英】Tulip Wood，Tulipwood。【隶属】无患子科 Sapindaceae。【包含】世界 26-37 种，中国 1 种。【学名诠释与讨论】〈阴〉（希）harpe，镰，钩。一说来自盂加拉国植物俗名。此属的学名，ING 和 IK 记载是"Harpullia Roxb.，Fl. Ind.（Carey et Wallich ed.）2：441. 1824［Mar-Jun 1824］"。"Harpullia Roxb.，Hort. Bengal. 86（1814）"是一个未合格发表的名称（Nom. inval.）。【分布】秘鲁，马达加斯加，澳大利亚（热带），印度至马来西亚，中国，太平洋地区。【模式】Harpullia cupanioides Roxburgh。【参考异名】Anoumabia A. Chev.（1912）；Apiocarpus Montrouz.（1860）；Blancoa Blume（1849）Nom. illegit.；Danatophorus Blume（1849）；Donatophorus Zipp.（1830）；Harpullia

Roxb.（1814）Nom. inval.；Otonychium Blume（1849）Nom. illegit.；Streptostigma Thwaites（1854）Nom. illegit.；Thanatophorus Walp.（1852）；Tina Blume（1825）Nom. illegit.（废弃属名）●

23416　Harrachia J. Jacq.（1816）= Crossandra Salisb.（1805）［爵床科 Acanthaceae］●

23417　Harrera Macfad.（1837）= Tetrazygia Rich. ex DC.（1828）［野牡丹科 Melastomataceae］●☆

23418　Harrimanella Coville（1901）【汉】藓石南属。【俄】Галения。【隶属】杜鹃花科（欧石南科）Ericaceae。【包含】世界 1-2 种。【学名诠释与讨论】〈阴〉（人）Harriman，植物采集者+-ellus，-ella，-ellum，加在名词词干后面形成指小式的词尾。或加在人名、属名等后面以组成新属的名称。【分布】北极地带。【模式】Harrimanella stelleriana（Pallas）Coville［Andromeda stelleriana Pallas］。●☆

23419　Harrisella Fawc. et Rendle（1909）【汉】哈利斯兰属。【隶属】兰科 Orchidaceae。【包含】世界 1-3 种。【学名诠释与讨论】〈阴〉（人）William H. Harris，1860-1920，英国植物学者。他收集了大量的牙买加植物标本。【分布】美国（佛罗里达），墨西哥，萨尔瓦多，印度（西部）。【模式】Harrisella porrectus（H. G. Reichenbach）Fawcett et Rendle［Aëranthus porrectus H. G. Reichenbach］。【参考异名】Harrisella Willis，Nom. inval. ■☆

23420　Harrisella Willis，Nom. inval. = Harrisiella Fawc. et Rendle（1982）［兰科 Orchidaceae］●☆

23421　Harrisia Britton et Rose（1909）Nom. illegit. ≡ Harrisia Britton（1909）［仙人掌科 Cactaceae］●

23422　Harrisia Britton（1909）【汉】卧龙柱属。【日】ハリシア属。【英】Applecactus，Harrisia。【隶属】仙人掌科 Cactaceae。【包含】世界 13-20 种，中国 1 种。【学名诠释与讨论】〈阴〉（人）William H. Harris，1860-1920，英国植物学者。他收集了大量的牙买加植物标本。此属的学名，ING、GCI、APNI、TROPICOS 和 IK 记载是"Harrisia N. L. Britton，Bull. Torrey Bot. Club 35：561. 2 Jan 1909（'Dec 1908'）"。"Harrisia Britton et Rose（1909）"的命名人引证有误。化石植物的"Harrisia Lundblad，Kongl. Svenska Vetenskapsakad. Handl. ser. 5. 1：71. 1950"是晚出的非法名称。【分布】玻利维亚，美国（佛罗里达），中国，西印度群岛，中美洲。【后选模式】Harrisia gracilis（P. Miller）N. L. Britton［Cereus gracilis P. Miller］。【参考异名】Eriocereus（A. Berger）Riccob.（1909）；Eriocereus Riccob.（1909）Nom. illegit.；Harrisia Britton et Rose（1909）Nom. illegit.；Roseocereus Backeb.（1938）●

23423　Harrisiella Fawc. et Rendle（1982）【汉】小卧龙柱属。【隶属】仙人掌科 Cactaceae。【包含】世界 1 种。【学名诠释与讨论】〈阴〉（属）Harrisia 卧龙柱属+-ellus，-ella，-ellum，加在名词词干后面形成指小式的词尾。或加在人名、属名等后面以组成新属的名称。【分布】美国（佛罗里达），墨西哥，萨尔瓦多，西印度群岛。【模式】Harrisiella uniflora H. Dietrich。【参考异名】Harrisella Willis，Nom. inval. ●☆

23424　Harrisonia A. Juss.（1825）Nom. illegit.（废弃属名）≡ Harrisonia R. Br. ex A. Juss.（1825）（保留属名）［苦木科 Simaroubaceae］●

23425　Harrisonia Hook.（1826）Nom. illegit.（废弃属名）≡ Loniceroides Bullock（1964）［萝藦科 Asclepiadaceae］■☆

23426　Harrisonia Neck.（1790）Nom. inval.（废弃属名）= Xeranthemum L.（1753）［菊科 Asteraceae（Compositae）］■☆

23427　Harrisonia R. Br.（1843）（废弃属名）≡ Harrisonia R. Br. ex A. Juss.（1825）（保留属名）［苦木科 Simaroubaceae］●

23428　Harrisonia R. Br. ex A. Juss.（1825）（保留属名）【汉】牛筋果属。【英】Harrisonia，Oxmusclefruit。【隶属】苦木科

Simaroubaceae。【包含】世界 3-4 种,中国 1 种。【学名诠释与讨论】〈阴〉(人)Arnold Harrrison,19 世纪英国女园艺工作者。此属的学名"Harrisonia R. Br. ex A. Juss. in Mém. Mus. Hist. Nat. 12:517. 1825"是保留属名;法规置于苦木科 Simaroubaceae;TROPICOS 放在芸香科 Rutaceae。相应的废弃属名是苔藓的"Harissona Adans. ex Léman in Cuvier, Dict. Sci. Nat. 20:290. 29 Jun 1821"。萝藦科 Asclepiadaceae 的"Harrisonia Hook., Bot. Mag. 53: t. 2699. 1826 [Dec 1826] ≡ Loniceroides Bullock (1964)",菊科的"Harrisonia Neck., Elem. Bot. (Necker) 1:84. 1790 = Xeranthemum L. (1753)",苦木科 Simaroubaceae 的"Harrisonia R. Br. (1843) ≡ Harrisonia R. Br. ex A. Juss. (1825) (保留属名)"亦应废弃。真菌的"Harknessia M. C. Cooke in M. C. Cooke et Harkness, Grevillea 9:85. Mar 1881"和苔藓的"Harrisonia K. P. J. Sprengel, Syst. Veg. 4(1):135,145. ante 7 Jan 1827"也要废弃。"Harrisonia A. Juss. (1825) ≡ Harrisonia R. Br. ex A. Juss. (1825)(保留属名)"的命名人引证有误。"Ebelingia H. G. L. Reichenbach, Consp. 199. Dec 1828 – Mar 1829"是"Harrisonia R. Br. ex A. Juss. (1825)(保留属名)"的晚出的同模式异名(Homotypic synonym, Nomenclatural synonym)。【分布】东南亚,澳大利亚(热带),印度至马来西亚,中国,热带非洲。【模式】Harrisonia brownii A. H. L. Jussieu。【参考异名】Ebelingia Rchb. (1828) Nom. illegit.;Harissona Adans. ex Léman(1821)(废弃属名);Harrisonia A. Juss. (1825) Nom. illegit. (废弃属名);Harrisonia R. Br. (1843)(废弃属名);Lasiolepis Benn. (1838)●

23429　Harrysmithia H. Wolff (1926)【汉】细裂芹属(细柄芹属)。【英】Harrysmithia。【隶属】伞形花科(伞形科)Apiaceae (Umbelliferae)。【包含】世界 2 种,中国 2 种。【学名诠释与讨论】〈阴〉(人)Karl August Harald (Harry) Smith,1889-1971,瑞典植物学者,旅行家,植物采集家。【分布】中国。【模式】Harrysmithia heterophylla H. Wolff。■★

23430　Harthamnus H. Rob. (1980) = Plazia Ruiz et Pav. (1794) [菊科 Asteraceae(Compositae)]●☆

23431　Hartia Dunn(1902)【汉】折柄茶属(舟柄茶属)。【英】Hartia。【隶属】山茶科(茶科)Theaceae。【包含】世界 20 种,中国 19 种。【学名诠释与讨论】〈阴〉(人)Robert Hart,1835-1911,英国外交官,曾在中国海关工作。1854 年来华,任驻华领事馆翻译,后在中国海关任职。此属的学名是"Hartia Dunn, Hooker's Icon. Pl. 28: ad t. 2727. Mai 1902"。亦有文献把其处理为"Stewartia L. (1753)"或"Stuartia L' Hér. (1789) Nom. illegit."的异名。【分布】中国,中南半岛。【模式】Hartia sinensis Dunn。【参考异名】Stewartia L. (1753);Stuartia L' Hér. (1789) Nom. illegit.●

23432　Hartiana Raf. (1825) = Anemone L. (1753)(保留属名)[毛茛科 Ranunculaceae//银莲花科(罂粟莲花科)Anemonaceae]■

23433　Hartighaea Rchb. (1841) = Hartighaea A. Juss. (1830) [楝科 Meliaceae]●

23434　Hartighsea A. Juss. (1830) = Dysoxylum Blume (1825) [楝科 Meliaceae]●

23435　Hartigia Miq. (1845) = Miconia Ruiz et Pav. (1794)(保留属名)[野牡丹科 Melastomataceae//米氏野牡丹科 Miconiaceae]●☆

23436　Hartigsea Steud. (1840) = Dysoxylum Blume (1825); ~ = Hartighaea A. Juss. (1830) [楝科 Meliaceae]●

23437　Hartleya Sleumer(1969)【汉】哈特利茶萸属。【隶属】茶茱萸科 Icacinaceae。【包含】世界 1 种。【学名诠释与讨论】〈阴〉(人)Hartley,植物学者。【分布】新几内亚岛。【模式】Hartleya inopinata H. Sleumer。●☆

23438　Hartliella E. Fisch. (1992)【汉】哈尔特婆婆纳属。【隶属】玄参科 Scrophulariaceae//婆婆纳科 Veronicaceae。【包含】世界 4

种。【学名诠释与讨论】〈阴〉(人)Robert Hart,1835-1911,英国外交官,曾在中国海关工作。1854 年来华,任驻华领事馆翻译,后在中国海关任职。【分布】非洲。【模式】Hartliella suffruticosa (Lisowski et Mielcarek) Eb. Fisch.。■☆

23439　Hartmania Spach(1835) Nom. illegit. = Hartmannia Spach(1835) [柳叶菜科 Onagraceae]■☆

23440　Hartmannia DC. (1836) Nom. illegit. ≡ Deinandra Greene (1897); ~ = Hemizonia DC. (1836) [菊科 Asteraceae (Compositae)]■☆

23441　Hartmannia Spach(1835)【汉】槌果草属(哈氏柳叶菜属,哈特曼属)。【隶属】柳叶菜科 Onagraceae。【包含】世界 15 种。【学名诠释与讨论】〈阴〉(人)Hartman,植物学者。此属的学名,ING、GCI、TROPICOS 和 IK 记载是"Hartmannia Spach, Hist. Nat. Vég. (Spach)4:370(-371). 1835 [11 Apr 1835]"。它先后被处理为"Oenothera [unranked] Hartmannia (Spach) Endl., Genera Plantarum (Endlicher) 15: 1190. 1840"、"Oenothera subgen. Hartmannia (Spach) Rchb., Der Deutsche Botaniker Herbarienbuch 170, 1841"、"Oenothera sect. Hartmannia (Spach) Walp., Repertorium Botanices Systematicae. 2(1):84,1843"和"Oenothera sect. Hartmannia (Spach) W. L. Wagner et Hoch, Systematic Botany Monographs 83:153. 2007,2007"。亦有文献把"Hartmannia Spach (1835)"处理为"Oenothera L. (1753)"的异名。【分布】玻利维亚,西印度群岛,北美洲,中美洲。【模式】Hartmania faux - gaura Spach, Nom. illegit. [Oenothera rosea W. Aiton; Hartmania rosea (W. Aiton) G. Don]。【参考异名】Oenothera L. (1753);Oenothera [unranked] Hartmannia (Spach) Endl. (1840);Oenothera sect. Hartmannia (Spach) W. L. Wagner et Hoch(2007);Oenothera sect. Hartmannia (Spach) Walp. (1843);Oenothera subgen. Hartmannia (Spach) Rchb. (1841)■☆

23442　Hartmanthus S. A. Hammer(1995)【汉】哈特番杏属。【隶属】番杏科 Aizoaceae。【包含】世界 2 种。【学名诠释与讨论】〈阴〉(人)Hartman,植物学者 + anthos,花。【分布】澳大利亚,非洲。【模式】Hartmanthus pergamentaceus (L. Bolus) S. A. Hammer。●☆

23443　Hartogia Hochst. (1844) Nom. illegit. (废弃属名) ≡ Cassinopsis Sond. (1860) [茶茱萸科 Icacinaceae]●☆

23444　Hartogia L. (1759)(废弃属名) = Agathosma Willd. (1809)(保留属名)[芸香科 Rutaceae]●☆

23445　Hartogia L. f. (1782) Nom. illegit. (废弃属名) = Hartogiella Codd(1983) [卫矛科 Celastraceae]●☆

23446　Hartogia Thunb. ex L. f. (1782) Nom. illegit. (废弃属名) ≡ Hartogiella Codd(1983); ~ = Schrebera Thunb. (1794) Nom. illegit. (废弃属名); ~ = Hartogiella Codd(1983) [卫矛科 Celastraceae]●☆

23447　Hartogiella Codd(1983)【汉】哈尔卫矛属。【隶属】卫矛科 Celastraceae。【包含】世界 1 种。【学名诠释与讨论】〈阴〉(人)Cornelis den Hartog,1931-?,植物学者 + -ellus, -ella, -ellum,加在名词词干后面形成指小式的词尾。或加在人名、属名等后面以组成新属的名称。另说纪念德国植物采集家 Johan (Jan, Johannes) Hartog (Hartogius, Hartogh, Hertog),ca 1663-1722。此属的学名"Hartogiella L. E. Codd, Bothalia 14:219. 4 Mai 1983"是一个替代名称。"Hartogia Thunberg ex Linnaeus f., Suppl. 16. Apr 1782"是一个非法名称(Nom. illegit.),因为此前已经有了"Hartogia Linnaeus, Syst. Nat. ed. 10. 939. 7 Jun 1759(废弃属名) = Agathosma Willd. (1809)(保留属名)[芸香科 Rutaceae]"。故用"Hartogiella Codd (1983)"替代之。同理,"Hartogia Hochstetter, Flora 27: 305. 14 Mai 1844" ≡ Cassinopsis Sond. (1860) [茶茱萸科 Icacinaceae]"亦是一个非法名称。实际上,"Hartogia L., Syst. Nat., ed. 10. 2:939. 1759 [7 Jun 1759] =

Agathosma Willd.（1809）（保留属名）”和“Hartogia Thunb. ex L. f., Suppl. Pl. 16. 1782［1781 publ. Apr 1782］= Schrebera Thunb.（1794）Nom. illegit.（废弃属名）≡ Hartogiella Codd（1983）［卫矛科 Celastraceae］都是废弃属名。“Schrebera Thunberg, Prodr. Pl. Cap.［iii］, 28. 1794［non Linnaeus 1763（废弃属名）, nec Roxburgh 1799（nom. cons.）］亦是“Hartogiella Codd（1983）”的同模式异名（Homotypic synonym, Nomenclatural synonym）。亦有文献把“Hartogiella Codd（1983）”处理为“Cassine L.（1753）（保留属名）”的异名。【分布】非洲南部。【模式】Hartogiella schinoides（K. P. J. Sprengel）L. E. Codd［Elaeodendron schinoides K. P. J. Sprengel；Schrebera schinoides Thunberg 1794, non Linnaeus 1763, Hartogia capensis Linnaeus f. 1782, non Linnaeus 1759］。【参考异名】Cassine L.（1753）（保留属名）；Hartogia L. f.（1782）Nom. illegit.（废弃属名）；Hartogia Thunb. ex L. f.（1782）Nom. illegit.（废弃属名）；Schrebera Thunb.（1794）Nom. illegit.（废弃属名）●☆

23448　Hartogiopsis H. Perrier（1942）【汉】肖哈尔卫矛属。【隶属】卫矛科 Celastraceae。【包含】世界 1 种。【学名诠释与讨论】〈阴〉（属）Hartogia = Hartogiella 哈尔卫矛属＋希腊文 opsis，外观，模样，相似。【分布】马达加斯加。【模式】Hartogiopsis trilobocarpa（J. G. Baker）H. Perrier de la Bâthie［Hartogia trilobocarpa J. G. Baker］。●☆

23449　Hartwegia Lindl.（1837）Nom. illegit. ≡ Nageliella L. O. Williams（1940）［兰科 Orchidaceae］■☆

23450　Hartwegia Nees（1831）= Chlorophytum Ker Gawl.（1807）［百合科 Liliaceae//吊兰科（猴面包科，猴面包树科）Anthericaceae］■

23451　Hartwegiella O. E. Schulz（1933）= Mancoa Wedd.（1859）（保留属名）［十字花科 Brassicaceae（Cruciferae）］■☆

23452　Hartwrightia A. Gray ex S. Watson（1888）【汉】五肋菊属。【隶属】菊科 Asteraceae（Compositae）。【包含】世界 1 种。【学名诠释与讨论】〈阴〉（人）Samuel Hart Wright, 1825-1905，本属植物标本的采集者，德国人。此属的学名，ING、TROPICOS 和 IK 记载是“Hartwrightia A. Gray ex S. Watson, Proc. Amer. Acad. Arts 23：264. post 14 Mar 1888”。GCI 则记载为“Hartwrightia A. Gray, Proc. Amer. Acad. Arts 23：264. 1888”。三者引用的文献相同。【分布】美国（佛罗里达）。【模式】Hartwrightia floridana A. Gray ex S. Watson。【参考异名】Hartwrightia A. Gray（1888）Nom. illegit. ■☆

23453　Hartwrightia A. Gray（1888）Nom. illegit. ≡ Hartwrightia A. Gray ex S. Watson（1888）［菊科 Asteraceae（Compositae）］■☆

23454　Harungana Lam.（1796）【汉】哈伦木属（哈伦加属）。【隶属】猪胶树科（克鲁西科，山竹子科，藤黄科）Clusiaceae（Guttiferae）。【包含】世界 1-50 种。【学名诠释与讨论】〈阴〉来自马达加斯加植物俗名。【分布】马达加斯加，毛里求斯，热带非洲。【模式】Harungana paniculata Persoon。【参考异名】Haronga Thouars（1806）；Psorospermum Spach（1836）●☆

23455　Harveya Hook.（1837）【汉】哈维列当属（哈维玄参属）。【隶属】玄参科 Scrophulariaceae//列当科 Orobanchaceae。【包含】世界 40 种。【学名诠释与讨论】〈阴〉（人）William Henry Harvey, 1811-1866，英国植物学者，藻类专家。此属的学名，ING、TROPICOS 和 IK 记载是“Harveya Hook., Icon. Pl. 1：t. 118, 351. 1837［Apr 1837］”。苔藓的“Harveya H. A. Crum, Bryologist 88：24. 15 Mai 1986 ≡ Elharveya H. A. Crum 1986”和红藻的“Harveyella Schmitz et Reinke, Ber. Kommiss. Wiss. Utersuch. Deutsch. Meere Kiel 6：28. 1889”是晚出的非法名称。“Harveya R. W. Plant ex Meisn.”似也是晚出的非法名称。“Harwaya Steud., Nomencl. Bot.［Steudel］, ed. 2. i. 723（1840）= Harveya Hook.（1837）［玄参科 Scrophulariaceae//列当科 Orobanchaceae］”仅有属名；似是“Harveya Hook.（1837）”的拼写

变体。【分布】马达加斯加，马斯克林群岛，热带和非洲南部。【模式】Harveya capensis W. J. Hooker。【参考异名】Aulaya Harv.（1838）；Harwaya Steud.（1840）■☆

23456　Harveya R. W. Plant ex Meisn. = Peddiea Harv. ex Hook.（1840）［瑞香科 Thymelaeaceae］●☆

23457　Harwaya Steud.（1840）= Harveya Hook.（1837）［玄参科 Scrophulariaceae//列当科 Orobanchaceae］■☆

23458　Haselhoffia Lindau（1897）= Physacanthus Benth.（1876）［爵床科 Acanthaceae］■☆

23459　Haseltonia Backeb.（1949）【汉】望云龙属（哈氏仙人柱属）。【日】ハセルトニア属。【隶属】仙人掌科 Cactaceae。【包含】世界 2 种。【学名诠释与讨论】〈阴〉（人）Scott Edson Haselton, 1895-1991, Journal of the Cactus et Succulent Society of America 的编辑。此属的学名是“Haseltonia Backeberg, Sukkulentenkunde 1：3. 1 Jan 1949”。亦有文献把其处理为“Cephalocereus Pfeiff.（1838）”的异名。【分布】墨西哥，中美洲。【模式】Cephalocereus hoppenstedtii（Weber）Schumann［Pilocereus hoppenstedtii Weber］。【参考异名】Cephalocereus Pfeiff.（1838）●☆

23460　Hasseanthus Rose ex Britton et Rose（1903）Nom. illegit. ≡ Hasseanthus Rose（1903）；~ = Dudleya Britton et Rose（1903）［景天科 Crassulaceae］■☆

23461　Hasseanthus Rose（1903）= Dudleya Britton et Rose（1903）［景天科 Crassulaceae］■☆

23462　Hasselquistia L.（1755）= Tordylium L.（1753）［伞形花科（伞形科）Apiaceae（Umbelliferae）］■☆

23463　Hasseltia Blume（1826-1827）Nom. illegit. ≡ Kibatalia G. Don（1837）；~ = Kickxia Blume（1849）Nom. illegit.；~ = Kibatalia G. Don（1837）［夹竹桃科 Apocynaceae］●

23464　Hasseltia Kunth（1825）【汉】哈氏椴属。【隶属】椴树科（椴科，田麻科）Tiliaceae。【包含】世界 3 种。【学名诠释与讨论】〈阴〉（人）Johan（Jan）Coenraad（Conrad）van Hasselt, 1797-1823，荷兰医生，植物采集者。此属的学名，ING、GCI、TROPICOS 和 IK 记载“Hasseltia Kunth in Humboldt, Bonpland et Kunth, Nova Gen. Sp. 7：ed. fol. 180；ed. qu. 231. 25 Apr 1825”。“Hasseltia Blume, Bijdr. Fl. Ned. Ind. 16：1045.［Oct 1826-Nov 1827］≡ Kibatalia G. Don（1837）= Kickxia Blume（1849）Nom. illegit.［夹竹桃科 Apocynaceae］”是晚出的非法名称。【分布】巴拿马，秘鲁，玻利维亚，厄瓜多尔，哥伦比亚，哥斯达黎加，墨西哥，尼加拉瓜，中美洲。【模式】Hasseltia floribunda Kunth。【参考异名】Neosprucea Sleumer（1938）；Spruceanthus Sleumer（1936）Nom. illegit. ●☆

23465　Hasseltiopsis Sleumer（1938）【汉】拟哈氏椴属。【隶属】椴树科（椴科，田麻科）Tiliaceae。【包含】世界 1 种。【学名诠释与讨论】〈阴〉（属）Hasseltia 哈氏椴属＋希腊文 opsis，外观，模样，相似。此属的学名是“Hasseltiopsis Sleumer, Notizbl. Bot. Gart. Berlin-Dahlem 14：49. 20 Mar 1938”。亦有文献把其处理为“Pleuranthodendron L. O. Williams（1961）”的异名。【分布】哥斯达黎加，洪都拉斯，玻利维亚，墨西哥（南部），尼加拉瓜，危地马拉，贝里兹，中美洲。【模式】Hasseltiopsis dioica（Bentham）Sleumer［Banara dioica Bentham］。【参考异名】Pleuranthodendron L. O. Williams（1961）●☆

23466　Hasskarlia Baill.（1860）Nom. illegit. ≡ Tetrorchidiopsis Rauschert（1982）；~ = Tetrorchidium Poepp.（1841）［大戟科 Euphorbiaceae］●☆

23467　Hasskarlia Meisn.（1843）= Turpinia Vent.（1807）（保留属名）［省沽油科 Staphyleaceae］●

23468　Hasskarlia Walp.（1849）Nom. illegit. ≡ Marquartia Hassk.（1842）；~ = Pandanus Parkinson（1773）［露兜树科 Pandanaceae］

●■

23469 Hasslerella Chodat(1908) = Polypremum L. (1763)[四粉草科 Tetrachondraceae//岩高兰科 Empetraceae//醉鱼草科 Buddlejaceae//马钱科 Loganiaceae]■☆

23470 Hassleria Briq. ex Moldenke(1939) = Amasonia L. f. (1782)(保留属名)[马鞭草科 Verbenaceae//唇形科 Lamiaceae(Labiatae)]●■☆

23471 Hassleropsis Chodat(1904) = Basistemon Turcz. (1863)[玄参科 Scrophulariaceae]●☆

23472 Hasteola Raf. (1838)【汉】戟叶菊属。【隶属】菊科 Asteraceae (Compositae)。【包含】世界 1-3 种,中国 1-2 种。【学名诠释与讨论】〈阴〉(拉)hasta,矛,枪+-olus,-ola,-olum,拉丁文指示小的词尾。指模式种叶形。此属的学名,ING、TROPICOS 和 IK 记载是"Hasteola Rafinesque,New Fl. 4:79. 1838 (sero)('1836')"。"Synosma Rafinesque ex N. L. Britton et A. Brown,Ill. Fl. N. U. S. 3: 474. 20 Jun 1898"是"Hasteola Raf. (1838)"的晚出的同模式异名 (Homotypic synonym,Nomenclatural synonym)。【分布】俄罗斯,美国、亚洲东部和南部,北美洲。【模式】Cacalia suaveolens Linnaeus。【参考异名】Synosma Raf. ex Britton et A. Br. (1898) Nom. illegit. ;Synosma Raf. ex Britton(1898) Nom. illegit. ■☆

23473 Hastifolia Ehrh. (1789) Nom. inval. = Scutellaria L. (1753)[唇形科 Lamiaceae(Labiatae)//黄芩科 Scutellariaceae]●■

23474 Hastingia Koenig ex Endl. = Abroma Jacq. (1776)[梧桐科 Sterculiaceae//锦葵科 Malvaceae]●

23475 Hastingia Koenig ex Sm. (1806) Nom. illegit. ≡ Hastingia Sm. (1806)[唇形科 Lamiaceae(Labiatae)//马鞭草科 Verbenaceae]●

23476 Hastingia Sm. (1806) = Holmskioldia Retz. (1791)[唇形科 Lamiaceae(Labiatae)//马鞭草科 Verbenaceae]●

23477 Hastingsia(Durand)S. Watson(1879) Nom. illegit. ≡ Hastingsia S. Watson(1879)[百合科 Liliaceae//风信子科 Hyacinthaceae]■☆

23478 Hastingsia Post et Kuntze(1903)(bis) = Hastingia Sm. (1806); ~ = Holmskioldia Retz. (1791)[唇形科 Lamiaceae(Labiatae)//马鞭草科 Verbenaceae]●

23479 Hastingsia S. Watson(1879)【汉】哈氏风信子属。【日】ハスティングシア属。【隶属】风信子科 Hyacinthaceae。【包含】世界 4 种。【学名诠释与讨论】〈阴〉(人)Serranus Clinton Hastings, 1814-1893,旧金山人,他曾资助 S. Watson 等植物学者在加利福尼亚州的事业。此属的学名,ING、GCI、TROPICOS 和 IK 记载是"Hastingsia S. Watson,Proc. Amer. Acad. Arts 14;217,242. 1879[2 Aug 1879]"。"Hastingsia(Durand)S. Watson(1879) ≡ Hastingsia S. Watson(1879)"的命名人引证有误。"Hastingsia Post et Kuntze (1903)(bis) = Hastingia Sm. (1806)[唇形科 Lamiaceae (Labiatae)]"是晚出的非法名称。亦有文献把"Hastingsia S. Watson(1879)"处理为"Schoenolirion Torr. (1855)(保留属名)"的异名。【分布】北美洲西部。【模式】Hastingsia alba (E. M. Durand)S. Watson[Schoenolirion album E. M. Durand]。【参考异名】Hastingsia (Durand) S. Watson (1879) Nom. illegit. ; Schoenolirion Torr. (1855)(保留属名)■☆

23480 Hatiora Britton et Rose(1915)【汉】念珠掌属(哈提欧拉属,苇仙人棒属)。【日】ハティオラ属。【隶属】仙人掌科 Cactaceae。【包含】世界 4 种。【学名诠释与讨论】〈阴〉(属)由 Hariota 属改缀而来。此属的学名"Hatiora N. L. Britton et J. N. Rose in L. H. Bailey,Standard Cycl. Hort. 1432. 1915"是一个替代名称。"Hariota A. P. de Candolle,Mém. Cact. 23. 1834"是一个非法名称 (Nom. illegit.),因为此前已经有了"Hariota Adanson,Fam. 2: 243,520. Jul-Aug 1763(废弃属名) = Rhipsalis Gaertn. (1788)(保留属名)[仙人掌科 Cactaceae]"。故用"Hatiora Britton et Rose

(1915)"替代之。【分布】巴西(东南),玻利维亚,中国,中美洲。【模式】Hatiora salicornioides (Haworth) N. L. Britton et J. N. Rose [Rhipsalis salicornioides Haworth]。【参考异名】Epiphyllopsis (A. Berger) Backeb. et F. M. Knuth,Nom. illegit. ;Epiphyllopsis A. Berger(1929);Epiphyllopsis Backeb. et F. M. Knuth;Hariota DC. (1834) Nom. illegit. (废弃属名);Pseudozygocactus Backeb. (1938);Rhipsalidopsis Britton et Rose(1923)●

23481 Hatschbachia L. B. Sm. (1953) = Napeanthus Gardner (1843) [苦苣苔科 Gesneriaceae]■☆

23482 Hatschbachiella R. M. King et H. Rob. (1972)【汉】刺果泽兰属。【隶属】菊科 Asteraceae(Compositae)。【包含】世界 2 种。【学名诠释与讨论】〈阴〉(人)Gert Guenther Hatschbach,1923-?, 植物学者+-ellus,-ella,-ellum,加在名词词干后面形成指小式的词尾。或加在人名、属名等后面以组成新属的名称。【分布】巴拉圭,巴西至阿根廷。【模式】Hatschbachiella tweedieana (W. J. Hooker et Arnott) R. M. King et H. E. Robinson [Eupatorium tweedieanum W. J. Hooker et Arnott]。■●☆

23483 Haumania J. Léonard(1949)【汉】大白苞竹芋属(豪曼竹芋属)。【隶属】竹芋科(柊叶科,柊叶科)Marantaceae。【包含】世界 2-3 种。【学名诠释与讨论】〈阴〉(人)Lucien Leon Hauman, 1880-1965,比利时植物学者。【分布】热带非洲。【模式】Haumania liebrechtsiana (De Wildeman et Durand) J. Léonard [Trachyphrynium liebrechtsianum De Wildeman et Durand]。■☆

23484 Haumaniastrum P. A. Duvign. et Plancke(1959)【汉】豪曼草属。【隶属】唇形科 Lamiaceae(Labiatae)。【包含】世界 23-35 种。【学名诠释与讨论】〈中〉(人)Lucien Leon Hauman,1880-1965, 比利时植物学者+-astrum,指示小的词尾,也有"不完全相似"的含义。【分布】热带非洲。【模式】Haumaniastrum polyneurum (S. Moore)Duvigneaud et Plancke [Acrocephalus polyneurus S. Moore]。【参考异名】Acrocephalus Benth. (1829)●■☆

23485 Haussknechtia Boiss. (1872)【汉】豪斯草属。【隶属】伞形花科(伞形科)Apiaceae(Umbelliferae)。【包含】世界 1 种。【学名诠释与讨论】〈阴〉(人)Heinrich Carl Haussknecht,1838-1903,德国植物学者。【分布】伊朗。【模式】Haussknechtia elymaitica Boissier。☆

23486 Haussmannia F. Muell. (1864) Nom. illegit. ≡ Haussmannianthes Steenis (1929); ~ = Neosepicaea Diels (1922) [紫葳科 Bignoniaceae]●☆

23487 Haussmannianthes Steenis (1929) = Neosepicaea Diels (1922) [紫葳科 Bignoniaceae]●☆

23488 Haustrum Noronha = Rhododendron L. (1753)[杜鹃花科(欧石南科)Ericaceae]●

23489 Hauya DC. (1828) Nom. illegit. ≡ Hauya Moc. et Sessé ex DC. (1828)[柳叶菜科 Onagraceae]■☆

23490 Hauya Moc. et Sessé ex DC. (1828)【汉】阿于菜属。【隶属】柳叶菜科 Onagraceae。【包含】世界 2 种。【学名诠释与讨论】〈阴〉(人)Hauy。此属的学名,ING 记载是"Hauya A. P. de Candolle, Prodr. 3;36. Mar (med.)1828"。IK 则记载为"Hauya ex DC. ,Mem. Onagr. 2. t. 1(1828)"。应该是"Hauya Moc. et Sessé ex DC. (1828)"。【分布】墨西哥,中美洲。【模式】Hauya elegans A. P. de Candolle。【参考异名】Hauya DC. (1828) Nom. illegit. ■☆

23491 Havanella Kuntze (1903) = Flaveria Juss. (1789) [菊科 Asteraceae(Compositae)]■●

23492 Havardia Small(1901)【汉】阿瓦尔豆属(哈瓦豆属)。【隶属】豆科 Fabaceae(Leguminosae)//含羞草科 Mimosaceae。【包含】世界 15 种。【学名诠释与讨论】〈阴〉(人)Valery Havard,1846-1927,美国植物学者。【分布】哥斯达黎加,墨西哥,尼加拉瓜,北

美洲,中美洲。【模式】Havardia brevifolia（Bentham）J. K, Small [Pithecellobium brevifolium Bentham]。【参考异名】Ebenopsis Britton et Rose（1928）; Painteria Britton et Rose（1928）; Thailentadopsis Kosterm.（1977）●☆

23493 Havetia Kunth（1822）【汉】阿韦树属。【隶属】猪胶树科（克鲁西科,山竹子科,藤黄科）Clusiaceae（Guttiferae）。【包含】世界 1种。【学名诠释与讨论】〈阴〉（人）Armand（Amand）Etienne Maurice Havet,1795-1820。此属的学名,ING、TROPICOS 和 GCI 记载是"Havetia Kunth, Nov. Gen. Sp.[H. B. K.]5:203. 1819"。它曾被处理为"Clusia sect. Havetia（Kunth）Pipoly, Sida 17（4）:766. 1997"。亦有文献把"Havetia Kunth（1822）"处理为"Clusia L.（1753）"的异名。【分布】玻利维亚,哥伦比亚。【模式】Havetia laurifolia Kunth。【参考异名】Clusia sect. Havetia（Kunth）Pipoly（1997）●☆

23494 Havetiopsis Planch. et Triana（1860）【汉】拟阿韦树属。【隶属】猪胶树科（克鲁西科,山竹子科,藤黄科）Clusiaceae（Guttiferae）。【包含】世界 5 种。【学名诠释与讨论】〈阴〉（属）Havetia 阿韦猪胶树属+希腊文 opsis,外观,模样,相似。【分布】巴拿马,秘鲁,玻利维亚,热带南美洲。【模式】未指定。●☆

23495 Havilandia Stapf（1894）= Trigonotis Steven（1851）[紫草科 Boraginaceae]■

23496 Hawkesiophyton Hunz.（1977）【汉】霍克斯茄属。【隶属】茄科 Solanaceae。【包含】世界 3 种。【学名诠释与讨论】〈中〉（人）John Gregory Hawkes,1915-,植物学者,茄科专家+phyton,植物,树木,枝条。【分布】巴拿马,巴西,秘鲁,哥伦比亚。【模式】Hawkesiophyton panamense（Standley）A. T. Hunziker[Markea panamensis Standley]。●☆

23497 Haworthia Duval（1809）（保留属名）【汉】十二卷属（锉刀花属,锦鸡尾属,蛇尾掌属）。【日】ハウォルティア属。【俄】Гавортия。【英】Haworthia。【隶属】百合科 Liliaceae//阿福花科 Asphodelaceae//芦荟科 Aloaceae。【包含】世界 70-150 种。【学名诠释与讨论】〈阴〉（人）Adrian Hardy Haworth,1768-1833,英国植物学者,昆虫学者。此属的学名"Haworthia Duval, Pl. Succ. Horto Alencon.:7. 1809"是保留属名。相应的废弃属名是"Catevala Medik., Theodora:67. 1786 = Haworthia Duval（1809）（保留属名）"。【分布】非洲南部。【模式】Haworthia arachnoidea（Linnaeus）H. A. Duval[Aloe pumila Linnaeus var. arachnoidea Linnaeus]。【参考异名】Catevala Medik.（1786）■☆

23498 Haworthiaceae Horan. = Asphodelaceae Juss.●■

23499 Haxtonia A. Cunn.（1838）Nom. illegit. [菊科 Asteraceae（Compositae）]☆

23500 Haxtonia Caley ex D. Don（1831）= Olearia Moench（1802）（保留属名）[菊科 Asteraceae（Compositae）]●☆

23501 Haya Balf. f.（1884）【汉】卵叶轮草属。【隶属】石竹科 Caryophyllaceae//醉人花科（裸果木科）Illecebraceae。【包含】世界 1 种。【学名诠释与讨论】〈阴〉（人）Hay。【分布】也门（索科特拉岛）。【模式】Haya obovata I. B. Balfour。■☆

23502 Hayacka Willis, Nom. inval. = Hayecka Pohl（1825）; ~ = ? Paullinia L.（1753）[无患子科 Sapindaceae]●☆

23503 Hayata Aver.（2009）【汉】早田兰属。【隶属】兰科 Orchidaceae。【包含】世界 4 种。【学名诠释与讨论】〈阴〉（人）Bunzo Hayata,1874-1934,早田文藏,日本植物学者。【分布】菲律宾,越南,中国。【模式】Hayata tabiyahanensis（Hayata）Aver. [Zeuxine tabiyahanensis Hayata]。■

23504 Hayataella Masam.（1934）【汉】棱萼茜属（玉兰草属,早田草属）。【英】Hayatagrass。【隶属】茜草科 Rubiaceae。【包含】世界 1 种,中国 1 种。【学名诠释与讨论】〈阴〉（人）Bunzo Hayata,

1874-1934,早田文藏,日本植物学者+-ellus,-ella,-ellum,加在名词词干后面形成指小式的词尾。或加在人名、属名等后面以组成新属的名称。此属的学名是"Hayataella Masamune, Trans. Nat. Hist. Soc. Taiwan 24:206. 1934"。亦有文献把其处理为"Ophiorrhiza L.（1753）"的异名。【分布】中国。【模式】Hayataella michelloides Masamune。【参考异名】Ophiorrhiza L.（1753）●■★

23505 Haydenia M. P. Simmons（2011）Nom. illegit. ≡ Haydenoxylon M. P. Simmons（2014）[卫矛科 Celastraceae]●☆

23506 Haydenoxylon M. P. Simmons（2014）【汉】海登卫矛属。【隶属】卫矛科 Celastraceae。【包含】世界 3 种。【学名诠释与讨论】〈阴〉（人）Hayden + xyle = xylon,木材。"Haydenoxylon M. P. Simmons, Novon 23（2）:224. 2014[16 Jul 2014]"是"Celastraceae Haydenia M. P. Simmons Syst. Bot. 36（4）:929. 2011[14 Nov 2011]"的替代名称。【分布】秘鲁,哥伦比亚。【模式】Haydenoxylon urbanianum（Loes.）M. P. Simmons[Rhacoma urbaniana Loes.; Gymnosporia urbaniana（Loes.）Liesner; Haydenia urbaniana（Loes.）M. P. Simmons]。【参考异名】Haydenia M. P. Simmons（2011）Nom. illegit. ●☆

23507 Haydonia R. Wilczek（1954）= Vigna Savi（1824）（保留属名）[豆科 Fabaceae（Leguminosae）//蝶形花科 Papilionaceae]■

23508 Hayecka Pohl（1825）= ? Paullinia L.（1753）[无患子科 Sapindaceae]●☆

23509 Haylockia Herb.（1830）= Zephyranthes Herb.（1821）（保留属名）[石蒜科 Amaryllidaceae//葱莲科 Zephyranthaceae]■

23510 Haymondia A. N. Egan et B. Pan（2015）【汉】须弥葛属。【隶属】豆科 Fabaceae（Leguminosae）。【包含】世界 1 种。【学名诠释与讨论】〈阴〉词源不详。似来自人名或地名。因产于喜马拉雅地区（Himalaya,另音译为"须弥山"）,故属的汉名取为须弥葛属。【分布】泰国,缅甸,印度,不丹,尼泊尔。【模式】Haymondia wallichii（DC.）A. N. Egan et B. Pan[Pueraria wallichii DC.]。☆

23511 Haynaldia Kanitz（1877）Nom. illegit. ≡ Euhaynaldia Borbás（1880）; ~ = Lobelia L.（1753）[桔梗科 Campanulaceae//山梗菜科（半边莲科）Nelumbonaceae]●■

23512 Haynaldia Schur（1866）Nom. illegit. ≡ Dasypyrum（Coss. et Durieu）T. Durand（1888）[禾本科 Poaceae（Gramineae）]■☆

23513 Haynea Rchb.（1828-1829）Nom. illegit. ≡ Modiola Moench（1794）[锦葵科 Malvaceae]■☆

23514 Haynea Schumach.（1827）Nom. illegit. [荨麻科 Urticaceae]☆

23515 Haynea Schumach. et Thonn. = Fleurya Gaudich.（1830）; ~ = Laportea Gaudich.（1830）（保留属名）[荨麻科 Urticaceae]●■

23516 Haynea Willd.（1803）Nom. inval. ≡ Pacourina Aubl.（1775）[菊科 Asteraceae（Compositae）]■☆

23517 Hazardia Greene（1887）【汉】毛菀木属。【英】Bristleweed, Hazardia。【隶属】菊科 Asteraceae（Compositae）。【包含】世界 13 种。【学名诠释与讨论】〈阴〉（人）Barclay Hazard,1852-1938,美国植物学者。此属的学名,ING、TROPICOS 和 IK 记载是"Hazardia Greene, Pittonia 1（1）:28. 1887[Mar 1887 publ. 26 Feb 1887]"。它曾被处理为"Haplopappus Cass. sect. Hazardia（Greene）H. M. Hall"。【分布】美国,墨西哥。【模式】未指定。【参考异名】Haplopappus Cass.（1828）[as 'Aplopappus']（保留属名）; Haplopappus sect. Hazardia（Greene）H. M. Hall ■●☆

23518 Hazomalania Capuron（1966）【汉】马达莲叶桐属。【隶属】莲叶桐科 Hernandiaceae。【包含】世界 1 种。【学名诠释与讨论】〈阴〉词源不详。此属的学名是"Hazomalania R. Capuron, Adansonia ser. 2. 6:375. 29 Dec 1966"。亦有文献把其处理为"Hernandia L.（1753）"的异名。【分布】马达加斯加。【模式】

Hazomalania voyroni（H. Jumelle）R. Capuron［Hernandia voyroni H. Jumelle］。【参考异名】Hernandia L.（1753）●☆

23519 Hazunta Pichon(1948)【汉】黑簪木属(黑簪属)。【隶属】夹竹桃科 Apocynaceae//红月桂科 Tabernaemontanaceae。【包含】世界8种。【学名诠释与讨论】〈阴〉词源不详。此属的学名是"Hazunta Pichon,Notul. Syst. (Paris) 13：207. Jan 1948"。亦有文献把其处理为"Tabernaemontana L.（1753）"的异名。【分布】科摩罗,马达加斯加,塞舌尔(塞舌尔群岛)。【模式】Hazunta modesta（J. G. Baker）Pichon［Tabernaemontana modesta J. G. Baker］。【参考异名】Tabernaemontana L.（1753）●☆

23520 Hearnia F. Muell.（1865）= Aglaia Lour.（1790）（保留属名）［棟科 Meliaceae］●

23521 Hebandra Post et Kuntze（1903）= Hebeandra Bonpl.（1808）；~ = Monnina Ruiz et Pav.（1798）［远志科 Polygalaceae］●☆

23522 Hebanthe Mart.（1826）= Pfaffia Mart.（1825）［苋科 Amaranthaceae］■☆

23523 Hebanthodes Pedersen(2000)【汉】秘鲁苋属。【隶属】苋科 Amaranthaceae。【包含】世界1种。【学名诠释与讨论】〈阴〉（属）Hebanthe = Pfaffia 无柱苋属(巴西人参属,巴西苋属,普法苋属)+希腊文 oides,相像。【分布】秘鲁。【模式】Hebanthodes peruviana Pedersen。●☆

23524 Hebe Comm. ex Juss.（1789）【汉】木本婆婆纳属(赫柏木属,拟婆婆纳属,长阶花属)。【日】ヘーベ属。【英】Hebe, Hedge Veronica, Koromiko, Shrubby Veronica。【隶属】玄参科 Scrophulariaceae//婆婆纳科 Veronicaceae。【包含】世界70-150种。【学名诠释与讨论】〈阴〉（人）Hebe,神话中青春之女神。【分布】澳大利亚,秘鲁,玻利维亚,厄瓜多尔,哥伦比亚(安蒂奥基亚),新几内亚岛,中美洲。【模式】Hebe magellanica J. F. Gmelin。【参考异名】Leonohebe Heads（1987）；Panoxis Raf.（1830）●☆

23525 Hebea（Pers.）R. Hedw.（1806）= Gladiolus L.（1753）［鸢尾科 Iridaceae］■

23526 Hebea L. Bolus, Nom. illegit. = Tritoniopsis L. Bolus（1929）［鸢尾科 Iridaceae］■☆

23527 Hebea R. Hedw.（1806）Nom. illegit. ≡ Hebea（Pers.）R. Hedw.（1806）；~ = Gladiolus L.（1753）［鸢尾科 Iridaceae］■

23528 Hebeandra Bonpl.（1808）= Monnina Ruiz et Pav.（1798）［远志科 Polygalaceae］●☆

23529 Hebeanthe Rchb.（1841）= Hebanthe Mart.（1826）［苋科 Amaranthaceae］■☆

23530 Hebecarpa(Chodat)J. R. Abbott(2011)【汉】毛果远志属。【隶属】远志科 Polygalaceae。【包含】世界20种。【学名诠释与讨论】〈阴〉（希）hebe,有柔毛的+karpos,果实。此属的学名,ING、TROPICOS 和 IK 记载是"Hebecarpa（Chodat）J. R. Abbott, J. Bot. Res. Inst. Texas 5(1)：134. 2011 [5 Aug 2011]",由"Polygala sect. Hebecarpa Chodat Arch. Sci. Phys. Nat. 25：698. 1891 [post Jun 1891]"改级而来。它还曾被处理为"Polygala subgen. Hebecarpa（Chodat）S. F. Blake, Contributions from the Gray Herbarium of Harvard University 47：17-18. 1916.（10 Aug 1916）"。【分布】玻利维亚,墨西哥,北美洲。【模式】Polygala hebecarpa DC.［Polygala americana var. hebecarpa（DC.）A. W. Benn.］。【参考异名】Polygala sect. Hebecarpa Chodat；Polygala subgen. Hebecarpa（Chodat）S. F. Blake（1916）■☆

23531 Hebecladus Miers(1845)（保留属名）【汉】毛枝茄属。【隶属】茄科 Solanaceae。【包含】世界8种。【学名诠释与讨论】〈中〉（希）hebe,有柔毛的 + klados,枝,芽,指小式 kladion,棍棒。kladodes 有许多枝子的。此属的学名"Hebecladus Miers in

London J. Bot. 4：321. 1845"是保留属名。相应的废弃属名是茄科 Solanaceae 的"Kokabus Raf., Sylva Tellur.；55. Oct−Dec 1838 ≡ Hebecladus Miers（1845）（保留属名）= Acnistus Schott（1829）"、"Ulticona Raf., Sylva Tellur.；55. Oct−Dec 1838 = Hebecladus Miers（1845）（保留属名）"和"Kukolis Raf., Sylva Tellur.；55. Oct−Dec 1838 = Hebecladus Miers（1845）（保留属名）"。亦有文献把"Hebecladus Miers(1845)（保留属名）"处理为"Jaltomata Schltdl.（1838）"的异名。【分布】秘鲁,玻利维亚,热带南美洲。【模式】Hebecladus umbellatus（Ruiz et Pav.）Miers［Atropa umbellata Ruiz et Pav.］。【参考异名】Hebocladus Post et Kuntze（1903）；Jaltomata Schltdl.（1838）；Kokabus Raf.（1838）（废弃属名）；Kukolis Raf.（1838）（废弃属名）；Ulticona Raf.（1838）（废弃属名）●☆

23532 Hebeclinium DC.（1836）【汉】毛泽兰属。【隶属】菊科 Asteraceae(Compositae)//泽兰科 Eupatoriaceae。【包含】世界20种。【学名诠释与讨论】〈中〉（希）hebe,有柔毛的+kline,床,来自 klino,倾斜,斜倚+-ius,-ia,-ium,在拉丁文和希腊文中,这些词尾表示性质或状态。此属的学名是"Hebeclinium A. P. de Candolle, Prodr. 5：136. Oct（prim.）1836"。亦有文献把其处理为"Eupatorium L.（1753）"的异名。【分布】巴拉圭,巴拿马,秘鲁,玻利维亚,厄瓜多尔,哥伦比亚(安蒂奥基亚),墨西哥,西印度群岛,中美洲。【后选模式】Hebeclinium macrophyllum（Linnaeus）A. P. de Candolle［Eupatorium macrophyllum Linnaeus］。【参考异名】Eupatorium L.（1753）；Heboclinium Post et Kuntze（1903）■●☆

23533 Hebecocca Beurl.（1854）= Omphalea L.（1759）（保留属名）［大戟科 Euphorbiaceae］■☆

23534 Hebecoccus Radlk.（1878）= Lepisanthes Blume（1825）［无患子科 Sapindaceae］●

23535 Hebejeebie Heads(2003)【汉】新西兰玄参属。【隶属】玄参科 Scrophulariaceae。【包含】世界3种。【学名诠释与讨论】〈阴〉词源不详。【分布】新西兰。【模式】不详。■☆

23536 Hebelia C. C. Gmel.（1806）Nom. illegit. ≡ Narthecium Gerard（1761）（废弃属名）；~ = Tofieldia Huds.（1778）［百合科 Liliaceae//纳茜菜科(肺箭草科)Nartheciaceae//无叶莲科(樱井草科)Petrosaviaceae//岩菖蒲科 Tofieldiaceae］■

23537 Hebenstreitia L.（1774）Nom. illegit. = Hebenstretia L.（1753）［玄参科 Scrophulariaceae］●☆

23538 Hebenstreitia Murr.（1774）Nom. illegit. ≡ Hebenstreitia L.（1774）Nom. illegit.；~ = Hebenstretia L.（1753）［玄参科 Scrophulariaceae］●☆

23539 Hebenstreitiaceae Horan.（1834）= Scrophulariaceae Juss.（保留科名）；~ = Selaginaceae Choisy(保留科名)●■

23540 Hebenstretia L.（1753）【汉】单裂萼玄参属。【隶属】玄参科 Scrophulariaceae。【包含】世界25种。【学名诠释与讨论】〈阴〉（人）Johann Christian Hebenstreit, 1720-1795,德国植物学者。此属的学名,ING、APNI、TROPICOS 和 IK 记载是"Hebenstretia L., Sp. Pl. 2：629. 1753 [1 May 1753]"。"Hebenstreitia L., in Murr. Syst. ed. XIII. 476（1774）"是其变体。"Hebenstreitia Murr.（1774）Nom. illegit. ≡ Hebenstreitia L.（1774）Nom. illegit.［玄参科 Scrophulariaceae］"的命名人引证有误。【分布】热带和非洲南部。【后选模式】Hebenstretia dentata Linnaeus。【参考异名】Hebenstreitia L.（1774）Nom. illegit.；Hebenstreitia Murr.（1774）Nom. illegit.；Polycenia Choisy（1824）●☆

23541 Hebepetalum Benth.（1862）【汉】毛瓣亚麻属。【隶属】亚麻科 Linaceae。【包含】世界6种。【学名诠释与讨论】〈中〉（希）hebe,有柔毛的+希腊文 petalos,扁平的,铺开的；petalon,花瓣,

叶,花叶,金属叶子;拉丁文的花瓣为 petalum。此属的学名是"Hebepetalum Bentham in Bentham et J. D. Hooker, Gen. 1：244. 7 Aug 1862"。亦有文献把其处理为"Roucheria Planch. (1847)"的异名。【分布】秘鲁,玻利维亚,厄瓜多尔。【后选模式】Hebepetalum humiriifolium (J. E. Planchon) B. D. Jackson。【参考异名】Roucheria Planch. (1847)●☆

23542 Heberdenia Banks ex A. DC. (1841)(保留属名)【汉】马卡紫金牛属(白紫金牛属)。【隶属】紫金牛科 Myrsinaceae。【包含】世界 1 种。【学名诠释与讨论】〈阴〉(人) William Heberden, 1710–1801,英国植物学者,医生。此属的学名"Heberdenia Banks ex A. DC. in Ann. Sci. Nat.，Bot.，ser. 2, 16：79. Aug 1841"是保留属名。法规未列出相应的废弃属名。但是紫金牛科 Myrsinaceae 的"Heberdenia Banks ex Vent.，Choix Pl. n. 5, verso. 1803;pro syn. =Heberdenia Banks ex A. DC. (1841)(保留属名)"应该废弃。"Heberdenia Banks"是一个未合格发表的名称(Nom. inval.)。Lowe (1868) 又发表了"Leucophylon Lowe, Man. Fl. Madeira ii. 32,34(1868)",模式为"Leucophylon excelsum Lowe",与本属模式应为同种,故 TROPICOS 标注为此属的异名。"Anguillaria J. Gaertner, Fruct. 1：372. Dec 1788(废弃属名)"是"Heberdenia Banks ex A. DC. (1841)(保留属名)"的同模式异名(Homotypic synonym, Nomenclatural synonym)。【分布】西班牙(加那利群岛),葡萄牙(马德拉群岛),墨西哥,中美洲。【模式】Heberdenia excelsa Banks ex Alph. de Candolle, Nom. illegit. [Anguillaria bahamensis Gaertn.;Heberdenia bahamensis (Gaertn.) Sprague]。【参考异名】Anguillaria Gaertn. (1788)(废弃属名);Heberdenia Banks ex Vent. (1803) Nom. inval. (废弃属名);Heberdenia Banks, Nom. inval.; Leucophylon Buch; Leucophylon Lowe(1868)Nom. illegit.; Leucoxylum Sol. ex Lowe ●☆

23543 Heberdenia Banks ex Vent. (1803) Nom. inval. (废弃属名)= Heberdenia Banks ex A. DC. (1841)(保留属名) [紫金牛科 Myrsinaceae]●☆

23544 Heberdenia Banks, Nom. inval. = Heberdenia Banks ex A. DC. (1841)(保留属名) [紫金牛科 Myrsinaceae]●☆

23545 Hebestigma Urb. (1900)【汉】古巴玫冠豆属。【隶属】豆科 Fabaceae(Leguminosae)//蝶形花科 Papilionaceae。【包含】世界 1 种。【学名诠释与讨论】〈中〉(希) hebe,有柔毛的+stigma,所有格 stigmatos,柱头,眼点。【分布】西印度群岛。【模式】Hebestigma cubense (Kunth) Urban [Robinia cubensis Kunth]。【参考异名】Hebostigma Post et Kuntze(1903)■☆

23546 Hebocladus Post et Kuntze (1903) = Hebecladus Miers (1845)(保留属名); ~ = Jaltomata Schltdl. (1838) [茄科 Solanaceae]●☆

23547 Heboclinium Post et Kuntze(1903) = Eupatorium L. (1753); ~ = Hebeclinium DC. (1836) [菊科 Asteraceae(Compositae)//泽兰科 Eupatoriaceae]■●

23548 Hebococca Post et Kuntze(1903) = Hebecocca Beurl. (1854); ~ = Omphalea L. (1759)(保留属名) [大戟科 Euphorbiaceae]■☆

23549 Hebococcus Post et Kuntze(1903) = Hebecoccus Radlk. (1878); ~ = Lepisanthes Blume(1825) [无患子科 Sapindaceae]●

23550 Hebokia Raf. (1838)(废弃属名)≡ Euscaphis Siebold et Zucc. (1840)(保留属名) [省沽油科 Staphyleaceae]●

23551 Hebonga Radlk. (1912) = Ailanthus Desf. (1788)(保留属名) [苦木科 Simaroubaceae//臭椿科 Ailanthaceae]●

23552 Hebopetalum Post et Kuntze (1903) = Hebepetalum Benth. (1862) [亚麻科 Linaceae]●☆

23553 Hebostigma Post et Kuntze (1903) = Hebestigma Urb. (1900) [豆科 Fabaceae(Leguminosae)//蝶形花科 Papilionaceae]■☆

23554 Hebradendron Graham (1837) Nom. illegit. ≡ Cambogia L. (1754); ~ = Garcinia L. (1753) [猪胶树科(克鲁西科,山竹子科,藤黄科)Clusiaceae(Guttiferae)//金丝桃科 Hypericaceae]●

23555 Hecabe Raf. (1838) = Phaius Lour. (1790) [兰科 Orchidaceae]■

23556 Hecale Raf. (1837) = Wahlenbergia Schrad. ex Roth(1821)(保留属名) [桔梗科 Campanulaceae]■●

23557 Hecaste Sol. ex Schum. (1793) = Bobartia L. (1753)(保留属名) [鸢尾科 Iridaceae]■☆

23558 Hecastocleis A. Gray (1882)【汉】红刺头属。【隶属】菊科 Asteraceae(Compositae)。【包含】世界 1 种。【学名诠释与讨论】〈阴〉(希) hekastos,各自,每个+kleios 关闭,保藏。指花。【分布】美国(西南部)。【模式】Hecastocleis shockleyi A. Gray。●☆

23559 Hecastophyllum Kunth(1823) = Dalbergia L. f. (1782)(保留属名); ~ = Ecastaphyllum P. Browne (1756) (废弃属名); ~ = Dalbergia L. f. (1782) (保留属名) [豆科 Fabaceae(Leguminosae)//蝶形花科 Papilionaceae]●

23560 Hecatactis (F. Muell.) Mattf. (1929) Nom. illegit. ≡ Hecatactis F. Muell. ex Mattf. (1929) Nom. illegit.; ~ = Keysseria Lauterb. (1914) [菊科 Asteraceae(Compositae)]■●☆

23561 Hecatactis F. Muell. (1889) Nom. illegit., Nom. inval. ≡ Hecatactis F. Muell. ex Mattf. (1929) Nom. illegit.; ~ ≡ Keysseria Lauterb. (1914) [菊科 Asteraceae(Compositae)]■●☆

23562 Hecatactis F. Muell. ex Mattf. (1929) Nom. illegit. ≡ Keysseria Lauterb. (1914) [菊科 Asteraceae(Compositae)]■●☆

23563 Hecatactis Mattf. (1929) Nom. inval., Nom. illegit. ≡ Hecatactis F. Muell. ex Mattf. (1929) Nom. illegit.; ~ ≡ Keysseria Lauterb. (1914) [菊科 Asteraceae(Compositae)]■●☆

23564 Hecatandra Raf. (1838) = Acacia Mill. (1754)(保留属名) [豆科 Fabaceae (Leguminosae)//含羞草科 Mimosaceae//金合欢科 Acaciaceae]●■

23565 Hecatea Thouars(1804) = Omphalea L. (1759)(保留属名) [大戟科 Euphorbiaceae]■☆

23566 Hecaterium Kuntze ex Rchb. (1837) = Hecatea Thouars (1804) [大戟科 Euphorbiaceae]■☆

23567 Hecaterosaehna Post et Kuntze (1903) = Hekaterosachne Steud. (1854); ~ = Oplismenus P. Beauv. (1810)(保留属名) [禾本科 Poaceae(Gramineae)]■

23568 Hecatonia Lour. (1790) = Ranunculus L. (1753) [毛茛科 Ranunculaceae]■

23569 Hecatostemon S. F. Blake(1918)【汉】百蕊木属。【隶属】刺篱木科(大风子科) Flacourtiaceae。【包含】世界 1-3 种。【学名诠释与讨论】〈阳〉(希) hekaton,一百+stemon,雄蕊。【分布】委内瑞拉。【模式】Hecatostemon dasygynus S. F. Blake。●☆

23570 Hecatounia Poir. (1821) = Ranunculus L. (1753) [毛茛科 Ranunculaceae]■

23571 Hecatris Salisb. (1866) Nom. illegit. ≡ Myrsiphyllum Willd. (1808) Nom. illegit.; ~ = Asparagus L. (1753) [百合科 Liliaceae//天门冬科 Asparagaceae]■

23572 Hechtia Klotzsch(1835)【汉】银叶凤梨属(海帝凤梨属,海蒂属,海其属,剑山属,沙生凤梨属,银叶凤梨属)。【日】ヘヒティア属。【英】Hechtia。【隶属】凤梨科 Bromeliaceae。【包含】世界 35-51 种。【学名诠释与讨论】〈阴〉(人) T. G. H. Hecht, 1771–1837,植物采集家。【分布】尼加拉瓜,美国(南部)至中美洲。【模式】Hechtia stenopetala Klotzsch。【参考异名】Bakeria (Gand.) Gand. (1886) Nom. illegit.; Bakeria André (1889) Nom. illegit.; Bakeria Seem. (1864); Niveophyllum Matuda(1965)■☆

23573 Hecistocarpus Post et Kuntze (1903) Nom. illegit. = Hekistocarpa Hook. f. (1873) [茜草科 Rubiaceae]☆

23574 Heckeldora Pierre（1897）【汉】赫克楝属。【隶属】楝科 Meliaceae。【包含】世界 1-4 种。【学名诠释与讨论】〈阴〉（人）Edouard Marie Heckel，1843-1916，法国植物学者+down，礼物，天才，天赋。【分布】热带非洲。【模式】未指定。●☆

23575 Heckelia K. Schum.（1905）= Rhipogonum J. R. Forst. et G. Forst.（1776）［菝葜科 Smilacaceae//红树科 Rhizophoraceae//无须藤科 Ripogonaceae］●☆

23576 Heckeria Kunth（1840）Nom. illegit. ≡ Lepianthes Raf.（1838）；~ = Piper L.（1753）；~ = Pothomorphe Miq.（1840）Nom. illegit.；~ = Lepianthes Raf.（1838）；~ = Piper L.（1753）［胡椒科 Piperaceae］●■

23577 Heckeria Raf.（1838）【汉】赫克樟属。【日】ヘッケリア属。【隶属】樟科 Lauraceae。【包含】世界 6 种。【学名诠释与讨论】〈阴〉（人）Johann Julius Hecker，1707-1768，德国植物学者。此属的学名是"Heckeria Rafinesque，Sylva Tell. 165. Oct-Dec 1838"。亦有文献把其处理为"Litsea Lam.（1792）（保留属名）"的异名。"Heckeria Kunth，Linnaea 13：564. Jun（？）1840（non Rafinesque 1838）≡Lepianthes Rafinesque（1838）［胡椒科 Piperaceae］"是晚出的非法名称。【分布】参见 Litsea Lam。【模式】Heckeria glomerata Rafinesque，Nom. illegit.［Tetranthera monopetala Roxburgh］。【参考异名】Litsea Lam.（1792）（保留属名）●☆

23578 Hectorea DC.（1836）= Chrysopsis（Nutt.）Elliott（1823）（保留属名）［菊科 Asteraceae（Compositae）］■☆

23579 Hectorella Hook. f.（1864）【汉】南极石竹属。【隶属】南极石竹科 Hectorellaceae。【包含】世界 1 种。【学名诠释与讨论】〈阴〉（人）James Hector，1834-1907，英国国植物学者+-ellus，-ella，-ellum，加在名词词干后面形成指小式的词尾。或加在人名、属名等后面以组成新属的名称。此属的学名是"Hectorella J. D. Hooker，Handb. New Zealand Fl. 27. 1864"。亦有文献把其处理为"Lyallia Hook. f.（1847）"的异名。【分布】新西兰南部。【模式】Hectorella caespitosa J. D. Hooker。【参考异名】Lyallia Hook. f.（1847）●☆

23580 Hectorellaceae Philipson et Skipw.（1961）［亦见 Portulacaceae Juss.（保留科名）马齿苋科］【汉】南极石竹科（异石竹科）。【包含】世界 1-2 属 2-3 种。【分布】南极洲，新西兰。【科名模式】Hectorella Hook. f. ●☆

23581 Hecubaea DC.（1836）= Helenium L.（1753）［菊科 Asteraceae（Compositae）//堆心菊科 Heleniaceae］■

23582 Hedaroma Lindl.（1839）= Darwinia Rudge（1816）［桃金娘科 Myrtaceae］●☆

23583 Hedbergia Molau（1988）【汉】阿比西尼亚玄参属。【隶属】玄参科 Scrophulariaceae//列当科 Orobanchaceae。【包含】世界 1 种。【学名诠释与讨论】〈阴〉（人）Hedberg。【分布】非洲从喀麦隆和埃塞俄比亚至乌干达、坦桑尼亚。【模式】Hedbergia abyssinica（Hochstetter ex Bentham）U. Molau［Bartsia abyssinica Hochstetter ex Bentham］。■☆

23584 Heddaea Bronner（1857）【汉】海达葡萄属。【隶属】葡萄科 Vitaceae。【包含】世界 1 种。【学名诠释与讨论】〈阴〉词源不详。似来自人名或地名。【分布】德国。【模式】Heddaea mitissima Bronner。☆

23585 Hedeoma Pers.（1806）【汉】穗花薄荷属（香味草属）。【俄】Хедеома。【英】False Pennyroyal。【隶属】唇形科 Lamiaceae（Labiatae）。【包含】世界 38-42 种。【学名诠释与讨论】〈阴〉（希）hedys，甜的，美味的，好气味的 + osma，气味。另说 hedyosmon，hedysmos，hedyosmos 和拉丁文 hedyosmos，均为一种野生薄荷的名称。【分布】秘鲁，玻利维亚，美国（密苏里），中国，中美洲。【后选模式】Hedeoma pulegioides（Linnaeus）Persoon

［Melissa pulegioides Linnaeus］。【参考异名】Eriothymus J. A. Schmidt（1858）Nom. illegit.；Pseudocunila Brade（1944）■●☆

23586 Hedeomoides（A. Gray）Briq.（1896）【汉】拟穗花薄荷属。【隶属】唇形科 Lamiaceae（Labiatae）。【包含】世界 3 种。【学名诠释与讨论】〈阴〉（属）Hedeoma 穗花薄荷属+oides，来自 o+eides，像，似；或 o + eidos 形，含义为相像。此属的学名，ING 记载是"Hedeomoides（A. Gray）Briquet in Engler et Prantl，Nat. Pflanzenfam. 4（3a）：295. Nov 1896"，由"Pogogyne［sect.］Hedeomoides A. Gray，Proc. Amer. Acad. Arts 7：386. Jul 1868"改级而来。IK 则记载为"Hedeomoides Briq.，Nat. Pflanzenfam.［Engler et Prantl］iv. III A. 295（1896）"。亦有文献把"Hedeomoides（A. Gray）Briq.（1896）"处理为"Pogogyne Benth.（1834）"的异名。【分布】参见 Pogogyne Benth。【模式】Hedeomoides serpylloides（Torrey ex A. Gray）Briquet［Pogogyne serpylloides Torrey ex A. Gray］。【参考异名】Hedeomoides Briq.（1896）Nom. illegit.；Pogogyne Benth.（1834）；Pogogyne［sect.］Hedeomoides A. Gray（1868）●☆

23587 Hedeomoides Briq.（1896）Nom. illegit. ≡ Hedeomoides（A. Gray）Briq.（1896）［唇形科 Lamiaceae（Labiatae）］●☆

23588 Hedera L.（1753）【汉】常春藤属。【日】キヅタ属。【俄】Плющ。【英】English Ivy，Ivy。【隶属】五加科 Araliaceae//常春藤科 Hederaceae。【包含】世界 8-15 种，中国 2 种。【学名诠释与讨论】〈阴〉（拉）hedera，常春藤的古名，来自凯尔特语 hedra 常春藤。指其为常绿攀缘植物。此属的学名是"Hedera Linnaeus，Sp. Pl. 202. 1 Mai 1753"。亦有文献把其处理为"Parthenocissus Planch.（1887）（保留属名）"的异名。【分布】澳大利亚（昆士兰），巴基斯坦，秘鲁，玻利维亚，地中海至高加索，厄瓜多尔，西班牙（加那利群岛），美国，中国，西喜马拉雅山至朝鲜和日本，欧洲中部和西部，中美洲。【后选模式】Hedera helix Linnaeus。【参考异名】Irvingia F. Muell.（1865）Nom. illegit.；Parthenocissus Planch.（1887）（保留属名）●

23589 Hederaceae Bartl.［亦见 Araliaceae Juss.（保留科名）五加科］【汉】常春藤科。【包含】世界 1 属 8-15 种，中国 1 属 2 种。【分布】西班牙（加那利群岛），澳大利亚（昆士兰），欧洲中部和西部，地中海至高加索，西喜马拉雅山至朝鲜和日本。【科名模式】Hedera L. ●

23590 Hederaceae Giseke（1792）= Araliaceae Juss.（保留科名）；~ = Hederaceae Bartl.●■

23591 Hederanthum Steud. = Phyteuma L.（1753）［桔梗科 Campanulaceae］■☆

23592 Hederella Stapf（1895）【汉】小常春藤属。【隶属】野牡丹科 Melastomataceae。【包含】世界 12 种。【学名诠释与讨论】〈阴〉（属）Hedera 常春藤属+-ellus，-ella，-ellum，加在名词词干后面形成指小式的词尾。或加在人名、属名等后面以组成新属的名称。此属的学名是"Hederella Stapf，Hooker's Icon. Pl. 25：ad t. 2415. Nov 1895"。亦有文献把其处理为"Catanthera F. Muell.（1886）"的异名。【分布】参见 Catanthera F. Muell。【模式】未指定。【参考异名】Catanthera F. Muell.（1886）；Malanthos Stapf（1895）●☆

23593 Hederopsis C. B. Clarke（1879）= Macropanax Miq.（1856）［五加科 Araliaceae］●

23594 Hederorchis Thouars（1809）Nom. illegit. ≡ Hederorkis Thouars（1809）［兰科 Orchidaceae］■☆

23595 Hederorkis Thouars（1809）【汉】马斯岛兰属。【隶属】兰科 Orchidaceae。【包含】世界 2 种。【学名诠释与讨论】〈阴〉（拉）hedera，常春藤的古名，来自凯尔特语 hedra 常春藤+orkis = orchis 兰。此属的学名，ING、TROPICOS 和 IK 记载是"Hederorkis Du

Petit – Thouars，Nouv. Bull. Sci. Soc. Philom. Paris 1：319. Apr 1809"。"Scaredederis L. M. A. A. Du Petit – Thouars, Hist. Pl. Orchid. t. 90. 1822"是"Hederorkis Thouars（1809）"的晚出的同模式异名（Homotypic synonym, Nomenclatural synonym）。"Hederorchis Thouars（1809）Nom. illegit. ≡ Hederorkis Thouars（1809）［兰科 Orchidaceae］"似为误记。亦有文献把"Hederorkis Thouars（1809）"处理为"Bulbophyllum Thouars（1822）（保留属名）"的异名。【分布】马斯加林岛。【模式】Neottia scandens Du Petit-Thouars。【参考异名】Bulbophyllum Thouars（1822）（保留属名）；Hederorchis Thouars（1809）Nom. illegit.；Scaredederis Thouars（1822）Nom. illegit.■☆

23596　Hederula Fabr. = Glechoma L.（1753）（保留属名）［唇形科 Lamiaceae（Labiatae）］■

23597　Hedichium Ritgen（1831）= Hedychium J. König（1783）［姜科（襄荷科）Zingiberaceae］■

23598　Hedinia Ostenf.（1922）【汉】藏荠属。【俄】Хединия。【英】Hedinia。【隶属】十字花科 Brassicaceae（Cruciferae）。【包含】世界 4 种，中国 1-4 种。【学名诠释与讨论】〈阴〉（人）Sven Anders Hedin,1865-1952,瑞典地理学者。【分布】巴基斯坦,中国,喜马拉雅山西北部,亚洲中部。【模式】Hedinia tibetica（T. Thomson）Ostenfeld［Hutchinsia tibetica T. Thomson］。【参考异名】Hediniopsis Botsch. et V. V. Petrovsky（1986）■

23599　Hediniopsis Botsch. et V. V. Petrovsky（1986）【汉】拟藏荠属。【隶属】十字花科 Brassicaceae（Cruciferae）。【包含】世界 1 种。【学名诠释与讨论】〈阴〉（属）Hedinia 藏荠属+希腊文 opsis,外观,模样,相似。此属的学名是"Hediniopsis V. P. Botschantzev et V. V. Petrovsky, Bot. Zurn.（Moscow & Leningrad）71：1548. 14-30 Nov 1986"。亦有文献把其处理为"Hedinia Ostenf.（1922）"的异名。【分布】俄罗斯。【模式】Hediniopsis czukotica V. P. Botschantzev et V. V. Petrovsky。【参考异名】Hedinia Ostenf.（1922）■☆

23600　Hediosma L. ex B. D. Jacks.（1912）= Nepeta L.（1753）［唇形科 Lamiaceae（Labiatae）//荆芥科 Nepetaceae］■●

23601　Hediosmum Poir.（1821）= Hedyosmum Sw.（1788）［金粟兰科 Chloranthaceae］●■

23602　Hediotidaceae Dumort. = Rubiaceae Juss.（保留科名）●■

23603　Hedisarum Neck.（1768）= Hedysarum L.（1753）（保留属名）［豆科 Fabaceae（Leguminosae）//蝶形花科 Papilionaceae］●■

23604　Hedona Lour.（1790）= Lychnis L.（1753）（废弃属名）；~ = Silene L.（1753）（保留属名）［石竹科 Caryophyllaceae］■

23605　Hedosyne Strother（2001）【汉】愉悦菊属。【隶属】菊科 Asteraceae（Compositae）。【包含】世界 1 种。【学名诠释与讨论】〈阴〉（希）hedosyne,快乐,喜悦。【分布】美国。【模式】Hedosyne ambrosiifolia（A. Gray）Strother。☆

23606　Hedraeanthus Griseb.（1846）Nom. illegit. = Edraianthus A. DC.（1839）（保留属名）［桔梗科 Campanulaceae］■☆

23607　Hedraianthera F. Muell.（1865）【汉】常春藤卫矛属。【隶属】卫矛科 Celastraceae。【包含】世界 1 种。【学名诠释与讨论】〈阴〉（希）hedra,常春藤+anthera,花药。另说,hedra,座位,椅子;入席,固定+anthera,花药。指花药无柄。【分布】澳大利亚（东部）。【模式】Hedraianthera porphyropetala F. v. Mueller。●☆

23608　Hedraiophyllum（Less.）Spach = Gochnatia Kunth（1818）［菊科 Asteraceae（Compositae）］●

23609　Hedraiophyllum Less. ex Steud.（1840）= Gochnatia Kunth（1818）［菊科 Asteraceae（Compositae）］●

23610　Hedraiostylus Hassk.（1843）Nom. illegit. ≡ Pterococcus Hassk.（1842）（保留属名）［大戟科 Euphorbiaceae］●☆

23611　Hedranthera（Stapf）Pichon（1948）= Callichilia Stapf（1902）［夹竹桃科 Apocynaceae］●☆

23612　Hedranthus Rupr.（1867）= Edraianthus A. DC.（1839）（保留属名）［桔梗科 Campanulaceae］■☆

23613　Hedstromia A. C. Sm.（1936）【汉】斐济茜属。【隶属】茜草科 Rubiaceae。【包含】世界 1 种。【学名诠释与讨论】〈阴〉（人）Hedstrom。【分布】斐济。【模式】Hedstromia latifolia A. C. Smith。☆

23614　Hedusa Raf.（1838）（废弃属名）≡ Dissotis Benth.（1849）（保留属名）［野牡丹科 Melastomataceae］●☆

23615　Hedwigia Medik.（1790）Nom. illegit. = Commelina L.（1753）［鸭趾草科 Commelinaceae］■

23616　Hedwigia Sw.（1788）= Tetragastris Gaertn.（1790）［橄榄科 Burseraceae］●☆

23617　Hedyachras Radlk.（1920）= Glenniea Hook. f.（1862）［无患子科 Sapindaceae］●☆

23618　Hedycapnos Planch.（1852-1853）= Dicentra Bernh.（1833）（保留属名）［罂粟科 Papaveraceae//紫堇科（荷苞牡丹科）Fumariaceae］■

23619　Hedycaria L. f.（1782）Nom. illegit.［香材树科（杯轴花科,黑檫木科,芒籽科,蒙立米科,檬立木科,香材树科,香树科）Monimiaceae］●☆

23620　Hedycaria Murr.（1784）Nom. illegit. = Hedycarya J. R. Forst. et G. Forst.（1775）［香材树科（杯轴花科,黑檫木科,芒籽科,蒙立米科,檬立木科,香材树科,香树科）Monimiaceae］●☆

23621　Hedycarix Raoul（1846）Nom. illegit.［香材树科（杯轴花科,黑檫木科,芒籽科,蒙立米科,檬立木科,香材树科,香树科）Monimiaceae］●☆

23622　Hedycarpus Jack（1823）Nom. illegit. = Baccaurea Lour.（1790）［大戟科 Euphorbiaceae］●

23623　Hedycarya J. R. Forst. et G. Forst.（1775）【汉】甜桂属。【隶属】香材树科（杯轴花科,黑檫木科,芒籽科,蒙立米科,檬立木科,香材树科,香树科）Monimiaceae。【包含】世界 11 种。【学名诠释与讨论】〈阳〉（希）hedys,甜的,美味+karyon,胡桃,硬壳果,核,坚果。指果实汁多味美。此属的学名,ING、TROPICOS 和 IK 记载是"Hedycarya J. R. Forster et J. G. A. Forster, Charact. Gen. 64. 29 Nov 1775"。【分布】澳大利亚（东南部）至所罗门群岛和斐济。【模式】Hedycarya arborea J. R. Forster et J. G. A. Forster。【参考异名】Hedycaria Murr.（1784）Nom. illegit.；Kibaropsis Vieill. ex Jérémie（1977）；Monimiopsis Vieill. ex Perkins（1911）●☆

23624　Hedycaryopsis Danguy（1928）【汉】拟甜桂属。【隶属】香材树科（杯轴花科,黑檫木科,芒籽科,蒙立米科,檬立木科,香材树科,香树科）Monimiaceae。【包含】世界 4 种。【学名诠释与讨论】〈阴〉（属）Hedycarya 甜桂属+希腊文 opsis,外观,模样,相似。此属的学名是"Hedycaryopsis Danguy, Bull. Mus. Hist. Nat.（Paris）34：278. 1928"。亦有文献把其处理为"Ephippiandra Decne.（1858）"的异名。【分布】马达加斯加。【模式】Hedycaryopsis madagascariensis Danguy。【参考异名】Ephippiandra Decne.（1858）●☆

23625　Hedychion Hassk.（1844）Nom. illegit.［姜科（襄荷科）Zingiberaceae］☆

23626　Hedychium J. König（1783）【汉】姜花属（蝴蝶姜属）。【日】ガランガ属,シュクシャ属。【俄】Гедихиум, Хедихиум。【英】Butterfly-lily, Garland Flower, Ginger Lily, Gingerlily, Ginger-lily, Ginger-wort, Hedychium。【隶属】姜科（襄荷科）Zingiberaceae。【包含】世界 50-54 种,中国 28 种。【学名诠释与讨论】〈中〉（希）hedys,甜的,美味的,好气味的+chion 雪+-ius,-ia,-ium,在

拉丁文和希腊文中，这些词尾表示性质或状态。指花白而香。此属的学名，ING、TROPICOS、APNI、GCI 和 IK 记载是"Hedychium J. G. König in A. J. Retzius, Observ. Bot. 3：73. 1783"。"Gandasulium Rumph.（1845–1847）Nom. inval. ≡ Gandasulium Rumph. ex Kuntze（1891）Nom. illegit. ≡ Gandasulium O. Kuntze, Rev. Gen. 2：690. 5 Nov 1891"是"Hedychium J. König（1783）"的晚出的同模式异名（Homotypic synonym, Nomenclatural synonym）。【分布】巴拿马，秘鲁，玻利维亚，厄瓜多尔，哥伦比亚（安蒂奥基亚），哥斯达黎加，马达加斯加，尼加拉瓜，印度至马来西亚，中国，中美洲。【模式】Hedychium coronarium J. G. König。【参考异名】Arachna Noronha；Brachychilum（R. Br. ex Wall.）Petersen（1893）；Brachychilum（Wall.）Petersen（1893）Nom. illegit.；Brachychilum Petersen（1893）；Gamochilus T. Lestib.（1841）；Gandasulium Kuntze（1891）Nom. illegit.；Gandasulium Rumph.（1845–1847）Nom. inval.；Gandasulium Rumph. ex Kuntze（1891）Nom. illegit.；Hedichium Ritgen（1831）■

23627　Hedychloa B. D. Jacks. = Hedychloe Raf.（1820）［莎草科 Cyperaceae］■

23628　Hedychloa Raf.（1820）Nom. illegit. ≡ Hedychloe Raf.（1820）；~ = Kyllinga Rottb.（1773）（保留属名）［莎草科 Cyperaceae］■

23629　Hedycrea Schreb.（1789）= Licania Aubl.（1775）［金壳果科 Chrysobalanaceae//金棒科（金橡实科，可可李科）Prunaceae］●☆

23630　Hedyosmaceae Caruel = Chloranthaceae R. Br. ex Sims（保留科名）●■

23631　Hedyosmon Spreng.（1831）= Hedyosmum Sw.（1788）［金粟兰科 Chloranthaceae］●■

23632　Hedyosmos Mitch.（1748）Nom. inval. ≡ Cunila L.（1759）（保留属名）［唇形科 Lamiaceae（Labiatae）］●☆

23633　Hedyosmos Mitch.（1769）Nom. illegit. ≡ Cunila L.（1759）（保留属名）［唇形科 Lamiaceae（Labiatae）］●☆

23634　Hedyosmum Sw.（1788）【汉】雪香兰属。【英】Hedyosmum。【隶属】金粟兰科 Chloranthaceae。【包含】世界 41-45 种，中国 1 种。【学名诠释与讨论】〈中〉（希）hedys，甜的，美味的，好气味的+osme，香味，气味。指花芳香。【分布】巴拿马，秘鲁，玻利维亚，厄瓜多尔，哥伦比亚（安蒂奥基亚），尼加拉瓜，印度尼西亚（苏门答腊岛），中国，加里曼丹岛，西印度群岛，东南亚，中美洲。【后选模式】Hedyosmum nutans O. Swartz。【参考异名】Hediosmum Poir.（1821）；Hedyosmon Spreng.（1831）；Tafalla Ruiz et Pav.（1794）；Tavalla Pars.（1807）●■

23635　Hedyotidaceae Dumort.（1822）= Rubiaceae Juss.（保留科名）●■

23636　Hedyotis L.（1753）（保留属名）【汉】耳草属（凉喉草属）。【日】ニホヒグサ属，フタバムグラ属。【英】Eargrass, Hedyotis。【隶属】茜草科 Rubiaceae。【包含】世界 400 种，中国 60-64 种。【学名诠释与讨论】〈阴〉（希）hedys，甜的，美味的，好气味的+ous，所有格 otos 耳。指耳状叶有香味。此属的学名"Hedyotis L., Sp. Pl.：101. 1 Mai 1753"是保留属名。法规未列出相应的废弃属名。【分布】巴基斯坦，巴拉圭，秘鲁，玻利维亚，厄瓜多尔，马达加斯加，美国，中国，热带亚洲，中美洲。【模式】Hedyotis fruticosa Linnaeus。【参考异名】Allaeophania Thwaites（1859）；Anistelma Raf.（1840）；Cormylus Raf.（1820）Nom. inval.；Dictyospora Hook. f.；Dimetia（Wight et Arn.）Meisn.（1838）；Dimetia Meisn.（1838）；Diplophragma（Wight et Arn.）Meisn.（1838）；Diplophragma Korth.（1851）Nom. illegit.；Diplophragma Meisn.（1838）Nom. illegit.；Dyctiospora Reinw. ex Korth.（1851）；Edrastima Raf.（1834）；Edrissa Endl.（1842）；Exallage Bremek.（1952）；Gouldia A. Gray（1860）；Houstonia L.（1753）；Kadua Cham. et Schltdl.（1829）；Leptopetalum Hook. et Arn.（1838）；

Macrandria（Wight et Arn.）Meisn.（1838）Nom. illegit.；Macrandria Meisn.（1888）；Metabolos Blume（1826）；Metabolus A. Rich.（1830）Nom. illegit.；Oldenlandia L.（1753）；Pontaletsje Adans.（1763）；Poutaletsje Adans.（1763）Nom. illegit.；Sclerococcus Bartl.（1830）Nom. inval.；Scleromitrion（Wight et Arn.）Meisn.（1838）；Scleromitrion Wight et Arn., Nom. illegit.；Stelmanis Raf.（1840）Nom. illegit.；Stelmotis Raf.（1836）；Stenotis Terrell（2001）；Symphyllarion Gagnep.（1948）；Wiegmannia Meyen（1834）；Wigmannia Walp.（1847）Nom. illegit. ●■

23637　Hedyphylla Steven（1856）= Astragalus L.（1753）［豆科 Fabaceae（Leguminosae）//蝶形花科 Papilionaceae］●■

23638　Hedypnois Mill.（1754）【汉】甜苣属。【俄】гединоис。【英】Scaly Hawkbit。【隶属】菊科 Asteraceae（Compositae）。【包含】世界 2-3 种。【学名诠释与讨论】〈阴〉（希）hedypnois，古老的植物名。此属的学名，ING、TROPICOS 和 IK 记载是"Hedypnois P. Miller, Gard. Dict. Abr. ed. 4. 28 Jan 1754"。"Hedypnois Schreb., Gen. Pl., ed. 8［a］. 2：532. 1791［May 1791］= Taraxacum F. H. Wigg.（1780）（保留属名）［菊科 Asteraceae（Compositae）］"和"Hedypnois Scop., Fl. Carniol., ed. 2. 2：99. 1772［Jan–Aug 1772］≡ Taraxacum F. H. Wigg.（1780）（保留属名）［菊科 Asteraceae（Compositae）］"是晚出的非法名称。"Rhagadiolus Zinn, Cat. Pl. Gott. 436. 20 Apr–21 Mai 1757（废弃属名）"是"Hedypnois Mill.（1754）"的晚出的同模式异名（Homotypic synonym, Nomenclatural synonym）。【分布】西班牙（加那利群岛），葡萄牙（马德拉群岛），地中海地区。【后选模式】Hedypnois annua P. Miller ex Ferris［Hyoseris hedypnois Linnaeus］。【参考异名】Rhagadiolus Zinn（1757）Nom. illegit.（废弃属名）■☆

23639　Hedypnois Schreb.（1791）Nom. illegit. = Taraxacum F. H. Wigg.（1780）（保留属名）［菊科 Asteraceae（Compositae）］■

23640　Hedypnois Scop.（1772）Nom. illegit. ≡ Taraxacum F. H. Wigg.（1780）（保留属名）［菊科 Asteraceae（Compositae）］■

23641　Hedysa Post et Kuntze（1903）= Dissotis Benth.（1849）（保留属名）；~ = Hedusa Raf.（1838）（废弃属名）；~ = Dissotis Benth.（1849）（保留属名）［野牡丹科 Melastomataceae］●☆

23642　Hedysaraceae Bercht. et J. Presl（1820）= Fabaceae Lindl.（保留科名）//Leguminosae Juss.（1789）（保留科名）●■

23643　Hedysaraceae J. Agardh = Fabaceae Lindl.（保留科名）//Leguminosae Juss.（1789）（保留科名）●■

23644　Hedysarum L.（1753）（保留属名）【汉】岩黄耆属（岩黄芪属，岩黄蓍属）。【日】イバワウギ属，イワオウギ属，ヘディサルム属。【俄】Гедизарум, Копеечник。【英】French Honeysuckle, Hedysarum, Sweet Vetch。【隶属】豆科 Fabaceae（Leguminosae）//蝶形花科 Papilionaceae。【包含】世界 100-160 种，中国 41-49 种。【学名诠释与讨论】〈中〉（希）hedysaron，为希腊哲学家、博物学家 Theophrastus 所用之名，来自希腊文 hedys，甜的，美味的+aroma，芳香，香料。指模式种的花有香气。一说其后一构词成分来自希腊文 saron 帚。此属的学名"Hedysarum L., Sp. Pl.：745. 1 Mai 1753"是保留属名。法规未列出相应的废弃属名。"Banalia Bubani, Fl. Pyrenaea 2：568. 1899（sero）-1900（non Rafinesque 1840）"是"Hedysarum L.（1753）（保留属名）"的晚出的同模式异名（Homotypic synonym, Nomenclatural synonym）。【分布】巴基斯坦，玻利维亚，马达加斯加，中国，北温带。【模式】Hedysarum alpinum Linnaeus。【参考异名】Aphyllodium（DC.）Gagnep.（1916）Nom. illegit.；Aphyllodium Gagnep.（1916）Nom. illegit.；Banalia Bubani（1899）Nom. illegit.；Corethrodendron Fisch. et Basiner（1845）；Echinolobium Desv.（1813）；Hedisarum Neck.（1768）；Stracheya Benth.（1853）；Sulla Medik.（1787）●■

23645 Hedyscepe H. Wendl. et Druce（1875）【汉】伞棕属（美味包桐属，伞椰属，伞椰子属，直叶椰属）。【日】マルジクホエア属。【俄】Хедисцепе。【英】Umbrella Palm。【隶属】棕榈科 Arecaceae（Palmae）。【包含】世界 1 种。【学名诠释与讨论】〈阴〉（希）hedys，甜的，美味的+skepe，包，遮蔽处，安身处。【分布】澳大利亚（豪勋爵岛）【模式】Hedyscepe canterburyana（C. Moore et F. v. Mueller）H. Wendland et Drude［Kentia canterburyana C. Moore et F. v. Mueller］。●☆

23646 Hedystachys Fourr.（1869）= Pseudolysimachion（W. D. J. Koch）Opiz（1852）；~ = Veronica L.（1753）［玄参科 Scrophulariaceae//婆婆纳科 Veronicaceae］■

23647 Hedythyrsus Bremek.（1952）【汉】香花茜属。【隶属】茜草科 Rubiaceae。【包含】世界 2 种。【学名诠释与讨论】〈阳〉（希）hedys，甜的，好气味的+thyrsos，茎，杖。thyrsus，聚伞圆锥花序，团。【分布】热带非洲。【模式】Hedythyrsus spermacocinus（K. Schumann）Bremekamp［Oldenlandia spermacocinus K. Schumann］。■☆

23648 Heeria Meisn.（1837）【汉】黑尔漆属。【隶属】漆树科 Anacardiaceae。【包含】世界 1 种。【学名诠释与讨论】〈阴〉（人）Oswald von, Heer, 1809-1883, 瑞士植物学者，昆虫学者。此属的学名 "Heeria C. F. Meisner, Pl. Vasc. Gen. 1：75；2：55. 27 Aug-3 Sep 1837" 是一个替代名称。"Roemeria Thunberg, Nova Gen. 130. 17 Dec 1798" 是一个非法名称（Nom. illegit.），因为此前已经有了 "Roemeria Medikus, Ann. Bot.（Usteri）1（3）：15. 1792［罂粟科 Papaveraceae］"。故用 "Heeria Meisn.（1837）" 替代之。同理，"Roemeria Moench, Meth. 341. 4 Mai 1794 ≡ Amblogyna Raf.（1837）= Amaranthus L.（1753）［苋科 Amaranthaceae］"、"Roemeria J. J. Roemer et J. A. Schultes, Syst. Veg. 1：61. Jan-Jun 1817 = Diarrhena P. Beauv.（1812）（保留属名）［禾本科 Poaceae（Gramineae）］"、"Roemeria Tratt. ex DC., Syst. Nat.［Candolle］2：92. 1821［late May 1821］≡ Steriphoma Spreng.（1827）（保留属名）［山柑科（白花菜科，醉蝶花科）Capparaceae］"、"Roemeria Zea ex Roem. et Schult.（1817）Nom. illegit. ≡ Roemeria Roem. et Schult.（1817）Nom. illegit." 和 "Roemeria Raddi, Jungermanniografia Etrusca 35. 1818 ≡ Riccardia S. F. Gray 1821（苔藓）亦是晚出的非法名称。"Heeria Schltdl., Linnaea 13：432. 1839 ≡ Schizocentron Meisn.（1843）= Heterocentron Hook. et Arn.（1838）［野牡丹科 Melastomataceae］" 也是晚出的非法名称。"Anaphrenium E. Meyer ex Endlicher, Gen. 1425. Feb-Mar 1841" 是 "Heeria Meisn.（1837）" 的晚出的同模式异名（Homotypic synonym, Nomenclatural synonym）。【分布】非洲南部。【模式】未指定。【参考异名】Anafrenium Arn.（1840）；Anaphrenium E. Mey.（1841）Nom. illegit.；Anaphrenium E. Mey. ex Endl.（1841）Nom. illegit.；Roemeria Thunb.（1798）Nom. illegit. ●☆

23649 Heeria Schltdl.（1839）Nom. illegit. ≡ Schizocentron Meisn.（1843）；~ = Heterocentron Hook. et Arn.（1838）［野牡丹科 Melastomataceae］●■☆

23650 Hegemone Bunge ex Ledeb.（1841）【汉】山紫莲属。【俄】Гегемона。【隶属】毛茛科 Ranunculaceae。【包含】世界 1-3 种。【学名诠释与讨论】〈中〉（希）hegemon，领袖。此属的学名，ING、TROPICOS 和 IK 记载是 "Hegemone Bunge ex Ledeb., Fl. Ross.（Ledeb.）1（1）：51. 1841"。"Hegemone Bunge（1841）" 的命名人引证有误。亦有文献把 "Hegemone Bunge ex Ledeb.（1841）" 处理为 "Trollius L.（1753）" 的异名。【分布】中国，亚洲中部。【模式】Hegemone lilacina（Bunge）Bunge ex Ledebour［Trollius lilacinus Bunge］。【参考异名】Hegemone Bunge（1841）Nom. illegit.；Trollius L.（1753）■

23651 Hegemone Bunge（1841）Nom. illegit. ≡ Hegemone Bunge ex Ledeb.（1841）［毛茛科 Ranunculaceae］■

23652 Hegetschweilera Heer et Regel（1842）= Alysicarpus Desv.（1813）（保留属名）［豆科 Fabaceae（Leguminosae）//蝶形花科 Papilionaceae］■

23653 Hegnera Schindl.（1924）= Desmodium Desv.（1813）（保留属名）［豆科 Fabaceae（Leguminosae）//蝶形花科 Papilionaceae］●■

23654 Heimerlia Skottsb.（1936）Nom. illegit. ≡ Heimerliodendron Skottsb.（1941）；~ = Pisonia L.（1753）［紫茉莉科 Nyctaginaceae//腺果藤科（避霜花科）Pisoniaceae］●

23655 Heimerliodendron Skottsb.（1941）= Pisonia L.（1753）［紫茉莉科 Nyctaginaceae//腺果藤科（避霜花科）Pisoniaceae］●

23656 Heimia Link et Otto（1822）Nom. illegit. = Heimia Link（1822）［千屈菜科 Lythraceae］●

23657 Heimia Link（1822）【汉】黄薇属（花紫薇属，黄微属）。【日】キバナノミソハギ属，キバナミソハギ属。【俄】Геймия。【英】Heimia, Yellow 'loosestrife'。【隶属】千屈菜科 Lythraceae。【包含】世界 3 种，中国 2 种。【学名诠释与讨论】〈阴〉（人）George Christian Heim, 1743-1807, 德国医生、植物学者。另纪念德国医生、苔藓学者 Ernst Ludwig Heim, 1747-1834。此属的学名，ING、APNI、GCI 和 IK 记载是 "Heimia Link, Enum. Horti Berol. 2：3. Jan-Jun 1822；Link in Link et Otto, Icon. Pl. Select. 63. 1822"。IK 则记载为 "Heimia Link et Otto, Icon. Pl. Select. 63, t. 28. 1822［Mar 1822］"。【分布】巴基斯坦，巴拉圭，玻利维亚，美国（南部）至阿根廷，中国，中美洲。【模式】Heimia salicifolia Link。【参考异名】Heimia Link et Otto（1822）Nom. illegit. ●

23658 Heimodendron Sillans（1953）= Entandrophragma C. E. C. Fisch.（1894）［棟科 Meliaceae］●☆

23659 Heinchenia Hook. f.（1884）Nom. illegit. = Heinekenia Webb ex Benth. et Hook. f.（1865）［豆科 Fabaceae（Leguminosae）//蝶形花科 Papilionaceae］■

23660 Heinchenia Webb ex Hook. f.（1884）Nom. illegit. = Heinekenia Webb ex Benth. et Hook. f.（1865）；~ = Lotus L.（1753）［豆科 Fabaceae（Leguminosae）//蝶形花科 Papilionaceae］■

23661 Heinekenia Webb ex Benth. et Hook. f.（1865）= Lotus L.（1753）［豆科 Fabaceae（Leguminosae）//蝶形花科 Papilionaceae］■

23662 Heinekenia Webb ex Christ（1887）Nom. illegit. = Lotus L.（1753）［豆科 Fabaceae（Leguminosae）//蝶形花科 Papilionaceae］■

23663 Heinsenia K. Schum.（1897）【汉】德因茜属。【隶属】茜草科 Rubiaceae。【包含】世界 1 种。【学名诠释与讨论】〈阴〉（人）Ernst Heinsen, 德国植物学者。【分布】热带非洲。【模式】Heinsenia diervilleoides K. M. Schumann。●☆

23664 Heinsia DC.（1830）【汉】海因斯茜属。【隶属】茜草科 Rubiaceae。【包含】世界 4-5 种。【学名诠释与讨论】〈阴〉（人）Daniel Heinsius, 1580-1655, 荷兰语言学者。【分布】利比里亚（宁巴），热带非洲。【模式】Heinsia jasminiflora A. P. de Candolle。【参考异名】Epitaberna K. Schum.（1903）Nom. illegit.；Henisia Walp.（1843）Nom. illegit. ●☆

23665 Heintzia H. Karst.（1848）Nom. illegit. = Alloplectus Mart.（1829）（保留属名）［苦苣苔科 Gesneriaceae］●■☆

23666 Heintzia Steud.（1840）= Dipteryx Schreb.（1791）（保留属名）；~ = Heinzia Scop.（1777）Nom. illegit.；~ = Coumarouna Aubl.（1775）（废弃属名）；~ ≡ Dipteryx Schreb.（1791）（保留属名）［豆科 Fabaceae（Leguminosae）］●☆

23667 Heinzelia Nees（1847）= Chaetothylax Nees（1847）；~ = Justicia L.（1753）［爵床科 Acanthaceae//鸭嘴花科（鸭咀花科）Justiciaceae］●■

23668　Heinzelmannia Neck.（1790）Nom. inval. ＝ Spigelia L.（1753）［马钱科（断肠草科，马钱子科）Loganiaceae//驱虫草科（度量草科）Spigeliaceae］■☆

23669　Heinzia Scop.（1777）Nom. illegit. ≡ Coumarouna Aubl.（1775）（废弃属名）；~ ＝ Dipteryx Schreb.（1791）（保留属名）［豆科 Fabaceae（Leguminosae）］●☆

23670　Heiraciastrum Heist. ex Fabr.（1759）Nom. illegit. ≡ Helminthotheca Zinn（1757）［菊科 Asteraceae（Compositae）］■☆

23671　Heiseria E. E. Schill. et Panero（2011）【汉】海舍尔菊属。【隶属】菊科 Asteraceae（Compositae）。【包含】世界 2 种。【学名诠释与讨论】〈阴〉（人）Heiser，海舍尔，植物学者。"Heiseria E. E. Schill. et Panero（2011）"是"Viguiera subser. Pusillae S. F. Blake（1918）"的替代名称。【分布】见 Viguiera subser. Pusillae S. F. Blake（1918）。【模式】Viguiera pusilla A. Gray。【参考异名】Viguiera subser. Pusillae S. F. Blake（1918）■●☆

23672　Heistera Kuntze（1891）Nom. illegit. ＝ Heisteria Boehm.（废弃属名）；~ ＝ Muraltia DC.（1824）（保留属名）［远志科 Polygalaceae］●☆

23673　Heistera Schreb.（1789）＝ Heisteria Jacq.（1760）（保留属名）［铁青树科 Olacaceae］●☆

23674　Heisteria Boehm.（废弃属名）＝ Muraltia DC.（1824）（保留属名）［远志科 Polygalaceae］●☆

23675　Heisteria Fabr.（1763）Nom. illegit.（废弃属名）＝ Veltheimia Gled.（1771）［风信子科 Hyacinthaceae//百合科 Liliaceae］■☆

23676　Heisteria Jacq.（1760）（保留属名）【汉】海特木属。【隶属】铁青树科 Olacaceae。【包含】世界 35 种。【学名诠释与讨论】〈阴〉（人）Lorenz（Laurentz）Heister，1683-1758，德国植物学者，医生。此属的学名"Heisteria Jacq.，Enum. Syst. Pl.：4，20. Aug – Sep 1760"是保留属名。相应的废弃属名是远志科 Polygalaceae 的"Heisteria L.，Opera Var.：242. 1758 ≡ Muraltia DC.（1824）（保留属名）"。"Heisteria Fabr.，Enum.（ed. 2）［Fabr.］. 447. 1763［Sep – Dec 1763］＝ Veltheimia Gled.（1771）［风信子科 Hyacinthaceae//百合科 Liliaceae］"和远志科 Polygalaceae 的"Heisteria Boehm. ＝ Muraltia DC.（1824）（保留属名）"亦应废弃。【分布】巴拿马，秘鲁，玻利维亚，厄瓜多尔，哥伦比亚，尼加拉瓜，非洲西部，美洲。【模式】Heisteria coccinea N. J. Jacquin。【参考异名】? Hesiodia Steud.（1840）Nom. illegit.；Acrolobus Klotzsch（1856）；Aptandropsis Ducke（1945）；Heistera Schreb.（1789）；Hemiheisteria Tiegh.（1897）；Hesioda Vell.（1829）；Phanerocalyx S. Moore（1921）；Raptostylus Post et Kuntze（1903）；Rhaptostylum Bonpl.（1813）；Rhaptostylum Humb. et Bonpl.（1813）Nom. illegit. ●☆

23677　Heisteria L.（1758）（废弃属名）≡ Muraltia DC.（1824）（保留属名）［远志科 Polygalaceae］●☆

23678　Heisteriaceae Tiegh.（1899）＝ Erythropalaceae Planch. ex Miq.（保留科名）●

23679　Heiwingiaceae Decne. ＝ Cornaceae Bercht. et J. Presl（保留科名）●■

23680　Heiwingiaceae Tiegh. ＝ Cornaceae Bercht. et J. Presl（保留科名）●■

23681　Hekaterosachne Steud.（1854）＝ Oplismenus P. Beauv.（1810）（保留属名）［禾本科 Poaceae（Gramineae）］■

23682　Hekeria Endl.（1841）＝ Heckeria Kunth（1840）Nom. illegit.；~ ＝ Pothomorphe Miq.（1840）Nom. illegit.；~ ＝ Lepianthes Raf.（1838）；~ ＝ Piper L.（1753）［胡椒科 Piperaceae］●■

23683　Hekistocarpa Hook. f.（1873）【汉】寡蒴茜属。【隶属】茜草科 Rubiaceae。【包含】世界 1 种。【学名诠释与讨论】〈阴〉（希）hekistos，最少的，最差的+karpos，果实。【分布】热带非洲西部。【模式】Hekistocarpa minutiflora J. D. Hooker。【参考异名】Hecistocarpus Post et Kuntze（1903）Nom. illegit. ☆

23684　Hekkingia H. E. Ballard et Munzinger（2003）【汉】大苞堇属。【隶属】堇菜科 Violaceae。【包含】世界 1 种。【学名诠释与讨论】〈阴〉（人）Hekking，William Henri Alphonse Maria，1930-，植物学者。【分布】几内亚。【模式】Hekkingia bordenavei H. E. Ballard et J. K. Munzinger。

23685　Hekorima Kunth（1843）＝ Streptopus Michx.（1803）［百合科 Liliaceae//裂果草科（油点草科）Tricyrtidaceae］■

23686　Heladena A. Juss.（1840）【汉】爪腺金虎尾属。【隶属】金虎尾科（黄褥花科）Malpighiaceae。【包含】世界 6 种。【学名诠释与讨论】〈阴〉（希）helos，爪，指甲+aden，所有格 adenos，腺体。【分布】巴拉圭，热带和亚热带南美洲。【后选模式】Heladena australis A. H. L. Jussieu，Nom. illegit.［Bunchosia multiflora W. J. Hooker et Arnott；Heladena multiflora（W. J. Hooker et Arnott）F. Niedenzu］。●☆

23687　Helanthium（Benth.）Engelm. ex Britton（1905）Nom. illegit. ≡ Helanthium（Benth. et Hook. f.）Engelm. ex Britton（1905）Nom. illegit.；~ ≡ Helianthium（Benth. et Hook. f.）Engelm. ex J. G. Sm.（1905）Nom. illegit.；~ ＝ Echinodorus Rich. ex Engelm.（1848）［泽泻科 Alismataceae］■☆

23688　Helanthium（Benth. et Hook. f.）Engelm. ex Britton（1905）Nom. illegit. ≡ Helianthium（Benth. et Hook. f.）Engelm. ex J. G. Sm.（1905）Nom. illegit.；~ ＝ Echinodorus Rich. ex Engelm.（1848）［泽泻科 Alismataceae］■☆

23689　Helanthium（Benth. et Hook. f.）Engelm. ex J. G. Sm.（1905）Nom. illegit. ＝ Echinodorus Rich. ex Engelm.（1848）［泽泻科 Alismataceae］■☆

23690　Helanthium（Benth. et Hook. f.）J. G. Sm.（1905）Nom. illegit. ≡ Helianthium（Benth. et Hook. f.）Engelm. ex J. G. Sm.（1905）Nom. illegit.；~ ＝ Echinodorus Rich. ex Engelm.（1848）［泽泻科 Alismataceae］■☆

23691　Helanthium Britton（1905）Nom. illegit. ≡ Helanthium（Benth. et Hook. f.）Engelm. ex Britton（1905）Nom. illegit.；~ ＝ Echinodorus Rich. ex Engelm.（1848）［泽泻科 Alismataceae］■☆

23692　Helanthium Engelm.（1933）Nom. illegit. ≡ Helanthium（Benth. et Hook. f.）Engelm. ex J. G. Sm.（1905）Nom. illegit.；~ ＝ Echinodorus Rich. ex Engelm.（1848）［泽泻科 Alismataceae］■☆

23693　Helanthium Engelm. ex Benth. et Hook. f.（1883）Nom. inval. ≡ Helianthium（Benth. et Hook. f.）Engelm. ex J. G. Sm.（1905）Nom. illegit.；~ ＝ Echinodorus Rich. ex Engelm.（1848）［泽泻科 Alismataceae］■☆

23694　Helcia Lindl.（1845）【汉】枷兰属。【日】ヘルキア属。【隶属】兰科 Orchidaceae。【包含】世界 4 种。【学名诠释与讨论】〈阴〉（拉）helcium，马项圈，牛轭，枷锁。指唇瓣基部有坑。【分布】秘鲁，厄瓜多尔，哥伦比亚。【模式】Helcia sanguinolenta J. Lindley。【参考异名】Neoescobaria Garay（1972）■☆

23695　Heldreichia Boiss.（1841）【汉】赫尔芥属。【俄】Гельдрейхия。【隶属】十字花科 Brassicaceae（Cruciferae）。【包含】世界 4 种。【学名诠释与讨论】〈阴〉（人）Theodor Heinrich Hermann von Heldreich，1822-1902，希腊植物学者，植物采集家。【分布】巴基斯坦，小亚细亚至阿富汗。【模式】未指定。【参考异名】Zygopeltis Fenzl ex Endl.（1842）■☆

23696　Heleastrum DC.（1836）＝ Aster L.（1753）［菊科 Asteraceae（Compositae）］●■

23697　Heleiotis Hassk.（1844）＝ Phylacium A. W. Benn.（1840）［豆

科 Fabaceae(Leguminosae)//蝶形花科 Papilionaceae]■

23698 Helemonium Steud.(1840)= Heliopsis Pers.(1807)(保留属名)[菊科 Asteraceae(Compositae)]■☆

23699 Helena Haw.(1831)= Narcissus L.(1753)[石蒜科 Amaryllidaceae//水仙科 Narcissaceae]■

23700 Heleneum Buckley(1861)= Helenium L.(1753)[菊科 Asteraceae(Compositae)//堆心菊科 Heleniaceae]■

23701 Helenia Mill.(1754)Nom. illegit.= Helenium L.(1753)[菊科 Asteraceae(Compositae)//堆心菊科 Heleniaceae]■

23702 Helenia Zinn(1757)Nom. illegit.= Helenium L.(1753)[菊科 Asteraceae(Compositae)//堆心菊科 Heleniaceae]■

23703 Heleniaceae Besscy[亦见 Asteraceae Bercht. et J. Presl(保留科名)//Compositae Giseke(保留科名)菊科]【汉】堆心菊科。【包含】世界 1 属 40 种。【分布】美洲。【科名模式】Helenium L.(1753)●

23704 Heleniaceae Raf.(1824)= Asteraceae Bercht. et J. Presl//Compositae Giseke(保留科名)●■

23705 Heleniastrum Fabr.(1763)Nom. illegit. ≡ Heleniastrum Heist. ex Fabr.(1763)Nom. illegit.；~ ≡ Helenium L.(1753)[菊科 Asteraceae(Compositae)//堆心菊科 Heleniaceae]■

23706 Heleniastrum Heist. ex Fabr.(1763)Nom. illegit.≡Helenium L.(1753)[菊科 Asteraceae(Compositae)//堆心菊科 Heleniaceae]■

23707 Heleniastrum Kuntze(1891)Nom. illegit. ≡ Heleniastrum Heist. ex Fabr.(1763)Nom. illegit.；~ ≡ Helenium L.(1753)[菊科 Asteraceae(Compositae)//堆心菊科 Heleniaceae]■

23708 Heleniastrum Mill.(1739)Nom. inval.[菊科 Asteraceae(Compositae)]■☆

23709 Heleniopsis Baker(1874)= Heloniopsis A. Gray(1858)(保留属名)[百合科 Liliaceae//黑药花科(藜芦科)Melanthiaceae//蓝药花科(胡麻花科)Heloniadaceae]■

23710 Helenium L.(1753)【汉】堆心菊属(锦鸡菊属)。【日】ダンゴギク属，ヘレニューム属，マツバハルシャギク属。【俄】Гелениум。【英】Helen's Flower, Helen-flower, Heleninm, Mountain Sneezeweed, Mtn Sneezeweed, Sneezeweed, Sneezewort。【隶属】菊科 Asteraceae(Compositae)//堆心菊科 Heleniaceae。【包含】世界 30-40 种,中国 3 种。【学名诠释与讨论】〈中〉(希)helenion,一种植物俗名。另说 Helenus,神话中一王子。此属的学名,ING、APNI、GCI、TROPICOS 和 IK 记载是"Helenium L., Sp. Pl. 2:886. 1753[1 May 1753]"。"Helenium P. Miller, Gard. Dict. Abr. ed. 4. 28 Jan 1754 ≡ Inula L.(1753)[菊科 Asteraceae(Compositae)//旋覆花科 Inulaceae]"是晚出的非法名称。"Brassavola Adanson, Fam. 2:127,527. Jul-Aug 1763(废弃属名)"和"Heleniastrum Fabricius, Enum. ed. 2. 143. Sep-Dec 1763"是"Helenium L.(1753)"的晚出的同模式异名(Homotypic synonym,Nomenclatural synonym)。【分布】秘鲁,美国,中国,中美洲。【模式】Helenium autumnale Linnaeus。【参考异名】Actinea Juss.(1803)；Amblylepis Decne.(1841)；Amblyolepis DC.(1836)；Amblyopelis Steud.(1840)；Brassavola Adans.(1763)(废弃属名)；Brassavolaea Post et Kuntze(1903)Nom. illegit.；Cephalophora Cav.(1801)；Dugaldia(Cass.)Cass.(1828)Nom. illegit.；Dugaldia Cass.(1828)Nom. illegit.；Duguldea Meisn.(1839)；Espeletiopsis Sch. Bip. ex Benth. et Hook. f.(1873)；Harperella Rose(1906)；Hecubaea DC.(1836)；Heleneum Buckley(1861)；Helenia Mill.(1754)Nom. illegit.；Helenia Zinn(1757)Nom. illegit.；Heleniastrum Fabr.(1763)Nom. illegit.；Heleniastrum Heist. ex Fabr.(1763)Nom. illegit.；Heleniastrum Kuntze(1891)Nom. illegit.；Leptocarpha Endl.(1841)Nom. illegit.；Leptopeda

Raf.；Leptophora Raf.(1819)Nom. illegit.；Leptopoda Nutt.(1818)；Mesodetra Raf.(1817)；Oxylepis Benth.(1841)；Tetrodus(Cass.)Cass.(1828)Nom. inval.；Tetrodus Cass.(1828)Nom. inval.

23711 Helenium Mill.(1754)Nom. illegit. ≡ Inula L.(1753)[菊科 Asteraceae(Compositae)//旋覆花科 Inulaceae]●■

23712 Helenomoium Willd., Nom. inval. = Helenomoium Willd. ex DC.(1836)；~ = Heliopsis Pers.(1807)(保留属名)[菊科 Asteraceae(Compositae)]■☆

23713 Helenomoium Willd. ex DC.(1836)= Heliopsis Pers.(1807)(保留属名)[菊科 Asteraceae(Compositae)]■☆

23714 Heleocharis P. Beauv. ex T. Lestib.(1819)Nom. illegit. = Eleocharis R. Br.(1810)[莎草科 Cyperaceae]■

23715 Heleocharis R. Br.(1810)= Eleocharis R. Br.(1810)[莎草科 Cyperaceae]■

23716 Heleocharis T. Lestib.(1819)Nom. illegit. ≡ Heleocharis P. Beauv. ex T. Lestib.(1819)；~ = Eleocharis R. Br.(1810)[莎草科 Cyperaceae]■

23717 Heleochloa(Fries)Dreier(1838)Nom. illegit. = Glyceria R. Br.(1810)(保留属名)；~ = Glyceria R. Br.(1810)(保留属名)+ Puccinellia Parl.(1848)(保留属名)[禾本科 Poaceae(Gramineae)]■

23718 Heleochloa Fr.(1835)Nom. illegit., Nom. nud. = Glyceria R. Br.(1810)(保留属名)[禾本科 Poaceae(Gramineae)]■

23719 Heleochloa Host ex Roem.(1809)= Crypsis Aiton(1789)(保留属名)[禾本科 Poaceae(Gramineae)]■

23720 Heleochloa Host(1801)Nom. inval., Nom. nud. ≡ Heleochloa Host ex Roem.(1809)；~ = Crypsis Aiton(1789)(保留属名)[禾本科 Poaceae(Gramineae)]■

23721 Heleochloa P. Beauv.(1812)Nom. illegit. = Phleum L.(1753)；~ = Sporobolus R. Br.(1810)+Phleum L.(1753)[禾本科 Poaceae(Gramineae)]■

23722 Heleochloa Roem.(1809)Nom. illegit. ≡ Heleochloa Host ex Roem.(1809)；~ = Crypsis Aiton(1789)(保留属名)[禾本科 Poaceae(Gramineae)]■

23723 Heleogenus Post et Kuntze(1903)= Eleogenus Nees(1834)；~ = Scirpus L.(1753)(保留属名)[莎草科 Cyperaceae//藨草科 Scirpaceae]■

23724 Heleogiton Schult.(1824)Nom. illegit. ≡ Heleophylax P. Beauv. ex T. Lestib.(1819)(废弃属名)；~ = Scirpus L.(1753)(保留属名)[莎草科 Cyperaceae//藨草科 Scirpaceae]■

23725 Heleonastes Ehrh.(1789)Nom. inval. = Carex L.(1753)[莎草科 Cyperaceae]■

23726 Heleophila Schult.(1824)= Heleophylax P. Beauv. ex T. Lestib.(1819)(废弃属名)；~ = Schoenoplectus(Rchb.)Palla(1888)(保留属名)；~ = Scirpus L.(1753)(保留属名)[莎草科 Cyperaceae//藨草科 Scirpaceae]■

23727 Heleophylax P. Beauv. ex T. Lestib.(1819)(废弃属名)= Schoenoplectus(Rchb.)Palla(1888)(保留属名)；~ = Scirpus L.(1753)(保留属名)[莎草科 Cyperaceae//藨草科 Scirpaceae]■

23728 Helepta Raf.(1825)= Heliopsis Pers.(1807)(保留属名)[菊科 Asteraceae(Compositae)]■☆

23729 Helia Benth. et Hook. f. = Atalantia Corrêa(1805)(保留属名)；~ = Helie M. Room.(1846)[芸香科 Rutaceae]●

23730 Helia Mart.(1827)= Irlbachia Mart.(1827)；~ = Lisianthius P. Browne(1756)[龙胆科 Gentianaceae]■☆

23731 Heliabravoa Backeb.(1956)【汉】夜雾阁属。【隶属】仙人掌科

Cactaceae。【包含】世界 1 种。【学名诠释与讨论】〈阴〉（人）Helia Bravo Hollis，born 1905，墨西哥植物学者。此属的学名是"Heliabravoa Backeberg，Cact. Succ. J. Gr. Brit. 18：23. Jan 1956"。亦有文献把其处理为"Polaskia Backeb.（1949）"的异名。【分布】墨西哥。【模式】Heliabravoa chende（Gosselin）Backeberg［Cereus chende Gosselin］。【参考异名】Polaskia Backeb.（1949）■☆

23732　Heliacme Ravenna（2003）【汉】扭喙茅属。【隶属】长喙科（仙茅科）Hypoxidaceae。【包含】世界 1 种。【学名诠释与讨论】〈阴〉（希）helisso，helissein，转换方向+akme，尖端，边缘。【分布】玻利维亚。【模式】Heliacme scorzonerifolia（Lam.）Ravenna［Hypoxis scorzonerifolia Lam.］。■☆

23733　Heliamphora Benth.（1840）【汉】捕蝇瓶子草属（囊叶草属）。【俄】Гелиамфора。【英】Pitcher Plants，Sunpitcher。【隶属】瓶子草科（管叶草科，管子草科）Sarraceniaceae。【包含】世界 5-6 种。【学名诠释与讨论】〈阴〉（希）helisso，helissein，转换方向+（拉）amphora，罐子，广口瓶。【分布】几内亚，委内瑞拉。【模式】Heliamphora nutans Bentham。●■☆

23734　Heliamphoraceae Chrtek，Slavíková et M. Studnička（1992）= Sarraceniaceae Dumort.（保留科名）■☆

23735　Helianthaceae Bercht. et J. Presl（1820）= Asteraceae Bercht. et J. Presl//Compositae Giseke（保留科名）●■

23736　Helianthaceae Bessey［亦见 Asteraceae Bercht. et J. Presl（保留科名）//Compositae Giseke（保留科名）菊科］【汉】向日葵科。【包含】世界 1 属 8 种。【分布】美洲。【科名模式】Helianthus L.（1753）■

23737　Helianthaceae Dumort. = Asteraceae Bercht. et J. Presl（保留科名）//Compositae Giseke（保留科名）●■

23738　Helianthella Torr. et A. Gray（1842）【汉】小向日葵属 r。【英】Little Sunflowe。【隶属】菊科 Asteraceae（Compositae）//向日葵科 Helianthaceae。【包含】世界 8 种。【学名诠释与讨论】〈阴〉（属）Helianthus 向日葵属+-ellus，-ella，-ellum，加在名词词干后面形成指小式的词尾。或加在人名、属名等后面以组成新属的名称。【分布】美国（西部），墨西哥。【后选模式】Helianthella uniflora（Nuttall）J. Torrey et A. Gray［Helianthus uniflorus Nuttall］。■☆

23739　Helianthemaceae Adans. ex G. Mey.（1836）= Cistaceae Juss.（保留科名）●■

23740　Helianthemaceae G. Mey.（1836）= Cistaceae Juss.（保留科名）●■

23741　Helianthemoides Medik.（1789）= Talinum Adans.（1763）（保留属名）［马齿苋科 Portulacaceae//土人参科 Talinaceae］■●

23742　Helianthemon St. - Lag.（1880）= Helianthemum Mill.（1754）［半日花科（岩蔷薇科）Cistaceae］●■

23743　Helianthemum Gray（1821）Nom. illegit. = Helianthus L.（1753）［菊科 Asteraceae（Compositae）//向日葵科 Helianthaceae］■

23744　Helianthemum Mill.（1754）【汉】半日花属。【日】ハンニチバナ属。【俄】Нежник，Солнцегляд，Солнцецвет。【英】Rock Rose，Rockrose，Rock-rose，Sun Rose，Sunrose，Sun-rose。【隶属】半日花科（岩蔷薇科）Cistaceae。【包含】世界 80-110 种，中国 1-2 种。【学名诠释与讨论】〈中〉（希）helios，太阳+anthemon，花。指花为黄色，或指喜欢太阳。此属的学名，ING，GCI、TROPICOS 和 IK 记载是"Helianthemum Mill.，Gard. Dict. Abr.，ed. 4.［textus s. n.］. 1754［28 Jan 1754］。"Helianthemum Gray，Nat. Arr. Brit. Pl. ii. 445（1821）= Helianthus L.（1753）［菊科 Asteraceae（Compositae）//向日葵科 Helianthaceae］"是晚出的非法名称。"Anthelis Rafinesque，New Fl. 3：30. 1838"和"Platonia Rafinesque，Carat. Nuovi Gen. Sp. Sicilia 73. 1810（废弃属名）"是"Helianthemum Mill.（1754）"的晚出的同模式异名（Homotypic

synonym，Nomenclatural synonym）。【分布】巴基斯坦，佛得角，马达加斯加，美国，尼加拉瓜，索马里，伊朗，中国，地中海地区，撒哈拉沙漠，东亚洲中部，欧洲西部中部，中美洲。【后选模式】Helianthemum nummularium（Linnaeus）P. Miller［Cistus nummularius Linnaeus］。【参考异名】Anthelis Raf.（1815）Nom. inval.；Anthelis Raf.（1838）Nom. illegit.；Aphananthemum Steud.（1840）；Atlanthemum Raynaud（1987）；Chamaecistus Fabr.；Cistus Medik.，Nom. illegit.；Codornia Gand.，Nom. inval.；Fumanopsis Pomel（1860）；Helianthemon St. - Lag.（1880）；Platonia Raf.（1810）（废弃属名）；Psistina Raf.（1838）；Rhodax Spach（1836）；Xolantha Raf.（1810）（废弃属名）；Xolanthes Raf.（1838）●■

23745　Helianthium（Benth. et Hook. f.）Engelm. ex J. G. Sm.（1905）= Echinodorus Rich. ex Engelm.（1848）［泽泻科 Alismataceae］■☆

23746　Helianthium（Engelm. ex Hook. f.）J. G. Sm.（1905）Nom. illegit. ≡ Helianthium（Benth. et Hook. f.）Engelm. ex J. G. Sm.（1905）；~ = Echinodorus Rich. ex Engelm.（1848）［泽泻科 Alismataceae］■☆

23747　Helianthium Britton（1905）Nom. illegit. ≡ Helanthium（Benth. et Hook. f.）Engelm. ex Britton（1905）Nom. illegit.；~ = Helianthium（Benth. et Hook. f.）Engelm. ex J. G. Sm.（1905）Nom. illegit.；~ = Echinodorus Rich. ex Engelm.（1848）［泽泻科 Alismataceae］■☆

23748　Helianthium Engelm. ex J. G. Sm.（1905）Nom. illegit. = Echinodorus Rich. ex Engelm.（1848）；~ = Helanthium（Benth. et Hook. f.）Engelm. ex J. G. Sm.（1905）Nom. illegit.；~ = Echinodorus Rich. ex Engelm.（1848）［泽泻科 Alismataceae］■☆

23749　Helianthium J. G. Sm.（1905）Nom. illegit. ≡ Helianthium（Benth. et Hook. f.）Engelm. ex J. G. Sm.（1905）；~ = Echinodorus Rich. ex Engelm.（1848）［泽泻科 Alismataceae］■☆

23750　Helianthocereus Backeb.（1949）= Echinopsis Zucc.（1837）；~ = Trichocereus（A. Berger）Riccob.（1909）［仙人掌科 Cactaceae］●

23751　Helianthopsis H. Rob.（1979）= Helianthus L.（1753）［菊科 Asteraceae（Compositae）//向日葵科 Helianthaceae］■

23752　Helianthostylis Baill.（1875）【汉】葵柱桑属。【隶属】桑科 Moraceae。【包含】世界 2 种。【学名诠释与讨论】〈阴〉（希）helios，太阳+anthos，花+stylos=拉丁文 style，花柱，中柱，有尖之物，桩，柱，支持物，支柱，石头做的界标。【分布】巴西，厄瓜多尔，哥伦比亚。【模式】Helianthostylis sprucei Baillon。【参考异名】Androstylanthus Ducke（1922）●☆

23753　Helianthum Engelm. ex Britton（1905）Nom. illegit. = Helanthium（Benth. et Hook. f.）Engelm. ex Britton（1905）Nom. illegit.；~ ≡ Helianthium（Benth. et Hook. f.）Engelm. ex J. G. Sm.（1905）Nom. illegit.；~ = Echinodorus Rich. ex Engelm.（1848）［泽泻科 Alismataceae］■☆

23754　Helianthum Prain = Helanthium（Benth. et Hook. f.）Engelm. ex Britton（1905）Nom. illegit.；~ = Helianthium（Benth. et Hook. f.）Engelm. ex J. G. Sm.（1905）Nom. illegit.；~ = Echinodorus Rich. ex Engelm.（1848）［泽泻科 Alismataceae］■☆

23755　Helianthus L.（1753）【汉】向日葵属。【日】ヒマハリ属，ヒマワリ属。【俄】Гелиантус，Подсолнечник。【英】Firecracker Sunflower，Helianthus，Sun Flower，Sunflower。【隶属】菊科 Asteraceae（Compositae）//向日葵科 Helianthaceae。【包含】世界 50-110 种，中国 2-11 种。【学名诠释与讨论】〈阳〉（希）helios，太阳+ anthos，花。指头状花随太阳转动。此属的学名，ING、TROPICOS、APNI、GCI 和 IK 记载是"Helianthus L.，Sp. Pl. 2：904. 1753［1 May 1753］。""Vosacan Adanson，Fam. 2：130. Jul - Aug 1763"是"Helianthus L.（1753）"的晚出的同模式异名（Homotypic synonym，Nomenclatural synonym）。【分布】秘鲁，玻

利维亚,哥伦比亚,美国,中国,美洲。【后选模式】Helianthus annuus Linnaeus。【参考异名】Chrysis DC. (1836) Nom. illegit. ; Chrysis Renealm. ex DC. (1836); Diomedea Bertol. ex Colla(1835) Nom. illegit.; Discomela Raf. (1825); Diseomela Raf.; Echinomeria Nutt. (1840); Harpalium (Cass.) Cass. (1825) Nom. illegit.; Harpalium Cass. (1818) Nom. inval.; Helianthemum Gray (1821) Nom. illegit.; Helianthopsis H. Rob. (1979); Lebianthus K. Schum. (1898); Linsecomia Buckley (1861); Neactelis Raf. (1836); Ochronelis Raf. (1832); Vosacan Adans. (1763) Nom. illegit. ■

23756 Helicandra Hook. et Arn. (1837) = Parsonsia R. Br. (1810) (保留属名) [夹竹桃科 Apocynaceae] ●

23757 Helicanthera Roem. et Schult. (1819) Nom. illegit. = Helixanthera Lour. (1790) [桑寄生科 Loranthaceae] ●

23758 Helicanthes Danser(1933) 【汉】卷花寄生属。【隶属】桑寄生科 Loranthaceae。【包含】世界 1 种。【学名诠释与讨论】〈阴〉(希) helix, 所有格 helikos, 卷须, 螺旋状卷曲物, 旋卷的, 缠绕之物 + anthos, 花。【分布】印度。【模式】Helicanthes elastica (Desrousseaux) Danser [Loranthus elasticus Desrousseaux]。●☆

23759 Helichroa Raf. (1825) Nom. illegit. ≡ Echinacea Moench(1794) [菊科 Asteraceae(Compositae)] ■☆

23760 Helichrysaceae Link(1829) [亦见 Asteraceae Bercht. et J. Presl (保留科名)//Compositae Giseke(保留科名) 菊科] 【汉】蜡菊科。【包含】世界 4 属 504-637 种, 中国 1 属 4 种。【分布】马达加斯加, 也门(索科特拉岛), 亚洲西南部, 印度(南部), 澳大利亚, 欧洲南部, 热带和非洲南部。【科名模式】Helichrysum Mill.。●■。

23761 Helichrysopsis Kirp. (1950) 【汉】白苞金绒草属。【隶属】菊科 Asteraceae(Compositae)//蜡菊科 Helichrysaceae。【包含】世界 1 种。【学名诠释与讨论】〈阴〉(属) Helichrysum 蜡菊属 + 希腊文 opsis, 外观, 模样, 相似。【分布】热带非洲东部。【模式】Helichrysopsis stenophyllum (D. Oliver et W. P. Hiern) M. E. Kirpicznikov [Gnaphalium stenophyllum D. Oliver et W. P. Hiern]。●☆

23762 Helichrysum Mill. (1754) (保留属名) [as 'Elichrysum'] 【汉】蜡菊属(小蜡菊属)。【日】ハナカンザシ属, ムギワラギク属。【俄】Бессмертник, Гелихризум, Цмин。【英】Everlasting, Everlasting Flower, Helichrysum, Immortelle, Strawflower, Waxdaisy。【隶属】菊科 Asteraceae (Compositae)//蜡菊科 Helichrysaceae。【包含】世界 500-600 种, 中国 4 种。【学名诠释与讨论】〈中〉(希) helios, 太阳 + chrysos, 黄金。chryseos, 金的, 富的, 华丽的。chrysites, 金色的。在植物形态描述中, chrys-和 chryso-通常指金黄色。指其花金黄色。另说 helisso, helissein, 转动 + chrysos, 黄金。此属的学名 "Helichrysum Mill., Gard. Dict. Abr., ed. 4: [462]. 28 Jan 1754('Elichrysum')(orth. cons.)" 是保留属名。法规未列出相应的废弃属名。但是其变体 "Elichrysum Mill. (1754)" 应该废弃。【分布】澳大利亚, 巴基斯坦, 巴拿马, 秘鲁, 玻利维亚, 哥伦比亚(安蒂奥基亚), 马达加斯加, 尼泊尔, 也门(索科特拉岛), 印度(南部), 中国, 欧洲南部, 热带和非洲南部, 亚洲西南部, 中美洲。【模式】Helichrysum orientale (Linnaeus) J. Gaertner [Gnaphalium orientale Linnaeus]。【参考异名】Acanthocladium F. Muell. (1861); Achyrocline (Less.) DC. (1838); Argyroglottis Turcz. (1851); Argyrophanes Schltdl. (1847); Astelma R. Br. (1820); Astelma R. Br. ex Ker-Gawl. (1821); Billya Cass. (1825) (废弃属名); Chrysocephalum Walp. (1841); Conanthodium A. Gray (1852); Edmondia Cass. (1818); Elichrysum Mill. (1754) (废弃属名); Euchloris D. Don (1826); Fauatula Cass.; Freemania Bojer ex DC. (1838); Helipterum DC. (1838) Nom. illegit.; Helipterum DC. ex Lindl. (1836) Nom.

confus.; Laurencellia Neum. (1845); Lawrencella Lindl. (1839); Leontonyx Cass. (1822); Lepicline Less. (1832); Lepiscline Cass. (1818); Leucostemma D. Don(1826); Mannopappus B. D. Jacks.; Manopappus Sch. Bip. (1844); Ozothamnus R. Br. (1817); Pentataxis D. Don(1826); Petalolepis Cass. (1817); Spiralepis D. Don(1826); Stoechas Gueldenst. (1787) Nom. illegit., Nom. inval.; Stoechas Gueldenst. ex Ledeb. (1846) Nom. illegit.; Swammerdamia DC. (1838); Trichandrum Neck. (1790) Nom. inval.; Virginea (DC.) Nicoli(1980); Xanthochrysum Turcz. (1851) ●■

23763 Helicia Lour. (1790) 【汉】山龙眼属。【日】ヤマモガシ属。【英】Helicia。【隶属】山龙眼科 Proteaceae。【包含】世界 92-100 种, 中国 20-23 种。【学名诠释与讨论】〈阴〉(希) helix, 所有格 helikos, 卷须, 螺旋状卷曲物, 旋卷的, 缠绕之物。指花被片开放时反卷。此属的学名, ING、APNI、TROPICOS 和 IK 记载是 "Helicia Lour., Fl. Cochinch. 1: 83. 1790 [Sep 1790]"。"Helicia Pers., Syn. Pl. [Persoon] 1: 214. 1805 [1 Apr-15 Jun 1805] ≡ Helixanthera Lour. (1790) [桑寄生科 Loranthaceae]" 和真菌的 "Helicia J. Dearness et H. House, New York State Mus. Bull. 266: 91. Jun 1925" 都是晚出的非法名称。【分布】澳大利亚(东部), 印度至马来西亚, 中国, 亚洲东部和南部。【模式】Helicia cochinchinensis Loureiro。【参考异名】Castronia Noronha (1790); Catalepidia P. H. Weston (1995); Cyanocarpus F. M. Bailey (1889); Helittophyllum Blume(1826) ●

23764 Helicia Pers. (1805) Nom. illegit. ≡ Helixanthera Lour. (1790) [桑寄生科 Loranthaceae] ●

23765 Helicilla Moq. (1849) 【汉】小螺草属(南碱蓬属)。【隶属】藜科 Chenopodiaceae。【包含】世界 1 种。【学名诠释与讨论】〈阴〉(希) helix, 所有格 helikos, 卷须, 螺旋状卷曲物, 旋卷的, 缠绕之物 +-illus, -illa, -illum, 指示小的词尾。此属的学名是 "Helicilla Moquin-Tandon in Alph. de Candolle, Prodr. 13(2): 47, 169. 5 Mai 1849"。亦有文献把其处理为 "Suaeda Forssk. ex J. F. Gmel. (1776) (保留属名)" 的异名。【分布】中国。【模式】Helicilla altissima Moquin-Tandon, Nom. illegit. [Suaeda stauntonii Moquin-Tandon]。【参考异名】Suaeda Forssk. ex J. F. Gmel. (1776) (保留属名) ■

23766 Heliciopsis Sleumer (1955) 【汉】假山龙眼属(调羹树属)。【英】Heliciopsis。【隶属】山龙眼科 Proteaceae。【包含】世界 7-14 种, 中国 3 种。【学名诠释与讨论】〈阴〉(属) Helicia 山龙眼属 + 希腊文 opsis, 外观, 模样, 相似。指其与山龙眼属相近。【分布】马来西亚(西部), 印度(阿萨姆), 中国。【模式】Heliciopsis velutina (Prain) Sleumer [Helicia velutina Prain]。●

23767 Helicodea Lem. (1864) Nom. illegit. ≡ Eucallias Raf. (1838); ~ ≡ Billbergia Thunb. (1821) [凤梨科 Bromeliaceae] ■■

23768 Helicodiceros Schott ex K. Koch(1855-1856) Nom. illegit. (废弃属名) ≡ Helicodiceros Schott(1855-1856) (保留属名) [天南星科 Araceae] ■☆

23769 Helicodiceros Schott(1855-1856) (保留属名) 【汉】双旋角花属。【日】ヘリコディケロス属。【俄】Геликодисерос。【英】Twisted-arum。【隶属】天南星科 Araceae。【包含】世界 1 种。【学名诠释与讨论】〈阳〉(希) helix, 螺旋 + dis 二 + keros 角。此属的学名 "Helicodiceros Schott in Klotzsch, App. Gen. Sp. Nov. 1855: 2. Dec 1855-1856 (prim.)" 是保留属名。相应的废弃属名是天南星科 Araceae 的 "Megotigea Raf., Fl. Tellur. 3: 64. Nov-Dec 1837 ≡ Helicodiceros Schott (1855-1856) (保留属名)"。"Helicodiceros Schott ex K. Koch ≡ Helicodiceros Schott(1855-1856) (保留属名)" 的命名人引证有误, 亦应废弃。【分布】西班牙(巴利阿里群岛), 法国(科西嘉岛), 意大利(撒丁岛)。【模

式】Helicodiceros muscivorus（Linnaeus f.）Engler［Arum muscivorum Linnaeus f.］。【参考异名】Helicodiceros Schott ex K. Koch（1855－1856）Nom. illegit.（废弃属名）；Megotigea Raf.（1837）（废弃属名）■☆

23770 Heliconia L.（1771）（保留属名）【汉】蝎尾蕉属（海里康那，赫蕉属，火鹤花属）。【日】ヘリコニア属。【俄】Геликония，Хеликония。【英】Beliconia，False Bird－of－paradise，Heliconia，Heliconias，Lobster Claw，Lobster Claws，Lobster－claws。【隶属】芭蕉科 Musaceae//鹤望兰科（旅人蕉科）Strelitziaceae//蝎尾蕉科（赫蕉科）Heliconiaceae。【包含】世界80-200种，中国1种。【学名诠释与讨论】〈阴〉（地）Helikon，希腊的一个山脉，是神话中缪斯居住的地方。指模式种的采集地。此属的学名"Heliconia L.，Mant. Pl.；147，211. Oct 1771"是保留属名。相应的废弃属名是"Bihai Mill.，Gard. Dict. Abr.，ed. 4：［194］. 28 Jan 1754 ≡ Heliconia L.（1771）（保留属名）"。【分布】巴拿马，秘鲁，玻利维亚，厄瓜多尔，哥伦比亚（安蒂奥基亚），哥斯达黎加，尼加拉瓜，中国，中美洲。【模式】Heliconia bihai（Linnaeus）Linnaeus［Musa bihai Linnaeus］。【参考异名】Bihai Mill.（1754）（废弃属名）；Bihaia Kuntze（1891）；Heliconiopsis Miq.（1859）；Palilia Allam. ex L.■

23771 Heliconiaceae（A. Rich.）Nakai（1941）［亦见 Musaceae Juss.（保留科名）芭蕉科］【汉】蝎尾蕉科（赫蕉科）。【日】オウムバナ科。【英】False Bird－of－paradise Family，Heliconia Family，Lobster－claw Family。【包含】世界1属80-200种，中国1属1种。【分布】热带美洲。【科名模式】Heliconia L.■

23772 Heliconiaceae（Endl.）Nakai（1941）＝Heliconiaceae（A. Rich.）Nakai ■☆

23773 Heliconiaceae Nakai（1941）＝Heliconiaceae（A. Rich.）Nakai；~ ＝Musaceae Juss.（保留科名）■

23774 Heliconiaceae Vines ＝Musaceae Juss.（保留科名）■

23775 Heliconiopsis Miq.（1859）＝Heliconia L.（1771）（保留属名）［芭蕉科 Musaceae//鹤望兰科（旅人蕉科）Strelitziaceae//蝎尾蕉科（赫蕉科）Heliconiaceae］■

23776 Helicophyllum Schott（1856）Nom. illegit. ＝Eminium（Blume）Schott（1855）［天南星科 Araceae］■☆

23777 Helicostylis Trécul（1847）【汉】曲柱桑属（卷曲花柱桑属）。【隶属】桑科 Moraceae。【包含】世界7-12种。【学名诠释与讨论】〈阴〉（希）helix，所有格 helikos，卷须，螺旋状卷曲物，旋卷的，缠绕之物+stylos＝拉丁文 style，花柱，中柱，有尖之物，桩，柱，支持物，支柱，石头做的界标。此属的学名，ING、TROPICOS 和 IK 记载是"Helicostylis Trécul, Ann. Sci. Nat. Bot. ser. 3. 8：134. Jul－Dec 1847"。"Greeneina O. Kuntze, Rev. Gen. 2：628. 5 Nov 1891"是"Helicostylis Trécul（1847）"的晚出的同模式异名（Homotypic synonym，Nomenclatural synonym）。【分布】巴拿马，秘鲁，玻利维亚，厄瓜多尔，哥伦比亚（安蒂奥基亚），哥斯达黎加，中美洲，中美洲和热带南美洲。【模式】Helicostylis poeppigiana Trécul, Nom. illegit.［Olmedia tomentosa Poeppig et Endlicher；Helicostylis tomentosa（Poeppig et Endlicher）Macbride］。【参考异名】Greeneina Kuntze（1891）Nom. illegit. ●☆

23778 Helicotrichum Besser ex Rchb.（1832）＝Helictotrichon Besser（1827）［禾本科 Poaceae（Gramineae）］■

23779 Helicroa Raf. ＝Echinacea Moench（1794）；~ ＝Helichroa Raf.（1825）Nom. illegit.；~ ［Echinacea Moench（1794）菊科 Asteraceae（Compositae）］■☆

23780 Helicta Cass.（1818）＝Borrichia Adans.（1763）［菊科 Asteraceae（Compositae）］●■☆

23781 Helicta Less.（1832）＝Epallage DC.（1838）［菊科 Asteraceae（Compositae）］■

23782 Helicteraceae J. Agardh（1858）＝Malvaceae Juss.（保留科名）；~ ＝Sterculiaceae Vent.（保留科名）●■

23783 Helicteres L.（1753）【汉】山芝麻属。【日】ヤンバルコマ属。【俄】Геликтерес。【英】Screw Tree，Screwtree，Screw－tree。【隶属】梧桐科 Sterculiaceae//锦葵科 Malvaceae。【包含】世界40-61种，中国10种。【学名诠释与讨论】〈阴〉（希）heliktos，旋卷的，或 helikter，任何搓成之物。指蒴果果片螺旋状扭曲。此属的学名，ING，APNI 和 GCI 记载是"Helicteres L.，Sp. Pl. 2：963. 1753［1 May 1753］"。IK 则记为"Helicteres Pluk. ex L.，Sp. Pl. 2：963. 1753［1 May 1753］"。"Helicteres Pluk."是命名起点著作之前的名称，故"Helicteres L.（1753）"和"Helicteres Pluk. ex L.（1753）"都是合法名称，可以通用。"Anisora Rafinesque，Sylva Tell. 74. Oct－Dec 1838"、"Isora P. Miller，Gard. Dict. Abr. ed. 4. 28 Jan 1754"和"Nisoralis Rafinesque，Sylva Tell. 74. Oct－Dec 1838"是"Helicteres L.（1753）"的晚出的同模式异名（Homotypic synonym，Nomenclatural synonym）。【分布】巴拉圭，巴拿马，秘鲁，玻利维亚，哥伦比亚（安蒂奥基亚），尼加拉瓜，中国，热带亚洲和美洲，中美洲。【后选模式】Helicteres isora Linnaeus。【参考异名】Alicteres Neck.（1790）Nom. inval.；Alicteres Neck. ex Schott et Endl.（1832）；Anisora Raf.（1838）Nom. illegit.；Camaion Raf.（1838）；Helicteres Pluk. ex L.（1753）；Hypophyllanthus Regel（1865）；Isora Mill.（1754）Nom. illegit.；Methorium Schotr et Endl.（1832）；Nisoralis Raf.（1838）Nom. illegit.；Opsopaea Neck.（1790）Nom. inval.；Orthothecium Schott et Endl.（1832）；Oudemansia Miq.（1854）；Ozoxeta Raf.（1838）●

23784 Helicteres Pluk. ex L.（1753）≡Helicteres L.（1753）［梧桐科 Sterculiaceae//锦葵科 Malvaceae］●

23785 Helicterodes（DC.）Kuntze（1903）Nom. illegit. ≡Caiophora C. Presl（1831）［刺莲花科（硬毛草科）Loasaceae］■☆

23786 Helicteropsis Hochr.（1925）【汉】拟山芝麻属。【隶属】锦葵科 Malvaceae。【包含】世界1-2种。【学名诠释与讨论】〈阴〉（属）Helicteres 山芝麻属+希腊文 opsis，外观，模样，相似。【分布】马达加斯加。【模式】Helicteropsis perrieri Hochreutiner。●☆

23787 Helictochloa Romero Zarco（2011）【汉】地中海禾属。【隶属】禾本科 Poaceae（Gramineae）。【包含】世界24种。【学名诠释与讨论】〈阴〉（希）heliktos，旋卷的+chloe，草的幼芽，嫩草，禾草。【分布】地中海地区。【模式】Helictochloa bromoides（Gouan）Romero Zarco［Avena bromoides Gouan］。☆

23788 Helictonema Pierre（1898）【汉】旋丝卫矛属。【隶属】卫矛科 Celastraceae//翅子藤科（希藤科）Hippocrateaceae。【包含】世界1种。【学名诠释与讨论】〈中〉（希）heliktos，旋卷的+nema，所有格 nematos，丝，花丝。此属的学名是"Helictonema Pierre, Bull. Mens. Soc. Linn. Paris ser. 2.［1］：73. Sep 1898"。亦有文献把其处理为"Hippocratea L.（1753）"的异名。【分布】热带非洲。【模式】Helictonema klaineanum Pierre。【参考异名】Hippocratea L.（1753）●☆

23789 Helictonia Ehrh.（1789）Nom. inval. ＝Ophrys L.（1753）；~ ＝Spiranthes Rich.（1817）（保留属名）［兰科 Orchidaceae］■

23790 Helictotrichon Besser ex Schult. et Schult. f.（1827）Nom. illegit. ≡Helictotrichon Besser（1827）［禾本科 Poaceae（Gramineae）］■

23791 Helictotrichon Besser（1827）【汉】异燕麦属（野燕麦属）。【日】ミサヤマチャヒキ属。【俄】Геликтотрихон，Овсец。【英】Blue Oat Grass，Helictotrichon，Oat Grass，Oat－grass，Wild Oat。【隶属】禾本科 Poaceae（Gramineae）。【包含】世界100种，中国14-18种。【学名诠释与讨论】〈阳〉（希）heliktos，旋卷的+thrix，所有格 trichos，毛，毛发。指外稃的芒扭转。此属的学名，ING、和 IK

记载是"Helictotrichon Besser in J. A. Schultes et J. H. Schultes, Mant. 3:526('326'). Jul-Dec 1827"。《中国植物志》英文版、《台湾植物志》和《巴基斯坦植物志》则记载为"Helictotrichon Besser ex Roem. et Schult. , Syst. Veg. 2, Addit. 528. 1827. Bor, Fl. Assam 5:131. 1940; Sultan et Stewart, Grasses W. Pak. 2:281. 1959"。"Avenastrum Opiz, Sesnam Rostlin Kveteny Ceské 20. Jul-Dec 1852"是"Helictotrichon Besser(1827)"的晚出的同模式异名(Homotypic synonym, Nomenclatural synonym)。【分布】巴基斯坦,玻利维亚,马达加斯加,日本,印度尼西亚(爪哇岛),中国,欧洲,亚洲,热带和非洲南部,北美洲西部,热带南美洲。【后选模式】Helictotrichon sempervirens (D. Villars) R. Pilger [Avena sempervirens D. Villars]。【参考异名】Amphibromus Nees(1843); Avenastrum (Koch) Opiz (1852) Nom. illegit. ; Avenastrum Jess. (1863) Nom. illegit. ; Avenastrum Opiz (1852) Nom. illegit. ; Avenochloa Holub(1962) Nom. illegit. ; Avenula (Dumort.) Dumort. (1868); Danthorhiza Ten. (1811 - 1815); Elictotrichon Besser ex Andrz. (1823); Helicotrichum Besser ex Rchb. ; Helictotrichon Besser ex Schult. et Schult. f. (1827) Nom. illegit. ; Heliotrichum Besser ex Schur (1866) Nom. illegit. ; Heuffelia Schur (1866) Nom. illegit. ; Stipavena Vierh. (1906) Nom. illegit. ; Trisetum sect. Avenula Dumort. ■

23792 Helie M. Room. (1846) = Atalantia Corrêa (1805) (保留属名) [芸香科 Rutaceae] ●

23793 Heliella Briq. (1897) 【汉】小含笑属。【隶属】唇形科 Lamiaceae(Labiatae)。【包含】世界 2 种。【学名诠释与讨论】〈阴〉(属)Michelia 含笑属+-ellus, -ella, -ellum,加在名词词干后面形成指小式的词尾。或加在人名、属名等后面以组成新属的名称。【分布】北美洲。【模式】未指定。【参考异名】Collinsonia L. (1753); Hypogon Raf. (1817) ●☆

23794 Helietta Tul. (1847) 【汉】赫利芸香属。【隶属】芸香科 Rutaceae。【包含】世界 7-8 种。【学名诠释与讨论】〈阴〉词源不详。【分布】巴拉圭,玻利维亚,古巴,墨西哥。【模式】Helietta plaeana L. R. Tulasne。【参考异名】Picrella Baill. (1871) ●☆

23795 Heligma Benth. et Hook. f. (1876) = Heligme Blume ex Endl. (1838) Nom. illegit. ; ~ ≡ Parsonsia R. Br. (1810) (保留属名) [夹竹桃科 Apocynaceae] ●

23796 Heligme Blume ex Endl. (1838) Nom. illegit. ≡ Parsonsia R. Br. (1810) (保留属名) [夹竹桃科 Apocynaceae] ●■

23797 Heligme Blume (1828) Nom. inval. ≡ Heligme Blume ex Endl. (1838) Nom. illegit. ; ~ ≡ Parsonsia R. Br. (1810) (保留属名) [夹竹桃科 Apocynaceae] ●

23798 Helinus E. Mey. ex Endl. (1840) (保留属名)【汉】炸果鼠李属。【隶属】鼠李科 Rhamnaceae。【包含】世界 5 种。【学名诠释与讨论】〈阳〉(希)helinos,卷须,卷发。此属的学名"Helinus E. Mey. ex Endl. , Gen. Pl. :1102. Apr 1840"是保留属名。相应的废弃属名是鼠李科 Rhamnaceae 的"Mystacinus Raf. , Sylva Tellur. : 30. Oct-Dec 1838 ≡ Helinus E. Mey. ex Endl. (1840) (保留属名)"。【分布】阿拉伯地区,巴基斯坦,马达加斯加,热带和非洲南部,喜马拉雅山。【模式】Helinus ovatus E. H. F. Meyer, Nom. illegit. [Rhamnus mystacinus W. Aiton; Helinus mystacinus (W. Aiton) E. H. F. Meyer ex Steudel]。【参考异名】Marlothia Engl. (1888); Mystacinus Raf. (1838) (废弃属名) ●☆

23799 Heliocarpos L. (1754) Nom. illegit. ≡ Heliocarpus L. (1753) [椴树科 (椴科,田麻科) Tiliaceae//锦葵科 Malvaceae] ●■☆

23800 Heliocarpus L. (1753)【汉】日果椴属。【隶属】椴树科 (椴科,田麻科) Tiliaceae//锦葵科 Malvaceae。【包含】世界 1-10 种。【学名诠释与讨论】〈阳〉(希)helios,太阳+karpos,果实。此属的

学名,ING、TROPICOS 和 IK 记载是"Heliocarpus L. , Sp. Pl. 1:448. 1753 [1 May 1753]"。"Heliocarpos L. (1754)"是其变体。"Montia P. Miller, Gard. Dict. Abr. ed. 4. 28 Jan 1754(non Linnaeus 1753)"是"Heliocarpus L. (1753)"的晚出的同模式异名(Homotypic synonym, Nomenclatural synonym)。【分布】巴拉圭,巴拿马,秘鲁,玻利维亚,厄瓜多尔,哥伦比亚,墨西哥,尼加拉瓜,中美洲。【模式】Heliocarpus americanus Linnaeus [as 'americana']。【参考异名】Heliocarpos L. (1754) Nom. illegit. ; Montia Mill. (1754) Nom. illegit. ●■☆

23801 Heliocarya Bunge (1871) = Caccinia Savi (1832) [紫草科 Boraginaceae] ■☆

23802 Heliocauta Humphries (1977)【汉】阳雏菊属。【隶属】菊科 Asteraceae(Compositae)。【包含】世界 1 种。【学名诠释与讨论】〈阴〉(希)helios,太阳+kautos = caustos,烧了的。【分布】非洲北部。【模式】Heliocauta atlantica (R. de Litardière et R. Maire) C. J. Humphries [Anacyclus atlanticus R. de Litardière et R. Maire]。●☆

23803 Heliocereus (A. Berger) Britton et Rose (1909) Nom. illegit. ≡ Heliocereus Britton et Rose (1909) ; ~ = Disocactus Lindl. (1845) [仙人掌科 Cactaceae] ●☆

23804 Heliocereus Britton et Rose(1909)【汉】牡丹柱属(日影掌属)。【日】ヘリオセレウス属。【隶属】仙人掌科 Cactaceae。【包含】世界 4 种。【学名诠释与讨论】〈阳〉(希)(A. Berger)helios,太阳+(属)Cereus 仙影掌属。此属的学名,ING、GCI 和 IK 记载是"Heliocereus N. L. Britton et J. N. Rose, Contr. U. S. Natl. Herb. 12:433. 21 Jul 1909"。TROPICOS 则记载为"Heliocereus (A. Berger) Britton et Rose, Contributions from the United States National Herbarium 12(10):433. 1909. (21 Jul 1909)"。四者引用的文献相同。亦有文献把"Heliocereus Britton et Rose(1909)"处理为"Disocactus Lindl. (1845)"的异名。【分布】洪都拉斯,墨西哥,尼加拉瓜,危地马拉,中美洲。【模式】Heliocereus speciosus (Cavanilles) N. L. Britton et J. N. Rose [Cactus speciosus Cavanilles]。【参考异名】Cereus subsect. Heliocereus A. Berger (1905) Nom. illegit. ; Disocactus Lindl. (1845); Heliocereus (A. Berger) Britton et Rose (1909) Nom. illegit. ●☆

23805 Heliocharis Lindl. (1829) = Eleocharis R. Br. (1810) [莎草科 Cyperaceae] ■

23806 Heliochroa A. Gray (1884) Nom. illegit. [菊科 Asteraceae (Compositae)] ☆

23807 Heliochroa Raf. (1825) = Echinacea Moench (1794) [菊科 Asteraceae (Compositae)] ■☆

23808 Heliogenes Benth. (1840) = Jaegeria Kunth (1818) [菊科 Asteraceae (Compositae)] ■☆

23809 Heliohebe Garn. -Jones(1993)【汉】阳婆木属(荷里奥赫柏木属,喜阳赫柏木属)。【隶属】玄参科 Scrophulariaceae//婆婆纳科 Veronicaceae。【包含】世界 5 种。【学名诠释与讨论】〈阴〉(希)helios,太阳+(属)Hebe 木本婆婆纳属(长阶花属,赫柏木属,拟婆婆纳属)。【分布】新西兰。【模式】不详。●☆

23810 Heliomeris Nutt. (1848)【汉】假金目菊属。【英】False Goldeneye, Golden-eye。【隶属】菊科 Asteraceae (Compositae)。【包含】世界 5-6 种。【学名诠释与讨论】〈阴〉(希)helios,太阳+meros, meris,一部分。【分布】美国(东南部),北美洲西部,中美洲。【模式】Heliomeris multiflorus Nuttall。■☆

23811 Helionopsis Franch. et Sav. (1879) = Heloniopsis A. Gray (1858) (保留属名) [百合科 Liliaceae//黑药花科 (藜芦科) Melanthiaceae//蓝药花科 (胡麻花科) Heloniadaceae] ■

23812 Heliophila Burm. f. ex L. (1763)【汉】喜阳花属(日冠花属)。【隶属】十字花科 Brassicaceae (Cruciferae)。【包含】世界 72-75

种。【学名诠释与讨论】〈阴〉（希）helios，太阳＋phileo，喜好。此属的学名，ING、APNI 和 IK 记载是"Heliophila N. L. Burman ex Linnaeus, Sp. Pl. ed. 2. 926. Jul – Aug 1763"。"Heliophila L. (1763)＝Heliophila Burm. f. ex L. (1763)［十字花科 Brassicaceae (Cruciferae)］"的命名人引证有误。【分布】非洲南部。【后选模式】Heliophila integrifolia Linnaeus。【参考异名】Carponema Eckl. et Zeyh. (1834); Carpopodium (DC.) Eckl. et Zeyh. (1834 – 1835); Carpopodium Eckl. et Zeyh. (1834 – 1835) Nom. illegit.; Heliophila Burm. f. ex L.; Heliophila L. (1763) Nom. illegit.; Heliophyla Neck. (1790) Nom. inval.; Heliophylla Scop. (1777); Leptormus (DC.) Eckl. et Zeyh. (1834); Leptormus Eckl. et Zeyh. (1834) Nom. illegit.; Ormiscus (DC.) Eckl. et Zeyh. (1834); Ormiscus Eckl. et Zeyh. (1834) Nom. illegit.; Orthoselis (DC.) Spach (1838) Nom. illegit.; Orthoselis Spach (1838) Nom. illegit.; Pachystylum (DC.) Eckl. et Zeyh. (1834); Pachystylum Eckl. et Zeyh. (1834) Nom. illegit.; Prisciana Raf. (1838) Nom. illegit.; Selenocarpaea (DC.) Eckl. et Zeyh. (1834); Selenocarpaea Eckl. et Zeyh. (1834) Nom. illegit.; Silicularia Compton (1953); Thlaspeocarpa C. A. Sm. (1931); Trentepohlia Roth (1800)（废弃属名）■■☆

23813 **Heliophila** L. (1763) Nom. illegit. ＝ Heliophila Burm. f. ex L. (1763)［十字花科 Brassicaceae (Cruciferae)］●■☆

23814 **Heliophthalmum** Raf. (1817) ＝ Bidens L. (1753)［菊科 Asteraceae (Compositae)］■●

23815 **Heliophyla** Neck. (1790) Nom. inval. ＝ Heliophila Burm. f. ex L. (1763)［十字花科 Brassicaceae (Cruciferae)］●■☆

23816 **Heliophylax** T. Lestib. ex Steud. (1840) ＝ Heleophylax P. Beauv. ex T. Lestib. (1819)（废弃属名）; ~ ＝ Scirpus L. (1753)（保留属名）［莎草科 Cyperaceae//藨草科 Scirpaceae］■

23817 **Heliophylla** Scop. (1777) ＝ Heliophila Burm. f. ex L. (1763)［十字花科 Brassicaceae (Cruciferae)］●■☆

23818 **Heliophyton** Benth. (1846) ＝ Heliophytum (Cham.) DC. (1845); ~ ＝ Heliotropium L. (1753)［紫草科 Boraginaceae//天芥菜科 Heliotropiaceae］●■

23819 **Heliophytum** (Cham.) DC. (1845) ＝ Heliotropium L. (1753)［紫草科 Boraginaceae//天芥菜科 Heliotropiaceae］●■

23820 **Heliophytum** DC. (1845) Nom. illegit. ≡ Heliophytum (Cham.) DC. (1845); ~ ＝ Heliotropium L. (1753)［紫草科 Boraginaceae//天芥菜科 Heliotropiaceae］●■

23821 **Heliopsis** Pers. (1807)（保留属名）【汉】赛菊芋属（日光菊属，赛菊属）。【日】キクイモモドキ属，ヒメキクイモ属，ヘリオプシス属。【俄】Гелиопсис。【英】Heliopsis, North American Ox – eye, Orange Sunflower, Oxeye, Scabrin, Sunflower Everlasting, Sunglory。【隶属】菊科 Asteraceae (Compositae)。【包含】世界 12-15 种。【学名诠释与讨论】〈阴〉（希）helios，太阳＋希腊文 opsis，外观，模样，相似。指花。此属的学名"Heliopsis Pers., Syn. Pl. 2:473. Sep 1807"是保留属名。法规未列出相应的废弃属名。【分布】巴拿马，秘鲁，玻利维亚，厄瓜多尔，哥伦比亚（安蒂奥基亚），美国（密苏里），非洲，中美洲。【模式】Heliopsis helianthoides (Linnaeus) Sweet［Buphthalmum helianthoides Linnaeus］。【参考异名】Andrieuxia DC. (1836); Callias Cass. (1822); Helemonium Steud. (1840); Helenomoium Willd., Nom. inval.; Helenomoium Willd. ex DC. (1836); Helepta Raf. (1825); Hemilepis Vilm.; Hemolepis Hort. ex Vilm. (1866); Kallias (Cass.) Cass. (1825); Kallias Cass. (1825) Nom. illegit.; Nemolepis Vilm. (1866)●■☆

23822 **Helioreos** Raf. (1832) ＝ Pectis L. (1759)［菊科 Asteraceae (Compositae)］■☆

23823 **Heliosciadium** Bluff et Fingerh. (1825) ＝ Apium L. (1753); ~ ＝ Helosciadium W. D. J. Koch (1824)［伞形花科（伞形科）Apiaceae (Umbelliferae)］■☆

23824 **Heliosperma** (Rchb.) Rchb. (1841) ＝ Silene L. (1753)（保留属名）［石竹科 Caryophyllaceae］■

23825 **Heliosperma** Rchb. (1841) Nom. illegit. ≡ Heliosperma (Rchb.) Rchb. (1841); ~ ＝ Silene L. (1753)（保留属名）［石竹科 Caryophyllaceae］■

23826 **Heliospora** Hook. f. (1880) Nom. illegit. ＝ Helospora Jack (1823)（废弃属名）; ~ ＝ Timonius DC. (1830)（保留属名）［茜草科 Rubiaceae］●

23827 **Heliostemma** Woodson (1935)【汉】阳冠萝藦属。【隶属】萝藦科 Asclepiadaceae。【包含】世界 1 种。【学名诠释与讨论】〈中〉（希）helios，太阳＋stemma，所有格 stemmatos，花冠，花环，王冠。此属的学名是"Heliostemma Woodson, Amer. J. Bot. 22：689. 15 Jul 1935"。亦有文献把其处理为"Matelea Aubl. (1775)"的异名。【分布】墨西哥。【模式】Heliostemma molestum Woodson［as 'molesta'］。【参考异名】Matelea Aubl. (1775)●☆

23828 **Heliotrichum** Besser ex Schur (1866) ＝ Helictotrichon Besser (1827)［禾本科 Poaceae (Gramineae)］■

23829 **Heliotropiaceae** Schrad. (1819)（保留科名）［亦见 Boraginaceae Juss.（保留科名）紫草科］【汉】天芥菜科。【包含】世界 1 属 250 种，中国 1 属 10-11 种。【分布】热带和温带。【科名模式】Heliotropium L. ■

23830 **Heliotropium** L. (1753)【汉】天芥菜属（天芹菜属）。【日】キダチルリサウ属，キダチルリソウ属，ヘリオトロピューム属。【俄】Гелиотроп。【英】Cherry Pie, Heliotrope。【隶属】紫草科 Boraginaceae//天芥菜科 Heliotropiaceae。【包含】世界 250 种，中国 10-11 种。【学名诠释与讨论】〈中〉（希）helios，太阳＋tropos，转弯，方式上的改变。trope，转弯的行为。tropo，转。tropis，所有格 tropeos，后来的。tropis，所有格 tropidos，龙骨＋-ius，-ia，-ium，在拉丁文和希腊文中，这些词尾表示性质或状态。指花序随太阳转动。【分布】巴基斯坦，巴拉圭，巴拿马，秘鲁，玻利维亚，厄瓜多尔，哥伦比亚（安蒂奥基亚），马达加斯加，美国（密苏里），尼加拉瓜，中国，热带和温带，中美洲。【后选模式】Heliotropium europaeum Linnaeus。【参考异名】Beruniella Zakirov et Nabiev (1986); Bourjotia Pomel (1874); Bucanion Steven (1851); Cochranea Miers (1868); Dialion Raf. (1838); Eliopia Raf. (1838) Nom. illegit.; Euploca Nutt. (1836); Heliophytum (Cham.) DC. (1845); Heliophytum DC. (1845) Nom. illegit.; Hieranthemum (Endl.) Spach (1840); Hieranthemum Spach (1840) Nom. illegit.; Hilgeria H. Förther (1998); Lithococca Small ex Rydb. (1932); Meladendron Molina (1810) Nom. illegit.; Notonerium Benth. (1876); Pentacarya DC. ex Meisn. (1840); Peristima Raf. (1838); Pioctonon Raf. (1838); Piptoclaina G. Don (1837); Preslaea Mart. (1827) Nom. illegit.; Preslea Spreng. (1827); Sarcanthus Andersson (1853) Nom. illegit.（废弃属名）; Schleidenia Endl. (1839) Nom. illegit.; Schobera Scop. (1777); Schoebera Neck. (1790) Nom. inval.; Scorpianthes Raf. (1838); Scorpiurus Fabr., Nom. illegit.; Synzistachium Raf. (1838); Syzistachyum Post et Kuntze (1903); Tiaridium Lehm. (1818); Valentina Speg. (1902) Nom. illegit.; Valentiniella Speg. (1903)●■

23831 **Helipteron** St. – Lag. (1880) Nom. illegit., Nom. illegit.［菊科 Asteraceae (Compositae)］☆

23832 **Helipterum** DC. (1838) Nom. confus. ＝ Helichrysum Mill. (1754)［as 'Elichrysum'］（保留属名）; ~ ＝ Syncarpha DC.

（1810）［菊科 Asteraceae（Compositae）］■☆

23833　Helipterum DC. ex Lindl.（1836）Nom. confus.【汉】羽毛菊属（小麦秆菊属）。【日】ハナカンザシ属。【俄】Акроклиниум，Гелиптерум，Стеблеклонник。【英】Everlasting, Straw‑flower, Sunray, Swan River Everlasting Flower。【隶属】菊科 Asteraceae（Compositae）。【包含】世界 90 种。【学名诠释与讨论】〈中〉（希）helios，太阳＋pteron，指小式 pteridion，翅。pteridios 有羽毛的。指冠毛羽状。此属的学名 "Helipterum DC. ex Lindl., A Natural System of Botany ed. 2 1836" 是一个混乱名（Nom. confus.）。它包含了几个属，包括 "Argyrocome Gaertner（1791）"。"Helipterum A. P. de Candolle, Prodr. 6：211. Jan 1838（prim.）" 亦是混乱名，它包含了 "Syncarpha DC.（1810）"。多有文献用 "Helipterum DC. ex Lindl." 为正名，故放于此。亦有文献把 "Helipterum DC. ex Lindl.（1836）Nom. confus." 处理为 "Helichrysum Mill.（1754）［as ‘Elichrysum’］（保留属名）" 或 "Syncarpha DC.（1810）" 的异名。【分布】澳大利亚，非洲南部，哥伦比亚，中国（台湾）。【模式】未指定。【参考异名】Acroclinium A. Gray（1852）；Acrolinium Engl.（1880）；Anaxeton Schrank（1824）Nom. illegit.；Anisolepis Steetz（1845）；Argyranthus Neck.（1790）Nom. inval.；Argyrocome Breyne ex Kuntze（1891）；Argyrocome Breyne（1739）；Argyrocome Gaertn.（1791）；Astelma R. Br.（1820）；Astelma R. Br. ex Ker‑Gawl.（1821）；Cassiniola F. Muell.（1863）；Damironia Cass.（1828）；Duttonia F. Muell.（1852）；Endorima Raf.（1836）Nom. illegit.；Griffithia J. M. Black（1913）Nom. illegit.；Helichrysum Mill.（1754）（保留属名）；Hyalosperma Steetz（1845）；Jessenia F. Muell. ex Sond.（1853）；Monencyanthes A. Gray（1852）；Pteropogon A. Cunn. ex DC.（1838）；Pteropogon DC.（1838）；Rhodanthe Lindl.（1834）；Roccardia Neck.（1790）Nom. inval.；Staehelina Raf.；Syncarpha DC.（1810）；Triptilodiscus Turcz.（1851）；Xyridanthe Lindl.（1839）■

23834　Helisanthera Raf.（1820）＝ Helixanthera Lour.（1790）［桑寄生科 Loranthaceae］●

23835　Helittophyllum Blume（1826）＝ Helicia Lour.（1790）［山龙眼科 Proteaceae］●

23836　Helix Dumort. ex Steud.（1840）Nom. illegit.＝ Salix L.（1753）（保留属名）［杨柳科 Salicaceae］●

23837　Helix Mitch.（1748）Nom. inval.＝ Parthenocissus Planch.（1887）（保留属名）［葡萄科 Vitaceae］●

23838　Helix Mitch.（1769）Nom. illegit.＝ Parthenocissus Planch.（1887）（保留属名）［葡萄科 Vitaceae］●

23839　Helixanthera Lour.（1790）【汉】离瓣寄生属（五瓣桑寄生属）。【英】Helixanthera, Jurinea。【隶属】桑寄生科 Loranthaceae。【包含】世界 25-50 种，中国 7-8 种。【学名诠释与讨论】〈阴〉（希）helix，所有格 helikos，任何缠绕之物，卷须、螺旋形，也是一种常春藤的名称。helisso，缠绕＋anthera，花药。指花药扭旋。此属的学名，ING、TROPICOS 和 IK 记载是 "Helixanthera Lour., Fl. Cochinch. 1：142. 1790 [Sep 1790]"。"Helicia Persoon, Syn. Pl. 1：214. 1 Apr–15 Jun 1805（non Loureiro 1790）" 是 "Helixanthera Lour.（1790）" 的晚出的同模式异名（Homotypic synonym, Nomenclatural synonym）。【分布】印度至马来西亚至印度尼西亚（苏拉威西岛），中国，热带非洲。【模式】Helixanthera parasitica Loureiro。【参考异名】Acrostachys（Benth.）Tiegh.（1894）；Acrostachys Tiegh.（1894）Nom. illegit.；Chiridium Tiegh.（1894）；Coleobotrys Tiegh.（1894）；Dithecina Tiegh.（1895）；Helicanthera Roem. et Schult.（1819）Nom. illegit.；Helicia Pers.（1805）Nom. illegit.；Helisanthera Raf.（1820）；Lanthorus C. Presl（1851）；

Leucobotrys Tiegh.（1894）；Phoenicanthemum（Blume）Blume（1830）；Phoenicanthemum（Blume）Rchb.（1841）Nom. illegit.；Phoenicanthemum Blume（1830）Nom. illegit.；Strepsimela Raf.（1838）；Sycophila Welw. ex Tiegh.（1894）●

23840　Helixira Steud.（1840）＝ Gynandriris Parl.（1854）［鸢尾科 Iridaceae］■☆

23841　Helixyra Salisb.（1812）Nom. inval.≡ Helixyra Salisb. ex N. E. Br.（1929）；~ ≡ Gynandriris Parl.（1854）［鸢尾科 Iridaceae］■☆

23842　Helixyra Salisb. ex N. E. Br.（1929）Nom. illegit. ≡ Gynandriris Parl.（1854）［鸢尾科 Iridaceae］■☆

23843　Helladia M. Král（1987）＝ Sedum L.（1753）［景天科 Crassulaceae］●■

23844　Hellanthopsis H. Rob. ＝ Pappobolus S. F. Blake（1916）［菊科 Asteraceae（Compositae）］■●☆

23845　Helleboraceae Loisel.［亦见 Ranunculaceae Juss.（保留科名）毛茛科］【汉】铁筷子科。【包含】世界 1 属 20 种，中国 1 属 1 种。【分布】欧洲，地中海至高加索。【科名模式】Helleborus L.■

23846　Helleboraceae Vest（1818）＝ Helleboraceae Loisel.■

23847　Helleboraster Fabr. ＝ Adonis L.（1753）（保留属名）［毛茛科 Ranunculaceae］●

23848　Helleboraster Hill（1756）＝ Helleborus L.（1753）［毛茛科 Ranunculaceae//铁筷子科 Helleboraceae］■

23849　Helleboraster Moench（1794）Nom. illegit. ≡ Helleborus L.（1753）［毛茛科 Ranunculaceae//铁筷子科 Helleboraceae］■

23850　Helleborine Ehrh.（废弃属名）＝ Epipactis Zinn（1757）（保留属名）；~ ＝ Serapias L.（1753）（保留属名）［兰科 Orchidaceae］■☆

23851　Helleborine Hill（1756）Nom. illegit.（废弃属名）＝ Epipactis Zinn（1757）（保留属名）；~ ＝ Serapias L.（1753）（保留属名）［兰科 Orchidaceae］■

23852　Helleborine Kuntze（1891）Nom. illegit.（废弃属名）≡ Calopogon R. Br.（1813）（保留属名）；~ ＝ Helleborine Martyn ex Kuntze（1891）Nom. illegit.（废弃属名）；~ ≡ Calopogon R. Br.（1813）（保留属名）［兰科 Orchidaceae］■☆

23853　Helleborine Martyn ex Kuntze（1891）Nom. illegit.（废弃属名）≡ Calopogon R. Br.（1813）（保留属名）［兰科 Orchidaceae］■☆

23854　Helleborine Martyn（1736）Nom. inval. ＝ Calopogon R. Br.（1813）（保留属名）［兰科 Orchidaceae］■☆

23855　Helleborine Mill.（1754）（废弃属名）≡ Epipactis Zinn（1757）（保留属名）；~ ＝ Cephalanthera Rich.（1817）；~ ＝ Cypripedium L.（1753）［兰科 Orchidaceae］■

23856　Helleborine Moench（1794）Nom. illegit.（废弃属名）＝ Serapias L.（1753）（保留属名）［兰科 Orchidaceae］■☆

23857　Helleborine Pers.（1807）Nom. illegit.（废弃属名）＝ Serapias L.（1753）（保留属名）［兰科 Orchidaceae］■☆

23858　Helleborine Tourn. ex Haller（1742）Nom. inval. ≡ Helleborine Pers.（1807）Nom. illegit.（废弃属名）；~ ＝ Serapias L.（1753）（保留属名）［兰科 Orchidaceae］■☆

23859　Helleborodea Kuntze（1891）Nom. illegit. ＝ Helleboroides Adans.（1763）Nom. illegit.；~ ＝ Eranthis Salisb.（1807）（保留属名）［毛茛科 Ranunculaceae］■

23860　Helleboroides Adans.（1763）Nom. illegit. ≡ Eranthis Salisb.（1807）（保留属名）［毛茛科 Ranunculaceae］■

23861　Helleborus Gueldenst.（1791）Nom. illegit. ＝ Veratrum L.（1753）［百合科 Liliaceae//黑药花科（藜芦科）Melanthiaceae］■●

23862　Helleborus L.（1753）【汉】铁筷子属（嚏根草属）。【日】クリスマス・ローズ属，クリスマスローズ属。【俄】Геллебор，Геллеборус，Зимовник，Морозник，Смелтоед。【英】Christmas

Rose, Hellebore, Helleborus, Iron-chopstick, Lenten Rose。【隶属】毛茛科 Ranunculaceae//铁筷子科 Helleboraceae。【包含】世界20-25 种, 中国 1 种。【学名诠释与讨论】〈阳〉(希) helleboros, 铁筷子(嚏根草) 的古名。拉丁文 hellebore, elleborum 也是铁筷子(嚏根草) 的古名。可能来自希腊文 hellos, ellos, 小鹿 + bibroskein, 吃。此属的学名, ING 和 IK 记载是 "Helleborus Linnaeus, Sp. Pl. 557. 1 Mai 1753"。"Helleborus Gueldenst., Reis. Russland (Gueldenst.) ii. 196 (1791) = Veratrum L. (1753)" 是晚出的非法名称。"Helleboraster Moench, Meth. 236. 4 Mai 1794" 是 "Helleborus L. (1753)" 的晚出的同模式异名 (Homotypic synonym, Nomenclatural synonym)。【分布】中国, 地中海至高加索, 欧洲。【模式】Helleborus niger Linnaeus。【参考异名】Elleborus Vill. (1789); Helleboraster Hill (1756); Helleboraster Moench (1794) Nom. illegit.; Trichrysus Raf. ■

23863　Hellenia Retz. (1791) = Costus L. (1753) [姜科 (蘘荷科) Zingiberaceae//闭鞘姜科 Costaceae] ■

23864　Hellenia Willd. (1797) Nom. illegit. ≡ Allagas Raf. (1838); ~ = Alpinia L. (1753) (废弃属名); ~ = Alpinia Roxb. (1810) (保留属名) [姜科 (蘘荷科) Zingiberaceae//山姜科 Alpiniaceae] ■

23865　Hellenocarum H. Wolff (1927)【汉】黑伦草属。【隶属】伞形花科 (伞形科) Apiaceae (Umbelliferae)。【包含】世界 3 种。【学名诠释与讨论】〈中〉词源不详。【分布】地中海中部。【后选模式】Hellenocarum multiflorum (J. E. Smith) H. Wolff [Athamanta multiflora J. E. Smith]。■☆

23866　Hellera Doll (1877) Nom. inval. ≡ Hellera Schrad. ex Doll (1877) Nom. inval.; ~ = Olyra L. (1759); ~ = Raddia Bertol. (1819) [禾本科 Poaceae (Gramineae)] ■☆

23867　Hellera Schrad. ex Doll (1877) Nom. inval. = Olyra L. (1759); ~ = Raddia Bertol. (1819) [禾本科 Poaceae (Gramineae)] ■☆

23868　Helleranthus Small (1903) = Verbena L. (1753) [马鞭草科 Verbenaceae] ■●

23869　Helleria E. Fourn. (1886) Nom. illegit. ≡ Hellerochloa Rauschert (1982); ~ = Festuca L. (1753) [禾本科 Poaceae (Gramineae)//羊茅科 Festucaceae] ■

23870　Helleria Nees et Mart. (1824) = Vantanea Aubl. (1775) [核果树科 (胡香脂科, 树脂核科, 无距花科, 香膏科, 香膏木科) Humiriaceae] ●☆

23871　Helleriella A. D. Hawkes (1966)【汉】黑勒兰属。【隶属】兰科 Orchidaceae。【包含】世界 2 种。【学名诠释与讨论】〈阴〉(人) Carl Bartholomaus Heller, 1824-1880, 澳大利亚博物学者, 旅行家 +-ellus, -ella, -ellum, 加在名词词干后面形成指小式的词尾。或加在人名、属名等后面以组成新属的名称。【分布】中美洲。【模式】Helleriella nicaraguensis A. D. Hawkes。■☆

23872　Hellerochloa Rauschert (1982) = Festuca L. (1753) [禾本科 Poaceae (Gramineae)//羊茅科 Festucaceae] ■

23873　Hellerorchis A. D. Hawkes (1855) Nom. illegit. ≡ Rodrigueziella Kuntze (1891) [兰科 Orchidaceae] ■☆

23874　Hellmuthia Steud. (1850)【汉】赫尔莎属。【隶属】莎草科 Cyperaceae//藨草科 Scirpaceae。【包含】世界 1 种。【学名诠释与讨论】〈阴〉(人) Hellmuthia。此属的学名是 "Hellmuthia Steudel, Syn. Pl. Glum. 2: 90. 10-11 Apr 1855"。亦有文献把其处理为 "Scirpus L. (1753) (保留属名)" 的异名。【分布】非洲南部。【模式】Hellmuthia restioides Steudel。【参考异名】Helmuthia Pax; Scirpus L. (1753) (保留属名) ■☆

23875　Hellwigia Warb. (1891) = Alpinia Roxb. (1810) (保留属名) [姜科 (蘘荷科) Zingiberaceae//山姜科 Alpiniaceae] ■

23876　Helmentia J. St. -Hil. (1805) = Helmintia Juss. (1789); ~ =

Picris L. (1753) [菊科 Asteraceae (Compositae)] ■

23877　Helmholtzia F. Muell. (1866)【汉】赫尔姆田葱属。【隶属】田葱科 Philydraceae。【包含】世界 2-3 种。【学名诠释与讨论】〈阴〉(人) Hermann Ludwig Ferdinand von Helmholtz, 1821-1894, 德国解剖学者, 生理学者。【分布】澳大利亚 (东部), 新几内亚岛。【模式】Helmholtzia acorifolia F. v. Mueller。【参考异名】Orthothylax (Hook. f.) Skottsb. (1932) ■☆

23878　Helmia Kunth (1850) = Dioscorea L. (1753) (保留属名) [薯蓣科 Dioscoreaceae] ■

23879　Helminta Willd. (1803) = Helminthia Juss. (1789) Nom. illegit.; ~ = Helminthotheca Zinn (1757); ~ = Picris L. (1753) [菊科 Asteraceae (Compositae)] ■

23880　Helminthia DC. (1805) Nom. illegit. [菊科 Asteraceae (Compositae)] ☆

23881　Helminthia Juss. (1789) Nom. illegit. ≡ Helminthotheca Zinn (1757); ~ = Picris L. (1753) [菊科 Asteraceae (Compositae)] ■

23882　Helminthion St. -Lag. (1880) = Helminthia Juss. (1789) Nom. illegit.; ~ = Helminthotheca Zinn (1757); ~ = Picris L. (1753) [菊科 Asteraceae (Compositae)] ■

23883　Helminthocarpon A. Rich. (1847) Nom. illegit. ≡ Helminthocarpum A. Rich. (1847) Nom. illegit.; ~ ≡ Vermifrux J. B. Gillett (1966); ~ = Lotus L. (1753) [豆科 Fabaceae (Leguminosae)] ■

23884　Helminthocarpum A. Rich. (1847) Nom. illegit. ≡ Vermifrux J. B. Gillett (1966); ~ = Lotus L. (1753) [豆科 Fabaceae (Leguminosae)//蝶形花科 Papilionaceae] ■

23885　Helminthospermum (Torr.) Dutand = Phacelia Juss. (1789) [田梗草科 (田基麻科, 田亚麻科) Hydrophyllaceae] ■☆

23886　Helminthospermum Thwaites (1854) = Gironniera Gaudich. (1844) [榆科 Ulmaceae] ●

23887　Helminthoteca Juss. (1789) Nom. illegit. ≡ Helminthoteca Vaill. ex Juss. (1789) [菊科 Asteraceae (Compositae)] ■☆

23888　Helminthoteca Vaill. ex Juss. (1789) = Helminthotheca Zinn (1757) [菊科 Asteraceae (Compositae)] ■☆

23889　Helminthotheca Vaill. (1760) Nom. illegit. ≡ Helminthotheca Vaill. ex Boehm. (1760) Nom. illegit.; ~ = Helminthotheca Zinn (1757) [菊科 Asteraceae (Compositae)] ■☆

23890　Helminthotheca Vaill. ex Boehm. (1760) Nom. illegit. = Helminthotheca Zinn (1757) [菊科 Asteraceae (Compositae)] ■☆

23891　Helminthotheca Zinn (1757)【汉】牛舌苣属。【英】Oxtongue。【隶属】菊科 Asteraceae (Compositae)。【包含】世界 4 种。【学名诠释与讨论】〈阴〉(希) helmins, 所有格 helminthos, 蠕虫, 臭虫 + theke = 拉丁文 theca, 匣子, 箱子, 室, 药室, 囊。此属的学名, ING、APNI、TROPICOS 和 IK 记载是 "Helminthotheca Zinn, Catalogus Plantarum Horti Academici et Agri Gottingensis 1757"。"Helminthotheca Vaill. ex Boehm., in Ludw. Def. Gen. Pl. 173 (1760) = Helminthotheca Zinn (1757) [菊科 Asteraceae (Compositae)]" 是晚出的非法名称。"Helminthoteca Vaill. ex Juss., Gen. Pl. [Jussieu] 170. 1789 [4 Aug 1789] = Helminthotheca Zinn (1757)" 似为变体。"Crenamum Adanson, Fam. 2: 112, 545 ('Krenamon'). Jul-Aug 1763"、"Helminthia A. L. Jussieu, Gen. 468, 170 ('Helmintia'). 4 Aug 1789"、"Heiraciastrum Heister ex Fabricius, Enum. 68. 1759" 和 "Hieraciastrum Heister ex Fabricius, Enum. 68. 1759" 是 "Helminthotheca Zinn (1757)" 的晚出的同模式异名 (Homotypic synonym, Nomenclatural synonym)。【分布】美国, 地中海地区。【模式】Picris echioides Linnaeus。【参考异名】Crenamum Adans. (1763) Nom. illegit.; Heiraciastrum Heist. ex

Fabr. (1759) Nom. illegit. ; Helminthia Juss. (1789) Nom. illegit. ; Helminthotheca Juss. (1789) ; Helminthotheca Vaill. ex Juss. (1789) ; Helminthotheca Vaill. (1760) Nom. illegit. ; Helminthotheca Vaill. ex Boehm. (1760) Nom. illegit. ; Hieraciastrum Heist. ex Fabr. (1759) Nom. illegit. ■☆

23892 Helmintia Juss. (1789) = Picris L. (1753) [菊科 Asteraceae (Compositae)] ■

23893 Helmiopsiella Arènes(1956)【汉】小薯蓣梧桐属。【隶属】梧桐科 Sterculiaceae//锦葵科 Malvaceae。【包含】世界4种。【学名诠释与讨论】〈阴〉(属) Helmia = Dioscorea 薯蓣属(龟甲龙属,薯芋属),或 Helmiopsis 薯蓣梧桐属+-ellus,-ella,-ellum,加在名词词干后面形成指小式的词尾。或加在人名、属名等后面以组成新属的名称。【分布】马达加斯加。【模式】Helmiopsiella madagascariensis Arènes。【参考异名】Dendroleandria Arènes (1956) ; Ruizia Cav. (1786) ●☆

23894 Helmiopsis H. Perrier(1944)【汉】薯蓣梧桐属。【隶属】梧桐科 Sterculiaceae//锦葵科 Malvaceae。【包含】世界9种。【学名诠释与讨论】〈阴〉(属)Helmia = Dioscorea 薯蓣属(龟甲龙属,薯芋属)+希腊文 opsis,外观,模样。或 helmins,蠕虫+希腊文 opsis,外观,模样。【分布】马达加斯加。【模式】Helmiopsis inversa Perrier de la Bâthie。●☆

23895 Helmontia Cogn. (1875)【汉】黑尔葫芦属。【隶属】葫芦科(瓜科,南瓜科)Cucurbitaceae。【包含】世界1种。【学名诠释与讨论】〈阴〉(人)Helmont。【分布】巴西,几内亚。【模式】Helmontia leptantha (Schlechtendal) Cogniaux [Anguria leptantha Schlechtendal]。■☆

23896 Helmuthia Pax = Hellmuthia Steud. (1850) ; ~ = Scirpus L. (1753)(保留属名)[莎草科 Cyperaceae//藨草科 Scirpaceae] ■

23897 Helodea Post et Kuntze (1903) Nom. illegit. = Elodes Adans. (1763) Nom. illegit. ; ~ = Hypericum L. (1753) [金丝桃科 Hypericaceae//猪胶树科(克鲁西科,山竹子科,藤黄科)Clusiaceae(Guttiferae)] ■●

23898 Helodea Rchb. (1841) = Elodea Michx. (1803) [水鳖科 Hydrocharitaceae] ■☆

23899 Helodes St. –Lag. (1880) = Elodes Adans. (1763) Nom. illegit. ; ~ = Hypericum L. (1753) [金丝桃科 Hypericaceae//猪胶树科(克鲁西科,山竹子科,藤黄科)Clusiaceae(Guttiferae)] ■●

23900 Helodium Dumort. (1827) Nom. illegit. ≡ Helosciadium W. D. J. Koch(1824) ; ~ = Apium L. (1753) [伞形花科(伞形科)Apiaceae(Umbelliferae)] ■

23901 Helogyne Benth. (1844) Nom. illegit. ≡ Hofmeisteria Walp. (1846) [菊科 Asteraceae(Compositae)] ■●☆

23902 Helogyne Nutt. (1841)【汉】腺瓣修泽兰属。【隶属】菊科 Asteraceae(Compositae)。【包含】世界8种。【学名诠释与讨论】〈阴〉(希)helos,所有格 heleos,沼泽,湿地+gyne,所有格 gynaikos,雌性,雌蕊。此属的学名,ING、GCI、TROPICOS 和 IK 记载为“Helogyne Nutt. ,Trans. Amer. Philos. Soc. ser. 2,7:449. 1841 [2 Apr 1841]”。“Helogyne Benth. ,Bot. Voy. Sulphur [Bentham] 20,t. 14. 1844 [2 Apr 1844]”是晚出的非法名称;它已经被“Hofmeisteria Walp. ,Repert. Bot. Syst. (Walpers)6(1):106. 1846 [3-5 Sep 1846]”所替代。【分布】秘鲁,玻利维亚,安第斯山。【模式】Helogyne apaloidea Nuttall。【参考异名】Addisonia Rnsby (1893) ; Brachyandra Phil. (1860)(保留属名) ; Leto Phil. (1891) ●☆

23903 Heloniadaceae J. Agardh(1858) [亦见 Melanthiaceae Batsch ex Borkh. (保留科名)黑药花科(藜芦科)]【汉】蓝药花科(胡麻花科)。【包含】世界2属10种,中国1属1种。【分布】美国(东

部),日本,中国(台湾)。【科名模式】Helonias L. (1753) ■

23904 Helonias Adans. (1763) Nom. illegit. ≡ Lilio–Hyacinthus Ortega (1773) ; ~ = Helonias L. (1753) ; ~ = Scilla L. (1753) [百合科 Liliaceae//风信子科 Hyacinthaceae//绵枣儿科 Scillaceae//黑药花科(藜芦科)Melanthiaceae//蓝药花科(胡麻花科)Heloniadaceae] ■☆

23905 Helonias L. (1753)【汉】蓝药花属(地百合属,胡麻花属)。【俄】Гелониас,Хелониас。【英】Swamp Pink,Swamp–pink。【隶属】百合科 Liliaceae//黑药花科(藜芦科)Melanthiaceae//蓝药花科(胡麻花科)Heloniadaceae。【包含】世界1-10种。【学名诠释与讨论】〈阴〉(希)helos,所有格 heleos,沼泽,湿地;helonomos,居住在沼泽的+-ias,希腊文词尾,表示关系密切。此属的学名,ING、GCI 和 IK 记载是“Helonias L. ,Sp. Pl. 1;342. 1753 [1 May 1753]”。“Helonias Adans. ,Fam. Pl. (Adanson) 2;50,553. 1763 ≡ Lilio–Hyacinthus Ortega(1773) = Scilla L. (1753) [百合科 Liliaceae]”是晚出的非法名称。“Abalum Adans. ,Fam. Pl. (Adanson) 2;47,511. 1763 [Jul-Aug 1763]”是“Helonias L. (1753)”的晚出的同模式异名。【分布】美国(东部)。【模式】Helonias bullata Linnaeus。【参考异名】Abalon Adans. (1763) Nom. inval. ; Abalum Adans. (1763) Nom. illegit. ; Diclinotrys Raf. (1825) Nom. illegit. ; Helonias Adans. (1763) Nom. illegit. ; Heloniopsis A. Gray (1858)(保留属名) ; Ypsilandra Franch. (1888) ■☆

23906 Heloniopsis A. Gray(1858)(保留属名)【汉】胡麻花属。【日】シャウジャウバカマ属,ショウジョウバカマ属。【俄】Гелониопсис。【英】Heloniopsis。【隶属】百合科 Liliaceae//黑药花科(藜芦科)Melanthiaceae//蓝药花科(胡麻花科)Heloniadaceae。【包含】世界5-9种,中国1-5种。【学名诠释与讨论】〈阴〉(属)Helonias 蓝药花属+希腊文 opsis,外观,模样,相似。此属的学名“Heloniopsis A. Gray in Mem. Amer. Acad. Arts,ser. 2,6:416. 1858”是保留属名。相应的废弃属名是百合科 Liliaceae//黑药花科(藜芦科)Melanthiaceae]的“Hexonix Raf. ,Fl. Tellur. 2:13. Jan-Mar 1837 = Heloniopsis A. Gray(1858)(保留属名)”和“Kozola Raf. ,Fl. Tellur. 2: 25. Jan – Mar 1837 = Heloniopsis A. Gray(1858)(保留属名) = Hexonix Raf. (1837)(废弃属名)”。亦有文献把“Heloniopsis A. Gray (1858)(保留属名)”处理为“Helonias L. (1753)”的异名。【分布】日本,中国。【模式】Heloniopsis pauciflora A. Gray。【参考异名】Heleniopsis Baker(1874) ; Helionopsis Franch. et Sav. (1879) ; Helonias L. (1753) ; Hexonix Raf. (1837)(废弃属名) ; Kozola Raf. (1837)(废弃属名) ; Sugerokia Miq. (1867) ■

23907 Helonoma Garay(1982)【汉】喜湿兰属。【隶属】兰科 Orchidaceae。【包含】世界2种。【学名诠释与讨论】〈阴〉(希)helos,所有格 heleos,沼泽,湿地;helonomos,居住在沼泽的。【分布】圭亚那,委内瑞拉。【模式】Helonoma americana(C. Schweinfurth et L. A. Garay) L. A. Garay [Manniella americana C. Schweinfurth et L. A. Garay]。■☆

23908 Helophyllum(Hook. f.) Hook. f. (1864) = Phyllachne J. R. Forst. et G. Forst. (1775) [花柱草科(丝滴草科)Stylidiaceae] ■☆

23909 Helophyllum Hook. f. (1864) Nom. illegit. ≡ Helophyllum (Hook. f.)Hook. f. (1864) ; ~ = Phyllachne J. R. Forst. et G. Forst. (1775) [花柱草科(丝滴草科)Stylidiaceae] ■☆

23910 Helophytum Eckl. et Zeyh. (1836) = Crassula L. (1753) ; ~ = Tillaea L. (1753) [景天科 Crassulaceae] ■

23911 Helopus Trin. (1820) = Eriochloa Kunth (1816) [禾本科 Poaceae(Gramineae)] ■

23912 Helorchis Schltr. (1924) = Cynorkis Thouars (1809) [兰科

Orchidaceae]■☆

23913　Helosaceae（Schoot et Endl.）Tiegh. ex Reveal et Hoogland（1990）[亦见 Balanophoraceae Rich.（保留科名）蛇菰科（土鸟黐科）]【汉】盾苞菰科。【包含】世界 5 属 6 种。【分布】马达加斯加,马来西亚,热带美洲,西印度群岛,亚洲南部和东南部。【科名模式】Helosis Rich.。■☆

23914　Helosaceae（Schott et Endl.）Reveal et Hoogland（1990）= Helosaceae（Schoot et Endl.）Tiegh. ex Reveal et Hoogland（1990）■☆

23915　Helosaceae Bromhead = Balanophoraceae Rich.（保留科名）●■

23916　Helosaceae Endl.（1840）= Balanophoraceae Rich.（保留科名）●■

23917　Helosaceae Reveal et Hoogland（1990）= Balanophoraceae Rich.（保留科名）●■

23918　Helosaceae Tiegh. ex Reveal et Hoogland（1990）= Balanophoraceae Rich.（保留科名）; ~ = Helosaceae（Schoot et Endl.）Tiegh. ex Reveal et Hoogland; ~ = Helosidaceae Tiegh.。■☆

23919　Heloschiadium Larss.（1859）Nom. illegit.［伞形花科（伞形科）Apiaceae（Umbelliferae）]☆

23920　Heloschiadium Marsson, Nom. illegit. ≡ Helosciadium Marsson, Nom. illegit.; ~ = Helosciadium W. D. J. Koch（1824）［伞形花科（伞形科）Apiaceae（Umbelliferae）]■☆

23921　Heloscia Dumort.（1829）= Helosciadium W. D. J. Koch（1824）［伞形花科（伞形科）Apiaceae（Umbelliferae）]■☆

23922　Helosciadium Marsson, Nom. illegit. = Helosciadium W. D. J. Koch（1824）［伞形花科（伞形科）Apiaceae（Umbelliferae）]■☆

23923　Helosciadium W. D. J. Koch（1824）【汉】沼水芹属。【俄】Болотнозонтичник。【隶属】伞形花科（伞形科）Apiaceae（Umbelliferae）。【包含】世界 5 种。【学名诠释与讨论】〈阴〉（希）helos, 所有格 heleos, 沼泽, 湿地; helonomos, 居住在沼泽的 +（属）Sciadium 伞芹属。此属的学名, ING、TROPICOS 和 IK 记载是"Helosciadium W. D. J. Koch, Nova Acta Phys. – Med. Acad. Caes. Leop. –Carol. Nat. Cur. 12（1）:125（–126）. 1824［ante 28 Oct 1824］"。"Helodium Dumortier, Fl. Belg. 77. 1827（废弃属名）"和"Lavera Rafinesque, Good Book 50. Jan 1840"是"Helosciadium W. D. J. Koch（1824）"的晚出的同模式异名（Homotypic synonym, Nomenclatural synonym）。亦有文献把"Helosciadium W. D. J. Koch（1824）"处理为"Apium L.（1753）"的异名。【分布】地中海地区,非洲南部,欧洲西部和中部。【后选模式】Helosciadium nodiflorum（Linnaeus）W. D. J. Koch［Sium nodiflorum Linnaeus]。【参考异名】Apium L.（1753）; Heliosciadium Bluff et Fingerh.（1825）; Helodium Dumort.（1827）Nom. illegit.; Heloschiadium Marsson, Nom. illegit.; Heloscia Dumort.（1829）; Helosciadium Marsson, Nom. illegit.; Lavera Raf.（1840）Nom. illegit.。■☆

23924　Heloseaceae Tiegh. ex Reveal et Hoogland（1990）= Helosidaceae Tiegh.; ~ = Balanophoraceae Rich.（保留科名）●■

23925　Heloseris Rchb. ex Steud.（1840）= Senecio L.（1753）［菊科 Asteraceae（Compositae）//千里光科 Senecionidaceae]■●

23926　Helosidaceae Tiegh. = Balanophoraceae Rich.（保留科名）; ~ = Helosaceae（Schoot et Endl.）Tiegh. ex Reveal et Hoogland; ~ = Helwingiaceae Decne.●

23927　Helosis Rich.（1822）（保留属名）【汉】盾苞菰属。【隶属】蛇菰科（土鸟黐科）Balanophoraceae//盾苞菰科 Helosaceae。【包含】世界 1-3 种。【学名诠释与讨论】〈阴〉（希）helos, 所有格 heleos, 沼泽, 湿地; helonomos, 居住在沼泽的。此属的学名"Helosis Rich. in Mém. Mus. Hist. Nat. 8:416,432. 1822"是保留属名。法规未列出相应的废弃属名。【分布】巴拿马,秘鲁,玻利维亚,厄瓜多尔,哥伦比亚（安蒂奥基亚）,尼加拉瓜,中美洲。【模

式】Helosis guyannensis L. C. Richard, Nom. illegit.［Cynomorium cayanense Swartz; Helosis cayanensis（Swartz）K. P. J. Sprengel]。【参考异名】Caldasia Mutis ex Caldas（1810）Nom. illegit.; Caldasia Mutis（1810）Nom. illegit.; Lathraeophila Hook. f.（1856）; Latraeophila Leandro ex A. St. – Hil.（1837）Nom. inval., Nom. nud.; Latraeophila Leandro, Nom. nud., Nom. inval.■☆

23928　Helospora Jack（1823）（废弃属名）= Timonius DC.（1830）（保留属名）［茜草科 Rubiaceae]●

23929　Helothrix Nees（1840）= Schoenus L.（1753）［莎草科 Cyperaceae]■

23930　Helvingia Adans.（1763）Nom. illegit.（废弃属名）≡ Thamnia P. Browne（1756）（废弃属名）; ~ = Laetia Loefl. ex L.（1759）（保留属名）［红木科（胭脂树科）Bixaceae//刺篱木科（大风子科）Flacourtiaceae]●☆

23931　Helwingia Willd.（1806）（保留属名）【汉】青荚叶属。【日】ハナイカダ属。【英】Helwingia。【隶属】山茱萸科 Cornaceae//青荚叶科（棟木科）Helwingiaceae。【包含】世界 5 种, 中国 5 种。【学名诠释与讨论】〈阴〉（人）Georg Andreas Helwing, 1668 – 1748, 德国神父、植物学者。此属的学名"Helwingia Willd., Sp. Pl. 4;634,716. Apr 1806"是保留属名。相应的废弃属名是刺篱木科（大风子科）Flacourtiaceae 的"Helvingia Adans., Fam. Pl. 2:345,553. Jul-Aug 1763 ≡ Thamnia P. Browne（1756）（废弃属名）= Laetia Loefl. ex L.（1759）（保留属名）"。【分布】中国, 东喜马拉雅山至日本。【模式】Helwingia rusciflora Willdenow, Nom. illegit.［Osyris japonica Thunberg.; Helwingia japonica（Thunberg）Morren et Decaisne]。【参考异名】Helwingia Willd.（1806）（保留属名）; Laetia Loefl. ex L.（1759）（保留属名）; Thamnia P. Browne（1756）（废弃属名）●

23932　Helwingiaceae Decne.（1836）【汉】青荚叶科（棟木科）。【包含】世界 1 属 4-6 种, 中国 1 属 4-5 种。【分布】日本, 喜马拉雅山, 东亚。【科名模式】Helwingia Willd.●

23933　Helxine（L.）Raf.（1837）Nom. illegit. ≡ Fallopia Adans.（1763）［蓼科 Polygonaceae]●■

23934　Helxine Bubani（1897）Nom. illegit. ≡ Parietaria L.（1753）; ~ = Soleirolia Gaudich.（1830）［荨麻科 Urticaceae]■☆

23935　Helxine L.（1758）Nom. illegit. ≡ Fagopyrum Mill.（1754）（保留属名）［蓼科 Polygonaceae]●■

23936　Helxine Raf.（1837）Nom. illegit. ≡ Helxine（L.）Raf.（1837）Nom. illegit.; ~ ≡ Fallopia Adans.（1763）［蓼科 Polygonaceae]●■

23937　Helxine Req.（1825）Nom. illegit. ≡ Soleirolia Gaudich.（1830）［荨麻科 Urticaceae]■☆

23938　Helyga Blume（1823）= Parsonsia R. Br.（1810）（保留属名）［夹竹桃科 Apocynaceae]●

23939　Helygia Blume（1827）= Parsonsia R. Br.（1810）（保留属名）［夹竹桃科 Apocynaceae]●

23940　Hemandradenia Stapf（1908）【汉】血腺蕊属。【隶属】牛栓藤科 Connaraceae。【包含】世界 2 种。【学名诠释与讨论】〈阴〉（希）haima, 所有格 haimatos, 血。haimonios, 血红的。Haimateros, 血的, 红的。Haimeros, 血的 +aner, 所有格 andros, 雄性, 雄蕊 +aden, 所有格 adenos, 腺体。或许来自 hemi –, 一半 + aden, 所有格 adenos, 腺体。【分布】马达加斯加, 热带非洲。【模式】Hemandradenia mannii Stapf。●☆

23941　Hemanthus Raf. = Haemanthus L.（1753）［石蒜科 Amaryllidaceae//网球花科 Haemanthaceae]■

23942　Hemarthria R. Br.（1810）【汉】牛鞭草属。【日】ウシノシッペイ属。【俄】Гемартрия。【英】Hemarthria, Oxwhipgrass。【隶属】禾本科 Poaceae（Gramineae）。【包含】世界 14 种, 中国 6 种。

【学名诠释与讨论】〈阴〉(希)hemi,一半+artheros,节。指小穗轴不易逐节脱落,或指花穗轴各节都有凹陷的关节。或许来自haima,所有格haimatos,血+artheros,节。指结节浅红色。【分布】马达加斯加,印度至马来西亚,中国,热带非洲,东亚。【后选模式】Hemarthria compressa(Linnaeus f.)R. Brown[Rottboellia compressa Linnaeus f.]。【参考异名】Haemarthria Munro(1862);Hemiarthria Post et Kuntze(1903);Lodicularia P. Beauv.(1812)■

23943 Hematodes Raf.(1837)= Salvia L.(1753)[唇形科 Lamiaceae(Labiatae)//鼠尾草科 Salviaceae]●■

23944 Hematophyla Raf.(1838)= Columnea L.(1753)[苦苣苔科 Gesneriaceae]●■☆

23945 Hemeeyclia Wight et Arn.(1833)= Drypetes Vahl(1807);~ = Hemicyclia Wight et Arn.(1833)[大戟科 Euphorbiaceae]●

23946 Hemenaea Scop.(1777)= Hymenaea L.(1753)[豆科 Fabaceae(Leguminosae)//云实科(苏木科)Caesalpiniaceae]●

23947 Hemeotria Merr.(1784)= Astrephia Dufr.(1811);~ = Hemesotria Raf.(1820)[缬草科(败酱科)Valerianaceae]●■

23948 Hemerocallidaceae R. Br.(1810)【汉】萱草科(黄花菜科)。【包含】世界1-2属15-20种,中国1属11-14种。【分布】中欧,地中海,温带亚洲。【科名模式】Hemerocallis L.■

23949 Hemerocallis L.(1753)【汉】萱草属(黄花菜属)。【日】キスゲ属,ヘメロカリス属,ワスレグサ属。【俄】Гемерокаллис,Краснодиев,Красодиев,Лилейник,Лилия жёлтая,Рыжай,Сарана,Хемерокаллис。【英】Day Lily,Daylily,Day-lily,Spider Lily。【隶属】百合科 Liliaceae//萱草科(黄花菜科)Hemerocallidaceae。【包含】世界15-30种,中国14种。【学名诠释与讨论】〈阴〉(希)hemeros,白天,一日+kalos,美丽的。kallos,美人,美丽。kallistos,最美的。指花开后只有一天的美丽期。拉丁文 hemerocalles 和希腊文 hemerokalles 均为古名。此属的学名,ING、TROPICOS 和 IK 记载是"Hemerocallis L.,Sp. Pl. 1:324. 1753[1 May 1753]"。"Cameraria Boehmer in C. G. Ludwig, Def. Gen. ed. 3. 56. 1760(non Linnaeus 1753)"和"Lilioasphodelus Fabricius, Enum. 4. 1759"是"Hemerocallis L.(1753)"的晚出的同模式异名(Homotypic synonym, Nomenclatural synonym)。【分布】巴基斯坦,巴拿马,哥伦比亚(安蒂奥基亚),美国(密苏里),中国,温带欧亚大陆,中美洲。【后选模式】Hemerocallis lilio-asphodelus Linnaeus。【参考异名】Cameraria Boehm.(1760)Nom. illegit.;Lilioasphodelus Fabr.(1759)Nom. illegit.■

23950 Hemesotria Raf.(1820)= Astrephia Dufr.(1811)[缬草科(败酱科)Valerianaceae]●■

23951 Hemiachyris DC.(1836)= Gutierrezia Lag.(1816)[菊科 Asteraceae(Compositae)]●■☆

23952 Hemiadelphis Nees(1832)【汉】小狮子草属。【日】ヒヤハサギゴケ属。【英】Hemiadelphis, Liongrass。【隶属】爵床科 Acanthaceae。【包含】世界1种,中国1种。【学名诠释与讨论】〈阴〉(希)hemi,一半+adelphos,兄弟。指雄蕊内藏。此属的学名是"Hemiadelphis C. G. D. Nees in Wallich, Pl. Asiat. Rar. 3:75, 80. 15 Aug 1832"。亦有文献把其处理为"Hygrophila R. Br.(1810)"的异名。【分布】印度,中国,马来半岛。【模式】Hemiadelphis polysperma(Heyne ex Roth)C. G. D. Nees[Ruellia polysperma Heyne ex Roth]。【参考异名】Hygrophila R. Br.(1810)■

23953 Hemiagraphis T. Anderson(1863)= Hemigraphis Nees(1847)[爵床科 Acanthaceae]■

23954 Hemiambrosia Delpino(1871)= Franseria Cav.(1794)(保留属名)[菊科 Asteraceae(Compositae)]●■☆

23955 Hemiandra R. Br.(1810)【汉】蛇灌属。【隶属】唇形科 Lamiaceae(Labiatae)。【包含】世界8-50种。【学名诠释与讨论】〈阴〉(希)hemi,一半+aner,所有格 andros,雄性,雄蕊。此属的学名,ING、APNI、TROPICOS 和 IK 记载是"Hemiandra R. Br., Prodromus Florae Novae Hollandiae 1810"。【分布】澳大利亚(西南部)。【模式】Hemiandra pungens R. Brown。●☆

23956 Hemiandra Rich. ex Triana, Nom. illegit. = Trembleya DC.(1828)[野牡丹科 Melastomataceae]●☆

23957 Hemiandrina Hook. f.(1860)= Agelaea Sol. ex Planch.(1850)[牛栓藤科 Connaraceae]●

23958 Hemiangium A. C. Sm.(1940)【汉】半被木属。【隶属】翅子藤科(希藤科)Hippocrateaceae//卫矛科 Celastraceae。【包含】世界1种。【学名诠释与讨论】〈中〉(希)hemi,一半+angeion,容器+-ius,-ia,-ium,在拉丁文和希腊文中,这些词尾表示性质或状态。此属的学名是"Hemiangium A. C. Smith, Brittonia 3:411. 1 Nov 1940"。亦有文献把其处理为"Hippocratea L.(1753)"或"Semialarium N. Hallé(1983)"的异名。【分布】巴拿马,墨西哥至巴拉圭。【模式】Hemiangium excelsum(Kunth)A. C. Smith[Hippocratea excelsa Kunth]。【参考异名】Hippocratea L.(1753);Semialarium N. Hallé(1983)●☆

23959 Hemianthus Nutt.(1817)【汉】半花透骨草属。【隶属】玄参科 Scrophulariaceae//透骨草科 Phrymaceae。【包含】世界3-4种。【学名诠释与讨论】〈阳〉(希)hemi,一半+anthos,花。此属的学名是"Hemianthus Nuttall, J. Acad. Nat. Sci. Philadelphia 1:119. Oct 1817"。亦有文献把其处理为"Micranthemum Michx.(1803)(保留属名)"的异名。【分布】美洲极地,热带美洲,西印度群岛。【模式】Hemianthus micranthemoides Nuttall。【参考异名】Micranthemum Michx.(1803)(保留属名)■☆

23960 Hemiarrhena Benth.(1868)【汉】澳母草属。【隶属】玄参科 Scrophulariaceae//母草科 Linderniaceae//婆婆纳科 Veronicaceae。【包含】世界1种。【学名诠释与讨论】〈阴〉(希)hemi,一半+arrhena,所有格 ayrhenos,雄的。此属的学名是"Hemiarrhena Bentham, Fl. Austral. 4:518. 16 Dec 1868('1869')"。亦有文献把其处理为"Lindernia All.(1766)"的异名。【分布】澳大利亚(热带)。【模式】Hemiarrhena plantaginea(F. v. Mueller)Bentham[Vandellia plantaginea F. v. Mueller]。【参考异名】Lindernia All.(1766)■☆

23961 Hemiarthria Post et Kuntze(1903)= Hemarthria R. Br.(1810)[禾本科 Poaceae(Gramineae)]■

23962 Hemiarthron(Eichler)Tiegh.(1895)= Psittacanthus Mart.(1830)[桑寄生科 Loranthaceae]●

23963 Hemiarthron Tiegh.(1895)Nom. illegit. ≡ Hemiarthron(Eichler)Tiegh.(1895);~ = Psittacanthus Mart.(1830)[桑寄生科 Loranthaceae]●☆

23964 Hemibaccharis S. F. Blake(1924)= Archibaccharis Heering(1904)[菊科 Asteraceae(Compositae)]■●☆

23965 Hemiboea C. B. Clarke(1888)【汉】半蒴苣苔属(降龙草属)。【日】ツノギリソウ属。【英】Hemiboea。【隶属】苦苣苔科 Gesneriaceae。【包含】世界23种,中国23种。【学名诠释与讨论】〈阴〉(希)hemi,一半+(属)Boea 旋蒴苣苔属。指果仅一室发育。【分布】中国,中南半岛。【后选模式】Hemiboea follicularis C. B. Clarke。●■★

23966 Hemiboeopsis W. T. Wang(1984)【汉】密序苣苔属。【英】Hemiboeopsis。【隶属】苦苣苔科 Gesneriaceae。【包含】世界1种,中国1种。【学名诠释与讨论】〈阴〉(属)Hemiboea 半蒴苣苔属+希腊文 opsis,外观,模样,相似。【分布】中国。【模式】Hemiboeopsis longisepala(H. W. Li)W. T. Wang[Lysionotus longisepala H. W. Li]。●★

23967 Hemibromus Steud.（1854）= Glyceria R. Br.（1810）（保留属名）［禾本科 Poaceae（Gramineae）］■

23968 Hemicarex Benth.（1881）= Kobresia Willd.（1805）；~ = Kobresia Willd.（1805）+ Schoenoxiphium Nees（1832）［莎草科 Cyperaceae//嵩草科 Kobresiaceae］■☆

23969 Hemicarpha Nees et Arn.（1834）= Lipocarpha R. Br.（1818）（保留属名）［莎草科 Cyperaceae］■

23970 Hemicarpha Nees（1834）= Lipocarpha R. Br.（1818）（保留属名）［莎草科 Cyperaceae］■

23971 Hemicarpurus Nees（1839）= Pinellia Ten.（1839）（保留属名）［天南星科 Araceae］■

23972 Hemicarpus F. Muell.（1857）= Trachymene Rudge（1811）［伞形花科（伞形科）Apiaceae（Umbelliferae）//天胡荽科 Hydrocotylaceae］■☆

23973 Hemichaena Benth.（1841）【汉】微裂透骨草属（微裂玄参属）。【隶属】玄参科 Scrophulariaceae//透骨草科 Phrymaceae。【包含】世界 1-5 种。【学名诠释与讨论】〈阴〉（希）hemi，一半+chaino，打哈欠，张开的口，裂开。指花冠具二唇瓣。【分布】中美洲。【模式】Hemichaena fruticosa Bentham。【参考异名】Berendtia A. Gray（1868）Nom. illegit. ; Berendtiella Wettst. et Harms（1899）■●☆

23974 Hemicharis Salisb. ex DC.（1839）= Scaevola L.（1771）（保留属名）［草海桐科 Goodeniaceae］●■

23975 Hemichlaena Schrad.（1821）（废弃属名）= Ficinia Schrad.（1832）（保留属名）［莎草科 Cyperaceae］■☆

23976 Hemichoriste Nees（1832）= Justicia L.（1753）［爵床科 Acanthaceae//鸭嘴花科（鸭咀花科）Justiciaceae］●■

23977 Hemichroa R. Br.（1810）【汉】肉叶多节草属。【隶属】藜科 Chenopodiaceae//苋科 Amaranthaceae。【包含】世界 3 种。【学名诠释与讨论】〈阴〉（希）hemi，一半+chroa，皮肤，颜色，外观。【分布】澳大利亚。【模式】未指定。■●☆

23978 Hemicicca Baill.（1858）= Phyllanthus L.（1753）［大戟科 Euphorbiaceae//叶下珠科（叶萝藦科）Phyllanthaceae］●■

23979 Hemiclidia R. Br.（1830）= Dryandra R. Br.（1810）（保留属名）［山龙眼科 Proteaceae］●☆

23980 Hemiclis Raf. = Lyonia Nutt.（1818）（保留属名）［杜鹃花科（欧石南科）Ericaceae］●

23981 Hemicrambe Webb（1851）【汉】半两节芥属。【隶属】十字花科 Brassicaceae（Cruciferae）。【包含】世界 2 种。【学名诠释与讨论】〈阴〉（希）hemi，一半+（属）Crambe 两节荠属。【分布】摩洛哥。【模式】Hemicrambe fruticulosa Webb。【参考异名】Fabrisinapis C. C. Towns.（1971）；Nesocrambe A. G. Mill.（2002）■☆

23982 Hemicrepidospermum Swart（1942）= Crepidospermum Hook. f.（1862）［橄榄科 Burseraceae］●☆

23983 Hemicyclia Wight et Arn.（1833）= Drypetes Vahl（1807）［大戟科 Euphorbiaceae］●

23984 Hemidemus Dumort.（1829）Nom. illegit. = Hemidesmus R. Br.（1810）［菝葜科 Smilacaceae］●☆

23985 Hemidesma Raf. = Hemidesmas Raf.（1838）［豆科 Fabaceae（Leguminosae）//含羞草科 Mimosaceae］■

23986 Hemidesmas Raf.（1838）= Neptunia Lour.（1790）［豆科 Fabaceae（Leguminosae）//含羞草科 Mimosaceae］■

23987 Hemidesmus R. Br.（1810）【汉】印度菝葜属。【隶属】菝葜科 Smilacaceae。【包含】世界 1 种。【学名诠释与讨论】〈阳〉（希）hemi，一半 + desmos，链，束，结，带，纽带。desma，所有格 desmatos，含义与 desmos 相似。此属的学名，ING、TROPICOS 和 IK 记载是"Hemidesmus R. Br., Asclepiadeae 45. 1810［3 Apr 1810］"。"Hemidesmas Rafinesque, Sylva Tell. 119. Oct - Dec 1838 = Neptunia Lour.（1790）［豆科 Fabaceae（Leguminosae）//含羞草科 Mimosaceae]"与其易于混淆。【分布】巴基斯坦,东南亚,印度（南部）。【模式】Hemidesmus indicus（Linnaeus）W. T. Aiton［Periploca indica Linnaeus］。【参考异名】Hemidemus Dumort.（1829）Nom. illegit. ●☆

23988 Hemidia Raf.（1819）= Ipomoea L.（1753）（保留属名）［旋花科 Convolvulaceae］●■

23989 Hemidiodia K. Schum.（1888）【汉】半道茜属。【隶属】茜草科 Rubiaceae。【包含】世界 1 种。【学名诠释与讨论】〈阴〉（希）hemi，一半+（属）Diodia 双角草属（大钮扣草属）。此属的学名是"Hemidiodia K. M. Schumann in C. F. P. Martius, Fl. Brasil. 6（6）：29. 15 Feb 1888"。亦有文献把其处理为"Diodia L.（1753）"的异名。【分布】巴拿马,巴西,秘鲁,玻利维亚,马达加斯加,墨西哥,中美洲。【模式】Hemidiodia ocymifolia（Willdenow ex Roemer et Schultes）K. M. Schumann［as 'ocimifolia'］［Spermacoce ocymifolia Willdenow ex Roemer et Schultes］。【参考异名】Diodia L.（1753）■☆

23990 Hemidistichophyllum Koidz.（1928）= Cladopus H. Möller（1899）［髯管花科 Geniostomaceae］■

23991 Hemierium Raf.（1837）= Lloydia Salisb. ex Rchb.（1830）（保留属名）［百合科 Liliaceae］■

23992 Hemieva Raf.（1837）（废弃属名）= Suksdorfia A. Gray（1880）（保留属名）［虎耳草科 Saxifragaceae］■☆

23993 Hemifuchsia Herrera（1936）【汉】秘鲁柳叶菜属。【隶属】柳叶菜科 Onagraceae。【包含】世界 1 种。【学名诠释与讨论】〈阴〉（希）hemi，一半+（属）Fuchsia 倒挂金钟属。【分布】秘鲁。【后选模式】Hemifuchsia yodostoma Herrera。■☆

23994 Hemigenia R. Br.（1810）【汉】半育花属。【隶属】唇形科 Lamiaceae（Labiatae）。【包含】世界 37 种。【学名诠释与讨论】〈阴〉（希）hemi，一半+genos，种族。gennao，产生。指花药药室。【分布】澳大利亚。【模式】Hemigenia purpurea R. Brown。【参考异名】Atelandra Lindl.（1840）；Colobandra Bartl.（1845）●☆

23995 Hemiglochidion（Müll. Arg.）K. Schum.（1905）Nom. illegit. ≡ Glochidion J. R. Forst. et G. Forst.（1776）（保留属名）；~ = Phyllanthus L.（1753）［大戟科 Euphorbiaceae//叶下珠科（叶萝藦科）Phyllanthaceae］●■

23996 Hemiglochidion K. Schum.（1905）Nom. illegit. ≡ Hemiglochidion（Müll. Arg.）K. Schum.（1905）Nom. illegit. ; ~ ≡ Glochidion J. R. Forst. et G. Forst.（1776）（保留属名）; ~ = Phyllanthus L.（1753）［大戟科 Euphorbiaceae//叶下珠科（叶萝藦科）Phyllanthaceae］●■

23997 Hemigraphis Nees（1847）【汉】半插花属（半柱花属）。【日】ヒロハサギゴケ属。【俄】Хемиграфис。【英】Chinese Hemigraphis, Halfstyleflower。【隶属】爵床科 Acanthaceae。【包含】世界 90-100 种,中国 4 种。【学名诠释与讨论】〈阴〉（希）hemi，一半+graphos 花柱。指柱头先端二裂,一瓣稍短。或说（希）hemi，一半+graphis，雕刻,文字,图画,指花柱笔状。【分布】巴基斯坦,巴拿马,玻利维亚,哥伦比亚（安蒂奥基亚）,尼加拉瓜,澳大利亚（热带）,印度至马来西亚,中国,太平洋地区,中美洲。【后选模式】Hemigraphis elegans（W. J. Hooker）C. G. D. Nees［Ruellia elegans W. J. Hooker］。【参考异名】Crateola Raf.（1838）；Ganlelbua Bremek.（1944）；Gantelbua Bremek. ; Hemiagraphis T. Anderson（1863）；Ruellia Nees ■

23998 Hemigymnia Griff.（1843）= Cordia L.（1753）（保留属名）［紫草科 Boraginaceae//破布木科（破布树科）Cordiaceae］●

23999 Hemigymnia Stapf（1920）Nom. illegit. ≡ Ottochloa Dandy（1931）［禾本科 Poaceae（Gramineae）］■

24000 Hemigyrosa Blume（1849）= Guioa Cav.（1798）［无患子科

Sapindaceae〕●☆

24001　Hemihabenaria Finet（1902）= Pecteilis Raf.（1837）〔兰科 Orchidaceae〕■

24002　Hemiheisteria Tiegh.（1897）= Heisteria Jacq.（1760）（保留属名）〔铁青树科 Olacaceae〕●☆

24003　Hemilepis Kuntze ex Schltdl.（1852）= Leontodon L.（1753）（保留属名）〔菊科 Asteraceae（Compositae）〕■☆

24004　Hemilepis Kuntze（1838）Nom. inval. = Hemilepis Kuntze ex Schltdl.（1852）；~ = Leontodon L.（1753）（保留属名）〔菊科 Asteraceae（Compositae）〕■☆

24005　Hemilepis Vilm. = Heliopsis Pers.（1807）（保留属名）〔菊科 Asteraceae（Compositae）〕■☆

24006　Hemilobium Welw.（1862）= Apodytes E. Mey. ex Arn.（1841）〔茶茱萸科 Icacinaceae〕●

24007　Hemilophia Franch.（1889）【汉】半脊荠属。【英】Halfribpurse, Hemilophia。【隶属】十字花科 Brassicaceae（Cruciferae）。【包含】世界4种,中国4种。【学名诠释与讨论】〈阴〉（希）hemi-,一半+lophos,脊,鸡冠,装饰。指果瓣中部以下沿边缘及背部有少数鸡冠状小瘤体。【分布】中国。【模式】Hemilophia pulchella A. R. Franchet.■★

24008　Hemimeridaceae Doweld（2001）= Plantaginaceae Juss.（保留科名）■

24009　Hemimeris L.（1760）（废弃属名）= Diascia Link et Otto（1820）〔玄参科 Scrophulariaceae〕■☆

24010　Hemimeris L. f.（1782）（保留属名）【汉】南非玄参属。【隶属】玄参科 Scrophulariaceae。【包含】世界4种。【学名诠释与讨论】〈阴〉（希）hemi-,一半+meros,一部分。拉丁文 merus 含义为纯洁的,真正的。此属的学名"Hemimeris L. f., Suppl. Pl.：45, 280. Apr 1782"是保留属名。相应的废弃属名是玄参科 Scrophulariaceae 的"Hemimeris L., Pl. Rar. Afr.：8. 20 Dec 1760 = Diascia Link et Otto（1820）"。玄参科 Scrophulariaceae 的"Hemimeris Pers., Syn. Pl.〔Persoon〕2（1）：162 = Alonsoa Ruiz et Pav.（1798）"也应废弃。【分布】非洲南部。【后选模式】Hemimeris montana Linnaeus f.。■☆

24011　Hemimeris Pers.（废弃属名）= Alonsoa Ruiz et Pav.（1798）〔玄参科 Scrophulariaceae〕■☆

24012　Hemimunroa（Parodi）Parodi（1937）= Munroa Torr.（1857）（保留属名）〔禾本科 Poaceae（Gramineae）〕■☆

24013　Hemimunroa Parodi（1937）Nom. illegit. ≡ Hemimunroa（Parodi）Parodi（1937）；~ = Munroa Torr.（1857）（保留属名）〔禾本科 Poaceae（Gramineae）〕■☆

24014　Heminema Raf.（1837）= Tripogandra Raf.（1837）〔鸭跖草科 Commelinaceae〕■☆

24015　Hemiorchis Ehrenb. ex Schweinf. = Lindenbergia Lehm.（1829）〔玄参科 Scrophulariaceae〕■

24016　Hemiorchis Kurz（1873）【汉】半兰姜属。【隶属】姜科（蘘荷科）Zingiberaceae。【包含】世界3种。【学名诠释与讨论】〈阴〉（希）hemi-,一半+orchis,原义是睾丸,后变为植物兰的名称,因为根的形态而得名。变为拉丁文 orchis,所有格 orchidis。此属的学名,ING、TROPICOS 和 IK 记载是"Hemiorchis Kurz, J. Asiat. Soc. Bengal, Pt. 2, Nat. Hist. 42：108. 28 Mai 1873"。"Hemiorchis Ehrenb. ex Schweinf. = Lindenbergia Lehm.（1829）〔玄参科 Scrophulariaceae〕"应该是晚出的非法名称。【分布】印度至马来西亚。【模式】Hemiorchis burmanica Kurz。☆

24017　Hemiouratea Tiegh.（1902）= Ouratea Aubl.（1775）（保留属名）〔金莲木科 Ochnaceae〕●

24018　Hemipappus C. Koch（1851）Nom. illegit. ≡ Hemipappus K. Koch

（1851）Nom. illegit. ；~ ≡ Tanacetum L.（1753）〔菊科 Asteraceae（Compositae）//菊蒿科 Tanacetaceae〕■●

24019　Hemipappus K. Koch（1851）Nom. illegit. ≡ Tanacetum L.（1753）〔菊科 Asteraceae（Compositae）//菊蒿科 Tanacetaceae〕■●

24020　Hemiperis Frapp. ex Cordem.（1895）= Cynorkis Thouars（1809）；~ ≡ Habenaria Willd.（1805）〔兰科 Orchidaceae〕■

24021　Hemiphora（F. Muell.）F. Muell.（1882）【汉】半梗灌属。【隶属】马鞭草科 Verbenaceae//唇形科 Lamiaceae（Labiatae）。【包含】世界1种。【学名诠释与讨论】〈阴〉（希）hemi-,一半+phoros,具有,梗,负载,发现者。指花只有2个雄蕊。此属的学名,ING 记载是"Hemiphora（F. von Mueller）F. von Mueller, Census Gen. Pl. 225. 1882",由"Chloanthes sect. Hemiphora F. von Mueller, Fragm. 10：13. Jan 1876"改级而来。IK 记载为"Hemiphora（F. Muell.）F. Muell., Syst. Census Austral. Pl. 103. 1882"。APNI 和 TROPICOS 则记载为"Hemiphora（F. Muell.）F. Muell., Systematic Census of Australian Plants 1883"。【分布】澳大利亚（西部）。【模式】Hemiphora elderi（F. von Mueller）F. von Mueller〔Chloanthes elderi F. von Mueller〕。"Hemiphora F. Muell.（1882）"的命名人引证有误。【参考异名】Chloanthes sect. Hemiphora F. Muell.（1876）；Hemiphora F. Muell.（1882）Nom. illegit. ●☆

24022　Hemiphora F. Muell.（1882）Nom. illegit. ≡ Hemiphora（F. Muell.）F. Muell.（1882）〔马鞭草科 Verbenaceae//唇形科 Lamiaceae（Labiatae）〕●☆

24023　Hemiphractum Turcz.（1859）【汉】半围香属。【隶属】龙脑香科 Dipterocarpaceae。【包含】世界1种。【学名诠释与讨论】〈阴〉（希）hemi-,一半+phractos 围起来的,有保护的。【分布】不详。【模式】Hemiphractum oxyandrum Turcz.。☆

24024　Hemiphragma Wall.（1822）【汉】鞭打绣球属（羊膜草属,腰只花属）。【日】サクマサウ属,サクマソウ属。【英】Hemiphragma。【隶属】玄参科 Scrophulariaceae//婆婆纳科 Veronicaceae。【包含】世界1种,中国1种。【学名诠释与讨论】〈中〉（希）hemi-,一半+phragma,所有格 phragmatos,篱笆。phragmos。篱笆,障碍物。phragmites,长在篱笆中的。指果开裂。【分布】中国,喜马拉雅山西部至印度（阿萨姆）。【模式】Hemiphragma heterophyllum Wallich。■

24025　Hemiphues Hook. f.（1847）= Actinotus Labill.（1805）〔伞形花科（伞形科）Apiaceae（Umbelliferae）〕●■☆

24026　Hemiphylacaceae Doweld（2007）= Asparagaceae Juss.（保留科名）■●

24027　Hemiphylacus S. Watson（1883）【汉】半卫花属。【隶属】阿福花科 Asphodelaceae。【包含】世界1种。【学名诠释与讨论】〈阳〉（希）hemi-,一半+phylax,所有格 phylaktos = phylacter,卫士,监护人。【分布】墨西哥（北部）。【模式】Hemiphylacus latifolius S. Watson。■☆

24028　Hemipilia Lindl.（1835）【汉】舌喙兰属（独叶一枝花属,玉山一叶兰属）。【日】ニヒタカヒトツバラン属,ムミピリア属。【英】Hemipilia。【隶属】兰科 Orchidaceae。【包含】世界10-13种,中国9种。【学名诠释与讨论】〈阴〉（希）hemi-,一半+pilos,指小式 pilion,毛发。pilinos,毡制的。可能指舌瓣上有毛。另说希腊文 hemi 半+pileos,帽子；pilos,指小式 pilion,毡帽。指花粉半遮。拉丁文 pilus,毛。pilosus,多毛的。Pileus,指小式 pileolus,毡帽；pileatus,用帽罩住的。【分布】泰国,中国,喜马拉雅山,东亚。【模式】Hemipilia cordifolia J. Lindley。■

24029　Hemipiliopsis Y. B. Luo et S. C. Chen（2003）【汉】紫斑兰属（唐古特火烧兰属）。【隶属】兰科 Orchidaceae。【包含】世界1种。【学名诠释与讨论】〈阴〉（属）Hemipilia 舌喙兰属+希腊文 opsis,

外观, 模样, 相似。【分布】中国。【模式】Hemipiliopsis
purpureopunctata (K. Y. Lang) Y. B. Luo et S. C. Chen [Habenaria
purpureopunctata K. Y. Lang]。■

24030　Hemipogon Decne. (1844)【汉】半毛萝藦属。【隶属】萝藦科
Asclepiadaceae。【包含】世界 10 种。【学名诠释与讨论】〈阳〉
(希) hemi-, 一半+pogon, 所有格 pogonos, 指小式 pogonion, 胡须,
髯毛, 芒。pogonias, 有须的。【分布】巴拉圭, 秘鲁, 玻利维亚。
【后选模式】Hemipogon acerosus Decaisne。●☆

24031　Hemiptelea Planch. (1872)【汉】刺榆属(枢属)。【日】ハリゲ
ヤキ属。【英】Hemiptelea, Spine-elm。【隶属】榆科 Ulmaceae。
【包含】世界 1 种, 中国 1 种。【学名诠释与讨论】〈阴〉(希)
hemi-, 一半+ptelea, 榆树的古名。指果仅一边具翅。此属的学
名是 “Hemiptelea J. E. Planchon, Compt. Rend. Hebd. Séances
Acad. Sci. 74: 131. Jan-Jun 1872”。亦有文献把其处理为
“Zelkova Spach(1841)(保留属名)” 的异名。【分布】朝鲜, 中
国。【模式】Hemiptelea davidii (Hance) J. E. Planchon [Planera
davidii Hance]。【参考异名】Zelkova Spach(1841)(保留属名)●

24032　Hemiptilium A. Gray (1858) = Stephanomeria Nutt. (1841) (保
留属名) [菊科 Asteraceae(Compositae)]●■☆

24033　Hemisacris Steud. (1829) = Schismus P. Beauv. (1812) [禾本
科 Poaceae(Gramineae)]■

24034　Hemisandra Scheidw. (1842) = Aphelandra R. Br. (1810) [爵床
科 Acanthaceae]●■☆

24035　Hemisantiria H. J. Lam(1929) = Dacryodes Vahl(1810) [橄榄
科 Burseraceae]●☆

24036　Hemiscleria Lindl. (1853)【汉】秘鲁兰属。【隶属】兰科
Orchidaceae。【包含】世界 1 种。【学名诠释与讨论】〈阴〉(希)
hemi-, 一半+skleros, 硬的, 干燥的。【分布】秘鲁, 厄瓜多尔。
【模式】Hemiscleria nutans Lindley。●☆

24037　Hemiscola Raf. (1838) = Cleome L. (1753) [山柑科(白花菜
科, 醉蝶花科) Capparaceae//白花菜科(醉蝶花科) Cleomaceae]●■

24038　Hemiscolopia Slooten(1925)【汉】异箣柊属。【隶属】刺篱木科
(大风子科) Flacourtiaceae。【包含】世界 1 种。【学名诠释与讨
论】〈阴〉(希) hemi-, 一半+Scolopia 箣柊属(刺柊属, 蒴冬属, 鲁
花树属)。【分布】泰国, 印度尼西亚(苏门答腊岛, 爪哇岛), 中
南半岛。【模式】Hemiscolopia trimera (Boerlage) D. F. van Slooten
[Scolopia trimera Boerlage]。●☆

24039　Hemisiphonia Urb. (1909) = Micranthemum Michx. (1803) (保
留属名) [玄参科 Scrophulariaceae]■☆

24040　Hemisodon Raf. (1837) = Leonotis (Pers.) R. Br. (1810) [唇形
科 Lamiaceae(Labiatae)]●■☆

24041　Hemisorghum C. E. Hubb. (1960)【汉】半蜀黍属。【隶属】禾
本科 Poaceae(Gramineae)。【包含】世界 2 种。【学名诠释与讨
论】〈中〉(希) hemi-, 一半+Sorghum 高粱属(蜀黍属)。此属的
学名, ING 和 IK 记录是 “Hemisorghum C. E. Hubbard in N. L. Bor,
Grasses Burma 686. 1960”。TROPICOS 则记载为 “Hemisorghum
C. E. Hubb. ex Bor, Grasses of Burma, Ceylon, India and Pakistan
(excluding Bambuseae) 686. 1960”。【分布】东南亚。【模式】
Hemisorghum mekongense (A. Camus) C. E. Hubbard [Sorghum
mekongense A. Camus]。【参考异名】Hemisorghum C. E. Hubb. ex
Bor(1960) Nom. illegit. ■☆

24042　Hemisorghum C. E. Hubb. ex Bor (1960) Nom. illegit. ≡
Hemisorghum C. E. Hubb. (1960) [禾本科 Poaceae(Gramineae)]
■☆

24043　Hemispadon Endl. (1832) = Indigofera L. (1753) [豆科
Fabaceae(Leguminosae)//蝶形花科 Papilionaceae]●■

24044　Hemisphace (Benth.) Opiz(1852) = Salvia L. (1753) [唇形科
Lamiaceae(Labiatae)//鼠尾草科 Salviaceae]●■

24045　Hemisphaera Kolak. (1984) = Campanula L. (1753) [桔梗科
Campanulaceae]■●

24046　Hemisphaerocarya Brand(1927) Nom. illegit. ≡ Oreocarya Greene
(1887) ; ~ = Cryptantha Lehm. ex G. Don (1837) [紫草科
Boraginaceae]■☆

24047　Hemistegia Raf. (1837) Nom. illegit. ≡ Jungia Heist. ex Fabr.
(1759) (废弃属名); ~ = Salvia L. (1753) [唇形科 Lamiaceae
(Labiatae)//鼠尾草科 Salviaceae]●■

24048　Hemisteirus F. Muell. (1853) = Trichinium R. Br. (1810) [苋科
Amaranthaceae]■●☆

24049　Hemistema DC. (1805) = Hemistemma DC. (1805); ~ =
Hibbertia Andréws(1800) [五桠果科(第伦桃科, 五丫果科, 锡叶
藤科) Dilleniaceae//纽扣花科 Hibbertiaceae]●☆

24050　Hemistema Thouars (1805) Nom. illegit. = Hemistemma Juss. ex
Thouars(1806) Nom. illegit. ; ~ = Hibbertia Andréws(1800) [五桠
果科(第伦桃科, 五丫果科, 锡叶藤科) Dilleniaceae//纽扣花科
Hibbertiaceae]●☆

24051　Hemistemma DC. (1805) = Hibbertia Andréws(1800) [五桠果
科(第伦桃科, 五丫果科, 锡叶藤科) Dilleniaceae//纽扣花科
Hibbertiaceae]●☆

24052　Hemistemma Juss. ex Thouars (1806) Nom. illegit. = Hibbertia
Andréws(1800) [五桠果科(第伦桃科, 五丫果科, 锡叶藤科)
Dilleniaceae//纽扣花科 Hibbertiaceae]●☆

24053　Hemistemma Rchb. (1828) Nom. illegit. = Leucas R. Br. (1810)
[唇形科 Lamiaceae(Labiatae)]●■

24054　Hemistemon F. Muell. (1876) = Chloanthes R. Br. (1810) [唇
形科 Lamiaceae(Labiatae)//连药灌科 Chloanthaceae]●☆

24055　Hemistephia Steud. (1840) = Hemistepta Bunge ex Fisch. et C.
A. Mey. (1836); ~ = Saussurea DC. (1810) (保留属名) [菊科
Asteraceae(Compositae)]●■

24056　Hemistephus J. Drumm. ex Harv. (1855) = Hibbertia Andréws
(1800) [五桠果科(第伦桃科, 五丫果科, 锡叶藤科)
Dilleniaceae//纽扣花科 Hibbertiaceae]●☆

24057　Hemistepta (Bunge) Bunge (1833) Nom. inval. , Nom. nud. ≡
Hemistepta Bunge ex Fisch. et C. A. Mey. (1836) [菊科 Asteraceae
(Compositae)]■

24058　Hemistepta Bunge(1833) Nom. inval. , Nom. nud. ≡ Hemistepta
Bunge ex Fisch. et C. A. Mey. (1836) [菊科 Asteraceae
(Compositae)]■

24059　Hemisteptia Bunge ex Fisch. et C. A. Mey. (1836)【汉】泥胡菜
属。【日】キツネアザミ属。【英】Hemistepta。【隶属】菊科
Asteraceae(Compositae)。【包含】世界 1 种, 中国 1 种。【学名诠
释与讨论】〈阴〉(希) hemi-, 一半+steptos, 具冠的。指冠毛二列。
此属的学名, ING、TROPICOS、《中国植物志》英文版和 IK 记录是
“Hemisteptia Bunge ex F. E. L. Fischer et C. A. Meyer, Index Sem.
Hortus Bot. Petrop. 2: 38. Jan (？)1836 (‘1835’)”。“Hemistepta
(Bunge) Bunge(1833) ≡ Hemistepta Bunge ex Fisch. et C. A. Mey.
(1836) [菊科 Asteraceae(Compositae)]” 和 “Hemisteptia Fisch. et
C. A. Mey. , Index Seminum [St. Petersburg (Petropolitanus)]2: 38.
1836 [dt. 25 Dec 1835;issued Jan 1836]” 的命名人引证有误。亦
有文献把 “Hemisteptia Bunge ex Fisch. et C. A. Mey. (1836)” 处理
为 “Saussurea DC. (1810) (保留属名)” 的异名。【分布】喜马拉
雅山, 亚洲东部。中国。【模式】Hemistepta lyrata (Bunge) F. E.
L. Fischer et C. A. Meyer [Cirsium lyratum Bunge]。【参考异名】
Hemistephia Steud. (1840); Hemistepta (Bunge) Bunge (1833)
Nom. inval. , Nom. nud. ; Hemistepta Bunge (1833) Nom. inval. ,

Nom. nud.；Hemisteptia Fisch. et C. A. Mey.（1836）Nom. illegit.；Saussurea DC.（1810）（保留属名）■

24060　Hemisteptia Fisch. et C. A. Mey.（1836）Nom. illegit. ≡ Hemistepta Bunge ex Fisch. et C. A. Mey.（1836）［菊科 Asteraceae（Compositae）］■

24061　Hemistoma Ehrenb. ex Benth.（1830）= Leucas R. Br.（1810）［唇形科 Lamiaceae（Labiatae）］●■

24062　Hemistylis Walp.（1849）Nom. illegit. ≡ Hemistylus Benth.（1843）［荨麻科 Urticaceae］●☆

24063　Hemistylus Benth.（1843）【汉】半柱麻属。【隶属】荨麻科 Urticaceae。【包含】世界 4 种。【学名诠释与讨论】〈阳〉（希）hemi-，一半+stylos =拉丁文 style，花柱，中柱，有尖之物，桩，柱，支持物，支柱，石头做的界标。此属的学名，ING、TROPICOS 和 IK 记载是“Hemistylus Benth.，Pl. Hartw.［Bentham］123. 1843［Dec 1843］”。“Hemistylis Walp.，Ann. Bot. Syst.（Walpers）1（4）：648. 1849［28-31 Mar 1849］”是其变体。【分布】厄瓜多尔，哥伦比亚，热带南美洲，中美洲。【模式】Hemistylus boehmerioides Bentham。【参考异名】Hemistylis Walp.（1849）Nom. illegit. ●☆

24064　Hemithrinax Hook. f.（1883）= Thrinax L. f. ex Sw.（1788）［棕榈科 Arecaceae（Palmae）］●☆

24065　Hemitome Nees（1847）= Stenandrium Nees（1836）（保留属名）［爵床科 Acanthaceae］■☆

24066　Hemitomes A. Gray（1858）【汉】合瓣晶兰属。【隶属】杜鹃花科（欧石南科）Ericaceae。【包含】世界 1 种。【学名诠释与讨论】〈中〉（希）hemi-，一半+tomos，一片，锐利的，切割的。tome，断片，残株。Hemitomos，分成两半的。此属的学名，ING、TROPICOS、GCI 和 IK 记载是“Hemitomes A. Gray，Pacif. Railr. Rep. 6（3，Nos. 1-2）［Williamson et Abbot］80. 1858［dt. 1857；issued Mar 1858］”。“Newberrya Torrey，Ann. Lyceum Nat. Hist. New York 8：55. Jun 1864”是“Hemitomes A. Gray（1858）”的晚出的同模式异名（Homotypic synonym，Nomenclatural synonym）。【分布】美国（西部）。【模式】Hemitomes congestum A. Gray。【参考异名】Newberrya Torr.（1867）Nom. illegit. ●☆

24067　Hemitomus L’Hér. ex Desf.（1804）= Alonsoa Ruiz et Pav.（1798）［玄参科 Scrophulariaceae］■☆

24068　Hemitria Raf.（1820）= Phthirusa Mart.（1830）［桑寄生科 Loranthaceae］●☆

24069　Hemiuratea Post et Kuntze（1903）= Hemiouratea Tiegh.（1902）；~ =Ouratea Aubl.（1775）（保留属名）［金莲木科 Ochnaceae］●

24070　Hemixanthidium Delpino（1871）= Franseria Cav.（1794）（保留属名）［菊科 Asteraceae（Compositae）］●■☆

24071　Hemizonella（A. Gray）A. Gray（1874）【汉】星对菊属。【英】Oppositeleaved Tarweed。【隶属】菊科 Asteraceae（Compositae）。【包含】世界 1-2 种。【学名诠释与讨论】〈阴〉（属）Hemizonia 半带菊属+-ellus，-ella，-ellum，加在名词词干后面形成指小式的词尾。或加在人名、属名等后面以组成新属的名称。此属的学名，ING 和 TROPICOS 记载是“Hemizonella（A. Gray）A. Gray，Proc. Amer. Acad. Arts 9：189. 1874”，由“Hemizonia［par.］Hemizonella A. Gray，Proc. Amer. Acad. Arts 6：548. Nov 1865”改级而来。IK 则记载为“Hemizonella A. Gray，Proc. Amer. Acad. Arts ix.（1874）189.”。三者引用的文献相同。亦有文献把“Hemizonella（A. Gray）A. Gray（1874）”处理为“Anisocarpus Nutt.（1841）”或“Madia Molina（1782）”的异名。【分布】美国，太平洋地区。【模式】未指定。【参考异名】Anisocarpus Nutt.（1841）；Hemizonella A. Gray（1874）Nom. illegit.；Hemizonia［par.］Hemizonella A. Gray（1865）；Madia Molina（1782）■☆

24072　Hemizonella A. Gray（1874）Nom. illegit. ≡ Hemizonella（A. Gray）A. Gray（1874）；~ = Madia Molina（1782）；~ Anisocarpus Nutt.（1841）［菊科 Asteraceae（Compositae）］■☆

24073　Hemizonia DC.（1836）【汉】半带菊属（星带菊属）。【隶属】菊科 Asteraceae（Compositae）。【包含】世界 30 种。【学名诠释与讨论】〈阴〉（希）hemi-，一半+zona，带，腰带。指苞片半入果实。【分布】厄瓜多尔，美国（加利福尼亚）。【后选模式】Hemizonia congesta A. P. de Candolle。【参考异名】Calycadenia DC.（1836）；Centromadia Greene（1894）；Deinandra Greene（1897）；Hartmannia DC.（1836）Nom. illegit.；Osmadenia Nutt.（1841）；Zonanthemis Greene（1897）■☆

24074　Hemizygia（Benth.）Briq.（1897）【汉】半轭草属。【隶属】唇形科 Lamiaceae（Labiatae）。【包含】世界 28-30 种。【学名诠释与讨论】〈阴〉（希）hemi-，一半+zygos，成对，连结，轭。指花 2 瓣。此属的学名，ING 和 TROPICOS 记载是“Hemizygia（Bentham）Briquet in Engler et Prantl，Nat. Pflanzenfam. 4（3a）：368. Feb 1897”，由“Ocimum sect. Hemizygia Bentham in Alph. de Candolle，Prodr. 12：41. 5 Nov 1848”改级而来。IK 则记载为“Hemizygia Briq.，Nat. Pflanzenfam.［Engler et Prantl］iv. III A. 368（1897）”。二者引用的文献相同。亦有文献把“Hemizygia（Benth.）Briq.（1897）”处理为“Syncolostemon E. Mey. ex Benth.（1838）”的异名。【分布】马达加斯加，热带和非洲南部。【模式】Hemizygia teucriifolia（Hochstetter）Briquet［Ocimum teucriifolium Hochstetter］。【参考异名】Bouetia A. Chev.（1912）；Hemizygia Briq.（1897）Nom. illegit.；Ocimum sect. Hemizygia Benth.（1848）；Syncolostemon E. Mey.（1838）Nom. illegit.；Syncolostemon E. Mey. ex Benth.（1838）●■☆

24075　Hemizygia Briq.（1897）Nom. illegit. ≡ Hemizygia（Benth.）Briq.（1897）；~ = Syncolostemon E. Mey. ex Benth.（1838）［唇形科 Lamiaceae（Labiatae）］●■☆

24076　Hemma Raf. ex Pfitzer =Lemna L.（1753）［浮萍科 Lemnaceae］■

24077　Hemmantia Whiffin（2007）【汉】昆士兰香材树属。【隶属】香材树科（杯轴花科，黑檫木科，芒籽科，蒙立米科，檬立木科，香材木科，香树木科）Monimiaceae。【包含】世界 1 种。【学名诠释与讨论】〈阴〉（地）Hemmant，赫曼特，位于澳大利亚。【分布】澳大利亚（昆士兰）。【模式】Hemmantia puauluensis R. L. Gilbertson et K. K. Nakasone。●☆

24078　Hemolepis Hort. ex Vilm.（1866）= Heliopsis Pers.（1807）（保留属名）［菊科 Asteraceae（Compositae）］■☆

24079　Hemonacanthus Nees（1847）= Ruellia L.（1753）；~ = Stemonacanthus Nees（1847）［爵床科 Acanthaceae］■●

24080　Hemprichia Ehrenb.（1829）= Commiphora Jacq.（1797）（保留属名）［橄榄科 Burseraceae］●

24081　Hemsleia Cogn.（1888）Nom. illegit. ≡ Hemsleya Cogn.（1888）Nom. illegit.；~ = Hemsleya Cogn. ex F. B. Forbes et Hemsl.（1888）［葫芦科（瓜科，南瓜科）Cucurbitaceae］■

24082　Hemsleia Cogn. ex F. B. Forbes et Hemsl.（1888）Nom. illegit. ≡ Hemsleya Cogn. ex F. B. Forbes et Hemsl.（1888）［葫芦科（瓜科，南瓜科）Cucurbitaceae］■

24083　Hemsleia Kudô（1929）= Ceratanthus F. Muell. ex G. Taylor（1936）［唇形科 Lamiaceae（Labiatae）］■

24084　Hemsleiana Kuntze（1891）Nom. illegit. ≡ Hemsleyna Kuntze（1891）；~ ≡Thryallis Mart.（1829）（保留属名）［金虎尾科（黄褥花科）Malpighiaceae］●

24085　Hemsleya Cogn.（1888）Nom. illegit. ≡ Hemsleya Cogn. ex F. B. Forbes et Hemsl.（1888）［葫芦科（瓜科，南瓜科）Cucurbitaceae］■

24086　Hemsleya Cogn. ex F. B. Forbes et Hemsl.（1888）【汉】雪胆属

（韩斯草属，韩信草属，蛇莲属）。【英】Hemsleia, Snakelotus, Snowgall。【隶属】葫芦科（瓜科，南瓜科）Cucurbitaceae。【包含】世界 24-39 种，中国 24-39 种。【学名诠释与讨论】〈阴〉（人）William Botting Hemsley, 1843–1924，英国植物学者，Bentham 的助手。此属的学名，ING、TROPICOS 和 IK 记载是 "Hemsleya Cogniaux ex F. B. Forbes et W. B. Hemsley, J. Linn. Soc., Bot. 23：490. 29 Dec 1888"。"Hemsleia Cogn. ex F. B. Forbes et Hemsl. (1888)" 是其拼写变体。"Hemsleya Cogn. (1888)" 的命名人引证有误。【分布】中国，东喜马拉雅山。【模式】Hemsleya chinensis Cogniaux ex F. B. Forbes et W. B. Hemsley。【参考异名】Hemsleia Cogn. (1888) Nom. illegit.; Hemsleia Cogn. ex F. B. Forbes et Hemsl. (1888) Nom. illegit.; Hemsleya Cogn. (1888) Nom. illegit. ■

24087 Hemsleyna Kuntze(1891) Nom. illegit. ≡ Thryallis Mart. (1829)（保留属名）［金虎尾科（黄褥花科）Malpighiaceae］●

24088 Hemyphyes Endl. (1850) = Actinotus Labill. (1805); ~ = Hemiphues Hook. f. (1847)［伞形花科（伞形科）Apiaceae(Umbelliferae)］●■☆

24089 Henanthus Less. (1832) = Pteronia L. (1763)（保留属名）［菊科 Asteraceae(Compositae)］●☆

24090 Henckelia Spreng. (1817)（废弃属名）= Didymocarpus Wall. (1819)（保留属名）［苦苣苔科 Gesneriaceae］●■

24091 Hendecandra Eschsch. (1826) = Croton L. (1753)［大戟科 Euphorbiaceae//巴豆科 Crotonaceae］●

24092 Henfreya Lindl. (1847) = Asystasia Blume (1826)［爵床科 Acanthaceae］●■

24093 Henicosanthum Dalla Torre et Harms (1901) Nom. illegit. = Enicosanthum Becc. (1871)［番荔枝科 Annonaceae］●☆

24094 Henicostemma Endl. (1838) = Enicostema Blume (1826)（保留属名）［龙胆科 Gentianaceae］■☆

24095 Henisia Walp. (1843) Nom. illegit. = Heinsia DC. (1830)［茜草科 Rubiaceae］●☆

24096 Henkelia Rchb. (1828) = Didymocarpus Wall. (1819)（保留属名）［苦苣苔科 Gesneriaceae］●■

24097 Henlea Griseb. (1860) Nom. illegit. ≡ Henleophytum H. Karst. (1861); ~ = Thryallis Mart. (1829)（保留属名）［金虎尾科（黄褥花科）Malpighiaceae］●

24098 Henlea H. Karst. (1859)【汉】亨勒茜属。【隶属】茜草科 Rubiaceae。【包含】世界 4 种。【学名诠释与讨论】〈阴〉（人）Friedrich Gustav Jacob Henle, 1809–1885，德国病理学者、解剖学者。此属的学名，ING 和 IK 记载是 "Henlea H. Karsten, Fl. Columbiae 1：38. 6 Apr 1859"。"Henlea Grisebach, Abh. Königl. Ges. Wiss. Göttingen 9：37. post Apr 1861" 是晚出的非法名称。亦有文献把 "Henlea H. Karst. (1859)" 处理为 "Rustia Klotzsch (1846)" 的异名。【分布】哥伦比亚。【模式】Henlea splendens H. Karsten。【参考异名】Rustia Klotzsch(1846) ●☆

24099 Henleophytum H. Karst. (1861)【汉】亨勒木属。【隶属】金虎尾科（黄褥花科）Malpighiaceae。【包含】世界 1 种。【学名诠释与讨论】〈中〉（人）Friedrich Gustav Jacob Henle, 1809–1885，德国病理学者，解剖学者+phyton, 植物，树木，枝条。此属的学名 "Henleophytum H. Karsten, Fl. Columbiae 1：158. 8 Apr 1861" 是一个替代名称。"Henlea Grisebach, Abh. Königl. Ges. Wiss. Göttingen 9：37. post Apr 1861" 是一个非法名称(Nom. illegit.)，因为此前已经有了 "Henlea H. Karsten, Fl. Columbiae 1：38. 6 Apr 1859［茜草科 Rubiaceae］"。故用 "Henleophytum H. Karst. (1861)" 替代之。【分布】古巴。【模式】Henleophytum echinatum (Grisebach) J. K. Small［Henlea echinata Grisebach］。【参考异名】Henlea Griseb. (1861) Nom. illegit. ●☆

24100 Henna Boehm. (1760) Nom. illegit. ≡ Lawsonia L. (1753)［千屈菜科 Lythraceae］●

24101 Henna Ludw. (1760) Nom. illegit. ≡ Lawsonia L. (1753)［千屈菜科 Lythraceae］●

24102 Hennecartia J. Poiss. (1885)【汉】越柱茜属。【隶属】香材树科（杯轴花科，黑檫木科，芒籽科，蒙立米科，檬立木科，香材木科，香树木科）Monimiaceae。【包含】世界 1-3 种。【学名诠释与讨论】〈阴〉（人）Jules Hennecart, 1797–1888。【分布】巴拉圭，巴西。【模式】Hennecartia omphalandra J. Poisson。●☆

24103 Henningia Kar. et Kir. (1842) = Eremurus M. Bieb. (1810)［百合科 Liliaceae//阿福花科 Asphodelaceae//芦荟科 Aloaceae］■

24104 Henningsocarpum Kuntze(1891) Nom. illegit. ≡ Neopringlea S. Watson(1891)［刺篱木科（大风子科）Flacourtiaceae］●☆

24105 Henonia Coss. et Durieu(1855) Nom. illegit. = Henophyton Coss. et Durieu(1856)［十字花科 Brassicaceae(Cruciferae)］■☆

24106 Henonia Moq. (1849)【汉】帚青葙属。【隶属】苋科 Amaranthaceae。【包含】世界 1 种。【学名诠释与讨论】〈阴〉（人）Jacques Louis Henon, 1802–1872，法国植物学者。此属的学名，ING、TROPICOS 和 IK 记载是 "Henonia Moq., Prodr. [A. P. de Candolle] 13(2)：237. 1849［5 May 1849］"。"Henonia Coss. et Durieu, Bull. Soc. Bot. France 2：246. 1855 ≡ Henophyton Coss. et Durieu(1856)［十字花科 Brassicaceae(Cruciferae)］" 是晚出的非法名称。亦有文献把 "Henonia Moq. (1849)" 处理为 "Henophyton Coss. et Durieu(1856)" 的异名。【分布】马达加斯加。【模式】Henonia deserti Cosson et Durieu。【参考异名】Henophyton Coss. et Durieu(1856) ●☆

24107 Henonix Raf. (1837) = Scilla L. (1753)［百合科 Liliaceae//风信子科 Hyacinthaceae//绵枣儿科 Scillaceae］■

24108 Henoonia Griseb. (1866)【汉】海努印茄树属。【隶属】印茄树科 Goetzeaceae//茄科 Solanaceae。【包含】世界 1-3 种。【学名诠释与讨论】〈阴〉词源不详。此属的学名，ING、TROPICOS 和 IK 记载是 "Henoonia Griseb., Cat. Pl. Cub. [Grisebach] 166. 1866［May-Aug 1866］"。"Bissea V. Fuentes, Revista Jard. Bot. Nac. Univ. Habana 6(3)：12. 4 Sep 1986('1985')" 是 "Henoonia Griseb. (1866)" 的晚出的同模式异名（Homotypic synonym, Nomenclatural synonym）。【分布】古巴。【模式】Henoonia myrtifolia Grisebach。【参考异名】Bissea V. R. Fuentes (1986) Nom. illegit.; Henoonia Melch. ●☆

24109 Henoonia Melch. = Henoonia Griseb. (1866)［印茄树科 Goetzeaceae//茄科 Solanaceae］●☆

24110 Henophyton Coss. et Durieu(1856)【汉】埃诺芥属。【隶属】十字花科 Brassicaceae(Cruciferae)。【包含】世界 2 种。【学名诠释与讨论】〈阴〉（人）Adrien Henon, 法国植物采集家、旅行家。此属的学名 "Henophyton Cosson et Durieu, Ann. Sci. Nat. Bot. ser. 4. 4：282. 1856" 是一个替代名称。"Henonia Cosson et Durieu, Bull. Soc. Bot. France 2：246. 1855" 是一个非法名称(Nom. illegit.)，因为此前已经有了 "Henonia Moquin-Tandon in Alph. de Candolle, Prodr. 13(2)：232, 237. 5 Mai 1849 = Henophyton Coss. et Durieu(1856)［十字花科 Brassicaceae(Cruciferae)］"。故用 "Henophyton Coss. et Durieu(1856)" 替代之。亦有文献把 "Henophyton Coss. et Durieu(1856)" 处理为 "Oudneya R. Br. (1826)" 的异名。【分布】阿尔及利亚。【模式】1856。【参考异名】Henonia Coss. et Durieu(1855) Nom. illegit.; Henonia Moq. (1849); Oudneya R. Br. (1826) ■☆

24111 Henosis Hook. f. (1890) = Bulbophyllum Thouars(1822)（保留属名）［兰科 Orchidaceae］■

24112 Henrardia C. E. Hubb. (1946)【汉】波斯麦属。【俄】

Генрардия。【隶属】禾本科 Poaceae(Gramineae)。【包含】世界 2 种。【学名诠释与讨论】〈阴〉(人) Johannes (Jan) Theodoor Henrard,1881–1974,荷兰植物学者,药剂师。【分布】伊朗至亚洲中部和巴基斯坦(俾路支),安纳托利亚。【模式】Henrardia persica (Boissier) C. E. Hubbard [Lepturus persicus Boissier]。■☆

24113 Henribaillonia Kuntze (1891) Nom. illegit. , Nom. superfl. ≡ Cometia Thouars ex Baill. (1858);~ = Thecacoris A. Juss. (1824) [大戟科 Euphorbiaceae]●☆

24114 Henricea Lem. – Lis. (1824) = Swertia L. (1753) [龙胆科 Gentianaceae]■

24115 Henricia Cass. (1817) = Psiadia Jacq. (1803) [菊科 Asteraceae (Compositae)]●☆

24116 Henricia L. Bolus (1936) Nom. illegit. ≡ Neohenricia L. Bolus (1938) [番杏科 Aizoaceae]■☆

24117 Henricksonia B. L. Turner(1977)【汉】纹秋菊属。【隶属】菊科 Asteraceae(Compositae)。【包含】世界 1 种。【学名诠释与讨论】〈阴〉(人) James Solberg Henrickson,1940–?,植物学者。【分布】墨西哥。【模式】Henricksonia mexicana B. L. Turner。●☆

24118 Henrietia Rchb. (1828) = Henriettea DC. (1828) [野牡丹科 Melastomataceae]●☆

24119 Henrietta Macfad. (1837) Nom. illegit. = Henriettea DC. (1828) [野牡丹科 Melastomataceae]●☆

24120 Henriettea DC. (1828)【汉】亨里特野牡丹属。【隶属】野牡丹科 Melastomataceae。【包含】世界 67 种。【学名诠释与讨论】〈阴〉(人) Henriette. 此属的学名,ING,GCI,TROPICOS 和 IK 记载是 "Henriettea DC. , Prodr. [A. P. de Candolle]3:178. 1828 [mid–Mar 1828]"。"Henrietta Macfad. ,Fl. Jamaica [Macfadyen]2:76. 1837"似为变体。【分布】巴拿马,秘鲁,玻利维亚,厄瓜多尔,哥斯达黎加,尼加拉瓜,热带南美洲,中美洲。【模式】Henriettea succosa (Aublet) A. P. de Candolle [Melastoma succosa Aublet]。【参考异名】Henrietia Rchb. (1828);Henrietta Macfad. (1837) Nom. illegit. ;Henriettella Naudin(1852);Llewelynia Pittier (1939);Phyllopus DC. (1828)●☆

24121 Henriettella Naudin(1852) = Henriettea DC. (1828) [野牡丹科 Melastomataceae]●☆

24122 Henrincquia Benth. et Hook. f. (1876) = Herincquia Decne. (1850);~ = Pentarhaphia Lindl. (1827) [苦苣苔科 Gesneriaceae]■☆

24123 Henriquezia Spruce ex Benth. (1854)【汉】巴西木属。【隶属】巴西木科 Henriqueziaceae。【包含】世界 7 种。【学名诠释与讨论】〈阴〉(人) Henriquez。【分布】巴西,亚马孙河流域。【模式】Henriquezia verticillata Spruce ex Bentham。●☆

24124 Henriqueziaceae (Hook. f.) Bremek. (1957) [亦见 Rubiaceae Juss. (保留科名)茜草科]【汉】巴西木科。【包含】世界 2 属 13 种。【分布】巴西。【科名模式】Henriquezia Spruce ex Benth.。■☆

24125 Henriqueziaceae Bremek. (1957) = Henriqueziaceae (Hook. f.) Bremek. ;~ = Rubiaceae Juss. (保留科名)●■

24126 Henrya Hemsl. (1889) Nom. illegit. (废弃属名) ≡ Neohenrya Hemsl. (1892);~ = Tylophora R. Br. (1810) [萝藦科 Asclepiadaceae]●■

24127 Henrya Nees ex Benth. (1845) Nom. illegit. (废弃属名) ≡ Henrya Nees(1845)(废弃属名);~ = Tetramerium Nees(1846)(保留属名) [爵床科 Acanthaceae]●☆

24128 Henrya Nees(1845)(废弃属名) = Tetramerium Nees(1846)(保留属名) [爵床科 Acanthaceae]●☆

24129 Henryastrum Happ(1937) Nom. illegit. ≡ Henrya Hemsl. (1889) Nom. illegit. (废弃属名);~ ≡ Neohenrya Hemsl. (1892);~ =

Tylophora R. Br. (1810) [萝藦科 Asclepiadaceae]●■

24130 Henryettana Brand (1929) = Antiotrema Hand. – Mazz. (1920) [紫草科 Boraginaceae]■★

24131 Henschelia C. Presl(1831) = Illigera Blume (1827) [莲叶桐科 Hernandiaceae//青藤科 Illigeraceae]●■

24132 Henslera Endl. (1839) = Haenselera Lag. (1816);~ = Physospermum Cusson (1782) [伞形花科 (伞形科) Apiaceae (Umbelliferae)]■☆

24133 Henslera Rchb. (1841) Nom. illegit. = Haenselera Boiss. ex DC. (1838) Nom. illegit. ;~ = Rothmaleria Font Quer (1940) [菊科 Asteraceae(Compositae)]■☆

24134 Henslevia Raf. = Henslovia A. Juss. (1849);~ = Crypteronia Blume (1827);~ = Henslowia Wall. (1832) [隐翼木科 Crypteroniaceae]●

24135 Henslovia A. Juss. (1849) = Crypteronia Blume (1827);~ = Henslowia Wall. (1832) [隐翼木科 Crypteroniaceae]●

24136 Henslovia Hook. f. (1886) Nom. illegit. =? Henslowia Blume (1850) Nom. illegit. [檀香科 Santalacea]●☆

24137 Hensloviaceae Lindl. (1835) = Crypteroniaceae A. DC. (保留科名);~ = Henslowiaceae Lindl. ●

24138 Henslowia Blume (1850) Nom. illegit. ≡ Dendrotrophe Miq. (1856) [檀香科 Santalacea]●

24139 Henslowia Lowe ex DC. = Notelaea Vent. (1804);~ = Picconia A. DC. (1844) [木犀榄科 (木犀科) Oleaceae]●☆

24140 Henslowia Wall. (1832) = Crypteronia Blume(1827) [隐翼木科 Crypteroniaceae]●

24141 Henslowiaceae Lindl. (1835) = Crypteroniaceae A. DC. (保留科名)●

24142 Hensmania W. Fitzg. (1903)【汉】汉斯曼草属。【隶属】吊兰科 (猴面包科,猴面包树科) Anthericaceae//苞花草科 (红箭花科) Johnsoniaceae。【包含】世界 3 种。【学名诠释与讨论】〈阴〉(人) Alfred Peach Hensman,1839–1902。【分布】澳大利亚(西部)。【模式】Hensmania turbinata (Lehmann) W. V. Fitzgerald [Xerotes turbinata Lehmann]。【参考异名】Chamaecrinum Diels ex Diels et Pritz. , Nom. illegit. ;Chamaecrinum Diels(1904)■☆

24143 Heocarpus Phil. (1861) = Jungia L. f. (1782) [as 'Iungia'] (保留属名);~ = Pleocarphus D. Don (1830) [菊科 Asteraceae (Compositae)]●☆

24144 Hepatica Mill. (1754)【汉】獐耳细辛属(肝叶草属)。【日】スハマソウ属,ユキワリサウ属,ユキワリソウ属。【俄】Перелеска,Печёночник,Печеночница,Печёночница。【英】Hepatica, Liver Flower, Liver Leaf, Liverleaf, Liverwort。【隶属】毛茛科 Ranunculaceae。【包含】世界 7 种,中国 2 种。【学名诠释与讨论】〈阴〉(希) hepar,所有格 hepatos,肝脏,变为 hepatikos,关于肝的。指三裂叶的形状。此属的学名,ING、TROPICOS、GCI 和 IK 记载是 "Hepatica Mill. , Gard. Dict. Abr. , ed. 4. [unpaged]. 1754 [28 Jan 1754]"。苔藓的 "Hepatica Adanson, Fam. 2:14, 554. Jul–Aug 1763 (non P. Miller 1754) ≡ Conocephalum J. Hill 1773"是晚出的非法名称。亦有文献把 "Hepatica Mill. (1754)" 处理为 "Anemone L. (1753)(保留属名)"的异名。【分布】巴基斯坦,玻利维亚,中国,温带欧亚大陆。【模式】Hepatica nobilis Schreber。【参考异名】Anemone L. (1753)(保留属名);Isopyrum Adans. (1763) Nom. illegit. ■

24145 Hepetis Sw. (1788)(废弃属名) = Pitcairnia L' Hér. (1789)(保留属名) [凤梨科 Bromeliaceae]■☆

24146 Hepetospermum Spach(1838) = Herpetospermum Wall. ex Hook. f. (1867) Nom. illegit. ;~ = Herpetospermum Wall. ex Benth. et

Hook. f. (1867) [葫芦科(瓜科,南瓜科)Cucurbitaceae]■

24147 Hephestionia Naudin(1850)= Tibouchina Aubl. (1775) [野牡丹科 Melastomataceae]●■☆

24148 Heppiella Regel(1853)【汉】赫普苣苔属。【隶属】苦苣苔科 Gesneriaceae。【包含】世界4种。【学名诠释与讨论】〈阴〉(人) Johann Adam Philipp Hepp, 1797-1867, 德国植物学者, 医生, 地衣学者+-ellus,-ella,-ellum, 加在名词词干后面形成指小式的词尾。或加在人名、属名等后面以组成新属的名称。此属的学名 "Heppiella Regel, Gartenflora 2:353. Dec 1853" 是一个替代名称。"Corysanthera Decaisne ex Regel, Gartenflora 1:40. Feb 1852" 是一个非法名称(Nom. illegit.), 因为此前已经有了"Corysanthera N. Wallich ex Bentham in Endlicher, Gen. 719. Jan 1839 = Rhynchotechum Blume(1826) [苦苣苔科 Gesneriaceae]"。故用 "Heppiella Regel(1853)"替代之。【分布】秘鲁, 厄瓜多尔, 哥伦比亚(安蒂奥基亚), 热带南美洲。【模式】Heppiella atrosanguinea Regel, Nom. illegit. [Achimenes viscida Lindley et Paxton; Heppiella viscida (Lindley et Paxton) Fritsch]。【参考异名】Corysanthera Decne. ex Regel(1852)Nom. illegit. ■☆

24149 Heptaca Lour. (1790)= Oncoba Forssk. (1775) [刺篱木科(大风子科)Flacourtiaceae]●

24150 Heptacarpus Conz. (1940)= Bejaria Mutis (1771) [as 'Befaria'](保留属名) [杜鹃花科(欧石南科)Ericaceae]●☆

24151 Heptacodium Rehder (1916)【汉】七子花属。【英】Heptacodium, Sevenseedflower, Seven-sons Plant。【隶属】忍冬科 Caprifoliaceae。【包含】世界1种, 中国1种。【学名诠释与讨论】〈中〉(希)hepta- =拉丁文 septem-, 七+kodeia 头+-ius,-ia,-ium, 在拉丁文和希腊文中, 这些词尾表示性质或状态。指七朵花组成头状花序。【分布】中国。【模式】Heptacodium miconioides Rehder。●★

24152 Heptacyclum Engl. (1899)= Penianthus Miers(1867) [防己科 Menispermaceae]●☆

24153 Heptallon Raf. (1825)= Croton L. (1753) [大戟科 Euphorbiaceae//巴豆科 Crotonaceae]●

24154 Heptanis Raf. (1825)= Heptallon Raf. (1825) [大戟科 Euphorbiaceae]●

24155 Heptanthus Griseb. (1866)【汉】七花草属(七菊花属)。【隶属】菊科 Asteraceae(Compositae)。【包含】世界7种。【学名诠释与讨论】〈阳〉(希)hepta- =拉丁文 septem-, 七+anthos, 花。【分布】古巴, 中美洲。【模式】未指定。■●☆

24156 Heptantra O. F. Cook (1939) Nom. illegit. ≡ Orbignya Mart. ex Endl. (1837)(保留属名) [棕榈科 Arecaceae(Palmae)]●☆

24157 Heptapleurum Gaertn. (1791)= Schefflera J. R. Forst. et G. Forst. (1775)(保留属名) [五加科 Araliaceae]●

24158 Heptaptera Margot et Reut. (1839)【汉】七翅芹属。【隶属】伞形花科(伞形科)Apiaceae(Umbelliferae)。【包含】世界6种。【学名诠释与讨论】〈阴〉(希)hepta- =拉丁文 septem-, 七+pteron, 指小式 pteridion, 翅。pteridios, 有羽毛的。【分布】地中海东部, 亚洲西南部。【模式】Heptaptera colladonioides Margot et Reuter。【参考异名】Anisopleura Fenzl(1843); Antioanrus Roem. ; Colladonia DC. (1830) Nom. illegit. ; Heteroptera Steud. (1840); Meliocarpus Boiss. (1844); Perlebia DC. (1829) Nom. illegit. ■☆

24159 Heptarina Raf. (1837)= Polygonum L. (1753)(保留属名) [蓼科 Polygonaceae]■●

24160 Heptarinia Raf. (1836)= Heptarina Raf. (1837); ~ = Polygonum L. (1753)(保留属名) [蓼科 Polygonaceae]■●

24161 Heptas Meisn. (1840)= Bacopa Aubl. (1775)(保留属名) [玄参科 Scrophulariaceae//婆婆纳科 Veronicaceae]■

24162 Heptaseta Koidz. (1933)= Agrostis L. (1753)(保留属名) [禾本科 Poaceae(Gramineae)//剪股颖科 Agrostidaceae]■

24163 Hepteireca Raf. (1838)= Cassia L. (1753)(保留属名); ~ = Chamaecrista Moench (1794) Nom. illegit. ; ~ = Chamaecrista (L.) Moench(1794) [豆科 Fabaceae(Leguminosae)//云实科(苏木科) Caesalpiniaceae]●

24164 Heptoneurum Hassk. (1842) Nom. illegit. ≡ Heptapleurum Gaertn. (1791); ~ = Schefflera J. R. Forst. et G. Forst. (1775)(保留属名) [五加科 Araliaceae]●

24165 Heptoseta Koidz. = Agrostis L. (1753)(保留属名) [禾本科 Poaceae(Gramineae)//剪股颖科 Agrostidaceae]■

24166 Heptrilis Raf. (1837)= Leucas R. Br. (1810) [唇形科 Lamiaceae(Labiatae)]●■

24167 Heracantha Hoffmanns. et Link (1820-1834)= Carthamus L. (1753) [菊科 Asteraceae(Compositae)]■

24168 Heraclea Hill(1762)= Centaurea L. (1753)(保留属名) [菊科 Asteraceae(Compositae)//矢车菊科 Centaureaceae]●■

24169 Heracleum L. (1753)【汉】独活属(白芷属)。【日】ハナウド属。【俄】Борщевик, Гераклеум。【英】Cow Parsnip, Cowparsnip, Cow-parsnip, Hogweed。【隶属】伞形花科(伞形科)Apiaceae (Umbelliferae)。【包含】世界60-70种, 中国29-41种。【学名诠释与讨论】〈中〉(希)Herakles =拉丁文 Hercules, 体力之神。指本属植物供药用。此属的学名, ING、TROPICOS、GCI 和 IK 记载是 "Heracleum L., Sp. Pl. 1; 249. 1753 [1 May 1753]"。"Sphondylium P. Miller, Gard. Dict. Abr. ed. 4. 28 Jan 1754" 是 "Heracleum L. (1753)" 的晚出的同模式异名(Homotypic synonym, Nomenclatural synonym)。【分布】巴基斯坦, 玻利维亚, 美国, 中国, 北温带, 热带山区。【后选模式】Heracleum sphondylium Linnaeus。【参考异名】Barysoma Bunge(1839) Nom. illegit. ; Paxiactes Raf. (1840) Nom. illegit. ; Semenovia Regel et Herder (1866); Sphondylium Mill. (1754) Nom. illegit. ; Tetrataenium (DC.) Manden. (1959); Tordylioides Wall. ex DC. (1830); Wendia Hoffm. (1814)(废弃属名); Wendtia Ledeb. (1844) Nom. illegit. (废弃属名)■

24170 Herbertia Sweet(1827)【汉】赫伯特鸢尾属(智利鸢尾属)。【日】チリーアヤメ属。【英】Pleat-leaf Iris。【隶属】鸢尾科 Iridaceae。【包含】世界4-8种。【学名诠释与讨论】〈阴〉(人) William Herbert, 1778-1847, 英国植物学者, 牧师, 著有《石蒜科 Amaryllidaceae》。此属的学名是 "Herbertia Sweet, Brit. Fl. Gard. 3: ad t. 222. 1827"。亦有文献把其处理为 "Alophia Herb. (1840)" 的异名。【分布】阿根廷, 巴西, 玻利维亚, 美国(得克萨斯), 智利, 南美洲。【模式】Herbertia pulchella Sweet。【参考异名】Alophia Herb. (1840); Cipura Klotzsch ex Klatt (1882); Trifurcia Herb. (1840)■☆

24171 Herbichia Zawadski (1832)= Senecio L. (1753) [菊科 Asteraceae(Compositae)//千里光科 Senecionidaceae]■●

24172 Herbstia Sohmer (1977)【汉】聚花苋属。【隶属】苋科 Amaranthaceae。【包含】世界1种。【学名诠释与讨论】〈阴〉 (人)Herbst 和 Rossiter。【分布】阿根廷, 巴拉圭, 秘鲁, 玻利维亚。【模式】Herbstia brasiliana (Moquin-Tandon) S. H. Sohmer [Banalia brasiliana (Moquin-Tandon)]。■●☆

24173 Herculium Raf. (1830) Nom. illegit. [芸香科 Rutaceae]☆

24174 Herderia Cass. (1829)【汉】匍茎瘦片菊属。【隶属】菊科 Asteraceae(Compositae)。【包含】世界1种。【学名诠释与讨论】〈阴〉(人)Herder。【分布】热带非洲。【模式】Herderia truncata Cassini。■☆

24175 Hereroa(Schwantes) Dinter et Schwantes(1927)【汉】龙骨角属。

【日】ヘレロア属。【英】Hereroa。【隶属】番杏科 Aizoaceae。【包含】世界 28-33 种。【学名诠释与讨论】〈阴〉Herero, 位于非洲西南的一个民族。此属的学名, ING 和 IK 记载是"Hereroa (Schwantes) Dinter et Schwantes in Schwantes, Z. Sukkulentenk. 3: 15, 23. 1927", 由"Bergeranthus subgen. Hereroa Schwantes, Z. Sukkulentenk. 2: 180. 30 Apr 1926"改级而来。"Hereroa Dinter et Schwantes (1927)"的命名人引证有误。【分布】非洲南部。【后选模式】Hereroa puttkammeriana (Dinter et Berger) Dinter et Schwantes [as ' puttkameriana '] [Mesembryanthemum puttkammerianum Dinter et Berger]。【参考异名】Bergeranthus subgen. Hereroa Schwantes (1926); Hereroa Dinter et Schwantes (1927) Nom. illegit. ●■☆

24176 Hereroa Dinter et Schwantes (1927) Nom. illegit. ≡ Hereroa (Schwantes) Dinter et Schwantes (1927) [番杏科 Aizoaceae] ●■☆

24177 Heretiera G. Don (1831) = Heritiera Aiton (1789) [梧桐科 Sterculiaceae//锦葵科 Malvaceae] ●

24178 Hericinia Fourr. (1868) = Ranunculus L. (1753) [毛茛科 Ranunculaceae] ■

24179 Herincquia Decne. (1850) Nom. illegit. ≡ Herincquia Decne. ex Jacques et Hérincq (1850); ~ = Herincquia Decne. ex Hérincq (1848); ~ = Pentarhaphia Lindl. (1827) [苦苣苔科 Gesneriaceae] ■☆

24180 Herincquia Decne. ex Hérincq (1848) = Pentarhaphia Lindl. (1827) [苦苣苔科 Gesneriaceae] ■☆

24181 Herincquia Decne. ex Jacques et Hérincq (1850) Nom. illegit. ≡ Herincquia Decne. ex Hérincq (1848); ~ = Pentarhaphia Lindl. (1827) [苦苣苔科 Gesneriaceae] ■☆

24182 Herissanthia Steud. (1840) Nom. illegit. =? Herissantia Medik. (1788) [锦葵科 Malvaceae] ☆

24183 Herissantia Medik. (1788)【汉】泡果苘属。【隶属】锦葵科 Malvaceae。【包含】世界 3-6 种, 中国 1 种。【学名诠释与讨论】〈阴〉(人) Louis Antoine Prosper Herissant, 1745-1769, 法国医生、博物学者和诗人。此属的学名, ING、TROPICOS、APNI、GCI 和 IK 记载是"Herissantia Medik., Vorles. Churpfälz. Phys. – Öcon. Ges. 4 (1): 244. 1788"。"Beloere R. J. Shuttleworth in A. Gray, Pl. Wright. 1: 21. Mar 1852"、"Bogenhardia H. G. L. Reichenbach, Deutsche Bot. Herbarienbuch (Nom.) 200; (Syn. Red.) 48. Jul 1841"、"Gayoides (Endlicher) J. K. Small, Fl. Southeast. U. S. 764. Jul 1903"和"Pseudobastardia Hassler, Bull. Soc. Bot. Genève ser. 2. 1: 209. 31 Mai 1909"是"Herissantia Medik. (1788)"的晚出的同模式异名 (Homotypic synonym, Nomenclatural synonym)。"Herissanthia Steud., Nomencl. Bot. [Steudel], ed. 2. 1: 750. 1840 [锦葵科 Malvaceae]"仅有属名, 似为"Herissantia Medik. (1788)"的拼写变体。亦有文献把"Herissantia Medik. (1788)"处理为"Abutilon Mill. (1754)"的异名。【分布】巴拉圭, 巴拿马, 秘鲁, 玻利维亚, 厄瓜多尔, 哥伦比亚 (安蒂奥基亚), 哥斯达黎加, 尼加拉瓜, 中国, 中美洲。【模式】Herissantia crispa (Linnaeus) G. K. Brizicky。【参考异名】Abutilon Mill. (1754); Beloere Shuttlew. (1852) Nom. illegit.; Beloere Shuttlew. ex A. Gray (1852) Nom. illegit.; Bogenhardia Rchb. (1841) Nom. illegit.; Gayoides (Endl.) Small (1903) Nom. illegit.; Gayoides Endl., Nom. illegit.; Gayoides Small (1903) Nom. illegit.; Pseudobastardia Hassl. (1909) Nom. illegit. ■●

24184 Heritera Stokes (1812) = Heritiera Aiton (1789) [梧桐科 Sterculiaceae//锦葵科 Malvaceae] ●

24185 Heriteria Dumort. (1) Nom. illegit. = Heritera Stokes (1812) [梧桐科 Sterculiaceae//锦葵科 Malvaceae] ●

24186 Heriteria Dumort. (2) Nom. illegit. = Heritiera J. F. Gmel. (1791) Nom. illegit.; ~ = Lachnanthes Elliott (1816) (保留属名) [血草科 (半授花科, 给血草科, 血皮草科) Haemodoraceae] ■☆

24187 Heriteria Schrank (1789) Nom. illegit. ≡ Narthecium Gerard (1761) (废弃属名); ~ = Tofieldia Huds. (1778) [百合科 Liliaceae//纳茜菜科 (肺筋草科) Nartheciaceae//无叶莲科 (樱井草科) Petrosaviaceae//岩菖蒲科 Tofieldiaceae] ■

24188 Heriteria Spreng. (1818) Nom. illegit. ≡ Heritiera Aiton (1789) [梧桐科 Sterculiaceae//锦葵科 Malvaceae] ●

24189 Heritiera Aiton (1789)【汉】银叶树属。【日】サキシマスハウノキ属。【英】Booyong, Coastal Heritiera, Heritiera, Mengkulang, Silvertree, Stonewood, Tulip Oak。【隶属】梧桐科 Sterculiaceae//锦葵科 Malvaceae。【包含】世界 35 种, 中国 3 种。【学名诠释与讨论】〈阴〉(人) Charles Louis L' Heritier de Brutelle, 1746-1800, 法国植物学者。此属的学名, ING、TROPICOS 和 IK 记载是"Heritiera Aiton, Hort. Kew. [W. Aiton] 3: 546. 1789";《中国植物志》英文版亦用此名称。"Heriteria Spreng., Anleit. Kenntn. Gew. (ed. 2) 2 (2): 690, 1818"是其变体, 亦是一个晚出的非法名称, 因为此前已经有了"Heriteria Schrank (1789) Nom. illegit. = Tofieldia Huds. (1778) [百合科 Liliaceae//纳茜菜科 (肺筋草科) Nartheciaceae//无叶莲科 (樱井草科) Petrosaviaceae//岩菖蒲科 Tofieldiaceae]"。"Heritiera J. F. Gmel., Syst. Nat., ed. 13 [bis]. 2 (1): 113. 1791 [late Sep-Nov 1791] ≡ Lachnanthes Elliott (1816) (保留属名) [血草科 (半授花科, 给血草科, 血皮草科) Haemodoraceae]"和"Heritiera A. J. Retzius, Observ. Bot. 6: 17. Jul-Nov 1791 ≡ Allagas Raf. (1838) = Alpinia Roxb. (1810) (保留属名) [姜科 (蘘荷科) Zingiberaceae//山姜科 Alpiniaceae]"是晚出的非法名称。"Heritiera Dryand. = Heritiera Aiton (1789)"应是晚出的非法名称。"J. C. Willis. A Dictionary of the Flowering Plants and Ferns (Student Edition). 1985. Cambridge. Cambridge University Press. 1-1245"记载:"Heritiera Dumort. (1) = Heritera Stokes (1812) [梧桐科 Sterculiaceae//锦葵科 Malvaceae]", "Heritiera Dumort. (2) = Heritiera J. F. Gmel. = Lachnanthes Elliott"。【分布】马达加斯加, 澳大利亚 (热带), 印度至马来西亚, 中国, 太平洋地区, 热带非洲西部。【模式】Heritiera littoralis W. Aiton。【参考异名】Amygdalus Kuntze (1891) Nom. illegit.; Argyrodendron F. Muell. (1858); Balanopteris Gaertn. (1791); Fometica Raf. (1838); Heretiera G. Don (1831); Heritera Stokes (1812); Heriteria Spreng. (1818) Nom. illegit.; Heritiera Dryand.; Sutherlandia J. F. Gmel. (1792) (废弃属名); Tarrietia Blume (1825) ●

24190 Heritiera Dryand. = Heritiera Aiton (1789) [梧桐科 Sterculiaceae//锦葵科 Malvaceae] ●

24191 Heritiera J. F. Gmel. (1791) Nom. illegit. ≡ Lachnanthes Elliott (1816) (保留属名) [血草科 (半授花科, 给血草科, 血皮草科) Haemodoraceae] ■☆

24192 Heritiera Retz. (1791) Nom. illegit. ≡ Allagas Raf. (1838); ~ = Alpinia Roxb. (1810) (保留属名) [姜科 (蘘荷科) Zingiberaceae//山姜科 Alpiniaceae] ■

24193 Hermannia L. (1753)【汉】密钟木属。【隶属】梧桐科 Sterculiaceae//锦葵科 Malvaceae//密钟木科 Hermanniaceae。【包含】世界 100-300 种。【学名诠释与讨论】〈阴〉(人) Paul Hermann (Latinized Paulus Hermannus), 1646-1695, 德国出生的荷兰植物学者, 曾到非洲、印度和斯里兰卡探险、采集标本。另说纪念 Hertsch Hermann, 1819-1856。【分布】阿拉伯地区, 澳大利亚, 非洲, 热带和亚热带南美洲。【模式】Hermannia hyssopifolia Linnaeus。【参考异名】Eurynema Endl. (1842) Nom. illegit.;

Gilesia F. Muell.（1875）；Herrmannia Link et Otto（1829）；Hymenocapsa J. M. Black（1925）；Kurria Steud.；Mahernia L.（1767）；Trichanthera Ehrenb.（1829）Nom. illegit.●☆

24194　Hermanniaceae Marquis（1820）= Malvaceae Juss.（保留科名）；~ = Sterculiaceae Vent.（保留科名）●■

24195　Hermanniaceae Schultz Sch.［亦见 Malvaceae Juss.（保留科名）锦葵科和 Sterculiaceae Vent.（保留科名）梧桐科］【汉】密钟木科。【包含】世界 1 属 100-300 种。【分布】澳大利亚,热带和亚热带南美洲,非洲,阿拉伯地区。【科名模式】Hermannia L.（1753）●☆

24196　Hermanschwartzia Plowes（2003）【汉】南非梳状萝藦属。【隶属】萝藦科 Asclepiadaceae。【包含】世界 1 种。【学名诠释与讨论】〈阴〉（人）纪念植物学者 Hermann 和 Schwartz。此属的学名是"Hermanschwartzia Plowes, Dictionnaire des Sciences Naturelles, ed. 2, 20：12. 2003"。亦有文献把其处理为"Pectinaria Haw.（1819）（保留属名）"的异名。【分布】南非。【后选模式】Hermanschwartzia exasperata（Bruyns）Plowes。【参考异名】Pectinaria Haw.（1819）（保留属名）■☆

24197　Hermansia Szlach., Mytnik et Grochocka（2013）【汉】马岛风兰属。【隶属】兰科 Orchidaceae。【包含】世界 5 种。【学名诠释与讨论】〈阴〉词源不详。似来自人名 Hermans。此属的学名"Hermansia Szlach., Mytnik et Grochocka, Biodivers. Res. Conservation 29：15. 2013［31 Mar 2013］"是"Angraecum sect. Acaulia Garay（1974）"的替代名称。【分布】马达加斯加。【模式】不详。【参考异名】Angraecum sect. Acaulia Garay（1974）■☆

24198　Hermas L.（1771）【汉】荷马芹属。【隶属】伞形花科（伞形科）Apiaceae（Umbelliferae）。【包含】世界 7 种。【学名诠释与讨论】〈阴〉词源不详。此属的学名,ING、TROPICOS 和 IK 记载是"Hermas L., Mant. Pl. Altera 163. 1771［Oct 1771］"。"Perfoliata J. Burman ex O. Kuntze, Rev. Gen. 1：269. 5 Nov 1891"是"Hermas L.（1771）"的晚出的同模式异名（Homotypic synonym, Nomenclatural synonym）。【分布】非洲南部。【模式】Hermas depauperata Linnaeus, Nom. illegit.［Bupleurum villosum Linnaeus；Hermas villosa（Linnaeus）Thunberg］。【参考异名】Perfoliata Burm. ex Kuntze（1891）Nom. illegit.；Perfoliata Kuntze（1891）Nom. illegit.■☆

24199　Hermbstaedtia Rchb.（1828）【汉】南非青葙属。【英】Guineaflower。【隶属】苋科 Amaranthaceae。【包含】世界 14 种。【学名诠释与讨论】〈阴〉（人）Sigismund Friedrich Hermbstädt, 1760-1833,德国植物学者。此属的学名,ING、TROPICOS 和 IK 记载是"Hermbstaedtia Rchb., Consp. Regn. Veg.［H. G. L. Reichenbach］164. 1828"。"Hyparete Rafinesque, Fl. Tell. 3：43. Nov-Dec 1837（'1836'）"和"Langia Endlicher, Gen. 304. Oct 1837"是"Hermbstaedtia Rchb.（1828）"的晚出的同模式异名（Homotypic synonym, Nomenclatural synonym）。【分布】热带和非洲南部。【模式】Hermbstaedtia glauca（Wendland）Moquin-Tandon［Celosia glauca Wendland］。【参考异名】Berzelia Mart.（1825）Nom. inval.；Berzelia Mart.（1826）Nom. illegit.；Hermstaedtia Steud.（1840）；Hyparete Raf.（1837）Nom. illegit.；Langia Endl.（1837）Nom. illegit.；Lungia Steud.（1840）；Pelianthus E. Mey. ex Moq.（1849）■●☆

24200　Hermesia Humb. et Bonpl.（1806）Nom. illegit. ≡ Hermesia Humb. et Bonpl. ex Willd.（1806）；~ = Alchornea Sw.（1788）［大戟科 Euphorbiaceae］●

24201　Hermesia Humb. et Bonpl. ex Willd.（1806）= Alchornea Sw.（1788）［大戟科 Euphorbiaceae］●

24202　Hermesias Loefl.（1758）（废弃属名）= Brownea Jacq.（1760）

［as 'Brownaea'］（保留属名）［豆科 Fabaceae（Leguminosae）］●☆

24203　Hermidium S. Watson（1871）= Mirabilis L.（1753）［紫茉莉科 Nyctaginaceae］■

24204　Herminiera Guill. et Perr.（1832）= Aeschynomene L.（1753）［豆科 Fabaceae（Leguminosae）//蝶形花科 Papilionaceae］●■

24205　Herminiorchis Foerster（1878）Nom. illegit. ≡ Herminium L.（1758）［兰科 Orchidaceae］■

24206　Herminium Guett.（1750）Nom. inval. = Herminium L.（1758）［兰科 Orchidaceae］■

24207　Herminium L.（1758）【汉】角盘兰属（零余子草属）。【日】ムカゴサウ属,ムカゴソウ属。【俄】Бровник。【英】Herminium, Musk Orchis。【隶属】兰科 Orchidaceae。【包含】世界 25-30 种,中国 19 种。【学名诠释与讨论】〈中〉（希）herma, 所有格 hermatos, 支持物,冢,冈,坟丘；hermin, 所有格 herminos, 支持物,柱+-ius,-ia,-ium,在拉丁文和希腊文中,这些词尾表示性质或状态。指节状根柱状。指根。此属的学名,ING、TROPICOS 和 IK 记载是"Herminium Linnaeus, Opera Varia 251. 1758"。《巴基斯坦植物志》记载为"Herminium J. E. Guettard, Hist. Acad. Sci. Paris. 1750. Mem. Math. Phys.；374：1754, nom. cons."并且用为正名；《中国兰花》亦用此为正名；IK 和 TROPICOS 标注此名称是一个未合格发表的名称（Nom. inval.）。"Herminiorchis A. Foerster, Fl. Excurs. Aachen 348. 1878"和"Monorchis Séguier, Pl. Veron. 3；251. Jul-Dec 1754"是"Herminium L.（1758）"的晚出的同模式异名（Homotypic synonym, Nomenclatural synonym）。【分布】巴基斯坦,菲律宾,马达加斯加,泰国,印度尼西亚（爪哇岛）,中国,温带欧亚大陆。【模式】Herminium monorchis（Linnaeus）R. Brown［Ophrys monorchis Linnaeus［as 'monochris'］。【参考异名】Aopla Lindl.（1834）；Aspla Rchb.（1841）；Chamaeorchis W. D. J. Koch（1837）Nom. illegit.；Chamaepus Spreng., Nom. illegit.；Chamaerepes Spreng.（1826）Nom. illegit.；Chamorchis Rich.（1817）；Cybele Falc.（1847）Nom. illegit.（废弃属名）；Cybele Falc. ex Lindl.（1847）Nom. illegit.（废弃属名）；Herminiorchis Foerster（1878）Nom. illegit.；Herminium Guett.（1754）Nom. inval.；Monorchis Agosti（1770）Nom. illegit.；Monorchis Ehrh.（1789）Nom. inval., Nom. illegit.；Monorchis Ség.（1754）Nom. illegit.；Thisbe Falc.（1847）■

24208　Hermione Salisb.（1812）Nom. inval. ≡ Hermione Salisb. ex Haw.（1819）；~ = Narcissus L.（1753）［石蒜科 Amaryllidaceae//水仙科 Narcissaceae］■

24209　Hermione Salisb. ex Haw.（1819）= Narcissus L.（1753）［石蒜科 Amaryllidaceae//水仙科 Narcissaceae］■

24210　Hermodactylis Mill.（1754）Nom. illegit. = Hermodactylus（Adans.）Mill.（1754）［鸢尾科 Iridaceae］■☆

24211　Hermodactylon Parl. = Hermodactylus（Adans.）Mill.（1754）［鸢尾科 Iridaceae］■☆

24212　Hermodactylos Rchb.（1828）Nom. illegit. = Colchicum L.（1753）［百合科 Liliaceae//秋水仙科 Colchicaceae］■

24213　Hermodactylum Bartl.（1830）= Hermodactylus（Adans.）Mill.（1754）Nom. illegit.；~ = Hermodactylus Mill.（1754）［鸢尾科 Iridaceae］■☆

24214　Hermodactylus（Adans.）Mill.（1754）Nom. illegit. ≡ Hermodactylus Mill.（1754）［鸢尾科 Iridaceae］■☆

24215　Hermodactylus Mill.（1754）【汉】蛇头鸢尾属（黑花鸢尾属）。【日】クロバナイリス属。【英】Hermodactylus, Snake's-head Iris, Snakes-head Iris, Widow Iris。【隶属】鸢尾科 Iridaceae。【包含】世界 1-3 种。【学名诠释与讨论】〈阳〉（人）希腊神话中的神名 Hermes + daktylos, 手指,足趾。daktilotos。有指的,指状的。

daktylethra，指套。指块茎指状。或来自古希腊的一种药用植物名。此属的学名，ING、TROPICOS 和 IK 记载是"Hermodactylus Mill.，Gard. Dict. Abr.，ed. 4.［textus s. n.］．1754［28 Jan 1754］"。"Hermodactylos Rchb.，Consp. Regn. Veg.［H. G. L. Reichenbach］64．1828 = Colchicum L.（1753）［百合科 Liliaceae//秋水仙科 Colchicaceae］"和"Hermodactylum Bartl.，Ord. 52（1830）= Hermodactylus（Adans.）Mill.（1754）［鸢尾科 Iridaceae］"是晚出的非法名称。"Hermodactylus（Adans.）Mill.（1754）Nom. illegit. ≡ Hermodactylus Mill.（1754）"的命名人引证有误。"Hermodactylis Mill.（1754）Nom. illegit. = Hermodactylus（Adans.）Mill.（1754）"似为误记。【分布】法国至希腊，中美洲。【模式】Hermodactylus tuberosa（Linnaeus）P. Miller［Iris tuberosa Linnaeus］。【参考异名】Hermodactylis Mill.；Hermodactylon Parl.；Hermodactylum Bartl.（1830）；Hermodactylus（Adans.）Mill.（1754）Nom. illegit. ■☆

24216　Hermstaedtia Steud.（1840）= Hermbstaedtia Rchb.（1828）［苋科 Amaranthaceae］■●☆

24217　Hermupoa Loefl.（1758）（废弃属名）= Steriphoma Spreng.（1827）（保留属名）［山柑科（白花菜科，醉蝶花科）Capparaceae］●☆

24218　Hernandezia Hoffmanns.（1824）= Hernandia L.（1753）［莲叶桐科 Hernandiaceae］●

24219　Hernandia L.（1753）【汉】莲叶桐属（腊树属）。【日】ハスノハギリ属。【英】Hernandia，Jak-in-a-box，Lotusleaftung。【隶属】莲叶桐科 Hernandiaceae。【包含】世界 22-24 种，中国 1 种。【学名诠释与讨论】〈阴〉（人）Francisco Hernandez，1517-1587，西班牙国王 Philip 二世的御医、植物学者。【分布】几内亚，印度至马来西亚，中国，坦桑尼亚（桑给巴尔），马斯克林群岛，西印度群岛，太平洋地区，非洲西部，中美洲。【模式】Hernandia sonora Linnaeus。【参考异名】Biasolettia C. Presl（1835）；Hazomalania Capuron（1966）；Hernandezia Hoffmanns.（1824）；Hernandiopsis Meisn.（1864）；Hernandria L.（1754）；Hertelia Neck.（1790）Nom. inval.；Valvanthera C. T. White（1936）●

24220　Hernandiaceae Bercht. et J. Presl = Hernandiaceae Blume（保留科名）●■

24221　Hernandiaceae Blume（1826）（保留科名）【汉】莲叶桐科。【日】ハスノハギリ科。【英】Hernandia Family，Jak-in-a-box Family，Lotusleaftung Family。【包含】世界 4-5 属 59-75 种，中国 2 属 16 种。【分布】热带。【科名模式】Hernandia L.（1753）●■

24222　Hernandiopsis Meisn.（1864）【汉】类莲叶桐属。【隶属】莲叶桐科 Hernandiaceae。【包含】世界 1 种。【学名诠释与讨论】〈阴〉（属）Hernandia 莲叶桐属+希腊文 opsis，外观，模样，相似。此属的学名是"Hernandiopsis C. F. Meisner in Alph. de Candolle，Prodr. 15（1）：264. Mai（prim.）1864"。亦有文献把其处理为"Hernandia L.（1753）"的异名。【分布】法属新喀里多尼亚。【模式】Hernandiopsis vieillardii C. F. Meisner，Nom. illegit.［Hernandia cordigera Vieillard］。【参考异名】Hernandia L.（1753）●☆

24223　Hernandria L.（1754）= Hernandia L.（1753）［莲叶桐科 Hernandiaceae］●

24224　Herniaria L.（1753）【汉】治疝草属（赫尼亚属，赫尼亚草属，脱肠草属）。【俄】Грыжник，Трава колосовая。【英】Burstwort，Herniary，Rupturewort。【隶属】石竹科 Caryophyllaceae//醉人花科（裸果木科）Illecebraceae//治疝草科 Herniariaceae。【包含】世界 45-48 种，中国 3 种。【学名诠释与讨论】〈阴〉（拉）hernos，所有格 herneos，抽条，可能来自 hernia，疝气，肠脱出+-arius，-aria，-arium，指示"属于、相似、具有、联系"的词尾。指本属植物

可治脱肠病。【分布】巴基斯坦，巴勒斯坦，玻利维亚，中国，地中海至阿富汗，非洲南部，欧洲。【后选模式】Herniaria glabra Linnaeus。【参考异名】Heterochiton Graebn. et Mattf.（1919）■●

24225　Herniariaceae Augier ex Martinov［亦见 Caryophyllaceae Juss.（保留科名）石竹科］【汉】治疝草科。【包含】世界 1 属 45-48 种，中国 1 属 3 种。【分布】欧洲，地中海至阿富汗，非洲南部。【科名模式】Herniaria L. ■

24226　Herniariaceae Martinov（1820）= Herniariaceae Augier ex Martinov ■

24227　Herodium Rchb.（1841）= Erodium L'Hér. ex Aiton（1789）［牻牛儿苗科 Geraniaceae］■●

24228　Herodotia Urb. et Ekman（1926）【汉】盘花藤菊属。【隶属】菊科 Asteraceae（Compositae）。【包含】世界 1-3 种。【学名诠释与讨论】〈阴〉（希）heros，羊毛+odous，所有格 odontos，齿。【分布】海地。【模式】Herodotia haitiensis Urban et E. L. Ekman。●☆

24229　Heroion Raf.（1838）= Asphodeline Rchb.（1830）［百合科 Liliaceae//阿福花科 Asphodelaceae］■☆

24230　Herorchis D. Tyteca et E. Klein（2008）【汉】羊毛兰属。【隶属】兰科 Orchidaceae。【包含】世界 22 种。【学名诠释与讨论】〈阴〉（希）heros，羊毛+orchis，原义是睾丸，后变为植物兰的名称，因为根的形态而得名。变为拉丁文 orchis，所有格 orchidis。【分布】伊朗，欧洲。【模式】Herorchis morio（L.）D. Tyteca et E. Klein［Orchis morio L.］。【参考异名】Orchis L.（1753）■☆

24231　Herotium Steud.（1840）= Filago L.（1753）（保留属名）；~ = Xerotium Bluff et Fingerh.（1825）Nom. illegit.；~ = Logfia Cass.（1819）［菊科 Asteraceae（Compositae）］■

24232　Herpestes Kunth（1823）Nom. illegit. ≡ Herpestis C. F. Gaertn.（1807）［玄参科 Scrophulariaceae//婆婆纳科 Veronicaceae］■

24233　Herpestis C. F. Gaertn.（1807）= Bacopa Aubl.（1775）（保留属名）［玄参科 Scrophulariaceae//婆婆纳科 Veronicaceae］■

24234　Herpetacanthus Moric.（1847）Nom. illegit. ≡ Herpetacanthus Nees（1846）［爵床科 Acanthaceae］■☆

24235　Herpetacanthus Nees（1846）【汉】虫刺爵床属。【隶属】爵床科 Acanthaceae。【包含】世界 10 种。【学名诠释与讨论】〈阳〉（希）herpeton，爬虫；herpester，herpestes，匍匐植物，攀缘植物+akantha，荆棘。akanthikos，荆棘的。akanthion，蓟的一种，豪猪，刺猬。akanthinos，多刺的，用荆棘做成的。在植物学中，acantha 通常指刺。此属的学名，ING 和 IK 记载是"Herpetacanthus Moric.，Pl. Nouv. Amer. 159. 1847［Jan-Jun 1847］"；这是晚出的非法名称，正确名称是 TROPICOS 记载的"Herpetacanthus Nees，Plantes Nouvelles d'Amérique 159. 1846［1847］"。【分布】巴拿马，巴西，玻利维亚，厄瓜多尔，尼加拉瓜，中美洲。【模式】Herpetacanthus longiflorus Nees。【参考异名】Herpetacanthus Moric.（1847）Nom. illegit. ■☆

24236　Herpethophytum（Schltr.）Brieger = Dendrobium Sw.（1799）（保留属名）［兰科 Orchidaceae］■

24237　Herpetica（DC.）Raf.（1838）= Cassia L.（1753）（保留属名）；~ = Senna Mill.（1754）［豆科 Fabaceae（Leguminosae）//云实科（苏木科）Caesalpiniaceae］●■

24238　Herpetica Cook et Collins（1903）Nom. illegit. = Cassia L.（1753）（保留属名）［豆科 Fabaceae（Leguminosae）//云实科（苏木科）Caesalpiniaceae］●■

24239　Herpetica Raf.（1838）Nom. illegit. ≡ Herpetica（DC.）Raf.（1838）；~ = Cassia L.（1753）（保留属名）；~ = Senna Mill.（1754）［豆科 Fabaceae（Leguminosae）//云实科（苏木科）Caesalpiniaceae］●■

24240　Herpetina Post et Kuntze（1903）= Erpetina Naudin（1851）；~ =

Medinilla Gaudich. ex DC. (1828) ［野牡丹科 Melastomataceae］●

24241　Herpetium Wittst. = Erpetion DC. ex Sweet(1826) ; ~ = Viola L. (1753) ［堇菜科 Violaceae］■●

24242　Herpetophytum (Schltr.) Brieger (1981) = Dendrobium Sw. (1799)(保留属名) ［兰科 Orchidaceae］■

24243　Herpetospermum Wall. (1832) Nom. inval. ≡ Herpetospermum Wall. ex Benth. et Hook. f. (1867) ［葫芦科(瓜科,南瓜科) Cucurbitaceae］■

24244　Herpetospermum Wall. ex Benth. et Hook. f. (1867)【汉】波棱瓜属。【英】Herpetospermum, Waveribgourd。【隶属】葫芦科(瓜科,南瓜科)Cucurbitaceae。【包含】世界1种,中国1种。【学名诠释与讨论】〈中〉(希)herpeton,爬虫+sperma,所有格 spermatos,种子,孢子。指种子的形状。此属的学名,ING 和 IPNI 记载是"Herpetospermum Wall. ex Benth. et Hook. f. ,Gen. Pl. ［Bentham et Hooker f.］1(2):834. 1867 ［Sep 1867］"。《中国植物志》英文版和 TROPICOS 则用为"Herpetospermum Wallich ex J. D. Hooker in Bentham et J. D. Hooker,Gen. Pl. 1:834. 1867"。"Herpetospermum Wall. ,Numer. List ［Wallich］n. 6761. 1832 ≡ Herpetospermum Wall. ex Benth. et Hook. f. (1867)"是一个未合格发表的名称(Nom. inval.)。【分布】中国,喜马拉雅山。【模式】Herpetospermum caudigerum Wallich ex Clarke, Nom. illegit. ［Bryonia pedunculosa Seringe; Herpetospermum pedunculosum (Seringe) Baillon］。【参考异名】Herpetospermum Wall. (1832) Nom. inval. ;Herpetospermum Wall. ex Hook. f. (1867) Nom. illegit. ■

24245　Herpetospermum Wall. ex Hook. f. (1867) Nom. illegit. ≡ Herpetospermum Wall. ex Benth. et Hook. f. (1867) ［葫芦科(瓜科,南瓜科)Cucurbitaceae］■

24246　Herpolirion Hook. f. (1853)【汉】蔓兰属。【隶属】百合科 Liliaceae//吊兰科(猴面包科,猴面包树科) Anthericaceae//萱草科 Hemerocallidaceae。【包含】世界1种,中国1种。【学名诠释与讨论】〈中〉(希)perpo,爬,变为 perpes 蔓草,缠绕植物;herpeton,爬虫+leirion,百合。leiros 百合白的,苍白的,娇柔的。【分布】澳大利亚(东南部,塔斯曼半岛),新西兰,中国。【模式】Herpolirion novae-zelandiae J. D. Hooker。■

24247　Herpophyllum Zanardini(1858) = Barkania Ehrenb. (1834) ; ~ = Halophila Thouars (1806) ［水鳖科 Hydrocharitaceae//喜盐草科 Halophilaceae］■

24248　Herpothamnus Small(1933) = Vaccinium L. (1753) ［杜鹃花科(欧石南科)Ericaceae//越橘科(乌饭树科)Vacciniaceae］●

24249　Herpysma Lindl. (1833)【汉】爬兰属(直唇兰属)。【英】Climborchis, Herpysma。【隶属】兰科 Orchidaceae。【包含】世界1-2种,中国1种。【学名诠释与讨论】〈阴〉(希)herpo,herpysis,爬+somos,推进。指习性。【分布】中国,印度至菲律宾(菲律宾群岛)。【模式】Herpysma longicaulis J. Lindley。【参考异名】Schuitemania Ormerod(2002)■

24250　Herpyza C. Wright (1869)【汉】大花钩豆属。【隶属】豆科 Fabaceae(Leguminosae)//蝶形花科 Papilionaceae。【包含】世界1种。【学名诠释与讨论】〈阴〉词源不详。此属的学名,ING 记载是"Herpyza C. Wright in Sauvalle, Anales Acad. Ci. Méd. Habana 5:335. 15 Jan 1869"。TROPICOS 则记载为"Herpyza Sauvalle, Anales Acad. Ci. Med. Habana 5:335,1869"。二者引用的文献相同。亦有文献把"Herpyza C. Wright (1869)"处理为"Teramnus P. Browne (1756)"的异名。【分布】古巴。【模式】Herpyza grandiflora (Grisebach) C. Wright ［Teramnus grandiflorus Grisebach］。【参考异名】Herpyza Sauvalle (1869) Nom. illegit. ;Teramnus P. Browne(1756)●☆

24251　Herpyza Sauvalle (1869) Nom. illegit. ≡ Herpyza C. Wright

(1869) ［豆科 Fabaceae(Leguminosae)//蝶形花科 Papilionaceae］●☆

24252　Herrania Goudot (1844)【汉】埃兰梧桐属。【隶属】梧桐科 Sterculiaceae//锦葵科 Malvaceae。【包含】世界17-20种。【学名诠释与讨论】〈阴〉(人)Alcantara Herran,1800-1872。【分布】巴拿马,秘鲁,玻利维亚,厄瓜多尔,哥伦比亚(安蒂奥基亚),尼加拉瓜,中美洲。【模式】未指定。【参考异名】Brotobroma H. Karst. et Triana (1855) ; Brotobroma Triana (1855) Nom. illegit. ;Lightia R. H. Schomb. (1844) Nom. illegit. ●☆

24253　Herraria Ritgen(1831) = Herreria Ruiz et Pav. (1794) ［肖薯蓣果科(赫雷草科,异蕊蓣科)Herreriaceae//百合科 Liliaceae］■☆

24254　Herrea Schwantes(1927) = Conicosia N. E. Br. (1925) ［番杏科 Aizoaceae］■☆

24255　Herreanthus Schwantes(1928)【汉】美翼玉属。【日】ヘッレアンッス属。【隶属】番杏科 Aizoaceae。【包含】世界1种。【学名诠释与讨论】〈阳〉(人)Adolar Gottlieb Julius Hans Herre,1895-1979,德国植物学者,园艺学者+anthos,花。【分布】非洲南部。【模式】Herreanthus meyeri Schwantes。■☆

24256　Herrera Adans. (1763) Nom. illegit. ≡ Erithalis P. Browne (1756) ［茜草科 Rubiaceae］●☆

24257　Herreraea Post et Kuntze (1) = Herrera Adans. (1763) Nom. illegit. ; ~ = Erithalis P. Browne(1756) ［茜草科 Rubiaceae］●☆

24258　Herreraea Post et Kuntze(2) = Herreria Ruiz et Pav. (1794) ［肖薯蓣果科(赫雷草科,异蕊蓣科)Herreriaceae//百合科 Liliaceae］☆

24259　Herreranthus B. Nord. (2006)【汉】双苞连柱菊属。【隶属】菊科 Asteraceae(Compositae)。【包含】世界1种。【学名诠释与讨论】〈阳〉(人)Herrer+anthos,花。【分布】热带非洲和非洲南部。【模式】Herreranthus rivalis (J. M. Greenman) B. Nordenstam ［Senecio rivalis J. M. Greenman］。●☆

24260　Herreria Ruiz et Pav. (1794)【汉】肖薯蓣果属(赫雷草属,薯蓣果属)。【日】ヘルレリア属。【隶属】肖薯蓣果科(赫雷草科,异蕊蓣科)Herreriaceae//百合科 Liliaceae。【包含】世界7-8种。【学名诠释与讨论】〈阴〉(人)Gabriel de Harrera,1470-1539,西班牙农学作家。【分布】玻利维亚,南美洲。【模式】Herreria stellata Ruiz et Pavon。【参考异名】Clara Kunth(1848) ;Herraria Ritgen(1831) ;Herreraea Post et Kuntze(1903) ;Salsa Feuillee ex Ruiz et Pav. (1802)■☆

24261　Herreriaceae Endl. (1841) ［亦见 Agavaceae Dumort. (保留科名)龙舌兰科和 Asparagaceae Juss. (保留科名)天门冬科］【汉】肖薯蓣果科(赫雷草科,异蕊蓣科)。【日】ヘルレリア科。【包含】世界2属9种。【分布】马达加斯加,南美洲。【科名模式】Herreria Ruiz et Pav. ■☆

24262　Herreriaceae Kunth(1850) = Herreriaceae Endl. ■☆

24263　Herreriopsis H. Perrier(1934)【汉】类肖薯蓣果属。【隶属】肖薯蓣果科(赫雷草科,异蕊蓣科)Herreriaceae。【包含】世界1-2种。【学名诠释与讨论】〈阴〉(属)Herreria 肖薯蓣果属+希腊文 opsis,外观,模样,相似。【分布】马达加斯加。【模式】Herreriopsis elegans Perrier de la Bâthie。■☆

24264　Herrickia Wooton et Standl. (1913)【汉】腺叶绿顶菊属。【隶属】菊科 Asteraceae(Compositae)。【包含】世界1种。【学名诠释与讨论】〈阴〉(人)Clarence Luther Herrick,1858-1903,地质学者,他曾在美国新墨西哥州采集植物,并担任过新墨西哥大学的校长。此属的学名是"Herrickia Wooton et Standley, Contr. U. S. Natl. Herb. 16:186. 12 Feb 1913"。亦有文献把其处理为"Aster L. (1753)"的异名。【分布】美国(西南部)。【模式】Herrickia horrida Wooton et Standley。【参考异名】Aster L. (1753)■☆

24265　Herrmannia Link et Otto（1829）＝ Hermannia L.（1753）［梧桐科 Sterculiaceae//锦葵科 Malvaceae//密钟木科 Hermanniaceae］●☆

24266　Herschelia Lindl.（1838）Nom. illegit. ≡ Herschelianthe Rauschert（1983）；~ = Disa P. J. Bergius（1767）；~ = Forficaria Lindl.（1838）［兰科 Orchidaceae］■☆

24267　Herschelia T. E. Bowdich ex Rchb.（1837）Nom. illegit. ≡ Herschelia T. E. Bowdich（1825）；~ = Physalis L.（1753）［茄科 Solanaceae］■

24268　Herschelia T. E. Bowdich（1825）= Physalis L.（1753）［茄科 Solanaceae］■

24269　Herschelianthe Rauschert（1983）= Forficaria Lindl.（1838）［兰科 Orchidaceae］■☆

24270　Herschellia Bartl.（1830）= Herschelia T. E. Bowdich（1825）；~ = Physalis L.（1753）［茄科 Solanaceae］■

24271　Herschellia T. E. Bowdich ex Rchb.（1837）Nom. illegit. , Nom. inval. ≡ Herschelia T. E. Bowdich（1825）［茄科 Solanaceae］■

24272　Hersilea Klotzsch（1862）= Aster L.（1753）［菊科 Asteraceae（Compositae）］●■

24273　Hersilia Raf.（1837）= Phlomis L.（1753）［唇形科 Lamiaceae（Labiatae）］●■

24274　Hertelia Neck.（1790）Nom. inval. = Hernandia L.（1753）［莲叶桐科 Hernandiaceae］●

24275　Hertelia Post et Kuntze（1903）Nom. illegit. = Ertela Adans.（1763）Nom. illegit. ; ~ = Moniera Loefl.（1758）［as 'Monnieria'］, Nom. illegit. （废弃属名）；~ = Ertela Adans.（1763）Nom. illegit. ［芸香科 Rutaceae］■

24276　Hertia Less.（1832）Nom. illegit. , Nom. inval. ≡ Hertia Neck.（1790）Nom. inval. ; ~ = Othonna L.（1753）［菊科 Asteraceae（Compositae）］●■☆

24277　Hertia Neck.（1790）Nom. inval. = Othonna L.（1753）［菊科 Asteraceae（Compositae）］●■☆

24278　Hertrichocereus Backeb.（1950）= Lemaireocereus Britton et Rose（1909）；~ = Stenocereus（A. Berger）Riccob.（1909）（保留属名）［仙人掌科 Cactaceae］●☆

24279　Herya Cordem.（1895）= Pleurostylia Wight et Arn.（1834）［卫矛科 Celastraceae］●

24280　Herzogia K. Schum.（1889）= Evodia J. R. Forst. et G. Forst.（1776）［芸香科 Rutaceae］●

24281　Hesioda Vell.（1829）= Heisteria Jacq.（1760）（保留属名）［铁青树科 Olacaceae］●☆

24282　Hesiodia Moench（1794）= Sideritis L.（1753）［唇形科 Lamiaceae（Labiatae）］■●

24283　Hesiodia Steud.（1840）Nom. illegit. =? Heisteria Jacq.（1760）（保留属名）［铁青树科 Olacaceae］●☆

24284　Hesperalbizia Barneby et J. W. Grimes（1996）= Albizia Durazz.（1772）［豆科 Fabaceae（Leguminosae）//含羞草科 Mimosaceae］●

24285　Hesperalcea Greene（1892）= Sidalcea A. Gray ex Benth.（1849）Nom. inval. , Nom. nud. ［锦葵科 Malvaceae］■☆

24286　Hesperaloe Engelm.（1871）【汉】草丝兰属（晚芦荟属）。【隶属】龙舌兰科 Agavaceae。【包含】世界3种。【学名诠释与讨论】〈阴〉（希）hesperos, 西方的, 傍晚的+aloe, 芦荟。指与芦荟有点儿相像。【分布】美国（南部），墨西哥。【模式】Hesperaloe yuccifolia（A. Gray）Engelmann［as 'yuccaefolia'］［Aloe yuccifolia A. Gray［as 'yuccaefolia'］。■☆

24287　Hesperantha Ker Gawl.（1804）【汉】长庚花属（夜鸢尾属）。【日】ヘスペランサ属，ヘスペランタ属。【英】Hesperantha, Red Yucca。【隶属】鸢尾科 Iridaceae。【包含】世界50-70种。【学名

诠释与讨论】〈阴〉（希）hesperos, 西方的, 傍晚的+anthos, 花。指植物傍晚开花。【分布】热带和非洲南部。【模式】未指定。【参考异名】Hesperanthus Salisb.（1812）■☆

24288　Hesperanthemum（Endl.）Kuntze（1891）Nom. illegit. ≡ Hesperanthemum Kuntze（1891）Nom. illegit. ; ~ ≡ Anthacanthus Nees（1847）Nom. illegit. ; ~ ≡ Oplonia Raf.（1838）［爵床科 Acanthaceae］●☆

24289　Hesperanthemum Kuntze（1891）Nom. illegit. ≡ Anthacanthus Nees（1847）Nom. illegit. ; ~ ≡ Oplonia Raf.（1838）［爵床科 Acanthaceae］●☆

24290　Hesperanthes（Baker）S. Watson（1879）= Anthericum L.（1753）［百合科 Liliaceae//吊兰科（猴面包科, 猴面包树科）Anthericaceae］■☆

24291　Hesperanthes S. Watson（1879）Nom. illegit. ≡ Hesperanthes（Baker）S. Watson（1879）；~ = Anthericum L.（1753）［百合科 Liliaceae//吊兰科（猴面包科, 猴面包树科）Anthericaceae］■☆

24292　Hesperanthus Salisb.（1812）= Hesperantha Ker Gawl.（1804）［鸢尾科 Iridaceae］■☆

24293　Hesperaster Cockerell（1901）Nom. illegit. ≡ Mentzelia L.（1753）［刺莲花科（硬毛草科）Loasaceae］●■☆

24294　Hesperastragalus A. Heller（1905）= Astragalus L.（1753）［豆科 Fabaceae（Leguminosae）//蝶形花科 Papilionaceae］●■

24295　Hesperelaea A. Gray（1876）【汉】晚木犀属。【隶属】木犀榄科（木犀科）Oleaceae。【包含】世界1种。【学名诠释与讨论】〈阴〉（希）hesperos, 西方的, 傍晚的+elaia 油。【分布】美国（加利福尼亚），墨西哥。【模式】Hesperelaea palmeri A. Gray。●☆

24296　Hesperethusa M. Roem.（1846）Nom. illegit. ≡ Limonia L.（1762）［芸香科 Rutaceae］●☆

24297　Hesperevax（A. Gray）A. Gray（1868）【汉】西瓦菊属。【隶属】菊科 Asteraceae（Compositae）。【包含】世界3种。【学名诠释与讨论】〈阴〉（希）hesperos, 西方的, 傍晚的+（属）Evax 伞花菊属（伊瓦菊属）。指首次发现该植物是在伞花菊的分布区。此属的学名, ING、TROPICOS 和《北美植物志》记载是"Hesperevax（A. Gray）A. Gray, Proc. Amer. Acad. Arts 7：356. Jul 1868", 由"Evax sect. Hesperevax A. Gray in J. Torrey, Rep. Explor. Railroad Pacific Ocean 4（5）：101. Sep 1857（'1856'）"改级而来。IK 则记载为"Hesperevax A. Gray, Proc. Amer. Acad. Arts vii.（1868）356, in obs."。亦有文献把"Hesperevax（A. Gray）A. Gray（1868）"处理为"Evax Gaertn.（1791）"的异名。【分布】美国（西南部）。【模式】Hesperevax caulescens（Bentham）A. Gray［Psilocarphus caulescens Bentham］。【参考异名】Evax Gaertn.（1791）；Evax sect. Hesperevax A. Gray（1857）；Filago L.（1753）（保留属名）；Hesperevax A. Gray（1868）Nom. illegit. ■☆

24298　Hesperevax A. Gray（1868）Nom. illegit. ≡ Hesperevax（A. Gray）A. Gray（1868）［菊科 Asteraceae（Compositae）］■☆

24299　Hesperhodos Cockerell（1913）= Rosa L.（1753）［蔷薇科 Rosaceae］●

24300　Hesperidanthus（B. L. Rob.）Rydb.（1907）= Schoenocrambe Greene（1896）［十字花科 Brassicaceae（Cruciferae）］■☆

24301　Hesperidanthus Rydb.（1907）Nom. illegit. ≡ Hesperidanthus（B. L. Rob.）Rydb.（1907）；~ = Schoenocrambe Greene（1896）［十字花科 Brassicaceae（Cruciferae）］■☆

24302　Hesperidium Beck（1892）Nom. inval. ［十字花科 Brassicaceae（Cruciferae）］☆

24303　Hesperidopsis（DC.）Kuntze（1891）Nom. illegit. ≡ Dontostemon Andrz. ex C. A. Mey.（1831）（保留属名）［十字花科 Brassicaceae（Cruciferae）］■

24304 Hesperidopsis Kuntze（1891）Nom. illegit. ≡ Hesperidopsis（DC.）Kuntze（1891）；~ ≡ Dontostemon Andrz. ex C. A. Mey.（1831）（保留属名）［十字花科 Brassicaceae（Cruciferae）］■

24305 Hesperis L.（1753）【汉】香花芥属（香花草属，香芥属）。【日】キバナノハタザオ属，キバナノハタザオホ属，ハナダイコン属。【俄】Вечерница，Гесперис，Фиалка ночная。【英】Dame's Rocket，Dame's Violet，Dame's-violet，Rocket。【隶属】十字花科 Brassicaceae（Cruciferae）。【包含】世界 25-30 种，中国 5 种。【学名诠释与讨论】〈阴〉（希）hesperos，西方的，傍晚的。指植物在黄昏放出浓香，或指某些种夜间开花。此属的学名，ING、TROPICOS 和 IK 记载是"Hesperis L. ，Sp. Pl. 2：663. 1753［1 May 1753］"。"Antoniana Bubani，Fl. Pyrenaea 3：170. ante 27 Aug 1901（non Tussac 1818）"是"Hesperis L.（1753）"的晚出的同模式异名（Homotypic synonym，Nomenclatural synonym）。【分布】巴基斯坦，玻利维亚，美国，中国，地中海至伊朗，欧洲，亚洲中部。【后选模式】Hesperis matronalis Linnaeus。【参考异名】Antoniana Bubani（1901）Nom. illegit. ；Deilosma（DC.）Besser（1822）Nom. illegit. ；Deilosma Andrz. ex DC.（1821）Nom. inval. ；Deilosma Spach（1838）Nom. illegit. ；Diplopilosa Dvorák（1967）；Kladnia Schur（1866）；Micrantha Dvorák（1968）；Plagioloba（C. A. Mey.）Rchb.（1841）；Plagioloba Rchb.（1841）Nom. illegit. ■

24306 Hesperocallaceae Traub（1972）= Hesperocallidaceae Traub ■☆

24307 Hesperocallidaceae Traub（1972）［亦见 Agavaceae Dumort.（保留科名）龙舌兰科］【汉】夕丽花科（西丽草科，夷百合科）。【包含】世界 1 属 1 种。【分布】北美洲西南部。【科名模式】Hesperocallis A. Gray ■☆

24308 Hesperocallis A. Gray（1868）【汉】夕丽花属（沙漠百合属，西丽草属）。【英】Desert-lily。【隶属】夕丽花科（西丽草科，夷百合科）Hesperocallidaceae。【包含】世界 1 种。【学名诠释与讨论】〈阴〉（希）hesperos，西方的，傍晚的+kalos，美丽的。kallos，美人，美丽。kallistos，最美的。【分布】美国（西南部）。【模式】Hesperocallis undulata A. Gray。☆

24309 Hesperochiron S. Watson（1871）（保留属名）【汉】夕麻属。【隶属】田梗草科（田基麻科，田亚麻科）Hydrophyllaceae。【包含】世界 2 种。【学名诠释与讨论】〈阳〉（希）hesperos，西方的，傍晚的+Chiron，蛊龙，著名的精通植物的半人半马怪物，死后变成一个星座。此属的学名"Hesperochiron S. Watson，Botany［Fortieth Parallel］：281. Sep-Dec 1871"是保留属名。相应的废弃属名是田梗草科（田基麻科，田亚麻科）Hydrophyllaceae 的"Capnorea Raf. ，Fl. Tellur. 3：74. Nov-Dec 1837 = Hesperochiron S. Watson（1871）（保留属名）"。【分布】美国（西部）。【模式】Hesperochiron californicus（Bentham）S. Watson［Ourisia californica Bentham］。【参考异名】Capnorea Raf.（1837）（废弃属名）■☆

24310 Hesperochloa（Piper）Rydb.（1912）= Festuca L.（1753）［禾本科 Poaceae（Gramineae）//羊茅科 Festucaceae］■

24311 Hesperochloa Rydb.（1912）Nom. illegit. ≡ Hesperochloa（Piper）Rydb.（1912）；~ = Festuca L.（1753）［禾本科 Poaceae（Gramineae）//羊茅科 Festucaceae］■

24312 Hesperocles Salisb.（1866）= Allium L.（1753）；~ = Nothoscordum Kunth（1843）（保留属名）［百合科 Liliaceae//葱科 Alliaceae］☆

24313 Hesperocnide Torr.（1857）【汉】夜麻属。【隶属】荨麻科 Urticaceae。【包含】世界 2 种。【学名诠释与讨论】〈阴〉（希）hesperos，西方的，傍晚的+knide，荨麻。指某些种的分布。【分布】美国。【模式】Hesperocnide tenella Torrey。■☆

24314 Hesperocodon Eddie et Cupido（2014）【汉】夕钟草属。【隶属】桔梗科 Campanulaceae。【包含】世界 1 种。【学名诠释与讨论】〈阴〉（希）hesperos，西方的，傍晚的+kodon，指小式 kodonion，钟，铃。【分布】不详。【模式】Hesperocodon hederaceus（L.）Eddie et Cupido［Campanula hederacea L.］。☆

24315 Hesperocyparis Bartel et R. A. Price（2009）【汉】夕柏属。【隶属】柏科 Cupressaceae。【包含】世界 18 种。【学名诠释与讨论】〈阴〉（希）hesperos，西方的，傍晚的+kyparissos，柏木。指某些种的分布。此属的学名是"Hesperocyparis Bartel et R. A. Price，Phytologia 91（1）：179-183. 2009.（Apr 2009）"。亦有文献把其处理为"Cupressus L.（1753）"的异名。【分布】玻利维亚。【模式】Hesperocyparis macrocarpa（Hartw. ex Gordon）Bartel［Cupressus macrocarpa Hartw. ex Gordon］。【参考异名】Cupressus L.（1753）；Neocupressus de Laub.（2009）Nom. illegit. ●☆

24316 Hesperodoria Greene（1906）【汉】无舌兔黄花属。【隶属】菊科 Asteraceae（Compositae）。【包含】世界 2 种。【学名诠释与讨论】〈阴〉（希）hesperos，西方的，傍晚的+odorus，芬芳，芳香。此属的学名是"Hesperodoria E. L. Greene，Leafl. Bot. Observ. Crit. 1：173. 1906"。亦有文献把其处理为"Haplopappus Cass.（1828）［as 'Aplopappus'］（保留属名）"的异名。【分布】北美洲。【模式】Hesperodoria scopulorum（M. E. Jones）E. L. Greene［Bigelowia menziesii A. Gray var. scopulorum M. E. Jones］。【参考异名】Haplopappus Cass.（1828）［as 'Aplopappus'］（保留属名）■●☆

24317 Hesperogenia J. M. Coult. et Rose（1899）= Tauschia Schltdl.（1835）（保留属名）［伞形花科（伞形科）Apiaceae（Umbelliferae）］■☆

24318 Hesperogeton Koso-Pol.（1916）= Sanicula L.（1753）［伞形花科（伞形科）Apiaceae（Umbelliferae）//变豆菜科 Saniculaceae］■

24319 Hesperogreigia Skottsb.（1936）= Greigia Regel（1865）［凤梨科 Bromeliaceae］■☆

24320 Hesperolaburnum Maire（1949）【汉】宽荚豆属。【隶属】豆科 Fabaceae（Leguminosae）//蝶形花科 Papilionaceae。【包含】世界 1 种。【学名诠释与讨论】〈中〉（希）hesperos，西方的，傍晚的+laburnum，一种三叶的豆科 Fabaceae（Leguminosae）植物，或+（属）Laburnum 毒豆属（金链花属）。【分布】摩洛哥。【模式】Hesperolaburnum platycarpum（Maire）Maire［Laburnum platycarpum Maire］。■☆

24321 Hesperolinon（A. Gray）Small（1907）【汉】西方亚麻属。【隶属】亚麻科 Linaceae。【包含】世界 12 种。【学名诠释与讨论】〈中〉（希）hesperos，西方的，傍晚的+linon，亚麻，绳索。此属的学名，ING、TROPICOS 和 GCI 记载是"Hesperolinon（A. Gray）Small，N. Amer. Fl. 25：84. 24 Aug 1907"，由"Linum［par.］Hesperolinon A. Gray，Proc. Amer. Acad. Arts 6：521. Nov 1865"改级而来。IK 则记载为"Hesperolinon Small，N. Amer. Fl. 25（1）：84. 1907［24 Aug 1907］"。【分布】美国，太平洋地区。【模式】Hesperolinon californicum（Bentham）Small［Linum californicum Bentham］。【参考异名】Hesperoltnon Small.（1907）Nom. illegit. ；Linum［par.］Hesperolinon A. Gray（1865）■☆

24322 Hesperolinon Small（1907）Nom. illegit. = Hesperolinon（A. Gray）Small（1907）［亚麻科 Linaceae］■☆

24323 Hesperomannia A. Gray（1865）【汉】单殖菊属。【隶属】菊科 Asteraceae（Compositae）。【包含】世界 3-4 种。【学名诠释与讨论】〈阴〉（希）hesperos，西方的，傍晚的+mannos = manos，项圈，衣领。另说纪念德国出生的美国植物学家 Horace Mann，Jr. ，1844-1868，他是 Asa Gray，1864-1865 的助手。【分布】美国（夏威夷）。【模式】Hesperomannia arborescens A. Gray。●☆

24324 Hesperomecon Greene（1903）Nom. illegit. ≡ Platystigma Benth.（1834）［罂粟科 Papaveraceae］■☆

24325 Hesperomeles Lindl.（1837）【汉】西果蔷薇属。【隶属】蔷薇科

Rosaceae。【包含】世界 10-11 种。【学名诠释与讨论】〈阴〉（希）hesperos，西方的，傍晚的+melon，树上生的水果，苹果。【分布】巴拿马，秘鲁，玻利维亚，厄瓜多尔，哥伦比亚（安蒂奥基亚），中美洲。【后选模式】Hesperomeles cordata （J. Lindley）J. Lindley［Eriobotrya cordata J. Lindley］。●☆

24326　Hesperonia Standl.（1909）【汉】夕茉莉属（西茉莉属）。【隶属】紫茉莉科 Nyctaginaceae。【包含】世界 11 种。【学名诠释与讨论】〈阴〉（希）hesperos，西方的，傍晚的。此属的学名是"Hesperonia Standley, Contr. U. S. Natl. Herb. 12：306, 360. 23 Apr 1909"。亦有文献把其处理为"Mirabilis L.（1753）"的异名。【分布】参见 Mirabilis L.（1753）。【模式】Hesperonia californica （A. Gray）Standley［Mirabilis californica A. Gray］。【参考异名】Mirabilis L.（1753）●☆

24327　Hesperonix Rydb.（1929）= Astragalus L.（1753）［豆科 Fabaceae（Leguminosae）//蝶形花科 Papilionaceae］●■

24328　Hesperopeuce （Engelm.）Lemmon（1890）【汉】大果铁杉属。【隶属】松科 Pinaceae。【包含】世界 1 种。【学名诠释与讨论】〈阴〉（希）hesperos，西方的，傍晚的+peuke，松，枞。此属的学名，ING 和 TROPICOS 记载是"Hesperopeuce （Engelmann）Lemmon, Bienn. Rep. Calif. State Board Forest. 3：126. 1890"，由"Tsuga［sect.］Hesperopeuce Engelmann in S. Watson, Bot. Calif. 2：121. Jul–Dec 1880"改级而来。GCI 和 IK 则记载为"Hesperopeuce Lemmon, Third Bienn. Rep. Calif. State Board Forest. 100, 111. 1890"。亦有文献把"Hesperopeuce （Engelm.）Lemmon（1890）"处理为"Tsuga （Endl.）Carrière（1855）"的异名。【分布】中国，北美洲西部。【模式】Hesperopeuce pattoniana （J. Jeffrey ex A. Murray）Lemmon［Abies pattoniana J. Jeffrey ex A. Murray］。【参考异名】Hesperopeuce Lemmon（1890）Nom. illegit.；Tsuga （Endl.）Carrière（1855）；Tsuga［sect.］Hesperopeuce Engelm.（1880）●

24329　Hesperopeuce Lemmon（1890）Nom. illegit. ≡ Hesperopeuce （Engelm.）Lemmon（1890）［松科 Pinaceae］●

24330　Hesperoschordum Willis, Nom. inval. = Hesperoscordum Lindl.（1830）；~ = Milla Cav.（1794）；~ = Triteleia Douglas ex Lindl.（1830）［百合科 Liliaceae//葱科 Alliaceae］■☆

24331　Hesperoscordium Baker（1870）Nom. illegit.［百合科 Liliaceae//葱科 Alliaceae］■☆

24332　Hesperoscordon Hook.（1838）Nom. illegit.［百合科 Liliaceae//葱科 Alliaceae］■☆

24333　Hesperoscordum Lindl.（1830）= Milla Cav.（1794）；~ = Triteleia Douglas ex Lindl.（1830）［百合科 Liliaceae//葱科 Alliaceae］■☆

24334　Hesperoseris Skottsb.（1953）= Dendroseris D. Don（1832）［菊科 Asteraceae（Compositae）］●☆

24335　Hesperostipa（M. K. Elias）Barkworth（1993）【汉】夕茅属（羽茅属）。【隶属】禾本科 Poaceae（Gramineae）//针茅科 Stipaceae。【包含】世界 5 种。【学名诠释与讨论】〈阴〉（希）hesperos+stipes，所有格 stipitis，树干，树枝，指小式 stipula 柄，小梗，叶片，托叶。此属的学名，ING、TROPICOS 和 IK 记载是"Hesperostipa （Elias）M. E. Barkworth, Phytologia 74：15. 21 Feb（'Jan'）1993"，由"Stipa sect. Hesperostipa Elias, Special Pap. Geol. Soc. Amer. 41：67. 1942"改级而来。"Hesperostipa Barkworth（1993）≡ Hesperostipa（M. K. Elias）Barkworth（1993）"的命名人引证有误。亦有文献把"Hesperostipa（M. K. Elias）Barkworth（1993）"处理为"Stipa L.（1753）"的异名。【分布】北美洲。【模式】Hesperostipa comata （Trinius et Ruprecht）M. E. Barkworth［Stipa comata Trinius et Ruprecht］。【参考异名】Hesperostipa Barkworth（1993）Nom. illegit.；Stipa L.（1753）；Stipa sect. Hesperostipa M. K. Elias（1942）■☆

24336　Hesperostipa Barkworth（1993）Nom. illegit. ≡ Hesperostipa （M. K. Elias）Barkworth（1993）［禾本科 Poaceae（Gramineae）//针茅科 Stipaceae］■☆

24337　Hesperothamnus Brandegee（1919）= Millettia Wight et Arn.（1834）（保留属名）［豆科 Fabaceae（Leguminosae）//蝶形花科 Papilionaceae］●■

24338　Hesperoxalis Small（1907）= Oxalis L.（1753）［酢浆草科 Oxalidaceae］■●

24339　Hesperoxiphion Baker（1877）【汉】夕刀鸢尾属。【隶属】鸢尾科 Iridaceae。【包含】世界 5 种。【学名诠释与讨论】〈阴〉（希）hesperos，西方的，傍晚的+xiphos，刀，剑+-ion，表示出现。此属的学名是"Hesperoxiphion J. G. Baker, J. Linn. Soc., Bot. 16：76, 127. 14 Jul 1877"。亦有文献把其处理为"Cypella Herb.（1826）"的异名。【分布】秘鲁，玻利维亚，安第斯山。【模式】未指定。【参考异名】Cypella Herb.（1826）■☆

24340　Hesperoyucca（Engelm.）Trel.（1893）【汉】夜丝兰属。【英】Our Lord's Candle, Quixote Plant。【隶属】百合科 Liliaceae//龙舌兰科 Agavaceae//丝兰科 Orchidaceae。【包含】世界 3 种。【学名诠释与讨论】〈阴〉（希）hesperos，西方的，傍晚的+（属）Yucca 丝兰属。此属的学名，ING 记载是"Hesperoyucca （G. Engelmann）W. Trelease, Rep.（Annual）Missouri Bot. Gard. 4：208. 9 Mar 1893"，由"Yucca［unranked］Hesperoyucca G. Engelmann in S. Watson, U. S. Geol. Surv. 40th Parallel, Bot. 497. Sep–Dec 1871"改级而来。IK 和 TROPICOS 则记载为"Hesperoyucca （Engelm.）Baker, Bull. Misc. Inform. Kew 1892（61）：8, in obs.［Jan 1892］"，它虽然出版在先，但是一个未合格发表的名称（Nom. inval.）。"Hesperoyucca Baker（1893）Nom. illegit. ≡ Hesperoyucca （Engelm.）Trel.（1893）［龙舌兰科 Agavaceae］"和"Hesperoyucca Trel., Annual Report of the Missouri Botanical Garden 4：208. 1893"的命名人引证有误。亦有文献把"Hesperoyucca （Engelm.）Trel.（1893）"处理为"Yucca L.（1753）"的异名。【分布】美国（西南部）。【模式】Hesperoyucca whipplei （J. Torrey）W. Trelease［as 'Yucca whipplei'］［Yucca whipplei J. Torrey］。【参考异名】Hesperoyucca （Engelm.）Baker（1892）Nom. inval.；Hesperoyucca Baker（1893）Nom. illegit.；Hesperoyucca Trel.（1893）Nom. illegit.；Yucca L.（1753）■☆

24341　Hesperoyucca Baker（1893）Nom. illegit. ≡ Hesperoyucca （Engelm.）Trel.（1893）［龙舌兰科 Agavaceae］●■

24342　Hesperoyucca Trel.（1893）Nom. illegit. = Hesperoyucca （Engelm.）Trel.（1893）［龙舌兰科 Agavaceae］■☆

24343　Hesperozygis Epling（1936）【汉】夜球花属。【隶属】唇形科 Lamiaceae（Labiatae）。【包含】世界 8 种。【学名诠释与讨论】〈阴〉（希）hesperos，西方的，傍晚的+（属）Zygis = Micromeria 姜味草属（美味草属，小球花属）。或 hesperos，西方的，傍晚的+zygon，牛轭，结合。【分布】墨西哥至巴西。【模式】Hesperozygis myrtoides （Saint–Hilaire ex Bentham）Epling［Glechon myrtoides Saint–Hilaire ex Bentham］。●☆

24344　Hessea Herb.（1837）（保留属名）【汉】黑塞石蒜属。【隶属】石蒜科 Amaryllidaceae。【包含】世界 13-14 种。【学名诠释与讨论】〈阴〉（人）Paul Hesse，植物采集家。此属的学名"Hessea Herb., Amaryllidaceae：289. Apr（sero）1837"是保留属名。相应的废弃属名是石蒜科 Amaryllidaceae 的"Hessea P. J. Bergius ex Schltdl. in Linnaea 1：252. Apr 1826 ≡ Carpolyza Salisb.（1807）"。"Hessea P. J. Bergius（1826）≡ Hessea P. J. Bergius ex Schltdl.（1826）（废弃属名）"的命名人引证有误，亦应废弃。"Periphanes R. A. Salisbury, Gen. Pl. Fragm. 118. Apr–Mai 1866"是"Hessea Herb.（1837）（保留属名）"的晚出的同模式异名

（Homotypic synonym，Nomenclatural synonym）。【分布】非洲南部。【模式】Hessea stellaris（N. J. Jacquin）W. Herbert［Amaryllis stellaris）N. J. Jacquin］。【参考异名】Carpolyza Salisb.（1807）；Gemmaria Salisb.（1866）Nom. illegit.；Hessea P. J. Bergius ex Schltdl.（1826）（废弃属名）；Imhofia Herb.（1837）Nom. illegit.（废弃属名）；Kamiesbergia Snijman（1991）；Namaquanula D. Müll. – Doblies et U. Müll. – Doblies（1985）；Periphanes Salisb.（1866）Nom. illegit.■☆

24345 Hessea P. J. Bergius ex Schltdl.（1826）（废弃属名）≡Carpolyza Salisb.（1807）［石蒜科 Amaryllidaceae］■☆

24346 Hessea P. J. Bergius（1826）Nom. illegit.（废弃属名）≡Hessea P. J. Bergius ex Schltdl.（1826）（废弃属名）≡Carpolyza Salisb.（1807）［石蒜科 Amaryllidaceae］■☆

24347 Hestia S. Y. Wong et P. C. Boyce（2010）【汉】马来落檐属。【隶属】天南星科 Araceae。【包含】世界 1 种。【学名诠释与讨论】〈阴〉词源不详。此属的学名是"Hestia R. M. Bateman，P. Kenrick et G. W. Rothwell，Rev. Palaeobot. Palynol. 144：328. Mai 2007"。亦有文献把其处理为"Schismatoglottis Zoll. et Moritzi（1846）"的异名。【分布】马来半岛。【模式】Hestia longifolia（Ridl.）S. Y. Wong et P. C. Boyce。【参考异名】Schismatoglottis Zoll. et Moritzi（1846）■☆

24348 Hetaeria Blume（1825）［as 'Etaeria'］（保留属名）【汉】翻唇兰属（伴兰属，赛斑叶兰属）。【日】ヒメノヤガラ属。【英】Hetaeria。【隶属】兰科 Orchidaceae。【包含】世界 20-30 种，中国 6 种。【学名诠释与讨论】〈阴〉（希）hetaeria，伴侣关系，友情，结合。指其与 Goodyera 斑叶兰属相近。此属的学名"Hetaeria Blume，Bijdr. :409. 20 Sep-7 Dec 1825（'Etaeria'）（orth. cons.）"是保留属名。法规未列出相应的废弃属名。其拼写变体"Etaeria Blume（1825）"需要废弃。"Hetaeria Endl.，Gen. Pl.［Endlicher］133. 1836［Dec 1836］≡Philydrella Caruel（1878）［田葱科 Philydraceae］"亦应废弃；它已经被"Philydrella Caruel，Nuovo Giornale Botanico Italiano 10：91. 1878"所替代。【分布】马达加斯加，中国。【模式】Hetaeria oblongifolia Blume。【参考异名】Aetheria Blume ex Endl.（1837）Nom. illegit.；Aetheria Endl.（1837）；Cerochilus Lindl.（1854）；Etaeria Blume（1825）Nom. illegit.（废弃属名）；Evrardia Gagnep.（1932）Nom. illegit.；Ramphidia Miq.（1858）；Rhamophidia Lindl.；Rhamphidia（Lindl.）Lindl.（1857）；Rhamphidia Lindl.（1857）Nom. illegit.；Rhomboda Lindl.（1857）；Romboda Post et Kuntze（1903）；Salacistis Rchb. f.（1857）■

24349 Hetaeria Endl.（1836）Nom. illegit.（废弃属名）≡Philydrella Caruel（1878）［田葱科 Philydraceae］■☆

24350 Heteracantha Link（1840）= Carthamus L.（1753）［菊科 Asteraceae（Compositae）］■

24351 Heteracea Steud.（1840）= Heteracia Fisch. et C. A. Mey.（1835）［菊科 Asteraceae（Compositae）］■

24352 Heterachaena Fresen.（1839）= Launaea Cass.（1822）［菊科 Asteraceae（Compositae）］■

24353 Heterachaena Zoll. et Moritzi（1845）Nom. illegit. =Pimpinella L.（1753）［伞形花科（伞形科）Apiaceae（Umbelliferae）］■

24354 Heterachne Benth.（1877）【汉】异秤禾属（异草属）。【隶属】禾本科 Poaceae（Gramineae）。【包含】世界 3 种。【学名诠释与讨论】〈阴〉（希）heteros，不同的，不等的。hetero- = 拉丁文 aniso-，不同的，不等的+achne，鳞片，泡沫，泡囊，谷壳，秤。【分布】澳大利亚（北部）。【模式】未指定。■☆

24355 Heterachthia Kuntze（1850）= Tradescantia L.（1753）［鸭趾草科 Commelinaceae］■

24356 Heteracia Fisch. et C. A. Mey.（1835）【汉】异喙菊属（异果菊属）。【俄】Гетерация。【英】Heteraeia。【隶属】菊科 Asteraceae（Compositae）。【包含】世界 1-2 种，中国 1 种。【学名诠释与讨论】〈阴〉（希）heteros，不同的，不等的+akies，尖端，锐利的边缘。指内轮的果圆柱形具长喙，外轮的果卵形弯曲具短喙。【分布】亚美尼亚，中国。【模式】Heteracia szovitsii F. E. L. Fischer et C. A. Meyer。【参考异名】Heteracea Steud.（1840）■

24357 Heteractis DC.（1838）= Gymnostephium Less.（1832）［菊科 Asteraceae（Compositae）］●☆

24358 Heteradelphia Lindau（1893）【汉】异爵床属。【隶属】爵床科 Acanthaceae。【包含】世界 1 种。【学名诠释与讨论】〈阴〉（希）heteros，不同的，不等的+adelphos，兄弟。【分布】非洲西部。【模式】Heteradelphia paulowilhelmia Lindau。☆

24359 Heterandra P. Beauv.（1799）【汉】异蕊雨久花属。【隶属】雨久花科 Pontederiaceae。【包含】世界 1 种。【学名诠释与讨论】〈阴〉（希）heteros，不同的，不等的+aner，所有格 andros，雄性，雄蕊。此属的学名，ING、TROPICOS 和 IK 记载是"Heterandra Palisot de Beauvois，Trans. Amer. Philos. Soc. 4：175. 1799"。"Leptanthus A. Michaux，Fl. Bor. – Amer. 1：24. 19 Mar 1803"是"Heterandra P. Beauv.（1799）"的晚出的同模式异名（Homotypic synonym，Nomenclatural synonym）。亦有文献把"Heterandra P. Beauv.（1799）"处理为"Heteranthera Ruiz et Pav.（1794）（保留属名）"的异名。【分布】美洲。【模式】Heterandra reniformis Palisot de Beauvois。【参考异名】Heteranthera Ruiz et Pav.（1794）（保留属名）；Leptanthus Michx.（1803）Nom. illegit.■☆

24360 Heteranthelium Hochst.（1843）Nom. inval. ≡Heteranthelium Hochst. ex Jaub. et Spach（1851）［禾本科 Poaceae（Gramineae）］■☆

24361 Heteranthelium Hochst. ex Jaub. et Spach（1851）【汉】异花草属。【俄】Гетерантериум。【隶属】禾本科 Poaceae（Gramineae）。【包含】世界 4 种。【学名诠释与讨论】〈阴〉（希）heteros，不同的，不等的+anthela，长侧枝聚伞花序，苇鹰的羽毛+-ius，-ia，-ium，在拉丁文和希腊文中，这些词尾表示性质或状态。此属的学名，ING 和 IK 记载是"Heteranthelium Hochstetter ex Jaubert et Spach，Ill. Pl. Orient. 4：24. Apr 1851"。TROPICOS 则记载为"Heteranthelium Hochst.，Pl. Aleppo exsiccatae 130a，1843"。"Heteranthelium Jaub. et Spach（1851）Nom. illegit. ≡Heteranthelium Hochst. ex Jaub. et Spach（1851）"的命名人引证有误。【分布】巴基斯坦，温带亚洲。【模式】Heteranthelium piliferum Hochstetter ex Jaubert et Spach。【参考异名】Heteranthelium Hochst.（1843）Nom. inval.；Heteranthelium Jaub. et Spach（1851）Nom. illegit.■☆

24362 Heteranthelium Jaub. et Spach（1851）Nom. illegit. ≡Heteranthelium Hochst. ex Jaub. et Spach（1851）［禾本科 Poaceae（Gramineae）］■☆

24363 Heteranthemia Schott（1818）Nom. illegit. ≡Heteranthemis Schott（1818）［菊科 Asteraceae（Compositae）］■☆

24364 Heteranthemis Schott（1818）【汉】黏黄菊属。【隶属】菊科 Asteraceae（Compositae）。【包含】世界 1 种。【学名诠释与讨论】〈阴〉（希）heteros，不同的，不等的+（属）Anthemis 春黄菊属。此属的学名，ING 和 IK 记载是"Heteranthemis H. W. Schott，Isis（Oken）1818（5）：822. 1818"。"Heteranthemia Schott（1818）"似为误记。亦有文献把"Heteranthemis Schott（1818）"处理为"Chrysanthemum L.（1753）（保留属名）"的异名。【分布】非洲北部，欧洲西南部。【模式】Heteranthemis viscidihirta H. W. Schott［as 'vicide-hirta'］。【参考异名】Chrysanthemum L.（1753）（保留属名）；Heteranthemia Schott（1818）Nom. illegit.■☆

24365 Heteranthera Ruiz et Pav.（1794）（保留属名）【汉】水星草属

（异蕊花属）。【俄】Гетерантера。【英】Mud Plantain。【隶属】雨久花科 Pontederiaceae//水星草科 Heterantheraceae。【包含】世界10-12种。【学名诠释与讨论】〈阴〉（希）heteros，不同的，不等的+anthera，花药。此属的学名"Heteranthera Ruiz et Pav.，Fl. Peruv. Prodr. ：9. Oct（prim.）1794"是保留属名。法规未列出相应的废弃属名。【分布】巴拿马，秘鲁，玻利维亚，厄瓜多尔，伦比亚（安蒂奥基亚），哥斯达黎加，美国（密苏里），尼加拉瓜，非洲，哥中美洲。【模式】Heteranthera reniformis Ruiz et Pavon。【参考异名】Buchosia Vell.（1829）；Buchozia Pfeiffer；Endolimna Raf. ；Eurystemon Alexander（1937）；Heterandra P. Beauv.（1799）；Leptanthus Michx.（1803）Nom. illegit. ；Lunania Raf.（1830）（废弃属名）；Phrynium Loefl（1758）（废弃属名）；Phrynium Loefl. ex Kuntze（1898）Nom. illegit.（废弃属名）；Schollera Schreb.（1791）Nom. illegit. ；Triexastima Raf.（1838）；Trihexastigma Post et Kuntze（1903）；Zosterella Small（1913）Nom. illegit. ■☆

24366 Heterantheraceae J. Agardh（1858）［亦见 Pontederiaceae Kunth（保留科名）雨久花科］【汉】水星草科。【包含】世界1属10-12种。【分布】热带和亚热带美洲，非洲。【科名模式】Heteranthera Ruiz et Pav. ■☆

24367 Heteranthia Nees et Mart.（1823）【汉】巴西玄参属。【隶属】玄参科 Scrophulariaceae。【包含】世界1种。【学名诠释与讨论】〈阴〉（希）heteros，不同的，不等的+anthos，花。此属的学名，ING、TROPICOS 和 IK 记载是"Heteranthia C. G. D. Nees et C. F. P. Martius，Nova Acta Phys. −Med. Acad. Caes. Leop. −Carol. Nat. Cur. 11（1）：41. post 26 Jul 1823"。"Vrolikia K. P. J. Sprengel，Syst. Veg. 3；149，157. Jan−Mar 1826"是"Heteranthia Nees et Mart.（1823）"的晚出的同模式异名（Homotypic synonym，Nomenclatural synonym）。【分布】巴西。【模式】Heteranthia decipiens C. G. D. Nees et C. F. P. Martius。【参考异名】Vrolikia Spreng.（1826）Nom. illegit. ■☆

24368 Heteranthocidium Szlach. ，Mytnik et Romowicz（2006）【汉】异花瘤瓣兰属。【隶属】兰科 Orchidaceae。【包含】世界45种。【学名诠释与讨论】〈阴〉（希）heteros，不同的，不等的+anthos，花+Oncidium 瘤瓣兰属。【分布】巴拿马，秘鲁，玻利维亚，厄瓜多尔，哥伦比亚，委内瑞拉，南美洲，中美洲。【模式】Heteranthocidium heteranthum（Poepp. et Endl.）Szlach. ，Mytnik et Romowicz［Oncidium heteranthum Poepp. et Endl.］。■☆

24369 Heteranthoecia Stapf（1911）【汉】异穗垫箬属。【隶属】禾本科 Poaceae（Gramineae）。【包含】世界1种。【学名诠释与讨论】〈阴〉（希）heteros，不同的，不等的+anthos，花。【分布】热带非洲。【模式】Heteranthoecia isachnoides Stapf。☆

24370 Heteranthus Bonpl.（1821）Nom. illegit.（废弃属名）≡ Heteranthus Bonpl. ex Cass.（1821）Nom. illegit.（废弃属名）；~ = Perezia Lag.（1811）［菊科 Asteraceae（Compositae）■☆

24371 Heteranthus Bonpl. ex Cass.（1821）Nom. illegit.（废弃属名）= Perezia Lag.（1811）［菊科 Asteraceae（Compositae）■☆

24372 Heteranthus Borkh.（1796）（废弃属名）= Ventenata Koeler（1802）（保留属名）［禾本科 Poaceae（Gramineae）］■☆

24373 Heteranthus Dumort.（1868）Nom. illegit.（废弃属名）= Ventenata Koeler（1802）（保留属名）［禾 本 科 Poaceae（Gramineae）］■☆

24374 Heteranthus Dumort. ex Fourr.（1869）Nom. illegit.（废弃属名）= Ventenata Koeler（1802）（保留属名）［禾 本 科 Poaceae（Gramineae）］■☆

24375 Heterarithmos Turcz.（1859）Nom. illegit. = Meliosma Blume（1823）［清风藤科 Sabiaceae//泡花树科 Meliosmaceae］●

24376 Heteraspidia Rizzini（1950）= Justicia L.（1753）［爵床科

Acanthaceae//鸭嘴花科（鸭咀花科）Justiciaceae］●■

24377 Heterelytron Jungh.（1840）= Anthistiria L. f.（1779）；~ = Themeda Forssk.（1775）［禾本科 Poaceae（Gramineae）//营科（营草科，紫灯花科）Themidaceae］■

24378 Heterisia B. D. Jacks. = Heterisia Raf.（1837）［虎耳草科 Saxifragaceae］■

24379 Heterisia Raf.（1837）Nom. inval. ≡ Heterisia Raf. ex Small（1905）；~ = Saxifraga L.（1753）［虎耳草科 Saxifragaceae］■

24380 Heterisia Raf. ex Small（1905）= Saxifraga L.（1753）；~ = Steiranisia Raf.（1837）［虎耳草科 Saxifragaceae］■

24381 Heterixia Tiegh.（1896）Nom. illegit. = Korthalsella Tiegh.（1896）［桑寄生科 Loranthaceae］●

24382 Heteroaridarum M. Hotta（1976）【汉】类疆南星属。【隶属】天南星科 Araceae。【包含】世界1种。【学名诠释与讨论】〈中〉（希）heteros，不同的，不等的+（属）Aridarum 异疆南星属。【分布】加里曼丹岛。【模式】Heteroaridarum borneense M. Hotta。■☆

24383 Heteroarisaema Nakai（1950）【汉】异天南星属。【隶属】天南星科 Araceae。【包含】世界3种。【学名诠释与讨论】〈阴〉（希）heteros，不同的，不等的+（属）Arisaema 天南星属。此属的学名是"Heteroarisaema Nakai，J. Jap. Bot. 25：6. Feb 1950"。亦有文献把其处理为"Arisaema Mart.（1831）"的异名。【分布】东亚。【模式】Heteroarisaema heterophyllum（Blume）Nakai［Arisaema heterophyllum Blume］。【参考异名】Arisaema Mart.（1831）■☆

24384 Heteroblemma（Blume）Cámara−Leret，Ridd. −Num. et Veldkamp（2013）【汉】异酸脚杆属。【隶属】野牡丹科 Melastomataceae。【包含】世界14种。【学名诠释与讨论】〈阴〉（希）heteros，不同的，不等的+blemma，所有格 blemmatos，一看，一瞥，出现。此属的学名是"Heteroblemma（Blume）Cámara−Leret，Ridd. −Num. et Veldkamp，Blumea 58（3）：230. 2013［18 Oct 2013］"，由"Melastomataceae Medinilla sect. Heteroblemma Blume Mus. Bot. 1：19. 1849"改级而来。【分布】不详。【模式】［Medinilla alternifolia Blume］。【参考异名】Medinilla sect. Heteroblemma Blume（1849）●☆

24385 Heterocalycium Rauschert（1982）= Cuspidaria DC.（1838）（保留属名）［紫葳科 Bignoniaceae］●☆

24386 Heterocalymnantha Domin（1927）= Sauropus Blume（1826）；~ = Synostemon F. Muell.（1858）［大戟科 Euphorbiaceae］●■

24387 Heterocanscora（Griseb.）C. B. Clarke（1875）= Canscora Lam.（1785）［龙胆科 Gentianaceae］■

24388 Heterocanscora C. B. Clarke（1875）Nom. illegit. ≡ Heterocanscora（Griseb.）C. B. Clarke（1875）；~ = Canscora Lam.（1785）［龙胆科 Gentianaceae］■

24389 Heterocarpaea Scheele（1848）= Galactia P. Browne（1756）［豆科 Fabaceae（Leguminosae）//蝶形花科 Papilionaceae］■

24390 Heterocarpha Stapf et C. E. Hubb.（1929）= Drake−Brockmania Stapf（1912）［禾本科 Poaceae（Gramineae）］■☆

24391 Heterocarpus Phil.（1856）Nom. illegit. = Cardamine L.（1753）［十字花科 Brassicaceae（Cruciferae）］■

24392 Heterocarpus Post et Kuntze（1903）Nom. illegit. = Galactia P. Browne（1756）；~ = Heterocarpaea Scheele（1848）［豆科 Fabaceae（Leguminosae）//蝶形花科 Papilionaceae］■

24393 Heterocarpus Wight（1853）= Commelina L.（1753）［鸭趾草科 Commelinaceae］

24394 Heterocaryum A. DC.（1846）【汉】异果鹤虱属（异果草属，异果刺草属）。【俄】Гетерокарий。【英】Heterocaryum。【隶属】紫草科 Boraginaceae。【包含】世界2-7种，中国1种。【学名诠释与讨论】〈中〉（希）heteros，不同的，不等的+karyon，胡桃，硬壳果，

核，坚果。指果刺异形。此属的学名是"Heterocaryum Alph. de Candolle, Prodr. 10：144. 8 Apr 1846"。亦有文献把其处理为"Lappula Moench（1794）"的异名。【分布】巴基斯坦，俄罗斯（南部），中国，喜马拉雅山，安纳托利亚至亚洲中部。【模式】未指定。【参考异名】Lappula Moench（1794）■

24395　Heterocentron Hook. et Arn.（1838）【汉】墨西哥野牡丹属（四瓣果属）。【日】メキシコノボタン属。【隶属】野牡丹科 Melastomataceae。【包含】世界 6-27 种。【学名诠释与讨论】〈中〉（希）heteros，不同的，不等的+kentron，点，刺，圆心，中央，距。此属的学名，ING、TROPICOS 和 IK 记载是"Heterocentron Hook. et Arn., Bot. Beechey Voy. 290. 1838 ［Dec 1838］"。"Heterocentrum Hemsl., Biol. Cent.－Amer., Bot. i. 416（1880）= Heterocentron Hook. et Arn.（1838）"似为其变体。【分布】巴拿马，哥伦比亚，哥斯达黎加，墨西哥，尼加拉瓜，中美洲。【模式】Heterocentron mexicana W. J. Hooker et Arnott。【参考异名】Heeria Schltdl.（1839）Nom. illegit.；Heterocentrum Hemsl.（1880）；Schizocentron Meisn.（1843）●■☆

24396　Heterocentrum Hemsl.（1880）= Heterocentron Hook. et Arn.（1838）［野牡丹科 Melastomataceae］●■☆

24397　Heterochaenia A. DC.（1839）【汉】异口桔梗属。【隶属】桔梗科 Campanulaceae。【包含】世界 3 种。【学名诠释与讨论】〈阴〉（希）heteros，不同的，不等的+chaino，打呵欠，张开的口，裂开。【分布】马斯克林群岛。【模式】Heterochaenia ensifolia（Lamarck）A. P. de Candolle［Campanula ensifolia Lamarck］。●☆

24398　Heterochaeta Besser ex Room. et Schult.（1827）Nom. inval.，Nom. illegit. ≡ Heterochaeta Besser（1827）；~ = Ventenata Koeler（1802）（保留属名）［禾本科 Poaceae（Gramineae）］■☆

24399　Heterochaeta Besser（1827）= Ventenata Koeler（1802）（保留属名）［禾本科 Poaceae（Gramineae）］■☆

24400　Heterochaeta DC.（1836）Nom. illegit. = Aster L.（1753）［菊科 Asteraceae（Compositae）］●■

24401　Heterochaeta Schult.（1827）Nom. illegit. ≡ Heterochaeta Besser（1827）；~ = Ventenata Koeler（1802）（保留属名）［禾本科 Poaceae（Gramineae）］■☆

24402　Heterochiton Graebn. et Mattf.（1919）= Herniaria L.（1753）［石竹科 Caryophyllaceae//醉人花科（裸果木科）Illecebraceae//治疝草科 Herniariaceae］■●

24403　Heterochlaena Post et Kuntze（1）= Heterolaena Sch. Bip. ex Benth. et Hook. f.（1873）Nom. illegit. = Eupatorium L.（1753）［菊科 Asteraceae（Compositae）］■●

24404　Heterochlaena Post et Kuntze（2）= Heterolaena C. A. Mey. ex Fisch., Mey. et Avé－Lall., Nom. illegit.；~ = Pimelea Banks ex Gaertn.（1788）（保留属名）［瑞香科 Thymelaeaceae］●☆

24405　Heterochlamys Turcz.（1843）= Julocroton Mart.（1837）（保留属名）［大戟科 Euphorbiaceae］●■☆

24406　Heterochloa Desv.（1831）= Andropogon L.（1753）（保留属名）［禾本科 Poaceae（Gramineae）//须芒草科 Andropogonaceae］■

24407　Heterochloa Endl.（1843）Nom. illegit. = Gypsophila L.（1753）；~ = Heterochroa Bunge（1830）［石竹科 Caryophyllaceae］■●

24408　Heterochroa Bunge（1830）= Gypsophila L.（1753）［石竹科 Caryophyllaceae］■●

24409　Heterocladus Turcz.（1847）= Coriaria L.（1753）［马桑科 Coriariaceae］●

24410　Heteroclita Raf.（1837）= Canscora Lam.（1785）［龙胆科 Gentianaceae］■●

24411　Heterocodon Nutt.（1842）【汉】异钟花属。【隶属】桔梗科 Campanulaceae。【包含】世界 1-2 种。【学名诠释与讨论】〈阳〉（希）heteros，不同的，不等的+kodon，指小式 kodonion，钟，铃。指钟形的花冠异形。此属的学名是"Heterocodon Nuttall, Trans. Amer. Philos. Soc. ser. 2. 8：255. 15 Dec 1842（'1843'）"。亦有文献把其处理为"Homocodon D. Y. Hong（1980）"的异名。【分布】北美洲西部。【模式】Heterocodon rariflorus Nuttall ［as 'rariflorum'］。【参考异名】Homocodon D. Y. Hong（1980）■☆

24412　Heterocoma DC.（1810）【汉】刺瓣叉毛菊属。【隶属】菊科 Asteraceae（Compositae）//麻花头科 Serrulaceae。【包含】世界 1 种。【学名诠释与讨论】〈中〉（希）heteros，不同的，不等的+kome，毛发，束毛，冠毛，来自拉丁文 coma。此属的学名，ING 和 IK 记载是"Heterocoma A. P. de Candolle, Ann. Mus. Natl. Hist. Nat. 16：190. Jul－Dec 1810"。"Heterocoma DC. et Toledo（1941）descr. ampl."修订了属的描述。此属的学名是"Heterocoma A. P. de Candolle, Ann. Mus. Natl. Hist. Nat. 16：190. Jul－Dec 1810"。亦有文献把其处理为"Serratula L.（1753）"的异名。【分布】巴西。【后选模式】Heterocoma albida（A. P. de Candolle）A. P. de Candolle ［Serratula albida A. P. de Candolle］。【参考异名】Heterocoma DC. et Toledo（1941）descr. ampl.；Serratula L.（1753）■☆

24413　Heterocoma DC. et Toledo（1941）descr. ampl. = Heterocoma DC.（1810）；~ = Serratula L.（1753）［菊科 Asteraceae（Compositae）//麻花头科 Serrulaceae］■

24414　Heterocondylus R. M. King et H. Rob.（1972）【汉】藤本尖泽兰属。【隶属】菊科 Asteraceae（Compositae）。【包含】世界 13 种。【学名诠释与讨论】〈阳〉（希）heteros，不同的，不等的+condylos，关节，瘤。【分布】巴拉圭，巴拿马，巴西，秘鲁，玻利维亚，厄瓜多尔，哥伦比亚（安蒂奥基亚），洪都拉斯，中美洲。【模式】Heterocondylus vitalbae（A. P. de Candolle）R. M. King et H. E. Robinson ［Eupatorium vitalbae A. P. de Candolle］。■●☆

24415　Heterocrambe Coss. et Durieu（1867）= Sinapis L.（1753）［十字花科 Brassicaceae（Cruciferae）］■

24416　Heterocroton S. Moore（1895）= Croton L.（1753）［大戟科 Euphorbiaceae//巴豆科 Crotonaceae］●

24417　Heterocypsela H. Rob.（1979）【汉】异果斑鸠菊属。【隶属】菊科 Asteraceae（Compositae）。【包含】世界 1 种。【学名诠释与讨论】〈阴〉（希）heteros，不同的，不等的+kypsele，蜂巢。【分布】巴西。【模式】Heterocypsela andersonii H. E. Robinson。■☆

24418　Heterodendron Spreng.（1825）= Alectryon Gaertn.（1788）；~ = Heterodendrum Desf.（1818）［无患子科 Sapindaceae］●☆

24419　Heterodendrum Desf.（1818）= Alectryon Gaertn.（1788）［无患子科 Sapindaceae］●☆

24420　Heteroderis（Bunge）Boiss.（1875）【汉】异果苣属。【俄】Гетеродерис。【隶属】菊科 Asteraceae（Compositae）。【包含】世界 1 种。【学名诠释与讨论】〈阴〉（希）heteros，不同的，不等的+deros = deras，所有格 deratos，是"derma 皮，皮革"在诗中的用语。此属的学名，ING 记载是"Heteroderis（Bunge）Boissier, Fl. Orient. 3：793. 1875"，由"Barkhausia sect. Heteroderis Bunge, Beitr. Kenntn. Fl. Russlands 208. 7 Nov. 1852"改级而来。IK 则记载为"Heteroderis Boiss., Fl. Orient. ［Boissier］3：793. 1875 ［Sep－Oct 1875］"。【分布】地中海东部至巴基斯坦（俾路支）。【模式】未指定。【参考异名】Barkhausia sect. Heteroderis Bunge（1852）；Heteroderis Boiss.（1875）Nom. illegit.■☆

24421　Heteroderis Boiss.（1875）Nom. illegit. ≡ Heteroderis（Bunge）Boiss.（1875）［菊科 Asteraceae（Compositae）］■☆

24422　Heterodon Meisn.（1837）= Berzelia Brongn.（1826）；~ = Nebelia Neck. ex Sweet（1830）Nom. illegit.；~ = Brunia Lam.（1785）（保留属名）［饰球花科 Berzeliaceae//鳞叶树科（布鲁尼科，小叶树科）Bruniaceae］●☆

24423　Heterodonta Hort. ex Benth. et Hook. f. (1873) = Coreopsis L. (1753) ［菊科 Asteraceae (Compositae)//金鸡菊科 Coreopsidaceae］●■

24424　Heterodraba Greene(1885)【汉】异葶苈属。【隶属】十字花科 Brassicaceae(Cruciferae)。【包含】世界 1-2 种。【学名诠释与讨论】〈阴〉(希)heteros, 不同的, 不等的+(属)Draba 葶苈属。【分布】美国, 太平洋地区。【模式】Heterodraba unilateralis (M. E. Jones) E. L. Greene［Draba unilateralis M. E. Jones］。■☆

24425　Heteroflorum M. Sousa(2005)【汉】异花豆属。【隶属】豆科 Fabaceae(Leguminosae)//云实科(苏木科)Caesalpiniaceae。【包含】世界 1 种。【学名诠释与讨论】〈阴〉(希)heteros, 不同的, 不等的+flos, 所有格 floris, 指小式 flosculus, 花。【分布】墨西哥。【模式】Heteroflorum sclerocarpum M. Sousa。☆

24426　Heterogaura Rothr. (1864)【汉】肖克拉花属。【隶属】柳叶菜科 Onagraceae。【包含】世界 1 种。【学名诠释与讨论】〈阴〉(希)heteros, 不同的, 不等的+gauros, 崇高的, 华美的。此属的学名, ING、TROPICOS、GCI 和 IK 记载是"Heterogaura Rothr. , Proc. Amer. Acad. Arts 6:354. 1864"。它曾先后被处理为"Clarkia sect. Heterogaura (Rothr.) F. H. Lewis & P. H. Raven, Madroño 39(3):166. 1992"和"Clarkia subsect. Heterogaura (Rothr.) W. L. Wagner & Hoch, Systematic Botany Monographs 83:112. 2007"。亦有文献把"Heterogaura Rothr. (1864)"处理为"Clarkia Pursh(1814)"的异名。【分布】美国(西部)。【模式】Heterogaura californica Rothrock, Nom. illegit. ［Gaura heterandra Torrey; Heterogaura heterandra (Torrey) Coville］。【参考异名】Clarkia Pursh(1814); Clarkia sect. Heterogaura (Rothr.) F. H. Lewis et P. H. Raven (1992); Clarkia subsect. Heterogaura (Rothr.) W. L. Wagner & Hoch(2007); Heterogaura Rothr. (1866)Nom. illegit. ■☆

24427　Heterogaura Rothr. (1866) Nom. illegit. ≡ Heterogaura Rothr. (1864)［柳叶菜科 Onagraceae］■☆

24428　Heterolaena (Endl.) C. A. Mey. (1845) = Pimelea Banks ex Gaertn. (1788)(保留属名)［瑞香科 Thymelaeaceae］●☆

24429　Heterolaena C. A. Mey. (1845) Nom. illegit. ≡ Heterolaena (Endl.) C. A. Mey. (1845); ~ = Pimelea Banks ex Gaertn. (1788)(保留属名)［瑞香科 Thymelaeaceae］●☆

24430　Heterolaena Sch. Bip. ex Benth. et Hook. f. (1873) Nom. illegit. = Chromolaena DC. (1836); ~ = Eupatorium L. (1753)［菊科 Asteraceae(Compositae)//泽兰科 Eupatoriaceae］■●

24431　Heterolamium C. Y. Wu(1965)【汉】异野芝麻属。【英】Heterolamium。【隶属】唇形科 Lamiaceae(Labiatae)。【包含】世界 1 种, 中国 1 种。【学名诠释与讨论】〈中〉(希)heteros, 不同的, 不等的 +(属)Lamium 野芝麻属。此属的学名是"Heterolamium C. Y. Wu, Acta Phytotax. Sin 10:254. Jul 1965"。亦有文献把其处理为"Orthosiphon Benth. (1830)"的异名。【分布】中国。【模式】Heterolamium debile (Hemsley) C. Y. Wu ［Orthosiphon debilis Hemsley］。【参考异名】Changruicaoia Z. Y. Zhu(2001); Orthosiphon Benth. (1830)●■★

24432　Heterolathus C. Presl (1845) = Aspalathus L. (1753)［豆科 Fabaceae(Leguminosae)//芳香木科 Aspalathaceae］●☆

24433　Heterolepis Bertero ex Endl. (废弃属名) = Senecio L. (1753)［菊科 Asteraceae(Compositae)//千里光科 Senecionidaceae］■●

24434　Heterolepis Bhrenb. ex Boiss. (1884)Nom. illegit. (废弃属名) = Chloris Sw. (1788)［禾本科 Poaceae (Gramineae)//千里光科 Senecionidaceae］●■

24435　Heterolepis Boiss. (1884) Nom. illegit. (废弃属名) ≡ Heterolepis Bhrenb. ex Boiss. (1884)(废弃属名); ~ = Chloris Sw. (1788)［禾本科 Poaceae (Gramineae)//千里光科 Senecionidaceae］●■

24436　Heterolepis Cass. (1820)(保留属名)【汉】异鳞菊属。【隶属】菊科 Asteraceae(Compositae)。【包含】世界 3 种。【学名诠释与讨论】〈阴〉(希)heteros, 不同的, 不等的+lepis, 所有格 lepidos, 指小式 lepion 或 lepidion, 鳞, 鳞片。lepidotos, 多鳞的。lepos, 鳞, 鳞片。此属的学名"Heterolepis Cass. in Bull. Sci. Soc. Philom. Paris 1820:26. Feb 1820"是保留属名。法规未列出相应的废弃属名。但是禾本科 Poaceae (Gramineae) 的"Heterolepis Bhrenb. ex Boiss. , Fl. Orient. 5:554, 1884 = Chloris Sw. (1788)"、"Heterolepis Boiss. (1884) Nom. illegit. ≡ Heterolepis Bhrenb. ex Boiss. (1884)(废弃属名)", 菊科 Asteraceae 的"Heterolepis Bertero ex Endl. (废弃属名) = Senecio L. (1753)"和"Heteromorpha Cassini, Bull. Sci. Soc. Philom. Paris 1817:12. Jan 1817 ≡ Heterolepis Cass. (1820)(保留属名)"亦应废弃。化石植物的"Heterolepis E. W. Berry, Profess. Pap. U. S. Geol. Surv. 85:27. 1914"也应废弃。【分布】非洲南部。【模式】Heterolepis decipiens Cass. , nom. illeg. ［Arnica inuloides Vahl; Heterolepis aliena (L. f.) Druce; Oedera aliena L. f.。【参考异名】Heteromorpha Cass. (1817); Heteromorpha Cass. (1817)(废弃属名); Minurothamnus DC. (1838); Minyrothamnus Post et Kuntze(1903)●☆

24437　Heterolobium Peter(1929) = Gonatopus Hook. f. ex Engl. (1879)［天南星科 Araceae］■☆

24438　Heterolobivia Y. Ito = Echinopsis Zucc. (1837)［仙人掌科 Cactaceae］●

24439　Heteroloma Desv. ex Rchb. (1828) = Adesmia DC. (1825)(保留属名)［豆科 Fabaceae(Leguminosae)］■☆

24440　Heterolophus Cass. (1827) = Centaurea L. (1753)(保留属名)［菊科 Asteraceae(Compositae)//矢车菊科 Centaureaceae］●■

24441　Heterolytron Hack. (1889) = Anthistiria L. f. (1779); ~ = Heterelytron Jungh. (1840)［禾本科 Poaceae(Gramineae)］■

24442　Heteromeles M. Roem. (1847)【汉】柰石楠属(柳叶石楠属)。【英】California Holly, Christmas Berry, Sea Holly, Tollon, Toyon。【隶属】蔷薇科 Rosaceae。【包含】世界 1 种。【学名诠释与讨论】〈阳〉(希)heteros, 不同的, 不等的+melon, 树上生的水果, 苹果。此属的学名是"Heteromeles M. J. Roemer, Fam. Nat. Syn. Monogr. 3:100, 105. Apr 1847"。亦有文献把其处理为"Photinia Lindl. (1820)"的异名。【分布】美国(加利福尼亚)。【模式】Heteromeles arbutifolia (W. Aiton) M. J. Roemer ［Crataegus arbutifolia W. Aiton］。【参考异名】Photinia Lindl. (1820)●☆

24443　Heteromera Montrouz. (1901) Nom. illegit. ≡ Heteromera Montrouz. ex Beauvis(1901); ~ = Leptostylis Benth. (1876)［山榄科 Sapotaceae］●☆

24444　Heteromera Montrouz. ex Beauvis (1901) = Leptostylis Benth. (1876)［山榄科 Sapotaceae］●☆

24445　Heteromera Pomel (1874)【汉】异肋菊属。【隶属】菊科 Asteraceae(Compositae)。【包含】世界 1-2 种。【学名诠释与讨论】〈阴〉(希)heteros, 不同的, 不等的 + meros, 部分, 股。Heteromeres, 一面的。此属的学名, ING、TROPICOS 和 IK 记载是"Heteromera Pomel, Nouv. Mat. Fl. Atl. 60. 1874"。"Heteromera Montrouz. ex Beauvis. , Ann. Soc. Bot. Lyon 26:84. 1901 = Leptostylis Benth. (1876)［山榄科 Sapotaceae]"是晚出的非法名称。"Heteromera Montrouz. (1901) Nom. illegit. ≡ Heteromera Montrouz. ex Beauvis(1901)［山榄科 Sapotaceae]"的命名人引证有误。【分布】非洲北部。【模式】未指定。■☆

24446　Heteromeris Spach(1837) = Crocanthemum Spach(1836)［半日花科(岩蔷薇科)Cistaceae］●☆

24447　Heteromma Benth. (1873)【汉】柔冠田基黄属。【隶属】菊科

Asteraceae(Compositae)。【包含】世界 3 种。【学名诠释与讨论】〈阴〉(希)heteros，不同的，不等的+omma，所有格 ommatos，眼，外表，模样。【分布】非洲南部山区。【模式】Heteromma decurrens (A. P. de Candolle) Bentham ex B. D. Jackson [Chrysocoma decurrens A. P. de Candolle]。【参考异名】Heterotomma T. Durand；Pentheriella O. Hoffm. et Muschl. (1910) ■☆

24448　Heteromorpha Cass. (1817)(废弃属名) ≡ Heterolepis Cass. (1820)(保留属名) [菊科 Asteraceae(Compositae)] ●☆

24449　Heteromorpha Cham. et Schltdl. (1826)(保留属名)【汉】异形芹属。【隶属】伞形花科(伞形科) Apiaceae(Umbelliferae)。【包含】世界 8-10 种。【学名诠释与讨论】〈阴〉(希)heteros，不同的，不等的 + morphe，形状。此属的学名 "Heteromorpha Cham. et Schltdl. in Linnaea 1：385. Aug-Oct 1826" 是保留属名。相应的废弃属名是菊科 Asteraceae 的 "Heteromorpha Cass. in Bull. Sci. Soc. Philom. Paris 1817：12. Jan 1817 ≡ Heterolepis Cass. (1820)(保留属名)"。菊科 Asteraceae 的 "Heteromorpha Viv. ex Coss. , Bull. Soc. Bot. France 12：278. 1866 [1865 publ. 1866] = Hypochaeris L. (1753)" 亦应废弃。"Franchetella O. Kuntze, Rev. Gen. 1：267. 5 Nov 1891(non Pierre 1890)" 是 "Heteromorpha Cham. et Schltdl. (1826)(保留属名)" 的晚出的同模式异名(Homotypic synonym, Nomenclatural synonym)。【分布】马达加斯加，热带非洲。【模式】Heteromorpha arborescens Chamisso et D. F. L. Schlechtendal [Bupleurum arborescens Thunberg 1794]。【参考异名】Franchetella Kuntze (1891) Nom. inval. , Nom. illegit. ；Heterolepis Cass. (1820)保留属名；Heteromorpha Cass. (1817)(废弃属名)；Heterosperma Tausch(1834)Nom. illegit. ●☆

24450　Heteromorpha Viv. ex Coss. (1866)Nom. illegit. (废弃属名) = Hypochaeris L. (1753) [菊科 Asteraceae(Compositae)] ■

24451　Heteromyrtus Blume(1850) = Blepharocalyx O. Berg(1856)；~ = Myrtus L. (1753) [桃金娘科 Myrtaceae] ●

24452　Heteronema Rchb. (1828) = Arthrostemma Pav. ex D. Don (1823)；~ = Heteronoma DC. (1828) [野牡丹科 Melastomataceae] ■☆

24453　Heteroneuron Hook. f. (1867) = Loreya DC. (1828) [野牡丹科 Melastomataceae] ●☆

24454　Heteronoma DC. (1828) = Arthrostemma Pav. ex D. Don (1823) [野牡丹科 Melastomataceae] ■☆

24455　Heteropanax Seem. (1866)【汉】幌伞枫属(罗伞伞属，异参属)。【俄】Гетеропанакс。【英】Heteropanax。【隶属】五加科 Araliaceae。【包含】世界 2-8 种，中国 6 种。【学名诠释与讨论】〈阳〉(希)heteros，不同的，不等的+(属)Panax 人参属。指其有别于人参属。【分布】印度，中国。【模式】Heteropanax fragrans B. C. Seemann, Nom. illegit. [Panax fragrans A. P. de Candolle, Nom. illegit. ,Panax pinnatus Lamarck [as 'pinnata']。●

24456　Heteropappus Less. (1832)【汉】狗娃花属(狗哇花属)。【日】ハマベノギク属。【俄】Гетеропаппус。【英】Heteropappus, Jurinea。【隶属】菊科 Asteraceae(Compositae)。【包含】世界 20-30 种，中国 13 种。【学名诠释与讨论】〈阳〉(希)heteros，不同的，不等的+pappos 指柔毛，软毛。pappus 则与拉丁文同义，指冠毛。指冠毛异形，舌状花的冠毛短，毛状或膜片状，而管状花的冠毛为长粗毛。此属的学名是 "Heteropappus Lessing, Syn. Comp. 189. Jul-Aug 1832"。亦有文献把其处理为 "Aster L. (1753)" 的异名。【分布】中国，温带东亚。【模式】Heteropappus hispidus (Thunberg) Lessing [Aster hispidus Thunberg]。【参考异名】Aster L. (1753) ■

24457　Heteropetalum Benth. (1860)【汉】异瓣花属。【隶属】番荔枝科 Annonaceae。【包含】世界 1 种。【学名诠释与讨论】〈中〉

(希)heteros，不同的，不等的+petalos，扁平的，铺开的。petalon，花瓣，叶，花叶，金属叶子。拉丁文的花瓣为 petalum。【分布】巴西，委内瑞拉。【模式】Heteropetalum brasiliense Bentham [Guatteria heteropetala Bentham]。●☆

24458　Heteropholis C. E. Hubb. (1956)【汉】假蛇尾草属。【英】Fakesnaketailgrass。【隶属】禾本科 Poaceae(Gramineae)。【包含】世界 4 种，中国 2 种。【学名诠释与讨论】〈阴〉(希)heteros，不同的，不等的+pholis，鳞甲。【分布】马达加斯加，斯里兰卡，中国，热带非洲东部。【模式】Heteropholis sulcata (Stapf) C. E. Hubbard [Peltophorus sulcatus Stapf]。■

24459　Heterophragma DC. (1838)【汉】异膜楸属(异膜紫葳属)。【隶属】紫葳科 Bignoniaceae。【包含】世界 2 种，中国 1 种。【学名诠释与讨论】〈中〉(希)heteros，不同的，不等的+phragma，所有格 phragmatos，篱笆。phragmos，篱笆，障碍物。phragmites，长在篱笆中的。【分布】印度，中国，中南半岛。【模式】Heterophragma quadriloculare (Roxburgh) K. Schumann [Bignonia quadrilocularia Roxburgh]。●

24460　Heterophyllaea Hook. f. (1873)【汉】互叶茜属。【隶属】茜草科 Rubiaceae。【包含】世界 8 种。【学名诠释与讨论】〈中〉(希)heteros，不同的，不等的+phyllon，叶子。phyllodes，似叶的，多叶的。phylleion，绿色材料，绿草。【分布】阿根廷，玻利维亚。【模式】Heterophyllaea pustulata J. D. Hooker。【参考异名】Lecanosperma Rusby(1893)；Teinosolen Hook. f. (1873)；Tinosolen Post et Kuntze(1903) ●☆

24461　Heterophylleia Turcz. (1848)Nom. illegit. ≡ Heterocladus Turcz. (1847)；~ = Coriaria L. (1753) [马桑科 Coriariaceae] ●

24462　Heterophyllum Bojer ex Hook. (1830) Nom. inval. = Byttneria Loefl. (1758)(保留属名) [梧桐科 Sterculiaceae//刺果藤科(利末花科)Byttneriaceae] ●

24463　Heterophyllum Bojer(1830)Nom. inval. , Nom. illegit. = Byttneria Loefl. (1758)(保留属名) [梧桐科 Sterculiaceae//刺果藤科(利末花科)Byttneriaceae] ●

24464　Heteropleura Sch. Bip. (1862) = Hieracium L. (1753) [菊科 Asteraceae(Compositae)] ■

24465　Heteroplexis C. C. Chang (1937)【汉】异裂菊属。【英】Heteroplexis。【隶属】菊科 Asteraceae(Compositae)。【包含】世界 3 种，中国 3 种。【学名诠释与讨论】〈阴〉(希)heteros，不同的，不等的+plexus，编织的行为。指花冠的裂齿不等大。【分布】中国。【模式】Heteroplexis vernonioides Chang。■★

24466　Heteropogon Pers. (1807)【汉】黄茅属(扭黄茅属)。【日】アカヒゲガヤ属，ダイワンアカヒゲガヤ属。【英】Broom-grass, Tanglehead, Yellowquitch。【隶属】禾本科 Poaceae(Gramineae)。【包含】世界 6-12 种，中国 3 种。【学名诠释与讨论】〈阳〉(希)heteros，不同的，不等的+pogon，所有格 pogonos，指小式 pogonion，胡须，髯毛，芒。pogonias，有须的。指无芒的雄性小穗与其芒的雌性小穗不同。此属的学名，ING、TROPICOS、APNI 和 IK 记载是 "Heteropogon Pers. , Syn. Pl. [Persoon] 2：533. 1807 [Sep 1807]"。它曾被处理为 "Andropogon subgen. Heteropogon (Pers.) Hack. , Die Natürlichen Pflanzenfamilien 2(2)：29. 1887" 和 "Andropogon subgen. Heteropogon (Pers.) Rchb. , Der Deutsche Botaniker Herbarienbuch 2：38. 1841"。【分布】巴基斯坦，秘鲁，玻利维亚，厄瓜多尔，马达加斯加，尼加拉瓜，中国，热带，中美洲。【后选模式】Heteropogon glaber Persoon, Nom. illegit. [Andropogon allioni A. P. de Candolle；Heteropogon allionii (A. P. de Candolle) J. J. Roemer et J. A. Schultes]。【参考异名】Andropogon subgen. Heteropogon (Pers.) Hack. (1887)；Andropogon subgen. Heteropogon (Pers.) Rchb. (1841)；Spirotheros Raf. (1830) ■

24467 Heteropolygonatum M. N. Tamura et Ogisu（1997）【汉】异黄精属。【隶属】百合科 Liliaceae//铃兰科 Convallariaceae。【包含】世界 2-4 种,中国 4 种。【学名诠释与讨论】〈中〉（希）heteros,不同的,不等的+poly,多+gony,所有格 gonatos,关节,膝。【分布】中国。【模式】Heteropolygonatum roseolum Tamura et Ogisu。■★

24468 Heteroporidium Tiegh.（1902）= Ochna L.（1753）［金莲木科 Ochnaceae］●

24469 Heteropsis Kunth（1841）【汉】短梗南星属。【隶属】天南星科 Araceae。【包含】世界 13 种。【学名诠释与讨论】〈阴〉（希）heteros,不同的,不等的+希腊文 opsis,外观,模样,相似。【分布】巴拿马,秘鲁,玻利维亚,厄瓜多尔,哥斯达黎加,尼加拉瓜,热带南美洲,中美洲。【后选模式】Heteropsis salicifolia Kunth。■☆

24470 Heteroptera Steud.（1840）= Heptaptera Margot et Reut.（1839）;~ = Prangos Lindl.（1825）［伞形花科（伞形科）Apiaceae（Umbelliferae）］■☆

24471 Heteropteris Kunth（1822）Nom. illegit.（废弃属名）≡ Heteropterys Kunth（1822）［as 'Heteropteris'］（保留属名）［金虎尾科（黄褥花科）Malpighiaceae］●☆

24472 Heteropterys Kunth（1822）［as 'Heteropteris'］（保留属名）【汉】异翅藤属（异翅木属,异翼果属）。【隶属】金虎尾科（黄褥花科）Malpighiaceae。【包含】世界 120 种。【学名诠释与讨论】〈阳〉（希）heteros,不同的,不等的+pteron,指小式 pteridion,翅。pteridios,有羽毛的。指果实。此属的学名"Heteropterys Kunth in Humboldt et al. , Nov. Gen. Sp. 5, ed. 4; 163; ed. f; 126]25 Feb 1822（'Heteropteris'）（orth. cons.）"是保留属名。相应的废弃属名是金虎尾科（黄褥花科）Malpighiaceae 的"Banisteria L. , Sp. Pl.: 427.1 Mai 1753 = Heteropterys Kunth（1822）［as 'Heteropteris'］（保留属名）"。"Heteropteris Kunth（1822）"是其拼写变体,应该废弃。"Heteropterys Rose, Contr. U. S. Natl. Herb. v. 139［金虎尾科（黄褥花科）Malpighiaceae］"和"Heteropteryx Dalla Torre et Harms"亦应废弃。【分布】巴拉圭,巴拿马,玻利维亚,厄瓜多尔,哥伦比亚,哥斯达黎加,尼加拉瓜,热带非洲西部,热带美洲,中美洲。【模式】Heteropterys purpurea（Linnaeus）Kunth［Banisteria purpurea Linnaeus］。【参考异名】Banisteria L.（1753）（废弃属名）; Bronwenia W. R. Anderson et C. Davis（2007）; Halopetalum Steud.（1840）; Heteropteris Kunth（1822）; Heteropteryx Dalla Torre et Harms; Holopetalon（Griseb.）Rchb.（1841）; Holopetalon Rchb.（1841）●☆

24473 Heteropterys Rose（废弃属名）［金虎尾科（黄褥花科）Malpighiaceae］●☆

24474 Heteroptilis E. Mey. ex Meisn.（1843）= Dasispermum Raf.（1840）Nom. illegit. ;~ = Dasispermum Neck. ex Raf.（1840）［伞形花科（伞形科）Apiaceae（Umbelliferae）］■☆

24475 Heteropyxidaceae Engl. et Gilg（1920）（保留科名）［亦见 Myrtaceae Juss.（保留科名）桃金娘科］【汉】异裂果科（大柱头树科,异裂果科）。【包含】世界 1 属 3 种。【分布】非洲南部。【科名模式】Heteropyxis Harv.●☆

24476 Heteropyxis Griff.（1854）（废弃属名）= Boschia Korth.（1844）;~ = Durio Adans.（1763）［木棉科 Bombacaceae//锦葵科 Malvaceae］●

24477 Heteropyxis Harv.（1863）（保留属名）【汉】异萌果属（异裂果属）。【隶属】异萌果科（大柱头树科,异裂果科）Heteropyxidaceae//桃金娘科 Myrtaceae。【包含】世界 3 种。【学名诠释与讨论】〈阴〉（希）heteros,不同的,不等的+pyxis,指小式 pyxidion =拉丁文 pyxis,所有格 pixidis,箱,果,盖。此属的学名"Heteropyxis Harv. , Thes. Cap. 2: 18. 1863"是保留属名。相应的废弃属名是锦葵科 Malvaceae 的"Heteropyxis Griff. , Not. Pl.

Asiat. 4; 524. 1854 = Boschia Korth.（1844）= Durio Adans.（1763）［木棉科 Bombacaceae//锦葵科 Malvaceae］"。【分布】津巴布韦,南非（纳塔尔）。【模式】Heteropyxis natalensis W. H. Harvey。●☆

24478 Heterorachis Sch. Bip.（1844）Nom. inval. ≡ Heterorhachis Sch. Bip. ex Walp.（1846）［菊科 Asteraceae（Compositae）］●☆

24479 Heterorhachis Sch. Bip. ex Walp.（1846）【汉】隐果联苞菊属。【隶属】菊科 Asteraceae（Compositae）。【包含】世界 1 种。【学名诠释与讨论】〈阴〉（希）heteros,不同的,不等的+rhachis,针,刺。此属的学名,ING、TROPICOS 和 IK 记载为"Heterorhachis C. H. Schultz Bip. ex Walpers, Repert. 6; 278. 2-3 Nov 1846"。"Heterorachis Sch. Bip. , Flora 27（2）: 775, in syn. 1844 ≡ Heterorhachis Sch. Bip. ex Walp.（1846）"是一个未合格发表的名称（Nom. inval.）。【分布】非洲南部。【模式】Heterorhachis spinosissima C. H. Schultz Bip. ex Walpers, Nom. illegit.［Rohria palmata Thunberg］。【参考异名】Heterorachis Sch. Bip.（1844）Nom. inval. ●☆

24480 Heterosamara Kuntze（1891）= Polygala L.（1753）［远志科 Polygalaceae］●■

24481 Heterosavia（Urb.）Petra Hoffm.（2008）【汉】异萨维大戟属。【隶属】大戟科 Euphorbiaceae。【包含】世界 25 种。【学名诠释与讨论】〈阴〉（希）heteros,不同的,不等的+（属）Savia 萨维大戟属。此属的学名是"Heterosavia（Urb.）Petra Hoffm. , Brittonia 60（2）: 152. 2008［15 Jul 2008］",由"Savia sect. Heterosavia Urb. , Symbolae Antillanae seu Fundamenta Florae Indiae Occidentalis 3（2）: 284. 1902 改级而来。亦有文献把"Heterosavia（Urb.）Petra Hoffm.（2008）"处理为"Savia Willd.（1806）"的异名。【分布】见 Savia sect. Heterosavia Urb.（1902）。【模式】不详。【参考异名】Savia Willd.（1806）; Savia sect. Heterosavia Urb.（1902）●☆

24482 Heterosciadium DC.（1830）Nom. inval. = Petagnia Guss.（1827）Nom. illegit. ;~ = Petagnaea Caruel（1889）［伞形花科（伞形科）Apiaceae（Umbelliferae）］■☆

24483 Heterosciadium Lange ex Willd.（1893）【汉】西印度伞芹属。【隶属】伞形花科（伞形科）Apiaceae（Umbelliferae）。【包含】世界 1 种。【学名诠释与讨论】〈阴〉（希）heteros,不同的,不等的+（属）Sciadium 伞芹属。此属的学名,ING 和 IK 记载是"Heterosciadium Lange ex Willkomm, Supp. Prodr. Fl. Hisp. 198. Dec 1893"。"Heterosciadium DC. , Prodr.［A. P. de Candolle］4: 83, in syn. 1830［late Sep 1830］= Petagnia Guss.（1827）Nom. illegit.［伞形花科（伞形科）Apiaceae（Umbelliferae）］"是一个未合格发表的名称（Nom. inval.）。"Heterosciadium Lange（1893）≡ Heterosciadium Lange ex Willd.（1893）"的命名人引证有误。亦有文献把"Heterosciadium Lange ex Willd.（1893）"处理为"Daucus L.（1753）"的异名。【分布】西班牙。【模式】Heterosciadium androphyllum Lange ex Willkomm。【参考异名】Daucus L.（1753）; Heterosciadium Lange（1893）Nom. illegit. ■☆

24484 Heterosciadium Lange（1893）Nom. illegit. ≡ Heterosciadium Lange ex Willd.（1893）［伞形花科（伞形科）Apiaceae（Umbelliferae）］■☆

24485 Heterosicyos（S. Watson）Cockerell（1897）Nom. illegit. ≡ Cremastopus Paul G. Wilson（1962）［葫芦科（瓜科,南瓜科）Cucurbitaceae］■☆

24486 Heterosicyos Welw.（1867）Nom. illegit. ≡ Heterosicyos Welw. ex Benth. et Hook. f.（1867）;~ = Trochomeria Hook. f.（1867）［葫芦科（瓜科,南瓜科）Cucurbitaceae］■☆

24487 Heterosicyos Welw. ex Benth. et Hook. f.（1867）= Trochomeria Hook. f.（1867）［葫芦科（瓜科,南瓜科）Cucurbitaceae］■☆

24488 Heterosicyos Welw. ex Hook. f.（1867）Nom. illegit. ≡

Heterosicyos Welw. ex Benth. et Hook. f. (1867)；~ = Trochomeria Hook. f. (1867) [葫芦科(瓜科,南瓜科)Cucurbitaceae]■☆

24489 Heterosicyus Post et Kuntze (1903) Nom. illegit. = Cremastopus Paul G. Wilson(1962)；~ =Trochomeria Hook. f. (1867) [葫芦科(瓜科,南瓜科)Cucurbitaceae]■☆

24490 Heterosmilax Kunth(1850)【汉】肖菝葜属(假菝葜属,土茯苓属)。【日】カラスギバサンキライ属,カラスバサンキライ属。【英】Heterosmilax。【隶属】菝葜科 Smilacaceae//百合科 Liliaceae。【包含】世界 12 种,中国 9 种。【学名诠释与讨论】〈阴〉(希)heteros,不同的,不等的+(属)Smilax 菝葜属。指外形与菝葜相似,但花被片合生成筒。【分布】马来西亚(西部),中国,东亚,中南半岛。【模式】Heterosmilax japonica Kunth。【参考异名】Oligosmilax Seem. (1868)；Pseudosmilax Hayata(1920)●■

24491 Heterosoma Guill. (1833) = Heterotoma Zucc. (1832) [桔梗科 Campanulaceae]■☆

24492 Heterospathe Scheff. (1876)【汉】异苞棕属(异苞桐属,异苞椰属,异苞椰子属)。【日】イヌヘラヤシ属。【英】Sagisi Palm。【隶属】棕榈科 Arecaceae(Palmae)。【包含】世界 18-32 种。【学名诠释与讨论】〈阴〉(希)heteros,不同的,不等的+spathe=拉丁文 spatha,佛焰苞,鞘,叶片,匙状苞,窄而平之薄片,竿杖。【分布】菲律宾,帕劳(帕劳群岛),塞舌尔(玛丽安娜岛),所罗门群岛,新几内亚亚岛。【模式】Heterospathe elata R. H. C. C. Scheffer。【参考异名】Barkerwebbia Becc. (1905)；Ptychandra Scheff. (1876)●☆

24493 Heterosperma Cav. (1795-1796)【汉】异籽菊属(异子菊属)。【隶属】菊科 Asteraceae(Compositae)。【包含】世界 5-7 种。【学名诠释与讨论】〈中〉(希)heteros,不同的,不等的+sperma,所有格 spermatos,种子,孢子。此属的学名,ING、TROPICOS 和 IK 记载是 "Heterosperma Cav., Icon. [Cavanilles]3：34. 1795 [Dec 1795-12 Jan 1796]"。"Heterosperma Tausch, Flora 17(1)：357, nomen. 1834 =Heteromorpha Cham. et Schltdl. (1826)(保留属名) [伞形花科(伞形科)Apiaceae(Umbelliferae)]"是晚出的非法名称。"Heterospermum Willd., Species Plantarum. Editio quarta 3：2129. 1803 =Heterosperma Cav. (1796)"是一个未合格发表的名称(Nom. inval.)。【分布】阿根廷,秘鲁,玻利维亚,厄瓜多尔,美国(西南部),尼加拉瓜,中美洲。【模式】Heterosperma pinnata Cavanilles。【参考异名】Heterospermum Willd.；Microdonta Nutt. (1841)■●☆

24494 Heterosperma Tausch(1834)Nom. illegit. =Heteromorpha Cham. et Schltdl. (1826)(保留属名) [伞形花科(伞形科)Apiaceae(Umbelliferae)]●☆

24495 Heterospermum Willd. (1803) Nom. inval. =Heterosperma Cav. (1796) [菊科 Asteraceae(Compositae)]■●☆

24496 Heterostachys Ung. -Sternb. (1874)【汉】单花盐穗木属。【隶属】藜科 Chenopodiaceae。【包含】世界 2 种。【学名诠释与讨论】〈阴〉(希)heteros,不同的,不等的+stachys,穗,谷,长钉。此属的学名"Heterostachys Ungern-Sternberg, Atti Congr. Bot. Firenze 1874：267, 268, 331. 1876"是一个替代名称。"Spirostachys Ungern-Sternberg, Vers. Syst. Salicorn. 100. 1866"是一个非法名称(Nom. illegit.),因为此前已经有了"Spirostachys Sonder, Linnaea 23：106. Feb 1850 [大戟科 Euphorbiaceae]"。故用"Heterostachys Ung. -Sternb. (1874)"替代之。【分布】巴拉圭,墨西哥,西印度群岛,温带南美洲。【模式】Heterostachys ritteriana (Moquin-Tandon) Ungern-Sternberg [Halocnemum ritterianum Moquin-Tandon]。【参考异名】Spirostachys Ung. -Sternb. (1866) Nom. illegit.；Spirostachys Ung. -Sternb. ex S. Watson(1874) Nom. illegit. ●☆

24497 Heterostalis (Schott) Schott (1857) Nom. illegit. ≡ Heterostalis Schott(1857)；~ =Typhonium Schott(1829) [天南星科 Araceae]■

24498 Heterostalis Schott(1857) = Typhonium Schott(1829) [天南星科 Araceae]■

24499 Heterosteca Desv. (1810) = Bouteloua Lag. (1805) [as 'Botelua'](保留属名)；~ = Heterostega Desv. [禾本科 Poaceae(Gramineae)]■

24500 Heterostega Kunth(1815) Nom. inval. = Bouteloua Lag. (1805) [as 'Botelua'](保留属名) [禾本科 Poaceae(Gramineae)]■

24501 Heterostegon Schwein. ex Hook. f. (1847) = Heterostega Desv. [禾本科 Poaceae(Gramineae)]■

24502 Heterostemma Wight et Arn. (1834)【汉】醉魂藤属(布朗藤属)。【日】ブラオンカヅラ属。【英】Heterostemma, Sotvine。【隶属】萝藦科 Asclepiadaceae。【包含】世界 30-40 种,中国 9-13 种。【学名诠释与讨论】〈中〉(希)heteros,不同的,不等的+stemma,所有格 stemmatos,花冠,花环,王冠。指副花冠与花冠相异。【分布】中国,热带亚洲。【后选模式】Heterostemma tanjorense R. Wight et Arnott [as 'tanjorensis']。【参考异名】Oianthus Benth. (1876)；Symphysicarpus Hassk. (1857)●

24503 Heterostemon Desf. (1818)【汉】异蕊豆属(红花异蕊豆属)。【隶属】豆科 Fabaceae (Leguminosae)//云实科(苏木科)Caesalpiniaceae。【包含】世界 7 种。【学名诠释与讨论】〈阳〉(希)heteros,不同的,不等的+stemon,雄蕊。此属的学名,ING、TROPICOS 和 IK 记载是"Heterostemon Desfontaines, Mém. Mus. Hist. Nat. 4：248. t. 12. 181"。"Heterostemum Steud., Nomencl. Bot. [Steudel], ed. 2. 1；756. 1840 [豆科 Fabaceae (Leguminosae)]"仅有属名；似为"Heterostemon Desf. (1818)"的拼写变体。【分布】热带美洲。【模式】Heterostemon mimosoides Desfontaines。■☆

24504 Heterostemon Nutt. ex Torr. et A. Gray = Oenothera L. (1753) [柳叶菜科 Onagraceae]●■

24505 Heterostemum Steud. (1840) Nom. illegit. =？Heterostemon Desf. (1818) [豆科 Fabaceae(Leguminosae)]■☆

24506 Heterostigma Gaudich. (1841) = Pandanus Parkinson (1773) [露兜树科 Pandanaceae]●■

24507 Heterostylaceae Hutch (1934) = Juncaginaceae Rich. (保留科名)；~ =Lilaeaceae Dumort. (保留科名)●☆

24508 Heterostylus Hook. (1838) = Lilaea Bonpl. (1808) [异柱草科(拟水韭科)Lilaeaceae//水麦冬科 Juncaginaceae]■☆

24509 Heterotaenia Boiss. (1840) = Conopodium W. D. J. Koch(1824) (保留属名) [伞形花科(伞形科)Apiaceae(Umbelliferae)]■☆

24510 Heterotaxis Lindl. (1826) = Maxillaria Ruiz et Pav. (1794) [兰科 Orchidaceae]■☆

24511 Heterothalamulopsis Deble, A. S. Oliveira et Marchiori (2004)【汉】巴西单性紫菀属。【隶属】菊科 Asteraceae (Compositae)。【包含】世界 2-8 种。【学名诠释与讨论】〈阴〉(属)Heterothalamus 单性紫菀属+希腊文 opsis,外观,模样,相似。此属的学名是"Heterothalamulopsis Deble, A. S. Oliveira et Marchiori, Ciencia Forestal [Santiago]14(1)：1-7. 2004"。亦有文献把其处理为"Heterothalamus Less. (1831)"的异名。【分布】巴西。【模式】Heterothalamulopsis wagenitzii (F. H. Hellw.) Deble, A. S. Oliveira et Marchiori [Heterothalamus wagenitzii F. H. Hellw.]。【参考异名】Heterothalamus Less. (1831)●☆

24512 Heterothalamus Less. (1831)【汉】单性紫菀属。【隶属】菊科 Asteraceae(Compositae)。【包含】世界 2-8 种。【学名诠释与讨论】〈阳〉(希)heteros,不同的,不等的。hetero- =拉丁文 aniso-,不同的,不等的+thalamus,花托,内室。【分布】玻利维亚,南美

洲。【模式】Heterothalamus alienus（K. P. J. Sprengel）O. Kuntze。【参考异名】Heterothalamulopsis Deble, A. S. Oliveira et Marchiori（2004）；Palenia Phil.（1895）●☆

24513　Heterotheca Cass.（1817）【汉】异囊菊属（硬毛金菀属）。【英】Goldenaster。【隶属】菊科 Asteraceae（Compositae）。【包含】世界 25-30 种。【学名诠释与讨论】〈阴〉（希）heteros, 不同的, 不等的+theke=拉丁文 theca, 匣子, 箱子, 室, 药室, 囊。指果实。此属的学名, ING、TROPICOS 和 IK 记载是"Heterotheca Cass., Bull. Sci. Soc. Philom. Paris 1817：137.［Sep 1817］"。"Stelmanis Rafinesque, Fl. Tell. 2：47. Jan - Mar 1837（'1836'）"是"Heterotheca Cass.（1817）"的晚出的同模式异名（Homotypic synonym, Nomenclatural synonym）。亦有文献把"Heterotheca Cass.（1817）"处理为"Stelmanis Raf.（1837）"的异名。【分布】玻利维亚, 美国, 墨西哥, 中美洲。【模式】Heterotheca lamarckii Cassini, Nom. illegit.［Inula subaxillaris Lamarck；Heterotheca subaxillaris（Lamarck）N. L. Britton et H. H. Rusby］。【参考异名】Ammodia Nutt.（1840）；Calycium Elliott（1823）；Diplocoma D. Don ex Sw.（1828）Nom. illegit.；Diplocoma D. Don（1828）；Stelmanis Raf.（1837）Nom. illegit.■☆

24514　Heterothrix（B. L. Rob.）Rydb.（1907）Nom. illegit. ≡ Pennellia Nieuwl.（1918）［十字花科 Brassicaceae（Cruciferae）］■☆

24515　Heterothrix Müll. Arg.（1860）= Echites P. Browne（1756）［夹竹桃科 Apocynaceae］●☆

24516　Heterothrix Rydb.（1907）Nom. illegit. ≡ Heterothrix（B. L. Rob.）Rydb.（1907）Nom. illegit.；~ ≡ Pennellia Nieuwl.（1918）［十字花科 Brassicaceae（Cruciferae）］■☆

24517　Heterotis Benth.（1849）【汉】肖荣耀木属。【隶属】野牡丹科 Melastomataceae。【包含】世界 3 种。【学名诠释与讨论】〈阴〉（希）heteros, 不同的, 不等的+ous, 所有格 otos, 指小式 otion, 耳。otikos, 耳的。此属的学名是"Heterotis Bentham in W. J. Hooker, Niger Fl. 347. Nov - Dec 1849"。亦有文献把其处理为"Dissotis Benth.（1849）（保留属名）"的异名。【分布】非洲西部。【模式】未指定。【参考异名】Dissotis Benth.（1849）（保留属名）●☆

24518　Heterotoma Zucc.（1832）【汉】异片桔梗属。【隶属】桔梗科 Campanulaceae。【包含】世界 1 种。【学名诠释与讨论】〈阴〉（希）heteros, 不同的, 不等的+tomos, 一片, 锐利的, 切割的。tome, 断片, 残株。【分布】墨西哥, 中美洲。【模式】Heterotoma lobelioides Zuccarini。【参考异名】Heterosoma Guill.（1833）；Myopsia C. Presl（1836）■☆

24519　Heterotomma T. Durand = Heteromma Benth.（1873）［菊科 Asteraceae（Compositae）］■☆

24520　Heterotrichum DC.（1828）Nom. illegit. = Octonum Raf.（1838）［野牡丹科 Melastomataceae］●☆

24521　Heterotrichum M. Bieb.（1819）【汉】异毛野牡丹属。【隶属】野牡丹科 Melastomataceae。【包含】世界 10 种。【学名诠释与讨论】〈中〉（希）heteros, 不同的, 不等的+thrix, 所有格 trichos, 毛, 毛发。此属的学名, ING、TROPICOS 和 IK 记载是"Heterotrichum Marschall von Bieberstein, Fl. Taur. -Caucas. 3：551. 1819（sero）- 1820"。"Heterotrichum DC., Prodr.［A. P. de Candolle］3：173. 1828［mid Mar 1828］= Octonum Raf.（1838）［野牡丹科 Melastomataceae］"是晚出的非法名称。亦有文献把"Heterotrichum M. Bieb.（1819）"处理为"Saussurea DC.（1810）（保留属名）"的异名。【分布】玻利维亚, 热带美洲。【后选模式】Heterotrichum angustifolium A. P. de Candolle。【参考异名】Saussurea DC.（1810）（保留属名）●☆

24522　Heterotristicha Tobler（1953）= Tristicha Thouars（1806）［髯管花科 Geniostomaceae//三列苔草科 Tristichaceae］■☆

24523　Heterotropa C. Morren et Decne.（1834）【汉】异细辛属。【日】カンアオイ属。【隶属】马兜铃科 Aristolochiaceae//细辛科（杜蘅科）Asaraceae。【包含】世界 3 种, 中国 3 种。【学名诠释与讨论】〈阴〉（希）heteros, 不同的, 不等的+tropos, 转弯, 方式上的改变。trope, 转弯的行为。tropo, 转。tropis, 所有格 tropeos, 后来的。tropis, 所有格 tropidos, 龙骨。指模式种的大小雄蕊交互并列, 花药侧向外方。此属的学名是"Heterotropa C. Morren et Decaisne, Ann. Sci. Nat. Bot. ser 2.2：314. Nov 1834"。亦有文献把其处理为"Asarum L.（1753）"的异名。【分布】中国。【模式】Heterotropa asaroides C. Morren et Decaisne。【参考异名】Asarum L.（1753）；Asarum sect. Heterotropa（C. Morren et Decne.）A. Braun（1861）；Asarum subgen. Heterotropa（C. Morren et Decne.）O. C. Schmidt（1935）■

24524　Heterozeuxine T. Hashim.（1986）= Zeuxine Lindl.（1826）［as 'Zeuxina'］（保留属名）［兰科 Orchidaceae］■

24525　Heterozostera（Setch.）Hartog（1970）【汉】异形大叶藻属。【隶属】眼子菜科 Potamogetonaceae//大叶藻科（甘藻科）Zosteraceae。【包含】世界 1 种。【学名诠释与讨论】〈阴〉（希）heteros, 不同的, 不等的+（属）Zostera 大叶藻属（甘藻属）。此属的学名, ING、TROPICOS 和 IK 记载是"Heterozostera（W. A. Setchell）C. den Hartog, Verh. Kon. Ned. Akad. Wetensch., Afd. Natuurk., Tweede Sect. 59（1）：114. Mar 1970", 由"Zostera sect. Heterozostera W. A. Setchell, Proc. Natl. Acad. U. S. A. 19：816. 15 Sep 1933"改级而来。它还曾被处理为"Zostera subgen. Heterozostera（Setch.）Setch., American Naturalist 69：570. 1935"。亦有文献把"Heterozostera（Setch.）Hartog（1970）"处理为"Zostera L.（1753）"的异名。【分布】澳大利亚（温带海岸, 塔斯马尼亚岛）, 智利。【模式】Heterozostera tasmanica（Martens ex Ascherson）C. den Hartog［Zostera tasmanica Martens ex Ascherson］。【参考异名】Zostera L.（1753）；Zostera sect. Heterozostera Setch.（1933）；Zostera subgen. Heterozostera（Setch.）Setch.（1935）■☆

24526　Heterozygis Bunge（1836）Nom. illegit. ≡ Kallstroemia Scop.（1777）［蒺藜科 Zygophyllaceae］■☆

24527　Heterym Raf.（1808）= Phacelia Juss.（1789）［田梗草科（田基麻科, 田亚麻科）Hydrophyllaceae］■☆

24528　Hethingeria Raf. = Hettlingeria Neck.（1790）Nom. inval.；~ = Rhamnus L.（1753）［鼠李科 Rhamnaceae］●

24529　Hetiosperma（Rchb.）Rchb. = Silene L.（1753）（保留属名）［石竹科 Caryophyllaceae］■

24530　Hetrepta Raf.（1837）= Leucas R. Br.（1810）［唇形科 Lamiaceae（Labiatae）］●■

24531　Hettlingeria Neck.（1790）Nom. inval. = Rhamnus L.（1753）［鼠李科 Rhamnaceae］●

24532　Heuchera L.（1753）【汉】矾根属（肾形草属, 钟珊瑚属）。【日】ツボサンゴ属。【俄】Гейхера, Геухера, Хейхера。【英】Alum Root, Alumroot, Alum-root, Coral Bells, Coralbells, Heuchera。【隶属】虎耳草科 Saxifragaceae。【包含】世界 50-55 种。【学名诠释与讨论】〈阴〉（人）Johann Heinrich von Heucher（Joannes Henricus Heucherus）, 1677-1747, 德国植物学者、药学专家。【分布】美国, 北美洲。【模式】Heuchera americana Linnaeus。【参考异名】Conimitella Rydb.（1905）；Holochloa Nutt., Nom. inval.；Holochloa Nutt. ex Torr. et A. Gray（1840）；Oreanthus Raf.（1830）；Oreotrys Raf.（1832）；Yamala Raf.（1837）■☆

24533　Heudelotia A. Rich.（1832）= Commiphora Jacq.（1797）（保留属名）［橄榄科 Burseraceae］●

24534　Heudusa E. Mey.（1835）= Lathriogyna Eckl. et Zeyh.（1836）［豆科 Fabaceae（Leguminosae）］■☆

24535 Heuffelia Opiz(1845)= Carex L. (1753)［莎草科 Cyperaceae］■

24536 Heuffelia Schur (1866) Nom. illegit. = Helictotrichon Besser (1827)［禾本科 Poaceae(Gramineae)］■

24537 Heurckia Müll. Arg. (1870)= Rauwolfia L. , Nom. illegit. ; ~ = Rauvolfia L. (1753)［夹竹桃科 Apocynaceae］●

24538 Heurlinia Raf. (1838)= Rapanea Aubl. (1775)［紫金牛科 Myrsinaceae］●

24539 Heurnia R. Br. ex K. Schum. (1895) Nom. illegit. =? Huernia R. Br. (1810)［萝藦科 Asclepiadaceae］☆

24540 Heurnia Spreng. (1817)= Huernia R. Br. (1810)［萝藦科 Asclepiadaceae］■☆

24541 Heurniopsis K. Schum. = Huerniopsis N. E. Br. (1878)［萝藦科 Asclepiadaceae］■☆

24542 Hevea Aubl. (1775)【汉】橡胶树属(三叶胶属)。【日】パラゴムノキ属。【俄】Гевея,Гевея,Сифония,Хевея。【英】Caoutchouc Tree,Hevea,Rubber Tree,Rubbertree,Rubber-tree,Siphonia。【隶属】大戟科 Euphorbiaceae。【包含】世界 10-12 种,中国 1 种。【学名诠释与讨论】〈阴〉南美洲印第安语 heve,为圭亚那橡胶树 Hevea guianensis 的俗名。此属的学名,ING、TROPICOS 和 IK 记载是 “Hevea Aubl. , Hist. Pl. Guiane 2：871, t. 335. 1775”。“Caoutchoua J. F. Gmelin, Syst. Nat. 2：996,1007. Apr (sero) -Oct 1792(‘1791’)” 和 “Siphonia L. C. Richard ex Schreber, Gen. 656. Mai 1791” 是 “Hevea Aubl. (1775)” 的晚出的同模式异名 (Homotypic synonym, Nomenclatural synonym)。【分布】巴拿马,秘鲁,玻利维亚,厄瓜多尔,哥伦比亚(安蒂奥基亚),哥斯达黎加,尼加拉瓜,中国,热带美洲,中美洲。【模式】Hevea guianensis Aublet。【参考异名】Caoutchoua J. F. Gmel. (1792) Nom. illegit. ; Micrandra Benn. et R. Br. (废弃属名); Micrandra R. Br. (1844)(废弃属名); Siphonanthus Schreb. ex Baill. (1858) Nom. illegit. ; Siphonia Rich. ,Nom. illegit. ; Siphonia Rich. ex Schreb. (1791)●

24543 Hewardia Hook. (1851) Nom. illegit. ≡ Isophysis T. Moore (1853)［剑叶鸢尾科 Isophysidaceae//鸢尾科 Iridaceae］■☆

24544 Hewardia Hook. f. (1851) Nom. illegit. ≡ Isophysis T. Moore (1853)［剑叶鸢尾科 Isophysidaceae//鸢尾科 Iridaceae］■☆

24545 Hewardiaceae Nakai = Iridaceae Juss. (保留科名)●■

24546 Hewittia Wight et Arn. (1837) Nom. illegit. ≡ Shutereia Choisy (1834)(废弃属名)［旋花科 Convolvulaceae］■

24547 Hexabolus Steud. (1840)= Hexalobus A. DC. (1832)［番荔枝科 Annonaceae］●☆

24548 Hexacadica Raf. (1838)= Hexadica Lour. (1790); ~ = Ilex L. (1753)［冬青科 Aquifoliaceae］●

24549 Hexacentris Nees(1832)= Thunbergia Retz. (1780)(保留属名)［爵床科 Acanthaceae//老鸦嘴科(山牵牛科,老鸦咀科) Thunbergiaceae］●■

24550 Hexacestra Post et Kuntze(1903)= Andrachne L. (1753); ~ = Hexakestra Hook. f. ,大戟科 Euphorbiaceae］●

24551 Hexachlamys O. Berg(1856)【汉】六被木属。【隶属】桃金娘科 Myrtaceae。【包含】世界 4 种。【学名诠释与讨论】〈阴〉(希) hex,hexa- = 拉丁文 sex-,六+chlamys,所有格 chlamydos,斗篷,外衣。【分布】巴拉圭,玻利维亚,温带南美洲。【模式】Hexachlamys humilis O. C. Berg。●☆

24552 Hexactina Willd. ex Schltdl. (1829)= Amaioua Aubl. (1775)［茜草科 Rubiaceae］●☆

24553 Hexacyrtis Dinter(1932)【汉】六节秋水仙属。【隶属】秋水仙科 Colchicaceae。【包含】世界 1 种。【学名诠释与讨论】〈阴〉(希) hex,hexa- = 拉丁文 sex-,六+kyrtos,弯曲的,结节,弓状的。【分布】非洲西南部。【模式】Hexacyrtis dickiana K. Dinter。■☆

24554 Hexadena Raf. (1838)= Phyllanthus L. (1753)［大戟科 Euphorbiaceae//叶下珠(叶萝藦科) Phyllanthaceae］●■

24555 Hexadenia Klotzsch et Garcke (1859)= Pedilanthus Neck. ex Poit. (1812)(保留属名)［大戟科 Euphorbiaceae］●

24556 Hexadesmia Brongn. (1842)【汉】六带兰属。【隶属】兰科 Orchidaceae。【包含】世界 15 种。【学名诠释与讨论】〈阴〉(希) hex,hexa- = 拉丁文 sex-,六+desmos,链,束,结,带,纽带。desma,所有格 desmatos,含义与 desmos 相似。此属的学名是 “Hexadesmia A. T. Brongniart, Ann. Sci. Nat. Bot. ser. 2. 17：44. Jan 1842”。亦有文献把其处理为 “Scaphyglottis Poepp. et Endl. (1836)(保留属名)” 的异名。【分布】巴拿马,玻利维亚,墨西哥至热带南美洲,西印度群岛。【模式】Hexadesmia fasciculata A. T. Brongniart。【参考异名】Hexopea Steud. (1840); Hexopia Bateman ex Lindl. (1840); Leaoa Schltr. et Porto(1922); Pseudohexadesmia Brieger(1976) Nom. inval. ; Ramonia Schltr. (1923); Scaphyglottis Poepp. et Endl. (1836)(保留属名)■☆

24557 Hexadica Lour. (1790)= Ilex L. (1753)［冬青科 Aquifoliaceae］●●

24558 Hexaglochin(Dumort.) Nieuwl. (1913)= Triglochin L. (1753)［眼子菜科 Potamogetonaceae//水麦冬科 Juncaginaceae］■

24559 Hexaglochin Nieuwl. (1913) Nom. illegit. ≡ Hexaglochin (Dumort.) Nieuwl. (1913); ~ = Triglochin L. (1753)［眼子菜科 Potamogetonaceae//水麦冬科 Juncaginaceae］■

24560 Hexaglottis Vent. (1808)【汉】六舌鸢尾属。【隶属】鸢尾科 Iridaceae。【包含】世界 6 种。【学名诠释与讨论】〈阴〉(希) hex,hexa- = 拉丁文 sex-,六+glottis,所有格 glottidos,气管口,来自 glotta = glossa,舌。此属的学名是 “Hexaglottis Ventenat, Decas Gen. Nov. 6. 1808”。亦有文献把其处理为 “Moraea Mill. (1758)［as ‘Morea’](保留属名)” 的异名。【分布】非洲南部。【模式】Hexaglottis longifolia (N. J. Jacquin) R. A. Salisbury ［Ixia longifolia N. J. Jacquin]。【参考异名】Moraea Mill. (1758)(保留属名); Morea Mill. (1758); Plantia Herb. (1844)●■☆

24561 Hexagonotheca Turcz. (1846)= Berrya Roxb. (1820)(保留属名)［椴树科(椴科,田麻科) Tiliaceae//锦葵科 Malvaceae］●

24562 Hexakestra Hook. f. , Nom. illegit. = Andrachne L. (1753); ~ = Leptopus Decne. (1843)［大戟科 Euphorbiaceae］●

24563 Hexakistra Hook. f. = Andrachne L. (1753); ~ = Hexakestra Hook. f. , Nom. illegit. ; ~ = Leptopus Decne. (1843)［大戟科 Euphorbiaceae］●

24564 Hexalectris Raf. (1825)【汉】六脊兰属。【隶属】兰科 Orchidaceae。【包含】世界 7 种。【学名诠释与讨论】〈阴〉(希) hex,hexa- = 拉丁文 sex-,六+alectryon,冠状脊。指唇上有 6 条肉质的纵向脊(实际上多数为 5 条或 7 条)。【分布】美国(南部),墨西哥,中美洲。【模式】Bletia aphylla Nuttall。【参考异名】Hexaletris Raf. ■☆

24565 Hexalepis Boeck. (1875)(废弃属名)= Gahnia J. R. Forst. et G. Forst. (1775)［莎草科 Cyperaceae］■

24566 Hexalepis R. Br. ex Boeck. (1875)(废弃属名)= Gahnia J. R. Forst. et G. Forst. (1775)［莎草科 Cyperaceae］■

24567 Hexalepis Raf. (1838)(废弃属名)≡ Vriesea Lindl. (1843)(保留属名)［as ‘Vriesia’]［凤梨科 Bromeliaceae］■☆

24568 Hexalobus A. DC. (1832)【汉】六裂木属(非洲番荔枝属)。【隶属】番荔枝科 Annonaceae。【包含】世界 4-5 种。【学名诠释与讨论】〈阴〉(希) hex,hexa- = 拉丁文 sex-,六+lobos = 拉丁文 lobulus,片,裂片,叶,荚,蒴。【分布】玻利维亚,马达加斯加,热带和非洲南部。【后选模式】Hexalobus senegalensis Alph. de Candolle, Nom. illegit. ［Uvaria monopetala A. Richard; Hexalobus monopetalus（A. Richard）Engler et Diels]。【参考异名】Hexabolus Steud.（1840）●☆

24569　Hexameria R. Br.（1838）Nom. illegit. = Podochilus Blume（1825）[兰科 Orchidaceae]■

24570　Hexameria Torr. et A. Gray（1839）Nom. illegit. = Echinocystis Torr. et A. Gray（1840）（保留属名）[葫芦科（瓜科，南瓜科）Cucurbitaceae]■☆

24571　Hexaneurocarpon Dop（1929）= Fernandoa Welw. ex Seem.（1865）[紫葳科 Bignoniaceae]●

24572　Hexanthus Lour.（1790）= Litsea Lam.（1792）（保留属名）[樟科 Lauraceae]●

24573　Hexaphoma Raf.（1837）= Saxifraga L.（1753）；~ = Spatularia Haw.（1821）Nom. illegit.；~ = Hydatica Neck. ex Gray（1821）；~ = Saxifraga L.（1753）[虎耳草科 Saxifragaceae]■

24574　Hexaplectris Raf.（1838）= Aristolochia L.（1753）；~ = Howardia Klotzsch（1859）Nom. illegit.；~ = Aristolochia L.（1753）[马兜铃科 Aristolochiaceae]■●

24575　Hexapora Hook. f.（1886）【汉】六孔樟属。【隶属】樟科 Lauraceae。【包含】世界 1 种。【学名诠释与讨论】〈阴〉（希）hex，hexa- = 拉丁文 sex-，六+pora，孔。【分布】马来半岛。【模式】Hexapora curtisii J. D. Hooker。【参考异名】Micropora Hook. f.（1886）Nom. illegit. ●☆

24576　Hexaptera Hook.（1830）= Menonvillea R. Br. ex DC.（1821）[十字花科 Brassicaceae（Cruciferae）]■●☆

24577　Hexapterella Urb.（1903）【汉】六翅水玉簪属。【隶属】水玉簪科 Burmanniaceae。【包含】世界 2 种。【学名诠释与讨论】〈阴〉（希）hex，hexa- = 拉丁文 sex-，六+pteron，指小式 pteridion，翅。pteridios，有羽毛的+-ellus，-ella，-ellum，加在名词词干后面形成指小式的词尾。或加在人名、属名等后面以组成新属的名称。【分布】热带南美洲。【模式】Hexapterella gentianoides Urban。■☆

24578　Hexarrhena C. Presl（1830）Nom. illegit. ≡ Hexarrhena J. Presl（1830）；~ = Hilaria Kunth（1816）[禾本科 Poaceae（Gramineae）]■☆

24579　Hexarrhena J. Presl et C. Presl（1830）Nom. illegit. ≡ Hexarrhena J. Presl（1830）；~ = Hilaria Kunth（1816）[禾本科 Poaceae（Gramineae）]■☆

24580　Hexarrhena J. Presl（1830）= Hilaria Kunth（1816）[禾本科 Poaceae（Gramineae）]■☆

24581　Hexasepalum Bartl. ex DC.（1830）= Diodia L.（1753）[茜草科 Rubiaceae]■☆

24582　Hexaspermum Domin（1927）= Phyllanthus L.（1753）[大戟科 Euphorbiaceae//叶下珠科（叶萝藦科）Phyllanthaceae]●■

24583　Hexaspora C. T. White（1933）【汉】六子卫矛属。【隶属】卫矛科 Celastraceae。【包含】世界 1 种。【学名诠释与讨论】〈中〉（希）hex，hexa- = 拉丁文 sex-，六+spora，孢子，种子。【分布】澳大利亚（昆士兰）。【模式】Hexaspora pubescens C. T. White。●☆

24584　Hexastemon Klotzsch（1838）= Eremia D. Don（1834）[杜鹃花科（欧石南科）Ericaceae]●☆

24585　Hexastylis Raf.（1825）【汉】六柱兜铃属。【英】Heartleaf。【隶属】马兜铃科 Aristolochiaceae。【包含】世界 10 种。【学名诠释与讨论】〈阴〉（希）hex，hexa- = 拉丁文 sex-，六+stylos = 拉丁文 style，花柱，中柱，有尖之物，桩，柱，支持物，支柱，石头做的界标。此属的学名，ING、GCI、TROPICOS 和 IK 记载是"Hexastylis Raf.，Neogenyton 3. 1825"。木犀草科 Resedaceae 的"Hexastylis Raf.，Fl. Tellur. 3：73. 1837 [1836 publ. Nov-Dec 1837] ≡ Stylexia Raf.（1838）= Caylusea A. St. -Hil.（1837）（保留属名）"是晚出的非法名称。亦有文献把"Hexastylis Raf.（1825）"处理为"Asarum

L.（1753）"的异名。【分布】参见 Asarum L.（1753）。【模式】Hexastylis arifolia（Michaux）Rafinesque [Asarum arifolium Michaux]。【参考异名】Asarum L.（1753）■☆

24586　Hexastylis Raf.（1837）Nom. illegit. ≡ Stylexia Raf.（1838）；~ = Caylusea A. St. -Hil.（1837）（保留属名）[木犀草科 Resedaceae]■☆

24587　Hexatheca C. B. Clarke（1883）【汉】六室苣苔属。【隶属】苦苣苔科 Gesneriaceae。【包含】世界 3-4 种。【学名诠释与讨论】〈阴〉（希）hex，hexa- = 拉丁文 sex-，六+theke = 拉丁文 theca，匣子，箱子，室，药室，囊。此属的学名，ING、TROPICOS 和 IK 记载是"Hexatheca C. B. Clarke, Monogr. Phan. [A. DC. et C. DC.] 5（1）：193. 1883 [Jul 1883]"。"Hexatheca F. Muell., Fragmenta Phytographiae Australiae 8 1874"和"Hexatheca Sond. ex F. Muell., Fragm.（Mueller）8（68）：217. 1874 [Aug 1874]"应该是同物，都未合格发表，都是"Lepilaena J. Drummond ex W. H. Harvey, Hooker's J. Bot. Kew Gard. Misc. 7：57. Feb 1855 [角果藻科 Zannichelliaceae//眼子菜科 Potamogetonaceae]"的异名。【分布】加里曼丹岛。【模式】Hexatheca fulva C. B. Clarke。【参考异名】Hexatheca F. Muell.（1874）Nom. illegit. ●■☆

24588　Hexatheca F. Muell.（1874）Nom. inval. ≡ Hexatheca Sond. ex F. Muell.（1874）Nom. inval.；~ = Lepilaena J. L. Drumm. ex Harv.（1855）[角果藻科 Zannichelliaceae//眼子菜科 Potamogetonaceae]■☆

24589　Hexatheca Sond. ex F. Muell.（1874）Nom. inval. = Lepilaena J. L. Drumm. ex Harv.（1855）[角果藻科 Zannichelliaceae//眼子菜科 Potamogetonaceae]■☆

24590　Hexepta Raf.（1838）= Coffea L.（1753）[茜草科 Rubiaceae//咖啡科 Coffeaceae]●

24591　Hexinia H. L. Yang（1834）【汉】河西菊属（河西苣属）。【英】Hexinia。【隶属】菊科 Asteraceae（Compositae）。【包含】世界 1 种，中国 1 种。【学名诠释与讨论】〈阴〉（地）Hexi，河西 +inus，ina，inum 属于，相似。【分布】中国。【模式】Hexinia bidentata Lindley。■★

24592　Hexisea Lindl.（1834）（废弃属名）= Scaphyglottis Poepp. et Endl.（1836）（保留属名）[兰科 Orchidaceae]■☆

24593　Hexocenia Calest.（1905）Nom. illegit. [五加科 Araliaceae]☆

24594　Hexodontocarpus Dulac（1867）Nom. illegit. ≡ Sherardia L.（1753）[茜草科 Rubiaceae]■☆

24595　Hexonix Raf.（1837）（废弃属名）= Heloniopsis A. Gray（1858）（保留属名）[百合科 Liliaceae//黑药花科（藜芦科）Melanthiaceae//蓝药花科（胡麻花科）Heloniadaceae]■☆

24596　Hexonychia Salisb.（1866）Nom. illegit. ≡ Stelmesus Raf.（1837）；~ = Allium L.（1753）[百合科 Liliaceae//葱科 Alliaceae]■

24597　Hexopea Steud.（1840）= Hexadesmia Brongn.（1842）；~ = Hexopia Bateman ex Lindl.（1840）[兰科 Orchidaceae]■☆

24598　Hexopetion Burret（1934）【汉】六瓣棕属。【日】ホシダネヤシモドキ属。【隶属】棕榈科 Arecaceae（Palmae）。【包含】世界 1 种。【学名诠释与讨论】〈中〉（希）hex，hexa- = 拉丁文 sex-，六+希腊文 petalos，扁平的，铺开的。petalon，花瓣，叶，花叶，金属叶子。拉丁文的花瓣为 petalum+-ion，表示出现。此属的学名是"Hexopetion Burret, Notizbl. Bot. Gart. Berlin-Dahlem 12：156. 31 Dec 1934"。亦有文献把其处理为"Astrocaryum G. Mey.（1818）（保留属名）"的异名。【分布】墨西哥。【模式】Hexopetion mexicanum（Liebmann ex Martius）Burret [Astrocaryum mexicanum Liebmann ex Martius]。【参考异名】Astrocaryum G. Mey.（1818）（保留属名）●☆

24599　Hexopia Bateman ex Lindl. （1840） = Hexadesmia Brongn. （1842）；~ =Scaphyglottis Poepp. et Endl. （1836）（保留属名）［兰科 Orchidaceae］■☆

24600　Hexorima Raf. （1808） = Streptopus Michx. （1803）［百合科 Liliaceae//裂果草科（油点草科）Tricyrtidaceae］■

24601　Hexorina Steud. （1840） = Hexorima Raf. （1808）［百合科 Liliaceae//铃兰科 Convallariaceae］■

24602　Hexostemon Raf. （1825） Nom. illegit. ≡ Mozula Raf. （1820）；~ =Lythrum L. （1753）［千屈菜科 Lythraceae］●■

24603　Hexotria Raf. （1818） = Ilex L. （1753）［冬青科 Aquifoliaceae］●

24604　Hexuris Miers （1850） Nom. illegit. ≡ Peltophyllum Gardner （1843）［霉草科 Triuridaceae］■☆

24605　Heyderia C. Koch （1873） Nom. illegit. ≡ Heyderia K. Koch （1873） Nom. illegit. ；~ = Calocedrus Kurz （1873）［柏科 Cupressaceae］●

24606　Heyderia K. Koch（1873）Nom. illegit. = Calocedrus Kurz（1873）［柏科 Cupressaceae］●

24607　Heydia Dennst. （1818） Nom. inval. （废弃属名） ≡ Heydia Dennst. ex Kostel. （2005）（废弃属名）；~ = Scleropyrum Arn. （1838）（保留属名）［檀香科 Santalaceae］●

24608　Heydia Dennst. ex Kostel. （2005）（废弃属名） = Scleropyrum Arn. （1838）（保留属名）［檀香科 Santalaceae］●

24609　Heydusa Walp. （1848） = Lathriogyna Eckl. et Zeyh. （1836）［豆科 Fabaceae（Leguminosae）］■☆

24610　Heyfeldera Sch. Bip. （1853） = Chrysopsis （Nutt. ）Elliott（1823）（保留属名）［菊科 Asteraceae（Compositae）］■☆

24611　Heylandia DC. （1825） Nom. illegit. ≡ Goniogyna DC. （1825）；~ = Crotalaria L. （1753）（保留属名）［豆科 Fabaceae（Leguminosae）//蝶形花科 Papilionaceae］●■

24612　Heylygia G. Don （1837） = Helygia Blume （1827）；~ = Parsonsia R. Br. （1810）（保留属名）［夹竹桃科 Apocynaceae］●

24613　Heymassoli Aubl. （1775） = Ximenia L. （1753）［铁青树科 Olacaceae//海檀木科 Ximeniaceae］●

24614　Heymia Dennst. （1818） = Dentella J. R. Forst. et G. Forst. （1775）［茜草科 Rubiaceae］■

24615　Heynea Roxb. （1815）【汉】老虎楝属（鹧鸪花属）。【英】Partridgeflower，Trichilia。【隶属】楝科 Meliaceae。【包含】世界 2 种，中国 2 种。【学名诠释与讨论】〈阴〉（人）Friedrich Gottlob Heyne，1763－1832，德国植物学者。另说纪念德国传教士 Benjamin Heyne，1770-1819，医生，植物学者。此属的学名，ING、TROPICOS 和 IK 记载是"Heynea Roxburgh，Bot. Mag. 1738. 1 Jun 1815"。"Heynea Roxb. ex Sims（1815）≡ Heynea Roxb. （1815）"的命名人引证有误。亦有文献把"Heynea Roxb. （1815）"处理为"Trichilia P. Browne（1756）（保留属名）"的异名。【分布】中国，热带和亚热带亚洲。【模式】Heynea trijuga Roxburgh。【参考异名】Heynea Roxb. ex Sims（1815）Nom. illegit. ；Trichilia P. Browne （1756）（保留属名）●

24616　Heynea Roxb. ex Sims （1815） Nom. illegit. ≡ Heynea Roxb. （1815）［楝科 Meliaceae］●

24617　Heynella Backer（1950）【汉】爪哇萝藦属。【隶属】萝藦科 Asclepiadaceae。【包含】世界 1 种。【学名诠释与讨论】〈阴〉（人）Friedrich Gottlob Heyne，1763－1832，德国植物学者＋-ellus，-ella，-ellum，加在名词词干后面形成指小式的词尾。或加在人名、属名等后面以组成新属的名称。另说 Karel Heyne，1877-1947，荷兰植物学者＋-ella。【分布】印度尼西亚（爪哇岛）。【模式】Heynella lactea Backer。■☆

24618　Heynichia Kunth（1844） = Trichilia P. Browne（1756）（保留属名）［楝科 Meliaceae］●

24619　Heynickia C. DC. （1878） = Heynichia Kunth （1844）［楝科 Meliaceae］●

24620　Heywoodia Sim（1907）【汉】海伍得大戟属。【隶属】大戟科 Euphorbiaceae。【包含】世界 1 种。【学名诠释与讨论】〈阴〉（人）纪念南非的 A. W. Heywood，"Cape Woods and Forests"的作者。【分布】赤道非洲东部和非洲南部。【模式】Heywoodia lucens T. R. Sim。●☆

24621　Heywoodiella Svent. et Bramwell（1971）【汉】肖猫儿菊属。【隶属】菊科 Asteraceae（Compositae）。【包含】世界 1 种。【学名诠释与讨论】〈阴〉（人）Vernon Hilton Heywood，1927－，植物学者＋-ellus，-ella，-ellum，加在名词词干后面形成指小式的词尾。或加在人名、属名等后面以组成新属的名称。此属的学名是"Heywoodiella E. R. Sventenius et D. Bramwell，Acta Phytotax. Barcinon. 7: 5. 1971"。亦有文献把其处理为"Hypochaeris L. （1753）"的异名。【分布】西班牙（加那利群岛）。【模式】Heywoodiella oligocephala Sventenius et Bramwell。【参考异名】Hypochaeris L. （1753）■☆

24622　Hibanobambusa I. Maruyama et H. Okamura （1971） = Semiarundinaria Makino ex Nakai （1925）［禾本科 Poaceae （Gramineae）］●

24623　Hibanthus D. Dietr. （1839） = Hybanthus Jacq. （1760）（保留属名）［堇菜科 Violaceae］●■

24624　Hibbertia Andréws（1800）【汉】纽扣花属（钮扣花属，束蕊属）。【日】ヒッベルティア属。【俄】Гибертия。【英】Button Flower，Golden Guinea Flower，Guinea Flower，Guinea Gold Vine，Guinea-flower。【隶属】五桠果科（第伦桃科，五丫果科，锡叶藤科）Dilleniaceae//纽扣花科 Hibbertiaceae。【包含】世界 100-225 种。【学名诠释与讨论】〈阴〉（人）George Hibbert，1757-1837，著名的植物爱好者、赞助人。【分布】澳大利亚，斐济，马达加斯加，法属新喀里多尼亚，新几内亚岛。【模式】Hibbertia volubilis Andrews。【参考异名】Adrastaea DC. （1817）；Aglaia Noronha ex Thouars（废弃属名）；Aglaja Endl. ；Burtonia Salisb. （1807）（废弃属名）；Candollea Labill. （1806）Nom. illegit. ；Cistomorpha Caley ex DC. （1817）；Eeldea T. Durand（1888）；Hemistema Thouars（1805）Nom. illegit. ；Hemistemma DC. （1805）；Hemistemma Juss. ex Thouars （1806） Nom. illegit. ；Hemistephus J. Drumm. ex Harv. （1855）；Huttia J. Drumm. ex Harv. （1855）Nom. illegit. ；Ochrolasia Turcz. （1849）；Pachynema R. Br. ex DC. （1817）；Pleurandra Labill. （1806）；Pleurandros St. －Lag. （1880）；Rossittia Ewart （1917）；Tetramorphandra Baill. ；Trimorphandra Brongn. et Gris （1864）；Trisema Hook. f. （1857）；Vanieria Montrouz. （1860）Nom. illegit. （废弃属名）；Warburtonia F. Muell. （1859）；Weldenia Rchb. （1827）Nom. inval. ●☆

24625　Hibbertiaceae J. Agardh （1858）［亦见 Dilleniaceae Salisb. （保留科名）五桠果科（第伦桃科，五丫果科，锡叶藤科）］【汉】纽扣花科。【包含】世界 1 属 100-225 种。【分布】马达加斯加，澳大利亚，法属新喀里多尼亚，斐济，新几内亚岛。【科名模式】Hibbertia Andréws ●■

24626　Hibiscaceae J. Agardh （1858）［亦见 Malvaceae Juss. （保留科名）锦葵科］【汉】木槿科。【包含】世界 6 属 233-333 种，中国 1 属 25-29 种。【分布】热带和亚热带。【科名模式】Hibiscus L. （1753）（保留属名）●■

24627　Hibiscadelphus Rock（1911）【汉】肖木槿属。【隶属】锦葵科 Malvaceae//木槿科 Hibiscaceae。【包含】世界 7 种。【学名诠释与讨论】〈阳〉（属）Hibiscus 木槿属＋adelphos，兄弟。此属的学名是"Hibiscadelphus Rock，Bot. Bull. Board Agric. Forest. ，Div.

Forest.（Hawaii）1：8. Sep 1911"。亦有文献把其处理为 "Hibiscus L.（1753）（保留属名）"的异名。【分布】美国（夏威夷）。【模式】未指定。【参考异名】Hibiscus L.（1753）（保留属名）●☆

24628　Hibiscos St. -Lag.（1880）Nom. illegit. ［锦葵科 Malvaceae］☆

24629　Hibiscus L.（1753）（保留属名）【汉】木槿属。【日】フヨウ属。【俄】Гибиск, Гибискус, Хибиск, Хибискус。【英】Althea, Bladder Ketmia, Giant Mallow, Hardy Hibiscus, Hibiscus, Mallow, Rose Mallow, Rosemallow, Rose - mallow。【隶属】锦葵科 Malvaceae//木槿科 Hibiscaceae。【包含】世界 200-300 种，中国 25-29 种。【学名诠释与讨论】〈阳〉（希）hibiskos, ebiskos, ibiskos，一种沼泽锦葵的古名，来自希腊文 Hibis 埃及神鸟名，iskos 相似，传说鸟要食这类植物。拉丁文 hibiscum, ebiscum, hibiscus, 沼泽锦葵的古名，即 Althaea officinalis L.。此属的学名 "Hibiscus L.，Sp. Pl.；693. 1 Mai 1753"是保留属名。法规未列出相应的废弃属名。但是"Hibiscus Mill. = Hibiscus L.（1753）（保留属名）+ Ketmia Mill.（1754）+ Malvaviscus Adans.（1763）Nom. illegit. = Malvaviscus Fabr.（1759）［锦葵科 Malvaceae"应该废弃。"Hibiscos St. -Lag.（1880）Nom. illegit. ［锦葵科 Malvaceae］"仅有属名；似为"Hibiscus L.（1753）"的拼写变体。其异名中，"Paritium A. Juss.（1825）"和"Paritium A. St. -Hil.（1828）"都是"Pariti Adans.（1763）"的拼写变体。"Ketmia P. Miller, Gard. Dict. Abr. ed. 4. 28 Jan 1754"是"Hibiscus L.（1753）（保留属名）"的晚出的同模式异名（Homotypic synonym, Nomenclatural synonym）。【分布】巴基斯坦，巴拉圭，巴拿马，玻利维亚，厄瓜多尔，哥伦比亚，哥斯达黎加，马达加斯加，美国，尼加拉瓜，中国，热带和亚热带，中美洲。【模式】Hibiscus syriacus Linnaeus。【参考异名】Azanza Moc. et Sessé ex DC.（1824）；Bamia R. Br. ex Sims（1815）Nom. inval.；Bamia R. Br. ex Wall.（1830）Nom. inval.；Bombix Medik.（1787）；Bombycidendron Zoll. et Moritzi（1845）；Bombyx Moench（1794）；Brockmania W. Fitzg.（1918）；Canhamo Perini（1905）；Cotyloplecta Alef.（1863）；Erebennus Alef.（1863）；Fioria Mattei（1917）；Furcaria（DC.）Kostel.（1836）Nom. illegit.；Furcaria Kostel.（1836）Nom. illegit.；Gourmania A. Chev.（1920）Nom. illegit.；Gourmannia A. Chev.（1917）；Hibiscadelphus Rock（1911）；Hybiscus Dumort.（1829）；Hymenocalyx Zenker（1835）；Ketmia Mill.（1754）Nom. illegit.；Ketmia Tourn. ex Burm.；Muenchhusia Fabr.（1763）Nom. illegit.；Muenchhusia Heist. ex Fabr.（1763）；Munchusia Heist. ex Raf.（1838）；Munchusia Raf.（1838）；Papuodendron C. T. White（1946）；Pariti Adans.（1763）Nom. illegit.；Paritium A. Juss.（1825）Nom. illegit.；Paritium A. St. -Hil.（1828）Nom. illegit.；Petitia Neck.（1790）Nom. inval.；Polychlaena Garcke（1867）Nom. illegit.；Roifia Verdc.（2009）；Sabdariffa（DC.）Kostel.（1836）；Sabdariffa Kostel.（1836）Nom. illegit.；Solandra Murray（1785）Nom. illegit.（废弃属名）；Talipariti Fryxell（2001）；Triguera Cav.（1785）（废弃属名）；Trionaea Medik.（1787）；Trionum L.（1758）；Trionum L. ex Schaeff.（1760）Nom. illegit.；Trionum Schaeff.（1760）；Wilhelminia Hochr.（1924）●■☆

24630　Hibiscus Mill.（废弃属名）= Malvaviscus Fabr.（1759）；~ = Hibiscus L.（1753）（保留属名）+ Ketmia Mill.（1754）+ Malvaviscus Adans.（1763）Nom. illegit. ［锦葵科 Malvaceae］●

24631　Hicarya Raf. = Carya Nutt.（1818）（保留属名）［胡桃科 Juglandaceae］●

24632　Hickelia A. Camus（1924）【汉】希克尔竹属（希客竹属）。【隶属】禾本科 Poaceae（Gramineae）。【包含】世界 1-2 种。【学名诠释与讨论】〈阴〉（人）Paul Robert Hickel, 1865-1935, 法国植物学

者。【分布】马达加斯加。【模式】Hickelia madagascariensis A. Camus。●☆

24633　Hickenia Britton et Rose（1922）Nom. illegit. ≡ Parodia Speg.（1923）（保留属名）［仙人掌科 Cactaceae］■

24634　Hickenia Lillo et Malme（1937）, descr. emend. = Oxypetalum R. Br.（1810）（保留属名）［萝藦科 Asclepiadaceae］●■☆

24635　Hickenia Lillo（1919）= Oxypetalum R. Br.（1810）（保留属名）［萝藦科 Asclepiadaceae］●■☆

24636　Hickoria C. Mohr, Nom. illegit. = Carya Nutt.（1818）（保留属名）；~ = Hicoria Raf.（1838）［胡桃科 Juglandaceae］●

24637　Hicksbeachia F. Muell.（1882）【汉】希氏山龙眼属（克斯贝契属）。【隶属】山龙眼科 Proteaceae。【包含】世界 2 种。【学名诠释与讨论】〈阴〉（人）Michael Edward Hicks-Beach, 1837-1916, 曾担任过英国财政大臣。【分布】澳大利亚（东北部）。【模式】Hicksbeachia pinnatifolia F. von Mueller。●☆

24638　Hicoria Raf.（1838）= Carya Nutt.（1818）（保留属名）［胡桃科 Juglandaceae］●

24639　Hicorius Benth. et Hook. f.（废弃属名）= Hicoria Raf.（1838）；~ = Carya Nutt.（1818）（保留属名）［胡桃科 Juglandaceae］●

24640　Hicorius Raf.（1817）（废弃属名）= Carya Nutt.（1818）（保留属名）［胡桃科 Juglandaceae］●

24641　Hicorya Raf.（1838）Nom. illegit. ≡ Hicoria Raf.（1838）；~ = Carya Nutt.（1818）（保留属名）［胡桃科 Juglandaceae］●

24642　Hidalgoa La Llave（1824）【汉】大丽藤属。【英】Climbing Dahlia。【隶属】菊科 Asteraceae（Compositae）。【包含】世界 5-6 种。【学名诠释与讨论】〈阴〉（人）可能是纪念墨西哥的 Miguel Hidalgo, 1753-1811。此属的学名，ING 和 IK 记载是"Hidalgoa La Llave in La Llave et Lexarza, Nov. Veg. Descr. 1：15. 1824"。"Hidalgoa Lessing ex A. P. de Candolle, Prodr. 5：511. Oct（prim.）1836"是晚出的非法名称。【分布】巴拿马，秘鲁，厄瓜多尔，墨西哥，中美洲。【模式】Hidalgoa ternata La Llave。【参考异名】Childsia Childs（1899）■☆

24643　Hidalgoa Less. ex DC.（1836）Nom. illegit. ［菊科 Asteraceae（Compositae）］☆

24644　Hidrocotile Neck.（1768）= Hydrocotyle L.（1753）［伞形花科（伞形科）Apiaceae（Umbelliferae）//天胡荽科 Hydrocotylaceae］■

24645　Hidrosia E. Mey.（1835）= Rhynchosia Lour.（1790）（保留属名）［豆科 Fabaceae（Leguminosae）//蝶形花科 Papilionaceae］●■

24646　Hiepia V. T. Pham et Aver.（2011）【汉】中南半岛夹竹桃属。【隶属】夹竹桃科 Apocynaceae。【包含】世界 1 种。【学名诠释与讨论】〈阴〉词源不详。似来自人名。【分布】越南。【模式】Hiepia corymbosa V. T. Pham et Aver.。☆

24647　Hieraceum Hoppe（1791）= Hieracium L.（1753）［菊科 Asteraceae（Compositae）］■

24648　Hierachium Hill（1769）= Hypochaeris L.（1753）［菊科 Asteraceae（Compositae）］■

24649　Hieraciastrum Fabr.（1759）Nom. illegit. ≡ Hieraciastrum Heist. ex Fabr.（1759）Nom. illegit.；~ ≡ Helminthotheca Zinn（1757）；~ = Picris L.（1753）［菊科 Asteraceae（Compositae）］■

24650　Hieraciastrum Heist. ex Fabr.（1759）Nom. illegit. ≡ Helminthotheca Zinn（1757）；~ = Picris L.（1753）［菊科 Asteraceae（Compositae）］■

24651　Hieraciodes Kuntze（1891）Nom. illegit. ≡ Crepis L.（1753）；~ = Hieracioides Fabr.（1759）［菊科 Asteraceae（Compositae）］■

24652　Hieraciodes Möhring ex Kuntze（1891）Nom. illegit. ≡ Hieraciodes Kuntze（1891）Nom. illegit.；~ ≡ Crepis L.（1753）；~ = Hieracioides Fabr.（1759）［菊科 Asteraceae（Compositae）］■

24653 Hieracioides Fabr. (1759) = Crepis L. (1753) [菊科 Asteraceae (Compositae)]■

24654 Hieracioides Moench(1794) Nom. illegit. = Hieracium L. (1753) [菊科 Asteraceae(Compositae)]■

24655 Hieracioides Rupr. = Crepis L. (1753) [菊科 Asteraceae (Compositae)]■

24656 Hieracioides Vaill., Nom. illegit. [菊科 Asteraceae (Compositae)]■☆

24657 Hieracion St. - Lag. (1880) Nom. illegit. [菊科 Asteraceae (Compositae)]☆

24658 Hieracium L. (1753)【汉】山柳菊属。【日】ミヤマコウゾリナ属。【俄】Ястребинка。【英】Golden Mouse-ear, Hawk's Weed, Hawkweed。【隶属】菊科 Asteraceae(Compositae)。【包含】世界 90-1000 种,中国 10 种。【学名诠释与讨论】〈中〉(希)hierax,所有格 hierakos,鹰,隼+-ius,-ia,-ium,在拉丁文和希腊文中,这些词尾表示性质或状态。神话中说鹰以本植物的汁液擦亮眼睛,增强视力。此属的学名是"Hieracium Linnaeus, Sp. Pl. 799. 1 Mai 1753"。亦有文献把其处理为"Tolpis Adans. (1763)"的异名。【分布】巴拉圭,巴拿马,玻利维亚,厄瓜多尔,哥伦比亚,马达加斯加,美国,尼加拉瓜,中国,温带和热带山区,中美洲。【后选模式】Hieracium murorum Linnaeus。【参考异名】Apatanthus Viv. (1824);Chlorocrepis Griseb. (1853);Crepidispermum Fr. (1862);Crepidopsis Arv. -Touv. (1897);Crepidospermum Benth. et Hook. f. (1873) Nom. illegit. ;Heteropleura Sch. Bip. (1862);Hieraceum Hoppe(1791);Hieracioides Moench(1794) Nom. illegit. ;Hololeion Kitam. (1941);Intybus Zinn(1757);Mandonia Sch. Bip. (1865) Nom. illegit. ;Miegia Neck. ;Ophioseris Raf. ;Pilosella F. W. Schultz et Sch. Bip. (1862) Nom. illegit. ;Pilosella Hill (1756);Schlagintweitia Griseb. (1853);Stenotheca Monn. (1829);Tolpis Adans. (1763)■

24659 Hieranthemum(Endl.) Spach(1840) = Heliotropium L. (1753) [紫草科 Boraginaceae//天芥菜科 Heliotropiaceae]●■

24660 Hieranthemum Spach (1840) Nom. illegit. ≡ Hieranthemum (Endl.) Spach (1840); ~ = Heliotropium L. (1753) [紫草科 Boraginaceae//天芥菜科 Heliotropiaceae]●■

24661 Hieranthes Raf. (1838) = Stereospermum Cham. (1833) [紫葳科 Bignoniaceae]●

24662 Hierapicra Kuntze(1891) Nom. illegit. ≡Carbeni Adans. (1763) Nom. illegit. ; ~ ≡Cnicus L. (1753) (保留属名) [菊科 Asteraceae (Compositae)]■●

24663 Hiericontis Adans. (1763) Nom. illegit. ≡ Anastatica L. (1753) [十字花科 Brassicaceae(Cruciferae)]■☆

24664 Hieris Steenis (1928)【汉】圣紫葳属。【隶属】紫葳科 Bignoniaceae。【包含】世界 1 种。【学名诠释与讨论】〈阴〉(希) hieros,神圣的。【分布】马来半岛。【模式】Hieris curtisii (Ridley) C. G. G. J. van Steenis [Tecoma curtisii Ridley]。●☆

24665 Hiernia S. Moore(1880)【汉】希尔列当属。【隶属】玄参科 Scrophulariaceae//列当科 Orobanchaceae。【包含】世界 1 种。【学名诠释与讨论】〈阴〉(人)William Philip Hiern, 1839-1925, 英国植物学者。【分布】安哥拉,非洲西南部。【模式】Hiernia angolensis S. Moore。●☆

24666 Hierobotana Briq. (1895)【汉】神圣草属。【隶属】马鞭草科 Verbenaceae。【包含】世界 1 种。【学名诠释与讨论】〈阴〉(希) hieros,神圣的+botane,一种草本植物俗名。【分布】秘鲁,厄瓜多尔。【模式】Hierobotana inflata (Kunth) Briquet [Verbena inflata Kunth]。■☆

24667 Hierochloa P. Beauv. (1812) Nom. illegit. ≡ Hierochloe R. Br.

(1810) (保留属名) [禾本科 Poaceae(Gramineae)]■

24668 Hierochloe R. Br. (1810) (保留属名)【汉】茅香属(香草属,香茅属)。【日】カウバウ属,コウボウ属。【俄】Зубровка,Лядник。【英】Holy Grass, Holy Grass Holy-grass, Sweet Grass, Sweetgrass, Sweet-grass, Vanilla Grass。【隶属】禾本科 Poaceae (Gramineae)。【包含】世界 20 种,中国 4 种。【学名诠释与讨论】〈阴〉(希)hieros,神圣的+chloe,草的幼芽,嫩草,禾草。欧洲人常于节日以本草撒在教堂前,故称圣草。此属的学名"Hierochloe R. Br. ,Prodr. :208. 27 Mar 1810"是保留属名。相应的废弃属名是禾本科 Poaceae (Gramineae) 的 "Disarrenum Labill. ,Nov. Holl. Pl. 2;82. Mar 1807 = Hierochloe R. Br. (1810) (保留属名)"、"Torresia Ruiz et Pav. ,Fl. Peruv. Prodr. :125. Oct (prim.) 1794 = Hierochloe R. Br. (1810) (保留属名)" 和 "Savastana Schrank, Baier. Fl. 1;100, 337. Jun - Dec 1789 = Hierochloe R. Br. (1810) (保留属名)"。"Hierochloa P. Beauv. (1812) Nom. illegit. ≡Hierochloe R. Br. (1810) (保留属名)"是其变体,应予废弃。豆科 Fabaceae 的"Torresia Willis, Nom. inval. = Torresea Allemão (1862) Nom. illegit. "亦应废弃。"Dimesia Rafinesque, Amer. Monthly Mag. et Crit. Rev. 1;442. Oct 1817"是"Hierochloe R. Br. (1810) (保留属名)"的晚出的同模式异名(Homotypic synonym, Nomenclatural synonym)。禾本科 Poaceae (Gramineae) 的"Hierochloe S. G. Gmel. ,Fl. Sibir. i. 100(1747) = Hierochloe R. Br. (1810) (保留属名)"是命名起点著作之前的名称。亦有文献把"Hierochloe R. Br. (1810) (保留属名)"处理为 "Anthoxanthum L. (1753)" 的异名。【分布】秘鲁,玻利维亚,厄瓜多尔,哥斯达黎加,中国,热带山区,温带和寒冷地区,中美洲。【模式】Hierochloe odorata (Linnaeus) Palisot de Beauvois。【参考异名】Anachortus V. Jirásek et Chrtek (1962); Anthoxanthum L. (1753); Ataxia R. Br. (1823); Dimeria Endl. (1836) Nom. illegit. ; Dimesia Raf. (1818) Nom. illegit. ;Disarrenum Labill. (1806) (废弃属名); Disarrhenum P. Beauv. (1812); Hierochloa P. Beauv. (1812); Hierochloe S. G. Gmel. (1747) Nom. inval. ; Savastana Schrank(1789) (废弃属名); Toresia Pers. (1807); Torresia Ruiz et Pav. (1794) (废弃属名)■

24669 Hierochloe S. G. Gmel. (1747) Nom. inval. = Hierochloe R. Br. (1810) (保留属名) [禾本科 Poaceae(Gramineae)]■

24670 Hierochontis Medik. (1792) (废弃属名) ≡ Euclidium W. T. Aiton(1812) (保留属名) [十字花科 Brassicaceae(Cruciferae)]■

24671 Hierocontis Steud. (1821) = Anastatica L. (1753); ~ = Hiericontis Adans. (1763) Nom. illegit. ; ~ = Anastatica L. (1753) [十字花科 Brassicaceae(Cruciferae)]■☆

24672 Hieronia Vell. (1829) = Davilla Vell. ex Vand. (1788) Nom. illegit. ; ~ = Davilla Vand. (1788) [五桠果科(第伦桃科,五丫果科,锡叶藤科)Dilleniaceae]●☆

24673 Hieronima Allemão(1848) (废弃属名) = Hieronyma Allemão (1848) (保留属名) [as 'Hyeronima', 'Hieronima'] [大戟科 Euphorbiaceae]●☆

24674 Hieronyma Allemão (1848) (保留属名) [as 'Hyeronima', 'Hieronima']【汉】希木属。【隶属】大戟科 Euphorbiaceae。【包含】世界 56 种。【学名诠释与讨论】〈阴〉(人)德国植物学者 Georg Hans Emmo (Emo) Wolfgang Hieronymus, 1846-1921。此属的学名"Hieronyma Allemão, Hyeronima Alchorneoides: [1] ('Hyeronima'), t. [1] ('Hieronima'). 1848(orth. cons.)"是保留属名。法规未列出相应的废弃属名。但是其变体"Hieronima Allemão(1848)"和"Hyeronima Allemão (1848)"以及大戟科 Euphorbiaceae 的"Hieronyma Baill. ,Étude Euphorb. 652. 1858 = Hieronyma Allemão(1848)"都应该废弃。【分布】巴拿马,秘鲁,

玻利维亚,厄瓜多尔,哥伦比亚(安蒂奥基亚),哥斯达黎加,尼加拉瓜,中美洲。【模式】Hieronyma alchorneoides Allemão。【参考异名】Hieronima Allemão(1848)(废弃属名);Hyeronima Baill.(1858)(废弃属名);Hyeronima Allemão(1848)(废弃属名)●☆

24675　Hieronyma Baill.(1858)Nom. illegit.(废弃属名)＝Hieronyma Allemão(1848)(保留属名)［as 'Hyeronima','Hieronima'］［大戟科 Euphorbiaceae］●☆

24676　Hieronymiella Pax(1889)【汉】连丝石蒜属。【隶属】石蒜科 Amaryllidaceae。【包含】世界 4-6 种。【学名诠释与讨论】〈阴〉(属)Hieronyma+-ellus,-ella,-ellum,加在名词词干后面形成指小式的词尾。或加在人名、属名等后面以组成新属的名称。或德国植物学者 Georg Hans Emmo (Emo) Wolfgang Hieronymus, 1846-1921+-ellus,-ella,-ellum。【分布】阿根廷,玻利维亚。【模式】Hieronymiella clidanthoides Pax。【参考异名】Eustephiopsis R. E. Fr.(1905)■☆

24677　Hieronymusia Engl.(1918)＝Suksdorfia A. Gray(1880)(保留属名)［虎耳草科 Saxifragaceae］■☆

24678　Hierophyllus Raf.(1830)＝Ilex L.(1753)［冬青科 Aquifoliaceae］●

24679　Hiesingera Endl.(1850)＝Hisingera Hellen.(1792)［刺篱木科(大风子科)Flacourtiaceae//红木科(胭脂树科)Bixaceae］●

24680　Higgensia Steud.(1840)＝Higginsia Pers.(1805)Nom. illegit.;~＝Hoffmannia Sw.(1788)［茜草科 Rubiaceae］●■☆

24681　Higginsia Blume(1826)Nom. illegit.＝Petunga DC.(1830)［茜草科 Rubiaceae］●☆

24682　Higginsia Pers.(1805)Nom. illegit.≡Ohigginsia Ruiz et Pav.(1798);~＝Hoffmannia Sw.(1788)［茜草科 Rubiaceae］●■☆

24683　Higinbothamia Uline(1899)【汉】四籽薯蓣属(四子薯蓣属)。【隶属】薯蓣科 Dioscoreaceae。【包含】世界 1 种。【学名诠释与讨论】〈阴〉(人)Higinbotham。此属的学名是 "Higinbothamia Uline, Publ. Field Columbian Mus., Bot. Ser. 1: 414. Aug 1899"。亦有文献把其处理为 "Dioscorea L.(1753)(保留属名)" 的异名。【分布】中美洲和北美洲。【模式】Higinbothamia synandra Uline。【参考异名】Dioscorea L.(1753)(保留属名)■☆

24684　Hijmania M. D. M. Vianna(2016)【汉】希桑属。【隶属】桑科 Moraceae。【包含】世界 4 种。【学名诠释与讨论】〈阴〉(人)Hijman (Maria E. E.),植物学者。此属的学名 "Hijmania M. D. M. Vianna, Phytotaxa 247(1): 97. 2016 [17 Feb 2016]" 是 "Maria M. D. M. Vianna Albertoa 38: 290. 2013" 的替代名称。后者是一个非法名称(Nom. illegit.),因为此前已经有了化石植物的 "Maria Dobruskina in Trudy Inst. Geol. Nauk Acad. Nauk S. S. S. R. 1980: 92"。【分布】刚果(布),喀麦隆,热带非洲。【模式】不详。【参考异名】"Maria M. D. M. Vianna(2013)☆

24685　Hilacium Steud.(1840)＝Hylacium P. Beauv.(1819);~＝Psychotria L.(1759)(保留属名)［茜草科 Rubiaceae//九节科 Psychotriaceae］●

24686　Hilairanthus Tiegh.(1898)＝Avicennia L.(1753)［马鞭草科 Verbenaceae//海榄雌科 Avicenniaceae］●

24687　Hilairella Tiegh.(1904)＝Luxemburgia A. St. -Hil.(1822)［金莲木科 Ochnaceae］●☆

24688　Hilaria DC.(1838)＝Onoseris Willd.(1803)［菊科 Asteraceae(Compositae)］●■☆

24689　Hilaria Kunth(1816)【汉】希拉里禾属(海氏草属,黑拉禾属)。【隶属】禾本科 Poaceae(Gramineae)。【包含】世界 1 种。【学名诠释与讨论】〈阴〉(人)Auguste (Augustin) Francois Cesar Prouvencal de Saint-Hilaire,1779-1853,法国植物学者,植物采集家,探险家,昆虫学者,博物学者。【分布】美国(西南部)至中美

洲。【模式】Hilaria cenchroides Kunth。【参考异名】Hexarrhena C. Presl(1830)Nom. illegit.;Hexarrhena J. Presl et C. Presl(1830)Nom. illegit.;Hexarrhena J. Presl(1830);Pleuraphis Torr.(1824);Schleropelta Buckley(1866);Symbasiandra Steud.(1840)Nom. inval.;Symbasiandra Willd. ex Steud.(1840)Nom. inval.■☆

24690　Hilariophyton Pichon(1946)Nom. illegit.≡Sanhilaria Baill.(1888)Nom. illegit.;~＝Paragonia Bureau ex K. Schum.(1894)［紫葳科 Bignoniaceae］■☆

24691　Hildaea C. Silva et R. P. Oliveira(2015)【汉】希达禾属。【隶属】禾本科 Poaceae(Gramineae)。【包含】世界 5 种。【学名诠释与讨论】〈阴〉词源不详。似来自人名。【分布】玻利维亚,南美洲,牙买加。【模式】Hildaea pallens (Sw.) C. Silva et R. P. Oliveira [Panicum pallens Sw.]。☆

24692　Hildebrandtia Vatke ex A. Braun(1876)Nom. illegit.≡Hildebrandtia Vatke(1876)［旋花科 Convolvulaceae］●☆

24693　Hildebrandtia Vatke(1876)【汉】希尔德木属。【隶属】旋花科 Convolvulaceae。【包含】世界 9 种。【学名诠释与讨论】〈阴〉(人)Johann Maria Hildebrandt,1847-1881,植物学者。此属的学名,ING 记载是 "Hildebrandtia Vatke in A. Braun, Sitzungsber. Ges. Naturf. Freunde Berlin 1876: 7. Feb-Mar 1876"。IK 则记载为 "Hildebrandtia Vatke, J. Bot. 14: 313. 1876; et in Monstsb. Akad. Berl.(1876) 864"。"Hildebrandtia Vatke ex A. Braun(1876)≡Hildebrandtia Vatke(1876)" 的命名人引证有误。亦有文献把 "Hildebrandtia Vatke(1876)" 处理为 "Dactylostigma D. F. Austin(1973)" 的异名。【分布】马达加斯加,非洲。【模式】Hildebrandtia africana Vatke。【参考异名】Dactylostigma D. F. Austin(1973);Hildebrandtia Vatke ex A. Braun(1876)Nom. illegit.;Pterochlamys Roberty(1953)Nom. illegit.●☆

24694　Hildegardia Schott et Endl.(1832)【汉】大梧属。【隶属】梧桐科 Sterculiaceae//锦葵科 Malvaceae。【包含】世界 8-12 种,中国 1 种。【学名诠释与讨论】〈阴〉(人)Hildegard (Hildegardis de Pinguia),德国 St. Rupert 修道院院长,女预言家。【分布】菲律宾,古巴,马达加斯加,中国,小巽他群岛,热带非洲东部。【模式】未指定。【参考异名】Tarrietia Blume(1825)●

24695　Hildewintera F. Ritter ex G. D. Rowley(1968)【汉】黄金纽属。【英】Golden Crest Cactus。【隶属】仙人掌科 Cactaceae。【包含】世界 2 种。【学名诠释与讨论】〈阴〉(人)Hildegard Winter,1893-1975,德国人。此属的学名 "Hildewintera F. Ritter(1966)" 是一个替代名称。"Winteria F. Ritter, Kakteen Sukk. 13: 4. Jan 1962" 是一个非法名称(Nom. illegit.),因为此前已经有了真菌的 "Winteria P. A. Saccardo, Michelia 1: 281. 1 Jul 1878"。故用 "Hildewintera F. Ritter(1966)" 替代之。但是,由于未给出基源异名所在文献的页码,是为不合格发表。"Hildewintera F. Ritter ex G. D. Rowley, Regnum Veg. 54: 15. 1968" 应该是将 "Hildewintera F. Ritter(1966)" 合格化的合法名称;GCI 标注为 "Nom. illegit., Nom. superfl." 是不妥的。亦有文献把 "Hildewintera F. Ritter ex G. D. Rowley(1968)" 处理为 "Cleistocactus Lem.(1861)" 的异名。【分布】玻利维亚。【模式】Hildewintera aureispina (F. Ritter) F. Ritter [Winteria aureispina F. Ritter]。【参考异名】Cleistocactus Lem.(1861);Hildewintera F. Ritter(1966)Nom. inval.;Winteria F. Ritter(1962)Nom. illegit.;Winterocereus Backeb.(1966)Nom. illegit.●☆

24696　Hildewintera F. Ritter(1966)Nom. inval.≡Hildewintera F. Ritter ex G. D. Rowley(1968);~＝Cleistocactus Lem.(1861)［仙人掌科 Cactaceae］●☆

24697　Hildmannia Kreuz. et Buining (1941) Nom. illegit. ≡ Horridocactus Backeb.(1938);~＝Neoporteria Britton et Rose

（1922）；~ = Pyrrhocactus （A. Berger）Backeb. et F. M. Knuth（1935）Nom. illegit. ；~ = Pyrrhocactus Backeb.（1936）Nom. illegit.；~ = Neoporteria Britton et Rose（1922）［仙人掌科 Cactaceae］●■

24698　Hilgeria H. Förther（1998）【汉】希尔格紫草属。【隶属】紫草科 Boraginaceae//天芥菜科 Heliotropiaceae。【包含】世界 3 种。【学名诠释与讨论】〈阴〉（人）Hilger。此属的学名是"Hilgeria H. Förther, Sendtnera 5：132. 30 Jun 1998"。亦有文献把其处理为"Heliotropium L.（1753）"的异名。【分布】参见 Heliotropium L.。【模式】Hilgeria hypogaea（Urban et Ekman）H. Förther［Heliogropium hypogaeum Urban et Ekman］。【参考异名】Heliotropium L.（1753）●☆

24699　Hillebrandia Oliv.（1866）【汉】希勒兰属（海利布兰属）。【隶属】秋海棠科 Begoniaceae。【包含】世界 1 种。【学名诠释与讨论】〈阴〉（人）Wilhelm B. Hillebrand, 1821-1886, 德国医生, 植物学者。【分布】美国（夏威夷）。【模式】Hillebrandia sandwicensis D. Oliver。■☆

24700　Hilleria Vell.（1829）【汉】合被商陆属。【隶属】商陆科 Phytolaccaceae。【包含】世界 3-5 种。【学名诠释与讨论】〈阴〉（人）Matthaeus Killer, 1646-1725, 德国植物学者。【分布】巴拉圭, 秘鲁, 玻利维亚, 厄瓜多尔, 马达加斯加, 热带南美洲, 中美洲。【模式】Hilleria elastica Vellozo。【参考异名】Mancoa Raf.（1837）（废弃属名）；Mohlana Mart.（1832）■●☆

24701　Hilleriaceae Nakai（1942）= Petiveriaceae C. Agardh；~ = Phytolaccaceae R. Br.（保留科名）●■

24702　Hillia Boehm.（1760）Nom. illegit. ≡ Halesia J. Ellis ex L.（1759）（保留属名）［安息香科（齐墩果科, 野茉莉科）Styracaceae//银钟花科 Halesiaceae］●

24703　Hillia Jacq.（1760）【汉】希尔茜属。【隶属】茜草科 Rubiaceae。【包含】世界 24 种。【学名诠释与讨论】〈阴〉（人）John Hill, 1716（1707？ 1714？）-1775, 英国植物学者, 动物学者, 博物学者, 药剂师。此属的学名, ING、TROPICOS、GCI 和 IK 记载是"Hillia Jacq., Enum. Syst. Pl. 3, 18. 1760［Aug-Sep 1760］"。"Hillia Boehmer in C. G. Ludwig, Def. Gen. ed. 3. 71. 1760"是"Halesia J. Ellis ex L.（1759）（保留属名）［安息香科（齐墩果科, 野茉莉科）Styracaceae//银钟花科 Halesiaceae］"的晚出的同模式异名。【分布】巴拿马, 秘鲁, 玻利维亚, 厄瓜多尔, 哥伦比亚（安蒂奥基亚）, 墨西哥, 尼加拉瓜, 中美洲。【模式】Hillia parasitica N. J. Jacquin。【参考异名】Fereiria Vand.（1788）Nom. illegit.；Fereiria Vell. ex Vand.（1788）；Saldanha Vell.（1829）；Saldanhaea Kuntze（1891）；Saldanhaea Post et Kuntze（1903）Nom. illegit. ●☆

24704　Hilliardia B. Nord.（1987）【汉】藤芫荽属。【隶属】菊科 Asteraceae（Compositae）。【包含】世界 1 种。【学名诠释与讨论】〈阴〉（人）Hilliard, 植物学者。【分布】非洲南部。【模式】Hilliardia zuurbergensis（D. Oliver）B. Nordenstam［Matricaria zuurbergensis D. Oliver］。●☆

24705　Hilliardiella H. Rob.（1999）【汉】叉毛瘦片菊属。【隶属】菊科 Asteraceae（Compositae）。【包含】世界 8-9 种。【学名诠释与讨论】〈阴〉（人）Hilliard, 植物学者+-ellus, -ella, -ellum, 加在名词词干后面形成指小式的词尾。或加在人名、属名等后面以组成新属的名称。【分布】澳大利亚, 热带非洲。【模式】不详。■☆

24706　Hilliella（O. E. Schulz）Y. H. Zhang et H. W. Li（1986）【汉】泡果荠属。【英】Hilliella。【隶属】十字花科 Brassicaceae（Cruciferae）。【包含】世界 15 种, 中国 15 种。【学名诠释与讨论】〈阴〉（人）Hill, 植物学者+-ellus, -ella, -ellum, 加在名词词干后面形成指小式的词尾。或加在人名、属名等后面以组成新属的名称。此属的学名是"Hilliella（O. E. Schulz）Y. H. Zhang et

H. W. Li in Y. H. Zhang, Acta Bot. Yunnanica 8：401. Nov 1986", 由"Cochlearia sect. Hilliella O. E. Schulz, Notizbl. Bot. Gart. Berlin-Dahlem 8：544. 15 Aug 1923"改级而来。亦有文献把"Hilliella（O. E. Schulz）Y. H. Zhang et H. W. Li（1986）"处理为"Cochlearia L.（1753）"或"Yinshania Ma et Y. Z. Zhao（1979）"的异名。【分布】中国。【模式】Hilliella fumarioides（S. T. Dunn）Y. H. Zhang et H. W. Li［Cochlearia fumarioides S. T. Dunn］。【参考异名】Cochlearia L.（1753）；Cochlearia sect. Hilliella O. E. Schulz（1923）；Cochleariella Y. H. Zhang et Voigt（1989）Nom. illegit.；Yinshania Ma et Y. Z. Zhao（1979）■★

24707　Hilospermae Vent. =Sapotaceae Juss.（保留科名）●

24708　Hilsenbergia Bojer（1837）Nom. inval. = Dombeya Cav.（1786）（保留属名）［梧桐科 Sterculiaceae//锦葵科 Malvaceae］●☆

24709　Hilsenbergia Bojer（1842）Nom. illegit. = Dombeya Cav.（1786）（保留属名）［梧桐科 Sterculiaceae//锦葵科 Malvaceae］●☆

24710　Hilsenbergia Tausch ex Meisn.（1840）【汉】希尔木属。【隶属】厚壳树科 Ehretiaceae//破布木科（破布树科）Cordiaceae//紫草科 Boraginaceae］。【包含】世界 3 种。【学名诠释与讨论】〈阴〉（人）Karl Theodor Hilsenberg, 1802-1824, 植物学者。此属的学名, TROPICOS 和 IK 记载是"Hilsenbergia Tausch ex Meisn., Pl. Vasc. Gen.［Meisner］Commentarius：198（1840）"。"Hilsenbergia Bojer, Ann. Sci. Nat. Bot. sér. 2. 18：189. Sep 1842 =Dombeya Cav.（1786）（保留属名）［梧桐科 Sterculiaceae//锦葵科 Malvaceae］"是晚出的非法名称。"Hilsenbergia Bojer, Hortus Maurit. 42（1837）"似为未合格发表的名称（Nom. inval.）。"Hilsenbergia Tausch ex Rchb.（1840）Nom. nud. =Hilsenbergia Tausch ex Meisn.（1840）［紫草科 Boraginaceae//破布木科（破布树科）Cordiaceae//厚壳树科 Ehretiaceae］"是一个裸名。亦有文献把"Hilsenbergia Tausch ex Meisn.（1840）"处理为"Ehretia P. Browne（1756）"的异名。【分布】马达加斯加。【模式】Hilsenbergia ehretia Tausch ex Meisn.。【参考异名】Ehretia P. Browne（1756）；Hilsenbergia Tausch ex Rchb.（1840）Nom. nud. ●☆

24711　Hilsenbergia Tausch ex Rchb.（1840）Nom. nud. = Hilsenbergia Tausch ex Meisn.（1840）［紫草科 Boraginaceae//破布木科（破布树科）Cordiaceae//厚壳树科 Ehretiaceae］●

24712　Himalaiella Raab-Straube（2003）= Jurinea Cass.（1821）［菊科 Asteraceae（Compositae）］●■

24713　Himalayacalamus P. C. Keng（1983）【汉】喜马拉雅山筱竹属。【隶属】禾本科 Poaceae（Gramineae）。【包含】世界 8 种, 中国 2 种。【学名诠释与讨论】〈阳〉（地）Himalaya, 喜马拉雅山+kalamos, 芦苇。此属的学名是"Himalayacalamus P. C. Keng, J. Bamboo Res. 2（1）：23. Jan 1983"。亦有文献把其处理为"Thamnocalamus Munro（1868）"的异名。【分布】中国, 喜马拉雅山。【模式】Himalayacalamus falconeri（J. D. Hooker ex W. Munro）P. C. Keng［Thamnocalamus falconeri J. D. Hooker ex W. Munro］。【参考异名】Thamnocalamus Munro（1868）●

24714　Himalrandia T. Yamaz.（1970）【汉】须弥茜树属。【英】Himalrandia。【隶属】茜草科 Rubiaceae。【包含】世界 2-3 种, 中国 1 种。【学名诠释与讨论】〈阴〉（地）Himal-, Himalaya 喜马拉雅山的缩写+（属）Randia 山黄皮属（鸡爪簕属, 茜草树属）。【分布】巴基斯坦, 中国, 喜马拉雅山。【模式】Himalrandia tetrasperma（Roxburgh）T. Yamazaki［Gardenia tetrasperma Roxburgh］。●

24715　Himantandra F. Muell.（1887）Nom. inval. ≡ Himantandra F. Muell. ex Diels（1912）［瓣蕊花科（单珠木兰科, 芳香木科, 舌蕊花科, 锥形药科）Himantandraceae］●☆

24716　Himantandra F. Muell. ex Diels（1912）【汉】瓣蕊花属（单珠木

兰属,芳香木属,锥形药属)。【隶属】瓣蕊花科(单珠木兰科,芳香木科,舌蕊花科,锥形药科)Himantandraceae。【包含】世界2种。【学名诠释与讨论】〈阴〉(希)himas,所有格 himantos,革带,皮条+aner,所有格 andros,雄性,雄蕊。此属的学名,ING、APNI和IK记载是"Himantandra F. v. Mueller ex Diels, Bot. Jahrb. Syst. 49:164. 27 Aug 1912"。"Himantandra F. Muell., in Australas. Journ. Pharm. ii. (1887)5 ≡Himantandra F. Muell. ex Diels(1912)[瓣蕊花科(单珠木兰科,芳香木科,舌蕊花科,锥形药科)Himantandraceae]"是一个未合格发表的名称(Nom. inval.)。亦有文献把"Himantandra F. Muell. ex Diels(1912)"处理为"Galbulimima F. M. Bailey(1894)"的异名。【分布】澳大利亚,新几内亚岛。【模式】Himantandra belgraveana(F. v. Mueller)Diels[Eupomatia belgraveana F. v. Mueller]。【参考异名】Galbulimima F. M. Bailey(1894);Himantandra F. Muell.(1887)Nom. inval. ●☆

24717 Himantandraceae Diels(1917)(保留科名)【汉】瓣蕊花科(单珠木兰科,芳香木科,舌蕊花科,锥形药科)。【包含】世界3属12-13种。【分布】马来西亚(东部),澳大利亚(东北部)。【科名模式】Himantandra F. Muell. ex Diels[Galbulimima F. M. Bailey(1894)]●☆

24718 Himanthoglossum W. D. J. Koch(1837)Nom. illegit.(废弃属名)≡Himantoglossum W. D. J. Koch(1837)Nom. illegit.(废弃属名);~ = Himantoglossum Spreng.(1826)(保留属名)[兰科 Orchidaceae]■☆

24719 Himanthophyllum D. Dietr.(1840)= Clivia Lindl.(1828)[石蒜科 Amaryllidaceae]■

24720 Himantina Post et Kuntze(1903)= Imantina Hook. f.(1873)[茜草科 Rubiaceae]●■

24721 Himantochilus T. Anderson(1876)Nom. inval. ≡Himantochilus T. Anderson ex Benth.(1876);~ = Anisotes Nees(1847)(保留属名)[爵床科 Acanthaceae]●☆

24722 Himantoglossum Spreng.(1826)(保留属名)【汉】带舌兰属(蜥蜴兰属)。【俄】Ремнелепестник。【英】Lizard Orchid, Lizard Orchis。【隶属】兰科 Orchidaceae。【包含】世界2-4种。【学名诠释与讨论】〈中〉(希)himas,所有格 himantos,革带,皮条+glossa,舌。此属的学名"Himantoglossum Spreng., Syst. Veg. 3:675,694. Jan-Mar 1826"是保留属名。法规未列出相应的废弃属名。但是兰科 Orchidaceae 的"Himanthoglossum W. D. J. Koch, Syn. Fl. Germ. Helv. 1(2):689. 1837 =Himantoglossum Spreng.(1826)(保留属名)"应该废弃。【分布】非洲北部,欧洲。【模式】Himantoglossum hircinum(Linnaeus)K. P. J. Sprengel[Satyrium hircinum Linnaeus]。【参考异名】Himanthoglossum W. D. J. Koch(1837)Nom. illegit.(废弃属名)■☆

24723 Himantoglossum W. D. J. Koch(1837)Nom. illegit.(废弃属名)= Himantoglossum Spreng.(1826)(保留属名)[兰科 Orchidaceae]■☆

24724 Himantophyllum Spreng.(1830)= Clivia Lindl.(1828);~ = Imatophyllum Hook.(1828)[石蒜科 Amaryllidaceae]■

24725 Himantostemma A. Gray(1885)【汉】带冠萝藦属。【隶属】萝藦科 Asclepiadaceae。【包含】世界1种。【学名诠释与讨论】〈中〉(希)himas,所有格 himantos,革带,皮条+stemma,所有格 stemmatos,花冠,花环,王冠。【分布】北美洲。【模式】Himantostemma pringlei A. Gray。☆

24726 Himas Salisb.(1866)= Lachenalia J. Jacq.(1784)[百合科 Liliaceae//风信子科 Hyacinthaceae]■☆

24727 Himatandra Diels(1913)Nom. illegit. [瓣蕊花科(单珠木兰科,芳香木科,舌蕊花科,锥形药科)Himantandraceae]●☆

24728 Himatanthus Schult.(1819)Nom. illegit. =Himatanthus Willd. ex Schult.(1819)[夹竹桃科 Apocynaceae]●☆

24729 Himatanthus Willd.(1819)Nom. illegit. = Himatanthus Willd. ex Schult.(1819)[夹竹桃科 Apocynaceae]●☆

24730 Himatanthus Willd. ex Roem. et Schult.(1819)Nom. illegit. = Himatanthus Willd. ex Schult.(1819)[夹竹桃科 Apocynaceae]●☆

24731 Himatanthus Willd. ex Schult.(1819)【汉】斗花属。【隶属】夹竹桃科 Apocynaceae。【包含】世界13种。【学名诠释与讨论】〈阳〉(希)himation,斗篷,覆盖物+anthos,花。此属的学名,ING记载是"Himatanthus J. A. Schultes in J. J. Roemer et J. A. Schultes, Syst. Veg. 5:xiii. Dec 1819"。GCI 和 IK 则记载为"Himatanthus Willd., Syst. Veg., ed. 15 bis [Roemer et Schultes]5:xiii,221. 1819 [Dec 1819]"。TROPICOS 则记载为"Himatanthus Willd. ex Schult., Syst. Veg.(ed. 15 bis)5:xiii-xiv, 221, 1819"。四者引用的文献相同。亦有文献把"Himatanthus Willd. ex Schult.(1819)"处理为"Aspidosperma Mart. et Zucc.(1824)(保留属名)"或"Coutinia Vell.(1799)(废弃属名)"的异名。【分布】巴拿马,秘鲁,玻利维亚,厄瓜多尔,哥伦比亚,南美洲,中美洲。【模式】Himatanthus rigidus Hoffmannsegg ex J. A. Schultes[as 'rigida']。【参考异名】Himatanthus Schult.(1819)Nom. illegit.;Himatanthus Willd.(1819)Nom. illegit.;Himatanthus Willd. ex Roem. et Schult.(1819)Nom. illegit. ●☆

24732 Himenanthus Steud.(1840)Nom. illegit. = Himeranthus Endl.(1839)[茄科 Solanaceae]●☆

24733 Himeranthus Endl.(1839)= Jaborosa Juss.(1789)[茄科 Solanaceae]●☆

24734 Himgiria Pusalkar et D. K. Singh(2015)= Arenaria L.(1753)[石竹科 Caryophyllaceae]■

24735 Hindsia Benth.(1844)Nom. illegit. ≡ Hindsia Benth. ex Lindl.(1844)[茜草科 Rubiaceae]●☆

24736 Hindsia Benth. ex Lindl.(1844)【汉】海因兹茜属。【隶属】茜草科 Rubiaceae。【包含】世界8种。【学名诠释与讨论】〈阴〉(人)Richard Brinsley Hinds,约1812-1847,英国海军医生,植物采集家。此属的学名,ING 记载是"Hindsia Bentham ex J. Lindley, Edwards's Bot. Reg. 30(Misc.):40. Mai 1844"。IK 则记载为"Hindsia Benth., Edwards's Bot. Reg. 30(Misc.):40, t. 40. 1844"。二者引证的文献相同。【分布】玻利维亚,热带南美洲。【模式】未指定。【参考异名】Hindsia Benth.(1844);Macrosiphon Miq.(1847)Nom. illegit. ●☆

24737 Hingcha Roxb.(1814)= Enydra Lour.(1790);~ = Hingtsha Roxb.(1832)[菊科 Asteraceae(Compositae)]■

24738 Highstonia Steud.(1840)= Hingstonia Raf.(1808)[菊科 Asteraceae(Compositae)]●■☆

24739 Hingstonia Raf.(1808)= Verbesina L.(1753)(保留属名)[菊科 Asteraceae(Compositae)]●■■☆

24740 Hingtsha Roxb.(1832)= Enydra Lour.(1790)[菊科 Asteraceae(Compositae)]■

24741 Hinterhubera(Rchb. et Kittel)Rchb. ex Nyman = Hymenolobus Nutt.(1838)[十字花科 Brassicaceae(Cruciferae)]■

24742 Hinterhubera Rchb. ex Nyman, Nom. illegit. = Hymenolobus Nutt.(1838)[十字花科 Brassicaceae(Cruciferae)]■

24743 Hinterhubera Sch. Bip.(1841)Nom. inval. = Hinterhubera Sch. Bip. ex Wedd.(1857)[菊科 Asteraceae(Compositae)]●☆

24744 Hinterhubera Sch. Bip.(1857)Nom. illegit. = Hinterhubera Sch. Bip. ex Wedd.(1857)[菊科 Asteraceae(Compositae)]●☆

24745 Hinterhubera Sch. Bip. ex Wedd.(1857)【汉】帚菀属。【隶属】菊科 Asteraceae(Compositae)。【包含】世界8-9种。【学名诠释与讨论】〈阴〉(人)Julius Hinterhuber, 1810-1880,植物学者。此

属的学名,ING 和 TROPICOS 记载是"Hinterhubera C. H. Schultz-Bip. ex Weddell, Chlor. Andina 1:185. 30 Nov 1857"。IK 则记载为"Hinterhubera Sch. Bip., in Wedd. Chlor. And. 1:185, t. 39. 1857 [1855 publ. 30 Nov 1857]"。三者引用的文献相同。IK 还记载了一个更早的名称"Hinterhubera Sch. Bip., Flora 24(1, Intelligenzbl.):42(1841);25:419(1842)"。亦有文献把"Hinterhubera Sch. Bip. ex Wedd.(1857)"处理为"Chrysanthellum Rich.(1807)"的异名。【分布】安第斯山。【模式】未指定。【参考异名】Chrysanthellum Pers.(1807)Nom. illegit.;Chrysanthellum Rich.(1807);Chrysanthellum Rich. ex Pers.(1807)Nom. illegit.;Dichaeta Sch. Bip.(1850)Nom. illegit.;Hinterhubera Sch. Bip.(1841)Nom. inval.;Hinterhubera Sch. Bip.(1857)Nom. illegit.;Schaetzellia Sch. Bip.(1850)Nom. illegit. ●☆

24746 **Hintonella** Ames(1938)【汉】欣氏兰属。【隶属】兰科 Orchidaceae。【包含】世界 1 种。【学名诠释与讨论】〈阴〉(人)George Boole Hinton, 1882 - 1943,英国植物采集家,兰科 Orchidaceae 专家,曾在墨西哥植物探险+-ellus,-ella,-ellum,加在名词词干后面形成指小式的词尾。或加在人名、属名等后面以组成新属的名称。【分布】墨西哥。【模式】Hintonella mexicana Ames。■☆

24747 **Hintonia** Bullock(1935)【汉】欣氏茜属(欣顿茜属)。【隶属】茜草科 Rubiaceae。【包含】世界 4 种。【学名诠释与讨论】〈阴〉(人)George Boole Hinton, 1882-1943,英国植物采集家,兰科 Orchidaceae 专家,曾在墨西哥植物探险。【分布】墨西哥,中美洲。【模式】Hintonia latiflora(Sessé et Moçiño ex A. P. de Candolle)A. A. Bullock[Coutarea latifolia Sessé et Moçiño ex A. P. de Candolle]。■☆

24748 **Hionanthera** A. Fern. et Diniz(1955)【汉】开药花属(莫桑比克千屈菜属)。【隶属】千屈菜科 Lythraceae。【包含】世界 1-4 种。【学名诠释与讨论】〈阴〉(拉)hio,张开,开放+anthera,花药。【分布】热带非洲东部。【模式】Hionanthera mossambicensis A. Fernandes et Diniz。■☆

24749 **Hiorthia** Neck.(1790)Nom. inval. ≡ Hiorthia Neck. ex Less.; ~ = Anacyclus L.(1753)[菊科 Asteraceae(Compositae)]■☆

24750 **Hiorthia** Neck. ex Less. = Anacyclus L.(1753)[菊科 Asteraceae(Compositae)]■☆

24751 **Hiortia** Juss.(1821)= Hiorthia Neck. ex Less.[菊科 Asteraceae(Compositae)]■☆

24752 **Hiosciamus** Neck.(1768)= Hyoscyamus L.(1753)[茄科 Solanaceae//天仙子科 Hyoscyamaceae]■

24753 **Hipecoum** Vill.(1787)= Hypecoum L.(1753)[罂粟科 Papaveraceae//角茴香科 Hypecoaceae]■

24754 **Hipochaeris** Nocca(1793)= Hypochaeris L.(1753)[菊科 Asteraceae(Compositae)]■

24755 **Hipochoeris** Neck.(1768)= Hipochaeris Nocca(1793)[菊科 Asteraceae(Compositae)]■

24756 **Hipocrepis** Neck.(1768)= Hippocrepis L.(1753)[豆科 Fabaceae(Leguminosae)//蝶形花科 Papilionaceae]■☆

24757 **Hippagrostis** Kuntze(1891)Nom. illegit. ≡ Hippagrostis Rumph. ex Kuntze(1891)Nom. illegit.; ~ = Oplismenus P. Beauv.(1810)(保留属名)[禾本科 Poaceae(Gramineae)]■

24758 **Hippagrostis** Rumph.(1749)Nom. inval. ≡ Hippagrostis Rumph. ex Kuntze(1891)Nom. illegit.; ~ = Oplismenus P. Beauv.(1810)(保留属名)[禾本科 Poaceae(Gramineae)]■

24759 **Hippagrostis** Rumph. ex Kuntze(1891)Nom. illegit. ≡ Oplismenus P. Beauv.(1810)(保留属名)[禾本科 Poaceae(Gramineae)]■

24760 **Hippaton** Raf.(1840)Nom. illegit. ≡ Hippomarathrum G. Gaertn.,B. Mey. et Scherb.(1799)Nom. illegit.; ~ = Seseli L.(1753)[伞形花科(伞形科)Apiaceae(Umbelliferae)]■

24761 **Hippeastrum** Herb.(1821)(保留属名)【汉】朱顶红属(孤挺花属,朱莲属)。【日】アマリリス属,ジャガタラズイセン属,ジャガタラズヰセン属,ヒッペアストルム属。【俄】Амарилис,Гипеаструм,Гиппеаструм,Хипеаструм。【英】Amaryllis, Barbados Lily, Barbados - lily, Hippeastrum, Knight Star Lily, Knight's Star, Knight's Star Lily, Knight's-star, Mexican Lily, Naked Lady, Red Spider-lily。【隶属】石蒜科 Amaryllidaceae。【包含】世界 50-76 种,中国 2 种。【学名诠释与讨论】〈中〉(希)hippos,指小式 hipparion,马+astron,星,相似。指花。此属的学名"Hippeastrum Herb., Appendix:31. Dec 1821"是保留属名。相应的废弃属名是石蒜科 Amaryllidaceae 的"Leopoldia Herb. in Trans. Hort. Soc. London 4:181. Jan-Feb 1821 = Hippeastrum Herb.(1821)(保留属名)"。"Aschamia R. A. Salisbury, Gen. Pl. Fragm. 134. Apr-Mai 1866"是"Hippeastrum Herb.(1821)(保留属名)"的晚出的同模式异名(Homotypic synonym, Nomenclatural synonym)。【分布】秘鲁,玻利维亚,厄瓜多尔,哥伦比亚(安蒂奥基亚),尼加拉瓜,中国,热带和亚热带美洲,中美洲。【模式】Hippeastrum reginae(Linnaeus)Herbert[Amaryllis reginae Linnaeus]。【参考异名】Amaryllis L.(1753)(保留属名);Aschamia Salisb.(1866)Nom. illegit.;Aulica Raf.(1838);Binotia W. Watson;Chonais Salisb.(1866);Eusancops Raf.(1838);Lais Salisb.(1866);Leopoldia Herb.(1821)(废弃属名);Lepidopharynx Rusby(1927);Moldenkea Traub(1951);Myostemma Salisb.(1866);Omphalissa Sahsb.(1866);Phycella Lindl.(1825);Rhodolirion Phil.;Rhodophiala C. Presl(1845);Trisacarpis Raf.(1838);Worsleya(Traub)Traub(1944)Nom. illegit.;Worsleya W. Watson(1912)Nom. illegit.■

24762 **Hippeophyllum** Schltr.(1905)【汉】套叶兰属(骑士兰属)。【英】Hippeophyllum。【隶属】兰科 Orchidaceae。【包含】世界 6 种,中国 3 种。【学名诠释与讨论】〈中〉(希)hippos,骑士,马+phyllon,叶子。phyllodes,似叶的,多叶的。phylleion,绿色材料,绿草。【分布】马来西亚,中国。【模式】未指定。■

24763 **Hippia** Kunth(1820)Nom. illegit. ≡ Hippia L. f.(1782)Nom. illegit.; ~ = Plagiocheilus Arn. ex DC.(1838)[菊科 Asteraceae(Compositae)]■☆

24764 **Hippia** L.(1771)【汉】平果菊属。【隶属】菊科 Asteraceae(Compositae)。【包含】世界 8 种。【学名诠释与讨论】〈阴〉(希)hippos,骑士。【分布】玻利维亚,非洲南部。【模式】Hippia frutescens(Linnaeus)Linnaeus[Tanacetum frutescens Linnaeus]。●☆

24765 **Hippia** L. f.(1782)Nom. illegit. = Plagiocheilus Arn. ex DC.(1838)[菊科 Asteraceae(Compositae)]☆

24766 **Hippion** F. W. Schmidt(1794)Nom. illegit. ≡ Tretorhiza Adans.(1763); ~ = Enicostema Blume.(1826)(保留属名); ~ = Gentiana L.(1753)[龙胆科 Gentianaceae]■

24767 **Hippion** Spreng.(1824)Nom. illegit. ≡ Slevogtia Rchb.(1828); ~ = Enicostema Blume.(1826)(保留属名)[龙胆科 Gentianaceae]■☆

24768 **Hippobroma** G. Don(1834)【汉】马醉草属(同瓣草属)。【英】Hippobroma。【隶属】桔梗科 Campanulaceae。【包含】世界 1 种,中国 1 种。【学名诠释与讨论】〈阴〉(希)hippos,骑士,马+bromos,毒剂,腥臭的,暴怒。指对马有毒。此属的学名,ING、APNI、GCI 和 IK 记载是"Hippobroma G. Don, Gen. Hist. 3:698, 717. 8-15 Nov 1834"。无患子科 Sapindaceae 的"Hippobroma

Lindl., Veg. Kingd. 385（1847）= Hippobromus Eckl. et Zeyh.（1836）"是晚出的非法名称。亦有学者把"许氏草属（同瓣花属）Laurentia Adans.（1763）Nom. illegit., Nom. superfl."处理为本属的异名。亦有文献把"Hippobroma G. Don（1834）"处理为"Isotoma（R. Br.）Lindl.（1826）"或"Laurentia Neck."的异名。【分布】美国（佛罗里达），墨西哥，中国，西印度群岛，中美洲和南美洲。【模式】Hippobroma longiflora（Linnaeus）G. Don［Lobelia longiflora Linnaeus］。【参考异名】Isotoma（R. Br.）Lindl.（1826）；Laurentia Adans.（1763）Nom. illegit., Nom. superfl.；Laurentia Neck.；Isotoma（R. Br.）Lindl.（1826）；Laurentia Neck."的异名。【分布】美国（佛罗里达），墨西哥，中国，西印度群岛，中美洲和南美洲。【模式】Hippobroma longiflora（Linnaeus）G. Don■

24769 Hippobroma Lindl.（1847）Nom. illegit. = Hippobromus Eckl. et Zeyh.（1836）［无患子科 Sapindaceae］●☆

24770 Hippobromus Eckl. et Zeyh.（1836）【汉】希普无患子属。【隶属】无患子科 Sapindaceae。【包含】世界 1 种。【学名诠释与讨论】〈阳〉（人）hippos，骑士，马+毒剂，腥臭的，暴怒。【分布】非洲南部。【模式】Hippobromus alatus（Thunberg）Ecklon et Zeyher［Rhus alatum Thunberg］。【参考异名】Hippobroma Lindl.（1847）Nom. illegit. ●☆

24771 Hippocastanaceae A. Rich.（1823）（保留科名）［亦见 Sapindaceae Juss.（保留科名）无患子科］【汉】七叶树科。【日】トチノキ科。【俄】Конскокаштановые。【英】Horse Chestnut Family, Horsechestnut Family, Horse-chestnut Family。【包含】世界 2-3 属 15-30 种，中国 2 属 5-16 种。【分布】北温带，南美洲。【科名模式】Hippocastanum Mill.［Aesculus L.（1753）●

24772 Hippocastanaceae DC. = Hippocastanaceae A. Rich.（保留科名）●

24773 Hippocastanum Mill.（1754）Nom. illegit. ≡ Aesculus L.（1753）［七叶树科 Hippocastanaceae//无患子科 Sapindaceae］●

24774 Hippocentaurea Schult.（1814）= Centaurium Hill（1756）［龙胆科 Gentianaceae］■

24775 Hippocistis Mill.（1754）= Cytinus L.（1764）（保留属名）［大花草科 Rafflesiaceae］■☆

24776 Hippocratea L.（1753）【汉】肖翅子藤属（希藤属，真翅子藤属）。【俄】Гиппократия。【英】Hippocratea。【隶属】卫矛科 Celastraceae//翅子藤科（希藤科）Hippocrateaceae。【包含】世界 3-100 种。【学名诠释与讨论】〈阴〉（人）Hippocrates, c. 460-370 BC.，希腊医生，Heraclides 的儿子+cratis，柳条编织物，关节，肋。此属的学名，ING、TROPICOS、APNI、GCI 和 IK 记载是"Hippocratea L., Sp. Pl. 2:1191. 1753［1 May 1753］"。"Coa P. Miller, Gard. Dict. Abr. ed. 4. 28 Jan 1754"是"Hippocratea L.（1753）"的晚出的同模式异名（Homotypic synonym, Nomenclatural synonym）。"Hippocratia St. - Lag., Ann. Soc. Bot. Lyon viii. 175（1881）= Hippocratea L.（1753）［卫矛科 Celastraceae//翅子藤科（希藤科）Hippocrateaceae］"仅有属名；似为"Hippocratea L.（1753）"的拼写变体。【分布】巴拉圭，巴拿马，秘鲁，玻利维亚，厄瓜多尔，哥伦比亚（安蒂奥基亚），马达加斯加，尼加拉瓜，利比里亚（宁巴），美国（东南部）和墨西哥至热带南美洲，西印度群岛，中美洲。【模式】Hippocratea volubilis Linnaeus。【参考异名】Bejuco Loefl.（1758）；Coa Adans.（1763）Nom. illegit.；Coa Mill.（1754）Nom. illegit.；Helictonema Pierre（1898）；Hemiangium A. C. Sm.（1940）；Hippocratia St. - Lag.（1881）；Kippistia Miers（1872）Nom. illegit.；Peireskia Post et Kuntze（1903）Nom. illegit.；Simirestis N. Hallé（1958）●☆

24777 Hippocrateaceae Juss.（1811）（保留科名）［亦见 Celastraceae R. Br.（1814）（保留科名）卫矛科和 Hippuridaceae Vest（保留科名）杉叶藻科］【汉】翅子藤科（希藤科）。【日】ヒポクラテア科。【英】Hippocratea Family。【包含】世界 13 属 250 种，中国 3 属 19 种。【分布】哥伦比亚，玻利维亚，厄瓜多尔，马达加斯加，尼加拉瓜，巴拿马，秘鲁，中国，宁巴，中美洲。【科名模式】Hippocratea L.（1753）●

24778 Hippocratia St. - Lag.（1881）Nom. illegit. = Hippocratea L.（1753）［卫矛科 Celastraceae//翅子藤科（希藤科）Hippocrateaceae］●☆

24779 Hippocrepandra Müll. Arg.（1865）= Monotaxis Brongn.（1834）［大戟科 Euphorbiaceae］■☆

24780 Hippocrepis L.（1753）【汉】马蹄豆属。【俄】Гиппокрепис，Подковник。【英】Horseshoe Vetch。【隶属】豆科 Fabaceae（Leguminosae）//蝶形花科 Papilionaceae。【包含】世界 21-30 种。【学名诠释与讨论】〈阴〉（希）hippos，骑士，马+krepis, krepidos，鞋，矮腰靴。指豆荚形状。此属的学名，ING、TROPICOS 和 IK 记载是"Hippocrepis Linnaeus, Sp. Pl. 744. 1 Mai 1753"。"Ferrum-equinum Tourn. ex Medik.（1787）Nom. illegit. ≡ Ferrum-equinum Medikus, Vorles. Churpfälz. Phys. - Öcon. Ges. 2: 370. 1787"是"Hippocrepis L.（1753）"的晚出的同模式异名（Homotypic synonym, Nomenclatural synonym）。【分布】巴基斯坦，玻利维亚，地中海至伊朗，欧洲。【后选模式】Hippocrepis unisiliquosa Linnaeus。【参考异名】Ferrum - equinum Medik.（1787）Nom. illegit.；Ferrum - equinum Tourn. ex Medik.（1787）Nom. illegit.；Hipocrepis Neck.（1768）Nom. illegit. ■☆

24781 Hippocrepistigma Deflers = Hildebrandtia Vatke（1876）［旋花科 Convolvulaceae］●☆

24782 Hippocris Raf.（1814）= Hippocrepistigma Deflers［旋花科 Convolvulaceae］●☆

24783 Hippodamia Decne.（1848）Nom. illegit. ≡ Arctocalyx Fenzl（1848）；~ = Solenophora Benth.（1840）［苦苣苔科 Gesneriaceae］●☆

24784 Hippoglossum Breda（1829）Nom. illegit. = Bulbophyllum Thouars（1822）（保留属名）；~ = Cirrhopetalum Lindl.（1830）（保留属名）［兰科 Orchidaceae］■

24785 Hippoglossum Hartm.（1832）Nom. illegit. ≡ Steenhammera Rchb.（1831）；~ = Mertensia Roth（1797）（保留属名）［紫草科 Boraginaceae］■

24786 Hippoglossum Hill（1756）= Ruscus L.（1753）［百合科 Liliaceae//假叶树科 Ruscaceae］●

24787 Hippolytia Poljakov（1957）【汉】女蒿属。【俄】Ипполития。【英】Hippolytia。【隶属】菊科 Asteraceae（Compositae）。【包含】世界 19 种，中国 12-14 种。【学名诠释与讨论】〈阴〉（希）Hippolytos，神话中勇敢女族 Amacons 族的女王。【分布】巴基斯坦，中国，喜马拉雅山区，亚洲。【模式】Hippolytia darwasica（C. Winkler）P. P. Poljakov［as 'darvasica'］［Tanacetum darwasicum C. Winkler］。●■

24788 Hippomanaceae J. Agardh（1858）［亦见 Euphorbiaceae Juss.（保留科名）大戟科］【汉】马疯木科。【包含】世界 1 属 5 种。【分布】墨西哥，西印度群岛。【科名模式】Hippomane L.（1753）●☆

24789 Hippomane L.（1753）【汉】马疯木属（马疯大戟属）。【英】Manchineel Tree。【隶属】大戟科 Euphorbiaceae//马疯木科 Hippomanaceae。【包含】世界 5 种。【学名诠释与讨论】〈阴〉（希）hippos，骑士，马 + mania = mane，疯狂，癫狂，激怒。Hippomanes，作形容词用是指马被阉后的发狂，但作名词用时，则指用甘遂制成的一种春药。此属的学名，ING、TROPICOS 和 IK 记载是"Hippomane L., Sp. Pl. 2: 1191. 1753［1 May 1753］"。

"Mancanilla P. Miller, Gard. Dict. Abr. ed. 4. 28 Jan 1754" 是 "Hippomane L.（1753）" 的晚出的同模式异名（Homotypic synonym, Nomenclatural synonym）。"Hippomanes St. -Lag., Ann. Soc. Bot. Lyon vii.（1880）88" 仅有属名；似为 "Hippomane L.（1753）" 的拼写变体。【分布】巴拿马，玻利维亚，厄瓜多尔，哥斯达黎加，墨西哥，尼加拉瓜，西印度群岛，中美洲。【后选模式】Hippomane mancinella Linnaeus。【参考异名】Mancanilla Adans.（1763）Nom. illegit.；Mancanilla Mill.（1754）Nom. illegit.；Mancanilla Plum. ex Adans.（1763）Nom. illegit.；Mancinella Tussac（1824）；Marcanilla Steud.（1840）●☆

24790　Hippomanes St. -Lag.（1880）Nom. illegit. =? ［大戟科 Euphorbiaceae］☆

24791　Hippomanica Molina（1782）= Phaca L.（1753）+ Pernettya Gaudich.（1825）（保留属名）［豆科 Fabaceae（Leguminosae）//蝶形花科 Papilionaceae］●■

24792　Hippomarathrum G. Gaertn., B. Mey. et Scherb.（1799）【汉】马茴香属。【俄】Конский фенхель。【英】Horse Fennel。【隶属】伞形花科（伞形科）Apiaceae（Umbelliferae）。【包含】世界 12 种。【学名诠释与讨论】〈中〉（希）hippos, 骑士, 马 + marathron, marathon, 茴香。另说 hippos, 骑士, 马 +（属）Marathrum 翼肋果属。此属的学名, ING、TROPICOS 和 IK 记载是 "Hippomarathrum P. G. Gaertner, B. Meyer et J. Scherbius, Oekon. -Techn. Fl. Wetterau 1：249, 413. 1799"。"Hippomarathrum Hall., in Ruppius Fl. Jen. ed. II. 280（1745）= Seseli L.（1753）［伞形花科（伞形科）Apiaceae（Umbelliferae）］" 是命名起点著作之前的名称。"Hippomarathrum Link, Enum. Horti Berol. 1：271. Mar~Jun 1821 = Cachrys L.（1753）［伞形花科（伞形科）Apiaceae（Umbelliferae）］" 和 "Hippomarathrum Hoffmanns. et Link, Fl. Portug.［Hoffmannsegg］2：411.［1820-1834］= Hippomarathrum Link（1821）Nom. illegit. = Cachrys L.（1753）［伞形花科（伞形科）Apiaceae（Umbelliferae）］" 是晚出的非法名称。"Hippaton Rafinesque, Good Book 51. Jan 1840" 是 "Hippomarathrum G. Gaertn., B. Mey. et Scherb.（1799）" 的晚出的同模式异名（Homotypic synonym, Nomenclatural synonym）。亦有文献把 "Hippomarathrum G. Gaertn., B. Mey. et Scherb.（1799）" 处理为 "Seseli L.（1753）" 的异名。【分布】参见 Seseli L.（1753）。【模式】Hippomarathrum pelviforme P. G. Gaertner, B. Meyer et J. Scherbius［Seseli hippomarathrum N. J. Jacquin］。【参考异名】Hippaton Raf.（1840）；Hippomarathrum Haller（1745）Nom. inval.；Seseli L.（1753）■☆

24793　Hippomarathrum Haller（1745）Nom. inval. = Hippomarathrum G. Gaertn., B. Mey. et Scherb.（1799）；~ = Seseli L.（1753）［伞形花科（伞形科）Apiaceae（Umbelliferae）］■

24794　Hippomarathrum Hoffmanns. et Link（1820-1834）Nom. illegit. = Cachrys L.（1753）；~ = Hippomarathrum Link（1821）Nom. illegit.；~ = Cachrys L.（1753）［伞形花科（伞形科）Apiaceae（Umbelliferae）］■☆

24795　Hippomarathrum Link（1821）Nom. illegit. = Cachrys L.（1753）［伞形花科（伞形科）Apiaceae（Umbelliferae）］■

24796　Hippomarathrum P. Gaertn., B. Mey. et Scherb.（1799）= Seseli L.（1753）［伞形花科（伞形科）Apiaceae（Umbelliferae）］■

24797　Hippomarathrum Raf. = Seseli L.（1753）［伞形花科（伞形科）Apiaceae（Umbelliferae）］■

24798　Hippophae L.（1753）【汉】沙棘属。【日】ヒッポフェ属。【俄】Облепиха。【英】Buckthorn, Sandthorn, Sea Buckthorn, Seabuckthorn, Sea-buckthorn。【隶属】胡颓子科 Elaeagnaceae。【包含】世界 3-7 种, 中国 7 种。【学名诠释与讨论】〈阴〉（希）

hippophaes, 一种多刺的大戟属植物或类似植物的古名, 来自希腊文 hippos, 马 + phao, 消灭。猜想其种子有毒。此属的学名, ING、TROPICOS 和 IK 记载是 "Hippophae L., Sp. Pl. 2；1023. 1753［1 May 1753］"。"Argussiera Bubani, Fl. Pyrenaea 1；222. 1897"、"Hippophaes St. -Lag., Ann. Soc. Bot. Lyon vii.（1880）88" 和 "Rhamnoides P. Miller, Gard. Dict. Abr. ed. 4. 28 Jan 1754" 是 "Hippophae L.（1753）" 的晚出的同模式异名（Homotypic synonym, Nomenclatural synonym）。"Hippophaes Asch., Fl. Brandenb. 594（1864）" 仅有属名；似为 "Hippophae L.（1753）" 的拼写变体。【分布】巴基斯坦, 中国, 温带欧亚大陆。【后选模式】Hippophae rhamnoides Linnaeus。【参考异名】Argussiera Bubani（1897）Nom. illegit.；Hippophaes Asch.（1864）Nom. illegit.；Hippophaes St. -Lag.（1880）Nom. illegit.；Hypophae Medik.（1799）；Rhamnoides Mill.（1754）Nom. illegit.；Rhamnoides Tourn. ex Moench（1794）●

24799　Hippophaeaceae G. Mey.（1836）= Elaeagnaceae Juss.（保留科名）●

24800　Hippophaes Asch.（1864）Nom. illegit. = Hippophae L.（1753）［胡颓子科 Elaeagnaceae］●

24801　Hippophaes St. -Lag.（1880）Nom. illegit. ≡ Hippophae L.（1753）［胡颓子科 Elaeagnaceae］●

24802　Hippophaestum Gray（1821）Nom. illegit. ≡ Calcitrapa Hill（1762）Nom. illegit.；~ = Centaurea L.（1753）（保留属名）［菊科 Asteraceae（Compositae）//矢车菊科 Centaureaceae］●■

24803　Hippopodium Harv. = Hippopodium Harv. ex Lindl.；~ = Ceratandra Eckl. ex F. A. Bauer（1837）［兰科 Orchidaceae］■☆

24804　Hippopodium Harv. ex Lindl. = Ceratandra Eckl. ex F. A. Bauer（1837）［兰科 Orchidaceae］■☆

24805　Hipporchis Thouars（1809）Nom. illegit. ≡ Hipporkis Thouars（1809）Nom. illegit.；~ ≡ Satyrium Sw.（1800）（保留属名）［兰科 Orchidaceae］■

24806　Hipporkis Thouars（1809）Nom. illegit. ≡ Satyrium Sw.（1800）（保留属名）［兰科 Orchidaceae］■

24807　Hipposelinum Britton et Rose（1913）Nom. illegit. ≡ Levisticum Hill（1756）（保留属名）［伞形花科（伞形科）Apiaceae（Umbelliferae）］■

24808　Hipposeris Cass.（1824）= Onoseris Willd.（1803）［菊科 Asteraceae（Compositae）］●■☆

24809　Hippothronia Benth.（1833）= Hypothronia Schrank（1824）；~ = Hyptis Jacq.（1787）（保留属名）［唇形科 Lamiaceae（Labiatae）］●■

24810　Hippotis Ruiz et Pav.（1794）【汉】马耳茜属。【隶属】茜草科 Rubiaceae。【包含】世界 12 种。【学名诠释与讨论】〈阴〉（希）hippos, 骑士, 马 + ous, 所有格 otos, 指小式 otion, 耳。otikos, 耳的。【分布】热带南美洲。【模式】Hippotis trifolia Ruiz et Pavon。●☆

24811　Hippoxylon Raf.（1838）Nom. illegit. ≡ Oroxylum Vent.（1808）［紫葳科 Bignoniaceae］●

24812　Hippuridaceae Link = Hippuridaceae Vest（保留科名）；~ = Plantaginaceae Juss.（保留科名）●■

24813　Hippuridaceae Vest（1818）（保留科名）【汉】杉叶藻科。【日】スギナモ科。【俄】Водоносоcенковые, Хвостниковые。【英】Mare's-tail Family, Marestail Family。【包含】世界 1 属 2-3 种, 中国 1 属 2 种。【分布】广泛分布。【科名模式】Hippuris L.（1753）●■

24814　Hippuris L.（1753）【汉】杉叶藻属。【日】スギナモ属。【俄】Водяная сосенка, Сосенка водяная, Хвостник。【英】Mare's-tail, Marestail。【隶属】杉叶藻科 Hippuridaceae。【包含】世界 2-3 种, 中国 2 种。【学名诠释与讨论】〈阴〉（希）hippos, 指小式 hipparion, 马 + -urus, -ura, -uro, 用于希腊文组合词, 含义为 "尾

巴"。指植物体外貌似马尾。此属的学名，ING、TROPICOS 和 GCI 记载是"Hippuris L., Sp. Pl. 1：4. 1753［1 May 1753］"。"Limnopeuce Séguier, Pl. Veron. 3：64. Jul-Aug 1754"是"Hippuris L.（1753）"的晚出的同模式异名（Homotypic synonym, Nomenclatural synonym）。"Limnopeuce Zinn, Cat. Pl. Gott. 55（1757）"亦是本属的异名。【分布】巴基斯坦，中国。【模式】Hippuris vulgaris Linnaeus。【参考异名】Caullinia Raf.（1808）；Limnopeuce Ség.（1754）Nom. illegit.；Limnopeuce Zinn（1757）Nom. illegit.■

24815 Hiptage Gaertn.（1790）（保留属名）【汉】风筝果属（飞鸢果属，风车藤属，狗角藤属，猿尾藤属）。【日】ホザキサルノオ属，ホザキサルノヲ属。【英】Hiptage, Kitefruit。【隶属】金虎尾科（黄褥花科）Malpighiaceae//防己科 Menispermaceae。【包含】世界 20-31 种，中国 13 种。【学名诠释与讨论】〈阴〉（希）hiptamai，飞。指果具三翅。此属的学名"Hiptage Gaertn., Fruct. Sem. Pl. 2：169. Sep（sero）-Nov 1790"是保留属名。法规未列出相应的废弃属名。"Gaertnera Schreber, Gen. 290. Apr 1789（废弃属名）"和"Molina Cavanilles, Diss. 9：435. Jan-Feb 1790"是"Hiptage Gaertn.（1790）（保留属名）"的同模式异名（Homotypic synonym, Nomenclatural synonym）。【分布】巴基斯坦，斐济，马来西亚（西部），毛里求斯，印度尼西亚（苏拉威西岛），中国，帝汶岛，中南半岛，西喜马拉雅山。【模式】Hiptage madablota J. Gaertner, Nom. illegit.［Banisteria tetraptera Sonnerat］。【参考异名】Gaertnera Schreb.（1789）（废弃属名）；Molina Cav.（1790）；Succowia Dennst.（1818）Nom. illegit.●

24816 Hiraea Jacq.（1760）【汉】藤翅果属。【隶属】金虎尾科（黄褥花科）Malpighiaceae。【包含】世界 40 种。【学名诠释与讨论】〈阴〉（人）Jean Nicolas de La Hire, c. 1685-1727, 法国植物学者，医生。【分布】巴拉圭，巴拿马，秘鲁，玻利维亚，厄瓜多尔，哥伦比亚（安蒂奥基亚），哥斯达黎加，美国，尼加拉瓜，中美洲。【模式】Hiraea reclinata N. J. Jacquin。【参考异名】Alicia W. R. Anderson（2006）；Carolus W. R. Anderson（2006）；Niedenzuella W. R. Anderson（2006）●☆

24817 Hirania Thulin（2007）【汉】索马里无患子属。【隶属】无患子科 Sapindaceae。【包含】世界 1 种。【学名诠释与讨论】〈阴〉（地）Hiran，希兰，位于索马里。【分布】索马里。【模式】Hirania rosea Thulin。●☆

24818 Hirculus Haw.（1821）= Saxifraga L.（1753）［虎耳草科 Saxifragaceae］■

24819 Hirnellia Cass.（1820）= Myriocephalus Benth.（1837）［菊科 Asteraceae（Compositae）］■☆

24820 Hirpicium Cass.（1820）【汉】联苞菊属。【隶属】菊科 Asteraceae（Compositae）。【包含】世界 11-12 种。【学名诠释与讨论】〈中〉词源不详。【分布】非洲。【模式】Hirpicium echinulatum Cassini, Nom. illegit.［Oedera alienata Thunberg］。【参考异名】Berkheyopsis O. Hoffm.（1893）●■☆

24821 Hirschfeldia Moench（1794）【汉】地中海芥属。【俄】Гиршфельдия。【英】Hirschfeldia, Hoary Mustard。【隶属】十字花科 Brassicaceae（Cruciferae）。【包含】世界 2 种。【学名诠释与讨论】〈阴〉（人）Christian Caius Lorenz Hirschfeld, 1742-1792, 德国园艺家。此属的学名，ING、TROPICOS、APNI 和 IK 记载是"Hirschfeldia Moench, Methodus（Moench）264（1724）. 1794［4 May 1794］"。"Strangalis Dulac, Fl. Hautes-Pyrénées 195. 1867"是"Hirschfeldia Moench（1794）"的晚出的同模式异名（Homotypic synonym, Nomenclatural synonym）。亦有文献把"Hirschfeldia Moench（1794）"处理为"Erucastrum（DC.）C. Presl（1826）"的异名。【分布】玻利维亚，地中海地区，也门（索科特拉岛）。【模

式】Hirschfeldia adpressa Moench, Nom. illegit.［Sinapis incana Linnaeus；Hirschfeldia incana（Linnaeus）Lowe］。【参考异名】Erucastrum（DC.）C. Presl（1826）；Erucastrum C. Presl（1826）Nom. illegit.；Strangalis Dulac（1867）Nom. illegit.■☆

24822 Hirschia Baker（1895）= Iphiona Cass.（1817）（保留属名）［菊科 Asteraceae（Compositae）］●■☆

24823 Hirschtia K. Schum. ex Schwartz（1927）= Pontederia L.（1753）［雨久花科 Pontederiaceae］■☆

24824 Hirsutiarum J. Murata et Ohi-Toma（2010）Nom. inval.［天南星科 Araceae］☆

24825 Hirtella L.（1753）【汉】毛金壳果属。【隶属】金壳果科 Chrysobalanaceae。【包含】世界 103 种。【学名诠释与讨论】〈阴〉（拉）hirtus, 粗糙的，多毛的+-ellus, -ella, -ellum, 加在名词词干后面形成指小式的词尾。或加在人名、属名等后面以组成新属的名称。指嫩枝具毛。【分布】巴拿马，秘鲁，玻利维亚，厄瓜多尔，非洲东部，哥伦比亚（安蒂奥基亚），马达加斯加，美国，尼加拉瓜，西印度群岛，中美洲。【模式】Hirtella americana Linnaeus。【参考异名】Braya Vell.；Brya Vell.（1829）Nom. illegit.；Causea Scop.（1777）；Cosmibuena Ruiz et Pav.（1794）（废弃属名）；Salmasia Schreb.（1789）Nom. illegit.；Sphenista Raf.（1838）Nom. illegit.；Tachibota Aubl.（1775）；Thelyra DC.（1825）；Thelyra Thouars；Waldeckia Klotzsch（1848）；Zamzela Raf.（1838）●☆

24826 Hirtellaceae Horan.（1847）= Chrysobalanaceae R. Br.（保留科名）+Rhizophoraceae+Vochysiaceae+Dichapetalaceae Baill.（保留科名）●☆

24827 Hirtellaceae Nakai = Chrysobalanaceae R. Br.（保留科名）●☆

24828 Hirtellia Dumort.（1829）Nom. illegit.［金壳果科 Chrysobalanaceae］●☆

24829 Hirtellina（Cass.）Cass.（1827）= Staehelina L.（1753）［菊科 Asteraceae（Compositae）］●☆

24830 Hirtellina Cass.（1827）Nom. illegit. ≡ Hirtellina（Cass.）Cass.（1827）= Staehelina L.（1753）［菊科 Asteraceae（Compositae）］●☆

24831 Hirtzia Dodson（1984）【汉】希施兰属。【隶属】兰科 Orchidaceae。【包含】世界 2 种。【学名诠释与讨论】〈阴〉（人）Alexander C. Hirtz, 1945-?, 植物学者。【分布】厄瓜多尔。【模式】Hirtzia benzingii C. H. Dodson。■☆

24832 Hirundinaria J. B. Ehrh. = Vincetoxicum Wolf（1776）［萝藦科 Asclepiadaceae］●■

24833 Hisbanche Sparrm. ex Meisn.（1842）= Hyobanche L.（1771）［玄参科 Scrophulariaceae//列当科 Orobanchaceae］■☆

24834 Hisingera Hellen.（1792）= Xylosma G. Forst.（1786）（保留属名）［刺篱木科（大风子科）Flacourtiaceae］●

24835 Hispaniella Braem（1980）【汉】伊斯帕兰属。【隶属】兰科 Orchidaceae。【包含】世界 1 种。【学名诠释与讨论】〈阴〉（地）Hispania, 西班牙+-ellus, -ella, -ellum, 加在名词词干后面形成指小式的词尾。或加在人名、属名等后面以组成新属的名称。另说来自西有毒群岛的一个岛名 Hispaniola。此属的学名是"Hispaniella G. J. Braem, Orchidee（Hamburg）31：144. 15 Jul 1980"。亦有文献把其处理为"Oncidium Sw.（1800）（保留属名）"的异名。【分布】海地。【模式】Hispaniella henekenii（Schomburgk ex Lindley）G. J. Braem［Oncidium henekenii Schomburgk ex Lindley］。【参考异名】Oncidium Sw.（1800）（保留属名）■☆

24836 Hispaniolanthus Cornejo et Iltis（2009）【汉】海地山柑属。【隶属】山柑科（白花菜科，醉蝶花科）Capparaceae。【包含】世界 1 种。【学名诠释与讨论】〈阴〉（地）Hispania, 西班牙+anthos, 花。

此属的学名是"Hispaniolanthus Cornejo et Iltis, Harvard Papers in Botany 14(1): 9-12, f. 1. 2009"。亦有文献把其处理为"Capparis L.(1753)"的异名。【分布】海地。【模式】Hispaniolanthus dolichopodus(Helwig)Cornejo et Iltis。【参考异名】Capparis L.(1753)●☆

24837　Hispidella Barnadez ex Lam.(1789)【汉】无冠山柳菊属。【隶属】菊科 Asteraceae(Compositae)。【包含】世界1种。【学名诠释与讨论】〈阴〉(拉)hispidus, 多刺的, 蓬松的, 粗糙的+-ellus, -ella, -ellum, 加在名词词干后面形成指小式的词尾。或加在人名、属名等后面以组成新属的名称。【分布】利比亚。【模式】Hispidella hispanica Lamarck。【参考异名】Bolosia Pourr. ex Willd. et Lange(1865); Soldevilla Lag.(1805)■☆

24838　Hissopus Nocca(1793)= Hyssopus L.(1753)[唇形科 Lamiaceae(Labiatae)]●■

24839　Hisutsua DC.(1838)= Boltonia L'Hér.(1789); ~ = Kalimeris(Cass.)Cass.(1825)[菊科 Asteraceae(Compositae)]■▼

24840　Hitchcockella A. Camus(1925)【汉】希氏竹属(赫支高竹属, 希区科克竹属)。【隶属】禾本科 Poaceae(Gramineae)。【包含】世界1种。【学名诠释与讨论】〈阴〉(人)Albert Spear Hitchcock, 1865-1935, 美国植物学者, 禾本植物专家, 探险家, 植物采集家+-ellus, -ella, -ellum, 加在名词词干后面形成指小式的词尾。或加在人名、属名等后面以组成新属的名称。【分布】马达加斯加。【模式】Hitchcockella baronii A. Camus。●☆

24841　Hitchenia Wall.(1835)【汉】希钦姜属。【隶属】姜科(蘘荷科)Zingiberaceae。【包含】世界3种。【学名诠释与讨论】〈阴〉(人)Thomas Hitchin(Kitchin, Hitchen), 英国植物学者。此属的学名, ING、TROPICOS 和 IK 记载是"Hitchenia Wallich, Trans. Med. Soc. Calcutta 7: 215. 1835"。J. O. Voigt(1845)曾用"Dischema J. O. Voigt, Hortus Suburb. Calcut. 566. 1845"替代"Hitchenia Wallich, Trans. Med. Soc. Calcutta 7: 215. 1835"; 这是多余的。未见记载"Hitchenia Wall.(1835)"是非法名称。"Hitchinia Horan., Prod. Monog. Scitam. 24(1862)"似为"Hitchenia Wall.(1835)"的拼写变体。【分布】马来半岛, 印度。【模式】Hitchenia glauca Wallich。【参考异名】Dischema Voigt(1845)Nom. illegit.; Hitchinia Horan.(1862)■☆

24842　Hitcheniopsis(Baker)Ridl.(1924)Nom. illegit. = Scaphochlamys Baker(1892)[姜科(蘘荷科)Zingiberaceae]■☆

24843　Hitcheniopsis Ridl. ex Valeton(1918)= Scaphochlamys Baker(1892)[姜科(蘘荷科)Zingiberaceae]■☆

24844　Hitchinia Hook. f.(1883)Nom. illegit.[萝藦科 Asclepiadaceae]☆

24845　Hitchinia Horan.(1862)= Hitchenia Wall.(1835)[姜科(蘘荷科)Zingiberaceae]■☆

24846　Hitoa Nadeaud(1899)= Ixora L.(1753)[茜草科 Rubiaceae]●

24847　Hitzera B. D. Jacks. = Hitzeria Klotzsch(1861)[橄榄科 Burseraceae]●

24848　Hitzeria Klotzsch(1861)= Commiphora Jacq.(1797)(保留属名)[橄榄科 Burseraceae]●

24849　Hjaltalinia Á. Löve et D. Löve(1985)= Sedum L.(1753)[景天科 Crassulaceae]●■

24850　Hladnickia Meisn.(1838)Nom. illegit. = Carum L.(1753); ~ = Hladnikia Rchb.(1831)Nom. illegit.; ~ Grafia Rchb.(1837); ~ = Carum L.(1753)[伞形花科(伞形科)Apiaceae(Umbelliferae)]■☆

24851　Hladnickia Steud.(1840)Nom. illegit. = Hladnikia W. D. J. Koch(1835)Nom. illegit.; ~ Grafia Rchb.(1837)[伞形花科(伞形科)Apiaceae(Umbelliferae)]■☆

24852　Hladnikia Rchb.(1831)Nom. illegit. ≡ Grafia Rchb.(1837); ~ = Carum L.(1753)[伞形花科(伞形科)Apiaceae(Umbelliferae)]■

24853　Hladnikia W. D. J. Koch(1835)Nom. illegit. ≡ Grafia Rchb.(1837)[伞形花科(伞形科)Apiaceae(Umbelliferae)]■

24854　Hlubeckia Bronner(1857)【汉】赫卢葡萄属。【隶属】葡萄科 Vitaceae。【包含】世界1种。【学名诠释与讨论】〈阴〉(人)Hlubeck。【分布】德国。【模式】Hlubeckia fertilis Bronner。●☆

24855　Hoarea Sweet(1820)= Pelargonium L'Hér. ex Aiton(1789)[牻牛儿苗科 Geraniaceae]●■

24856　Hochenwartia Crantz(1766)Nom. illegit. ≡ Rhododendron L.(1753)[杜鹃花科(欧石南科)Ericaceae]●

24857　Hochreutinera Krapov.(1970)【汉】霍赫锦葵属。【隶属】锦葵科 Malvaceae。【包含】世界2种。【学名诠释与讨论】〈阴〉(人)Benedict Pierre Georges Hochreutiner, 1873-1959, 瑞士植物学者, John Isaac Briquet(1870-1931)的助手。【分布】巴拉圭, 哥斯达黎加, 尼加拉瓜, 温带南美洲, 中美洲。【模式】Hochreutinera hasslerana(Hochreutiner)Krapovickas[Abutilon hassleranum Hochreutiner]。●☆

24858　Hochstettera Spach(1841)= Hochstetteria DC.(1838)[菊科 Asteraceae(Compositae)]●☆

24859　Hochstetteria DC.(1838)= Dicoma Cass.(1817)[菊科 Asteraceae(Compositae)]●☆

24860　Hockea Lindl.(1847)= Fockea Endl.(1839)[萝藦科 Asclepiadaceae]●☆

24861　Hockinia Gardner(1843)【汉】霍钦龙胆属。【隶属】龙胆科 Gentianaceae。【包含】世界1种。【学名诠释与讨论】〈阴〉(人)John Hockin, 植物学者。【分布】巴西(东部)。【模式】Hockinia montana G. Gardner。【参考异名】Anacolus Griseb.(1845)■☆

24862　Hocquartia Dumort.(1822)= Aristolochia L.(1753); ~ = Isotrema Raf.(1819)[马兜铃科 Aristolochiaceae]●

24863　Hodgkinsonia F. Muell.(1861)【汉】霍奇茜属。【隶属】茜草科 Rubiaceae。【包含】世界1种。【学名诠释与讨论】〈阴〉(人)Clement Hodgkinson, 1818-1893, 测量工作者。【分布】澳大利亚(东部)。【模式】Hodgkinsonia ovatiflora F. v. Mueller。☆

24864　Hodgsonia F. Muell.(1860)Nom. illegit. ≡ Hodgsoniola F. Muell.(1861)[吊兰科(猴面包科, 猴面包树科)Anthericaceae//苞花草科(红箭花科)Johnsoniaceae]■☆

24865　Hodgsonia Hook. f. et Thomson(1854)【汉】油渣果属(油瓜属)。【英】Hodgsonia, Oilresiduefruit。【隶属】葫芦科(瓜科, 南瓜科)Cucurbitaceae。【包含】世界2种, 中国1种。【学名诠释与讨论】〈阴〉(人)Brian Houghton Hodgson, 1800-1894, 英国东方学专家, 语言学者, 动植物采集者。此属的学名, ING、TROPICOS 和 IK 记载是"Hodgsonia Hook. f. et T. Thomson, Proc. Linn. Soc. London 2: 257. 7 Feb 1854"。"Hodgsonia F. Muell., Fragmenta Phytographiae Australiae 2 1861 ≡ Hodgsoniola F. Muell.(1861)[吊兰科(猴面包科, 猴面包树科)Anthericaceae//苞花草科(红箭花科)Johnsoniaceae]"是晚出的非法名称; 它已经被"Hodgsoniola F. v. Mueller, Fragm. 2: 176. 1861"所替代。苔藓的"Hodgsonia H. Persson, Hodgsonia nov. gen.(Hepaticae)(Stockholm)[1]. 22 Dec 1953 ≡ Neohodgsonia H. Persson 1954"也是晚出的非法名称。【分布】印度至马来西亚, 中国。【模式】Hodgsonia heteroclita(Roxburgh)J. D. Hooker et T. Thomson[Trichosanthes heteroclita Roxburgh]。●

24866　Hodgsoniola F. Muell.(1861)【汉】霍奇兰属。【隶属】吊兰科(猴面包科, 猴面包树科)Anthericaceae//苞花草科(红箭花科)Johnsoniaceae。【包含】世界1种。【学名诠释与讨论】〈阴〉(人)John Hodgson, 1799-1860, 澳大利亚政治家+-olus, -ola, -olum,

拉丁文指示小的词尾。此属的学名"Hodgsoniola F. v. Mueller, Fragm. 2：176. 1861"是一个替代名称。"Hodgsonia F. v. Mueller, Fragm. 2：95. Aug 1860"是一个非法名称（Nom. illegit.），因为此前已经有了"Hodgsonia Hook. f. et T. Thomson, Proc. Linn. Soc. London 2：257. 7 Feb 1854［葫芦科（瓜科，南瓜科）Cucurbitaceae］"和苔藓的"Hodgsonia H. Persson, Hodgsonia nov. gen.（Hepaticae）（Stockholm）［1］. 22 Dec 1953"。故用"Hodgsoniola F. Muell.（1861）"替代之。同理，苔藓的"Hodgsonia H. Persson, Hodgsonia nov. gen.（Hepaticae）（Stockholm）［1］. 22 Dec 1953"亦是一个非法名称。【分布】澳大利亚（西南部）。【模式】Hodgsoniola junciformis（F. v. Mueller）F. v. Mueller［Hodgsonia junciformis F. v. Mueller］。【参考异名】Hodgsonia F. Muell.（1860）Nom. illegit. ■☆

24867　Hoeckia Engl. et Graebn.（1901）Nom. illegit. ≡Hoeckia Engl. et Graebn. ex Diels（1901）［川续断科（刺参科，蓟叶参科，山萝卜科，续断科）Dipsacaceae//缬草科（败酱科）Valerianaceae//双参科 Triplostegiaceae］■

24868　Hoeckia Engl. et Graebn. ex Diels（1901）＝Triplostegia Wall. ex DC.（1830）［川续断科（刺参科，蓟叶参科，山萝卜科，续断科）Dipsacaceae//缬草科（败酱科）Valerianaceae//双参科 Triplostegiaceae］■

24869　Hoeffnagelia Nack.（1790）Nom. inval. ＝Trigonia Aubl.（1775）［三角果科（三棱果科，三数木科）Trigoniaceae］●☆

24870　Hoehnea Epling（1939）【汉】赫内草属。【隶属】唇形科 Lamiaceae（Labiatae）。【包含】世界 4 种。【学名诠释与讨论】〈阴〉（人）Frederico Frederico Carlos Hoehne, 1882－1959, 巴西植物学者，植物采集家。此属的学名"Hoehnea Epling, Repert. Spec. Nov. Regni Veg. Beih. 115；8. 15 Jun 1939"是一个替代名称。"Keithia Bentham, Labiat. Gen. Sp. 409. Mai 1834"是一个非法名称（Nom. illegit.），因为此前已经有了"Keithia K. P. J. Sprengel, Neue Entdeck. Pflanzenk. 3：57. 1822［白花菜科 Capparaceae］"。故用"Hoehnea Epling（1939）"替代之。【分布】热带南美洲。【模式】Hoehnea scutellarioides（Bentham）Epling［Keithia scutellarioides Bentham］。【参考异名】Keithia Benth.（1834）Nuom. illegit. ■☆

24871　Hoehneella Ruschi（1945）【汉】赫内兰属。【隶属】兰科 Orchidaceae。【包含】世界 2-4 种。【学名诠释与讨论】〈阴〉（人）Frederico Carlos Hoehne, 1882－1959, 巴西植物学者，植物采集家+-ellus, -ella, -ellum, 加在名词词干后面形成指小式的词尾。或加在人名、属名等后面以组成新属的名称。【分布】巴西，玻利维亚。【模式】Warcewiczella gehrtii Hohne。■☆

24872　Hoehnelia Schweinf.（1892）＝Ethulia L. f.（1762）［菊科 Asteraceae（Compositae）］■

24873　Hoehnelia Schweinf. ex Engl.（1892）Nom. illegit. ≡Hoehnelia Schweinf.（1892）；~ ＝Ethulia L. f.（1762）［菊科 Asteraceae（Compositae）］■

24874　Hoehnella Szlach. et Sitko（2012）Nom. illegit. ＝Hoehneella Ruschi（1945）［兰科 Orchidaceae］■☆

24875　Hoehnephytum Cabrera（1950）【汉】全叶蟹甲草属。【隶属】菊科 Asteraceae（Compositae）。【包含】世界 3 种。【学名诠释与讨论】〈中〉（人）Frederico Carlos Hoehne, 1882－1959, 巴西植物学者，植物采集家+phyton, 植物，树木，枝条。【分布】巴西。【模式】未指定。■☆

24876　Hoelselia Juss.（1821）Nom. illegit. ≡Hoelselia Neck. ex Juss.（1821）Nom. illegit. ≡Possira Aubl.（1775）（废弃属名 ＝Swartzia Schreb.（1791）（保留属名））［豆科 Fabaceae（Leguminosae）//云实科（苏木科）Caesalpiniaceae］●☆

24877　Hoelselia Neck. ex Juss.（1821）Nom. illegit. ≡Possira Aubl.（1775）（废弃属名）；~ ＝Swartzia Schreb.（1791）（保留属名）［豆科 Fabaceae（Leguminosae）//蝶形花科 Papilionaceae］●☆

24878　Hoelzelia Neck.（1790）Nom. inval. ≡Hoelselia Neck. ex Juss.（1821）Nom. illegit.；~ ≡Possira Aubl.（1775）（废弃属名）；~ ＝Swartzia Schreb.（1791）（保留属名）［豆科 Fabaceae（Leguminosae）//蝶形花科 Papilionaceae］●☆

24879　Hoepfneria Vatke（1879）＝Abrus Adans.（1763）［豆科 Fabaceae（Leguminosae）//蝶形花科 Papilionaceae］●■

24880　Hoferia Scop.（1777）Nom. illegit. ≡Mokof Adans.（1763）（废弃属名）；~ ＝Ternstroemia Mutis ex L. f.（1782）（保留属名）［山茶科（茶科）Theaceae//厚皮香科 Ternstroemiaceae］●

24881　Hoffmannanthus H. Rob., S. C. Keeley et Skvarla（2014）【汉】豪氏菊属。【隶属】菊科 Asteraceae（Compositae）。【包含】世界 1 种。【学名诠释与讨论】〈阴〉（人）Hoffmann+希腊文 anthos, 花。antheros, 多花的。antheo, 开花。【分布】非洲。【模式】Hoffmannanthus abbotianus（O. Hoffm.）H. Rob., S. C. Keeley et Skvarla［Vernonia abbotiana O. Hoffm.］。☆

24882　Hoffmannella Klotzsch ex A. DC. ＝Begonia L.（1753）［秋海棠科 Begoniaceae］●■

24883　Hoffmannia Loefl.（1758）Nom. inval. ＝Duranta L.（1753）［马鞭草科 Verbenaceae//假连翘科 Durantaceae］●

24884　Hoffmannia Sw.（1788）【汉】锦袍木属（霍曼茜属）。【日】ホフマンニア属。【隶属】茜草科 Rubiaceae。【包含】世界 45-100 种。【学名诠释与讨论】〈阴〉（人）George Franz Hoffmann, 1761－1826, 德国植物学者。此属的学名，ING、TROPICOS 和 IK 记载是"Hoffmannia O. Swartz, Prodr. 30. 20 Jun － 29 Jul 1788"。"Hoffmannia Loefl., Iter Hispan. 194. 1758［Dec 1758］＝Psilotum O. Swartz 1801"是一个未合格发表的名称（Nom. inval.）。蕨类的"Hoffmannia Willdenow, Bot. Mag.（Römer et Usteri）2（6）：15, 17. 1789"是晚出的非法名称。【分布】阿根廷，巴拿马，秘鲁，玻利维亚，厄瓜多尔，哥伦比亚，墨西哥，尼加拉瓜，中美洲。【模式】Hoffmannia pedunculata O. Swartz。【参考异名】Campylobotrys Lem.（1847）；Erosmia A. Juss.（1849）；Euosma Willd. ex Schnites（1827）Nom. illegit.（废弃属名）；Euosmia Kunth（1824）Nom. illegit.；Eusmia Bonpl.（1817）；Eusmia Humb. et Bonpl.（1817）Nom. illegit.；Evosmia Bonpl.（1817）；Evosmia Humb. et Bonpl.（1817）Nom. illegit.；Evosmia Kunth（1824）Nom. illegit.；Higgensia Steud.（1840）；Higginsia Pers.（1805）Nom. illegit.；Hofmannia Spreng.（1819）Nom. illegit.（废弃属名）；Koehneago Kuntze（1891）Nom. illegit.；Ohigginsia Ruiz et Pav.（1798）；Xerococcus Oerst.（1852）●■☆

24885　Hoffmanniella Schltr.（1900）Nom. inval. ＝Hoffmanniella Schltr. ex Lawalrée（1943）［菊科 Asteraceae（Compositae）］■☆

24886　Hoffmanniella Schltr. ex Lawalrée（1943）【汉】小锦袍木属（黄林菊属）。【隶属】菊科 Asteraceae（Compositae）。【包含】世界 1 种。【学名诠释与讨论】〈阴〉（人）George Franz Hoffmann, 1761－1826, 德国植物学者+-ellus, -ella, -ellum, 加在名词词干后面形成指小式的词尾。或加在人名、属名等后面以组成新属的名称。此属的学名，ING、TROPICOS 和 IK 记载是"Hoffmanniella R. Schlechter ex A. Lawalrée, Bull. Jard. Bot. État 17；59. Dec 1943"。"Hoffmanniella Schltr., Westafr. Kautschuk－Exped. 325（1900）＝Hoffmanniella Schltr. ex Lawalrée（1943）"是一个未合格发表的名称（Nom. inval.）。【分布】热带非洲。【模式】Hoffmanniella silvatica R. Schlechter ex A. Lawalrée。【参考异名】Hoffmanniella Schltr.（1900）Nom. inval. ■☆

24887　Hoffmannseggella H. G. Jones（1968）＝Laelia Lindl.（1831）（保

留属名）［兰科 Orchidaceae］■☆

24888　Hoffmannseggia Cav. (1798)［as 'Hoffmanseggia'］(保留属名)【汉】灯心草豆属。【日】ホフマンセジア属。【隶属】豆科 Fabaceae(Leguminosae)［云实科(苏木科)Caesalpiniaceae］。【包含】世界 28 种。【学名诠释与讨论】〈阴〉(人) Johann Centurius Graf von Hoffmannsegg, 1766 – 1849, 德国植物学者, Flora of Portugal 的作者。他还是昆虫学者, 鸟类学者, 旅行家。此属的学名 "Hoffmannseggia Cav., Icon. 4：63. 14 Mai 1798 ('Hoffmanseggia')(orth. cons.)" 是保留属名。法规未列出相应的废弃属名。但是 "Hoffmanseggia Cav. (1798) Orthography rejected. (拼写废弃)" 和 "Hoffmannseggia Willd., Enum. Pl. [Willdenow] 1：445. 1809［Apr 1809］= Hoffmannseggia Cav. (1798)" 以及 "Hoffmansegia Bronn (1822)(废弃属名)= Hoffmannseggia Cav. (1798)" 应该废弃。【分布】秘鲁, 玻利维亚, 厄瓜多尔, 热带和非洲南部。【模式】Hoffmannseggia falcaria Cavanilles, Nom. illegit.［Larrea glauca Ortega; Hoffmannseggia glauca (Ortega) Eifert］。【参考异名】Hoffmannseggia Willd. (1809) Nom. illegit. (废弃属名); Hoffmanseggia Bronn (1822); Hoffmansegia Cav. (1798) Nom. illegit. (废弃属名); Larrea Ortega (1797)(废弃属名); Melanosticta DC. (1825); Moparia Britton et Rose(1930); Schrammia Britwn et Rose(1930)■☆

24889　Hoffmannseggia Willd. (1809) Nom. illegit. (废弃属名)= Hoffmannseggia Cav. (1798)［as 'Hoffmanseggia'］(保留属名)［豆科 Fabaceae (Leguminosae)//云实科(苏木科)Caesalpiniaceae］■☆

24890　Hoffmansegia Bronn(1822)(废弃属名)= Hoffmannseggia Cav. (1798)［as 'Hoffmanseggia'］(保留属名)［豆科 Fabaceae (Leguminosae)//云实科(苏木科)Caesalpiniaceae］■☆

24891　Hoffmanseggia Cav. (1798) Nom. illegit. (废弃属名)≡ Hoffmannseggia Cav. (1798)［as 'Hoffmanseggia'］(保留属名)［豆科 Fabaceae (Leguminosae)//云实科(苏木科)Caesalpiniaceae］■☆

24892　Hofmannia Fabr. (1759)(废弃属名)= Hofmannia Heist. ex Fabr. (1759)(废弃属名); ~ = Amaracus Gled. (保留属名(1764)［唇形科 Lamiaceae(Labiatae)］●■☆

24893　Hofmannia Heist. ex Fabr. (1759)(废弃属名)= Amaracus Gled. (保留属名(1764)［唇形科 Lamiaceae(Labiatae)］●■☆

24894　Hofmannia Spreng. (1819) Nom. illegit. (废弃属名)= Hoffmannia Sw. (1788)［茜草科 Rubiaceae］●■☆

24895　Hofmeistera Rchb. f. (1852) Nom. illegit. ≡ Hofmeisterella Rchb. f. (1852)［兰科 Orchidaceae］■☆

24896　Hofmeisterella Rchb. f. (1852)【汉】霍夫兰属。【隶属】兰科 Orchidaceae。【包含】世界 1 种。【学名诠释与讨论】〈阴〉(人) Wilhelm Friedfich Benedict Hofmeister, 1824 – 1877, 德国植物学者+-ellus, -ella, -ellum, 加在名词词干后面形成指小式的词尾。或加在人名、属名等后面以组成新属的名称。此属的学名 "Hofmeisterella Rchb. f. in Walpers, Ann. Bot. Syst. 3：563. 24-25 Aug 1852" 是一个替代名称。"Hofmeistera Rchb. f., Poll. Orchid. Gen. 30. 10 Jul 1852" 是一个非法名称(Nom. illegit.), 因为此前已经有了 "Hofmeisteria Walpers, Repert. 6：106. 3-5 Sep 1846 ('1847')［菊科 Asteraceae (Compositae)]"。故用 "Hofmeisterella Rchb. f. (1852)" 替代之。"Hofmeisteria Walpers, Repert. 6：106. 3-5 Sep 1846('1847')" 则是 "Helogyne Bentham, Bot. Voyage Sulphur 20. 2 Apr 1844［菊科 Asteraceae (Compositae)]" 的替代名称。【分布】厄瓜多尔。【模式】Hofmeisterella eumicroscopica (H. G. Reichenbach) H. G. Reichenbach［Hofmeistera eumicroscopica H. G. Reichenbach］。

【参考异名】Hofmeistera Rchb. f. (1852) Nom. illegit. ■☆

24897　Hofmeisteria Walp. (1846)【汉】孤泽兰属。【隶属】菊科 Asteraceae(Compositae)。【包含】世界 10-12 种。【学名诠释与讨论】〈阴〉(人) Wilhelm Friedfich Benedict Hofmeister, 1824 – 1877, 德国植物学者。此属的学名 "Hofmeisteria Walpers, Repert. 6：106. 3-5 Sep 1846('1847')" 是一个替代名称。"Helogyne Bentham, Bot. Voyage Sulphur 20. 2 Apr 1844" 是一个非法名称(Nom. illegit.), 因为此前已经有了 "Helogyne Nuttall, Trans. Amer. Philos. Soc. ser. 2. 7：449. 2 Apr 1841"。故用 "Hofmeisteria Walp. (1846)" 替代之。【分布】美国(西南部), 墨西哥, 中美洲。【模式】Hofmeisteria fasciculata (Bentham) Walpers［Helogyne fasciculata Bentham］。【参考异名】Carterothamnus R. M. King (1967); Helogyne Benth. (1844) Nom. illegit.; Oaxacania B. L. Rob. et Greenm. (1895); Podophania Baill. (1880)■●☆

24898　Hohenackeria Fisch. et C. A. Mey. (1836)【汉】霍赫草属。【俄】Гогенакерия。【隶属】伞形花科(伞形科)Apiaceae (Umbelliferae)。【包含】世界 2 种。【学名诠释与讨论】〈阴〉(人) Rudolph Friedrich Hohenacker, 1798-1874, 德国植物学者, 医生, 植物采集家。【分布】非洲北部, 高加索。【模式】Hohenackeria bupleurifolia F. E. L. Fischer et C. A. Meyer, Nom. illegit.［Valerianella exscapa Steven; Hohenackeria exscapa (Steven) L. Grande］。【参考异名】Keracia (Coss.) Calest. (1905); Keracia Calest. (1905) Nom. illegit. ■☆

24899　Hohenbergia Baker = Aechmea Ruiz et Pav. (1794)(保留属名)［凤梨科 Bromeliaceae］■☆

24900　Hohenbergia Schult. et Schult. f. (1830) Nom. illegit. ≡ Hohenbergia Schult. f. (1830)［凤梨科 Bromeliaceae］■☆

24901　Hohenbergia Schult. f. (1830)【汉】星花凤梨属(何亭堡属, 球花凤梨属, 星花属)。【日】ホーエンベルギア属。【隶属】凤梨科 Bromeliaceae。【包含】世界 41-47 种。【学名诠释与讨论】〈阴〉(人) Hohenberg。此属的学名, ING、GCI、TROPICOS 和 IK 记载是 "Hohenbergia J. H. Schultes in J. A. Schultes et J. H. Schultes in J. J. Roemer et J. A. Schultes, Syst. Veg. 7 (2)：lxxi, 1251. 1830 (sero)"。"Hohenbergia Schult. et Schult. f. (1830)≡ Hohenbergia Schult. f. (1830)" 的命名人引证有误。【分布】哥伦比亚, 热带美洲, 西印度群岛, 中美洲。【后选模式】Hohenbergia stellata J. H. Schultes。【参考异名】Hohenbergia Schult. et Schult. f. (1830) Nom. illegit.; Pironneava Gaudich. (1843) Nom. inval. ■☆

24902　Hohenbergiopsis L. B. Sm. et Read(1976)【汉】拟星花凤梨属。【隶属】凤梨科 Bromeliaceae。【包含】世界 1 种。【学名诠释与讨论】〈阴〉(属) Hohenbergia 星花凤梨属(何亭堡属, 球花凤梨属, 星花属)+希腊文 opsis, 外观, 模样。【分布】墨西哥, 危地马拉, 西印度群岛。【模式】Hohenbergiopsis guatemalensis (L. B. Smith) L. B. Smith et R. W. Read［Hohenbergia guatemalensis L. B. Smith］。■☆

24903　Hohenwartha Vest (1820) = Carthamus L. (1753)［菊科 Asteraceae(Compositae)］■

24904　Hohenwarthia Pacher ex A. Braun = Saponaria L. (1753)［石竹科 Caryophyllaceae］■

24905　Hoheria A. Cunn. (1839)【汉】蒿荷木属(授带木属)。【隶属】锦葵科 Malvaceae。【包含】世界 5-6 种。【学名诠释与讨论】〈阴〉(人) Hoher。【分布】新西兰。【模式】Hoheria populnea A. Cunningham。●☆

24906　Hoiriri Adans. (1763)(废弃属名)= Aechmea Ruiz et Pav. (1794)(保留属名)［凤梨科 Bromeliaceae］■☆

24907　Hoiriri Kuntze (1898) Nom. illegit. (废弃属名)［凤梨科 Bromeliaceae］■☆

24908 Hoita Rydb. (1919)【汉】加州豆属。【隶属】豆科 Fabaceae (Leguminosae)//蝶形花科 Papilionaceae。【包含】世界 13 种。【学名诠释与讨论】〈阴〉来自美国植物俗名。此属的学名是 "Hoita Rydberg, N. Amer. Fl. 24：7. 25 Apr 1919"。亦有文献把其处理为"Orbexilum Raf. (1832)"或"Psoralea L. (1753)"的异名。【分布】美国(加利福尼亚),玻利维亚。【模式】Hoita macrostachya (A. P. de Candolle) Rydberg ［Psoralea macrostachya A. P. de Candolle］。【参考异名】Orbexilum Raf. (1832); Psoralea L. (1753)■☆

24909 Hoitzia Juss. (1789) = Loeselia L. (1753) ［花荵科 Polemoniaceae］■●☆

24910 Holacantha A. Gray(1855) = Castela Turpin(1806)(保留属名) ［苦木科 Simaroubaceae］●

24911 Holacanthaceae Jadin, Nom. inval. = Simaroubaceae DC. (保留科名)●

24912 Holalafia Stapf (1894) = Alafia Thouars (1806) ［夹竹桃科 Apocynaceae］●☆

24913 Holandrea Reduron, Charpin et Pimenov (1997) = Peucedanum L. (1753) ［伞形花科(伞形科)Apiaceae(Umbelliferae)］■

24914 Holarges Ehrh. (1789) Nom. inval. = Draba L. (1753) ［十字花科 Brassicaceae(Cruciferae)//葶苈科 Drabaceae］■

24915 Holargidium Turcz. (1838) = Draba L. (1753) ［十字花科 Brassicaceae(Cruciferae)//葶苈科 Drabaceae］■

24916 Holargidium Turcz. (1841) Nom. illegit. = Draba L. (1753) ［十字花科 Brassicaceae(Cruciferae)//葶苈科 Drabaceae］■

24917 Holarrhena R. Br. (1810)【汉】止泻木属。【英】Antidiarrhealtree, Holarrhena。【隶属】夹竹桃科 Apocynaceae。【包含】世界 4-20 种,中国 1-2 种。【学名诠释与讨论】〈阴〉(希)holos,完整的+arrhena,所有格 ayrhenos,雄性的,雄蕊。指雄蕊彼此黏合。【分布】巴基斯坦,菲律宾,马达加斯加,印度,中国,马来半岛,热带非洲,东南亚。【模式】Holarrhena mitis (Vahl) J. J. Roemer et J. A. Schultes ［Carissa mitis Vahl］。【参考异名】Halorrhena Elmer(1912); Physetobasis Hassk. (1857)●

24918 Holboellia Hook. (1831) Nom. illegit. ≡ Lopholepis Decne. (1839) ［禾本科 Poaceae(Gramineae)］■☆

24919 Holboellia Wall. (1824)【汉】八月瓜属(八月楂属,牛姆瓜属,牛木瓜属,鹰爪枫属)。【英】Holboellia, Sausage Vine。【隶属】木通科 Lardizabalaceae。【包含】世界 10-20 种,中国 9-15 种。【学名诠释与讨论】〈阴〉(人)Frederick Louis Holboell,1765-1829,丹麦植物学者,曾任哥本哈根皇家植物园主任。此属的学名,ING、TROPICOS 和 IK 记载是"Holboellia Wall. , Tent. Fl. Nepal. 1：23, tt. 16,17. 1824 ［Jul-Dec 1824］"。"Holboellia Hook. , Bot. Misc. 2：144. t. 76. 1831 ≡ Lopholepis Decne. (1839) ［禾本科 Poaceae (Gramineae)］"是晚出的非法名称。【分布】巴基斯坦,中国,喜马拉雅山,中南半岛。【后选模式】Holboellia latifolia Wallich。【参考异名】Holboellia Hook. (1831) Nom. illegit. ; Hollboellia Meisn. (1843)Nom. illegit. ; Hollboellia Spreng. (1827); Lopholepis Decne. (1839)●

24920 Holboellia Wall. (1831) Nom. illegit. = Lopholepis Decne. (1839) ［禾本科 Poaceae(Gramineae)］■☆

24921 Holcaceae Link = Gramineae Juss. (保留科名)//Poaceae Barnhart(保留科名)●■

24922 Holcoglossum Schltr. (1919)【汉】槽舌兰属(撬唇兰属,松叶兰属)。【日】ホルコグロッサム属,マツノハラン属。【英】Holcoglossum。【隶属】兰科 Orchidaceae。【包含】世界 12 种,中国 12 种。【学名诠释与讨论】〈中〉(希)holkos,沟,辙+glossa,舌。指唇瓣顶端凹陷。【分布】中国。【模式】Holcoglossum quasipinifolium (Hayata) Schlechter ［Saccolabium quasipinifolium Hayata］。■

24923 Holcolemma Stapf et C. E. Hubb. (1929)【汉】鞘狗尾草属。【隶属】禾本科 Poaceae(Gramineae)。【包含】世界 4 种。【学名诠释与讨论】〈中〉(希)holkos,沟,辙,也是一种谷草的名称+lemma,外稃,外颖,瓣片,鳞片,鞘。【分布】斯里兰卡,印度(南部),非洲东部。【模式】Holcolemma caniculatum (C. G. D. Nees)Stapf et Hubbard ［Panicum caniculatum C. G. D. Nees］。■☆

24924 Holcophacos Rydb. (1903) = Astragalus L. (1753) ［豆科 Fabaceae(Leguminosae)//蝶形花科 Papilionaceae］●■

24925 Holcus L. (1753)(保留属名)【汉】绒毛草属。【日】シラゲガヤ属。【俄】Бухарник。【英】Holcus, Soft-grass, Velvet Grass, Velvetgrass, Velvet-grass, Yorkshire Fog。【隶属】禾本科 Poaceae (Gramineae)。【包含】世界 8-10 种,中国 1 种。【学名诠释与讨论】〈阳〉(希)holkos,一种谷草的名称。此属的学名"Holcus L. , Sp. Pl. :1047. 1 Mai 1753"是保留属名。法规未列出相应的废弃属名。但是禾本科 Poaceae(Gramineae)的"Holcus Nash = Sorghum Moench(1794)(保留属名)"应该废弃。"Ginannia Bubani, Fl. Pyrenaea 4：321. 1901(sero?)(non Scopoli 1777)"、"Notholcus Nash in N. L. Britton et A. Brown, Ill. Fl. N. U. S. ed. 2. 1：109, 214. 7 Jun 1913"、"Notholcus Nash ex Hitchcock in Jepson, Fl. Calif. 1：126. 1912"和"Sorgum Adanson, Fam. 2：38, 606. Jul-Aug 1763(废弃属名)"是"Holcus L. (1753)(保留属名)"的晚出的同模式异名(Homotypic synonym, Nomenclatural synonym)。【分布】巴基斯坦,巴拿马,秘鲁,玻利维亚,厄瓜多尔,哥伦比亚(安蒂奥基亚),哥斯达黎加,西班牙(加那利群岛),美国(密苏里),中国,欧洲至安纳托利亚和高加索,非洲,中美洲。【模式】Holcus lanatus Linnaeus。【参考异名】Arthrochloa R. Br. (1823) Nom. illegit. ; Arthrochloa Schult. (1827) Nom. illegit. ; Ginannia Bubani (1901) Nom. illegit. ; Homalachna Kuntze (1903) Nom. illegit. ; Homalachne (Benth.) Kuntze (1903) Nom. illegit. ; Homalachne (Benth. et Hook. f.) Kuntze (1903); Notholcus Nash (1913) Nom. illegit. ; Notholcus Hitchc. (1912) Nom. illegit. ; Notholcus Nash ex Hitchc. (1912) Nom. illegit. ; Sorgum Adans. (1763)Nom. illegit. (废弃属名)■

24926 Holcus Nash(废弃属名) = Sorghum Moench(1794)(保留属名) ［禾本科 Poaceae(Gramineae)］■

24927 Holderlinia Neck. (1790)Nom. inval. = Serruria Burm. ex Salisb. (1807) ［山龙眼科 Proteaceae］●☆

24928 Holigarna Buch. -Ham. (1820) Nom. illegit. (废弃属名) ≡ Holigarna Buch. -Ham. ex Roxb. (1820)(保留属名) ［漆树科 Anacardiaceae］●☆

24929 Holigarna Buch. -Ham. ex Roxb. (1820)(保留属名)【汉】印度辛果漆属(辛果漆属)。【隶属】漆树科 Anacardiaceae。【包含】世界 8 种。【学名诠释与讨论】〈阴〉来自植物俗名。此属的学名"Holigarna Buch. -Ham. ex Roxb. , Pl. Coromandel 3：79. 18 Feb 1820"是保留属名。相应的废弃属名是漆树科 Anacardiaceae 的"Katou-tsjeroë Adans. , Fam. Pl. 2：84, 534. Jul-Aug 1763 = Holigarna Buch. -Ham. ex Roxb. (1820)(保留属名)"。漆树科 Anacardiaceae 的"Holigarna Buch. -Ham. ≡ Holigarna Buch. -Ham. ex Roxb. (1820)(保留属名)"和"Katou-Tsjeroë Adans. (1763) = Holigarna Buch. -Ham. ex Roxb. (1820)(保留属名)"亦应废弃。【分布】印度至马来西亚。【模式】Holigarna longifolia Buch. -Ham. ex Roxb. 。【参考异名】Catutsjeron Kuntze; Hadestaphylum Dennst. (1818); Holigarna Buch. -Ham. (1820) Nom. illegit. (废弃属名); Katou-Tsjeroe Adans. (1763)(废弃属名); Katou-tsjeroë Adans. (1763)(废弃属名); Katoutsjeroe

Adans.（1763）废弃属名）●☆

24930 Hollandaea F. Muell.（1887）【汉】奥兰达山龙眼属。【隶属】山龙眼科 Proteaceae。【包含】世界 2 种。【学名诠释与讨论】〈阴〉（人）Henry Holland，英国官员。【分布】澳大利亚（东部）。【模式】Hollandaea sayeriana（F. v. Mueller）F. v. Mueller［as 'sayeri'］［Helicia sayeriana F. v. Mueller］。●☆

24931 Hollboellia Meisn.（1843）Nom. illegit. = Lopholepis Decne.（1839）［禾本科 Poaceae（Gramineae）］■☆

24932 Hollboellia Spreng.（1827）= Holboellia Wall.（1824）［木通科 Lardizabalaceae］■☆

24933 Hollermayera O. E. Schulz（1928）【汉】森林芥属。【隶属】十字花科 Brassicaceae（Cruciferae）。【包含】世界 1 种。【学名诠释与讨论】〈阴〉（人）可能是纪念 Holler 和 Mayer 两位植物学者。【分布】智利。【模式】Hollermayera silvatica O. E. Schulz。■☆

24934 Hollia Heynh.（1841）Nom. illegit. = Noltea Rchb.（1828-1829）［鼠李科 Rhamnaceae］●☆

24935 Hollia Heynh.（1846）Nom. illegit. = Chlorophytum Ker Gawl.（1807）［百合科 Liliaceae//吊兰科（猴面包科，猴面包树科）Anthericaceae］■

24936 Hollisteria S. Watson（1879）【汉】互苞刺花蓼属。【英】False Spikeflower。【隶属】蓼科 Polygonaceae。【包含】世界 1 种。【学名诠释与讨论】〈阴〉（人）William Welles Hollister，1818-1886，加利福尼亚州一农场主。【分布】美国（西南部）。【模式】Hollisteria lanata S. Watson。☆

24937 Hollrungia K. Schum.（1887）【汉】耳莲属。【隶属】西番莲科 Passifloraceae。【包含】世界 1-2 种。【学名诠释与讨论】〈阴〉（人）Max Udo Hollrung，1858-1937，植物学者。【分布】印度尼西亚（马鲁古群岛），所罗门群岛，新几内亚岛。【模式】Hollrungia aurantioides K. M. Schumann。■☆

24938 Holmbergia Hicken（1909）【汉】浆果藜属。【隶属】藜科 Chenopodiaceae。【包含】世界 1 种。【学名诠释与讨论】〈阴〉（人）Eduardo Ladislao Holmberg，1852-1937，阿根廷植物学者，博物学者，动物学者。【分布】阿根廷，巴拉圭，玻利维亚，乌拉圭。【模式】Holmbergia exocarpa（Grisebach）Hicken［Chenopodium exocarpum Grisebach］。●☆

24939 Holmesia P. J. Cribb（1977）Nom. illegit. ≡ Microholmesia P. J. Cribb ex Mabb.（1987）；~ = Angraecopsis Kraenzl.（1900）［兰科 Orchidaceae］■☆

24940 Holmgrenanthe Elisens（1985）【汉】霍姆婆婆纳属（霍姆玄参属）。【隶属】玄参科 Scrophulariaceae//婆婆纳科 Veronicaceae。【包含】世界 1 种。【学名诠释与讨论】〈阴〉（人）Arthur Herman Holmgren，1912-1992，植物学者+anthos，花。【分布】美国。【模式】Holmgrenanthe petrophila（Coville et C. V. Morton）Elisens。■☆

24941 Holmgrenia W. L. Wagner et Hoch（2007）Nom. illegit. ≡ Neoholmgrenia W. L. Wagner et Hoch（2009）；~ = Oenothera L.（1753）［柳叶菜科 Onagraceae］●■

24942 Holmia Börner（1913）= Kobresia Willd.（1805）［莎草科 Cyperaceae//嵩草科 Kobresiaceae］■

24943 Holmskidia Dumort.（1829）Nom. illegit.［唇形科 Lamiaceae（Labiatae）］☆

24944 Holmskioldia Retz.（1791）【汉】冬红属（冬红花属）。【日】ホルムスキオールディア属。【英】Chinese-hat-plant。【隶属】马鞭草科 Verbenaceae。【包含】世界 3-10 种，中国 1 种。【学名诠释与讨论】〈阴〉（人）Theodor Holm（Holmskiod），后来改名为 Holmskjold，1732-1794，丹麦植物学者，医生。此属的学名是"Holmskioldia A. J. Retzius，Observ. Bot. 6：31. Jul-Nov 1791"。亦有文献把其处理为"Karomia Dop（1932）"的异名。【分布】巴

斯坦，巴拿马，玻利维亚，厄瓜多尔，哥伦比亚（安蒂奥基亚），马达加斯加，尼加拉瓜，印度至马来西亚（西部），中国，马斯克林群岛，热带非洲，中美洲。【模式】Holmskioldia sanguinea A. J. Retzius。【参考异名】Hastingia Koenig ex Sm.（1806）Nom. illegit.；Hastingia Sm.（1806）；Karomia Dop（1932）；Platunum A. Juss.（1806）●

24945 Holocalyx Micheli（1883）【汉】全萼豆属。【隶属】豆科 Fabaceae（Leguminosae）。【包含】世界 1 种。【学名诠释与讨论】〈阳〉（希）holos，全部的，整个的，完整的+kalyx，所有格 kalykos = 拉丁文 calyx，花萼，杯子。【分布】阿根廷，巴拉圭，巴西。【模式】balansae M. Micheli。■☆

24946 Holocarpa Baker（1885）= Pentanisia Harv.（1842）［茜草科 Rubiaceae］■☆

24947 Holocarpha Greene（1897）【汉】星全菊属。【隶属】菊科 Asteraceae（Compositae）。【包含】世界 4 种。【学名诠释与讨论】〈阴〉（希）holos，全部的，整个的，完整的+karphos，皮壳，谷壳，糠秕。指托苞。【分布】美国（加利福尼亚）。【模式】Holocarpha macradenia（A. P. de Candolle）E. L. Greene［Hemizonia macradenia A. P. de Candolle］。■☆

24948 Holocarya T. Durand（1888）Nom. illegit. = Holocarpa Baker（1885）；~ = Pentanisia Harv.（1842）［茜草科 Rubiaceae］■☆

24949 Holocheila（Kudô）S. Chow（1962）【汉】全唇花属。【英】Holocheila，Wholelipflower。【隶属】唇形科 Lamiaceae（Labiatae）。【包含】世界 1 种，中国 1 种。【学名诠释与讨论】〈阴〉（希）holos，全部的，整个的，完整的+cheilos，唇。在希腊文组合词中，cheil-，cheilo-，-chilus，-chilia 等均为"唇"义。指花冠的上下唇均仅有一裂片。此属的学名，ING 和 IK 记载是"Holocheila（Kudo）S. Chow in C. Y. Wu et S. Chow，Acta Bot. Sin. 10：250. Sep 1962"，由"Teucrium sect. Holocheila Kudo，Mem. Fac. Sci. Taihoku Imp. Univ. 2：296. 1929"改级而来。【分布】中国。【模式】Holocheila longipedunculata S. Chow［Teucrium holocheilum W. E. Evans ex Kudo］。【参考异名】Teucrium sect. Holocheila Kudô（1929）■★

24950 Holocheilus Cass.（1818）【汉】双冠钝柱菊属。【隶属】菊科 Asteraceae（Compositae）。【包含】世界 6-7 种。【学名诠释与讨论】〈阳〉（希）holos，全部的，整个的，完整的+cheilos，唇。此属的学名，ING、TROPICOS 和 IK 记载是"Holocheilus Cassini，Bull. Sci. Soc. Philom. Paris 1818：73. Mai 1818"。"Platycheilis Cassini in F. Cuvier，Dict. Sci. Nat. 34：206，212. Apr 1825"是"Holocheilus Cass.（1818）"的晚出的同模式异名（Homotypic synonym，Nomenclatural synonym）。亦有文献把"Holocheilus Cass.（1818）"处理为"Trixis P. Browne（1756）"的异名。【分布】阿根廷（北部和中部），巴拉圭，巴西（南部），玻利维亚，乌拉圭。【模式】Holocheilus ochroleucus Cassini。【参考异名】Holochilus Post et Kuntze（1903）Nom. illegit.；Platycheilis Cass.（1825）Nom. illegit.；Trixis P. Browne（1756）■☆

24951 Holochiloma Hochst.（1841）= Premna L.（1771）（保留属名）［马鞭草科 Verbenaceae//唇形科 Lamiaceae（Labiatae）//牡荆科 Viticaceae］●■

24952 Holochilus Dalzell（1852）= Diospyros L.（1753）［柿树科 Ebenaceae］●

24953 Holochilus Post et Kuntze（1903）Nom. illegit. = Holocheilus Cass.（1818）；~ = Trixis P. Browne（1756）［菊科 Asteraceae（Compositae）］■●☆

24954 Holochlamys Engl.（1883）【汉】全被南星属。【隶属】天南星科 Araceae。【包含】世界 1 种。【学名诠释与讨论】〈阴〉（希）holos，全部的，整个的，完整的+chlamys，所有格 chlamydos，斗篷

外衣。【分布】新几内亚岛。【模式】Holochlamys beccarii (Engler) Engler [Spathiphyllum beccarii Engler]。■☆

24955 Holochloa Nutt., Nom. inval. ≡ Holochloa Nutt. ex Torr. et A. Gray(1840); ~ =Heuchera L. (1753) [虎耳草科 Saxifragaceae]■☆

24956 Holochloa Nutt. ex Torr. et A. Gray(1840)= Heuchera L. (1753) [虎耳草科 Saxifragaceae]■☆

24957 Holodiscus(K. Koch) Maxim. (1879)(废弃属名)≡ Holodiscus (C. Koch) Maxim. (1879)(保留属名)[蔷薇科 Rosaceae]●☆

24958 Holodiscus(C. Koch) Maxim. (1879)(保留属名)【汉】奶油木属(全盘花属)。【英】Oceanspray, Ocean-spray。【隶属】蔷薇科 Rosaceae。【包含】世界 1-8 种。【学名诠释与讨论】〈阳〉(希)holos, 全部的, 整个的, 完整的+diskos, 圆盘。指花形。此属的学名"Holodiscus (C. Koch) Maxim. in Trudy Imp. S. -Peterburgsk. Bot. Sada 6：253. Jul-Dec 1879"是保留属名, 由"Spiraea [unranked] Holodiscus K. Koch, Dendrologie 1：309. Jan 1869"改级而来。相应的废弃属名是蔷薇科 Rosaceae 的"Sericotheca Raf., Sylva Tellur. ；152. Oct-Dec 1838 ≡ Holodiscus (C. Koch) Maxim. (1879)(保留属名)"。"Holodiscus (K. Koch) Maxim. (1879) ≡ Holodiscus (C. Koch) Maxim. (1879)(保留属名)"和"Holodiscus Maxim. (1879) ≡ Holodiscus (C. Koch) Maxim. (1879)(保留属名)"的命名人引证有误, 亦应废弃。【分布】巴拿马, 北美洲西部至哥伦比, 中美洲。【模式】Spiraea discolor Pursh [Holodiscus discolor (Pursh) Maxim.]。【参考异名】Holodiscus (K. Koch) Maxim. (1879) Nom. illegit.；Holodiscus Maxim. (1879)；Schizonotus Raf. (1838) Nom. illegit. (废弃属名)；Sericotheca Raf. (1838)(废弃属名)；Spiraea [unranked] Holodiscus K. Koch (1869)●☆

24959 Holodiscus Maxim. (1879) Nom. illegit. (废弃属名)≡ Holodiscus (C. Koch) Maxim. (1879)(保留属名)[蔷薇科 Rosaceae]●☆

24960 Hologamium Nees (1835) = Ischaemum L. (1753); ~ = Sehima Forssk. (1775) [禾本科 Poaceae(Gramineae)]■

24961 Holographis Nees (1847)【汉】全饰爵床属。【隶属】爵床科 Acanthaceae。【包含】世界 10 种。【学名诠释与讨论】〈阴〉(希)holos, 全部的, 整个的, 完整的+graphis, 雕刻, 文字, 图画。【分布】墨西哥, 中美洲。【模式】Holographis ehrenbergiana C. G. D. Nees。【参考异名】Berginia Harv. (1876) Nom. illegit.；Berginia Harv. ex Benth. et Hook. f. (1876)；Lundellia Léonard (1959)；Pringleophytum A. Gray(1885)■☆

24962 Hologymne Bartl. (1838) = Lasthenia Cass. (1834) [菊科 Asteraceae(Compositae)]■☆

24963 Hologymne Bartl. ex L. (1838) Nom. illegit. ≡ Hologymne Bartl. (1838); ~ = Lasthenia Cass. (1834) [菊科 Asteraceae(Compositae)]■☆

24964 Hologyne Pfitzer (1907) = Coelogyne Lindl. (1821) [兰科 Orchidaceae]■

24965 Hololachna Ehrenb. (1827) = Reaumuria L. (1759) [柽柳科 Tamaricaceae//红砂柳科 Reaumuriaceae]●

24966 Hololachne Rchb. (1828) = Hololachna Ehrenb. (1827); ~ = Reaumuria L. (1759) [柽柳科 Tamaricaceae//红砂柳科 Reaumuriaceae]●

24967 Hololafia K. Schum. (1895) Nom. illegit. ≡ Hololafia Stapf ex K. Schum. (1895) [夹竹桃科 Apocynaceae]●☆

24968 Hololafia Stapf ex K. Schum. (1895) = Holalafia Stapf(1894) [夹竹桃科 Apocynaceae]●☆

24969 Hololeion Kitam. (1941)【汉】北山菊属(全光菊属)。【隶属】菊科 Asteraceae(Compositae)。【包含】世界 3 种, 中国 2 种。【学名诠释与讨论】〈中〉(希)holos, 全部的, 整个的, 完整的+leion, 蒲公英。指叶片比蒲公英全缘。此属的学名是"Hololeion Kitamura, Acta Phytotax. Geobot. 10：301. Nov 1941"。亦有文献把其处理为"Hieracium L. (1753)"的异名。【分布】日本, 中国。【模式】未指定。【参考异名】Hieracium L. (1753)■

24970 Hololepis DC. (1810)【汉】全鳞菊属。【隶属】菊科 Asteraceae(Compositae)//斑鸠菊科(绿菊科) Vernoniaceae。【包含】世界 3 种。【学名诠释与讨论】〈阴〉(希)holos, 全部的, 整个的, 完整的+lepis, 所有格 lepidos, 指小式 lepion 或 lepidion, 鳞, 鳞片。lepidotos, 多鳞的。lepos, 鳞, 鳞片。此属的学名, ING、TROPICOS 和 IK 记载是"Hololepis A. P. de Candolle, Ann. Mus. Natl. Hist. Nat. 16：155,189. Jul-Dec 1810"。它曾被处理为"Vernonia sect. Hololepis (DC.) Benth. & Hook., Genera Plantarum 2：228. 1873. (7-9 Apr 1873)"。亦有文献把"Hololepis DC. (1810)"处理为"Vernonia Schreb. (1791)(保留属名)"的异名。【分布】巴西。【模式】Hololepis pedunculata (A. P. de Candolle ex Persoon) A. P. de Candolle [Serratula pedunculata A. P. de Candolle ex Persoon]。【参考异名】Vernonia Schreb. (1791)(保留属名); Vernonia sect. Hololepis (DC.) Benth. & Hook. (1873)●■☆

24971 Holopeira Miers(1851) Nom. illegit. ≡ Cocculus DC. (1817)(保留属名) [防己科 Menispermaceae]●

24972 Holopetala Wight (1853) = Holoptelea Planch. (1848) [榆科 Ulmaceae]●☆

24973 Holopetalon (Griseb.) Rchb. (1841) = Heteropterys Kunth (1822) [as 'Heteropteris'](保留属名) [金虎尾科(黄褥花科) Malpighiaceae]●☆

24974 Holopetalon Rchb. (1841) Nom. illegit. ≡ Holopetalon (Griseb.) Rchb. (1841); ~ = Heteropterys Kunth(1822) [as 'Heteropteris'] (保留属名) [金虎尾科(黄褥花科) Malpighiaceae]●☆

24975 Holopetalum Turcz. (1843) = Oligomeris Cambess. (1839)(保留属名) [木犀草科 Resedaceae]■●

24976 Holophyllum Less. (1832) = Athanasia L. (1763) [菊科 Asteraceae(Compositae)]●☆

24977 Holophyllum Meisn., Nom. illegit. = Hoplophyllum DC. (1836) [菊科 Asteraceae(Compositae)]●☆

24978 Holophytum Post et Kuntze (1903) = Capparis L. (1753); ~ = Olofuton Raf. (1838) [山柑科(白花菜科, 醉蝶花科) Capparaceae]●

24979 Holopleura Regal et Schmalh. (1882) Nom. illegit. = Hyalolaena Bunge(1852) [伞形花科(伞形科) Apiaceae(Umbelliferae)]■

24980 Holopleura Regel(1882) Nom. illegit. = Hyalolaena Bunge(1852) [伞形花科(伞形科) Apiaceae(Umbelliferae)]■

24981 Holopogon Kom. et Nevski (1935)【汉】无喙兰属(小鸟巢兰属)。【英】Nobillorchis。【隶属】兰科 Orchidaceae//鸟巢兰科 Neottiaceae。【包含】世界 6 种, 中国 2 种。【学名诠释与讨论】〈阳〉(希)holos, 全部的, 整个的, 完整的+pogon, 所有格 pogonos, 指小式 pogonion, 胡须, 髯毛, 芒。pogonias, 有须的。指唇瓣。此属的学名是"Holopogon V. L. Komarov et S. A. Nevski in V. L. Komarov, Fl. URSS 4：750. 1935 (post 25 Oct)"。亦有文献把其处理为"Neottia Guett. (1754)(保留属名)"的异名。【分布】俄罗斯, 中国。【模式】Holopogon ussuriensis V. L. Komarov et S. A. Nevski。【参考异名】Archineottia S. C. Chen (1979); Neottia Guett. (1754)(保留属名)■

24982 Holoptelaea Planch. (1848) Nom. illegit. ≡ Holoptelea Planch. (1848) [榆科 Ulmaceae]●☆

24983 Holoptelea Planch. (1848)【汉】印缅榆属(古榆属, 全叶榆属)。【英】Vellayim。【隶属】榆科 Ulmaceae。【包含】世界 2 种。

【学名诠释与讨论】〈阴〉（希）holos，全部的，整个的，完整的 + ptelea，榆树的俗名。此属的学名，ING 和 IK 记载是"Holoptelea J. E. Planchon, Ann. Sci. Nat. Bot. ser. 3. 10：259, 266（'Holoptelaea'）. Nov 1848"。"Holoptelaea Planch.（1848）"和"Holoptolaea Planch.（1848）"是其拼写变体。【分布】印度至马来西亚，热带非洲。【模式】Holoptelea integrifolia（Roxburgh）J. E. Planchon［Ulmus integrifolia Roxburgh］。【参考异名】Holopetala Wight（1853）；Holoptelaea Planch.（1848）；Holoptolaea B. D. Jacks. ；Holoptolaea Planch.（1848）●☆

24984　Holoptolaea B. D. Jacks. = Holoptelea Planch.（1848）［榆科 Ulmaceae］●☆

24985　Holoptolaea Planch.（1848）Nom. illegit. ≡ Holoptelea Planch.（1848）［榆科 Ulmaceae］●☆

24986　Holopyxidium Ducke（1925）【汉】全盖果属。【隶属】玉蕊科（巴西果科）Lecythidaceae。【包含】世界 3 种。【学名诠释与讨论】〈阴〉（希）holos，全部的，整个的，完整的 + pyxis，指小式 pyxidion = 拉丁文 pyxis，所有格 pixidis，箱，果，盖果 + - idius, - idia, - idium，指示小的词尾。此属的学名是"Holopyxidium Ducke, Arch. Jard. Bot. Rio de Janeiro 4：152. 1925"。亦有文献把其处理为"Lecythis Loefl.（1758）"的异名。【分布】巴西，亚马孙河流域。【后选模式】Holopyxidium jarana（A. C. Smith）Ducke［Lecythis jarana A. C. Smith］。【参考异名】Lecythis Loefl.（1758）●☆

24987　Holoregmia Nees（1821）【汉】灌木角胡麻属。【隶属】角胡麻科 Martyniaceae//胡麻科 Pedaliaceae。【包含】世界 1 种。【学名诠释与讨论】〈阴〉（希）holos，全部的，整个的，完整的 + rhegma，所有格 rhegmatos，破裂，撕裂。此属的学名是"Holoregmia C. G. D. Nees, Flora 4：300. 21 Mai 1821"。亦有文献把其处理为"Martynia L.（1753）"的异名。【分布】巴西。【模式】Holoregmia viscida C. G. D. Nees。【参考异名】Martynia L.（1753）●☆

24988　Holoschkuhria H. Rob.（2002）【汉】棕药菊属。【隶属】菊科 Asteraceae（Compositae）。【包含】世界 1 种。【学名诠释与讨论】〈阴〉（希）holos，全部的，整个的，完整的 +（属）Schkuhria 假丝叶菊属（史库菊属）。【分布】南美洲。【模式】Holoschkuhria tetramera H. Robinson。●●☆

24989　Holoschoenus Link（1827）【汉】全箭莎属。【俄】Голосхенус。【隶属】莎草科 Cyperaceae。【包含】世界 26 种。【学名诠释与讨论】〈阳〉（希）holos，全部的，整个的，完整的 +（属）Schoenus 小赤箭莎属。此属的学名，ING、APNI、TROPICOS 和 IK 记载是"Holoschoenus Link, Hortus Berol. 1：293. Oct-Dec 1827"。它曾被处理为"Scirpus sect. Holoschoenus（Link）K. Koch, Revis. Gen. Pl."。亦有文献把"Holoschoenus Link（1827）"处理为"Scirpoides Ség.（1754）"或"Scirpus L.（1753）（保留属名）"的异名。【分布】参见 Scirpoides Ség. 和 Scirpus L。【模式】Holoschoenus vulgaris Link［Scirpus holoschoenus Linnaeus［as 'holoscoenus'］。【参考异名】Scirpoides Ség.（1754）；Scirpus L.（1753）（保留属名）；Scirpus sect. Holoschoenus（Link）K. Koch ■☆

24990　Holosepalum（Spach）Fourr.（1868）= Hypericum L.（1753）［金丝桃科 Hypericaceae//猪胶树科（克鲁西科，山竹子科，藤黄科）Clusiaceae（Guttiferae）］●●

24991　Holosepalum Fourr.（1868）Nom. illegit. ≡ Holosepalum（Spach）Fourr.（1868）；～= Hypericum L.（1753）［金丝桃科 Hypericaceae//猪胶树科（克鲁西科，山竹子科，藤黄科）Clusiaceae（Guttiferae）］●●

24992　Holosetum Steud.（1854）= Alloteropsis J. Presl ex C. Presl（1830）；～= Panicum L.（1753）［禾本科 Poaceae（Gramineae）］■

24993　Holostachys Greene（1891）Nom. illegit. = Halostachys C. A. Mey. ex Schrenk（1843）［藜科 Chenopodiaceae］●

24994　Holostemma R. Br.（1810）【汉】铰剪藤属。【英】Holostemma, Scissorsvine。【隶属】萝藦科 Asclepiadaceae。【包含】世界 1-2 种，中国 1 种。【学名诠释与讨论】〈中〉（希）holos，全部的，整个的，完整的 + stemma，所有格 stemmatos，花冠，花环，王冠。指花冠近辐状。【分布】印度至马来西亚，中国。【模式】Holostemma ada-kodien J. A. Schultes。●■

24995　Holosteum Dill. ex L.（1753）≡ Holosteum L.（1753）［石竹科 Caryophyllaceae］■

24996　Holosteum L.（1753）【汉】硬骨草属（鹤立属）。【俄】Костенец。【英】Boneweed, Chickweed, Jagged Chickweed, Mouse Ear, Mouse-ear。【隶属】石竹科 Caryophyllaceae。【包含】世界 4-6 种，中国 1 种。【学名诠释与讨论】〈中〉（希）holos，全部的，整个的，完整的 + osteon，骨头。此属的学名，ING 记载是"Holosteum Linnaeus, Sp. Pl. 88. 1 Mai 1753"。IK 则记载为"Holosteum Dill. ex L., Sp. Pl. 1：88. 1753 [1 May 1753]"。"Holosteum Dill."是命名起点著作之前的名称，故"Holosteum L.（1753）"和"Holosteum Dill. ex L.（1753）"都是合法名称，可以通用。"Meyera Adanson, Fam. 2：257. Jul-Aug 1763"是"Holosteum L.（1753）"的晚出的同模式异名（Homotypic synonym, Nomenclatural synonym）。【分布】巴基斯坦，巴勒斯坦，玻利维亚，马达加斯加，美国（密苏里），中国，温带欧亚大陆。【后选模式】Holosteum umbellatum Linnaeus。【参考异名】Holosteum Dill. ex L.（1753）；Meyera Adans.（1763）Nom. illegit. ■

24997　Holostigma G. Don（1834）= Lobelia L.（1753）［桔梗科 Campanulaceae//山梗菜科（半边莲科）Nelumbonaceae］●■

24998　Holostigma Spach（1835）Nom. illegit. ≡ Agassizia Spach（1835）Nom. illegit. ；～= Camissonia Link（1818）；～= Oenothera L.（1753）［柳叶菜科 Onagraceae］●■

24999　Holostigmateia Rchb.（1841）Nom. illegit. ≡ Holostigma G. Don（1834）［桔梗科 Campanulaceae］●■

25000　Holostyla DC. = Coelospermum Blume（1827）［茜草科 Rubiaceae］●

25001　Holostyla Endl.（1838）Nom. illegit. = Coelospermum Blume（1827）［茜草科 Rubiaceae］●

25002　Holostylis Duch.（1854）Nom. illegit. ≡ Duchartrella Kuntze（1891）Nom. illegit.［马兜铃科 Aristolochiaceae］■☆

25003　Holostylis Rchb.（1841）= Holostyla DC.［茜草科 Rubiaceae］●

25004　Holostylon Robyns et Lebrun（1929）【汉】全柱草属。【隶属】唇形科 Lamiaceae（Labiatae）。【包含】世界 3-4 种。【学名诠释与讨论】〈阳〉（希）holos，全部的，整个的，完整的 + stylos = 拉丁文 style，花柱，中柱，有尖之物，桩，柱，支持物，支柱，石头做的界标。此属的学名是"Holostylon W. Robyns et Lebrun, Ann. Soc. Sci. Bruxelles, Sér. B. 49：103. 1929"。亦有文献把其处理为"Plectranthus L'Hér.（1788）（保留属名）"的异名。【分布】热带非洲。【模式】未指定。【参考异名】Plectranthus L'Hér.（1788）（保留属名）■☆

25005　Holothamnus Post et Kuntze（1903）= Halothamnus F. Muell.（1862）Nom. illegit. ；～= Plagianthus J. R. Forst. et G. Forst.（1776）［锦葵科 Malvaceae］●☆

25006　Holothrix Rich.（1818）Nom. inval.（废弃属名）≡ Holothrix Rich. ex Lindl.（1835）（保留属名）［兰科 Orchidaceae］■☆

25007　Holothrix Rich. ex Lindl.（1835）（保留属名）【汉】全毛兰属。【隶属】兰科 Orchidaceae。【包含】世界 55 种。【学名诠释与讨论】〈阴〉（希）holos，全部的，整个的，完整的 + thrix，所有格 trichos，毛，毛发。此属的学名"Holothrix Rich. ex Lindl., Gen. Sp. Orchid. Pl. ：257. Aug 1835"是保留属名。相应的废弃属名是兰

科 Orchidaceae 的 "Monotris Lindl. in Edwards's Bot. Reg. ; ad t. 1701. 1 Sep 1834 = Holothrix Rich. ex Lindl. (1835) (保留属名)"、"Scopularia Lindl. in Edwards's Bot. Reg. 20: ad t. 1701. 1 Sep 1834 = Holothrix Rich. ex Lindl. (1835) (保留属名)"、"Saccidium Lindl. ,Gen. Sp. Orchid. Pl. :258. Aug 1835 = Holothrix Rich. ex Lindl. (1835) (保留属名)" 和 "Tryphia Lindl. ,Gen. Sp. Orchid. Pl. :258. Aug 1835 = Holothrix Rich. ex Lindl. (1835) (保留属名)"。"Holothrix Rich. ,Mém. Mus. Par. iv. (1818) 55 ≡ Holothrix Rich. ex Lindl. (1835) (保留属名)" 亦应废弃。绿藻的 "Scopularia Chauvin, Rech. 122. 1842" 和真菌的 "Scopularia Preuss, Linnaea 24:133. Jul 1851 ≡ Outhovia J. A. Nieuwland 1916" 也要废弃。【分布】马达加斯加,阿拉伯地区,热带和非洲南部。【模式】Holothrix parvifolia J. Lindley, Nom. illegit. [Orchis hispidula Linnaeus f. ; Holothrix hispidula (Linnaeus f.) Durand et Schinz]。【参考异名】Bucculina Lindl. (1837); Deroemera Rchb. f. (1852); Holothrix Rich. (1818) Nom. inval. (废弃属名); Monotris Lindl. (1834) (废弃属名); Saccidium Lindl. (1835) (废弃属名); Scopularia Lindl. (1834) (废弃属名); Tryphia Lindl. (1834) (废弃属名)■☆

25008 Holotome(Benth.) Endl. (1876) Nom. illegit. = Actinotus Labill. (1805) [伞形花科(伞形科) Apiaceae(Umbelliferae)]●■☆

25009 Holotome Endl. (1839) Nom. illegit. ≡ Holotome (Benth.) Endl. (1876) Nom. illegit. ;~ = Actinotus Labill. (1805) [伞形花科(伞形科) Apiaceae(Umbelliferae)]●■☆

25010 Holozonia Greene(1882)【汉】全带菊属(星白菊属)。【隶属】菊科 Asteraceae(Compositae)。【包含】世界 1 种。【学名诠释与讨论】〈阴〉(希)holos,全部的,整个的,完整的+zona,带。此属的学名是"Holozonia E. L. Greene, Bull. Torrey Bot. Club 9: 122. Oct 1882;145. Dec 1882"。亦有文献把其处理为"Lagophylla Nutt. (1841)"的异名。【分布】美国(西部)。【模式】Holozonia filipes (W. J. Hooker et Arnott) E. L. Greene [Hemizonia filipes W. J. Hooker et Arnott]。【参考异名】Lagophylla Nutt. (1841)■☆

25011 Holstia Pax (1909) Nom. illegit. ≡ Neoholstia Rauschert (1982) [大戟科 Euphorbiaceae]■☆

25012 Holstianthus Steyerm. (1986)【汉】霍尔茜属。【隶属】茜草科 Rubiaceae。【包含】世界 1 种。【学名诠释与讨论】〈阳〉(人) Holsti,全部的,整个的,完整的+anthos,花。【分布】委内瑞拉。【模式】Holstianthus barbigularis J. A. Steyermark。☆

25013 Holtonia Standl. (1932) = Elaeagia Wedd. (1849);~ = Simira Aubl. (1775) [茜草科 Rubiaceae]■☆

25014 Holttumochloa K. M. Wong (1993)【汉】马来竹属。【隶属】菊科 Asteraceae(Compositae)。【包含】世界 3 种。【学名诠释与讨论】〈阴〉(人) Richard Eric Holttum, 1895-1990, 英国植物学者+chloe,草的幼芽,嫩草,禾草。【分布】马来半岛。【模式】Holttumochloa magica (Ridl.) K. M. Wong。●☆

25015 Holtzea Schindl. (1926) = Desmodium Desv. (1813) (保留属名) [豆科 Fabaceae(Leguminosae)//蝶形花科 Papilionaceae]●■

25016 Holtzendorffia Klotzsch et H. Karst. ex Nees (1847) = Ruellia L. (1753) [爵床科 Acanthaceae]■●

25017 Holubia A. Löve et D. Löve (1975) Nom. illegit. ≡ Holubogentia Á. Löve et D. Löve (1978); ~ = Gentiana L. (1753) [龙胆科 Gentianaceae]■

25018 Holubia Oliv. (1884)【汉】澳非胡麻属。【隶属】胡麻科 Pedaliaceae。【包含】世界 1 种。【学名诠释与讨论】〈阴〉(人) Emil Holub, 1847-1902, 医生, 博物学者。此属的学名, INGTROPICOS 和 IK 记载是"Holubia D. Oliver, Hooker's Icon. Pl. 15:59. Sep 1884"。"Holubia Á. Löve et D. Löve, Anales Inst. Bot.

Cavanilles 32(2);226. 1 Dec 1975 [龙胆科 Gentianaceae]"是晚出的非法名称;它已经被"Holubogentia Á. Löve et D. Löve, Bot. Not. 131;385. 30 Sep 1978 = Gentiana L. (1753)"所替代。【分布】非洲南部。【模式】Holubia saccata D. Oliver。■☆

25019 Holubogentia Á. Löve et D. Löve (1978) = Gentiana L. (1753) [龙胆科 Gentianaceae]■

25020 Holzneria Speta (1982)【汉】霍尔婆婆纳属(霍尔玄参属)。【隶属】玄参科 Scrophulariaceae//婆婆纳科 Veronicaceae。【包含】世界 2 种。【学名诠释与讨论】〈阴〉(人) Holzner。【分布】亚洲西南部。【模式】Holzneria spicata (E. Korovin) F. Speta [Chaenorhinum spicatum E. Korovin]。■☆

25021 Homaid Adans. (1763) (废弃属名) = Biarum Schott(1832) (保留属名) [天南星科 Araceae]■☆

25022 Homaida Kuntze = Biarum Schott(1832) (保留属名) [天南星科 Araceae]■☆

25023 Homaida Raf. (1837) = Arisarum Mill. (1754) [天南星科 Araceae//老鼠芋科 Arisaraceae]■☆

25024 Homalachna Kuntze(1903) Nom. illegit. = Holcus L. (1753) (保留属名);~ = Homalachne (Benth. et Hook. f.) Kuntze(1903) [禾本科 Poaceae(Gramineae)]■

25025 Homalachne (Benth.) Kuntze(1903) Nom. illegit. ≡ Homalachne (Benth. et Hook. f.) Kuntze(1903);~ = Holcus L. (1753) (保留属名) [禾本科 Poaceae(Gramineae)]■

25026 Homalachne (Benth. et Hook. f.) Kuntze (1903) = Holcus L. (1753) (保留属名) [禾本科 Poaceae(Gramineae)]■

25027 Homaladenia Miers (1878) = Dipladenia A. DC. (1844) [夹竹桃科 Apocynaceae]●

25028 Homalanthus A. Juss. (1824) [as ' Omalanthus'] (保留属名)【汉】澳杨属(奥杨属,同花属,圆叶血桐属)。【俄】Хомалянтус。【英】Aussiepoplar, Homalanthus。【隶属】大戟科 Euphorbiaceae。【包含】世界 35-40 种,中国 2 种。【学名诠释与讨论】〈阳〉(希) homalos, 整齐的, 有规则的, 光滑的, 平坦的+anthos, 花, 可能指花在花序上排列整齐。此属的学名"Homalanthus A. Juss., Euphorb. Gen. :50. 21 Feb 1824('Omalanthus') (orth. cons.)"是保留属名。法规未列出相应的废弃属名。但是菊科 Asteraceae 的"Homalanthus Wittst., Etym. -Bot. Handw. -Buch 449,1852 = Omalanthus Less. (1832) Nom. illegit. = Tanacetum L. (1753)"和 "Homalanthus Less., Syn. Gen. Compos. 260,1832 = Tanacetum L. (1753)"应该废弃。其变体"Omalanthus A. Juss. (1824)"亦应废弃。【分布】印度至马来西亚,中国,波利尼西亚群岛。【模式】Homalanthus leschenaultianus A. H. L. Jussieu。【参考异名】Carumbium Reinw. (1823); Dibrachion Regel (1865) Nom. illegit. ; Dibrachium Walp. (1845-1846); Duania Noronha (1790); Garumbium Blume(1825); Omalanthus A. Juss. (1824) Nom. illegit. (废弃属名); Wartmannia Müll. Arg. (1865)●

25029 Homalanthus Less. (1832) Nom. illegit. (废弃属名) = Tanacetum L. (1753) [菊科 Asteraceae(Compositae)//菊蒿科 Tanacetaceae]■●

25030 Homalanthus Wittst. (1852) Nom. illegit. (废弃属名) = Omalanthus Less. (1832) Nom. illegit. ; ~ = Tanacetum L. (1753) [菊科 Asteraceae(Compositae)//菊蒿科 Tanacetaceae]■●

25031 Homaliaceae R. Br. (1818) = Flacourtiaceae Rich. ex DC. (保留科名)●

25032 Homaliopsis S. Moore(1920)【汉】类天料木属。【隶属】刺篱木科(大风子科) Flacourtiaceae//桃金娘科 Myrtaceae。【包含】世界 1 种。【学名诠释与讨论】〈阴〉(属) Homalium 天料木属+希腊文 opsis, 外观, 模样, 相似。此属的学名是"Homaliopsis S. Moore, J.

Bot. 58：187. Aug 1920"。亦有文献把其处理为"Tristania R. Br. (1812)"的异名。苔藓的"Homaliopsis Dixon et Potier de la Varde, Ann. Bryol. 1：48. 1928 ≡ Homaliadelphus Dixon et Potier de la Varde (1932)"是晚出的非法名称。【分布】马达加斯加。【模式】targioniana (Mitten) Dixon et Potier de la Varde [Neckera targioniana Mitten]。【参考异名】Tristania R. Br. (1812)；Tristania R. Br. ex Aiton (1812) Nom. illegit. ●☆

25033　Homalium Jacq. (1760)【汉】天料木属。【日】タカサゴノキ属。【俄】Гомалиум。【英】Homalium。【隶属】刺篱木科（大风子科）Flacourtiaceae//天料木科 Samydaceae。【包含】世界 180-200 种，中国 10-12 种。【学名诠释与讨论】〈中〉（希）homalos，平滑的，平坦的，扁平的，整齐的，有规则的+-ius，-ia，-ium，在拉丁文和希腊文中，这些词尾表示性质或状态。指雄蕊有规则地分成了束。【分布】巴拿马，秘鲁，玻利维亚，哥伦比亚（安蒂奥基亚），哥斯达黎加，马达加斯加，尼加拉瓜，中国，热带和亚热带，中美洲。【模式】Homalium racemosum N. J. Jacquin。【参考异名】Acoma Adans.；Antinisa (Tul.) Hutch. (1941)；Asteranthus Endl. (1837) Nom. illegit.；Astranthus Lour. (1790)；Blackwellia Comm. ex Juss. (1838) Nom. illegit.；Blackwellia J. F. Gmel. (1825) Nom. illegit.；Blakwellia Comm. ex Juss. (1838) Nom. inval.；Cordylanthus Blume (1852) Nom. illegit. (废弃属名)；Lagunezia Scop. (1777) Nom. illegit.；Linschottia Comm. ex Juss. (1789)；Marshallia J. F. Gmel. (1791) Nom. illegit.；Myrianthea Tul. (1857)；Myriantheia Thouars (1806)；Napimoga Aubl. (1775)；Nisa Noronha ex Thouars (1806)；Odotheca Raf.；Pierrea Hance (1877) (废弃属名)；Pythagorea Lour. (1790)；Racoubea Aubl. (1775)；Tattia Scop. (1777) Nom. illegit.；Vermoneta Comm. ex Juss. (1789)；Vermontea Steud. (1821) ●

25034　Homalobus Nutt. ex Torr. et A. Gray (1838) Nom. illegit. ≡ Homalobus Nutt. (1838)；~ = Astragalus L. (1753) [豆科 Fabaceae (Leguminosae)//蝶形花科 Papilionaceae] ●■

25035　Homalocalyx F. Muell. (1857)【汉】平萼桃金娘属。【隶属】桃金娘科 Myrtaceae。【包含】世界 11 种。【学名诠释与讨论】〈阳〉（希）homalos，平滑的，平坦的，扁平的，整齐的，有规则的+kalyx，所有格 kalykos =拉丁文 calyx，花萼，杯子。【分布】澳大利亚（东北部）。【模式】Homalocalyx ericaeus F. v. Mueller。【参考异名】Wehlia F. Muell. (1876) ●☆

25036　Homalocarpus Hook. et Arn. (1833)【汉】平果芹属。【隶属】伞形花科（伞形科）Apiaceae (Umbelliferae)。【包含】世界 5 种。【学名诠释与讨论】〈阳〉（希）homalos，平滑的，平坦的，扁平的，整齐的，有规则的+karpos，果实。此属的学名，ING 和 IK 记载是"Homalocarpus W. J. Hooker et Arnott, Bot. Misc. 3：348. 1 Aug 1833"。"Homalocarpus Schur, Enum. Pl. Transsilv. 3. Apr – Jun 1866 ≡ Anemonastrum Holub (1973) Nom. illegit. = Anemone L. (1753) (保留属名) [毛茛科 Ranunculaceae//银莲花科（罂粟莲花科）Anemonaceae]"和"Homalocarpus Post et Kuntze (1903) = Nyctanthes L. (1753) = Omolocarpus Neck. (1790) Nom. inval. [木犀榄科（木犀科）Oleaceae//夜花科（腋花科）Nyctanthaceae]"是晚出的非法名称。【分布】智利。【模式】Homalocarpus bowlesioides W. J. Hooker et Arnott。■☆

25037　Homalocarpus Post et Kuntze (1903) Nom. illegit. = Nyctanthes L. (1753)；~ = Omolocarpus Neck. (1790) Nom. inval.；~ = Nyctanthes L. (1753) [木犀榄科（木犀科）Oleaceae//夜花科（腋花科）Nyctanthaceae] ●

25038　Homalocarpus Schur (1866) Nom. illegit. ≡ Anemonastrum Holub (1973) Nom. illegit.；~ = Anemone L. (1753) (保留属名) [毛茛科 Ranunculaceae//银莲花科（罂粟莲花科）Anemonaceae] ■

25039　Homalocenchrus Mieg ex Haller (1768) Nom. illegit. (废弃属名) ≡ Leersia Sw. (1788) (保留属名) [禾本科 Poaceae (Gramineae)] ■

25040　Homalocenchrus Mieg ex Kuntze (1891) Nom. illegit. (废弃属名) ≡ Leersia Sw. (1788) (保留属名) [禾本科 Poaceae (Gramineae)] ■

25041　Homalocenchrus Mieg (1760) (废弃属名) ≡ Leersia Sw. (1788) (保留属名) [禾本科 Poaceae (Gramineae)] ■

25042　Homalocephala Britton et Rose (1922)【汉】绫波属。【日】ボマロケファラ属。【隶属】仙人掌科 Cactaceae。【包含】世界 1 种。【学名诠释与讨论】〈阴〉（希）homalos，平滑的，平坦的，扁平的，整齐的，有规则的+kephale，头。指植物体头状。此属的学名是"Homalocephala N. L. Britton et J. N. Rose, Cact. 3：181. 12 Oct 1922"。亦有文献把其处理为"Echinocactus Link et Otto (1827)"或"Melocactus Link et Otto (1827) (保留属名)"的异名。【分布】美洲。【模式】Homalocephala texensis (Hopffer) N. L. Britton et J. N. Rose [Echinocactus texensis Hopffer]。【参考异名】Echinocactus Link et Otto (1827)；Melocactus Link et Otto (1827) (保留属名) ■☆

25043　Homalocheilos J. K. Morton (1962) = Isodon (Schrad. ex Benth.) Spach (1840)；~ = Rabdosia (Blume) Hassk. (1842) [唇形科 Lamiaceae (Labiatae)] ●■

25044　Homalocladium (F. Muell.) L. H. Bailey (1929)【汉】竹节蓼属。【日】カンキチク属。【英】Centipedaplant, Ribbon Bush, Ribbonbush。【隶属】蓼科 Polygonaceae。【包含】世界 1 种，中国 1 种。【学名诠释与讨论】〈中〉（希）homalos，平滑的，平坦的，扁平的，整齐的，有规则的+klados，枝，芽，指小式 kladion，棍棒。kladodes 有许多枝子的+-ius，-ia，-ium，在拉丁文和希腊文中，这些词尾表示性质或状态。指枝扁平。此属的学名，ING 和 TROPICOS 记载是"Homalocladium (F. v. Mueller) L. H. Bailey, Gentes Herb. 2：56. 15 Feb 1929"，由"Polygonum sect. Homalocladium F. Muell. (1857)"改级而来。IK 则记载为"Homalocladium L. H. Bailey, Gentes Herbarum ii. 56 (1929)"。三者引用的文献相同。亦有文献把"Homalocladium (F. Muell.) L. H. Bailey (1929)"处理为"Muehlenbeckia Meisn. (1841) (保留属名)"、"Homalocladium (F. Muell.) L. H. Bailey (1929)"或"Muehlenbeckia Meisn. (1841) (保留属名)"的异名。【分布】巴基斯坦，玻利维亚，哥伦比亚，马达加斯加，尼加拉瓜，所罗门群岛，中国，法属新喀里多尼亚，新几内亚岛，中美洲。【模式】Homalocladium platycladum (F. v. Mueller) L. H. Bailey [Polygonum platycladum F. v. Mueller]。【参考异名】Homalocladium L. H. Bailey (1929) Nom. illegit.；Muehlenbeckia Meisn. (1841) (保留属名)；Polygonum sect. Homalocladium F. Muell. (1857) ●■

25045　Homalocladium L. H. Bailey (1929) Nom. illegit. ≡ Homalocladium (F. Muell.) L. H. Bailey (1929)；~ = Muehlenbeckia Meisn. (1841) (保留属名) [蓼科 Polygonaceae] ●■

25046　Homaloclados Hook. f. (1873) = Faramea Aubl. (1775) [茜草科 Rubiaceae] ●☆

25047　Homaloclina Post et Kuntze (1903) = Homalocline Rchb. (1828) [菊科 Asteraceae (Compositae)] ■

25048　Homalocline Rchb. (1828) = Crepis L. (1753)；~ = Omalocline Cass. (1827) [菊科 Asteraceae (Compositae)] ■

25049　Homalodiscus Bunge ex Boiss. (1867)【汉】扁盘木犀草属。【隶属】木犀草科 Resedaceae。【包含】世界 4 种。【学名诠释与讨论】〈阳〉（希）homalos，平滑的，平坦的，扁平的，整齐的，有规则的 + diskos，圆盘。此属的学名是"Homalodiscus Bunge ex Boissier, Fl. Orient. 1：422. Apr – Jun 1867 (non A. S. Örsted 1844)"。亦有文献把其处理为"Ochradenus Delile (1813)"的异

名。【分布】亚洲中部。【模式】未指定。【参考异名】Ochradenus Delile(1813)●☆

25050　Homalolepis Turcz.（1848）= Quassia L.（1762）［苦木科 Simaroubaceae］●☆

25051　Homalomena Schott(1832)【汉】千年健属(扁叶芋属)。【日】セントンイモ属。【英】Homalomena。【隶属】天南星科 Araceae。【包含】世界 110-140 种,中国 6 种。【学名诠释与讨论】〈阴〉(希)由 Homalonema 改缀而来。homalos,平滑的,平坦的,扁平的,整齐的,有规则的+nema,所有格 nematos,丝,花丝。指花丝的形状。另说 homalos,类似的+mene 月。另说 homalos,均一的,指花穗上的小花均一。此属的学名,ING、TROPICOS、GCI 和 IK 记载是 "Homalomena H. W. Schott in H. W. Schott et Endlicher, Melet. Bot. 20. 1832"。"Homalomena Endl., Genera Plantarum (Endlicher) 238. 1837" 是 "Homalomena Schott(1832)" 的拼写变体;IK 误记为 "Homalonema Endl., Gen. Pl. [Endlicher] 238. 1837 [Jun 1837]"。"Homalonema Kunth" 也似 "Homalomena Schott (1832)" 的拼写变体。【分布】巴拿马,秘鲁,玻利维亚,厄瓜多尔,哥伦比亚(安蒂奥基亚),哥斯达黎加,尼加拉瓜,中国,热带亚洲和南美洲,中美洲。【后选模式】Homalomena cordata H. W. Schott［Dracontium cordatum Houttuyn 1779, non Aublet 1775］。【参考异名】Adelonema Schott（1860）;Chamaecladon Miq. (1856);Chamaedadon Miq.;Curmeria André (1873);Curmeria Linden et André (1873);Cyrtocladon Griff. (1851);Diandriella Engl. (1910);Homalonema Endl. (1837) Nom. illegit.;Homalonema Kunth, Nom. illegit.;Homalonema Endl. (1837) Nom. illegit.;Spirospatha Raf. (1838)■

25052　Homalonema Endl.（1837）Nom. illegit. ≡ Homalomena Schott (1832)［天南星科 Araceae］■

25053　Homalonema Kunth, Nom. illegit. = Homalomena Schott (1832)［天南星科 Araceae］■

25054　Homalopetalum Rolfe（1896）【汉】平瓣兰属。【隶属】兰科 Orchidaceae。【包含】世界 4 种。【学名诠释与讨论】〈中〉(希) homalos,平滑的,平坦的,扁平的,整齐的,有规则的+希腊文 petalos,扁平的,铺开的;petalon,花瓣,叶,花叶,金属叶子;拉丁文的花瓣为 petalum。指花萼和花瓣整齐一致。【分布】巴拿马,厄瓜多尔,哥斯达黎加,尼加拉瓜,牙买加,中美洲。【模式】Homalopetalum jamaicense Rolfe。■☆

25055　Homalosciadium Domin(1908)【汉】平伞芹属。【隶属】伞形花科(伞形科)Apiaceae(Umbelliferae)。【包含】世界 1 种。【学名诠释与讨论】〈阴〉(希) homalos,平滑的,平坦的,扁平的,整齐的,有规则的+(属)Sciadium 伞芹属。【分布】澳大利亚(西部)。【模式】Homalosciadium verticillatum Domin［Hydrocotyle verticillata Turczaninow 1849,non Thunberg 1798］。■☆

25056　Homalospermum Schauer(1843)【汉】扁果金娘属。【隶属】桃金娘科 Myrtaceae//薄子木科 Leptospermaceae。【包含】世界 1 种。【学名诠释与讨论】〈中〉(希) homalos,平滑的,平坦的,扁平的,整齐的,有规则的+sperma,所有格 spermatos,种子,孢子。此属的学名是 "Homalospermum J. C. Schauer, Linnaea 17:242. Aug-Oct 1843"。亦有文献把其处理为 "Leptospermum J. R. Forst. et G. Forst.（1775）(保留属名)" 的异名。【分布】澳大利亚。【模式】Homalospermum firmum J. C. Schauer。【参考异名】Leptospermum J. R. Forst. et G. Forst.（1775）(保留属名)●☆

25057　Homalostachys Boeck.（1888）= Carex L.（1753）［莎草科 Cyperaceae］■

25058　Homalostoma Stschegl.（1859）= Andersonia Buch.-Ham. ex Wall.（1810）［使君子科 Combretaceae］●☆

25059　Homalostylis Post et Kuntze（1903）= Homolostyles Wall. ex

Wight（1834）; ~ = Tylophora R. Br.（1810）［萝藦科 Asclepiadaceae］●■

25060　Homalotes Endl.（1838）= Omalotes DC.（1838）; ~ = Tanacetum L.（1753）［菊科 Asteraceae(Compositae)//菊蒿科 Tanacetaceae］■●

25061　Homalotheca Rchb.（1841）= Gnaphalium L.（1753）; ~ = Omalotheca Cass.（1828）［菊科 Asteraceae(Compositae)］■

25062　Homalotrichon Banfi, Galasso et Bracchi（2005）Nom. illegit. ≡ Avenula (Dumort.) Dumort.（1868）［禾本科 Poaceae (Gramineae)］■

25063　Homanthis Kunth（1818）= Perezia Lag.（1811）［菊科 Asteraceae(Compositae)］■☆

25064　Hombak Adans.（1763）= Capparis L.（1753）［山柑科(白花菜科,醉蝶花科)Capparaceae］●

25065　Hombronia Gaudich.（1844-1852）= Pandanus Parkinson（1773）［露兜树科 Pandanaceae］●■

25066　Homeoplitis Endl.（1836）= Homoplitis Trin.（1820）Nom. illegit.; ~ = Pogonatherum P. Beauv.（1812）［禾本科 Poaceae (Gramineae)］■

25067　Homeria Vent.（1808）【汉】合丝鸢尾属(合满花属)。【日】ホメーリア属。【英】Cape Tulip。【隶属】鸢尾科 Iridaceae。【包含】世界 33 种。【学名诠释与讨论】〈阴〉(希) homoreo,愈合。指花丝合生。或说源于古希腊诗人的名字 Homer。或说由 Moraea 肖鸢尾属(梦蕾花属,摩利兰属)字母改缀而来。此属的学名是 "Homeria Ventenat, Dec. Gen. 5. 1808"。亦有文献把其处理为 "Moraea Mill.（1758）[as 'Morea'](保留属名)" 的异名。【分布】非洲南部。【模式】Homeria collina (Thunberg) R. A. Salisbury。【参考异名】Moraea Mill.（1758）[as 'Morea'](保留属名);Sessilistigma Goldblatt（1984）■☆

25068　Homilacanthus S. Moore（1894）= Isoglossa Oerst.（1854）(保留属名)［爵床科 Acanthaceae］■★

25069　Homocentria Naudin(1851)= Oxyspora DC.（1828）［野牡丹科 Melastomataceae］●

25070　Homochaete Benth.（1872）= Macowania Oliv.（1870）［菊科 Asteraceae(Compositae)］●☆

25071　Homochroma DC.（1836）= Mairia Nees（1832）［菊科 Asteraceae(Compositae)］■☆

25072　Homocnemia Miers（1851）= Stephania Lour.（1790）［防己科 Menispermaceae］●■

25073　Homocodon D. Y. Hong（1980）【汉】同钟花属(异钟花属)。【英】Homocodon。【隶属】桔梗科 Campanulaceae。【包含】世界 2 种,中国 2 种。【学名诠释与讨论】〈阳〉(希) homos,同样的,一致的,相同的,相似的,共同的,联合的+kodon,指小式 kodonion,钟,铃。此属的学名是 "Homocodon D. Y. Hong, Acta Phytotax. Sin. 18:473. Nov 1980"。亦有文献把其处理为 "Heterocodon Nutt.（1842）" 的异名。【分布】中国。【模式】Homocodon brevipes (W. B. Hemsley) D. Y. Hong［Wahlenbergia brevipes W. B. Hemsley］。【参考异名】Heterocodon Nutt.（1842）■★

25074　Homocolleticon(Summerh.) Szlach. et Olszewski（2001）【汉】非洲弯萼兰属。【隶属】兰科 Orchidaceae。【包含】世界 7 种。【学名诠释与讨论】〈阴〉词源不详。此属的学名是 "Homocolleticon (Summerh.) Szlach. et Olszewski, Dictionnaire des Sciences Naturelles, ed. 2, 36:727. 2001"。亦有文献把其处理为 "Cyrtorchis Schltr.（1914）" 的异名。【分布】热带和非洲南部。【模式】不详。【参考异名】Cyrtorchis Schltr.（1914）■☆

25075　Homoeantherum Steud.（1840）= Andropogon L.（1753）(保留属名); ~ = Homoeatherum Nees（1836）［禾本科 Poaceae

（Gramineae）//须芒草科 Andropogonaceae]■

25076 Homoeanthus Spreng.（1826）Nom. illegit. = Homoianthus Bonpl. ex DC.（1812）; ~ = Perezia Lag.（1811）［菊科 Asteraceae（Compositae）]■☆

25077 Homoeatherum Nees ex Hook. et Arn.（1837）= Andropogon L.（1753）（保留属名）［禾本科 Poaceae（Gramineae）//须芒草科 Andropogonaceae]■

25078 Homoeatherum Nees（1836）Nom. inval. ≡ Homoeatherum Nees ex Hook. et Arn.（1837）; ~ = Andropogon L.（1753）（保留属名）［禾本科 Poaceae（Gramineae）//须芒草科 Andropogonaceae]■

25079 Homoglossum Salisb.（1866）Nom. inval. = Gladiolus L.（1753）［鸢尾科 Iridaceae]■

25080 Homognaphalium Kirp.（1950）【汉】肖鼠麴草属。【隶属】菊科 Asteraceae（Compositae）。【包含】世界1种。【学名诠释与讨论】〈中〉（希）homos，同样的，一致的，相同的，相似的，共同的，联合的+Gnaphalium 鼠麴草属。此属的学名是"Homognaphalium M. E. Kirpicznikov in M. E. Kirpicznikov et L. A. Kuprijanova, Trudy Bot. Inst. Akad. Nauk SSSR, Ser. 1, Fl. Sist. Vyss. Rast. 9：32. 1950（post 14 Dec）"。亦有文献把其处理为"Gnaphalium L.（1753）"的异名。【分布】巴基斯坦，非洲北部。【模式】Homognaphalium crispatulum（Delile）M. E. Kirpicznikov［Gnaphalium crispatulum Delile]。【参考异名】Gnaphalium L.（1753）■☆

25081 Homogyne Cass.（1816）【汉】山雏菊属（异色菊属）。【俄】Подбельник。【英】Coltsfoot, Homogyne, Purple Colt's-foot。【隶属】菊科 Asteraceae（Compositae）。【包含】世界3种。【学名诠释与讨论】〈阴〉（希）homos，同样的，一致的，相同的，相似的，共同的，联合的+gyne，所有格 gynaikos，雌性，雌蕊。【分布】欧洲山区。【模式】Homogyne alpina（Linnaeus）Cassini。■☆

25082 Homoiachne Pilg.（1949）= Deschampsia P. Beauv.（1812）; ~ = Homalachne（Benth. et Hook. f.）Kuntze（1903）［禾本科 Poaceae（Gramineae）]■

25083 Homoianthus Bonpl. ex DC.（1812）= Perezia Lag.（1811）［菊科 Asteraceae（Compositae）]■☆

25084 Homoioceltis Blume（1856）= Aphananthe Planch.（1848）（保留属名）［榆科 Ulmaceae]●

25085 Homolepis Chase（1911）【汉】光节黍属。【隶属】禾本科 Poaceae（Gramineae）。【包含】世界3种。【学名诠释与讨论】〈阴〉（希）homos，同样的，一致的，相同的，相似的，共同的，联合的+lepis，所有格 lepidos，指小式 lepion 或 lepidion，鳞，鳞片。lepidotos，多鳞的。lepos，鳞，鳞片。【分布】巴拿马，秘鲁，玻利维亚，厄瓜多尔，哥伦比亚（安蒂奥基亚），哥斯达黎加，尼加拉瓜，新世界草，中美洲。【模式】Homolepis aturensis（Kunth）Chase［Panicum aturense Kunth]。■☆

25086 Homollea Arènes（1960）【汉】奥莫勒茜属。【隶属】茜草科 Rubiaceae。【包含】世界3种。【学名诠释与讨论】〈阴〉（人）Anne-Marie Homolle,？-1950，植物学者。【分布】马达加斯加。【模式】Homollea longiflora Arènes。☆

25087 Homolliella Arènes（1960）【汉】小奥莫勒茜属。【隶属】茜草科 Rubiaceae。【包含】世界1种。【学名诠释与讨论】〈阴〉（人）Anne-Marie Homolle，植物学者+-ellus, -ella, -ellum，加在名词词干后面形成指小式的词尾。或加在人名、属名等后面以组成新属的名称。【分布】马达加斯加。【模式】Homolliella sericea Arènes。☆

25088 Homolostyles Wall. ex Wight（1834）= Tylophora R. Br.（1810）［萝藦科 Asclepiadaceae]●■

25089 Homonoia Lour.（1790）【汉】水柳仔属（水柳属，水杨梅属）。【日】ナンバンヤナギ属。【英】Homonoia, Waterwillow。【隶属】大戟科 Euphorbiaceae。【包含】世界3种，中国1种。【学名诠释与讨论】〈阴〉（希）homos，同样的，一致的，相同的，相似的，共同的，联合的。可能指雌花和雄花相似。【分布】印度至马来西亚，中国，东南亚。【模式】Homonoia riparia Loureiro。【参考异名】Haematospermum Wall.（1832）; Honomoya Scheff.; Lumanaja Blanco（1837）●

25090 Homonoma Bello（1881）= Nepsera Naudin（1850）［野牡丹科 Melastomataceae]●☆

25091 Homopappus Nutt.（1840）= Haplopappus Cass.（1828）［as 'Aplopappus'］（保留属名）［菊科 Asteraceae（Compositae）]■●☆

25092 Homopholis C. E. Hubb.（1934）【汉】匍匐光节草属。【隶属】禾本科 Poaceae（Gramineae）。【包含】世界2种。【学名诠释与讨论】〈阴〉（希）homos，同样的，一致的，相同的，相似的，共同的，联合的+pholis，鳞甲。【分布】澳大利亚（昆士兰）。【模式】Homopholis belsonii C. E. Hubbard。●☆

25093 Homoplitis Trin.（1820）Nom. illegit. ≡ Pogonatherum P. Beauv.（1812）［禾本科 Poaceae（Gramineae）]■

25094 Homopogon Stapf（1908）= Trachypogon Nees（1829）［禾本科 Poaceae（Gramineae）]■

25095 Homopteryx Kitag.（1937）= Angelica L.（1753）; ~ = Coelopleurum Ledeb.（1844）［伞形花科（伞形科）Apiaceae（Umbelliferae）]■

25096 Homoranthus A. Cunn., Nom. inval. = Homoranthus A. Cunn. ex Schauer（1836）［桃金娘科 Myrtaceae]●☆

25097 Homoranthus A. Cunn. ex Schauer（1836）【汉】同花桃金娘属。【隶属】桃金娘科 Myrtaceae。【包含】世界7种。【学名诠释与讨论】〈阳〉（希）homos，同样的，一致的，相同的，相似的，共同的，联合的 + anthos，花。此属的学名，ING, APNI 和 IK 记载是"Homoranthus A. Cunningham ex J. C. Schauer, Linnaea 10：310. Feb-Mar 1836"。"Homoranthus A. Cunn."是一个未合格发表的名称（Nom. inval.）。【分布】澳大利亚（东部）。【后选模式】Homoranthus virgatus A. Cunningham ex J. C. Schauer。【参考异名】Enosanthes A. Cunn. ex Schauer（1841）Nom. inval.; Euosanthes Endl.; Homoranthus A. Cunn.; Rylstonea R. T. Baker（1898）●☆

25098 Homoscleria Post et Kuntze（1903）= Omoscleria Nees（1842）Nom. illegit.; ~ = Scleria P. J. Bergius（1765）［莎草科 Cyperaceae]■

25099 Homostyles Wall. ex Hook. f.（1883）= Homolostyles Wall. ex Wight（1834）; ~ = Tylophora R. Br.（1810）［萝藦科 Asclepiadaceae]●■

25100 Homostylium Nees（1845）= Microglossa DC.（1836）［菊科 Asteraceae（Compositae）]●

25101 Homotropa Shuttlew. ex Small = Asarum L.（1753）［马兜铃科 Aristolochiaceae//细辛科（杜蘅科）Asaraceae]■●

25102 Homotropium Nees（1847）= Ruellia L.（1753）［爵床科 Acanthaceae]■●

25103 Homozeugos Stapf（1915）【汉】霍草属。【隶属】禾本科 Poaceae（Gramineae）。【包含】世界5种。【学名诠释与讨论】〈中〉（希）homos，同样的，一致的，相同的，相似的，共同的，联合的+zeugos，成对，连结，轭。【分布】热带非洲。【模式】未指定。■☆

25104 Honckeneja Maxim.（1858）Nom. inval. = Honckenya Ehrh.［石竹科 Caryophyllaceae]■☆

25105 Honckeneya Steud.（1840）Nom. inval. ≡ Honckeneya Willd. ex Steud.（1840）Nom. inval.; ~ = Honckenya Willd. ex Cothen.（1790）Nom. inval.; ~ ≡ Honckenya Willd.（1790）Nom. illegit.; ~ = Clappertonia Meisn.（1837）［椴树科（椴科，田麻科）Tiliaceae//锦葵科 Malvaceae]■☆

25106 Honckeneya Willd. ex Steud.（1840）Nom. inval. = Honckenya

Willd. ex Cothen.（1790）Nom. inval. ；~ ≡ Honckenya Willd.（1790）Nom. illegit. ；~ =Clappertonia Meisn.（1837）［椴树科（椴科，田麻科）Tiliaceae//锦葵科 Malvaceae］■☆

25107　Honckenia Pers.（1805）Nom. inval. = Clappertonia Meisn.（1837）；~ =Honckenya Willd. ex Cothen.（1790）Nom. inval. ；~ ≡ Honckenya Willd.（1790）Nom. illegit. ；~ = Clappertonia Meisn.（1837）［椴树科（椴科，田麻科）Tiliaceae//锦葵科 Malvaceae］●☆

25108　Honckenia Raf.（1818）Nom. illegit. = Honkenya Ehrh.（1783）［石竹科 Caryophyllaceae］■☆

25109　Honckenya Willd. ex Cothen.（1790）Nom. inval. ≡ Honckenya Willd.（1790）Nom. illegit. ；~ =Clappertonia Meisn.（1837）［椴树科（椴科，田麻科）Tiliaceae//锦葵科 Malvaceae］●☆

25110　Honckenya Willd. ex Cothen.（1793）Nom. illegit. ≡ Honckenya Willd.（1793）Nom. illegit. ；~ =Clappertonia Meisn.（1837）［椴树科（椴科，田麻科）Tiliaceae//锦葵科 Malvaceae］●☆

25111　Honckenya Bartl.（1830）Nom. illegit. = Honckenia Raf.（1818）［石竹科 Caryophyllaceae］■☆

25112　Honckenya Ehrh.（1783）【汉】海缨属（沙繁缕属）。【俄】Аммодения。【英】Sandwort, Sea Purslane, Sea‐sandwort, Seaside Sandwort。【隶属】石竹科 Caryophyllaceae。【包含】世界 1-2 种。【学名诠释与讨论】〈阴〉（人）Gerhard August Honckeny, 1724‐1805, 德国植物学者。此属的学名, ING、TROPICOS 和 IK 记载是"Honckenya Ehrh. , Neues Mag. Aerzte 5（3）: 206（‐207）. 1783"。"Honckenya Willd. ex Cothen. , Dispositio Vegetabilium Methodica 19. 1790 ≡ Honckenya Willd.（1790）Nom. illegit. = Clappertonia Meisn.（1837）［椴树科（椴科，田麻科）Tiliaceae//锦葵科 Malvaceae］"、"Honckenya Willd. ex Cothen. , Delectus opusculorum botanicorum 2: 201, t. 4, f. 2（1793）≡ Honckenya Willd.（1793）Nom. illegit. = Clappertonia Meisn.（1837）［椴树科（椴科，田麻科）Tiliaceae//锦葵科 Malvaceae］"、"Honckenya Bartl. , Ordines Naturales Plantarum 305. 1830 = Honckenia Raf.（1818）= Honkenya Ehrh.（1788）Nom. illegit. ≡ Honckenya Ehrh.（1783）"和"Honckneya Spach, Hist. Nat. Vég.（Spach）4: 3. 1835［11 Apr 1835］= Honckenya Ehrh.（1783）"是晚出的非法名称。"Honckeneja Maxim. , Mém. Acad. Imp. Sci. St. ‐Pétersbourg Divers Savans ix.（1858）56"是"Honckenya Ehrh.（1783）"的拼写变体。"Honckenia Raf. , Amer. Monthly Mag. et Crit. Rev. 2（4）: 266. 1818［Feb 1818］"也似为"Honckenya Ehrh.（1783）"的拼写变体。"Adenarium Rafinesque, Amer. Monthly Mag. et Crit. Rev. 2: 266. Feb 1818"、"Ammonalia Desvaux, J. Bot. Agric. 3: 223. Mar‐Dec 1816（'1814'）"和"Halianthus E. M. Fries, Fl. Halland. 1: 75. 23 Mai 1818"是"Honckenya Ehrh.（1783）"的晚出的同模式异名（Homotypic synonym, Nomenclatural synonym）。【分布】北半球寒冷地区和温带。【模式】Honckenya peploides（Linnaeus）J. F. Ehrhart［Arenaria peploides Linnaeus］。【参考异名】Adenarium Raf.（1818）Nom. illegit. ；Admarium Raf.（1818）Nom. illegit. ；Ammodenia J. G. Gmel. ex Rupr. ；Ammodenia J. G. Gmel. ex S. G. Gmel. , Nom. illegit. ；Ammonalia Desv.（1816）Nom. inval. ；Ammonalia Desv. ex Endl.（1840）；Halianthus Fr.（1817）Nom. illegit. ；Honckneya Spach（1835）Nom. illegit. ；Honkeneja Endl.（1840）；Honkenya Ehrh.（1788）Nom. illegit. ；Stonckenya Raf.（1819）■☆

25113　Honckenya Willd.（1790）Nom. illegit. = Clappertonia Meisn.（1837）［椴树科（椴科，田麻科）Tiliaceae//锦葵科 Malvaceae］●☆

25114　Honckenya Willd.（1793）Nom. illegit. ≡ Honckenya Willd.（1790）Nom. illegit. ；~ =Clappertonia Meisn.（1837）［椴树科（椴科，田麻科）Tiliaceae//锦葵科 Malvaceae］●☆

25115　Honckneya Spach（1835）Nom. illegit. = Honckenya Ehrh.（1783）［石竹科 Caryophyllaceae］■☆

25116　Hondbesseion Kuntze（1891）= Paederia L.（1767）（保留属名）［茜草科 Rubiaceae］●■

25117　Hondbessen Adans.（1763）（废弃属名）= Paederia L.（1767）（保留属名）［茜草科 Rubiaceae］●■

25118　Hondurodendron C. Ulloa, Nickrent, Whitef. et D. L. Kelly（2010）【汉】洪都拉斯铁青树属。【隶属】铁青树科 Olacaceae。【包含】世界 1 种。【学名诠释与讨论】〈阴〉（地）Honduras, 洪都拉斯+dendron 或 dendros, 树木, 棍, 丛林。【分布】洪都拉斯。【模式】Hondurodendron urceolatum C. Ulloa。☆

25119　Honkeneja Endl.（1840）= Honkenya Ehrh.（1788）Nom. illegit. ；~ =Honckenya Ehrh.（1783）［石竹科 Caryophyllaceae］■☆

25120　Honkenya Cothen. , Nom. illegit. = Clappertonia Meisn.（1837）［椴树科（椴科，田麻科）Tiliaceae//锦葵科 Malvaceae］●☆

25121　Honkenya Ehrh.（1788）Nom. illegit. = Honckenya Ehrh.（1783）［石竹科 Caryophyllaceae］■☆

25122　Honkenya Willd. ex Cothen.（1790）Nom. illegit. ≡ Clappertonia Meisn.（1837）［椴树科（椴科，田麻科）Tiliaceae//锦葵科 Malvaceae］●☆

25123　Honomoya Scheff. = Homonoia Lour.（1790）［大戟科 Euphorbiaceae］●

25124　Honorius Gray（1821）【汉】大果风信子属。【隶属】风信子科 Hyacinthaceae//百合科 Liliaceae。【包含】世界 8 种。【学名诠释与讨论】〈阴〉（人）Honorius 罗马皇帝塞奥多西乌斯的儿子, 西罗马帝国的第一个皇帝（公元 395‐423）。此属的学名, ING、TROPICOS 和 IK 记载是"Honorius S. F. Gray, Nat. Arr. Brit. Pl. 2: 177. 1 Nov 1821"。"Albucea（H. G. L. Reichenbach）H. G. L. Reichenbach, Fl. German. Excurs. 109. Jan‐Apr 1830"、"Brizophile R. A. Salisbury, Gen. 34. Apr‐Mai 1866"、"Myogalum Link, Handb. 1: 163. ante Sep 1829"和"Syncodium Rafinesque, Fl. Tell. 2: 22. Jan‐Mar 1837（'1836'）"是"Honorius Gray（1821）"的晚出的同模式异名（Homotypic synonym, Nomenclatural synonym）。亦有文献把"Honorius Gray（1821）"处理为"Ornithogalum L.（1753）"的异名。【分布】参见 Ornithogalum L.（1753）。【模式】Honorius nutans（Linnaeus）S. F. Gray［Ornithogalum nutans Linnaeus］。【参考异名】Albucea（Rchb.）Rchb.（1830）Nom. illegit. ；Albucea Rchb.（1830）；Brizophila Salisb.（1866）Nom. illegit. ；Myogalum Link（1829）Nom. illegit. ；Ornithogalum L.（1753）；Syncodium Raf.（1837）Nom. illegit. ■☆

25125　Honottia Rchb.（1828）= Limnophila R. Br.（1810）（保留属名）［玄参科 Scrophulariaceae//婆婆纳科 Veronicaceae］■

25126　Hoodia Sweet ex Decne.（1844）【汉】丽杯花属（火地亚属, 丽杯角属）。【日】フーディア属。【英】Hoodia。【隶属】萝藦科 Asclepiadaceae。【包含】世界 10-13 种。【学名诠释与讨论】〈阴〉（人）Hood, 肉质植物栽培者。此属的学名"Hoodia Sweet ex Decaisne in Alph. de Candolle, Prodr. 8: 664. Mar 1844"是一个替代名称。"Scytanthus Hook. , Icon. Pl. ad t. 605-606. Jan 1844"是一个非法名称（Nom. illegit.），因为此前已经有了"Skytanthus Meyen, Reise 1: 376. ante 25-31 Mai 1834［夹竹桃科 Apocynaceae］"。故用"Hoodia Sweet ex Decne.（1844）"替代之。同理,"Scytanthus Liebmann, Förh. Skand. Naturf. Möte 4: 183. 1847 = Bdallophytum Eichler（1872）［大花草科 Rafflesiaceae］"、"Scytanthus Post et Kuntze（1903）Nom. illegit. = Skytanthus Meyen（1834）［夹竹桃科 Apocynaceae］"和"Scytanthus T. Anderson ex Bentham et Hook. f. , Gen. 2: 1093. Mai 1876 ≡ Thomandersia Baill.（1891）［爵床科 Acanthaceae//托曼木科 Thomandersiaceae］"亦

是晚出的非法名称。"Hoodia Sweet, Hort. Brit. [Sweet], ed. 2. 359. 1830 ≡ Hoodia Sweet ex Decne. (1844)"是一个未合格发表的名称(Nom. inval.)。"Scytanthus T. Anderson ex Benth. (1876) Nom. illegit. ≡ Scytanthus T. Anderson ex Benth. et Hook. f. (1876) Nom. illegit. [爵床科 Acanthaceae]"的命名人引证有误。【分布】热带和非洲南部。【模式】Hoodia gordonii (Masson) Sweet ex Decaisne [Stapelia gordonii Masson [as 'gordoni']。【参考异名】Hoodia Sweet(1830) Nom. inval. ; Monothylaceum G. Don (1837); Scytanthus Hook. (1844) Nom. illegit. ■☆

25127　Hoodia Sweet (1830) Nom. inval. ≡ Hoodia Sweet ex Decne. (1844) [萝藦科 Asclepiadaceae]■☆

25128　Hoodiopsis C. A. Lückh. (1933)【汉】魔星阁属(拟火地亚属, 拟丽杯花属)。【日】フーディアプシス属。【英】Hoodia。【隶属】萝藦科 Asclepiadaceae。【包含】世界1种。【学名诠释与讨论】〈阴〉(属) Hoodia 丽杯花属+希腊文 opsis, 外观, 模样, 相似。【分布】非洲西南部。【模式】Hoodiopsis triebneri Luckhoff。■☆

25129　Hoogenia Balls (1934) = Hulthemia Dumort. (1824) [蔷薇科 Rosaceae]●☆

25130　Hooglandia McPherson et Lowry (2004)【汉】霍格木属。【隶属】火把树科(常绿棱枝树科, 角瓣木科, 库诺尼科, 南蔷薇科, 轻木科) Cunoniaceae。【包含】世界1种。【学名诠释与讨论】〈阴〉(人) Ruurd Dirk Hoogland, 1922-, 植物学者。【分布】法属新喀里多尼亚。【模式】Hooglandia ignambiensis McPherson et Lowry。●☆

25131　Hooibrenckia Hort. = Staphylea L. (1753) [省沽油科 Staphyleaceae]●

25132　Hookera Salisb. (1808) Nom. illegit. ≡ Brodiaea Sm. (1810) (保留属名) [百合科 Liliaceae//葱科 Alliaceae]■☆

25133　Hookerella Tiegh. (1895) = Muellerina Tiegh. (1895); ~ = Phrygilanthus Eichler(1868) [桑寄生科 Loranthaceae]●☆

25134　Hookerina Kuntze (1891) Nom. illegit. ≡ Hydrothrix Hook. f. (1887) [雨久花科 Pontederiaceae]■☆

25135　Hookerochloa E. B. Alexeev (1985) = Austrofestuca (Tzvelev) E. B. Alexeev (1976) [禾本科 Poaceae(Gramineae)]■☆

25136　Hookia Neck. (1790) Nom. inval. = Centaurea L. (1753) (保留属名) [菊科 Asteraceae(Compositae)//矢车菊科 Centaureaceae]●■

25137　Hoopesia Buckley (1861) = Acacia Mill. (1754) (保留属名) + Cercidium Tul. (1844) [豆科 Fabaceae(Leguminosae)//含羞草科 Mimosaceae//金合欢科 Acaciaceae]●☆

25138　Hoorebeckia Steud. (1840) Nom. illegit. [菊科 Asteraceae (Compositae)]□☆

25139　Hoorebekia Cornel. (1817) = Grindelia Willd. (1807) [菊科 Asteraceae(Compositae)]●■☆

25140　Hoorebekia Cornel. ex DC., Nom. illegit. ≡ Hoorebekia Cornel. (1817); ~ = Grindelia Willd. (1807) [菊科 Asteraceae (Compositae)]●■☆

25141　Hopea Garden ex L. (1767) (废弃属名) = Symplocos Jacq. (1760) [山矾科(灰木科) Symplocaceae]●

25142　Hopea Garden (1767) Nom. illegit. (废弃属名) ≡ Hopea Garden ex L. (1767) (废弃属名) = Symplocos Jacq. (1760) [山矾科(灰木科) Symplocaceae]●

25143　Hopea L. (1767) Nom. illegit. (废弃属名) ≡ Hopea Garden ex L. (1767) (废弃属名); ~ = Symplocos Jacq. (1760) [山矾科(灰木科) Symplocaceae]●

25144　Hopea Roxb. (1811) (保留属名)【汉】坡垒属。【俄】Хопея。【英】Giam, Hopea, Merawan。【隶属】龙脑香科 Dipterocarpaceae。

【包含】世界100-148种, 中国4-12种。【学名诠释与讨论】〈阴〉(人) John Hope, 1725-1786, 苏格兰植物学者。另说来自马来西亚植物俗名。此属的学名"Hopea Roxb. , Pl. Coromandel 3:7. Jul 1811"是保留属名。相应的废弃属名是"Hopea Garden ex L. , Syst. Nat. , ed. 12, 2:509; Mant. Pl. :14, 105. 15-31 Oct 1767 = Symplocos Jacq. (1760) = Hopea Roxb. (1811) (保留属名)"。"Hopea Garden(1767) ≡ Hopea Garden ex L. (1767)"和"Hopea L. (1767) ≡ Hopea Garden ex L. (1767) (废弃属名)"亦应废弃。龙胆科 Gentianaceae 的"Hopea Vahl, Enum. Pl. [Vahl]1:3. 1804"是"Hoppea Willd. (1801)"的拼写变体, 也须废弃。"Protohopea Miers, J. Linn. Soc. , Bot. 17:289. 20 Mai 1879"是"Hopea Garden ex L. (1767) (废弃属名)"的晚出的同模式异名(Homotypic synonym, Nomenclatural synonym)。"Hopea L. (1767)" ≡ Hopea Garden ex L. (1767)"和"Hopea Garden(1767) ≡ Hopea Garden ex L. (1767)"的命名人引证有误。亦有文献把"Hopea Roxb. (1811) (保留属名)"处理为"Shorea Roxb. ex C. F. Gaertn. (1805)"的异名。【分布】印度至马来西亚, 中国, 东南亚。【模式】Hopea odorata Roxburgh。【参考异名】Balanocarpus Bedd. (1874); Dioticarpus Dunn (1920); Hancea Pierre (1891) Nom. illegit. ; Hoppea Endl. (1940) Nom. illegit. ; Neisandra Raf. (1838); Peirrea F. Heim; Petalandra Hassk. (1858); Pierrea F. Heim(1891) (保留属名); Pierreocarpus Ridl. ex Symington (1934); Protohopea Miers (1879); Shorea Roxb. , Nom. illegit. ; Shorea Roxb. ex C. F. Gaertn. (1805)●

25145　Hopea Vahl(1804) Nom. illegit. (废弃属名) = Hoppea Willd. (1801) [龙胆科 Gentianaceae]■☆

25146　Hopeoides Cretz. (1941)【汉】拟坡垒属。【隶属】龙脑香科 Dipterocarpaceae。【包含】世界1种。【学名诠释与讨论】〈阴〉(属) Hopea 坡垒属+oides, 来自 o+eides, 像, 似; 或 o+eidos 形, 含义为相像。此属的学名是"Hopeoides Cretzoiu, J. Jap. Bot. 17:408. Jul 1941"。亦有文献把其处理为"Anisoptera Korth. (1841)"或"Scaphula R. Parker(1932)"的异名。【分布】缅甸。【模式】Hopeoides scaphula (Roxburgh) Cretzoiu [Hopea scaphula Roxburgh]。【参考异名】Anisoptera Korth. (1841); Scaphula R. Parker(1932)●☆

25147　Hopia Zuloaga et Morrone(2007)【汉】墨西哥黍属。【隶属】禾本科 Poaceae(Gramineae)。【包含】世界1种。【学名诠释与讨论】〈阴〉词源不详。此属的学名是"Hopia Zuloaga et Morrone, Taxon 56(1): 150-153, f. 1, 3-4, 5 [map]. 2007"。亦有文献把其处理为"Panicum L. (1753)"的异名。【分布】墨西哥。【模式】Hopia obtusa (Kunth) Zuloaga et Morrone。【参考异名】Panicum L. (1753)■☆

25148　Hopkinsia W. Fitzg. (1904)【汉】澳帚草属。【隶属】澳帚草科 Hopkinsiaceae//帚灯草科 Restionaceae。【包含】世界2种。【学名诠释与讨论】〈阴〉(人) John W. Marquis Hopkins, 1870-, 澳大利亚政治家。【分布】澳大利亚(西部)。【模式】Hopkinsia scabrida W. V. Fitzgerald。■☆

25149　Hopkinsiaceae B. G. Briggs et L. A. S. Johnson (2000) [亦见 Anarthriaceae D. F. Cutler et Airy Shaw 刷柱草科(苞穗草科, 无柄草科)]【汉】澳帚草科。【包含】世界1属2种。【分布】澳大利亚西部。【科名模式】Hopkinsia W. Fitzg. ■☆

25150　Hopkirkia DC. (1836) = Schkuhria Roth (1797) (保留属名) [菊科 Asteraceae(Compositae)]■☆

25151　Hopkirkia Spreng. (1818) = Salmea DC. (1813) (保留属名) [菊科 Asteraceae(Compositae)]■☆

25152　Hoplestigma Pierre(1899)【汉】单柱花属(干戈柱属, 马蹄柱头树属, 蹄铁柱头属)。【隶属】单柱花科(干戈柱科, 马蹄柱头树科,蹄铁柱头科)Hoplestigmataceae。【包含】世界 2 种。【学名诠释与讨论】〈中〉(拉)hople,蹄子,马蹄+stigma,所有格 stigmatos,柱头,眼点。指柱头深二裂。【分布】西赤道非洲。【模式】Hoplestigma klaineanum Pierre。●☆

25153 Hoplestigmataceae Gilg(1924)(保留科名)【汉】单柱花科(干戈柱科,马蹄柱头树科,蹄铁柱头科)。【包含】世界 1 属 2 种。【分布】热带非洲西部。【科名模式】Hoplestigma Pierre ●☆

25154 Hoplismenus Hassk.(1844)Nom. illegit. = Oplismenus P. Beauv.(1810)(保留属名)[禾本科 Poaceae(Gramineae)]■

25155 Hoplonia Post et Kuntze(1903)= Anthacanthus Nees(1847)Nom. illegit. ; ~ = Oplonia Raf.(1838)[爵床科 Acanthaceae]●☆

25156 Hoplopanax Post et Kuntze(1903)= Oplopanax(Torr. et A. Gray)Miq.(1863)[五加科 Araliaceae]●

25157 Hoplophyllum DC.(1836)【汉】单叶菊属(五叶菊属,武叶菊属)。【隶属】菊科 Asteraceae(Compositae)。【包含】世界 2 种。【学名诠释与讨论】〈中〉(希)hoplo,单一的 + phyllon,叶子。phyllodes,似叶的,多叶的。phylleion,绿色材料,绿草。【分布】非洲南部。【模式】Hoplophyllum spinosum(Linnaeus f.)A. P. de Candolle[Pteronia spinosa Linnaeus f.]。【参考异名】Holophyllum Meisn. ,Nom. illegit.。●☆

25158 Hoplophytum Beer(1854)= Aechmea Ruiz et Pav.(1794)(保留属名)[凤梨科 Bromeliaceae]■☆

25159 Hoplotheca Spreng.(1827)= Froelichia Moench(1794);~ = Oplotheca Nutt.(1818)[苋科 Amaranthaceae]■☆

25160 Hoppea Endl.(1839)Nom. illegit. = Symplocos Jacq.(1760)[山矾科(灰木科)Symplocaceae]●

25161 Hoppea Endl.(1940)Nom. inval. = Hopea Roxb.(1811)(保留属名)[龙脑香科 Dipterocarpaceae]●

25162 Hoppea Rchb.(1824)Nom. illegit. = Ligularia Cass.(1816)(保留属名)[菊科 Asteraceae(Compositae)]■

25163 Hoppea Willd.(1801)【汉】霍珀龙胆属。【隶属】龙胆科 Gentianaceae。【包含】世界 2 种。【学名诠释与讨论】〈阴〉(人)David Heinrich Hoppe,1760-1846,德国植物学者,医生,药剂师,博物学者。此属的学名,ING、TROPICOS 和 IK 记载是"Hoppea Willd. ,Neue Schriften Ges. Naturf. Freunde Berlin 3:434. 1801 [post 21 Apr 1801]"。"Hoppea Endl.(1839)Nom. illegit. = Symplocos Jacq.(1760)[山矾科(灰木科)Symplocaceae]"、"Hoppea Endl. ,Gen. Pl.[Endlicher]1014. 1840 [1-14 Feb 1840]Nom. inval. = Hopea Roxb.(1811)(保留属名)[龙脑香科 Dipterocarpaceae]"和"Hoppea Rchb. ,Flora 7:245. 1824 [28 Apr 1824]= Ligularia Cass.(1816)(保留属名)[菊科 Asteraceae(Compositae)]"是晚出的非法名称。"Hoppia Spreng. ,Anleit. ii. II. 889(1818)"是"Hoppea Willd.(1801)"的拼写变体。"Hoppia C. G. D. Nees in C. F. P. Martius,Fl. Brasil. 2(1):199. 1 Apr 1842 ≡Bisboeckelera Kuntze(1891)[莎草科 Cyperaceae]"则是晚出的非法名称。【分布】巴基斯坦,印度。【模式】Hoppea dichotoma Willdenow。【参考异名】Hopea Vahl(1804)Nom. illegit. ; Hoppia Spreng.(1818);Monosteria Raf.(1837)■☆

25164 Hoppia Nees(1842)Nom. illegit. ≡Bisboeckelera Kuntze(1891)[莎草科 Cyperaceae]■☆

25165 Hoppia Spreng.(1818)Nom. inval. ≡Hoppea Willd.(1801)[龙胆科 Gentianaceae]■☆

25166 Horaninovia Fisch. et C. A. Mey.(1841)【汉】对节刺属。【俄】Горанинговия,Горянинговия,Сажереция。【英】Horaninowia。【隶属】藜科 Chenopodiaceae。【包含】世界 4-7 种,中国 2 种。【学名诠释与讨论】〈阴〉(人)Paul(Paulus)Fedorowitsch Horaninov(Horaninow,Ghoryaninov,Gorianinov),1796-1865,俄罗

斯植物学者。此属的学名,ING、TROPICOS 和 IK 记载是"Horaninovia Fisch. et C. A. Mey. ,in Schrenk,Enum. Pl. Song. 10(1841)"。"Horaninowia Fisch. et C. A. Mey.(1841)"是其拼写变体。【分布】亚洲中部和西南部。【模式】未指定。【参考异名】Eremochion Gilli(1959);Horaninowia Fisch. et C. A. Mey.(1841)Nom. illegit.。■

25167 Horaninowia Fisch. et C. A. Mey.(1841)Nom. illegit. ≡ Horaninovia Fisch. et C. A. Mey.(1841)[藜科 Chenopodiaceae]■

25168 Horanthes Raf.(1836)= Crocanthemum Spach(1836)[半日花科(岩蔷薇科)Cistaceae]●☆

25169 Horanthus B. D. Jacks. = Crocanthemum Spach(1836);~ = Horanthes Raf.(1836)[半日花科(岩蔷薇科)Cistaceae]●☆

25170 Horanthus Raf.(1838)= Crocanthemum Spach(1836)[半日花科(岩蔷薇科)Cistaceae]●☆

25171 Horau Adans.(1763)= Avicennia L.(1753)[马鞭草科 Verbenaceae//海榄雌科 Avicenniaceae]●

25172 Horbleria Pav. ex Moldenke(1937)= Rhaphithamnus Miers(1870)[马鞭草科 Verbenaceae]●☆

25173 Hordaceae Martinov(1820)Nom. inval. = Gramineae Juss.(保留科名)//Poaceae Barnhart(保留科名)■●

25174 Hordeaceae Bercht. et J. Presl(1820)Nom. inval. = Gramineae Juss.(保留科名)//Poaceae Barnhart(保留科名)■●

25175 Hordeaceae Burmeist.(1837)= Gramineae Juss.(保留科名)//Poaceae Barnhart(保留科名)■●

25176 Hordeaceae Kunth(1815)Nom. inval. = Gramineae Juss.(保留科名)//Poaceae Barnhart(保留科名)■●

25177 Hordeaceae Link(1827)= Gramineae Juss.(保留科名)//Poaceae Barnhart(保留科名)■●

25178 Hordeanthos Szlach.(2007)【汉】缅甸兰属。【隶属】兰科 Orchidaceae。【包含】世界 3 种。【学名诠释与讨论】〈阴〉(人)Hord+anthos,花。【分布】缅甸。【模式】Hordeanthos lemniscatus(Hook. f.)Szlach.[Bulbophyllum lemniscatum C. S. P. Parish ex Hook. f.]。■☆

25179 Hordelymus(Jess.)Harz(1885)【汉】三柄麦属(大麦披硷草属)。【英】Barley, Gorse, Wood Barley。【隶属】禾本科 Poaceae(Gramineae)。【包含】世界 1 种。【学名诠释与讨论】〈阴〉(属)Hordeum 大麦属 +(属)Elymus 披碱草属(滨麦属,砂麦属,野麦属)。此属的学名,ING、TROPICOS 和 IK 记载是"Hordelymus(Jess.)Harz,Landw. Samenk. 2:1147. 1885",由"Hordeum subgen. Hordelymus Jessen,Deutschlands Gräser 202. 1863"改级而来。"Hordelymus(Jess.)Jess. ex Harz.(1885)≡ Hordelymus(Jess.)Harz(1885)"的命名人引证有误。"Hordelymus Bachtj et Darevsk,Bot. Zhurn.(Moscow et Leningrad)35:191,1950 [禾本科 Poaceae(Gramineae)]"是晚出的非法名称。【分布】中国,欧洲,亚洲西部。【模式】Hordelymus europaeus(Linnaeus)Harz[Elymus europaeus Linnaeus]。【参考异名】Cuviera Koeler(1802)(废弃属名);Hordelymus(Jess.)Jess. ex Harz.(1885)Nom. illegit. ; Hordeum subgen. Hordelymus Jess.(1863);Leptothrix(Dumort.)Dumort.(1868)Nom. illegit. ; Medusather(Griseb.)Candargy(1901)Nom. illegit. ; Medusather Candargy(1901)Nom. illegit. ; Orostachys Steud.(1841)Nom. inval. ,Nom. illegit. ; Orthostachys Ehrh.(1789)Nom. nud.。■☆

25180 Hordelymus(Jess.)Jess. ex Harz.(1885)Nom. illegit. ≡ Hordelymus(Jess.)Harz(1885)[禾本科 Poaceae(Gramineae)]■☆

25181 Hordeum L.(1753)【汉】大麦属。【日】オオムギ属,オホムギ属。【俄】Критезион,Хордеум,Ячмень。【英】Barley, Gorse。【隶属】禾本科 Poaceae(Gramineae)。【包含】世界 20-40 种,中

国 10-18 种。【学名诠释与讨论】〈中〉（拉）hordeum，大麦的古名。【分布】巴基斯坦，秘鲁，玻利维亚，厄瓜多尔，美国（密苏里），中国，温带，中美洲。【后选模式】Hordeum vulgare Linnaeus。【参考异名】Cristesion Raf.；Critesion Raf.（1819）；Critho E. Mey.（1848）；Frumentum Krause（1898）Nom. illegit.；Psathyrostachys Nevski（1933）；Zeocriton P. Beauv.（1812）Nom. illegit.；Zeocriton Wolf（1776）■

25182　Horichia Jenny（1981）【汉】霍里兰属。【隶属】兰科 Orchidaceae。【包含】世界 1 种。【学名诠释与讨论】〈阴〉（人）Clarence Klaus Horch，1930-1994，德国植物学者。【分布】巴拿马，中美洲。【模式】Horichia dressleri R. Jenny。■☆

25183　Horkelia Cham. et Schltdl.（1827）【汉】霍尔蔷薇属。【隶属】蔷薇科 Rosaceae//委陵菜科 Potentillaceae。【包含】世界 17 种。【学名诠释与讨论】〈阴〉（人）Johann Horkel，1769-1846，德国植物学者。此属的学名，ING、GCI、TROPICOS 和 IK 记载是 "Horkelia Chamisso et D. F. L. Schlechtendal，Linnaea 2：26. Jan 182"。它曾先后被处理为 "Potentilla sect. Horkelia（Cham. et Schltdl.）Baill.，Histoire des Plantes 1：369，372. 1869" 和 "Potentilla subgen. Horkelia（Cham. et Schltdl.）Jeps.，Man. Fl. Pl. Calif.，484. 1925"。"Horkelia Rchb. ex Bartl.，Ord. Nat. Pl. 76（1830）= Wolffia Horkel ex Schleid.（1844）（保留属名）［浮萍科 Lemnaceae//芜萍科（微萍科）Wolffiaceae］" 是晚出的非法名称。亦有文献把 "Horkelia Cham. et Schltdl.（1827）" 处理为 "Potentilla L.（1753）" 的异名。【分布】美国（西部）。【模式】Horkelia californica Chamisso et D. F. L. Schlechtendal。【参考异名】Potentilla L.（1753）；Potentilla sect. Horkelia（Cham. et Schltdl.）Baill.（1869）；Potentilla subgen. Horkelia（Cham. et Schltdl.）Jeps.（1925）●☆

25184　Horkelia Rchb. ex Bartl.（1830）Nom. illegit. = Wolffia Horkel ex Schleid.（1844）（保留属名）［浮萍科 Lemnaceae//芜萍科（微萍科）Wolffiaceae］■

25185　Horkeliella（Rydb.）Rydb.（1908）【汉】小霍尔蔷薇属。【英】False horkelia。【隶属】蔷薇科 Rosaceae。【包含】世界 3 种。【学名诠释与讨论】〈阴〉（人）Johann Horkel，1769-1846，德国植物学者（或 Horkelia 霍尔蔷薇属）+-ellus，-ella，-ellum，加在名词词干后面形成指小式的词尾。或加在人名、属名等后面以组成新属的名称。或 Horkelia 霍尔蔷薇属+-ella。此属的学名，ING、GCI 和 IK 记载是 "Horkeliella（Rydberg）Rydberg，N. Amer. Fl. 22：282. 12 Jun 1908"，由 "Horkelia subgen. Horkeliella Rydberg，Mem. Dept. Bot. Columbia Coll. 2：120. 25 Nov 1898" 改级而来。"Horkeliella Rydb.（1908）≡ Horkeliella（Rydb.）Rydb.（1908）" 的命名人引证有误。亦有文献把 "Horkeliella（Rydb.）Rydb.（1908）" 处理为 "Potentilla L.（1753）" 的异名。【分布】北美洲。【模式】Horkeliella purpurascens（S. Watson）Rydberg［Horkelia purpurascens S. Watson］。【参考异名】Horkelia subgen. Horkeliella Rydb.（1898；Horkeliella Rydb.（1908）Nom. illegit.；Potentilla L.（1753）●☆

25186　Horkeliella Rydb.（1908）Nom. illegit. ≡ Horkeliella（Rydb.）Rydb.（1908）［蔷薇科 Rosaceae］■●

25187　Hormathophylla Cullen et T. R. Dudley（1965）【汉】香雪庭荠属。【隶属】十字花科 Brassicaceae（Cruciferae）。【包含】世界 4-7 种。【学名诠释与讨论】〈阴〉（希）hormathos，细绳、锁链、串+phyllon，叶子。此属的学名是 "Hormathophylla J. Cullen et T. R. Dudley，Feddes Repert. 71：225. 15 Jun 1965"。亦有文献把其处理为 "Alyssum L.（1753）" 的异名。【分布】西伯利亚。【模式】Hormathophylla reverchonii（Degen et Hervier）J. Cullen et T. R. Dudley［Ptilotrichum reverchonii Degen et Hervier］。【参考异名】Alyssum L.（1753）■☆

25188　Hormiastis Post et Kuntze（1903）= Ormiastis Raf.（1837）Nom. illegit.；~ = Salvia L.（1753）［唇形科 Lamiaceae（Labiatae）//鼠尾草科 Salviaceae］●■

25189　Hormidium（Lindl.）Heynh.（1841）= Encyclia Hook.（1828）；~ = Prosthechea Knowles et Westc.（1838）［兰科 Orchidaceae］■☆

25190　Hormidium Lindl. ex Heynh.（1841）Nom. illegit. ≡ Hormidium（Lindl.）Heynh.（1841）；~ = Encyclia Hook.（1828）；~ = Prosthechea Knowles et Westc.（1838）［兰科 Orchidaceae］■☆

25191　Hormilis Post et Kuntze（1903）= Ormilis Raf.（1837）；~ = Salvia L.（1753）［唇形科 Lamiaceae（Labiatae）//鼠尾草科 Salviaceae］●■

25192　Horminum L.（1753）【汉】龙口花属（荷茗草属）。【英】Dragon's Mouth，Dragonmouth，Horminum。【隶属】唇形科 Lamiaceae（Labiatae）。【包含】世界 1 种。【学名诠释与讨论】〈中〉（希）horminon，植物俗名，是北美西部所产 Salvia 鼠尾草属的一种，据说具有催春的作用。此属的学名，ING、TROPICOS 和 IK 记载是 "Horminum L.，Sp. Pl. 2：596. 1753［1 May 1753］"。"Horminum Mill.，Gard. Dict.，ed. 8. 1768［16 Apr 1768］= Salvia L.（1753）［唇形科 Lamiaceae（Labiatae）//鼠尾草科 Salviaceae］" 是晚出的非法名称。【分布】欧洲南部山区。【后选模式】Horminum pyrenaicum Linnaeus。【参考异名】Pasina Adans.（1763）Nom. illegit. ■☆

25193　Horminum Mill.（1768）Nom. illegit. = Salvia L.（1753）［唇形科 Lamiaceae（Labiatae）//鼠尾草科 Salviaceae］●■

25194　Hormocalyx Gleason（1935）= Myrmidone Mart.（1832）［野牡丹科 Melastomataceae］●☆

25195　Hormocarpus Post et Kuntze（1903）Nom. illegit. = Ormycarpus Neck.（1790）Nom. inval.；~ = Raphanus L.（1753）［十字花科 Brassicaceae（Cruciferae）］■

25196　Hormocarpus Spreng.（1831）Nom. illegit. ≡ Ormocarpum P. Beauv.（1810）（保留属名）［豆科 Fabaceae（Leguminosae）//蝶形花科 Papilionaceae］●

25197　Hormogyne A. DC.（1844）（废弃属名）= Planchonella Pierre（1890）（保留属名）；~ = Pouteria Aubl.（1775）［山榄科 Sapotaceae］●

25198　Hormogyne Pierre = Aningeria Aubrév. et Pellegr.（1935）［山榄科 Sapotaceae］●

25199　Hormolotus Oliv.（1886）= Ornithopus L.（1753）［豆科 Fabaceae（Leguminosae）］■☆

25200　Hormopetalum Lauterb.（1918）= Sericolea Schltr.（1916）［杜英科 Elaeocarpaceae］●☆

25201　Hormosciadium Endl.（1850）= Ormosciadium Boiss.（1844）［伞形花科（伞形科）Apiaceae（Umbelliferae）］■☆

25202　Hormosia Rchb. = Ormosia Jacks.（1811）（保留属名）［豆科 Fabaceae（Leguminosae）//蝶形花科 Papilionaceae］●

25203　Hormosolevia Post et Kuntze（1903）= Ormosolenia Tausch（1834）［伞形花科（伞形科）Apiaceae（Umbelliferae）］■☆

25204　Hormuzakia Gusul.（1923）= Anchusa L.（1753）［紫草科 Boraginaceae］■

25205　Hornea Baker（1877）【汉】霍恩无患子属。【隶属】无患子科 Sapindaceae。【包含】世界 1 种。【学名诠释与讨论】〈阴〉（人）John Home，1835-1905，英国植物学者。此属的学名，ING、TROPICOS 和 IK 记载是 "Hornea J. G. Baker，Fl. Mauritius 59. 1877"。化石植物的 "Hornea Kidston et Lang，Trans. Roy. Soc. Edinburgh 52：611. t. 4-10. 1920 ≡ Horneophyton Barghoorn et Darrah 1938" 是晚出的非法名称。"Hornea Durand et Jacks." 是 "Hounea Baill.（1881）［西番莲科 Passifloraceae］" 和 "Paropsia

Noronha ex Thouars（1805）［西番莲科 Passifloraceae］"的异名。【分布】毛里求斯。【模式】Hornea mauritiana J. G. Baker。●☆

25206　Hornea Durand et Jacks. = Hounea Baill.（1881）；~ ≡ Paropsia Noronha ex Thouars（1805）［西番莲科 Passifloraceae］●☆

25207　Hornemannia Benth.（1846）Nom. illegit. ≡ Moseleya Hemsl.（1899）Nom. illegit. ；~ = Ellisiophyllum Maxim.（1871）［玄参科 Scrophulariaceae//幌菊科 Ellisiophyllaceae//婆婆纳科 Veronicaceae］■

25208　Hornemannia Link et Otto（1820）Nom. illegit. = Lindernia All.（1766）［玄参科 Scrophulariaceae//母草科 Linderniaceae//婆婆纳科 Veronicaceae］■

25209　Hornemannia Vahl（1810）Nom. illegit. = Symphysia C. Presl（1827）［杜鹃花科（欧石南科）Ericaceae］●☆

25210　Hornemannia Willd.（1809）= Mazus Lour.（1790）；~ = Lindernia All.（1766）+ Mazus Lour.（1790）［玄参科 Scrophulariaceae//透骨草科 Phrymaceae//通泉草科 Mazaceae］■

25211　Hornemannia Willd. emend. Rchb. = Mazus Lour.（1790）［玄参科 Scrophulariaceae//透骨草科 Phrymaceae//通泉草科 Mazaceae］■

25212　Hornera Jungh.（1840）Nom. illegit. ［樟科 Lauraceae］●☆

25213　Hornera Miq. = Neolitsea（Benth.）Merr. + Litsea Lam.（1792）（保留属名）［樟科 Lauraceae］●

25214　Hornera Neck.（1790）Nom. inval. ≡ Mucuna Adans.（1763）（保留属名）［豆科 Fabaceae（Leguminosae）//蝶形花科 Papilionaceae］●■

25215　Hornera Neck. ex Juss.（1821）Nom. illegit. ≡ Mucuna Adans.（1763）（保留属名）［豆科 Fabaceae（Leguminosae）//蝶形花科 Papilionaceae］●■

25216　Hornschuchia Blume（1823）Nom. illegit. ≡ Cratoxylum Blume（1823）［猪胶树科（克鲁西科，山竹子科，藤黄科）Clusiaceae（Guttiferae）］●

25217　Hornschuchia Nees（1821）【汉】霍尔木属。【隶属】番荔枝科 Annonaceae。【包含】世界 3-6 种。【学名诠释与讨论】〈阴〉（人）Christian Friedrich Hornschuch，1793-1850，德国植物学者，微生物学者，药剂师，昆虫学者。此属的学名，ING、TROPICOS 和 IK 记载是"Hornschuchia C. G. D. Nees，Flora 4：302. 21 Mai 1821"。"Hornschuchia Blume，Cat. Gew. Buitenzorg（Blume）15. 1823 ［Feb-Sep 1823］≡ Cratoxylum Blume（1823）［猪胶树科（克鲁西科，山竹子科，藤黄科）Clusiaceae（Guttiferae）］"和"Hornschuchia K. P. J. Sprengel，Neue Entdeck. Pflanzenk. 3：64. 1822 =？Mimusops L.（1753）［山榄科 Sapotaceae］"是晚出的非法名称。【分布】巴西（东部），玻利维亚。【后选模式】Hornschuchia bryotrophe C. G. D. Nees。【参考异名】Mosenodendron R. E. Fr.（1900）●☆

25218　Hornschuchia Spreng.（1822）Nom. illegit. =？Mimusops L.（1753）［山榄科 Sapotaceae］●☆

25219　Hornschuchiaceae J. Agardh（1858）= Annonaceae Juss.（保留科名）●

25220　Hornstedia Juss.（1816）Nom. illegit. ［姜科（蘘荷科）Zingiberaceae］■☆

25221　Hornstedtia Retz.（1791）【汉】大豆蔻属。【英】Hornstedtia。【隶属】姜科（蘘荷科）Zingiberaceae。【包含】世界 24-60 种，中国 2 种。【学名诠释与讨论】〈阴〉（人）Cladius Frederik Hornstedt，1758-1809，瑞典植物学者。此属的学名，ING、APNI、GCI、TROPICOS 和 IK 记载是"Hornstedtia A. J. Retzius，Observ. Bot. 6：18. Jul-Nov 1791"。"Greenwaya Giseke，Prael. Ord. Nat. ad 202，206，245. Apr 1792"是"Hornstedtia Retz.（1791）"的晚出的同模式异名（Homotypic synonym，Nomenclatural synonym）。【分布】印度至马来西亚，中国。【后选模式】Hornstedtia scyphus A. J. Retzius，Nom. illegit. ［Amomum scyphiferum J. G. König；Hornstedtia scyphifera（J. G. König）Steudel］。【参考异名】Geanthus Reinw.（1823）Nom. inval. ，Nom. illegit. ；Greenwaya Giseke（1792）Nom. illegit. ；Stenochasma Griff.（1851）■

25222　Hornungia Bernh.（1840）Nom. illegit. = Gagea Salisb.（1806）［百合科 Liliaceae］■

25223　Hornungia Rchb.（1837）【汉】薄果荠属（一年芥属，异果荠属）。【英】Hutchinsia。【隶属】十字花科 Brassicaceae（Cruciferae）。【包含】世界 2-3 种，中国 1 种。【学名诠释与讨论】〈阴〉（人）Ernst Gottfried Hornung，1795-1862，德国植物学者、药剂师。此属的学名，ING、TROPICOS 和 IK 记载是"Hornungia Rchb. ，Deutschl. Fl.（H. G. L. Reichenbach）1：33. 1837 ［t. p. 1837-38］"。"Hornungia Bernhardi，Flora 23：390，392. 7 Jul 1840 = Gagea Salisb.（1806）［百合科 Liliaceae］"是晚出的非法名称。【分布】巴基斯坦，玻利维亚，中国，地中海地区。【模式】Hornungia petraea（Linnaeus）H. G. L. Reichenbach［Lepidium petraea Linnaeus］。【参考异名】Buchera Rchb. ；Hutchinsia R. Br. ，Nom. illegit. ；Hutchinsiella O. E. Schulz（1933）；Hymenolobus Nutt.（1838）；Hymenolobus Nutt. ex Torr. et A. Gray（1838）Nom. illegit. ；Microcardamum O. E. Schulz（1928）；Nasturtiolum Gray（1821）Nom. illegit. ；Pritaelago Kuntze；Pritzelago Kuntze（1891）■

25224　Horovitzia V. M. Badillo（1993）【汉】寡脉番木瓜属。【隶属】番木瓜科（番瓜树科，万寿果科）Caricaceae。【包含】世界 1 种。【学名诠释与讨论】〈阴〉（人）Horovitz。【分布】墨西哥。【模式】Horovitzia cnidoscoloides（Lorence et R. Torres）V. M. Badillo。●☆

25225　Horreola Noronha（1790）= Procris Comm. ex Juss.（1789）［荨麻科 Urticaceae］●

25226　Horridocactus Backeb.（1938）【汉】奇异球属。【日】ホリドハクタス属。【隶属】仙人掌科 Cactaceae。【包含】世界 7 种。【学名诠释与讨论】〈阴〉（拉）horridus，站在顶端的，突出的，粗糙的，多刺的+cactos，有刺的植物，通常指仙人掌科 Cactaceae 植物。此属的学名，ING、TROPICOS 和 IK 记载是"Horridocactus Backeb. ，Blätt. Kakteenf. 1938（6）：［17；7，12，23］"。"Hildmannia Kreuzinger et Buining，Repert. Spec. Nov. Regni Veg. 50：204. 20 Nov 1941"是"Horridocactus Backeb.（1938）"的晚出的同模式异名（Homotypic synonym，Nomenclatural synonym）。亦有文献把"Horridocactus Backeb.（1938）"处理为"Neoporteria Britton et Rose（1922）"的异名。【分布】智利。【模式】Horridocactus horridus Backeberg。【参考异名】Chileocactus Frič（1931）；Hildmannia Kreuz. et Buining（1941）Nom. illegit. ；Neoporteria Britton et Rose（1922）■☆

25227　Horsfielda Pers.（1807）Nom. illegit. = Horsfieldia Willd.（1806）［肉豆蔻科 Myristicaceae］●

25228　Horsfieldia Blume ex DC.（1830）Nom. illegit. ≡ Harmsiopanax Warb.（1897）［五加科 Araliaceae］●☆

25229　Horsfieldia Blume（1828）Nom. inval. ，Nom. illegit. ≡ Horsfieldia Blume ex DC.（1830）Nom. illegit. ；~ ≡ Harmsiopanax Warb.（1897）［五加科 Araliaceae］●☆

25230　Horsfieldia Chifflot（1909）Nom. illegit. ，Nom. superfl. ≡ Monophyllaea R. Br.（1839）；~ = Chirita Buch. - Ham. ex D. Don（1822）［苦苣苔科 Gesneriaceae］●■

25231　Horsfieldia Willd.（1806）【汉】风吹楠属（荷斯菲木属，假玉果属，争光树属）。【英】Horsfieldia。【隶属】肉豆蔻科 Myristicaceae。【包含】世界 90-100 种，中国 6 种。【学名诠释与讨论】〈阴〉（人）Thomas Horsfield，1773-1859，美国植物学者，医

生,动物学者。此属的学名,ING、APNI、TROPICOS 和 IK 记载是 "Horsfieldia Willdenow, Sp. Pl. 4(2):872. 1806('1805')"。五加科 Araliaceae 的 "Horsfieldia Blume, Fl. Javae Praef. viii. 5 Aug 1828, Nom. inval. ,Nom. illegit. ≡ Horsfieldia Blume ex DC. ,Prodr. [A. P. de Candolle] 4:87. 1830 [late Sep 1830] Nom. illegit. ≡ Harmsiopanax Warb. (1897)" 和苦苣苔科 Gesneriaceae 的 "Horsfieldia Chifflot, in Compt. Rend. Acad. Sci. Paris cxlviii. 941 (1909) ≡ Monophyllaea R. Br. (1839) = Chirita Buch. –Ham. ex D. Don(1822)" 均为晚出的非法名称。"Jryaghedi O. Kuntze, Rev. Gen. 3(2):275. 28 Sep 1898" 和 "Pyrrhosa (Blume) Endlicher, Gen. 830. Jun 1839" 是 "Horsfieldia Willd. (1806) [肉豆蔻科 Myristicaceae]" 的晚出的同模式异名(Homotypic synonym, Nomenclatural synonym)。【分布】澳大利亚(北部),印度至马来西亚,中国,东南亚。【模式】Horsfieldia odorata Willdenow。【参考异名】Endocomia W. J. de Wilde(1984);Horsfielda Pers. (1807) Nom. illegit. ;Jryaghedi Kuntze(1898) Nom. illegit. ;Palala Rumph. (1741) Nom. inval. ;Phelima Noronha(1790);Pyrrhosa (Blume) Endl. (1839) Nom. illegit. ;Pyrrhosa Endl. (1839) Nom. illegit. ●

25232　Horsfordia A. Gray(1887)【汉】霍斯锦葵属。【隶属】锦葵科 Malvaceae。【包含】世界 4 种。【学名诠释与讨论】〈阴〉(人) Frederick Hinsdale Horsford,1855–1923,英国植物学者。另说是美国植物采集家。【分布】美国(西南部),墨西哥。【后选模式】Horsfordia alata (S. Watson) A. Gray [Sida alata S. Watson]。■●☆

25233　Horstia Fabr. = Salvia L. (1753) [唇形科 Lamiaceae (Labiatae)//鼠尾草科 Salviaceae]●■

25234　Horstrissea Greuter, Gerstb. et Egli (1990)【汉】克里特草属。【隶属】伞形花科(伞形科) Apiaceae(Umbelliferae)。【包含】世界 1 种。【学名诠释与讨论】〈阴〉词源不详。【分布】希腊(克里特岛)。【模式】Horstrissea dolinicola Greuter, P. Gerstberger et B. Egli。☆

25235　Horta Thunb. ex Steud. = Hosta Tratt. (1812) (保留属名) [百合科 Liliaceae//玉簪科 Hostaceae]■

25236　Horta Vell. (1829) = Clavija Ruiz et Pav. (1794) [假轮叶科(狄氏木科,拟棕科) Theophrastaceae]●☆

25237　Hortegia L. = Ortegia L. (1753) [石竹科 Caryophyllaceae]■☆

25238　Hortensia Comm. (1789) Nom. illegit. = Hortensia Comm. ex Juss. (1789) [虎耳草科 Saxifragaceae//绣球花科(八仙花科,绣球科) Hydrangeaceae]●

25239　Hortensia Comm. ex Juss. (1789) = Hydrangea L. (1753) [虎耳草科 Saxifragaceae//绣球花科(八仙花科,绣球科) Hydrangeaceae]●

25240　Hortensiaceae Bercht. et J. Presl = Hydrangeaceae Dumort. (保留科名)●■

25241　Hortensiaceae Martinov(1820) = Hydrangeaceae Dumort. (保留科名)●■

25242　Hortia Vand. (1788)【汉】霍特芸香属。【隶属】芸香科 Rutaceae。【包含】世界 9 种。【学名诠释与讨论】〈阴〉(人) Horti。【分布】巴拿马,玻利维亚,哥伦比亚(安蒂奥基亚),热带南美洲,中美洲。【模式】Hortia brasiliana Vandelli ex A. P. de Candolle。●☆

25243　Hortonia Wight ex Arn. (1838) Nom. illegit. = Hortonia Wight (1838) [香材树科(杯轴花科,黑檫木科,芒籽科,蒙立米科,檬立米科,香材木科,香树木科) Monimiaceae//斯里兰卡桂科(斯里兰卡香材树科) Monimiaceae]●☆

25244　Hortonia Wight(1838)【汉】斯里兰卡桂属。【隶属】香材树科(杯轴花科,黑檫木科,芒籽科,蒙立米科,檬立米科,香材木科,香树木科) Monimiaceae//斯里兰卡桂科(斯里兰卡香材树科)

Hortoniaceae。【包含】世界 2-3 种。【学名诠释与讨论】〈阴〉(人) Horton,植物学者。此属的学名,ING 记载是 "Hortonia R. Wight in Arnott, Mag. Zool. Bot. 2:545. 1838"。IK 和 TROPICOS 则记载为 "Hortonia Wight ex Arn. , Mag. Zool. et Bot. ii. (1838) 545"。三者引用的文献相同。【分布】斯里兰卡。【模式】Hortonia floribunda R. Wight。【参考异名】Hortonia Wight ex Arn. (1838) Nom. illegit. ●☆

25245　Hortoniaceae(J. Perkins et Gilg) A. C. Sm. = Monimiaceae Juss. (保留科名)●■☆

25246　Hortoniaceae A. C. Sm. (1971) [亦见 Monimiaceae Juss. (保留科名)香材树科(杯轴花科,黑檫木科,芒籽科,蒙立米科,檬立木科,香材木科,香树木科)] (汉)斯里兰卡桂科(斯里兰卡香材树科)。【包含】世界 1 属 2-3 种。【分布】斯里兰卡。【科名模式】Hortonia Wight ●☆

25247　Hortsmania Miq. (1851) = Condylocarpon Desf. (1822) [夹竹桃科 Apocynaceae]●☆

25248　Hortsmannia Pfeiff. (1874) = Hortsmania Miq. (1851); ~ = Condylocarpon Desf. (1822) [夹竹桃科 Apocynaceae]●☆

25249　Horvatia Garay (1977)【汉】霍尔瓦特兰属。【隶属】兰科 Orchidaceae。【包含】世界 1 种。【学名诠释与讨论】〈阴〉(人) Adolf Oliver Horvat,匈牙利植物学者,L. A. Garay 的老师。【分布】厄瓜多尔。【模式】Horvatia andicola L. A. Garay。■☆

25250　Horwoodia Turrill(1939)【汉】霍氏芥属(霍伍德芥属)。【隶属】十字花科 Brassicaceae(Cruciferae)。【包含】世界 1 种。【学名诠释与讨论】〈阴〉(人) Arthur Reginald Horwood,1879–1937,英国植物学者,地衣学者。【分布】阿拉伯地区。【模式】Horwoodia dicksoniae W. B. Turrill。■☆

25251　Hosackia Benth. ex Lindl. (1829) Nom. illegit. ≡ Hosackia Douglas ex Lindl. (1829); ~ = Lotus L. (1753) [豆科 Fabaceae (Leguminosae)//蝶形花科 Papilionaceae]■

25252　Hosackia Douglas ex Benth. (1829) ≡ Hosackia Douglas ex Lindl. (1829); ~ = Lotus L. (1753) [豆科 Fabaceae (Leguminosae)//蝶形花科 Papilionaceae]■

25253　Hosackia Douglas ex Lindl. (1829)【汉】北美百脉根属。【隶属】豆科 Fabaceae(Leguminosae)//蝶形花科 Papilionaceae。【包含】世界 50 种。【学名诠释与讨论】〈阴〉(人) David Hosack, 1769–1835,美国医生,植物学者。此属的学名,ING 记载是 "Hosackia Douglas ex J. Lindley, Edwards's Bot. Reg. t. 1257. 1 Aug 1829"。GCI、IK 和 TROPICOS 则记载为 "Hosackia Douglas ex Benth. ,Edwards's Bot. Reg. 15:t. 1257. 1829 [1 Aug 1829]"。四者引用的文献相同。《智利植物志》则用 "Hosackia Douglas"。 "Flundula Rafinesque, Fl. Tell. 2:96. Jan–Mar 1837('1836')" 和 "Rafinesquia Rafinesque, Fl. Tell. 2:96. Jan–Mar 1837('1836') (废弃属名)" 是 "Hosackia Douglas ex Lindl. (1829)" 的晚出的同模式异名 (Homotypic synonym, Nomenclatural synonym)。 "Hosakia Steud. ,Nomencl. Bot. [Steudel], ed. 2. 1:776. 1840" 仅有属名;似为 "Hosackia Douglas ex Lindl. (1829)" 的拼写变体。亦有文献把 "Hosackia Douglas ex Lindl. (1829)" 处理为 "Lotus L. (1753)" 的异名。【分布】北美洲西部。【后选模式】Hosackia bicolor Douglas ex J. Lindley, Nom. illegit. [Lotus pinnatus W. J. Hooker; Hosackia bicolor Douglas ex Benth. nom. superfl. et illegit.]。【参考异名】Anisolotus Bernh. (1837); Drepanolobus Nutt. ex Torr. et A. Gray (1838); Flundula Raf. (1837) Nom. illegit. ; Hosackia Benth. ex Lindl. (1829) Nom. illegit. ; Hosackia Douglas ex Benth. (1829); Hosackia Douglas, Nom. illegit. ; Lotus L. (1753); Ottleya D. D. Sokoloff (1999); Psychopsis Nutt. ex Greene (1890); Rafinesquia Raf. (1837) Nom. illegit. (废弃属名);

Syrmatium Vogel(1836)■☆

25254 Hosackia Douglas（1829）Nom. illegit. ≡ Hosackia Douglas ex Benth.（1829）；~ ≡ Hosackia Douglas ex Lindl.（1829）［豆科 Fabaceae（Leguminosae）//蝶形花科 Papilionaceae］■☆

25255 Hosakia Steud.（1840）Nom. illegit. =? Hosackia Douglas ex Lindl.（1829）［豆科 Fabaceae（Leguminosae）//蝶形花科 Papilionaceae］■☆

25256 Hosangia Neck.（1790）Nom. inval. = Maieta Aubl.（1775）［野牡丹科 Melastomataceae］●☆

25257 Hosea Dennst.（1818）Nom. inval. ,Nom. nud. = Symplocos Jacq.（1760）［山矾科（灰木科）Symplocaceae］●

25258 Hosea Ridl.（1908）【汉】霍斯藤属。【隶属】马鞭草科 Verbenaceae//唇形科 Lamiaceae（Labiatae）。【包含】世界 1 种。【学名诠释与讨论】〈阴〉（人）George Frederick Hose,1338−1922,英国植物学者,牧师,植物采集家。此属的学名,ING,TROPICOS 和 IK 记载是"Hosea Ridley,J. Asiat. Soc. Straits 50：124,125. Sep 1908"。"Hosea Dennst. ,Schlüssel Hortus Malab. 31. 1818［20 Oct 1818］= Symplocos Jacq.（1760）［山矾科（灰木科）Symplocaceae］"是一个裸名(Nom. nud.)。E. D. Merrill（1917）用"Hoseanthus E. D. Merrill,J. Straits Branch Roy. Asiat. Soc. 76：114. Aug 1917"替代"Hosea Dennst.（1818）",多余了；"Hosea Dennst.（1818）"是个裸名,无需替代。亦有文献把"Hosea Ridl.（1908）"处理为"Hoseanthus Merr.（1817）Nom. illegit. "的异名。【分布】加里曼丹岛。【模式】Hosea lobbiana（Clarke）Ridley［Clerodendrum lobbiana Clarke］。●☆

25259 Hoseanthus Merr.（1817）Nom. illegit. ≡ Hosea Ridl.（1908）［马鞭草科 Verbenaceae//唇形科 Lamiaceae（Labiatae）］●☆

25260 Hoshiarpuria Hajra, P. Daniel et Philcox（1985）= Rotala L.（1771）［千屈菜科 Lythraceae］■

25261 Hosiea Hemsl. et E. H. Wilson（1906）【汉】东方无须藤属(荷莳属)。【日】クロタキカズラ属,クロタキカヅラ属。【英】Hosiea。【隶属】茶茱萸科 Icacinaceae。【包含】世界 2 种,中国 1 种。【学名诠释与讨论】〈阴〉（人）Alexander Hosie,1853−1925,英国驻华领事,曾多次在中国西部旅行,搜集了许多博物学材料。他还采集了很多台湾和西藏的植物标本。【分布】日本,中国。【模式】Hosiea sinensis（Oliver）W. B. Hemsley et E. H. Wilson［Natsiatum sinense Oliver］。●

25262 Hoslunda Roem. et Schult.（1817）Nom. illegit. ≡ Hoslundia Vahl（1804）［唇形科 Lamiaceae（Labiatae）］●☆

25263 Hoslundia Vahl（1804）【汉】橙萼花属(豪斯木属,何龙木属)。【隶属】唇形科 Lamiaceae（Labiatae）。【包含】世界 1-3 种。【学名诠释与讨论】〈阴〉（人）Ole Haaslund Schmidt（Smith）,? −1802,丹麦植物学者,植物采集家,曾在加纳采集标本。此属的学名,ING 和 IK 记载是"Hoslundia M. Vahl,Enum. Pl. 1：22,212. Jul−Dec 1804"。"Haaslundia Schumach. ,Beskr. Guin. Pl. 15. 1827"和"Hoslunda Roem. et Schult.（1817）"是"Hoslundia Vahl（1804）"的拼写变体。【分布】热带非洲。【后选模式】Hoslundia opposita M. Vahl。【参考异名】Haaslundia Schumach.（1827）Nom. illegit. ;Haaslundia Schumach. et Thonn.（1827）Nom. illegit. ;Hoslunda Roem. et Schult.（1817）Nom. illegit. ;Micranthes Bertol.（1858）Nom. illegit. ●☆

25264 Hosta Jacq.（1797）(废弃属名)= Cornutia L.（1753）［马鞭草科 Verbenaceae//唇形科 Lamiaceae（Labiatae）］■☆

25265 Hosta Pfalff.（1874）Nom. illegit. (废弃属名)= Hosta Vell. ex Pfeiff.（1874）(废弃属名)；~ = Clavija Ruiz et Pav.（1794）；~ = Horta Vell.（1829）［紫金牛科 Myrsinaceae］●☆

25266 Hosta Tratt.（1812）(保留属名)【汉】玉簪属。【日】ギバウシ属,ギボウシ属。【俄】Госта, Функия, Хоста。【英】Funkia, Hosta,Plantain Lily, Plantainlily, Plantain - lily。【隶属】百合科 Liliaceae//玉簪科 Hostaceae。【包含】世界 25-50 种,中国 4-6 种。【学名诠释与讨论】〈阴〉（人）Nicoleus Thomos Host,1761−1834,奥地利医生,植物学者。此属的学名"Hosta Tratt. , Arch. Gewächsk. 1：55. 1812"是保留属名。相应的废弃属名是马鞭草科 Verbenaceae 的"Hosta Jacq. , Pl. Hort. Schoenbr. 1：60. 1797 = Clavija Ruiz et Pav.（1794）"。"Hosta Vell. ex Pfeiff. , Nomencl. Bot.［Pfeiff.］1：1670. 1874 = Horta Vell.（1829）= Clavija Ruiz et Pav.（1794）［假轮叶科(狄氏木科,拟棕科)Theophrastaceae］"亦应废弃。"Hosta Pfalff.（1874）= Hosta Vell. ex Pfeiff.（1874）"的命名人引证有误。"Funkia K. P. J. Sprengel, Anleit. ed. 2. 2（1）：246. 20 Apr 1817（non Funckia Willdenow 1808）"是"Hosta Tratt.（1812）(保留属名)"的晚出的同模式异名（Homotypic synonym, Nomenclatural synonym）。【分布】日本,中国。【模式】Hosta japonica Trattinnick。【参考异名】Bryocles Salisb.（1812）Nom. inval. ;Bryocles Salisb.（1866）;Funckia Dumort.（1829）Nom. illegit. (废弃属名);Funkia Spreng.（1817）Nom. illegit. ;Horta Thunb. ex Steud. ;Junkia Ritgen（1830）;Libertia Dumort.（1822）(废弃属名);Niobe Salisb.（1812）;Saussurea Salisb.（1807）(废弃属名)■

25267 Hosta Vell. ex Pfeiff.（1874）(废弃属名)= Clavija Ruiz et Pav.（1794）；~ = Horta Vell.（1829）［假轮叶科(狄氏木科,拟棕科)Theophrastaceae］●☆

25268 Hostaceae B. Mathew（1988）［亦见 Agavaceae Dumort. (保留科名)龙舌兰科和 Huaceae A. Chev. 蒜树科(葱味木科)］【汉】玉簪科。【包含】世界 1 属 40 种,中国 1 属 6 种。【分布】亚洲东部。【科名模式】Hosta Tratt. ■

25269 Hostana Pers.（1806）= Cornutia L.（1753）；~ = Hosta Jacq.（1797）(废弃属名)；~ = Cornutia L.（1753）［马鞭草科 Verbenaceae//唇形科 Lamiaceae（Labiatae）］■☆

25270 Hostea Willd.（1798）Nom. illegit. ≡ Matelea Aubl.（1775）［萝藦科 Asclepiadaceae］●☆

25271 Hostia Moench（1802）Nom. illegit. ≡ Wibelia P. Gaertn. , B. Mey. et Scherb.（1801）；~ = Crepis L.（1753）［菊科 Asteraceae（Compositae）］■

25272 Hostia Post et Kuntze（1903）Nom. illegit. = Hostea Willd.（1798）Nom. illegit. ；~ = Matelea Aubl.（1775）［萝藦科 Asclepiadaceae］●☆

25273 Hostmannia Planch.（1845）= Elvasia DC.（1811）［金莲木科 Ochnaceae］●☆

25274 Hostmannia Steud. ex Naud. = Comolia DC.（1828）［野牡丹科 Melastomataceae］●☆

25275 Hoteia C. Morren et Decne.（1834）= Astilbe Buch. −Ham. ex D. Don（1825）［虎耳草科 Saxifragaceae//落新妇科 Astilbaceae］■

25276 Hotnima A. Chev.（1908）= Manihot Mill.（1754）［大戟科 Euphorbiaceae］●■

25277 Hottarum Bogner et Nicolson（1979）【汉】雨林南星属。【隶属】天南星科 Araceae。【包含】世界 5-6 种。【学名诠释与讨论】〈中〉词源不详。【分布】加里曼丹岛。【模式】Hottarum truncatum（M. Hotta）J. Bogner et D. H. Nicolson［Microcasia truncata M. Hotta］。【参考异名】Schottarum P. C. Boyce et S. Y. Wong（2008）■☆

25278 Hottea Urb.（1929）【汉】霍特木属。【隶属】桃金娘科 Myrtaceae。【包含】世界 5 种。【学名诠释与讨论】〈阴〉（人）Hotte。【分布】多米尼加。【模式】Hottea miragoanae Urban。●☆

25279 Hottonia Boerh. ex L.（1753）≡ Hottonia L.（1753）［报春花科

Primulaceae〕■☆

25280 Hottonia L.（1753）【汉】水堇属（赫顿草属，雨伞草属）。【俄】
Турча。【英】Featherfoil，Water Violet，Water-violet。【隶属】报春
花科 Primulaceae。【包含】世界 2 种。【学名诠释与讨论】〈阴〉
（人）Pieter（Petrus）Hotton，1648-1709，荷兰植物学者，医生。此
属的学名，ING 和 IK 记载是"Hottonia L.，Sp. Pl. 1：145. 1753［1
May 1753］"。也有文献用为"Hottonia Boerh. ex L.（1753）"。
"Hottonia Boerh."是命名起点著作之前的名称，故"Hottonia L.
（1753）"和"Hottonia Boerh. ex L.（1753）"都是合法名称，可以通
用。"Breviglandium Dulac，Fl. Hautes-Pyrénées 423. 1867"是
"Hottonia L.（1753）"的晚出的同模式异名（Homotypic synonym，
Nomenclatural synonym）。【分布】玻利维亚，马达加斯加，美国，
欧洲，亚洲西部，北美洲。【模式】Hottonia palustris Linnaeus。
【参考异名】Breviglandium Dulac（1867）Nom. illegit.；Hottonia
Boerh. ex L.（1753）■☆

25281 Hottonia Vahl =? Myriophyllum L.（1753）［小二仙草科
Haloragaceae//狐尾藻科 Myriophyllaceae〕■

25282 Hottoniaceae Döll =Primulaceae Batsch ex Borkh.（保留科名）●■

25283 Hottuynia Cram.（1803）= Houttuynia Thunb.（1784）［as
'Houtuynia'〕（保留属名）［三白草科 Saururaceae〕■

25284 Houlletia Brongn.（1841）【汉】霍丽兰属。【日】ウレティア
属。【英】Houlletia。【隶属】兰科 Orchidaceae。【包含】世界 10-
12 种。【学名诠释与讨论】〈阴〉（人）R. J. B. Houllet，c. 1811/
1815-1890，法国园艺家、旅行家，兰花采集家。【分布】巴拿马，
秘鲁，玻利维亚，厄瓜多尔，哥斯达黎加，尼加拉瓜，热带南美洲。
【模式】Houlletia stapeliaeflora Brongniart。【参考异名】Braemea
Jenny（1985）；Braemia Jenny（1985）；Jennyella Lückel et Fessel
（1999）■☆

25285 Houmiri Aubl.（1775）Nom. illegit.（废弃属名）≡ Humiria
Aubl.（1775）（保留属名）；~ =Houmiria Juss.（1789）［核果树科
（胡香脂科，树脂核科，无距花科，香膏科，香膏木科）
Humiriaceae〕●☆

25286 Houmiria Juss.（1789）= Humiria Aubl.（1775）［as 'Houmiri'〕
（保留属名）［核果树科（胡香脂科，树脂核科，无距花科，香膏
科，香膏木科）Humiriaceae〕●☆

25287 Houmiriaceae Juss. =Humiriaceae Juss.（保留科名）●☆

25288 Houmiry Duplessy（1802）= Humiria Aubl.（1775）［as
'Houmiri'〕（保留属名）［核果树科（胡香脂科，树脂核科，无距
花科，香膏科，香膏木科）Humiriaceae〕●☆

25289 Hounea Baill.（1881）= Paropsia Noronha ex Thouars（1805）［西
番莲科 Passifloraceae〕●☆

25290 Houpoea N. H. Xia et C. Y. Wu（2008）【汉】厚朴属。【隶属】木
兰科 Magnoliaceae。【包含】世界 9 种，中国 3 种。【学名诠释与
讨论】〈阴〉（中）houpo，厚朴。【分布】中国，东南亚温带地区，北
美洲东部。【模式】不详。●

25291 Houssayanthus Hunz.（1978）【汉】奥赛花属。【隶属】无患子
科 Sapindaceae。【包含】世界 3 种。【学名诠释与讨论】〈阴〉
（人）Houssay+anthos，花。【分布】阿根廷，巴拉圭，玻利维亚，委
内瑞拉。【模式】Houssayanthus macrolophus（Radlkofer）A. T.
Hunziker［Cardiospermum macrolophus Radlkofer〕。●☆

25292 Houstonia L.（1753）【汉】休氏茜草属。【日】トキワナズナ
属。【俄】Хоустония，Хустония。【英】Bluets，Houstonia，
Houstonia Bluets。【隶属】茜草科 Rubiaceae//休氏茜草科
Houstoniaceae。【包含】世界 50 种。【学名诠释与讨论】〈阴〉
（人）William Houstoun，1695-1733，英国植物学者，西印度和墨西
哥植物采集家。另说是美国植物学者。此属的学名，ING 和
TROPICOS 记载是"Houstonia Linnaeus，Sp. Pl. 105. 1 Mai 1753"。

"Houstonia Gronov."是命名起点著作之前的名称，故"Houstonia
L.（1753）"和"Houstonia Gronov. ex L.（1753）"都是合法名称，可
以通用；但是不能用"Houstonia Gronov.（1753）"或"Houstonia
Gronov.（1754）"。"Houstonia L.（1753）"曾被处理为"Hedyotis
sect. Houstonia（L.）Torr. & A. Gray，Fl. N. Amer. 2（1）：38. 1841"
和"Oldenlandia sect. Houstonia（L.）A. Gray，A Manual of the
Botany of the Northern United States. Second Edition 173. 1856"。
亦有文献把"Houstonia L.（1753）"处理为"Hedyotis L.（1753）
（保留属名）"的异名。【分布】玻利维亚，美国，墨西哥，中美洲。
【后选模式】Houstonia caerulea Linnaeus。【参考异名】Chamisme
（Raf.）Nieuwl.（1915）Nom. illegit.；Chamisme Nieuwl.（1915）
Nom. illegit.；Chamisme Raf.，Nom. illegit.；Chamisme Raf. ex
Steud.（1840）；Hedyotis L.（1753）（保留属名）；Hedyotis sect.
Houstonia（L.）Torr. & A. Gray（1841）；Houstonia Gronov.（1753）
Nom. inval.；Houstonia Gronov.（1754）Nom. inval.；Houstonia
Gronov. ex L.（1753）；Mexotis Terrell et H. Rob.（2009）；
Oldenlandia sect. Houstonia（L.）A. Gray（1856）；Panetos Raf.
（1820）；Poiretia J. F. Gmel.（1791）（废弃属名）；Stenaria Raf.，
Nom. illegit.；Stenaria Raf. ex Steud.（1840）Nom. illegit.■☆

25293 Houstoniaceae Raf.（1840）［亦见 Rubiaceae Juss.（保留科名）
茜草科〕【汉】休氏茜草科。【包含】世界 1 属 50 种。【分布】北
美洲。【科名模式】Houstonia L.（1753）■

25294 Houtouynia Pers.（1797）= Houttuynia Thunb.（1784）［as
'Houtuynia'〕（保留属名）［三白草科 Saururaceae〕■

25295 Houttea Decne.（1848）Nom. illegit.，Nom. superfl. ≡ Vanhouttea
Lem.（1845）［苦苣苔科 Gesneriaceae〕●☆

25296 Houttea Heynh.（1846）= Achimenes Pers.（1806）（保留属名）
［苦苣苔科 Gesneriaceae〕■☆

25297 Houttinia Neck.（1790）Nom. inval. ≡ Hovttinia Neck.（1790）
［天南星科 Araceae〕■

25298 Houttinia Steud. = Hovttinia Neck.（1790）；~ = Zantedeschia
Spreng.（1826）（保留属名）［天南星科 Araceae〕■

25299 Houttosnaia Gmel. = Houttuynia Thunb.（1784）［as
'Houtuynia'〕（保留属名）［三白草科 Saururaceae〕■

25300 Houttouynia Batsch（1802）= Houttoynia Gmel.［三白草科
Saururaceae〕■

25301 Houttoynia Gmel. = Houttuynia Thunb.（1784）［as
'Houtuynia'〕（保留属名）［三白草科 Saururaceae〕■

25302 Houttuynia Houtt.（1780）（废弃属名）= Acidanthera Hochst.
（1844）［鸢尾科 Iridaceae〕■

25303 Houttuynia Post et Kuntze（1903）Nom. illegit.（废弃属名）=
Hovttinia Neck.（1790）；~ = Zantedeschia Spreng.（1826）（保留属
名）［天南星科 Araceae〕■

25304 Houttuynia Thunb.（1784）［as 'Houtuynia'〕（保留属名）【汉】
蕺菜属（蕺草属）。【日】ドクダミ属。【俄】Гуттуиния。【英】
Chameleon Plant，Houttuynia。【隶属】三白草科 Saururaceae。【包
含】世界 1 种，中国 1 种。【学名诠释与讨论】〈阴〉（人）Maarten
（Martin）Houttuyne，1720-1798，荷兰医生、植物学者。此属的学
名"Houttuynia Thunb. in Kongl. Vetensk. Acad. Nya Handl. 4：149.
Apr-Jun 1783（'Houtuynia'）（orth. cons.）"是保留属名。相应的
废弃属名是鸢尾科 Iridaceae 的"Houttuynia Houtt.，Nat. Hist. 2
（12）：448. 5 Jul 1780 = Acidanthera Hochst.（1844）"。三白草科
Saururaceae 的"Houttoynia Gmel. = Houttuynia Thunb.（1784）［as
'Houtuynia'〕（保留属名）"和天南星科 Araceae 的"Houttuynia
Post et Kuntze（1903）Nom. illegit. = Zantedeschia Spreng.（1826）
（保留属名）= Hovttinia Neck.（1790）"亦应废弃。其变体
"Houtuynia Thunb.（1784）"也要废弃。"Polypara Loureiro，Fl.

Cochinch. 34,61. Sep 1790"是"Houttuynia Thunb.（1784）［as 'Houtuynia'］（保留属名）"的晚出的同模式异名（Homotypic synonym, Nomenclatural synonym）。【分布】中国,喜马拉雅山至日本,中美洲。【模式】Houttuynia cordata Thunberg。【参考异名】Hottuynia Cram.（1803）；Houtouynia Pers.（1797）；Houttosnaia Gmel.；Houttouynia Batsch（1802）；Houttoynia Gmel.；Polypara Lour.（1790）Nom. illegit.■

25305 Houzeaubambus Mattei（1910）= Oxytenanthera Munro（1868）［禾本科 Poaceae（Gramineae）］●☆

25306 Hovanella A. Weber et B. L. Burtt（1998）【汉】马岛苣苔属。【隶属】苦苣苔科 Gesneriaceae。【包含】世界 2-3 种。【学名诠释与讨论】〈阴〉词源不详。此属的学名,IK 和 TROPICOS 记载是"Hovanella A. Weber et B. L. Burtt, Beitr. Biol. Pflanzen 70（2-3）：333, nom. nov. 1998［1997-98 publ. 1998］";它是一个替代名称,替代的是"Didymocarpus sect. Hova C. B. Clarke Monogr. Phan.［A. DC. et C. DC.］5：108. 1883"。"Hovanella A. Weber（1854）Nom. inval. = Hovanella A. Weber et B. L. Burtt（1998）"是一个未合格发表的名称（Nom. inval.）。【分布】马达加斯加。【模式】Hovanella febrifuga（H. A. Weddell）H. A. Weddell［Chrysoxylon febrifugum H. A. Weddell；Hovanella madagascarica（C. B. Clarke）A. Weber et B. L. Burtt］。【参考异名】Didymocarpus sect. Hova C. B. Clarke（1883）；Hovanella A. Weber（1854）Nom. inval.■☆

25307 Hovanella A. Weber（1854）Nom. inval. = Hovanella A. Weber et B. L. Burtt（1998）［苦苣苔科 Gesneriaceae］■☆

25308 Hovea R. Br.（1812）【汉】霍夫豆属（浩氏豆属,浩维亚豆属）。【英】Blue Pea, Purple Pea。【隶属】豆科 Fabaceae（Leguminosae）。【包含】世界 12 种,中国 1 种。【学名诠释与讨论】〈阴〉（人）Anton（Anthony）Pantaleon Hove,波兰出生的植物学者。此属的学名,APNI, TROPICOS 和 IK 记载是"Hovea R. Br., Hort. Kew., ed. 2［W. T. Aiton］4：275. 1812"。ING 则记载为"Hovea R. Brown ex W. T. Aiton, Hortus Kew. ed. 2. 4：275. Dec 1812"。"Phusicarpos Poiret in Lamarck et Poiret, Encycl. suppl. 4：399. 14 Dec 1816"和"Poiretia J. E. Smith, Trans. Linn. Soc. London 9：304. 23 Nov 1808［non J. F. Gmelin 1791（废弃属名）, nec Ventenat 1807（nom. cons.）］"是"Hovea R. Br.（1812）"的晚出的同模式异名（Homotypic synonym, Nomenclatural synonym）。【分布】澳大利亚,中国。【模式】未指定。【参考异名】Hovea R. Br. ex W. T. Aiton（1812）Nom. illegit.；Phusicarpos Poir.（1816）Nom. illegit.；Physicarpos DC.（1825）；Physocarpus Post et Kuntze（1903）Nom. illegit.（废弃属名）；Plagiolobium Sweet（1827）；Platychilum Delaun.（1815）；Platychilum Laun.（1819）Nom. illegit.；Poiretia Sm.（1808）（废弃属名）●■

25309 Hovea R. Br. ex W. T. Aiton（1812）Nom. illegit. ≡ Hovea R. Br.（1812）［豆科 Fabaceae（Leguminosae）］●■

25310 Hovenia Thunb.（1781）【汉】枳椇属（拐枣属）。【日】ケンポナシ属。【俄】Говения, Дерево конфетное, Ховения。【英】Raisin Tree, Raisin-tree, Turnjujube。【隶属】鼠李科 Rhamnaceae。【包含】世界 3-7 种,中国 3 种。【学名诠释与讨论】〈阴〉（人）David v. d. Hoven, 1724-1787,荷兰阿姆斯特丹参议员,驻日本的神父,曾资助瑞典植物学者 Carl Peter Thunberg 的旅行采集工作。【分布】玻利维亚,中国,喜马拉雅山至日本,中美洲。【模式】Hovenia dulcis Thunberg。●

25311 Hoverdenia Nees（1847）【汉】墨西哥爵床属。【隶属】爵床科 Acanthaceae。【包含】世界 1 种。【学名诠释与讨论】〈阴〉词源不详。【分布】墨西哥。【模式】Hoverdenia speciosa C. G. D. Nees。☆

25312 Hovttinia Neck.（1790）= Zantedeschia Spreng.（1826）（保留属名）［天南星科 Araceae］■

25313 Howardia Klotzsch（1859）Nom. illegit. = Aristolochia L.（1753）［马兜铃科 Aristolochiaceae］■●

25314 Howardia Wedd.（1854）= Pogonopus Klotzsch（1854）［茜草科 Rubiaceae］■☆

25315 Howea Becc.（1877）Nom. illegit. ≡ Howeia Becc.（1877）［棕榈科 Arecaceae（Palmae）］●

25316 Howea Benth. et Hook. f.（1883）Nom. illegit. ≡ Howea Hook. f.（1883）Nom. illegit.；~ = Howeia Becc.（1877）［棕榈科 Arecaceae（Palmae）］●

25317 Howea Hook. f.（1883）Nom. illegit. = Howeia Becc.（1877）［棕榈科 Arecaceae（Palmae）］●

25318 Howeia Becc.（1877）【汉】豪爵棕属（澳棕属,豪威椰属,豪威椰子属,荷威氏椰子属,荷威椰属,荷威椰子属,荷威棕属,守卫棕属）。【日】ケンチャヤシ属,ケンチャ属,ホエア属。【俄】Ховея。【英】Kentia, Kentia Palm Howeia, Sentry Palm。【隶属】棕榈科 Arecaceae（Palmae）。【包含】世界 2 种。【学名诠释与讨论】〈阴〉（地）Lord Howe 豪勋爵岛,距澳大利亚东海岸 580 公里,特产地。此属的学名"Howeia Beccari, Malesia 1：66. Apr 1877"是一个替代名称。"Grisebachia Drude et H. Wendland, Nachr. Königl. Ges. Wiss. Georg-Augusts-Univ. 1875：55. 1875"是一个非法名称（Nom. illegit.）,因为此前已经有了"Grisebachia Klotzsch, Linnaea 12：225. Mar-Jul 1838［杜鹃花科（欧石南科）Ericaceae］"。故用"Howea Becc.（1877）"替代之。"Howea Becc.（1877）Nom. illegit. ≡ Howeia Becc.（1877）"的命名人引证有误。"Howea Hook. f., Gen. Pl. 3；876,904,1883 = Howeia Becc.（1877）"是晚出的非法名称。"Howea Benth. et Hook. f.（1883）Nom. illegit. ≡ Howea Hook. f.（1883）Nom. illegit.［棕榈科 Arecaceae（Palmae）］"的命名人引证有误。"Howiea B. D. Jacks. = Howeia Becc.（1877）"和"Howiea Becc.（1877）Nom. illegit. = Howeia Becc.（1877）"都是拼写变体。【分布】哥伦比亚,澳大利亚（豪勋爵岛）,中国。【后选模式】Howea belmoreana（C. Moore et F. v. Mueller）Beccari［Kentia belmoreana C. Moore et F. v. Mueller］。【参考异名】Denea O. F. Cook（1926）；Grisebachia Drude et H. Wendl.（1875）Nom. illegit.；Grisebachia H. Wendl. et Drude（1875）Nom. illegit.；Howea Benth. et Hook. f.；Howeia Becc.（1877）；Howiea B. D. Jacks.；Kentia J. Schiller ●

25319 Howellia A. Gray（1879）【汉】豪厄尔桔梗属。【隶属】桔梗科 Campanulaceae。【包含】世界 1 种。【学名诠释与讨论】〈阴〉（人）美国植物学者 Thomas Jefferson Howell（1842-1912）和 Joseph Howell（1830-1912）,植物采集家。【分布】北美洲西部。【模式】Howellia aquatilis A. Gray。☆

25320 Howelliella Rothm.（1954）【汉】豪厄尔婆婆纳属（豪厄尔玄参属）。【隶属】玄参科 Scrophulariaceae//婆婆纳科 Veronicaceae。【包含】世界 1 种。【学名诠释与讨论】〈阴〉（人）John Thomas Howell, 1903-1994,美国植物学者,植物采集家+-ellus, -ella, -ellum,加在名词词干后面形成指小式的词尾。或加在人名、属名等后面以组成新属的名称。【分布】美国（加利福尼亚）。【模式】Howelliella ovata（A. Eastwood）W. Rothmaler［Antirrhinum ovatum A. Eastwood］。■☆

25321 Howethoa Rauschert（1982）= Lepisanthes Blume（1825）［无患子科 Sapindaceae］●

25322 Howiea B. D. Jacks. Nom. illegit. = Howeia Becc.（1877）［棕榈科 Arecaceae（Palmae）］●

25323 Howiea Becc.（1877）Nom. illegit. = Howeia Becc.（1877）［棕榈科 Arecaceae（Palmae）］☆

25324 Howittia F. Muell.（1855）【汉】豪伊特锦葵属。【隶属】锦葵科

Malvaceae。【包含】世界 1 种。【学名诠释与讨论】〈阴〉（人）Godfrey Howitt，1800-1873，英国医生，植物学者。【分布】澳大利亚。【模式】Howittia trilocularis F. v. Mueller。●☆

25325 Hoya R. Br. (1810)【汉】球兰属(蜂出巢属)。【日】サクララン属，ホ ヤ 属。【俄】Плющ восковой，Хойя。【英】Centrostemma，Honey Plant，Hoya，Wax Flower，Wax Plant，Waxplant。【隶属】萝藦科 Asclepiadaceae。【包含】世界 70-200 种，中国 32-34 种。【学名诠释与讨论】〈阴〉（人）Thomas Hoy，1750- 1821，英国植物学者，园艺家。此属的学名，ING、TROPICOS、APNI 和 IK 记载是" Hoya R. Br.，Asclepiadeae 26. 1810 [3 Apr 1810]"。"Schollia J. F. Jacquin，Eclog. Pl. Rar. 1：5. Oct 1811"是"Hoya R. Br. (1810)"的晚出的同模式异名（Homotypic synonym, Nomenclatural synonym）。【分布】澳大利亚，巴基斯坦，巴拿马，东南亚，哥伦比亚(安蒂奥基亚)，印度至马来西亚，中国，太平洋地区，中美洲。【模式】Hoya carnosa (Linnaeus f.) R. Brown [Asclepias carnosa Linnaeus f.]。【参考异名】Acanthostelma Bidgood et Brummitt (1985)；Acanthostemma (Blume) Blume (1849)；Acanthostemma Blume (1849) Nom. illegit.；Cathetostema Blume；Cathetostemma Blume (1849)；Centrostemma Decne. (1838)；Cyrtoceras Benn. (1838)；Eriostemma (Schltr.) Kloppenb. et Gilding (2001) Nom. inval.；Othostemma Pritz. (1855)；Otostemma Blume (1849)；Plocostemma Blume (1849)；Pterostelma Wight (1834)；Scholera Hook. f. (1883) Nom. inval.，Nom. illegit.；Schollia J. Jacq. (1811) Nom. illegit.；Sperlingia Vahl(1810)；Triacma Van Hass. ex Miq. (1857)●

25326 Hoyella Ridl. (1917)【汉】小球兰属。【隶属】萝藦科 Asclepiadaceae。【包含】世界 1 种。【学名诠释与讨论】〈阴〉（属）Hoya 球兰属+-ellus，-ella，-ellum，加在名词词干后面形成指小式的词尾。或加在人名、属名等后面以组成新属的名称。【分布】印度尼西亚(苏门答腊岛)。【模式】Hoyella rosea Ridley。●☆

25327 Hoyopsis H. Lév. (1914) = Tylophora R. Br. (1810) [萝藦科 Asclepiadaceae]●■

25328 Hsenhsua X. H. Jin，Schuit. et W. T. Jin(2014)【汉】先骕兰属。【隶属】兰科 Orchidaceae。【包含】世界 1 种。【学名诠释与讨论】〈阴〉（人）Hsenhsu，胡先骕(1894-1968)，中国植物学者。【分布】中国。【模式】Hsenhsua chrysea (W. W. Sm.) X. H. Jin，Schuit.，W. T. Jin et L. Q. Huang [Habenaria chrysea W. W. Sm.]。☆

25329 Hua Pierre ex De Wild. (1906)【汉】蒜树属(葱味木属)。【隶属】蒜树科(葱味木科，葱味木科)Huaceae。【包含】世界 1-2 种。【学名诠释与讨论】〈阴〉（人）Henri Hua，1861-1919，法国植物学者，曾在非洲西部采集植物标本。【分布】热带非洲。【模式】Hua gabonii Pierre ex Wildeman。●☆

25330 Huaceae A. Chev. (1947)【汉】蒜树科(葱味木科)。【包含】世界 1-2 属 2-3 种。【分布】热带非洲。【科名模式】Hua Pierre ex De Wild. (1906)●☆

25331 Hualania Phil. (1864)【汉】肖布雷木属。【隶属】远志科 Polygalaceae。【包含】世界 1 种。【学名诠释与讨论】〈阴〉词源不详。似来自人名。此属的学名是"Hualania R. A. Philippi，Anales Univ. Chile 21：390. Oct 1862"。亦有文献把其处理为"Bredemeyera Willd. (1801)"的异名。【分布】澳大利亚，美洲。【模式】Hualania acaulis Cavanilles。【参考异名】Bredemeyera Willd. (1801)●☆

25332 Huanaca Cav. (1800)【汉】华娜芹属。【隶属】伞形花科(伞形科)Apiaceae(Umbelliferae)。【包含】世界 4 种。【学名诠释与讨论】〈阴〉来自植物俗名。此属的学名，ING、APNI、TROPICOS 和 IK 记载是" Huanaca Cav.，Icon. [Cavanilles] vi. 18. t. 528

(1801)"。茄科的" Huanaca Rafinesque，Sylva Tell. 54. Oct – Dec 1838 = Huanuca Raf. (1838) Nom. illegit. = Acnistus Schott ex Endl. (1831) = Lycium L. (1753) = Dunalia Kunth (1818)(保留属名) [茄科 Solanaceae]"是晚出的非法名称。【分布】智利，巴塔哥尼亚。【模式】Huanaca acaulis Cavanilles。【参考异名】Diplaspis Hook. f. (1847)；Displaspis Klatt (1859)；Lechleria Phil. (1858) Nom. illegit.；Pozopsis Hook. (1851)；Prozopsis Müll. Berol. (1858)；Triascidium Benth. et Hook. f. (1867)；Trisciadium Phil. (1861)■■☆

25333 Huanaca Raf. (1838) Nom. illegit. ≡ Huanuca Raf. (1838) Nom. illegit.；~ = Acnistus Schott ex Endl. (1831)；~ = Dunalia Kunth (1818)(保留属名)；~ = Lycium L. (1753) [茄科 Solanaceae]●

25334 Huarpea Cabrera (1951)【汉】钝菊木属。【隶属】菊科 Asteraceae(Compositae)。【包含】世界 1 种。【学名诠释与讨论】〈阴〉词源不详。【分布】安第斯山。【模式】Huarpea andina Cabrera。●☆

25335 Hubbardia Bor(1951)【汉】伊乐藻状禾属。【隶属】禾本科 Poaceae(Gramineae)。【包含】世界 1 种。【学名诠释与讨论】〈阴〉（人）Charles Edward Hubbard，1900-1980，英国植物学者，园艺家，禾草专家。【分布】西印度群岛。【模式】Hubbardia heptaneuron Bor。■☆

25336 Hubbardochloa Auquier(1980)【汉】细乱子草属。【隶属】禾本科 Poaceae(Gramineae)。【包含】世界 1 种。【学名诠释与讨论】〈阴〉（人）Charles Edward Hubbard，1900-1980，英国植物学者+chloe，草的幼芽，嫩草，禾草。【分布】热带非洲包括卢旺达、布隆迪和赞比亚。【模式】Hubbardochloa gracilis P. Auquier。■☆

25337 Hubera Chaowasku(2012) Nom. illegit. = Huberantha Chaowasku (2015) [番荔枝科 Annonaceae]●☆

25338 Huberantha Chaowasku(2015)【汉】休伯番荔枝属。【隶属】番荔枝科 Annonaceae。【包含】世界 28 种。【学名诠释与讨论】〈阴〉（人）François Huber，1750-1831，瑞士植物学者，博物学者+希腊文 anthos，花。antheros，多花的；antheo，开花。"Huberantha Chaowasku(2015)"是"Hubera Chaowasku(2012)"的替代名称。【分布】马达加斯加。【模式】Huberantha cerasoides (Roxb.) Chaowasku [Hubera cerasoides (Roxb.) Chaowasku；Uvaria cerasoides Roxb.]。【参考异名】Hubera Chaowasku (2012) Nom. illegit.●☆

25339 Huberia DC. (1828)【汉】休伯野牡丹属。【隶属】野牡丹科 Melastomataceae。【包含】世界 6 种。【学名诠释与讨论】〈阴〉（人）François Huber，1750-1831，瑞士植物学者，博物学者。【分布】秘鲁，厄瓜多尔，热带南美洲。【模式】未指定。●☆

25340 Huberodaphne Ducke(1925) = Endlicheria Nees (1833)(保留属名) [樟科 Lauraceae]●☆

25341 Huberodendron Ducke(1935)【汉】休伯木棉属。【隶属】木棉科 Bombacaceae//锦葵科 Malvaceae。【包含】世界 4-5 种。【学名诠释与讨论】〈中〉（人）Jakob (Jacques) E. Huber，1867-1914，瑞士植物学者+dendron 或 dendros，树木，棍，丛林。【分布】巴西，秘鲁，玻利维亚，厄瓜多尔，哥伦比亚，中美洲。【模式】未指定。●☆

25342 Huberopappus Pruski(1992)【汉】领冠落苞菊属。【隶属】菊科 Asteraceae(Compositae)。【包含】世界 1 种。【学名诠释与讨论】〈阳〉（人）Huber，植物学者+希腊文 pappos 指柔毛，软毛。pappus 则与拉丁文同义，指冠毛。【分布】南美洲。【模式】Huberopappus maigualidae J. F. Pruski。●☆

25343 Hubertia Bory (1804)【汉】细毛留菊属。【隶属】菊科 Asteraceae(Compositae)//千里光科 Senecionidaceae。【包含】世界 25 种。【学名诠释与讨论】〈阴〉（人）Hubert。此属的学名是

"Hubertia Bory de St. – Vicent，Voyage Îles Afrique 1：334. Sep 1804"。亦有文献把其处理为"Senecio L.（1753）"的异名。【分布】法国（留尼汪岛），科摩罗，马达加斯加。【模式】未指定。【参考异名】Senecio L.（1753）●■☆

25344　Hudsonia A. Rob. ex Lunan（1814）Nom. illegit. ≡ Terminalia L.（1767）（保留属名）［使君子科 Combretaceae//榄仁树科 Terminaliaceae］●

25345　Hudsonia L.（1767）【汉】金蔷薇属。【隶属】唇形科 Lamiaceae（Labiatae）//半日花科（岩蔷薇科）Cistaceae。【包含】世界 1-3 种。【学名诠释与讨论】〈阴〉（人）William Hudson，1730（1733/1734）-1793，英国植物学者。他在苔藓、蕨类、种子植物以及真菌、藻类都造诣颇深。此属的学名，ING、GCI 和 IK 记载是"Hudsonia L.，Syst. Nat.，ed. 12. 2：323，327. 1767［15-31 Oct 1767］"。"Hudsonia A. Robinson ex Lunan，Hort. Jamaic. 2：310. 1814"是晚出的非法名称。【分布】加拿大，北美洲。【模式】Hudsonia ericoides Linnaeus。●☆

25346　Hueblia Speta（1982）= Chaenorhinum（DC.）Rchb.（1829）［玄参科 Scrophulariaceae//婆婆纳科 Veronicaceae］■☆

25347　Huebnaria Rchb.（1841）Nom. illegit. ≡ Webbia Spach（1836）；~ = Hypericum L.（1753）［金丝桃科 Hypericaceae//猪胶树科（克鲁西科，山竹子科，藤黄科）Clusiaceae（Guttiferae）］■●

25348　Huebneria Schltr.（1925）Nom. illegit. ≡ Pseudorleanesia Rauschert（1983）；~ = Orleanesia Barb. Rodr.（1877）［兰科 Orchidaceae］■☆

25349　Huegelia Post et Kuntze（1903）Nom. illegit. = Eriastrum Wooton et Standl.（1913）；~ = Hugelia Benth.（1833）Nom. illegit.［花荵科 Polemoniaceae］■●☆

25350　Huegelia R. Br. ex Endl.（1840）Nom. illegit.［桃金娘科 Myrtaceae//芸香科 Rutaceae］●☆

25351　Huegelia Rchb.（1829）Nom. illegit. ≡ Didiscus DC. ex Hook.（1828）；~ = Trachymene Rudge（1811）［伞形花科（伞形科）Apiaceae（Umbelliferae）//天胡荽科 Hydrocotylaceae］■☆

25352　Huegelroea Post et Kuntze（1903）= Hugelroea Steud.（1840）Nom. illegit.；~ = Sphaerolobium Sm.（1805）［豆科 Fabaceae（Leguminosae）//蝶形花科 Papilionaceae］■☆

25353　Huegueninia Rchb.（1837）= Hugueninia Rchb.（1832）（废弃属名）；~ = Descurainia Webb et Berthel.（1836）（保留属名）［十字花科 Brassicaceae（Cruciferae）］■

25354　Huenefeldia Walp.（1840）= Calotis R. Br.（1820）［菊科 Asteraceae（Compositae）］■

25355　Huernia R. Br.（1810）【汉】龙王角属（剑龙角属，星钟花属）。【日】フエルニア 属。【英】Huernia。【隶属】萝藦科 Asclepiadaceae。【包含】世界 30-64 种。【学名诠释与讨论】〈阴〉（人）Justus Heurnius（van Heurne，van Horne），1587-1652/53，荷兰传教士，医生。曾在南非采集标本。该属发表时误写为 Huernia。此属的学名，ING、TROPICOS 和 IK 记载是"Huernia R. Brown，On Asclepiad. 11. 3 Apr 1810"。"Decodontia A. H. Haworth，Syn. Pl. Succ. 28. 1812"是"Huernia R. Br.（1810）"的晚出的同模式异名（Homotypic synonym，Nomenclatural synonym）。【分布】阿拉伯地区南部，热带和非洲南部，中美洲。【后选模式】Huernia campanulata（Masson）Haworth［Stapelia campanulata Masson］。【参考异名】Decodontia Haw.（1812）Nom. illegit.；Heurnia Spreng.（1817）■☆

25356　Huerniopsis N. E. Br.（1878）【汉】类龙王角属。【隶属】萝藦科 Asclepiadaceae。【包含】世界 2 种。【学名诠释与讨论】〈阴〉（属）Huernia 龙王角属+希腊文 opsis，外观，模样，相似。【分布】非洲西南部和南部。【模式】Huerniopsis decipiens N. E. Brown。

25357　Huerta J. St. – Hil.（1805）Nom. inval.，Nom. illegit. ≡ Huertea Rulz et Pav.（1794）［省沽油科 Staphyleaceae//瘿椒树科 Tapisciaceae］●☆

25358　Huertaea Mutis（1958）Nom. illegit. = Swartzia Schreb.（1791）（保留属名）［豆科 Fabaceae（Leguminosae）//蝶形花科 Papilionaceae］●☆

25359　Huertaea Post et Kuntze（1903）Nom. inval. = Huertea Ruiz et Pav.（1794）［省沽油科 Staphyleaceae//瘿椒树科 Tapisciaceae］●☆

25360　Huertea Ruiz et Pav.（1794）【汉】腺椒树属（多叶椒树属）。【隶属】省沽油科 Staphyleaceae//瘿椒树科 Tapisciaceae。【包含】世界 4 种。【学名诠释与讨论】〈阴〉（人）Jeronimo Gomez de Huerta，1579-1649，西班牙医生，植物学者。此属的学名，ING、TROPICOS 和 IK 记载是"Huertea Ruiz et Pav.，Fl. Peruv. Prodr. 34，t. 6. 1794［early Oct 1794］"。"Huerta J. St. – Hil.，Expos. Fam. Nat. ii. 357（1805）"和"Huertia G. Don，Gen. Hist. 2：77，1832"是其变体。"Huertaea Post et Kuntze，Lex. Gen. Phan. 288，1903 = Huertea Ruiz et Pav.（1794）［省沽油科 Staphyleaceae//瘿椒树科 Tapisciaceae］"是一个未合格发表的名称（Nom. inval.）。【分布】秘鲁，哥伦比亚，古巴，西印度群岛（多明我）。【模式】Huertea glandulosa Ruiz et Pavon。【参考异名】Huerta J. St. –Hil.（1805）Nom. inval.，Nom. illegit.；Huertaea Post et Kuntze（1903）Nom. inval.；Huertia G. Don（1832）Nom. illegit.●☆

25361　Huerteaceae Doweld（2000）= Staphyleaceae Martinov（保留科名）；~ = Tapisciaceae Takht.●

25362　Huertia G. Don（1832）Nom. illegit. ≡ Huertea Ruiz et Pav.（1794）［省沽油科 Staphyleaceae//瘿椒树科 Tapisciaceae］●☆

25363　Huertia Mutis（1957）Nom. illegit. = Huertaea Mutis（1958）Nom. illegit.；~ = Swartzia Schreb.（1791）（保留属名）［豆科 Fabaceae（Leguminosae）//蝶形花科 Papilionaceae］●☆

25364　Huetia Boiss.（1856）Nom. illegit. = Carum L.（1753）；~ = Geocaryum Coss.（1851）［伞形花科（伞形科）Apiaceae（Umbelliferae）］■

25365　Hufelandia Nees（1833）= Beilschmiedia Nees（1831）［樟科 Lauraceae］●

25366　Hugelia Benth.（1833）Nom. illegit. = Eriastrum Wooton et Standl.（1913）；~ = Welwitschia Rchb.（1837）（废弃属名）；~ = Gilia Ruiz et Pav.（1794）［花荵科 Polemoniaceae］■●☆

25367　Hugelia DC.（1830）= Huegelia Rchb.（1829）Nom. illegit.；~ = Trachymene Rudge（1811）［伞形花科（伞形科）Apiaceae（Umbelliferae）//天胡荽科 Hydrocotylaceae］■☆

25368　Hugelroea Steud.（1840）Nom. illegit. ≡ Roea Hügel ex Benth.（1837）；~ = Sphaerolobium Sm.（1805）［豆科 Fabaceae（Leguminosae）//蝶形花科 Papilionaceae］■☆

25369　Hugeria Small（1903）【汉】扁枝越橘属（扁桔属，山小檗属）。【隶属】杜鹃花科（欧石南科）Ericaceae//越橘科（乌饭树科）Vacciniaceae。【包含】世界 2 种，中国 1 种。【学名诠释与讨论】〈阴〉（人）K. A. A. v. Hugel，德国植物学者，南美植物采集家。此属的学名，ING、TROPICOS、GCI 和 IK 记载是"Hugeria Small，Fl. S. E. U. S.［Small］. 896，1336. 1903［22 Jul 1903］"。"Oxycoccoides（Bentham et Hook. f.）Nakai，Bot. Mag.（Tokyo）31：246. Sep 1917"是"Hugeria Small（1903）"的晚出的同模式异名（Homotypic synonym，Nomenclatural synonym）。亦有文献把"Hugeria Small（1903）"处理为"Vaccinium L.（1753）"的异名。【分布】美国，日本，中国。【模式】Hugeria erythrocarpa（Michaux）J. K. Small［Vaccinium erythrocarpum Michaux］。【参考异名】Oxycoccoides（Benth. et Hook. f.）Nakai（1917）Nom. illegit.；

Oxycoccoides Nakai（1917）Nom. illegit.；Vaccinium L.（1753）●

25370　Hughesia R. M. King et H. Rob.（1980）【汉】落苞亮泽兰属。【隶属】菊科 Asteraceae（Compositae）//泽兰科 Eupatoriaceae。【包含】世界1种。【学名诠释与讨论】〈阴〉（人）Hughes，植物学者。此属的学名是"Hughesia R. M. King et H. Robinson, Phytologia 47：252. 13 Dec 1980"。亦有文献把其处理为"Eupatorium L.（1753）"的异名。【分布】秘鲁。【模式】Hughesia reginae R. M. King et H. Robinson。【参考异名】Eupatorium L.（1753）●☆

25371　Hugonia L.（1753）【汉】亚麻藤属。【俄】Гугония。【英】Hugonia。【隶属】亚麻科 Linaceae//亚麻藤科（弧钩树科）Hugoniaceae。【包含】世界32种。【学名诠释与讨论】〈阴〉（人）Augustus Johannes Hugo，？-1753，植物学者。【分布】马达加斯加，法属新喀里多尼亚，印度至马来西亚，马斯克林群岛，热带非洲。【模式】Hugonia mystax Linnaeus［as 'myxstrax'］。【参考异名】Penicillanthemum Vieill.（1866）；Ugona Adans.（1763）●☆

25372　Hugoniaceae Arn.（1834）［亦见 Linaceae DC. ex Perleb（保留科名）亚麻科］【汉】亚麻藤科（弧钩树科）。【包含】世界6属60-70种。【分布】热带旧世界从非洲至斐济，热带南美洲。【科名模式】Hugonia L.●■

25373　Hugueninia Rchb.（1832）（废弃属名）= Descurainia Webb et Berthel.（1836）（保留属名）［十字花科 Brassicaceae（Cruciferae）］■

25374　Huidobria Gay（1847）【汉】智利刺莲花属。【隶属】刺莲花科（硬毛草科）Loasaceae。【包含】世界2种。【学名诠释与讨论】〈阴〉词源不详。此属的学名是"Huidobria C. Gay, Hist. Chile, Bot. 2：438. Mai-Jun 1847（'1846'）"。亦有文献把其处理为"Loasa Adans.（1763）"的异名。【分布】智利。【模式】Huidobria chilensis C. Gay。【参考异名】Loasa Adans.（1763）●■☆

25375　Huilaea Wurdack（1957）【汉】哥伦比亚野牡丹属。【隶属】野牡丹科 Melastomataceae。【包含】世界4种。【学名诠释与讨论】〈阴〉（地）Huila，乌伊拉，位于哥伦比亚。【分布】厄瓜多尔，哥伦比亚。【模式】Huilaea penduliflora Wurdack。☆

25376　Hulemacanthus S. Moore（1920）【汉】南爵床属。【隶属】爵床科 Acanthaceae。【包含】世界1种。【学名诠释与讨论】〈阳〉词源不详。【分布】新几内亚岛。【模式】Hulemacanthus whitii S. Moore。●☆

25377　Hulletia Willis, Nom. inval. = Hullettia King ex Hook. f.（1888）［桑科 Moraceae］●☆

25378　Hullettia King ex Hook. f.（1888）【汉】南洋桑属。【隶属】桑科 Moraceae。【包含】世界2种。【学名诠释与讨论】〈阴〉（人）Richmond William Hullett，1843-1914，英国植物学者。此属的学名，ING、TROPICOS 和 IK 记载是"Hullettia King ex Hook. f., Fl. Brit. India［J. D. Hooker］5（15）：547. 1888"。"Hullettia King（1888）Nom. illegit. ≡ Hullettia King ex Hook. f.（1888）"的命名人引证有误。【分布】马来半岛，缅甸，印度尼西亚（苏门答腊岛），泰国。【后选模式】Hullettia griffithiana（Kurz）J. D. Hooker［Dorstenia griffithiana Kurz］。【参考异名】Hulletia Willis, Nom. inval.；Hullettia King（1888）Nom. illegit.；Kurzia King ex Hook. f.（1888）●☆

25379　Hullettia King（1888）Nom. illegit. ≡ Hullettia King ex Hook. f.（1888）［桑科 Moraceae］●☆

25380　Hullsia P. S. Short（2004）【汉】黏生菀属。【隶属】菊科 Asteraceae（Compositae）。【包含】世界1种。【学名诠释与讨论】〈阴〉（人）Hulls。【分布】澳大利亚。【模式】Hullsia argillicola P. S. Short。■☆

25381　Hulsea Torr. et A. Gray（1858）【汉】寒金菊属。【英】Alpinegold。【隶属】菊科 Asteraceae（Compositae）。【包含】世界7-8种。【学名诠释与讨论】〈阴〉（人）Gilbert White Hulse，1807-1883，美国医生，植物学者，植物采集家。【分布】美国（西部）。【后选模式】Hulsea californica J. Torrey et A. Gray。■☆

25382　Hultemia Rchb.（1841）= Hultenia Rchb.（1837）；~ = Hulthemia Dumort.（1824）［蔷薇科 Rosaceae］●☆

25383　Hultenia Rchb.（1837）= Hulthemia Dumort.（1824）［蔷薇科 Rosaceae］●☆

25384　Hulteniella Tzvelev（1987）【汉】全叶菊属。【英】Entire-leaved Daisy。【隶属】菊科 Asteraceae（Compositae）。【包含】世界1种。【学名诠释与讨论】〈阴〉（人）Eric Oskar Gunnar Hultén，1894-1981，瑞典植物学者，探险家。此属的学名"Hulteniella Tzvelev, Arktichesk. Fl. SSSR 10：00117"，IK 记载是"此属的学名，ING 和 IK 记载是"Dendranthema sect. Haplophylla"的替代名称。亦有文献把"Hulteniella Tzvelev（1987）"处理为"Dendranthema（DC.）Des Moul.（1860）"的异名。【分布】加拿大，美国（阿拉斯加）。【模式】Hulteniella integrifolia（J. Richardson）N. N. Tzvelev［Chrysanthemum integrifolium J. Richardson］。【参考异名】Dendranthema（DC.）Des Moul.（1860）；Dendranthema sect. Haplophylla■☆

25385　Hulthemia Blume ex Miq. = Abrus Adans.（1763）［豆科 Fabaceae（Leguminosae）//蝶形花科 Papilionaceae］●■

25386　Hulthemia Dumort.（1824）【汉】胡尔蔷薇属。【俄】Гультемия，Хультемия。【隶属】蔷薇科 Rosaceae。【包含】世界2种。【学名诠释与讨论】〈阴〉（人）Charles Joseph Emmanuel van Hulthem，1764-1832。此属的学名，ING、TROPICOS 和 IK 记载是"Hulthemia Dumortier, Not. Nouv. Genr. Hulthemia 12. 1824"。它曾被处理为"Rosa subgen. Hulthemia（Dumort.）Focke, Die Natürlichen Pflanzenfamilien 3（3）：47. 1888"。"Hulthemia Blume ex Miq"是"Abrus Adans.（1763）［豆科 Fabaceae（Leguminosae）//蝶形花科 Papilionaceae］"的异名。亦有文献把"Hulthemia Dumort.（1824）"处理为"Rosa L.（1753）"的异名。【分布】亚洲中部和西南。【模式】Hulthemia berberifolia（Pallas）Dumortier［Rosa berberifolia Pallas］。【参考异名】Hoogenia Balls（1934）；Hultemia Rchb.（1841）；Hultenia Rchb.（1837）；Lawea Dippel（1893）Nom. illegit.；Lowea Lindl.（1829）；Rhodopsis（Ledeb.）Dippel；Rosa L.（1753）；Rosa subgen. Hulthemia（Dumort.）Focke（1888）●☆

25387　Hulthemosa Juz.（1941）= Rosa L.（1753）［蔷薇科 Rosaceae］●

25388　Hulthenia Brongn.（1843）Nom. illegit.［蔷薇科 Rosaceae］☆

25389　Humbertacalia C. Jeffrey（1992）【汉】耳藤菊属。【隶属】菊科 Asteraceae（Compositae）。【包含】世界8种。【学名诠释与讨论】〈阴〉（人）Jean-Henri Humbert，1887-1967，法国植物学者+（属）Cacalia = Parasenecio 蟹甲草属的缩写。【分布】马达加斯加。【模式】不详。●☆

25390　Humbertia Comm. ex Lam.（1786）Nom. illegit. ≡ Humbertia Lam.（1786）［旋花科 Convolvulaceae//马岛旋花科 Humbertiaceae］●☆

25391　Humbertia Lam.（1786）【汉】马岛旋花属。【日】ユンベールティア属。【隶属】旋花科 Convolvulaceae//马岛旋花科 Humbertiaceae。【包含】世界1种。【学名诠释与讨论】〈阴〉词源不详。此属的学名，ING、TROPICOS 和 IK 记载是"Humbertia Lam., Encycl.［J. Lamarck et al.］2（1）：356. 1786［16 Oct 1786］"。"Humbertia Comm. ex Lam.（1786）Nom. illegit. ≡ Humbertia Comm. ex Lam.（1786）"的命名人引证有误。"Endrachium A. L. Jussieu, Gen. 133. 4 Aug 1789"和"Smithia J. F. Gmelin, Syst. Nat. 2：295，388. Sep（sero）-Nov 1791［non Scopoli

1777(废弃属名)，nec W. Aiton 1789(nom. cons.)〕是"Humbertia Lam.(1786)"的晚出的同模式异名(Homotypic synonym, Nomenclatural synonym)。"Humbertia Lam.(1786)"的异名中，"Thouina Cothen.(1790)Nom. illegit."是"Thouinia Sm.(1789)Nom. illegit.(废弃属名)"的拼写变体。【分布】马达加斯加。【模式】Humbertia madagascariensis Lamarck。【参考异名】Endrachium Juss.(1789)Nom. illegit.；Humbertia Comm. ex Lam.(1786)Nom. illegit.；Smithia J. F. Gmel.(1791)Nom. illegit.(废弃属名)；Thouina Cothen.(1790)Nom. illegit.；Thouinia Sm.(1789)Nom. illegit.(废弃属名)●☆

25392 Humbertiaceae Pichon(1947)(保留科名)〔亦见Convolvulaceae Juss.(保留科名)旋花科〕【汉】马岛旋花科。【包含】世界1属1种。【分布】马达加斯加。【科名模式】Humbertia Lam.●

25393 Humbertianthus Hochr.(1948)【汉】亨伯特锦葵属。【隶属】锦葵科Malvaceae。【包含】世界1种。【学名诠释与讨论】〈阳〉(人)Jean-Henri Humbert，1887-1967，植物学者+anthos，花。【分布】马达加斯加。【模式】Humbertianthus cardiostegius Hochreutiner。●☆

25394 Humbertiella Hochr.(1926)【汉】小亨伯特锦葵属。【隶属】锦葵科Malvaceae。【包含】世界6种。【学名诠释与讨论】〈阴〉(人)Jean-Henri Humbert，1887-1967，法国植物学者+-ellus，-ella，-ellum，加在名词词干后面形成指小式的词尾。或加在人名、属名等后面以组成新属的名称。【分布】马达加斯加。【模式】Humbertiella quarariboeoides Hochreutiner。【参考异名】Neohumbertiella Hochr.(1940)●☆

25395 Humbertina Buchet(1942)= Arophyton Jum.(1928)〔天南星科Araceae〕■☆

25396 Humbertiodendron Léandri(1949)【汉】亨伯特木属。【隶属】三棱果科(三棱果科，三数木科)Trigoniaceae。【包含】世界1种。【学名诠释与讨论】〈中〉(人)Jean-Henri Humbert，1887-1967，法国植物学者+dendron或dendros，树木，棍，丛林。【分布】马达加斯加。【模式】Humbertiodendron saboureaui Leandri。【参考异名】Humbertodendron Léandri，Nom. illegit.●☆

25397 Humbertioturraea J.-F. Leroy(1969)【汉】亨伯特楝属。【隶属】楝科Meliaceae。【包含】世界7种。【学名诠释与讨论】〈阴〉(人)法国植物学者Jean-Henri Humbert(1887-1967)和意大利植物学者、医生Antonio Turra(1730-1796)。【分布】马达加斯加。【模式】Humbertioturraea seyrigii J.-F. Leroy。●☆

25398 Humbertochloa A. Camus et Stapf(1934)【汉】亨伯特竹属。【隶属】禾本科Poaceae(Gramineae)。【包含】世界2种。【学名诠释与讨论】〈阴〉(人)Jean-Henri Humbert，1887-1967，法国植物学者+chloe，草的幼芽，嫩草，禾草。【分布】马达加斯加，热带非洲东部。【模式】Humbertochloa bambusiuscula A. Camus et Stapf。☆

25399 Humbertodendron Léandri，Nom. inval. ≡ Humbertiodendron Léandri(1949)〔三棱果科(三棱果科，三数木科)Trigoniaceae〕●☆

25400 Humblotia Baill.(1886)= Drypetes Vahl(1807)〔大戟科Euphorbiaceae〕●

25401 Humblotiangraecum(Schltr.)Szlach.，Mytnik et Grochocka(2013)【汉】马岛安顾兰属。【隶属】兰科Orchidaceae。【包含】世界5种。【学名诠释与讨论】〈阴〉(人)Humblot+(属)Angraecum风兰属。此属的学名"Humblotiangraecum(Schltr.)Szlach.，Mytnik et Grochocka，Biodivers. Res. Conservation 29：15. 2013〔31 Mar 2013〕"是由"Angraecum sect. Humblotiangraecum Schltr. Repert. Spec. Nov. Regni Veg. Beih. 33：310. 1925"改级而来。【分布】马达加斯加。【模式】不详。【参考异名】Angraecum

sect. Humblotiangraecum Schltr.(1925)■☆

25402 Humblotidendron Engl. et St. John(1937)descr. ampl. = Humblotiodendron Engl.(1917)〔芸香科Rutaceae〕●☆

25403 Humblotidendron St. John(1937)Nom. illegit. ≡ Humblotidendron Engl. et St. John(1937)〔芸香科Rutaceae〕●☆

25404 Humblotiodendron Engl.(1917)= Vepris Comm. ex A. Juss.(1825)〔芸香科Rutaceae〕●☆

25405 Humboldtia Rchb.(1828)= Humboldtia Vahl(1794)(保留属名)〔豆科Fabaceae(Leguminosae)//云实科(苏木科)Caesalpiniaceae〕■☆

25406 Humboldtia Neck.(废弃属名)= Voyria Aubl.(1775)〔龙胆科Gentianaceae〕■☆

25407 Humboldtia Vahl(1794)(保留属名)【汉】洪堡豆属。【隶属】豆科Fabaceae(Leguminosae)//云实科(苏木科)Caesalpiniaceae。【包含】世界6种。【学名诠释与讨论】〈阴〉(人)Friedrich Wilhelm Heinrich Alexander von Humboldt，1769-1859，德国生物学者，他在苔藓、真菌、蕨类植物、种子植物分类上都有建树。此属的学名"Humboldtia Vahl，Symb. Bot. 3：106. 1794"是保留属名。相应的废弃属名是兰科Orchidaceae的"Humboltia Ruiz et Pav.，Fl. Peruv. Prodr.：121. Oct(prim.)1794 = Pleurothallis R. Br.(1813)"。"Humboldtia Neck. = Voyria Aubl.(1775)〔龙胆科Gentianaceae〕亦应废弃。化石植物的"Humboldtia F. Thiergart et U. Frantz，Palaeobotanist 11：44. Apr 1963"也须废弃。【分布】玻利维亚，斯里兰卡，印度(南部)，中美洲。【模式】Humboldtia laurifolia M. Vahl。【参考异名】Batschia Vahl(1794)Nom. illegit.；Humboldia Rchb.(1828)■☆

25408 Humboldtiella Harms(1923)= Coursetia DC.(1825)〔豆科Fabaceae(Leguminosae)〕●☆

25409 Humboltia Ruiz et Pav.(1794)(废弃属名)= Pleurothallis R. Br.(1813)〔兰科Orchidaceae〕■☆

25410 Humea Roxb.(1814)Nom. illegit.(废弃属名)≡ Brownlowia Roxb.(1820)(保留属名)〔椴树科(椴科，田麻科)Tiliaceae//锦葵科Malvaceae〕●☆

25411 Humea Sm.(1804)= Calomeria Vent.(1804)；~ = Humeocline Anderb.(1991)〔菊科Asteraceae(Compositae)〕●☆

25412 Humeocline Anderb.(1991)【汉】锥序鼠麹木属。【英】Humea。【隶属】菊科Asteraceae(Compositae)。【包含】世界1种。【学名诠释与讨论】〈阴〉(属)Humea+kline，床，来自klino，倾斜，斜倚。此属的学名是"Humeocline A. A. Anderberg，Opera Bot. 104：138. 15 Jan 1991"。亦有文献把其处理为"Calomeria Vent.(1804)"的异名。【分布】马达加斯加。【模式】Humeocline madagascariensis(H. Humbert)A. A. Anderberg〔Humea madagascariensis H. Humbert〕。【参考异名】Calomeria Vent.(1804)；Humea Sm.(1804)●☆

25413 Humiria Aubl.(1775)〔as 'Houmiri'〕(保留属名)【汉】核果树属(胡香脂属，假弹树属)。【英】Umiry Balsam。【隶属】核果树科(胡香脂科，树脂核科，无距花科，香膏科，香膏木科)Humiriaceae。【包含】世界4种。【学名诠释与讨论】〈阴〉来自植物俗名。此属的学名"Humiria Aubl.，Hist. Pl. Guiane：564. Jun-Dec 1775('Houmiri')(orth. cons.)"是保留属名。法规未列出相应的废弃属名。但是其变体"Houmiri Aubl.(1775)"和核果树科Humiriaceae的"Humiria J. St.-Hil.，Expos. Fam. Nat. ii. 374(1805)= Humiria Aubl.(1775)〔as 'Houmiri'〕(保留属名)"应该废弃。"Myrodendrum Schreber，Gen. 358. Apr 1789"和"Wernisekia Scopoli，Introd. 273. Jan-Apr 1777"是"Humiria Aubl.(1775)〔as 'Houmiri'〕(保留属名)"的晚出的同模式异名(Homotypic synonym，Nomenclatural synonym)。"Myrodendron

Schreb. ，Gen. Pl. ，ed. 8 ［a］. 1：358. 1789 ［Apr 1789］" 则是 "Myrodendrum Schreb.（1789）Nom. illegit." 的拼写变体。【分布】秘鲁，玻利维亚，热带南美洲。【模式】Humiria balsamifera Aublet。【参考异名】Houmiri Aubl.（1775）Nom. illegit.（废弃属名）；Houmiria Juss.（1789）；Humiria J. St. - Hil.（1805）Nom. illegit.（废弃属名）Houmiry Duplessy（1802）；Myrodendron Schreb.（1789）Nom. illegit.；Myrodendrum Schreb.（1789）Nom. illegit.；Wernisekia Scop.（1777）Nom. illegit. ●☆

25414 Humiria J. St. - Hil.（1805）= Humiria Aubl.（1775）［as 'Houmiri'］（保留属名）［核果树科（胡香脂科，树脂核科，无距花科，香膏科，香膏木科）Humiriaceae］●☆

25415 Humiriaceae A. Juss.（1829）（保留科名）【汉】核果树科（胡香脂科，树脂核科，无距花科，香膏科，香膏木科）。【包含】世界 8 属 51 种。【分布】热带南美洲。【科名模式】Humiria Aubl. ●☆

25416 Humirianthera Huber（1914）= Casimirella Hassl.（1913）［茶茱萸科 Icacinaceae］●☆

25417 Humiriastrum（Urb.）Cuatrec.（1961）【汉】小核果树属。【隶属】核果树科（胡香脂科，树脂核科，无距花科，香膏科，香膏木科）Humiriaceae。【包含】世界 12 种。【学名诠释与讨论】〈中〉（属）Humiria 核果树属＋-astrum，指示小的词尾，也有 "不完全相似" 的含义。此属的学名，ING、TROPICOS 和 IK 记载是 "Humiriastrum（Urban）Cuatrecasas，Contr. U. S. Natl. Herb. 35：122. 14 Apr 1961"，由 "Sacoglottis subgen. Humiriastrum Urb.，Flora Brasiliensis 12（2）：443. 1877" 改级而来。它还曾被处理为 "Sacoglottis sect. Humiriastrum（Urb.）Reiche，Die Natürlichen Pflanzenfamilien 3（4）：37. 1890" 和 "Sacoglottis sect. Humiriastrum（Urb.）Winkl. in Engl. et Harms Die Natürlichen Pflanzenfamilien 19a：128. 1931"。【分布】巴拿马，巴西（东南部），秘鲁，玻利维亚，厄瓜多尔，哥伦比亚（安蒂奥基亚），哥斯达黎加，尼加拉瓜，中美洲。【模式】Humiriastrum cuspidatum（Bentham）Cuatrecasas［Humirium cuspidatum Bentham］。【参考异名】Sacoglottis sect. Humiriastrum（Urb.）Reiche（1890）；Sacoglottis sect. Humiriastrum（Urb.）Winkl.（1931）；Sacoglottis subgen. Humiriastrum Urb.（1877）●☆

25418 Humirium Rich. ex Mart.（1827）= Humiria Aubl.（1775）［as 'Houmiri'］（保留属名）［核果树科（胡香脂科，树脂核科，无距花科，香膏科，香膏木科）Humiriaceae］●☆

25419 Humulaceae Bercht. et J. Presl ＝Fabaceae Lindl.（保留科名）//Leguminosae Juss.（1789）（保留科名）●■

25420 Humularia P. A. Duvign.（1954）【汉】大地豆属。【隶属】豆科 Fabaceae（Leguminosae）//蝶形花科 Papilionaceae。【包含】世界 40 种。【学名诠释与讨论】〈阴〉（拉）humus，土地＋-arius，-aria，-arium，指示 "属于、相似、具有、联系" 的词尾。另说（属）Humulus 啤酒花属（葎草属）＋-aria。【分布】热带非洲。【后选模式】Humularia drepanocephala（J. G. Baker）Duvigneaud［Geissaspis drepanocephala J. G. Baker］。■☆

25421 Humulopsis Grudz.（1988）【汉】葎草属。【英】Hop。【隶属】桑科 Moraceae//大麻科 Cannabaceae//荨麻科 Urticaceae。【包含】世界 1-2 种，中国 1 种。【学名诠释与讨论】〈阴〉（属）Humulus 啤酒花属（葎草属）＋希腊文 opsis，外观，模样。此属的学名是 "Humulopsis I. A. Grudzinskaya，Bot. Zurn.（Moscow & Leningrad）73：592. Apr 1988"。亦有文献把其处理为 "Humulus L.（1753）" 的异名。【分布】中国。【模式】Humulopsis scandens（Loureiro）I. A. Grudzinskaya［Antidesma scandens Loureiro］。【参考异名】Humulus L.（1753）■

25422 Humulus L.（1753）【汉】啤酒花属（葎草属）。【日】カナムグラ属，カラハナサウ属，カラハナソウ属。【俄】Ива гукера，

Хмель。【英】Hop，Hops。【隶属】桑科 Moraceae//大麻科 Cannabaceae//荨麻科 Urticaceae。【包含】世界 3 种，中国 3 种。【学名诠释与讨论】〈阳〉（拉）humus，土地，来源有多种说法＋-ulus，-ula，-ulum，指示小的词尾。指某些种葡萄的习性。或说来自德语古名。此属的学名，ING、APNI、GCI 和 IK 记载是 "Humulus Linnaeus，Sp. Pl. 1028. 1 Mai 1753"。P. Miller（1754）用 "Lupulus P. Miller，Gard. Dict. Abr. ed. 4. 28 Jan 1754" 替代 "Humulus L.（1753）"，这是多余的；因为 "Humulus L.（1753）" 不是非法名称。"Lupulus Tourn. ex Mill.，Gard. Dict.，ed. 6 ≡ Humulus L.（1753）" 则是误记；它不是认可 "Lupulus Tourn."，而是替代名称。"Lupulus P. Miller，Gard. Dict. Abr. ed. 4. 28 Jan 1754" 是 "Humulus L.（1753）" 的晚出的同模式异名（Homotypic synonym，Nomenclatural synonym）。【分布】巴基斯坦，美国（西南部），中国，中南半岛，北温带。【模式】Humulus lupulus Linnaeus。【参考异名】Humulopsis Grudz.（1988）；Lupulus Mill.（1754）Nom. illegit.；Lupulus Tourn. ex Mill.（1754）Nom. illegit. ■

25423 Hunaniopanax C. J. Qi et T. R. Cao（1988）【汉】湖南参属。【英】Hunaniopanax。【隶属】五加科 Araliaceae。【包含】世界 1 种，中国 1 种。【学名诠释与讨论】〈阳〉（地）Hunan，湖南＋（属）Panax 人参属。指其模式种产湖南。此属的学名是 "Hunaniopanax C. J. Qi et T. R. Cao in C. J. Qi，Acta Phytotax. Sin. 26：47. Feb 1988"。亦有文献把其处理为 "Pentapanax Seem.（1864）" 的异名。【分布】中国。【模式】Hunaniopanax hypoglaucus C. J. Qi et T. R. Cao。【参考异名】Pentapanax Seem.（1864）●★

25424 Hunefeldia Lindl.（1847）= Calotis R. Br.（1820）；~ ≡ Huenefeldia Walp.（1840）［菊科 Asteraceae（Compositae）］■

25425 Hunemannia A. Juss.（1849）= Hunnemannia Sweet（1828）［罂粟科 Papaveraceae］■☆

25426 Hunga Pancher ex Prance（1979）【汉】兴果属。【隶属】金壳果科 Chrysobalanaceae。【包含】世界 11 种。【学名诠释与讨论】〈阴〉词源不详。此属的学名，ING 和 TROPICOS 记载是 "Hunga Pancher ex G. T. Prance，Brittonia 31：79. 30 Mar 1979"；而 IK 则记载为 "Hunga Prance，Brittonia 31（1）：79. 1979"。三者引用的文献相同。【分布】法属新喀里多尼亚，新几内亚岛。【模式】Hunga rhamnoides（Guillaumin）G. T. Prance［Licania rhamnoides Guillaumin］。【参考异名】Hunga Prance（1979）Nom. illegit. ●☆

25427 Hunga Prance（1979）Nom. illegit. ≡ Hunga Pancher ex Prance（1979）［金壳果科 Chrysobalanaceae］●☆

25428 Hunguana Maury ＝ Hanguana Blume（1827）［钵子草科 Hanguanaceae］■☆

25429 Hunnemania G. Don（1831）Nom. illegit. ≡ Hunnemannia Sweet（1828）［罂粟科 Papaveraceae］■☆

25430 Hunnemannia Sweet（1828）【汉】金杯罂粟属（海杯罂粟属，红乃马草属，金杯花属）。【日】ハンネマンニア属。【俄】Хуннемания。【英】Golden Cup，Mexican Tulip Poppy，Mexican Tulip-poppy，Santa Barbara Poppy。【隶属】罂粟科 Papaveraceae。【包含】世界 2 种。【学名诠释与讨论】〈阴〉（人）John Hunnemann，c. 1760-1839，英国植物学者，旅行家，植物采集家，书商。此属的学名，ING、TROPICOS 和 IK 记载是 "Hunnemannia Sweet，Brit. Fl. Gard.［Sweet］iii. 54. t. 276（1828）"。"Hunnemania G. Don，Gen. Hist. 1：129，135. 1831［early Aug 1831］" 是 "Hunnemannia Sweet（1828）" 的拼写变体。【分布】墨西哥，中美洲。【模式】Hunnemannia fumariaefolia Sweet。【参考异名】Hunemannia A. Juss.（1849）；Hunnemania G. Don（1831）Nom. illegit. ■☆

25431 Hunsteinia Lauterb.（1918）Nom. illegit. = Rapanea Aubl.

（1775）［紫金牛科 Myrsinaceae］●

25432 Hunteria DC.（1836）Nom. illegit. = Porophyllum Guett.（1754）［菊科 Asteraceae(Compositae)］■●☆

25433 Hunteria Roxb.（1814）Nom. inval. ≡ Hunteria Roxb.（1832）［夹竹桃科 Apocynaceae］●

25434 Hunteria Roxb.（1832）【汉】仔榄树属（洪达木属）。【英】Hunteria。【隶属】夹竹桃科 Apocynaceae。【包含】世界 8-10 种，中国 1 种。【学名诠释与讨论】〈阴〉（人）William Hunter，1755-1812，英国植物学者，医生。此属的学名，ING 和 TROPICOS 记载是"Hunteria Roxburgh, Fl. Indica 2：531. Mar-Jun（?）1824"。"Hunteria DC., Prodromus Systematis Naturalis Regni Vegetabilis 5：649. 1836.（1-10 Oct 1836）= Porophyllum Guett.（1754）［菊科 Asteraceae(Compositae)］"是晚出的非法名称。"Hunteria Roxb., Hort. Bengal. 84（1814）≡ Hunteria Roxb.（1832）"是一个未合格发表的名称(Nom. inval.)。【分布】斯里兰卡，印度（南部），中国，马来半岛，东南亚，热带非洲。【模式】Hunteria corymbosa Roxburgh。【参考异名】Comularia Pichon（1953）；Pleuranthemum（Pichon）Pichon（1953）；Polyadoa Stapf（1902）；Tetradoa Pichon（1947）●

25435 Huntleya Bateman ex Lindl.（1837）【汉】洪特兰属。【日】フントレア属。【英】Huntleya。【隶属】兰科 Orchidaceae。【包含】世界 10 种。【学名诠释与讨论】〈阴〉（人）J. T. Huntley，英国牧师，兰花培育者。【分布】巴拿马，秘鲁，玻利维亚，厄瓜多尔，哥伦比亚（安蒂奥基亚），哥斯达黎加，尼加拉瓜，特立尼达和多巴哥（特立尼达岛），中美洲。【模式】Huntleya meleagris J. Lindley。●☆

25436 Hunzikeria D'Arcy（1976）【汉】亨奇茄属。【隶属】茄科 Solanaceae。【包含】世界 3 种。【学名诠释与讨论】〈阴〉（人）Armando Theodoro Hunziker，1919-2001，植物学者。【分布】美国，墨西哥，委内瑞拉。【模式】Hunzikeria texana（Torrey）W. G. D'Arcy [Browallia texana Torrey]。■☆

25437 Huodendron Rehder(1935)【汉】山茉莉属。【英】Fieldjasmine，Huodendron。【隶属】安息香科（齐墩果科，野茉莉科）Styracaceae。【包含】世界 4-6 种，中国 3-4 种。【学名诠释与讨论】〈中〉（人）Hsen Hsu Hu，胡先骕，1894-1968，中国植物学家和教育家。中国植物分类学的奠基人。与秉志联合创办中国科学院生物研究所、静生生物调查所，还创办了庐山森林植物园、云南农林植物研究所。发起筹建中国植物学会。继钟观光之后，在我国开展大规模野外采集和调查我国植物资源的工作。在教育上，倡导"科学救国、学以致用、独立创建、不仰外人"的教育思想。与钱崇澍、邹秉文合编我国第一部中文《高等植物学》+希腊文 dendron 或 dendros，树木，棍，丛林。【分布】泰国，中国，中南半岛。【模式】Huodendron tibeticum（Anthony）Rehder [Styrax tibeticus Anthony]。●

25438 Huolirion F. T. Wang et Ts. Tang = Lloydia Salisb. ex Rchb.（1830）（保留属名）［百合科 Liliaceae］■

25439 Huonia Montrouz.（1860）Nom. illegit. ≡ Acronychia J. R. Forst. et G. Forst.（1775）（保留属名）［芸香科 Rutaceae］●

25440 Hura J. König ex Retz.（1783）Nom. illegit. ≡ Hura J. König（1783）Nom. illegit.；~ ≡ Manitia Giseke（1792）；~ = Globba L.（1771）［姜科（蘘荷科）Zingiberaceae］■

25441 Hura L.（1753）【汉】响盒子属（沙箱大戟属，沙箱树属，砂箱树属）。【隶属】大戟科 Euphorbiaceae。【包含】世界 2 种，中国 2 种。【学名诠释与讨论】〈阴〉Hura crepitans L. 的南美洲俗名。此属的学名，ING、GCI 和 IK 记载是"Hura Linnaeus, Sp. Pl. 1008. 1 Mai 1753"。姜科的"Hura J. König, Observationes Botanicae 3：37（"49"）. 1783"是晚出的非法名称。【分布】巴拉圭，巴拿马，秘鲁，玻利维亚，厄瓜多尔，哥伦比亚（安蒂奥基亚），哥斯达黎加，

墨西哥，尼加拉瓜，中国，西印度群岛，中美洲。【模式】Hura crepitans Linnaeus。●

25442 Husangia Juss.（1821）= Hosangia Neck.（1790）Nom. inval.；~ = Maieta Aubl.（1775）［野牡丹科 Melastomataceae］●☆

25443 Husemannia F. Muell.（1883）= Carronia F. Muell.（1875）［防己科 Menispermaceae］●☆

25444 Husnotia E. Fourn.（1885）= Ditassa R. Br.（1810）［萝藦科 Asclepiadaceae］●☆

25445 Hussonia Boiss.（1849）= Erucaria Gaertn.（1791）［十字花科 Brassicaceae(Cruciferae)］■☆

25446 Huszia Klotzsch（1854）= Begonia L.（1753）［秋海棠科 Begoniaceae］●■

25447 Hutchinia Wight et Arn.（1834）= Caralluma R. Br.（1810）［萝藦科 Asclepiadaceae］■

25448 Hutchinsia R. Br., Nom. illegit. = Hornungia Rchb.（1837）；~ = Pritzelago Kuntze（1891）；~ = Thlaspi L.（1753）［十字花科 Brassicaceae(Cruciferae)//蔊菜科 Thlaspiaceae］■

25449 Hutchinsia W. T. Aiton（1812）Nom. illegit. ≡ Noccaea Moench（1802）［十字花科 Brassicaceae（Cruciferae）//蔊菜科 Thlaspiaceae］■

25450 Hutchinsiella O. E. Schulz（1933）【汉】小哈芥属（蔵芥属）。【隶属】十字花科 Brassicaceae（Cruciferae）。【包含】世界 1 种。【学名诠释与讨论】〈阴〉（属）Hutchinsia 欧洲隐柱芥属（哈钦斯芥属）+-ellus，-ella，-ellum，加在名词词干后面形成指小式的词尾。或加在人名、属名等后面以组成新属的名称。此属的学名是"Hutchinsiella O. E. Schulz, Bot. Jahrb. Syst. 66：92. 20 Oct 1933"。亦有文献把其处理为"Hornungia Rchb.（1837）"或"Hymenolobus Nutt.（1838）"的异名。【分布】中国。【模式】Hutchinsiella perpusilla（Hemsley）O. E. Schulz [Hutchinsia perpusilla Hemsley]。【参考异名】Hornungia Rchb.（1837）；Hymenolobus Nutt.（1838）■

25451 Hutchinsonia M. E. Jones（1933）Nom. illegit., Nom. inval. = Hymenothrix A. Gray(1849)［菊科 Asteraceae(Compositae)］■☆

25452 Hutchinsonia Robyns(1928)【汉】哈钦森茜属。【隶属】茜草科 Rubiaceae。【包含】世界 2 种。【学名诠释与讨论】〈阴〉（人）John Hutchinson，1884-1972，英国植物学者，植物采集家。此属的学名，ING、TROPICOS 和 IK 记载是"Hutchinsonia W. Robyns, Bull. Jard. Bot. État 11：24. f. 5-6. Mai 1928"。菊科的"Hutchinsonia M. E. Jones, Contr. W. Bot. 18：85. Apr 1935 = Hymenothrix A. Gray（1849）"是晚出的非法名称，也是一个未合格发表的名称(Nom. inval.)。亦有文献把"Hutchinsonia Robyns（1928）"处理为"Rytigynia Blume(1850)"的异名。【分布】热带非洲。【模式】Hutchinsonia barbata W. Robyns。【参考异名】Rytigynia Blume ●☆

25453 Hutera Porta et Gonz. Albo(1934)descr. emend. = Hutera Porta（1891）；~ = Coincya Rouy（1891）［十字花科 Brassicaceae（Cruciferae）］■☆

25454 Hutera Porta（1891）= Coincya Rouy（1891）［十字花科 Brassicaceae(Cruciferae)］■☆

25455 Huthamnus Tsiang（1939）= Jasminanthes Blume（1850）；~ = Stephanotis Thouars（1806）（废弃属名）；~ = Marsdenia R. Br.（1810）（保留属名）［萝藦科 Asclepiadaceae］●

25456 Huthia Brand（1908）【汉】休斯花荵属。【隶属】花荵科 Polemoniaceae。【包含】世界 2 种。【学名诠释与讨论】〈阴〉（人）Ernst Huth，1845-1897，德国植物学者。此属的学名是"Huthia A. Brand, Bot. Jahrb. Syst. 42：174. 28 Jul 1908"。亦有文献把其处理为"Cantua Juss. ex Lam.（1785）"的异名。【分布】秘

鲁。【模式】coerulea A. Brand。【参考异名】Cantua Juss. ex Lam.（1785）●☆

25457　Hutschinia D. Dietr.（1839）= Caralluma R. Br.（1810）；～ = Hutchinia Wight et Arn.（1834）［萝藦科 Asclepiadaceae］■

25458　Huttia J. Drumm. ex Harv.（1855）Nom. illegit. = Hibbertia Andréws（1800）［五桠果科（第伦桃科，五丫果科，锡叶藤科）Dilleniaceae//纽扣花科 Hibbertiaceae］●☆

25459　Huttia Preiss ex Hook.（1840）= Calectasia R. Br.（1810）［澳丽花科（篮花木科）Calectasiaceae//毛瓣花科（多须草科）Dasypogonaceae］●☆

25460　Huttonaea Harv.（1863）【汉】赫顿兰属。【隶属】兰科 Orchidaceae。【包含】世界5种。【学名诠释与讨论】〈阴〉（人）Henry Hutton（Caroline, nee Atherstone），模式标本采集者。【分布】非洲南部。【模式】Huttonaea pulchra W. H. Harvey。【参考异名】Hallackia Harv.（1863）■☆

25461　Huttonella Kirk（1897）= Carmichaelia R. Br.（1825）［豆科 Fabaceae（Leguminosae）//蝶形花科 Papilionaceae］●☆

25462　Huttonia Bolus（1882）Nom. illegit.［兰科 Orchidaceae］■☆

25463　Huttum Adans.（1763）（废弃属名）= Barringtonia J. R. Forst. et G. Forst.（1775）（保留属名）［玉蕊科（巴西果科）Lecythidaceae//翅玉蕊科（金刀木科）Barringtoniaceae］●

25464　Huxhamia Garden ex Sm.（1）= Trillium L.（1753）［百合科 Liliaceae//延龄草科（重楼科）Trilliaceae］■

25465　Huxhamia Garden ex Sm.（2）= Berchemia Neck. ex DC.（1825）（保留属名）［鼠李科 Rhamnaceae］●

25466　Huxhamia Garden ex Sm.（3）= Gordonia J. Ellis（1771）（保留属名）［山茶科（茶科）Theaceae］●

25467　Huxleya Ewart（1912）【汉】线叶马鞭草属。【隶属】马鞭草科 Verbenaceae//唇形科 Lamiaceae（Labiatae）。【包含】世界1种。【学名诠释与讨论】〈阴〉（人）Thomas Henry Huxley, 1825–1895，英国生物学者。【分布】澳大利亚（北部）。【模式】Huxleya linifolia A. J. Ewart et B. Rees。●☆

25468　Huynhia Greuter（1981）= Arnebia Forssk.（1775）［紫草科 Boraginaceae］●■

25469　Hyacinthaceae Batsch ex Borkh.（1797）［as ‘Hyacinthinae’］［亦见 Liliaceae Juss.（保留科名）百合科］【汉】风信子科。【包含】世界41-67属650-900种，中国1属1种。【分布】广泛分布。【科名模式】Hyacinthus L.（1753）■

25470　Hyacinthaceae J. Agardh = Hyacinthaceae Batsch ex Borkh. ；～ = Liliaceae Juss.（保留科名）■●

25471　Hyacinthella Caruel（1892）Nom. illegit.［风信子科 Hyacinthaceae］■☆

25472　Hyacinthella Schur（1856）【汉】假风信子属。【俄】Гиацинтик。【隶属】百合科 Liliaceae//风信子科 Hyacinthaceae。【包含】世界16-18种。【学名诠释与讨论】〈阴〉（属）Hyacinthus 风信子属+-ellus, -ella, -ellum，加在名词词干后面形成指小式的词尾。或加在人名、属名等后面以组成新属的名称。此属的学名，ING、TROPICOS 和 IK 记载是“Hyacinthella F. Schur, Oesterr. Bot. Wochenbl. 6：227. 17 Jul 1856”。“Hyacinthella Caruel, Epit. Fl. Eur. i.（1892）46［风信子科 Hyacinthaceae］”是晚出的非法名称。【分布】欧洲东南部至亚洲中部。【后选模式】Hyacinthella leucophaea（K. H. E. Koch）F. Schur［Muscari leucophaeum K. H. E. Koch］。■☆

25473　Hyacinthoides Fabr.（1759）Nom. illegit. ≡ Hyacinthoides Heist. ex Fabr.（1759）［百合科 Liliaceae//风信子科 Hyacinthaceae］■☆

25474　Hyacinthoides Heist. ex Fabr.（1759）【汉】双苞风信子属（蓝铃花属）。【英】Bluebell。【隶属】百合科 Liliaceae//风信子科

Hyacinthaceae。【包含】世界3-8种。【学名诠释与讨论】〈阴〉（属）Hyacinthus 风信子属+oides，来自 o+eides，像，似；或 o+eidos 形，含义为相像。此属的学名，ING、TROPICOS 和 IK 记载是“Hyacinthoides Heister ex Fabricius, Enum. 2. 1759”。“Hyacinthoides Medikus, Ann. Bot.（Usteri）2：9. Nov–Dec 1791 = Hyacinthoides Heist. ex Fabr.（1759）［百合科 Liliaceae//风信子科 Hyacinthaceae］”是晚出的非法名称。“Hyacinthoides Fabr.（1759）Nom. illegit. ≡ Hyacinthoides Heist. ex Fabr.（1759）”的命名人引证有误。亦有文献把“Hyacinthoides Heist. ex Fabr.（1759）”处理为“Endymion Dumort.（1827）”的异名。【分布】非洲北部，欧洲西部。【模式】未指定。【参考异名】Hyacinthoides Fabr.（1759）Nom. illegit. ；Hyacinthoides Medik.（1791）Nom. illegit. ；Somera Salisb.（1866）■☆

25475　Hyacinthoides Medik.（1791）Nom. illegit. = Hyacinthoides Heist. ex Fabr.（1759）［百合科 Liliaceae//风信子科 Hyacinthaceae］■☆

25476　Hyacinthorchis Blume（1849）= Cremastra Lindl.（1833）［兰科 Orchidaceae］■

25477　Hyacinthus L.（1753）【汉】风信子属。【日】ヒアシンス属。【俄】Гиацит。【英】Hyacinth, Hyacinthus。【隶属】百合科 Liliaceae//风信子科 Hyacinthaceae。【包含】世界3种。【学名诠释与讨论】〈阳〉（希）Hyakinthos，一种植物俗名。源于希腊神话中的一个青年名 Hyakinthos，他被 Apollo 所钟爱，而不幸又被 Apollo 所杀，Apollo 即用此青年之血使风信子生长。【分布】巴基斯坦，马达加斯加，地中海地区，非洲。【后选模式】Hyacinthus orientalis Linnaeus。【参考异名】Amphibolis Schott et Kotschy（1858）Nom. illegit. ；Baeoterpe Salisb.（1866）；Borboya Raf.（1837）；Brimeura Salisb.（1866）；Busbequia Salisb.（1866）；Foxia Parl.（1854）Nom. illegit. ；Peribaea Lindl.（1847）；Periboea Kunth（1843）；Rytidolobus Dulac（1867）；Sarcomphalium Dulac（1867）Nom. illegit. ；Strangeveia Baker（1870）；Strangwaysia Post et Kuntze（1903）；Strangweja Bertol.（1835）；Strangweya Benth. et Hook. f.（1883）Nom. illegit. ■☆

25478　Hyaenachne Benth. et Hook. f.（1880）Nom. illegit. = Hyaenanche Lamb.（1797）［大戟科 Euphorbiaceae］●☆

25479　Hyaenacne Benth. et Hook. f.（1880）Nom. illegit. = Hyaenanche Lamb.（1797）［大戟科 Euphorbiaceae］●☆

25480　Hyaenanche Lamb.（1797）【汉】毒漆属。【隶属】大戟科 Euphorbiaceae。【包含】世界1种。【学名诠释与讨论】〈阴〉（希）hyaiana = 拉丁文 hyaena，鬣狗+ancho, anchein，绞杀，以带缚之。或+anche，毒药。此属的学名，ING、TROPICOS 和 IK 记载是“Hyaenanche A. B. Lambert, Descript. Cinchona 52. 1797”。“Hyaenanche Lamb. et Vahl, Nom. illegit. = Hyaenanche Lamb.（1797）”的命名人引证有误。【分布】非洲南部。【模式】Hyaenanche globosa（J. Gaertner）A. B. Lambert［Jatropha globosa J. Gaertner］。【参考异名】Hyaenachne Benth. et Hook. f.（1880）Nom. illegit. ；Hyaenacne Benth. et Hook. f.（1880）；Hyaenanche Lamb. et Vahl, Nom. illegit. ；Toxicodendrum Thunb.（1796）Nom. illegit. ●☆

25481　Hyaenanche Lamb. et Vahl, Nom. illegit. = Hyaenanche Lamb.（1797）［大戟科 Euphorbiaceae］●☆

25482　Hyala L’Hér. ex DC.（1828）= Polycarpaea Lam.（1792）（保留属名）［as ‘Polycarpea’］［石竹科 Caryophyllaceae］■●

25483　Hyalaea Benth. et Hook. f.（1873）= Centaurea L.（1753）（保留属名）；～ = Hyalea Jaub. et Spach（1847）［菊科 Asteraceae（Compositae）//矢车菊科 Centaureaceae］●■

25484　Hyalaea Jaub. et Spach = Centaurea L.（1753）（保留属名）［菊

科 Asteraceae(Compositae)//矢车菊科 Centaureaceae]●■

25485 Hyalaena C. Muell. (1858) = Hyalolaena Bunge (1852); ~ = Selinum L. (1762)(保留属名) [伞形花科(伞形科)Apiaceae(Umbelliferae)]■

25486 Hyalea(DC.)Jaub. et Spach(1847)Nom. illegit. ≡ Hyalea Jaub. et Spach(1847) [菊科 Asteraceae(Compositae)]■

25487 Hyalea Jaub. et Spach(1847)【汉】琉苞菊属。【俄】Гиалея。【英】Hyalea。【隶属】菊科 Asteraceae(Compositae)。【包含】世界2种,中国1种。【学名诠释与讨论】〈阴〉(希)hyalos,玻璃;hyaleos =hyalinos,玻璃般透明的,放光的;hyaline,透明,玻璃状,晶莹状。指苞片玻璃般透明。此属的学名,ING、TROPICOS 和 IK 记载是"Hyalea Jaub. et Spach, Ill. Pl. Orient. 3(21-23):19, t. 214-217,292. 1847 [Sep 1847]"。"Hyalea (DC.)Jaub. et Spach (1847)≡ Hyalea Jaub. et Spach(1847)"的命名人引证有误。"Eremopappus A. L. Takhtajan, Dokl. Akad. Nauk Armyanskoi SSR 2 (1):25. 1945(post 30 Mar)"是"Hyalea Jaub. et Spach(1847)"的晚出的同模式异名(Homotypic synonym, Nomenclatural synonym)。亦有文献把"Hyalea Jaub. et Spach(1847)"处理为"Centaurea L. (1753)(保留属名)"的异名。【分布】中国。【模式】Centaurea pulchella Ledebour。【参考异名】Centaurea L. (1753)(保留属名);Centaurea sect. Hyalaea DC. (1838);Eremopappus Takht. (1945)Nom. illegit.;Hyalea (DC.) Jaub. et Spach (1847) Nom. illegit. ■

25488 Hyalis Champ. =Sciaphila Blume(1826) [霉草科 Triuridaceae]■

25489 Hyalis D. Don ex Hook. et Arn. (1835)【汉】粉核木属。【隶属】菊科 Asteraceae(Compositae)。【包含】世界2种。【学名诠释与讨论】〈阴〉(希)hyaleos =hyalinos,玻璃般透明的,放光的。此属的学名,ING、GCI、TROPICOS 和 IK 记载是"Hyalis D. Don ex W. J. Hooker et Arnott in W. J. Hooker,Companion Bot. Mag. 1:108. 1 Nov 1835"。"Hyalis Salisb'., Trans. Hort. Soc. London 1:317. 1812 =Ixia L. (1762)(保留属名) [鸢尾科 Iridaceae//鸟娇花科 Ixiaceae]"是一个裸名(Nom. nud.)。"Hyalis Champ"是"Sciaphila Blume(1826) [霉草科 Triuridaceae]"的异名。亦有文献把"Hyalis D. Don ex Hook. et Arn. (1835)"处理为"Plazia Ruiz et Pav. (1794)"的异名。【分布】阿根廷,巴拉圭,玻利维亚,非洲,中美洲。【模式】Hyalis argentea D. Don ex W. J. Hooker et Arnott。【参考异名】Aphyllocladus Wedd. (1855);Plazia Ruiz et Pav. (1794)●☆

25490 Hyalis Salisb. (1812)Nom. nud. = Ixia L. (1762)(保留属名) [鸢尾科 Iridaceae//鸟娇花科 Ixiaceae]■☆

25491 Hyalisma Champ. (1847)= Sciaphila Blume (1826) [霉草科 Triuridaceae]■

25492 Hyalocalyx Rolfe(1884)【汉】马岛时钟花属。【隶属】时钟花科(穗柱榆科,窝籽科,有叶花科)Turneraceae。【包含】世界1种。【学名诠释与讨论】〈阳〉(希)hyaleos =hyalinos,玻璃般透明的,放光的+kalyx,所有格 kalykos =拉丁文 calyx,花萼,杯子。【分布】马达加斯加,中国,热带非洲东部。【模式】Hyalocalyx setiferus Rolfe。■

25493 Hyalochaete Dittrich et Rech. f. (1979)【汉】透明菊属。【隶属】菊科 Asteraceae(Compositae)。【包含】世界1种。【学名诠释与讨论】〈阴〉(希)hyalos,玻璃;hyaleos =hyalinos,玻璃般透明的,放光的+chaite =拉丁文 chaeta,刚毛,鬃毛。此属的学名是"Hyalochaete M. Dittrich et K. H. Rechinger in M. Dittrich et al. in K. H. Rechinger,Fl. Iranica 139a:215. Oct 1979"。亦有文献把其处理为"Jurinea Cass. (1821)"的异名。【分布】阿富汗。【模式】Hyalochaete modesta (Boissier) M. Dittrich et K. H. Rechinger [Jurinea modesta Boissier]。【参考异名】Jurinea Cass. (1821)■☆

25494 Hyalochlamys A. Gray(1851)【汉】卵果鼠麴草属。【隶属】菊科 Asteraceae(Compositae)。【包含】世界1种。【学名诠释与讨论】〈阴〉(希)hyalos,玻璃;hyaleos =hyalinos,玻璃般透明的,放光的+chlamys,所有格 chlamydos,斗篷,外衣。此属的学名是"Hyalochlamys A. Gray, Hooker's J. Bot. Kew Gard. Misc. 3:98, 101. Apr 1851"。亦有文献把其处理为"Angianthus J. C. Wendl. (1808)(保留属名)"的异名。【分布】澳大利亚。【模式】Hyalochlamys globifera A. Gray。【参考异名】Angianthus J. C. Wendl. (1808)(保留属名)■☆

25495 Hyalocystis Hallier f. (1898)【汉】明囊旋花属。【隶属】旋花科 Convolvulaceae。【包含】世界2种。【学名诠释与讨论】〈阴〉(希)hyalos,玻璃;hyaleos = hyalinos,玻璃般透明的,放光的+kystis,囊,袋。【分布】热带非洲。【模式】Hyalocystis viscosa H. G. Hallier。■☆

25496 Hyalolaena Bunge(1852)【汉】玻璃芹属(斑膜芹属)。【俄】Гиалолена。【隶属】伞形花科(伞形科)Apiaceae(Umbelliferae)。【包含】世界6-10种,中国2种。【学名诠释与讨论】〈阴〉(希)hyalos,玻璃;hyaleos =hyalinos,玻璃般透明的,放光的+laina =chlaine =拉丁文 laena,外衣,衣服。【分布】中国,亚洲中部。【模式】Hyalolaena jaxartica Bunge。【参考异名】Holopleura Regal et Schmalh. (1882) Nom. illegit.;Holopleura Regel (1882) Nom. illegit.;Hyalaena C. Muell. (1858);Hymenolyma Korovin(1948)■

25497 Hyalolepis A. Cunn. ex DC. (1838)Nom. illegit. = Hyalolepis DC. (1838); ~ = Myriocephalus Benth. (1837) [菊科 Asteraceae (Compositae)]■☆

25498 Hyalolepis DC. (1838)= Myriocephalus Benth. (1837) [菊科 Asteraceae(Compositae)]■☆

25499 Hyalopoa (Tzvelev) Tzvelev (1965) = Colpodium Trin. (1820) [禾本科 Poaceae(Gramineae)]■

25500 Hyalosema (Schltr.) Rolfe (1919) = Bulbophyllum Thouars (1822)(保留属名) [兰科 Orchidaceae]■

25501 Hyalosema Rolfe (1919) Nom. illegit. ≡ Hyalosema (Schltr.) Rolfe(1919); ~ =Bulbophyllum Thouars(1822)(保留属名) [兰科 Orchidaceae]■

25502 Hyalosepalum Troupin(1949)= Tinospora Miers(1851)(保留属名) [防己科 Menispermaceae]●■

25503 Hyaloseris Griseb. (1879)【汉】玻璃菊属。【隶属】菊科 Asteraceae(Compositae)。【包含】世界7种。【学名诠释与讨论】〈阴〉(希)hyaleos =hyalinos,玻璃般透明的,放光的+seris,菊苣。【分布】阿根廷,玻利维亚。【模式】未指定。【参考异名】Dinoseris Griseb. (1879);Espinar Kurtziana ●☆

25504 Hyalosperma Steetz(1845)【汉】丝叶蜡菊属。【隶属】菊科 Asteraceae(Compositae)。【包含】世界9种。【学名诠释与讨论】〈中〉(希)hyalos,玻璃;hyaleos =hyalinos,玻璃般透明的,放光的+sperma,所有格 spermatos,种子,孢子。指瘦果。此属的学名,ING、APNI 和 IK 记载是"Hyalosperma Steetz,Pl. Preiss. [J. G. C. Lehmann] 1 (3):476. 1845 [14-16 Aug 1845]"。"Hyalospermum"是其拼写变体。亦有文献把"Hyalosperma Steetz (1845)"处理为"Helipterum DC. ex Lindl. (1836)Nom. confus. = Helichrysum Mill. (1754) [as 'Elichrysum'](保留属名)"的异名。【分布】澳大利亚。【模式】未指定。【参考异名】Helipterum DC. ex Lindl. (1836)Nom. confus. ■☆

25505 Hyalospermum Benth. (1867)Nom. illegit. = Hyalosperma Steetz (1845) [菊科 Asteraceae(Compositae)]■☆

25506 Hyalospermum Benth. et Hook. f. (1873) Nom. illegit. = Hyalosperma Steetz(1845) [菊科 Asteraceae(Compositae)]■☆

25507 Hyalostemma Wall. (1832)= Miliusa Lesch. ex A. DC. (1832)

［番荔枝科 Annonaceae］●

25508 Hyalostemma Wall. ex Meisn. , Nom. illegit. = Hyalostemma Wall.（1832）; ~ = Miliusa Lesch. ex A. DC.（1832）［番荔枝科 Annonaceae］●

25509 Hybanthera Endl.（1833）= Tylophora R. Br.（1810）［萝藦科 Asclepiadaceae］●■

25510 Hybanthopsis Paula-Souza（2003）【汉】拟鼠鞭草属。【隶属】堇菜科 Violaceae。【包含】世界1种。【学名诠释与讨论】〈阴〉（属）Hybanthus 鼠鞭草属+希腊文 opsis，外观，模样，相似。【分布】巴西。【模式】Hybanthopsis bahiensis J. Paula-Souza。●■☆

25511 Hybanthus Jacq.（1760）（保留属名）【汉】鼠鞭草属（茜菲堇属）。【英】Green Violet。【隶属】堇菜科 Violaceae。【包含】世界100-150种，中国1种。【学名诠释与讨论】〈阳〉（希）hybos，驼背的+anthos，花。指花瓣。此属的学名"Hybanthus Jacq. , Enum. Syst. Pl. : 2, 17. Aug-Sep 1760"是保留属名。法规未列出相应的废弃属名。【分布】巴拿马，秘鲁，玻利维亚，厄瓜多尔，哥伦比亚（安蒂奥基亚），马达加斯加，美国（密苏里），尼加拉瓜，利比里亚（宁巴），中国，热带和亚热带，中美洲。【模式】Hybanthus havanensis N. J. Jacquin。【参考异名】Acentra Phil.（1871）; Calceolaria Loefl.（1758）（废弃属名）; Clelandia J. M. Black（1932）; Cubelium Raf.（1824）Nom. inval. ; Cubelium Raf. ex Britton et A. Br.（1897）; Hibanthus D. Dietr.（1839）; Ionia Pers. ex Steud.（1821）; Ionidium Vent.（1803）Nom. illegit. ; Jonia Steud.（1840）; Pigea DC.（1824）Nom. illegit. ; Pombalia Vand.（1771）; Solea Spreng.（1800）; Vlamingia Buse ex de Vriese（1845）; Vlamingia de Vriese（1845）●■

25512 Hybericum Schrank（1789）= Hypericum L.（1753）［金丝桃科 Hypericaceae//猪胶树科（克鲁西科，山竹子科，藤黄科）Clusiaceae（Guttiferae）］■●

25513 Hybidium Fourr.（1868）= Centranthus Lam. et DC.（1805）Nom. illegit. ; ~ = Centranthus Lam. et DC.（1805）［缬草科（败酱科）Valerianaceae］■

25514 Hybiscus Dumort.（1829）= Hibiscus L.（1753）（保留属名）［锦葵科 Malvaceae//木槿科 Hibiscaceae］●■

25515 Hybochilus Schltr.（1920）【汉】驼背兰属。【隶属】兰科 Orchidaceae。【包含】世界1种。【学名诠释与讨论】〈阳〉（希）hybos，驼背的，块根+cheilos，唇。在希腊文组合词中，cheil-，cheilo-，-chilus，-chilia 等均为"唇，边缘"之义。指唇瓣突起。【分布】巴拿马，哥斯达黎加，中美洲。【模式】Hybochilus inconspicuus（Kränzlin）Schlechter［Rodriguezia inconspicua Kränzlin］。■☆

25516 Hybophrynium K. Schum.（1892）Nom. illegit. = Trachyphrynium Benth.（1883）［竹芋科（苳科，柊叶科）Marantaceae］■☆

25517 Hybosema Harms（1923）= Gliricidia Kunth（1824）［豆科 Fabaceae（Leguminosae）］●☆

25518 Hybosperma Urb.（1899）= Colubrina Rich. ex Brongn.（1826）（保留属名）［鼠李科 Rhamnaceae］●

25519 Hybotropis E. Mey. ex Steud.（1840）= Rafnia Thunb.（1800）［豆科 Fabaceae（Leguminosae）//蝶形花科 Papilionaceae］■☆

25520 Hybridella Cass.（1817）【汉】黄菊蒿属。【隶属】菊科 Asteraceae（Compositae）。【包含】世界1-2种。【学名诠释与讨论】〈阴〉（拉）hybrida，hybridis，hybridus，杂种+-ellus，-ella，-ellum，加在名词词干后面形成指小式的词尾。或加在人名，属名等后面以组成新属的名称。此属的学名，ING、TROPICOS 和 IK 记载是"Hybridella Cassini, Bull. Sci. Soc. Philom. Paris 1817 : 12. Jan 1817"。"Chiliophyllum A. P. de Candolle, Prodr. 5 : 554. Oct（prim. ）1836（废弃属名）"是"Hybridella Cass.（1817）"的晚出的

同模式异名（Homotypic synonym, Nomenclatural synonym）。亦有文献把"Hybridella Cass.（1817）"处理为"Zaluzania Pers.（1807）"的异名。【分布】墨西哥。【模式】Hybridella globosa（Ortega）Cassini［Anthemis globosa Ortega］。【参考异名】Chiliophyllum DC.（1836）Nom. illegit.（废弃属名）; Zaluzania Pers.（1807）■☆

25521 Hydastilus Salisb. ex Bickell（1900）Nom. illegit. , Nom. inval. ≡ Hydastylus Bicknell（1900）Nom. illegit. ; ~ = Sisyrinchium L.（1753）［鸢尾科 Iridaceae］■

25522 Hydastylis Steud.（1840）= Sisyrinchium L.（1753）［鸢尾科 Iridaceae］■

25523 Hydastylus Bicknell（1900）Nom. illegit. = Sisyrinchium L.（1753）［鸢尾科 Iridaceae］■

25524 Hydastylus Dryand. ex Salisb.（1812）= Sisyrinchium L.（1753）［鸢尾科 Iridaceae］■

25525 Hydastylus Salisb. ex E. P. Bicknell（1900）Nom. illegit. = Sisyrinchium L.（1753）［鸢尾科 Iridaceae］■

25526 Hydastylus Steud.（1840）Nom. illegit. = Hydastylus Dryand. ex Salisb.（1812）; ~ = Sisyrinchium L.（1753）［鸢尾科 Iridaceae］■

25527 Hydatella Diels（1904）【汉】独蕊草属。【隶属】刺鳞草科 Centrolepidaceae//独蕊草科（排水草科）Hydatellaceae。【包含】世界2-5种。【学名诠释与讨论】〈阴〉（希）hydor，所有格 hydatos; hydatis，所有格 hydatidos，水泡+-ellus，-ella，-ellum，加在名词词干后面形成指小式的词尾。或加在人名，属名等后面以组成新属的名称。此属的学名，INGAPNI 和 IK 记载是"Hydatella Diels in Diels et Pritzel, Bot. Jahrb. Syst. 35 : 93. 15 Apr 1904"。"Hydatella Diels. ex Diels et E. Pritz.（1904）≡ Hydatella Diels（1904）"的命名人引证有误。【分布】澳大利亚（南部至塔斯马尼亚岛）。【模式】未指定。【参考异名】Hydatella Diels. ex Diels et E. Pritz.（1904）Nom. illegit. ■☆

25528 Hydatella Diels. ex Diels et E. Pritz.（1904）Nom. illegit. ≡ Hydatella Diels（1904）［刺鳞草科 Centrolepidaceae//独蕊草科（排水草科）Hydatellaceae］■☆

25529 Hydatellaceae U. Hamann（1976）【汉】独蕊草科（排水草科）。【包含】世界2属8-10种。【分布】澳大利亚，新西兰。【科名模式】Hydatella Diels ■☆

25530 Hydatica Neck.（1790）Nom. inval. ≡ Hydatica Neck. ex Gray（1821）; ~ = Saxifraga L.（1753）［虎耳草科 Saxifragaceae］■

25531 Hydatica Neck. ex Gray（1821）= Saxifraga L.（1753）［虎耳草科 Saxifragaceae］■

25532 Hydnocarpus Gaertn.（1788）【汉】大风子属（海南大风子属）。【日】ダイフウジノキ属。【俄】Гигнокарпус，Хиднокарпус。【英】Chaulmoogra Tree, Chaulmoogratree, Chaulmoogra-tree, Sponge-berry Tree。【隶属】刺篱木科（大风子科）Flacourtiaceae。【包含】世界40-44种，中国3-5种。【学名诠释与讨论】〈阳〉（希）hydnon，块茎，结节，小瘤+karpos，果实。指果球形。【分布】印度至马来西亚，中国。【模式】Hydnocarpus venenata J. Gaertner。【参考异名】Asteriastigma Bedd.（1873）; Hydrocarpus D. Dietr.（1839）; Marottia Raf.（1838）; Munnicksia Deanst.（1818）Nom. inval. ; Taraktogenos Hassk.（1855）●

25533 Hydnophytum Jack（1823）【汉】齿叶茜属。【俄】Гигнофитум。【英】Hydnophytum。【隶属】茜草科 Rubiaceae。【包含】世界52种。【学名诠释与讨论】〈中〉（希）hydnon，块茎，结节，小瘤，齿菌（真菌）+phyton，植物，树木，枝条。【分布】印度（安达曼群岛），马来西亚，中南半岛，太平洋地区。【模式】Hydnophytum formicarum W. Jack。【参考异名】Lasiostoma Benth.（1843）Nom. illegit. ■☆

25534 Hydnora Thunb. (1775)【汉】腐臭草属。【隶属】腐臭草科(根寄生科,菌花科,菌口草科) Hydnoraceae。【包含】世界 5 种。【学名诠释与讨论】〈阴〉(希) hydnon, 块茎, 结节, 小瘤 + oros, oretites 山民。此属的学名, ING、TROPICOS 和 IK 记载是"Hydnora Thunb. , Kongl. Vetensk. Acad. Handl. 36:69. 1775 [Jan-Mar 1775]"。"Aphyteia Linnaeus, Pl. Aphyteia 7. 22 Jun 1776"是"Hydnora Thunb. (1775)"的晚出的同模式异名(Homotypic synonym, Nomenclatural synonym)。【分布】马达加斯加,热带和非洲南部。【模式】Hydnora africana Thunberg。【参考异名】Aphyteia L. (1776) Nom. illegit. ■☆

25535 Hydnoraceae C. Agardh(1821)(保留科名)【汉】腐臭草科(根寄生科,菌花科,菌口草科)。【包含】世界 2 属 7-18 种。【分布】南美洲,热带非洲和南非,马达加斯加。【科名模式】Hydnora Thunb. ■☆

25536 Hydnostachyon Liebm. (1849) = Spathiphyllum Schott (1832) [天南星科 Araceae]■☆

25537 Hydora Besser(1832) = Elodea Michx. (1803); ~ = Udora Nutt. (1818) Nom. illegit. ; ~ = Elodea Michx. (1803); ~ = Anacharis Rich. (1814) [水鳖科 Hydrocharitaceae]■☆

25538 Hydragonum Kuntze(1891) Nom. illegit. ≡ Hydragonum Sieg. ex Kuntze(1891) Nom. illegit. ; ~ ≡ Cassandra D. Don (1834) Nom. illegit. ; ~ ≡ Chamaedaphne Moench(1794)(保留属名) [杜鹃花科(欧石南科) Ericaceae]●

25539 Hydragonum Sieg. (1736) Nom. inval. = Cassandra D. Don (1834) Nom. illegit. ; ~ ≡ Chamaedaphne Moench(1794)(保留属名) [杜鹃花科(欧石南科) Ericaceae]●

25540 Hydragonum Sieg. ex Kuntze(1891) Nom. illegit. ≡ Cassandra D. Don(1834) Nom. illegit. ; ~ ≡ Chamaedaphne Moench(1794)(保留属名) [杜鹃花科(欧石南科) Ericaceae]●

25541 Hydrangea Gronov. (1753) Nom. illegit. ≡ Hydrangea L. (1753) [虎耳草科 Saxifragaceae//绣球花科(八仙花科,绣球科) Hydrangeaceae]●

25542 Hydrangea Gronov. (1754) Nom. illegit. ≡ Hydrangea L. (1753) [虎耳草科 Saxifragaceae//绣球花科(八仙花科,绣球科) Hydrangeaceae]●

25543 Hydrangea Gronov. ex L. (1753) ≡ Hydrangea L. (1753) [虎耳草科 Saxifragaceae//绣球花科(八仙花科,绣球科) Hydrangeaceae]●

25544 Hydrangea L. (1753)【汉】绣球属(八仙花属,土常山属)。【日】アジサイ属,アヂサイ属,アヂサヰ属。【俄】Гидрангеа, Гидрангиа, Гортензия。【英】Hydrangea。【隶属】虎耳草科 Saxifragaceae//绣球花科(八仙花科,绣球科) Hydrangeaceae。【包含】世界 23-100 种,中国 33-56 种。【学名诠释与讨论】〈阴〉(希) hydor, 所有格 hydatos, 水。变为 hydra = 爱奥尼亚语 hydre, 一种水蛇。在希腊文组合词中,词头 hydro- 为"水"之义 + angeion 容器。指果的形状似水壶,或指植物可以吸收和蒸发大量的水。此属的学名"Hydrangea Gronov.",最初发表于何时不详,应该是 1753 年之前。Linnaeus 在 1753 年收入"Species Plantarum"。故它的合法名称有 2 个: "Hydrangea Gronov. ex L. (1753)"和"Hydrangea L. (1753)",后者更为简洁方便。"Hydrangea Gronov. (1753)"和"Hydrangea Gronov. (1754)"的时间引证均有误或命名人表述错误。"Hydrangia L. , Gen. Pl. , ed. 6. 222. 1764 [Jun 1764]"是"Hydrangea L. (1753)"的拼写变体。【分布】巴基斯坦,巴拿马,秘鲁,玻利维亚,厄瓜多尔,菲律宾和印度尼西亚(爪哇岛),哥伦比亚(安蒂奥基亚),哥斯达黎加,美国(密苏里),尼加拉瓜,智利,中国,喜马拉雅山至日本,中美洲。【模式】Hydrangea arborescens Linnaeus。【参考异名】Calyptranthe (Maxim.) Nakai(1952); Cornidia Ruiz et Pav. (1794); Hortensia Comm. (1789) Nom. illegit. ; Hortensia Comm. ex Juss. (1789); Hydrangea Gronov. (1753) Nom. illegit. ; Hydrangea Gronov. (1754) Nom. illegit. ; Hydrangea Gronov. ex L. (1753); Iraupalos Raf. (1820); Peautia Comm. ex Pfeiff. ; Sarcostyles C. Presl ex DC. (1830); Trapaulos Rchb. (1828); Traupalos Raf. (1820)●

25545 Hydrangeaceae Dumort. (1829)(保留科名)【汉】绣球花科(八仙花科,绣球科)。【日】アジサイ科。【俄】Гидранговые。【英】Hydrangea Family, Mock - orange Family。【包含】世界 10-17 属 115-250 种,中国 9 属 70 种。【分布】墨西哥至智利,安第斯山,北温带和亚热带。【科名模式】Hydrangea L. (1753)●■

25546 Hydrangia L. (1764) Nom. illegit. = Hydrangea L. (1753) [虎耳草科 Saxifragaceae//绣球花科(八仙花科,绣球科) Hydrangeaceae]●

25547 Hydranthelium Kunth(1825) = Bacopa Aubl. (1775)(保留属名); ~ = Herpestis C. F. Gaertn. (1807) [玄参科 Scrophulariaceae//婆婆纳科 Veronicaceae]■

25548 Hydranthus Kuhl et Hasselt ex Rchb. f. (1862) = Dipodium R. Br. (1810) [兰科 Orchidaceae]■☆

25549 Hydranthus Kuhl et Hasselt (1862) Nom. illegit. ≡ Hydranthus Kuhl et Hasselt ex Rchb. f. (1862); ~ = Dipodium R. Br. (1810) [兰科 Orchidaceae]■☆

25550 Hydrastidaceae Augier ex Martinov(1820) = Ranunculaceae Juss. (保留科名)●■

25551 Hydrastidaceae Lemesle = Ranunculaceae Juss. (保留科名)●■

25552 Hydrastidaceae Martinov(1820) [亦见 Hydrastidaceae Lemesle 黄根葵科(白毛茛科,黄毛茛科) 和 Ranunculaceae Juss. (保留科名)毛茛科]【汉】黄根葵科(白毛茛科,黄毛茛科)。【包含】世界 1 属 2 种。【分布】日本,北美洲。【科名模式】Hydrastis Ellis ex L. (1759)■☆

25553 Hydrastis Ellis ex L. (1759) Nom. illegit. ≡ Hydrastis Ellis (1759) [黄根葵科(白毛茛科,黄毛茛科) Hydrastidaceae//毛茛科 Ranunculaceae]■☆

25554 Hydrastis Ellis(1759)【汉】黄根葵属(白毛茛属,北美黄连属,黄金印属,黄毛茛属)。【日】ヒドラスチス属。【俄】Гидрастис, Желтокорень, Печать золотая。【英】Golden Seal, Goldenseal, Golden - seal, Orange Root, Orangeroot, Yellow - puccoon。【隶属】黄根葵科(白毛茛科,黄毛茛科) Hydrastidaceae//毛茛科 Ranunculaceae。【包含】世界 2 种。【学名诠释与讨论】〈阳〉(希) hydro- = hydor-, 水 + drao, 行动; drastes, 行为者。此属的学名, ING、GCI 和 IK 记载是"Hydrastis Ellis in Linnaeus, Syst. Nat. ed. 10. 1069,1088,1374. 7 Jun 1759";《北美植物志》也如此用。《密苏里植物志》则用"Hydrastis L. (1759)"。"Hydrastis Ellis ex L. (1759) ≡ Hydrastis Ellis (1759)"的命名人引证有误。"Warneria P. Miller, Fig. Pl. 190. 25 Jun 1759"是"Hydrastis Ellis (1759)"的同模式异名(Homotypic synonym, Nomenclatural synonym)。【分布】美国,日本,北美洲东部。【模式】Hydrastis canadensis Linnaeus。【参考异名】Augusta Ellis (1821)(废弃属名); Hydrastis Ellis ex L. (1759) Nom. illegit. ; Hydrastis L. (1759) Nom. illegit. ; Hydrostis Rchb. (1827); Warnera Mill. (1768) Nom. illegit. ; Warneria Mill. (1759) Nom. illegit. ; Warneria Mill. ex L. (1821) Nom. illegit. ■☆

25555 Hydrastis L. (1759) Nom. illegit. ≡ Hydrastis Ellis(1759) [黄根葵科(白毛茛科,黄毛茛科) Hydrastidaceae//毛茛科 Ranunculaceae]■☆

25556 Hydrastylis Steud. (1840) = Hydastylus Dryand. ex Salisb. (1812); ~ = Sisyrinchium L. (1753) [鸢尾科 Iridaceae]■

25557　Hydrcaryaceae Raf. =Trapaceae Dumort. (保留科名)■

25558　Hydriastele H. Wendl. et Drude(1875)【汉】水柱椰子属(丛生槟榔属,莲实椰子属,水柱棕属,水柱椰属)。【日】イズミケンチャ属。【隶属】棕榈科 Arecaceae(Palmae)。【包含】世界 3-8 种,中国 1 种。【学名诠释与讨论】〈阴〉(希)hydro- = hydor-,水 + stele,支持物,支柱,石头做的界标,柱,中柱,花柱。指其适生于湿地,茎高大。【分布】澳大利亚,新几内亚岛,中国。【模式】Hydriastele wendlandiana (F. v. Mueller) H. Wendland et Drude [Kentia wendlandiana F. v. Mueller]。【参考异名】Adelonenga (Becc.) Benth. et Hook. f. (1883) ; Adelonenga (Becc.) Hook. f. (1883) Nom. illegit. ; Adelonenga Becc. (1885) Nom. illegit. ; Adelonenga Hook. f. (1883) Nom. illegit. ●

25559　Hydrilla Rich. (1814)【汉】黑藻属(水王孙属)。【日】クロモ属。【俄】Гидрилла。【英】Blackalga, Esthwaite Waterweed, Hydrilla, Pondweed, Waterweed。【隶属】水鳖科 Hydrocharitaceae。【包含】世界 1-2 种,中国 1 种。【学名诠释与讨论】〈阴〉(希)hydro- = hydor-,水 +illo 滚,转,斜视。指本属植物生于水中。【分布】巴基斯坦,巴拿马,哥斯达黎加,尼加拉瓜,中国,欧亚大陆和非洲至澳大利亚,中美洲。【模式】Hydrilla ovalifolia L. C. Richard, Nom. illegit. [Serpicula verticillata Linnaeus f. ; Hydrilla verticillata (Linnaeus f.) K. B. Presl]。【参考异名】Epigynanthus Blume (1825) ; Hydrospondylus Hassk. (1842) ; Ixia Muhlenb. ex Spreng. (1824) (废弃属名) ; Leptanthes Wight ex Wall. (1831 – 1832) ; Serpicula L. f. (1782) Nom. illegit. ■

25560　Hydrillaceae Prantl(1879)= Hydrocharitaceae Juss. (保留科名)■

25561　Hydroanzia Koidz. (1935)= Hydrobryum Endl. (1841) [髯管花科 Geniostomaceae]■

25562　Hydrobryopsis Engl. (1930)= Hydrobryum Endl. (1841) [髯管花科 Geniostomaceae]■

25563　Hydrobryum Endl. (1841)【汉】水石衣属。【日】ウスカハゴロモ属,カワゴロモ属。【英】Hydrobryum, Watermoss。【隶属】髯管花科 Geniostomaceae。【包含】世界 4-12 种,中国 1 种。【学名诠释与讨论】〈中〉(希)hydro- = hydor-,水 +bryon 地衣,树苔,海草。指本属植物状似苔藓,生于水中。此属的学名,ING、TROPICOS 和 IK 记载是"Hydrobryum Endlicher, Gen. 1375. Feb-Mar 1841"。"Euhydrobryum (L. R. Tulasne) Koidzumi in Y. Doi, Fl. Satsum. 2;98. Dec 1931"是"Hydrobryum Endl. (1841)"的同模式异名(Homotypic synonym, Nomenclatural synonym)。【分布】尼泊尔,日本,印度(南部),中国。【后选模式】Hydrobryum griffithii Tulasne。【参考异名】Euhydrobryum (Tul.) Koidz. (1931) Nom. illegit. ; Euhydrobryum Koidz. (1931) Nom. illegit. ; Hydroanzia Koidz. (1935) ; Hydrobryopsis Engl. (1930) ; Synstylis C. Cusset (1992) ; Zeylanidium (Tul.) Engl. (1930)■

25564　Hydrocalyx Triana(1858)= Juanulloa Ruiz et Pav. (1794) [茄科 Solanaceae]●☆

25565　Hydrocarpus D. Dietr. (1839)= Hydnocarpus Gaertn. (1788) [刺篱木科(大风子科)Flacourtiaceae]●

25566　Hydrocaryaceae Raf. =Trapaceae Dumort. (保留科名)■

25567　Hydrocaryes Link =Hydrocaryaceae Raf. ■

25568　Hydrocera Blume ex Wight et Arn. (1834)(保留属名)【汉】水角属。【英】Hydrocera。【隶属】凤仙花科 Balsaminaceae//水角科 Hydroceraceae。【包含】世界 1-5 种,中国 1 种。【学名诠释与讨论】〈阴〉(希)hydro- = hydor-,水 +keras,所有格 keratos,角,弓。指本属植物生于沼泽地。此属的学名 "Hydrocera Bl. ex Wight et Arn. , Prodr. Fl. Ind. Orient. ;140. 10 Oct 1834"是保留属名。相应的废弃属名是凤仙花科 Balsaminaceae 的 "Tytonia G. Don. , Gen. Hist. 1 ; 749. Aug. (prim.) 1831 ≡ Hydrocera Blume ex Wight et

Arn. (1834) (保留属名)"。"Hydrocera Blume, Bijdr. Fl. Ned. Ind. 5 ; 241. 1825 [20 Sep – 7 Dec 1825] ≡ Hydrocera Blume ex Wight et Arn. (1834) (保留属名)"是一个未合格发表的名称(Nom. inval.), 亦应废弃。【分布】印度至马来西亚, 中国。【模式】Impatiens natans Willdenow [Hydrocera triflora (L.) Wight et Arn. ;Impatiens triflora L.]。【参考异名】Hydrocera Blume(1825) Nom. inval. (废弃属名) ; Hydroceras Hook. f. et Thomson (1859) ; Tytonia G. Don(1831) (废弃属名)■

25569　Hydrocera Blume(1825)Nom. inval. (废弃属名) ≡ Hydrocera Blume ex Wight et Arn. (1834) (保留属名) [凤仙花科 Balsaminaceae]■

25570　Hydroceraceae Blume [亦见 Balsaminaceae A. Rich. (保留科名)凤仙花科]【汉】水角科。【包含】世界 1 属 1-5 种,中国 1 属 1 种。【分布】印度-马来西亚。【科名模式】Hydrocera Blume ex Wight et Arn. ■

25571　Hydroceraceae Wilbr. =Balsaminaceae A. Rich. (保留科名)■

25572　Hydroceras Hook. f. et Thomson (1859) = Hydrocera Blume ex Wight et Arn. (1834) (保留属名) [凤仙花科 Balsaminaceae]■

25573　Hydroceratophyllon Ség. (1754)Nom. illegit. ≡ Ceratophyllum L. (1753) [金鱼藻科 Ceratophyllaceae]■

25574　Hydrochaeris P. Gaertn. , B. Mey. et Scherb. (1801) = Hydrocharis L. (1753) [水鳖科 Hydrocharitaceae]■

25575　Hydrocharella Benth. et Hook. f. (1883) Nom. illegit. ≡ Hydrocharella Spruce ex Benth. et Hook. f. (1883) ; ~ = Limnobium Rich. (1814) [水鳖科 Hydrocharitaceae]■☆

25576　Hydrocharella Spruce ex Benth. et Hook. f. (1883) ≡ Hydrocharella Spruce ex Rohrb. (1871)Nom. inval. ; ~ = Limnobium Rich. (1814) [水鳖科 Hydrocharitaceae]■☆

25577　Hydrocharella Spruce ex Rohrb. (1871)Nom. inval. ≡ Limnobium Rich. (1814) [水鳖科 Hydrocharitaceae]■☆

25578　Hydrocharella Spruce, Nom. inval. ≡ Hydrocharella Spruce ex Benth. et Hook. f. (1883) ; ~ ≡ Hydrocharella Spruce ex Rohrb. (1871) Nom. inval. ; ~ = Limnobium Rich. (1814) [水鳖科 Hydrocharitaceae]■☆

25579　Hydrocharis L. (1753)【汉】水鳖属。【日】トチカガミ属,ヒドロカリス属。【俄】Водокрас, Лягушатник, Лягушечник, Цикорий полевой。【英】Frog Bit, Frogbit, Frog-bit。【隶属】水鳖科 Hydrocharitaceae。【包含】世界 3-6 种,中国 1-2 种。【学名诠释与讨论】〈阴〉(希)hydro- = hydor-,水 +charis,喜悦,雅致,美丽,流行。指本属植物生于水中。【分布】巴基斯坦,中国,温带,地中海地区,欧洲,热带非洲,亚洲。【模式】Hydrocharis morsus-ranae Linnaeus。【参考异名】Hydrochaeris P. Gaertn. , B. Mey. et Scherb. (1801)■

25580　Hydrocharitaceae Juss. (1789) (保留科名)【汉】水鳖科。【日】トウカガミ科,トチカガミ科。【俄】Водокрасовые。【英】Frog's Bit Family, Frogbit Family, Frogs-bit Family, Tape-grass Family。【包含】世界 15-17 属 80-105 种,中国 9 属 20-27 种。【分布】热带和温带。【科名模式】Hydrocharis L. ■

25581　Hydrochloa Hartin. (1819)Nom. illegit. =Glyceria R. Br. (1810)(保留属名) ; ~ = Glyceria R. Br. (1810)(保留属名)+Puccinellia Parl. (1848)(保留属名) + Molinia Schrank (1789) [禾本科 Poaceae(Gramineae)]■

25582　Hydrochloa P. Beauv. (1812)= Luziola Juss. (1789) [禾本科 Poaceae(Gramineae)]■☆

25583　Hydrochlorea Barneby et J. W. Grimes(1996)【汉】水羞草属。【隶属】豆科 Fabaceae(Leguminosae)//含羞草科 Mimosaceae。【包含】世界 1 种。【学名诠释与讨论】〈阴〉(希)hydro- =

hydor-，水 + chloros，绿色，黄绿色。【分布】不详。【模式】Hydrochlorea corymbosa（L. C. Richard）R. C. Barneby et J. W. Grimes［Mimosa corymbosa L. C. Richard］。☆

25584 Hydrocleis Rchb.（1828）= Hydrocleys Rich.（1815）［花蔺科 Butomaceae//黄花蔺科（沼鳖科）Limnocharitaceae］■☆

25585 Hydrocleys Rich.（1815）【汉】水罂粟属（水金英属，水钥莲属）。【日】ヒドロクレイス属。【俄】Гидроклеис。【英】Water Poppy，Waterpoppy，Water-poppy。【隶属】花蔺科 Butomaceae//黄花蔺科（沼鳖科）Limnocharitaceae。【包含】世界 4-5 种，中国 1 种。【学名诠释与讨论】〈阳〉（希）hydro- = hydor-，水+kleis，钥匙，锁骨。指其生活于水中，有很多孔洞。此属的学名，ING 和 IK 记载是"Hydrocleys L. C. Richard, Mém. Mus. Hist. Nat. 1；368. 1815"。"Hydrocleis Rchb.，Consp. Regn. Veg.［H. G. L. Reichenbach］45. 1828"是其拼写变体。【分布】玻利维亚，厄瓜多尔，哥伦比亚（安蒂奥基亚），哥斯达黎加，尼加拉瓜，中美洲。【模式】Hydrocleys commersonii L. C. Richard。【参考异名】Hydrocleis Rchb.（1828）；Hydroclis Post et Kuntze（1903）；Ostenia Buchenau（1906）；Vespuccia Parl.（1854）■☆

25586 Hydroclis Post et Kuntze（1903）= Hydrocleys Rich.（1815）［花蔺科 Butomaceae//黄花蔺科（沼鳖科）Limnocharitaceae］■☆

25587 Hydrocotile Crantz（1766）= Hydrocotyle L.（1753）［伞形花科（伞形科）Apiaceae（Umbelliferae）//天胡荽科 Hydrocotylaceae］■

25588 Hydrocotylaceae Bercht. et J. Presl（1820）（保留科名）【汉】天胡荽科。【包含】世界 30-42 属 290-490 种，中国 3 属 20 种。【分布】温带，热带山区。【科名模式】Hydrocotyle L.（1753）■●

25589 Hydrocotylaceae Hyl. = Apiaceae Lindl.（保留科名）；~ = Araliaceae Juss.（保留科名）；~ = Hydrocotylaceae Bercht. et J. Presl（保留科名）；~ = Umbelliferae Juss.（保留科名）■●

25590 Hydrocotyle L.（1753）【汉】天胡荽属（破铜钱属，石胡荽属）。【日】チドメグサ属。【俄】Водолюб，Гидрокотиле，Гидрокотиль，Щитолистник。【英】Navelwort，Pennywort，Water Pennywort。【隶属】伞形花科（伞形科）Apiaceae（Umbelliferae）//天胡荽科 Hydrocotylaceae。【包含】世界 75-130 种，中国 14-23 种。【学名诠释与讨论】〈阴〉（希）hydro- = hydor-，水+kotyle，杯，杯形的；kotyleden，空穴，杯形的空穴。指其喜生于湿地，或指叶形。此属的学名，ING、APNI 和 IK 记载是"Hydrocotyle Linnaeus, Sp. Pl. 234. 1 Mai 1753"。"Hydrocotile Crantz, Inst. Rei Herb. 2；140. 1766"是其拼写变体。【分布】巴基斯坦，巴拉圭，巴拿马，秘鲁，玻利维亚，厄瓜多尔，哥伦比亚，马达加斯加，美国（密苏里），尼加拉瓜，中国，热带和温带，中美洲。【后选模式】Hydrocotyle vulgaris Linnaeus。【参考异名】Chondrocarpus Nutt.（1818）；Crantziola Koso-Pol.（1916）Nom. illegit.；Glyceria Nutt.（1818）Nom. illegit.（废弃属名）；Hidrocotile Neck.（1768）；Hydrocotile Crantz（1766）■

25591 Hydrodea N. E. Br.（1925）= Mesembryanthemum L.（1753）（保留属名）［番杏科 Aizoaceae//龙须海棠科（日中花科）Mesembryanthemaceae］■●

25592 Hydrodiscus Koi et M. Kato（2010）【汉】水盘草属。【隶属】髯管花科 Geniostomaceae。【包含】世界 1 种。【学名诠释与讨论】〈阴〉（希）hydro- = hydor-，水+diskos，圆盘。【分布】老挝。【模式】Hydrodiscus koyamae（M. Kato et Fukuoka）Koi et M. Kato［Diplobryum koyamae M. Kato et Fukuoka］。☆

25593 Hydrodyssodia B. L. Turner（1988）【汉】墨西哥水菊属。【隶属】菊科 Asteraceae（Compositae）。【包含】世界 1 种。【学名诠释与讨论】〈阴〉（希）hydro- = hydor-，水 + dyssodia，臭气。或 hydro- = hydor-，水+（属）Dyssodia 异味菊属。【分布】墨西哥。【模式】Hydrodyssodia stevensii（R. McVaugh）B. L. Turner

［Hydropectis stevensii R. McVaugh］。■☆

25594 Hydrogaster Kuhlm.（1935）【汉】胃液椴属。【隶属】椴树科（椴科，田麻科）Tiliaceae//锦葵科 Malvaceae。【包含】世界 1 种。【学名诠释与讨论】〈阳〉（希）hydro- = hydor-，水+gaster，腹，胃。【分布】巴西。【模式】Hydrogaster trinervis Kuhlmann［as 'trinerve'］。●☆

25595 Hydrogeton Lour.（1790）= Potamogeton L.（1753）［眼子菜科 Potamogetonaceae］■

25596 Hydrogeton Pers.（1805）Nom. illegit. ≡ Aponogeton L. f.（1782）（保留属名）［水薤科 Aponogetonaceae］■

25597 Hydrogetonaceae Link（1829）= Potamogetonaceae Bercht. et J. Presl（保留科名）●

25598 Hydroidea P. O. Karis（1990）【汉】糙冠帚鼠麹属。【隶属】菊科 Asteraceae（Compositae）。【包含】世界 1 种。【学名诠释与讨论】〈阴〉（希）hydor+oideos =（拉）oideus，形容词词尾，义为……的形状或型。【分布】非洲南部。【模式】Hydroidea elsiae（O. M. Hilliard）P. O. Karis［Atrichantha elsiae O. M. Hilliard］。●☆

25599 Hydrola Raf. = Hydrolea L.（1762）（保留属名）［田基麻科（叶藏刺科）Hydroleaceae//田梗草科（田基麻科，田亚麻科）Hydrophyllaceae］■

25600 Hydrolaea Dumort.（1829）= Hydrolea L.（1762）（保留属名）［田基麻科（叶藏刺科）Hydroleaceae//田梗草科（田基麻科，田亚麻科）Hydrophyllaceae］■

25601 Hydrolea L.（1762）（保留属名）【汉】田基麻属（探芹草属）。【日】セイロンハコベ属。【英】Hydrolea。【隶属】田基麻科（叶藏刺科）Hydroleaceae//田梗草科（田基麻科，田亚麻科）Hydrophyllaceae。【包含】世界 11-20 种，中国 1 种。【学名诠释与讨论】〈阴〉（希）hydro- = hydor-，水+elaia 油。也可能 hydor+olea，橄榄，齐墩果。指习性和叶形。此属的学名"Hydrolea L.，Sp. Pl.，ed. 2；328. Sep 1762"是保留属名。法规未列出相应的废弃名。【分布】巴基斯坦，巴拿马，秘鲁，玻利维亚，厄瓜多尔，哥斯达黎加，马达加斯加，美国（密苏里），尼加拉瓜，中国，非洲，亚洲，中美洲。【模式】Hydrolea spinosa Linnaeus。【参考异名】Ascleia Raf.（1838）；Belanthera Post et Kuntze（1903）；Beloanthera Hassk.（1842）；Hydrola Raf.；Hydrolaea Dumort.（1829）；Hydrolia Thouars（1806）；Reichelia Schreb.（1789）Nom. illegit.；Sagonea Aubl.（1775）；Steris L.（1767）Nom. illegit.（废弃属名）■■

25602 Hydroleaceae Bercht. et J. Presl = Hydrophyllaceae R. Br.（保留科名）●■

25603 Hydroleaceae R. Br.，Nom. inval. = Hydrophyllaceae R. Br.（保留科名）●■

25604 Hydroleaceae R. Br. ex Edwards（1821）［亦见 Hydrophyllaceae R. Br.（保留科名）田梗草科（田基麻科，田亚麻科）］【汉】田基麻科（叶藏刺科）。【包含】世界 1 属 11-20 种，中国 1 属 1 种。【分布】热带美洲，非洲，亚洲。【科名模式】Hydrolea L.■

25605 Hydrolia Thouars（1806）= Hydrolea L.（1762）（保留属名）［田基麻科（叶藏刺科）Hydroleaceae//田梗草科（田基麻科，田亚麻科）Hydrophyllaceae］■

25606 Hydrolirion H. Lév.（1912）= Sagittaria L.（1753）［泽泻科 Alismataceae］■

25607 Hydrolythrum Hook. f.（1867）【汉】水千屈菜属。【隶属】千屈菜科 Lythraceae。【包含】世界 1 种，中国 1 种。【学名诠释与讨论】〈中〉（希）hydro- = hydor-，水+（属）Lythrum 千屈菜属。此属的学名是"Hydrolythrum J. D. Hooker in Bentham et J. D. Hooker, Gen. 1；774，777. Sep 1867"。亦有文献把其处理为"Rotala L.（1771）"的异名。【分布】印度至马来西亚，中国。【模式】Hydrolythrum wallichii J. D. Hooker。【参考异名】Rotala L.

（1771）■

25608 Hydromestes Benth. et Hook. f. （1876）Nom. illegit. = Hydromestus Scheidw. （1842）；～＝Aphelandra R. Br. （1810）［爵床科 Acanthaceae］●■☆

25609 Hydromestus Scheidw. （1842）＝Aphelandra R. Br. （1810）［爵床科 Acanthaceae］●■☆

25610 Hydromistria Barti. （1830）＝Hydromystria G. Mey. （1818）［水鳖科 Hydrocharitaceae］■☆

25611 Hydromystria G. Mey. （1818）【汉】水匙草属（水汤匙草属）。【隶属】水鳖科 Hydrocharitaceae。【包含】世界 3 种。【学名诠释与讨论】〈阴〉（希）hydro－＝hydor－，水＋mystron，指小式 mystrion，汤匙。指叶形。此属的学名，ING、TROPICOS 和 IK 记载是"Hydromystria G. F. W. Meyer, Prim. Fl. Esseq. 152. Nov 1818"。"Hydromistria Bartl. , Ord. 74（1830）＝Hydromystria G. Mey. （1818）"似为变体。亦有文献把"Hydromystria G. Mey. （1818）"处理为"Limnobium Rich. （1814）"的异名。【分布】巴拿马，玻利维亚，西印度群岛，热带和亚热带美洲，中美洲。【模式】Hydromystria stolonifera G. F. W. Meyer。【参考异名】Hydromistria Barti. （1830）；Limnobium Rich. （1814）■☆

25612 Hydropectis Rydb. （1916）【汉】水梳齿菊属。【英】Water-shield。【隶属】菊科 Asteraceae（Compositae）。【包含】世界 1-3 种。【学名诠释与讨论】〈阴〉（希）hydro－＝hydor－，水＋pectos 峡谷。或 hydro－＝hydor－，水＋（属）Pectis 梳齿菊属（梳菊属）。【分布】墨西哥。【模式】Hydropectis aquatica（S. Watson）Rydberg［Pectis aquatica S. Watson］。●☆

25613 Hydropeltidaceae DC. （1822）【汉】盾叶莲科（莼菜科）。【包含】世界 1 属 1 种，中国 1 属 1 种。【分布】澳大利亚。【科名模式】Hydropeltis Michx. ■

25614 Hydropeltidaceae Dumort. ＝Cabombaceae Rich. ex A. Rich. （保留科名）；～＝Nymphaeaceae Salisb. （保留科名）■

25615 Hydropeltis Michx. （1803）【汉】盾叶莲属。【英】Water-shield。【隶属】盾叶莲科（莼菜科）Hydropeltidaceae//睡莲科 Nymphaeaceae//竹节水松科（莼菜科，莼科）Cabombaceae。【包含】世界 1 种。【学名诠释与讨论】〈阴〉（希）hydro－＝hydor－，水＋pelte，指小式 peltarion，盾。此属的学名，ING、TROPICOS、APNI 和 IK 记载是"Hydropeltis Michx. , Fl. Bor. - Amer. （Michaux）1：323, t. 29. 1803［19 Mar 1803］"。"Rondachine L. A. G. Bosc in A. H. Tessier et al. , Encycl. Méth. , Agric. 6：180. 1816"是"Hydropeltis Michx. （1803）"的晚出的同模式异名（Homotypic synonym, Nomenclatural synonym）。亦有文献把"Hydropeltis Michx. （1803）"处理为"Brasenia Schreb. （1789）"的异名。【分布】澳大利亚，中美洲。【模式】Hydropeltis purpurea A. Michaux。【参考异名】Brasenia Schreb. （1789）；Rondachine Bosc（1816）Nom. illegit. ■☆

25616 Hydrophaca Steud. （1840）Nom. illegit. = Hydrophace Haller（1768）Nom. illegit. ；～＝Lemna L. （1753）［浮萍科 Lemnaceae］■

25617 Hydrophace Haller（1768）Nom. illegit. ≡Lemna L. （1753）［浮萍科 Lemnaceae］■

25618 Hydrophila Ehrh. （1920）Nom. illegit. ≡Hydrophila Ehrh. ex House（1920）Nom. illegit. ；≡Bulliarda DC. （1801）Nom. illegit. ；～≡Tillaeastrum Britton（1903）Nom. illegit. ；～＝Crassula L. （1753）；～＝Tillaea L. （1753）［景天科 Crassulaceae］●■☆

25619 Hydrophila Ehrh. ex House（1920）Nom. illegit. ≡Bulliarda DC. （1801）Nom. illegit. ；～≡Tillaeastrum Britton（1903）Nom. illegit. ；～＝Crassula L. （1753）；～＝Tillaea L. （1753）［景天科 Crassulaceae］■

25620 Hydrophila House（1920）Nom. illegit. ≡Hydrophila Ehrh. ex House（1920）Nom. illegit. ；～＝Bulliarda DC. （1801）Nom. illegit. ；～≡Tillaeastrum Britton（1903）Nom. illegit. ；～＝Crassula L. （1753）；～＝Tillaea L. （1753）［景天科 Crassulaceae］●■☆

25621 Hydrophilus H. P. Linder（1984）【汉】水帚灯草属。【隶属】帚灯草科 Restionaceae。【包含】世界 1 种。【学名诠释与讨论】〈阳〉（希）hydro－＝hydor－，水＋philos，喜欢的，爱的。【分布】澳大利亚，非洲。【模式】Hydrophilus rattrayi（N. S. Pillans）H. P. Linder［Leptocarpus rattrayi N. S. Pillans］。■☆

25622 Hydrophylacaceae Martinov ＝Rubiaceae Juss. （保留科名）●■

25623 Hydrophylax L. f. （1782）【汉】水茜属。【隶属】茜草科 Rubiaceae。【包含】世界 1 种。【学名诠释与讨论】〈阴〉（希）hydro－＝hydor－，水＋phylla，复数 phylax，附生植物，监护人。【分布】马达加斯加，印度，非洲东部。【模式】Hydrophylax maritima Linnaeus f. 。【参考异名】Hydrophyllax Raf. （1820）；Sarissus Gaertn. （1788）■☆

25624 Hydrophyllaceae R. Br. （1817）（保留科名）［亦见 Boraginaceae Juss. （保留科名）紫草科、Hydroleaceae R. Br. 田梗草科（田基麻科，田亚麻科）和 Rubiaceae Juss. （保留科名）茜草科］【汉】田梗草科（田基麻科，田亚麻科）。【日】ハゼリサウ科，ハゼリソウ科。【俄】Водолистниковые, Гидрофилляциевые。【英】Hydrolea Family, Phacelia Family, Waterleaf Family。【包含】世界 18-22 属 250-315 种，中国 1 属 1 种。【分布】广泛分布。【科名模式】Hydrophyllum L. （1753）●■

25625 Hydrophyllaceae R. Br. ex Edwards ＝Hydrophyllaceae R. Br. （保留科名）●■

25626 Hydrophyllax Raf. （1820）＝Hydrophylax L. f. （1782）［茜草科 Rubiaceae］■☆

25627 Hydrophyllum L. （1753）【汉】田梗草属。【俄】Водолюб, Гидрофил, Гидрофиллум。【英】Waterleaf。【隶属】田梗草科（田基麻科，田亚麻科）Hydrophyllaceae。【包含】世界 8-10 种。【学名诠释与讨论】〈中〉（希）hydro－＝hydor－，水＋phyllon，叶子。phyllodes，似叶的，多叶的。phylleion，绿色材料，绿草。【分布】玻利维亚，美国，北美洲。【模式】Hydrophyllum virginianum Linnaeus。【参考异名】Decemium Raf. （1817）；Hydrophylum Raf. ■☆

25628 Hydrophylum Raf. ＝Hydrophyllum L. （1753）［田梗草科（田基麻科，田亚麻科）Hydrophyllaceae］■☆

25629 Hydropiper（Endl. ）Fourr. （1868）Nom. illegit. ≡Elatine L. （1753）［繁缕科 Alsinaceae//沟繁缕科 Elatinaceae//玄参科 Scrophulariaceae］■

25630 Hydropiper Buxb. ex Fourr. （1868）Nom. illegit. ≡Hydropiper（Endl. ）Fourr. （1868）Nom. illegit. ≡Elatine L. （1753）［繁缕科 Alsinaceae//沟繁缕科 Elatinaceae//玄参科 Scrophulariaceae］■

25631 Hydropiper Fourr. （1868）Nom. illegit. ≡Hydropiper（Endl. ）Fourr. （1868）Nom. illegit. ；～≡Elatine L. （1753）［繁缕科 Alsinaceae//沟繁缕科 Elatinaceae//玄参科 Scrophulariaceae］■

25632 Hydropityon C. F. Gaertn. （1805）（废弃属名）≡Limnophila R. Br. （1810）（保留属名）［玄参科 Scrophulariaceae//婆婆纳科 Veronicaceae］■

25633 Hydropityum Steud. （1840）Nom. illegit. （废弃属名）≡Hydropityon C. F. Gaertn. （废弃属名）；～≡Limnophila R. Br. （1810）（保留属名）［玄参科 Scrophulariaceae//婆婆纳科 Veronicaceae］■

25634 Hydropoa（Dumort. ）Dumort. （1868）Nom. illegit. ≡Exydra Endl. （1830）；～＝Glyceria R. Br. （1810）（保留属名）［禾本科 Poaceae（Gramineae）］■

25635 Hydropyrum Link（1827）Nom. illegit. ≡Zizania L. （1753）［禾

本科 Poaceae(Gramineae)]■

25636　Hydropyxis Raf.(1817)=? Bacopa Aubl.(1775)(保留属名)+ Centunculus L.(1753)［玄参科 Scrophulariaceae//婆婆纳科 Veronicaceae］

25637　Hydrorchis D. L. Jones et M. A. Clem.(2002)【汉】水兰属。【隶属】兰科 Orchidaceae。【包含】世界 2 种。【学名诠释与讨论】〈阴〉(希)hydro- =hydor-,水+orchis,原义是睾丸,后变为植物兰的名称,因为根的形态而得名。变为拉丁文 orchis,所有格 orchidis。【分布】澳大利亚。【模式】不详。☆

25638　Hydroschoenus Zoll. et Moritzi(1846)【汉】水莎属。【隶属】莎草科 Cyperaceae。【包含】世界 1 种。【学名诠释与讨论】〈阳〉(希)hydro- =hydor-,水+(属)Schoenus 赤箭莎属。此属的学名是"Hydroschoenus Zollinger et Moritzi in Moritzi, Syst. Verzeichniss Zollinger 95. 18-20 Jun 1846"。亦有文献把其处理为"Cyperus L.(1753)"的异名。【分布】澳大利亚,亚洲。【模式】Hydroschoenus kyllingioides Zollinger et Moritzi。【参考异名】Cyperus L.(1753)■☆

25639　Hydrosia A. Juss.(1849)= Hidrosia E. Mey.(1835);~ = Rhynchosia Lour.(1790)(保留属名)［豆科 Fabaceae(Leguminosae)//蝶形花科 Papilionaceae]■●

25640　Hydrosme Schott(1857)= Amorphophallus Blume ex Decne.(1834)(保留属名)［天南星科 Araceae]■●

25641　Hydrospondylus Hassk.(1842)= Hydrilla Rich.(1814)［水鳖科 Hydrocharitaceae]■

25642　Hydrostachyaceae Engl.(1894)(保留科名)【汉】水穗草科(水穗科)。【包含】世界 1 属 22-30 种。【分布】非洲,马达加斯加。【科名模式】Hydrostachys Thouars ■☆

25643　Hydrostachys Thouars(1806)【汉】水穗草属(水穗属)。【隶属】水穗草科(水穗科)Hydrostachyaceae。【包含】世界 22-30 种。【学名诠释与讨论】〈阴〉(希)hydro- =hydor-,水+stachys,穗,谷,长钉。指习性和花序。【分布】马达加斯加,热带和非洲南部。【后选模式】Hydrostachys verruculosa H. L. Jussieu。■☆

25644　Hydrostemma Wall.(1827)(废弃属名)≡ Barclaya Wall.(1827)(保留属名)［睡莲科 Nymphaeaceae//合瓣莲科 Barclayaceae]■☆

25645　Hydrostis Rchb.(1827)= Hydrastis Ellis ex L.(1759)［黄根葵科(白毛茛科,黄毛茛科)Hydrastidaceae//毛茛科 Ranunculaceae]■☆

25646　Hydrotaenia Lindl.(1838)= Tigridia Juss.(1789)［鸢尾科 Iridaceae]■

25647　Hydrothauma C. E. Hubb.(1947)【汉】水奇草属。【隶属】禾本科 Poaceae(Gramineae)。【包含】世界 1 种。【学名诠释与讨论】〈中〉(希)hydro- =hydor-,水+thauma,所有格 taumatos,奇事。thaumasmos,异事。thaumasteos,被羡慕。thaumastos,奇异的,非常的。thaumaleos =thumasios,可疑的,稀奇的。【分布】热带非洲南部。【模式】Hydrothauma manicatum Hubbard。■☆

25648　Hydrothrix Hook. f.(1887)【汉】水毛雨久花属。【隶属】雨久花科 Pontederiaceae。【包含】世界 1 种。【学名诠释与讨论】〈阴〉(希)hydro- =hydor-,水+thrix,所有格 trichos,毛,毛发。指生活与水中,闭花受精,外面雄蕊丰富。此属的学名,ING、TROPICOS 和 IK 记载是"Hydrothrix Hook. f., Ann. Bot.(London)1:89. Nov 1887"。"Hookerina O. Kuntze, Rev. Gen. 2:718. 5 Nov 1891"是"Hydrothrix Hook. f.(1887)"的晚出的同模式异名(Homotypic synonym, Nomenclatural synonym)。【分布】巴西。【模式】Hydrothrix gardneri J. D. Hooker。【参考异名】Hookerina Kuntze(1891)Nom. illegit.■☆

25649　Hydrotiche A. Juss.(1849)= Hydrotriche Zucc.(1832)［玄参

科 Scrophulariaceae//婆婆纳科 Veronicaceae]■☆

25650　Hydrotriche Zucc.(1832)【汉】水毛玄参属。【隶属】玄参科 Scrophulariaceae//婆婆纳科 Veronicaceae。【包含】世界 4 种。【学名诠释与讨论】〈阴〉(希)hydor+thrix,所有格 trichos,毛,毛发。【分布】马达加斯加。【模式】Hydrotriche hottoniiflora Zuccarini［as 'hottoniaeflora'］。【参考异名】Hydrotiche A. Juss.(1849)■☆

25651　Hydrotrida Small(1913)Nom. illegit.= Bacopa Aubl.(1775)(保留属名);~ = Macuillamia Raf.(1825)［玄参科 Scrophulariaceae//婆婆纳科 Veronicaceae]■

25652　Hydrotrida Willd. ex Britton et A. Br.(1913)Nom. illegit.［玄参科 Scrophulariaceae]☆

25653　Hydrotrida Willd. ex Schltdl. et Cham.(1830)Nom. inval. = Bacopa Aubl.(1775)(保留属名);~ = Hydranthelium Kunth(1825)［玄参科 Scrophulariaceae//婆婆纳科 Veronicaceae]■

25654　Hydrotrophus C. B. Clarke(1873)= Blyxa Noronha ex Thouars(1806)［水鳖科 Hydrocharitaceae//水筛科 Blyxaceae]■

25655　Hyerochilus Pfitzer = Vandopsis Pfitzer(1889)［兰科 Orchidaceae]■

25656　Hyeronima Allemão(1848)(废弃属名)= Hieronyma Allemão(1848)(保留属名)［as ' Hyeronima', 'Hieronima'］［大戟科 Euphorbiaceae]●☆

25657　Hygea Hanst.(1854)Nom. illegit.［苦苣苔科 Gesneriaceae]☆

25658　Hygrobiaceae Dulac = Haloragaceae R. Br.(保留科名);~ = Haloragidaceae R. Br. ●■

25659　Hygrobiaceae Rich. = Haloragaceae R. Br.(保留科名);~ = Haloragidaceae R. Br. ●■

25660　Hygrocharis Hochst.(1850)Nom. illegit. ≡ Hygrocharis Hochst. ex A. Rich.(1850)Nom. illegit. ; ~ = Nephrophyllum A. Rich.(1850)［旋花科 Convolvulaceae]■

25661　Hygrocharis Hochst. ex A. Rich.(1850)Nom. illegit. = Nephrophyllum A. Rich.(1850)［旋花科 Convolvulaceae]■

25662　Hygrocharis Nees(1842)= Rhynchospora Vahl(1805)［as 'Rynchospora'］(保留属名)［莎草科 Cyperaceae]■☆

25663　Hygrochilus Pfitzer(1897)【汉】湿唇兰属(蛾脊兰属)。【英】Hygrochilus。【隶属】兰科 Orchidaceae。【包含】世界 1 种,中国 1 种。【学名诠释与讨论】〈阳〉(希)hygros, hygrotes,潮湿的+cheilos,唇。在希腊文组合词中,cheil-、cheilo-、-chilus、-chilia 等均为"唇,边缘"之义。指模式种生于潮湿地。此属的学名是"Hygrochilus Pfitzer in Engler et Prantl, Nat. Pflanzenfam. Nachtr. II-IV 1: 112. Aug 1897"。亦有文献把其处理为"Vanda Jones ex R. Br.(1820)"的异名。【分布】老挝,缅甸,泰国,印度(东北部),越南,中国。【模式】Hygrochilus parishii(H. G. Reichenbach)Pfitzer［Vanda parishii H. G. Reichenbach]。【参考异名】Vanda Jones ex R. Br.(1820)■

25664　Hygrochloa Lazarides(1979)【汉】北澳水禾属。【隶属】禾本科 Poaceae(Gramineae)。【包含】世界 2 种。【学名诠释与讨论】〈阴〉(希)hygros, hygrotes,潮湿的+chloe,草的幼芽,嫩草,禾草。【分布】澳大利亚。【模式】Hygrochloa aquatica M. Lazarides。■☆

25665　Hygrophila R. Br.(1810)【汉】水蓑衣属。【日】オギノツメ属,ヲギノツメ属。【俄】Гигрофила。【英】Hygrophila, Starthorn, Star-thorn, Water Strawcoat。【隶属】爵床科 Acanthaceae。【包含】世界 25-100 种,中国 6-8 种。【学名诠释与讨论】〈阴〉(希)hygros, hygrotes,潮湿的+kphilos,喜欢的,爱的。指某些种生于荫湿地。【分布】巴基斯坦,巴拉圭,巴拿马,秘鲁,玻利维亚,厄瓜多尔,哥伦比亚(安蒂奥基亚),马达加斯加,尼加拉瓜,中国,中美洲。【模式】Hygrophila ringens(Linnaeus)Steudel［Ruellia ringens Linnaeus]。【参考异名】Asteracantha Nees（1832）；Asterantha Rchb.（1837）；Cardanthera Buch. – Ham., Nom. inval.；Cardanthera Buch. – Ham. ex Benth.（1876）Nom. illegit.；Cardanthera Buch. – Ham. ex Benth. et Hook. f.（1876）Nom. illegit.；Cardanthera Buch. – Ham. ex Nees（1847）Nom. illegit.；Cardanthera Buch. –Ham. ex Voigt（1845）Nom. inval., Nom. nud.；Hemiadelphis Nees（1832）；Kita A. Chev.（1950）；Nomaphila Blume（1826）；Nomophila Post et Kuntze（1903）；Oreosplenium Zahlbr. ex Endl.（1841）；Oryzetes Salisb.（1818）；Physichilus Nees（1837）；Physochilus Post et Kuntze（1903）；Plaesianthera（C. B. Clarke）Livera（1924）；Plaesianthera Livera（1924）Nom. illegit.；Polyechma Hochst.（1841）；Santapaua N. P. Balakr. et Subram.（1964）；Spingula Noronha（1790）；Springula Noronha；Synnema Benth.（1846）；Tenoria Dehnh. et Giord.（1832）Nom. illegit.；Tenoria Dehnh. et Giord. ex Dehnh.（1832）Nom. illegit.；Zahlbruckera Steud.（1841）；Zahlbrucknera Pohl ex Nees（1847）Nom. illegit.●■

25666　Hygrorhiza Benth.（1881）Nom. illegit. = Hygroryza Nees（1833）［禾本科 Poaceae（Gramineae）］■

25667　Hygroryza Nees（1833）【汉】水禾属。【英】Wild Floating Rice。【隶属】禾本科 Poaceae（Gramineae）。【包含】世界 1 种，中国 1 种。【学名诠释与讨论】〈阴〉（希）hygros, hygrotes, 潮湿的+（属）Oryza 稻属。指形态与水稻相似，生于潮湿地。此属的学名，ING、TROPICOS 和 IK 记载是"Hygroryza C. G. D. Nees in R. Wight et Arnott, Edinburgh New Philos. J. 15：380. Oct 1833"。"Potamochloa W. Griffith, J. Asiat. Soc. Bengal 5：571. Sep 1836"是"Hygroryza Nees（1833）"的晚出的同模式异名（Homotypic synonym, Nomenclatural synonym）。【分布】巴基斯坦，印度至马来西亚，中国。【模式】Hygroryza aristata（Retzius）C. G. D. Nees［Pharus aristatus Retzius］。【参考异名】Hygrorhiza Benth.（1881）Nom. illegit.；Potamochloa Griff.（1836）Nom. illegit. ■

25668　Hylacium P. Beauv.（1819）（1）= Psychotria L.（1759）（保留属名）［茜草科 Rubiaceae//九节科 Psychotriaceae］●

25669　Hylacium P. Beauv.（1819）（2）= Rauvolfia L.（1753）［夹竹桃科 Apocynaceae］●

25670　Hylaea J. F. Morales（1999）= Prestonia R. Br.（1810）（保留属名）［夹竹桃科 Apocynaceae］●☆

25671　Hylaeanthe A. M. E. Jonker et Jonker（1955）【汉】狗花竹芋属。【隶属】竹芋科（苳叶科，柊叶科）Marantaceae。【包含】世界 4-6 种。【学名诠释与讨论】〈阴〉（人）Hylaeus, 罗马神话中猎人 Actaeond 的猎狗+anthos, 花。或说 hyle, 树木, 森林；hylaios, 属于森林的, 野蛮的+anthos, 花。此属的学名，ING、TROPICOS 和 IK 记载是"Hylaeanthe A. M. E. Jonker – Verhoef et F. P. Jonker, Acta Bot. Neerl. 4：175. 4 Aug 1955"。GCI 则记载为"Hylaeanthe Jonker, Acta Bot. Neerl. 4：175. 1955"。四者引用的文献相同。【分布】巴拿马，秘鲁，玻利维亚，厄瓜多尔，哥伦比亚，哥斯达黎加，尼加拉瓜，热带南美洲，中美洲。【模式】Hylaeanthe hexantha（Poeppig et Endlicher）A. M. E. Jonker – Verhoef et F. P. Jonker［Myrosma hexantha Poeppig et Endlicher］。【参考异名】Hylaeanthe Jonker（1955）Nom. illegit. ■☆

25672　Hylaeanthe Jonker（1955）Nom. illegit. ≡ Hylaeanthe A. M. E. Jonker et Jonker（1955）［竹芋科（苳叶科，柊叶科）Marantaceae］■☆

25673　Hylaeorchis Carnevali et G. A. Romero（2000）= Maxillaria Ruiz et Pav.（1794）［兰科 Orchidaceae］■☆

25674　Hylandia Airy Shaw（1974）【汉】海氏大戟属。【隶属】大戟科 Euphorbiaceae。【包含】世界 1 种。【学名诠释与讨论】〈阴〉（人），Bernard Patrick Matthew Hyland, 1937 – , 澳大利亚植物学者。【分布】澳大利亚。【模式】Hylandia dockrillii Airy Shaw。●■☆

25675　Hylandra Á. Löve（1961）= Arabidopsis Heynh.（1842）（保留属名）；~ = Arabis L.（1753）［十字花科 Brassicaceae（Cruciferae）］●■

25676　Hylas Bigel.（1828）Nom. illegit. = Myriophyllum L.（1753）［小二仙草科 Haloragaceae//狐尾藻科 Myriophyllaceae］■

25677　Hylas Bigel. ex DC.（1828）Nom. illegit. = Myriophyllum L.（1753）［小二仙草科 Haloragaceae//狐尾藻科 Myriophyllaceae］■

25678　Hylebates Chippind.（1945）【汉】林倾草属。【隶属】禾本科 Poaceae（Gramineae）。【包含】世界 2 种。【学名诠释与讨论】〈阳〉（希）hyle, 木。hylodes, 木质的, 树枝丛生的。hylaios, 属于森林的, 野蛮的+bates, 践踏者, 爬者。指其生境。【分布】热带非洲东部。【模式】Hylebates cordatus Chippindall。■☆

25679　Hylebia（W. D. J. Koch）Fours.（1868）Nom. illegit. =Stellaria L.（1753）［石竹科 Caryophyllaceae］■

25680　Hylebia Fours.（1868）Nom. illegit. ≡ Hylebia（W. D. J. Koch）Fours.（1868）Nom. illegit.；~ = Stellaria L.（1753）［石竹科 Caryophyllaceae］■

25681　Hylenaea Miers（1872）【汉】翅籽卫矛属。【隶属】卫矛科 Celastraceae。【包含】世界 3 种。【学名诠释与讨论】〈阴〉（人）Hylena。【分布】几内亚，委内瑞拉，西印度群岛，中美洲。【模式】Hylenaea comosa（Swartz）Miers［Hippocratea comosa Swartz］。【参考异名】Tyloderma Miers（1872）●☆

25682　Hylethale Link（1829）Nom. illegit. ≡ Prenanthes L.（1753）［菊科 Asteraceae（Compositae）］■

25683　Hyline Herb.（1840）【汉】林石蒜属。【隶属】石蒜科 Amaryllidaceae。【包含】世界 2 种。【学名诠释与讨论】〈阴〉（希）hyle, 木。hylodes, 木质的, 树枝丛生的。hylaios, 属于森林的, 野蛮的+–inus, –ina, –inum 拉丁文加在名词词干之后, 以形成形容词的词尾, 含义为"属于、相似、关于、小的"。此属的学名是"Hyline Herbert, Bot. Mag. ad t. 3779. 1 Feb 1840"。亦有文献把其处理为"Griffinia Ker Gawl.（1820）"的异名。【分布】巴西。【模式】Hyline gardneriana Herbert。【参考异名】Griffinia Ker Gawl.（1820）■☆

25684　Hylocarpa Cuatrec.（1961）【汉】木果树属。【隶属】核果树科（胡香脂科，树脂核科，无距花科，香膏科，香膏木科）Humiriaceae。【包含】世界 1 种。【学名诠释与讨论】〈阴〉（希）hyle, 木。hylodes, 木质的, 树枝丛生的。hylaios, 属于森林的, 野蛮的+karpos, 果实。【分布】巴西，亚马孙河流域。【模式】Hylocarpa heterocarpa（Ducke）Cuatrecasas［Sacoglottis heterocarpa Ducke］。●☆

25685　Hylocereus（A. Berger）Britton et Rose（1909）【汉】量天尺属。【日】ヒロセレウズ属。【英】Night – blooming Cereus, Nightblooming– cereus, Pitaya, Sky Scale。【隶属】仙人掌科 Cactaceae。【包含】世界 18-23 种，中国 2 种。【学名诠释与讨论】〈阳〉（希）hyle, 木。hylodes, 木质的, 树枝丛生的。hylaios, 属于森林的, 野蛮的+（属）Cereus 仙影掌属。此属的学名，ING、APNI、TROPICOS 和 GCI 记载是"Hylocereus（A. Berger）N. L. Britton et J. N. Rose, Contr. U. S. Natl. Herb. 12：428. 21 Jul 1909", 由"Cereus subgen. Hylocereus A. Berger, Rep.（Annual）Missouri Bot. Gard. 16：72. 31 Mai 1905"改级而来。GCI 和 IK 则记载为"Hylocereus Britton et Rose, Contr. U. S. Natl. Herb. xii. 428（1909）"。六者引用的文献相同。【分布】巴拿马，秘鲁，玻利维亚，厄瓜多尔，哥伦比亚，墨西哥，尼加拉瓜，委内瑞拉，中国，西印度群岛，中美洲。【模式】Hylocereus triangularis（Linnaeus）N. L. Britton et J. N. Rose［Cactus triangularis Linnaeus］。【参考异名】Cereus subgen. Hylocereus A. Berger（1905）；Hylocereus Britton et Rose（1909）Nom. illegit.；Mediocactus Britton et Rose（1920）；Mediocereus Frič et Kreuz.（1935）Nom. illegit.；Wilmattea Britton et

Rose(1920)●

25686 Hylocereus Britton et Rose(1909)Nom. illegit. ≡Hylocereus(A. Berger)Britton et Rose(1909)［仙人掌科 Cactaceae］●

25687 Hylocharis Miq.(1861)Nom. illegit. = Oxyspora DC.(1828)［野牡丹科 Melastomataceae］●

25688 Hylocharis Tiling ex Regel et Tiling(1859)= Clintonia Raf.(1818)［百合科 Liliaceae//铃兰科 Convallariaceae//美地草科（美地科，七筋菇科，七筋姑科）Medeolaceae］■

25689 Hylococcus R. Br. ex Benth.(1873)Nom. illegit. = Petalostigma F. Muell.(1857）；~ = Xylococcus R. Br. ex Britten et S. Moore（1756）Nom. illegit.；~ = Petalostigma F. Muell.(1857)［大戟科 Euphorbiaceae］●☆

25690 Hylococcus R. Br. ex T. L. Mitch.(1848)= Petalostigma F. Muell.(1857)；~ =Xylococcus R. Br. ex Britten et S. Moore(1756)Nom. illegit.；~ = Petalostigma F. Muell.(1857)［大戟科 Euphorbiaceae］●☆

25691 Hylococcus T. L. Mitch.(1848)Nom. illegit. ≡Hylococcus R. Br. ex T. L. Mitch.(1848)；~ =Petalostigma F. Muell.(1857)；~ = Xylococcus R. Br. ex Britten et S. Moore(1756)Nom. illegit.；~ = Petalostigma F. Muell.(1857)［大戟科 Euphorbiaceae］●☆

25692 Hylodendron Taub.(1894)【汉】丛枝苏木属。【隶属】豆科 Fabaceae(Leguminosae)。【包含】世界1种。【学名诠释与讨论】〈中〉(希)hyle，木。hylodes，木质的，树枝丛生的。hylaios，属于森林的，野蛮的+dendron 或 dendros，树木，棍，丛林。【分布】热带非洲。【模式】Hylodendron gabunense Taubert。●☆

25693 Hylodesmum H. Ohashi et R. R. Mill(2000)【汉】长柄山蚂蝗属（山绿豆属，水姑里属）。【英】Hylodesmum, Podocarpium。【隶属】豆科 Fabaceae(Leguminosae)//蝶形花科 Papilionaceae。【包含】世界14种，中国3种。【学名诠释与讨论】〈中〉(希)hyle，木。hylodes，木质的，树枝丛生的。hylaios，属于森林的，野蛮的+desmos，链，束，结，带，纽带。desma，所有格 desmatos，含义与 desmos 相似。此属的学名"Hylodesmum H. Ohashi et R. R. Mill, Edinburgh J. Bot. 57：173. 30 Jun 2000"是一个替代名称。"Podocarpium（Bentham）Y. C. Yang et P. H. Huang, Bull. Bot. Lab. N. E. Forest. Inst., Harbin 4：4. Feb 1979"是一个非法名称（Nom. illegit.），因为此前已经有了化石植物的"Podocarpium A. Braun ex E. Stizenberger, Übersicht Verstein. Grossherzogtums Baden 90. 1851"。故用"Hylodesmum H. Ohashi et R. R. Mill（2000）"替代之。同理，化石植物的"Podocarpium F. J. A. N. Unger in F. J. A. N. Unger et al., Reise Novara Erde, Geol. Theil 1（2）：13. post Nov 1864"亦是一个非法名称。【分布】中国，亚洲，北美洲。【模式】Hylodesmum podocarpum（A. P. de Candolle）H. Ohashi et R. R. Mill［Desmodium podocarpum A. P. de Candolle］。【参考异名】Podocarpia Benth.；Podocarpium（Benth.）Yen C. Yang et P. H. Huang(1979)Nom. illegit. ●■

25694 Hylogeton Salisb.(1866)= Allium L.(1753)［百合科 Liliaceae//葱科 Alliaceae］■

25695 Hylogyne Knight(1809)Nom. illegit.（废弃属名）≡Hylogyne Salisb. ex Knight.(1809)（废弃属名）；~ ≡Telopea R. Br.(1810)（保留属名）［山龙眼科 Proteaceae］●☆

25696 Hylogyne Salisb.(1809)Nom. illegit.（废弃属名）≡Hylogyne Salisb. ex Knight.(1809)（废弃属名）；~ ≡Telopea R. Br.(1810)（保留属名）［山龙眼科 Proteaceae］●☆

25697 Hylogyne Salisb. ex Knight.(1809)（废弃属名）≡Telopea R. Br.(1810)（保留属名）［山龙眼科 Proteaceae］●☆

25698 Hylomecon Maxim.(1859)【汉】荷青花属。【日】ヤマブキソウ属，ヤマブキソウ属。【俄】Лесной мак，Лесной чистотел。【英】Hylomecon。【隶属】罂粟科 Papaveraceae。【包含】世界1-3种，中国1种。【学名诠释与讨论】〈阴〉(希)hyle，木。hylaios，属于森林的，野蛮的+mekon 罂粟。指生于林中的罂粟。【分布】中国，温带东亚。【模式】Hylomecon vernalis Maximowicz。【参考异名】Coreanomecon Nakai(1935)；Stylomecon Benth.(1860)■

25699 Hylomenes Salisb.(1866)= Endymion Dumort.(1827)［风信子科 Hyacinthaceae］■☆

25700 Hylomyza Danser(1940)= Dendrotrophe Miq.(1856)；~ = Dufrenoya Chatin(1860)［檀香科 Santalacea］●

25701 Hylonome Webb et Benth.(1850)= Behnia Didr.(1855)［菝葜科 Smilacaceae//两型花科 Behniaceae//智利花科（垂花科，金钟木科，喜爱花科）Philesiaceae］●☆

25702 Hylophila Lindl.(1833)【汉】袋唇兰属。【英】Woodorchis。【隶属】兰科 Orchidaceae。【包含】世界6种，中国1种。【学名诠释与讨论】〈阴〉(希)hyle，木。hylaios，属于森林的，野蛮的+philos，喜欢的，爱的。指本属植物生于林中。【分布】中国，马来半岛，新几内亚岛。【模式】Hylophila mollis J. Lindley。【参考异名】Dicerostylis Blume(1859)■

25703 Hylorhipsalis Doweld(2002)= Rhipsalis Gaertn.(1788)（保留属名）［仙人掌科 Cactaceae］●

25704 Hylotelephium H. Ohba(1977)【汉】八宝属（景天属）。【俄】Хилотелефиум。【英】Eight Treasure, Hylotelephium, Stonecrop。【隶属】景天科 Crassulaceae。【包含】世界27-33种，中国16-17种。【学名诠释与讨论】〈中〉(希)hyle，木。hylodes，木质的，树枝丛生的。hylaios，属于森林的，野蛮的+telepheion，健康，卫生。此属的学名是"Hylotelephium H. Ohba, Bot. Mag.（Tokyo）90：46. Mar 1977"。亦有文献把其处理为"Sedum L.（1753）"的异名。【分布】巴基斯坦，朝鲜，日本，中国。【模式】Hylotelephium telephium（Linnaeus）H. Ohba［Sedum telephium Linnaeus］。【参考异名】Anacampseros Mill.(1754)（废弃属名）；Sedum L.(1753)；Telephium Hill(1756)Nom. illegit. ■

25705 Hymanthoglossum Tod.(1842)= Himantoglossum W. D. J. Koch(1837)Nom. illegit.（废弃属名）；~ = Himantoglossum Spreng.(1826)（保留属名）［兰科 Orchidaceae］■☆

25706 Hymenachne P. Beauv.(1812)【汉】膜稃草属（膜芒草属）。【英】Hymenacue, Water Hymenacue。【隶属】禾本科 Poaceae（Gramineae）。【包含】世界5-10种，中国3-6种。【学名诠释与讨论】〈阴〉(希)hymen，所有格 hymenos，膜，羊皮纸，处女膜。hymenodes，如膜的。Hymen，婚姻之神+achne，鳞片，泡沫，泡囊，谷壳，稃。指第二花的内外稃膜质。【分布】巴拿马，秘鲁，玻利维亚，厄瓜多尔，哥伦比亚（安蒂奥基亚），哥斯达黎加，尼加拉瓜，中国，热带，中美洲。【后选模式】Agrostis monostachya Poiret。■

25707 Hymenaea L.(1753)【汉】孪叶豆属（孪叶苏木属）。【英】India Locust, Indian Locust, Locust, Locust Bean。【隶属】豆科 Fabaceae(Leguminosae)//云实科（苏木科）Caesalpiniaceae。【包含】世界16-26种，中国2种。【学名诠释与讨论】〈阴〉(希)hymen，所有格 hymenos，羊皮纸，膜，在医学中指处女膜；hymenodes，如膜的；Hymen，婚姻之神。喻指有小叶1对。此属的学名，ING、TROPICOS 和 IK 记载是"Hymenaea Linnaeus, Sp. Pl. 1192. 1 Mai 1753"。"Courbari Adanson, Fam. 2：317, 544（'Kourbari'）. Jul-Aug 1763"和"Courbaril P. Miller, Gard. Dict. Abr. ed. 4. 28 Jan 1754"是"Hymenaea L.（1753）"的晚出的同模式异名（Homotypic synonym, Nomenclatural synonym）。"Kourbari Adans.(1763)Nom. illegit."是"Hymenaea L.（1753）"的拼写变体。【分布】巴拉圭，巴拿马，玻利维亚，厄瓜多尔，哥伦比亚（安蒂奥基亚），哥斯达黎加，古巴，马达加斯加，墨西哥，尼加拉瓜，中国，热带南美洲，中美洲。【模式】Hymenaea courbaril Linnaeus。

【参考异名】Courbari Adans.（1763）; Courbaril Mill.（1754）; Curbaril Post et Kuntze（1903）; Hemenaea Scop.（1777）; Hymenia Griff.（1854）; Kourbari Adans.（1763）Nom. illegit.; Tanroujou Juss.（1789）; Trachylobium Hayne（1827）●

25708　Hymenandra（A. DC.）A. DC. ex Spach（1840）Nom. illegit. = Hymenandra（A. DC.）Spach（1840）［紫金牛科 Myrsinaceae］●☆

25709　Hymenandra（A. DC.）Spach（1840）【汉】膜蕊紫金牛属。【隶属】紫金牛科 Myrsinaceae。【包含】世界 8 种。【学名诠释与讨论】〈阴〉（希）hymen, 所有格 hymenos, 膜, 羊皮纸, 处女膜。hymenodes, 如膜的+aner, 所有格 andros, 雄性, 雄蕊。此属的学名, ING 和 TROPICOS 记载是"Hymenandra（Alph. de Candolle）Spach, Hist. Nat. Vég. Phan. 9: 374. 15 Aug 1840"; 由"Ardisia sect. Hymenandra Alph. de Candolle, Ann. Sci. Nat., Bot. ser. 2. 2: 297. 1834"改级而来。IK 记载为"Hymenandra A. DC. ex Spach, Hist. Nat. Vég.（Spach）9: 374. 1840［15 Aug 1840］"。"Hymenandra（A. DC.）A. DC. ex Spach（1840）"的命名人引证亦有误。【分布】巴拿马, 哥伦比亚, 哥斯达黎加, 印度（阿萨姆）, 东喜马拉雅山, 中美洲。【模式】Hymenandra wallichii Alph. de Candolle［Ardisia hymenandra Wallich ex Roxburgh］。【参考异名】Ardisia sect. Hymenandra A. DC.（1834）; Hymenandra（A. DC.）A. DC. ex Spach（1840）Nom. illegit.; Hymenandra A. DC. ex Spach（1840）Nom. illegit. ●☆

25710　Hymenandra A. DC. ex Spach（1840）Nom. illegit. = Hymenandra（A. DC.）Spach（1840）［紫金牛科 Myrsinaceae］●☆

25711　Hymenanthera R. Br.（1818）= Melicytus J. R. Forst. et G. Forst.（1776）［堇菜科 Violaceae］●☆

25712　Hymenantherum Cass.（1817）= Dyssodia Cav.（1801）［菊科 Asteraceae（Compositae）］■☆

25713　Hymenanthes Blume（1826）= Rhododendron L.（1753）［杜鹃花科（欧石南科）Ericaceae］●

25714　Hymenanthus D. Dietr.（1843）= Hymenanthes Blume（1826）; ~ = Rhododendron L.（1753）［杜鹃花科（欧石南科）Ericaceae］●

25715　Hymenatherum Cass.（1817）= Dysodiopsis（A. Gray）Rydb.（1915）; ~ = Dyssodia Cav.（1801）; ~ = Thymophylla Lag.（1816）［菊科 Asteraceae（Compositae）］●■☆

25716　Hymendocarpum Pierre ex Pit.（1924）= Nostolachma T. Durand（1888）［茜草科 Rubiaceae］●

25717　Hymenella（Moc. et Sessé ex）DC.（1824）Nom. illegit. ≡ Hymenella DC.（1824）Nom. illegit.; ~ = Minuartia L.（1753）［石竹科 Caryophyllaceae］■

25718　Hymenella DC.（1824）Nom. illegit. = Minuartia L.（1753）［石竹科 Caryophyllaceae］■

25719　Hymenella Moc. et Sessé, Nom. illegit. = Minuartia L.（1753）［石竹科 Caryophyllaceae］■

25720　Hymeneria（Lindl.）M. A. Clem. et D. L. Jones（2002）= Pinalia Lindl.（1826）［兰科 Orchidaceae］■

25721　Hymenesthes Miers（1875）= Bourreria P. Browne（1756）（保留属名）［紫草科 Boraginaceae］●☆

25722　Hymenetron Salisb.（1866）= Strumaria Jacq.（1790）［石蒜科 Amaryllidaceae］■☆

25723　Hymenia Griff.（1854）= Hymenaea L.（1753）［豆科 Fabaceae（Leguminosae）//云实科（苏木科）Caesalpiniaceae］●

25724　Hymenidium DC. = Pleurospermum Hoffm.（1814）［伞形花科（伞形科）Apiaceae（Umbelliferae）］■

25725　Hymenidium Lindl.（1835）【汉】小膜草属。【隶属】伞形花科（伞形科）Apiaceae（Umbelliferae）。【包含】世界 1 种。【学名诠释与讨论】〈中〉（希）hymen, 所有格 hymenos, 膜, 羊皮纸, 处女膜。hymenodes, 如膜的+-idius, -idia, -idium, 指示小的词尾。此属的学名, ING、TROPICOS 和 IK 记载是"Hymenidium Lindl., Ill. Bot. Himal. Mts.［Royle］233（Aug. 1835）"。"Hymenidium DC"是"Pleurospermum Hoffm.（1814）［伞形花科（伞形科）Apiaceae（Umbelliferae）］"的异名。亦有文献把"Hymenidium Lindl.（1835）"处理为"Pleurospermum Hoffm.（1814）"的异名。【分布】中国, 喜马拉雅山。【后选模式】Hymenidium densiflorum Lindley。【参考异名】Hymenidium DC.; Pleurospermum Hoffm.（1814）■

25726　Hymenocallis Salisb.（1812）【汉】水鬼蕉属（蜘蛛兰属）。【日】ヒメノカリス属。【俄】Гименокаллис, Лилия нильская, Хименокаллис。【英】Hymenocallis, Ismene, Peru Daffodil, Peruvian Daffodil, Sea Daffodil, Sea-daffodil, Spider Lily, Spiderlily, Spider lily, Waterghostbanana。【隶属】石蒜科 Amaryllidaceae。【包含】世界 30-50 种, 中国 2 种。【学名诠释与讨论】〈阴〉（希）hymen, 所有格 hymenos, 膜, 羊皮纸, 处女膜。hymenodes, 如膜的+kalos, 美丽的。kallos, 美人, 美丽。kallistos, 最美的。指副冠美丽膜质, 或指具膜质而连合的雄蕊。【分布】巴拿马, 秘鲁, 玻利维亚, 厄瓜多尔, 哥斯达黎加, 美国（密苏里）, 尼加拉瓜, 中国, 中美洲。【后选模式】Hymenocallis littoralis（N. J. Jacquin）R. A. Salisbury［Pancratium littorale N. J. Jacquin］。【参考异名】Choretis Herb.（1837）; Ismene Salisb.（1812）; Ismene Salisb. ex Herb.（1821）; Leptochiton Sealy（1937）; Nemepiodon Raf.（1838）; Siphotoma Raf.（1838）; Tomodon Raf.（1838）; Troxistemon Raf.（1838）■

25727　Hymenocalyx Houllet（1869）Nom. illegit.［石蒜科 Amaryllidaceae］■☆

25728　Hymenocalyx Zenker（1835）【汉】膜萼锦葵属。【隶属】锦葵科 Malvaceae。【包含】世界 1 种。【学名诠释与讨论】〈阳〉（希）hymen, 所有格 hymenos, 膜, 羊皮纸, 处女膜。hymenodes, 如膜的+kalyx, 所有格 kalykos = 拉丁文 calyx, 花萼, 杯子。此属的学名, INGTROPICOS 和 IK 记载是"Hymenocalyx Zenker, Pl. Indicae 8. Feb-Mar 1835"。"Hymenocalyx Houllet, Rev. Hort.［Paris］.（1869）418［石蒜科 Amaryllidaceae］"是晚出的非法名称。亦有文献把"Hymenocalyx Zenker（1835）"处理为"Hibiscus L.（1753）（保留属名）"的异名。【分布】南美洲。【模式】Hymenocalyx variabilis Zenker。【参考异名】Hibiscus L.（1753）（保留属名）●☆

25729　Hymenocapsa J. M. Black（1925）= Gilesia F. Muell.（1875）; ~ = Hermannia L.（1753）［梧桐科 Sterculiaceae//锦葵科 Malvaceae//密钟木科 Hermanniaceae］●☆

25730　Hymenocardia Wall.（1831）Nom. inval. ≡ Hymenocardia Wall. ex Lindl.（1836）［大戟科 Euphorbiaceae//酸海棠科 Hymenocardiaceae］●☆

25731　Hymenocardia Wall. ex Lindl.（1836）【汉】酸海棠属。【隶属】大戟科 Euphorbiaceae//酸海棠 Hymenocardiaceae。【包含】世界 6-7 种。【学名诠释与讨论】〈阴〉（希）hymen, 所有格 hymenos, 膜, 羊皮纸, 处女膜。hymenodes, 如膜的+kardia, 心脏。可能指果实。此属的学名, ING、TROPICOS 和 IK 记载是"Hymenocardia N. Wallich ex J. Lindley, Nat. Syst. ed. 2. 441. Jul（?）1836"。"Hymenocardia Wall., Numer. List［Wallich］n. 3549. 1831 ≡ Hymenocardia Wall. ex Lindl.（1836）"是一个未合格发表的名称（Nom. inval.）。【分布】印度尼西亚（苏门答腊岛）, 马来半岛, 东南亚, 热带和非洲南部。【模式】Hymenocardia punctata N. Wallich ex J. Lindley。【参考异名】Hymenocardia Wall.（1831）Nom. inval.; Samaropyxis Miq.（1861）●☆

25732　Hymenocardiaceae Airy Shaw（1965）［亦见 Euphorbiaceae Juss.（保留科名）大戟科和 Phyllanthaceae J. Agardh 叶下珠科（叶萝藦

科)】【汉】酸海棠科。【包含】世界1属5种。【分布】热带非洲,东南亚。【科名模式】Hymenocardia Wall. ex Lindl. (1836)●

25733 Hymenocarpos Savi(1798)(保留属名)【汉】膜果豆属(膜心豆属)。【隶属】豆科 Fabaceae(Leguminosae)。【包含】世界1种。【学名诠释与讨论】〈阳〉(希)hymen, 所有格 hymenos, 膜, 羊皮纸, 处女膜。hymenodes, 如膜的+karpos, 果实。此属的学名"Hymenocarpos Savi, Fl. Pis. 2:205. 1798"是保留属名。相应的废弃属名是豆科 Fabaceae 的"Circinnus Medik. in Vorles. Churpfälz. Phys. –Öcon. Ges. 2:384. 1787 ≡ Hymenocarpos Savi(1798)(保留属名)"。"Hymenocarpus Rchb. (1828)"是其拼写变体, 亦应废弃。"Circinnus Medikus, Vorles. Churpfälz. Phys. – Öcon. Ges. 2:384. 1787(废弃属名)"是"Hymenocarpos Savi(1798)(保留属名)"的同模式异名(Homotypic synonym, Nomenclatural synonym)。【分布】地中海地区。【模式】Hymenocarpos circinnata (Linnaeus) G. Savi [Medicago circinnata Linnaeus]。【参考异名】Circinnus Medik. (1787)(废弃属名); Circinus Medik. (1789); Hymenocarpus Rchb. (1828) Nom. illegit. (废弃属名)■☆

25734 Hymenocarpus Rchb. (1828) Nom. illegit. (废弃属名) = Hymenocarpos Savi(1798)(保留属名)[豆科 Fabaceae(Leguminosae)]■☆

25735 Hymenocentroa Cass. (1826) = Centaurea L. (1753)(保留属名)[菊科 Asteraceae(Compositae)//矢车菊科 Centaureaceae]●■

25736 Hymenocephalus Jaub. et Spach(1847)【汉】膜头菊属。【隶属】菊科 Asteraceae(Compositae)。【包含】世界1种。【学名诠释与讨论】〈阳〉(希)hymen, 所有格 hymenos, 膜, 羊皮纸, 处女膜。hymenodes, 如膜的+kephale, 头。此属的学名是"Hymenocephalus Jaubert et Spach, Ill. Pl. Orient. 3:12. Sep 1847"。亦有文献把其处理为"Psephellus Cass. (1826)"的异名。【分布】伊朗。【模式】Hymenocephalus rigidus Jaubert et Spach。【参考异名】Psephellus Cass. (1826)■●☆

25737 Hymenochaeta P. Beauv. (1819) Nom. illegit. ≡ Hymenochaeta P. Beauv. ex T. Lestib. (1819); ~ = Actinoscirpus (Ohwi) R. W. Haines et Lye(1971); ~ =Scirpus L. (1753)(保留属名)[莎草科 Cyperaceae//藨草科 Scirpaceae]■

25738 Hymenochaeta P. Beauv. ex T. Lestib. (1819) = Actinoscirpus (Ohwi) R. W. Haines et Lye(1971); ~ = Scirpus L. (1753)(保留属名)[莎草科 Cyperaceae//藨草科 Scirpaceae]■

25739 Hymenocharis Salisb. (1812) Nom. inval. ≡ Hymenocharis Salisb. ex Kuntze(1891); ~ =Ischnosiphon Körn. (1859)[竹芋科(苳叶科, 柊叶科)Marantaceae]■☆

25740 Hymenocharis Salisb. ex Kuntze(1891) = Ischnosiphon Körn. (1859)[竹芋科(苳叶科, 柊叶科)Marantaceae]■☆

25741 Hymenochilus D. L. Jones et M. A. Clem. (2002) = Pterostylis R. Br. (1810)(保留属名)[兰科 Orchidaceae]■☆

25742 Hymenochlaena Bremek. (1944)【汉】延苞蓝属。【隶属】爵床科 Acanthaceae。【包含】世界3种, 中国1种。【学名诠释与讨论】〈阴〉(希)hymen, 所有格 hymenos, 膜, 羊皮纸, 处女膜+chlaina, 外表。此属的学名是"Hymenochlaena Bremekamp, Verh. Kon. Ned. Akad. Wetensch. , Afd. Natuurk. , Tweede Sect. 41 (1):301. 11 Mai 1944"。亦有文献把其处理为"Strobilanthes Blume(1826)"的异名。【分布】菲律宾(菲律宾群岛), 印度(阿萨姆), 中国, 马来半岛。【模式】Hymenochlaena decurrens (Nees) Bremekamp [Endopogon decurrens Nees]。【参考异名】Strobilanthes Blume(1826)■

25743 Hymenochlaena Post et Kuntze (1903) = Hymenolaena DC. (1830); ~ =Pleurospermum Hoffm. (1814) [伞形花科(伞形科) Apiaceae(Umbelliferae)]■

25744 Hymenoclea Torr. et A. Gray (1848)【汉】小膜菊属。【英】Cheeseweed。【隶属】菊科 Asteraceae (Compositae)//豚草科 Ambrosiaceae。【包含】世界3种。【学名诠释与讨论】〈中〉(希)hymen, 所有格 hymenos, 膜, 羊皮纸, 处女膜+kleio, 关闭, 封闭, 封套。此属的学名是"Hymenoclea Torrey et A. Gray in Torrey in W. H. Emory, Notes Military Reconnoissance 143. Feb-Jul 1848"。亦有文献把其处理为"Ambrosia L. (1753)"的异名。【分布】美国(西南部), 墨西哥, 中美洲。【模式】Hymenoclea monogyra Torrey et A. Gray。【参考异名】Ambrosia L. (1753)■☆

25745 Hymenocnemis Hook. f. (1873)【汉】节膜茜属。【隶属】茜草科 Rubiaceae。【包含】世界1种。【学名诠释与讨论】〈阴〉(希)hymen, 所有格 hymenos, 膜, 羊皮纸, 处女膜+kneme, 节间。knemis, 所有格 knemidos, 胫衣, 脚绊。knema, 所有格 knematos, 碎片, 碎屑, 刨花。山的肩状突出部分。此属的学名是"Hymenocnemis J. D. Hooker in Bentham et J. D. Hooker, Gen. 2:132. 7-9 Apr 1873"。亦有文献把其处理为"Gaertnera Lam. (1792)(保留属名)"的异名。【分布】马达加斯加。【模式】Hymenocnemis madagascariensis J. D. Hooker。【参考异名】Gaertnera Lam. (1792)(保留属名)●☆

25746 Hymenocoleus Robbr. (1975)【汉】膜鞘茜属。【隶属】茜草科 Rubiaceae。【包含】世界12种。【学名诠释与讨论】〈阳〉(希)hymen, 所有格 hymenos, 膜, 羊皮纸, 处女膜+koleos, 鞘。【分布】热带非洲。【模式】Hymenocoleus neurodictyon (K. Schumann) E. Robbrecht [Psychotria neurodictyon K. Schumann]。■☆

25747 Hymenocrater Fisch. et C. A. Mey. (1836)【汉】膜杯草属。【俄】Гименократер。【英】Hymenocrater。【隶属】唇形科 Lamiaceae(Labiatae)。【包含】世界10-12种。【学名诠释与讨论】〈阳〉(希)hymen, 所有格 hymenos, 膜, 羊皮纸, 处女膜+krater 杯。【分布】亚洲西南部。【模式】Hymenocrater bituminosus F. E. L. Fischer et C. A. Meyer。【参考异名】Sestinia Boiss. (1844)●■☆

25748 Hymenocyclus Dinter et Schwantes(1927)= Malephora N. E. Br. (1927)[番杏科 Aizoaceae]■☆

25749 Hymenodictyon Wall. (1824)(保留属名)【汉】土连翘属(网膜木属)。【英】Hymenodictyon。【隶属】茜草科 Rubiaceae。【包含】世界20种, 中国2种。【学名诠释与讨论】〈中〉(希)hymen, 所有格 hymenos, 膜, 羊皮纸, 处女膜+diktyon, 指小式 diktydion, 网。指种子被网状膜。此属的学名"Hymenodictyon Wall. in Roxburgh, Fl. Ind. 2:148. Mar-Jun 1824"是保留属名。相应的废弃属名是茜草科 Rubiaceae 的"Benteca Adans. , Fam. Pl. 2:166, 525. Jul-Aug 1763 = Hymenodictyon Wall. (1824)(保留属名)"。"Hymenodyction DC. (1830)"亦应废弃。【分布】巴基斯坦, 马达加斯加, 中国, 喜马拉雅山至印度尼西亚(苏拉威西岛), 热带非洲。【模式】Hymenodictyon excelsum (Roxburgh) A. P. de Candolle [Cinchona excelsa Roxburgh]。【参考异名】Benteca Adans. (1763)(废弃属名); Bentheca Neck. (1790) Nom. inval. ; Kasailo Dennst. (1818) Nom. inval. ; Kasailo Dennst. ex Kostel (2005) Nom. illegit. ; Kurria Hochst. et Steud. (1841)●

25750 Hymenodyction DC. (1830) Nom. illegit. (废弃属名)[茜草科 Rubiaceae]☆

25751 Hymenogonium Rich. ex Lebel(1869)= Spergularia (Pers.) J. Presl et C. Presl(1819)(保留属名)[石竹科 Caryophyllaceae]■

25752 Hymenogyne Haw. (1821)【汉】风子玉属。【日】ヒメノギネ属。【隶属】番杏科 Aizoaceae。【包含】世界2种。【学名诠释与讨论】〈阴〉(希)hymen, 所有格 hymenos, 膜, 羊皮纸, 处女膜+gyne, 所有格 gynaikos, 雌性, 雌蕊。此属的学名, ING、TROPICOS 和 IK 记载是"Hymenogyne A. H. Haworth, Saxifrag. Enum. Revis. Pl. Succ. 192. 1821"。"Hymenogyne N. E. Br. , Gard. Chron. 1925,

Ser. III. lxxviii. 412, in clavi［番杏科 Aizoaceae］"是晚出的非法名称。【分布】非洲南部。【模式】Hymenogyne glabra（W. Aiton）A. H. Haworth［Mesembryanthemum glabrum W. Aiton］。【参考异名】Thyrasperma N. E. Br.（1925）■☆

25753　Hymenogyne N. E. Br.（1925）Nom. illegit.［番杏科 Aizoaceae］■☆

25754　Hymenolaena DC.（1830）【汉】膜苞芹属。【俄】Гименолена。【隶属】伞形花科（伞形科）Apiaceae（Umbelliferae）。【包含】世界6-10种，中国2种。【学名诠释与讨论】〈阴〉（希）hymen，所有格 hymenos，膜，羊皮纸，处女膜+laina＝chlaine＝拉丁文 laena，外衣，衣服。指苞片膜质。此属的学名，ING 和 IK 记载是"Hymenolaena A. P. de Candolle，Prodr. 4：244. Sep（sero）1830"。亦有文献把"Hymenolaena DC.（1830）"处理为"Pleurospermum Hoffm.（1814）"的异名。【分布】巴基斯坦，中国，亚洲中部至喜马拉雅山。【后选模式】Hymenolaena candollei A. P. de Candolle［as 'candollii'］。【参考异名】Hymenochlaena Post et Kuntze（1903）；Pleurospermum Hoffm.（1814）；Renarda Regel（1882）■

25755　Hymenolepis Cass.（1817）【汉】膜鳞菊属。【隶属】菊科 Asteraceae（Compositae）。【包含】世界7种。【学名诠释与讨论】〈阴〉（希）hymen，所有格 hymenos，膜，羊皮纸，处女膜+lepis，所有格 lepidos，指小式 lepion 或 lepidion，鳞，鳞片。lepidotos，多鳞的。lepos，鳞，鳞片。此属的学名，ING 和 IK 记载是"Hymenolepis Cassini，Bull. Sci. Soc. Philom. Paris 1817：138. Sep 1817"。IPNI 记载了早一年的"Hymenolepis Cass.，Dict. Sci. Nat.，ed. 2.［F. Cuvier］2（suppl.）：75. 1816［12 Oct 1816］，nom. inval."。"Metagnanthus Endlicher，Gen. 438. Jun 1838"是"Hymenolepis Cass.（1817）"的晚出的同模式异名（Homotypic synonym，Nomenclatural synonym）。蕨类的"Hymenolepis Kaulfuss，Enum. Filicum 146. 1824"是晚出的非法名称。亦有文献把"Hymenolepis Cass.（1817）"处理为"Athanasia L.（1763）"或"Metagnanthus Endl.（1838）Nom. illegit."的异名。【分布】非洲南部，马达加斯加。【模式】未指定。【参考异名】Athanasia L.（1763）；Metagnanthus Endl.（1838）Nom. illegit.；Metagnathus Benth. et Hook. f.（1873）Nom. illegit.；Phaeocephalus S. Moore（1900）●☆

25756　Hymenolobium Benth.（1860）Nom. illegit. ≡ Hymenolobium Benth. ex Mart.（1837）［豆科 Fabaceae（Leguminosae）］●☆

25757　Hymenolobium Benth. ex Mart.（1837）【汉】膜瓣豆属。【隶属】豆科 Fabaceae（Leguminosae）。【包含】世界12种。【学名诠释与讨论】〈中〉（希）hymen，所有格 hymenos，膜，羊皮纸，处女膜+lobos＝拉丁文 lobulus，片，裂片，叶，荚，蒴+-ius，-ia，-ium，在拉丁文和希腊文中，这些词尾表示性质或状态。此属的学名，IK 记载是"Hymenolobium Benth. ex Mart. in Flora 20（2，Beibl.）：122. 1837"。ING 和 TROPICOS 则记载为"Hymenolobium Bentham，J. Proc. Linn. Soc.，Bot. 4. Suppl.：84. 7 Mar 1860"。亦有文献把"Hymenolobium Benth. ex Mart.（1837）"处理为"Platymiscium Vogel（1837）"的异名。【分布】巴拿马，秘鲁，玻利维亚，厄瓜多尔，哥斯达黎加，尼泊尔，尼加拉瓜，热带南美洲北部，中美洲。【模式】Hymenolobium nitidum Bentham。【参考异名】Hymenolobium Benth.（1860）Nom. illegit.；Platymiscium Vogel（1837）●☆

25758　Hymenolobus Nutt.（1838）【汉】膜果荠属（薄果芥属，薄果荠属）。【俄】Многосемянник，Тонкостенник。【英】Hymenolobus。【隶属】十字花科 Brassicaceae（Cruciferae）。【包含】世界3-5种，中国1种。【学名诠释与讨论】〈阳〉（希）hymen，所有格 hymenos，膜，羊皮纸，处女膜+lobos＝拉丁文 lobulus，片，裂片，叶，荚，蒴。指短角果的果片膜质。此属的学名，ING、TROPICOS 和 APNI 记载是"Hymenolobus Nuttall in Torrey et A. Gray，Fl.

North Amer. 1：117. Jul 1838"；《中国植物志》采用此名称。IK 则记载为"Hymenolobus Nutt. ex Torr. et A. Gray，Fl. N. Amer.（Torr. et A. Gray）1（1）：117. 1838［Jul 1838］"；《巴基斯坦植物志》亦用此名。亦有文献把"Hymenolobus Nutt.（1838）"处理为"Hornungia Rchb.（1837）"的异名。【分布】澳大利亚，巴基斯坦，智利，中国，地中海地区，欧洲，亚洲中部，北美洲。【模式】未指定。【参考异名】Hinterhubera（Rchb. et Kittel）Rchb. ex Nyman；Hinterhubera Rchb. ex Nyman，Nom. illegit.；Hornungia Rchb.（1837）；Hutchinsiella O. E. Schulz（1933）；Hymenolobus Nutt. ex Torr. et A. Gray（1838）Nom. illegit.■

25759　Hymenolobus Nutt. ex Torr. et A. Gray（1838）Nom. illegit. ≡ Hymenolobus Nutt.（1838）［十字花科 Brassicaceae（Cruciferae）］■

25760　Hymenolophus Boerl.（1900）【汉】膜冠夹竹桃属。【隶属】夹竹桃科 Apocynaceae。【包含】世界1种。【学名诠释与讨论】〈阳〉（希）hymen，所有格 hymenos，膜，羊皮纸，处女膜+lophos，脊，鸡冠，装饰。【分布】印度尼西亚（苏门答腊岛）。【模式】Hymenolophus romburghii Boerlage。●☆

25761　Hymenolyma Korovin（1948）【汉】斑膜芹属。【俄】Гименолима。【英】Hymenolyma。【隶属】伞形花科（伞形科）Apiaceae（Umbelliferae）。【包含】世界6-10种，中国2种。【学名诠释与讨论】〈中〉（希）hymen，所有格 hymenos，膜，羊皮纸，处女膜+lyma 污染物。指膜质苞片具斑纹。此属的学名是"Hymenolyma E. P. Korovin，Bot. Mater. Gerb. Inst. Bot. Zool. Akad. Nauk Uzbeksk. S. S. R. 12：30. 1948（post 11 Sep）"。亦有文献把其处理为"Hyalolaena Bunge（1852）"的异名。【分布】中国，亚洲中部。【模式】Hymenolyma scariosum（C. F. Ledebour）E. P. Korovin［Seseli scariosum C. F. Ledebour］。【参考异名】Hyalolaena Bunge（1852）■

25762　Hymenolytrum Schrad.（1842）Nom. illegit. ≡ Hymenolytrum Schrad. ex Nees（1842）；~ ＝ Scleria P. J. Bergius（1765）［莎草科 Cyperaceae］■

25763　Hymenolytrum Schrad. ex Nees（1842）＝ Scleria P. J. Bergius（1765）［莎草科 Cyperaceae］■

25764　Hymenomena Less.（1832）Nom. illegit. ＝ Hymenonema Cass.（1817）［菊科 Asteraceae（Compositae）］■☆

25765　Hymenonema Cass.（1817）【汉】缘膜苣属。【隶属】菊科 Asteraceae（Compositae）。【包含】世界2种。【学名诠释与讨论】〈中〉（希）hymen，所有格 hymenos，膜，羊皮纸，处女膜+nema，所有格 nematos，丝，花丝。此属的学名，ING、TROPICOS 和 IK 记载是"Hymenonema Cassini，Bull. Sci. Soc. Philom. Paris 1817：34. Feb 1817"。金藻的"Hymenonema A. C. Stokes，J. Roy. Microscop. Soc. 1888：703. Oct 1888"是晚出的非法名称。【分布】希腊。【模式】未指定。【参考异名】Hymenomena Less.（1832）Nom. illegit. ■☆

25766　Hymenopappus L'Hér.（1788）【汉】膜冠菊属。【隶属】菊科 Asteraceae（Compositae）。【包含】世界14种。【学名诠释与讨论】〈阳〉（希）hymen，所有格 hymenos，膜，羊皮纸，处女膜+pappos 指柔毛，软毛。pappus 则与拉丁文同义，指冠毛。【分布】玻利维亚，美国，墨西哥。【模式】Hymenopappus scabiosaeus L'Héritier de Brutelle。【参考异名】Leucampyx A. Gray ex Benth.（1873）Nom. illegit.；Leucampyx A. Gray ex Benth. et Hook. f.（1873）；Rothia Lam.（1792）Nom. illegit.（废弃属名）■☆

25767　Hymenopholis Gardner（1848）＝ Oligandra Less.（1832）；~ ＝ Lucilia Cass.（1817）［菊科 Asteraceae（Compositae）］■☆

25768　Hymenophora Viv. ex Coss.（1866）＝ Pituranthos Viv.（1824）［伞形花科（伞形科）Apiaceae（Umbelliferae）］■☆

25769　Hymenophysa C. A. Mey.（1831）Nom. illegit. ＝ Cardaria Desv.（1815）；~ ＝ Hymenophysa C. A. Mey. ex Ledeb.（1830）；~ ＝

Lepidium L.（1753）［十字花科 Brassicaceae（Cruciferae）］■

25770　Hymenophysa C. A. Mey. ex Ledeb.（1830）【汉】膜枣草属。【英】Whitetop。【隶属】十字花科 Brassicaceae（Cruciferae）。【包含】世界 4 种。【学名诠释与讨论】〈阴〉（希）hymen，所有格 hymenos，膜，羊皮纸，处女膜＋physa，风箱，气泡。此属的学名，ING 记载学名是"Hymenophysa C. A. Meyer ex Ledebour, Icon. Pl. Nov. 2；20. 1830"；而 IK 记载为"Hymenophysa C. A. Mey. in Ledeb. Fl. Alt. iii. 180（1831）"。TROPICOS 则记载为"Hymenophysa C. A. Mey.，Hymenophysa C. A. Mey.，in Ledeb. Fl. Alt. iii. 180（1831）"。亦有文献把"Hymenophysa C. A. Mey. ex Ledeb.（1830）"处理为"Cardaria Desv.（1815）"或"Lepidium L.（1753）"的异名。【分布】巴基斯坦，伊朗，亚洲中部。【模式】Hymenophysa pubescens Ledebour。【参考异名】Cardaria Desv.（1815）；Hymenophysa C. A. Mey.（1831）Nom. illegit.；Lepidium L.（1753）■☆

25771　Hymenopogon Wall.（1824）Nom. illegit. = Neohymenopogon Bennet（1981）［茜草科 Rubiaceae］●

25772　Hymenopyramis Wall.（1829）Nom. inval. ≡ Hymenopyramis Wall. ex Griff.（1843）［马鞭草科 Verbenaceae//牡荆科 Viticaceae］●

25773　Hymenopyramis Wall. ex Griff.（1842）【汉】膜萼藤属（膜藻藤属）。【隶属】马鞭草科 Verbenaceae//牡荆科 Viticaceae。【包含】世界 6-7 种，中国 1 种。【学名诠释与讨论】〈阴〉（希）hymen，所有格 hymenos，膜，羊皮纸，处女膜＋pyramis 角锥，金字塔。此属的学名，ING、TROPICOS 和 IK 记载是"Hymenopyramis N. Wallich ex W. Griffith, Calcutta J. Nat. Hist. 3；365. Oct 1842"。"Hymenopyramis Wall.，Numer. List［Wallich］n. 774. 1829 ≡ Hymenopyramis Wall. ex Griff.（1843）"是一个未合格发表的名称（Nom. inval.）。【分布】印度，中国，东南亚。【模式】Hymenopyramis brachiata N. Wallich ex W. Griffith。【参考异名】Hymenopyramis Wall.（1829）Nom. inval.●

25774　Hymenorchis Schltr.（1913）【汉】膜兰属。【隶属】兰科 Orchidaceae。【包含】世界 10 种。【学名诠释与讨论】〈阴〉（希）hymen，所有格 hymenos，膜，羊皮纸，处女膜＋orchis，原义是睾丸，后变为植物兰的名称，因为根的形态而得名。变为拉丁文 orchis，所有格 orchidis。【分布】新几内亚岛。【模式】Oeceoclades javanica Teysmann et Binnendijk。【参考异名】Hymenopyramis Wall.（1829）Nom. inval. ■☆

25775　Hymenorebulobivia Frič（1935）Nom. inval. = Echinopsis Zucc.（1837）；~ = Lobivia Britton et Rose（1922）［仙人掌科 Cactaceae］■

25776　Hymenorebutia Frič ex Buining（1939）= Echinopsis Zucc.（1837）［仙人掌科 Cactaceae］■

25777　Hymenorebutia Frič（1939）Nom. illegit. ≡ Hymenorebutia Frič ex Buining（1939）；~ = Echinopsis Zucc.（1837）；~ = Hymenorebulobivia Frič（1935）Nom. inval.；~ = Echinopsis Zucc.（1837）；~ = Lobivia Britton et Rose（1922）［仙人掌科 Cactaceae］●■

25778　Hymenosicyos Chiov.（1911）= Oreosyce Hook. f.（1871）［葫芦科（瓜科，南瓜科）Cucurbitaceae］■☆

25779　Hymenospermum Benth.（1831）= Alectra Thunb.（1784）；~ = Melasma P. J. Bergius（1767）［玄参科 Scrophulariaceae//列当科 Orobanchaceae］■

25780　Hymenosporum F. Muell.（1860）Nom. illegit. ≡ Hymenosporum R. Br. ex F. Muell.（1860）［海桐花科（海桐科）Pittosporaceae］●☆

25781　Hymenosporum R. Br. ex F. Muell.（1860）【汉】香荫树属。【英】Sweet Shade，Sweetshade。【隶属】海桐花科（海桐科）Pittosporaceae。【包含】世界 1 种。【学名诠释与讨论】〈中〉（希）hymen，所有格 hymenos，膜，羊皮纸，处女膜＋sporum 孢子，种子。此属的学名，ING、APNI、TROPICOS 和 IK 记载是"Hymenosporum R. Brown ex F. v. Mueller, Fragm. 2：77. Aug 1860"。"Hymenosporum F. Muell.（1860）≡ Hymenosporum R. Br. ex F.

Muell.（1860）"的命名人引证有误。【分布】澳大利亚（东部），新几内亚岛。【模式】Hymenosporum flavum（W. J. Hooker）F. v. Mueller［Pittosporum flavum W. J. Hooker］。【参考异名】Hymenosporum F. Muell.（1860）Nom. illegit.●☆

25782　Hymenospron Spreng.（1827）= Dioclea Kunth（1824）［豆科 Fabaceae（Leguminosae）］■☆

25783　Hymenostegia（Benth.）Harms（1897）Nom. illegit. ≡ Hymenostegia Harms（1897）［豆科 Fabaceae（Leguminosae）//云实科（苏木科）Caesalpiniaceae］■☆

25784　Hymenostegia Harms（1897）【汉】膜苞豆属。【隶属】豆科 Fabaceae（Leguminosae）//云实科（苏木科）Caesalpiniaceae。【包含】世界 16 种。【学名诠释与讨论】〈中〉（希）hymen，所有格 hymenos，膜，羊皮纸，处女膜＋stegion，屋顶，盖。指小苞片。此属的学名，ING 记载是"Hymenostegia（Bentham）Harms in Engler et Prantl, Nat. Pflanzenfam. Nachtr. 193. Oct 189"；但是未给出基源异名。IK 和 TROPICOS 则记载为"Hymenostegia Harms, Nat. Pflanzenfam. Nachtr.［Engler et Prantl］I. 193（1897）"。【分布】热带非洲。【后选模式】Hymenostegia floribunda（Bentham）Harms［Cynometra floribunda Bentham］。【参考异名】Dipetalanthus A. Chev.（1946）；Hymenostegia（Benth.）Harms（1897）Nom. illegit. ■☆

25785　Hymenostemma Kuntze ex Willk.（1864）【汉】膜顶菊属。【隶属】菊科 Asteraceae（Compositae）。【包含】世界 1 种。【学名诠释与讨论】〈中〉（希）hymen，所有格 hymenos，膜，羊皮纸，处女膜＋stemma，所有格 stemmatos，花冠，花环，王冠。此属的学名，ING 和 IK 记载是"Hymenostemma Kunze ex Willkomm, Bot. Zeitung（Berlin）22：253. 12 Aug 1864"。"Hymenostemma Willk.（1864）Nom. illegit. ≡ Hymenostemma Kuntze ex Willk.（1864）"的命名人引证有误。亦有文献把"Hymenostemma Kuntze ex Willk.（1864）"处理为"Chrysanthemum L.（1753）（保留属名）"的异名。【分布】阿尔及利亚，欧洲西南部，北美洲西南部。【模式】未指定。【参考异名】Chrysanthemum L.（1753）（保留属名）；Hymenostemma Willk.（1864）Nom. illegit. ■☆

25786　Hymenostemma Willk.（1864）Nom. illegit. ≡ Hymenostemma Kuntze ex Willk.（1864）［菊科 Asteraceae（Compositae）］■☆

25787　Hymenostephium Benth.（1873）【汉】冠膜菊属。【隶属】菊科 Asteraceae（Compositae）。【包含】世界 11-26 种。【学名诠释与讨论】〈阴〉（希）hymen，所有格 hymenos，膜，羊皮纸，处女膜＋stephos，stephanos，花冠，王冠＋-ius，-ia，-ium，在拉丁文和希腊文中，这些词尾表示性质或状态。此属的学名是"Hymenostephium Bentham in Bentham et J. D. Hooker, Gen. 2：382. 7-9 Apr 1873"。亦有文献把其处理为"Viguiera Kunth（1818）"的异名。【分布】玻利维亚，墨西哥至哥伦比亚和委内瑞拉，中美洲。【后选模式】Hymenostephium mexicanum Bentham。【参考异名】Viguiera Kunth（1818）■●☆

25788　Hymenostigma Hochst.（1844）【汉】膜柱头鸢尾属。【隶属】鸢尾科 Iridaceae。【包含】世界 2 种。【学名诠释与讨论】〈中〉（拉）hymen，所有格 hymenos，膜，羊皮纸，处女膜＋stigma，所有格 stigmatos，柱头，眼点。此属的学名是"Hymenostigma Hochstetter, Flora 27：24. 14 Jan 1844"。亦有文献把其处理为"Moraea Mill.（1758）［as 'Morea'］（保留属名）"的异名。【分布】埃塞俄比亚。【模式】未指定。【参考异名】Moraea Mill.（1758）［as 'Morea'］（保留属名）■☆

25789　Hymenotheca（F. Muell.）F. Muell.（1859）Nom. illegit. = Codonocarpus A. Cunn. ex Endl.（1837）［环蕊木科（环蕊科）Gyrostemonaceae//圆百部科 Stemonaceae］●☆

25790　Hymenotheca F. Muell.（1859）Nom. illegit. ≡ Hymenotheca（F. Muell.）F. Muell.（1859）Nom. illegit.；~ = Codonocarpus A. Cunn.

ex Endl. (1837) ［环蕊木科(环蕊科) Gyrostemonaceae//百部科 Stemonaceae］●☆

25791 Hymenotheca Salisb. (1812) = Ottelia Pers. (1805) ［水鳖科 Hydrocharitaceae］■

25792 Hymenothecium Lag. (1816) = Aegopogon Humb. et Bonpl. ex Willd. (1806) ［禾本科 Poaceae(Gramineae)］■☆

25793 Hymenothrix A. Gray (1849) 【汉】环头菊属。【隶属】菊科 Asteraceae(Compositae)。【包含】世界 4-5 种。【学名诠释与讨论】〈阴〉(希)hymen, 所有格 hymenos, 膜, 羊皮纸, 处女膜+thrix 毛。可能指冠毛脱落后留下的痕迹。【分布】美国(西南部), 墨西哥。【模式】Hymenothrix wislizeni A. Gray。【参考异名】Hutchinsonia M. E. Jones (1933) Nom. illegit. ; Trichymenia Rydb. (1914)■☆

25794 Hymenoxis Endl. (1841) = Hymenoxys Cass. (1828) ［菊科 Asteraceae(Compositae)］■☆

25795 Hymenoxys Cass. (1828) 【汉】尖膜菊属(苦草属, 膜质菊属)。【英】Bitterweed, Rubberweed。【隶属】菊科 Asteraceae (Compositae)。【包含】世界 28 种。【学名诠释与讨论】〈阴〉(希)hymen, 所有格 hymenos, 膜, 羊皮纸, 处女膜+oxys, 锐尖, 敏锐, 迅速, 或酸的。oxytenes, 锐利的, 有尖的。oxyntos, 使锐利的, 使发酸的。此属的学名, ING、TROPICOS、GCI 和 IK 记载是 "Hymenoxys Cass. , Dict. Sci. Nat. , ed. 2. ［F. Cuvier］55: 278. 1828 ［Aug 1828］"。它曾被处理为 "Cephalophora subgen. Hymenoxys (Cass.) Less. , Synopsis Generum Compositarum 240. 1832"。【分布】巴拉圭, 秘鲁, 玻利维亚, 北美洲西部至阿根廷, 中美洲。【模式】Hymenoxys anthemoides (A. L. Jussieu) Cassini ex A. P. de Candolle。【参考异名】Cephalophora subgen. Hymenoxys (Cass.) Less. (1832) ; Dugaldia Cass. (1828) ; Hymenoxis Endl. (1841) ; Macdougalia A. Heller (1898) ; Maedougalia A. Heller; Picradenia Hook. (1833) ; Plummera A. Gray (1882) ; Tetraneuris Greene (1898)■☆

25796 Hymnnocephalus Jaub. et Spach = Centaurea L. (1753) (保留属名) ［菊科 Asteraceae(Compositae)//矢车菊科 Centaureaceae］●■

25797 Hymnnochaeta P. Beauv. = Scirpus L. (1753) (保留属名) ［莎草科 Cyperaceae//藨草科 Scirpaceae］■

25798 Hymnostemon Post et Kuntze (1903) = Lobelia L. (1753) ; ~ = Ymnostema Neck. (1790) Nom. inval. ; ~ = Lobelia L. (1753) ［桔梗科 Campanulaceae//山梗菜科(半边莲科) Nelumbonaceae］●■

25799 Hyobanche L. (1771) 【汉】猪果列当属。【隶属】玄参科 Scrophulariaceae//列当科 Orobanchaceae。【包含】世界 7 种。【学名诠释与讨论】〈阴〉(希)hys, hyos, 猪, 果实+(属)Orobanche 列当属的后半部分。或 hys, hyos, 猪, 果实+anchein, 扼死, 使窒息。【分布】非洲南部。【模式】Hyobanche sanguinea Linnaeus。【参考异名】Haematobanche C. Presl(1851) ; Hisbanche Sparrm. ex Meisn. (1842)■☆

25800 Hyocyamus G. Don (1837) = Hyoscyamus L. (1753) ［茄科 Solanaceae//天仙子科 Hyoscyamaceae］■

25801 Hyogeton Steud. (1840) = Ilyogeton Endl. (1839) ; ~ = Vandellia P. Browne(1767) ［玄参科 Scrophulariaceae］■

25802 Hyophorbe Gaertn. (1791) 【汉】酒瓶椰子属(棒棍椰子属, 高瓶椰子属, 海夫比椰子属, 亥佛棕属, 酒瓶椰属, 猪料榈属)。【日】トックリヤシ属, ヒダカトックリヤシ属。【英】Bottle Palm, Pignut Palm。【隶属】棕榈科 Arecaceae(Palmae)。【包含】世界 3-5 种, 中国 2 种。【学名诠释与讨论】〈中〉(希)hys, 所有格 hyos, 猪, 果实+phorbe, 所有格 phorbados, 食物, 牧草。指其果实可食。【分布】哥伦比亚, 法国(留尼汪岛), 毛里求斯, 中国。【模式】Hyophorbe indica J. Gaertner。【参考异名】Mascarena L.

H. Bailey(1942) ; Sublimia Comm. ex Mart. (1836)●

25803 Hyoscarpus Dulac (1867) = Hyoscyamus L. (1753) ［茄科 Solanaceae//天仙子科 Hyoscyamaceae］■

25804 Hyoschyamus Zumagl. (1849) = Hyoscyamus L. (1753) ［茄科 Solanaceae//天仙子科 Hyoscyamaceae］■

25805 Hyosciamus Neck. (1768) = Hyoscyamus L. (1753) ［茄科 Solanaceae//天仙子科 Hyoscyamaceae］■

25806 Hyoscyamaceae Vest (1818) ［亦见 Solanaceae Juss. (保留科名)茄科］【汉】天仙子科。【包含】世界 1 属 15-20 种, 中国 1 属 2-6 种。【分布】欧洲, 非洲北部, 撒哈拉沙漠至亚洲西南和中部。【科名模式】Hyoscyamus L. (1753)■

25807 Hyoscyamus L. (1753) 【汉】天仙子属(莨菪属)。【日】ヒヨス属。【俄】Белена。【英】Henbane, Hog Bean, Hog-bean。【隶属】茄科 Solanaceae//天仙子科 Hyoscyamaceae。【包含】世界 15-20 种, 中国 2-6 种。【学名诠释与讨论】〈阳〉(希)hys, 所有格 hyos, 猪, 果实+kyamos, 豆, 小石。指果有毒, 使猪致死。此属的学名, ING、APNI、TROPICOS 和 IK 记载是 "Hyoscyamus L. , Sp. Pl. 1: 179. 1753 ［1 May 1753］"。"Hyosciamus Neck. , Delic. Gallo-Belg. i. 122(1768) = Hyoscyamus L. (1753)似为变体。【分布】巴基斯坦, 中国, 非洲北部, 欧洲, 撒哈拉沙漠至亚洲西南和中部。【后选模式】Hyoscyamus niger Linnaeus。【参考异名】Archihyoscyamus A. M. Lu (1997) ; Hiosciamus Neck. (1768) ; Hyocyamus G. Don(1837) ; Hyoscarpus Dulac(1867) ; Hyoschyamus Zumagl. (1849) ; Hyosciamus Neck. (1768) ; Hyosicamus Hill (1765)■

25808 Hyoseris L. (1753) 【汉】翼果苣属。【英】Hyoseris。【隶属】菊科 Asteraceae(Compositae)。【包含】世界 2-5 种。【学名诠释与讨论】〈阴〉(希)hys, hyos, 猪, 果实+seris, 菊苣。此属的学名, ING、TROPICOS 和 IK 记载是 "Hyoseris L. , Sp. Pl. 2: 808. 1753 ［1 May 1753］"。"Trinciatella Adanson, Fam. 2: 112, 613. Jul-Aug 1763"是 "Hyoseris L. (1753)"的晚出的同模式异名(Homotypic synonym, Nomenclatural synonym)。【分布】地中海地区。【后选模式】Hyoseris radiata Linnaeus。【参考异名】Achyrastrum Neck. (1790) ; Aposeris Neck. (1790) Nom. inval. ; Taraxaconastrum Guett. ; Thlipsocarpus Kuntze (1846) ; Trinciatella Adans. (1763) Nom. illegit. ■☆

25809 Hyosicamus Hill (1765) = Hyoscyamus L. (1753) ［茄科 Solanaceae//天仙子科 Hyoscyamaceae］■

25810 Hyospathe Mart. (1823) 【汉】薄鞘椰属(薄鞘桐属, 亥俄棕属, 红轴椰属, 姬珍椰子属)。【日】テーブルヤシモドキ属。【英】Hyospathe。【隶属】棕榈科 Arecaceae(Palmae)。【包含】世界 2-19 种。【学名诠释与讨论】〈中〉(希)hys, hyos, 猪, 果实+spathe=拉丁文 spatha, 佛焰苞, 鞘, 叶片, 匙状苞, 窄而平之薄片, 竽杖。词义为可做饲料。【分布】巴拿马, 秘鲁, 玻利维亚, 厄瓜多尔, 哥伦比亚(安蒂奥基亚), 哥斯达黎加, 中美洲。【模式】Hyospathe elegans C. F. P. Martius。【参考异名】Calycodon Wendl. ●☆

25811 Hypacanthium Juz. (1937) 【汉】灰背虎头蓟属。【俄】Гипаканциум。【隶属】菊科 Asteraceae(Compositae)。【包含】世界 3 种。【学名诠释与讨论】〈中〉(希)hypo-, 在下方+akantha, 荆棘, 刺+-ius, -ia, -ium, 在拉丁文和希腊文中, 这些词尾表示性质或状态。【分布】亚洲中部。【模式】Hypacanthium echinopifolium (Bornmüller) S. V. Juzepczuk ［Cousinia echinopifolia Bornmüller］。■☆

25812 Hypaelyptum Vahl (1805) (废弃属名) = Hypolytrum Rich. ex Pers. (1805) ; ~ = Lipocarpha R. Br. (1818) (保留属名) ［莎草科 Cyperaceae］■

25813 Hypaelytrum Poir. (1821) Nom. inval. ≡ Hypaelyptum Vahl

（1805）（废弃属名）；~ = Hypolytrum Rich. ex Pers.（1805）；~ = Lipocarpha R. Br.（1818）（保留属名）［莎草科 Cyperaceae］■

25814　Hypagophytum A. Berger（1930）【汉】垂景天属。【隶属】景天科 Crassulaceae。【包含】世界 1 种。【学名诠释与讨论】〈中〉（希）hypago，向下引+phyton，植物，树木，枝条。【分布】埃塞俄比亚。【模式】Hypagophytum abyssinicum（Hochstetter）Berger［Sempervivum abyssinicum Hochstetter］。■☆

25815　Hypanthera Silva Manso（1836）= Fevillea L.（1753）［葫芦科（瓜科，南瓜科）Cucurbitaceae］■☆

25816　Hypaphorus Hassk.（1858）= Erythrina L.（1753）［豆科 Fabaceae（Leguminosae）//蝶形花科 Papilionaceae］●■

25817　Hyparete Raf.（1837）Nom. illegit. ≡ Hermbstaedtia Rchb.（1828）［苋科 Amaranthaceae］■●☆

25818　Hypargyrium Fourr.（1868）Nom. inval. = Potentilla L.（1753）［蔷薇科 Rosaceae//委陵菜科 Potentillaceae］■●

25819　Hyparrhenia Andersson ex E. Fourn.（1886）【汉】苞茅属。【英】Bractquitch, Hyparrhenia。【隶属】禾本科 Poaceae（Gramineae）。【包含】世界 55-64 种，中国 5-6 种。【学名诠释与讨论】〈阴〉（希）hypo-，在下方+arrhena，所有格 ayrhenos，雄的。指其同性成对的雄小穗位于总状花序的基部。此属的学名，ING、GCI、TROPICOS 和 IK 记载是“Hyparrhenia Andersson ex E. Fourn., Mexic. Pl. Pt. 2, Gramin.（Miss. Sci. Mex. et Amer. Centr. Recherch. Bot.）51, in clavi, 67（1886）”;《中国植物志》英文版和《巴基斯坦植物志》亦使用此名称。APNI 记载为“Hyparrhenia E. Fourn., Mexican Plants 2 1886”。IK 还记载为“Hyparrhenia Andersson, Nova Acta Regiae Soc. Sci. Upsal. Ser. III, ii.（1855）254”。“Hyparrhenia Andersson, Nova Acta Regiae Soc. Sci. Upsal. Ser. III, ii.（1855）254”是一个未合格发表的名称（Nom. inval.）。“Hyparrhenia E. Fourn.（1886）”的命名人引证有误。【分布】巴基斯坦，巴拿马，玻利维亚，厄瓜多尔，哥伦比亚，哥斯达黎加，马达加斯加，尼加拉瓜，中国，阿拉伯地区，地中海地区，非洲，中美洲。【后选模式】Hyparrhenia foliosa（Kunth）Fournier［Anthistiria foliosa Kunth］。【参考异名】Dybowskia Stapf（1919）；Hyparrhenia Andersson（1855）Nom. inval.；Hyparrhenia E. Fourn.（1886）Nom. illegit.■

25820　Hyparrhenia Andersson（1855）Nom. inval. ≡ Hyparrhenia Andersson ex E. Fourn.（1886）［禾本科 Poaceae（Gramineae）］■

25821　Hyparrhenia E. Fourn.（1886）Nom. illegit. ≡ Hyparrhenia Andersson ex E. Fourn.（1886）［禾本科 Poaceae（Gramineae）］■

25822　Hypechusa Alef.（1860）= Vicia L.（1753）［豆科 Fabaceae（Leguminosae）//蝶形花科 Papilionaceae//野豌豆科 Viciaceae］■

25823　Hypecoaceae（Dumort.）Willk. et Lange = Fumariaceae Marquis（保留科名）■☆

25824　Hypecoaceae Barkley = Fumariaceae Marquis（保留科名）；~ = Hypecoaceae Nakai ex Reveal et Hoogland；~ = Papaveraceae Juss.（保留科名）●■

25825　Hypecoaceae Nakai ex Reveal et Hoogland（1991）【汉】角茴香科。【包含】世界 1 属 18-20 种，中国 1 属 6 种。【分布】温带欧亚大陆，从地中海西部至蒙古，中国（北部），喜马拉雅山。【科名模式】Hypecoum L.■

25826　Hypecoaceae Willk. et Lange（1880）= Fumariaceae Marquis（保留科名）；~ = Papaveraceae Juss.（保留科名）●■

25827　Hypecoum L.（1753）【汉】角茴香属（海瑟属）。【日】ケシモドキ属。【俄】Гипекоум，Житник。【英】Hornfennel, Hypecoum。【隶属】罂粟科 Papaveraceae//角茴香科 Hypecoaceae。【包含】世界 18-20 种，中国 4-6 种。【学名诠释与讨论】〈中〉（希）hypekoon, hypekoos，一种叶似芸香的植物。【分布】巴基斯坦，地中海至亚洲中部，中国。【后选模式】Hypecoum procumbens Linnaeus。【参考异名】Chiazospermum Bernh.（1833）；Hipecoum Vill.（1787）；Mnemosilla Forssk.（1775）■

25828　Hypelate P. Browne（1756）【汉】松下木属。【隶属】无患子科 Sapindaceae。【包含】世界 1 种。【学名诠释与讨论】〈阴〉（希）Pliny 所定名称，来自 hypo-，在下方+elate，松或杉。指生境。【分布】美国（佛罗里达），西印度群岛。【模式】Hypelate trifoliata O. Swartz。●☆

25829　Hypelichrysum Kirp.（1950）= Pseudognaphalium Kirp.（1950）［菊科 Asteraceae（Compositae）］■☆

25830　Hypelythrum D. Dietr.（1839）= Hypelytrum Poir.（1821）［莎草科 Cyperaceae］■

25831　Hypelytrum Poir.（1821）= Hypolytrum Rich. ex Pers.（1805）［莎草科 Cyperaceae］■

25832　Hypenanthe（Blume）Blume（1849）= Medinilla Gaudich. ex DC.（1828）［野牡丹科 Melastomataceae］●

25833　Hypenanthe Blume（1849）Nom. illegit. ≡ Hypenanthe（Blume）Blume（1849）；~ = Medinilla Gaudich. ex DC.（1828）［野牡丹科 Melastomataceae］●

25834　Hypenia（Benth.）Harley（1988）Nom. illegit. ≡ Hypenia（Mart. ex Benth.）Harley（1988）［唇形科 Lamiaceae（Labiatae）］●☆

25835　Hypenia（Mart. ex Benth.）Harley（1988）【汉】唇毛草属。【隶属】唇形科 Lamiaceae（Labiatae）。【包含】世界 23-24 种。【学名诠释与讨论】〈阴〉（希）hypene，上唇上的胡须，或脸的下部。可能指蜡质的鳞片。此属的学名，ING、TROPICOS 和 IK 记载是“Hypenia（C. F. P. Martius ex Bentham）R. M. Harley, Bot. J. Linn. Soc. 98:91. 14 Nov 1988”；由“Hyptis sect. Hypenia C. F. P. Martius ex Bentham, Labiat. Gen. Sp. 136. Jun 1833”改级而来。“Hypenia（Benth.）Harley（1988）≡ Hypenia（Mart. ex Benth.）Harley（1988）”和“Hypenia Mart. ex Benth. ≡ Hypenia（Mart. ex Benth.）Harley（1988）”的命名人引证均有误。亦有文献把“Hypenia（Mart. ex Benth.）Harley（1988）”处理为“Hyptis Jacq.（1787）（保留属名）”的异名。【分布】巴拉圭，玻利维亚，热带南美洲。【模式】Hypenia reticulata（C. F. P. Martius ex Bentham）R. M. Harley［Hyptis reticulata C. F. P. Martius ex Bentham］。【参考异名】Hypenia（Benth.）Harley（1988）Nom. illegit.；Hypenia Mart. ex Benth., Nom. illegit.；Hyptis Jacq.（1787）（保留属名）；Hyptis sect. Hypenia Mart. ex Benth.（1833）●☆

25836　Hypenia Mart. ex Benth., Nom. illegit. ≡ Hypenia（Mart. ex Benth.）Harley（1988）；~ = Hyptis Jacq.（1787）（保留属名）［唇形科 Lamiaceae（Labiatae）］●■

25837　Hyperacanthus E. Mey.（1843）Nom. inval. ≡ Hyperacanthus E. Mey. ex Bridson（1985）［茜草科 Rubiaceae］●☆

25838　Hyperacanthus E. Mey. ex Bridson（1985）【汉】类格尼木属（格尼帕属，格尼茜草属）。【日】ゲンパ属。【俄】Генипа。【英】Genip, Genip Tree, Genipa, Genipap, Genip-tree。【隶属】茜草科 Rubiaceae//栀子科 Gardeniaceae。【包含】世界 2-6 种。【学名诠释与讨论】〈阳〉（希）hyper-，在上，在外。Hyperos，杵。Hyperoe，上腭+akantha，荆棘，刺。此属的学名，ING、GCI、TROPICOS 和 IK 记载是“Hyperacanthus E. H. F. Meyer ex D. Bridson in D. Bridson et E. Robbrecht, Kew Bull. 40:275. 18 Apr 1985”。“Hyperacanthus E. Mey., Zwei Pflanzengeogr. Docum.（Drège）193. 1843［7 Aug 1843］≡ Hyperacanthus E. Mey. ex Bridson（1985）”是一个未合格发表的名称（Nom. inval.）。亦有文献把“Hyperacanthus E. Mey. ex Bridson（1985）”处理为“Gardenia J. Ellis（1761）（保留属名）”的异名。【分布】马达加斯加，莫桑比克，南非。【模式】Hyperacanthus amoenus（J. Sims）D. Bridson［Gardenia amoena J.

Sims]。【参考异名】Gardenia J. Ellis(1761)(保留属名);Genipa L.(1754);Hyperacanthus E. Mey.(1843)Nom. inval.;Hyperanthus Harv. et Sond.(1865);Randia L.(1753);Rothmannia Thunb.(1776)●☆

25839　Hyperanthera Forssk.(1775)= Moringa Adans.(1763)[辣木科 Moringaceae]●

25840　Hyperantheraceae Link(1829)= Moringaceae Martinov(保留科名)●

25841　Hyperanthus Harv. et Sond.(1865)= Gardenia J. Ellis(1761)(保留属名);~ = Hyperacanthus E. Mey. ex Bridson(1985)[茜草科 Rubiaceae//栀子科 Gardeniaceae]●☆

25842　Hyperaspis Briq.(1903)= Ocimum L.(1753)[唇形科 Lamiaceae(Labiatae)]●■

25843　Hyperbaena Miers ex Benth.(1861)(保留属名)【汉】越被藤属。【隶属】防己科 Menispermaceae。【包含】世界19-20种。【学名诠释与讨论】〈阴〉(希)hyper-,在上,在外+baen = bain,去,走。此属的学名"Hyperbaena Miers ex Benth. in J. Proc. Linn. Soc.,Bot. 5,Suppl. 2:47. 1861"是保留属名。相应的废弃属名是防己科 Menispermaceae 的"Alina Adans.,Fam. Pl. 2:84,512. Jul-Aug 1763 = Hyperbaena Miers ex Benth.(1861)(保留属名)"。"Hyperbaena Miers,Ann. Mag. Nat. Hist. ser. 2,7(37):44. 1851[Jan 1851]≡ Hyperbaena Miers ex Benth.(1861)(保留属名)"是一个未合格发表的名称(Nom. inval.)。真菌的"Alina Raciborski,Bull. Int. Acad. Sci. Cracovie,Cl. Sci. Math. 1909:374. 1909"也须废弃。【分布】巴拉圭,巴拿马,秘鲁,玻利维亚,厄瓜多尔,哥斯达黎加,尼加拉瓜,西印度群岛,中美洲。【模式】Hyperbaena domingensis(A. P. de Candolle)Bentham[Cocculus domingensis A. P. de Candolle]。【参考异名】Alina Adans(1763)(废弃属名);Apabuta(Griseb.)Griseb.(1880);Apabuta Griseb.(1880)Nom. illegit.;Hyperbaena Miers(1851)Nom. inval.;Vimen P. Browne ex Hallier f.(1918);Vimen P. Browne(1756)Nom. inval.●☆

25844　Hyperbaena Miers(1851)Nom. inval.(废弃属名)≡ Hyperbaena Miers ex Benth.(1861)(保留属名)[防己科 Menispermaceae]●☆

25845　Hypergyna Post et Kuntze(1903)= Hyperogyne Salisb.(1866)Nom. illegit.;~ = Paradisea Mazzuc.(1811)(保留属名)[百合科 Liliaceae//阿福花科 Asphodelaceae//吊兰科(猴面包科,猴面包树科)Anthericaceae]■☆

25846　Hypericaceae Juss.(1789)(保留科名)[亦见 Clusiaceae Lindl.(保留科名)//Guttiferae Juss.(保留科名)猪胶树科(克鲁西科,山竹子科,藤黄科)]【汉】金丝桃科。【俄】Зверобоецветные,Зверобойные。【英】St. -John's-wort Family。【包含】世界9属490-500种。【分布】热带、亚热带和温带。【科名模式】Hypericum L.(1753)●■

25847　Hypericoides Adans.(1763)Nom. illegit. ≡ Hypericoides Plum. ex Adans.(1763);~ = Ascyrum L.(1753)[金丝桃科 Hypericaceae//四数金丝桃科 Ascyraceae//猪胶树科(克鲁西科,山竹子科,藤黄科)Clusiaceae(Guttiferae)]●☆

25848　Hypericoides Cambess. ex Vesque = Garcinia L.(1753)[猪胶树科(克鲁西科,山竹子科,藤黄科)Clusiaceae(Guttiferae)//金丝桃科 Hypericaceae]●

25849　Hypericoides Plum. ex Adans.(1763)Nom. illegit. ≡ Hypericoides Adans.(1763)Nom. illegit.;~ ≡ Hypericoides Plum. ex Adans.(1763);~ = Ascyrum L.(1753)[金丝桃科 Hypericaceae//四数金丝桃科 Ascyraceae//猪胶树科(克鲁西科,山竹子科,藤黄科)Clusiaceae(Guttiferae)]●☆

25850　Hypericon J. F. Gmel.(1792)= Hypericum L.(1753)[金丝桃

科 Hypericaceae//猪胶树科(克鲁西科,山竹子科,藤黄科)Clusiaceae(Guttiferae)]■●

25851　Hypericophyllum Steetz(1864)【汉】钩毛菊属。【隶属】菊科 Asteraceae(Compositae)。【包含】世界7种。【学名诠释与讨论】〈中〉(希)hyperikon,金丝桃的古名,来自 hypo-,在下方+erike,欧石南,转义荒地+phyllon,叶子。phyllodes,似叶的,多叶的。phylleion,绿色材料,绿草。【分布】热带非洲。【模式】Hypericophyllum compositarum Steetz。■☆

25852　Hypericopsis Boiss.(1846)【汉】类金丝桃属。【隶属】唇形科 Lamiaceae(Labiatae)//猪胶树科(克鲁西科,山竹子科,藤黄科)Clusiaceae(Guttiferae)//瓣鳞花科 Frankeniaceae。【包含】世界1种。【学名诠释与讨论】〈阴〉(属)Hypericum 金丝桃属+希腊文 opsis,外观,模样,相似。此属的学名,ING、TROPICOS 和 IK 记载是"Hypericopsis Boiss.,Diagn. Pl. Orient. ser. 1,6:25. 1846[1845 publ. Jul 1846]"。"Hypericopsis Opiz,Seznam 53. 1852"是一个未合格发表的名称(Nom. inval.)。【分布】伊朗。【模式】Hypericopsis persica Boissier。■●☆

25853　Hypericopsis Opiz(1852)Nom. inval. = Hypericum L.(1753)[金丝桃科 Hypericaceae//猪胶树科(克鲁西科,山竹子科,藤黄科)Clusiaceae(Guttiferae)]■●

25854　Hypericum L.(1753)【汉】金丝桃属。【日】オトギリサウ属,オトギリソウ属。【俄】Зверобой。【英】Hypericum,John's-wort,Saint John's Wort,St. John's Wort,St. John's-wort,St. Johns Wort,St-john's Wort。【隶属】金丝桃科 Hypericaceae//猪胶树科(克鲁西科,山竹子科,藤黄科)Clusiaceae(Guttiferae)。【包含】世界370-420种,中国63种。【学名诠释与讨论】〈中〉(希)hyperikon,金丝桃的古名,来自希腊文 hypo-,在下方+erike 欧石南,转义荒地。林奈认为它来自希腊文 hyper-,在上+eikon,图像。【分布】巴基斯坦,巴拿马,秘鲁,玻利维亚,厄瓜多尔,哥伦比亚,哥斯达黎加,马达加斯加,美国,尼加拉瓜,中国,热带山区,温带,中美洲。【模式】Hypericum perforatum Linnaeus。【参考异名】Adenosepalum(Spach)Fourr.(1868);Adenosepalum Fourr.(1868)Nom. illegit.;Adenotrias Jaub. et Spach(1842);Androsaemum Duhamel(1755)Nom. illegit.;Androsaemum Mill.(1754);Androsemum Link(1831)Nom. illegit.;Androsemum Neck.(1790)Nom. inval.;Ascyrum L.(1753);Ascyrum Mill.(1754)Nom. illegit.;Brathydium Spach(1836);Brathys L. f.(1782);Brathys Mutis ex L. f.(1782);Campylopelma Rchb.(1837);Campylopus Spach(1836)Nom. illegit.;Campylosporua Spach(1836);Crookea Small(1903);Drosanthe Spach(1836);Drosocarpium(Spach)Fourr.(1868);Drosocarpium Fourr.(1868)Nom. illegit.;Elodes Adans.(1763)Nom. illegit.;Elodes Spach(1836)Nom. illegit.;Episiphis Raf.(1838)Nom. illegit.;Eremanthe Spach(1836);Eremocarpus Spach ex Rchb.;Eremosporus Spach(1836);Helodea Post et Kuntze(1903)Nom. illegit.;Helodes St. -Lag.(1880);Holosepalum(Spach)Fourr.(1868);Holosepalum Fourr.(1868)Nom. illegit.;Huebneria Rchb.(1841)Nom. illegit.;Hybericum Schrank(1789);Hypericon J. F. Gmel.(1792);Hypericopsis Opiz(1852)Nom. inval.;Isophyllum Spach(1836)Nom. illegit.;Knifa Adans.(1763);Komana Adans.(1763);Martia Spreng.(1818)Nom. illegit.;Myriandra Spach(1836);Norisca Dyer(1874);Norysca Spach(1836)Nom. illegit.;Olympia Spach(1836);Pancalum Ehrh.(1789)Nom. inval.;Petalanisia Raf.(1837);Pleurenodon Raf.(1837);Psorophytum Spach(1836);Receveura Vell.(1829);Roscyna Spach(1836);Saiothra Raf.;Sanidophyllum Small(1924);Santomasia N. Robson(1981);Sarothra L.(1753);Spachelodes Y. Kimura(1935);Strepalon Raf.;

Streptalon Raf.（1837）；Takasagoya Y. Kimura（1936）；Thymopsis Jaub. et Spach（1842）（废弃属名）；Triadenia Spach（1836）Nom. illegit.；Tridia Korth.（1836）；Tripentas Casp.（1857）Nom. illegit.；Webbia Spach（1836）■●

25855　Hyperixanthes Blume ex Penzig = Epirixanthes Blume（1823）；~ = Salomonia Lour.（1790）（保留属名）［远志科 Polygalaceae］■

25856　Hyperocarpa（Uline）G. M. Barroso, E. F. Guim. et Sucre（1974）= Dioscorea L.（1753）（保留属名）［薯蓣科 Dioscoreaceae］■

25857　Hyperogyne Salisb.（1866）Nom. illegit. ≡ Paradisea Mazzuc.（1811）（保留属名）［百合科 Liliaceae//阿福花科 Asphodelaceae//吊兰科（猴面包科, 猴面包树科）Anthericaceae］■☆

25858　Hypertelis E. Mey. ex Fenzl（1840）【汉】伞花粟草属。【隶属】粟米草科 Molluginaceae。【包含】世界9种。【学名诠释与讨论】〈阴〉词源不详。【分布】马达加斯加, 非洲南部。【后选模式】Hypertelis spergulacea E. H. F. Meyer ex Fenzl。■☆

25859　Hyperthelia Clayton（1967）【汉】三生草属。【隶属】禾本科 Poaceae（Gramineae）。【包含】世界7种。【学名诠释与讨论】〈阴〉（希）hyper-, 在上, 在外+thele, 乳头。或 hyper-, 在上, 在外+telos, teleos, 终点, 完成。指肉质叶。【分布】马达加斯加, 尼加拉瓜, 热带非洲, 中美洲。【模式】Hyperthelia dissoluta（C. G. D. Nees ex E. G. Steudel）W. D. Clayton［Anthistiria dissoluta C. G. D. Nees ex E. G. Steudel］。■☆

25860　Hyperum C. Presl（1851）= Wendtia Meyen（1834）（保留属名）［牻牛儿苗科 Geraniaceae］■☆

25861　Hypestes Kuntze（1903）= Hypoestes Sol. ex R. Br.（1810）［爵床科 Acanthaceae］●■

25862　Hypestes Post et Kuntze（1903）Nom. illegit. ≡ Hypestes Kuntze（1903）［爵床科 Acanthaceae］●■

25863　Hyphaene Gaertn.（1788）【汉】姜饼棕属（编织棕属, 叉杆棕属, 叉干棕属, 叉茎棕属, 非洲扇棕榈属, 非洲棕榈属, 分枝棕属, 姜果棕属）。【日】ドームヤシ属。【俄】Думпальма, Пальма "дум"。【英】Doum Palm, Gingerbread Palm。【隶属】棕榈科 Arecaceae（Palmae）。【包含】世界10-30种。【学名诠释与讨论】〈阴〉（希）hyphaino, 编织的。指干皮上叶基部交叉编织状。此属的学名, ING、TROPICOS 和 IK 记载是 "Hyphaene Gaertn., Fruct. Sem. Pl. ii. 13. t. 82（1788）"。"Chamaeriphes Dillenius ex O. Kuntze, Rev. Gen. 2: 728. 5 Nov 1891（non Pontedera ex J. Gaertner 1788）"是 "Hyphaene Gaertn.（1788）"的晚出的同模式异名（Homotypic synonym, Nomenclatural synonym）。【分布】巴基斯坦, 马达加斯加, 阿拉伯地区, 热带非洲。【模式】Hyphaene coriacea J. Gaertner。【参考异名】Chamaeriphes Dill. ex Kuntze（1891）Nom. illegit.；Chamaeriphes Kuntze（1891）Nom. illegit.；Cucifera Delile（1813）；Doma Lam.（1799）Nom. inval.；Doma Lam.（1823）Nom. inval., Nom. illegit.；Doma Poir.（1819）；Douma Poir.（1809）●☆

25864　Hyphear Danser（1929）Nom. illegit. ≡ Loranthus Jacq.（1762）（保留属名）［桑寄生科 Loranthaceae］●

25865　Hyphipus Raf.（1838）= Psittacanthus Mart.（1830）［桑寄生科 Loranthaceae］●

25866　Hyphydra Schreb.（1791）Nom. illegit. ≡ Tonina Aubl.（1775）［谷精草科 Eriocaulaceae］■☆

25867　Hypnoticon Rchb.（1841）= Hypnoticum Rodr.（1840）Nom. illegit.；~ = Withania Pauquy（1825）（保留属名）；~ Hypnoticum Rodr. ex Meisn.（1840）［茄科 Solanaceae］●■

25868　Hypnoticum Rodr.（1840）Nom. illegit. ≡ Hypnoticum Rodr. ex Meisn.（1840）；~ = Withania Pauquy（1825）（保留属名）［茄科 Solanaceae］●■

25869　Hypnoticum Rodr. ex Meisn.（1840）= Withania Pauquy（1825）（保留属名）［茄科 Solanaceae］●■

25870　Hypobathrum Blume（1827）【汉】下座茜属。【隶属】茜草科 Rubiaceae。【包含】世界20种。【学名诠释与讨论】〈中〉（希）hypo-, 在下方+bathron, 基础, 台座。【分布】马达加斯加, 缅甸至菲律宾（菲律宾群岛）, 印度尼西亚（爪哇岛）。【模式】Hypobathrum frutescens Blume。【参考异名】Cowiea Wernham（1914）；Eriostoma Boivin ex Baill.（1878）；Petunga DC.（1830）；Phylanthera Noronha（1790）；Platymerium Bartl. ex DC.（1830）；Spicillaria A. Rich.（1830）●☆

25871　Hypobrichia M. A. Curtis ex Torr. et A. Gray（1840）Nom. illegit. ≡ Didiplis Raf.（1833）；~ = Lythrum L.（1753）［千屈菜科 Lythraceae］●■

25872　Hypobrychia Wittst. = Hypobrichia M. A. Curtis ex Torr. et A. Gray（1840）Nom. illegit.；~ = Didiplis Raf.（1833）；~ = Lythrum L.（1753）［千屈菜科 Lythraceae］●■

25873　Hypocalimna Turcz.（1862）Nom. illegit. ≡ Hypocalymma（Endl.）Endl.（1840）［桃金娘科 Myrtaceae］●☆

25874　Hypocalymma（Endl.）Endl.（1840）【汉】下被桃金娘属（希帕卡利玛属）。【隶属】桃金娘科 Myrtaceae。【包含】世界14种。【学名诠释与讨论】〈中〉（希）hypo-, 在下方+calymma, 覆盖, 面纱。指花萼似面纱。此属的学名, ING 和 APNI 记载是 "Hypocalymma（Endlicher）Endlicher, Gen. 1230. Aug 1840", 由 "Leptospermum［sect.］Hypocalymma Endlicher in Endlicher et al., Enum. Pl. Hügel. 50. Apr 1837"改级而来。IK 和 TROPICOS 则记载为 "Hypocalymma Endl., Gen. Pl.［Endlicher］1230. 1840［Aug 1840］"。四者引用的文献相同。"Hypocalymna Endl., Generum Plantarum 2 1843"、"Hypocalymna Meisn., Pl. Vasc. Gen.［Meisner］2: 354" 和 "Hypocalimna Turcz., Bulletin de la Societe Imperiale des Naturalistes de Moscou 35（2）1862"是其变体。【分布】澳大利亚（西部）。【模式】未指定。【参考异名】Hypocalimna Turcz.（1862）Nom. illegit.；Hypocalymma Endl.（1840）Nom. illegit.；Hypocalymna Endl.（1843）Nom. illegit.；Hypocalymna Meisn.（1843）Nom. illegit.；Leptospermum［sect.］Hypocalymma Endl.（1837）●☆

25875　Hypocalymma Endl.（1840）Nom. illegit. ≡ Hypocalymma（Endl.）Endl.［桃金娘科 Myrtaceae］●☆

25876　Hypocalymna Endl.（1843）Nom. illegit. ≡ Hypocalymma（Endl.）Endl.［桃金娘科 Myrtaceae］●☆

25877　Hypocalymna Meisn.（1843）Nom. illegit. ≡ Hypocalymma（Endl.）Endl.［桃金娘科 Myrtaceae］●☆

25878　Hypocalyptus Thunb.（1800）【汉】酢浆豆属。【隶属】豆科 Fabaceae（Leguminosae）//蝶形花科 Papilionaceae。【包含】世界3种。【学名诠释与讨论】〈阳〉（希）hypo-, 在下方+kalyptos, 遮盖的, 隐藏的。kalypter, 遮盖物, 鞘, 小箱。【分布】非洲南部。【后选模式】Hypocalyptus obcordatus Thunberg, Nom. illegit.［Spartium sophoroides P. J. Bergius；Hypocalyptus sophoroides（P. J. Bergius）Druce］。【参考异名】Duvalia Bonpl.（1813）Nom. illegit.；Loddigesia Sims（1808）■☆

25879　Hypocarpus A. DC.（1844）= Liriosma Poepp.（1843）［木犀榄科（木犀科）Oleaceae］■☆

25880　Hypochaeris L.（1753）【汉】猫儿菊属（黄金菊属, 糠菊属, 猫耳草属, 仙女菊属）。【日】オウゴンソウ属, ワウゴンサウ属。【俄】Гиохерис, Пазник, Прозанник。【英】Achyrophorus, Cat's Ear, Cat's-ear, Cat's-ears, Catdaisy, Catsear, Swine's Succory。【隶属】菊科 Asteraceae（Compositae）。【包含】世界50-60种, 中国2-3种。【学名诠释与讨论】〈阴〉（希）hypo-, 在下方+choiros,

猪。指猪爱吃它的根。此属的学名, ING、APNI、GCI、TROPICOS 和 IK 记载是"Hypochaeris L., Sp. Pl. 2: 810. 1753 [1 May 1753]"。《中国植物志》英文版亦使用此名称。"Hypochoeris L., Genera Plantarum ed. 5 1754"是其变体。"Achyrophorus Adanson, Fam. 2: 112, 512. Jul-Aug 1763"和"Porcellites Cassini in F. Cuvier, Dict. Sci. Nat. 25: 64. Nov 1822"是"Hypochaeris L. (1753)"的晚出的同模式异名(Homotypic synonym, Nomenclatural synonym)。【分布】巴拉圭, 巴拿马, 秘鲁, 玻利维亚, 厄瓜多尔, 哥伦比亚, 马达加斯加, 美国, 中国, 中美洲。【后选模式】 Hypochaeris radicata Linnaeus。【参考异名】Achyrophorus Adans. (1763) Nom. illegit.; Achyrophorus Guett.; Achyrophorus Scop. (1847) Nom. illegit.; Agenora D. Don (1829) Nom. illegit.; Amblachaenium Turcz. ex DC. (1838); Arachnopogon Berg ex Haberl(1840); Arachnopogon Berg ex Steud.; Arachnospermum Berg ex Haberl; Arachnospermum Berg.; Cycnoseris Endl. (1843); Distoecha Phil. (1891); Fabera Sch. Bip. (1845) Nom. illegit.; Faberia Sch. Bip. (1845) Nom. illegit.; Heteromorpha Viv. ex Coss. (1866) Nom. illegit.; Heywoodiella Svent. et Bramwell (1971); Hierachium Hill(1769); Hipochaeris Nocca (1793); Hypochoeris L. (1754) Nom. illegit.; Hyppochaeris Biv. (1806); Metabasis DC. (1838); Oreophila D. Don(1830); Piptopogon Cass. (1827) Nom. illegit.; Porcellites Cass. (1822) Nom. illegit.; Robertia DC. (1815) Nom. illegit. (废弃属名); Robertia Rich. ex DC. (1815) Nom. illegit. (废弃属名); Seriola L. (1763); Trommsdorffia Bernh. (1800)■

25881　Hypochlaena Post et Kuntze(1903) = Hypolaena R. Br. (1810) (保留属名) [帚灯草科 Restionaceae]■☆

25882　Hypochoeris L. (1754) Nom. illegit. ≡ Hypochaeris L. (1753) [菊科 Asteraceae(Compositae)]■

25883　Hypocistis Adans. (1763) Nom. illegit. (废弃属名) [大花草科 Rafflesiaceae]■☆

25884　Hypocistis Gerard(1761) Nom. illegit. (废弃属名) [大花草科 Rafflesiaceae]■☆

25885　Hypocistis Mill. (1754) (废弃属名) ≡ Cytinus L. (1764) (保留属名) [蛇菰科 Balanophoraceae//大花草科 Rafflesiaceae]■☆

25886　Hypocoton Urb. (1912) = Bonania A. Rich. (1850) [大戟科 Euphorbiaceae]☆

25887　Hypocylix Wol. (1886) = Salsola L. (1753) [藜科 Chenopodiaceae//猪毛菜科 Salsolaceae]●■

25888　Hypocyrta Mart. (1829)【汉】鱼篮苣苔属。【日】ヒポキルタ属。【英】Hypocyrta。【隶属】苦苣苔科 Gesneriaceae。【包含】世界 17 种。【学名诠释与讨论】〈阴〉(希)hypo-, 在下方+kyrte, 鱼篮, 笼; kyrtos, 弧形的, 曲线的, 膨胀的。指花萼杯状。此属的学名是"Hypocyrta C. F. P. Martius, Nova Gen. Sp. 3: 48. Jan-Jun 1829"。亦有文献把其处理为"Nematanthus Schrad. (1821) (保留属名)"的异名。【分布】玻利维亚, 中美洲和热带南美洲。【后选模式】Hypocyrta hirsuta C. F. P. Martius。【参考异名】Codonanthe Mart. ex Steud. (1840) (废弃属名); Nematanthus Schrad. (1821) (保留属名)●■☆

25889　Hypodaeurus Hochst. (1844) = Anthephora Schreb. (1810) [禾本科 Poaceae(Gramineae)]■☆

25890　Hypodaphnis Stapf(1909)【汉】非洲厚壳桂属。【隶属】樟科 Lauraceae。【包含】世界 1 种。【学名诠释与讨论】〈阴〉(希)hypo-, 在下方+daphne, 瑞香。指其下位子房。【分布】热带非洲西部。【模式】Hypodaphnis zenkeri (Engler) Stagf [Ocotea zenkeri Engler]。●☆

25891　Hypodema Rchb. (1841) = Cypripedium L. (1753) [兰科 Orchidaceae]■

25892　Hypodematium A. Rich. (1848) Nom. illegit. ≡ Arbulocarpus Tennant(1958); ~ = Spermacoce L. (1753) [茜草科 Rubiaceae//繁缕科 Alsinaceae]●■

25893　Hypodematium A. Rich. (1850) Nom. illegit. = Eulophia R. Br. (1821) [as 'Eulophus'] (保留属名) [兰科 Orchidaceae]■

25894　Hypodiscus Nees(1836) (保留属名)【汉】下盘帚灯草属。【隶属】帚灯草科 Restionaceae。【包含】世界 15 种。【学名诠释与讨论】〈阳〉(希)hypo-, 在下方+diskos, 圆盘。此属的学名"Hypodiscus Nees in Lindley, Intr. Nat. Syst. Bot., ed. 2: 450. Jul 1836"是保留属名。相应的废弃属名是帚灯草科 Restionaceae 的"Lepidanthus Nees in Linnaea 5: 665. Oct 1830 = Hypodiscus Nees (1836) (保留属名)"。帚灯草科 Restionaceae 的"Lepidanthus Nees(1830) = Hypodiscus Nees(1836) (保留属名)", 大戟科 Euphorbiaceae 的"Lepidanthus Nutt., Trans. Amer. Philos. Soc. ser. 2, 5: 175. 1835 [late 1835] = Andrachne L. (1753)"和菊科 Asteraceae 的"Lepidanthus Nuttall, Trans. Amer. Philos. Soc. ser. 2. 7: 396. 2 Apr 1841 ≡ Lepidotheca Nutt. (1841) = Matricaria L. (1753)"亦应废弃。真菌的"Hypodiscus Lloyd, Mycol. Writings 7: 1181. Jan 1923"也要废弃。【分布】非洲南部。【模式】 Hypodiscus aristatus (Thunberg) Masters [Restio aristatus Thunberg]。【参考异名】Boeckhia Kunth(1841); Lepidanthus Nees (1830) (废弃属名); Leucoplocus Endl. (1841) Nom. illegit.; Leucoploeus Nees ex Lindl. (1836) Nom. illegit.; Leucoploeus Nees (1836)■☆

25895　Hypoelytrum Kunth(1816) = Hypolytrum Rich. ex Pers. (1805) [莎草科 Cyperaceae]■

25896　Hypoestes Sol. (1810) Nom. illegit. ≡ Hypoestes Sol. ex R. Br. (1810) [爵床科 Acanthaceae]●■

25897　Hypoestes Sol. ex R. Br. (1810)【汉】枪刀药属(枪刀菜属)。【日】シタイシャウ属, ヒポエステス属。【英】Hypoestes, Polka-dot Plant。【隶属】爵床科 Acanthaceae。【包含】世界 40 种, 中国 3 种。【学名诠释与讨论】〈阴〉(希)hypo-, 在下方+estia, 房屋。指苞片包被花萼。此属的学名, ING, APNI、TROPICOS 和 IK 记载是"Hypoestes Sol. ex R. Br., Prodr. Fl. Nov. Holland. 474. 1810 [27 Mar 1810]"。"Hypoestes Sol. (1810) Nom. illegit. ≡ Hypoestes Sol. ex R. Br. (1810"的命名人引证有误。【分布】巴拉圭, 巴拿马, 玻利维亚, 马达加斯加, 尼加拉瓜, 中国, 中美洲。【模式】Hypoestes floribunda R. Brown。【参考异名】Amphiestes S. Moore(1906); Hypestes Kuntze (1903); Hypestes Post et Kuntze (1903) Nom. illegit.; Hypoestes Sol. (1810) Nom. illegit.; Periestes Baill. (1890)●■

25898　Hypoglottis Fourr. (1868) = Astragalus L. (1753) [豆科 Fabaceae(Leguminosae)//蝶形花科 Papilionaceae]●■

25899　Hypogomphia Bunge (1873)【汉】拟金莲草属。【俄】Гипогомфия。【英】Hypogomphia。【隶属】唇形科 Lamiaceae (Labiatae)。【包含】世界 1-4 种。【学名诠释与讨论】〈阴〉(希) hypo-, 在下方+gomphos, 棍棒, 钉子, 绳索。或 hypo-, 在下方+(属)Gomphia 拟乌拉木属。【分布】阿富汗, 亚洲中部。【模式】 Hypogomphia turkestana Bunge。■☆

25900　Hypogon Raf. (1817) = Collinsonia L. (1753) [唇形科 Lamiaceae(Labiatae)]■☆

25901　Hypogynium Nees(1829) = Andropogon L. (1753) (保留属名) [禾本科 Poaceae(Gramineae)//须芒草科 Andropogonaceae]■

25902　Hypolaena R. Br. (1810) (保留属名)【汉】下被帚灯草属。【隶属】帚灯草科 Restionaceae。【包含】世界 8 种。【学名诠释与讨论】〈阴〉(希)hypo-, 在下方+laina =chlaine =拉丁文 laena, 外

衣,衣服。此属的学名"Hypolaena R. Br., Prodr.: 251. 27 Mar 1810"是保留属名。相应的废弃属名是帚灯草科 Restionaceae 的 "Calorophus Labill., Nov. Holl. Pl. 2: 78. Aug 1806 = Hypolaena R. Br. (1810)(保留属名)"。【分布】澳大利亚(东南部,塔斯曼半岛),马达加斯加。【模式】Hypolaena fastigiata R. Brown。【参考异名】Calorophus Labill. (1806)(废弃属名);Calostrophus F. Muell. (1873);Hypochlaena Post et Kuntze(1903)■☆

25903 Hypolepis Nees (1829) Nom. illegit. [禾本科 Poaceae (Gramineae)]■☆

25904 Hypolepis P. Beauv. ex T. Lestib. (1819) Nom. illegit. = Ficinia Schrad. (1832)(保留属名)[莎草科 Cyperaceae]■☆

25905 Hypolepis Pers. (1807) Nom. illegit. (1) = Haematolepis C. Presl (1851); ~ = Cytinus L. (1764)(保留属名)[蛇菰科 Balanophoraceae//簇花草科(簇花草科,大花草科)Cytinaceae//大花草科 Rafflesiaceae]■☆

25906 Hypolepis Pers. (1807) Nom. illegit. (2) ≡ Phelypaea L. (1758) [玄参科 Scrophulariaceae//列当科 Orobanchaceae]■☆

25907 Hypolobus E. Fourn. (1885)【汉】下裂萝藦属。【隶属】萝藦科 Asclepiadaceae。【包含】世界 1 种。【学名诠释与讨论】〈阳〉(希)hypo-,在下方+lobos=拉丁文 lobulus,片,裂片,叶,荚,蒴。【分布】巴西。【模式】Hypolobus infractus E. P. N. Fournier。☆

25908 Hypolythrum Walp. (1849) Nom. illegit. ≡ Hypolytrum Pers. (1805) [莎草科 Cyperaceae]■

25909 Hypolytrum Pers. (1805)【汉】割鸡芒属(林茅属)。【日】スゲガヤ属。【英】Hypolytrum。【隶属】莎草科 Cyperaceae。【包含】世界 40-60 种,中国 3-5 种。【学名诠释与讨论】〈中〉(希)hypo-,在下方+elytron 皮壳,套子,盖,鞘。指 2-3 枚小鳞片藏于 1 枚大鳞片下。此属的学名,ING、TROPICOS 和 IK 记载是 "Hypolytrum Pers., Syn. Pl. [Persoon] 1: 70. 1805 [1 Apr-15 Jun 1805]"。APNI 则记载为 "Hypolytrum Rich. ex Pers., Synopsis Plantarum 1 1805"。四者引用的文献相同。"Hypolythrum Walp., Ann. Bot. Syst. (Walpers) 1(5): 903. 1849 [6-9 Jun 1849]"是其拼写变体。【分布】巴拿马,秘鲁,玻利维亚,厄瓜多尔,哥伦比亚,哥斯达黎加,马达加斯加,尼加拉瓜,中国,热带和亚热带,中美洲。【后选模式】latifolium Persoon。【参考异名】Albikia J. Presl et C. Presl (1828);Beera P. Beauv. (1819) Nom. illegit.;Beera P. Beauv. ex T. Lestib. (1819);Hypaelyptum Vahl(1805)(废弃属名);Hypaelytrum Poir. (1821) Nom. inval.;Hypelytrum Poir. (1821);Hypoelytrum Kunth (1816);Hypolytrum Rich. (1805) Nom. illegit.;Hypolytrum Rich. ex Pers. (1805) Nom. illegit.;Principina Uittien (1935);Tringa Roxb. (1814);Tunga Roxb. (1820)■

25910 Hypolytrum Rich. (1805) Nom. illegit. ≡ Hypolytrum Pers. (1805) [莎草科 Cyperaceae]■

25911 Hypolytrum Rich. ex Pers. (1805) Nom. illegit. ≡ Hypolytrum Pers. (1805) [莎草科 Cyperaceae]■

25912 Hypoma Raf. = Noltea Rchb. (1828-1829) [鼠李科 Rhamnaceae]●☆

25913 Hyponema Raf. (1840) Nom. illegit. ≡ Cleomella DC. (1824) [白花菜科(醉蝶花科)Cleomaceae]■☆

25914 Hypophae Medik. (1799) = Hippophae L. (1753) [胡颓子科 Elaeagnaceae]●

25915 Hypophialium Nees (1832) = Ficinia Schrad. (1832)(保留属名)[莎草科 Cyperaceae]■☆

25916 Hypophyllanthus Regel(1865) = Helicteres L. (1753) [梧桐科 Sterculiaceae//锦葵科 Malvaceae]●

25917 Hypopithis Raf. (1810) Nom. illegit., Nom. inval. ≡ Hypopitys Hill (1756) Nom. inval.; ~ ≡ Monotropa L. (1753) [鹿蹄草科 Pyrolaceae//水晶兰科 Monotropaceae]■

25918 Hypopithydes Link = Monotropaceae Nutt. (保留科名)●

25919 Hypopithys Adans. (1763) = Hypopitys Hill (1756) Nom. inval.; ~ ≡ Monotropa L. (1753) [鹿蹄草科 Pyrolaceae//水晶兰科 Monotropaceae]■

25920 Hypopithys Nutt. (1818) Nom. illegit. = Hypopitys Hill (1756) Nom. inval.; ~ ≡ Monotropa L. (1753) [鹿蹄草科 Pyrolaceae//水晶兰科 Monotropaceae]■

25921 Hypopithys Raf. (1810) Nom. illegit. = Hypopitys Hill (1756) Nom. inval.; ~ ≡ Monotropa L. (1753) [鹿蹄草科 Pyrolaceae//水晶兰科 Monotropaceae]■

25922 Hypopithys Scop. (1771) Nom. illegit., Nom. inval. = Hypopitys Hill (1756) Nom. inval.; ~ ≡ Monotropa L. (1753) [鹿蹄草科 Pyrolaceae//水晶兰科 Monotropaceae]■

25923 Hypopityaceae Klotzsch(1851) = Ericaceae Juss. (保留科名)●

25924 Hypopityaceae Link = Ericaceae Juss. (保留科名)●

25925 Hypopitys Dill. ex Adans. (1763) Nom. illegit. ≡ Hypopithys Adans. (1763); ~ ≡ Monotropa L. (1753) [鹿蹄草科 Pyrolaceae//水晶兰科 Monotropaceae]■

25926 Hypopitys Ehrh. = Monotropa L. (1753) [鹿蹄草科 Pyrolaceae//水晶兰科 Monotropaceae]■

25927 Hypopitys Hill(1756) Nom. inval. = Monotropa L. (1753) [鹿蹄草科 Pyrolaceae//水晶兰科 Monotropaceae]■

25928 Hypopogon Turcz. (1858) = Symplocos Jacq. (1760) [山矾科(灰木科)Symplocaceae]●

25929 Hypoporum Nees(1834) = Scleria P. J. Bergius(1765) [莎草科 Cyperaceae]■

25930 Hypopteron Hassk. (1844) = Chirita Buch. - Ham. ex D. Don (1822) [苦苣苔科 Gesneriaceae]●■

25931 Hypopterygium Schltdl. (1844) Nom. illegit. ≡ Amphipterygium Schiede ex Standl. (1923) [漆树科 Anacardiaceae]●☆

25932 Hypopythis Raf. (1808) Nom. illegit., Nom. inval. ≡ Hypopitys Hill(1756) Nom. inval.; ~ ≡ Monotropa L. (1753) [鹿蹄草科 Pyrolaceae//水晶兰科 Monotropaceae]■

25933 Hypostate Hoffmanns. (1833) = Rhexia L. (1753) [野牡丹科 Melastomataceae]●■☆

25934 Hypothronia Schrank (1824) = Hyptis Jacq. (1787)(保留属名) [唇形科 Lamiaceae(Labiatae)]●■

25935 Hypoxanthus Rich. ex DC. (1828) = Miconia Ruiz et Pav. (1794)(保留属名) [野牡丹科 Melastomataceae//米氏野牡丹科 Miconiaceae]●☆

25936 Hypoxidaceae R. Br. (1814)(保留科名)【汉】长喙科(仙茅科)。【日】コギンバイザザ科。【英】Stargrass Family。【包含】世界 8-9 属 100-220 种,中国 3 属 8 种。【分布】澳大利亚,新西兰,美洲,西印度群岛,非洲,热带和亚热带亚洲。【科名模式】Hypoxis L. (1759)●

25937 Hypoxidia F. Friedmann(1985)【汉】长喙属。【隶属】长喙科(仙茅科)Hypoxidaceae。【包含】世界 2 种。【学名诠释与讨论】〈阴〉(希)hypo-,在下方+oxys,尖锐的,锋利的。【分布】塞舌尔(塞舌尔群岛)。【模式】Hypoxidia rhizophylla (J. G. Baker) F. Friedmann [Hypoxis rhizophylla J. G. Baker]。●☆

25938 Hypoxidopsis Steud. ex Baker(1879)【汉】拟长喙属。【隶属】百合科 Liliaceae。【包含】世界 1 种。【学名诠释与讨论】〈阴〉(属)Hypoxidia 长喙属+希腊文 opsis,外观,模样,相似。此属的学名是 "Hypoxidopsis Steud. ex Baker, Journal of the Linnean Society, Botany 17: 450. 1879"。亦有文献把其处理为 "Iphigenia

Kunth(1843)(保留属名)"的异名。【分布】澳大利亚,印度。【模式】Hypoxidopsis pumila Steud. ex Baker。【参考异名】Iphigenia Kunth(1843)(保留属名)■☆

25939 Hypoxis Adans. (1763) Nom. illegit. = Hypoxis L. (1759); ~ = Upoda Adans. (1763) Nom. illegit. ; ~ = Hypoxis L. (1759) [长喙科(仙茅科)Hypoxidaceae//石蒜科 Amaryllidaceae]■

25940 Hypoxis Forssk. (1775) Nom. illegit. =? Scilla L. (1753) [百合科 Liliaceae//风信子科 Hyacinthaceae//绵枣儿科 Scillaceae]■

25941 Hypoxis L. (1759)【汉】小金梅草属(小金梅属,小仙茅属)。【日】コキンバイザサ属。【英】Star Grass, Stargrass, Star-grass。【隶属】石蒜科 Amaryllidaceae//长喙科(仙茅科)Hypoxidaceae。【包含】世界 50-150 种,中国 2 种。【学名诠释与讨论】〈阴〉(希)hypo-,在下+oxys,锐尖,敏锐,迅速,或酸的。oxytenes,锐利的,有尖的。oxyntos,使锐利的,使发酸的。指叶尖头,或指蒴果的基部尖锐。另说指稍酸的。此属的学名,ING、APNI、TROPICOS 和 IK 记载为"Hypoxis Linnaeus, Syst. Nat. ed. 10. 986, 1366. 7 Jun 1759"。"Hypoxis Adans. (1763) Nom. illegit. ≡Upoda Adans. (1763) = Hypoxis L. (1759) [长喙科(仙茅科)Hypoxidaceae//石蒜科 Amaryllidaceae]"和"Hypoxis Forssk., Fl. Aegypt. -Arab. 74. 1775 [1 Oct 1775] =? Scilla L. (1753) [百合科 Liliaceae//风信子科 Hyacinthaceae//绵枣儿科 Scillaceae]"是晚出的非法名称。【分布】澳大利亚,巴基斯坦,巴拿马,秘鲁,玻利维亚,厄瓜多尔,哥斯达黎加,马达加斯加,美国,尼加拉瓜,印度至马来西亚,中国,非洲,东亚,美洲。【后选模式】Hypoxis erectum Linnaeus, Nom. illegit. [Ornithogalum hirsutum Linnaeus; Hypoxis hirsuta (Linnaeus) Coville]。【参考异名】Franquevillea Zoll. (1854); Franquevillea Zoll. ex Miq. (1859); Hypoxis Adans. (1763) Nom. illegit. ; Ianthe Salisb. (1866); Janthe Nel (1914) Nom. illegit. ; Niobaea Spach; Niobea Willd. ex Schult. f. (1830); Upoda Adans. (1763) Nom. illegit. ■

25942 Hyppochaeris Biv. (1806) = Hypochaeris L. (1753) [菊科 Asteraceae(Compositae)]■

25943 Hyppomarathrum Raf. = Hippomarathrum Haller (1745) Nom. inval. ; ~ = Seseli L. (1753) [伞形花科(伞形科)Apiaceae (Umbelliferae)]■

25944 Hypsagyne Jack ex Burkill =Salacia L. (1771)(保留属名) [卫矛科 Celastraceae//翅子藤科 Hippocrateaceae//五层龙科 Salaciaceae]●

25945 Hypsela C. Presl (1836)【汉】覆石花属。【隶属】桔梗科 Campanulaceae//山梗菜科(半边莲科)Nelumbonaceae。【包含】世界 4-5 种。【学名诠释与讨论】〈阴〉(希)hypsos,高,高度;hypselos,高的。指某些种生活于高地。此属的学名是"Hypsela K. B. Presl, Prodr. Monogr. Lobel. 45. Jul-Aug 1836"。亦有文献把其处理为"Lobelia L. (1753)"的异名。【分布】澳大利亚(东部),秘鲁,玻利维亚,厄瓜多尔,新西兰,安第斯山。【模式】Hypsela reniformis (Humboldt, Bonpland et Kunth) K. B. Presl [Lysipomia reniformis Humboldt, Bonpland et Kunth]。【参考异名】Lobelia L. (1753)■☆

25946 Hypselandra Pax et K. Hoffm. (1936) = Boscia Lam. ex J. St. -Hil. (1805)(保留属名) [山柑科 Capparaceae//白花菜科 Cleomaceae]■☆

25947 Hypselodelphys(K. Schum.) Milne-Redh. (1950)【汉】三室竹芋属。【隶属】竹芋科(苳叶科,柊叶科)Marantaceae。【包含】世界 4 种。【学名诠释与讨论】〈阴〉(希)hypsos,高,高度;hypselos,高的+delphys,子宫。此属的学名是"Hypselodelphys (K. Schum.) Milne-Redh. ,Kew. Bull. 1950:160. 1950,Kew. Bull. 1950:160. 1950",由"Trachyphrynium sect. Hypselodelphys K.

Schum."改级而来。【分布】热带非洲。【模式】未指定。【参考异名】Trachyphrynium K. Schum. , Nom. illegit. ; Trachyphrynium sect. Hypselodelphys K. Schum. ■☆

25948 Hypseloderma Radlk. (1932) = Camptolepis Radlk. (1907) [无患子科 Sapindaceae]●☆

25949 Hypseocharis J. Rémy (1847)【汉】安山草属。【隶属】安山草科(高柱花科)Hypseocharitaceae//酢浆草科 Oxalidaceae。【包含】世界 6-8 种。【学名诠释与讨论】〈阴〉(希)hypsos,高,高度;hypselos,高的+charis,喜悦,雅致,美丽,流行。【分布】秘鲁,玻利维亚,安第斯山。【模式】Hypseocharis pimpinellifolia Rémy [as 'pimpinellaefolia']。■☆

25950 Hypseocharitaceae Wedd. (1861) [亦见 Geraniaceae Juss. (保留科名)牻牛儿苗科和 Oxalidaceae R. Br. (保留科名)酢浆草科] 【汉】安山草科(高柱花科)。【包含】世界 1 属 8 种。【分布】安第斯山。【科名模式】Hypseocharis J. Rémy ■☆

25951 Hypseochloa C. E. Hubb. (1936)【汉】高地草属。【隶属】禾本科 Poaceae(Gramineae)。【包含】世界 2 种。【学名诠释与讨论】〈阴〉(希)hypsos,高,高度;hypselos,高的+chloe,草的幼芽,嫩草,禾草。指生境。【分布】热带非洲西部。【模式】cameroonensis C. E. Hubbard。■☆

25952 Hypserpa Miers (1851)【汉】夜花藤属。【英】Hypserpa。【隶属】防己科 Menispermaceae。【包含】世界 6-9 种,中国 1 种。【学名诠释与讨论】〈阴〉(希)hypsos,高,高度;hypselos,高的+herpo,爬。指其为攀缘植物。【分布】印度至马来西亚,中国。【模式】Hypserpa cuspidata (J. D. Hooker et T. Thomson) Miers [Limacia cuspidata J. D. Hooker et T. Thomson]。【参考异名】Adeliodes Post et Kuntze(1903); Adelioides Banks et Sol. ex Britten (1900) Nom. illegit. ; Adelioides R. Br. ex Benth. (1863) Nom. illegit. ; Adelioides Sol. ex Britten (1900) Nom. illegit. ; Adeliopsis Benth. (1862)●

25953 Hypsipodes Miq. (1868-1869) = Tinospora Miers (1851)(保留属名) [防己科 Menispermaceae]●■

25954 Hypsophila F. Muell. (1887)【汉】高地卫矛属。【隶属】卫矛科 Celastraceae。【包含】世界 2-3 种。【学名诠释与讨论】〈阴〉(希)hypsos,高,高度;hypselos,高的+philos,喜欢的,爱的。指生境。【分布】澳大利亚。【模式】Hypsophila halleyana F. v. Mueller。●☆

25955 Hyptiandra Hook. f. (1862) Nom. illegit. = Quassia L. (1762) [苦木科 Simaroubaceae]●☆

25956 Hyptianthera Wight et Arn. (1834)【汉】藏药木属。【英】Hyptianthera。【隶属】茜草科 Rubiaceae。【包含】世界 2 种,中国 1 种。【学名诠释与讨论】〈阴〉(希)hyptios,藏在背后的+anthera,花药。指花药内藏。【分布】泰国,印度(北部),中国。【模式】Hyptianthera stricta (A. W. Roth ex J. A. Schultes) R. Wight et Arnott [Rondeletia stricta A. W. Roth ex J. A. Schultes]。●

25957 Hyptidendron Harley(1988)【汉】疏伞柱基木属。【隶属】唇形科 Lamiaceae(Labiatae)。【包含】世界 16-19 种。【学名诠释与讨论】〈中〉(希)hyptios,藏在背后的;hyptiotes,平坦+dendron 或 dendros,树木,棍,丛林。【分布】秘鲁,玻利维亚,哥伦比亚(安蒂奥基亚),热带南美洲。【模式】Hyptis membranacea Bentham。●☆

25958 Hyptiodaphne Urb. (1901) = Daphnopsis Mart. (1824) [瑞香科 Thymelaeaceae]●☆

25959 Hyptis Jacq. (1787)(保留属名)【汉】山香属(四方骨属,香苦草属)。【日】イガニガクサ属。【英】Bushmint。【隶属】唇形科 Lamiaceae(Labiatae)。【包含】世界 160-400 种,中国 5 种。【学名诠释与讨论】〈阴〉(希)hyptios,藏在背后的。指花冠的唇瓣转向背面。此属的学名"Hyptis Jacq. in Collect. Bot. Spectentia (Vienna)1:101,103. Jan-Sep 1787"是保留属名。相应的废弃属

名是唇形科 Lamiaceae（Labiatae）的"Mesosphaerum P. Browne, Civ. Nat. Hist. Jamaica：257. 10 Mar 1756 = Hyptis Jacq.（1787）（保留属名）"和"Condea Adans., Fam. Pl. 2：504，542. Jul–Aug 1763 = Hyptis Jacq.（1787）（保留属名）"。【分布】巴基斯坦，巴拉圭，巴拿马，秘鲁，玻利维亚，厄瓜多尔，哥伦比亚（安蒂奥基亚），哥斯达黎加，马达加斯加，尼加拉瓜，中国，西印度群岛，中美洲。【模式】Hyptis capitata N. J. Jacquin。【参考异名】Brotera Spreng.（1801）Nom. illegit.；Condaea Steud.（1840）；Condea Adans.（1763）（废弃属名）；Gnoteris Raf.（1838）Nom. illegit.；Hippothronia Benth.（1833）；Hypenia（Mart. ex Benth.）Harley（1988）；Hypenla Mast. ex Benth., Nom. illegit.；Hypothronia Schrank（1824）；Mesosphaerum P. Browne（1756）（废弃属名）；Raphiodon Benth.（1848）；Rhaphiodon Schauer（1844）；Schaueria Hassk.（1842）Nom. illegit.（废弃属名）；Siagonarrhen Mart. ex J. A. Schmidt（1858）●■

25960　Hyptissa Salisb.（1866）= Gladiolus L.（1753）［鸢尾科 Iridaceae］■

25961　Hypudaerus A. Braun（1841）Nom. nud. = Anthephora Schreb.（1810）；~ = Hypodaerus Hochst.（1844）［禾本科 Poaceae（Gramineae）］■☆

25962　Hypudaerus Rchb.（1841）= Anthephora Schreb.（1810）；~ = Hypodaerus Hochst.（1844）［禾本科 Poaceae（Gramineae）］■☆

25963　Hyrtanandra Miq.（1851）= Gonostegia Turcz.（1846）［荨麻科 Urticaceae］●■

25964　Hyssaria Kolak.（1981）= Campanula L.（1753）［桔梗科 Campanulaceae］■●

25965　Hyssopifolia Fabr. = Lythrum L.（1753）［千屈菜科 Lythraceae］●■

25966　Hyssopifolia Opiz（1852）【汉】香叶菜属。【隶属】千屈菜科 Lythraceae。【包含】世界 1 种。【学名诠释与讨论】〈阴〉（希）hyssopos，一种芳香植物的古名。拉丁文 hysopum, hyssopum, hyssopus 同义 + folium 叶。此属的学名，TROPICOS 和 IK 记载是"Hyssopifolia Opiz, Seznam 53（1852）"。"Hyssopifolia Fabr"是"Lythrum L.（1753）［千屈菜科 Lythraceae］"的异名。【分布】不详。【模式】Hyssopifolia parviflora Opiz。☆

25967　Hyssopus L.（1753）【汉】神香草属（喜苏属，海索草属）。【日】ヤナギハクカ属，ヤナギハッカ属。【俄】Гиссон，Иссоп。【英】Hyssop。【隶属】唇形科 Lamiaceae（Labiatae）。【包含】世界 2–15 种，中国 2–3 种。【学名诠释与讨论】〈阳〉（希）hyssopos，一种芳香植物的古名。拉丁文 hysopum, hyssopum, hyssopus 同义。【分布】巴基斯坦，厄瓜多尔，中国，地中海至亚洲中部，欧洲南部。【后选模式】Hyssopus officinalis Linnaeus。【参考异名】Hissopus Nocca（1793）；Styssopus Raf.（1837）（废弃属名）●■

25968　Hysteria Reinw.（1825）Nom. illegit. = Corymborkis Thouars（1809）［兰科 Orchidaceae］■

25969　Hysteria Reinw. ex Blume（1823）= Corymborkis Thouars（1809）［兰科 Orchidaceae］■

25970　Hystericina Steud.（1853）= Echinopogon P. Beauv.（1812）［禾本科 Poaceae（Gramineae）］■☆

25971　Hysterionica Willd.（1807）【汉】黄酒草属。【隶属】菊科 Asteraceae（Compositae）。【包含】世界 7–10 种。【学名诠释与讨论】〈阴〉（希）hystera，子宫；hysterias，胞衣 + onyx，所有格 onychos，指甲，爪。此属的学名，ING，TROPICOS 和 IK 记载是"Hysterionica Willdenow, Ges. Naturf. Freunde Berlin Mag. Neuesten Entdeck. Gesammten Naturk. 1：140. 1807"。"Hysteronica Endl., Enchir. Bot.（Endlicher）251（1841）= Hysterionica Willd.（1807）"似为变体。【分布】阿根廷，巴拉圭，巴西（南部），玻利维亚，乌

拉圭。【模式】Hysterionica jasionoides Willdenow。【参考异名】Hysteronica Endl.（1841）；Neja D. Don（1831）■☆

25972　Hysteronica Endl.（1841）= Hysterionica Willd.（1807）［菊科 Asteraceae（Compositae）］■☆

25973　Hysterophorus Adans.（1763）Nom. illegit. ≡ Parthenium L.（1753）［菊科 Asteraceae（Compositae）］■●

25974　Hystrichophora Mattf.（1936）【汉】莲座瘦片菊属。【隶属】菊科 Asteraceae（Compositae）。【包含】世界 1–3 种。【学名诠释与讨论】〈阴〉（希）hystrix，所有格 hystrichos，豪猪，箭竹，猪鬃 + phoros，具有，梗，负载，发现者。【分布】热带非洲东部。【模式】Hystrichophora macrophylla Mattfeld。☆

25975　Hystringium Steud.（1841）Nom. inval. ≡ Hystringium Trin. ex Steud.（1841）Nom. inval.；~ = Lasiochloa Kunth（1830）；~ = Tribolium Desv.（1831）［禾本科 Poaceae（Gramineae）］■☆

25976　Hystringium Trin. ex Steud.（1841）Nom. inval. = Lasiochloa Kunth（1830）；~ = Tribolium Desv.（1831）［禾本科 Poaceae（Gramineae）］■☆

25977　Hystrix Moench（1794）Nom. illegit.【汉】猬草属（蝟草属）。【俄】Гистрикс，Хистрикс，Чертополох курчавый，Шерохватка。【英】Bottlebrush Grass, Bottle – brush Grass, Bottlebrush – grass, Hedgehogweed。【隶属】禾本科 Poaceae（Gramineae）。【包含】世界 10 种，中国 2 种。【学名诠释与讨论】〈阴〉（希）hystrix，所有格 hystrichos，豪猪，箭竹，猪鬃。指小穗具有长刚毛。此属的学名"Hystrix Moench, Methodus（Moench）294. 1794 [4 May 1794]"是一个替代名称。它替代的是"Asperella Humb., Bot. Mag.（Römer et Usteri）7：5. 1790 [Jan–Mar 1790]"；因为此前已经有了"Asprella Schreb., Gen. Pl., ed. 8 [a]. 1：45. 1789 [Apr 1789]；[Asperella Schreb.（1789）] 是误记"；二者极易混淆。故用"Hystrix Moench（1794）Nom. illegit."替代之。GCI 则认为这个替代是多余的"nom. illeg. nom. superfl."。《中国植物志》中文版和英文版都用"Hystrix Moench（1794）Nom. illegit."为正名。"Hystrix Rumph. = Barleria L.（1753）［爵床科 Acanthaceae］"应该是命名起点著作之前的名称。【分布】新西兰，中国，温带亚洲，北美洲。【模式】Hystrix patula Moench [Elymus hystrix Linnaeus]。【参考异名】Asperella Humb.（1790）Nom. illegit.；Asperella Juss.（1804）Nom. illegit.；Cockaynea Zotov（1943）；Gymnostichum Schreb.（1810）Nom. illegit.；Stenostachys Turcz.（1862）■

25978　Hystrix Rumph. = Barleria L.（1753）［爵床科 Acanthaceae］●■

25979　Iacranda Pers. = Jacaranda Juss.（1789）［紫葳科 Bignoniaceae］●

25980　Iaera H. F. Copel.（1932）= Costera J. J. Sm.（1910）［杜鹃花科（欧石南科）Ericaceae］●☆

25981　Ialapa Crantz（1766）= Jalapa Mill.（1754）Nom. illegit.；~ = Mirabilis L.（1753）［紫茉莉科 Nyctaginaceae］■

25982　Ialappa Ludw. = Ialapa Crantz（1766）= Jalapa Mill.（1754）Nom. illegit.；~ = Mirabilis L.（1753）［紫茉莉科 Nyctaginaceae］■

25983　Ianhedgea Al-Shehbaz et O'Kane（1999）【汉】葶芥属（小蒜芥属）。【隶属】十字花科 Brassicaceae（Cruciferae）。【包含】世界 1 种，中国 1 种。【学名诠释与讨论】〈阴〉词源不详。【分布】中国。【模式】Ianhedgea minutiflora（Hook. f. et Thomson）Al-Shehbaz et O'Kane。■

25984　Iantha Hook.（1824）= Ionopsis Kunth（1816）［兰科 Orchidaceae］■☆

25985　Ianthe Pfeiff. = Celsia L.（1753）；~ = Janthe Griseb.（1844）［玄参科 Scrophulariaceae//毛蕊花科 Verbascaceae］●■

25986　Ianthe Salisb.（1866）= Hypoxis L.（1759）；~ = Spiloxene Salisb.（1866）［石蒜科 Amaryllidaceae//长喙科（仙茅科）

Hypoxidaceae]■☆

25987　Ianthopappus Roque et D. J. N. Hind（2001）【汉】紫冠菊属。【隶属】菊科 Asteraceae（Compositae）。【包含】世界1种。【学名诠释与讨论】〈阳〉（希）ianthinos 紫色的＋希腊文 pappos 指柔毛，软毛。pappus 则与拉丁文同义，指冠毛。【分布】南美洲。【模式】Ianthopappus corymbosus（Lessing）N. Roque et D. J. N. Hind［Gochnatia corymbosa Lessing］。■☆

25988　Iaravaea Scop.（1777）＝ Acisanthera P. Browne（1756）；~ ＝ Desmoscelis Naudin（1850）；~ ＝ Microlicia D. Don（1823）；~ ＝ Nepsera Naudin（1850）［野牡丹科 Melastomataceae］●☆

25989　Iasione Moench（1794）＝ Jasione L.（1753）［桔梗科 Campanulaceae//菊头桔梗科 Jasionaceae］■☆

25990　Iasminaceae Link ＝Jasminaceae Juss.●■

25991　Iatropha Stokes（1812）＝ Jatropha L.（1753）（保留属名）［大戟科 Euphorbiaceae］●■

25992　Ibadja A. Chev.（1938）＝ Loesenera Harms（1897）［豆科 Fabaceae（Leguminosae）//云实科（苏木科）Caesalpiniaceae］■☆

25993　Ibarraea Lundell（1981）＝ Ardisia Sw.（1788）（保留属名）［紫金牛科 Myrsinaceae］●■

25994　Ibatia Decne.（1844）【汉】伊巴特萝藦属。【隶属】萝藦科 Asclepiadaceae。【包含】世界3种。【学名诠释与讨论】〈阴〉（地）Ibate,伊巴特,位于巴西。【分布】玻利维亚,西印度群岛,热带南美洲,中美洲。【模式】Ibatia maritima（N. J. Jacquin）Decaisne［Cynanchum maritimum N. J. Jacquin］。●☆

25995　Ibbertsonia Steud.（1840）＝ Ibbetsonia Sims（1810）Nom. illegit.；~ ＝ Cyclopia Vent.（1808）［豆科 Fabaceae（Leguminosae）//蝶形花科 Papilionaceae］●☆

25996　Ibbetsonia Sims（1810）Nom. illegit. ≡ Cyclopia Vent.（1808）［豆科 Fabaceae（Leguminosae）//蝶形花科 Papilionaceae］●☆

25997　Iberidella Boiss.（1841）【汉】小蜂室花属。【日】イベルウィルレア属。【俄】Ибериечка。【隶属】十字花科 Brassicaceae（Cruciferae）。【包含】世界6种。【学名诠释与讨论】〈阴〉（属）Iberis 蜂室花属＋拉丁文－ella 小。此属的学名是"Iberidella Boissier, Ann. Sci. Nat. Bot. ser. 2. 16：381. Dec 1841"。亦有文献把其处理为"Aethionema W. T. Aiton（1812）"的异名。【分布】伊朗,巴基斯坦,阿尔卑斯山至高加索,喜马拉雅山。【模式】Iberidella trinervia（A. P. de Candolle）Boissier［Hutchinsia trinervia A. P. de Candolle］。【参考异名】Aethionema R. Br.（1812）Nom. illegit.；Aethionema W. T. Aiton（1812）■☆

25998　Iberis Adans.（1763）Nom. illegit.［十字花科 Brassicaceae（Cruciferae）]☆

25999　Iberis Hill（1756）Nom. illegit. ＝Lepidium L.（1753）［十字花科 Brassicaceae（Cruciferae）]■

26000　Iberis L.（1753）【汉】屈曲花属（蜂室花属）。【日】イベリス属,マガミバナ属,マガリバナ属。【俄】Иберийка, Иберис, Перечник, Разнолепестка, Разнолепестник, Разноорешник, Стенник。【英】Candy Tuft, Candytuft, Iberis。【隶属】十字花科 Brassicaceae（Cruciferae）。【包含】世界30-40种,中国3种。【学名诠释与讨论】〈阴〉（希）iberis,一种独行菜类植物的西班牙古名。此属的学名,ING、TROPICOS 和 IK 记载是"Iberis L., Sp. Pl. 2：648. 1753［1 May 1753］"。"Iberis Adans., Fam. Pl.（Adanson）2：422. 1763［十字花科 Brassicaceae（Cruciferae）]"和"Iberis J. Hill, Brit. Herbal 262. Jul 1756 ＝Lepidium L.（1753）［十字花科 Brassicaceae（Cruciferae）]"是晚出的非法名称。"Arabis Adanson, Fam. 2：422, 519. Jul－Aug 1763（non Linnaeus 1753）"和"Biauricula Bubani, Fl. Pyrenaea 3：217. 1901（ante 27 Aug）"是"Iberis L.（1753）"的晚出的同模式异名（Homotypic

synonym, Nomenclatural synonym）。【分布】巴基斯坦,厄瓜多尔,中国,欧洲,亚洲,中美洲。【后选模式】Iberis semperflorens Linnaeus。【参考异名】Aetheonema R. Br.（1812）Nom. illegit.；Arabis Adans.（1763）Nom. illegit.；Archimedia Raf.；Biauricula Bubani（1901）Nom. illegit.；Metathlaspi E. H. L. Krause（1927）；Noccaea Kuntze（1891）●■

26001　Ibervillea Greene（1895）【汉】笑布袋属。【英】Slimlobe Globeberry。【隶属】葫芦科（瓜科,南瓜科）Cucurbitaceae。【包含】世界1-4种。【学名诠释与讨论】〈阴〉（人）Iberville. 此属的学名"Ibervillea E. L. Greene, Erythea 3：75. 1 Mai 1895"是一个替代名称。"Maximowiczia Cogniaux in Alph. de Candolle et A. C. de Candolle, Monogr. Phan. 3：726. Jun 1881"是一个非法名称（Nom. illegit.）,因为此前已经有了"Maximowiczia Ruprecht, Bull. Cl. Phys. －Math. Acad. Imp. Sci. Saint-Pétersbourg ser. 2. 15：124, 142. 27 Nov 1856［＝Schisandra Michx.（1803）（保留属名）［木兰科 Magnoliaceae//五味子科 Schisandraceae//八角科 Illiciaceae］"。故用"Ibervillea Greene（1895）"替代之。亦有文献把"Ibervillea Greene（1895）"处理为"Maximowiczia Cogn.（1881）Nom. illegit."的异名。【分布】北美洲,中美洲。【模式】Ibervillea lindheimeri（A. Gray）E. L. Greene［Sicydium lindheimeri A. Gray］。【参考异名】Maximowiczia Cogn.（1881）Nom. illegit.；Sicydium A. Gray（1850）Nom. inval., Nom. illegit.■☆

26002　Ibetralia Bremek.（1934）＝ Alibertia A. Rich. ex DC.（1830）［茜草科 Rubiaceae］●☆

26003　Ibetsonia Steud.（1840）＝ Cyclopia Vent.（1808）；~ ＝Ibbetsonia Sims（1810）Nom. illegit.；~ ＝ Cyclopia Vent.（1808）［豆科 Fabaceae（Leguminosae）//蝶形花科 Papilionaceae］●☆

26004　Ibicella（Stapf）Eselt.（1929）Nom. illegit. ≡ Ibicella Eselt.（1929）［胡麻科 Pedaliaceae//角胡麻科 Martyniaceae］■☆

26005　Ibicella Eselt.（1929）【汉】单角胡麻属。【隶属】胡麻科 Pedaliaceae//角胡麻科 Martyniaceae。【包含】世界3种。【学名诠释与讨论】〈阴〉（希）ibis,埃及的神鸟彩鹳＋－cellus,－cella,－cellum,指示小的词尾。此属的学名,ING、TROPICOS 和 IK 记载是"Ibicella Van Eseltine, New York Agric. Exp. Sta. Techn. Bull. 149：31. 1929";而 APNI 则记载为"Ibicella（Stapf）Van Eselt., New York State Agricultural Experiment Station. Technical Bulletin No. 149 1929";但是未给出基源异名。四者引用的文献相同。【分布】玻利维亚,热带南美洲。【模式】Ibicella lutea（Lindley）Van Eseltine［Martynia lutea Lindley］。【参考异名】Ibicella（Stapf）Eselt.（1929）Nom. illegit.■☆

26006　Ibidium Salisb.（1812）Nom. inval. ≡ Ibidium Salisb. ex Small（1913）；~ ≡ Spiranthes Rich.（1817）（保留属名）［兰科 Orchidaceae］■

26007　Ibidium Salisb. ex House（1905）Nom. illegit. ＝Spiranthes Rich.（1817）（保留属名）［兰科 Orchidaceae］■

26008　Ibidium Salisb. ex Small（1913）Nom. illegit. ≡ Spiranthes Rich.（1817）（保留属名）［兰科 Orchidaceae］■

26009　Ibina Noronha（1790）（1）＝ Sauropus Blume（1826）［大戟科 Euphorbiaceae］●■

26010　Ibina Noronha（1790）（2）＝ Thunbergia Retz.（1780）（保留属名）［爵床科 Acanthaceae//老鸦嘴科（山牵牛科,老鸦咀科）Thunbergiaceae］●■

26011　Iboga J. Braun et K. Schum.（1889）＝ Tabernanthe Baill.（1889）［爵床科 Acanthaceae］●☆

26012　Iboza N. E. Br.（1910）＝ Tetradenia Benth.（1830）［樟科 Lauraceae］●☆

26013　Icacina A. Juss.（1823）【汉】茶茱萸属。【隶属】茶茱萸科

Icacinaceae。【包含】世界 5-6 种。【学名诠释与讨论】〈阴〉（希）icaco,椰子树+-inus,-ina,-inum 拉丁文加在名词词干之后,以形成形容词的词尾,含义为"属于、相似、关于、小的"。【分布】马达加斯加,热带非洲西部。【模式】Icacina senegalensis A. H. L. Jussieu。【参考异名】Thollonia Baill.（1886）●☆

26014　Icacinaceae（Benth.）Miers（1851）（保留科名）【汉】茶茱萸科。【日】クロタキカズラ科,クロタキカヅラ科。【俄】Икациновые。【英】Icacina Family。【包含】世界 52-58 属 300-441 种,中国 14 属 28 种。【分布】热带。【科名模式】Icacina A. Juss.●■

26015　Icacinaceae Miers（1851）= Icacinaceae（Benth.）Miers（1851）（保留科名）●■

26016　Icacinopsis Roberty（1953）= Dichapetalum Thouars（1806）［毒鼠子科 Dichapetalaceae］●

26017　Icaco Adans.（1763）Nom. illegit. ≡ Chrysobalanus L.（1753）［蔷薇科 Rosaceae//金壳果科（金棒科,金橡实科,可可李科）Chrysobalanaceae］●☆

26018　Icacorea Aubl.（1775）Nom. illegit.（废弃属名）= Ardisia Sw.（1788）（保留属名）［紫金牛科 Myrsinaceae］●■

26019　Icaranda Pers.（1806）= Jacaranda Juss.（1789）［紫葳科 Bignoniaceae］●

26020　Icaria J. F. Macbr.（1929）= Miconia Ruiz et Pav.（1794）（保留属名）［野牡丹科 Melastomataceae//米氏野牡丹科 Miconiaceae］●☆

26021　Ichnanthus P. Beauv.（1812）【汉】距花黍属。【日】タイワンササキビ属。【英】Scargrass。【隶属】禾本科 Poaceae（Gramineae）。【包含】世界 33-39 种,中国 1 种。【学名诠释与讨论】〈阳〉（希）ichnos,距,辙,痕迹,足迹+anthos,花。指模式种的第二外稃之两侧具附属体。【分布】澳大利亚,巴拿马,秘鲁,玻利维亚,厄瓜多尔,哥伦比亚（安蒂奥基亚）,哥斯达黎加,尼加拉瓜,印度至马来西亚,中国,中美洲。【模式】Ichnanthus panicoides Palisot de Beauvois。【参考异名】Ischnanthus Roem. et Schult.（1817）Nom. illegit. ;Navicularia Raddi（1823）Nom. illegit. ■

26022　Ichnocarpus R. Br.（1810）（保留属名）【汉】腰骨藤属（小花藤属）。【英】Ichnocarpus, Micrechites, Waistbone Vine。【隶属】夹竹桃科 Apocynaceae。【包含】世界 12-18 种,中国 4 种。【学名诠释与讨论】〈阳〉（希）ichnos,距,辙,痕迹,足迹+karpos,果实。指蓇葖果双生,一长一短。此属的学名"Ichnocarpus R. Br., Asclepiadeae:50. 3 Apr 1810"是保留属名。法规未列出相应的废弃属名。【分布】巴基斯坦,印度至马来西亚,中国。【模式】Ichnocarpus frutescens（Linnaeus）W. T. Aiton。【参考异名】Lamechites Markgr.（1925）;Micrechites Miq.（1857）;Otopetalum Miq.（1857）;Quirivelia Poir.（1804）;Springia Van Heurck et Müll. Arg.（1871）●■

26023　Ichthyomethia Kuntze（1891）Nom. illegit.（废弃属名）［豆科 Fabaceae（Leguminosae）］■☆

26024　Ichthyomethia P. Browne（1756）（废弃属名）≡ Piscidia L.（1759）（保留属名）［豆科 Fabaceae（Leguminosae）］■☆

26025　Ichthyophora Baehni（1964）Nom. illegit. ≡ Neoxythece Aubrév. et Pellegr.（1961）; ~ = Pouteria Aubl.（1775）［山榄科 Sapotaceae］●

26026　Ichthyosma Schltdl.（1827）= Sarcophyte Sparrm.（1776）［蛇菰科（土鸟麴科）Balanophoraceae//肉蛇菰科（肉草科）Sarcophytaceae］■☆

26027　Ichthyostoma Hedrén et Vollesen（1997）【汉】鱼嘴爵床属。【隶属】爵床科 Acanthaceae。【包含】世界 1 种。【学名诠释与讨论】〈中〉（希）ichtys,所有格 ichtyos,鱼+stoma,所有格 stomatos,孔口。【分布】索马里。【模式】Ichthyostoma thulinii Hedrén et Vollesen。■☆

26028　Ichthyostomum D. L. Jones, M. A. Clem. et Molloy（2002）【汉】侏儒石斛属（石斛兰属）。【隶属】兰科 Orchidaceae。【包含】世界 1 种。【学名诠释与讨论】〈中〉（希）ichtys,所有格 ichtyos+stoma,所有格 stomatos,孔口。此属的学名是"Ichthyostomum D. L. Jones, M. A. Clem. et Molloy, Orchadian［Australasian native orchid society］13: 499. 2002"。亦有文献把其处理为"Dendrobium Sw.（1799）（保留属名）"的异名。【分布】喜马拉雅山。【模式】Ichthyostomum pygmaeum（Sm.）D. L. Jones, M. A. Clem. et Molloy。【参考异名】Dendrobium Sw.（1799）（保留属名）■☆

26029　Ichthyothere Mart.（1830）【汉】白苞菊属。【隶属】菊科 Asteraceae（Compositae）。【包含】世界 18-20 种。【学名诠释与讨论】〈阴〉（希）ichtys,所有格 ichtyos,鱼+thera,打猎。指可以毒鱼。【分布】巴拿马,秘鲁,玻利维亚,厄瓜多尔,哥伦比亚（安蒂奥基亚）,尼加拉瓜,中美洲。【模式】Ichthyothere cunabi C. F. P. Martius。【参考异名】Ichtyothere DC.（1836）;Icthyothere Baker（1884）;Latreillea DC.（1836）;Terrentia Vell.（1831）Nom. illegit. ;Torrentia Vell.（1831）■●☆

26030　Ichtyomethia Kunth = Piscidia L.（1759）（保留属名）［豆科 Fabaceae（Leguminosae）］■☆

26031　Ichtyoselmis Lidén et Fukuhara（1997）【汉】黄药属。【隶属】罂粟科 Papaveraceae。【包含】世界 1 种,中国 1 种。【学名诠释与讨论】〈阴〉（希）ichtys,所有格 ichtyos+selmis 活挤。此属的学名"Ichtyoselmis Lidén et T. Fukuhara, Pl. Syst. Evol. 206(1-4):415",IK 记载是"Dicentra sect. Macranthos"的替代名称。【分布】缅甸（北部）,中国。【模式】Dicentra macrantha D. Oliver。【参考异名】Dicentra sect. Macranthos ■

26032　Ichtyosma Steud.（1840）= Ichthyosma Schltdl.（1827）; ~ = Sarcophyte Sparrm.（1776）［蛇菰科（土鸟麴科）Balanophoraceae//肉蛇菰科（肉草科）Sarcophytaceae］■☆

26033　Ichtyothere DC.（1836）= Ichthyothere Mart.（1830）［菊科 Asteraceae（Compositae）］■●☆

26034　Icianthus Greene（1906）Nom. illegit. ≡ Euklisia Rydb. ex Small（1903）; ~ = Streptanthus Nutt.（1825）［十字花科 Brassicaceae（Cruciferae）］■☆

26035　Icica Aubl.（1775）= Protium Burm. f.（1768）（保留属名）［橄榄科 Burseraceae］●

26036　Icicariba M. Gómez（1914）Nom. illegit. ≡ Bursera Jacq. ex L.（1762）（保留属名）［橄榄科 Burseraceae］●☆

26037　Icicaster Ridl.（1917）= Santiria Blume（1850）［橄榄科 Burseraceae］●

26038　Icicopsis Engl.（1874）= Protium Burm. f.（1768）（保留属名）［橄榄科 Burseraceae］●

26039　Icma Phil.（1872）= Baccharis L.（1753）（保留属名）［菊科 Asteraceae（Compositae）］●■☆

26040　Icmaae Raf.（1840）= Hakea Schrad.（1798）［山龙眼科 Proteaceae］●☆

26041　Icomum Hua（1897）= Aeollanthus Mart. ex Spreng.（1825）［伞形花科（伞形科）Apiaceae（Umbelliferae）］■☆

26042　Icosandra Phil.（1858）= Cryptocarya R. Br.（1810）（保留属名）［樟科 Lauraceae］●

26043　Icosinia Raf.（1838）= Sterculia L.（1753）［梧桐科 Sterculiaceae//锦葵科 Malvaceae］●

26044　Icostegia Raf.（1838）= Clusia L.（1753）［猪胶树科（克鲁西科,山竹子科,藤黄科）Clusiaceae（Guttiferae）］●☆

26045　Icotorus Raf.（1830）= Physocarpus（Cambess.）Raf.（1838）［as ' Physocarpa'］（保留属名）［蔷薇科 Rosaceae］●

26046　Icthyoctonum Boiv. ex Baill.（1884）= Lonchocarpus Kunth

（1824）（保留属名）［豆科 Fabaceae（Leguminosae）］●■☆

26047 Icthyothere Baker（1884）= Ichthyothere Mart.（1830）［菊科 Asteraceae（Compositae）］●■☆

26048 Ictinus Cass.（1818）= Gorteria L.（1759）［菊科 Asteraceae（Compositae）］■☆

26049 Ictodes Bigelow（1818）Nom. illegit. ≡ Symplocarpus Salisb. ex W. P. C. Barton（1817）（保留属名）［天南星科 Araceae］■

26050 Icuria Wieringa（1999）【汉】莫桑比克砂丘豆属。【隶属】豆科 Fabaceae（Leguminosae）//云实科（苏木科）Caesalpiniaceae。【包含】世界1种。【学名诠释与讨论】〈阴〉词源不详。【分布】莫桑比克。【模式】Icuria dunensis J. J. Wieringa。■☆

26051 Ida A. Ryan et Oakeley（2003）【汉】爱达兰属。【隶属】兰科 Orchidaceae。【包含】世界45种。【学名诠释与讨论】〈阴〉词源不详。此属的学名是"Ida A. Ryan et Oakeley, Orchid Digest 67（1）: 9. 2003"。亦有文献把其处理为"Sudamerlycaste Archila"或"Lycaste Lindl.（1843）"的异名。【分布】玻利维亚，西印度群岛，热带美洲。【模式】Ida locusta（Rchb. f.）A. Ryan et Oakeley。【参考异名】Lycaste Lindl.（1843）;Sudamerlycaste Archila ■☆

26052 Idahoa A. Nelson et J. F. Macbr.（1913）【汉】爱达荷荠属。【隶属】十字花科 Brassicaceae（Cruciferae）。【包含】世界1种。【学名诠释与讨论】〈阴〉（地）Idaho，爱达荷州，美国。此属的学名"Idahoa A. Nelson et J. F. Macbride, Bot. Gaz. 56: 474. Dec 1913"是一个替代名称。"Platyspermum W. J. Hooker, Fl. Boreal. -Amer. 1: 68. Sep 1830"是一个非法名称（Nom. illegit.），因为此前已经有了"Platyspermum G. F. Hoffmann, Gen. Pl. Umbellif. xxvi, 64, 178. 1814 = Daucus L.（1753）［伞形花科（伞形科）Apiaceae（Umbelliferae）］"。故用"Idahoa A. Nelson et J. F. Macbr.（1913）"替代之。【分布】美国（西部）。【模式】Idahoa scapigera（W. J. Hooker）A. Nelson et J. F. Macbride［Platyspermum scapigerum W. J. Hooker］。【参考异名】Platyspermum Hook.（1830）Nom. illegit. ■☆

26053 Idalia Raf.（1838）= Convolvulus L.（1753）［旋花科 Convolvulaceae］■●

26054 Idaneum Kuntze et Post（1903）Nom. illegit., Nom. superfl. ≡ Adenium Roem. et Schult.（1819）［夹竹桃科 Apocynaceae］●■☆

26055 Idaneum Post et Kuntze（1903）Nom. illegit., Nom. superfl. ≡ Adenium Roem. et Schult.（1819）［夹竹桃科 Apocynaceae］●■☆

26056 Idanthisa Raf.（1840）= Anisacanthus Nees（1842）［爵床科 Acanthaceae］■☆

26057 Ideleria Kunth（1837）= Tetraria P. Beauv.（1816）; ~ = Tetraria P. Beauv.（1816）+ Macrochaetium Steud.（1855）［莎草科 Cyperaceae］■☆

26058 Idenburgia Gibbs（1917）= Sphenostemon Baill.（1875）［楔药花科 Sphenostemonaceae//美冬青科 Aquifoliaceae］●☆

26059 Idertia Farron（1963）【汉】腋花金莲木属。【隶属】金莲木科 Ochnaceae。【包含】世界3种。【学名诠释与讨论】〈阴〉词源不详。此属的学名是"Idertia Farron, Ber. Schweiz Bot. Ges. 73: 212. Dec 1963"。亦有文献把其处理为"Gomphia Schreb.（1789）"的异名。【分布】热带非洲。【模式】Idertia axillaris（D. Oliver）Farron［Gomphia axillaris D. Oliver］。【参考异名】Gomphia Schreb.（1789）●☆

26060 Idesia Maxim.（1866）（保留属名）【汉】山桐子属。【日】イイギリ属，イヒギリ属。【俄】Идезия。【英】Idesia, Wonder Tree。【隶属】刺篱木科（大风子科）Flacourtiaceae。【包含】世界1种，中国1种。【学名诠释与讨论】〈阴〉（人）Eberhard（或 Ivert，或 Evert）Ysbrant Ides，荷兰旅行家、植物采集家，18世纪曾来过中国采集植物标本。此属的学名"Idesia Maxim. in Bull. Acad. Imp. Sci. Saint-Pétersbourg, ser. 3, 10: 485. 8 Sep 1866"是保留属名。相应的废弃属名是柿树科 Ebenaceae 的"Idesia Scop., Intr. Hist. Nat. :199. Jan-Apr 1777 ≡ Ropourea Aubl.（1775）= Diospyros L.（1753）［柿树科 Ebenaceae］"。"Cathayeia Ohwi in Mayebara, Fl. Austro-Higo. 86. Nov 1931"是"Idesia Maxim.（1866）（保留属名）"的晚出的同模式异名（Homotypic synonym, Nomenclatural synonym）。【分布】日本，中国。【模式】Idesia polycarpa Maximowicz。【参考异名】Aniotum Parkinson（1773）Nom. illegit.（废弃属名）;Aniotum Sol. ex Parkinson（1773）Nom. illegit.（废弃属名）;Cathayeia Ohwi（1931）Nom. illegit. ;Polycarpa Linden ex Carrière（1868）Nom. illegit. ●

26061 Idesia Scop.（1777）Nom. illegit.（废弃属名）≡ Ropourea Aubl.（1775）; ~ = Diospyros L.（1753）［柿树科 Ebenaceae］●

26062 Idianthes Desv.（1827）Nom. illegit. ≡ Phaecasium Cass.（1826）; ~ = Crepis L.（1753）［菊科 Asteraceae（Compositae）］■

26063 Idicium Neck.（1790）Nom. inval. = Gerbera L.（1758）（保留属名）［菊科 Asteraceae（Compositae）］■

26064 Idiopappus H. Rob. et Panero（1994）【汉】奇冠菊属。【隶属】菊科 Asteraceae（Compositae）。【包含】世界1-2种。【学名诠释与讨论】〈阳〉（希）idios，独有的，特殊的+希腊文 pappos 指柔毛，软毛。pappus 则与拉丁文同义，指冠毛。【分布】厄瓜多尔。【模式】Idiopappus quitensis H. Rob. et Panero。●☆

26065 Idiopsis（Moq.）Kuntze = Nitrophila S. Watson（1871）［藜科 Chenopodiaceae］■☆

26066 Idiospermaceae S. T. Blake（1972）［亦见 Calycanthaceae Lindl.（保留科名）蜡梅科、Illecebraceae R. Br.（保留科名）醉人花科（裸果木科）］【汉】奇子树科（澳大利亚异种科，澳樟科）。【包含】世界1属1种。【分布】澳大利亚（昆士兰）。【科名模式】Idiospermum S. T. Blake ●☆

26067 Idiospermum S. T. Blake（1972）【汉】奇子树属（澳大利亚异种属，澳樟属）。【隶属】奇子树科（澳大利亚异种科，澳樟科）Idiospermaceae//蜡梅科 Calycanthaceae。【包含】世界1种。【学名诠释与讨论】〈中〉（希）idios，独有的，特殊的+sperma，所有格 spermatos，种子，孢子。【分布】澳大利亚（昆士兰）。【模式】Idiospermum australiense（Diels）S. T. Blake［Calycanthus australiensis Diels］。●☆

26068 Idiothamnus R. M. King et H. Rob.（1975）【汉】奇菊木属。【隶属】菊科 Asteraceae（Compositae）。【包含】世界4种。【学名诠释与讨论】〈阴〉（希）idios，独有的，特殊的+thamnos，指小式 thamnion，灌木，灌丛，树丛，枝。【分布】阿根廷，巴西，秘鲁，委内瑞拉。【模式】Idiothamnus clavisetus（V. M. Badillo）R. M. King et H. E. Robinson［Eupatoriastrum clavisetum V. M. Badillo］。●☆

26069 Idothea Kunth（1843）= Drimia Jacq. ex Willd.（1799）［百合科 Liliaceae//风信子科 Hyacinthaceae］■☆

26070 Idothearia C. Presl（1845）= Idothea Kunth（1843）［百合科 Liliaceae］■☆

26071 Idria Kellogg（1863）【汉】观音玉属（圆柱木属）。【日】イドリア属。【隶属】刺树科（澳可第罗科，否筴科，福桂花科）Fouquieriaceae。【包含】世界1种。【学名诠释与讨论】〈阴〉（希）hydros，汗，树胶，树脂。指圆柱形的茎汁多味美。此属的学名是"Idria Kellogg, Proc. Calif. Acad. Sci. 2: 34. 1863"。亦有文献把其处理为"Fouquieria Kunth（1823）"的异名。【分布】墨西哥。【模式】Idria columnaria Kellogg。【参考异名】Fouquieria Kunth（1823）●☆

26072 Idriaceae Barkley = Fouquieriaceae DC.（保留科名）●☆

26073 Iebine Raf.（1838）= Leptorkis Thouars（1809）（废弃属名）; ~ = Liparis Rich.（1817）（保留属名）［兰科 Orchidaceae］■

26074 Iericontis Adans. (1763) = Anastatica L. (1753); ~ = Hiericontis Adans. (1763) Nom. illegit.; ~ = Anastatica L. (1753) [十字花科 Brassicaceae(Cruciferae)]■☆

26075 Ifdregea Steud. (1840) Nom. illegit. ≡ Dregea Eckl. et Zeyh. (1837)(废弃属名); ~ = Peucedanum L. (1753) [伞形花科(伞形科)Apiaceae(Umbelliferae)]●

26076 Ifloga Cass. (1819)【汉】散绒菊属。【隶属】菊科 Asteraceae (Compositae)。【包含】世界 6-10 种。【学名诠释与讨论】〈阴〉(属)由絮菊属 Filago 字母改缀而来。【分布】巴基斯坦,西班牙(加那利群岛),印度,地中海地区,非洲南部。【模式】Ifloga cauliflora (Desfontaines) C. B. Clarke [Gnaphalium cauliflorum Desfontaines]。【参考异名】Comptonanthus B. Nord. (1964); Petalactella N. E. Br. (1894);Trichogyne Less. (1831)■☆

26077 Ifuon Raf. (1838) = Asphodeline Rchb. (1830) [百合科 Liliaceae//阿福花科 Asphodelaceae]■☆

26078 Ighermia Wiklund (1983)【汉】针叶菊属。【隶属】菊科 Asteraceae(Compositae)。【包含】世界 1 种。【学名诠释与讨论】〈阴〉词源不详。【分布】摩洛哥。【模式】Ighermia pinifolia (R. Maire et E. Wilczek) A. Wiklund [Asteriscus pinifolius R. Maire et E. Wilczek]。●☆

26079 Igidia Speta (1998)【汉】弯轴风信子属。【隶属】风信子科 Hyacinthaceae。【包含】世界 1 种。【学名诠释与讨论】〈阴〉词源不详。此属的学名是"Igidia Speta, Phyton. Annales Rei Botanicae 38:70. 1998"。亦有文献把其处理为"Urginea Steinh. (1834)"的异名。【分布】马达加斯加。【模式】Igidia volubilis (H. Perrier)Speta。【参考异名】Urginea Steinh. (1834)■☆

26080 Ignatia L. f. (1782) = Strychnos L. (1753) [马钱科(断肠草科,马钱子科)Loganiaceae]●

26081 Ignatiana Lour. (1790) = Ignatia L. f. (1782); ~ = Strychnos L. (1753) [马钱科(断肠草科,马钱子科)Loganiaceae]●

26082 Ignurbia B. Nord. (2006)【汉】橙花连柱菊属。【隶属】菊科 Asteraceae(Compositae)。【包含】世界 1-2 种。【学名诠释与讨论】〈阴〉词源不详。【分布】多米尼加。【模式】Ignurbia constanzae (Urb.). B. Nord. ■☆

26083 Iguanara Rchb. (1841) Nom. illegit. = Iguanura Blume(1838) [棕榈科 Arecaceae(Palmae)]●☆

26084 Iguanura Blume(1838)【汉】彩果棕属(彩果椰属,齿叶椰属,鬣蜥棕属,马来姬椰子属,亿冠棕属)。【日】マラヤヒメヤシ属。【英】Iguanura。【隶属】棕榈科 Arecaceae(Palmae)。【包含】世界 18-25 种。【学名诠释与讨论】〈阴〉(西)iguana,鬣鳞蜥+-urus,-ura,-uro,用于希腊文组合词,含义为"尾巴"。指肉穗花序形似爬行动物鬣蜥。此属的学名,ING、TROPICOS 和 IK 记载是"Iguanura Blume,Bull. Sci. Phys. Nat. Néerl. 1:66. 15 Mai 1838"。"Iguanara Rchb. , Deut. Bot. Herb. –Buch 58. 1841 [Jul 1841] = Iguanura Blume(1838)"仅有属名,似为变体。【分布】马来西亚(西部)。【模式】Iguanura leucocarpa Blume。【参考异名】Iguanara Rchb. (1841)Nom. illegit. ●☆

26085 Ihlenfeldtia H. E. K. Hartmann(1992)【汉】瘤指玉属。【隶属】番杏科 Aizoaceae。【包含】世界 2 种。【学名诠释与讨论】〈阴〉(人)Hans–Dieter Ihlenfeldt,1932 – ,植物学者。此属的学名是" Ihlenfeldtia H. E. K. Hartmann, Botanische Jahrbücher für Systematik, Pflanzengeschichte und Pflanzengeographie 114(1): 47. 1992"。亦有文献把其处理为"Cheiridopsis N. E. Br. (1925)"的异名。【分布】南非(西北和中部)。【模式】不详。【参考异名】Cheiridopsis N. E. Br. (1925)■☆

26086 Ikonnikovia Lincz. (1952)【汉】伊犁花属。【俄】Икониковия。【英】Ikonnikovia。【隶属】白花丹科(矾松科,蓝雪科)Plumbaginaceae。【包含】世界 1 种,中国 1 种。【学名诠释与讨论】〈阴〉(人)Ikonnikov Galitzkij,俄罗斯植物学者。【分布】中国,亚洲中部。【模式】Ikonnikovia kaufmanniana (Regel) I. A. Linczevski [Statice kaufmanniana Regel]。●

26087 Ildefonsia Gardner(1842) = Bacopa Aubl. (1775)(保留属名) [玄参科 Scrophulariaceae//婆婆纳科 Veronicaceae]■

26088 Ildefonsia Mart. ex Steud. = Urtica L. (1753) [荨麻科 Urticaceae]■

26089 Ilemanthus Post et Kuntze (1903) = Eilemanthus Hochst. (1846); ~ = Indigofera L. (1753) [豆科 Fabaceae (Leguminosae)//蝶形花科 Papilionaceae]●■

26090 Ileocarpus Miers (1851) = Stephania Lour. (1790) [防己科 Menispermaceae]●■

26091 Ileostylus Tiegh. (1894)【汉】回柱木属。【隶属】桑寄生科 Loranthaceae。【包含】世界 1 种。【学名诠释与讨论】〈阳〉(拉)ile =ileum =ilium,复数 ilia,肠+stylos =拉丁文 style,花柱,中柱,有尖之物,桩,柱,支持物,支柱,石头做的界标。或 eilo,缠绕,迂回,包捆 + stylos,花柱。【分布】新西兰。【模式】Ileostylus micranthus (J. D. Hooker) Van Tieghem [Loranthus micranthus J. D. Hooker]。●☆

26092 Ilex L. (1753)【汉】冬青属。【日】モチノキ属。【俄】Илекс,Остролист,Падуб。【英】Catuaba Herbal,Holly,Ilex。【隶属】冬青科 Aquifoliaceae。【包含】世界 400-600 种,中国 204-227 种。【学名诠释与讨论】〈阴〉(拉)ilex,冬青栎 Quercus ilex 的古名。指叶形与之近似,来自凯尔特语 oc 或 ac 尖端,尖状物。指叶有刺状锯齿。此属的学名,ING、APNI、TROPICOS 和 IK 记载是"Ilex L. , Sp. Pl. 1:125. 1753 [1 May 1753]"。"Ilex P. Miller, Gard. Dict. Abr. ed. 4. 28 Jan 1754 = Quercus L. (1753) [壳斗科(山毛榉科)Fagaceae]"是晚出的非法名称。"Agrifolium J. Hill, Brit. Herb. 520. Jan 1757 ('1756')"和" Aquifolium P. Miller, Gard. Dict. Abr. ed. 4. 28 Jan 1754"是"Ilex L. (1753)"的晚出的同模式异名(Homotypic synonym,Nomenclatural synonym)。"J. C. Willis. A Dictionary of the Flowering Plants and Ferns (Student Edition). 1985. Cambridge. Cambridge University Press. 1-1245"把"Tatina Rafinesque, Aut. Bot. 75. 1840"处理为"Ilex L. (1753)"的异名;另有学者则处理为"Sideroxylon L. (1753) [山榄科 Sapotaceae]"的异名;ING、TROPICOS 和 IK 亦把"Tatina Raf. (1840)"置于山榄科 Sapotaceae。【分布】巴基斯坦,巴拉圭,巴拿马,玻利维亚,厄瓜多尔,哥伦比亚,马达加斯加,美国,尼加拉瓜,中国,中美洲。【后选模式】Ilex aquifolium Linnaeus。【参考异名】Ageria Raf. (1838)Nom. illegit.; Agonon Raf. (1838); Agrifolium Hill(1757)Nom. illegit.; Aquifolium Mill. (1754)Nom. illegit.; Aquifolium Tourn. ex Mill. (1754); Arinemia Raf. (1838); Braxylis Raf. (1838); Burglaria Wendl. (1821) Nom. illegit.; Burglaria Wendl. ex Steud. (1821);Byronia Endl. (1836);Chomelia Vell. (1829)Nom. illegit. (废弃属名);Emetila (Raf.) Raf. ex S. Watson;Ennepta Raf. (1838); Hexacadica Raf. (1838); Hexadica Lour. (1790); Hexotria Raf. (1818); Hierophyllus Raf. (1830); Isquierda Willd. (1805)Nom. inval.; Isquierdia Poir. (1813)Nom. inval. Izquierdia Ruiz et Pav. (1794);Labatia Scop. (1777)(废弃属名);Leucodermis Planch. (1862) Nom. illegit.; Leucodermis Planch. ex Benth. et Hook. f. (1862);Leucoxylum E. Mey.; Macoucoua Aubl. (1775);Macucua J. F. Gmel. (1791);Melathallus Pierre;Octas Jack(1822); Othera Thunb. (1783);Paltoria Ruiz et Pav. (1794); Pileostegia Turcz. (1859) Nom. illegit.; Polystigma Meisn. (1839)Nom. illegit.; Prinos Gronov. ex L. (1753); Prinos L. (1753); Prinus Post et Kuntze (1903); Pseudehretia Turcz.

(1863); Pultoria Raf.; Quercus L. (1753); Synstima Raf. (1838); Systigma Post et Kuntze (1903); Tatina Raf. (1840); Winterlia Moench(1794) ●

26093　Ilex Mill. (1754) Nom. illegit. = Quercus L. (1753) [壳斗科(山毛榉科)Fagaceae] ●

26094　Iliamna Greene (1906)【汉】美洲草锦葵属。【隶属】锦葵科 Malvaceae。【包含】世界 7 种。【学名诠释与讨论】〈阴〉词源不详。【分布】美国(西部)。【后选模式】Iliamna rivularis (Douglas) E. L. Greene [Malva rivularis Douglas]。■☆

26095　Ilicaceae Bercht. et J. Presl (1825) = Aquifoliaceae Bercht. et J. Presl(1825)(保留科名) ●

26096　Ilicaceae Brongn. = Aquifoliaceae Bercht. et J. Presl(1825)(保留科名) ●

26097　Ilicaceae Dumort. = Aquifoliaceae Bercht. et J. Presl(1825)(保留科名) ●

26098　Iliciodes Kuntze(1891)Nom. illegit. (废弃属名) ≡ Ilicioides Dum. Cours. (1802)(废弃属名); ~ = Nemopanthus Raf. (1819) (保留属名) [冬青科 Aquifoliaceae] ●☆

26099　Ilicioides Dum. Cours. (1802)(废弃属名) = Nemopanthus Raf. (1819)(保留属名) [冬青科 Aquifoliaceae] ●☆

26100　Iliogeton Benth. (1846) = Ilyogeton Endl. (1839); ~ = Vandellia P. Browne(1767) [玄参科 Scrophulariaceae] ■

26101　Iljinia Korovin et M. M. Iljin(1936) Nom. illegit. = Iljinia Korovin ex M. M. Iljin(1936) [藜科 Chenopodiaceae] ●★

26102　Iljinia Korovin ex Kom. (1935) Nom. inval. = Iljinia Korovin ex M. M. Iljin(1936) [藜科 Chenopodiaceae] ●★

26103　Iljinia Korovin ex M. M. Iljin(1936)【汉】戈壁藜属(盐生木属)。【俄】Ильиния。【英】Iljinia。【隶属】藜科 Chenopodiaceae。【包含】世界 1 种,中国 1 种。【学名诠释与讨论】〈阴〉(人) Modest Mikhailovich Iljin,1889-1967,俄罗斯植物学者。此属的学名,《苏联植物志》和《中国植物志》都用为 "Iljinia Korovin in Shishkin, Fl. URSS. 6:309,877. 1936"。IK 记载了 "Iljinia Korovin, Byull. Sredne-Aziatsk. Gosud. Univ. xx. 190, 214 (1935), in obs. " 和 "Iljinia Korovin et Korovin, Fl. URSS vi. 309, 877(1936), descr. "。ING 和 TROPICOS 则记载为 "Iljinia Korovin ex M. M. Iljin in B. K. Schischkin, Fl. URSS 6:877. 1936(post 5 Nov)"。【分布】中国,亚洲中部。【模式】Iljinia regelii (Bunge) Korovin ex M. M. Iljin [Haloxylon regelii Bunge]。【参考异名】Iljinia Korovin et M. M. Iljin(1936) Nom. illegit. ; Iljinia Korovin ex Kom. (1935) Nom. inval. ; Iljinia Korovin(1935) Nom. inval. ●★

26104　Iljinia Korovin(1935) Nom. inval. = Iljinia Korovin ex M. M. Iljin (1936) [藜科 Chenopodiaceae] ●★

26105　Illa Adans. (1763) Nom. illegit. ≡ Tomex L. (1753); ~ = Callicarpa L. (1753) [马鞭草科 Verbenaceae//牡荆科 Viticaceae] ●

26106　Illairea Lenné et K. Koch(1853) = Caiophora C. Presl (1831); ~ =Loasa Adans. (1763) [刺莲花科(硬毛草科) Loasaceae] ■●☆

26107　Illecebraceae R. Br. (1810)(保留科名) [亦见 Caryophyllaceae Juss. (保留科名)石竹科]【汉】醉人花科(裸果木科)。【包含】世界 23 属 210 种,中国 2 属 4 种。【分布】中国,巴基斯坦,亚洲。【科名模式】Illecebrum L. ●■

26108　Illecebrella Kuntze(1898) = Illecebrum L. (1753) [石竹科 Caryophyllaceae//醉人花科(裸果木科) Illecebraceae] ■☆

26109　Illecebrum L. (1753)【汉】醉人花属。【俄】Хрущевник。【英】Coral-necklace, Iliecebrum, Necklace。【隶属】石竹科 Caryophyllaceae//醉人花科(裸果木科) Illecebraceae。【包含】世界 1 种。【学名诠释与讨论】〈中〉(拉) illecebrum = illecebra,诱惑,魔力,吸引。此属的学名,ING、APNI 和 GCI 记载是

"Illecebrum L. , Sp. Pl. 1;206. 1753 [1 May 1753]"。IK 则记载为 "Illecebrum Ruppiusex L. , Sp. Pl. 1;206. 1753 [1 May 1753]"。 "Illecebrum Ruppius"是命名起点著作之前的名称,故"Illecebrum L. (1753)"和"Illecebrum Ruppius ex L. (1753)"都是合法名称,可以通用。"Illecebrum Spreng. , Anleit. Kenntn. Gew. , ed. 2. 2 (1):317. 1817 [20 Apr 1817] ≡ Alternanthera Forssk. (1775) [苋科 Amaranthaceae]"是晚出的非法名称。"Bergeretia Bubani, Fl. Pyrenaea 3: 10. ante 27 Aug 1901(non Desvaux 1815)"、 "Corrigiola O. Kuntze, Rev. Gen. 2;534. 5 Nov 1891(non Linnaeus 1753)"和"Serpillaria Heister ex Fabricius, Enum. ed. 2. 54. Sep-Dec 1763"是"Illecebrum L. (1753)"的晚出的同模式异名 (Homotypic synonym, Nomenclatural synonym)。【分布】巴基斯坦,玻利维亚,地中海地区,西班牙(加那利群岛),欧洲西部。 【后选模式】Illecebrum verticillatum Linnaeus。【参考异名】Bergeretia Bubani(1901) Nom. illegit. ; Corrigiola Kuntze(1891) Nom. illegit. ; Illecebrella Kuntze(1898); Illecebrum Ruppius ex L. (1753); Serpillaria Fabr. (1763) Nom. illegit. ; Serpillaria Heist. ex Fabr. (1763) Nom. illegit. ■☆

26110　Illecebrum Ruppius ex L. (1753) ≡ Illecebrum L. (1753) [石竹科 Caryophyllaceae//醉人花科(裸果木科) Illecebraceae] ■☆

26111　Illecebrum Spreng. (1817) Nom. illegit. ≡ Alternanthera Forssk. (1775) [苋科 Amaranthaceae] ■

26112　Illiciaceae(DC.) A. C. Sm. = Illiciaceae A. C. Sm. (保留科名) ●

26113　Illiciaceae A. C. Sm. (1947)(保留科名)【汉】八角科。【日】シキミ科。【英】Illicium Family, Star-anise Family。【包含】世界 1 属 40-50 种,中国 1 属 27-28 种。【分布】西印度群岛,热带东南亚,北美洲。【科名模式】Illicium L. (1759) ●

26114　Illiciaceae Bercht. et J. Presl = Illiciaceae A. C. Sm. (保留科名) ●

26115　Illiciaceae Tiegh. = Illiciaceae A. C. Sm. (保留科名) ●

26116　Illicium L. (1759)【汉】八角属(八角茴香属)。【日】シキミ属。【俄】Бадьян, Иллициум。【英】Anise, Anise Shrub, Anise Tree, Aniseed, Aniseed-tree, Anisetree, Anise-tree, Eightangle, Star-anise。【隶属】木兰科 Magnoliaceae//八角科 Illiciaceae。【包含】世界 42-50 种,中国 28 种。【学名诠释与讨论】〈中〉(拉) illicio,诱惑,魔力,吸引+-ius, -ia, -ium,在拉丁文和希腊文中,这些词尾表示性质或状态。指其具诱人的特殊香味。此属的学名,ING、TROPICOS 和 IK 记载是"Illicium L. , Syst. Nat. , ed. 10. 2: 1042, 1050, 1370. 1759 [7 Jun 1759]"。"Badianifera O. Kuntze, Rev. Gen. 1;6. 5 Nov 1891"和"Skimmi Adanson, Fam. 2;364. Jul-Dec 1763"是"Illicium L. (1759)"的晚出的同模式异名 (Homotypic synonym, Nomenclatural synonym)。【分布】马来西亚 (西部),墨西哥,印度,中国,西印度群岛,东亚,北美洲。【模式】Illicium anisatum Linnaeus。【参考异名】Badianifera Kuntze (1891) Nom. illegit. ; Badianifera L. ; Cymbostemon Spach(1839); Skimmi Adans. (1763) Nom. illegit. ●

26117　Illigera Blume(1827)【汉】青藤属(吕宋青藤属,伊里藤属)。 【日】テンダノハナ属。【英】Greenvine, Illigera。【隶属】莲叶桐科 Hernandiaceae//青藤科 Illigeraceae。【包含】世界 18-30 种,中国 15 种。【学名诠释与讨论】〈阴〉(人) Johann K. W. Illiger, 1775-1813,德国植物学者,动物学者。【分布】马达加斯加,马来西亚(西部),中国,热带非洲,东亚,中美洲。【后选模式】Illigera appendiculata Blume。【参考异名】Corysadenia Griff. (1846) Nom. inval. ; Coryzadenia Griff. (1854); Gronovia Blanco(1837) Nom. illegit. ; Henschelia C. Presl(1831) ●■

26118　Illigeraceae Blume(1835) [亦见 Hernandiaceae Blume(保留科名)莲叶桐科]【汉】青藤科。【包含】世界 1 属 18-30 种,中国 1 属 15 种。【分布】马达加斯加,马来西亚(西部),热带非洲,东

亚。【科名模式】Illigera Blume（1827）●■

26119 Illigerastrum（Prain et Burkill）A. W. Hill, Nom. illegit. ≡ Illigerastrum Prain et Burkill（1933）；~ = Dioscorea L.（1753）（保留属名）［薯蓣科 Dioscoreaceae］■

26120 Illigerastrum Prain et Burkill（1933）= Dioscorea L.（1753）（保留属名）［薯蓣科 Dioscoreaceae］■

26121 Illipe F. Muell.（1884）Nom. illegit.［山榄科 Sapotaceae］●☆

26122 Illipe Gras（1864）Nom. illegit. ≡ Illipe J. König ex Gras（1864）［山榄科 Sapotaceae］●

26123 Illipe J. König ex Gras（1864）= Madhuca Buch. – Ham. ex J. F. Gmel.（1791）［山榄科 Sapotaceae］●

26124 Illus Haw.（1831）= Narcissus L.（1753）［石蒜科 Amaryllidaceae//水仙科 Narcissaceae］■

26125 Ilmu Adans.（1763）（废弃属名）≡ Romulea Maratti（1772）（保留属名）［鸢尾科 Iridaceae］■☆

26126 Ilocania Merr.（1918）= Diplocyclos（Endl.）Post et Kuntze（1903）［葫芦科（瓜科，南瓜科）Cucurbitaceae］■

26127 Ilogeton A. Juss.（1849）= Ilyogeton Endl.（1839）；~ = Lindernia All.（1766）［玄参科 Scrophulariaceae//母草科 Linderniaceae//婆婆纳科 Veronicaceae］■

26128 Iltisia S. F. Blake（1958）【汉】矮筒菊属。【隶属】菊科 Asteraceae（Compositae）。【包含】世界 1-2 种。【学名诠释与讨论】〈阴〉（人）Hugh Hellmut Iltis，1925-，植物学者。此属的学名是"Iltisia S. F. Blake, J. Wash. Acad. Sci. 47：409. Dec 1958"。亦有文献把其处理为"Microspermum Lag.（1816）"的异名。【分布】巴拿马，哥斯达黎加，中美洲。【模式】Iltisia repens S. F. Blake。【参考异名】Microspermum Lag.（1816）■☆

26129 Ilyogethos Hassk.（1844）= Ilyogeton Endl.（1839）［玄参科 Scrophulariaceae］■

26130 Ilyogeton Endl.（1839）= Lindernia All.（1766）［玄参科 Scrophulariaceae//母草科 Linderniaceae//婆婆纳科 Veronicaceae］■

26131 Ilyphilos Lunell（1916）Nom. illegit. , Nom. superfl. ≡ Elatine L.（1753）［繁缕科 Alsinaceae//沟繁缕科 Elatinaceae//玄参科 Scrophulariaceae］■

26132 Ilysanthes Raf.（1820）= Lindernia All.（1766）［玄参科 Scrophulariaceae//母草科 Linderniaceae//婆婆纳科 Veronicaceae］■

26133 Ilysanthos St. – Lag.（1880）= Ilysanthes Raf.（1820）= Lindernia All.（1766）［玄参科 Scrophulariaceae//母草科 Linderniaceae//婆婆纳科 Veronicaceae］■

26134 Ilythuria Raf.（1838）= Donax Lour.（1790）［竹芋科（葇叶科，柊叶科）Marantaceae］■

26135 Imantina Hook. f.（1873）= Morinda L.（1753）［茜草科 Rubiaceae］●■

26136 Imantophyllum Hook.（1854）Nom. illegit. ≡ Imatophyllum Hook.（1828）；~ = Clivia Lindl.（1828）［石蒜科 Amaryllidaceae］■

26137 Imatophyllum Hook.（1828）= Clivia Lindl.（1828）［石蒜科 Amaryllidaceae］■

26138 Imbralyx R. Geesink（1984）【汉】白花豆属。【隶属】豆科 Fabaceae（Leguminosae）//蝶形花科 Papilionaceae。【包含】世界 2 种，中国 1 种。【学名诠释与讨论】〈阴〉词源不详。此属的学名是"Imbralyx R. Geesink, Leiden Bot. Ser. 8：95. 1984"。亦有文献把其处理为"Fordia Hemsl.（1886）"的异名。【分布】中国，东南亚。【模式】Imbralyx albiflorus（D. Prain）R. Geesink［Millettia albiflora D. Prain］。【参考异名】Fordia Hemsl.（1886）●

26139 Imbricaria Comm. ex Juss.（1789）= Mimusops L.（1753）［山榄科 Sapotaceae］●☆

26140 Imbricaria Sm.（1797）Nom. illegit. ≡ Mollia J. F. Gmel.（1791）

（废弃属名）；~ = Baeckea L.（1753）［桃金娘科 Myrtaceae］●

26141 Imbutis Raf. = Ribes L.（1753）［虎耳草科 Saxifragaceae//醋栗科（茶藨子科）Grossulariaceae］●

26142 Imeria R. M. King et H. Rob.（1975）【汉】宽柱亮泽兰属。【隶属】菊科 Asteraceae（Compositae）。【包含】世界 1-2 种。【学名诠释与讨论】〈阴〉（人）Imer。【分布】委内瑞拉。【模式】Imeria memorabilis（B. Maguire et J. J. Wurdack）R. M. King et H. E. Robinson［Eupatorium memorabile B. Maguire et J. J. Wurdack］。■☆

26143 Imerinaea Schltr.（1925）【汉】马岛爱兰属。【隶属】兰科 Orchidaceae。【包含】世界 1 种。【学名诠释与讨论】〈阴〉（地）East Imerina，位于马达加斯加。【分布】马达加斯加。【模式】Imerinaea madagascarica Schlechter。■☆

26144 Imerinorchis Szlach.（2005）【汉】伊迈兰属。【隶属】兰科 Orchidaceae。【包含】世界 13 种。【学名诠释与讨论】〈阴〉（地）East Imerina，位于马达加斯加。【分布】不详。【模式】Imerinorchis galeata（Rchb. f.）Szlach.。。■☆

26145 Imhofia Heist.（1753）（废弃属名）≡ Nerine Herb.（1820）（保留属名）［石蒜科 Amaryllidaceae］■☆

26146 Imhofia Herb.（1837）Nom. illegit.（废弃属名）= Hessea Herb.（1837）（保留属名）；~ = Periphanes Salisb.（1866）Nom. illegit. ；~ = Hessea Herb.（1837）（保留属名）［石蒜科 Amaryllidaceae］■☆

26147 Imhofia Zoll. ex Taub.（废弃属名）= Rinorea Aubl.（1775）（保留属名）［堇菜科 Violaceae］●

26148 Imitaria N. E. Br.（1927）【汉】粉玲玉属。【日】イミタリア属。【隶属】番杏科 Aizoaceae。【包含】世界 1 种。【学名诠释与讨论】〈阴〉（希）imitor，模仿者 + -arius，-aria，-arium，指示"属于、相似、具有、联系"的词尾。【分布】非洲南部。【模式】Imitaria muirii N. E. Brown。■☆

26149 Impatiens L.（1753）【汉】凤仙花属。【日】ツリフネソウ属，ホウセンカ属，ホウセンクワ属。【俄】Бальзамин，Недотрога，Прыгун。【英】Balsam, Busy Lizzie, Impatiens, Jewel Weed, Jewelweed, Jumping Jack, New Guinea Hybrid, Spapweed, Touch – me-not。【隶属】凤仙花科 Balsaminaceae。【包含】世界 850-1000 种，中国 227-331 种。【学名诠释与讨论】〈阴〉（拉）impatiens，所有格 impatientis，无感情的，无耐心的，急燥的。指蒴果成熟后一碰即裂，飞散出种子。此属的学名，ING，APNI 和 GCI 记载是"Impatiens L. , Sp. Pl. 2：937. 1753［1 May 1753］"。IK 则记载为"Impatiens Riv. ex L. , Sp. Pl. 2：937. 1753［1 May 1753］"。"Impatiens Riv."是命名起点著作之前的名称，故"Impatiens L.（1753）"和"Impatiens Riv. ex L.（1753）"都是合法名称，可以通用。"Balsamina P. Miller, Gard. Dict. Abr. ed. 4. 28 Jan 1754"是"Impatiens L.（1753）"的晚出的同模式异名（Homotypic synonym, Nomenclatural synonym）。【分布】巴基斯坦，巴拿马，秘鲁，玻利维亚，厄瓜多尔，哥伦比亚（安蒂奥基亚），马达加斯加，美国（密苏里），尼加拉瓜，中国，热带和温带，中美洲。【后选模式】Impatiens noli-tangere Linnaeus。【参考异名】Balsamina Mill.（1754）Nom. illegit. ；Balsamina Tourn. ex Scop.（1772）Nom. illegit. ；Chrysaea Nieuwl. et Lunell（1916）Nom. illegit. ；Impatiens Riv. ex L.（1753）；Impatientella H. Perrier（1927）；Irapatientella H. Perrier；Nolitangere Raf. ；Petalonema Peter（1928）Nom. illegit. ；Semeiocardium Zoll.（1935）；Trimorphopetalum Baker（1887）■

26150 Impatiens Riv. ex L.（1753）≡ Impatiens L.（1753）［凤仙花科 Balsaminaceae］■

26151 Impatientaceae Barnhart = Balsaminaceae A. Rich.（保留科名）■

26152 Impatientaceae Lem.（1854）= Balsaminaceae A. Rich.（保留科名）■

26153 Impatientaceae Tiegh. = Balsaminaceae A. Rich.（保留科名）■

26154 Impatientella H. Perrier（1927）= Impatiens L.（1753）［凤仙花科 Balsaminaceae］■

26155 Imperata Cyrillo（1792）【汉】白茅属。【日】チガヤ属。【俄】Импера́та。【英】Blood Grass, Cogongrass, Japanese Blood Grass, Kunai, Satin Tail, Satintail, Satin‑tail。【隶属】禾本科 Poaceae（Gramineae）。【包含】世界 8-10 种，中国 3-5 种。【学名诠释与讨论】〈阴〉（人）Ferrante Imperato, 1550-1625, 意大利植物学者，药剂师。【分布】巴基斯坦，巴拿马，秘鲁，玻利维亚，厄瓜多尔，哥伦比亚（安蒂奥基亚），哥斯达黎加，马达加斯加，尼加拉瓜，中国，热带和亚热带，中美洲。【模式】Imperata arundinacea Cyrillo, Nom. illegit.［Lagurus cylindricus Linnaeus; Imperata cylindrica（Linnaeus）Palisot de Beauvois］。【参考异名】Agrostis Adans.（1763）（废弃属名）; Syllepis E. Fourn.（1886）Nom. illegit.; Syllepis E. Fourn. ex Benth. et Hook. f.（1883）■

26156 Imperatia Moench（1794）Nom. illegit. ≡ Petrorhagia（Ser. ex DC.）Link（1831）［石竹科 Caryophyllaceae］■

26157 Imperatoria L.（1753）【汉】欧前胡属。【隶属】伞形花科（伞形科）Apiaceae（Umbelliferae）。【包含】世界 3 种。【学名诠释与讨论】〈阴〉（人）Imperator。此属的学名，ING、TROPICOS 和 IK 记载是"Imperatoria L., Sp. Pl. 1: 259. 1753 [1 May 1753]"。"Ostruthium Link, Handb. 1: 360. ante Sep 1829"是"Imperatoria L.（1753）"的晚出的同模式异名（Homotypic synonym, Nomenclatural synonym）。亦有文献把"Imperatoria L.（1753）"处理为"Peucedanum L.（1753）"的异名。【分布】非洲西北和北部，欧洲西部、西南和中部。【模式】Imperatoria ostruthium Linnaeus。【参考异名】Ostruthium Link（1829）Nom. illegit.; Peucedanum L.（1753）■☆

26158 Imperatoriaceae Martinov（1820）= Apiaceae Lindl.（保留科名）; ~ = Umbelliferae Juss.（保留科名）■●

26159 Imperialis Adans.（1763）Nom. illegit. ≡ Petilium Ludw.（1757）; ~ = Fritillaria L.（1753）［百合科 Liliaceae//贝母科 Fritillariaceae］■

26160 Impia Bluff et Fingerh.（1825）Nom. illegit. ≡ Gifola Cass.（1819）; ~ = Filago L.（1753）（保留属名）［菊科 Asteraceae（Compositae）］■

26161 Incaea Luer（2006）【汉】印加兰属。【隶属】兰科 Orchidaceae。【包含】世界 1 种。【学名诠释与讨论】〈阴〉（地）Inca, 印加帝国，历史地名，位于南美洲。此属的学名是"Incaea Luer, Monographs in Systematic Botany from the Missouri Botanical Garden 105: 87. 2006.（May 2006）"。亦有文献把其处理为"Pleurothallis R. Br.（1813）"的异名。【分布】玻利维亚。【模式】Incaea yupanki（Luer et R. Vásquez）Luer［Pleurothallis yupanki Luer et R. Vásquez］。【参考异名】Pleurothallis R. Br.（1813）■☆

26162 Incarum E. G. Gonç.（2005）= Asterostigma Fisch. et C. A. Mey.（1845）［天南星科 Araceae］■☆

26163 Incarvillaea Orb.（1849）Nom. illegit.［紫葳科 Bignoniaceae］☆

26164 Incarvillea Juss.（1789）【汉】角蒿属（波罗花属）。【日】インカービレア属，インカルビレア属，ツノシホガマ属。【俄】Инкарвиллея。【英】Boloflower, Hardy Gloxinia, Hornsage, Incarvillea。【隶属】紫葳科 Bignoniaceae。【包含】世界 14-16 种，中国 13 种。【学名诠释与讨论】〈阴〉（人）Pierre Nicolas Le Cheron Incarville（Pierre d'Incarville）, 1706-1757, 法国传教士，植物学者，汉学家，曾在中国采集植物标本。此属的学名，ING、TROPICOS 和 IK 记载是"Incarvillea Juss., Gen. Pl. [Jussieu] 138. 1789 [4 Aug 1789]"。"Incarvillaea Orb., Dict. vii. 28（1849）［紫葳科 Bignoniaceae］"似为变体。【分布】巴基斯坦，哥伦比亚，中国，喜马拉雅山，东亚。【模式】Incarvillea sinensis Lamarck。【参考异名】Amphicome（R. Br.）Royle ex G. Don（1838）; Amphicome（R. Br.）Royle ex Lindl.（1838）; Amphicome（Royle）G. Don（1838）Nom. illegit.; Amphicome Royle ex Lindl.（1838）Nom. illegit.; Amphicome Royle（1836）Nom. inval., Nom. nud.; Niedzwedzkia B. Fedtsch.（1915）■

26165 Indagator Halford（2002）【汉】昆椴属。【隶属】椴树科（椴科，田麻科）Tiliaceae。【包含】世界 1 种。【学名诠释与讨论】〈阴〉（拉）Indagator, 搜索者。【分布】澳大利亚（昆士兰）。【模式】Indagator fordii Halford。●☆

26166 India A. N. Rao（1999）【汉】阿萨姆兰属。【隶属】兰科 Orchidaceae。【包含】世界 1 种。【学名诠释与讨论】〈阴〉（地）India, 印度。【分布】印度（阿萨姆）。【模式】India arunachalensis A. Nageswara Rao。■☆

26167 Indianthus Suksathan et Borchs.（2009）= Phrynium Willd.（1797）（保留属名）［竹芋科（苳叶科，柊叶科）Marantaceae］■

26168 Indigastrum Jaub. et Spach（1857）【汉】小蓝豆属。【隶属】豆科 Fabaceae（Leguminosae）//蝶形花科 Papilionaceae。【包含】世界 10 种。【学名诠释与讨论】〈阴〉（西斑牙）indigo, 蓝，或拉丁文 indicum, 印度的讹用+-astrum, 指示小的词尾，也有"不完全相似"的含义。此属的学名是"Indigastrum Jaubert et Spach, Ill. Pl. Orient. 5: 101. t. 492. Feb 1857"。亦有文献把其处理为"Indigofera L.（1753）"的异名。【分布】参见 Indigofera L.（1753）。【模式】Indigastrum deflexum（Richard）Jaubert et Spach［Indigofera deflexa A. Richard］。【参考异名】Indigofera L.（1753）■☆

26169 Indigo Adans.（1763）Nom. illegit. ≡ Indigofera L.（1753）［豆科 Fabaceae（Leguminosae）//蝶形花科 Papilionaceae］●■

26170 Indigofera L.（1753）【汉】木蓝属（槐蓝属）。【日】コマツナギ属。【俄】Индиго, Индигоноска, Индигофера。【英】Anil, False Indigo, Indigo, Indigo Anil。【隶属】豆科 Fabaceae（Leguminosae）//蝶形花科 Papilionaceae。【包含】世界 700-750 种，中国 79-90 种。【学名诠释与讨论】〈阴〉（西斑牙）indigo, 蓝，蓝靛，或拉丁文 indicum 印度的讹用+拉丁文 fero 具有，生育。有些种类可提取蓝靛作染料。此属的学名，ING、TROPICOS、APNI、GCI 和 IK 记载是"Indigofera L., Sp. Pl. 2: 751. 1753 [1 May 1753]"。"Anil P. Miller, Gard. Dict. Abr. ed. 4. 28 Jan 1754"、"Anila Ludwig ex O. Kuntze, Rev. Gen. 1: 159; 2: 938, 985. 5 Nov 1891"和"Indigo Adanson, Fam. 2: 326, 566. Jul-Aug 1763"是"Indigofera L.（1753）"的晚出的同模式异名（Homotypic synonym, Nomenclatural synonym）。【分布】巴基斯坦，巴拉圭，巴拿马，秘鲁，玻利维亚，厄瓜多尔，哥伦比亚（安蒂奥基亚），哥斯达黎加，马达加斯加，尼加拉瓜，中国，中美洲。【后选模式】Indigofera tinctoria Linnaeus。【参考异名】Acanthonotus Benth.（1849）; Amecarpus Benth.（1847）Nom. illegit.; Amecarpus Benth. ex Lindl., Nom. illegit.; Anil Mill.（1754）Nom. illegit.; Anila Ludw. ex Kuntze（1891）Nom. illegit.; Bremontiera DC.（1825）; Eilemanthus Hochst.（1846）; Elasmocarpus Hochst. ex Chiov.（1903）; Elemanthus Schltdl.（1847）; Hemispadon Endl.（1832）; Ilemanthus Post et Kuntze（1903）; Indigastrum Jaub. et Spach（1857）; Indigo Adans.（1763）Nom. illegit.; Microcharis Benth.（1865）; Ototropis Post et Kuntze（1903）Nom. illegit.; Oustropis G. Don（1832）; Sphaeridiophora Benth. et Hook. f.（1865）Nom. illegit.; Sphaeridiophorum Desv.（1813）; Tricoilendus Raf.（1837）Nom. illegit.; Vaughania S. Moore（1920）●■

26171 Indobanalia A. N. Henry et B. Roy（1969）【汉】穗花苋属。【隶属】苋科 Amaranthaceae。【包含】世界 1 种。【学名诠释与讨论】

〈阴〉（地）India，印度＋（属）Banalia。此属的学名"Indobanalia A. N. Henry et B. Roy，Bull. Bot. Surv. India 10：274. 30 Jun 1969"是一个替代名称。"Banalia Moquin-Tandon in Alph. de Candolle，Prodr. 13（2）：233，278. 5 Mai 1849"是一个非法名称（Nom. illegit.），因为此前已经有了"Banalia Rafinesque，Aut. Bot. 50. 1840 ＝ Croton L.（1753）［大戟科 Euphorbiaceae//巴豆科 Crotonaceae］"。故用"Indobanalia A. N. Henry et B. Roy（1969）"替代之。同理，"Banalia Bubani，Fl. Pyrenaea 2：568. 1899 ≡ Hedysarum L.（1753）（保留属名）［豆科 Fabaceae（Leguminosae）//蝶形花科 Papilionaceae］"亦是一个非法名称。【分布】印度（南部）。【模式】Indobanalia thyrsiflora（Moquin-Tandon）A. N. Henry et B. Roy［Banalia thyrsiflora Moquin-Tandon］。【参考异名】Banalia Moq.（1849）Nom. illegit. ■☆

26172 Indocalamus Nakai（1925）【汉】箬竹属（篹竹属，印竹属）。【日】ニヒタカヤダケ属。【英】Bamboo，Indocalamus。【隶属】禾本科 Poaceae（Gramineae）。【包含】世界 10-31 种，中国 22-31 种。【学名诠释与讨论】〈阳〉（希）Indos，印度河名＋kalamos，芦苇。指模式种采自印度。【分布】印度至马来西亚，中国。【后选模式】Indocalamus sinicus（Hance）Nakai［Arundinaria sinica Hance］。【参考异名】Ferrocalamus J. R. Xue et P. C. Keng（1982）；Gelidocalamus T. H. Wen（1982）●

26173 Indochloa Bor（1954）＝ Euclasta Franch.（1895）［禾本科 Poaceae（Gramineae）］■☆

26174 Indocourtoisia Bennet et Raizada（1981）Nom. illegit.，Nom. superfl. ≡ Courtoisina Soják（1980）［莎草科 Cyperaceae］■

26175 Indocypraea Orchard（2013）【汉】爪哇菊属。【隶属】菊科 Asteraceae（Compositae）。【包含】世界 1 种。【学名诠释与讨论】〈阴〉（地）Indo，Indonesia 印度尼西亚的缩写＋（希）kypris 爱神维纳斯或阿芙罗底特的名称。【分布】印度尼西亚（爪哇岛）。【模式】Indocypraea montana（Blume）Orchard［Verbesina montana Blume］。☆

26176 Indodalzellia Koi et M. Kato（2009）【汉】印度川藻属。【隶属】髯管花科 Geniostomaceae。【包含】世界 1 种。【学名诠释与讨论】〈阴〉（地）India，印度＋（属）Dalzellia 川藻属。此属的学名是"Indodalzellia Koi et M. Kato，International Journal of Plant Sciences 170（2）：240. 2009"。亦有文献把其处理为"Dalzellia Wight（1852）"的异名。【分布】印度。【模式】Indodalzellia gracilis（C. J. Mathew，Jäger-Zürn et Nileena）Koi et M. Kato。【参考异名】Dalzellia Wight（1852）■☆

26177 Indofevillea Chatterjee（1946）【汉】藏瓜属。【英】Indofevillea。【隶属】葫芦科（瓜科，南瓜科）Cucurbitaceae。【包含】世界 1 种，中国 1 种。【学名诠释与讨论】〈阴〉（地）India，印度＋（属）Fevillea 费维瓜属。指形态与 Fevillea 相似，且模式种采自印度。【分布】印度（阿萨姆），中国。【模式】Indofevillea khasiana Chatterjee。●■

26178 Indoixeris Kitam. ＝ Paraixeris Nakai（1920）［菊科 Asteraceae（Compositae）］■

26179 Indokingia Hemsl.（1906）＝ Gastonia Comm. ex Lam.（1788）；~ ＝Polyscias J. R. Forst. et G. Forst.（1776）［五加科 Araliaceae］●

26180 Indomelothria W. J. de Wilde et Duyfjes.（2006）【汉】印瓜属。【隶属】葫芦科（瓜科，南瓜科）Cucurbitaceae。【包含】世界 1 种。【学名诠释与讨论】〈阴〉（地）India，印度＋（属）Melothria 白果瓜属（马㼎儿属）。【分布】印度至马来西亚。【模式】Indomelothria chlorocarpa W. J. J. O. de Wilde et B. E. E. Duyfjes。■☆

26181 Indoneesiella Sreem.（1968）【汉】印度爵床属（印多尼亚属，因多尼属）。【隶属】爵床科 Acanthaceae。【包含】世界 2 种。【学名诠释与讨论】〈阴〉（地）India，印度＋（属）Neesiella ＝

Indoneesiella。此属的学名"Indoneesiella Sreemadhavan，Phytologia 16：466. 3 Jul 1968"是一个替代名称。"Neesiella Sreemadhavan，Phytologia 15：270. Sep 1967"是一个非法名称（Nom. illegit.），因为此前已经有了"Neesiella Schiffner，Hepaticae［prepr. Engler-Prantl］32. Sep 1893（苔藓）"。故用"Indoneesiella Sreem.（1968）"替代之。同理，真菌的"Neesiella Kirschstein，Ann. Mycol. 33：217. 31 Jul 1935 ≡Myconeesia Kirschstein 1936"亦是一个非法名称。【分布】印度。【模式】Indoneesiella echioides（Linnaeus）Sreemadhavan［Justicia echioides Linnaeus］。【参考异名】Neesiella Sreem.（1967）Nom. illegit. ■☆

26182 Indopiptadenia Brenan（1955）【汉】印度落腺豆属。【隶属】豆科 Fabaceae（Leguminosae）。【包含】世界 1 种。【学名诠释与讨论】〈阴〉（地）India，印度＋（属）Piptadenia 落腺豆属（落腺蕊属）。【分布】印度。【模式】Indopiptadenia oudhensis（Brandis）Brenan［Piptadenia oudhensis Brandis］。●☆

26183 Indopoa Bor（1958）【汉】印度早熟禾属。【隶属】禾本科 Poaceae（Gramineae）。【包含】世界 1 种。【学名诠释与讨论】〈阴〉（地）India，印度＋（属）Poa 早熟禾属。【分布】印度。【模式】Indopoa paupercula（O. Stapf）N. L. Bor［Tripogon pauperculus O. Stapf］。■☆

26184 Indopolysolenia Bennet（1981）【汉】多管花属。【隶属】茜草科 Rubiaceae。【包含】世界 5 种，中国 4 种。【学名诠释与讨论】〈阴〉（地）India，印度＋（属）Polysolenia。此属的学名"Indopolysolenia S. S. R. Bennet in M. B. Raizada et S. S. R. Bennet，Indian Forester 107：437. Jul 1981"是一个替代名称。"Polysolenia Hook. f. in Bentham et Hook. f.，Gen. 2：68. 7-9 Apr 1873"是一个非法名称（Nom. illegit.），因为此前已经有了绿藻的"Polysolenia C. G. Ehrenberg ex F. T. Kützing，Spec. Algarum 169. 1849"。故用"Indopolysolenia Bennet（1981）"替代之。亦有文献把"Indopolysolenia Bennet（1981）"处理为"Leptomischus Drake（1895）"的异名。【分布】中国，东喜马拉雅山。【模式】Indopolysolenia wallichii（J. D. Hooker）S. S. R. Bennet［Polysolenia wallichii J. D. Hooker］。【参考异名】Leptomischus Drake（1895）；Polysolen Rauschert（1982）Nom. illegit.；Polysolenia Hook. f.（1873）Nom. illegit. ■

26185 Indorouchera Hallier f.（1921）【汉】南洋亚麻属。【隶属】亚麻科 Linaceae。【包含】世界 3 种。【学名诠释与讨论】〈阴〉（地）India，印度＋（属）Rouchera ＝Roucheria 鲁谢麻属。【分布】马来西亚（西部），中南半岛。【后选模式】Indorouchera griffithiana（Planchon）H. G. Hallier［Roucheria griffithiana Planchon］。●☆

26186 Indoryza A. N. Henry et B. Roy（1969）Nom. illegit. ≡ Porteresia Tateoka（1965）［禾本科 Poaceae（Gramineae）］■☆

26187 Indosasa McClure（1940）【汉】大节竹属（鹤膝竹属）。【英】Big Nod Bamboo，Indosasa。【隶属】禾本科 Poaceae（Gramineae）。【包含】世界 15-25 种，中国 15-25 种。【学名诠释与讨论】〈阴〉（地）Indo，Indo-China 的缩写＋（属）Sasa 赤竹属。指模式种发现于越南旧称印度支那，又某些性状与赤竹属相似。【分布】中国，中南半岛。【模式】Indosasa crassiflora McClure。●

26188 Indoschulzia Pimenov et Kljuykov（1995）【汉】喜马拉雅山芹属。【隶属】伞形花科（伞形科）Apiaceae（Umbelliferae）。【包含】世界 2 种。【学名诠释与讨论】〈阴〉（地）India，印度＋（属）Schulzia 裂苞芹属。此属的学名是"Indoschulzia Pimenov et Kljuykov，Kew Bulletin 50（3）：639. 1995"。亦有文献把其处理为"Trachydium Lindl.（1835）"的异名。【分布】喜马拉雅山北麓。【模式】不详。【参考异名】Trachydium Lindl.（1835）■☆

26189 Indosinia J. E. Vidal（1965）【汉】越南金莲木属。【隶属】金莲木科 Ochnaceae。【包含】世界 1 种。【学名诠释与讨论】〈阴〉

（地）Indosina。此属的学名"Indosinia J. E. Vidal, Bull. Soc. Bot. France 111：405. Jun 1965"是一个替代名称。替代的是"Distephania Gagnepain, Bull. Soc. Bot. France 95：31. post 9 Jan 1948"；因为它与"Distephana（A. P. de Candolle）A. L. Jussieu ex M. J. Roemer, Fam. Nat. Syn. Monogr. 2：132, 198. Dec 1846 ≡ Distephana（Juss. ex DC.）Juss. ex M. Roem.（1846）［西番莲科 Passifloraceae］"太容易混淆了。【分布】中南半岛。【模式】Indosinia involucrata（Gagnepain）J. E. Vidal［Distephania involucrata Gagnepain］。【参考异名】Distephania Gagnep.（1948）●☆

26190　Indotrislicha P. Royen（1959）= Tristicha Thouars（1806）［髯管花科 Geniostomaceae//三列苔草科 Tristichaceae］■☆

26191　Indovethia Boerl.（1894）= Sauvagesia L.（1753）［金莲木科 Ochnaceae//旱金莲木科（辛木科）Sauvagesiaceae］●

26192　Inezia E. Phillips（1932）【汉】角芫荽属。【隶属】菊科 Asteraceae（Compositae）。【包含】世界2种。【学名诠释与讨论】〈阴〉（人）Inez Clare Verdoorn, 1896–1989，南非植物学者，植物采集家。【分布】非洲南部。【模式】Inezia integrifolia（Klatt）E. P. Phillips［Lidbeckia integrifolia Klatt］。■☆

26193　Infantea J. Rémy（1849）= Amblyopappus Hook. et Arn.（1841）［菊科 Asteraceae（Compositae）］■☆

26194　Inga Mill.（1754）【汉】因加豆属（秘鲁合欢属，合欢属，音加属，印加豆属，印加树属）。【俄】Инга。【英】Inga。【隶属】豆科 Fabaceae（Leguminosae）//含羞草科 Mimosaceae。【包含】世界 200-350 种。【学名诠释与讨论】〈阴〉inga，南美植物俗名。此属的学名，ING、GCI、TROPICOS 和 IK 记载是"Inga Mill., Gard. Dict. Abr., ed. 4. ［691］. 1754［28 Jan 1754］"。"Inga Scop., Introductio ad Historiam Naturalem 298, 1777"是晚出的非法名称。"Feuilleea O. Kuntze, Rev. Gen. 1：182. 5 Nov 1891（non Fevillea Linnaeus 1753）"是"Inga Mill.（1754）"的晚出的同模式异名（Homotypic synonym, Nomenclatural synonym）。"Inga Scop., Introductio ad Historiam Naturalem 298. 1777［豆科 Fabaceae（Leguminosae）]"是晚出的非法名称。【分布】巴基斯坦，巴拉圭，巴拿马，玻利维亚，厄瓜多尔，哥伦比亚，哥斯达黎加，马达加斯加，尼泊尔，西印度群岛，热带和亚热带美洲，中美洲。【模式】Inga vera Willdenow［Mimosa inga Linnaeus］。【参考异名】Affonsea A. St. –Hil.（1833）；Amosa Neck.（1790）Nom. inval.；Balizia Barneby et J. W. Grimes（1996）；Calandra Post et Kuntze（1903）；Feuillea Kuntze（1891）Nom. illegit.；Inga Scop.（1777）Nom. illegit.；Ingaria Raf.（1838）；Iuga Rchb.（1828）；Juga Griaeb.（1864）●■☆

26195　Inga Scop.（1777）Nom. illegit. = Inga Mill.（1754）［豆科 Fabaceae（Leguminosae）］☆

26196　Ingaria Raf.（1838）= Inga Mill.（1754）［豆科 Fabaceae（Leguminosae）//含羞草科 Mimosaceae］●■☆

26197　Ingen'houzia Vell.（1831）Nom. illegit. = Trichocline Cass.（1817）［菊科 Asteraceae（Compositae）］■☆

26198　Ingenhousia Endl.（1841）Nom. illegit. = Ingenhoussia Dennst.（1818）；~ = Vitis L.（1753）［葡萄科 Vitaceae］●

26199　Ingenhousia Kuntze（1891）Nom. illegit.［菊科 Asteraceae（Compositae）］☆

26200　Ingenhousia Spach（1834）= Ingenhouzia Moc. et Sessé ex DC.（1824）；~ = Thurberia A. Gray（1854）［锦葵科 Malvaceae］●■

26201　Ingenhousia Steud.（1）Nom. illegit. = Ingenhousia Spach（1834）；~ = Ingenhouzia Moc. et Sessé ex DC.（1824）；~ = Thurberia A. Gray（1854）［锦葵科 Malvaceae］■☆

26202　Ingenhousia Steud.（2）Nom. illegit. = Ingenhouzia Bertero ex

DC.（1838）Nom. inval.；~ = Rhetinodendron Meisn.（1839）［菊科 Asteraceae（Compositae）］●☆

26203　Ingenhousia Steud.（3）Nom. illegit. = Ingenhoussia E. Mey.（1836）Nom. illegit.；~ = Amphithalea Eckl. et Zeyh.（1836）［豆科 Fabaceae（Leguminosae）//蝶形花科 Papilionaceae］■☆

26204　Ingenhoussia Dennst.（1818）= Vitis L.（1753）［葡萄科 Vitaceae］●

26205　Ingenhoussia E. Mey.（1836）Nom. illegit. ≡ Amphithalea Eckl. et Zeyh.（1836）［豆科 Fabaceae（Leguminosae）//蝶形花科 Papilionaceae］■☆

26206　Ingenhoussia Rchb.（1827）Nom. illegit. = Ingenhouzia Moc. et Sessé ex DC.（1824）；~ = Thurberia A. Gray（1854）［锦葵科 Malvaceae］●■

26207　Ingenhouszia Meisn.（1837）Nom. illegit. = Ingenhouzia Moc. et Sessé ex DC.［锦葵科 Malvaceae］●☆

26208　Ingenhouzia Bertero ex DC.（1838）Nom. inval. = Rhetinodendron Meisn.（1839）［菊科 Asteraceae（Compositae）］●☆

26209　Ingenhouzia Bertero（1824）Nom. inval. ≡ Rhetinodendron Meisn.（1839）［菊科 Asteraceae（Compositae）］●☆

26210　Ingenhouzia DC.（1824）Nom. illegit. ≡ Ingenhouzia Bertero ex DC.（1838）Nom. inval.；~ = Rhetinodendron Meisn.（1839）［菊科 Asteraceae（Compositae）］●☆

26211　Ingenhouzia Moc. et Sessé ex DC. = Thurberia A. Gray（1854）［锦葵科 Malvaceae］●■

26212　Ingenhouzia Moc. et Sessé = Thurberia A. Gray（1854）［锦葵科 Malvaceae］●■

26213　Ingenhusia Vell.（1829）= Ingenhouzia Vell.（1831）Nom. illegit.；~ = Trichocline Cass.（1817）［菊科 Asteraceae（Compositae）］■☆

26214　Ingonia（Pierre）Bodard（1955）Nom. illegit. ≡ Ingonia Pierre ex Bodard（1955）［梧桐科 Sterculiaceae//锦葵科 Malvaceae］●☆

26215　Ingonia Bodard（1955）Nom. illegit. ≡ Ingonia Pierre ex Bodard（1955）≡ Ingonia Pierre ex Bodard（1955）［梧桐科 Sterculiaceae//锦葵科 Malvaceae］●☆

26216　Ingonia Pierre ex Bodard（1955）= Cola Schott et Endl.（1832）（保留属名）［梧桐科 Sterculiaceae//锦葵科 Malvaceae］●☆

26217　Inhambanella（Engl.）Dubard（1915）【汉】全果榄属。【隶属】山榄科 Sapotaceae。【包含】世界1-2种。【学名诠释与讨论】〈阴〉（地）Inhambane，伊尼扬巴内，位于莫桑比克+ella 小的。此属的学名，ING 和 TROPICOS 记载是"Inhambanella（Engler）Dubard, Ann. Inst. Bot. –Géol. Colon. Marseille 23：42. 1915"，由"Mimusops sect. Inhambanella Engler, Monogr. Afrik. Pflanzen –Fam. 8：80. 1904 改级而来。IK 则记载为"Inhambanella Dubard, Ann. Mus. Colon. Marseille sér. 3, 3：43. 1915"。【分布】热带非洲。【模式】Inhambanella henriquezii（Engler et Warburg）Dubard［Mimusops henriquezii Engler et Warburg］。【参考异名】Inhambanella Dubard（1915）Nom. illegit.；Kantou Aubrév. et Pellegr.（1957）；Mimusops sect. Inhambanella Engl.（1904）●☆

26218　Inhambanella Dubard（1915）Nom. illegit. ≡ Inhambanella（Engl.）Dubard（1915）［山榄科 Sapotaceae］●☆

26219　Inkaliabum D. G. Gut.（2010）【汉】秘鲁紫菀属。【隶属】菊科 Asteraceae（Compositae）。【包含】世界1种。【学名诠释与讨论】〈中〉词源不详。【分布】秘鲁。【模式】Inkaliabum diehlii（H. Rob.）D. G. Gut.［Liabum diehlii H. Rob.］。☆

26220　Inobolbon Schltr. et Kranzl.（1910）= Dendrobium Sw.（1799）（保留属名）［兰科 Orchidaceae］■

26221　Inobulbon（Schltr.）Schltr.（1910）Nom. illegit. ≡ Inobolbon

Schltr. et Kranzl. (1910)；~ = Dendrobium Sw. (1799)（保留属名）
［兰科 Orchidaceae］■

26222　Inobulbum Schltr. et Kranzl. (1910) Nom. inval. ≡ Inobolbon
Schltr. et Kranzl. (1910)；~ = Dendrobium Sw. (1799)（保留属名）
［兰科 Orchidaceae］■

26223　Inocarpaceae Zoll. (1854) = Fabaceae Lindl.（保留科名）//
Leguminosae Juss. (1789)（保留科名）●■

26224　Inocarpus J. R. Forst. et G. Forst. (1775)（保留属名）【汉】毛果
豆属（太平洋胡桃属）。【日】イノカルプス属。【隶属】豆科
Fabaceae(Leguminosae)。【包含】世界 3 种。【学名诠释与讨论】
〈阳〉(希)is，所有格 inos，纤维，肌，神经。又力量+karpos，果实。
此属的学名"Inocarpus J. R. Forst. et G. Forst. , Char. Gen. Pl. :33.
29 Nov 1775"是保留属名。相应的废弃属名是豆科 Fabaceae 的
"Aniotum Parkinson, J. Voy. South Seas:39. Jul 1773 = Inocarpus J.
R. Forst. et G. Forst. (1775)（保留属名）= Idesia Maxim. (1866)
（保留属名）"。豆科 Fabaceae 的"Aniotum Sol. ex Parkinson
(1773)≡ Aniotum Parkinson (1773) Nom. illegit.（废弃属名）"和
"Aniotum Sol. ex Endl. (1837) Nom. illegit. = Inocarpus J. R. Forst.
et G. Forst. (1775)（保留属名）"亦应废弃。【分布】波利尼西亚
群岛，新几内亚岛，中美洲。【模式】Inocarpus edulis J. R. Forster
et J. G. A. Forster。【参考异名】Aniotum Parkinson (1773) Nom.
illegit.（废弃属名）；Aniotum Sol. ex Parkinson(1773)（废弃属名）
●☆

26225　Inodaphnis Miq. (1861) = Microcos L. (1753)［椴树科（椴科，
田麻科）Tiliaceae//锦葵科 Malvaceae］●

26226　Inodes O. F. Cook(1901) = Sabal Adans. ex Guers. (1804)［棕
榈科 Arecaceae(Palmae)//菜棕科 Sabalaceae］●

26227　Inophloeum Pittier (1916) = Poulsenia Eggers (1898)［桑科
Moraceae］●☆

26228　Inopsidium Walp. (1842) = Ionopsidium (DC.) Rchb. (1829)
［十字花科 Brassicaceae(Cruciferae)］■☆

26229　Inopsis Steud. (1821) = Ionopsis Kunth (1816)［兰科
Orchidaceae］■☆

26230　Inthybus Herder (1870) = Crepis L. (1753)；~ = Intybus Fr.
(1828) Nom. illegit. ；~ = Crepis L. (1753)［菊科 Asteraceae
(Compositae)］■

26231　Inti M. A. Blanco (2007)【汉】光线兰属。【隶属】兰科
Orchidaceae。【包含】世界 7 种。【学名诠释与讨论】〈阴〉词源
不详。【分布】巴拿马，秘鲁，厄瓜多尔，哥斯达黎加，中美洲。
【模式】Inti chartacifolia (Ames et C. Schweinf.) M. A. Blanco
［Maxillaria chartacifolia Ames et C. Schweinf.］。☆

26232　Intrusaria Raf. (1838) Nom. illegit. ≡ Asystasia Blume (1826)
［爵床科 Acanthaceae］●■

26233　Intsia Thouars (1806)【汉】印茄属。【隶属】豆科 Fabaceae
(Leguminosae)//云实科（苏木科）Caesalpiniaceae。【包含】世界
9-200 种。【学名诠释与讨论】〈阴〉(马达加斯加)intsia，印茄。
【分布】马达加斯加，马来西亚，热带非洲东部，热带亚洲。【后选
模式】Intsia madagascariensis A. P. de Candolle。【参考异名】
Bessia Raf. (1838)；Dendrema Raf. (1838) Nom. illegit. ●☆

26234　Intutis Raf. (1838) = Capparis L. (1753)［山柑科（白花菜科，
醉蝶花科）Capparaceae］●

26235　Intybellia Cass. (1821) = Crepis L. (1753)［菊科 Asteraceae
(Compositae)］■

26236　Intybellia Monn. (1829) Nom. illegit. = Intybus Fr. (1828) Nom.
illegit. ；~ = Crepis L. (1753)［菊科 Asteraceae(Compositae)］■

26237　Intybus Fr. (1828) Nom. illegit. = Crepis L. (1753)［菊
Asteraceae(Compositae)］■

26238　Intybus Zinn (1757) = Hieracium L. (1753)［菊科 Asteraceae
(Compositae)］■

26239　Inula L. (1753)【汉】旋覆花属（旋复花属，羊耳菊属）。【日】
イヌラ属，オグルマ属，ヲグルマ属。【俄】Девясил, Инуля。
【英】Elecampane, Fleabane, Inula。【隶属】菊科 Asteraceae
(Compositae)//旋覆花科 Inulaceae。【包含】世界 90-100 种，中
国 17-29 种。【学名诠释与讨论】〈阴〉(拉)inula，一种土木香花。
另说，Inaein，清爽+-ulus，-ula，-ulum，指示小的词尾。指根具清
凉的药效。此属的学名，ING、TROPICOS、APNI、GCI 和 IK 记载
是"Inula L. , Sp. Pl. 2：881. 1753［1 May 1753］"。"Corvisartia
Mérat, Nouv. Fl. Env. Paris 328. Jun 1812"、"Enula Boehmer in C.
G. Ludwig, Def. Gen. ed. 3. 184. 1760"和"Helenium P. Miller,
Gard. Dict. Abr. ed. 4. 28 Jan 1754(non Linnaeus 1753)"是"Inula
L. (1753)"的晚出的同模式异名（Homotypic synonym,
Nomenclatural synonym）。【分布】玻利维亚，马达加斯加，美国，
中国，非洲，欧洲，亚洲。【后选模式】Inula helenium Linnaeus。
【参考异名】Amphirhapis DC. (1836)；Bojeria DC. (1836)；
Codonocephalum Fenzl(1843)；Codonocephalus Fenzl(1843) Nom.
illegit. ；Conyza L. (1753)（废弃属名）；Corvisartia Mérat (1812)
Nom. illegit. ；Cupularia Godr. et Gren. (1850)；Cupularia Godr. et
Gren. ex Godr. (1850) Nom. illegit. ；Duhaldea DC. (1836)；Enula
Boehm. (1760) Nom. illegit. ；Enula Neck. (1790) Nom. inval. ；
Eritheis Gray (1821) Nom. illegit. ；Helenium Mill. (1754) Nom.
illegit. ；Inulaster Sch. Bip. , Nom. inval. ；Inulaster Sch. Bip. ex A.
Rich. (1848) Nom. illegit. ；Inulaster Sch. Bip. ex Hochst. (1841)；
Limbarda Adans. (1763)；Lorentea Less. (1830) Nom. illegit. ；
Monactinocephalus Klatt (1896)；Monastinocephalus Klatt (1896)
Nom. illegit. ；Myriadenus Cass. (1817) Nom. illegit. ；Orsina Bertol.
(1830) Nom. illegit. ；Paniopsis Raf. (1837) Nom. illegit. ；Petrollinia
Chiov. (1911)；Schizogyne Cass. (1828)；Schyzogyne Cass.
(1828)；Sprunnera Sch. Bip. (1843) Nom. illegit. ；Ulina Opiz
(1852)●■

26240　Inulaceae Bercht. et J. Presl (1820) = Asteraceae Bercht. et J.
Presl(保留科名)；~ = Compositae Giseke(保留科名)●■

26241　Inulaceae Bessey［亦见 Asteraceae Bercht. et J. Presl（保留科
名）//Compositae Giseke(保留科名)菊科］【汉】旋覆花科。【包
含】世界 1 属 100 种，中国 1 属 29 种。【分布】欧洲，亚洲，非洲。
【科名模式】Inula L. (1753)■

26242　Inulanthera Källersjö (1986)【汉】旋覆菊属。【隶属】菊科
Asteraceae(Compositae)//旋覆花科 Inulaceae。【包含】世界 10
种。【学名诠释与讨论】〈阴〉(属)Inula 旋覆花属（旋复花属，羊
耳菊属）+anthera，花药。【分布】马达加斯加，非洲南部。【模
式】Inulanthera calva (J. Hutchinson) M. Källersjö［Athanasia calva
J. Hutchinson］。【参考异名】Athanasia L. (1763)●☆

26243　Inulaster Sch. Bip. , Nom. inval. ≡ Inulaster Sch. Bip. ex Hochst.
(1841)；~ = Inula L. (1753)［菊科 Asteraceae(Compositae)］●■

26244　Inulaster Sch. Bip. ex A. Rich. (1848) Nom. illegit. ≡ Inulaster
Sch. Bip. ex Hochst. (1841)；~ = Inula L. (1753)［菊科 Asteraceae
(Compositae)］●■

26245　Inulaster Sch. Bip. ex Hochst. (1841) = Inula L. (1753)［菊科
Asteraceae(Compositae)//旋覆花科 Inulaceae］●■

26246　Inuloides B. Nord. (2006)【汉】毛金盏属。【隶属】菊科
Asteraceae(Compositae)。【包含】世界 1 种。【学名诠释与讨论】
〈阴〉(属)Inula 旋覆花属（旋复花属，羊耳菊属）+oides，来自 o+
eides，像，似；或 o+eidos 形，含义为相像。【分布】非洲南部。【模
式】Inuloides tomentosa (Linnaeus f.) B. Nordenstam［Calendula
tomentosa Linnaeus f. ］。■☆

26247　Inulopsis(DC.)O. Hoffm.(1890)【汉】旋覆菀属。【隶属】菊科 Asteraceae(Compositae)。【包含】世界 2-4 种。【学名诠释与讨论】〈阴〉(属)Inula 旋覆花属(旋复花属,羊耳菊属)+希腊文 opsis,外观,模样。此属的学名,ING 记载是"Inulopsis (A. P. de Candolle)O. Hoffmann in Engler et Prantl, Nat. Pflanzenfam. 4(5): 145,149. Mai 1890",由"Haplopappus sect. Inulopsis A. P. de Candolle, Prodr. 5;349. 1-10 Oct 1836('Aplopappus')"改级而来。IK 和 TROPICOS 则记载为"Inulopsis O. Hoffm., Nat. Pflanzenfam. [Engler et Prantl] iv. 5(1890)149"。亦有文献把"Inulopsis (DC.)O. Hoffm.(1890)"处理为"Haplopappus Cass.(1828)[as 'Aplopappus'](保留属名)"或"Podocoma Cass.(1817)"的异名。【分布】巴拉圭,巴西(南部),玻利维亚。【模式】Inulopsis scaposa (A. P. de Candolle)O. Hoffmann [Haplopappus scebosa A. P. de Candolle]。【参考异名】Haplopappus Cass.(1828)[as 'Aplopappus'](保留属名);Haplopappus sect. Inulopsis DC.(1836)[as 'Aplopappus'];Inulopsis O. Hoffm.(1890)Nom. illegit.;Podocoma Cass.(1817)■☆

26248　Inulopsis O. Hoffm.(1890)Nom. illegit. ≡Inulopsis (DC.)O. Hoffm.(1890)[菊科 Asteraceae(Compositae)]■☆

26249　Inversodicraea Engl.(1915)Nom. illegit. =Ledermanniella Engl.(1909)[犁管花科 Geniostomaceae]■☆

26250　Inversodicraea Engl. ex R. E. Fr.(1914)=Ledermanniella Engl.(1909)[犁管花科 Geniostomaceae]■☆

26251　Involucellaceae Dulac =Dipsacaceae Juss.(保留科名)■●

26252　Involucraria Ser.(1825)=Trichosanthes L.(1753)[葫芦科(瓜科,南瓜科)Cucurbitaceae]■●

26253　Involucrella(Benth. et Hook. f.)Neupane et N. Wikstr.(2015)【汉】中南半岛耳草属。【隶属】茜草科 Rubiaceae。【包含】世界 2 种。【学名诠释与讨论】〈阴〉(新拉)involucrum,包皮,封套,来自 involvo,卷起,包起来+-ellus,-ella,-ellum,加在名词词干后面形成指小式的词尾。或加在人名、属名等后面以组成新属的名称。此属的学名,ING、TROPICOS 和 IK 记载是"Involucrella (Benth. et Hook. f.)Neupane et N. Wikstr., Taxon 64(2):316. 2015[6 May 2015]",由"Hedyotis sect. Involucrella Benth. et Hook. f., Genera Plantarum 2:57. 1873"改级而来。【分布】柬埔寨,越南,中南半岛。【模式】不详。【参考异名】Hedyotis sect. Involucrella Benth. et Hook. f.(1873)☆

26254　Inyonia M. E. Jones(1898)=Peucephyllum A. Gray(1859);~ =Psathyrotes (Nutt.) A. Gray (1853)[菊科 Asteraceae(Compositae)]■☆

26255　Io B. Nord.(2003)【汉】伊娥千里光属。【隶属】菊科 Asteraceae(Compositae)。【包含】世界 1 种。【学名诠释与讨论】〈阴〉(人)Io,宙斯所爱的少女。"伊娥"音译,含义为"那个美眉"。【分布】马达加斯加。【模式】Io ambondrombeensis (H. Humbert)B. Nordenstam [Senecio ambondrombeensis H. Humbert]。●☆

26256　Ioackima Ten.(1813)Nom. illegit., Nom. inval. =Beckmannia Host(1805)[禾本科 Poaceae(Gramineae)]■

26257　Iobaphes Post et Kuntze(1903)=Jobaphes Phil.(1860);~ =Plazia Ruiz et Pav.(1794)[菊科 Asteraceae(Compositae)]●☆

26258　Iocaste E. Mey. ex DC.(1838)Nom. inval. =Phymaspermum Less.(1832)[菊科 Asteraceae(Compositae)]●☆

26259　Iocaste E. Mey. ex Harv.(1865)Nom. illegit. ≡Oligoglossa DC.(1838)[菊科 Asteraceae(Compositae)]☆

26260　Iocaste Post et Kuntze(1903)Nom. illegit. =Jocaste Kunth(1850)Nom. illegit.;~ =Smilacina Desf.(1807)(保留属名)[百合科 Liliaceae//铃兰科 Convallariaceae]■

26261　Iocaulon Raf.(1836)=Crotalaria L.(1753)(保留属名)[豆科 Fabaceae(Leguminosae)//蝶形花科 Papilionaceae]●■

26262　Iocenes B. Nord.(1978)【汉】鼠筋千里光属。【隶属】菊科 Asteraceae(Compositae)。【包含】世界 1 种。【学名诠释与讨论】〈阴〉(属)由 Senecio 千里光属字母改缀而来。【分布】巴塔哥尼亚。【模式】Iocenes acanthifolius (Hombron et Jacquinot) B. Nordenstam [Senecio acanthifolius Hombron et Jacquinot]。■☆

26263　Iochroma Benth.(1845)(保留属名)【汉】悬铃果属(酸浆木属,伊奥奇罗木属)。【俄】Иохрома。【英】Violet Bush。【隶属】茄科 Solanaceae。【包含】世界 15 种。【学名诠释与讨论】〈中〉(希)ion,所有格 iontos,堇菜,堇色+chroma,所有格 chromatos,颜色,身体的表面或皮肤的颜色。chromatikos,关于颜色的,柔软的,和谐的。chromatiko,有色的。指花色。此属的学名"Iochroma Benth. in Edwards's Bot. Reg. 31:ad t. 20. 1 Apr 1845"是保留属名。相应的废弃属名是茄科 Solanaceae 的"Diplukion Raf., Sylva Tellur.:53. Oct-Dec 1838 =Iochroma Benth.(1845)(保留属名)"、"Trozelia Raf., Sylva Tellur.:54. Oct-Dec 1838 =Iochroma Benth.(1845)(保留属名)=Acnistus Schott(1829)"和"Valteta Raf., Sylva Tellur.:53. Oct-Dec 1838 =Iochroma Benth.(1845)(保留属名)"。【分布】秘鲁,玻利维亚,厄瓜多尔,热带南美洲。【模式】Iochroma tubulosum Bentham [as 'tubulosa'], Nom. illegit. [Habrothamnus cyaneus Lindley; Iochroma cyaneum (Lindley) M. L. Green]。【参考异名】Chaenesthes Miers(1845)Nom. illegit.;Cleochroma Miers(1848);Diplukion Raf.(1838)(废弃属名);Trozelia Raf.(1838)(废弃属名);Valteta Raf.(1838)(废弃属名)●☆

26264　Iodaceae Tiegh. =Icacinaceae Miers(保留科名)●■

26265　Iodanthus (Torr. et A. Gray)Rchb.(1841)Nom. illegit. =Iodanthus (Torr. et A. Gray)Steud.(1840)[as 'Jodanthus'][十字花科 Brassicaceae(Cruciferae)]■☆

26266　Iodanthus (Torr. et A. Gray)Steud.(1840)[as 'Jodanthus']【汉】火箭芥属。【隶属】十字花科 Brassicaceae(Cruciferae)。【包含】世界 1 种。【学名诠释与讨论】〈阳〉(希)iod =ion,所有格 iontos,堇菜,堇色+anthos,花。此属的学名,ING、TROPICOS 和 GCI 记载是"Iodanthus (J. Torrey et A. Gray)H. G. L. Reichenbach, Deutsche Bot. Herbarienbuch (Nom.) 181. Jul 1841('Jodanthus')",由"Cheiranthus [par.]Iodanthus J. Torrey et A. Gray, Fl. N. Amer. 1:72. Jul 1838"改级而来。GCI 还记载了"Iodanthus (Torr. et A. Gray)Steud., Nomencl. Bot. [Steudel], ed. 2. 1:812. 1840 [Dec 1840]",其基源异名与前者相同;这个名称面世早于前者,应该为正名。"Iodanthus Torr. et A. Gray ex Steud.(1840)≡Iodanthus (Torr. et A. Gray)Steud.(1840)"的命名人引证有误。"Jodanthus H. G. L. Reichenbach 1841"是其拼写变体。【分布】美国,墨西哥,北美洲。【模式】不详。【参考异名】Chaunanthus O. E. Schulz(1924);Cheiranthus [par.]Iodanthus J. Torrey et A. Gray(1838);Iodanthus (Torr. et A. Gray)Rchb.(1841)Nom. illegit.;Iodanthus Torr. et A. Gray ex Steud.(1840)Nom. illegit.;Jodanthus (Torr. et A. Gray)Rchb.(1841)Nom. illegit.;Jodanthus (Torr. et A. Gray)Steud.(1840)Nom. illegit.;Jodanthus Rchb.(1841)Nom. illegit.;Oclorosis Raf.(1838)■☆

26267　Iodanthus Torr. et A. Gray ex Steud.(1840)Nom. illegit. ≡Iodanthus (Torr. et A. Gray)Steud.(1840)[as 'Jodanthus'][十字花科 Brassicaceae(Cruciferae)]■☆

26268　Iodes Blume(1825)[as 'Iödes']【汉】微花藤属(约的藤属)。【英】Iodes。【隶属】茶茱萸科 Icacinaceae。【包含】世界 19-28 种,中国 4 种。【学名诠释与讨论】〈阴〉(希)ios,铁锈;iodes,铁锈色,有毒的,辛辣的,刺鼻的;ioeides,紫色的,像堇菜的。【分布]马达加斯加,印度至马来西亚,中国,热带非洲。【模式】Iodes ovalis Blume。【参考异名】Erythrostaphyle Hance(1873);Ioedes Blume(1825)Nom. illegit.;Yodes Kurz(1872)●

26269　Iodina Hook. et Arn.(1833)Nom. inval. = Iodina Hook. et Arn. ex Meisn.(1833)［檀香科 Santalaceae］●☆

26270　Iodina Hook. et Arn. ex Meisn.(1837)【汉】菱叶檀香属(巴南檀香属)。【隶属】檀香科 Santalaceae。【包含】世界1种。【学名诠释与讨论】〈阴〉(希)iod = ion,所有格 iontos,董菜,董色+-inus,-ina,-inum,拉丁文加在名词词干之后,以形成形容词的词尾,含义为"属于、相似、关于、小的"。此属的学名,IK 记载是"Iodina Hook. et Arn., Bot. Misc. 3:172. 1833";这是一个裸名。Meisn.(1837)将其合格化为"Jodina Meisn., Pl. Vasc. Gen.[Meisner]1:68;2:48. 1837［21-27 May 1837］"。"Jodina"是其拼写变体。【分布】阿根廷,巴西(南部),玻利维亚,乌拉圭。【模式】Iodina cuneifolia Miers。【参考异名】Iodina Hook. et Arn.(1833)Nom. illegit.;Jodina Hook. et Arn. ex Meisn.(1833);Jodina Meisn.(1833)●☆

26271　Iodocephalis Thorel ex Gagnep.(1920)Nom. illegit. ≡ Iodocephalus Thorel ex Gagnep.(1920)［菊科 Asteraceae(Compositae)］■☆

26272　Iodocephalopsis Bunwong et H. Rob.(2009)【汉】越南菊属。【隶属】菊科 Asteraceae(Compositae)。【包含】世界1种。【学名诠释与讨论】〈阴〉(属)Iodocephalus 刺瓣瘦片菊属+希腊文 opsis,外观,模样,相似。【分布】越南。【模式】Iodocephalopsis eberhardtii(Gagnep.)Bunwong et H. Rob.［Iodocephalus eberhardtii Gagnep.］。☆

26273　Iodocephalus Thorel ex Gagnep.(1920)【汉】刺瓣瘦片菊属。【隶属】菊科 Asteraceae(Compositae)。【包含】世界1-2种。【学名诠释与讨论】〈阴〉(希)ios,铁锈;iodes,铁锈色,有毒的,辛辣的,刺鼻的;ioeides,紫色的,像董菜的+kephale,头。此属的学名,ING 和 IK 记载是"Iodocephalus Thorel ex Gagnepain, Notul. Syst.(Paris)4:16. 28 Nov 1920"。"Iodocephalis Thorel ex Gagnep.(1920)"是其拼写变体。【分布】泰国,中南半岛。【模式】Iodocephalus gracilis Thorel ex Gagnepain。【参考异名】Iodocephalis Thorel ex Gagnep.(1920)Nom. illegit.■☆

26274　Ioedes Blume(1825)Nom. illegit. ≡ Iodes Blume(1825)［as 'Iödes'］［茶茱萸科 Icacinaceae］●

26275　Iogeton Strother(1991)【汉】微方菊属。【隶属】菊科 Asteraceae(Compositae)。【包含】世界1种。【学名诠释与讨论】〈阳〉(希)ios,铁锈;iodes,铁锈色,有毒的,辛辣的,刺鼻的;ioeides,紫色的,像董菜的+geiton 邻居。【分布】巴拿马,中美洲。【模式】Iogeton nowickeanus(W. G. D'Arcy)J. L. Strother［Lasianthaea nowickeana W. G. D'Arcy］。■●☆

26276　Ion Medik.(1787)= Viola L.(1753)［董菜科 Violaceae］■●

26277　Ionacanthus Benoist(1940)【汉】董刺爵床属。【隶属】爵床科 Acanthaceae。【包含】世界1种。【学名诠释与讨论】〈阳〉(希)ion,所有格 iontos,董菜,董色+akantha,荆棘。akanthikos,荆棘的。akanthion,蓟的一种,豪猪,刺猬。akanthinos,多刺的,用荆棘做成的。在植物学中,acantha 通常指刺。【分布】马达加斯加。【模式】Ionacanthus calcaratus Benoist。●☆

26278　Ionactis Greene(1897)【汉】踝菀属。【英】Ankle-aster,Goldenaster。【隶属】菊科 Asteraceae(Compositae)。【包含】世界5种。【学名诠释与讨论】〈阴〉(希)ion,所有格 iontos,董菜,董色+aktis,所有格 aktinos,光线,光束,射线。指小花颜色。【分布】北美洲,美国。【模式】未指定。■☆

26279　Ioncomelos B. D. Jacks. = Loncomelos Raf.(1837);~ = Ornithogalum L.(1753)+Scilla L.(1753)［百合科 Liliaceae//风信子科 Hyacinthaceae//绵枣儿科 Scillaceae］■

26280　Ioncomelos Raf.(1837)Nom. illegit. ≡ Loncomelos Raf.(1837)［百合科 Liliaceae//风信子科 Hyacinthaceae//绵枣儿科 Scillaceae］■☆

26281　Iondra Raf.(1840)= Aethionema W. T. Aiton(1812)［十字花科 Brassicaceae(Cruciferae)］■☆

26282　Iondraba Rchb.(1828)= Biscutella L.(1753)(保留属名);~ = Jondraba Medik.(1792)［十字花科 Brassicaceae(Cruciferae)］■☆

26283　Ione Lindl.(1853)【汉】董兰属。【隶属】兰科 Orchidaceae。【包含】世界34种,中国2种。【学名诠释与讨论】〈阴〉(希)ion,所有格 iontos,董菜,董色。此属的学名是"Ione Lindley, Folia Orchid. 2:Ione 1. 10-31 Jan 1853"。亦有文献把其处理为"Sunipia Buch.-Ham. ex Lindl.(1826)Nom. illegit. ≡ Sunipia Buch.-Ham. ex Sm.(1816)"的异名。【分布】参见 Sunipia Buch.-Ham. ex Lindl.(1826)Nom. illegit,中国。【模式】未指定。【参考异名】Sunipia Buch.-Ham. ex Lindl.(1826)Nom. illegit.■

26284　Ionia Pers. ex Steud.(1821)= Hybanthus Jacq.(1760)(保留属名);~ = Ionidium Vent.(1803)Nom. illegit.;~ = Solea Spreng.(1800);~ = Hybanthus Jacq.(1760)(保留属名)［董菜科 Violaceae］●■

26285　Ionidiaceae Mert. et W. J. Koch(1823)= Violaceae Batsch(保留科名)●■

26286　Ionidiopsis Walp.(1848)= Jonidiopsis C. Presl(1845);~ = Noisettia Kunth(1823)［董菜科 Violaceae］■☆

26287　Ionidium Vent.(1803)Nom. illegit. ≡ Solea Spreng.(1800);~ = Hybanthus Jacq.(1760)(保留属名)［董菜科 Violaceae］●■

26288　Ioniris Baker(1876)= Iris L.(1753);~ = Joniris(Spach)Klatt(1872)［鸢尾科 Iridaceae］■

26289　Ionopsidium(DC.)Rchb.(1829)Nom. illegit. ≡ Ionopsidium Rchb.(1829)［十字花科 Brassicaceae(Cruciferae)］■☆

26290　Ionopsidium Rchb.(1829)【汉】钻石花属(董草属)。【日】イオノプシジューム属。【英】Diamond Flower, Violet Cress。【隶属】十字花科 Brassicaceae(Cruciferae)。【包含】世界1-5种。【学名诠释与讨论】〈中〉(希)ion,董菜+opsis,外观,模样,相似+-ius,-ia,-ium,在拉丁文和希腊文中,这些词尾表示性质或状态。此属的学名,ING 和 IK 记载是"Ionopsidium H. G. L. Reichenbach, Icon. Bot. Pl. Crit. 7:26. 1829('Jonopsidium')"。"Jonopsidium Rchb.(1829)"是其拼写变体。"Ionopsidium(DC.)Rchb.(1829)Nom. illegit. ≡ Ionopsidium Rchb.(1829)"的命名人引证有误。【分布】地中海地区。【模式】Jonopsidium acaule(Desfontaines)H. G. L. Reichenbach［Cochlearia acaulis Desfontaines］。【参考异名】Cochlearia sect. Ionopsis DC.(1821);Ionopsidium(DC.)Rchb.(1829)Nom. illegit.;Jonopsidium Rchb.(1829)Nom. illegit.■☆

26291　Ionopsis Kunth(1816)【汉】南美董兰属(新董兰属,依生兰属)。【日】イオノプシス属。【英】Violet Orchids。【隶属】兰科 Orchidaceae。【包含】世界3-10种。【学名诠释与讨论】〈阴〉(希)ion,所有格 iontos,董菜,董色+希腊文 opsis,外观,模样,相似。指花的形状和颜色。另说指花蕾的形态。此属的学名,ING、TROPICOS 和 IK 记载是"Ionopsis Kunth, Nov. Gen. Sp.［H. B. K.］1:348,t. 83. 1816"。"Cybelion K. P. J. Sprengel, Syst. Veg. 3:679,721. Jan-Mar 1826"是"Ionopsis Kunth(1816)"的晚出的同模式异名(Homotypic synonym, Nomenclatural synonym)。【分布】巴拉圭,巴拿马,秘鲁,玻利维亚,厄瓜多尔,哥伦比亚(安蒂奥基亚),哥斯达黎加,尼加拉瓜,热带美洲,中美洲。【模式】Ionopsis pulchella Kunth。【参考异名】Cybelion Spreng.(1826)Nom. illegit.;Iantha Hook.(1824);Inopsis Steud.(1821);Jantha

Steud. (1840)■☆

26292　Ionorchis Beck(1890)= Limodorum Boehm. (1760)（保留属名）[兰科 Orchidaceae]■☆

26293　Ionosmanthus Jord. et Fourr. (1869) = Ranunculus L. (1753)[毛茛科 Ranunculaceae]■

26294　Ionoxalis Small (1903) = Oxalis L. (1753) [酢浆草科 Oxalidaceae]■●

26295　Ionthlaspi Adans. (1763)= ? Clypeola L. (1753) [十字花科 Brassicaceae(Cruciferae)]■☆

26296　Ionthlaspi Gerard =Clypeola L. (1753)[十字花科 Brassicaceae (Cruciferae)]■☆

26297　Iosotoma Griseb. (1861) = Isotoma (R. Br.) Lindl. (1826)［桔梗科 Campanulaceae]■☆

26298　Iostephane Benth. (1873)【汉】堇冠菊属（彩日葵属，尤泰菊属）。【隶属】菊科 Asteraceae（Compositae）。【包含】世界 4-25 种。【学名诠释与讨论】〈阴〉(希) ion, 所有格 iontos, 堇菜, 堇色+stephanos, 它是 stephos 花冠、王冠的诗中用语。【分布】墨西哥，中美洲。【模式】Iostephane heterophylla (Cavanilles) Bentham ex Hemsley [Coreopsis heterophylla Cavanilles]。【参考异名】Pionocarpus S. F. Blake(1916)■☆

26299　Iotasperma G. L. Nesom(1909)【汉】微果层菀属。【隶属】菊科 Asteraceae(Compositae)。【包含】世界 2 种。【学名诠释与讨论】〈中〉(拉) iota, 希腊文字母+sperma, 所有格 spermatos, 种子, 孢子。【分布】澳大利亚。【模式】Iotasperma pleurota (W. Phillips) F. E. Clements [Peziza pleurota W. Phillips]。■☆

26300　Ioxylon Raf. (1819)（废弃属名）= Maclura Nutt. (1818)（保留属名）; ~ =Toxylon Raf. (1819)[桑科 Moraceae]●

26301　Iozosmene Lindl. (1836) = Iozoste Nees (1831) [樟科 Lauraceae]●

26302　Iozoste Nees (1831) = Litsea Lam. (1792)（保留属名）; ~ = Litsea Lam. (1792)（保留属名）+Actinodaphne Nees(1831)[樟科 Lauraceae]●

26303　Ipecacuana Raf. (1838)= Ipecacuanha Arruda(1810) [茜草科 Rubiaceae]●☆

26304　Ipecacuanha Arruda ex A. St. Hil. (1824)= Psychotria L. (1759)（保留属名）[茜草科 Rubiaceae//九节科 Psychotriaceae]●

26305　Ipecacuanha Arruda(1810) Nom. inval. ≡Ipecacuanha Arruda ex A. St. Hil. (1824); ~ = Psychotria L. (1759)（保留属名）[茜草科 Rubiaceae//九节科 Psychotriaceae]●

26306　Ipecacuanha Gars. (1764) Nom. inval. = Gillenia Moench (1802); ~ = Porteranthus Britton (1894) Nom. illegit. ; ~ = Gillenia Moench(1802)[蔷薇科 Rosaceae]■☆

26307　Ipheion Raf. (1837)【汉】春星花属（花韭属）。【英】Ipheion。【隶属】石蒜科 Amaryllidaceae//百合科 Liliaceae//葱科 Alliaceae。【包含】世界 3-25 种。【学名诠释与讨论】〈阳〉(希) iphion, 一种植物俗名。此属的学名是"Ipheion Rafinesque, Fl. Tell. 2: 12. Jan−Mar 1837 ('1836')"。亦有文献把其处理为"Tristagma Poepp. (1833)"的异名。【分布】墨西哥至智利。【模式】未指定。【参考异名】Beauverdia Herter (1943); Tristagma Poepp. (1833)■☆

26308　Iphigenia Kunth(1843)（保留属名）【汉】山慈姑属（滇山慈菇属，丽江山慈菇属，山慈菇属，益辟坚属）。【英】Iphigenia。【隶属】百合科 Liliaceae//秋水仙科 Colchicaceae。【包含】世界 10-15 种，中国 1 种。【学名诠释与讨论】〈阴〉(希) Iphigeneia, 希腊神话中的女神，她是 Agamemnon 和 Clytaemnestra 的女儿。此属的学名"Iphigenia Kunth, Enum. Pl. 4: 212. 17-19 Jul 1843"是保留属名。相应的废弃属名是百合科 Liliaceae//秋水仙科

Colchicaceae]的"Aphoma Raf. , Fl. Tellur. 2: 31. Jan−Mar 1837 ≡ Iphigenia Kunth(1843)（保留属名）"。【分布】澳大利亚，马达加斯加，新西兰，印度，中国，热带和非洲南部。【模式】Iphigenia indica (Linnaeus) Kunth [Melanthium indicum Linnaeus]。【参考异名】Aphoma Raf. (1837)（废弃属名）; Hypoxidopsis Steud. ex Baker(1879); Iphigeniopsis Buxb. (1936); Notocles Salisb. (1866) Nom. illegit. ■

26309　Iphigeniopsis Buxb. (1936) = Camptorrhiza Hutch. (1934); ~ = Iphigenia Kunth(1843)（保留属名）[百合科 Liliaceae//秋水仙科 Colchicaceae]■

26310　Iphiona Cass. (1817)（保留属名）【汉】短尾菊属（伊蓬菊属）。【隶属】菊科 Asteraceae(Compositae)。【包含】世界 12 种。【学名诠释与讨论】〈阴〉(希) iphion 一种草本植物的古名。此属的学名"Iphiona Cass. in Bull. Sci. Soc. Philom. Paris 1817: 153. Oct 1817"是保留属名。法规未列出相应的废弃属名。【分布】马达加斯加，阿拉伯地区，地中海地区，热带和非洲南部，亚洲中部。【模式】Iphiona dubia Cassini, Nom. illegit. [Conyza pungens Lamarck; Iphiona mucronata (Forssk.) Asch. et Schweinf. ; Conyza pungens Lam. ; Chrysocoma mucronata Forssk.]。【参考异名】Blanchea Boiss. (1875); Carphopappus Sch. Bip. (1843); Grantia Boiss. (1846) Nom. illegit. ; Hirschia Baker (1895); Karthemia Sch. Bip. (1843); Perralderiopsis Rauschert (1982); Warthemia Boiss. (1846)●■☆

26311　Iphionopsis Anderb. (1985)【汉】类短尾菊属。【隶属】菊科 Asteraceae(Compositae)。【包含】世界 2-3 种。【学名诠释与讨论】〈阴〉(属) Iphiona 短尾菊属+希腊文 opsis, 外观, 模样, 相似。【分布】马达加斯加，热带非洲东北部。【模式】Iphionopsis rotundifolia (D. Oliver et W. P. Hiern) A. Anderberg [Iphiona rotundifolia D. Oliver et W. P. Hiern]。●☆

26312　Iphisia Wight et Arn. (1834)= Tylophora R. Br. (1810) [萝藦科 Asclepiadaceae]●■

26313　Iphyon Post et Kuntze(1903) = Asphodeline Rchb. (1830); ~ = Ifuon Raf. (1838) [百合科 Liliaceae//阿福花科 Asphodelaceae]■☆

26314　Ipnum Phil. (1871) = Diplachne P. Beauv. (1812); ~ = Leptochloa P. Beauv. (1812) [禾本科 Poaceae(Gramineae)]■

26315　Ipo Pers. (1807)（废弃属名）= Antiaris Lesch. (1810)（保留属名）[桑科 Moraceae]●

26316　Ipomaea Burm. f. (1768)= Ipomoea L. (1753)（保留属名）[旋花科 Convolvulaceae]●■

26317　Ipomaeella A. Chev. (1950) = Aniseia Choisy (1834) [旋花科 Convolvulaceae]■

26318　Ipomcu All. (1773)= Ipomoea L. (1753)（保留属名）[旋花科 Convolvulaceae]●■

26319　Ipomeria Nutt. (1818) Nom. illegit. ≡Ipomopsis Michx. (1803); ~ = Gilia Ruiz et Pav. (1794) [花荵科 Polemoniaceae]■●☆

26320　Ipomoea L. (1753)（保留属名）【汉】番薯属（甘薯属，牵牛花属，牵牛属）。【日】イポメア属，サツマイモ属。【俄】Ипомея, Фарбитис。【英】Cypress Vine, Ipomoea, Jalap, Morning Glory, Morningglory, Morning-glory, Patata。【隶属】旋花科 Convolvulaceae。【包含】世界 500-650 种，中国 29-35 种。【学名诠释与讨论】〈阴〉(希) ipsos, 常春藤+homoios, 相似。另说, (希) ips, ipos, 蠕虫, 甲虫+homoios, homios, 相似。此属的学名"Ipomoea L. , Sp. Pl. :159. 1 Mai 1753"是保留属名。法规未列出相应的废弃属名。【分布】巴基斯坦，巴拉圭，巴拿马，玻利维亚，厄瓜多尔，哥伦比亚，哥斯达黎加，马达加斯加，美国，尼加拉瓜，中国，热带和温带，中美洲。【模式】Ipomoea pes-tigridis Linnaeus。【参考异名】Acmostemon Pilg. (1936); Amphione Raf. (1838); Apomaea

Neck. (1790) Nom. inval.; Apomoea Steud. (1840); Apopleumon Raf. (1838); Batatas Choisy (1833); Bombycospermum C. Presl (1831); Bonanox Raf. (1821); Calboa Cav. (1799); Calonyction Choisy (1834); Calycanthemum Klotzsch (1861); Calycantherum Klotzsch; Caulotulis Raf. (1838); Cleiemera Raf. (1838); Cleiostoma Raf. (1838); Cleisostoma B. D. Jacks.; Cliomera Post et Kuntze(1903); Clitocyamos St. – Lag. (1880); Coeladena Post et Kuntze(1903); Coiladena Raf. (1837); Colophonia Post et Kuntze (1903) Nom. illegit.; Convolvuloides Moench(1794) (废弃属名); Decaloba Raf. (1838); Diatremis Raf. (1821) (废弃属名); Dimerodiscus Gagnep. (1950); Distimake Raf. (1838); Doxema Raf. (1838); Elythrostamna Bojer (1836); Elythrostamna Choisy (1845); Exallosis Raf. (1838); Exocroa Raf. (1838); Exogonium Choisy(1833); Fraxima Raf. (1838); Gynoisia Raf. (1833) Nom. illegit.; Gynoisia Raf. (1838) Nom. illegit.; Hemidia Raf. (1819); Ipomaea Burm. f. (1768); Ipomcu All. (1773); Isypus Raf. (1838); Kolofonia Raf. (1838); Lariospermum Raf. (1821); Latrienda Raf. (1838); Leptocallis G. Don (1837); Macrostema Pers. (1805) Nom. illegit.; Macrostoma Hedw., Nom. illegit.; Melascus Raf. (1838); Milhania Neck. (1790) Nom. inval.; Milhania Neck. ex Raf. (1838); Mina Cerv. (1824); Mina La Llave et Lex. (1824) Nom. illegit.; Modesta Raf. (1838); Morenoa La Llave (1824); Navipomoea (Roberty) Roberty (1964); Navipomoea Roberty(1964) Nom. illegit.; Nemanthera Raf. (1838); Neorthosis Raf. (1838); Nil Medik. (1791); Ornithosperma Raf. (1817); Parasitipomaea Hayata (1916); Pentacrostigma K. Afzel. (1929); Pharbitis Choisy(1833) (保留属名); Plesiagopus Raf. (1838); Pseudipomoea Roberty(1964); Quamoclit Mill. (1754); Quamoclit Moench(1794) Nom. illegit.; Quamoclit Tourn. ex Moench(1794) Nom. illegit.; Quamoclita Raf. (1838); Stomadena Raf. (1837); Tereietra Raf. (1838); Tirtalia Raf. (1838); Trivolvulus Moc. et Sessé ex Choisy(1845); Ypomaea Robin(1807)●■☆

26321 Ipomopsis Michx. (1803)【汉】红杉花属。【隶属】花荵科 Polemoniaceae。【包含】世界 24-30 种。【学名诠释与讨论】〈阴〉(属)Ipomoea 番薯属(甘薯属,牵牛花属,牵牛属)+希腊文 opsis,外观,模样。此属的学名,ING、TROPICOS、GCI 和 IK 记载是"Ipomopsis Michx., Fl. Bor. – Amer. (Michaux) 1: 141. 1803 [19 Mar 1803]"。"Brickellia Rafinesque, Med. Repos. ser. 2. 5: 353. Feb-Apr 1808(废弃属名)"和"Ipomeria Nuttall, Gen. 1: 124. 14 Jul 1818"是"Ipomopsis Michx. (1803)"的晚出的同模式异名(Homotypic synonym, Nomenclatural synonym)。它曾先后被处理为"Gilia sect. Ipomopsis (Michx.) Benth., Prodromus Systematis Naturalis Regni Vegetabilis 9: 313. 1845"和"Gilia subgen. Ipomopsis (Michx.) Milliken, University of California Publications in Botany 2 (1): 24. 1904"。【分布】玻利维亚,美国(佛罗里达),北美洲西部,温带南美洲。【模式】Ipomopsis elegans A. Michaux, Nom. illegit. [Polemonium rubrum Linnaeus; Ipomopsis rubra (Linnaeus) Wherry]。【参考异名】Batanthes Raf. (1832); Brickellia Raf. (1808) (废弃属名); Callisteris Greene (1905) Nom. illegit.; Gilia Ruiz et Pav. (1794); Gilia sect. Ipomopsis (Michx.) Benth. (1845); Gilia subgen. Ipomopsis (Michx.) Milliken (1904); Ipomeria Nutt. (1818) Nom. illegit.; Spogopsis Raf. ■☆

26322 Iposues Raf. (1840) = Rhododendron L. (1753) [杜鹃花科(欧石南科)Ericaceae]●

26323 Ipsea Lindl. (1831)【汉】黄水仙兰属(奇兰属)。【日】イプセア属。【英】Daffodil Orchid。【隶属】兰科 Orchidaceae。【包含】世界 1-2 种。【学名诠释与讨论】〈阴〉(希)ips, ipos,甲虫,蠹虫;

ipsos,栓皮栎。可能指根。【分布】斯里兰卡,印度。【模式】Ipsea speciosa Lindley。■☆

26324 Iquitoa Dodson(1993) Nom. inval. [兰科 Orchidaceae]■☆

26325 Iranecio B. Nord. (1989)【汉】伊朗菊属。【隶属】菊科 Asteraceae(Compositae)。【包含】世界 16 种。【学名诠释与讨论】〈阴〉(地)Iran,伊朗+(属)Senecio 千里光属。【分布】土耳其,伊拉克,伊朗,巴尔干半岛,高加索。【模式】不详。■☆

26326 Irania Hadac et Chrtek(1971) = Fibigia Medik. (1792) [十字花科 Brassicaceae(Cruciferae)]■☆

26327 Irapatientella H. Perrier = Impatiens L. (1753) [凤仙花科 Balsaminaceae]■

26328 Irasekia Gray(1821) = Anagallis L. (1753); ~ = Jirasekia F. W. Schmidt(1793) [报春花科 Primulaceae]■

26329 Iraupalos Raf. (1820) = Hydrangea L. (1753); ~ = Traupalos Raf. (1820) [虎耳草科 Saxifragaceae//绣球花科(八仙花科,绣球科)Hydrangeaceae]●

26330 Irenea Szlach., Mytnik, Górniak et Romowicz(2006)【汉】艾琳兰属。【隶属】兰科 Orchidaceae。【包含】世界 12 种。【学名诠释与讨论】〈阴〉(希)Eirene,和平女神。【分布】美洲。【模式】Irenea myantha (Lindl.) Mytnik, Górniak et Romowicz [Odontoglossum myanthum Lindl.]。■☆

26331 Ireneis Moq. (1849) = Iresine P. Browne (1756) (保留属名) [苋科 Amaranthaceae]●■

26332 Irenella Suess. (1934)【汉】等被岩苋属。【隶属】苋科 Amaranthaceae。【包含】世界 1 种。【学名诠释与讨论】〈阴〉(希)Eirene,和平女神+-ellus, -ella, -ellum,加在名词词干后面形成指小式的词尾。或加在人名、属名等后面以组成新属的名称。【分布】厄瓜多尔。【模式】Irenella chrysotricha Suessenguth。■☆

26333 Irenepharsus Hewson(1982)【汉】和平芥属。【隶属】十字花科 Brassicaceae(Cruciferae)。【包含】世界 3 种。【学名诠释与讨论】〈阳〉(希)Eirene,希腊神话中的和平女神,Zeus 和 Themis 的女儿+pharsis,撕下的一片,一部分。【分布】澳大利亚。【模式】Irenepharsus phasmatodes H. J. Hewson。■☆

26334 Ireon Burm. f. (1768) = Roridula Burm. f. ex L. (1764) [捕蝇幌科 Roridulaceae//茅膏菜科 Droseraceae]●☆

26335 Ireon Raf. (1838) Nom. illegit. = Prismatocarpus L' Hér. (1789) (保留属名) [桔梗科 Campanulaceae]●■☆

26336 Ireon Scop. (1777) = Lightfootia L' Hér. (1789) Nom. illegit.; ~ = Wahlenbergia Schrad. ex Roth (1821) (保留属名) [桔梗科 Campanulaceae]■●

26337 Iresine P. Browne(1756) (保留属名)【汉】血苋属(红洋苋属,红叶苋属)。【日】イレシネ属,マルバビユ属。【俄】Илезина。【英】Blood Leaf, Bloodleaf, Blood – leaf。【隶属】苋科 Amaranthaceae。【包含】世界 70-80 种,中国 1 种。【学名诠释与讨论】〈阴〉(希)eiresione,用羊毛缠成的一种庆祝丰收的花环。指花序似花环。此属的学名"Iresine P. Browne, Civ. Nat. Hist. Jamaica: 358. 10 Mar 1756"是保留属名。法规未列出相应的废弃属名。"Gonufas Rafinesque, Sylva Tell. 124. Oct – Dec 1838"、"Lophoxera Rafinesque, Fl. Tell. 3: 42. Nov – Dec 1837('1836')"和"Xerandra Rafinesque, Fl. Tell. 3: 43. Nov – Dec 1837('1836')"是"Iresine P. Browne(1756) (保留属名)"的晚出的同模式异名(Homotypic synonym, Nomenclatural synonym)。【分布】澳大利亚,巴基斯坦,巴拉圭,巴拿马,秘鲁,玻利维亚,厄瓜多尔(包括科隆群岛),哥伦比亚(安蒂奥基亚),马达加斯加,美国(密苏里),尼加拉瓜,中国,中美洲。【模式】Iresine diffusa L.。【参考异名】Caraxeron Raf. (1837) Nom. illegit.; Caraxeron Vaill. ex Raf.

（1837）Nom. illegit.；Crucita L.（1762）；Cruicita L.（1762）；Cruzeta Loefl.（1758）；Cruzita L.（1767）；Dicraurus Hook. f.（1880）；Gonufas Raf.（1838）Nom. illegit.；Ireneis Moq.（1849）；Lophoxera Raf.（1837）Nom. illegit.；Rosea Mart.（1826）；Trommsdorffia Mart.（1826）Nom. illegit.；Tromsdorffia Benth. et Hook. f.；Xerandra Raf.（1837）Nom. illegit. ●■

26338　Ireum Steud.（1841）＝Ireon Burm. f.（1768）；～＝Roridula Burm. f. ex L.（1764）［捕蝇幌科 Roridulaceae//茅膏菜科 Droseraceae］●☆

26339　Iria（Pers.）R. Hedw.（1806）Nom. illegit.（废弃属名）≡Iria（Rich.）R. Hedw.（1806）（废弃属名）；～＝Abildgaardia Vahl（1805）；～＝Fimbristylis Vahl（1805）（保留属名）［莎草科 Cyperaceae］■

26340　Iria（Rich.）R. Hedw.（1806）（废弃属名）≡Abildgaardia Vahl（1805）；～＝Fimbristylis Vahl（1805）（保留属名）［莎草科 Cyperaceae］■

26341　Iria（Rich. ex Pers.）Kuntze（1891）Nom. illegit.（废弃属名）≡Iria（Rich.）R. Hedw.（1806）（废弃属名）；～≡Abildgaardia Vahl（1805）；～＝Fimbristylis Vahl（1805）（保留属名）［莎草科 Cyperaceae］■

26342　Iria Kuntze（1891）Nom. illegit.（废弃属名）；～＝Abildgaardia Vahl（1805）；～＝Fimbristylis Vahl（1805）（保留属名）［莎草科 Cyperaceae］■

26343　Iria R. Hedw.（1806）Nom. illegit.（废弃属名）≡Iria（Rich.）R. Hedw.（1806）（废弃属名）；～≡Abildgaardia Vahl（1805）；～＝Fimbristylis Vahl（1805）（保留属名）［莎草科 Cyperaceae］■

26344　Iriartea Ruiz et Pav.（1794）【汉】依力棕属（阿瑞尔属，南美椰属，王根柱椰属，伊利椰子属）。【日】タケウマヤシ属。【俄】Пальма-ириартея。【英】Iriartea, Stilt Palm, Stilt-palm。【隶属】棕榈科 Arecaceae（Palmae）//依力棕科 Iriarteaceae。【包含】世界 1-7 种。【学名诠释与讨论】〈阴〉（人）Don Bernardo de Iriarte, 西班牙植物学者。【分布】巴拿马，秘鲁，玻利维亚，厄瓜多尔，哥伦比亚（安蒂奥基亚），哥斯达黎加，尼加拉瓜，中美洲。【模式】Iriartea deltoidea Ruiz et Pavon。【参考异名】Deckeria H. Karst.（1857）●☆

26345　Iriarteaceae O. F. Cook et Doyle（1913）［亦见 Arecaceae Bercht. et J. Presl（保留科名）//Palmae Juss.（保留科名）棕榈科］【汉】依力棕科。【包含】世界 1 属 1-7 种。【分布】热带美洲。【科名模式】Iriartea Ruiz et Pav. ●☆

26346　Iriarteaceae O. F. Cook ＝Arecaceae Bercht. et J. Presl（保留科名）//Palmae Juss.（保留科名）●

26347　Iriartella H. Wendl.（1860）【汉】毛鞘椰属（小伊利椰子属，小依力棕属，伊利亚椰属）。【日】ヒメタケウマヤシ属。【隶属】棕榈科 Arecaceae（Palmae）。【包含】世界 2 种。【学名诠释与讨论】〈阴〉（属）Iriartea 依力棕属+-ellus, -ella, -ellum, 加在名词词干后面形成指小式的词尾。或加在人名、属名等后面以组成新属的名称。此属的学名，ING、TROPICOS 和 IK 记载是"Iriartella H. Wendland, Bonplandia 8：103，106. 15 Mar 1860"。它曾被处理为"Iriartea subgen. Iriartella（H. Wendl.）Drude, Die Natürlichen Pflanzenfamilien 2（3）：60. 1887"。【分布】秘鲁，玻利维亚，热带南美洲。【模式】Iriartella setigera（Martius）H. Wendland［Iriartea setigera Martius］。【参考异名】Cuatrecasea Dugand（1940）；Iriartea subgen. Iriartella（H. Wendl.）Drude（1887）●☆

26348　Iriastrum Fabr.（1763）Nom. illegit. ≡Iriastrum Heist. ex Fabr.（1763）；～≡Xiphion Mill.（1754）；～＝Iris L.（1753）［鸢尾科 Iridaceae］■

26349　Iriastrum Heist. ex Fabr.（1763）Nom. illegit. ≡Xiphion Mill.（1754）；～＝Iris L.（1753）［鸢尾科 Iridaceae］■

26350　Iridaceae Juss.（1789）（保留科名）【汉】鸢尾科。【日】アヤメ科。【俄】Ирисовые, Касатиковые。【英】Iris Family, Swordflag Family。【包含】世界 65-87 属 1700-1890 种，中国 3-11 属 61-83 种。【分布】热带、亚热带和温带。【科名模式】Iris L.（1753）●●

26351　Iridaps Comm. ex Pfeiff. ＝Artocarpus J. R. Forst. et G. Forst.（1775）（保留属名）；～＝Tridaps Comm. ex Endl.［桑科 Moraceae//波罗蜜科 Artocarpaceae］●

26352　Iridion Poem. et Schult.（1819）＝Ireon Burm. f.（1768）；～＝Roridula Burm. f. ex L.（1764）［捕蝇幌科 Roridulaceae//茅膏菜科 Droseraceae］●☆

26353　Iridis Raf. ＝Iris L.（1753）［鸢尾科 Iridaceae］■

26354　Iridisperma Raf.（1834）Nom. illegit. ≡Triclisperma Raf.（1814）；～＝Polygala L.（1753）［远志科 Polygalaceae］●■

26355　Iridodictyum Rodion.（1961）＝Iris L.（1753）［鸢尾科 Iridaceae］■

26356　Iridopsis Welw. ex Baker（1878）Nom. inval. ＝Moraea Mill.（1758）［as 'Morea'］（保留属名）［鸢尾科 Iridaceae］■

26357　Iridorchis Blume（1859）Nom. illegit.（废弃属名）＝Cymbidium Sw.（1799）［兰科 Orchidaceae］■

26358　Iridorchis Thouars ex Kuntze（1891）Nom. illegit.（废弃属名）＝Oberonia Lindl.（1830）（保留属名）［兰科 Orchidaceae］■

26359　Iridorchis Thouars（1809）Nom. illegit.（废弃属名）≡Iridorkis Thouars（1809）（废弃属名）；～＝Oberonia Lindl.（1830）（保留属名）［兰科 Orchidaceae］■

26360　Iridorkis Thouars（1809）（废弃属名）＝Oberonia Lindl.（1830）（保留属名）［兰科 Orchidaceae］■

26361　Iridosma Aubrév. et Pellegr.（1962）【汉】西非苦木属。【隶属】苦木科 Simaroubaceae。【包含】世界 1 种。【学名诠释与讨论】〈阴〉（希）iris, 所有格 iridos, 虹、鸢尾+osma, 气味, 臭味, 香味。【分布】西赤道非洲。【模式】Iridosma letestui（Pellegrin）A. Aubréville［Mannia le-testui Pellegrin］。●☆

26362　Iridrogalvia Pers.（1805）＝Isidrogalvia Ruiz et Pav.（1802）Nom. illegit.；～＝Tofieldia Huds.（1778）［百合科 Liliaceae//纳茜菜科（肺筋草科）Nartheciaceae//无叶莲科（樱井草科）Petrosaviaceae//岩菖蒲科 Tofieldiaceae］■

26363　Iriha Kuntze（1891）Nom. illegit. ＝Fimbristylis Vahl（1805）（保留属名）；～＝Iria（Rich.）R. Hedw.（1806）（废弃属名）；～＝Iria（Rich.）R. Hedw.（1806）（废弃属名）；～≡Abildgaardia Vahl（1805）；～＝Fimbristylis Vahl（1805）（保留属名）［莎草科 Cyperaceae］■

26364　Irillium Kunth（1850）Nom. illegit.［百合科 Liliaceae］■☆

26365　Irillium Raf.（1820）＝Trillium L.（1753）［百合科 Liliaceae//延龄草科（重楼科）Trilliaceae］■

26366　Irina Blume（1825）Nom. illegit., Nom. nud. ＝Pometia J. R. Forst. et G. Forst.（1776）［无患子科 Sapindaceae］●☆

26367　Irina Kuntze ＝Fimbristylis Vahl（1805）（保留属名）［莎草科 Cyperaceae］■

26368　Irina Noronha ex Blume（1825）Nom. illegit., Nom. nud. ＝Pometia J. R. Forst. et G. Forst.（1776）［无患子科 Sapindaceae］●

26369　Irina Noronha（1790）Nom. inval., Nom. nud. ＝Pometia J. R. Forst. et G. Forst.（1776）［无患子科 Sapindaceae］●

26370　Irine Hassk.（1848）Nom. illegit.［无患子科 Sapindaceae］☆

26371　Irio（DC.）Fourr.（1868）＝Sisymbrium L.（1753）［十字花科 Brassicaceae（Cruciferae）］●■

26372　Irio Fourr.（1868）Nom. illegit. ≡Irio（DC.）Fourr.（1868）；～＝

Sisymbrium L.（1753）［十字花科 Brassicaceae（Cruciferae）］■

26373　Irio L.（1753）Nom. illegit. ＝Sisymbrium L.（1753）［十字花科 Brassicaceae（Cruciferae）］■

26374　Iripa Adans.（1763）Nom. illegit. ≡Cynometra L.（1753）［豆科 Fabaceae（Leguminosae）］●☆

26375　Iris L.（1753）【汉】鸢尾属。【日】アヤメ属，イリス属。【俄】Ирис，Касатик。【英】Flag，Flags，Fleur-de-lis，Iris，Swordflag。【隶属】鸢尾科 Iridaceae。【包含】世界 225-301 种，中国 58-66 种。【学名诠释与讨论】〈阴〉（希）iris，所有格 iridos，彩虹。指其花像虹一样美丽。【分布】巴基斯坦，玻利维亚，美国，中国，北温带，中美洲。【后选模式】Iris germanica Linnaeus。【参考异名】Alatavia Rodion.（1999）；Biris Medik.（1791）；Chamaeiris Medik.（1790）；Chamoletta Adans.（1763）；Coresantha Alef.（1863）；Costaea Post et Kuntze（1903）Nom. illegit. ；Costia Willk.（1860）Nom. illegit. ；Cryptobasis Nevski（1937）；Diaphane Salisb.（1812）；Eremiris（Spach）Rodion.（2006）；Evansia Salisb.（1812）；Gattenhofia Medik.（1790）；Ioniris Baker（1876）；Iriastrum Fabr.（1763）Nom. illegit. ；Iriastrum Heist. ex Fabr.（1763）Nom. illegit. ；Iridis Raf.；Iridodictyum Rodion.（1961）；Isis Tratt.（1812）；Joniris（Spach）Klatt（1872）；Joniris Klatt（1872）Nom. illegit. ；Juno Tratt.（1821）；Juno Tratt. ex Roem. et Schult. ，Nom. illegit. ；Junopsis Wern. Schulze（1970）；Limnirion（Rchb.）Opiz（1852）Nom. inval. ；Limnirion Opiz（1852）Nom. inval. ；Neubeckia Alef.（1863）；Oncocyclus Siemssen（1846）；Pardanthopsis（Hance）Lenz（1972）；Pseudiris Post et Kuntze（1903）；Pseudo-Iris Medik.（1790）；Sclerosiphon Nevski（1937）；Siphonostylis Wern. Schulze（1965）；Spathula（Tausch）Fourr.（1869）；Spathula Fourr.（1869）Nom. illegit. ；Thelysia Salisb.（1812）Nom. inval. ；Thelysia Salisb. ex Parl.（1856）；Xeris Medik.（1791）；Xiphion Mill.（1754）；Xiphion Tourn. ex Mill.（1754）；Xiphium Mill.（1754）Nom. illegit. ；Xuris Adans.（1763）；Xyphidium Steud.（1841）；Xyridion（Tausch）Fourr.（1869）；Xyridion Fourr.（1869）Nom. illegit. ；Xyridium Steud.（1841）；Xyridium Tausch ex Steud.（1841）Nom. illegit. ■

26376　Irium Steud.（1821）＝Ireon Burm. f.（1768）；~ ＝ Roridula Burm. f. ex L.（1764）［捕蝇幌科 Roridulaceae//茅膏菜科 Droseraceae］●☆

26377　Irlbachia Mart.（1827）【汉】雅龙胆属（美龙胆属）。【隶属】龙胆科 Gentianaceae。【包含】世界 17 种。【学名诠释与讨论】〈阴〉词源不详。【分布】秘鲁，玻利维亚，厄瓜多尔，热带南美洲，中美洲。【模式】Irlbachia elegans C. F. P. Martius。【参考异名】Adenolisianthus（Progel）Gilg（1895）；Adenolisianthus Gilg（1895）Nom. illegit. ；Calolisianthus Gilg（1895）；Chelonanthus（Griseb.）Gilg（1895）Nom. illegit. ；Chelonanthus Gilg（1895）；Ditomaga Raf.；Helia Mart.（1827）；Lisianthius P. Browne（1756）；Lisianthus L.（1767）Nom. illegit. ；Pagaea Griseb.（1845）■☆

26378　Irma Bouton ex A. DC.（1864）＝Begonia L.（1753）［秋海棠科 Begoniaceae］●■

26379　Irmischia Schltdl.（1847）＝Metastelma R. Br.（1810）［萝藦科 Asclepiadaceae］●☆

26380　Iron P. Browne（1756）＝Sauvagesia L.（1753）［金莲木科 Ochnaceae//旱金莲木科（辛木科）Sauvagesiaceae］●

26381　Iroucana Aubl.（1775）＝Casearia Jacq.（1760）［刺篱木科（大风子科）Flacourtiaceae//天料木科 Samydaceae］●

26382　Irsiola P. Browne（1756）＝Cissus L.（1753）［葡萄科 Vitaceae］●

26383　Irucana Post et Kuntze（1903）＝Casearia Jacq.（1760）；~ ＝ Iroucana Aubl.（1775）［刺篱木科（大风子科）Flacourtiaceae//天料木科 Samydaceae］●

26384　Irulia Bedd.（1873）＝Melocanna Trin.（1820）；~ ＝ Ochlandra Thwaites（1864）［禾本科 Poaceae（Gramineae）］●☆

26385　Irvingbaileya R. A. Howard（1943）【汉】欧巴茱萸属。【隶属】茶茱萸科 Icacinaceae。【包含】世界 1 种。【学名诠释与讨论】〈阴〉（人）Irving Widmer Bailey，1884-1967，美国植物学者。【分布】澳大利亚（昆士兰）。【模式】Irvingbaileya australis（C. T. White）Howard［as 'australia'］［Tylecarpus australis C. T. White］。●☆

26386　Irvingella Tiegh.（1905）＝Irvingia Hook. f.（1860）［苞芽树科（亚非苞芽树科）Irvingiaceae//苦木科 Simaroubaceae］●☆

26387　Irvingia F. Muell.（1865）Nom. illegit. ≡ Kissodendron Seem.（1865）；~ ＝ Hedera L.（1753）；~ ＝ Polyscias J. R. Forst. et G. Forst.（1776）［五加科 Araliaceae//常春藤科 Hederaceae］●

26388　Irvingia Hook. f.（1860）【汉】苞芽树属（包芽树属）。【隶属】苞芽树科（亚非苞芽树科）Irvingiaceae//苦木科 Simaroubaceae。【包含】世界 4-15 种。【学名诠释与讨论】〈阴〉（人）Edward George Irving，1816-1855，英国植物学者，医生。此属的学名，ING、TROPICOS 和 IK 记载是"Irvingia Hook. f. ，Trans. Linn. Soc. London 23（1）：167. 1860 [after 1 Nov 1860]"。"Irvingia F. Muell. ，Fragm.（Mueller）5（31）：17. 1865 [Apr 1865] ≡ Kissodendron Seem.（1865）Hedera L.（1753）＝Polyscias J. R. Forst. et G. Forst.（1776）［五加科 Araliaceae//常春藤科 Hederaceae］"是晚出的非法名称。【分布】加里曼丹岛，马来半岛，中南半岛，热带非洲。【后选模式】Irvingia smithii J. D. Hooker。【参考异名】Irvingella Tiegh.（1905）●☆

26389　Irvingiaceae（Engl.）Exell et Mendonça（1951）＝ Irvingiaceae Exell et Mendonça（保留科名）●☆

26390　Irvingiaceae Exell et Mendonça（1951）（保留科名）［亦见 Ixonanthaceae Planch. ex Miq.（保留科名）黏木科］【汉】苞芽树科（亚非苞芽树科）。【包含】世界 3-4 属 8-24 种。【分布】马达加斯加，热带非洲，南亚。【科名模式】Irvingia Hook. f.●☆

26391　Irvingiaceae Pierre ＝ Irvingiaceae Exell et Mendonça（保留科名）；~ ＝Ixonanthaceae Planch. ex Miq.（保留科名）●

26392　Irwinia G. M. Barroso（1980）【汉】微毛落苞菊属。【隶属】菊科 Asteraceae（Compositae）。【包含】世界 1 种。【学名诠释与讨论】〈阴〉（人）Irwin，植物学者。【分布】巴西。【模式】Irwinia coronata G. M. Barroso。●☆

26393　Iryanthera（A. DC.）Warb.（1896）【汉】热美蔻属（彩虹木属，热美肉豆蔻属）。【隶属】肉豆蔻科 Myristicaceae。【包含】世界 24-30 种。【学名诠释与讨论】〈阴〉（人）Iry+anthera 花。此属的学名，ING 和 TROPICOS 记载是"Iryanthera（Alph. de Candolle）Warburg，Ber. Deutsch. Bot. Ges. 13：（94）. 18 Feb 1896"，由"Myristica sect. Iryanthera Alph. de Candolle，Prodr. 14：201. Oct（med.）1856"改级而来。IK 则记载为"Iryanthera Warb. ，Nova Acta Acad. Caes. Leop. -Carol. German. Nat. Cur. 68：126. 1897"和"Iryanthera Warb. ，Ber. Deutsch. Bot. Ges. xiii.（1895）［84］"。【分布】巴拿马，秘鲁，玻利维亚，厄瓜多尔，哥伦比亚，热带南美洲。【模式】Iryanthera hostmannii（Bentham）Warburg［as 'hostmanni'］［Myristica hostmannii Bentham］［as 'hostmanni'］。【参考异名】Iryanthera Warb.（1895）Nom. inval. ；Iryanthera Warb.（1897）Nom. illegit. ；Myristica sect. Iryanthera A. DC.（1856）●☆

26394　Iryanthera Warb.（1895）Nom. inval. ≡ Iryanthera（A. DC.）Warb.（1896）［肉豆蔻科 Myristicaceae］●☆

26395　Isabelia Barb. Rodr.（1877）【汉】伊萨兰属。【日】イサベリア属，ネオラウケア属。【隶属】兰科 Orchidaceae。【包含】世界 1-2 种。【学名诠释与讨论】〈阴〉（人）H. I. H. Isabel，1846-1921，巴西 Pedro 二世的女儿。【分布】巴西。【模式】Isabelia virginalis

Barbosa Rodrigues。【参考异名】Neolauchea Kraenzl. (1897);
Sophronitella Schltr. (1925)■☆

26396　Isacanthus Nees (1847) = Sclerochiton Harv. (1842) [爵床科
Acanthaceae]●☆

26397　Isachne R. Br. (1810)【汉】柳叶箬属(百珠筱属)。【日】チゴ
ザサ属。【英】Twinball Grass, Twinballgrass。【隶属】禾本科
Poaceae(Gramineae)。【包含】世界50-140种,中国18种。【学
名诠释与讨论】〈阴〉(希)isos,相同的,相似的+achne,鳞片,泡
沫,泡囊,谷壳,稃。指某些种两个小花稃同为革质。此属的学
名,ING、TROPICOS、GCI和IK记载是"Isachne R. Brown, Prodr.
196. 27 Mar 1810"。它曾被处理为"Panicum sect. Isachne (R.
Br.) Trin., Mémoires de l'Académie Impériale des Sciences de
Saint-Pétersbourg. Sixième Série. Sciences Mathématiques, Physiques
et Naturelles. Seconde Partie: Sciences Naturelles 3, 1(2-3): 195,
328. 1834"。【分布】巴基斯坦,巴拿马,秘鲁,玻利维亚,厄瓜多
尔,哥伦比亚(安蒂奥基亚),哥斯达黎加,马达加斯加,尼加拉
瓜,中国,热带和亚热带,中美洲。【模式】Isachne australis R.
Brown。【参考异名】Graya Nees ex Steud. (1854) Nom. illegit.;
Panicum sect. Isachne (R. Br.) Trin. (1834)■

26398　Isaloa Humbert (1937) = Barleria L. (1753) [爵床科
Acanthaceae]●■

26399　Isalus J. B. Phipps (1966) = Tristachya Nees (1829) [禾本科
Poaceae(Gramineae)]■☆

26400　Isandra F. Muell. (1883) Nom. illegit. ≡ Symonanthus Haegi
(1981) [茄科 Solanaceae]■☆

26401　Isandra Salisb. (1866) = Thysanotus R. Br. (1810) (保留属名)
[百合科 Liliaceae//点柱花科(朱蕉科) Lomandraceae//吊兰科
(猴面包科,猴面包树科) Anthericaceae//天门冬科 Asparagaceae]■

26402　Isandraea Rauschert (1982) Nom. illegit., Nom. superfl. ≡ Isandra
F. Muell. (1883) Nom. illegit.; ~ ≡ Symonanthus Haegi (1981) [茄
科 Solanaceae]■☆

26403　Isandrina Raf. (1838) = Cassia L. (1753) (保留属名) [豆科
Fabaceae(Leguminosae)//云实科(苏木科) Caesalpiniaceae]●■

26404　Isanthera Nees (1834) = Rhynchotechum Blume (1826) [苦苣苔
科 Gesneriaceae]●

26405　Isanthina Rchb. (1840) Nom. illegit. = Isanthina Rchb. ex Steud.
(1840); ~ = Commelina L. (1753) [鸭跖草科 Commelinaceae]■

26406　Isanthina Rchb. ex Steud. (1840) = Commelina L. (1753) [鸭跖
草科 Commelinaceae]■

26407　Isanthus DC. (1838) = Homoianthus Bonpl. ex DC. (1812); ~ =
Perezia Lag. (1811) [菊科 Asteraceae(Compositae)]■☆

26408　Isanthus Michx. (1803)【汉】等花草属。【隶属】唇形科
Lamiaceae(Labiatae)。【包含】世界1种。【学名诠释与讨论】
〈阳〉(希)isos,相等的,相似的+anthos,花。此属的学名,ING、
GCI、TROPICOS和IK记载是"Isanthus Michx., Fl. Bor.-Amer.
(Michaux) 2: 3, t. 30. 1803 [19 Mar 1803]"。"Isanthus DC.,
Prodr. [A. P. de Candolle] 7(1): 63, in syn. 1838 [late Apr 1838]
= Homoianthus Bonpl. ex DC. (1812) = Perezia Lag. (1811) [菊科
Asteraceae(Compositae)]"是晚出的非法名称。亦有文献把
"Isanthus Michx. (1803)"处理为"Trichostema L. (1753)"的异
名。【分布】北美洲。【模式】Isanthus coeruleus A. Michaux。【参
考异名】Trichostema L. (1753)●☆

26409　Isartia Dumort. (1829) Nom. illegit. = Isertia Schreb. (1789) [茜
草科 Rubiaceae]●☆

26410　Isatidaceae Döll = Brassicaceae Burnett(保留科名)//Cruciferae
Juss.(保留科名)●■

26411　Isatis L. (1753)【汉】菘蓝属(大青属)。【日】タイセイ属。

【俄】Вайда, Самерария。【英】Woad。【隶属】十字花科
Brassicaceae(Cruciferae)。【包含】世界30-50种,中国4-7种。
【学名诠释与讨论】〈阴〉(希)isazo,展平,裂为等份。古代本植
物治疗皮肤病内服和外敷效果均好。另说希腊文 isatis, isatidos,
一种可提取染料的草本植物。【分布】巴基斯坦,秘鲁,美国(密
苏里),中国,地中海至亚洲西南和东部,欧洲。【后选模式】
Isatis tinctoria Linnaeus。【参考异名】Goerkemia Yild. (2000);
Pachypteris Kar. et Kir. (1842) Nom. illegit.; Pachypterygium Bunge
(1843); Sameraria Desv. (1815)■

26412　Isaura Comm. ex Poir. (1813) Nom. illegit. ≡ Stephanotis Thouars
(1806) (废弃属名); ~ = Marsdenia R. Br. (1810) (保留属名)
[萝藦科 Asclepiadaceae]●

26413　Isauxis (Arn.) Rchb. (1841) = Vatica L. (1771) [龙脑香科
Dipterocarpaceae]●

26414　Isauxis Rchb. (1841) Nom. illegit. ≡ Isauxis (Arn.) Rchb.
(1841); ~ = Vatica L. (1771) [龙脑香科 Dipterocarpaceae]●

26415　Ischaemon Hill = Ischaemum L. (1753) [禾本科 Poaceae
(Gramineae)]■

26416　Ischaemon Schmiedel = Luzula DC. (1805) (保留属名) [灯心
草科 Juncaceae]■

26417　Ischaemopogon Griseb. (1864) = Ischaemum L. (1753) [禾本科
Poaceae(Gramineae)]■

26418　Ischaemum L. (1753)【汉】鸭嘴草属。【日】カモノハシ属。
【英】Duckbeakgrass。【隶属】禾本科 Poaceae(Gramineae)。【包
含】世界60-70种,中国12种。【学名诠释与讨论】〈中〉(希)
ischo, ischein,制止,抑制+haima,所有格 haimatos,血。haimonios,
血红的。haimateros,血的,红的。haimeros,血的。指某些种有止
血的功能。拉丁文 ischaemon,也是一种止血收敛的植物。此属
的学名,ING、APNI、GCI、TROPICOS和IK记载是"Ischaemum
L., Sp. Pl. 2: 1049. 1753 [1 May 1753]"。"Ischaemon Hill =
Ischaemum L. (1753)"似为变体。【分布】巴基斯坦,巴拿马,秘
鲁,玻利维亚,厄瓜多尔,哥伦比亚,哥斯达黎加,马达加斯加,尼
加拉瓜,中国,热带和亚热带,中美洲。【后选模式】Ischaemum
muticum Linnaeus。【参考异名】Argopogon Mimeur (1951);
Colladea Pers. (1805); Colladoa Cav. (1799); Digastrium (Hack.)
A. Camus (1921); Digastrium A. Camus (1921) Nom. illegit.;
Hologamium Nees (1835); Ischaemon Hill; Ischaemopogon Griseb.
(1864); Meoschium P. Beauv. (1812); Schoenanthus Adans.
(1763) Nom. illegit.■

26419　Ischaleon Ehrh. (1789) Nom. inval. = Gentiana (Tourn.) L.
(1753); ~ = Gentiana L. (1753) [龙胆科 Gentianaceae]■

26420　Ischarum (Blume) Rchb. (1841) Nom. illegit. = Biarum Schott
(1832) (保留属名) [天南星科 Araceae]■☆

26421　Ischarum Blume (1837) Nom. inval. ≡ Ischarum (Blume) Rchb.
(1841) Nom. illegit.; ~ = Biarum Schott (1832) (保留属名) [天南
星科 Araceae]■☆

26422　Ischina Walp. (1847) ≡ Ischnia A. DC. ex Meisn. (1840); ~ =
Ghinia Schreb. (1789) Nom. illegit.; ~ = Tamonea Aubl. (1775)
[马鞭草科 Verbenaceae]●■☆

26423　Ischnanthus (Engl.) Tiegh. (1895) Nom. illegit. = Englerina
Tiegh. (1895) Nom. illegit.; ~ = Tapinanthus (Blume) Rchb.
(1841) (保留属名) [桑寄生科 Loranthaceae]●☆

26424　Ischnanthus Roem. et Schult. (1817) Nom. illegit. = Ichnanthus
P. Beauv. (1812) [禾本科 Poaceae(Gramineae)]■

26425　Ischnanthus Tiegh. (1895) Nom. illegit. ≡ Ischnanthus (Engl.)
Tiegh. (1895) Nom. illegit.; ~ = Tapinanthus (Blume) Rchb.
(1841) (保留属名) [桑寄生科 Loranthaceae]●☆

26426　Ischnea F. Muell.(1889)【汉】细叶垫菊属。【隶属】菊科 Asteraceae(Compositae)。【包含】世界 4-5 种。【学名诠释与讨论】〈阴〉(希)ischnos,细的,薄的,瘦的,弱的,枯了的。【分布】新几内亚岛。【模式】Ischnea elachoglossa F. von Mueller。●☆

26427　Ischnia A. DC. ex Meisn.(1840)= Ghinia Schreb.(1789)[马鞭草科 Verbenaceae]■●☆

26428　Ischnocarpus O. E. Schulz(1924)【汉】瘦果芥属。【隶属】十字花科 Brassicaceae(Cruciferae)。【包含】世界 1-2 种。【学名诠释与讨论】〈阳〉(希)ischnos,细的,薄的,瘦的,弱的,枯了的 + karpos,果实。【分布】新西兰。【模式】Ischnocarpus novae-zelandiae(J. D. Hooker)O. E. Schulz[Sisymbrium novae-zelandiae J. D. Hooker]。■☆

26429　Ischnocentrum Schltr.(1912)= Glossorhyncha Ridl.(1891)[兰科 Orchidaceae]■☆

26430　Ischnochloa Hook. f.(1896)【汉】旱莠竹属。【英】Weakchloa。【隶属】禾本科 Poaceae(Gramineae)。【包含】世界 2 种,中国 1 种。【学名诠释与讨论】〈阴〉(希)ischnos,细的,薄的,瘦的,弱的,枯了的 + chloe,草的幼芽,嫩草,禾草。此属的学名是"Ischnochloa J. D. Hooker, Hooker's Icon. Pl. 25: ad t. 2466. Mai 1896"。亦有文献把其处理为"Microstegium Nees(1836)"的异名。【分布】中国,喜马拉雅山西北部。【模式】Ischnochloa falconeri J. D. Hooker。【参考异名】Microstegium Nees(1836)■

26431　Ischnogyne Schltr.(1913)【汉】瘦房兰属。【英】Ischnogyne。【隶属】兰科 Orchidaceae。【包含】世界 1 种,中国 1 种。【学名诠释与讨论】〈阴〉(希)ischnos,细的,薄的,瘦的,弱的,枯了的 + gyne,所有格 gynaikos,雌性,雌蕊。指子房瘦细。【分布】中国。【模式】Ischnogyne manderinorum(Kränzlin)Schlechter[Coelogyne mandarinorum Kränzlin]。■★

26432　Ischnolepis Jum. et H. Perrier(1909)【汉】瘦鳞萝藦属。【隶属】萝藦科 Asclepiadaceae。【包含】世界 2 种。【学名诠释与讨论】〈阴〉(希)ischnos,细的,薄的,瘦的,弱的,枯了的 + lepis,所有格 lepidos,指小式 lepion 或 lepidion,鳞,鳞片。lepidotos,多鳞的。lepos,鳞,鳞片。【分布】马达加斯加。【模式】Ischnolepis tuberosa H. Jumelle et H. Perrier de la Bâthie。■☆

26433　Ischnosiphon Körn.(1859)【汉】管瘦竹芋属。【英】Tirite。【隶属】竹芋科(苳叶科,柊叶科)Marantaceae。【包含】世界 35 种。【学名诠释与讨论】〈中〉(希)ischnos,细的,薄的,瘦的,弱的,枯了的 + siphon,所有格 siphonos,管子。【分布】巴拿马,秘鲁,玻利维亚,厄瓜多尔,哥伦比亚(安蒂奥基亚),哥斯达黎加,尼加拉瓜,西印度群岛,中美洲。【后选模式】Ischnosiphon arouma(Aublet)Koernicke[Maranta arouma Aublet]。【参考异名】Hymenocharis Salisb.(1812)Nom. inval.;Hymenocharis Salisb. ex Kuntze(1891)■■☆

26434　Ischnostemma King et Gamble(1908)【汉】瘦冠萝藦属。【隶属】萝藦科 Asclepiadaceae。【包含】世界 1 种。【学名诠释与讨论】〈中〉(希)ischnos,细的,薄的,瘦的,弱的,枯了的 + stemma,所有格 stemmatos,花冠,花环,王冠。【分布】菲律宾,澳大利亚(热带),印度尼西亚(爪哇岛),马来半岛,新几内亚岛。【模式】Ischnostemma selangorica G. King et J. S. Gamble。■☆

26435　Ischnurus Balf. f.(1884)= Lepturus R. Br.(1810)[禾本科 Poaceae(Gramineae)]■

26436　Ischurochloa Büse(1854)= Bambusa Schreb.(1789)(保留属名)[禾本科 Poaceae(Gramineae)//簕竹科 Bambusaceae]●

26437　Ischyranthera Steud. ex Naudin(1851)= Bellucia Neck. ex Raf.(1838)(保留属名)[野牡丹科 Melastomataceae]●■☆

26438　Ischyrolepis Steud.(1850)【汉】瘦鳞帚灯草属。【隶属】帚灯草科 Restionaceae。【包含】世界 48-49 种。【学名诠释与讨论】

〈阴〉(希)ischnos,细的,薄的,瘦的,弱的,枯了的 +lepis,所有格 lepidos,指小式 lepion 或 lepidion,鳞,鳞片。lepidotos,多鳞的。lepos,鳞,鳞片。此属的学名是"Ischyrolepis Steudel, Syn. Pl. Glum. 2: 249. 11-12 Sep 1855"。亦有文献把其处理为"Restio Rottb.(1772)(保留属名)"的异名。【分布】非洲南部。【模式】Ischyrolepis subverticillata Steudel。【参考异名】Restio Rottb.(1772)(保留属名)■☆

26439　Iseia O'Donell(1953)【汉】伊赛旋花属。【隶属】旋花科 Convolvulaceae。【包含】世界 1 种。【学名诠释与讨论】〈阴〉词源不详。【分布】巴拉圭,巴拿马,秘鲁,玻利维亚,厄瓜多尔,哥伦比亚(安蒂奥基亚),哥斯达黎加,尼加拉瓜,中美洲。【模式】Iseia luxurians(Moricand)O'Donell[Ipomoea luxurians Moricand]。■☆

26440　Iseilema Andersson(1856)【汉】香枝草属。【英】Barcoo Grass, Flinders Grass。【隶属】禾本科 Poaceae(Gramineae)。【包含】世界 20 种。【学名诠释与讨论】〈中〉(希)isos,相等的,相似的 +eilema,面纱,覆盖物,花被,总苞。【分布】澳大利亚,巴基斯坦,印度至马来西亚。【模式】未指定。【参考异名】Isilema Post et Kuntze(1903)■☆

26441　Iserta Batsch(1802)= Isertia Schreb.(1789)[茜草科 Rubiaceae]●☆

26442　Isertia Schreb.(1789)【汉】伊泽茜草属。【俄】Исертия。【英】Wild Ixora,Wild-ixora。【隶属】茜草科 Rubiaceae。【包含】世界 13-25 种。【学名诠释与讨论】〈阴〉(人)Paul Erdmann Isert,1756-1789,德国医生,探险家,植物采集者。【分布】巴拿马,秘鲁,玻利维亚,厄瓜多尔,哥伦比亚(安蒂奥基亚),美国,尼加拉瓜,中美洲。【模式】Isertia coccinea(Aublet)M. H. Vahl[Guettarda coccinea Aublet]。【参考异名】Brignolia DC.(1830)Nom. illegit.;Bruinsmania Miq.(1843);Cassupa Bonpl.(1806);Cassupa Humb. et Bonpl.(1806)Nom. illegit.;Creatantha Standl.(1931);Isartia Dumort.(1829)Nom. illegit.;Iserta Batsch(1802);Phosanthus Raf.(1820)Nom. inval.●☆

26443　Isexina Raf.(1838)= Cleome L.(1753)[山柑科(白花菜科,醉蝶花科)Capparaceae//白花菜科(醉蝶花科)Cleomaceae]●■

26444　Isgarum Raf.(1837)【汉】热非猪毛菜属。【隶属】藜科 Chenopodiaceae。【包含】世界 1 种。【学名诠释与讨论】〈阴〉词源不详。【分布】热带非洲。【模式】Isgarum didymum(Loureiro)Rafinesque[Salsola didyma Loureiro]。☆

26445　Isica Moench(1794)= Isika Adans.(1763);~= Lonicera L.(1753)[忍冬科 Caprifoliaceae]●■

26446　Isidodendron Fern. Alonso, Pérez-Zab. et Idarraga(2000)【汉】哥伦比亚三角果属。【隶属】三角果科(三棱果科,三数木科)Trigoniaceae。【包含】世界 1 种。【学名诠释与讨论】〈中〉(希)Isis,所有格 Isidos,埃及的丰产女神 + dendron 或 dendros,树木,棍,丛林。【分布】哥伦比亚。【模式】Isidodendron tripterocarpum Fern. Alonso, Pérez-Zab. et Idarraga。●☆

26447　Isidorea A. Rich.(1834)Nom. illegit. = Isidorea A. Rich. ex DC.(1830)[茜草科 Rubiaceae]●☆

26448　Isidorea A. Rich. ex DC.(1830)【汉】伊西茜属。【隶属】茜草科 Rubiaceae。【包含】世界 20 种。【学名诠释与讨论】〈阴〉(人)Isidore。此属的学名,ING 和 IK 记载是"Isidorea A. Richard ex A. P. de Candolle, Prodr. 4:405. Sep(sero)1830"。"Isidorea A. Rich., Mém. Soc. Hist. Nat. Paris v.(1834)284. t. 25"是晚出的非法名称。【分布】西印度群岛。【模式】Isidorea amoena A. Richard ex A. P. de Candolle, Nom. illegit.[Ernodea pungens Lamarck;Isidorea pungens(Lamarck)Robinson]。【参考异名】Isidorea A. Rich.(1834)Nom. illegit.●☆

26449 Isidroa Greuter et R. Rankin(2016)【汉】海地棘枝属。【隶属】马鞭草科 Verbenaceae。【包含】世界种。【学名诠释与讨论】〈阴〉词源不详。【分布】海地。【模式】Isidroa spinifera(Urb.)Greuter et R. Rankin[Lippia spinifera Urb.]。☆

26450 Isidrogalvia Ruiz et Pav.(1802)Nom. illegit., Nom. superfl. = Tofieldia Huds.(1778)[百合科 Liliaceae//纳茜菜科(肺筋草科)Nartheciaceae//无叶莲科(樱井草科)Petrosaviaceae//岩菖蒲科 Tofieldiaceae]■

26451 Isika Adans.(1763)= Lonicera L.(1753)[忍冬科 Caprifoliaceae]●■

26452 Isilema Post et Kuntze(1903)= Iseilema Andersson(1856)[禾本科 Poaceae(Gramineae)]■☆

26453 Isinia Rech. f.(1952)= Lavandula L.(1753)[唇形科 Lamiaceae(Labiatae)]●■

26454 Isiphia Raf.(1830)= Aristolochia L.(1753)[马兜铃科 Aristolochiaceae]■○

26455 Isis Tratt.(1812)= Iris L.(1753)[鸢尾科 Iridaceae]■

26456 Iskandera N. Busch(1939)【汉】伊斯坎芥属。【俄】Искандера。【隶属】十字花科 Brassicaceae(Cruciferae)。【包含】世界 1-2 种。【学名诠释与讨论】〈阴〉(地)Iskander,伊斯坎德尔,位于土耳其南部。【分布】亚洲中部。【模式】Iskandera hissarica N. A. Busch.■☆

26457 Islaya Backeb.(1934)【汉】伊斯柱属。【日】イスラヤ属。【隶属】仙人掌科 Cactaceae。【包含】世界 9 种。【学名诠释与讨论】〈阴〉(地)Islay,位于秘鲁。模式种产地。此属的学名是"Islaya Backeberg, Blätt. Kakteenf. 1934(10):[1]. 1934"。亦有文献把其处理为"Neoporteria Britton et Rose(1922)"的异名。【分布】秘鲁。【模式】Islaya minor Backeberg。【参考异名】Neoporteria Britton et Rose(1922)●☆

26458 Ismaria Raf.(1838)Nom. illegit. ≡ Brickellia Elliott(1823)(保留属名)[菊科 Asteraceae(Compositae)]■●

26459 Ismelia Cass.(1826)【汉】蒿子杆属(骨突菊属)。【隶属】菊科 Asteraceae(Compositae)。【包含】世界 1 种。【学名诠释与讨论】〈阴〉ismelia,可能来自非洲植物俗名。此属的学名是"Ismelia Cassini in F. Cuvier, Dict. Sci. Nat. 41:40. Jun 1826"。亦有文献把其处理为"Chrysanthemum L.(1753)(保留属名)"的异名。【分布】中国,非洲。【模式】Ismelia versicolor Cassini, Nom. illegit. [Chrysanthemum carinatum Schousboe]。【参考异名】Chrysanthemum L.(1753)(保留属名)■

26460 Ismene Salisb.(1812)Nom. inval. = Ismene Salisb. ex Herb.(1821)[石蒜科 Amaryllidaceae]■☆

26461 Ismene Salisb. ex Herb.(1821)【汉】肖水鬼蕉属。【隶属】石蒜科 Amaryllidaceae。【包含】世界 10-15 种。【学名诠释与讨论】〈阴〉(人)Ismene,是 Oedipus 和 Jocasta 之女。此属的学名,ING 和 GCI 记载是"Ismene Salisb. ex Herb., Appendix[Herbert]. 45. 1821[Dec? 1821]"。"Ismene Salisb., Trans. Hort. Soc. London i.(1812)342 = Ismene Salisb. ex Herb.(1821)"是一个未合格发表的名称(Nom. inval.)。亦有文献把"Ismene Salisb. ex Herb.(1821)"处理为"Hymenocallis Salisb.(1812)"的异名。【分布】秘鲁,玻利维亚,厄瓜多尔。【模式】Ismene amancaes(Ker-Gawler)Herbert[Pancratium amancaes Ker-Gawler]。【参考异名】Hymenocallis Salisb.(1812);Ismene Salisb.(1812)Nom. inval.■☆

26462 Isnarda Cothen.(1790)Nom. illegit. =? Isnardia L.(1753)[柳叶菜科 Onagraceae]●■

26463 Isnarda St.-Lag.(1881)Nom. illegit. =? Isnardia L.(1753)[柳叶菜科 Onagraceae]●■

26464 Isnardia L.(1753)= Ludwigia L.(1753)[柳叶菜科 Onagraceae]●■

26465 Isnardiaceae Martinov(1820)= Onagraceae Juss.(保留科名)■●

26466 Isoberlinia Craib et Stapf(1911)= Isoberlinia Craib. et Stapf ex Holland(1911)[豆科 Fabaceae(Leguminosae)//云实科(苏木科)Caesalpiniaceae]●☆

26467 Isoberlinia Craib. et Stapf ex Holland(1911)【汉】准鞋木属。【隶属】豆科 Fabaceae(Leguminosae)//云实科(苏木科)Caesalpiniaceae。【包含】世界 5-6 种。【学名诠释与讨论】〈阴〉(希)isos,相同的,相等的,相似的+(属)Berlinia 鞋木属。此属的学名,ING 记载是"Isoberlinia Craib et Stapf ex Holland, Bull. Misc. Inform. Addit. Ser. 9:266. 1911"。IK 则记载为"Isoberlinia Craib et Stapf, Bull. Misc. Inform. Kew, Addit. Ser. 9:266. 1911"。二者引用的文献相同。【分布】热带非洲。【后选模式】Isoberlinia dalzielii Craib et Stapf.【参考异名】Isoberlinia Craib et Stapf(1911)●☆

26468 Isocarpellaceae Duiac = Crassulaceae DC.;~ = Crassulaceae J. St. -Hil.(保留科名)●■

26469 Isocarpha Less.(1830)Nom. illegit. = Ageratum L.(1753)[菊科 Asteraceae(Compositae)]■●

26470 Isocarpha R. Br.(1817)【汉】珠头菊属。【英】Pearlhead。【隶属】菊科 Asteraceae(Compositae)。【包含】世界 5 种。【学名诠释与讨论】〈阴〉(希)isos,相同的,相似的+karphos,皮壳,谷壳,糠秕。指托苞相同。此属的学名,ING、TROPICOS 和 IK 记载是"Isocarpha R. Brown, Observ. Compos. 110. 1817(ante Sep)"。"Isocarpha Lessing, Linnaea 5:141. 1830(non R. Brown 1817)= Ageratum L.(1753)[菊科 Asteraceae(Compositae)]"是晚出的非法名称。【分布】巴拿马,秘鲁,玻利维亚,厄瓜多尔,尼加拉瓜,美国(南部)至热带南美洲,西印度群岛,中美洲。【模式】Isocarpha oppositifolia(Linnaeus)R. Brown ex Lessing。【参考异名】Dunantia DC.(1836)■☆

26471 Isocaulon(Eichl.)Tiegh.(1895)= Loranthus Jacq.(1762)(保留属名);~ = Psittacanthus Mart.(1830)[桑寄生科 Loranthaceae]●

26472 Isocaulon Tiegh.(1895)Nom. illegit. ≡ Isocaulon(Eichl.)Tiegh.(1895);~ = Loranthus Jacq.(1762)(保留属名);~ = Psittacanthus Mart.(1830)[桑寄生科 Loranthaceae]●☆

26473 Isochilos Spreng.(1826)= Isochilus R. Br.(1813)[兰科 Orchidaceae]■☆

26474 Isochilostachya Mytnik et Szlach.(2011)【汉】异等舌兰属。【隶属】兰科 Orchidaceae。【包含】世界种。【学名诠释与讨论】〈阴〉(希)isos,相同的,相等的,相似的+stachys,穗,谷,长钉。【分布】不详。【模式】Isochilostachya isochiloides(Summerh.)Mytnik et Szlach. [Polystachya isochiloides Summerh.]。■☆

26475 Isochilus R. Br.(1813)【汉】等舌兰属(等唇兰属)。【日】イソキルス属。【隶属】兰科 Orchidaceae。【包含】世界 4-10 种。【学名诠释与讨论】〈阳〉(希)isos,相同的,相等的,相似的+cheilos,唇。在希腊文组合词中,cheil-,cheilo-,-chilus,-chilia 等均为"唇,边缘"之义。此属的学名,ING、TROPICOS 和 IK 记载是"Isochilus R. Brown in W. T. Aiton, Hortus Kew. ed. 2. 5;209. Nov 1813"。"Leptothrium Kunth, H. B. et K. Nov. Gen. et Sp. i. 340(1815)= Isochilus R. Br.(1813)"是一个未合格发表的名称(Nom. inval.)。"Leptothrium Kunth ex Steud.(1815)Nom. inval. ≡ Leptothrium Kunth(1815)Nom. inval."的命名人引证有误。"Leptothrium Kunth(1829)"则属于禾本科 Poaceae(Gramineae);"Leptothrium Kunth ex Steud.(1829)≡ Leptothrium Kunth(1829)"的命名人引证有误。【分布】阿根廷,巴拉圭,巴拿马,秘鲁,玻利维亚,厄瓜多尔,哥斯达黎加,尼加拉瓜,西印度群岛,

中美洲。【后选模式】Isochilus linearis（N. J. Jacquin）R. Brown［Epidendrum lineare N. J. Jacquin］。【参考异名】Isochilos Spreng.（1826）；Leptothrium Kunth（1815）Nom. inval.；Leptothrium Kunth ex Steud.（1815）Nom. inval.■☆

26476　Isochoriste Miq.（1856）= Asystasia Blume（1826）［爵床科 Acanthaceae］●■

26477　Isocoma Nutt.（1840）【汉】无舌黄菀属。【英】Goldenweed，Jimmyweed。【隶属】菊科 Asteraceae（Compositae）。【包含】世界16种。【学名诠释与讨论】〈中〉（希）isos，相同的，相等的，相似的+kome，毛发，束毛，冠毛，来自拉丁文 coma，指叶子。此属的学名，ING、TROPICOS 和 IK 记载是"Isocoma Nutt., Trans. Amer. Philos. Soc. ser. 2，7：320. 1840［Oct−Dec 1840］"。它曾被处理为"Haplopappus sect. Isocoma（Nutt.）H. M. Hall"。【分布】墨西哥，北美洲。【模式】Isocoma vernonioides Nuttall。【参考异名】Haplopappus sect. Isocoma（Nutt.）H. M. Hall ■☆

26478　Isocynis Thouars = Cynorkis Thouars（1809）［兰科 Orchidaceae］■☆

26479　Isodeca Raf.（1837）Nom. illegit. = Leucas R. Br.（1810）［唇形科 Lamiaceae（Labiatae）］●■

26480　Isodendrion A. Gray（1852）【汉】茎花堇属。【隶属】堇菜科 Violaceae。【包含】世界4种。【学名诠释与讨论】〈中〉（希）isos，相同的，相等的，相似的+dendron 或 dendros，树木，棍，丛林+-ion，表示出现。前者指花瓣。【分布】美国（夏威夷）。【模式】未指定。●☆

26481　Isodesmia Gardner（1843）= Chaetocalyx DC.（1825）［豆科 Fabaceae（Leguminosae）］■☆

26482　Isodichyophorus A. Chev.（1920）Nom. inval.，Nom. nud.，Nom. illegit. ≡ Isodictyophorus Briq. ex A. Chev.（1920）Nom. illegit.；~ = Plectranthus L'Hér.（1788）（保留属名）［唇形科 Lamiaceae（Labiatae）］■☆

26483　Isodichyophorus Briq. ex A. Chev.（1920）Nom. inval.，Nom. nud.，Nom. illegit. = Plectranthus L'Hér.（1788）（保留属名）［唇形科 Lamiaceae（Labiatae）］■☆

26484　Isodictyophorus Briq.（1917）Nom. inval.，Nom. nud. = Plectranthus L'Hér.（1788）（保留属名）［唇形科 Lamiaceae（Labiatae）］●■

26485　Isodon（Benth.）Kudô（1929）Nom. illegit. ≡ Isodon（Schrad. ex Benth.）Kudô（1929）Nom. illegit.；~ ≡ Isodon（Schrad. ex Benth.）Spach（1840）；~ = Plectranthus L'Hér.（1788）（保留属名）［唇形科 Lamiaceae（Labiatae）］●■

26486　Isodon（Schrad. ex Benth.）Kudô（1929）Nom. illegit. ≡ Isodon（Schrad. ex Benth.）Spach（1840）；~ = Plectranthus L'Hér.（1788）（保留属名）［唇形科 Lamiaceae（Labiatae）］●■

26487　Isodon（Schrad. ex Benth.）Schrad. ex Spach（1840）Nom. illegit. ≡ Isodon（Schrad. ex Benth.）Spach（1840）［唇形科 Lamiaceae（Labiatae）］●■

26488　Isodon（Schrad. ex Benth.）Spach（1840）【汉】香茶菜属（回菜花属）。【日】ヤマハッカ属。【英】Rabdosia。【隶属】唇形科 Lamiaceae（Labiatae）。【包含】世界100-150种，中国70-93种。【学名诠释与讨论】〈阳〉（希）isos，相同的，相等的，相似的+odous，所有格 odontos，齿。此属的学名，ING、TROPICOS 和 IK 记载是"Isodon（Schrader ex Bentham）Spach，Hist. Nat. Vég. Phan. 9：162. Aug 1840"，由"Plectranthus sect. Isodon Schrader ex Bentham，Labiat. Gen. Sp. 40. Aug 1832"改级而来。"Isodon（Schrad. ex Benth.）Kudô，Mem. Fac. Sci. Taihoku Imp. Univ. 2：118. 1929 ≡ Isodon（Schrad. ex Benth.）Spach（1840）= Plectranthus L'Hér.（1788）（保留属名）"是晚出的非法名称。"Isodon Schrad. ex

Benth. = Isodon（Schrad. ex Benth.）Spach（1840）"、"Isodon（Benth.）Kudô（1929）Isodon（Benth.）Kudô（1929）Nom. illegit. ≡ Isodon（Schrad. ex Benth.）Kudô（1929）Nom. illegit."和"Isodon（Schrad. ex Benth.）Schrad. ex Spach（1840）Nom. illegit. ≡ Isodon（Schrad. ex Benth.）Spach（1840）"的命名人引证有误。【分布】巴基斯坦，中国，旧世界。【后选模式】Isodon rugosus（Wallich ex Bentham）L. E. Codd［Plectranthus rugosus Wallich ex Bentham］。【参考异名】Amethystanthus Nakai（1934）；Dielsia Kudô（1929）Nom. illegit.；Homalocheilos J. K. Morton（1962）；Isodon（Benth.）Kudô（1929）Nom. illegit.；Isodon（Schrad. ex Benth.）Kudô（1929）Nom. illegit.；Isodon（Schrad. ex Benth.）Schrad. ex Spach（1840）Nom. illegit.；Isodon Schrad. ex Benth.，Nom. illegit.；Plectranthus sect. Isodon Schrad. ex Benth.（1832）；Rabdosia（Blume）Hassk.（1842）；Rabdosia Hassk.（1842）Nom. illegit.；Skapanthus C. Y. Wu et H. W. Li（1975）●■

26489　Isodon Schrad. ex Benth.，Nom. illegit. ≡ Isodon（Schrad. ex Benth.）Spach（1840）［唇形科 Lamiaceae（Labiatae）］●■

26490　Isoetopsis Turcz.（1851）【汉】水韭菊属。【隶属】菊科 Asteraceae（Compositae）。【包含】世界1种。【学名诠释与讨论】〈阴〉（属）Isoetes 水韭属+希腊文 opsis，外观，模样，相似。【分布】澳大利亚（温带）。【模式】Isoetopsis graminifolia Turczaninow。■☆

26491　Isoglossa Oerst.（1854）（保留属名）【汉】叉序草属（叉序花属）。【英】Chingiacanthus，Forkpaniclegrass。【隶属】爵床科 Acanthaceae。【包含】世界2-50种，中国2种。【学名诠释与讨论】〈阴〉（希）isos，相同的，相等的，相似的+glossa，舌。指花冠的2个唇。此属的学名"Isoglossa Oerst. in Vidensk. Meddel. Dansk Naturhist. Foren. Kjøbenhavn 1854：155. 1854"是保留属名。相应的废弃属名是爵床科 Acanthaceae 的"Rhytiglossa Nees in Lindley，Intr. Nat. Syst. Bot.，ed. 2：444. Jul 1836 ≡ Isoglossa Oerst.（1854）（保留属名）"。爵床科 Acanthaceae 的"Rhytiglossa Oersted，Vidensk. Meddel. Dansk Naturhist. Foren. Kjøbenhavn 1854：154. 1854"和"Rhytiglossa Nees ex Lindl.，Nat. Syst. Bot. 444，1836，Nom. illegit. ≡ Rhytiglossa Nees（1836）（废弃属名）"亦应废弃。【分布】玻利维亚，马达加斯加，中国，热带和非洲南部，中美洲。【模式】Isoglossa origanoides（C. G. D. Nees）S. Moore［Rhytiglossa origanoides C. G. D. Nees］。【参考异名】Chingiacanthus Hand. – Mazz.（1934）；Ecteinanthus T. Anderson（1863）Nom. illegit.；Ectinanthus Post et Kuntze（1903）；Homilacanthus S. Moore（1894）；Leda C. B. Clarke（1908）；Plagiotheca Chiov.（1935）；Rhytiglossa Nees ex Lindl.（1836）Nom. illegit.（废弃属名）；Rhytiglossa Nees（1836）（废弃属名）；Schliebenia Mildbr.（1934）；Strophacanthus Lindau（1895）■★

26492　Isolatocereus（Backeb.）Backeb.（1941）= Lemaireocereus Britton et Rose（1909）；~ = Stenocereus（A. Berger）Riccob.（1909）（保留属名）［仙人掌科 Cactaceae］●☆

26493　Isolepis R. Br.（1810）【汉】细莞属（等鳞藨草属，独鳞藨草属）。【英】Club – rush。【隶属】莎草科 Cyperaceae//藨草科 Scirpaceae。【包含】世界60-70种，中国2种。【学名诠释与讨论】〈阴〉（希）isos，相同的，相等的，相似的+lepis，所有格 lepidos，指小式 lepion 或 lepidion，鳞，鳞片。lepidotos，多鳞的。lepos，鳞，鳞片。此属的学名是"Isolepis R. Brown，Prodr. 221. 27 Mar 1810"。亦有文献把其处理为"Scirpus L.（1753）（保留属名）"的异名。【分布】澳大利亚，巴基斯坦，巴拿马，玻利维亚，厄瓜多尔，哥伦比亚（安蒂奥基亚），哥斯达黎加，马达加斯加，美国（密苏里），中国，亚洲，非洲，中美洲。【后选模式】Isolepis setacea（Linnaeus）R. Brown［Scirpus setaceus Linnaeus］。【参考

异名】Eleogiton Link（1827）Nom. illegit.；Scirpidiella Rauschert（1983）；Scirpus L.（1753）（保留属名）；Zameioscirpus Dhooge et Goetgh.（2003）■

26494　Isoleucas O. Schwartz（1939）【汉】肖绣球防风属。【隶属】唇形科 Lamiaceae（Labiatae）。【包含】世界 1 种。【学名诠释与讨论】〈阴〉（希）isos，相同的，相等的，相似的+Leucas 绣球防风属（白花草属）。【分布】阿拉伯地区。【模式】Isoleucas arabica O. Schwartz。●☆

26495　Isoloba Raf.（1838）= Pinguicula L.（1753）［狸藻科 Lentibulariaceae//捕虫堇科 Pinguiculaceae］■

26496　Isolobus A. DC.（1839）= Lobelia L.（1753）［桔梗科 Campanulaceae//山梗菜科（半边莲科）Nelumbonaceae］●■

26497　Isoloma（Benth.）Decne.（1848）Nom. illegit. ≡ Isoloma Decne.（1848）Nom. illegit., Nom. superfl.；~ = Kohleria Regel（1847）；~ = Moussonia Regel（1847）［苦苣苔科 Gesneriaceae］●■☆

26498　Isoloma Benth.（1848）Nom. illegit. ≡ Kohleria Regel（1847）［苦苣苔科 Gesneriaceae］●■☆

26499　Isoloma Benth. ex Decne.（1848）Nom. illegit. ≡ Isoloma Decne.（1848）Nom. illegit., Nom. superfl.；~ ≡ Kohleria Regel（1847）；~ = Moussonia Regel（1847）［苦苣苔科 Gesneriaceae］●■☆

26500　Isoloma Decne.（1848）Nom. illegit., Nom. superfl. ≡ Kohleria Regel（1847）；~ = Moussonia Regel（1847）［苦苣苔科 Gesneriaceae］●■☆

26501　Isolona Engl.（1897）【汉】离兜属。【隶属】番荔枝科 Annonaceae。【包含】世界 19-22 种。【学名诠释与讨论】〈阴〉（希）isos，相同的，相等的，相似的+loma，边缘。指花瓣。另说 isos，相同的，相等的，相似的+（属）Annona 番荔枝属。【分布】马达加斯加，热带非洲。【后选模式】Isolona madagascariensis（Baillon）Engler［Monodora madagascariensis Baillon］。●☆

26502　Isolophus Spach（1838）= Polygala L.（1753）［远志科 Polygalaceae］●■

26503　Isomacrolobium Aubrév. et Pellegr.（1958）= Anthonotha P. Beauv.（1806）［豆科 Fabaceae（Leguminosae）//云实科（苏木科）Caesalpiniaceae］●☆

26504　Isomeraceae Dulac = Elatinaceae Dumort.（保留科名）■

26505　Isomeria D. Don ex DC.（1836）= Vernonia Schreb.（1791）（保留属名）［菊科 Asteraceae（Compositae）//斑鸠菊科（绿菊科）Vernoniaceae］●■

26506　Isomeris Nutt.（1838）【汉】肖白花菜属。【隶属】［山柑科（白花菜科，醉蝶花科）Capparaceae//山柑科（白花菜科，醉蝶花科）Capparaceae。【包含】世界 1 种。【学名诠释与讨论】〈阴〉（希）isos，相同的，相等的，相似的+meros，一部分。拉丁文 merus 含义为纯洁的，真正的。此属的学名，ING、GCI、TROPICOS 和 IK 记载是“Isomeris Nuttall in J. Torrey et A. Gray, Fl. N. Amer. 1：124. Jul 1838”。“Isomeris Nutt. ex Torr. et A. Gray（1838）≡ Isomeris Nutt.（1838）”的命名人引证有误。亦有文献把“Isomeris Nutt.（1838）”处理为“Cleome L.（1753）”的异名。【分布】美国（加利福尼亚），墨西哥。【模式】Isomeris arborea Nuttall。【参考异名】Cleome L.（1753）；Isomeris Nutt. ex Torr. et A. Gray（1838）Nom. illegit. ●☆

26507　Isomeris Nutt. ex Torr. et A. Gray（1838）Nom. illegit. ≡ Isomeris Nutt.（1838）；~ = Cleome L.（1753）［山柑科（白花菜科，醉蝶花科）Capparaceae］●☆

26508　Isomerium（R. Br.）Spach（1841）= Conospermum Sm.（1798）［山龙眼科 Proteaceae］●☆

26509　Isomerocarpa A. C. Sm.（1941）= Dryadodaphne S. Moore（1923）［香材树科（杯轴花科，黑檫木科，芒籽科，蒙立米科，檬立木科，

香材木科，香树木科）Monimiaceae］●☆

26510　Isometrum Craib（1920）【汉】金盏苣苔属。【英】Isometrum。【隶属】苦苣苔科 Gesneriaceae。【包含】世界 14 种，中国 14 种。【学名诠释与讨论】〈中〉（希）isos，相同的，相等的，相似的+metron，量度。指花冠檐等大。【分布】中国。【后选模式】Isometrum farreri Craib。■★

26511　Isonandra Wight（1840）【汉】等蕊山榄属（无梗山榄属）。【隶属】山榄科 Sapotaceae。【包含】世界 10 种。【学名诠释与讨论】〈阴〉（希）isos，相同的，相等的，相似的+andron 雄蕊。此属的学名是“Isonandra R. Wight, Icon. 2（1）：4. 1840”。亦有文献把其处理为“Palaquium Blanco（1837）”的异名。【分布】斯里兰卡，印度（南部），加里曼丹岛，马来半岛。【后选模式】Isonandra lanceolata R. Wight。【参考异名】Palaquium Blanco（1837）●☆

26512　Isonema Cass.（1817）= Vernonia Schreb.（1791）（保留属名）［菊科 Asteraceae（Compositae）//斑鸠菊科（绿菊科）Vernoniaceae］●■

26513　Isonema R. Br.（1809）【汉】等丝夹竹桃属。【隶属】夹竹桃科 Apocynaceae。【包含】世界 3 种。【学名诠释与讨论】〈中〉（希）isos，相同的，相等的，相似的+nema，所有格 nematos，丝，花丝。此属的学名，ING 记载是“Isonema R. Brown, On Asclepiad. 52. 3 Apr 1810”。IK 则记载为“Isonema R. Br., Mem. Wern. Soc. i.（1809）63”。“Isonema Cassini, Bull. Sci. Soc. Philom. Paris 1817：152. Oct 1817 = Vernonia Schreb.（1791）（保留属名）［菊科 Asteraceae（Compositae）//斑鸠菊科（绿菊科）Vernoniaceae］”是晚出的非法名称；它曾经被“Cyanopis Blume, Fl. Javae Praef. vi. 5 Aug 1828 ≡ Cyanthillium Blume 1826”所替代，但是由于包含了“Cyanthillium Blume 1826”而不合法。鞭毛虫类的“Isonema F. L. Schuster, S. Goldstein et B. Hershenov, Protistologica 4：146. Jul 1968”也是晚出的非法名称。【分布】非洲西部。【模式】Isonema smeathmanni J. J. Roemer et J. A. Schultes。●■☆

26514　Isopappus Torr. et A. Gray（1842）Nom. illegit. ≡ Croptilon Raf.（1837）；~ = Haplopappus Cass.（1828）［as ‘Aplopappus’］（保留属名）［菊科 Asteraceae（Compositae）］■●☆

26515　Isopara Raf.（1832）Nom. illegit. ≡ Cleomella DC.（1824）［白花菜科（醉蝶花科）Cleomaceae］■☆

26516　Isopetalum（DC.）Eckl. et Zeyh.（1834–1835）Nom. illegit. = Isopetalum Sweet（1822）［牻牛儿苗科 Geraniaceae］●■

26517　Isopetalum Sweet（1822）= Pelargonium L’ Hér. ex Aiton（1789）［牻牛儿苗科 Geraniaceae］●■

26518　Isophyllum Hoffm.（1814）= Bupleurum L.（1753）［伞形花科（伞形科）Apiaceae（Umbelliferae）］●■

26519　Isophyllum Spach（1836）Nom. illegit. = Ascyrum L.（1753）；~ = Hypericum L.（1753）［金丝桃科 Hypericaceae//猪胶树科（克鲁西科，山竹子科，藤黄科）Clusiaceae（Guttiferae）］●●

26520　Isophysidaceae F. A. Barkley（1948）= Iridaceae Juss.（保留科名）■●

26521　Isophysidaceae Takht.［亦见 Iridaceae Juss.（保留科名）鸢尾科］【汉】剑叶鸢尾科。【包含】世界 1 属 1 种。【分布】澳大利亚（塔斯马尼亚岛）。【科名模式】Isophysis T. Moore ■☆

26522　Isophysis T. Moore ex Seem., Nom. illegit. ≡ Isophysis T. Moore（1853）［剑叶鸢尾科 Isophysidaceae//鸢尾科 Iridaceae］■☆

26523　Isophysis T. Moore（1853）【汉】剑叶鸢尾属（剑叶兰属）。【隶属】剑叶鸢尾科 Isophysidaceae//鸢尾科 Iridaceae。【包含】世界 1 种。【学名诠释与讨论】〈阴〉（希）isos，相同的，相等的，相似的+physa，膀胱，囊，袋；physis，生长。此属的学名“Isophysis T. Moore, Proc. Linn. Soc. London 2：212. 23 Jun 1853”是一个替代名称。“Hewardia Hook., Icon. Pl. ad t. 858. Apr – Dec 1851

（'1852'）"是一个非法名称（Nom. illegit.），因为此前已经有了蕨类的"Hewardia J. Smith, J. Bot.（Hooker）3:432. Mai 1841"。故用"Isophysis T. Moore（1853）"替代之。TROPICOS 所用正名"Isophysis T. Moore ex Seem., Proceedings of the Linnean Society of London 2:212. 1853 ≡ Isophysis T. Moore（1853）"的命名人引证有误。【分布】澳大利亚（塔斯马尼亚岛）。【模式】Hewardia tasmanica W. J. Hooker。【参考异名】Hewardia Hook.（1851）Nom. illegit.；Hewardia Hook. f.（1851）Nom. illegit.；Isophysis T. Moore ex Seem.（1853）Nom. illegit.■☆

26524　Isoplesion Raf.（1838）Nom. illegit. ≡ Echium L.（1753）［紫草科 Boraginaceae］●■

26525　Isoplexis（Lindl.）Benth.（1835）Nom. illegit. = Isoplexis（Lindl.）Loudon（1829）［玄参科 Scrophulariaceae//婆婆纳科 Veronicaceae］●☆

26526　Isoplexis（Lindl.）Loudon（1829）【汉】等裂毛地黄属（伊索普莱西木属）。【隶属】玄参科 Scrophulariaceae//婆婆纳科 Veronicaceae//毛地黄科 Digitalidaceae。【包含】世界 3-4 种。【学名诠释与讨论】〈阴〉（希）isos, 相同的, 相似的+plexus 编织的行为。此属的学名, ING 和 IK 记载是"Isoplexis（Lindley）J. C. Loudon, Encycl. Pl. 528. Mai–Dec 1829", 由"Digitalis sect. Isoplexis Lindley, Digit. Monogr. 2. 1821"改级而来。IK 记载的"Isoplexis Lindl. ex Benth., Edwards's Bot. Reg. 21: sub t. 1770. 1835［1836 publ. 1835］"命名人引证有误, 而且是晚出名称。TROPICOS 则记载为"Isoplexis（Lindl.）Benth., Edwards's Botanical Register ad 1770［3］. 1835", 也是晚出名称。亦有文献把"Isoplexis（Lindl.）Loudon（1829）"处理为"Digitalis L.（1753）"的异名。【分布】西班牙（加那利群岛）, 葡萄牙（马德拉群岛）, 中美洲。【模式】未指定。【参考异名】Calanassa Post et Kuntze（1903）；Callianassa Webb et Bethel（1836−1850）；Digitalis L.（1753）；Digitalis sect. Isoplexis Lindl.（1821）；Isoplexis（Lindl.）Benth.（1835）Nom. illegit.；Isoplexis Lindl. ex Benth.（1835）Nom. illegit. ●☆

26527　Isoplexis Lindl. ex Benth.（1835）Nom. illegit. = Isoplexis（Lindl.）Loudon（1829）［玄参科 Scrophulariaceae//婆婆纳科 Veronicaceae//毛地黄科 Digitalidaceae］●☆

26528　Isopogon R. Br. ex Knight（1809）（保留属名）【汉】球果木属。【英】Conebush, Drumsticks。【隶属】山龙眼科 Proteaceae。【包含】世界 30-35 种。【学名诠释与讨论】〈阳〉（希）isos, 相同的, 相等的, 相似的+pogon, 所有格 pogonos, 指小式 pogonion, 胡须, 髯毛, 芒。pogonias, 有须的。指花被上的毛。此属的学名"Isopogon R. Br. ex Knight, Cult. Prot.:93. Dec 1809"是保留属名。相应的废弃属名是山龙眼科 Proteaceae 的"Atylus Salisb., Parad. Lond.: ad t. 67. 1 Jun 1806–1 Mai 1807 ≡ Isopogon R. Br. ex Knight（1809）（保留属名）= Petrophile R. Br. ex Knight（1809）"。【分布】澳大利亚, 中美洲。【模式】Isopogon anemonifolius（R. A. Salisbury）J. Knight［Protea anemonifolia R. A. Salisbury］。【参考异名】Atylus Salisb.（1807）（废弃属名）●☆

26529　Isoptera Scheff. ex Burck（1886）= Shorea Roxb. ex C. F. Gaertn.（1805）［龙脑香科 Dipterocarpaceae］●

26530　Isopteris Klotzsch（1854）Nom. illegit. ≡ Isopteryx Klotzsch（1854）；~ = Begonia L.（1753）［秋海棠科 Begoniaceae］●■

26531　Isopteris Wall.（1832）= Trigoniastrum Miq.（1861）（保留属名）［三角果科（三棱果科, 三数木科）Trigoniaceae］●☆

26532　Isopteryx Klotzsch（1854）= Begonia L.（1753）［秋海棠科 Begoniaceae］●■

26533　Isopyrum Adans.（1763）Nom. illegit.（废弃属名）= Hepatica Mill.（1754）［毛莨科 Ranunculaceae］■

26534　Isopyrum L.（1753）（保留属名）【汉】扁果草属（人字果属）。【日】シロカネサウ属, シロカネソウ属。【俄】Изопирум, Павноплодник, Равноплодник。【英】Isopyrum。【隶属】毛莨科 Ranunculaceae。【包含】世界 4-30 种, 中国 2 种。【学名诠释与讨论】〈中〉（希）isos, 相同的, 相等的, 相似的+pyres 小麦。指种子的形状似小麦。另说来自希腊文 isopyron, 它是 Fumaria 烟堇属的一种植物。指其叶形相似, 或是果实相似。此属的学名"Isopyrum L., Sp. Pl.:557. 1 Mai 1753"是保留属名。法规未列出相应的废弃属名。但是毛莨科 Ranunculaceae 晚出的非法名称"Isopyrum Adans., Fam. Pl.（Adanson）2:460. 1763 = Hepatica Mill.（1754）"应该废弃。"Fontanella Kluk in Besser, Prim. Fl. Galic. 2:363. 1809（post 16 Mar）"和"Olfa Adanson, Fam. 2:458. Jul−Aug 1763"是"Isopyrum L.（1753）（保留属名）"的晚出的同模式异名（Homotypic synonym, Nomenclatural synonym）。"Fontanella Kluk ex Besser（1809）≡ Fontanella Kluk（1809）Nom. illegit."的命名人引证有误。【分布】巴基斯坦, 美国, 中国, 北温带。【模式】Anemone hepatica Linnaeus。【参考异名】Enemion Raf.（1820）；Enymion Raf.（1820）Nom. illegit.；Fontanella Kluk ex Besser（1809）；Fontanella Kluk（1809）Nom. illegit.；Gontarella Gilib. ex Steud.（1821）；Olfa Adans.（1763）Nom. illegit.；Paropyrum Ulbr.（1925）；Thalictrella A. Rich.（1825）■

26535　Isora Adans.（1763）Nom. illegit.［梧桐科 Sterculiaceae］●☆

26536　Isora Mill.（1754）Nom. illegit. ≡ Helicteres L.（1753）［梧桐科 Sterculiaceae//锦葵科 Malvaceae］●

26537　Isorium Raf.（1837）= Lobostemon Lehm.（1830）［紫草科 Boraginaceae］■☆

26538　Isoschoenus Nees（1840）= Schoenus L.（1753）［莎草科 Cyperaceae］■

26539　Isostigma Less.（1831）【汉】等柱菊属。【隶属】菊科 Asteraceae（Compositae）。【包含】世界 11-15 种。【学名诠释与讨论】〈中〉（希）isos, 相同的, 相等的, 相似的+stigma, 所有格 stigmatos, 柱头, 眼点。【分布】巴拉圭, 玻利维亚。【后选模式】Isostigma simplicifolium Lessing。■☆

26540　Isostoma D. Dietr.（1839）= Isotoma（R. Br.）Lindl.（1826）［桔梗科 Campanulaceae］■☆

26541　Isostylis（R. Br.）Spach（1841）= Banksia L. f.（1782）（保留属名）［山龙眼科 Proteaceae］●☆

26542　Isostylis Spach（1841）Nom. illegit. ≡ Isostylis（R. Br.）Spach（1841）；~ = Banksia L. f.（1782）（保留属名）［山龙眼科 Proteaceae］●☆

26543　Isotheca Post et Kuntze（1903）= Isodeca Raf.（1837）Nom. illegit.；~ = Leucas R. Br.（1810）［唇形科 Lamiaceae（Labiatae）］●■

26544　Isotheca Turrill（1922）【汉】特立尼达爵床属。【隶属】爵床科 Acanthaceae。【包含】世界 1 种。【学名诠释与讨论】〈阴〉（希）isos, 相同的, 相等的, 相似的+theke = 拉丁文 theca, 匣子, 箱子, 室, 药室, 囊。指花药。此属的学名, ING、TROPICOS 和 IK 记载是"Isotheca Turrill, Bull. Misc. Inform. Kew 1922（6）:187.［19 Aug 1922］"。"Isotheca Post et Kuntze（1903）［唇形科 Lamiaceae（Labiatae）］"似为误引。【分布】特立尼达和多巴哥（特立尼达岛）。【模式】Isotheca alba Turrill。■☆

26545　Isothylax Baill.（1890）= Sphaerothylax Bisch. ex Krauss（1844）［髯管花科 Geniostomaceae］■☆

26546　Isotoma（R. Br.）Lindl.（1826）【汉】同瓣花属（同瓣草属）。【日】イソトマ属。【英】Shrub Harebell, Shrub-harebell。【隶属】桔梗科 Campanulaceae。【包含】世界 4 种。【学名诠释与讨论】〈阴〉（希）isos, 相同的, 相等的, 相似的+tomos, 一片, 锐利的, 切

割的。tome，断片，残株。指花瓣裂片大小相等。此属的学名，ING、TROPICOS 和 APNI 记载是"Isotoma（R. Brown）J. Lindley, Bot. Reg. t. 964. 1 Apr 1826"，由"Lobelia sect. Isotoma R. Brown, Prodr. 565. 1-7 Apr 1810"改级而来。IK 则记载为"Isotoma Lindl. , Bot. Reg. 12：t. 964. 1826"。四者引用的文献相同。亦有文献把"Isotoma（R. Br.）Lindl.（1826）"处理为"Laurentia Neck."或"Solenopsis C. Presl（1836）"的异名。【分布】澳大利亚，玻利维亚，西印度群岛，南美洲，中美洲。【模式】Isotoma hypocrateriformis（R. Brown）Druce［Lobelia hypocrateriformis R. Brown］。【参考异名】Hippobroma O. Don（1834）；Iosotoma Griseb.（1861）；Isostoma D. Dietr.（1839）；Isotoma Lindl.（1826）Nom. illegit. ；Laurentia Neck. ；Laurentia unranked Isotoma（R. Br.）Endl.（1838）；Laurentia sect. Isotoma（R. Br.）E. Wimm.（1948）；Laurentia subgen. Isotoma（R. Br.）Peterm.（1845）；Lobelia sect. Isotoma R. Br.（1810）；Solenopsis C. Presl（1836）■☆

26547 **Isotoma** Lindl.（1826）Nom. illegit. ≡ Isotoma（R. Br.）Lindl.（1826）［桔梗科 Campanulaceae］■☆

26548 **Isotrema** Raf.（1819）【汉】管花兜铃属（关木通属，岩蚌壳属）。【隶属】马兜铃科 Aristolochiaceae。【包含】世界 50 种。【学名诠释与讨论】〈中〉（希）isos，相同的，相等的，相似的＋trema，所有格 trematos，洞，穴，孔。此属的学名，ING、TROPICOS 和 IK 记载是"Isotrema Raf.（1819）"。"Siphisia Rafinesque, Med. Fl. 1：62. 1828"是"Isotrema Raf.（1819）"的晚出的同模式异名（Homotypic synonym, Nomenclatural synonym）。亦有文献把"Isotrema Raf.（1819）"处理为"Aristolochia L.（1753）"的异名。【分布】美国（南部）至中美洲，喜马拉雅山日本。【模式】Isotrema sipho（L'Héritier）Rafinesque ex B. D. Jackson［Aristolochia sipho L'Héritier］。【参考异名】Aristolochia L.（1753）；Hocquartia Dumort.（1822）；Siphidia Raf.（1832）Nom. inval. ；Siphisia Raf.（1828）Nom. illegit. ●☆

26549 **Isotria** Raf.（1808）【汉】三萼兰属。【英】Whorled Pogonia, Whorled Pogonia Orchid。【隶属】兰科 Orchidaceae。【包含】世界 2 种。【学名诠释与讨论】〈阴〉（希）isos，相同的，相等的，相似的＋treis，三。可能指萼片三枚且形状、大小相同。【分布】美国（东部）。【模式】Isotria verticillata Rafinesque。【参考异名】Odonectis Raf.（1808）；Tsotria Raf. ■☆

26550 **Isotrichia**（DC.）Kuntze ＝ Vanillosmopsis Sch. Bip.（1861）［菊科 Asteraceae（Compositae）］■☆

26551 **Isotropis** Benth.（1837）【汉】澳龙骨豆属。【隶属】豆科 Fabaceae（Leguminosae）//蝶形花科 Papilionaceae。【包含】世界 14 种。【学名诠释与讨论】〈阴〉（希）isos，相同的，相等的，相似的＋tropos，转弯，方式上的改变。trope，转弯的行为。tropo，转。tropis，所有格 tropeos，后来的。tropis，所有格 tropidos，龙骨。【分布】澳大利亚。【后选模式】Isotropis striata Bentham。■☆

26552 **Isotypus** Kunth（1818）Nom. illegit. ≡ Seris Willd.（1807）；～＝ Onoseris Willd.（1803）［菊科 Asteraceae（Compositae）］●■☆

26553 **Isouratea** Tiegh.（1902）＝ Ouratea Aubl.（1775）（保留属名）［金莲木科 Ochnaceae］●

26554 **Isquierda** Willd.（1805）Nom. inval. ＝ Ilex L.（1753）；～＝ Izquierdia Ruiz et Pav.（1794）［冬青科 Aquifoliaceae］●

26555 **Isquierdia** Poir.（1813）Nom. inval. ＝ Isquierda Willd.（1805）；～＝ Izquierdia Ruiz et Pav.（1794）［冬青科 Aquifoliaceae］●

26556 **Isypus** Raf.（1838）＝ Ipomoea L.（1753）（保留属名）［旋花科 Convolvulaceae］●■

26557 **Itaculumia** Hoehne（1936）＝ Habenaria Willd.（1805）［兰科 Orchidaceae］■

26558 **Itaobimia** Rizzini（1977）＝ Riedeliella Harms（1903）［豆科 Fabaceae（Leguminosae）］■☆

26559 **Itasina** Raf.（1840）【汉】伊塔草属。【隶属】伞形花科（伞形科）Apiaceae（Umbelliferae）。【包含】世界 1 种。【学名诠释与讨论】〈阴〉词源不详。此属的学名是"Itasina Rafinesque, Good Book 51. Jan 1840"。亦有文献把其处理为"Oenanthe L.（1753）"的异名。【分布】非洲南部。【模式】Itasina filifolia（C. P. Thunberg）Rafinesque［Seseli filifolium C. P. Thunberg］。【参考异名】Oenanthe L.（1753）；Thunbergiella H. Wolff（1922）■☆

26560 **Itatiaia** Ule（1908）＝ Tibouchina Aubl.（1775）［野牡丹科 Melastomataceae］●■☆

26561 **Itaya** H. E. Moore（1972）【汉】秘鲁棕属（银叶棕属）。【隶属】棕榈科 Arecaceae（Palmae）。【包含】世界 1 种。【学名诠释与讨论】〈阴〉（地）Rio Itaya，位于秘鲁。【分布】巴西，秘鲁。【模式】Itaya amicorum H. E. Moore。●☆

26562 **Itea** L.（1753）【汉】鼠刺属（老鼠刺属）。【日】ズイナ属，ズイナ属。【俄】Итеа。【英】Sweet Spire, Sweetspire。【隶属】虎耳草科 Saxifragaceae//鼠刺科 Iteaceae。【包含】世界 10-29 种，中国 15-21 种。【学名诠释与讨论】〈阴〉（希）itea，希腊柳树的古名，因其生长快，林奈转用为本属。另说指其与柳树叶形相似，且生长于水边。此属的学名，ING、TROPICOS、APNI 和 IK 记载是"Itea L. , Sp. Pl. 1：199. 1753［1 May 1753］"。"Diconangia Adanson, Fam. 2：165. Jul-Aug 1763"是"Itea L.（1753）"的晚出的同模式异名（Homotypic synonym, Nomenclatural synonym）。"Diconangia Mitch. ex Adans.（1763）≡ Diconangia Adans.（1763）Nom. illegit. "的命名人引证有误。【分布】巴基斯坦，马来西亚（西部），美国（密苏里），中国，喜马拉雅山至日本，北美洲，中美洲。【模式】Itea virginica Linnaeus。【参考异名】Diconangia Adans.（1763）Nom. illegit. ；Diconangia Mitch. ex Adans.（1763）Nom. illegit. ；Kurrimia Wall. ex Meisn.（1837）Nom. illegit. ；Reinia Franch.（1876）Nom. illegit. ；Reinia Franch. et Sav.（1876）●

26563 **Iteaceae** J. Agardh（1858）（保留科名）［亦见 Grossulariaceae DC.（保留科名）醋栗科（茶藨子科）］【汉】鼠刺科。【包含】世界 2 属 30 种，中国 1 属 21 种。【分布】热带和非洲南部，亚洲东部和南部，北美洲东部。【科名模式】Itea L.（1753）●

26564 **Iteadaphne** Blume（1851）【汉】单花山胡椒属。【隶属】樟科 Lauraceae。【包含】世界 3 种，中国 1 种。【学名诠释与讨论】〈阴〉（希）itea，希腊柳树的古名，被林奈转用为鼠刺属的名+（属）Daphne 瑞香属。此属的学名是"Iteadaphne Blume, Mus. Bot. 1：365. 1851?"。亦有文献把其处理为"Lindera Thunb.（1783）（保留属名）"的异名。【分布】老挝，马来西亚，缅甸，泰国，印度，越南，中国。【模式】Iteadaphne confusa Blume, Nom. illegit. 。【参考异名】Lindera Thunb.（1783）（保留属名）●

26565 **Iteiluma** Baill.（1890）Nom. illegit. ≡ Poissonella Pierre（1890）；～＝ Planchonella Pierre（1890）（保留属名）；～＝ Pouteria Aubl.（1775）［山榄科 Sapotaceae］●

26566 **Itheta** Raf.（1840）＝ Carex L.（1753）［莎草科 Cyperaceae］■

26567 **Iti** Garn. -Jones et P. N. Johnson（1988）【汉】湖生芥属。【隶属】十字花科 Brassicaceae（Cruciferae）。【包含】世界 1 种。【学名诠释与讨论】〈阴〉词源不详。【分布】新西兰。【模式】Iti lacustris P. J. Garnock-Jones et P. N. Johnson。■☆

26568 **Itia** Molina ex Roem. et Schult.（1988）＝ Lonicera L.（1753）［忍冬科 Caprifoliaceae］●■

26569 **Itia** Molina（1810）Nom. inval. ＝ Lonicera L.（1753）［忍冬科 Caprifoliaceae］●■

26570 **Iticania** Raf.（1838）＝ Elytranthe（Blume）Blume（1830）［桑寄生科 Loranthaceae］●

26571 **Itoa** Hemsl.（1901）【汉】栀子皮属（伊桐属）。【英】Itoa。【隶

属]茜草科 Rubiaceae//刺篱木科(大风子科)Flacourtiaceae。【包含】世界 2 种,中国 1 种。【学名诠释与讨论】〈阴〉(人)Keisuke Ito,1803–1901,伊藤圭介,日本植物学者。和其孙子 Tokutaro Ito(1868–1941),亦为植物学者。【分布】马来西亚,中国。【模式】Itoa orientalis Hemsley。【参考异名】Mesaulosperma Soóten(1925)●

26572　Itoasia Kuntze(1891) Nom. illegit. ≡ Corynaea Hook. f.(1856)[蛇菰科(土鸟麟科)Balanophoraceae]■☆

26573　Ittnera C. C. Gmel.(1808)= Caulinia Willd.(1801);~ = Najas L.(1753)[茨藻科 Najadaceae]■

26574　Ituridendron De Wild.(1926)= Omphalocarpum P. Beauv.(1800)[山榄科 Sapotaceae]●☆

26575　Ituterion Raf.(1838)= Salvadora L.(1753)[牙刷树科(刺茉莉科)Salvadoraceae]●

26576　Itysa Ravenna(1986)= Calydorea Herb.(1843)[鸢尾科 Iridaceae]■☆

26577　Itzaea Standl. et Steyerm.(1944)【汉】中美旋花属。【隶属】旋花科 Convolvulaceae。【包含】世界 1 种。【学名诠释与讨论】〈阴〉词源不详。【分布】中美洲。【模式】Itzaea sericea(Standley)Standley et Steyermark[Lysiostyles sericea Standley]。■☆

26578　Iuga Rchb.(1828)= Inga Mill.(1754)[豆科 Fabaceae(Leguminosae)//含羞草科 Mimosaceae]●■☆

26579　Iuka Adans.(1763) Nom. illegit. ≡ Yucca L.(1753)[百合科 Liliaceae//龙舌兰科 Agavaceae//丝兰科 Orchidaceae]●■

26580　Iulocroton Baill.(1864)= Julocroton Mart.(1837)(保留属名)[大戟科 Euphorbiaceae]●■☆

26581　Iulus Salisb.(1866)= Allium L.(1753)[百合科 Liliaceae//葱科 Alliaceae]■

26582　Iuncago Fabr.= Juncago Ség.(1754) Nom. illegit. ;~ = Triglochin L.(1753)[眼子菜科 Potamogetonaceae//水麦冬科 Juncaginaceae]■

26583　Iungia Boehm.(1760) Nom. illegit.(废弃属名)≡ Dianthera L.(1753);~ ≡ Jungia Boehm.(1760) Nom. illegit.(废弃属名)[爵床科 Acanthaceae]■☆

26584　Iungia L. f.(1782) Nom. illegit.(废弃属名)≡ Jungia L. f.(1782)[as 'Iungia'](保留属名)[菊科 Asteraceae(Compositae)]■●☆

26585　Iva Fabr.(1759) Nom. illegit. = Teucrium L.(1753)[唇形科 Lamiaceae(Labiatae)]●■

26586　Iva L.(1753)【汉】伊瓦菊属(假苍耳属,水翁菊属,依瓦菊属)。【俄】Лжедурмишник,Циклахена。【英】Marsh Elder,Marsh-elder,Sump Weed,Sumpweed。【隶属】菊科 Asteraceae(Compositae)//伊瓦菊科 Ivaceae。【包含】世界 10-15 种。【学名诠释与讨论】〈阴〉(拉)林奈给起这个名称,是因为此类植物的薄荷味很像伊瓦筋骨草 Ajuga iva(L.)Schreb. 此属的学名,ING、TROPICOS、APNI、GCI 和 IK 记载是"Iva L., Sp. Pl. 2:988. 1753[1 May 1753]"。"Denira Adanson, Fam. 2:118, 549. Jul–Aug 1763"是"Iva L.(1753)"的晚出的同模式异名(Homotypic synonym, Nomenclatural synonym)。"Iva Fabr., Enum.[Fabr.].45. 1759 = Teucrium L.(1753)[唇形科 Lamiaceae(Labiatae)]"是晚出的非法名称。【分布】美国,西印度群岛,北美洲和中美洲。【后选模式】Iva frutescens Linnaeus。【参考异名】Chorisiva(A. Gray)Rydb.(1922);Denira Adans.(1763) Nom. illegit. ;Leuciva Rydb.(1922);Oxytenia Nutt.(1848)■☆

26587　Ivaceae Rchb.[亦见 Asteraceae Bercht. et J. Presl(保留科名)//Compositae Giseke(保留科名)菊科]【汉】伊瓦菊科。【包含】世界 3 属 12-17 种。【分布】西印度群岛,北美洲和中美洲。【科名模式】Iva L.(1753)■☆

26588　Ivania O. E. Schulz(1933)【汉】伊万芥属(伊瓦芥属,依瓦芥属)。【隶属】十字花科 Brassicaceae(Cruciferae)。【包含】世界 1 种。【学名诠释与讨论】〈阴〉(人)Ivan。【分布】智利北部。【模式】Ivania cremnophila(I. M. Johnston)O. E. Schulz[Cardamine cremnophila I. M. Johnston]。■☆

26589　Ivanjohnstonia Kazmi(1975)【汉】喜马紫草属。【隶属】紫草科 Boraginaceae。【包含】世界 1 种。【学名诠释与讨论】〈阴〉(人)Ivan Murray Johnston,1898–1960,美国植物学者。【分布】喜马拉雅山西北部。【模式】Ivanjohnstonia jaunsariensis S. M. A. Kazmi。■☆

26590　Ivesia Torr. et A. Gray(1858)【汉】爱夫花属。【隶属】蔷薇科 Rosaceae//委陵菜科 Potentillaceae。【包含】世界 30 种。【学名诠释与讨论】〈阴〉(人)Eli Ives,1779–1861,美国植物学者,医生。此属的学名,ING、TROPICOS、GCI 和 IK 记载是"Ivesia Torr. & A. Gray, Pacif. Railr. Rep. 6(3, Nos. 1-2)[Williamson & Abbot]72. 1858[dt. 1857; publ. Mar 1858]"。它曾先后被处理为"Potentilla sect. Ivesia(Torr. & A. Gray)Baill., Histoire des Plantes 1(6):369, 372. 1869"、"Horkelia subgen. Ivesia(Torr. & A. Gray)Rydb., A Monograph of the North American Potentilleae 120. 1898"和"Potentilla subgen. Ivesia(Torr. & A. Gray)Jeps., A Manual of the Flowering Plants of California... 484. 1925"。亦有文献把"Ivesia Torr. et A. Gray(1858)"处理为"Potentilla L.(1753)"的异名。【分布】美国(西部)。【后选模式】Ivesia gordonii(W. J. Hooker)Torrey et A. Gray[as 'gordoni'][Horkelia gordonii W. J. Hooker[as 'gordoni']。【参考异名】Horkelia subgen. Ivesia(Torr. & A. Gray)Rydb.(1898);Potentilla L.(1753);Potentilla sect. Ivesia(Torr. & A. Gray)Baill.(1869);Potentilla subgen. Ivesia(Torr. & A. Gray)Jeps.(1925);Stellariopsis(Baill.)Rydb.(1898)■☆

26591　Ivira Aubl.(1775)= Sterculia L.(1753)[梧桐科 Sterculiaceae//锦葵科 Malvaceae]●

26592　Ivodea Capuron.(1961)【汉】马岛芸香属。【隶属】芸香科 Rutaceae。【包含】世界 6 种。【学名诠释与讨论】〈阴〉词源不详。【分布】马达加斯加。【模式】Ivodea trichocarpa Capuron。●☆

26593　Ixalum G. Forst.(1786)= Spinifex L.(1771)[禾本科 Poaceae(Gramineae)]■

26594　Ixanthus Griseb.(1838)【汉】黏花属。【隶属】龙胆科 Gentianaceae。【包含】世界 1 种。【学名诠释与讨论】〈阳〉(希)ixos,槲寄生浆果或槲寄生植物,或用槲寄生制成的鸟胶,也指黏性的+anthos,花。指花具黏性。此属的学名,ING、TROPICOS 和 IK 记载是"Ixanthus Grisebach, Gen. Sp. Gentian. 129. Oct(prim.)1838('1839')"。O. Kuntze 曾用"Wildpretina O. Kuntze, Rev. Gen. 2:432. 5 Nov 1891"替代"Ixanthus Griseb.(1838)",多余了。【分布】西班牙(加那利群岛),中国。【模式】Ixanthus viscosus(W. Aiton)Grisebach[Gentiana viscosa W. Aiton]。【参考异名】Wildpretina Kuntze(1891) Nom. illegit. , Nom. superfl. ■

26595　Ixauchenus Cass.(1828)= Lagenophora Cass.(1816)(保留属名)[菊科 Asteraceae(Compositae)]■●

26596　Ixerba A. Cunn.(1839)【汉】龙柱花属。【隶属】龙柱花科(西兰木科)Ixerbaceae。【包含】世界 1 种。【学名诠释与讨论】〈阴〉(属)由 Brexia 雨湿木属(流苏边脉属)字母改缀而来。【分布】新西兰。【模式】Ixerba brexioides A. Cunningham。【参考异名】Ixerra Pritz.(1855)●☆

26597　Ixerbaceae Griseb. = Brexiaceae Lindl. ;~ = Ixerbaceae Griseb. ex Doweld et Reveal(2008)●☆

26598　Ixerbaceae Griseb. ex Doweld et Reveal(2008)[亦见 Brexiaceae Lindl. 雨湿木科(流苏边脉科)]【汉】龙柱花科(西兰木科)。

【包含】世界 1 属 1 种。【分布】新西兰。【科名模式】Ixerba A. Cunn. ●☆

26599 Ixeridium（A. Gray）Tzvelev（1964）【汉】小苦荬属。【俄】 Иксеридиум。【隶属】菊科 Asteraceae（Compositae）。【包含】世界 15-25 种，中国 13-14 种。【学名诠释与讨论】〈中〉（属）Ixeris 苦荬菜属（野苦荬属）+-idius，-idia，-idium，指示小的词尾。此属的学名是"Ixeridium（A. Gray）N. N. Tzvelev in E. G. Bobrov et N. N. Tzvelev，Fl. URSS 29：388. Mar-Dec 1964"。亦有文献把其处理为"Ixeris（Cass.）Cass.（1822）"的异名。【分布】中国，温带和热带亚洲至新几内亚岛。【模式】Ixeridium dentatum（Thunberg）N. N. Tzvelev［Prenanthes dentata Thunberg］。【参考异名】Ixeris（Cass.）Cass.（1822）；Ixeris Cass.（1822）Nom. illegit. ■

26600 Ixeris（Cass.）Cass.（1822）【汉】苦荬菜属（野苦荬属）。【日】ニガナ属。【俄】Иксерис。【英】Ixeris。【隶属】菊科 Asteraceae（Compositae）。【包含】世界 10-20 种，中国 4-13 种。【学名诠释与讨论】〈阴〉（希）ixos，槲寄生浆果或槲寄生植物，或用槲寄生制成的鸟胶，也指黏性的+seris，菊苣。指本属植物含黏性乳汁。此属的学名，ING、TROPICOS 和 GCI 记载是"Ixeris（Cassini）Cassini in F. Cuvier，Dict. Sci. Nat. 25：62. Nov 1822"，由"Taraxacum subgen. Ixeris Cassini，Bull. Sci. Soc. Philom. Paris 1821：173. Jul. 1821"改级而来。IK 则记载为"Ixeris Cass.，Bull. Sci. Soc. Philom. Paris（1821）173；et Dict. Sc. Nat. xxiv. 49（1822）"。【分布】中国，亚洲东部和南部至新几内亚岛。【模式】Ixeris polycephala Cassini ex A. P. de Candolle。【参考异名】Crepidiastrum Nakai（1920）；Ixeridium（A. Gray）Tzvelev（1964）；Ixeris Cass.（1822）Nom. illegit.；Paraixeris Nakai（1920）；Taraxacum subgen. Ixeris Cass.（1821）■

26601 Ixeris Cass.（1822）Nom. illegit. ≡ Ixeris（Cass.）Cass.（1822）［菊科 Asteraceae（Compositae）］■

26602 Ixerra Pritz.（1855）= Ixerba A. Cunn.（1839）［龙柱花科（西兰木科）Ixerbaceae］●☆

26603 Ixia L.（1753）（废弃属名）= Aristea Aiton（1789）+Belamcanda Adans.（1763）（保留属名）［鸢尾科 Iridaceae//鸟娇花科 Ixiaceae］●■

26604 Ixia L.（1762）（保留属名）【汉】鸟娇花属（非洲鸢尾属，小鸢尾属）。【日】イキシア属，ヤリズイセン属。【俄】Иксия。【英】African Corn Lily，African Corn-lily，African Cornlily Ixia，Bird-lime Flower，Corn Lily，Corn-lily，Ixia。【隶属】鸢尾科 Iridaceae//鸟娇花科 Ixiaceae。【包含】世界 45-50 种。【学名诠释与讨论】〈阴〉（希）ixos，槲寄生浆果或槲寄生植物，或用槲寄生制成的鸟胶，也指黏性的，吝啬的人。此属的学名"Ixia L.，Sp. Pl.，ed. 2：51. Sep 1762"是保留属名。相应的废弃属名是鸢尾科 Iridaceae 的"Ixia L.，Sp. Pl.：36. 1 Mai 1753"。水鳖科 Hydrocharitaceae 的"Ixia Muhl. ex Spreng.，Syst. Veg.（ed. 16）［Sprengel］1；171. 1824［dated 1825；publ. in late 1824］；nom. inval. = Hydrilla Rich.（1814）"亦应废弃。"Aristea W. Aiton，Hortus Kew. 1；67；3；506. 7 Aug-1 Oct 1789"是"Ixia L.，Sp. Pl.：36. 1 Mai 1753"的替代名称。"Gemmingia Heister ex Fabricius，Enum. ed. 2. 27. Sep-Dec 1763"是"Ixia L.（1762）（保留属名）"的晚出的同模式异名（Homotypic synonym，Nomenclatural synonym）。【分布】巴基斯坦，玻利维亚，非洲南部，热带非洲。【后选模式】Ixia africana Linnaeus。【参考异名】Dichone Lawson ex Salisb.（1812）；Dichone Salisb.（1812）Nom. illegit.；Freesea Exklon（1827）Nom. illegit.；Gemmingia Fabr.（1759）Nom. illegit.；Gemmingia Heist. ex Fabr（1759）Nom. illegit.；Gemmingia Heist. ex Kuntze（1891）Nom. illegit.；Gemmingia Kuntze（1891）Nom. illegit.；Hyalis Salisb.（1812）Nom. inval.；Morphixia Ker Gawl.

（1827）；Salpingostylis Small（1931）；Wuerthia Regel（1851）■☆

26605 Ixia Muhlenb. ex Spreng.（1824）（废弃属名）= Hydrilla Rich.（1814）［水鳖科 Hydrocharitaceae］■

26606 Ixiaceae Horan.（1834）［亦见 Iridaceae Juss.（保留科名）鸢尾科］【汉】鸟娇花科。【包含】世界 1 属 45-50 种。【分布】热带非洲，非洲南部。【科名模式】Ixia L.

26607 Ixianthes Benth.（1836）【汉】黏花玄参属。【隶属】玄参科 Scrophulariaceae。【包含】世界 1 种。【学名诠释与讨论】〈阴〉（希）ixos，槲寄生浆果或槲寄生植物，或用槲寄生制成的鸟胶，也指黏性的+anthos，花。【分布】非洲南部。【模式】Ixianthes retzioides Bentham。【参考异名】Ixianthus Rchb.（1841）●☆

26608 Ixianthus Rchb.（1841）= Ixianthes Benth.（1836）［玄参科 Scrophulariaceae］●☆

26609 Ixiauchenus Less.（1832）Nom. illegit. ≡ Ixauchenus Cass.（1828）；~ = Lagenophora Cass.（1816）（保留属名）［菊科 Asteraceae（Compositae）］■●

26610 Ixidium Eichler（1868）= Antidaphne Poepp. et Endl.（1838）；~ = Eremolepis Griseb.（1856）［绿乳科（菜荑寄生科，房底珠科）Eremolepidaceae］●☆

26611 Ixina Raf.（1832）= Ixine Loefl.（1758）；~ = Krameria L. ex Loefl.（1758）［远志科 Polygalaceae//刺球果科（刚毛果科，克雷木科，拉坦尼科）Krameriaceae］●■☆

26612 Ixine Hill.（1762）Nom. illegit. = Cirsium Mill.（1754）［菊科 Asteraceae（Compositae）］■

26613 Ixine Loefl.（1758）= Krameria L. ex Loefl.（1758）［远志科 Polygalaceae//刺球果科（刚毛果科，克雷木科，拉坦尼科）Krameriaceae］●■☆

26614 Ixiochlamys F. Muell. et Sond.（1853）【汉】喙果层菀属。【隶属】菊科 Asteraceae（Compositae）。【包含】世界 4 种。【学名诠释与讨论】〈阴〉（希）ixos，槲寄生浆果或槲寄生植物，或用槲寄生制成的鸟胶，也指黏性的+chlamys，所有格 chlamydos，斗篷，外衣。此属的学名"Ixiochlamys F. v. Mueller et Sonder，Linnaea 25：466. Apr 1853"是一个替代名称。"Podocoma R. Brown，Bot. App. Sturt's Exped. 17. Jan-Feb 1849"是一个非法名称（Nom. illegit.），因为此前已经有了"Podocoma Cassini，Bull. Sci. Soc. Philom. Paris 1817：137. Sep 1817［菊科 Asteraceae（Compositae）］"。故用"Ixiochlamys F. Muell. et Sond.（1853）"替代之。"Ixiochlamys F. Muell. et Sond. ex Sond.（1853）"和"Ixiochlamys F. Muell. et Sond.（1853）"的命名人引证有误。亦有文献把"Ixiochlamys F. Muell. et Sond.（1853）"处理为"Podocoma Cass.（1817）"的异名。【分布】澳大利亚。【模式】Ixiochlamys cuneifolia（R. Brown）F. v. Mueller et Sonder［Podocoma cuneifolia R. Brown］。【参考异名】Ixiochlamys F. Muell. et Sond. ex Sond.（1853）Nom. illegit.；Ixiochlamys F. Muell. ex Sond.（1853）；Podocoma Cass.（1817）；Podocoma R. Br.（1849）Nom. illegit. ■●☆

26615 Ixiochlamys F. Muell. et Sond. ex Sond.（1853）Nom. illegit. ≡ Ixiochlamys F. Muell. et Sond.（1853）；~ = Podocoma Cass.（1817）［菊科 Asteraceae（Compositae）］■●☆

26616 Ixiolaena Benth.（1837）【汉】单头金绒草属。【隶属】菊科 Asteraceae（Compositae）。【包含】世界 8-9 种。【学名诠释与讨论】〈阴〉（希）ixos，槲寄生浆果或槲寄生植物，或用槲寄生制成的鸟胶，也指黏性的+laina = chlaine = 拉丁文 laena，外衣，衣服。【分布】澳大利亚。【模式】Ixiolaena viscosa Bentham。■☆

26617 Ixioliriaceae（Pax）Nakai = Ixioliriaceae Nakai；~ = Tecophilaeaceae Leyb.（保留科名）■☆

26618 Ixioliriaceae Nakai（1943）［亦见 Tecophilaeaceae Leyb.（保留科名）蒂可花科（百鸢科，基叶草科）］【汉】鸢尾蒜科。【包含】世

界1属3-6种,中国1属2种。【分布】亚洲西南部和中部。【科名模式】Ixiolirion（Fisch.）Herb. ∎

26619　Ixiolirion（Fisch.）Herb.（1821）＝Ixiolirion Fisch. ex Herb.（1821）［石蒜科 Amaryllidaceae//鸢尾蒜科 Ixoliriaceae］∎

26620　Ixiolirion Fisch. ex Herb.（1821）【汉】鸢尾蒜属（伊克修莲属）。【日】イギシオリリオン属。【俄】Иксиолирион。【英】Ixiolirion。【隶属】石蒜科 Amaryllidaceae//鸢尾蒜科 Ixoliriaceae。【包含】世界3-6种,中国2种。【学名诠释与讨论】〈中〉（属）Ixia 鸟娇花属+lirion,百合。指草的形态与鸟娇花属相似,花与百合属相似。此属的学名,ING 记载是"Ixiolirion Herbert, Appendix 37. Dec 1821";而 IK 则记载为"Ixiolirion Fisch. ex Herb.,App.37（1821）"。二者引用的文献相同。亦有文献记载为"Ixiolirion（Fisch.）Herb.（1821）"。【分布】中国,亚洲中西部。【模式】未指定。【参考异名】Ixiolirion（Fisch.）Herb.（1821）；Ixiolirion Herb.（1821）；Kolpakowskia Regel（1877）∎

26621　Ixiolirion Herb.（1821）＝Ixiolirion Fisch. ex Herb.（1821）［石蒜科 Amaryllidaceae//鸢尾蒜科 Ixoliriaceae］∎

26622　Ixiolirionaceae Nakai（1943）＝Ixioliriaceae Nakai ∎

26623　Ixionanthes Endl.（1840）＝Ixonanthes Jack（1822）［亚麻科 Linaceae//黏木科 Ixonanthaceae］●

26624　Ixiosporum F. Muell.（1860）＝Citriobatus A. Cunn. ex Putt.（1839）［海桐花科（海桐科）Pittosporaceae］●☆

26625　Ixiosporus Benth.＝Ixiosporum F. Muell.（1860）［海桐花科 Pittosporaceae］●☆

26626　Ixoca Raf.（1840）＝Silene L.（1753）（保留属名）［石竹科 Caryophyllaceae］∎

26627　Ixocactus Rizzini（1953）【汉】黏掌寄生属。【隶属】桑寄生科 Loranthaceae。【包含】世界6种。【学名诠释与讨论】〈阳〉（希）ixos,槲寄生浆果或槲寄生植物,或用槲寄生制成的鸟胶,也指黏性的+cactos,有刺的植物,通常指仙人掌科 Cactaceae 植物。【分布】巴拿马,秘鲁,厄瓜多尔,哥伦比亚,哥伦比亚（安蒂奥基亚）,委内瑞拉。【模式】Ixocactus hutchisonii J. Kuijt。●☆

26628　Ixocaulon Raf.（1834）＝Ixoca Raf.（1840）；~＝Silene L.（1753）（保留属名）［石竹科 Caryophyllaceae］∎

26629　Ixodia R. Br.（1812）Nom. illegit.≡Ixodia R. Br. ex W. T. Aiton（1812）［菊科 Asteraceae（Compositae）］●☆

26630　Ixodia R. Br. ex W. T. Aiton（1812）【汉】山地菊属。【隶属】菊科 Asteraceae（Compositae）。【包含】世界2种。【学名诠释与讨论】〈阴〉（希）ixos,槲寄生浆果或槲寄生植物,或用槲寄生制成的鸟胶,也指黏性的+odous,所有格 odontos,齿。此属的学名,ING 记载是"Ixodia R. Brown ex W. T. Aiton, Hortus Kew. ed. 2. 4：517. Dec 1812"。而 APNI、TROPICOS 和 IK 则记载为"Ixodia R. Br. in Ait. Hort Kew. ed. II. iv. 517（1812）；Bot. Mag. t. 1534（1813）"。"Ixodia Sol. ex DC."是"Brasenia Schreb.（1789）［睡莲科 Nymphaeaceae//竹节水松科（莼菜科,莼科）Cabombaceae］"的异名。【分布】澳大利亚（东南部）。【模式】Ixodia achillaeoides R. Brown ex W. Aiton。【参考异名】Ixodia R. Br.（1812）Nom. illegit.●☆

26631　Ixodia Sol. ex DC.＝Brasenia Schreb.（1789）［睡莲科 Nymphaeaceae//竹节水松科（莼菜科,莼科）Cabombaceae］∎

26632　Ixodonerium Pit.（1933）【汉】胶夹竹桃属。【隶属】夹竹桃科 Apocynaceae。【包含】世界1种。【学名诠释与讨论】〈中〉（希）ixodes,似鸟胶的+nerion,夹竹桃。【分布】中南半岛。【模式】Ixodonerium annamense Pitard。●☆

26633　Ixonanthaceae（Benth.）Exell et Mendonça＝Ixonanthaceae Planch. ex Miq.（保留科名）●

26634　Ixonanthaceae Planch. ex Klotzsch＝Ixonanthaceae Planch. ex

Miq.（保留科名）●

26635　Ixonanthaceae Planch. ex Miq.（1858）（保留科名）【汉】黏木科。【英】Ixonanthes Family。【包含】世界4-8属21-48种,中国1属2种。【分布】热带。【科名模式】Ixonanthes Jack（1822）●

26636　Ixonanthes Jack（1822）【汉】黏木属。【英】Grumewood, Ixonanthes。【隶属】亚麻科 Linaceae//黏木科 Ixonanthaceae。【包含】世界3-10种,中国2种。【学名诠释与讨论】〈阴〉（希）ixos,槲寄生浆果或槲寄生植物,或用槲寄生制成的鸟胶,也指黏性的+anthos,花。指花具黏液。此属的学名,ING、TROPICOS 和 IK 记载是"Ixonanthes W. Jack, Malayan Misc. 2（7）：51. 1822"。"Brewstera M. J. Roemer, Fam. Nat. Syn. Monogr. 1：132, 141. 14 Sep-15 Oct 1846"是"Ixonanthes Jack（1822）"的晚出的同模式异名（Homotypic synonym, Nomenclatural synonym）。【分布】菲律宾,中国,喜马拉雅山,加里曼丹岛,新几内亚岛,中南半岛。【后选模式】Ixonanthes reticulata W. Jack。【参考异名】Brewstera M. Roem.（1846）Nom. illegit.；Discogyne Schltr.（1914）；Emmenanthus Hook. et Arn.（1837）；Ixionanthes Endl.（1840）；Macharisia Plinch. ex Hook. f.；Pierotia Blume（1850）●

26637　Ixophorus Nash（1896）Nom. illegit.＝Setaria P. Beauv.（1812）（保留属名）［禾本科 Poaceae（Gramineae）］∎

26638　Ixophorus Schltdl.（1861-1862）【汉】空轴实心草属。【隶属】禾本科 Poaceae（Gramineae）。【包含】世界1-3种。【学名诠释与讨论】〈阴〉（希）ixos,槲寄生浆果或槲寄生植物,或用槲寄生制成的鸟胶,也指黏性的+phoros,具有,梗,负载,发现者。此属的学名,ING、TROPICOS 和 IK 记载是"Ixophorus Schlechtendal, Linnaea 31：420. 1861-1862"。"Ixophorus Nash, An Illustrated Flora of the Northern United States 1：125. 1896＝Setaria P. Beauv.（1812）（保留属名）［禾本科 Poaceae（Gramineae）］"是晚出的非法名称。【分布】玻利维亚,哥伦比亚（安蒂奥基亚）,哥斯达黎加,墨西哥,尼加拉瓜,中美洲。【模式】Ixophorus unisetus（K. B. Presl）Schlechtendal［Urochloa uniseta K. B. Presl］。●☆

26639　Ixora L.（1753）【汉】龙船花属（卖子木属,山舟花,仙丹花属）。【日】サンタンカ属,サンタンクワ属。【俄】Дерево железное,Иксора,Сидеродендрон。【英】Flame-of-the-woods, Ixora, Siderodendron, West Indian Jasmine。【隶属】茜草科 Rubiaceae。【包含】世界300-400种,中国19-24种。【学名诠释与讨论】〈阴〉（人）葡萄牙语译名 Iswara,印度马拉巴尔一神名。因人们把本属植物的花献祭给此神,故得名。另说来自梵语 Iswari,女神名。此属的学名,ING、TROPICOS、APNI、GCI 和 IK 记载是"Ixora L., Sp. Pl. 1：110. 1753［1 May 1753］"。"Schetti Adanson, Fam. 2：146. Jul-Aug 1763"是"Ixora L.（1753）"的晚出的同模式异名（Homotypic synonym, Nomenclatural synonym）。【分布】巴基斯坦,巴拉圭,巴拿马,秘鲁,玻利维亚,厄瓜多尔,哥伦比亚,马达加斯加,尼加拉瓜,中国,热带,中美洲。【后选模式】Ixora coccinea Linnaeus。【参考异名】Becheria Ridl.（1912）；Bemsetia Raf.（1838）；Charpentiera Vieill.（1865）Nom. illegit.；Charpentiera Vieill. ex Brongn. et Gris（1865）Nom. illegit.；Eumachia DC.（1830）；Hitoa Nadeaud（1899）；Ixorrhoea Willis, Nom. inval.；Panchena Montrouz.；Panchera Post et Kuntze（1903）；Pancheria Montrouz., Nom. illegit.（废弃属名）；Panchezia B. D. Jacks., Nom. illegit.（废弃属名）；Patabea Aubl.（1775）；Schetti Adans.（1763）Nom. illegit.；Siderodendron Cothen.（1790）Nom. inval., Nom. nud.；Siderodendron Roem. et Schult.（1818）Nom. illegit.；Siderodendrum Schreb.（1789）；Sideroxyloides Jacq.（1763）Nom. inval.；Thouarsiora Homolle ex Arènes（1960）●

26640　Ixorhea Fenzl.（1886）【汉】阿根廷紫草属。【隶属】紫草科 Boraginaceae。【包含】世界1种。【学名诠释与讨论】〈阴〉（希）

ixos,槲寄生浆果或槲寄生植物,或用槲寄生制成的鸟胶,也指黏性的+Rhea,希腊天神 Uranus 和 Gaea 所生之女,主神 Zeus 之母。另说 ixos+rhoe,rhoa,河流,小溪,树液。【分布】阿根廷安第斯山地区。【模式】Ixorhea tschudiana Fenzl。☆

26641　Ixorrhoea Willis, Nom. inval. = Ixora L. (1753)［茜草科 Rubiaceae］●

26642　Ixtlania M. E. Jones (1929) = Justicia L. (1753)［爵床科 Acanthaceae//鸭嘴花科(鸭咀花科)Justiciaceae］●■

26643　Ixyophora Dressler (2005)【汉】绿瓣兰属。【隶属】兰科 Orchidaceae。【包含】世界 5 种。【学名诠释与讨论】〈阴〉词源不详。此属的学名是"Ixyophora Dressler, Lankesteriana 5(2): 95, 2005"。亦有文献把其处理为"Chondrorhyncha Lindl. (1846)"的异名。【分布】参见 Chondrorhyncha Lindl.。【模式】Ixyophora viridisepala (Senghas) Dressler [Chondrorhyncha viridisepala Senghas]。【参考异名】Chondrorhyncha Lindl. (1846) ■☆

26644　Izabalaea Lundell(1971)= Agonandra Miers ex Benth. et Hook. f. (1862)［山柚子科(山柑科,山柚仔科)Opiliaceae//铁青树科 Olacaceae］●☆

26645　Izozogia G. Navarro(1997)【汉】玻利维亚蒺藜属。【隶属】蒺藜科 Zygophyllaceae。【包含】世界 1 种。【学名诠释与讨论】〈阴〉(地)Izozog,伊索索格,位于玻利维亚。【分布】玻利维亚。【模式】Izozogia nellii G. Navarro。●☆

26646　Izquierdia Ruiz et Pav. (1794) = Ilex L. (1753)［冬青科 Aquifoliaceae］●

26647　Jablonskia G. L. Webster(1984)【汉】亚布大戟属。【隶属】大戟科 Euphorbiaceae//叶下珠科(叶萝藦科)Phyllanthaceae。【包含】世界 1 种。【学名诠释与讨论】〈阴〉(人)Eugene Jablonszky (E. Jablonski),1892-1975,植物学者。此属的学名是"Jablonskia G. L. Webster, Syst. Bot. 9: 232. 14 Mai 1984"。亦有文献把其处理为"Phyllanthus L. (1753)"的异名。【分布】秘鲁,厄瓜多尔。【模式】Jablonskia congesta (Bentham ex J. Müller Arg.) G. L. Webster [Phyllanthus congestus Bentham ex J. Müller Arg.]。【参考异名】Phyllanthus L. (1753)●☆

26648　Jaborosa(Dunal) Wettst. (1891) Nom. illegit. = Jaborosa Juss. (1789)［茄科 Solanaceae］●☆

26649　Jaborosa Juss. (1789)【汉】亚布茄属。【英】Jaborosa。【隶属】茄科 Solanaceae。【包含】世界 23 种。【学名诠释与讨论】〈阴〉(希)来自阿拉伯植物俗名。此属的学名,ING 和 IK 记载是"Jaborosa A. L. Jussieu, Gen. 125. 4 Aug 1789"。GCI 记载的是"Jaborosa (Dunal) Wettst., Nat. Pflanzenfam. [Engler et Prantl] 4 (3b): 26. 1891";但是未给出基源异名;这是晚出的非法名称。【分布】巴拉圭,秘鲁,墨西哥,玻利维亚至巴塔哥尼亚。【后选模式】Jaborosa integrifolia Lamarck。【参考异名】Dolichosiphon Phil. (1873); Dolichostigma Miers; Dorystigma Miers (1845) Nom. illegit.; Himeranthus Endl. (1839); Jaborosa (Dunal) Wettst. (1891) Nom. illegit.; Lonchestigma Dunal (1852) Nom. illegit.; Lonchostigma Post et Kuntze (1903); Oreobia Phil.; Trechonaetes Miers(1845); Trichanthus Phil. ●☆

26650　Jabotapita Adans. (1763) Nom. illegit. ≡ Ochna L. (1753); ~ = Ochna L. (1753)+Ouratea Aubl. (1775)(保留属名)［金莲木科 Ochnaceae］●

26651　Jabrosa Steud. (1840) Nom. illegit.［茄科 Solanaceae］☆

26652　Jacaima Rendle (1936)【汉】亚卡萝藦属。【隶属】萝藦科 Asclepiadaceae。【包含】世界 1 种。【学名诠释与讨论】〈阴〉(地)Jamaica 牙买加的字母改缀。【分布】牙买加。【模式】Jacaima costata (Urban) Rendle [Poicilla costata Urban]。【参考异名】Poecilla Post et Kuntze(1903); Poicilla Griseb. (1866)☆

26653　Jacaranda Juss. (1789)【汉】蓝花楹属。【日】ジャカランダ属。【俄】Дерево палисандровое, Якаранда。【英】Fern-tree, Green Ebony, Jacaranda, Palisander。【隶属】紫葳科 Bignoniaceae。【包含】世界 34-50 种,中国 2 种。【学名诠释与讨论】〈阴〉(葡萄牙)jacaranda,一种树木俗名,另说为巴西植物俗名。此属的学名,ING、TROPICOS、GCI 和 IK 记载是"Jacaranda Juss., Gen. Pl. [Jussieu]138. 1789 [5 Aug 1789]"。"Etorloba Rafinesque, Sylva Tell. 79. Oct-Dec 1838"和"Rafinesquia Rafinesque, Sylva Tell. 79. Oct-Dec 1838 [non Rafinesque Jan-Mar 1837(废弃属名), nec Nuttall 1841(保留属名)]"是"Jacaranda Juss. (1789)"的晚出的同模式异名(Homotypic synonym, Nomenclatural synonym)。【分布】巴基斯坦,巴拉圭,巴拿马,秘鲁,玻利维亚,厄瓜多尔,哥伦比亚(安蒂奥基亚),尼加拉瓜,中国,西印度群岛,南美洲,中美洲。【模式】Jacaranda caerulea (Linnaeus) Jaume Saint-Hilaire [Bignonia caerulea Linnaeus]。【参考异名】Etorloba Raf. (1838) Nom. illegit.; Iacranda Pers.; Icaranda Pers. (1806); Kordelestris Arruda ex H. Kost. (1816) Nom. illegit.; Kordelestris Arruda (1816); Pteropodium DC. (1840) Nom. illegit.; Pteropodium DC. ex Meisn. (1840); Rafinesquia Raf. (1838) Nom. illegit. (废弃属名)●

26654　Jacaratia A. DC. (1864)【汉】墨西哥木瓜属(亚卡木属,中美番瓜树属)。【隶属】番木瓜科(番瓜树科,万寿果科)Caricaceae。【包含】世界 7 种。【学名诠释与讨论】〈阴〉词源不详。【分布】巴拿马,秘鲁,玻利维亚,厄瓜多尔,非洲,哥伦比亚(安蒂奥基亚),尼加拉瓜,中美洲。【模式】未指定。【参考异名】Jaracatia Endl.; Jaracatia Marcg. ex Endl. (1839); Leucopremna Standl. (1924); Pileus Ramirez(1901)●☆

26655　Jacea Haller(1768) Nom. illegit. = Centaurea L. (1753)(保留属名)［菊科 Asteraceae(Compositae)//矢车菊科 Centaureaceae］●■

26656　Jacea Juss. = Centaurea L. (1753)(保留属名)［菊科 Asteraceae(Compositae)//矢车菊科 Centaureaceae］●■

26657　Jacea Mill. (1754)= Centaurea L. (1753)(保留属名)［菊科 Asteraceae(Compositae)//矢车菊科 Centaureaceae］●■

26658　Jacea Opiz(1839) Nom. illegit. = Grammeionium Rchb. (1828); ~ = Viola L. (1753)［堇菜科 Violaceae］■●

26659　Jackia Blume (1825) Nom. illegit. = Jakkia Blume (1823); ~ = Xanthophyllum Roxb. (1820)(保留属名)［远志科 Polygalaceae//黄叶树科 Xanthophyllaceae］●

26660　Jackia Spreng. (1826) Nom. illegit. ≡ Schillera Rchb. (1828); ~ = Eriolaena DC. (1823)［梧桐科 Sterculiaceae//锦葵科 Malvaceae］●

26661　Jackia Wall. (1824) Nom. illegit. ≡ Jackiopsis Ridsdale (1979)［茜草科 Rubiaceae］■☆

26662　Jackiopsis Ridsdale(1979)【汉】杰克茜属。【隶属】茜草科 Rubiaceae。【包含】世界 1 种。【学名诠释与讨论】〈阴〉(属)Jackia + 希腊文 opsis,外观,模样,相似。"Jackiopsis C. E. Ridsdale, Blumea 25: 295. 29 Jun 1979"是一个替代名称;替代的是"Jackia Wallich in Roxburgh, Fl. Indica 2: 321. Mar-Jun 1824 (non Jakkia Blume 1823)［远志科 Polygalaceae//黄叶树科 Xanthophyllaceae］"。【分布】印度尼西亚(班加岛、苏门答腊岛),加里曼丹岛,马来半岛。【模式】Jackiopsis ornata (Wallich) C. E. Ridsdale [Jackia ornata Wallich]。【参考异名】Jackia Wall. (1824) Nom. illegit. ■☆

26663　Jacksonago Kuntze (1891) Nom. illegit. ≡ Wiborgia Thunb. (1800)(保留属名)［豆科 Fabaceae(Leguminosae)//蝶形花科 Papilionaceae］■☆

26664　Jacksonia Hort. ex Schltdl., Nom. illegit. = Jasminum L. (1753)

［木犀榄科（木犀科）Oleaceae］●

26665　Jacksonia R. Br. (1811) Nom. illegit. ≡ Jacksonia R. Br. ex Sm. (1811)［豆科 Fabaceae(Leguminosae)］●☆

26666　Jacksonia R. Br. ex Sm. (1811)【汉】杰克逊木属（杰克豆属,杰克松木属）。【俄】Джексония。【英】Jacksonia。【隶属】豆科 Fabaceae(Leguminosae)。【包含】世界 40 种。【学名诠释与讨论】〈阴〉（人）George Jackson,1790（或 1780?）-1811,英国植物学者。此属的学名, ING、APNI、TROPICOS 和 GCI 记载是"Jacksonia R. Brown ex J. E. Smith in A. Rees, Cyclopaedia 18：[s. n.]. 20 Aug 1811"。"Jacksonia Raf. , Med. Repos. ser. 2, 5：352. 1808 ≡ Jacksonia Raf. ex Greene(1891) Nom. illegit. [山柑科（白花菜科,醉蝶花科）Capparaceae]"是一个未合格发表的名称（Nom. inval. , Nom. nud. ）；"Jacksonia Rafinesque ex E. L. Greene, Pittonia 2：174. 15 Sep 1891 ≡ Polanisia Raf. (1819)［山柑科（白花菜科, 醉蝶花科）Capparaceae]"是晚出的非法名称。"Jacksonia Hort. ex Schltdl"是"Jasminum L. (1753)［木犀榄科（木犀科）Oleaceae]"的异名。锈菌的"Jacksonia J. C. Lindquist, Revista Fac. Agron. Univ. Nac. La Plata ser. 2. 46：202. 1970 ≡ Jacksoniella J. C. Lindquist 1972"也是晚出的非法名称。【分布】澳大利亚。【后选模式】Jacksonia spinosa (Labillardière) J. E. Smith［Gompholobium spinosum Labillardière]。【参考异名】Jacksonia R. Br. (1811) Nom. illegit. ; Jacksonia Raf. (1808) Nom. nud. , Nom. inval. ; Piptomeris Turcz. (1853)●☆

26667　Jacksonia Raf. (1808) Nom. nud. , Nom. inval. ≡ Jacksonia Raf. ex Greene(1891) Nom. illegit. ; ~ ≡ Polanisia Raf. (1819)［山柑科（白花菜科, 醉蝶花科）Capparaceae]■

26668　Jacksonia Raf. ex Greene (1891) Nom. illegit. ≡ Polanisia Raf. (1819)［山柑科（白花菜科, 醉蝶花科）Capparaceae]■

26669　Jacksonia Schltdl. , Nom. illegit. ≡ Jacksonia Hort. ex Schltdl. [木犀榄科（木犀科）Oleaceae]●

26670　Jacmaia B. Nord. (1978)【汉】灰毛尾药菊属。【隶属】菊科 Asteraceae(Compositae)//千里光科 Senecionidaceae。【包含】世界 1-5 种。【学名诠释与讨论】〈阴〉（地）Jamaica 牙买加之字母改缀。此属的学名是"Jacmaia B. Nordenstam, Opera Bot. 44：64. 1978"。亦有文献把其处理为"Senecio L. (1753)"的异名。【分布】牙买加, 中美洲。【模式】Jacmaia incana (O. Swartz) B. Nordenstam［Cineraria incana O. Swartz]。【参考异名】Senecio L. (1753)●☆

26671　Jacobaea Burm. (1737) Nom. inval. ≡ Jacobaea Burm. ex Kuntze (1891) Nom. illegit. ; ~ ≡ Pentanema Cass. (1818) ; ~ = Vicoa Cass. (1829)［菊科 Asteraceae(Compositae)]■●

26672　Jacobaea Burm. ex Kuntze (1891) Nom. illegit. ≡ Pentanema Cass. (1818) ; ~ = Vicoa Cass. (1829)［菊科 Asteraceae(Compositae)]■●

26673　Jacobaea Kuntze(1891) Nom. illegit. ≡ Jacobaea Burm. ex Kuntze (1891) Nom. illegit. ; ~ ≡ Pentanema Cass. (1818) ; ~ = Vicoa Cass. (1829)［菊科 Asteraceae(Compositae)]■●

26674　Jacobaea Mill. (1754) = Senecio L. (1753)［菊科 Asteraceae(Compositae)//千里光科 Senecionidaceae]■●

26675　Jacobaeastrum Kuntze (1891) = Euryops (Cass.) Cass. (1820)［菊科 Asteraceae(Compositae)]●■☆

26676　Jacobaeoides Vaill. = Ligularia Cass. (1816)（保留属名）［菊科 Asteraceae(Compositae)]■

26677　Jacobanthus Fourr. (1868) = Senecio L. (1753)［菊科 Asteraceae(Compositae)//千里光科 Senecionidaceae]■●

26678　Jacobea Thunb. (1801) = Jacobaea Mill. (1754) ; ~ = Senecio L. (1753)［菊科 Asteraceae (Compositae)//千里光科

Senecionidaceae]■●

26679　Jacobinia Moric. (1847) Nom. illegit. （废弃属名）≡ Jacobinia Nees ex Moric. (1847)（保留属名）［爵床科 Acanthaceae]●■☆

26680　Jacobinia Nees ex Moric. (1847)（保留属名）【汉】西方珊瑚花属（美国爵床属）。【日】サンゴバナ属, ジャコビニア属, やこビニア属。【英】Jacobinia。【隶属】爵床科 Acanthaceae//鸭嘴花科（鸭咀花科）Justiciaceae。【包含】世界 50 种。【学名诠释与讨论】〈阴〉（地）Jacobina, 雅各宾, 位于南美洲。模式种的产地。此属的学名"Jacobinia Nees ex Moricand, Pl. Nouv. Amér.：156. Jan-Jun 1847"是保留属名。法规未列出相应的废弃属名。但是爵床科 Acanthaceae 的"Jacobinia Moric. , Pl. Nouv. Amer. 156. 1847［Jan-Jun 1847] ≡ Jacobinia Nees ex Moric. (1847)（保留属名）= Justicia L. (1753)"应该废弃。"Jacobinia Moric. (1847) ≡ Jacobinia Nees ex Moric. (1847)（保留属名）"的命名人引证有误, 亦应废弃。亦有文献把"Jacobinia Nees ex Moric. (1847)（保留属名）"处理为"Justicia L. (1753)"的异名。【分布】巴基斯坦, 玻利维亚, 厄瓜多尔, 哥伦比亚（安蒂奥基亚）, 墨西哥至热带南美洲, 中美洲。【模式】Jacobinia lepida Moricand。【参考异名】Cardiacanthus Nees et Schauer(1847)（废弃属名）; Cardiacanthus Schauer(1847)（废弃属名）; Cyrtantherella Oerst. (1854); Ethesia Raf. (1838); Jacobinia Moric. (1847)（废弃属名）; Justicia L. (1753); Libonia C. Koch ex Linden(1863) Nom. illegit. ; Libonia K. Koch ex Linden(1863) Nom. illegit. ●■☆

26681　Jacobsenia L. Bolus et Schwantes(1954)【汉】白鸽玉属。【日】ヤコブセニア属。【隶属】番杏科 Aizoaceae。【包含】世界 2 种。【学名诠释与讨论】〈阴〉（人）Hermann Johannes Heinrich Jacobsen,1898-1978,法国植物学者, 园艺家。【分布】非洲南部。【模式】Jacobsenia kolbei (H. M. L. Bolus) H. M. L. Bolus et Schwantes［Mesembryanthemum kolbei H. M. L. Bolus]。●☆

26682　Jacosta DC. (1838) = Phymaspermum Less. (1832)［菊科 Asteraceae(Compositae)]●☆

26683　Jacquemontia Bel. (1836) Nom. illegit. ≡ Psilothamnus DC. (1838) ; ~ = Gamolepis Less. (1832)［菊科 Asteraceae (Compositae)]■☆

26684　Jacquemontia Choisy(1834)【汉】雅克旋花属（假牵牛属, 小牵牛属）。【隶属】旋花科 Convolvulaceae。【包含】世界 120 种。【学名诠释与讨论】〈阴〉（人）Venceslas Victor Jacquemont,1801-1832,法国植物学者, 探险家。【分布】巴基斯坦, 巴拉圭, 巴拿马, 秘鲁, 玻利维亚, 厄瓜多尔, 哥伦比亚（安蒂奥基亚）, 哥斯达黎加, 马达加斯加, 美国（密苏里）, 尼加拉瓜, 中国, 热带, 中美洲。【后选模式】Jacquemontia azurea (Desrousseaux) J. D. Choisy［Convolvulus azureus Desrousseaux]。【参考异名】Emulina Raf. (1838); Lobake Raf. (1838); Pentanthus Raf. (1838) Nom. illegit. ; Schizojacquemontia (Roberty) Roberty(1964)■☆

26685　Jacquesfelixia J. B. Phipps (1964) = Danthoniopsis Stapf(1916)［禾本科 Poaceae(Gramineae)]■☆

26686　Jacqueshuberia Ducke(1922)【汉】五枝苏木属。【隶属】豆科 Fabaceae(Leguminosae)。【包含】世界 6 种。【学名诠释与讨论】〈阴〉（人）Jakob (Jacques) E. Huber,1867-1914,瑞士植物学者, 探险家。【分布】巴西, 秘鲁, 亚马孙河流域。【模式】Jacqueshuberia quinquangulata Ducke。●☆

26687　Jacquina St. - Lag. (1881) = Jacquinia L. (1759)［as 'Jaquinia'］（保留属名）［假轮叶科（狄氏木科, 拟棕科）Theophrastaceae]●☆

26688　Jacquinia Choisy（废弃属名）= Jacquinia L. (1759)［as 'Jaquinia'］（保留属名）［假轮叶科（狄氏木科, 拟棕科）Theophrastaceae]●☆

26689　Jacquinia L.（1759）［as'Jaquinia'］（保留属名）【汉】雅坎木属（约基木属）。【英】Cudjoe-wood。【隶属】假轮叶科（狄氏木科，拟棕科）Theophrastaceae。【包含】世界32-50种。【学名诠释与讨论】〈阴〉（人）Nikolaus（Nicolaus，Nicolaas）Joseph（Jozeph，Josef）von Jacquin，1727-1817，奥地利植物学者。此属的学名"Jacquinia L.，Fl. Jamaica：27. 22 Dec 1759（'Jaquinia'）（orth. cons.）"是保留属名。法规未列出相应的废弃属名。但是"Jacquinia Choisy =Jacquinia L.（1759）［as'Jaquinia'］（保留属名）"和"Jacquinia Mutis ex L.（1759）= Jacquinia L.（1759）［as'Jaquinia'］（保留属名）"应该废弃。其变体"Jaquinia L.（1759）"亦应废弃。【分布】巴拿马，秘鲁，厄瓜多尔，尼加拉瓜，西印度群岛，美洲。【模式】Jacquinia ruscifolia N. J. Jacquin。【参考异名】Bonellia Bertero ex Colla（1824）；Jacquina St. - Lag.（1881）；Jacquinia Choisy；Jaquinia Mutis ex L.（1759）Nom. illegit.（废弃属名）；Sileriana Urb. et Loes.（1913）；Thyella Raf.（1838）●☆

26690　Jacquinia Mutis ex L.（1759）（废弃属名）= Jacquinia L.（1759）［as'Jaquinia'］（保留属名）［假轮叶科（狄氏木科，拟棕科）Theophrastaceae］●☆

26691　Jacquiniella Schltr.（1920）【汉】雅坎兰属（杰圭兰属）。【隶属】兰科 Orchidaceae。【包含】世界12种。【学名诠释与讨论】〈阴〉（人）Nikolaus（Nicolaus，Nicolaas）Joseph（Jozeph，Josef）von Jacquin，1727-1817，奥地利植物学者+-ellus，-ella，-ellum，加在名词词干后面形成指小式的词尾。或加在人名、属名等后面以组成新属的名称。【分布】巴拿马，秘鲁，玻利维亚，厄瓜多尔，哥伦比亚（安蒂奥基亚），尼加拉瓜，西印度群岛，中美洲。【后选模式】Epidendrum globosum Jacquin。【参考异名】Dressleriella Brieger（1977）■☆

26692　Jacquinotia Homb. et Jacquinot ex Decne.（1853）= Lebetanthus Endl.（1841）［as'Lebethanthus'］（保留属名）［尖苞木科 Epacridaceae］●☆

26693　Jacquinotia Homb. et Jacquinot，Nom. illegit. ≡ Jacquinotia Homb. et Jacquinot ex Decne.（1853）；~ = Lebetanthus Endl.（1841）［as'Lebethanthus'］（保留属名）［尖苞木科 Epacridaceae］●☆

26694　Jacuanga T. Lestib.（1841）= Costus L.（1753）［姜科（蘘荷科）Zingiberaceae//闭鞘姜科 Costaceae］■

26695　Jacularia Raf.（1832）Nom. illegit. ≡ Belis Salisb.（1807）（废弃属名）；~ =Cunninghamia R. Br.（1826）（保留属名）［杉科（落羽杉科）Taxodiaceae］●★

26696　Jadunia Lindau（1913）【汉】雅顿爵床属（新几内亚爵床属）。【隶属】爵床科 Acanthaceae。【包含】世界1种。【学名诠释与讨论】〈阴〉词源不详。【分布】新几内亚岛。【模式】Jadunia biroi（Lindau et K. Schumann）Lindau［Strobilanthes biroi Lindau et K. Schumann］。☆

26697　Jaegera Giseke（1792）= Zingiber Mill.（1754）［as'Zinziber'］（保留属名）［姜科（蘘荷科）Zingiberaceae］■

26698　Jaegeria Kunth（1818）【汉】膜苞菊属。【隶属】菊科 Asteraceae（Compositae）。【包含】世界6-9种。【学名诠释与讨论】〈阴〉（人）Georg Friedrich von Jaeger（Jäger），1785-1866，植物学者，医生，解剖学者，古生物学者。【分布】巴拉圭，巴拿马，秘鲁，玻利维亚，厄瓜多尔，哥伦比亚（安蒂奥基亚），墨西哥，尼加拉瓜，乌拉圭，中美洲。【模式】mnioides Kunth。【参考异名】Aganippea DC.（1838）Nom. illegit. ；Aganippea Moc. et Sessé ex DC.（1838）；Heliogenes Benth.（1840）；Macella C. Koch（1855）Nom. illegit. ；Macella K. Koch（1855）■☆

26699　Jaeggia Schinz（1888）= Adenia Forssk.（1775）［西番莲科 Passifloraceae］●

26700　Jaeschkea Kurz（1870）【汉】口药花属。【英】Jaeschkea。【隶属】龙胆科 Gentianaceae。【包含】世界3种，中国2种。【学名诠释与讨论】〈阴〉（人）Heinrich August Jaeschke（Jaschke），牧师，植物采集家，曾在克什米尔和喜马拉雅采集标本。【分布】巴基斯坦，中国，喜马拉雅山。【模式】Jaeschkea gentianoides Kurz，Nom. illegit. ［Gentiana jaeschkei Kurz［as'taeschkei'］。【参考异名】Kurramia Omer et Qaiser ■

26701　Jaffrea H. C. Hopkins et Pillon（2015）【汉】美国麦珠子属。【隶属】鼠李科 Rhamnaceae。【包含】世界2种。【学名诠释与讨论】〈阴〉词源不详。【分布】美国。【模式】Jaffrea xerocarpa（Baill.）H. C. Hopkins et Pillon［Alphitonia xerocarpa Baill.］。☆

26702　Jagera Blume（1849）【汉】耶格尔无患子属。【隶属】无患子科 Sapindaceae。【包含】世界4种。【学名诠释与讨论】〈阴〉（人）Herbert de Jager，德国出生的荷兰植物学者，曾在印度尼西亚和东印度群岛采集标本。【分布】澳大利亚，马达加斯加，马来西亚。【模式】Jagera speciosa Blume，Nom. illegit. ［Garuga javanica Blume；Jagera javanica（Blume）Blume ex Kalkman］。●☆

26703　Jahnia Pittier et S. F. Blake（1929）= Turpinia Vent.（1807）（保留属名）［省沽油科 Staphyleaceae］●

26704　Jailoloa Heatubun et W. J. Baker（2014）【汉】印尼棕属。【隶属】棕榈科 Arecaceae（Palmae）。【包含】世界1种。【学名诠释与讨论】〈阴〉词源不详。似来自人名。【分布】印度尼西亚。【模式】Jailoloa halmaherensis（Heatubun）Heatubun et W. J. Baker［Ptychosperma halmaherense Heatubun］。☆

26705　Jaimehintonia B. L. Turner（1993）【汉】墨西哥葱属。【隶属】葱科 Alliaceae。【包含】世界1种。【学名诠释与讨论】〈阴〉（人）Jaime Hinton，曾在墨西哥采集植物标本。【分布】墨西哥。【模式】Jaimehintonia gypsophila B. L. Turner。■☆

26706　Jaimenostia Guinea et Gomez Mor.（1946）= Sauromatum Schott（1832）［天南星科 Araceae］■

26707　Jainia N. P. Balakr. =Coptophyllum Korth.（1851）（保留属名）［茜草科 Rubiaceae］■☆

26708　Jakkia Blume（1823）= Xanthophyllum Roxb.（1820）（保留属名）［远志科 Polygalaceae//黄叶树科 Xanthophyllaceae］●

26709　Jalambica Raf.（1838）【汉】佳菊属。【隶属】菊科 Asteraceae（Compositae）。【包含】世界1种。【学名诠释与讨论】〈阴〉词源不详。此属的学名，ING、TROPICOS 和 IK 记载是"Jalambica Rafinesque，New Fl. 4：71. 1838（sero）（'1836'）"。"Neurelmis Rafinesque，New. Fl. 4：72. 1838（sero）（'1836'）"是"Jalambica Raf.（1838）"的晚出的同模式异名（Homotypic synonym，Nomenclatural synonym）。【分布】北美洲。【模式】Jalambica pumila Raf. 。【参考异名】Neurelmis Raf.（1836）Nom. illegit. ☆

26710　Jalambicea Cerv.（1825）= Limnobium Rich.（1814）［水鳖科 Hydrocharitaceae］■☆

26711　Jalapa Mill.（1754）Nom. illegit. ≡ Mirabilis L.（1753）［紫茉莉科 Nyctaginaceae］■

26712　Jalapa Tourn. ex Adans.（1763）Nom. illegit. ［紫茉莉科 Nyctaginaceae］☆

26713　Jalapaceae Bardley = Nyctaginaceae Juss.（保留科名）●■

26714　Jalapaceae Batsch = Nyctaginaceae Juss.（保留科名）●■

26715　Jalappa Burm.（1737）Nom. inval. ［紫茉莉科 Nyctaginaceae］☆

26716　Jalcophila M. O. Dillon et Sagást.（1986）【汉】紫薜菊属。【隶属】菊科 Asteraceae（Compositae）。【包含】世界3种。【学名诠释与讨论】〈阴〉词源不详。【分布】秘鲁，玻利维亚，厄瓜多尔。【模式】Jalcophila peruviana M. O. Dillon et A. Sagástegui Alva。■☆

26717　Jaliscoa S. Watson（1890）【汉】托泽兰属。【隶属】菊科 Asteraceae（Compositae）。【包含】世界3种。【学名诠释与讨论】

〈阴〉(地)Jalisco,位于墨西哥。【分布】墨西哥。【模式】Jaliscoa pringlei S. Watson。■●☆

26718　Jalombicea Steud.（1840）= Jalambicea Cerv.（1825）; ~ = Limnobium Rich.（1814）［水鳖科 Hydrocharitaceae］■☆

26719　Jaltomata Schltdl.（1838）Nom. inval. ≡ Jaltomata Schltdl. ex L.（1839）［茄科 Solanaceae］●☆

26720　Jaltomata Schltdl. ex L.（1839）【汉】亚尔茄属。【隶属】茄科 Solanaceae。【包含】世界 30 种。【学名诠释与讨论】〈阴〉来自墨西哥植物俗名。此属的学名,ING 和 GCI 记载是 "Jaltomata Schlechtendal, Index Sem. Hort. Halensis 8. 1838"。IK 则记载为 "Jaltomata Schlecht., Ind. Sem. Hort. Hal.（1838）n. 7; ex Linnaea, xiii.（1839）Litt. 98"。亦有文献把 "Jaltomata Schltdl. ex L.（1839）" 处理为 "Saracha Ruiz et Pav.（1794）" 的异名。【分布】巴拿马,秘鲁,玻利维亚,厄瓜多尔,哥伦比亚(安蒂奥基亚),尼加拉瓜,西印度群岛,中美洲。【模式】Jaltomata edulis Schlechtendal。【参考异名】Hebecladus Miers（1845）(保留属名); Hebocladus Post et Kuntze（1903）; Jaltomata Schltdl.（1838）Nom. inval.; Jaltonia Steud.（1840）; Saracha Ruiz et Pav.（1794）; Schraderanthus Averett（2009）●☆

26721　Jaltonia Steud.（1840）= Jaltomata Schltdl.（1838）［茄科 Solanaceae］●☆

26722　Jamaiciella Braem（1980）= Oncidium Sw.（1800）(保留属名)［兰科 Orchidaceae］■☆

26723　Jambolana Adans.（1763）Nom. illegit. ≡ Jambolifera L.（1753）(废弃属名); ~ = Acronychia J. R. Forst. et G. Forst.（1775）(保留属名)［芸香科 Rutaceae］●

26724　Jambolifera Houtt.（1774）(废弃属名)= Syzygium P. Browne ex Gaertn.（1788）(保留属名)［桃金娘科 Myrtaceae］●

26725　Jambolifera L.（1753）(废弃属名)= Acronychia J. R. Forst. et G. Forst.（1775）(保留属名)［芸香科 Rutaceae］●

26726　Jamboliferaceae Martinov（1820）= Rutaceae Juss.（保留科名）●■

26727　Jambos Adans.（1763）Nom. illegit.（废弃属名）= Jambosa Adans.（1763）［as 'Jambos'］(保留属名); ~ = Syzygium P. Browne ex Gaertn.（1788）(保留属名)［桃金娘科 Myrtaceae］●

26728　Jambosa Adans.（1763）［as 'Jambos'］(保留属名)【汉】丁子香属(赛蒲桃属)。【隶属】桃金娘科 Myrtaceae。【包含】世界 240 种。【学名诠释与讨论】〈阴〉(印)jambu,蒲桃的梵文俗名+-osus, -osa, -osum,表示丰富,充分,或显著发展的词尾。此属的学名 "Jambosa Adans., Fam. Pl. 2: 88, 564. Jul - Aug 1763（'Jambos'）(orth. cons.)" 是保留属名。法规未列出相应的废弃属名。但是桃金娘科 Myrtaceae 的晚出的非法名称 "Jambosa DC., Prodr.［A. P. de Candolle］3; 286. 1828［mid Mar 1828］= Jambosa Adans.（1763）［as 'Jambos'］(保留属名)= Syzygium P. Browne ex Gaertn.（1788）(保留属名)" 应该废弃。其变体 "Jambos Adans.（1763）" 亦应废弃。亦有文献把 "Jambosa Adans.（1763）［as 'Jambos'］(保留属名)" 处理为 "Syzygium P. Browne ex Gaertn.（1788）(保留属名)" 的异名。【分布】中国,古热带,中美洲。【模式】Jambosa vulgaris A. P. de Candolle, Nom. illegit.［Eugenia jambos Linnaeus; Jambosa jambos（Linnaeus）C. F. Millspaugh］。【参考异名】Jambos Adans.（1763）Nom. illegit.（废弃属名）; Jambosa DC.（1828）Nom. illegit.（废弃属名）; Syzygium Gaertn.（1788）(废弃属名); Syzygium P. Browne ex Gaertn.（1788）(保留属名)●

26729　Jambosa DC.（1828）Nom. illegit.（废弃属名）= Jambosa Adans.（1763）［as 'Jambos'］(保留属名); ~ = Syzygium P. Browne ex Gaertn.（1788）(保留属名)［桃金娘科 Myrtaceae］●

26730　Jambus Noronha（1790）= Syzygium P. Browne ex Gaertn.（1788）(保留属名)［桃金娘科 Myrtaceae］●

26731　Jamesbrittenia Kuntze（1891）【汉】布里滕参属。【隶属】玄参科 Scrophulariaceae。【包含】世界 83 种。【学名诠释与讨论】〈阴〉(人)James Britten, 1846-1924,英国植物学者。【分布】埃及至印度。【模式】Jamesbrittenia dissecta Kuntze。【参考异名】Sutera Roth（1821）Nom. illegit. ■●☆

26732　Jamesia Nees（1840）Nom. illegit.（废弃属名）≡ Ptiloria Raf.（1832）(废弃属名); ~ = Stephanomeria Nutt.（1841）(保留属名)［菊科 Asteraceae（Compositae）］●■☆

26733　Jamesia Raf.（1832）(废弃属名)= Dalea L.（1758）(保留属名)［豆科 Fabaceae（Leguminosae）//蝶形花科 Papilionaceae］●■☆

26734　Jamesia Torr. et A. Gray（1840）(保留属名)【汉】岩丛属(单型绣球属,杰姆西属)。【俄】Джемсия。【英】Cliff Jamesia, Cliffbush, Jamesia, Waxflower。【隶属】虎耳草科 Saxifragaceae//绣球花科 Hydrangeaceae。【包含】世界 1-2 种。【学名诠释与讨论】〈阴〉(人)Edwin P. James, 1797-1861,美国植物学者,医生,探险家。此属的学名 "Jamesia Torr. et A. Gray, Fl. N. Amer. 1: 593. Jun 1840" 是保留属名。相应的废弃属名是豆科 Fabaceae 的 "Jamesia Raf. in Atlantic J. 1: 145. 1832（sero）= Dalea L.（1758）(保留属名)"。菊科的 "Jamesia C. G. D. Nees in Wied-Neuwied, Reise N. Amer. 2: 442. 1840 = Ptiloria Raf.（1832）(废弃属名)= Stephanomeria Nutt.（1841）(保留属名)" 亦应废弃。"Edwinia Heller, Bull. Torrey Bot. Club 24: 477. 30 Oct 1897" 是 "Jamesia Torr. et A. Gray（1840）(保留属名)" 的晚出的同模式异名（Homotypic synonym, Nomenclatural synonym）。【分布】美国(东南部)。【模式】Jamesia americana J. Torrey et A. Gray。【参考异名】Edwinia A. Heller（1897）Nom. illegit. ●☆

26735　Jamesianthus S. F. Blake et Sherff（1940）【汉】战帽菊属。【英】Alabama Warbonnet。【隶属】菊科 Asteraceae（Compositae）。【包含】世界 1 种。【学名诠释与讨论】〈阴〉(人)Robert Leslie James, 1897-1977,美国植物学者,历史学者+anthos,花。【分布】美国(南部)。【模式】Jamesianthus alabamensis S. F. Blake et Sherff。■☆

26736　Janakia J. Joseph et V. Chandras.（1978）【汉】亚纳克萝藦属。【隶属】萝藦科 Asclepiadaceae。【包含】世界 1 种。【学名诠释与讨论】〈阴〉(人)Edavaleth Kakkath Janaki Ammal, 1897-1984,印度植物学者。【分布】印度。【模式】Janakia arayalpathra J. Joseph et V. Chandrasekaran。☆

26737　Janasia Raf.（1838）= Phlogacanthus Nees（1832）［爵床科 Acanthaceae］●■

26738　Jancaea Boiss.（1875）【汉】希腊苣苔属(杨卡苣苔属)。【英】Jancaea。【隶属】苦苣苔科 Gesneriaceae。【包含】世界 1 种。【学名诠释与讨论】〈阴〉(人)Victor von Janka（V. Janka von Bulcs）, 1837-1900,军人,植物学者。【分布】巴尔干半岛。【模式】Jancaea heldreichii（Boissier）Boissier［Haberlea heldreichii Boissier］。【参考异名】Jankaea Boiss.（1875）Nom. illegit. ■☆

26739　Jandinea Steud.（1850）= Jardinea Steud.（1850）; ~ = Thelepogon Roth ex Roem. et Schult.（1817）［禾本科 Poaceae（Gramineae）］■☆

26740　Jangaraca Raf.（1820）= Hamelia Jacq.（1760）; ~ = Tangaraca Adans.（1763）Nom. illegit.［茜草科 Rubiaceae］●

26741　Jania Schult. et Schult. f.（1830）Nom. illegit. ≡ Baeometra Salisb. ex Endl.（1836）; ~ = Kolbea Schltdl.（1826）Nom. illegit.［百合科 Liliaceae//秋水仙科 Colchicaceae］■☆

26742　Jania Schult. f.（1830）Nom. illegit. ≡ Baeometra Salisb. ex Endl.（1836）; ~ = Kolbea Schltdl.（1826）Nom. illegit.［百合科 Liliaceae//秋水仙科 Colchicaceae］■☆

26743 Janipha Kunth（1817）Nom. illegit. = Manihot Mill.（1754）［大戟科 Euphorbiaceae］●■

26744 Janipha Loefl.（1758）Nom. illegit.［大戟科 Euphorbiaceae］☆

26745 Jankaea Boiss.（1875）Nom. illegit. = Jancaea Boiss.（1875）［苦苣苔科 Gesneriaceae］■☆

26746 Janotia J. -F. Leroy（1975）【汉】雅诺茜属。【隶属】茜草科 Rubiaceae。【包含】世界 1 种。【学名诠释与讨论】〈阴〉（人）Janot。【分布】马达加斯加。【模式】Janotia macrostipula（R. Capuron）J. -F. Leroy［Neonauclea macrostipula R. Capuron］。●☆

26747 Janraia Adans.（1763）Nom. illegit. ≡ Rajania L.（1753）［薯蓣科 Dioscoreaceae］■☆

26748 Jansenella Bor（1955）【汉】紫穗草属。【隶属】禾本科 Poaceae（Gramineae）。【包含】世界 1 种。【学名诠释与讨论】〈阴〉（人）Pieter Jansen，1882-1955，荷兰植物学者+-ellus，-ella，-ellum，加在名词词干后面形成指小式的词尾。或加在人名、属名等后面以组成新属的名称。【分布】斯里兰卡，印度。【模式】Jansenella griffithiana（Müller Hal.）Bor［Danthonia griffithiana Müller Hal.］。■☆

26749 Jansenia Barb. Rodr.（1891）= Plectrophora H. Focke（1848）［兰科 Orchidaceae］■☆

26750 Jansonia Kippist（1847）【汉】澳大利亚美丽豆属。【隶属】豆科 Fabaceae（Leguminosae）//蝶形花科 Papilionaceae。【包含】世界 2 种。【学名诠释与讨论】〈阴〉（人）Joseph Janson，1789-1846，英国植物学者。【分布】澳大利亚（西部）。【模式】Jansonia formosa R. Kippist。【参考异名】Cryptosema Meisn.（1848）■☆

26751 Jantha Steud.（1840）= Iantha Hook.（1824）；~ = Ionopsis Kunth（1816）［兰科 Orchidaceae］■☆

26752 Janthe Griseb.（1844）= Celsia L.（1753）［玄参科 Scrophulariaceae//毛蕊花科 Verbascaceae］■☆

26753 Janthe Nel（1914）Nom. illegit. = Hypoxis L.（1759）；~ = Ianthe Salisb.（1866）［石蒜科 Amaryllidaceae//长喙科（仙茅科）Hypoxidaceae］■

26754 Janusia A. Juss.（1840）【汉】朱那木属（朱那属）。【隶属】金虎尾科（黄褥花科）Malpighiaceae。【包含】世界 18 种。【学名诠释与讨论】〈阴〉（人）Janus，罗马一神名，他有两张脸，朝向相反的方向。此属的学名，ING 记载是"Janusia A. H. L. Jussieu ex Endlicher，Gen. 1058. Apr 1840"。IK 则记载为"Janusia A. Juss.，Gen. Pl.［Endlicher］1058. 1840［Apr 1840］"；GCI 的记载是"Janusia A. Juss.，Ann. Sci. Nat.，Bot. sér. 2，13：250（-251）. 1840［early Apr? 1840］; addit. publ. ; Gen. Pl.［Endlicher］1058. late Apr? 1840"；ROPICOS 记载为"Janusia A. Juss.，Annales des Sciences Naturelles；Botanique，sér. 2 13：250. 1840.（Apr 1840）"。【分布】阿根廷，巴拉圭，玻利维亚，美国（加利福尼亚）。【模式】Janusia guaranitica（A. Saint - Hilaire）A. H. L. Jussieu［Gaudichaudia guaranitica A. Saint-Hilaire］。【参考异名】Cottsia Dubard et Dop（1908）；Janusia A. Juss. ex Endl.（1840）Nom. illegit. ;Schwannia Endl.（1840）●☆

26755 Janusia A. Juss. ex Endl.（1840）Nom. illegit. ≡ Janusia A. Juss.（1840）［金虎尾科（黄褥花科）Malpighiaceae］●☆

26756 Japarandiba Adans.（1763）（废弃属名）= Gustavia L.（1775）（保留属名）［玉蕊科（巴西果科）Lecythidaceae//烈臭玉蕊科 Gustaviaceae］●☆

26757 Japonasarum Nakai（1936）【汉】日本马兜铃属（乌金草属）。【隶属】马兜铃科 Aristolochiaceae//细辛科（杜衡科）Asaraceae。【包含】世界 1 种。【学名诠释与讨论】〈中〉（地）Japonia 日本+（属）Asarum 细辛属。Nakai 把日本产的双叶细辛 Asarum caulescens Maxim. = Japonasarum caulescens（Maxim.）Nakai 从马

兜铃属独立出来建立本属。但有些学者认为没有必要建立此属。亦有文献把"Japonasarum Nakai（1936）"处理为"Asarum L.（1753）"的异名。【分布】日本，中国。【模式】Japonasarum caulescens（Maximowicz）Nakai［Asarum caulescens Maximowicz］。【参考异名】Asarum L.（1753）■

26758 Japonoliriaceae Takht.（1994）［亦见 Petrosaviaceae Hutch.（保留科名）无叶莲科（樱井草科）］【汉】短柱草科。【包含】世界 1 属 1 种。【分布】日本。【科名模式】Japonolirion Nakai ■☆

26759 Japonolirion Nakai（1930）【汉】短柱草属。【日】オセソウ属。【隶属】百合科 Liliaceae//短柱草科 Japonoliriaceae//纳茜菜科（肺筋草科）Nartheciaceae//无叶莲科（樱井草科）Petrosaviaceae//岩菖蒲科 Tofieldiaceae。【包含】世界 1 种。【学名诠释与讨论】〈中〉（地）Japonia，日本+leirion，百合，leiros 百合白的，苍白的，娇柔的。指模式产地。此属的学名是"Japonolirion Nakai，Bot. Mag.（Tokyo）44：22. Jan 1930"。亦有文献把其处理为"Tofieldia Huds.（1778）"的异名。【分布】日本。【模式】Japonolirion osense Nakai。【参考异名】Tofieldia Huds.（1778）■☆

26760 Japotapita Endl.（1840）= Jabotapita Adans.（1763）Nom. illegit. ; ~ = Ouratea Aubl.（1775）（保留属名）［金莲木科 Ochnaceae］●

26761 Jaquinia L.（1759）Nom. illegit.（废弃属名）= Jacquinia L.（1759）［as 'Jaquinia'］（保留属名）［假轮叶科（狄氏木科，拟棕科）Theophrastaceae］●☆

26762 Jaquinotia Walp.（1849）= Jacquinotia Homb. et Jacquinot ex Decne.（1853）；~ = Lebetanthus Endl.（1841）［as 'Lebethanthus'］（保留属名）［尖苞木科 Epacridaceae］●☆

26763 Jaracatia Endl. = Jacaratia A. DC.（1864）［番木瓜科（番瓜树科，万寿果科）Caricaceae］●☆

26764 Jaracatia Marcg. ex Endl.（1839）= Jacaratia A. DC.（1864）［番木瓜科（番瓜树科，万寿果科）Caricaceae］●☆

26765 Jaramilloa R. M. King et H. Rob.（1980）【汉】黄粒菊属。【隶属】菊科 Asteraceae（Compositae）。【包含】世界 2 种。【学名诠释与讨论】〈阴〉（人）Jaramillo，植物学者。【分布】哥伦比亚。【模式】Jaramilloa hylibates（B. L. Robinson）R. M. King et H. E. Robinson［Eupatorium hylibates B. L. Robinson］。●☆

26766 Jarandersonia Kosterm.（1960）【汉】毛刺椴属（哈拉椴属）。【隶属】椴树科（椴科，田麻科）Tiliaceae//锦葵科 Malvaceae。【包含】世界 3-5 种。【学名诠释与讨论】〈阴〉词源不详。【分布】加里曼丹岛。【模式】Jarandersonia paludosa Kostermans。●☆

26767 Jarapha Steud.（1840）= Jarava Ruiz et Pav.（1794）；~ = Stipa L.（1753）［禾本科 Poaceae（Gramineae）//针茅科 Stipaceae］■

26768 Jaraphaea Steud.（1840）= Iaravaea Scop.（1794）；~ = Microlicia D. Don（1823）［野牡丹科 Melastomataceae］●☆

26769 Jarava Ruiz et Pav.（1794）= Stipa L.（1753）［禾本科 Poaceae（Gramineae）//针茅科 Stipaceae］■

26770 Jaravaea Neck.（1790）Nom. inval. = Iaravaea Scop.（1794）；~ = Microlicia D. Don（1823）［野牡丹科 Melastomataceae］●☆

26771 Jaravaea Scopoli（1777）Nom. illegit.［野牡丹科 Melastomataceae］☆

26772 Jardinea Steud.（1850）= Phacelurus Griseb.（1846）［禾本科 Poaceae（Gramineae）］■

26773 Jardinia Benth. et Hook. f.（1883）Nom. illegit. = Jardinea Steud.（1850）；~ = Phacelurus Griseb.（1846）［禾本科 Poaceae（Gramineae）］■

26774 Jardinia Sch. Bip.（1853）= Erlangea Sch. Bip.（1853）［菊科 Asteraceae（Compositae）］■☆

26775 Jarilla Rusby（1921）【汉】单室番木瓜属（北美番瓜树属）。

【隶属】番木瓜科(番瓜树科,万寿果科)Caricaceae。【包含】世界1种。【学名诠释与讨论】〈阴〉来自墨西哥植物俗名。此属的学名"Jarilla Rusby,Torreya 21:47. Mai-Jun 1921"是一个替代名称。"Mocinna Cervantes ex La Llave,Reg. Trimestre 1:351. 12 Jun 1832"是一个非法名称(Nom. illegit.),因为此前已经有了"Mocinna Lagasca,Gen. Sp. Pl. Nov. 31. Jun-Jul(?)1816[番木瓜科(番瓜树科,万寿果科)Caricaceae]"。故用"Jarilla Rusby(1921)"替代之。【分布】墨西哥,中美洲。【模式】Jarilla heterophylla(La Llave)I. M. Johnston[Mocinna heterophylla La Llave]。【参考异名】Jarilla I. M. Johnst.(1924)Nom. illegit.;Jarrilla I. M. Johnst.(1924);Mocinna Cerv. ex La Llave(1832)Nom. illegit.;Mocinna Cerv. ex La Llave(1885)Nom. illegit.;Mocinna La Llave(1832)Nom. illegit.●☆

26776　Jarrilla I. M. Johnst.(1924)= Jarilla Rusby(1921);~=Mocinna La Llave(1832)Nom. illegit.;~=Mocinna Cerv. ex La Llave(1885)Nom. illegit.[番木瓜科(番瓜树科,万寿果科)Caricaceae]●☆

26777　Jasarum G. S. Bunting(1977)【汉】水南星属。【隶属】天南星科Araceae。【包含】世界1种。【学名诠释与讨论】〈阴〉(人)Julien Alfred Steyermark,1909-1988,美国植物学者+(属)Arum疆南星属。【分布】委内瑞拉。【模式】Jasarum steyermarkii G. S. Bunting。●☆

26778　Jasionaceae Dumort.(1829)[亦见Campanulaceae Juss.(1789)(保留科名)桔梗科]【汉】菊头桔梗科。【包含】世界2属17-21种。【分布】欧洲,地中海,小亚细亚。【科名模式】Jasione L.●■

26779　Jasione L.(1753)【汉】菊头桔梗属(伤愈草属,亚参属,野参属)。【日】ヤシオネ属。【俄】Букашник。【英】Jasione,Sheep's Bit,Sheep's-bit,Sheepsbit。【隶属】桔梗科Campanulaceae//菊头桔梗科Jasionaceae。【包含】世界16-20种。【学名诠释与讨论】〈阴〉(希)iasione,本是旋花属一个种的希腊名称。指其具有愈伤作用。此属的学名,ING、TROPICOS和IK记载是"Jasione L.,Sp. Pl. 2:928. 1753[1 May 1753]"。"Ovilla Adanson,Fam. 2:134. Jul-Aug 1763"是"Jasione L.(1753)"的晚出的同模式异名(Homotypic synonym,Nomenclatural synonym)。【分布】安纳托利亚,地中海地区,欧洲。【模式】Jasione montana Linnaeus。【参考异名】Iasione Moench(1794);Jasionella Stoj. et Stef.(1933);Ovilla Adans.(1763)Nom. illegit.;Urumovia Stef.(1936)■☆

26780　Jasionella Stoj. et Stef.(1933)【汉】小菊头桔梗属。【隶属】桔梗科Campanulaceae//菊头桔梗科Jasionaceae。【包含】世界1种。【学名诠释与讨论】〈阴〉(属)Jasione菊头桔梗属+-ellus,-ella,-ellum,加在名词词干后面形成指小式的词尾。或加在人名、属名等后面以组成新属的名称。此属的学名是"Jasionella Stojanoff et Stefanoff,Fl. Bulgaria ed. 2. 986. 1933"。亦有文献把其处理为"Jasione L.(1753)"的异名。【分布】巴尔干半岛。【模式】Jasionella bulgaria(Stojanoff et Stefanoff)Stojanoff et Stefanoff[Jasione bulgarica Stojanoff et Stefanoff]。【参考异名】Jasione L.(1753)■☆

26781　Jasminaceae Juss.(1789)= Asphodelaceae Juss.;~=Oleaceae Hoffmanns. et Link(保留科名)●

26782　Jasminanthes Blume(1850)【汉】黑鳗藤属(冠豆藤属,千金子藤属,舌瓣花属)。【日】シタキサウ属,シタキソウ属,ステファノーティス属。【俄】Стефанотис。【英】Madagascar Jasmine,Stephanotis。【隶属】萝藦科Asclepiadaceae。【包含】世界16种,中国4种。【学名诠释与讨论】〈阴〉(属)Jasminum素馨属+anthes花。此属的学名,《中国植物志》和国内外一些书刊多用"Stephanotis Thouars(1806)"为正名。它已经被《国际植物命名法规》废弃;相应的保留属名是"Marsdenia R. Br.,Prodr.:460. 27 Mar 1810(牛奶菜属)"。《中国植物志》英文版已经改用

"Jasminanthes Blume,Ann. Mus. Bot. Lugduno-Batavi. 1:148. 1850"为正名。它曾被处理为"Stephanotis sect. Jasminanthes(Blume)Hemsl.,Journal of the Linnean Society,Botany 26(173):114. 1889"。亦有文献把"Jasminanthes Blume(1850)"处理为"Stephanotis Thouars(1806)(废弃属名)"的异名。【分布】马达加斯加,热带旧世界,泰国,中国。【模式】Jasminanthes suaveolens Blume。【参考异名】Huthamnus Tsiang(1939);Stephanotis Thouars(1806)(废弃属名);Stephanotis sect. Jasminanthes(Blume)Hemsl.(1889);Marsdenia R. Br.(1810)(保留属名)●

26783　Jasminium Dumort.(1829)Nom. illegit. = Jasminum L.(1753)[木犀榄科(木犀科)Oleaceae]●

26784　Jasminocereus Britton et Rose(1920)【汉】麝香柱属。【日】ジャスミノセレウズ属。【隶属】仙人掌科Cactaceae。【包含】世界1-2种。【学名诠释与讨论】〈阳〉(属)Jasminum素馨属+(属)Cereus仙影掌属。【分布】厄瓜多尔(科隆群岛)。【模式】Jasminocereus galapagensis(Weber)N. L. Britton et J. N. Rose[Cereus galapagensis Weber]。●☆

26785　Jasminochyla(Stapf)Pichon(1948)= Landolphia P. Beauv.(1806)(保留属名)[夹竹桃科Apocynaceae]●☆

26786　Jasminoides Duhamel(1755)Nom. illegit. ≡ Lycium L.(1753)[茄科Solanaceae]●

26787　Jasminoides Medik.(1789)Nom. illegit. = Jasminoides Duhamel(1755)Nom. illegit.;~=Lycium L.(1753)[茄科Solanaceae]●

26788　Jasminonerium Wolf(1776)= Carissa L.(1767)(保留属名)[夹竹桃科Apocynaceae]●

26789　Jasminum L.(1753)【汉】素馨属(茉莉花属,茉莉属,素英属,迎春花属)。【日】オオバイ属,ソケイ属,ワウバイ属。【俄】Жасмин。【英】Jasmine,Jessamine,Malatti。【隶属】木犀榄科(木犀科)Oleaceae。【包含】世界200-450种,中国43-53种。【学名诠释与讨论】〈中〉(波斯)yasmin,yasmin,yasamin,或阿拉伯语yasmyn,茉莉花植物的俗名。一说来自希腊文ia紫罗兰+osme香味,或来自希腊文jasme含芳香油之意,均指花具香味。【分布】巴基斯坦,巴拿马,秘鲁,玻利维亚,哥伦比亚(安蒂奥基亚),马达加斯加,美国(密苏里),尼加拉瓜,利比里亚(宁巴),中国,热带和亚热带,中美洲。【后选模式】Jasminum officinale Linnaeus。【参考异名】Jacksonia Hort. ex Schltdl.,Nom. illegit.;Jacksonia Schltdl.,Nom. illegit.;Jasminium Dumort.(1829)Nom. illegit.;Mogori Adans.(1763)Nom. illegit.;Mogorium Juss.(1789);Mongorium Desf.(1798);Noldeanthus Knobl.(1935)●

26790　Jasonia(Cass.)Cass.(1825)【汉】块茎菊属。【隶属】菊科Asteraceae(Compositae)。【包含】世界1-34种。【学名诠释与讨论】〈阴〉(人)Jason。此属的学名,ING记载是"Jasonia(Cassini)Cassini in F. Cuvier,Dict. Sci. Nat. 34:34. Apr 1825",由"Pulicaria subgen. Jasonia Cassini in F. Cuvier,Dict. Sci. Nat. 24:200. Aug 1822"改级而来。IK则记载为"Jasonia Cass.,Bull. Sci. Soc. Philom. Paris(1815)175;et in Dict. Sc. Nat. xxiv. 200(1822)";似是一个未合格发表的名称(Nom. inval.)。TROPICOS记载为"Jasonia Cass.,Dictionnaire des Sciences Naturelles,ed. 2,44:97. 1826"。【分布】西班牙(加那利群岛),地中海地区。【后选模式】Jasonia tuberosa(Linnaeus)A. P. de Candolle[Erigeron tuberosus Linnaeus(as 'tuberosum')]。【参考异名】Chiliadenus Cass.(1825);Jasonia Cass.(1815)Nom. inval.;Pulicaria subgen. Jasonia Cass.(1822)■☆

26791　Jasonia Cass.(1815)Nom. inval. ≡ Jasonia(Cass.)Cass.(1825)[菊科Asteraceae(Compositae)]■☆

26792　Jateorhiza Miers(1849)【汉】非洲防己属(药根藤属)。【隶属】防己科Menispermaceae。【包含】世界2种。【学名诠释与讨

论】〈阴〉（希）iater＝iates＝iatros，医师+rhiza，或 rhizoma，根，根茎。指其药用。【分布】热带非洲。【模式】未指定。【参考异名】Jatrorhiza Miers ex Planch.（1848）；Jatrorhiza Planch.（1848）●☆

26793　Jatropa Scop.（1777）Nom. illegit. ＝Jatropha L.（1753）（保留属名）［大戟科 Euphorbiaceae］●■

26794　Jatropha L.（1753）（保留属名）【汉】麻疯树属（膏桐属，假白榄属，麻风树属）。【日】タイワンアブラキリ属，タイワンアブラ属。【俄】Ярофа，Ятропа。【英】Leprous Tree，Nettle Spurge，Physic-nut。隶属大戟科 Euphorbiaceae。【包含】世界 170-175种，中国 6 种。【学名诠释与讨论】〈阴〉（希）iater＝iates＝iatros，医师+trophe 喂食者，trophis 大的，喂得好的，trophon 食物。指植物具医药性能。此属的学名"Jatropha L.，Sp. Pl.：1006. 1 Mai 1753"是保留属名。法规未列出相应的废弃属名。【分布】巴基斯坦，巴拉圭，巴拿马，秘鲁，玻利维亚，厄瓜多尔，哥伦比亚（安蒂奥基亚），哥斯达黎加，马达加斯加，尼加拉瓜，中国，非洲南部，热带和亚热带，中美洲。【模式】Jatropha gossypiifolia Linnaeus［as 'gossypifolia'］。【参考异名】Adenorhopium Rchb.（1828）；Adenoropium Pohl（1827）Nom. illegit.；Adenorrhopium Wittst.，Nom. illegit.；Bivonea Raf.（1814）（废弃属名）；Bromfeldia Neck.（1790）Nom. inval.；Castiglionia Ruiz et Pav.（1794）Nom. illegit.；Collenucia Chiov.（1929）；Curcas Adans.（1763）；Iatropha Stokes（1812）；Jatropa Scop.（1777）Nom. illegit.；Jussieuia Houst.（1781）；Kurkas Adans.；Loureira Cav.（1799）Nom. illegit.；Manihot Boehm.；Manihot Mill.（1754）；Mazinna Spach（1834）；Mesandrinia Raf.（1825）Nom. illegit.；Mocinna Benth.（1839）Nom. illegit.；Mozinna Ortega（1798）；Ricinoides Mill.（1754）；Zimapania Engl. et Pax（1892）●■

26795　Jatrops Rottb.（1778）＝Marcgravia L.（1753）［蜜囊花科（附生藤科）Marcgraviaceae］●☆

26796　Jatrorhiza Miers ex Planch.（1848）＝Jateorhiza Miers（1849）［防己科 Menispermaceae］●☆

26797　Jatrorhiza Planch.（1848）Nom. illegit. ≡ Jatrorhiza Miers ex Planch.（1848）；～＝Jateorhiza Miers（1849）［防己科 Menispermaceae］●☆

26798　Jatus Kuntze（1891）Nom. illegit. ≡Theka Adans.（1763）（废弃属名）；～＝Tectona L. f.（1782）（保留属名）［马鞭草科 Verbenaceae//牡荆科 Viticaceae//唇形科 Lamiaceae（Labiatae）］●

26799　Jaubertia Guill.（1841）【汉】若贝尔茜属。【隶属】茜草科 Rubiaceae。【包含】世界 16 种。【学名诠释与讨论】〈阴〉（人）Hyppolyte François Jaubert，1798-1874，法国植物学者。此属的学名，ING 和 IK 记载是"Jaubertia Guillemin，Ann. Sci. Nat. Bot. ser. 2. 16：60. Jul 1841"。"Jaubertia Spach ex Jaub. et Spach，Ill. Pl. Orient. 3（29）：131，t. 289. 1850［Apr 1850］"是晚出的非法名称。【分布】阿尔及利亚至亚洲中部，阿富汗，巴基斯坦（俾路支），也门（索科特拉岛）。【模式】Jaubertia aucheri Guillemin。【参考异名】Choulettia Pomel（1874）；Gaillonia A. Rich.（1834）Nom. illegit. ■☆

26800　Jaubertia Spach ex Jaub. et Spach（1850）Nom. illegit. ＝Dipterocome Fisch. et C. A. Mey.（1835）［菊科 Asteraceae（Compositae）］■☆

26801　Jaumea Pers.（1807）【汉】碱菊属。【隶属】菊科 Asteraceae（Compositae）。【包含】世界 2 种。【学名诠释与讨论】〈阴〉（人）Jean Henri Jaume Saint-Hilaire，1772-1845，法国植物学者。此属的学名"Jaumea Persoon，Syn. Pl. 2：397. Sep 1807"是一个替代名称。"Kleinia A. L. Jussieu，Ann. Mus. Natl. Hist. Nat. 2：423. t. 61，f. 1. 1803"是一个非法名称（Nom. illegit.），因为此前已经有了"Kleinia P. Miller，Gard. Dict. Abr. ed. 4. 28 Jan 1754［菊科

Asteraceae（Compositae）］"。故用"Jaumea Pers.（1807）"替代之。同理，"Kleinia Crantz，Inst. 2：488. 1766"和"Kleinia N. J. Jacquin，Enum. Pl. Carib. 8，28. Aug-Sep 1760"亦是非法名称。【分布】玻利维亚，美国（加利福尼亚），墨西哥，南美洲，热带和非洲南部。【模式】Jaumea linearis Persoon，Nom. illegit.［Kleinia linearifolia A. L. Jussieu；Jaumea linearifolia（A. L. Jussieu）A. P. de Candolle］。【参考异名】Chaethymenia Hook. et Arn.（1841）；Coenogyna Post et Kuntze（1903）；Coinogyne Less.（1831）；Espejoa DC.（1836）；Jaumeopsis Hieron（1900）；Kleinia Jacq.（1760）Nom. illegit.；Kleinia Juss.（1803）Nom. illegit. ■●☆

26802　Jaumeopsis Hieron（1900）＝Jaumea Pers.（1807）［菊科 Asteraceae（Compositae）］■●☆

26803　Jaundea Gilg（1894）＝Rourea Aubl.（1775）（保留属名）［牛栓藤科 Connaraceae］●

26804　Javieria Archila，Chiron et Szlach.（2013）【汉】杰维兰属。【隶属】兰科 Orchidaceae。【包含】世界 6 种。【学名诠释与讨论】〈阴〉词源不详。【分布】美国，中美洲。【模式】Javieria nodosa（L.）Archila，Chiron et Szlach.［Epidendrum nodosum L.］。☆

26805　Javorkaea Borhidi et Jarai-Koml.（1984）【汉】亚沃茜属。【隶属】茜草科 Rubiaceae。【包含】世界 1 种。【学名诠释与讨论】〈阴〉（人）Sandor（Alexander）Javorka，1883-1961，匈牙利植物学者。此属的学名是"Javorkaea A. Borhidi et M. Járai-Komlódi，Acta Bot. Hung. 29：16. 13 Feb 1984（'1983'）"。亦有文献把其处理为"Rondeletia L.（1753）"的异名。【分布】洪都拉斯，中美洲。【模式】Javorkaea hondurensis（J. Donnell-Smith）A. Borhidi et M. Járai-Komlódi［Rondeletia hondurensis J. Donnell-Smith］。【参考异名】Rondeletia L.（1753）●☆

26806　Jeanneretia Gaudich.（1841）＝Pandanus Parkinson（1773）［露兜树科 Pandanaceae］●■

26807　Jebine Post et Kuntze（1903）＝Iebine Raf.（1838）；～＝Leptorkis Thouars（1809）（废弃属名）；～＝Liparis Rich.（1817）（保留属名）［兰科 Orchidaceae］■

26808　Jedda J. R. Clarkson（1986）【汉】对叶瑞香属。【隶属】瑞香科 Thymelaeaceae。【包含】世界 1 种。【学名诠释与讨论】〈阴〉（地）Jedda，位于沙特阿拉伯。【分布】澳大利亚。【模式】Jedda multicaulis J. R. Clarkson。●☆

26809　Jefea Strother（1991）【汉】小叶苞菊属。【隶属】菊科 Asteraceae（Compositae）。【包含】世界 5 种。【学名诠释与讨论】〈阴〉（西班牙）jefe，首领。纪念 Billie Lee Turner，1925-?，美国得克萨斯州人，植物学者。【分布】美国，墨西哥，危地马拉，中美洲。【模式】Jefea lantanifolia（J. C. Schauer）J. L. Strother［Lipochaeta lantanifolia J. C. Schauer］。■☆

26810　Jeffersonia Barton（1793）【汉】二叶鲜黄连属（鲜黄连属）。【日】タツタソウ属。【俄】Джефферсония。【英】Jeffersonie，Twinleaf，Twin-leaf。隶属小檗科 Berberidaceae。【包含】世界 2 种。【学名诠释与讨论】〈阴〉（人）Thomas Jefferson，1743-1828，美国第三任总统。【分布】东亚，北美洲。【模式】Jeffersonia binata Barton，Nom. illegit.［Podophyllum diphyllum Linnaeus；Jeffersonia diphylla（Linnaeus）Persoon］。【参考异名】Gelsemium Juss.（1789）；Plagiorhegma Maxim.（1859）■☆

26811　Jeffersonia Brickell（1800）Nom. illegit. ＝Gelsemium Juss.（1789）［马钱科（断肠草科，马钱子科）Loganiaceae//胡蔓藤科（钩吻科）Gelsemiaceae］●

26812　Jeffreya Cabrera（1978）Nom. illegit. ≡Neojeffreya Cabrera（1978）；～＝Jeffreya Wild（1974）［菊科 Asteraceae（Compositae）］■☆

26813　Jeffreya Wild（1974）【汉】湿生菀属。【隶属】菊科 Asteraceae

（Compositae）。【包含】世界 1 种。【学名诠释与讨论】〈阴〉（人）Charles Jeffrey，1934-，植物学者。【分布】热带非洲东部和南部。【模式】Jeffreya palustris（O. Hoffman）H. Wild［Brachycome palustris O. Hoffman］。【参考异名】Jeffreya Cabrera（1978）Nom. illegit.；Neojeffreya Cabrera（1978）■☆

26814 Jeffreycia H. Rob.，S. C. Keeley et Skvarla（2014）【汉】杰夫菊属。【隶属】菊科 Asteraceae（Compositae）。【包含】世界 5 种。【学名诠释与讨论】〈阴〉词源不详。【分布】热带非洲。【模式】Jeffreycia zanzibarensis（Less.）H. Rob.，S. C. Keeley et Skvarla［Vernonia zanzibarensis Less.］。☆

26815 Jehlia Rose（1909）Nom. illegit. = Lopezia Cav.（1791）［柳叶菜科 Onagraceae］■☆

26816 Jeilium Hort. ex Regel（1869）= Telanthera R. Br.（1818）［苋科 Amaranthaceae］■

26817 Jejewoodia Szlach.（1995）= Ceratochilus Blume（1825）［兰科 Orchidaceae］■☆

26818 Jejosephia A. N. Rao et Mani（1986）【汉】杰兰属。【隶属】兰科 Orchidaceae。【包含】世界 1 种。【学名诠释与讨论】〈阴〉（人）Jejoseph。【分布】印度。【模式】Jejosephia pusilla（J. Joseph et H. Deka）A. Nageswara Rao et K. J. Mani［Trias pusilla J. Joseph et H. Deka］。■☆

26819 Jenkinsia Griff.（1843）= Miquelia Meisn.（1838）（保留属名）［茶茱萸科 Icacinaceae］●☆

26820 Jenkinsia Wall. ex Voigt（1845）Nom. illegit. = Myriopteron Griff.（1843）［萝藦科 Asclepiadaceae//杠柳科 Periplocaceae］●

26821 Jenkinsonia Sweet（1821）= Pelargonium L' Hér. ex Aiton（1789）［牻牛儿苗科 Geraniaceae］●■

26822 Jenmania Rolfe（1898）Nom. illegit. ≡ Rolfea Zahlbr.（1898）；~ = Palmorchis Barb. Rodr.（1877）［兰科 Orchidaceae］■☆

26823 Jenmaniella Engl.（1927）【汉】詹曼苔草属。【隶属】髯管花科 Geniostomaceae。【包含】世界 7 种。【学名诠释与讨论】〈阴〉（人）George Samuel Jenman，1845-1902，英国植物学者+-ellus，-ella，-ellum，加在名词词干后面形成指小式的词尾。或加在人名、属名等后面以组成新属的名称。【分布】巴西，几内亚。【模式】未指定。■☆

26824 Jennyella Lückel et Fessel（1999）【汉】詹尼兰属。【隶属】兰科 Orchidaceae。【包含】世界 7 种。【学名诠释与讨论】〈阴〉（人）Jenny+-ellus，-ella，-ellum，加在名词词干后面形成指小式的词尾。或加在人名、属名等后面以组成新属的名称。此属的学名是“Jennyella Lückel et Fessel，Caesiana 13：3. 1999”。亦有文献把其处理为“Houlletia Brongn.（1841）”的异名。【分布】秘鲁，哥伦比亚。【模式】不详。【参考异名】Houlletia Brongn.（1841）■☆

26825 Jensenobotrya A. G. J. Herre（1951）【汉】鼠耳玉属。【日】イェンゼノボトリア属。【隶属】番杏科 Aizoaceae。【包含】世界 1 种。【学名诠释与讨论】〈阴〉（人）Emil Jensen，纳米比亚一农场主+botrys，葡萄串，总状花序，簇生。【分布】非洲西南部。【模式】Jensenobotrya lossowiana Herre。●☆

26826 Jensia B. G. Baldwin（1999）【汉】星紫菊属。【隶属】菊科 Asteraceae（Compositae）。【包含】世界 2 种。【学名诠释与讨论】〈阴〉（人）Jens Christian Clausen，1891-1969，美国加利福尼亚州植物学者。【分布】美国（加利福尼亚）。【模式】Jensia yosemitana（C. C. Parry ex A. Gray）B. G. Baldwin［Madia yosemitana C. C. Parry ex A. Gray］。■☆

26827 Jensoa Raf.（1838）= Cymbidium Sw.（1799）［兰科 Orchidaceae］■

26828 Jepsonia Small（1896）【汉】杰普森虎耳草属。【隶属】虎耳草科 Saxifragaceae。【包含】世界 1-3 种。【学名诠释与讨论】〈阴〉（人），Willis Linn Jepson，1867-1946，美国加利福尼亚植物学者。【分布】美国（加利福尼亚）南部。【后选模式】Jepsonia parryi（Torrey）J. K. Small［Saxifraga parryi Torrey］。■☆

26829 Jepsonisedum M. Král = Sedum L.（1753）［景天科 Crassulaceae］●■

26830 Jerdonia Wight（1848）【汉】哲东苣苔属。【英】Jerdonia。【隶属】苦苣苔科 Gesneriaceae。【包含】世界 1 种。【学名诠释与讨论】〈阴〉（人）Willis Linn Jepson，1867-1946，美国加利福尼亚州植物学者。【分布】印度南部。【模式】Jerdonia indica R. Wight。■☆

26831 Jeronia Pritz.（1855）= Feronia Corrêa（1800）［芸香科 Rutaceae］●

26832 Jessea H. Rob. et Cuatrec.（1994）【汉】髓菊木属。【隶属】菊科 Asteraceae（Compositae）。【包含】世界 4 种。【学名诠释与讨论】〈阴〉（人）Jesse。【分布】巴拿马，哥斯达黎加，南美洲，中美洲。【模式】Jessea multivenia（Bentham ex Oersted）H. Robinson et J. Cuatrecasas［Senecio multivenius Bentham ex Oersted］。●☆

26833 Jessenia F. Muell. ex Sond.（1853）Nom. inval. = Helipterum DC. ex Lindl.（1836）Nom. confus.［菊科 Asteraceae（Compositae）］■☆

26834 Jessenia H. Karst.（1857）【汉】耶森棕属（阶新桐属，杰森椰属，杰森椰子属，杰森棕属，森椰属，油果椰属）。【日】サケミヤシモドキ属。【隶属】棕榈科 Arecaceae（Palmae）。【包含】世界 1 种。【学名诠释与讨论】〈阴〉（人）Karl Friedrich Wilhelm Jessen，1821-1889，德国植物学者。此属的学名，ING 和 IK 记载是“Jessenia G. K. W. H. Karsten，Linnaea 28：387. Jun 1857”。APNI 记载了“Jessenia F. Muell. ex Sond.，Linnaea 25 1853”；它虽然面世早，但是一个未合格发表的名称（Nom. inval.）。亦有文献把“Jessenia H. Karst.（1857）”处理为“Oenocarpus Mart.（1823）”的异名。【分布】巴拿马，秘鲁，玻利维亚，特立尼达和多巴哥（特立尼达岛），热带南美洲。【模式】Jessenia polycarpa G. K. W. H. Karsten。【参考异名】Jessiana H. Wendl.（1878）Nom. inval.；Oenocarpus Mart.（1823）●☆

26835 Jessiana H. Wendl.（1878）= Jessenia H. Karst.（1857）［棕榈科 Arecaceae（Palmae）］●☆

26836 Jezabel Banks ex Salisb.（1866）= Freycinetia Gaudich.（1824）［露兜树科 Pandanaceae］●

26837 Jimensia Raf.（1838）（废弃属名）= Bletilla Rchb. f.（1853）（保留属名）［兰科 Orchidaceae］●■

26838 Jinus Raf. = Viburnum L.（1753）［忍冬科 Caprifoliaceae//荚蒾科 Viburnaceae］●●

26839 Jiraseckia Dumort.（1827）= Jirasekia F. W. Schmidt（1793）［报春花科 Primulaceae］■

26840 Jirasekia F. W. Schmidt（1793）= Anagallis L.（1753）［报春花科 Primulaceae］■

26841 Jirawongsea Picheans.（2008）【汉】东南亚姜属。【隶属】姜科（蘘荷科）Zingiberaceae。【包含】世界 3 种。【学名诠释与讨论】〈阴〉词源不详。此属的学名是“Jirawongsea Picheans.，Folia Malaysiana 9：2. 2008”。亦有文献把其处理为“Caulokaempferia K. Larsen（1964）”的异名。【分布】老挝，泰国。【模式】Jirawongsea laotica（Picheans. et Mokkamul）Picheans.［Caulokaempferia laotica Picheans. et Mokkamul］。【参考异名】Caulokaempferia K. Larsen（1964）■☆

26842 Joachima Ten.（1811）Nom. illegit. ≡ Beckmannia Host（1805）［禾本科 Poaceae（Gramineae）］■☆

26843 Joachimea Benth. et Hook. f.（1883）Nom. illegit. = Joachimia Ten. ex Roem. et Schult.（1817）；~ = Beckmannia Host（1805）［禾本科 Poaceae（Gramineae）］■

26844　Joachimia Ten. ex Roem. et Schult. (1817) = Beckmannia Host (1805) [禾本科 Poaceae(Gramineae)]■

26845　Joannea Spreng. (1818) = Chuquiraga Juss. (1789); ~ = Johannia Willd. (1803) Nom. illegit.; ~ [Chuquiraga Juss. (1789) [菊科 Asteraceae(Compositae)]●☆

26846　Joannegria Chiov. (1913) = Lintonia Stapf (1911) [禾本科 Poaceae(Gramineae)]■☆

26847　Joannesia Pers. (1807) Nom. illegit. = Chuquiraga Juss. (1789); ~ = Johannia Willd. (1803) Nom. illegit.; ~ = Chuquiraga Juss. (1789) [菊科 Asteraceae(Compositae)]●☆

26848　Joannesia Vell. (1798)【汉】乔安木属(油大戟属)。【隶属】大戟科 Euphorbiaceae。【包含】世界 2-3 种。【学名诠释与讨论】〈阴〉(人)葡萄牙 Joao (Lat. Ioannes)四世,1769-1826. 此属的学名,ING 和 IK 记载是"Joannesia Vellozo, Alogr. Alkalis 199. 1798"。菊科的"oannesia Pers., Syn. Pl. [Persoon] 2(2):383. 1807 [Sept 1807]"是晚出的非法名称。【分布】巴西(北部),委内瑞拉,中美洲。【模式】Joannesia principe Vellozo。【参考异名】Anda A. Juss. (1804) Nom. illegit.; Andicus Vell. (1829) Nom. illegit.; Johannesia Endl. (1840)●☆

26849　Jobalboa Chiov. (1935) = Apodytes E. Mey. ex Arn. (1841) [茶茱萸科 Icacinaceae]●

26850　Jobaphes Phil. (1860) = Plazia Ruiz et Pav. (1794) [菊科 Asteraceae(Compositae)]●☆

26851　Jobinia E. Fourn. (1885)【汉】乔宾萝藦属。【隶属】萝藦科 Asclepiadaceae。【包含】世界 3-4 种。【学名诠释与讨论】〈阴〉(人)Jobin。【分布】玻利维亚,厄瓜多尔,尼加拉瓜,热带南美洲,中美洲。【模式】Jobinia hernandiifolia (Decaisne) E. P. N. Fournier [as 'hernandifolia'] [Metastelma hernandifolium Decaisne]。■☆

26852　Jocaste Kunth(1850) Nom. illegit. = Smilacina Desf. (1807)(保留属名) [百合科 Liliaceae//铃兰科 Convallariaceae]■

26853　Jocaste Meisn. (1839) = Iocaste E. Mey. ex DC. (1838) Nom. inval.; ~ = Phymaspermum Less. (1832) [菊科 Asteraceae(Compositae)]●☆

26854　Jocayena Raf. (1820) Nom. illegit. = Tocoyena Aubl. (1775) [茜草科 Rubiaceae]●☆

26855　Jodanthus (Torr. et A. Gray) Rchb. (1841) Nom. illegit. ≡ Iodanthus (Torr. et A. Gray) Steud. (1840) [as 'Jodanthus'] [十字花科 Brassicaceae(Cruciferae)]■☆

26856　Jodanthus(Torr. et A. Gray) Steud. (1840) Nom. illegit. [十字花科 Brassicaceae(Cruciferae)]■☆

26857　Jodanthus Rchb. (1841) Nom. illegit. ≡ Jodanthus (Torr. et A. Gray) Rchb. (1841); ~ ≡ Iodanthus (Torr. et A. Gray) Steud. (1840) [as 'Jodanthus'] [十字花科 Brassicaceae(Cruciferae)]■☆

26858　Jodina Hook. et Arn. ex Meisn. (1837) Nom. illegit. ≡ Iodina Hook. et Arn. ex Meisn. (1833) [檀香科 Santalaceae]●☆

26859　Jodina Meisn. (1837) Nom. illegit. ≡ Jodina Hook. et Arn. ex Meisn. (1837) Nom. illegit.; ~ ≡ Iodina Hook. et Arn. ex Meisn. (1833) [檀香科 Santalacea]●☆

26860　Jodrellia Baijnath(1978)【汉】白阿福花属。【隶属】阿福花科 AsphodelaceaeAsphodelaceae。【包含】世界 3 种。【学名诠释与讨论】〈阴〉(人)Thomas Jodrell Phillips-Jodrell。【分布】热带非洲从埃塞俄比亚至津巴布韦。【模式】Jodrellia macrocarpa H. Baijnath。■☆

26861　Johanneshowellia Reveal (2004)【汉】豪氏荞麦属。【英】Howell's-buckwheat。【隶属】蓼科 Polygonaceae//野荞麦木科

Eriogonaceae。【包含】世界 2 种。【学名诠释与讨论】〈阴〉(人) John Thomas Howell, 1903-1994, 美国加利福尼亚州植物学者。此属的学名"Johanneshowellia Reveal, Brittonia 56(4):299. 2004 [9 Nov 2004]"是"Eriogonum [infragen. unranked] Puberula Rydb. Fl. Rocky Mts. 212. 1917"的替代名称。亦有文献把"Johanneshowellia Reveal (2004)"处理为"Eriogonum Michx. (1803)"的异名。【分布】北美洲。【模式】不详。【参考异名】Eriogonum Michx. (1803); Eriogonum [infragen. unranked] Puberula Rydb. (1917); Puberula Rydb.■☆

26862　Johannesia Endl. (1840) = Joannesia Vell. (1798) [大戟科 Euphorbiaceae]●☆

26863　Johannesteijsmannia H. E. Moore(1961)【汉】菱叶棕属(帝蒲葵属,菱叶棕属,马来椰属,泰氏棕属,约翰棕属)。【日】ヒトツバクマデヤシ属。【隶属】棕榈科 Arecaceae(Palmae)。【包含】世界 4 种。【学名诠释与讨论】〈阴〉(人)Johannes Elias Teijsmann, 1809-1882,荷兰植物学者。有时亦写作 Teysmann。此属的学名"Johannesteijsmannia H. E. Moore, Principes 5:116. 30 Sep 1961"是一个替代名称。"Teysmannia Rchb. et Zollinger in Zollinger, Linnaea 28:657. Feb 1858('1856')('Teyssmania')"是一个非法名称(Nom. illegit.),因为此前已经有了"Teysmannia F. A. W. Miquel, Fl. Ind. Bat. 2:455. 20 Aug 1857 = Pottsia Hook. et Arn. (1837) [夹竹桃科 Apocynaceae]"。故用"Johannesteijsmannia H. E. Moore (1961)"替代之。"Teysmannia Miq. (1859) Nom. illegit. = Johannesteijsmannia H. E. Moore (1961) = Teysmannia Rchb. f. et Zoll. (1858) Nom. illegit. [棕榈科 Arecaceae (Palmae)]"则是晚出的非法名称。【分布】印度尼西亚(苏门答腊岛)。【模式】Johannesteijsmannia altifrons (H. G. L. Reichenbach et Zollinger) H. E. Moore [Teysmania altifrons H. G. L. Reichenbach et Zollinger]。【参考异名】Teysmannia Miq. (1859) Nom. illegit.; Teysmannia Rchb. et Zoll. (1858) Nom. illegit.; Teysmannia Rchb. f. et Zoll. (1858) Nom. illegit.; Teyssmania Rchb. f. et Zoll. (1858) Nom. illegit.●☆

26864　Johannia Willd. (1803) Nom. illegit. ≡ Chuquiraga Juss. (1789) [菊科 Asteraceae(Compositae)]●☆

26865　Johnia Roxb. (1814) Nom. inval. ≡ Johnia Roxb. (1820) Nom. illegit.; ~ = Salacia L. (1771)(保留属名) [卫矛科 Celastraceae//翅子藤科 Hippocrateaceae//五层龙科 Salaciaceae]●

26866　Johnia Roxb. (1820) Nom. illegit. = Salacia L. (1771)(保留属名) [卫矛科 Celastraceae//翅子藤科 Hippocrateaceae//五层龙科 Salaciaceae]●

26867　Johnia Wight et Arn. (1834) Nom. illegit. ≡ Neonotonia J. A. Lackey (1977); ~ = Glycine Willd. (1802)(保留属名) [豆科 Fabaceae(Leguminosae)//蝶形花科 Papilionaceae]■

26868　Johnsonia Adans. (1763) Nom. illegit. (废弃属名) ≡ Cedrela P. Browne(1756) [楝科 Meliaceae]●

26869　Johnsonia Mill. (1754)(废弃属名) = Callicarpa L. (1753) [马鞭草科 Verbenaceae//牡荆科 Viticaceae]●

26870　Johnsonia Neck. (废弃属名) = Lycium L. (1753) [茄科 Solanaceae]●

26871　Johnsonia R. Br. (1810)(保留属名)【汉】苞花草属。【隶属】吊兰科(猴面包科,猴面包树科) Anthericaceae//百合科 Liliaceae//苞花草科(红箭花科) Johnsoniaceae。【包含】世界 5 种。【学名诠释与讨论】〈阴〉(人)Thomas Johnson, 约 1595/1604-1644,英国医生,药剂师,植物采集家,植物学者。此属的学名"Johnsonia R. Br., Prodr.:287. 27 Mar 1810"是保留属名。相应的废弃属名是马鞭草科 Verbenaceae 的"Johnsonia Mill., Gard. Dict. Abr., ed. 4: [693]. 28 Jan 1754 = Callicarpa L.

(1753)"。"Johnsonia T. Dale ex Mill.，Gard. Dict.，ed. 6. App. 75 (1752)"是命名起点著作之前的名称。楝科 Meliaceae 的 "Johnsonia Adans.，Fam. Pl.（Adanson）2：343. 1763 ≡ Cedrela P. Browne（1756）"，茄科 Solanaceae 的"Johnsonia Neck. = Lycium L.（1753）"亦应废弃。化石植物绿藻的"Johnsonia K. B. Korde，Trudy Paleontol. Inst. Akad. Nauk SSSR 108：275. 29 Apr 1965"也要废弃。【分布】澳大利亚（西南部）。【模式】Johnsonia lupulina R. Brown。■☆

26872　Johnsonia T. Dale ex Mill.（1752）Nom. inval. = Johnsonia Mill.（1754）（废弃属名）；~ = Callicarpa L.（1753）［马鞭草科 Verbenaceae//牡荆科 Viticaceae］■☆

26873　Johnsoniaceae Lotsy（1911）［亦见 Asphodelaceae Juss.、Hemerocallidaceae R. Br. 萱草科（黄花菜科）和 Joinvilleaceae Toml.］【汉】苞花草科（红箭花科）。【包含】世界 8 属 38 种。【分布】澳大利亚西南部。【科名模式】Johnsonia R. Br.■☆

26874　Johnstonalia Tortosa（2006）= Johnstonia Tortosa（2005）［鼠李科 Rhamnaceae］●☆

26875　Johnstonella Brand（1925）【汉】小苞花草属。【隶属】紫草科 Boraginaceae。【包含】世界 2 种。【学名诠释与讨论】〈阴〉（人）Ivan Murray Johnston，1898-1960，美国植物学者，哈佛大学植物学教授，紫草科 Boraginaceae 专家+-ellus，-ella，-ellum，加在名词词干后面形成指小式的词尾。或加在人名、属名等后面以组成新属的名称。此属的学名是"Johnstonella A. Brand，Repert. Spec. Nov. Regni Veg. 21：249. 20 Jul 1925"。亦有文献把其处理为"Cryptantha Lehm. ex G. Don（1837）"的异名。【分布】美国（加利福尼亚，南部）。【模式】未指定。【参考异名】Cryptantha Lehm. ex G. Don（1837）■☆

26876　Johnstonia Tortosa（2005）【汉】约翰鼠李属。【隶属】鼠李科 Rhamnaceae。【包含】世界 1 种。【学名诠释与讨论】〈阴〉（人）Marshall Conring Johnston，1930-？，植物学者。【分布】高加索南部，欧洲南部，西亚至阿富汗。【模式】Johnstonia axilliflora（M. C. Johnst.）Tortosa。【参考异名】Johnstonalia Tortosa（2006）●☆

26877　Johoralia C. K. Lim（2015）【汉】马姜属。【隶属】姜科（蘘荷科）Zingiberaceae。【包含】世界 1 种。【学名诠释与讨论】〈阴〉词源不详。【分布】马来西亚。【模式】Johoralia lada C. K. Lim。☆

26878　Johowia Epling et Looser（1937）Nom. illegit. ≡ Cuminia Colla（1835）［唇形科 Lamiaceae（Labiatae）］●☆

26879　Johrenia DC.（1829）【汉】约芹属。【俄】Иорения。【隶属】伞形花科（伞形科）Apiaceae（Umbelliferae）。【包含】世界 15 种。【学名诠释与讨论】〈阴〉（人）Martin Daniel Johren，？-1718，德国植物学者。【分布】亚洲中部和西南部。【模式】Johrenia dichotomum A. P. de Candolle。【参考异名】Dichoropetalum Fenzl（1842）■☆

26880　Johreniopsis Pimenov（1987）【汉】拟约芹属。【隶属】伞形花科（伞形科）Apiaceae（Umbelliferae）。【包含】世界 4 种。【学名诠释与讨论】〈阴〉（属）Johrenia 约芹属+希腊文 opsis，外观，模样，相似。【分布】地中海东部，高加索，亚洲西部和中部。【模式】Johreniopsis seseloides（C. A. Meyer）M. G. Pimenov［Ferula seseloides C. A. Meyer］。■☆

26881　Joinvillea Gaudich.（1861）Nom. illegit. ≡ Joinvillea Gaudich. ex Brongn. et Gris（1861）［拟苇科（假芦苇科，域外草科）Joinvilleaceae］■☆

26882　Joinvillea Gaudich. ex Brongn. et Gris（1861）【汉】拟苇属（假芦苇属，域外草属）。【隶属】拟苇科（假芦苇科，域外草科）Joinvilleaceae。【包含】世界 2 种。【学名诠释与讨论】〈阴〉（人）Franfois Ferdinand Philippe Louis Marie d'Orleans de Joinville，1818-1900。【分布】菲律宾（巴拉旺岛），斐济，马来西亚，美国（夏威夷），印度尼西亚（苏门答腊岛），所罗门群岛，法属新喀里多尼亚，萨摩亚群岛，加里曼丹岛，加罗林群岛。【后选模式】Joinvillea elegans Gaudichaud-Beaupré ex A. T. Brongniart et Gris，Nom. illegit.［Flagellaria plicata J. D. Hooker，Joinvillea plicata（J. D. Hooker）Newell et B. Stone］。【参考异名】Joinvillea Gaudich.（1861）Nom. illegit.■☆

26883　Joinvilleaceae A. C. Sm. et Toml.（1970）【汉】拟苇科（假芦苇科，域外草科）。【包含】世界 1 属 2 种。【分布】印度尼西亚（苏门答腊岛），马来西亚，菲律宾（巴拉旺岛），所罗门群岛，法属新喀里多尼亚，斐济，萨摩亚群岛，美国（夏威夷），加罗林群岛，加里曼丹岛。【科名模式】Joinvillea Gaudich. ex Brongn. et Gris（1861）■☆

26884　Joinvilleaceae Tolm. et A. C. Sm. = Joinvilleaceae A. C. Sm. et Toml.■☆

26885　Joinvilleaceae Toml.（1970）= Joinvilleaceae A. C. Sm. et Toml.■☆

26886　Joira Steud.（1841）= Ivira Aubl.（1775）；~ = Sterculia L.（1753）［梧桐科 Sterculiaceae//锦葵科 Malvaceae］●

26887　Joliffia Bojer ex Delile（1827）= Telfairia Hook.（1827）［葫芦科（瓜科，南瓜科）Cucurbitaceae］■☆

26888　Jollya Pierre ex Baill.（1891）= Achradotypus Baill.（1890）；~ = Pycnandra Benth.（1876）［山榄科 Sapotaceae］●☆

26889　Jollya Pierre，Nom. illegit. ≡ Jollya Pierre ex Baill.（1891）；~ = Achradotypus Baill.（1890）；~ = Pycnandra Benth.（1876）［山榄科 Sapotaceae］●☆

26890　Jollydora Pierre ex Gilg（1896）【汉】光瓣牛栓藤属。【隶属】牛栓藤科 Connaraceae。【包含】世界 3 种。【学名诠释与讨论】〈阴〉（人）A. Jolly，法国植物（包括苔藓）采集家+doros，革制的袋、囊。【分布】热带非洲西部。【模式】Jollydora duparquetiana（Baillon）Pierre ex Gilg［Connarus duparquetianus Baillon］。【参考异名】Anthagathis Harms（1897）；Ebandoua Pellegr.（1956）●☆

26891　Joncquetia Schreb.（1789）Nom. illegit. ≡ Tapirira Aubl.（1775）；~ = Tapiria Juss.（1789）［漆树科 Anacardiaceae］●☆

26892　Jondraba Medik.（1792）= Biscutella L.（1753）（保留属名）［十字花科 Brassicaceae（Cruciferae）］■☆

26893　Jonesia Roxb.（1795）= Saraca L.（1767）［豆科 Fabaceae（Leguminosae）//云实科（苏木科）Caesalpiniaceae］●

26894　Jonesiella Rydb.（1905）= Astragalus L.（1753）［豆科 Fabaceae（Leguminosae）//蝶形花科 Papilionaceae］●■

26895　Jonesiopsis Szlach.（2001）【汉】琼斯兰属。【隶属】兰科 Orchidaceae。【包含】世界 55 种。【学名诠释与讨论】〈阴〉（属）Jonesia = Saraca 无忧花属（无忧树属）+opsis，外观，模样，相似。【分布】澳大利亚。【模式】Jonesiopsis multiclavia（Rchb. f.）Szlach.。☆

26896　Jonghea Lem.（1852）= Billbergia Thunb.（1821）［凤梨科 Bromeliaceae］■

26897　Jonia Steud.（1840）= Hybanthus Jacq.（1760）（保留属名）；~ = Ionidium Vent.（1803）Nom. illegit.；~ = Solea Spreng.（1800）；~ = Hybanthus Jacq.（1760）（保留属名）［堇菜科 Violaceae］●■

26898　Jonidiopsis C. Presl（1845）= Noisettia Kunth（1823）［堇菜科 Violaceae］■☆

26899　Joniris（Spach）Klatt（1872）= Iris L.（1753）［鸢尾科 Iridaceae］■

26900　Joniris Klatt（1872）Nom. illegit. ≡ Joniris（Spach）Klatt（1872）；~ = Iris L.（1753）［鸢尾科 Iridaceae］■

26901　Jonopsidium Rchb.（1829）Nom. illegit. ≡ Ionopsidium Rchb.（1829）［十字花科 Brassicaceae（Cruciferae）］■☆

26902　Jonorchis Beck（1890）Nom. illegit. ≡ Limodorum Boehm.（1760）（保留属名）［兰科 Orchidaceae］■☆

26903　Jonquilla Haw.（1831）＝ Narcissus L.（1753）［石蒜科 Amaryllidaceae//水仙科 Narcissaceae］■

26904　Jonquillia Endl.（1841）Nom. illegit.［石蒜科 Amaryllidaceae］■☆

26905　Jonsonia Garden（1821）＝ Callicarpa L.（1753）；～＝ Johnsonia T. Dale ex Mill.（1752）Nom. inval.；～＝ Johnsonia Mill.（1754）（废弃属名）；～＝ Callicarpa L.（1753）［马鞭草科 Verbenaceae//牡荆科 Viticaceae］●

26906　Jontanea Raf.（1820）＝ Salacia L.（1771）（保留属名）；～＝ Tontelea Aubl.（1775）（废弃属名）；～＝Tontelea Miers（1872）（保留属名）［as 'Tontelia'］［翅子藤科 Hippocrateaceae//卫矛科 Celastraceae//五层龙科 Salaciaceae］●

26907　Jonthlaspi All.（1757）＝ Clypeola L.（1753）；～＝ Ionthlaspi Gerard（1761）Nom. illegit.；～＝ Clypeola L.（1753）［十字花科 Brassicaceae（Cruciferae）］■☆

26908　Jonthlaspi DC.（1821）Nom. illegit.［十字花科 Brassicaceae（Cruciferae）］☆

26909　Jonthlaspi Gerard（1761）Nom. illegit. ≡ Clypeola L.（1753）［十字花科 Brassicaceae（Cruciferae）］■☆

26910　Joosia H. Karst.（1859）【汉】朱斯茜属。【隶属】茜草科 Rubiaceae。【包含】世界 7 种。【学名诠释与讨论】〈阴〉（人）Joos。【分布】巴拿马，秘鲁，玻利维亚，厄瓜多尔，哥伦比亚（安蒂奥基亚），安第斯山，中美洲。【模式】未指定。●☆

26911　Jordaaniella H. E. K. Hartm.（1983）【汉】龙须玉属。【隶属】番杏科 Aizoaceae。【包含】世界 4 种。【学名诠释与讨论】〈阴〉（人）Pieter Gerhardus Jordaan，1913-，植物学教授，山龙眼科 Proteaceae 专家+-ellus，-ella，-ellum，加在名词词干后面形成指小式的词尾。或加在人名、属名等后面以组成新属的名称。【分布】纳米比亚，南非西部海岸。【模式】Jordaaniella clavifolia（H. M. L. Bolus）H. E. K. Hartmann［Mesembryanthemum clavifolium H. M. L. Bolus］。■☆

26912　Jordania Boiss.（1849）＝ Gypsophila L.（1753）［石竹科 Caryophyllaceae］■●

26913　Joseanthus H. Rob.（1989）【汉】全裂落苞菊属。【隶属】菊科 Asteraceae（Compositae）//斑鸠菊科（绿菊科）Vernoniaceae。【包含】世界 5 种。【学名诠释与讨论】〈阳〉（人）Jose+anthos，花。此属的学名是"Joseanthus H. Rob.，Revista de la Academia Colombiana de Ciencias Exactas, Físicas y Naturales 17（65）：210. 1989"。亦有文献把其处理为"Vernonia Schreb.（1791）（保留属名）"的异名。【分布】厄瓜多尔，热带南美洲。【模式】Joseanthus cuatrecasasii H. Rob.。【参考异名】Vernonia Schreb.（1791）（保留属名）●■☆

26914　Josepha Benth. et Hook. f.（1883）＝ Josephia Wight（1851）Nom. illegit.（废弃属名）；～＝ Sirhookera Kuntze（1891）［兰科 Orchidaceae］■☆

26915　Josepha Vell.（1829）＝ Bougainvillea Comm. ex Juss.（1789）［as 'Buginvillaea'］（保留属名）［紫茉莉科 Nyctaginaceae//叶子花科 Bougainvilleaceae］●

26916　Josephia R. Br. ex Knight（1809）（废弃属名）＝ Dryandra R. Br.（1810）（保留属名）［山龙眼科 Proteaceae］●☆

26917　Josephia Salisb.（1809）（废弃属名）＝ Dryandra R. Br.（1810）（保留属名）［山龙眼科 Proteaceae］●☆

26918　Josephia Steud.（1840）Nom. illegit.（废弃属名）＝ Bougainvillea Comm. ex Juss.（1789）［as 'Buginvillaea'］（保留属名）；～＝ Josepha Vell.（1829）［紫茉莉科 Nyctaginaceae//叶子花科 Bougainvilleaceae］●

26919　Josephia Wight（1851）Nom. illegit.（废弃属名）≡ Sirhookera Kuntze（1891）［兰科 Orchidaceae］■☆

26920　Josephina Pers.（1806）＝ Josephinia Vent.（1804）［胡麻科 Pedaliaceae］●■☆

26921　Josephinia Vent.（1804）【汉】约瑟芬胡麻属。【隶属】胡麻科 Pedaliaceae。【包含】世界 3-4 种。【学名诠释与讨论】〈阴〉（人）Marie-Josephine（or Josephe）-Rose Tascher de La Pagerie，1763-1814。【分布】澳大利亚，马来西亚（东部），印度尼西亚（爪哇岛），热带非洲。【模式】Josephinia imperatricis Ventenat。【参考异名】Josephina Pers.（1806）；Pretreothamnus Engl.（1905）●■☆

26922　Jossinia Comm. ex DC.（1828）＝ Eugeissona Griff.（1844）［棕榈科 Arecaceae（Palmae）］●

26923　Jostia Luer（2000）【汉】约斯特兰属。【隶属】兰科 Orchidaceae。【包含】世界 1 种。【学名诠释与讨论】〈阴〉（人）Jost。此属的学名是"Jostia Luer，Monographs in Systematic Botany from the Missouri Botanical Garden 79：2-3. 2000"。亦有文献把其处理为"Masdevallia Ruiz et Pav.（1794）"的异名。【分布】厄瓜多尔。【模式】Jostia teaguei（Luer）Luer。【参考异名】Masdevallia Ruiz et Pav.（1794）■☆

26924　Jouvea E. Fourn.（1876）【汉】尾盾草属。【隶属】禾本科 Poaceae（Gramineae）。【包含】世界 2 种，中国 2 种。【学名诠释与讨论】〈阴〉（人）Jouve。【分布】墨西哥，中美洲。【模式】Jouvea staminea E. P. N. Fournier。【参考异名】Rhachidospermum Vasey（1890）■☆

26925　Jouyella Szlach.（2002）【汉】智利兰属。【隶属】兰科 Orchidaceae。【包含】世界 4 种。【学名诠释与讨论】〈阴〉词源不详。似来自人名。【分布】智利。【模式】不详。☆

26926　Jovellana Ruiz et Pav.（1798）【汉】二唇花属（角瓦拉木属）。【英】Jovellana。【隶属】玄参科 Scrophulariaceae//荷包花科，蒲包花科 Calceolariaceae。【包含】世界 6-7 种。【学名诠释与讨论】〈阴〉（人）Don Caspar Melchior de Jovellanos（Jove Llanos）y Ramirez，1744-1811，西班牙政治家，经济学家+-anus，-ana，-anum，加在名词词干后面使形成形容词的词尾，含义为"属于"。【分布】新西兰，智利，中美洲。【模式】未指定。■☆

26927　Jovetia M. Guédès（1975）【汉】霍韦茜属。【隶属】茜草科 Rubiaceae。【包含】世界 2 种。【学名诠释与讨论】〈阴〉（人）Paul Albert Jovet，1896-1991，法国植物学者，苔藓学者。【分布】马达加斯加，中国。【后选模式】Jovetia hirta（Linnaeus）F. M. Opiz［Sempervivum hirtum Linnaeus］。☆

26928　Jovibarba（DC.）Opiz（1852）【汉】卷绢属。【隶属】景天科 Crassulaceae//长生草科 Sempervivaceae。【包含】世界 6 种。【学名诠释与讨论】〈阴〉词源不详。此属的学名，ING 记载是"Jovibarba（A. P. de Candolle）F. M. Opiz，Seznam Rostlin Kveteny Ceské 54. Jul-Dec 1852"，由"Sempervivum sect. Jovibarba A. P. de Candolle，Prodr. 3：413. Mar（med.）1828"改级而来。IK 则记载为"Jovibarba Opiz.，Seznam 54（1852）"。二者引用的文献相同。"Diopogon A. Jordan et Fourreau，Brev. Pl. Nov. 2：46. 1868（sero）"是"Jovibarba（DC.）Opiz（1852）"的晚出的同模式异名（Homotypic synonym，Nomenclatural synonym）。亦有文献把"Jovibarba（DC.）Opiz（1852）"处理为"Sempervivum L.（1753）"的异名。【分布】欧洲。【后选模式】Jovibarba hirta（Linnaeus）F. M. Opiz［Sempervivum hirtum Linnaeus］。【参考异名】Diopogon Jord. et Fourr.（1868）Nom. illegit.；Jovibarba Opiz（1852）Nom. illegit.；Sempervivum L.（1753）；Sempervivum sect. Jovibarba DC.（1828）■☆

26929　Jovibarba Opiz（1852）Nom. illegit. ≡ Jovibarba（DC.）Opiz（1852）［景天科 Crassulaceae］■☆

26930　Joxocarpus Pritz.（1855）＝ Toxocarpus Wight et Arn.（1834）［萝藦科 Asclepiadaceae］●

26931 Joxylon Raf., Nom. illegit. =Maclura Nutt. (1818)（保留属名）; ~ =Toxylon Raf. (1819)［桑科 Moraceae］●

26932 Joycea H. P. Linder (1996) = Danthonia DC. (1805)（保留属名）［禾本科 Poaceae(Gramineae)］■

26933 Jozoste Kuntze = Iozoste Nees (1831); ~ = Actinodaphne Nees (1831)+Litsea Lam. (1792)（保留属名）［樟科 Lauraceae］●

26934 Jrillium Raf. (1820) = Trillium L. (1753)［百合科 Liliaceae//延龄草科（重楼科）Trilliaceae］■

26935 Jryaghedi Kuntze (1898) Nom. illegit. ≡ Horsfieldia Willd. (1806)［肉豆蔻科 Myristicaceae］●

26936 Juania Drude. (1878)【汉】胡安椰属（璜棕属，救椰子属，菊安桐属）。【隶属】棕榈科 Arecaceae(Palmae)。【包含】世界 1 种。【学名诠释与讨论】〈阴〉(地) Juan Fernandez Islands, 胡安–费尔南德斯群岛, 位于智利, 模式种产地。【分布】智利（胡安–费尔南德斯群岛）。【模式】Juania australis (C. F. P. Martius) Drude ex J. D. Hooker［Ceroxylon australe C. F. P. Martius］。●☆

26937 Juanulloa Ruiz et Pav. (1794)【汉】棱瓶花属。【日】ユアヌルロア属。【俄】Юануллоа。【英】Juanulloa。【隶属】茄科 Solanaceae。【包含】世界 9-10 种。【学名诠释与讨论】〈阴〉(人) Jorge Juan y Santacilla (1713–1773) 和 Antonio de Ulloa y de la Torre Giral (1716–1795), 西班牙学者和海军军官。此属的学名, ING、TROPICOS 和 IK 记载是"Juanulloa Ruiz et Pav., Prod. Fl. Per. 27. t. 4 (1794)"。"Ulloa Persoon, Syn. Pl. 1: 218. 1 Apr–15 Jun 1805"是"Juanulloa Ruiz et Pav. (1794)"的晚出的同模式异名（Homotypic synonym, Nomenclatural synonym）。【分布】巴拿马, 秘鲁, 玻利维亚, 厄瓜多尔, 哥伦比亚（安蒂奥基亚）, 墨西哥至热带南美洲, 中美洲。【模式】Juanulloa parasitica Ruiz et Pavon。【参考异名】Ectozoma Miers (1849); Hydrocalyx Triana (1858); Laureria Schltdl. (1834); Portaea Ten. (1846); Sarcophysa Miers (1849); Swanalloia Horq ex Walp. (1844–1845); Ulloa Pers. (1805) Nom. illegit. ●☆

26938 Jubaea Kunth (1816)【汉】蜜棕属（密棕属，蜜糖棕属，智利酒椰子属，智利密棕属，智利椰子属，朱北棕属）。【日】チリヤシ属, チリ–ヤシ属。【俄】Пальма слоновая, Юбея。【英】Jubaea, Wine Palm。【隶属】棕榈科 Arecaceae(Palmae)。【包含】世界 1 种。【学名诠释与讨论】〈阴〉(人) Juba, 北非古国 Numidia 的国王。【分布】玻利维亚, 厄瓜多尔, 智利。【模式】Jubaea spectabilis Kunth。【参考异名】Micrococos Phil. (1859); Molinaea Bertero (1829) Nom. inval. ●☆

26939 Jubaeopsis Becc. (1913)【汉】拟蜜棕属。【日】アフリカチリヤシ属, アフリカチリ–ヤシ属。【隶属】棕榈科 Arecaceae (Palmae)。【包含】世界 1 种。【学名诠释与讨论】〈阳〉(属) Jubaea 蜜棕属+希腊文 opsis, 外观, 模样, 相似。【分布】非洲南部。【模式】Jubaeopsis caffra Beccari。●☆

26940 Jubelina A. Juss. (1838)【汉】朱布金尾属。【隶属】金虎尾科（黄褥花科）Malpighiaceae。【包含】世界 5 种。【学名诠释与讨论】〈阴〉(人) Jube+linea, linum, 线, 绳, 亚麻, (希) linon 网, 亚麻古名。此属的学名是"Jubelina A. H. L. Jussieu in Delessert, Icon. Select. Pl. 3: 19. Feb 1838 ('1837')"。亦有文献把其处理为"Diplopterys A. Juss. (1838)"的异名。【分布】安哥拉, 巴拿马, 秘鲁, 厄瓜多尔, 哥斯达黎加, 尼加拉瓜, 中美洲。【模式】Jubelina riparia A. H. L. Jussieu。【参考异名】Diplopterys A. Juss. (1838); Sprucina Nied. (1908)●☆

26941 Jubelinia Endl. (1850) Nom. illegit. ［金虎尾科（黄褥花科）Malpighiaceae］☆

26942 Jubilaria Mez (1920) = Loheria Merr. (1910)［紫金牛科 Myrsinaceae］●☆

26943 Jubistylis Rusby (1927) = Banisteriopsis C. B. Rob. (1910)［金虎尾科（黄褥花科）Malpighiaceae］●☆

26944 Jububa Bubani (1897) Nom. illegit. ≡ Ziziphus Mill. (1754)［鼠李科 Rhamnaceae//枣科 Ziziphaceae］●

26945 Juchia M. Roem. (1846) = Solena Lour. (1790)［葫芦科（瓜科, 南瓜科）Cucurbitaceae］■

26946 Juchia Neck. = Lobelia L. (1753)［桔梗科 Campanulaceae//山梗菜科（半边莲科）Nelumbonaceae］●■

26947 Jucunda Cham. (1835) = Miconia Ruiz et Pav. (1794)（保留属名）［野牡丹科 Melastomataceae//米氏野牡丹科 Miconiaceae］●☆

26948 Juelia Aspl. (1928)【汉】尤利亚菰属。【隶属】蛇菰科（土鸟麟科）Balanophoraceae。【包含】世界 3 种。【学名诠释与讨论】〈阴〉(人) Hans Oscar Juel, 1863–1931, 瑞典植物学者。此属的学名是"Juelia Asplund, Svensk Bot. Tidskr. 22: 273. 16 Jun 1928"。亦有文献把其处理为"Ombrophytum Poepp. ex Endl. (1836)"的异名。【分布】阿根廷, 玻利维亚。【模式】Juelia subterranea Asplund。【参考异名】Ombrophytum Poepp. ex Endl. (1836)■☆

26949 Juergensenia Schltdl. (1848) = Jurgensenia Turcz. (1847)［杜鹃花科（欧石南科）Ericaceae］●☆

26950 Juergensia Spreng. (1826) Nom. illegit. ≡ Medusa Lour. (1790); ~ = Rinorea Aubl. (1775)（保留属名）［堇菜科 Violaceae］●

26951 Juga Griaeb. (1864) = Inga Mill. (1754)［豆科 Fabaceae (Leguminosae)//含羞草科 Mimosaceae］●■☆

26952 Jugastrum Miers (1874) = Eschweilera Mart. ex DC. (1828)［玉蕊科（巴西果科）Lecythidaceae］●☆

26953 Juglandaceae A. Rich. ex Kunth = Juglandaceae DC. ex Perleb（保留科名）●

26954 Juglandaceae DC. ex Perleb (1818)（保留科名）【汉】胡桃科。【日】クルミ科。【俄】Ореховые。【英】Walnut Family。【包含】世界 7-9 属 60-70 种, 中国 7 属 20-31 种。【分布】北温带和亚热带, 南至印度, 中南半岛, 南美洲。【科名模式】Juglans L. (1753)●

26955 Juglandicarya Reid et Chandler (1933) Nom. illegit. ≡ Rhamphocarya Kuang (1941)［胡桃科 Juglandaceae］●

26956 Juglans L. (1753)【汉】胡桃属（核桃属）。【日】クルミ属。【俄】Opex。【英】Black Walnut, Walnut。【隶属】胡桃科 Juglandaceae。【包含】世界 20-21 种, 中国 3-5 种。【学名诠释与讨论】〈阴〉(拉) juglans, 所有格 juglandis, 为核桃的古名, 来自拉丁文 Jovis, 古罗马主神 Jove+glans, 坚果或橡实, 意即古罗马主神的坚果。指果为美味之珍品。此属的学名, ING、TROPICOS、GCI 和 IK 记载是"Juglans L., Sp. Pl. 2: 997. 1753 [1 May 1753]"。"Nux Duhamel du Monceau, Traité Arbres Arbust. 2: 49. 1755"是"Juglans L. (1753)"的晚出的同模式异名（Homotypic synonym, Nomenclatural synonym）; "Nux Tourn. ex Adans., Fam. Pl. (Adanson) 2: 497. 1763"则是"Nux Duhamel (1755) Nom. illegit."的晚出的非法名称。【分布】巴基斯坦, 秘鲁, 玻利维亚, 俄罗斯（远东）, 厄瓜多尔, 哥伦比亚（安蒂奥基亚）, 美国（密苏里）, 尼加拉瓜, 日本, 土耳其, 伊朗, 中国, 喜马拉雅山, 高加索, 安第斯山至阿根廷（北部）, 欧洲东南部, 亚洲中部, 中美洲。【后选模式】Juglans regia Linnaeus。【参考异名】Nux Duhamel (1755) Nom. illegit.; Nux Tourn. ex Adans. (1763) Nom. illegit.; Regia Loudon ex DC. (1864); Wallia Alef. (1861)●

26957 Jujuba Burm. (1737) Nom. inval.［鼠李科 Rhamnaceae］☆

26958 Julbernardia Pellegr. (1943)【汉】热非豆属。【隶属】豆科 Fabaceae(Leguminosae)。【包含】世界 10-11 种。【学名诠释与讨论】〈阴〉(人) Jules Bernard, 加蓬首领。【分布】热带非洲。【后选模式】Julbernardia hochreutineri Pellegrin。【参考异名】Paraberlinia Pellegr. (1943); Pseudoberlinia P. A. Duvign. (1950);

Seretoberlinia P. A. Duvign. (1950)●☆

26959　Julia Steud. (1840) = Gilibertia J. F. Gmel. (1791) Nom. illegit. ; ~ = Junia Adans. (1763) Nom. illegit. , Nom. superfl. ［楝科 Meliaceae//桤叶树科（山柳科）Clethraceae］●

26960　Juliana Rchb. (1841) = Choisya Kunth (1823) ; ~ = Juliania La Llave (1825)［芸香科 Rutaceae］●☆

26961　Juliania La Llave (1825) = Choisya Kunth (1823)［芸香科 Rutaceae］●☆

26962　Juliania Schltdl. (1844) Nom. illegit. ≡ Amphipterygium Schiede ex Standl. (1923)［漆树科 Anacardiaceae］●☆

26963　Julianiaceae Hemsl. (1906)（保留科名）［亦见 Anacardiaceae R. Br. (保留科名)漆树科和 Juncaceae Juss. (保留科名)灯心草科］【汉】三柱草科（三柱科）。【包含】世界2属5种。【分布】美洲温暖地区。【科名模式】Juliania Schltdl. , non La Llave et Lex. (Amphipterygium Standl.)●☆

26964　Julibrisin Raf. = Albizia Durazz. (1772)［豆科 Fabaceae (Leguminosae)//含羞草科 Mimosaceae］●

26965　Julieta Leschen. ex DC. (1839) = Lysinema R. Br. (1810)［尖苞木科 Epacridaceae］●☆

26966　Julocroton Mart. (1837)（保留属名）【汉】毛巴豆属。【隶属】大戟科 Euphorbiaceae//巴豆科 Crotonaceae。【包含】世界67种。【学名诠释与讨论】〈中〉(拉) iulus, 柔荑花序, 毛茸, 来自希腊文 ioulos 幼毛, 植物的毛茸 + Croton 巴豆属。此属的学名"Julocroton Mart. in Flora 20(2, Beibl.) : 119. 21 Nov 1837"是保留属名。相应的废弃属名是大戟科 Euphorbiaceae 的"Cieca Adans. , Fam. Pl. 2 ; 356, 612. Jul – Aug 1763 = Julocroton Mart. (1837)（保留属名）"。西番莲科 Passifloraceae 的"Cieca Medikus, Malvenfam. 97. 1787 = Passiflora L. (1753)（保留属名）"亦应废弃。亦有文献把"Julocroton Mart. (1837)（保留属名）"处理为"Croton L. (1753)"的异名。【分布】巴拉圭, 玻利维亚, 中美洲。【模式】Julocroton phagedaenicus C. F. P. Martius。【参考异名】Centrandra H. Karst. (1857) ; Cicca Adans. (1763) ; Cieca Adans. (1763)（废弃属名）; Croton L. (1753) ; Heterochlamys Turcz. (1843) ; Iulocroton Baill. (1864)■☆

26967　Julostyles Benth. et Hook. f. (1862) = Julostylis Thwaites (1858)［锦葵科 Malvaceae］●☆

26968　Julostylis Thwaites (1858)【汉】毛柱锦葵属。【隶属】锦葵科 Malvaceae。【包含】世界2-3种。【学名诠释与讨论】〈阴〉(希) ioulos, 毛茸 + stylos = 拉丁文 style, 花柱, 中柱, 有尖之物, 桩, 柱, 支持物, 支柱, 石头做的界标。【分布】斯里兰卡。【模式】Julostylis angustifolia (Arnott) Thwaites［Kydia angustifolia Arnott］。【参考异名】Julostyles Benth. et Hook. f. (1862)●☆

26969　Julus Post et Kuntze (1903) = Allium L. (1753) ; ~ = Iulus Salisb. (1866)［百合科 Liliaceae//葱科 Alliaceae］■

26970　Jumellea Schltr. (1914)【汉】朱米兰属。【日】ユメルレア属, ユメ－レア属。【隶属】兰科 Orchidaceae。【包含】世界60种。【学名诠释与讨论】〈阴〉(人) Henri Lucien Jumelle, 1866 – 1935, 法国植物学者, 植物生理学者, 植物采集家。【分布】马达加斯加, 马斯克林群岛, 热带和非洲南部。【后选模式】Jumellea recurva Schltr. ［Angraecum recurvum Du Petit-Thouars］。【参考异名】Aerobion Kaempfer ex Spreng. (1826) Nom. illegit. ; Aerobion Spreng. (1826) ; Curvophylis Thouars ; Fragrangis Thouars ; Rectangis Thouars ■☆

26971　Jumelleanthus Hochr. (1924)【汉】琼氏锦葵属。【隶属】锦葵科 Malvaceae。【包含】世界1种。【学名诠释与讨论】〈阳〉(人) Henri Lucien Jumelle, 1866 – 1935, 法国植物学者, 植物生理学者, 植物采集家 + anthos, 花。【分布】马达加斯加。【模式】

Jumelleanthus perrieri Hochreutiner. ●☆

26972　Juncaceae Juss. (1789)（保留科名）【汉】灯心草科。【日】イグサ科, ヰ科。【俄】Ситниковые, Ситникоцветные。【英】Rush Family。【包含】世界7-9属350-430种, 中国2属92-350种。【分布】温带, 热带山区。【科名模式】Juncus L. (1753)●■

26973　Juncaginaceae Rich. (1808)（保留科名）【汉】水麦冬科。【日】シバナ科, ヰ科。【俄】Ситниковидные, Ситникоцветные。【英】Arrowgrass Family, Arrow – grass Family, Juncagina Family。【包含】世界3-4属12-25种, 中国1属2种。【分布】广泛分布, 温带。【科名模式】Juncago Ség. ［Triglochin L. ］■

26974　Juncago Ség. (1754) Nom. illegit. ≡ Triglochin L. (1753)［眼子菜科 Potamogetonaceae//水麦冬科 Juncaginaceae］■

26975　Juncago Tourn. ex Moench = Triglochin L. (1753)［眼子菜科 Potamogetonaceae//水麦冬科 Juncaginaceae］■

26976　Juncaria DC. = Ortegia L. (1753)［石竹科 Caryophyllaceae］■☆

26977　Juncastrum Fourr. = Juncus L. (1753)［灯心草科 Juncaceae］■

26978　Juncastrum Heist. (1748) Nom. inval. = Juncus L. (1753)［灯心草科 Juncaceae］■

26979　Juncella F. Muell. , Nom. illegit. ≡ Juncella F. Muell. ex Hieron. (1877) ; ~ = Trithuria Hook. f. (1858)［刺鳞草科 Centrolepidaceae//独蕊草科（排水草科）Hydatellaceae］■☆

26980　Juncella F. Muell. ex Hieron. (1877) Nom. illegit. ≡ Trithuria Hook. f. (1858)［刺鳞草科 Centrolepidaceae//独蕊草科（排水草科）Hydatellaceae］■☆

26981　Juncellus(Griseb.) C. B. Clarke (1893)【汉】水莎草属（假莞属）。【俄】Ситничек。【英】Juncellus。【隶属】莎草科 Cyperaceae//藨草科 Scirpaceae。【包含】世界10-18种, 中国3种。【学名诠释与讨论】〈阳〉(属) Juncus 灯心草属 + -ellus, -ella, -ellum 加在名词词干后面形成指小式的词尾。此属的学名, ING 和 TROPICOS 记载是"Juncellus (Grisebach) C. B. Clarke in J. D. Hooker, Fl. Brit. India 6 : 594. Sep 1893", 由"Cyperus sect. Juncellus Grisebach, Fl. Brit. W. Indian Isl. 562. Oct 1864"改级而来。APNI 和 IK 则记载为"Juncellus C. B. Clarke, Flora of British India 6 1893"。四者引用的文献相同。亦有文献把"Juncellus (Griseb.) C. B. Clarke (1893)"处理为"Cyperus L. (1753)"或"Scirpus L. (1753)（保留属名）"的异名。【分布】玻利维亚, 马达加斯加, 中国, 热带和温带, 中美洲。【模式】Cyperus mucronatus Rottb. 。【参考异名】Acorellus Palla (1905) Nom. illegit. ; Acorellus Palla ex Kneuck. (1903) ; Cyperus L. (1753) ; Cyperus sect. Juncellus Griseb. (1864) ; Juncellus C. B. Clarke (1893) Nom. illegit. ; Scirpus L. (1753)（保留属名）■

26982　Juncellus C. B. Clarke (1893) Nom. illegit. ≡ Juncellus (Griseb.) C. B. Clarke(1893)［莎草科 Cyperaceae］■

26983　Juncinella Fourr. (1869) = Juncus L. (1753)［灯心草科 Juncaceae］■

26984　Juncodes Kuntze (1891) Nom. illegit. (废弃属名) ≡ Juncodes Moehr. ex Kuntze(1891) ; ~ = Juncoides Ség. (1754)（废弃属名）; ~ = Luzula DC. (1805)（保留属名）［灯心草科 Juncaceae］■

26985　Juncodes Moehr. ex Kuntze(1891)（废弃属名）= Juncoides Ség. (1754)（废弃属名）; ~ = Luzula DC. (1805)（保留属名）［灯心草科 Juncaceae］■

26986　Juncoides Adans. (1763) Nom. illegit. (废弃属名) = Luzula DC. (1805)（保留属名）［灯心草科 Juncaceae］■

26987　Juncoides Ség. (1754) (废弃属名) ≡ Luzula DC. (1805)（保留属名）［灯心草科 Juncaceae］■

26988　Juncus L. (1753)【汉】灯心草属。【日】イグサ属, ヰ属, ヰ属。【俄】Ситник。【英】Bog Rush, Rush, Rushes。【隶属】灯心

草科 Juncaceae。【包含】世界 240-300 种,中国 76-84 种。【学名诠释与讨论】〈阳〉(拉)juncus,灯心草古名。来自 jungere 编结,指植物可以编结物品。【分布】巴基斯坦,巴拿马,秘鲁,玻利维亚,厄瓜多尔,哥伦比亚(安蒂奥基亚),哥斯达黎加,马达加斯加,美国(密苏里),尼加拉瓜,中国,中美洲。【后选模式】acutus Linnaeus。【参考异名】Cephaloxys Desv. (1809); Juncastrum Fourr.; Juncastrum Heist. (1748Nom. inval.); Juncinella Fourr. (1869); Leucophora Ehrh. (1789); Microschoenus C. B. Clarke (1894); Olisca Raf.; Phylloschoenus Fourr. (1869); Stygiaria Ehrh. (1789) Nom. inval.; Stygiopsis Gand.; Tenageia (Rchb.) Rchb. (1847) Nom. illegit.; Tenageia Ehrh. (1789) Nom. inval., Nom. nud.; Tenageia Ehrh. ex Rchb. (1847); Tristemon Raf. (1838) Nom. illegit. ■

26989 Jundzillia Audrz. ex DC. (1821) = Cardaria Desv. (1815) [十字花科 Brassicaceae(Cruciferae)]■

26990 Junellia Moldenke(1940)(保留属名)【汉】居内马鞭草属。【隶属】马鞭草科 Verbenaceae。【包含】世界 47 种。【学名诠释与讨论】〈阴〉(人)Junell,植物学者。此属的学名 "Junellia Moldenke in Lilloa 5:392. 3 Dec 1940" 是保留属名。相应的废弃属名是马鞭草科 Verbenaceae 的 "Monopyrena Speg. in Revista Fac. Agron. Univ. Nac. La Plata 3:559. Jun–Jul 1897 ≡ Junellia Moldenke (1940) (保留属名) = Verbena L. (1753)" 和 "Thryothamnus Phil. in Anales Univ. Chile 90:618. Mai 1895 = Junellia Moldenke(1940)(保留属名)= Verbena L. (1753)"。它曾被处理为 "Verbena sect. Junellia (Moldenke) Tronc., Darwiniana 18:312. 1974"。【分布】秘鲁,玻利维亚,南美洲。【模式】Junellia serpyllifolia (Spegazzini) Moldenke [Monopyrena serpyllifolia Spegazzini]。【参考异名】Monopyrena Speg. (1897) (废弃属名); Thryothamnus Phil. (1895) (废弃属名); Verbena sect. Junellia (Moldenke) Tronc. (1974)●☆

26991 Junghansia J. F. Gmel. (1791) Nom. illegit. ≡ Curtisia Aiton (1789)(保留属名)[南非茱萸科(菲茱萸科,山茱萸树科) Curtisiaceae//山茱萸科 Cornaceae]●☆

26992 Junghuhnia Miq. (1859) Nom. illegit. = Codiaeum A. Juss. (1824)(保留属名)[大戟科 Euphorbiaceae]●

26993 Junghuhnia R. Br. ex de Vriese = Salomonia Lour. (1790)(保留属名)[远志科 Polygalaceae]■

26994 Jungia Boehm. (1760) Nom. illegit. (废弃属名) ≡ Dianthera L. (1753)[爵床科 Acanthaceae]■☆

26995 Jungia Fabr. (1759) Nom. illegit. (废弃属名) ≡ Jungia Heist. ex Fabr. (1759)(废弃属名); ~ = Salvia L. (1753)[唇形科 Lamiaceae(Labiatae)//鼠尾草科 Salviaceae]●■

26996 Jungia Gaertn. (1788) Nom. illegit. (废弃属名) ≡ Mollia J. F. Gmel. (1791)(废弃属名); ~ = Baeckea L. (1753)[桃金娘科 Myrtaceae]●

26997 Jungia Heist. ex Fabr. (1759) (废弃属名) = Salvia L. (1753)[唇形科 Lamiaceae(Labiatae)//鼠尾草科 Salviaceae]■●☆

26998 Jungia Helst. ex Moench (1794) Nom. illegit. (废弃属名) = Salvia L. (1753)[唇形科 Lamiaceae (Labiatae)//鼠尾草科 Salviaceae]■●☆

26999 Jungia L. f. (1782)[as 'Iungia'](保留属名)【汉】心叶钝柱菊属。【隶属】菊科 Asteraceae(Compositae)。【包含】世界 26-32 种。【学名诠释与讨论】〈阴〉(人)Joachim Jung (Jungius, Junge),1585-1657,德国医生,植物学者,数学家。此属的学名 "Jungia L. f., Suppl. Pl.:58. 390. Apr 1782 ('Iungia') (orth. cons.)" 是保留属名。相应的废弃属名是唇形科 Lamiaceae (Labiatae)//鼠尾草科 Salviaceae 的 "Jungia Heist. ex Fabr.,

Enum.:47. 1759('Jvngia') = Salvia L. (1753)"。"Jungia L. f. (1782)" 的拼写变体 "Iungia L. f. (1782)" 和 "Jungia Heist. ex Fabr." 的拼写变体 "Jvngia Heist. ex Fabr. (1759)" 也需要废弃。唇形科 Lamiaceae(Labiatae)的 "Jungia Helst. ex Moench, Methodus (Moench)378(1794) = Salvia L. (1753)",爵床科 Acanthaceae 的 "Jungia Boehmer in Ludwig, Def. Gen. ed. Boehmer 92('Iungia'). 1760 ≡ Dianthera L. (1753)" 及其变体 "Iungia Boehm., Def. Gen. Pl., ed. 3. 92; vide Dandy, Ind. Gen. Vasc. Pl. 1753–74 (Regn. Veg. 51)56 (1967). 1760",桃金娘科 Myrtaceae 的 "Jungia Gaertn., Fruct. Sem. Pl. i. 175. t. 35 (1788) = Baeckea L. (1753) ≡ Mollia Mart. (1826)(保留属名)",梧桐科 Sterculiaceae//锦葵科 Malvaceae 的 "Iter Hispanicum 199. 1758 = Ayenia L. (1756)" 都应废弃。"Hemistegia Rafinesque, Fl. Tell. 3:89. Nov–Dec 1837 ('1836')" 是 "Jungia Heister ex Fabricius 1759" 的同模式异名 (Homotypic synonym, Nomenclatural synonym)。"Trinacte J. Gaertner, Fruct. 2:415. Sep–Dec 1791" 则是 "Jungia L. f. (1782) [as 'Iungia'](保留属名)" 的同模式异名。【分布】巴拉圭,巴拿马,秘鲁,玻利维亚,厄瓜多尔,墨西哥,安第斯山,中美洲。【模式】Jungia ferruginea Linnaeus f.。【参考异名】Dumerilia Lag. ex DC. (1812); Hemistegia Raf. (1837) Nom. illegit.; Heocarphus Phil. (1861); Iungia L. f. (1782) (废弃属名); Martiusia Lag. (1811); Pleocarphus D. Don (1830); Rhinactina Willd. (1807); Trinacte Gaertn. (1791) Nom. illegit. ■●☆

27000 Jungia Loefl. (1758) Nom. inval. = Ayenia L. (1756) [梧桐科 Sterculiaceae//锦葵科 Malvaceae]●☆

27001 Junia Adans. (1763) Nom. illegit., Nom. superfl. ≡ Clethra L. (1753); ~ = Gilibertia J. F. Gmel. (1791) Nom. illegit.; ~ ≡ Quivisia Comm. ex Juss. (1789); ~ = Turraea L. (1771) [楝科 Meliaceae//桤叶树科(山柳科)Clethraceae]●

27002 Junia Raf. (1840) Nom. illegit. [虎耳草科 Saxifragaceae]●

27003 Juniperaceae Bercht. et J. Presl (1822) = Cupressaceae Gray(保留科名)●

27004 Juniperaceae J. Presl et C. Presl = Cupressaceae Gray(保留科名)●

27005 Juniperus L. (1753)【汉】刺柏属(桧柏属,桧属)。【日】ネズミサシ属,ビャクシン属。【俄】Арча, Вереск, Можжевельник。【英】Bermuda Cedar, Cedar, Juniper, Redcedar。【隶属】柏科 Cupressaceae。【包含】世界 10-60 种,中国 4 种。【学名诠释与讨论】〈阳〉(拉)juniperus,刺柏类古名,来自凯尔特语 juniperus 粗糙的,有刺的。指叶为刺形。另说来于(拉)juvenis 幼嫩的 +pario 分娩,指植物具有堕胎作用。此属的学名,ING、TROPICOS 和 IPNI 记载是 "Juniperus Linnaeus, Sp. Pl. 1038. 1 Mai 1753"。也有文献用为 "Juniperus Tourn. ex L. (1753)"。"Juniperus Tourn." 是命名起点著作之前的名称,故 "Juniperus L. (1753)" 和 "Juniperus Tourn. ex L. (1753)" 都是合法名称,可以通用。"Thuiaecarpus E. R. Trautvetter, Pl. Imag. 11. Jul 1844" 是 "Juniperus L. (1753)" 的晚出的异名;"Thuiacarpus Benth. et Hook. f., Gen. Pl. [Bentham et Hooker f.] 3(1):428, sphalm. 1880 [7 Feb 1880]" 则是 "Thuiaecarpus Trautv. (1844)" 的拼写变体。"Thuiaecarpus Trautv. (1844)" 是 "Thuiaecarpus Trautv. (1844)" 的错误订正。柏科 Cupressaceae 的 "Juniperus Lemmon, Biennial Report of the California State Board of Forestry 3:183 t. 28. 1890" 是晚出的非法名称。亦有文献把 "Juniperus L. (1753)" 处理为 "Sabina Mill. (1754)" 的异名。【分布】巴基斯坦,巴勒斯坦,玻利维亚,美国(密苏里),中国,中美洲。【后选模式】Juniperus communis Linnaeus。【参考异名】Arceuthos Antoine et Kotschy (1854); Cedrus Duhamel (1755)(废弃属名); Juniperus Tourn. ex L.

（1753）；Oxicedrus Garsault；Oxycedrus（Dumort.）Hort. ex Carrière（1867）；Oxycedrus Hort. ex Carrière（1867）；Sabina Mill.（1754）；Sabinella Nakai（1938）；Thuiaecarpus Trautv.（1844）；Thujaecarpus Trautv.（1844）；Thujocarpus Post et Kuntze（1903）●

27006　Juniperus Lemmon（1890）Nom. illegit. ［柏科 Cupressaceae］●

27007　Juniperus Tourn. ex L.（1753）≡ Juniperus L.（1753）［柏科 Cupressaceae］●

27008　Junkia Ritgen（1830）= Funkia Spreng.（1817）Nom. illegit.；~ = Hosta Tratt.（1812）（保留属名）［百合科 Liliaceae//玉簪科 Hostaceae］■

27009　Juno Tratt.（1821）= Iris L.（1753）［鸢尾科 Iridaceae］■

27010　Juno Tratt. ex Roem. et Schult.，Nom. illegit. ≡ Juno Tratt.（1821）；~ = Iris L.（1753）［鸢尾科 Iridaceae］■

27011　Junodia Pax（1899）= Anisocycla Baill.（1887）［防己科 Menispermaceae］●☆

27012　Junopsis Wern. Schulze（1970）= Iris L.（1753）［鸢尾科 Iridaceae］■

27013　Junquilla Fourn.（1869）= Jonquilla Haw.（1831）；~ = Narcissus L.（1753）［石蒜科 Amaryllidaceae//水仙科 Narcissaceae］■

27014　Jupica Raf.（1837）= Xyris L.（1753）［黄眼草科（黄谷精科，芴草科）Xyridaceae］■

27015　Juppia Merr.（1922）= Zanonia L.（1753）［葫芦科（瓜科，南瓜科）Cucurbitaceae//翅子瓜科 Zanoniaceae］●■

27016　Jupunba Britton et Rose（1928）= Abarema Pittier（1927）；~ = Pithecellobium Mart.（1837）［as 'Pithecollobium'］（保留属名）［豆科 Fabaceae（Leguminosae）//含羞草科 Mimosaceae］●

27017　Jurgensenia Turcz.（1847）= Bejaria Mutis（1771）［as 'Befaria'］（保留属名）［杜鹃花科（欧石南科）Ericaceae］●☆

27018　Jurgensia Benth. et Hook. f.（1867）Nom. illegit. = Juergensia Spreng.（1826）Nom. illegit.；~ = Rinorea Aubl.（1775）（保留属名）［堇菜科 Violaceae］●

27019　Jurgensia Raf.（1838）= Spermacoce L.（1753）［茜草科 Rubiaceae//繁缕科 Alsinaceae］●■

27020　Jurighas Kuntze（1891）Nom. illegit. ≡ Filicium Thwaites ex Benth. et Hook. f.（1862）［无患子科 Sapindaceae］●☆

27021　Jurinea Cass.（1821）【汉】苓菊属（九苓菊属，久苓草属，久苓菊属）。【俄】Нагловадка，Наголоватка，Перплексия，Юринея。【英】Jurinea。【隶属】菊科 Asteraceae（Compositae）。【包含】世界 200-250 种，中国 14-16 种。【学名诠释与讨论】〈阴〉（人）Andre Jurine，1780-1804，瑞士医生，植物学者。另说纪念 Louis Jurine，1751-1819，瑞士药学教授，博物学者。【分布】中国，地中海地区，欧洲中部。【模式】未指定。【参考异名】Aegopordon Boiss.（1846）；Anacantha（Iljin）Soják（1982）；Anacantha Soják（1982）Nom. illegit.；Autrania C. Winkl. et Barbey（1892）；Derderia Jaub. et Spach（1843）；Himalaiella Raab - Straube（2003）；Hyalochaete Dittrich et Rech. f.（1979）；Jurinella Jaub. et Spach（1847）；Lipschitziella Kamelin（1993）；Microlonchoides P. Candargy（1897）；Modestia Kharadze et Tamamsch.（1956）Nom. illegit.；Outreya Jaub. et Spach（1843）；Perplexia Iljin（1962）；Pilostemon Iljin（1961）；Polytaxis Bunge（1843）；Stechmannia DC.（1838）；Tulakenia Raf.（1838）；Tylachenia Post et Kuntze（1903）●■

27022　Jurinella Jaub. et Spach（1846）【汉】小苓菊属。【俄】Юринелла。【隶属】菊科 Asteraceae（Compositae）。【包含】世界 4 种。【学名诠释与讨论】〈阴〉（属）Jurinea 苓菊属 + -ellus，-ella，-ellum，加在名词词干后面形成指小式的词尾。或加在人名、属名等后面以组成新属的名称。此属的学名是"Jurinella Jaubert and Spach，Ill. Pl. Orient. 2：［101-103］.1846"。亦有文献

把其处理为"Jurinea Cass.（1821）"的异名。【分布】参见 Jurinea Cass.。【模式】未指定。【参考异名】Jurinea Cass.（1821）■☆

27023　Jurtsevia Á. Löve et D. Löve（1976）= Anemone L.（1753）（保留属名）［毛茛科 Ranunculaceae//银莲花科（罂粟莲花科）Anemonaceae］■

27024　Juruasia Lindau（1904）【汉】巴西爵床属。【隶属】爵床科 Acanthaceae。【包含】世界 2 种。【学名诠释与讨论】〈阴〉来自巴西植物俗名。【分布】巴西，秘鲁，玻利维亚。【模式】Juruasia acuminata Lindau。☆

27025　Jussia Adans.（1763）Nom. illegit. ≡ Jussiaea L.（1753）［柳叶菜科 Onagraceae］●■

27026　Jussiaea L.（1753）【汉】水龙属。【英】Primrose Willow，Water Primrose，Water-primrose。【隶属】柳叶菜科 Onagraceae。【包含】世界 220 种，中国 1 种。【学名诠释与讨论】〈阴〉（人）Bernard de Jussieu，1699-1776，法国植物分类学的奠基人。此属的学名，ING、TROPICOS、APNI、GCI 和 IK 记载是"Jussiaea L.，Sp. Pl. 1：388. 1753［1 May 1753］"。"Jussia Adanson，Fam. 2：85，565. Jul-Aug 1763"是"Jussiaea L.（1753）"的晚出的同模式异名（Homotypic synonym，Nomenclatural synonym）。亦有文献把"Jussiaea L.（1753）"处理为"Ludwigia L.（1753）"的异名。【分布】巴拉圭，巴拿马，玻利维亚，马达加斯加，中国，中美洲。【后选模式】Jussiaea repens Linnaeus。【参考异名】Jussia Adans.（1763）Nom. illegit.；Jussiaeia Hill（1768）；Jussieua Murr.；Jussieua L.；Jussieuia Thunb.（1784）Nom. illegit.；Ludwigia L.（1753）；Oldenlandia P. Browne（1756）Nom. illegit.●■

27027　Jussiaeaceae Martinov（1820）= Onagraceae Juss.（保留科名）■●

27028　Jussiaeia Hill（1768）= Jussiaea L.（1753）［柳叶菜科 Onagraceae］●■

27029　Jussia L. ex Sm.（1811）= Potentilla L.（1753）［蔷薇科 Rosaceae//委陵菜科 Potentillaceae］■●

27030　Jussiena Rchb.（1837）= Jussieua Murr.［柳叶菜科 Onagraceae］●■

27031　Jussieua L. = Jussiaea L.（1753）［柳叶菜科 Onagraceae］●■

27032　Jussieua Murr. = Jussiaea L.（1753）；~ = Ludwigia L.（1753）［柳叶菜科 Onagraceae］●■

27033　Jussieuaceae Drude = Onagraceae Juss.（保留科名）■●

27034　Jussieuaea DC.（1828）= Lumnitzera Willd.（1803）［使君子科 Combretaceae］●

27035　Jussieuaea Rottl. ex DC.（1828）Nom. illegit. ≡ Jussieuaea DC.（1828）；~ = Lumnitzera Willd.（1803）［使君子科 Combretaceae］●

27036　Jussieuia Houst.（1781）= Cnidoscolus Pohl（1827）；~ = Jatropha L.（1753）（保留属名）［大戟科 Euphorbiaceae］●■

27037　Jussieuia Thunb.（1784）Nom. illegit. = Jussiaea L.（1753）；~ = Ludwigia L.（1753）［柳叶菜科 Onagraceae］●■

27038　Jussieva Gled.（1751）= Jussieuia Thunb.（1784）Nom. illegit. = Jussiaea L.（1753）；~ = Ludwigia L.（1753）［柳叶菜科 Onagraceae］●■

27039　Justago Kuntze（1891）= Cleome L.（1753）［山柑科（白花菜科，醉蝶花科）Capparaceae//白花菜科（醉蝶花科）Cleomaceae］●■

27040　Justenia Hiern（1898）= Bertiera Aubl.（1775）［茜草科 Rubiaceae］●☆

27041　Justica Neck.（1790）Nom. inval. = Justicia L.（1753）［爵床科 Acanthaceae//鸭嘴花科（鸭咀花科）Justiciaceae］●■

27042　Justicea Post et Kuntze（1903）= Justicia L.（1753）［爵床科 Acanthaceae//鸭嘴花科（鸭咀花科）Justiciaceae］●■

27043　Justicia L.（1753）【汉】鸭嘴花属（爵床属，鸭咀花属，鸭子花属）。【日】キツネノマゴ属。【俄】Юстиция。【英】Justicia。

【隶属】爵床科 Acanthaceae//鸭嘴花科（鸭咀花科）Justiciaceae。【包含】世界 300-400 种,中国 2 种。【学名诠释与讨论】〈阴〉（人）James Justice,1698-1763,苏格兰植物学者、园艺家。此属的学名,ING、TROPICOS、APNI、GCI 和 IK 记载是"Justicia L.,Sp. Pl. 1:15. 1753 [1 May 1753]"。"Ecbolium O. Kuntze, Rev. Gen. 2:486. 5 Nov 1891（non S. Kurz 1871）"是"Justicia L.（1753）"的晚出的同模式异名（Homotypic synonym, Nomenclatural synonym）。【分布】巴基斯坦,巴拉圭,巴拿马,秘鲁,玻利维亚,厄瓜多尔,马达加斯加,美国,尼加拉瓜,中国,热带和亚热带,中美洲。【后选模式】Justicia hyssopifolia Linnaeus。【参考异名】Acelica Rizzini（1949）;Adatoda Raf.（1838）Nom. illegit.;Adhatoda Mill.（1754）;Adhatoda Tourn. ex Medik.（1790）Nom. illegit.;Aldinia Scop.（1777）（废弃属名）;Amphiscopia Nees（1832）;Anisostachya Nees（1847）;Athlianthus Endl.（1842）;Aulojusticia Lindau（1897）;Averia Léonard（1940）;Beloperone Nees（1832）;Bentia Rolfe（1894）;Calliaspidia Bremek.（1948）;Calophanoides（C. B. Clarke）Ridl.;Calophanoides Ridl.（1923）;Calymmostachya Bremek.（1965）;Campylostemon E. Mey.（1843）Nom. inval.;Centrilla Lindau（1900）;Chaetochlamys Lindau（1895）;Chaetothylax Nees（1847）;Chaetothylopsis Oerst.（1854）;Chilogloasa Oerst.（1854）;Corymbostachys Lindau（1897）;Cyphisia Rizzini（1946）;Cyrtanthera Nees（1847）;Cyrtantherella Oerst.（1854）;Dianthera L.（1753）;Dimanisa Raf.（1837）;Diplanthera Gled.（1764）Nom. illegit.;Diplanthera Schrank（1821）Nom. illegit.;Diptanthera Schrank ex Steud.（1840）;Drejerella Lindau（1900）;Duvernoia E. Mey. ex Nees（1847）;Dyspemptemorion Bremek.（1948）;Ecbolium Kuntze（1891）Nom. illegit.;Emularia Raf.（1838）;Ethesia Raf.（1838）Nom. illegit.;Gendarussa Nees（1832）;Glosarithys Rizzini（1950）Nom. illegit.;Harnieria Solms（1864）;Heinzelia Nees（1847）;Hemichoriste Nees（1832）;Heteraspidia Rizzini（1950）;Ixtlania M. E. Jones（1929）;Jacobinia Nees ex Moric.（1847）（保留属名）;Justica Neck.（1790）Nom. inval.;Justicea Post et Kuntze（1903）;Kuestera Regel（1857）;Libonia K. Koch（1863）Nom. illegit.;Linocalix Lindau（1913）Nom. illegit.;Linocalyx Lindau（1913）;Lophothecium Rizzini（1948）;Lustrinia Raf.（1838）;Mananthes Bremek.（1948）;Meiosperma Raf.（1838）;Miosperma Post et Kuntze（1903）;Monechma Hochst.（1841）;Nicoteba Lindau（1893）;Odontonema Nees（1842）（保留属名）;Orthotactus Nees（1847）;Parajusticia Benoist（1936）;Petalanthera Raf.（1837）Nom. illegit.;Plagiacanthus Nees（1847）;Plegmatolemma Bremek.（1965）;Porphyrocoma Scheidw.（1849）;Porphyrocoma Scheidw. ex Hook.（1845）;Psacadocalymma Bremek.（1948）;Pupilla Rizzini（1950）;Raphidospora Rchb.（1837）;Rhacodiscus Lindau（1897）;Rhaphedospera Wight（1850）;Rhaphidospora Nees（1832）;Rhiphidosperma G. Don, Nom. illegit.;Rhyticalymma Bremek.（1948）;Rhytiglossa Nees（1836）（废弃属名）;Rhyttiglossa T. Anderson（1863）;Rodatia Raf.（1840）;Roslinia Neck.（1790）Nom. inval.;Rostellaria Nees（1832）Nom. illegit.;Rostellularia Rchb.（1837）;Saglorithys Rizzini（1949）;Salviacanthus Lindau（1894）;Sarcotheca Kuntze（1891）Nom. illegit.;Sarojusticia Bremek.（1962）;Sarotheca Nees（1847）;Sericographis Nees（1847）;Simonisia Nees（1847）;Simonsia Kuntze（1891）;Solenochasma Fenzl（1844）;Stethoma Raf.（1838）;Tabascina Baill.（1891）;Thalestris Rizzini（1952）;Thamnojusticia Mildbr.（1933）;Tyloglossa Hochst.（1842）;Uranthera Raf.;Vada-Kodi Adans.（1763）●■

27044　Justiciaceae（Tiegh.）Sreem.（1977）= Justiciaceae Raf. ●■

27045　Justiciaceae Raf.（1838）[亦见 Acanthaceae Juss.（保留科名）爵床科]（汉）鸭嘴花科（鸭咀花科）。【包含】世界 8 属 362-489 种,中国 3 属 9 种。【分布】热带和亚热带。【科名模式】Justicia L.（1753）●■

27046　Justiciaceae Sreem.（1977）= Justiciaceae Raf. ●■

27047　Juttadinteria Schwantes（1926）【汉】飞凤玉属。【日】ユッタディンテリア属。【隶属】番杏科 Aizoaceae。【包含】世界 5 种。【学名诠释与讨论】〈阴〉（人）Jutta Dinteri 夫人。【分布】非洲南部。【模式】Juttadinteria kovisimontana（Dinter）Schwantes [Mesembryanthemum kovisimontanum Dinter]。■☆

27048　Juzepczukia Chrshan.（1948）= Rosa L.（1753）[蔷薇科 Rosaceae]●

27049　Kablikia Opiz（1839）= Primula L.（1753）[报春花科 Primulaceae]●

27050　Kabulia Bor et C. E. C. Fisch.（1939）【汉】三数指甲草属。【隶属】石竹科 Caryophyllaceae。【包含】世界 1 种。【学名诠释与讨论】〈阴〉（地）Kabul,喀布尔,位于阿富汗。【分布】阿富汗。【模式】Kabulia akhtarii Bor et C. E. C. Fischer。■☆

27051　Kabulianthe（Rech. f.）Ikonn.（2004）【汉】喀布尔石头花属。【隶属】石竹科 Caryophyllaceae。【包含】世界 1 种。【学名诠释与讨论】〈阴〉（地）Kabul 喀布尔,位于阿富汗+anthos,花。此属的学名"Kabulianthe（Rech. f.）Ikonn. in Bot. Zhurn.（Moscow et Leningrad）89（1）:114. 2004 [25 Jan. 2004]",由"Gypsophila subgen. Kabulianthe Rech. f. Fl. Iranica [Rechinger] 163:244. 1988 改级而来。亦有文献把"Kabulianthe（Rech. f.）Ikonn.（2004）"处理为"Gypsophila L.（1753）"的异名。【分布】阿富汗。【模式】Kabulianthe honigbergeri（Fenzl）Ikonn.。【参考异名】Gypsophila L.（1753）;Gypsophila subgen. Kabulianthe Rech. f.（1988）■☆

27052　Kabuyea Brummitt（1998）【汉】四叶蒂可花属。【隶属】蓝星科 Cyanastraceae//蒂可花科（百鸢科,基叶草科）Tecophilaeaceae。【包含】世界 1 种。【学名诠释与讨论】〈阴〉（人）Christine H Sophie Kabuye, 1938 -,植物学者。此属的学名是"Kabuyea Brummitt, Kew Bulletin 53（4）:771. 1998"。亦有文献把其处理为"Cyanastrum Oliv.（1891）"的异名。【分布】热带非洲。【模式】Kabuyea hostifolia（Engl.）Brummitt。【参考异名】Cyanastrum Oliv.（1891）■☆

27053　Kadakia Raf.（1837）Nom. illegit. ≡ Calcarunia Raf.（1830）Nom. illegit.; ~ = Monochoria C. Presl（1827）[雨久花科 Pontederiaceae]■

27054　Kadali Adans.（1763）Nom. illegit. ≡ Osbeckia L.（1753）[野牡丹科 Melastomataceae]●■

27055　Kadalia Raf.（1838）（废弃属名）= Dissotis Benth.（1849）（保留属名）[野牡丹科 Melastomataceae]●☆

27056　Kadaras Raf.（1838）（废弃属名）= Cuscuta L.（1753）; ~ = Kadurias Raf.（1838）[旋花科 Convolvulaceae//菟丝子科 Cuscutaceae]■

27057　Kadenia Lavrova et V. N. Tikhom.（1986）【汉】假蛇床属（盐蛇床属）。【隶属】伞形花科（伞形科）Apiaceae（Umbelliferae）。【包含】世界 2 种,中国 1 种。【学名诠释与讨论】〈阴〉（人）Kaden。【分布】哈萨克斯坦,蒙古,中国,西伯利亚,欧洲。【模式】Kadenia dubia（C. Schkuhr）T. V. Lavrova et V. N. Tikhomirov [Seseli dubium C. Schkuhr]。■

27058　Kadenicarpus Doweld（1998）【汉】墨西哥姣丽球属。【隶属】仙人掌科 Cactaceae。【包含】世界 1 种。【学名诠释与讨论】〈阳〉（人）Kaden+karpos,果实。此属的学名是"Kadenicarpus A. B. Doweld, Sukkulenty 1998（1）:22. 20 Jun 1998"。亦有文献把

其处理为"Turbinicarpus（Backeb.）Buxb. et Backeb.（1937）"的异名。【分布】墨西哥。【模式】Kadenicarpus pseudomacrochele（Backeberg）A. B. Doweld［Strombocactus pseudomacrochele Backeberg］。【参考异名】Turbinicarpus（Backeb.）Buxb. et Backeb.（1937）■☆

27059　Kadsura Juss.（1810）= Kadsura Kaempf. ex Juss.（1810）［木兰科 Magnoliaceae//五味子科 Schisandraceae］●

27060　Kadsura Kaempf. ex Juss.（1810）【汉】南五味子属。【日】カズラ属,サネカズラ属,サネカヅラ属。【俄】Кадзура。【英】Kadsura。【隶属】木兰科 Magnoliaceae//五味子科 Schisandraceae。【包含】世界 16-28 种,中国 8-15 种。【学名诠释与讨论】〈阴〉（日本）カズラ,一种植物俗名。【分布】马来西亚（西部）,印度尼西亚（马鲁古群岛）,日本,印度,中国,亚洲东南。【模式】Kadsura japonica（Linnaeus）Dunal［Uvaria japonica Linnaeus］。【参考异名】Cadsura Spreng.（1825）；Kadsura Juss.（1810）；Panslowia Wight ex Pfeiff.；Pulcheria Noronha（1790）Nom. inval.；Sarcocarpon Blume（1825）●

27061　Kadsuraceae Radogizky（1849）= Illiciaceae A. C. Sm.（保留科名）●

27062　Kadua Cham. et Schltdl.（1829）= Hedyotis L.（1753）（保留属名）［茜草科 Rubiaceae］●■

27063　Kadula Raf.（1838）= Kadurias Raf.（1838）［旋花科 Convolvulaceae］■

27064　Kadurias Raf.（1838）= Cuscuta L.（1753）［旋花科 Convolvulaceae//菟丝子科 Cuscutaceae］■

27065　Kaeleria Boiss.（1859）= Koeleria Pers.（1805）［禾本科 Poaceae（Gramineae）］■

27066　Kaempfera Houst.（1781）Nom. illegit. ≡ Kempfera Adans.（1763）［马鞭草科 Verbenaceae］■●☆

27067　Kaempfera Spreng.（1824）Nom. illegit. = Kaempferia L.（1753）［姜科（蘘荷科）Zingiberaceae］■

27068　Kaempferia K. Schum. et Auctomm, Nom. illegit. = Boesenbergia Kuntze（1891）［姜科（蘘荷科）Zingiberaceae］■

27069　Kaempferia L.（1753）【汉】山柰属。【日】バンウコン属。【俄】Кемпферия。【英】Galanga, Resurrection Lily, Resurrectionlily。【隶属】姜科（蘘荷科）Zingiberaceae。【包含】世界 40-70 种,中国 6-7 种。【学名诠释与讨论】〈阴〉（人）Engelbert Kaempfer,1631-1716,德国医生,植物学者。此属的学名,ING、GCI 和 APNI 记载是"Kaempferia Linnaeus, Sp. Pl. 2. 1 Mai 1753"。"Kaempferia K. Schum. et Auctomm"是晚出的非法名称。【分布】巴拿马,哥斯达黎加,尼加拉瓜,印度马来西亚（西部）,中国,热带非洲,中美洲。【后选模式】Kaempferia galanga Linnaeus。【参考异名】Cienkowskya Solms（1867）Nom. inval., Nom. illegit.；Kaempfera Spreng.（1824）Nom. illegit.；Monolophus Wall.（1830）Nom. inval.；Monolophus Wall. ex Endl.；Trilophus Lestib.；Tritophus T. Lestib.（1841）；Zerumbet Garsault（1764）Nom. inval.（废弃属名）■

27070　Kaernbachia Kuntze（1891）Nom. illegit., Nom. superfl. ≡ Microsemma Labill.（1825）［瑞香科 Thymelaeaceae］●☆

27071　Kaernbachia Schltr.（1914）Nom. illegit. = Dalrympelea Roxb.（1819）；~ = Turpinia Vent.（1807）（保留属名）［省沽油科 Staphyleaceae］●

27072　Kafirnigania Kamelin et Kinzik.（1984）【汉】肖前胡属。【隶属】伞形花科（伞形科）Apiaceae（Umbelliferae）。【包含】世界 1 种。【学名诠释与讨论】〈阴〉（地）Kafirnigan,卡菲尔尼甘,位于亚洲中部。【分布】亚洲中部。【模式】Kafirnigania hissarica（E. P. Korovin）R. V. Kamelin et G. K. Kinzikaëva［Peucedanum

hissaricum E. P. Korovin］。■☆

27073　Kagenackia Steud.（1840）Nom. illegit. = Kageneckia Ruiz et Pav.（1794）［蔷薇科 Rosaceae］●☆

27074　Kageneckia Ruiz et Pav.（1794）【汉】卡格蔷薇属。【隶属】蔷薇科 Rosaceae。【包含】世界 3 种。【学名诠释与讨论】〈阴〉（人）Frederick von Kageneck,西班牙驻秘鲁大使,植物学赞助人。此属的学名,ING、TROPICOS 和 IK 记载是"Kageneckia Ruiz et Pav., Fl. Peruv. Prodr. 145, t. 37. 1794［early Oct 1794］"。"Kagenackia Steud., Nomencl. Bot.［Steudel］, ed. 2. i. 844（1840）= Kageneckia Ruiz et Pav.（1794）"是晚出的非法名称,拼写也错误。"Lydea Molina, Saggio Chili ed. 2. 164, 300（'Lydaea'）. 1810"是"Kageneckia Ruiz et Pav.（1794）"的晚出的同模式异名（Homotypic synonym, Nomenclatural synonym）。【分布】秘鲁,玻利维亚,智利。【后选模式】Kageneckia oblonga Ruiz et Pavon。【参考异名】Kagenackia Steud.（1840）Nom. illegit.；Lydaea Molina（1810）；Lydea Molina（1810）Nom. illegit.●☆

27075　Kahiria Forssk.（1775）= Ethulia L. f.（1762）［菊科 Asteraceae（Compositae）］■

27076　Kaieteurea Dwyer（1943）= Ouratea Aubl.（1775）（保留属名）［金莲木科 Ochnaceae］●

27077　Kailarsenia Tirveng.（1983）【汉】缅泰茜树属。【隶属】茜草科 Rubiaceae//栀子科 Gardeniaceae。【包含】世界 6 种,中国 1 种。【学名诠释与讨论】〈阴〉（人）Kai Larsen,1926-,丹麦植物学者。此属的学名是"Kailarsenia D. D. Tirvengadum, Nordic J. Bot. 3: 462. 6 Sep 1983"。亦有文献把其处理为"Gardenia J. Ellis（1761）（保留属名）"的异名。【分布】缅甸,印度尼西亚（苏门答腊岛）,泰国,中南半岛,加里曼丹岛,马来半岛。【模式】Kailarsenia tentaculata（J. D. Hooker）D. D. Tirvengadum［Gardenia tentaculata J. D. Hooker］。【参考异名】Gardenia J. Ellis（1757）（废弃属名）；Gardenia J. Ellis（1761）（保留属名）●☆

27078　Kailashia Pimenov et Kljuykov（2005）= Pachypleurum Ledeb.（1829）［伞形花科（伞形科）Apiaceae（Umbelliferae）］■

27079　Kailosocarpus Hu = Camellia L.（1753）［山茶科（茶科）Theaceae］●

27080　Kairoa Philipson（1980）【汉】栓皮桂属。【隶属】香材树科（杯轴花科,黑檫木科,芒籽科,蒙立米科,檬立木科,香材木科,香树木科）Monimiaceae。【包含】世界 1 种。【学名诠释与讨论】〈阴〉（地）Kairo,位于新几内亚岛。【分布】新几内亚岛。【模式】Kairoa suberosa W. R. Philipson。●☆

27081　Kairothamnus Airy Shaw（1980）【汉】凯罗大戟属。【隶属】大戟科 Euphorbiaceae。【包含】世界 1 种。【学名诠释与讨论】〈阴〉（地）Kairo,位于新几内亚岛+thamnos,指小式 thamnion,灌木,灌丛,树丛,枝。【分布】新几内亚岛。【模式】Kairothamnus phyllanthoides（H. K. Airy Shaw）H. K. Airy Shaw［Austrobuxus phyllanthoides H. K. Airy Shaw］。●☆

27082　Kaisupeea B. L. Burtt（2001）【汉】东南亚苣苔属。【隶属】苦苣苔科 Gesneriaceae。【包含】世界 3 种。【学名诠释与讨论】〈阴〉词源不详。【分布】泰国,中国,东南亚。【模式】Kaisupeea herbacea（C. B. Clarke）B. L. Burtt。■

27083　Kajewskia Guillaumin（1932）= Veitchia H. Wendl.（1868）（保留属名）［棕榈科 Arecaceae（Palmae）］●☆

27084　Kajewskiella Merr. et L. M. Perry（1947）【汉】卡茜属。【隶属】茜草科 Rubiaceae。【包含】世界 17 种。【学名诠释与讨论】〈阴〉（人）Kajewsk+-ellus,-ella,-ellum,加在名词词干后面形成指小式的词尾。或加在人名、属名等后面以组成新属的名称。【分布】所罗门群岛。【模式】Kajewskiella trichantha Merrill et Perry。☆

27085　Kajuputi Adans.（1763）（废弃属名）≡ Melaleuca L.（1767）

（保留属名）［桃金娘科 Myrtaceae//白千层科 Melaleucaceae］●

27086　Kakile Desf.（1798）Nom. illegit. ≡ Cakile Mill.（1754）［十字花科 Brassicaceae（Cruciferae）］■☆

27087　Kakosmanthus Hassk.（1855）= Madhuca Buch. - Ham. ex J. F. Gmel.（1791）［山榄科 Sapotaceae］●

27088　Kalabotis Raf.（1837）= Allium L.（1753）［百合科 Liliaceae//葱科 Alliaceae］■

27089　Kalaharia Baill.（1891）【汉】卡拉木属。【隶属】唇形科 Lamiaceae（Labiatae）//牡荆科 Viticaceae。【包含】世界 1 种。【学名诠释与讨论】〈阴〉（地）Kalahari，卡拉哈里，位于非洲。此属的学名是"Kalaharia Baillon, Hist. Pl. 11：110. Jun-Jul 1891"。亦有文献把其处理为"Clerodendrum L.（1753）"的异名。【分布】热带和非洲南部。【模式】Kalaharia spinipes Baillon。【参考异名】Clerodendrum L.（1753）●☆

27090　Kalakia Alava（1975）【汉】伊朗芹属。【隶属】伞形花科（伞形科）Apiaceae（Umbelliferae）。【包含】世界 1 种。【学名诠释与讨论】〈阴〉（地）Kalak，卡拉克，位于伊朗。【分布】伊朗。【模式】Kalakia stenocarpa（J. Bornmüller et E. Gauba）R. Alava［Ducrosia stenocarpa J. Bornmüller et E. Gauba］。■☆

27091　Kalanchoe Adans.（1763）【汉】伽蓝菜属（灯笼草属，高凉菜属，落地生根属）。【日】カランコエ属，リュウキュウベンケイ属，リュウキュウベンケイ属。【俄】Каланхое。【英】Kalanchoe。【隶属】景天科 Crassulaceae。【包含】世界 125-144 种，中国 4-12 种。【学名诠释与讨论】〈阴〉（汉）kalanchoe 伽蓝菜。另说来自印地语 kalanka，铁锈，斑点。【分布】巴基斯坦，巴拿马，秘鲁，玻利维亚，厄瓜多尔，哥伦比亚（安蒂奥基亚），哥斯达黎加，马达加斯加，尼加拉瓜，印度尼西亚（爪哇岛），中国，热带和非洲南部，中美洲。【模式】Kalanchoe laciniata（Linnaeus）A. P. de Candolle［Cotyledon laciniata Linnaeus］。【参考异名】Bryophyllum Salisb.（1805）；Calanchoe Pers.（1805）；Crassuvia Comm. ex Lam.（1786）；Kitchingia Baker（1881）；Meristostylis Klotzsch（1861）；Verea Willd.（1799）；Vereia Andréws（1797）●■

27092　Kalappia Kosterm.（1952）【汉】苏拉威西盘豆属。【隶属】豆科 Fabaceae（Leguminosae）//云实科（苏木科）Caesalpiniaceae。【包含】世界 1 种。【学名诠释与讨论】〈阴〉（地）Kalapp.【分布】印度尼西亚（苏拉威西岛）。【模式】Kalappia celebica Kostermans。■☆

27093　Kalawael Adans.（1763）（废弃属名）≡ Santaloides G. Schellenb.（1910）（保留属名）；~ = Rourea Aubl.（1775）（保留属名）［牛栓藤科 Connaraceae］●

27094　Kalbfussia Sch. Bip.（1833）= Leontodon L.（1753）（保留属名）［菊科 Asteraceae（Compositae）］■☆

27095　Kalbreyera Burret（1930）【汉】喀贝尔榈属。【隶属】棕榈科 Arecaceae（Palmae）。【包含】世界 1 种。【学名诠释与讨论】〈阴〉（人）（E.）Wilhelm（Guillermo）Kalbreyer，1847-1912，植物采集家。此属的学名是"Kalbreyera Burret, Bot. Jahrb. Syst. 63：142. 1 Mar 1930"。亦有文献把其处理为"Geonoma Willd.（1805）"的异名。【分布】哥伦比亚。【模式】Kalbreyera triandra Burret。【参考异名】Geonoma Willd.（1805）●☆

27096　Kalbreyeracanthus Wassh.（1981）【汉】卡尔爵床属。【隶属】爵床科 Acanthaceae。【包含】世界 2 种。【学名诠释与讨论】〈阳〉（人）（E.）Wilhelm（Guillermo）Kalbreyer，1847-1912，植物采集家+akantha，荆棘，刺。此属的学名"Kalbreyeracanthus D. C. Wasshausen in D. H. Nicolson et J. N. Norris, Taxon 30：477. 20 Mai 1981"是一个替代名称。"Syringidium Lindau, Notizbl. Bot. Gart. Berlin-Dahlem 8：142. 1 Apr 1922"是一个非法名称（Nom. illegit.），因为此前已经有了"Syringidium C. G. Ehrenberg, Ber.

Bekanntm. Verh. Königl. Preuss. Akad. Wiss. Berlin 1845：357. 1845（硅藻）"。故用"Kalbreyeracanthus Wassh.（1981）"替代之。亦有文献把"Kalbreyeracanthus Wassh.（1981）"处理为"Habracanthus Nees（1847）"的异名。【分布】哥伦比亚，中美洲。【模式】Kalbreyeracanthus atropurpureus（Lindau）D. C. Wasshausen［Syringidium atropurpureum Lindau］。【参考异名】Habracanthus Nees（1847）；Syringidium Lindau（1922）Nom. illegit. ●☆

27097　Kalbreyeriella Lindau（1922）【汉】喀贝尔爵床属。【隶属】爵床科 Acanthaceae。【包含】世界 3-4 种。【学名诠释与讨论】〈阴〉（人）（E.）Wilhelm（Guillermo）Kalbreyer，1847-1912，植物采集家+-ellus，-ella，-ellum，加在名词词干后面形成指小式的词尾。或加在人名、属名等后面以组成新属的名称。【分布】巴拿马，秘鲁，厄瓜多尔，哥伦比亚（包括安蒂奥基亚），中美洲。【模式】Kalbreyeriella rostellata Lindau。☆

27098　Kaleniczenkia Turcz.（1853）= Brachysema R. Br.（1811）［豆科 Fabaceae（Leguminosae）］●☆

27099　Kaleria Adans.（1763）Nom. illegit. ≡ Silene L.（1753）（保留属名）［石竹科 Caryophyllaceae］■

27100　Kali Mill.（1754）Nom. illegit. ≡ Salsola L.（1753）［藜科 Chenopodiaceae//猪毛菜科 Salsolaceae］●■

27101　Kali Tourn. ex Adans.（1763）Nom. illegit. ［藜科 Chenopodiaceae］☆

27102　Kalidiopsis Aellen（1967）【汉】类盐爪爪属。【隶属】藜科 Chenopodiaceae。【包含】世界 1 种。【学名诠释与讨论】〈阴〉（属）Kalidium 盐爪爪属+希腊文 opsis，外观，模样，相似。此属的学名是"Kalidiopsis P. Aellen, Notes Roy. Bot. Gard. Edinburgh 28：31. 19 Sep 1967"。亦有文献把其处理为"Kalidium Moq.（1849）"的异名。【分布】亚洲。【模式】Kalidiopsis wagentizii P. Aellen。【参考异名】Kalidium Moq.（1849）●☆

27103　Kalidium Moq.（1849）【汉】盐爪爪属。【俄】Поташник。【英】Kalidium，Saltclaw。【隶属】藜科 Chenopodiaceae。【包含】世界 5-6 种，中国 5-6 种。【学名诠释与讨论】〈中〉（希）kalia，指小式 kalidion，仓，茅舍，鸟巢。kalon，木+-ius，-ia，-ium，在拉丁文和希腊文中，这些词尾表示性质或状态。指胞果包于花被内。【分布】俄罗斯（南部），中国，亚洲西部。【后选模式】Kalidium foliatum（Pallas）Moquin-Tandon［Salicornia foliata Pallas］。【参考异名】Kalidiopsis Aellen（1967）●

27104　Kalimantanorchis Tsukaya, M. Nakaj. et H. Okada（2011）【汉】加里曼兰属。【隶属】兰科 Orchidaceae。【包含】世界 1 种。【学名诠释与讨论】〈阴〉（地）Kalimantan，加里曼丹+orchis，原义是睾丸，后变为植物兰的名称，因为根的形态而得名。变为拉丁文 orchis，所有格 orchidis。【分布】西加里曼丹岛。【模式】Kalimantanorchis nagamasui Tsukaya, M. Nakaj. et H. Okada。☆

27105　Kalimares Raf.（1837）Nom. illegit. ≡ Aster L.（1753）；~ = Kalimeris（Cass.）Cass.（1825）［菊科 Asteraceae（Compositae）］■

27106　Kalimeris（Cass.）Cass.（1825）【汉】马兰属。【日】ヨメナ属。【俄】Калимерис。【英】Japanese Aster, Kalimeris, Martinoe。【隶属】菊科 Asteraceae（Compositae）。【包含】世界 8-20 种，中国 8 种。【学名诠释与讨论】〈阴〉（希）kalos，美丽的+meres 部分。指花瓣美丽。此属的学名，ING 记载是"Kalimeris H. Cassini in F. Cuvier, Dict. Sci. Nat. 24：325. Aug 1822"；《中国植物志》中文版和《台湾植物志》亦用此名称。而 IK 和 TROPICOS 则记载为"Kalimeris（Cass.）Cass., Dict. Sci. Nat., ed. 2.［F. Cuvier］37：464（491）. 1825［Dec 1825］"，由"Aster subgen. Kalimeris Cass. Dict. Sci. Nat.［F. Cuvier］24：324. 1822"改级而来。亦有文献把"Kalimeris（Cass.）Cass.（1825）"处理为"Aster L.（1753）"或"Asterothamnus Novopokr.（1950）"的异名。【分布】中国，东亚。【模式】Kalimeris madagascariensis J. D. Hooker。【参考异名】Aster

L. （1753）；Aster subgen. Kalimeris Cass. （1822）；Asteromoea Blume（1826）；Asterothamnus Novopokr. （1950）；Calimeris Nees （1832）；Calymeris Post et Kuntze（1903）；Hisutsua DC. （1838）；Kalimares Raf. （1837）Nom. illegit. ；Kalimeris Cass. （1822）Nom. illegit. ；Martinia Vaniot（1903）Nom. illegit. ■

27107　Kalimeris Cass. （1822）Nom. illegit. ≡ Kalimeris （Cass. ）Cass. （1825）［菊科 Asteraceae（Compositae）］■

27108　Kalimpongia Pradhan（1977）= Dickasonia L. O. Williams（1941）［兰科 Orchidaceae］■☆

27109　Kalinia H. L. Bell et Columbus（2013）【汉】卡里禾属。【隶属】禾本科 Poaceae（Gramineae）。【包含】世界 1 种。【学名诠释与讨论】〈阴〉词源不详。似来自人名。【分布】墨西哥。【模式】Kalinia obtusiflora （E. Fourn. ）H. L. Bell et Columbus ［Brizopyrum obtusiflorum E. Fourn. ］。☆

27110　Kaliphora Hook. f. （1867）【汉】扁果树属。【英】Kaliphora。【隶属】扁果树科 Kaliphoraceae//山茱萸科 Cornaceae。【包含】世界 1 种。【学名诠释与讨论】〈阴〉（希）kalia，指小式 kalidion 仓、茅舍，鸟巢，kalon 木+phoros，具有，梗，负载，发现者。或 kalos，美丽的 + phoros。【分布】马达加斯加。【模式】Kaliphora madagascariensis J. D. Hooker。【参考异名】Kaliphora Hook. f. （1867）●☆

27111　Kaliphoraceae Takht. （1994）［亦见 Montiniaceae Nakai（保留科名）山醋李科］【汉】扁果树科。【包含】世界 1 属 1 种。【分布】马达加斯加。【科名模式】Kaliphora Hook. f. ●☆

27112　Kallias Cass. （1825）Nom. illegit. ≡ Kallias （Cass. ）Cass. （1825）；~ = Heliopsis Pers. （1807）（保留属名）［菊科 Asteraceae（Compositae）］■☆

27113　Kallophyllon Pohl ex Baker （1876）= Symphyopappus Turcz. （1848）［菊科 Asteraceae（Compositae）］●☆

27114　Kallophyllon Pohl （1876）Nom. illegit. ≡ Kallophyllon Pohl ex Baker（1876）；~ = Symphyopappus Turcz. （1848）［菊科 Asteraceae（Compositae）］●☆

27115　Kallstroemia Scop. （1777）【汉】卡尔蒺藜属（美洲蒺藜属）。【隶属】蒺藜科 Zygophyllaceae。【包含】世界 17 种。【学名诠释与讨论】〈阴〉（人）Anders Kallstroem，1733−1812。此属的学名，ING、TROPICOS、APNI、GCI 和 IK 记载是 “Kallstroemia Scop. ，Intr. Hist. Nat. 212. 1777 ［Jan−Apr 1777］”。“Heterozygia Bunge，Mém. Acad. Imp. Sci. Saint Pétersbourg Divers Savans 2：604. 1835” 是“Kallstroemia Scop. （1777）”的晚出的同模式异名（Homotypic synonym，Nomenclatural synonym）。“Heterozygis Bunge，Suppl. Fl. Alt. 82. 1836”是“Heterozygia Bunge（1836）”的误记。【分布】澳大利亚，巴拿马，秘鲁，玻利维亚，厄瓜多尔，哥伦比亚（安蒂奥基亚），美国，尼加拉瓜，西印度群岛至阿根廷，中美洲。【模式】Kallstroemia maxima （Linnaeus）Torrey et A. Gray ［Tribulus maximus Linnaeus］。【参考异名】Ehrenbergia Mart. （1827）Nom. illegit. ；Heterozygia Bunge （1836）Nom. illegit. ；Heterozygis Bunge （1836）Nom. illegit. ；Ledebouria Mart. ●☆

27116　Kalmia L. （1753）【汉】山月桂属。【日】カルミア属。【俄】Кальмия。【英】American Laurel，Kalmia，Laurel，Sheep−laurel。【隶属】杜鹃花科（欧石南科）Ericaceae。【包含】世界 8 种，中国 6 种。【学名诠释与讨论】〈阴〉（人）Pehr （Peter）Kalm，1716−1779，瑞典植物学者，林奈的学生。此属的学名，ING、TROPICOS、GCI 和 IK 记载是“Kalmia L. ，Sp. Pl. 1：391. 1753 ［1 May 1753］”。“Chamaedaphne Catesby ex O. Kuntze，Rev. Gen. 2：388. 5 Nov 1891 ［non J. Mitchell 1769（废弃属名），nec Moench 1794（保留属名）］”是“Kalmia L. （1753）”的晚出的同模式异名（Homotypic synonym，Nomenclatural synonym）。“Chamaedaphne

Catesby（1891）≡ Chamaedaphne Catesby ex Kuntze （1891）” 和 “Chamaedaphne Kuntze（1891）≡ Chamaedaphne Catesby ex Kuntze （1891）”的命名人引证有误。【分布】古巴，中国，北美洲。【后选模式】Kalmia latifolia Linnaeus。【参考异名】Chamaedaphne Catesby ex Kuntze（1891）Nom. illegit. （废弃属名）；Chamaedaphne Catesby（废弃属名）；Chamaedaphne Kuntze（1891）Nom. illegit. （废弃属名）；Critonia Gaertn. ；Kalmiella Small （1903）；Kulmia Augier；Leiophyllum （Pers. ）Elliott （1817）Nom. illegit. ，Nom. inval. ；Loiseleuria Desv. （1813）（保留属名）；Loiseleuria Desv. ex Loisel. （1812）（废弃属名）●

27117　Kalmiaceae Durande（1782）= Ericaceae Juss. （保留科名）●

27118　Kalmiella Small （1903）【汉】小山月桂属。【隶属】杜鹃花科（欧石南科）Ericaceae。【包含】世界 1 种。【学名诠释与讨论】〈阴〉（属）Kalmia 山月桂属+−ellus，−ella，−ellum，加在名词词干后面形成指小式的词尾。或加在人名、属名等后面以组成新属的名称。此属的学名是“Kalmiella J. K. Small，Fl. Southeast. U. S. 886. Jul 1903”。亦有文献把其处理为“Kalmia L. （1753）”的异名。【分布】古巴，美国（东南部）。【模式】Kalmiella hirsuta （Walter）J. K. Small ［Kalmia hirsuta Walter］。【参考异名】Kalmia L. （1753）●☆

27119　Kalmiopsis Rehder（1932）【汉】假山月桂属（拟山月桂属，桃叶杜属）。【日】カルミオプシス属。【英】Leachian Kalmiopsis。【隶属】杜鹃花科（欧石南科）Ericaceae。【包含】世界 1 种。【学名诠释与讨论】〈阴〉（属）Kalmia 山月桂属+希腊文 opsis，外观，模样，相似。【分布】美国（西北部）。【模式】Kalmiopsis leachiana （Henderson）Rehder ［Rhododendron leachianum Henderson］。●☆

27120　Kalomikta Regel（1857）= Actinidia Lindl. （1836）［猕猴桃科 Actinidiaceae］●

27121　Kalonymus（Beck. ）Prokh. （1949）= Euonymus L. （1753）［as ‘Evonymus’］（保留属名）［卫矛科 Celastraceae］●

27122　Kalopanax Miq. （1863）【汉】刺楸属。【日】ハリギリ属。【俄】Диморфант，Калопанакс。【英】Castor Aralia，Kalopanax。【隶属】五加科 Araliaceae。【包含】世界 1 种，中国 1 种。【学名诠释与讨论】〈阳〉（希）kalos 美丽的+（属）Panax 人参属。指其与人参属有亲缘关系。【分布】中国，东亚。【模式】未指定。【参考异名】Calopanax Post et Kuntze（1903）●

27123　Kalopternix Garay et Dunst. （1976）= Epidendrum L. （1763）（保留属名）［兰科 Orchidaceae］■☆

27124　Kalosanthes Haw. （1821）= Rochea DC. （1802）（保留属名）；~ = Rochea DC. +Crassula L. （1753）［景天科 Crassulaceae］●■☆

27125　Kalpandria Walp. （1842）= Calpandria Blume （1825）；~ = Camellia L. （1753）［山茶科（茶科）Theaceae］●

27126　Kaluhaburunghos Kuntze （1891）Nom. illegit. ≡ Cleistanthus Hook. f. ex Planch. （1848）［大戟科 Euphorbiaceae］●

27127　Kamara Adans. （1763）= Lantana L. （1753）（保留属名）［马鞭草科 Verbenaceae//马缨丹科 Lantanaceae］●

27128　Kambala Raf. （1838）= Sonneratia L. f. （1782）（保留属名）［海桑科 Sonneratiaceae//千屈菜科 Lythraceae］●

27129　Kamelia Steud. （1821）= Camellia L. （1753）［山茶科（茶科）Theaceae］●

27130　Kamelinia F. O. Khass. et I. I. Malzev （1992）= Physospermum Cusson（1782）［伞形花科（伞形科）Apiaceae（Umbelliferae）］■☆

27131　Kamettia Kostel. （1834）【汉】卡麦夹竹桃属。【隶属】夹竹桃科 Apocynaceae。【包含】世界 1 种。【学名诠释与讨论】〈阴〉词源不详。此属的学名，ING、TROPICOS 和 IK 记载是“Kamettia Kostel. ，Allg. Med. −Pharm. Fl. 3：1062. 1834 ［Apr−Dec 1834］”。“Ellertonia R. Wight，Icon. 4（2）：（2）. Aug 1848”是“Kamettia

Kostel.（1834）"的晚出的同模式异名（Homotypic synonym, Nomenclatural synonym）。【分布】菲律宾，马达加斯加，塞舌尔（塞舌尔群岛），印度。【模式】Kamettia malabarica Kostel., Nom. illegit.［Echites caryophyllata Roxburgh; Kamettia caryophyllata（Roxburgh）D. H. Nicolson et C. R. Suresh］。【参考异名】Ellertonia Wight（1848）Nom. illegit.●☆

27132　Kamiella Vassilcz.（1979）= Medicago L.（1753）（保留属名）［豆科 Fabaceae（Leguminosae）//蝶形花科 Papilionaceae］●■

27133　Kamiesbergia Snijman（1991）= Hessea Herb.（1837）（保留属名）［石蒜科 Amaryllidaceae］■☆

27134　Kampmania Raf.=Zanthoxylum L.（1753）［芸香科 Rutaceae//花椒科 Zanthoxylaceae］●

27135　Kampmannia Raf.（1808）= Zanthoxylum L.（1753）［芸香科 Rutaceae//花椒科 Zanthoxylaceae］●

27136　Kampmannia Steud.（1853）Nom. illegit. = Cortaderia Stapf（1897）（保留属名）［禾本科 Poaceae（Gramineae）］■

27137　Kampochloa Clayton（1967）【汉】短叶草属。【隶属】禾本科 Poaceae（Gramineae）。【包含】世界 1 种。【学名诠释与讨论】〈阴〉（人）E. Kampe，植物学者+chloe，草的幼芽，嫩草，禾草。【分布】热带非洲南部。【模式】Kampochloa brachyphylla W. D. Clayton。■☆

27138　Kamptzia Nees（1840）= Syncarpia Ten.（1839）［桃金娘科 Myrtaceae］●☆

27139　Kanahia R. Br.（1810）【汉】东非萝藦属。【隶属】萝藦科 Asclepiadaceae。【包含】世界 2 种。【学名诠释与讨论】〈阴〉来自阿拉伯植物俗名。【分布】阿拉伯地区，热带非洲东部。【模式】Kanahia laniflora（Forsskål）R. Brown［Asclepias laniflora Forsskål］。【参考异名】Canahia Steud.（1821）■☆

27140　Kanakomyrtus N. Snow（2009）【汉】热香木属（新喀番樱桃属）。【隶属】桃金娘科 Myrtaceae。【包含】世界 6 种。【学名诠释与讨论】〈阴〉（地）Kanak 格讷格，位于巴基斯坦+（属）Myrtus 香桃木属。【分布】巴基斯坦。【模式】不详。Eugenia myrtopsidoides Guillaumin。【参考异名】Eugenia L.（1753）●☆

27141　Kanaloa Lorence et K. R. Wood（1994）【汉】卡那豆属。【隶属】豆科 Fabaceae（Leguminosae）。【包含】世界 1 种。【学名诠释与讨论】〈阴〉来自夏威夷植物俗名。【分布】美国（夏威夷）。【模式】Kanakomyrtus kahoolawensis D. H. Lorence et K. R. Wood。☆

27142　Kandaharia Alava（1976）【汉】康达草属。【隶属】伞形花科（伞形科）Apiaceae（Umbelliferae）。【包含】世界 1 种。【学名诠释与讨论】〈阴〉（地）Kandahar 或 Qandahar，坎大哈，位于阿富汗。【分布】阿富汗。【模式】Kandaharia rechingerorum R. Alava。■☆

27143　Kandelia（DC.）Wight et Arn.（1834）【汉】秋茄树属（茄藤树属，水笔仔属）。【日】メヒルギ属。【英】Kandelia。【隶属】红树科 Rhizophoraceae。【包含】世界 1 种，中国 2 种。【学名诠释与讨论】〈阴〉（印度）kandel，马拉巴尔秋茄树俗名。此属的学名，ING 和 GCI 记载是"Kandelia（A. P. de Candolle）R. Wight et Arnott, Prodr. 310. Oct（prim.）1834"，由"Rhizophora sect. Kandelia A. P. de Candolle, Prodr. 3：32. Mar（med.）1828"改级而来。IK 则记载为"Kandelia Wight et Arn., Prodr. Fl. Ind. Orient. 1：310. 1834［10 Oct 1834］"。【分布】中国，马来西亚（西部），东亚。【模式】Kandelia rheedei R. Wight et Arnott, Nom. illegit.［Rhizophora candel Linnaeus; Kandelia candel（Linnaues）Druce］。【参考异名】Kandelia Wight et Arn.（1834）Nom. illegit.; Rhizophora sect. Kandelia DC.（1828）●■

27144　Kandelia Wight et Arn.（1834）Nom. illegit. ≡ Kandelia（DC.）Wight et Arn.（1834）［红树科 Rhizophoraceae］●

27145　Kandena Raf.（1838）= Canthium Lam.（1785）［茜草科 Rubiaceae］●

27146　Kandis Adans.（1763）= Lepidium L.（1753）［十字花科 Brassicaceae（Cruciferae）］■

27147　Kania Schltr.（1914）【汉】卡恩桃金娘属。【隶属】桃金娘科 Myrtaceae。【包含】世界 6 种。【学名诠释与讨论】〈阴〉（人）Kan。此属的学名是"Kania Schlechter, Bot. Jahrb. Syst. 52：119. 24 Nov 1914"。亦有文献把其处理为"Metrosideros Banks ex Gaertn.（1788）（保留属名）"的异名。【分布】菲律宾，新几内亚岛。【模式】Kania eugenioides Schlechter。【参考异名】Metrosideros Banks ex Gaertn.（1788）（保留属名）●☆

27148　Kaniaceae（Engl.）Nakai（1943）= Myrtaceae Juss.（保留科名）●

27149　Kaniaceae Nakai（1943）= Myrtaceae Juss.（保留科名）●

27150　Kanilia Blume（1850）= Bruguiera Sav.（1798）［红树科 Rhizophoraceae］●

27151　Kanilla Guett.= Bruguiera Lam.（1793）［红树科 Rhizophoraceae］●

27152　Kanimia Gardner（1847）= Mikania Willd.（1803）（保留属名）［菊科 Asteraceae（Compositae）］■

27153　Kanjarum Ramam.（1973）= Strobilanthes Blume（1826）［爵床科 Acanthaceae］●■

27154　Kanopikon Raf.（1838）= Euphorbia L.（1753）［大戟科 Euphorbiaceae］●■

27155　Kantemon Raf.（1836）【汉】坎特忍冬属。【隶属】忍冬科 Caprifoliaceae。【包含】世界 2 种。【学名诠释与讨论】〈阴〉词源不详。【分布】北美洲。【模式】未指定。☆

27156　Kantou Aubrév. et Pellegr.（1957）= Inhambanella（Engl.）Dubard（1915）［山榄科 Sapotaceae］●☆

27157　Kantuffa Bruce（1790）= Pterolobium R. Br. ex Wight et Arn.（1834）（保留属名）［豆科 Fabaceae（Leguminosae）//云实科（苏木科）Caesalpiniaceae］●

27158　Kaokochloa De Winter（1961）【汉】考氏禾属（考科韦尔德草属）。【隶属】禾本科 Poaceae（Gramineae）。【包含】世界 1 种。【学名诠释与讨论】〈阴〉（地）Kaoko+chloe，草的幼芽，嫩草，禾草。【分布】非洲西南部。【模式】Kaokochloa nigrirostis De Winter。■☆

27159　Kaoue Pellegr.（1933）= Stachyothyrsus Harms（1897）［豆科 Fabaceae（Leguminosae）］■☆

27160　Kappia Venter, A. P. Dold et R. L. Verh.（2006）【汉】非洲萝藦属。【隶属】萝藦科 Asclepiadaceae。【包含】世界 1 种。【学名诠释与讨论】〈阴〉词源不详。此属的学名是"Kappia Venter, A. P. Dold et R. L. Verh., South African Journal of Botany 72（4）：530. 2006.（Nov 2006）"。亦有文献把其处理为"Raphionacme Harv.（1842）"的异名。【分布】非洲南部。【模式】Kappia lobulata（Venter et R. L. Verh.）Venter, A. P. Dold et R. L. Verh.。【参考异名】Raphionacme Harv.（1842）■☆

27161　Kara-angolam Adans.（1763）（废弃属名）= Alangium Lam.（1783）（保留属名）［八角枫科 Alangiaceae］●

27162　Karaguata Raf.=Tillandsia L.（1753）［凤梨科 Bromeliaceae//花凤梨科 Tillandsiaceae］■☆

27163　Karaka Raf.（1838）Nom. illegit. ≡ Erythropsis Lindl. ex Schott et Endl.（1832）; ~ = Firmiana Marsili（1786）; ~ = Sterculia L.（1753）［梧桐科 Sterculiaceae//锦葵科 Malvaceae］●

27164　Karamyschewia Fisch. et C. A. Mey.（1838）= Oldenlandia L.（1753）［茜草科 Rubiaceae］●■

27165　Karamyschovia Fisch. ex Steud.（1840）= Karamyschewia Fisch. et C. A. Mey.（1838）; ~ = Oldenlandia L.（1753）［茜草科

Rubiaceae〕●■

27166　Karangolum Kuntze（1891）Nom. illegit. = Alangium Lam.（1783）（保留属名）；~ = Kara-angolam Adans.（1763）（废弃属名）；~ = Alangium Lam.（1783）（保留属名）〔八角枫科 Alangiaceae〕●

27167　Karatas Mill.（1754）Nom. illegit. ≡ Bromelia L.（1753）〔凤梨科 Bromeliaceae〕■☆

27168　Karatavia Pimenov et Lavrova（1987）【汉】卡拉套草属。【隶属】伞形花科（伞形科）Apiaceae（Umbelliferae）。【包含】世界 1 种。【学名诠释与讨论】〈阴〉（地）Karatau，卡拉套，位于亚洲中部。【分布】亚洲中部。【模式】Karatavia kultiassovii（E. P. Korovin）M. G. Pimenov et T. V. Lavrova〔Selinum kultiassovii E. P. Korovin〕。■☆

27169　Kardanoglyphos Schltdl.（1857）【汉】小薄菜属。【隶属】十字花科 Brassicaceae（Cruciferae）。【包含】世界 1 种。【学名诠释与讨论】〈阴〉词源不详。此属的学名是“Kardanoglyphos D. F. L. Schlechtendal, Linnaea 28：472. Jun 1857”。亦有文献把其处理为“Rorippa Scop.（1760）”的异名。【分布】玻利维亚，智利。【模式】Kardanoglyphos nana D. F. L. Schlechtendal。【参考异名】Cardanoglyphus Post et Kuntze（1903）；Rorippa Scop.（1760）■☆

27170　Kardomia Peter G. Wilson（2007）= Babingtonia Lindl.（1842）；~ = Baeckea L.（1753）〔桃金娘科 Myrtaceae〕●

27171　Kare-Kandel Adans.（1763）Nom. inval.（废弃属名）= Carallia Roxb.（1811）（保留属名）〔红树科 Rhizophoraceae〕●

27172　Karekandel Adans. ex Wolf（1776）Nom. illegit.（废弃属名）≡ Karekandel Wolf（1776）（废弃属名）；~ = Carallia Roxb.（1811）（保留属名）〔红树科 Rhizophoraceae〕●

27173　Karekandel Wolf（1776）（废弃属名）= Carallia Roxb.（1811）（保留属名）〔红树科 Rhizophoraceae〕●

27174　Karekandelia Kuntze（1891）= Carallia Roxb.（1811）（保留属名）〔红树科 Rhizophoraceae〕●

27175　Karelinia Less.（1834）【汉】花花柴属（卡丽花属）。【俄】Карелиния。【英】Karelinia。【隶属】菊科 Asteraceae（Compositae）。【包含】世界 1 种，中国 1 种。【学名诠释与讨论】〈阴〉（人）Grigorij Silych G. Karelia, 1843-1896, 俄罗斯植物学者。另说纪念俄罗斯植物学者 Grigorij Silyc（Gregoire, Gregor Silic, Grigory Siluic, Ghrighorii Siluich, Silitsch, Siliovitsch, Silovitsch）Karelin, 1801-1872, 曾到西伯利亚采集标本。【分布】俄罗斯，蒙古（西部），伊朗，中国，亚洲中部。【模式】Karelinia caspia（Pallas）Lessing〔as‘caspica’〕〔Serratula caspia Pallas〕。■

27176　Karimbolea Desc.（1960）【汉】卡里萝藦属。【隶属】萝藦科 Asclepiadaceae。【包含】世界 1 种。【学名诠释与讨论】〈阴〉（地）Karimbola，卡林布拉河，位于马达加斯加。此属的学名是“Karimbolea Descoings, Cactus 15：77. Oct-Dec 1960”。亦有文献把其处理为“Cynanchum L.（1753）”的异名。【分布】马达加斯加。【模式】Karimbolea verrucosa Descoings。【参考异名】Cynanchum L.（1753）■☆

27177　Karina Boutique（1971）【汉】扎伊尔龙胆属。【隶属】龙胆科 Gentianaceae。【包含】世界 1 种。【学名诠释与讨论】〈阴〉（地）Karina，卡里纳，位于非洲。【分布】非洲。【模式】Karina tayloriana R. Boutique。●☆

27178　Karinia Reznicek et McVaugh（1993）= Scirpoides Ség.（1754）〔莎草科 Cyperaceae〕■☆

27179　Karivia Arn.（1841）= Solena Lour.（1790）；~ = Zehneria Endl.（1833）〔葫芦科（瓜科，南瓜科）Cucurbitaceae〕■

27180　Karkandela Raf.（1838）Nom. illegit. ≡ Karekandel Wolf（1776）（废弃属名）；~ = Carallia Roxb.（1811）（保留属名）〔红树科 Rhizophoraceae〕●

27181　Karkinetron Raf.（1837）（废弃属名）= Muehlenbeckia Meisn.（1841）（保留属名）〔蓼科 Polygonaceae〕●☆

27182　Karlea Pierre（1896）= Maesopsis Engl.（1895）〔鼠李科 Rhamnaceae〕●☆

27183　Karnataka P. K. Mukh. et Constance（1986）【汉】卡尔纳草属。【隶属】伞形花科（伞形科）Apiaceae（Umbelliferae）。【包含】世界 1 种。【学名诠释与讨论】〈阴〉（地）Karnataka，卡纳塔克，是印度的一个邦。【分布】印度。【模式】Karnataka benthamii（C. B. Clarke）P. K. Mukherjee et L. Constance〔Schultzia benthamii C. B. Clarke〕。■☆

27184　Karomia Dop（1932）【汉】宽萼木属。【隶属】马鞭草科 Verbenaceae//唇形科 Lamiaceae（Labiatae）。【包含】世界 9 种。【学名诠释与讨论】〈阴〉（地）据原始文献，应该来自地名。【分布】马达加斯加，中南半岛。【模式】Karomia fragrans Dop。【参考异名】Holmskioldia Retz.（1791）●☆

27185　Karorchis D. L. Jones et M. A. Clem.（2002）= Bulbophyllum Thouars（1822）（保留属名）；~ = Kaurorchis D. L. Jones et M. A. Clem.（2002）〔兰科 Orchidaceae〕■

27186　Karos Nieuwl. et Lunell（1916）= Carum L.（1753）〔伞形花科（伞形科）Apiaceae（Umbelliferae）〕■

27187　Karpaton Raf.（1817）= Triosteum L.（1753）（保留属名）〔忍冬科 Caprifoliaceae〕■

27188　Karrabina Rozefelds et H. C. Hopkins（2013）【汉】澳洲火把树属。【隶属】火把树科（常绿棱枝树科，角瓣木科，库诺尼科，南蔷薇科，轻木科）Cunoniaceae。【包含】世界 2 种。【学名诠释与讨论】〈阴〉词源不详。【分布】澳大利亚。【模式】Karrabina benthamiana（F. Muell.）Rozefelds et H. C. Hopkins〔Geissois benthamiana F. Muell.〕。☆

27189　Karroochloa Conert et Türpe（1969）【汉】类皱籽草属。【隶属】禾本科 Poaceae（Gramineae）。【包含】世界 1-4 种。【学名诠释与讨论】〈阴〉（地）Karroo，南非洲的干燥台地高原+chloe，草的幼芽，嫩草，禾草。此属的学名是“Karroochloa H. J. Conert et A. M. Türpe, Senckenberg. Biol. 50：290. 15 Aug 1969”。亦有文献把其处理为“Rytidosperma Steud.（1854）”的异名。【分布】非洲西部和南部。【模式】Karroochloa curva（C. G. D. Nees）H. J. Conert et A. M. Türpe〔Danthonia curva C. G. D. Nees〕。【参考异名】Rytidosperma Steud.（1854）■☆

27190　Karsthia Raf.（1840）= Oenanthe L.（1753）〔伞形花科（伞形科）Apiaceae（Umbelliferae）〕■

27191　Karthemia Sch. Bip.（1843）= Iphiona Cass.（1817）（保留属名）；~ = Varthemia DC.（1836）〔菊科 Asteraceae（Compositae）〕●■☆

27192　Karvandarina Rech. f.（1950）【汉】无叶菊属。【隶属】菊科 Asteraceae（Compositae）。【包含】世界 1 种。【学名诠释与讨论】〈阴〉词源不详。【分布】伊朗。【模式】Karvandarina aphylla K. H. Rechinger。●☆

27193　Karwinskia Zucc.（1832）【汉】卡氏鼠李属（卡文木属，卡文斯基属）。【隶属】鼠李科 Rhamnaceae。【包含】世界 14-16 种。【学名诠释与讨论】〈阴〉（人）Wilhelm Friedrich von Karwinsky, 1780-1855, 德国植物学者。【分布】玻利维亚，美国（西南部），尼加拉瓜，西印度群岛，中美洲。【模式】Karwinskia glandulosa Zuccarini。【参考异名】Decorima Raf.（1838）●☆

27194　Kasailo Dennst.（1818）Nom. inval. ≡ Kasailo Dennst. ex Kostel（2005）Nom. illegit.；~ ≡ Benteca Adans.（1763）（废弃属名）；~ = Hymenodictyon Wall.（1824）（保留属名）〔茜草科 Rubiaceae〕●

27195　Kasailo Dennst. ex Kostel（2005）Nom. illegit. ≡ Benteca Adans.（1763）（废弃属名）；~ = Hymenodictyon Wall.（1824）（保留属

名）[茜草科 Rubiaceae]●

27196 Kaschgaria Poljakov(1957)【汉】喀什菊属。【俄】Кашгария。【英】Kaschdaisy, Kaschgaria。【隶属】菊科 Asteraceae (Compositae)。【包含】世界 2 种,中国 2 种。【学名诠释与讨论】〈阴〉〈地〉Kashgar,喀什克尔+-arius,-aria,-arium,指示"属于、相似、具有、联系"的词尾。指模式种产于新疆喀什克尔。【分布】中国,亚洲中部。【模式】Kaschgaria brachanthemoides (C. Winkler) P. P. Poljakov [Artemisia brachanthemoides C. Winkler]。●■

27197 Kashmiria D. Y. Hong(1980)【汉】喀什米尔婆婆纳属(喀什米尔玄参属)。【隶属】玄参科 Scrophulariaceae//婆婆纳科 Veronicaceae。【包含】世界 1 种。【学名诠释与讨论】〈阴〉〈地〉Kashmir,喀什米尔。此属的学名"Kashmiria D. Hong, Bot. Not. 133;565. 15 Dec 1980"是一个替代名称。"Falconeria Hook. f., Hooker's Icon. Pl. 15;30. Dec 1883"是一个非法名称(Nom. illegit.),因为此前已经有了"Falconeria Royle, Ill. Bot. Himalaya Mts. 354. Feb 1839, Nom. illegit. = Sapium Jacq. (1760)(保留属名)[大戟科 Euphorbiaceae]"。故用"Kashmiria D. Y. Hong (1980)"替代之。【分布】喜马拉雅山。【模式】Kashmiria Kashmiria himalaica (J. D. Hooker) D. Hong [Falconeria himalaica J. D. Hooker]。【参考异名】Falconeria Hook. f. (1883) Nom. illegit.■☆

27198 Kastnera Sch. Bip. (1853) = Liabum Adans. (1763) Nom. illegit. ; ~ = Amellus L. (1759)(保留属名)[菊科 Asteraceae (Compositae)]■●☆

27199 Katafa Costantin et J. Poiss. (1908) = Cedrelopsis Baill. (1893) [喷嚏木科(嚏树科)Ptaeroxylaceae]●☆

27200 Katakidozamia Haage et Schmidt ex Regel (1876) = Macrozamia Miq. (1842) [苏铁科 Cycadaceae//泽米苏铁科(泽米科) Zamiaceae]●☆

27201 Katapsuxis Raf. (1840) = Cnidium Cusson ex Juss. (1787) Nom. illegit. ; ~ = Cnidium Cusson (1782) [伞形花科(伞形科) Apiaceae (Umbelliferae)]■

27202 Katarsis Medik. (1787) = Gypsophila L. (1753) [石竹科 Caryophyllaceae]■●

27203 Katarsis Medik. (1787) = Gypsophila L. (1753) [石竹科 Caryophyllaceae]■●

27204 Katharine Gregg et Paul M. Catling = Cleistes Rich. ex Lindl. (1840) [兰科 Orchidaceae]■☆

27205 Katherinea A. D. Hawkes (1956) Nom. illegit. = Epigeneium Gagnep. (1932) [兰科 Orchidaceae]■

27206 Katinasia Bonif. (2009)【汉】卡氏菊属。【隶属】菊科 Asteraceae(Compositae)。【包含】世界 1 种。【学名诠释与讨论】〈阴〉〈人〉Liliana Katinas,植物学者。【分布】阿根廷。【模式】Katinasia cabrerae (Bonif.) Bonif. [Nardophyllum cabrerae Bonif.]。☆

27207 Katoutheka Adans. (1763)(废弃属名)= Ardisia Sw. (1788) (保留属名);~ = Wendlandia Bartl. ex DC. (1830)(保留属名) [茜草科 Rubiaceae]●

27208 Katouthexa Steud. (1840) Nom. illegit. (废弃属名) ≡ Katoutheka Adans. (1763)(废弃属名);~ = Ardisia Sw. (1788) (保留属名);~ = Wendlandia Bartl. ex DC. (1830)(保留属名) [茜草科 Rubiaceae]●

27209 Katou-Tsjeroe Adans. (1763)(废弃属名)= Holigarna Buch. - Ham. ex Roxb. (1820)(保留属名);~ = Holigarna Buch. - Ham. ex Roxb. (1820)(保留属名)[漆树科 Anacardiaceae]●☆

27210 Katoutsjeroe Adans. (1763) 废弃属名)= Holigarna Buch. -

Ham. ex Roxb. (1820)(保留属名)[漆树科 Anacardiaceae]●☆

27211 Katubala Adans. (1763) Nom. illegit. ≡ Canna L. (1753) [美人蕉科 Cannaceae]■

27212 Kaufmannia Regel(1875)【汉】金钟报春属(考夫报春花属)。【俄】Кауфманния。【隶属】报春花科 Primulaceae。【包含】世界 1-2 种。【学名诠释与讨论】〈阴〉〈人〉Kauffmann,植物学者。【分布】亚洲中部。【模式】Kaufmannia semenovi E. Regel。●☆

27213 Kaukenia Kuntze (1891) Nom. illegit. ≡ Mimusops L. (1753) [山榄科 Sapotaceae]●☆

27214 Kaulfussia Dennst. (1818) = Xanthophyllum Roxb. (1820)(保留属名)[远志科 Polygalaceae//黄叶树科 Xanthophyllaceae]●

27215 Kaulfussia Nees (1820) Nom. illegit. = Charieis Cass. (1817); ~ = Felicia Cass. (1818)(保留属名)[菊科 Asteraceae (Compositae)]●■

27216 Kaunia R. M. King et H. Rob. (1980)【汉】密泽兰属。【隶属】菊科 Asteraceae(Compositae)//泽兰科 Eupatoriaceae。【包含】世界 14 种。【学名诠释与讨论】〈阴〉词源不详。此属的学名是"Karroochloa H. J. Conert et A. M. Türpe, Senckenberg. Biol. 50; 290. 15 Aug 1969"。亦有文献把其处理为"Eupatorium L. (1753)"的异名。【分布】秘鲁,玻利维亚,厄瓜多尔。【模式】Kaunia eucosmoides (B. L. Robinson) R. M. King et H. Robinson [Eupatorium eucosmoides B. L. Robinson]。【参考异名】Eupatorium L. (1753)●☆

27217 Kaurorchis D. L. Jones et M. A. Clem. = Bulbophyllum Thouars (1822)(保留属名)[兰科 Orchidaceae]■

27218 Kavalama Raf. (1838) = Sterculia L. (1753) [梧桐科 Sterculiaceae//锦葵科 Malvaceae]●

27219 Kaviria Akhani et Roalson (2007)【汉】卡维猪毛菜属。【隶属】藜科 Chenopodiaceae。【包含】世界 11 种。【学名诠释与讨论】〈阴〉词源不详。【分布】索马里,叙利亚,伊朗,高加索,热带非洲。【模式】Kaviria tomentosa (Moq.) Akhani [Halimocnemis tomentosa Moq. ;Salsola tomentosa (Moq.)Spach]。☆

27220 Kayaseria Lauterb. = Lagenophora Cass. (1816)(保留属名) [菊科 Asteraceae(Compositae)]■●

27221 Kayea Wall. (1831)【汉】凯木属。【英】Kayea。【隶属】猪胶树科(克鲁西科,山竹子科,藤黄科)Clusiaceae(Guttiferae)。【包含】世界 75 种。【学名诠释与讨论】〈阴〉〈人〉Quentin Oliver Newton Kay,美国植物学者。另说纪念英国植物学者 Robert Kaye Greville,1794 – 1866。此属的学名是"Kayea Wallich, Pl. Asiat. Rar. 3;4. 10 Dec 1831 ('1832')"。亦有文献把其处理为"Mesua L. (1753)"的异名。【分布】亚洲南部和东南。【模式】Kayea floribunda Wallich。【参考异名】Khayea Planch. et Triana (1861);Mesua L. (1753);Plinia Blanco (1837)●☆

27222 Kearnemalvastrum D. M. Bates(1967)【汉】白瓣黑片葵属。【隶属】锦葵科 Malvaceae。【包含】世界 2 种。【学名诠释与讨论】〈中〉〈地〉Kearne,卡尼,位于北美洲+(属)Malvastrum 赛葵属。另说 Thomas Henry Kearney,1874 – 1956,美国植物学者+Malvastrum 赛葵属。【分布】哥斯达黎加,墨西哥至哥伦比亚,中美洲。【模式】Kearnemalvastrum lacteum (W. Aiton) Bates [Malva lactea W. Aiton]。●☆

27223 Keayodendron Léandri(1959)【汉】凯伊大戟属。【隶属】大戟科 Euphorbiaceae。【包含】世界 1 种。【学名诠释与讨论】〈中〉〈人〉Ronald William John Keay,1920-?,英国植物学者,植物采集家+dendron 或 dendros,树木,棍,丛林。【分布】热带非洲。【模式】Keayodendron bridelioides (Gilg ex Engler) Léandri [Casearia bridelioides Gilg ex Engler]。●☆

27224 Kebirita Kramina et D. D. Sokoloff(2001)= Lotus L. (1753) [豆

科 Fabaceae(Leguminosae)//蝶形花科 Papilionaceae]■

27225 Keckia Straw(1966)Nom. illegit. ≡Keckiella Straw(1967)［玄参科 Scrophulariaceae]●☆

27226 Keckiella Straw(1967)【汉】凯克婆婆纳属。【隶属】玄参科 Scrophulariaceae//婆婆纳科 Veronicaceae。【包含】世界 7 种。【学名诠释与讨论】〈阴〉（人）David Daniels Keck,1903-1995,美国植物学者+-ellus,-ella,-ellum,加在名词词干后面形成指小式的词尾。或加在人名、属名等后面以组成新属的名称。此属的学名"Keckiella Straw,Brittonia 19:203. 25 Aug 1967"是一个替代名称。"Lepidostemon Lemaire,Ill. Hort. 9:t. 315. Feb 1862"是一个非法名称（Nom. illegit.）（废弃属名），因为此前已经有了"Lepidostemon Hook. f. et T. Thomson,J. Proc. Linn. Soc.,Bot. 5:131. 27 Mar 1861（保留属名）［十字花科 Brassicaceae（Cruciferae）]"。故用"Keckiella Straw(1967)"替代之。Straw(1966)曾用"Keckia Straw,Brittonia 18（1）:87. 1966［31 Mar 1966]"替代"Lepidostemon Lem.（1862）",但是由于此前已经有了化石植物的"Keckia E. F. Glocker,Nov. Actorum Acad. Caes. Leop. -Carol. Nat. Cur. 19（suppl. 2）:319. 1841"而非法。"Keckia Straw,Brittonia 18:87. 31 Mar 1966（non Glocker 1841）"是"Keckiella Straw(1967)"的同模式异名（Homotypic synonym,Nomenclatural synonym）。【分布】北美洲。【模式】Lepidostemon penstemonoides Lemaire。【参考异名】Keckia Straw(1966)Nom. illegit.；Lepidostemon Lem.（1862）（废弃属名）；Penstemon Schmidel(1763)●☆

27227 Kedarnatha P. K. Mukh. et Constance(1986)【汉】开达尔草属。【隶属】伞形花科（伞形科）Apiaceae(Umbelliferae)。【包含】世界 1 种。【学名诠释与讨论】〈阴〉（地）Kedarnath,位于印度。【分布】喜马拉雅山。【模式】Kedarnatha sanctuarii P. K. Mukherjee et L. Constance。■☆

27228 Kedhalia C. K. Lim(2009)【汉】马来姜属。【隶属】姜科（蘘荷科）Zingiberaceae。【包含】世界 1 种。【学名诠释与讨论】〈阴〉词源不详。【分布】马来半岛。【模式】Kedhalia flaviflora C. K. Lim。■☆

27229 Kedrostis Medik.（1791）【汉】毒瓜属（拟泻根属）。【日】ブリオポプシア属。【英】Bryonopsis。【隶属】葫芦科（瓜科,南瓜科）Cucurbitaceae。【包含】世界 23 种。【学名诠释与讨论】〈阴〉（希）kedrostis,希腊古名。此属的学名,ING 和 IK 记载是"Kedrostis Medik.,in Staatsw. Vorles. Churpf. Phys. -Oek. Ges. i.（1791）229；et Phil. Bot. ii. 69（1791）"。国内外多有文献承认"拟泻根属 Bryonopsis Arn.,Madras J. Lit. Sci. 12:49（1840）"；它是一个非法名称（Nom. illegit.）,因为此前已经有了绿藻的"Bryonopsis C. S. Rafinesque,Specchio Sci. 2:89. 1 Sep 1814 ≡ Bryopsis J. V. F. Lamouroux 1809"。【分布】巴基斯坦,马达加斯加,热带和亚热带非洲,热带亚洲和马来西亚。【模式】Kedrostis africana（Linnaeus）Cogniaux［Bryonia africana Linnaeus]。【参考异名】Achmandra Arn.（1840）；Achmandra Wight（1840）Nom. illegit.；Aechmaea Brongn.（1841）；Aechmandra Arn.（1841）Nom. illegit.；Bryonopsis Arn.（1840）；Cedrostis Post et Kuntze（1903）Nom. illegit.；Cerasiocarpum Hook. f.（1867）；Coniandra Eckl. et Zeyh.；Coniandra Schrad.（1836）；Coniandra Schrad. ex Eckl. et Zeyh.,Nom. illegit.；Cyrtonema Eckl. et Zeyh.（1836）Nom. illegit.；Cyrtonema Schrad.（1836）；Cyrtonema Schrad. ex Eckl. et Zeyh.（1836）Nom. illegit.；Gijefa（M. Roem.）Kuntze（1903）Nom. illegit.；Gijefa（M. Roem.）Post et Kuntze（1903）Nom. illegit.；Phialocarpus Defiers（1895）；Pisosperma Sond.（1862）；Rhynchocarpa Endl.（1839）Nom. illegit.；Rhynchocarpa Schrad.（1838）Nom. inval.；Rhynchocarpa Schrad. ex Endl.（1839）；

Toxanthera Hook. f.（1883）■☆

27230 Keenania Hook. f.（1880）【汉】溪楠属。【英】Keenan。【隶属】茜草科 Rubiaceae。【包含】世界 5 种,中国 2 种。【学名诠释与讨论】〈阴〉（人）James Keenan,1924-1983,植物学者。另说 Richard Lee Keenan,邱园园丁。他把茶树引种到印度和邱园。【分布】印度（阿萨姆）,中国,东南亚。【模式】Keenania modesta J. D. Hooker。【参考异名】Campanocalyx Valeton（1910）；Myrioneuron R. Br.,Nom. illegit.；Myrioneuron R. Br. ex Hook. f.（1873）Nom. illegit.●

27231 Keerlia A. Gray et Engelm.（1848）Nom. illegit. = Chaetopappa DC.（1836）［菊科 Asteraceae(Compositae)]■☆

27232 Keerlia DC.（1836）= Chaetopappa DC.（1836）；~ = Aphanostephus DC.（1836）+Xanthocephalum Willd.（1807）［菊科 Asteraceae(Compositae)]■☆

27233 Keetia E. Phillips（1926）【汉】基特茜属。【隶属】茜草科 Rubiaceae。【包含】世界 40 种。【学名诠释与讨论】〈阴〉（人）Johan Diederik Mohr Keet,1882-1967,南非植物学者。此属的学名是"Keetia E. P. Phillips,Gen. S. African Fl. Pl. 587. Nov 1926"。亦有文献把其处理为"Canthium Lam.（1785）"的异名。【分布】热带非洲和非洲南部。【模式】Keetia transvaalensis E. P. Phillips。【参考异名】Canthium Lam.（1785）●☆

27234 Kefersteinia Rchb. f.（1852）【汉】凯氏兰属（克兰属）。【隶属】兰科 Orchidaceae。【包含】世界 20-36 种。【学名诠释与讨论】〈阴〉（人）Herr Keferstein,19 世纪的德国兰花爱好者。此属的学名,ING、TROPICOS 和 IK 记载是"Kefersteinia H. G. Reichenbach,Bot. Zeitung（Berlin）10:633. 10 Sep 1852"。它曾被处理为"Zygopetalum sect. Kefersteinia（Rchb. f.）Rchb. f.,Annales Botanices Systematicae 6:657. 1861"。【分布】巴拿马,秘鲁,玻利维亚,厄瓜多尔,哥伦比亚（安蒂奥基亚）,哥斯达黎加,尼加拉瓜,中美洲。【后选模式】Kefersteinia graminea（Lindley）H. G. Reichenbach［Zygopetalon gramineum Lindley]。【参考异名】Zygopetalum sect. Kefersteinia（Rchb. f.）Rchb. f.（1861）■☆

27235 Kegelia Rchb. f.（1852）Nom. illegit. ≡Kegeliella Mansf.（1934）［兰科 Orchidaceae]■☆

27236 Kegelia Sch. Bip.（1848）= Eleutheranthera Poit. ex Bosc（1803）［菊科 Asteraceae(Compositae)]■☆

27237 Kegeliella Mansf.（1934）【汉】克格兰属。【隶属】兰科 Orchidaceae。【包含】世界 3 种。【学名诠释与讨论】〈阴〉（人）Hermann Aribert Heinrich Kegel,1819-1856,德国园艺爱好者+-ellus,-ella,-ellum,加在名词词干后面形成指小式的词尾。或加在人名、属名等后面以组成新属的名称。此属的学名"Kegeliella Mansfeld,Repert. Spec. Nov. Regni Veg. 36:60. 20 Aug 1934"是一个替代名称。"Kegelia Rchb. f.,Bot. Zeitung（Berlin）10:670. 24 Sep 1852"是一个非法名称（Nom. illegit.）,因为此前已经有了"Kegelia C. H. Schultz - Bip.,Linnaea 21:245. Apr 1848 = Eleutheranthera Poit. ex Bosc（1803）［菊科 Asteraceae（Compositae）]"。故用"Kegeliella Mansf.（1934）"替代之。【分布】巴拿马,哥斯达黎加,尼加拉瓜,西印度群岛。【模式】Kegeliella houtteana（H. G. Reichenbach）L. O. Williams。【参考异名】Kegelia Rchb. f.（1852）Nom. illegit.■☆

27238 Keiri Fabr.（1759）= Cheiranthus L.（1753）［十字花科 Brassicaceae(Cruciferae)]●■

27239 Keiria Bowdich（1825）【汉】基尔木犀属。【隶属】木犀榄科（木犀科）Oleaceae。【包含】世界 1 种。【学名诠释与讨论】〈阴〉（人）Keir。【分布】非洲西部。【模式】Keiria lutea S. Bowdich。●☆

27240 Keiskea Miq.（1865）【汉】香简草属（偏穗花属,霜柱花属）。【日】シモバシラ属。【英】Keiskea。【隶属】唇形科 Lamiaceae

（Labiatae）。【包含】世界 6-7 种,中国 5-7 种。【学名诠释与讨论】〈阴〉（人）Keisuke Ito,1803-1901,伊藤圭介,日本植物学者。【分布】中国,东亚。【模式】Keiskea japonica Miquel。■

27241　Keithia Benth.（1834）Nom. illegit. ≡ Hoehnea Epling（1939）; ~ = Rhabdocaulon（Benth.）Epling（1936）［唇形科 Lamiaceae（Labiatae）］●■☆

27242　Keitia Regel（1877）= Eleutherine Herb.（1843）（保留属名）［鸢尾科 Iridaceae］■

27243　Kelissa Ravenna（1981）【汉】巴南鸢尾属。【隶属】鸢尾科 Iridaceae。【包含】世界 1 种。【学名诠释与讨论】〈阴〉词源不详。【分布】巴西（东南部）。【模式】Kelissa brasiliensis（J. G. Baker）P. Ravenna［Herbertia brasiliensis J. G. Baker］。■☆

27244　Kelita A. R. Bean（2010）【汉】昆士兰苋属。【隶属】苋科 Amaranthaceae。【包含】世界 1 种。【学名诠释与讨论】〈阴〉词源不详。【分布】澳大利亚。【模式】Kelita uncinella A. R. Bean。☆

27245　Kellaua A. DC.（1842）= Euclea L.（1774）［柿树科 Ebenaceae］●☆

27246　Kelleria Endl.（1848）【汉】凯勒瑞香属。【隶属】瑞香科 Thymelaeaceae。【包含】世界 5-11 种。【学名诠释与讨论】〈阴〉（人）Engelhardt Keller,植物学者,Uber den Wein 的作者。此属的学名是“Kelleria Tomin, Bodenflecht. Halbwüste S. O. Russl. 28. 1926（non Endlicher 1848）”。亦有文献把其处理为“Drapetes Banks ex Lam.（1792）”的异名。【分布】澳大利亚,新西兰,加里曼丹岛,新几内亚岛。【模式】Kelleria dieffenbachii（W. J. Hooker）Endlicher［Drapetes dieffenbachii W. J. Hooker］。【参考异名】Drapetes Banks ex Lam.（1792）●☆

27247　Kelleronia Schinz（1895）【汉】索马里蒺藜属。【隶属】蒺藜科 Zygophyllaceae。【包含】世界 10 种。【学名诠释与讨论】〈阴〉（人）A. Keller。【分布】索马里。【模式】Kelleronia splendens Schinz。●☆

27248　Kellettia Seem.（1853）= Prockia P. Browne（1759）［椴树科（椴科,田麻科）Tiliaceae//刺篱木科 Flacourtiaceae］●☆

27249　Kellochloa Lizarazu,Nicola et Scataglini（2015）【汉】开乐黍属。【隶属】禾本科 Poaceae（Gramineae）。【包含】世界 2 种。【学名诠释与讨论】〈阴〉词源不详。【分布】北美洲。【模式】Kellochloa verrucosa（Muhl.）Lizarazu, Nicola et Scataglini［Panicum verrucosum Muhl.］。☆

27250　Kelloggia Torr. ex Benth.（1873）Nom. illegit. ≡ Kelloggia Torr. ex Benth. et Hook. f.（1873）［茜草科 Rubiaceae］■

27251　Kelloggia Torr. ex Benth. et Hook. f.（1873）【汉】钩毛草属（钩毛果属,克洛草属）。【英】Kellogia。【隶属】茜草科 Rubiaceae。【包含】世界 2 种,中国 1 种。【学名诠释与讨论】〈阴〉（人）Albert Kellogg,1813-1887,美国植物学者,医生,植物采集家。此属的学名,ING 记载是“Kelloggia Torrey ex Bentham et Hook. f., Gen. 2:137. 7-9 Apr 1873”。IK 记载为“Kelloggia Torr. ex Hook. f., Gen. Pl.［Bentham et Hooker f.］2（1）:137. 1873 ［7-9 Apr 1873］; et in Bot. U. St. Expl. Exp. 2: 332., t. 6（1874）”。TROPICOS 则记载为“Kelloggia Torr. ex Benth., Gen. Pl. 2:137, 1873”。【分布】美国（西南部）,中国。【模式】Kelloggia galioides Torrey。【参考异名】Kelloggia Torr. ex Benth.（1873）Nom. illegit.; Kelloggia Torr. ex Hook. f.（1873）Nom. illegit.■

27252　Kelloggia Torr. ex Hook. f.（1873）Nom. illegit. ≡ Kelloggia Torr. ex Benth. et Hook. f.（1873）［茜草科 Rubiaceae］■

27253　Kelseya（S. Watson）Rydb., Nom. illegit. ≡ Kelseya（S. Watson）Rydb. et C. L. Hitchc.（1939）descr. emend.［蔷薇科 Rosaceae］●■☆

27254　Kelseya（S. Watson）Rydb. et C. L. Hitchc.（1939）descr. emend.【汉】莲座梅属。【隶属】蔷薇科 Rosaceae。【包含】世界 1 种。

【学名诠释与讨论】〈阴〉（人）Kelsey,植物学者。此属的学名,ING、GCI、TROPICOS 和 IK 记载是“Kelseya P. A. Rydberg, N. Amer. Fl. 22:254. 12 Jun 1908”;IK 标注此名称是”Nom. inval.”。IK 还记载了“Kelseya（S. Watson）Rydb. et C. L. Hitchc., Leafl. W. Bot. ii. 177（1939）, descr. emend.”。“ ≡ Kelseya（S. Watson）Rydb. et C. L. Hitchc.（1939）descr. emend. = Luetkea Bong.（1832）［蔷薇科 Rosaceae］”的命名人引证有误。【分布】美国（西部）。【模式】Kelseya uniflora（S. Watson）P. A. Rydberg［Eriogynia uniflora S. Watson］。【参考异名】Eriogynia sect. Kelseya S. Watson（1890）; Kelseya（S. Watson）Rydb., Nom. illegit.; Kelseya Rydb.（1900）Nom. inval.●; Kelseya Rydb.（1908）Nom. inval.; Kelseya S. Watson ex Rydb.（1939）Nom. illegit.■☆

27255　Kelseya Rydb.（1900）Nom. inval. ≡ Kelseya（S. Watson）Rydb. et C. L. Hitchc.（1939）descr. emend.［蔷薇科 Rosaceae］●■☆

27256　Kelseya Rydb.（1908）Nom. inval. ≡ Kelseya（S. Watson）Rydb. et C. L. Hitchc.（1939）descr. emend.［蔷薇科 Rosaceae］●■☆

27257　Kelseya S. Watson ex Rydb.（1939）Nom. illegit. ≡ Kelseya（S. Watson）Rydb. et C. L. Hitchc.（1939）descr. emend.; ~ = Luetkea Bong.（1832）［蔷薇科 Rosaceae］●☆

27258　Kelussia Mozaff.（2003）【汉】开路草属。【隶属】伞形花科（伞形科）Apiaceae（Umbelliferae）。【包含】世界 1 种。【学名诠释与讨论】〈阴〉词源不详。【分布】伊朗。【模式】Kelussia odoratissima V. Mozaffarian。☆

27259　Kemelia Raf.（1838）Nom. illegit. ≡ Camellia L.（1753）［山茶科（茶科）Theaceae］●

27260　Kemoxis Raf.（1838）= Cissus L.（1753）［葡萄科 Vitaceae］●

27261　Kemulariella Tamamsch.（1959）【汉】粉菀属。【隶属】菊科 Asteraceae（Compositae）。【包含】世界 6 种。【学名诠释与讨论】〈阴〉（人）Liubov Manucharovna Xemularia－Natadze（Nathadze）,1891-1985+-ellus,-ella,-ellum,加在名词词干后面形成指小式的词尾。或加在人名、属名等后面以组成新属的名称。此属的学名是“Kemulariella S. G. Tamamschjan in B. K. Schischkin, Fl. URSS 25：580. 1959（post 22 Apr）”。亦有文献把其处理为“Aster L.（1753）”的异名。【分布】高加索。【模式】Kemulariella caucasica（Willdenow）S. G. Tamamschjan ［Aster caucasicus Willdenow］。【参考异名】Aster L.（1753）■☆

27262　Kendrickia Hook. f.（1867）【汉】肯德野牡丹属。【隶属】野牡丹科 Melastomataceae。【包含】世界 1 种。【学名诠释与讨论】〈阴〉（人）George Henry Kendrick Thwaites,1812-1882,英国植物学者。【分布】斯里兰卡,印度（南部）。【模式】Kendrickia walkerii（Wight）Triana。☆

27263　Kengia Packer（1960）Nom. illegit. ≡ Cleistogenes Keng（1934）［禾本科 Poaceae（Gramineae）］■

27264　Kengyilia C. Yen et J. L. Yang（1990）【汉】以礼草属（仲彬草属）。【英】Kengyilia。【隶属】禾本科 Poaceae（Gramineae）。【包含】世界 30 种,中国 25 种。【学名诠释与讨论】〈阴〉（人）Yi-Li Keng,1897-1975,耿以礼,中国植物分类学家。此属的学名是“Kengyilia C. Yen et J. L. Yang, Canad. J. Bot. 68：1897. 3 Oct（‘Sep’）1990”。亦有文献把其处理为“Elymus L.（1753）”的异名。【分布】蒙古,中国。【模式】Kengyilia gobicola C. Yen et J. L. Yang。【参考异名】Elymus L.（1753）■

27265　Kenia Steud. = Fagraea Thunb.（1782）［马钱科（断肠草科,马钱子科）Loganiaceae//龙爪七叶科 Potaliaceae］●

27266　Keniochloa Melderis（1956）= Colpodium Trin.（1820）［禾本科 Poaceae（Gramineae）］■

27267　Kennedia Vent.（1805）【汉】珊瑚豌豆属。【英】Australian Bean Flower, Coral Creeper, Coral Pea, Kennedia。【隶属】豆科

Fabaceae(Leguminosae)//蝶形花科 Papilionaceae。【包含】世界 15-16 种。【学名诠释与讨论】〈阴〉(人) John Kennedy, 1759 - 1842, 英国植物学者。此属的学名 " Kennedia Vent., Jard. Malmaison; ad t. 104. Jul 1805" 是保留属名。法规未列出相应的废弃属名。"Caulinia Moench, Meth. Suppl. 47. Jan-Jun 1802(non Willdenow 1801)" 是 " Kennedia Vent. (1805)" 的同模式异名 (Homotypic synonym, Nomenclatural synonym)。【分布】澳大利亚, 玻利维亚。【模式】Kennedia rubicunda (Schneevoigt) Ventenat [Glycine rubicunda Schneevoigt]。【参考异名】Amphodus Lindl. (1827); Caulinia Moench (1802) Nom. illegit.; Kennedya DC. (1825); Physalobium Steud. (1841) Nom. illegit.; Physolobium Benth. (1837); Zichia Steud. (1841) Nom. illegit.; Zichya Hueg. (1837) Nom. illegit.; Zichya Hueg. ex Benth. (1837) ●☆

27268 Kennedya DC. (1825) = Kennedia Vent. (1805) [豆科 Fabaceae(Leguminosae)//蝶形花科 Papilionaceae] ●☆

27269 Kennedynella Steud. (1840) Nom. illegit. ≡ Leptocyamus Benth. (1839); ~ ≡ Leptolobium Benth. (1837) Nom. illegit.; ~ ≡ Leptolobium Vogel (1837) [豆科 Fabaceae(Leguminosae)] ●☆

27270 Kennyeda F. Muell. (1865) Nom. illegit. [豆科 Fabaceae (Leguminosae)] ☆

27271 Kenopleurum P. Candargy(1897) = Thapsia L. (1753) [伞形花科(伞形科)Apiaceae(Umbelliferae)] ■☆

27272 Kensitia Fedde(1940)【汉】千岁菊属。【日】ケンシティア属。【隶属】番杏科 Aizoaceae。【包含】世界 1 种。【学名诠释与讨论】〈阴〉(人) Harriet Margaret Louisa Bolus (nee Kensit), 1877 - 1970, 南非植物学者。此属的学名 "Kensitia Fedde, Repert. Spec. Nov. Regni Veg. 48; 11. 28 Mar 1940" 是一个替代名称。"Piquetia N. E. Brown, Gard. Chron. ser. 3. 78; 433. 28 Nov 1925" 是一个非法名称(Nom. illegit.), 因为此前已经有了 "Piquetia (Pierre) H. G. Hallier, Beih. Bot. Centralbl. 39(2); 162. 15 Dec 1921 = Camellia L. (1753) [山茶科(茶科) Theaceae]"。故用 "Kensitia Fedde (1940)" 替代之。亦有文献把 "Kensitia Fedde(1940)" 处理为 "Erepsia N. E. Br. (1925)" 的异名。【分布】非洲南部。【模式】Kensitia pillansii (Kensit) Fedde [Mesembryanthemum pillansii Kensit]。【参考异名】Erepsia N. E. Br. (1925); Piquetia N. E. Br. (1926) Nom. illegit. ●☆

27273 Kentia Adans. (1763) = Trigonella L. (1753) [豆科 Fabaceae (Leguminosae)//蝶形花科 Papilionaceae] ■☆

27274 Kentia Blume(1830) Nom. illegit. = Mitrella Miq. (1865); ~ = Polyalthia Blume(1830); ~ = Schnittspahnia Rchb. (1841) Nom. inval.; ~ = Mitrella Miq. (1865); ~ = Polyalthia Blume(1830) [番荔枝科 Annonaceae] ●

27275 Kentia Blume (1838) Nom. illegit. = Gronophyllum Scheff. (1876) [棕榈科 Arecaceae(Palmae)] ●☆

27276 Kentia Steud. (1840) Nom. illegit. = Fagraea Thunb. (1782) [马钱科(断肠草科, 马钱子科) Loganiaceae//龙爪七叶科 Potaliaceae] ●

27277 Kentiopsis Brongn. (1873)【汉】橄榄椰属(肯托椰属, 拟堪蒂桐属, 拟肯特椰子属, 拟肯特棕属)。【日】ケンチヤモドキ属。【隶属】棕榈科 Arecaceae(Palmae)。【包含】世界 1-4 种。【学名诠释与讨论】〈阴〉(属) Kentia = Howea 豪爵棕属 + 希腊文 opsis, 外观, 模样, 相似。【分布】法属新喀里多尼亚。【后选模式】Kentiopsis oliviformis (A. T. Brongniart et Gris) A. T. Brongniart [Kentia oliviformis A. T. Brongniart et Gris]。【参考异名】Mackeea H. E. Moore(1978) ●☆

27278 Kentranthus Neck. (1790) Nom. inval. = Centranthus Lam. et DC. (1805) Nom. illegit.; ~ = Centranthus DC. (1805) [缬草科

(败酱科)Valerianaceae] ■

27279 Kentranthus Raf. (1840) = Centranthus Lam. et DC. (1805) Nom. illegit.; ~ = Centranthus DC. (1805) [缬草科(败酱科) Valerianaceae] ■

27280 Kentrochrosia K. Schum. et Lauterb. (1900) Nom. illegit. ≡ Kentrochrosia Lauterb. et K. Schum. (1900) = Kopsia Blume(1823) (保留属名) [夹竹桃科 Apocynaceae] ●

27281 Kentrochrosia Lauterb. et K. Schum. (1900) = Kopsia Blume (1823) (保留属名) [夹竹桃科 Apocynaceae] ●

27282 Kentrophyllum Neck. (1790) Nom. inval. ≡ Kentrophyllum Neck. ex DC. (1810); ~ = Carthamus L. (1753) [菊科 Asteraceae (Compositae)] ■

27283 Kentrophyllum Neck. ex DC. (1810) = Carthamus L. (1753) [菊科 Asteraceae(Compositae)] ■

27284 Kentrophyta Nutt. (1838) = Astragalus L. (1753) [豆科 Fabaceae(Leguminosae)//蝶形花科 Papilionaceae] ●■

27285 Kentrophyta Nutt. ex Torr. et A. Gray (1838) Nom. illegit. ≡ Kentrophyta Nutt. (1838); ~ = Astragalus L. (1753) [豆科 Fabaceae(Leguminosae)//蝶形花科 Papilionaceae] ●■

27286 Kentropsis Moq. (1840) = Sclerolaena R. Br. (1810) [藜科 Chenopodiaceae] ●☆

27287 Kentrosiphon N. E. Br. (1932) = Gladiolus L. (1753) [鸢尾科 Iridaceae] ■

27288 Kentrosphaera Volkens ex Gilg(1897) Nom. illegit. ≡ Volkensinia Schinz(1912) [苋科 Amaranthaceae] ■☆

27289 Kentrosphaera Volkens (1897) Nom. illegit. ≡ Kentrosphaera Volkens ex Gilg(1897) Nom. illegit. ≡ Volkensinia Schinz(1912) [苋科 Amaranthaceae] ■☆

27290 Kentrothamnus Suess. et Overkott (1941)【汉】刺灌鼠李属。【隶属】鼠李科 Rhamnaceae。【包含】世界 1 种。【学名诠释与讨论】〈阴〉(希) kentro, 点, 刺, 圆心 + thamnos, 指小式 thamnion, 灌木, 灌丛, 树丛, 枝。【分布】玻利维亚。【后选模式】Kentrothamnus penninervius K. Suessenguth et O. Overkott。●☆

27291 Kepa Raf. (1837) Nom. illegit. ≡ Cepa Mill. (1754); ~ = Allium L. (1753) [百合科 Liliaceae//葱科 Alliaceae] ■

27292 Kepa Tourn. ex Raf. (1837) Nom. illegit. ≡ Kepa Raf. (1837) Nom. illegit.; ~ ≡ Cepa Mill. (1754); ~ = Allium L. (1753) [百合科 Liliaceae//葱科 Alliaceae] ■

27293 Keppleria Mart. ex Endl. (1837) Nom. illegit. ≡ Bentinckia Berry ex Roxb. (1832) [棕榈科 Arecaceae(Palmae)] ●

27294 Keppleria Meisn. (1842) Nom. illegit. = Oncosperma Blume (1838) [棕榈科 Arecaceae(Palmae)] ●☆

27295 Keracia(Coss.) Calest. (1905) = Hohenackeria Fisch. et C. A. Mey. (1836) [伞形花科(伞形科)Apiaceae(Umbelliferae)] ■☆

27296 Keracia Calest. (1905) Nom. illegit. ≡ Keracia (Coss.) Calest. (1905); ~ = Hohenackeria Fisch. et C. A. Mey. (1836) [伞形花科 (伞形科)Apiaceae(Umbelliferae)] ■☆

27297 Keramanthus Hook. f. (1876) = Adenia Forssk. (1775) [西番莲科 Passifloraceae] ●

27298 Keramocarpus Fenzl(1843) = Coriandrum L. (1753) [伞形花科 (伞形科)Apiaceae(Umbelliferae)//芫荽科 Coriandraceae] ■

27299 Kerandrenia Steud. (1840) = Keraudrenia J. Gay(1821) [梧桐科 Sterculiaceae//锦葵科 Malvaceae] ●☆

27300 Keranthus Lour. ex Endl. (1837) = Dendrobium Sw. (1799) (保留属名) [兰科 Orchidaceae] ■

27301 Keraselma Neck. (1790) Nom. inval. ≡ Keraselma Neck. ex Juss. (1822); ~ = Euphorbia L. (1753) [大戟科 Euphorbiaceae] ●■

27302　Keraselma Neck. ex Juss.（1822）= Euphorbia L.（1753）［大戟科 Euphorbiaceae］●■

27303　Keraskomion Raf.（1836）= Cicuta L.（1753）［伞形花科（伞形科）Apiaceae（Umbelliferae）］■

27304　Keratephorus Hassk.（1855）= Payena A. DC.（1844）［山榄科 Sapotaceae］●☆

27305　Keratochlaena Morrone et Zuloaga（2009）= Sclerolaena R. Br.（1810）［藜科 Chenopodiaceae］●☆

27306　Keratolepis Rose ex Fröd.（1936）= Sedum L.（1753）［景天科 Crassulaceae］●■

27307　Keratophorus C. B. Clarke（1855）= Keratephorus Hassk.（1855）；~ = Payena A. DC.（1844）［山榄科 Sapotaceae］●☆

27308　Keraudrenia J. Gay（1821）【汉】凯拉梧桐属。【隶属】梧桐科 Sterculiaceae//锦葵科 Malvaceae。【包含】世界 7-9 种。【学名诠释与讨论】〈阴〉（人）Monique Keraudren,1928-1981,法国植物学者。另说是纪念一位法国海军医生,博物学者 Pierre François Keraudren,1769-1851,法国植物学者。【分布】澳大利亚,马达加斯加。【模式】Keraudrenia hermanniafolia J. Gay。【参考异名】Kerandrenia Steud.（1840）●☆

27309　Keraunea Cheek et Sim. -Bianch.（2013）【汉】巴西旋花属。【隶属】旋花科 Convolvulaceae。【包含】世界 2 种。【学名诠释与讨论】〈阴〉词源不详。似来自人名。【分布】巴西。【模式】［Keraunea brasiliensis Cheek & Sim. -Bianch.］。☆

27310　Keraymonia Farille（1985）【汉】尼泊尔芹属。【隶属】伞形花科（伞形科）Apiaceae（Umbelliferae）。【包含】世界 3 种。【学名诠释与讨论】〈阴〉词源不详。【分布】尼泊尔。【模式】Keraymonia nipaulensis A. -M. Cauwet-Marc et M. A. Farille。☆

27311　Kerbera E. Fourn.（1885）= Melinia Decne.（1844）［萝藦科 Asclepiadaceae］■☆

27312　Kerchovea Joriss.（1882）【汉】独苞藤属（单苞藤属）。【隶属】竹芋科（荩叶科,柊叶科）Marantaceae。【包含】世界 1 种。【学名诠释与讨论】〈阴〉（人）Oswald Charles Eugene Marie Ghislain de Kerchove de Denterghem,1844-1906,植物学者。此属的学名是 "Kerchovea Jorissenne,Belgique Hort. 32：201. 1882"。亦有文献把其处理为 "Stromanthe Sond.（1849）" 的异名。【分布】巴西。【模式】Kerchovea floribunda Jorissenne。【参考异名】Stromanthe Sond.（1849）●☆

27313　Keria Spreng.（1818）= Kerria DC.（1818）［蔷薇科 Rosaceae］●

27314　Kerianthera J. H. Kirkbr.（1985）【汉】角药茜属。【隶属】茜草科 Rubiaceae。【包含】世界 1 种。【学名诠释与讨论】〈阴〉（希）keras,所有格 keratos,角,距,弓 + anthera,花药。【分布】巴西。【模式】Kerianthera preclara J. H. Kirkbride。■☆

27315　Kerigomnia P. Royen（1976）= Chitonanthera Schltr.（1905）；~ = Octarrhena Thwaites（1861）［兰科 Orchidaceae］■☆

27316　Keringa Raf.（1838）= Vernonia Schreb.（1791）（保留属名）［菊科 Asteraceae（Compositae）//斑鸠菊科（绿菊科）Vernoniaceae］●■

27317　Kerinozoma Steud.（1854）= Xerochloa R. Br.（1810）［禾本科 Poaceae（Gramineae）］■☆

27318　Kerinozoma Steud. ex Zoll.（1854）Nom. illegit. ≡ Kerinozoma Steud.（1854）；~ = Xerochloa R. Br.（1810）［禾本科 Poaceae（Gramineae）］■☆

27319　Kermadecia Brongn. et Gris（1863）【汉】克马山龙眼属。【隶属】山龙眼科 Proteaceae。【包含】世界 4 种。【学名诠释与讨论】〈阴〉（地）Kermadec,克马德克群岛,位于太平洋。另说纪念法国的 Jean-Michel Huon de Kermadec,1748-1793。【分布】澳大利亚（东北部）,斐济,法属新喀里多尼亚。【后选模式】Kermadecia rotundifolia A. T. Brongniart et Gris。●☆

27320　Kermula Noronha（1790）= Psychotria L.（1759）（保留属名）［茜草科 Rubiaceae//九节科 Psychotriaceae］●

27321　Kernera Medik.（1792）（保留属名）【汉】欧岩荠属。【俄】Кернера。【英】Kernera。【隶属】十字花科 Brassicaceae（Cruciferae）。【包含】世界 1 种。【学名诠释与讨论】〈阴〉（人）Johann Simon Kerner, 1755-1830,德国植物学者。此属的学名 "Kernera Medik. ,Pfl. -Gatt. ：77,95. 22 Apr 1792" 是保留属名。相应的废弃属名是玄参科 Scrophulariaceae 的 "Kernera Schrank, Baier. Reise：50. post 5 Apr 1786 = Tozzia L.（1753）"。眼子菜科 Potamogetonaceae 的 "Kernera Willd. ,Sp. Pl. ,ed. 4［Willdenow］4（2）：947. 1806［Apr 1806］≡ Posidonia K. D. König（1805）（保留属名）" 亦应废弃。"Gonyclisia Dulac, Fl. Hautes-Pyrénées 191. 1867" 是 "Kernera Medik.（1792）（保留属名）" 的同模式异名（Homotypic synonym,Nomenclatural synonym）。【分布】欧洲中南部山区。【模式】Kernera myagrodes Medikus, Nom. illegit.［Cochlearia saxatilis Linnaeus；Kernera saxatilis（Linnaeus）H. G. L. Reichenbach］。【参考异名】Gonyclisia Dulac（1867）Nom. illegit.■☆

27322　Kernera Schrank（1786）（废弃属名）= Tozzia L.（1753）［玄参科 Scrophulariaceae//列当科 Orobanchaceae］■☆

27323　Kernera Willd.（1805）Nom. illegit.（废弃属名）≡ Posidonia K. D. König（1805）（保留属名）［眼子菜科 Potamogetonaceae//波喜荡草科（波喜荡科,海草科,海神草科）Posidoniaceae］■

27324　Kerneria Moench（1794）= Bidens L.（1753）［菊科 Asteraceae（Compositae）］■●

27325　Kerrdora Gagnep.（1950）Nom. illegit. = Enkleia Griff.（1843）［瑞香科 Thymelaeaceae］■☆

27326　Kerria DC.（1818）【汉】棣棠花属（棣棠属）。【日】ヤマブキ属。【俄】Керия, Керрия。【英】Gypsy Rose, Japanese Rose, Kerria。【隶属】蔷薇科 Rosaceae。【包含】世界 1 种,中国 1 种。【学名诠释与讨论】〈阴〉（人）John Bellenden Kerr,1764-1842,英国园艺学家及植物采集家,曾来中国、日本采集植物标本。1804 年以后称为 John Gawler。【分布】中国,东亚。【模式】Kerria japonica（Linnaeus）A. P. de Candolle［Rubus japonicus Linnaeus］。【参考异名】Keria Spreng.（1818）●

27327　Kerriochloa C. E. Hubb.（1950）【汉】暹罗草属。【隶属】禾本科 Poaceae（Gramineae）。【包含】世界 1 种。【学名诠释与讨论】〈阴〉（人）Arthur Francis George Kerr,1877-1942,英国植物学者 + chloe,草的幼芽,嫩草,禾草。【分布】泰国。【模式】Kerriochloa siamensis C. E. Hubbard。■☆

27328　Kerriodoxa J. Dransf.（1983）【汉】泰国棕属（卡里多棕属,雅棠棕属）。【隶属】棕榈科 Arecaceae（Palmae）。【包含】世界 1 种。【学名诠释与讨论】〈阴〉（人）Arthur Francis George Kerr,1877-1942,英国植物学者 + doxa,光荣,光彩,华丽,荣誉,有名,显著。【分布】泰国。【模式】Kerriodoxa elegans J. Dransfield。●☆

27329　Kerriothyrsus C. Hansen（1988）【汉】四蕊野牡丹属。【隶属】野牡丹科 Melastomataceae。【包含】世界 1 种。【学名诠释与讨论】〈阳〉（人）Arthur Francis George Kerr,1877-1942,英国植物学者 + thyrsos,茎,杖。thyrsus,聚伞圆锥花序,团。【分布】老挝。【模式】Kerriothyrsus tetrandrus（M. P. Nayar）C. Hansen［Scorpiothyrsus tetrandrus M. P. Nayar］。●☆

27330　Kerstania Rech. f.（1958）= Astragalus L.（1753）；~ = Lotus L.（1753）［豆科 Fabaceae（Leguminosae）//蝶形花科 Papilionaceae］■

27331　Kerstingia K. Schum.（1903）= Belonophora Hook. f.（1873）［茜草科 Rubiaceae］■☆

27332　Kerstingiella Harms（1908）（废弃属名）= Macrotyloma（Wight et Arn.）Verdc.（1970）（保留属名）［豆科 Fabaceae

（Leguminosae）//蝶形花科 Papilionaceae]■

27333　Keteleeria Carrière（1866）【汉】油杉属。【日】アブラスギ属，シマモミ属，ユサン属。【俄】Кетелеерия，Кетелерия。【英】Keteleeria。【隶属】松科 Pinaceae。【包含】世界 3-12 种，中国 5-10 种。【学名诠释与讨论】〈阴〉（人）Jean Baptiste Keteleer，1813-1903，法国苗圃工作者、林学家。【分布】中国，中南半岛，东亚。【模式】Keteleeria fortunei （A. Murray） Carrière ［Picea fortunei A. Murray ［as ‘fortuni’］。【参考异名】Abietia Kent （1900）Nom. illegit. ●

27334　Kethosia Raf. （1838）= Hewittia Wight et Arn.（1837）Nom. illegit. ；~ = Shutereia Choisy （1834）（废弃属名）［旋花科 Convolvulaceae]■

27335　Ketmia Mill.（1754）Nom. illegit. ≡Hibiscus L.（1753）（保留属名）［锦葵科 Malvaceae//木槿科 Hibiscaceae]●■

27336　Ketmia Tourn. ex Burm. =Hibiscus L.（1753）（保留属名）［锦葵科 Malvaceae//木槿科 Hibiscaceae]●■

27337　Ketmiastrum Helst.（1748）Nom. inval. ［锦葵科 Malvaceae]☆

27338　Kettmia Medik.（1789）= Ketmia Mill.（1754）Nom. illegit. ；~ = Hibiscus L.（1753）（保留属名）［锦葵科 Malvaceae//木槿科 Hibiscaceae]●■

27339　Ketumbulia Ehrcnb. ex Poelln.（1933）= Talinum Adans.（1763）（保留属名）［马齿苋科 Portulacaceae//土人参科 Talinaceae]■●

27340　Keulia Molina（1810）Nom. illegit. ≡Gomortega Ruiz et Pav.（1794）［油籽树科 Gomortegaceae]●☆

27341　Keumkangsania Kim（1976）Nom. illegit. ［桔梗科 Campanulaceae]☆

27342　Keura Forssk.（1775）= Pandanus Parkinson（1773）［露兜树科 Pandanaceae]●■

27343　Keurva Endl.（1837）= Keura Forssk.（1775）［露兜树科 Pandanaceae]●■

27344　Kewa Christenh.（2014）【汉】邱园草属。【隶属】邱园草科 Kewaceae。【包含】世界 8 种。【学名诠释与讨论】〈阴〉（地）Kew，邱园。【分布】马达加斯加。【模式】Kewa salsoloides （Burch.）Christenh. ［Pharnaceum salsoloides Burch.］。☆

27345　Kewaceae Christenh.（2014）【汉】邱园草科。【包含】世界 1 属 8 种。【学名诠释】〈阴〉（希）。【科名模式】Kewa Christenh. ☆

27346　Keyserlingia Bunge ex Boiss.（1872）【汉】白刺花属。【隶属】豆科 Fabaceae（Leguminosae）//蝶形花科 Papilionaceae。【包含】世界 2 种。【学名诠释与讨论】〈阴〉（人）Alexander （Alexandr Andreevich） Friedrich Michael Leberecht Arthur von Key-serling，1815-1891，拉脱维亚植物学者。此属的学名是“Keyserlingia Bunge ex Boissier，Fl. Orient. 2：629. Dec 1872”。亦有文献把其处理为“Sophora L.（1753）”的异名。【分布】阿富汗，伊朗。【模式】未指定。【参考异名】Sophora L.（1753）■☆

27347　Keysseria Lauterb.（1914）【汉】莲座菀属。【隶属】菊科 Asteraceae（Compositae）。【包含】世界 6-12 种。【学名诠释与讨论】〈阴〉（人）Christian Keysser，1877-，德国传教士，植物采集家。此属的学名，ING、TROPICOS 和 IK 记载是“Keysseria Lauterbach，Repert. Spec. Nov. Regni Veg. 13：241. 31 Mar 1914”。“Hecatactis F. V. Mueller ex Mattfeld in Lauterbach，Bot. Jahrb. Syst. 62：394，407. 1 Feb 1929”是“Keysseria Lauterb.（1914）”的晚出的同模式异名（Homotypic synonym，Nomenclatural synonym）。【分布】新几内亚岛。【模式】Keysseria papuana Lauterbach。【参考异名】Hecatactis （F. Muell.） Mattf.（1929）Nom. illegit. ；Hecatactis F. Muell.（1889）Nom. illegit. ；Hecatactis F. Muell. ex Mattf.（1929）Nom. illegit. ；Hecatactis Mattf.（1929）Nom. inval. ，Nom. illegit. ■●☆

27348　Khadia N. E. Br.（1930）【汉】尖刀玉属。【日】カディア属。【隶属】番杏科 Aizoaceae。【包含】世界 5 种。【学名诠释与讨论】〈阴〉来自南非德兰士瓦的植物俗名。【分布】非洲南部。【后选模式】Khadia acutipetala （N. E. Brown） N. E. Brown ［Mesembryanthemum acutipetalum N. E. Brown］。●☆

27349　Khaosokia D. A. Simpson，Chayam. et J. Parn.（2005）【汉】泰国莎草属。【隶属】莎草科 Cyperaceae。【包含】世界 1-2 种。【学名诠释与讨论】〈阴〉词源不详。【分布】泰国。【模式】Khaosokia myrtopsidoides （Guillaumin） N. Snow。■☆

27350　Kharkevichia Levichev（2013）【汉】哈氏百合属。【隶属】百合科 Liliaceae。【包含】世界 1 种。【学名诠释与讨论】〈阴〉（人）Kharkevich，Sigismund Semenovich（1921-），俄国植物学者。【分布】不详。【模式】Kharkevichia triflora （Ledeb.） Levichev ［Ornithogalum triflorum Ledeb.］。☆

27351　Khasiaclunea Ridsdale（1979）【汉】少头水杨梅属（槽裂木属）。【隶属】茜草科 Rubiaceae。【包含】世界 1-2 种，中国 1 种。【学名诠释与讨论】〈阴〉词源不详。【分布】缅甸，印度，中国。【模式】Khasiaclunea oligocephala （G. D. Haviland） C. E. Ridsdale ［Adina oligocephala G. D. Haviland］。●

27352　Khasianthus H. Rob. et Skvarla（2009）【汉】哈斯花属。【隶属】菊科 Asteraceae（Compositae）。【包含】世界 1 种。【学名诠释与讨论】〈阴〉（人）Khas + anthos，花。【分布】印度。【模式】Khasianthus subsessilis （DC.） H. Rob. et Skvarla ［Vernonia subsessilis DC.］。☆

27353　Khaya A. Juss.（1830）【汉】非洲楝属（非洲桃花心木属，卡欧属，卡雅楝属，塞楝属）。【英】African Mahogany，Afromelia，Benin Mahogany，Khaya，Mahogany。【隶属】楝科 Meliaceae。【包含】世界 6-8 种，中国 1 种。【学名诠释与讨论】〈阴〉khaya，非洲马达加斯加岛植物俗名。【分布】马达加斯加，中国，热带非洲。【模式】Khaya senegalensis （Desrousseaux） A. H. L. Jussieu ［Swietenia senegalensis Desrousseaux］。【参考异名】Garretia Welw.（1859）●

27354　Khayea Planch. et Triana（1861）= Kayea Wall.（1831）；~ = Mesua L.（1753）［猪胶树科（克鲁西科，山竹子科，藤黄科）Clusiaceae（Guttiferae）]●

27355　Khmeriosicyos W. J. de Wilde et Duyfjes（2004）【汉】柬葫芦属。【隶属】葫芦科（瓜科，南瓜科）Cucurbitaceae。【包含】世界 1 种。【学名诠释与讨论】〈阳〉Khmeri，词源不详；似方言+sikyos，葫芦，野胡瓜。【分布】柬埔寨。【模式】Khmeriosicyos harmandii W. J. J. O. de Wilde et B. E. E. Duyfjes。☆

27356　Khytiglossa Nees（1847）= Dianthera L.（1753）；~ = Rhytiglossa Nees（1836）（废弃属名）；~ = Isoglossa Oerst.（1854）（保留属名）；~ = Dianthera L.（1753）；~ = Justicia L.（1753）［爵床科 Acanthaceae//鸭嘴花科（鸭咀花科）Justiciaceae]■

27357　Kiapasia Woronow ex Grossh.（1939）= Astragalus L.（1753）［豆科 Fabaceae（Leguminosae）//蝶形花科 Papilionaceae]●■

27358　Kibara Endl.（1837）【汉】假香材树属（盖裂桂属，伞果树属）。【隶属】香材树科（杯轴花科，黑檫木科，芒籽科，蒙立米科，檬立木科，香材木科，香树木科）Monimiaceae。【包含】世界 43 种。【学名诠释与讨论】〈阴〉来自印度尼西亚植物俗名。此属的学名“Kibara Endlicher，Gen. 314. Oct 1837”是一个替代名称。“Brongniartia Blume，Bijdr. 435. 20 Sep-7 Dec 1825”是一个非法名称（Nom. illegit.），因为此前已经有了“Brongniartia Kunth in Humboldt，Bonpland et Kunth，Nova Gen. Sp. 6；ed. fol. 364. Sep 1824 ［豆科 Fabaceae（Leguminosae）//蝶形花科 Papilionaceae]”。故用“Kibara Endl.（1837）”替代之。IK 和 TROPICOS 及其他一些文献承认“伞果树属 Sciadicarpus Hasskarl，Flora 25（2，Beibl.）：20. 21-28 Jul 1842”；ING 记载它是“Kibara Endl.

（1837）"的晚出的同模式异名（Homotypic synonym, Nomenclatural synonym）；应予废弃。"Sciadocarpus Post et Kuntze（1903）Nom. illegit. = Kibara Endl.（1837）"和"Sciadocarpus Pfeiff., Nom. 2：1095. 1874"是晚出的非法名称，亦应废弃。【分布】澳大利亚（热带），马来西亚，印度（尼科巴群岛）。【模式】Kibara coriacea（Blume）J. D. Hooker et T. Thomson［Brongniartia coriacea Blume］。【参考异名】Brongniartia Blume（1825）Nom. illegit.；Menalia Noronha（1790）；Nigrolea Noronha（1790）；Sarcodiscus Griff.（1854）；Sciadicarpus Hassk.（1842）Nom. illegit.；Sciadocarpus Pfeiff.（1874）Nom. illegit.；Sciadocarpus Post et Kuntze（1903）Nom. illegit. ●☆

27359　Kibaropsis Vieill. ex Guillaumin（1927）Nom. inval. = Kibaropsis Vieill. ex Jérémie（1977）［香材树科（杯轴花科，黑檫木科，芒籽科，蒙立米科，檬立木科，香材木科，香树木科）Monimiaceae］●☆

27360　Kibaropsis Vieill. ex Jérémie（1977）【汉】类盖裂桂属。【隶属】香材树科（杯轴花科，黑檫木科，芒籽科，蒙立米科，檬立木科，香材木科，香树木科）Monimiaceae。【包含】世界1种。【学名诠释与讨论】〈阴〉（属）Kibara假香材树属（盖裂桂属）+希腊文 opsis，外观，模样。此属的学名，APNI 和 IK 记载是"Kibaropsis Vieillard ex J. Jérémie, Adansonia ser. 2. 17：80. 8 Sep 1977"。"Kibaropsis Vieill. ex Guillaumin, in Arch. Bot., Caen, Bull. 1927, i. 75, in obs., sine descr. = Kibaropsis Vieill. ex Jérémie（1977）"是一个未合格发表的名称（Nom. inval.）。亦有文献把"Kibaropsis Vieill. ex Jérémie（1977）"处理为"Hedycarya J. R. Forst. et G. Forst.（1775）"的异名。【分布】法属新喀里多尼亚。【模式】Kibaropsis caledonica（Guillaumin）J. Jérémie［Hedycaria caledonica Guillaumin］。【参考异名】Hedycarya J. R. Forst. et G. Forst.（1775）；Kibaropsis Vieill. ex Guillaumin（1927）Nom. inval. ●☆

27361　Kibatalia G. Don（1837）【汉】倒缨木属（假纽子花属）。【英】Kibatalia, Paravallaris。【隶属】夹竹桃科 Apocynaceae。【包含】世界3-15种，中国1种。【学名诠释与讨论】〈阴〉词源不详。此属的学名"Kibatalia G. Don, Gen. Hist. 4：70, 86. 1837"是一个替代名称。"Hasseltia Blume, Bijdr. 1045. Oct 1826 - Nov 1827（non Kunth 1825）"是一个非法名称（Nom. illegit.），因为此前已经有了"Hasseltia Kunth in Humboldt, Bonpland et Kunth, Nova Gen. Sp. 7；ed. fol. 180；ed. qu. 231. 25 Apr 1825［椴树科（椴科，田麻科）Tiliaceae］"。故用"Kibatalia G. Don（1837）"替代之。"Kixia Blume, Fl. Javae Praef. vii. 5 Aug 1828（non Kickxia Dumortier 1827）"是"Kibatalia G. Don（1837）"的同模式异名（Homotypic synonym, Nomenclatural synonym）。【分布】马来西亚，中国，热带非洲。【模式】Kibatalia arborea（Blume）G. Don［Hasseltia arborea Blume］。【参考异名】Hasseltia Blume（1826-1827）Nom. illegit.；Kickxia Blume（1849）Nom. illegit.；Kixia Blume（1830）Nom. illegit.；Paravallaris Pierre ex Hua；Paravallaris Pierre（1898）Nom. inval. ●

27362　Kibbesia Walp.（1843）= Kibessia DC.（1828）；~ = Pternandra Jack（1822）［野牡丹科 Melastomataceae］●

27363　Kibbessia Walp.（1843）Nom. illegit. ≡ Kibbesia Walp.（1843）［野牡丹科 Melastomataceae］●

27364　Kibera Adans.（1763）= Sisymbrium L.（1753）［十字花科 Brassicaceae（Cruciferae）］■

27365　Kibessia DC.（1828）= Pternandra Jack（1822）［野牡丹科 Melastomataceae］●

27366　Kickxia Blume（1849）Nom. illegit. = Kibatalia G. Don（1837）［夹竹桃科 Apocynaceae］●

27367　Kickxia Dumort.（1827）【汉】基氏婆婆纳属。【俄】Киксия。【英】Fluellen, Fluellin。【隶属】玄参科 Scrophulariaceae//婆婆纳

科 Veronicaceae。//柳穿鱼科 Linariaceae【包含】世界9-47种。【学名诠释与讨论】〈阴〉（人）纪念植物学者 Jean Kickx（Sr.），1775-1831，和他儿子 Jean Kickx（Jr.），1803-1864。此属的学名，ING、APNI、TROPICOS 和 IK 记载是"Kickxia Dumort., Fl. Belg.（Dumortier）35（1827）"。"Kickxia Blume, Rumphia 4：25. 1849［late Oct 1849］= Kibatalia G. Don（1837）［夹竹桃科 Apocynaceae］"是晚出的非法名称。"Elatine J. Hill, Brit. Herb. 113. 12 Apr 1756（non Linnaeus 1753）"和"Tursitis Rafinesque, Aut. Bot. 156. 1840"是"Kickxia Dumort.（1827）"的晚出的同模式异名（Homotypic synonym, Nomenclatural synonym）。亦有文献把"Kickxia Dumort.（1827）"处理为"Linaria Mill.（1754）"的异名。【分布】美国，地中海至西印度群岛。【后选模式】Kickxia elatine（Linnaeus）Dumortier［Antirrhinum elatine Linnaeus］。【参考异名】Elatine Hill（1756）Nom. illegit.；Elatinoides（Chav.）Wettst.（1891）；Elatinoides Wettst.（1891）Nom. illegit.；Hasseltia Blume（1826-1827）Nom. illegit.；Kixia Meisn.（1830）Nom. illegit.；Linaria Mill.（1754）；Tursitis Raf.（1840）Nom. illegit. ●☆

27368　Kielboul Adans.（1763）Nom. illegit. ≡ Aristida L.（1753）［禾本科 Poaceae（Gramineae）］■

27369　Kielmeyera Mart.（1826）Nom. illegit. = Kielmeyera Mart. et Zucc.（1825）［猪胶树科（克鲁西科，山竹子科，藤黄科）Clusiaceae（Guttiferae）］●☆

27370　Kielmeyera Mart. et Zucc.（1825）【汉】基尔木属。【隶属】猪胶树科（克鲁西科，山竹子科，藤黄科）Clusiaceae（Guttiferae）。【包含】世界30-47种。【学名诠释与讨论】〈阴〉（人）Carl Friedrich von Kielmeyer，1765-1844，德国博物学者。此属的学名，ING 和 GCI 记载是"Kielmeyera C. F. P. Martius et Zuccarini, Flora 8：30. 14 Jan 1825"。"Kielmeyera Mart., Nov. Gen. Sp. Pl.（Martius）1（4）：109, t. 68-72. 1826［1824 publ. Jan-Mar 1826］= Kielmeyera Mart. et Zucc.（1825）"是晚出的非法名称。【分布】巴西（南部），秘鲁，玻利维亚。【模式】未指定。【参考异名】Kielmeyera Mart.（1826）Nom. illegit.；Kielmiera G. Don（1831）；Martineria Pfeiff.（1874）；Martinieria Vell.（1829）●☆

27371　Kielmiera G. Don（1831）= Kielmeyera Mart. et Zucc.（1825）［猪胶树科（克鲁西科，山竹子科，藤黄科）Clusiaceae（Guttiferae）］●☆

27372　Kierschlegeria Spach（1835）= Fuchsia L.（1753）［柳叶菜科 Onagraceae］●■

27373　Kiersera T. Durand et Jacks., Nom. illegit. = Bonnetia Mart.（1826）（保留属名）；~ = Kieseria Nees（1821）（废弃属名）；~ = Bonnetia Mart.（1826）（保留属名）［山茶科（茶科）Theaceae//多籽树科（多子科）Bonnetiaceae//猪胶树科（克鲁西科，山竹子科，藤黄科）Clusiaceae（Guttiferae）］●☆

27374　Kiesera Kuntze（1891）Nom. illegit.［山茶科（茶科）Theaceae//多籽树科（多子科）Bonnetiaceae//猪胶树科（克鲁西科，山竹子科，藤黄科）Clusiaceae（Guttiferae）］●☆

27375　Kiesera Reinw.（1825）= Tephrosia Pers.（1807）（保留属名）［豆科 Fabaceae（Leguminosae）//蝶形花科 Papilionaceae］●■

27376　Kiesera Reinw. ex Blume（1823）= Tephrosia Pers.（1807）（保留属名）［豆科 Fabaceae（Leguminosae）//蝶形花科 Papilionaceae］●■

27377　Kieseria Nees（1821）（废弃属名）= Bonnetia Mart.（1826）（保留属名）［山茶科（茶科）Theaceae//多籽树科（多子科）Bonnetiaceae//猪胶树科（克鲁西科，山竹子科，藤黄科）Clusiaceae（Guttiferae）］●☆

27378　Kieseria Spreng.（废弃属名）= Kiesera Reinw. ex Blume（1823）；~ = Tephrosia Pers.（1807）（保留属名）［豆科 Fabaceae（Leguminosae）//蝶形花科 Papilionaceae］●■

27379 Kieslingia Faúndez, Saldivia et A. E. Martic. (2014)【汉】基氏菊属。【隶属】菊科 Asteraceae(Compositae)。【包含】世界 1 种。【学名诠释与讨论】〈阴〉(人)Kiesling。【分布】智利。【模式】Kieslingia chilensis Faúndez, Saldivia et A. E. Martic.。☆

27380 Kigelia DC. (1838)【汉】吊灯树属(腊肠树属)。【日】ソーセージノキ属。【俄】Дерево колбасное, Кигелия。【英】Sausage Tree, Sausagetree, Sausage‐tree。【隶属】紫葳科 Bignoniaceae。【包含】世界 3 种, 中国 2 种。【学名诠释与讨论】〈阴〉(莫桑比克)kigeli‐keia, 植物俗名。此属的学名, ING, TROPICOS 和 IK 记载是"Kigelia A. P. de Candolle, Biblioth. Universelle Genève ser. 2. 17:135. Sep 1838"。"Kigelkeia Rafinesque, Sylva Tell. 166. Oct‐Dec 1838" 是 "Kigelia DC. (1838)" 的同模式异名(Homotypic synonym, Nomenclatural synonym)。IK 认为"Kigelkeia Rafinesque, Sylva Tell. 166. Oct‐Dec 1838" 是 "Kigelia DC. , Prodr. [A. P. de Candolle]9:247. 1845 [1 Jan 1845]" 的误记。【分布】安提瓜和巴布达, 巴基斯坦, 巴拿马, 秘鲁, 厄瓜多尔, 马达加斯加, 尼加拉瓜, 中国, 热带非洲, 中美洲。【模式】Kigelia pinnata (N. J. Jacquin) A. P. de Candolle [Crescentia pinnata N. J. Jacquin]。【参考异名】Kigelia DC. (1845) Nom. illegit. ; Kigelkeia Raf. (1838) Nom. illegit. ; Sotor Fenzl(1843)●

27381 Kigelia DC. (1845) Nom. illegit. ≡ Kigelkeia Raf. (1838) Nom. illegit. ; ~ ≡ Kigelia DC. (1838) [紫葳科 Bignoniaceae]●

27382 Kigelianthe Baill. (1888) = Fernandoa Welw. ex Seem. (1865) [紫葳科 Bignoniaceae]●

27383 Kigelkeia Raf. (1838) Nom. illegit. ≡ Kigelia DC. (1838) [紫葳科 Bignoniaceae]●

27384 Kigellaria Endl. (1841) = Kiggelaria L. (1753) [刺篱木科(大风子科)Flacourtiaceae//野桃科 Kiggelariaceae]●☆

27385 Kiggelaria L. (1753)【汉】野桃属。【隶属】刺篱木科(大风子科)Flacourtiaceae//野桃科 Kiggelariaceae。【包含】世界 1 种。【学名诠释与讨论】〈阴〉(人)François (Franciscus, Francis, Franz) Kiggelaer (Kiggelaar), 1648–1722, 荷兰植物学者, 植物采集家。【分布】热带和非洲南部。【模式】Kiggelaria africana Linnaeus。【参考异名】Kigellaria Endl. (1841)●☆

27386 Kiggelariaceae Link [亦见 Achariaceae Harms(保留科名)脊脐子科(柄果木科, 宿冠花科, 钟花科) 和 Flacourtiaceae Rich. ex DC. (保留科名)刺篱木科(大风子科)]【汉】野桃科。【包含】世界 11-12 属 70 种, 中国 3 属 5 种。【分布】马达加斯加。【科名模式】Kiggelaria L.●

27387 Kihansia Cheek (2004)【汉】非洲霉草属。【隶属】霉草科 Triuridaceae。【包含】世界 2 种。【学名诠释与讨论】〈阴〉词源不详。似来自人名。【分布】喀麦隆, 坦桑尼亚。【模式】Kihansia lovettii Cheek。☆

27388 Kiharapyrum Á. Löve(1982) = Aegilops L. (1753) (保留属名) [禾本科 Poaceae(Gramineae)]■

27389 Kikuyuochloa H. Scholz(2006)【汉】菊屋狼尾草属。【隶属】禾本科 Poaceae(Gramineae)。【包含】世界 1 种。【学名诠释与讨论】〈阴〉(人)Kikuya, 日本人+chloe, 草的幼芽, 嫩草, 禾草。此属的学名是"Kikuyuochloa H. Scholz, Feddes Repertorium 117(7-8): 513. 2006"。亦有文献把其处理为"Pennisetum Rich. (1805)" 的异名。【分布】埃塞俄比亚。【模式】Kikuyuochloa clandestina (Hochst. ex Chiov.) H. Scholz。【参考异名】Pennisetum Rich. (1805)■☆

27390 Kilbera Fourr. (1868) = Sisymbrium L. (1753) [十字花科 Brassicaceae(Cruciferae)]■

27391 Kiliana Sch. Bip. ex Hochst. (1841) = Kiliania Sch. Bip. ex Benth. et Hook. f. (1873); ~ = Pulicaria Gaertn. (1791) [菊科 Asteraceae(Compositae)]■●

27392 Kiliania Sch. Bip. ex Benth. et Hook. f. (1873) = Pulicaria Gaertn. (1791) [菊科 Asteraceae(Compositae)]■●

27393 Killickia Bräuchler, Heubl et Doroszenko(2008)【汉】南非姜味草属。【隶属】唇形科 Lamiaceae(Labiatae)。【包含】世界 4 种。【学名诠释与讨论】〈阴〉(人)Killick。此属的学名是"Killickia Bräuchler, Heubl et Doroszenko, Boletin de la Sociedad Cubana de Orquideas 157 (3): 576. 2008"。亦有文献把其处理为 "Micromeria Benth. (1829) (保留属名)" 的异名。【分布】南非。【模式】Killickia pilosa (Benth.) Bräuchler, Heubl et Doroszenko [Micromeria pilosa Benth.]。【参考异名】Micromeria Benth. (1829) (保留属名)■☆

27394 Killinga Adans. (1763) Nom. illegit. (废弃属名) (1) ≡ Athamanta L. (1753) [伞形花科(伞形科) Apiaceae (Umbelliferae)]■☆

27395 Killinga Adans. (1763) Nom. illegit. (废弃属名) (2) = Kyllinga Rottb. (1773) (保留属名) [莎草科 Cyperaceae]■

27396 Killinga T. Lestib. (1819) Nom. illegit. (废弃属名) = Kyllinga Rottb. (1773) (保留属名) [莎草科 Cyperaceae]■

27397 Killingia Juss. (1789) = Killinga T. Lestib. (1819) Nom. illegit. (废弃属名); ~ = Kyllinga Rottb. (1773) (保留属名) [莎草科 Cyperaceae]■

27398 Killipia Gleason(1925)【汉】基利普野牡丹属。【隶属】野牡丹科 Melastomataceae。【包含】世界 4 种。【学名诠释与讨论】〈阴〉(人)Ellsworth Paine Killip, 1890–1968, 美国植物学者。【分布】厄瓜多尔, 哥伦比亚。【模式】Killipia quadrangularis Gleason。●☆

27399 Killipiella A. C. Sm. (1943) = Disterigma (Klotzsch) Nied. (1889) [杜鹃花科(欧石南科)Ericaceae]●☆

27400 Killipiodendron Kobuski(1942)【汉】基利普山茶属。【隶属】山茶科(茶科)Theaceae。【包含】世界 1 种。【学名诠释与讨论】〈中〉(人)Ellsworth Paine Killip, 1890–1968, 美国植物学者 + dendron 或 dendros, 树木, 棍, 丛林。【分布】哥伦比亚。【模式】Killipiodendron colombianum Kobuski。●☆

27401 Killyngia Ham. (1825) = Killinga T. Lestib. (1819) Nom. illegit. (废弃属名); ~ = Kyllinga Rottb. (1773) (保留属名) [莎草科 Cyperaceae]■

27402 Kinabaluchloa K. M. Wong (1993)【汉】马来薄竹属。【隶属】禾本科 Poaceae(Gramineae)。【包含】世界 2 种。【学名诠释与讨论】〈阴〉(地)Kinabalu, 基纳巴卢山, 位于马来西亚+chloe, 草的幼芽, 嫩草, 禾草。【分布】马来西亚。【模式】Kinabaluchloa wrayi (Stapf) K. M. Wong.。●☆

27403 Kindasia Blume ex Koord. = Turpinia Vent. (1807) (保留属名) [省沽油科 Staphyleaceae]●

27404 Kinepetalum Schltr. (1913) = Tenaris E. Mey. (1838) [萝藦科 Asclepiadaceae]■☆

27405 Kinetochilus(Schltr.) Brieger (1981) = Dendrobium Sw. (1799) (保留属名) [兰科 Orchidaceae]■

27406 Kinetostigma Dammer(1905) = Chamaedorea Willd. (1806) (保留属名) [棕榈科 Arecaceae(Palmae)]●☆

27407 Kingdonia Balf. f. et W. W. Sm. (1914)【汉】独叶草属(单叶属)。【英】Kingdonia。【隶属】毛茛科 Ranunculaceae//独叶草科 Kingdoniaceae。【包含】世界 1 种, 中国 1 种。【学名诠释与讨论】〈阴〉(人)F. Kingdon Ward, 1840–1909, 加尔各答植物园主任。【分布】中国。【模式】Kingdonia uniflora I. B. Balfour et W. W. Smith。●★

27408 Kingdoniaceae (Janch.) A. S. Foster ex Airy Shaw = Kingdoniaceae A. S. Foster ex Airy Shaw ■

27409 Kingdoniaceae A. S. Foster ex Airy Shaw（1965）［亦见 Circaeasteraceae Hutch.（保留科名）星叶草科和 Ranunculaceae Juss.（保留科名）毛茛科］【汉】独叶草科。【包含】世界1属1种，中国1属1种。【分布】中国。【科名模式】Kingdonia Balf. f. et W. W. Sm.■

27410 Kingdon-wardia C. Marquand（1929）= Swertia L.（1753）［龙胆科 Gentianaceae］■

27411 Kingella Tiegh.（1895）= Trithecanthera Tiegh.（1894）［桑寄生科 Loranthaceae］●☆

27412 Kinghamia C. Jeffrey（1988）【汉】折瓣瘦片菊属。【隶属】菊科 Asteraceae（Compositae）。【包含】世界5种。【学名诠释与讨论】〈阴〉（人）Kingham。【分布】热带非洲西部和中部。【模式】Oiospermum nigritanum Bentham。■☆

27413 Kingia R. Br.（1826）【汉】草树属。【英】Kingia。【隶属】黄脂木科（草树胶科，刺叶树科，禾木胶科，黄胶木科，黄万年青科，黄脂草科，木根旱生草科）Xanthorrhoeaceae//草树科 Kingiaceae//毛瓣花科（多须草科）Dasypogonaceae。【包含】世界1种。【学名诠释与讨论】〈阴〉（人）Philip Gidley King, 1758–1808。【分布】澳大利亚（西部）。【模式】Kingia australis R. Brown。●■☆

27414 Kingiaceae Endl.［亦见 Dasypogonaceae Dumort. 毛瓣花科（多须草科）和 Xanthorrhoeaceae Dumort.（保留科名）黄脂木科（草树胶科，刺叶树科，禾木胶科，黄胶木科，黄万年青科，黄脂草科，木根旱生草科）］【汉】草树科。【包含】世界1属1种。【分布】澳大利亚（西部）。【科名模式】Kingia R. Br.●■☆

27415 Kingiaceae Endl. ex Schnizl.（1845）= Kingiaceae Endl.●■☆

27416 Kingianthus H. Rob.（1978）【汉】方果菊属。【隶属】菊科 Asteraceae（Compositae）。【包含】世界2种。【学名诠释与讨论】〈阳〉（人）King+anthos, 花。【分布】南美洲。【模式】Kingianthus sodiroi（G. Hieronymus）H. Robinson［Zaluzania sodiroi G. Hieronymus］。●☆

27417 Kingidium P. F. Hunt（1970）【汉】尖囊兰属（金氏小蝶兰属，京兰属，金氏兰属，肯基拉兰属）。【英】Kingidium。【隶属】兰科 Orchidaceae。【包含】世界4种，中国3种。【学名诠释与讨论】〈中〉（人）George King, 1840–1909, 英国植物学者+-idius, -idia, -idium, 指示小的词尾。"Kingidium P. F. Hunt, Kew Bull. 24: 97. 2 Mar 1970" 是一个替代名称；它替代的是"Kingiella Rolfe, Orchid Rev. 25: 196. Sep 1917"，而非"Kingella Van Tieghem, Bull. Soc. Bot. France 42: 250. post 22 Mar 1895 = Trithecanthera Tiegh.（1894）［桑寄生科 Loranthaceae］"。【分布】印度至马来西亚（西部），中国。【模式】Kingidium decumbens（Griff.）P. F. Hunt。【参考异名】Kingiella Rolfe（1917）■

27418 Kingiella Rolfe（1917）Nom. illegit. = Phalaenopsis Blume（1825）［兰科 Orchidaceae］■

27419 Kinginda Kuntze（1891）Nom. illegit. ≡ Mitrephora（Blume）Hook. f. et Thomson（1855）［番荔枝科 Annonaceae］●

27420 Kingiodendron Harms（1897）【汉】金苏木属。【隶属】豆科 Fabaceae（Leguminosae）。【包含】世界6种。【学名诠释与讨论】〈中〉（人）George King, 1840–1909, 英国植物学者+dendron 或 dendros, 树木, 棍, 丛林。【分布】菲律宾（菲律宾群岛），斐济，所罗门群岛，印度。【模式】Kingiodendron pinnatum（Roxburgh）Harms［Hardwickia pinnata Roxburgh］。●☆

27421 Kingsboroughia Liebm.（1850）= Meliosma Blume（1823）［清风藤科 Sabiaceae//泡花树科 Meliosmaceae］●

27422 Kingstonia Gray（1821）Nom. illegit. ≡ Hirculus Haw.（1821）; ~ = Saxifraga L.（1753）［虎耳草科 Saxifragaceae］■

27423 Kingstonia Hook. f. et Thomson（1872）Nom. illegit. = Dendrokingstonia Rauschert（1982）［番荔枝科 Annonaceae］●☆

27424 Kinia Raf.（1814）【汉】马来西亚百合属。【隶属】百合科 Liliaceae。【包含】世界1种。【学名诠释与讨论】〈阴〉（人）Kin。【分布】加里曼丹岛。【模式】Kinia biflora Rafinesque。■☆

27425 Kinkina Adans.（1763）Nom. illegit. ≡ Cinchona L.（1753）［茜草科 Rubiaceae//金鸡纳科 Cinchonaceae］■●

27426 Kinostemon Kudô（1929）【汉】动蕊花属。【英】Kinostemon。【隶属】唇形科 Lamiaceae（Labiatae）。【包含】世界3种，中国3种。【学名诠释与讨论】〈阳〉（希）kineo, 运动+stemon, 雄蕊。指细长的花丝常摆动。此属的学名是"Kinostemon Kudo, Trans. Nat. Hist. Soc. Taiwan 19: 1. Feb 1929"。亦有文献把其处理为"Teucrium L.（1753）"的异名。【分布】日本，中国。【模式】未指定。【参考异名】Teucrium L.（1753）■★

27427 Kinugasa Tatew. et Suto（1935）【汉】白尊重楼属。【日】キヌガサソウ属。【隶属】百合科 Liliaceae//延龄草科（重楼科）Trilliaceae。【包含】世界1种。【学名诠释与讨论】〈阴〉（日）kinugasa, 日文キヌガサソウの音译。此属的学名是"Kinugasa Tatewaki et Suto, Trans. Sapporo Nat. Hist. Soc. 14: 34. Jul 1935"。亦有文献把其处理为"Paris L.（1753）"的异名。【分布】日本。【模式】Kinugasa japonica（Matsumura）Tatewaki et Suto［Trillium japonicum Matsumura］。【参考异名】Paris L.（1753）■☆

27428 Kionophyton Garay（1982）= Stenorrhynchos Rich. ex Spreng.（1826）［兰科 Orchidaceae］■☆

27429 Kiosmina Raf.（1837）= Salvia L.（1753）［唇形科 Lamiaceae（Labiatae）//鼠尾草科 Salviaceae］●■

27430 Kippistia F. Muell.（1858）【汉】肉叶层菀属。【隶属】菊科 Asteraceae（Compositae）。【包含】世界1种。【学名诠释与讨论】〈阴〉（人）Richard Kippist, 1812–1882, 英国植物学者。此属的学名, ING、TROPICOS、APNI 和 IK 记载是"Kippistia F. Muell., Rep. Pl. Babbage's Exped. 12. 1859"。"Kippistia Miers, Trans. Linn. Soc. London 28（2）: 414, 416. 1872［after 17 May 1872, possibly 8 Jun］= Hippocratea L.（1753）［卫矛科 Celastraceae//翅子藤科（希藤科）Hippocrateaceae］" 是晚出的非法名称。亦有文献把"Kippistia F. Muell.（1858）"处理为"Minuria DC.（1836）"的异名。【分布】澳大利亚（中部和南部）。【模式】Kippistia suaedifolia F. v. Mueller。【参考异名】Minuria DC.（1836）●☆

27431 Kippistia Miers（1872）Nom. illegit. = Hippocratea L.（1753）［卫矛科 Celastraceae//翅子藤科（希藤科）Hippocrateaceae］●☆

27432 Kirchnera Opiz（1858）= Astragalus L.（1753）［豆科 Fabaceae（Leguminosae）//蝶形花科 Papilionaceae］●■

27433 Kirengeshoma Yatabe（1891）【汉】黄山梅属。【日】キレンゲショウマ属。【俄】Киренгешома。【英】Kirengeshoma, Palmate Kirengeshoma, Yellow Lanterns, Yellow Waxbells。【隶属】虎耳草科 Saxifragaceae//黄山梅科 Kirengeshomaceae//绣球花科（八仙花科，绣球科）Hydrangeaceae。【包含】世界2种，中国1种。【学名诠释与讨论】〈阴〉（日）黄山梅的日本俗名キレンゲショウマ的音译。【分布】朝鲜，日本，中国。【模式】Kirengeshoma palmata Yatabe。■

27434 Kirengeshomaceae Nakai（1943）［亦见 Hydrangeaceae Dumort.（保留科名）绣球花科（八仙花科，绣球科）］【汉】黄山梅科。【包含】世界1属2种，中国1属1种。【分布】日本。【科名模式】Kirengeshoma Yatabe■

27435 Kirengeshornaceae（Engl.）Nakai = Hydrangeaceae Dumort.（保留科名）●■

27436 Kirganelia Juss.（1789）= Phyllanthus L.（1753）［大戟科 Euphorbiaceae//叶下珠科（叶萝藦科）Phyllanthaceae］●■

27437 Kirganella J. F. Gmel.（1792）Nom. illegit.［大戟科 Euphorbiaceae］☆

27438　Kirganellia Dumort.（1829）Nom. illegit.［大戟科 Euphorbiaceae］☆

27439　Kirilovia Lindl.（1847）Nom. illegit.［藜科 Chenopodiaceae］☆

27440　Kirilowia Bunge（1843）【汉】棉藜属（吉利洛夫藜属，毛花藜属，绵藜属）。【俄】Кириловия。【英】Kirilowia。【隶属】藜科 Chenopodiaceae。【包含】世界 2 种，中国 1 种。【学名诠释与讨论】〈阴〉（人）Ivan（Iwan）Petrovic（Petrovich）（Johann）Kirilow（Kirilov），1821-1842，俄罗斯植物学者。此属的学名，IK 记载是"Kirilowia Bunge, Del. Sem. Hort. Dorpat.（1843）7"。"Kirilovia Lindl.（1847）"是其拼写变体。【分布】阿富汗，中国，亚洲中部。【模式】未指定。【参考异名】Londesia Fisch. et C. A. Mey.（1836）；Londesia Kar. et Kit. ex Moq.■

27441　Kirkbridea Wurdack（1976）【汉】柯克野牡丹属。【隶属】野牡丹科 Melastomataceae。【包含】世界 1 种。【学名诠释与讨论】〈阴〉（人）Kirkbride，植物学者。【分布】哥伦比亚。【模式】Kirkbridea tetramera J. J. Wurdack。☆

27442　Kirkia Oliv.（1868）【汉】番苦木属（棱镜果属）。【隶属】苦木科 Simaroubaceae//番苦木科 Kirkiaceae。【包含】世界 5-6 种。【学名诠释与讨论】〈阴〉（人）John Kirk，1832-1922，英国博物学者。【分布】热带和非洲南部。【模式】Kirkia acuminata Oliver。【参考异名】Tetraspis Chiov.（1912）●☆

27443　Kirkiaceae（Engl.）Takht.（1967）= Kirkiaceae Takht.；~ = Simaroubaceae DC.（保留科名）●

27444　Kirkiaceae Takht.（1967）［亦见 Simaroubaceae DC.（保留科名）苦木科（樗树科）］【汉】番苦木科。【包含】世界 2 属 6-7 种。【分布】热带非洲和南非。【科名模式】Kirkia Oliv.●☆

27445　Kirkianella Allan（1961）= Sonchus L.（1753）［菊科 Asteraceae（Compositae）］■

27446　Kirkophytum（Harms）Allan（1961）= Stilbocarpa（Hook. f.）Decne. et Planch.（1854）［as 'Stylbocarpa'］［五加科 Araliaceae］●☆

27447　Kirpicznikovia Á. Löve et D. Löve（1976）Nom. illegit. ≡ Chamaerhodiola Nakai（1933）；~ = Rhodiola L.（1753）［景天科 Crassulaceae//红景天科 Rhodiolaceae］■

27448　Kirschlegera Rchb.（1841）Nom. illegit. = Fuchsia L.（1753）［柳叶菜科 Onagraceae］●■

27449　Kirschlegeria Rchb.（1837）Nom. inval. = Kierschlegeria Spach（1835）［柳叶菜科 Onagraceae］●■

27450　Kissenia Endl.（1842）Nom. illegit. = Kissenia R. Br. ex Endl.（1842）［as 'Fissenia'］［刺莲花科（硬毛草科）Loasaceae］●☆

27451　Kissenia R. Br. ex Endl.（1842）［as 'Fissenia'］【汉】大片刺莲花属。【隶属】刺莲花科（硬毛草科）Loasaceae。【包含】世界 2 种。【学名诠释与讨论】〈阴〉词源不详。此属的学名，ING 和 IK 记载是"Kissenia R. Brown ex Endlicher, Gen. Suppl. 2：76. Mai-Jun 1842.（'Fissenia'）"。"Kissenia Endl.（1842）"的命名人引证有误。"Fissenia R. Br. ex Endl.（1842）"是其拼写变体；"Fissenia Endl.（1842）"的命名人引证有误。【分布】索马里，阿拉伯地区，非洲西南部。【模式】Kissenia capensis Endlicher。【参考异名】Cnidone E. Mey. ex Endl.（1842）；Fissenia Endl.（1842）Nom. illegit.；Fissenia R. Br. ex Endl.（1842）Nom. illegit.；Kissenia Endl.（1842）Nom. illegit.；Kissenia R. Br. ex T. Anderson ●☆

27452　Kissenia R. Br. ex T. Anderson = Kissenia R. Br. ex Endl.（1842）［as 'Fissenia'］［刺莲花科（硬毛草科）Loasaceae］●☆

27453　Kissodendron Seem.（1865）= Polyscias J. R. Forst. et G. Forst.（1776）［五加科 Araliaceae］●

27454　Kita A. Chev.（1950）= Hygrophila R. Br.（1810）［爵床科 Acanthaceae］●■

27455　Kitagawia Pimenov（1986）【汉】石防风属。【隶属】伞形花科（伞形科）Apiaceae（Umbelliferae）。【包含】世界 5 种，中国 1 种。【学名诠释与讨论】〈阴〉（人）Masao Kitagawa，1909-，日本植物学者。此属的学名是"Kitagawia M. G. Pimenov, Bot. Zurn.（Moscow & Leningrad）71：943. Jul 1986"。亦有文献把其处理为"Peucedanum L.（1753）"的异名。【分布】中国，温带亚洲。【模式】Kitagawia terebinthacea（F. E. L. von Fischer ex K. P. J. Sprengel）M. G. Pimenov［Selinum terebinthaceum F. E. L. von Fischer ex K. P. J. Sprengel）。【参考异名】Peucedanum L.（1753）■

27456　Kitaibela Batsch（1802）= Kitaibela Willd.（1799）［锦葵科 Malvaceae］■☆

27457　Kitaibela Willd.（1799）【汉】葡萄叶葵属（凯泰葵属）。【英】Yugoslavian Mallow。【隶属】锦葵科 Malvaceae。【包含】世界 1-2 种。【学名诠释与讨论】〈阴〉（人）Paul Kitaibel，1757-1817，匈牙利植物学者。【分布】欧洲东部。【模式】Kitaibela vitifolia Willdenow。【参考异名】Kitaibela Batsch（1802）■☆

27458　Kitamuraea Rauschert（1982）Nom. illegit. ≡ Miyamayomena Kitam.（1982）；~ = Aster L.（1753）；~ = Miyamayomena Kitam.（1982）［菊科 Asteraceae（Compositae）］■

27459　Kitamuraster Soják（1982）Nom. illegit. ≡ Gymnaster Kitam.（1937）Nom. illegit.；~ = Aster L.（1753）；~ = Miyamayomena Kitam.（1982）［菊科 Asteraceae（Compositae）］■

27460　Kitchingia Baker（1881）= Kalanchoe Adans.（1763）［景天科 Crassulaceae］●■

27461　Kitigorchis Maek.（1971）【汉】唇兰属。【隶属】兰科 Orchidaceae。【包含】世界 4 种。【学名诠释与讨论】〈阴〉（人）Kiti，日本人+orchis，原义是睾丸，后变为植物兰的名称，因为根的形态而得名。变为拉丁文 orchis，所有格 orchidis。此属的学名是"Kitigorchis Maekawa, Wild Orch. Japan Color 469. 1971"。亦有文献把其处理为"Oreorchis Lindl.（1858）"的异名。【分布】日本。【模式】Kitigorchis hoana Maekawa。【参考异名】Oreorchis Lindl.（1858）■☆

27462　Kittelia Rchb.（1837）Nom. illegit. ≡ Cyanea Gaudich.（1829）［桔梗科 Campanulaceae］●☆

27463　Kittelocharis Alef.（1863）Nom. illegit. ≡ Reinwardtia Dumort.（1822）［亚麻科 Linaceae］●

27464　Kixia Blume（1830）Nom. illegit. ≡ Kibatalia G. Don（1837）；~ = Kickxia Blume（1849）Nom. illegit.；~ = Kibatalia G. Don（1837）［夹竹桃科 Apocynaceae］●

27465　Kixia Meisn.（1830）Nom. illegit. = Kickxia Dumort.（1827）；~ =？Kickxia Dumort.（1827）［玄参科 Scrophulariaceae//婆婆纳科 Veronicaceae］☆

27466　Kjellbergia Bremek.（1948）= Strobilanthes Blume（1826）［爵床科 Acanthaceae］●■

27467　Kjellbergiodendron Burret（1936）【汉】谢氏桃金娘属。【隶属】桃金娘科 Myrtaceae。【包含】世界 1 种。【学名诠释与讨论】〈中〉（人）Gunnar Konstantin Kjellberg，1885-1943，植物学者+dendron 或 dendros，树木，棍，丛林。【分布】印度尼西亚（苏拉威西岛）。【模式】Kjellbergiodendron limnogeiton Burret。●☆

27468　Klackenbergia Kissling（2009）【汉】克氏龙胆属。【隶属】龙胆科 Gentianaceae。【包含】世界 2 种。【学名诠释与讨论】〈阴〉（人）Jens Klackenberg，1951-，植物学者。【分布】马达加斯加。【模式】Klackenbergia stricta（Schinz）Kissling［Belmontia stricta Schinz］。■☆

27469　Kladnia Schur（1866）= Hesperis L.（1753）［十字花科 Brassicaceae（Cruciferae）］■

27470　Klaineanthus Pierre ex Prain（1912）【汉】克莱大戟属。【隶属】

大戟科 Euphorbiaceae。【包含】世界 1 种。【学名诠释与讨论】〈阳〉（人）Pere Theophile-Joseph Klaine, 1842–1911, 曾在加蓬采集植物标本 + anthos, 花。此属的学名, ING 和 IK 记载是"Klaineanthus Pierre ex Prain, Bull. Misc. Inform. Kew 1912（2）: 105.［9 Mar 1912］"。IPNI 则记载为"Klaineanthus Pierre, Tab. Herb. L. Pierre 1900［Nov 1900］"。【分布】热带非洲西部。【模式】Klaineanthus gaboniae Pierre ex Prain。【参考异名】Klaineanthus Pierre（1900）Nom. inval.●☆

27471　Klaineanthus Pierre（1900）Nom. inval. ≡ Klaineanthus Pierre ex Prain（1912）［大戟科 Euphorbiaceae//谷木科 Memecylaceae］●☆

27472　Klaineastrum Pierre ex A. Chev.（1917）= Memecylon L.（1753）［野牡丹科 Melastomataceae//谷木科 Memecylaceae］●

27473　Klainedoxa Pierre ex Engl.（1896）〈汉〉热非黏木属。【隶属】黏木科 Ixonanthaceae。【包含】世界 3-10 种。【学名诠释与讨论】〈阴〉（人）Pere Theophile-Joseph Klaine, 1842–1911, 曾在加蓬采集植物标本 + doxa, 光荣, 光彩, 华丽, 荣誉, 有名, 显著。此属的学名, ING 和 IK 记载是"Klainedoxa Pierre ex Engler in Engler et Prantl, Nat. Pflanzenfam. 3（4）: 227. Apr 1896"。IPNI 则记载为"Klainedoxa Pierre, Tab. Herb. L. Pierre 1896［17 Feb 1896］"。【分布】热带非洲。【模式】Klainedoxa gabonensis Pierre ex Engler。【参考异名】Condgiea Baill. ex Tiegh.（1905）; Klainedoxa Pierre（1896）●☆

27474　Klainedoxa Pierre（1896）= Klainedoxa Pierre ex Engl.（1896）［黏木科 Ixonanthaceae］●☆

27475　Klanderia F. Muell.（1853）= Prostanthera Labill.（1806）［唇形科 Lamiaceae（Labiatae）］●☆

27476　Klaprothia Kunth（1823）〈汉〉克拉刺莲花属。【隶属】刺莲花科（硬毛草科）Loasaceae。【包含】世界 2 种。【学名诠释与讨论】〈阴〉（人）Heinrich Julius von Klaproth, 1783–1835。【分布】巴拿马, 秘鲁, 玻利维亚, 厄瓜多尔, 哥伦比亚（安蒂奥基亚）, 哥斯达黎加, 尼加拉瓜, 中美洲。【模式】Klaprothia mentzelioides Kunth。【参考异名】Sclerothrix C. Presl（1834）■☆

27477　Klarobelia Chatrou（1998）〈汉〉秘鲁番荔枝属。【隶属】番荔枝科 Annonaceae。【包含】世界 12 种。【学名诠释与讨论】〈阴〉词源不详。【分布】巴拿马, 玻利维亚, 哥伦比亚（安蒂奥基亚）, 中美洲。【模式】Klarobelia candida L. W. Chatrou。●☆

27478　Klasea Cass.（1825）〈汉〉脉苞菊属。【隶属】菊科 Asteraceae（Compositae）//麻花头科 Serrulaceae。【包含】世界 65 种。【学名诠释与讨论】〈阴〉（人）Klas。此属的学名是"Klasea Cassini in F. Cuvier, Dict. Sci. Nat. 35: 173. Oct 1825"。亦有文献把其处理为"Serratula L.（1753）"的异名。【分布】地中海地区, 非洲北部, 欧洲, 亚洲西南部。【模式】未指定。【参考异名】Klausea Endl.（1838）; Serratula L.（1753）■☆

27479　Klaseopsis L. Martins（2006）〈汉〉华麻花头属。【隶属】菊科 Asteraceae（Compositae）。【包含】世界 1 种, 中国 1 种。【学名诠释与讨论】〈阴〉（属）Klasea 脉苞菊属 + 希腊文 opsis, 外观, 模样, 相似。【分布】中国。【模式】Klaseopsis chinensis（S. Moore）L. Martins。■

27480　Klattia Baker（1877）〈汉〉克拉特鸢尾属。【隶属】鸢尾科 Iridaceae。【包含】世界 3 种。【学名诠释与讨论】〈阴〉（人）Friedrich Wilhelm Klatt, 1825–1897, 德国植物学家。【分布】非洲南部。【模式】Klattia partita Ker-Gawler ex J. G. Baker。●☆

27481　Klausea Endl.（1838）= Klasea Cass.（1825）; ~ = Serratula L.（1753）［菊科 Asteraceae（Compositae）//麻花头科 Serrulaceae］■

27482　Kleberiella V. P. Castro et Cath.（2006）〈汉〉热美瘤瓣兰属。【隶属】兰科 Orchidaceae。【包含】世界 6 种。【学名诠释与讨论】〈阴〉（人）Kleber + -ellus, -ella, -ellum, 加在名词词干后面形成指小式的词尾。或加在人名、属名等后面以组成新属的名称。此属的学名是"Kleberiella V. P. Castro et Cath., Richardiana 6: 158. 2006"。亦有文献把其处理为"Oncidium Sw.（1800）（保留属名）"的异名。【分布】热带美洲。【模式】Kleberiella uniflora（Booth ex Lindley）V. P. Castro et Catharino［Oncidium uniflorum Booth ex Lindley］。【参考异名】Oncidium Sw.（1800）（保留属名）■☆

27483　Kleinhofia Gisek.（1792）Nom. illegit. ≡ Kleinhovia L.（1763）［梧桐科 Sterculiaceae//锦葵科 Malvaceae］●

27484　Kleinhovea Roxb.（1832）Nom. illegit. ≡ Kleinhovia L.（1763）［梧桐科 Sterculiaceae//锦葵科 Malvaceae］●

27485　Kleinhovia L.（1763）〈汉〉鹧鸪麻属（面头粿属）。【俄】Клейнховия。【英】Kleinhovia。【隶属】梧桐科 Sterculiaceae//锦葵科 Malvaceae。【包含】世界 1 种, 中国 1 种。【学名诠释与讨论】〈阴〉（人）C. Kleinhof, 荷兰植物学者, 曾任爪哇植物园主任。此属的学名, ING、APNI、TROPICOS 和 IK 记载是"Kleinhovia Linnaeus, Sp. Pl. ed. 2. 1365. Jul-Aug 1763"。"Kleinhovea Roxb., Fl. Ind. iii. 140（1832）"和"Kleinhofia Gisek., Prael. 452（1792）"都是其变体。"Cattimarus O. Kuntze, Rev. Gen. 1: 76. 5 Nov 1891"是"Kleinhovia L.（1763）"的晚出的同模式异名（Homotypic synonym, Nomenclatural synonym）。【分布】巴基斯坦, 中国, 热带亚洲。【模式】Kleinhovia hospita Linnaeus。【参考异名】Cattimarus Kuntze（1891）Nom. illegit. ; Cattimarus Rumph.（1743）Nom. inval. ; Cattimarus Rumph. ex Kuntze（1891）Nom. illegit. ; Gardenia J. Ellis（1761）（保留属名）; Kleinhofia Gisek.（1792）Nom. illegit. ; Kleinhovea Roxb.（1832）Nom. illegit.●

27486　Kleinia Crantz（1766）Nom. illegit. ≡ Quisqualis L.（1762）［使君子科 Combretaceae］●

27487　Kleinia Jacq.（1760）Nom. illegit. = Jaumea Pers.（1807）; ~ = Porophyllum Guett.（1754）［菊科 Asteraceae（Compositae）］■●☆

27488　Kleinia Juss.（1803）Nom. illegit. = Jaumea Pers.（1807）［菊科 Asteraceae（Compositae）］■●☆

27489　Kleinia Mill.（1754）〈汉〉仙人笔属（黄瓜掌属, 肉菊属）。【隶属】菊科 Asteraceae（Compositae）。【包含】世界 40-50 种。【学名诠释与讨论】〈阴〉（人）Jacob（Jakob）Theodor Klein, 1685–1759, 德国植物学者。此属的学名, ING、GCI 和 IK 记载是"Kleinia Mill., Gard. Dict. Abr., ed. 4.［729］. 1754［28 Jan 1754］"。晚出的非法名称"Kleinia Crantz（1766）"、"Kleinia Jacq.（1760）"和"Kleinia Juss.（1803）"都不是本属的异名。【分布】玻利维亚, 马达加斯加, 阿拉伯地区, 热带和非洲南部, 中美洲。【模式】未指定。【参考异名】Notonia DC.（1833）; Notoniopsis B. Nord.（1978）●■☆

27490　Kleinodendron L. B. Sm. et Downs（1964）= Savia Willd.（1806）［大戟科 Euphorbiaceae］●☆

27491　Kleistrocalyx Steud.（1850）= Rhynchospora Vahl（1805）［as 'Rynchospora'］（保留属名）［莎草科 Cyperaceae］■☆

27492　Klemachloa R. Parker（1932）= Dendrocalamus Nees（1835）［禾本科 Poaceae（Gramineae）］●

27493　Klenzea Sch. Bip. ex Hochst.（1841）Nom. illegit. = Athrixia Ker Gawl.（1823）［菊科 Asteraceae（Compositae）］●■☆

27494　Klenzea Sch. Bip. ex Steud.（1840）Nom. inval. = Athrixia Ker Gawl.（1823）［菊科 Asteraceae（Compositae）］●■☆

27495　Klenzea Sch. Bip. ex Walp.（1843）Nom. illegit.［菊科 Asteraceae（Compositae）］☆

27496　Klerodendron Adans.（1763）Nom. illegit. ≡ Clerodendrum L.（1753）［马鞭草科 Verbenaceae//牡荆科 Viticaceae］●■

27497　Klingia Schönland（1919）= Gethyllis L.（1753）［石蒜科

Amaryllidaceae]■☆

27498　Klonion(Raf.)Raf.(1840)Nom. illegit. = Eryngium L.(1753)
［伞形花科(伞形科)Apiaceae(Umbelliferae)]■

27499　Klonion Raf.(1836)= Eryngium L.(1753)［伞形花科(伞形
科)Apiaceae(Umbelliferae)]■

27500　Klopstockia H. Karst.(1856)= Ceroxylon Bonpl.(1804)［棕榈
科 Arecaceae(Palmae)]●☆

27501　Klossia Ridl.(1909)【汉】克洛斯茜属。【隶属】茜草科
Rubiaceae。【包含】世界 1 种。【学名诠释与讨论】〈阴〉(人)
Cecil Boden Kloss, 1877–,英国植物学者。【分布】马来半岛。
【模式】Klossia montana Ridley。☆

27502　Klotschia Endl.(1839)Nom. illegit.［伞形花科(伞形科)
Apiaceae(Umbelliferae)]☆

27503　Klotzschia Cham.(1833)【汉】克洛草属。【隶属】伞形花科
(伞形科)Apiaceae(Umbelliferae)。【包含】世界 3 种。【学名诠
释与讨论】〈阴〉(人)Johann Friedrich Klotzsch, 1805–1860,德国
植物学者。【分布】巴西(南部)。【模式】Klotzschia brasiliensis
Chamisso。☆

27504　Klotzschiphytum Baill.(1858)= Croton L.(1753)［大戟科
Euphorbiaceae//巴豆科 Crotonaceae]●

27505　Klugia Schltdl.(1833)【汉】克卢格苣苔属。【英】Klugia。【隶
属】苦苣苔科 Gesneriaceae。【包含】世界 11 种。【学名诠释与讨
论】〈阴〉(人)Guillermo Klug。此属的学名是“Klugia D. F. L.
Schlechtendal, Linnaea 8：248. 1833”。亦有文献把其处理为
“Rhynchoglossum Blume(1826)［as ‘Rhinchoglossum’](保留属
名)”的异名。【分布】参见 Rhynchoglossum Blume。【模式】
Klugia azurea D. F. L. Schlechtendal。【参考异名】Rhynchoglossum
Blume(1826)［as ‘Rhinchoglossum’](保留属名)■☆

27506　Klugiodendron Britton et Killip(1936)= Abarema Pittier(1927);
~ =Pithecellobium Mart.(1837)［as ‘Pithecollobium’](保留属
名)［豆科 Fabaceae(Leguminosae)//含羞草科 Mimosaceae]●

27507　Klukia Andrz. ex DC.(1821)= Malcolmia W. T. Aiton(1812)
［as ‘Malcomia’](保留属名)［十字花科 Brassicaceae
(Cruciferae)]■

27508　Kmeria(Pierre)Dandy(1927)【汉】单性木兰属。【隶属】木兰
科 Magnoliaceae。【包含】世界 1-2 种。【学名诠释与讨论】〈阴〉
(人)Kmer,高棉人。此属的学名,ING 记载是“Kmeria(Pierre)
Dandy, Bull. Misc. Inform. 1927：260, 262. 19 Sep 1927”,由
“Magnolia subgen. Kmeria Pierre”改级而来。而 IK 则记载为
“Kmeria Dandy, Bull. Misc. Inform. Kew 1927(7)：262.［19 Sep
1927]”。【分布】中国,中南半岛。【模式】Kmeria duperreana
(Pierre)Dandy［Magnolia duperreana Pierre]。【参考异名】Kmeria
Dandy(1927)Nom. illegit.; Magnolia subgen. Kmeria Pierre;
Woonyoungia Y. W. Law(1997)●

27509　Kmeria Dandy(1927)Nom. illegit. ≡ Kmeria(Pierre)Dandy
(1927)［木兰科 Magnoliaceae]●

27510　Knafia Opiz(1852)= Salix L.(1753)(保留属名)［杨柳科
Salicaceae]●

27511　Knantia Hill(1772)= Knautia L.(1753)［川续断科(刺参科,
蓟叶参科,山萝卜科,续断科)Dipsacaceae]■☆

27512　Knappia F. L. Bauer ex Steud. = Rhynchoglossum Blume(1826)
［as ‘Rhinchoglossum’](保留属名)［苦苣苔科 Gesneriaceae]■

27513　Knappia Sm.(1803)Nom. illegit. ≡ Mibora Adans.(1763)［禾
本科 Poaceae(Gramineae)]■☆

27514　Knauthia Fabr.(1763)Nom. illegit. ≡ Knauthia Heist. ex Fabr.
(1763)≡Scleranthus L.(1753)［石竹科 Caryophyllaceae]■☆

27515　Knauthia Heist. ex Fabr.(1763)Nom. illegit. ≡ Scleranthus L.

(1753)［石竹科 Caryophyllaceae]■☆

27516　Knautia L.(1753)【汉】裸盆花属(克瑙草属)。【俄】
Коростравник。【英】Blue Buttons, Knautia。【隶属】川续断科(刺
参科,蓟叶参科,山萝卜科,续断科)Dipsacaceae。【包含】世界
50-60 种。【学名诠释与讨论】〈阴〉(人)Christian Knaut, 1654–
1716,德国植物学者。此属的学名,ING、TROPICOS 和 IK 记载
是“Knautia L., Sp. Pl. 1：101. 1753［1 May 1753]”。
“Lychniscabiosa Fabricius, Enum. 90. 1759”是“Knautia L.
(1753)”的晚出的同模式异名(Homotypic synonym, Nomenclatural
synonym)。【分布】巴基斯坦,地中海地区,欧洲。【模式】
Knautia orientalis Linnaeus。【参考异名】Knantia Hill(1772);
Lychniscabiosa Fabr.(1759)Nom. illegit.; Trichera Schrad.(1814)
Nom. inval. ■☆

27517　Knavel Adans.(1763)Nom. illegit.［醉人花科(裸果木科)
Illecebraceae]☆

27518　Knavel Ség.(1754)Nom. illegit. ≡Scleranthus L.(1753)［石竹
科 Caryophyllaceae]■☆

27519　Knawel Fabr. = Knavel Ség.(1754)Nom. illegit.; ~ =Scleranthus
L.(1753)［石竹科 Caryophyllaceae]■☆

27520　Kneiffia Spach(1835)= Oenothera L.(1753)［柳叶菜科
Onagraceae]●■

27521　Knema Lour.(1790)【汉】红光树属(拟肉豆蔻属)。【英】
Knema, Pincushion Flower。【隶属】肉豆蔻科 Myristicaceae。【包
含】世界 85-90 种,中国 6 种。【学名诠释与讨论】〈中〉(希)
kneme,节间。knemis,所有格 knemidos,胫衣,脚绊。knema,所有
格 knematos,碎片,碎屑,刨花。山的肩状突出部分。可能指花
梗上小苞片脱落后留有疤痕。或指茎。【分布】印度至马来西
亚,中国,东南亚。【模式】Knema corticosa Loureiro。【参考异名】
Cnema Post et Kuntze(1903)●

27522　Knersia H. E. K. Hartmann et Liede(2013)【汉】南非番杏属。
【隶属】番杏科 Aizoaceae。【包含】世界 1 种。【学名诠释与讨
论】〈阴〉词源不详。似来自人名。【分布】非洲南部。【模式】
Knersia diversifolia(L. Bolus)H. E. K. Hartmann et Liede
［Drosanthemum diversifolium L. Bolus]。☆

27523　Knesebeckia Klotzsch(1854)= Begonia L.(1753)［秋海棠科
Begoniaceae]●■

27524　Knifa Adans.(1763)= Hypericum L.(1753)［金丝桃科
Hypericaceae//猪胶树科(克鲁西科,山竹子科,藤黄科)
Clusiaceae(Guttiferae)]■●

27525　Kniffa Vent.(1799)= Knifa Adans.(1763)［猪胶树科(克鲁西
科,山竹子科,藤黄科)Clusiaceae(Guttiferae)]■●

27526　Knightia R. Br.(1810)(保留属名)【汉】纳梯木属(蜜汁树属,
新西兰龙眼属)。【隶属】山龙眼科 Proteaceae。【包含】世界 1-3
种。【学名诠释与讨论】〈阴〉(人)Knight,植物学者。此属的学
名“Knightia R. Br. in Trans. Linn. Soc. London 10：193. Feb 1810”
是保留属名。相应的废弃属名是山龙眼科 Proteaceae 的
“Rymandra Salisb. ex Knight, Cult. Prot. ；124. Dec 1809 = Knightia
R. Br.(1810)(保留属名)”。“Knightia Sol. ex R. Br.(1810)≡
Knightia R. Br.(1810)(保留属名)”亦应废弃。【分布】新西兰,
法属新喀里多尼亚。【模式】Knightia excelsa R. Brown。【参考异
名】Eucarpha(R. Br.)Spach(1841); Eucarpha Spach(1841);
Knightia Sol. ex R. Br.(1810)(废弃属名); Rymandra Salisb.
(1809)(废弃属名); Rymandra Salisb. ex Knight(1809)Nom.
illegit.(废弃属名)●☆

27527　Knightia Sol. ex R. Br.(1810)(废弃属名)≡ Knightia R. Br.
(1810)(保留属名)［山龙眼科 Proteaceae]●☆

27528　Kniphofia Moench(1794)(保留属名)【汉】火炬花属(火把莲

属,火杖属)。【日】クニフォフィア属。【俄】Книфофия，Тритома。【英】Flame‑flower, Kniphofia, Poker‑plant, Red Hot Poker, Red‑hot Poker, Redhot‑poker‑plant, Torch Lily, Torch‑lily, Tritoma。【隶属】百合科 Liliaceae//阿福花科 Asphodelaceae。【包含】世界 65‑70 种。【学名诠释与讨论】〈阴〉（人）Johann Hieronymus Kniphof, 1704‑1765, 德国药学教授, 植物学者。此属的学名"Kniphofia Moench, Methodus: 631. 4 Mai 1794"是保留属名。相应的废弃属名是使君子科 Combretaceae 的"Kniphofia Scop., Intr. Hist. Nat.: 327. Jan‑Apr 1777 = Terminalia L. (1767) (保留属名)"。【分布】玻利维亚, 厄瓜多尔, 哥伦比亚（安蒂奥基亚）, 马达加斯加, 非洲东部和南部, 中美洲。【模式】Kniphofia alooides Moench, Nom. illegit. [Aloe uvaria Linnaeus; Kniphofia uvaria (Linnaeus) W. J. Hooker]。【参考异名】Notosceptrum Benth. (1883); Rudolpho‑Roemeria Steud. ex Hochst. (1844); Triclissa Salisb. (1866) Nom. illegit.; Triocles Salisb. (1814); Tritoma Ker Gawl. (1804); Tritomanthe Link (1821) Nom. illegit., Nom. superfl.; Tritomium Link (1829) (保留属名)■☆

27529 **Kniphofia** Scop. (1777) (废弃属名) = Terminalia L. (1767) (保留属名) [使君子科 Combretaceae//榄仁树科 Terminaliaceae] ●

27530 **Knorrea** DC. (1825) = Tetragastris Gaertn. (1790) [橄榄科 Burseraceae] ●☆

27531 **Knorrea** Moc. et Sessé ex DC. (1825) Nom. illegit. ≡ Knorrea DC. (1825) = Tetragastris Gaertn. (1790) [橄榄科 Burseraceae] ●☆

27532 **Knorringia** (Czukav.) S. P. Hong (1990) = Persicaria (L.) Mill. (1754) [蓼科 Polygonaceae] ■

27533 **Knorringia** (Czukav.) Tzvelev (1987) = Aconogonon (Meisn.) Rchb. (1837); ~ = Persicaria (L.) Mill. (1754) [蓼科 Polygonaceae] ■

27534 **Knowlesia** Hassk. (1866) = Tradescantia L. (1753) [鸭趾草科 Commelinaceae] ■

27535 **Knowltonia** Salisb. (1796)【汉】浆果莲花属（克诺通草属, 南非毛茛属）。【隶属】毛茛科 Ranunculaceae。【包含】世界 8 种。【学名诠释与讨论】〈阴〉（人）Thomas Knowlton, 1691‑1781, 英国园艺学家。此属的学名, ING、TROPICOS 和 IK 记载是"Knowltonia Salisb., Prodr. Stirp. Chap. Allerton 372 (1796) [Nov‑Dec 1796]"。"Anamenia Ventenat, Jard. Malm. ad t. 22. Sep 1803"和"Christophoriana O. Kuntze, Rev. Gen. 1: 1. 5 Nov 1891 (non P. Miller 1754)"是"Knowltonia Salisb. (1796)"的晚出的同模式异名 (Homotypic synonym, Nomenclatural synonym)。【分布】非洲南部。【模式】Knowltonia rigida R. A. Salisbury, Nom. illegit. [Adonis capensis Linnaeus; Knowltonia capensis (Linnaeus) Huth]。【参考异名】Anamenia Vent. (1803) Nom. illegit.; Christophoriana Burm. (1738) Nom. illegit.; Christophoriana Burm. ex Kuntze (1891) Nom. illegit.; Christophoriana Kuntze (1891) Nom. illegit.; Thebesia Neck. (1790) Nom. inval. ■☆

27536 **Knoxia** L. (1753)【汉】红芽大戟属（诺斯草属）。【隶属】茜草科 Rubiaceae。【包含】世界 7‑9 种, 中国 3 种。【学名诠释与讨论】〈阴〉（人）Robert Knox, 1641‑1720, 英国旅行家。此属的学名, ING、TROPICOS 和 IK 记载是"Knoxia L., Sp. Pl. 1: 104. 1753 [1 May 1753]"。"Vissadali Adanson, Fam. 2: 145. Jul‑Aug 1763"是"Knoxia L. (1753)"的晚出的同模式异名 (Homotypic synonym, Nomenclatural synonym)。"Knoxia P. Browne, Civ. Nat. Hist. Jamaica 140. 1756 [10 Mar 1756] = Ernodea Sw. (1788) [茜草科 Rubiaceae]"是晚出的非法名称。【分布】印度至马来西亚, 中国。【模式】Knoxia zeylanica Linnaeus。【参考异名】Afroknoxia Verdc. (1981); Baumannia K. Schum. (1897) Nom. illegit.; Cuncea Buch.‑Ham. ex D. Don (1825); Dentillaria Kuntze (1891);

Neobaumannia Hutch. et Dalziel (1931); Vissadali Adans. (1763) Nom. illegit. ■

27537 **Knoxia** P. Browne (1756) Nom. illegit. = Ernodea Sw. (1788) [茜草科 Rubiaceae] ■☆

27538 **Koanophyllon** Arruda ex H. Kost. (1816)【汉】光柱泽兰属。【英】Umbrella Thoroughwort。【隶属】菊科 Asteraceae (Compositae)。【包含】世界 115‑120 种。【学名诠释与讨论】〈阴〉（希）choane, 漏斗, 管子+phyllon, 叶子。此属的学名, ING 记载是"Koanophyllon M. Arruda da Camara in H. Koster, Travels Brazil 495. 1816"; IK 则记载为"Koanophyllon Arruda ex H. Kost., Trav. Brazil 495. 1816"; 二者引用的文献相同。IK 还记载了"Koanophyllum Arruda ex H. Kost., Voy. Bres. (ed. Gall.). ii. 496 (1817)"。GCI 则记载为"Koanophyllon Arruda, Discurso Inst. Jard. Brasil 38. 1810"。"Koanophyllum"是其拼写变体。【分布】巴拉圭, 巴拿马, 秘鲁, 玻利维亚, 厄瓜多尔, 哥伦比亚（安蒂奥基亚）, 墨西哥, 中美洲。【模式】Koanophyllon tinctoria M. Arruda da Camara。【参考异名】Koanophyllon Arruda (1810) Nom. inval.; Koanophyllum Arruda ex H. Kost. (1816) Nom. illegit.; Koanophyllum Arruda (1810) Nom. inval.; Neohintonia R. M. King et H. Rob. (1971) ●☆

27539 **Koanophyllum** Arruda ex H. Kost. (1816) Nom. illegit. ≡ Koanophyllon Arruda ex H. Kost. (1816) [菊科 Asteraceae (Compositae)] ●☆

27540 **Koanophyllum** Arruda (1810) Nom. inval. ≡ Koanophyllum Arruda ex H. Kost. (1816) Nom. illegit.; ~ = Koanophyllon Arruda ex H. Kost. (1816) [菊科 Asteraceae (Compositae)] ●☆

27541 **Kobiosis** Raf. (1840) = Euphorbia L. (1753) [大戟科 Euphorbiaceae] ●■

27542 **Kobresia** Pars. (1807) Nom. illegit. = Kobresia Willd. (1805) [莎草科 Cyperaceae//嵩草科 Kobresiaceae] ■

27543 **Kobresia** Willd. (1805)【汉】嵩草属。【俄】Кобрезия。【英】Cobresia, Elyna, Kobresia。【隶属】莎草科 Cyperaceae//嵩草科 Kobresiaceae。【包含】世界 35‑70 种, 中国 43‑68 种。【学名诠释与讨论】〈阴〉（人）Joseph Paul von Kobres (Cobres), 和 banker 1747‑1823, 德国藏书家。另说纪念奥地利植物学者 Paul von Kobres, 1747‑1823。此属的学名, ING、GCI、TROPICOS 和 IK 记载是"Kobresia Willd., Sp. Pl., ed. 4 [Willdenow] 4 (1): 205. 1805"。"Kobresia Pars., Syn. Pl. 2: 534, 1807"是晚出的非法名称; "Cobresia Pars. (1807) Nom. illegit."是其变体。"Cobresia Willd. (1805) Nom. illegit."则是"Kobresia Willd. (1805)"的拼写变体。【分布】巴基斯坦, 中国, 北温带。【后选模式】Kobresia caricina Willdenow。【参考异名】Blysmocarex N. A. Ivanova (1939); Cobresia Pars. (1807) Nom. illegit.; Cobresia Willd. (1805) Nom. illegit.; Elyna Schrad. (1806); Froehlichia Pfeiff. (1874) Nom. illegit.; Froelichia Wulfen ex Roem. et Schult. (1817) Nom. illegit.; Froelichia Wulfen (1858) Nom. illegit.; Hemicarex Benth. (1881); Holmia Börner (1913); Kobresia Pars. (1807) Nom. illegit.; Kobria St.‑Lag. (1881) ■

27544 **Kobresiaceae** Gilly (1952) [亦见 Cyperaceae Juss. (保留科名) 莎草科]【汉】嵩草科。【包含】世界 1 属 35‑70 种, 中国 1 属 43‑68 种。【分布】北温带。【科名模式】Kobresia Willd. (1805) ■

27545 **Kobria** St.‑Lag. (1881) = Kobresia Willd. (1805) [莎草科 Cyperaceae//嵩草科 Kobresiaceae] ■

27546 **Kobus** Kaempf. ex Salisb. (1807) = Magnolia L. (1753) [木兰科 Magnoliaceae] ●

27547 **Kobus** Nieuwl. = Magnolia L. (1753) [木兰科 Magnoliaceae] ●

27548 **Kochia** Roth (1801)【汉】地肤属。【日】ハハキギ属, ホウキギ

属。【俄】Изень，Кипарис летний，Кохия。【英】Broomsedge，Kochia，Mock Cypress，Standing Cypress，Summer Cypress，Summercypress，Summer－cypress。【隶属】藜科 Chenopodiaceae。【包含】世界 10-35 种，中国 7-9 种。【学名诠释与讨论】〈阴〉（人）Wilhelm Daniel Joseph Koch，1771-1849，德国植物学者、博物学者，医生。此属的学名，ING、TROPICOS、APNI、GCI 和 IK 记载是"Kochia Roth，J. Bot.（Schrader）1800（1）：307. 1801 [Apr 1801]"。Nieuwland（1915）用"Bushiola Nieuwland，Amer. Midl. Naturalist 4：95. 1 Mai 1915"替代"Kochia A. W. Roth，J. Bot.（Schrader）1800"；这是多余的。"Echinopsilon Moquin－Tandon，Ann. Sci. Nat. Bot. ser. 2. 2：127. Aug 1834"是"Willemetia Maerklin，J. Bot.（Schrader）1800（1）：329. 1801（non Necker 1777-1778）"的替代名称。亦有学者把它们处理为"Kochia Roth（1801）"异名。亦有文献把其处理为"Bassia All.（1766）"的异名。【分布】澳大利亚，巴基斯坦，玻利维亚，美国，中国，非洲，欧洲中部，温带亚洲。【模式】Kochia arenaria（Maerklin）A. W. Roth [Salsola arenaria Maerklin]。【参考异名】Apteranthe F. Muell.（1859）；Bassia All.（1766）；Bushiola Nieuwl.（1915）Nom. illegit. ；Echinopsilon Moq.（1834）Nom. illegit. ；Koockia Moq.（1846）；Maireana Moq.（1840）；Neokochia（Ulbr.）G. L. Chu et S. C. Sand.（2009）；Pentodon Ehrenb. ex Boiss.（1879）Nom. illegit. ；Scleroehlamys F. Muell. ；Willemetia Maerkl.（1800）Nom. illegit. ●■

27549 Kochiophyton Schltdl.（1906）= Aganisia Lindl.（1839） [兰科 Orchidaceae]●☆

27550 Kochiophyton Schltr. ex Cogn.（1906）= Aganisia Lindl.（1839） [兰科 Orchidaceae]■☆

27551 Kochummenia K. M. Wong（1984）【汉】科丘茜属。【隶属】茜草科 Rubiaceae。【包含】世界 2 种。【学名诠释与讨论】〈阴〉（人）Kochurmmen。【分布】马来西亚。【模式】Kochummenia stenopetala（King et Gamble）K. M. Wong [Gardenia stenopetala King et Gamble]。●☆

27552 Kodalyodendron Borhidi et Acuña（1973）【汉】古巴芸香属。【隶属】芸香科 Rutaceae。【包含】世界 1 种。【学名诠释与讨论】〈中〉（人）Kodaly+dendron 或 dendros，树木，棍，丛林。【分布】古巴。【模式】Kodalyodendron cubense A. Borhidi et J. Acuña [as ' cubensis']。●☆

27553 Koddampuli Adans.（1763）= Garcinia L.（1753） [猪胶树科（克鲁西科，山竹子科，藤黄科）Clusiaceae（Guttiferae）//金丝桃科 Hypericaceae]●

27554 Kodda－Pail Adans.（1763）Nom. illegit. ≡ Pistia L.（1753） [天南星科 Araceae//大漂科 Pistiacea]■

27555 Kodda－Pana Adans.（1763）Nom. illegit. = Codda－pana Adans.（1753）；~ = Codda－Pana Adans.（1763）Nom. illegit. ；~ = Corypha L.（1753） [棕榈科 Arecaceae（Palmae）]●

27556 Koeberlinia Zucc.（1832）【汉】刺枝木属。【隶属】刺枝木科（刺枝树科，旱白花菜科）Koeberliniaceae//山柑科（白花菜科，醉蝶花科）Capparaceae。【包含】世界 1 种。【学名诠释与讨论】〈阴〉（人）Christoph Ludwig Koeberlin，1794-1862，德国牧师、植物学者。【分布】玻利维亚，美国（南部），墨西哥。【模式】Koeberlinia spinosa Zuccarini。●☆

27557 Koeberliniaceae Engl.（1895）（保留科名） [亦见 Capparaceae Juss.（保留科名）山柑科（白花菜科，醉蝶花科）]【汉】刺枝木科（刺枝树科，旱白花菜科）。【包含】世界 1 属 1 种。【分布】美国（南部），墨西哥。【科名模式】Koeberlinia Zucc.。●☆

27558 Koechlea Endl.（1842）= Ptilostemon Cass.（1816） [菊科 Asteraceae（Compositae）]■☆

27559 Koehleria Benth. et Hook. f.（1876）= Kohleria Regel（1847） [苦

苣苔科 Gesneriaceae]●■☆

27560 Koehnea F. Muell.（1882）= Nesaea Comm. ex Kunth（1823）（保留属名） [千屈菜科 Lythraceae]●■☆

27561 Koehneago Kuntze（1891）Nom. illegit. ≡ Euosmia Kunth（1824）Nom. illegit. ；~ ≡ Evosmia Bonpl.（1817）；~ = Hoffmannia Sw.（1788） [茜草科 Rubiaceae]●■☆

27562 Koehneola Urb.（1901）【汉】辐花佳乐菊属。【隶属】菊科 Asteraceae（Compositae）。【包含】世界 1 种。【学名诠释与讨论】〈阴〉（人）Bernhard Adalbert Emil Koehne，1848-1918，德国植物学者+-olus，-ola，-olum，拉丁文指示小的词尾。【分布】古巴。【模式】Koehneola repens Urban。●☆

27563 Koehneria S. A. Graham，Tobe et Baas（1987）【汉】克恩千屈菜属。【隶属】千屈菜科 Lythraceae。【包含】世界 1 种。【学名诠释与讨论】〈阴〉（人）Bernhard Adalbert Emil Koehne，1848-1918，德国植物学者。【分布】马达加斯加南部。【模式】Koehneria madagascariensis（J. G. Baker）S. A. Graham，H. Tobe et P. Baas [Lagerstroemia madagascariensis J. G. Baker]。●☆

27564 Koeiea Rech. f.（1954）= Prionotrichon Botsch. et Vved.（1948） [十字花科 Brassicaceae（Cruciferae）]■☆

27565 Koelera Spreng.（1825）Nom. illegit. =? Koeleria Pers.（1805） [禾本科 Poaceae（Gramineae）]■

27566 Koelera St. －Lag.（1881）Nom. illegit. ≡ Koeleria Pers.（1805） [禾本科 Poaceae（Gramineae）]■

27567 Koelera Willd.（1806）Nom. illegit. ≡ Limacia F. Dietr.（1818）Nom. illegit. ；~ = Xylosma G. Forst.（1786）（保留属名） [刺篱木科（大风子科）Flacourtiaceae]●

27568 Koeleria Pers.（1805）【汉】 [草头+洽] 草属（落草属）。【日】ミノボロ属。【俄】Келерия，Тонколучник，Тонконог。【英】Glaucous Hair Grass，Hair Grass，Hair－grass，Junegrass，Koeleria。【隶属】禾本科 Poaceae（Gramineae）。【包含】世界 35-60 种，中国 4-5 种。【学名诠释与讨论】〈阴〉（人）George Ludwig Koeler，1765-1807，德国植物学者，禾本科 Poaceae（Gramineae）分类专家，医生。此属的学名，ING、TROPICOS、APNI、GCI 和 IK 记载是"Koeleria Pers.，Syn. Pl. [Persoon] 1：97. 1805 [1 Apr - 15 Jun 1805]"。"Brachystylus Dulac，Fl. Hautes－Pyrénées 85. 1867"是"Koeleria Pers.（1805）"的晚出的同模式异名（Homotypic synonym，Nomenclatural synonym）。【分布】巴基斯坦，秘鲁，玻利维亚，美国（密苏里），中国。【后选模式】Koeleria gracilis Persoon，Nom. illegit. [Poa nitida Lamarck；Koeleria nitida（Lamarck）Nuttall]。【参考异名】Achrochloa B. D. Jacks.，Nom. illegit. ；Achrochloa Griseb.（1846）；Aegialina Schult.（1824）；Aegialitis Trin.（1820）Nom. illegit. ；Airochloa Link（1827）；Alophochloa Endl.（1836）；Brachystylus Dulac（1867）Nom. illegit. ；Collinaria Ehrh.（1789）Nom. inval. ；Kaeleria Boiss.（1859）；Koelera St. －Lag.（1881）Nom. illegit. ；Koeloeria Pall.（1845）；Leptophyllochloa C. E. Calderón ex Nicora（1978）；Leptophyllochloa C. E. Calderón（1978）Nom. illegit. ；Parodiochloa A. M. Molina（1986）Nom. illegit. ；Poarion Rchb.（1828）Nom. illegit. ；Raimundochloa A. M. Molina（1987）；Wilhelmsia K. Koch（1848）Nom. illegit. ■

27569 Koellea Biria（1811）Nom. illegit. ≡ Eranthis Salisb.（1807）（保留属名） [毛茛科 Ranunculaceae]■

27570 Koellensteinia Rchb. f.（1854）【汉】柯伦兰属。【日】ケルレンステイニア属。【隶属】兰科 Orchidaceae。【包含】世界 17 种。【学名诠释与讨论】〈阴〉（人）Kaller von Koellenstein，奥地利军人。【分布】巴拿马，秘鲁，玻利维亚，厄瓜多尔，哥伦比亚（安蒂奥基亚），中美洲。【模式】Koellensteinia kellneriana H. G.

Reichenbach。■☆

27571　Koellia Moench（1794）Nom. illegit. ≡ Furera Adans.（1763）（废弃属名）；~ = Pycnanthemum Michx.（1803）（保留属名）［唇形科 Lamiaceae（Labiatae）］■☆

27572　Koellikeria Regel（1847）【汉】柯里克苣苔属。【英】Koellikeria。【隶属】苦苣苔科 Gesneriaceae。【包含】世界 1-3 种。【学名诠释与讨论】〈阴〉（人）Rudolph Albert von Koelliker（Kolliker），1817-1905，瑞士医生。【分布】玻利维亚，委内瑞拉。【模式】Koellikeria argyrostigma（W. J. Hooker）Regel［Achimenes argyrostigma W. J. Hooker］。■☆

27573　Koeloeria Pall.（1845）= Koeleria Pers.（1805）［禾本科 Poaceae（Gramineae）］■

27574　Koelpinia Pall.（1776）【汉】蝎尾菊属。【俄】Кельпиния。【英】Koelpinia。【隶属】菊科 Asteraceae（Compositae）。【包含】世界 5 种，中国 1 种。【学名诠释与讨论】〈阴〉（人）Alexander Bernhard Koelpin，1739-1801，德国植物学家，医生。此属的学名，ING 和 IK 记载是"Koelpinia Pallas, Reise Russ. Reichs 3：755. 1776"。"Koelpinia Scop., Intr. Hist. Nat.［index］. 1777"是晚出的非法名称；它是"Acronychia J. R. Forst. et G. Forst.（1775）（保留属名）"的异名。【分布】中国，非洲北部至东亚。【模式】Koelpinia linearis Pallas。【参考异名】Koeleria Pers.（1805）；Roelpinia Scop.（1777）Nom. illegit. ■

27575　Koelpinia Scop.（1777）Nom. illegit. = Acronychia J. R. Forst. et G. Forst.（1775）（保留属名）［芸香科 Rutaceae］●

27576　Koelreutera Murr.（1773）= Gisekia L.（1771）［番杏科 Aizoaceae//吉粟草科（针晶粟草科）Gisekiaceae//商陆科 Phytolaccaceae//粟米草科 Molluginaceae］■

27577　Koelreutera Schreb.（1791）= Koelreuteria Laxm.（1772）［无患子科 Sapindaceae］●

27578　Koelreuteria Laxm.（1772）【汉】栾树属。【日】モクゲンジ属。【俄】Дерево мыльное, Кельрейтерия。【英】Chinese Gold-rain Tree, Golden Rain Tree, Golden-rain Tree, Goldenraintree, Gold-rain Tree, Goldraintree, Gold-rain-tree, Pride-of-India。【隶属】无患子科 Sapindaceae。【包含】世界 3-4 种，中国 3 种。【学名诠释与讨论】〈阴〉（人）Joseph Gottlieb Koelreuter，1733-1806，德国植物学者、自然历史学家。此属的学名，ING 和 IK 记载是"Koelreuteria Laxmann, Novi Comment. Acad. Sci. Imp. Petrop. 16：562. 1772"。"Koelreutera F. K. Medikus, Bot. Beobacht. 1782：22. Sep-Dec 1782"是晚出的非法名称。"Willemeta Cothenius, Disp. 19. Jan-Mai 1790"是"Koelreuteria Laxm.（1772）"的晚出的同模式异名（Homotypic synonym, Nomenclatural synonym）。【分布】斐济，美国，中国。【模式】Koelreuteria paniculata Laxmann。【参考异名】Koelreutera Schreb.（1791）；Willemeta Cothen.（1790）Nom. illegit. ●

27579　Koelreuteria Medik.（1782）Nom. illegit. = Marsdenia R. Br.（1810）（保留属名）［萝藦科 Asclepiadaceae］●

27580　Koelreuteriaceae J. Agardh（1858）= Sapindaceae Juss.（保留科名）●■

27581　Koelzella M. Hiroe（1958）= Prangos Lindl.（1825）［伞形花科（伞形科）Apiaceae（Umbelliferae）］■☆

27582　Koelzia Rech. f.（1951）= Christolea Cambess.（1839）；~ = Rhammatophyllum O. E. Schulz（1933）［十字花科 Brassicaceae（Cruciferae）］■☆

27583　Koeniga Benth. et Hook. f.（1862）= Konig Adans.（1763）；~ = Lobularia Desv.（1815）（保留属名）［十字花科 Brassicaceae（Cruciferae）］■

27584　Koenigia Comm. ex Cav. = Ruizia Cav.（1786）［梧桐科 Sterculiaceae//锦葵科 Malvaceae］●☆

27585　Koenigia Comm. ex Juss. = Dombeya Cav.（1786）（保留属名）［梧桐科 Sterculiaceae//锦葵科 Malvaceae］●☆

27586　Koenigia L.（1767）【汉】冰岛蓼属。【日】チシマミチャナギ属。【俄】Кенигия。【英】Icelandknotweed, Iceland-purslane, Koenigia。【隶属】蓼科 Polygonaceae。【包含】世界 6 种，中国 1 种。【学名诠释与讨论】〈阴〉（人）Johann Gerhard König，1727-1785，德国植物学者，林奈的学生。此属的学名，ING、TROPICOS、GCI 和 IK 记载是"Koenigia L., Mant. Pl. 3. 1767［15-31 Oct 1767］"。"Macounastrum J. K. Small in N. L. Britton et A. Brown, Ill. Fl. N. U. S. 1：541. 15 Aug 1896"是"Koenigia L.（1767）= Lobularia Desv.（1815）（保留属名）［十字花科 Brassicaceae（Cruciferae）］"的晚出的同模式异名（Homotypic synonym, Nomenclatural synonym）。"Koenigia Post et Kuntze（1903）= Konig Adans.（1763）"是晚出的非法名称。"Koenigia Comm. ex Cav"是"Ruizia Cav.（1786）［梧桐科 Sterculiaceae//锦葵科 Malvaceae］"的异名。"Koenigia Comm. ex Juss."则是"Dombeya Cav.（1786）（保留属名）［梧桐科 Sterculiaceae//锦葵科 Malvaceae］"的异名。亦有文献把"Koenigia L.（1767）"处理为"Persicaria（L.）Mill.（1754）"的异名。【分布】巴基斯坦，中国，喜马拉雅山，极地，温带东亚，温带南美洲。【模式】Koenigia islandica Linnaeus。【参考异名】Bergeria Koenig ex Steud.（1840）Nom. illegit.；Bergeria Koenig, Nom. illegit.；Macounastrum Small（1896）Nom. illegit.；Persicaria（L.）Mill.（1754）■

27587　Koenigia Post et Kuntze（1903）Nom. illegit. = Konig Adans.（1763）；~ = Lobularia Desv.（1815）（保留属名）［十字花科 Brassicaceae（Cruciferae）］■

27588　Koerinekia B. D. Jacks. = Achimenes Pers.（1806）（保留属名）；~ = Koernickea Regel（1857）［苦苣苔科 Gesneriaceae］■☆

27589　Koernickanthe L. Andersson（1981）【汉】克尼花属。【隶属】竹芋科（苳叶科，柊叶科）Marantaceae。【包含】世界 1 种。【学名诠释与讨论】〈阴〉（人）Friedrich Koernicke，1828-1908，俄罗斯植物学者（另说德国植物学者）+anthos，花。【分布】玻利维亚，热带美洲。【模式】Koernickanthe orbiculata（F. A. Koernicke）L. Andersson［Ischnosiphon orbiculatus F. A. Koernicke］。■☆

27590　Koernickea Klotzsch（1849）= Paullinia L.（1753）［无患子科 Sapindaceae］●☆

27591　Koernickea Regel（1857）= Achimenes Pers.（1806）（保留属名）［苦苣苔科 Gesneriaceae］■☆

27592　Koevia Krestovsk.（2014）【汉】塞尔维亚水苏属。【隶属】唇形科 Lamiaceae（Labiatae）。【包含】世界 1 种。【学名诠释与讨论】〈阴〉词源不详。似来自人名。【分布】塞尔维亚。【模式】Koevia serbica（Pančić）Krestovsk.［Stachys serbica Pančić］。☆

27593　Kogelbergia Rourke（2000）【汉】科克密穗木属。【隶属】密穗木科（密穗草科）Stilbaceae。【包含】世界 2 种。【学名诠释与讨论】〈阴〉（人）Kogel Berg。【分布】澳大利亚，非洲。【模式】不详。●☆

27594　Kohautia Cham. et Schltdl.（1829）（保留属名）【汉】科豪特茜属。【隶属】茜草科 Rubiaceae。【包含】世界 60 种。【学名诠释与讨论】〈阴〉（人）Francis（Franz）Kohaut，植物采集家。此属的学名"Kohautia Cham. et Schltdl. in Linnaea 4：156. Apr 1829"是保留属名。相应的废弃属名是茜草科 Rubiaceae 的"Duvaucellia Bowdich in Bowdich et Bowdich, Exc. Madeira：259. 1825 = Kohautia Cham. et Schltdl.（1829）（保留属名）= Oldenlandia L.（1753）"。亦有文献把"Kohautia Cham. et Schltdl.（1829）（保留属名）"处理为"Oldenlandia L.（1753）"的异名。【分布】巴基斯坦，科摩罗，马达加斯加，阿拉伯半岛，非洲。【模式】Kohautia senegalensis Chamisso et D. F. L. Schlechtendal。【参考异名】Oldenlandia L.

（1753）■☆

27595　Kohleria Regel（1847）【汉】红雾花属（栲里来属，树苣苔属）。【日】コーレリア属，ゴーレリア属。【英】Isoloma，Kohleria，Tree Glxinia，Tydaea。【隶属】苦苣苔科 Gesneriaceae。【包含】世界 17-50 种。【学名诠释与讨论】〈阴〉（人）Michael Kohler，1834-1872，瑞士教师。此属的学名，ING、GCI 和 TROPICOS 记载是"Kohleria Regel，Index Sem. Turic.［4］. 1847"。"Kohleria Regel，Flora 31：250. 1848"和"Kohleria Regel，Bot. Zeitung（Berlin）9：893. 19 Dec 1851（non Regel 1847）"是晚出的非法名称。Decaisne（1848）曾用"Isoloma Decaisne，Rev. Hort. ser. 3. 2：465. 15 Dec 1848"替代"Kohleria Regel（1847）"；这是多余的。异名"Isoloma Benth. ex Decne.（1848）"和"Isoloma Decne.（1848）"之所以是非法名称（Nom. illegit.），因为此前已经有了蕨类的"Isoloma J. Smith，J. Bot.（Hooker）3：414. 1841"。"Brachyloma Hanstein，Linnaea 26：202. Apr 1854（non Sonder 1845）"是"Kohleria Regel（1847）"的晚出的同模式异名（Homotypic synonym，Nomenclatural synonym）。【分布】巴拿马，秘鲁，玻利维亚，厄瓜多尔，哥伦比亚（安蒂奥基亚），哥斯达黎加，尼加拉瓜，热带美洲，中美洲。【模式】Kohleria hirsuta（Kunth）Regel［Gesneria hirsuta Kunth］。【参考异名】Brachyloma Hanst.（1854）Nom. illegit. ；Calycostemma Hanst.（1858）；Cryptoloma Hanst.（1858）；Giesleria Regel（1849）Nom. illegit. ；Gloxinella（H. E. Moore）Roalson et Boggan（2005）；Isoloma（Benth.）Decne.（1848）Nom. illegit. ；Isoloma Benth. ，Nom. illegit. ；Isoloma Benth. ex Decne.（1848）Nom. illegit. ；Isoloma Decne.（1848）Nom. illegit. ；Koehleria Benth. et Hook. f.（1876）；Kohleria Regel（1851）Nom. illegit. ●；Sciadocalyx Regel（1853）；Synepilaena Baill.（1888）；Tydaea Decne.（1848）■☆

27596　Kohleria Regel（1851）Nom. illegit. ≡Kohleria Regel（1847）［苦苣苔科 Gesneriaceae］●■☆

27597　Kohlerianthus Fritsch（1897）= Columnea L.（1753）［苦苣苔科 Gesneriaceae］●■☆

27598　Kohlrauschia Kunth（1838）【汉】大苞石竹属。【隶属】石竹科 Caryophyllaceae。【包含】世界 5 种。【学名诠释与讨论】〈阴〉（人）Kohlrausch。此属的学名是"Kohlrauschia Kunth，Fl. Berol. 1：108. Oct 1838"。亦有文献把其处理为"Petrorhagia（Ser.）Link（1831）"的异名。【分布】地中海地区，欧洲，亚洲西部。【模式】Kohlrauschia prolifera（Linnaeus）Kunth［Dianthus prolifer Linnaeus］。【参考异名】Kolrauschia Jord.（1868）；Petrorhagia（Ser.）Link（1831）■☆

27599　Koilodepas Hassk.（1856）【汉】白茶树属。【英】Koilodepas。【隶属】大戟科 Euphorbiaceae。【包含】世界 10 种，中国 1 种。【学名诠释与讨论】〈阴〉（希）koilos，空+depas 广口瓶。指雌花萼浅杯状。【分布】马来西亚（西部），印度（南部），中国，新几内亚岛，东南亚。【模式】Koilodepas bantamense Hasskarl。【参考异名】Caelodepas Benth.（1880）Nom. illegit. ；Caelodepas Benth. et Hook. f.（1880）Nom. illegit. ；Calpigyne Blume（1857）；Coelodepas Hassk.（1857）Nom. illegit. ；Nephrostylus Gagnep.（1925）●

27600　Kokabus Raf.（1838）（废弃属名）≡Hebecladus Miers（1845）（保留属名）；~ = Acnistus Schott ex Endl.（1831）［茄科 Solanaceae］●☆

27601　Kokera Adans.（1763）（废弃属名）= Chamissoa Kunth（1818）（保留属名）［苋科 Amaranthaceae］■●☆

27602　Kokia Lewton（1912）【汉】科克棉属（柯基阿棉属）。【隶属】锦葵科 Malvaceae。【包含】世界 4 种。【学名诠释与讨论】〈阴〉（人）Peter Daniel Franqois Kok，1944-?，植物学者。另说来自夏威夷植物俗名。【分布】美国（夏威夷）。【模式】rockii Lewton。

●☆

27603　Kokkia Zipp. ex Blume（1850）= Lannea A. Rich.（1831）（保留属名）；~ = Odina Roxb.（1814）［漆树科 Anacardiaceae］●

27604　Kokonoria Y. L. Keng et P. C. Keng（1945）= Lagotis J. Gaertn.（1770）［玄参科 Scrophulariaceae//婆婆纳科 Veronicaceae］■

27605　Kokoona Thwaites（1853）【汉】柯库卫矛属。【隶属】卫矛科 Celastraceae。【包含】世界 8 种。【学名诠释与讨论】〈阴〉僧伽罗人称呼 Kokoona zeylanica Thwaites 的俗名。【分布】马来西亚（西部），缅甸，斯里兰卡。【模式】Kokoona zeylanica Thwaites。【参考异名】Trigonocarpaea Steud.（1841）；Trigonocarpus Wall.（1832）Nom. illegit. ●☆

27606　Kokoschkinia Turcz.（1849）【汉】锥紫葳属。【隶属】紫葳科 Bignoniaceae。【包含】世界 1 种。【学名诠释与讨论】〈阴〉词源不详。此属的学名是"Kokoschkinia Turczaninov，Bull. Soc. Imp. Naturalistes Moscou 22（3）：33. 1849"。亦有文献把其处理为"Tecoma Juss.（1789）"的异名。【分布】不详。【模式】Kokoschkinia paniculata Turczaninov。【参考异名】Tecoma Juss.（1789）●☆

27607　Kolbea Rchb.（1828）Nom. illegit. = Kolbia P. Beauv.（1820）；~ =Modecca Lam.（1797）［西番莲科 Passifloraceae］●

27608　Kolbea Schltdl.（1826）Nom. illegit. ≡ Baeometra Salisb. ex Endl.（1836）［秋水仙科 Colchicaceae］■☆

27609　Kolbia Adans.（1763）Nom. illegit. ≡ Blaeria L.（1753）［杜鹃花科（欧石南科）Ericaceae］●☆

27610　Kolbia P. Beauv.（1820）Nom. illegit. = Adenia Forssk.（1775）；~ =Modecca Lam.（1797）［西番莲科 Passifloraceae］●

27611　Kolerma Raf.（1840）= Carex L.（1753）［莎草科 Cyperaceae］■

27612　Kolkwitzia Graebn.（1901）【汉】蝟实属（猥实属，猬实属）。【日】コルクウィツィア属。【俄】Кольквиция。【英】Beauty Bush，Beautybush，Kolkwitzia。【隶属】忍冬科 Caprifoliaceae。【包含】世界 1 种，中国 1 种。【学名诠释与讨论】〈阴〉（人）Richard Kolkwitz，1873-1956，德国植物学者，生态学者。【分布】中国。【模式】Kolkwitzia amabilis Graebner。●★

27613　Kolleria C. Presl（1830）= Galenia L.（1753）［番杏科 Aizoaceae］●☆

27614　Kolobochilus Lindau（1900）【汉】损瓣爵床属。【隶属】爵床科 Acanthaceae。【包含】世界 2 种。【学名诠释与讨论】〈阳〉（希）kolobos，切断了手足的，发育受阻的+cheilos，唇。在希腊文组合词中，cheil-，cheilo-，-chilus，-chilia 等均为"唇，边缘"之义。【分布】中美洲。【模式】Kolobochilus leiorhachis Lindau。■☆

27615　Kolobopetalum Engl.（1899）【汉】热非损瓣爵床属。【隶属】爵床科 Acanthaceae。【包含】世界 4-9 种。【学名诠释与讨论】〈阳〉（希）kolobos 矮小的 + 希腊文 petalos，扁平的，铺开的；petalon，花瓣，叶，花叶，金属叶子；拉丁文的花瓣为 petalum。【分布】热带非洲。【模式】Kolobopetalum auriculatum Engler。【参考异名】Colobopetalum Post et Kuntze（1903）■☆

27616　Kolofonia Raf.（1838）= Ipomoea L.（1753）（保留属名）［旋花科 Convolvulaceae］●■

27617　Kolomikta Dippel（1893）Nom. illegit. = Actinidia Lindl.（1836）；~ =Kalomikta Regel（1857）［弥猴桃科 Actinidiaceae］●

27618　Kolomikta Regel ex Dippel（1893）Nom. illegit. = Actinidia Lindl.（1836）；~ =Kalomikta Regel（1857）［猕猴桃科 Actinidiaceae］●

27619　Kolooratia T. Lestib.（1841）= Alpinia Roxb.（1810）（保留属名）；~ = Kolowratia C. Presl（1827）［姜科（蘘荷科）Zingiberaceae//山姜科 Alpiniaceae］■

27620　Kolowratia C. Presl（1827）= Alpinia Roxb.（1810）（保留属名）［姜科（蘘荷科）Zingiberaceae//山姜科 Alpiniaceae］■

27621 Kolpakowskia Regel（1877）= Ixiolirion（Fisch.）Herb.（1821）［石蒜科 Amaryllidaceae//鸢尾蒜科 Ixioliriaceae］■

27622 Kolrauschia Jord.（1868）= Kohlrauschia Kunth（1838）；~ = Petrorhagia（Ser.）Link（1831）［石竹科 Caryophyllaceae］■

27623 Komana Adans.（1763）= Hypericum L.（1753）［金丝桃科 Hypericaceae//猪胶树科（克鲁西科，山竹子科，藤黄科）Clusiaceae（Guttiferae）］■●

27624 Komaroffia Kuntze（1887）【汉】掌叶黑种草属。【隶属】毛茛科 Ranunculaceae//黑种草科 Nigellaceae。【包含】世界2种。【学名诠释与讨论】〈阴〉（人）Vladimir Leontjevich（Leontevich）Komarov，1869 - 1945，俄罗斯植物学者。此属的学名是"Komaroffia O. Kuntze，Trudy Imp. S. - Peterburgsk. Bot. Sada 10：144. 1887"。亦有文献把其处理为"Nigella L.（1753）"的异名。【分布】亚洲中部。【模式】Komaroffia diversifolia（Franchet）O. Kuntze［Nigella diversifolia Franchet］。【参考异名】Nigella L.（1753）■☆

27625 Komarovia Korovin（1939）【汉】考氏草属。【俄】Комаровия。【隶属】伞形花科（伞形科）Apiaceae（Umbelliferae）。【包含】世界1种。【学名诠释与讨论】〈阴〉（人）Vladimir Leontjevich（Leontevich）Komarov，1869 - 1945，俄罗斯植物学者。【分布】亚洲中部。【模式】Komarovia anisosperma E. P. Korovin。■☆

27626 Kommia Ehrenb. ex Schweinf.（1867）= Pupalia Juss.（1803）（保留属名）［苋科 Amaranthaceae］■☆

27627 Kompitsia Costantin et Gallaud（1906）= Gonocrypta Baill.（1889）；~ = Pentopetia Decne.（1844）［萝藦科 Asclepiadaceae］■☆

27628 Konantzia Dodson et N. H. Williams（1980）【汉】科纳兰属。【隶属】兰科 Orchidaceae。【包含】世界1种。【学名诠释与讨论】〈阴〉（人）Max Konantz，曾在厄瓜多尔采集兰花。【分布】厄瓜多尔，欧亚大陆西部。【模式】Konantzia minutiflora C. H. Dodson et N. Williams。■☆

27629 Konig Adans.（1763）= Lobularia Desv.（1815）（保留属名）［十字花科 Brassicaceae（Cruciferae）］■

27630 Koniga Adans.（1763）Nom. illegit. = Lobularia Desv.（1815）（保留属名）［十字花科 Brassicaceae（Cruciferae）］■

27631 Koniga R. Br.（1826）Nom. illegit. ≡ Konig Adans.（1763）；~ = Lobularia Desv.（1815）（保留属名）［十字花科 Brassicaceae（Cruciferae）］■

27632 Konigia Comm. ex Cav.（1787）= Dombeya Cav.（1786）（保留属名）［梧桐科 Sterculiaceae//锦葵科 Malvaceae］●☆

27633 Konsana Adans.（1763）Nom. illegit. ≡ Subularia L.（1753）［十字花科 Brassicaceae（Cruciferae）］■☆

27634 Konxikas Raf.（1840）= Lathyrus L.（1753）［豆科 Fabaceae（Leguminosae）//蝶形花科 Papilionaceae］■

27635 Koockia Moq.（1846）= Kochia Roth（1801）［藜科 Chenopodiaceae］●■

27636 Kookia Pers.（1805）= Clausena Burm. f.（1768）；~ = Cookia Sonn.（1782）［芸香科 Rutaceae］●

27637 Koompassia Maingay ex Benth.（1873）【汉】甘巴豆属。【隶属】豆科 Fabaceae（Leguminosae）//云实科（苏木科）Caesalpiniaceae。【包含】世界4种。【学名诠释与讨论】〈阴〉来自马来半岛植物俗名。此属的学名，ING 和 IK 记载是"Koompassia Maingay ex Bentham，Hooker's Icon. Pl. 12：58. Dec 1873"。"Koompassia Maingay（1873）"的命名人引证有误。【分布】加里曼丹岛，马来半岛，新几内亚岛。【模式】Koompassia malaccensis Maingay ex Bentham。【参考异名】Abauria Becc.（1877）；Koompassia Maingay（1873）Nom. illegit. ●☆

27638 Koompassia Maingay（1873）Nom. illegit. = Koompassia Maingay ex Benth.（1873）［豆科 Fabaceae（Leguminosae）//云实科（苏木科）Caesalpiniaceae］●☆

27639 Koon Gaert.（1791）= Schleichera Willd.（1806）（保留属名）［无患子科 Sapindaceae］●☆

27640 Koon Miers = Schleichera Willd.（1806）（保留属名）［无患子科 Sapindaceae］●☆

27641 Koon Pierre（1895）Nom. illegit. ［无患子科 Sapindaceae］☆

27642 Koordersina Kuntze（1903）Nom. illegit. ≡ Koordersiodendron Engl. ex Koord.（1898）［漆树科 Anacardiaceae］●☆

27643 Koordersiochloa Merr.（1917）= Streblochaete Hochst. ex Pilg.（1906）Nom. illegit. ；~ = Streblochaete Hochst. ex A. Rich.（1806）［禾本科 Poaceae（Gramineae）］■☆

27644 Koordersiodendron Engl.（1898）Nom. illegit. = Koordersiodendron Engl. ex Koord.（1898）［漆树科 Anacardiaceae］●☆

27645 Koordersiodendron Engl. ex Koord.（1898）【汉】安本万斯树属（库德漆属）。【隶属】漆树科 Anacardiaceae。【包含】世界1种。【学名诠释与讨论】〈中〉（人）Sijfert Hendrik Koorders，1863 - 1919，荷兰植物学者+dendron 或 dendros，树木，棍，丛林。此属的学名，ING 和 TROPICOS 记载是"Koordersiodendron Engler，Meded. Lands Plantentuin 19：411. 1898"。IK 则记载为"Koordersiodendron Engl. ex Koord.，Meded. Lands Plantentuin xix.（1898）410"。"Koordersina O. Kuntze in Post et O. Kuntze，Lex. 310. Dec 1903"是其同模式异名（Homotypic synonym，Nomenclatural synonym）。【分布】菲律宾，印度尼西亚（苏拉威西岛），新几内亚岛。【模式】Koordersiodendron celebicum Engler。【参考异名】Koordersina Kuntze（1903）Nom. illegit. ；Koordersiodendron Engl.（1898）Nom. illegit. ●☆

27646 Kopsia Blume（1823）（保留属名）【汉】蕊木属（柯蒲木属，柯普木属，柯朴木属）。【日】コプシア属。【英】Kopsia。【隶属】夹竹桃科 Apocynaceae。【包含】世界20-30种，中国3-4种。【学名诠释与讨论】〈阴〉（人）Jan kops，1765 - 1849，荷兰植物学者。此属的学名"Kopsia Blume，Catalogus：12. Feb - Sep 1823"是保留属名。相应的废弃属名是列当科 Orobanchaceae//玄参科 Scrophulariaceae 的"Kopsia Dumort.，Comment. Bot.：16. Nov（sero）- Dec（prim.）1822 = Orobanche L.（1753）"。【分布】巴基斯坦，中国，加罗林群岛，东南亚西部。【模式】Kopsia arborea Blume。【参考异名】Calpicarpum G. Don（1837）；Calpocarpus Post et Kuntze（1903）；Kentrochrosia K. Schum. et Lauterb.（1900）；Kentrochrosia Lauterb. et K. Schum.（1900）；Quadrania Noronha（1790）●

27647 Kopsia Dumort.（1822）（废弃属名）= Orobanche L.（1753）［列当科 Orobanchaceae//玄参科 Scrophulariaceae］■

27648 Kopsiopsis（Beck）Beck（1930）【汉】拟蕊木属。【隶属】列当科 Orobanchaceae//玄参科 Scrophulariaceae。【包含】世界2种。【学名诠释与讨论】〈阴〉（属）Kopsia 蕊木属+希腊文 opsis，外观，模样，相似。此属的学名，ING、TROPICOS 和 IK 记载是"Kopsiopsis（G. Beck von Mannagetta）G. Beck von Mannagetta in Engler，Pflanzenr. IV. 261（Heft 96）：304. 30 Sep 1930"，由"Orobanche sect. Kopsiopsis G. Beck von Mannagetta，Biblioth. Bot. 19：74，85. 1890"改级而来。【分布】北美洲西部。【模式】Kopsiopsis tuberosa（W. J. Hooker）G. Beck von Mannagetta［Orobanche tuberosa W. J. Hooker］。【参考异名】Orobanche sect. Kopsiopsis Beck（1890）●☆

27649 Kordelestris Arruda ex H. Kost.（1816）= Jacaranda Juss.（1789）［紫葳科 Bignoniaceae］●

27650 Kordelestris Arruda（1816）Nom. illegit. ≡ Kordelestris Arruda ex H. Kost.（1816）；~ = Jacaranda Juss.（1789）［紫葳科

Bignoniaceae］●

27651　Kornasia Szlach.（1995）【汉】考尔兰属。【隶属】兰科 Orchidaceae。【包含】世界 2 种。【学名诠释与讨论】〈阴〉（人）Kornas。【分布】热带非洲。【模式】Kornasia maclaudii（E. A. Finet）D. L. Szlachetko［Microstylis maclaudii E. A. Finet］。●☆

27652　Kornickia Benth. et Hook. f.（1876）= Achimenes Pers.（1806）（保留属名）；~ = Koernickea Regel（1857）［苦苣苔科 Gesneriaceae］■☆

27653　Korolkowia Regel（1873）= Fritillaria L.（1753）［百合科 Liliaceae//贝母科 Fritillariaceae］■

27654　Korosvel Adans.（1763）Nom. illegit. = Delima L.（1754）；~ = Tetracera L.（1753）［锡叶藤科 Tetraceraceae//五桠果科（第伦桃科，五丫果科，锡叶藤科）Dilleniaceae］●

27655　Korovinia Nevski et Vved.（1937）= Galagania Lipsky（1901）［伞形花科（伞形科）Apiaceae（Umbelliferae）］■

27656　Korsaria Steud.（1840）= Dorstenia L.（1753）；~ = Kosaria Forssk.（1775）［桑科 Moraceae］■●☆

27657　Korshinskia Lipsky（1901）【汉】科尔草属。【俄】Коржинския。【隶属】伞形花科（伞形科）Apiaceae（Umbelliferae）。【包含】世界 5 种。【学名诠释与讨论】〈阴〉（人）Sergei Ivanovitsch（Iwanowitsch, Ivanovich）Korshinsky（Korchinsky, Korzinskij），1861- 1900，俄罗斯植物学者。此属的学名是“Korshinskia Lipsky, Trudy Imp. S. -Peterburgsk. Bot. Sada 18：59. 1901”。亦有文献把其处理为“Korshinskia Lipsky（1901）”的异名。【分布】亚洲中部。【模式】Korshinskia olgae Lipsky。【参考异名】Korshinskya Lipsky（1901）■☆

27658　Korthalsella Tiegh.（1896）【汉】栗寄生属（桧叶寄生属）。【日】ヒノキバヤドリギ属。【英】Korthalsella。【隶属】桑寄生科 Loranthaceae。【包含】世界 25-45 种，中国 1 种。【学名诠释与讨论】〈阴〉（人）Pieter Willem Korthals, 1807-1892, 德国植物学者、采集家。另说荷兰人+拉丁文-ellus 小的。【分布】澳大利亚, 巴基斯坦, 马达加斯加, 马来西亚, 日本, 新西兰, 中国, 喜马拉雅山, 马斯克林群岛, 西印度群岛, 中南半岛, 太平洋地区, 热带非洲北部。【模式】Korthalsella remyana Van Tieghem。【参考异名】Bifaria Tiegh.（1896）；Heterixia Tiegh.（1896）Nom. illegit.；Pseudixus Hayata（1915）；Viscaria Comm.；Viscaria Comm. ex Danser（1937）●

27659　Korthalsia Blume（1843）【汉】蚁棕属（戈塞藤属, 考氏藤属, 考氏藤椰子属, 苛日藤属, 苛沙藤属, 柯莎藤属, 银叶藤属）。【日】トウサゴヤシ属。【英】Ant Palm, Rattan。【隶属】棕榈科 Arecaceae（Palmae）。【包含】世界 26-35 种。【学名诠释与讨论】〈阴〉（人）Peter W. Korthals, 1807-1892, 德国植物学者、采集家。另说荷兰人。【分布】印度至马来西亚。【后选模式】Korthalsia rigida Blume。【参考异名】Calamosagus Griff.（1845）●☆

27660　Korupodendron Litt et Cheek（2002）【汉】西非囊萼木属。【隶属】独蕊科（蜡烛树科, 囊萼花科）Vochysiaceae。【包含】世界 1 种。【学名诠释与讨论】〈中〉词源不详。【分布】喀麦隆。【模式】Korupodendron songweanum Litt et Cheek。●☆

27661　Korycarpus Lag.（1816）Nom. illegit. ≡ Korycarpus Zea ex Lag.（1816）Nom. illegit.；~ ≡ Diarrhena P. Beauv.（1812）（保留属名）［禾本科 Poaceae（Gramineae）］■

27662　Korycarpus Zea ex Lag.（1816）Nom. illegit. ≡ Diarrhena P. Beauv.（1812）（保留属名）［禾本科 Poaceae（Gramineae）］■

27663　Korycarpus Zea（1806）Nom. inval. ≡ Korycarpus Zea ex Lag.（1816）Nom. illegit.；~ ≡ Diarrhena P. Beauv.（1812）（保留属名）［禾本科 Poaceae（Gramineae）］■

27664　Kosaria Forssk.（1775）= Dorstenia L.（1753）［桑科 Moraceae］

■●☆

27665　Kosmosiphon Lindau（1913）【汉】管饰爵床属。【隶属】爵床科 Acanthaceae。【包含】世界 1 种。【学名诠释与讨论】〈中〉（希）kosmos, 形式, 装饰+siphon, 所有格 siphonos, 管子。【分布】热带非洲西部。【模式】Kosmosiphon azureus Lindau。☆

27666　Kosopoljanskia Korovin（1923）【汉】帕米尔芹属。【俄】Козополянская。【隶属】伞形花科（伞形科）Apiaceae（Umbelliferae）。【包含】世界 3 种, 中国 1 种。【学名诠释与讨论】〈阴〉（俄）有人解释为 Козополянская 帕米尔的。笔者认为可能是纪念俄罗斯植物学者 Boris Mikhailovic Koso-Poljansky, 1890-1957。【分布】中国, 亚洲中部。【模式】Kosopoljanskia turkestanica E. P. Korovin。■

27667　Kosteletskya Brongn.（1843）Nom. illegit. = Kosteletzkya C. Presl（1835）（保留属名）［锦葵科 Malvaceae］■●☆

27668　Kosteletzkya C. Presl（1835）（保留属名）【汉】柯特葵属（柯斯捷列茨基属）。【俄】Костелецкия。【英】Saltmarsh Mallow, Salt-marsh Mallow。【隶属】锦葵科 Malvaceae。【包含】世界 17-30 种。【学名诠释与讨论】〈阴〉（人）Vincenz Franz Kosteletzky（Kostelecky），1801- 1887, 捷克植物学者, 医生。此属的学名“Kosteletzkya C. Presl, Reliq. Haenk. 2：130. Jun-Jul 1835”是保留属名。相应的废弃属名是锦葵科 Malvaceae 的“Thorntonia Rchb. , Consp. Regni Veg. :202. Dec 1828-Mar 1829 = Kosteletzkya C. Presl（1835）（保留属名）”。“Pentagonocarpus Parlatore, Fl. Ital. 5：105. Apr（？）1873”是“Kosteletzkya C. Presl（1835）（保留属名）”的晚出的同模式异名（Homotypic synonym, Nomenclatural synonym）。“Kosteletskya Brongn. , Enum. Pl. Mus. Paris 77, sphalm. 1843［12 Aug 1843］≡ Kosteletzkya C. Presl（1835）（保留属名）”是晚出的非法名称, 拼写亦误。【分布】巴拿马, 秘鲁, 厄瓜多尔, 哥斯达黎加, 马达加斯加, 墨西哥, 尼加拉瓜, 热带和非洲南部, 北美洲, 中美洲。【模式】Kosteletzkya hastata K. B. Presl。【参考异名】Kosteletskya Brongn.（1843）；Peltostegia Turcz.（1858）（废弃属名）；Pentagonocarpus P. Micheli ex Parl.（1873）Nom. illegit.；Pentagonocarpus Parl.（1873）Nom. illegit.；Thorntonia Rchb.（1828）（废弃属名）■●☆

27669　Kostermansia Soegeng（1959）【汉】克斯木棉属。【隶属】木棉科 Bombacaceae//锦葵科 Malvaceae。【包含】世界 1 种。【学名诠释与讨论】〈阴〉（人）André Joseph Guillaume Henri Kostermans, 1907- 1994, 荷兰植物学者。【分布】马来半岛。【模式】Kostermansia malayana Soegeng。●☆

27670　Kostermanthus Prance（1979）【汉】克斯金壳果属。【隶属】金壳果科 Chrysobalanaceae。【包含】世界 2 种。【学名诠释与讨论】〈阳〉（人）Andre Joseph Guillaume Henri Kostermans, 1907-, 荷兰植物学者+anthos, 花。【分布】马来西亚（西部）。【模式】Kostermanthus heteropetalus（Scortechini ex G. King）G. T. Prance［Parinari heteropetala Scortechini ex G. King）［Parinarium heteropetalum］。●☆

27671　Kostyczewa Korsh.（1896）= Chesneya Lindl. ex Endl.（1840）［豆科 Fabaceae（Leguminosae）//蝶形花科 Papilionaceae］●

27672　Kotchubaea Fisch. , Nom. illegit. ≡ Kutchubaea Fisch. ex DC.（1830）［茜草科 Rubiaceae］●☆

27673　Kotchubaea Fisch. ex C. DC. , Nom. illegit. ≡ Kutchubaea Fisch. ex DC.（1830）［茜草科 Rubiaceae］●☆

27674　Kotchubaea Hook. f.（1873）Nom. illegit. ≡ Kotchubaea Regel ex Benth. et Hook. f.（1873）；~ = Kutchubaea Fisch. ex DC.（1830）［茜草科 Rubiaceae］●☆

27675　Kotchubaea Regel ex Benth. et Hook. f.（1873）= Kutchubaea Fisch. ex DC.（1830）［茜草科 Rubiaceae］●☆

27676 Kotchubaea Regel ex Hook. f. (1873) Nom. illegit. ≡ Kotchubaea Regel ex Benth. et Hook. f. (1873); ~ ≡ Kutchubaea Fisch. ex DC. (1830) [茜草科 Rubiaceae] ●☆

27677 Kotschya Endl. (1839)【汉】风琴豆属。【隶属】豆科 Fabaceae (Leguminosae)//蝶形花科 Papilionaceae。【包含】世界 30 种。【学名诠释与讨论】〈阴〉(人) Carl (Karl) Georg Theodor Kotschy, 1813-1866, 奥地利植物学者。此属的学名, ING 和 IK 记载是 "Kotschya Endlicher in Endlicher et Fenzl, Nov. Stirp. Decades 1:4. 1 Mai 1839"。"Kotschya Endl. ex Endl. et Fenzl(1839)"的命名人引证有误。【分布】马达加斯加, 热带非洲。【模式】Kotschya africana Endlicher。【参考异名】Kotschya Endl. ex Endl. et Fenzl (1839) Nom. illegit. ;Sarcobotrya R. Vig. (1952) ●☆

27678 Kotschya Endl. ex Endl. et Fenzl (1839) Nom. illegit. = Kotschya Endl. (1839) [豆科 Fabaceae (Leguminosae)//蝶形花科 Papilionaceae] ●☆

27679 Kotschyella F. K. Mey. (1973) = Thlaspi L. (1753) [十字花科 Brassicaceae(Cruciferae)//菥蓂科 Thlaspiaceae] ■

27680 Kotsjiletti Adans. (1763) Nom. illegit. ≡ Xyris L. (1753) [黄眼草科(黄谷精科, 芴草科) Xyridaceae] ■

27681 Kourbari Adans. (1763) Nom. illegit. ≡ Hymenaea L. (1753) [豆科 Fabaceae (Leguminosae)//云实科(云实科(苏木科) Caesalpiniaceae] ●

27682 Kovalevskiella Kamelin (1993) = Cicerbita Wallr. (1822) [菊科 Asteraceae(Compositae)] ■

27683 Kowalewskia Turcz. (1859) = Gilibertia J. F. Gmel. (1791) Nom. illegit. ; ~ = Quivisia Comm. ex Juss. (1789); ~ = Turraea L. (1771) [楝科 Meliaceae//桤叶树科(山柳科) Clethraceae] ●

27684 Koyamacalia H. Rob. et Brettell (1973) = Parasenecio W. W. Sm. et J. Small (1922) [菊科 Asteraceae(Compositae)] ■

27685 Koyamaea W. W. Thomas et Davidse (1989)【汉】小山莎草属。【隶属】莎草科 Cyperaceae。【包含】世界 1 种。【学名诠释与讨论】〈阴〉(人) Tetsuo Michael Koyama, 1933 –, 日本植物学者。【分布】巴西, 委内瑞拉, 亚马孙河流域。【模式】Koyamaea neblinensis W. W. Thomas et G. Davidse。■☆

27686 Koyamasia H. Rob. (1904)【汉】突药瘦片菊属。【隶属】菊科 Asteraceae(Compositae)。【包含】世界 1 种。【学名诠释与讨论】〈阴〉(人) Koyama, 日本植物学者+asia 亚洲。【分布】亚洲中部。【模式】Koyamasia paleacea (Regel et Schmalhausen) Lipsky [Albertia paleacea Regel et Schmalhausen]。■☆

27687 Kozlovia Lipsky (1904)【汉】考兹草属(艾伯特草属)。【俄】Альбертия。【隶属】伞形花科(伞形科) Apiaceae(Umbelliferae)。【包含】世界 4 种。【学名诠释与讨论】〈阴〉(人) Kozlov。此属的学名"Kozlovia Lipsky, Trudy Imp. S. –Peterburgsk. Bot. Sada 23:146. 1904"是一个替代名称。"Albertia Regel et Schmalhausen, Trudy Imp. S. –Peterburgsk. Bot. Sada 5:603. 1877"是一个非法名称(Nom. illegit.), 因为此前已经有了化石植物的"Albertia W. P. Schimper in Voltz, Mém. Soc. Mus. Hist. Nat. Strasbourg 2(art. II): 13. t. 22. 1837"。故用"Kozlovia Lipsky(1904)"替代之。属名"Albertia Regel et Schmalh."亦来自人名:Albert von Regel, 1845-1908, 俄罗斯植物学者, 瑞士出生。【分布】阿富汗, 中亚南部。【后选模式】Albertia paleacea Regel et Schmalhausen。【参考异名】Albertia Regel et Schmalh. (1877) Nom. illegit. ;Exochorda Lindl. (1858);Kozlovia Lipsky(1904) ■☆

27688 Kozola Raf. (1837) (废弃属名) = Heloniopsis A. Gray (1858) (保留属名); ~ = Hexonix Raf. (1837) (废弃属名); ~ = Heloniopsis A. Gray (1858) (保留属名) [百合科 Liliaceae//黑药花科 (藜芦科) Melanthiaceae//蓝药花科 (胡麻花科)

Heloniadaceae] ■

27689 Kraenzlinella Kuntze (1903) = Pleurothallis R. Br. (1813) [兰科 Orchidaceae] ■☆

27690 Kraenzlinorchis Szlach. (2004)【汉】缅菲玉凤花属。【隶属】兰科 Orchidaceae。【包含】世界 4 种。【学名诠释与讨论】〈阴〉(人) Fdedrich (Fritz) Wilhelm Ludwig Kraenzlin, 1847-1934, 德国植物学者。此属的学名是"Kraenzlinorchis Szlach. , Die Orchidee 55:57. 2004. (24 Jan. 2004)"。亦有文献把其处理为"Habenaria Willd. (1805)"的异名。【分布】菲律宾, 缅甸。【模式】Kraenzlinorchis mandersii (Collett et Hemsl.) Szlach. [Habenaria mandersii Collett et Hemsl.]。【参考异名】Habenaria Nimmo, Nom. illegit. ;Habenaria Willd. (1805) ■☆

27691 Krainzia Backeb. (1938) = Mammillaria Haw. (1812) (保留属名) [仙人掌科 Cactaceae] ●

27692 Kralikella Coss. et Durieu (1876) = Kralikia Coss. et Durieu (1868) [禾本科 Poaceae(Gramineae)] ■

27693 Kralikia Coss. et Durieu (1868) = Tripogon Roem. et Schult. (1817) [禾本科 Poaceae(Gramineae)] ■

27694 Kralikia Sch. Bip. (1867) Nom. inval. = Chiliocephalum Benth. (1873) [菊科 Asteraceae(Compositae)] ■☆

27695 Kralikiella Bart. et Trab. (1895) Nom. illegit. ≡ Kralikella Coss. et Durieu (1876) [禾本科 Poaceae(Gramineae)] ■

27696 Kramera Post et Kuntze (1903) = Krameria L. ex Loefl. (1758) [刺球果科(刚毛果科, 克雷木科, 拉坦尼科) Krameriaceae] ●■☆

27697 Krameria L. , Nom. illegit. ≡ Krameria Loefl. (1758) [刺球果科(刚毛果科, 克雷木科, 拉坦尼科) Krameriaceae] ●■☆

27698 Krameria L. ex Loefl. (1758) Nom. illegit. ≡ Krameria Loefl. (1758) [刺球果科(刚毛果科, 克雷木科, 拉坦尼科) Krameriaceae] ●■☆

27699 Krameria Loefl. (1758)【汉】刺球果属(刚毛果属, 克雷默属, 孔裂药豆属, 拉坦尼属)。【英】Krameria, Rhatany, Rhatany Root。【隶属】远志科 Polygalaceae//刺球果科(刚毛果科, 克雷木科, 拉坦尼科) Krameriaceae。【包含】世界 15-25 种。【学名诠释与讨论】〈阴〉(人) Johann Georg Heinrich Kramer, 1684-1744, 匈牙利植物学者。【分布】秘鲁, 玻利维亚, 厄瓜多尔, 哥斯达黎加, 美国 (南部) 至智利, 尼加拉瓜, 中美洲。【模式】Krameria ixine Linnaeus。【参考异名】Crameria Murr. ;Dimenops Raf. (1832);Ixina Raf. (1832);Ixine Loefl. (1758);Kramera Post et Kuntze (1903);Krameria L. , Nom. illegit. ;Krameria L. ex Loefl. (1758) Nom. illegit. ;Ratanhia Raf. , Nom. inval. ;Stemeiena Raf. (1832) ●■☆

27700 Krameriaceae Dumort. (1829) (保留科名)【汉】刺球果科(刚毛果科, 克雷木科, 拉坦尼科)。【包含】世界 1 属 15-25 种。【分布】热带和亚热带美洲。【科名模式】Krameria L. (1758) ●■☆

27701 Kranikofa Raf. (1814) = Eurotia Adans. (1763) Nom. illegit. , Nom. superfl. ; ~ = Krascheninnikovia Gueldenst. (1772) [藜科 Chenopodiaceae] ●

27702 Kranikovia Raf. (1838) = Kranikofa Raf. (1814) [藜科 Chenopodiaceae] ●

27703 Krapfia DC. (1817)【汉】南美毛茛属。【隶属】毛茛科 Ranunculaceae。【包含】世界 8 种。【学名诠释与讨论】〈阴〉(人) Karl J. von Krapf, 1782-?, 澳大利亚植物学者。此属的学名是"Krapfia A. P. de Candolle, Syst. Nat. 1:130, 228. 1-15 Nov 1817 ('1818')"。亦有文献把其处理为"Ranunculus L. (1753)"的异名。【分布】玻利维亚, 安第斯山。【模式】Krapfia ranunculina A. P. de Candolle。【参考异名】Ranunculus L. (1753) ■☆

27704 Krapovickasia Fryxell (1978)【汉】克拉锦葵属。【隶属】锦葵

科 Malvaceae。【包含】世界 4 种。【学名诠释与讨论】〈阴〉（人）Antonio Krapovickas，1921 -?，植物学者。此属的学名"Krapovickasia Fryxell，Brittonia 30(4):456.1978 [19 Dec 1978]"是一个替代名称。"Physaliastrum Monteiro，Anais 20 Congr. Soc. Bot. Brasil 395.1969"是一个非法名称（Nom. illegit.），因为此前已经有了茄科 Solanaceae 的"Physaliastrum Makino，Bot. Mag.（Tokyo）28:20.1914"。"Physalastrum Monteiro（1969）"是"Physaliastrum Monteiro"的拼写变体。【分布】阿根廷，巴拉圭，巴西，秘鲁，玻利维亚，墨西哥，乌拉圭。【模式】Physalastrum prostratum（Cavanilles）H. da C. Monteiro Filho [Sida prostrata Cavanilles]。【参考异名】Physalastrum Monteiro（1969）Nom. illegit.；Physaliastrum Monteiro（1969）Nom. illegit.■☆

27705 Kraschenikofia Raf.，Nom. illegit. = Kraschenlnnlkovia Gueldenst.；~ = Eurotia Adans.. emend. C. A. Mey.（1763）Nom. illegit.，Nom. superfl.；~ = Axyris L.（1753）[藜科 Chenopodiaceae]●

27706 Kraschenikofia Raf.，Nom. illegit. = Kraschenikofia Raf.，Nom. illegit.；~ = Eurotia Adans.（1763）Nom. illegit.，Nom. superfl.；~ = Axyris L.（1753）[藜科 Chenopodiaceae]●

27707 Krascheninnikofia Turcz. ex Fenzl（1840）Nom. illegit. ≡ Pseudostellaria Pax（1934）[石竹科 Caryophyllaceae]■

27708 Krascheninnikovia Gueldenst.（1772）【汉】驼绒藜属（优若藜属）。【俄】Крашенинниковия，Терескен。【英】Ceratoides，Winter Fat，Winterfat。【隶属】藜科 Chenopodiaceae//苋科 Amaranthaceae。【包含】世界 6-8 种，中国 4 种。【学名诠释与讨论】〈阴〉（人）Stepan（Stephan）Petrovich Krascheninnikov（Krasheninnikov），1713-1755，俄罗斯圣彼得堡教授，第一版《圣彼得堡植物志》的作者。此属的学名，ING、GCI、TROPICOS 和 IK 记载是"Krascheninnikovia Gueldenstaedt，Novi Comment. Acad. Sci. Imp. Petrop. 16:551.1772"。"Krascheninnikovia Turczaninow ex Fenzl in Endlicher，Gen. 968. 1-14 Feb 1840 ≡ Krascheninnikovia Turcz. ex Fenzl（1840）Nom. illegit. [石竹科 Caryophyllaceae]"是晚出的非法名称；它已经被"Pseudostellaria Pax（1934）"所替代。"Krascheninnikovia Gueldenst.（1772）"是"Ceratoides Gagnebin，Acta Helv. Phys. -Math. 2:59.1755 [Feb 1755]"的晚出的同模式异名（by lectotypification）。"Ceratospermum Persoon，Syn. Pl. 2:551. Sep 1807"和"Diotis Schreber，Gen. 633. Mai 1791"也是"Ceratoides Gagnebin，Acta Helv. Phys. -Math. 2:59.1755 [Feb 1755]"的晚出的同模式异名。"Ceratoides（Tourn.）Gagnebin（1755）Nom. illegit. ≡ Ceratoides Gagnebin（1755）"的命名人引证有误。"Ceratoides Gagnebin（1755）"还被有些学者处理为"Axyris L.（1753）"或"Ceratocarpus L.（1753）"的异名。TROPICOS 把"Krascheninnikovia Gueldenst.（1772）"置于苋科 Amaranthaceae。亦有文献把"Krascheninnikovia Gueldenst.（1772）"处理为"Eurotia Adans.（1763）Nom. illegit.，Nom. superfl."的异名。【分布】巴基斯坦，中国，欧亚大陆，北美洲西部。【模式】Krascheninnikovia ceratoides（Linnaeus）Gueldenstaedt [Axyris ceratoides Linnaeus]。【参考异名】Ceratoides（Tourn.）Gagnebin（1755）Nom. illegit.；Ceratoides Gagnebin（1755）；Eurotia Adans.（1763）Nom. illegit.，Nom. superfl.；Kranikofa Raf.（1814）；Kraschenikofia Raf.，Nom. illegit.；Kraschenikofia Raf.，Nom. illegit.；Krasnikovia Raf.，Nom. illegit.●

27709 Krascheninnikovia Turcz. ex Besser = Ceratoides（Tourn.）Gagnebin（1755）Nom. illegit.；~ = Ceratoides Gagnebin（1755）；~ = Axyris L.（1753）；~ = Ceratocarpus L.（1753）；~ = Krascheninnikovia Gueldenst.（1772）[藜科 Chenopodiaceae]■

27710 Krascheninnikovia Turcz. ex Fenzl（1840）Nom. illegit. ≡

Krascheninnikovia Turcz. ex Fenzl（1840）Nom. illegit.；~ ≡ Pseudostellaria Pax（1934）[石竹科 Caryophyllaceae]■

27711 Kraschenninkowia Turcz.（1842）Nom. illegit. ≡ Krascheninnikovia Turcz. ex Fenzl（1840）Nom. illegit.；~ ≡ Krascheninnikovia Turcz. ex Fenzl（1840）Nom. illegit.；~ ≡ Pseudostellaria Pax（1934）[石竹科 Caryophyllaceae]■

27712 Kraschennikofia Raf. = Krascheninnikovia Gueldenst.（1772）[藜科 Chenopodiaceae]●

27713 Kraschnikowia Turcz. ex Ledeb.（1849）= Marrubium L.（1753）[唇形科 Lamiaceae（Labiatae）]■

27714 Krashnikowia Tuxcz. ex Ledeb. = Marrubium L.（1753）[唇形科 Lamiaceae（Labiatae）]■

27715 Krasnikovia Raf. = Krascheninnikovia Gueldenst. = Eurotia Adans.（1763）Nom. illegit.，Nom. superfl.；~ = Krascheninnikovia Gueldenst.（1772）[藜科 Chenopodiaceae]●

27716 Krasnovia Popov ex Schischk.（1950）【汉】块茎芹属。【俄】Красновия。【英】Krasnovia。【隶属】伞形花科（伞形科）Apiaceae（Umbelliferae）。【包含】世界 1 种，中国 1 种。【学名诠释与讨论】〈阴〉（人）Andrej（Andrei，Andrey）Nicolae - vich（Nikolaevich，Nicolaevic）Krasnov（Krassnow），1862-1914，俄罗斯植物学者。此属的学名，ING 和 IK 记载是"Krasnovia Popov ex B. K. Schischkin，Fl. URSS 16:591. Dec 1950"。"Krasnovia Popov（1950）"的命名人引证有误。【分布】中国，亚洲中部。【模式】Krasnovia longiloba（Karelin et Kirilov）M. Popov ex B. K. Schischkin [Sphallerocarpus longilobus Karelin et Kirilov]。【参考异名】Krasnovia Popov（1950）Nom. illegit.■

27717 Krasnovia Popov（1950）Nom. illegit. ≡ Krasnovia Popov ex Schischk.（1950）[伞形花科（伞形科）Apiaceae（Umbelliferae）]■

27718 Krassera O. Schwartz（1931）= Anerincleistus Korth.（1844）[野牡丹科 Melastomataceae]●☆

27719 Kratzmannia Opiz（1836）= Agropyron Gaertn.（1770）[禾本科 Poaceae（Gramineae）]■

27720 Krauhnia Steud.（1840）= Kraunhia Raf. ex Greene（1891）Nom. illegit.；~ = Wisteria Nutt.（1818）（保留属名）[豆科 Fabaceae（Leguminosae）//蝶形花科 Papilionaceae]●

27721 Kraunhia Raf.（1808）Nom. inval. ≡ Kraunhia Raf. ex Greene（1891）Nom. illegit.；~ = Wisteria Nutt.（1818）（保留属名）[豆科 Fabaceae（Leguminosae）//蝶形花科 Papilionaceae]●

27722 Kraunhia Raf. ex Greene（1891）Nom. illegit. = Wisteria Nutt.（1818）（保留属名）[豆科 Fabaceae（Leguminosae）//蝶形花科 Papilionaceae]●

27723 Krausella H. J. Lam（1932）= Pouteria Aubl.（1775）[山榄科 Sapotaceae]●

27724 Krauseola Pax et K. Hoffm.（1934）【汉】多萼草属。【隶属】石竹科 Caryophyllaceae。【包含】世界 1-2 种。【学名诠释与讨论】〈阴〉（人）Ernst Hans Ludwig Krause，1859 - 1942，德国植物学者+-olus，-ola，-olum，拉丁文指示小的词尾。此属的学名"Krauseola Pax et K. Hoffmann in Engler et Prantl，Nat. Pflanzenfam. ed. 2. 16c:308. Jan-Apr 1934"是一个替代名称。"Pleiosepalum C. E. Moss，J. Bot. 69:65. t. 596. Mar 1931"是一个非法名称（Nom. illegit.），因为此前已经有了"Pleiosepalum Handel-Mazzetti，Anz. Akad. Wiss. Wien，Math. -Naturwiss. Kl. 59:139. Jul-Dec 1922 = Aruncus L.（1758）[蔷薇科 Rosaceae]"。故用"Krauseola Pax et K. Hoffm.（1934）"替代之。【分布】热带非洲东部。【模式】Krauseola mosambicina（Moss）Pax et Hoffmann [Pleiosepalum mosambicinum Moss]。【参考异名】Pleiosepalum Moss（1931）Nom. illegit.■☆

27725 Kraussia Harv. (1842)【汉】克拉斯茜属。【隶属】茜草科 Rubiaceae。【包含】世界 3 种。【学名诠释与讨论】〈阴〉(人) Christian Ferdinand Friedrich von Krauss,1812-1890,德国植物学者。此属的学名,ING 和 IK 记载是 " Kraussia W. H. Harvey, London J. Bot. 1:21. 1842"。" Kraussia C. H. Schultz-Bip., Flora 27:672. 21 Oct 1844 (non W. H. Harvey 1842)"是"Haenelia Walp. (1843) = Amellus L. (1759)(保留属名)[菊科 Asteraceae (Compositae)]"的晚出的同模式异名。【分布】热带和非洲南部。【模式】Kraussia floribunda W. H. Harvey。【参考异名】Carpothalis E. Mey. (1843);Rhabdostigma Hook. f. (1873)●☆

27726 Kraussia Sch. Bip. (1844) Nom. illegit. ≡ Haenelia Walp. (1843); ~ = Amellus L. (1759)(保留属名)[菊科 Asteraceae (Compositae)]■●☆

27727 Krebsia Eckl. et Zeyh. (1836) = Lotononis (DC.) Eckl. et Zeyh. (1836)(保留属名)[豆科 Fabaceae(Leguminosae)//蝶形花科 Papilionaceae]■

27728 Krebsia Harv. (1868) Nom. illegit. = Stenostelma Schltr. (1894) [萝藦科 Asclepiadaceae]■☆

27729 Kreczetoviczia Tzvelev(1999)【汉】克氏蔍草属。【隶属】莎草科 Cyperaceae//蔍草科 Scirpaceae。【包含】世界 3 种。【学名诠释与讨论】〈阴〉(人) Vitalii Ivanovitch Kreczetowicz,1901-1942,俄罗斯植物学者。此属的学名是 " Kreczetoviczia N. N. Tzvelev, Bot. Zhurn. (Moscow & Leningrad) 84(7):112. 19-31 Jul 1999"。亦有文献把其处理为 " Scirpus L. (1753)(保留属名)"的异名。【分布】参见 Scirpus L. (1753)(保留属名)。【模式】Kreczetoviczia cespitosa (Linnaeus) N. N. Tzvelev [as ' caespitosa'] [Scirpus cespitosus]。【参考异名】Myconella Sprague (1928); Scirpus L. (1753)(保留属名)■☆

27730 Kreidek Adans. (1763) Nom. illegit. ≡ Scoparia L. (1753) [玄参科 Scrophulariaceae//婆婆纳科 Veronicaceae]■

27731 Kreidion Raf. (1840) = Conioselinum Fisch. ex Hoffm. (1814) [伞形花科(伞形科)Apiaceae(Umbelliferae)]■

27732 Kremeria Coss. et Durieu(1857)Nom. illegit. ≡ Kremeriella Maire (1932) [十字花科 Brassicaceae(Cruciferae)]■☆

27733 Kremeria Durieu (1846) = Coleostephus Cass. (1826); ~ = Leucanthemum Mill. (1754) [菊科 Asteraceae(Compositae)]■●

27734 Kremeriella Maire(1932)【汉】小克雷芥属。【隶属】十字花科 Brassicaceae(Cruciferae)。【包含】世界 1 种。【学名诠释与讨论】〈阴〉(人) Jean Pierre Kremer,1812-1867,法国植物学者+-ellus,-ella,-ellum,加在名词词干后面形成指小式的词尾。或加在人名、属名等后面以组成新属的名称。此属的学名 " Kremeriella Maire in E. Jahandiez et Maire, Cat. Pl. Maroc. 2:293. 1932"是一个替代名称。" Kremeria Cosson et Durieu de Maisonneuve ex Cosson, Bull. Soc. Bot. France 3:671. post 10 Dec 1856"是一个非法名称(Nom. illegit.),因为此前已经有了 " Kremeria Durieu de Maisonneuve, Rev. Bot. Recueil Mens. 1:364. 1846 = Coleostephus Cass. (1826) = Leucanthemum Mill. (1754) [菊科 Asteraceae (Compositae)]"。故用 " Kremeriella Maire (1932)"替代之。【分布】非洲西北部。【模式】Kremeriella cordylocarpus (Cosson) Maire [Kremeria cordylocarpus Cosson]。【参考异名】Kremeria Coss. et Durieu(1857)Nom. illegit. ■☆

27735 Kreodanthus Garay (1977)【汉】克莱兰属。【隶属】兰科 Orchidaceae。【包含】世界 3 种。【学名诠释与讨论】〈阳〉(希) kreas,肉;kreodes,似肉的,多肉的,肥胖的+anthos,花。【分布】巴拿马,玻利维亚,中美洲。【模式】Kreodanthus simplex (C. Schweinfurth) L. A. Garay [Erythrodes simplex C. Schweinfurth]。■☆

27736 Kreysigia Rchb. (1830) = Schelhammera R. Br. (1810)(保留属名)[铃兰科 Convallariaceae//秋水仙科 Colchicaceae]■☆

27737 Krigia Schreb. (1791)(保留属名)【汉】双冠菊属(克雷格属,克里菊属)。【英】Dwarf Dandelion,Dwarfdandelion。【隶属】菊科 Asteraceae(Compositae)。【包含】世界 7 种。【学名诠释与讨论】〈阴〉(人) David Krieg,1670-1713,德国医生,植物采集者(马里兰德和美国东部特拉华地区)。此属的学名 " Krigia Schreb., Gen. Pl. :532. Mai 1791"是保留属名。法规未列出相应的废弃属名。" Adopogon Necker ex O. Kuntze, Rev. Gen. 1:304. 5 Nov 1891"、" Cynthia D. Don,Edinburgh New Philos. J. 6:309. Jan-Mar 1829"、" Luthera C. H. Schultz Bip., Linnaea 10:257. Feb-Mar 1836"和" Troximon J. Gaertner, Fruct. 2:360. Sep-Dec 1791"是 " Krigia Schreb. (1791)(保留属名)"的晚出的同模式异名(Homotypic synonym, Nomenclatural synonym)。【分布】美国,北美洲。【模式】Krigia virginica (Linnaeus) Willdenow [Tragopogon virginicus L.]。【参考异名】Adopogon Neck. (1790) Nom. inval.; Adopogon Necker ex Kuntze (1891) Nom. illegit.; Apogon Elliott (1823);Cymbia (Torr. et A. Gray) Standl. (1911);Cymbia Standl. (1911) Nom. illegit.; Cynthia D. Don (1829) Nom. illegit.; Kugia Lindl. (1836); Luthera Sch. Bip. (1836) Nom. illegit.; Macrorhynchus Less. (1832); Serinia Raf. (1817); Troximon Gaertn. (1791) Nom. illegit. ■☆

27738 Krockeria Neck. = Xylopia L. (1759)(保留属名)[番荔枝科 Annonaceae]●

27739 Krockeria Steud. = Krokeria Moench(1794); ~ = Lotus L. (1753) [豆科 Fabaceae(Leguminosae)//蝶形花科 Papilionaceae]■

27740 Krokeria Endl. = Krockeria Neck.; ~ = Xylopia L. (1759)(保留属名)[番荔枝科 Annonaceae]●

27741 Krokeria Moench (1794) = Lotus L. (1753) [豆科 Fabaceae (Leguminosae)//蝶形花科 Papilionaceae]■

27742 Krokia Urb. (1928) = Pimenta Lindl. (1821) [桃金娘科 Myrtaceae]●☆

27743 Krombholtzia Benth. (1881) = Krombholzia Rupr. ex E. Fourn. (1876)Nom. illegit.; ~ = Zeugites P. Browne (1756)(保留属名) [禾本科 Poaceae(Gramineae)]■☆

27744 Krombholzia Fourn. (1876) = Zeugites P. Browne (1756)(保留属名) [禾本科 Poaceae(Gramineae)]■☆

27745 Krombholzia Rupr. ex E. Fourn. (1876) Nom. illegit. = Zeugites P. Browne(1756)(保留属名)[禾本科 Poaceae(Gramineae)]■☆

27746 Krombholzia Rupr. ex Galeotti (1844) = Zeugites P. Browne (1756)(保留属名)[禾本科 Poaceae(Gramineae)]■☆

27747 Kromon Raf. (1837) = Allium L. (1753) [百合科 Liliaceae//葱科 Alliaceae]■

27748 Krubera Hoffm. (1814)【汉】克鲁草属。【隶属】伞形花科(伞形科)Apiaceae(Umbelliferae)。【包含】世界 1 种。【学名诠释与讨论】〈阴〉(人)Kruber。此属的学名是"Krubera G. F. Hoffmann, Gen. Pl. Umbellif. xxiv, 103. 1814"。亦有文献把其处理为 " Capnophyllum Gaertn. (1790)"的异名。【分布】非洲北部,欧洲西南、南部和东南。【模式】Krubera peregrina (Linnaeus) G. F. Hoffmann [Tordylium peregrinum Linnaeus]。【参考异名】Capnophyllum Gaertn. (1790)■☆

27749 Kruegeria Scop. (1777) Nom. illegit. ≡ Vouapa Aubl. (1775)(废弃属名); ~ = Macrolobium Schreb. (1789)(保留属名)[豆科 Fabaceae(Leguminosae)//云实科(苏木科)Caesalpiniaceae]●☆

27750 Krugella Pierre (1891) = Pouteria Aubl. (1775) [山榄科 Sapotaceae]●

27751 Krugia Urb. (1893) = Marlierea Cambess. (1829) Nom. inval.; ~ = Marlierea Cambess. ex A. St. - Hil. (1833) [桃金娘科

Myrtaceae]●

27752 Krugiodendron Urb. (1902)【汉】克鲁木属。【隶属】鼠李科 Rhamnaceae。【包含】世界1种。【学名诠释与讨论】〈中〉（人）Carl Wilhelm Leopold Krug,1833-1898,德国植物学者+dendron 或 dendros,树木,棍,丛林。【分布】尼加拉瓜,西印度群岛,中美洲。【模式】Krugiodendron ferreum（Vahl）Urban［Rhamnus ferreus Vahl］。●☆

27753 Kruhsea Regel（1859）= Streptopus Michx.（1803）［百合科 Liliaceae//裂果草科（油点草科）Tricyrtidaceae］■

27754 Krukoviella A. C. Sm.（1939）【汉】克鲁金莲木属。【隶属】金莲木科 Ochnaceae。【包含】世界1种。【学名诠释与讨论】〈阴〉（人）Boris Alexander Krukoff,1898-1983,俄罗斯出生的美国植物学者+-ellus,-ella,-ellum,加在名词词干后面形成指小式的词尾。或加在人名、属名等后面以组成新属的名称。【分布】巴西,秘鲁。【模式】Krukoviella scandens A. C. Smith。【参考异名】Planchonella Tiegh.（1904）Nom. illegit. ●☆

27755 Krylovia Schischk.（1949）Nom. illegit. ≡ Borkonstia Ignatov（1983）；~ ≡ Rhinactina Less.（1831）Nom. illegit.；~ ≡ Rhinactinidia Novopokr.（1948）［菊科 Asteraceae（Compositae）］■

27756 Krynitzia Rchb.（1841）= Cryptantha Lehm. ex G. Don（1837）；~ =Krynitzkia Fisch. et C. A. Mey.（1841）［紫草科 Boraginaceae］■☆

27757 Krynitzkia Fisch. et C. A. Mey.（1841）= Cryptantha Lehm. ex G. Don（1837）［紫草科 Boraginaceae］■☆

27758 Kryptostoma（Summerh.）Geerinck（1982）= Habenaria Willd.（1805）［兰科 Orchidaceae］■☆

27759 Ktenosachne Steud.（1854）= Prionachne Nees（1836）；~ = Rostraria Trin.（1820）［禾本科 Poaceae（Gramineae）］■☆

27760 Ktenospermum Lehm.（1837）= Pectocarya DC. ex Meisn.（1840）［紫草科 Boraginaceae］●☆

27761 Kua Medik.（1790）Nom. illegit. ≡ Kua Rheede ex Medik.（1790）Nom. illegit.；~ = Curcuma L.（1753）（保留属名）［姜科（蘘荷科）Zingiberaceae］■

27762 Kua Rheede ex Medik.（1790）Nom. illegit. = Curcuma L.（1753）（保留属名）［姜科（蘘荷科）Zingiberaceae］■

27763 Kuala H. Karst. et Triana（1855）Nom. illegit. ≡ Kuala Triana（1855）；~ =Esenbeckia Kunth（1825）［芸香科 Rutaceae］●☆

27764 Kuala Triana（1855）= Esenbeckia Kunth（1825）［芸香科 Rutaceae］●☆

27765 Kubitzkia van der Werff（1986）【汉】库比楠属。【隶属】樟科 Lauraceae。【包含】世界1种。【学名诠释与讨论】〈阴〉（人）Klaus Kubitzki,1933-?,植物学者。此属的学名"Kubitzkia van der Werff, Taxon 35（1）: 165（1986）", IK 记载是"Systemonodaphne Mez Jahrb. Königl. Bot. Gart. Berlin 5:78. 1889"的替代名称。【分布】南美洲东北部。【模式】Kubitzkia mezii（Kostermans）H. van der Werff［Systemonodaphne mezii Kostermans］。【参考异名】Systemonodaphne Mez（1889）Nom. illegit. ●☆

27766 Kudôa Masam.（1930）= Gentiana L.（1753）［龙胆科 Gentianaceae］■

27767 Kudôacanthus Hosok.（1933）【汉】银脉爵床属（工藤爵床属,台爵床属）。【英】Kudôacanthus。【隶属】爵床科 Acanthaceae。【包含】世界1种,中国1种。【学名诠释与讨论】〈阴〉（人）Yushun Kudô, 1887-1932,工藤裙舜,日本植物学者+（属）Acanthus 老鼠簕属。【分布】中国。【模式】Kudoacanthus albonervosus Hosok.。■★

27768 Kudrjaschevia Pojark.（1953）【汉】库得草属（库得拉草属）。

【俄】Кудряшевия。【英】Kudrjaschevia。【隶属】唇形科 Lamiaceae（Labiatae）//荆芥科 Nepetaceae。【包含】世界4种。【学名诠释与讨论】〈阴〉（人）S. N. Kudrjaschev,1907-1943,德国植物学者。此属的学名是"Kudrjaschevia Pojarkova, Bot. Mater. Gerb. Bot. Inst. Komarov Akad. Nauk SSSR 15: 276. 1953（post 14 Feb）"。亦有文献把其处理为"Nepeta L.（1753）"的异名。【分布】亚洲中部。【模式】Kudrjaschevia allotricha Pojarkova。【参考异名】Nepeta L.（1753）■☆

27769 Kuekenthalia Börner（1913）= Carex L.（1753）［莎草科 Cyperaceae］■

27770 Kuenckelia Heim（1892）= Kunckelia Heim（1892）；~ = Vateria L.（1753）［龙脑香科 Dipterocarpaceae］●☆

27771 Kuenstlera K. Schum.（1901）= Kunstleria Prain（1897）［豆科 Fabaceae（Leguminosae）//蝶形花科 Papilionaceae］■☆

27772 Kuepferella M. Lainz（1976）= Gentiana L.（1753）［龙胆科 Gentianaceae］■

27773 Kuepferia Adr. Favre（2014）【汉】耳梗龙胆属。【隶属】龙胆科 Gentianaceae。【包含】世界13种。【学名诠释与讨论】〈阴〉"Kuepferia Adr. Favre（2014）"是"Gentiana sect. Otophora Kusn.（1894）"的替代名称。【分布】见"Gentiana sect. Otophora Kusn.（1894）"Gentiana sect. Otophora Kusn.（1894）。【模式】Kuepferia otophora（Franch.）Adr. Favre［Gentiana otophora Franch.］。【参考异名】Gentiana sect. Otophora Kusn.（1894）■☆

27774 Kuestera Regel（1857）= Beloperone Nees（1832）；~ =Justicia L.（1753）［爵床科 Acanthaceae//鸭嘴花科（鸭咀花科）Justiciaceae］●■

27775 Kugia Bert. ex Lindl.（1836）= Bellardia Colla（1835）Nom. illegit.；~ =Krigia Schreb.（1791）（保留属名）；~ = Microseris D. Don（1832）［菊科 Asteraceae（Compositae）］■☆

27776 Kugia Lindl.（1836）Nom. illegit. ≡ Kugia Bert. ex Lindl.（1836）；~ =Bellardia Colla（1835）Nom. illegit.；~ = Krigia Schreb.（1791）（保留属名）；~ = Microseris D. Don（1832）［菊科 Asteraceae（Compositae）］■☆

27777 Kuhitangia Ovcz.（1967）= Acanthophyllum C. A. Mey.（1831）［石竹科 Caryophyllaceae］■

27778 Kuhlhasseltia J. J. Sm.（1910）【汉】旗唇兰属。【日】ハクウンラン属。【英】Flagliporchis。【隶属】兰科 Orchidaceae。【包含】世界10种,中国1-2种。【学名诠释与讨论】〈阴〉（人）纪念荷兰植物学者 Heinrich Kuhl,1796-1821,及其搭档 Johan Coenraad van Hasselt,1797-1823。另说来自其异名 Vexillabium。vixillum,旗帜+labium,唇。【分布】马来西亚,中国。【模式】未指定。【参考异名】Vexillabium F. Maek.（1935）■

27779 Kuhlia Blume（1825）Nom. illegit. ≡ Kuhlia Reinw. ex Blume（1825）Nom. illegit.；~ ≡ Fagraea Thunb.（1782）；~ ≡ Utania G. Don（1837）［马钱科（断肠草科,马钱子科）Loganiaceae］●

27780 Kuhlia Kunth（1825）Nom. illegit. = Banara Aubl.（1775）［刺篱木科（大风子科）Flacourtiaceae］●☆

27781 Kuhlia Reinw.（1823）Nom. inval. = Kuhlia Reinw. ex Blume（1825）Nom. illegit.；~ ≡ Fagraea Thunb.（1782）；~ ≡ Utania G. Don（1837）［马钱科（断肠草科,马钱子科）Loganiaceae//龙爪七叶科 Potaliaceae］●

27782 Kuhlia Reinw. ex Blume（1825）Nom. illegit. ≡ Fagraea Thunb.（1782）；~ ≡ Utania G. Don（1837）［马钱科（断肠草科,马钱子科）Loganiaceae］●

27783 Kuhlmannia J. C. Gomes（1956）= Pleonotoma Miers（1863）［紫葳科 Bignoniaceae］●☆

27784 Kuhlmanniella Barroso（1945）= Dicranostyles Benth.（1846）

［旋花科 Convolvulaceae］■☆

27785　Kuhlmanniodendron Fiaschi et Groppo（2008）【汉】巴西轮果大风子属。【隶属】刺篱木科（大风子科）Flacourtiaceae//脊脐子科（柄果木科，宿冠花科，钟花科）Achariaceae。【包含】世界1种。【学名诠释与讨论】〈中〉（人）Kuhlmann，植物学者＋dendron 或 dendros，树木，棍，丛林。此属的学名是"Kuhlmanniodendron Fiaschi et Groppo，Botanical Journal of the Linnean Society 1576（1）：104-108，f. 1. 2008"。亦有文献把其处理为"Carpotroche Endl.（1839）"的异名。【分布】巴西。【模式】Kuhlmanniodendron Kuhlmanniodendron apterocarpum（Kuhlm.）Fiaschi et Groppo。【参考异名】Carpotroche Endl.（1839）●☆

27786　Kuhnia L.（1763）（废弃属名）＝Brickellia Elliott（1823）（保留属名）［菊科 Asteraceae（Compositae）］■●

27787　Kuhnia Wall. ＝Kuhniastera Kuntze（1891）［豆科 Fabaceae（Leguminosae）］■☆

27788　Kuhniastera Kuntze（1891）＝Kuhnistera Lam.（1792）（废弃属名）；~ ＝Petalostemon Michx.（1803）［as 'Petalostemum'］（保留属名）［豆科 Fabaceae（Leguminosae）］■☆

27789　Kuhniodes（A. Gray）Kuntze（1903）Nom. illegit. ≡ Bebbia Greene（1885）［菊科 Asteraceae（Compositae）］●☆

27790　Kuhniodes Post et Kuntze（1903）Nom. illegit. ≡ Bebbia Greene（1885）［菊科 Asteraceae（Compositae）］●☆

27791　Kuhnistera Lam.（1792）（废弃属名）＝Dalea L.（1758）（保留属名）；~ ＝Petalostemon Michx.（1803）［as 'Petalostemum'］（保留属名）［豆科 Fabaceae（Leguminosae）//蝶形花科 Papilionaceae］■☆

27792　Kuhnistra Endl.（1840）＝Kuhnistera Lam.（1792）（废弃属名）；~ ＝Dalea L.（1758）（保留属名）；~ ＝Petalostemon Michx.（1803）［as 'Petalostemum'］（保留属名）［豆科 Fabaceae（Leguminosae）//蝶形花科 Papilionaceae］■☆

27793　Kukolis Raf.（1838）（废弃属名）＝Hebecladus Miers（1845）（保留属名）［茄科 Solanaceae］●☆

27794　Kulinia B. G. Briggs et L. A. S. Johnson（1998）【汉】毛秆帚灯草属。【隶属】帚灯草科 Restionaceae。【包含】世界1种。【学名诠释与讨论】〈阴〉（地）Kulin，库林，位于澳大利亚。【分布】澳大利亚。【模式】Kulinia eludens B. G. Briggs et L. A. S. Johnson。■☆

27795　Kulmia Augier ＝Kalmia L.（1753）［杜鹃花科（欧石南科）Ericaceae］●

27796　Kumara Medik.（1786）＝Aloe L.（1753）［百合科 Liliaceae//阿福花科 Asphodelaceae//芦荟科 Aloaceae］●■

27797　Kumaria Raf.（1840）＝Haworthia Duval（1809）（保留属名）［百合科 Liliaceae//阿福花科 Asphodelaceae//芦荟科 Aloaceae］■☆

27798　Kumbaya Endl. ex Steud.（1840）＝Gardenia J. Ellis（1761）（保留属名）［茜草科 Rubiaceae//栀子科 Gardeniaceae］●

27799　Kumbulu Adans.（1763）Nom. illegit. ≡ Cumbulu Adans.（1763）；~ ＝Gmelina L.（1753）［唇形科 Lamiaceae（Labiatae）//马鞭草科 Verbenaceae//牡荆科 Viticaceae］●

27800　Kumlienia Greene（1886）【汉】白萼毛茛属。【隶属】毛茛科 Ranunculaceae。【包含】世界1种。【学名诠释与讨论】〈阴〉（人）Thure Ludwig Theodor Kumlien，1819-1880，瑞典学者。此属的学名是"Kumlienia E. L. Greene，Bull. Calif. Acad. Sci. 1：337. 6 Jan 1886"。亦有文献把其处理为"Ranunculus L.（1753）"的异名。【分布】北美洲西部。【模式】Kumlienia hystricula（A. Gray）E. L. Greene［Ranunculus hystriculus A. Gray］。【参考异名】Ranunculus L.（1753）■☆

27801　Kummeria Mart.（1840）＝Discophora Miers（1852）［茶茱萸科

Icacinaceae］●☆

27802　Kummeria Mart. ex Engl.（1872）Nom. illegit. ＝Discophora Miers（1852）［茶茱萸科 Icacinaceae］●☆

27803　Kummerowia Schindl.（1912）Nom. illegit. ≡ Kummerowia Schindl.（1912）［豆科 Fabaceae（Leguminosae）//蝶形花科 Papilionaceae］■

27804　Kummerowia Schindl.（1912）【汉】鸡眼草属。【日】ヤマズソウ属。【俄】Куммеровия。【英】Cockeyeweed，Kummerowia。【隶属】豆科 Fabaceae（Leguminosae）//蝶形花科 Papilionaceae。【包含】世界2种，中国2种。【学名诠释与讨论】〈阴〉（人）J. Kummerow（Kummerov），波兰植物学者。此属的学名，ING 和 GCI 记载是"Kummerowia Schindler，Repert. Spec. Nov. Regni Veg. 10：403. 15 Mar 1912"。"Kummerowia Schindl.（1912）"拼写有误。"Microlespedeza（Maximowicz）Makino，Bot. Mag.（Tokyo）28：182. 1914"是"Kummerowia Schindl.（1912）"的晚出的同模式异名（Homotypic synonym，Nomenclatural synonym）。"Microlespedeza Makino（1914）≡ Microlespedeza（Maxim.）Makino（1914）"的命名人引证有误。【分布】日本，中国。【模式】Kummerowia striata（Thunberg）Schindler［Hedysarum striatum Thunberg］。【参考异名】Kummerovia Schindl.（1912）Nom. illegit.；Lespedeza subgen. Microlespedeza Maxim.（1873）；Microlespedeza（Maxim.）Makino（1914）Nom. illegit.；Microlespedeza Makino（1914）Nom. illegit. ■

27805　Kunckelia Heim（1892）＝Vateria L.（1753）［龙脑香科 Dipterocarpaceae］●☆

27806　Kunda Raf.（1837）Nom. illegit. ≡ Amorphophallus Blume ex Decne.（1834）（保留属名）［天南星科 Araceae］■●

27807　Kundmannia Scop.（1777）（保留属名）【汉】昆得曼芹属。【英】Brignolia。【隶属】伞形花科（伞形科）Apiaceae（Umbelliferae）。【包含】世界2种。【学名诠释与讨论】〈阴〉（人）Kundmann。此属的学名"Kundmannia Scop.，Intr. Hist. Nat.；116. Jan‐Apr 1777"是保留属名。相应的废弃属名是"Arduina Adans.，Fam. Pl. 2：499，520. Jul‐Aug 1763 ≡ Kundmannia Scop.（1777）"。夹竹桃科 Apocynaceae 的"Arduina Mill.，Mant. Pl. 7，52. 1767［15-31 Oct 1767］＝Carissa L.（1767）（保留属名）"和"Arduina P. Miller ex Linnaeus，Syst. Nat. ed. 12. 2：136，180；Mant. 7，52. 15-31 Oct 1767 ＝Carissa L.（1767）（保留属名）"亦应废弃。"Campderia Lagasca，Amen. Nat. Españas 1（2）：99. 1821（post 15 Jul）"和"Darion Rafinesque，Good Book 50. Jan 1840"是"Kundmannia Scop.（1777）（保留属名）"的晚出的同模式异名（Homotypic synonym，Nomenclatural synonym）。【分布】地中海地区，欧洲南部。【模式】Kundmannia sicula（Linnaeus）A. P. de Candolle［Sium siculum Linnaeus］。【参考异名】Arduina Adans.（1763）（废弃属名）；Brignolia Bertol.（1815）；Campderia Lag.（1821）Nom. illegit.；Darion Raf.（1840）Nom. illegit. ■☆

27808　Kungia K. T. Fu（1988）【汉】孔岩草属。【英】Kungia。【隶属】景天科 Crassulaceae。【包含】世界2种，中国2种。【学名诠释与讨论】〈阴〉（人）Hsien Wu Kung，1887-1984年，孔宪武，中国植物学者，长期致力于中国植物分类、区系和植物资源的调查研究，在藜科 Chenopodiaceae 植物研究方面作出了突出贡献。执教50余年，培育了一批植物学者，对我国植物科学的发展起了奠基和推动作用，也为我国农、林、牧、医药方面提供了宝贵的资料。1962年以来，他编著有《兰州植物通志》、《甘肃猪饲料植物介绍》、《甘肃野生油料植物》、《中国植物志·藜科》、《甘肃林木志》、《中国植物志》第25卷等。【分布】中国。【模式】不详。■

27809　Kunhardtia Maguire（1958）【汉】孔哈特偏穗草属。【隶属】偏穗草科（雷巴第科，瑞碑题雅科）Rapateaceae。【包含】世界2种。

【学名诠释与讨论】〈阴〉（人）Chris Kunhardt，植物学者。【分布】委内瑞拉。【模式】Kunhardtia rhodantha Maguire。■☆

27810 Kuniria Raf.（1838）＝ Dicliptera Juss.（1807）（保留属名）［爵床科 Acanthaceae］■

27811 Kunkeliella Stearn（1972）【汉】孔克檀香属。【隶属】檀香科 Santalaceae。【包含】世界 4 种。【学名诠释与讨论】〈阴〉（人）W. H. Gunther，1928-?，植物学者+-ellus，-ella，-ellum，加在名词词干后面形成指小式的词尾。或加在人名、属名等后面以组成新属的名称。【分布】西班牙（加那利群岛）。【模式】Kunkeliella canariensis W. T. Stearn。●☆

27812 Kunokale Raf.（1837）＝ Fagopyrum Mill.（1754）（保留属名）［蓼科 Polygonaceae］●■

27813 Kunstlera King ex Gage.，Nom. illegit. ≡ Kunstlera King（1887）；~ ＝Chondrostylis Boerl.（1897）［大戟科 Euphorbiaceae］●☆

27814 Kunstlera King（1887）＝ Chondrostylis Boerl.（1897）［大戟科 Euphorbiaceae］●☆

27815 Kunstleria King（1897）Nom. illegit. ≡Kunstleria Prain（1897）［豆科 Fabaceae（Leguminosae）//蝶形花科 Papilionaceae］■☆

27816 Kunstleria Prain ex King（1897）Nom. illegit. ≡ Kunstleria Prain（1897）［豆科 Fabaceae（Leguminosae）//蝶形花科 Papilionaceae］■☆

27817 Kunstleria Prain（1897）【汉】孔斯豆属。【隶属】豆科 Fabaceae（Leguminosae）//蝶形花科 Papilionaceae。【包含】世界 8 种。【学名诠释与讨论】〈阴〉（人）Kunstler。此属的学名，ING 记载是"Kunstleria D. Prain in G. King，J. Asiat. Soc. Bengal，Pt. 2，Nat. Hist. 66：109. 8 Jun 1897（'1898'）"。APNI 则记载为"Kunstleria King，Flora of British India 5（14）1887 in obs."。"Kunstleria Prain ex King（1897）≡Kunstleria Prain（1897）"的命名人引证也有误。【分布】澳大利亚，菲律宾（菲律宾群岛），加里曼丹岛，马来半岛。【后选模式】Kunstleria curtisii D. Prain。【参考异名】Kuenstlera K. Schum.（1901）；Kunstleria King（1897）Nom. illegit.；Kunstleria Prain ex King（1897）Nom. illegit.■☆

27818 Kunstlerodendron Ridl.（1924）＝ Chondrostylis Boerl.（1897）［大戟科 Euphorbiaceae］●☆

27819 Kunthea Humb. et Bonpl. ＝ Chamaedorea Willd.（1806）（保留属名）［棕榈科 Arecaceae（Palmae）］●☆

27820 Kuntheria Conran et Clifford（1987）【汉】孔瑟兰属。【隶属】铃兰科 Convallariaceae//秋水仙科 Colchicaceae。【包含】世界 1 种。【学名诠释与讨论】〈阴〉（人）可能是纪念德国植物学家 Karl（Carl）Sigismund Kunth，1788-1850。【分布】澳大利亚。【模式】Kuntheria pedunculata（F. von Mueller）J. G. Conran et H. T. Clifford ［Schelhammera pedunculata F. von Mueller］。■☆

27821 Kunthia Bonpl.（1813）＝ Morenia Ruiz et Pav.（1794）（废弃属名）；~ ＝ Chamaedorea Willd.（1806）（保留属名）［棕榈科 Arecaceae（Palmae）］●☆

27822 Kunthia Dennst.（1818）Nom. illegit. ＝ Garuga Roxb.（1811）［橄榄科 Burseraceae］●

27823 Kunthia Humb. et Bonpl.（1813）Nom. illegit. ≡Kunthia Bonpl.（1813）；~ ＝ Morenia Ruiz et Pav.（1794）（废弃属名）；~ ＝ Chamaedorea Willd.（1806）（保留属名）［棕榈科 Arecaceae（Palmae）］●☆

27824 Kuntia Dumort.（1829）＝ Kunthia Bonpl.（1813）；~ ＝Morenia Ruiz et Pav.（1794）（废弃属名）；~ ＝Chamaedorea Willd.（1806）（保留属名）［棕榈科 Arecaceae（Palmae）］●☆

27825 Kuntlerodendron Ridl. ＝ Chondrostylis Boerl.（1897）［大戟科 Euphorbiaceae］●☆

27826 Kunzea Rchb.（1829）（保留属名）【汉】库塞木属（孔兹木属，刷木属）。【俄】Ланция。【英】Mountain Bush，Muntries。【隶属】桃金娘科 Myrtaceae。【包含】世界 36 种。【学名诠释与讨论】〈阴〉（人）Gustav Kunze，1793-1851，德国植物学者。此属的学名"Kunzea Rchb.，Consp. Regni Veg.：175. Dec 1828-Mar 1829"是保留属名。相应的废弃属名是桃金娘科 Myrtaceae 的"Tillospermum Salisb. in Griffiths，Monthly Rev. 75：74. 1814 ＝Kunzea Rchb.（1829）（保留属名）"。APNI 记载的桃金娘科 Myrtaceae 的"Tillospermum Griff.，Monthly Review 75 1814"命名人引证有误，亦应废弃。"Stenospermum Sweet ex G. Heynhold，Nom. Bot. Hort. 1：787. Jul 1841"是"Kunzea Rchb.（1829）（保留属名）"的晚出的同模式异名（Homotypic synonym，Nomenclatural synonym）；"Stenospermum Sweet（1830）≡Stenospermum Sweet ex Heynh.（1841）Nom. illegit."是一个未合格发表的名称（Nom. inval.）。【分布】澳大利亚。【模式】Kunzea capitata（J. E. Smith）G. Heynhold ［Metrosideros capitata J. E. Smith］。【参考异名】Pentagonaster Klotzsch（1836）；Salisia Lindl.（1839）；Stenospermum Sweet ex Heynh.（1830）Nom. inval.；Stenospermum Sweet ex Heynh.（1841）；Stenospermum Sweet（1830）Nom. inval.；Tillospermum Griff.（1814）Nom. illegit.（废弃属名）；Tillospermum Salisb.（1814）（废弃属名）●☆

27827 Kunzia Spreng.（1818）Nom. inval. ≡Purshia DC. ex Poir.（1816）［蔷薇科 Rosaceae］●☆

27828 Kunzia Spreng.（1825）Nom. illegit. ≡Purshia DC. ex Poir.（1816）［蔷薇科 Rosaceae］●☆

27829 Kunzmannia Klotzsch et M. R. Schomb.（1849）Nom. inval. ［橄榄科 Burseraceae］☆

27830 Kupea Cheek et S. A. Williams（2003）【汉】库珀霉草属。【隶属】霉草科 Triuridaceae。【包含】世界 2 种。【学名诠释与讨论】〈阴〉词源不详。【分布】喀麦隆，坦桑尼亚。【模式】Kupea martinetugei M. Cheek et S. A. Williams。■☆

27831 Kuramosciadium Pimenov，Kljuykov et Tojibaev（2011）【汉】乌赖马草属。【隶属】伞形花科（伞形科）Apiaceae（Umbelliferae）。【包含】世界 1 种。【学名诠释与讨论】〈阴〉（地）Kurama+（希）skias，所有格 skiados，华盖形之物，乔木，亭子；常用以命名有伞形花植物的属；skiadephoros，带伞的；skiadeion，伞，日遮。【分布】乌兹别克。【模式】Kuramosciadium corydalifolium Pimenov，Kljuykov et Tojibaev。■☆

27832 Kurites Raf.（1837）＝ Selago L.（1753）［玄参科 Scrophulariaceae］●☆

27833 Kuritis B. D. Jacks. ＝ Kurites Raf.（1837）［玄参科 Scrophulariaceae］●☆

27834 Kurizamra Kuntze ＝Kurzamra Kuntze（1891）［唇形科 Lamiaceae（Labiatae）］■☆

27835 Kurkas Adans.（1763）＝ Curcas Adans.（1763）；~ ＝ Jatropha L.（1753）（保留属名）［大戟科 Euphorbiaceae］●■

27836 Kurkas Raf.（1838）＝ Croton L.（1753）［大戟科 Euphorbiaceae//巴豆科 Crotonaceae］●

27837 Kuromatea Kudô（1930）＝ Lithocarpus Blume（1826）；~ ＝Pasania（Miq.）Oerst.（1867）［壳斗科（山毛榉科）Fagaceae］●

27838 Kurramia Omer et Qaiser ＝ Jaeschkea Kurz（1870）［龙胆科 Gentianaceae］■

27839 Kurramiana Omer et Qaiser（1992）＝ Gentiana L.（1753）［龙胆科 Gentianaceae］■

27840 Kurria Hochst. et Steud.（1841）＝ Hymenodictyon Wall.（1824）（保留属名）［茜草科 Rubiaceae］●

27841 Kurria Steud. ＝Hermannia L.（1753）［梧桐科 Sterculiaceae//锦葵科 Malvaceae//密钟木科 Hermanniaceae］●☆

27842 Kurrimia Wall.（1831）Nom. inval. ≡ Kurrimia Wall. ex Meisn.

（1837）；~ ≡ Kurrimia Wall. ex Thwaites（1837）［卫矛科 Celastraceae］●

27843 Kurrimia Wall. ex Meisn.（1837）【汉】库林木属。【英】Kurrimia。【隶属】卫矛科 Celastraceae。【包含】世界 5 种，中国 1 种。【学名诠释与讨论】〈阴〉（人）Abdul Kurrim 或 Kurrim Khan，印度植物学者。此属的学名，ING、TROPICOS 和 IK 记载是 "Kurrimia Wallich ex C. F. Meisner, Pl. Vasc. Gen. 1：67；2：48. 21-27 Mai 1837"。"Kurrimia Wall.（1831）"是一个未合格发表的名称（Nom. inval.）。IK 还记载了 "Kurrimia Wall., Numer. List［Wallich］No. 7200. 1832, nomen；Meissn. Pl. Vasc. Gen., Tabl. Diagn., 67（1837）；et Pl. Vasc. Gen., . Comment., 48（1837）.' CELASTRACEAE.'"。亦有文献把 "Kurrimia Wall. ex Meisn.（1837）" 处理为 "Bhesa Buch. -Ham. ex Arn.（1834）" 或 "Itea L.（1753）［虎耳草科 Saxifragaceae// 鼠刺科 Iteaceae］" 的异名。【分布】中国，温带南美洲。【模式】Kurrimia macrophylla Wallich ex C. F. Meisner。【参考异名】Bhesa Buch. -Ham. ex Arn.（1834）；Itea L.（1753）；Kurrimia Wall.（1831）Nom. inval.；Kurrimia Wall. ex Meisn.（1837）Nom. illegit.；Nothocnestis Miq.（1861）；Pyrospermum Miq.（1861）；Trochisandra Bedd.（1871）●

27844 Kurrimia Wall. ex Thwaites（1837）= Bhesa Buch. -Ham. ex Arn.（1834）［卫矛科 Celastraceae］●

27845 Kuruna Attigala, Kaththr. et L. G. Clark（2014）【汉】马来草属。【隶属】禾本科 Poaceae（Gramineae）。【包含】世界 7 种。【学名诠释与讨论】〈阴〉词源不详。【分布】马来半岛。【模式】Kuruna debilis（Thwaites）Attigala, Kaththr. et L. G. Clark［Arundinaria debilis Thwaites］。■☆

27846 Kurzamra Kuntze（1891）【汉】智利铺地草属。【隶属】唇形科 Lamiaceae（Labiatae）。【包含】世界 1 种。【学名诠释与讨论】〈阴〉（人）Friz Kurtz, 1854-1920，德国植物学者。此属的学名 "Kurzamra O. Kuntze, Rev. Gen. 2：520. 5 Nov 1891" 是一个替代名称；它替代的是 "Soliera C. Gay, Hist. Chile, Bot. 4：489. ante Aug 1849［唇形科 Lamiaceae（Labiatae）］"，而非 "Solieria J. G. Agardh, Algae Mar. Medit. 156. 9 Apr 1842（藻类）"。【分布】温带南美洲。【模式】Kurzamra pulchella（C. Gay）O. Kuntze［Soliera pulchella C. Gay］。【参考异名】Hullettia King ex Hook. f.（1888）；Kurtzamra Kuntze；Soliera Clos（1849）；Soliera Gay（1849）Nom. illegit. ■☆

27847 Kurzia King ex Hook. f.（1888）= Hullettia King ex Hook. f.（1888）［桑科 Moraceae］●☆

27848 Kurziella H. Rob. et Bunwong（2010）【汉】库尔兹菊属。【隶属】菊科 Asteraceae（Compositae）。【包含】世界 1 种。【学名诠释与讨论】〈阴〉（人）Kurz，植物学者 +-ellus, -ella, -ellum，加在名词词干后面形成指小式的词尾。或加在人名、属名等后面以组成新属的名称。【分布】印度。【模式】Kurziella gymnoclada（Collett et Hemsl.）H. Rob. et Bunwong［Vernonia gymnoclada Collett et Hemsl.］。☆

27849 Kurzinda Kuntze（1891）Nom. illegit. ≡ Apteron Kurz（1872）；~ = Ventilago Gaertn.（1788）［鼠李科 Rhamnaceae］●

27850 Kurziodendron N. P. Balakr.（1966）= Trigonostemon Blume（1826）［as 'Trigostemon'］（保留属名）［大戟科 Euphorbiaceae］●

27851 Kuschakewiczia Regel et Smirn.（1877）= Solenanthus Ledeb.（1829）［紫草科 Boraginaceae］■

27852 Kusibabella Szlach.（2004）= Habenaria Willd.（1805）［兰科 Orchidaceae］■

27853 Kustera Benth. et Hook. f.（1876）= Beloperone Nees（1832）；~ = Kuestera Regel（1857）［爵床科 Acanthaceae］■☆

27854 Kutchubaea Fisch. ex DC.（1830）【汉】屈奇茜属。【隶属】茜草科 Rubiaceae。【包含】世界 11 种。【学名诠释与讨论】〈阴〉

（人）Kutchuba。此属的学名，ING、TROPICOS、GCI 和 IK 记载是 "Kutchubaea Fisch. ex DC., Prodr.［A. P. de Candolle］4：373. 1830［late Sep 1830］"。"Kotchubaea Fisch. ex C. DC., Nom. illegit."、"Kotchubaea Fisch., Nom. illegit."、"Kotchubaea Hook. f.（1873）Nom. illegit."、"Kotchubaea Regel ex Benth. et Hook. f.（1873）" 和 "Kotchubaea Regel ex Hook. f.（1873）Nom. illegit." 是其变体或晚出异名。【分布】秘鲁，玻利维亚，热带南美洲。【模式】Kutchubaea insignis Fischer ex A. P. de Candolle。【参考异名】Einsteinia Ducke（1934）；Kotchubaea Fisch., Nom. illegit.；Kotchubaea Hook. f.（1873）Nom. illegit.；Kotchubaea Regel ex Benth. et Hook. f.（1873）Nom. illegit.；Kotchubaea Regel ex Hook. f.（1873）Nom. illegit. ●☆

27855 Kyberia Neck.（1790）Nom. inval. = Bellis L.（1753）［菊科 Asteraceae（Compositae）］■

27856 Kydia Roxb.（1814）【汉】翅果麻属（滇槿属，栲的槿属）。【英】Kydia。【隶属】锦葵科 Malvaceae。【包含】世界 2-3 种，中国 2-3 种。【学名诠释与讨论】〈阴〉（人）Lieut. -Colonel Robert Kyd, 1746-1793，曾担任印度加尔各答植物园主任。【分布】中国，东喜马拉雅山至东南亚。【模式】Kydia calycina Roxburgh。●

27857 Kyhosia B. G. Baldwin（1999）【汉】星腺菊属。【隶属】菊科 Asteraceae（Compositae）。【包含】世界 1 种。【学名诠释与讨论】〈阴〉（人）Donald William Kyhos, 1929-?，美国加利尼亚州植物学者。【分布】美国（加利福尼亚）。【模式】Kyhosia bolanderi（A. Gray）B. G. Baldwin［Anisocarpus bolanderi A. Gray］。■☆

27858 Kylinga Roem. et Schult.（1817）= Kyllinga Rottb.（1773）（保留属名）［莎草科 Cyperaceae］■

27859 Kylingia Stokes（1812）= Kyllinga Rottb.（1773）（保留属名）［莎草科 Cyperaceae］■

27860 Kyllinga Rottb.（1773）（保留属名）【汉】水蜈蚣属。【日】ヒメクグ 属。【俄】Киллинга。【英】Greenhead Sedge, Kyllingia, Spikesedge, Water-centipede。【隶属】莎草科 Cyperaceae。【包含】世界 40-60 种，中国 6-7 种。【学名诠释与讨论】〈阴〉（人）Peder Lauridsen Kylling, 1640-1696，丹麦植物学者。此属的学名 "Kyllinga Rottb., Descr. Icon. Rar. Pl.：12. Jan-Jul 1773" 是保留属名。相应的废弃属名是伞形花科 Apiaceae 的 "Killinga Adans., Fam. Pl. 2：498, 539. Jul-Aug 1763 ≡ Athamanta L.（1753）"。TROPICOS 则将 "Killinga Adans." 处理为 "Kyllinga Rottb." 的异名。莎草科 Cyperaceae 的 "Killinga T. Lestib., Essai Cypér. 28. 1819 = Kyllinga Rottb.（1773）（保留属名）" 亦应废弃。"Thryocephalon J. R. Forster et J. G. A. Forster, Charact. Gen. 65. 29 Nov 1775" 是 "Kyllinga Rottb.（1773）（保留属名）" 的晚出的同模式异名（Homotypic synonym, Nomenclatural synonym）。【分布】巴基斯坦，巴拿马，秘鲁，玻利维亚，厄瓜多尔，哥伦比亚（安蒂奥基亚），哥斯达黎加，马达加斯加，美国（密苏里），尼加拉瓜，中国，非洲，热带和亚热带，中美洲。【模式】Kyllinga nemoralis（J. R. Forster et J. G. A. Forster）J. Hutchinson et J. M. Dalziel［Thryocephalon nemorale J. R. Forster et J. G. A. Forster］。【参考异名】Cyprolepis Steud.（1850）；Hedychloa B. D. Jacks.；Hedychloa Raf.（1820）Nom. illegit.；Hedychloe Raf.（1820）；Killinga T. Lestib.（1819）Nom. illegit.（废弃属名）；Kylinga Roem. et Schult.（1817）；Kylingia Stokes（1812）；Kyllingia L. f.（1782）Nom. inval.；Lyprolepis Steud.（1855）；Thrycocephalum Steud.（1841）Nom. illegit.；Thryocephalon J. R. Forst. et G. Forst.（1776）Nom. illegit.；Tryocephalum Endl.（1836）■

27861 Kyllingia L. f.（1782）Nom. inval. = Kyllinga Rottb.（1773）（保留属名）［莎草科 Cyperaceae］■

27862 Kyllingia Post et Kuntze（1903）Nom. illegit. = Athamanta L.

（1753）；~ =Killinga Adans.（1763）Nom. illegit.（废弃属名）；~ = Athamanta L.（1753）［伞 形 花 科（伞 形 科）Apiaceae （Umbelliferae）］■☆

27863　Kyllingiella R. W. Haines et Lye（1978）【汉】小水蜈蚣属。【隶属】莎草科 Cyperaceae。【包含】世界 3-4 种。【学名诠释与讨论】〈阴〉（属）Killinga 水蜈蚣属+-ellus，-ella，-ellum，加在名词词干后面形成指小式的词尾。或加在人名、属名等后面以组成新属的名称。【分布】热带非洲东部。【模式】Kyllingiella microcephala（Steudel）R. W. Haines et K. A. Lye［Kyllingia microcephala Steudel］。■☆

27864　Kymapleura（Nutt.）Nutt.（1841）= Troximon Gaertn.（1791）Nom. illegit. ；~ = Krigia Schreb.（1791）（保留属名）；~ = Krigia Schreb. +Scorzonera L.（1753）［菊科 Asteraceae（Compositae）］■

27865　Kymapleura Nutt.（1841）Nom. illegit. ≡ Kymapleura（Nutt.）Nutt.（1841）；~ = Troximon Gaertn.（1791）Nom. illegit. ；~ = Krigia Schreb.（1791）（保留属名）；~ = Krigia Schreb. +Scorzonera L.（1753）［菊科 Asteraceae（Compositae）］■

27866　Kyphadenia Sch. Bip. ex O. Hoffm. =Chrysactinia A. Gray（1849）［菊科 Asteraceae（Compositae）］●☆

27867　Kyphocarpa（Fenzl ex Endl.）Lopr.（1934）Nom. illegit. = Cyphocarpa Lopr.（1899）；~ = Cyphocarpa Lopr.（1899）［苋科 Amaranthaceae//弯果草科 Cyphocarpaceae］■☆

27868　Kyphocarpa（Fenzl）Lopr.（1899）Nom. illegit. = Cyphocarpa Lopr.（1899）［苋科 Amaranthaceae//弯果草科 Cyphocarpaceae］■☆

27869　Kyphocarpa（Fenzl）Schinz（1934）Nom. illegit. = Cyphocarpa Lopr.（1899）［苋科 Amaranthaceae//弯果草科 Cyphocarpaceae］■☆

27870　Kyphocarpa Lopr.（1899）Nom. illegit. ≡ Kyphocarpa（Fenzl）Lopr.（1899）Nom. illegit. ；~ = Cyphocarpa Lopr.（1899）［苋科 Amaranthaceae//弯果草科 Cyphocarpaceae］■☆

27871　Kyphocarpa Schinz（1934）Nom. illegit. ≡ Kyphocarpa（Fenzl）Schinz（1934）Nom. illegit. ；~ = Cyphocarpa Lopr.（1899）［苋科 Amaranthaceae//弯果草科 Cyphocarpaceae］■☆

27872　Kyrstenia Neck.（1790）Nom. inval. ≡ Kyrstenia Neck. ex Greene（1903）Nom. illegit. ；~ = Ageratina Spach（1841）［菊科 Asteraceae（Compositae）］■●

27873　Kyrstenia Neck. ex Greene（1903）Nom. illegit. ≡ Ageratina Spach（1841）［菊科 Asteraceae（Compositae）］●■

27874　Kyrsteniopsis R. M. King et H. Rob.（1971）【汉】展毛修泽兰属。【隶属】菊科 Asteraceae（Compositae）。【包含】世界 4-5 种。【学名诠释与讨论】〈阴〉（属）Kyrstenia+希腊文 opsis，外观，模样，相似。【分布】墨西哥。【模式】Kyrsteniopsis nelsonii（B. L. Robinson）R. M. King et H. E. Robinson［Eupatorium nelsonii B. L. Robinson］。●☆

27875　Kyrtandra J. F. Gmel.（1791）= Cyrtandra J. R. Forst. et G. Forst.（1775）［苦苣苔科 Gesneriaceae］●■

27876　Kyrtanthus J. F. Gmel.（1791）= Posoqueria Aubl.（1775）［茜草科 Rubiaceae］●☆

27877　Labatia Mart.（1827）Nom. illegit.（废弃属名）［山榄科 Sapotaceae］●☆

27878　Labatia Scop.（1777）（废弃属名）≡ Macoucoua Aubl.（1775）；~ =Ilex L.（1753）［冬青科 Aquifoliaceae］●

27879　Labatia Sw.（1788）（保留属名）【汉】加勒榄属。【隶属】山榄科 Sapotaceae。【包含】世界 42 种。【学名诠释与讨论】〈阴〉（人）Jean Baptiste Labat，1663-1738，法国植物学者，旅行家，修道士。此属的学名"Labatia Sw. , Prodr. ；2, 32. 20 Jun-29 Jul 1788"是保留属名。相应的废弃属名是冬青科 Aquifoliaceae 的 "Labatia Scop. , Intr. Hist. Nat. ；197. Jan-Apr 1777 ≡ Macoucoua

Aubl.（1775）= Ilex L.（1753）"。山榄科 Sapotaceae 的"Labatia Mart. ,Nov. Gen. Sp. Pl.（Martius）2（2）：70, t. 161, 162. 1827 ［Jan-Jun 1827］"亦应废弃。"Neolabatia A. Aubréville in B. Maguire et al. ,Mem. New York Bot. Gard. 23：203. 30 Nov 1972"是 "Labatia Sw.（1788）（保留属名）"的晚出的同模式异名（Homotypic synonym, Nomenclatural synonym）。亦有文献把 "Labatia Sw.（1788）（保留属名）"处理为"Pouteria Aubl.（1775）"的异名。【分布】玻利维亚，中美洲。【模式】Labatia sessiliflora O. Swartz。【参考异名】Neolabatia Aubrév.（1972）Nom. illegit. ；Pouteria Aubl.（1775）●☆

27880　Labiaceae Dulac = Labiatae Juss.（保留科名）//Lamiaceae Martinov（保留科名）●■

27881　Labiataceae Boerl. = Labiatae Juss.（保留科名）//Lamiaceae Martinov（保留科名）●■

27882　Labiatae Adans. = Labiatae Juss.（保留科名）//Lamiaceae Martinov（保留科名）●■

27883　Labiatae Juss.（1789）（保留科名）【汉】唇形科。【日】ミソ科。【俄】Губоцветные。【英】Dead-nettle Family, Mint Family。【包含】世界 180-252 属 3500-7173 种，中国 96-102 属 804-929 种。Labiatae Juss. 和 Lamiaceae Martinov 均为保留科名，是《国际植物命名法规》确定的九对互用科名之一。【分布】广泛分布，中心在地中海地区。重要分布中心为地中海地区。【科名模式】Lamium L.（1753）●■

27884　Labichea Gaudich. ex DC.（1825）【汉】澳豆属。【隶属】豆科 Fabaceae（Leguminosae）//云实科（苏木科）Caesalpiniaceae。【包含】世界 14 种。【学名诠释与讨论】〈阴〉（人）Jean Jacques Labiche，1784-1819，法国海军军官。【分布】澳大利亚。【模式】Labichea cassioides Gaudichaud-Beaupré ex A. P. de Candolle。■☆

27885　Labidostelma Schltr.（1906）【汉】钳冠萝藦属。【隶属】萝藦科 Asclepiadaceae。【包含】世界 1 种。【学名诠释与讨论】〈中〉（希）labis，所有格 labidos 钳子，镊子，把手，铗具+stelma，王冠，花冠。【分布】中美洲。【模式】Labidostelma guatemalense Schlechter。☆

27886　Labillardiera Roem. et Schult.（1819）= Billardiera Sm.（1793）［海桐花科 Pittosporaceae］■●

27887　Labillardiera Schult.（1819）Nom. illegit. ≡ Labillardiera Roem. et Schult.（1819）；~ = Billardiera Sm.（1793）［海桐花科 Pittosporaceae］■●

27888　Labisia Lindl.（1845）（保留属名）【汉】对折紫金牛属（拉比藤属）。【隶属】紫金牛科 Myrsinaceae。【包含】世界 6 种。【学名诠释与讨论】〈阴〉（地）Labis，拉美士，位于马来西亚。此属的学名"Labisia Lindl. in Edwards's Bot. Reg. 31：ad t. 48. Sep 1845"是保留属名。相应的废弃属名是紫金牛科 Myrsinaceae 的 "Angiopetalum Reinw. in Syll. Pl. Nov. 2：7. 1825 = Labisia Lindl.（1845）（保留属名）"。【分布】马来西亚。【模式】Labisia pothoina J. Lindley。【参考异名】Allopetalum Reinw. ；Angiopetalum Reinw.（1828）（废弃属名）；Marantodes（A. DC.）Kuntze；Marantodes（A. DC.）Post et Kuntze（1903）■●☆

27889　Lablab Adans.（1763）【汉】扁豆属（鹊豆属）。【日】フジマメ属。【英】Haricot。【隶属】豆科 Fabaceae（Leguminosae）//蝶形花科 Papilionaceae。【包含】世界 1 种，中国 1 种。【学名诠释与讨论】〈阴〉（阿拉伯）lablab，阿拉伯植物俗名。卷曲之义。【分布】中国，热带非洲。【后选模式】Dolichos lablab Linnaeus。【参考异名】Lablavia D. Don（1834）■

27890　Lablavia D. Don（1834）= Lablab Adans.（1763）［豆科 Fabaceae（Leguminosae）//蝶形花科 Papilionaceae］■

27891　Labordea Benth.（1856）= Geniostoma J. R. Forst. et G. Forst.

(1776);~=Labordia Gaudich. (1829) [马钱科(断肠草科,马钱子科)Loganiaceae//髯管花科 Geniostomaceae]●

27892　Labordia Gaudich. (1829) = Geniostoma J. R. Forst. et G. Forst. (1776) [马钱科(断肠草科,马钱子科)Loganiaceae//髯管花科 Geniostomaceae]●

27893　Laboucheria F. Muell. (1859) = Erythrophleum Afzel. ex G. Don (1826) [豆科 Fabaceae(Leguminosae)//云实科(苏木科) Caesalpiniaceae]●

27894　Labourdonnaisia Bojer(1841)【汉】全缘山榄属。【隶属】山榄科 Sapotaceae。【包含】世界3种。【学名诠释与讨论】〈阴〉(人) Count Bertrand Francois Mane de La Bourdonnais。【分布】马达加斯加,毛里求斯,南非(纳塔尔)。【后选模式】Labourdonnaisia sarcophleia Bojer。【参考异名】Eichleria M. M. Hartog(1878)Nom. illegit.;Muriea M. M. Hartog(1878)●☆

27895　Labourdonneia Bojer(1837)Nom. illegit. [山榄科 Sapotaceae]●☆

27896　Labradia Swediaur(1801)Nom. inval. = Mucuna Adans. (1763) (保留属名) [豆科 Fabaceae(Leguminosae)//蝶形花科 Papilionaceae]●■

27897　Labramia A. DC. (1844)【汉】拉夫山榄属。【隶属】山榄科 Sapotaceae。【包含】世界8种。【学名诠释与讨论】〈阴〉(人) Jonas David Labram, 1785 – 1852, 植物学者。此属的学名是 "Labramia Alph. de Candolle, Prodr. 8:672. Mar(med.) 1844"。亦有文献把其处理为"Mimusops L. (1753)"的异名。【分布】马达加斯加。【模式】Labramia bojeri Alph. de Candolle ex M. Dubard。【参考异名】Delastrea A. DC. (1844);Labramiopsis M. Hartog;Mimusops L. (1753)●☆

27898　Labramiopsis M. Hartog = Labramia A. DC. (1844) [山榄科 Sapotaceae]●☆

27899　Laburnocytisus C. K. Schneid. (1907) = Cytisus Desf. (1798) (保留属名) [豆科 Fabaceae(Leguminosae)//蝶形花科 Papilionaceae]●

27900　Laburnum Fabr. (1759)【汉】毒豆属(金链花属)。【日】キングサリ属,キンレンクワ属。【俄】Бобовник,Дождь золотой,Золотой дождь。【英】Bean Tree,Chain Tree,Golden Chain,Golden Rain,Golden – chain,Goldenchain Tree,Laburnum,Toxinbean。【隶属】豆科 Fabaceae(Leguminosae)//蝶形花科 Papilionaceae。【包含】世界2-4种,中国1种。【学名诠释与讨论】〈中〉(拉)laburnum,一种三叶的豆科 Fabaceae(Leguminosae) Cytisus 属植物古名。此属的学名,ING 和《中国植物志》使用 "Laburnum Fabricius, Enum. 228. 1759"。《巴基斯坦植物志》用 "Laburnum Medic.,Vorles. 2:362. 1784"为正名;这是一个晚出的非法名称。亦有文献把"Laburnum Fabr. (1759)"处理为"Cytisus Desf. (1798)(保留属名)"的异名。【分布】巴基斯坦,玻利维亚,中国,非洲北部,欧洲,亚洲西部。【模式】Laburnum anagyroides Medikus [Cytisus laburnum Linnaeus]。【参考异名】Laburnum Medik. (1787)Nom. illegit. ●

27901　Laburnum Medik. (1787) Nom. illegit. ≡ Laburnum Fabr. (1759) [豆科 Fabaceae(Leguminosae)//蝶形花科 Papilionaceae] ●☆

27902　Lacaena Lindl. (1843)【汉】拉西纳兰属。【英】Lacaena。【隶属】兰科 Orchidaceae。【包含】世界2种。【学名诠释与讨论】〈阴〉(希)Lakaina,古代拉哥尼亚民族。【分布】墨西哥,中美洲。【模式】Lacaena bicolor J. Lindley。【参考异名】Nauenia Klotzsch(1853);Navenia Benth. et Hook. f. (1883)Nom. illegit. ;Navenia Klotzsch ex Benth. et Hook. f. (1883)■☆

27903　Lacaitaea Brand(1914)【汉】喜马拉雅碧果草属。【隶属】紫草科 Boraginaceae。【包含】世界1种。【学名诠释与讨论】〈阴〉

(人)Charles Carmichael Lacaita, 1853 – 1933, 英国植物学者。此属的学名是"Lacaitaea A. Brand, Repert. Spec. Nov. Regni Veg. 13:81. 30 Jan 1914"。亦有文献把其处理为"Trichodesma R. Br. (1810)(保留属名)"的异名。【分布】中国,东喜马拉雅山。【模式】Lacaitaea calycosa(Collett et Hemsley)A. Brand [Trichodesma calycosum Collett et Hemsley]。【参考异名】Trichodesma R. Br. (1810)(保留属名)●

27904　Lacandonia E. Martinez et Ramos(1989)【汉】肖霉草属。【隶属】霉草科 Triuridaceae。【包含】世界1种。【学名诠释与讨论】〈阴〉(人)Lacandon Maya Indians。此属的学名是"Lacandonia E. Martinez et Ramos, Annals of the Missouri Botanical Garden 76(1):128. 1989"。亦有文献把其处理为"Triuris Miers(1841)"的异名。【分布】墨西哥,中美洲。【模式】Lacandonia schismatica E. Martínez et Ramos。【参考异名】Triuris Miers(1841)■☆

27905　Lacandoniaceae E. Martinez et Ramos(1989) = Triuridaceae Gardner(保留科名)■

27906　Lacanthis Raf. (1837) = Euphorbia L. (1753) [大戟科 Euphorbiaceae]●■

27907　Lacara Raf. (1838)Nom. illegit. = Campanula L. (1753) [桔梗科 Campanulaceae]■●

27908　Lacara Spreng. (1822) = Bauhinia L. (1753) [豆科 Fabaceae (Leguminosae)//云实科(苏木科)Caesalpiniaceae//羊蹄甲科 Bauhiniaceae]●

27909　Lacaris Buch. –Ham. ex Pfeiff. (1874) = Zanthoxylum L. (1753) [芸香科 Rutaceae//花椒科 Zanthoxylaceae]●

27910　Lacathea Salisb. (1806)Nom. illegit. = Franklinia W. Bartram ex Marshall(1785) [山茶科(茶科)Theaceae]●☆

27911　Laccodiscus Radlk. (1879)【汉】亮盘无患子属。【隶属】无患子科 Sapindaceae。【包含】世界4种。【学名诠释与讨论】〈阳〉(希)lakkos,lakos,似涂过漆的,光亮的+diskos,圆盘。【分布】热带非洲西部。【模式】Laccodiscus ferrugineus(J. G. Baker) Radlkofer [Cupania ferruginea J. G. Baker]。【参考异名】Pleurodiscus Pierre ex A. Chev. (1917)●☆

27912　Laccopetalum Ulbr. (1906)【汉】巨毛茛属。【隶属】毛茛科 Ranunculaceae。【包含】世界1种。【学名诠释与讨论】〈中〉(希)lakkos,lakos,似涂过漆的,光亮的+希腊文 petalos,扁平的,铺开的;petalon,花瓣,叶,花叶,金属叶子;拉丁文的花瓣为 petalum。【分布】秘鲁。【模式】Laccopetalum giganteum (Weddell)Ulbrich [Ranunculus giganteus Weddell]。【参考异名】Cryptochaete Ralmondi ex Herrera(1921)■☆

27913　Laccospadix H. Wendl. et Drude(1875)【汉】白轴棕属(白轴椰属,穗序椰属,隐萼椰子属)。【隶属】棕榈科 Arecaceae (Palmae)。【包含】世界1-2种。【学名诠释与讨论】〈阴〉(希) lakkos,lakos,似涂过漆的,光亮的+spadix,所有格 spadikos =拉丁文 spadix,所有格 spadicis,棕榈之枝或复叶。新拉丁文 spadiceus,枣红色,胡桃褐色。拉丁文中 spadix 亦为佛焰花序或肉穗花序。此属的学名,ING、TROPICOS 和 APNI 记载是 "Laccospadix Drude et H. Wendl. , Nachtrichten von der K. Gesellschaft der Wissenschaften und der Georg–Augusts–Universit? t 1875 1875 in obs."。APNI 则记载为"Laccospadix H. Wendl. et Drude, Linnaea 39:205. 1875"。APNI 记载,此名称来源基于 "Saguaster sect. Laccospadix(Drude et H. A. Wendl.)Kuntze"。亦有文献把"Laccospadix H. Wendl. et Drude(1875)"处理为 "Calyptrocalyx Blume(1838)"的异名。【分布】澳大利亚(昆士兰),新几内亚岛。【模式】Laccospadix australasica H. Wendland et Drude [as ' australasicus ']。【参考异名】Calyptrocalyx Blume (1838);Laccospadix H. Wendl. et Drude(1875);Saguaster sect.

Laccospadix (Drude et H. A. Wendl.) Kuntze ●☆

27914 Laccosperma(G. Mann et H. Wendl.) Drude(1877)【汉】漆籽藤属(穴籽藤属,脂种藤属)。【隶属】棕榈科 Arecaceae(Palmae)。【包含】世界7种。【学名诠释与讨论】〈中〉(希)lakkos,lakos,似涂过漆的,光亮的+sperma,所有格 spermatos,种子,孢子。此属的学名,ING 和 IK 记载是 "Laccosperma (G. Mann et H. Wendland) Drude, Bot. Zeitung (Berlin) 35: 632. 28 Sep 1877"。TROPICOS 则记载为 "Laccosperma Drude, Botanische Zeitung (Berlin) 35: 632. 1877"。三者引用的文献相同。"Laccosperma G. Mann et H. Wendl., Palmiers [Kerchove] 249. 1878 = Laccosperma (G. Mann et H. Wendl.) Drude(1877)"是晚出的非法名称。【分布】非洲西部。【后选模式】Laccosperma opacum (G. Mann et H. Wendland) Drude [Calamus opacus G. Mann et H. Wendland]。【参考异名】Ancistrophyllum (G. Mann et H. Wendl.) H. Wendl. (1878); Laccosperma Drude (1877) Nom. illegit. ; Laccosperma G. Mann et H. Wendl. (1878) Nom. illegit. ; Neoancistrophyllum Rauschert(1982)Nom. illegit. ●☆

27915 Laccosperma Drude(1877)Nom. illegit. ≡Laccosperma (G. Mann et H. Wendl.)Drude(1877) [棕榈科 Arecaceae(Palmae)]●☆

27916 Laccosperma G. Mann et H. Wendl. (1878) Nom. illegit. ≡ Laccosperma (G. Mann et H. Wendl.) Drude (1877) [棕榈科 Arecaceae(Palmae)]●☆

27917 Lacellia Bubani et Penz. (1899) Nom. illegit. ≡Lacellia Bubani (1899) Nom. illegit. ; ~ ≡ Laserpitium L. (1753) [伞形花科(伞形科) Apiaceae(Umbelliferae)]●☆

27918 Lacellia Bubani (1899) Nom. illegit. ≡ Laserpitium L. (1753) [伞形花科(伞形科) Apiaceae]●☆

27919 Lacellia Viv. (1824) = Amberboa (Pers.) Less. (1832) (废弃属名); ~ = Volutarella Cass. (1826) Nom. illegit. ; ~ = Amberboi Adans. (1763) (废弃属名); ~ = Volutaria Cass. (1816) Nom. illegit. [菊科 Asteraceae(Compositae)]■☆

27920 Lacepedea Kunth(1821)= Turpinia Vent. (1807) (保留属名) [省沽油科 Staphyleaceae]●

27921 Lacepedia Kuntze = Lacepedea Kunth (1821) [省沽油科 Staphyleaceae]●

27922 Lacerdaea O. Berg(1856)= Campomanesia Ruiz et Pav. (1794) [桃金娘科 Myrtaceae]●☆

27923 Lacerpitium Thunb. (1794) = Laserpitium L. (1753) [伞形花科(伞形科) Apiaceae(Umbelliferae)]●☆

27924 Lachanodendron Reinw. ex Blume(1823) = Lansium Jack(1823) Nom. illegit. ; ~ = Lansium Corrêa(1807) [楝科 Meliaceae]●

27925 Lachanodes DC. (1833)【汉】菜树菊属。【隶属】菊科 Asteraceae(Compositae)//千里光科 Senecionidaceae。【包含】世界1种。【学名诠释与讨论】〈阴〉(希)lachanon,lachanodes,lachaneros,蔬菜。此属的学名是 "Lachanodes A. P. de Candolle, Arch. Bot. (Paris) 2: 332. 21 Oct 1833"。亦有文献把其处理为 "Senecio L. (1753)"的异名。【分布】美国(海伦娜)。【后选模式】Lachanodes prenanthiflora Burchell ex A. P. de Candolle。【参考异名】Senecio L. (1753)●☆

27926 Lachanostachys Endl. (1843) = Lachnostachys Hook. (1841) [马鞭草科 Verbenaceae]●☆

27927 Lachemilla (Focke) Lagerh. = Alchemilla L. (1753) [蔷薇科 Rosaceae//羽衣草科 Alchemillaceae]■

27928 Lachemilla(Focke) Rydb. (1908)= Alchemilla L. (1753) [蔷薇科 Rosaceae//羽衣草科 Alchemillaceae]■

27929 Lachemilla Rydb. (1908) Nom. illegit. ≡ Lachemilla (Focke) Rydb. (1908); ~ = Alchemilla L. (1753) [蔷薇科 Rosaceae//羽衣

草科 Alchemillaceae]■

27930 Lachenalia J. Jacq. (1784)【汉】立金花属(非洲莲香属,纳金花属)。【日】ラケナリア属。【英】Cape Cow Slip, Cape Cowslip, Cape - cowslip。【隶属】百合科 Liliaceae//风信子科 Hyacinthaceae。【包含】世界65-110 种。【学名诠释与讨论】〈阴〉(人)Werner de la Chenal,1736-1800,瑞士植物学者,医生。此属的学名,ING 和 IK 记载是 "Lachenalia J. F. Jacquin in J. A. Murray, Syst. Veg. ed. 14. 314. Mai - Jun 1784"。"Lachenalia Jacq. , in Nov. Act. Helv. i. (1787) 39"是晚出的非法名称。"Lachenalia J. Jacq. ex Murray (1784)"和 "Lachenalia Murray (1784)"的命名人引证有误。【分布】非洲南部。【模式】Lachenalia tricolor N. J. Jacquin ex J. A. Murray。【参考异名】Lachenalia J. Jacq. (1787) Nom. illegit. ; Lachenalia J. Jacq. ex Murray(1784) Nom. illegit. ; Lachenalia J. Jacq. ex Murray(1787) Nom. illegit. ; Lachenalia Murray (1784) Nom. illegit. ; Orchiastrum Lem. (1855)Nom. illegit. (废弃属名)●☆

27931 Lachenalia J. Jacq. (1787) Nom. illegit. = Lachenalia J. Jacq. (1784) [百合科 Liliaceae//风信子科 Hyacinthaceae]■☆

27932 Lachenalia J. Jacq. ex Murray(1784) Nom. illegit. = Lachenalia J. Jacq. (1784) [百合科 Liliaceae//风信子科 Hyacinthaceae]■☆

27933 Lachenalia J. Jacq. ex Murray(1787) Nom. illegit. = Lachenalia J. Jacq. (1784) [百合科 Liliaceae//风信子科 Hyacinthaceae]■☆

27934 Lachenalia Murray (1784) Nom. illegit. = Lachenalia J. Jacq. (1784) [百合科 Liliaceae//风信子科 Hyacinthaceae]■☆

27935 Lachenaliaceae Salisb. (1866) = Liliaceae Juss. (保留科名); ~ =Hyacinthaceae Batsch ex Borkh. ■

27936 Lachnaea L. (1753)【汉】毛瑞香属。【隶属】瑞香科 Thymelaeaceae。【包含】世界29-30种。【学名诠释与讨论】〈阴〉(希)lachne = lachnos,羊毛状毛发,绒毛,茸毛。achnaios = lachneeis,如羊毛的。指花。此属的学名,ING、TROPICOS 和 IK 记载是 "Lachnaea L. , Sp. Pl. 1: 560. 1753 [1 May 1753]"。"Lachnea L. (1762) = Lachnaea L. (1753)"是晚出的非法名称。真菌中的 "Lachnea Boudier, Bull. Soc. Mycol. France 1: 104. Mai 1885 ≡ Humaria Fuckel 1870 (by lectotypification)"和 "Lachnea (E. M. Fries) Gillet, Champ. France Discom. 57. 1879 ≡ Scutellinia (M. C. Cooke) Lambotte 1888 (by lectotypification)",都是晚出的非法名称。种子植物中其他作者的 "Lachnea"都为误记。【分布】非洲南部。【后选模式】Lachnaea eriocephala Linnaeus。【参考异名】Cryptadenia Meisn. (1841); Gonophylla Ecl et et Zeyh. ex Meisn. ; Lachnea L. ; Lachnia Baill. (1875); Nemoctis Raf. (1838); Radojitskya Turcz. (1852)●☆

27937 Lachnagrostis Trin. (1820)【汉】风草剪股颖属。【隶属】禾本科 Poaceae(Gramineae)//剪股颖科 Agrostidaceae。【包含】世界58 种。【学名诠释与讨论】〈阴〉(希)lachne = lachnos,羊毛,绒毛,茸毛+(属)Agrostis 剪股颖属(小糠草属)。此属的学名是 "Lachnagrostis Trinius, Fund. Agrost. 128. 1820 (prim.)"。亦有文献把其处理为 "Agrostis L. (1753) (保留属名)"的异名。【分布】新西兰。【模式】未指定。【参考异名】Agrostis L. (1753) (保留属名)■☆

27938 Lachnanthes Elliott(1816) (保留属名)【汉】柔毛花属(绵绒花属,柔毛属)。【俄】Лахнантес。【英】Bloodroot, Lachnanthes, Redroot, Spirit Plant。【隶属】血草科(半授花科,给血草科,血皮草科) Haemodoraceae。【包含】世界1种。【学名诠释与讨论】〈阴〉(希)lachne = lachnos,羊毛,绒毛,茸毛+anthos,花。此属的学名 "Lachnanthes Elliott, Sketch Bot. S. - Carolina 1: 47. 26 Sep 1816"是保留属名,也是一个替代名称。"Heritiera J. F. Gmelin, Syst. Nat. 2: 113. Sep (sero) -Nov 1791"是一个非法名称(Nom.

illegit. ），因为此前已经有了"Heritiera W. Aiton, Hortus Kew. 3：546. 7 Aug – 1 Oct 1789［梧桐科 Sterculiaceae//锦葵科 Malvaceae]"。故用"Lachnanthes Elliott（1816）"替代之。同理，"Heritiera A. J. Retzius, Observ. Bot. 6：17. Jul-Nov 1791 ≡ Allagas Raf.（1838）= Alpinia Roxb.（1810）（保留属名）[姜科（蘘荷科）Zingiberaceae//山姜科 Alpiniaceae]"亦是一个晚出的非法名称。法规未列出相应的废弃属名。【分布】北美洲，中美洲。【模式】Lachnanthes tinctoria（J. F. Gmelin）S. Elliott［Heritiera tinctorium J. F. Gmelin]。【参考异名】Camderia Dumort.（1829）Nom. illegit.；Gyrotheca Salisb.（1812）；Heriteria Dumort.（1829）Nom. illegit.；Heritiera J. F. Gmel.（1791）Nom. illegit.；Pyrotheca Steud.（1841）■☆

27939　Lachnastoma Korth.（1851）Nom. illegit. ≡ Nostolachma T. Durand（1888）；~ = Hymendocarpum Pierre ex Pit.（1924）［茜草科 Rubiaceae]●

27940　Lachnea L.（1762）= Lachnaea L.（1753）［瑞香科 Thymelaeaceae]●☆

27941　Lachnia Baill.（1875）= Lachnaea L.（1753）［瑞香科 Thymelaeaceae]●☆

27942　Lachnocapsa Balf. f.（1882）【汉】匙形绵荠属。【隶属】十字花科 Brassicaceae（Cruciferae）。【包含】世界1种。【学名诠释与讨论】〈阴〉（希）lachne = lachnos，羊毛，绒毛，茸毛+kapsa 蒴果。【分布】也门（索科特拉岛）。【模式】Lachnocapsa spathulata I. B. Balfour。■☆

27943　Lachnocaulon Kunth（1841）【汉】毛茎草属。【英】Bog Bachelor's Buttons, Hat – pins。【隶属】谷精草科 Eriocaulaceae。【包含】世界7-10种。【学名诠释与讨论】〈阴〉（希）lachnos，羊毛，绒毛，茸毛+kaulon，茎。指模式种茎上生有长柔毛。【分布】美国（东南部），西印度群岛。【模式】Lachnocaulon michauxii Kunth, Nom. illegit. ［Eriocaulon anceps Walter；Lachnocaulon anceps（Walter）Morong]。■☆

27944　Lachnocephalus Turcz.（1849）（废弃属名）= Mallophora Endl.（1838）［唇形科 Lamiaceae（Labiatae）]●☆

27945　Lachnochloa Steud.（1853）【汉】茸毛禾属。【隶属】禾本科 Poaceae（Gramineae）。【包含】世界1种。【学名诠释与讨论】〈阴〉（希）lachne = lachnos，羊毛，绒毛，茸毛+chloe，草的幼芽，嫩草，禾草。【分布】热带非洲西部。【模式】Lachnochloa pilosa Steudel。■☆

27946　Lachnocistus Duchass. ex Linden et Planch.（1863）= Cochlospermum Kunth（1822）（保留属名）［弯籽木科（卷胚科，弯胚树科，弯子木科）Cochlospermaceae//红木科（胭脂树科）Bixaceae//木棉科 Bombacaceae]●☆

27947　Lachnolepis Miq.（1863）= Gyrinops Gaertn.（1791）［瑞香科 Thymelaeaceae]●☆

27948　Lachnoloma Bunge（1843）【汉】绵果荠属。【俄】Шерстоплодник。【英】Lachnoloma。【隶属】十字花科 Brassicaceae（Cruciferae）。【包含】世界1种，中国1种。【学名诠释与讨论】〈中〉（希）lachne = lachnos，羊毛，绒毛，茸毛+loma，所有格 lomatos，袍的边缘。指果被绵毛。【分布】中国，亚洲中部。【模式】Lachnoloma lehmannii Bunge。■

27949　Lachnopetalum Turcz.（1848）= Lepidopetalum Blume（1849）［无患子科 Sapindaceae]●☆

27950　Lachnophyllum Bunge（1852）【汉】绵菀属。【俄】Шерстистолистник。【隶属】菊科 Asteraceae（Compositae）。【包含】世界2种。【学名诠释与讨论】〈中〉（希）lachne = lachnos，羊毛，绒毛，茸毛+希腊文 phyllon，叶子。phyllodes，似叶的，多叶的。phylleion，绿色材料，绿草。【分布】亚洲中西部。【模式】

Lachnophyllum gossypinum Bunge。■☆

27951　Lachnopodium Blume（1831）= Otanthera Blume（1831）［野牡丹科 Melastomataceae]●

27952　Lachnopylis Hochst.（1843）= Nuxia Comm. ex Lam.（1792）［密穗木科（密穗草科 Stilbaceae//岩高兰科 Empetraceae//醉鱼草科 Buddlejaceae]●☆

27953　Lachnorhiza A. Rich.（1850）【汉】莲座糙毛菊属。【隶属】菊科 Asteraceae（Compositae）。【包含】世界1-2种。【学名诠释与讨论】〈阴〉（希）lachne = lachnos，羊毛，绒毛，茸毛+rhiza，或 rhizoma，根，根茎。【分布】古巴。【模式】Lachnorhiza piloselloides A. Richard。■☆

27954　Lachnosiphonium Hochst.（1842）= Catunaregam Wolf（1776）［茜草科 Rubiaceae]●

27955　Lachnospermum Willd.（1803）【汉】骨苞帚鼠麹属。【隶属】菊科 Asteraceae（Compositae）。【包含】世界3种。【学名诠释与讨论】〈中〉（希）lachne = lachnos，羊毛，绒毛，茸毛+sperma，所有格 spermatos，种子，孢子。【分布】非洲南部。【模式】Lachnospermum ericifolium Willdenow, Nom. illegit. ［Staehelina fasciculata Thunberg；Lachnospermum fasciculatatum（Thunberg）Baillon]。【参考异名】Carpholoma D. Don（1826）●☆

27956　Lachnostachys Hook.（1841）【汉】毛穗马鞭草属。【隶属】马鞭草科 Verbenaceae。【包含】世界6种。【学名诠释与讨论】〈阴〉（希）lachne = lachnos，羊毛，绒毛，茸毛+stachys，穗，谷，长钉。【分布】澳大利亚（西部和南部）。【模式】未指定。【参考异名】Lachanostachys Endl.（1843）；Pycnolachne Turcz.（1863）；Walcottia F. Muell.（1859）●☆

27957　Lachnostoma Hassk., Nom. illegit. = Nostolachma T. Durand（1888）［茜草科 Rubiaceae]●

27958　Lachnostoma Kunth（1819）【汉】毛口萝藦属。【隶属】萝藦科 Asclepiadaceae。【包含】世界5种。【学名诠释与讨论】〈中〉（希）lachne = lachnos，羊毛，绒毛，茸毛+stoma，所有格 stomatos，孔口。【分布】厄瓜多尔，美国（西南部），热带美洲，中美洲。【模式】Lachnostoma tigrinum Kunth。【参考异名】Chthamalia Decne.（1844）；Nostolachma T. Durand（1888）；Pterotrichis Rchb.（1841）●☆

27959　Lachnostylis Engl. = Lachnopylis Hochst.（1843）；~ = Nuxia Comm. ex Lam.（1792）［醉鱼草科 Buddlejaceae]●☆

27960　Lachnostylis Turcz.（1846）【汉】毛柱大戟属。【隶属】大戟科 Euphorbiaceae。【包含】世界2种。【学名诠释与讨论】〈阴〉（希）lachne = lachnos，羊毛，绒毛，茸毛+stylos = 拉丁文 style，花柱，中柱，有尖之物，桩，柱，支持物，支柱，石头做的界标。此属的学名，ING 和 IK 记载是"Lachnostylis Turczaninow, Bull. Soc. Imp. Naturalistes Moscou 19（2）：503. 1846"。"Lachnostylis Turcz. et R. A. Dyer, S. African J. Sci. xl. 124（1943），descr. ampl. "修订了属的描述。【分布】非洲南部。【模式】Lachnostylis capensis Turczaninow。【参考异名】Lachnostylis Turcz. et R. A. Dyer（1943）descr. ampl. ■●☆

27961　Lachnostylis Turcz. et R. A. Dyer（1943）descr. ampl. = Lachnostylis Turcz.（1846）［大戟科 Euphorbiaceae]■●☆

27962　Lachnothalamus F. Muell.（1863）= Chthonocephalus Steetz（1845）［菊科 Asteraceae（Compositae）]■☆

27963　Lachryma-job Noronha（1790）Nom. inval., Nom. nud. ［禾本科 Poaceae（Gramineae）]☆

27964　Lachryma-jobi Ortega（1773）Nom. illegit. ≡ Coix L.（1753）；~ ≡ Lachryma – jobi Ortega（1773）Nom. illegit.；~ = Lachrymaria Fabr.（1759）Nom. illegit. ［禾本科 Poaceae（Gramineae）]●■

27965　Lachrymaria Fabr.（1759）Nom. illegit. ≡ Lachrymaria Heist. ex

Fabr. (1759) Nom. illegit. ; ~ ≡ Coix L. (1753) ［禾本科 Poaceae (Gramineae)］●■

27966　Lachrymaria Heisl. (1748) Nom. inval. ≡ Lachrymaria Heist. ex Fabr. (1759) Nom. illegit. ; ~ ≡ Coix L. (1753) ［禾本科 Poaceae (Gramineae)］●■

27967　Lachrymaria Heist. ex Fabr. (1759) Nom. illegit. ≡ Coix L. (1753) ［禾本科 Poaceae(Gramineae)］●■

27968　Lachytis Augier = Lecythis Loefl. (1758) ［玉蕊科（巴西果科）Lecythidaceae］●☆

27969　Laciala Kuntze (1903) = Schizoptera Turcz. (1851) ［菊科 Asteraceae(Compositae)］■☆

27970　Lacimaria B. D. Jacks. = Lacinaria Hill(1762)（废弃属名）；~ = Liatris Gaertn. ex Schreb. (1791)（保留属名）；~ = Laciniaria Hill (1768)（废弃属名）［菊科 Asteraceae(Compositae)］■☆

27971　Lacinaria Hill(1762)（废弃属名）= Liatris Gaertn. ex Schreb. (1791)（保留属名）；~ = Laciniaria Hill(1768)（废弃属名）［菊科 Asteraceae(Compositae)］■☆

27972　Laciniaceae Dulac = Resedaceae Martinov（保留科名）■●

27973　Laciniaria Hill(1768) Nom. illegit.（废弃属名）≡ Lacinaria Hill (1762)（废弃属名）；~ = Liatris Gaertn. ex Schreb. (1791)（保留属名）［菊科 Asteraceae(Compositae)］■☆

27974　Laciniaria Kuntze (1891) Nom. illegit.（废弃属名）≡ Lacinaria Hill(1762)（废弃属名）；~ = Liatris Gaertn. ex Schreb. (1791)（保留属名）；~ = Laciniaria Hill(1768)（废弃属名）［菊科 Asteraceae (Compositae)］■☆

27975　Lacis Dulac(1867) Nom. illegit. ≡ Trinia Hoffm. (1814)（保留属名）［伞形花科（伞形科）Apiaceae(Umbelliferae)］■☆

27976　Lacis Lindl. (1836) Nom. illegit. = Tulasneantha P. Royen (1951) ［髯管花科 Geniostomaceae］■☆

27977　Lacis Schreb. (1789) Nom. illegit. ≡ Mourera Aubl. (1775) ［髯管花科 Geniostomaceae］■☆

27978　Lacistema Sw. (1788)【汉】裂蕊树属。【隶属】裂蕊树科（裂药花科）Lacistemataceae。【包含】世界 11-20 种。【学名诠释与讨论】〈中〉(希) lakis，所有格 lakidos，撕裂，劈裂 + stema，所有格 stematos，雄蕊。【分布】巴拉圭，巴拿马，秘鲁，玻利维亚，厄瓜多尔，哥伦比亚（安蒂奥基亚），哥斯达黎加，墨西哥，尼加拉瓜，西印度群岛，中美洲。【模式】Lacistema myricoides O. Swartz, Nom. illegit. ［Piper aggregatum P. J. Bergius；Lacistema aggregatum (P. J. Bergius) Rusby］。【参考异名】Didymandra Willd. (1806) Nom. illegit. ；Lacistemon Post et Kuntze(1903)；Naematospermum Steud. (1841)；Nematospermum Rich. (1792)；Synzyganthera Ruiz et Pav. (1794)；Syzyganthera Post et Kuntze(1903)●☆

27979　Lacistemataceae Mart. (1826)（保留科名）［亦见 Flacourtiaceae Rich. ex DC.（保留科名）刺篱木科（大风子科）】【汉】裂蕊树科（裂药花科）。【包含】世界 2 属 14-27 种。【分布】热带美洲，西印度群岛。【科名模式】Lacistema Sw. (1788)●☆

27980　Lacistemon Post et Kuntze(1903) = Lacistema Sw. (1788) ［裂蕊树科（裂药花科）Lacistemataceae］●☆

27981　Lacistemopsis Kuhlm. (1940)【汉】假裂蕊树属。【隶属】裂蕊树科（裂药花科）Lacistemataceae。【包含】世界 1 种。【学名诠释与讨论】〈阴〉(属) Lacistema 裂蕊树属 + 希腊文 opsis，外观，模样，相似。此属的学名是"Lacistemopsis Kuhlmann, Anais Reunião Sul–Amer. Bot. 3：85. 1940"。亦有文献把其处理为"Lozania S. Mutis ex Caldas (1810)"的异名。【分布】巴西。【模式】Lacistemopsis poculifera Kuhlmann。【参考异名】Lozania S. Mutis ex Caldas(1810)●☆

27982　Lackeya Fortunato, L. P. Queiroz et G. P. Lewis(1996)【汉】仆豆

属。【隶属】豆科 Fabaceae(Leguminosae)。【包含】世界 1 种。【学名诠释与讨论】〈阴〉似来自英语 lackey，仆从，走狗，卑躬屈膝者。【分布】格鲁吉亚，北美洲。【模式】Lackeya multiflora (Torr. et A. Gray) Fortunato, L. P. Queiroz et G. P. Lewis ［Dolichos multiflorus Tor. et A. Gray］。○☆

27983　Lacmellea B. D. Jacks. = Lacmellea H. Karst. (1857) ［夹竹桃科 Apocynaceae］●☆

27984　Lacmellea H. Karst. (1857)【汉】拉克夹竹桃属。【隶属】夹竹桃科 Apocynaceae。【包含】世界 35 种。【学名诠释与讨论】〈阴〉词源不详。此属的学名，ING 和 IK 记载是"Lacmellea H. Karsten, Linnaea 28：449. Jun 1857('1856')"。【分布】巴拿马，秘鲁，玻利维亚，厄瓜多尔，哥伦比亚，尼加拉瓜，热带南美洲，中美洲。【模式】Lacmellea edulis H. Karsten。【参考异名】Lacmellea B. D. Jacks. ；Laemellea Pfeiff. (1874) Nom. illegit. ；Laemellia B. D. Jacks. ；Laemellia Pfeiff. (1874) Nom. illegit. ；Zschokkea Müll. Arg. (1860)；Zschokkia Benth. et Hook. f. (1876) Nom. illegit. ●☆

27985　Lacomucinaea Nickrent et M. A. García (2015)【汉】南非檀香属。【隶属】檀香科 Santalaceae。【包含】世界 1 种。【学名诠释与讨论】〈阴〉词源不详。似来自人名或地名。【分布】非洲南部。【模式】Lacomucinaea lineata (L. f.) Nickrent et M. A. García ［Thesium lineatum L. f.］。☆

27986　Lacroixia Szlach. (2003) = Dinklageella Mansf. (1934) ［兰科 Orchidaceae］■☆

27987　Lacryma Medik. (1789) Nom. illegit. ≡ Coix L. (1753) ; ~ = Lachrymaria Fabr. (1759) Nom. illegit. ; ~ = Lachrymaria Heist. ex Fabr. (1759) Nom. illegit. ; ~ ≡ Coix L. (1753) ［禾本科 Poaceae (Gramineae)］●■

27988　Lactaria Raf. (1838) Nom. illegit. ≡ Lactaria Rumph. ex Raf. (1838) ; ~ = Ochrosia Juss. (1789) ［夹竹桃科 Apocynaceae］●

27989　Lactaria Rumph. ex Raf. (1838) = Ochrosia Juss. (1789) ［夹竹桃科 Apocynaceae］●

27990　Lactomamillara Frič(1924) = Mammillaria Haw. (1812)（保留属名）；~ = Solisia Britton et Rose(1923) ［仙人掌科 Cactaceae］■☆

27991　Lactoridaceae Engl. (1888)（保留科名）［亦见 Piperaceae Giseke(保留科名)胡椒科］【汉】囊粉花科（短蕊花科，鸟嘴果科，乳树科）。【包含】世界 1 属 1 种。【分布】智利（胡安–费尔南德斯群岛）。【科名模式】Lactoris Phil. ●☆

27992　Lactoris Phil. (1865)【汉】囊粉花属（短蕊花属，鸟嘴果属，乳树属）。【英】Lactoris。【隶属】囊粉花科（鸟嘴果科，乳树科）Lactoridaceae。【包含】世界 1 种。【学名诠释与讨论】〈阴〉(拉) lac，所有格 lactis 乳，lacteus 似乳的，lactarius 属于乳的。【分布】智利（胡安–费尔南德斯群岛）。【模式】Lactoris fernandeziana R. A. Philippi。【参考异名】Ansonia Bert. ex Hemsl. (1884) Nom. illegit. ●☆

27993　Lactuca L. (1753)【汉】莴苣属（山莴苣属）。【日】アキノノゲシ属，ニガナ属。【俄】Лактук，Латук，Молокан，Мульгедиум，Салат。【英】Lettuce, Wild Lettuce。【隶属】菊科 Asteraceae (Compositae)//莴苣科 Lactucaceae。【包含】世界 60-75 种，中国 6-18 种。【学名诠释与讨论】〈阴〉(拉) Lactuca，为莴苣（Lactuca sativa）的古名，源于拉丁语 lacteus 似乳的。指植物体可流出乳状汁液。【分布】巴拉圭，秘鲁，玻利维亚，厄瓜多尔，哥伦比亚（安蒂奥基亚），马达加斯加，美国（密苏里），尼加拉瓜，中国，热带，非洲南部，温带欧亚大陆，中美洲。【后选模式】Lactuca sativa Linnaeus。【参考异名】Agathyrsus D. Don (1829)；Agathyrus Raf. (1836)；Brachyramphus DC. (1838)；Bunioseris Jord. (1903)；Chorisis DC. (1838)；Chorisma D. Don (1829) Nom. illegit. ；Cyanoseris (W. D. J. Koch) Schur(1853)；Cyanoseris Schur(1853)

Nom. illegit. ; Eunoxis Raf. (1836) Nom. illegit. ; Faberiopsis C. Shih (1995) Nom. inval. ; Galathenium Nutt. (1841) ; Garacium Gren. et Godr. (1850) ; Lactucella Nazarova (1990) ; Lagedium Soják (1961) ; Melanoseris Decne. (1835-1844) ; Mikania F. W. Schmidt (1795) ; Mulgedium Cass. (1824) ; Mycelis Cass. (1824) ; Phaenixopus Cass. (1826) Nom. illegit. ; Phaenopus DC. (1838) ; Phenopus Hook. f. (1881) ; Phoenicopus Spach (1841) ; Phoenixopus Rchb. (1828) Nom. illegit. ; Phoenopus Nyman (1879) ; Pyrrhopappus A. Rich. (1848) Nom. illegit. (废弃属名) ; Scariola F. W. Schmidt (1795) ; Wiestia Sch. Bip. (1841) ■

27994 Lactucaceae Bessey［亦见 Asteraceae Bercht. et J. Presl(保留科名)//Compositae Giseke(保留科名)菊科］【汉】莴苣科。【包含】世界 3 属 63-78 种,中国 3 属 8-20 种。【分布】主要温带欧亚大陆,延伸到热带和非洲南部。【科名模式】Lactuca L. (1753)■

27995 Lactucaceae Drude(1886) = Asteraceae Bercht. et J. Presl(保留科名)//Compositae Giseke(保留科名)●■

27996 Lactucella Nazarova (1990)【汉】小莴苣属。【隶属】菊科 Asteraceae (Compositae)//莴苣科 Lactucaceae。【包含】世界 1 种,中国 1 种。【学名诠释与讨论】〈阴〉(属)Lactuca 莴苣属+-ellus,-ella,-ellum,加在名词词干后面指小式的词尾。或加在人名、属名等后面以组成新属的名称。此属的学名是"Lactucella E. A. Nazarova, Biol. Zhurn. Armenii 43: 181. 1990 (post 2 Jul)"。亦有文献把其处理为"Lactuca L. (1753)"的异名。【分布】阿富汗,巴基斯坦,伊拉克,约旦,中国,外高加索,西伯利亚西部,安纳托利亚东部,亚洲中部。【模式】Lactucella undulata (C. F. Ledebour) E. A. Nazarova［Lactuca undulata C. F. Ledebour］。【参考异名】Lactuca L. (1753)■

27997 Lactucopsis Sch. Bip. ex Vis. (1870)【汉】类莴苣属。【隶属】菊科 Asteraceae(Compositae)。【包含】世界 8 种。【学名诠释与讨论】〈阴〉(属)Lactuca 莴苣属+希腊文 opsis,外观,模样,相似。此属的学名是"Lactucopsis C. H. Schultz Bip. ex R. Visiani et J., Mem. Reale Ist. Veneto 15(1): 5. 1870"。亦有文献把其处理为"Cicerbita Wallr. (1822)"的异名。【分布】参见 Cicerbita Wallr。【模式】未指定。【参考异名】Cicerbita Wallr. (1822)■☆

27998 Lactucosonchus(Sch. Bip.) Svent. (1968)【汉】莴苣菊属。【隶属】菊科 Asteraceae(Compositae)。【包含】世界 1 种。【学名诠释与讨论】〈阳〉(属)Lactuca 莴苣属+Sonchus 苦苣菜属。此属的学名,ING 和 IK 记载是"Lactucosonchus (C. H. Schultz-Bip.) E. R. Sventenius, Index Sem. Hort. Arautapae (Tenerife) 1968: 53. 1969 (prim.)",由"Sonchus subgen. Lactucosonchus C. H. Schultz-Bip. in P. B. Webb et S. Berthelot, Hist. Nat. Iles Canaries 3(2. 2):426. Jun 1849-Mai 1850"改级而来。亦有文献把"Lactucosonchus (Sch. Bip.) Svent. (1968)"处理为"Sonchus L. (1753)"的异名。【分布】西班牙(加那利群岛),中美洲。【模式】Lactucopsis webbii (C. H. Schultz-Bip.) T. R. Sventenius［Sonchus webbii C. H. Schultz-Bip.］。【参考异名】Sonchus L. (1753) ; Sonchus subgen. Lactucosonchus Sch. Bip. (1850)■☆

27999 Lacuala Blume = Licuala Thunb. (1782) Nom. illegit.［棕榈科 Arecaceae(Palmae)］●

28000 Lacunaria Ducke(1925)【汉】双沟木属。【隶属】绒子树科(羽叶树科) Quiinaceae。【包含】世界 12 种。【学名诠释与讨论】〈阴〉(拉)lacuna,沟,坑,凹地+-arius,-aria,-arium,指示"属于、相似、具有、联系"的词尾。【分布】巴拿马,秘鲁,玻利维亚,厄瓜多尔,哥伦比亚(安蒂奥基亚),美国,尼加拉瓜,中美洲。【模式】未指定。●☆

28001 Lacuris Buch. -Ham. (1832) = Zanthoxylum L. (1753)［芸香科 Rutaceae//花椒科 Zanthoxylaceae］●

28002 Ladakiella D. A. German et Al-Shehbaz(2010)【汉】喜马拉雅草属。【隶属】十字花科 Brassicaceae(Cruciferae)。【包含】世界 1 种。【学名诠释与讨论】〈阴〉词源不详。【分布】喜马拉雅地区。【模式】Ladakiella klimesii (Al-Shehbaz) D. A. German et Al-Shehbaz［Alyssum klimesii Al-Shehbaz］。☆

28003 Ladanella Pouzar et Slavíková(2000) = Galeopsis L. (1753)［唇形科 Lamiaceae(Labiatae)］■

28004 Ladaniopsis Gand. = Cistus L. (1753)［半日花科(岩蔷薇科) Cistaceae］●

28005 Ladanium Spach(1836) = Cistus L. (1753)［半日花科(岩蔷薇科) Cistaceae］●

28006 Ladanum Gilib. (1781) = Galeopsis L. (1753)［唇形科 Lamiaceae(Labiatae)］■

28007 Ladanum Kuntze(1891) Nom. illegit. ≡ Galeopsis L. (1753)［唇形科 Lamiaceae(Labiatae)］■

28008 Ladanum Raf. (1838) Nom. illegit. = Cistus L. (1753)［半日花科(岩蔷薇科) Cistaceae］●

28009 Ladeania A. N. Egan et Reveal(2009)【汉】美国补骨脂属。【隶属】豆科 Fabaceae (Leguminosae)//蝶形花科 Papilionaceae。【包含】世界 2 种。【学名诠释与讨论】〈阴〉词源不详。此属的学名是"Ladeania A. N. Egan et Reveal, Novon 19(3): 311-314, f. 1. 2009"。亦有文献把其处理为"Psoralea L. (1753)"的异名。【分布】美国。【模式】Ladeania lanceolata (Pursh) A. N. Egan et Reveal［Psoralea lanceolata Pursh］。【参考异名】Psoralea L. (1753)■☆

28010 Ladenbergia Klotzsch ex Moq. (1846)【汉】假金鸡纳属(拉登堡属)。【隶属】茜草科 Rubiaceae。【包含】世界 40-55 种。【学名诠释与讨论】〈阴〉词源不详;似来自人名或地名。此属的学名,ING 记载是"Ladenbergia Klotzsch in Hayne, Getr. Darstellung Arzneik. Gew. 14: t. 15. 1846"。IK 则记载为"Ladenbergia Klotzsch, Getreue Darstell. Gew. xiv. adnot. ad t. 15 (excl. sp.). (1846)"。J. C. Willis 在《A Dictionary of the Flowering Plants and Ferns (Student Edition). 1985. Cambridge. Cambridge University Press. 1-1245》中记载:"Ledenbergia Klotzsch ex Moq. (sphalm.) = Ladenbergia Klotzsch ex Moq. corr. Kuntze = Flueckigera Kuntze (Phytolaccac)"!!。【分布】巴拿马,秘鲁,玻利维亚,厄瓜多尔,哥伦比亚(安蒂奥基亚),南美洲,中美洲。【后选模式】Ladenbergia undata Klotzsch。【参考异名】Cascarilla (Endl.) Wedd. (1848) Nom. illegit. ; Ladenbergia Klotzsch (1846) Nom. illegit. ●☆

28011 Ladoicea Miq. (1855) Nom. illegit. = Lodoicea Comm. ex Labill. (1800) ; ~ = Lodoicea Labill. (1800)［棕榈科 Arecaceae(Palmae)］●☆

28012 Ladrosia Salisb. (1808) Nom. illegit. ≡ Drosophyllum Link (1805)［茅膏菜科 Droseraceae//露叶苔科 Drosophyllaceae］●☆

28013 Ladrosia Salisb. ex Planch. , Nom. illegit. = Ladrosia Salisb. (1808) Nom. illegit. ≡ Drosophyllum Link (1805)［茅膏菜科 Droseraceae//露叶苔科 Drosophyllaceae］●☆

28014 Ladyginia Lipsky(1904)【汉】拉德金草属。【俄】Ладыгиния。【隶属】伞形花科(伞形科) Apiaceae(Umbelliferae)。【包含】世界 3 种。【学名诠释与讨论】〈阴〉(人)Ladygin。【分布】亚洲中部。【模式】Ladyginia bucharica Lipsky。【参考异名】Spongiosyndesmus Gilli(1959)■☆

28015 Laea Brongn. (1843) = Leea D. Royen ex L. (1767)(保留属名)［葡萄科 Vitaceae//火筒树科 Leeaceae］●■

28016 Laecchhardtia Archer ex Gordon (1862) Nom. illegit. = Callitris Vent. (1808) ; ~ = Leichhardtia H. Sheph. (1851) Nom. illegit. ; ~ =

Callitris Vent.（1808）［柏科 Cupressaceae］●

28017　Laechhardtia Gordon（1862）Nom. illegit. ≡ Laechhardtia Archer ex Gordon（1862）Nom. illegit. ; ~ = Callitris Vent.（1808）; ~ = Leichhardtia H. Sheph.（1851）Nom. illegit. ; ~ = Callitris Vent.（1808）［柏科 Cupressaceae］●

28018　Laelia Adans.（1763）（废弃属名）= Bunias L.（1753）［十字花科 Brassicaceae（Cruciferae）］■

28019　Laelia Lindl.（1831）（保留属名）【汉】蕾丽兰属（雷莉亚兰属）。【日】レーリア属。【英】Laelia, Laelia Orchid。【隶属】兰科 Orchidaceae。【包含】世界 30-69 种。【学名诠释与讨论】〈阴〉（人）Laelia，是罗马神话中服侍女灶神的处女之一。或指古代贵族之家 Laelius。此属的学名"Laelia Lindl. , Gen. Sp. Orchid. Pl.：96,115. Jul 1831"是保留属名。相应的废弃属名是十字花科 Brassicaceae 的"Laelia Adans. , Fam. Pl. 2：423,567. Jul-Aug 1763 = Bunias L.（1753）"。十字花科 Brassicaceae 的"Laelia Pers. , Syn. Pl.［Persoon］2：184. 1806［Nov 1806］"亦应废弃。"Amalia H. G. L. Reichenbach, Deutsche Bot. Herbarienbuch（Nom.）52. Jul 1841"是"Laelia Lindl.（1831）（保留属名）"的晚出的同模式异名（Homotypic synonym, Nomenclatural synonym）。【分布】巴拉圭，巴拿马，玻利维亚，墨西哥，尼加拉瓜，热带南美洲，中美洲。【模式】Laelia orientalis（Linnaeus）Desvaux［Bunias orientalis Linnaeus］。【参考异名】Amalia Rchb.（1841）Nom. illegit. ; Hoffmannseggella H. G. Jones（1968）■☆

28020　Laelia Pers.（1806）Nom. illegit.（废弃属名）［十字花科 Brassicaceae（Cruciferae）］■☆

28021　Laeliopsis Lindl.（1853）Nom. illegit. ≡ Laeliopsis Lindl. et Paxton（1853）［兰科 Orchidaceae］■☆

28022　Laeliopsis Lindl. et Paxton（1853）【汉】拟蕾丽兰属。【隶属】兰科 Orchidaceae。【包含】世界 2 种。【学名诠释与讨论】〈阴〉（属）Laelia 蕾丽兰属+希腊文 opsis，模样。此属的学名，ING、GCI 和 IK 记载是"Laeliopsis Lindley et Paxton, Paxton's Fl. Gard. 3：155. Jan 1853"。"Laeliopsis Lindl.（1853）≡ Laeliopsis Lindl. et Paxton（1853）［兰科 Orchidaceae］"的命名人引证有误。亦有文献把"Laeliopsis Lindl. et Paxton（1853）"处理为"Broughtonia R. Br.（1813）"的异名。【分布】西印度群岛。【模式】Laeliopsis domingensis（Lindley）Lindley et Paxton［Cattleya domingensis Lindley］。【参考异名】Broughtonia R. Br.（1813）; Laeliopsis Lindl.（1853）Nom. illegit. ■☆

28023　Laemellea Pfeiff.（1874）Nom. illegit. = Lacmellea H. Karst.（1857）［夹竹桃科 Apocynaceae］●☆

28024　Laemellia B. D. Jacks. = Lacmellea H. Karst.（1857）［夹竹桃科 Apocynaceae］●☆

28025　Laemellia Pfeiff.（1874）Nom. illegit. = Lacmellea H. Karst.（1857）［夹竹桃科 Apocynaceae］●☆

28026　Laenecia Sch. Bip.（1843）Nom. illegit. = Laennecia Cass.（1822）Nom. illegit.（废弃属名）; ~ = Conyza Less.（1832）（保留属名）［菊科 Asteraceae（Compositae）］■

28027　Laennecia A. Gray（1822）Nom. illegit.（废弃属名）［菊科 Asteraceae（Compositae）］■☆

28028　Laennecia Cass.（1822）Nom. illegit.（废弃属名）= Conyza Less.（1832）（保留属名）［菊科 Asteraceae（Compositae）］■

28029　Laertia Gromov ex Trautv.（1884）Nom. illegit. = Leersia Sw.（1788）（保留属名）［禾本科 Poaceae（Gramineae）］■

28030　Laertia Gromov（1884）Nom. illegit. ≡ Laertia Gromov ex Trautv.（1884）Nom. illegit. ; ~ = Leersia Sw.（1788）（保留属名）［禾本科 Poaceae（Gramineae）］■

28031　Laestadia Kunth ex Less.（1832）【汉】紫垫菀属。【隶属】菊科

Asteraceae（Compositae）。【包含】世界 6 种。【学名诠释与讨论】〈阴〉（人）Lars Levi Laestadius, 1800-1861, 瑞典植物学者。此属的学名，ING 和 IK 记载是"Laestadia Kunth ex Less. , Syn. Gen. Compos. 203. 1832［Jul-Aug 1832］"。"Laestadia Kunth（1832）≡ Laestadia Kunth ex Less.（1832）"的命名人引证有误。真菌的"Laestadia Auerswald, Hedwigia 8：177. 1869"是晚出的非法名称。【分布】安第斯山，巴拿马，玻利维亚，厄瓜多尔，哥伦比亚（安蒂奥基亚），热带，西印度群岛，中美洲。【模式】Laestadia pinifolia Lessing。【参考异名】Laestadia Kunth（1832）Nom. illegit. ; Lestadia Spach（1841）■☆

28032　Laestadia Kunth（1832）Nom. illegit. ≡ Laestadia Kunth ex Less.（1832）［菊科 Asteraceae（Compositae）］■☆

28033　Laetia L.（1759）Nom. illegit.（废弃属名）≡ Laetia Loefl. ex L.（1759）（保留属名）［刺篱木科（大风子科）Flacourtiaceae］●☆

28034　Laetia Loefl.（1758）Nom. inval. ≡ Laetia Loefl. ex L.（1759）（保留属名）［刺篱木科（大风子科）Flacourtiaceae］●☆

28035　Laetia Loefl. ex L.（1759）（保留属名）【汉】利蒂木属（拉特木属，利蒂大风子属）。【隶属】刺篱木科（大风子科）Flacourtiaceae。【包含】世界 10 种。【学名诠释与讨论】〈阴〉（人）Joannes（Joan）deLaet, 1593-1649, 比利时人，一位提倡植物学的人。此属的学名"Laetia Loefl. ex L. , Syst. Nat. , ed. 10：1068, 1074,1373. 7 Jun 1759"是保留属名。法规未列出相应的废弃属名。刺篱木科（大风子科）Flacourtiaceae 的"Laetia Loefl. , Iter Hispan. 190. 1758［Dec 1758］≡ Laetia Loefl. ex L.（1759）（保留属名）"是一个未合格发表的名称（Nom. inval.）。"Laetia L.（1759）≡ Laetia Loefl. ex L.（1759）（保留属名）"的命名人引证有误；应该废弃。"Guidonia P. Browne, Civ. Nat. Hist. Jamaica 249. 10 Mar 1756（non P. Miller 1754）"和"Mesterna Adanson, Fam. 2：448. Jul-Aug 1763"是"Laetia Loefl. ex L.（1759）（保留属名）"的同模式异名（Homotypic synonym, Nomenclatural synonym）。【分布】巴拉圭，巴拿马，秘鲁，玻利维亚，厄瓜多尔，哥伦比亚（安蒂奥基亚），哥斯达黎加，尼加拉瓜，西印度群岛，中美洲。【模式】Laetia americana Linnaeus。【参考异名】Casinga Griseb.（1861）; Guidonia Adans.（1763）Nom. illegit. ; Guidonia P. Browne（1756）Nom. illegit. ; Guidonia Plum. ex Adans.（1763）Nom. illegit. ; Helvingia Adans.（1763）Nom. illegit.（废弃属名）; Laetia L.（1759）（废弃属名）; Laetia Loefl.（1758）（废弃属名）; Lightfootia Sw.（1788）Nom. illegit. ; Mesterna Adans.（1763）Nom. illegit. ; Thamnia P. Browne（1756）（废弃属名）; Thiodia Benn.（1838）Nom. illegit. ●☆

28036　Laetji Osb. ex Steud.（1821）= Litchi Sonn.（1782）［无患子科 Sapindaceae］●

28037　Lafoensia Vand.（1788）【汉】丽薇属。【日】サルスベリ属。【英】Lafoensia。【隶属】千屈菜科 Lythraceae。【包含】世界 12 种，中国 1 种。【学名诠释与讨论】〈阴〉（人）D. Lafoens, 1719-1806, 葡萄牙植物学者。【分布】巴拉圭，巴拿马，秘鲁，玻利维亚，厄瓜多尔，哥伦比亚（安蒂奥基亚），哥斯达黎加，尼加拉瓜，中国，中美洲。【模式】Lafoensia vandelliana A. P. de Candolle ex Chamisso et D. F. L. Schlechtendal。【参考异名】Calyplectus Ruiz et Pav.（1794）; Ptychodon（Endl.）Rchb.（1841）Nom. illegit. ; Ptychodon（Klotzsch ex Endl.）Rchb.（1841）; Ptychodon Klotzsch ex Rchb.（1841）Nom. illegit. ●

28038　Lafuentea Lag.（1816）【汉】拉富婆婆纳属（拉富玄参属）。【隶属】玄参科 Scrophulariaceae//婆婆纳科 Veronicaceae。【包含】世界 1-2 种。【学名诠释与讨论】〈阴〉（人）Don Juan de Lafões（Lafoens）, 1719-1806, 曾担任过葡萄牙首都里斯本的市长。"Lafuentia Benth.（1835）Nom. illegit. = Lafuentea Lag.

(1816)［玄参科 Scrophulariaceae//婆婆纳科 Veronicaceae］"和"Lafuentia Lag.（1816）Nom. illegit. = Lafuentea Lag.（1816）［玄参科 Scrophulariaceae//婆婆纳科 Veronicaceae］"似为变体。【分布】摩洛哥，西班牙。【模式】Lafuentia rotundifolia Lagasca。【参考异名】Durieura Mérat et Diss.（1829）；Durieura Merat（1829）；Lafuentia Benth.（1835）Nom. illegit.；Lafuentia Lag.（1816）Nom. illegit. ●☆

28039　Lafuentia Benth.（1835）Nom. illegit. = Lafuentea Lag.（1816）Nom. illegit.；~ = Lafuentea Lag.（1816）［玄参科 Scrophulariaceae//婆婆纳科 Veronicaceae］●☆

28040　Lafuentia Lag.（1816）Nom. illegit. = Lafuentea Lag.（1816）［玄参科 Scrophulariaceae//婆婆纳科 Veronicaceae］●☆

28041　Lagansa Raf.（1838）= Polanisia Raf.（1819）［山柑科（白花菜科，醉蝶花科）Capparaceae］■

28042　Lagansa Rumph. ex Raf.（1838）Nom. illegit. ≡ Lagansa Raf.（1838）；~ = Polanisia Raf.（1819）［山柑科（白花菜科，醉蝶花科）Capparaceae］■

28043　Lagarinthus E. Mey.（1837）= Schizoglossum E. Mey.（1838）［萝藦科 Asclepiadaceae］■☆

28044　Lagaropyxis Miq.（1864）= Radermachera Zoll. et Moritzi（1855）Nom. illegit.［紫葳科 Bignoniaceae］●

28045　Lagarosiphon Harv.（1841）【汉】软骨草属。【英】Curly Waterweed。【隶属】水鳖科 Hydrocharitaceae。【包含】世界 9-16 种。【学名诠释与讨论】〈阴〉（希）lagaros，空腹的，空心的，狭窄的，薄的，细的，凹陷的+siphon，所有格 siphonos，管子。此属的学名是"Lagarosiphon W. H. Harvey, J. Bot.（Hooker）4：230. Oct 1841"。亦有文献把其处理为"Nechamandra Planch.（1849）"的异名。【分布】马达加斯加，热带和非洲南部，印度。【模式】Lagarosiphon muscoides W. H. Harvey。【参考异名】Nechamandra Planch.（1849）■☆

28046　Lagarosolen W. T. Wang（1984）【汉】细筒苣苔属。【英】Lagarosolen。【隶属】苦苣苔科 Gesneriaceae。【包含】世界 3 种，中国 3 种。【学名诠释与讨论】〈阳〉（希）lagaros，空腹的，空心的，狭窄的，薄的，细的，凹陷的+solen，所有格 solenos，管子，沟，阴茎。【分布】中国。【模式】Lagarosolen hispidus W. T. Wang。■★

28047　Lagarostrobos Quinn（1982）【汉】泪柏属。【隶属】罗汉松科 Podocarpaceae//陆均松科 Dacrydiaceae。【包含】世界 1-2 种。【学名诠释与讨论】〈阳〉（希）lagaros，空腹的，空心的，狭窄的，薄的，细的，凹陷的+strobos，球果。此属的学名是"Lagarostrobos C. J. Quinn, Austral. J. Bot. 30：316. 14 Jul 1982"。亦有文献把其处理为"Dacrydium Sol. ex J. Forst.（1786）"的异名。【分布】澳大利亚（塔斯马尼亚岛）。【模式】Lagarostrobos franklinii（J. D. Hooker）C. J. Quinn［Dacrydium franklinii J. D. Hooker］。【参考异名】Dacrydium Sol. ex J. Forst.（1786）●☆

28048　Lagasca Cav.（1803）Nom. illegit.（废弃属名）≡ Lagascea Cav.（1803）［as 'Lagasca'］（保留属名）［菊科 Asteraceae（Compositae）］■●☆

28049　Lagascea Cav.（1803）［as 'Lagasca'］（保留属名）【汉】绸叶菊属（拉加菊属）。【英】Acuate, Doll's-head, Silk-leaf, Velvet-bush。【隶属】菊科 Asteraceae（Compositae）。【包含】中国 9 种。【学名诠释与讨论】〈阴〉（人）Mariano Lagasca（La Gasca）y Segura，1776-1839，西班牙植物学者，植物采集家，曾在马德里植物园工作。此属的学名"Lagascea Cav. in Anales Ci. Nat. 6：331. Jun 1803（'Lagasca'）（orth. cons.）"是保留属名。相应的废弃属名是菊科 Asteraceae 的"Nocca Cav., Icon. 3：12. Apr 1795 = Lagascea Cav.（1803）［as 'Lagasca'］（保留属名）"。"Lagascea Cav.（1803）"的变体"Lagasca Cav.（1803）"亦应废弃。【分布】

巴拉圭，秘鲁，玻利维亚，厄瓜多尔，哥伦比亚（安蒂奥基亚），墨西哥，尼加拉瓜，西印度群岛，中美洲。【模式】Lagascea mollis Cavanilles。【参考异名】Calhounia A. Nels.（1924）；Lagasca Cav.（1803）Nom. illegit.（废弃属名）；Nocca Cav.（1794）（废弃属名）；Noccaea Willd.（1803）■●☆

28050　Lagedium Soják（1961）【汉】山莴苣属。【英】Lagedium。【隶属】菊科 Asteraceae（Compositae）//莴苣科 Lactucaceae。【包含】世界 2 种，中国 1 种。【学名诠释与讨论】〈中〉（希）lagos，指小式 lagidion，兔子+-ius, -ia, -ium，在拉丁文和希腊文中，这些词尾表示性质或状态。此属的学名是"Lagedium J. Soják, Novit. Bot. Delect. Seminum Horti Bot. Univ. Carol. Prag. 1961：34. 1961（Dec?）"。亦有文献把其处理为"Lactuca L.（1753）"或"Mulgedium Cass.（1824）"的异名。【分布】中国，温带欧亚大陆，中美洲。【模式】Lagedium sibiricum（Linnaeus）J. Soják［Sonchus sibiricus Linnaeus］。【参考异名】Lactuca L.（1753）；Mulgedium Cass.（1824）■

28051　Lagenandra Dalzell（1852）【汉】瓶蕊南星属。【隶属】天南星科 Araceae。【包含】世界 12 种。【学名诠释与讨论】〈阴〉（希）lagenos = lagynos，长颈瓶。与拉丁文 lagena = lagaena 同义+aner，所有格 andros，雄性，雄蕊。【分布】斯里兰卡，印度（南部）。【模式】Lagenandra toxicaria Dalzell。■☆

28052　Lagenantha Chiov.（1929）【汉】瓶花蓬属。【隶属】藜科 Chenopodiaceae。【包含】世界 1-2 种。【学名诠释与讨论】〈阴〉（希）lagenos = lagynos，长颈瓶，瓶子+anthos，花。【分布】索马里。【模式】nogalensis Chiovenda。●☆

28053　Lagenanthus Gilg（1895）Nom. illegit. ≡ Schlimia Regel（1875）；~ = Lehmanniella Gilg（1895）［龙胆科 Gentianaceae］■☆

28054　Lagenaria Ser.（1825）【汉】葫芦属。【日】ユウガオ属，ユフガオ属，ユフガホ属。【俄】Бутылочная тыква, Горлянка, Лагенарик, Лагенария, Тыква。【英】Bottle Gourd, Calabash, Gourd。【隶属】葫芦科（瓜科，南瓜科）Cucurbitaceae。【包含】世界 6 种，中国 1 种。【学名诠释与讨论】〈阴〉（希）lagenos = lagynos，长颈瓶，瓶子+-arius, -aria, -arium，指示"属于、相似、具有、联系"的词尾。指果呈长颈瓶状。【分布】巴基斯坦，巴拉圭，巴拿马，秘鲁，玻利维亚，厄瓜多尔，哥斯达黎加，马达加斯加，美国（密苏里），尼加拉瓜，中国，中美洲。【模式】Lagenaria vulgaris Seringe。【参考异名】Adenopus Benth.（1849）；Sphaerosicyos Hook. f.（1867）；Sphaerosicyos Post et Kuntze（1903）■

28055　Lagenia E. Fourn.（1885）= Araujia Brot.（1817）［萝藦科 Asclepiadaceae］●●☆

28056　Lagenias E. Mey.（1837）= Sebaea Sol. ex R. Br.（1810）［龙胆科 Gentianaceae］■

28057　Lagenifera Cass.（1816）Nom. illegit.（废弃属名）= Lagenophora Cass.（1816）（保留属名）［菊科 Asteraceae（Compositae）］■●

28058　Lagenithrix G. L. Nesom（1994）【汉】瓶毛菊属。【隶属】菊科 Asteraceae（Compositae）。【包含】世界 2 种。【学名诠释与讨论】〈阴〉（希）lagenos = lagynos，长颈瓶，瓶子+thrix，所有格 trichos，毛，毛发。【分布】澳大利亚。【模式】Lagenithrix setosa（Benth.）G. L. Nesom。■☆

28059　Lagenocarpus Klotzsch（1838）Nom. illegit. ≡ Nagelocarpus Bullock（1954）［杜鹃花科（欧石南科）Ericaceae］●☆

28060　Lagenocarpus Nees（1834）【汉】瓶果莎属。【隶属】莎草科 Cyperaceae。【包含】世界 30-34 种。【学名诠释与讨论】〈阳〉（希）lagenos = lagynos，长颈瓶，瓶子+karpos，果实。此属的学名，ING、GCI、TROPICOS 和 IK 记载是"Lagenocarpus C. G. D. Nees, Linnaea 9：304. 1834"。"Lagenocarpus Klotzsch, Linnaea 12：214. Mar-Jul 1838 ≡ Nagelocarpus Bullock（1954）［杜鹃花科（欧石南

科）Ericaceae]"是晚出的非法名称；它已经被"Nagelocarpus Bullock, Kew Bull. 8(4): 533. 1954［1953 publ. 2 Jan 1954]"所替代。【分布】玻利维亚, 尼加拉瓜, 西印度群岛, 热带南美洲, 中美洲。【模式】Lagenocarpus guianensis C. G. D. Nees。【参考异名】Acrocarpus Nees(1842) Nom. illegit. ; Adamantogeton Schrad. ex Nees (1842); Adamantogiton Post et Kuntze (1903) Nom. illegit. ; Adamogeton Schrad. ex Nees (1842) Nom. illegit. ; Anogyna Nees (1840); Cryptangium Schrad. ex Nees (1842); Microlepis Schrad. ex Nees(1842); Neo-senaea K. Schum. ex H. Pfeiff. (1925); Orobium Schrad. ex Nees (1842) Nom. illegit. ; Phaenopyrum Schrad. ex Nees (1842); Ulea-flos C. B. Clarke ex H. Pfeiff. (1925) Nom. illegit. ■☆

28061 Lagenocypsela Swenson et K. Bremer(1994)【汉】瓶果菊属。【隶属】菊科 Asteraceae(Compositae)。【包含】世界 2 种。【学名诠释与讨论】〈阴〉（希）lagenos = lagynos, 长颈瓶, 瓶子+kypsele, 蜂巢, 篮子, 箱子。【分布】新几内亚岛。【模式】未指定。■☆

28062 Lagenopappus G. L. Nesom(1994)【汉】瓶毛菀属。【隶属】菊科 Asteraceae(Compositae)。【包含】世界 3 种。【学名诠释与讨论】〈阳〉（希）lagenos = lagynos, 长颈瓶, 瓶子+希腊文 pappos 指柔毛, 软毛, pappus 则与拉丁文同义, 指冠毛。【分布】澳大利亚。【模式】未指定。■☆

28063 Lagenophora Cass. (1816)（保留属名）【汉】瓶头草属（瓶头菊属）。【日】コケセンボンギク属。【英】Lagenophora。【隶属】菊科 Asteraceae(Compositae)。【包含】世界 14-30 种, 中国 1-2 种。【学名诠释与讨论】〈阴〉（希）lagenos = lagynos, 长颈瓶, 瓶子+phoros, 具有, 梗, 负载, 发现者。指头状花序呈长颈瓶状。此属的学名"Lagenophora Cass. in Bull. Sci. Soc. Philom. Paris 1816: 199. Dec 1816('Lagenifera')（orth. cons.）"是保留属名。法规未列出相应的废弃属名。但是其拼写变体"Lagenifera Cass. (1816)"应该废弃。【分布】澳大利亚, 巴拿马, 新西兰, 中国, 南美洲, 中美洲。【模式】Calendula magellanica Willd., Nom. illegit.［Aster nudicaulis Lam. ; Lagenophora nudicaulis (Lam.) Dusén]。【参考异名】Emphysopus Hook. f. (1847); Ixauchenus Cass. (1828); Ixiauchenus Less. (1832) Nom. illegit. ; Kayaseria Lauterb. ; Lagenifera Cass. (1816) Nom. illegit. (废弃属名); Microcalia A. Rich. (1832); Selenogyne DC. (1838) ■●

28064 Lagenosocereus Doweld(2002) = Cereus Mill. (1754)［仙人掌科 Cactaceae]●

28065 Lagenula Lour. (1790)（废弃属名）= Cayratia Juss. (1818)（保留属名）［葡萄科 Vitaceae]●

28066 Lagerophora Domin (1928) Nom. illegit.［菊科 Asteraceae (Compositae)]☆

28067 Lageropyxis Miq. = Radermachera Zoll. et Moritzi (1855) Nom. illegit.［紫葳科 Bignoniaceae]●

28068 Lagerstroemia L. (1759)【汉】紫薇属。【日】サルスベリ属。【俄】Лагерстремия, Лягерстремия, Сирень индийская。【英】Crape Myrtle, Crape-myrtle, Crepe-myrtle。【隶属】千屈菜科 Lythraceae//紫薇科 Lagerstroemiaceae。【包含】世界 55-56 种, 中国 15-25 种。【学名诠释与讨论】〈阴〉（人）Magnus von Lagerstroem, 1696-1759, 瑞典商人, 林奈的朋友, 植物采集家。此属的学名, ING、TROPICOS、APNI 和 IK 记载是"Lagerstroemia L., Syst. Nat., ed. 10. 2: 1068, 1076, 1372. 1759［7 Jun 1759]"。"Murtughas O. Kuntze, Rev. Gen. 1: 249. 5 Nov 1891"和"Tsjinkin Adanson, Fam. 2: 401. Jul-Aug 1763"是"Lagerstroemia L. (1759)"的晚出的同模式异名（Homotypic synonym, Nomenclatural synonym）。【分布】巴基斯坦, 巴拉圭, 巴拿马, 秘鲁, 玻利维亚, 厄瓜多尔, 哥伦比亚（安蒂奥基亚）, 马达加斯加, 尼加拉瓜, 热带亚洲至澳大利亚（北部）, 中国, 中美洲。【模式】Lagerstroemia

indica Linnaeus。【参考异名】Adambea Lam. (1783) Nom. illegit. ; Adamboe Adans. (1763); Banava Juss. ; Catu-Adamboe Adans. (1763); Catu-adamboë Adans. (1763); Fatioa DC. (1828); Langerstroemia Cram. (1803); Muenchhausia L. (1774) Nom. illegit. ; Muenchhausia L. ex Murr., Nom. illegit. ; Munchausia L. (1770); Munchhausia L. ; Murtughas Kuntze (1891) Nom. illegit. ; Orias Dode (1909); Pterocalymma Turcz. (1846); Pterocalymna Benth. et Hook. f. (1867) Nom. illegit. ; Scobia Noronha (1790); Sotularia Raf. (1838) Nom. illegit. ; Tsjinkia Adans. (1763) Nom. illegit. ; Tsjinkia B. D. Jacks., Nom. illegit. ●

28069 Lagerstroemiaceae J. Agardh (1858)［亦见 Lythraceae J. St.-Hil. (保留科名)千屈菜科]【汉】紫薇科。【包含】世界 1 属 55-56 种, 中国 1 属 15-25 种。【分布】热带亚洲至澳大利亚北部。【科名模式】Lagerstroemia L. (1759)●

28070 Lagetta Juss. (1789)【汉】拉吉塔木属（拉吉塔属）。【隶属】瑞香科 Thymelaeaceae。【包含】世界 3-5 种。【学名诠释与讨论】〈阴〉（牙买加）lagetto, 一种树的俗名。【分布】西印度群岛。【模式】Lagetta linearia Lamarck。●☆

28071 Laggera Gand. (1886) Nom. illegit. = Rosa L. (1753)［蔷薇科 Rosaceae]●

28072 Laggera Hochst. (1841) Nom. inval. ≡ Laggera Sch. Bip. ex Hochst. (1841) Nom. inval. ; ~ ≡ Laggera Sch. Bip. ex Benth. et Hook. f. (1873)［菊科 Asteraceae(Compositae)]■

28073 Laggera Sch. Bip. (1841) Nom. inval. , Nom. nud. ≡ Laggera Sch. Bip. ex Benth. et Hook. f. (1873)［菊科 Asteraceae(Compositae)]■

28074 Laggera Sch. Bip. (1843) Nom. inval. , Nom. nud. ≡ Laggera Sch. Bip. ex Benth. et Hook. f. (1873)［菊科 Asteraceae(Compositae)]■

28075 Laggera Sch. Bip. (1847) Nom. inval. , Nom. nud. ≡ Laggera Sch. Bip. ex Benth. et Hook. f. (1873)［菊科 Asteraceae(Compositae)]■

28076 Laggera Sch. Bip. (1867) Nom. inval. , Nom. nud. ≡ Laggera Sch. Bip. ex Benth. et Hook. f. (1873)［菊科 Asteraceae(Compositae)]■

28077 Laggera Sch. Bip. ex Benth. (1846) Nom. inval. , Nom. nud. ≡ Laggera Sch. Bip. ex Benth. et Hook. f. (1873)［菊科 Asteraceae (Compositae)]■

28078 Laggera Sch. Bip. ex Benth. et Hook. f. (1873)【汉】六棱菊属（臭灵丹属, 六角草属）。【日】ヒレギク属。【英】Laggera。【隶属】菊科 Asteraceae(Compositae)。【包含】世界 17-20 种, 中国 2-3 种。【学名诠释与讨论】〈阴〉（人）Franz Josef Lagger, 1802-1870, 瑞士医生, 植物学者。此属的学名, ING 和 TROPICOS 记载是"Laggera C. H. Schultz-Bip. ex Bentham et Hook. f., Gen. 2: 290. 7-9 Apr 1873"。IK 则记载为"Laggera Sch. Bip. ex Benth., Gen. Pl.［Bentham et Hooker f.]2(1): 290. 1873［7-9 Apr 1873]"。"Laggera Hochst., Flora 24(1(2), Intelligenzbl.): 26. 1841 ≡ Laggera Sch. Bip. ex Hochst. (1841) Nom. inval. = Laggera Sch. Bip. ex Benth. et Hook. f. (1873)［菊科 Asteraceae (Compositae)]"是未合格发表的名称（Nom. inval.）。"Laggera Sch. Bip., Flora 24(1 Intell.): 26, 1841 ≡ Laggera Sch. Bip. ex Benth. et Hook. f. (1873)"、"Laggera Sch. Bip., Repert. Bot. Syst. 2: 953, 1843 ≡ Laggera Sch. Bip. ex Benth. et Hook. f. (1873)"、"Laggera Sch. Bip., Linnaea 19: 391, 1847［1846]≡ Laggera Sch. Bip. ex Benth. et Hook. f. (1873)"和"Laggera Sch. Bip., Beitr. Fl. Aethiop. 1: 151, 1867 ≡ Laggera Sch. Bip. ex Benth. et Hook. f. (1873)"也都是未合格发表的名称。"Laggera Sch. Bip. ex Benth., Linnaea 19 1846"是一个未合格发表的名称（Nom. inval.）。"Laggera Sch. Bip. ex Benth. (1873) ≡ Laggera Sch. Bip. ex Benth. et Hook. f. (1873)"则是命名人引证有误。"Laggera Sch. Bip. ex C. Koch, Nom. illegit."和"Laggera Sch. Bip. ex Oliv.,

Nom. illegit. "也是"Laggera Sch. Bip. ex Benth. et Hook. f.（1873）［菊科 Asteraceae（Compositae）］"的异名。【分布】巴基斯坦，马达加斯加，印度，中国，阿拉伯地区，热带非洲。【模式】未指定。【参考异名】Laggera Hochst.（1841）Nom. inval.；Laggera Sch. Bip.（1841）Nom. inval.，Nom. nud.；Laggera Sch. Bip.（1843）Nom. inval.；Laggera Sch. Bip.（1843）Nom. inval.，Nom. nud.；Laggera Sch. Bip.（1847）Nom. inval.；Laggera Sch. Bip.（1847）Nom. inval.，Nom. nud；Laggera Sch. Bip.（1867）Nom. inval.；Laggera Sch. Bip.（1867）Nom. inval.，Nom. nud.；Laggera Sch. Bip. ex Benth.（1846）Nom. inval.；Laggera Sch. Bip. ex Benth.（1873）Nom. illegit.；Laggera Sch. Bip. ex C. Koch，Nom. illegit.；Laggera Sch. Bip. ex Hochst.（1841）Nom. inval.；Laggera Sch. Bip. ex Oliv.，Nom. illegit.；Pseudoconyza Cuatrec.（1961）■

28079　Laggera Sch. Bip. ex C. Koch，Nom. illegit.≡Laggera Sch. Bip. ex Benth. et Hook. f.（1873）［菊科 Asteraceae（Compositae）］■

28080　Laggera Sch. Bip. ex Hochst.（1841）Nom. inval.≡Laggera Sch. Bip. ex Benth. et Hook. f.（1873）［菊科 Asteraceae（Compositae）］■

28081　Laggera Sch. Bip. ex Oliv.，Nom. illegit.≡Laggera Sch. Bip. ex Benth. et Hook. f.（1873）［菊科 Asteraceae（Compositae）］■

28082　Laggeria（Gand.）Gand.（1886）＝Rosa L.（1753）［蔷薇科 Rosaceae］●

28083　Laggeria Gand.（1886）Nom. illegit.≡Laggeria（Gand.）Gand.（1886）；~＝Rosa L.（1753）［蔷薇科 Rosaceae］●

28084　Lagoa T. Durand（1888）【汉】拉戈萝藦属。【隶属】萝藦科 Asclepiadaceae。【包含】世界 1 种。【学名诠释与讨论】〈阴〉（人）Lago。此属的学名"Lagoa T. Durand, Index Gen. Phan 269. 1888"是一个替代名称。"Zygostelma Fournier in C. F. P. Martius, Fl. Brasil. 6（4）：232. 1 Jun 1885"是一个非法名称（Nom. illegit.），因为此前已经有了"Zygostelma Bentham in Bentham et Hook. f.，Gen. 2：740. Mai 1876［萝藦科 Asclepiadaceae］"。故用"Lagoa T. Durand（1888）"替代之。【分布】巴西。【模式】calcarata（Decaisne）Baillon［Metastelma calcaratum Decaisne］。【参考异名】Zygostelma E. Fourn.（1885）Nom. illegit. ☆

28085　Lagochilium Nees（1847）＝Aphelandra R. Br.（1810）［爵床科 Acanthaceae］●■☆

28086　Lagochilopsis Knorring（1966）【汉】拟兔唇花属。【隶属】唇形科 Lamiaceae（Labiatae）。【包含】世界 5 种。【学名诠释与讨论】〈阴〉（属）Lagochilus 兔唇花属＋希腊文 opsis，外观，模样，相似。此属的学名是"Lagochilopsis O. E . Knorring, Novosti Sist. Vyssh. Rast.［3］：197. 1966（post 17 Dec）"。亦有文献把其处理为"Lagochilus Bunge ex Benth.（1834）"的异名。【分布】亚洲中部。【模式】Lagoa acutilobus（C. F. von Ledebour）Knorring。【参考异名】Lagochilus Bunge ex Benth.（1834）■☆

28087　Lagochilus Bunge ex Benth.（1834）【汉】兔唇花属。【俄】Зайцегуб，Лягохилюс。【英】Herelip，Lagochilus。【隶属】唇形科 Lamiaceae（Labiatae）。【包含】世界 36-40 种，中国 11-19 种。【学名诠释与讨论】〈阳〉（希）lagos，指小式 lagidion，兔子＋cheilos，唇。指花冠的外观似兔唇。此属的学名，ING 和 IK 记载是"Lagochilus Bunge ex Bentham, Labiat. Gen. Sp. 640. Aug 1834"。"Lagochilus Bunge（1834）"的命名人引证有误。【分布】巴基斯坦，中国，亚洲中部至伊朗和阿富汗。【模式】未指定。【参考异名】Chalinanthus Briq.；Chlaenanthus Post et Kuntze（1903）；Chlainanthus Briq.（1896）；Lagochilopsis Knorring（1966）；Lagochilus Bunge（1834）Nom. illegit.；Yermoloffia Bél.（1838）Nom. illegit. ●■

28088　Lagochilus Bunge（1834）Nom. illegit.＝Lagochilus Bunge ex Benth.（1834）［唇形科 Lamiaceae（Labiatae）］●■

28089　Lagocodes Raf.（1837）＝Scilla L.（1753）［百合科 Liliaceae//风信子科 Hyacinthaceae//绵枣儿科 Scillaceae］■

28090　Lagoecia L.（1753）【汉】拉高草属。【隶属】伞形花科（伞形科）Apiaceae（Umbelliferae）。【包含】世界 1 种。【学名诠释与讨论】〈阴〉（希）lagos，指小式 lagidion，兔子＋oikos，房子。指种子。此属的学名，ING、TROPICOS 和 IK 记载是"Lagoecia L., Sp. Pl. 1：203. 1753［1 May 1753］"。"Chemnizia Heister ex Fabricius, Enum. ed. 2. 52. Sep-Dec 1763"和"Cuminoides Fabricius, Enum. 28. 1759"是"Lagoecia L.（1753）"的晚出的同模式异名（Homotypic synonym, Nomenclatural synonym）。"Chemnizia Fabr.（1763）Nom. illegit. ≡ Chemnizia Heist. ex Fabr.（1763）Nom. illegit."的命名人引证有误。【分布】地中海地区。【模式】Lagoecia cuminoides Linnaeus。【参考异名】Chemnizia Fabr.（1763）Nom. illegit.；Chemnizia Heist. ex Fabr.（1763）Nom. illegit.；Cuminoides Fabr.（1759）Nom. illegit.；Cuminoides Moench（1794）Nom. illegit.；Cuminoides Tourn.（1794）Nom. illegit.；Cuminoides Tourn. ex Moench（1794）Nom. illegit.；Cyminum Post et Kuntze（1903）Nom. illegit. ●☆

28091　Lagoeciaceae Bercht. et J. Presl＝Apiaceae Lindl.（保留科名）//Umbelliferae Juss.（保留科名）■●

28092　Lagonychium M. Bieb.（1819）【汉】类含羞草属。【俄】мимозка。【隶属】豆科 Fabaceae（Leguminosae）//含羞草科 Mimosaceae。【包含】世界 2 种。【学名诠释与讨论】〈中〉（希）lagos，指小式 lagidion，兔子＋onyx，onychos，指甲，爪。此属的学名是"Lagonychium Marschall von Bieberstein, Fl. Taur. –Caucas. 3：288. 1819（sero）-1820（prim.）"。亦有文献把其处理为"Prosopis L.（1767）"的异名。【分布】地中海至亚洲中部。【模式】Lagonychium stephanianum Marschall von Bieberstein。【参考异名】Prosopis L.（1767）●☆

28093　Lagophylla Nutt.（1841）【汉】兔叶菊属（兔菊属）。【隶属】菊科 Asteraceae（Compositae）。【包含】世界 4-5 种。【学名诠释与讨论】〈阴〉（希）lagos，指小式 lagidion，兔子＋phyllon，叶子。指模式种的叶子像丝绸一样有光泽。【分布】北美洲西部。【模式】Lagophylla ramosissima Nuttall。【参考异名】Holozonia Greene（1882）■☆

28094　Lagopsis（Benth.）Bunge（1835）Nom. illegit.＝Lagopsis（Bunge ex Benth.）Bunge（1835）；~＝Marrubium L.（1753）［唇形科 Lamiaceae（Labiatae）］■

28095　Lagopsis（Bunge ex Benth.）Bunge（1835）【汉】夏至草属。【俄】Лагопсис。【英】Lagopsis。【隶属】唇形科 Lamiaceae（Labiatae）。【包含】世界 4 种，中国 3 种。【学名诠释与讨论】〈阴〉（希）lagos，指小式 lagidion，兔子＋希腊文 opsis，外观，模样，相似。指花冠的外观似兔唇。此属的学名，ING 和 IK 记载是"Lagopsis（Bunge ex Bentham）Bunge, Mem. Sav. Etr. St. –Pétersbourg 2：565. Aug 1835"，由"Marrubium sect. Lagopsis Bunge ex Benth. Labiat. Gen. Spec. 586. 1834"改级而来。TROPICOS 则记载为"Lagopsis Bunge, Mémoires Presentes a l'Académie Impériale des Sciences de St. –Pétersbourg par Divers Savans et lus dans ses Assemblées 2（6）：565. 1835"。"Lagopsis（Benth.）Bunge（1835）"和"Lagopsis Bunge ex Benth.（1835）"的命名人引证均有误。【分布】巴基斯坦，中国，西伯利亚至日本。【模式】未指定。【参考异名】Lagopsis（Benth.）Bunge（1835）Nom. illegit.；Lagopsis Bunge ex Benth.（1835）Nom. illegit.；Lagopsis Bunge ex Benth.，Nom. illegit.；Lagopsis Bunge（1835）Nom. illegit.；Marrubium L.（1753）；Marrubium sect. Lagopsis Bunge ex Benth.（1834）■

28096　Lagopsis Bunge ex Benth.（1835）Nom. illegit.＝Lagopsis（Bunge ex Benth.) Bunge（1835）；~ = Marrubium L.（1753）［唇形科 Lamiaceae（Labiatae）］■

28097　Lagopsis Bunge（1835）Nom. illegit. = Lagopsis（Bunge ex Benth.）Bunge（1835）；~ = Marrubium L.（1753）［唇形科 Lamiaceae（Labiatae）］■

28098　Lagopus（Gren. et Godr.）E. Fourn.（1869）Nom. illegit. = Plantago L.（1753）［车前科（车前草科）Plantaginaceae］■●

28099　Lagopus Bernh.（1800）Nom. illegit.［豆科 Fabaceae（Leguminosae）］☆

28100　Lagopus Fourr.（1869）Nom. illegit. ≡ Lagopus（Gren. et Godr.）E. Fourn.（1869）Nom. illegit.；~ = Plantago L.（1753）［车前科（车前草科）Plantaginaceae］■●

28101　Lagopus Hill（1756）= Trifolium L.（1753）［豆科 Fabaceae（Leguminosae）//蝶形花科 Papilionaceae］■

28102　Lagoseriopsis Kirp.（1964）【汉】类兔苣属。【俄】Лагозериопсис。【隶属】菊科 Asteraceae（Compositae）。【包含】世界1种。【学名诠释与讨论】〈阴〉（属）Lagoseris 兔苣属+希腊文 opsis，外观，模样，相似。【分布】亚洲中部。【模式】Lagoseriopsis popovii（I. M. Krascheninnikov）M. E. Kirpicznikov［Launaea popovii I. M. Krascheninnikov］。■☆

28103　Lagoseris Hoffmanns. et Link（1820-1834）Nom. illegit. = Crepis L.（1753）；~ = Pterotheca Cass.（1816）［菊科 Asteraceae（Compositae）］■

28104　Lagoseris M. Bieb.（1810）【汉】兔苣属。【俄】Лагозерис。【英】Lagoseris。【隶属】菊科 Asteraceae（Compositae）。【包含】世界13种,中国1种。【学名诠释与讨论】〈阴〉（希）lagos，指小式 lagidion，兔子+seris，菊苣。指头状花序的外形似兔唇。此属的学名,ING、TROPICOS 和 IK 记载是"Lagoseris Marschall von Bieberstein, Cent. Pl. Rar. Ross. 30. t. 30. 1810"。"Lagoseris Hoffmanns. et Link, Fl. Portug.［Hoffmannsegg］2：149.［1820-1834］= Crepis L.（1753）= Pterotheca Cass.（1816）［菊科 Asteraceae（Compositae）］"是晚出的非法名称。"Myoseris J. H. F. Link, Enum. Pl. Horti Berol. 2：291. Jan-Jun 1822"是"Lagoseris M. Bieb.（1810）"的晚出的同模式异名（Homotypic synonym, Nomenclatural synonym）。亦有文献把"Lagoseris M. Bieb.（1810）"处理为"Crepis L.（1753）"的异名。【分布】伊朗,中国,克里米亚半岛,安纳托利亚。【模式】Lagoseris crepoides Marschall von Bieberstein, Nom. illegit.［Hieracium purpureum Willdenow；Lagoseris purpurea（Willdenow）Boissier］。【参考异名】Crepis L.（1753）；Myoseris Link（1822）Nom. illegit. ■

28105　Lagosertopsis Kirp.（1841）= Launaea Cass.（1822）［菊科 Asteraceae（Compositae）］■

28106　Lagothamnus Nutt.（1841）= Tetradymia DC.（1838）［菊科 Asteraceae（Compositae）］●☆

28107　Lagotia C. Muell.（1857）Nom. illegit. = Desmodium Desv.（1813）（保留属名）；~ = Sagotia Duchass. et Walp.（1851）（废弃属名）［豆科 Fabaceae（Leguminosae）//蝶形花科 Papilionaceae］●☆

28108　Lagotis E. Mey.（1843）Nom. illegit., Nom. inval. = Carpacoce Sond.（1865）［茜草科 Rubiaceae］■●☆

28109　Lagotis J. Gaertn.（1770）【汉】兔耳草属。【日】ウルップサウ属,ウルップソウ属,ハマレンゲ属。【俄】Лаготис, Ляготис。【英】Lagotis。【隶属】玄参科 Scrophulariaceae//婆婆纳科 Veronicaceae。【包含】世界20-30种,中国17-24种。【学名诠释与讨论】〈阴〉（希）lagos，指小式 lagidion，兔子+ous，所有格 otos，指小式 otion，耳。otikos，耳的。指模式种的叶子形似兔耳,或指花萼仅前方开裂到底,状如兔耳。此属的学名,ING、GCI 和 IK 记载是"Lagotis J. Gaertner, Novi Comment. Acad. Sci. Imp. Petrop.

14（1）：533. 1770"。"Lagotis E. Mey., Zwei Pflanzengeogr. Docum.（Drège）197. 1843［7 Aug 1843］= Carpacoce Sond.（1865）"是晚出的非法名称。【分布】中国,南至高加索,喜马拉雅山,亚洲中部。【模式】Lagotis glauca J. Gaertner。【参考异名】Gerberia Stell. ex Choisy（1848）Nom. illegit.；Gymnandra Pall.（1776）；Kokonoria Y. L. Keng et P. C. Keng（1945）■

28110　Lagowskia Trautv.（1858）= Coluteocarpus Boiss.（1841）［十字花科 Brassicaceae（Cruciferae）］■☆

28111　Lagrezia Moq.（1849）【汉】单脉青葙属。【隶属】苋科 Amaranthaceae。【包含】世界12种。【学名诠释与讨论】〈阴〉（人）Adrien Rose Arnaud Lagreze-Fossat,1814-1874,法国植物学者,法律学者。【分布】马达加斯加,墨西哥,英属印度洋领地（查戈斯群岛）,热带非洲东部。【模式】Lagrezia madagascariensis（Poiret）Moquin-Tandon［Celosia madagascariensis Poiret］。【参考异名】Apterantha C. H. Wright（1918）■●☆

28112　Laguna Cav.（1786）= Abelmoschus Medik.（1787）［锦葵科 Malvaceae］●■

28113　Lagunaea C. Agardh（1823）Nom. illegit. = Lagunea Lour.（1790）Nom. illegit.；~ = Goniaticum Stokes（1812）；~ = Amblygonum（Meisn.）Rchb.（1837）［蓼科 Polygonaceae］■☆

28114　Lagunaea Schreb.（1791）= Abelmoschus Medik.（1787）；~ = Laguna Cav.（1786）［锦葵科 Malvaceae］●■

28115　Lagunaena Ritgen（1831）= Amblygonum（Meisn.）Rchb.（1837）；~ = Lagunea Lour.（1790）Nom. illegit.；~ = Goniaticum Stokes（1812）［蓼科 Polygonaceae］■☆

28116　Lagunaria（A. DC.）Reich.（1828）Nom. illegit. = Lagunaria（DC.）Rchb.（1829）［锦葵科 Malvaceae］●☆

28117　Lagunaria（DC.）Rchb.（1829）【汉】蜜源锦葵属（蜜源葵属,诺福克木槿属）。【日】ラグナリア属。【俄】Лагунария。【英】Sugarplum Tree, Sugarplum-tree。【隶属】锦葵科 Malvaceae。【包含】世界1种。【学名诠释与讨论】〈阴〉（人）Andrés de Laguna, 植物学者+-arius，-aria，-arium，指示"属于、相似、具有、联系"的词尾。或（属）Laguna+-arius，-aria，-arium。此属的学名,ING、APNI、TROPICOS 和 IK 记载是"Lagunaria（A. P. de Candolle）H. G. L. Reichenbach, Consp. 202. Dec 1828-Mar 1829"，由"Hibiscus sect. Lagunaria A. P. de Candolle, Prodr. 1：454. Jan（med.）1824"改级而来。IK 记载的"Lagunaria（A. DC.）Reichenbach, Conspect. Reg. Veg. 202（1828）"的命名人引证有误。"Lagunaria G. Don, Gen. Hist. 1：485. 1831［early Aug 1831］= Lagunaria（DC.）Rchb.（1829）［锦葵科 Malvaceae］"是晚出的非法名称。【分布】澳大利亚（东部,诺福克岛）。【后选模式】Lagunaria patersonii（H. C. Andrews）G. Don［Hibiscus patersonii H. C. Andrews［as 'patersonius'］。【参考异名】Hibiscus sect. Lagunaria DC.（1824）；Lagunaria（A. DC.）Reich.（1828）；Lagunaria G. Don（1831）Nom. illegit. ●☆

28118　Lagunaria G. Don（1831）Nom. illegit. = Lagunaria（DC.）Rchb.（1829）［锦葵科 Malvaceae］●☆

28119　Laguncularia C. F. Gaertn.（1791）【汉】假红树属。【隶属】使君子科 Combretaceae。【包含】世界2种。【学名诠释与讨论】〈阴〉（拉）laguncula，小壶,小瓶+-arius，-aria，-arium，指示"属于、相似、具有、联系"的词尾。此属的学名,APNI 记载是"Laguncularia C. F. Gaertn., De Fructibus et Seminibus Plantarum 3 1791"。ING、TROPICOS 和 IK 记载是"Laguncularia C. F. Gaertn., Suppl. Carp. 209（t. 217, f. 3）. 1807"这是晚出的非法名称。"Laguncula G. H. Fisher 1881（裸藻）"和"Laguncula M. Black, Geol. Mag. 108：327. Jul 1971（化石植物）"也是晚出的非法名称。"Rhizaeris Rafinesque, Sylva Tell. 90. Oct-Dec 1838"是

"Laguncularia C. F. Gaertn. (1791)"的晚出的同模式异名（Homotypic synonym, Nomenclatural synonym）。【分布】巴拿马，秘鲁，厄瓜多尔，哥伦比亚，哥斯达黎加，尼加拉瓜，热带非洲西部，热带美洲，中美洲。【模式】Laguncularia racemosa (Linnaeus) C. F. Gaertner [Conocarpus racemosus Linnaeus]。【参考异名】Laguncularia C. F. Gaertn. (1807) Nom. illegit.; Rhizaeris Raf. (1838) Nom. illegit.; Sphaerocarpus Rich.; Sphaerocarpus Steud. (1841) Nom. illegit.; Sphenocarpus Rich. (1808) Nom. inval. ●☆

28120　Laguncularia C. F. Gaertn. (1807) Nom. illegit. = Laguncularia C. F. Gaertn. (1791) [使君子科 Combretaceae] ●☆

28121　Lagunea Lour. (1790) Nom. illegit. ≡ Goniaticum Stokes (1812); ~ = Amblygonum (Meisn.) Rchb. (1837) [蓼科 Polygonaceae] ■☆

28122　Lagunea Pers. (1806) Nom. illegit. = Abelmoschus Medik. (1787); ~ = Laguna Cav. (1786) [锦葵科 Malvaceae] ●■

28123　Lagunezia Scop. (1777) Nom. illegit. ≡ Racoubea Aubl. (1775); ~ = Homalium Jacq. (1760) [刺篱木科（大风子科）Flacourtiaceae//天料木科 Samydaceae] ●

28124　Lagunizia B. D. Jacks. = Lagunezia Scop. (1777) Nom. illegit.; ~ = Racoubea Aubl. (1775); ~ = Homalium Jacq. (1760) [刺篱木科（大风子科）Flacourtiaceae//天料木科 Samydaceae] ●

28125　Lagunoa Poir. (1822) = Llagunoa Ruiz et Pav. (1794) [无患子科 Sapindaceae] ●☆

28126　Laguraceae Link = Gramineae Juss. (保留科名)//Poaceae Barnhart (保留科名) ■●

28127　Lagurostemon Cass. (1828)【汉】兔蕊菊属。【隶属】菊科 Asteraceae (Compositae)。【包含】世界2种。【学名诠释与讨论】〈阳〉（希）lagos, 指小式 lagidion, 兔子+-urus, -ura, -uro, 用于希腊文组合词，含义为"尾巴"+stemon, 雄蕊。此属的学名是"Lagurostemon Cassini in F. Cuvier, Dict. Sci. Nat. 53: 466. Mai 1828"。亦有文献把其处理为"Saussurea DC. (1810)（保留属名）"的异名。【分布】欧洲，西伯利亚。【模式】Lagurostemon pygmaeus (Linnaeus) Cassini [Cnicus pygmaeus Linnaeus]。【参考异名】Saussurea DC. (1810)（保留属名）■☆

28128　Lagurus L. (1753)【汉】兔尾禾属（兔草属，兔尾草属）。【日】ラグルス属。【俄】Зайцехвост, Лагурус。【英】Hare's Tail, Hare's Tail Grass, Hare's-tail, Hare's-tail Grass, Lagurus, Rabbit-tail Grass, Rabbit-tail-grass。【隶属】禾本科 Poaceae (Gramineae)。【包含】世界1种。【学名诠释与讨论】〈阳〉（希）lagos, 指小式 lagidion, 兔子+-urus, -ura, -uro, 用于希腊文组合词，含义为"尾巴"。指花序状如兔尾。【分布】巴基斯坦，地中海地区，厄瓜多尔。【模式】Lagurus ovatus Linnaeus [as 'ovata']。【参考异名】Avena Haller ex Scop. (1777) Nom. illegit.; Avena Scop. (1777) Nom. illegit. ■☆

28129　Lagynias E. Mey. (1843) Nom. inval. = Lagynias E. Mey. ex Robyns (1928) [茜草科 Rubiaceae] ■☆

28130　Lagynias E. Mey. ex Robyns (1928)【汉】拉吉茜属。【隶属】茜草科 Rubiaceae。【包含】世界4种。【学名诠释与讨论】〈中〉词源不详。此属的学名，ING 和 TROPICOS 记载是"Lagynias E. Meyer ex W. Robijns, Bull. Jard. Bot. État 11: 312. Aug 1928"。IK 记载的"Lagynias E. Mey., Zwei Pflanzengeogr. Docum. (Drège) 197. 1843 [7 Aug 1843] = Lagynias E. Mey. ex Robyns (1928) [茜草科 Rubiaceae]"是晚出的非法名称。【分布】热带和非洲南部。【后选模式】Lagynias discolor E. Meyer ex W. Robijns。【参考异名】Lagynias E. Mey. (1843) Nom. inval. ■☆

28131　Lahaya Room. et Schult. (1819) Nom. illegit. ≡ Lahaya Schult. (1819); ~ ≡ Polycarpaea Lam. (1792)（保留属名）[as 'Polycarpea'] [石竹科 Caryophyllaceae] ■●

28132　Lahaya Schult. (1819) Nom. illegit. ≡ Polycarpaea Lam. (1792)（保留属名）[as 'Polycarpea'] [石竹科 Caryophyllaceae] ■●

28133　Lahia Hassk. (1858) = Durio Adans. (1763) [木棉科 Bombacaceae//锦葵科 Malvaceae] ●

28134　Lahnyea Roem. = Lahaya Schult. (1819) Nom. illegit.; ~ = Polycarpaea Lam. (1792)（保留属名）[as 'Polycarpea'] [石竹科 Caryophyllaceae] ■●

28135　Lais Salisb. (1866) = Hippeastrum Herb. (1821)（保留属名）[石蒜科 Amaryllidaceae] ■

28136　Lakshmia Veldkamp (2008)【汉】马来须芒草属。【隶属】禾本科 Poaceae (Gramineae)。【包含】世界1种。【学名诠释与讨论】〈阴〉词源不详。【分布】马来半岛。【模式】Lakshmia venusta (Thwaites) Veldkamp [Andropogon venustus Thwaites]。☆

28137　Lalage Lindl. (1834) = Bossiaea Vent. (1800) [豆科 Fabaceae (Leguminosae)] ●☆

28138　Lalda Bubani (1899) Nom. illegit. ≡ Lapsana L. (1753) [菊科 Asteraceae (Compositae)] ■

28139　Lalexia Luer (2011)【汉】墨西哥石斛属。【隶属】兰科 Orchidaceae。【包含】世界1种。【学名诠释与讨论】〈阴〉词源不详。此属的学名"Lalexia Luer, Harvard Pap. Bot. 16 (2): 358. 2011 [29 Dec 2011]"是一个替代名称。"Loddigesia Luer Monogr. Syst. Bot. Missouri Bot. Gard. 105: 251. 2006 [May 2006]"是一个非法名称（Nom. illegit.），因为此前已经有了"Loddigesia Sims, Bot. Mag. t. 965. 1 Oct 1806 = Hypocalyptus Thunb. (1800) [豆科 Fabaceae (Leguminosae)//蝶形花科 Papilionaceae]"。故用"Lalexia Luer (2011)"替代之。【分布】墨西哥。【模式】Lalexia quadrifida (La Llave et Lex.) Luer [Dendrobium quadrifidum La Llave et Lex.]。■☆

28140　Lalldhwojia Farille (1984)【汉】拉尔德草属。【隶属】伞形花科（伞形科）Apiaceae (Umbelliferae)。【包含】世界2种。【学名诠释与讨论】〈阴〉词源不详。【分布】尼泊尔，印度（锡金）。【模式】Lalldhwojia staintonii M. A. Farille。☆

28141　Lallemandia Walp. (1845) = Lallemantia Fisch. et C. A. Mey. (1840) [唇形科 Lamiaceae (Labiatae)] ■

28142　Lallemantia Fisch. et C. A. Mey. (1840)【汉】扁柄草属（拉雷草属）。【俄】Лаллеманция, Ляллеманция。【英】Flatstalkgrass, Lallemantia。【隶属】唇形科 Lamiaceae (Labiatae)。【包含】世界5种，中国1-5种。【学名诠释与讨论】〈阴〉（人）Julius Leopold Eduard (Leopoldus Eduardus) Ave-Lallemant, 1803-1867, 德国植物学者，医生，旅行家。另说俄罗斯植物学者。【分布】巴基斯坦，中国，安纳托利亚至亚洲中部和喜马拉雅山。【模式】未指定。【参考异名】Lallemandia Walp. (1845); Zornia Moench (1794) ■

28143　Lalypoga Gand. = Polygala L. (1753) [远志科 Polygalaceae] ●■

28144　Lamanonia Vell. (1829)【汉】南美洲火把树属。【隶属】火把树科（常绿棱枝树科，角瓣木科，库诺尼科，南蔷薇科，轻木科）Cunoniaceae。【包含】世界5-10种。【学名诠释与讨论】〈阴〉词源不详。此属的学名是"Lamanonia Vellozo, Fl. Flum. 228. 7 Sep-28 Nov 1829 ('1825')"。亦有文献把其处理为"Geissois Labill. (1825)"的异名。【分布】巴拉圭，巴西（南部）。【模式】Lamanonia ternata Vellozo。【参考异名】Belangera Cambess. (1829); Geissois Labill. (1825); Polystemon D. Don (1830) ●☆

28145　Lamarchea Gaudich. (1830)【汉】拉马切桃金娘属。【隶属】桃金娘科 Myrtaceae。【包含】世界2种。【学名诠释与讨论】〈阴〉（人）M. Jerome Frederic Lamarche, 1779-?, 军人。此属的学名，ING 和 IK 记载是"Lamarchea Gaudichaud-Beaupré in Freycinet, Voyage Monde, Uranie Physicienne Bot. 483. t. 110. Mar 1830

（‘1826’）”。茄科 Solanaceae 的“Lamarckea Steud. , Nomenclator Botanicus. Editio secunda 2：6. 1840”是“Lamarckia Valll（1810）Nom. illegit.（废弃属名）”的拼写变体，也是晚出的非法名称。【分布】澳大利亚（西部）。【模式】Lamarchea hakeaefolia Gaudichaud-Beaupré。【参考异名】Lamarkea Rchb.（1828）Nom. illegit. ●☆

28146　Lamarckea Steud.（1840）Nom. inval.（废弃属名）≡ Lamarckia Valll（1810）Nom. illegit.（废弃属名）；~ ≡ Markea Rich.（1792）；~ = Lamarkea Pers.（1805）Nom. illegit. ；~ = Markea Rich.［茄科 Solanaceae］●☆

28147　Lamarckia Hort. ex Endl.（废弃属名）= Elaeodendron Jacq.（1782）［卫矛科 Celastraceae］●☆

28148　Lamarckia Moench（1794）［as ‘Lamarkia’］（保留属名）【汉】拉马克草属（金颈草属，金穗草属）。【日】ノレンガヤ属。【俄】Ламаркия。【英】Achyrodes, Golden Dog's-tail, Goldentop, Golden-top, Lamarckia。【隶属】禾本科 Poaceae（Gramineae）。【包含】世界 1 种。【学名诠释与讨论】〈阴〉〈人〉Jean Baptiste Antoine Pierre Monet de Lamarck，1774–1829，法国著名的博物学者、植物学者。此属的学名“Lamarckia Moench, Methodus：201. 4 Mai 1794（‘Lamarkia’）（orth. cons.）”是保留属名。相应的废弃属名是绿藻的“Lamarckia Olivi, Zool. Adriat. ：258. Sep–Dec 1792 ≡ Spongodium J. V. F. Lamouroux 1813”。茄科 Solanaceae 的“Lamarckia Vahl, Skr. Naturhist. – Selsk. 6：93. 1810 ≡ Markea Rich.（1792）= Lamarkea Pers.（1805）Nom. illegit. ”是晚出的非法名称，亦应废弃。卫矛科 Celastraceae 的“Lamarckia Hort. ex Endl.（废弃属名）= Elaeodendron Jacq.（1782）”也须废弃。“Lamarckia Moench（1794）”的拼写变体“Lamarkia Moench（1794）”也要废弃；它所连带的“Lamarkea Rchb. , Consp. Regn. Veg.［H. G. L. Reichenbach］175. 1828 = Lamarchea Gaudich.（1830）［桃金娘科 Myrtaceae］”、“Lamarkia G. Don（废弃属名）= Markea Rich.（1792）［茄科 Solanaceae］”和“Lamarkia Medikus, Vorles. Churpfälz. Phys. – Ökon. Ges. 4（1）：183. 1788 = Sida L.（1753）［锦葵科 Malvaceae］”都应废弃。“Lamarckea Steud. , Nomenclator Botanicus. Editio secunda 2：6. 1840”是“Lamarckia Valll（1810）Nom. illegit.（废弃属名）”的拼写变体；也须废弃。“Achyrodes Boehmer in C. G. Ludwig, Def. Gen. ed. 3. 420. 1760（废弃属名）”、“Chrysurus Persoon, Syn. Pl. 1：80. 1 Apr–15 Jun 1805”和“Tinaea Garzia, Relaz. Accad. Accad. Zelanti Aci–Reale Sci. 3/4：24. 1838（non Tinea K. P. J. Sprengel 1820）”是“Lamarckia Moench（1794）［as ‘Lamarkia’］（保留属名）”的晚出的同模式异名（Homotypic synonym, Nomenclatural synonym）。【分布】巴基斯坦，秘鲁，地中海地区，中美洲。【模式】Lamarckia aurea（Linnaeus）Moench［Cynosurus aureus Linnaeus］。【参考异名】Achyrodes Boehm.（1760）（废弃属名）；Achyrodes Boehm. ex Kuntze（1891）（废弃属名）；Achyrodes（L.）Boehm.（1760）（废弃属名）；Chrysurus Pers.（1805）Nom. illegit. ；Lamarkia G. Don（废弃属名）；Lamarkia Moench（1794）Nom. illegit.（废弃属名）；Pterium Desv.（1813）；Tinaea Garzia ex Parl.（1845）Nom. illegit. ；Tinaea Garzia（1845）Nom. illegit. ；Tineoa Post et Kuntze（1903）■☆

28149　Lamarckia Valll（1810）Nom. illegit.（废弃属名）≡ Markea Rich.（1792）；~ = Lamarkea Pers.（1805）Nom. illegit. ；~ = Markea Rich.［茄科 Solanaceae］●☆

28150　Lamarkea Pers.（1805）Nom. illegit. ；~ = Markea Rich.［茄科 Solanaceae］●☆

28151　Lambertia Sm.（1798）【汉】兰伯特木属（莱勃特属）。【英】Lambertia。【隶属】山龙眼科 Proteaceae。【包含】世界 9-10 种。【学名诠释与讨论】〈阴〉〈人〉Aylmer Bourke Lambert，1761– 1842，英国植物学者，植物采集家。【分布】澳大利亚。【模式】Lambertia formosa J. E. Smith。●☆

28152　Lambertya F. Muell. = Bertya Planch.（1845）［大戟科 Euphorbiaceae］●☆

28153　Lamechites Markgr.（1925）= Ichnocarpus R. Br.（1810）（保留属名）；~ = Micrechites Miq.（1857）［夹竹桃科 Apocynaceae］●

28154　Lamellisepalum Engl.（1897）= Sageretia Brongn.（1827）［鼠李科 Rhamnaceae］●

28155　Lamia Endl.（1839）Nom. illegit. ≡ Lamia Vand. ex Endl.（1839）Nom. illegit. ；~ = Portulaca L.（1753）［马齿苋科 Portulacaceae］■

28156　Lamia Vand.（1788）Nom. inval. ≡ Lamia Vand. ex Endl.（1839）Nom. illegit. ；~ = Portulaca L.（1753）［马齿苋科 Portulacaceae］■

28157　Lamia Vand. ex Endl.（1839）Nom. illegit. = Portulaca L.（1753）［马齿苋科 Portulacaceae］■

28158　Lamiacanthus Kuntze（1891）= Strobilanthes Blume（1826）［爵床科 Acanthaceae］●■

28159　Lamiaceae Lindl. = Labiatae Juss.（保留科名）●■

28160　Lamiaceae Martinov（1820）（保留科名）【汉】唇形科。【包含】世界 180-252 属 3500-7173 种，中国 96-102 属 804-929 种。Labiatae Juss. 和 Lamiaceae Martinov 均为保留科名，是《国际植物命名法规》确定的九对互用科名之一。详见 Labiatae Juss. 。【分布】广泛分布。重要分布中心为地中海地区。【科名模式】Lamium L.（1753）●■

28161　Lamiastrum Heist. ex Fabr.（1759）【汉】肖野芝麻属（小野芝麻属）。【英】Archangel, Blind Nettle, Dead-nettle, Yellow Archangel。【隶属】唇形科 Lamiaceae（Labiatae）。【包含】世界 1 种，中国 1 种。【学名诠释与讨论】〈中〉〈属〉Lamium 野芝麻属+-astrum，指示小的词尾，也有“不完全相似”的含义。此属的学名，ING、TROPICOS 和 IK 记载是“Lamiastrum Heist. ex Fabr. , Enum.［Fabr.］. 51. 1759”。《中国植物志》中文版和英文版都用“Galeobdolon Adans.（1763）”为正名是不妥的；它是“Lamiastrum Heist. ex Fabr.（1759）”的晚出的同模式异名（Homotypic synonym, Nomenclatural synonym）。“Galeobdolon Adans.（1763）”是“Lamiastrum Heist. ex Fabr.（1759）”的替代名称。但是“Lamiastrum Heist. ex Fabr.（1759）”是一个合法名称，无需替代。“Polichia Schrank, Acta Acad. Elect. Mogunt. Sci. Util. Erfurti 1781：35. 1781（废弃属名）”是“Lamiastrum Heist. ex Fabr.（1759）”的晚出的同模式异名（Homotypic synonym, Nomenclatural synonym）。《显花植物与蕨类植物词典》等文献把“Lamiastrum Heist. ex Fabr.（1759）”处理为“Lamium L.（1753）”的异名。【分布】中国。【后选模式】Lamiastrum galeobdolon（Linnaeus）F. Ehrendorfer et A. Polatschek［Galeopsis galeobdolon Linnaeus］。【参考异名】Galeobdolon Adans.（1763）Nom. illegit. , Nom. superfl. ；Lamium L.（1753）；Polichia Schrank（1781）Nom. illegit.（废弃属名）■

28162　Lamiella Fourr.（1869）= Lamiastrum Heist. ex Fabr.（1759）［唇形科 Lamiaceae（Labiatae）］■

28163　Lamiodendron Steenis（1957）【汉】芝麻树属。【隶属】紫葳科 Bignoniaceae。【包含】世界 1 种。【学名诠释与讨论】〈中〉〈属〉Lamium 野芝麻属 + dendron 或 dendros，树木，棍，丛林。或 Herman Johannes Lam，1892–1977，荷兰植物学者+dendron。【分布】新几内亚岛。【模式】Lamiodendron magnificum C. G. G. J. Steenis。●☆

28164　Lamiofrutex Lauterb.（1924）= Vavaea Benth.（1843）［楝科 Meliaceae］●☆

28165　Lamiophlomis Kudô（1929）【汉】独一味属。【英】

Lamiophlomis。【隶属】唇形科 Lamiaceae（Labiatae）。【包含】世界1种,中国1种。【学名诠释与讨论】〈阴〉(属)Lamium 野芝麻属＋Phloimis 糙苏属。此属的学名是" Lamiophlomis Kudo, Mem. Fac. Sci. Taihoku Imp. Univ. 2(2)：210. Dec 1929"。亦有文献把其处理为"Phlomis L.(1753)"的异名。【分布】中国,喜马拉雅山。【模式】Lamiophlomis rotata（Bentham ex J. D. Hooker）Kudo［Phlomis rotata Bentham ex J. D. Hooker］。【参考异名】Phlomis L.(1753)■

28166　Lamiopsis(Dumort.)Opiz(1852)＝Lamium L.(1753)［唇形科 Lamiaceae（Labiatae）］■

28167　Lamiopsis Opiz(1852)Nom. illegit.≡Lamiopsis（Dumort.）Opiz(1852)；~＝Lamium L.(1753)［唇形科 Lamiaceae（Labiatae）］■

28168　Lamiostachys Krestovsk.(2006)＝Stachys L.(1753)［唇形科 Lamiaceae（Labiatae）］●■

28169　Lamium L.(1753)【汉】野芝麻属。【日】オドリコソウ属,ラミューム属,ヲドリコサウ属。【俄】Зеленчук, Яснотка。【英】Archangel, Blind Nettle, Dead Nettle, Deadnettle, Dead-nettle, Henbit, Lamium。【隶属】唇形科 Lamiaceae（Labiatae）。【包含】世界17-41种,中国4-7种。【学名诠释与讨论】〈中〉希腊语或旧拉丁语 laimos 咽喉,或 lamia 海中怪物。指其花有喉管。另说,lamium,拉丁语野芝麻的古名。【分布】巴基斯坦,秘鲁,玻利维亚,厄瓜多尔,美国(密苏里),中国,欧洲,亚洲,中美洲。【后选模式】Lamium album Linnaeus。【参考异名】Galeobdolon Adans.(1763)Nom. illegit., Nom. superfl.；Galeobdolon Huds.；Lamiastrum Heist. ex Fabr.(1759)；Lamiopsis（Dumort.）Opiz(1852)；Lamiopsis Opiz(1852)Nom. illegit.；Matsumurella Makino(1915)；Orvala L.(1753)；Pollichia Schrank(1782)(废弃属名)；Psilopsis Neck.(1790)Nom. inval.；Wiedemannia Fisch. et C. A. Mey.(1838)■

28170　Lamottea Pomel(1860)＝Carduncellus Adans.(1763)［菊科 Asteraceae（Compositae）//蝶形花科 Papilionaceae］■☆

28171　Lamottea Pomel(1870)Nom. illegit.＝Psoralea L.(1753)［豆科 Fabaceae（Leguminosae）//蝶形花科 Papilionaceae］●■

28172　Lamourouxia Kunth(1818)(保留属名)【汉】拉穆列当属(拉穆玄参属)。【隶属】玄参科 Scrophulariaceae。【包含】世界26-28种。【学名诠释与讨论】〈阴〉(人)Jean Vincent Felix Lamouroux, 1779-1825,法国植物学者。此属的学名" Lamourouxia Kunth in Humboldt et al., Nov. Gen. Sp. 2, ed. 4：335；ed. f：269. 8 Jun 1818"是保留属名。相应的废弃属名是红藻的"Lamourouxia C. Agardh, Syn. Alg. Scand.：xiv. Mai-Dec 1817≡Claudea Lamouroux 1813"。【分布】巴拿马,秘鲁,厄瓜多尔,哥伦比亚(安蒂奥基亚),墨西哥,尼加拉瓜,中美洲。【模式】Lamourouxia multifida Kunth。【参考异名】Stenochilum Willd. ex Cham. et Schltdl.；Stenochilus Post et Kuntze(1903)Nom. illegit.■☆

28173　Lampadaria Feuillet et L. E. Skog(2003)【汉】灯苣苔属。【隶属】苦苣苔科 Gesneriaceae。【包含】世界1种。【学名诠释与讨论】〈阴〉(希)lampas,所有格 lampados,灯,火炬,lampe,火炬,lampetes,发光者＋-arius,-aria,-arium,指示"属于、相似、具有、联系"的词尾。【分布】南美洲。【模式】Lampadaria rupestris C. Feuillet et L. E. Skog。■☆

28174　Lampas Danser(1929)【汉】灯寄生属。【隶属】桑寄生科 Loranthaceae。【包含】世界1种。【学名诠释与讨论】〈阴〉(希)lampas,所有格 lampados,灯,火炬,lampe,火炬,lampetes,发光者。【分布】加里曼丹岛。【模式】Lampas elmeri Danser。●☆

28175　Lampaya F. Phil.(1891)Nom. inval.≡Lampayo F. Phil. ex Murillo(1889)［马鞭草科 Verbenaceae］●☆

28176　Lampaya F. Phil. ex Murillo(1891)Nom. inval.≡Lampayo F. Phil. ex Murillo(1889)［马鞭草科 Verbenaceae］●☆

28177　Lampayo F. Phil. ex Murillo(1889)【汉】美马鞭属(灯马鞭属)。【隶属】马鞭草科 Verbenaceae。【包含】世界3种。【学名诠释与讨论】〈阴〉词源不详。此属的学名,ING、TROPICOS 和 IK 记载是" Lampayo F. Philippi ex Murillo, Pl. Médic. Chili 163. 1889"。" Lampaya Phil., Anales Mus. Nac., Santiago de Chile ser 2,：58. 1891≡Lampaya F. Phil. ex Murillo(1891)"是其变体。" Lampayo Phil., Anales Mus. Nac., Santiago de Chile ser 2,：58. 1891"是晚出的非法名称。【分布】阿根廷,玻利维亚,智利。【模式】Lampayo officinalis F. Philippi ex Murillo。【参考异名】Lampaya F. Phil.(1891)Nom. inval.；Lampaya Phil.(1891)Nom. illegit.●☆

28178　Lampetia M. Roem.(1846)Nom. illegit.＝Atalantia Corrêa(1805)(保留属名)［芸香科 Rutaceae］●

28179　Lampetia Raf.(1837)＝Mollugo L.(1753)［粟米草科 Molluginaceae//番杏科 Aizoaceae］■

28180　Lampocarpya Spreng.(1817)＝Lampocarya R. Br.(1810)［莎草科 Cyperaceae］■

28181　Lampocarya R. Br.(1810)＝Gahnia J. R. Forst. et G. Forst.(1775)［莎草科 Cyperaceae］■

28182　Lampra Benth.(1842)Nom. illegit.＝Weldenia Schult. f.(1829)［鸭趾草科 Commelinaceae］■☆

28183　Lampra Lindl. ex DC.(1830)＝Trachymene Rudge(1811)［伞形花科(伞形科)Apiaceae（Umbelliferae）//天胡荽科 Hydrocotylaceae］■☆

28184　Lamprachaenium Benth.(1873)【汉】无光菊属。【隶属】菊科 Asteraceae（Compositae）。【包含】世界1种。【学名诠释与讨论】〈中〉(希)lampros,光辉,发光的,美丽的,鲜艳的。lamprotes,光明,清亮,明朗＋achen,贫乏＋-ius,-ia,-ium,在拉丁文和希腊文中,这些词尾表示性质或状态。指果实。【分布】印度。【模式】Lamprachaenium microcephalum（Dalzell）B. D. Jackson［Decaneurum microcephalum Dalzell］。■☆

28185　Lampranthus N. E. Br.(1930)(保留属名)【汉】日中花属(光淋菊属,辉花属,龙须海棠属,细叶日中花属)。【日】オスキュリア属,オスクラリア属,マツバギク属,ランプランサス属。【英】Deltoid-leaved, Dew-plant, Fig-marigold, Lampranthus。【隶属】番杏科(日中花科)Aizoaceae。【包含】世界100-180种。【学名诠释与讨论】〈阳〉(希)lampros,光辉,发光的,美丽的,鲜艳的＋anthos,花。此属的学名" Lampranthus N. E. Br. in Gard. Chron., ser. 3,87：71. 25 Jan 1930"是保留属名。相应的废弃属名是番杏科 Aizoaceae 的"Oscularia Schwantes in Möller's Deutsche Gärtn.-Zeitung 42：187. 21 Mai 1927＝Lampranthus N. E. Br.(1930)(保留属名)"。【分布】玻利维亚,厄瓜多尔,哥伦比亚(安蒂奥基亚),中国,非洲南部。【模式】Lampranthus multiradiatus（N. J. Jacquin）N. E. Brown［Mesembryanthemum multiradiatum N. J. Jacquin］。【参考异名】Oscularia Schwantes(1927)(废弃属名)■

28186　Lamprocapnos Endl.(1850)【汉】荷包牡丹属。【英】Bleeding Heart。【隶属】罂粟科 Papaveraceae//紫堇科(荷苞牡丹科)Fumariaceae。【包含】世界1种,中国1种。【学名诠释与讨论】〈阳〉(希)lampros,光辉,发光的,美丽的,鲜艳的＋kapnos,烟,蒸汽,延胡索。此属的学名" Lamprocapnos Endlicher, Gen. Suppl. 5：32. 1850"是一个替代名称。" Capnorchis Borkhausen, Arch. Bot.(Leipzig)1(2)：46. 1797"是一个非法名称(Nom. illegit.),因为此前已经有了"Capnorchis P. Miller, Gard. Dict. Abr. ed. 4. 28 Jan 1754(废弃属名)＝Dicentra Bernh.(1833)(保留属名)［罂粟科 Papaveraceae//紫堇科(荷苞牡丹科)Fumariaceae］"。故用" Lamprocapnos Endl.(1850)"替代之。ING 记载,"Lamprocapnos

Endl.（1850）"还是"Eucapnos Siebold et Zuccarini, Abh. Königl. Bayer Akad. Wiss. Math. –Phys. 3（3）:721. 1843"的替代名称,后者亦是一个晚出的非法名称,因为此前已经有了"Eucapnos Bernhardi, Linnaea 8:468. post Jul 1833 = Dicentra Bernh.（1833）（保留属名）[罂粟科 Papaveraceae//紫堇科（荷苞牡丹科）Fumariaceae]"。"Eucapnos Siebold et Zuccarini, Abh. Königl. Bayer Akad. Wiss. Math. –Phys. 3（3）:721. 1843（non Bernhardi 1833）"是"Lamprocapnos Endl.（1850）"的同模式异名（Homotypic synonym, Nomenclatural synonym）。亦有文献把"Lamprocapnos Endl.（1850）"处理为"Dicentra Bernh.（1833）（保留属名）"的异名。【分布】朝鲜,俄罗斯（东南部）,中国。【模式】Lamprocapnos spectabilis（Linnaeus）T. Fukuhara [Fumaria spectabilis Linnaeus]。【参考异名】Capnorchis Borkh.（1797）（废弃属名）；Dicentra Bernh.（1833）（保留属名）；Eucapnos Siebold et Zucc.（1843）Nom. illeg. ■

28187　Lamprocarpus Blume ex Schult. et Schult. f.（1830）= Pollia Thunb.（1781）[鸭趾草科 Commelinaceae] ■

28188　Lamprocarpus Blume（1830）Nom. illeg. ≡ Lamprocarpus Blume ex Schult. et Schult. f.（1830）；~ = Pollia Thunb.（1781）[鸭趾草科 Commelinaceae] ■

28189　Lamprocarya Nees（1834）= Gahnia J. R. Forst. et G. Forst.（1775）；~ = Lampocarya R. Br.（1810）[莎草科 Cyperaceae] ■

28190　Lamprocaulos Mast.（1878）= Elegia L.（1771）[帚灯草科 Restionaceae] ■☆

28191　Lamprocephalus B. Nord.（1976）【汉】亮头菊属。【隶属】菊科 Asteraceae（Compositae）。【包含】世界 1 种。【学名诠释与讨论】〈阳〉（希）lampros,光辉,发光的,美丽的,鲜艳的+kephale,头。【分布】非洲南部。【模式】Lamprocephalus montanus B. Nordenstam。●☆

28192　Lamprochlaena F. Muell.（1863）= Myriocephalus Benth.（1837）[菊科 Asteraceae（Compositae）] ■☆

28193　Lamprochlaenia Börner（1913）= Carex L.（1753）[莎草科 Cyperaceae] ■

28194　Lamprococcus Beer（1856）【汉】光彩凤梨属。【隶属】凤梨科 Bromeliaceae。【包含】世界 13 种。【学名诠释与讨论】〈阳〉（希）lampros,光辉,发光的,美丽的,鲜艳的+kokkos,变为拉丁文 coccus,仁,谷粒,浆果。此属的学名,ING、TROPICOS 和 IK 记载是"Lamprococcus Beer, Fam. Brom. 103. 1856 [1857 publ. Sep–Oct 1856]"。它曾被处理为"Aechmea sect. Lamprococcus（Beer）Benth., Genera Plantarum 3（2）:663. 1883"和"Aechmea subgen. Lamprococcus（Beer）Baker, Handbook of the Bromeliaceae 33. 1889"。亦有文献把"Lamprococcus Beer（1856）"处理为"Aechmea Ruiz et Pav.（1794）（保留属名）"的异名。【分布】玻利维亚,热带美洲。【后选模式】Lamprococcus fulgens（A. T. Brongniart）Beer [Aechmea fulgens A. T. Brongniart]。【参考异名】Aechmea Ruiz et Pav.（1794）（保留属名）；Aechmea sect. Lamprococcus（Beer）Benth.（1883）；Aechmea subgen. Lamprococcus（Beer）Baker（1889）■☆

28195　Lamproconus Lem.（1852）= Pitcairnia L' Hér.（1789）（保留属名）[凤梨科 Bromeliaceae] ■☆

28196　Lamprodithyros Hassk.（1863）= Aneilema R. Br.（1810）[鸭趾草科 Commelinaceae] ■☆

28197　Lamprolobium Benth.（1864）【汉】澳光明豆属。【隶属】豆科 Fabaceae（Leguminosae）//蝶形花科 Papilionaceae。【包含】世界 3 种。【学名诠释与讨论】〈中〉（希）lampros,光辉,发光的,美丽的,鲜艳的+lobos = 拉丁文 lobulus,片,裂片,叶,荚,荫+-ius,-ia,-ium,在拉丁文和希腊文中,这些词尾表示性质或状态。指豆

荚光滑而明亮。【分布】澳大利亚（昆士兰）。【模式】Lamprolobium fruticosum Bentham。■☆

28198　Lampropappus（O. Hoffm.）H. Rob.（1924）【汉】亮冠鸡菊花属。【隶属】菊科 Asteraceae（Compositae）。【包含】世界 3 种。【学名诠释与讨论】〈阳〉（希）lampros,光辉,发光的,美丽的,鲜艳的+希腊文 pappos 指柔毛,软毛。pappus 则与拉丁文同义,指冠毛。此属的学名,TROPICOS 和 IK 记载是"Lampropappus（O. Hoffm.）H. Rob., Proc. Biol. Soc. Washington 112（1）:245（1999）",由"Vernonia sect. Lampropappus O. Hoffm."改级而来。【分布】美国（南部）,墨西哥。【模式】Lampropappus longiflium（Bentham）O. E. Schulz [Streptanthus longifolius Bentham]。【参考异名】Vernonia sect. Lampropappus O. Hoffm. ●☆

28199　Lamprophragma O. E. Schulz（1924）Nom. illegit. ≡ Pennellia Nieuwl.（1918）[十字花科 Brassicaceae（Cruciferae）] ■☆

28200　Lamprophyllum Miers（1854）Nom. illegit. ≡ Calophyllum L.（1753）；~ = Rheedia L.（1753）[猪胶树科（克鲁西科,山竹子科,藤黄科）Clusiaceae（Guttiferae）//红厚壳科 Calophyllaceae] ●☆

28201　Lamprospermum Klotzsch（1849）= Matayba Aubl.（1775）[无患子科 Sapindaceae] ●☆

28202　Lamprostachys Bojer ex Benth.（1848）= Achyrospermum Blume（1826）[唇形科 Lamiaceae（Labiatae）] ■●

28203　Lamprothamnus Hiern（1877）【汉】亮灌茜属。【隶属】茜草科 Rubiaceae。【包含】世界 1 种。【学名诠释与讨论】〈阳〉（希）llampros,光辉,发光的,美丽的,鲜艳的 + thamnos,指小式 thamnion,灌木,灌丛,树丛,枝。【分布】热带非洲东部。【模式】Lamprothamnus zanguebaricus Hiern。●☆

28204　Lamprothyrsus Pilg.（1906）【汉】银丽草属。【隶属】禾本科 Poaceae（Gramineae）。【包含】世界 3 种。【学名诠释与讨论】〈阳〉（希）lampros,光辉,发光的,美丽的,鲜艳的+thyrsos,茎,杖。thyrsus,聚伞圆锥花序,团。【分布】秘鲁,玻利维亚,厄瓜多尔。【模式】Lamprothyrsus hieronymi（O. Kuntze）Pilger [Triraphis hieronymi O. Kuntze]。■☆

28205　Lamprotis D. Don（1834）= Erica L.（1753）[杜鹃花科（欧石南科）Ericaceae] ●☆

28206　Lampsana Mill.（1754）Nom. illegit. ≡ Lapsana L.（1753）[菊科 Asteraceae（Compositae）] ■

28207　Lampsana Ruppius（1745）Nom. inval. =? Lampsana Mill.（1754）[菊科 Asteraceae（Compositae）] ■☆

28208　Lampsanaceae Martinov（1820）Nom. inval. = Asteraceae Bercht. et J. Presl（保留科名）//Compositae Giseke（保留科名）●■

28209　Lampujang J. König（1783）= Zingiber Mill.（1754）[as 'Zinziber']（保留属名）[姜科（蘘荷科）Zingiberaceae] ■

28210　Lamyra（Cass.）Cass.（1822）【汉】拉米菊属。【俄】Ламира。【隶属】菊科 Asteraceae（Compositae）。【包含】世界 6 种。【学名诠释与讨论】〈阴〉（希）lamyros,可爱的,发光的,辛辣的,鲜艳的。此属的学名,ING 记载是"Lamyra（Cassini）Cassini in F. Cuvier, Dict. Sci. Nat. 25:218,222. Nov 1822",由"Cirsium subgen. Lamyra Cassini, Bull. Sci. Soc. Philom. Paris 1818:168. Nov. 1818"改级而来。IK 和 TROPICOS 则记载为"Lamyra Cass., Dict. Sci. Nat., ed. 2. [F. Cuvier]25:218. 1822 [Nov 1822]"。三者引用的文献相同。亦有文献把"Lamyra（Cass.）Cass.（1822）"处理为"Ptilostemon Cass.（1816）"的异名。【分布】参见 Ptilostemon Cass.（1816）。【模式】Lamyra stipulacea Cassini, Nom. illegit. [Carduus stellatus Linnaeus]。【参考异名】Cirsium subgen. Lamyra Cass.（1818）；Lamyra Cass.（1822）Nom. illegit. ；Ptilostemon Cass.（1816）■☆

28211　Lamyra Cass.（1822）Nom. illegit. ≡ Lamyra（Cass.）Cass.

（1822）［菊科 Asteraceae（Compositae）］■☆

28212　Lamyropappus Knorring et Tamamsch.（1954）【汉】宽叶肋果蓟属。【俄】Ламиропапус。【隶属】菊科 Asteraceae（Compositae）。【包含】世界1种。【学名诠释与讨论】〈阳〉（属）lamyros，可爱的,发光的,辛辣的,鲜艳的+希腊文 pappos 指柔毛,软毛。pappus 则与拉丁文同义,指冠毛。【分布】亚洲中部。【模式】Lamyropappus schakaptaricum（B. A. Fedtschenko）Knorring et S. G. Tamamschjan［as 'schacaptaricum'］［Cirsium schakaptaricum B. A. Fedtschenko］。■☆

28213　Lamyropsis（Kharadze）Dittrich（1971）【汉】银背蓟属。【隶属】菊科 Asteraceae（Compositae）。【包含】世界6-8种。【学名诠释与讨论】〈阴〉（属）Lamyra 拉米菊属+希腊文 opsis,外观,模样,相似。此属的学名,ING 和 IK 记载是"Lamyropsis（A. L. Charadze）M. Dittrich, Candollea 26：98. 30 Oct 1971",由"Cirsium sect. Lamyropsis A. L. Charadze in E. G. Bobrov et S. K. Cerepanov, Fl. URSS 28：603. 1963（post 24 Jun）"改级而来。【分布】高加索,意大利（撒丁岛）,亚洲中部。【模式】Lamyropsis sinuata M. Dittrich, Nom. illegit.［Chamaepeuce sinuata Trautvetter, Nom. illegit.；Carduus cynaroides Lamarck］。【参考异名】Cirsium sect. Lamyropsis Charadze（1963）■☆

28214　Lanaria Adans.（1763）Nom. illegit.（废弃属名）≡ Gypsophila L.（1753）［石竹科 Caryophyllaceae］■●

28215　Lanaria Aiton（1789）（保留属名）【汉】毛石蒜属。【英】Lanaria。【隶属】毛石蒜科 Lanariaceae//血草科（半授花科,给血草科,血皮草科）Haemodoraceae。【包含】世界1种。【学名诠释与讨论】〈阴〉（拉）lana,羊毛。lanatus,如羊毛的。lanuginosus,被柔毛的。lanosus,充满了毛的。lanugo,绒毛。laniferous,具柔毛的+-arius,-aria,-arium,指示"属于、相似、具有、联系"的词尾。指花。此属的学名"Lanaria Aiton, Hort. Kew. 1：462. 7 Aug-1 Oct 1789"是保留属名。相应的废弃属名是石竹科 Caryophyllaceae 的"Lanaria Adans., Fam. Pl. 2：255, 568. Jul-Aug 1763 ≡ Gypsophila L.（1753）"和毛石蒜科 Lanariaceae//血草科（半授花科,给血草科,血皮草科）Haemodoraceae 的"Argolasia Juss., Gen. Pl.：60. 4 Aug 1789 = Lanaria Aiton（1789）（保留属名）"。亦有文献把"Lanaria Aiton（1789）（保留属名）"处理为"Augea Thunb.（1794）（保留属名）"的异名,似有误。【分布】非洲南部。【模式】Lanaria plumosa W. Aiton, Nom. illegit.［Hyacinthus lanatus Linnaeus；Lanaria lanata（Linnaeus）Druce］。【参考异名】Argolasia Juss.（1789）（废弃属名）；Augea Thunb.（1794）（保留属名）；Augea Thunb. ex Retz., Nom. illegit.（废弃属名）■☆

28216　Lanariaceae H. Huber ex R. Dahlgren（1988）［亦见 Haemodoraceae R. Br.（保留科名）血草科（半授花科,给血草科,血皮草科）]【汉】毛石蒜科。【包含】世界1属1种。【分布】南非。【科名模式】Lanaria Aiton（1789）（保留属名）■☆

28217　Lanariaceae R. Dahlgren（1988）= Lanariaceae H. Huber ex R. Dahlgren（1988）■☆

28218　Lancea Hook. f. et Thomson（1857）【汉】肉果草属（兰石草属）。【英】Lancea。【隶属】玄参科 Scrophulariaceae//透骨草科 Phrymaceae。【包含】世界2种,中国2种。【学名诠释与讨论】〈阴〉（人）John Henry Lance, 1793-1878,英国植物学者,兰类植物爱好者,律师。【分布】中国。【模式】Lancea tibetica J. D. Hooker et T. Thomson。■

28219　Lancisia Fabr.（1759）Nom. illegit. ≡ Cotula L.（1753）［菊科 Asteraceae（Compositae）]■

28220　Lancisia Lam.（1798）Nom. illegit. ≡ Cenia Comm. ex Juss.（1789）；~ =Cotula L.（1753）；~ = Lidbeckia P. J. Bergius（1767）

［菊科 Asteraceae（Compositae）］●☆

28221　Lancisia Ponted. ex Adans.（1763）Nom. illegit.［菊科 Asteraceae（Compositae）］☆

28222　Lancretia Delile（1813）= Bergia L.（1771）［沟繁缕科 Elatinaceae］●●

28223　Landersia Macfad.（1837）Nom. illegit. ≡ Melothria L.（1753）；~ = Zehneria Endl.（1833）［葫芦科（瓜科, 南瓜科）Cucurbitaceae］■

28224　Landesia Kuntze（1891）= Londesia Fisch. et C. A. Mey.（1836）［藜科 Chenopodiaceae］■

28225　Landia Comm. ex Juss.（1789）Nom. illegit. = Bremeria Razafim. et Alejandro（2005）；~ = Mussaenda L.（1753）［茜草科 Rubiaceae］●■

28226　Landia Dombey（1784）【汉】兰德刺球果属。【隶属】刺球果科（刚毛果科,克雷木科,拉坦尼科）Krameriaceae。【包含】世界1种。【学名诠释与讨论】〈阴〉词源不详。似来自人名或地名。此属的学名,ING 记载是"Landia J. Dombey, J. Scavans（Paris, qu.）1784（1）：382. 1784"。茜草科 Rubiaceae 的"Landia Commerson ex A. L. Jussieu, Gen. 201. 4 Aug 1789 = Bremeria Razafim. et Alejandro（2005）= Mussaenda L.（1753）［茜草科 Rubiaceae］"是晚出的非法名称。【分布】巴基斯坦,玻利维亚,中美洲。【模式】Landia lappacea Domb. ex Vitman［Landia lappacea Domb.］。☆

28227　Landiopsis Capuron ex Bosser（1998）【汉】拟盘银花属。【隶属】茜草科 Rubiaceae。【包含】世界1种。【学名诠释与讨论】〈阴〉（属）Landia = Mussaenda 玉叶金花属（盘银花属）+希腊文 opsis,外观,模样。【分布】马达加斯加。【模式】Landiopsis capuronii J. Bosser。●☆

28228　Landolfia D. Dietr.（1839）= Landolphia P. Beauv.（1806）（保留属名）［夹竹桃科 Apocynaceae］●☆

28229　Landolphia P. Beauv.（1806）（保留属名）【汉】胶藤属。【俄】Ландольфия。【英】African Rubber, E African Rubber, Gum Vine, Gumvine, Madagascar Rubber。【隶属】夹竹桃科 Apocynaceae。【包含】世界55-60种。【学名诠释与讨论】〈阴〉（人）François Landolphe, 1765-1825,曾负责几内亚探险队。此属的学名"Landolphia P. Beauv., Fl. Oware 1；54. Mai 1806"是保留属名。相应的废弃属名是夹竹桃科 Apocynaceae 的"Pacouria Aubl., Hist. Pl. Guiane；268. Jun-Dec 1775 = Landolphia P. Beauv.（1806）（保留属名）"。【分布】玻利维亚,马达加斯加,马斯克林群岛,热带和非洲南部。【模式】Landolphia owariensis Palisot de Beauvois。【参考异名】Alstonia Scop.（1777）（废弃属名）；Anthoclitandra（Pierre）Pichon（1953）；Aphanostylis Pierre（1898）；Carpodinus R. Br. ex G. Don（1837）；Carpodinus R. Br. ex Sabine（1823）；Djeratonia Pierre（1898）；Faterna Noronha. ex A. DC.（1844）；Jasminochyla（Stapf）Pichon（1948）；Landolfia D. Dietr.（1839）；Pacouria Aubl.（1775）（废弃属名）；Vahea Lam.（1798）；Willughbeia Klotzsch（1861）Nom. illegit.（废弃属名）●☆

28230　Landoltia Les et D. J. Crawford（1999）【汉】类紫萍属。【隶属】浮萍科 Lemnaceae。【包含】世界1种,中国1种。【学名诠释与讨论】〈阴〉（人）Elias Landolt, 1926-,瑞士植物学者。【分布】几内亚,中国。【模式】Landoltia punctata（G. F. W. Meyer）D. H. Les et D. J. Crawford［Lemna punctata G. F. W. Meyer］。【参考异名】Schnittspahnia Sch. Bip.（1842）；Ubiaea J. Gay ex A. Rich.（1847）Nom. illegit.；Ubiaea J. Gay（1847）■

28231　Landtia Less.（1832）= Haplocarpha Less.（1831）［菊科 Asteraceae（Compositae）］■☆

28232　Landukia Planch.（1887）= Parthenocissus Planch.（1887）（保

留属名）［葡萄科 Vitaceae］●

28233　Laneasagum Bedd.（1861）＝ Drypetes Vahl（1807）［大戟科 Euphorbiaceae］●

28234　Lanesagum Pax et K. Hoffm. ＝Laneasagum Bedd.（1861）［大戟科 Euphorbiaceae］●

28235　Lanessania Baill.（1875）＝ Trymatococcus Poepp. et Endl.（1838）［桑科 Moraceae］●☆

28236　Langebergia Anderb.（1991）【汉】平叶鼠麹木属。【隶属】菊科 Asteraceae（Compositae）。【包含】世界 1 种。【学名诠释与讨论】〈阴〉（人）Langeberg。【分布】南非。【模式】Langebergia canescens（A. P. de Candolle）A. A. Anderberg［Petalacte canescens A. P. de Candolle］。●☆

28237　Langefeldia Steud.（1841）＝ Elatostema J. R. Forst. et G. Forst.（1775）（保留属名）；~ ＝ Langeveldia Gaudich.（1830）［荨麻科 Urticaceae］●■

28238　Langerstroemia Cram.（1803）＝ Lagerstroemia L.（1759）［千屈菜科 Lythraceae//紫薇科 Lagerstroemiaceae］●

28239　Langeveldia Gaudich.（1830）＝ Elatostema J. R. Forst. et G. Forst.（1775）（保留属名）［荨麻科 Urticaceae］●■

28240　Langevinia Jacq. -Fél.（1947）＝ Mapania Aubl.（1775）［莎草科 Cyperaceae］■

28241　Langia Endl.（1837）Nom. illegit. ≡ Hermbstaedtia Rchb.（1828）［苋科 Amaranthaceae］■●☆

28242　Langlassea H. Wolff（1911）＝ Prionosciadium S. Watson（1888）［伞形花科（伞形科）Apiaceae（Umbelliferae）］■☆

28243　Langleia Scop.（1777）Nom. illegit. ≡ Anavinga Adans.（1763）；~ ＝Casearia Jacq.（1760）［刺篱木科（大风子科）Flacourtiaceae//天料木科 Samydaceae］●

28244　Langloisia Greene（1896）【汉】朗格花属。【隶属】花荵科 Polemoniaceae。【包含】世界 2-3 种。【学名诠释与讨论】〈阴〉（人）Auguste Barthtlemy Langlois，1832-1900，法国出生的美国植物学者，牧师，微生物学者。此属的学名，ING、TROPICOS、GCI 和 IK 记载是"Langloisia Greene, Pittonia 3（13）：30. 1896［1 May 1896］"。它曾被处理为"Gilia subgen. Langloisia（Greene）Milliken, University of California Publications in Botany 2（1）：25. 1904"。【分布】美国（西南部）。【后选模式】Langloisia setosissima（Torrey et A. Gray）E. L. Greene［Navarretia setosissima Torrey et A. Gray］。【参考异名】Gilia subgen. Langloisia（Greene）Milliken（1904）；Loeseliastrum（Brand）Timbrook（1986）■☆

28245　Langsdorffia Fisch. ex Regel（1863）Nom. inval. ＝ Chloris Sw.（1788）［禾本科 Poaceae（Gramineae）］●■

28246　Langsdorffia Mart.（1818）【汉】管花菰属。【隶属】蛇菰科（土鸟麟科）Balanophoraceae//管花菰科 Langsdorffiaceae。【包含】世界 3 种。【学名诠释与讨论】〈阴〉（人）Georg Heinrich von Langsdorff，1774-1852，德国博物学者，探险家。此属的学名，ING、GCI、TROPICOS 和 IK 记载是"Langsdorffia C. F. P. Martius in Eschwege, J. Brasilien 2：179. 1818"。"Langsdorffia Regel（1863）≡ Langsdorffia Fisch. ex Regel, Index Seminum［St. Petersburg（Petropolitanus）］（1863）26. ＝ Chloris Sw.（1788）［禾本科 Poaceae（Gramineae）］"是晚出的非法名称，也是一个未合格发表的名称（Nom. inval.）。"Langsdorffia Raddi, Mem. Soc. Ital. Sci. 18（2）：345. 1820 ≡ Barbosa Becc.（1887）＝ Syagrus Mart.（1824）［棕榈科 Arecaceae（Palmae）］"和"Langsdorffia Raddi（1820）＝ Eustachys Desv.（1810）［禾本科 Poaceae（Gramineae）］"亦是晚出的非法名称。"Langsdorffia Willd. ex Steud.（1841）Nom. illegit. ≡Langsdorffia Steud., Nomencl. Bot.［Steudel］, ed. 2. ii. 7（1841）＝ Langsdorfia Leandro（1821）Nom. illegit. ＝Zanthoxylum L.（1753）

［芸香科 Rutaceae//花椒科 Zanthoxylaceae］"也是晚出的非法名称。"Langsdorffia Willd. ex Steud.（1841）"的命名人引证有误。"Langsdorffia Fisch. ex Regel（1863）Nom. inval. ＝ Chloris Sw.（1788）［禾本科 Poaceae（Gramineae）］"的命名人引证有误，而且未合格发表。【分布】巴拿马，秘鲁，玻利维亚，厄瓜多尔，哥伦比亚，马达加斯加，墨西哥至热带南美洲，尼加拉瓜，新几内亚岛，中美洲。【模式】Langsdorffia hypogaea C. F. P. Martius。【参考异名】Senftenbergia Klotzsch et H. Karst. ex Klotzsch（1847）■☆

28247　Langsdorffia Raddi（1820）Nom. illegit. ≡ Barbosa Becc.（1887）；~ ＝Syagrus Mart.（1824）［棕榈科 Arecaceae（Palmae）］●

28248　Langsdorffia Regel（1820）Nom. illegit. ＝ Eustachys Desv.（1810）［禾本科 Poaceae（Gramineae）］■

28249　Langsdorffia Regel（1863）Nom. inval. , Nom. illegit. ≡ Langsdorffia Fisch. ex Regel（1863）Nom. inval. ; ~ ＝ Chloris Sw.（1788）［禾本科 Poaceae（Gramineae）］●■

28250　Langsdorffia Steud.（1841）Nom. illegit. ＝ Langsdorfia Leandro（1821）Nom. illegit. ; ~ ＝ Zanthoxylum L.（1753）［芸香科 Rutaceae//花椒科 Zanthoxylaceae］●

28251　Langsdorffia Willd. ex Steud.（1841）Nom. illegit. ≡Langsdorffia Steud.（1841）Nom. illegit. ; ~ ＝Lycoseris Cass.［芸香科 Rutaceae］●☆

28252　Langsdorffiaceae Tiegh.（1914）［亦见 Balanophoraceae Rich.（保留科名）蛇菰科（土鸟麟科）］【汉】管花菰科。【包含】世界 1 属 3 种。【分布】墨西哥至热带南美洲，新几内亚岛。【科名模式】Langsdorffia Mart.■☆

28253　Langsdorffiaceae Tiegh. ex Pilg. et K. Krause ＝Balanophoraceae Rich.（保留科名）●■

28254　Langsdorfia C. Agardh（1824）＝ Langsdorffia Mart.（1818）［蛇菰科（土鸟麟科）Balanophoraceae//管花菰科 Langsdorffiaceae］■☆

28255　Langsdorfia Leandro（1821）Nom. illegit. ≡ Pohlana Leandro（1819）; ~ ＝ Zanthoxylum L.（1753）［芸香科 Rutaceae//花椒科 Zanthoxylaceae］●

28256　Langsdorfia Pfeiff.（1874）Nom. illegit. ＝Barbosa Becc.（1887）; ~ ＝ Langsdorffia Raddi（1820）Nom. illegit. ; ~ ＝ Barbosa Becc.（1887）; ~ ＝Syagrus Mart.（1824）［棕榈科 Arecaceae（Palmae）］●

28257　Langsdorfia Raddi ex Pfeiff.（1874）Nom. illegit. ＝ Langsdorffia Raddi（1820）Nom. illegit. ; ~ ≡ Barbosa Becc.（1887）; ~ ＝ Syagrus Mart.（1824）［棕榈科 Arecaceae（Palmae）］●☆

28258　Langsdorfia Raf.（1837）Nom. illegit. ≡ Perieteris Raf.（1837）; ~ ＝ Nicotiana L.（1753）［茄科 Solanaceae//烟草科 Nicotianaceae］●■

28259　Langsdorfia Willd. ex Less.（1832）Nom. inval. ＝Lycoseris Cass.（1824）［菊科 Asteraceae（Compositae）］●☆

28260　Languas König ex Small（1913）Nom. illegit. ≡ Zerumbet J. C. Wendl.（1798）（废弃属名）; ~ ＝ Alpinia Roxb.（1810）（保留属名）［姜科（蘘荷科）Zingiberaceae//山姜科 Alpiniaceae］■

28261　Languas König（1783）Nom. inval. ≡ Languas König ex Small（1913）Nom. illegit. ; ~ ≡Zerumbet J. C. Wendl.（1798）（废弃属名）; ~ ＝ Alpinia Roxb.（1810）（保留属名）［姜科（蘘荷科）Zingiberaceae］■

28262　Lanigerostemma Chapel. ex Endl.（1840）＝ Eliaea Cambess.（1830）Nom. illegit. ; ~ ＝ Eliea Cambess.（1830）［金丝桃科 Hypericaceae//猪胶树科（克鲁西科，山竹子科，藤黄科）Clusiaceae（Guttiferae）］●☆

28263　Lanipila Burch.（1822）＝ Lasiospermum Lag.（1816）［菊科 Asteraceae（Compositae）］■☆

28264　Lanium（Lindl.）Benth.（1881）＝ Epidendrum L.（1763）（保留

属名)［兰科 Orchidaceae］■☆

28265　Lanium Lindl. ex Benth. (1881) Nom. illegit. ≡Lanium (Lindl.) Benth. (1881);~ = Epidendrum L. (1763)(保留属名)［兰科 Orchidaceae］■☆

28266　Lankesterella Ames (1923)【汉】兰克兰属。【隶属】兰科 Orchidaceae。【包含】世界 15 种。【学名诠释与讨论】〈阴〉(人) Edwin Ray Lankester,1814-1874,英国植物学者,医生。另说纪念植物采集家、园艺家 Herbert Lankester,1879-1969。他曾到中美洲、南美洲和非洲采集标本。此属的学名,ING、TROPICOS 和 IK 记载是 "Lankesterella O. Ames, Sched. Orchid. 4:3. 4 Mai 1923"。它曾被处理为 "Stenorrhynchos sect. Lankesterella (Ames) Burns-Bal., American Journal of Botany 69(7):1131. 1982. (30 Aug 1982)"。亦有文献把 "Lankesterella Ames(1923)" 处理为 "Stenorrhynchos Rich. ex Spreng. (1826)" 的异名。【分布】巴拉圭,秘鲁,玻利维亚,厄瓜多尔,哥斯达黎加,中美洲。【模式】Lankesterella costaricensis O. Ames。【参考异名】Cladobium Schltr. (1920) Nom. illegit.; Stenorrhynchos Rich. ex Spreng. (1826); Stenorrhynchos sect. Lankesterella (Ames) Burns-Bal. (1982)■☆

28267　Lankesteria Lindl. (1845)【汉】兰克爵床属。【隶属】爵床科 Acanthaceae。【包含】世界 7 种。【学名诠释与讨论】〈阴〉(人) Edwin Ray Lankester,1814-1874,英国植物学者,医生。【分布】马达加斯加,热带非洲。【模式】Lankesteria parviflora J. Lindley。●☆

28268　Lankesteriana Karremans(2014)【汉】美洲兰属。【隶属】兰科 Orchidaceae。【包含】世界 24 种。【学名诠释与讨论】〈阴〉(人) Edwin Ray Lankester,1814-1874,英国植物学者,医生。另说纪念植物采集家、园艺家 Herbert Lankester,1879-1969。他曾到中美洲、南美洲和非洲采集标本。【分布】圭亚那,美洲。【模式】Lankesteriana barbulata (Lindl.) Karremans [Pleurothallis barbulata Lindl.]。☆

28269　Lannea A. Rich. (1831)(保留属名)【汉】厚皮树属。【英】Lannea。【隶属】漆树科 Anacardiaceae。【包含】世界 40 种,中国 1 种。【学名诠释与讨论】〈阴〉(人) Lannes de Montebello,法国人,曾在日本采集植物标本。另说来自非洲植物俗名 lanne。另说来自拉丁文 lana,羊毛。此属的学名 "Lannea A. Rich. in Guillemin et al.,Fl. Seneg. Tent.:153. Sep 1831" 是保留属名。相应的废弃属名是漆树科 Anacardiaceae 的 "Calesiam Adans.,Fam. Pl. 2:446,530. Jul-Aug 1763 = Lannea A. Rich. (1831)(保留属名)"。【分布】巴基斯坦,利比里亚(宁巴),印度至马来西亚,中国,热带非洲。【模式】Lannea velutina A. Richard。【参考异名】Calesia Raf. (1814); Calesiam Adans. (1763)(废弃属名); Calesium Kuntze (1891); Calsiama Raf. (1838) Nom. illegit.; Haberlia Dennst. (1818); Kokkia Zipp. ex Blume(1850); Lanneoma Delile(1843); Odina Roxb. (1814); Scassellatia Chiov. (1932); Woodier Roxb. ex Kostel. ●

28270　Lanneoma Delile(1843)= Lannea A. Rich. (1831)(保留属名)［漆树科 Anacardiaceae］●

28271　Lanonia A. J. Hend. et C. D. Bacon(2011)【汉】拉农榈属。【隶属】棕榈科 Arecaceae(Palmae)。【包含】世界 8 种。【学名诠释与讨论】〈阴〉词源不详。似来自人名或地名。【分布】澳大利亚,太平洋群岛,亚洲热带地区,越南,中南半岛。【模式】Lanonia acaulis (A. J. Hend.,N. K. Ban et N. Q. Dung) A. J. Hend. et C. D. Bacon [Licuala acaulis A. J. Hend.,N. K. Ban et N. Q. Dung]。☆

28272　Lansbergia de Vriese(1846)= Trimezia Salisb. ex Herb. (1844)［鸢尾科 Iridaceae］■☆

28273　Lansium Corrêa(1807)【汉】榔色木属(黄皮楝属,兰撒果属,

雷楝属)。【日】ランサ属,ランシウム属。【俄】Лангсат。【英】Langsat。【隶属】楝科 Meliaceae。【包含】世界 3-7 种,中国 1 种。【学名诠释与讨论】〈中〉(马来) lansa 或 lanseh,langsat,langsa,植物俗名+-ius,-ia,-ium,在拉丁文和希腊文中,这些词尾表示性质或状态。此属的学名,ING、TROPICOS 和 IK 记载是 "Lansium Corrêa, Ann. Mus. Hist. Nat., Paris x. 157 (1807)"。"Lansium Rumph.,Amb. i. 151. t. 54(1741);Jack, in Trans. Linn. Soc. xiv. I. (1823) 115 ≡Lansium Jack(1823) Nom. illegit.［楝科 Meliaceae］" 是一个未合格发表的名称(Nom. inval.)。"Lansium Jack (1823) Nom. illegit. =Lansium Corrêa(1807)［楝科 Meliaceae］" 是晚出的非法名称。【分布】马来西亚,泰国,中国。【模式】Lansium aqueum Jack。【参考异名】Lachanodendron Reinw. ex Blume (1823); Lansium Jack (1823) Nom. illegit.; Lansium Rumph. (1741) Nom. inval.; Sphaerosacme Wall. ex Roem. (1846) Nom. inval., Nom. provis. ●

28274　Lansium Jack(1823) Nom. illegit. =Lansium Corrêa(1807)［楝科 Meliaceae］●

28275　Lansium Rumph. (1741) Nom. inval. ≡Lansium Jack (1823) Nom. illegit.;~ = Lansium Corrêa(1807)［楝科 Meliaceae］●

28276　Lantana L. (1753)(保留属名)【汉】马缨丹属(马樱丹属)。【日】コウオウカ属,コウワウクワ属,ランタナ属。【俄】Крапивка цветная,Лантана。【英】Lantana, Shrub Verbena。【隶属】马鞭草科 Verbenaceae//马缨丹科 Lantanaceae。【包含】世界 75-150 种,中国 2 种。【学名诠释与讨论】〈阴〉(拉) lantana,为绵毛荚蒾 Viburnum lantana L. 的古名,因其花序或叶与荚蒾属相似,被林奈转用为本属名。此属的学名 "Lantana L.,Sp. Pl.: 626.1 Mai 1753" 是保留属名。法规未列出相应的废弃属名。"Camara Adanson, Fam. 2:199. Jul-Aug 1763" 是 "Lantana L. (1753)(保留属名)" 的晚出的同模式异名(Homotypic synonym, Nomenclatural synonym)。【分布】巴基斯坦,巴拉圭,巴拿马,秘鲁,玻利维亚,厄瓜多尔,哥伦比亚(安蒂奥基亚),马达加斯加,尼加拉瓜,中国,西印度群岛,热带和非洲南部,中美洲。【模式】Lantana camara Linnaeus。【参考异名】Camara Adans. (1763) Nom. illegit.; Carachera Juss. (1817); Charachera Forssk. (1775); Kamara Adans.; Latana Robin (1807); Ridelia Spach (1840); Riedelia Cham. (1832)(废弃属名); Tamonopsis Griseb. (1874) ●

28277　Lantanaceae Martinov (1820)［亦见 Verbenaceae J. St. - Hil. (保留科名)马鞭草科］【汉】马缨丹科。【包含】世界 1 属 75-150 种,中国 1 属 2 种。【分布】西印度群岛,热带和非洲南部。【科名模式】Lantana L. ●

28278　Lantanopsis C. Wright ex Griseb. (1862)【汉】马缨菊属。【隶属】菊科 Asteraceae(Compositae)。【包含】世界 3 种。【学名诠释与讨论】〈阴〉(属) Lantana 马缨丹属(马樱丹属)+希腊文 opsis,外观,模样。【分布】西印度群岛。【模式】Lantanopsis hispidula C. Wright ex Grisebach。■●☆

28279　Lanthorus C. Presl(1851)= Helixanthera Lour. (1790)［桑寄生科 Loranthaceae］●

28280　Lanugia N. E. Br. (1927)= Mascarenhasia A. DC. (1844)［夹竹桃科 Apocynaceae］●☆

28281　Lanugothamnus Deble(2012)【汉】毛灌菊属。【隶属】菊科 Asteraceae(Compositae)。【包含】世界 20 种。【学名诠释与讨论】〈阳〉(拉) lana,羊毛;lanatus,如羊毛的;lanuginosus,被有柔毛的;lanosus,充满了毛的;lanugo,多毛的东西,绒毛+thamnos,指小式 thamnion,灌木,灌丛,树丛,枝。【分布】巴西,南美洲。【模式】Lanugothamnus helichrysoides (DC.) Deble [Baccharis helichrysoides DC.]。☆

28282　Lanzana Stokes(1812)= Buchanania Spreng. (1802)［漆树科

Anacardiaceae〕●

28283　Laoberdes Raf.（1840）＝ Apium L.（1753）〔伞形花科（伞形科）Apiaceae（Umbelliferae）〕■

28284　Laosanthus K. Larsen et Jenjitt.（2001）【汉】老挝姜属。【隶属】姜科（蘘荷科）Zingiberaceae。【包含】世界 1 种。【学名诠释与讨论】〈阴〉（地）Laos，老挝＋希腊文 anthos，花。antheros，多花的。antheo，开花。【分布】老挝。【模式】Laosanthus graminifolius K. Larsen et Jenjitt.。☆

28285　Laothoë Raf.（1837）（废弃属名）≡ Chlorogalum Kunth（1843）（保留属名）〔百合科 Liliaceae//风信子科 Hyacinthaceae〕■☆

28286　Lapageria Ruiz et Pav.（1802）【汉】智利钟花属（智利喇叭花属）。【日】ラパゲーリア属。【俄】Лапагерия。【英】Chile Bells，Chilean Bellflower，Chile-bells，Copihue。【隶属】百合科 Liliaceae//智利花科（垂花科，金钟木科，喜爱花科）Philesiaceae//智利钟花科 Lapageriaceae。【包含】世界 1 种。【学名诠释与讨论】〈阴〉（人）Marie-Josephine-Rose Tascher de La Pagerie，1763-1814，拿破仑的妻子。【分布】智利。【模式】Lapageria rosea Ruiz et Pavon。【参考异名】Campia Dombey ex Endl.（1841）；Capia Dombey ex Juss.（1806）；Pageria Juss.（1817）；Phaenocodon Salisb.（1866）●☆

28287　Lapageriaceae Kunth（1850）〔亦见 Philesiaceae Dumort.（保留科名）智利花科（垂花科，金钟木科，喜爱花科）〕【汉】智利钟花科。【包含】世界 1 属 1 种。【分布】智利。【科名模式】Lapageria Ruiz et Pav.（1802）●☆

28288　Lapasathus C. Presl（1845）＝ Aspalathus L.（1753）〔豆科 Fabaceae（Leguminosae）//芳香木科 Aspalathaceae〕●☆

28289　Lapathon Raf.（1836）＝ Lapathum Mill.（1754）Nom. illegit.；~ ＝Rumex L.（1753）〔蓼科 Polygonaceae〕■●

28290　Lapathum Adans.（1763）Nom. illegit.〔蓼科 Polygonaceae〕■☆

28291　Lapathum Mill.（1754）Nom. illegit. ≡Rumex L.（1753）〔蓼科 Polygonaceae〕■●

28292　Lapeirousia Pourr.（1788）【汉】短丝花属（长管鸢尾属）。【俄】Лаперузия。【英】False Freesia Lapeyrouse，Shortfilament Flower。【隶属】鸢尾科 Iridaceae。【包含】世界 36-60 种。【学名诠释与讨论】〈阴〉（人）由 Lapeyrousia 改缀而来。Jean Francosis Galoup de Lapeyrousia，西班牙博物学者。或纪念法国植物学家 Philippe Picot de Lapeyrouse，1744-1818。此属的学名，ING、APNI、TROPICOS 和 IK 记载是"Lapeirousia Pourret，Hist. et Mém. Acad. Roy. Sci. Toulouse 3：79. t. 6. 1788"。"Lapeirousia Thunberg，Nova Gen. Pl. 178. 3 Jun 1801 ＝ Peyrousea DC.（1838）（保留属名）〔菊科 Asteraceae（Compositae）〕"是晚出的非法名称。"Meristostigma A. G. Dietrich，Sp. Pl. 2：593. 1833"、"Ovieda K. P. J. Sprengel，Anleit. ed. 2. 2：258. 20 Apr 1817（non Linnaeus 1753）"和"Peyrousia Poiret in F. Cuvier，Dict. Sci. Nat. 39：363. Apr 1826（废弃属名）"是"Lapeirousia Pourr.（1788）"的晚出的同模式异名（Homotypic synonym，Nomenclatural synonym）。"Lapeyrousia Thunb.，Flora Capensis，Edidit et Praefatus est J. A. Schultes 700. 1823"是"Lapeirousia Thunb.（1801）Nom. illegit."的拼写变体。【分布】非洲南部，热带。【模式】Lapeirousia compressa Pourret。【参考异名】Anomatheca Ker Gawl.（1804）（废弃属名）；Anomaza Lawson ex Salisb.（1812）Nom. illegit.；Anomaza Lawson（1812）Nom. illegit.；Chasmatocallis R. C. Foster（1939）；Lapeyrousa Poir.（1822）；Lapeyrousia Pourr.（1818）；Meristostigma A. Dietr.（1833）Nom. illegit.；Ovieda Spreng.（1817）Nom. illegit.；Peyrousia Poir.（1826）Nom. illegit.（废弃属名）；Psilosiphon Welw. ex Baker（1878）Nom. inval.；Psilosiphon Welw. ex Goldblatt et J. C. Manning（2015）Nom. illegit.；Sophronia Licht. ex Roem. et Schult.（1817）；Sophronia Roem. et Schult.（1817）■☆

28293　Lapeirousia Thunb.（1801）Nom. illegit. ＝Peyrousea DC.（1838）（保留属名）〔菊科 Asteraceae（Compositae）〕●☆

28294　Lapeyrousa Poir.（1822）＝ Lapeyrousia Pourr.（1818）Nom. illegit.；~ ＝Lapeirousia Pourr.（1788）〔鸢尾科 Iridaceae〕■☆

28295　Lapeyrousia Pourr.（1818）＝ Lapeirousia Pourr.（1788）〔鸢尾科 Iridaceae〕■☆

28296　Lapeyrousia Spreng.（1818）＝ Lapeirousia Thunb.（1801）Nom. illegit.；~ ＝Peyrousea DC.（1838）（保留属名）〔菊科 Asteraceae（Compositae）〕●☆

28297　Lapeyrousia Thunb.（1823）Nom. illegit. ≡ Lapeirousia Thunb.（1801）Nom. illegit.；~ ＝Peyrousea DC.（1838）（保留属名）〔菊科 Asteraceae（Compositae）〕●☆

28298　Laphamia A. Gray（1852）＝ Perityle Benth.（1844）〔菊科 Asteraceae（Compositae）〕●■☆

28299　Laphangium（Hilliard et B. L. Burtt）Tzvelev（1994）＝ Gnaphalium L.（1753）〔菊科 Asteraceae（Compositae）〕■

28300　Lapidaria（Dinter et Schwantes）N. E. Br.（1928）Nom. illegit. ≡ Lapidaria Dinter et Schwantes（1927）〔番杏科 Aizoaceae〕■☆

28301　Lapidaria（Dinter et Schwantes）Schwantes ex N. E. Br.（1928）Nom. illegit. ≡ Lapidaria Dinter et Schwantes（1927）〔番杏科 Aizoaceae〕■☆

28302　Lapidaria Dinter et Schwantes（1927）【汉】魔玉属。【日】ラピダリア属。【隶属】番杏科 Aizoaceae。【包含】世界 1 种。【学名诠释与讨论】〈阴〉（希）lapis，所有格 lapidis，指小式 lapillus，石。lapidosus，如石的，多石的＋-arius，-aria，-arium，指示"属于、相似、具有、联系"的词尾。此属的学名，ING 和 TROPICOS 记载是"Lapidaria（Dinter et Schwantes）N. E. Brown，Gard. Chron. ser. 3. 84：472. 15 Dec 1928"，由"Dinteranthus subgen. Lapidaria Dinter et Schwantes in Schwantes，Möller's Deutsche Gärtn. -Zeitung 42：223. 1927"改级而来。而 IK 则引证为"Lapidaria Dinter et Schwantes，Möller's Deutsche Gärtn. - Zeitung 1927，xlii. 223."。"Lapidaria Dinter et Schwantes（1928）≡ Lapidaria Dinter et Schwantes（1927）"、"Lapidaria（Dinter et Schwantes）N. E. Br.（1928）＝ Lapidaria Dinter et Schwantes（1927）"和"Lapidaria（Dinter et Schwantes）Schwantes ex N. E. Br.（1928）＝ Lapidaria Dinter et Schwantes（1927）"的命名人引证有误。【分布】纳米比亚，南非（西部）。【模式】Lapidaria margaretae（Schwantes）N. E. Brown［Mesembryanthemum margaretae Schwantes］。【参考异名】Dinteranthus subgen. Lapidaria Dinter et Schwantes（1927）；Lapidaria（Dinter et Schwantes）Schwantes ex N. E. Br.（1928）Nom. illegit.；Lapidaria Dinter et Schwantes（1928）Nom. illegit.■☆

28303　Lapidaria Dinter et Schwantes（1928）Nom. inval.，Nom. illegit. ≡Lapidaria Dinter et Schwantes（1927）〔番杏科 Aizoaceae〕■☆

28304　Lapiedra Lag.（1816）【汉】由被石蒜属。【隶属】石蒜科 Amaryllidaceae。【包含】世界 1-2 种。【学名诠释与讨论】〈阴〉（希）lapis，所有格 lapidis，指小式 lapillus，石。lapidosus，如石的，多石的＋hedra 座位。【分布】西班牙。【模式】Lapiedra martienezii Lagasca。■☆

28305　Lapithea Griseb.（1845）＝ Sabatia Adans.（1763）〔龙胆科 Gentianaceae〕■☆

28306　Laplacea Kunth（1822）（保留属名）【汉】血红茶木属。【隶属】山茶科（茶科）Theaceae。【包含】世界 30 种。【学名诠释与讨论】〈阴〉（人）Pierre Simon Marquis de Laplace，1749-1827，法国科学家。此属的学名"Laplacea Kunth in Humboldt et al.，Nov. Gen. Sp. 5，ed. 4：207；ed. f.：161. 25 Feb 1822"是保留属名。法规未列出相应的废弃属名。亦有文献把"Laplacea Kunth（1822）

（保留属名）"处理为"Gordonia J. Ellis（1771）（保留属名）"的异名。【分布】巴拿马,玻利维亚,马来西亚,西印度群岛,热带美洲,中美洲。【模式】Laplacea speciosa Kunth。【参考异名】Closaschima Korth.（1842）；Glossoschima Walp.（1842）Nom. inval.；Gordonia J. Ellis（1771）（保留属名）；Haemocharis Salisb. ex Marc et Zucc.（1825）；Lindleya Nees（1821）（废弃属名）；Wickstroemia Rchb.（1828）Nom. illegit.（废弃属名）；Wikstroemia Schrad.（1821）（废弃属名）●☆

28307　Laportea Gaudich.（1830）（保留属名）【汉】艾麻属（桑叶麻属,咬人狗属）。【日】ムカゴイラクサ属。【俄】Лапортея。【英】Moxanettle,Wood Nettle,Woodnettle,Wood-nettle。【隶属】荨麻科 Urticaceae。【包含】世界 22-28 种,中国 7-21 种。【学名诠释与讨论】〈阴〉（人）François Louis Nompar de Caumat de Laporte Castelnau,1810-1880,法国昆虫学家,植物采集家。另说为纪念 F. L. de Laporte de Castelnau,南美探险队队长。此属的学名"Laportea Gaudich.,Voy. Uranie,Bot.:498.6 Mar 1830"是保留属名。相应的废弃属名是荨麻科 Urticaceae 的"Urticastrum Heist. ex Fabr.,Enum.:204.1759 ≡ Laportea Gaudich.（1830）（保留属名）"。荨麻科 Urticaceae 的"Urticastrum Fabricius,Enum. Pl. Hort. Helmstad.（1759）204 ≡ Laportea Gaudich.（1830）（保留属名）"、"Urticastrum Möhring, Hort. Priv.（1736）Nom. inval."和"Urticastrum Möhring ex Kuntze, Rev. Gen.（1891）634"亦应废弃。"Oblixilis Rafinesque, Fl. Tell. 3：49. Nov-Dec 1837（'1836'）"和"Urticastrum Heister ex Fabricius,Enum. 204. 1759（废弃属名）"是"Laportea Gaudich.（1830）（保留属名）"的同模式异名（Homotypic synonym, Nomenclatural synonym）。【分布】巴拿马,秘鲁,玻利维亚,厄瓜多尔,非洲南部,哥伦比亚（安蒂奥基亚）,马达加斯加,美国（密苏里）,尼加拉瓜,中国,热带和亚热带,温带东亚和北美洲东部,中美洲。【模式】Laportea canadensis（Linnaeus）Weddell ［Urtica canadensis Linnaeus］。【参考异名】Fleurya Gaudich.（1830）；Fleuryopsis Opiz（1853）；Haynea Schumach. et Thonn.；Oblixilis Raf.（1837）Nom. illegit.；Parsana Parsa et Maleki（1952）；Pyrecnia Noronha ex Hassk.,Nom. illegit.；Pyrecnia Noronha（1790）Nom. inval.,Nom. nud.；Sceptrocnide Maxim.（1877）；Schychowskya Endl.（1836）；Sclepsion Raf. ex Wedd.（1857）；Udrastina Raf.；Urticastrum Fabr.（1759）（废弃属名）；Urticastrum Heist. ex Fabr.（1759）（废弃属名）●■

28308　Lappa Adans.（1763）Nom. illegit. ≡ Arctium L.（1753）［菊科 Asteraceae（Compositae）］■

28309　Lappa Ruppius（1745）Nom. inval. ≡ Arctium L.（1753）［菊科 Asteraceae（Compositae）］■☆

28310　Lappa Scop.（1754）Nom. illegit. ≡ Arctium L.（1753）［菊科 Asteraceae（Compositae）］■

28311　Lappagaceae Link（1827）= Lappaginaceae Link（1827）■●

28312　Lappaginaceae Link（1827）= Gramineae Juss.//Poaceae Barnhart（保留科名）■●

28313　Lappago Schreb.（1789）Nom. illegit. ≡ Tragus Haller（1768）（保留属名）［禾本科 Poaceae（Gramineae）］■

28314　Lappagopsis Steud.（1854）= Axonopus P. Beauv.（1812）；~ = Paspalum L.（1759）［禾本科 Poaceae（Gramineae）］■

28315　Lapparia Heist.（1748）Nom. inval.［菊科 Asteraceae（Compositae）］☆

28316　Lappula Fabr.（1759）= Lappula Moench（1794）［紫草科 Boraginaceae］■

28317　Lappula Gilib. = Lappula Moench（1794）［紫草科 Boraginaceae］■

28318　Lappula Moench（1794）【汉】鹤虱属。【日】ノムラサキ属。

【俄】Липучка, Турица。【英】Bur Forget - me - not, Craneknee, Stickseed。【隶属】紫草科 Boraginaceae。【包含】世界 40-61 种,中国 36 种。【学名诠释与讨论】〈阴〉（拉）lappa,指小式 lappula,牛蒡子。lappaceus,牛蒡形的,似牛蒡的。此属的学名,ING、APNI、GCI、TROPICOS 和 IK 记载是"Lappula Moench, Methodus（Moench）416. 1794 ［4 May 1794］";《中国植物志》英文版亦用此名称;《中国植物志》中文版和 IK 用"Lappula Wolf, Gen. Pl. 17（1776）"。《苏联植物志》则用"Lappula Gilib."。IK 还记载了"Lappula Fabr.,Enum.［Fabr.］. 42. 1759 = Lappula Moench（1794）［紫草科 Boraginaceae］"。"Rochelia J. J. Roemer et J. A. Schultes, Syst. Veg. 4：xi, 108. Mar - Jun 1819（废弃属名）"是"Lappula Moench（1794）"的晚出的同模式异名（Homotypic synonym, Nomenclatural synonym）。【分布】澳大利亚,巴基斯坦,玻利维亚,美国,中国,温带欧亚大陆,北美洲。【模式】Lappula myosotis Moench ［Myosotis lappula Linnaeus］。【参考异名】Echinospermum Sw.（1818）Nom. illegit.；Echinospermum Sw. ex Lehm.（1818）；Hackelia Opiz（1838）；Heterocaryum A. DC.（1846）；Lappula Fabr.（1759）；Lappula Gilib.（1782）；Lappula Wolf（1776）；Lapula Gilib.（1782）；Rochelia Roem. et Schult.（1819）Nom. illegit.（废弃属名）；Sclerocaryopsis Brand（1931）■

28319　Lappula Wolf（1776）= Lappula Moench（1794）［紫草科 Boraginaceae］■

28320　Lappularia Pomel（1874）= Caucalis L.（1753）［伞形花科（伞形科）Apiaceae（Umbelliferae）］■☆

28321　Lapsana L.（1753）【汉】稻槎菜属（多肋稻槎菜属）。【日】ヤブタビラコ属。【俄】Бородавник。【英】Dock Cress, Nipplewort。【隶属】菊科 Asteraceae（Compositae）。【包含】世界 10 种,中国 3 种。【学名诠释与讨论】〈阴〉（希）lapsane, Dioscorides 用来指欧洲的萝卜,意大利普利亚区现在仍在使用。林奈因叶形相似而转用为本属。此属的学名,ING、TROPICOS、APNI 和 IK 记载是"Lapsana L., Sp. Pl. 2：811. 1753 ［1 May 1753］"。"Lalda Bubani, Fl. Pyrenaea 2：44. 1899（sero?）（'1900'）"和"Lampsana P. Miller, Gard. Dict. Abr. ed. 4. 28 Jan 1754"是"Lapsana L.（1753）"的晚出的同模式异名（Homotypic synonym, Nomenclatural synonym）。【分布】玻利维亚,美国,中国,温带欧亚大陆。【后选模式】Lapsana communis Linnaeus。【参考异名】Lalda Bubani（1899）Nom. illegit.；Lampsana Mill.（1754）Nom. illegit.；Lapsanastrum J. -H. Pak et K. Bremer（1995）■

28322　Lapsanastrum J. -H. Pak et K. Bremer（1995）【汉】小稻槎菜属。【隶属】菊科 Asteraceae（Compositae）。【包含】世界 4 种。【学名诠释与讨论】〈阴〉（属）Lapsana 稻槎菜属 +-astrum,指示小的词尾,也有"不完全相似"的含义。此属的学名是"Lapsanastrum J. -H. Pak et K. Bremer, Taxon 44（1）：19-20. 1995"。亦有文献把其处理为"Lapsana L.（1753）"的异名。【分布】中国,亚洲,北美洲。【模式】Lapsanastrum humile（Thunb.）Pak et K. Bremer。【参考异名】Lapsana L.（1753）■

28323　Lapula Gilib.（1782）= Lappula Moench（1794）［紫草科 Boraginaceae］■

28324　Larbraea Fourr.（1868）= Larbrea A. St. -Hil.（1815）［石竹科 Caryophyllaceae］■

28325　Larbrea A. St. -Hil.（1815）= Stellaria L.（1753）［石竹科 Caryophyllaceae］■

28326　Lardizabala Ruiz et Pav.（1794）【汉】智利木通属。【日】ラルディザバラ属。【俄】Лардизабала。【英】Lardizabala。【隶属】木通科 Lardizabalaceae。【包含】世界 1-2 种。【学名诠释与讨论】〈阴〉（人）S. M. Lardizabalay,西班牙博物学者。此属的学名,ING、TROPICOS 和 IK 记载是"Lardizabala Ruiz et Pav.,Fl. Peruv.

Prodr. 143, t. 37. 1794 [early Oct 1794]"。"Cogylia Molina, Saggio Chili ed. 2. 300. 1810"是"Lardizabala Ruiz et Pav.(1794)"的晚出的同模式异名(Homotypic synonym, Nomenclatural synonym)。【分布】智利。【后选模式】Lardizabala biternata Ruiz et Pavon。【参考异名】Boissiera Dombey ex DC.; Cogylia Molina(1810) Nom. illegit.; Thouinia Dombey ex DC.(废弃属名)●☆

28327　Lardizabalaceae Decne. = Lardizabalaceae R. Br.(保留科名)●

28328　Lardizabalaceae R. Br.(1821)(保留科名)【汉】木通科。【日】アケビ科。【俄】Лардизабаловые。【英】Lardizabala Family。【包含】世界8-10属30-50种,中国7属37-48种。【分布】喜马拉雅山至日本,智利。【科名模式】Lardizabala Ruiz et Pav.●

28329　Larentia Klatt(1882) = Alophia Herb.(1840) [鸢尾科 Iridaceae]■☆

28330　Larephes Raf.(1838) = Echium L.(1753) [紫草科 Boraginaceae]●■

28331　Laretia Gillies et Hook.(1830)【汉】拉雷草属。【隶属】天胡荽科 Hydrocotylaceae。【包含】世界2种。【学名诠释与讨论】〈阴〉(人)Laret。【分布】玻利维亚,智利,安第斯山。【模式】Laretia acaulis(Cavanilles) Gillies et W. J. Hooker [Selinum acaule Cavanilles]。■☆

28332　Lariadenia Schltdl.(1846) = Lasiadenia Benth.(1845) [瑞香科 Thymelaeaceae]●☆

28333　Laricopsis Kent(1900) Nom. illegit. ≡ Pseudolarix Gordon(1858)(保留属名) [松科 Pinaceae]●★

28334　Laricorchis Szlach.(2006) = Dendrobium Sw.(1799)(保留属名) [兰科 Orchidaceae]■

28335　Lariospermum Raf.(1821) = Ipomoea L.(1753)(保留属名) [旋花科 Convolvulaceae]●■

28336　Larix Mill.(1754)【汉】落叶松属。【日】カラマツ属。【俄】Лиственница。【英】Larch。【隶属】松科 Pinaceae。【包含】世界9-18种,中国11-14种。【学名诠释与讨论】〈阴〉(希)larix,所有格 laricis,落叶松的希腊和拉丁文古名。来自凯尔特语 lar,丰富的,脂肪的。指树木富含树脂。【分布】中国,北亚,欧洲,北美洲。【后选模式】Larix decidua P. Miller [Pinus larix Linnaeus]。●

28337　Larmzon Roxb.(1832) = Buchanania Spreng.(1802);~ = Launzan Buch.-Ham.(1799) [漆树科 Anacardiaceae]●

28338　Larnalles Raf.(1837) = Commelina L.(1753) [鸭趾草科 Commelinaceae]■

28339　Larnandra Raf.(1825) = Epidendrum L.(1763)(保留属名) [兰科 Orchidaceae]■☆

28340　Larnastyra Raf.(1837) = Salvia L.(1753) [唇形科 Lamiaceae(Labiatae)//鼠尾草科 Salviaceae]●■

28341　Larnax Miers(1849) = Athenaea Sendtn.(1846)(保留属名) [茄科 Solanaceae]●☆

28342　Larochea Pers.(1805) Nom. illegit. ≡ Rochea DC.(1802)(保留属名);~ = Crassula L.(1753) [景天科 Crassulaceae]●■☆

28343　Larradia Pritz.(1855) Nom. illegit. = Lavradia Vell. ex Vand.(1788) [金莲木科 Ochnaceae]●

28344　Larrea Cav.(1800)(保留属名)【汉】拉氏木属(拉瑞阿属)。【俄】Куст креозотовый。【英】Creosote Bush, Creosote-bush。【隶属】蒺藜科 Zygophyllaceae。【包含】世界5-6种。【学名诠释与讨论】〈阴〉(人)Juan Antonio Hernodez Perez de Larrea,1731-1803,西班牙学者,或说赞助人。此属的学名"Larrea Cav. in Anales Hist. Nat. 2:119. Jun 1800"是保留属名。相应的废弃属名是云实科(苏木科)Caesalpiniaceae 的"Larrea Ortega, Nov. Pl. Descr. Dec.:15. 1797 ≡ Hoffmannseggia Cav.(1798) [as 'Hoffmanseggia'](保留属名)"。"Covillea Vail, Bull. Torrey Bot.

Club 22:229. 15 Mai 1895"是"Larrea Cav.(1800)(保留属名)"的晚出的同模式异名(Homotypic synonym, Nomenclatural synonym)。【分布】秘鲁,玻利维亚,温带南美洲。【模式】Larrea nitida Cavanilles。【参考异名】Covillea Vail(1895) Nom. illegit.; Neoschroetera Briq.(1926); Schroeterella Briq.(1925) Nom. illegit.●☆

28345　Larrea Ortega(1797)(废弃属名) ≡ Hoffmannseggia Cav.(1798) [as 'Hoffmanseggia'](保留属名) [豆科 Fabaceae(Leguminosae)//云实科(苏木科)Caesalpiniaceae]■☆

28346　Larryleachia Plowes(1996)【汉】利奇萝藦属。【隶属】萝藦科 Asclepiadaceae。【包含】世界10种。【学名诠释与讨论】〈阴〉(人)Leslie(Larry)Charles Leach,1909-1996,植物学者。此属的学名"Larryleachia Plowes, Excelsa 17:5(1996)"是一个替代名称。"Leachia Plowes, Asklepios 56:11. 1992"是一个非法名称(Nom. illegit.),因为此前已经有了"Leachia Cassini in F. Cuvier, Dict. Sci. Nat. 25:388. Nov 1822 = Coreopsis L.(1753) [菊科 Asteraceae(Compositae)//金鸡菊科 Coreopsidaceae]"。故用"Larryleachia Plowes(1996)"替代之。【分布】澳大利亚,非洲。【模式】未指定。【参考异名】Leachia Plowes(1992) Nom. illegit.●☆

28347　Larsenaikia Tirveng.(1993)【汉】澳栀子属。【隶属】茜草科 Rubiaceae//栀子科 Gardeniaceae。【包含】世界3种。【学名诠释与讨论】〈阴〉词源不详。此属的学名是"Larsenaikia Tirveng.(1993), Nordic Journal of Botany 13(2):176. 1993"。亦有文献把其处理为"Gardenia J. Ellis(1761)(保留属名)"的异名。【分布】澳大利亚。【模式】不详。【参考异名】Gardenia J. Ellis(1761)(保留属名)●☆

28348　Larsenia Bremek.(1965) = Strobilanthes Blume(1826) [爵床科 Acanthaceae]●■

28349　Larsenianthus W. J. Kress et Mood(2010)【汉】拉尔姜属。【隶属】姜科(蘘荷科)Zingiberaceae。【包含】世界4种。【学名诠释与讨论】〈阴〉(人)Esther Louise Larsen 1901-?,植物学者+希腊文 anthos,花。antheros,多花的。antheo,开花。【分布】东喜马拉雅,印度。【模式】Larsenianthus careyanus(Benth. et Hook. f.) W. J. Kress et Mood [Hitchenia careyana Benth. et Hook. f.]。☆

28350　Larysacanthus Oerst.(1854) = Ruellia L.(1753) [爵床科 Acanthaceae]■●

28351　Lasallea Greene(1903) = Aster L.(1753) [菊科 Asteraceae(Compositae)]●■

28352　Lascadium Raf.(1817) = Croton L.(1753) [大戟科 Euphorbiaceae//巴豆科 Crotonaceae]●

28353　Laseguea A. DC.(1844) = Mandevilla Lindl.(1840) [夹竹桃科 Apocynaceae]●

28354　Lasemia Raf.(1837) = Salvia L.(1753) [唇形科 Lamiaceae(Labiatae)//鼠尾草科 Salviaceae]●■

28355　Laser Borkh. ex P. Gaertn., B. Mey. et Scherb.(1799)【汉】拉色芹属。【英】Laser。【隶属】伞形花科(伞形科)Apiaceae(Umbelliferae)。【包含】世界1种。【学名诠释与讨论】〈阳〉(拉)laser,树脂。此属的学名,ING 和 IK 记载是"Laser Borkhausen ex P. G. Gaertner, B. Meyer et J. Scherbius, Oekon.-Techn. Fl. Wetterau 1:244, 384. 1799"。"Laser P. Gaertn., B. Mey. et Scherb.(1799) ≡ Laser Borkh. ex P. Gaertn., B. Mey. et Scherb.(1799)"的命名人引证有误。【分布】欧洲中部和南部,亚洲西部。【模式】Laser trilobum(Linnaeus)Borkhausen ex P. G. Gaertner, B. Meyer et J. Scherbius [Laserpitium trilobum Linnaeus]。【参考异名】B. Mey. et Scherb.(1799) Nom. illegit.; Laser P. Gaertn., B. Mey. et Scherb.(1799) Nom. inval.■☆

28356　Laser P. Gaertn., B. Mey. et Scherb.(1799) Nom. inval. ≡ Laser

Borkh. ex P. Gaertn. , B. Mey. et Scherb. (1799) ［伞形花科（伞形科）Apiaceae(Umbelliferae) ］■☆

28357　Laserpicium Asch. (1864) Nom. illegit. ≡ Laserpicium Rivin. ex Asch. (1864) ［伞形花科（伞形科）Apiaceae(Umbelliferae) ］●☆

28358　Laserpicium Rivin. ex Asch. (1864) = Laserpitium L. (1753) ［伞形花科（伞形科）Apiaceae(Umbelliferae) ］●☆

28359　Laserpitium L. (1753)【汉】八翅果属（翅果南星属，翅果属，拉泽花属）。【俄】Гладыш，Лазерпициум，Лазурник。【英】Laserpitium, Laserwort, Laser – wort, Woundwort, Woundwort Laser。【隶属】伞形花科（伞形科）Apiaceae(Umbelliferae)。【包含】世界35 种。【学名诠释与讨论】〈中〉（拉）laserpitium, lasarpicium, 古名。来自 laser, lasar, 树脂。此属的学名，ING、TROPICOS 和 IK 记载为“ Laserpitium L. , Sp. Pl. 1：248. 1753 ［ 1 May 1753 ］”。“ Lacellia Bubani, Fl. Pyrenaea 2：396. 1899（sero?）（‘1900’）（non Viviani 1824)”是“ Laserpitium L. (1753)”的晚出的同模式异名（ Homotypic synonym, Nomenclatural synonym)。【分布】西班牙（加那利群岛），地中海至亚洲西南部。【后选模式】Laserpitium gallicum Linnaeus。【参考异名】Aspitium Neck. ex Steud. (1840)；Guillonea Coss. (1851)；Lacellia Bubani et Penz. (1899) Nom. illegit. ；Lacellia Bubani (1899) Nom. illegit. ；Lacerpitium Thunb. (1794)；Laserpicium Asch. (1864) Nom. illegit. ；Laserpicium Rivin. ex Asch. (1864)；Lasespilium Raf. ；Siler Mill. (1754)●☆

28360　Laserpitium Raf. = Laserpitium L. (1753) ［伞形花科（伞形科）Apiaceae(Umbelliferae) ］●☆

28361　Lasersisia Liben (1991)【汉】刚果山榄属。【隶属】山榄科 Sapotaceae。【包含】世界1 种。【学名诠释与讨论】〈阴〉词源不详。此属的学名是“ Lasersisia Liben, Bulletin du Jardin Botanique National de Belgique 61(1-2)：77. 1991 ”。亦有文献把其处理为“ Pachystela Pierre ex Radlk. (1899)”或“ Synsepalum (A. DC.) Daniell(1852)”的异名。【分布】刚果（布）。【模式】Lasersisia seretii (De Wild.) Liben。【参考异名】Laserpitium Raf. ；Pachystela Pierre ex Radlk. (1899)；Synsepalum (A. DC.) Daniell (1852)●☆

28362　Lasia Lour. (1790)【汉】刺芋属（蒟芋属）。【俄】Лазия。【英】Lasia, Spinetaro, Spinyelephanetsear。【隶属】天南星科 Araceae。【包含】世界2 种，中国1 种。【学名诠释与讨论】〈阴〉（希）lasios, 多毛的，如羊毛的，蓬松的。lasio- = 拉丁文 lani-, 多毛的。指植物体具刺。【分布】印度至马来西亚，中国。【模式】Lasia aculeata Loureiro。【参考异名】Lasius Hassk. (1844) Nom. illegit. ■

28363　Lasiaceae Vines = Araceae Juss. (保留科名)■●

28364　Lasiacis (Griseb.) Hitchc. (1910)【汉】毛尖草属。【隶属】禾本科 Poaceae(Gramineae)。【包含】世界20 种。【学名诠释与讨论】〈阴〉（希）lasios, 多毛的+akis, 尖端，尖，刺。此属的学名，ING、GCI 和 IK 记载为“ Lasiacis (Grisebach) Hitchcock, Contr. U. S. Natl. Herb. 15：16. 22 Oct 1910 ”，由“ Panicum sect. Lasiacis Grisebach, Fl. Brit. W. Indian Isl. 551. Oct. 1864 ”改级而来。“ Lasiacis Hitchc. (1910) ≡ Lasiacis (Griseb.) Hitchc. (1910)”的命名人引证有误。“ Lasiacis (Griseb.) Hitchc. (1910)”还曾被处理为“ Panicum ser. Lasiacis (Griseb.) Benth. et Hook. f. , Genera Plantarum 3(2)：1103. 1883. (14 Apr 1883)”。【分布】巴拿马，秘鲁，玻利维亚，厄瓜多尔，哥伦比亚，哥斯达黎加，尼加拉瓜，热带和亚热带美洲，中美洲。【后选模式】Lasiacis divaricata (Linnaeus) Hitchcock ［ Panicum divaricatum Linnaeus ］。【参考异名】Lasiacis Hitchc. (1910) Nom. illegit. ；Panicum sect. Lasiacis Griseb. (1864)；Panicum ser. Lasiacis (Griseb.) Benth. et Hook. f. (1883)；Pseudolasiacis (A. Camus) A. Camus(1945)■☆

28365　Lasiacis Hitchc. (1910) Nom. illegit. ≡ Lasiacis (Griseb.) Hitchc. (1910) ［禾本科 Poaceae(Gramineae) ］■☆

28366　Lasiadenia Benth. (1845)【汉】毛腺瑞香属。【隶属】瑞香科 Thymelaeaceae。【包含】世界2 种。【学名诠释与讨论】〈阴〉（希）lasios, 多毛的+aden, 所有格 adenos, 腺体。【分布】热带南美洲。【模式】Lasiadenia rupestris Bentham。【参考异名】Lariadenia Schltdl. (1846)●☆

28367　Lasiagrostis Link (1827) Nom. illegit. ≡ Achnatherum P. Beauv. (1812)；~ = Stipa L. (1753) ［禾本科 Poaceae(Gramineae) // 针茅科 Stipaceae ］■

28368　Lasiake Raf. (1838) = Veratrum L. (1753) ［百合科 Liliaceae // 黑药花科（藜芦科）Melanthiaceae ］■●

28369　Lasiandra DC. (1828) = Tibouchina Aubl. (1775) ［野牡丹科 Melastomataceae ］■●☆

28370　Lasiandros St. – Lag. (1880) = Lasiandra DC. (1828)；~ = Tibouchina Aubl. (1775)；~ = Lasiandra DC. (1828)；~ = Tibouchina Aubl. (1775) ［野牡丹科 Melastomataceae ］■●☆

28371　Lasianthaea DC. (1836)【汉】毛花菊属。【隶属】菊科 Asteraceae(Compositae)。【包含】世界11-12 种。【学名诠释与讨论】〈阴〉（拉）由 Lasianthus 改缀而来。Lasianthus, lasios, 多毛的。lasio- = 拉丁文 lani-, 多毛的+anthos, 花。此属的学名是“ Lasianthaea A. P. de Candolle, Prodr. 5：607. Oct (prim.) 1836 ”。“ Lasianthea Endl. , Ench. 239. 1841 ”是其拼写变体。亦有文献把“ Lasianthaea DC. (1836)”处理为“ Zexmenia La Llave (1824)”的异名。【分布】从美国（亚利桑那），墨西哥至巴拿马，尼加拉瓜，中美洲。【模式】Lasianthaea helianthoides A. P. de Candolle。【参考异名】Lasianthea Endl. (1841)；Lasianthus Zucc. ex DC. (废弃属名)；Zexmenia La Llave et Lex. (1824) Nom. illegit. ■●☆

28372　Lasianthea Endl. (1841) Nom. illegit. = Lasianthaea DC. (1836) ［菊科 Asteraceae(Compositae) ］■●☆

28373　Lasianthemum Klotzsch (1849) = Talisia Aubl. (1775) ［无患子科 Sapindaceae ］●☆

28374　Lasianthera P. Beauv. (1807)【汉】毛药茶茱萸属。【隶属】茶茱萸科 Icacinaceae。【包含】世界1 种。【学名诠释与讨论】〈阴〉（希）lasios, 多毛的。lasio- = 拉丁文 lani-, 多毛的+anthera, 花药。【分布】热带非洲西部。【模式】Lasianthera africana Palisot de Beauvois。【参考异名】Tilocarpus Engl. (1895)●☆

28375　Lasianthus Adans. (1763)（废弃属名）≡ Gordonia J. Ellis (1771)（保留属名）［山茶科（茶科）Theaceae ］●

28376　Lasianthus Jack (1823)（保留属名）【汉】粗叶木属（鸡屎树属）。【日】ルリミノキ属。【英】Lasianthus, Roughleaf。【隶属】茜草科 Rubiaceae。【包含】世界150-184 种，中国33-54 种。【学名诠释与讨论】〈阳〉（希）lasios, 多毛的+anthos, 花。指花冠内侧被粗毛。此属的学名“ Lasianthus Jack in Trans. Linn. Soc. London 14：125. 28 Mai–12 Jun 1823 ”是保留属名。相应的废弃属名是山茶科 Theaceae 的“ Lasianthus Adans. , Fam. Pl. 2：398, 568. Jul– Aug 1763 ≡ Gordonia J. Ellis (1771)（保留属名）”和茜草科 Rubiaceae 的“ Dasus Lour. , Fl. Cochinch. : 96, 141. Sep 1790 = Lasianthus Jack (1823)（保留属名）”。菊科 Asteraceae 的“ Lasianthus Zucc. ex DC. = Lasianthaea DC. (1836) = Zexmenia La Llave(1824)”亦应废弃。【分布】巴拿马，马达加斯加，印度至马来西亚，西印度群岛，热带非洲，中美洲。【模式】Lasianthus cyanocarpus W. Jack。【参考异名】Dasus Lour. (1790)（废弃属名）；Dasys Lem. (1849)；Dazus Juss. (1823)；Dressleriopsis Dwyer (1980)；Mephitidia Reinw. (1825) Nom. illegit. ；Mephitidia Reinw. ex Blume (1823)；Nonatelia Kuntze, Nom. illegit. ；Octavia DC. (1830)；Santia Wight et Arn. (1834) Nom. illegit. ；Scubalia

Noronha（1790）●

28377 Lasianthus Zucc. ex DC.（废弃属名）= Lasianthaea DC.（1836）；~ = Zexmenia La Llave（1824）［菊科 Asteraceae（Compositae）］●■☆

28378 Lasiarrhenum I. M. Johnst.（1924）【汉】雄毛紫草属。【隶属】紫草科 Boraginaceae。【包含】世界 2 种。【学名诠释与讨论】〈中〉（希）lasios，多毛的+arrhena，所有格 ayrhenos，雄的。【分布】墨西哥。【模式】Lasiarrhenum strigosum（Humboldt，Bonpland et Kunth）I. M. Johnston［Onosma strigosum Humboldt，Bonpland et Kunth］。■☆

28379 Lasierpa Torr.（1839）= Chiogenes Salisb.（1817）Nom. inval.；~ = Gaultheria L.（1753）［杜鹃花科（欧石南科）Ericaceae］●

28380 Lasimorpha Schott（1857）【汉】多毛南星属。【隶属】天南星科 Araceae。【包含】世界 1 种。【学名诠释与讨论】〈阴〉（希）lasios，多毛的+morphe，形状。此属的学名是"Lasimorpha H. W. Schott，Bonplandia 5：127. 1 Mai 1857"。亦有文献把其处理为"Cyrtosperma Griff.（1851）"的异名。【分布】热带非洲。【模式】Lasimorpha senegalensis H. W. Schott。【参考异名】Cyrtosperma Griff.（1851）；Lasiomorpha Post et Kuntze（1903）；Lasiomorpha Schott ■☆

28381 Lasinema Steud.（1841）= Lysinema R. Br.（1810）［尖苞木科 Epacridaceae］●☆

28382 Lasingrostis Link（1829）= Lasiagrostis Link（1827）Nom. illegit.；~ = Achnatherum P. Beauv.（1812）；~ = Stipa L.（1753）［禾本科 Poaceae（Gramineae）//针茅科 Stipaceae］■

28383 Lasinia Raf.（1836）= Baptisia Vent.（1808）［豆科 Fabaceae（Leguminosae）//蝶形花科 Papilionaceae］■☆

28384 Lasiobema（Korth.）Miq.（1855）= Bauhinia L.（1753）［豆科 Fabaceae（Leguminosae）//云实科（苏木科）Caesalpiniaceae//羊蹄甲科 Bauhiniaceae］●

28385 Lasiobema Korth.，Nom. illegit. = Bauhinia L.（1753）［豆科 Fabaceae（Leguminosae）//云实科（苏木科）Caesalpiniaceae//羊蹄甲科 Bauhiniaceae］●

28386 Lasiobema Miq.（1855）Nom. illegit. ≡Lasiobema（Korth.）Miq.（1855）［豆科 Fabaceae（Leguminosae）//云实科（苏木科）Caesalpiniaceae］●

28387 Lasiocarphus Pohl ex Baker（1873）= Stilpnopappus Mart. ex DC.（1836）［菊科 Asteraceae（Compositae）］●■☆

28388 Lasiocarpus Banks et Sol. ex Hook. f. = Acaena L.（1771）［蔷薇科 Rosaceae］■●☆

28389 Lasiocarpus Liebm.（1854）【汉】毛果金虎尾属。【隶属】金虎尾科（黄褥花科）Malpighiaceae。【包含】世界 4 种。【学名诠释与讨论】〈阳〉（希）lasios，多毛的+karpos，果实。此属的学名，ING、TROPICOS 和 IK 记载是"Lasiocarpus Liebmann，Vidensk. Meddel. Dansk Naturhist. Foren. Kjøbenhavn 1853：90. 1854"。"Lasiocarpus Oerst.，Naturhist. Foren. Kjøbenhavn 1853：?，1854 ≡ Lasiocarpus Liebm.（1854）"是一个未合格发表的名称（Nom. inval.）。【分布】墨西哥。【模式】Lasiocarpus salicifolius Liebmann。【参考异名】Lasiocarpus Oerst.（1854）Nom. inval.，Nom. nud. ●☆

28390 Lasiocarpus Oerst.（1854）Nom. inval.，Nom. nud. ≡Lasiocarpus Liebm.（1854）［金虎尾科（黄褥花科）Malpighiaceae］●☆

28391 Lasiocarys Balf. f.= Lasiagaurys Benth.（1834）；~ = Leucas R. Br.（1810）［唇形科 Lamiaceae（Labiatae）］●■

28392 Lasiocaryum I. M. Johnst.（1925）【汉】毛果草属。【英】Hairyfruitgrass。【隶属】紫草科 Boraginaceae。【包含】世界 4-7 种，中国 3 种。【学名诠释与讨论】〈中〉（希）lasios，多毛的+

karyon，胡桃，硬壳果，核，坚果。指小坚果被毛。此属的学名"Lasiocaryum I. M. Johnston，Contr. Gray Herb. 75：45. 1925"是一个替代名称。它替代的是"Oreogenia Johnston，Contr. Gray Herb. 73：65. Sep 1924"，而非"Orogenia S. Watson，U. S. Geol. Explor. 40th Parallel，Bot. 120. Sep－Dec 1871［伞形花科（伞形科）Apiaceae（Umbelliferae）］"。【分布】中国，喜马拉雅山，亚洲中部。【模式】Lasiocaryum munroi（Clarke）I. M. Johnston［Eritrichium munroi Clarke］。【参考异名】Oreogenia I. M. Johnst.（1924）Nom. illegit. ■

28393 Lasiocephalus Schltdl.（1818）Nom. illegit. = Lasiocephalus Willd. ex Schltdl.（1818）［菊科 Asteraceae（Compositae）］■☆

28394 Lasiocephalus Willd. ex Schltdl.（1818）【汉】绵头菊属。【隶属】菊科 Asteraceae（Compositae）。【包含】世界 2-10 种。【学名诠释与讨论】〈阳〉（希）lasios，多毛的+kephale，头。此属的学名，ING、TROPICOS 和 IK 记载是"Lasiocephalus Willdenow ex D. F. L. Schlechtendal，Ges. Naturf. Freunde Berlin Mag. Neuesten Entdeck. Gesammten Naturk. 8：308. 1818"。"Lasiocephalus Schltdl.（1818）Nom. illegit. ≡ Lasiocephalus Willd. ex Schltdl.（1818）"的命名人引证有误。亦有文献把"Lasiocephalus Willd. ex Schltdl.（1818）"处理为"Culcitium Bonpl.（1808）"的异名。【分布】秘鲁，玻利维亚，厄瓜多尔，安第斯山。【模式】未指定。【参考异名】Culcitium Bonpl.（1808）；Lasiocephalus Schltdl.（1818）Nom. illegit. ●☆

28395 Lasiocereus F. Ritter（1966）= Haageocereus Backeb.（1933）［仙人掌科 Cactaceae］●☆

28396 Lasiochlamys Pax et K. Hoffm.（1922）【汉】毛被大风子属。【隶属】刺篱木科（大风子科）Flacourtiaceae。【包含】世界 13 种。【学名诠释与讨论】〈阴〉（希）lasios，多毛的+chlamys，所有格 chlamydos，斗篷，外衣。【分布】法属新喀里多尼亚。【模式】Lasiochlamys reticulata F. Pax et K. Hoffmann，Nom. illegit.［Cyclostemon reticulatis Schlechter］。●☆

28397 Lasiochloa Kunth（1830）= Tribolium Desv.（1831）［禾本科 Poaceae（Gramineae）］■☆

28398 Lasiocladus Bojer ex Nees（1847）【汉】毛枝爵床属。【隶属】爵床科 Acanthaceae。【包含】世界 5 种。【学名诠释与讨论】〈中〉（希）lasios，多毛的+klados，枝，芽，指小式 kladion，棍棒。kladodes 有许多枝子的。【分布】马达加斯加。【模式】未指定。【参考异名】Synchoriste Baill.（1891）●☆

28399 Lasiococca Hook. f.（1887）【汉】轮叶戟属。【英】Lasiococca。【隶属】大戟科 Euphorbiaceae。【包含】世界 3 种，中国 1 种。【学名诠释与讨论】〈阴〉（希）lasios，多毛的+kokkos，变为拉丁文 coccus，仁，谷粒，浆果。指植物体被毛。【分布】印度，中国，东喜马拉雅山，马来半岛。【模式】Lasiococca symphylliaefolia（Kurz）J. D. Hooker［as'symphilliaefolia'］［Homonoia symphylliaefolia Kurz］。●

28400 Lasiococcus Small（1933）= Gaylussacia Kunth（1819）（保留属名）［杜鹃花科（欧石南科）Ericaceae］●☆

28401 Lasiocoma Bolus（1906）= Euryops（Cass.）Cass.（1820）［菊科 Asteraceae（Compositae）］●■☆

28402 Lasiocorys Benth.（1834）= Leucas R. Br.（1810）［唇形科 Lamiaceae（Labiatae）］●■

28403 Lasiocroton Griseb.（1859）【汉】多毛巴豆属。【隶属】大戟科 Euphorbiaceae。【包含】世界 4-6 种。【学名诠释与讨论】〈中〉（希）lasios，多毛的+（属）Croton 巴豆属。【分布】西印度群岛。【模式】Lasiocroton macrophyllus（O. Swartz）Grisebach［Croton macrophyllum O. Swartz］。【参考异名】Lasiodendrum Post et Kuntze（1903）●☆

28404　Lasiodendrum Post et Kuntze（1903）= Lasiocroton Griseb.（1859）［大戟科 Euphorbiaceae］●☆

28405　Lasiodiscus Hook. f.（1862）【汉】毛盘鼠李属。【隶属】鼠李科 Rhamnaceae。【包含】世界 9-12 种。【学名诠释与讨论】〈阳〉（希）lasios，多毛的+diskos，圆盘。【分布】马达加斯加，热带非洲。【模式】Lasiodiscus mannii J. D. Hooker。●☆

28406　Lasiogyne Klotzsch（1843）= Croton L.（1753）［大戟科 Euphorbiaceae//巴豆科 Crotonaceae］●

28407　Lasiolaena R. M. King et H. Rob.（1972）【汉】绵被菊属。【隶属】菊科 Asteraceae（Compositae）。【包含】世界 5-6 种。【学名诠释与讨论】〈阴〉（希）lasios，多毛的+laina = chlaine = 拉丁文 laena，外衣，衣服。【分布】巴西。【模式】Lasiolaena blanchetii（C. H. Schultz-Bip ex J. G. Baker）R. M. King et H. E. Robinson［Eupatorium blanchetii C. H. Schultz-Bip. ex J. G. Baker］。●☆

28408　Lasiolepis Benn.（1838）= Harrisonia R. Br. ex A. Juss.（1825）（保留属名）［苦木科 Simaroubaceae］●

28409　Lasiolepis Boeck.（1873）= Eriocaulon L.（1753）［谷精草科 Eriocaulaceae］■

28410　Lasiolytrum Steud.（1846）= Arthraxon P. Beauv.（1812）［禾本科 Poaceae（Gramineae）］■

28411　Lasiomorpha Post et Kuntze（1903）= Cyrtosperma Griff.（1851）；~ = Lasimorpha Schott（1857）［天南星科 Araceae］■☆

28412　Lasiomorpha Schott = Lasimorpha Schott（1857）［天南星科 Araceae］■☆

28413　Lasionema D. Don（1833）= Macrocnemum P. Browne（1756）［茜草科 Rubiaceae］●☆

28414　Lasiopera Hoffmanns. et Link（1813）= Bellardia All.（1785）+ Odonttites Zinn + Parentucellia Viv.（1824）［玄参科 Scrophulariaceae//列当科 Orobanchaceae］■☆

28415　Lasiopetalaceae J. Agardh［亦见 Malvaceae Juss.（保留科名）锦葵科和 Sterculiaceae Vent.（保留科名）梧桐科］【汉】柔木科。【包含】世界 1 属 30-40 种。【分布】澳大利亚。【科名模式】Lasiopetalum Sm.●☆

28416　Lasiopetalaceae Rchb.（1823）= Malvaceae Juss.（保留科名）；~ = Sterculiaceae Vent.（保留科名）●■

28417　Lasiopetalum Sm.（1798）【汉】柔木属。【隶属】梧桐科 Sterculiaceae//锦葵科 Malvaceae//柔木科 Lasiopetalaceae。【包含】世界 30-40 种。【学名诠释与讨论】〈中〉（希）lasios，多毛的+希腊文 petalos，扁平的，铺开的；petalon，花瓣，叶，花叶，金属叶子；拉丁文的花瓣为 petalum。指花瓣或花萼。【分布】澳大利亚。【模式】Lasiopetalum ferrugineum J. E. Smith。【参考异名】Corethrostyles Endl.（1839）；Corethrostylis Endl.（1839）●☆

28418　Lasiophyton Hook. et Arn.（1840）= Micropsis DC.（1836）［菊科 Asteraceae（Compositae）］■☆

28419　Lasiopoa Ehrh.（1789）Nom. inval. = Bromus L.（1753）（保留属名）［禾本科 Poaceae（Gramineae）］■

28420　Lasiopogon Cass.（1818）【汉】密毛紫绒草属。【俄】Лазиопогон。【隶属】菊科 Asteraceae（Compositae）。【包含】世界 8 种。【学名诠释与讨论】〈阳〉（希）lasios，多毛的+pogon，所有格 pogonos，指小式 pogonion，胡须，髯毛，芒。pogonias，有须的。指花序。【分布】巴基斯坦，马达加斯加，地中海至印度，非洲南部。【模式】Lasiopogon muscoides（Desfontaines）A. P. de Candolle［Gnaphalium muscoides Desfontaines］。■☆

28421　Lasioptera Andrz. ex DC.（1821）= Lepidium L.（1753）［十字花科 Brassicaceae（Cruciferae）］■

28422　Lasiopus Cass.（1817）= Gerbera L.（1758）（保留属名）［菊科 Asteraceae（Compositae）］■

28423　Lasiopus D. Don（1836）Nom. illegit. = Eriopus D. Don（1837）Nom. illegit.；~ = Taraxacum F. H. Wigg.（1780）（保留属名）［菊科 Asteraceae（Compositae）］■

28424　Lasiorhachis（Hack.）Stapf（1927）= Saccharum L.（1753）［禾本科 Poaceae（Gramineae）］■

28425　Lasiorhiza Kuntze（1891）= Saccharum L.（1753）［禾本科 Poaceae（Gramineae）］■

28426　Lasiorrhachis（Hack.）Stapf（1927）= Saccharum L.（1753）［禾本科 Poaceae（Gramineae）］■

28427　Lasiorrhachis Stapf.（1927）Nom. illegit. ≡ Lasiorrhachis（Hack.）Stapf（1927）［禾本科 Poaceae（Gramineae）］■

28428　Lasiorrhiza Lag.（1811）= Leucheria Lag.（1811）［菊科 Asteraceae（Compositae）］■☆

28429　Lasiosiphon Fresen.（1838）【汉】毛管木属。【隶属】瑞香科 Thymelaeaceae。【包含】世界 50 种。【学名诠释与讨论】〈中〉（希）lasios，多毛的+siphon，所有格 siphonos，管子。指管状花具毛。此属的学名是“Lasiosiphon Fresenius，Flora 21：602. 14 Oct 1838”。亦有文献把其处理为“Gnidia L.（1753）”的异名。【分布】马达加斯加，斯里兰卡，印度，热带和非洲南部。【模式】Lasiosiphon glauca Fresenius。【参考异名】Dessenia Raf.（1838）Nom. illegit.；Gnidia L.（1753）●☆

28430　Lasiospermum Fisch.（1812）= Scorzonera L.（1753）［菊科 Asteraceae（Compositae）］■

28431　Lasiospermum Lag.（1816）【汉】绵子菊属。【隶属】菊科 Asteraceae（Compositae）。【包含】世界 4 种。【学名诠释与讨论】〈中〉（希）lasios，多毛的+sperma，所有格 spermatos，种子，孢子。此属的学名，ING、APNI 和 IK 记载是“Lasiospermum M. Lagasca，Gen. Sp. Pl. Nov. 31. Jun-Dec 1816”；ING 并标注：“Lagasca cites‘Santolina eriocarpa Persoon，Syn. 2：407；this does not exist. Persoon l. c. has S. erecta including some of Lagasca's pre-linnean references and S. eriosperma，both described as occuring in S. Europe. Lagasca's n. g. is S. African”。TROPICOS 则用“Lasiospermum Fisch.（1812）”为正名，把“Lasiospermum Lag.（1816）”处理为晚出的非法名称“Nom. illegit.”。【分布】非洲南部。【模式】Lasiospermum pedunculare Lagasca。【参考异名】Eriocarpha Lag. ex DC.（1838）；Eriocarpus Post et Kuntze（1903）；Eriosphaera F. Dietr.（1817）；Lanipila Burch.（1822）；Mataxa Spreng.（1827）Nom. illegit. ■☆

28432　Lasiospora Cass.（1822）= Scorzonera L.（1753）［菊科 Asteraceae（Compositae）］■

28433　Lasiostega Benth.（1857）Nom. inval. ≡ Lasiostega Rupr. ex Benth.（1857）；~ = Buchloë Engelm.（1859）（保留属名）［禾本科 Poaceae（Gramineae）］■

28434　Lasiostega Rupr. ex Benth.（1857）= Buchloë Engelm.（1859）（保留属名）［禾本科 Poaceae（Gramineae）］■

28435　Lasiostelma Benth.（1876）= Brachystelma R. Br.（1822）（保留属名）［萝藦科 Asclepiadaceae］■

28436　Lasiostemon Benth. et Hook. f.（1862）Nom. illegit. ≡ Lasiostemum Nees et Mart.（1823）；~ = Angostura Roem. et Schult.（1819）；~ = Cusparia Humb. ex R. Br.（1807）［芸香科 Rutaceae］●☆

28437　Lasiostemon Schott ex Endl.（1839）= Esterhazya J. C. Mikan（1821）［玄参科 Scrophulariaceae//列当科 Orobanchaceae］■☆

28438　Lasiostemum Nees et Mart.（1823）= Angostura Roem. et Schult.（1819）；~ = Cusparia Humb. ex R. Br.（1807）［芸香科 Rutaceae］●☆

28439　Lasiostoma Benth.（1843）Nom. illegit. = Hydnophytum Jack

（1823）［茜草科 Rubiaceae］■☆

28440　Lasiostoma Schreb.（1789）Nom. illegit. ≡ Rouhamon Aubl.（1775）；~ = Strychnos L.（1753）［马钱科（断肠草科，马钱子科）Loganiaceae］●

28441　Lasiostoma Spreng.（1824）Nom. illegit. = Lasiostoma Schreb.（1789）Nom. illegit. ；~ = Rouhamon Aubl.（1775）；~ = Strychnos L.（1753）［马钱科（断肠草科，马钱子科）Loganiaceae］●

28442　Lasiostomum Zipp. ex Blume（1850）= Geniostoma J. R. Forst. et G. Forst.（1776）［马钱科（断肠草科，马钱子科）Loganiaceae//髯管花科 Geniostomaceae］●

28443　Lasiostyles C. Presl（1845）= Cleidion Blume（1826）［大戟科 Euphorbiaceae］●

28444　Lasiostylis Pax et K. Hoffm.（1926）= Cleidion Blume（1826）；~ = Lasiostyles C. Presl（1845）［大戟科 Euphorbiaceae］●

28445　Lasiotrichos Lehm.（1834）= Fingerhuthia Nees ex Lehm.（1836）［禾本科 Poaceae（Gramineae）］■☆

28446　Lasipana Raf.（1838）Nom. illegit. ≡ Echinus Lour.（1790）Nom. illegit. ；~ = Mallotus Lour.（1790）［大戟科 Euphorbiaceae］●

28447　Lasiurus Boiss.（1859）【汉】髯茅属（髯毛茅属）。【隶属】禾本科 Poaceae（Gramineae）。【包含】世界 1 种。【学名诠释与讨论】〈阳〉（希）lasios，多毛的+-urus，-ura，-uro，用于希腊文组合词，含义为"尾巴"。【分布】印度，热带非洲东部。【模式】Lasiurus hirsutus Boissier, Nom. illegit. ［Rottboellia hirsuta Vahl, Nom. illegit. ；Triticum aegilopoides Forsskål］。■☆

28448　Lasius Adans.（1763）= Pavonia Cav.（1786）（保留属名）［锦葵科 Malvaceae］●■☆

28449　Lasius Hassk.（1844）Nom. illegit. = Lasia Lour.（1790）［天南星科 Araceae］■

28450　Lasjia P. H. Weston et A. R. Mast（2008）【汉】昆士兰山龙眼属。【隶属】山龙眼科 Proteaceae。【包含】世界 5 种。【学名诠释与讨论】〈阴〉词源不详。此属的学名是"Lasjia P. H. Weston et A. R. Mast, American Journal of Botany 95（7）：865. 2008"。亦有文献把其处理为"Macadamia F. Muell.（1858）"的异名。【分布】参见 Macadamia F. Muell.。【模式】Lasjia claudiensis（C. L. Gross et B. Hyland）P. H. Weston et A. R. Mast ［Macadamia claudiensis C. L. Gross et B. Hyland］。【参考异名】Macadamia F. Muell.（1858）●☆

28451　Lass Adans.（1763）（废弃属名）= Pavonia Cav.（1786）（保留属名）［锦葵科 Malvaceae］●■☆

28452　Lassa Kuntze（1898）= Lasius Adans.（1763）；~ = Pavonia Cav.（1786）（保留属名）［锦葵科 Malvaceae］●■☆

28453　Lassia Baill.（1858）= Tragia L.（1753）［大戟科 Euphorbiaceae］●

28454　Lassonia Buc'hoz（1779）= Magnolia L.（1753）［木兰科 Magnoliaceae］●

28455　Lastarriaca B. D. Jacks. , Nom. illegit. ≡ Lastarriaea J. Rémy（1851-1852）［蓼科 Polygonaceae］■☆

28456　Lastarriaea J. Rémy（1851-1852）【汉】少蕊刺花蓼属。【英】Spineflower。【隶属】蓼科 Polygonaceae。【包含】世界 3 种。【学名诠释与讨论】〈阴〉（人）José Victorino Lastarria Santander，1817-1888，智利律师，自由党的创始人。此属的学名，ING、TROPICOS 和 IK 记载是"Lastarriaea J. Rémy, Fl. Chil. ［Gay］5（3）：289，t. 58. ［1851 or 1852］"。"Hamaria Kunze ex Baillon, Hist. Pl. 11：397. 14 Jun 1892（non Fourreau 1868）"是"Lastarriaea J. Rémy（1851-1852）"的晚出的同模式异名（Homotypic synonym, Nomenclatural synonym）。"Lastarriaca J. Rémy, Ind. Kew. ii. 36 ≡ Lastarriaea J. Rémy（1851-1852）［蓼科 Polygonaceae］"拼写错误。"Lastarriaca

B. D. Jacks."似为拼写变体。亦有文献把"Lastarriaea J. Rémy（1851-1852）"处理为"Chorizanthe R. Br. ex Benth.（1836）"的异名。【分布】北美洲和南美洲。【模式】Lastarriaea chilensis Rémy。【参考异名】Chorizanthe R. Br. ex Benth.（1836）；Donatia Bert. ex J. Rémy（废弃属名）；Hamaria Kunze ex Baill.（1892）Nom. illegit. ；Lastarriaca B. D. Jacks. , Nom. illegit. ■☆

28457　Lasthenia Cass.（1834）【汉】金田菊属。【英】Goldfields。【隶属】菊科 Asteraceae（Compositae）。【包含】世界 17-18 种。【学名诠释与讨论】〈阴〉（人）Lasthenia，雅典姑娘。【分布】美国（西南部），智利。【模式】Lasthenia obtusifolia Cassini。【参考异名】Baeria Fisch. et C. A. Mey.（1836）；Burrielia DC.（1836）；Crockeria Greene ex A. Gray（1884）；Hologymne Bartl.（1838）Nom. illegit. ；Hologymne Bartl. ex L.（1838）Nom. illegit. ；Rancagua Poepp. et Endl.（1835）；Xantho J. Rémy（1849）Nom. illegit. ■☆

28458　Lastila Alef.（1861）= Lathyrus L.（1753）［豆科 Fabaceae（Leguminosae）//蝶形花科 Papilionaceae］■

28459　Laston C. Pau（1895）= Festuca L.（1753）［禾本科 Poaceae（Gramineae）//羊茅科 Festucaceae］■

28460　Lasynema Poir.（1812）= Lysinema R. Br.（1810）［尖苞木科 Epacridaceae］●☆

28461　Latace Phil.（1889）= Leucocoryne Lindl.（1830）［百合科 Liliaceae//葱科 Alliaceae］■☆

28462　Latana Robin（1807）= Lantana L.（1753）（保留属名）［马鞭草科 Verbenaceae//马缨丹科 Lantanaceae］●

28463　Latania Comm.（1789）Nom. illegit. ≡ Latania Comm. ex Juss.（1789）［棕榈科 Arecaceae（Palmae）］●☆

28464　Latania Comm. ex Juss.（1789）【汉】黄脉桐属（彩叶棕属，黄金桐属，黄金棕属，拉坦桐属，拉坦棕属）。【日】ニオウギヤシ属，ベニオウギヤシ属。【俄】Латания，Пальма веерная。【英】Latan Palm, Latania。【隶属】棕榈科 Arecaceae（Palmae）。【包含】世界 3-6 种。【学名诠释与讨论】〈阴〉latan，模式产地西印度洋留尼旺岛的植物俗名。此属的学名，ING、TROPICOS 和 IK 记载是"Latania Comm. ex Juss. , Gen. Pl. ［Jussieu］39. 1789 ［4 Aug 1789］"。"Latania Comm.（1789）≡ Latania Comm. ex Juss.（1789）"的命名人引证有误。"Cleophora J. Gaertner, Fruct. 2：185. Apr-Mai 1791"是"Latania Comm. ex Juss.（1789）"的晚出的同模式异名（Homotypic synonym, Nomenclatural synonym）。【分布】巴基斯坦，玻利维亚，马斯克林群岛，热带非洲东部。【模式】Latania borbonica Lamarck。【参考异名】Cleophora Gaertn.（1791）Nom. illegit. ；Latania Comm.（1789）Nom. illegit. ●☆

28465　Laterifissum Dulac（1867）Nom. illegit. ≡ Montia L.（1753）［马齿苋科 Portulacaceae］■☆

28466　Lateropora A. C. Sm.（1932）【汉】瓮花莓属。【隶属】杜鹃花科（欧石南科）Ericaceae。【包含】世界 2-3 种。【学名诠释与讨论】〈阴〉（希）later，所有格 lateris，砖，瓦+opora，水果，夏末，水果季。另说来自拉丁文 latus，lateris，侧面+希腊文 poros，孔口。【分布】巴拿马，哥斯达黎加，中美洲。【模式】Lateropora ovata A. C. Smith。●☆

28467　Lathirus Neck.（1768）= Lathyrus L.（1753）［豆科 Fabaceae（Leguminosae）//蝶形花科 Papilionaceae］■

28468　Lathraea L.（1753）【汉】齿鳞草属（拉悉雷属）。【日】ヤマウツボ属。【俄】Крест петров，Петров крест。【英】Lathraea, Toothwort。【隶属】列当科 Orobanchaceae//玄参科 Scrophulariaceae。【包含】世界 5-7 种，中国 1 种。【学名诠释与讨论】〈阴〉（希）lathraios，隐藏的。指生境。此属的学名，ING 和 IK 记载是"Lathraea L. , Sp. Pl. 2：605. 1753 ［1 May 1753］"。亦有学者承认"鳞玄参属 Squamaria Ludw. , Inst. Regn. Veg. , ed. 2.

120. 1757"；这是一个晚出的非法名称（Nom. illegit.）。红藻的"Squamaria Zanardini, Mem. Reale Accad. Sci. Torino ser. 2. 4：235. 1841 ≡ Peyssonnelia Decaisne 1841"，地衣的"Squamaria G. F. Hoffmann, Descr. Adumbr. Pl. Lich. 1（2）：33, 34, 78. 1789"和玄参科 Scrophulariaceae 的"Squamaria Zinn, Cat. Pl. Gott. 277（1757）"亦是晚出的非法名称。"Anblatum J. Hill, Brit. Herb. 128. Apr 1756"是"Lathraea L.（1753）"的晚出的同模式异名（Homotypic synonym, Nomenclatural synonym）。【分布】中国，温带欧亚大陆。【后选模式】Lathraea squamaria Linnaeus。【参考异名】Amblatum G. Don（1837）；Anblatum Hill（1756）Nom. illegit.；Clandestina Adans.（1763）Nom. illegit.；Clandestina Hill（1756）；Clandestina Tourn. ex Adans.（1763）Nom. illegit.；Squamaria Ludw.（1757）■

28469　Lathraeocarpa Bremek.（1957）【汉】隐果茜属。【隶属】茜草科 Rubiaceae。【包含】世界 2 种。【学名诠释与讨论】〈阴〉（希）lathraios，隐藏的+karpos，果实。【分布】马达加斯加。【模式】Lathraeocarpa decaryi Bremekamp。☆

28470　Lathraeophila Hook. f.（1856）= Helosis Rich.（1822）（保留属名）［蛇菰科（土鸟黐科）Balanophoraceae//盾苞菰科 Helosaceae］■☆

28471　Lathriogyna Eckl. et Zeyh.（1836）= Amphithalea Eckl. et Zeyh.（1836）［豆科 Fabaceae（Leguminosae）//蝶形花科 Papilionaceae］■☆

28472　Lathrisia Sw.（1829）= Bartholina R. Br.（1813）［兰科 Orchidaceae］■☆

28473　Lathrocasis L. A. Johnson（2000）【汉】北美吉莉花属。【隶属】花荵科 Polemoniaceae。【包含】世界 1 种。【学名诠释与讨论】〈阴〉（希）lathre = lathra，秘密的+kasis，姊，妹。此属的学名是"Lathrocasis L. A. Johnson, Aliso 19（1）：67. 2000"。亦有文献把其处理为"Gilia Ruiz et Pav.（1794）"的异名。【分布】北美洲。【模式】Lathrocasis tenerrima（A. Gray）L. A. Johnson。【参考异名】Gilia Ruiz et Pav.（1794）■☆

28474　Lathrophytum Eichler（1868）【汉】巴西菰属。【隶属】蛇菰科（土鸟黐科）Balanophoraceae。【包含】世界 1 种。【学名诠释与讨论】〈中〉（希）lathraios，隐藏的+phyton，植物，树木，枝条。【分布】巴西东南。【模式】Lathrophytum peckolti Eichler。■☆

28475　Lathyraceae Buruett = Fabaceae Lindl.（保留科名）//Leguminosae Juss.（1789）（保留科名）●■

28476　Lathyraea Gled.（1749）Nom. inval., Nom. illegit.［玄参科 Scrophulariaceae］☆

28477　Lathyris Trew（1754）= Euphorbia L.（1753）［大戟科 Euphorbiaceae］●■

28478　Lathyroides Fabr.（1759）Nom. illegit. ≡ Lathyroides Heist. ex Fabr.（1759）［豆科 Fabaceae（Leguminosae）//蝶形花科 Papilionaceae］■

28479　Lathyroides Heist. ex Fabr.（1759）Nom. illegit. ≡ Clymenum Mill.（1754）；～ = Lathyrus L.（1753）［豆科 Fabaceae（Leguminosae）//蝶形花科 Papilionaceae］■

28480　Lathyros St. -Lag.（1880）= Lathyrus L.（1753）［豆科 Fabaceae（Leguminosae）//蝶形花科 Papilionaceae］■

28481　Lathyrus L.（1753）【汉】山黧豆属（刺牛草属，香豌豆属）。【日】レンリサウ属，レンリソウ属。【俄】Латирус，Сочевичник，Чина。【英】Everlasting Pea, Pea, Pea Vine, Peavine, Perennial Pea, Sweet Pea, Vetch, Vetchling, Wild Pea。【隶属】豆科 Fabaceae（Leguminosae）//蝶形花科 Papilionaceae。【包含】世界 150-160 种，中国 19 种。【学名诠释与讨论】〈阳〉（希）lathyros，山黧豆俗名。另说希腊文 la，非常+thouros，刺激，热情，古代用来制作春药。此属的学名，ING、APNI、GCI、TROPICOS 和 IK 记

载是"Lathyrus L., Sp. Pl. 2：729. 1753［1 May 1753］"。【分布】巴基斯坦，秘鲁，玻利维亚，厄瓜多尔，哥伦比亚，哥斯达黎加，美国，中国，北温带，热带非洲和南美洲，中美洲。【后选模式】Lathyrus sylvestris Linnaeus。【参考异名】Anurus C. Presl（1837）；Aphaea Mill.（1754）；Astrophia Nutt.（1838）；Athyrus Neck.（1790）Nom. inval.；Cicercula Medik.（1787）；Clymenum Mill.（1754）；Graphiosa Alef.（1861）；Konxikas Raf.（1840）；Lastila Alef.（1861）；Lathirus Neck.（1768）；Lathyroides Fabr.（1759）Nom. illegit.；Lathyroides Heist. ex Fabr.（1759）Nom. illegit.；Lathyros St. -Lag.（1880）；Latyrus Gren.（1838）；Menkenia Bubani（1899）Nom. illegit.；Navidura Alef.（1861）；Nissolia Mill.（1754）（废弃属名）；Ochrus Mill.（1754）；Oroba Medik.（1787）；Orobus L.（1753）；Oxypogon Raf.（1819）；Paoluccia Gand.（1894）；Platystylis Sweet（1828）；Spatulima Raf.（1837）■

28482　Laticoma Raf.（1838）= Nerine Herb.（1820）（保留属名）［石蒜科 Amaryllidaceae］■☆

28483　Latipes Kunth（1830）= Leptothrium Kunth（1829）［禾本科 Poaceae（Gramineae）］■☆

28484　Latnax Miers = Athenaea Sendtn.（1846）（保留属名）［茄科 Solanaceae］●☆

28485　Latosatis Thouars = Satyrium Sw.（1800）（保留属名）［兰科 Orchidaceae］■

28486　Latouchea Franch.（1899）【汉】匙叶草属（拉杜属）。【英】Latouchea, Spoongrass。【隶属】龙胆科 Gentianaceae。【包含】世界 1 种，中国 1 种。【学名诠释与讨论】〈阴〉（人）La Touche，法国植物学者。【分布】中国。【模式】Latouchea fokienensis Franchet。■★

28487　Latourea Benth. et Hook. f.（1883）≡ Latourorchis Brieger（1981）［兰科 Orchidaceae］■

28488　Latourea Blume（1849）Nom. inval. = Dendrobium Sw.（1799）（保留属名）［兰科 Orchidaceae］■

28489　Latouria（Endl.）Lindl.（1847）= Lechenaultia R. Br.（1810）［草海桐科 Goodeniaceae］●■

28490　Latouria Blume（1849）Nom. illegit. ≡ Latourorchis Brieger（1981）；～ = Dendrobium Sw.（1799）（保留属名）［兰科 Orchidaceae］■

28491　Latouria Lindl.（1847）Nom. illegit. ≡ Latouria（Endl.）Lindl.（1847）；～ = Lechenaultia R. Br.（1810）［草海桐科 Goodeniaceae］●☆

28492　Latourorchis Brieger（1981）= Dendrobium Sw.（1799）（保留属名）［兰科 Orchidaceae］■

28493　Latraeophila Leandro ex A. St. -Hil.（1837）Nom. inval., Nom. nud. = Helosis Rich.（1822）（保留属名）［蛇菰科（土鸟黐科）Balanophoraceae//盾苞菰科 Helosaceae］■☆

28494　Latraeophila Leandro, Nom. inval., Nom. nud. = Latraeophila Leandro ex A. St. -Hil.（1837）Nom. inval., Nom. nud.［蛇菰科（土鸟黐科）Balanophoraceae//盾苞菰科 Helosaceae］■☆

28495　Latraeophilaceae Leandro ex A. St. - Hil. = Balanophoraceae Rich.（保留科名）●■

28496　Latreillea DC.（1836）= Ichthyothere Mart.（1830）［菊科 Asteraceae（Compositae）］■●☆

28497　Latrienda Raf.（1838）= Ipomoea L.（1753）（保留属名）［旋花科 Convolvulaceae］●■

28498　Latrobea Meisn.（1848）【汉】澳棒枝豆属。【隶属】豆科 Fabaceae（Leguminosae）//蝶形花科 Papilionaceae。【包含】世界 6 种。【学名诠释与讨论】〈阴〉（地）Latrobe，拉特罗布，位于澳大利亚。另说纪念 Charles Joseph La Trobe（Latrobe），1801-1875，

英国植物学者,旅行家,博物学者。【分布】澳大利亚（西部）。【模式】未指定。【参考异名】Acarpha R. Br. ex Benth. , Nom. illegit.；Leptocytisus Meisn.（1848）■☆

28499 Latua Phil.（1858）【汉】智利毛花茄属（智利茄属）。【英】Latua。【隶属】茄科 Solanaceae。【包含】世界 1 种。【学名诠释与讨论】〈阴〉（拉）latus,所有格 lateris,侧面,旁边,宽的,阔的,广的。另说来自植物俗名。【分布】智利。【模式】Latua venenosa R. A. Philippi。●☆

28500 Latyrus Gren.（1838）= Lathyrus L.（1753）［豆科 Fabaceae（Leguminosae）//蝶形花科 Papilionaceae］■

28501 Laubenfelsia A. V. Bobrov et Melikyan（2000）= Podocarpus Pers.（1807）（保留属名）［罗汉松科 Podocarpaceae］●

28502 Laubertia A. DC.（1844）【汉】劳氏夹竹桃属。【隶属】夹竹桃科 Apocynaceae。【包含】世界 6 种。【学名诠释与讨论】〈阴〉（人）Karl Richard Laubert,1870-?,植物学者。另说纪念 Charles Jean Laubert,1762-1834。【分布】秘鲁,玻利维亚,厄瓜多尔,中美洲。【模式】Laubertia boissieri Alph. de Candolle。【参考异名】Streptotrachelus Greenm.（1897）●☆

28503 Lauchea Klotzsch（1854）= Begonia L.（1753）［秋海棠科 Begoniaceae］●■

28504 Laudonia Nees（1845）= Glischrocaryon Endl.（1838）；~ = Loudonia Lindl.（1839）［小二仙草科 Haloragaceae］■☆

28505 Laugeria Hook. f.（1873）Nom. illegit. = Neolaugeria Nicolson（1979）；~ = Terebraria Kuntze（1903）Nom. illegit. ；~ = Terebraria Sessé ex Kunth（1903）Nom. illegit. ；= Neolaugeria Nicolson（1979）［茜草科 Rubiaceae］●☆

28506 Laugeria L.（1767）Nom. illegit. = Guettarda L.（1753）；~ = Laugteria Jacq.（1760）［茜草科 Rubiaceae//海岸桐科 Guettardaceae］●

28507 Laugeria Vahl ex Benth. et Hook. f.（1873）Nom. illegit. ≡ Neolaugeria Nicolson（1979）［茜草科 Rubiaceae］●☆

28508 Laugeria Vahl ex Hook. f.（1873）Nom. illegit. ≡ Laugeria Vahl ex Benth. et Hook. f.（1873）；~ ≡ Neolaugeria Nicolson（1979）［茜草科 Rubiaceae］●☆

28509 Laugeria Vahl（1797）Nom. inval. ≡ Laugeria Vahl ex Benth. et Hook. f.（1873）；~ ≡ Neolaugeria Nicolson（1979）［茜草科 Rubiaceae］●☆

28510 Laugieria Jacq.（1760）= Guettarda L.（1753）［茜草科 Rubiaceae//海岸桐科 Guettardaceae］●

28511 Laumoniera Noot.（1987）= Brucea J. F. Mill.（1780）（保留属名）［苦木科 Simaroubaceae］●

28512 Launaea Cass.（1822）【汉】栓果菊属。【俄】Рабдотэка。【英】Launaea。【隶属】菊科 Asteraceae（Compositae）。【包含】世界 30-50 种,中国 2-3 种。【学名诠释与讨论】〈阴〉（人）Jean Claude Mien Mordant de Launay,c. 1750-1816,法国律师,后来在巴黎作图书管理员。【分布】地中海至东亚,西班牙（加那利群岛）,马达加斯加,中国,热带和非洲南部,中美洲。【模式】Launaea bellidifolia Cassini。【参考异名】Ammoseris Endl.（1838）Nom. illegit.；Brachyramphus DC.（1838）；Heterachaena Fresen.（1839）；Lagosertopsis Kirp.（1841）；Launaya Kuntze（1891）Nom. illegit. ；Launaya Rchb.（1841）；Launea Endl.（1841）；Lomatolepis Cass.（1827）；Microrhynchus Less.（1832）；Microrynchus Sch. Bip.（1842）；Paramicrorhynchus Kirp.（1964）；Rhabdotheca Cass.（1827）；Zollikoferia DC.（1838）Nom. illegit. ■

28513 Launaya Kuntze（1891）Nom. illegit. = Launaea Cass.（1822）［菊科 Asteraceae（Compositae）］■

28514 Launaya Rchb.（1841）= Launaea Cass.（1822）［菊科 Asteraceae（Compositae）］■

28515 Launea Endl.（1841）= Launaea Cass.（1822）［菊科 Asteraceae（Compositae）］■

28516 Launzan Buch. -Ham.（1799）= Buchanania Spreng.（1802）［漆树科 Anacardiaceae］●

28517 Launzea Endl.（1841）= Launzan Buch. -Ham.（1799）［漆树科 Anacardiaceae］●

28518 Lauraceae Juss.（1789）（保留科名）【汉】樟科。【日】クスノキ科。【俄】Лавровые。【英】Bay Family, Laurel Family。【包含】世界 32-53 属 2000-3500 种,中国 22-25 属 445-507 种。【分布】热带和亚热带。主要分布中心在东南亚和巴西。【科名模式】Laurus L.（1753）●■

28519 Lauradia Vand.（1788）= Lavradia Vell. ex Vand.（1788）；~ = Sauvagesia L.（1753）［金莲木科 Ochnaceae//旱金莲木科（辛木科）Sauvagesiaceae］●

28520 Laurea Gaudich.（1830）= Bagassa Aubl.（1775）［桑科 Moraceae］●☆

28521 Laurelia Juss.（1809）（保留属名）【汉】智利桂属（桂檬属,类月桂属,月桂香属）。【英】Laurel。【隶属】香材树科（杯轴花科,黑檫木科,芒籽科,蒙立米科,檬立木科,香材木科,香树木科）Monimiaceae。【包含】世界 2 种。【学名诠释与讨论】〈阴〉（西）laurel,来自拉丁文 laurus,月桂树＋-elis,属于。此属的学名"Laurelia Juss. in Ann. Mus. Natl. Hist. Nat. 14：134. 1809"是保留属名,也是一个替代名称。"Pavonia Ruiz in Ruiz et Pavón, Prodr. 127. Oct（prim.）1794"是一个非法名称（Nom. illegit.）,因为此前已经有了"Pavonia Cavanilles, Diss. 2,［App.］：［v］. Jan-Apr 1786（nom. cons.）［锦葵科 Malvaceae］"。故用"Laurelia Juss.（1809）"替代之。同理,褐藻的"Pavonia H. F. A. Roussel, Fl. Calv. ed. 2. 99. 1806"亦是非法名称。法规未列出相应的废弃属名。"Thiga Molina, Saggio Chili ed. 2. 297. 1810"是"Laurelia Juss.（1809）（保留属名）"的晚出的同模式异名（Homotypic synonym, Nomenclatural synonym）。【分布】新西兰,智利。【模式】Laurelia aromatica Poiret, Nom. illegit. ［Laurelia sempervirens（Ruiz et Pav.）Tul.；Pavonia sempervirens Ruiz et Pavon；Laurelia sempervirens（Ruiz et Pavon）Tulasne；Laurelia aromatica Juss. ex Poir.］。【参考异名】Laureliopsis Schodde（1983）；Pavonia Ruiz et Pav.（1794）Nom. illegit. ；Pavonia Ruiz（1794）；Theyga Molina（1810）；Thiga Molina（1810）Nom. illegit. ●☆

28522 Laureliopsis Schodde（1983）【汉】拟智利桂属（类智利桂属）。【隶属】香材树科（杯轴花科,黑檫木科,芒籽科,蒙立米科,檬立木科,香材木科,香树木科）Monimiaceae。【包含】世界 1 种。【学名诠释与讨论】〈阴〉（属）Laurelia 智利桂属（类月桂属,桂檬属,月桂香属）＋希腊文 opsis,外观,模样。此属的学名是"Laureliopsis R. Schodde, Parodiana 2：298. Oct-Dec（'Sep'）1983"。亦有文献把其处理为"Laurelia Juss.（1809）（保留属名）"的异名。【分布】智利,巴塔哥尼亚。【模式】Laureliopsis philippiana（G. Looser）R. Schodde ［Laurelia philippiana G. Looser, Laurelia serrata R. A. Philippi 1857, non Bertero 1829］。【参考异名】Laurelia Juss.（1809）（保留属名）●☆

28523 Laurembergia P. J. Bergius（1767）【汉】劳雷仙草属。【隶属】小二仙草科 Haloragaceae。【包含】世界 4 种。【学名诠释与讨论】〈阴〉（人）Peter Lauremberg（Laurenberg）（Petrus Laurembergius）,1585-1639,德国植物学者。【分布】巴拉圭,玻利维亚,马达加斯加,印度,印度尼西亚（爪哇岛）,马斯克林群岛,热带非洲,热带南美洲。【模式】Laurembergia repens P. J. Bergius。【参考异名】Serpicula L.（1767）■☆

28524 Laurencellia Neum.（1845）= Helichrysum Mill.（1754）［as

'Elichrysum']（保留属名）；~ =Lawrencella Lindl.（1839）［菊科 Asteraceae（Compositae）//蜡菊科 Helichrysaceae］■☆

28525 Laurenta Medik.（1791）= Laurentia Adans.（1763）Nom. illegit., Nom. superfl.；~ ≡ Lobelia L.（1753）；~ ≡ Hippobroma G. Don（1834）［桔梗科 Campanulaceae］■☆

28526 Laurentia Adans.（1763）Nom. illegit., Nom. superfl. ≡ Lobelia L.（1753）；~ = Hippobroma G. Don（1834）［桔梗科 Campanulaceae//山梗菜科（半边莲科）Nelumbonaceae］■

28527 Laurentia Michx. ex Adans.（1763）Nom. illegit., Nom. superfl. ≡ Laurentia Adans.（1763）Nom. illegit., Nom. superfl.；~ ≡ Lobelia L.（1753）；~ = Hippobroma G. Don（1834）［桔梗科 Campanulaceae//山梗菜科（半边莲科）Nelumbonaceae］■☆

28528 Laurentia Neck. = Laurentia Adans.（1763）Nom. illegit., Nom. superfl.［桔梗科 Campanulaceae//山梗菜科（半边莲科）Nelumbonaceae］■☆

28529 Laurentia Steud.（1821）Nom. illegit. ≡ Lorentea Ortega（1797）；~ = Sanvitalia Lam.（1792）［菊科 Asteraceae（Compositae）］■●

28530 Laureola Hill（1756）Nom. illegit. ≡ Daphne L.（1753）［瑞香科 Thymelaeaceae］●

28531 Laureola M. Roem.（1846）Nom. illegit. ≡ Anquetilia Decne.（1835）；~ = Skimmia Thunb.（1783）（保留属名）［芸香科 Rutaceae］●

28532 Laureola Ruppius（1745）Nom. inval. =? Laureola Hill（1756）；~ =? Daphne L.（1753）［瑞香科 Thymelaeaceae］●☆

28533 Laureria Schltdl.（1834）= Juanulloa Ruiz et Pav.（1794）［茄科 Solanaceae］●☆

28534 Lauridia Eckl. et Zeyh.（1835）【汉】月桂卫矛属。【隶属】卫矛科 Celastraceae。【包含】世界2种。【学名诠释与讨论】〈阴〉（拉）laurus,月桂树+-idius, -idia, -idium,指示小的词尾。此属的学名是"Lauridia Ecklon et Zeyher, Enum. 124. Dec 1834-Mar 1835"。亦有文献把其处理为"Elaeodendron Jacq.（1782）"的异名。【分布】澳大利亚,非洲。【模式】Lauridia reticulata Ecklon et Zeyher。【参考异名】Elaeodendron Jacq.（1782）；Elaeodendron Jacq. ex J. Jacq.（1884）●☆

28535 Laurocerasus Duhamel（1755）【汉】桂樱属。【俄】Лавровишня。【英】Cherry Laurel, Cherrylaurel, Cherry-laurel, Laurocerasus。【隶属】蔷薇科 Rosaceae//李科 Prunaceae。【包含】世界80种,中国13种。【学名诠释与讨论】〈阳〉（拉）laurus,月桂树的古名,来自凯尔特语 laur,绿色+（属）Cerasus 樱属。本属学名有多种用法：ING、GCI、TROPICOS 和 IK 记载是"Lauro-cerasus Duhamel, Traité Arbr. Arbust.（Duhamel）, nouv. éd. 1：345. 1755"；中国文献包括《中国植物志》中文版与英文版亦多用"Lauro-cerasus Duhamel（1755）"。T. Wielgorskaya 于1995年在"Dictionary of Generic Names of Seed Plants"一书中采用的是"Laurocerasus Hill."。TROPICOS 则用"Lauro-cerasus Tourn. ex Duhamel, Traité des Arbres et Arbustes 1：345, f. s. n.［p. 345］, pl. 133. 1755"为正名。《苏联植物志》用"Laurocerasus M. Roem."为正名。《显花植物与蕨类植物词典》则用"Lauro-Cerasus Duham."为正名。此属曾先后被降级为"Cerasus sect. Laurocerasus（Tourn. ex Duhamel）G. Don, Gard. Dict. 2：515. 1832"、"Cerasus subgen. Laurocerasus（Tourn. ex Duhamel）Rehb., Nomencl. 177. 1841"、"Cerasus subsect. Laurocerasi（Tourn. ex Duhamel）Ser., Prodromus Systematis Naturalis Regni Vegetabilis 2：540. 1825"、"Prunus subgen. Laurocerasus（Tourn. ex Duhamel）Rehder, Man. Cult. Trees et Shrubs 478. 1927"和"Prunus subsect. Laurocerasus（Tourn. ex Duhamel）Koehne, Verhandlungen des Botanischen Vereins der Provinz Brandenburg 52：107. 1910"；他们

所用的基源异名都是"Lauro-cerasus Tourn. ex Duhamel, Traité des Arbres et Arbustes 1：345, f. s. n.［p. 345］, pl. 133. 1755"。亦有文献把"Lauro-cerasus Duhamel（1755）"处理为"Prunus L.（1753）"或"Pygeum Gaertn.（1788）"或"Padus Mill."的异名。【分布】玻利维亚,西班牙（加那利群岛）至葡萄牙,马达加斯加,中国,热带非洲,欧洲东南部至高加索,热带和温带亚洲和美洲,中美洲。【模式】未指定。【参考异名】Cerasus sect. Laurocerasus（Tourn. ex Duhamel）G. Don（1832）；Cerasus subgen. Laurocerasus（Tourn. ex Duhamel）Rehb.（1841）；Cerasus subsect. Laurocerasi（Tourn. ex Duhamel）Ser.（1825）；Laurocerasus Duhamel；Lauro-cerasus Duhamel（1755）；Lauro-Cerasus Duhamel（1755）；Laurocerasus M. Roem.；Laurocerasus Tourn. ex Duhamel；Prunus subgen. Laurocerasus（Tourn. ex Duhamel）Rehder（1927）；Padus Mill.（1754）；Prunus subsect. Laurocerasus（Tourn. ex Duhamel）Koehne（1910）●

28536 Lauro-cerasus Duhamel（1755）= Prunus L.（1753）；~ = Pygeum Gaertn.（1788）［蔷薇科 Rosaceae//李科 Prunaceae］●

28537 Lauro-Cerasus Duhamel（1755）= Prunus L.（1753）= Padus Mill.（1754）［蔷薇科 Rosaceae//李科 Prunaceae］●

28538 Laurocerasus Hill.（1755）= Laurocerasus Duhamel（1755）［蔷薇科 Rosaceae］●

28539 Laurocerasus M. Roem. = Lauro-Cerasus Duhamel（1755）；~ = Prunus L.（1753）= Padus Mill.（1754）［蔷薇科 Rosaceae］●

28540 Laurocerasus Tourn. ex Duhamel（1755）= Laurocerasus Hill.（1755）；~ = Laurocerasus Duhamel（1755）［蔷薇科 Rosaceae］●

28541 Lauro-cerasus Tourn. ex Duhamel（1755）= Laurocerasus Hill.（1755）；~ = Laurocerasus Duhamel（1755）［蔷薇科 Rosaceae］●

28542 Lauromerrillia C. K. Allen（1942）= Beilschmiedia Nees（1831）［樟科 Lauraceae］●

28543 Laurophillus Roem. et Schult.（1818）Nom. illegit.［漆树科 Anacardiaceae］●☆

28544 Laurophyllus Thunb.（1792）【汉】桂叶漆属。【隶属】漆树科 Anacardiaceae。【包含】世界1种。【学名诠释与讨论】〈阳〉（拉）laurus,月桂树+希腊文 phyllon,叶子。phyllodes,似叶的,多叶的。phylleion,绿色材料,绿草。此属的学名,ING、TROPICOS、APNI 和 IK 记载是"Laurophyllus Thunb., Nov. Gen. Pl.［Thunberg］6：104. 1792［16 May 1792］"。"Daphnitis K. P. J. Sprengel, Syst. Veg. ed. 16. 1：370, 454. 1824（sero）（'1825'）"是"Laurophyllus Thunb.（1792）"的晚出的同模式异名（Homotypic synonym, Nomenclatural synonym）。"Laurophillus Roem. et Schult.（1818）Nom. illegit.［漆树科 Anacardiaceae］"仅有属名；似为"Laurophyllus Thunb.（1792）"的拼写变体。【分布】非洲南部。【模式】Laurophyllus capensis Thunberg。【参考异名】Botryceras Willd.（1811）；Daphnitis Spreng.（1824）Nom. illegit. ●☆

28545 Laurus L.（1753）【汉】月桂属（月桂树属）。【日】ゲッケイジュ属。【俄】Лавр。【英】Bay, Bay Laurel, Bay Tree, Laurel, Sweet Bay。【隶属】樟科 Lauraceae。【包含】世界1-3种,中国1种。【学名诠释与讨论】〈阴〉（拉）laurus,月桂树古名。指月桂树常绿。【分布】巴基斯坦,巴拉圭,玻利维亚,地中海地区,西班牙（加那利群岛）,马达加斯加,葡萄牙（马德拉群岛）,中国。【后选模式】Laurus nobilis Linnaeus。【参考异名】Adaphus Neck.（1790）Nom. inval.；Apella Scop.（1777）●

28546 Lausonia Juss.（1789）= Lawsonia L.（1753）［千屈菜科 Lythraceae］●

28547 Lausoniaceae J. Agardh（1858）= Lythraceae J. St.-Hil.（保留科名）●■

28548 Lautea F. Br.（1926）= Corokia A. Cunn.（1839）［山茱萸科

Cornaceae//四照花科 Cornaceae//鼠刺科 Iteaceae//南美鼠刺科（吊片果科，鼠刺科，夷鼠刺科）Escalloniaceae//宿萼果科 Corokiaceae]●☆

28549 Lautembergia Baill.（1858）【汉】劳特大戟属。【隶属】大戟科 Euphorbiaceae。【包含】世界 3 种。【学名诠释与讨论】〈阴〉词源不详。此属的学名，ING、TROPICOS 和 IK 记载是"Lautembergia Baillon，Études Gen. Euphorb. 451. 1858"。"Diderotia Baillon，Adansonia 1：274. Mai 1861"是"Lautembergia Baill.（1858）"的晚出的同模式异名（Homotypic synonym，Nomenclatural synonym）。【分布】马达加斯加，毛里求斯。【模式】Lautembergia multispicata Baillon。【参考异名】Diderotia Baill.（1861）Nom. illegit.；Orfilea Baill.（1858）●☆

28550 Lauterbachia Perkins（1900）【汉】珊瑚桂属。【隶属】香材树科（杯轴花科，黑檫木科，芒籽科，蒙立米科，檬立木科，香材树科，香树木科）Monimiaceae。【包含】世界 1 种。【学名诠释与讨论】〈阴〉（人）Carl（Karl）Adolf Georg Lauterbach，1864-1937，德国植物学者。【分布】新几内亚岛。【模式】Lauterbachia novoguineensis J. Perkins [as 'novo-guineensis']。●☆

28551 Lavallea Baill.（1862）= Strombosia Blume（1827）［铁青树科 Olacaceae]●☆

28552 Lavalleopsis Tiegh.（1896）Nom. inval. ≡ Lavalleopsis Tiegh. ex Engl.（1897）；~ = Lavallea Baill.（1862）；~ = Strombosia Blume（1827）［铁青树科 Olacaceae]●☆

28553 Lavalleopsis Tiegh. ex Engl.（1897）= Lavallea Baill.（1862）；~ = Strombosia Blume（1827）［铁青树科 Olacaceae]●☆

28554 Lavandula L.（1753）【汉】薰衣草属。【日】ラバンジュラ属，ラワンデル属。【俄】Лаванда。【英】Lavender。【隶属】唇形科 Lamiaceae（Labiatae）。【包含】世界 28-36 种，中国 3 种。【学名诠释与讨论】〈阴〉（拉）lavandula，薰衣草，来自 lavo，洗。指植物可供洗浴用。此属的学名，ING、TROPICOS、APNI 和 IK 记载是"Lavandula L.，Sp. Pl. 2：572. 1753 [1 May 1753]"。"Lavendula P. Miller，Gard. Dict. Abr. ed. 4. 28 Jan 1754"是"Lavandula L.（1753）"的晚出的同模式异名（Homotypic synonym，Nomenclatural synonym）。【分布】巴基斯坦，巴拉圭，玻利维亚，地中海至索马里和印度，中国，大西洋群岛包括佛得角。【后选模式】Lavandula spica Linnaeus。【参考异名】Chaetostachys Benth.（1831）；Fabricia Adans.（1763）；Fabritia Medik.（1791）；Isinia Rech. f.（1952）；Lavendula Mill.（1754）Nom. illegit.；Sabaudia Buscal. et Muschl.（1913）；Stoechas Mill.（1754）；Stoechas Tourn. ex L.；Styphonia Medik.（1791）●■

28555 Lavanga Meisn.（1837）= Luvunga（Roxb.）Buch. - Ham. ex Wight et Arn.（1834）［芸香科 Rutaceae]●

28556 Lavardia Glaz.（1905）= Lavradia Vell. ex Vand.（1788）［金莲木科 Ochnaceae]●

28557 Lavatera L.（1753）【汉】花葵属。【日】ハナアオイ属，ハナアフヒ属。【俄】Лаватера，Хатьма。【英】Cheeses，Lavatera，Mallow，Tree Mallow，Treemallow，Tree - mallow。【隶属】锦葵科 Malvaceae。【包含】世界 13-25 种，中国 1-3 种。【学名诠释与讨论】〈阴〉（人）G. K. Lavater，18 世纪瑞士医生、科学家。或说瑞士医生、博物学者 Johann Kaspar Lavater（1611-1691），或瑞士医生 Joannes Rodolphus Lavaterus。此属的学名，ING、TROPICOS、APNI、GCI 和 IK 记载是"Lavatera L.，Sp. Pl. 2：690. 1753 [1 May 1753]"。"Stegia A. P. de Candolle in Lamarck et A. P. de Candolle，Fl. Franç. ed. 3. 4：835. 17 Sep 1805"是"Lavatera L.（1753）"的晚出的同模式异名（Homotypic synonym，Nomenclatural synonym）。【分布】澳大利亚，巴基斯坦，秘鲁，玻利维亚，厄瓜多尔，哥伦比亚（安蒂奥基亚），西班牙（加那利群岛），美国，中国，

地中海至西北喜马拉雅山，亚洲中部和西伯利亚。【后选模式】Lavatera trimestris Linnaeus。【参考异名】Althaeastrum Fabr.；Anthema Medik.（1787）；Axolopha Alef.（1862）；Navaea Webb et Berthel.（1836）；Olbia Medik.（1787）；Saviniona Webb et Berthel.（1836）；Saviona Pritz.（1855）；Stegia DC.（1805）Nom. illegit. ■●

28558 Lavauxia Spach（1835）= Oenothera L.（1753）［柳叶菜科 Onagraceae]●■

28559 Lavendula Mill.（1754）Nom. illegit. ≡ Lavandula L.（1753）［唇形科 Lamiaceae（Labiatae）]●■

28560 Lavenia Sw.（1788）= Adenostemma J. R. Forst. et G. Forst.（1776）［菊科 Asteraceae（Compositae）]■

28561 Lavera Raf.（1840）Nom. illegit. ≡ Helosciadium W. D. J. Koch（1824）；~ = Apium L.（1753）［伞形花科（伞形科）Apiaceae（Umbelliferae）]●

28562 Lavidia Phil.（1894）= Brachyclados Gillies ex D. Don（1832）［菊科 Asteraceae（Compositae）]●☆

28563 Lavigeria Pierre（1892）【汉】西非茶茱萸属。【隶属】茶茱萸科 Icacinaceae。【包含】世界 1 种。【学名诠释与讨论】〈阴〉词源不详。【分布】热带非洲西部。【模式】Lavigeria salutaris Pierre。●☆

28564 Lavoiseria Spreng.（1830）Nom. illegit. = Lavoisiera DC.（1828）［野牡丹科 Melastomataceae]●☆

28565 Lavoisiera DC.（1828）【汉】拉瓦野牡丹属。【隶属】野牡丹科 Melastomataceae。【包含】世界 46-60 种。【学名诠释与讨论】〈阴〉（人）Lavoisier。【分布】巴西。【模式】未指定。【参考异名】Lavoiseria Spreng.（1830）Nom. illegit.；Lavoisieria Spreng.，Nom. illegit. ●☆

28566 Lavoisieria Spreng.，Nom. illegit. = Lavoisiera DC.（1828）［野牡丹科 Melastomataceae]●☆

28567 Lavoixia H. E. Moore.（1978）【汉】密鳞椰属（拉瓦齐椰属）。【隶属】棕榈科 Arecaceae（Palmae）。【包含】世界 1 种。【学名诠释与讨论】〈阴〉（人）Lavoix。【分布】法属新喀里多尼亚。【模式】Lavoixia macrocarpa H. E. Moore。●☆

28568 Lavradia Roem.（1796）Nom. illegit. = Sauvagesia L.（1753）［金莲木科 Ochnaceae//旱金莲木科（辛木科）Sauvagesiaceae]●

28569 Lavradia Swediaur = Labradia Swediaur（1801）Nom. inval.；~ = Mucuna Adans.（1763）（保留属名）［豆科 Fabaceae（Leguminosae）//蝶形花科 Papilionaceae]●■

28570 Lavradia Vell. ex Vand.（1788）= Sauvagesia L.（1753）［金莲木科 Ochnaceae//旱金莲木科（辛木科）Sauvagesiaceae]●

28571 Lavrania Plowes（1986）【汉】西南非萝藦属。【隶属】萝藦科 Asclepiadaceae。【包含】世界 5 种。【学名诠释与讨论】〈阴〉词源不详。此属的学名，ING、TROPICOS 和 IK 记载是"Lavrania D. C. H. Plowes，Cact. Succ. J.（U. S.）58：122. Mai-Jun 1986"。它曾被处理为"Hoodia sect. Lavrania（Plowes）Halda，Acta Mus. Richnov. Sect. Nat. 5（1）：32. 1998"。【分布】非洲西南部。【模式】Lavrania haagnerae D. C. H. Plowes。【参考异名】Hoodia sect. Lavrania（Plowes）Halda（1998）☆

28572 Lawea Dippel（1893）Nom. illegit. = Hulthemia Dumort.（1824）；~ = Lowea Lindl.（1829）［蔷薇科 Rosaceae]●

28573 Lawia Griff. ex Tul.（1849）Nom. illegit. ≡ Dalzellia Wight（1852）；~ ≡ Mnianthus Walp.（1852）Nom. illegit.［髯管花科 Geniostomaceae]■

28574 Lawia Tul.（1849）Nom. illegit. ≡ Lawia Griff. ex Tul.（1849）Nom. illegit.；~ ≡ Dalzellia Wight（1852）；~ ≡ Mnianthus Walp.（1852）Nom. illegit.［髯管花科 Geniostomaceae]■

28575 Lawia Wight（1847）Nom. illegit. = Mycetia Reinw.（1825）［茜草科 Rubiaceae]●

28576　Lawiella Koidz.（1927）Nom. inval. = Cladopus H. Möller（1899）［髯管花科 Geniostomaceae］■

28577　Lawiella Koidz. ex Koidz.（1931）descr. emend. = Cladopus H. Möller（1899）［髯管花科 Geniostomaceae］■

28578　Lawrencella Lindl.（1839）【汉】对叶蜡菊属。【隶属】菊科 Asteraceae（Compositae）//蜡菊科 Helichrysaceae。【包含】世界 2-35 种。【学名诠释与讨论】〈阴〉（人）Robert William Lawrence，1807-1833，曾在塔斯马尼亚擦机植物+-ellus、-ella、-ellum，加在名词词干后面形成指小式的词尾。或加在人名、属名等后面以组成新属的名称。此属的学名是"Lawrencella J. Lindley，Sketch Veg. Swan River Colony xxiii. 1 Dec 1839"。亦有文献把其处理为"Helichrysum Mill.（1754）［as 'Elichrysum'］（保留属名）"的异名。【分布】澳大利亚，新西兰。【模式】Lawrencella rosea J. Lindley。【参考异名】Helichrysum Mill.（1754）（保留属名）；Laurencellia Neum.（1845）■☆

28579　Lawrencia Hook.（1840）【汉】劳氏锦葵属。【隶属】锦葵科 Malvaceae。【包含】世界 12 种。【学名诠释与讨论】〈阴〉（人）Robert William Lawrence，1807-1833，曾在塔斯马尼亚擦机植物。此属的学名，ING、TROPICOS、APNI 和 IK 记载是"Lawrencia W. J. Hooker，Icon. Pl. ad t. 261-262. 6 Jan-6 Feb 1840"。"Wrenciala A. Gray，U. S. Explor. Exped.，Bot. PHAN.（种子）180. Jun 1854"是"Lawrencia Hook.（1840）"的晚出的同模式异名（Homotypic synonym，Nomenclatural synonym）。亦有文献把"Lawrencia Hook.（1840）"处理为"Plagianthus J. R. Forst. et G. Forst.（1776）"的异名。【分布】澳大利亚。【模式】Lawrencia spicata W. J. Hooker。【参考异名】Halothamnus F. Muell.（1862）Nom. illegit.；Plagianthus J. R. Forst. et G. Forst.（1776）；Selenothamnus Melville（1967）；Wrenciala A. Gray（1854）Nom. illegit.●☆

28580　Lawsonia L.（1753）【汉】指甲花属（散沫花属）。【日】シカウクワ属，シコウカ属。【俄】Хенна，Хна。【英】Henna。【隶属】千屈菜科 Lythraceae。【包含】世界 1 种，中国 1 种。【学名诠释与讨论】〈阴〉（人）Isaac Lawson，？-1747，英国植物学者及航海家，林奈的朋友和赞助人。另说 J. Lawson，英国人，"A Voyage of Carolina"一书的作者。此属的学名，ING、TROPICOS、APNI 和 IK 记载是"Lawsonia L.，Sp. Pl. 1；349. 1753［1 May 1753］"。"Alkanna Adanson，Fam. 2：444. Jul-Aug 1763（废弃属名）"和"Henna Boehmer in Ludwig，Def. Gen. ed. Boehmer. 229. 1760"是"Lawsonia L.（1753）"的晚出的同模式异名（Homotypic synonym，Nomenclatural synonym）。【分布】巴基斯坦，巴拉圭，巴拿马，秘鲁，玻利维亚，厄瓜多尔，哥斯达黎加，马达加斯加，尼加拉瓜，中国，古热带，中美洲。【后选模式】Lawsonia inermis Linnaeus。【参考异名】Alcanna Gaertn.（1790）Nom. illegit.；Alkanna Adans.（1763）Nom. illegit.（废弃属名）；Henna Boehm.（1760）Nom. illegit.；Henna Ludw.（1760）Nom. illegit.；Lausonia Juss.（1789）；Rotantha Baker（1890）●

28581　Lawsoniaceae J. Agardh（1858）= Lythraceae J. St. -Hil.（保留科名）■●

28582　Laxanon Raf.（1836）= Serinia Raf.（1817）［菊科 Asteraceae（Compositae）］■☆

28583　Laxmannia Fisch.（1812）Nom. inval.，Nom. illegit.（废弃属名）= Coluria R. Br.（1823）［蔷薇科 Rosaceae］■

28584　Laxmannia J. R. Forst. et G. Forst.（1775）（废弃属名）≡ Petrobium R. Br.（1817）（保留属名）［菊科 Asteraceae（Compositae）］●☆

28585　Laxmannia R. Br.（1810）（保留属名）【汉】异蕊兰属（异蕊草属）。【隶属】吊兰科（猴面包科，猴面包树科）Anthericaceae//点柱花科 Lomandraceae//异蕊兰科（异蕊草科）Laxmanniaceae//天门冬科 Asparagaceae。【包含】世界 13 种。【学名诠释与讨论】〈阴〉（人）Erich（Erik）G. Laxmann，1737-1796，俄罗斯植物学者，植物采集家，旅行家。此属的学名"Laxmannia R. Br.，Prodr.；285. 27 Mar 1810"是保留属名。相应的废弃属名是菊科 Asteraceae 的"Laxmannia J. R. Forst. et G. Forst.，Char. Gen. Pl.：47. 29 Nov 1775 ≡ Petrobium R. Br. 1817"。蔷薇科 Rosaceae 的"Laxmannia Fisch.，Hort. Gorenk. ed. II. 67（1812）= Coluria R. Br.（1823）"，茜草科 Rubiaceae 的"Laxmannia S. G. Gmel. ex Trin.，Mém. Acad. Imp. Sci. St. Pétersbourg Hist. Acad. 6：492. 1818 = Phuopsis（Griseb.）Hook. f.（1873）Nom. illegit."和芸香科 Rutaceae 的"Laxmannia Schreb.，Gen. Pl.，ed. 8［a］. 2：800. 1791［May 1791］≡ Cyminosma Gaertn.（1788）= Acronychia J. R. Forst. et G. Forst.（1775）（保留属名）"都应废弃。【分布】澳大利亚。【模式】Laxmannia gracilis R. Brown。【参考异名】Bartlingia F. Muell.（1874）Nom. inval.；Bartlingia F. Muell. ex Benth.（1878）Nom. illegit.■☆

28586　Laxmannia S. G. Gmel. ex Trin.（1818）Nom. illegit.（废弃属名）= Phuopsis（Griseb.）Hook. f.（1873）Nom. illegit.；~ = Phuopsis（Griseb.）Benth. et Hook. f.（1873）［茜草科 Rubiaceae］■

28587　Laxmannia Schreb.（1791）Nom. illegit.（废弃属名）≡ Cyminosma Gaertn.（1788）；~ = Acronychia J. R. Forst. et G. Forst.（1775）（保留属名）［芸香科 Rutaceae］●

28588　Laxmanniaceae Bubani（1901-1902）【汉】异蕊兰科（异蕊草科）。【包含】世界 1 属 13 种。【分布】澳大利亚。【科名模式】Laxmannia R. Br.■

28589　Laxopetalum Pohl ex Baker（1873）= Eremanthus Less.（1829）［菊科 Asteraceae（Compositae）］●☆

28590　Laxoplumeria Markgr.（1926）【汉】疏松鸡蛋花属。【隶属】夹竹桃科 Apocynaceae。【包含】世界 3 种。【学名诠释与讨论】〈阴〉（希）laxus，宽的，松的，阔的+（属）Plumeria 鸡蛋花属（缅栀属，缅栀子属）。【分布】巴拿马，巴西，秘鲁，玻利维亚，东部，中美洲。【模式】Laxoplumeria tessmannii Markgraf。【参考异名】Bisquamaria Pichon（1947）●☆

28591　Laya Endl.（1840）= Layia Hook. et Arn. ex DC.（1838）（保留属名）［菊科 Asteraceae（Compositae）］■■☆

28592　Layia Hook. et Arn.（1833）（废弃属名）≡ Fedorovia Yakovlev（1971）；~ = Ormosia Jacks.（1811）（保留属名）［豆科 Fabaceae（Leguminosae）//蝶形花科 Papilionaceae］●

28593　Layia Hook. et Arn. ex DC.（1838）（保留属名）【汉】莱氏菊属（加州菊属，莱雅菊属，齐顶菊属）。【俄】Лайя，Лэйа。【英】Tidytips。【隶属】菊科 Asteraceae（Compositae）。【包含】世界 15 种。【学名诠释与讨论】〈阴〉（人）George Tradescant Lay，1800-1845，博物学者。此属的学名"Layia Hook. et Arn. ex DC.，Prodr. 7：294. Apr（sero）1838"是保留属名。相应的废弃属名是豆科的"Layia Hook. et Arn.，Bot. Beechey Voy.：182. Oct 1833 ≡ Fedorovia Yakovlev（1971）= Ormosia Jacks.（1811）（保留属名）"和菊科 Asteraceae 的"Blepharipappus Hook.，Fl. Bor. -Amer. 1：316. 1833（sero）= Lebetanthus Endl.（1841）［as 'Lebethanthus'］（保留属名）"。菊科 Asteraceae 的"Layia Hook. et Arn.，Bot. Beechey Voy. 148，in nota. 1833；357. 1839 = Layia Hook. et Arn. ex DC.（1838）（保留属名）"也须废弃。"Urostylis C. F. Meisner，Pl. Vasc. Gen. 1：207. 3-9 Mar 1839；2：133. 3-9 Mar 1839"是"Layia Hook. et Arn. ex DC.（1838）（保留属名）"的晚出的同模式异名（Homotypic synonym，Nomenclatural synonym）。【分布】美国（西部）。【模式】Layia gaillardioides（W. J. Hooker et Arnott）A. P. de Candolle［Tridax gaillardioides W. J. Hooker et Arnott］。【参考异名】Calachyris Post et Kuntze（1903）；Calliachyris Torr. et A. Gray

（1845）；Callichroa Fisch. et C. A. Mey. （1836）；Calliglossa Hook. et Arn. （1839）；Calochroa Post et Kuntze（1903）；Caloglossa Post et Kuntze（1903）；Eriopappus Arn. （1836）；Laya Endl. （1840）；Madaroglossa DC. （1836）；Oxyura DC. （1836）；Steiractis Raf. （1837）Nom. illegit. ，Nom. superfl. ；Stiractis Post et Kuntze（1903）；Tollatia Endl. （1838）Nom. illegit. ；Urostylis Meisn. （1839）Nom. illegit. ■☆

28594　Lazarolus Medik. （1789）= Sorbus L. （1753）+ Crataegus L. （1753）［蔷薇科 Rosaceae］●

28595　Lazarum A. Hay（1993）= Typhonium Schott（1829）［天南星科 Araceae］■

28596　Lea Stokes（1812）= Leea D. Royen ex L. （1767）（保留属名）［葡萄科 Vitaceae//火筒树科 Leeaceae］●■

28597　Leachia Cass. （1822）= Coreopsis L. （1753）［菊科 Asteraceae（Compositae）//金鸡菊科 Coreopsidaceae］■

28598　Leachia Plowes （1992） Nom. illegit. = Larryleachia Plowes （1996）；~ = Trichocaulon N. E. Br. （1878）［萝藦科 Asclepiadaceae］■☆

28599　Leachiella Plowes（1992）= Leachia Plowes （1992）Nom. illegit. ；~ ≡ Trichocaulon N. E. Br. （1878）［萝藦科 Asclepiadaceae］■☆

28600　Leaeba Forssk. （1775）（废弃属名）= Cocculus DC. （1817）（保留属名）［防己科 Menispermaceae］●

28601　Leandra Raddi（1820）【汉】莱恩野牡丹属。【隶属】野牡丹科 Melastomataceae。【包含】世界 175-200 种。【学名诠释与讨论】〈阴〉（人）P. Leandro do Sacramento，1778-1829，巴西植物学者。【分布】巴拉圭，巴拿马，秘鲁，玻利维亚，厄瓜多尔，哥伦比亚（安蒂奥基亚），哥斯达黎加，尼加拉瓜，热带，西印度群岛，中美洲。【模式】未指定。【参考异名】Chrysophora Cham. ex Triana （1872）；Clidemiastrum Nand. （1852）；Oxymeris DC. （1828）；Platycentrum Naudin（1852）；Trigynia Jacq. -Fél. （1936）；Tryginia Jacq. -Fél. （1936）Nom. illegit. ；Tschudya DC. （1828）●■☆

28602　Leandriella Benoist（1939）【汉】里恩爵床属。【隶属】爵床科 Acanthaceae。【包含】世界 1-2 种。【学名诠释与讨论】〈阴〉（属）Leandra 莱恩野牡丹属+-ellus，-ella，-ellum，加在名词词干后面形成指小式的词尾。或加在人名、属名等后面以组成新属的名称。另说 Jacques Desire Leandri，1903-1982，法国植物学者，植物采集家，旅行家+-ellus，-ella，-ellum。【分布】马达加斯加。【模式】Leandriella valvata Benoist。☆

28603　Leanta Raf. = Leea D. Royen ex L. （1767）（保留属名）［葡萄科 Vitaceae//火筒树科 Leeaceae］●■

28604　Leantria Sol. ex G. Forst. （1789）= Myrtus L. （1753）［桃金娘科 Myrtaceae］●

28605　Leaoa Schltr. et Porto（1922）= Hexadesmia Brongn. （1842）；~ = Scaphyglottis Poepp. et Endl. （1836）（保留属名）［兰科 Orchidaceae］■☆

28606　Learosa Rchb. （1841）Nom. illegit. ≡ Doryphora Endl. （1837）［香材树科（杯轴花科，黑檫木科，芒籽科，蒙立米科，檬立米科，香材木科，香树木科）Monimiaceae//黑檫木科（芒子科，芒籽科，芒籽香科，香皮茶科，异籽木科）Atherospermataceae］●☆

28607　Leavenworthia Torr. （1837）【汉】莱温芥属。【隶属】十字花科 Brassicaceae（Cruciferae）。【包含】世界 8 种。【学名诠释与讨论】〈阴〉（人）Melines Conklin，Leavenworth，1796-1862，美国医生，探险家，植物采集家。【分布】美国（东南部）。【后选模式】Leavenworthia aurea J. Torrey。■☆

28608　Lebeckia Thunb. （1800）【汉】南非针叶豆属（针叶豆属）。【隶属】豆科 Fabaceae（Leguminosae）//蝶形花科 Papilionaceae。【包含】世界 35-46 种。【学名诠释与讨论】〈阴〉（人）H. J.

Lebeck，商人，植物采集家，旅行家。此属的学名，ING 和 TROPICOS 记载是“Lebeckia Thunberg，Nova Gen. 139. 3 Jun 1800”。“Eremosparton F. E. L. Fischer et C. A. Meyer，Enum. Pl. Nov. 1：75. 15 Jun 1841”是“Lebeckia Thunb. （1800）”的晚出的同模式异名（Homotypic synonym，Nomenclatural synonym）。【分布】非洲南部，马达加斯加。【后选模式】Lebeckia aphylla （Pallas） Thunberg［Spartium aphyllum Pallas］。【参考异名】Acanthobotrya Eckl. et Zeyh. （1836）；Calobota Eckl. et Zeyh. （1836）；Eremosparton Fisch. et C. A. Mey. （1841）Nom. illegit. ；Sarcophyllum E. Mey. （1835）Nom. illegit. ；Stiza E. Mey. （1836）；Wiborgiella Boatwr. et B. -E. van Wyk（2009）■☆

28609　Lebetanthus Endl. （1841）［as ‘Lebethanthus’］（保留属名）【汉】铁仔石南属。【隶属】尖苞木科 Epacridaceae//杜鹃花科（欧石南科）Ericaceae。【包含】世界 1 种。【学名诠释与讨论】〈阳〉（希）lebes，所有格 lebetos 壶，锅+anthos，花。此属的学名“Lebetanthus Endl. ，Gen. Pl. ：1411. Feb – Mar 1841 （‘Lebethanthus’）（orth. cons. ）”是保留属名。相应的废弃属名是尖苞木科 Epacridaceae 的“Allodape Endl. ，Gen. Pl. ：749. Mar 1839 ≡ Lebetanthus Endl. （1841）［as ‘Lebethanthus’］（保留属名）”。尖苞木科 Epacridaceae。“Lebethanthus Rchb. ，Deut. Bot. Herb. -Buch 123. 1841［Jul 1841］= Lebetanthus Endl. （1841）［as ‘Lebethanthus’］（保留属名）”是晚出的非法名称，亦应废弃。其拼写变体“Lebethanthus Endl. （1841）”也须废弃。“Allodape Endlicher，Gen. 749. Mar 1839（废弃属名）”是“Lebetanthus Endl. （1841）（保留属名）”的同模式异名（Homotypic synonym，Nomenclatural synonym）。亦有文献把“Lebetanthus Endl. （1841）［as ‘Lebethanthus’］（保留属名）”处理为“Prionotes R. Br. （1810）”的异名。【分布】巴塔哥尼亚。【模式】Lebetanthus americanus （W. J. Hooker） J. D. Hooker［Prionotes americana W. J. Hooker］。【参考异名】Allodape Endl. （1839）（废弃属名）；Allodaphne Steud. （1840）；Jacquinotia Homb. et Jacquinot ex Decne. （1853）；Jacquinotia Homb. et Jacquinot （1853） Nom. illegit. ；Jaquinotia Walp. （1849）；Lebethanthus Endl. （1841）（废弃属名）；Lebethanthus Rchb. （1841）（废弃属名）；Prionotes R. Br. （1810）●☆

28610　Lebethanthus Endl. （1841）（废弃属名）≡ Lebetanthus Endl. （1841）［as ‘Lebethanthus’］（保留属名）［尖苞木科 Epacridaceae］●☆

28611　Lebethanthus Rchb. （1841）Nom. illegit. （废弃属名）= Lebetanthus Endl. （1841）［as ‘Lebethanthus’］（保留属名）［尖苞木科 Epacridaceae］●☆

28612　Lebetina Cass. （1822）= Adenophyllum Pers. （1807）［菊科 Asteraceae（Compositae）］■●☆

28613　Lebianthus K. Schum. （1898）= Helianthus L. （1753）［菊科 Asteraceae（Compositae）//向日葵科 Helianthaceae］■

28614　Lebidibia Griseb. （1866）= Caesalpinia L. （1753）；~ = Libidibia Schltdl. （1830）Nom. illegit. ；~ = Libidibia （DC. ） Schltdl. （1830）；~ = Caesalpinia L. （1753）［豆科 Fabaceae（Leguminosae）//云实科（苏木科）Caesalpiniaceae］●

28615　Lebidiera Baill. （1858）= Cleistanthus Hook. f. ex Planch. （1848）［大戟科 Euphorbiaceae］●

28616　Lebidieropsis Müll. Arg. （1863）= Cleistanthus Hook. f. ex Planch. （1848）；~ = Lebidiera Baill. （1858）［大戟科 Euphorbiaceae］●

28617　Lebretonia Schrank（1819）= Pavonia Cav. （1786）（保留属名）［锦葵科 Malvaceae］■●☆

28618　Lebretonnia Brongn. （1843）= Lebretonia Schrank（1819）［锦葵

科 Malvaceae]●■☆

28619 Lebronnecia Foaberg et Sachet(1966)Nom. illegit. ≡Lebronnecia Fosberg(1966)[锦葵科 Malvaceae]●☆

28620 Lebronnecia Fosberg(1966)【汉】勒布锦葵属(勒布罗锦属)。【隶属】锦葵科 Malvaceae。【包含】世界 1 种。【学名诠释与讨论】〈阴〉词源不详。此属的学名，ING、TROPICOS 和 IK 记载是"Lebronnecia F. R. Fosberg in F. R. Fosberg et M. − H. Sachet, Adansonia ser. 2. 6：509. 29 Dec 1966"。IK 则记载为"Lebronnecia Foaberg et Sachet, Adansonia sér. 2, 6：509. 1966"。三者引用的文献相同。【分布】法属波利尼西亚(马克萨斯群岛)。【模式】Lebronnecia kokioides F. R. Fosberg。【参考异名】Lebronnecia Foaberg et Sachet(1966)Nom. illegit. ●☆

28621 Lebrunia Staner(1934)【汉】热非藤黄属。【隶属】猪胶树科(克鲁西科,山竹子科,藤黄科)Clusiaceae(Guttiferae)。【包含】世界 1 种。【学名诠释与讨论】〈阴〉(人)Jean Paul Antoine Lebrun, 1906-1985,比利时植物学者。【分布】热带非洲。【模式】Lebrunia bushaie Staner。●☆

28622 Lebruniodendron J. Léonard.(1951)【汉】细花豆属。【隶属】豆科 Fabaceae(Leguminosae)。【包含】世界 1 种。【学名诠释与讨论】〈中〉(人)Jean Paul Antoine Lebrun, 1906-1985,比利时植物学者+dendron 或 dendros,树木,棍,丛林。【分布】热带非洲。【模式】Lebruniodendron leptanthum (Harms) J. Léonard [Cynometra leptantha Harms]。●☆

28623 Lecananthus Jack(1822)【汉】盆花茜属。【隶属】茜草科 Rubiaceae。【包含】世界 2 种。【学名诠释与讨论】〈阳〉(希)lekane,指小式 lekanion,盆,皿,盘+anthos,花。antheros,多花的。antheo,开花。希腊文 anthos 亦有"光明、光辉、优秀"之义。指花萼或杯状花。【分布】马来西亚(西部)。【模式】Lecananthus erubescens Jack。☆

28624 Lecaniodiscus Planch. ex Benth.(1849)【汉】皿盘无患子属。【隶属】无患子科 Sapindaceae。【包含】世界 3 种。【学名诠释与讨论】〈阳〉(希)lekane,指小式 lekanion,盆,皿,盘+diskos,圆盘。【分布】热带非洲。【模式】Lecaniodiscus cupanioides Planchon ex Bentham。【参考异名】Chiarinia Chiov.(1932)●☆

28625 Lecanocarpus Nees(1824)=Acroglochin Schrad.(1822)[藜科 Chenopodiaceae]■

28626 Lecanocnide Blume(1857)=Maoutia Wedd.(1854)[荨麻科 Urticaceae]●

28627 Lecanophora Krapov.=Cristaria Cav.(1799)(保留属名);~=Plarodrigoa Looser(1935)[锦葵科 Malvaceae]■●☆

28628 Lecanophora Speg.(1926)【汉】皿梗锦葵属。【隶属】锦葵科 Malvaceae。【包含】世界 12 种。【学名诠释与讨论】〈阴〉(希)lekane,指小式 lekanion,盆,皿,盘+phoros,具有,梗,负载,发现者。此属的学名，ING、GCI、TROPICOS 和 IK 记载是"Lecanophora Spegazzini, Revista Argent. Bot. 1：211. Mar 1926"。"Lecanophora Speg. et Rodrigo, Notas Mus. La Plata, Bot. i. 41(1935)"修订了属的描述。亦有文献把"Lecanophora Speg.(1926)"处理为"Cristaria Cav.(1799)(保留属名)"的异名。【分布】参见 Cristaria Cav。【模式】Lecanophora patagonica (O. Kuntze) Spegazzini [Cristaria patagonica O. Kuntze 1898]。【参考异名】Cristaria Cav.(1799)(保留属名);Lecanophora Speg. et Rodrigo(1935)descr. emend.■☆

28629 Lecanophora Speg. et Rodrigo(1935)descr. emend.=Lecanophora Speg.(1926)[锦葵科 Malvaceae]■☆

28630 Lecanorchis Blume(1856)【汉】盂兰属(皿柱兰属)。【日】ムエフラン属,ムヨフラン属。【英】Lecanorchis。【隶属】兰科 Orchidaceae。【包含】世界 10-20 种,中国 4-6 种。【学名诠释与

讨论】〈阴〉(希)lekane,指小式 lekanion,盆,皿,盘+orchis,原义是睾丸,后变为植物兰的名称,因为根的形态而得名。变为拉丁文 orchis,所有格 orchidis。【分布】日本,印度至马来西亚,中国。【后选模式】Lecanorchis javanica Blume。■

28631 Lecanosperma Rusby(1893)=Heterophyllaea Hook. f.(1873)[茜草科 Rubiaceae]●☆

28632 Lecanthus Griseb.,Nom. illegit.=Lisianthius P. Browne(1756)[龙胆科 Gentianaceae]■☆

28633 Lecanthus Wedd.(1854)【汉】盘花麻属(假楼梯草属)。【日】シマミヅ属。【英】Falsestairweed,Lecanthus。【隶属】荨麻科 Urticaceae。【包含】世界 1-3 种,中国 3 种。【学名诠释与讨论】〈阳〉(希)lekane,指小式 lekanion,盆,皿,盘+anthos,花。此属的学名，ING、TROPICOS 和 IK 记载是"Lecanthus Weddell, Ann. Sci. Nat. Bot. ser. 4. 1：187. Jan-Jun 1854"。【分布】巴基斯坦,斐济,印度至马来西亚,中国,东亚,热带非洲。【后选模式】Lecanthus wightii Weddell, Nom. illegit. [Elatostema ovatum R. Wight [as 'ovata']。【参考异名】Meniscogyne Gagnep.(1928)■

28634 Lecardia J. Poiss. ex Guillaumin(1927)=Salaciopsis Baker f.(1921)[卫矛科 Celastraceae]●☆

28635 Lecariocalyx Bremek.(1940)【汉】莱卡茜属。【隶属】茜草科 Rubiaceae。【包含】世界 1 种。【学名诠释与讨论】〈阴〉(希)lekos,盘,碟,锅,罐,壶;lekarion,小碟+kalyx,花萼。【分布】加里曼丹岛。【模式】Lecariocalyx borneensis Bremekamp。☆

28636 Lechea Kalm ex L.(1753)Nom. illegit. ≡Lechea L.(1753)[半日花科(岩蔷薇科)Cistaceae]■☆

28637 Lechea Kalm(1753)Nom. illegit. ≡Lechea L.(1753)[半日花科(岩蔷薇科)Cistaceae]■☆

28638 Lechea L.(1753)【汉】莱切草属(莱开欧属,莱克草属,帚蔷薇属)。【英】Pinweed。【隶属】半日花科(岩蔷薇科)Cistaceae。【包含】世界 17-18 种。【学名诠释与讨论】〈阴〉(地)Lechaeum,位于科林斯湾。此属的学名，ING 和 TROPICOS 记载是"Lechea Linnaeus, Sp. Pl. 90. 1 Mai 1753"。GCI 和 IK 则记载为"Lechea Kalm, Sp. Pl. 1；90. 1753 [1 May 1753]"。"Lechea Kalm"是命名起点著作之前的名称,故"Lechea L.(1753)"和"Lechea Kalm ex L.(1753)"都是合法名称,可以通用。但是"Lechea Kalm(1753)"的表述是错误的。"Lechea Lour., Fl. Cochinch. 1：34, 60. 1790 [Sep 1790] = Commelina L.(1753)"是晚出的非法名称。【分布】美国,尼加拉瓜,西印度群岛,北美洲,中美洲。【后选模式】Lechea minor Linnaeus。【参考异名】Lechea Kalm(1753)Nom. illegit.；Lechea Kalm ex L.(1753)Nom. illegit.；Lechidium Spach(1837)■☆

28639 Lechea Lour.(1790)Nom. illegit. =Commelina L.(1753)[鸭跖草科 Commelinaceae]■

28640 Lechenaultia R. Br.(1810)【汉】茎叶草海桐属。【隶属】草海桐科 Goodeniaceae。【包含】世界 27 种。【学名诠释与讨论】〈阴〉(人)Jean Baptiste Louis (Claude) Theodore Leschenault de la Tour, 1773 − 1826,法国植物学者,植物采集家,探险家。"Lechenaultia R. Br.(1810)"是其拼写变体,包括"Lechenautia A. L. Jussieu"。亦有文献把"Lechenaultia R. Br.(1810)"处理为"Leschenaultia R. Br.(1810)"的异名。【分布】澳大利亚,中国,新几内亚岛。【后选模式】Lechenaultia formosa R. Brown。【参考异名】Ericopsis C. A. Gardner(1923)；Latouria (Endl.) Lindl.(1847)；Leschenaultia R. Br.(1810)●■

28641 Lecheoides Endl.(1839)=Lechidium Spach(1837)[半日花科(岩蔷薇科)Cistaceae]■

28642 Lechidium Spach(1837)=Lechea L.(1753)[半日花科(岩蔷薇科)Cistaceae]■

28643　Lechlera Griseb.（1857）Nom. illegit. = Solenomelus Miers（1841）［鸢尾科 Iridaceae］■☆

28644　Lechlera Miq. ex Steud.（1854）Nom. illegit. = Calamagrostis Adans.（1763）；~ = Relchela Steud.（1854）［禾本科 Poaceae（Gramineae）］■☆

28645　Lechlera Steud.（1854）Nom. illegit. ≡ Lechlera Miq. ex Steud.（1854）Nom. illegit.；~ = Calamagrostis Adans.（1763）；~ = Relchela Steud.（1854）［禾本科 Poaceae（Gramineae）］■☆

28646　Lechleria Phil.（1858）Nom. illegit. = Huanaca Cav.（1800）［伞形花科（伞形科）Apiaceae（Umbelliferae）］■☆

28647　Leciscium C. F. Gaertn.（1807）= ? Memecylon L.（1753）［野牡丹科 Melastomataceae//谷木科 Memecylaceae］●

28648　Lecocarpus Decne.（1846）【汉】盘果菊属（领果菊属）。【隶属】菊科 Asteraceae（Compositae）。【包含】世界3种。【学名诠释与讨论】〈阳〉（希）lekos，所有格 lekeos，指小式 lekeis，盘、皿、盆 + karpos，果实。【分布】厄瓜多尔（科隆群岛），中美洲。【模式】Lecocarpus foliosus Decaisne。●☆

28649　Lecockia Meisn.（1838）Nom. illegit. = Lecokia DC.（1829）［伞形花科（伞形科）Apiaceae（Umbelliferae）］■☆

28650　Lecointea Ducke（1922）【汉】南美单叶豆属。【隶属】豆科 Fabaceae（Leguminosae）//蝶形花科 Papilionaceae。【包含】世界5种。【学名诠释与讨论】〈阴〉（人）Paul le Cointe，1870-，巴西植物学者，L' Amazonie bresilienne 的作者。【分布】巴西，秘鲁，玻利维亚，厄瓜多尔，哥斯达黎加，尼加拉瓜，中美洲。【模式】Lecointea amazonica A. Ducke。【参考异名】Beliceodendron Lundell（1975）■☆

28651　Lecokia DC.（1829）【汉】里克草属。【英】Lecocia, Lecockia。【隶属】伞形花科（伞形科）Apiaceae（Umbelliferae）。【包含】世界1种。【学名诠释与讨论】〈阴〉（人）Henri Lecoq，1802-1871，法国植物学者。此属的学名，ING、TROPICOS 和 IK 记载是"Lecokia A. P. de Candolle, Collect. Mém. Ombellif. 67. 12 Sep 1829"。"Lecockia Meisn.（1838）Nom. illegit. = Lecokia DC.（1829）"似为变体。"Apolgusa Rafinesque, Good Book 57. Jan 1840"和"Conilaria Rafinesque, Good Book 53. Jan 1840"是"Lecokia DC.（1829）"的晚出的同模式异名（Homotypic synonym, Nomenclatural synonym）。【分布】希腊（克里特岛）至伊朗。【模式】Lecokia cretica（Lamarck）A. P. de Candolle［Cachrys cretica Lamarck］。【参考异名】Apolgusa Raf.（1840）Nom. illegit.；Conilaria Raf.（1840）Nom. illegit.；Lecockia Meisn.（1838）；Lecoqia Post et Kuntze（1903）；Lecoquia Caruel（1894）■☆

28652　Lecomtea Koidz.（1929）Nom. illegit. = Cladopus H. Möller（1899）［髯管花科 Geniostomaceae］■

28653　Lecomtea Pierre ex Tiegh.（1897）= Harmandia Pierre ex Baill.（1891）［铁青树科 Olacaceae］●■

28654　Lecomtedoxa（Engl.）Dubard（1914）Nom. illegit. ≡ Lecomtedoxa（Pierre ex Engl.）Dubard（1914）［山榄科 Sapotaceae］●☆

28655　Lecomtedoxa（Pierre ex Engl.）Dubard（1914）【汉】互蕊山榄属（赤道西非山榄属，赤非山榄属）。【隶属】山榄科 Sapotaceae。【包含】世界5种。【学名诠释与讨论】〈阴〉（人）Lecomte + doxa，光荣，光彩，华丽，荣誉，有名，显著。此属的学名，ING 和 TROPICOS 记载是"Lecomtedoxa（Pierre ex Engler）Dubard, Notul. Syst.（Paris）3：46. 25 Mai 1914"；由"Mimusops subgen. Lecomtedoxa Pierre ex Engler, Monogr. Afrik. Pflanzen-Fam. 8：82. 1904"改级而来。IK 则记载为"Lecomtedoxa Dubard, Notul. Syst.（Paris）3：46. 1914"。三者引用的文献相同。"Lecomtedoxa（Engl.）Dubard（1914）≡ Lecomtedoxa（Pierre ex Engl.）Dubard（1914）"的命名人引证有误。"Nogo Baehni, Arch. Sci. 17（1）：

77. Mar - Mai 1964"是"Lecomtedoxa（Pierre ex Engl.）Dubard（1914）"的晚出的同模式异名（Homotypic synonym, Nomenclatural synonym）。【分布】西赤道非洲。【模式】Lecomtedoxa klaineana（Pierre ex Engler）Dubard［Mimusops klaineana Pierre ex Engler］。【参考异名】Lecomtedoxa（Engl.）Dubard（1914）Nom. illegit.；Lecomtedoxa Dubard（1914）Nom. illegit.；Mimusops subgen. Lecomtedoxa Pierre ex Engl.（1904）；Mimusops subgen. Lecomtedoxa Pierre ex Engler（1904）；Nogo Baehni（1964）Nom. illegit.；Walkeria A. Chev.（1946）Nom. illegit. ●☆

28656　Lecomtedoxa Dubard（1914）Nom. illegit. ≡ Lecomtedoxa（Pierre ex Engl.）Dubard（1914）［山榄科 Sapotaceae］●☆

28657　Lecomtella A. Camus（1925）【汉】竹状草属。【隶属】禾本科 Poaceae（Gramineae）。【包含】世界1种。【学名诠释与讨论】〈阴〉（属）Lecomtea = Cladopus 飞瀑草属（川苔草属，河苔草属，系纪念法国植物学者 Paul Henri Lecomte，1856-1934）+ -ellus, -ella, -ellum，加在名词词干后面形成指小式的词尾。或加在人名、属名等后面以组成新属的名称。或纪念植物学者 Lecomte。【分布】马达加斯加。【模式】Lecomtella madagascariensis A. Camus。■☆

28658　Lecontea A. Rich.（1830）Nom. illegit. ≡ Lecontea A. Rich. ex DC.（1830）；~ = Paederia L.（1767）（保留属名）［茜草科 Rubiaceae］●■

28659　Lecontea A. Rich. ex DC.（1830）= Paederia L.（1767）（保留属名）［茜草科 Rubiaceae］●■

28660　Lecontea Raf. = Lecontia A. W. Cooper ex Torr.（1826）；~ = Peltandra Raf.（1819）（保留属名）［天南星科 Araceae］■☆

28661　Lecontia A. W. Cooper ex Torr.（1826）= Peltandra Raf.（1819）（保留属名）［天南星科 Araceae］■☆

28662　Lecoqia Post et Kuntze（1903）= Lecokia DC.（1829）［伞形花科（伞形科）Apiaceae（Umbelliferae）］■☆

28663　Lecoquia Caruel（1894）= Lecokia DC.（1829）；~ = Lecoqia Post et Kuntze（1903）［伞形花科（伞形科）Apiaceae（Umbelliferae）］■☆

28664　Lecosia Pedersen（2000）【汉】巴西苋属。【隶属】苋科 Amaranthaceae。【包含】世界2种。【学名诠释与讨论】〈阴〉词源不详。【分布】巴西。【模式】不详。■☆

28665　Lecostemon Endl.（1840）Nom. illegit. = Lecostomon DC.（1825）［杜英科 Elaeocarpaceae//芸香科 Rutaceae］●

28666　Lecostemon Moc. et Sessé ex DC.（1825）Nom. illegit. ≡ Lecostomon DC.（1825）；~ = Sloanea L.（1753）［杜英科 Elaeocarpaceae//芸香科 Rutaceae］●

28667　Lecostomon DC.（1825）= Sloanea L.（1753）［杜英科 Elaeocarpaceae//芸香科 Rutaceae］●

28668　Lecostomum Steud.（1841）Nom. illegit. ≡ Lecostomon DC.（1825）［杜英科 Elaeocarpaceae//芸香科 Rutaceae］●☆

28669　Lectandra J. J. Sm.（1907）= Poaephyllum Ridl.（1907）［兰科 Orchidaceae］■☆

28670　Lecticula Barnhart（1913）= Utricularia L.（1753）［狸藻科 Lentibulariaceae］■

28671　Lecythidaceae A. Rich.（1825）（保留科名）【汉】玉蕊科（巴西果科）。【日】サガリバナ科。【英】Lecythis Family。【包含】世界17-20属210-450种，中国1属3种。【分布】热带，南美洲。【科名模式】Lecythis Loefl. ●

28672　Lecythidaceae Poit. = Lecythidaceae A. Rich.（保留科名）●

28673　Lecythis Loefl.（1758）【汉】油罐木属（巴西果属，美玉蕊属，正统玉蕊属）。【俄】Дерево горшечное, Лецитис。【英】Monkey Pot, Monkeypot Tree, Monkey-pot Tree, Paradise Nut, Sapucaia Nut。【隶属】玉蕊科（巴西果科）Lecythidaceae。【包含】世界25-50种。

【学名诠释与讨论】〈阴〉（希）lekythos，油瓶。指果实形状。此属的学名，ING、TROPICOS、GCI 和 IK 记载是"Lecythis Loefl., Iter Hispan. 189（－190）. 1758［Dec 1758］"。"Bergena Adanson, Fam. 2：345，525. Jul-Aug 1763（废弃属名）"是"Lecythis Loefl.（1758）"的晚出的同模式异名（Homotypic synonym, Nomenclatural synonym）。【分布】巴拿马，秘鲁，玻利维亚，厄瓜多尔，哥伦比亚（安蒂奥基亚），哥斯达黎加，尼加拉瓜，热带美洲，中美洲。【模式】Lecythis ollaria Linnaeus。【参考异名】Bergena Adans.（1763）Nom. illegit.（废弃属名）；Cercophora Miers（1874）Nom. illegit.；Chytroma Miers（1874）；Holopyxidium Ducke（1925）；Lachytis Augier；Pachylecythis Ledoux（1964）；Pyxidaria Schott（1822）Nom. illegit.；Sapucaya R. Knuth（1935）；Strailia T. Durand（1888）●☆

28674 Lecythopsis Schrank（1821）【汉】类巴西果属。【隶属】玉蕊科（巴西果科）Lecythidaceae。【包含】世界 4 种。【学名诠释与讨论】〈阴〉（属）Lecythis 油罐木属（巴西果属，美玉蕊属，正统玉蕊属）+希腊文 opsis，外观，模样，相似。此属的学名是"Lecythopsis Schrank, Denkschr. Königl. Akad. Wiss. München 7：241. 1821"。亦有文献把其处理为"Couratari Aubl.（1775）"的异名。【分布】巴西。【模式】未指定。【参考异名】Couratari Aubl.（1775）●☆

28675 Leda C. B. Clarke（1908）= Isoglossa Oerst.（1854）（保留属名）［爵床科 Acanthaceae］■★

28676 Ledaceae J. F. Gmel.（1803）= Ericaceae Juss.（保留科名）●

28677 Ledaceae Link = Ericaceae Juss.（保留科名）●

28678 Ledebouria Mart. = Kallstroemia Scop.（1777）［蒺藜科 Zygophyllaceae］■☆

28679 Ledebouria Rchb.（1828）Nom. illegit. = Ledeburia Link（1821）；~ = Pimpinella L.（1753）［伞形花科（伞形科）Apiaceae（Umbelliferae）］■

28680 Ledebouria Roth（1821）【汉】红点草属。【隶属】百合科 Liliaceae//风信子科 Hyacinthaceae//绵枣儿科 Scillaceae。【包含】世界 30 种。【学名诠释与讨论】〈阴〉（人）Carl（Karl）Friedrich von Ledebour，1785-1851，德国植物学者，植物采集家。另说俄罗斯植物学者。此属的学名，ING、TROPICOS 和 IK 记载是"Ledebouria A. W. Roth, Novae Pl. Sp. 194. Jan-Jun 1821"。"Ledebouria Rchb., Consp. Regn. Veg.［H. G. L. Reichenbach］143. 1828（Apiaceae）= Ledeburia Link（1821）= Pimpinella L.（1753）［伞形花科（伞形科）Apiaceae（Umbelliferae）］"是晚出的非法名称。亦有文献把"Ledebouria Roth（1821）"处理为"Scilla L.（1753）"的异名。【分布】马达加斯加，热带非洲和南非，印度。【模式】Ledebouria hyacinthina A. W. Roth。【参考异名】Scilla L.（1753）■☆

28681 Ledebouriella H. Wolff（1910）【汉】小红点草属（假北防风属）。【俄】Ледебуриелла。【隶属】伞形花科（伞形科）Apiaceae（Umbelliferae）。【包含】世界 2 种，中国 1 种。【学名诠释与讨论】〈阴〉（人）Carl（Karl）Friedrich von Ledebour，1785-1851，德国植物学者，植物采集家。另说俄罗斯植物学者。或 Ledebouria 红点草属+-ellus，-ella，-ellum，加在名词词干后面形成指小式的词尾。或加在人名、属名等后面以组成新属的名称。【分布】中国，亚洲中部。【后选模式】Ledebouriella multiflora（Ledebour）H. Wolff［Rumia multiflora Ledebour］。■

28682 Ledeburia Link（1821）= Pimpinella L.（1753）［伞形花科（伞形科）Apiaceae（Umbelliferae）］■

28683 Ledelia Raf.（1838）= Pomaderris Labill.（1805）［鼠李科 Rhamnaceae］●☆

28684 Ledenbergia Klotzsch ex Moq.（1849）【汉】网脉珊瑚木属（网脉珊瑚属）。【隶属】商陆科 Phytolaccaceae。【包含】世界 2 种。【学名诠释与讨论】〈阴〉词源不详；似来自人名或地名。此属的

学名，ING、TROPICOS 和 IK 记载是"Ledenbergia Klotzsch ex Moquin-Tandon in Alph. de Candolle, Prodr. 13（2）：4，14. 5 Mai 1849"。"Ledenbergia Klotzsch（1846）≡ Ledenbergia Klotzsch ex Moq.（1849）"是一个未合格发表的名称（Nom. inval.）。"Flueckigera O. Kuntze, Rev. Gen. 2：550. 5 Nov 1891"是"Ledenbergia Klotzsch ex Moq.（1849）"的晚出的同模式异名（Homotypic synonym, Nomenclatural synonym）。J. C. Willis 在《A Dictionary of the Flowering Plants and Ferns（Student Edition）. 1985. Cambridge. Cambridge University Press. 1-1245》中记载："Ledenbergia Klotzsch ex Moq.（sphalm.）= Ladenbergia Klotzsch ex Moq. corr. Kuntze = Flueckigera Kuntze（Phytolaccac）"。【分布】厄瓜多尔，墨西哥，尼加拉瓜，委内瑞拉，中美洲。【模式】Ledenbergia seguierioides Klotzsch ex Moquin-Tandon。【参考异名】Flueckigera Kuntze（1891）Nom. illegit.；Ladenbergia Klotzsch（1846）Nom. illegit.●☆

28685 Ledenbergia Klotzsch（1846）Nom. inval. ≡ Ledenbergia Klotzsch ex Moq.（1849）［商陆科 Phytolaccaceae］●☆

28686 Ledermannia Mildbr. et Burret（1912）= Desplatsia Bocq.（1866）［椴树科（椴科，田麻科）Tiliaceae//锦葵科 Malvaceae］●☆

28687 Ledermanniella Engl.（1909）【汉】莱德苔草属。【隶属】髯管花科 Geniostomaceae。【包含】世界 43-46 种。【学名诠释与讨论】〈阴〉（人）Carl Ludwig Ledermann，1875-1958，瑞士园艺学者+-ellus，-ella，-ellum，加在名词词干后面形成指小式的词尾。或加在人名、属名等后面以组成新属的名称。【分布】马达加斯加，赤道非洲。【模式】Ledermanniella linearifolia Engler。【参考异名】Inversodicraea Engl.（1915）；Inversodicraea Engl. ex R. E. Fr.（1914）Nom. illegit.；Monandriella Engl.（1926）■☆

28688 Ledgeria F. Muell.（1859）= Galeola Lour.（1790）［兰科 Orchidaceae］■

28689 Ledocarpaceae Meyen（1834）［亦见 Geraniaceae Juss.（保留科名）牻牛儿苗科］【汉】杜香果科。【包含】世界 2 属 11 种。【分布】南美洲安第斯山区。【科名模式】Ledocarpon Desf.●☆

28690 Ledocarpon Desf.（1818）【汉】杜香果属。【隶属】牻牛儿苗科 Geraniaceae//杜香果科 Ledocarpaceae。【包含】世界 8 种。【学名诠释与讨论】〈中〉（希）ledon，乳香树的古名，为一种蔷薇属植物 Cistus sp.。它可以流出芳香的树脂+karpos，果实。或说（属）Ledum 杜香属 + karpos，果实。此属的学名是"Ledocarpon Desfontaines, Mém. Mus. Hist. Nat. 4：250. 1818"。亦有文献把其处理为"Balbisia Cav.（1804）（保留属名）"的异名。【分布】玻利维亚。【模式】Ledocarpon chiloense Desfontaines。【参考异名】Balbisia Cav.（1804）（保留属名）；Ledocarpum DC.（1824）●☆

28691 Ledocarpum DC.（1824）Nom. illegit. ≡ Ledocarpon Desf.（1818）［牻牛儿苗科 Geraniaceae//杜香果科 Ledocarpaceae］●☆

28692 Ledonia（Dunal）Spach（1836）= Cistus L.（1753）［半日花科（岩蔷薇科）Cistaceae］●

28693 Ledonia Spach（1836）Nom. illegit. ≡ Ledonia（Dunal）Spach（1836）；~ = Cistus L.（1753）［半日花科（岩蔷薇科）Cistaceae］●

28694 Ledothamnus Meisn.（1863）【汉】千屈石南属。【隶属】杜鹃花科（欧石南科）Ericaceae。【包含】世界 7-9 种。【学名诠释与讨论】〈阴〉（属）Ledum 杜香属+thamnos，指小式 thamnion，灌木，灌丛，树丛，枝。【分布】几内亚，委内瑞拉。【模式】Ledothamnus guyanensis C. F. Meisner。●☆

28695 Ledum L.（1753）【汉】杜香属（喇叭茶属）。【日】イソツツジ属，レヅム属。【俄】Багульник。【英】Labrador Tea, Labrador-tea, Ledum, Marsh Rosemary。【隶属】杜鹃花科（欧石南科）Ericaceae。【包含】世界 3-4 种，中国 1 种。【学名诠释与讨论】〈中〉（希）ledon，乳香树的古名。指本属叶片与此植物相似。此

属的学名,ING、TROPICOS 和 GCI 记载是"Ledum L.,Sp. Pl. 1: 391. 1753[1 May 1753]"。IK 则记载为"Ledum Ruppiusex L.,Sp. Pl. 1;391. 1753[1 May 1753]"。"Ledum Rchb."是命名起点著作之前的名称,故"Ledum L.(1753)"和"Ledum Ruppius ex L.(1753)"都是合法名称,可以通用。它曾被降级为"Rhododendron subsect. Ledum(L.)Kron et Judd,Systematic Botany 15(1);67. 1990"。"Dulia Adanson,Fam. 2:165. Jul-Aug 1763"是"Ledum L.(1753)"的晚出的同模式异名(Homotypic synonym, Nomenclatural synonym)。亦有文献把"Ledum L.(1753)"处理为"Rhododendron L.(1753)"的异名。【分布】中国,北温带和极地。【模式】Ledum palustre Linnaeus。【参考异名】Dalia Endl.(1841);Dulia Adans.(1763)Nom. illegit.;Ledum Rchb.,Nom. inval.;Ledum Ruppius ex L.(1753);Rhododendron L.(1753);Rhododendron subsect. Ledum(L.)Kron et Judd(1990)●

28696 Ledum Rchb.,Nom. inval. ≡Ledum Ruppius ex L.(1753);~≡Ledum L.(1753)[杜鹃花科(欧石南科)Ericaceae]●

28697 Ledum Ruppius ex L.(1753)≡Ledum L.(1753)[杜鹃花科(欧石南科)Ericaceae]●

28698 Ledurgia Speta(2001)【汉】几内亚风信子属。【隶属】风信子科 Hyacinthaceae。【包含】世界1种。【学名诠释与讨论】〈阴〉词源不详。【分布】几内亚。【模式】Ledurgia guineensis Speta。■☆

28699 Leea D. Royen ex L.(1767)(保留属名)【汉】火筒树属。【日】ウホウドカズラ属,オオウドノキ属,オホウドカズラ属。【英】Leea。【隶属】葡萄科 Vitaceae//火筒树科 Leeaceae。【包含】世界34-70种,中国10-13种。【学名诠释与讨论】〈阴〉(人)James Lee,1715-1795,英国园艺工作者。此属的学名"Leea D. Royen ex L.,Syst. Nat.,ed. 12,2:608,627;Mant. Pl.;17,124. 15-31 Oct 1767"是保留属名。相应的废弃属名是火筒树科 Leeaceae 的"Nalagu Adans.,Fam. Pl. 2:445,581. Jul-Aug 1763 ≡Leea D. Royen ex L.(1767)(保留属名)"。"Leea D. Royen(1767)≡Leea D. Royen ex L.(1767)(保留属名)"和"Leea L.(1767)≡Leea D. Royen ex L.(1767)(保留属名)"的命名人引证有误,亦应废弃。【分布】巴基斯坦,马达加斯加,尼加拉瓜,中国,中美洲。【模式】Leea aequata Linnaeus。【参考异名】Aquilicia L.(1771);Laea Brongn.(1843);Lea Stokes(1812);Leanta Raf.;Leea D. Royen(1767)Nom. illegit.(废弃属名);Leea L.(1767)Nom. illegit.(废弃属名);Nalagu Adans.(1763)(废弃属名);Otillis Gaertn.(1788);Ottilis Endl.(1839);Sansovinia Scop.(1777);Tinnia Noronha(1790)Nom. inval.●■

28700 Leea D. Royen(1767)Nom. illegit.(废弃属名)≡Leea D. Royen ex L.(1767)(保留属名)[葡萄科 Vitaceae//火筒树科 Leeaceae]●■

28701 Leea L.(1767)Nom. illegit.(废弃属名)≡Leea D. Royen ex L.(1767)(保留属名)[葡萄科 Vitaceae//火筒树科 Leeaceae]●■

28702 Leeaceae(DC.)Dumort. =Leeaceae Dumort.(保留科名)●

28703 Leeaceae Dumort.(1829)(保留科名)[亦见 Vitaceae Juss.(保留科名)葡萄科]【汉】火筒树科。【日】ウドノキ科。【包含】世界1属34-70种,中国1属1013种。【分布】热带。【科名模式】Leea D. Royen ex L.●

28704 Leeania Raf.(1814)=Leea D. Royen ex L.(1767)(保留属名)[葡萄科 Vitaceae//火筒树科 Leeaceae]●■

28705 Leeria Steud.(1821)=Chaptalia Vent.(1802)(保留属名);~=Leria DC.(1812)Nom. illegit.;~=Chaptalia Vent.(1802)(保留属名)[菊科 Asteraceae(Compositae)]■☆

28706 Leersia Sol. ex Sw.(1788)(废弃属名)≡Leersia Sw.(1788)(保留属名)[禾本科 Poaceae(Gramineae)]■

28707 Leersia Sw.(1788)(保留属名)【汉】假稻属(李氏禾属,游草属)。【日】サヤヌカグサ属。【俄】Леерсия。【英】Cutgrass,Cut-grass,Whitegrass。【隶属】禾本科 Poaceae(Gramineae)。【包含】世界17-20种,中国4种。【学名诠释与讨论】〈阴〉(人)Johann Daniel Leers,1727-1774,德国药剂师、地方植物志作者。此属的学名"Leersia Sw.,Prodr.:1,21. 20 Jun-29 Jul 1788"是保留属名。相应的废弃属名是禾本科 Poaceae(Gramineae)的"Homalocenchrus Mieg in Acta Helv. Phys. -Math. 4:307. 1760 ≡Leersia Sw.(1788)(保留属名)"。IK 记载的"Leersia Sol. ex Sw.,Prodr.[O. P. Swartz]21(1788)[20 Jun-29 Jul 1788]≡Leersia Sw.(1788)(保留属名)"的命名人引证有误,亦应废弃。"Homalocenchrus Mieg ex Hall.,Stirp. Helv. ii. 201(1768)≡Leersia Sw.(1788)(保留属名)"和"Homalocenchrus Mieg. ex Kuntze,Rev. Gen.(1891)777 ≡Leersia Sw.(1788)(保留属名)"也须废弃。"Homalocenchrus Mieg,Acta Helv. Phys. -Math. 4:307. 1760(废弃属名)"是"Leersia Sw.(1788)(保留属名)"的同模式异名(Homotypic synonym, Nomenclatural synonym)。【分布】巴基斯坦,巴拿马,秘鲁,玻利维亚,厄瓜多尔,哥伦比亚(安蒂奥基亚),哥斯达黎加,利比里亚(宁巴),马达加斯加,美国(密苏里),尼加拉瓜,中国,热带,温带,中美洲。【模式】Leersia oryzoides(Linnaeus)Swartz[Phalaris oryzoides Linnaeus]。【参考异名】Aplexia Raf.(1825);Aprella Steud.(1840);Asprella Schreb.(1789)Nom. illegit.;Blepharochloa Endl.(1840);Ehrhartia Weber(1780)Nom. illegit.;Ehrhartia Wiggers(1777)Nom. illegit.;Endodia Raf.(1825);Hamolocenchrus Scop.(1777);Homalocenchrus Mieg ex Haller(1768)(废弃属名);Homalocenchrus Mieg ex Kuntze(1891)(废弃属名);Homalocenchrus Mieg(1760)(废弃属名);Laertia Gromov ex Trautv.(1884)Nom. illegit.;Laertia Gromov(1884)Nom. illegit.;Leersia Sol. ex Sw.(1788)(废弃属名);Pseudoryza Griff.(1851)Nom. illegit.;Turraya Wall.(1848)Nom. inval.■

28708 Leeuwenbergia Letouzey et N. Hallé(1974)【汉】莱文大戟属。【隶属】大戟科 Euphorbiaceae。【包含】世界2种。【学名诠释与讨论】〈阴〉(人)Antonius Josephus Maria Leeuwenberg,1930-,荷兰植物学者,植物采集家。【分布】刚果(布),加蓬,喀麦隆。【模式】Leeuwenbergia letestui R. Letouzey et N. Hallé。☆

28709 Leeuwenhockia Steud.(1841)Nom. illegit. ≡Levenhookia R. Br.(1810)[花柱草科(丝滴草科)Stylidiaceae]■☆

28710 Leeuwenhoeckia E. Mey. ex Endl.(1839)Nom. illegit. ≡Dombeya Cav.(1786)(保留属名)[梧桐科 Sterculiaceae//锦葵科 Malvaceae]●☆

28711 Leeuwenhoekia Spreng.(1817)Nom. illegit. ≡Levenhookia R. Br.(1810)[花柱草科(丝滴草科)Stylidiaceae]■☆

28712 Leeuwenhoekia Rchb.(1828)Nom. illegit. ≡Leeuwenhoeckia E. Mey. ex Endl.(1839)[梧桐科 Sterculiaceae]●☆

28713 Leeuwinhookia Sond.(1845)Nom. illegit. ≡Levenhookia R. Br.(1810)[花柱草科(丝滴草科)Stylidiaceae]■☆

28714 Lefeburea Endl.(1842)=Lefebvrea A. Rich.(1840)[伞形花科(伞形科)Apiaceae(Umbelliferae)]■☆

28715 Lefeburia Endl.(1842)=Lefebvrea A. Rich.(1840)[伞形花科(伞形科)Apiaceae(Umbelliferae)]■☆

28716 Lefeburia Lindl.(1847)Nom. illegit. =Lefebvrea A. Rich.(1840)[伞形花科(伞形科)Apiaceae(Umbelliferae)]■☆

28717 Lefebvrea A. Rich.(1840)【汉】勒菲草属。【隶属】伞形花科(伞形科)Apiaceae(Umbelliferae)。【包含】世界6种。【学名诠释与讨论】〈阴〉(人)Lefebvre,植物学者。【分布】热带和非洲西南部。【模式】Lefebvrea abyssinica A. Richard。【参考异名】

Lefeburea Endl.（1842）；Lefeburia Endl.（1842）；Lefeburia Lindl.（1847）Nom. illegit.■☆

28718　Lefrovia Franch.（1888）= Cnicothamnus Griseb.（1874）［菊科 Asteraceae（Compositae）］●☆

28719　Leganosperma Post et Kuntze（1903）= Lecanosperma Rusby（1893）［茜草科 Rubiaceae］●☆

28720　Legazpia Blanco（1845）【汉】三翅萼属。【英】Threewingedcalyx。【隶属】玄参科 Scrophulariaceae//婆婆纳科 Veronicaceae。【包含】世界 1-2 种，中国 1 种。【学名诠释与讨论】〈阴〉（地）Legazpi，黎牙实比（莱加斯皮），位于菲律宾。此属的学名是"Legazpia Blanco，Fl. Filip. ed. 2. 338. 1845"。亦有文献把其处理为"Torenia L.（1753）"的异名。【分布】中国，热带亚洲。【模式】Legazpia triptera Blanco。【参考异名】Torenia L.（1753）■

28721　Legendrea Webb et Berthel.（1836 - 1850）= Turbina Raf.（1838）［旋花科 Convolvulaceae］●■☆

28722　Legenere McVaugh（1943）【汉】格林桔梗属。【英】Legenere。【隶属】桔梗科 Campanulaceae。【包含】世界 1 种。【学名诠释与讨论】〈阴〉（人）Edward Lee Greene，1843 - 1915，美国植物学者、微生物学者。【分布】美国（加利福尼亚），智利。【模式】Legenere limosa（E. L. Greene）McVaugh ［Howellia limosa E. L. Greene］。■☆

28723　Legnea O. F. Cook（1943）= Chamaedorea Willd.（1806）（保留属名）［棕榈科 Arecaceae（Palmae）］●☆

28724　Legnephora Miers（1867）【汉】乳突藤属（澳大利亚防己属，澳洲防己属）。【英】Legnephora。【隶属】防己科 Menispermaceae。【包含】世界 5 种。【学名诠释与讨论】〈阴〉（希）legnon，边，有色的边。Legnotos，具有有色边的+phoros，具有，梗，负载，发现者。指内果皮。【分布】澳大利亚（东北部），新几内亚岛。【模式】Legnephora moorei（F. v. Mueller）Miers ［Cocculus moorei F. v. Mueller］。【参考异名】Tristichocalyx F. Muell.（1863）●☆

28725　Legnotidaceae Blume = Rhizophoraceae Pers.（保留科名）●

28726　Legnotidaceae Endl. = Rhizophoraceae Pers.（保留科名）●

28727　Legnotis Sw.（1788）Nom. illegit. ≡ Cassipourea Aubl.（1775）［红树科 Rhizophoraceae］●☆

28728　Legocia Livera（1927）= Christisonia Gardner（1847）［列当科 Orobanchaceae//玄参科 Scrophulariaceae］■

28729　Legouixia Van Heurck et Muell. Arg（1871）= Epigynum Wight（1848）［夹竹桃科 Apocynaceae］●

28730　Legouixia Van Heurck et Müll. Arg. ex Van Heurck（1870）Nom. illegit. ≡ Legouixia Van Heurck et Muell. Arg（1871）；~ = Epigynum Wight（1848）［夹竹桃科 Apocynaceae］●

28731　Legousia Durand（1782）【汉】勒古桔梗属（镜花属）。【俄】Зеркало девичье，Легузия，Легузия зеркало венеры，Легузия серповидная，Спекулярия。【英】Looking Glass，Venus's Looking-glass，Venus's-looking-glass。【隶属】桔梗科 Campanulaceae。【包含】世界 7-15 种。【学名诠释与讨论】〈阴〉（人）Legous。或许纪念法国历史学者 Benigne Le Goux（Legouz）de Gerland。此属的学名，INGGCI 和 IK 记载是"Legousia J. F. Durande，Fl. Bourgogne 1：37. 1782"。"Legouzia Delarbre，Fl. Auvergne（Delarbre）ed. 2，45. 1800"是其拼写变体。"Legouzia T. Durand et Jacks.（1800）Nom. illegit."应该是"Legouzia Delarbre（1800）Nom. illegit."的误记。"Pentagonia Möhring ex O. Kuntze，Rev. Gen. 2：381. 5 Nov 1891［non Heister ex Fabricius 1763（废弃属名），nec Bentham 1845（nom. cons.））"和"Specularia Heister ex Alph. de Candolle，Monogr. Campanulées 344. 1830"是"Legousia Durand（1782）"的晚出的同模式异名（Homotypic synonym，Nomenclatural synonym）。【分布】玻利

维亚，北温带，南美洲。【模式】Legousia arvensis J. F. Durande，Nom. illegit. ［Campanula speculum Linnaeus］。【参考异名】Campylocera Nutt.（1842）；Dysmicodon Nutt.（1842）Nom. illegit.；Legouxia Gerard；Legouzia Delarbre（1800）Nom. illegit.；Legouzia Durand et Jacks.（1800）Nom. illegit.；Pentagonia Möhring ex Kuntze（1891）Nom. illegit.（废弃属名）；Specularia A. DC.（1830）Nom. illegit.；Specularia Heist.（1748）Nom. inval.；Specularia Heist. ex A. DC.（1830）Nom. illegit.；Specularia Heist. ex Fabr.（1763）Nom. illegit.●■☆

28732　Legouxia Gerard = Legousia Durand（1782）［桔梗科 Campanulaceae］●■☆

28733　Legouzia Delarbre（1800）Nom. illegit. ≡ Legousia Durand（1782）［桔梗科 Campanulaceae］●■☆

28734　Legouzia T. Durand et Jacks.（1800）Nom. illegit. ≡ Legouzia Delarbre（1800）Nom. illegit.；~ ≡ Legousia Durand（1782）［桔梗科 Campanulaceae］●■☆

28735　Legrandia Kausel（1944）【汉】勒格桃金娘属。【隶属】桃金娘科 Myrtaceae。【包含】世界 1 种。【学名诠释与讨论】〈阴〉（人）Carlos Maria Diego Enrique Legrand，1901 - ，乌拉圭植物学者。【分布】智利。【模式】Legrandia concinna（R. A. Philippi）Kausel ［Eugenia concinna R. A. Philippi］。●☆

28736　Leguminaceae Dulac = Fabaceae Lindl.（保留科名）//Leguminosae Juss.（1789）（保留科名）●■

28737　Leguminaria Bureau（1864）= Memora Miers（1863）［紫葳科 Bignoniaceae］●☆

28738　Leguminosae Juss.（1789）（保留科名）【汉】豆科。【日】マメ科。【俄】Бобовые。【英】Legume Family，Legumes，Pea Family，Pulse Family。【包含】世界 650 属 18000 种，中国 167 属 1673 种。Fabaceae Lindl. 和 Leguminosae Juss. 均为保留科名，是《国际植物命名法规》确定的九对互用科名之一。【分布】广泛分布。【科名模式】Faba Mill.（1754）［Vicia L.］●■

28739　Lehmaniella Gilg（1895）= Lehmanniella Gilg（1895）［龙胆科 Gentianaceae］■☆

28740　Lehmanna Casseb. et Theob.（1847）Nom. illegit. = Gentiana L.（1753）［龙胆科 Gentianaceae］■

28741　Lehmannia Jacq. ex Jacq. f.（1844）Nom. illegit. = Moschosma Rchb.（1828）Nom. illegit.；~ = Basilicum Moench（1802）［唇形科 Lamiaceae（Labiatae）］■

28742　Lehmannia Jacq. ex Steud.（1840）Nom. illegit. = Moschosma Rchb.（1828）Nom. illegit.；~ = Basilicum Moench（1802）［唇形科 Lamiaceae（Labiatae）］■

28743　Lehmannia Spreng.（1817）= Nicotiana L.（1753）［茄科 Solanaceae//烟草科 Nicotianaceae］●■

28744　Lehmannia Tratt.（1824）Nom. illegit. ≡ Tylosperma Botsch.（1952）；~ = Potentilla L.（1753）［蔷薇科 Rosaceae//委陵菜科 Potentillaceae］■●

28745　Lehmanniella Gilg（1895）【汉】莱曼龙胆属。【隶属】龙胆科 Gentianaceae。【包含】世界 4 种。【学名诠释与讨论】〈阴〉（人）Friedrich Carl Lehmann，1850-1903，德国植物学者，探险家，植物采集家+-ellus，-ella，-ellum，加在名词词干后面形成指小式的词尾。或加在人名、属名等后面以组成新属的名称。【分布】秘鲁，厄瓜多尔，哥伦比亚。【后选模式】Lehmanniella splendens（W. J. Hooker）J. Ewan ［Lisianthius splendens W. J. Hooker］。【参考异名】Lagenanthus Gilg（1895）Nom. illegit.；Lehmaniella Gilg（1895）；Purdieanthus Gilg（1895）■☆

28746　Leiachenis Raf.（1837）= Aster L.（1753）［菊科 Asteraceae（Compositae）］●■

28747 Leiachensis Merr. = Aster L. (1753); ~ = Leiachenis Raf. (1837) [菊科 Asteraceae(Compositae)]●■

28748 Leiacherus Raf. = Aster L. (1753); ~ = Leiachenis Raf. (1837) [菊科 Asteraceae(Compositae)]●■

28749 Leiandra Raf. (1837) = Callisia Loefl. (1758); ~ = Tradescantia L. (1753) [鸭跖草科 Commelinaceae]■

28750 Leianthostemon(Griseb.) Miq. (1851) = Voyria Aubl. (1775) [龙胆科 Gentianaceae]■☆

28751 Leianthostemon Miq. (1851) Nom. illegit. ≡ Leianthostemon (Griseb.) Miq. (1851); ~ = Voyria Aubl. (1775) [龙胆科 Gentianaceae]■☆

28752 Leianthus Griseb. (1838) Nom. illegit. ≡ Lisianthius P. Browne (1756) [龙胆科 Gentianaceae]■☆

28753 Leibergia J. M. Coult. et Rose (1896) = Lomatium Raf. (1819) [伞形花科(伞形科) Apiaceae(Umbelliferae)]■☆

28754 Leibnitzia Cass. (1822)【汉】大丁草属(异型菊属)。【日】センボンヤリ属。【俄】Лейбниция。【隶属】菊科 Asteraceae (Compositae)。【包含】世界 4-6 种,中国 3-4 种。【学名诠释与讨论】〈阴〉(人)G. W. Leibnitz,1646-1716,德国哲学家,数学家。此属的学名,ING、TROPICOS、GCI 和 IK 记载是"Leibnitzia Cass.,Dict. Sci. Nat.,ed. 2.[F. Cuvier] 25:420. 1822 [Nov 1822]"。"Anandria Lessing,Linnaea 5:346. Jul 1830"是"Leibnitzia Cass. (1822)"的晚出的同模式异名(Homotypic synonym,Nomenclatural synonym)。亦有文献把"Leibnitzia Cass. (1822)"处理为"Gerbera L. (1758)(保留属名)"的异名。【分布】巴基斯坦,中国,东亚,中美洲。【后选模式】Leibnitzia cryptogama Cassini,Nom. illegit. [Tussilago anandria Linnaeus]。【参考异名】Anandria Less. (1830) Nom. illegit.;Gerbera L. (1758)(保留属名)■

28755 Leiboldia Schltdl. (1847) Nom. inval. ≡ Leiboldia Schltdl. ex Gleason(1906) [菊科 Asteraceae(Compositae)]●■

28756 Leiboldia Schltdl. ex Gleason(1906)【汉】单毛菊属。【隶属】菊科 Asteraceae(Compositae)//斑鸠菊科(绿菊科) Vernoniaceae。【包含】世界 1 种。【学名诠释与讨论】〈阴〉(人)Friedrich Ernst Leibold,1804 - 1864,德国植物学者。此属的学名,ING、TROPICOS 和 GCI 记载是"Leiboldia Schltdl. ex Gleason,Bull. New York Bot. Gard. 4:161. 1906 [4 Jun 1906]"。"Leiboldia Schltdl.,Linnaea 19:742. 1847 ≡ Leiboldia Schltdl. ex Gleason(1906)"是一个未合格发表的名称(Nom. inval.)。亦有文献把"Leiboldia Schltdl. ex Gleason(1906)"处理为"Vernonia Schreb. (1791)(保留属名)"的异名。【分布】墨西哥,中美洲。【模式】Leiboldia leiboldiana (Schlechtendal) H. A. Gleason [Vernonia leiboldiana Schlechtendal]。【参考异名】Leiboldia Schltdl. (1847) Nom. inval.;Vernonia Schreb. (1791)(保留属名)●☆

28757 Leicesteria Pritz. (1855) = Leycesteria Wall. (1824) [忍冬科 Caprifoliaceae]●

28758 Leichardtia R. Br. (1848) Nom. illegit. ≡ Leichhardtia R. Br. (1848) [萝藦科 Asclepiadaceae]●

28759 Leichhardtia F. Muell. (1876) Nom. illegit. =? Phyllanthus L. (1753) [防己科 Menispermaceae]☆

28760 Leichhardtia F. Muell. (1877) Nom. illegit. = Phyllanthus L. (1753) [大戟科 Euphorbiaceae//叶下珠科(叶萝藦科) Phyllanthaceae]●■

28761 Leichhardtia H. Sheph. (1851) Nom. illegit. = Callitris Vent. (1808) [柏科 Cupressaceae]●

28762 Leichhardtia R. Br. (1848) = Marsdenia R. Br. (1810)(保留属名) [萝藦科 Asclepiadaceae]●

28763 Leichtlinia H. Ross(1896)【汉】雷氏石蒜属。【隶属】石蒜科 Amaryllidaceae//龙舌兰科 Agavaceae。【包含】世界 1 种。【学名诠释与讨论】〈阴〉(人)Leichtlin,Maximilian,1831-1910,植物学者。此属的学名是"Leichtlinia H. Ross,Delect. Sem. Hort. Bot. Panorm. 48. 1893"。亦有文献把其处理为"Agave L. (1753)"的异名。【分布】墨西哥,北美洲。【模式】Leichtlinia protuberans H. Ross。【参考异名】Agave L. (1753)■☆

28764 Leidesia Müll. Arg. (1866)【汉】莱德大戟属。【隶属】大戟科 Euphorbiaceae。【包含】世界 3 种。【学名诠释与讨论】〈阴〉(人)Eberhard Ysbrant Ides,荷兰旅行家,18 世纪曾来过中国采集植物标本。另说由 Seiddia 字母改缀而来。【分布】非洲南部。【模式】未指定。●☆

28765 Leiena Raf. (1838) = Restio Rottb. (1772)(保留属名) [帚灯草科 Restionaceae]■☆

28766 Leighia Cass. (1822) Nom. illegit. = Viguiera Kunth(1818) [菊科 Asteraceae(Compositae)]●■☆

28767 Leighia Scop. (1777) Nom. illegit. ≡ Kahiria Forssk. (1775); ~ = Ethulia L. f. (1762) [菊科 Asteraceae(Compositae)]■

28768 Leimanisa Raf. (1836) = Gentianella Moench (1794)(保留属名) [龙胆科 Gentianaceae]■

28769 Leimanthemum Ritgen (1830) = Leimanthium Willd. (1808) Nom. illegit.;~ = Melanthium L. (1753);~ = Veratrum L. (1753) [百合科 Liliaceae//黑药花科(藜芦科) Melanthiaceae]■☆

28770 Leimanthium Willd. (1808) Nom. illegit. ≡ Melanthium L. (1753);~ = Veratrum L. (1753) [百合科 Liliaceae//黑药花科(藜芦科) Melanthiaceae]■●

28771 Leinckeria Neck. (1790) Nom. inval. = Leinkeria Scop. (1777) Nom. illegit.;~ = Roupala Aubl. (1775) [山龙眼科 Proteaceae]●☆

28772 Leinkeria Scop. (1777) Nom. illegit. ≡ Roupala Aubl. (1775) [山龙眼科 Proteaceae]●☆

28773 Leioanthum M. A. Clem. et D. L. Jones (2002)【汉】光花石斛属。【隶属】兰科 Orchidaceae。【包含】世界 1 种。【学名诠释与讨论】〈中〉(希)leios,平滑的,无毛的。leio- = 拉丁文 laevi-,平滑的,无毛的 + anthos,花。此属的学名是"Leioanthum M. A. Clem. et D. L. Jones,Orchadian [Australasian native orchid society] 13:490. 2002"。亦有文献把其处理为"Dendrobium Sw. (1799)(保留属名)"的异名。【分布】新几内亚岛。【模式】Leioanthum bifalce (Lindl.) M. A. Clem. et D. L. Jones。【参考异名】Dendrobium Sw. (1799)(保留属名)■☆

28774 Leiocalyx Planch. ex Hook. (1849) = Dissotis Benth. (1849)(保留属名) [野牡丹科 Melastomataceae]●☆

28775 Leiocarpa Paul G. Wilson(2001)【汉】光果鼠麴草属(平果鼠麴草属)。【隶属】菊科 Asteraceae(Compositae)。【包含】世界 10 种。【学名诠释与讨论】〈阴〉(希)leios,平滑的,无毛的 + karpos,果实。【分布】澳大利亚,马达加斯加。【模式】不详。■☆

28776 Leiocarpaea(C. A. Mey.) D. A. German et Al-Shehbaz(2010)【汉】光果芥属。【隶属】十字花科 Brassicaceae(Cruciferae)。【包含】世界 1 种。【学名诠释与讨论】〈阴〉(希)leios,平滑的,无毛的 + karpos,果实。此属的学名"Leiocarpaea (C. A. Mey.) D. A. German et Al-Shehbaz,Nordic J. Bot. 28(6):648. 2010 [15 Dec 2010]"是由"Bunias [infragen. unranked] Leiocarpaea C. A. Mey. Fl. Altaic. [Ledebour]. 216. 1831"改级而来。【分布】西伯利亚。【模式】Leiocarpaea cochlearioides (Murray) D. A. German et Al-Shehbaz [Bunias cochlearioides Murray]。【参考异名】Bunias [infragen. unranked] Leiocarpaea C. A. Mey. ■☆

28777 Leiocarpodicraea (Engl.) Engl. (1905) = Leiothylax Warm. (1899) [髯管花科 Geniostomaceae]■☆

28778 Leiocarpodicraea Engl. (1905) Nom. illegit. ≡ Leiocarpodicraea (Engl.) Engl. (1905); ~ = Leiothylax Warm. (1899) [髯管花科 Geniostomaceae] ■☆

28779 Leiocarpus Blume (1826) = Aporusa Blume (1828) [大戟科 Euphorbiaceae] ●

28780 Leiocarya Hochst. (1844) = Trichodesma R. Br. (1810) (保留属名) [紫草科 Boraginaceae] ●■

28781 Leiochilus Benth. (1881) Nom. illegit. = Leochilus Knowles et Westc. (1838) [兰科 Orchidaceae] ■☆

28782 Leiochilus Hook. f. (1873) Nom. illegit. ≡ Buseria T. Durand (1888); ~ = Coffea L. (1753) [茜草科 Rubiaceae//咖啡科 Coffeaceae] ●

28783 Leioclusia Baill. (1880) = Carissa L. (1767) (保留属名) [夹竹桃科 Apocynaceae] ●●

28784 Leiodon Shuttlew. ex Sherff (1936) = Coreopsis L. (1753) [菊科 Asteraceae (Compositae)//金鸡菊科 Coreopsidaceae] ●■

28785 Leiogyna Bureau ex Post et Kuntze (1903) Nom. illegit. [紫葳科 Bignoniaceae] ☆

28786 Leiogyne K. Schum. (1896) = Neves-armondia K. Schum. (1897); ~ = Pithecoctenium Mart. ex Meisn. (1840) [紫葳科 Bignoniaceae] ●☆

28787 Leioligo (Raf.) Raf. (1837) Nom. illegit. ≡ Leioligo Raf. (1837); ~ = Solidago L. (1753) [菊科 Asteraceae (Compositae)] ■

28788 Leioligo Raf. (1837) = Solidago L. (1753) [菊科 Asteraceae (Compositae)] ■

28789 Leiolobium Benth. (1838) Nom. illegit. = Dalbergia L. f. (1782) (保留属名) [豆科 Fabaceae (Leguminosae)//蝶形花科 Papilionaceae] ●

28790 Leiolobium Rchb. (1828) = Rorippa Scop. (1760) [十字花科 Brassicaceae (Cruciferae)] ■

28791 Leioluma Baill. (1891) = Lucuma Molina (1782); ~ = Pouteria Aubl. (1775) [山榄科 Sapotaceae] ●

28792 Leionema (F. Muell.) Paul G. Wilson (1998) 【汉】光蕊芸香属。【隶属】芸香科 Rutaceae。【包含】世界 25 种。【学名诠释与讨论】〈中〉(希) leios, 平滑的, 无毛的+nema, 所有格 nematos, 丝, 花丝。此属的学名是 "Leionema (F. Muell.) Paul G. Wilson, Nuytsia 12 (2): 270-271. 1998", 由 "Eriostemon sect. Leionema F. Muell., The Plants Indigenous to the Colony of Victoria 1: 125. 1862. (Pl. Victoria)" 改级而来。亦有文献把 "Leionema (F. Muell.) Paul G. Wilson (1998)" 处理为 "Eriostemon Sm. (1798)" 的异名。【分布】参见 Eriostemon Sm.。【模式】246072。【参考异名】Eriostemon Sm. (1798) ●☆

28793 Leiophaca Lindau (1911) = Whitfieldia Hook. (1845) [爵床科 Acanthaceae] ■☆

28794 Leiophyllum (Pers.) Elliott (1817) Nom. illegit., Nom. inval. ≡ Dendrium Desv. (1813); ~ ≡ Leiophyllum (Pers.) R. Hedw. (1806); ~ = Kalmia L. (1753) [杜鹃花科 (欧石南科) Ericaceae] ●

28795 Leiophyllum (Pers.) R. Hedw. (1806) 【汉】黄杨叶石南属 (莱奥菲鲁木属)。【隶属】杜鹃花科 (欧石南科) Ericaceae。【包含】世界 1 种。【学名诠释与讨论】〈中〉(希) leios, 平滑的, 无毛的+phyllon, 叶子。phyllodes, 似叶的, 多叶的。phylleion, 绿色材料, 绿草。此属的学名, GCI 和 TROPICOS 记载是 "Leiophyllum (Pers.) R. Hedw., Gen. Pl. [R. Hedwig] 313. 1806 [Jul 1806]", 由 "Ledum sect. Leiophyllum Pers., Synopsis Plantarum 1: 477. 1805" 改级而来。"Leiophyllum R. Hedw., Gen. Pl. [R. Hedwig] 313. 1806 [Jul 1806] ≡ Leiophyllum (Pers.) R. Hedw. (1806)" 的命名人引证有误。"Leiophyllum (Persoon) S. Elliott, Sketch Bot.

S. -Carolina Georgia 1: 483. Dec? 1817 ≡ Dendrium Desv. (1813) ≡ Leiophyllum (Pers.) R. Hedw. (1806) = Kalmia L. (1753) [杜鹃花科 (欧石南科) Ericaceae]" 是晚出的非法名称, 亦未合格发表。"Leiophyllum Ehrh., Beitr. Naturk. [Ehrhart] 4: 146. 1789 = Blysmus Panz. ex Schult. (1824) = Schoenus L. (1753) [莎草科 Cyperaceae]" 是一个未合格发表的名称 (Nom. inval.)。"Fischera O. Swartz, Mém. Soc. Imp. Naturalistes Moscou 5: 16. 1817 (non K. P. J. Sprengel 1813, nec Fischeria A. P. de Candolle Feb. -Mar. 1813)" 是 "Leiophyllum (Pers.) R. Hedw. (1806)" 的晚出的同模式异名 (Homotypic synonym, Nomenclatural synonym)。【分布】美国。【模式】Ledum latifolium N. J. Jacquin。【参考异名】Ammyrsine Pursh (1813) Nom. illegit.; Dendrium Desv. (1813); Fischera Sw. (1817) Nom. illegit.; Ledum subgen. Leiophyllum Pers. (1805); Leiophyllum (Pers.) Elliott (1817) Nom. illegit., Nom. inval.; Leiophyllum R. Hedw. (1806) Nom. illegit.; Leiophyllum Raf.; Lejophyllum Post et Kuntze (1903) ●☆

28796 Leiophyllum Ehrh. (1789) Nom. inval., Nom. nud. = Blysmus Panz. ex Schult. (1824) (保留属名); ~ = Schoenus L. (1753) [莎草科 Cyperaceae] ■

28797 Leiophyllum R. Hedw. (1806) Nom. illegit. ≡ Leiophyllum (Pers.) R. Hedw. (1806) [杜鹃花科 (欧石南科) Ericaceae] ●☆

28798 Leiophyllum Raf. = Leiophyllum (Pers.) R. Hedw. (1806) [杜鹃花科 (欧石南科) Ericaceae] ●☆

28799 Leiopoa Ohwi (1932) = Festuca L. (1753) [禾本科 Poaceae (Gramineae)//羊茅科 Festucaceae] ■

28800 Leiopogon T. Durand et Schinz = Catunaregam Wolf (1776); ~ = Lepipogon G. Bertol. (1853) [茜草科 Rubiaceae] ●

28801 Leioptyx Pierre ex De Wild. (1908) = Entandrophragma C. E. C. Fisch. (1894) [楝科 Meliaceae] ●☆

28802 Leiopyxis Miq. (1861) = Cleistanthus Hook. f. ex Planch. (1848) [大戟科 Euphorbiaceae] ●

28803 Leiosandra Raf. (1838) = Veratrum L. (1753) [百合科 Liliaceae//黑药花科 (藜芦科) Melanthiaceae] ■●

28804 Leiospermum D. Don (1830) = Weinmannia L. (1759) (保留属名) [火把树科 (常绿棱枝树科), 角瓣木科, 库诺尼科, 南蔷薇科, 轻木科) Cunoniaceae] ●☆

28805 Leiospermum Wall. (1832) Nom. illegit. = Psilotrichum Blume (1826) [苋科 Amaranthaceae] ●■

28806 Leiospora (C. A. Mey.) A. N. Vassiljeva (1969) Nom. illegit. = Leiospora (C. A. Mey.) Dvorák (1968) [十字花科 Brassicaceae (Cruciferae)] ■

28807 Leiospora (C. A. Mey.) Dvorák (1968) 【汉】光籽芥属。【英】Parrya。【隶属】十字花科 Brassicaceae (Cruciferae)。【包含】世界 6 种, 中国 4 种。【学名诠释与讨论】〈阴〉(希) leios, 平滑的, 无毛的+spora, 孢子, 种子。此属的学名, ING 和 IK 记载是 "Leiospora (C. A. Meyer) F. Dvorák, Spisy Prír. Fac. Univ. J. E. Purkinje Brne 497: 356. Nov 1968", 由 "Parrya subgen. Leiospora C. A. Meyer in Ledebour, Fl. Altaica 3: 28. Jul-Dec 1831" 改级而来。"Leiospora (C. A. Mey.) A. N. Vassiljeva, Bot. Mater. Gerb. Bot. Inst. Bot. Acad. Nauk Kazakhsk. S. S. R. vi. 28 (1969) = Leiospora (C. A. Mey.) Dvorák (1968)" 是晚出的非法名称。亦有文献把 "Leiospora (C. A. Mey.) Dvorák (1968)" 处理为 "Parrya R. Br. (1823)" 的异名。【分布】巴基斯坦, 中国, 亚洲中部。【模式】Leiospora exscapa (C. A. Meyer) F. Dvorák [Parrya exscapa C. A. Meyer]。【参考异名】Achoriphragma Soják (1982); Leiospora (C. A. Mey.) A. N. Vassiljeva (1969) Nom. illegit.; Neuroloma Andrz. ex DC. (1824) Nom. illegit.; Parrya R. Br. (1823); Parrya subgen.

Leiospora C. A. Mey. (1831) ■

28808　Leiostegia Benth. (1840) = Comolia DC. (1828) ［野牡丹科 Melastomataceae］●☆

28809　Leiostemon Raf. (1825)【汉】光蕊玄参属。【隶属】玄参科 Scrophulariaceae//婆婆纳科 Veronicaceae。【包含】世界 1 种。【学名诠释与讨论】〈阳〉(希) leios，平滑的，无毛的+stemon，雄蕊。此属的学名是"Leiostemon Rafinesque, Neogenyton 2. 1825"。亦有文献把其处理为"Penstemon Schmidel(1763)"的异名。【分布】北美洲。【模式】Leiostemon frutescens (Lamb.) Raf. ex Straw ['Penstemon frutescens Lamb.']。【参考异名】Penstemon Schmidel(1763)☆

28810　Leiotelis Raf. (1840) = Seseli L. (1753) ［伞形花科 (伞形科) Apiaceae(Umbelliferae)］■

28811　Leiothamnus Griseb. (1838) Nom. illegit. ≡Symbolanthus G. Don (1837)；~ =Lisianthius P. Browne(1756) ［龙胆科 Gentianaceae］■☆

28812　Leiothrix Ruhland (1903)【汉】无毛谷精草属。【隶属】谷精草科 Eriocaulaceae。【包含】世界 37-65 种。【学名诠释与讨论】〈阴〉(希) leios，平滑的，无毛的+thrix，所有格 trichos，毛，毛发。【分布】秘鲁，玻利维亚，南美洲。【模式】未指定。■☆

28813　Leiothylax Warm. (1899)【汉】光囊苔草属。【隶属】髯管花科 Geniostomaceae。【包含】世界 3 种。【学名诠释与讨论】〈阴〉(希) leios，平滑的，无毛的+thylax，所有格 thylakos，袋，囊。【分布】热带非洲。【模式】未指定。【参考异名】Leiocarpodicraea (Engl.) Engl. (1905)；Leiocarpodicraea Engl. (1905)■☆

28814　Leiotulus Ehrenb. (1829) = Malabaila Hoffm. (1814) ［伞形花科 (伞形科) Apiaceae(Umbelliferae)］■☆

28815　Leiphaimos Cham. et Schltdl. (1831) Nom. illegit. ≡Leiphaimos Schltdl. et Cham. (1831)；~ = Voyria Aubl. (1775) ［龙胆科 Gentianaceae］■☆

28816　Leiphaimos Schltdl. et Cham. (1831) = Voyria Aubl. (1775) ［龙胆科 Gentianaceae］■☆

28817　Leipoldtia L. Bolus(1927)【汉】紫玲玉属。【日】レイポルツティア属。【隶属】番杏科 Aizoaceae。【包含】世界 10 种。【学名诠释与讨论】〈阴〉(人) Christiaan Frederik Louis Leipoldt，1880- 1947，南非医生，诗人。【分布】非洲南部。【模式】Leipoldtia constricta (H. M. L. Bolus) H. M. L. Bolus [Mesembryanthemum constrictum H. M. L. Bolus]。【参考异名】Rhopalocyclus Schwantes (1928)●☆

28818　Leitgebia Eichler (1871) = Sauvagesia L. (1753) ［金莲木科 Ochnaceae//旱金莲木科 (辛木科)Sauvagesiaceae］●

28819　Leitneria Chapm. (1860)【汉】塞子木属。【俄】Вигна，Лейтнерия。【英】Corkwood。【隶属】塞子木科 Leitneriaceae。【包含】世界 1 种。【学名诠释与讨论】〈阴〉(人) Edward Frederick (Frederick August Ludwig) Leitner，1812-1838，德国医生，博物学者，植物学者，南佛罗里达探险者。【分布】美国(东南部)。【模式】Leitneria floridana Chapman。●☆

28820　Leitneriaceae Benth. (1880) = Leitneriaceae Benth. et Hook. f. (保留科名)；~ =Simaroubaceae DC. (保留科名)●

28821　Leitneriaceae Benth. et Hook. f. (1880) (保留科名) ［亦见 Simaroubaceae DC. (保留科名)苦木科 (樗树科)］【汉】塞子木科 (银毛木科)。【英】Corkwood Family。【包含】世界 1 属 1 种。【分布】美国(东南部)。【科名模式】Leitneria Chapm. ●☆

28822　Lejica DC. (1836) = Lepia Hill (1759) (废弃属名)；~ =Zinnia L. (1759) (保留属名) ［菊科 Asteraceae(Compositae)］●■

28823　Lejocarpus(DC.) Post et Kuntze (1903) = Anogeissus (DC.) Wall. (1831) Nom. inval.；~ = Anogeissus (DC.) Wall. ex Guill., Perr. et A. Rich. (1832) ［使君子科 Combretaceae］●

28824　Lejochilus Post et Kuntze (1903) = Leiochilus Benth. (1881) Nom. illegit.；~ = Leochilus Knowles et Westc. (1838) ［兰科 Orchidaceae］■☆

28825　Lejogyna(Bur. et K. Schum.) Post et Kuntze(1903) Nom. illegit. ≡Neves-armondia K. Schum. (1897) ［紫葳科 Bignoniaceae］●☆

28826　Lejogyna Bur. ex Post et Kuntze (1903) Nom. illegit. ≡Lejogyna (Bur. et K. Schum.) Post et Kuntze (1903) Nom. illegit.；~ = Neves-armondia K. Schum. (1897) ［紫葳科 Bignoniaceae］●☆

28827　Lejophyllum Post et Kuntze (1903) = Leiophyllum (Pers.) R. Hedw. (1806) ［杜鹃花科(欧石南科)Ericaceae］●☆

28828　Lejopogon Post et Kuntze (1903) = Catunaregam Wolf (1776)；~ =Leiopogon T. Durand et Schinz；~ =Lepipogon G. Bertol. (1853) ［茜草科 Rubiaceae］●

28829　Leleba(Kurz) Nakai (1933) Nom. illegit. ≡Leleba Nakai(1933)；~ = Bambusa Schreb. (1789) (保留属名) ［禾本科 Poaceae (Gramineae)］●

28830　Leleba Nakai (1933) = Bambusa Schreb. (1789) (保留属名) ［禾本科 Poaceae(Gramineae)//簕竹科 Bambusaceae］●

28831　Leleba Rumph. ex Nakai(1933) = Bambusa Schreb. (1789) (保留属名) ［禾本科 Poaceae(Gramineae)//簕竹科 Bambusaceae］●

28832　Leleba Rumph. ex Schult. (1830) Nom. inval. = Bambusa Schreb. (1789) (保留属名) ［禾本科 Poaceae (Gramineae)//簕竹科 Bambusaceae］●

28833　Leleba Rumph. ex Teijsm. et Binn. (1866) Nom. inval. = Bambusa Schreb. (1789) (保留属名) ［禾本科 Poaceae (Gramineae)//簕竹科 Bambusaceae］●

28834　Leloutrea Gaudich. (1844) = Nolana L. ex L. f. (1762) ［茄科 Solanaceae//铃花科 Nolanaceae］■☆

28835　Lelya Bremek. (1952)【汉】莱利茜属。【隶属】茜草科 Rubiaceae。【包含】世界 1 种。【学名诠释与讨论】〈阴〉(人) Hugh，1891-?，英国植物学者，植物采集家。【分布】热带非洲。【模式】Lelya osteocarpa Bremekamp。●☆

28836　Lemairea de Vriese(1854)【汉】安汶草海桐属。【隶属】草海桐科 Goodeniaceae。【包含】世界 1 种。【学名诠释与讨论】〈阴〉词源不详。【分布】印度尼西亚(安汶岛)。【模式】Lemairea amboinensis de Vriese。☆

28837　Lemaireocereus Britton et Rose(1909)【汉】群戟柱属(朝雾阁属)。【日】レマイレオセレウス属。【隶属】仙人掌科 Cactaceae。【包含】世界 25 种。【学名诠释与讨论】〈阳〉(人) (Antoine) Charles Lemaire，1801-1871，法国植物学者(或比利时植物学者) + (属) Cereus 仙影掌属。此属的学名，ING、TROPICOS、GCI 和 IK 记载是"Lemaireocereus Britton & Rose, Contr. U. S. Natl. Herb. 12：424. 1909 [21 Jul 1909]"。它曾被处理为"Pachycereus sect. Lemaireocereus (Britton & Rose) P. V. Heath, Calyx 2 (3)：106. 1992"和"Pachycereus subgen. Lemaireocereus (Britton & Rose) Bravo, Cactáceas y Suculentas Mexicanas 17 (4)：119. 1972"。亦有文献把"Lemaireocereus Britton et Rose(1909)"处理为"Pachycereus (A. Berger) Britton et Rose(1909)"或"Stenocereus (A. Berger) Riccob. (1909) (保留属名)"的异名。【分布】中美洲至委内瑞拉和哥伦比亚，西印度群岛。【模式】Lemaireocereus hollianus (F. A. C. Weber ex J. M. Coulter) N. L. Britton et J. N. Rose [Cereus hollianus F. A. C. Weber ex J. M. Coulter]。【参考异名】Hertrichocereus Backeb. (1950)；Isolatocereus (Backeb.) Backeb. (1941)；Marshallocereus Backeb. (1950)；Neolemaireocereus Backeb. (1942) Nom. illegit.；Pachycereus (A. Berger) Britton et Rose(1909)；Pachycereus Britton et Rose (1909) Nom. illegit.；Pachycereus sect. Lemaireocereus

（Britton & Rose）P. V. Heath（1992）；Pachycereus subgen. Lemaireocereus（Britton & Rose）Bravo（1972）；Ritterocereus Backeb.（1941）；Stenocereus（A. Berger）Riccob.（1909）●☆

28838　Lembertia Greene（1897）【汉】朗贝尔菊属。【隶属】菊科 Asteraceae（Compositae）。【包含】世界1种。【学名诠释与讨论】〈阴〉（人）John Baptist Lembert，1840-1896。此属的学名是"Lembertia E. L. Greene，Fl. Franciscana 441. 5 Aug 1897"。亦有文献把其处理为"Eatonella A. Gray（1883）"的异名。【分布】美国（加利福尼亚）。【模式】Lembertia congdoni（A. Gray）E. L. Greene［Eatonella congdoni A. Gray］。【参考异名】Eatonella A. Gray（1883）■☆

28839　Lembocarpus Leeuwenb.（1958）【汉】舟果苣苔属。【隶属】苦苣苔科 Gesneriaceae。【包含】世界1种。【学名诠释与讨论】〈阳〉（希）lembos，独木舟，小舟。Lambodes，舟形的+karpos，果实。【分布】几内亚。【模式】Lembocarpus amoenus Leeuwenberg。■☆

28840　Lemboglossum Halb.（1984）【汉】舟舌兰属（齿舌兰属）。【隶属】兰科 Orchidaceae。【包含】世界14种，中国种。【学名诠释与讨论】〈阴〉（希）lembos，独木舟，小舟+glossa，舌头。指本属唇瓣的形状似独木舟。【分布】中国，热带美洲。【模式】Lemboglossum rossii（Lindley）F. Halbinger［Odontoglossum rossii Lindley］。【参考异名】Cymbiglossum Halb.（1983）■

28841　Lembotropis Griseb.（1843）= Cytisus Desf.（1798）（保留属名）［豆科 Fabaceae（Leguminosae）//蝶形花科 Papilionaceae］●

28842　Lemeea P. V. Heath（1993）= Aloe L.（1753）［百合科 Liliaceae//阿福花科 Asphodelaceae//芦荟科 Aloaceae］●■

28843　Lemia Vand.（1788）= Portulaca L.（1753）［马齿苋科 Portulacaceae］■

28844　Lemmatium DC.（1836）Nom. illegit. ≡ Caleacte Less.（1830）Nom. illegit. ；~ = Calea L.（1763）［菊科 Asteraceae（Compositae）］●■☆

28845　Lemmonia A. Gray（1877）= Nama L.（1759）（保留属名）［田梗草科（田基麻科，田亚麻科）Hydrophyllaceae］■

28846　Lemna L.（1753）【汉】浮萍属。【日】アオウキクサ属，アヲウキクサ属。【俄】Ряска，Чечевица водяная。【英】Duckweed，Lenticules。【隶属】浮萍科 Lemnaceae。【包含】世界10-15种，中国5-6种。【学名诠释与讨论】〈阴〉（希）lemna，一种水生植物，源于希腊文 limnos 沼泽。"Hydrophace A. Haller，Hist. Stirp. Helv. 3；68. 25 Mar 1768"、"Lenticula J. Hill，Brit. Herb. 530. 28 Jan 1757（'1756'）"、"Lenticularia Friche-Joset et Montandon，Syn. Fl. Jura Sept. 308. 1856（non Séguier 1754）"和"Lenticularia Séguier，Pl. Veron. 3；129. Jul-Aug 1754"是"Lemna L.（1753）"的晚出的同模式异名（Homotypic synonym，Nomenclatural synonym）。【分布】巴基斯坦，巴拿马，玻利维亚，厄瓜多尔，哥斯达黎加，马达加斯加，美国（密苏里），尼加拉瓜，中国，中美洲。【后选模式】Lemna minor Linnaeus。【参考异名】Hemma Raf. ex Pfitzer；Hydrophace Haller（1768）Nom. illegit. ；Lenticula Hill（1757）Nom. illegit. ；Lenticularia Friche-Joset et Montandon（1856）Nom. illegit. ；Lenticularia Montandon（1868）Nom. illegit. ；Lenticularia P. Micheli ex Montandon（1868）Nom. illegit. ；Lenticularia Ség.（1754）Nom. illegit. ；Stauregton Fourr.（1869）；Staurogeton Rchb.（1841）；Telmatophace Schleid.（1839）；Telmatosphace Ball（1878）；Thelluntophace Godr.（1861）■

28847　Lemnaceae Gray（1822）［as 'Lemnadeae'］= Araceae Juss.（保留科名）；~ = Lemnaceae Martinov（保留科名）■

28848　Lemnaceae Martinov（1820）（保留科名）【汉】浮萍科。【日】ウキクサ科。【俄】Рясковые。【英】Duckweed Family。【包含】世

界4-5属25-38种，中国4属8-10种。【分布】广泛分布。【科名模式】Lemna L.（1753）■

28849　Lemnescia Willd.（1799）= Lemniscia Schreb.（1789）Nom. illegit. ；~ = Vantanea Aubl.（1775）［核果树科（胡香脂科，树脂核科，无距花科，香膏科，香膏木科）Humiriaceae］●☆

28850　Lemniscia Schreb.（1789）Nom. illegit. ≡ Vantanea Aubl.（1775）［核果树科（胡香脂科，树脂核科，无距花科，香膏科，香膏木科）Humiriaceae］●☆

28851　Lemniscoa Hook. = Bulbophyllum Thouars（1822）（保留属名）［兰科 Orchidaceae］■

28852　Lemnopsis Zipp.（1829）Nom. inval. ，Nom. nud. ≡ Utricularia L.（1753）［狸藻科 Lentibulariaceae］■

28853　Lemnopsis Zipp. ex Zoll.（1854）= Halophila Thouars（1806）［水鳖科 Hydrocharitaceae//喜盐草科 Halophilaceae］■

28854　Lemnopsis Zoll.（1854）Nom. illegit. ≡ Lemnopsis Zipp. ex Zoll.（1854）；~ = Halophila Thouars（1806）［水鳖科 Hydrocharitaceae//喜盐草科 Halophilaceae］■

28855　Lemonia Lindl.（1840）Nom. illegit. = Ravenia Vell.（1829）［芸香科 Rutaceae］●☆

28856　Lemonia Pers.（1805）= Lomenia Pourr.（1788）；~ = Watsonia Mill.（1758）（保留属名）［鸢尾科 Iridaceae］■☆

28857　Le-Monniera Lecomte（1918）Nom. illegit. = Neolemonniera Heine（1960）［山榄科 Sapotaceae］●☆

28858　Lemooria P. S. Short（1989）【汉】光叶鼠麴草属。【隶属】菊科 Asteraceae（Compositae）。【包含】世界1种。【学名诠释与讨论】〈阴〉词源不详。【分布】澳大利亚。【模式】Lemooria burkittii（Benth.）P. S. Short。●■☆

28859　Lemotris Raf.（1837）Nom. illegit. ≡ Quamasia Raf.（1818）；~ = Camassia Lindl.（1832）（保留属名）［风信子科 Hyacinthaceae//百合科 Liliaceae］■☆

28860　Lemotrys Raf.（1837）= Lemotris Raf.（1837）Nom. illegit. ；~ = Quamasia Raf.（1818）；~ = Camassia Lindl.（1832）（保留属名）［风信子科 Hyacinthaceae//百合科 Liliaceae］■☆

28861　Lemphoria O. E. Schulz（1924）= Arabidella（F. Muell.）O. E. Schulz（1924）［十字花科 Brassicaceae（Cruciferae）］■☆

28862　Lemurangis（Garay）Szlach.，Mytnik et Grochocka（2013）【汉】马岛鬼兰属。【隶属】兰科 Orchidaceae。【包含】世界9种。【学名诠释与讨论】〈阴〉（拉）lemures，影子，鬼魂+（希）angos，瓮，管子，指小式 angeion，容器，花托。此属的学名"Lemurangis（Garay）Szlach.，Mytnik et Grochocka，Biodivers. Res. Conservation 29：16. 2013［31 Mar 2013］"是由"Angraecum sect. Lemurangis Garay Kew Bull. 28（3）；500. 1974［1973 publ. 29 Jan 1974］"改级而来。【分布】马达加斯加。【模式】Lemurangis madagascariensis（Finet）Szlach.，Mytnik et Grochocka.。【参考异名】Angraecum sect. Lemurangis Garay（1974）■☆

28863　Lemuranthe Schltr.（1924）= Cynorkis Thouars（1809）［兰科 Orchidaceae］■☆

28864　Lemurella Schltr.（1925）【汉】小鬼兰属。【隶属】兰科 Orchidaceae。【包含】世界4种。【学名诠释与讨论】〈阴〉（拉）lemures，影子，鬼魂+-ellus，-ella，-ellum，加在名词词干后面形成指小式的词尾。或加在人名、属名等后面以组成新属的名称。或 Lemuria，利莫里亚，传说中沉入印度洋底的一块大陆+-ellus，-ella，-ellum。指其分布范围很小。【分布】马达加斯加。【模式】Lemurella ambongensis（Schlechter）Schlechter［Angraecum ambongense Schlechter］。■☆

28865　Lemurodendron Villiers et P. Guinet（1989）【汉】勒米豆属。【隶属】豆科 Fabaceae（Leguminosae）。【包含】世界1种。【学名

诠释与讨论】〈中〉（拉）Lemuria, 利莫里亚, 传说中沉入印度洋底的一块大陆+dendron 或 dendros, 树木, 棍, 丛林。指其分布范围很小。【分布】马达加斯加。【模式】Lemurodendron capuronii J. - F. Villiers et P. Guinet。●☆

28866　Lemurophoenix J. Dransf.（1991）【汉】鬼棕属。【隶属】棕榈科 Arecaceae（Palmae）。【包含】世界 1 种。【学名诠释与讨论】〈阴〉（拉）Lemuria, 利莫里亚, 传说中沉入印度洋底的一块大陆+phoinix, 海枣, 凤凰。【分布】马达加斯加。【模式】Lemurophoenix halleuxii J. Dransfield。●☆

28867　Lemuropisum H. Perrier（1939）【汉】可食云实属。【隶属】豆科 Fabaceae（Leguminosae）。【包含】世界 1 种。【学名诠释与讨论】〈中〉（拉）Lemuria, 利莫里亚, 传说中沉入印度洋底的一块大陆 + （属）Pisum 豌豆属。【分布】马达加斯加。【模式】Lemuropisum edule H. Perrier de la Bâthie。●☆

28868　Lemurorchis Kraenzl.（1893）【汉】鬼兰属。【隶属】兰科 Orchidaceae。【包含】世界 1 种。【学名诠释与讨论】〈阴〉（希）lemures, 影子, 鬼魂+orchis, 兰。或 Lemuria, 利莫里亚, 传说中沉入印度洋底的一块大陆+orchis, 兰。【分布】马达加斯加。【模式】Lemurorchis madagascariensis Kraenzlin。■☆

28869　Lemurosicyos Keraudren（1964）【汉】鬼瓜属。【隶属】葫芦科（瓜科, 南瓜科）Cucurbitaceae。【包含】世界 1 种。【学名诠释与讨论】〈阳〉（拉）lemures, 影子, 鬼魂+sikyos, 葫芦, 野胡瓜。或 Lemuria, 利莫里亚, 传说中沉入印度洋底的一块大陆+sikyos。【分布】马达加斯加。【模式】Lemurosicyos variegatus（Cogniaux）Keraudren［as 'variegata'］［Luffa variegata Cogniaux］。■☆

28870　Lemyrea（A. Chev.）A. Chev. et Beille（1939）【汉】勒米尔茜属。【隶属】茜草科 Rubiaceae。【包含】世界 3 种。【学名诠释与讨论】〈阴〉（人）Leonard（Len）John Brass, 1900-1971, 澳大利亚植物学者, 植物采集家, 博物学者。此属的学名, ING、GCI 和 IK 记载是"Lemyrea（A. Chevalier）A. Chevalier et Beille, Rev. Int. Bot. Appl. Agric. Trop. 19：250. 1939", 由"Coffea sect. Lemyrea A. Chev. Rev. Int. Bot. Appl. Agric. Trop. 18：839. 1938"改级而来。【分布】马达加斯加。【模式】Lemyrea utilis（A. Chevalier）A. Chevalier et Beille［Coffea utilis A. Chevalier］。【参考异名】Coffea sect. Lemyrea A. Chev.（1938）☆

28871　Lenbrassia G. W. Gillett（1974）【汉】赖恩苣苔属。【隶属】苦苣苔科 Gesneriaceae。【包含】世界 1 种。【学名诠释与讨论】〈阴〉（人）Lenbrass。此属的学名是"Lenbrassia G. W. Gillett, J. Arnold Arbor. 55：431. Sep 1974"。亦有文献把其处理为"Fieldia A. Cunn.（1825）"的异名。【分布】澳大利亚。【模式】Lenbrassia australiana（C. T. White）G. W. Gillett［Coronanthera australiana C. T. White］。【参考异名】Fieldia A. Cunn.（1825）●☆

28872　Lencantha Gray（1821）= Centaurea L.（1753）（保留属名）; ~ = Leucacantha Gray（1821）［菊科 Asteraceae（Compositae）//矢车菊科 Centaureaceae］●■

28873　Lencymmaea Benth.（1852）Nom. illegit. ≡ Lencymmaea Benth. et Hook. f.（1852）Nom. illegit. ; ~ = Lencymmoea C. Presl（1851）［桃金娘科 Myrtaceae］●☆

28874　Lencymmaea Benth. et Hook. f.（1852）Nom. illegit. = Lencymmoea C. Presl（1851）［桃金娘科 Myrtaceae］●☆

28875　Lencymmoea C. Presl（1851）【汉】缅甸桃金娘属。【隶属】桃金娘科 Myrtaceae。【包含】世界 1 种。【学名诠释与讨论】〈阴〉词源不详。【分布】缅甸。【模式】Lencymmoea salicifolia K. B. Presl。此属的学名, ING 和 TROPICOS 记载是"Lencymmoea K. B. Presl, Epim. Bot. 211. 1851（sero）（'1849'）"。"Lencymmaea Benth.（1852）Nom. illegit. = Lencymmaea Benth. et Hook. f.（1852）Nom. illegit. =Lencymmoea C. Presl（1851）"是晚出的非法

名称。【参考异名】Lencymmaea Benth. et Hook. f.（1852）Nom. illegit. ; Leucymmaea Benth.（1852）Nom. illegit. ●☆

28876　Lendneria Minod（1918）= Poarium Desv. ; ~ = Stemodia L.（1759）（保留属名）［玄参科 Scrophulariaceae//婆婆纳科 Veronicaceae］■☆

28877　Lenidia Thouars（1806）Nom. illegit. ≡ Dillenia L.（1753）; ~ = Wormia Rottb.（1783）［五桠果科（第伦桃科, 五丫果科, 锡叶藤科）Dilleniaceae］●

28878　Lennea Klotzsch（1842）【汉】莱内豆属（伦内豆属）。【隶属】豆科 Fabaceae（Leguminosae）。【包含】世界 5 种。【学名诠释与讨论】〈阴〉（人）Peter Joseph, 1789-1866, 德国园艺学者。【分布】巴拿马, 哥斯达黎加, 墨西哥至乌拉圭, 尼加拉瓜, 中美洲。【模式】Lennea robinioides Klotzsch。【参考异名】Calomorphe Kuntze ex Walp.（1840）■☆

28879　Lennoa La Llave et Lex.（1824）Nom. illegit. ≡ Lennoa Lex.（1824）［多室花科（盖裂寄生科）Lennoaceae］■☆

28880　Lennoa Lex.（1824）【汉】多室花属（盖裂寄生属）。【隶属】多室花科（盖裂寄生科）Lennoaceae。【包含】世界 1-3 种。【学名诠释与讨论】〈阴〉词源不详。此属的学名, ING、TROPICOS 和 IK 记载是"Lennoa Lexarza in La Llave et Lexarza, Nov. Veg. Descr. 1：7. 1824"。"Lennoa La Llave et Lex.（1824）≡ Lennoa Lex.（1824）"的命名人引证有误。【分布】哥斯达黎加, 墨西哥, 尼加拉瓜, 中美洲。【模式】Lennoa madreporoides Lexarza。【参考异名】Corallophyllum Kumh（1825）; Lennoa La Llave et Lex.（1824）Nom. illegit. ■☆

28881　Lennoaceae Solms（1870）（保留科名）［亦见 Boraginaceae Juss.（保留科名）紫草科］【汉】多室花科（盖裂寄生科）。【包含】世界 2-3 属 4-7 种。【分布】美国（西南部）, 墨西哥。【科名模式】Lennoa La Llave et Lex. ■☆

28882　Lenophyllum Rose（1904）【汉】毛叶景天属。【隶属】景天科 Crassulaceae。【包含】世界 5-7 种。【学名诠释与讨论】〈中〉（希）lenos, 羊毛+希腊文 phyllon, 叶子。phyllodes, 似叶的, 多叶的。phylleion, 绿色材料, 绿草。【分布】美国（南部）, 墨西哥。【模式】Lenophyllum guttatum（J. N. Rose）J. N. Rose［Sedum guttatum J. N. Rose］。●☆

28883　Lenormandia Steud.（1850）= Mandelorna Steud.（1854）; ~ = Vetiveria Bory ex Lem.（1822）［禾本科 Poaceae（Gramineae）］■■

28884　Lens Mill.（1754）（保留属名）【汉】兵豆属（小扁豆属）。【日】レンズ属。【俄】Чечевица。【英】Lentil。【隶属】豆科 Fabaceae（Leguminosae）//蝶形花科 Papilionaceae。【包含】世界 5 种, 中国 1 种。【学名诠释与讨论】〈阴〉（拉）lens, 所有格 lentis, 指小式 lenticula, 扁豆。lenticularis, 属于或关于扁豆的。此属的学名"Lens Mill., Gard. Dict. Abr., ed. 4：［765］. 28 Jan 1754"是保留属名。法规未列出相应的废弃属名。"Lens Stickm.（1754）= Entada Adans.（1763）（保留属名）［豆科 Fabaceae（Leguminosae）//含羞草科 Mimosaceae］"应该废弃。"Lentilla W. F. Wight ex D. Fairchild, U. S. Dept. Agric. Bur. Pl. Industry Bull. 261：39. 1912"是"Lens Mill.（1754）（保留属名）"的晚出的同模式异名（Homotypic synonym, Nomenclatural synonym）。【分布】巴基斯坦, 中国, 地中海地区, 亚洲西部, 中美洲。【模式】Lens culinaris Medikus。【参考异名】Lentilla W. F. Wight ex D. Fairchild（1912）Nom. illegit. ; Lentilla W. F. Wight（1909）Nom. inval. ■

28885　Lens Stickm.（1754）（废弃属名）= Entada Adans.（1763）（保留属名）［豆科 Fabaceae（Leguminosae）//含羞草科 Mimosaceae］●

28886　Lentago Raf.（1820）= Viburnum L.（1753）［忍冬科 Caprifoliaceae//荚蒾科 Viburnaceae］●

28887 Lentibularia Adans. (1763) Nom. illegit. = Lentibularia Ség. (1754); ~ = Utricularia L. (1753) [狸藻科 Lentibulariaceae]■

28888 Lentibularia Hill (1756) Nom. illegit. = Utricularia L. (1753) [狸藻科 Lentibulariaceae]■

28889 Lentibularia Raf. (1838) Nom. illegit. = Utricularia L. (1753); ~ = Xananthes Raf. (1838) [狸藻科 Lentibulariaceae]■

28890 Lentibularia Ség. (1754) Nom. illegit. ≡ Utricularia L. (1753) [狸藻科 Lentibulariaceae]■

28891 Lentibulariaceae Rich. (1808) (保留科名)【汉】狸藻科。【日】タヌキモ科。【俄】Пузырчатковые。【英】Bladderwort Family。【包含】世界 3-5 属 230-320 种, 中国 2 属 25 种。【分布】广泛分布。【科名模式】Lentibularia Ség.[Utricularia L.]■

28892 Lenticula Hill (1757) Nom. illegit. ≡ Lemna L. (1753) [浮萍科 Lemnaceae]■

28893 Lenticula Mich. ex Adans. (1763) Nom. illegit., Nom. inval. [浮萍科 Lemnaceae]■

28894 Lenticularia Friche-Joset et Montandon (1856) Nom. illegit. ≡ Lemna L. (1753); ~ = Lenticula Hill (1757) Nom. illegit.; ~ = Lemna L. (1753) [浮萍科 Lemnaceae]■

28895 Lenticularia Montandon (1868) Nom. illegit. ≡ Lenticularia P. Micheli ex Montandon (1868) Nom. illegit.; ~ = Lenticula Hill (1757) Nom. illegit.; ~ = Lemna L. (1753) [天南星科 Araceae]■

28896 Lenticularia P. Micheli ex Montandon (1868) Nom. illegit. = Lenticula Hill (1757) Nom. illegit.; ~ = Lemna L. (1753) [浮萍科 Lemnaceae]■

28897 Lenticularia Ség. (1754) Nom. illegit. ≡ Lemna L. (1753); ~ = Spirodela Schleid. (1839) [浮萍科 Lemnaceae]■

28898 Lentilla W. F. Wight ex D. Fairchild (1912) Nom. illegit. ≡ Lens Mill. (1754) (保留属名) [豆科 Fabaceae(Leguminosae)//蝶形花科 Papilionaceae]■

28899 Lentilla W. F. Wight (1909) Nom. inval. ≡ Lentilla W. F. Wight ex D. Fairchild (1912) Nom. illegit.; ~ ≡ Lens Mill. (1754) (保留属名) [豆科 Fabaceae(Leguminosae)//蝶形花科 Papilionaceae]■

28900 Lentiscaceae Horan. (1843) = Anacardiaceae R. Br. (保留科名)●

28901 Lentiscus Kuntze (1891) Nom. illegit. ≡ Pistacia L. (1753) [漆树科 Anacardiaceae//黄连木科 Pistaciaceae]●

28902 Lentiscus Mill. (1754) = Pistacia L. (1753) [漆树科 Anacardiaceae//黄连木科 Pistaciaceae]●

28903 Lentzia Schinz (1893) = Lenzia Phil. (1863) [马齿苋科 Portulacaceae]■☆

28904 Lenwebbia N. Snow et Guymer (2003)【汉】莱恩木属。【隶属】桃金娘科 Myrtaceae。【包含】世界 2 种。【学名诠释与讨论】〈阴〉词源不详。【分布】澳大利亚。【模式】不详。●☆

28905 Lenzia Phil. (1863)【汉】高山黄花苋属。【隶属】马齿苋科 Portulacaceae。【包含】世界 1 种。【学名诠释与讨论】〈阴〉(人) Harald Othmar Lenz, 1798-1870, 德国博物学者。【分布】智利。【模式】Lenzia chamaepitys R. A. Philippi。【参考异名】Lentzia Schinz (1893)■☆

28906 Leobardia Pomel (1874) = Lotononis (DC.) Eckl. et Zeyh. (1836) (保留属名) [豆科 Fabaceae(Leguminosae)//蝶形花科 Papilionaceae]■

28907 Leobordea Delile (1833) (废弃属名) = Lotononis (DC.) Eckl. et Zeyh. (1836) (保留属名) [豆科 Fabaceae(Leguminosae)//蝶形花科 Papilionaceae]■

28908 Leocereus Britton et Rose (1920)【汉】刺蔓柱属。【日】レオセレウス属。【隶属】仙人掌科 Cactaceae。【包含】世界 1-5 种。【学名诠释与讨论】〈阳〉(希) leon, 所有格 leontos, 狮子 + (属) Cereus 仙影掌属。另说纪念 Antonio Pacheco Leao, 1872-1931, 巴西植物学者。【分布】巴西(东部)。【模式】Leocereus bahiensis N. L. Britton et J. N. Rose。●☆

28909 Leochilus Knowles et Westc. (1838)【汉】狮唇兰属。【隶属】兰科 Orchidaceae。【包含】世界 10 种。【学名诠释与讨论】〈阳〉(希) leon+cheilos, 唇。或说 leios, 光滑的 + cheilos, 唇。此属的学名, ING、TROPICOS、GCI 和 IK 记载是 "Leochilus Knowles & Westc., Fl. Cab. 2: 143. 1838 [Nov 1838]"。它曾被处理为 "Oncidium sect. Leochilus (Knowles & Westc.) Kuntze, Lexicon Generum Phanerogamarum 399. 1903"。【分布】巴拿马, 秘鲁, 玻利维亚, 厄瓜多尔, 哥伦比亚(安蒂奥基亚), 哥斯达黎加, 尼加拉瓜, 西印度群岛, 中美洲。【模式】Leochilus oncidioides Knowles et Westcott。【参考异名】Cryptosaccus Rchb. f. (1858); Cryptosanus Scheidw. (1843); Dignathe Lindl. (1849); Leiochilus Benth. (1881) Nom. illegit.; Lejochilus Post et Kuntze (1903); Oncidium sect. Leochilus (Knowles & Westc.) Kuntze (1903); Rhynchostele Rchb. f. (1852); Waluewa Regel (1890)■☆

28910 Leocus A. Chev. (1909)【汉】非洲合蕊草属。【隶属】唇形科 Lamiaceae(Labiatae)。【包含】世界 1-5 种。【学名诠释与讨论】〈阳〉词源不详。【分布】热带非洲西部。【模式】Leocus lyratus Chevalier。【参考异名】Briquetastrum Robyns et Lebrun (1929)■●☆

28911 Leonardendron Aubrév. (1968) = Anthonotha P. Beauv. (1806) [豆科 Fabaceae (Leguminosae)//云实科(苏木科) Caesalpiniaceae]●☆

28912 Leonardia Urb. (1922) = Thouinia Poit. (1804) (保留属名) [无患子科 Sapindaceae]●☆

28913 Leonardoxa Aubrév. (1968)【汉】莱奥豆属(狮威豆属)。【隶属】豆科 Fabaceae (Leguminosae)//云实科(苏木科) Caesalpiniaceae。【包含】世界 3 种。【学名诠释与讨论】〈阴〉(人) Jean Joseph Gustave Leonard, 1920-, 比利时植物学者 + doxa, 光荣, 光彩, 华丽, 荣誉, 有名, 显著。【分布】热带非洲。【模式】Leonardoxa africana (H. Baillon) A. Aubréville [Humboldtia africana H. Baillon]。■●☆

28914 Leonhardia Bronner (1857)【汉】赖氏葡萄属。【隶属】葡萄科 Vitaceae。【包含】世界 11 种。【学名诠释与讨论】〈阴〉(人) Leonhard。【分布】不详。【模式】Leonhardia viridis Bronner。☆

28915 Leonhardia Opiz (1857) Nom. illegit. ≡ Nepa Webb (1852) [豆科 Fabaceae(Leguminosae)//蝶形花科 Papilionaceae]●

28916 Leonia Cerv. (1825) Nom. illegit. = Salvia L. (1753) [唇形科 Lamiaceae(Labiatae)//鼠尾草科 Salviaceae]●■

28917 Leonia Cerv. ex La Llave et Lex. (1825) Nom. illegit. ≡ Leonia Cerv. (1825) Nom. illegit.; ~ = Salvia L. (1753) [唇形科 Lamiaceae(Labiatae)//鼠尾草科 Salviaceae]●■

28918 Leonia Mutis ex Kunth = Siparuna Aubl. (1775) [香材树科(杯轴花科, 黑檫木科, 芒籽科, 蒙立米科, 檬立木科, 香材木科, 香树木科) Monimiaceae//坛罐花科(西帕木科) Siparunaceae]●☆

28919 Leonia Ruiz et Pav. (1799)【汉】来昂堇菜木属(坚果堇属)。【隶属】堇菜科 Violaceae//来昂堇菜木科 Leoniaceae。【包含】世界 6 种。【学名诠释与讨论】〈阴〉(人) D. Francisco Leon,《秘鲁植物志》和《智利植物志》发起人。此属的学名, ING、TROPICOS 和 IK 记载是 "Leonia Ruiz et Pavon, Fl. Peruv. Chil. 2: 69. Sep 1799"。"Leonia Cervantes in La Llave et Lexarza, Nov. Veg. Descr. 2: 6. 1825 = Salvia L. (1753) [唇形科 Lamiaceae(Labiatae)//鼠尾草科 Salviaceae]" 是晚出的非法名称。"Leonia Cerv. ex La Llave et Lex. (1825) ≡ Leonia Cerv. (1825) Nom. illegit. [唇形科 Lamiaceae(Labiatae)//鼠尾草科 Salviaceae]" 的命名人引证有误。【分布】巴拿马, 秘鲁, 玻利维亚, 厄瓜多尔, 哥伦比亚, 热带

南美洲,中美洲。【模式】Leonia glycycarpa Ruiz et Pavon。【参考异名】Steudelia Mart.（1827）Nom. inval.●☆

28920 Leoniaceae DC.［亦见 Violaceae Batsch（保留科名）董菜科］【汉】来昂董菜木科。【包含】1 属世界 6 种。【分布】热带南美洲。【科名模式】Leonia Ruiz et Pav.●

28921 Leonicenia Scop.（1777）（废弃属名）= Miconia Ruiz et Pav.（1794）（保留属名）［野牡丹科 Melastomataceae//米氏野牡丹科 Miconiaceae］●☆

28922 Leonicenoa Post et Kuntze（1903）= Miconia Ruiz et Pav.（1794）（保留属名）［野牡丹科 Melastomataceae//米氏野牡丹科 Miconiaceae］●☆

28923 Leonis B. Nord.（2006）【汉】狮菊属。【隶属】菊科 Asteraceae（Compositae）。【包含】世界 1 种。【学名诠释与讨论】〈阴〉（希）leon,所有格 leontos,狮子。【分布】古巴。【模式】Leonis trineura（Grisebach）B. Nordenstam［Senecio trineurus Grisebach］。●☆

28924 Leonitis Spach（1840）= Leonotis R. Br.（1810）Nom. illegit.；～= Leonotis（Pers.）R. Br.（1810）［唇形科 Lamiaceae（Labiatae）］●■☆

28925 Leonocassia Britton（1930）= Cassia L.（1753）（保留属名）；～= Senna Mill.（1754）［豆科 Fabaceae（Leguminosae）//云实科（苏木科）Caesalpiniaceae］●■

28926 Leonohebe Heads（1987）= Hebe Comm. ex Juss.（1789）［玄参科 Scrophulariaceae//婆婆纳科 Veronicaceae］●☆

28927 Leonotis（Pers.）R. Br.（1810）【汉】荆芥叶草属（狮耳草属,狮耳花属,狮尾草属,狮子耳属,狮子尾属,绣球荆芥属）。【日】カエンキセワタ属,レイポチス属,レオノチス属。【俄】Леонотис。【英】Leonotis, Lion's Ear, Lion's-ear。【隶属】唇形科 Lamiaceae（Labiatae）。【包含】世界 5-40 种,中国 1 种。【学名诠释与讨论】〈阴〉（希）leon,所有格 leontos,狮子+ous,所有格 otos,指小式 otion,耳。otikos,耳的。指花的形态。此属的学名,ING、APNI 和 IK 记载是"Leonotis（Persoon）R. Brown, Prodr. 504. 27 Mar 1810",由"Phlomis subgen. Leonotis Persoon, Syn. Pl. 2:127. Nov 1806"改組而来。"Leonotis R. Br.（1810）"的命名人引证有误。【分布】巴拉圭,玻利维亚,哥伦比亚,哥斯达黎加,马达加斯加,尼加拉瓜,热带,非洲南部,中美洲。【后选模式】Leonotis leonitis（Linnaeus）W. T. Aiton［Phlomis leonitis Linnaeus］。【参考异名】Hemisodon Raf.（1837）；Leonotis R. Br.（1810）Nom. illegit.；Phlomis subgen. Leonotis Pers.（1806）●■☆

28928 Leonotis R. Br.（1810）Nom. illegit. ≡ Leonotis（Pers.）R. Br.（1810）［唇形科 Lamiaceae（Labiatae）］●■☆

28929 Leontia Rchb.（1828）= Croton L.（1753）；～= Luntia Neck.（1790）Nom. inval.；～= Luntia Neck. ex Raf.（1838）［大戟科 Euphorbiaceae//巴豆科 Crotonaceae］●

28930 Leonticaceae（Spach）Airy Shaw = Leonticaceae Airy Shaw ■

28931 Leonticaceae Airy Shaw（1965）【汉】狮足草科。【包含】世界 3-4 属 14-18 种,中国 3 属 7 种。【分布】北温带。【科名模式】Leontice L.（1753）■

28932 Leonticaceae Bercht. et J. Presl = Berberidaceae Juss.（保留科名）●■

28933 Leontice L.（1753）【汉】狮足草属（锤茎属,牡丹草属,囊果草属）。【俄】Леонтица。【英】Leontice, Lion's-leaf, Peonygrass。【隶属】小檗科 Berberidaceae//狮足草科 Leonticaceae。【包含】世界 3-6 种,中国 1-2 种。【学名诠释与讨论】〈阴〉（希）leonike,拉丁文 leontice,一种植物的名称。此属的学名,ING、GCI、TROPICOS 和 IK 记载是"Leontice L., Sp. Pl. 1:312. 1753［1 May 1753］"。"Leontopetalon P. Miller, Gard. Dict. Abr. ed. 4. 28 Jan

1754"是"Leontice L.（1753）"的晚出的同模式异名（Homotypic synonym, Nomenclatural synonym）。【分布】巴基斯坦,中国,欧洲东南部至东亚。【后选模式】Leontice leontopetalum Linnaeus。【参考异名】Cargilla Adans.（1763）；Chrysogonum A. Juss.；Diotostephus Cass.（1827）；Leontopetalon Mill.（1754）Nom. illegit. ●■

28934 Leontochir Phil.（1873）【汉】智利扭柄叶属。【隶属】六出花科（彩花扭柄科,扭柄叶科）Alstroemeriaceae//石蒜科 Amaryllidaceae。【包含】世界 1 种。【学名诠释与讨论】〈阳〉（希）leon,所有格 leontos,狮子+cheir,手。由智利俗名而来。此属的学名,ING、TROPICOS 和 IK 记载是"Leontochir Phil., Anales Univ. Chile（1873）545（Descr. Nuev. Pl. ii. 68）"。它曾被处理为"Bomarea subgen. Leontochir（Phil.）Ravenna, Onira 5（8）:45. 2000"。亦有文献把"Leontochir Phil.（1873）"处理为"Bomarea Mirb.（1804）"的异名。【分布】智利。【模式】Leontochir ovallei R. A. Philippi。【参考异名】Bomarea Mirb.（1804）；Bomarea subgen. Leontochir（Phil.）Ravenna（2000）■☆

28935 Leontodon Adans.（1763）Nom. illegit.（废弃属名）= Leontodon L.（1753）（保留属名）；～= Taraxacum F. H. Wigg.（1780）（保留属名）［菊科 Asteraceae（Compositae）］■

28936 Leontodon L.（1753）（保留属名）【汉】狮齿草属（狮牙草属,狮牙苣属）。【俄】Кульбаба。【英】Hawk's Bit, Hawkbit。【隶属】菊科 Asteraceae（Compositae）。【包含】世界 40-50 种。【学名诠释与讨论】〈阳〉（希）leon,所有格 leontos,狮子+odous,所有格 odontos,齿。指叶缘齿形。此属的学名"Leontodon L., Sp. Pl. 2:798. 1 Mai 1753"是保留属名。法规未列出相应的废弃属名。但是菊科 Asteraceae 的晚出的非法名称"Leontodon Adans., Fam. Pl.（Adanson）2:112. 1763 = Leontodon L.（1753）（保留属名）= Taraxacum F. H. Wigg.（1780）（保留属名）"应该废弃。"Dens-leonis Séguier, Pl. Veron. 3:264. Jul-Dec 1754"和"Taraxacum Zinn, Cat. Pl. Gott. 425. 20 Apr-21 Mai 1757（废弃属名）"是"Leontodon L.（1753）（保留属名）"的晚出的同模式异名（Homotypic synonym, Nomenclatural synonym）。亦有文献把"Leontodon L.（1753）（保留属名）"处理为"Taraxacum F. H. Wigg.（1780）（保留属名）"的异名。【分布】玻利维亚,地中海至伊朗,美国（密苏里）,温带欧亚大陆,中美洲。【模式】Leontodon hispidus Linnaeus。【参考异名】Antodon Neck.（1790）Nom. inval.；Apargia Scop.（1772）；Asterothrix Cass.（1827）；Baldingeria F. W. Schmidt（1795）；Colobium Roth（1796）；Deloderium Cass.（1827）；Dens-leonis Ség.（1754）Nom. illegit.；Fidelia Sch. Bip.（1834）；Hemilepis Kuntze ex Schltdl.（1852）；Hemilepis Kuntze（1838）Nom. inval.；Kalbfussia Sch. Bip.（1833）；Leontodon Adans.（1763）Nom. illegit.（废弃属名）；Leontondon Robin（1807）Nom. illegit.；Microderis DC.（1838）Nom. illegit.；Millina Cass.（1824）；Oporinea D. Don（1829）Nom. illegit.；Oporinea W. H. Baxter（1850）Nom. illegit.；Oporinia D. Don（1829）Nom. illegit.；Plancia Neck.（1790）Nom. inval.；Scorzoneroides Moench（1794）；Streckera Sch. Bip.（1834）；Taraxaconoides Guett.；Taraxacum Zinn（1757）Nom. illegit.（废弃属名）；Thrica Gray（1821）；Thrincia Roth（1796）；Thrixia Dulac（1867）；Viraea Vahl ex Benth. et Hook. f.（1873）；Virea Adans.（1763）■☆

28937 Leontoglossum Hance（1851）= Tetracera L.（1753）［锡叶藤科 Tetraceraceae//五桠果科（第伦桃科,五丫果科,锡叶藤科）Dilleniaceae］●

28938 Leontondon Robin（1807）Nom. illegit. = Leontodon L.（1753）（保留属名）［菊科 Asteraceae（Compositae）］■☆

28939 Leontonix Heynh.（1841）Nom. illegit. =? Leontonyx Cass.

（1822）［菊科 Asteraceae（Compositae）］●■

28940　Leontonyx Cass.（1822）＝ Helichrysum Mill.（1754）［as 'Elichrysum'］（保留属名）［菊科 Asteraceae（Compositae）//蜡菊科 Helichrysaceae］●■

28941　Leontopetaloides Boehm.（1760）（废弃属名）＝ Tacca J. R. Forst. et G. Forst.（1775）（保留属名）［蒟蒻薯科（箭根薯科，蛛丝草科）Taccaceae//薯蓣科 Dioscoreaceae］■

28942　Leontopetalon Mill.（1754）Nom. illegit. ≡ Leontice L.（1753）［小檗科 Berberidaceae//狮足草科 Leonticaceae］●■

28943　Leontopetalon Tourn. ex Adans.（1763）Nom. illegit.［小檗科 Berberidaceae］☆

28944　Leontophthalmum Willd.（1807）＝ Colea Bojer ex Meisn.（1840）（保留属名）［紫葳科 Bignoniaceae］●☆

28945　Leontopodion St. -Lag.（1880）Nom. illegit. ＝? Leontopodium（Pers.）R. Br. ex Cass.（1819）［菊科 Asteraceae（Compositae）］☆

28946　Leontopodium（Pers.）R. Br.（1817）Nom. inval. ≡ Leontopodium（Pers.）R. Br. ex Cass.（1819）［菊科 Asteraceae（Compositae）］●■

28947　Leontopodium（Pers.）R. Br. ex Cass.（1819）【汉】火绒草属（薄雪草属，雪绒花属）。【日】ウスユキサウ属，ウスユキソウ属。【俄】Леонтоподиум，Сушеница，Эдельвейс。【英】Edelweiss，Leontopodium，Lion's Foot。【隶属】菊科 Asteraceae（Compositae）。【包含】世界 58 种，中国 36-43 种。【学名诠释与讨论】〈中〉〈希〉leon，所有格 leontos，狮子＋pous，所有格 podos，指小式 podion，脚，足，柄，梗。podotes，有脚的＋-ius，-ia，-ium，在拉丁文和希腊文中，这些词尾表示性质或状态。指头状花序的位置和形状像狮子的足。此属的学名使用较乱。ING、IK、TROPICOS 和 GCI 记载是"Leontopodium R. Brown ex Cassini, Bull. Sci. Soc. Philom. Paris 1819：144. Sep 1819"；《中国植物志》中文版和英文版亦用此名。《台湾植物志》用"Leontopodium（Pers.）R. Br."；APNI 亦用此名；但是均未给 Persoon 的名称。几部专著的用法也各异。"Simlera Bubani, Fl. Pyrenaea 2：196. 1899（sero?）（'1900'）"是"Leontopodium（Pers.）R. Br. ex Cass.（1819）"的晚出的同模式异名（Homotypic synonym，Nomenclatural synonym）。【分布】巴基斯坦，玻利维亚，中国，欧洲山区，亚洲和南美洲。【模式】Leontopodium alpinum Cassini［Gnaphalium leontopodium N. J. Jacquin］。【参考异名】Gnaphalium L.（1753）；Leontopodium（Pers.）R. Br.（1817）Nom. inval.；Leontopodium R. Br.（1817）Nom. inval.；Leontopodium R. Br. ex Cass.（1819）Nom. illegit.；Simlera Bubani（1899）Nom. illegit. ●■

28948　Leontopodium R. Br.（1817）Nom. inval. ≡ Leontopodium（Pers.）R. Br. ex Cass.（1819）［菊科 Asteraceae（Compositae）］●■

28949　Leontopodium R. Br. ex Cass.（1819）Nom. illegit. ≡ Leontopodium（Pers.）R. Br. ex Cass.（1819）［菊科 Asteraceae（Compositae）］●■

28950　Leonura Usteri ex Steud.（1840）＝ Salvia L.（1753）［唇形科 Lamiaceae（Labiatae）//鼠尾草科 Salviaceae］●■

28951　Leonuroides Rauschert（1982）Nom. illegit. ≡ Panzerina Soják（1982）；~ ＝ Panzeria Moench（1794）Nom. illegit.；~ ＝ Leonurus L.（1753）［唇形科 Lamiaceae（Labiatae）］■

28952　Leonuros St. -Lag.（1880）＝ Leonurus L.（1753）［唇形科 Lamiaceae（Labiatae）］■

28953　Leonurus L.（1753）【汉】益母草属。【日】メハジキ属，レオヌールスゾク属。【俄】Пустырник。【英】Motherwort。【隶属】唇形科 Lamiaceae（Labiatae）。【包含】世界 3-25 种，中国 12-18 种。【学名诠释与讨论】〈阳〉〈希〉leon，所有格 leontos，狮子＋-urus，-ura，-uro，用于希腊文组合词，含义为"尾巴"。指生花的枝条似狮尾。此属的学名，ING、APNI、GCI、TROPICOS 和 IK 记载是

"Leonurus L.，Sp. Pl. 2：584. 1753［1 May 1753］"。"Leonuros St. -Lag.，Ann. Soc. Bot. Lyon vii.（1880）129"仅有属名；似为"Leonurus L.（1753）"的拼写变体。"Leonurus P. Miller, Gard. Dict. Abr. ed. 4. 28 Jan 1754 ≡ Leonotis R. Br.（1810）Nom. illegit.［唇形科 Lamiaceae（Labiatae）］"是晚出的非法名称。"Cardiaca P. Miller, Gard. Dict. Abr. ed. 4. 28 Jan 1754"是"Leonurus L.（1753）"的晚出的同模式异名（Homotypic synonym，Nomenclatural synonym）。【分布】巴基斯坦，巴拉圭，秘鲁，玻利维亚，哥斯达黎加，马达加斯加，美国（密苏里），尼加拉瓜，中国，温带欧亚大陆，中美洲。【后选模式】Leonurus cardiaca Linnaeus。【参考异名】Cardiaca L.；Cardiaca Mill.（1754）Nom. illegit.；Chaeturus Host ex St. -Lag.（1889）Nom. illegit.；Leonuros St. -Lag.（1880）Nom. illegit.；Marrubiastrum Ség.（1754）；Panzeria Moench（1794）Nom. illegit. ■

28954　Leonurus Mill.（1754）Nom. illegit. ≡ Leonotis R. Br.（1810）Nom. illegit.；~ ≡ Leonotis（Pers.）R. Br.（1810）［唇形科 Lamiaceae（Labiatae）］●■☆

28955　Leopardanthus Blume（1849）＝ Dipodium R. Br.（1810）［兰科 Orchidaceae］■☆

28956　Leopoldia Herb.（1819）Nom. inval.（废弃属名）≡ Leopoldia Herb.（1821）（废弃属名）；~ ＝ Hippeastrum Herb.（1821）（保留属名）［石蒜科 Amaryllidaceae］■

28957　Leopoldia Herb.（1821）Nom. illegit.（废弃属名）＝ Hippeastrum Herb.（1821）（保留属名）［石蒜科 Amaryllidaceae］■

28958　Leopoldia Parl.（1845）（保留属名）【汉】利奥风信子属。【俄】Леопольдия。【英】Leopoldia, Muscari。【隶属】风信子科 Hyacinthaceae//百合科 Liliaceae。【包含】世界 5 种。【学名诠释与讨论】〈阴〉（人）Leopold。此属的学名"Leopoldia Parl., Fl. Palerm. 1：435. 1845"是保留属名。Fourreau（1869）用"Botrycomus Fourreau, Ann. Soc. Linn. Lyon ser. 2. 17：160. 28 Dec 1869"替代它，这是多余的。相应的废弃属名是石蒜科 Amaryllidaceae 的"Leopoldia Herb. in Trans. Hort. Soc. London 4：181. Jan - Feb 1821 ≡ Leopoldia Herb.（1821）（废弃属名）＝ Hippeastrum Herb.（1821）（保留属名）"。"Comus R. A. Salisbury, Gen. 24. Apr-Mai 1866"是"Leopoldia Parl.（1845）（保留属名）"的晚出的同模式异名（Homotypic synonym，Nomenclatural synonym）。亦有文献把"Leopoldia Parl.（1845）（保留属名）"处理为"Muscari Mill.（1754）"的异名。【分布】参见 Muscari Mill.（1754）。【模式】Leopoldia comosa（Linnaeus）Parlatore［Hyacinthus comosus Linnaeus］。【参考异名】Botrycomus Fourr.（1869）Nom. illegit.；Coburgia Herb.（1819）；Coburgia Herb. ex Sims（1819）；Comus Salisb.（1866）Nom. illegit.；Muscari Mill.（1754）■■☆

28959　Leopoldinia Mart.（1824）【汉】膜苞椰属（扁果椰属，纤维榈属）。【日】レオボルドヤシ属。【隶属】棕榈科 Arecaceae（Palmae）。【包含】世界 3-4 种。【学名诠释与讨论】〈阴〉（人）Josefa Carolina Leopoldina，1797-1826，巴西女皇。【分布】巴西。【后选模式】Leopoldinia pulchra C. F. P. Martius。●☆

28960　Lepachis Raf.（1819）＝ Echinacea Moench（1794）［菊科 Asteraceae（Compositae）］■☆

28961　Lepachys Raf.（1819）Nom. illegit. ≡ Obelisteca Raf.（1817）；~ ＝ Ratibida Raf.（1817）［菊科 Asteraceae（Compositae）］■☆

28962　Lepactis Post et Kuntze（1）＝ Lepiactis Raf.（1837）；~ ＝ Solidago L.（1753）［菊科 Asteraceae（Compositae）］■

28963　Lepactis Post et Kuntze（2）＝ Lepiactis Raf.（1838）Nom. illegit.；~ ＝ Utricularia L.（1753）［狸藻科 Lentibulariaceae］■

28964　Lepadanthus Ridl.（1909）＝ Ornithoboea Parish ex C. B. Clarke

（1883）［苦苣苔科 Gesneriaceae］■

28965 Lepadena Raf.（1838）【汉】双色叶属。【隶属】大戟科 Euphorbiaceae。【包含】世界 4 种。【学名诠释与讨论】〈阴〉（希）di−，两个，双，二倍的+chroa = chroia，所有格 chrotos = chros 颜色，外观，表面+希腊文 phyllon，叶子。phyllodes，似叶的，多叶的。phylleion，绿色材料，绿草。此属的学名，多有文献采用 "Dichrophyllum Klotzsch et Garcke，Monatsb. Akad. Berl.（1859）249"；但是据 ING 记载，它是 "Lepadena Raf.，Fl. Tellur. 4：113，125. 1838［1836 publ. mid−1838］" 的晚出的同模式异名（Homotypic synonym，Nomenclatural synonym），必须废弃。TROPICOS 则把 2 个名称都作为正名使用。亦有文献把 "Lepadena Raf.（1838）" 处理为 "Euphorbia L.（1753）" 的异名。【分布】巴基斯坦。【模式】Lepadena leucoloma Rafinesque，Nom. illegit.［Euphorbia leucoloma Rafinesque，Nom. illegit.；Euphorbia marginata Pursh，Lepadena marginata（Pursh）J. A. Nieuwland］。【参考异名】Euphorbia L.（1753）；Lepadena Raf.（1838）■☆

28966 Lepaglaea Post et Kuntze（1903）= Aglaia Lour.（1790）（保留属名）；~ =Lepiaglaia Pierre（1895）［楝科 Meliaceae］●

28967 Lepantes Sw.（1799）= Lepanthes Sw.（1799）［兰科 Orchidaceae］■☆

28968 Lepanthanthe（Schltr.）Szlach.（2007）= Bulbophyllum Thouars（1822）（保留属名）［兰科 Orchidaceae］■

28969 Lepanthes Post et Kuntze（1903）= Lepianthes Raf.（1838）；~ = Piper L.（1753）［胡椒科 Piperaceae］●■

28970 Lepanthes Sw.（1799）【汉】鳞花兰属（丽斑兰属）。【日】レパンテス属。【隶属】兰科 Orchidaceae。【包含】世界 100-460 种。【学名诠释与讨论】〈阴〉（希）lepis，所有格 lepidos，指小式 lepion 或 lepidion，鳞，鳞片。lepidotos，多鳞的。lepos，鳞，鳞片+anthos，花。此属的学名，ING 和 GCI 记载是 "Lepanthes Swartz，Nova Acta Regiae Soc. Sci. Upsal. 6：85. 1799"。"Lepanthes Post et Kuntze（1903）= Lepianthes Raf.（1838）= Piper L.（1753）［胡椒科 Piperaceae］" 是晚出的非法名称。【分布】巴拿马，秘鲁，玻利维亚，厄瓜多尔，哥伦比亚（安蒂奥基亚），哥斯达黎加，尼加拉瓜，西印度群岛，中美洲，中美洲和热带南美洲。【后选模式】Lepanthes concinna Swartz，Nom. illegit.［Epidendrum ovale Swartz］。【参考异名】Brachycladium（Luer）Luer（2005）；Lepantes Sw.（1799）；Oreophilus W. E. Higgins et Archila（2009）；Penducella Luer et Thoerle（2010）Nom. illegit. ■☆

28971 Lepanthopsis（Cogn.）Ames（1933）【汉】拟鳞花兰属（拟丽斑兰属）。【隶属】兰科 Orchidaceae。【包含】世界 39 种。【学名诠释与讨论】〈阴〉（属）Lepanthes 鳞花兰属+希腊文 opsis，外观，模样，相似。此属的学名，ING 和 TROPICOS 记载是 "Lepanthopsis（Cogniaux）Ames，Bot. Mus. Leafl. 1（9）：3. 12 Aug 1933"，由 "Pleurothallis sect. Lepanthopsis Cogniaux in C. F. P. Martius，Fl. Brasil. 3（4）：591. 1 Nov 1896" 改级而来。GCI 和 IK 则记载为 "Lepanthopsis Ames，Bot. Mus. Leafl. 1（9）：3. 1933"。三者引用的文献相同。"Lepanthopsis（Cogn.）Hoehne，Bol. Mus. Nac. Rio de Janeiro 12（2）：29，1936 = Lepanthopsis（Cogn.）Ames（1933）" 是晚出的非法名称。【分布】巴拿马，秘鲁，玻利维亚，厄瓜多尔，哥伦比亚，哥斯达黎加，尼加拉瓜，西印度群岛，热带美洲，中美洲。【模式】未指定。【参考异名】Lepanthopsis Ames（1933）Nom. illegit.；Pleurothallis sect. Lepanthopsis Cogn.（1896）■☆

28972 Lepanthopsis（Cogn.）Hoehne（1936）= Lepanthopsis（Cogn.）Ames（1933）［兰科 Orchidaceae］■☆

28973 Lepanthopsis Ames（1933）Nom. illegit. = Lepanthopsis（Cogn.）Ames（1933）［兰科 Orchidaceae］■☆

28974 Lepanthos St.−Lag.（1880）Nom. illegit. = ? Lepanthes Sw.

（1799）［兰科 Orchidaceae］■☆

28975 Lepargochloa Launert（1963）= Loxodera Launert（1963）［禾本科 Poaceae（Gramineae）］■☆

28976 Lepargyraea Steud.（1840）= Lepargyrea Raf.（1818）Nom. illegit.；~ = Shepherdia Nutt.（1818）（保留属名）［胡颓子科 Elaeagnaceae］●☆

28977 Lepargyrea Raf.（1818）Nom. illegit. ≡ Shepherdia Nutt.（1818）（保留属名）［胡颓子科 Elaeagnaceae］●☆

28978 Lepechinella Airy Shaw = Lepechiniella Popov（1953）［紫草科 Boraginaceae］■☆

28979 Lepechinella Popov. = Lepechiniella Popov（1953）［紫草科 Boraginaceae］■☆

28980 Lepechinia Willd.（1804）【汉】鳞翅草属。【隶属】唇形科 Lamiaceae（Labiatae）。【包含】世界 36-55 种。【学名诠释与讨论】〈阴〉（希）lepis，所有格 lepidos，指小式 lepion 或 lepidion，鳞，鳞片。lepidotos，多鳞的。lepos，鳞，鳞片+echinos，刺猬，海胆。echinodes，像刺猬的 =拉丁文 echinatus，多刺的+masto，胸部，乳房。另说纪念 Ivan Ivanovich Lepechin，1737−1802，俄罗斯植物学者、旅行家，彼得堡植物园负责人。【分布】阿根廷，巴拿马，秘鲁，玻利维亚，厄瓜多尔，玻利维亚，哥伦比亚，哥斯达黎加，美国，中美洲。【模式】未指定。【参考异名】Alguelaguen Adans.（1763）（废弃属名）；Astemon Regel（1860）；Mahya Cordem.（1895）；Sphacele Benth.（1829）（保留属名）；Ulricia Jacq. ex Steud.（1821）●■☆

28981 Lepechiniella Popov（1953）【汉】翅鹤虱属。【俄】Лепехиниелла。【英】Lepechinella。【隶属】紫草科 Boraginaceae。【包含】世界 9-14 种。【学名诠释与讨论】〈阴〉（希）lepis，所有格 lepidos，鳞，鳞片+echinos，刺猬，海胆。echinodes，像刺猬的 =拉丁文 echinatus，多刺的+masto，胸部，乳房。或者纪念 Ivan Ivanovich Lepechin，1737−1802，俄罗斯植物学者、旅行家+−ellus，−ella，−ellum，加在名词词干后面形成指小式的词尾。或加在人名、属名等后面以组成新属的名称。此属的学名，ING、TROPICOS 和 IK 记载是 "Lepechiniella M. G. Popov in B. K. Schischkin，Fl. URSS 19：713. 1953（post 5 Feb）"。"Lepechinella Airy Shaw =Lepechiniella Popov（1953）" 和 "Lepechinella Popov. = Lepechiniella Popov（1953）" 拼写有误。【分布】巴基斯坦，亚洲中部。【模式】未指定。【参考异名】Lepechinella Airy Shaw；Lepechinella Popov. ☆

28982 Lepedera Raf. = Lespedeza Michx.（1803）［豆科 Fabaceae（Leguminosae）//蝶形花科 Papilionaceae］●■

28983 Lepeocercis Trin.（1820）= Andropogon L.（1753）（保留属名）；~ =Dichanthium Willemet（1796）［禾本科 Poaceae（Gramineae）//须芒草科 Andropogonaceae］■

28984 Lepeostegeres Blume（1731）【汉】鳞盖寄生属。【隶属】桑寄生科 Loranthaceae。【包含】世界 13 种。【学名诠释与讨论】〈阴〉（希）lepis，所有格 lepidos，鳞，鳞片+stege，盖子，覆盖物。【分布】马来西亚（西部），印度尼西亚（苏拉威西岛）。【模式】Lepeostegeres gemmiflorus（Blume）Blume［Loranthus gemmiflorus Blume］。【参考异名】Choristega Tiegh.（1911）；Choristegeres Tiegh.（1911）；Choristegia Tiegh.；Lepiostegeres Benth. et Hook. f.（1880）；Lepostegeres Tiegh.；Stegastrum Tiegh.（1895）Nom. illegit.；Tarsina Noronha（1790）●☆

28985 Leperiza Herb.（1821）（废弃属名）= Urceolina Rchb.（1829）（保留属名）［石蒜科 Amaryllidaceae］■☆

28986 Lepervenchea Cordem.（1899）= Angraecum Bory（1804）［兰科 Orchidaceae］■

28987 Lepia Desv.（1815）Nom. illegit.（废弃属名）≡ Neolepia W. A.

Weber（1989）；~ = Lepidium L.（1753）［十字花科 Brassicaceae（Cruciferae）］■

28988　Lepia Hill（1759）（废弃属名）= Zinnia L.（1759）（保留属名）［菊科 Asteraceae（Compositae）］●■

28989　Lepiactis Raf.（1837）= Solidago L.（1753）［菊科 Asteraceae（Compositae）］■

28990　Lepiactis Raf.（1838）Nom. illegit. = Utricularia L.（1753）［狸藻科 Lentibulariaceae］■

28991　Lepiaglaia Pierre（1895）= Aglaia Lour.（1790）（保留属名）［棟科 Meliaceae］●

28992　Lepianthes Raf.（1838）【汉】大胡椒属。【英】Pothomorphe, Vinepepper。【隶属】胡椒科 Piperaceae。【包含】世界 10 种,中国 1 种。【学名诠释与讨论】〈阴〉（斯里兰卡）pothos,一种攀缘植物俗名+morphe,形状。或（属）Pothos 石柑属+morphe。此属的学名,多有文献使用"Pothomorphe Miquel, Comment. Phytogr. 32, 36. 16-21 Mar 1840"；但是它是"Lepadena Raf., Fl. Tellur. 4；113, 125. 1838［1836 publ. mid-1838］"的晚出的同模式异名（Homotypic synonym, Nomenclatural synonym）,必须废弃。"Pothomorphe Miq.（1840）Nom. illegit."曾被处理为"Piper sect. Potomorphe（Miq.）C. DC., Prodromus Systematis Naturalis Regni Vegetabilis 16（1）；240, 331. 1869.（mid-Nov 1869）"。亦有文献把"Lepianthes Raf.（1838）"处理为"Piper L.（1753）"的异名。【分布】巴拿马,玻利维亚,马达加斯加,中国。【后选模式】Pothomorphe umbellata（Linnaeus）Miquel［Piper umbellatum Linnaeus］。【参考异名】Heckeria Kunth（1840）Nom. illegit. ; Hekeria Endl.（1841）；Lepianthes Raf.（1838）；Piper L.（1753）；Piper sect. Potomorphe（Miq.）C. DC.（1869）；Pothomorpha Willis, Nom. inval. ●

28993　Lepicaulon Raf.（1837）（废弃属名）= Anthericum L.（1753）；~ = Trachyandra Kunth（1843）（保留属名）［百合科 Liliaceae//阿福花科 Asphodelaceae//吊兰科（猴面包科,猴面包树科）Anthericaceae］■☆

28994　Lepicaune Lepeyr.（1813）= Crepis L.（1753）［菊科 Asteraceae（Compositae）］■

28995　Lepicephalus Lag.（1816）（废弃属名）= Cephalaria Schrad.（1818）（保留属名）［川续断科（刺参科,蓟叶参科,山萝卜科,续断科）Dipsacaceae］■

28996　Lepichlaena Post et Kuntze（1903）= Lepilaena J. L. Drumm. ex Harv.（1855）［角果藻科 Zannichelliaceae］■☆

28997　Lepicline Less.（1832）= Helichrysum Mill.（1754）［as 'Elichrysum'］（保留属名）；~ = Lepiscline Cass.（1818）［菊科 Asteraceae（Compositae）］●■

28998　Lepicochlea Rojas（1918）= Coronopus Zinn（1757）（保留属名）；~ = Lepidium L.（1753）［十字花科 Brassicaceae（Cruciferae）］■

28999　Lepidacanthus C. Presl（1845）= Aphelandra R. Br.（1810）［爵床科 Acanthaceae］●■☆

29000　Lepidadenia Arn. ex Nees（1833）Nom. illegit. ≡ Lepidadenia Nees（1833）；~ = Litsea Lam.（1792）（保留属名）［樟科 Lauraceae］●

29001　Lepidadenia Nees（1833）= Litsea Lam.（1792）（保留属名）［樟科 Lauraceae］●

29002　Lepidagathis Willd.（1800）【汉】鳞花草属（鳞球花属）。【日】ウロコマリ属。【英】Lepidagathis。【隶属】爵床科 Acanthaceae。【包含】世界 100 种,中国 7-8 种。【学名诠释与讨论】〈阴〉（希）lepis,所有格 lepidos,鳞,鳞片+agathis,线球。指弯曲的花序似一团线球。【分布】巴基斯坦,巴拿马,玻利维亚,厄瓜多尔,哥伦比

亚（安蒂奥基亚）,马达加斯加,尼加拉瓜,中国,热带和亚热带,中美洲。【模式】Lepidagathis cristata Willdenow。【参考异名】Apolepsis（Blume）Hassk.（1844）；Apolepsis Hassk.（1844）Nom. illegit. ; Russeggera Endl.（1839）Nom. illegit. ; Russeggera Endl. et Fenzl（1839）；Volhensiophyton Lindau；Volkensiophyton Lindau（1894）●■

29003　Lepidaglaia Dyer = Aglaia Lour.（1790）（保留属名）；~ = Lepiaglaia Pierre（1895）［棟科 Meliaceae］●

29004　Lepidaglaia Pierre（1896）【汉】鳞树兰属。【隶属】棟科 Meliaceae。【包含】世界 4 种。【学名诠释与讨论】〈阴〉（希）lepis,所有格 lepidos,鳞,鳞片+（属）Aglaia 米仔兰属（树兰属）。此属的学名,IK 记载是"Lepidaglaia Pierre, Fl. Forest. Cochinch. t. 334（1896）"。亦有文献把"Lepidaglaia Pierre（1896）"处理为"Aglaia Lour.（1790）（保留属名）"的异名。【分布】中国,中南半岛。【模式】不详。【参考异名】Aglaia Lour.（1790）（保留属名）●

29005　Lepidalenia Post et Kuntze（1903）= Lepidadenia Arn. ex Nees（1833）；~ = Litsea Lam.（1792）（保留属名）［樟科 Lauraceae］●

29006　Lepidamphora Zoll. ex Miq.（1855）= Dioclea Kunth（1824）［豆科 Fabaceae（Leguminosae）］■☆

29007　Lepidanche Engelm.（1842）= Cuscuta L.（1753）［旋花科 Convolvulaceae//菟丝子科 Cuscutaceae］■

29008　Lepidanthemum Klotzsch（1861）= Dissotis Benth.（1849）（保留属名）［野牡丹科 Melastomataceae］●☆

29009　Lepidanthus Nees（1830）（废弃属名）= Hypodiscus Nees（1836）（保留属名）［帚灯草科 Restionaceae］■☆

29010　Lepidanthus Nutt.（1835）Nom. illegit.（废弃属名）= Andrachne L.（1753）；~ = Matricaria L.（1753）（保留属名）［菊科 Asteraceae（Compositae）］■

29011　Lepidaploa（Cass.）Cass.（1825）【汉】无梗斑鸠菊属。【隶属】菊科 Asteraceae（Compositae）。【包含】世界 116-130 种。【学名诠释与讨论】〈阴〉（希）lepis,所有格 lepidos,鳞,鳞片+hapalos,软的,嫩的。此属的学名,ING、GCI、TROPICOS 和 IK 记载是"Lepidaploa（Cassini）Cassini in F. Cuvier, Dict. Sci. Nat. 36；20. Oct 1825",由"Vernonia subgen. Lepidaploa Cassini, Bull. Sci. Soc. Philom. Paris 1817；66. Apr. 1817"改级而来。"Lepidaploa Cass.（1825）≡ Lepidaploa（Cass.）Cass.（1825）"的命名人引证有误。亦有文献把"Lepidaploa（Cass.）Cass.（1825）"处理为"Vernonia Schreb.（1791）（保留属名）"的异名。【分布】巴拉圭,巴拿马,玻利维亚,厄瓜多尔,哥伦比亚,尼加拉瓜,热带美洲,中美洲。【后选模式】Vernonia albicaulis Persoon。【参考异名】Lepidaploa Cass.（1825）Nom. illegit. ; Lepidoploa Sch. Bip.（1847）；Vernonia Schreb.（1791）（保留属名）；Vernonia subgen. Lepidaploa Cass.（1817）●■☆

29012　Lepidaploa Cass.（1825）Nom. illegit. ≡ Lepidaploa（Cass.）Cass.（1825）［菊科 Asteraceae（Compositae）］●■☆

29013　Lepidaria Tiegh.（1895）【汉】鳞寄生属。【隶属】桑寄生科 Loranthaceae。【包含】世界 12 种。【学名诠释与讨论】〈阴〉（希）lepis,所有格 lepidos,鳞,鳞片+-arius,-aria,-arium,指示"属于,相似,具有,联系"的词尾。【分布】马来西亚（西部）。【模式】Lepidaria bicarenata Van Tieghem。【参考异名】Chorilepidella Tiegh.（1911）；Chorilepis Tiegh.（1911）；Lepidella Tiegh.（1911）●☆

29014　Lepidariaceae Tiegh. = Loranthaceae Juss.（保留科名）●

29015　Lepideilema Trin.（1831）= Streptochaeta Schrad. ex Nees（1829）［禾本科 Poaceae（Gramineae）//椒芒禾科 Streptochaetaceae］■☆

29016　Lepidella Tiegh.（1911）= Lepidaria Tiegh.（1895）［桑寄生科 Loranthaceae］●☆

29017 Lepiderema Radlk.（1879）【汉】鳞皮无患子属。【隶属】无患子科 Sapindaceae。【包含】世界 8 种。【学名诠释与讨论】〈阴〉（希）lepis，所有格 lepidos，鳞，鳞片+derema，皮。或 lepis，所有格 lepidos，鳞，鳞片+eremos，孤单的。【分布】澳大利亚（东北部），新几内亚岛。【模式】Lepiderema papuana Radlkofer。●☆

29018 Lepidesmia Klatt（1896）【汉】糙泽兰属。【隶属】菊科 Asteraceae（Compositae）。【包含】世界 1 种。【学名诠释与讨论】〈阴〉（希）lepis，所有格 lepidos，鳞，鳞片+desmios，被禁锢的；desmos，链，束，结，带，纽带。此属的学名是"Lepidesmia Klatt，Bull. Herb. Boissier 4：479. Jun 1896"。亦有文献把其处理为"Ayapana Spach（1841）"的异名。【分布】哥伦比亚，古巴，委内瑞拉。【模式】Lepidesmia squarrosa Klatt。【参考异名】Ayapana Spach（1841）；Tamayoa V. M. Badillo（1944）■☆

29019 Lepidiberis Fourr.（1868）= Lepidium L.（1753）［十字花科 Brassicaceae（Cruciferae）］■

29020 Lepidilema Post et Kuntze（1903）= Lepideilema Trin.（1831）；~ = Streptochaeta Schrad. ex Nees（1829）［禾本科 Poaceae（Gramineae）//梭芒禾科 Streptochaetaceae］■☆

29021 Lepidinella Spach = Lepidium L.（1753）［十字花科 Brassicaceae（Cruciferae）］■

29022 Lepidion St. -Lag.（1880）= Lepidium L.（1753）［十字花科 Brassicaceae（Cruciferae）］■

29023 Lepidium L.（1753）【汉】独行菜属。【日】コショウソウ属，コセウサウ属，コセウソウ属，マメグンバイナズナ属。【俄】Двугнездка，Двугнёздка，Кардария，Клоповник，Кресс，Чатыр。【英】Cress，Pepper Cress，Pepper-cress，Peppergrass，Pepper-grass，Pepperweed，Pepperwort，Whitetop。【隶属】十字花科 Brassicaceae（Cruciferae）。【包含】世界 140-220 种，中国 16-22 种。【学名诠释与讨论】〈中〉（希）lepis，所有格 lepidos，鳞，鳞片+-idius，-idia，-idium，指示小的词尾。指果实的形状。此属的学名，ING，APNI，GCI，TROPICOS 和 IK 记载是"Lepidium L.，Sp. Pl. 2：643. 1753［1 May 1753］"。"Nasturtium Adanson，Fam. 2：421. Jul-Aug 1763［non P. Miller 1754（废弃属名），nec W. T. Aiton 1812（nom. cons.）］"是"Lepidium L.（1753）"的晚出的同模式异名（Homotypic synonym，Nomenclatural synonym）。【分布】巴基斯坦，巴拿马，玻利维亚，厄瓜多尔，哥伦比亚，马达加斯加，美国（密苏里），尼加拉瓜，中国，中美洲。【后选模式】Lepidium latifolium Linnaeus。【参考异名】Cardaminum Moench（1794）；Cardamon（DC.）Fourr.（1868）；Cardamon Beck（1892）Nom. illegit.；Cardamum Fourr.（1868）Nom. illegit.；Cardaria Desv.（1815）；Cardiolepis Wallr.（1822）；Coronopus Zinn（1757）（保留属名）；Cotyliscus Desv.（1815）；Cynocardamum Webb et Berthel.（1836）；Dileptium Raf.（1817）；Hymenophysa C. A. Mey.（1831）Nom. illegit.；Hymenophysa C. A. Mey. ex Ledeb.（1830）；Iberis Hill（1756）Nom. illegit.；Kandis Adans.（1763）；Lasioptera Andrz. ex DC.（1821）；Lepia Desv.（1815）Nom. illegit.（废弃属名）；Lepicochlea Rojas（1918）；Lepidiberis Fourr.（1868）；Lepidinella Spach；Lepidion St. -Lag.（1880）；Monoploca Bunge（1845）；Nasturtiastrum（Gren. et Godr.）Gillet et Magne（1863）；Nasturtiastrum Gillet et Magne（1863）Nom. illegit.；Nasturtioides Medik.（1792）；Nasturtium Adans.（1763）Nom. illegit.（废弃属名）；Neolepia W. A. Weber（1989）；Papuzilla Ridl.（1916）；Physolepidion Schrenk（1841）；Physolepidium Endl.（1842）Nom. illegit.；Semetum Raf.（1840）；Senckenbergia P. Gaertn.，B. Mey. et Scherb.（1800）；Senebiera DC.（1799）Nom. illegit.；Senkenbergia Rchb.；Sennebiera Willd.（1809）；Sprengeria Greene（1906）；Stroganowia Kar. et Kir.（1841）；Thlaspidium Spach

（1838）Nom. illegit. ■

29024 Lepidobolus Nees（1846）【汉】落鳞帚灯草属。【隶属】帚灯草科 Restionaceae。【包含】世界 3-8 种。【学名诠释与讨论】〈阴〉（希）lepis，所有格 lepidos，鳞，鳞片+bolos，投掷，捕捉，大药丸。【分布】澳大利亚（南部）。【模式】Lepidobolus preissianus C. G. D. Nees。■☆

29025 Lepidobotryaceae J. Léonard（1950）（保留科名）［亦见 Oxalidaceae R. Br.（保留科名）酢浆草科］【汉】鳞球穗科（节柄科，鳞穗木科，洋酢浆草科）。【包含】世界 2 属 2 种。【分布】马来西亚，热带非洲。【科名模式】Lepidobotrys Engl. ●☆

29026 Lepidobotrys Engl.（1902）【汉】鳞球穗属（节柄属，鳞穗木属）。【英】Lepidobotrys。【隶属】百合科 Liliaceae//鳞球穗科（节柄科，鳞穗木科，洋酢浆草科）Lepidobotryaceae//酢浆草科 Oxalidaceae。【包含】世界 1 种。【学名诠释与讨论】〈阴〉（希）lepis，所有格 lepidos，鳞，鳞片+botrys，葡萄串，总状花序，簇生。【分布】热带非洲。【模式】Lepidobotrys staudtii Engler。●☆

29027 Lepidocarpa Korth.（1855）= Parinari Aubl.（1775）［蔷薇科 Rosaceae//金壳果科 Chrysobalanaceae］●☆

29028 Lepidocarpaceae Schultz Sch.（1832）= Proteaceae Juss.（保留科名）●■

29029 Lepidocarpus Adans.（1763）Nom. illegit.（废弃属名）≡ Leucadendron L.（1753）（废弃属名）；~ = Protea L.（1771）（保留属名）［山龙眼科 Proteaceae］●☆

29030 Lepidocarpus Post et Kuntze（1903）Nom. illegit. = Lepidocarpa Korth.（1855）；~ = Parinari Aubl.（1775）［蔷薇科 Rosaceae//金壳果科 Chrysobalanaceae］●☆

29031 Lepidocarya Korth. ex Miq.（1856）= Lepidocarpus Post et Kuntze（1903）Nom. illegit.；~ = Lepidocarpa Korth.（1855）；~ = Parinari Aubl.（1775）［蔷薇科 Rosaceae//金壳果科 Chrysobalanaceae］●☆

29032 Lepidocaryaceae Mart.（1838）= Arecaceae Bercht. et J. Presl（保留科名）//Palmae Juss.（保留科名）●

29033 Lepidocaryaceae O. F. Cook = Arecaceae Bercht. et J. Presl（保留科名）//Palmae Juss.（保留科名）●

29034 Lepidocaryon Spreng.（1825）Nom. illegit. = Lepidocaryum Mart.（1824）［棕榈科 Arecaceae（Palmae）］●☆

29035 Lepidocaryum Mart.（1824）【汉】鳞果棕属（鳞果桐属，鳞坚桐属）。【日】ウロコゴヘイヤシ属。【隶属】棕榈科 Arecaceae（Palmae）。【包含】世界 1-9 种。【学名诠释与讨论】〈中〉（希）lepis，所有格 lepidos，鳞，鳞片+karyon，胡桃，硬壳果，核，坚果。指果实被鳞片。【分布】秘鲁，热带南美洲。【后选模式】Lepidocaryum gracile C. F. P. Martius。【参考异名】Lepidocaryon Spreng.（1825）●☆

29036 Lepidoceras Hook. f.（1846）【汉】鳞角绿乳属。【隶属】绿乳科（菜荑寄生科，房底珠科）Eremolepidaceae。【包含】世界 2 种。【学名诠释与讨论】〈中〉（希）lepis，所有格 lepidos，鳞，鳞片+keras，所有格 keratos，角，距，弓。【分布】秘鲁，至智利。【模式】Lepidoceras kingii J. D. Hooker。【参考异名】Myrtobium Miq.（1853）；Myrtolobium Chalon（1870）●☆

29037 Lepidocerataceae Nakai（1952）= Eremolepidaceae Tiegh.；~ = Santalaceae R. Br.（保留科名）●■

29038 Lepidocerataceae Tiegh. = Eremolepidaceae Tiegh.；~ = Santalaceae R. Br.（保留科名）；~ = Viscaceae Miq. ●●■

29039 Lepidocerataceae Tiegh. ex Nakai（1952）= Eremolepidaceae Tiegh.；~ = Santalaceae R. Br.（保留科名）●■

29040 Lepidococca Turcz.（1848）= Caperonia A. St. -Hil.（1826）［大戟科 Euphorbiaceae］■☆

29041 Lepidococcus H. Wendl. et Drude ex A. D. Hawkes（1952）Nom.

illegit. ≡ Mauritiella Burret（1935）［棕榈科 Arecaceae（Palmae）］
●☆

29042　Lepidococcus H. Wendl. et Drude（1878）Nom. inval. ≡ Lepidococcus H. Wendl. et Drude ex A. D. Hawkes（1952）Nom. illegit.；～= Mauritiella Burret（1935）［棕榈科 Arecaceae（Palmae）］●☆

29043　Lepidocoma Jungh.（1845）= Flemingia Roxb. ex W. T. Aiton（1812）（保留属名）；～= Maughania J. St. – Hil.（1813）Nom. illegit.；～=Flemingia Roxb. ex W. T. Aiton（1812）（保留属名）［豆科 Fabaceae（Leguminosae）//蝶形花科 Papilionaceae］●■

29044　Lepidocordia Ducke(1925)【汉】鳞心紫草属。【隶属】紫草科 Boraginaceae。【包含】世界 2 种。【学名诠释与讨论】〈阴〉（希）lepis，所有格 lepidos，鳞，鳞片+cor，所有格+cordis，心。或 lepis，所有格 lepidos，鳞，鳞片 +（属）Cordia 破布木属（破布子属）。【分布】巴西，尼加拉瓜，中美洲。【模式】Lepidocordia punctata Ducke。【参考异名】Antrophora I. M. Johnst.（1950）☆

29045　Lepidocoryphantha Backeb.（1938）= Coryphantha（Engelm.）Lem.（1868）（保留属名）［仙人掌科 Cactaceae］●■

29046　Lepidocroton C. Presl(1851)Nom. illegit. = Chrozophora A. Juss.（1824）［as 'Crozophora'］（保留属名）［大戟科 Euphorbiaceae］●

29047　Lepidocroton Klotzsch(1849)= Hieronima Allemão（1848）；～= Hyeronima Allemão(1848)［大戟科 Euphorbiaceae］●☆

29048　Lepidogyne Blume（1859）【汉】鳞蕊兰属。【隶属】兰科 Orchidaceae。【包含】世界 3 种。【学名诠释与讨论】〈阴〉（希）lepis，所有格 lepidos，鳞，鳞片+gyne，所有格 gynaikos，雌性，雌蕊。【分布】马来西亚。【模式】Lepidogyne longifolia（Blume）Blume ［Neottia longifolia Blume］。■☆

29049　Lepidolopha C. Winkl.（1894）【汉】鳞冠菊属。【俄】лепидолофа。【隶属】菊科 Asteraceae（Compositae）。【包含】世界6-9种。【学名诠释与讨论】〈阴〉（希）lepis，所有格 lepidos+lophos，脊，鸡冠，装饰。【分布】亚洲中部。【模式】Lepidolopha komarowi C. Winkler。●☆

29050　Lepidolopsis Poljakov（1959）【汉】土鳞菊属。【隶属】菊科 Asteraceae（Compositae）。【包含】世界 1 种。【学名诠释与讨论】〈阴〉（属）Lepidolopha 鳞冠菊属+opsis，外观，模样，相似。【分布】阿富汗，伊朗，亚洲中部。【模式】Lepidolopsis turkestanica Poljakov，Nom. illegit. ［Crossostephium turcestanicum Regel et Schmalhausen］。■☆

29051　Lepidonema Fisch. et C. A. Mey.（1835）= Microseris D. Don（1832）［菊科 Asteraceae（Compositae）］■☆

29052　Lepidonia S. F. Blake(1936)【汉】层冠单毛菊属。【隶属】菊科 Asteraceae（Compositae）。【包含】世界1-7种。【学名诠释与讨论】〈阴〉（希）lepis，所有格 lepidos，鳞，鳞片+odous，所有格 odontos，齿。【分布】中美洲。【模式】Lepidonia paleata S. F. Blake ［Vernonia salvine var. canescens J. M. Coulter］。●☆

29053　Lepidopappus Moc. et Sessé ex DC.（1836）= Florestina Cass.（1817）［菊科 Asteraceae（Compositae）］■☆

29054　Lepidopelma Klotzsch(1862)= Sarcococca Lindl.（1826）［黄杨科 Buxaceae］■

29055　Lepidopetalum Blume(1849)【汉】鳞瓣无患子属。【隶属】无患子科 Sapindaceae。【包含】世界 6 种。【学名诠释与讨论】〈中〉（希）lepis，所有格 lepidos，鳞，鳞片+希腊文 petalos，扁平的，铺开的；petalon，花瓣，叶，花叶，金属叶子；拉丁文的花瓣为 petalum。【分布】印度（安达曼群岛），巴布亚新几内亚（俾斯麦群岛），菲律宾（菲律宾群岛），印度（尼科巴群岛），印度尼西亚（苏门答腊岛），新几内亚岛。【模式】Lepidopetalum perrottetii Blume。【参考异名】Lachnopetalum Turcz.（1848）●☆

29056　Lepidopharynx Rusby(1927)= Hippeastrum Herb.（1821）（保留属名）［石蒜科 Amaryllidaceae］■

29057　Lepidophorum Neck.（1790）Nom. inval. ≡ Lepidophorum Neck. ex DC.（1838）Nom. illegit.；～= Lepidophorum Neck. ex Cass.（1823）［菊科 Asteraceae（Compositae）］■☆

29058　Lepidophorum Neck. ex Cass.（1823）【汉】顶鳞菊属。【隶属】菊科 Asteraceae（Compositae）。【包含】世界 1 种。【学名诠释与讨论】〈阴〉（希）lepis，所有格 lepidos，鳞，鳞片+phoros，具有，梗，负载，发现者。此属的学名，ING 记载是"Lepidophorum Necker ex Cassini in F. Cuvier, Dict. Sci. Nat. 29：180. Dec 1823"。IK 记载的"Lepidophorum Neck. ex DC., Prodr.［A. P. de Candolle］6：19. 1838 ［1837 publ. early Jan 1838］= Lepidophorum Neck. ex Cass.（1823）［菊科 Asteraceae（Compositae）］"是晚出的非法名称。"Lepidophorum Neck., Elem. Bot.（Necker）1：14. 1790" ≡ Lepidophorum Neck. ex DC.（1838）Nom. illegit. 是一个未合格发表的名称（Nom. inval.）。【分布】葡萄牙。【模式】Lepidophorum repandum（Linnaeus）A. P. de Candolle ［Anthemis repanda Linnaeus］。【参考异名】Lepidophorum Neck.（1790）Nom. inval.；Lepidophorum Neck. ex DC.（1838）Nom. illegit. ■☆

29059　Lepidophorum Neck. ex DC.（1838）Nom. illegit. =Lepidophorum Neck. ex Cass.（1823）［菊科 Asteraceae（Compositae）］■☆

29060　Lepidophyllum Cass.（1816）【汉】柏菀属。【隶属】菊科 Asteraceae（Compositae）。【包含】世界 1 种。【学名诠释与讨论】〈阴〉（希）lepis，所有格 lepidos，鳞，鳞片+希腊文 phyllon，叶子。phyllodes，似叶的，多叶的。phylleion，绿色材料，绿草。此属的学名，ING、GCI、TROPICOS 和 IK 记载是"Lepidophyllum Cassini, Bull. Sci. Soc. Philom. Paris 1816：199. Dec 1816"。十字花科 Brassicaceae（Cruciferae）的"Lepidophyllum Trinajstić, Suppl. Fl. Anal. Jugosl. 7：11. 1980 ［30 Nov 1980］= Alyssum L.（1753）"是晚出的非法名称。"Lepidophyllum Trinajstić（1990）［十字花科 Brassicaceae（Cruciferae）］"也是晚出的非法名称，它已经被"Phyllolepidum Trinajstić（1990）"所替代。"Brachyridium Meisner, Pl. Vasc. Gen. 1：187；2：127. 3-9 Mar 1839"则是"Lepidophyllum Cass.（1816）"的晚出的同模式异名。化石植物的"Lepidophyllum A. T. Brongniart, Prodr. Hist. Vég. Foss. 87. Dec 1828 ≡ Glossopteris（Brongn.）Sternb. 1825, non Raf. 1815（nom. rej.），nec Brongn. 1828（nom. cons.）≡ Lepidophylloides N. S. Snigirevskaja 1958"亦是晚出的非法名称。【分布】秘鲁，玻利维亚，巴塔哥尼亚。【模式】Lepidophyllum cupressiforme（Lamarck）Cassini。【参考异名】Brachyridium Meisn.（1839）Nom. illegit.；Polyclados Phil.（1860）；Tola Wedd. ex Benth. et Hook. f.（1873）●☆

29061　Lepidophyllum Trinajstić（1980）Nom. illegit. = Alyssum L.（1753）［十字花科 Brassicaceae（Cruciferae）］■●

29062　Lepidophyllum Trinajstić（1990）Nom. illegit. ≡ Phyllolepidum Trinajstić(1990)［十字花科 Brassicaceae（Cruciferae）］■●

29063　Lepidophyton Benth. et Hook. f.（1880）Nom. illegit. = Lepidophytum Hook. f.（1853）Nom. inval.；～= Lophophytum Schott et Endl.（1832）［蛇菰科（土鸟黐科）Balanophoraceae］■☆

29064　Lepidophytum Hook. f.（1853）Nom. inval. = Lophophytum Schott et Endl.（1832）［裸花菰科 Lophophytaceae//蛇菰科（土鸟黐科）Balanophoraceae］■☆

29065　Lepidopironia A. Rich.（1850）= Tetrapogon Desf.（1799）［禾本科 Poaceae（Gramineae）］■☆

29066　Lepidoploa Sch. Bip.（1847）= Lepidaploa（Cass.）Cass.（1825）；～= Vernonia Schreb.（1791）（保留属名）［菊科 Asteraceae（Compositae）//斑鸠菊科（绿菊科）Vernoniaceae］●■

29067　Lepidopogon Tausch(1829)= Cylindrocline Cass.（1817）［菊

Asteraceae（Compositae）]●☆

29068 Lepidopteris L. S. Gibbs（1914）= Gelsemium Juss.（1789）；~ = Leptopteris Blume（1850）［马钱科（断肠草科，马钱子科）Loganiaceae//胡蔓藤科（钩吻科）Gelsemiaceae]●

29069 Lepidopyronia Benth.（1881）= Lepidopironia A. Rich.（1850）；~ = Tetrapogon Desf.（1799）［禾本科 Poaceae（Gramineae）]■☆

29070 Lepidorhachis（H. Wendl. et Drude）O. F. Cook（1927）Nom. illegit. ≡ Lepidorrhachis（H. Wendl. et Drude）O. F. Cook（1927）［棕榈科 Arecaceae（Palmae）]●☆

29071 Lepidorhachis O. F. Cook（1927）Nom. illegit. ≡ Lepidorrhachis（H. Wendl. et Drude）O. F. Cook（1927）［棕榈科 Arecaceae（Palmae）]●☆

29072 Lepidorrhachis（H. Wendl.）Burret（1928）Nom. illegit. = Lepidorrhachis（H. Wendl. et Drude）O. F. Cook（1927）［棕榈科 Arecaceae（Palmae）]●☆

29073 Lepidorrhachis（H. Wendl. et Drude）O. F. Cook（1927）【汉】鳞轴棕属（鳞轴椰属，鳞轴椰子属，小山槟榔属，小山棕属）。【日】ウロコケンチヤ属。【隶属】棕榈科 Arecaceae（Palmae）。【包含】世界 1 种。【学名诠释与讨论】〈中〉（希）lepis，所有格 lepidos，鳞，鳞片+rhachis，针，刺。此属的学名，APNI 和 IK 记载为"Lepidorrhachis（H. Wendl. et Drude）O. F. Cook, J. Heredity xviii. 408（1927）, in adnot.（Lepidorhachis）"；由"Clinostigma sect. Lepidorhachis H. Wendl. et Drude Linnaea 39 1875"改级而来。"Lepidorhachis（H. Wendl. et Drude）O. F. Cook（1927）"是其拼写变体。TROPICOS 则记载为"Lepidorrhachis O. F. Cook, Journal of Heredity 18：408. 1927"。三者引用的文献相同。"Lepidorrhachis（H. Wendl.）Burret, Repert. Spec. Nov. Regni Veg. 24：292, in adnot.；Becc. in Atti Soc. Tosc. Sc. Nat. Pisa, Mem., 44：158（1934）. 1928 = Lepidorrhachis（H. Wendl. et Drude）O. F. Cook（1927）"是晚出的非法名称；"Lepidorrhachis（H. Wendl.）Burret（1928）"是其拼写变体。亦有文献把"Lepidorrhachis（H. Wendl. et Drude）O. F. Cook（1927）"处理为"Clinostigma H. Wendl.（1862）"的异名。【分布】澳大利亚（豪勋爵岛）。【模式】Lepidorrhachis mooreana（F. Muell.）O. F. Cook。【参考异名】Clinostigma sect. Lepidorrhachis H. Wendl. et Drude（1875）；Lepidorhachis（H. Wendl.）Burret（1928）Nom. illegit.；Lepidorhachis（H. Wendl. et Drude）O. F. Cook（1927）Nom. illegit.；Lepidorhachis O. F. Cook（1927）Nom. illegit.；Lepidorrhachis（H. Wendl.）Burret（1928）Nom. illegit.；Lepidorrhachis Becc. ●☆

29074 Lepidorrhachis Becc. = Lepidorrhachis（H. Wendl. et Drude）O. F. Cook（1927）［棕榈科 Arecaceae（Palmae）]●☆

29075 Lepidoseris（Rchb. f.）Fourr.（1869）= Crepis L.（1753）［菊科 Asteraceae（Compositae）]■

29076 Lepidoseris Fourr.（1869）Nom. illegit. ≡ Lepidoseris（Rchb. f.）Fourr.（1869）；~ = Crepis L.（1753）［菊科 Asteraceae（Compositae）]■

29077 Lepidoslephium Oliv. = Athrixia Ker Gawl.（1823）［菊科 Asteraceae（Compositae）]●■☆

29078 Lepidospartum（A. Gray）A. Gray（1883）Nom. illegit. ≡ Lepidospartum A. Gray（1883）［菊科 Asteraceae（Compositae）]■☆

29079 Lepidospartum A. Gray（1883）【汉】帚蟹甲属。【隶属】菊科 Asteraceae（Compositae）。【包含】世界 3 种。【学名诠释与讨论】〈阴〉（希）lepis，所有格 lepidos，鳞，鳞片+sparton，金雀花。此属的学名，ING、GCI 和 IK 记载是"Lepidospartum A. Gray, Proc. Amer. Acad. Arts 19：50. 30 Oct 1883"。TROPICOS 则记载为"Lepidospartum（A. Gray）A. Gray（1883）, Proc. Amer. Acad. Arts 19：50. 1883"，由"Tetradymia sect. Lepidosparton A. Gray, Proc. Amer. Acad. Arts 9：207. 1874"改级而来。四者引用的文献相同。【分布】美国。【模式】Lepidospartum squamatum（A. Gray）A. Gray［Tetradymia squamata A. Gray］。【参考异名】Lepidospartum（A. Gray）A. Gray（1883）Nom. illegit. ■☆

29080 Lepidosperma Labill.（1805）【汉】鳞籽莎属（鳞子莎属）。【英】Scaleseed Sedge, Scaleseedsedge。【隶属】莎草科 Cyperaceae。【包含】世界 55-60 种，中国 1 种。【学名诠释与讨论】〈中〉（希）lepis，所有格 lepidos，鳞，鳞片+sperma，所有格 spermatos，种子，孢子。指小坚果具下位鳞片。此属的学名，ING、APNI 和 IK 记载是"Lepidosperma Labillardière, Novae Holl. Pl. Spec. 1：14. Jan（sero）1805"。"Lepidosperma Schrad."是"Schoenus L.（1753）［莎草科 Cyperaceae]"的异名。【分布】澳大利亚，马达加斯加，新西兰，中国，马来半岛，新几内亚岛。【后选模式】Lepidosperma elatius Labill.。【参考异名】Lepidotosperma Roem. et Schult.（1817）Nom. illegit.；Machaerina Post et Kuntze（1903）Nom. illegit.；Macherina Nees ■

29081 Lepidosperma Schrad. = Schoenus L.（1753）［莎草科 Cyperaceae]■

29082 Lepidospora（F. Muell.）F. Muell.（1883）= Schoenus L.（1753）［莎草科 Cyperaceae]■

29083 Lepidospora F. Muell.（1875）Nom. illegit. ≡ Lepidospora（F. Muell.）F. Muell.（1883）；~ = Schoenus L.（1753）［莎草科 Cyperaceae]■

29084 Lepidostachys Wall.（1832）Nom. inval. ≡ Lepidostachys Wall. ex Lindl.（1836）；~ = Aporusa Blume（1828）［大戟科 Euphorbiaceae]●

29085 Lepidostachys Wall. ex Lindl.（1836）= Aporusa Blume（1828）［大戟科 Euphorbiaceae]●

29086 Lepidostemon Hassk.（1844）（废弃属名）= Lepistemon Blume（1826）［旋花科 Convolvulaceae]■

29087 Lepidostemon Hook. f. et Thomson（1861）（保留属名）【汉】鳞蕊芥属。【隶属】十字花科 Brassicaceae（Cruciferae）。【包含】世界 1-5 种，中国 3 种。【学名诠释与讨论】〈阳〉（希）lepis，所有格 lepidos，鳞，鳞片+stemon，雄蕊。此属的学名"Lepidostemon Hook. f. et Thomson in J. Proc. Linn. Soc., Bot. 5：131, 156. 27 Mar 1861"是保留属名。法规未列出相应的废弃属名。但是旋花科 Convolvulaceae 的"Lepidostemon Hassk., Cat. Hort. Bog. Alt. 140（1844）= Lepistemon Blume（1826）"和玄参科 Scrophulariaceae 的"Lepidostemon Lem., Ill. Hort. ix.（1862）I. 315 ≡ Keckiella Straw（1967）"应该废弃。TROPICOS 把"Lepidostemon Lem.（1862）"置于车前科 Plantaginaceae。"Lepidostemon Lem.（1862）"先后被"Keckia Straw, Brittonia 18（1）：87. 1966［31 Mar 1966］"和"Keckiella Straw, Brittonia 19：203. 1967［25 Aug 1967］"所替代；而"Keckia Straw（1966）≡ Keckiella Straw（1967）［玄参科 Scrophulariaceae]"是晚出的非法名称，因为此前已经有了化石植物的"Keckia E. F. Glocker, Nov. Actorum Acad. Caes. Leop. -Carol. Nat. Cur. 19（suppl. 2）：319. 1841"。【分布】中国，东喜马拉雅山。【模式】Lepidostemon pedunculosus J. D. Hooker et Thomson。【参考异名】Chrysobraya H. Hara（1974）■

29088 Lepidostemon Lem.（1862）Nom. illegit.（废弃属名）≡ Keckia Straw（1966）Nom. illegit.；~ ≡ Keckiella Straw（1967）［玄参科 Scrophulariaceae]●☆

29089 Lepidostephanus Bartl.（1837）Nom. inval. ≡ Lepidostephanus Bartl. ex L.（1838）Nom. illegit.；~ = Lepidostephanus Bartl.（1837）［菊科 Asteraceae（Compositae）]■☆

29090 Lepidostephanus Bartl. ex L.（1838）Nom. illegit. = Lepidostephanus Bartl.（1837）［菊科 Asteraceae（Compositae）]■☆

29091　Lepidostephium Oliv. (1868)【汉】齿缘紫绒草属。【隶属】菊科 Asteraceae(Compositae)。【包含】世界 2 种。【学名诠释与讨论】〈阴〉(希)lepis, 所有格 lepidos, 鳞, 鳞片+stephos, stephanos, 花冠, 王冠+-ius, -ia, -ium, 在拉丁文和希腊文中, 这些词尾表示性质或状态。【分布】非洲南部。【模式】Lepidostephium denticulatum D. Oliver。■☆

29092　Lepidostoma Bremek. (1940)【汉】鳞孔草属。【隶属】茜草科 Rubiaceae。【包含】世界 1 种。【学名诠释与讨论】〈中〉(希)lepis, 所有格 lepidos, 鳞, 鳞片+stoma, 所有格 stomatos, 孔口。【分布】印度尼西亚(苏门答腊岛)。【模式】Lepidostoma polythyrsum Bremekamp。■☆

29093　Lepidothamnaceae A. V. Bobrov et Melikyan (2000) [亦见 Podocarpaceae Endl. (保留科名)罗汉松科]【汉】黄银松科。【包含】世界 1 属 2-3 种。【分布】新西兰, 智利。【科名模式】Lepidothamnus Phil.。●☆

29094　Lepidothamnaceae Melikian et A. V. Bobrov (2000) = Podocarpaceae Endl. (保留科名)●

29095　Lepidothamnus Phil. (1861)【汉】黄银松属。【英】Yellow Silver Pine。【隶属】罗汉松科 Podocarpaceae//黄银松科 Lepidothamnaceae//陆均松科 Dacrydiaceae。【包含】世界 2-3 种。【学名诠释与讨论】〈阳〉(希)lepis, 所有格 lepidos, 鳞, 鳞片+thamnos, 指小式 thamnion, 灌木, 灌丛, 树丛, 枝。此属的学名是 "Lepidothamnus R. A. Philippi, Linnaea 30：730. Mar 1861 ('1860')"。亦有文献把其处理为 "Dacrydium Sol. ex J. Forst. (1786)"的异名。【分布】新西兰, 智利。【模式】Lepidothamnus fonkii R. A. Philippi [as 'fonki']。【参考异名】Dacrydium Sol. ex J. Forst. (1786)●☆

29096　Lepidotheca Nutt. (1841) = Matricaria L. (1753) (保留属名) [菊科 Asteraceae(Compositae)]■

29097　Lepidotosperma Roem. et Schult. (1817) Nom. illegit. = Lepidosperma Labill. (1805) [莎草科 Cyperaceae]■

29098　Lepidotrichilia(Harms) J. – F. Leroy (1958)【汉】鳞毛楝属。【隶属】楝科 Meliaceae。【包含】世界 4 种。【学名诠释与讨论】〈阴〉(希)lepis, 所有格 lepidos, 鳞, 鳞片+thrix, 所有格 trichos, 毛, 毛发。此属的学名, ING 和 IK 记载是 "Lepidotrichilia (Harms) J. –F. Leroy, in Compt. Rend. Acad. Sci. Paris ccxlvii. 1026 (1958)", 由 "Trichilia sect. Lepidotrichilia Harms." 改级而来。楝科 Meliaceae 的 "Lepidotrichilia (Harms) T. D. Penn. et Styles, Blumea 22(3)：473(1975) = Lepidotrichilia (Harms) J. –F. Leroy (1958)"是晚出的非法名称。【分布】马达加斯加。【模式】不详。【参考异名】Lepidotrichilia T. D. Penn. et Styles (1975) Nom. illegit. ;Trichilia sect. Lepidotrichilia Harms.●☆

29099　Lepidotrichilia T. D. Penn. et Styles (1975) Nom. illegit. = Lepidotrichilia (Harms)J. –F. Leroy(1958) [楝科 Meliaceae]●☆

29100　Lepidotrichum Velen. et Bornm. (1889)【汉】鳞毛芥属。【隶属】十字花科 Brassicaceae(Cruciferae)。【包含】世界 1 种。【学名诠释与讨论】〈阴〉(希)lepis, 所有格 lepidos, 鳞, 鳞片+thrix, 所有格 trichos, 毛, 毛发。此属的学名是 "Lepidotrichum Velenovský et Bornmüller in Velenovský, Oesterr. Bot. Z. 39：323. Sep 1889"。亦有文献把其处理为 "Alyssum L. (1753)"的异名。【分布】热带美洲。【模式】Lepidotrichum uechtritzianum (Bornmüller) Velenovský et Bornmüller [Ptilotrichum uechtritzianum Bornmüller]。【参考异名】Alyssum L. (1753);Aurinia Desv. (1815)■☆

29101　Lepidoturus Baill. (1858) Nom. illegit. ≡ Lepidoturus Bojer ex Baill. (1858);~ = Alchornea Sw. (1788) [大戟科 Euphorbiaceae]●

29102　Lepidoturus Bojer ex Baill. (1858) = Alchornea Sw. (1788) [大戟科 Euphorbiaceae]●

29103　Lepidoturus Bojer (1837) Nom. inval. ≡ Lepidoturus Bojer ex Baill. (1858);~ = Alchornea Sw. (1788) [大戟科 Euphorbiaceae]●

29104　Lepidozamia Regel(1857)【汉】鳞苏铁属(鳞叶松属)。【日】ウロコザミア属。【英】Lepidozamia。【隶属】苏铁科 Cycadaceae//泽米苏铁科(泽米科) Zamiaceae。【包含】世界 2 种。【学名诠释与讨论】〈阴〉(希)lepis, 所有格 lepidos, 鳞, 鳞片+(属) Zamia 大苏铁属。【分布】澳大利亚东部。【模式】Lepidozamia peroffskyana E. Regel。●☆

29105　Lepidurus Janch. (1944) = Parapholis C. E. Hubb. (1946) [禾本科 Poaceae(Gramineae)]■

29106　Lepigonum (Fr.) Wahlbe. (1820) Nom. illegit. ≡ Spergularia (Pers.) J. Presl et C. Presl (1819) (保留属名) [石竹科 Caryophyllaceae]■

29107　Lepigonum Wahlenb. (1820) Nom. illegit. ≡ Lepigonum (Fr.) Wahlbe. (1820); ~ ≡ Spergularia (Pers.) J. Presl et C. Presl (1819) (保留属名) [石竹科 Caryophyllaceae]■

29108　Lepilaena Harv. (1855)Nom. illegit. = Lepilaena J. L. Drumm. ex Harv. (1855) [角果藻科 Zannichelliaceae]■☆

29109　Lepilaena J. L. Drumm. (1855) Nom. illegit. ≡ Lepilaena J. L. Drumm. ex Harv. (1855) [角果藻科 Zannichelliaceae]■☆

29110　Lepilaena J. L. Drumm. ex Harv. (1855)【汉】鳞皮角果藻属。【隶属】角果藻科 Zannichelliaceae。【包含】世界 4-6 种。【学名诠释与讨论】〈阴〉(希)lepis, 所有格 lepidos, 鳞, 鳞片+laina = chlaina = 拉丁文 laena, 外衣, 衣服。此属的学名, ING、APNI、TROPICOS 和 IK 记载是 "Lepilaena J. Drummond ex W. H. Harvey, Hooker's J. Bot. Kew Gard. Misc. 7：57. Feb 1855"。"Lepilaena Harv. (1855)"和 "Lepilaena J. L. Drumm. (1855)"的命名人引证有误。【分布】澳大利亚。【模式】Lepilaena australis J. Drummond ex W. H. Harvey。【参考异名】Hexatheca F. Muell. (1874) Nom. inval. ; Hexatheca Sond. ex F. Muell. (1874) Nom. inval. ; Lepichlaena Post et Kuntze (1903);Lepilaena Harv. (1855) Nom. illegit. ;Lepilaena J. L. Drumm. (1855)Nom. illegit. ■☆

29111　Lepimenes Raf. (1838) = Cuscuta L. (1753) [旋花科 Convolvulaceae//菟丝子科 Cuscutaceae]■

29112　Lepinema Raf. (1837) = Enicostema Blume. (1826)(保留属名) [龙胆科 Gentianaceae]■☆

29113　Lepinia Decne. (1849)【汉】鳞桃木属。【隶属】夹竹桃科 Apocynaceae。【包含】世界 3 种。【学名诠释与讨论】〈阴〉(希)lepis, 所有格 lepidos, 鳞, 鳞片+inius 相似。【分布】所罗门群岛, 法属波利尼西亚(塔希提岛), 加罗林群岛。【模式】Lepinia taitensis Decaisne。●☆

29114　Lepiniopsis Valeton(1895)【汉】拟鳞桃木属。【隶属】夹竹桃科 Apocynaceae。【包含】世界 2 种。【学名诠释与讨论】〈阴〉(属)Lepinia 鳞桃木属+希腊文 opsis, 外观, 模样, 相似。此属的学名是 "Lepiniopsis Valeton, Ann. Jard. Bot. Buitenzorg 12：251. 1895"。"Lepionopsis Valeton(1895)"是其拼写变体。【分布】菲律宾, 帕劳, 印度尼西亚(马鲁古群岛)。【模式】Lepiniopsis ternatensis Valeton。【参考异名】Lepionopsis Valeton(1895) Nom. illegit. ●☆

29115　Lepionopsis Valeton (1895) Nom. illegit. = Lepiniopsis Valeton (1895) [夹竹桃科 Apocynaceae]●☆

29116　Lepionurus Blume (1827)【汉】鳞尾木属。【英】Lepionurus, Scaletail。【隶属】山柑科(白花菜科, 醉蝶花科) Capparaceae//山柚子科(山柑科, 山柚仔科) Opiliaceae。【包含】世界 1-6 种, 中国 1 种。【学名诠释与讨论】〈阳〉(希)lepion 小鳞片+-urus, -ura, -uro, 用于希腊文组合词, 含义为 "尾巴"。【分布】印度尼西亚(爪

哇岛),中国,东喜马拉雅山至中南半岛,新几内亚岛。【模式】Lepionurus sylvestris Blume。【参考异名】Leptonium Griff.(1843)●

29117 Lepiostegeres Benth. et Hook. f.(1880)= Lepeostegeres Blume(1731)[桑寄生科 Loranthaceae]●☆

29118 Lepiphaia Raf.(1840)Nom. illegit. ≡ Nevrolis Raf.(1840);~ = Celosia L.(1753)[苋科 Amaranthaceae]■

29119 Lepiphyllum Korth. ex Penzig = Salomonia Lour.(1790)(保留属名)[远志科 Polygalaceae]■

29120 Lepipogon G. Bertol.(1853)=? Tricalysia A. Rich. ex DC.(1830);~ = Catunaregam Wolf(1776)[茜草科 Rubiaceae]●

29121 Lepirhiza Post et Kuntze(1903)= Leperiza Herb.(1821)(废弃属名);~ = Urceolina Rchb.(1829)(保留属名)[石蒜科 Amaryllidaceae]■☆

29122 Lepirodia Juss.(1827)= Lepyrodia R. Br.(1810)[帚灯草科 Restionaceae]■☆

29123 Lepironia Pers.(1805)【汉】石龙刍属(广蒲草属,蒲草属)。【日】アンペラ属。【英】Lepironia。【隶属】莎草科 Cyperaceae。【包含】世界1-5种,中国2种。【学名诠释与讨论】〈阴〉(希)lepis,所有格 lepidos,指小式 lepion 或 lepidion,鳞,鳞片。lepidotos,多鳞的。lepos,鳞,鳞片+eiro,连接,结合。指苞片延长成秆。此属的学名,ING 记载为"Lepironia Richard in Persoon,Syn. Pl. 1:70. 1 Apr–15 Jun,1805"。TROPICOS 和 IPNI 则记载为"Lepironia Pers.,Syn. Pl.[Persoon]1:70(1805)"。【分布】澳大利亚,马达加斯加,中国,热带亚洲。【模式】Lepironia mucronata Persoon。【参考异名】Chondrachne R. Br.(1810);Choricarpha Boeck.(1858);Lepironia Rich.(1805);Lepyronia T. Lestib.(1819)■

29124 Lepironia Rich.(1805)= Lepironia Pers.(1805)[莎草科 Cyperaceae]■

29125 Lepisanthes Blume(1825)【汉】鳞花木属。【日】シチモウゲ属,シチャウゲ属。【英】Lepisanthes。【隶属】无患子科 Sapindaceae。【包含】世界24-40种,中国5种。【学名诠释与讨论】〈阴〉(希)lepis,所有格 lepidos,鳞,鳞片+anthos,花。指花瓣基部有一短鳞片。【分布】马达加斯加,中国,热带亚洲。【模式】Lepisanthes montana Blume。【参考异名】Anomosanthes Blume(1849);Aphania Blume(1825);Aphanococcus Radlk.(1888);Erioglossum Blume(1825);Hebecoccus Radlk.(1878);Hebococcus Post et Kuntze(1903);Howethoa Rauschert(1982);Manongarivea Choux(1926);Otophora Blume(1849);Sapindopsis F. C. How et C. N. Ho(1955)Nom. illegit.;Scorodendron Blume(1849)Nom. illegit.;Scorodendron Pierre,Nom. illegit.;Scorododendron Blume(1849);Thraulococcus Radlk.(1878)●

29126 Lepiscline Cass.(1818)= Helichrysum Mill.(1754)[as 'Elichrysum'](保留属名)[菊科 Asteraceae(Compositae)//蜡菊科 Helichrysaceae]●■

29127 Lepisclinum C. Presl(1845)= Lepisma E. Mey.(1843)[伞形花科(伞形科)Apiaceae(Umbelliferae)]■☆

29128 Lepisia C. Presl(1829)= Tetraria P. Beauv.(1816)[莎草科 Cyperaceae]■☆

29129 Lepisiphon Turcz.(1851)= Osteospermum L.(1753)[菊科 Asteraceae(Compositae)]●■☆

29130 Lepisma E. Mey.(1843)= Annesorhiza Cham. et Schltdl.(1826)+ Polemannia Eckl. et Zeyh.(1837)(保留属名)+ Rhyticarpus Sond.(1862)Nom. illegit.[伞形花科(伞形科)Apiaceae(Umbelliferae)]■☆

29131 Lepismium Pfeiff.(1835)【汉】鳞苇属(孔雀仙人掌属,鳞丝苇属,有斑苇属)。【日】レピスミウム属。【隶属】仙人掌科 Cactaceae。【包含】世界16种。【学名诠释与讨论】〈中〉(希)lepis,所有格 lepidos,鳞,鳞片+ismos 状态,情形+-ius,-ia,-ium,在拉丁文和希腊文中,这些词尾表示性质或状态。指外瓣基部融合成短筒状。此属的学名是"Lepismium Pfeiffer,Allg. Gartenzeitung 3:315. 3 Oct 1835;380. 28 Nov 1835"。亦有文献把其处理为"Rhipsalis Gaertn.(1788)(保留属名)"的异名。【分布】阿根廷,巴西,玻利维亚。【后选模式】Lepismium commune Pfeiffer,Nom. illegit.[Cereus squamulosis Salm–Dyck ex A. P. de Candolle]。【参考异名】Acanthorhipsalis Britton et Rose(1923)Nom. illegit.;Acanthorhipsalis Britton et Rose(1923)Nom. illegit.;Acanthorhipsalis Kimnach(1983)Nom. illegit.;Lymanbensonia Kimnach(1984);Pfeiffera Salm–Dyck(1845);Rhipsalis Gaertn.(1788)(保留属名)●☆

29132 Lepisperma Raf.= Spermolepis Raf.(1825)[伞形花科(伞形科)Apiaceae(Umbelliferae)]■☆

29133 Lepistachya Zipp. ex Miq.(1871)= Mapania Aubl.(1775)[莎草科 Cyperaceae]■

29134 Lepistemon Blume(1826)【汉】鳞蕊藤属(鲜蕊藤属)。【英】Lepistemon。【隶属】旋花科 Convolvulaceae。【包含】世界10种,中国3种。【学名诠释与讨论】〈阳〉(希)lepis,所有格 lepidos,鳞,鳞片+stemon,雄蕊。指雄蕊的花丝着生在花冠基部的凹形鳞片的背部。【分布】中国,热带非洲至热带澳大利亚。【模式】Lepistemon flavescens Blume。【参考异名】Lepidostemon Hassk.(1844)(废弃属名);Nemodon Griff.(1854)■

29135 Lepistemonopsis Dammer(1895)【汉】类鳞蕊藤属。【隶属】旋花科 Convolvulaceae。【包含】世界1种。【学名诠释与讨论】〈阴〉(属)Lepistemon 鳞蕊藤属+希腊文 opsis,外观,模样,相似。【分布】热带非洲东部。【模式】Lepistemonopsis volkensii Dammer。●☆

29136 Lepistemum Rchb.(1841)Nom. illegit.[旋花科 Convolvulaceae]☆

29137 Lepistichaceae Dulac = Cyperaceae Juss.(保留科名)■

29138 Lepistoma Blume(1828)Nom. illegit. ≡ Leposma Blume(1826)Nom. illegit.;~ = Cryptolepis R. Br.(1810)[萝藦科 Asclepiadaceae//杠柳科 Periplocaceae]●

29139 Lepitoma Steud.(1841)Nom. illegit. ≡ Lepitoma Torr. ex Steud.(1841);~ = Pleuropogon R. Br.(1823)[禾本科 Poaceae(Gramineae)]■☆

29140 Lepitoma Torr. ex Steud.(1841)= Pleuropogon R. Br.(1823)[禾本科 Poaceae(Gramineae)]■☆

29141 Lepiurus Dumort.(1824)Nom. illegit. ≡ Lepturus R. Br.(1810)[禾本科 Poaceae(Gramineae)]■

29142 Leplaea Vermoesen(1921)= Guarea F. Allam.(1771)[as 'Guara'](保留属名)[楝科 Meliaceae]●☆

29143 Leporella A. S. George(1971)【汉】兔兰属。【隶属】兰科 Orchidaceae。【包含】世界1种。【学名诠释与讨论】〈阴〉(拉)lepus,所有格 leporis,兔子+-ellus,-ella,-ellum,加在名词词干后面形成指小式的词尾。或加在人名、属名等后面以组成新属的名称。此属的学名"Leporella A. S. George,Nuytsia 1:183. 5 Mai 1971"是一个替代名称。"Leptoceras R. D. Fitzgerald,Austral. Orch. 2(4). post Mai 1891('Mar 1888')"是一个非法名称(Nom. illegit.),因为此前已经有了"Leptoceras(R. Brown)J. Lindley,Sketch Veg. Swan River Colony liii. 1 Jan 1840 = Caladenia R. Br.(1810)[兰科 Orchidaceae]"。故用"Leporella A. S. George(1971)"替代之。【分布】澳大利亚(西部)。【模式】Leporella fimbriata(J. Lindley)A. S. George[Leptoceras fimbriata J. Lindley]。【参考异名】Leptoceras Fitzg.(1888)Nom. illegit.■☆

29144　Leposma Blume(1826)Nom. illegit. ≡Cryptolepis R. Br. (1810)［萝藦科 Asclepiadaceae//杠柳科 Periplocaceae//夹竹桃科 Apocynaceae］●

29145　Lepostegeres Tiegh. = Lepeostegeres Blume(1731)［桑寄生科 Loranthaceae］●☆

29146　Lepsia Klotzsch(1854)= Begonia L. (1753)［秋海棠科 Begoniaceae］●■

29147　Lepta Lour. (1790)= Evodia J. R. Forst. et G. Forst. (1776)［芸香科 Rutaceae］●

29148　Leptacanthus Nees(1832)= Strobilanthes Blume(1826)［爵床科 Acanthaceae］●■

29149　Leptactina Hook. f. (1871)【汉】细线茜属。【隶属】茜草科 Rubiaceae。【包含】世界 25 种。【学名诠释与讨论】〈阴〉(希)leptos，瘦的，小的，弱的，薄的。lepto- = 拉丁文 tenui-，瘦弱的，薄的，细的，小的+aktis，所有格 aktinos，光线，光束，射线。此属的学名，ING 和 IK 记载是"Leptactina Hook. f. , Hooker's Icon. Pl. 11:73. Jan 1871"。"Leptactinia Hook. f. , Gen. Pl. [Bentham et Hooker f.]ii. 85(1873)"为拼写变体。【分布】热带和非洲南部。【后选模式】Leptactina mannii J. D. Hooker。【参考异名】Leptactinia Hook. f. (1873)Nom. illegit. ●☆

29150　Leptactinia Hook. f. (1873)Nom. illegit. ≡Leptactina Hook. f. (1871)［茜草科 Rubiaceae］●☆

29151　Leptadenia R. Br. (1810)【汉】小腺萝藦属。【隶属】萝藦科 Asclepiadaceae。【包含】世界 4 种。【学名诠释与讨论】〈阴〉(希)leptos，瘦的，小的，弱的，薄的+aden，所有格 adenos，腺体。【分布】热带非洲，亚洲。【模式】未指定。【参考异名】Curinila Raf. ;Curinila Roem. et Schult. (1819);Curinila Schult. (1819);Curnilia Raf. (1838);Reinera Dennst. (1818)●☆

29152　Leptagrostis C. E. Hubb. (1937)【汉】刺毛叶草属。【隶属】禾本科 Poaceae(Gramineae)。【包含】世界 1 种。【学名诠释与讨论】〈阴〉(希)leptos，瘦的，小的，弱的，薄的+(属)Agrostis 剪股颖属(小糠草属)。或+agrostis，agrostidos，草，牧草，杂草，茅草。【分布】热带非洲。【模式】Leptagrostis schimperiana (Hochstetter) C. E. Hubbard［Calamagrostis schimperiana Hochstetter］。■☆

29153　Leptalea D. Don ex Hook. et Arn. (1835)= Facelis Cass. (1819)［菊科 Asteraceae(Compositae)］■☆

29154　Leptaleum DC. (1821)【汉】丝叶芥属。【俄】Лепталеум。【英】Leptaleum。【隶属】十字花科 Brassicaceae (Cruciferae)。【包含】世界 1 种，中国 1 种。【学名诠释与讨论】〈中〉(希)leptaleos，纤细的，精美的。指叶丝状。【分布】中国，地中海东部至亚洲中部和巴基斯坦(俾路支)。【后选模式】Leptaleum filifolium (Willdenow) A. P. de Candolle［Sisymbrium filifolium Willdenow］。【参考异名】Fedtschenkoa Regel et Schmalh. (1882) Nom. illegit. ;Leptalium Sweet(1839)■

29155　Leptalium Sweet(1839)= Leptaleum DC. (1821)［十字花科 Brassicaceae(Cruciferae)］■

29156　Leptalix Raf. (1836)= Fraxinus L. (1753)［木犀榄科(木犀科)Oleaceae//白蜡树科 Fraxinaceae］●

29157　Leptaloe Stapf(1933)= Aloe L. (1753)［百合科 Liliaceae//阿福花科 Asphodelaceae//芦荟科 Aloaceae］●■

29158　Leptaminium Steud. (1841)= Leptamnium Raf. (1819)Nom. inval. ;~ = Epifagus Nutt. (1818)(保留属名)［玄参科 Scrophulariaceae］■☆

29159　Leptamnium Raf. (1819)Nom. inval. ≡Epifagus Nutt. (1818) (保留属名)［列当科 Orobanchaceae//玄参科 Scrophulariaceae］■☆

29160　Leptandra Nutt. (1818)Nom. illegit. ≡Veronicastrum Heist. ex Fabr. (1759)［玄参科 Scrophulariaceae//婆婆纳科 Veronicaceae］■

29161　Leptanthe Klotzsch (1862) = Arnebia Forssk. (1775);~ = Macrotomia DC. ex Meisn. (1840)［紫草科 Boraginaceae］●☆

29162　Leptanthes Wight ex Wall. (1831–1832)= Hydrilla Rich. (1814)［水鳖科 Hydrocharitaceae］■

29163　Leptanthis Haw. = Leptasea Haw. (1821);~ = Saxifraga L. (1753)［虎耳草科 Saxifragaceae］■

29164　Leptanthus Michx. (1803)Nom. illegit. ≡Heterandra P. Beauv. (1799);~ = Heteranthera Ruiz et Pav. (1794)(保留属名)［雨久花科 Pontederiaceae//水星草科 Heterantheraceae］■☆

29165　Leptargyreia Schltdl. (1857)= Shepherdia Nutt. (1818)(保留属名)［胡颓子科 Elaeagnaceae］●☆

29166　Leptarrhena R. Br. (1823)【汉】弱雄虎耳草属。【隶属】虎耳草科 Saxifragaceae。【包含】世界 1 种。【学名诠释与讨论】〈阴〉(希)leptos，瘦弱的，薄的，小的，细的;lepto- = 拉丁文 tenui-，瘦弱的，薄的，细的，小的+arrhena，所有格 ayrhenos，雄性的，强壮的，凶猛的。【分布】俄罗斯(勘察加半岛)至落基山脉。【后选模式】Leptarrhena pyrolifolia (D. Don)Seringe［Saxifraga pyrolifolia D. Don］。■☆

29167　Leptasea Haw. (1821)= Saxifraga L. (1753)［虎耳草科 Saxifragaceae］■

29168　Leptaspis R. Br. (1810)【汉】囊秤竹属(囊秤草属，囊秀竹属)。【隶属】禾本科 Poaceae(Gramineae)。【包含】世界 4-6 种，中国 1 种。【学名诠释与讨论】〈阴〉(希)leptos，瘦的，小的，弱的，薄的+aspis，盾。指雌小穗的外稃合生而呈膨大的囊状。【分布】斐济，马达加斯加，斯里兰卡，中国，马斯克林群岛，热带非洲西部。【模式】Leptaspis banksii R. Brown。【参考异名】Scrotochloa Judz. (1984)■

29169　Leptatherum Nees(1841)= Microstegium Nees(1836)［禾本科 Poaceae(Gramineae)］■

29170　Leptaulaceae Tiegh. (1900)= Icacinaceae Miers(保留科名)●■

29171　Leptaulus Benth. (1862)【汉】瘦莱萸属。【隶属】茶莱萸科 Icacinaceae。【包含】世界 6 种。【学名诠释与讨论】〈阳〉(希)leptos，瘦的，小的，弱的，薄的+-ulus，-ula，-ulum，指示小的词尾。【分布】马达加斯加，热带非洲。【模式】Leptaulus daphnoides Bentham。【参考异名】Acrocoelium Baill. (1892)●☆

29172　Leptaxis Raf. (1837)(废弃属名)≡Tolmiea Torr. et A. Gray (1840)(保留属名)［虎耳草科 Saxifragaceae］■☆

29173　Leptecophylla C. M. Weiller(1999)【汉】林檎石南属。【隶属】尖苞木科 Epacridaceae//杜鹃花科(欧石南科)Ericaceae。【包含】世界 13 种。【学名诠释与讨论】〈阴〉(希)leptos，瘦的，小的，弱的，薄的+希腊文 phyllon，叶子。phyllodes，似叶的，多叶的。phylleion，绿色材料，绿草。【分布】澳大利亚，法属波利尼西亚(社会群岛)，新几内亚岛。【模式】不详。●☆

29174　Lepteiris Raf. (1836)(废弃属名)= Penstemon Schmidel(1763)［玄参科 Scrophulariaceae//婆婆纳科 Veronicaceae］●■

29175　Leptemon Raf. (1808)Nom. illegit. ≡Crotonopsis Michx. (1803)［大戟科 Euphorbiaceae］●☆

29176　Lepteranthus Neck. (1790)Nom. inval. ≡Lepteranthus Neck. ex Cass. ;~ = Centaurea L. (1753)(保留属名)［菊科 Asteraceae (Compositae)//矢车菊科 Centaureaceae］●■

29177　Lepteranthus Neck. ex Cass. = Centaurea L. (1753)(保留属名)［菊科 Asteraceae(Compositae)//矢车菊科 Centaureaceae］●■

29178　Lepterica N. E. Br. (1906)= Scyphogyne Decne. (1828)［杜鹃花科(欧石南科)Ericaceae］●☆

29179　Leptica E. Mey. ex DC. (1838)= Gerbera L. (1758)(保留属名)［菊科 Asteraceae(Compositae)］■

29180　Leptidium C. Presl(1845)Nom. illegit. ≡Leptis E. Mey. ex Eckl.

et Zeyh.（1836）；~ =Lotononis（DC.）Eckl. et Zeyh.（1836）（保留属名）［豆科 Fabaceae（Leguminosae）//蝶形科 Papilionaceae］■

29181　Leptilix Raf.（1825）= Tofieldia Huds.（1778）［百合科 Liliaceae//纳茜菜科（肺筋草科）Nartheciaceae//无叶莲科（樱井草科）Petrosaviaceae//岩菖蒲科 Tofieldiaceae］■

29182　Leptilon Raf.（1818）Nom. inval. ≡ Leptilon Raf. ex Britton et Brown（1898）Nom. illegit.；~ ≡Caenotus（Nutt.）Raf.（1837）；~ = Erigeron L.（1753）［菊科 Asteraceae（Compositae）］■

29183　Leptilon Raf. ex Britton et Brown（1898）Nom. illegit. ≡Caenotus（Nutt.）Raf.（1837）；~ = Erigeron L.（1753）［菊科 Asteraceae（Compositae）］■●

29184　Leptinella Cass.（1822）【汉】异柱菊属。【隶属】菊科 Asteraceae（Compositae）。【包含】世界 33 种。【学名诠释与讨论】〈阴〉（希）leptos，瘦的，小的，弱的，薄的+-ine，属于，关于，相似+-ellus，-ella，-ellum，加在名词词干后面形成指小式的词尾。或加在人名、属名等后面以组成新属的名称。指子房。此属的学名是“Leptinella Cassini，Bull. Sci. Soc. Philom. Paris 1822：127. Aug 1822”。亦有文献把其处理为“Cotula L.（1753）”的异名。【分布】澳大利亚，新西兰，南美洲，新几内亚岛。【后选模式】Leptinella scariosa Cassini。【参考异名】Cotula L.（1753）■☆

29185　Leptis E. Mey. ex Eckl. et Zeyh.（1836）= Lotononis（DC.）Eckl. et Zeyh.（1836）（保留属名）［豆科 Fabaceae（Leguminosae）//蝶形花科 Papilionaceae］■

29186　Leptobaea Benth.（1876）≡Leptoboea Benth.（1876）［苦苣苔科 Gesneriaceae］●

29187　Leptobasis Dulac（1867）Nom. illegit. ≡ Hugueninia Rchb.（1832）（废弃属名）；~ = Sisymbrium L.（1753）［十字花科 Brassicaceae（Cruciferae）］■

29188　Leptobeaua Post et Kuntze（1903）= Leptoboea C. B. Clarke（1884）［苦苣苔科 Gesneriaceae］●

29189　Leptoboea Benth.（1876）【汉】细蒴苣苔属。【英】Leptoboea。【隶属】苦苣苔科 Gesneriaceae。【包含】世界 3 种，中国 1 种。【学名诠释与讨论】〈阴〉（希）leptos，瘦的，小的，弱的，薄的+（属）Boea 旋蒴苣苔。此属的学名，ING，TROPICOS 和 IK 记载是“Leptobaea Bentham in Bentham et Hook. f.，Gen. Pl. 2：1025. Mai 1876”。“Leptoboea Benth. et Hook. f.（1876）≡ Leptobaea Benth.（1876）”的命名人引证有误。“Leptobaea Benth.（1876）”是其变体；《中国植物志》英文版使用此名称。【分布】中国，东喜马拉雅山，加里曼丹岛。【后选模式】Leptobaea multiflora（C. B. Clarke）Gamble［Championia multiflora C. B. Clarke］。【参考异名】Championia C. B. Clarke（1874）Nom. illegit.；Leptobaea Benth.（1876）Nom. illegit.；Leptoboea Benth. et Hook. f.（1876）Nom. illegit.；Leptoboea C. B. Clarke（1884）Nom. illegit. ●

29190　Leptoboea Benth. et Hook. f.（1876）Nom. illegit. ≡Leptoboea Benth.（1876）［苦苣苔科 Gesneriaceae］●

29191　Leptoboea C. B. Clarke（1884）Nom. illegit. = Leptobaea Benth.（1876）［苦苣苔科 Gesneriaceae］●

29192　Leptobotrys Baill.（1858）= Tragia L.（1753）［大戟科 Euphorbiaceae］●

29193　Leptocallis G. Don（1837）= Ipomoea L.（1753）（保留属名）［旋花科 Convolvulaceae］●■

29194　Leptocallisia（Benth.）Pichon（1946）Nom. illegit. ≡Leptocallisia（Benth. et Hook. f.）Pichon（1946）Nom. illegit.；~ ≡ Aploleia Raf.（1837）；~ =Callisia Loefl.（1758）［鸭跖草科 Commelinaceae］■☆

29195　Leptocallisia（Benth. et Hook. f.）Pichon（1946）Nom. illegit. ≡ Aploleia Raf.（1837）；~ = Callisia Loefl.（1758）［鸭跖草科 Commelinaceae］■☆

29196　Leptocanna（Rendle）L. C. Chia et H. L. Fung（1981）Nom. illegit. = Schizostachyum Nees（1829）［禾本科 Poaceae（Gramineae）］●

29197　Leptocanna L. C. Chia et H. L. Fung（1981）【汉】薄竹属。【英】Leptocanna。【隶属】禾本科 Poaceae（Gramineae）。【包含】世界 1 种，中国 1 种。【学名诠释与讨论】〈阴〉（希）leptos，瘦的，小的，弱的，薄的+kanna，芦苇，苇席。拉丁文 canna，指小式 cannula，芦管，管子，通道。指竹秆的壁甚薄。此属的学名是“Leptocanna L. C. Chia et H. L. Fung，Acta Phytotax. Sin. 19：212. Mai 1981”。夏念和（1993）将其降级为“Schizostachyum subgen. Leptocanna（L. C. Chia et H. L. Fung）N. H. Xia J. Trop. Subtrop. Bot. 1（1）：5（1993）”。亦有文献把“Leptocanna L. C. Chia et H. L. Fung（1981）”处理为“Schizostachyum Nees（1829）”的异名。【分布】中国。【模式】Leptocanna chinensis（A. B. Rendle）L. C. Chia et H. L. Fung［Schizostachyum chinense A. B. Rendle］。【参考异名】Schizostachyum Nees（1829）；Schizostachyum subgen. Leptocanna（L. C. Chia et H. L. Fung）N. H. Xia（1993）●★

29198　Leptocarpaea DC.（1821）= Sisymbrium L.（1753）［十字花科 Brassicaceae（Cruciferae）］■

29199　Leptocarpha DC.（1836）【汉】薄托菊属。【隶属】菊科 Asteraceae（Compositae）。【包含】世界 1 种。【学名诠释与讨论】〈阴〉（希）leptos，瘦的，小的，弱的，薄的+karphos，皮壳，谷壳，糠秕。此属的学名，ING 和 IK 记载是“Leptocarpha A. P. de Candolle，Prodr. 5：495. Oct（prim.）1836”。“Leptocarpha Endl.，Gen. Pl.［Endlicher］Suppl. 1：1383, in syn.，sphalm. 1841［Feb-Mar 1841］=Helenium L.（1753）= Leptophora Raf.（1819）Nom. illegit.［菊科 Asteraceae（Compositae）//堆心菊科 Heleniaceae］”是晚出的非法名称。【分布】安第斯山。【模式】Leptocarpha rivularis A. P. de Candolle。■●☆

29200　Leptocarpha Endl.（1841）Nom. illegit. = Helenium L.（1753）；~ = Leptophora Raf.（1819）Nom. illegit.；~ = Leptopoda Nutt.（1818）［菊科 Asteraceae（Compositae）//堆心菊科 Heleniaceae］■

29201　Leptocarpus R. Br.（1810）（保留属名）【汉】薄果帚灯草属（薄果草属）。【英】Thinfruitgrass。【隶属】帚灯草科 Restionaceae。【包含】世界 3-16 种，中国 1 种。【学名诠释与讨论】〈阳〉（希）leptos，瘦的，小的，弱的，薄的+karpos，果实。指果皮薄。此属的学名“Leptocarpus R. Br.，Prodr.；250. 27 Mar 1810”是保留属名。相应的废弃属名是帚灯草科 Restionaceae 的“Schoenodum Labill.，Nov. Holl. Pl. 2：79. Aug 1806 = Leptocarpus R. Br.（1810）（保留属名）”。“Leptocarpus Willd. ex Link，Jahrb. Gewächsk. 1（3）：51, 1820 =Tamonea Aubl.（1775）［马鞭草科 Verbenaceae］”亦应废弃。TROPICOS 把“Leptocarpus Willd. ex Link（1820）”置于帚灯草科 Restionaceae。亦有文献把“Leptocarpus R. Br.（1810）（保留属名）”处理为“Dapsilanthus B. G. Briggs et L. A. S. Johnson（1998）”的异名。【分布】澳大利亚（塔斯曼半岛），新西兰，智利，中国，东南亚。【模式】Leptocarpus aristatus R. Brown。【参考异名】Calopsis P. Beauv. ex Juss.（1827）；Dapsilanthus B. G. Briggs et L. A. S. Johnson（1998）；Schoenodum Labill.（1806）（废弃属名）■

29202　Leptocarpus Willd. ex Link（1820）Nom. illegit.（废弃属名）= Tamonea Aubl.（1775）［马鞭草科 Verbenaceae］■●☆

29203　Leptocarydion Hochst. ex Benth. et Hook. f.（1883）【汉】小颖果草属。【隶属】禾本科 Poaceae（Gramineae）。【包含】世界 1-3 种。【学名诠释与讨论】〈中〉（希）leptos，瘦的，小的，弱的，薄的+karyon，胡桃，硬壳果，核，坚果+-ion，表示出现。此属的学名，IK 记载是“Leptocarydion Hochst. ex Benth. et Hook. f.，Gen. Pl.［Bentham et Hooker f.］3（2）：1176. 1883［14 Apr 1883］”。

ING 和 TROPICOS 则记载为"Leptocarydion Hochstetter ex Stapf in Thiselton-Dyer, Fl. Cap. 7：316('Leptocarydium'). Jul 1898"；这是晚出的非法名称。"Leptocarydion Stapf（1898）≡ Leptocarydion Hochst. ex Stapf（1898）"的命名人引证有误。"Leptocarydium Hochst. ex Stapf（1898）"是"Leptocarydion Hochst. ex Benth. et Hook. f.（1883）"的拼写变体。【分布】非洲南部，马达加斯加。【后选模式】Leptocarydion vulpiastrum（De Notaris）Stapf［Rhabdochloa vulpiastrum De Notaris］。【参考异名】Leptocarydion Hochst. ex Stapf（1898）Nom. illegit.；Leptocarydion Stapf（1898）Nom. illegit.；Leptocarydium Hochst. ex Stapf（1898）Nom. illegit.■☆

29204　Leptocarydion Hochst. ex Stapf（1898）Nom. illegit. ≡ Leptocarydion Hochst. ex Benth. et Hook. f.（1883）［禾本科 Poaceae（Gramineae）］■☆

29205　Leptocarydion Stapf（1898）Nom. illegit. ≡ Leptocarydion Hochst. ex Stapf（1898）；～ ≡ Leptocarydion Hochst. ex Benth. et Hook. f.（1883）［禾本科 Poaceae（Gramineae）］■☆

29206　Leptocarydium Hochst. ex Stapf（1898）Nom. illegit. ≡ Leptocarydion Hochst. ex Stapf（1898）［禾本科 Poaceae（Gramineae）］■☆

29207　Leptocaulis Nutt. ex DC.（1829）= Apium L.（1753）；～ = Spermolepis Raf.（1825）［伞形花科（伞形科）Apiaceae（Umbelliferae）］■☆

29208　Leptocentrum Schltr.（1914）Nom. illegit. ≡ Plectrelminthus Raf.（1838）；～ = Rangaeris（Schltr.）Summerh.（1936）［兰科 Orchidaceae］■☆

29209　Leptoceras（R. Br.）Lindl.（1839）= Caladenia R. Br.（1810）［兰科 Orchidaceae］■☆

29210　Leptoceras Fitzg.（1888）Nom. illegit. ≡ Leporella A. S. George（1971）［兰科 Orchidaceae］■☆

29211　Leptoceras Lindl.（1839）Nom. illegit. ≡ Leptoceras（R. Br.）Lindl.（1839）；～ = Caladenia R. Br.（1810）［兰科 Orchidaceae］■☆

29212　Leptocercus Raf.（1819）Nom. illegit. ≡ Lepturus R. Br.（1810）［禾本科 Poaceae（Gramineae）］■

29213　Leptocereus（A. Berger）Britton et Rose（1909）【汉】细阁柱属。【日】レプトセレウス属。【隶属】仙人掌科 Cactaceae。【包含】世界 10-13 种。【学名诠释与讨论】〈阳〉（希）leptos，瘦的，小的，弱的，薄的 +（属）Cereus 仙影掌属。此属的学名，ING 和 TROPICOS 记载是"Leptocereus（A. Berger）N. L. Britton et J. N. Rose，Contr. U. S. Natl. Herb. 12：433. 21 Jul 1909"，由"Cereus subgen. Leptocereus A. Berger，Rep.（Annual）Missouri Bot. Gard. 16：79. 31 Mai 1905"改级而来。GCI 和 IK 则记载为"Leptocereus Britton et Rose，Contr. U. S. Natl. Herb. xii. 433（1909）"。四者引用的文献相同。也有学者把"Neoabbottia Britton et Rose（1921）"归入本属。"Leptocercus Rafinesque，Amer. Monthly Mag. et Crit. Rev. 4：190. Jan 1819 ≡ Lepturus R. Br.（1810）［禾本科 Poaceae（Gramineae）］"易与本属学名混淆。"Leptocereus Rafinesque，J. Phys. Chim. Hist. Nat. 89：262. Oct 1819"是晚出的非法名称，也是"Leptocercus Raf.（1819）［禾本科 Poaceae（Gramineae）］"的拼写变体。【分布】西印度群岛。【模式】Leptocereus assurgens（Wright ex Grisebach）N. L. Britton et J. N. Rose［Cereus assurgens Wright ex Grisebach］。【参考异名】Cereus subgen. Leptocereus A. Berger（1905）；Leptocereus Britton et Rose（1909）Nom. illegit.；Neoabbottia Britton et Rose（1921）●☆

29214　Leptocereus Britton et Rose（1909）Nom. illegit. ≡ Leptocereus（A. Berger）Britton et Rose（1909）［仙人掌科 Cactaceae］●☆

29215　Leptocereus Raf.（1819）Nom. illegit. ≡ Leptocercus Raf.（1819）Nom. illegit.；～ = Lepturus R. Br.（1810）［禾本科 Poaceae（Gramineae）］

（Gramineae）］■

29216　Leptochiton Sealy（1937）【汉】安第斯石蒜属。【隶属】石蒜科 Amaryllidaceae//百合科 Liliaceae。【包含】世界 2-3 种。【学名诠释与讨论】〈中〉（希）leptos，瘦的，小的，弱的，薄的 + chiton，衣料，束腰外衣，覆盖物。指外种皮。此属的学名是"Leptochiton Sealy，Bot. Mag. ad t. 9491. 28 Sep, 1937"。亦有文献把"Leptochiton Sealy（1937）"处理为"Hymenocallis Salisb.（1812）"的异名。【分布】秘鲁，玻利维亚，厄瓜多尔，安第斯山。【模式】Leptochiton quitoensis（Herbert）Sealy［Hymenocallis quitoensis Herbert］。【参考异名】Hymenocallis Salisb.（1812）■☆

29217　Leptochlaena Spreng.（1830）= Leptolaena Thouars（1805）［苞杯花科（旋花树科）Sarcolaenaceae］●☆

29218　Leptochloa P. Beauv.（1812）【汉】千金子属。【日】アゼガヤ属。【英】Beetle-grass，Feather Grass，Sprangletop，Sprangle-top。【隶属】禾本科 Poaceae（Gramineae）。【包含】世界 32 种，中国 3 种。【学名诠释与讨论】〈阴〉（希）leptos，瘦的，小的，弱的，薄的 + chloe，草的幼芽，嫩草，禾草。指总状花序细弱。此属的学名，ING、TROPICOS、APNI、GCI 和 IK 记载是"Leptochloa P. Beauv.，Ess. Agrostogr. 71. 1812［Dec 1812］"。"Leptostachys G. F. W. Meyer，Prim. Fl. Esseq. 73. Nov 1818"是"Leptochloa P. Beauv.（1812）"的晚出的同模式异名（Homotypic synonym，Nomenclatural synonym）。【分布】巴基斯坦，巴拿马，秘鲁，玻利维亚，厄瓜多尔，哥伦比亚（安蒂奥基亚），哥斯达黎加，马达加斯加，美国（密苏里），尼加拉瓜，中国，中美洲。【后选模式】Leptochloa virgata（Linnaeus）Palisot de Beauvois［Cynosurus virgatus Linnaeus］。【参考异名】Anoplia Nees ex Steud.（1854）；Anoplia Steud.（1854）Nom. illegit.；Baldomiria Herter（1940）；Diachroa Nutt.（1835）；Diacisperma Kuntze（1903）Nom. illegit.；Diacisperma Post et Kuntze（1903）Nom. illegit.；Diplachne P. Beauv.（1812）；Disakisperma Steud.（1854）；Hackelia Vasey ex Beal（1896）Nom. illegit.；Ipnum Phil.（1871）；Leptostachys G. Mey.（1818）Nom. illegit.；Oxyadenia Spreng.（1824）；Oxydenia Nutt.（1818）；Rabdochloa P. Beauv.（1812）；Rhabdochloa Kunth（1815）■

29219　Leptochloopsis H. O. Yates（1966）【汉】类千金子属。【隶属】禾本科 Poaceae（Gramineae）。【包含】世界 2 种。【学名诠释与讨论】〈阴〉（属）Leptochloa 千金子属 + 希腊文 opsis，外观，模样，相似。此属的学名是"Leptochloöpsis H. O. Yates，Southw. Naturalist 11：382. 20 Oct 1966"。亦有文献把其处理为"Uniola L.（1753）"的异名。【分布】安第斯山，西印度群岛，北美洲东部。【模式】Leptochloopsis virgata（Poiret）H. O. Yates［Poa virgata Poiret］。【参考异名】Uniola L.（1753）■☆

29220　Leptochloris Kuntze（1891）Nom. illegit. ≡ Leptochloris Munro ex Kuntze（1891）；～ = Chloris Sw.（1788）；～ = Trichloris E. Fourn. ex Benth.（1881）［禾本科 Poaceae（Gramineae）］●■

29221　Leptochloris Munro ex Kuntze（1891）= Chloris Sw.（1788）；～ = Trichloris E. Fourn. ex Benth.（1881）［禾本科 Poaceae（Gramineae）］■☆

29222　Leptocladia Buxb.（1951）Nom. illegit. ≡ Leptocladodia Buxb.（1954）；～ = Mammillaria Haw.（1812）（保留属名）［仙人掌科 Cactaceae］●

29223　Leptocladodia Buxb.（1954）= Mammillaria Haw.（1812）（保留属名）［仙人掌科 Cactaceae］●

29224　Leptocladus Oliv.（1864）= Mostuea Didr.（1853）［马钱科（断肠草科，马钱子科）Loganiaceae］●☆

29225　Leptoclinium（Nutt.）A. Gray（1879）Nom. illegit. ≡ Garberia A. Gray（1880）［菊科 Asteraceae（Compositae）］●■☆

29226　Leptoclinium(Nutt.) Benth. (1873) Nom. illegit. ≡ Leptoclinium Gardner ex Benth. et Hook. f. (1873) ; ~ ≡ Leptoclinium Gardner ex Benth. et Hook. f. (1873) ［菊科 Asteraceae(Compositae)］●☆

29227　Leptoclinium(Nutt.) Benth. et Hook. f. (1873) Nom. illegit. ≡ Leptoclinium Gardner ex Benth. et Hook. f. (1873) ［菊科 Asteraceae(Compositae)］●☆

29228　Leptoclinium Benth. (1873) Nom. illegit. ≡ Leptoclinium Gardner ex Benth. et Hook. f. (1873) ; ~ ≡ Leptoclinium Gardner ex Benth. et Hook. f. (1873) ［菊科 Asteraceae(Compositae)］●☆

29229　Leptoclinium Benth. et Hook. f. (1873) Nom. illegit. ≡ Leptoclinium Gardner ex Benth. et Hook. f. (1873) ［菊科 Asteraceae(Compositae)］●☆

29230　Leptoclinium Gardner ex Benth. et Hook. f. (1873)【汉】落冠修泽兰属。【隶属】菊科 Asteraceae(Compositae)。【包含】世界 1 种。【学名诠释与讨论】〈中〉(希)leptos, 瘦弱的, 薄的, 小的, 细的。lepto- = 拉丁文 tenui-, 瘦弱的, 薄的, 细的, 小的+kline, 床, 来自 klino, 倾斜, 斜倚+-ius, -ia, -ium, 在拉丁文和希腊文中, 这些词尾表示性质或状态。此属的学名, ING 记载是"Leptoclinium G. Gardner ex Bentham et Hook. f., Gen. 2: 173, 244. 7-9 Apr 1873"; IK 记载为"Leptoclinium Benth., Gen. Pl. [Bentham et Hooker f.]2(1): 244. 1873 [7-9 Apr 1873]"; TROPICOS 则记载为"Leptoclinium (Nutt.) Benth. et Hook. f., Genera Plantarum 2 (1): 244. 1873 ", 由 " Liatris subgen. Leptoclinium Nutt., Transactions of the American Philosophical Society, new series 7: 285. 1840. (Oct-Dec1840)"改级而来。三者引用的文献相同。"Leptoclinium (Nuttall) A. Gray, Proc. Amer. Acad. Arts 15: 48. 1 Oct 1879 ≡ Garberia A. Gray (1880) ［菊科 Asteraceae (Compositae)］"和"Pseudoclinium O. in T. Post et O. Kuntze, Lex. 464. Dec 1903. ≡ Leptoclinium Gardner ex Benth. et Hook. f. (1873)"是晚出的非法名称。"Leptoclinium (Nutt.) Benth. (1873) ≡ Leptoclinium Gardner ex Benth. et Hook. f. (1873)"和"Leptoclinium Benth. et Hook. f. (1873) ≡ Leptoclinium Gardner ex Benth. et Hook. f. (1873)"的命名人引证有误。"Pseudoclinium O. Kuntze in T. Post et O. Kuntze, Lex. 464. Dec 1903"是"Leptoclinium Gardner ex Benth. et Hook. f. (1873)"的晚出的同模式异名(Homotypic synonym, Nomenclatural synonym)。【分布】巴西。【模式】Liatris brasiliensis G. Gardner。【参考异名】Leptoclinium (Nutt.) Benth. (1873) Nom. illegit. ; Leptoclinium (Nutt.) Benth. et Hook. f. (1873) Nom. illegit. ; Leptoclinium Benth. (1873) Nom. illegit. ; Leptoclinium Benth. et Hook. f. (1873) Nom. illegit. ; Leptoclinium Kuntze (1903) Nom. illegit. ; Pseudoclinium Kuntze(1903) Nom. illegit. ●☆

29231　Leptoclinium Kuntze(1903) Nom. illegit. ≡ Leptoclinium Gardner ex Benth. et Hook. f. (1873) ［菊科 Asteraceae(Compositae)］●☆

29232　Leptocnemia Nutt. ex Torr. et A. Gray (1840) Nom. illegit. = Cymopterus Raf. (1819) ［伞形花科（伞形科）Apiaceae (Umbelliferae)］■☆

29233　Leptocnide Blume(1857) = Pouzolzia Gaudich. (1830) ［荨麻科 Urticaceae］●■

29234　Leptocodon (Hook. f.) Lem. (1856)【汉】薄钟花属（细钟花属）。【英】Leptocodon。【隶属】桔梗科 Campanulaceae。【包含】世界 2 种, 中国 2 种。【学名诠释与讨论】〈阳〉(希)leptos, 瘦的, 小的, 弱的, 薄的+kodon, 指小式 kodonion, 钟, 铃。指钟形的花冠纤细。此属的学名, ING 和 TROPICOS 记载是"Leptocodon (J. D. Hooker)Lemaire, Ill. Hort. 3. Misc. 49. Jun 1856", 由 " Codonopsis sect. Leptocodon J. D. Hooker, Ill. Himal. Pl. t. xvi, f. a. Jul (sero) 1855"改级而来。IK 则记载为"Leptocodon Lem., Ill. Hort. iii.

(1856) Misc. 49; Hook. f. et Thoms. in Journ. Linn. Soc. ii. (1858) 17"。三者引用的文献相同。"Leptocodon (Hook. f. et Thomson) Lem. (1856) ≡ Leptocodon (Hook. f.) Lem. (1856)"的命名人引证有误。"Leptocodon Sond., Fl. Cap. (Harvey) 3: 584. 1865 [24 Feb - 30 Jun 1865] = Treichelia Vatke (1874) ［桔梗科 Campanulaceae］"则是晚出的方法名称。【分布】中国, 喜马拉雅山。【模式】Leptocodon gracilis (J. D. Hooker) Lemaire ［Codonopsis gracilis J. D. Hooker］。【参考异名】Codonopsis sect. Leptocodon Hook. f. (1855) ; Leptocodon (Hook. f. et Thomson) Lem. (1856) Nom. illegit. ; Leptocodon Lem. (1856) Nom. illegit. ■

29235　Leptocodon (Hook. f. et Thomson) Lem. (1856) Nom. illegit. ≡ Leptocodon (Hook. f.) Lem. (1856) ［桔梗科 Campanulaceae］■

29236　Leptocodon Lem. (1856) Nom. illegit. ≡ Leptocodon (Hook. f.) Lem. (1856) ［桔梗科 Campanulaceae］■

29237　Leptocodon Sond. (1865) Nom. illegit. = Treichelia Vatke(1874) ［桔梗科 Campanulaceae］■☆

29238　Leptocoma Less. (1831) = Rhynchospermum Reinw. ex Blume (1825) ［菊科 Asteraceae(Compositae)］■

29239　Leptocoryphium Nees(1829)【汉】薄盔禾属。【隶属】禾本科 Poaceae(Gramineae)。【包含】世界 1 种。【学名诠释与讨论】〈中〉(希)leptos, 瘦的, 小的, 弱的, 薄的+koryphe, 顶点, 头, 头顶, 头盔, 主要点+-ius, -ia, -ium, 在拉丁文和希腊文中, 这些词尾表示性质或状态。此属的学名是"Leptocoryphium C. G. D. Nees, Agrost. Brasil. 83. Mar-Jun 1829"。亦有文献把其处理为"Anthenantia P. Beauv. (1812) Nom. illegit."的异名。【分布】巴拿马, 秘鲁, 玻利维亚, 哥斯达黎加, 尼加拉瓜, 西印度群岛, 中美洲。【后选模式】Leptocoryphium lanatum (Kunth) C. G. D. Nees ［Paspalum lanatum Kunth］。【参考异名】Anthenantia P. Beauv. (1812) Nom. illegit. ■☆

29240　Leptocyamus Benth. (1839)【汉】瘦豆属。【隶属】豆科 Fabaceae(Leguminosae)。【包含】世界 9 种。【学名诠释与讨论】〈阳〉(希)leptos, 瘦的, 小的, 弱的, 薄的+kyamos, 豆, 小石。此属的学名"Leptocyamus Bentham, Trans. Linn. Soc. London 18: 209. 7-30 Mai 1839"是一个替代名称。"Leptolobium Bentham, Commentat. Legum. Gener. 60. Jun 1837"是一个非法名称(Nom. illegit.), 因为此前已经有了"Leptolobium J. R. Th. Vogel, Linnaea 11: 388. Apr-Mai 1837 =Sweetia Spreng. (1825) (保留属名) ［豆科 Fabaceae (Leguminosae)］"。故用"Leptocyamus Benth. (1839)"替代之。亦有文献把"Leptocyamus Benth. (1839)"处理为"Glycine Willd. (1802) (保留属名)"的异名。【分布】中国, 喜马拉雅山。【后选模式】Glycine clandestina Willd. 。【参考异名】Kennedynella Steud. (1840) Nom. illegit. ; Leptolobium Benth. (1837) Nom. illegit. ■

29241　Leptocytisus Meisn. (1848) = Latrobea Meisn. (1848) ［豆科 Fabaceae(Leguminosae)//蝶形花科 Papilionaceae］■☆

29242　Leptodactylon Hook. et Arn. (1839)【汉】细指花荵属。【英】Prickly Phlox。【隶属】花荵科 Polemoniaceae。【包含】世界 12 种。【学名诠释与讨论】〈中〉(希)leptos, 瘦的, 小的, 弱的, 薄的 + daktylos, 手指, 足趾。daktilotos。有指的, 指状的。daktylethra, 指套。此属的学名是"Leptodactylon W. J. Hooker et Arnott, Bot. Beechey's Voyage 369. Jan-Mai 1839"。亦有文献把其处理为"Linanthus Benth. (1833)"的异名。【分布】北美洲西部。【模式】Leptodactylon californicum Hooker et Arnott。【参考异名】Linanthus Benth. (1833) ; Siphonella (A. Gray) A. Heller (1912) Nom. illegit. ■☆

29243　Leptodaphne Nees (1833) = Ocotea Aubl. (1775) ［樟科 Lauraceae］●☆

29244　Leptodermis Wall.（1824）【汉】野丁香属（薄皮木属）。【日】イハハギ属，シチャウゲ属，シチョウゲ属。【英】Leptodermis，Wildclove。【隶属】茜草科 Rubiaceae。【包含】世界 30-40 种，中国 35-39 种。【学名诠释与讨论】〈阴〉（希）leptos，瘦的，小的，弱的，薄的，+derma，所有格 dermatos，皮，革。指种皮膜质，或说苞片膜质，或说叶片狭长而尖几近膜质，或说指果皮薄。【分布】巴基斯坦，马达加斯加，中国，喜马拉雅山至日本。【模式】Leptodermis lanceolata Wallich。【参考异名】Leptordermis DC.（1830）●

29245　Leptoderris Dunn（1910）【汉】薄皮豆属（小花豆属）。【隶属】豆科 Fabaceae（Leguminosae）。【包含】世界 20 种。【学名诠释与讨论】〈阴〉（希）leptos，瘦的，小的，弱的，薄的，+derris，毛皮，壳，毛布，革制的外罩。【分布】热带非洲。【后选模式】Leptoderris goetzei（Harms）Dunn［Derris goetzei Harms］。■☆

29246　Leptodesmia（Benth.）Benth.（1865）Nom. illegit. ≡Leptodesmia（Benth.）Benth. et Hook. f.（1865）［豆科 Fabaceae（Leguminosae）］●■☆

29247　Leptodesmia（Benth.）Benth. et Hook. f.（1865）【汉】小束豆属。【隶属】豆科 Fabaceae（Leguminosae）。【包含】世界 5 种。【学名诠释与讨论】〈阴〉（希）leptos，瘦的，小的，弱的，薄的，+desmios，被禁锢的。此属的学名，ING 记载是“Leptodesmia（Bentham）Bentham et Hook. f.，Gen. 1:522. 19 Oct 1865”；由“Desmodium sect. Leptodesmia Bentham in Miquel, Pl. Jungh. 221. Aug. 1852”改级而来。IK 记载为“Leptodesmia Benth.，Gen. Pl.［Bentham et Hooker f.］1（2）:522. 1865［19 Oct 1865］”和“Leptodesmia（Benth.）Benth.，Gen. Pl.［Bentham et Hooker f.］1（2）;522. 1865［19 Oct 1865］”。TROPICOS 则记载为“Leptodesmia（Benth.）Benth.，Gen. Pl. 1:522，1865”。四者引用的文献相同。似“Leptodesmia（Benth.）Benth.（1865）”和“Leptodesmia Benth.（1865）”的命名人引证有误，待核查。【分布】马达加斯加，印度。【后选模式】Leptodesmia congesta（R. Wight）Bentham ex J. G. Baker。【参考异名】Desmodium sect. Leptodesmia Benth.（1852）；Leptodesmia（Benth.）Benth.（1865）Nom. illegit.；Leptodesmia Benth.（1865）Nom. illegit.●■☆

29248　Leptodesmia Benth.（1865）Nom. illegit. ≡Leptodesmia（Benth.）Benth. et Hook. f.（1865）［豆科 Fabaceae（Leguminosae）]●■☆

29249　Leptofeddea Diels（1919）= Leptoglossis Benth.（1845）［茄科 Solanaceae]■☆

29250　Leptofeddia Diels（1919）Nom. illegit. ≡Leptofeddea Diels（1919）;~ =Leptoglossis Benth.（1845）［茄科 Solanaceae]■☆

29251　Leptoglossis Benth.（1845）【汉】细舌茄属。【隶属】茄科 Solanaceae。【包含】世界 7 种。【学名诠释与讨论】〈阴〉（希）leptos，瘦的，小的，弱的，薄的，+ glossa，舌。此属的学名是“Leptoglossis Bentham, Bot. Voyage Sulphur 143. 14 Apr 1845”。亦有文献把其处理为“Salpiglossis Ruiz et Pav.（1794）”的异名。【分布】阿根廷，秘鲁。【模式】Leptoglossis schwenkioides Bentham。【参考异名】Cyclostigma Phil.（1871）Nom. illegit.；Leptofeddea Diels（1919）；Leptofeddia Diels（1919）；Salpiglossis Ruiz et Pav.（1794）■☆

29252　Leptoglottis DC.（1825）= Schrankia Willd.（1806）（保留属名）［豆科 Fabaceae（Leguminosae）//含羞草科 Mimosaceae]●■

29253　Leptogonum Benth.（1880）【汉】管花蓼树属。【隶属】蓼科 Polygonaceae。【包含】世界 1 种。【学名诠释与讨论】〈中〉（希）leptos，瘦的，小的，弱的，薄的，+gone，所有格 gonos =gone，后代，子孙，籽粒，生殖器官。Goneus，父亲。Gonimos，能生育的，有生育力的。新拉丁文 gonas，所有格 gonatis，胚腺，生殖腺，生殖器。【分布】西印度群岛。【模式】Leptogonum domingensis Bentham。●☆

29254　Leptogyma Raf. = Pluchea Cass.（1817）［菊科 Asteraceae（Compositae）]●■

29255　Leptogyne Less.（1831）= Cotula L.（1753）［菊科 Asteraceae（Compositae）]■

29256　Leptohyptis Harley et J. F. B. Pastore（2012）【汉】小山香属。【隶属】唇形科 Lamiaceae（Labiatae）。【包含】世界 5 种。【学名诠释与讨论】〈阴〉（希）leptos，瘦的，小的，弱的，薄的，+（属）Hyptis 山香属（四方骨属，香苦草属）。“Leptohyptis Harley et J. F. B. Pastore（2012）”是“Hyptis subsect. Tubulosae Briq.（1897）”的替代名称。【分布】参见 Hyptis subsect. Tubulosae Briq.（1897）。【模式】未指定。【参考异名】Hyptis subsect. Tubulosae Briq.（1897）☆

29257　Leptolaena Thouars（1805）【汉】薄苞杯花属。【隶属】苞杯花科（旋花树科）Sarcolaenaceae。【包含】世界 2-16 种。【学名诠释与讨论】〈阴〉（希）leptos，瘦的，小的，弱的，薄的，+laina =chlaine =拉丁文 laena，外衣，衣服。通常植物体被星状毛。【分布】马达加斯加。【模式】Leptolaena multiflora Du Petit-Thouars。【参考异名】Leptochlaena Spreng.（1830）；Mediusella（Cavaco）Dorr（1987）Nom. illegit.；Mediusella（Cavaco）Hutch.（1973）Nom. illegit.；Xerochlamys Baker（1882）●☆

29258　Leptolepis Boeck.（1888）= Blysmus Panz. ex Schult.（1824）（保留属名）+Carex L.（1753）［莎草科 Cyperaceae]■

29259　Leptolobaceae Dulac =Celastraceae R. Br.（1814）（保留科名）●

29260　Leptolobium Benth.（1837）Nom. illegit. ≡Leptocyamus Benth.（1839）［豆科 Fabaceae（Leguminosae）]■

29261　Leptolobium Vogel（1837）= Sweetia Spreng.（1825）（保留属名）［豆科 Fabaceae（Leguminosae）]●☆

29262　Leptoloma Chase（1906）【汉】薄稃草属。【英】Witchgrass。【隶属】禾本科 Poaceae（Gramineae）。【包含】世界 10 种，中国 2 种。【学名诠释与讨论】〈中〉（希）leptos，瘦的，小的，弱的，薄的，+loma，所有格 lomatos，袍的边缘。指第二外稃膜质，边缘极薄。此属的学名，ING、TROPICOS 和 IK 记载是“Leptoloma Chase, Proc. Biol. Soc. Washington 19:191. 1906”。它曾被处理为“Digitaria subgen. Leptoloma（Chase）Henrard, Monograph of the Genus ~ Digitaria ~ 839, 849. 1950”。亦有文献把“Leptoloma Chase（1906）”处理为“Digitaria Haller（1768）（保留属名）”的异名。【分布】澳大利亚，美国（东部和南部），中国。【模式】Leptoloma cognatum（J. A. Schultes）Chase［as‘cognata’]［Panicum cognatum J. A. Schultes］。【参考异名】Digitaria Haller（1768）（保留属名）；Digitaria subgen. Leptoloma（Chase）Henrard（1950）■

29263　Leptomeria R. Br.（1810）【汉】细檀香属。【英】Currant Bush。【隶属】檀香科 Santalaceae。【包含】世界 17 种。【学名诠释与讨论】〈阴〉（希）leptos，瘦的，小的，弱的，薄的，+meros，一部分。拉丁文 merus 含义为纯洁的，真正的。指枝干。【分布】澳大利亚。【后选模式】Leptomeria acida R. Brown。■☆

29264　Leptomeria Siebold, Nom. illegit. =Amperea A. Juss.（1824）［大戟科 Euphorbiaceae]■☆

29265　Leptomischus Drake（1895）【汉】报春茜属。【英】Earlymadder。【隶属】茜草科 Rubiaceae。【包含】世界 5 种，中国 5 种。【学名诠释与讨论】〈阳〉（希）leptos，瘦的，小的，弱的，薄的，+mischos，小花梗。指小花梗纤细。【分布】中国，中南半岛。【模式】Leptomischus primuloides Drake del Castillo。【参考异名】Indopolysolenia Bennet（1981）；Polysolenia Hook. f.（1873）Nom. illegit.■

29266　Leptomon Steud.（1840）= Crotonopsis Michx.（1803）；~ = Leptemon Raf.（1808）Nom. illegit.；~ = Crotonopsis Michx.（1803）［大戟科 Euphorbiaceae］●☆

29267　Leptomyrtus（Miq.）O. Berg（1859）= Syzygium P. Browne ex Gaertn.（1788）（保留属名）［桃金娘科 Myrtaceae］●

29268　Leptomyrtus Miq. ex O. Berg（1859）Nom. illegit. ≡ Leptomyrtus（Miq.）O. Berg（1859）；~ = Syzygium P. Browne ex Gaertn.（1788）（保留属名）［桃金娘科 Myrtaceae］●

29269　Leptonema A. Juss.（1824）【汉】丝蕊大戟属。【隶属】大戟科 Euphorbiaceae。【包含】世界 2 种。【学名诠释与讨论】〈中〉（希）leptos，瘦的、小的、弱的、薄的+nema，所有格 nematos，丝，花丝。指雄蕊。此属的学名，ING、APNI、TROPICOS 和 IK 记载是"Leptonema A. H. L. Jussieu, Euphorb. Tent. 19. f. 12. 21 Feb 1824"。"Leptonema W. J. Hooker, Icon. Pl. ad t. 692. Jul 1844［十字花科 Brassicaceae（Cruciferae）］"是晚出的非法名称；Turczaninow（1854）曾用"Dolichostylis Turcz., Bull. Soc. Imp. Naturalistes Moscou xxvii.（1854）II. 305"替代它，但是因为已经有了菊科 Asteraceae（Compositae）的"Dolichostylis Cass., Dict. Sci. Nat., ed. 2.［F. Cuvier］56:138. 1828［Sep 1828］"而非法；故 W. J. Hooker（1862）又用"Stenonema W. J. Hooker in Bentham et Hook. f., Gen. 1:75. 7 Aug 1862"来代替。褐藻的"Leptonema J. Reinke, Ber. Deutsch. Bot. Ges. 6:19. 17 Feb 1888"、化石真菌的"Leptonema J. Smith, Trans. Geol. Soc. Glasgow 10（2）:321. 1896"和蓝藻的"Leptonema L. Rabenhorst, Algen Sachsens 653. Dec 1857"都是晚出的非法名称。【分布】马达加斯加。【模式】Leptonema venosum（Poiret）A. H. L. Jussieu［Acalypha venosa Poiret］。■☆

29270　Leptonema Hook.（1844）Nom. illegit. ≡ Dolichostylis Turcz.（1854）Nom. illegit.；~ ≡ Stenonema Hook.（1862）；~ ≡ Draba L.（1753）［十字花科 Brassicaceae（Cruciferae）//葶苈科 Drabaceae］■

29271　Leptonium Griff.（1843）= Lepionurus Blume（1827）［山柑科（白花菜科，醉蝶花科）Capparaceae//山柚子科（山柑科，山柚仔科）Opiliaceae］●

29272　Leptonychia Turcz.（1858）【汉】细爪梧桐属。【隶属】梧桐科 Sterculiaceae//锦葵科 Malvaceae。【包含】世界 45 种。【学名诠释与讨论】〈阴〉（希）leptos，瘦的、小的、弱的、薄的+onyx，所有格 onychos，指甲，爪。指雄蕊退化。【分布】马来西亚（西部），缅甸，印度（南部），新几内亚岛，热带非洲。【模式】Leptonychia glabra Turczaninow。【参考异名】Binnendijkia Kurz（1865）；Leptonychiopsis Ridl.（1920）；Paragrewia Gagnep. ex R. S. Rao（1953）●☆

29273　Leptonychiopsis Ridl.（1920）= Leptonychia Turcz.（1858）［梧桐科 Sterculiaceae//锦葵科 Malvaceae］●☆

29274　Leptopaetia Harv.（1868）= Tacazzea Decne.（1844）［萝藦科 Asclepiadaceae］●☆

29275　Leptopeda Raf. = Helenium L.（1753）；~ = Leptopoda Nutt.（1818）［菊科 Asteraceae（Compositae）//堆心菊科 Heleniaceae］■

29276　Leptopetalum Hook. et Arn.（1838）= Hedyotis L.（1753）（保留属名）［茜草科 Rubiaceae］●■

29277　Leptopetion Schott（1858）= Biarum Schott（1832）（保留属名）［天南星科 Araceae］■☆

29278　Leptopharyngia（Stapf）Boiteau（1976）= Tabernaemontana L.（1753）［夹竹桃科 Apocynaceae//红月桂科 Tabernaemontanaceae］●

29279　Leptopharynx Rydb.（1914）= Perityle Benth.（1844）［菊科 Asteraceae（Compositae）］●■☆

29280　Leptophoba Ehrh.（1789）Nom. inval. = Aira L.（1753）（保留属名）［禾本科 Poaceae（Gramineae）］■

29281　Leptophoenix Becc.（1885）= Gronophyllum Scheff.（1876）［棕榈科 Arecaceae（Palmae）］●☆

29282　Leptophora Raf.（1819）Nom. illegit. ≡ Leptopoda Nutt.（1818）；~ = Helenium L.（1753）［菊科 Asteraceae（Compositae）//堆心菊科 Heleniaceae］■

29283　Leptophragma Benth. ex Dunal（1852）= Calibrachoa Cerv.（1825）；~ = Petunia Juss.（1803）（保留属名）［茄科 Solanaceae］■

29284　Leptophragma R. Br. ex Benn.（1844）=？Turraea L.（1771）［楝科 Meliaceae］●

29285　Leptophyllochloa C. E. Calderón ex Nicora（1978）= Koeleria Pers.（1805）［禾本科 Poaceae（Gramineae）］■

29286　Leptophyllochloa C. E. Calderón（1978）Nom. illegit. ≡ Leptophyllochloa C. E. Calderón ex Nicora（1978）；~ = Koeleria Pers.（1805）［禾本科 Poaceae（Gramineae）］■

29287　Leptophyllum Ehrh. = Arenaria L.（1753）［石竹科 Caryophyllaceae］■

29288　Leptophytus Cass.（1817）= Asteropterus Adans.（1763）Nom. illegit.（废弃属名）；~ = Leysera L.（1763）［菊科 Asteraceae（Compositae）］■●☆

29289　Leptoplax O. E. Schulz（1933）= Peltaria Jacq.（1762）［十字花科 Brassicaceae（Cruciferae）］■☆

29290　Leptopoda Nutt.（1818）= Helenium L.（1753）［菊科 Asteraceae（Compositae）//堆心菊科 Heleniaceae］■

29291　Leptopogon Roberty（1960）= Andropogon L.（1753）（保留属名）［禾本科 Poaceae（Gramineae）//须芒草科 Andropogonaceae］■

29292　Leptopteris Blume（1850）= Gelsemium Juss.（1789）［马钱科（断肠草科，马钱子科）Loganiaceae//胡蔓藤科（钩吻科）Gelsemiaceae］●

29293　Leptopus Decne.（1843）【汉】雀舌木属（安柁拉属，黑钩叶属，雀儿舌头属）。【俄】Андрахна，Лептопус。【英】Leptopus。【隶属】大戟科 Euphorbiaceae。【包含】世界 21 种，中国 11 种。【学名诠释与讨论】〈阳〉（希）leptos，瘦的、小的、弱的、薄的+pous，所有格 podos，指小式 podion，脚，足，柄，梗。podotes，有脚的。指果梗细长。此属的学名，ING、APNI、GCI、TROPICOS 和 IK 记载是"Leptopus Decne., Voy. Inde［Jacquemont］4（Bot.）:155.［Apr 1835- Dec 1844］"。"Leptopus Klotzsch et Garcke in Klotzsch, Monatsber. Königl. Preuss. Akad. Wiss. Berlin 1859:249. 1859（post 31 Mar）（' 1860 '）= Euphorbia L.（1753）［大戟科 Euphorbiaceae］"是晚出的非法名称。【分布】澳大利亚（东部和北部），巴基斯坦，玻利维亚，菲律宾，印度尼西亚（爪哇岛），中国，马来半岛，外高加索，西喜马拉雅山，小巽他群岛，东南亚。【模式】Leptopus cordifolius Decaisne。【参考异名】Arachne Endl., Nom. illegit.；Arachne Neck.（1790）Nom. inval.；Arachne（Endl.）Pojark.（1940）Nom. illegit.；Archileptopus P. T. Li（1991）；Hexakestra Hook. f., Nom. illegit.；Hexakistra Hook. f.；Thelypetalum Gagnep.（1925）●

29294　Leptopus Klotzsch et Garcke（1859）Nom. illegit. = Euphorbia L.（1753）［大戟科 Euphorbiaceae］●■

29295　Leptopyrum Raf.（1808）Nom. inval., Nom. nud. =？Danthonia DC.（1805）（保留属名）［禾本科 Poaceae（Gramineae）］■

29296　Leptopyrum Rchb.（1828）【汉】蓝堇草属（柔荑属）。【日】ヒメウズサバノオ属。【俄】Лептопирум。【英】Leptopyrum。【隶属】毛茛科 Ranunculaceae。【包含】世界 1 种，中国 1 种。【学名诠释与讨论】〈中〉（希）leptos，瘦的、小的、弱的、薄的+pyros，小麦。指种子细小。此属的学名，IK 记载是"Leptopyrum Rchb., Consp. Regn. Veg.［H. G. L. Reichenbach］192. 1828"。ING 和 TROPICOS 则记载为"Leptopyrum H. G. L. Reichenbach, Fl.

German. Excurs. 747. 1832";《苏联植物志》、《中国植物志》中文版和英文版亦如此使用。"Leptopyrum Raf., Med. Repos. 5：351. 1808 =? Danthonia DC.（1805）（保留属名）［禾本科 Poaceae（Gramineae）］"是一个裸名（Nom. nud.）。【分布】朝鲜,蒙古,日本,中国,俄罗斯（远东地区）,西伯利亚西部和东部。【模式】Leptopyrum fumarioides（Linnaeus）H. G. L. Reichenbach ex Spach。【参考异名】Leptopyrum Rchb.（1832）;Neoleptopyrum Hutch. ■

29297 Leptorachis Baill.（1858）= Leptorhachis Klotzsch（1841）; ~ = Tragia L.（1753）［大戟科 Euphorbiaceae］●

29298 Leptorchis Thouars ex Kuntze（1891）= Leptorkis Thouars（1809）（废弃属名）; ~ = Liparis Rich.（1817）（保留属名）［兰科 Orchidaceae］■

29299 Leptorchis Thouars（1809）Nom. inval. ≡ Leptorchis Thouars ex Kuntze（1891）; ~ = Liparis Rich.（1817）（保留属名）［兰科 Orchidaceae］■

29300 Leptordermis DC.（1830）= Leptodermis Wall.（1824）［茜草科 Rubiaceae］●

29301 Leptorhabdos Schrenk（1841）【汉】方茎草属。【俄】Лепторабдос。【英】Squaregrass。【隶属】玄参科 Scrophulariaceae//列当科 Orobanchaceae。【包含】世界1种,中国1种。【学名诠释与讨论】〈阳〉（希）leptos,瘦的,小的,弱的,薄的+rhabdos,棒,竿。【分布】中国,伊朗至亚洲中部和喜马拉雅山,高加索。【模式】Leptorhabdos micrantha A. Schrenk。【参考异名】Dargeria Decne.（1843）;Dargeria Decne. ex Jacq.（1843）Nom. illegit. ■

29302 Leptorhachis Klotzsch（1841）= Tragia L.（1753）［大戟科 Euphorbiaceae］●

29303 Leptorhachys Meisn.（1843）= Leptorhachis Klotzsch（1841）; ~ = Tragia L.（1753）［大戟科 Euphorbiaceae］●

29304 Leptorhoeo C. B. Clarke et Hemsl.（1880）Nom. illegit., Nom. superfl. ≡ Leptorhoeo C. B. Clarke（1880）Nom. illegit., Nom. superfl.; ~ = Callisia Loefl.（1758）; ~ = Tripogandra Raf.（1837）［鸭趾草科 Commelinaceae］■☆

29305 Leptorhoeo C. B. Clarke（1880）Nom. illegit., Nom. superfl. = Callisia Loefl.（1758）; ~ = Tripogandra Raf.（1837）［鸭趾草科 Commelinaceae］■☆

29306 Leptorhynchos Less.（1832）【汉】细喙菊属（薄喙金绒草属）。【隶属】菊科 Asteraceae（Compositae）。【包含】世界10种。【学名诠释与讨论】〈阳〉（希）leptos,瘦的,小的,弱的,薄的+rhynchos,喙。指瘦果具喙。此属的学名,ING,APNI 和 IK 记载是"Leptorhynchos Less., Synopsis Generum Compositarum 1832"。晚出的"Leptorhynchus F. Muell., Fragmenta Phytographiae Australiae 10 1877"是其拼写变体。【分布】澳大利亚（温带）。【模式】未指定。【参考异名】Doratolepis（Benth.）Schltdl.（1847）;Doratolepis Schltdl.（1847）;Leptorhynchus F. Muell.（1877）;Leptorrhynchus F. Muell.（1877）;Rhytidanthe Benth.（1837）■☆

29307 Leptorhynchus F. Muell.（1877）Nom. illegit. ≡ Leptorhynchos Less.（1832）［菊科 Asteraceae（Compositae）］■☆

29308 Leptorkis Thouars（1809）（废弃属名）= Liparis Rich.（1817）（保留属名）［兰科 Orchidaceae］■

29309 Leptormus（DC.）Eckl. et Zeyh.（1834）= Heliophila Burm. f. ex L.（1763）［十字花科 Brassicaceae（Cruciferae）］●■☆

29310 Leptormus Eckl. et Zeyh.（1834）Nom. illegit. ≡ Leptormus（DC.）Eckl. et Zeyh.（1834）; ~ = Heliophila Burm. f. ex L.（1763）［十字花科 Brassicaceae（Cruciferae）］●■☆

29311 Leptorrhynchus F. Muell.（1877）= Leptorhynchos Less.（1832）［菊科 Asteraceae（Compositae）］■☆

29312 Leptosaccharum（Hack.）A. Camus（1923）= Eriochrysis P. Beauv.（1812）［禾本科 Poaceae（Gramineae）］■☆

29313 Leptosaccharum A. Camus（1923）Nom. illegit. ≡ Leptosaccharum（Hack.）A. Camus（1923）= Eriochrysis P. Beauv.（1812）［禾本科 Poaceae（Gramineae）］■☆

29314 Leptoscela Hook. f.（1873）【汉】细脉茜属。【隶属】茜草科 Rubiaceae。【包含】世界1种。【学名诠释与讨论】〈阴〉（希）leptos,瘦的,小的,弱的,薄的+skelis,所有格 skelidos,肋骨,腿。【分布】巴西（东部）。【模式】Leptoscela ruellioides J. D. Hooker。【参考异名】Leptoskela Hook. f.（1873）☆

29315 Leptoschoenus Nees（1840）【汉】瘦莎属。【隶属】莎草科 Cyperaceae。【包含】世界1种。【学名诠释与讨论】〈阳〉（希）leptos,瘦的,小的,弱的,薄的+（属）Schoenus 赤箭莎属。此属的学名是"Leptoschoenus C. G. D. Nees, J. Bot.（Hooker）2：393. 1840"。亦有文献把其处理为"Rhynchospora Vahl（1805）［as 'Rynchospora'］（保留属名）"的异名。【分布】南美洲北部。【模式】Leptoschoenus prolifer C. G. D. Nees。【参考异名】Rhynchospora Vahl（1805）［as 'Rynchospora'］（保留属名）■☆

29316 Leptosema Benth.（1837）【汉】颠倒豆属。【隶属】豆科 Fabaceae（Leguminosae）//蝶形花科 Papilionaceae。【包含】世界8种。【学名诠释与讨论】〈中〉（希）leptos,瘦的,小的,弱的,薄的+sema,所有格 sematos,旗帜,标记。指花瓣。此属的学名是"Leptosema Bentham, Commentat. Legum. Gener. 20. Jun 1837"。亦有文献把其处理为"Brachysema R. Br.（1811）"的异名。【分布】澳大利亚。【模式】Leptosema bossiaeoides Bentham。【参考异名】Brachysema R. Br.（1811）■☆

29317 Leptoseris Nutt（1841）= Malacothrix DC.（1838）［菊科 Asteraceae（Compositae）］■☆

29318 Leptosilene Fourr.（1868）= Silene L.（1753）（保留属名）［石竹科 Caryophyllaceae］■

29319 Leptosiphon Benth.（1833）= Gilia Ruiz et Pav.（1794）; ~ = Linanthus Benth.（1833）［花荵科 Polemoniaceae］■☆

29320 Leptosiphonium F. Muell.（1886）【汉】拟地皮消属（飞来蓝属,假地皮消属）。【英】Leptosiphonium。【隶属】爵床科 Acanthaceae。【包含】世界11种,中国1-2种。【学名诠释与讨论】〈中〉（希）leptos,瘦的,小的,弱的,薄的+siphon,所有格 siphonos,管子+-ius,-ia,-ium,在拉丁文和希腊文中,这些词尾表示性质或状态。指花冠管细长。【分布】中国,所罗门群岛,新几内亚岛。【模式】Leptosiphonium stricklandii F. v. Mueller。■

29321 Leptoskela Hook. f.（1873）= Leptoscela Hook. f.（1873）［茜草科 Rubiaceae］☆

29322 Leptosolena C. Presl（1827）【汉】细管姜属。【隶属】姜科（蘘荷科）Zingiberaceae。【包含】世界1种。【学名诠释与讨论】〈阴〉（希）leptos,瘦的,小的,弱的,薄的+solen,所有格 solenos,管子,沟,阴茎。【分布】菲律宾（菲律宾群岛）。【模式】Leptosolena haenkei K. B. Presl。■☆

29323 Leptosomus Schltdl.（1862）= Eichhornia Kunth（1843）（保留属名）［雨久花科 Pontederiaceae］■

29324 Leptospartion Griff.（1854）= Duabanga Buch. – Ham.（1837）［海桑科 Sonneratiaceae//八宝树科 Duabangaceae］●

29325 Leptospermaceae Bercht. et J. Presl（1825）= Myrtaceae Juss.（保留科名）●

29326 Leptospermaceae F. Rudolphi = Myrtaceae Juss.（保留科名）●

29327 Leptospermaceae Kausel［亦见 Myrtaceae Juss.（保留科名）桃金娘科］【汉】薄子木科。【包含】世界4属55-85种。【分布】澳大利亚（西南部）。【科名模式】Leptospermum J. R. Forst. et G.

Forst.●☆

29328 Leptospermopsis S. Moore(1920)【汉】类薄子木属。【隶属】桃金娘科 Myrtaceae//薄子木科 Leptospermaceae。【包含】世界1种。【学名诠释与讨论】〈阴〉(属)Leptospermum 薄子木属+希腊文 opsis,外观,模样,相似。此属的学名是"Leptospermopsis S. Moore, J. Linn. Soc. , Bot. 45：202. 7 Dec 1920"。亦有文献把其处理为"Leptospermum J. R. Forst. et G. Forst. (1775)(保留属名)"的异名。【分布】澳大利亚(西南部)。【模式】Leptospermopsis myrtifolia S. Moore。【参考异名】Leptospermum J. R. Forst. et G. Forst. (1775)(保留属名)●☆

29329 Leptospermum J. R. Forst. et G. Forst. (1775)(保留属名)【汉】薄子木属(澳大利亚茶属,细子木,细子树属,细籽木属,狭子属)。【日】ネズモドキ属,レプトスペルマム属。【俄】Лептосперм, Лептоспермум。【英】Australian Tea - tree, Leptospermum,Tea Tree,Tea-tree。【隶属】桃金娘科 Myrtaceae//薄子木科 Leptospermaceae。【包含】世界50-80种。【学名诠释与讨论】〈中〉(希)leptos,瘦的,小的,弱的,薄的+sperma,所有格 spermatos,种子,孢子。此属的学名"Leptospermum J. R. Forst. et G. Forst. , Char. Gen. Pl. :36. 29 Nov 1775"是保留属名。法规未列出相应的废弃属名。【分布】澳大利亚,马来西亚,新西兰。【模式】Leptospermum scoparium J. R. Forster et J. G. A. Forster。【参考异名】Agonomyrtus Schauer ex Rchb. (1837); Fabricia Gaertn. (1788) Nom. illegit. ; Glaphyria Jack (1823); Homalospermum Schauer(1843);Leptospermopsis S. Moore(1920); Macklottia Korth. (1847); Neofabricia J. Thomps. (1983); Pericalymma (Endl.) Endl. (1840); Pericalymma Endl. (1840) Nom. illegit. ;Sannantha Peter G. Wilson(2007)●☆

29330 Leptospron(Benth.) A. Delgado(2011)【汉】小细豆属。【隶属】豆科 Fabaceae(Leguminosae)。【包含】世界2种。【学名诠释与讨论】〈中〉(希)leptos,瘦的,小的,弱的,薄的+spron?。此属的学名,IPNI 记载是" Leptospron (Benth. et Hook. f.) A. Delgado, Amer. J. Bot. 98 (10): 1709. 2011 [1 Oct 2011]", 由"Phaseolus sect. Leptospron Benth. et Hook. f. Gen. Pl. [Bentham et Hooker f.]1 (2): 538 (- 539). 1865 [Oct 1865]"改级而来。TROPICOS 则记载为"Leptospron (Benth.) A. Delgado, American Journal of Botany 98 (10): 1709. 2011. (1 Oct 2011)", 由"Phaseolus sect. Leptospron Benth. , Genera Plantarum 1 (2): 538-539. 1865"改级而来。二者引用的文献相同。它曾被处理为"Vigna sect. Leptospron (Benth.) Maréchal, Mascherpa & Stainier, Taxon 27(2-3):202. 1978"。【分布】玻利维亚,圭亚那,墨西哥,北美洲,南美洲。【模式】Leptospron adenanthum (G. Mey.) A. Delgado [Phaseolus rostratus Wall. ; Vigna adenantha (E. Mey.) Maréchal, Mascherpa et Stainier]。【参考异名】Phaseolus sect. Leptospron Benth. et Hook. f. (1865) Nom. illegit. ;Phaseolus sect. Leptospron Benth. (1865);Vigna sect. Leptospron (Benth.) Maréchal,Mascherpa & Stainier(1978)■☆

29331 Leptostachia Adans. (1763) Nom. illegit. ≡ Phryma L. (1753) [透骨草科 Phrymaceae]■

29332 Leptostachia Mitch. (1748) Nom. inval. = Phryma L. (1753); ~ =Phryma L. (1753) [透骨草科 Phrymaceae]■

29333 Leptostachya Benth. et Hook. f. (1876) = Leptostachia Adans. (1763) Nom. illegit. ; ~ = Phryma L. (1753) [透骨草科 Phrymaceae]■

29334 Leptostachya Nees(1832)【汉】纤穗爵床属。【隶属】爵床科 Acanthaceae。【包含】世界2-10种,中国2种。【学名诠释与讨论】〈阴〉(希)leptos,瘦的,小的,弱的,薄的+stachys,穗,谷,长钉。此属的学名,ING、GCI、TROPICOS 和 IK 记载是

"Leptostachya Nees in Wall. , Pl. Asiat. Rar. (Wallich). 3：76 (105). 1832 [15 Aug 1832]"。"Leptostachya Benth. et Hook. f. , Gen. Pl. [Bentham et Hooker f.]2(2):1137. 1876 [May 1876] = Leptostachia Adans. (1763) Nom. illegit. = Phryma L. (1753) [透骨草科 Phrymaceae]"是晚出的非法名称。"Leptostachia Adanson, Fam. 2：201. Jul - Aug 1763"不是"Leptostachya Nees (1832)"的拼写变体。【分布】玻利维亚,中国,热带,中美洲。【后选模式】Leptostachya virgata C. G. D. Nees。■

29335 Leptostachys Ehrh. (1789) = Carex L. (1753) [莎草科 Cyperaceae]■

29336 Leptostachys G. Mey. (1818) Nom. illegit. ≡ Leptochloa P. Beauv. (1812) [禾本科 Poaceae(Gramineae)]■

29337 Leptostelma D. Don(1830)【汉】三脉飞蓬属。【隶属】菊科 Asteraceae(Compositae)。【包含】世界5种。【学名诠释与讨论】〈中〉(希)leptos,瘦的,小的,弱的,薄的+stelma,王冠,花冠。此属的学名是"Leptostelma D. Don in Sweet, Brit. Fl. Gard. 4：ad t. 38. Mar 1830"。亦有文献把其处理为"Erigeron L. (1753)"的异名。【分布】玻利维亚,南美洲东南部。【模式】Leptostelma maximum D. Don。【参考异名】Erigeron L. (1753)■☆

29338 Leptostemma Blume(1826)= Dischidia R. Br. (1810) [萝藦科 Asclepiadaceae]●■

29339 Leptostigma Arn. (1841)【汉】细柱茜属。【隶属】茜草科 Rubiaceae。【包含】世界6种。【学名诠释与讨论】〈中〉(希)leptos,瘦的,小的,弱的,薄的+stigma,所有格 stigmatos,柱头,点。此属的学名是"Leptostigma Arnott, J. Bot. (Hooker) 3：270. Feb 1841"。亦有文献把其处理为"Nertera Banks ex Gaertn. (1788)(保留属名)"的异名。【分布】秘鲁,玻利维亚,厄瓜多尔,哥伦比亚。【模式】Leptostigma arnottianum Walpers。【参考异名】Corynula Hook. f. (1872);Nertera Banks ex Gaertn. (1788)(保留属名)■☆

29340 Leptostylis Benth. (1876)【汉】细柱榄属。【隶属】山榄科 Sapotaceae。【包含】世界8种。【学名诠释与讨论】〈阴〉(希)leptos,瘦的,小的,弱的,薄的+stylos =拉丁文 style,花柱,中柱,有尖之物,桩,柱,支持物,支柱,石头做的界标。【分布】法属新喀里多尼亚。【后选模式】Leptostylis longiflora Bentham。【参考异名】Heteromera Montrouz. ; Heteromera Montrouz. ex Beauvis (1901)●☆

29341 Leptosyne DC. (1836)= Coreopsis L. (1753) [菊科 Asteraceae (Compositae)//金鸡菊科 Coreopsidaceae]●■

29342 Leptotaenia Nutt. (1840)= Lomatium Raf. (1819) [伞形花科 (伞形科)Apiaceae(Umbelliferae)]■☆

29343 Leptotaenia Nutt. ex Torr. et A. Gray (1840) Nom. illegit. ≡ Leptotaenia Nutt. (1840); ~ = Lomatium Raf. (1819) [伞形花科 (伞形科)Apiaceae(Umbelliferae)]■☆

29344 Leptoterantha Louis ex Troupin(1949)【汉】柔花藤属。【隶属】防己科 Menispermaceae。【包含】世界1种。【学名诠释与讨论】〈阴〉(希)leptos,瘦的,小的,弱的,薄的+anthos,花。【分布】热带非洲。【模式】Leptoterantha mayumbense (Exell) Troupin [Kolobopetalum mayumbense Exell]。●☆

29345 Leptotes Lindl. (1833)【汉】薄叶兰属。【日】レプトーテス属。【隶属】兰科 Orchidaceae。【包含】世界3-6种。【学名诠释与讨论】〈阳〉(希)leptotes,瘦弱的,薄的+ous,所有格 otos,指小式 otion,耳。otikos,耳的。指其叶薄。【分布】巴拉圭,巴西。【模式】Leptotes bicolor J. Lindley。■☆

29346 Leptothamnus DC. (1836) = Nolletia Cass. (1825) [菊科 Asteraceae(Compositae)]●■☆

29347 Leptotherium D. Dietr. (1839) = Leptothrium Kunth (1829) [禾

本科 Poaceae(Gramineae)]■☆

29348　Leptotherium Royle ＝ Leptatherum Nees（1841）；～＝ Microstegium Nees(1836)［禾本科 Poaceae(Gramineae)]■

29349　Leptothrium Kunth ex Steud.（1815）Nom. inval. ≡ Leptothrium Kunth(1815) Nom. inval. ；～＝ Isochilus R. Br.（1813）［兰科 Orchidaceae]■☆

29350　Leptothrium Kunth ex Steud.（1829）Nom. illegit. ≡ Leptothrium Kunth(1829)［禾本科 Poaceae(Gramineae)]■☆

29351　Leptothrium Kunth（1815）Nom. inval. ＝ Isochilus R. Br.（1813）［兰科 Orchidaceae]■☆

29352　Leptothrium Kunth（1829）【汉】细毛禾属。【隶属】禾本科 Poaceae(Gramineae)。【包含】世界 2 种。【学名诠释与讨论】〈中〉(希)leptos,瘦的,小的,弱的,薄的+thrix,所有格 trichos,毛,毛发。【分布】巴基斯坦,热带美洲。【模式】Leptothrium rigidum Kunth.。【参考异名】Latipes Kunth(1830)；Leptotherium D. Dietr.（1839）；Leptothrium Kunth ex Steud.（1829）Nom. illegit.■☆

29353　Leptothrix（Dumort.）Dumort.（1868）Nom. illegit. ≡ Cuviera Koeler(1802)（废弃属名）；～＝Elymus L.（1753）；～＝Hordelymus（Jess.）Jess. ex Harz(1885)［禾本科 Poaceae(Gramineae)]■☆

29354　Leptothyrsa Hook. f.（1862）【汉】细芸香属。【隶属】芸香科 Rutaceae。【包含】世界 1 种。【学名诠释与讨论】〈阴〉(希)leptos,瘦的,小的,弱的,薄的+thyrsos,茎,杖。thyrsus,聚伞圆锥花序,团。【分布】巴西,秘鲁,亚马孙河流域。【模式】Leptothyrsa sprucei J. D. Hooker。●☆

29355　Leptotis Hoffmanns.（1824）＝ Ursinia Gaertn.（1791）（保留属名）［菊科 Asteraceae(Compositae)]■☆

29356　Leptotriche Turcz.（1851）【汉】联冠鼠麴草属。【隶属】菊科 Asteraceae(Compositae)。【包含】世界 12 种。【学名诠释与讨论】〈阴〉(希)leptos,瘦的,小的,弱的,薄的 + thrix,所有格 trichos,毛,毛发。此属的学名是"Leptotriche Turczaninow, Bull. Soc. Imp. Naturalistes Moscou 24(2)：73. 1851"。亦有文献把其处理为"Gnephosis Cass.（1820）"的异名。【分布】澳大利亚。【模式】Leptotriche perpusilla Turczaninow。【参考异名】Gnephosis Cass.（1820）■☆

29357　Leptovignea Börner（1913）＝ Carex L.（1753）［莎草科 Cyperaceae]■

29358　Leptranthus Steud.（1840）＝ Centaurea L.（1753）（保留属名）；～＝Lepteranthus Neck.（1790）Nom. inval. ；～＝Lepteranthus Neck. ex Cass. ；～＝Centaurea L.（1753）（保留属名）［菊科 Asteraceae(Compositae)//矢车菊科 Centaureaceae]■●

29359　Leptrina Raf.（1819）＝ Montia L.（1753）［马齿苋科 Portulacaceae]■☆

29360　Leptrinia Schult.（1824）＝Leptrina Raf.（1819）；～＝Montia L.（1753）［马齿苋科 Portulacaceae]■☆

29361　Leptrochia Raf.（1834）＝ Polygala L.（1753）［远志科 Polygalaceae]●■

29362　Leptunis Steven(1856)【汉】乐土草属(波斯茜属,里普草属)。【俄】Лептунис。【英】Leptunis。【隶属】茜草科 Rubiaceae//车叶草科 Asperulaceae。【包含】世界 2-3 种,中国 1 种。【学名诠释与讨论】〈阳〉(希)leptos,瘦的,小的,弱的,薄的；leptyno,使瘦,缩减,简化。此属的学名是"Leptunis C. Steven, Bull. Soc. Imp. Naturalistes Moscou 29(2)：366. 25 Nov 1856"。亦有文献把其处理为"Asperula L.（1753）（保留属名）"的异名。【分布】中国,伊朗至亚洲中部,高加索。【模式】Leptunis tenuis Steven。【参考异名】Asperula L.（1753）（保留属名）■

29363　Lepturaceae(Holmb.)Herter(1940) = Gramineae Juss.（保留科名)//Poaceae Barnhart(保留科名)■●

29364　Lepturaceae Herter（1940）= Gramineae Juss.（保留科名）//Poaceae Barnhart(保留科名)■●

29365　Lepturella Stapf（1912）= Oropetium Trin.（1820）［禾本科 Poaceae(Gramineae)]■☆

29366　Lepturidium Hitchc. et Ekman(1936)【汉】古巴柔毛草属。【隶属】禾本科 Poaceae(Gramineae)。【包含】世界 1 种。【学名诠释与讨论】〈中〉(希)leptos,瘦的,小的,弱的,薄的+-urus,-ura,-uro,用于希腊文组合词,含义为"尾巴"+-idius,-idia,-idium,指示小的词尾。或(属)Lepturus 细穗草属+-idius,-idia,-idium。【分布】古巴。【模式】Lepturidium insulare Hitchcock et Ekman。■☆

29367　Lepturopetium Morat（1981）【汉】库尼耶岛草属。【隶属】禾本科 Poaceae(Gramineae)。【包含】世界 1 种。【学名诠释与讨论】〈中〉词源不详。【分布】法属新喀里多尼亚。【模式】Lepturopetium kuniense P. Morat。■☆

29368　Lepturopsis Steud.（1854）= Rhytachne Desv. ex Ham.（1825）［禾本科 Poaceae(Gramineae)]■

29369　Lepturus R. Br.（1810）【汉】细穗草属。【日】ハイシバ属,ハリノホ属。【英】Lepturus。【隶属】禾本科 Poaceae(Gramineae)。【包含】世界 8-15 种,中国 1 种。【学名诠释与讨论】〈阳〉(希)leptos,瘦的,小的,弱的,薄的+-urus,-ura,-uro,用于希腊文组合词,含义为"尾巴"。指花序细弱。此属的学名,ING、TROPICOS、APNI、GCI 和 IK 记载是"Lepturus R. Br., Prodr. Fl. Nov. Holland. 207. 1810［27 Mar 1810]"。"Lepiurus Dumortier, Observ. Gram. Belg. 90, 140. Jul – Sep 1824"、"Leptocercus Rafinesque, Amer. Monthly Mag. et Crit. Rev. 4：190. Jan 1819"和"Monerma Palisot de Beauvois, Essai Agrost. 116, 168. Dec 1812"是"Lepturus R. Br.（1810）"的晚出的同模式异名（Homotypic synonym, Nomenclatural synonym）。【分布】巴基斯坦,中国,马达加斯加,至澳大利亚和波利尼西亚群岛,非洲东部。【模式】Lepturus repens（J. G. A. Forster）R. Brown［Rottboellia repens J. G. A. Forster]。【参考异名】Ischnurus Balf. f.（1884）；Lepiurus Dumort.（1824）Nom. illegit. ；Leptocercus Raf.（1819）Nom. illegit. ；Leptocereus Raf.（1819）Nom. illegit. ；Monerma P. Beauv.（1812）Nom. illegit. ；Pholiurus Trin.（1820）■

29370　Lepurandra Graham（1839）Nom. illegit. ≡ Lepurandra Nimmo（1839）；～＝Antiaris Lesch.（1810）（保留属名）［桑科 Moraceae]●

29371　Lepurandra Nimmo（1839）= Antiaris Lesch.（1810）（保留属名）［桑科 Moraceae]●

29372　Lepuropetalaceae(Engl.)Nakai(1943) = Parnassiaceae Martinov（保留科名）；～＝Saxifragaceae Juss.（保留科名）●■

29373　Lepuropetalaceae Nakai（1943）［亦见 Parnassiaceae Martinov（保留科名）梅花草科和 Saxifragaceae Juss.（保留科名）虎耳草科]【汉】微形草科。【包含】世界 1 属 1 种。【分布】美洲。【科名模式】Lepuropetalon Elliott ■☆

29374　Lepuropetalon Elliott(1817)【汉】微形草属。【隶属】微形草科 Lepuropetalaceae//梅花草科 Parnassiaceae。【包含】世界 1 种。【学名诠释与讨论】〈中〉(希)leptos,瘦的,小的,弱的,薄的+-urus,-ura,-uro,用于希腊文组合词,含义为"尾巴"+希腊文 petalos,扁平的,铺开的；petalon,花瓣,叶,花叶,金属叶子；拉丁文的花瓣为 petalum。【分布】美国(南部),墨西哥,智利。【模式】Lepuropetalon spathulatum S. Elliott。【参考异名】Cryptopetalum Hook. et Arn.（1833）；Petalepis Raf. ；Pyxidanthera Muehlenbeck ■☆

29375　Lepusa Post et Kuntze（1903）= Lipusa Alef.（1866）；～＝ Phaseolus L.（1753）［豆科 Fabaceae(Leguminosae)//蝶形花科

Papilionaceae]■

29376　Lepyrodia R. Br. (1810)【汉】皮齿帚灯草属。【隶属】帚灯草科 Restionaceae。【包含】世界 19-22 种。【学名诠释与讨论】〈阴〉(希) lepyron，皮、壳+odous，所有格 odontos，齿。指花萼。【分布】澳大利亚(包括塔斯曼半岛)，新西兰(包括查塔姆群岛)。【模式】未指定。【参考异名】Lepirodia Juss. (1827)■☆

29377　Lepyrodiclis Fenzl ex Endl. (1840) Nom. illegit. ≡ Lepyrodiclis Fenzl (1840)［石竹科 Caryophyllaceae］■

29378　Lepyrodiclis Fenzl (1840)【汉】薄蒴草属。【俄】Пашенник。【英】Lepyrodiclis, Thincapsulewort。【隶属】石竹科 Caryophyllaceae。【包含】世界 3 种，中国 2 种。【学名诠释与讨论】〈阴〉(希) lepyron，皮、壳+diklis，一种双重的或可折叠的门，有二活门的。指蒴果 2-3 裂几达基部，状如折门。此属的学名，ING 和 TROPICOS 记载是"Lepyrodiclis Fenzl in Endlicher, Gen. 966. 1-14 Feb 1840"。IK 则记载为"Lepyrodiclis Fenzl ex Endl., Gen. Pl. [Endlicher] 966. 1840 [1-14 Feb 1840]"。三者引用的文献相同。【分布】巴基斯坦，中国，亚洲西部。【模式】Lepyrodiclis holosteoides (C. A. Meyer) F. E. L. Fischer et C. A. Meyer［Gouffeia holosteoides C. A. Meyer］。【参考异名】Lepyrodiclis Fenzl ex Endl. (1840) Nom. illegit. ■

29379　Lepyronia T. Lestib. (1819) = Lepironia Pers. (1805)［莎草科 Cyperaceae］■

29380　Lepyroxis E. Fourn. (1886) Nom. inval. = Muhlenbergia Schreb. (1789)；~ = Polypogon Desf. (1798)［禾本科 Poaceae (Gramineae)］■

29381　Lepyroxis P. Beauv. ex E. Fourn. (1886) Nom. inval. ≡ Lepyroxis E. Fourn. (1886) Nom. inval.；~ = Muhlenbergia Schreb. (1789)；~ = Polypogon Desf. (1798)［禾本科 Poaceae (Gramineae)］■

29382　Lequeetia Bubani (1901) Nom. illegit. ≡ Limodorum Boehm. (1760)(保留属名)［兰科 Orchidaceae］■☆

29383　Lerchea Haller ex Kuntze (1891) Nom. illegit. (废弃属名) = Lerchia Haller ex Zinn (1757)(废弃属名)；~ = Lerchia Zinn (1757) Nom. illegit. (废弃属名)；~ = Suaeda Forssk. ex J. F. Gmel. (1776)(保留属名)；~ = Suaeda Forssk. ex Scop. (1777) Nom. illegit. (废弃属名)［藜科 Chenopodiaceae］●■

29384　Lerchea Haller ex Ruling (1774) Nom. inval., Nom. nud. (废弃属名) = Lerchia Zinn (1757) Nom. illegit. (废弃属名)；~ = Suaeda Forssk. ex J. F. Gmel. (1776)(保留属名)［藜科 Chenopodiaceae］●■

29385　Lerchea L. (1771)(保留属名)【汉】多轮草属。【英】Lerchea。【隶属】茜草科 Rubiaceae。【包含】世界 9-10 种，中国 2 种。【学名诠释与讨论】〈阴〉(人) Johann Jakob (Jacob) Lerche，1703-1780，德国出生的俄罗斯植物学者。此属的学名"Lerchea L., Mant. Pl. :155,256. Oct 1771"是保留属名。相应的废弃属名是藜科 Chenopodiaceae 的"Lerchia Haller ex Zinn, Cat. Pl. Hort. Gott. :30. 20 Apr-21 Mai 1757 = Suaeda Forssk. ex J. F. Gmel. (1776)(保留属名)"。藜科 Chenopodiaceae 的"Lerchea Hall. ex Ruling, Ord. Pl. 35,47 (1774) Nom. nud. = Lerchia Zinn (1757)(废弃属名) = Suaeda Forssk. ex J. F. Gmel. (1776)(保留属名)"和"Lerchea Haller ex Kuntze, Revis. Gen. Pl. 2:549. 1891［5 Nov 1891］= Lerchia Haller ex Zinn (1757)(废弃属名)"以及菊科 Asteraceae (Compositae)//金鸡菊科 Coreopsidaceae 的"Lerchia Rchb., Consp. Regn. Veg.［H. G. L. Reichenbach］109. 1828 = Coreopsis L. (1753) = Leachia Cass. (1822)"都应废弃。"Lerchia Haller ex Zinn (1757)(废弃属名)"已经被"Dondia Adans., Familles des Plantes 2:261,550. 1763"所替代。"Lerchia Endl. (废弃属名) = Lerchea L. (1771)(保留属名)"也要废弃。

"Codaria Linnaeus ex O. Kuntze, Rev. Gen. 1:279. 5 Nov 1891"是"Lerchea L. (1771)(保留属名)"的晚出的同模式异名(Homotypic synonym, Nomenclatural synonym)；"Codaria Kuntze (1891) Nom. illegit. ≡ Codaria L. ex Kuntze (1891) Nom. illegit."的命名人引证有误。【分布】印度尼西亚(苏门答腊岛，爪哇岛)，中国，小巽他群岛。【模式】Lerchea longicauda Linnaeus。【参考异名】Codaria Kuntze (1891) Nom. illegit.；Codaria L. ex Benn. (1838)；Codaria L. ex Kuntze (1891) Nom. illegit.；Lerchia Endl. (废弃属名)；Notodontia Pierre ex Pit. (1922)；Polycycliska Ridl. (1926)●■

29386　Lerchenfeldia Schur (1866) Nom. illegit. = Avenella (Bluff et Fingerh.) Drejer；~ = Deschampsia P. Beauv. (1812)［禾本科 Poaceae (Gramineae)］■

29387　Lerchia Endl. (废弃属名) = Lerchea L. (1771)(保留属名)［茜草科 Rubiaceae］●■

29388　Lerchia Haller ex Zinn (1757)(废弃属名) = Lerchia Zinn (1757) Nom. illegit. (废弃属名) = Suaeda Forssk. ex J. F. Gmel. (1776)(保留属名)；~ = Suaeda Forssk. ex Scop. (1777) Nom. illegit. (废弃属名)；~ = Suaeda Forssk. ex J. F. Gmel. (1776)(保留属名)［藜科 Chenopodiaceae］●■

29389　Lerchia Rchb. (1828) Nom. illegit. (废弃属名) = Coreopsis L. (1753)；~ = Leachia Cass. (1822)［菊科 Asteraceae (Compositae)//金鸡菊科 Coreopsidaceae］●■

29390　Lerchia Zinn (1757)(废弃属名) = Suaeda Forssk. ex J. F. Gmel. (1776)(保留属名)；~ = Suaeda Forssk. ex Scop. (1777) Nom. illegit. (废弃属名)；~ = Suaeda Forssk. ex J. F. Gmel. (1776)(保留属名)［藜科 Chenopodiaceae］●■

29391　Lereschia Boiss. (1844) = Cryptotaenia DC. (1829)(保留属名)；~ = Pimpinella L. (1753)［伞形花科(伞形科) Apiaceae (Umbelliferae)］■

29392　Leretia Vell. (1829) = Mappia Jacq. (1797)(保留属名)［茶茱萸科 Icacinaceae］●☆

29393　Leria Adans. (1763) = Sideritis L. (1753)［唇形科 Lamiaceae (Labiatae)］■●

29394　Leria DC. (1812) Nom. illegit. = Chaptalia Vent. (1802)(保留属名)［菊科 Asteraceae (Compositae)］■☆

29395　Lerisca Schltdl. (1845) = Cryptangium Schrad. ex Nees (1842)［莎草科 Cyperaceae］■☆

29396　Lerouxia Merat (1812) = Lysimachia L. (1753)［报春花科 Primulaceae//珍珠菜科 Lysimachiaceae］●■

29397　Leroya Cavaco (1970) Nom. illegit. ≡ Leroyia Cavaco (1970) Nom. illegit.；~ = Pyrostria Comm. ex Juss. (1789)［茜草科 Rubiaceae］●☆

29398　Leroyia Cavaco (1970) Nom. illegit. = Pyrostria Comm. ex Juss. (1789)［茜草科 Rubiaceae］●☆

29399　Lerrouxia Caball. (1935) Nom. illegit. = Caballeroa Font Quer (1935)；~ = Saharanthus M. B. Crespo et Lledó (2000)［白花丹科(矶松科，蓝雪科) Plumbaginaceae］●☆

29400　Lescaillea Griseb. (1866)【汉】木贼菊属。【隶属】菊科 Asteraceae (Compositae)。【包含】世界 1 种。【学名诠释与讨论】〈阴〉(人) Lescaille。【分布】古巴。【模式】Lescaillea equisetiformis Grisebach。●☆

29401　Leschenaultia DC. (1838) Nom. illegit. = Leschenaultia R. Br. (1810)［草海桐科 Goodeniaceae］●☆

29402　Leschenaultia R. Br. (1810)【汉】勒氏木属(豪猪花属，勒斯切努木属)。【日】レスケナウルティア属。【英】Leschenaultia。【隶属】草海桐科 Goodeniaceae。【包含】世界 26 种。【学名诠释

与讨论】〈阴〉（人）Jean Baptiste Louis（Claude）Theodore Leschenault de la Tour，1773-1826，法国植物学者、旅行家、植物采集家，博物学者。此属的学名，ING、TROPICOS 和 IK 记载是"Leschenaultia R. Br.，Prodr. Fl. Nov. Holland. 581（1810）"。"Leschenaultia DC.，Prodromus 7 1838 = Leschenaultia R. Br.（1810）"是晚出的非法名称。【分布】澳大利亚。【模式】Leschenaultia aduncus（Leschik）R. Potonié［Punctatosporites aduncus Leschik］。【参考异名】Latouria Lindl.（1847）Nom. illegit.；Leschenaultia DC.（1838）Nom. illegit. ●☆

29403 Lesemia Raf.（1837）= Salvia L.（1753）［唇形科 Lamiaceae（Labiatae）//鼠尾草科 Salviaceae］●■

29404 Lesia J. L. Clark et J. F. Sm.（2013）【汉】莱斯苣苔属。【隶属】苦苣苔科 Gesneriaceae。【包含】世界 1 种。【学名诠释与讨论】〈阴〉词源不详。似来自人名。【分布】圭亚那。【模式】Lesia savannarum（C. V. Morton）J. L. Clark et J. F. Sm.［Alloplectus savannarum C. V. Morton；Nematanthus savannarum（C. V. Morton）J. L. Clark］。☆

29405 Lesliea Seidenf.（1988）【汉】莱斯利兰属。【隶属】兰科 Orchidaceae。【包含】世界 1 种。【学名诠释与讨论】〈阴〉（人）Leslie，植物学者。【分布】泰国。【模式】Lesliea mirabilis G. Seidenfaden。■☆

29406 Lesliegraecum Szlach.，Mytnik et Grochocka（2013）【汉】莱氏兰属。【隶属】兰科 Orchidaceae。【包含】世界种。【学名诠释与讨论】〈阴〉（人）Leslie，植物学者+（马来）马来语通称附生兰为 angurek 或 anggrek。此属的学名，TROPICOS 和 IPNI 记载是"Lesliegraecum Szlach.，Mytnik & Grochocka，Biodivers. Res. Conservation 29：17. 2013［31 Mar 2013］"。TROPICOS 记载它是"Mystacidium sect. Nana Cordem.，Revue Générale de Botanique 11：414. 1899"的替代名称。【分布】不详。【模式】不详。【参考异名】Mystacidium sect. Nana Cordem.（1899）■☆

29407 Lesourdia E. Fourn.（1880）= Scleropogon Phil.（1870）［禾本科 Poaceae（Gramineae）］■☆

29408 Lespedeza Michx.（1803）【汉】胡枝子属。【日】ハギ属。【俄】Куммеровия，Леспедеза，Леспедеца，Леспедеция。【英】Bush Clover，Bushclover，Bush-clover，Lespedeza。【隶属】豆科 Fabaceae（Leguminosae）//蝶形花科 Papilionaceae。【包含】世界 40-90 种，中国 26 种。【学名诠释与讨论】〈阴〉（人）Vincente Manuel de Cespedes，西班牙人，植物学的赞助者。1790 年左右任美国佛罗里达州州长，支持过法国植物学者 A. Michanx（1746-1802）对北美植物的研究工作。在属名发表时将其姓氏首字母"C"误印成"L"，故得今名。【分布】澳大利亚，巴基斯坦，美国，中国，喜马拉雅山至日本，温带北美洲。【后选模式】Lespedeza sessiliflora Michaux，Nom. illegit.［Medicago virginica Linnaeus；Lespedeza virginica（Linnaeus）Britton］。【参考异名】Despeleza Nieuwl.（1914）；Lepedera Raf.；Lespedezia Spreng.（1826）；Oxyramphis Wall. ex Meisn.（1837）；Oxyrhamphis Rchb.（1841）；Phlebosporum Jungh.（1845）●■

29409 Lespedezia Spreng.（1826）= Lespedeza Michx.（1803）［豆科 Fabaceae（Leguminosae）//蝶形花科 Papilionaceae］●■

29410 Lesquerella S. Watson（1888）【汉】小莱克芥属。【俄】Везикария，Пузырник。【英】Bladder Pod，Bladderpod。【隶属】十字花科 Brassicaceae（Cruciferae）。【包含】世界 40-90 种。【学名诠释与讨论】〈阴〉（人）Leo Lesquereaux，1805-1889，瑞士出生的美国植物学者+-ellus，-ella，-ellum，加在名词词干后面形成指小式的词尾。或加在人名、属名等后面以组成新属的名称。【分布】玻利维亚，北美洲。【后选模式】Lesquerella occidentalis（S. Watson）S. Watson［Vesicaria occidentalis S. Watson］。【参考异

名】Discovium Raf.（1819）；Vesicaria Adans.（1763）；Vesicaria Tourn. ex Adans.（1763）Nom. illegit. ■☆

29411 Lesquereuxia Boiss. et Reut.（1853）【汉】莱克勒列当属（莱克勒玄参属）。【隶属】玄参科 Scrophulariaceae//列当科 Orobanchaceae。【包含】世界 1 种。【学名诠释与讨论】〈阴〉（人）Charles Léo Lesquereux，1806-1889，瑞士出生的美国植物学者。此属的学名，ING、TROPICOS 和 IK 记载是"Lesquereuxia Boissier et Reuter in Boissier，Diagn. Pl. Orient. ser. 1. 2（12）：43. 1853"。苔藓的"Lesquereuxia Bruch & Schimp. ex Lindb.（1872）"和"Lesquereuxia Lindb. ex Broth.（1925）"是晚出的非法名称。亦有文献把"Lesquereuxia Boiss. et Reut.（1853）"处理为"Siphonostegia Benth.（1835）"的异名。【分布】希腊，叙利亚，安纳托利亚。【模式】Lesquereuxia syriaca Boissier et Reuter。【参考异名】Siphonostegia Benth.（1835）■☆

29412 Lessertia DC.（1802）（保留属名）【汉】拜卧豆属。【隶属】豆科 Fabaceae（Leguminosae）//蝶形花科 Papilionaceae。【包含】世界 50 种。【学名诠释与讨论】〈阴〉词源不详。此属的学名"Lessertia DC.，Astragalogia，ed. 4：5，19，47；ed. f：4，15，37. 15 Nov 1802"是保留属名。相应的废弃属名是豆科 Fabaceae 的"Sulitra Medik. in Vorles. Churpfälz. Phys. – Öcon. Ges. 2：366. 1787 ≡ Lessertia DC.（1802）（保留属名）"和"Coluteastrum Fabr.，Enum.，ed. 2：317. Sep-Dec 1763 = Lessertia DC.（1802）（保留属名）"。ING 记载的"Coluteastrum Heister ex Fabricius，Enum. ed. 2. 317. Sep-Dec 1763"的命名人引证有误，亦应废弃。豆科 Fabaceae 晚出的非法名称"Coluteastrum Möhring ex Kuntze = Lessertia DC.（1802）（保留属名）"亦应废弃。"Sulitra Medikus，Vorles. Churpfälz. Phys. –Öcon. Ges. 2：366. 1787（废弃属名）"是"Lessertia DC.（1802）（保留属名）"的同模式异名（Homotypic synonym，Nomenclatural synonym）。【分布】热带和非洲南部。【模式】Lessertia perennans（N. J. Jacquin）A. P. de Candolle［Colutea perennans N. J. Jacquin］。【参考异名】Coluteastrum Fabr.（1763）（废弃属名）；Coluteastrum Heist. ex Fabr.（1763）；Coluteastrum Möhring ex Kuntze（1891）；Sulitra Medik.（1787）（废弃属名）；Sutera Hort. ex Steud.（1821）●■☆

29413 Lessingia Cham.（1829）【汉】无舌沙紫菀属。【隶属】菊科 Asteraceae（Compositae）。【包含】世界 14 种。【学名诠释与讨论】〈阴〉（人）Christian Friedrich Lessing，1809-1862，德国植物学者。【分布】美国（加利福尼亚，亚利桑那）。【模式】Lessingia germanorum Chamisso。【参考异名】Benitoa D. D. Keck（1956）；Corethrogyne DC.（1836）■☆

29414 Lessingianthus H. Rob.（1988）【汉】大头斑鸠菊属。【隶属】菊科 Asteraceae（Compositae）//斑鸠菊科（绿菊科）Vernoniaceae。【包含】世界 102 种。【学名诠释与讨论】〈阳〉（人）C. F. Lessing，1809-1862，植物学者，德国生人+anthos，花。此属的学名是"Lessingianthus H. E. Robinson，Proc. Biol. Soc. Washington 101：939. 7 Dec 1988"。亦有文献把其处理为"Vernonia Schreb.（1791）（保留属名）"的异名。【分布】巴拉圭，巴西，玻利维亚，中美洲。【模式】Lessingianthus argyrophyllus（Lessing）H. E. Robinson［Vernonia argyrophylla Lessing］。【参考异名】Vernonia Schreb.（1791）（保留属名）■☆

29415 Lessonia Bert. ex Hook. et Arn.（1833）= Eryngium L.（1753）［伞形科（伞形科）Apiaceae（Umbelliferae）］■

29416 Lestadia Spach（1841）= Laestadia Kunth ex Less.（1832）［菊科 Asteraceae（Compositae）］■☆

29417 Lestibodea Neck.（1790）Nom. inval. = Dimorphotheca Vaill.（1754）（保留属名）；~ = Lestibudaea Juss.（1823）［菊科 Asteraceae（Compositae）］■●☆

29418　Lestiboudesia Rchb.（1828）= Celosia L.（1753）；~ = Lestibudesia Thouars（1806）［苋科 Amaranthaceae］■

29419　Lestibudaea Juss.（1823）= Dimorphotheca Vaill.（1754）（保留属名）［菊科 Asteraceae（Compositae）］■●☆

29420　Lestibudesia Thouars（1806）= Celosia L.（1753）［苋科 Amaranthaceae］■

29421　Letestua Lecomte（1920）【汉】勒泰山榄属。【隶属】山榄科 Sapotaceae。【包含】世界 1 种。【学名诠释与讨论】〈阴〉（人）Georges Marie Patrice Charles Le Testu，1877－1967，法国旅行家，探险家，植物采集家，曾在西非采集标本。此属的学名"Letestua Lecomte，Notul. Syst.（Paris）4：4. 28 Nov 1920"是一个替代名称。"Pierreodendron A. Chevalier，Vég. Util. Afrique Trop. Franç. 9：257. Jan 1917"是一个非法名称（Nom. illegit.），因为此前已经有了"Pierreodendron Engler，Bot. Jahrb. Syst. 39：575. 15 Jan 1907［苦木科 Simaroubaceae］"。故用"Letestua Lecomte（1920）"替代之。【分布】西赤道非洲。【模式】Letestua durissima（A. Chevalier）Lecomte［Pierreodendron durissimum A. Chevalier］。【参考异名】Pierreodendron A. Chev.（1917）Nom. illegit. ●☆

29422　Letestudoxa Pellegr.（1920）【汉】勒泰木属。【隶属】番荔枝科 Annonaceae。【包含】世界 2 种。【学名诠释与讨论】〈阴〉（人）Georges Marie Patrice Charles Le Testu，1877－1967，法国旅行家，探险家，植物采集家，曾在西非采集标本＋doxa，光荣，光彩，华丽，荣誉，有名，显著。【分布】西赤道非洲。【后选模式】Letestudoxa bella Pellegrin。●☆

29423　Letestuella G. Taylor（1953）【汉】勒泰苔草属。【隶属】髯管花科 Geniostomaceae。【包含】世界 1 种。【学名诠释与讨论】〈阴〉（人）Georges Marie Patrice Charles Le Testu，1877－1967，法国旅行家，探险家，植物采集家，曾在西非采集标本＋-ellus，-ella，-ellum，加在名词词干后面形成指小式的词尾。或加在人名、属名等后面以组成新属的名称。【分布】西赤道非洲。【模式】Letestuella tisserantii G. Taylor。☆

29424　Lethea Noronha（1790）= Disporum Salisb. ex D. Don（1812）［百合科 Liliaceae//铃兰科 Convallariaceae//秋水仙科 Colchicaceae］■

29425　Lethedon Biehler（1807）Nom. illegit.［瑞香科 Thymelaeaceae］☆

29426　Lethedon Spreng.（1807）【汉】莱斯瑞香属。【隶属】瑞香科 Thymelaeaceae。【包含】世界 10 种。【学名诠释与讨论】〈阴〉（希）lethedon，遗忘。【分布】澳大利亚（昆士兰），瓦努阿图，法属新喀里多尼亚。【模式】Lethedon tannensis K. P. J. Sprengel。【参考异名】Kaernbachia Kuntze（1891）Nom. illegit.，Nom. superfl.；Microsemma Labill.（1825）；Microstemma Rchb.（废弃属名）●☆

29427　Lethia Forbes et Hemsl. = Erythroxylum P. Browne（1756）；~ = Sethia Kunth（1822）［古柯科 Erythroxylaceae］●

29428　Lethia Ravenna（1986）【汉】莱斯鸢尾属。【隶属】鸢尾科 Iridaceae。【包含】世界 1 种。【学名诠释与讨论】〈阴〉（希）Lethe，遗忘。此属的学名，ING 和 IK 记载是"Lethia P. Ravenna，Nordic J. Bot. 6：585. 31 Oct 1986"。亦有文献把"Lethia Ravenna（1986）"处理为"Calydorea Herb.（1843）"的异名。【分布】巴西（东部），玻利维亚。【模式】Lethia umbellata（F. W. Klatt）P. Ravenna［Herbertia umbellata F. W. Klatt］。【参考异名】Calydorea Herb.（1843）■☆

29429　Leto Phil.（1891）= Helogyne Nutt.（1841）［菊科 Asteraceae（Compositae）］●☆

29430　Letsoma Raf. = Argyreia Lour.（1790）；~ = Lettsomia Roxb.（1814）Nom. illegit.（废弃属名）；~ = Argyreia Lour.（1790）；~ = Argyreia Lour.（1790）［旋花科 Convolvulaceae］●

29431　Letsomia Rchb.（1837）= Freziera Willd.（1799）（保留属名）；

~ = Lettsomia Ruiz et Pav.（1794）（废弃属名）；~ = Freziera Willd.（1799）（保留属名）［山茶科（茶科）Theaceae//厚皮香科 Ternstroemiaceae］●☆

29432　Lettowia H. Rob. et Skvarla（2013）【汉】莱头菊属。【隶属】菊科 Asteraceae（Compositae）。【包含】世界 1 种。【学名诠释与讨论】〈阴〉词源不详。似来自人名或地名。【分布】热带非洲。【模式】Lettowia nyassae（Oliv.）H. Rob.［Vernonia nyassae Oliv.］。☆

29433　Lettowianthus Diels（1936）【汉】莱托花属。【隶属】番荔枝科 Annonaceae。【包含】世界 1 种。【学名诠释与讨论】〈阳〉（人）Lettow+anthos，花。【分布】热带非洲东部。【模式】Lettowianthus stellatus Diels。●☆

29434　Lettsomia Roxb.（1814）Nom. illegit.（废弃属名）= Argyreia Lour.（1790）；~ = Argyreia Lour.（1790）［旋花科 Convolvulaceae］●

29435　Lettsomia Ruiz et Pav.（1794）（废弃属名）= Freziera Willd.（1799）（保留属名）［山茶科（茶科）Theaceae//厚皮香科 Ternstroemiaceae］●☆

29436　Leucacantha Gray（1821）= Centaurea L.（1753）（保留属名）［菊科 Asteraceae（Compositae）//矢车菊科 Centaureaceae］●■

29437　Leucacantha Nieuwl. et Lunell（1917）Nom. illegit. = Centaurea L.（1753）（保留属名）；~ = Leucacantha Gray（1821）［菊科 Asteraceae（Compositae）//矢车菊科 Centaureaceae］●■

29438　Leucactinia Rydb.（1915）【汉】白线菊属。【隶属】菊科 Asteraceae（Compositae）。【包含】世界 1 种。【学名诠释与讨论】〈阴〉（希）leukos，白色，白的，亮的，光明的+aktis，所有格 aktinos，光线，光束，射线。【分布】墨西哥。【模式】Leucactinia bracteata（S. Watson）Rydberg［Pectis bracteata S. Watson］。■☆

29439　Leucadendron Kuntze（1891）Nom. illegit.（废弃属名）≡ Leucospermum R. Br.（1810）（保留属名）［山龙眼科 Proteaceae］●☆

29440　Leucadendron L.（1753）（废弃属名）≡ Leucadendron R. Br.（1810）（保留属名）；~ = Protea L.（1771）（保留属名）［山龙眼科 Proteaceae］●☆

29441　Leucadendron P. J. Bergius（1766）Nom. illegit.（废弃属名）= ? Leucadendron R. Br.（1810）（保留属名）［山龙眼科 Proteaceae］●☆

29442　Leucadendron R. Br.（1810）（保留属名）【汉】银齿树属（银白树属，银树属）。【日】ギンヨウジュ属。【英】Silver Tree。【隶属】山龙眼科 Proteaceae。【包含】世界 8 种。【学名诠释与讨论】〈中〉（希）leukos，白色，白的，亮的，光明的+dendron 或 dendros，树木，棍，丛林。此属的学名"Leucadendron R. Br. in Trans. Linn. Soc. London 10：50. Feb 1810"是保留属名。相应的废弃属名是山龙眼科 Proteaceae 的"Leucadendron L.，Sp. Pl.：91. 1 Mai 1753 = Protea L.（1771）（保留属名）≡ Leucadendron R. Br.（1810）（保留属名）"。"Leucadendron P. J. Bergius，Kongl. Vetensk. Acad. Handl.（1766）325，partim = Leucadendron R. Br.（1810）（保留属名）"和"Leucadendron Kuntze，Leucadendron O. Kuntze，Rev. Gen. 2：578. 5 Nov 1891 = Protea L.（1771）（保留属名）［山龙眼科 Proteaceae"亦应废弃。"Protea Linnaeus，Sp. Pl. 94. 1 Mai 1753（废弃属名）"是"Leucadendron R. Br.（1810）（保留属名）"的同模式异名（Homotypic synonym，Nomenclatural synonym）。"Lepidocarpus Adanson，Fam. 2：284，569. Jul－Aug 1763"和"Serraria Adanson，Fam. 2：284. Jul－Aug 1763"则是"Leucadendron L.（1753）（废弃属名）"的同模式异名。"Leucadendrum Salisb.，Parad. Lond. sub t. 67（1807）"是"Leucospermum R. Br.（1810）（保留属名）"的异名，也须废弃。【分布】中国，非洲南部。【模式】Leucadendron argenteum（Linnaeus）R. Brown［Protea argentea Linnaeus］。【参考异名】? Leucadendron P. J. Bergius（1766）

Nom. illegit.（废弃属名）；Chasme Salisb.（1807）；Conocarpus Adans.（1763）Nom. illegit.；Euryspermum Salisb.（1807）；Gissonia Salisb.（1809）Nom. illegit.；Gissonia Salisb. ex Knight（1809）；Lepidocarpus Adans.（1763）Nom. illegit.；Leucadendron L.（1753）（废弃属名）；Leucandron Steud.（1841）；Leucandrum Neck.（1790）Nom. inval.（废弃属名）；Leucodendrum Post et Kuntze（1903）；Protea L.（1753）（废弃属名）；Serraria Adans.（1763）Nom. illegit.；Vionaea Neck.（1790）Nom. inval. ●

29443 Leucadendrum Salisb.（1807）Nom. inval.（废弃属名）= Leucospermum R. Br.（1810）（保留属名）［山龙眼科 Proteaceae］●☆

29444 Leucadenia Klotzsch ex Baill.（1864）= Croton L.（1753）［大戟科 Euphorbiaceae//巴豆科 Crotonaceae］●

29445 Leucadenium Benth. et Hook. f.（1880）Nom. illegit. ≡ Leucadenium Klotzsch ex Benth. et Hook. f.（1880）；~ = Croton L.（1753）；~ = Leucadenia Klotzsch ex Baill.（1864）［大戟科 Euphorbiaceae］●

29446 Leucadenium Klotzsch ex Benth. et Hook. f.（1880）= Croton L.（1753）；~ = Leucadenia Klotzsch ex Baill.（1864）［大戟科 Euphorbiaceae//巴豆科 Crotonaceae］●

29447 Leucaena Benth.（1842）（保留属名）【汉】银合欢属。【日】ギンガフクワン属，ギンゴウカン属。【俄】Левкена。【英】Great Lead Tree，Jumble Beans，Lead Tree，Leadtree，Lead-tree，Leucaena。【隶属】豆科 Fabaceae（Leguminosae）//含羞草科 Mimosaceae。【包含】世界 22-50 种，中国 1 种。【学名诠释与讨论】〈阴〉（希）leukos，白色，白的，亮的，光明的。指花白色。此属的学名 "Leucaena Benth. in J. Bot.（Hooker）4：416. Jun 1842" 是保留属名。法规未列出相应的废弃属名。【分布】巴基斯坦，巴拉圭，巴拿马，秘鲁，玻利维亚，厄瓜多尔，哥伦比亚（安蒂奥基亚），哥斯达黎加，马达加斯加，尼加拉瓜，中国，波利尼西亚群岛，热带，中美洲。【模式】Leucaena diversifolia（Schlechtendal）Bentham［Acacia diversifolia Schlechtendal］。【参考异名】Caudoleucaena Britton et Rose（1928）；Ryncholeucaena Britton et Rose（1928）●

29448 Leucaeria DC.（1812）= Leucheria Lag.（1811）［菊科 Asteraceae（Compositae）］■☆

29449 Leucalepis Brade ex Ducke（1938）Nom. illegit. = Loricalepis Brade（1938）［野牡丹科 Melastomataceae］☆

29450 Leucalepis Ducke（1938）Nom. illegit. ≡ Leucalepis Brade ex Ducke（1938）Nom. illegit.；~ = Loricalepis Brade（1938）［野牡丹科 Melastomataceae］☆

29451 Leucampyx A. Gray ex Benth.（1873）Nom. illegit. ≡ Leucampyx A. Gray ex Benth. et Hook. f.（1873）；~ = Hymenopappus L'Hér.（1788）［菊科 Asteraceae（Compositae）］■☆

29452 Leucampyx A. Gray ex Benth. et Hook. f.（1873）= Hymenopappus L'Hér.（1788）［菊科 Asteraceae（Compositae）］■☆

29453 Leucandra Klotzsch（1841）= Tragia L.（1753）［大戟科 Euphorbiaceae］●

29454 Leucandron Steud.（1841）= Leucadendron R. Br.（1810）（保留属名）［山龙眼科 Proteaceae］●

29455 Leucandrum Neck.（1790）Nom. inval. = Leucadendron R. Br.（1810）（保留属名）［山龙眼科 Proteaceae］●

29456 Leucanotis D. Dietr.（1839）= Leuconotis Jack（1823）［夹竹桃科 Apocynaceae］●☆

29457 Leucantha Gray（1821）= Centaurea L.（1753）（保留属名）［菊科 Asteraceae（Compositae）//矢车菊科 Centaureaceae］●■

29458 Leucanthea Scheele（1853）= Bouchetia DC. ex Dunal（1852）；~ = Salpiglossis Ruiz et Pav.（1794）［茄科 Solanaceae//智利喇叭花科（美人襟科）Salpiglossidaceae］■☆

29459 Leucanthemella Tzvelev（1961）【汉】小滨菊属（小白菊属）。【俄】Леукантемелла。【英】Autumn Daisy，Leucanthemella，Miniwhitedaisy。【隶属】菊科 Asteraceae（Compositae）//菊蒿科 Tanacetaceae。【包含】世界 2 种，中国 1 种。【学名诠释与讨论】〈阴〉（属）Lcucanthcmum 滨菊属+拉丁文-ellus 小的。指花白色而小。此属的学名 "Leucanthemella N. N. Tzvelev in B. K. Schischkin et E. G. Bobrov，Fl. URSS 26：137. Nov-Dec 1961" 是一个替代名称。"Decaneurum C. H. Schultz-Bip.，Ueber Tanacet. 44. 1844" 是一个非法名称（Nom. illegit.），因为此前已经有了 "Decaneurum A. P. de Candolle，Arch. Bot.（Paris）2：516. 23 Dec 1833Centratherum Cass.（1817）= Gymnanthemum Cass.（1817）［菊科 Asteraceae（Compositae）］"。故用 "Leucanthemella Tzvelev（1961）" 替代之。亦有文献把 "Leucanthemella Tzvelev（1961）" 处理为 "Tanacetum L.（1753）" 的异名。【分布】中国，东亚，欧洲东南部。【模式】Leucanthemella serotina（Linnaeus）N. N. Tzvelev［Chrysanthemum serotinum Linnaeus］。【参考异名】Decaneurum Sch. Bip.（1844）Nom. illegit.；Tanacetum L.（1753）■

29460 Leucanthemopsis（Giroux）Heywood（1975）【汉】类滨菊属。【英】Marguerite。【隶属】菊科 Asteraceae（Compositae）。【包含】世界 6-9 种。【学名诠释与讨论】〈阴〉（属）Leucanthemum 滨菊属（陆堪菊属）+希腊文 opsis，外观，模样。【分布】非洲北部，欧洲。【模式】Leucanthemopsis alpina（Linnaeus）V. H. Heywood［Chrysanthemum alpinum Linnaeus］。■☆

29461 Leucanthemum Burm.（1738）Nom. inval. = Leucanthemum Burm. ex Kuntze（1891）Nom. illegit.；~ = Osmitopsis Cass.（1817）［菊科 Asteraceae（Compositae）］●☆

29462 Leucanthemum Burm. ex Kuntze（1891）Nom. illegit. = Osmitopsis Cass.（1817）［菊科 Asteraceae（Compositae）］●☆

29463 Leucanthemum Kuntze（1891）Nom. illegit. = Leucanthemum Burm. ex Kuntze（1891）Nom. illegit.；~ = Osmitopsis Cass.（1817）［菊科 Asteraceae（Compositae）］●☆

29464 Leucanthemum Mill.（1754）【汉】滨菊属（陆堪菊属）。【俄】Нивяник。【英】Leucanthemum，Marguerite，Ox-eye Daisy，Shasta Daisy，Whitedaisy。【隶属】菊科 Asteraceae（Compositae）。【包含】世界 33-43 种，中国 1-2 种。【学名诠释与讨论】〈中〉（希）leukos，白色，白的，亮的，光明的+anthemon，花。指花白色。此属的学名，ING、APNI、GCI、TROPICOS 和 IK 记载是 "Leucanthemum Mill.，Gard. Dict. Abr.，ed. 4.［769］. 1754［28 Jan 1754］"。"Leucanthemum Burm.（1738）≡ Leucanthemum Burm. ex Kuntze（1891）Nom. illegit.［菊科 Asteraceae（Compositae）］" 是一个命名起点著作之前的名称。"Leucanthemum Burm. ex Kuntze（1891）≡ Osmitopsis Cass.（1817）［菊科 Asteraceae（Compositae）］" 是晚出的非法名称。"Leucanthemum Kuntze（1891）≡ Leucanthemum Burm. ex Kuntze（1891）Nom. illegit." 的命名人引证有误。【分布】巴基斯坦，巴拿马，秘鲁，玻利维亚，厄瓜多尔，哥伦比亚（安蒂奥基亚），美国（密苏里），尼加拉瓜，中国，北亚，欧洲，中美洲。【模式】Leucanthemum vulgare Lamarck［Chrysanthemum leucanthemum Linnaeus］。【参考异名】Kremeria Durieu（1846）；Phalacrodiscus Less.（1832）■●

29465 Leucas Burm. ex R. Br.（1810）≡ Leucas R. Br.（1810）［唇形科 Lamiaceae（Labiatae）］●■

29466 Leucas R. Br.（1810）【汉】绣球防风属（白花草属）。【日】ヤンバルツルハクカ属。【英】Leucas。【隶属】唇形科 Lamiaceae（Labiatae）。【包含】世界 100-160 种，中国 8 种。【学名诠释与讨论】〈阴〉（希）leukos，白色，白的，亮的，光明的。此属的学名，ING、APNI、TROPICOS 和 IK 记载是 "Leucas R. Brown，Prodr.

504. 27 Mar 1810"。"Leucas Burm."是命名起点著作之前的名称,故"Leucas Burm. ex R. Br. (1810)"和"Leucas R. Br. (1810)"都是合法名称,可以通用。"Isodeca Rafinesque, Fl. Tell. 3:88. Nov–Dec 1837('1836')"是"Leucas R. Br. (1810)"的晚出的同模式异名(Homotypic synonym, Nomenclatural synonym)。【分布】巴基斯坦,马达加斯加,马来西亚,澳大利亚(热带),南非,中国,阿拉伯半岛,中南半岛,热带非洲,亚洲南部,热带美洲,中美洲。【模式】Leucas flaccida R. Brown。【参考异名】Blandina Raf. (1837);Doriclea Raf. (1837);Eneodon Raf. (1837);Hemistemma Rchb. (1828) Nom. illegit.;Hemistoma Ehrenb. ex Benth. (1830);Heptrilis Raf. (1837);Hetrepta Raf. (1837);Isodeca Raf. (1837) Nom. illegit.;Isotheca Post et Kuntze (1903);Lasiocarys Balf. f.;Lasiocorys Benth. (1834);Leucas Burm. ex R. Br. (1810);Physoleucas (Benth.) Jaub. et Spach (1855);Physoleucas Jaub. et Spach(1855) Nom. illegit. ●■

29467 Leucasia Raf. (1837) = Phlomis L. (1753) [唇形科 Lamiaceae (Labiatae)] ●■

29468 Leucaster Choisy(1849)【汉】白星藤属。【隶属】紫茉莉科 Nyctaginaceae。【包含】世界1种。【学名诠释与讨论】〈阳〉(希) leukos,白色,白的,亮的,光明的+希腊文 aster,所有格 asteros,星,紫菀属。拉丁文词尾–aster,–astra,–astrum 加在名词词干之后形成指小式名词。【分布】巴西东南。【模式】Leucaster caniflorus (Martius) J. D. Choisy [Reichenbachia caniflora Martius]。●☆

29469 Leuce Opiz(1852) = Populus L. (1753) [杨柳科 Salicaceae] ●

29470 Leucea C. Presl(1826) = Leuzea DC. (1805) [菊科 Asteraceae (Compositae)] ■☆

29471 Leucelene Greene (1896) = Chaetopappa DC. (1836) [菊科 Asteraceae(Compositae)] ■☆

29472 Leuceres Calest. (1905) = Endressia J. Gay (1832) [伞形花科(伞形科) Apiaceae(Umbelliferae)] ■☆

29473 Leuceria D. Don (1830) Nom. illegit. ≡ Leucheria Lag. (1811) [菊科 Asteraceae(Compositae)] ■☆

29474 Leuceria DC. = Leucheria Lag. (1811) [菊科 Asteraceae (Compositae)] ■☆

29475 Leuceria Lag. = Leucheria Lag. (1811) [菊科 Asteraceae (Compositae)] ■☆

29476 Leucesteria Meisn. (1838) = Leycesteria Wall. (1824) [忍冬科 Caprifoliaceae] ●

29477 Leuchaeria Less. (1830) = Leucheria Lag. (1811) [菊科 Asteraceae(Compositae)] ■☆

29478 Leucheria Lag. (1811)【汉】单冠钝柱菊属(白美菊属)。【隶属】菊科 Asteraceae(Compositae)。【包含】世界46种。【学名诠释与讨论】〈阴〉(希) leukeres,小白领结。此属的学名,ING、GCI、TROPICOS 和 IK 记载是"Leucheria Lag., Amen. Nat. Españ. 1(1):32. 1811 [post–19 Apr 1811]"。"Leuceria D. Don, Transactions of the Linnean Society of London 212. 1830"是其变体。"Leuceria DC. = Leucheria Lag. (1811) [菊科 Asteraceae (Compositae)]"和"Leuceria Lag. = Leucheria Lag. (1811) [菊科 Asteraceae(Compositae)]"也似其变体。【分布】秘鲁,玻利维亚,安第斯山,巴塔哥尼亚,中美洲。【模式】Leucheria hieracioides Cassini。【参考异名】Bertolonia DC. (1812) Nom. inval. (废弃属名);Chabraea DC. (1812) Nom. illegit.;Clybatis Phil. (1872);Leucaeria DC. (1812);Leuceria DC.;Leuceria Lag.;Leuchaeria Less. (1830);Leukeria Endl. (1841);Mimela Phil. (1865) ■☆

29479 Leuchtenbergia Hook. (1848)【汉】晃山属(光山属,龙舌球属,龙舌仙人球属)。【日】リューヒテンベルギア属。【英】Agave

Cactus。【隶属】仙人掌科 Cactaceae//晃山科 Leuchtenbergiaceae。【包含】世界1种。【学名诠释与讨论】〈阴〉(人) Leuchtenberg 王子, Eugene de Beauharnais, 1781–1824。此属的学名, ING、TROPICOS 和 IK 记载是"Leuchtenbergia W. J. Hooker, Bot. Mag. t. 4393. 1 Sep 1848"。【分布】墨西哥。【模式】Leuchtenbergia principis W. J. Hooker。【参考异名】Leuchtenbergia Hook. et Fisch. (1848) Nom. illegit. ●☆

29480 Leuchtenbergia Hook. et Fisch. (1848) Nom. illegit. = Leuchtenbergia Hook. (1848) [仙人掌科 Cactaceae//晃山科 Leuchtenbergiaceae] ●☆

29481 Leuchtenbergiaceae Salm–Dyck ex Pfeiff., Nom. inval. = Cactaceae Juss. (保留科名) ●■

29482 Leuchtenbergiaceae Salm–Dyck, Nom. inval. = Cactaceae Juss. (保留科名) ●■

29483 Leucipus Raf. (1814) Nom. illegit. ≡ Leucosia Thouars (1806);~ = Dichapetalum Thouars(1806) [毒鼠子科 Dichapetalaceae] ●

29484 Leuciva Rydb. (1922)【汉】白伊瓦菊属。【英】Woolly Sumpweed。【隶属】菊科 Asteraceae (Compositae)//伊瓦菊科 Ivaceae。【包含】世界1种。【学名诠释与讨论】〈阴〉(希) leukos,白色,白的,亮的,光明的+(属)Iva 伊瓦菊属。指其与伊瓦菊相近。此属的学名是"Leuciva Rydberg, N. Amer. Fl. 33:8. 15 Sep 1922"。亦有文献把其处理为"Euphrosyne DC. (1836)"或"Iva L. (1753)"的异名。【分布】新墨西哥。【模式】Leuciva dealbata (A. Gray) Rydberg [Iva dealbata A. Gray]。【参考异名】Euphrosyne DC. (1836);Iva L. (1753) ■☆

29485 Leucobarleria Lindau (1895) = Neuracanthus Nees(1832) [爵床科 Acanthaceae] ●■☆

29486 Leucoblepharis Arn. (1838)【汉】白睑菊属(白百簕属)。【隶属】菊科 Asteraceae(Compositae)。【包含】世界1种。【学名诠释与讨论】〈阴〉(希) leukos, 白色, 白的, 亮的, 光明的+Blepharis 百簕花属。此属的学名是"Leucoblepharis Arnott, Mag. Zool. Bot. 2:422. 1838"。亦有文献把其处理为"Blepharispermum DC. (1834)"的异名。【分布】印度。【模式】Leucoblepharis subsessilis (A. P. de Candolle) Arnott [as 'subsessile'] [Blepharispermum subsessile A. P. de Candolle]。【参考异名】Blepharispermum DC. (1834);Blepharispermum Wight ex DC. (1834) Nom. illegit. ●☆

29487 Leucobotrys Tiegh. (1894) = Helixanthera Lour. (1790) [桑寄生科 Loranthaceae] ●

29488 Leucocalantha Barb. Rodr. (1891)【汉】白花紫葳属。【隶属】紫葳科 Bignoniaceae。【包含】世界1种。【学名诠释与讨论】〈阴〉(希) leukos, 白色, 白的, 亮的, 光明的+kalos 美丽的+anthos, 花。【分布】巴西, 亚马孙河流域。【模式】Leucocalantha aromatica Barbosa Rodrigues。●☆

29489 Leucocarpon Endl. (1839) = Denhamia Meisn. (1837) (保留属名);~ = Leucocarpum A. Rich. (1834) (废弃属名);~ = Denhamia Meisn. (1837) (保留属名) [卫矛科 Celastraceae] ●☆

29490 Leucocarpum A. Rich. (1834) (废弃属名) ≡ Denhamia Meisn. (1837) (保留属名) [卫矛科 Celastraceae] ●☆

29491 Leucocarpus D. Don (1831)【汉】白果属。【隶属】玄参科 Scrophulariaceae//透骨草科 Phrymaceae。【包含】世界1种。【学名诠释与讨论】〈阳〉(希) leukos, 白色, 白的, 亮的, 光明的+karpos, 果实。此属的学名, ING、TROPICOS 和 IK 记载是"Leucocarpus D. Don, in Sweet, Brit. Flow. Gard. Ser. II. t. 124 (1830)"。它曾被处理为"Mimulus sect. Leucocarpus (D. Don) G. L. Nesom, Phytoneuron 2011–28:4. 2011. (3 Jun 2011)"。【分布】巴拿马, 秘鲁, 玻利维亚, 厄瓜多尔, 哥伦比亚(安蒂奥基亚), 尼

加拉瓜,中美洲。【模式】Leucocarpus alatus（R. Graham）D. Don
［Conobea alata R. Graham］。【参考异名】Mimulus sect.
Leucocarpus（D. Don）G. L. Nesom（2011）■☆

29492　Leucocasia Schott（1857）= Colocasia Schott（1832）（保留属名）
［天南星科 Araceae］■

29493　Leucocephala Roxb.（1814）= Eriocaulon L.（1753）［谷精草科
Eriocaulaceae］■

29494　Leucocera Turcz.（1848）= Calycera Cav.（1797）［as
'Calicera'］（保留属名）［萼角花科（萼角科,头花草科）
Calyceraceae］■☆

29495　Leucochlaena Post et Kuntze（1）= Leucolaena R. Br. ex Endl.
（1839）; ~ = Xanthosia Rudge（1811）［伞形花科（伞形科）
Apiaceae（Umbelliferae）］■☆

29496　Leucochlaena Post et Kuntze（2）= Leucolena Ridl.（1891）Nom.
illegit. ; ~ = Didymoplexiella Garay（1954）［as 'Didimoplexiella'］
［兰科 Orchidaceae］■

29497　Leucochlamys Poepp. ex Engl.（1879）= Spathiphyllum Schott
（1832）［天南星科 Araceae］■☆

29498　Leucochloron Barneby et J. W. Grimes（1996）【汉】白绿含羞草
属。【隶属】豆科 Fabaceae（Leguminosae）//含羞草科
Mimosaceae。【包含】世界5种。【学名诠释与讨论】〈中〉（希）
leukos,白色,白的,亮的,光明的+chloros,绿色。chloro- = 拉丁
文 viridi-,绿色。此属的学名是"Leucochloron R. C. Barneby et J.
W. Grimes, Mem. New York Bot. Gard. 74（1）: 130. 25 Mar 1996"。
亦有文献把其处理为"Mimosa L.（1753）"的异名。【分布】玻利
维亚,南美洲。【模式】Leucochloron incuriale（Vellozo）R. C.
Barneby et J. W. Grimes［Mimosa incurialis Vellozo］。【参考异名】
Mimosa L.（1753）●■☆

29499　Leucochrysum（DC.）Paul G. Wilson（1992）【汉】爪苞彩鼠麴
属。【隶属】菊科 Asteraceae（Compositae）。【包含】世界5种。
【学名诠释与讨论】〈中〉（希）leukos,白色,白的,亮的,光明的+
（属）Helichrysum 蜡菊属（小蜡菊属）。此属的学名是
"Leucochrysum（DC.）Paul G. Wilson, Nuytsia 8（3）:441. 1992",
由"Helipterum sect. Leucochrysum DC."改级而来。【分布】澳大
利亚（温带）。【模式】169262。■☆

29500　Leucochyle B. D. Jacks. = Leucohyle Klotzsch（1855）［兰科
Orchidaceae］■☆

29501　Leucochyle Klotzsch（1854）= Leucohyle Klotzsch（1855）［兰科
Orchidaceae］■☆

29502　Leucocnide Miq.（1851）= Debregeasia Gaudich.（1844）［荨麻
科 Urticaceae］●

29503　Leucocnides Miq.（1851）= Debregeasia Gaudich.（1844）［荨麻
科 Urticaceae］●

29504　Leucococcus Liebm.（1851）= Pouzolzia Gaudich.（1830）［荨麻
科 Urticaceae］●■

29505　Leucocodon Gardner（1846）【汉】白钟草属。【隶属】茜草科
Rubiaceae。【包含】世界1种。【学名诠释与讨论】〈中〉（希）
leukos,白色,白的,亮的,光明的+codon 钟。【分布】斯里兰卡。
【模式】Leucocodon reticulatus G. Gardner［as 'reticulatum'］。☆

29506　Leucocoma（Greene）Nieuwl.（1911）= Thalictrum L.（1753）
［毛茛科 Ranunculaceae］■

29507　Leucocoma Ehrh.（1789）Nom. inval. ≡ Leucocoma Ehrh. ex
Rydb.（1917）Nom. illegit. ≡ Eriophorum L.（1753）; ~ ≡
Trichophorum Pers.（1805）（保留属名）［莎草科 Cyperaceae］■

29508　Leucocoma Ehrh. ex Rydb.（1917）Nom. illegit. ≡ Eriophorum L.
（1753）; ~ ≡ Trichophorum Pers.（1805）（保留属名）［莎草科
Cyperaceae］■

29509　Leucocoma Nieuwl.（1911）Nom. illegit. ≡ Leucocoma（Greene）
Nieuwl.（1911）［毛茛科 Ranunculaceae］■

29510　Leucocoma Rydb.（1917）Nom. illegit. ≡ Leucocoma Ehrh. ex
Rydb.（1917）Nom. illegit. ; ~ ≡ Eriophorum L.（1753）; ~ ≡
Trichophorum Pers.（1805）（保留属名）［莎草科 Cyperaceae］■

29511　Leucocorema Ridl.（1916）= Trichadenia Thwaites（1855）［刺篱
木科（大风子科）Flacourtiaceae］●☆

29512　Leucocoryne Lindl.（1830）【汉】白药百合属（白棒莲属）。
【日】リュウココリ ネ属。【英】Glory of the Sun。【隶属】百合科
Liliaceae//葱科 Alliaceae。【包含】世界 12-20 种。【学名诠释与
讨论】〈阴〉（希）leukos,白色,白的,亮的,光明的+koryne,棍棒。
指花药的形状。【分布】智利。【模式】Leucocoryne odorata J.
Lindley。【参考异名】Antheroceras Bertero（1829）Nom. inval. ;
Anthoceras Baker（1870）; Beauverdia Herter（1943）; Chrysocoryne
Zoellner（1973）Nom. illegit. ; Latace Phil.（1889）; Loucoryne
Steud.（1840）; Pabellonia Quezada et Martic.（1976）; Stemmatium
Phil.（1873）■☆

29513　Leucocraspedum Rydb.（1917）= Frasera Walter（1788）［龙胆
科 Gentianaceae］■☆

29514　Leucocrinum Nutt.（1837）Nom. illegit. ≡ Leucocrinum Nutt. ex
A. Gray（1837）［百合科 Liliaceae//吊兰科（猴面包科,猴面包树
科）Anthericaceae］■☆

29515　Leucocrinum Nutt. ex A. Gray（1837）【汉】白星花属（白文殊兰
属）。【俄】Леукокринум。【英】Sand-lily, Star Lily, Star-lily。
【隶属】百合科 Liliaceae//吊兰科（猴面包科,猴面包树科）
Anthericaceae。【包含】世界1种。【学名诠释与讨论】〈中〉（希）
leukos,白色,白的,亮的,光明的+krinon 百合。指花白色。此属
的学名,ING、TROPICOS 和 IK 记载是"Leucocrinum Nuttall ex A.
Gray, Ann. Lyceum Nat. Hist. New York 4: 110. 1837"。"Leucrinis
Rafinesque, Fl. Tell. 4: 27. 1838（med.）（'1836'）"是
"Leucocrinum Nutt. ex A. Gray（1837）"的晚出的同模式异名
（Homotypic synonym, Nomenclatural synonym）。"Leucocrinum
Nutt.（1837）Nom. illegit. ≡ Leucocrinum Nutt. ex A. Gray（1837）"
的命名人引证有误。【分布】美国（西南部）。【模式】
Leucocrinum montanum Nuttall ex A. Gray。【参考异名】
Leucocrinum Nutt.（1837）Nom. illegit. ; Leucrinis Raf.（1838）
Nom. illegit. ■☆

29516　Leucocroton Griseb.（1861）【汉】白巴豆属。【隶属】大戟科
Euphorbiaceae。【包含】世界 27 种。【学名诠释与讨论】〈中〉
（希）leukos,白色,白的,亮的,光明的+（属）Croton 巴豆属。【分
布】古巴,海地。【模式】Leucocroton wrightii Grisebach。●☆

29517　Leucocyclus Boiss.（1849）【汉】白环菊属。【隶属】菊科
Asteraceae（Compositae）。【包含】世界1种。【学名诠释与讨论】
〈阳〉（希）leukos, 白色,白的,亮的,光明的 + kyklos,圆圈。
kyklas,所有格 kyklados,圆形的。kyklotos,圆的,关住,围住。此
属的学名是"Leucocyclus Boissier, Diagn. Pl. Orient. ser. 1. 2（11）:
13. Mar-Apr 1849"。亦有文献把其处理为"Anacyclus L.
（1753）"的异名。【分布】亚洲西南部。【模式】Leucocyclus
formosus Boissier。【参考异名】Anacyclus L.（1753）■☆

29518　Leucodendrum Post et Kuntze（1903）= Leucadendron R. Br.
（1810）（保留属名）; ~ = Protea L.（1771）（保留属名）［山龙眼
科 Proteaceae］●☆

29519　Leucodermis Planch.（1862）Nom. illegit. ≡ Leucodermis Planch.
ex Benth. et Hook. f.（1862）; ~ = Ilex L.（1753）［冬青科
Aquifoliaceae］●

29520　Leucodermis Planch. ex Benth. et Hook. f.（1862）= Ilex L.
（1753）［冬青科 Aquifoliaceae］●

29521 Leucodesmis Raf. (1838) = Haemanthus L. (1753) ［石蒜科 Amaryllidaceae//网球花科 Haemanthaceae］■

29522 Leucodictyon Dalzell (1850) = Galactia P. Browne (1756) ［豆科 Fabaceae (Leguminosae)//蝶形花科 Papilionaceae］■

29523 Leucodonium (Rchb.) Opiz (1852) Nom. inval. = Cerastium L. (1753) ［石竹科 Caryophyllaceae］■

29524 Leucodonium Opiz (1852) Nom. inval. = Cerastium L. (1753) ［石竹科 Caryophyllaceae］■

29525 Leucodyction Dalzell (1850) = Galactia P. Browne (1756) ［豆科 Fabaceae (Leguminosae)//蝶形花科 Papilionaceae］■

29526 Leucodyctyon Dalzell (1850) Nom. illegit. ≡ Leucodyction Dalzell (1850); ~ = Galactia P. Browne (1756) ［豆科 Fabaceae (Leguminosae)//蝶形花科 Papilionaceae］■

29527 Leucogenes P. Beauv. (1910)【汉】新火绒草属。【英】New Zealand Edelweiss。【隶属】菊科 Asteraceae (Compositae)。【包含】世界 2-4 种。【学名诠释与讨论】〈中〉〈希〉leukos, 白色, 白的, 亮的, 光明的+eugenos, 出身名门的, 高贵的, 丰富的。【分布】新西兰。【模式】未指定。■☆

29528 Leucoglochin (Dumort.) Heuff. (1844) Nom. illegit. ≡ Leucoglochin Heuff. (1844); ~ = Carex L. (1753) ［莎草科 Cyperaceae］■

29529 Leucoglochin Ehrh. = Carex L. (1753) ［莎草科 Cyperaceae］■

29530 Leucoglochin Heuff. (1844) = Carex L. (1753) ［莎草科 Cyperaceae］■

29531 Leucoglossum B. H. Wilcox, K. Bremer et Humphries (1993) Nom. illegit. ≡ Mauranthemum Vogt et Oberpr. (1995) ［菊科 Asteraceae (Compositae)］■☆

29532 Leucohyle Klotzsch (1855)【汉】白林兰属。【隶属】兰科 Orchidaceae。【包含】世界 3-7 种。【学名诠释与讨论】〈阴〉〈希〉leukos, 白色, 白的, 亮的, 光明的+hyle, 木。hylodes, 木质的, 树枝丛生的。hylaios, 属于森林的, 野蛮的。指花轴被毛。此属的学名, ING、TROPICOS 和 IK 记载是 "Leucohyle Klotzsch, Index Sem. Horto Bot. Berol. 1854. App.: 1. 1855"。"Leucohyle Rchb., Ann. Bot. Syst. (Walpers) 6 (5): 679, sphalm. 1863 ［Jan-Mar 1863］［兰科 Orchidaceae］" 是晚出的非法名称。【分布】巴拿马, 秘鲁, 玻利维亚, 厄瓜多尔, 哥斯达黎加, 尼加拉瓜, 西印度群岛, 热带南美洲, 中美洲。【模式】Leucohyle warszewiczii Klotzsch。【参考异名】Leucochyle B. D. Jacks.; Leucochyle Klotzsch (1854) ■☆

29533 Leucohyle Rchb. (1863) Nom. illegit. ［兰科 Orchidaceae］■☆

29534 Leucoium Mill. (1754) Nom. illegit. ≡ Cheiranthus L. (1753); ~ = Matthiola W. T. Aiton (1812) ［as 'Mathiola'］(保留属名) ［十字花科 Brassicaceae (Cruciferae)］■●

29535 Leucoium Tourn. ex Adans. (1763) Nom. illegit. = Matthiola W. T. Aiton (1812) ［as 'Mathiola'］(保留属名) ［十字花科 Brassicaceae (Cruciferae)］■●

29536 Leucojaceae Batsch ex Borkh. (1797) ［亦见 Amaryllidaceae J. St.-Hil. (保留科名) 石蒜科］【汉】雪片莲科。【包含】世界 1 属 2-12 种, 中国 1 属 1 种。【分布】摩洛哥, 欧洲南部。【科名模式】Leucojum L. (1753) ■●

29537 Leucojaceae Batsch = Leucojaceae Batsch ex Borkh. ●■

29538 Leucojum Adans. (1763) Nom. illegit. ≡ Leucoium Tourn. ex Adans. (1763) Nom. illegit.; ~ = Matthiola W. T. Aiton (1812) ［as 'Mathiola'］(保留属名) ［十字花科 Brassicaceae (Cruciferae)］■●

29539 Leucojum Druce (1913) Nom. illegit. ［十字花科 Brassicaceae (Cruciferae)］■☆

29540 Leucojum L. (1753)【汉】雪片莲属 (雪花水仙属)。【日】オ

マツユキソウ属, スノーフレーク属。【俄】Амарилис альпийский, Белоцветник。【英】Snowflake, Snowflakelotus。【隶属】石蒜科 Amaryllidaceae//雪片莲科 Leucojaceae。【包含】世界 2-12 种, 中国 1 种。【学名诠释与讨论】〈中〉〈希〉leukos, 白色, 白的, 亮的, 光明的+ion, 所有格 iontos, 堇菜。ioeides, 似堇菜的, 堇色的。指花堇色。此属的学名, ING、APNI、TROPICOS 和 IK 记载是 "Leucojum L., Sp. Pl. 1: 289. 1753 ［1 May 1753］"。"Leucojum Mill., Gard. Dict. Abr., ed. 4. (1754) ≡ Cheiranthus L. (1753) = Matthiola W. T. Aiton (1812) ［as 'Mathiola'］(保留属名) ［十字花科 Brassicaceae (Cruciferae)］"、"Leucojum Adans. (1763) ≡ Leucoium Tourn. ex Adans. (1763) Nom. illegit. ［十字花科 Brassicaceae (Cruciferae)］" 和 "Leucojum Druce, Rep. Bot. Exch. Cl. Brit. Isles 3: 433, 1913 ［十字花科 Brassicaceae (Cruciferae)］" 是晚出的非法名称。"Leucoium Mill. (1754)" 是 "Leucoium Mill. (1754) Nom. illegit." 的拼写变体。"Erinosma Herbert, Amaryll. 63, 80, 330. Apr (sero) 1837"、"Narcissoleucojum Ortega, Tabulae Bot. 21. 1773"、"Nivaria Heister ex Fabricius, Enum. 15. 1759" 和 "Polyanthemum Bubani, Fl. Pyrenaea 4: 155. 1901 (sero?) (non Medikus 1791)" 是 "Leucojum L. (1753)" 的晚出的同模式异名 (Homotypic synonym, Nomenclatural synonym)。【分布】巴基斯坦, 美国, 摩洛哥, 中国, 欧洲南部。【后选模式】Leucojum vernum Linnaeus。【参考异名】Acis Salisb. (1807); Erinosma Herb. (1837) Nom. illegit.; Narcissoleucojum Ortega (1773) Nom. illegit.; Narcisso-Leucojum Ortega (1773) Nom. illegit.; Narcissulus Fabr.; Nivaria Fabr. (1759) Nom. illegit.; Nivaria Heist. (1748) Nom. inval.; Nivaria Heist. ex Fabr. (1759) Nom. illegit.; Polyanthemum Bubani (1901) Nom. illegit.; Rumania Parl.; Ruminia Parl. (1858) ■●

29541 Leucojum Mill. (1754) Nom. illegit. ≡ Cheiranthus L. (1753); ~ = Matthiola W. T. Aiton (1812) ［as 'Mathiola'］(保留属名) ［十字花科 Brassicaceae (Cruciferae)］■●

29542 Leucolaena (DC.) Benth. (1837) Nom. illegit. = Xanthosia Rudge (1811) ［伞形花科 (伞形科) Apiaceae (Umbelliferae)］■☆

29543 Leucolaena Benth. (1837) Nom. illegit. = Xanthosia Rudge (1811) ［伞形花科 (伞形科) Apiaceae (Umbelliferae)］■☆

29544 Leucolaena R. Br. (1814) Nom. inval. ≡ Leucolaena R. Br. ex Endl. (1839); ~ = Xanthosia Rudge (1811) ［伞形花科 (伞形科) Apiaceae (Umbelliferae)］■☆

29545 Leucolaena R. Br. ex Endl. (1839) = Xanthosia Rudge (1811) ［伞形花科 (伞形科) Apiaceae (Umbelliferae)］■☆

29546 Leucolaena Ridl. (1891) Nom. illegit. ≡ Didymoplexis Griff. (1843); ~ = Didymoplexiella Garay (1954) ［as 'Didimoplexiella'］ ［兰科 Orchidaceae］■

29547 Leucolena Ridl. (1891) Nom. illegit. ≡ Didymoplexiella Garay (1954) ［as 'Didimoplexiella'］; ~ = Didymoplexis Griff. (1843) ［兰科 Orchidaceae］■

29548 Leucolinum Fourr. (1868) = Linum L. (1753) ［亚麻科 Linaceae］●■

29549 Leucolophus Bremek. (1940) = Urophyllum Jack ex Wall. (1824) ［茜草科 Rubiaceae］●

29550 Leucoma B. D. Jacks. = Leucocoma Ehrh. ex Rydb. (1917) Nom. illegit.; ~ = Trichophorum Pers. (1805) (保留属名) ［莎草科 Cyperaceae］■

29551 Leucoma Ehrh. (1789) = Leucocoma Ehrh. ex Rydb. (1917) Nom. illegit.; ~ = Eriophorum L. (1753); ~ ≡ Trichophorum Pers. (1805) (保留属名) ［莎草科 Cyperaceae］■

29552 Leucomalla Phil. (1870) = Evolvulus L. (1762) ［旋花科

Convolvulaceae]●■

29553 Leucomeris Blume ex DC. = Vernonia Schreb. (1791)（保留属名）［菊科 Asteraceae（Compositae）//斑鸠菊科（绿菊科）Vernoniaceae]●■

29554 Leucomeris D. Don（1825）【汉】白花菊木属（拟白菊木属）。【隶属】菊科 Asteraceae（Compositae）。【包含】世界 2 种，中国 1 种。【学名诠释与讨论】〈阴〉（希）leukos，白色，白的，亮的，光明的+meros，一部分。拉丁文 merus 含义为纯洁的，真正的。指花瓣白色。此属的学名，ING、GCI、TROPICOS 和 IK 记载是“Leucomeris D. Don, Prodr. Fl. Nepal. 169. 1825［26 Jan‐1 Feb 1825］”;《中国植物志》英文版亦使用此名称。“Leucomeris Blume ex DC.”是“Vernonia Schreb.（1791）（保留属名）［菊科 Asteraceae（Compositae）//斑鸠菊科（绿菊科）Vernoniaceae]”的异名。亦有文献把“Leucomeris D. Don（1825）”处理为“Gochnatia Kunth（1818）”的异名。【分布】缅甸，尼泊尔，中国。【模式】Leucomeris spectabilis D. Don。【参考异名】Gochnatia Decora（Kurz）Cabrera, Nom. illegit.●■

29555 Leucomeris Franch.（1825）Nom. illegit. =? Leucomeris D. Don（1825）［菊科 Asteraceae（Compositae）]●

29556 Leucomphalos Benth.（1848）Nom. illegit. ≡ Leucomphalos Benth. ex Planch.（1848）［豆科 Fabaceae（Leguminosae）//蝶形花科 Papilionaceae]●☆

29557 Leucomphalos Benth. ex Planch.（1848）【汉】白藤豆属。【隶属】豆科 Fabaceae（Leguminosae）//蝶形花科 Papilionaceae。【包含】世界 1 种。【学名诠释与讨论】〈阳〉（希）leukos，白色，白的，亮的，光明的+omphalos，脐。此属的学名，ING、TROPICOS 和 IK 记载是“Leucomphalos Bentham ex J. E. Planchon, Icon. Pl. ad t. 784. Mai 1848”。“Leucomphalos Benth.（1848）Nom. illegit. ≡ Leucomphalos Benth. ex Planch.（1848）”的命名人引证有误。“Leucomphalus Benth., Niger Fl.［W. J. Hooker］. 322（1849）［Nov‐Dec 1849］=Leucomphalos Benth. ex Planch.（1848）”似为“Leucomphalos Benth. ex Planch.（1848）”的拼写变体。【分布】马达加斯加，热带非洲西部。【模式】Leucomphalos capparideus Bentham ex J. E. Planchon。【参考异名】Leucomphalos Benth.（1848）Nom. illegit.; Leucomphalus Benth.（1849）Nom. illegit.●☆

29558 Leucomphalus Benth.（1849）Nom. illegit. = Leucomphalos Benth. ex Planch.（1848）［豆科 Fabaceae（Leguminosae）//蝶形花科 Papilionaceae]●☆

29559 Leuconocarpus Spruce ex Planch. et Triana（1860）= Moronobea Aubl.（1775）［猪胶树科（克鲁西科，山竹子科，藤黄科）Clusiaceae（Guttiferae）]●☆

29560 Leuconoe Fourr.（1868）= Ranunculus L.（1753）［毛茛科 Ranunculaceae]■

29561 Leuconotis Jack（1823）【汉】白耳夹竹桃属。【隶属】夹竹桃科 Apocynaceae。【包含】世界 10 种。【学名诠释与讨论】〈阴〉（希）leukos，白色，白的，亮的，光明的+ous，所有格 otos，指小式 otion，耳。otikos，耳的。【分布】马来西亚（西部）。【模式】Leuconotis anceps W. Jack。【参考异名】Leucanotis D. Dietr.（1839）●☆

29562 Leuconymphaea Kuntze（1891）Nom. illegit. ≡ Nymphaea L.（1753）（保留属名）［睡莲科 Nymphaeaceae]■

29563 Leucophae Webb et Berthel.（1836‐1850）= Sideritis L.（1753）［唇形科 Lamiaceae（Labiatae）]●■

29564 Leucophoba Ehrh.（1789）Nom. inval.［灯心草科 Juncaceae]☆

29565 Leucopholis Gardner（1843）= Chionolaena DC.（1836）［菊科 Asteraceae（Compositae）]●☆

29566 Leucophora B. D. Jacks. = Leucophora Ehrh.（1789）; ~ = Juncus L.（1753）; ~ = Luzula DC.（1805）（保留属名）［灯心草科

Juncaceae]■

29567 Leucophora Ehrh.（1789）= Juncus L.（1753）; ~ = Luzula DC.（1805）（保留属名）［灯心草科 Juncaceae]■

29568 Leucophrys Rendle（1899）= Brachiaria（Trin.）Griseb.（1853）; ~ = Urochloa P. Beauv.（1812）［禾本科 Poaceae（Gramineae）]■

29569 Leucophyllum Bonpl.（1812）【汉】白叶树属（银叶树属）。【俄】Леукофиллум。【英】Silverleaf。【隶属】玄参科 Scrophulariaceae。【包含】世界 12 种。【学名诠释与讨论】〈中〉（希）leukos，白色，白的，亮的，光明的+希腊文 phyllon，叶子。phyllodes，似叶的，多叶的。phylleion，绿色材料，绿草。此属的学名，ING、GCI、TROPICOS 和 IK 记载是“Leucophyllum Bonpland in Humboldt et Bonplant, Pl. Aequin. 2：95. t. 109. Apr 1812（‘ 1809 ’）”。“Leucophyllum Humb. et Bonpl.（1812）≡ Leucophyllum Bonpl.（1812）”的命名人引证有误。【分布】美国（南部），墨西哥。【模式】Leucophyllum ambiguum Bonpland。【参考异名】Leucophyllum Humb. et Bonpl.（1812）Nom. illegit.; Terania Beriand.（1832）●☆

29570 Leucophyllum Humb. et Bonpl.（1812）Nom. illegit. ≡ Leucophyllum Bonpl.（1812）［玄参科 Scrophulariaceae]●☆

29571 Leucophylon Buch = Heberdenia Banks ex A. DC.（1841）（保留属名）; ~ = Leucoxylum Sol. ex Lowe［紫金牛科 Myrsinaceae]●☆

29572 Leucophylon Lowe（1868）Nom. illegit. ≡ Heberdenia Banks ex A. DC.（1841）（保留属名）［紫金牛科 Myrsinaceae]●☆

29573 Leucophysalis Rydb.（1893）【汉】肖散血丹属。【英】White Groundcherry。【隶属】茄科 Solanaceae。【包含】世界 9 种。【学名诠释与讨论】〈阴〉（希）leukos，白色，白的，亮的，光明的+（属）Physalis 酸浆属。此属的学名是“Leucophysalis Rydberg, Mem. Torrey Bot. Club 4：365. 15 Sep 1896”。亦有文献把其处理为“Physalis L.（1753）”的异名。【分布】东喜马拉雅山至东亚，北美洲，中美洲。【模式】Leucophysalis grandiflora（W. J. Hooker）Rydberg［Physalis grandiflora W. J. Hooker］。【参考异名】Physaliastrum Makino（1914）; Physalis L.（1753）■☆

29574 Leucophyta R. Br.（1817）【汉】鳞叶菊属（鲁考菲木属）。【英】Cution Bush。【隶属】菊科 Asteraceae（Compositae）。【包含】世界 1 种。【学名诠释与讨论】〈阴〉（希）leukos，白色，白的，亮的，光明的+phyton，植物。此属的学名是“Leucophyta R. Brown, Observ. Compos. 106. 1817（ante Sep）”。亦有文献把其处理为“Calocephalus R. Br.（1817）”的异名。【分布】澳大利亚。【模式】Leucophyta brownii Cassini。【参考异名】Calocephalus R. Br.（1817）■●☆

29575 Leucopitys Nieuwl.（1913）Nom. illegit. ≡ Strobus（Sweet ex Spach）Opiz（1854）; ~ = Pinus L.（1753）［松科 Pinaceae]●

29576 Leucoplocus Endl.（1841）Nom. illegit. = Leucoploeus Nees（1836）［帚灯草科 Restionaceae]■☆

29577 Leucoploeus Nees ex Lindl.（1836）Nom. illegit. = Hypodiscus Nees（1836）（保留属名）; ~ = Leucoploeus Nees（1836）［帚灯草科 Restionaceae]■☆

29578 Leucoploeus Nees（1836）= Hypodiscus Nees（1836）（保留属名）［帚灯草科 Restionaceae]■☆

29579 Leucopoa Griseb.（1852）【汉】银穗草属。【日】コウボウモドキ属。【俄】Беломятлик。【英】Silverspikegrass。【隶属】禾本科 Poaceae（Gramineae）//羊茅科 Festucaceae。【包含】世界 15 种，中国 10 种。【学名诠释与讨论】〈阴〉（希）leukos，白色，白的，亮的，光明的+poa，禾草。指花序白色。此属的学名，ING、TROPICOS 和 IK 记载是“Leucopoa Grisebach in Ledebour, Fl. Rossica 4：383. Sep 1852（‘ 1853 ’）”。它曾先后被处理为“Festuca sect. Leucopoa（Griseb.）Krivot., Botanicheskie Materialy

Gerbariia Botanicheskogo Instituta imeni V. L. Komarova Akademii Nauk SSSR 20：48. 1960"、"Festuca subgen. Leucopoa（Griseb.）Hack.，Repertorium Specierum Novarum Regni Vegetabilis 2（18）：70-71. 1906.（1 Mar 1906）"和"Festuca subgen. Leucopoa（Griseb.）Tzvelev, Botanichnyi Zhurnal 1253. 1971"。亦有文献把"Leucopoa Griseb.（1852）"处理为"Festuca L.（1753）"的异名。【分布】巴基斯坦，中国，亚洲中部至喜马拉雅山。【模式】Leucopoa sibirica Grisebach, Nom. illegit.［Poa albida Turczaninow ex Trinius；Leucopoa albida（Turczaninow ex Trinius）Krechetovich et Bobrov］。【参考异名】Anatherum Nábělek（1929）Nom. illegit.；Festuca L.（1753）；Festuca sect. Leucopoa（Griseb.）Krivot.（1960）；Festuca subgen. Leucopoa（Griseb.）Hack.（1906）；Festuca subgen. Leucopoa（Griseb.）Tzvelev（1971）Nom. illegit.；Nabelekia Roshev.（1937）；Richteria Kar. et Kit.（1842）；Stigmatotheca Sch. Bip.（1844）■

29580 Leucopodon Benth. et Hook. f.（1873）= Leucopodum Gardner（1845）；~ = Chevreulia Cass.（1817）［菊科 Asteraceae（Compositae）］■☆

29581 Leucopodum Gardner（1845）= Chevreulia Cass.（1817）［菊科 Asteraceae（Compositae）］■☆

29582 Leucopogon R. Br.（1810）（保留属名）【汉】芒石南属（贝叶石南属）。【英】Australian Currant。【隶属】尖苞木科 Epacridaceae//杜鹃花科（欧石南科）Ericaceae。【包含】世界 120-230 种。【学名诠释与讨论】〈阳〉（希）leukos，白色，白的，亮的，光明的+pogon，所有格 pogonos，指小式 pogonion，胡须，髯毛，芒。pogonias，有须的。此属的学名"Leucopogon R. Br.，Prodr.：541. 27 Mar 1810"是保留属名。相应的废弃属名是尖苞木科 Epacridaceae 的"Perojoa Cav.，Icon. 4：29. Sep–Dec 1797 = Leucopogon R. Br.（1810）（保留属名）"。【分布】澳大利亚，马来西亚，法属新喀里多尼亚。【模式】Leucopogon lanceolatus R. Brown, Nom. illegit.［Styphelia parviflora H. Andrews；Leucopogon parviflorus（H. Andrews）Lindley］。【参考异名】Acrothamnus Quinn（2005）；Anacyclodon Jungh.（1845）；Pentaptelion Turcz.（1863）；Peroa Pers.（1805）；Perojoa Cav.（1797）（废弃属名）；Phanerandra Stschegl.（1859）●☆

29583 Leucopremna Standl.（1924）= Jacaratia A. DC.（1864）；~ = Pileus Ramirez（1901）［番木瓜科（番瓜树科，万寿果科）Caricaceae］●☆

29584 Leucopsidium Charpent. ex DC.（1838）= Aphanostephus DC.（1836）［菊科 Asteraceae（Compositae）］■☆

29585 Leucopsidium DC.（1838）Nom. illegit. ≡ Leucopsidium Charpent. ex DC.（1838）；~ = Aphanostephus DC.（1836）［菊科 Asteraceae（Compositae）］■☆

29586 Leucopsis（DC.）Baker（1882）= Noticastrum DC.（1836）［菊科 Asteraceae（Compositae）］■☆

29587 Leucopsis Baker（1882）Nom. illegit. ≡ Leucopsis（DC.）Baker（1882）；~ = Noticastrum DC.（1836）［菊科 Asteraceae（Compositae）］■☆

29588 Leucopsora Raf.（1838）= Cephalaria Schrad.（1818）（保留属名）［川续断科（刺参科，蓟叶参科，山萝卜科，续断科）Dipsacaceae］■

29589 Leucoptera B. Nord.（1976）【汉】白翅菊属。【隶属】菊科 Asteraceae（Compositae）。【包含】世界 3 种。【学名诠释与讨论】〈阴〉（希）leukos，白色，白的，亮的，光明的+pteron，指小式 pteridion，翅。pteridios，有羽毛的。【分布】非洲南部。【模式】Leucoptera nodosa（C. P. Thunberg）B. Nordenstam［Arctotis nodosa C. P. Thunberg］。●☆

29590 Leucopterum Small（1933）【汉】白翅鹿藿属。【隶属】豆科 Fabaceae（Leguminosae）//蝶形花科 Papilionaceae。【包含】世界 1 种。【学名诠释与讨论】〈中〉（希）leukos，白色，白的，亮的，光明的+pteron，指小式 pteridion，翅。pteridios，有羽毛的。此属的学名是"Leucopterum Small, Manual of the Southeastern Flora 713, f. s. n.［p. 713］. 1933"。亦有文献把其处理为"Rhynchosia Lour.（1790）（保留属名）"的异名。【分布】多明岛。【模式】Leucopterum parvifolium（DC.）Small［Rhynchosia parvifolia DC.］。【参考异名】Rhynchosia Lour.（1790）（保留属名）●■☆

29591 Leucoraphis Nees = Brillantaisia P. Beauv.（1818）［爵床科 Acanthaceae］●■☆

29592 Leucoraphis T. Anderson（1863）= Brillantaisia P. Beauv.（1818）；~ = Leucorhaphis Nees（1847）［爵床科 Acanthaceae］●■☆

29593 Leucorchis Blume（1849）Nom. illegit. = Didymoplexis Griff.（1843）［兰科 Orchidaceae］■

29594 Leucorchis E. Mey.（1839）Nom. illegit. ≡ Pseudorchis Ség.（1754）［兰科 Orchidaceae］■☆

29595 Leucorhaphis Nees（1847）= Brillantaisia P. Beauv.（1818）［爵床科 Acanthaceae］●■☆

29596 Leucorrhaphis Walp.（1852）Nom. illegit.；~ =? Brillantaisia P. Beauv.（1818）［爵床科 Acanthaceae］☆

29597 Leucosalpa Scott－Elliot et Humbert（1943）descr. emend. = Leucosalpa Scott－Elliot（1891）［玄参科 Scrophulariaceae//列当科 Orobanchaceae］●☆

29598 Leucosalpa Scott－Elliot（1891）【汉】白鱼列当属（白鱼玄参属）。【隶属】玄参科 Scrophulariaceae//列当科 Orobanchaceae。【包含】世界 3 种。【学名诠释与讨论】〈阴〉（希）leukos，白色，白的，亮的，光明的+salpa 一种不加盐而风干的鱼。此属的学名，ING 和 IK 记载是"Leucosalpa G. F. Scott Elliot, J. Linn. Soc.，Bot. 29：35. 22 Aug 1891"。"Leucosalpa Scott Elliot et Humbert, Boissiera Fasc. 7, 287（1943）"修订了属的描述。【分布】马达加斯加。【模式】Leucosalpa madagascariensis G. F. Scott Elliot。【参考异名】Leucosalpa Scott－Elliot et Humbert（1943）descr. emend. ●☆

29599 Leucosceptrum Sm.（1808）【汉】米团花属（白杖木属）。【日】テンニンソウ属。【英】Leucosceptrum。【隶属】唇形科 Lamiaceae（Labiatae）。【包含】世界 1-3 种，中国 1 种。【学名诠释与讨论】〈中〉（希）leukos，白色，白的，亮的，光明的+skeptron 杖。指幼枝被白绒毛。【分布】中国，喜马拉雅山。【模式】Leucosceptrum canum J. E. Smith。●

29600 Leucosedum Fourr.（1868）= Sedum L.（1753）［景天科 Crassulaceae］●■

29601 Leucoseris Fourr.（1868）Nom. illegit. = Senecio L.（1753）［菊科 Asteraceae（Compositae）//千里光科 Senecionidaceae］■●

29602 Leucoseris Nutt.（1841）= Malacothrix DC.（1838）［菊科 Asteraceae（Compositae）］■☆

29603 Leucosia Thouars（1806）= Dichapetalum Thouars（1806）［毒鼠子科 Dichapetalaceae］●

29604 Leucosidea Eckl. et Zeyh.（1836）【汉】白莲蔷薇属。【隶属】蔷薇科 Rosaceae。【包含】世界 1 种。【学名诠释与讨论】〈阴〉（希）leukos，白色，白的，亮的，光明的+idea，概念，主意，相似。指其具白毛。【分布】非洲南部。【模式】Leucosidea sericea Ecklon et Zeyher。【参考异名】Nestlera E. Mey. ex Walp.●☆

29605 Leucosinapis（DC.）Spach（1838）= Brassica L.（1753）；~ = Sinapis L.（1753）［十字花科 Brassicaceae（Cruciferae）］■

29606 Leucosinapis Spach（1838）Nom. illegit. ≡ Leucosinapis（DC.）Spach（1838）；~ = Brassica L.（1753）；~ = Sinapis L.（1753）［十字花科 Brassicaceae（Cruciferae）］■

29607　Leucosmia Benth.（1843）= Phaleria Jack（1822）［瑞香科 Thymelaeaceae］●☆

29608　Leucospermum R. Br.（1810）（保留属名）【汉】针垫花属（白子木属，黎可斯帕属，银宝树属，针垫子花属）。【日】リューコスペルマム属。【英】Pincushion，Pincushion Flower。【隶属】山龙眼科 Proteaceae。【包含】世界40-50种。【学名诠释与讨论】〈中〉（希）leukos，白色，白的，亮的，光明的+sperma，所有格 spermatos，种子，孢子。指果实白色。此属的学名"Leucospermum R. Br. in Trans. Linn. Soc. London 10：95. Feb 1810"是保留属名。法规未列出相应的废弃属名。"Leucadendron O. Kuntze, Rev. Gen. 2：578. 5 Nov 1891［non Linnaeus 1753（废弃属名），nec R. Brown 1810（nom. cons.）］"是"Leucospermum R. Br.（1810）（保留属名）"的晚出的同模式异名（Homotypic synonym，Nomenclatural synonym）。【分布】非洲南部。【模式】Leucospermum hypophyllum R. Brown，Nom. illegit.［Leucadendron hypophyllocarpodendron Linnaeus；Leucospermum hypophyllocarpodendron（Linnaeus）Druce］。【参考异名】Leucadendron Kuntze（1891）Nom. illegit.（废弃属名）；Leucadendrum Salisb.（1807）●☆

29609　Leucosphaera Gilg（1897）【汉】白头苋属。【隶属】苋科 Amaranthaceae。【包含】世界1种。【学名诠释与讨论】〈阴〉（希）leukos，白色，白的，亮的，光明的+sphaira，指小式 sphairion，球。sphairikos，球形的。sphairotos，圆的。【分布】非洲西南部。【后选模式】Leucosphaera bainesii（J. D. Hooker）Gilg［Sericocoma bainesii J. D. Hooker］。●☆

29610　Leucospora Nutt.（1834）【汉】白籽婆婆纳属。【隶属】玄参科 Scrophulariaceae//婆婆纳科 Veronicaceae。【包含】世界1种。【学名诠释与讨论】〈阴〉（希）leukos，白色，白的，亮的，光明的+spora，孢子，种子。此属的学名是"Leucospora Nuttall, J. Acad. Nat. Sci. Philadelphia 7：87. post 28 Oct 1834"。亦有文献把其处理为"Schistophragma Benth.（1839）"的异名。【分布】美国，北美洲东部。【模式】Leucospora multifida（Michaux）Nuttall［Capraria multifida Michaux］。【参考异名】Schistophragma Benth.（1839）；Schistophragma Benth. ex Endl.（1839）Nom. illegit.■☆

29611　Leucostachys Hoffmanns.（1842）= Goodyera R. Br.（1813）［兰科 Orchidaceae］■

29612　Leucostegane Prain（1901）【汉】白盖豆属。【隶属】豆科 Fabaceae（Leguminosae）//云实科（苏木科）Caesalpiniaceae。【包含】世界2种。【学名诠释与讨论】〈阴〉（希）leukos，白色，白的，亮的，光明的+stege，盖子，覆盖物。【分布】加里曼丹岛，马来半岛。【模式】Leucostegane latistipulata Prain。■☆

29613　Leucostele Backeb.（1953）【汉】白星柱属。【日】リューコステレ属。【隶属】仙人掌科 Cactaceae。【包含】世界1种。【学名诠释与讨论】〈阴〉（希）leukos，白色，白的，亮的，光明的+stele，支持物，支柱，石头做的界标，柱，中柱，花柱。此属的学名是"Leucostele Backeberg, Kakteen Sukk. 4：40. Dec 1953"。亦有文献把其处理为"Echinopsis Zucc.（1837）"或"Trichocereus（A. Berger）Riccob.（1909）"的异名。【分布】玻利维亚。【模式】Leucostele rivierei Backeberg。【参考异名】Echinopsis Zucc.（1837）；Trichocereus（A. Berger）Riccob.（1909）●☆

29614　Leucostemma Benth.（1831）Nom. illegit. ≡ Leucostemma Benth. ex G. Don（1831）Nom. illegit.；~ = Stellaria L.（1753）［石竹科 Caryophyllaceae］■

29615　Leucostemma Benth. ex G. Don（1831）Nom. illegit. = Stellaria L.（1753）［石竹科 Caryophyllaceae］■

29616　Leucostemma D. Don（1826）Nom. inval. = Helichrysum Mill.（1754）［as 'Elichrysum'］（保留属名）［菊科 Asteraceae（Compositae）//蜡菊科 Helichrysaceae］●■

29617　Leucostomon G. Don（1832）= Lecostemon Moc. et Sessé ex DC.（1825）；~ = Sloanea L.（1753）［杜英科 Elaeocarpaceae］●

29618　Leucosyke Zoll.（1845-1846）Nom. illegit. ≡ Leucosyke Zoll. et Moritzi（1845-1846）［荨麻科 Urticaceae］●

29619　Leucosyke Zoll. et Moritzi（1845-1846）【汉】四脉麻属（四脉苎麻属）。【日】ウラジロイハガネ属。【英】Leucosyca，Leucosyke。【隶属】荨麻科 Urticaceae。【包含】世界35种，中国1种。【学名诠释与讨论】〈阴〉（希）leukos，白色，白的，亮的，光明的+sykon，指小式 sykidion，无花果。sykinos，无花果树的。sykites，像无花果的。syke，sykea，无花果树。指果序托为肉质白色。此属的学名，ING、TROPICOS 和 IK 记载是"Leucosyke Zollinger et Moritzi in Moritzi, Syst. Verzeichniss Zollinger 76. 1845-1846"；《中国植物志》英文版亦使用此名称。"Leucosyke Zoll.（1845-1846）≡ Leucosyke Zoll. et Moritzi（1845-1846）"的命名人引证有误。【分布】马来西亚，中国，波利尼西亚群岛。【模式】Leucosyke javanica Zollinger et Moritzi。【参考异名】Leucosyke Zoll. et Moritzi（1845-1846）Nom. illegit.；Leukosyke Endl.（1848）；Misiessya Wedd.（1857）；Missiessia Benth. et Hook. f.（1880）Nom. illegit.；Missiessya Gaudich.（1853）Nom. illegit., Nom. inval.；Missiessya Gaudich. ex Wedd.（1854）Nom. illegit.●

29620　Leucosyris Greene（1897）= Aster L.（1753）［菊科 Asteraceae（Compositae）］●■

29621　Leucothamnus Lindl.（1839）= Thomasia J. Gay（1821）［梧桐科 Sterculiaceae//锦葵科 Malvaceae］●☆

29622　Leucothauma Ravenna（2009）【汉】奇白石蒜属。【隶属】石蒜科 Amaryllidaceae。【包含】世界3种。【学名诠释与讨论】〈阴〉（希）leukos，白色，白的，亮的，光明的+thauma，所有格 taumatos，奇事。thaumasmos，异事。thaumasteos，被羡慕。thaumastos，奇异的，非常的。thaumaleos =thumasios，可疑的，希奇的。【分布】南美洲。【模式】Leucothauma albicans（Herb.）Ravenna［Pyrolirion albicans Herb.］。■☆

29623　Leucothea Moc. et Sessé ex DC.（1821）= Saurauia Willd.（1801）（保留属名）［猕猴桃科 Actinidiaceae//水东哥科（伞罗夷科，水冬瓜科）Saurauiaceae］●

29624　Leucothoë D. Don ex G. Don（1834）Nom. illegit. ≡ Leucothoë D. Don（1834）［杜鹃花科（欧石南科）Ericaceae］●

29625　Leucothoë D. Don（1834）【汉】木藜芦属。【日】イハナンテン属，イワナンテン属。【俄】Лейкофоя。【英】Dog-hobble，Dog-laurel，Hobblebush，Fetterbush，Leucothoe，Sierra Laurel，Sweetbells。【隶属】杜鹃花科（欧石南科）Ericaceae。【包含】世界6-40种，中国2-3种。【学名诠释与讨论】〈阴〉（希）Leukothoe，神话中之女神，系巴比伦王俄耳卡摩斯 Orchamus 的女儿，阿波罗的情人。阿波罗将她变成一种灌木。此属的学名，GCI 和 IK 记载是"Leucothoë D. Don, Edinburgh New Philos. J. 17：159. Jul 1834"。"Leucothoë D. Don ex G. Don（1834）≡ Leucothoë D. Don（1834）"的命名人引证有误。"Cassiphone H. G. L. Reichenbach, Deutsche Bot. Herbarienbuch（Nom.）126. Jul 1841"是"Leucothoë D. Don（1834）"的晚出的同模式异名（Homotypic synonym，Nomenclatural synonym）。【分布】玻利维亚，马达加斯加，中国，东亚，美洲。【模式】Leucothoë axillaris（Lamarck）D. Don［Andromeda axillaris Lamarck］。【参考异名】Cassandra Spach（1840）Nom. illegit.；Cassiphone Rchb.（1841）Nom. illegit.；Eubotryoides（Nakai）H. Hara（1935）；Eubotrys Nutt.（1842）；Leucothoë D. Don ex G. Don（1834）Nom. illegit.；Oreocallis Small（1914）Nom. illegit.；Paraleucothoë（Nakai）Honda（1949）●

29626　Leucothrinax C. Lewis et Zona（2008）【汉】莫氏豆棕属。【隶属】棕榈科 Arecaceae（Palmae）。【包含】世界1种。【学名诠释

与讨论】〈阴〉（希）leukos，白色，白的，亮的，光明的+（属）Thrinax 白果棕属（白桐属，白棕榈属，豆棕属，扇葵属，屋顶棕属，细叶风竹属）。此属的学名是"Leucothrinax C. Lewis et Zona，Palms 52：87. 2008"。亦有文献把其处理为"Thrinax L. f. ex Sw.（1788）"的异名。【分布】西印度群岛。【模式】Leucothrinax morrissii（H. Wendl.）C. Lewis et Zona。【参考异名】Thrinax L. f. ex Sw.（1788）●☆

29627 Leucoxyla Rojas（1897）= Quillaja Molina（1782）［蔷薇科 Rosaceae//皂树科 Quillajaceae]●☆

29628 Leucoxylon G. Don（1832）= Diospyros L.（1753）；~ = Leucoxylum Blume（1826）［柿树科 Ebenaceae]●

29629 Leucoxylon Raf.（1838）Nom. illegit. = Tabebuia Gomes ex DC.（1838）［紫葳科 Bignoniaceae]●☆

29630 Leucoxylum Blume（1826）= Diospyros L.（1753）［柿树科 Ebenaceae]●

29631 Leucoxylum E. Mey. = Ilex L.（1753）［冬青科 Aquifoliaceae]●

29632 Leucoxylum Sol. ex Lowe = Heberdenia Banks ex A. DC.（1841）（保留属名）［紫金牛科 Myrsinaceae]●☆

29633 Leucrinis Raf.（1838）Nom. illegit. ≡ Leucocrinum Nutt. ex A. Gray（1837）［百合科 Liliaceae//吊兰科（猴面包科，猴面包树科）Anthericaceae]■☆

29634 Leucymmaea Benth.（1852）= Lencymmoea C. Presl（1851）［桃金娘科 Myrtaceae]●☆

29635 Leuenbergeria Lodé（2012）【汉】洛伊掌属。【隶属】仙人掌科 Cactaceae。【包含】世界 8 种。【学名诠释与讨论】〈阴〉（人）Beat Ernst Leuenberger，1946-？，植物学者。【分布】巴西，多米尼加，哥伦比亚，委内瑞拉。【模式】Leuenbergeria quisqueyana（Alain）Lode［Pereskia quisqueyana Alain]。☆

29636 Leukeria Endl.（1841）= Leucheria Lag.（1811）［菊科 Asteraceae（Compositae)]■☆

29637 Leukosyke Endl.（1848）= Leucosyke Zoll. et Moritzi（1845 - 1846）［荨麻科 Urticaceae]●

29638 Leunisia Phil.（1863）【汉】大苞钝柱菊属。【隶属】菊科 Asteraceae（Compositae）。【包含】世界 1 种。【学名诠释与讨论】〈阴〉（人）Johannis（Johannes）Leunis，1802 - 1873，德国植物学者。【分布】智利。【模式】Leunisia laeta R. A. Philippi。■☆

29639 Leuradia Poir.（1813）= Lavradia Vell. ex Vand.（1788）［金莲木科 Ochnaceae]●

29640 Leuranthus Knobl.（1934）= Olea L.（1753）［木犀榄科（木犀科）Oleaceae]●

29641 Leurocline S. Moore（1901）= Echiochilon Desf.（1798）［紫草科 Boraginaceae]■☆

29642 Leutea Pimenov（1987）【汉】莱乌草属。【隶属】伞形花科（伞形科）Apiaceae（Umbelliferae）。【包含】世界 6 种。【学名诠释与讨论】〈阴〉（人）Gerfried Horand Leute，1941-？，植物学者。【分布】土库曼斯坦，伊拉克，伊朗。【模式】Leutea petiolaris（A. P. de Candolle）M. G. Pimenov［Ferula petiolaris A. P. de Candolle]。■☆

29643 Leuwenhoekia Bartl.（1830）= Levenhookia R. Br.（1810）［花柱草科（丝滴草科）Stylidiaceae]■☆

29644 Leuzea DC.（1805）【汉】刘子菊属（祁州漏芦属，洋漏芦属）。【隶属】菊科 Asteraceae（Compositae）。【包含】世界 3 种。【学名诠释与讨论】〈阴〉（人）Joseph Philippe Francois Deleuze，1753 - 1835，德国博物学者。此属的学名"Leuzea A. P. de Candolle in Lamarck et A. P. de Candolle，Fl. Franç. ed. 3. 4：109. 17 Sep 1805"是一个替代名称。"Rhacoma Adanson，Fam. 2：117，596. Jul-Aug 1763"是一个非法名称（Nom. illegit.），因为此前已经有了

"Rhacoma Linnaeus，Syst. Nat. ed. 10. 885，896，1361. 7 Jun 1759，Nom. illegit. ≡ Crossopetalum P. Browne（1756）≡ Rhacoma P. Browne ex L.（1759）Nom. illegit. = Crossopetalum P. Browne（1756）［卫矛科 Celastraceae]"。故用"Leuzea DC.（1805）"替代之。【分布】地中海地区。【模式】Leuzea conifera（Linnaeus）A. P. de Candolle［Centaurea conifera Linnaeus]。【参考异名】Leucea C. Presl（1826）；Leuzia St. -Lag.（1889）；Rhacoma Adans.（1763）Nom. illegit.；Rhaponticum Adans.（1763）Nom. illegit.；Rhaponticum Ludw.（1757）Nom. illegit.；Stemmacantha Cass.（1817）■☆

29645 Leuzia St. -Lag.（1889）= Leuzea DC.（1805）［菊科 Asteraceae（Compositae)]■☆

29646 Levana Raf.（1840）Nom. illegit. ≡ Vestia Willd.（1809）［茄科 Solanaceae]●☆

29647 Leveillea Vaniot（1903）Nom. illegit. ≡ Bileveillea Vaniot（1904）；~ = Blumea DC.（1833）（保留属名）［菊科 Asteraceae（Compositae)]■●

29648 Levenhookia Steud.（1821）Nom. illegit. ≡ Levenhookia R. Br.（1810）［花柱草科（丝滴草科）Stylidiaceae]■☆

29649 Levenhookia R. Br.（1810）【汉】直冠花柱草属（利文花柱草属）。【隶属】花柱草科（丝滴草科）Stylidiaceae。【包含】世界 8-10 种。【学名诠释与讨论】〈阴〉（人）Antoni van Leeuwenhoek（tie Thoniszoon），1632-1723，荷兰博物学者，动物学者。此属的学名，ING、APNI、TROPICOS 和 IK 记载是"Levenhookia R. Br.，Prodr. Fl. Nov. Holland. 572. 1810［27 Mar 1810]"。"Leeuwenhookia Steud.，Nomencl. Bot.［Steudel]，ed. 2. ii. 21（1841）"、"Leeuwenhookia Rchb.，Consp. Regn. Veg.［H. G. L. Reichenbach]91. 1828"、"Leeuwenhoekia Spreng.，Anleit. ii. I. 800. 1817"、"Levenhookia Steud.，Nomencl. Bot.［Steudel]477. 1821"和"Leeuwenhookia Rchb.，Consp. Regn. Veg.［H. G. L. Reichenbach]91. 1828"均为其拼写变体。【分布】澳大利亚（南部）。【模式】Levenhookia pusilla R. Brown。【参考异名】Coleostylis Sond.（1845）；Gymncampus Pfeiff.；Gynocampus Lesch.；Gynocampus Lesch. ex DC.（1839）Nom. inval.；Leeuwenhockia Steud.（1841）Nom. illegit.；Leeuwenhookia Spreng.（1817）Nom. illegit.；Leeuwenhookia Rchb.（1828）Nom. illegit.；Leeuwinhookia Sond.（1845）Nom. illegit.；Leuwenhoekia Bartl.（1830）；Levenhoekia Steud.（1821）Nom. illegit.；Stibas Comm. ex DC.（1839）■☆

29650 Levieria Becc.（1877）【汉】马来高山桂属。【隶属】香材树科（杯轴花科，黑擦木科，芒籽科，蒙立米科，檬立木科，香材木科，香树木科）Monimiaceae。【包含】世界 7 种。【学名诠释与讨论】〈阴〉（人）Emile（Emilio）Levier，1839-1911，瑞士出生的意大利植物学者，医生，植物采集家，Carlo Pietro Stefano（Stephen or Stephan）Sommier（1848-1922）的朋友。【分布】澳大利亚（昆士兰），印度尼西亚（马鲁古群岛），新几内亚岛。【模式】Levieria montana Beccari。●☆

29651 Levina Adans.（1763）Nom. illegit. ≡ Prasium L.（1753）［唇形科 Lamiaceae（Labiatae)]●☆

29652 Levisanus Schreb.（1789）= Staavia Dahl（1787）［鳞叶树科（布鲁尼科，小叶树科）Bruniaceae]●☆

29653 Levisia Steud.（1841）= Lewisia Pursh（1814）［马齿苋科 Portulacaceae]■☆

29654 Levisticum Hill（1756）（保留属名）【汉】欧当归属（圆叶当归属）。【日】レビスチカム属。【俄】Любисток。【英】Bladder Seed，Laovage，Lovage。【隶属】伞形花科（伞形科）Apiaceae（Umbelliferae）。【包含】世界 3 种，中国 1 种。【学名诠释与讨

论】〈中〉（希）Levistikon，一种伞形科植物俗名。此属的学名
"Levisticum Hill, Brit. Herb. : 423. Nov 1756" 是保留属名。相应
的废弃属名是伞形花科 Apiaceae 的 "Levisticum Hill, Brit. Herb. :
410. Nov 1756 ≡ Ligusticum L.（1753）"。这 2 个名称极易混淆。
"Hipposelinum N. L. Britton et J. N. Rose in N. L. Britton et A.
Brown, Ill. Fl. N. U. S. ed. 2. 2 ; 634. 7 Jun 1913" 是 "Levisticum Hill
（1756）（保留属名）"的晚出的同模式异名（Homotypic synonym,
Nomenclatural synonym）。【分布】中国，欧洲，亚洲西南部，北美
洲。【模式】Levisticum officinale W. D. J. Koch ［Ligusticum
levisticum Linnaeus］。【参考异名】Hipposelinum Britton et Rose
（1913）Nom. illegit. ; Ligusticum L.（1753）■

29655　Levretonia Rchb.（1827）= Lebretonia Schrank（1819）; ~ =
Pavonia Cav.（1786）（保留属名）［锦葵科 Malvaceae］●■☆

29656　Levya Bureau ex Baill.（1888）= Cydista Miers（1863）［紫葳科
Bignoniaceae］●☆

29657　Lewisia Pursh（1814）【汉】刘氏草属（繁瓣花属，刘氏花属，琉
维草属，路苈苋属）。【日】レウィシア属。【俄】Льюзия。【英】
Bitter Rroot, Bitterroot, Lewisia。【隶属】马齿苋科 Portulacaceae。
【包含】世界 20-22 种。【学名诠释与讨论】〈阴〉（人）Captain
Meriwether Lewis, 1774-1809，美国探险家，博物学者。【分布】北
美洲西部，中美洲。【模式】Lewisia rediviva Pursh。【参考异名】
Erocallis Rydb.（1906）; Levisia Steud.（1841）; Oreobroma Howell
（1893）■☆

29658　Lewisiaceae Hook. et Arn. = Portulacaceae Juss.（保留科名）●■

29659　Lewisiopsis Govaerts（1999）= Cistanthe Spach（1836）［马齿苋
科 Portulacaceae］■☆

29660　Lexarza La Llave（1825）= Myrodia Sw.（1788）Nom. illegit. ; ~ =
Quararibea Aubl.（1775）［木棉科 Bombacaceae//锦葵科
Malvaceae］●☆

29661　Lexarzanthe Diego et Calderón（2004）【汉】墨芥属。【隶属】十
字花科 Brassicaceae（Cruciferae）。【包含】世界 1 种。【学名诠释
与讨论】〈阴〉（人）Juan Jose Martinez de Lexarza, 1785-1824，墨西
哥植物学者 + anthos, 花。此属的学名是 "Lexarzanthe N. Diego
Pérez et G. Calderón de Rzedowski, Acta Bot. Mex. 68 ; 74. 28-30
Sep 2004"。亦有文献把其处理为 "Romanschulzia O. E. Schulz
（1924）"的异名。【分布】墨西哥，中美洲。【模式】Lexarzanthe
mexicana（I. A. Al-Shehbaz et H. H. Iltis）N. Diego Pérez et G.
Calderón de Rzedowski ［Romanschulzia mexicana I. A. Al-Shehbaz
et H. H. Iltis］。【参考异名】Romanschulzia O. E. Schulz（1924）■☆

29662　Lexipyretum Dulac（1867）Nom. illegit. ≡ Gentiana L.（1753）
［龙胆科 Gentianaceae］■

29663　Leycephyllum Piper（1924）= Rhynchosia Lour.（1790）（保留属
名）［豆科 Fabaceae（Leguminosae）//蝶形花科 Papilionaceae］●■

29664　Leycestera Rchb.（1828）= Leycesteria Wall.（1824）［忍冬科
Caprifoliaceae］●

29665　Leycesteria Wall.（1824）【汉】风吹箫属（鬼吹箫属，来色木
属）。【日】レイケステーリア属。【俄】Лейцестерия。【英】
Ghostfluting, Himalaya Honeysuckle, Himalaya-honeysuckle,
Himalayan Pheasantberry。【隶属】忍冬科 Caprifoliaceae。【包含】
世界 8 种，中国 5-6 种。【学名诠释与讨论】〈阴〉（人）William
Leycester, 1775-1831，英国驻孟加拉的首席法官，系丹麦植物学
者 N. Wallich 的朋友。植物学和园艺学的资助人。此属的学名，
ING、TROPICOS 和 IK 记载是 "Leycesteria Wall., Roxb. Fl. Ind.,
ed. Carey et Wall. ii. 181（1824）"。"Leycestria Endl., Gen. Pl.
［Endlicher］568. 1838 ［Aug 1838］［忍冬科 Caprifoliaceae］" 和
"Leycestera Rchb., Consp. Regn. Veg. ［H. G. L. Reichenbach］96.
1828 ［忍冬科 Caprifoliaceae］" 似为变体。【分布】中国，喜马拉

雅山西部至巴基斯坦。【模式】Leycesteria formosa Wallich。【参
考异名】Leicestaria Pritz.（1855）; Leucesteria Meisn.（1838）;
Leycestera Rchb.（1828）; Pentapyxis Hook. f.（1873）●

29666　Leycestria Endl.（1838）Nom. illegit. ［忍冬科 Caprifoliaceae］
●☆

29667　Leymus Hochst.（1848）【汉】赖草属（滨麦属，碱草属）。【俄】
Вострец, Мягкохвостник。【英】Leymus, Lyme Grass, Lyme-grass。
【隶属】禾本科 Poaceae（Gramineae）。【包含】世界 40-50 种，中
国 24-25 种。【学名诠释与讨论】〈阳〉（希）leimon, 草地，指模式
种生于草地。另说另说由 Elymus 改缀而来。此属的学名是
"Leymus Hochstetter, Flora 31 ; 118. 21 Feb 1848"。亦有文献把其
处理为 "Elymus L.（1753）"的异名。【分布】巴基斯坦，中国，温
带和亚热带的北半球，南美洲山区。【模式】Leymus arenarius
（Linnaeus）Hochstetter ［Elymus arenarius Linnaeus］。【参考异名】
Aneurolepidium Nevski（1934）; Anisopyrum（Griseb.）Gren. et
Duval（1859）; Anisopyrum Gren. et Duval（1859）Nom. illegit. ;
Malacurus Nevski（1934）■

29668　Leysera L.（1763）【汉】羽冠鼠麹木属。【隶属】菊科
Asteraceae（Compositae）。【包含】世界 3 种。【学名诠释与讨论】
〈阴〉（人）Wilhelm von Leysser（Fridericus Wilhelmus aLeyser）,
1731-1815，德国植物学者。有些文献仍在用 "Asteropterus
Adans.（1763）"为正名。由于 "Asteropterus Vaillant（1754）" 被废
弃，连带 "Asteropterus Adans.（1763）"亦被废弃。"Callisia
Linnaeus, Pl. Rar. Africanae 23. 20 Dec 1760（non Loefling 1758）"
是 "Leysera L.（1763）"的同模式异名（Homotypic synonym,
Nomenclatural synonym）。亦有文献把 "Leysera L.（1763）"处理
为 "Asteropterus Adans.（1763）Nom. illegit.（废弃属名）"的异名。
【分布】巴基斯坦，非洲。【模式】Leysera gnaphalodes（Linnaeus）
Linnaeus ［Callisia gnaphalodes Linnaeus］。【参考异名】
Asteropterus Adans.（1763）Nom. illegit.（废弃属名）; Callisia L.
（1760）Nom. illegit. ; Calocornia Post et Kuntze（1903）; Leptophytus
Cass.（1817）; Leyseria Neck.（1790）Nom. inval. ; Leyssera Batsch ;
Longchampia Willd.（1811）; Pseudocrupina Velen.（1923）■●☆

29669　Leyseria Neck.（1790）Nom. inval. = Leysera L.（1763）［菊科
Asteraceae（Compositae）］■●☆

29670　Leyssera Batsch = Leysera L.（1763）［菊科 Asteraceae
（Compositae）］■●☆

29671　Lhodra Endl.（1842）= Lodhra（G. Don）Guill.（1841）; ~ =
Symplocos Jacq.（1760）［山矾科（灰木科）Symplocaceae］●

29672　Lhotskya Schauer（1836）【汉】澳洲星花木属。【隶属】桃金娘
科 Myrtaceae。【包含】世界 2 种。【学名诠释与讨论】〈阴〉（人）
Lhotzky = Johann（Jan）Lhotsky, 1800-1860s，植物学者。此属的
学名，ING、APNI、TROPICOS 和 IK 记载是 "Lhotzkya Endl.,
Enum. Pl. ［Endlicher］46. 1837 ［Apr 1837］"。"Lhotzkya Endl.,
Enum. Pl. ［Endlicher］46. 1837 ［Apr 1837］" 是其变体。亦有文
献把 "Lhotskya Schauer（1836）" 处理为 "Calycothrix Meisn.
（1838）Nom. illegit." 或 "Calytrix Labill.（1806）"的异名。【分
布】澳大利亚。【模式】Lhotskya ericoides Schauer。【参考异名】
Calycothrix Meisn.（1838）Nom. illegit. ; Calytrix Labill.（1806）;
Lhotzkya Endl.（1837）Nom. illegit. ●☆

29673　Lhotzkya Endl.（1837）Nom. illegit. ≡ Lhotskya Schauer（1836）
［桃金娘科 Myrtaceae］●☆

29674　Lhotzkyella Rauschert（1982）【汉】洛特萝藦属。【隶属】萝藦
科 Asclepiadaceae。【包含】世界 1 种。【学名诠释与讨论】〈阴〉
（人）Lhotzky = Johann（Jan）Lhotsky, 1800-1860，植物学者 + -
ellus, -ella, -ellum, 加在名词词干后面形成指小式的词尾。或加
在人名、属名等后面以组成新属的名称。此属的学名

"Lhotzkyella S. Rauschert,Taxon 31:557. 9 Aug 1982"是一个替代名称。"Pulvinaria Reinhard,Zap. Novorossijsk. Obs c. Estestvoisp. 9（2）:249.1885"是一个非法名称（Nom. illegit.），因为此前已经有了真菌的"Pulvinaria Bonorden,Handb. Mykol. 272. 1851"。故用"Lhotzkyella Rauschert（1982）"替代之。同理，"Pulvinaria E. P. N. Fournier in C. F. P. Martius, Fl. Brasil. 6（4）:214. 1 Jun 1885 ≡Lhotzkyella Rauschert（1982）［萝藦科 Asclepiadaceae］"亦是非法名称。真菌的"Pulvinaria L. Rodway, Pap. Proc. R. Soc. Tasmania 1917: 110. 1918"和"Pulvinaria Velenovský, Monogr. Discom. Bohem. 1:332. 1934"也是非法名称。【分布】巴西。【模式】Lhotzkyella lhotzkyana（E. P. N. Fournier）S. Rauschert［Pulvinaria lhotzkyana E. P. N. Fournier］。【参考异名】Pulvinaria E. Fourn.（1885）Nom. illegit. ■●☆

29675 Liabellum Cabrera（1954）Nom. illegit. ≡Microliabum Cabrera（1955）；~ =Angelianthus H. Rob. et Brettell（1974）Nom. illegit. ；~ =Microliabum Cabrera（1955）［菊科 Asteraceae（Compositae）］■●☆

29676 Liabellum Rydb.（1927）【汉】无舌黄安菊属。【隶属】菊科 Asteraceae（Compositae）。【包含】世界5种。【学名诠释与讨论】〈中〉（属）Liabum 黄安菊属+-ellus,-ella,-ellum 加在名词词干后面形成指小式的词尾。此属的学名，ING、GCI、TROPICOS 和 IK 记载是"Liabellum Rydb., N. Amer. Fl. 34（4）:294. 1927［27 Jun 1927］"。"Liabellum A. L. Cabrera, Notas Mus. La Plata, Bot. 17:76. 28 Jul 1954 ≡Microliabum Cabrera（1955）= Angelianthus H. Rob. et Brettell（1974）Nom. illegit.［菊科 Asteraceae（Compositae）］"是晚出的非法名称。亦有文献把"Liabellum Rydb.（1927）"处理为"Liabum Adans.（1763）Nom. illegit. ≡Amellus L.（1759）（保留属名）"或"Sinclairia Hook. et Arn.（1841）"的异名。【分布】墨西哥,中美洲。【模式】Liabellum palmeri（A. Gray）Rydberg［Liabum palmeri A. Gray］。【参考异名】Amellus L.（1759）（保留属名）；Angelianthus H. Rob. et Brettell（1974）Nom. illegit. ；Liabum Adans.（1763）Nom. illegit. ；Sinclairia Hook. et Arn.（1841）■☆

29677 Liabum Adans.（1763）Nom. illegit. ≡Amellus L.（1759）（保留属名）［菊科 Asteraceae（Compositae）］■●☆

29678 Lianthus N. Robson（2001）【汉】惠林花属。【隶属】猪胶树科（克鲁西科,山竹子科,藤黄科）Clusiaceae（Guttiferae）。【包含】世界1种,中国1种。【学名诠释与讨论】〈阳〉（人）Hui-Lin Li,李惠林,中国植物学者+anthos,花。【分布】中国。【模式】Lianthus ellipticifolius（H. L. Li）N. Robson。●

29679 Liathris Müll. Berol.（1859）Nom. illegit.［菊科 Asteraceae（Compositae）］☆

29680 Liatris Gaertn. ex Schreb.（1791）（保留属名）【汉】蛇鞭菊属。【日】ユリアザミ属,リアトリス属。【俄】Лиатрис。【英】Blazing Star, Button Snakeroot, Gay Feather, Gayfeather, Gay-feather, Liatris。【隶属】菊科 Asteraceae（Compositae）。【包含】世界40-43种。【学名诠释与讨论】〈阴〉（拉）liatris,一种植物俗名。另说希腊文 leios,无毛+iatros,医生。此属的学名"Liatris Gaertn. ex Schreb., Gen. Pl. :542. Mai 1791"是保留属名。相应的废弃属名是菊科 Asteraceae 的"Lacinaria Hill, Veg. Syst. 4:49. 1762 ≡Liatris Gaertn. ex Schreb.（1791）（保留属名）"。IK 记载的"Liatris Schreb., Gen. Pl., ed. 8［a］. 2:542. 1791［May 1791］≡Liatris Gaertn. ex Schreb.（1791）（保留属名）"的命名人引证有误,亦应废弃。"Lacinaria Hill, Veg. Syst. 4:49. 1762（废弃属名）"是"Liatris Gaertn. ex Schreb.（1791）（保留属名）"的同模式异名（Homotypic synonym, Nomenclatural synonym）。"Laciniaria Hill, Hort. Kew. 70（1768）"和"Laciniaria Kuntze, Revis. Gen. Pl. 1:

349. 1891［5 Nov 1891］"则是"Lacinaria Hill（1762）（废弃属名）"的拼写变体,亦应废弃。【分布】美国,北美洲,中美洲。【模式】Liatris squarrosa（Linnaeus）A. Michaux［Serratula squarrosa Linnaeus］。【参考异名】Ammopursus Small（1924）；Calostelma D. Don（1833）；Lacinaria Hill（1762）（废弃属名）；Laciniaria Hill（1768）Nom. illegit. （废弃属名）；Laciniaria Kuntze（1891）Nom. illegit. （废弃属名）；Liatris Schreb.（1791）Nom. illegit. （废弃属名）；Pilosanthus Stead.（1841）；Psilosanthus Neck.（1790）Nom. inval. ■●☆

29681 Liatris Schreb.（1791）Nom. illegit. （废弃属名）≡Liatris Gaertn. ex Schreb.（1791）（保留属名）［菊科 Asteraceae（Compositae）］■●☆

29682 Libadion Bubani（1897）Nom. illegit. ≡Erythraea Borkh.（1796）Nom. illegit. ；~ =Centaurium Hill（1756）［龙胆科 Gentianaceae］■

29683 Libanothamnus Ernst（1870）【汉】香灌菊属。【隶属】菊科 Asteraceae（Compositae）。【包含】世界20种。【学名诠释与讨论】〈阴〉（希）libanos,一种制香材料,乳香树+thamnos,指小式 thamnion,灌木,灌丛,树丛,枝。指其具香味。此属的学名是"Libanothamnus A. Ernst, Vargasia（Bol. Soc. Cienc. Fis. Nat. Caracas）1870: 186. 1870"。亦有文献把其处理为"Espeletia Mutis ex Bonpl.（1808）"的异名。【分布】哥伦比亚,委内瑞拉。【模式】Libanothamnus neriifolius A. Ernst。【参考异名】Espeletia Bonpl.（1808）Nom. illegit. ；Espeletia Mutis ex Bonpl.（1808）；Espeletia Mutis ex Humb. et Bonpl.（1808）Nom. illegit. ●☆

29684 Libanotis Crantz（1767）（废弃属名）=Libanotis Haller ex Zinn（1757）（保留属名）［伞形花科（伞形科）Apiaceae（Umbelliferae）］■

29685 Libanotis Haller ex Zinn（1757）（保留属名）【汉】岩风属（香芹属,邪蒿属,鹿芹属）。【俄】Порезник。【英】Libanotis,Lily。【隶属】伞形花科（伞形科）Apiaceae（Umbelliferae）。【包含】世界30种,中国18种。【学名诠释与讨论】〈阴〉（希）libanos。指植物散发芳香。此属的学名"Libanotis Haller ex Zinn, Cat. Pl. Hort. Gott. :226. 20 Apr-21 Mai 1757"是保留属名。相应的废弃属名是伞形花科（伞形科）Apiaceae 的"Libanotis Hill, Brit. Herb. :420. Nov 1756"。伞形花科的"Libanotis Crantz, Class. Umbell. Emend. 105（1767）= Libanotis Haller ex Zinn（1757）（保留属名）"、"Libanotis Riv. ex Haller, Enum. Helv. ii. 450（1742）= Libanotis Haller ex Zinn（1757）（保留属名）"和"Libanotis Zinn, Cat. Pl. Gott. 226（1757）≡Libanotis Haller ex Zinn（1757）（保留属名）",半日花科（岩蔷薇科）Cistaceae 的"Libanotis Rafinesque, Sylva Tell. 132. Oct-Dec 1838 = Cistus L.（1753）"亦应废弃。"Dela Adanson, Fam. 2：499, 549. Jul-Aug 1763"是"Libanotis Haller ex Zinn（1757）（保留属名）"的晚出的同模式异名（Homotypic synonym,Nomenclatural synonym）。多有文献承认"鹿芹属 Cervaria N. M. Wolf, Gen. Pl. 28. 1776;Gen. Sp. 74. 1781",但是 ING 记载它是"Libanotis Haller ex Zinn（1757）（保留属名）"的晚出的同模式异名。亦有文献把"Libanotis Haller ex Zinn（1757）（保留属名）"处理为"Seseli L.（1753）"的异名。【分布】巴基斯坦,中国,欧洲,亚洲。【模式】Libanotis montana Crantz［Athamanta libanotis Linnaeus］。【参考异名】Cervaria Wolf（1781）Nom. illegit. ；Dela Adans.（1763）Nom. illegit. ；Libanotis Crantz（1767）；Libanotis Haller（1756）（废弃属名）；Libanotis Hill（1756）（废弃属名）；Libanotis Riv. ex Haller（1742）Nom. inval. ；Libanotis Zinn（1757）Nom. illegit. （废弃属名）；Peucedanum L.（1753）；Seseli L.（1753）■

29686 Libanotis Hill（1756）（废弃属名）= Libanotis Haller ex Zinn（1757）（保留属名）［伞形花科（伞形科）Apiaceae

（Umbelliferae）]■

29687　Libanotis Raf.（1838）Nom. illegit.（废弃属名）= Cistus L.（1753）[半日花科（岩蔷薇科）Cistaceae]●

29688　Libanotis Riv. ex Haller（1742）Nom. inval. = Libanotis Haller ex Zinn（1757）（保留属名）[伞形花科（伞形科）Apiaceae（Umbelliferae）]■

29689　Libanotis Zinn（1757）Nom. illegit.（废弃属名）= Libanotis Haller ex Zinn（1757）（保留属名）[伞形花科（伞形科）Apiaceae（Umbelliferae）]■

29690　Libanotus Stackh.（1814）Nom. illegit. ≡ Boswellia Roxb. ex Colebr.（1807）; ~ = Libanus Colebr（1807）[橄榄科 Burseraceae]●☆

29691　Libanus Colebr.（1807）= Boswellia Roxb. ex Colebr.（1807）[橄榄科 Burseraceae]●☆

29692　Liberatia Rizzini（1947）= Lophostachys Pohl（1831）[爵床科 Acanthaceae]☆

29693　Liberbaileya Furtado（1941）【汉】利伯白莱棕属。【英】Liberbaileya。【隶属】棕榈科 Arecaceae（Palmae）。【包含】世界 1 种。【学名诠释与讨论】〈阴〉（人）Liberty Hyde Bailey, Jr., 1858-1954, 美国植物学者。此属的学名, ING、TROPICOS 和 IK 记载是"Liberbaileya Furtado, Gard. Bull. Straits Settlem. ser. 3. 11: 238. 30 Aug 1941"。"Symphyogyne Burret, Notizbl. Bot. Gart. Berlin-Dahlem 15: 316. 30 Mar 1941（non Symphyogyna C. G. Nees et Montagne 1836）"是"Liberbaileya Furtado（1941）"的同模式异名（Homotypic synonym, Nomenclatural synonym）。亦有文献把"Liberbaileya Furtado（1941）"处理为"Maxburretia Furtado（1941）"的异名。【分布】马来半岛。【模式】Liberbaileya lankawiensis Furtado。【参考异名】Maxburretia Furtado（1941）; Symphyogyne Burret（1941）Nom. illegit.●☆

29694　Libertia Dumort.（1822）（废弃属名）= Hosta Tratt.（1812）（保留属名）[百合科 Liliaceae//玉簪科 Hostaceae]■

29695　Libertia Lej.（1825）Nom. illegit.（废弃属名）= Bromus L.（1753）（保留属名）[禾本科 Poaceae（Gramineae）]■

29696　Libertia Spreng.（1824）（保留属名）【汉】利氏鸢尾属（丽白花属）。【日】イボクサアヤメ属。【俄】Либертия。【英】Chilean Iris, Libertia。【隶属】鸢尾科 Iridaceae。【包含】世界 9-12 种。【学名诠释与讨论】〈阴〉（人）Marie-Anne Libert, 1782-1865, 比利时植物学者。此属的学名"Libertia Spreng., Syst. Veg. 1: 127. 1824（sero）"是保留属名。相应的废弃属名是百合科 Liliaceae 的"Libertia Dumort., Comment. Bot.: 9. Nov（sero）-Dec（prim.）1822 = Hosta Tratt.（1812）（保留属名）"和"Tekel Adans., Fam. Pl. 2: 497, 610. Jul-Aug 1763 = Libertia Spreng.（1824）（保留属名）"。禾本科 Poaceae（Gramineae）的"Libertia Lej., Nova Acta Phys. -Med. Acad. Caes. Leop. -Carol. Nat. Cur. 12（2）: 755. , t. 65. 1825 = Bromus L.（1753）（保留属名）"亦应废弃。"Nematostigma A. Dietrich, Sp. Pl. 2: 509. 1833"是"Libertia Spreng.（1824）（保留属名）"的替代名称, 多余了。【分布】安第斯山, 澳大利亚, 玻利维亚, 哥伦比亚, 新西兰, 新几内亚岛。【模式】Libertia ixioides（J. G. A. Forster）K. P. J. Sprengel[Sisyrinchium ixioides J. G. A. Forster]。【参考异名】Ezeria Raf.（1838）; Nematostigma A. Dietr.（1833）Nom. illegit.; Renealmia R. Br.（1810）Nom. illegit.（废弃属名）; Taumastos Raf.（1838）; Tekel Adans.（1763）（废弃属名）; Tekelia Adans. ex Kuntze（1891）Nom. illegit.; Tekelia Kuntze（1891）Nom. illegit.■☆

29697　Libidibia（DC.）Schltdl.（1830）= Caesalpinia L.（1753）[豆科 Fabaceae（Leguminosae）//云实科（苏木科）Caesalpiniaceae]●

29698　Libidibia Schltdl.（1830）Nom. illegit. ≡ Libidibia（DC.）Schltdl.（1830）; ~ = Caesalpinia L.（1753）[豆科 Fabaceae

（Leguminosae）//云实科（苏木科）Caesalpiniaceae]●

29699　Libocedraceae（H. L. Li）Doweld（2001）= Cupressaceae Gray（保留科名）●

29700　Libocedraceae Doweld（2001）[亦见 Cupressaceae Gray（保留科名）柏科]【汉】甜柏科。【包含】世界 1 属 5-6 种。【分布】法属新喀里多尼亚, 新西兰。【科名模式】Libocedrus Endl.●☆

29701　Libocedrus Endl.（1847）【汉】甜柏属（香松属, 肖柏属, 肖楠属）。【日】オニヒバ属。【俄】Кедр ладанный, Кедр речной, Либоцедрус。【英】Incense Cedar, Incense-cedar。【隶属】柏科 Cupressaceae//甜柏科 Libocedraceae。【包含】世界 5-6 种。【学名诠释与讨论】〈阴〉（希）libas, 滴落之物。Libos, 泪+（属）Cedrus 雪松属。指滴出树脂。【分布】新西兰, 法属新喀里多尼亚。【后选模式】Libocedrus doniana Endlicher, Nom. illegit.[Thuja doniana W. J. Hooker, Nom. illegit., Dacrydium plumosum D. Don; Libocedrus plumosa（D. Don）Sargent]。【参考异名】Austrocedrus Florin et Boutelje（1954）; Papuacedrus H. L. Li（1953）; Stegocedrus Doweld（2001）●☆

29702　Libonia C. Koch ex Linden（1863）Nom. illegit. ≡ Libonia K. Koch ex Linden（1863）Nom. illegit.; ~ = Jacobinia Nees ex Moric.（1847）（保留属名）[爵床科 Acanthaceae//鸭嘴花科（鸭咀花科）Justiciaceae]●■■

29703　Libonia K. Koch ex Linden（1863）Nom. illegit. = Jacobinia Nees ex Moric.（1847）（保留属名）; ~ = Jacobidia Moric.[爵床科 Acanthaceae//鸭嘴花科（鸭咀花科）Justiciaceae]●■☆

29704　Libonia K. Koch（1863）Nom. illegit. = Justicia L.（1753）; ~ = Jacobidia Moric.[爵床科 Acanthaceae//鸭嘴花科（鸭咀花科）Justiciaceae//鸭嘴花科（鸭咀花科）Justiciaceae]●■

29705　Libonia Lem.（1852）= Griffinia Ker Gawl.（1820）[石蒜科 Amaryllidaceae]■☆

29706　Libonia Lem.（1855）Nom. illegit. = Billbergia Thunb.（1821）[凤梨科 Bromeliaceae]■

29707　Librevillea Hoyle（1956）【汉】科氏豆属（加蓬豆属）。【隶属】豆科 Fabaceae（Leguminosae）。【包含】世界 1 种。【学名诠释与讨论】〈阴〉（地）Libreville, 利伯维尔, 加蓬首都。【分布】热带和赤道非洲。【模式】Librevillea klainei（Pierre ex Harms）Hoyle[Brachystegia klainei Pierre ex Harms]。■☆

29708　Libyella Pamp.（1925）【汉】利比亚草属（小利比草属）。【隶属】禾本科 Poaceae（Gramineae）。【包含】世界 1 种。【学名诠释与讨论】〈阴〉（地）Liby, 利比亚+-ellus, -ella, -ellum, 加在名词词干后面形成指小式的词尾。或加在人名、属名等后面以组成新属的名称。【分布】利比亚（昔兰尼加）。【模式】Libyella cyrenaica（Durand et Barratte）Pampanini[Poa cyrenaica Durand et Barratte]。■☆

29709　Licaneaceae Martinov（1820）= Chrysobalanaceae R. Br.（保留科名）●☆

29710　Licania Aubl.（1775）【汉】李堪木属（李堪尼属, 利堪蔷薇属）。【俄】Ликания。【英】Licania, Oilicica。【隶属】金壳果科 Chrysobalanaceae//金棒科（金橡实科, 可可李科）Prunaceae。【包含】世界 193 种。【学名诠释与讨论】〈阴〉（拉）Licani, 是把南美洲印第安语植物名 calignia 字母改缀而成。此属的学名, ING、TROPICOS 和 IK 记载是"Licaria Aubl., Hist. Pl. Guiane 313. 1775[Jun 1775]"。"Hedycrea Schreber, Gen. 160. Apr 1789"是"Licania Aubl.（1775）"的晚出的同模式异名（Homotypic synonym, Nomenclatural synonym）。【分布】巴拿马, 秘鲁, 玻利维亚, 厄瓜多尔, 哥伦比亚（安蒂奥基亚）, 马来西亚, 尼加拉瓜, 法属新喀里多尼亚, 美国（东南部）至热带南美洲, 西印度群岛, 中美洲。【模式】Licania incana Aublet。【参考异名】Afrolicania

Mildbr. (1921); Angelesia Korth. (1855); Coccomelia Ridl. (1920) Nom. illegit.; Dahuronia Scop. (1777) Nom. illegit.; Diemenia Korth. (1855); Geobalanus Small (1913); Hedycrea Schreb. (1789) Nom. illegit.; Lincania G. Don (1832); Moquilea Aubl. (1775); Trichocarya Miq. (1856)●☆

29711　Licaniaceae Martinov (1820) = Chrysobalanaceae R. Br. (保留科名)●☆

29712　Licanthis Raf. = Euphorbia L. (1753)［大戟科 Euphorbiaceae］●■

29713　Licaria Aubl. (1775)【汉】美洲土楠属(李卡樟属,斜蕊樟属)。【隶属】樟科 Lauraceae。【包含】世界 40-45 种。【学名诠释与讨论】〈阴〉法语圭亚那地区 Licari kanari 的植物俗名。此属的学名,ING、GCI、TROPICOS 和 IK 记载是"Licaria Aubl., Hist. Pl. Guiane 313. 1775 [Jun 1775]"。"Licaria Aubl. et Hallier f., Meded. Rijks-Herb. 35: 20. 1918 = Ocotea Aubl. (1775)［樟科 Lauraceae］"是晚出的非法名称。【分布】巴拿马,秘鲁,玻利维亚,厄瓜多尔,哥伦比亚(安蒂奥基亚),哥斯达黎加,尼加拉瓜,热带南美洲,中美洲。【模式】Licaria guianensis Aublet。【参考异名】Acrodiclidium Nees et Mart.; Acrodiclidium Nees (1833) Nom. illegit.; Chanekia Lundell (1937); Clinostemon Kuhlm. et A. Samp. (1928); Dipliathus Raf. (1838); Euonymodaphne Post et Kuntze (1903); Evonymodaphne Nees (1836); Misanteca Cham. et Schltdl. (1831) Nom. illegit.; Misanteca Schltdl. et Cham. (1831); Nobeliodendron O. C. Schmidt (1929); Symphysodaphne A. Rich. (1853); Triplomeia Raf. (1838)●☆

29714　Licaria Aubl. et Hallier f. (1918) Nom. illegit. = Ocotea Aubl. (1775)［樟科 Lauraceae］●☆

29715　Lichenora Wight (1852) Nom. illegit. ≡ Lichinora Wight (1852)［兰科 Orchidaceae］■

29716　Lichinora Wight (1852) = Porpax Lindl. (1845)［兰科 Orchidaceae］■

29717　Lichnis Crantz (1766) = Lychnis L. (1753)(废弃属名);~ = Silene L. (1753)(保留属名)［石竹科 Caryophyllaceae］■

29718　Lichtensteinia Cham. et Schltdl. (1826)(保留属名)【汉】利希草属(李氏芹属)。【隶属】伞形花科(伞形科)Apiaceae (Umbelliferae)。【包含】世界 22 种。【学名诠释与讨论】〈阴〉(人)Martin Heinrich (Henry) Karl (Carl) von Lichtenstein, 1780-1857, 德国植物学者, 动物学者, 医生。此属的学名"Lichtensteinia Cham. et Schltdl. in Linnaea 1: 394. Aug-Oct 1826"是保留属名。相应的废弃属名是百合科 Liliaceae 的"Lichtensteinia Willd. in Ges. Naturf. Freunde Berlin Mag. Neuesten Entdeck. Gesammten Naturk. 2: 19. 1808 = Ornithoglossum Salisb. (1806)"。桑寄生科 Loranthaceae 的"Lichtensteinia J. C. Wendland, Collect. Pl. 2: 4. 1808 ('1810') = Tapinanthus (Blume) Rchb. (1841)(保留属名)"亦应废弃。【分布】英国(圣赫勒拿岛), 非洲南部。【模式】Lichtensteinia lacera Chamisso et D. F. L. Schlechtendal。【参考异名】Ruthea Bolle (1862) Nom. illegit. ■☆

29719　Lichtensteinia J. C. Wendl. (1808)(废弃属名) = Tapinanthus (Blume) Rchb. (1841)(保留属名)［桑寄生科 Loranthaceae］●☆

29720　Lichtensteinia Willd. (1808)(废弃属名) = Ornithoglossum Salisb. (1806)［秋水仙科 Colchicaceae］■☆

29721　Lichterveldia Lem. (1855) = Odontoglossum Kunth (1816)［兰科 Orchidaceae］■

29722　Licinia Raf. (1837) = Anthericum L. (1753)［百合科 Liliaceae//吊兰科(猴面包科,猴面包树科)Anthericaceae］■☆

29723　Licopersicum Neck. (1790) Nom. inval. = Lycopersicon Mill. (1754)［茄科 Solanaceae］■

29724　Licopolia Rippa (1904) = Olmediella Baill. (1880)［刺篱木科

(大风子科)Flacourtiaceae］●☆

29725　Licopsis Neck. (1768) = Lycopsis L. (1753)［紫草科 Boraginaceae］■

29726　Licopus Neck. (1768) = Lycopus L. (1753)［唇形科 Lamiaceae (Labiatae)］■

29727　Licuala Thunb. (1782) Nom. illegit.［棕榈科 Arecaceae (Palmae)］●

29728　Licuala Wurmb (1780)【汉】轴榈属(刺轴榈属, 扇叶棕属, 桫椤椰子属)。【日】ウチワヤシ属, ゴヘイヤシ属。【俄】Ликуала。【英】Licuala Palm, Licualapalm, Loyar Loyak, Palas, Penang Lawyers。【隶属】棕榈科 Arecaceae (Palmae)。【包含】世界 100-108 种, 中国 3-6 种。【学名诠释与讨论】〈阴〉(印尼)leko wala, 印度尼西亚(马鲁古群岛)/马达加斯加一种植物俗名, 或来自印尼望加锡 Makassar, 今称乌戎潘当 Ujung Pandang 语, 一种植物俗名。此属的学名, ING、GCI 和 IK 记载是"Licuala F. von Wurmb, Verh. Batav. Genootsch. Kunsten 2: 473. 1780";《中国植物志》英文版使用此名称。APNI 则记载为"Licuala Thunb., Kongl. Vetenskaps Academiens nya Handlingar 3 1782";《中国植物志》中文版使用此名称; 它是晚出的非法名称。亦有文献把"Licuala Wurmb (1780)"处理为"Licuala Thunb. (1782) Nom. illegit."的异名。【分布】哥伦比亚, 印度至马来西亚, 中国, 所罗门群岛, 东南亚。【模式】Licuala spinosa F. von Wurmb。【参考异名】Dammera K. Schum. et Lanterb. (1900); Dammera Lauterb. et K. Schum. (1900) Nom. illegit.; Lacuala Blume; Licuala Thunb. (1782) Nom. illegit.; Pericycla Blume (1838)●

29729　Lidbeckia P. J. Bergius (1767)【汉】木芫荽属。【隶属】菊科 Asteraceae (Compositae)。【包含】世界 2 种。【学名诠释与讨论】〈阴〉(人)Eric Gustav (Gustafi Lid-beck), 1724-1803, 瑞典植物学者。【分布】非洲南部。【模式】Lidbeckia pectinata P. J. Bergius。【参考异名】Lancisia Lam. (1798) Nom. illegit.; Lidbekia Spreng. (1831)●☆

29730　Lidbekia Spreng. (1831) = Lidbeckia P. J. Bergius (1767)［菊科 Asteraceae (Compositae)］●☆

29731　Lidia Á. Löve et D. Löve (1976) = Minuartia L. (1753); ~ = Wierzbickia Rchb. (1841)［石竹科 Caryophyllaceae］■

29732　Lieberkuehna Rchb. (1828) = Lieberkuhna Cass. (1823)［菊科 Asteraceae (Compositae)］■☆

29733　Lieberkuehnia Rchb. (1841) = Lieberkuhna Cass. (1823)［菊科 Asteraceae (Compositae)］■☆

29734　Lieberkuhna Cass. (1823) = Chaptalia Vent. (1802)(保留属名)［菊科 Asteraceae (Compositae)］■☆

29735　Lieberkuhnia Less. (1832) Nom. illegit. = Lieberkuhna Cass. (1823)［菊科 Asteraceae (Compositae)］■☆

29736　Liebichia Opiz (1844) = Ribes L. (1753)［虎耳草科 Saxifragaceae//醋栗科(茶藨子科)Grossulariaceae］●

29737　Liebigia Endl. (1841) = Chirita Buch. -Ham. ex D. Don (1822)［苦苣苔科 Gesneriaceae］●■

29738　Liebrechtsia De Wild. (1902) = Vigna Savi (1824)(保留属名)［豆科 Fabaceae (Leguminosae)//蝶形花科 Papilionaceae］■

29739　Liedea W. D. Stevens (2005)【汉】哥斯达黎加异冠藤属。【隶属】萝藦科 Asclepiadaceae。【包含】世界 1 种。【学名诠释与讨论】〈阴〉(人)Liede。此属的学名是"Liedea W. D. Stevens, Novon 15(4): 622-623. 2005. (12 Dec 2005)"。亦有文献把其处理为"Metastelma R. Br. (1810)"的异名。【分布】哥斯达黎加, 中美洲。【模式】Liedea filisepala (Standl.) W. D. Stevens。【参考异名】Metastelma R. Br. (1810)●☆

29740　Liesneria Fern. Casas (2008)【汉】厄瓜多尔驱虫草属。【隶属】

马钱科(断肠草科,马钱子科)Loganiaceae。【包含】世界 50 种。【学名诠释与讨论】〈阴〉(人)Ron L. Liesner, 1944–,植物学者。此属的学名是"Liesneria Fern. Casas, Fontqueria 55 (58): 460. 2008. (26 Apr 2008)"。亦有文献把其处理为"Spigelia L. (1753)"的异名。【分布】厄瓜多尔。【模式】Liesneria faveolata (Fern. Casas) Fern. Casas。【参考异名】Spigelia L. (1753)■☆

29741　Lietzia Regel(1880)【汉】利茨苣苔属(利策苣苔属)。【英】Lietzia。【隶属】苦苣苔科 Gesneriaceae【包含】世界 1 种。【学名诠释与讨论】〈阴〉(人)Lietz。【分布】巴西。【模式】Lietzia brasiliensis E. Regel et Schmidt。■☆

29742　Lieutautia Buc' hoz(1779)Nom. illegit. = Leonicenia Scop. (1777)(废弃属名);~ = Miconia Ruiz et Pav. (1794)(保留属名)[野牡丹科 Melastomataceae//米氏野牡丹科 Miconiaceae]●☆

29743　Lievena Regel(1879)= Quesnelia Gaudich. (1842)[凤梨科 Bromeliaceae]■☆

29744　Lifago Schweinf. et Muschl. (1911)【汉】绵绒菊属。【隶属】菊科 Asteraceae(Compositae)。【包含】世界 1 种。【学名诠释与讨论】〈阴〉(属)由絮菊属 Filago 改缀而来。【分布】阿尔及利亚,摩洛哥。【模式】Lifago dielsii Schweinfurth et Muschler。【参考异名】Niclouxia Batt. (1915)■☆

29745　Lifutia Rain. = Lightfootia L' Hér. (1789)Nom. illegit.;~ = Wahlenbergia Schrad. ex Roth (1821)(保留属名)[桔梗科 Campanulaceae]■●

29746　Ligaria Tiegh. (1895)【汉】柬寄生属。【隶属】桑寄生科 Loranthaceae。【包含】世界 2 种。【学名诠释与讨论】〈阴〉(希)ligo,缚+-arius, -aria, -arium,指示"属于、相似、具有、联系"的词尾。此属的学名是"Ligaria Van Tieghem, Bull. Soc. Bot. France 42: 345. post 10 Mai 1895"。亦有文献把其处理为"Loranthus Jacq. (1762)(保留属名)"的异名。【分布】秘鲁,玻利维亚,南美洲。【模式】Ligaria cuneifolia (Ruiz et Pavon) Van Tieghem [Loranthus cuneifolius Ruiz et Pavon]。【参考异名】Loranthus Jacq. (1762)(保留属名)●☆

29747　Ligea Poit. ex Tul. (1849)= Apinagia Tul. emend. P. Royen [髯管花科 Geniostomaceae]■☆

29748　Ligeophila Garay(1977)【汉】喜水兰属(水兰属)。【隶属】兰科 Orchidaceae。【包含】世界 8 种。【学名诠释与讨论】〈阴〉(希)Ligeia,水中女神+philos,喜欢的,爱的。【分布】巴拉圭,巴拿马,玻利维亚,中美洲。【模式】Ligeophila stigmatoptera (H. G. Reichenbach) L. A. Garay [Physurus stigmatopterus H. G. Reichenbach]。■☆

29749　Ligeria Decne. (1848)= Sinningia Nees (1825)[苦苣苔科 Gesneriaceae]●■☆

29750　Lightfoatia Raf. = Lightfootia L' Hér. (1789)Nom. illegit.;~ = Wahlenbergia Schrad. ex Roth (1821)(保留属名)[桔梗科 Campanulaceae]■●

29751　Lightfootia L' Hér. (1789)Nom. illegit. = Wahlenbergia Schrad. ex Roth(1821)(保留属名)[桔梗科 Campanulaceae]■●

29752　Lightfootia Schreb. (1789)Nom. illegit. = Rondeletia L. (1753)[茜草科 Rubiaceae]●

29753　Lightfootia Sw. (1788)Nom. illegit. = Laetia Loefl. ex L. (1759)(保留属名)[刺篱木科(大风子科)Flacourtiaceae//大戟科 Euphorbiaceae]●☆

29754　Lightia R. H. Schomb. (1844)Nom. illegit. = Herrania Goudot (1844)[梧桐科 Sterculiaceae//锦葵科 Malvaceae]●☆

29755　Lightia R. H. Schomb. (1847)= Euphronia Mart. et Zucc. (1825);~ = Lightiodendron Rauschert (1982)[合丝花科 Euphroniaceae//大戟科 Euphorbiaceae//独蕊科 Vochysiaceae]■☆

29756　Lightiodendron Rauschert (1982)= Euphronia Mart. et Zucc. (1825)[合丝花科 Euphroniaceae//大戟科 Euphorbiaceae]■☆

29757　Ligia Fasano ex Pritz. (1855)= Thymelaea Mill. (1754)(保留属名)[瑞香科 Thymelaeaceae]●■

29758　Ligia Fasano (1788)Nom. inval. ≡ Ligia Fasano ex Pritz. (1855);~ = Thymelaea Mill. (1754)(保留属名)[瑞香科 Thymelaeaceae]●■

29759　Lignariella Baehni (1956)【汉】弯梗芥属。【英】Lignariella。【隶属】十字花科 Brassicaceae(Cruciferae)。【包含】世界 4-5 种,中国 3 种。【学名诠释与讨论】〈阴〉(拉)lignum,木;lignosus,木质的;ligneus,木制的+-ellus, -ella, -ellum,小型词尾。【分布】巴基斯坦,中国,喜马拉雅山。【模式】Lignariella hobsoni (Pearson) Baehni [Cochlearia hobsoni Pearson]。■

29760　Lignieria A. Chev. (1920)= Dissotis Benth. (1849)(保留属名)[野牡丹科 Melastomataceae]●■☆

29761　Lignocarpa J. W. Dawson(1967)【汉】木果芹属。【隶属】伞形花科(伞形科)Apiaceae(Umbelliferae)。【包含】世界 2 种。【学名诠释与讨论】〈阴〉(拉)lignum,木;lignosus,木质的;ligneus,木制的+karpos,果实。【分布】新西兰。【模式】Lignocarpa carnosula (J. D. Hooker) J. W. Dawson [Ligusticum carnosulum J. D. Hooker]。■☆

29762　Lignonia Scop. (1777)Nom. illegit. ≡ Paypayrola Aubl. (1775)[堇菜科 Violaceae]■☆

29763　Ligosticon St. -Lag. (1880)= Ligusticum L. (1753)[伞形花科(伞形科)Apiaceae(Umbelliferae)]■

29764　Ligtu Adans. (1763)Nom. illegit. ≡ Alstroemeria L. (1762)[石蒜科 Amaryllidaceae//百合科 Liliaceae//六出花科(彩花扭柄科,扭柄叶科)Alstroemeriaceae]■☆

29765　Ligularia Cass. (1816)(保留属名)【汉】橐吾属。【日】タガラカウ属,タカラコウ属,ツハブキ属,メタカラコウ属。【俄】Бузульник, Лигулярия。【英】Golden Ray, Goldenray, Leopard Plant, Ligularia, Ragwort。【隶属】菊科 Asteraceae(Compositae)。【包含】世界 125-140 种,中国 124-127 种。【学名诠释与讨论】〈阴〉(拉)ligula,小舌,小剑,小刀+-arius, -aria, -arium,指示"属于、相似、具有、联系"的词尾。指花瓣舌状。此属的学名"Ligularia Cass. in Bull. Sci. Soc. Philom. Paris 1816: 198. Dec 1816"是保留属名。相应的废弃属名是菊科 Asteraceae 的"Jacobaeoides Vaill. , Königl. Akad. Wiss. Paris Phys. Abh. 5: 570. Jan-Apr 1754 ≡ Ligularia Cass. (1816)(保留属名)"、虎耳草科 Saxifragaceae 的"Ligularia Duval, Pl. Succ. Horto Alencon. : 11. 1809 ≡ Sekika Medik. (1791)= Saxifraga L. (1753)"和菊科 Asteraceae 的"Senecillis Gaertn. , Fruct. Sem. Pl. 2: 453. Sep-Dec 1791 = Ligularia Cass. (1816)(保留属名)= Senecio L. (1753)"。牻牛儿苗科 Geraniaceae 的"Ligularia Eckl. et Zeyh. , Enum. Pl. Afric. Austral. [Ecklon et Zeyher] 1: 69. [Dec 1834-Mar 1835] = Ligularia Sweet ex Eckl. et Zeyh. (1834)Nom. illegit. (废弃属名)= Pelargonium L' Hér. ex Aiton(1789)"亦应废弃。【分布】巴基斯坦,中国,温带欧亚大陆。【模式】Ligularia sibirica (Linnaeus) Cassini [Othonna sibirica Linnaeus]。【参考异名】Cyathocephalum Nakai(1915);Farfugium Lindl. (1857);Hoppea Rchb. (1824)Nom. illegit. ;Jacobaeoides Vaill. (废弃属名);Ligularia Duval (1809)(废弃属名);Senecillis Gaertn. (1791)(废弃属名)■

29766　Ligularia Duval(1809)(废弃属名)≡ Sekika Medik. (1791);~ = Saxifraga L. (1753)[虎耳草科 Saxifragaceae]■

29767　Ligularia Eckl. et Zeyh. (1834)Nom. illegit. (废弃属名)= Pelargonium L' Hér. ex Aiton(1789)[牻牛儿苗科 Geraniaceae]●■

29768　Ligularia Sweet ex Eckl. et Zeyh. (1834)Nom. illegit. (废弃属

名）= Pelargonium L'Hér. ex Aiton（1789）［牻牛儿苗科 Geraniaceae］●■

29769 **Ligulariopsis** Y. L. Chen（1996）【汉】假橐吾属。【英】False Goldenray。【隶属】菊科 Asteraceae（Compositae）。【包含】世界 1 种,中国 1 种。【学名诠释与讨论】〈阴〉（属）Ligularia 橐吾属＋希腊文 opsis,外观,模样,相似。【分布】中国。【模式】Ligulariopsis shichuana Y. L. Chen ［Cacalia longispica Z. Y. Zhang et Y. H. Guo 1985,non H. Handel-Mazetti 1938］。■★

29770 **Ligusticella** J. M. Coult. et Rose（1909）【汉】小藁本属。【隶属】伞形花科（伞形科）Apiaceae（Umbelliferae）。【包含】世界 2 种。【学名诠释与讨论】〈阴〉（属）Ligusticum 藁本属＋-ellus,-ella,-ellum,加在名词词干后面形成指小式的词尾。或加在人名、属名等后面以组成新属的名称。此属的学名是"Ligusticella J. M. Coulter et J. N. Rose,Contr. U. S. Natl. Herb. 12：445. 21 Jul 1909"。亦有文献把其处理为"Podistera S. Watson（1887）"的异名。【分布】北美洲西部。【模式】Ligusticella eastwoodae（J. M. Coulter et J. N. Rose）J. M. Coulter et J. N. Rose ［Ligusticum eastwoodae J. M. Coulter et J. N. Rose］。【参考异名】Podistera S. Watson（1887）■☆

29771 **Ligusticopsis** Leute（1969）= Ligusticum L.（1753）［伞形花科（伞形科）Apiaceae（Umbelliferae）］■

29772 **Ligusticum** L.（1753）【汉】藁本属。【日】タウキ属,トウキ属,マルバトウキ属。【俄】Бородоплодник, Зоря, Лигустикум。【英】Ligusticum, Lovage, Scots Lovage。【隶属】伞形花科（伞形科）Apiaceae（Umbelliferae）。【包含】世界 62 种,中国 40-47 种。【学名诠释与讨论】〈中〉（拉）ligusticos,源于古意大利的地名 Liguria 利古里。模式种的产地。在那里作为药用植物广泛栽培。"Devillea Bubani,Fl. Pyrenaea 2：380. 1899（sero?）（'1900'）（non L. R. Tulasne et Weddell 1849）"和"Levisticum Hill,Brit. Herbal 410. Nov 1756（废弃属名）"是"Ligusticum L.（1753）"的晚出的同模式异名（Homotypic synonym,Nomenclatural synonym）。【分布】巴基斯坦,玻利维亚,美国,中国,北半球。【后选模式】Ligusticum scoticum Linnaeus ［as 'scothieum'］。【参考异名】Arpitium Neck.（1790）Nom. inval. ; Arpitium Neck. ex Sweet（1830）; Coristospermum Bertol.（1838）; Cynapium Nutt.（1840）; Cynapium Nutt. ex Torr. et A. Gray（1840）Nom. illegit. ; Devillea Bubani（1899）Nom. illegit. ; Dystaenia Kitag.（1937）; Haloscias Fr.（1846）; Hansenia Turcz.（1844）; Levisticum Hill（1756）（废弃属名）; Ligosticon St.-Lag.（1880）; Ligusticopsis Leute（1969）; Mutellina Wolf（1776）; Nabadium Raf.（1840）; Paraligusticum V. N. Tikhom.（1973）; Rupiphila Pimenov et Lavrova（1986）; Tilingia Regel（1859）; Umbellifera Honigb.（1852）■

29773 **Ligustraceae** G. Mey.（1836）= Oleaceae Hoffmanns. et Link（保留科名）●

29774 **Ligustraceae** Vent. = Oleaceae Hoffmanns. et Link（保留科名）●

29775 **Ligustridium** Spach（1839）= Ligustrum L.（1753）; ~ = Syringa L.（1753）［木犀榄科（木犀科）Oleaceae//丁香科 Syringaceae］●

29776 **Ligustrina** Rupr.（1859）= Syringa L.（1753）［木犀榄科（木犀科）Oleaceae//丁香科 Syringaceae］●

29777 **Ligustrum** L.（1753）【汉】女贞属（水蜡树属）。【日】イボタノキ属,タウキ属。【俄】Бирючина, Лигуструм。【英】Prim, Privet。【隶属】木犀榄科（木犀科）Oleaceae。【包含】世界 40-50 种,中国 27-37 种。【学名诠释与讨论】〈中〉（拉）ligustrum,水蜡树 L. vulgare 的古名,源自拉丁文 ligo,绑缚、捆绑,指枝条柔韧,可供编织材料。【分布】巴基斯坦,巴拿马,秘鲁,玻利维亚,厄瓜多尔,哥伦比亚（安蒂奥基亚）,美国（密苏里）,中国,印度至马来西亚至澳大利亚（昆士兰）,新几内亚岛,欧洲至伊朗北部,东

亚,中美洲。【模式】Ligustrum vulgare Linnaeus。【参考异名】Esquirolia H. Lév.（1912）; Faulia Raf.（1837）; Ligustridium Spach（1839）; Lygustrum Gilib.（1781）; Parasyringa W. W. Sm.（1916）; Phlyarodoxa S. Moore（1875）; Visiania A. DC.（1844）Nom. illegit. ; Visiania DC.（1844）Nom. illegit. ●

29778 **Lijndenia** Zoll. et Moritzi（1846）【汉】里因野牡丹属。【隶属】野牡丹科 Melastomataceae//谷木科 Memecylaceae。【包含】世界 12 种。【学名诠释与讨论】〈阴〉词源不详。似来自人名。此属的学名是"Lijndenia Zollinger et Moritzi in Moritzi, Syst. Verzeichniss Zollinger 10. 1846"。亦有文献把其处理为"Memecylon L.（1753）"的异名。【分布】马达加斯加,马来西亚,斯里兰卡,热带非洲。【模式】Lijndenia laurina Zollinger et Moritzi。【参考异名】Lyndenia Miq.（1855）; Memecylon L.（1753）●☆

29779 **Lilac** Mill.（1754）Nom. illegit. ≡ Syringa L.（1753）［木犀榄科（木犀科）Oleaceae//丁香科 Syringaceae］●

29780 **Lilac** Tourn. ex Adans.（1763）Nom. illegit. ［木犀榄科（木犀科）Oleaceae］●☆

29781 **Lilaca** Raf.（1830）Nom. illegit. ＝Syringa L.（1753）［木犀榄科（木犀科）Oleaceae//丁香科 Syringaceae］●

29782 **Lilacaceae** Vent. = Oleaceae Hoffmanns. et Link（保留科名）●

29783 **Lilaea** Bonpl.（1808）【汉】异柱草属（拟水韭科）。【英】Flowering-quillwort。【隶属】异柱草科（拟水韭科）Lilaeaceae//水麦冬科 Juncaginaceae。【包含】世界 1 种。【学名诠释与讨论】〈阴〉（人）Alire Raffeneau-Delile, 1778-1850,法国植物学者、医生。此属的学名,ING、GCI、APNI、TROPICOS 和 IK 记载是"Lilaea Bonpland in Humboldt et Bonpland, Pl. Aequin. 1：221. Apr 1808"。"Lilaea Humb. et Bonpl.（1808）≡ Lilaea Bonpl.（1808）"的命名人引证有误。【分布】秘鲁,玻利维亚,厄瓜多尔,美国,墨西哥,安第斯山。【模式】Lilaea subulata Bonpland。【参考异名】Lilaea Humb. et Bonpl.（1808）Nom. illegit. ■☆

29784 **Lilaea** Humb. et Bonpl.（1808）Nom. illegit. ≡ Lilaea Bonpl.（1808）［异柱草科（拟水韭科）Lilaeaceae//水麦冬科 Juncaginaceae］■☆

29785 **Lilaeaceae** Dumort.（1829）（保留科名）［亦见 Juncaginaceae Rich.（保留科名）水麦冬科］【汉】异柱草科（拟水韭科）。【包含】世界 1 属 1 种。【分布】太平洋美洲地区。【科名模式】Lilaea Bonpl. ■☆

29786 **Lilaeopsis** Greene（1891）【汉】类异柱草属（新西兰草属）。【隶属】伞形花科（伞形科）Apiaceae（Umbelliferae）。【包含】世界 1-2 种。【学名诠释与讨论】〈阴〉（属）Lilaea 异柱草属＋希腊文 opsis,外观,模样,相似。或（人）Alire Raffeneau-Delile, 1778-1850,法国植物学者、医生＋希腊文 opsis,外观,模样,相似。此属的学名"Lilaeopsis E. L. Greene, Pittonia 2：192. Sep 1891"是一个替代名称。"Crantzia T. Nuttall, Gen. 1：177. 14 Jul 1818"是一个非法名称（Nom. illegit.），因为此前已经有了"Crantzia Scopoli, Introd. 173. Jan-Apr 1777（废弃属名）= Alloplectus Mart.（1829）（保留属名）［苦苣苔科 Gesneriaceae］"和"Crantzia O. Swartz, Prodr. 3, 38. 20 Jun-29 Jul 1788（废弃属名）≡ Tricera Schreb.（1791）= Buxus L.（1753）［黄杨科 Buxaceae］"。故用"Lilaeopsis Greene（1891）"替代之。同理,"Crantzia O. Swartz, Prodr. 3, 38. 20 Jun-29 Jul 1788 ≡ Tricera Schreb.（1791）= Buxus L.（1753）［黄杨科 Buxaceae］"、"Crantzia Vellozo, Fl. Flum 8. t. 153. 29 Oct 1831（'1827'）= Centratherum Cass.（1817）［菊科 Asteraceae（Compositae）］"和"Crantzia Kuntze（1891）Nom. illegit.（废弃属名）［芸香科 Rutaceae］"亦是非法名称。晚出的替代名称"Crantziola F. von Mueller ex B. Koso-Poljansky, Bull. Soc. Imp.

Naturalistes Moscou ser. 2. 29：124. 1916"当然也是非法名称。"Crantzia Sw.（1788）Nom. illegit.（废弃属名）"已经被"Tricera Schreb.（1791）= Buxus L.（1753）"所替代。"Crantziola F. von Mueller ex B. Koso-Poljansky, Bull. Soc. Imp. Naturalistes Moscou ser. 2. 29：124. 1916"和"Hallomuellera O. Kuntze, Rev. Gen. 1：267. 5 Nov 1891"是"Lilaeopsis Greene（1891）"的晚出的同模式异名（Homotypic synonym, Nomenclatural synonym）。【分布】澳大利亚（包括塔斯曼半岛），巴拉圭，秘鲁，玻利维亚，厄瓜多尔，马达加斯加，新西兰。【模式】Lilaeopsis lineata（A. Michaux）E. L. Greene［Hydrocotyle lineata A. Michaux］。【参考异名】Crantzia Nutt.（1818）Nom. illegit.（废弃属名）；Crantziola F. Muell.（1882）Nom. illegit.；Crantziola F. Muell. ex Koso-Pol.（1916）；Hallomuellera Kuntze（1891）Nom. illegit. ■☆

29787 Lilavia Raf.（1838）Nom. illegit. = Alstroemeria L.（1762）［石蒜科 Amaryllidaceae//百合科 Liliaceae//六出花科（彩花扭柄科，扭柄叶科）Alstroemeriaceae］■☆

29788 Lilenia Bertero ex Bull.（1829）= Azara Ruiz et Pav.（1794）［刺篱木科（大风子科）Flacourtiaceae］●☆

29789 Lilenia Bertero（1829）Nom. inval. ≡ Lilenia Bertero ex Bull.（1829）；~ = Azara Ruiz et Pav.（1794）［刺篱木科（大风子科）Flacourtiaceae］●☆

29790 Liliaceae Adans. = Liliaceae Juss.（保留科名）■●

29791 Liliaceae Juss.（1789）（保留科名）【汉】百合科。【日】ユリ科。【俄】Лилейные。【英】Lily Family。【包含】世界 11-300 属 550-4950 种，中国 57-60 属 669-726 种。【分布】广泛分布。【科名模式】Lilium L.（1753）■●

29792 Liliacum Renault（1804）= Syringa L.（1753）［木犀榄科（木犀科）Oleaceae//丁香科 Syringaceae］●

29793 Liliago C. Presl（1845）Nom. illegit., Nom. superfl. ≡ Anthericum L.（1753）；~ ≡ Phalangium Mill.（1754）Nom. illegit.；~ ≡ Anthericum L.（1753）［百合科 Liliaceae//吊兰科（猴面包科，猴面包树科）Anthericaceae］■☆

29794 Liliago Heist.（1755）Nom. illegit. ≡ Amaryllis L.（1753）（保留属名）［石蒜科 Amaryllidaceae］■☆

29795 Liliastrum Fabr.（1759）（废弃属名）≡ Paradisea Mazzuc.（1811）（保留属名）［百合科 Liliaceae//阿福花科 Asphodelaceae//吊兰科（猴面包科，猴面包树科）Anthericaceae］■☆

29796 Liliastrum Link（1829）Nom. illegit.（废弃属名）≡ Anthericum L.（1753）［百合科 Liliaceae//吊兰科（猴面包科，猴面包树科）Anthericaceae］■☆

29797 Liliastrum Ortega（1773）Nom. illegit.（废弃属名）［百合科 Liliaceae］■☆

29798 Lilicella Rich. ex Baill.（1895）= Sciaphila Blume（1826）［霉草科 Triuridaceae］■

29799 Lilioasphodelus Fabr.（1759）Nom. illegit. ≡ Hemerocallis L.（1753）［百合科 Liliaceae//萱草科（黄花菜科）Hemerocallidaceae］■

29800 Liliogladiolus Trew（1754）= Gladiolus L.（1753）［鸢尾科 Iridaceae］■

29801 Lilio-gladiolus Trew（1754）= Gladiolus L.（1753）［鸢尾科 Iridaceae］■

29802 Liliohyacinthus Ortega（1773）= Scilla L.（1753）［百合科 Liliaceae//风信子科 Hyacinthaceae//绵枣儿科 Scillaceae］■

29803 Lilio-Hyacinthus Ortega（1773）= Scilla L.（1753）［百合科 Liliaceae//风信子科 Hyacinthaceae//绵枣儿科 Scillaceae］■

29804 Lilionarcissus Trew（1768）Nom. illegit. ≡ Amaryllis L.（1753）（保留属名）［石蒜科 Amaryllidaceae］■☆

29805 Lilio-narcissus Trew（1768）Nom. illegit. ≡ Amaryllis L.（1753）（保留属名）［石蒜科 Amaryllidaceae］■☆

29806 Liliorhiza Kellogg（1863）= Fritillaria L.（1753）［百合科 Liliaceae//贝母科 Fritillariaceae］■

29807 Lilithia Raf. =Rhus L.（1753）［漆树科 Anacardiaceae］●

29808 Lilium L.（1753）【汉】百合属。【日】バイモ属，ユリ属。【俄】Лилия。【英】Lely，Lily。【隶属】百合科 Liliaceae。【包含】世界 110-115 种，中国 55 种。【学名诠释与讨论】〈中〉（拉）lilium，植物古名。来自凯尔特语 li 白色+lium 花。此属的学名，ING、TROPICOS、APNI、GCI 和 IK 记载是"Lilium L., Sp. Pl. 1：302. 1753［1 May 1753］"。"Lirium Scopoli, Fl. Carn. 239. 15 Jun-21 Jul 1760"是"Lilium L.（1753）"的晚出的同模式异名（Homotypic synonym, Nomenclatural synonym）。"Lillium Hill, Hort. Kew. 354（1768）"是"Lilium L.（1753）"的拼写变体。【分布】巴基斯坦，哥斯达黎加，马达加斯加，美国（密苏里），尼加拉瓜，中国，北温带，中美洲。【后选模式】Lilium candidum Linnaeus。【参考异名】Lirium Scop.（1760）Nom. illegit.；Martagon（Rchb.）Opiz（1852）Nom. illegit.；Martagon Wolf（1776）■☆

29809 Lilium-Convallium Moench（1794）= Convallaria L.（1753）［百合科 Liliaceae//铃兰科 Convallariaceae］■

29810 Lilium-convallium Tourn. ex Moench（1794）= Convallaria L.（1753）［百合科 Liliaceae//铃兰科 Convallariaceae］■

29811 Lillium Hill（1768）Nom. illegit. ≡ Lilium L.（1753）［百合科 Liliaceae］■☆

29812 Lilloa Speg.（1897）= Synandrospadix Engl.（1883）［天南星科 Araceae］■☆

29813 Limacia F. Dietr.（1818）Nom. illegit. = Xylosma G. Forst.（1786）（保留属名）［刺篱木科（大风子科）Flacourtiaceae］●

29814 Limacia Lour.（1790）【汉】丽麻藤属。【隶属】防己科 Menispermaceae。【包含】世界 3 种。【学名诠释与讨论】〈阴〉（拉）limax，所有格 limacis，蜗牛，田螺。可能指种子。此属的学名，ING、APNI、TROPICOS 和 IK 记载是"Limacia Loureiro, Fl. Cochinch. 600, 620. Sep 1790"。"Limacia F. G. Dietrich, Nachtr. Vollst. Lex. Gaertn. Bot. 4：383. 1818"是"Koelera Willd.（1806）"的替代名称；但是却是晚出的非法名称。"Limacia F. Dietr.（1818）Nom. illegit."是"Xylosma G. Forst.（1786）（保留属名）［刺篱木科（大风子科）Flacourtiaceae］"的异名。【分布】印度至马来西亚。【模式】Limacia scandens Loureiro。●☆

29815 Limaciopsis Engl.（1899）【汉】肾子藤属（类丽麻藤属）。【英】Limaciopsis，Limonia。【隶属】防己科 Menispermaceae。【包含】世界 1-2 种，中国 1 种。【学名诠释与讨论】〈阴〉（拉）limax，所有格 limacis，蜗牛，田螺+希腊文 opsis，外观，模样，相似。指内果皮螺状肾形。或 Limacia 丽麻藤属+希腊文 opsis，外观，模样，相似。此属的学名是"Limaciopsis Engler, Bot. Jahrb. Syst. 26：414. 31 Jan 1899"。亦有文献把其处理为"Pachygone Miers ex Hook. f. et Thomson（1855）"的异名。【分布】中国，热带非洲。【模式】Limaciopsis loangensis Engler。【参考异名】Pachygone Miers ex Hook. f. et Thomson（1855）；Pachygone Miers（1851）Nom. inval. ●

29816 Limadendron Meireles et A. M. G. Azevedo（2014）【汉】利马豆属（亚马逊豆属，亚马孙豆属）。【隶属】豆科 Fabaceae（Leguminosae）。【包含】世界 2 种。【学名诠释与讨论】〈阴〉（人）Dr. Haroldo Cavancante de Lima，豆科 Fabaceae（Leguminosae）植物分类学者+dendron 或 dendros，树木，棍，丛林。【分布】亚马孙河流域，南美洲。【模式】Limadendron amazonicum（Ducke）Meireles et A. M. G. Azevedo［Cyclolobium amazonicum Ducke］。☆

29817 Limahlania K. M. Wong et Sugumaran（2012）【汉】马六甲灰莉

属。【隶属】龙胆科 Gentianaceae。【包含】世界 1 种。【学名诠释与讨论】〈阴〉词源不详。似来自人名。【分布】马六甲。【模式】Limahlania crenulata（Maingay ex C. B. Clarke）K. M. Wong et Sugumaran［Fagraea crenulata Maingay ex C. B. Clarke］。☆

29818　Limanisa Post et Kuntze（1903）= Gentianella Moench（1794）（保留属名）；~ = Leimanisa Raf.（1836）［龙胆科 Gentianaceae］■

29819　Limanthemum Post et Kuntze（1903）= Leimanthemum Ritgen（1830）；~ = Limanthium Post et Kuntze（1903）［黑药花科（藜芦科）Melanthiaceae］■☆

29820　Limanthium Post et Kuntze（1903）= Leimanthium Willd.（1808）Nom. illegit.；~ = Melanthium L.（1753）［黑药花科（藜芦科）Melanthiaceae］■☆

29821　Limatodes Blume（1825）Nom. illegit. ≡ Limatodis Blume（1825）［兰科 Orchidaceae］■

29822　Limatodes Lindl.（1833）Nom. illegit. ≡ Paracalanthe Kudô（1930）；~ = Calanthe R. Br.（1821）（保留属名）［兰科 Orchidaceae］■

29823　Limatodis Blume（1825）= Limatodes Lindl.（1833）Nom. illegit.；~ = Paracalanthe Kudô（1930）；~ = Calanthe R. Br.（1821）（保留属名）［兰科 Orchidaceae］■

29824　Limbaceae Dulac = Campanulaceae Juss.（1789）（保留科名）■●

29825　Limbarda Adans.（1763）【汉】肉覆花属。【隶属】菊科 Asteraceae（Compositae）//旋覆花科 Inulaceae。【包含】世界 1 种，中国 1 种。【学名诠释与讨论】〈阴〉词源不详。此属的学名，ING、TROPICOS 和 IK 记载是“Limbarda Adans., Fam. Pl.（Adanson）2：125. 1763”。“Eritheis S. F. Gray, Nat. Arr. Brit. Pl. 2：464. 1 Nov 1821”是“Limbarda Adans.（1763）”的晚出的同模式异名（Homotypic synonym，Nomenclatural synonym）。它曾被处理为“Inula sect. Limbarda（Adans.）DC.”。亦有文献把“Limbarda Adans.（1763）”处理为“Inula L.（1753）”的异名。【分布】中国，地中海地区。【模式】Limbarda crithmoides（Linnaeus）Dumortier［Inula crithmoides Linnaeus］。【参考异名】Eritheis Gray（1821）Nom. illegit.；Inula L.（1753）；Inula sect. Limbarda（Adans.）DC.●■

29826　Limborchia Scop.（1777）Nom. illegit. ≡ Coutoubea Aubl.（1775）［龙胆科 Gentianaceae］■☆

29827　Limeaceae Shipunov ex Reveal（2005）【汉】粟麦草科。【包含】世界 1 属 20 种。【分布】热带和非洲南部，阿拉伯地区，印度。【科名模式】Limeum L. ■☆

29828　Limeum L.（1759）【汉】粟麦草属（腺粟草属）。【隶属】粟米草科 Molluginaceae//粟麦草科 Limeaceae。【包含】世界 20 种。【学名诠释与讨论】〈中〉（希）limos，饥饿。或 loimos，瘟疫。推测植物有毒。此属的学名，ING、TROPICOS 和 IK 记载是“Limeum Linnaeus, Syst. Nat. ed. 10. 994，995，1366. 7 Jun 1759”。“Linscotia Adanson, Fam. 2：269. Jul-Aug 1763”是“Limeum L.（1759）”的晚出的同模式异名（Homotypic synonym，Nomenclatural synonym）。【分布】巴基斯坦，印度，阿拉伯地区，热带和非洲南部。【模式】Limeum africanum Linnaeus。【参考异名】Acanthocarpaea Klotzsch（1861）；Dicarpaea C. Presl（1830）；Ditroche E. Mey. ex Moq.（1849）；Gaudinia J. Gay（1829）Nom. illegit.；Linscotia Adans.（1763）Nom. illegit.；Semonvillea J. Gay（1829）■☆

29829　Limia Vand.（1788）= Vitex L.（1753）［马鞭草科 Verbenaceae//唇形科 Lamiaceae（Labiatae）//牡荆科 Viticaceae］●

29830　Limivasculum Börner（1913）= Carex L.（1753）［莎草科 Cyperaceae］■

29831　Limlia Masam. et Tomiya（1947）【汉】淋漓栲属。【隶属】壳斗科 Fagaceae。【包含】世界 1 种，中国 1 种。【学名诠释与讨论】

〈阴〉（人）Liml。此属的学名是“Limlia Masamune et Tomiya, Acta Bot. Taiwan. 1：1. Oct 1947”。亦有文献把其处理为“Castanopsis（D. Don）Spach（1841）（保留属名）”或“Quercus L.（1753）”的异名。【分布】中国。【模式】Limlia uraiana（Hayata）Masamune et Tomiya［Quercus uraiana Hayata］。【参考异名】Castanopsis（D. Don）Spach（1841）（保留属名）；Quercus L.（1753）●

29832　Limnalsine Rydb.（1932）【汉】叉枝水繁缕属。【隶属】马齿苋科 Portulacaceae。【包含】世界 1 种。【学名诠释与讨论】〈阴〉（希）limne，沼泽，池塘；limnetes，生活在沼泽中的；limnas，所有格 limnados，沼泽的 + alsine，繁缕。此属的学名，ING、TROPICOS、GCI 和 IK 记载是“Limnalsine Rydb., N. Amer. Fl. 21（4）：295. 1932［29 Dec 1932］”。它曾被处理为“Montia sect. Limnalsine（Rydb.）Pax & K. Hoffm., Die natürlichen Pflanzenfamilien, Zweite Auflage 16c：259. 1934”。亦有文献把“Limnalsine Rydb.（1932）”处理为“Montia L.（1753）”的异名。【分布】北美洲西部。【模式】Limnalsine diffusa（Nuttall ex Torrey et A. Gray）Rydberg［Claytonia diffusa Nuttall ex Torrey et A. Gray］。【参考异名】Montia L.（1753）；Montia sect. Limnalsine（Rydb.）Pax & K. Hoffm.（1934）■☆

29833　Limnanthaceae R. Br.（1833）（保留科名）【汉】沼花科（假人鱼草科，沼泽草科）。【日】リムナンテス科。【英】Meadow-foam Family。【包含】世界 2 属 8-11 种。【分布】北美洲。【科名模式】Limnanthes R. Br.。■☆

29834　Limnanthemum S. G. Gmel.（1770）= Nymphoides Ség.（1754）［龙胆科 Gentianaceae//睡菜科（荇菜科）Menyanthaceae］■

29835　Limnanthes R. Br.（1833）（保留属名）【汉】沼花属（林南齿属）。【日】リムナンテス属。【俄】Лимнантес。【英】Meadow Foam，Meadow-foam。【隶属】沼花科（假人鱼草科，沼泽草科）Limnanthaceae。【包含】世界 7-9 种。【学名诠释与讨论】〈中〉（希）limne，沼泽，池塘 + anthos，花。指生境。此属的学名“Limnanthes R. Br. in London Edinburgh Philos. Mag. et J. Sci. 3：70. Jul 1833”是保留属名。相应的废弃属名是龙胆科 Gentianaceae 的“Limnanthes Stokes, Bot. Mat. Med. 1；300. 1812 ≡ Limnanthemum S. G. Gmel.（1770）= Nymphoides Ség.（1754）”；TROPICOS 把其置于睡菜科（荇菜科）Menyanthaceae。【分布】北美洲。【模式】Limnanthes douglassii R. Brown。【参考异名】Limnanthus Neck.（1790）Nom. inval.；Limnanthus Neck. ex Juss.（1837）Nom. illegit.；Limnanthus Rchb.（1837）Nom. illegit.。■☆

29836　Limnanthes Stokes（1812）（废弃属名）≡ Limnanthemum S. G. Gmel.（1770）；~ = Nymphoides Ség.（1754）［龙胆科 Gentianaceae//睡菜科（荇菜科）Menyanthaceae］■

29837　Limnanthus Neck.（1790）Nom. inval. ≡ Limnanthus Neck. ex Juss.（1837）Nom. illegit.；~ ≡ Limnanthes R. Br.（1833）（保留属名）［沼花科（假人鱼草科，沼泽草科）Limnanthaceae］■☆

29838　Limnanthus Neck. ex Juss.（1837）Nom. illegit. ≡ Limnanthes R. Br.（1833）（保留属名）［沼花科（假人鱼草科，沼泽草科）Limnanthaceae］■☆

29839　Limnanthus Rchb.（1837）Nom. illegit. = Limnanthes R. Br.（1833）（保留属名）［沼花科（假人鱼草科，沼泽草科）Limnanthaceae］■☆

29840　Limnas Ehrh.（1789）Nom. inval. ≡ Limnas Ehrh. ex House（1920）Nom. illegit.；~ ≡ Hammarbya Kuntze（1891）；~ = Malaxis Sol. ex Sw.（1788）；~ = Ophrys L.（1753）［兰科 Orchidaceae］■☆

29841　Limnas Ehrh. ex House（1920）Nom. illegit. ≡ Hammarbya Kuntze（1891）；~ = Malaxis Sol. ex Sw.（1788）；~ = Ophrys L.（1753）［兰科 Orchidaceae］■☆

29842　Limnas Trin.（1820）【汉】西伯利亚看麦娘属。【俄】

Болодник。【隶属】禾本科 Poaceae(Gramineae)。【包含】世界 2 种。【学名诠释与讨论】〈阴〉(希)limne,沼泽,池塘。指生境。此属的学名,ING、TROPICOS 和 IK 记载是"Limnas Trin., Fund. Agrost.(Trinius)116, t. 6. 1820"。"Limnas Ehrh. ex House, Amer. Midl. Naturalist 6(9):203. 1920［May 1920］≡ Hammarbya Kuntze (1891)= Ophrys L.(1753)= Malaxis Sol. ex Sw.(1788)［兰科 Orchidaceae］"是晚出的非法名称。"Limnas Ehrh., Beitr. Naturk. ［Ehrhart］4:146. 1789 ≡ Limnas Ehrh. ex House(1920)Nom. illegit.［兰科 Orchidaceae］"是一个未合格发表的名称(Nom. inval.)。【分布】亚洲中部至西伯利亚东北部。【模式】Limnas stelleri Trinius。■☆

29843　Limnaspidium Fourr.(1869)= Veronica L.(1753)［玄参科 Scrophulariaceae//婆婆纳科 Veronicaceae］■

29844　Limnetis Rich.(1805)Nom. illegit. ≡ Trachynotia Michx. (1803)Nom. illegit.;~= Spartina Schreb. ex J. F. Gmel.(1789) ［禾本科 Poaceae(Gramineae)//米草科 Spartinaceae］■

29845　Limnia Haw.(1812)= Montia L.(1753)［马齿苋科 Portulacaceae］■☆

29846　Limniboza R. E. Fr.(1916)= Geniosporum Wall. ex Benth. (1830);~= Platostoma P. Beauv.(1818)［唇形科 Lamiaceae (Labiatae)］■☆

29847　Limnirion(Rchb.)Opiz(1852)Nom. inval. = Iris L.(1753)［鸢尾科 Iridaceae］■

29848　Limnirion Opiz(1852)Nom. inval. = Iris L.(1753)［鸢尾科 Iridaceae］■

29849　Limniris(Tausch)Fuss = Limnirion(Rchb.)Opiz(1852)Nom. inval. ;~= Iris L.(1753)［鸢尾科 Iridaceae］■

29850　Limniris(Tausch)Rchb.(1841)= Limnirion(Rchb.)Opiz (1852)Nom. inval. ;~= Iris L.(1753)［鸢尾科 Iridaceae］■

29851　Limniris Fuss, Nom. illegit. ≡ Limniris(Tausch)Fuss = Limnirion (Rchb.)Opiz(1852)Nom. inval. ;~= Iris L.(1753)［鸢尾科 Iridaceae］■

29852　Limnobium Rich.(1814)【汉】沼苹属(沼苹属)。【英】American Frog-bit。【隶属】水鳖科 Hydrocharitaceae。【包含】世界 1-2 种。【学名诠释与讨论】〈中〉(希)limne,沼泽,池塘+bios 和 biote,生命+-ius,-ia,-ium,在拉丁文和希腊文中,这些词尾表示性质或状态。【分布】巴拿马,秘鲁,玻利维亚,厄瓜多尔,哥伦比亚(安蒂奥基亚),哥斯达黎加,美国(密苏里),尼加拉瓜,亚洲,中美洲。【模式】Limnobium boscii L. C. Richard, Nom. illegit.［as 'bosci'］［Hydrocharis spongia Bosc;Limnobium spongia (Bosc)Steudel］。【参考异名】Hydrocharella Benth. et Hook. f. (1883)Nom. illegit. ;Hydrocharella Spruce ex Benth. et Hook. f. (1883)Nom. illegit. ;Hydrocharella Spruce ex Rohrb.(1871)Nom. illegit. ;Hydrocharella Spruce, Nom. inval. ;Hydromystria G. Mey. (1818);Jalambicea Cerv.(1825);Jalombicea Steud.(1840); Rhizakenia Raf.(1840);Trianea Karat.(1857)■☆

29853　Limnobotrya Rydb.(1917)= Ribes L.(1753)［虎耳草科 Saxifragaceae//醋栗科(茶藨子科)Grossulariaceae］●

29854　Limnocharis Bonpl.(1807)【汉】黄花蔺属(天鹅绒叶属,沼泽草属)。【日】リムノカリス属。【俄】Лимнохарис。【英】Velvetleaf,Yellowflorrush。【隶属】花蔺科 Butomaceae//黄花蔺科(沼鳖科)Limnocharitaceae。【包含】世界 1-2 种,中国 1 种。【学名诠释与讨论】〈阴〉(希)limne,沼泽,池塘+charis,喜悦,雅致,美丽,流行。指某些种生沼泽地。此属的学名,ING、TROPICOS 和 IK 记载是"Limnocharis Bonpland in Humboldt et Bonpland, Pl. Aequin. 1:116. Apr 1807('1808')"。"Limnocharis Humb. et Bonpl.(1807)≡ Limnocharis Bonpl.(1807)"的命名人引证有误。

《中国植物志》英文版也用"Limnocharis Bonpl.(1807)"为正名。"Damasonium Adanson, Fam. 2:458. Jul-Aug 1763"是"Limnocharis Bonpl.(1807)"的晚出的同模式异名(Homotypic synonym, Nomenclatural synonym)。【分布】巴拿马,秘鲁,玻利维亚,厄瓜多尔,哥伦比亚(安蒂奥基亚),哥斯达黎加,尼加拉瓜,中国,西印度群岛,热带南美洲,中美洲。【模式】Limnocharis emarginata Bonpland, Nom. illegit.［Alisma flavum Linnaeus,［as 'flava'］; Limnocharis flava(Linnaeus)Buchenau］。【参考异名】Damasonium Adans.(1763)Nom. illegit. ;Limnocharis Humb. et Bonpl.(1807)Nom. illegit. ■

29855　Limnocharis Humb. et Bonpl.(1807)Nom. illegit. ≡ Limnocharis Bonpl.(1807)［花蔺科 Butomaceae//黄花蔺科(沼鳖科) Limnocharitaceae］■

29856　Limnocharis Kunth(1837)Nom. illegit. = Eleocharis R. Br. (1810)［莎草科 Cyperaceae］■

29857　Limnocharitaceae Takht., Nom. inval. = Alismataceae Vent.(保留科名);~= Limnocharitaceae Takht. ex Cronquist ■

29858　Limnocharitaceae Takht. ex Cronquist(1981)【汉】黄花蔺(沼鳖科)。【日】キバナオモダカ科。【英】Water-poppy Family。【包含】世界 2-4 属 7-13 种,中国 2 属 2 种。【分布】热带和亚热带。【科名模式】Limnocharis Bonpl. ■

29859　Limnocharitaceae Takht. ex S. S. Hooper et Symoens(1982)= Limnocharitaceae Takht. ex Cronquist ■

29860　Limnochloa P. Beauv. ex T. Lestib.(1819)= Eleocharis R. Br. (1810)［莎草科 Cyperaceae］■

29861　Limnocitrus Swingle(1938)= Pleiospermium(Engl.)Swingle (1916)［芸香科 Rutaceae］●☆

29862　Limnocrepis Fourr.(1869)= Crepis L.(1753)［菊科 Asteraceae (Compositae)］■

29863　Limnodea L. H. Dewey ex J. M. Coult.(1894)Nom. illegit. ≡ Limnodea L. H. Dewey(1894)［禾本科 Poaceae(Gramineae)］■☆

29864　Limnodea L. H. Dewey(1894)【汉】阿肯色草属。【隶属】禾本科 Poaceae(Gramineae)。【包含】世界 1 种。【学名诠释与讨论】〈阴〉(希)limnodes,沼泽的,池塘的,湿地的。指生境。此属的学名"Limnodea L. H. Dewey in J. M. Coulter, Contr. U. S. Natl. Herb. 2:518. 10 Mai 1894"是一个替代名称。它替代了 3 个名称:"Thurberia Bentham, J. Linn. Soc., Bot. 19:58. 24 Dec 1881"是一个非法名称(Nom. illegit.),因为此前已经有了"Thurberia A. Gray, Pl. Nov. Thurb. 308. 1854 = Gossypium L.(1753)［锦葵科 Malvaceae］";"Sclerachne Torr. ex Trin., Mém. Acad. Imp. Sci. Saint-Pétersbourg, Sér. 6, Sci. Math., Seconde Pt. Sci. Nat. 6(2, Bot.):273. 1841［Jun 1841］"也是一个非法名称(Nom. illegit.),因为此前已经有了"Sclerachne R. Brown in J. J. Bennett et R. Brown, Pl. Jav. Rar. 15. 4-7 Jul 1838［禾本科 Poaceae (Gramineae)］"。"Greenia Nutt., Trans. Amer. Philos. Soc. ser. 2, 5:142. 1835［Jun? 1835］"也是一个非法名称(Nom. illegit.),因为此前已经有了"Greenia S. Wallman, Fruct. 2:188. Apr-Mai 1791［百合科 Liliaceae］"。故用"Limnodea L. H. Dewey(1894)"替代之。"Limnodea L. H. Dewey ex J. M. Coult.(1894)≡ Limnodea L. H. Dewey(1894)"的命名人引证有误。【分布】美国(南部)。【模式】Limnodea arkansana(Nuttall)L. H. Dewey［Greenia arkansana Nuttall］。【参考异名】Greenia Nutt.(1835)Nom. illegit. ;Limnodea L. H. Dewey ex J. M. Coult.(1894)Nom. illegit. ; Sclerachne Torr. ex Trin.(1841)Nom. illegit. ;Sclerachne Trin. (1841)Nom. illegit. ;Thurberia Benth.(1881)Nom. illegit. ■☆

29865　Limnodoraceae Horan. = Orchidaceae Juss.(保留科名)■

29866　Limnogenneton Sch. Bip.(1846)Nom. illegit. ≡ Limnogenneton

Sch. Bip. ex Walp. （1846）；~ = Sigesbeckia L. （1753）［菊科 Asteraceae（Compositae）］■

29867 　Limnogenneton Sch. Bip. ex Walp. （1846）= Sigesbeckia L. （1753）［菊科 Asteraceae（Compositae）］■

29868 　Limnogeton Edgew. （1847）Nom. inval. ≡ Limnogeton Edgew. ex Griff. （1851）；~ = Aponogeton L. f. （1782）（保留属名）［水蕹科 Aponogetonaceae］■

29869 　Limnogeton Edgew. ex Griff. （1851）= Aponogeton L. f. （1782）（保留属名）［水蕹科 Aponogetonaceae］■

29870 　Limnonesis Klotzsch （1853）= Pistia L. （1753）［天南星科 Araceae//大漂科 Pistiaceae］■

29871 　Limnoniaceae Seringe = Plumbaginaceae Juss. （保留科名）●■

29872 　Limnopeuce Adans. （1763）Nom. illegit. ［杉叶藻科 Hippuridaceae］■

29873 　Limnopeuce Ség. （1754）Nom. illegit. ≡ Hippuris L. （1753）；~ = Ceratophyllum L. （1753）［金鱼藻科 Ceratophyllaceae//杉叶藻科 Hippuridaceae］■

29874 　Limnopeuce Zinn（1757）Nom. illegit. = Hippuris L. （1753）［杉叶藻科 Hippuridaceae］■

29875 　Limnophila R. Br. （1810）（保留属名）【汉】石龙尾属。【日】シソクサ属。【英】Marshweed。【隶属】玄参科 Scrophulariaceae//婆婆纳科 Veronicaceae。【包含】世界 37-40 种，中国 10-13 种。【学名诠释与讨论】〈阴〉（希）limne，沼泽，池塘+philos，喜欢的，爱的。指本属植物生于沼泽中。此属的学名 “Limnophila R. Br. ，Prodr. ：442. 27 Mar 1810”是保留属名。相应的废弃属名是玄参科 Scrophulariaceae 的 “Hydropityon C. F. Gaertn. ，Suppl. Carp. ：19. 24-26 Jun 1805 ≡ Limnophila R. Br. （1810）（保留属名）”、“Ambuli Adans. ，Fam. Pl. 2：208，516. Jul-Aug 1763 = Limnophila R. Br. （1810）（保留属名）”和 “Diceros Lour. ，Fl. Cochinch. ：358，381，post 722. Sep 1790 = Limnophila R. Br. （1810）（保留属名）”。后者的拼写变体 “Dicersos Lour. （1790）”亦应废弃。玄参科 Scrophulariaceae 的晚出的非法名称 “Diceros Blume，Bijdr. Fl. Ned. Ind. 14：752. 1826 ［Jul – Dec 1826］”和 “Diceros Pers. ，Syn. Pl. ［Persoon］2（1）：164. 1806 ［Nov 1806］”亦应废弃。“Hydropityon C. F. Gaertn. （1805）”的拼写变体 “Hydropityum Steud. ，Nomencl. Bot. ［Steudel］，ed. 2. i. 783 （1840）”也要废弃。“Limnophila R. Br. （1810）（保留属名）”的拼写变体 “Limnophylla Griff. ，Not. Pl. Asiat. 4：97. 1854”也须废弃。【分布】澳大利亚，玻利维亚，马达加斯加，中国，太平洋地区，热带非洲，亚洲。【模式】Limnophila gratioloides R. Brown，Nom. illegit. ［Limnophila indica （Linnaeus）Druce；Hottonia indica Linnaeus］。【参考异名】Ambuli Adans. （1763）（废弃属名）；Ambulia Lam. （1783）Nom. illegit. ；Aponoa Raf. （1838）；Bonnayodes Blatt. et Hallb. （1921）；Cybbanthera Buch. – Ham. ex D. Don （1825）；Diceras Post et Kuntze （1903）；Diceros Lour. （1790）（废弃属名）；Dicersos Lour. （1790）Nom. illegit. （废弃属名）；Honottia Rchb. （1828）；Hydropityon C. F. Gaertn. （1805）Nom. illegit. （废弃属名）；Hydropityum Steud. （1840）Nom. illegit. （废弃属名）；Limnophylla Griff. （1854）Nom. inval. （废弃属名）；Lymnophila Blume（1826）；Stemodiacra Kuntze（1903）Nom. illegit. ；Tala Blanco （1837）；Terebinthina Kuntze （1891）Nom. illegit. ；Terebinthina Rumph. （1750）Nom. inval. ；Terebinthina Rumph. ex Kuntze（1891）Nom. illegit. ■

29876 　Limnophylla Griff. （1854）Nom. inval. （废弃属名）= Limnophila R. Br. （1810）（保留属名）［玄参科 Scrophulariaceae］☆

29877 　Limnophyton Miq. （1856）【汉】沼泽泻属（沼草属）。【隶属】泽泻科 Alismataceae。【包含】世界 2-4 种。【学名诠释与讨论】

〈中〉（希）limne，沼泽，池塘+phyton，植物，树木，枝条。指生境。【分布】巴基斯坦，马达加斯加，利比里亚（宁巴），印度尼西亚（爪哇岛），印度至中南半岛，热带非洲。【模式】Limnophyton obtusifolium （Linnaeus）Miquel ［Sagittaria obtusifolia Linnaeus］。【参考异名】Dipseudochorion Buchen. （1865）■☆

29878 　Limnopoa C. E. Hubb. （1943）【汉】沼泽禾属（泻湖禾属）。【隶属】禾本科 Poaceae（Gramineae）。【包含】世界 1 种。【学名诠释与讨论】〈阴〉（希）limne，沼泽，池塘+poa，禾草。指生境。【分布】印度（南部）。【模式】Limnopoa meeboldii （C. E. C. Fischer）C. E. Hubbard ［Coelachne meeboldii C. E. C. Fischer］。■☆

29879 　Limnorchis Rydb. （1900）【汉】沼泽兰属（沼兰属）。【俄】Лимнорхис。【隶属】兰科 Orchidaceae。【包含】世界 38 种。【学名诠释与讨论】〈阴〉（希）limne，沼泽，池塘+orchis，原义是睾丸，后变为植物兰的名称，因为根的形态而得名。变为拉丁文 orchis，所有格 orchidis。指生境。此属的学名是 “Limnorchis Rydberg，Mem. New York Bot. Gard. 1：104. 15 Feb 1900”。亦有文献把其处理为 “Platanthera Rich. （1817）（保留属名）”的异名。【分布】参见 Platanthera Rich. （1817）（保留属名）。【后选模式】Limnorchis hyperborea （Linnaeus）Rydberg ［Orchis hyperborea Linnaeus］。【参考异名】Platanthera Rich. （1817）（保留属名）■☆

29880 　Limnosciadium Mathias et Constance （1941）【汉】沼泽芹属。【隶属】伞形花科（伞形科）Apiaceae（Umbelliferae）。【包含】世界 2 种。【学名诠释与讨论】〈阴〉（希）limne，沼泽，池塘+（属）Sciadium 伞芹属。指生境。【分布】美国。【模式】Limnosciadium pinnatum （A. P. de Candolle）Mathias et Constance ［Cynosciadium pinnatum A. P. de Candolle］。■☆

29881 　Limnoseris Peterm. ，Nom. inval. ≡ Limnoseris Peterm. ex L. （1839）Nom. illegit. ［菊科 Asteraceae（Compositae）］☆

29882 　Limnoseris Peterm. ex L. （1839）Nom. illegit. ［菊科 Asteraceae （Compositae）］☆

29883 　Limnosipanea Hook. f. （1868）【汉】沼茜属。【隶属】茜草科 Rubiaceae。【包含】世界 7 种。【学名诠释与讨论】〈阴〉（希）limne，沼泽，池塘+（属）Sipanea 锡潘茜属。指生境。【分布】巴拿马，玻利维亚，热带南美洲，中美洲。【后选模式】Limnosipanea spruceana J. D. Hooker。【参考异名】Sipania Seem. （1854）☆

29884 　Limnostachys F. Muell. （1858）= Monochoria C. Presl （1827）［雨久花科 Pontederiaceae］■

29885 　Limnoxeranthemum Salzm. ex Steud. （1855）= Paepalanthus Mart. （1834）（保留属名）［谷精草科 Eriocaulaceae］■☆

29886 　Limodoraceae Horan. （1847）= Orchidaceae Juss. （保留科名）■

29887 　Limodoron St. – Lag. （1880）Nom. illegit. = Limodorum Boehm. （1760）（保留属名）；~ = Vanilla Plum. ex Mill. （1754）［兰科 Orchidaceae//香荚兰科 Vanillaceae］■

29888 　Limodorum （Zinn）Ludw. ex Kuntze （1891）Nom. illegit. = Limodorum Boehm. （1760）（保留属名）［兰科 Orchidaceae］■☆

29889 　Limodorum Boehm. （1760）（保留属名）【汉】里莫兰属（林木兰属）。【俄】Лимодорум。【英】Birdsnest Orchid，Grass – pink Orchid，Limodore。【隶属】兰科 Orchidaceae。【包含】世界 1-2 种。【学名诠释与讨论】〈中〉（希）limodoron，植物俗名。来自 leimon，草地，牧场，河边的低洼地+down，礼物，天赋。此属的学名 “Limodorum Boehm. in Ludwig，Def. Gen. Pl. ，ed. 3：358. 1760”是保留属名。相应的废弃属名是兰科 Orchidaceae 的 “Limodorum L. ，Sp. Pl. ：950. 1 Mai 1753 = Bletia Ruiz et Pav. （1794）= Vanilla Plum. ex Mill. （1752）≡ Calopogon R. Br. （1813）（保留属名）”。兰科 Limodorum Ludw. ，Def. （1737）120，ex Kuntze，Rev. Gen. （1891）671 = Limodorum Boehm. （1760）（保留属名）”、“Limodorum Kuntze（1891）≡ Limodorum （Zinn）Ludw. ex Kuntze

（1891）Nom. illegit. ≡ Limodorum Ludw. ex Kuntze（1891）Nom. illegit. ＝Limodorum Boehm.（1760）（保留属名）"和"Limodorum Rich. ＝ Limodorum Boehm.（1760）（保留属名）"都应废弃。"Limodoron St. －Lag., Ann. Soc. Bot. Lyon vii.（1880）129"是"Limodorum Boehm.（1760）（保留属名）"的拼写变体，也要废弃。"Centrosis O. Swartz, Adnot. Bot. 52. 1829（non O. Swartz ex Du Petit－Thouars 1822）"、"Jonorchis G. Beck von Mannagetta, Fl. Nieder－Österreich 1：191（Ionorchis），215. Oct－Nov 1890"和"Lequeetia Bubani, Fl. Pyrenaea 4：57. 1901（sero?）"是"Limodorum Boehm.（1760）（保留属名）"的晚出的同模式异名（Homotypic synonym, Nomenclatural synonym）。【分布】巴基斯坦,玻利维亚,马达加斯加,欧洲南部。【模式】Limodorum abortivum（Linnaeus）O. Swartz［Orchis abortiva Linnaeus］。【参考异名】Alismographis Thouars；Calographis Thouars；Calopogon R. Br.（1813）（保留属名）；Centrosis Sw.（1814）Nom. inval.；Centrosis Sw.（1829）Nom. illegit.；Epipactis Raf.（废弃属名）；Flabellographis Thouars；Ionorchis Beck（1890）；Jonorchis Beck（1890）Nom. illegit.；Lequeetia Bubani（1901）Nom. illegit.；Limodoron St.－Lag.（1880）Nom. illegit.；Limodorum（Zinn）Ludw. ex Kuntze（1891）Nom. illegit.；Limodorum Ludw.（1737）Nom. inval.；Limodorum Ludw. ex Kuntze（1891）Nom. illegit.（废弃属名）；Limodorum Rich.（废弃属名）；Monographis Thouars；Tuberogastris Thouars；Villosogastris Thouars ■☆

29890　Limodorum Kuntze（1891）Nom. illegit.（废弃属名）＝Epipactis Zinn（1757）（保留属名）+Cephalanthera Rich.（1817）+Limodorum Boehm.（1760）（保留属名）［兰科 Orchidaceae］■☆

29891　Limodorum L.（1753）（废弃属名）≡Calopogon R. Br.（1813）（保留属名）；~＝Bletia Ruiz et Pav.（1794）；~＝Vanilla Plum. ex Mill.（1754）［兰科 Orchidaceae//香荚兰科 Vanillaceae］■

29892　Limodorum Ludw.（1737）Nom. inval. ＝Limodorum Boehm.（1760）（保留属名）［兰科 Orchidaceae］■☆

29893　Limodorum Ludw. ex Kuntze（1891）Nom. illegit.（废弃属名）＝Limodorum Boehm.（1760）（保留属名）［兰科 Orchidaceae］■☆

29894　Limodorum Rich.（废弃属名）＝Limodorum Boehm.（1760）（保留属名）［兰科 Orchidaceae］■☆

29895　Limon Mill.（1754）Nom. illegit. ≡Citrus L.（1753）［芸香科 Rutaceae］●

29896　Limon Tourn. ex Mill.（1754）Nom. illegit.；~ ≡Limon Mill.（1754）Nom. illegit.；~ ≡Citrus L.（1753）［芸香科 Rutaceae］●

29897　Limonaetes Ehrh.（1789）Nom. inval. ＝Carex L.（1753）［莎草科 Cyperaceae］■

29898　Limonanthus Kunth（1843）＝Leimanthium Willd.（1808）Nom. illegit.；~ ＝Melanthium L.（1753）［黑药花科（藜芦科）Melanthiaceae］■☆

29899　Limonia Gaertn.（1789）Nom. illegit. ＝Scolopia Schreb.（1789）（保留属名）［刺篱木科（大风子科）Flacourtiaceae］●

29900　Limonia L.（1762）【汉】柑果子属。【英】Indian Gum。【隶属】芸香科 Rutaceae。【包含】世界 50 种。【学名诠释与讨论】〈阴〉（意）limone, 柠檬。另说来自阿拉伯植物俗名。此属的学名, ING、APNI、GCI、TROPICOS 和 IK 记载是"Limonia L., Sp. Pl., ed. 2. 1：554. 1762［Sep 1762］"。刺篱木科（大风子科）Flacourtiaceae 的"Limonia Gaertn., Fruct. Sem. Pl. i. 278. t. 58. f. 4（1789）＝Scolopia Schreb.（1789）（保留属名）"是晚出的非法名称。"Anisifolium O. Kuntze, Rev. Gen. 1：98. 5 Nov 1891"和"Hesperethusa M. J. Roemer, Fam. Nat. Syn. Monogr. 1：31, 38. 14 Sep－15 Oct 1846"是"Limonia L.（1762）"的晚出的同模式异名（Homotypic synonym, Nomenclatural synonym）。亦有文献把

"Limonia L.（1762）"处理为"Hesperethusa M. Roem.（1846）Nom. illegit."的异名。【分布】巴基斯坦,玻利维亚,印度至印度尼西亚（爪哇岛）,中美洲。【模式】Limonia acidissima Linnaeus。【参考异名】Anisifolium Kuntze（1891）Nom. illegit.；Anisifolium Rumph.（1742）Nom. inval.；Anisifolium Rumph. ex Kuntze（1891）Nom. illegit.；Chaetospermum（M. Roem.）Swingle（1913）Nom. illegit.；Chaetospermum Swingle（1913）Nom. illegit.；Feronia Corrêa（1800）；Hesperethusa M. Roem.（1846）Nom. illegit.；Swinglea Merr.（1927）●☆

29901　Limoniaceae Lincz. ＝Limoniaceae Ser.（保留科名）■

29902　Limoniaceae Ser.（1851）（保留科名）［亦见 Plumbaginaceae Juss.（保留科名）白花丹科（矾松科, 蓝雪科）]【汉】补血草科。【包含】世界 14 属 750 种。【分布】广泛分布。【科名模式】Limonium Mill. ■

29903　Limonias Ehrh.（1789）Nom. inval. ＝Cephalanthera Rich.（1817）；~ ＝Epipactis Zinn（1757）（保留属名）；~ ＝Serapias L.（1753）（保留属名）［兰科 Orchidaceae］■☆

29904　Limoniastrum Fabr.（1759）Nom. illegit. ≡Limoniastrum Heist. ex Fabr.（1759）［白花丹科（矾松科, 蓝雪科）Plumbaginaceae］●☆

29905　Limoniastrum Heist. ex Fabr.（1759）【汉】合柱补血草属（拟补血草属）。【隶属】白花丹科（矾松科, 蓝雪科）Plumbaginaceae。【包含】世界 9 种。【学名诠释与讨论】〈中〉（属）Limonium 补血草属+-astrum, 指示小的词尾, 也有"不完全相似"的含义。此属的学名, IK 记载是"Limoniastrum Heist. ex Fabr., Enum. Meth. Pl. Hort. Helmstad. 25（1759）"；ING 和 TROPICOS 则记载为"Limoniastrum Fabricius, Enum. 25. 1759"。三者引用的文献相同。"Limoniastrum Moench, Methodus（Moench）423（1794）［4 May 1794］＝Limoniastrum Heist. ex Fabr.（1759）"是晚出的非法名称。"Bubania Girard, Mém. Sect. Sci. Acad. Sci. Montpellier 1：182. 1848"和"Limoniodes O. Kuntze, Rev. Gen. 2：394. 5 Nov 1891"是"Limoniastrum Heist. ex Fabr.（1759）"的晚出的同模式异名（Homotypic synonym, Nomenclatural synonym）。所以,"拟补血草属 Limoniodes Kuntze（1891）"必须废弃。【分布】阿尔及利亚, 地中海地区。【模式】Limoniastrum articulatum Moench, Nom. illegit.［Statice monopetala Linnaeus；Limoniastrum monopetalum（Linnaeus）Boissier］。【参考异名】Bubania Girard（1848）Nom. illegit.；Limoniastrum Fabr.（1759）Nom. illegit.；Limoniastrum Moench（1794）Nom. illegit.；Limoniodes Kuntze（1891）Nom. illegit.●☆

29906　Limoniastrum Moench（1794）Nom. illegit. ＝Limoniastrum Heist. ex Fabr.（1759）［白花丹科（矾松科, 蓝雪科）Plumbaginaceae］●☆

29907　Limoniodes Kuntze（1891）Nom. illegit. ≡Limoniastrum Heist. ex Fabr.（1759）［白花丹科（矾松科, 蓝雪科）Plumbaginaceae］●☆

29908　Limoniopsis Lincz.（1952）【汉】类补血草属（繁枝补血草属）。【俄】Кермеквидка。【隶属】白花丹科（矾松科, 蓝雪科）Plumbaginaceae。【包含】世界 2 种。【学名诠释与讨论】〈阴〉（属）Limonium 补血草属+希腊文 opsis, 外观, 模样, 相似。【分布】高加索, 小亚细亚。【模式】Limoniopsis owerinii（Boissier）I. A. Linczevski［as 'overinii'］［Statice owerinii Boissier］。■☆

29909　Limonium Mill.（1754）（保留属名）【汉】补血草属（矾松属, 石苁蓉属, 匙叶草属）。【日】イソマツ属, リモニューム属。【俄】Гониолимон, Кермек, Лимониум。【英】Marsh Rosemary, Sea Lavender, Sea Pink, Sealavender, Sea-lavender, Sea-pink, Statice, Thrift。【隶属】白花丹科（矾松科, 蓝雪科）Plumbaginaceae//补血草科 Limoniaceae。【包含】世界 300-350 种, 中国 22 种。【学名诠释与讨论】〈中〉（希）leimonion, 植物古名。来自 leimon 沼泽, 湿润草地+-ius, -ia, -ium, 在拉丁文和希腊文中, 这些词尾表

示性质或状态。指本属植物喜生于草原上。此属的学名是保留属名，ING、APNI、TROPICOS 和 GCI 记载是"Limonium Mill.，Gard. Dict. Abr.，ed. 4.［1328］.1754［28 Jan 1754］"，IK 则记载为"Limonium Tourn. ex Mill.，Gard. Dict.，ed. 6"。"Limonium Tourn."是命名起点著作之前的名称，本来"Limonium Mill.（1754）"和"Limonium Tourn. ex Mill.（1754）"都是合法名称，可以通用。但是既然法规确定了"Limonium Mill.（1754）"是保留属名，则"Limonium Tourn. ex Mill.（1754）"应该废弃，不能再用。法规未列出相应的废弃属名。【分布】巴基斯坦，哥伦比亚（安蒂奥基亚），马达加斯加，中国，地中海至亚洲中部，中美洲，智利。【模式】Limonium vulgare P. Miller［Statice limonium Linnaeus］。【参考异名】Afrolimon Lincz.（1979）；Been Schmidel；Eremolimon Lincz.（1985）；Eurychiton Nimmo（1839）；Limonium Tourn. ex Mill.（1754）（废弃属名）；Plegorhiza Molina（1782）；Statice L.（1753）（废弃属名）■

29910　Limonium Tourn. ex Mill.（1754）（废弃属名）≡Limonium Mill.（1754）（保留属名）［白花丹科（矶松科，蓝雪科）Plumbaginaceae//补血草科 Limoniaceae］●■

29911　Limonoseris Peterm.（1838）Nom. illegit. ≡ Crepis L.（1753）［菊科 Asteraceae（Compositae）］■

29912　Limosella L.（1753）【汉】水茫草属（水芒草属）。【日】キタミサウ属，キタミソウ属。【俄】Лужайник，Лужница。【英】Mudwort。【隶属】玄参科 Scrophulariaceae//婆婆纳科 Veronicaceae//水茫草科 Limosellaceae。【包含】世界 7-15 种，中国 1 种。【学名诠释与讨论】〈阴〉（拉）limus，泥。limosus，阴性 limosa，充满泥潭，粘液的。limne，沼泽，池塘。limnetes，生活在沼泽中的。limnas，所有格 limnados，沼泽的 + – ellus，– ella，– ellum，加在名词词干后面形成指小式的词尾。或加在人名、属名等后面以组成新属的名称。指某些种生于湿地。此属的学名，ING、TROPICOS、APNI 和 IK 记载是"Limosella L.，Sp. Pl. 2：631. 1753［1 May 1753］"。"Plantaginella J. Hill，Brit. Herbal 84. Mar 1756"是"Limosella L.（1753）"的晚出的同模式异名（Homotypic synonym，Nomenclatural synonym）。【分布】秘鲁，玻利维亚，厄瓜多尔，哥伦比亚（安蒂奥基亚），马达加斯加，美国（密苏里），中国，中美洲。【模式】Limosella aquatica Linnaeus。【参考异名】Danubiunculus Sailer（1845）；Mutafinia Raf.（1833）；Plantaginella Hill（1756）Nom. illegit. ；Ygramela Raf.（1833）■

29913　Limosellaceae J. Agardh［亦见 Scrophulariaceae Juss.（保留科名）玄参科］【汉】水茫草科。【包含】世界 1 属 7-15 种，中国 1 属 1 种。【分布】广泛分布。【科名模式】Limosella L. ■

29914　Limostella Ledeb.（1847）Nom. illegit.［玄参科 Scrophulariaceae］■☆

29915　Linaceae DC. ex Gray ＝Linaceae DC. ex Perleb（保留科名）■●

29916　Linaceae DC. ex Perleb（1818）（保留科名）【汉】亚麻科。【日】アマ科。【俄】Лёновые，Льновые。【英】Flax Family。【包含】世界 8-14 属 220-300 种，中国 4 属 14 种。【分布】广泛分布。【科名模式】Linum L.（1753）■●

29917　Linaceae Gray ＝Linaceae DC. ex Perleb（保留科名）■●

29918　Linagrostis Guett.（1754）Nom. illegit. ≡ Eriophorum L.（1753）［莎草科 Cyperaceae］■

29919　Linagrostis Hill（1756）Nom. illegit. ＝Eriophorum L.（1753）［莎草科 Cyperaceae］■

29920　Linagrostis Michx. ex Scop.（1771）Nom. illegit.［莎草科 Cyperaceae］■☆

29921　Linagrostis Zinn（1757）Nom. illegit.［莎草科 Cyperaceae］■☆

29922　Linanthastrum Ewan（1942）＝Linanthus Benth.（1833）［花荵科 Polemoniaceae］■☆

29923　Linanthus Benth.（1833）【汉】掌叶吉利属（假亚麻属）。【隶属】花荵科 Polemoniaceae。【包含】世界 35-55 种。【学名诠释与讨论】〈阳〉（拉）linum，线，亚麻丝，绳，缆；lineus，亚麻制的 + anthos，花。【分布】智利，北美洲西部。【模式】Linanthus dichotomus Bentham。【参考异名】Dactylophyllum Spach（1840）Nom. illegit. ；Fenzlia Benth.（1833）；Leptodactylon Hook. et Arn.（1839）；Leptosiphon Benth.（1833）；Linanthastrum Ewan（1942）；Siphonella（A. Gray）A. Heller（1912）Nom. illegit. ■☆

29924　Linaria Mill.（1754）【汉】柳穿鱼属。【日】ウンラン属。【俄】Лен дидий，Линария，Льнянка。【英】Snapdragon，Toadflax，Toadflex。【隶属】玄参科 Scrophulariaceae//柳穿鱼科 Linariaceae//婆婆纳科 Veronicaceae。【包含】世界 100-150 种，中国 9-12 种。【学名诠释与讨论】〈阴〉（拉）Linaria 是 linarius 的阴性，原义是指亚麻布织工。linum，线，亚麻丝，绳，缆 + – arius，– aria，– arium，指示"属于、相似、具有、联系"的词尾。指某种植物的叶与亚麻叶相似。此属的学名，ING、APNI 和 GCI 记载是"Linaria Mill.，Gard. Dict. Abr.，ed. 4.［unpaged］.1754［28 Jan 1754］"。IK 则记载为"Linaria Tourn. ex Mill.，Gard. Dict.，ed. 6"。"Linaria Tourn."是命名起点著作之前的名称，故"Linaria Mill.（1754）"和"Linaria Tourn. ex Mill.（1754）"都是合法名称，可以通用。"Linaria Spreng.，Syst. 4 curr. post. 336. 1825［狸藻科 Lentibulariaceae］"是晚出的非法名称。【分布】秘鲁，玻利维亚，厄瓜多尔，美国（密苏里），中国。【后选模式】Linaria vulgaris P. Miller。【参考异名】Cymbalaria Medik.（1791）；Kickxia Dumort.（1827）；Linaria Tourn.，Nom. inval. ；Linaria Tourn. ex Mill.（1754）；Nanorrhinum Betsche（1984）；Peloria Adans.（1763）；Pogonorrhinum Betsche（1984）；Termontis Raf.（1815）；Trimerocalyx（Murb.）Murb.（1940）■

29925　Linaria Spreng.（1825）Nom. illegit.［狸藻科 Lentibulariaceae］■☆

29926　Linaria Tourn. ex Mill.（1754）≡Linaria Mill.（1754）［玄参科 Scrophulariaceae//柳穿鱼科 Linariaceae//婆婆纳科 Veronicaceae］■

29927　Linariaceae Bercht. et J. Presl（1820）＝Linariaceae Martinov；~ ＝Plantaginaceae Juss.（保留科名）；~ ＝Scrophulariaceae Juss.（保留科名）●■

29928　Linariaceae Martinov［亦见 Plantaginaceae Juss.（保留科名）车前科（车前草科）和 Scrophulariaceae Juss.（保留科名）玄参科］【汉】柳穿鱼科。【包含】世界 1 属 100-150 种，中国 1 属 9-12 种。【分布】北半球。【科名模式】Linaria Mill.（1754）■

29929　Linariantha B. L. Burtt et R. M. Sm.（1965）【汉】线花爵床属。【隶属】爵床科 Acanthaceae。【包含】世界 1 种。【学名诠释与讨论】〈阴〉（属）Linaria 柳穿鱼属+anthos，花。【分布】加里曼丹岛。【模式】Linariantha bicolor Burtt et R. M. Smith。☆

29930　Linariopsis Welw.（1869）【汉】类柳穿鱼属。【隶属】胡麻科 Pedaliaceae。【包含】世界 2-3 种。【学名诠释与讨论】〈阴〉（属）Linaria 柳穿鱼属+希腊文 opsis，外观，模样，相似。【分布】西赤道和南热带非洲西部。【模式】Linariopsis prostrata Welwitsch. ■☆

29931　Lincania G. Don（1832）＝ Licania Aubl.（1775）［金壳果科 Chrysobalanaceae//金棒科（金橡实科，可可李科）Prunaceae］●☆

29932　Linconia L.（1771）【汉】林康木属。【隶属】鳞叶树科（布鲁尼科，小叶树科）Bruniaceae。【包含】世界 2 种。【学名诠释与讨论】〈阴〉词源不详。此属的学名，ING、TROPICOS 和 IK 记载是"Linconia L.，Mant. Pl. Altera 216. 1771［Oct 1771］"。"Lincania G. Don（1832）＝ Licania Aubl.（1775）［金壳果科 Chrysobalanaceae//金棒科（金橡实科，可可李科）Prunaceae］"与其容易混淆。【分布】非洲南部。【模式】Linconia alopecuroidea Linnaeus。●☆

29933　Linczevskia Tzvelev（2012）【汉】林丹属。【隶属】白花丹科（矶

松科,蓝雪科)Plumbaginaceae。【包含】世界2种。【学名诠释与讨论】〈阴〉(人)Linczevski,植物学者。此属的学名,IPNI记载是"Linczevskia Tzvelev, Konspekt Fl. Kavkaza 3(2):283. 2012 et in Konspekt Fl. Vost. Evr. 1:338. 2012"。它是"Statice sect. Pteroclados Boiss. Prodr.[A. P. de Candolle]12:635. 1848"的替代名称。【分布】地中海沿岸。【模式】Linczevskia sinuata(L.)Tzvelev[Statice sinuata L.]。【参考异名】Statice L.(1753)(废弃属名);Statice sect. Pteroclados Boiss.(1848)●☆

29934 Lindackera Sieber ex Endl.(1839)= Capparis L.(1753)[山柑科(白花菜科,醉蝶花科)Capparaceae]●

29935 Lindackeria C. Presl(1835)【汉】林风子属。【隶属】刺篱木科(大风子科)Flacourtiaceae。【包含】世界14种。【学名诠释与讨论】〈阴〉(人)Lindacker,科学家。【分布】巴拿马,秘鲁,玻利维亚,厄瓜多尔,哥伦比亚(安蒂奥基亚),哥斯达黎加,尼加拉瓜,非洲,中美洲。【模式】Lindackeria laurina K. B. Presl。●☆

29936 Lindauea Rendle(1896)【汉】林道爵床属。【隶属】爵床科Acanthaceae。【包含】世界1种。【学名诠释与讨论】〈阴〉(人)Gustav Lindau,1866-1923,德国植物学者。另说纪念芬兰植物学者 Harald Lindberg,1871-1963。【分布】索马里兰地区。【模式】Lindauea speciosa Rendle。■☆

29937 Lindbergella Bor(1969)【汉】革稃禾属。【隶属】禾本科Poaceae(Gramineae)。【包含】世界1种。【学名诠释与讨论】〈阴〉(人)Harald Lindberg,1871-1963,芬兰植物学者+-ellus,-ella,-ellum,加在名词词干后面形成指小式的词尾。或加在人名、属名等后面以组成新属的名称。或(属)Lindbergia+-ella。此属的学名"Lindbergella N. L. Bor, Svensk Bot. Tidskr. 63:368. 17 Dec 1969"是一个替代名称。"Lindbergia N. L. Bor, Svensk Bot. Tidskr. 62:467. 10 Dec 1968"是一个非法名称(Nom. illegit.),因为此前已经有了苔藓的"Lindbergia Kindberg, Eur. N. Amer. Bryin. 15. 1897"。故用"Lindbergella Bor(1969)"替代之。【分布】塞浦路斯。【模式】Lindbergella sintenisii(H. Lindberg)N. L. Bor[Poa sintenisii H. Lindberg]。【参考异名】Lindbergia Bor(1968)Nom. illegit.■☆

29938 Lindbergia Bor(1968)Nom. illegit. ≡ Lindbergella Bor(1969)Nom. illegit.[禾本科Poaceae(Gramineae)]■☆

29939 Lindblomia Fr.(1843)= Coeloglossum Hartm.(1820)(废弃属名);~ = Platanthera Rich.(1817)(保留属名)[兰科Orchidaceae]■

29940 Lindelofia Lehm.(1850)【汉】长柱琉璃草属(菱蒂萝属)。【日】リンデローフィア属。【俄】Линделофия。【英】Lindelofia。【隶属】紫草科Boraginaceae。【包含】世界10种,中国1种。【学名诠释与讨论】〈阴〉(人)Friedrioh von Lindelof,德国植物学赞助者。【分布】阿富汗,巴基斯坦,中国,亚洲中部。【模式】未指定。【参考异名】Adelocaryum Brand(1915);Anchusopsis Bisch.(1852);Cerinthopsis Kotschy ex Paine(1875);Pseudanchusa(A. DC.)Kuntze■

29941 Lindenbergia Lehm.(1829)【汉】钟萼草属(菱登草属)。【英】Bellcalyxwort。【隶属】玄参科Scrophulariaceae。【包含】世界12-20种,中国3-9种。【学名诠释与讨论】〈阴〉(人)Johann Bernhard Wilhelm Lindenberg,1781-1851,德国植物学者。此属的学名,ING、TROPICOS和IPNI记载是"Lindenbergia J. G. C. Lehmann, Sem. Horto Bot. Hamburg. 1829:6, 8. Nov-Dec 1829"。IK则记载为"Lindenbergia Lehm. ex Link et Otto, Icon. Pl. Rar.[Link,Klotzsch et Otto][7-8]:95(-96;t. 48). 1831[Jul-Dec 1831]"。《中国植物志》英文版的记载是"Lindenbergia Lehmann in Link et Otto, Icon. Pl. Rar. 95. 1828"。【分布】中国,喜马拉雅山,热带非洲至东亚。【模式】Lindenbergia urticifolia J. G. C.

Lehmann[as 'urticaefolia']。【参考异名】Borea Meisn.(1840);Bovea Decne.(1834);Brachycorys Schrad.(1830);Brachyeorys Schrad.;Hemiorchis Ehrenb. ex Schweinf.;Lindenbergia Lehm. ex Link et Otto(1831)Nom. illegit.;Omania S. Moore(1901)■

29942 Lindenbergia Lehm. ex Link et Otto(1831)Nom. illegit. ≡ Lindenbergia Lehm.(1829)[玄参科Scrophulariaceae]■

29943 Lindenbergiaceae Doweld(2001)= Orobanchaceae Vent.(保留科名)●●■

29944 Lindenia Benth.(1841)【汉】林登茜属。【隶属】茜草科Rubiaceae。【包含】世界3种。【学名诠释与讨论】〈阴〉(人)Jean Jules Linden,1817-1898,卢森堡植物学者,探险家。此属的学名,ING记载是"Lindenia Bentham, Pl. Hartweg. 84. Apr 1841";GCI和IK记载是"Lindenia Benth., Icon. Pl. 5:t. 476. 1842[Jan-Oct 1842]"。"Lindenia M. Martens et H. G. Galeotti, Bull. Acad. Roy. Sci. Bruxelles 10(1):357. 1843(post 1 Apr)≡ Cyphomeris Standl.(1911)[紫茉莉科Nyctaginaceae]"是晚出的非法名称。【分布】斐济,墨西哥,法属新喀里多尼亚,中美洲。【模式】Lindenia rivalis Bentham。【参考异名】Siphonia Benth.(1841)Nom. illegit.■☆

29945 Lindenia M. Martens et Galeotti(1843)Nom. illegit. ≡ Cyphomeris Standl.(1911)[紫茉莉科Nyctaginaceae]■☆

29946 Lindeniopiper Trel.(1929)= Piper L.(1753)[胡椒科Piperaceae]●■

29947 Lindera Adans.(1763)(废弃属名)= Ammi L.(1753)[伞形花科(伞形科)Apiaceae(Umbelliferae)//阿米芹科Ammiaceae]■

29948 Lindera Thunb.(1783)(保留属名)【汉】山胡椒属(钓樟属)。【日】クロモジ属。【俄】Дерево бензойное, Линдера。【英】Fever Bush, Spice Bush, Spicebush, Spice-bush, Wild Allspice。【隶属】樟科Lauraceae。【包含】世界80-103种,中国38-49种。【学名诠释与讨论】〈阴〉(人)Johann Linder,1676-1723,瑞典植物学者,医生。此属的学名"Lindera Thunb., Nov. Gen. Pl.:64. 18 Jun 1783"是保留属名。相应的废弃属名是伞形花科Apiaceae的"Lindera Adans., Fam. Pl. 2:499, 571. Jul-Aug 1763 = Ammi L.(1753)"和樟科Lauraceae的"Benzoin Schaeff., Bot. Exped.:60. 1 Oct-24 Dec 1760 = Lindera Thunb.(1783)(保留属名)"。和樟科Lauraceae的"Benzoin Boerhaave ex J. C. Schaeffer, Bot. Exped. 60. Oct-Dec 1760 = Lindera Thunb.(1783)(保留属名)"和"Benzoin Nees, Pl. Asiat. Rar.(Wallich). ii. 63(1831)= Lindera Thunb.(1783)(保留属名)"以及安息香科Styracaceae的"Benzoin Hayne, Getr. Darstellung Arzneik. Gew 11:t. 24. 1830 = Styrax L.(1753)"都应废弃。【分布】马来西亚(西部),美国,中国,喜马拉雅山,东亚。【模式】Lindera umbellata Thunberg。【参考异名】Aperula Blume(1851);Benzoe Fabr.;Benzoin Boerh. ex Schaeff.(1760)(废弃属名);Benzoin Nees(1831)Nom. illegit.(废弃属名);Benzoin Schaeff.(1760)(废弃属名);Benzoina Raf.(1838);Calosmon Bercht. et J. Presl(1825)Nom. illegit.;Calosmon J. Presl(1823)Nom. inval., Nom. illegit.;Daphnidium Nees(1831);Iteadaphne Blume(1851);Ozanthes Raf.(1838)Nom. illegit.;Parabenzoin Nakai(1925);Polyadenia Nees(1833);Sassafras Bercht. et J. Presl●

29949 Lindernia All.(1766)【汉】母草属(泥花草属)。【日】アゼトウガラシ属,アゼナ属。【俄】Ванделлия, Линдерния。【英】False Pimpernel, Falsepimpernel, Lindernia, Motherweed。【隶属】玄参科Scrophulariaceae//母草科Linderniaceae//婆婆纳科Veronicaceae。【包含】世界71-100种,中国29-34种。【学名诠释与讨论】〈阴〉(人)Franz Balfhazar von Lindern,1682-1755,德国植物学者、医生。此属的学名,ING、TROPICOS、APNI、

TROPICOS 和 IK 记载是 "Lindernia All. , Mélanges Philos. Math. Soc. Roy. Turin 3（1）:178, t. 5, fig. 1. 1766"。"Pyxidaria O. Kuntze, Rev. Gen. 2:464. 5 Nov 1891（non Gleditsch 1764）"是 "Lindernia All.（1766）"的晚出的同模式异名（Homotypic synonym, Nomenclatural synonym）。【分布】巴拉圭, 巴拿马, 秘鲁, 玻利维亚, 厄瓜多尔, 哥伦比亚（安蒂奥基亚）, 马达加斯加, 美国（密苏里）, 尼加拉瓜, 中国, 中美洲。【模式】Lindernia palustris F. X. Hartmann。【参考异名】Anagalloides Krock.（1790）; Bazina Raf.（1840）; Bonnaya Link et Otto（1821）; Chamaegigas Dinter ex Heil（1924）; Diceros Blume（1826）Nom. illegit.（废弃属名）; Geoffraya Bonati（1911）; Hemiarrhena Benth.（1868）; Hornemannia Link et Otto（1820）Nom. illegit. ; Ilogeton A. Juss.（1849）; Ilyogeton Endl.（1839）; Ilysanthes Raf.（1820）; Mitranthus Hochst.（1844）; Pyxidaria Kuntze（1891）Nom. illegit. ; Schizotorenia T. Yamaz.（1978）; Scolophyllum T. Yamaz.（1978）; Strigina Engl.（1897）; Tittmannia Rchb.（1824）（废弃属名）; Trevirania Roth（1810）; Trichotaenia T. Yamaz.（1953）; Tuyamaea T. Yamaz.（1955）; Ucnopsolen Raf.（1840）; Ucnopsolon Raf. ; Vandellia L.（1767）Nom. illegit. ; Vandellia P. Browne ex L.（1767）Nom. illegit. ; Vandellia P. Browne（1767）; Vriesea Hassk.（1842）（废弃属名）■

29950 **Linderniaceae** Borsch（2005）[亦见 Scrophulariaceae Juss.（保留科名）玄参科]【汉】母草科。【包含】世界 1 属 71-100 种, 中国 1 属 29-34 种。【分布】温暖地区, 非洲和亚洲。【科名模式】Lindernia All.（1766）■

29951 **Linderniaceae** Borsch, Kai Müll. et Eb. Fisch.（2005）= Scrophulariaceae Juss.（保留科名）●■

29952 **Linderniaceae** Rchb. =Scrophulariaceae Juss.（保留科名）●■

29953 **Linderniella** Eb. Fisch. , Schäferh. et Kai Müll.（2013）【汉】小母草属。【隶属】母草科 Linderniaceae。【包含】世界 16 种。【学名诠释与讨论】〈阴〉（属）Lindernia 母草属（泥花草属）+-ellus, -ella, -ellum, 加在名词词干后面形成指小式的词尾。或加在人名、属名等后面以组成新属的名称。【分布】马达加斯加, 非洲南部, 热带非洲。【模式】Linderniella pygmaea（Bonati）Eb. Fisch. , Schäferh. et Kai Müll. [Craterostigma pygmaeum Bonati]。☆

29954 **Lindheimera** A. Gray et Engelm.（1847）【汉】星菊属。【英】Star Daisy。【隶属】菊科 Asteraceae（Compositae）。【包含】世界 1 种。【学名诠释与讨论】〈阴〉（人）Ferdinand Jacob Lindheimer, 1801-1879, 德国植物学者。被德国驱逐出境后定居美国得克萨斯州。【分布】美国（南部）。【模式】Lindheimera texana A. Gray et Engelmann。■☆

29955 **Lindleya** Kunth（1824）（保留属名）【汉】林氏蔷薇属。【隶属】蔷薇科 Rosaceae。【包含】世界 1-2 种。【学名诠释与讨论】〈阴〉（人）John Lindley, 1799-1865, 英国植物学者, 园艺学者。此属的学名 "Lindleya Kunth in Humboldt et al. , Nov. Gen. Sp. 6, ed. 4:239; ed. f:188. 5 Jan 1824"是保留属名。相应的废弃属名是山茶科（茶科）Theaceae 的 "Lindleya Nees in Flora 4:299. 21 Mai 1821 ≡ Wikstroemia Schrad.（1821）（废弃属名）= Laplacea Kunth（1822）（保留属名）"。"Lindleyella Rydberg, N. Amer. Fl. 22:259. 12 Jun 1908"和 "Neolindleyella Fedde, Repert. Spec. Nov. Regni Veg. 48:11. 31 Mar 1940"是 "Lindleya Kunth（1824）（保留属名）"的晚出的同模式异名（Homotypic synonym, Nomenclatural synonym）。【分布】墨西哥。【模式】Lindleya mespiloides Kunth。【参考异名】Lindleyella Rydb.（1908）Nom. illegit. ; Neolindleyella Fedde（1940）Nom. illegit. ●☆

29956 **Lindleya** Nees（1821）（废弃属名）≡ Wikstroemia Schrad.（1821）（废弃属名）; ~ =Laplacea Kunth（1822）（保留属名）[山

茶科（茶科）Theaceae]●☆

29957 **Lindleyaceae** J. Agardh（1858）= Rosaceae Juss.（1789）（保留科名）●■

29958 **Lindleyalis** Luer（2004）【汉】林氏兰属。【隶属】兰科 Orchidaceae。【包含】世界 7 种。【学名诠释与讨论】〈阴〉（人）John Lindley, 1799-1865, 英国植物学者+-alis, 属于。此属的学名是 "Lindleyalis Luer, Monographs in Systematic Botany from the Missouri Botanical Garden 95:258. 2004"。亦有文献把其处理为 "Pleurothallis R. Br.（1813）"的异名。【分布】玻利维亚, 美洲。【模式】Lindleyalis hemirhoda（Lindl. et Paxton）Luer [Pleurothallis hemirhoda Lindl. et Paxton]。【参考异名】Pleurothallis R. Br.（1813）■☆

29959 **Lindleyella** Rydb.（1908）Nom. illegit. ≡ Lindleya Kunth（1824）（保留属名）; ~ = Neolindleyella Fedde（1940）Nom. illegit. ; ~ = Lindleya Kunth（1824）（保留属名）[蔷薇科 Rosaceae]●☆

29960 **Lindleyella** Schltr.（1914）Nom. illegit. ≡ Rudolfiella Hoehne（1944）[兰科 Orchidaceae]■☆

29961 **Lindmania** Mez（1896）【汉】林德曼凤梨属。【隶属】凤梨科 Bromeliaceae。【包含】世界 37-38 种。【学名诠释与讨论】〈阴〉（人）Carl Axel Magnus Lindman, 1856-1928, 瑞典植物学者, 旅行家。【分布】巴拉圭, 玻利维亚, 南美洲。【后选模式】Lindmania guianensis（Beer）Mez [Anoplophytum guianense Beer]。■☆

29962 **Lindnera** Fuss（1866）Nom. illegit. = Tilia L.（1753）[椴树科（椴树, 田麻科）Tiliaceae//锦葵科 Malvaceae]●

29963 **Lindnera** Rchb.（1837）Nom. inval. = Tilia L.（1753）[椴树科（椴树, 田麻科）Tiliaceae//锦葵科 Malvaceae]●

29964 **Lindneria** T. Durand et Lubbers（1890）【汉】林德百合属。【隶属】百合科 Liliaceae//风信子科 Hyacinthaceae。【包含】世界 1 种。【学名诠释与讨论】〈阴〉（人）Paul Lindner, 1861-1945, 植物学者。此属的学名是 "Lindneria T. Durand et Lubbers, Bull. Soc. Bot. France 36: ccxvii. 1 Aug 1890（'1889'）"。亦有文献把其处理为 "Pseudogaltonia（Kuntze）Engl.（1888）"的异名。【分布】澳大利亚, 非洲。【模式】Lindneria fibrillosa T. Durand et Lubbers。【参考异名】Pseudogaltonia（Kuntze）Engl.（1888）■☆

29965 **Lindsayella** Ames et C. Schweinf.（1937）【汉】林赛兰属。【隶属】兰科 Orchidaceae。【包含】世界 1 种。【学名诠释与讨论】〈阴〉（人）Walter R. Lindsay, 植物学者+-ellus, -ella, -ellum, 加在名词词干后面形成指小式的词尾。或加在人名、属名等后面以组成新属的名称。【分布】巴拿马。【模式】Lindsayella amabilis Ames et C. Schweinfurth。■☆

29966 **Lindsayomyrtus** B. Hyland et Steenis（1974）【汉】林赛香桃木属。【隶属】桃金娘科 Myrtaceae。【包含】世界 1 种。【学名诠释与讨论】〈阴〉（人）Lindsay Stewart Smith, 1917-1970, 澳大利亚植物学者+（属）Myrtus 香桃木属（爱神木属, 番桃木属, 莫塌属, 银香梅属）。【分布】澳大利亚, 马来西亚（东部）。【模式】Lindsayomyrtus brachyandrus（C. T. White）B. P. M. Hyland et C. G. G. J. van Steenis [Xanthostemon brachyandrus C. T. White]。●☆

29967 **Lingelsheimia** Pax（1909）【汉】林核实属。【隶属】大戟科 Euphorbiaceae。【包含】世界 11 种。【学名诠释与讨论】〈阴〉（人）Alexander von Lingelsheim, 1874-1937, 德国植物学者。此属的学名是 "Lingelsheimia Pax, Bot. Jahrb. Syst. 43:317. 3 Aug 1909"。亦有文献把其处理为 "Drypetes Vahl（1807）"的异名。【分布】马达加斯加, 热带, 非洲南部, 亚热带东亚。【后选模式】Lingelsheimia frutescens Pax。【参考异名】Drypetes Vahl（1807）●☆

29968 **Lingnania** McClure（1940）【汉】单竹属（篁竹属）。【隶属】禾本科 Poaceae（Gramineae）//簕竹科 Bambusaceae。【包含】世界 10 种, 中国 3 种。【学名诠释与讨论】〈阴〉（汉）Lingnan 岭南。

此属的学名是"Lingnania McClure, Lingnan Univ. Sci. Bull. 9：34. Aug 1940"。亦有文献把其处理为"Bambusa Schreb.（1789）（保留属名）"的异名。【分布】印度,中国。【模式】Lingnania chungii（McClure）McClure［Bambusa chungii McClure］。【参考异名】Bambusa Schreb.（1789）（保留属名）●

29969　Lingoum Adans.（1763）Nom. illegit. ≡ Pterocarpus L.（1754）（废弃属名）；~ = Derris Lour.（1790）（保留属名）；~ = Pterocarpus Jacq.（1763）（保留属名）［豆科 Fabaceae（Leguminosae）//蝶形花科 Papilionaceae］●

29970　Linguella D. L. Jones et M. A. Clem.（2002）【汉】新澳翅柱兰属。【隶属】兰科 Orchidaceae。【包含】世界 6 种。【学名诠释与讨论】〈阴〉（属）Lingoum+-ellus, -ella, -ellum, 加在名词词干后面形成指小式的词尾。或加在人名、属名等后面以组成新属的名称。此属的学名是"Linguella D. L. Jones et M. A. Clem., Australian Orchid Research 4：74. 2002"。亦有文献把其处理为"Pterostylis R. Br.（1810）（保留属名）"的异名。【分布】澳大利亚, 新西兰。【模式】不详。【参考异名】Pterostylis R. Br.（1810）（保留属名）■☆

29971　Linharea Arruda ex H. Kost.（1816）Nom. illegit. = Ocotea Aubl.（1775）［樟科 Lauraceae］●☆

29972　Linharea Arruda ex Steud.（1821）Nom. illegit. = Ocotea Aubl.（1775）［樟科 Lauraceae］●☆

29973　Linharia Arruda ex H. Kost.（1816）Nom. illegit. = Linharea Arruda ex H. Kost.（1816）Nom. illegit.；~ = Ocotea Aubl.（1775）［樟科 Lauraceae］●☆

29974　Linharia Arruda（1816）Nom. illegit. = Linharea Arruda ex H. Kost.（1816）Nom. illegit.；~ = Ocotea Aubl.（1775）［樟科 Lauraceae］●☆

29975　Linkagrostis Romero García, Blanca et C. Morales（1987）= Agrostis L.（1753）（保留属名）［禾本科 Poaceae（Gramineae）//剪股颖科 Agrostidaceae］■

29976　Linkia Cav.（1797）（废弃属名）= Persoonia Sm.（1798）（保留属名）［山龙眼科 Proteaceae］●☆

29977　Linkia Pers.（1805）Nom. illegit.（废弃属名）≡ Desfontainia Ruiz et Pav.（1794）［豆科 Fabaceae（Leguminosae）//虎刺叶科 Desfontainiaceae//马钱科（断肠草科, 马钱子科）Loganiaceae//美冬青科 Aquifoliaceae］●☆

29978　Linnaea Gronov.（1753）Nom. illegit. ≡ Linnaea Gronov. ex L.（1753）［忍冬科 Caprifoliaceae//北极花科 Linnaeaceae］●

29979　Linnaea Gronov. ex L.（1753）【汉】北极花属（林奈花属, 林奈木属, 双花蔓属）。【日】リンネーア属, リンネサウ属, リンネソウ属。【俄】Линнея。【英】Arcticflower, Twin Flower, Twinflower。【隶属】忍冬科 Caprifoliaceae//北极花科 Linnaeaceae。【包含】世界 1 种, 中国 1 种。【学名诠释与讨论】〈阴〉（人）Carl von Linnaeus, 1707-1778, 林奈, 瑞典著名植物学者, 被誉为"植物学之父"。他曾在 1732 年到瑞典北部拉普地区科学考察, 1737 年完成拉普植物志。瑞典科学院为表彰林奈的功绩, 决定选用一个新属, 以他的名字命名。荷兰植物学者 J. F. Gronovius 在林奈的同意下, 确定了本属的名称。此属的学名, ING 记载是"Linnaea Gronovius in Linnaeus, Sp. Pl. 631. 1 Mai 1753"。GCI 和 IK 记载为"Linnaea Gronov., Sp. Pl. 2：631. 1753［1 May 1753］；Gen. Pl. ed. 5. 279. 1754"。TROPICOS 则记载为"Linnaea L., Species Plantarum 2：631. 1753.（1 May 1753）"。"Linnaea Gronov. ex L.（1753）"的表述正确, 另外 2 种表述有违法规。"Linneusia Rafinesque, Med. Fl. 2：239. 1830"是"Linnaea Gronov. ex L.（1753）"的晚出的同模式异名（Homotypic synonym, Nomenclatural synonym）。"Obolaria Siegesb. ex Kuntze（1891）

Nom. illegit."也是"Linnaea Gronov. ex L.（1753）"的晚出的同模式异名；"Obolaria Siegesb.（1736）≡ Obolaria Siegesb. ex Kuntze（1891）Nom. illegit."是一个未合格发表的名称（Nom. inval.）；"Obolaria Kuntze（1891）Nom. illegit. ≡ Obolaria Siegesb. ex Kuntze（1891）Nom. illegit."的命名人引证有误。【分布】中国, 北半球。【模式】Linnaea borealis Linnaeus。【参考异名】Diabelia Landrein（2010）；Dicodon Ehrh.（1789）；Linnaea Gronov.（1753）Nom. illegit.；Linnaea L.（1753）；Linnea Neck.（1790）Nom. inval.；Linneusia Raf.（1830）Nom. illegit.；Obolaria Kuntze（1891）Nom. illegit.；Obolaria Siegesb.（1736）Nom. inval.；Obolaria Siegesb. ex Kuntze（1891）Nom. illegit. ●

29980　Linnaea L.（1753）≡ Linnaea Gronov. ex L.（1753）［忍冬科 Caprifoliaceae//北极花科 Linnaeaceae］●

29981　Linnaeaceae（Raf.）Backlund（1998）【汉】北极花科。【包含】世界 1-6 属 1-17 种, 中国 5 属 12 种。【分布】北半球。【科名模式】Linnaea L.（1753）●

29982　Linnaeaceae Backlund（1998）= Linnaeaceae（Raf.）Backlund（1998）●

29983　Linnaeobreynia Hutch.（1967）= Capparis L.（1753）［山柑科（白花菜科, 醉蝶花科）Capparaceae］●

29984　Linnaeopsis Engl.（1900）【汉】类北极属。【隶属】苦苣苔科 Gesneriaceae。【包含】世界 3 种。【学名诠释与讨论】〈阴〉（属）Linnaea 北极花属+希腊文 opsis, 外观, 模样, 相似。【分布】热带非洲东部。【模式】Linnaeopsis heckmanniana Engler。■☆

29985　Linnaeosicyos H. Schaef. et Kocyan（2008）【汉】林奈栝楼属。【隶属】葫芦科（瓜科, 南瓜科）Cucurbitaceae。【包含】世界 1 种。【学名诠释与讨论】〈阴〉（人）Carl von Linnae, 1707-1778, 林奈, 瑞典著名植物学者, 被誉为"植物学之父"+Sicyos 刺瓜藤属（西克斯属, 小扁瓜属）。此属的学名是"Linnaeosicyos H. Schaef. et Kocyan（2008）, Systematic Botany 33（2）：350. 2008"。亦有文献把其处理为"Trichosanthes L.（1753）"的异名。【分布】多米尼加。【模式】Linnaeosicyos amara（L.）H. Schaef. et Kocyan。【参考异名】Trichosanthes L.（1753）■☆

29986　Linnea Neck.（1790）Nom. inval. = Linnaea L.（1753）［忍冬科 Caprifoliaceae//北极花科 Linnaeaceae］●

29987　Linneusia Raf.（1830）Nom. illegit. ≡ Linnaea L.（1753）；~ = Linnea Neck.（1790）Nom. inval.［忍冬科 Caprifoliaceae//北极花科 Linnaeaceae］●

29988　Linocalix Lindau（1913）Nom. illegit. ≡ Linocalyx Lindau（1913）［爵床科 Acanthaceae//鸭嘴花科（鸭咀花科）Justiciaceae］●■

29989　Linocalyx Lindau（1913）= Justicia L.（1753）［爵床科 Acanthaceae//鸭嘴花科（鸭咀花科）Justiciaceae］●■

29990　Linochilus Benth.（1845）= Diplostephium Kunth（1818）［菊科 Asteraceae（Compositae）］●☆

29991　Linociera Schreb.（1876）Nom. illegit.（废弃属名）≡ Linociera Sw. ex Schreb.（1791）（保留属名）［木犀榄科（木犀科）Oleaceae］●

29992　Linociera Steud.（废弃属名）= Haloragis J. R. Forst. et G. Forst.（1776）；~ = Linociria Neck.（1790）Nom. inval.［小二仙草科 Haloragaceae］■●

29993　Linociera Sw.（废弃属名）≡ Linociera Sw. ex Schreb.（1791）（保留属名）［木犀榄科（木犀科）Oleaceae］●

29994　Linociera Sw. ex Schreb.（1791）（保留属名）【汉】李榄属（插柚紫）。【日】コウトウナタヲレ属。【英】Linociera, Liolive。【隶属】木犀榄科（木犀科）Oleaceae。【包含】世界 80 种, 中国 9 种。【学名诠释与讨论】〈阴〉（人）G. Linocier, 法国植物学者。此属的学名"Linociera Sw. ex Schreb., Gen. Pl. :784. Mai 1791"是

保留属名。相应的废弃属名是木犀榄科（木犀科）Oleaceae的"Ceranthus Schreb., Gen. Pl.: 14. Apr 1789 = Linociera Sw. ex Schreb.（1791）（保留属名）"和"Mayepea Aubl., Hist. Pl. Guiane: 81. Jun–Dec 1775 = Linociera Sw. ex Schreb.（1791）（保留属名）"。APNI记载的"Linociera Schreb., Genera Plantarum 1876 ≡ Linociera Sw. ex Schreb.（1791）（保留属名）"是晚出的非法名称;应予废弃。"Ceranthus Linnaeus 1758"是一个未合格发表的名称（Nom. inval.）;也要废弃。小二仙草科Haloragaceae的"Linociera Steud. = Haloragis J. R. Forst. et G. Forst.（1776）= Linociria Neck.（1790）Nom. inval."须废弃。木犀榄科（木犀科）Oleaceae的"Linociera Sw. ≡ Linociera Sw. ex Schreb.（1791）（保留属名）"的命名人引证有误,亦应废弃。亦有文献把"Linociera Sw. ex Schreb.（1791）（保留属名）"处理为"Chionanthus L.（1753）"的异名。【分布】玻利维亚,马达加斯加,中国,热带和亚热带,中美洲。【模式】Linociera ligustrina（O. Swartz）O. Swartz［Thouinia ligustrina Swartz］。【参考异名】Bonamica Vell.（1829）;Campanolea Gilg et Schellenb.（1913）;Ceranthus Schreb.（1789）（废弃属名）;Chionanthus Gaertn.（1788）Nom. illegit.; Chionanthus L.（1753）;Dekindtia Gilg（1902）;Freyeria Scop.（1777）Nom. illegit.;Linociera Schreb.（1876）（废弃属名）; Linociera Sw.（废弃属名）;Majepea Kuntze（1903）Nom. illegit.; Majepea Post et Kuntze（1903）Nom. illegit.;Mayepea Aubl.（1775）（废弃属名）;Minutia Vell.（1829）;Sarlina Guillaumin（1952）; Tessarandra Miers（1851）;Thouinia L. f.（1782）（废弃属名）; Thuinia Raf., Nom. illegit. ●

29995 Linociria Neck.（1790）Nom. inval. = Haloragis J. R. Forst. et G. Forst.（1776）［小二仙草科 Haloragaceae］■●

29996 Linodendron Griseb.（1860）【汉】亚麻瑞香属。【隶属】瑞香科 Thymelaeaceae。【包含】世界3-10种。【学名诠释与讨论】〈中〉（希）linum,亚麻,线,亚麻丝,绳,缆;linon,网+dendron或dendros,树木,棍,丛林。【分布】古巴。【模式】Linodendron lagetta Grisebach。【参考异名】Hargasseria A. Rich. ●☆

29997 Linodes Kuntze（1891）Nom. illegit. ≡ Radiola Hill（1756）［亚麻科 Linaceae］■☆

29998 Linoma O. F. Cook（1917）Nom. illegit. ≡ Dictyosperma H. Wendl. et Drude（1875）［棕榈科 Arecaceae（Palmae）］●☆

29999 Linophyllum Bubani（1897）Nom. illegit.［檀香科 Santalaceae］☆

30000 Linophyllum Ség.（1754）Nom. illegit. ≡ Thesium L.（1753）［檀香科 Santalaceae］■

30001 Linopsis Rchb.（1837）= Linum L.（1753）［亚麻科 Linaceae］●■

30002 Linospadix Becc.（1877）Nom. inval. ≡ Linospadix Becc. ex Benth. et Hook. f.（1883）Nom. illegit.; ~ = Paralinospadix Burret（1935）; ~ = Calyptrocalyx Blume（1838）［棕榈科 Arecaceae（Palmae）］●☆

30003 Linospadix Becc. ex Benth. et Hook. f.（1883）Nom. illegit. ≡ Paralinospadix Burret（1935）; ~ = Calyptrocalyx Blume（1838）［棕榈科 Arecaceae（Palmae）］●

30004 Linospadix Becc. ex Hook. f.（1883）Nom. illegit. ≡ Linospadix Becc. ex Benth. et Hook. f.（1883）Nom. illegit.; ~ = Paralinospadix Burret（1935）; ~ = Calyptrocalyx Blume（1838）［棕榈科 Arecaceae（Palmae）］●☆

30005 Linospadix H. Wendl.（1875）【汉】手杖棕属（单穗棕属,手杖椰属,丝肉穗桐属,细秆椰子属,线序椰属）。【英】Walkingstick Palm。【隶属】棕榈科 Arecaceae（Palmae）。【包含】世界11-12种。【学名诠释与讨论】〈阴〉（希）linum,亚麻,线,亚麻丝,绳,缆;linon,网+spadix,所有格 spadikos = 拉丁文 spadix,所有格 spadicis,棕榈之枝或复叶。新拉丁文 spadiceus,枣红色,胡桃褐

色。拉丁文中 spadix 亦为佛焰花序或肉穗花序。此属的学名, ING、APNI和IK记载是"Linospadix H. Wendland in H. Wendland et Drude, Linnaea 39:177, 198. Jun 1875"。"Linospadix H. Wendl. et Drude（1875）= Linospadix H. Wendl.（1875）"的命名人引证有误。"Linospadix Becc., Malesia 1:62. 1877 ≡ Linospadix Becc. ex Benth. et Hook. f.（1883）Nom. illegit."是一个未合格发表的名称（Nom. inval.）。"Linospadix Becc. ex Benth. et Hook. f., Gen. Pl.［Bentham et Hooker f.］3:903. 1883［14 Apr 1883］= Calyptrocalyx Blume（1838）［棕榈科 Arecaceae（Palmae）］"是晚出的非法名称;它已经被"Paralinospadix Burret（1935）［棕榈科 Arecaceae（Palmae）］"所替代。"Linospadix Becc. ex Hook. f.（1883）≡ Linospadix Becc. ex Benth. et Hook. f.（1883）Nom. illegit."的命名人引证有误。"Bacularia F. von Mueller, Fragm. 11:58. Nov 1878"是"Linospadix H. Wendl.（1875）"的晚出的同模式异名（Homotypic synonym, Nomenclatural synonym）。【分布】澳大利亚,新几内亚岛。【模式】Linospadix monostachya（C. F. P. Martius）H. Wendland［as 'monostachyos'］［Areca monostachya C. F. P. Martius］。【参考异名】Bacularia F. Muell.（1870）Nom. inval.; Bacularia F. Muell. ex Hook. f.（1879）Nom. illegit.; Linospadix H. Wendl. et Drude（1875）Nom. illegit. ●☆

30006 Linospadix H. Wendl. et Drude（1875）Nom. illegit. = Linospadix H. Wendl.（1875）［棕榈科 Arecaceae（Palmae）］●☆

30007 Linosparton Adans.（1763）Nom. illegit. ≡ Lygeum L.（1754）［卫矛科 Celastraceae］■☆

30008 Linospartum Steud.（1841）= Linosparton Adans.（1763）Nom. illegit.; ~ = Lygeum L.（1754）［禾本科 Poaceae（Gramineae）］■☆

30009 Linostachys Klotzsch ex Schltdl.（1846）= Acalypha L.（1753）［大戟科 Euphorbiaceae//铁苋菜科 Acalyphaceae］●■

30010 Linostigma Klotzsch（1836）= Vivania Cav.（1804）［牻牛儿苗科 Geraniaceae//青蛇胚科（曲胚科,韦韦苗科）Vivianiaceae］■☆

30011 Linostoma Endl.（1838）Nom. illegit. ≡ Linostoma Wall. ex Endl.（1837）［瑞香科 Thymelaeaceae］●☆

30012 Linostoma Wall.（1831）Nom. inval. ≡ Linostoma Wall. ex Endl.（1837）［瑞香科 Thymelaeaceae］●☆

30013 Linostoma Wall. ex Endl.（1837）【汉】线口瑞香属（线口香属）。【隶属】瑞香科 Thymelaeaceae。【包含】世界3-6种。【学名诠释与讨论】〈中〉（希）linum,亚麻,线,亚麻丝,绳,缆;linon,网+stoma,所有格 stomatos,孔口。此属的学名, ING、TROPICOS和IK记载是"Linostoma Wallich ex Endlicher, Gen. 331. Dec 1837"。"Linostoma Endl., Genera Plantarum 1838 ≡ Linostoma Wall. ex Endl.（1837）"是晚出的非法名称。"Linostoma Wall., Numer. List［Wallich］n. 4203. 1831 ≡ Linostoma Wall. ex Endl.（1837）"是一个未合格发表的名称（Nom. inval.）。真菌的"Linostoma F. von Höhnel, Ann. Mycol. 16:91. 31 Jul 1918 ≡ Ophiostoma H. et P. Sydow 1919"亦是晚出的非法名称。【分布】印度（阿萨姆）,东南亚西部。【模式】Linostoma decandrum（Roxburgh）Meisner［Nectandra decandra Roxburgh］。【参考异名】Linostoma Endl.（1838）Nom. illegit.;Linostoma Wall.（1831）Nom. inval.;Nectandra Roxb.（1832）Nom. illegit.（废弃属名）; Psilaea Miq.（1861）●☆

30014 Linostrophum Schrank（1792）Nom. illegit. ≡ Camelina Crantz（1762）［十字花科 Brassicaceae（Cruciferae）］■

30015 Linostylis Fenzl ex Sond.（1850）= Dyschoriste Nees（1832）［爵床科 Acanthaceae］■●

30016 Linosyris（Cass.）Rchb. f.（1825）Nom. illegit. ≡ Linosyris Cass.（1825）Nom. illegit.; ~ = Crinitaria Cass.（1825）［菊科 Asteraceae（Compositae）］■

30017 Linosyris Cass. （1825）Nom. illegit. = Crinitaria Cass. （1825）［菊科 Asteraceae（Compositae）］■●☆

30018 Linosyris Ludw. （1757）= Thesium L. （1753）［檀香科 Santalaceae］■

30019 Linosyris Möhring ex Kuntze （1891）Nom. illegit. ［檀香科 Santalaceae］☆

30020 Linosyris Möhring （1736）Nom. inval. ≡ Linosyris Möhring ex Kuntze（1891）Nom. illegit. ［檀香科 Santalaceae］☆

30021 Linosyris Torr. et A. Gray = Bigelovia Sm. （1819）Nom. illegit. ；~ = Forestiera Poir. （1810）（保留属名）［木犀榄科（木犀科）Oleaceae］●☆

30022 Linschotenia de Vriese（1848）= Dampiera R. Br. （1810）［草海桐科 Goodeniaceae］●■☆

30023 Linschottia Comm. ex Juss. （1789）= Homalium Jacq. （1760）［刺篱木科（大风子科）Flacourtiaceae//天料木科 Samydaceae］●

30024 Linscotia Adans. （1763）Nom. illegit. ≡ Limeum L. （1759）［粟米草科 Molluginaceae//粟麦草科 Limeaceae］■●☆

30025 Linsecomia Buckley （1861）= Helianthus L. （1753）［菊科 Asteraceae（Compositae）//向日葵科 Helianthaceae］■

30026 Lintibularia Gilib. （1781）= Lentibularia Adans. （1763）Nom. illegit. ；~ = Utricularia L. （1753）［狸藻科 Lentibulariaceae］■

30027 Lintonia Stapf（1911）【汉】林顿草属（林托草属）。【隶属】禾本科 Poaceae（Gramineae）。【包含】世界 2 种。【学名诠释与讨论】〈阴〉（人）A. Linton，植物采集者，曾在东非采集标本。【分布】热带非洲东部。【模式】Lintonia nutans Stapf。【参考异名】Joannegria Chiov. （1913）；Negria Chiov（1912）Nom. illegit. ■☆

30028 Linum L. （1753）【汉】亚麻属。【日】アマ属，リナム属。【俄】Лен，Лён，Линум。【英】Flax。【隶属】亚麻科 Linaceae。【包含】世界 180-230 种，中国 9 种。【学名诠释与讨论】〈中〉（希）linon ＝拉丁文 linum，亚麻的古名。含义线，亚麻丝，绳，缆。lineus，亚麻制的。【分布】巴基斯坦，秘鲁，玻利维亚，厄瓜多尔，哥伦比亚（安蒂奥基亚），哥斯达黎加，马达加斯加，美国（密苏里），尼加拉瓜，中国，地中海地区，温带和亚热带，中美洲。【后选模式】Linum usitatissimum Linnaeus。【参考异名】Adenolinum Rchb. （1837）；Alsolinum Fourr. （1868）；Cathartolinum Rchb. （1837）；Chrysolinum Fourr. （1868）；Cliococcea Bab. ；Leucolinum Fourr. （1868）；Linopsis Rchb. （1837）；Mesyniopsis W. A. Weber （1991）；Mesynium Raf. （1837）；Nezera Raf. （1838）；Xantholinum Rchb. （1837）●■

30029 Linzia Sch. Bip. （1841）Nom. inval. ≡ Linzia Sch. Bip. ex Walp. （1843）［菊科 Asteraceae（Compositae）］■☆

30030 Linzia Sch. Bip. ex Walp. （1843）【汉】显肋糙毛菊属。【隶属】菊科 Asteraceae（Compositae）//斑鸠菊科（绿菊科）Vernoniaceae。【包含】世界 7 种。【学名诠释与讨论】〈阴〉（人）Linz。此属的学名，ING、TROPICOS 和 IPNI 记载是"Linzia Sch. Bip. ex Walp. ，Repert. Bot. Syst. （Walpers）2：948. 1843 ［28-30 Dec 1843］"。"Linzia Sch. Bip. ，Flora 24（1，Intelligenzbl. ）：26. 1841 ≡ Linzia Sch. Bip. ex Walp. （1843）"是一个未合格发表的名称（Nom. inval. ）。亦有文献把"Linzia Sch. Bip. ex Walp. （1843）"处理为"Vernonia Schreb. （1791）（保留属名）"的异名。【分布】热带非洲。【模式】Linzia vernonioides C. H. Schultz-Bip. ex Walpers。【参考异名】Linzia Sch. Bip. （1841）Nom. inval. ■☆

30031 Liodendron H. Keng （1951）= Drypetes Vahl（1807）［大戟科 Euphorbiaceae］●

30032 Lioydia Neck. （1790）Nom. inval. ≡ Lioydia Neck. ex Rchb. （1837）；~ = Printzia Cass. （1825）（保留属名）［菊科 Asteraceae（Compositae）］■●☆

30033 Lioydia Neck. ex Rchb. （1837）= Printzia Cass. （1825）（保留属名）［菊科 Asteraceae（Compositae）］■●☆

30034 Lipandra Moq. （1840）= Chenopodium L. （1753）［藜科 Chenopodiaceae］■●

30035 Lipara Lour. ex Gomes（1868）= Canarium L. （1759）［橄榄科 Burseraceae］●

30036 Liparena Poit. ex Leman（1823）= Drypetes Vahl（1807）［大戟科 Euphorbiaceae］●

30037 Liparene Baill. （1874）Nom. illegit. ≡ Liparene Poit. ex Baill. （1874）［大戟科 Euphorbiaceae］●

30038 Liparene Poit. ex Baill. （1874）= Drypetes Vahl（1807）；~ = Liparena Poit. ex Leman（1823）［大戟科 Euphorbiaceae］●

30039 Liparia L. （1771）【汉】利帕豆属（脂豆属）。【隶属】豆科 Fabaceae（Leguminosae）//蝶形花科 Papilionaceae。【包含】世界 14 种。【学名诠释与讨论】〈阴〉（希）lipos，脂肪，油脂。liparos，润滑的，有油的，有油光的。liparia，肥胖，油腻，肥沃。liparos，油腻的，光滑的，平坦的，明亮的，富裕的。指叶子。【分布】非洲南部。【后选模式】Liparia sphaerica Linnaeus。【参考异名】Priestleya DC. （1825）■●☆

30040 Liparidaceae Vines（1895）= Orchidaceae Juss. （保留科名）■

30041 Liparis Rich. （1817）（保留属名）【汉】羊耳蒜属（羊耳兰属，二列羊耳蒜属）。【日】クモキリサウ属，クモキリソウ属，スズムシラン属。【俄】Липарис，Лосняк。【英】Fen Orchid，Liparis，Twayblade，Tway-blade。【隶属】兰科 Orchidaceae。【包含】世界 250-350 种，中国 63 种。【学名诠释与讨论】〈阴〉（希）liparia，肥胖，油腻，肥沃。liparos，油腻的，光滑的，平坦的，明亮的，富裕的。指叶片平滑且具光泽。此属的学名"Liparis Rich. ，De Orchid. Eur. ；21，30，38. Aug-Sep 1817"是保留属名。相应的废弃属名是兰科 Orchidaceae 的"Leptorkis Thouars in Nouv. Bull. Sci. Soc. Philom. Paris 1：317. Apr 1809 = Liparis Rich. （1817）（保留属名）"。"Alipsa Hoffmannsegg，Verzeichniss Orchideen 20. 1842；Linnaea 16 Litt. – Ber. ：228. Jul – Aug （prim. ）1842"、"Mesoptera Rafinesque，Herb. Raf. 73. 1833（废弃属名）"、"Paliris Dumortier，Flor. Belg. 134. 1827"、"Pseudorchis S. F. Gray，Nat. Arr. Brit. Pl. 2：199，213. 1 Nov 1821 （non Séguier 1754）"和"Sturmia H. G. L. Reichenbach，Icon. Bot. Pl. Crit. 4：39. 1826（non Hoppe 1799）"是"Liparis Rich. （1817）（保留属名）"的晚出的同模式异名（Homotypic synonym，Nomenclatural synonym）。【分布】巴基斯坦，巴拉圭，巴拿马，秘鲁，玻利维亚，厄瓜多尔，哥斯达黎加，马达加斯加，美国（密苏里），尼加拉瓜，中国，中美洲。【模式】Liparis loeselii （Linnaeus）L. C. Richard ［Ophrys loeselii Linnaeus］。【参考异名】Alipsa Hoffmanns. （1842）Nom. illegit. ；Anistylis Raf. （1825）；Apatales Blume ex Ridl. （1886）Nom. inval. ；Apation Blume （1886）Nom. inval. ；Apation T. Durand et Jacks. ；Cestichis Pfitzer （1887）Nom. illegit. ；Cestichis Thouars ex Pfitzer （1887）；Cestichis Thouars （1822）Nom. inval. ；Coestichis Thouars；Crossoliparis Marg. （2009）；Distichis Lindl. （1847）Nom. illegit. ，Nom. inval. ，Nom. nud. ；Distichis Thouars ex Lindl. （1847）Nom. illegit. ，Nom. inval. ，Nom. nud. ；Distichis Thouars （1847）Nom. illegit. ，Nom. inval. ，Nom. nud. ；Districholiparis Marg. et Szlach. （2004）Nom. superfl. ；Diteilis Raf. （1833）；Dituilis Raf. （1838）；Empusa Lindl. （1824）；Empusaria Rchb. （1828）Nom. illegit. ；Erythroleptis Thouars；Flavileptis Thouars；Gastroglottis Blume （1825）；Iebine Raf. （1838）；Jebine Post et Kuntze （1903）；Leptorchis Thouars ex Kuntze （1891）；Leptorchis Thouars （1809）Nom. inval. ；Leptorkis Thouars （1809）（废弃属名）；Melaxis Smith ex Steud. Nom. illegit. ；Melaxis Steud. （1841）Nom. illegit. ；

Mesoptera Raf. (1833) Nom. illegit. (废弃属名); Paliris Dumort. (1827) Nom. illegit. ; Platystylis (Blume) Lindl. (1830); Platystylis Lindl. (1830) Nom. illegit. ; Pseudorchis Gray (1821) Nom. illegit. ; Stichorchis Thouars (1822) Nom. illegit. ; Stichorkis Thouars (1809); Sturmia Rchb. (1826) Nom. illegit. ; Sturmia Rchb. f. , Nom. illegit. ■

30042　Liparophyllum Hook. f. (1847)【汉】亮叶睡菜属。【隶属】睡菜科(荇菜科)Menyanthaceae。【包含】世界1种。【学名诠释与讨论】〈中〉(希)Liparia, 肥胖, 油腻, 肥沃。Liparos, 油腻的, 光滑的, 平坦的, 明亮的, 富裕的+希腊文 phyllon, 叶子。指肥厚肉质的叶子。【分布】澳大利亚(塔斯曼半岛), 新西兰。【模式】Liparophyllum gunnii J. D. Hooker。■☆

30043　Lipeocercis Nees (1841) = Andropogon L. (1753) (保留属名); ~ = Lepeocercis Trin. (1820) [禾本科 Poaceae(Gramineae)//须芒草科 Andropogonaceae]■

30044　Liphaemus Post et Kuntze (1903) = Leiphaimos Cham. et Schltdl. (1831) [龙胆科 Gentianaceae]■☆

30045　Liphonoglossa Torr. (1859) = Siphonoglossa Oerst. (1854) [爵床科 Acanthaceae]●☆

30046　Lipoblepharis Orchard (2013)【汉】离毛菊属。【隶属】菊科 Asteraceae(Compositae)。【包含】世界5种。【学名诠释与讨论】〈阴〉(希)leipo, 离弃, 死亡, 缺少; lipos, 脂肪, 油脂, 肥厚+blepharis, 所有格 blepharidos, 睫毛, 眼睑。【分布】菲律宾, 马来西亚, 缅甸, 泰国, 印度尼西亚, 越南, 马来半岛, 西南太平洋, 亚洲热带。【模式】[Verbesina urticifolia Blume]。【参考异名】☆

30047　Lipocarpha R. Br. (1818) (保留属名)【汉】湖瓜草属(胡瓜草属)。【日】ヒンジガヤツリ属。【英】Lakemelongrass, Lipocarpha。【隶属】莎草科 Cyperaceae。【包含】世界11-35种, 中国3-4种。【学名诠释与讨论】〈阴〉(希)leipo, 缺少的, 有缺陷的; lipos, 脂肪, 油脂, 肥厚+karphos, 皮壳, 谷壳, 糠秕。指内侧鳞片肥厚。此属的学名"Lipocarpha R. Br. in Tuckey, Narr. Exped. Zaire: 459. 5 Mar 1818"是保留属名。相应的废弃属名是莎草科 Cyperaceae 的"Hypaelyptum Vahl, Enum. Pl. 2:283. Oct-Dec 1805 = Lipocarpha R. Br. (1818) (保留属名)"。"Lipocarpha R. Br. (1818)"曾被处理为"Cyperus sect. Lipocarpha (R. Br.) Bauters, hytotaxa 166(1):17-18. 2014. (17 Apr 2014)"和"Cyperus subgen. Lipocarpha (R. Br.) T. Koyama, Quarterly Journal of the Taiwan Museum 14:163. 1961"。【分布】巴基斯坦, 中国, 巴拿马, 秘鲁, 玻利维亚, 厄瓜多尔, 哥伦比亚(安蒂奥基亚), 哥斯达黎加, 马达加斯加, 美国(密苏里), 尼加拉瓜, 非洲, 亚洲, 热带美洲, 中美洲。【模式】Lipocarpha argentea (Vahl) R. Brown, Nom. illegit. [Hypaelyptum argenteum Vahl, Nom. illegit. , Scirpus senegalensis Lamarck; Lipocarpha senegalensis (Lamarck) T. et H. Durand]。【参考异名】Ascolepis Nees ex Steud. (1855) (保留属名); Cyperus sect. Lipocarpha (R. Br.) Bauters (2014); Cyperus subgen. Lipocarpha (R. Br.) T. Koyama (1961); Hemicarpha Nees et Arn. (1834); Hemicarpha Nees (1834); Hypaelyptum Vahl(1805) (废弃属名); Hypaelytrum Poir. (1821) Nom. inval. ; Rikliella J. Raynal (1973)■

30048　Lipochaeta DC. (1836)【汉】缺毛菊属。【隶属】菊科 Asteraceae(Compositae)。【包含】世界20种。【学名诠释与讨论】〈阴〉(希)leipo, 离弃, 死亡, 缺少+chaite = 拉丁文 chaeta, 刚毛。【分布】美国(夏威夷)。【模式】未指定。【参考异名】Aphanopappus Endl. (1842); Lipotriche Less. (1831) Nom. illegit. ; Macraea Hook. f. (1846) Nom. illegit. ; Microchaeta Nutt. (1841); Schizophyllum Nutt. (1841); Trigonopterum Steetz ex Andersson (1853)■☆

30049　Lipochaete Benth. (1840) Nom. illegit. [菊科 Asteraceae (Compositae)]☆

30050　Liponeuron Schott, Nyman et Kotschy (1854) = Viscaria Röhl. (1812) Nom. illegit. ; ~ = Steris Adans. (1763) (废弃属名); ~ = Viscaria Bernh. (1800) (保留属名); ~ = Silene L. (1753) (保留属名) [石竹科 Caryophyllaceae]■

30051　Lipophragma Schott et Kotschy ex Boiss. (1856) = Aethionema W. T. Aiton (1812) [十字花科 Brassicaceae(Cruciferae)]■☆

30052　Lipophyllum Miers (1855) = Clusia L. (1753) [猪胶树科(克鲁西科, 山竹子科, 藤黄科)Clusiaceae(Guttiferae)]●☆

30053　Lipostoma D. Don (1830) = Coccocypselum P. Browne (1756) (保留属名) [茜草科 Rubiaceae]●☆

30054　Lipotactes (Blume) Rchb. (1841) = Phthirusa Mart. (1830) [桑寄生科 Loranthaceae]●☆

30055　Lipotactes Blume (1830) Nom. inval. = Phthirusa Mart. (1830) [桑寄生科 Loranthaceae]●☆

30056　Lipotriche Less. (1831) Nom. illegit. = Lipochaeta DC. (1836) [菊科 Asteraceae(Compositae)]■☆

30057　Lipotriche R. Br. (1817) = Melanthera Rohr (1792) [菊科 Asteraceae(Compositae)]■●☆

30058　Lipozygis E. Mey. (1835) = Lotononis (DC.) Eckl. et Zeyh. (1836) (保留属名) [豆科 Fabaceae(Leguminosae)//蝶形花科 Papilionaceae]■

30059　Lippaya Endl. (1834) = Dentella J. R. Forst. et G. Forst. (1775) [茜草科 Rubiaceae]■

30060　Lippayaceae Meisn. (1838) = Rubiaceae Juss. (保留科名)●■

30061　Lippia Houst. ex L. (1753) ≡ Lippia L. (1753) [马鞭草科 Verbenaceae]●■☆

30062　Lippia L. (1753)【汉】甜舌草属(过江藤属, 棘枝属, 里皮亚属)。【日】イワダレゾウ属, リッピア属。【俄】Липия, Липпия。【英】Lemon Plant, Lippia, Oregano。【隶属】马鞭草科 Verbenaceae。【包含】世界200种。【学名诠释与讨论】〈阴〉(人)Augustin (Agostino) Lippi, 1678-1709, 法国出生的意大利植物学者, 旅行家, 植物采集家。此属的学名, ING、APNI 和 GCI 记载是"Lippia L. , Sp. Pl. 2:633. 1753 [1 May 1753]"。IK 则记载为"Lippia Houst. ex L. , Sp. Pl. 2:633. 1753 [1 May 1753]"。"Lippia Houst. "是命名起点著作之前的名称, 故"Lippia L. (1753)"和"Lippia Houst. ex L. (1753)"都是合法名称, 可以通用。【分布】巴基斯坦, 巴拉圭, 巴拿马, 秘鲁, 玻利维亚, 厄瓜多尔, 哥伦比亚(安蒂奥基亚), 马达加斯加, 美国(密苏里), 尼加拉瓜, 中国, 非洲, 热带美洲, 中美洲。【模式】Lippia americana Linnaeus。【参考异名】Burroughsia Moldenke (1940); Cryptocalyx Benth. (1839); Dipterocalyx Cham. (1832); Goniostachyum (Schau.) Small (1903); Goniostachyum Small (1903) Nom. illegit. ; Lippia Houst. ex L. (1753); Panope Raf. (1837); Piarimula Raf. (1837) Nom. illegit. ; Zapamia Steud. (1841); Zapania Lam. (1791) Nom. illegit. ; Zappania Zuccagni (1806) Nom. illegit. ; Zipania Pers. (1806) Nom. illegit. ●■☆

30063　Lippomuellera Kuntze (1891) Nom. illegit. ≡ Agastachys R. Br. (1810) [山龙眼科 Proteaceae]●☆

30064　Lipschitziella Kamelin (1993) = Jurinea Cass. (1821) [菊科 Asteraceae(Compositae)]●■

30065　Lipskya (Koso-Pol.) Nevski (1937) Nom. illegit. ≡ Lipskya Nevski(1937) [伞形花科(伞形科)Apiaceae(Umbelliferae)]■☆

30066　Lipskya Nevski(1937)【汉】里普斯基草属。【隶属】伞形花科(伞形科)Apiaceae(Umbelliferae)。【包含】世界1种。【学名诠释与讨论】〈阴〉(人)Viadimir Ippolitovich Lipsky, 1863-1937, 俄罗斯植物学者。此属的学名, ING 和 IK 记载是"Lipskya Nevski,

Trudy Bot. Inst. Akad. Nauk SSSR, Ser. 1, Fl. Sist. Vyssh. Rast. 4: 271. 1937（post 20 Dec）"。"Lipskya（Koso-Pol.）Nevski（1937）≡Lipskya Nevski（1937）"的命名人引证有误。亦有文献把"Lipskya Nevski（1937）"处理为"Schrenkia Fisch. et C. A. Mey.（1841）"的异名。【分布】非洲中部。【模式】Lipskya insignis（Lipsky）Nevski［Schrenkia insignis Lipsky］。【参考异名】Lipskya（Koso-Pol.）Nevski（1937）Nom. illegit. ; Schrenkia Fisch. et C. A. Mey.（1841）■☆

30067　Lipskyella Juz.（1937）【汉】里普斯基菊属。【隶属】菊科 Asteraceae（Compositae）。【包含】世界1种。【学名诠释与讨论】〈阴〉（人）Viadimir Ippolitovich Lipsky，1863-1937，俄罗斯植物学者+-ellus，-ella，-ellum，加在名词词干后面形成指小式的词尾。或加在人名、属名等后面以组成新属的名称。【分布】亚洲中部。【模式】Lipskyella annua（C. Winkler）S. V. Juzepczuk［Cousinia annua C. Winkler］。■☆

30068　Lipusa Alef.（1866）＝Phaseolus L.（1753）［豆科 Fabaceae（Leguminosae）//蝶形花科 Papilionaceae］■

30069　Liquidambar L.（1753）【汉】枫香树属（枫香属）。【日】フウ属。【俄】Ликвидамбар。【英】Sweet Gum, Sweet Gum Tree, Sweetgum。【隶属】金缕梅科 Hamamelidaceae//枫香树科（枫香科）Liquidambaraceae。【包含】世界5种，中国2-4种。【学名诠释与讨论】〈阴〉（拉）liquidus，液体的、流动的+（阿拉伯）ambar，琥珀。指树皮内分泌琥珀色芳香树脂。【分布】美国（密苏里），尼加拉瓜，中国，中南半岛，安纳托利亚西南部，大西洋，北美洲，中美洲。【后选模式】Liquidambar styraciflua Linnaeus。【参考异名】Cathayambar（Harms）Nakai（1943）; Semiliquidambar Hung T. Chang（1962）●

30070　Liquidambaraceae Bromhead ＝Altingiaceae Lindl.（保留科名）●

30071　Liquidambaraceae Pfeiff.［亦见 Altingiaceae Lindl.（保留科名）蕈树科（阿丁枫科）【汉】枫香树科（枫香科）。【包含】世界1属5种，中国1属2-4种。【分布】中国，美国（密苏里），尼加拉瓜，小亚细亚西南部，中南半岛，大西洋北美洲，中美洲。【科名模式】Liquidambar L.●

30072　Liquiritia Medik.（1787）Nom. illegit. ≡Glycyrrhiza L.（1753）［豆科 Fabaceae（Leguminosae）//蝶形花科 Papilionaceae］■

30073　Lirayea Pierre（1896）＝Afromendoncia Gilg ex Lindau（1893）; ～＝Mendoncia Vell. ex Vand.（1788）［爵床科 Acanthaceae//对叶藤科 Mendonciaceae］●☆

30074　Liriaceae Batsch ex Borkh. ＝Liliaceae Juss.（保留科名）; ～＝Liliaceae Juss.（保留科名）■●

30075　Liriaceae Batsch（1786）＝Liliaceae Juss.（保留科名）■●

30076　Liriactis Raf.（1837）＝Tulipa L.（1753）［百合科 Liliaceae］■

30077　Liriamus Raf.（1838）＝Crinum L.（1753）［石蒜科 Amaryllidaceae］■

30078　Lirianthe Spach（1838）【汉】长喙木兰属。【隶属】木兰科 Magnoliaceae。【包含】世界12种，中国8种。【学名诠释与讨论】〈阴〉（希）leirion，百合+anthos，花。此属的学名是"Lirianthe Spach, Hist. Nat. Vég. Phan. 7: 485. 4 Mai 1839"。亦有文献把其处理为"Magnolia L.（1753）"的异名。【分布】中国，东南亚。【模式】Lirianthe grandiflora（Roxburgh）Spach, Nom. illegit.［Magnolia pterocarpa Roxburgh］。【参考异名】Magnolia L.（1753）●

30079　Liriodendraceae F. A. Barkley（1975）［亦见 Magnoliaceae Juss.（保留科名）木兰科］【汉】鹅掌楸科。【包含】世界1属2种，中国1属2种。【分布】北美洲。【科名模式】Liriodendron L.（1753）●

30080　Liriodendron L.（1753）【汉】鹅掌楸属。【日】ウツコンカウジュ属，ユリノキ属。【俄】Дерево тюльпанное, Лиран,

Лириодендрон, Тюльпанное дерево。【英】Tulip Tree, Tuliptree, Tulip - tree, White Wood, Yellow Poplar。【隶属】木兰科 Magnoliaceae//鹅掌楸科 Liriodendraceae。【包含】世界2种，中国2种。【学名诠释与讨论】〈阴〉（希）leirion，百合，变为 leiros 百合白的、娇柔的，苍白的+dendron 或 dendros，树木，棍，丛林。指本属的花与百合花近似。此属的学名，ING、TROPICOS、GCI 和 IK 记载是"Liriodendron L., Sp. Pl. 1: 535. 1753［1 May 1753］"。"Tulipifera P. Miller, Gard. Dict. Abr. ed. 4. 28 Jan 1754"是"Liriodendron L.（1753）"的晚出的同模式异名（Homotypic synonym, Nomenclatural synonym）。"Liriodendrum L."是"Liriodendron L.（1753）"的拼写变体。【分布】美国，中国，北美洲东部。【模式】Liriodendron tulipifera Linnaeus。【参考异名】Liriodendrum L.; Lyriodendron DC.（1817）; Ocellosia Raf.; Tulipifera Herm. ex Mill.（1754）; Tulipifera Mill.（1754）Nom. illegit.●

30081　Liriodendrum L. ＝Liriodendron L.（1753）［木兰科 Magnoliaceae//鹅掌楸科 Liriodendraceae］●

30082　Lirio-narcissus Heist. ＝Amaryllis L.（1753）（保留属名）［石蒜科 Amaryllidaceae］■☆

30083　Liriope Herb.（1821）Nom. illegit. ≡Liriopsis Rchb.（1828）［石蒜科 Amaryllidaceae］■

30084　Liriope Lour.（1790）【汉】山麦冬属（麦冬属，麦门冬属，土麦冬属）。【日】ヤブラン属。【英】Lily Turf, Lilyturf, Lily - turf, Liriope。【隶属】百合科 Liliaceae//铃兰科 Convallariaceae//血草科（半授花科，给血草科，血皮草科）Haemodoraceae。【包含】世界8-10种，中国6-8种。【学名诠释与讨论】〈阴〉（人）Liriope，希腊神话中的泉中女神，美少年 Narcissus 之母。此属的学名，ING 和 IK 记载是"Liriope Lour., Fl. Cochinch. 1: 200. 1790［Sep 1790］"。"Liriope Herb., App. 41（1821）"是晚出的非法名称；它已经被"Liriopsis H. G. L. Reichenbach, Consp. 62. Dec 1828-Mar 1829"所替代。"Liriope Salisb."则是"Reineckea Kunth（1844）（保留属名）［百合科 Liliaceae//铃兰科 Convallariaceae］"的异名。【分布】巴基斯坦，美国，中国，东亚。【模式】Liriope spicata Loureiro。【参考异名】Globeria Raf.（1830）; Ophiopogon Kunth（废弃属名）■

30085　Liriope Salisb. ＝Reineckea Kunth（1844）（保留属名）［百合科 Liliaceae//铃兰科 Convallariaceae］■

30086　Liriopogon Raf.（1837）＝Tulipa L.（1753）［百合科 Liliaceae］■

30087　Liriopsis Rchb.（1828）＝Urceolina Rchb.（1829）（保留属名）［石蒜科 Amaryllidaceae］■☆

30088　Liriopsis Spach（1838）Nom. illegit. ＝Michelia L.（1753）［木兰科 Magnoliaceae］●

30089　Liriosma Poepp.（1843）【汉】百合犀属。【隶属】木犀榄科（木犀科）Oleaceae//铁青树科 Olacaceae。【包含】世界15种。【学名诠释与讨论】〈阴〉（希）leirion，百合+osme＝odme，香味，臭味，气味。在希腊文组合词中，词头 osm-和词尾-osma 通常指香味。此属的学名，ING 和 TROPICOS 记载是"Liriosma Poeppig in Poeppig et Endlicher, Nova Gen. Sp. 3: 33. 8-11 Mar 1843"。IK 则记载为"Liriosma Poepp. et Endl., Nov. Gen. Sp. Pl.（Poeppig et Endlicher）iii. 33. t. 239（1842）"。三者引用的文献相同。亦有文献把"Liriosma Poepp.（1843）"处理为"Dulacia Vell.（1829）"的异名。【分布】玻利维亚，热带南美洲。【模式】Liriosma candida Poeppig。【参考异名】Dulacia Vell.（1829）; Liriosma Poepp. et Endl.（1843）Nom. illegit. ■☆

30090　Liriosma Poepp. et Endl.（1843）Nom. illegit. ≡Liriosma Poepp.（1843）［木犀榄科（木犀科）Oleaceae//铁青树科 Olacaceae］■☆

30091　Liriothamnus Schltr.（1924）＝Trachyandra Kunth（1843）（保留属名）［阿福花科 Asphodelaceae//百合科 Liliaceae］■☆

30092 Lirium Scop.（1760）Nom. illegit. ≡ Lilium L.（1753）［百合科 Liliaceae］■

30093 Lisaea Boiss.（1844）【汉】里萨草属。【俄】Лизея。【隶属】伞形花科（伞形科）Apiaceae（Umbelliferae）。【包含】世界 3 种。【学名诠释与讨论】〈阴〉（人）Domenico Lisa，1801－1867，意大利园艺学者，苔藓学者。【分布】巴基斯坦，亚洲西南部。【后选模式】Lisaea papyracea E. Boissier.■☆

30094 Lisianthius P. Browne（1756）【汉】光花龙胆属（施利龙胆属）。【隶属】龙胆科 Gentianaceae。【包含】世界 30 种。【学名诠释与讨论】〈阳〉（希）lissos ＝lisse，平滑的；lysis，松散的，放松的行为，来自 lyo，放松之。lysios 放松的＋anthos，花。此属的学名，ING、GCI、TROPICOS 和 IK 记载"Lisianthius P. Browne, Civ. Nat. Hist. Jamaica 157. 1756［10 Mar 1756］"。Linnaeus（1767）拼写为"Lisianthus"；后人把"Lisianthus"处理为拼写变体，仍用"Lisianthius P. Browne（1756）"为正名。"Leianthus Grisebach，Gen. Sp. Gentian. 196. Oct（prim.）1838（'1839'）"是"Lisianthius P. Browne（1756）"的晚出的同模式异名（Homotypic synonym，Nomenclatural synonym）。【分布】巴拿马，玻利维亚，哥斯达黎加，马达加斯加，尼泊尔，尼加拉瓜，墨西哥至热带南美洲，西印度群岛，中美洲。【后选模式】Lisianthus longifolius Linnaeus。【参考异名】Helia Mart.（1827）；Irlbachia Mart.（1827）；Lagenanthus Gilg（1895）Nom. illegit.；Lecanthus Griseb.，Nom. illegit.；Leianthus Griseb.（1838）Nom. illegit.；Leiothamnus Griseb.（1838）Nom. illegit.；Lisianthus L.（1767）Nom. illegit.，Nom. inval.；Lisyanthus Aubl.（1775）；Lysianthima Adans.（1763）；Omphalostigma（Griseb.）Rchb.（1841）；Omphalostigma Rchb.（1841）；Schlimia Regel（1875）；Wallisia Regel（1875）Nom. illegit.，Nom. superfl.■☆

30095 Lisianthus L.（1767）Nom. illegit.，Nom. inval. ≡ Lisianthius P. Browne（1756）［龙胆科 Gentianaceae］■☆

30096 Lisianthus Vell. ＝ Metternichia J. C. Mikan（1823）［茄科 Solanaceae］●☆

30097 Lisimachia Neck.（1768）＝ Lysimachia L.（1753）［报春花科 Primulaceae//珍珠菜科 Lysimachiaceae］●■

30098 Lisionotus Rchb.（1837）＝ Lysionotus D. Don（1822）［苦苣苔科 Gesneriaceae］●

30099 Lisowskia Szlach.（1995）【汉】利索兰属。【隶属】兰科 Orchidaceae。【包含】世界 6 种。【学名诠释与讨论】〈阴〉（人）Smnislaw Lisowski，1924－，植物学者。【分布】非洲。【模式】Lisowskia katangensis（V. S. Summerhayes）D. L. Szlachetko［Malaxis katangensis V. S. Summerhayes］。■☆

30100 Lissanthe R. Br.（1810）【汉】黄精石南属。【隶属】尖苞木科 Epacridaceae//杜鹃花科（欧石南科）Ericaceae。【包含】世界 6 种。【学名诠释与讨论】〈阴〉（希）lissos ＝lisse，光滑的，平坦的＋anthos，花。antheros，多花的。antheo，开花。希腊文 anthos 亦有"光明、光辉、优秀"之义。【分布】澳大利亚。【模式】未指定。【参考异名】Lyssanthe D. Dietr.（1839）Nom. illegit.●☆

30101 Lissera Adans. ex Fourr.（1868）Nom. illegit. ＝ Genista L.（1753）；~ ＝Listera R. Br.（1813）（保留属名）［豆科 Fabaceae（Leguminosae）//蝶形花科 Papilionaceae］●

30102 Lissera Fourr.（1868）Nom. illegit. ≡ Lissera Adans. ex Fourr.（1868）Nom. illegit.；~ ＝ Genista L.（1753）；~ ＝ Listera R. Br.（1813）（保留属名）［豆科 Fabaceae（Leguminosae）//蝶形花科 Papilionaceae］●

30103 Lissera Steud.（1840）Nom. illegit.［豆科 Fabaceae（Leguminosae）］□☆

30104 Lissocarpa Benth.（1876）【汉】光果属（尖药属）。【隶属】光果科（尖药科）Lissocarpaceae//柿树科 Ebenaceae。【包含】世界 3-8 种。【学名诠释与讨论】〈阴〉（希）lissos ＝lisse，光滑的，平坦的＋karpos，果实。【分布】秘鲁，玻利维亚，热带南美洲。【模式】Lissocarpa benthamii Guerke［as 'benthami'］。【参考异名】Lissocarpus Post et Kuntze（1903）●☆

30105 Lissocarpaceae Gilg（1924）（保留科名）［亦见 Ebenaceae Gürke（保留科名）柿树科（柿科）］【汉】光果科（尖药科）。【包含】世界 1 属 3-8 种。【分布】热带南美洲。【科名模式】Lissocarpa Benth.●☆

30106 Lissocarpus Post et Kuntze（1903）＝ Lissocarpa Benth.（1876）［光果科（尖药科）Lissocarpaceae//柿树科 Ebenaceae］●☆

30107 Lissochilos Bartl.（1830）＝ Eulophia R. Br.（1821）［as 'Eulophus'］（保留属名）；~ ＝ Lissochilus R. Br.（1821）（废弃属名）；~ ＝Eulophia R. Br.（1821）［as 'Eulophus'］（保留属名）［兰科 Orchidaceae］■

30108 Lissochilus R. Br.（1821）（废弃属名）＝ Eulophia R. Br.（1821）［as 'Eulophus'］（保留属名）［兰科 Orchidaceae］■

30109 Lissoschilus Hornsch.（1824）Nom. illegit.［兰科 Orchidaceae］■☆

30110 Lissospermum Bremek.（1944）＝ Strobilanthes Blume（1826）［爵床科 Acanthaceae］●■

30111 Lissostylis（R. Br.）Spach（1841）Nom. illegit. ≡Lysanthe Salisb. ex Knight（1809）（废弃属名）；~ ＝ Grevillea R. Br. ex Knight（1809）［as 'Grevillia'］（保留属名）［山龙眼科 Proteaceae］●

30112 Listera Adans.（1763）（废弃属名）＝ Genista L.（1753）［豆科 Fabaceae（Leguminosae）//蝶形花科 Papilionaceae］●

30113 Listera R. Br.（1813）（保留属名）【汉】对叶兰属（双叶兰属）。【日】フタバラン属，リステラ属。【俄】Листера，Офрис，Тайник。【英】Listera，Twayblade，Twayblade Orchid。【隶属】兰科 Orchidaceae//鸟巢兰科 Neottiaceae。【包含】世界 20-35 种，中国 24 种。【学名诠释与讨论】〈阴〉（人）Martin Lister，1638－1712，英国医生，博物学者，动物学者。此属的学名"Listera R. Br. in Aiton, Hort. Kew.，ed. 2,5：201. Nov 1813"是保留属名。相应的废弃属名是"Listera Adans.，Fam. Pl. 2：321,572. Jul－Aug 1763 ＝Genista L.（1753）［豆科 Fabaceae（Leguminosae）//蝶形花科 Papilionaceae］"和兰科 Orchidaceae 的"Diphryllum Raf. in Med. Repos.，ser. 2,5：357. Feb－Apr 1808 ＝ Listera R. Br.（1813）（保留属名）"。"Bifolium Petiver ex Nieuwland, Amer. Midl. Naturalist 3：128. 10 Jul 1913（non P. G. Gaertner, B. Meyer et J. Scherbius 1799）"和"Pollinirhiza Dulac, Fl. Hautes－Pyrénées 120. 1867"是"Listera R. Br.（1813）（保留属名）"的同模式异名（Homotypic synonym，Nomenclatural synonym）。亦有文献把"Listera R. Br.（1813）（保留属名）"处理为"Neottia Guett.（1754）（保留属名）"的异名。【分布】巴基斯坦，中国，北温带。【模式】Listera ovata（Linnaeus）R. Brown［Ophrys ovata Linnaeus］。【参考异名】Bifolium Nieuwl.（1913）Nom. illegit.；Bifolium Petiver ex Nieuwl.（1913）Nom. illegit.；Bifolium Petiver（1764）Nom. inval.；Cardiophyllum Ehrh.（1789）Nom. inval.；Diphryllum Raf.（1808）（废弃属名）；Diphyllum Raf.；Distomaea Spenn.（1825）Nom. illegit.；Lissera Adans. ex Fourr.（1868）Nom. illegit.；Lissera Fourr.（1868）Nom. illegit.；Listeria Spreng.（1817）；Neottia Guett.（1754）（保留属名）；Pollinirhiza Dulac（1867）Nom. illegit.■

30114 Listeria Neck.（1790）Nom. inval. ≡ Listeria Neck. ex Raf.（1820）Nom. illegit.；~ ＝ Oldenlandia L.（1753）［茜草科 Rubiaceae］●■

30115 Listeria Neck. ex Raf.（1820）Nom. illegit. ＝ Oldenlandia L.（1753）［茜草科 Rubiaceae］●■